Medizintechnik

Life Science Engineering

Erich Wintermantel · Suk-Woo Ha

Medizintechnik

Life Science Engineering

Interdisziplinarität · Biokompatibilität ·
Technologien · Implantate · Diagnostik ·
Werkstoffe · Zertifizierung · Business

5. überarbeitete und erweiterte Auflage

Prof. Dr. med. Dr.-Ing. habil. Erich Wintermantel
Ordinarius
TU München
Lehrstuhl für Medizintechnik
Boltzmannstr. 15
85748 Garching
Germany
E-Mail: wintermantel@medtech.mw.tum.de

Dr. Suk-Woo Ha
IVF Hartmann AG
Victor-von-Bruns-Str. 28
8212 Neuhausen
Switzerland

Das Titelbild zeigt *im Vordergrund* die perspektivische Darstellung der vermutlich kleinsten vollelektrischen Mikrospritzgiessmaschine der Welt mit Linearantrieb, entwickelt und gefertigt am Lehrstuhl für Medizintechnik der TU München. Konstruktion: Dipl.-Ing. Daniel Ammer, Dipl.-Ing. Ingo Jumpertz, Fertigung: Technisches Labor des Lehrstuhls, Leitung: Uli Ebner, Meister im Feinmechaniker-Handwerk, und Jürgen Schulz, Feinwerkmechaniker, Fachrichtung Gerätebau. *Im Hintergrund* Modell eines porcinen Mittelohres für die Anpassung eines Mittelohrimplantates.

ISBN: 978-3-540-93935-1   e-ISBN: 978-3-540-93936-8

DOI: 10.1007/978-3-540-93936-8

Bibliografische Information der Deutschen Nationalbibliothek
Die Deutsche Nationalbibliothek verzeichnet diese Publikation in der Deutschen Nationalbibliografie; detaillierte bibliografische Daten sind im Internet über http://dnb.d-nb.de abrufbar.

© Springer-Verlag Berlin Heidelberg 1995, 1997, 2000, 2004, 2008, 2009

Dieses Werk ist urheberrechtlich geschützt. Die dadurch begründeten Rechte, insbesondere die der Übersetzung, des Nachdrucks, des Vortrags, der Entnahme von Abbildungen und Tabellen, der Funksendung, der Mikroverfilmung oder Vervielfältigung auf anderen Wegen und der Speicherung in Datenverarbeitungsanlagen, bleiben, auch bei nur auszugsweiser Verwertung, vorbehalten. Eine Vervielfältigung dieses Werkes oder von Teilen dieses Werkes ist auch im Einzelfall nur in den Grenzen der gesetzlichen Bestimmungen des Urheberrechtsgesetzes der Bundesrepublik Deutschland vom 9. September 1965 in der jeweils geltenden Fassung zulässig. Sie ist grundsätzlich vergütungspflichtig. Zuwiderhandlungen unterliegen den Strafbestimmungen des Urheberrechtsgesetzes.

Die Wiedergabe von Gebrauchsnamen, Handelsnamen, Warenbezeichnungen usw. in diesem Werk berechtigt auch ohne besondere Kennzeichnung nicht zu der Annahme, dass solche Namen im Sinne der Warenzeichen- und Markenschutz-Gesetzgebung als frei zu betrachten wären und daher von jedermann benutzt werden dürften.

Satz & Herstellung: le-tex publishing services OHG, Leipzig
Einbandgestaltung: WMXDesign GmbH, Heidelberg

Gedruckt auf säurefreiem Papier

9 8 7 6 5 4 3 2 1

springer.de

Gewidmet

den geduldigen Familien aller Autoren

und den jungen Menschen, die ihre Sache selbst in die Hand nehmen.

Vorwort zur wesentlich erweiterten 5. Auflage

Dem bereits etablierten Standardwerk der Medizintechnik – Life Science Engineering wurde mit der neuen Auflage eine weitere Rundung gegeben: wesentliche technologische und klinisch orientierte Kapitel wurden ergänzt, erstmals wurde umfassend die für eine Qualitätssicherung bedeutende Zertifizierung aufgenommen und es wurde die Schnittstelle Schule-Hochschule mit praktischen Beispielen bearbeitet, um die jüngsten Leser früh an die Life Sciences heranzuführen und Lehrkräfte für dieses spannende Lehrgebiet rechtzeitig zu gewinnen. Aufgrund aktueller technischer Entwicklungen wurde das Kapitel „Lithotripsie", ein besonders interessantes Beispiel interdisziplinärer F&E, spät im Entstehungsprozess des Buches, jedoch aktuellst in der Wiedergabe des Inhalts, als Kapitel 108, eingefügt.
Dem Motto des Buches folgend

„Lesen und Hören bringt Wissen, Tun bringt Können"

ist das Opus eine Einladung zu Taten: zu Forschungen und Entwicklungen, zur Herstellung von Produkten und zu Testungen, zu verantwortungsvollen Anwendungen am Patienten und zur Befriedigung von Neugier in einer der faszinierendsten unmittelbaren Nutzungen von Technik für den Menschen: Keine andere Technik-Nutzung ist näher am oder im Körper des Menschen und betrifft nahezu jedes Individuum.

Man hat sich wieder bemüht, Fehler zu entfernen und wird neue gemacht haben, trotz sorgfältigen mehrfachen Lektorats. Wir sind dabei wieder dankbar für jeden hilfreichen Hinweis.

Den Familien aller Autoren ist die vorliegende Auflage gewidmet, mit ausdrücklichem Dank für deren grosse Geduld.

Wiederum wäre das Werk ohne Herrn Dipl.-Ing. Stefan Pfeifer nicht realisierbar gewesen, ihm gebührt Hochachtung und Anerkennung für eine höchst intensive Mitarbeit an zentraler Stelle in der Edition aller Kapitel. Danke Stefan!

Kontinuität in der Mitarbeit wurde auch seitens des Hauses Springer Verlag zuverlässig geübt: Herrn Dr. Merkle und Frau Jantzen danken wir für stetig wohlwollende Begleitung und wesentliche Hinweise. Wir dürfen das 14. Jahr der Zusammenarbeit im gleichen Verlags-Team erleben.

Möge die neue Auflage wieder einer grossen Leserschaft nützlich sein.

München und Schaffhausen   Prof. Dr. Dr. Erich Wintermantel
März 2009   Dr. Suk-Woo Ha

Vorwort zur erweiterten 4. Auflage

Die Medizintechnik bleibt eine thematisch weitverzweigte und sehr erfolgreiche internationale wirtschaftliche Grösse des Life Science Engineerings. Sie zählt zu den stabilsten Wachstumsgebieten und sie ist unverändert gut in allen Kulturen vermittelbar. Die vierte Auflage des Standardwerkes der Medizintechnik soll bisherige inhaltliche Lücken schliessen: Herz und Kreislauforgane mit zugehörigen Technologien treten hinzu, die Stammzell-Thematik als Teil des Cellular Engineering, die Wundheilung und Wound Care, moderne Knochenbruchbehandlung, neue Verfahren der Bildverarbeitung, die Vervollständigung der Therapien an Mittel- und Innenohr, lasttragende Implantate kleiner und grosser Gelenke sowie das dynamisch wachsende Gebiet der Dentalimplantate, endoskopische Verfahren der Viszeralchirurgie und der Urologie sowie Verfahren der Nieren- und Leberdialyse. Ein Reinraumkapitel weist auf das Potential künftiger Sterilfertigung hin.

Gern haben wir der Bitte um unveränderte Wiederaufnahme des Kapitels „Ökokompatible Werkstoffe" aus der längst vergriffenen 2. Auflage entsprochen. Es wurde mit dem Ziel der intensiven Diskussion im Umfeld der wissenschaftlichen Lehre und mit Blick auf die breitere Integration der Medizintechnik in das Life Science Engineering erneut eingeführt, ein Zukunftstrend, der sich deutlich verstärken wird. Damals in Zürich waren „die Ökokompatiblen" ein durchaus gewagter hochinnivativer Beitrag zu den Biokompatiblen Werkstoffen, heute werden sie aus Fürsorge für die Umwelt vom Leser nachgefragt, Zeichen einer gewachsenen integrativen Betrachtung der Umwelt-Wechselwirkungen mit dem menschlichen Körper.

Da der eigene Lebensweg einige Zeit der Forschungs-, Entwicklungs- und Lehrtätigkeit umfasst, sollten die gemachten guten Erfahrungen bevorzugt jenen jungen Menschen zur Verfügung gestellt werden, die sich in diesem faszinierenden Technologiegebiet entfalten wollen. Dies geschieht in einem kondensierten Rückblick auf 25 Berufsjahre in der Interdisziplinarität der Medizintechnik, als Editorial. Teil II dieses allgemeinen Blocks wird den technologischen Kapiteln nachgestellt. Es sind Kapitel zu Finanzierungsinstrumenten für Firmengründer, Methoden der Marktanalyse und -evaluation im Gesundheitswesen, eine Darstellung des Patentwesens und der Patentierung sowie eine aktuelle Betrachtung des Zertifizierwesens. Entrepreneure, junge Firmengründer sollen begeistert werden. Man lese mit Genuß und Hochachtung die Stories I und II, Zeugnisse dafür, daß sich Durchhalten lohnt und der Markt bestimmt.

Die bestehenden Kapitel der 3. Auflage sind an nur sehr wenigen Stellen korrigiert worden: dort wo offensichtliche und entdeckte Fehler sich hartnäckig hielten. Auch die vierte Auflage wird einladen, solche Fehler zu finden: Der Leser ist gebeten, sie uns bekanntzumachen, damit wir sie künftig vermeiden können.

Es sind für individuellen Dank in diesem Vorwort zuviele Autoren geworden, die bereitwillig unter höchstem Zeitdruck ihren wertvollen Beitrag verfassten und denen wir allen höchste Wertschätzung entgegenbringen. Jeder Autor möge den hiermit ausgesprochenen und tiefempfundenen Dank individuell entgegennehmen. Das Buch festigt seine Markstellung durch die neuen Beiträge nachhaltig. Und es ist für alle Autoren der Leistungsnachweis eines Netzwerkes. Gestalten wir es gemeinsam weiterhin.

Ein Mitarbeiter des Lehrstuhls für Medizintechnik sei besonders hervorgehoben, der alles zur geschliffenen Einheit mit Diplomatie eintrieb und mit fokussierter Kraft zusammenführte: Herr Dipl.-Ing. Stefan Pfeifer, Maschineningenieur und Doktorand: Stefan, namens aller Ko-Autoren des Buches: Hab' ganz herzlichen Dank für Deine Mühe und die geopferte Zeit. Ohne Deine wertvolle Arbeit gäbe es eine vierte Auflage nicht.

Herrn Dr. Merkle und Frau Jantzen des Hauses Springer gebührt Anerkennung für die erwiesene Treue in der Zusammenarbeit von nunmehr über 10 Jahren.

München und Schaffhausen,
September 2007

Erich Wintermantel
und Suk-Woo Ha

Geleitwort zur 3. Auflage

Die erste und zweite Auflage der Monografie „Biokompatible Werkstoffe und Bauweisen" hat im deutschsprachigen Raum einen gewichtigen Beitrag zum Schliessen einer Lücke geleistet, die zwischen den Ingenieurwissenschaften und der Medizin klaffte. Erich Wintermantel und Suk-Woo Ha sowie das hinter ihnen stehende Autorenteam haben es verstanden, den Wissensstand der jeweiligen anderen Disziplin gut verständlich darzulegen. Ein Ingenieur und Werkstoffwissenschaftler findet in dem Buch in der gebotenen Kürze und Korrektheit wichtige Aussagen zum lebenden Gewebe und umgekehrt kann sich der Mediziner mit dem Aufbau und den Eigenschaften von metallischen, keramischen und polymeren Werkstoffen sowie deren Verbunden vertraut machen. So bildet diese Monografie gleichermassen für Lernende und für Lehrende eine Grundlage für den Einstieg in ein sich rasch entwickelndes interdisziplinäres Fachgebiet. Darüber hinaus ist es auch bestens als Nachschlagewerk für den bereits in diesem Gebiet Tätigen geeignet.

Vor dem Hintergrund eines als sprunghaft zu bezeichnenden Erkenntniszuwachses auf dem Gebiet der molekularen Zellbiologie -man denke an die Aufschlüsselung des menschlichen Genoms -vollzieht sich gegenwärtig in der Implantologie ein Paradigmenwechsel. In zunehmendem Mass ist das Bestreben erkennbar, körperfremdes durch körpereigenes oder -ähnliches Material zu ersetzen. Es ist von vornherein klar, dass dies ein Prozess ist, der gerade erst begonnen hat und der u.a. von der mechanischen Belastung eines Implantates abhängig ist. Gegenwärtig gelingt dieses Vorhaben bereits in einigen ausgesuchten Fällen, in anderen ist bis zur Anwendungsreife noch erhebliche Forschungsarbeit nötig. Im Falle von lasttragenden Implantaten werden sicherlich neue Wege beschritten werden müssen, die unter dem Begriff Biosurface Engineering zusammengefasst werden können. Die Folge der skizzierten Entwicklung ist unverkennbar. Der Werkstoffwissenschaftler und Ingenieur muss sich künftig mehr als bisher mit Materialien beschäftigen, die bislang weniger zu seinem Handwerkszeug gehörten, wie z. B. die Biopolymere. In der Materialsynthese wird er darüberhinaus die lebende Zelle -wie beim Tissue Engineering oder beim Biosurface Engineering bereits vollzogen - mit einzubeziehen haben.

Dieser Entwicklung trägt die 3. Auflage mit dem Titel „Medizintechnik mit Biokompatiblen Werkstoffen und Verfahren" voll Rechnung. Neben der Charakterisierung von verfügbaren Materialien und Werkstoffen werden, wie bereits in den ersten beiden Auflagen geschehen, verwendete Bauweisen und Fertigungstechnologien in die Darlegungen einbezogen. Diese Herangehensweise kommt dem Ingenieur sehr entgegen, weil sie an das ihm bekannte Tätigkeitsfeld der Konstruktion, Berechnung und Fertigung anknüpft und es auf spezifisch neue Bereiche erweitert. Die ingenieurtechnisch geprägten Betrachtungen erfahren in den neu hinzugekommenen Kapiteln Therapeutische Medizintechnik und Diagnostische Medizintechnik eine anwendungsbezogene Abrundung. Somit leistet die Monografie abermals einen bedeutenden Beitrag zur Weiterentwicklung der stark interdisziplinär geprägten Medizin- und Biomedizintechnik. Möge auch die dritte Auflage vor dem Hintergrund, dem Patienten dienen zu wollen, wiederum einen breiten interessierten Leserkreis finden.

Dresden im Juli 2001

Dr. Hartmut Worch
Professor für Werkstoffwissenschaft
an der Technischen Universität Dresden

Geleitwort zur 1. Auflage

In den industrialisierten Ländern nehmen die meisten Patienten und Ärzte ganz selbstverständlich die Hilfen in Anspruch, die die Medizintechnik heute erbringen kann. Nach wie vor wird auch in diesem Technologiebereich sehr intensiv an weiteren Fortschritten gearbeitet, um für einen immer grösseren Kreis von Behandlungsbedürftigen immer bessere technische Lösungen bereitzustellen. Wer möchte nicht nach Unfall, Krankheit oder altersbedingter schmerzhafter Funktionseinbusse wieder eine höhere Lebensqualität erreichen, als noch vor kurzem möglich schien? Konkret bedeutet hier Fortschritt beispielsweise, das Risiko von Misserfolgen (etwa bei Implantationen) herabzusetzen oder die Schwere eines operativen Eingriffs und damit den Umfang der Nachfolgetherapie zu reduzieren. Da es für lebensrettende Organtransplantationen immer häufiger an menschlichen Ersatzorganen fehlt, kommt den Bemühungen um die Entwicklung künstlicher Organe eine vorrangige Bedeutung zu. Und schliesslich müssen nicht nur aus Gründen der unternehmerischen Konkurrenz und der Wirtschaftlichkeit die Kosten medizintechnischer Lösungen so tief als möglich gehalten werden.

Es gehört zu den Merkmalen unserer Zeit, dass technische Innovationen sich vorwiegend als Frucht von Erfolgen in der Werkstoffwissenschaft und -technik in der Praxis durchsetzen. Dies gilt insbesondere für weite Bereiche der Medizintechnik ausserhalb moderner diagnostischer Verfahren, die sich hauptsächlich auf physikalische Methoden (wie z.B. die Laseroptik oder die Kernspintomographie), die Elektronik und die Informatik stützen. Wenn jedoch Werkstoffe für den Einsatz in Bauteilen für die medizinische und chirurgische Praxis vorgesehen sind, muss in jedem Fall eine unabdingbare Voraussetzung erfüllt sein: Der betreffende Werkstoff und das daraus gefertigte Bauteil müssen sich mit den Zellen, Geweben und lasttragenden Strukturen des menschlichen Körpers auf Dauer problemlos vertragen, d.h. nachweisbar biokompatibel sein.

Der vorliegenden Monographie von Prof. Dr. E. Wintermantel und Dipl.-Ing. S.-W. Ha wird deshalb eine zeitgemässe sorgfältig formulierte Definition des Begriffes Biokompatibilität zugrundegelegt. Dem gegenwärtigen Stand der Medizintechnik entsprechend fasst Wintermantel diesen weiter als bisher üblich, indem beispielsweise auch die lange vernachlässigte Strukturkompatibilität berücksichtigt und in eine Gesamtschau integriert wird.

Kenntnisse über die Wechselwirkungen zwischen lebenden Organismen, darunter Zellen, Organe und ihre Bestandteile sowie anorganischen Substanzen wie Werkstoffe werden heutzutage nicht nur in der Medizintechnik gebraucht, sondern überall wo das Verständnis zahlreicher Erscheinungen und Vorgänge im Spannungsfeld zwischen einer industrialisierten Zivilisation und der Natur, etwa bei umweltbewusstem Wirtschaften, die Grundlage für verantwortungsvolles Handeln bilden.

Die Abteilung für Werkstoffe der ETH Zürich hatte deshalb für die Planungsperiode 1992-1995 eine Professur für biokompatible Werkstoffe beantragt. Die Schulleitung und der ETH-Rat unterstützten das Vorhaben tatkräftig und schufen mit der Wahl von Privatdozent Dr. med. E. Wintermantel die Voraussetzung dafür, dass dieser seine bisher an der ETH Zürich ausgeübte Forschungs- und Lehrtätigkeit ab Herbst 1992 erheblich intensivieren und mit erweiterter Zielsetzung auf aktuelle medizinische Bedürfnisse ausrichten konnte.

Die nach so kurzer Aufbauphase vorliegende Monographie mit Lehrbuchcharakter setzt bei Nichtmedizinern ein Grundstudium in Natur- oder Ingenieurwissenschaften voraus und wendet sich an einen viel weiteren Leserkreis, als der Titel vermuten lässt. Gewiss will sie in erster Linie mithelfen, Medizin, Werkstoffwissenschaften und Maschinenbau über den Werkstoffaspekt zu verbinden. Doch vermitteln die Ergebnisse der technologieorientierten Forschung, die in diesem Band einen breiten Raum einnehmen, auch grundlegende neue Einsichten für technische Fachgebiete, in denen medizinische Anwendungen keine nennenswerte Rolle spielen. So können beispielsweise der Vorrichtungsbau oder Konstrukteure, die auf der Suche nach neuen für die Bildung von Freiformflächen geeigneten Werkstoffen sind, von der intensiven Beschäftigung mit neuen Verarbeitungsmethoden profitieren, denen die Gruppe Wintermantel einen grossen Teil ihrer Aktivitäten widmet. Das vorliegende Werk bietet übertragbare Fertigungstechnologien an.

Wer in der heutigen Situation Werkstoffe optimal einsetzen will, kommt nicht darum herum, die verfügbaren Werkstoffklassen (Metalle, Polymere, Keramiken) als gegenseitig konkurrierende Mengen von Funktionsträgern zu betrachten. Ausschlaggebend für die Wahl eines Werkstoffs unter mehreren, denen die erforderlichen Eigenschaften attestiert werden, ist meistens die Art und Weise, wie er verarbeitet werden kann, denn von diesen Prozessen hängen schliesslich Qualitäten wie auch die Kosten eines Produktes ab. Die Entwicklung neuer Verarbeitungsmethoden und Prozesstechniken für medizinisch bewährte Werkstoffe macht es möglich, verhältnismässig rasch neue Anwendungsgebiete zu erschliessen, weil die für neue Werkstoffe sehr aufwendigen Grundlagentests für Zulassungsprüfungen entfallen.

Möge dieses neue Lehrmittel und Nachschlagewerk zu weiteren Forschungen anregen und dazu beitragen, die Realisierung mancher ärztlicher Wunschträume zum Wohl der Patienten näherzubringen. Daher wünsche ich dem neuen Buch eine möglichst grosse Verbreitung.

Februar 1996

Dr. E. Freitag
Professor Emeritus für Werkstoffwissenschaften
der ETH Zürich

Vorwort zur 1. Auflage

Fortschritte in der Medizin und Chirurgie hängen im wesentlichen von Fortschritten in Technologien ab. Neue Werkstoffe mit neuen Eigenschaften und neue Bauteile, z. B. Implantate, Instrumente oder Geräte, können sich von ihren Vorgängern nur erfolgreich abheben, wenn sie einen erheblichen medizinischen oder volkswirtschaftlichen Nutzen versprechen. Patient und Arzt stehen aus der Sicht des Ingenieurs daher am Ende von oft langjährigen, teuren Entwicklungsketten, denen sie durch Erfolgs- oder Misserfolgs-Rückmeldung neue Impulse geben. Dabei schliessen präklinische Tests ein Restrisiko für die Anwendung eines neuen Implantates oder eines Verfahrens nicht aus. Forschung mit biokompatiblen Werkstoffen und Bauweisen ist Risikoforschung, jedoch sehr häufig gut kalkulierbar. Die Akzeptanz des Risikos kann dabei zu völlig neuen Therapien führen und zu neuen Märkten für die herstellende Industrie, z. B. zu Zelltransplantaten, zu Ersatzgeweben oder zu neuen Verfahren der Tumorbehandlung.

Neue Technologien sind auf grundlagen- und auf anwendungsorientierte Forschungen bis hin zu Wirtschaftlichkeits- und ethischen Betrachtungen angewiesen. Diese Forschung muss mehrdisziplinär sein, um die komplexen Fragen, beispielsweise bei der Entwicklung eines neuen Hüftgelenksersatzes, in nützlicher Zeit zu beantworten oder sie als derzeit nicht beantwortbar zu identifizieren. Wir sprechen dabei von „Syndisziplinarität", da mehrere Fachgebiete, z. B. die Werkstoffwissenschaften, der Maschinenbau, die Produktionswissenschaften, die Biologie, die Physik, die Chemie, der feinmechanische Werkzeugbau, die Informatik, in einem einzelnen Projekt zusammen auf einen bestimmten Punkt hin, einen Fokus, auf das zu lösende Problem hin, zentripetal wirken müssen. Dieser Zusammenschluss von Disziplinen ist nur temporär, um neu auftretende Fragen mit einem neu zusammengestellten Team zeitgerecht bearbeiten zu können. Forschung mit biokompatiblen Werkstoffen und Bauweisen ist daher syndisziplinär und schliesst keine Technologie aus. Forscher in diesem Gebiet müssen ein dauerndes Innovations-screening in benachbarten Disziplinen durchführen, um Entwicklungen zusammenzuführen. Dazu ist eine disziplinäre Ausbildung Voraussetzung.

Werkstoffe und Bauteile erhalten ihre Eigenschaften durch den Verarbeitungs- oder Herstellprozess. Daher sind neue Prozesstechnologien zu entwickeln, wenn man neue Werkstoffe will, die bisher unlösbare Probleme lösen sollen. Hierzu tragen

Modellerstellung, z. B. mit Finiten Elementen, und Laborversuch gleichberechtigt zur Lösungsfindung bei. Ein unablässiger Begleiter aller Vorrichtungen für neue Prozesse ist die Konstruktion. Diese Einheit von Prozesstechnik, Vorrichtungsbau und Konstruktion wird mit dem Begriff der Bauweisen umschrieben. Bauweisen sind bauteilbezogen und prozessabhängig. In einer so intensiv vernetzten Forschung ist die Grenze zwischen Grundlagenforschung und Anwendungsforschung unbedeutend, es gibt dann auch keine Superioritäten. Der Erkenntnisgewinn liegt im Verstehen von Grundlagen, im Erreichen einer neuen Funktion oder in einer neuen Therapie.

Das vorliegende Buch ist aus Vorlesungen des Erstautors an den Departementen Werkstoffe sowie Maschinenbau und Verfahrenstechnik der ETH Zürich und aus aktuellen Forschungsthemen des Lehrstuhls für Biokompatible Werkstoffe und Bauweisen entstanden. Wir halten es für eine der vornehmsten Aufgaben eines Forschers, auch für die Konvertierung seiner Forschung in den vorindustriellen Wettbewerb hinein zu sorgen. Er bringt damit sich und seine Mitarbeiter in einen nutzbringenden Dialog mit der Industrie, mit Ärzten und Patienten, ganz im Sinn der Syndisziplinarität. Schliesslich dient der Dialog der Bildung fachlicher Netzwerke, mit dem Ziel, mit Netzwerken von Personen und nicht mit Einzelpersonen allein zu kommunizieren.

Das Buch kann von einem technisch vorgebildeten Leser optimal genutzt werden, zusammen mit einem klinischen Wörterbuch, und der medizinisch-biologisch Vorgebildete tut gut an einer Ergänzung durch ein entsprechendes Werk aus dem Gebiet Maschinenbau und Werkstoffe. Es sollen mit dieser Monographie folgende Ziele beim Leser erreicht werden können:

- Erlernen der Grundlagen der Biokompatibilität, darunter der Struktur- und der Oberflächenkompatibilität,
- Übertragung dieser Grundlagen von medizinischen auf nichtmedizinische Gebiete der Umwelt, auch, um einen Multiplikatoreffekt zu nützen,
- Entdecken der Kombinationsvielfalt an klassischen naturwissenschaftlichen und technischen Disziplinen für neue Werkstoffe und daraus gefertigte Bauteile,
- Anregungen für eigene Neuentwicklungen.

Die Autoren möchten ausdrücklich nicht nur einen aktuellen Stand der Technik und des Wissens vorstellen, sondern zu Entwicklungen, anhand vorgestellter Beispiele, anregen. Wenn verständlich gemacht werden kann, dass sich Disziplinen auf gleicher Stufe und zu gleicher Zeit effizient austauschen müssen, um ein gemeinsames Forschungs- und Entwicklungsziel zu erreichen und um völlig neue Lösungen und oft unvorhersehbare nützliche Entwicklungen einzuleiten, ist ein wichtiger Schritt gelungen. Das Buch soll zugleich Dozenten für die Erstellung eines Lehrplanes und Studenten in der Bewältigung des Lehrstoffes hilfreich sein. Um dem Werk die Originalität der Entstehung zu belassen, wurden oft, vor allem in den umweltbezogenen Kapiteln, Verhältnisse in der Schweiz angegeben. Der Leser wird ermuntert, diese auf die Verhältnisse in seinem Land im Rahmen des Möglichen zu übertragen. Das Buch ist kein auf Vollständigkeit bedachtes Nachschlagewerk nationaler Normen, Vorschriften und Verhältnisse.

Wir danken besonders Herrn Prof. Dr. E. Freitag für die Gedanken im Geleitwort. Ein weiterer grosser Dank geht an Veronika Sieger und Christoph Flueler für ein an Bemühungen reiches Lektorat sowie an Brigitte Shah-Derler für die Anfertigung zahlreicher Zeichnungen. Schliesslich dürfen wir allen Co-Autorinnen und Autoren, allen Mitarbeiterinnen und Mitarbeitern, herzlich für Ihre Beiträge und für zahlreiche Lektorate danken. Dem Springer-Verlag und besonders Herrn Dr. Merkle gebührt unser aller Dank für eine ausgezeichnete Zusammenarbeit.

Dr. Erich Wintermantel
Ordentlicher Professor
für Biokompatible Werkstoffe
und Bauweisen

Dipl.-Ing. Suk-Woo Ha
ETH Zürich
Wagistrasse 23
CH - 8952 Schlieren

Zürich, im Februar 1996

Inhaltsverzeichnis

Part I   Impulse – Teil 1

1   **Editorial** 3
    E. Wintermantel

Part II   Grundlagen der Medizintechnik

2   **Einleitung** 63
    S.-W. Ha, E. Wintermantel
    2.1   Literatur 66

3   **Biokompatibilität** 67
    E. Wintermantel, B. Shah-Derler, A. Bruinink, M. Petitmermet,
    J. Blum, S.-W. Ha
    3.1   Normen 67
    3.2   Definitionen 67
    3.3   Implantat-Gewebe-Interaktionen 70
    3.4   Bestimmung der Biokompatibilität mittels *in vitro* und *in vivo*
           Methoden 72
           3.4.1   In vitro-Systeme 72
           3.4.2   In vitro Tests 79
           3.4.3   In vivo-Tests 90
           3.4.4   Vergleich zwischen in vitro- und in vivo-Tests 91
    3.5   Reaktionen des menschlichen Körpers auf Werkstoffe
           und Bauteile 92
           3.5.1   Entzündungsreaktionen 93
           3.5.2   Allergische Reaktionen 93
           3.5.3   Abwehr partikulärer Substanzen, welche über
                    die Atmung in den Körper eingetragen werden 95
           3.5.4   Asbestproblematik 98
    3.6   Ausblick 100
    3.7   Literatur 102

4	**Biofunktionalität**		105
	S.-W. Ha, E. Wintermantel		
	4.1	Lastübertragung	105
	4.2	Gelenkersatz	106
		4.2.1 Tribologie	106
		4.2.2 Reibung	107
		4.2.3 Schmierung	107
		4.2.4 Verschleiss	107
	4.3	Transport von Flüssigkeiten	108
	4.4	Optische und akustische Übertragung	110
	4.5	Kontrolle der Freisetzung von Arzneistoffen	110
	4.6	Literatur	111
5	**Sterilisation**		113
	S.-W. Ha, M. Koller, G. Göllner		
	5.1	Einleitung	113
	5.2	Sterilisationsverfahren	115
	5.3	Hitzesterilisation	117
	5.4	Niedertemperatur-Gas-Verfahren / Kaltsterilisationsverfahren	120
	5.5	Sterilisation mit ionisierender Strahlung	123
	5.6	Sterilisationsverfahren mit wässrigen Lösungen	123
	5.7	Literatur	125

Part III Biologische Grundlagen

6	**Zellen**		129
	B. Shah-Derler, J. Hubbell, E. Wintermantel, S.-W. Ha		
	6.1	Einleitung	129
	6.2	Zellaufbau	130
		6.2.1 Zellmembran	130
		6.2.2 Zytoplasma	131
		6.2.3 Zellkern	132
		6.2.4 Mitochondrien	133
		6.2.5 Endoplasmatisches Retikulum	133
		6.2.6 Golgi-Apparat	134
		6.2.7 Lysosomen	134
		6.2.8 Zytoskelett	135
	6.3	Zellteilung	135
	6.4	Differenzierung der Zelle	138
	6.5	Zelladhäsion und extrazelluläre Matrix	138
		6.5.1 Einleitung	138
		6.5.2 Extrazelluläre Matrixproteine und ihre Rezeptoren	141
		6.5.3 Modellsysteme für die Untersuchung von Matrixinteraktionen	147

Inhaltsverzeichnis   xxi

        6.5.4   Die Bildung von Zellmustern durch Oberflächen-
                  funktionalisierung 149
   6.6   Literatur 151

7 Blut 155
B. Shah-Derler, E. Wintermantel, S.-W. Ha
   7.1   Zusammensetzung und Funktion 155
   7.2   Zelluläre Bestandteile des Blutes 156
        7.2.1   Erythrozyten 156
        7.2.2   Leukozyten 157
        7.2.3   Thrombozyten 158
   7.3   Blutkreislauf 158
   7.4   Blutstillung und Blutgerinnung 159
   7.5   Blutkontakt und Hämokompatibilität 160
   7.6   Literatur 162

8 Gewebe 163
B. Shah-Derler, E. Wintermantel, S.-W. Ha
   8.1   Einleitung 163
        8.1.1   Epithelgewebe 163
        8.1.2   Binde- und Stützgewebe 164
        8.1.3   Muskelgewebe 164
        8.1.4   Das Nervengewebe 165
   8.2   Knorpelgewebe 166
   8.3   Knochengewebe 167
        8.3.1   Struktureller Aufbau 168
        8.3.2   Chemische Zusammensetzung 170
        8.3.3   Mechanische Eigenschaften 170
        8.3.4   Knochenzellen 171
        8.3.5   Knochenentstehung (Ossifikation) 172
        8.3.6   Knochenwachstum 175
        8.3.7   Knochenbruchheilung 175
   8.4   Literatur 178

9 Immunsystem 179
J. Blum, M. Petitmermet, E. Wintermantel
   9.1   Die Zellen des Immunsystems 179
        9.1.1   Granulozyten 181
        9.1.2   Monozyten und Makrophagen 182
        9.1.3   Lymphozyten 183
   9.2   Phagozytose und Pinozytose 184

Part IV Werkstoffe in der Medizintechnik

10 Einleitung 189
S.-W. Ha

11 Biokompatible Metalle 191
S.-W. Ha, E. Wintermantel
- 11.1 Einleitung und geschichtlicher Rückblick 191
- 11.2 Mechanische Eigenschaften 193
- 11.3 Korrosion 195
  - 11.3.1 Untersuchung der Korrosionsbeständigkeit von metallischen Implantatwerkstoffen 196
  - 11.3.2 Passivierung 197
  - 11.3.3 Korrosionsarten 199
  - 11.3.4 Weitere Korrosionsarten 200
- 11.4 Biokompatibilität 201
  - 11.4.1 In vitro-Korrosionsuntersuchungen 201
  - 11.4.2 Korrosion und Gewebereaktion 202
  - 11.4.3 Löslichkeit und Toxizität 204
  - 11.4.4 Schlussbemerkung zur Biokompatibilität von Metallen 204
- 11.5 Rostfreie Stähle 205
  - 11.5.1 Korrosionsbeständigkeit 205
  - 11.5.2 Mechanische Eigenschaften 207
  - 11.5.3 Biokompatibilität 207
- 11.6 Kobaltlegierungen 207
  - 11.6.1 Korrosionsbeständigkeit 209
  - 11.6.2 Mechanische Eigenschaften 210
  - 11.6.3 Biokompatibilität 210
- 11.7 Titanlegierungen 211
  - 11.7.1 Korrosionsbeständigkeit 211
  - 11.7.2 Mechanische Eigenschaften 213
  - 11.7.3 Biokompatibilität 213
- 11.8 Literatur 215

12 Biokompatible Polymere 219
S.-W. Ha, E. Wintermantel, G. Maier
- 12.1 Polymerisationsreaktionen 221
  - 12.1.1 Polymerisation 222
  - 12.1.2 Polykondensation und Polyaddition 228
- 12.2 Synthetische Polymere 230
  - 12.2.1 Polyethylen (PE) 230
  - 12.2.2 Polyethylenterephthalat (PET) 232
  - 12.2.3 Polyvinylchlorid (PVC) 234

	12.2.4	Polycarbonate (PC)	235
	12.2.5	Polyamide (PA)	236
	12.2.6	Polytetrafluorethylen (PTFE)	238
	12.2.7	Polymethylmethacrylat (PMMA)	240
	12.2.8	Polyurethane	245
	12.2.9	Polysiloxane	249
	12.2.10	Polyetheretherketon (PEEK)	251
	12.2.11	Polysulfon (PSU)	253
	12.2.12	Weitere synthetische Polymere	254
12.3	Natürliche Polymere		256
	12.3.1	Kollagen	256
	12.3.2	Chitin und Chitosan	259
	12.3.3	Fibrin	261
12.4	Biodegradable Polymere		262
	12.4.1	Polylactide und Polyglykolide	265
	12.4.2	Polyhydroxyalkanoate (PHA)	268
	12.4.3	Polycaprolacton (PCL)	269
	12.4.4	Polyanhydride	270
	12.4.5	Polyorthoester	271
12.5	Literatur		272

13 Biokompatible Keramische Werkstoffe ... 277
S.-W. Ha, E. Wintermantel

13.1	Aluminiumoxid		278
	13.1.1	Klinische Ergebnisse	278
13.2	Zirkonoxid		279
	13.2.1	Klinische Ergebnisse	281
13.3	Hydroxylapatit		281
	13.3.1	Einleitung	281
	13.3.2	Herstellung	282
	13.3.3	Chemische Zusammensetzung und Kristallstruktur	283
	13.3.4	Eigenschaften	284
	13.3.5	Hydroxylapatitbeschichtungen	286
	13.3.6	Plasmagespritzte HA-Beschichtungen für die medizinische Anwendung	290
	13.3.7	Klinische Ergebnisse	290
13.4	Bioglas		291
	13.4.1	Einleitung	291
	13.4.2	Herstellung	292
	13.4.3	Chemische Zusammensetzung	292
	13.4.4	Eigenschaften	294
	13.4.5	Klinische Ergebnisse und Anwendungen	294
13.5	Literatur		296

14 Faserverbundwerkstoffe 299
J. Mayer, R. Tognini, M. Widmer, H. Zerlik, E. Wintermantel, S.-W. Ha

- 14.1 Einleitung 299
- 14.2 Funktionelle Einheiten eines kohlenstofffaserverstärkten Verbundwerkstoffes 301
  - 14.2.1 Faser 301
  - 14.2.2 Matrix 301
  - 14.2.3 „Interphasen" und „Interfaces" in Verbundwerkstoffen 302
  - 14.2.4 Faser-Matrix-Verbund 306
  - 14.2.5 Einfluss der Faserarchitektur (textile Anordnung von Fasern) 311
- 14.3 Gestricke als 3-dimensionale Verstärkungsstrukturen 313
  - 14.3.1 Die Struktur gestrickverstärkter Verbundwerkstoffe ... 313
  - 14.3.2 Mechanische Eigenschaften 316
  - 14.3.3 Versagensverhalten [43] 318
- 14.4 Ausgewählte Fertigungsverfahren für Bauteile aus biokompatiblen Faserverbundwerkstoffen 321
  - 14.4.1 Einleitung 321
  - 14.4.2 Pressverfahren für spanende und „net-shape"-Fertigung, am Beispiel einer Osteosyntheseplatte 322
  - 14.4.3 „Net-shape"-Pressverfahren 325
  - 14.4.4 Spanende Fertigung aus einem gepressten Halbzeug .. 325
  - 14.4.5 Vergleich der mechanischen Eigenschaften der beiden Platten 326
- 14.5 Spritzguss kurzfaserverstärkter Verbundwerkstoffe 328
  - 14.5.1 Faserorientierungsverteilung im spritzgegossenen Verbundwerkstoff 328
  - 14.5.2 Gegentaktspritzguss 331
- 14.6 Fliesspressen endlosfaserverstärkter Verbundwerkstoffe am Beispiel einer Osteosyntheseschraube 332
  - 14.6.1 Eigenschaften von fliessgepressten Kortikalisschrauben 333
  - 14.6.2 Mechanische Eigenschaften 334
  - 14.6.3 Diskussion 336
- 14.7 Schlussfolgerungen 338
- 14.8 Literatur 339

15 Textilverstärkte Kunststoffbauteile in funktionsintegrierender Leichtbauweise 343
L. Kroll

- 15.1 Einleitung 343
- 15.2 Auslegung textilverstärkter Kunststoffverbunde 344
- 15.3 Ungewohnte Werkstoff- und Struktureffekte 348
- 15.4 Kraftflussgerechte Hochleistungsverbunde 349

	15.5 Technologien für die Großserienproduktion	350
	15.6 Funktionsintegrative Fertigungstechnologien	353
	15.7 Zusammenfassung	355
	15.8 Literaturhinweise	356

16 Radioaktive Biomaterialien ... 357
W. Assmann

16.1	Wechselwirkung radioaktiver Strahlung mit Zellen	358
16.2	Dosisbegriffe und Dosimetrie radioaktiver Implantate	361
16.3	Radionuklide für die Verwendung in Implantaten	362
16.4	Verfahren zur Herstellung radioaktiver Implantate	365
16.5	Beispiele für radioaktive Implantate	367
	16.5.1 Seeds	367
	16.5.2 Stents	368
16.6	Ausblick	369
16.7	Literatur	370

Part V Tissue Engineering / Stammzell Engineering

17 Grundlagen des Tissue Engineering ... 373
J. Mayer, J. Blum, E. Wintermantel

17.1	Trägerstrukturen (scaffolds)	376
	17.1.1 Struktur und Aufbau natürlicher Gewebe	376
	17.1.2 Struktur und Aufbau künstlicher Gewebe	378
	17.1.3 Funktionale Elemente: Die Oberfläche	378
	17.1.4 Funktionale Elemente: Die Architektur	380
	17.1.5 Architektur: Das Anordnungsprinzip	382
	17.1.6 Architektur: Hierarchisierung durch Superstrukturen	382
17.2	Methodik	384
17.3	Literatur	385

18 Mikroreaktortechnik für Tissue Engineering ... 387
W. Minuth, K. Schumacher, R. Strehl, U. de Vries

18.1	Einleitung	387
18.2	Funktionelle Epithelien	388
18.3	Innovative Kulturtechniken	388
18.4	Epithelgewebe unterliegt permanentem Stress	390
18.5	Kulturbedingungen und Epithelbarriere	393
18.6	Proliferation und funktionelle Differenzierung	395
18.7	Modulierung der Gewebeeigenschaften	397
18.8	Aufrechterhaltung der Differenzierungsleistung	399
18.9	Literatur	401

| 19 | **Electrospinning** | 403 |

N. Laar, S. Köppl, E. Wintermantel

- 19.1 Einleitung 403
- 19.2 Der Electrospinning-Prozess 404
  - 19.2.1 Funktionsprinzip und Aufbau 404
  - 19.2.2 Einflussparameter 405
- 19.3 Variationen des Electrospinning-Aufbaus 407
  - 19.3.1 Manipulation des elektrischen Feldes 407
  - 19.3.2 Unterschiedliche Kollektortypen 407
  - 19.3.3 Sonstige Variationen 408
- 19.4 Variationen im Aufbau der Nanofasern 410
  - 19.4.1 Geperlte Fasern 410
  - 19.4.2 Poröse Fasern 411
  - 19.4.3 Bandförmige Fasern 413
- 19.5 Verwendete Polymere und Lösungsmittel 413
- 19.6 Anwendungsbeispiele 415
  - 19.6.1 Drug-Delivery-Systeme 416
  - 19.6.2 Scaffolds für das Tissue Engineering 418
- 19.7 Ausblick 420
- 19.8 Literatur 422

20 Tissue Engineering in der Hals-Nasen-Ohrenheilkunde, Kopf- und Halschirurgie 425

M. Bücheler, F. Bootz

- 20.1 Einleitung 425
- 20.2 Gewebeersatz nach Tumorchirurgie 425
- 20.3 Trachealstenosen 426
- 20.4 Speicheldrüsen 428
- 20.5 Literatur 430

21 Zellträgersysteme 431

K.-L. Eckert, J. Blum, E. Wintermantel

- 21.1 Immobilisation der Zellen 433
- 21.2 Zellvermehrung auf den Trägersubstraten 434
- 21.3 Nährstoffversorgung der Zellen auf den Trägersubstraten 434
- 21.4 Schutz gegen körpereigene Immunabwehr 435
- 21.5 Zellträgersysteme 435
  - 21.5.1 Angiopolare Zellträger 436
  - 21.5.2 Resorbierbare Polymersysteme 440
- 21.6 Literatur 442

22 Stammzellen 443

M. Eblenkamp, S. Neuss-Stein, S. Salber, V. Jacobs, E. Wintermantel

- 22.1 Einleitung 443
- 22.2 Definitionen und Systematik 444
  - 22.2.1 Definition 444

	22.2.2	Gliederung nach Ausmaß des Differenzierungspotentials	447
	22.2.3	Gliederung nach Richtung des Differenzierungspotentials	448
	22.2.4	Gliederung nach Ursprung	448
22.3	Identifizierung von Stammzellen		449
	22.3.1	Morphologie	450
	22.3.2	Oberflächenmerkmale	450
	22.3.3	Funktionelle Eigenschaften	450
22.4	Verfahren zur Gewinnung von Stammzellen		451
	22.4.1	Isolation	451
	22.4.2	Aufreinigung	451
	22.4.3	Kultivierung	453
22.5	Differenzierung von Stammzellen		453
	22.5.1	In-vivo-Situation	453
	22.5.2	In-vitro-Differenzierung	454
22.6	Ausgewählte Stammzellen im Detail		456
	22.6.1	Embryonale Stammzellen	456
	22.6.2	Hämatopoetische Stammzellen	457
	22.6.3	Mesenchymale Stammzellen	458
	22.6.4	Stammzellen der Haut	459
	22.6.5	Endotheliale Vorläuferzellen	460
	22.6.6	Stammzellen des Geburtsgewebes	460
22.7	Stem Cell Engineering		462
	22.7.1	Wechselwirkung mit Biomaterialien	462
	22.7.2	Mechanisch-physikalische Einflüsse / Bioreaktoren ...	463
22.8	Klinischer Einsatz		465
22.9	Ausblick		468
22.10	Literatur		469

23 Blutpräparate und therapeutische Anwendung (Hämotherapie) ... 473
J. Burkhart, R. Leimbach, D. Nagl, F. Weinauer

23.1	Einleitung		473
23.2	Herstellung von Blutkomponenten		474
	23.2.1	Therapie mit Blutpräparaten	474
	23.2.2	Grundlagen der Herstellung	475
	23.2.3	Leukozytendepletion	477
	23.2.4	Zentrifugation	481
	23.2.5	Auftrennung von Vollblut in Erythrozytenkonzentrat und Plasma	482
	23.2.6	Konfektionierung der Blutkomponenten	484
	23.2.7	Herstellung von Thrombozytenkonzentraten	486
	23.2.8	Notfälle	487
23.3	Herstellung von Blutstammzellpräparaten		487
	23.3.1	Stammzelltherapie	488
	23.3.2	Mobilisierung von Stammzellen	488

		23.3.3	Stammzellgewinnung durch Apherese	489
		23.3.4	Verarbeitung hämatopoetischer Stammzellen	490
		23.3.5	Kryokonservierung hämatopoetischer Stammzellen	490
		23.3.6	Blutstammzellen im Vergleich zu Knochenmark	493
		23.3.7	Indikationen zur Stammzelltransplantation	493
	23.4	Qualitätsmanagement im Blutspendewesen		494
		23.4.1	Regulatorische Vorgaben	494
		23.4.2	Begriffsklärung/Abgrenzung zwischen Qualitätsmanagement, Qualitätssicherung und Qualitätskontrolle	495
		23.4.3	Elemente eines Qualitätsmanagements im Blutspendewesen	503
	23.5	Literatur		510
24	**Magnetoseed**			**513**
	H. Perea, H. Methe, E. Wintermantel			
	24.1	Einleitung		513
	24.2	Anatomischer Aufbau von Blutgefäßen		514
	24.3	Zelluläres Kompartiment		516
		24.3.1	Endotheliale Progenitorzellen und andere Stammzellen	517
		24.3.2	Genetisch modifizierte EZ	518
	24.4	Scaffold		519
		24.4.1	Synthetische Scaffolds	519
		24.4.2	Biologische Scaffolds	526
		24.4.3	Scaffold Beschichtungen	527
		24.4.4	Immunogenität von Gefäßprothesen	528
	24.5	Zelluläre Besiedelungstechniken – Bioreaktoren		529
	24.6	Klinische Erfahrung		535
		24.6.1	Endothelzell-beschichtete Gefäßimplantate	535
		24.6.2	Tissue Engineering vollständiger Gefäßprothesen	537
	24.7	Zusammenfassung		540
	24.8	Literatur		542

Part VI Prozesstechnologien für medizintechnische Entwicklungen

25	**Kunststoffverarbeitung für die Medizintechnik**			**551**
	I. Jumpertz, E. Krampe, E. Wintermantel			
	25.1	Einführung		551
		25.1.1	Medizintechnik – eine Herausforderung für die Kunststoffverarbeitung	551
		25.1.2	Kunststoffe in der Medizintechnik	554
		25.1.3	Kunststoffverarbeitung – ein Überblick	554
	25.2	Literatur		556

Inhaltsverzeichnis

26 Spritzgießen 557
E. Bürkle, D. Ammer, M. Würtele
- 26.1 Grundlagen 557
- 26.2 Spritzgießprozess 559
  - 26.2.1 Plastifizieren und Dosieren 559
  - 26.2.2 Einspritzen, Nachdrücken und Abkühlen 560
  - 26.2.3 Entformen 560
  - 26.2.4 Formteilbildung 562
  - 26.2.5 Werkzeuginnendruckverlauf und Einflussnahme 564
  - 26.2.6 Prozessführung im pvT-Diagramm 566
  - 26.2.7 Prägen – Prozessführung für spannungsarme Formteile 566
  - 26.2.8 Einfluss der Formmasse (amorph, teilkristallin) auf den Druckverlauf 568
- 26.3 Spritzgießmaschine 571
- 26.4 Plastifiziereinheit 573
  - 26.4.1 Leistungsfähigkeit 573
  - 26.4.2 Schnecken, Geometrie und Aufgaben 575
  - 26.4.3 Rückstromsperre 586
  - 26.4.4 Antrieb für Schnecke und Einspritzvorgang 588
- 26.5 Spritzeinheit 588
- 26.6 Schließeinheit 589
- 26.7 Qualitätssicherung und Prozessüberwachung 591
- 26.8 Prozessdokumentation 591
- 26.9 Überwachung von Prozessparametern 591
- 26.10 Besonderheiten an der Spritzgießmaschine für den Betrieb in reinen Räumen 592
- 26.11 Literatur 594

27 Sonderverfahren des Spritzgießens 597
W. Michaeli, C. Lettowsky
- 27.1 Mehrkomponenten-Spritzgießen 597
  - 27.1.1 Additionsverfahren 598
  - 27.1.2 Verfahrenstechnische Aspekte 602
  - 27.1.3 Anwendungen 603
  - 27.1.4 Sandwich-Spritzgießen 604
- 27.2 Fluidinjektionstechnik 609
  - 27.2.1 Gasinjektionstechnik 611
  - 27.2.2 Wasserinjektionstechnik 612
- 27.3 Thermoplast-Schaumspritzgießen 613
  - 27.3.1 Eigenschaften von Thermoplastschäumen 614
  - 27.3.2 Treibmittelarten 615
  - 27.3.3 Mechanismen der Schaumbildung 616
  - 27.3.4 Anlagentechnik zur Beladung von Polymerschmelzen mit physikalischen Treibmitteln 617

		27.3.5	Verfahren für das Thermoplast-Schaumspritzgießen ...	620
		27.3.6	CESP – Ein Verfahren zur Herstellung geschäumter, resorbierbarer, Wirkstoff tragender Implantate	621
	27.4	Hinterspritztechnik		623
	27.5	Mikro-Spritzgießen		626
	27.6	Spritzprägen		629
	27.7	Schmelzkerntechnik		632
	27.8	Insert- / Outsert- / Hybridtechnik		632
	27.9	Pulverspritzgießen		633
	27.10	Literatur		636

28 Mikrospritzgießen 641
K.-H. Ebert, D. Ammer, M. Hoffstetter, E. Wintermantel

	28.1	Definition des Mikrospritzgießens	641
	28.2	Märkte und Anwendungen	643
	28.3	Anlagentechnik	646
	28.4	Werkzeugbau	649
	28.5	Prozesstechnik	654
	28.6	Messtechnik	658
	28.7	Literatur	662

29 Extrusion & Compoundierung 665
H. Collin, V. Schulze

	29.1	Einleitung	....	665
		29.1.1	Schneckengeometrie	666
	29.2	Grundlagen Schneckenmaschinen		667
	29.3	Extrusion im Einschneckenextruder		668
		29.3.1	Maschineller Aufbau von Einschneckenextrudern	668
		29.3.2	Einteilen der Extruderzylinder in Verfahrenszonen	668
		29.3.3	Schneckengeometrie	671
	29.4	Typische Extruder-Nachfolgeeinheiten		672
		29.4.1	Rohr/Schlauch	672
		29.4.2	Blasfolie	678
		29.4.3	Flachfolien und Tafeln	686
	29.5	Grundlagen der Compoundierung		689
		29.5.1	Der Doppelschneckenextruder	691
		29.5.2	Typischer Verfahrensaufbau mit Nachfolgeeinrichtungen	694
		29.5.3	Einsatz in der Medizintechnik	698
	29.6	Ausblick		699
	29.7	Literatur		701

30 Mikrospritzgießanlage µ-Ject mit Linearantrieb 703
D. Ammer

	30.1	Motivation und Ziele	704
	30.2	Konzeption und Realisierung	705

	30.3	Validierung und Prozessoptimierung	708
	30.4	Fazit und Ausblick	711
	30.5	Literatur	712

31 Extrusion von ein- und mehrlumigen Katheterschläuchen aus thermoplastischen Kunststoffen ... 713
H. Wahl
- 31.1 Rohmaterial ... 713
- 31.2 Materialförderung ... 715
- 31.3 Extrusion ... 715
- 31.4 Anlagensteuerung ... 717
- 31.5 Formgebendes Werkzeug ... 718
- 31.6 Stützluftregeleinheit ... 719
- 31.7 Kalibrierung ... 721
- 31.8 Vakuumkalibrierbad ... 721
- 31.9 Durchmessermess- und Regeleinheit ... 721
- 31.10 Abzug-Ablängeinheit ... 721

32 Reinraumtechnik für die Medizintechnik ... 725
M. Petek, M. Jungbluth, E. Krampe
- 32.1 Funktionsprinzip eines Reinraumes ... 726
  - 32.1.1 Konstruktionsprinzip ... 726
  - 32.1.2 Filter für die Reinraumtechnik ... 732
  - 32.1.3 Belüftung ... 733
  - 32.1.4 Druck und Druckstufen der (Zu-)Luft ... 736
  - 32.1.5 Klimatisierung ... 736
  - 32.1.6 Sterilisation und Ionisation ... 737
- 32.2 Qualität, Qualifizierung und Beurteilung eines Reinraumes ... 739
  - 32.2.1 Reinraumklassen / zulässige Partikelanzahl ... 740
  - 32.2.2 Partikelmessung ... 744
  - 32.2.3 Luftgeschwindigkeit, Luftmenge, Luftwechsel ... 744
  - 32.2.4 Luftdruck und Druckstufen ... 746
  - 32.2.5 Reinraumtemperatur und Reinraumfeuchte ... 747
  - 32.2.6 Filterlecktest ... 748
  - 32.2.7 Visualisierung der Luftströmung ... 748
  - 32.2.8 Erholzeit ... 748
  - 32.2.9 Bakterien und Keime ... 749
- 32.3 Peripherie eines Reinraumes ... 749
  - 32.3.1 Material- und Personalschleusen ... 749
  - 32.3.2 Anlagen und Maschinen im Reinraum ... 753
- 32.4 Anwendungsbeispiele ... 757
  - 32.4.1 Reinraum zur Fertigung von Implantaten ... 757
  - 32.4.2 Reinraum zur Fertigung von Verpackungen ... 759
- 32.5 Ausblick ... 761
- 32.6 Literaturverzeichnis ... 763

33 Cell 3D: Kunststoffschäume für dreidimensionale Zellkultivierung 765
A. Walter, S. Leicher, E. Wintermantel
- 33.1 Einleitung 765
- 33.2 Prozesstechnologie zur Herstellung geschäumter Polymere 767
  - 33.2.1 Einleitung 767
  - 33.2.2 Grundlagen 767
  - 33.2.3 Schaumspritzguss 770
  - 33.2.4 Schaumextrusion 772
  - 33.2.5 Einfluss der Prozessparameter auf die Schaumstruktur 774
- 33.3 Oberflächenmodifikation von Kunststoffschäumen 781
  - 33.3.1 Einleitung 781
  - 33.3.2 Plasmabehandlung 781
  - 33.3.3 Auswirkung von Niederdruckplasma auf die Benetzbarkeit von Polymerschäumen 783
- 33.4 Analyse der Porenstruktur 784
  - 33.4.1 Ein- und zweidimensionale Porenanalyse 784
  - 33.4.2 Dreidimensionale Porenanalyse 786
- 33.5 Besiedelung von Kunststoffschäumen mit Zellen 787
- 33.6 Nachweis dreidimensionalen Zellwachstums 788
- 33.7 Genexpressionsprofile dreidimensionaler Zellkulturen 789
- 33.8 Zusammenfassung und Ausblick 791
- 33.9 Literatur 792

34 Systemlieferant und OEM Hersteller für die Medizintechnik und Pharmabranche 797
T. Jakob, R. Reichenberger
- 34.1 Einleitung 797
- 34.2 Extrusion in der Medizintechnik 798
  - 34.2.1 Extrusion in Reinräumen 798
  - 34.2.2 Mikroextrusion – Realisierung kleinster Dimensionen 799
  - 34.2.3 Verbundschläuche / Mehrschichtschläuche / Multilayer-Schläuche 801
  - 34.2.4 Liner-Schläuche 803
  - 34.2.5 Mehrlumenschläuche 804
  - 34.2.6 Schläuche mit einextrudierten Drähten/ Datenleitungen 805
  - 34.2.7 Armierte Schläuche 805
  - 34.2.8 Blasfolienschläuche 807
- 34.3 Spritzgießen in der Medizintechnik 809
  - 34.3.1 Einkomponenten-Spritzgießen 809
  - 34.3.2 Anspritzen an Schläuche 811
  - 34.3.3 Mehrkomponenten-Spritzgießen 813
- 34.4 Konfektion in der Medizintechnik 816
  - 34.4.1 Klebetechnologie 816
  - 34.4.2 Tipforming/Flaring-Technologie 821
  - 34.4.3 Perforationen/Stanzungen 822

	34.4.4	Schweißen	824
	34.4.5	Zwei- und dreidimensional Biegen/Bending und Flaring	826
	34.4.6	Bedrucken	828
	34.4.7	Assembly	829
34.5	Polymere Materialien in der Medizintechnik		830
	34.5.1	Antimikrobielle polymere Materialien und Oberflächen	831
	34.5.2	Dehäsive Materialien und Oberflächen	833
	34.5.3	PVC und Weichmacher	835
34.6	Literatur		837

35 Atmosphärisches Plasma in der Medizintechnik ... 839
T. Beer, A. Knospe, C. Buske

35.1	Einleitung		839
35.2	Das Openair®-Plasma		840
35.3	Anlagentechnik		841
35.4	Aktivierung und Reinigung mittels atmosphärischem Plasma		842
35.5	Schichtabscheidung mittels atmosphärischem Plasma		845
35.6	Anwendungen des Openair®-Plasmas in der Medizintechnik		848
	35.6.1	Kleben und Bedrucken	849
	35.6.2	2-Komponenten-Spritzguß	851
	35.6.3	Desinfektion	853
	35.6.4	Verschließen von Glasampullen	856
35.7	Mögliche weitere Anwendungsgebiete in der Medizintechnik		857
	35.7.1	Korrosionsschutzschichten	858
	35.7.2	Haftvermittlerschichten	858
	35.7.3	Gleitschichten	859
	35.7.4	Barriereschichten	859
35.8	Zusammenfassung		859
35.9	Literatur		861

36 Dünne Beschichtungen auf Biomaterialien ... 863
D. Klee, J. Lahann, W. Plüster

36.1	Beschichtung von Biomaterialien		863
36.2	Schichtdickenbereiche der Beschichtungsverfahren		863
36.3	Zielsetzung der dünnen Beschichtung		864
36.4	Verfahren zum Aufbringen von dünnen Schichten auf Biomaterialien		865
	36.4.1	Erzeugung von dünnen Schichten durch Plasmaprozesse	865
	36.4.2	Beschreibung der Plasmaprozesse	866
	36.4.3	Niedertemperaturplasmabehandlung zur Oberflächenmodifizierung von Biomaterialien	867
	36.4.4	Chemical Vapour Deposition (CVD) – Beschichtung von Biomaterialien	871

36.5	Ausblick	875
36.6	Literatur	876

37 PVD-Beschichtungstechnologie ... 879
M. K. Lake

37.1	Grundlagen der Physical Vapor Deposition- PVD-Beschichtungstechnologie	879
37.2	Schichtsysteme, Schichtarchitektur und Eigenschaften	883
37.3	Schichtarchitektur	886
37.4	Kombinationsbehandlung Plasmanitrieren und PVD-Beschichten	887
37.5	Mechanische Probenvorbehandlung	887
37.6	Einsatzbereiche der PVD-Technologie	889
37.7	PVD-Beschichtung von Kunststoff	890
37.8	Qualitätssicherung und Prüftechnik für PVD-Dünnschichtsysteme	891
37.9	Literaturverzeichnis	895

38 Polymer-/Medikamentenbeschichtung von oberflächenstrukturierten metallischen Werkstoffen ... 897
M. Renke-Gluszko, M. Stöver, E. Wintermantel

38.1	Einleitung	897
38.2	Polymere für kontrollierte Medikamentengabe	898
38.3	Technische Umsetzung	899
38.4	Medikamentenfreisetzung	901
38.5	Polymerfreie Medikamentenbeschichtung von Implantaten	902
38.6	Literatur	906

39 Titanisierung von Implantatoberflächen ... 907
H. Zimmermann, M. Heinlein, N. W. Guldner

39.1	Einleitung		907
39.2	Oberflächentitanisierung		908
	39.2.1	Technische Grundlagen	908
	39.2.2	Schichtcharakterisierung	909
	39.2.3	Wirksamkeit titanisierter Implantatoberflächen im Zellversuch	914
	39.2.4	Einsatz titanisierter polymerer Netzimplantate im Großtiermodell	916
	39.2.5	Titanisierung polymerer und kollagener Blutkontaktflächen	918
	39.2.6	Detoxifizierung glutaraldehydfixierter kollagener Prothesen	920
39.3	Zusammenfassung		923
39.4	Literatur		925

40 Mikrostrukturtechnik und Biomaterialien ... 927
A. E. Guber, V. Saile, K.-F. Weibezahn
- 40.1 Einleitung ... 927
- 40.2 Fertigungsverfahren in der Mikrostrukturtechnik ... 928
  - 40.2.1 Silizium-Mikromechanik ... 928
  - 40.2.2 LIGA-Verfahren ... 928
  - 40.2.3 Lasermikromaterialbearbeitung ... 931
  - 40.2.4 Mikrozerspanen ... 932
  - 40.2.5 Mikrofunkenerosion (µEDM-Technik) ... 933
- 40.3 Anwendungsbeispiele ... 935
  - 40.3.1 Miniaturisierte Instrumente für die endoskopische Chirurgie ... 935
  - 40.3.2 Gefässendoprothesen (Stents) ... 936
  - 40.3.3 Mikrocontainer für Zellkulturen ... 937
  - 40.3.4 µTAS- und Lab-on-Chip-Anwendungen ... 938
- 40.4 Ausblick ... 939
- 40.5 Literatur ... 941

41 Oberflächenstrukturierung metallischer Werkstoffe, z. B. für stents ... 943
M. Stöver, E. Wintermantel
- 41.1 Einleitung ... 943
- 41.2 Sandstrahlen ... 944
- 41.3 Ätzen ... 944
- 41.4 Mikrostrukturierung durch elektrochemisches Korngrenzenätzen ... 945
- 41.5 Technische Umsetzung ... 946
- 41.6 Anwendungsmöglichkeiten ... 947
- 41.7 Ausblick ... 948
- 41.8 Literatur ... 949

42 Sticktechnologie für medizinische Textilien und Tissue Engineering ... 951
E. Karamuk, J. Mayer, E. Wintermantel
- 42.1 Einleitung ... 951
- 42.2 Gesticke für technische Anwendungen ... 951
- 42.3 Gesticke für medizinische Anwendungen ... 952
- 42.4 Gesticktechnik für scaffolds im Tissue Engineering ... 953
- 42.5 Fertigungsprozess für technische Stickereien ... 953
- 42.6 Strukturelle und mechanische Aspekte ... 954
- 42.7 Anwendungsbeispiele für medizinische Gesticke ... 956
  - 42.7.1 Textil für einen angiopolaren Wundverband ... 956
  - 42.7.2 Textile Scaffolds für Zellkulturstudien ... 956
- 42.8 Zusammenfassung und Ausblick ... 958
- 42.9 Literatur ... 960

43 Medizinische Textilien 961
S. Houis, T. Deichmann, D. Veit, T. Gries
43.1 Einleitung 961
43.2 Werkstoffe 962
43.3 Definitionen in der Textiltechnik 963
43.4 Medizinische Filamente – Lieferformen und Fasererzeugung ... 964
43.5 Textilerzeugung 971
43.6 Prüfmethoden 982
43.7 Anwendungen von Textilien in der Medizin 987
43.8 Literatur 991

44 Wundversorgung 993
R. Bruggisser, I. Potzmann, M. Dudler
44.1 Geschichtliche Entwicklung 993
44.2 Moderne Wundversorgung 1001
    44.2.1 Einleitung 1001
    44.2.2 Wundauflagen für die feuchte Wundbehandlung 1005
44.3 TenderWet® – die hydroaktive Wundauflage zur Wundreinigung 1010
    44.3.1 Konzept der hydroaktiven Wundauflage TenderWet® 1010
    44.3.2 Die Hydroaktive Wundauflage im klinischen Einsatz 1017
    44.3.3 Zusammenfassung 1020
44.4 Literatur 1021

45 Die Fadeninjektion 1023
P. Lüscher, E. Wintermantel
45.1 Literatur 1026

Part VII Diagnostische Medizintechnik und minimalinvasive Verfahren

46 Magnetresonanztomographie 1029
S. C. Göhde, M. E. Ladd, L. Papavero, P. Köver, M. Semadeni, E. Wintermantel
46.1 MRI Bildgebung 1029
    46.1.1 Einleitung 1029
    46.1.2 Grundlagen der Magnetresonanz-Tomographie 1030
    46.1.3 Relaxationsphänomene 1031
    46.1.4 MR Bildgebungstechnik und Anwendungen 1035
46.2 Klinische Anwendungen der MRT 1041
    46.2.1 Gehirn 1041
    46.2.2 Wirbelsäule 1041
    46.2.3 Thorax 1042
    46.2.4 Herz 1043
    46.2.5 Abdomen 1044

	46.2.6	Gelenke	1045
	46.2.7	Muskuloskelettales System	1045
	46.2.8	Kontrastmittel-verstärkte 3D MR-Angiographie	1045
	46.2.9	3D MR-Colonographie	1046
46.3	MRI-Kompatibilität		1047
	46.3.1	Statisches Magnetfeld	1050
	46.3.2	Gradienten	1050
	46.3.3	HF-Energie	1051
	46.3.4	Artefaktbildung	1053
	46.3.5	Aktuelle Entwicklungen	1055
	46.3.6	Potential von iMRI	1057
46.4	Beispiele von MRI kompatiblen Instrumenten		1057
	46.4.1	Neurochirurgie/ Halswirbelsäulenchirurgie	1057
	46.4.2	Fertigung eines MRI-kompatiblen Retraktorblattes aus kohlenstofffaserverstärkten Thermoplasten	1061
	46.4.3	Ausblick auf weitere Entwicklungen	1068
46.5	Literatur		1070

47 Medizinische Bildgebung ... 1071
G. Wessels

47.1	Allgemein	1071
47.2	Ultraschall – Bildgebung (Sonographie)	1072
47.3	Röntgen-Bildgebung	1084
47.4	Computertomographie (CT)	1095
47.5	Nuklearmedizinische Bildgebung (Szintigraphie / SPECT / PET)	1103

48 Theragnostik: Diagnostische Systeme mit integrierter Therapie .. 1113
R. Birkenbach

48.1	Einleitung		1113
48.2	Vorbereitende Massnahmen		1113
	48.2.1	Image fusion	1114
	48.2.2	Segmentierung	1115
48.3	Patientenregistrierung		1115
	48.3.1	Registrierung mit Hilfe eines Localizers	1115
	48.3.2	Paired Point Methode (PPM)	1116
48.4	Therapie		1116
	48.4.1	Radiochirurgie als nicht-invasive Therapie	1116
	48.4.2	Bildgestützte Navigation	1117
	48.4.3	Intraoperative Bildgebung	1118
48.5	Ausblick		1119

49 Endoskopie, minimal-invasive Chirurgie und navigierte Systeme 1121
H. Feußner, A. Schneider, A. Meining

49.1	Die dritte Phase der wissenschaftlichen Chirurgie	1121
49.2	Flexible Endoskopie	1122

49.3	Laparoskopische Chirurgie		1127
	49.3.1	Apparative Grundausstattung	1127
	49.3.2	Der minimal-invasive OP	1148
	49.3.3	Diagnostische und therapeutische Einsatzmöglichkeiten der laparoskopischen Chirurgie	1148
	49.3.4	Perspektiven	1148
49.4	Sogenannte „Transluminale Eingriffe„ (NOTES)		1154
	49.4.1	Prinzip, derzeitige Indikationen, Forschungsbedarf	1155
	49.4.2	Perspektiven, innovative Instrumente/Geräte	1159
49.5	Literatur		1161

50 Endoskopie, minimal invasive chirurgische und navigierte Verfahren in der Urologie ... 1163
J. Grosse, M. von Walter, G. Jakse

50.1	Einleitung / Zusammenfassung		1163
50.2	Laparoskopische Tumorchirurgie		1165
	50.2.1	Niere und Harnleiter	1165
	50.2.2	Prostata	1167
	50.2.3	Harnableitung	1169
50.3	Virtuelle Histologie der Harnblase Endoskopisch anwendbare Optische Kohärenztomographie		1172
50.4	Minimal invasive Verfahren zur Behandlung der Belastungsinkontinenz		1177
50.5	Minimal-invasiv applizierte Drug-Delivery-Systeme in der Urologie		1180
50.6	Literatur		1185

51 Single-Use Instrumente in der endoskopischen Gastroenterologie 1189
H. Schlicht, E. Wintermantel

51.1	Einleitung		1189
	51.1.1	Endoskope	1189
	51.1.2	Einsatzgebiete der Instrumente in der endoskopischen Gastroenterologie	1190
	51.1.3	Abmessungen der Instrumente	1191
51.2	Ballonkatheter		1193
	51.2.1	Dilatationsballons	1193
	51.2.2	Steinextraktionsballon	1195
	51.2.3	Exkurs: Harnblasenkatheter	1195
51.3	Endoskopisch retrograde Cholangiopankreatikographie (ERCP)		1198
	51.3.1	ERCP-Katheter	1198
	51.3.2	Papillotom	1199
51.4	Körbchen und Greifer		1200
	51.4.1	Fremdkörpergreifer	1200
	51.4.2	Steinextraktionskörbchen	1201

		51.4.3	Lithotripsie	1202
	51.5	Entfernung von Polypen		1203
		51.5.1	Polypektomieschlinge	1203
		51.5.2	Injektionsnadel	1204
	51.6	Gewebeproben		1205
		51.6.1	Biopsiezange	1205
		51.6.2	Aspirationsnadel	1206
		51.6.3	SonoTip® II	1207
		51.6.4	Zytologiebürste	1209
	51.7	Applikation		1210
		51.7.1	Hämostase	1210
		51.7.2	Drainage	1211
	51.8	Literaturverzeichnis		1214

52 Bildanalyse in Medizin und Biologie ... 1215
M. Athelogou, R. Schönmeyer, G. Schmidt, A. Schäpe, M. Baatz, G. Binnig

	52.1	Einleitung	1215
	52.2	Objektbasierte Bildanalyse am Beispiel der Cognition Network Technology (CNT)	1218
	52.3	Grundelemente und Definitionen	1219
	52.4	Anwendung der Cognition Network Technology für die Bildanalyse in Medizin und Biologie	1223
	52.5	Diskussion	1234
	52.6	Literatur	1236

53 Blutdruckmessung ... 1239
K. Rädle, W. Welte, N. Jauch

	53.1	Einleitung		1239
	53.2	Die historische Entwicklung der Blutdruckmessung		1240
	53.3	Mess-Methoden und Mess-Techniken		1246
		53.3.1	Direkte Messung (Intraarterielle Messung)	1246
		53.3.2	Indirekte Messung	1247
	53.4	Vorbereitung (Ruhephase, Körperhaltung, Manschetten)		1253
	53.5	Anwendung		1254
		53.5.1	Praxismessung	1254
		53.5.2	Selbstmessung	1255
		53.5.3	Ambulante 24-Stunden-Messung (ABDM)	1256
		53.5.4	Messung unter körperlicher Belastung (Ergometrie)	1257
		53.5.5	Überwachungsmonitoring	1258
		53.5.6	ABI	1258
	53.6	Literatur		1260

Part VIII Therapeutische Medizintechnik

54 Stenting und technische Stentumgebung 1263
M. Hoffstetter, S. Pfeifer, T. Schratzenstaller, E. Wintermantel
- 54.1 Einleitung 1263
- 54.2 Medizinische und technische Grundlagen 1264
  - 54.2.1 Arteriosklerose 1264
  - 54.2.2 Behandlungsmethoden 1266
- 54.3 Koronare Stent-Delivery-Systeme (SDS) 1267
  - 54.3.1 Ballonkatheter 1267
  - 54.3.2 Stent-Design 1269
  - 54.3.3 Werkstoffe 1272
  - 54.3.4 Herstellung von Stent-Delivery-Systemen 1276
- 54.4 Limitierende Faktoren 1280
  - 54.4.1 Restenose 1280
  - 54.4.2 Geometrie des Gefäßes 1283
  - 54.4.3 Technische Grenzen 1284
- 54.5 Mechanisches Verhalten der Stents während der Expansion ... 1285
- 54.6 Optimierungsansätze 1287
  - 54.6.1 Senkung der Thrombogenität von Stents 1287
  - 54.6.2 Lokale Applikation antiproliferativer Medikamente 1288
  - 54.6.3 Optimierung des Implantationsverfahrens 1289
  - 54.6.4 Optimierung des Stent-Designs 1290
  - 54.6.5 Alternatives Verfahren der Optimierung 1290
- 54.7 Literatur 1293

55 Kontrollierte therapeutische Systeme (Controlled drug delivery systems) 1297
S. W. Ha, E. Wintermantel
- 55.1 Einleitung 1297
  - 55.1.1 Definitionen 1297
  - 55.1.2 Therapeutischer Index 1299
  - 55.1.3 Konzept 1300
- 55.2 Konventionelle Arzneimittel 1301
  - 55.2.1 Grenzen der konventionellen Darreichungsformen ... 1301
- 55.3 Kontrollierte therapeutische Systeme 1302
  - 55.3.1 Konzept und Definition 1302
- 55.4 Anforderungen und Klassifizierung von Polymeren für kontrollierte therapeutische Systeme 1302
- 55.5 Membransysteme 1306
  - 55.5.1 Osmotische Pumpen 1306
- 55.6 Matrixsysteme 1307
  - 55.6.1 Degradable Systeme 1307
- 55.7 Trägersysteme 1309
- 55.8 Anwendungsbeispiele 1310
  - 55.8.1 Okulares therapeutisches System 1310

		55.8.2	Transdermales therapeutisches System	1311
	55.9		Ausblick	1311
	55.10		Literatur	1312

56 Chirurgisches Nahtmaterial und Nahttechniken ... 1313
W. Götz, R. Lange

	56.1	Nahtmaterial	1313
	56.2	Chirurgische Nadeln	1313
	56.3	Nahttechnik	1317
	56.4	Literatur	1321

57 Elektrische Phänomene des Körpers und ihre Detektion ... 1323
A. Bolz, N. Kikillus, C. Moor

	57.1	Die Entstehung elektrischer Signale im menschlichen Körper	1323
		57.1.1 Das Elektrokardiogramm	1327
		57.1.2 Das Elektroenzephalogramm	1331
		57.1.3 Das Elektromyogramm	1333
	57.2	Die Messung bioelektrischer Signale	1333
		57.2.1 Ableitelektroden	1333
		57.2.2 Ableittechnik	1344
	57.3	Anwendungsbeispiele	1347
		57.3.1 Elektrokardiographie	1347
		57.3.2 Elektroenzephalo- und -myographie	1353
		57.3.3 Therapieverfahren	1355
	57.4	Literatur	1356

58 Technische Systeme für den Herzersatz und die Herzunterstützung ... 1357
R. Schöb, H. M. Loree II

	58.1	Einleitung	1357
	58.2	Historische Entwicklung	1358
	58.3	Ventrikularunterstützung contra Herzersatz	1360
	58.4	Ein modernes, elektrisch angetriebenes LVAD	1361
	58.5	Ein modernes TAH System	1363
	58.6	Blutpumpen der nächsten Generation	1364
	58.7	Implantierbares LVAD mit magnetisch gelagertem Rotor für permanenten Einsatz	1366
	58.8	Zusammenfassung	1369
	58.9	Literatur	1370

59 Die Herz-Lungen-Maschine ... 1373
M. Krane, R. Bauernschmitt, R. Lange

	59.1	Geschichtlicher Rückblick	1373
	59.2	Komponenten und Funktionsprinzip der Herz-Lungen-Maschine	1374
		59.2.1 Blutpumpen	1374

59.2.2	Oxygenatoren	1376
59.2.3	Wärmetauscher	1378
59.2.4	Venöses Reservoir/Kardiotomiereservoir	1378
59.2.5	Schlauchsysteme	1379
59.2.6	Arterieller Filter	1379
59.2.7	Arterielle Kanülierung	1379
59.3	Venöse Kanülierung	1380
59.4	Ventkatheter und Maschinensauger	1380
59.5	Priming der Herz-Lungen-Maschine	1381
59.6	Myokardprotektion	1381
59.7	Hypothermie	1382
59.8	Blutgerinnung	1382
59.9	Hämodynamik	1383
59.10	Die mobile Herz-Lungen-Maschine LIFEBRIDGE $B_2T^®$	1384
59.11	Literatur	1386

60 Herzklappenchirurgie ... 1387
D. Ruzicka, I. Hettich, E. Eichinger, R. Lange

60.1	Grundlagen	1387
	60.1.1 Anatomie	1387
60.2	Herzklappenerkrankungen	1388
	60.2.1 Aortenklappe	1388
	60.2.2 Mitralklappe	1392
	60.2.3 Trikuspidalklappe	1396
60.3	Herzklappenprothesen	1396
	60.3.1 Biologische Prothesen	1396
	60.3.2 Mechanische Prothesen	1399
60.4	Literatur	1401

61 Innovative Aortenklappenimplantation ... 1403
P. Libera, W. Götz, C. Schreiber, R. Bauernschmitt, R. Lange

61.1	Einführung	1403
61.2	Entwicklung	1404
61.3	Cribier-Edwards™ Klappenprothese	1407
61.4	CoreValve-Klappenprothese (CoreValve Revalving™ System)	1409
61.5	Zugangswege zur nativen Aortenklappe	1412
61.6	Ergebnisse bei transapikalem Zugang	1413
61.7	Ausblick	1414
61.8	Literatur	1416

62 Minimalinvasive endovaskuläre Stent-Therapie bei Erkrankungen in der thorakalen Aorta ... 1419
B. Voss, R. Bauernschmitt, G. Brockmann, R. Lange

62.1	Einführung	1419
62.2	Stent Grafts	1422

62.3	Planung und Durchführung des endovaskulären Eingriffs	1426
62.4	Diskussion	1427
62.5	Literatur	1429

63 Prothetischer Ersatz der thorakalen Aorta 1431
B. Voss, R. Bauernschmitt, G. Brockmann, R. Lange

63.1	Einführung		1431
63.2	Chirurgische Therapie mit Gefäßprothesen (allgemeiner Teil)		1433
63.3	Spezielle chirurgische Techniken		1437
	63.3.1	Aorta ascendens Ersatz	1438
	63.3.2	Aortenbogenersatz	1441
	63.3.3	Aorta descendens-Ersatz	1442
	63.3.4	Hybridtechniken	1443
63.4	Diskussion		1444
63.5	Literatur		1446

64 Chirurgie angeborener Herzfehler 1447
C. Schreiber, P. Libera, R. Lange

64.1	Einführung	1447
64.2	Implantate	1448
64.3	Literatur	1454

65 Endoskopische Entnahme der Bypassgefäße 1455
S. Bleiziffer, R. Lange

65.1	Allgemeines		1455
65.2	Generelle Überlegungen		1457
65.3	Entnahmesysteme		1458
65.4	Endoskopische Venenentnahme		1458
	65.4.1	Offenes System	1458
	65.4.2	Geschlossenes System	1460
	65.4.3	Halboffenes System	1461
65.5	Endoskopische Radialisentnahme		1461
	65.5.1	Offenes System	1462
65.6	Vor- und Nachteile der endoskopischen Graftentnahme		1463
65.7	Literatur		1465

66 Homograft Bank in der Herzchirurgie 1467
W. Götz, N. Mendler, R. Lange

66.1	Begriffsbestimmung	1467
66.2	Geschichtliche Entwicklung	1467
66.3	Gewinnung der Homografts	1468
66.4	Auswahlkriterien für Gewebespender (Einschlusskriterien)	1468
66.5	Ausschlusskriteren für Gewebespender	1468
66.6	Verarbeitung der Homografts	1469
66.7	Verpackung der Homografts	1470

66.8 Der Gefriervorgang 1471
66.9 Lagerung der Homografts 1473
66.10 Auftauen der Homografts 1474
66.11 Implantation des Homografts (Indikation) 1474
66.12 Langzeitüberleben des Homografts 1476
66.13 Literatur 1477

67 **Kalzifizierung biologischer Herzklappenprothesen** 1479
B. Glasmacher, M. Deiwick
67.1 Grundlagen der Herzklappenprothetik 1479
    67.1.1 Einführung 1479
    67.1.2 Mechanische Herzklappenprothesen 1480
    67.1.3 Biologische Herzklappenprothesen 1482
67.2 Kalzifizierung biologischer Herzklappenprothesen 1484
    67.2.1 Einführung 1484
67.3 In vitro Kalzifizierung biologischer Herzklappenprothesen 1486
    67.3.1 Einführung 1486
    67.3.2 Pulsatiles Herzklappentestgerät 1486
    67.3.3 In vitro Kalzifizierungstestprotokoll 1487
    67.3.4 Korrelation von in vitro Kalzifizierung
            und mechanischer Belastung 1488
67.4 Literatur 1492

68 **Plastische und rekonstruktive
Mund-, Kiefer- und Gesichtschirurgie – Technische Aspekte** 1495
K.-D. Wolff, T. Mücke
68.1 Aufbau der Haut 1495
68.2 Freie Hauttransplantate 1496
68.3 Lokale Lappenplastiken 1497
68.4 Mikrovaskulärer Gewebetransfer 1499
    68.4.1 Entwicklung 1499
    68.4.2 Entnahmeregion 1501
    68.4.3 Lappen 1502
    68.4.4 Gefäßanastomose 1503
68.5 Heutiger Stand des mikrovaskulären Lappentransfers ... 1504
68.6 Auswahl wichtiger Transplantate 1506
    68.6.1 Unterarmlappen 1506
    68.6.2 Dünndarmtransplantat 1506
    68.6.3 Lateraler Oberarmlappen 1506
    68.6.4 Anterolateraler Oberschenkel/Vastus lateralis-Lappen ... 1508
    68.6.5 Defekte mit Beteiligung des Kieferknochens 1510
    68.6.6 Beckenkammtransplantat 1510
    68.6.7 Fibulatransplantat 1511
68.7 Prothetische und epithetische Defektversorgung 1513
    68.7.1 Indikation 1513

		68.7.2	Implantation	1513
	68.8	Literatur		1515

69 Grundlagen der Nieren- und Leberdialyse 1519
C. Schreiber, A. Al-Chalabi, O. Tanase, B. Kreymann
- 69.1 Entgiftungsorgane des Körpers 1519
  - 69.1.1 Niere 1523
  - 69.1.2 Leber 1526
  - 69.1.3 Vergleich der Funktion von Niere und Leber 1528
- 69.2 Grundlagen der extrakorporalen Blutreinigungsverfahren für Niere und Leber 1529
  - 69.2.1 Physikalisch-chemische Gesetzmäßigkeiten 1530
  - 69.2.2 Vaskuläre Zugänge 1532
  - 69.2.3 Die Entgiftungseinheiten: Dialysatoren und Adsorber 1534
  - 69.2.4 Biokompatibilität und Antikoagulation 1538
  - 69.2.5 Dialysatzusammensetzung 1539
  - 69.2.6 Normen und Leitlinien 1543
- 69.3 Dialysetechnik 1545
  - 69.3.1 Extrakorporale Nierenunterstützungssysteme 1545
  - 69.3.2 Intrakorporales Nierenunterstützungssystem: Peritonealdialyse 1549
  - 69.3.3 Unterschiedliche Behandlungsdauern 1549
  - 69.3.4 Aufbau einer Dialysemaschine mit integrierter Dialysataufbereitung 1550
- 69.4 Leberunterstützungstherapien 1570
  - 69.4.1 Plasmaaustausch: Das Prinzip der Plasmapherese 1573
  - 69.4.2 Albumindialyse 1574
  - 69.4.3 Single-Pass-Albumindialyse (SPAD) 1575
  - 69.4.4 Molecular Adsorbent Recirculating System (MARS®) 1575
  - 69.4.5 Prometheus® 1576
  - 69.4.6 Bioartifizielle Leberunterstützungssysteme 1577
  - 69.4.7 Hepa Wash 1579
- 69.5 Literatur 1581

70 Degradable Implantate: Entwicklungsbeispiele 1585
K. Ruffieux, E. Wintermantel
- 70.1 Einleitung 1585
- 70.2 Anwendungsgebiete und -beispiele 1587
  - 70.2.1 Zahnmedizin 1587
  - 70.2.2 Gesichts- und Schädelchirurgie 1588
  - 70.2.3 Sportmedizin 1589
  - 70.2.4 Traumatologie 1590
  - 70.2.5 Fusschirurgie 1590
  - 70.2.6 Wirbelsäulenchirurgie 1590
  - 70.2.7 Knochenersatzwerkstoffe 1592

70.3	Restriktionen beim Einsatz von resorbierbaren Implantaten	...	1592
	70.3.1	Eigenschaften	1592
	70.3.2	Kriechbeständigkeit	1593
	70.3.3	Kristallinität	1594
	70.3.4	Degradation	1594
	70.3.5	pH-Veränderung	1594
	70.3.6	Quellen des Polymers	1594
70.4	Beispiele neuer Technologien		1595
	70.4.1	Biocomposite	1595
	70.4.2	Sonic Fusion	1596
	70.4.3	Shape Memory Implantate	1597
	70.4.4	Resorbierbarer Röntgenmarker	1598
70.5	Ausblick		1598
70.6	Literatur		1599

71 Biokeramik für Anwendungen in der Orthopädie 1601
G. Willmann

71.1	Keramische Implantate	1601
71.2	Herstellung von Keramik	1601
71.3	Das Prinzip der Trennung von Funktionen	1602
71.4	Bioinerte Keramik für die Orthopädie	1603
71.5	Konstruktive Konzepte für Keramik bei Hüftgelenkersatz	1603
71.6	Bewertung von Gleitpaarungen	1606
71.7	Zulassung	1607
71.8	Zukünftige Entwicklungen	1608
71.9	Literatur	1609

72 Hüftgelenks-Endoprothesen 1611
M. Widmer, U. Von Felten-Rösler, E. Wintermantel

72.1	Der Hüftprothesenschaft		1612
	72.1.1	Design des Prothesenschaftes	1612
72.2	Die Hüftpfanne		1615
	72.2.1	Design der Hüftpfanne	1615
72.3	Die Hüftgelenkskugel		1617
72.4	Die zementierte Prothese		1618
72.5	Die zementlos implantierte Prothese		1618
72.6	Entwicklung eines neuen Hüftprothesenschaftes aus einem anisotropen Werkstoff		1619
	72.6.1	Material	1620
	72.6.2	Generierung eines 3D-CAD-Modells	1620
	72.6.3	Entwickeln des zugehörigen Instrumentariums	1622
72.7	Fertigung der Schafhüftprothesen		1623
	72.7.1	Das Spritzgusswerkzeug	1623
	72.7.2	Spritzgiessen von kurzfaserverstärkten Schafhüftprothesen	1623

72.8		Faserorientierungsverteilung in Abhängigkeit der Fertigungsparameter	1626
72.9		Mechanische Eigenschaften der Schafhüftprothesen	1626
	72.9.1	Statische Prüfung	1626
	72.9.2	Thermische Nachbehandlung	1628
	72.9.3	Ermüdungsprüfung	1628
72.10		Folgerungen aus den mechanischen Untersuchungen	1628
72.11		Relativbewegung der Schafshüftprothesenschäfte im knöchernen Lager durch Randfaserdehnung	1629
	72.11.1	Resultate	1630
72.12		Diskussion	1633
72.13		Literatur	1635

73 Aktuelle Entwicklungen – Orthopädische Implantate 1637
M. Riner

73.1		Aktuelle Trends in der Hüftendoprothetik	1637
	73.1.1	Schenkelhalsprothesen	1637
	73.1.2	Oberflächenersatz	1638
73.2		Kleingelenke	1639
	73.2.1	Fingergelenksimplantate	1640
73.3		Knieendoprothetik	1642
	73.3.1	Einleitung	1642
	73.3.2	Unikondylärer Oberflächenersatz	1643
	73.3.3	Bikondylärer Oberflächenersatz	1645
73.4		Schulterendoprothetik	1649
	73.4.1	Anatomie	1649
	73.4.2	Humerusschaftimplantate	1650
	73.4.3	Glenoidimplantate	1652
	73.4.4	Inverse Systeme	1653
	73.4.5	Frakturprothesen	1655
73.5		Oberflächenersatz	1656
73.6		Bandscheibenersatz	1657
	73.6.1	Wirbelkörper verblockende Implantate	1657
	73.6.2	Neuste Entwicklungen und Resultate	1664
73.7		Literatur	1665

74 Entwicklung und aktueller Stand der Hüftendoprothetik 1667
E. Winter

74.1	Einleitung	1667
74.2	Geschichtliche Entwicklung der Hüftendoprothetik	1669
74.3	Aktuelles Prinzip der Hüfttotalendoprothese	1678
74.4	Aktueller Stand / Schaft-Komponente der Hüfttotalendoprothese	1681
74.5	Aktueller Stand / Pfannen-Komponente der Hüfttotalendoprothese	1685
74.6	Gleitpaarung	1688

74.7	Hüftkappenprothese – Alternative für TEP		1689
74.8	Literaturverzeichnis		1696

75 Medizintechnik in der Tumororthopädie ... 1699
R. Burgkart, H. Gollwitzer, B. Holzapfel, M. Rudert, H. Rechl, R. Gradinger

75.1	Einleitung		1699
75.2	Epidemiologie		1700
75.3	Diagnostik		1702
	75.3.1	Bildgebende Verfahren	1702
	75.3.2	Erweiterte Diagnostik und Staging bei Knochentumoren	1705
	75.3.3	Biopsie	1707
75.4	Grundsätze für das operative therapeutische Vorgehen		1709
	75.4.1	Auswahl der Operationsverfahren	1710
	75.4.2	Operationsplanung	1712
	75.4.3	„Rapid Prototyping" von anatomischen Strukturen	1714
	75.4.4	Virtuelle 3D Planung	1718
	75.4.5	Navigation/Robotik	1720
75.5	Implantate in der Tumororthopädie		1722
	75.5.1	Untere Extremität	1722
	75.5.2	Endo-/Exoprothesen	1725
	75.5.3	Becken	1727
	75.5.4	Wirbelsäule	1730
	75.5.5	Obere Extremität	1732
75.6	Literatur		1733
75.7	Glossar		1735

76 Implantate für den Bandscheibenersatz (Stand 1993) ... 1739
M. Mathey, E. Wintermantel

76.1	Einleitung		1739
76.2	Die Wirbelsäule		1740
	76.2.1	Anatomie der Wirbelsäule	1740
	76.2.2	Die Bandscheibe	1740
76.3	Biomechanik der Bandscheibe		1740
	76.3.1	Die mechanische Funktion der Bandscheibe	1740
	76.3.2	Kennwerte von lumbalen Bandscheiben	1742
76.4	Krankhafte Bandscheibenveränderungen		1742
	76.4.1	Behandlungsmöglichkeiten bei Bandscheibenschäden	1743
	76.4.2	Postdiskotomiesyndrom	1745
76.5	Implantate für den Bandscheibenersatz		1745
	76.5.1	Wirbelkörperverblockende Implantate	1746
	76.5.2	Implantate mit Erhaltung der Segmentbeweglichkeit	1748
76.6	Literatur		1751

77 Exoprothetik ... 1753
S. Blumentritt, L. Milde
- 77.1 Einleitung ... 1753
- 77.2 Historie der Gliedmaßenprothetik ... 1755
  - 77.2.1 Historie der Armprothesen ... 1756
  - 77.2.2 Historie der Beinprothesen ... 1759
- 77.3 Biomechanische Aspekte ... 1761
  - 77.3.1 Obere Extremität ... 1761
  - 77.3.2 Untere Extremität ... 1764
- 77.4 Versorgung mit Prothesen für die obere Extremität ... 1773
  - 77.4.1 Amputationshöhen ... 1773
  - 77.4.2 Prothesensysteme ... 1774
  - 77.4.3 Anfertigung einer Armprothese ... 1783
  - 77.4.4 Beispiele für Prothesenkomponenten ... 1786
  - 77.4.5 Armprothesen für Kinder ... 1787
- 77.5 Versorgung mit Prothesen für die untere Extremität ... 1789
  - 77.5.1 Amputationshöhen ... 1789
  - 77.5.2 Prothesensysteme ... 1790
  - 77.5.3 Beispiele für Prothesenkomponenten ... 1800
- 77.6 Qualitätssicherung und technische Prüfung ... 1802
- 77.7 Beinprothesen im Behindertensport ... 1803
- 77.8 Literatur ... 1805

78 Neue Techniken in der Neurorehabilitation ... 1807
R. Riener
- 78.1 Einleitung ... 1807
- 78.2 Manuelles Laufbandtraining ... 1808
  - 78.2.1 Motivation der Gangtherapie ... 1808
  - 78.2.2 Einschränkungen der manuellen Laufbandtherapie ... 1809
- 78.3 Roboterunterstütztes Gangtraining ... 1810
  - 78.3.1 Vorteile und Anwendungsbeispiele roboterunterstützter Systeme ... 1810
  - 78.3.2 Funktion des Lokomat ... 1812
  - 78.3.3 Regelungstechnik ... 1814
  - 78.3.4 Virtuelle Realität zur Unterstützung der Bewegungstherapie ... 1815
- 78.4 Roboterunterstützte Therapie der oberen Extremitäten ... 1816
  - 78.4.1 Anwendungsbeispiele ... 1816
  - 78.4.2 Funktion und Einsatz des ARMin ... 1819
- 78.5 Neuroprothetik ... 1821
  - 78.5.1 Anwendungsbereich motorischer Neuroprothesen ... 1821
  - 78.5.2 Funktionsprinzip der Elektrostimulation ... 1822
  - 78.5.3 Physiologiebedingte Herausforderungen ... 1825
  - 78.5.4 Regelungstechnische Herausforderungen ... 1826
  - 78.5.5 Elektrodentechnische Herausforderungen ... 1829
- 78.6 Literaturverzeichnis ... 1831

79 Sportorthopädische Medizintechnik 1833
P. Ahrens, A. B. Imhoff
79.1 Einleitung 1833
79.2 Tight Rope Versorgung bei Akromioklavikular Luxation 1834
79.3 Operative Therapieoptionen 1835
    79.3.1 Korakoklavikuläre Fesselung 1835
    79.3.2 Bosworth Schraube 1835
    79.3.3 Akromioklavikuläre Stabilisierung 1835
79.4 Rotatorenmanschetten-Läsionen 1837
    79.4.1 OP Technik 1838
    79.4.2 Nahtverfahren der Rotatorenmanschettenverletzung .. 1839
79.5 Superiore Labrum von Anterior bis Posterior Verletzungen 1844
    79.5.1 OP Technik Refixation Labrum- Bizepskomplex 1844
    79.5.2 Die Bizepssehnen Tenodese 1845
79.6 Schulterstabilisierung nach Schulterluxationen 1845
    79.6.1 Transglenoidale Vefahren 1846
    79.6.2 Laser assisted Capsular Shrinkage
           und Elektrothermisches Verfahren LACS/ETACS 1846
    79.6.3 Fadenanker 1846
    79.6.4 Schulterstabilisierung mit Ankertechnik 1848
79.7 Die Hohe Tibiale Umstellungsosteotomie 1849
    79.7.1 Verfahren/ Technik 1850
79.8 Kreuzbandrupturen 1852
    79.8.1 Operation vordere Kreuzband Ersatzband Plastik
           in Double-Bundle-Technik 1853
79.9 Meniskusverletzungen 1858
    79.9.1 Meniskustransplantation Kollagenimplantat Menaflex 1858
    79.9.2 OP Technik 1859
79.10 Meniskusnaht 1861
    79.10.1 OP Technik 1862
    79.10.2 Außen-Innen-Technik 1862
    79.10.3 Innen-Aussen-Technik 1862
    79.10.4 All- Inside- Technik 1863
    79.10.5 Neue Technikentwicklungen 1863
79.11 Meniskusteilresektion 1863
    79.11.1 OP Technik 1864
79.12 Thema Tight Rope Syndesmosen Rekonstruktion 1864
    79.12.1 Verletzung 1864
    79.12.2 Biomechanik des Sprunggelenks 1865
    79.12.3 Operative Therapieoptionen 1865
79.13 Knorpelschäden / Knorpelschäden Knie MACI/ACT 1866
79.14 Mikrofrakturierung 1866
79.15 Autologe- Knorpel-Knochen-Transplantation (OATS) 1867
    79.15.1 OP Technik 1868
79.16 Literatur 1870
79.17 Glossar 1872

Inhaltsverzeichnis

80 Innovation durch Paradigmenwechsel – zur Bone Welding® Technologie 1877
J. Mayer, G. Plasonig
80.1 Einleitung: Innovationsprozesse 1877
80.2 Paradigmenwechsel in der Verankerung von Implantaten – die BoneWelding® Technologie 1878
  80.2.1 Geschichtliche Entwicklung 1878
  80.2.2 Einführung in das Grundkonzept des BoneWelding® Verfahrens 1879
80.3 Entwicklung zu einer Plattformtechnologie 1883
  80.3.1 Klinische Problemstellungen 1883
  80.3.2 Schlüsselfragen zur Machbarkeit 1885
  80.3.3 Klinische Anwendung in der cranio-maxillofazialen Chirurgie 1891
  80.3.4 Weitere Anwendungsgebiete 1892
80.4 Literatur 1894

81 Biomaterialien für die Knochenregeneration 1897
W. Lütkehermölle, P. Behrens, S. Burch, M. Horst
81.1 Einleitung 1897
81.2 Klassifizierung und Anforderungen an Knochenersatzmaterialien 1897
  81.2.1 Synthetische, anorganische Knochenersatzmaterialien 1899
  81.2.2 Synthetische, organische Knochenersatzmaterialien .. 1905
  81.2.3 Biologisch, organische Knochenersatzmaterialien 1906
  81.2.4 Komposite 1906
81.3 Ausblick 1907
81.4 Literatur 1908

82 Einführung in die Hörgerätetechnik 1911
E. Karamuk, S. Korl
82.1 Einleitung 1911
82.2 Hörgerätetypen 1912
  82.2.1 HDO-Geräte 1912
  82.2.2 IDO Geräte 1913
  82.2.3 Ex-Hörer Geräte 1914
82.3 Aufbau und Komponenten von Hörgeräten 1915
  82.3.1 Mikrophone 1916
  82.3.2 Hörer (Lautsprecher) 1917
  82.3.3 Telefonspule (T-Coil) 1918
  82.3.4 Stromversorgung 1918
  82.3.5 Elektronikmodul (Hybrid) 1919
82.4 Signalverarbeitung in Hörgeräten 1920
  82.4.1 Einleitung 1920
  82.4.2 Hörverlust-Kompensation 1921
  82.4.3 Verbesserung der Sprachverständlichkeit 1922

82.4.4 Verbesserung des Hörkomforts 1922
82.4.5 Optimale Anpassung 1924
82.4.6 Zusatzfunktionen 1925
82.5 Akustische Ankopplung von Hörgeräten 1925
82.5.1 Akustische Messung von Hörgeräten 1925
82.5.2 Otoplastik und IDO Schale 1926
82.5.3 Herstellung von Otoplastiken und IDO Schalen 1927
82.5.4 Offene Anpassung von Hörgeräten 1929
82.6 Zusammenfassung 1930
82.7 Literatur 1931

83 Funktionsersatz des Innenohres 1933
T. Lenarz
83.1 Physiologische Grundlagen des Hörens 1933
83.2 Pathophysiologie der Schwerhörigkeit und Taubheit 1936
83.3 Therapie 1936
83.4 Das Bionische Ohr – Cochlear Implant 1936
83.5 Leistungsfähigkeit und Grenzen heutiger CI-Systeme 1940
83.6 Verbesserungen der Elektroden-Nerven-Schnittstelle 1942
83.6.1 Elektrodenmaterial 1942
83.6.2 Physikalische Strukturierung der Oberfläche 1943
83.6.3 Chemische und biochemische Funktionalisierung 1944
83.6.4 Zellbeschichtung des Elektrodenträgers 1945
83.7 Elektro-akustische Stimulation und Erhalt
des Resthörvermögens 1945
83.8 Zusammenfassung und Ausblick 1946
83.9 Literatur 1948

84 Transplantate und Implantate im Mittelohrbereich – Teil 1
(Stand 2002) 1951
H.-G. Kempf, T. Lenarz, K.-L. Eckert
84.1 Einleitung 1951
84.2 Otosklerose-Chirurgie 1952
84.3 Alloplastische Implantate zur Rekonstruktion
der Schalleitungskette 1952
84.3.1 Keramische Mittelohrimplantate 1953
84.3.2 Ionomerzement 1954
84.3.3 Polyethylen, Teflon 1954
84.3.4 Gold 1955
84.4 Zusammenfassung und Ausblick 1955
84.5 Literatur 1956

85 Implantate im Mittelohrbereich – Teil 2 (Ergänzungen 2007) 1957
M. Stieve, T. Lenarz
85.1 Einleitung 1957
85.2 Anatomische Grundlagen und Pathophysiologie 1957

		85.2.1 Äußeres Ohr	1958
		85.2.2 Mittelohr	1959
		85.2.3 Pneumatische Räume	1961
		85.2.4 Pathophysiologie	1961
	85.3	Gehörverbessernde Operationen	1963
	85.4	Alloplastische Implantate zur Rekonstruktion der Schalleitungskette	1965
		85.4.1 Keramische Mittelohrimplantate	1966
		85.4.2 Kunststoffe	1967
		85.4.3 Metalle	1967
		85.4.4 Andere organisch/anorganische Hybridkeramiken	1968
	85.5	Zukünftige Entwicklung	1968
	85.6	Literaturverzeichnis	1971
86	**Implantate in der Augenheilkunde**		1973
	J. H. Dresp		
	86.1	Einleitung	1973
	86.2	Historische Entwicklung	1974
	86.3	Intraokularlinsen	1975
	86.4	Viskoelastika	1977
	86.5	Silikonöl	1978
	86.6	Perfluorcarbone	1980
	86.7	Fluorierte Alkane (FALK)	1981
	86.8	Orbita-Implantat	1982
	86.9	Implantierbare Medikamententräger	1983
	86.10	Literatur	1985
87	**Implantate und Verfahren in der Augenheilkunde**		1987
	T. H. Neuhann		
	87.1	Einleitung	1987
	87.2	Die Intraokularlinse – Optik	1987
	87.3	Asphärische IntraOkularLinsen (aIOL)	1990
		87.3.1 Monofokale aIOL	1991
		87.3.2 Die torische monofokale aIOL	1991
		87.3.3 Die Multifokale aIOL	1994
		87.3.4 Sonderformen von asphärischen Linsen	1996
	87.4	Material der IOL	2002
	87.5	Design	2006
	87.6	Haptik	2007
	87.7	Optikrand	2007
	87.8	IOL-Filter	2008
	87.9	Zusammenfassung	2010
	87.10	Literaturverzeichnis	2012

88 Dentalwerkstoffe und Dentalimplantate – Teil 1 2015
H. Lüthy, C. P. Marinello, W. Höland
- 88.1 Einleitung 2015
- 88.2 Keramische Dentalwerkstoffe 2015
- 88.3 Ausgewählte Implantate und Werkstoffanwendungen 2018
  - 88.3.1 Einleitung 2018
  - 88.3.2 Faktoren für eine erfolgreiche Osseointegration 2020
  - 88.3.3 Erfolgs- und Misserfolgsfaktoren 2021
  - 88.3.4 Klinisches Vorgehen an einem Beispiel (Brånemark) 2023
- 88.4 Schlussfolgerungen und Zukunftsaussichten 2023
- 88.5 Literatur 2025

89 Dentalwerkstoffe und Dentalimplantate – Teil 2 2027
A. Faltermeier
- 89.1 Einleitung 2027
- 89.2 Zahnärztliche Implantate 2028
- 89.3 Knochentransplantate und Knochenersatzmaterialien 2031
- 89.4 Abformwerkstoffe 2032
- 89.5 Polymere in der Zahnmedizin 2034
  - 89.5.1 Prothesenbasismaterialien 2034
  - 89.5.2 Füllungswerkstoffe (Komposite) 2037
- 89.6 Zahnärztliche Zemente 2041
- 89.7 Dentalkeramiken 2044
- 89.8 CAD/CAM in der Zahnmedizin 2046
- 89.9 Ausblick 2048
- 89.10 Literatur 2049

90 Biokompatible Implantate und Neuentwicklungen in der Gynäkologie 2051
V. R. Jacobs, M. Kiechle
- 90.1 Einleitung 2051
- 90.2 Brustimplantate 2051
  - 90.2.1 Chemie und Eigenschaften von Silikon 2052
  - 90.2.2 Brustimplantate aus Silikon 2053
  - 90.2.3 Aspekte der Implantation: Trends und Komplikationen 2054
  - 90.2.4 Operative Anlage von Brustimplantaten 2056
  - 90.2.5 Alternativen zu Silikonbrustimplantaten 2057
  - 90.2.6 Diskussion 2058
- 90.3 Verhütungsmethoden mit biokompatiblen Implantaten 2059
  - 90.3.1 Transabdominelle Sterilisation: Dauerhafter Tubenverschluss mit dem Filshie Clip™ 2059
  - 90.3.2 Intratubale Sterilisation: Permanenter Tubenverschluss mit dem STOP™ Device 2061

	90.3.3	Intrauterine Kontrazeption: Befristete Implantation der Hormonspirale Mirena™ 2063
90.4		Intraoperative Adhäsionsprophylaxe mit SprayGel™ 2065
	90.4.1	Bedeutung von Peritonealverwachsungen 2065
	90.4.2	Polyethylenglykol (PEG) zur Adhäsionsprophylaxe .. 2066
90.5		Literatur 2068

91 Maschinengestütztes Operieren, Mechatronik und Robotik 2071
G. Hirzinger

92 Apparativ-technische Ausstattung im Rettungs- und Notarztdienst 2079
O. Zorn
- 92.1 Fahrzeuge im Rettungsdienst 2079
  - 92.1.1 Krankentransportwagen 2079
  - 92.1.2 Rettungswagen 2080
  - 92.1.3 Notarztwagen 2081
  - 92.1.4 Notarzteinsatzfahrzeug 2081
  - 92.1.5 Rettungshubschrauber 2082
  - 92.1.6 Intensivtransportwagen / Intensivtransporthubschrauber 2084
  - 92.1.7 Verlegungswagen 2084
  - 92.1.8 Andere Fahrzeuge des Rettungsdienstes 2084
  - 92.1.9 Rettungsdienstrelevante Fahrzeuge der Feuerwehr ... 2085
- 92.2 Die Gerätschaften 2086
  - 92.2.1 Notfallrucksäcke / Notfallkoffer 2087
  - 92.2.2 Diagnostische Gerätschaften 2087
  - 92.2.3 Therapeutische Gerätschaften Kreislauf 2088
  - 92.2.4 Therapeutische Gerätschaften Atmung 2088
  - 92.2.5 Kindernotfallkoffer 2091
  - 92.2.6 Spezielle Notfallkoffer 2091
  - 92.2.7 EKG-Einheit / Defibrillator / Herzschrittmacher 2092
  - 92.2.8 Pulsoxymeter 2094
  - 92.2.9 Kapnometer / Kapnographen 2096
  - 92.2.10 Beatmungsgeräte 2097
  - 92.2.11 Absaugpumpe 2098
  - 92.2.12 Schienmaterial und Immobilisationshilfen 2099
  - 92.2.13 Spritzenpumpen 2103
  - 92.2.14 Kleingeräte 2103
- 92.3 Literaturverzeichnis 2104

Part IX   Qualitätsmanagement in der Medizintechnik

93   Qualitätsmanagementsysteme – Teil 1 2107
H. D. Seghezzi, R. Wasmer
- 93.1 Anforderungen des Gesetzgebers an Medizinprodukte 2107
  - 93.1.1 Einleitung 2107
  - 93.1.2 Richtlinien der EU und Medizinprodukte-Verordnung der Schweiz 2108
  - 93.1.3 Medizinprodukte 2109
  - 93.1.4 Klassifizierung 2110
  - 93.1.5 Die grundlegenden Anforderungen 2111
  - 93.1.6 Die Anwendung der harmonisierten CEN-Normen ... 2112
- 93.2 Qualitäts-Managementsystem nach den Normenreihen ISO 9000 und EN 46000 2113
  - 93.2.1 Überblick über die Anforderungen der ISO 9000 und der EN 46000 2113
  - 93.2.2 Eigenverantwortung und Eigenkontrolle 2118
  - 93.2.3 Aufbau eines Qualitätsmanagement-Systems 2119
- 93.3 Die Zulassungsverfahren zur Inverkehrbringung von Medizinprodukten 2120
  - 93.3.1 Verfahren der europäischen und schweizerischen Konformitätsbescheinigung 2120
  - 93.3.2 Modulares Konzept 2120
  - 93.3.3 Konformitätsbewertungsstellen in den EU-Mitgliedstaaten 2121
  - 93.3.4 Konformitätsbewertungsstellen in der Schweiz 2122
  - 93.3.5 Aufgaben einer Konformitätsbewertungsstelle 2123
  - 93.3.6 Zertifizierungsablauf 2123

94   Qualitätsmanagement – Teil 2 2127
M. Alzner
- 94.1 Kurzüberblick über gesetzliche Änderungen 2127
  - 94.1.1 EG-Richtlinien 2127
  - 94.1.2 Normen zum Qualitätsmanagement 2128
- 94.2 Voraussetzungen für das Inverkehrbringen von Medizinprodukten in Europa 2128
- 94.3 Konformitätsbewertung 2129
  - 94.3.1 Klassifizierung 2129
  - 94.3.2 Konformitätsbewertungsverfahren 2130
- 94.4 Technische Dokumentation 2131
- 94.5 Risikomanagement 2132
  - 94.5.1 Risikobeurteilung 2132
  - 94.5.2 Risikokontrolle 2136
- 94.6 Qualitätsmanagement-Systeme 2136
  - 94.6.1 Normenreihe DIN EN ISO 9000 ff 2137

		94.6.2	DIN EN ISO 13485:2003	2138
		94.6.3	Neue Struktur und Aufbau	2139
	94.7		Zitierte Richtlinien und Normen	2141

95 Haftung in der Medizintechnik ... 2145
U. Müller, V. Lücker

	95.1	Einleitung	2145
	95.2	Gesetze und Verordnungen	2145
	95.3	Pflichtenadressat	2147
		95.3.1 Hersteller	2147
		95.3.2 Betreiber und Anwender	2150
		95.3.3 Wiederaufbereiter	2151
	95.4	Haftung	2152
		95.4.1 Öffentlich-rechtliche Maßnahmen	2152
		95.4.2 Strafrechtliche Haftung	2153
		95.4.3 Zivilrechtliche Haftung	2154
	95.5	Meldeverfahren (Vigilanzsystem)	2156
		95.5.1 Meldepflicht	2156
		95.5.2 Meldeempfänger	2157
		95.5.3 Meldefristen	2158
		95.5.4 Meldeverfahren	2158
	95.6	Amtliche Stellen	2158
		95.6.1 Bundesinstitut für Arzneimittel und Medizinprodukte (BfArM)	2158
		95.6.2 Deutsches Institut für medizinische Dokumentation (DIMDI)	2159
		95.6.3 Bundesministerium für Gesundheit (BMG)	2160
		95.6.4 U.S. Food and Drug Administration (FDA)	2160
	95.7	Präventive Maßnahmen	2160
		95.7.1 Qualitätsmanagement	2161
		95.7.2 Risikomanagement	2162
		95.7.3 Chargenkontrolle	2162
		95.7.4 Prüfung auf Biokompatibilität	2163
	95.8	Schlussbemerkungen	2172
	95.9	Literatur	2174

96 TÜV – Zertifizierungen in der Life Science Branche ... 2177
P. Schaff, S. Gerbl-Rieger, S. Kloth, C. Schübel, A. Daxenberger, C. Engler

	96.1	Marktzulassung und Zertifizierung in der Life Science Branche	2177
		96.1.1 Die Life Science Branche	2177
		96.1.2 Sicherheit und Wirksamkeit von Life Science Produkten	2178
		96.1.3 Gesetze und Normen in der EU und in Deutschland	2179
		96.1.4 Akkreditierung und Zertifizierung in Deutschland	2180

96.2 Marktzulassung und Zertifizierung
von Medizinprodukten und In-Vitro-Diagnostik 2185
  96.2.1 Definition Medizinprodukte 2185
  96.2.2 Regelungen zur Marktfähigkeit für Medizinprodukte 2187
  96.2.3 Aufgaben der Benannten Stellen (Notified Bodies) ... 2188
  96.2.4 Normen zur Spezifizierung der Anforderung der
         EU Richtlinie für Medizinprodukte und In-Vitro-
         Diagnostika 2190
  96.2.5 Besondere Regelungen für aktive Implantate 2191
  96.2.6 Definition und Regelungen für In-Vitro-Diagnostika . 2191
  96.2.7 Medizinprodukte mit Material tierischen Ursprungs .. 2192
  96.2.8 Kombinationsprodukte mit Arzneimitteln 2192
96.3 Marktzugang und Zertifizierung in der Lebensmittelbranche .. 2193
  96.3.1 Rechtliche Rahmenbedingen im Verkehr
         mit Lebensmitteln in der Europäischen Union 2193
  96.3.2 Besondere Zulassungsanforderungen
         für bestimmte Lebensmittel 2194
  96.3.3 Prinzipien der Lebensmittelüberwachung 2197
  96.3.4 Amtliche Überwachung 2197
  96.3.5 Zertifizierungsstandards
         in der Lebensmittelproduktion 2199
  96.3.6 Ausblick 2210
  96.3.7 Weitere Entwicklungen 2210
96.4 Marktzugang und Zertifizierung für kosmetische Produkte 2211
  96.4.1 Definition [47] 2211
  96.4.2 Anforderungen an die Sicherheit kosmetischer
         Mittel [48] 2211
  96.4.3 Rechtliche Regelungen zum Inverkehrbringen
         (EU und D) 2212
  96.4.4 Meldeverfahren 2216
  96.4.5 Inhaltsstoffe 2216
  96.4.6 Sicherheitsbewertung 2217
  96.4.7 Produktunterlagen 2218
  96.4.8 Tierversuche 2218
  96.4.9 Kennzeichnung von Kosmetika 2218
  96.4.10 Gute Herstellungspraxis in der Kosmetiklieferkette .. 2219
  96.4.11 Zertifizierungen in der Kosmetiklieferkette 2221
  96.4.12 Kosmetik – Gute Herstellungspraxis (GMP) –
          Leitfaden zur guten Herstellungspraxis
          (DIN EN ISO 2217:2008) 2222
  96.4.13 Produktlabels für Kosmetika 2223
  96.4.14 Aktivitäten von Handelsverbänden 2223
96.5 Marktzulassung und Zertifizierung in der Pharmabranche 2224
  96.5.1 Definition 2224
  96.5.2 Marktzugang, Zulassung und Registrierung
         in der EU und Deutschland 2225

		96.5.3	Zulassungs- und Registrierungsverfahren in Deutschland	2228
		96.5.4	Verlängerung von Zulassungen und Registrierungen von Arzneimitteln	2231
		96.5.5	Antragsunterlagen EU und Deutschland	2231
		96.5.6	Herstellungserlaubnis und GMP Anforderungen in der Pharmabranche	2232
		96.5.7	Zertifizierungen in der Lieferkette Pharma im freiwirtschaftlichen Bereich	2235
		96.5.8	Regelungen zur Zulassung von „Biologicals" – „Arzneimitteln für neuartige Therapieverfahren" und der Kombinationspräparate	2235
	96.6	Bedeutung der klinischen Prüfung bei Zulassung von Medizinprodukten und Arzneimitteln		2239
		96.6.1	Rechtliche Rahmenbedingungen und Normen zur klinischen Prüfung	2239
		96.6.2	Klinische Prüfung von Arzneimitteln	2242
		96.6.3	Klinische Prüfungen bei Medizinprodukten	2243
		96.6.4	Erhebung klinischer Daten durch Marktbeobachtung	2244
	96.7	Zertifizierungen im Gesundheitswesen		2244
		96.7.1	Überblick	2244
		96.7.2	Qualitätsmanagement und Zertifizierung für Praxen ..	2245
		96.7.3	Qualitätsmanagement und Zertifizierung für Kliniken und Krankenhäuser	2246
		96.7.4	Qualitätsmanagement und Zertifizierung für Präventions- und Rehabilitationseinrichtungen ...	2246
		96.7.5	Qualitätsmanagement und Zertifizierung für ambulante und stationäre Pflegeeinrichtungen	2247
		96.7.6	Qualitätsmanagement und Zertifizierung für Apotheken	2247
	96.8	Ausblick – Weiterführende Themen für Zertifizierungsstandards		2248
	96.9	Literaturhinweise, Informationsquellen		2249

Part X   Impulse – Teil 2

97	Ökokompatible Werkstoffe	2257
	C. Bourban, J. Mayer, E. Wintermantel	
97.1	Nachwachsende Rohstoffe	2258
97.2	Ökokompatible Polymere	2259
	97.2.1 Biodegradable Fasern	2259
97.3	Degradationsverhalten von cellulosefaser-verstärktem PHB/V(Biopol®)	2261
	97.3.1 Degradationsverhalten der Faser	2262
	97.3.2 Degradationsverhalten des Verbundwerkstoffes	2265

97.4	Diskussion und Anwendungen		2266
97.5	Literatur		2268

98 Erweiterung der Biokompatibilität auf Ökosysteme und Werkstoffe 2269
M. Petitmermet, A. Bruinink, E. Wintermantel

98.1	Einleitung		2269
98.2	Gesetzliche Grundlagen		2269
98.3	Recycling – Downcycling – Upcycling		2272
98.4	Schwerpunktprogramm Umwelt		2273
98.5	Umweltchemie		2274
98.6	Ökotoxikologie und geogene Referenz		2275
98.7	Ökologie, Ökobilanzierung, Ökotoxikologie, Ökokompatibilität [11]		2276
98.8	Abfallverwertung		2277
	98.8.1	Herkömmliche Rostfeuerung *[1]*	2277
	98.8.2	Siemens-Schwel-Brenn-Verfahren *[15]*	2281
	98.8.3	Thermoselect-Verfahren *[16]*	2283
	98.8.4	HSR-Verfahren (Holderbank-Schmelz-Redox-Verfahren)*[2]*	2283
	98.8.5	Abfallverwertung	2285
98.9	Toxizitätsuntersuchungen		2286
	98.9.1	Einleitung	2286
	98.9.2	Chemische Toxizitätstests	2286
	98.9.3	Biologische Toxizitätstests	2287
	98.9.4	Toxizität von behandelten und unbehandelten Rückständen	2290
98.10	Quantitative Toxizitätstests		2294
98.11	Literatur		2295

99 Story I: Impella – Eine Erfolgsgeschichte mit Achterbahnfahrt ... 2297
T. Siess, C. Nix, D. Michels

99.1	Literatur	2312

100 Story II: Kommerzialisierung innovativer Technologien – das Beispiel der WoodWelding SA 2313
J. Mayer, G. Plasonig

100.1	Transformationsprozess von universitärer Initiation zur industrieller Entwicklung von Innovation	2314
100.2	Der Innovationsprozess als unternehmerische Meta-Fähigkeit	2314
100.3	Innovationsentwicklung durch unternehmerische Inkubation	2315
100.4	Literatur	2318

101 Strategische Planung in der Medizintechnik 2319
J. Leewe
- 101.1 Die vier Schritte der strategischen Planung 2319
- 101.2 Die Gewinn- und Verlustrechnung (GuV) als Orientierungsmuster 2320
- 101.3 Die fünf Kräfte der Marktattraktivitätsanalyse 2321
  - 101.3.1 Kraft 1: Substitute 2322
  - 101.3.2 Kraft 2: Stärke der Käufer 2323
  - 101.3.3 Kraft 3: Stärke der Lieferanten 2324
  - 101.3.4 Kräfte 4 und 5: Existierende und zukünftige Wettbewerber 2324
- 101.4 Analyse und Optimierung von Kostenstrukturen 2327
  - 101.4.1 Skaleneffekte 2327
  - 101.4.2 Entscheidungen über die Wertschöpfungstiefe 2329
- 101.5 Die vier P's im Marketing-Mix 2330
  - 101.5.1 Product: Die Ausgestaltung des Produktes 2331
  - 101.5.2 Price: Der Preis als Marketinginstrument 2334
  - 101.5.3 Place: Verfügbarkeit als Erfolgsfaktor 2336
  - 101.5.4 Promotion: Wie sich der Absatz fördern lässt 2338
- 101.6 Zusammenfassung 2339
- 101.7 Literatur 2340

102 Venture Kapital und Life Science 2341
S. Moss, C. Beermann
- 102.1 Einleitung 2341
- 102.2 Beteiligungsfinanzierung im Life Science Bereich 2342
  - 102.2.1 Venture Capital 2342
  - 102.2.2 Struktur einer VC-Beteiligung 2343
  - 102.2.3 Finanzierungsrisiken 2344
  - 102.2.4 Finanzierungszyklen eines Unternehmens 2345
  - 102.2.5 Ablauf einer Beteiligungsfinanzierung 2346
- 102.3 Venture Capital im Bereich der Life Sciences 2349
  - 102.3.1 Traditionelle Investitionsschwerpunkte 2349
  - 102.3.2 Fördernahe Beteiligungsgesellschaften und Gründerfonds 2350
  - 102.3.3 Early Stage Investitionen 2351
  - 102.3.4 Finanzierungskriterien der Beteiligungsgesellschaften 2352
  - 102.3.5 Beispiele erfolgreicher Unternehmensgründungen im Bereich der Life Sciences 2353
- 102.4 Ausblick 2354
- 102.5 Literatur 2356

103 Patentierung und Patentlage 2357
U. Herrmann
- 103.1 Vorraussetzungen des Patent und Gebrauchsmusterschutzes ... 2357
  - 103.1.1 Vorliegen einer Erfindung 2358

		103.1.2 Gewerbliche Anwendbarkeit	2358

103.1.2 Gewerbliche Anwendbarkeit 2358
103.1.3 Neuheit 2359
103.1.4 Erfinderische Tätigkeit / erfinderischer Schritt 2360
103.2 Entstehung von Patenten und Gebrauchsmustern 2361
    103.2.1 Deutsche und Europäische Patente 2362
    103.2.2 Gebrauchsmuster 2363
    103.2.3 Schutzrechte im Ausland 2364
103.3 Vernichtung von Patenten und Gebrauchsmustern 2365
    103.3.1 Deutsche und Europäische Patente 2365
    103.3.2 Gebrauchsmuster 2367
103.4 Wirkung von Patenten und Gebrauchsmustern 2367
    103.4.1 Feststellung einer Verletzungshandlung 2367
    103.4.2 Ansprüche des Schutzrechtsinhabers 2368
    103.4.3 Geltendmachung der Ansprüche des Schutzrechtsinhabers 2369
103.5 Literatur 2370

104 Technologie-Management in der Medizintechnik 2371
J. Nassauer, Th. Feigel

104.1 Innovation 2371
    104.1.1 Wirtschaftliche Bedeutung 2371
    104.1.2 Innovationsprozess 2372
    104.1.3 Plattformen für Innovation 2372
104.2 Innovationsindikatoren 2372
    104.2.1 Makroindikatoren 2373
    104.2.2 Mikroindikatoren 2373
104.3 Technologie-Management in Wirtschaft und Wissenschaft 2374
    104.3.1 Beispiele für Technologie-Management in der Medizintechnik 2374
104.4 Weiterführung der Medizintechnik zur Gesundheitstechnologie 2375
104.5 Realistische Visionen für die wissenschaftliche Medizintechnik 2376

105 KTI Initiative Medtech 2379
G. Bestetti

105.1 Medizintechnik in der Schweiz 2379
    105.1.1 Aspekte der Schweizer Wirtschaft 2379
    105.1.2 Clusters 2380
    105.1.3 Medizintechnik: Bedeutung für den Wirtschaftsstandort Schweiz 2381
105.2 KTI Medtech Initiative 2382
    105.2.1 Struktur und Inhalte 2383
    105.2.2 Zielerreichung 2386
105.3 Literatur 2390

106 Rückwärtsintegration – Zu den Verhältnissen Gymnasium, Hochschule und Arbeitswelt ... 2391
G. Schmid, W. Heppner, E. Focht
- 106.1 Gymnasiale Bildung oder Ausbildung – grundsätzliche Überlegungen ... 2391
- 106.2 Die Neugestaltung der gymnasialen Oberstufe ... 2395
  - 106.2.1 Das allgemeine Unterrichtsprogramm ... 2396
  - 106.2.2 Das W-Seminar (Wissenschaftliches Arbeiten) ... 2397
  - 106.2.3 Das P-Seminar (Projekte) ... 2398
- 106.3 Das Praktikum für Schüler am Lehrstuhl und Zentralinstitut für Medizintechnik der TU München in Garching – Beispiel für die Integration von Hochschule und Gymnasium ... 2400
  - 106.3.1 Zielsetzung des Praktikums ... 2400
  - 106.3.2 Vorbereitung des Schüler-Praktikums in der Medizintechnik der TU München ... 2402
  - 106.3.3 Ablauf des Praktikums ... 2403
  - 106.3.4 Rückmeldungen ehemaliger Praktikumsteilnehmer ... 2404
- 106.4 Nachhaltiges Lernen ... 2406
- 106.5 Literatur und Anmerkungen ... 2408
  - Thema Zelle ... 2409
  - Thema Kunststoffe ... 2411
  - Praktikum am Lehrstuhl für Medizintechnik – Laufzettel ... 2413

107 Life-Science Praktika am Lehrstuhl für Medizintechnik der TU München ... 2415
S. Pfeifer, M. Eblenkamp, M. Hoffstetter, I. Jumpertz, E. Krampe, N. Laar, T. Lechelmayr, H. Perea-Saavedra, M. Schaumann, E. Wintermantel
- 107.1 Praktikum Vaskuläre Systeme ... 2415
  - 107.1.1 Vaskuläres Tissue Engineering ... 2416
  - 107.1.2 Grundlagen der Zellkultur ... 2420
  - 107.1.3 Herz-Kreislauf-System ... 2428
  - 107.1.4 Extrakorporaler Kreislauf – Die Herz Lungen Maschine (HLM) ... 2430
  - 107.1.5 Stenting ... 2432
  - 107.1.6 Beim Blutspendedienst des Bayerischen Roten Kreuzes ... 2434
- 107.2 Praktikum Polymertechnik ... 2435
  - 107.2.1 Theoretischer Teil ... 2435
  - 107.2.2 Praktischer Teil ... 2436

108 Lithotripsie 2449
W. Schwarze
  108.1 Kleine Geschichte der extrakorporalen Stoßwellenlithotripsie
         (ESWL) 2449
  108.2 Physikalische Eigenschaften von Stoßwellen 2451
  108.3 Stoßwellenerzeugungs- und Ankopplungsverfahren 2452
         108.3.1 Elektrohydraulische Stoßwellenerzeugung (EHSE) .. 2453
         108.3.2 Elektromagnetische Stoßwellenerzeugung (EMSE) .. 2454
         108.3.3 Piezoelektrische Stoßwellenerzeugung (PESE) 2456
         108.3.4 Ankopplung 2457
  108.4 Harnsteine 2458
  108.5 Gerätegenerationen 2458
  108.6 Neue technische Entwicklungen 2459
         108.6.1 Räumlich flexible Stoßquelle 2461
         108.6.2 Ein berührungsfreies Positionierungssystem 2463
         108.6.3 Eine hohe Effektivität der Steindesintegration 2464
         108.6.4 Einfache Handhabung 2466
  108.7 Nichturologische Anwendungen 2466
  108.8 Zukunft der Stoßwellenmedizin 2468
  108.9 Literatur 2469

Stichwortverzeichnis 2471

Liste und Anschriften der Co-Autorinnen und -Autoren

Philipp Ahrens
Abteilung Sportorthopädie des Klinikums rechts der Isar der Technischen Universität München, Connollystr. 32, 80809 München

Ahmed N. AR. Al-Chalabi M.A.
Hepa Wash GmbH, Boltzmannstr. 11a, 85748 Garching

Marion Alzner
ITEM GmbH, Innovationszentrum Therapeutische Medizintechnik GmbH – The Biotooling Company, Boltzmannstr 11a, 85748 Garching

Dr. Daniel Ammer
KraussMaffei Technologies GmbH, Krauss-Maffei-Strasse 2, 80997 München

Dr. Walter Assmann
Ludwig-Maximilians-Universität München, Sektion Physik, Beschleunigerlabor, 85748 Garching

Dr. Maria Athelogou
Definiens AG, Trappentreustrasse 1, 80339 München

Dr. Martin Baatz
Definiens AG, Trappentreustrasse 1, 80339 München

Prof. Dr. Robert Bauernschmitt
Klinik für Herz- und Gefäßchirurgie, Deutsches Herzzentrum München,
Klinik an der Technischen Universität München, Lazaretstr. 36, 80636 München

Thomas Beer
Plasmatreat GmbH, Bisamweg 10, 33803 Steinhagen

Christian Beermann
EICON Beratung und Beteiligungen GmbH & Co. KG, Fünf Höfe, Theatinerstrasse 12, 80333 München

Dr. Peter Behrens
Medizinische Universität zu Lübeck, Klinik für Orthopädie

Prof. Dr. Gilberto Bestetti
NOVO Business Consultants AG, Stadtbachstrasse 63, 3012 Bern, Schweiz

Prof. Dr. Gerd Binnig
Definiens AG, Trappentreustrasse 1, 80339 München

Rainer Birkenbach
BrainLAB AG, Ammerthalstrasse 8, 85551 Heimstetten

Dr. Sabine Bleiziffer
Klinik für Herz- und Gefäßchirurgie, Deutsches Herzzentrum München,
Klinik an der Technischen Universität München, Lazaretstr. 36, 80636 München

Dr. Janaki Blum
Tufts University, Department of Chemical Engineering, 4 Colby st., Medford, MA 02155, USA

Prof. Dr. Siegmar Blumentritt
Otto Bock HealthCare GmbH, Max-Näder-Straße 15, 37115 Duderstadt

Prof. Dr. Armin Bolz
Corscience GmbH & Co. KG, Henkestr. 91, 91052 Erlangen

Prof. Dr. Friedrich Bootz
Universitätsklinikum Bonn, Klinik und Poliklinik für Hals-Nasen-Ohrenheilkunde/Chirurgie, Sigmund-Freud-Str. 25, 53105 Bonn

Dr. Gernot Brockmann
Klinik für Herz- und Gefäßchirurgie, Deutsches Herzzentrum München,
Klinik an der Technischen Universität München, Lazaretstr. 36, 80636 München

Dr. Regina Bruggisser
IVF HARTMANN AG, Victor-von-Bruns-Strasse 28, 8212 Neuhausen, Schweiz

Dr. Arie Bruinink
EMPA St.Gallen, Biokompatible Materialien für Medizin, Lerchenfeldstrasse 5, 9014 St. Gallen, Schweiz

Dr. Markus Bücheler
Universitätsklinikum Leipzig, Klinik und Poliklinik für Hals-Nasen-Ohrenheilkunde/ Plastische Operationen, Liebigstrasse 18a, 04103 Leipzig

Dr. Sara Burch
Geistlich Pharma AG, Bahnhofstrasse 40, 6110 Wolhusen, Schweiz

Dr. Rainer Burgkart
Klinik für Orthopädie und Unfallchirurgie, Leiter der muskuloskelettalen Forschung, Klinikum r.d. Isar, Technische Universität München, Ismaninger Str. 22, 81675 München

Dr. Jürgen Burkhart
Institut für Transfusionsmedizin München, Blutspendedienst des Bayerischen Roten Kreuzes, Herzog-Heinrich-Str. 4, 80336 München

Dr. Erwin Bürkle
Krauss-Maffei Kunststofftechnik GmbH, Krauss-Maffei-Str. 2, 80997 München

Christian Buske
Plasmatreat GmbH, Bisamweg 10, 33803 Steinhagen

Dr. Heinz Collin
DR. COLLIN GmbH, Sportparkstrasse 2, Postfach / P.O.Box 11 23, 85560 Ebersberg

Dr. Andreas Daxenberger
TÜV SÜD Akademie GmbH, Ridlerstrasse 65, 80339 München

Dr. Uwe de Vries
Universität Regensburg, Anatomisches Institut, Universitätsstrasse 31, 93053 Regensburg

Thorsten Deichmann
Institut für Textiltechnik der RWTH Aachen, Eilfschornsteinstraße 18, 52062 Aachen

PD Dr. Michael Deiwick
Klinik und Poliklinik für Thorax-, Herz- und Gefässchirurgie, Westfälische Wilhelms-Universität Münster, Albert-Schweitzer-Strasse 33, 48129 Münster

Liste und Anschriften der Co-Autorinnen und -Autoren

Dr. Joachim H. Dresp
Bausch & Lomb Surgical Deutschland, Max-Planck-Strasse 6, 85609 Dornach

Markus Dudler
IVF HARTMANN AG, Victor-von-Bruns-Strasse 28, 8212 Neuhausen, Schweiz

Karl-Herbert Ebert
Horst Scholz GmbH + Co. KG, Nalser Straße 39, D-96317 Kronach, Gundelsdorf

Dr. Markus Eblenkamp
Lehrstuhl für Medizintechnik der TU-München, Boltzmannstr. 15, 85748 Garching

Karl-Ludwig Eckert
IVF HARTMANN AG, Victor-von-Bruns-Strasse 28, 8212 Neuhausen, Schweiz

Dr. Walter Eichinger
Klinik für Herz- und Gefäßchirurgie, Deutsches Herzzentrum München,
Klinik an der Technischen Universität München, Lazaretstr. 36, 80636 München

Claus Engler
TÜV SÜD Akademie GmbH, Ridlerstrasse 65, 80339 München

Dr. Andreas Faltermeier
Universität Regensburg, Klinik für Kieferorthopädie, Franz-Josef-Strauss-Allee 11, 93053 Regensburg

Dr. Thomas Feigl
Forum Medizintechnik und Pharma in Bayern e.V. , Nürnberg

Prof. Dr. Hubertus Feußner
Chirurgische Klinik und Poliklinik, Klinikum rechts der Isar der Technischen Universität München, Ismaninger Str. 22, 81675 München

Eva Focht
Gymnasium Wertingen, Pestalozzistrasse 12, 86637 Wertingen

Dr. Susanne Gerbl-Rieger
TÜV SÜD Akademie GmbH, Ridlerstrasse 65, 80339 München

Dr. Birgit Glasmacher
Biowerkstoffe und Biomaterialien, Helmholtz-Institut für Biomedizinische Technik, RWTH Aachen, Pauwelsstrasse 20, 52074 Aachen

Dr. Susanne C. Göhde
Universitätsklinikum Essen, Zentralinstitut für Röntgendiagnostik, Hufelandstrasse 55, 45122 Essen

Gerald Göllner
MMM Münchener Medizin Mechanik GmbH, Semmelweisstr. 6, 82152 Planegg

Dr. Hans Gollwitzer
Klinik für Orthopädie und Unfallchirurgie, Klinikum r.d. Isar, Technische Universität München, Ismaninger Str. 22, 81675 München

Dr. Wolfgang Götz
Klinik für Herz- und Gefäßchirurgie, Deutsches Herzzentrum München,
Klinik an der Technischen Universität München, Lazaretstr. 36, 80636 München

Prof. Dr. Reiner Gradinger
Klinik für Orthopädie und Unfallchirurgie, Klinikum r.d. Isar, Technische Universität München, Ismaninger Str. 22, 81675 München

Prof. Dr. Thomas Gries
Institut für Textiltechnik der RWTH Aachen, Eilfschornsteinstraße 18, 52062 Aachen

Dr. Joachim Grosse
Universitätsklinikum der RWTH Aachen, Klinik für Urologie, Pauwelsstr. 30, 52074 Aachen

Dr. Andreas E. Guber
Universität Karlsruhe und Forschungszentrum Karlsruhe GmbH, Institut für Mikrostrukturtechnik, Postfach 3640, 76021 Karlsruhe

Prof. Dr. Norbert W. Guldner
Klinik für Herzchirurgie, Universitätsklinikum Schleswig-Holstein, Campus Lübeck Ratzeburger Allee 160, 23538 Lübeck

Dr. Suk-Woo Ha
IVF HARTMANN AG, Victor-von-Bruns-Strasse 28, 8212 Neuhausen, Schweiz

Dr. Markus Heinlein
GfE Medizintechnik GmbH, Höfener Str. 45, 90431 Nürnberg

Winfried Heppner
Gymnasium Wertingen, Pestalozzistrasse 12, 86637 Wertingen

Dr. Uwe Herrmann
Lorenz - Seidler - Gossel, Rechtsanwälte – Patentanwälte, Widenmayerstrasse 23, 80538 München

Dr. Ina Hettich
Klinik für Herz- und Gefäßchirurgie, Deutsches Herzzentrum München,
Klinik an der Technischen Universität München, Lazaretstr. 36, 80636 München

Prof. Dr. G. Hirzinger
Deutsches Zentrum für Luft- und Raumfahrt e.V., Institut für Robotik und Mechatronik, Oberpfaffenhofen, 82234 Wessling

Marc Hoffstetter
Lehrstuhl für Medizintechnik der TU-München, Boltzmannstr. 15, 85748 Garching

Prof. Dr. Wolfram Höland
Ivoclar Vivadent AG, Bendererstr. 2, 9494 Schaan, Fürstentum Liechtenstein

Dr. Boris Holzapfel
Klinik für Orthopädie und Unfallchirurgie, Klinikum r.d. Isar, Technische Universität München, Ismaninger Str. 22, 81675 München

Prof. Dr. Martin Horst
Geistlich Pharma AG, Bahnhofstrasse 40, 6110 Wolhusen, Schweiz

Stéphanie Houis
Institut für Textiltechnik der RWTH Aachen, Eilfschornsteinstraße 18, 52062 Aachen

Prof. Dr. Jeffrey Hubbell
Ecole Polytechnique Fédérale de Lausanne (EPFL), 1015 Lausanne, Schweiz

Prof. Dr. Andreas Imhoff
Abteilung Sportorthopädie des Klinikums rechts der Isar der Technischen Universität München, Connollystr. 32, 80809 München

Dr. Volker R. Jacobs
Klinikum rechts der Isar, Frauenklinik der TU München, Ismaninger Strasse 22, 81675 München

Dr. Thomas Jakob
RAUMEDIC AG, Hermann-Staudinger-Straße 2, Gewerbepark A9 Mitte, 95233 Helmbrechts

Prof. Dr. Gerhard Jakse
Universitätsklinikum der RWTH Aachen, Pauwelsstr. 30, 52074 Aachen

Nadine Jauch
Firma boso, BOSCH + SOHN GmbH u. CO. KG, Bahnhofstrasse 64, 72417 Jungingen

Ingo Jumpertz
Lehrstuhl für Medizintechnik der TU-München, Boltzmannstr. 15, 85748 Garching

Martin Jungbluth
Max Petek Reinraumtechnik GmbH, Wilhelm-Moriell-Str. 1, 78315 Radolfzell

Dr. Erdal Karamuk
Phonak AG, Advanced Products, Laubisrütistrasse 28, 8712 Stäfa, Schweiz

Prof. Dr. Hans-Georg Kempf
Klinik und Poliklinik für Hals-Nasen-Ohrenheilkunde der Medizinischen Hochschule Hannover, Konstanty Gutschow Str. 8, 30625 Hannover

Prof. Dr. Marion Kiechle
Klinikum rechts der Isar, Frauenklinik der TU München, Ismaninger Strasse 22, 81675 München

Nicole Kikillus
Corscience GmbH & Co. KG, Henkestr. 91, 91052 Erlangen

Prof. Dr. Doris Klee
Institut für Technische und Makromolekulare Chemie, Lehrstuhl für Textilchemie und Makromolekulare Chemie, Pauwelsstr. 852056, Aachen

Prof. Dr. Sabine Kloth
TÜV SÜD Akademie GmbH, Ridlerstrasse 65, 80339 München

Dr. Alexander Knospe
Plasmatreat GmbH, Bisamweg 10, 33803 Steinhagen

Michael Koller
MMM Münchener Medizin Mechanik GmbH, Semmelweisstr. 6, 82152 Planegg

Susanne Köppl
Lehrstuhl für Medizintechnik der TU-München, Boltzmannstr. 15, 85748 Garching

Dr. Sascha Korl
Phonak AG, Advanced Products, Laubisrütistrasse 28, 8712 Stäfa, Schweiz

Dr. Pierre Köver
STRATEC Medical, Eimattstrasse 3, 4436 Oberdorf, Schweiz

Erhard Krampe
Lehrstuhl für Medizintechnik der TU-München, Boltzmannstr. 15, 85748 Garching

Dr. Markus Krane
Klinik für Herz- und Gefäßchirurgie, Deutsches Herzzentrum München, Klinik an der Technischen Universität München, Lazaretstr. 36, 80636 München

Dr. Bernhard Kreymann
Hepa Wash GmbH, Boltzmannstr. 11a, 85748 Garching, II. Medizinische Klinik und Poliklinik, Klinikum rechts der Isar der Technischen Universität München, Ismaninger Str. 22, 81675 München

Prof. Dr. Lothar Kroll
Professur Strukturleichtbau und Kunststoffverarbeitung (SLK), Institut für Allgemeinen Maschinenbau und Kunststofftechnik, Technische Universität Chemnitz, Reichenhainer Straße 70, 09126 Chemnitz

Dr. Nina Laar
Lehrstuhl für Medizintechnik der TU-München, Boltzmannstr. 15, 85748 Garching

Dr. Mark E. Ladd
Universitätsklinikum Essen, Zentralinstitut für Röntgendiagnostik, Hufelandstrasse 55, 45122 Essen

Dr. Jörg Lahann
RWTH Aachen, Lehrstuhl für Textilchemie und Makromolekulare Chemie, Abt. Biomaterialien, Veltmanplatz 8, 52062 Aachen

Dr. Markus K. Lake
SKZ – TeConA GmbH, Friedrich-Bergius-Ring 22, D-97076 Würzburg

Prof. Dr. Rüdiger Lange
Klinik für Herz- und Gefäßchirurgie, Deutsches Herzzentrum München,
Klinik an der Technischen Universität München, Lazaretstr. 36, 80636 München

Thomas Lechelmayr
Lehrstuhl für Medizintechnik der TU-München, Boltzmannstr. 15, 85748 Garching

Dr. Jörn Leewe
Novumed GmbH – Life Science Consulting, Widenmayerstr. 43, 80538 München, www.novumed.com

Stefan Leicher
Gerresheimer Wilden GmbH, Bischof-von-Henle-Straße 2 b, 93051 Regensburg

Dr. Rainer Leimbach
Produktions- und Logistikzentrum Wiesentheid, Blutspendedienst des Bayerischen Roten Kreuzes, Nikolaus-Fey-Str. 32, 97353 Wiesentheid

Prof. Dr. Thomas Lenarz
Medizinische Hochschule Hannover, Klinik und Poliklinik für Hals-Nasen-Ohrenheilkunde, Carl-Neuberg-Strasse 1, 30625 Hannover

Christoph Lettowsky
Institut für Kunststoffverarbeitung (IKV) in Industrie und Handwerk an der RWTH Aachen, Pontstr. 49, 52062 Aachen

Dr. Paul Libera
Klinik für Herz- und Gefäßchirurgie, Deutsches Herzzentrum München,
Klinik an der Technischen Universität München, Lazaretstr. 36, 80636 München

Dr. Howard M. Loree II
Thoratec Corporation, 470 Wildwood street, Woburn, MA 01888-2697, USA

Dr. Volker Lücker
Phönixhütte, Prinz-Friedrich-Str. 26a, 45257 Essen

Dr. Patrik Lüscher
Steinwiesstrasse 7, 8330 Pfäffikon, Schweiz

Prof. Dr. Heinz Lüthy
Universität Zürich, Klinik für Kronen- und Brückenprothetik, Plattenstrasse 11, 8028 Zürich, Schweiz

Dr. Walburga Lütkehermölle
Medizinische Universität zu Lübeck, Klinik für Orthopädie

Dr. Gerhard Maier
polyMaterials AG, Sudetenstrasse 5, 87600 Kaufbeuren

Prof. Dr. Carlo P. Marinello
Zentrum für Zahnmedizin der Universität Basel, Klinik für Prothetik und Kaufunktionslehre, Hebelstrasse 3, 4056 Basel, Schweiz

Liste und Anschriften der Co-Autorinnen und -Autoren

Michael Mathey
Phonak AG, Advanced Products, Laubisrütistrasse 28, 8712 Stäfa, Schweiz

Dr. Jörg Mayer
WoodWelding SA, Bundesstrasse 3, 6304 Zug, Schweiz

PD Dr. Alexander Meining
II. Medizinische Klinik und Poliklinik, Klinikum rechts der Isar der Technischen Universität München, Ismaninger Str. 22, 81675 München

Dr. Heiko Methe
Medizinische Klinik I, Klinkum Grosshadern, Ludwig-Maximilians-Universität München, Marchioninistr. 15, 81377 München

Prof. Walther Michaeli
Institut für Kunststoffverarbeitung (IKV) in Industrie und Handwerk an der RWTH Aachen, Pontstr. 49, 52062 Aachen

Dirk Michels
Schwalmstr. 15, 40547 Düsseldorf

Lothar Milde
Otto Bock HealthCare GmbH, Max-Näder-Straße 15, 37115 Duderstadt

Prof. Dr. Will W. Minuth
Universität Regensburg, Anatomisches Institut, Universitätsstrasse 31, 93053 Regensburg

Claudius Moor
Corscience GmbH & Co. KG, Henkestr. 91, 91052 Erlangen

Sebastian Moss
EICON Beratung und Beteiligungen GmbH & Co. KG, Fünf Höfe, Theatinerstrasse 12, 80333 München

Dr. Thomas Mücke
Klinikum rechts der Isar, Klinik für Mund-Kiefer-Gesichtschirurgie, Ismaninger Strasse 22, 81675 München

Dr. Ute Müller
BMP Labor für medizinische Materialprüfung GmbH, Pauwelsstraße 19, 52074 Aachen

Dr. Detlev Nagl
Institut für Transfusionsmedizin Augsburg, Blutspendedienst des Bayerischen Roten Kreuzes, Westheimerstr. 80, 86156 Augsburg

Prof. Dr. Josef Nassauer
Bayern Innovativ GmbH, Gewerbemuseumsplatz 2, 90403 Nürnberg

Prof. Dr. Tobias H. Neuhann
AaM Augenklinik am Marienplatz, Marienplatz 18/19, 80331 München

Christoph Nix
Leonhard-Schleicher-Str. 9, 52222 Stolberg

PD Dr. Luca Papavero
Schön Kliniken, Klinikum Eilbek, Zentrum für Spinale Chirurgie, Dehnhaide 120, 22081 Hamburg

Dr. Héctor Perea Saavedra
Lehrstuhl für Medizintechnik der TU-München, Boltzmannstr. 15, 85748 Garching

Max Petek
Max Petek Reinraumtechnik GmbH, Wilhelm-Moriell-Str. 1, 78315 Radolfzell

Dr. Marc Petitmermet
ETH Hönggerberg, Departement of Materials, Wolfgang-Pauli-Stasse 10, 8093 Zürich, Schweiz

Stefan Pfeifer
Lehrstuhl für Medizintechnik der TU-München, Boltzmannstr. 15, 85748 Garching

Dr. Gerhard Plasonig
WoodWelding SA, Bundesstrasse 3, 6304 Zug, Schweiz

Dr. Wilhelm Plüster
RWTH Aachen, Lehrstuhl für Textilchemie und Makromolekulare Chemie, Abt. Biomaterialien, Veltmanplatz 8, 52062 Aachen

Isabella Potzmann
IVF HARTMANN AG, Victor-von-Bruns-Strasse 28, 8212 Neuhausen, Schweiz

Kurt Rädle
Firma boso, BOSCH + SOHN GmbH u. CO. KG, Bahnhofstrasse 64, 72417 Jungingen

Prof. Dr. Hans Rechl
Klinik für Orthopädie und Unfallchirurgie, Klinikum r.d. Isar, Technische Universität München, Ismaninger Str. 22, 81675 München

Robert Reichenberger
RAUMEDIC AG, Hermann-Staudinger-Straße 2, Gewerbepark A9 Mitte, 95233 Helmbrechts

Dr. Magda Renke-Gluszko
Lehrstuhl für Medizintechnik der TU-München, Boltzmannstr. 15, 85748 Garching

Prof. Dr. Robert Riener
Institut für Robotik für Intelligente Systeme, Departement für Maschinenbau und Verfahrenstechnik, ETH Zürich, 8092 Zürich, Schweiz

Dr. Marc A. Riner
MedtTech Composites GmbH, Muristrasse 20, 5628 Aristau, Schweiz

Prof. Dr. Maximilian Rudert
Klinik für Orthopädie und Unfallchirurgie, Klinikum r.d. Isar, Technische Universität München, Ismaninger Str. 22, 81675 München

Dr. Kurt Ruffieux
Degradable Solutions AG, Wagistrasse 23, 8952 Schlieren, Schweiz

Dr. Daniel Ruzicka
Klinik für Herz- und Gefäßchirurgie, Deutsches Herzzentrum München,
Klinik an der Technischen Universität München, Lazaretstr. 36, 80636 München

Prof. Dr. Volker Saile
Universität Karlsruhe und Forschungszentrum Karlsruhe GmbH Institut für Mikrostrukturtechnik, Postfach 3640, 76021 Karlsruhe

Prof. Dr. Peter Schaff
TÜV SÜD Akademie GmbH, Ridlerstrasse 65, 80339 München

Arno Schäpe
Definiens AG, Trappentreustrasse 1, 80339 München

Michael Schaumann
Lehrstuhl für Medizintechnik der TU-München, Boltzmannstr. 15, 85748 Garching

Henning Schlicht
Medi-Globe GmbH, Medi-Globe Str. 1-5, 83101 Achenmühle

Liste und Anschriften der Co-Autorinnen und -Autoren

Gerhard Schmid
Gymnasium Wertingen, Pestalozzistrasse 12, 86637 Wertingen

Günther Schmidt
Definiens AG, Trappentreustrasse 1, 80339 München

Armin Schneider
Arbeitsgruppe MITI, Klinikum rechts der Isar der Technischen Universität München, Troger Str. 26, 81675 München

Dr. Reto Schöb
Levitronix GmbH, Technoparkstrasse 1, 8005 Zürich, Schweiz

Ralf Schönmeyer
Definiens AG, Trappentreustrasse 1, 80339 München

Dr. Thomas Schratzenstaller
B. Braun Melsungen AG, Vascular Systems, Sparte Aesculap, Sieversufer 8, 12359 Berlin

Catherine E. Schreiber
Hepa Wash GmbH, Boltzmannstr. 11a, 85748 Garching

Dr. Christian Schreiber
Klinik für Herz- und Gefäßchirurgie, Deutsches Herzzentrum München,
Klinik an der Technischen Universität München, Lazaretstr. 36, 80636 München

Dr. Christian Schübel
TÜV SÜD Akademie GmbH, Ridlerstrasse 65, 80339 München

Verena Schulze
DR. COLLIN GmbH, Sportparkstrasse 2, Postfach / P.O.Box 11 23, 85560 Ebersberg

Dr. Karl Schumacher
Universität Regensburg, Anatomisches Institut, Universitätsstrasse 31, 93053 Regensburg

Dr. W. Schwarze
AST GmbH, Moritz-von-Rohr-Str. 1a, 07745 Jena

Prof. Dr. Hans-Dieter Seghezzi
Schweizerische Vereinigung für Qualitäts- und Management-Systeme (SQS), Bernstrasse 103, 3052 Zollikofen, Schweiz

Dr. Marco Semadeni
SEMADENI – Glasbetonbau, Bockenweg 85, 8810 Horgen-Arn, Schweiz

Dr. Brigitte Shah-Derler
Rosengartenstrasse 4, 8125 Zollikerberg, Schweiz

Dr. Thorsten Siess
Abiomed, Kirchenstr. 8, 52146 Würselen

Dr. Michael Stöver
Gesellschaft für Werkstoffprüfung mbH, Georg Wimmer Ring 25, 85604 Zorneding

Dr. Raimund Strehl
Universität Regensburg, Anatomisches Institut, Universitätsstrasse 31, 93053 Regensburg

Oana Tanase
Hepa Wash GmbH, Boltzmannstr. 11a, 85748 Garching

Dr. Roger Tognini
icotec AG, innovative composite technology, Industriestrasse 12, 9450 Altstätten, Schweiz

Dr. Dieter Veit
Institut für Textiltechnik der RWTH Aachen, Eilfschornsteinstraße 18, 52062 Aachen

Ursula von Felten-Rösler
Bodenacker 12, 5016 Obererlinsbach, Schweiz

Dr. Matthias von Walter
Universitätsklinikum der RWTH Aachen, Klinik für Urologie, Pauwelsstr. 30, 52074 Aachen

Dr. Bernhard Voss
Klinik für Herz- und Gefäßchirurgie, Deutsches Herzzentrum München,
Klinik an der Technischen Universität München, Lazaretstr. 36, 80636 München

Helmut Wahl
Extrudex Kunststoffmaschinen GmbH, In den Waldäckern 16, 75417 Mühlacker

Dr. Alexander Walter
3M Espe AG, Espeplatz 2, 82229 Seefeld

René Wasmer
Schweizerische Vereinigung für Qualitäts- und Management-Systeme (SQS), Bernstrasse 103, 3052 Zollikofen, Schweiz

Dr. Karl-Friedrich Weibezahn
Forschungszentrum Karlsruhe GmbH, Institut für Medizintechnik und Biophysik, Postfach 3640, 76021 Karlsruhe

Dr. Franz Weinauer
Institut für Transfusionsmedizin München, Blutspendedienst des Bayerischen Roten Kreuzes, Herzog-Heinrich-Str. 4, 80336 München

Wolfgang Welte
Firma boso, BOSCH + SOHN GmbH u. CO. KG, Bahnhofstrasse 64, 72417 Jungingen

Prof. Dr. Gerd Wessels
Siemens Medical Solutions, Henkestr. 127, 91052 Erlangen

Dr. Markus Widmer
Schleuniger AG, Bierigutstrasse 9, 3608 Thun, Schweiz

Prof. Dr. Gerd Willmann †
CeramTec AG, Innovative Ceramic Engineering, Fabrikstrasse 23-29, 73207 Plochingen

Prof. Dr. Eugen Winter
Städtisches Krankenhaus Friedrichshafen, Chirurgischen Klinik II
(Unfallchirurgie und Endoprothetik), Röntgenstrasse 2, 88048 Friedrichshafen

Prof. Dr. Klaus-Dietrich Wolff
Klinikum rechts der Isar, Klinik für Mund-Kiefer-Gesichtschirurgie, Ismaninger Strasse 22, 81675 München

Martin Würtele
Krauss-Maffei Kunststofftechnik GmbH, Krauss-Maffei-Str. 2, 80997 München

Heiko Zerlik
St. Jude Medical AG, Pfingstweidstrasse 60, 8005 Zürich, Schweiz

Hanngörg Zimmermann
GfE Medizintechnik GmbH, Höfener Str. 45, 90431 Nürnberg

Dr. Oliver Zorn
Technische Universität München, Feuerwehr, Römerhofweg 67, 85747 Garching

Part I
Impulse – Teil 1

Editorial

Life Science Engineering: Die Interdisziplinarität der Medizintechnik. Werte und Bewertungen aus 25 Berufsjahren – und die Empfehlung, in der Medizintechnik tätig zu werden.

E. Wintermantel

Die **Medizintechnik ist ein sehr altes Life Science Engineering Gebiet, das Freude bereitet**. Es hat sehr früh drei Ergebnisse zustande gebracht:
- **Produkte,** die kranken Menschen helfen, unter Bildung von globalen Märkten,
- Regionale **Netzwerke** der Bildung, Ausbildung und Produktion, sogenannte Cluster,
- eine funktionelle Integration verschiedener Disziplinen der Naturwissenschaften, der Ingenieurswissenschaften und der Medizin, die **Interdisziplinarität**.

Die nachfolgenden Ausführungen sind allein auf die Medizintechnik bezogen und erheben keinen allgemeingültigen Anspruch, Ausnahmen sind speziell erwähnt. Auch sollte man das Editorial nicht in Einzelteile zerlegen wollen und zusammenhanglos zitieren. Es ist als Einheit geschrieben. Es skizziert einige Elemente aus 25 Berufsjahren in der Medizintechnik, aus selbst Erlebtem und bei Anderen beobachteten und ist bevorzugt an junge Menschen gerichtet, an jene, die etwas nach individuellem Plan auf langer Zeitachse bewegen wollen und die es Kraft ihrer Talente, ihrer gedanklichen Frische und ihres Willens auch schaffen können. Ihnen zu dienen, ist eine der vornehmsten Aufgaben überhaupt. **Das Weitergeben ist wichtiger als das Behalten**. Und die Gestaltung der Zukunft an der Wurzel, an der menschlichen Wurzel, ist vordringlich: Diesem exklusiven Ziel dient das vorliegende Buch. Es herrscht im hoch interdisziplinären Gebiet der Medizintechnik, wie zu allen Zeiten der Wechselwirkung von Technologien für die Gesundheit, ein scharfer internationaler Wettbewerb. Wer Medizintechnik betreiben will, muss Wettbewerb mögen und sich ihm stellen. Das ist ein Wettbewerb der Köpfe, der technischen Systeme und der Länder oder Regionen mit globalem Bezug.

Medizintechnik ist keine einfache Disziplin, die man schnell erlernt, sondern sie ist ein Ergebnis besonderer fachlicher Mischungen, mit Wechselwirkungen über eine gewisse Zeitdauer und sie erfordert unternehmerisches Entscheiden und permanentes Adaptieren. Der Wandel ergibt sich aus der Notwendigkeit, ein technisches System, z. B. ein Implantat, ständig zu verbessern, um es vom Körper noch besser als das bisherige Implantat dies vermag, annehmen zu lassen. In der Regel will man eine sehr gute Verträglichkeit des technischen mit dem natürlichen System, eine hohe Biokompatibilität, um Komplikationen zu vermeiden. **Die Hauptachse in der Medizintechnik ist durch Arzt und Ingenieur oder Techniker gebildet, die Natur- und andere Wissenschaften liefern zu.**

Wirtschaftliche Eckpunkte sind: **Grosse Volkswirtschaften wie Indien und China sind nicht Märkte der Zukunft sondern der Gegenwart.** Sie treten als Produzenten und Abnehmer unmittelbar in den Vordergrund der Medizintechnik, zunehmend auch in der Entwicklung von Produkten und der qualitativ hochwertigen Produktion. Der grösste homogene medizintechnische Markt ist unverändert der nordamerikanische in dem 50 % aller weltweit hergestellten Produkte dieses Marktsegmentes verkauft werden; alte, gewachsene Cluster, Regionen mit höchster Dichte an medizintechnischen Firmen in Baden-Württemberg, in der Schweiz und in Bayern konnten ihre Stellung in diesem Wettbewerb ausbauen; **die Medizintechnik ist dort überwiegend mittelständisch geprägt geblieben:** auch wenn grosse Konzerne mittlere und kleine Firmen zur Arrondierung des eigenen Portfolios übernehmen, so werden die übernommenen Kulturen meist sorgsam weitergepflegt, als Tochterfirmen, als Business Units, als Profit Centers. Grosse Mergers, die von Konzernen durchgeführt werden, erfordern oft lange Anpassungszeiten der zu verschmelzenden Kulturen.

Die Medizintechnik hat eine eigenartige Prägung höchster Interdisziplinarität: es haben sich technische Spezialisten zusammengetan, die mit der klinischen Medizin in eine sehr effiziente Wechselwirkung traten, direkt und mit gegenseitiger Achtung der Akteure, eine nützliche Komplementarität von völlig verschiedenartigen Kulturen, die es gemeinsam zu grossem wirtschaftlichem Erfolg brachten und bringen. **Das Geheimnis einer erfolgreichen Wechselwirkung liegt in der fachlichen Komplementarität der Akteure und im gegenseitigen Respekt.** Entstanden aus dem Handwerk, nicht dem akademischen Ingenieurwesen, spielen handwerkliche Erfahrung und kaufmännisches Talent auch heute noch eine hervorragende Rolle. **Ich empfehle jedem jungen Menschen, das Handwerk nicht nur zu achten und von ihm möglichst viel lernen zu wollen sondern es auch, mindestens in einem Lebensabschnitt, zu praktizieren.** Auch einem späteren Vorstandsvorsitzenden oder Spartenchef eines grossen Unternehmens, dem Präsidenten oder Rektor einer Hochschule, zufällig gewählte Personal-Beispiele besonderer späterer Verantwortung, durchaus austauschbar, hilft eine Vergangenheit im Handwerk, mit der Aussicht darauf, dass Disziplinierung und Belohnung der eigenen Person, jeweils sich die Waage halten. Gut für die gegenwärtige Verantwortung.

Naturgemäss ist das Nachfolgende eine subjektiv geprägte Momentaufnahme zum Zeitpunkt des Drucks der vorliegenden Auflage. Die Darstellung verzichtet absichtlich weitgehend auf Literaturzitate, sie ist ein unvollständiger Erfahrungsbericht des eigenen Berufslebens und enthält Wertungen, hebt wesentliche Punkte durch Fettdruck hervor und ist in Abschnitten sehr persönlicher Natur: Wo es mir opportun erscheint, wechsle ich daher in den Singular der ersten Person, so als hätte ich einen jungen Zuhörer mir gegenübersitzen, der möglicherweise interessiert zuhört, fragt, diskutiert und dabei lernt und im Dialog auch mir ermöglicht, dazuzulernen. **Der junge Leser soll ermutigt werden, in die Medizintechnik einzusteigen und damit die Tür zu einem sehr spannenden und befriedigenden Berufsleben zu öffnen.** Dabei treten Beurteilungen hinzu, die den persönlichen Charakter der Passage unterstreichen. Man kann die Ausführungen nicht einer einzelnen meiner beruflichen Stationen, einer Klinik, einer Hochschule oder einer Firma zuordnen, ausser dies sei ausdrücklich erwähnt. Auch können einzelne Persönlichkeiten aus der großen Zahl persönlicher Begegnungen, die mir vergönnt waren und die eine Gesamtschau befördert haben, keine individuelle Bewertung für sich ablesen. Es sind kondensierte Eindrücke, immer auf mehreren persönlichen Erfahrungen, nie singulären, gegründet. Singularitäten wurden herausgefiltert.

Literatur, auch ältere, wird dort zitiert wo sie eine eigene Erfahrung unterstützt. Allein die didaktisch molekular aufbereitete technische Momentanliteratur in höchster fachlicher Konzentration zu geniessen, erscheint mir hier nicht zielführend. Schulische und universitäre Ausbildung verführen zum kondensierten Konsum abfragbaren Wissens, zur Zertifizierung dieses Wissens durch Prüfungen von technischen und naturwissenschaftlichen Fakten. Das reicht nicht. Berufsplanung ist Lebensplanung und erfordert das Gespräch mit gleicher Gewichtung und die Einbeziehung strategischer Elemente, z. B. geografischer, marktorientierter, personen- und institutionenbezogener. **Triage ist laufend gefordert: Zu erkennen was wichtig und was unwichtig ist. Und dann das Wichtige tun und das Unwichtige lassen.** Gelegentlich geht beim täglichen Lernen und Beurteilen der Blick fürs Wesentliche verloren. Dem gilt es vorzubeugen. Man muss, intermittierend, die Nase in die frische Luft hinausstrecken, um neuen Duft einzuatmen, intellektuellen, technologischen, thematischen, kulturellen, internationalen. Abwechslung verträgt sich mit der Interdisziplinarität der Medizintechnik viel besser als starre Linearitäten. Innovationen gründen häufig auf viel frischer Luft in der Nase. Nur bei permanenter umfassender Information, ausserschulischer und ausseruniversitärer, gelingt die Triage des Wichtigen vom Unwichtigen. Dazu will dieses Editorial beitragen. Dabei wird der junge Leser ermutigt, sich jede nötige Information zu beschaffen, sie ist vorhanden, auch dann, wenn die ihn begleitenden Strukturen sie ihm nicht unmittelbar offenlegen oder gar verbergen wollen. **In der Interdisziplinarität kann die eine Disziplin durchaus versucht sein, die andere zu behindern. Strategische Planung ist in hohem Masse Recherche und Meinungsbildung. Ergänzt wird sie durch den Willen, das als richtig Erkannte durchzusetzen.**

Gelegentlich bricht das Englische im Text durch. Ich lasse es gern so stehen, man möge mir diese sprachliche Regie zubilligen. Auch das Englische bedient sich des Fremdsprachigen, wenn es inhaltlich kommod ist: the kindergarten, the schlieren, the angst, the doppelgänger, the weltschmerz etc. Alle personenbezogenen Begriffe sind geschlechtsneutral gemeint.

Einleitung

Medizintechnik ist ein uraltes Gebiet. Das Wort jedoch ist jung. Es fasziniert. Der Wortsinn verbindet das Leben des Menschen mit der Technik, direkt. Die Wechselwirkung des menschlichen Körpers mit Kräften, elektrischen Feldern, Wirksubstanzen oder anderen Organismen sind Beispiele. **Medizintechnik ist ethisch besonders geachtet, wirtschaftlich geschätzt und intellektuell herausfordernd.** Die Medizintechnik dient selektiv Generationen („dem alten Patienten", „dem Neugeborenen") und ist dennoch, technologisch, generationenübergreifend. Medizintechnik ist universal: molekulare Wechselwirkung, Lebensqualität, Qualitätssicherung, Marktbeherrschung sind Beispiele vieler Dimensionen, die ein Produkt der Medizintechnik von seiner Entstehung als Idee in einem kreativen Kopf und der Ausarbeitung im Team bis zur diagnostischen oder therapeutischen Anwendung an einem Individuum begleiten.

Nach Stallforth [1] lässt sich die **Medizintechnik in Deutschland** so skizzieren (Auszug, modifiziert):

- 11 % des Bruttoinlandsprodukts wird im Gesundheitswesen erwirtschaftet
- Ein breites Produktspektrum wird angeboten
- Die Branche ist mittelständisch geprägt
- Es gibt ca. 1000 Unternehmen, die der Medizintechnik zuzuordnen sind
- Der Gesamtumsatz beträgt ca. 15 Mrd. Euro
- Etwa 250.000 Mitarbeiter sind beschäftigt
- Die Exportquote beträgt 60 %
- 10 % des Umsatzes wird in F&E-Aufwendungen investiert
- 50 % des Umsatzes erfolgt mit Produkten, die weniger als 2 Jahre alt sind.

Sieht man die Anfänge der diagnostischen und der therapeutischen Medizintechnik (dazu Bildbeispiele untenstehend), so ist dem in der Gegenwart Lebenden eher Demut vor dem Erreichten als Übermut empfohlen: Managementmethoden, die oft in jährlichem Wechsel zur Nachahmung empfohlen werden („Management by...") und die in der Bedeutung gelegentlich über die technischen und medizinischen Grundkenntnisse gestellt werden, haben eher wenig zum andauernden Erfolg der Medizintechnik und zur obigen Bilanz beigetragen. Gerade die disziplinäre Mischung macht die Medizintechnik sehr anspruchsvoll. Der harmonische Kanon der Disziplinen erfordert hohes kompositorisches Können.

Es sind bevorzugt technische und medizinische Höchstleistungen und klassische Kaufmannstugenden, die bis heute Bedeutung für den Markterfolg medizintechnischer Produkte haben. Dazu zählen auch wichtige Primärtugenden wie Phantasie, Augenmass, Mut und Menschlichkeit. In der Medizintechnik ist es eine strikte bedarfsorientierte Entwicklung und Vermarktung neuer Produkte und das weitgehende Vermeiden experimenteller Kürläufe. Dabei sind die Stückzahlen gering und die Margen hoch, Zeichen einer florierenden wirtschaftlichen Nische. In der Beurteilung der Konkurrenz allerdings, des Wettbewerbers, spielt sie nicht in einer Nische. Man kämpft hart um Marktanteile, global.

Einleitung

Man braucht zum Bestehen des globalen Wettbewerbs die Beschäftigung mit der Nachbarschaft, der fachlichen und vor allem auch der ausserfachlichen, um den Ideenfluss im eigenen Kompetenzbereich zu pflegen, aus dem Neues entsteht, Neues, das die Nische unablässig ausfüllt. Echte Innovationen sind synthetische Leistungen. Das Kopieren gehört nicht dazu. In der Regel muss man nicht nur besser als andere sein sondern auch schneller. **Unabdingbar tritt die Kommunikation als wichtigste operative Primärtugend hinzu. Kommunikation ist ein Beschleuniger.**

Werden die Einheiten überkritisch gross, eine Firma, ein Geschäftsbereich, eine Business Unit, dann gelten zusätzliche Gesetze der Geschäftsführung, des Mitteleinsatzes, der Aquise, des Kaufs und Verkaufs von Rechten, von Firmenanteilen etc. Diese Situation wird hier nicht weiter ausgeführt. Das Editorial wendet sich in erster Linie an den künftigen Firmengründer, der selbst starten will und noch nicht über etablierte Strukturen verfügt. Andere mögen das für sie Brauchbare herauslesen.

Wer nicht gern auf andere zugeht und sich nicht mit ihnen austauscht, soll die Finger von der Medizintechnik lassen. Die Freude am Gespräch, am Austausch von Ideen und am Ausloten der Horizonte gehört zum Geschäft. Wer nicht medizinisch hören will, wird technisch nichts fühlen. Das römische Sprichwort „do ut des" findet dabei seine Anwendung: Mit nur drei lateinischen Wörtern wird eine Taktik mit einer Lebensweisheit kombiniert. Der kurze Satz beschreibt meine eigene Vorleistung: Ich gebe (zuerst), damit Du (danach) gibst, dies ist ein Konditional und eine zeitliche Reihenfolge. Also: Offen auf die Nachbardisziplin zugehen und eine eigene Leistung anbieten. Nach Wechselwirkung fragen. Reagiert der Nachbar, ist man auf gutem Weg, aber noch lange nicht am Ziel. Viel mühsamer Informationsaustausch und Gespräche schliessen sich an bis zum Erfolg. Die zeitgenössische Beliebigkeit, gelegentlich politisch motiviert, noch häufiger jedoch unmotiviert, kann ein Hinderungsgrund für Weiterentwicklungen sein, fehlende Verlässlichkeit der Partner, Nichteinhalten von Terminen, individuelle Arroganz, fehlende Kompetenz etc. Man umgebe sich mit zuverlässigen Partnern und meide unsichere Kantonisten. Dabei ist die eigene Beurteilung jeder alleinigen Fremdbeurteilung überlegen. Die Fremdbeurteilung gehört jedoch als Ergänzung zur Urteilsbildung dazu.

Kommunikation unter globalem Aspekt gesehen: Die Kontaktnahme mit der anderen Kultur in andern Ecken der Welt fällt in der Medizintechnik leicht, da der kulturell fremde Markt, der „ausländische", fachlich bereits bestens bekannt und nur scheinbar fremd ist, die Medizintechnik verbindet Kulturen: Ein Beispiel: Chirurgen operieren weltweit weitgehend nach denselben Standards und verwenden gleichartige Hilfsmittel, die Instrumente und Implantate, sie benutzen die gleiche Fachsprache und freuen sich bis heute, wenn ihnen technisch geholfen wird, auch alle anderen Ärztegruppen freuen sich über diese Hilfe. Ihre eigene fachliche Ausbildung, das Medizinstudium, bietet bis heute keine Ingenieursgrundlagen, obwohl der spätere Arzt ohne die damit vermittelten Technologien weder eine Spritze applizieren, noch den Blutdruck messen, Tabletten verabreichen oder operieren könnte. Die Techniker, die Ingenieure und die Handwerker werden ebenfalls begrüsst, indem sie ihre Fertigkeiten bestens wirtschaftlich umsetzen können. Man ergänzt sich. Die Medizintechnik ist insofern eine durchaus freudige und nutzbringende Veranstaltung. **Die fachliche Komplementarität schafft Win-Win-Situationen und dies global.**

Life Science Engineering und Märkte

Die Medizintechnik ist ein bedeutender Teil des Life Science Engineerings, das drei weitere wirtschaftlich sehr erfolgreiche Gebiete umfasst: Food, Pharma und Cosmetics (Abb. 1). In allen vier Life Science Engineering-Gebieten finden Wechselwirkungen mit inneren und äusseren Oberflächen des menschlichen Körpers statt. Die zur Produktion von Life Science Engineering-Produkten eingesetzten Technologien sind miteinander verwandt oder sogar identisch: Stofftrennung und -verbindung, Verfahrenstechnik, Beschichtungen, Extrusion, Spritzguss, Automatisierungstechnik, Reinraumproduktion, CAD-/CAE-/CAM-Techniken, Sterilisationsverfahren, Zellkulturtechniken, um einige unsortierte Beispiele zu nennen. Daher empfiehlt sich auch eine weitergehende familiäre Betrachtung. **Die Biotechnologie ist in diesem Umfeld der Life Science Engineering-Gebiete omnipräsent** und dient allen genannten Hauptsegmenten: Die rote Biotechnologie dient der Medizin, die grüne Biotechnologie dem Bereich Food, die weisse Biotechnologie allen Bereichen.

Medizintechnik findet sich im übergeordneten Marktsegment der Health Care Industries wieder und bestimmt damit wesentlich den **6. Kondratieff-Zyklus, die gegenwärtige lange Welle der wirtschaftlichen Entwicklung [2], mit. Die Unterscheidung in diagnostische und in therapeutische Medizintechnik ist dabei sehr nützlich.** Die eine entstammt der Elektromedizin, ergänzt um Teile der Informatik, die andere dem Maschinenbau, ergänzt um Erkenntnisse der Biologie und Physiologie. Über die Ergänzungen bestehen vielfältige Verbindungen und das Fach wächst so, aus der Kombination von Medizin mit Ingenieurs- und Nicht-Ingenieursdisziplinen zur kompletten Medizintechnik zusammen.

Unter **diagnostischer Medizintechnik** versteht man nicht nur die klassischen Bildgebenden Verfahren, wie Röntgentechnik, Computer- und Kernspintomografie oder Ultraschall-Anwendung. Es gehören auch bio- und gentechnologische Verfahren dazu, Verfahren der klinischen Chemie und Informationssysteme, die in der therapeutischen Medizintechnik von gleich hoher Bedeutung sind, z. B. Managementsysteme für Daten und Abläufe im Krankenhaus und in Arztpraxen. Die Aussicht, z. B. bösartige Tumoren bereits vor ihrer klinischen Ausprägung, auf molekularer Ebene, zu identifizieren und Risikoabschätzungen sowie Vorsorgeempfehlungen abzugeben, haben für den betroffenen Patienten vitale Bedeutung. Wäre dies im grossen Umfang möglich, könnten sich völlig neue Behandlungsszenarien eröffnen. Hier sind derzeit besonders hohe Wachstumsraten zu verzeichnen. Angesichts des Kostendrucks im Gesundheitswesen wird die Entwicklung von Informationsmanagement-Systemen als Sparbeitrag an das Gesamtsystem angesehen: Abläufe optimal zu gestalten, wird vom Markt belohnt [3].

In der **therapeutischen Medizintechnik** sind die zu Behandlungen führenden Technologien und Verfahren zusammengefasst: z. B. chirurgische, internistisch-interventionelle, orthopädische, mikroskopische, endoskopische, radiologische. **Diagnostische und therapeutische Medizintechnik wachsen dort besonders gut**

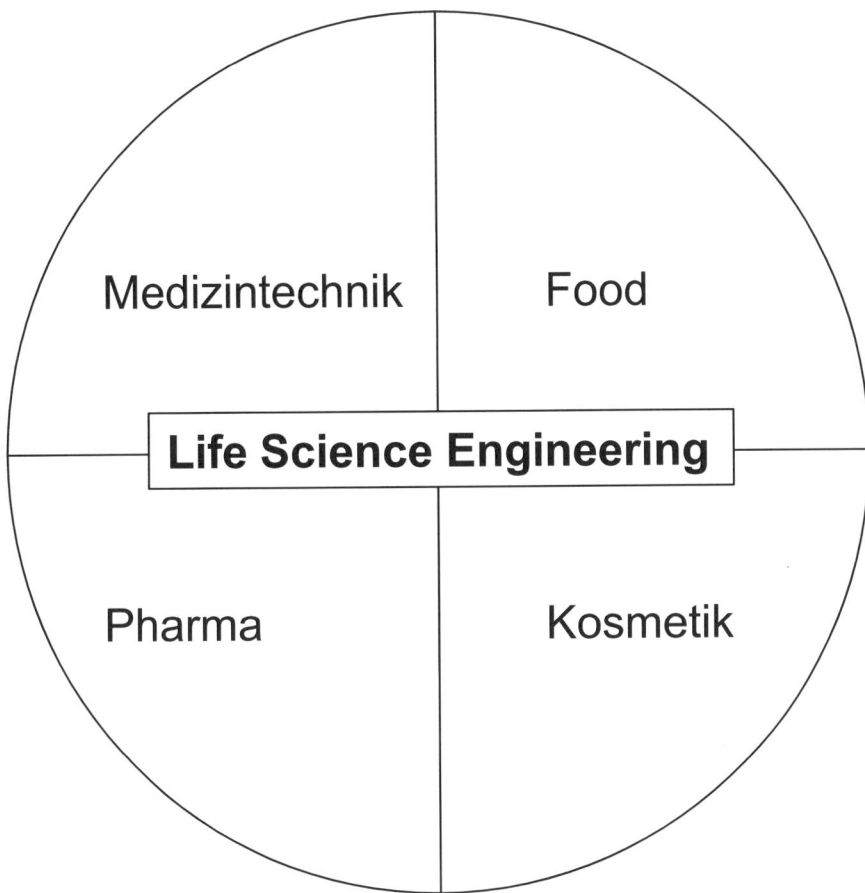

Abb. 1 Die wichtigsten Life Science Engineering Gebiete. Sie sind durch ähnliche Technologien verbunden, die zu Produkten führen, z. B. durch Verfahrenstechniken, durch Oberflächentechniken, durch Materialwissenschaften und durch Wechselwirkung mit dem menschlichen Körper. Die Biotechnologie dient den Life Science Engineering Gebieten unmittelbar durch ihre Ergebnisse, sie ist Zulieferer, z. B. die rote Biotechnologie für die Medizintechnik, die grüne für Food, die weisse für alle Bereiche

zusammen, wo die Stellung einer Diagnose mit der unmittelbaren Einleitung einer Therapie verbunden ist, in der Theragnostik, z. B. beim Setzen von kardialen Stents: Ursprünglich war die Behandlung von Verkalkungen der Herzkranzgefässe eine Domäne der Herz- und Gefässchirurgie: mit Bypässen wurden Umgehungskreisläufe um die verkalkte Stelle der Arterie angelegt. Gegenwärtig wird in das Restlumen einer Stenose mit einem Ballonkatheter eingegangen und ein darauf befindlicher Stent unter plastischer Verformung bei hohem Verformungsdruck so in die verkalkte Blutgefässwand eingedrückt, dass der Kalk gesprengt und verdrängt wird und ein Blutfluss auch ohne Bypass wiederhergestellt wird. Der ursprünglich nur diagnostizierende Kardiologe, der den Befund durch Kontrastmittelgabe ins Blutgefäss erhob, wurde zum therapierenden Arzt, der auch den Stent setzt. Mehrere Kapitel in diesem Buch sind diesen therapeutischen Techniken gewidmet. Die Gewichtung der kardiovaskulären Kapitel folgt der verkürzt formulierten Erkenntnis, dass man, unbehandelt, am Herzinfarkt stirbt, in der Einzelfallbetrachtung oder im Kollektiv. Weltweit eröffnet sich damit ein Riesenmarkt mit dem grössten Wachstumspotential, vor Dentalimplantaten und vor orthopädischen / osteosynthetischen Implantaten.

Neben den klinisch getriebenen diagnostischen und therapeutischen Verfahren, die sich in der Medizintechnik durch Produkte abbilden, sind es auch Optionen des Technologietransfers, die genützt werden, um bessere klinische Verfahren zu generieren: z. B. ermöglichte erst die Verfügbarkeit kleiner optoelektrischer Chips, die Entwicklung von Chip-Kameras für die Endoskopie. Damit muss nicht mehr über Faseroptiken oder starre Optiken, z. B. Stablinsensysteme, ein Bild auf optischem Weg aus dem Inneren des Körpers nach aussen geleitet werden, dies kann elektrisch geschehen, bei geringeren Abmessungen. Grundsätzlich ist eine damit drahtlose Übertragung vorstellbar, analog einer Bluetooth-Schnittstelle. Völlig neue Applikationen eröffnen sich. Auch die Bildqualität aus primär digitaler Quelle ist eine andere als aus alleiniger linsenoptischer.

Zur Ausbildung in der Medizintechnik: Sie ist im Handwerk sehr alt, an Fachhochschulen seit Jahrzehnten gepflegt, an wissenschaftlichen Hochschulen noch neu. **Die TU München war die erste deutsche wissenschaftliche Hochschule, die einen Masterstudiengang Medizintechnik eingeführt hat, im Jahr 2000,** als Nachdiplom- oder Postgraduierten-Studiengang. In der Überzeugung, dass man eine fertige Berufsausbildung mitbringen müsse, um später medizintechnisch erfolgreich zu sein (**„ohne sichere Disziplinarität sicher keine Interdisziplinarität"**), hatten meine Mitarbeiter und ich, nachhaltig unterstützt von einer innovationsfreudigen Hochschulleitung und Dekanen, damals 60 Dozenten aus 9 Fakultäten angefragt und gebeten, ihr Wissen, teilweise aus bestehenden Lehrveranstaltungen, in kürzester Zeit in einen neuen Studiengang Medizintechnik zu geben. Es hatte keiner abgesagt und nur wenige Korrekturen waren erforderlich. Dieses Lehrangebot stiess auf eine echte Nachfrage und besteht bis heute in der ursprünglichen Konzeption der Interdisziplinarität, dabei wird laufend optimiert.

Daraus zu folgern, dass jene Fächer, die besonders gut zu interdisziplinären Wechselwirkungen taugen, an wissenschaftlichen Hochschulen erst spät gepflegt werden, ist voreilig abgeleitet. Vieles besteht lange, ist jedoch nicht erkennbar. Der Übergang vom Virtuellen zum Gegenständlichen kann lange dauern. Es keimt zunächst, ohne plakatives Auftreten. Die Ergebnisse können hochrangig sein, jedoch fehlt die industrielle Umsetzung in einer frühen Phase, der Patient hat noch nichts vom Forschungsergebnis und die Presse sieht noch nichts emphatisch Greifbares, Vermittelbares. Mein Eindruck ist, je mehr biologische Aspekte eine Rolle spielen, z. B. die Entwicklung von Biomaterialien, die Wachstumsfaktoren enthalten und freisetzen sollen, beispielsweise aus Dental- oder Osteosyntheseimplantaten, desto länger muss man auf die wirtschaftliche Verwertbarkeit warten und diese Wartezeit auch akzeptieren, wenn das Ziel gesetzt ist. Oder: **klinische Feldstudien zur Beurteilung eines Implantates erfordern (teure) Jahre der Wartezeit bis ein verwertbares Ergebnis vorliegt**, weil der Körper des Menschen vergleichsweise langsam reagiert. Knochen ist das am langsamsten wachsende der mit Implantaten versorgten Gewebe, Knochen hat jedoch tragende Bedeutung, im doppelten Sinn: mechanisch und wirtschaftlich. Daher lohnt sich eine Anstrengung, sein Wachstum zu beschleunigen: **je schneller ein Knochenpatient wieder im Arbeitsprozess steht, desto günstiger fällt die Vollkostenrechnung seiner Behandlung aus,** dabei wird es noch lange so sein, dass die Medizintechnik (samt Operation, Implantat und Rehabilitations-Massnahmen) vergleichsweise preiswert und der Arbeitsausfall vergleichsweise teuer ist. Hüftprothesen lockern nach Jahrzehnten, Spätthrombosen bei Stents stellen sich nach vielen Jahren ein und zwingen zur Neubewertung und ggf. technischen Änderung des Implantates. Die Gefässwandschichten von Arterien zählen zu den schnellwachsenden, entsprechend unterschiedlich sind die Beobachtungszeiträume, die zu akzeptieren sind. Zell- und Gewebekulturen haben daran wenig verändert, **der Organismus ist letzter Entscheider über Akzeptanz oder Ablehnung eines Implantats, nicht der Laborversuch.** Er ist in der Prüfkaskade der Biokompatibilität lediglich vorgeschaltet. **Die Biologie ist der langsame und damit zeitbestimmende Partner in der medizintechnischen Entwicklungskette:** Um statistisch gesicherte Erkenntnisse in lebenden Systemen zu gewinnen, sind nicht nur lang dauernde sondern auch sehr viele dieser zeitraubenden Versuche notwendig, die Biologie ist erheblich langsamer als die rein technischen Entwicklungen es sind. Die Gauss'sche Normalverteilung biologischer Phänomene bildet sich ab.

Ein biologisches Beispiel mit besonders hohem Anwendungspotential, jedoch sehr langer Perspektive, ist die Stammzellforschung. Allein die Wortwahl ist bezeichnend. Man spricht noch nicht von Stammzellmarkt, von Stammzellprodukten, von Stammzellfertigung, allenfalls von stem cell engineering. Jüngste Berichte der Reprogrammierung von adulten Zellen zu einem funktionellen Verhalten von Stammzellen sind dabei sehr attraktiv: Jänisch vom Whitehead Institute in Cambridge, Massachusetts, berichtete darüber [4]. Meine Mitarbeiter und ich haben in einem interdisziplinären Konsortium Versuche zum **Potential von postnatalen Stammzellen aus dem Gewebe der menschlichen Nabelschnur** durchgeführt [5] mit dem Ziel, für das Tissue Engineering und das Cellular Engineering eine ethisch unbedenkliche Zellquelle zu identifizieren. Postnatale Stammzellen der Nabelschnur (wandständige Zellen sind gemeint, nicht das Nabelschnurblut) sind noch nahe am embryonalen Zustand, jedoch nicht mehr Teil des Embryos. Damit ist eine hohe Nützlichkeit anzunehmen bei keinerlei ethischen Bedenken: Nicht genützt wandert die Nabelschnur postpartal ohnehin in den Abfall, völlig ohne gesellschaftlich-ethischen Aufschrei. Der interdisziplinäre Aspekt der Zusammenarbeit war hier besonders ausgeprägt: Folgende Disziplinen arbeiteten zusammen: Gynäkologen (Gewinnung und Aufbereitung der Nabelschnüre), Hämatologen (Selektionierung der Zelltypen und analytische Verfahren), Herzchirurgen (künftige Abnehmer besiedelter röhrenförmiger Träger für Bypässe kleinen Kalibers, Besiedelungstechnik, fluiddynamische Prüfstände), Biologen (für das Cell Seeding und die Differenzierung der Zellen), Pathologen (Beurteilung der Funktionstüchtigkeit der Zellen) und Maschineningenieure (Verfahrenstechnik, apparative Versuchseinrichtungen, Ausrichtung der besiedelten Zellen im Magnetfeld). Dabei war die überkritische Grösse einer interdisziplinären Gruppe erreicht, grösser hätte sie nicht mehr werden dürfen, da dann administrative Regulierungsvorgänge in den Vordergrund getreten wären, die von besonders grossen Forschungsverbünden bekannt (und hemmend) sind. **Interdisziplinäre medizintechnische F&E gedeiht am besten in kleinen Gruppen: 3 – 4 Disziplinen sind für Innovationskraft, Effizienz und Validität optimal.** Träge Meta-Strukturen wie sehr grosse Sonderforschungsbereiche und länger als ein Jahrzehnt lebende, sind für die hier geforderte anwendungsorientierte Innovations-Generierung in kurzer Zeit nicht zielführend, für die Grundlagenorientierung, möglicherweise, schon.

Forschung und Entwicklung, neue Horizonte, alte und neue Allianzen

Aus der **Stammzellforschung** könnte, bei ethisch unbedenklichem Vorgehen, ein besonders attraktiver Markt für die Medizintechnik entstehen. Gleiches trifft auf die **Nanotechnologie** zu. Oft bezeichnet man mit Nano, was sich noch im µ-Bereich befindet. Das Präfix taugt jedoch, um eine neue Anstrengung zu kennzeichnen, Nano ist publizistisch griffig: Kleinste Reaktionsräume zu schaffen, kleinste mechanische Systeme zu erzeugen, kleinste Sensoren und Aktuatoren, als Beispiele genannt. Gerd Binnig, Nobelpreisträger der Physik 1986 und Autor in diesem Buch, hat öffentlich zu besonderer Beschäftigung mit der Nanotechnologie aufgerufen [6], ein Übersichtsartikel findet sich in [7]. Mit der kleinen Dimension kommt ein Phänomen in den Vordergrund der Betrachtungen, für die Medizintechnik von grösster Bedeutung: **das Oberflächen-Volumen-Verhältnis. Der menschliche Körper reagiert bevorzugt auf grosse Oberflächen, weniger auf grosse Volumina** (siehe unter Biokompatibilität und in allen Kapiteln, in denen Oberflächenvergrösserungen und -strukturierungen zu höherer Biokompatibilität führen). Mit der Veränderung der Oberflächen-Volumen-Relation von Implantaten lassen sich Reaktionen des Körpers regelrecht triggern. Nanoteilchen haben, bei kleinstem Volumen eine riesengrosse Oberfläche. Es ist, unter Nutzung der Ergebnisse der Nanotechnologie, vorstellbar, Wirkstoffe aus Reservoiren in höchster Konzentration, jedoch kleinsten Dosen, freizusetzen, das Anwachsverhalten von Geweben an fremde (technische) Oberflächen mit völlig neuer Qualität zu steuern als bisher, Signale von einzelnen Nervenzellen aufzunehmen oder an sie abzugeben etc. Unzählige nützliche Anwendungen sind vorstellbar. **Die Nanotechnologien verheissen neue Steuermöglichkeiten der Reaktion des menschlichen Körpers.** Man sollte sich ihnen detailliert widmen.

Erst die Wechselwirkung zwischen Forschungs- und Entwicklungsinstituten und der Industrie (oder der F&E-Abteilungen mit der Produktion und

dem Vertrieb innerhalb eines Unternehmens) führt zur Sichtbarkeit und zu zahlreichen nutzbaren Ergebnissen in kurzer Zeit. Um überkritisch zu werden, braucht jedes interdisziplinäre Vorhaben in einer Anfangsphase zusätzlich zum guten Willen und zum Konzept in der Regel viel Geld und nur wenige Protagonisten. Ist beides nicht im richtigen Mass vorhanden, bleibt es bei der Unsichtbarkeit und Wirkungslosigkeit. Das Potential, das in erstklassigen Hochschulen steckt, Nährboden für die Medizintechnik, findet sich in Übersichtswerken, z. B. zum MIT (Massachusetts Institute of Technology [8], zur ETH Zürich (Eidgenössische Technische Hochschule [9, 10]) und zur TU München (Technische Universität München [11]). Die Unternehmen der gewachsenen Cluster-Regionen in Baden-Württemberg und der Schweiz kommen dazu.

Die Industrie ist natürlicher Partner jedes Forschers und Entwicklers in der Medizintechnik, wird diese Partnerschaft nicht gelebt, erreicht das Laborergebnis den Menschen nicht. Es darf es auch nicht, aus ethischen Erwägungen heraus. Daher erfordert Medizintechnik in hohem Mass, wie eingangs erwähnt, **die Fähigkeit zur Kommunikation. Man muss sprechen wollen und können und es dann auch tun.** Komplizierte und einfache Sprache müssen zusammenfinden, man muss aufeinander zugehen, verständnisvoll und dennoch selbstbewusst. Niemand gibt sich auf, der einem Anderen zuhört oder mit ihm spricht.

Die Sprache der Forscher an Hochschulen erscheint oft manieriert und gestelzt, die der Industrie plakativ und grob vereinfachend. Sie erscheint so, ist im Kern aber dennoch von hoher Tauglichkeit, in beiden genannten Fällen. Forscher bedienen sich scheinbar komplizierter Wörter, tatsächlich ist es die Beschreibung von Phänomenen und Abläufen, die in anderer Form noch nicht darstellbar und verständlich zu machen sind. Komplexes lässt sich erst nach langer Zeit in wenige Worte fassen, sie ergeben sich dann. **Das Einfache muss aus dem Komplizierten heraus reifen.** Die Sprache hilft sich selbst und vereinfacht in einem Prozess bis zur Allgemeinverständlichkeit. **Die Sprache der Wirtschaft, der Betriebsführung, erscheint losgelöst von den Phänomenen und komplizierten Abläufen der technischen Systeme und naturwissenschaftlichen Phänomene**, da die Zielgrösse nicht der Erkenntnisgewinn sondern der Markt ist, dargestellt in Bedürfnissen, Verkaufszahlen und Geld. Mancher Finanzmann spricht von „Top", von „#1", von „market leadership" und „benchmark" oder „portfolio". Der Forscher dagegen spricht von „molekularer Wechselwirkung", von „Kraftfluss-Optimierung durch Designänderung", von „katalytischer Wirkung der Oxidschichten". Scheinbar getrennte Welten kommen aber dann doch zusammen, wenn gemeinsamer Profit winkt: Neue Produkte und Märkte für die Industrie, neue Erkenntnisse für die Wissenschaft. Respektieren sich diese Bereiche gegenseitig und begreifen sie sich sogar als von gegenseitigem Nutzen, kann wirklich Grosses und Neues enstehen. Von dieser klugen Wechselwirkung lebt die Medizintechnik. Respektieren sie sich dagegen nicht, sind Präjudizierungen und Majorisierungen erkennbar, kann das Ergebnis nicht überzeugen – und der Patient sieht nichts an Gegenwert einer Investition.

Für die Medizintechnik von hohem Nutzen kann das künftige **Zusammenwachsen von Technischen Hochschulen und Forschungszentren** sein, die in Europa in der Regel beide hauptsächlich aus staatlichen Mitteln alimentiert werden und damit aus gleicher und potentiell üppiger Quelle gespeist sind: aus Steuergeldern. **Mergers and Aquisitions (M&A) gibt es nicht nur in der Industrie, sie werden auch im Forschungsbetrieb eingeübt:** In Karlsruhe entstand das KIT (Karlsruhe Institute of Technology) aus dem Zusammenschluss von Universität und Forschungszentrum Karlsruhe, in Aachen die JARA, die Jülich-Aachen-Research-Allianz [12]. Die Schweiz hat mit dem ETH-Bereich seit sehr langer Zeit Vergleichbares und in der gelebten Wechselwirkung hervorragende Ergebnisse vorzuweisen: Die beiden Technischen Hochschulen, ETH Zürich und ETH Lausanne sind ergänzt, z. B. um das Paul-Scherrer-Institut (PSI) in Würenlingen oder die EMPA (Eidgenössische Materialprüfanstalt in Dübendorf und St. Gallen), das Pendant zur deutschen BAM (Bundesanstalt für Materialforschung in Berlin). Früher waren diese Institutionen als „Annex-Anstalten" der ETH´s bezeichnet worden und damit auch ihre ergänzende Funktion beschrieben, heute bilden sie ein interaktives Netz unter funktionell weitgehend gleichberechtigten Partnern. **Die neuen Allianzen der Forschung und Entwicklung ergänzen die alten: die Cluster, die es in der Medizintechnik seit nahezu 150 Jahren gibt. Es ist absehbar, dass eine industrielle Infrastruktur zu den neuen Allianzen von Technischen Hochschulen hinzutreten wird** (s. u. unter „Cluster"). Nimmt man die F&E-Landschaft Deutschlands insgesamt, so tun sich riesige Chancen für Zusammengänge auf: Fraunhofer-Institute (FhG), Max-Planck-Institute (MPG), wissenschaftliche Hochschulen und Institute der Blauen Liste (BL) teilen sich die staatlichen Innovationsanstrengungen und das staatliche Geld und kämpfen darum: Sie alle werden aus Steuergeldern überwiegend oder zu kleinerem Teil finanziert. **Das Gros der F & E, auch in der Medizintechnik, findet jedoch in der Industrie, nicht in staatlichen Institutionen, statt.** Und man hat zu ergänzen, dass das Bruttosozialprodukt sich in Deutschland überwiegend aus Ingenieursleistungen bildet (ca. 60 %), es ist vorstellbar, dass der Aspekt des Returns on Investment für die Ingenieursdisziplinen neu gewichtet wird. Die Ingenieurswissenschaften könnten durchaus den Anspruch erheben, vom grossen Steuerkuchen anteilig vergleichbar viel zu erlösen, wie sie über das Bruttosozialprodukt erwirtschaften. Manche wissenschaftliche und intellektuelle Sonderwirtschaftszone ausserhalb des Ingenieurswesens wäre dann vermutlich am Ende.

Die Vernetzung von Teilgebieten innerhalb der Ingenieurswelt ist so hoch, dass z. B. ein Automobilzulieferer, der anspruchsvolle Spritzgusstechnologien beherrscht, dieselbe oder eine höhere, biokompatible, Bauteilqualität in die Medizintechnik liefert. Über eine solche Vernetzung ist die Medizintechnik in andere Wissenstransfers, als nur zwischen Arzt und Ingenieur, auch bestens eingebunden. Diese Vernetzung hohen Grades bildet sich auch in der Wechselwirkung zwischen Technischen Universitäten und der medizintechnischen Industrie ab.

Interdisziplinarität, Top-Down und Bottom-Up, Schiefe Schlachtordnung, Förderprogramme

Interdisziplinarität ist am Anfang wenig mehr als konsequente Disziplinarität plus Kommunikation. Am Ende können jedoch grosse Gewinne stehen (Abb. 2). Die Interdisziplinarität wird oft als besonders „nützlich" oder „modern" oder „zukunftsfähig" apostrophiert. Damit meint man die Ergebnisse interdisziplinären Tuns. Oft hört man: „An den Schnittstellen lassen sich die grössten Gewinne einfahren". Wer eine solide Ausbildung und Erfahrung in einem später benötigten Teilgebiet der Medizintechnik hat, z. B. in der klinischen Medizin, im Maschinenbau, oder im Marketing und Vertrieb, kann sich komplementäres Wissen und Können aneignen und den Wissensverbund nun nutzbringend einsetzen. Dafür benötigt er aber eine (fachliche) Muttersprache und einige (fachliche) Fremdsprachen. **Sprachlose scheitern** und gehen in andere Gebiete. Ausser dem Sprachlosen hat die Medizintechnik allerdings jedem etwas zu bieten: die Vielfalt der vertretenen Fächer und Disziplinen bieten nahezu jedem Individuum Entfaltungs- und Gestaltungsmöglichkeit und Freude. Es ist wichtig, in einer klassischen Disziplin, einem Fach, einer Studienrichtung, einem Handwerksberuf etc., die sich in der Medizintechnik abbildet, mit tiefer Gründung ausgebildet worden zu sein. **Monodisziplinäre Ausbildung ist für den interdisziplinären Beruf unabdingbar.** Wenig sinnvoll ist, allein wegen der allgemeinen, gelegentlich hörbaren populistischen Umgebungstöne zum Nutzen der Interdisziplinarität, sofort interdisziplinär einsteigen zu wollen, z. B. bereits auf Schulebene. Tut man dies, so fehlen später die soliden Grundlagen wenigstens eines Teilgebietes der Medizintechnik, die immer gebraucht werden. Damit ist keinesfalls gemeint, dass man z. B. Schnupperangebote von Hochschulen für Schüler, die die Medizintechnik als interdisziplinäre Plattform vorstellen (z. B. im Rahmen einer „Schüler-Universität") nicht wahrnehmen soll. Man soll, als Schüler, dieses Angebot unbedingt nutzen, um früh seinen Horizont zu erweitern aber man soll die Annahme vermeiden, man könne danach sofort ein Implantat oder ein brauchbares Gerät entwickeln. Erst der Schweiss dann der Preis.

    Interdisziplinarität ist eine Schnittmenge, die ihre Wirkung aus den die Schnittmenge bildenden Disziplinen bezieht. Die Schnittmenge ist immer ein Resultat, keine eigene Anstrengung. Ohne Disziplinarität keine Interdisziplinarität. Man strengt sich disziplinär und kooperativ an, man sät, um interdisziplinär zu ernten. Man muss offene Ohren, einen offenen Sinn und echtes Interesse für und an wenigstens einer Nachbardisziplin haben, um sich zu entfalten. Der Maschinenbauer sollte sich z. B. für die Biologie begeistern lassen, oder der Chemiker für die Fertigungstechnologien, oder der Physiker für die Physiologie etc. Monodisziplinarität ohne katalytisches Interesse und Sprachfähigkeit bleibt für sich allein und ist für die Medizintechnik nur insofern von Nutzen, dass sie abgerufen wird, im Sinne einer Zuarbeit. Man wird, als monodisziplinärer Partner, dann im Sinne eines Auftrags angefragt und abgefragt, kann lediglich zuarbeiten. Gestalten kann man als der Monodisziplinarität exklusiv Verpflichteter wenig. Solisten bleiben isoliert. Das Orchester bleibt ihnen verwehrt.

Interdisziplinarität = Disziplinarität plus Kommunikation

Abb. 2 Die Interdisziplinarität hat zwei Elemente, die sie beschreiben. Ohne sorgfältige disziplinäre Ausbildung in einem Gebiet und ohne Willen und Vermögen, sich auszutauschen, gibt es keine wirksame Interdisziplinarität. Die Interdisziplinarität beschreibt in erster Linie ein Ergebnis, nicht eine Absicht. Gelegentlich herrscht die Meinung, man müsse möglichst früh, z. B. schon in der Schule, interdisziplinär unterwegs sein, um etwas später schnell zu Erfolgen gelangen. Diese Meinung vertrete ich nicht: es ist aus meiner Sicht dagegen wichtig, ein gutes disziplinäres Fundament zu erarbeiten, mit einer abgeschlossenen Ausbildung, einem Studienabschluss, um sich mit diesen Kenntnissen in nachbarschaftliche Abhängigkeit zu begeben. Von Interdisziplinarität spricht man am besten erst spät, wenn die Wechselwirkung klappt

Eine extrem kurze Halbwertszeit des Wissens von sehr wenigen Jahren zwingt zum unablässigen Lernen in der Medizintechnik. Das Wollen und der Willen zum ordnenden Durchsetzen von Zielen ist nun notwendig, denn: die Vielstimmigkeit der fachlichen Disziplinen auf neuestem Stand können einen harmonischen Kanon ergeben oder ein wenig attraktives Rauschen. Ohne sich durchsetzende Orientierung bleiben nur Grauwerte übrig. Ausserhalb des mittleren Graus kristallisieren sich Bereiche, sowohl in der Industrie als auch in den Hochschulen, heraus, die eine technologische Superspezialisierung, resultierend in Innovationen, kennzeichnen mit klaren und über Jahre festgelegten Geschäftsbeziehungen unter Zulieferern und Forschungspartnern und entsprechenden Profilen, Produkten, Gewinnen. Zugleich werden zeitliche Vorsprünge vor der Konkurrenz ausgebaut und gepflegt, in der Wissenschaft wie in der Industrie, entstanden aus der Kombination von Wagemut, Reichtum an neuen Kenntnissen und Sprachbereitschaft. Die Partner bleiben oft zusammen, die Themen wechseln.

Weitsicht in der Wechselwirkung und in der Identifikation strategischer Partner ist gefragt: Man nehme nicht Jeden und man vermeide Jedes. Qualitas ist grundsätzlich wichtiger als Quantitas. Die Quantität (z. B. der verkauften Produkte, der Lizenzen, der neuen Verfahren, der dankbaren Nutzniesser etc.) kommt erst am Ende eines Innovationsprozesses. Sie ist nie der Anfang. Am Anfang steht Qualität allein, nicht Menge. Salopp ausgedrückt: **Man vermeide das Mixtum Compositum der Themen und Partner** zu Beginn einer interdisziplinären Wechselwirkung. Es kann eben nicht jeder mitmachen, auch wenn das Umfeld dies möglicherweise mit der Hartnäckigkeit des populären Nachdrucks wünscht: Jene, die in erster Linie den politischen Profit, ohne Sachkenntnis in der Medizintechnik, nutzen wollen, sind besonders anfällig dafür, Druck auf Anzahl und Zusammensetzung der Akteure, z. B. eines Projektes, ausüben zu wollen. Wer da alles mitmachen, verknüpft und „berücksichtigt" werden soll, erweckt beim Fachmann eher Ungläubigkeit als Staunen, häufig ein déja-vu-Erlebnis aus früherer schlechter Erfahrung. Man lasse diese Bemühungen bereits in der Startphase im Sinne höflicher Gummiwände ins Leere laufen: Zwangsfreundschaften enden in der angestrebten Sache ergebnislos: Steuerdruck erscheint so am Ruder nicht. Entsprechend nimmt das Boot einen anderen Kurs als es dem Druckgenerator vorschwebt. Man braucht hier das etwas freiere und subtilere Spiel der fachlich qualifizierten Kräfte und muss sie, befristet nach (vorgängiger klarer schriftlicher) Vereinbarung, die unabdingbar und einzuhalten ist, aus ihrem eigenen Antrieb heraus „machen lassen". **Pacta Servanda. Man muss gewährte Freiheiten zugestehen.** Und aus der Tageslaune einer vermeintlich neuen Perspektive Beliebiges anzuordnen, darf es in der Phase eines lang dauernden Aufbaus, nach klarer Zielsetzung, nicht und durch niemanden geben. Dies ist eine sehr klare Erkenntnis. Allerdings: **Es muss permanent kommuniziert werden, innerhalb des Systems, bi-direktional: top-down und bottom-up. Die Presse, der externe Bericht, kommt erst später dran.** Unmittelbar nach Erreichen des Erfolges lässt es sich jedoch vorzüglich nach extern kommunizieren und es lassen sich publizistische Meriten einfahren. Wenn der Empfänger des Berichts gegenüber dem Absender nicht reagiert, unwesentlich ob top oder bottom, ist es um die Sache geschehen. Auch hier muss Kommunikation gewollt sein und die sich einstellende interne Transparenz begrüsst werden. Kommuniziert man nicht, gibt es keine Medizintechnik.

Vielfalt geht nur einmal: entweder kümmern sich viel Köpfe um ein Thema oder ein Kopf kümmert sich um mehrere disziplinäre Themen und führt sie zu einem Ziel zusammen. Beides funktioniert gut. Erstgenanntes ist disziplinäres Verhalten. Letztgenanntes findet sich in der Interdisziplinarität. Das Kümmern vieler Köpfe um viele Themen wird nichts Rechtes, der Gemischtwarenladen ist dafür ein milder Ausdruck. Immer wieder erliegt die eine oder andere Institution der nachweisbar falschen Auffassung, es gehe besonders gut, wenn man Alle Alles machen lässt, im Sinne von: Viel hilft viel. Die bessere Sicht: Entweder muss ein (disziplinäres) Thema fokussiert festliegen oder ein (interdisziplinärer) Kopf muss orchestrieren dürfen, mit sehr wenigen anderen zusammen (ca. 2–3 Köpfe zusätzlich, cf. Optimale Grösse eines interdisziplinären Teams). Dritte Wege gibt es hier nicht.

Top down kann im interdisziplinären Umfeld sehr schnell an seine eigenen Grenzen kommen. Dies trifft besonders für die Wechselwirkung der Medizintechnik mit einer reflexhaft stürmenden, nicht der überlegt wohlwollend begleitenden und in bestehenden Clustern eingeübten, Politik zu. Das Winston Churchill zugeordnete Wort: „A week is a very long time in politics" steht der Erkenntnis aus interdisziplinären Projekten der Medizintechnik konträr gegenüber: **„5 years is a very short time in interdisciplinarity"**. Dennoch können einzelne Produktinnovationen früher abgeholt werden. Sie lassen sich aus Projekten durchaus „abzweigen", lange bevor die grosse interdisziplinäre Zielsetzung erreicht ist: funktioniert z. B. eine neue Oberfläche sehr gut in einer ersten Anwendung, dann wird sie umgehend eingesetzt und auch verkauft, sogar dann, wenn ihre Wirkungsweise noch nicht vollständig verstanden ist. Notwendige Reifungen von Ideen zu interdisziplinär kreierten Produkten sind dabei politisch nicht zu beschleunigen. Auch dann nicht, wenn in Erwägung gezogen wird, dass in zahlreichen Projekten umfassend öffentliche Gelder eingesetzt werden und die geneigte „Öffentlichkeit" ein Interesse daran haben mag, zu erfahren, was mit „ihrem" Geld geschieht. Meist hat diese Öffentlichkeit das Interesse gar nicht, es ist dann ein politisch instrumentalisiertes, fiktives Interesse. Man muss warten können – oder verliert möglicherweise jene Leistungsträger, die permanente öffentliche Exposition als Werbeträger in der Frühphase einer interdisziplinären Entwicklung und Instrumentalisierung ablehnen. Gute Köpfe zu verlieren heisst aber, sie durch weniger gute ersetzen zu müssen. Aus einer ersten Liga wird dann eine zweite, die man im Lauf der Zeit für die erste hält. Auf diese Weise werden langdauernde Systemschäden angelegt.

Die interdisziplinären Arbeitsergebnisse der Medizintechnik sind oft Vorzeigeergebnisse. Sie sind besonders innovativ, sie sprechen eine breitere Bevölkerungsschicht an, sie eignen sich für politische Kollateralgewinne. Hier ist zu ergänzen: **Man hüte sich, als junger Lernender, vor dem Einflussbereich von Persönlichkeiten, die allein die politische Sonne suchen und die Medizintechnik im eigenen Interesse dazu instrumentalisieren.** Sie bringen einen in der Sache, z. B. der Umsetzung einer Erfindung in ein Produkt oder in der Findung eines neuen technischen Prinzips, nicht weiter, sie können einem aber sehr wohl Schaden zufügen und geplante eigene strategische Wege und davon abgeleitete technische Arbeitsergebnisse durchkreuzen. Dazu gehören auch Personen, die Preise und Auszeichnungen in grosser Menge gezielt anstreben und sich dafür Eigendarstellungen in interdisziplinären Gebieten bedienen, in denen sie sich, kraft ihrer Bildung und Ausbildung, gar nicht kompetent bewegen können. Man schaue genau nach, was im Einzelfall an Arbeitsnachweisen vorliegt, an studiertem Fach, an praktischer Berufserfahrung und an ergänzenden Studien, und ziehe die damit nicht deckungsgleiche Aussendarstellung dieser Personen ab. **Gute Ideen haben viele Väter, seien Sie darauf vorbereitet, dass Andere Ihre Meriten zu verstoffwechseln suchen und als eigenes Ergebnis darstellen, vielleicht mit dem Wunsch, noch eine (weitere) Auszeichnung dafür zu erhalten.** Interdisziplinäre Gebiete sind, wegen umfangreicher Wechselwirkungen mit Nachbargebieten, besonders anfällig für Kopisten. Als pragmatisches Vorgehen, **um solche intellektuellen Trittbrettfahrer zu identifizieren, empfehle ich zwei Verfahren, das Subtraktions- und das Additionsverfahren.** Im Subtraktionsverfahren ermitteln Sie, was eine Person als eigene Leistung erbracht hat, was sie gelernt und bewegt hat, selbst aufgebaut hat usw., unter Abzug, unter Subtraktion, der Leistungen ihrer Umgebung, z. B. der Institution in der sie wirkt. Dieses Ergebnis stellen sie jenem gegenüber, das Sie sich von der Institution machen, in der diese Person wirkt, zunächst ohne und dann mit Addition dieser Einzelleistung. Also: **was wäre dieser Kopf ohne seine Umgebung, was ist er mit ihr und was wäre seine Umgebung ohne ihn und was ist sie mit ihm.** Aus diesem Ergebnis leiten Sie Ihre Beurteilungen und Handlungen für Ihren weiteren Lebensweg ab. Diese personenbezogene und institutionelle Evaluation sollten Sie früh machen, um sich rechtzeitig zu orientieren und in der Folge sich in ein eher förderliches statt in ein schädliches Umfeld zu begeben. Sie verdienen Förderung, nicht Blockade oder gar Instrumentalisierung und Sie brauchen Frischluft, Farbenwechsel, neue fachliche Wechselwirkungen und interessierte Partner. Positiv geladen und von hohem affektiven Bezug zur Sache muss die geatmete Luft sein.

Zur Schiefen Schlachtordnung: Sie ist eine gelegentlich vorgefundene, gefährliche Struktur: Es besteht eine Absprache mit A, zuständig ist jedoch B und operativ entscheidet C. In großen Organisationen besteht dafür eher Anfälligkeit als in kleinen und man sollte eine Partnerorganisation auf diese Gefahrenstruktur hin besonders abklopfen, bevor man sich mit ihr einlässt. Schiefe Schlachtordnungen sind nahezu reine Zeitverschwender.

Es gilt eine weitere Regel: **„Jeder Chef hat einen Chef. Jeder."** Zur besseren Beurteilung der eigenen interdisziplinären Gestaltungsmöglichkeiten lohnt sich die Analyse nach Additions- und Subtraktionsverfahren für beide Chef-Etagen. Für langfristige persönliche Engagements müssen beide Analysen günstig ausfallen. Falls nicht, ist sehr viel Verlust wertvoller Zeit für die eigene interdisziplinäre Gestaltung in der Medizintechnik anzunehmen.

Der übliche Weg von der disziplinären Ideengenerierung bis zum interdisziplinären Patent ist der, dass in einem einzigen Kopf die gute Grundidee entstand und im Gespräch mit Vertrauten und fachlich Kundigen weitere gedankliche Arrondierungen stattfinden. Die Arrondeure verstehen sich gelegentlich, jeder für sich, als die Generatoren der Grundidee, die sie natürlich nicht sind. Hier ist Fingerspitzengefühl, viel Kommunikation und individuelle Ausgestaltung bei der Patentierung angebracht. Dem Generator der Grundidee sei dann zur Überlegung empfohlen: „Divide et impera". Nur für sehr wenige Fälle der kompletten patentfähigen Ideengenerierung in einem einzigen Kopf ist das „Divide" vermeidbar und das „Impera" dennoch realisierbar. **Patente in der Medizintechnik sollte man bereits als Student oder in anderweitiger Ausbildung anstreben und vermarkten.** Die Erlöse können sich zu einem nützlichen Ausbildungs-Spar-Beitrag entwickeln. Probieren Sie es: Es klappt und ergibt frühe Einblicke in eine spätere Welt.

Im Kern innovative Ergebnisse der Medizintechnik werden überwiegend bottom-up vorbereitet. Sie kommen aus dem Markt, aus Bedürfnissen von Patienten, die von Ärzten artikuliert und gemeinsam mit Technikern und Ingenieuren in diagnostische oder therapeutische Verfahren umgesetzt werden, sie kommen nicht aus Top-Down-Planungen. Planungsvorgaben in gesteuerten Programmen, z. B. von Förderorganisationen, oft empfunden als regelrechte Planwirtschaft alter Prägung, sind meist Ausdruck von zu spätem Handeln, von Not und Armut an guten Einfällen zur rechten Zeit. Sicher kann man Forschungs-Programme identifizieren, die dem Innovationsgrad der Industrie bezüglich der Vermarktbarkeit in Produkte hinterherlaufen. **Meist ist die grundlegende Machbarkeit einer neuen Technologie schon längst firmenintern und oft mit einfachen Mitteln nachgewiesen worden, bevor ein mit Breitenwirksamkeit ausgeschriebenes Förderprogramm öffentlich aufgesetzt wird.** Dazu trägt sicher auch bei, dass die Medizintechnik an wissenschaftlichen Hochschulen noch sehr jung und noch wenig intensiv ausgebildet ist, früh abgeleitet von der Elektromedizin, die der Physik nahesteht, und den innovativen Instrumenten und Implantaten, die im Maschinenbau ihre Heimat haben. F&E-Partner, die intensiv miteinander wechselwirken, bilden im Lauf der Zeit einen ähnlichen Innovationsstand aus, stehen unmittelbar miteinander im Wettbewerb und erleben einen Personalaustausch in beide Richtungen. Dies ist in der Medizintechnik nur in Ansätzen der Fall. Andere Technologiegebiete, z. B. in der Automobilindustrie, sind länger und intensiver mit Technischen Hochschulen verknüpft als dies bei der Medizintechnik erkennbar ist. Das entsprechende vorhandene Potential gilt es auszuschöpfen, auch durch mehr Industrienähe der Hochschulen im Bereich der Medizintechnik, in erster Linie durch flexiblere Rahmenbedingungen seitens des staatlichen Partners: viel viel weniger Papier wäre gut. Es bleibt die feste Hoffnung, der Wettbewerb werde dies regeln. Trügt die Hoffnung, so ist nur das Abwarten zielführend, bis die papierverliebten Mikro-Autoritäten aussterben.

Designer von Förderprogrammen orientieren sich noch immer überwiegend an Hochschulen, weniger an der Industrie. In den entscheidenden Gremien sitzen in der Regel mehr Professoren als Forschungschefs. Es besteht in diesem Kontext noch häufig die Meinung „die Industrie kann sich selbst helfen". Diese verkürzte Sicht verkennt das **Potential, das in der geförderten, befruchtenden Wechselwirkung akademischer und nichtakademischer Institutionen steckt und das bei weitem immer noch nicht ausgeschöpft ist.** Die Industrie selbst hat allerdings, naturgemäss, kein Interesse, vertrauliche, hochkarätige Forschung über öffentliche Kanäle einer öffentlich geförderten Forschung einer geneigten Öffentlickeit bekannt zu machen. Wer öffentlich gefördert wird, hat auch öffentlich zu rapportieren, so das angenommene Gerechtigkeitsempfinden der Öffentlichkeit. Jeder Industriebetrieb, der gern nach öffentlicher Unterstützung schielt, möge dies bedenken. Die Annahme, allein vertrauliche Forschung sei Spitze und öffentlich geförderte und öffentlich gemachte sei demzufolge weniger qualifiziert, wäre jedoch töricht. In beiden „Lagern" gibt es grundsätzlich Top-Shots, Persönlichkeiten besonderer Fokussierung, die zu höchsten Leistungen fähig sind. Und diese Leistungen werden unabhängig von bestehenden Vertraulichkeitserklärungen erbracht, einem klassischen Element des Forschungsgeschäftsgebahrens. Das auf Papier vertraglich geregelte Einverständnis, gemachte Erkenntnisse für sich zu behalten, ist dabei genau soviel wert wie es die ethische Qualität des den Vertrag Unterzeichnenden ist. Man möge dies im Hinterkopf behalten, wenn, durchaus üblich, schnell mal, beim Zusteuern auf eine besonders innovative Phase eines bisher ungeschützten Gesprächs, die allgemeine Empfindung der Runde keimt, man müsse jetzt doch besser eine Vertraulichkeitserklärung / ein confidentiality agreement unterzeichnen. **Vertrauenswürdige Partner pflegen unablässig das Vertrauen, nicht allein das Papier.**

Gegenseitiges Unverständnis über die Denkweise des Partners, hier „time to market" und dort „gesicherte Erkenntnis", sollte unverändert überwunden werden. Auch wenn grosse Erfolge bestehender Wechselwirkung zwischen Industrie und Hochschulen ganz offensichtlich sind, so sind dennoch grosse Chancen neuer Zusammenarbeiten in der Medizintechnik noch nutzbar. Professoren gehen heute zwar direkter auf Unternehmen zu und Firmen fragen offener als früher nach Kooperationen bei Hochschulen oder Forschungsorganisationen an. Man ist auf gutem Weg, aber noch auf langer Distanz zum Ziel der weitgehend entspannten natürlichen Wechselwirkung unterwegs. Zügiges Fortkommen mit Innovationen ist dabei eher in Einzelprojekten möglich, die individuell, nicht in grossen trägen Programmen, gefördert werden. Die Bayerische Forschungsstiftung schafft diese Selektivförderung vorbildlich. **Die Förderlandschaft ermöglicht dem Life Science Engineer also auch punktuelle Projektförderung. Sie ist die schönste.**

Viele Forschungsprogramme erscheinen auf den ersten Blick attraktiv, sind es im Kern aber, unter dem Aspekt der baldigen Verfügbarkeit ihrer Ergebnisse für den Patienten, nicht: Zu träge, zu wenig marktorientiert, zu gross. Die Themen, die in den gewachsenen Clustern (s. u.) zu wirtschaftlichem Erfolg und zum Erfolg für Patienten führten, waren allesamt nicht, in staatlichen Masstäben grosser Förderorganisationen gesprochen, geplant worden, obwohl es solche Fördermöglichkeiten seit langer Zeit gibt. Dies trifft jedoch nicht auf die Anfangszeit der Medizintechnik in den genannten Clustern zu. Zu jenen embryonalen Zeiten (ca. 1870 bis 1945) waren Forschungsförderprogramme heutiger Orientierung nicht verfügbar, es wurden firmeninterne und marktgerechte Entwicklungen gar nicht als Forschung aufgefasst oder bezeichnet. **Heute spricht man durchaus von anwendungsorientierter Forschung, heikel abgegrenzt gegen grundlagenorientierte Forschung, gelegentlich rhetorisch ergänzt um orientierte Forschung.** An neuen Wortschöpfungen ist kein Mangel. Die frühen Erfolge wuchsen aus wenig akademischen lokalen höchsten technischen Kompetenzen und aus der Experimentierfreude jener heraus, die sich diese Kompetenzen erarbeitet hatten und bis heute pflegen. Und sie erwuchsen, weil Marktkompetenz, die Erfahrungen von Kaufleuten, die im Aussendienst unterwegs waren und vor Ort, in der Klinik, beim Arzt, hörten, was Sache ist, zur fachlichen Kompetenz und zum Wagemut, ein Produkt zu kreieren, hinzutraten. Bewährt hat sich die Betrachtung: Wenn kein Bedarf für eine medizintechnische Entwicklung vorhanden ist, soll man die Finger davon lassen oder die Übung abbrechen. Dies gilt auch für die Forschung. Medizintechnische Forschung sollte patienten- und anwendungsorientiert sein. Sonst bleibt sie chemische Forschung, physikalische Forschung oder biologische Forschung. Das muss man auch Partnern sagen können, die an alten Ideen „kleben". Die Einordnung, zu welcher Art Forschung die Medizintechnik gehört, ist einfach zusammengefasst: Da sie dem Menschen in absehbarer Zeit nützen sollte, dem Patienten, der Schmerzen hat, der ein Malignom hat, der eine Einschränkung seiner Arbeitsfähigkeit hat, **ist die Forschung der Medizintechnik sehr viel mehr anwendungs- als grundlagenorientiert.** Dabei ist es wichtig, die Grundlagenfächer permanent daraufhin zu prüfen, was in eine frühe Anwendung übernommen werden kann: Innovationsscreening ist eine Daueraufgabe. Innovationsscreening heisst nicht nur Suche nach Neuem sondern auch nach Grundlagen-Ergebnissen die Neues ermöglichen. Bei Technologien wären dies enabling technologies. **Grundlagenorientierte und anwendungsorientierte Köpfe sollten im Dialog bleiben: wieder ist die Kommunikationsfähigkeit als Kardinaltugend gefordert.** Die aus dem Finanzwesen stammenden Begriffe der „Hol- und Bringschuld" sollten dort belassen werden. Man hört diese Begriffe gelegentlich von jenen Köpfen, die inhaltlich technologisch wenig oder nichts zum Dialog beitragen. Diese Begriffe helfen nicht weiter, sie bereichern nicht einmal den Wortschatz der Medizintechnik – und sie werden auf dem wichtigen internationalen Parkett nicht verstanden. **Den im Zusammenhang mit der Medizintechnik etwas esoterisch anmutenden und in Mode geratenen Begriff der „Transdisziplinarität" oder gar einer „translatorischen Forschung" sollte man in seinem Sprachschatz nur für Notfälle vorhalten, in dem das Jenseits bemüht werden muss.** Übersetzer („trans …") braucht, wer die beiden zur Diskussion stehenden Sprachen nicht beherrscht, wer laufend übersetzen muss, hat einen sprachlich mühsam zu bedienenden Partner gegenüber und wer sich an der Übersetzung per se freut, ist eher Ästhet als Realisator. Die Medizintechnik ist bodenständiger: Zusammenführen, Kommunizieren, Umsetzen. Das hilft dem Patienten mehr als rhetorische Pirouetten dies vermögen. Man soll nicht Überziehen wollen: auch sprachliches Augenmass ist angebracht.

Innovationen in der Medizintechnik, Förderung und Zeit

Für Neues braucht man Unterstützung und angemessenen temporären Schutz. Jack Welch [13], der ehemalige CEO von General Electric, widmet das gesamte Kapitel 13 seines Buches „Winning" der Durchsetzung von Innovationen in einem Unternehmen und beschreibt den zu errichtenden Schutzraum für die junge Pflanze. Die Erkenntnisse lassen sich auf die Umsetzung von Innovationen ausserhalb von grossen Unternehmen, so auf Hochschulen und junge Firmen, die am Beginn mehrerer Finanzierungsrunden stehen, durchaus übertragen. Und sie gelten für die interdisziplinäre Medizintechnik im Besonderen.

Ich stelle die Vergleiche mit einer Reihe von Unternehmensgründungen an, die ich initiieren und begleiten durfte und die Unterstützung erfuhren, ganz im Sinne von Welch; Firmengründungen, die von Mitarbeitern meiner Gruppen durchgeführt wurden und die aus Doktorarbeiten oder Patenten hervorgingen oder die von grösseren Projekten aus den Instituten abgeleitet wurden, die ich leitete. **Jede Doktorarbeit in der Medizintechnik sollte daraufhin geprüft werden, ob sie nicht für eine Firmengründung taugt.** Die mittelständische wirtschaftliche Struktur der Medizintechnik ist dafür der richtige Nährboden: die späteren Zulieferer, das Fördernetz, die eigene Entwicklung zum Zulieferer, das Auftreten als OEM-Produzent oder unter eigenem Markennamen, oder beides, für diese Strukturen eignen sich umschriebene medizintechnische Forschungs- und Entwicklungsaufgaben sehr gut. Schliesslich entsteht aus den gegründeten Firmen ein eigenes Netz, ein späterer Interessensverbund. Also gehören die Chancen der Zusammenarbeit und des Interessensaustauschs genützt. Dazu zählen auch Dissertationen, die aus Unternehmen der Medizintechnik oder verwandter Gebiete heraus entstehen. Sie sind in gleicher Weise zu fördern, ideell und materiell. Die Kombination von Führung und Kenntnisreichtum des Erfahrenen und der Ungeduld und Zielstrebigkeit junger Köpfe mit industriellem Marktdruck ergibt ausgezeichnete interdisziplinäre Ergebnisse, besonders auf Doktorats-Niveau.

Unterstützung heisst Mittel, finanzielle und personelle, es heisst auch Strukturen und Führung und es heisst vor allem angemessene Zeit. Es heisst aber nicht: Jeder kann mitmachen. Die kleine, elitäre Gruppe, muss aufbauen dürfen, lange genug, um Erfolge zeitigen zu können. Hochschulen, näher an der Öffentlichkeit, näher an der Politik, haben hier besonderes Profil zu zeigen, wollen sie mit industrievergleichbarer Effizienz Innovationen umsetzen. Weniger etatistisches und mehr industrielles Verhalten ist empfohlen. Die Teilnahme von Jedermann, weil politisch opportun, am Anfang einer interdisziplinären Sache ist ein schädigendes Nivellierungselement. Man soll erst alle mitmachen lassen, wenn die neue Struktur wirklich stabil ist und ein Teilhabenlassen schadlos übersteht. Und: **Die Vertraulichkeit einer interdisziplinären Entwicklung ist ihrer Veröffentlichung überlegen. Soll sie markttauglich sein, ist die Vertraulichkeit unabdingbar.** Das natürliche Bedürfnis, gelegentlich als „demokratisches Grundbedürfnis" bezeichnet, alles erfahren zu wollen, muss an dieser Stelle zurückstehen oder zurückgehalten werden.

Hochschulen als Partner der Medizintechnik und Regelungen.
Die Bedeutung der Eigenforschung für Innovationen.

Zahlreiche Hinweise zur Nutzung der Innovationskraft einer Technischen Hochschule, die einen umfassenden und hochdifferenzierten gesellschaftlichen Auftrag hat und die dafür, im internationalen Vergleich, sehr gut finanziell und personell durch den Betreiber ausgestattet worden ist, bei sorgfältigsten Anstrengungen des Erhaltes einer hoher Qualität (qualitas!), sind den Arbeiten von Heinrich Ursprung, einem nachhaltig gestaltenden ETH-Präsidenten und späteren Staatssekretär, zu entnehmen [14, 15, 16]. Die dort beschriebenen und durch permanentes Gestalten geschaffenen vorbildlichen Strukturen, eine bewundernswerte Gestaltungskraft, die bis heute anhält, sind zur Übernahme andernorts, angepasst an das örtlich Machbare, empfohlen. Einer interdisziplinären Medizintechnik käme das sehr entgegen. Neuere Aspekte zur Profilierung der ETH Zürich und der ETH Lausanne finden sich in [17]. Zwar ist die Übertragung wesentlicher Elemente ins deutsche Hochschulsystem derzeit, unter der gegebenen Gesetzeslage eines Hochschulrahmengesetzes, schwierig, jedoch empfehle ich, dies dennoch anzustreben, um international noch wettbewerbsfähiger zu werden. Es ist halt schon so: **die meisten der besten Köpfe, die sich einer wissenschaftlichen Ausbildung unterziehen wollen und die später zu besonderen Leistungsträgern werden können, tauchen an den Hochschulen zuerst auf.** Also besteht dort auch die grösste Chance, mit diesen Köpfen für die anspruchsvolle Medizintechnik früh zu wirken und ihnen ein Dorado der Entfaltung zu eröffnen: Identifizieren, Rahmenbedingungen für die Jungen schaffen, machen lassen, fordern, fördern, begleiten und neue Produkte anstreben. Allein die Innovation schafft Wettbewerbsfähigkeit: in obiger Tabelle ist angegeben, dass 50 % des Umsatzes in der Medizintechnik mit Produkten erfolgt, die nicht älter als zwei Jahre sind. Dieser Rhythmus ist zu kurz zum Träumen. Knowledge, Speed, Interaction: los geht's Ihr Jungen. Es steht Euch eine ethisch wertvolle und technologisch anspruchsvolle Welt offen. Was kann man beruflich noch mehr wollen? Die Hochschulen haben die Chance objektiv, die besten Köpfe zu gewinnen. Genau diese Köpfe braucht die Interdisziplinarität der Medizintechnik besonders. Die Hochschulen nutzen ihre Möglichkeiten im Rahmen der gesetzlichen Möglichkeiten. Und hier setzen die Gestaltungsmöglichkeiten an:

Das sehr alte deutsche Hochschulrahmengesetz regelt, über die Landeshochschulgesetze und unzählige Ausführungsbestimmungen, vieles linear Top-Down bis auf den Schreibtisch des Professors, teilweise in sein Privatleben hinein, wenn er beamtet ist, bei geringer föderaler Ausprägung: Die meisten Landeshochschulgesetze und das Nachgeordnete sind sich sehr ähnlich, aufgrund der Rahmen-Vorgaben des Bundes. Es regelt uniform, was an der ETH vernetzt Bottom-Up und ungeschrieben adaptiv regelbar ist; **damit ist, bis heute, die ETH im Kern, in ihrer gesetzlichen Einbettung, wesentlich flexibler und effizienter als die meisten deutschen Hochschulen in ihrer Reaktionsfähigkeit auf neue Herausforderungen dies sein können:** Bester Ausdruck dieser Effizienz ist die mir aus langen Jahren bekannte jährliche Rollende Planung, die eine aktive und einladende ablaufgeregelte Einbeziehung aller Professoren, durch individuelle Ansprache, in die Bottom-Up-Planung der Hochschule darstellt und die für ein interdisziplinäres Gebiet wie die Medizintechnik besonders nützlich ist, denn es lassen sich die vielfältigen Wechselwirkungen mit der Nachbarschaft bestens kommunizieren, auch Anregungen für Neuausrichtungen und neue Strukturen lassen sich direkt an die entscheidende Stelle tragen – und die Beteiligten wissen davon, ein wichtiges Transparenz-Element. Intransparente Hintergrunds-Planer werden dadurch zwar nicht aus- aber doch angetrocknet. Diese Planung enthielt ein strukturiertes schriftliches Reporting jeder einzelnen Professur und eine durchaus umfassende schriftliche Rückmeldung der Hochschulleitung an die einzelnen Professuren und Departemente. Man fühlte sich ernst genommen und in Entscheidungen integriert. Dabei kam mir nie der Gedanken an eine Planwirtschaft in den Sinn sondern an ein gefragtes Mitgestalten der Gesamtstruktur, von der man sekundär, nach der Neugestaltung, vielfältig profitiert: Der Einzelne wird gefragt (und gehört, gelobt und auch kritisiert), damit das Ganze, eben „die ETH" eine gemeinsam getragene Struktur, eine Marke, wurde: Die Pflege einer corporate identity in ihrer angenehmsten Form. Die ETH-Ausstattung schliesst, bis heute, eine umfangreiche finanzielle und personelle Dotation der Professuren bei völlig anderem (wesentlich besserem) Betreuungsverhältnis Dozent/Student als dies andernorts in der Regel vorgefunden wird, ein und sie erreicht dies bei ganz erheblich geringerer Regelungsdichte. Das Gesetz der ETH Zürich wies 11 leichtverständliche Seiten auf, während die analoge deutsche Gesetzgebung das über hundertfache (!) an Gesetzestext samt Ausführungsbestimmungen und, Eigenheit des deutschen Rechtssystems, samt Kommentaren, bis heute aufweist. **Einem Kooperationspartner der Medizintechnik ist daher angeraten, die Lokalsituation zu prüfen, in der der Partner seine Kooperations-Leistung erbringt. Dies gilt in beide Richtungen: Hochschule-Industrie und umgekehrt. Man kann auf diese Weise eine erzielbare Effizienz im Projekt abschätzen. Viel Papier im Spiel heisst a priori Ineffizienz.**

Ohne dass ein direkter und schriftlich niedergelegter, also auch transparenter, jährlicher und grundlegender, Gedankenaustausch, also symmetrisch und in beide Richtungen und nicht behördentypisch unidirektional, zwischen normativer, strategischer und operativer Ebene durchgeführt wird, scheint mir die Kommunikation unzureichend zu sein. **Hochschulinstitute sollten sich mit industriellen Forschungsinstituten vergleichen**, auch im reporting, dazu zählen auch grosse Forschungsinstitute der Industrie, z. B. das IBM-Labor in Rüschlikon/Schweiz oder das Nestlé-Forschungszentrum in Vers-Chez-Les-Blancs oberhalb Lausanne oder grosse Forschungsinstitute der amerikanischen und japanischen Industrie.

Ein weiteres Element erlebter freier interdisziplinärer Gestaltung ist die grosszügige finanzielle und personelle Ausstattung der operativen Ebene bei grösstmöglicher Handlungsfreiheit dieser Ebene in inhaltlichen und in Personalfragen, z. B. der Gestaltung von Anstellungsverhältnissen, zwar angenähert an, jedoch im Grunde frei von Bundes- oder Landestarifen. Auch innerhalb der Tarife waren die Gestaltungsmöglichkeiten an der ETH sehr gross. Es gab den, sowohl arbeitgeber- als auch arbeitnehmerbeliebten, ausgehandelten, Tarif „pauschal, alles inbegriffen". Wenn sich beide Partner einigen, sollten Begriffe wie „Besserstellung" oder „Schlechterstellung" keinen Platz haben. Pauschal-Anstellungsverhältnisse optimieren Abläufe und erlauben Gestaltung für beide Seiten. Diese Gestaltungsfreiheit ist für einen Hochschulpartner in kooperativen Projekten der Medizintechnik sehr hilfreich.

Ein ETH-Professor konnte und kann bis heute relativ teure experimentelle und anwendungsorientierte Eigenforschung, also die Erforschung selbstgewählter Themen ohne Befragung oder Bewilligung durch ein Gremium, durchführen, ein Professor einer deutschen Hochschule kann dies im gleichen Gebiet in der Regel nicht in gleichem Mass, bedingt durch eine meist geringere finanzielle Grundausstattung und eine in der Regel wesentlich höhere Lehr- und Administrativbelastung. Der Eine nähert sich mit seinem Lehrbudget dem des Oberstudienrates, der andere mit seinem Forschungsbudget jenem des industrienahen Innovationsmanagers. Des Einen Wettbewerbsvorteil ist des Anderen Nachteil auf internationalem Parkett. Für die Medizintechnik, die aus der Zusammenarbeit klassischer Disziplinen elementar lebt und sich bei Antragsstellungen für Forschungsgelder in einem interdisziplinären Thema aber in disziplinärer Förderumgebung naturgemäss besonders behaupten muss (s. u.), ist dies ein erheblicher Wettbewerbsvorteil für die Schweiz. **Die intimsten Innovationen schnell selbst umsetzen zu können, mit der Chance eine grosse Tür aufzumachen, auch dem Risiko, zu scheitern, ist doppelt nützlich: Im Fall des Erfolges war man schneller, schneller als über jeden Antragsweg, im Fall des Scheiterns einer Idee war nur wenig Geld gebunden.** Aus beiden Fällen wurde gelernt. Da auch grosse Forschungsvorhaben, in denen umfangreich Mittel gebunden sind und die von Riesen-Gremien bewilligt werden, nicht zum Erfolg führen können, ist das Erproben auf der kleinen Flamme, besonders in der Medizintechnik, sehr vorteilhaft und geschätzt. Dies wiegt umso mehr, als deutsche Hochschulen pro Professor ganz andere Zahlen an Studenten, oft das Mehrfache, samt ebenso mehrfacher Administration, zu bewältigen haben als ihre schweizerischen Wettbewerber und eine unkomplizierte Eigenforschung, arm an Administration, daher besonders nützlich wäre.

Ein ausgeprägter Wettbewerbsunterschied besteht also zwischen den beiden Systemen der Technischen Hochschulen der Schweiz und Deutschlands mit direkter Auswirkung auf die Medizintechnik. Allerdings werden von der ETH Zürich und Lausanne auch Leistungen verlangt, die in Deutschland eher bei Fraunhofer-Instituten (FhG), überwiegend anwendungsorientiert, abzuholen sind oder bei Max-Planck-Instituten (MPG), überwiegend grundlagenorientiert, beides Institutstypen, die die Schweiz in dieser landesweiten Ausprägung nicht hat und die dort damit auch nichts kosten. Mindestens teilweise sind die ETH´s um das Delta an MPG- und FhG-Geldern besser ausgestattet als dies deutsche Hochschulen sind.

Forschungsförderorganisationen, die in der Öffentlichkeit bestens präsent sind, werden oft als die einzig existenten wahrgenommen. Diese Wahrnehmung korreliert dabei weder mit der Bedeutung der Forschungsinhalte noch mit ihrem Umfang sondern mit dem geschickten werbewirksamen Auftritt in der Tages- und Wochenpresse. Oft arbeiten diese Organisationen, denken und entscheiden allerdings überwiegend grundlagenorientiert und sind an träge und über viele Jahre laufende Programme gebunden. **Sie sind damit nicht wichtigste Adresse für die meisten medizintechnischen Vorhaben,** die eine zügige klinische Anwendung zum Ziel haben, zugleich binden sie erhebliche Steuergelder.

Es ist nur natürlich, dass jedes Deutsche Land, bevorzugt über seine Hochschulen, versucht, möglichst viel der von den eigenen Bürgern via Steuern in diese Organisationen eingezahlten Mittel zurückzuholen. Entsprechend gross ist der Druck auf die Hochschulen, geförderte Projekte im Rahmen von Programmforschung einzuwerben. Ginge weniger (Steuer-) Geld in den zentralen Topf mit nachfolgender Rückverteilung über Programme und ginge entsprechend mehr direkt an die Forschungseinheiten, z. B.die Lehrstühle und Institute, wäre eine Lösung vom (vielleicht längst überholten) Programm automatisch gegeben, ebenso die Flexibilität der Forschenden, auf neue Herausforderungen sofort zu reagieren und vor allem die Freiheit weitgehend gesichert, seinem eigenen Kopf und den darin befindlichen Ideen mehr zu folgen als Programmen, Gutachtergremien und einer Fülle von Abwicklungsvorschriften. **Es ist die Freiheit, nicht die zügellose sondern die eigenverantwortete, die Wettbewerbsvorteile ergibt, nicht die Lähmung via Kontrolle über Programme.**

Sollte das gegenwärtige deutsche Hochschulrahmengesetz eines Tages entbehrlich werden, könnten die Deutschen Länder, in Kooperationen ihrer Hochschulen oder in deren Wettbewerb, freier gestalten und leichter und schneller substanzielle und zeitgemässe, auch inhaltlich wertvolle, an Zahl jedoch wenige langfristige, nicht nur politisch gut verkäufliche und an Zahl viele, internationale und temporäre, Allianzen eingehen. Allerdings wäre für das vollkommene Gleichziehen der deutschen Hochschulen mit den schweizerischen ETH´s in Bezug auf die Ausstattung eine andere finanzielle Grundlage zu vereinbaren. Dies wäre, unter Nutzung von Fusionen, wiederum möglich, wenn die Budgets aller aus dem Topf der deutschen Steuergelder Ernährten (z. B. FhG, MPG, Hochschulen, Blaue Liste-Institute, DFG und zahlreiche andere Organisationen) herangezogen würden und eine intensivere und vernetztere Zusammenarbeit zwischen der Industrie und diesen Forschungseinrichtungen einbezogen wäre. Private Public Partnership (PPP) bekäme eine neue Dimension. Solche weitreichenden, im Kleinen schon gepflegte, Allianzen sind angesichts der globalen Herausforderung, Technologieführer in der Medizintechnik zu bleiben, der Spitzenpolitik zur Überlegung empfohlen. Ein würziger Verteilungskampf wäre allerdings anzunehmen, der zunächst Zeit kostete und der Medizintechnik in der Umgestaltungsphase keine Vorteile bringen würde.

Zusammengefasst gilt: Wer Alles und Jedes vermeintlich antizipativ auf Papier geschrieben und in langwierigen Gesetzgebungsprozessen regeln will, häufig abgeleitet von Einzelfällen, also von Details, verliert die besten Köpfe, und merkt es nicht einmal. Die wenigen, die zurück kommen, sind numerisch unbedeutend, auch wenn sie zur Seelenpflege instrumentalisiert werden. Das gilt, unabhängig von der Grösse einer Gruppe, einer kleinen F&E-Gruppe oder sehr grosser staatlicher und industrieller Einheiten, weil die Grundbedürfnisse aller betroffenen interdisziplinär interessierten Leistungsträger in der milden Form tangiert, in der schärferen Form eingeschränkt werden, an der sensibelsten Stelle: der Entfaltung ihrer interdisziplinären Kraft, die von zentraler Bedeutung für den Erfolg ist. Die interdisziplinär sensibilisierten Köpfe merken allerdings bestens, was Sache ist. **Die Diagnostik des Brain Drain ist schwieriger durchzuführen als die Diagnostik des Brain Damage: eine verkalkte Halsschlagader ist diagnostizier-**

bar: sie rauscht und warnt auskultatorisch vor dem drohenden Verschluss und dem nahen Apoplex, dem Hirnschlag. Man kann früh chirurgisch korrigieren. Eine verkalkte Regeldichte ist still: Der Fluss von Human Capital kennt keine Strömungsgeräusche und ist daher gefährlicher, gefährlicher als ein apoplektischer Insult.

Zur Zeit: Grundlegend Neues hat in der Medizintechnik Dekadenperspektive. Medizintechnische Entwicklungen ähneln hier pharmazeutischen Entwicklungen oder gentechnologischen Produktentwicklungen bis zur Zulassung. In dieser „Schonzeit" sollen nur die Experten die Finger im Spiel haben, alle anderen Akteure wirken zu dieser Zeit verzögernd, vor allem mögliche politische Sonnenanbeter. Die Begrüssung der Politik ist opportun, jedoch erst nach Vorliegen von Ergebnissen, dies auch unter dem Aspekt künftiger Gesetzgebung: Der Politiker muss die Bedürfnisse der Medizintechnik kennen und soll sie verinnerlichen. Ein junger Zuhörer, der sich für das Fach interessiert, lernt dabei, jene Geduld aufzubringen, die für einen Erfolg in der Medizintechnik, besonders in der therapeutischen Medizintechnik, z. B. bei Implantaten, nötig ist. **Zähigkeit ist nicht nur die wichtigste Werkstoff- sondern, neben der persönlichen Integrität, auch die wichtigste Charaktereigenschaft.** Vice versa: nur ein integrer Werkstoff taugt: zerbröselt ist er unbrauchbar. Die besten entwickelten Osteosynthesesysteme, der beste kardiale Stent, das optimale neurochirurgische Implantat, stellt sich erst nach vielen Jahren heraus und erfordert kritisch begleitende Forschung zur klinischen Anwendung: Das biologische Verhalten (des Knochens, des Herzens, des zentralen oder peripheren Nervensystems, z. B.) zeigt sich im Sinne einer Gauss'schen Normalverteilung: etwa 80 % Regulärem stehen etwa 20 % Unerwartetes gegenüber. Zuviel Risiko für eine sofortige Zulassung, auch zuviel für ein pre-market-approval. Es dauert eben, bis die seltenen 20 % verstanden sind. Modellierungen am Rechner haben dabei kaum Zeitverkürzung erbracht, ausschlaggebend ist das Experiment, das meist aufwendiger und teurer ist als die Modellerstellung. Die Biologie der Zellen und der Gewebe des menschlichen Körpers ist es daher auch, die die Abläufe zeitlich determinieren (s. o.). Technologien sind schnell, die Biologie ist langsam, in der Medizintechnik wirken sie jedoch zusammen.

Persönliche Wechselwirkungen und Umsetzungen, Individuum und Gremium

Einige Spieler der Interdisziplinarität benötigen besondere Aufmerksamkeit, dazu gehören das Einfordern von hohem Respekt vor Einzelleistungen und die detaillierte Kenntnis der Charaktereigenschaften aller Spieler, der Talente, die die Medizintechnik bewegen. Zur Talentförderung und zum Erhalt von Talenten siehe [18]. Hier ist Souveränität der Handelnden besonders gefragt. Und kompetentes Hinschauen. „Management by Hörensagen" oder Entscheidungen aufgrund von „Stimmungsbildern" sind trügerisch und abzulehnen, entsprechend auch die Handlungsergebnisse der auf Stimmungen basierenden Entscheidungen. Übertragen gesprochen:

Der Häuptling muss sich physisch in die Niederungen des Indianers begeben[1], wenn er strategisch haltbare Entscheidungen treffen will und nicht nur glauben, was andere ihm aus der interdisziplinären Szene zutragen. Der Häuptling muss umso öfter mit dem Indianer sprechen, je interdisziplinärer ein Projekt ist. Und er muss es erkennbar gern und mit Lust tun, sonst erhält er vom Indianer Informationen gleich minderer Qualität: lustlose. Erfolgreiche Interdisziplinarität ist eine sehr freudige Veranstaltung. **Wer die interdisziplinären Abläufe ohne fundierte Information treiben lässt und nicht kommuniziert, zugleich aber Innovationen als Lieferungen und als Gegenleistungen erwartet, wird herb enttäuscht werden.** Er hat sich das Ergebnis selbst zuzuschreiben, weil er die Spielregeln des Systems nicht verstanden hat, unerheblich ob er dies nicht konnte oder nicht wollte. Hier spielt eine besondere Symmetrie: die der ausgeglichenen Wechselwirkungen. Da die Medizintechnik aufgrund ihrer disziplinären Vielfalt und den Möglichkeiten dieser Wechselwirkungen, viel Neues und Nutzbringendes verspricht, ist der Symmetrie-Aspekt von hervorragender Bedeutung: Stolz einzelner Akteure oder einen Mangel an fachlicher Kompetenz verdeckender Kommandoton verträgt die Medizintechnik gar nicht, denn er verhindert die geforderte symmetrische und abschnittsweise frei spielende Wechselwirkung. Es frage sich also jeder kritisch nach seiner Befindlichkeit, bevor er ins Thema einsteigt.

Gremien, ein ubiquitäres Phänomen und in heutiger omnipräsenter Ausprägung ein Ergebnis der Nach-68er-Zeit, sind für die ergebnisorientierte Medizintechnik oft hinderlich, nur gelegentlich förderlich. Der Interdisziplinarität helfen sie nicht. Entscheidend ist ihre numerisch beschränkte personelle Zusammensetzung, nicht ihr formales quantifiziertes Verhalten („wir haben soundso viele Sitzungen gehabt" und „wir haben so intensiv diskutiert"). Gremien bilden sich nicht, sondern werden meist ernannt, ein Nachteil. Sie enthalten Elemente der Nivellierung und der inhaltlichen Zersplitterung. Beides ist für die Interdisziplinarität der Medizintechnik schädlich. Ausnehmen von dieser kritischen Gremienbetrachtung möchte ich die später in einem eigenen Kapitel dargestellte **„KTI-Initiative MedTech", die eine gezielte Fördermassnahme der Medizintechnik der Schweizerischen Eidgenossenschaft darstellt und die besonders effizient arbeitet. Gremien und Teams dürfen nicht verwechselt werden. Ein Team hat Ziele, ein Gremium hat Aufgaben.** In Teams spielen Könner ihres Fachs in der Ausführungsphase eines F&E-Projekts für ein einziges Ziel, das Projektziel, zusammen, nach einem Zeitplan mit Milestones und einem Finanzplan, sie sind für eine interdisziplinäre Arbeit kennzeichnend. Ohne sie gibt es interdisziplinäre Ergebnisse für den Patienten nicht, ohne Gremien schon.

Gehen wir die beiden Punkte im Einzelnen an: **Die Nivellierung.** Sie ergibt sich aus der konsensualen Drift, die sich durch die Wechselwirkung ernannter Mitglieder einstellt. Der Konsens ist die wohlmeinende Übereinstimmung mit dem Nach-

---

[1] Es wird von Häuptlingen und von Indianern gesprochen. Damit sind nicht ethnische Zuordnungen oder Aussagen gemacht, keinesfalls kann man Qualifikationen oder Wertungen herauslesen, sondern es ist die im allgemeinen Sprachgebrauch und im übertragenen Sinne verstandene hierarchische Einordnung von Führungsperson und Untergebenem gemeint, das sich in diesem Beispiel veranschaulichen lässt.

barn, auch dann, wenn inhaltlicher Dissens besteht. Überzeichnet dargestellt: Das zwischenmenschliche Verhalten der interpersonellen wellness bestimmt bevorzugt das Ergebnis, nicht der Inhalt. **Die inhaltliche Zersplitterung** mit der ein Gremium konfrontiert werden kann, wird an einem Beispiel dargestellt: Soll ein Thema der Biokompatibilität eines neuen Implantats in einem Gremium zur Annahme oder Ablehnung empfohlen werden, z. B. im Fall einer Forschungsförderung durch den Gutachterausschuss, so treffen in der Regel z. B. Werkstoffwissenschaftler (für das Polymer), z. B. Maschinenbauer (für die Prozesstechnik), z. B. Biologen (für die zelluläre Reaktion) und z. B. Physiker (für die molekulare Betrachtung der in Wechselwirkung stehenden Oberflächen) zusammen. Die Stimmen sind dabei häufig in einem Mass heterogen, dass die Ablehnung des Antrags näher liegt als die Annahme. Die fachliche Synthese der Interdisziplinarität eines Antrags wird durch das Gremium in der Regel nicht abgebildet. Hier ist der Konsens der Dissens in der Sache. Also ist die Ablehnung der Schlusskonsens. Die Vertreter der genannten Disziplinen gehen selten aufeinander zu, in der Regel herrscht intellektuelles Territorialverhalten. Fehlt in der genannten Runde eine Disziplin, so kann die Chance der Akzeptanz des Antrags zwar durchaus steigen, vorhersagbar ist das Ergebnis aber dennoch selten. Es empfiehlt sich, das erzielbare Ergebnis mit seinem Zeiteinsatz zu korrelieren und die eigenen Schlüsse bezüglich der Effizienz zu ziehen. Man muss daher in Gebieten, die Experten mehrerer Disziplinen zusammenführen, häufig Anträge in hohem Überschuss verfassen, um einige wenige durchzubringen, keine attraktive Sache für ungeduldige und hochqualifizierte Leute, die zügig umsetzen wollen und die schnell dem Patienten helfen und ein medizintechnisches Produkt verkaufen wollen.

Mit der reinen Disziplinarität lebt man vermutlich unbeschwerter, im Blick auf Erfolgsraten bei Anträgen auf Förderung, besonders, wenn die monodisziplinären Röhren kommunizierend aufgebaut sind, schwer realisierbar in der inhaltlich immer wieder neu zusammengesetzten Interdisziplinarität. Bedauerlich ist, dass nicht wenige Firmen von wissenschaftlichen interdiziplinären Kooperationen erwarten, man hole, als Forschungspartner, das Forschungsgeld schon auf dem Markt der Förderorganisationen. Für manches Unternehmen ist dies ein Hauptgrund zum Einstieg in eine Hochschulkooperation, besonders auch, weil die Arbeit der zeitraubenden Antragsstellung überwiegend beim Forschungspartner der Hochschule abläuft und bilanziell als Kosten im Unternehmen nicht erfasst wird. Das ist betriebswirtschaftlich zwar im eigenen Haus, wegen des später eingespielten und zuvor nicht ausgegebenen Geldes, attraktiv darstellbar, inhaltlich hat man es aber mit einem Trojaner zu tun, einem ganz wesentlichen und typischen Strukturelement: **Die Öffentlichkeit (eine grössere oder eine kleinere) partizipiert immer dann, an der Strategie, am Verlauf und am Ergebnis, wenn Fördergelder von Dritten geholt werden, unabhängig davon, ob sie aus staatlicher oder nichtstaatlicher Quelle fliessen. Vertrauliche Forschung gibt es nur bilateral. Also ohne Dritte.**

Die Interdisziplinarität der Medizintechnik taugt zur Konfusion begrifflich nicht sattelfester Zeitgenossen und bringt gelegentlich Strategen, auch politische, die z. B.Gelder bestimmten Gebieten zuordnen wollen, die grössere Verwaltungen medizintechnischer Einheiten leiten oder die einfach ihren angeborenen Gestaltungswillen mit einem innovativen Fachgebiet verzieren wollen, um damit Achtung und

Aufmerksamkeit zu erheischen, an die Grenze ihres Verstandes: Ist es nun Biologie (weil „Biomedical Engineering", der internationale Sprachgebrauch, also eher „Zellen", „Labor" und „nass") oder Medizin mit Zusätzen (weil „Medizintechnik" oder „Medizinische Technik" oder gar „Biomedizinische Technik", die im Deutschen üblichen Titel, also eher „Apparate im Krankenhaus" und damit „trocken" oder vielleicht doch „blutig" oder „hat es mit Krebs zu tun") oder handelt es sich gar um den Betrieb eines Spitals (weil „clinical engineering"), die Liste der bunten Begrifflichkeiten lässt sich fortsetzen. **Ich halte den Begriff der „Medizintechnik" für den am besten geglückten deutschsprachigen, er hat die weiteste Verbreitung gefunden; im Amerikanischen, das „Biomedical Engineering" mit gleicher Verbreitung im gesamten angelsächsischen Sprachraum. Beide Begriffe beschreiben dasselbe.** Alle weiteren Begriffe versuchen eine Profilierung innerhalb des grossen Gebietes und stiften mehr Verwirrung als Klärung. Dem Politiker unter den Strategen, auch dem Programmforscher, z. B.in einem Ministerium oder in einer Forschungsförderorganisation, möge zwar ein vermeintlich neuer Begriff gefallen, durchsetzen wird er sich deswegen jedoch nicht. Allerdings kann er das eine oder andere Diskussions-Gremium beschäftigen, ohne Substanz zu schaffen oder zu beschreiben. Die Würfel sind, seit ca. 50 Jahren, gefallen. Die Industrie ist an Produkten, Märkten und Margen interessiert, nicht an Rhetorik und nimmt, was sie bekommt: passt die eigene Kompetenz mehr in ein staatlich gefördertes Programm des „Biomedical Engineering", dann wird dort der Antrag auf Förderung eingereicht, passt er besser, z. B.auf die „Bionik", dann passt man eben die Adresse auf dem Couvert an und tut, begleitend, eines in beiden Fällen dazu: das Betreiben von Lobbying. Je oszillierender die Inhalte von Programmen über die Jahre hinweg, desto bedeutender ist der ordnende Kontakt der Interessenvertreter miteinander, ein natürlicher Vorgang. Dann verlieren die bunten Begriffe ohnehin ihre Bedeutung und Gesprächsergebnisse werden wichtiger.

Das Gebiet der Medizintechnik gilt als hochinnovativ, zugleich trägt es in der Umsetzung neuer Verfahren sehr **konservative Züge**. Es ist müssig, dies zu loben oder zu beklagen, es handelt sich um ein Entwicklungsergebnis und ist zur Kenntnisnahme empfohlen. Medizintechnik eignet sich nicht für hitzige „Versuche und Irrtümer", denn immer steht die Gesundheit wenigstens eines Menschen auf dem Spiel und das entscheidet in unserer Arbeitsethik, zu Recht. Entsprechend gestaltet sind die Schadensersatzforderungen bei Misserfolg, in manchen überzüchteten Rechtsgebieten, oft verbunden mit astronomisch hohen Forderungen der Kläger, z. B. bei versagenden Implantaten. Solche Forderungen sind durchaus überzogen. Manche Innovation erfolgt daher neuerdings nicht dort wo die **Schadenersatzforderungen dramatisch hoch** sind sondern in konkurrierenden Regionen der Welt mit anderen, einfacheren, Rechtssystemen. Auch Rechtssysteme stehen im Wettbewerb zueinander. Die Umlenkung von Innovationen aus Sorge um die Höhe möglichen Schadenersatzes kann grosse langfristige Konsequenzen für die Wettbewerbsfähigkeit einer Region oder eines Staates haben. Einstige langjährige Innovationsvorsprünge, zu deren Erreichen Jahrzehnte des Fleisses erforderlich waren, verkürzen sich rapide, falls der Gesetzgeber überzieht. Wichtige Hinweise zu prosperierenden Welt-Regionen lassen sich in der Übersicht bei Michael Porter [19] nachlesen.

Cluster, alte und neue

Die Wettbewerbsfähigkeit und die Schaffung neuer und der Erhalt bisheriger Arbeitsplätze in der Medizintechnik, die Bildung von über Jahrzehnte gewachsenen „medizintechnischen Gegenden", modern als „Cluster" bezeichnet, korrelieren in der Regel hochpositiv mit ihrer Innovationskraft: Ideenreichtum, Tüfteln, Ausprobieren, sich gern und schnell informieren, gewonnene Erkenntnisse einbeziehen und momentanes Scanning der Konkurrenzsituation, treffen zu einem generierenden Innovationscocktail zusammen. **Medizintechnische Gegenden sind alte gewachsene Cluster, z. B. der Grossraum Tuttlingen in Baden-Württemberg (dazu Abbildungen 3, 4, 5), die Nord- und Westschweiz, neuerdings auch der Grossraum Zürich und die Zentralschweiz, sowie der Grossraum Erlangen in Bayern.** Eine feinere Aufteilung der Cluster der Gesundheitstechnologien in der Schweiz findet sich im Kapitel zur KTI-Initiative MedTech im weiteren Text des Buches.

Allein in der Schweiz konnte ich, gemeinsam mit wenigen anderen, während meiner dortigen langjährigen beruflichen Tätigkeit an der ETH Zürich, das Profil von 600 schweizerischen HighTech-Firmen im Auftrag des Eidgenössischen Volkswirtschaftsdepartementes analysieren und bewerten, mit dem Ziel, die Projektfähigkeit dieser Firmen für die Hochschulen, hauptsächlich für die Eidgenössischen Technischen Hochschulen in Zürich und Lausanne, im Gebiet der Medizintechnik, zu identifizieren. Eine gewaltige Zahl potentieller, einiger davon bereits eingebundener, Partner eröffnete sich, die Kern-Firmen sassen entlang des schweizerischen Juras, die Zulieferer auch weit ausserhalb. Inzwischen haben sich weitere lokale Konzentrationen an Firmen gebildet, davon abgeleitet, z. B. in der Biotechnologie. Der Arc Lémanique und Zürich samt Umgebung gehören dazu. Aus dieser Analyse, an der nur wenig Personen beteiligt waren, erwuchs die **„KTI-Initiative MedTech", bis heute eine sehr erfolgreiche und tragende Säule medizintechnischen Technologietransfers in der Schweiz.**

Zusammenfassend zum historisch nachweisbaren Cluster-Gedanken und seinen Voraussetzungen, zu den förderlichen Elementen, kann gesagt werden, dass es zahlreiche Firmen an einem ursprünglich armen Ort sind, zum Teil sehr **kleine und hochinnovative und reaktive Unternehmen, die in der Summe über einen langen Zeitraum zu einem echten Cluster zusammengewachsen sind.** Dabei ist der regionale Mangel an irdenen Rohstoffen kennzeichnend, die Gegenden galten früher als materiell arm, aber reich an Köpfen, die sich der Herausforderung stellten, durch Nachdenken und mit Fleiss bei wenig finanziellen Mitteln zu Beginn, Nischenprodukte zu erzeugen. **Historisch gewachsene medizintechnische Cluster sind Kinder der Armut und der industriellen Wagnis, heute sind es reiche Erwachsene der Hochtechnologien. Sie setzen Welt- und Wertmassstäbe.**

Für die älteste dieser Gegenden gilt: Der Kalkboden der Schwäbischen Alb bei Tuttlingen ist von einer derartigen Kargheit und Trockenheit, dass nicht nur die Landwirtschaft schwerste Bedingungen in der Steinwüste der Äcker vorfindet und für kleine Erträge grösste Anstrengungen erforderlich sind. Sogar das Quellwasser der Donau, sie fliesst von vielen Bächen gespeist durch dieses Städtchen, verhält sich sehr angestrengt: es gelangt nicht im Flussbett bequem fliessend ins Schwarze Meer über Österreich bis zum Delta in Rumänien, es versinkt zwischen Immendingen und Möhringen kurz vor Tuttlingen, aufgeteilt in Rinnsaale und Bäche, in einem Höhlen-, Kanal- und Spaltensystem des Karstes und des erdmittelalterlichen Tafeljuras wenige Kilometer nach dem Zusammenfluss der beiden Quellflüsschen Brigach und Breg bei Donaueschingen, zusätzlich gespeist von anderen Donauzuflüssen und sammelt sich nach unterirdischem Lauf im Süden bei Aach, unweit von Singen am Hohentwiel, mit respektablen 10.000 L/sec der Aachquelle wieder, um dann dem Rhein und damit der Nordsee zuzufliessen, eine geologische Wasserscheide besonderer Art. Nur bei reichlich Wasser im Flussbett, z. B. zu Hochwasserzeiten, nach dem Schmelzen des Schwarzwaldschnees, konnten Mühlenräder wirtschaftlich angetrieben werden. Der Schweizer Jura, der die meisten traditionellen Schweizer medizinaltechnischen Firmen beheimatet, ist die Fortsetzung des skizzierten schwäbischen, man kann es auch umgekehrt sehen, mit gleicher Trockenheit und Kargheit, man kennt dort dieselben Mühen – und tauscht sich intensiv, über Landesgrenzen, in einem einheitlichen alemannischen Kulturraum, einem quasi agrarisch-technologischen Schicksalsraum, bestens aus. Bis zum heutigen Tag besteht ein reger Personenverkehr zwischen diesen zu Clustern gewachsenen Regionen, Regionen der Medizintechnik, hüben und drüben der schweizerisch-deutschen Grenze. Grosse ausländische Konzerne fühlen sich von diesen alten Clustern angezogen und etablieren sich dort zusätzlich zum vorhandenen Mittelstand: eine schöne Win-Win-Situation.

Eine medizintechnische Gegend, ein Cluster, ist also nicht verordnet, deklariert oder in einer Amtsstube neueren Datums erfunden, sondern gewachsen, zunächst ohne englische Namensgebung. Im Fall meiner Heimatstadt Tuttlingen liegt eine über nahezu 150 Jahre währende Tradition vor. Dabei besteht eine **Verwandtschaft der medizintechnischen Industrie mit der Uhrenindustrie:** kleine mechanische Präzisionsteile, überwiegend abtragend bearbeitet, und Fertigungsverfahren stehen am Anfang und begleiten, teilweise bestimmen, die Weiterentwicklung bis heute. Diese Tradition beinhaltet vor allem mehrere Generationen von medizintechnischen Fachkräften, oft mit familiärer Häufung erfahrener Köpfe, die ihre Erfahrung tradieren. Damit taucht die Wortwurzel der Tradition auf. Die Möglichkeit, für einen Arbeiter oder einen Angestellten mit der erlernten Qualifikation sicher in andere Betriebe vor Ort zu wechseln, damit einen „gutmütig volatilen regionalen Arbeitsmarkt" vorzufinden, die Möglichkeit, mit dem erlernten Spezial-Know-How sogar eine eigene Firma zu gründen und erfolgreich zu führen und die Geschäftsidee an die Nachfolger der nächsten Generation in- oder ausserhalb der Familie zu übergeben, sind besonders attraktiv. Auch ist zu beobachten: **Eine medizintechnische Gegend bildet sich bevorzugt dort, wo ein sehr differenziertes Schul-, Berufs- und Hochschulsystem angeboten wird, wo ein hoher Freizeitwert herrscht und wo Lokal-, Regional- und Landespolitik wohlwollend begleitend unterstützend, aber nicht bevormundend, wirken.** Sanfte Förderpolitik ist in der Medizintechnik gefragt. So lokal und bodenständig eine Region der Medizintechnik erscheint, sie ist immer höchstgradig international vernetzt. Erneut wird auf Michael Porters Werk „The Competitive Advantage of Nations" verwiesen [19], in dem die beschriebenen Cluster dargestellt, international verglichen und wirtschaftswissenschaftlich durchleuchtet sind.

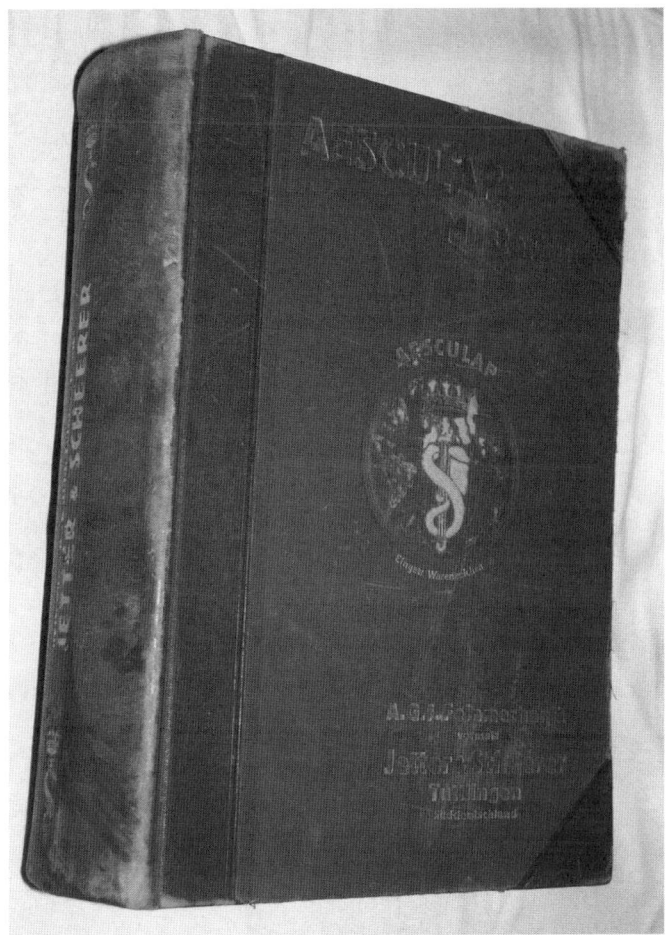

Abb. 3 Die für die Bildung des Tuttlinger Kompetenzzentrums, einem Weltzentrum der Medizintechnik, früheste Firma mit komplettem Instrumentenspektrum zu sein, gebührt der Aktiengesellschaft für Feinmechanik, im Tuttlinger Jargon kurz „die AG" genannt, vormals Jetter und Scheerer, später als Aesculap-Werke benannt, heute als Aesculap Werke AG & Co. KG Teil des B. Braun Konzerns mit Sitz im hessischen Melsungen. Bereits gegen Ende des vorvergangenen Jahrhunderts enstanden Musterbücher, heute Kataloge genannt, die die hergestellten Instrumente sehr detailliert abbildeten und technische Spezifikationen auswiesen. Es waren in der Regel kunstvolle Zeichnungen von Konstrukteuren, die die Instrumente präzise und mit eigener Signatur und emotionalem Ausdruck des Künstlers, ähnlich früheren Handschriften, darstellten. Das Werk umfasst knapp 3000 Seiten und weist neben Bildern und technischen Angaben auch Benutzungshinweise aus, z. B. die Vorteile einer leichten Zerlegbarkeit einer Spritze nach Alexander-Janet oder die korrekte Verwendung eines Gastrodiaphanoskops nach Einhorn-Kuttner. **Hier zeigt sich ein bis heute bei zahlreichen instrumenten- und implantateherstellenden Firmen gepflegter Usus: die Nennung des medizinischen Autors. Damit ist das Instrument mit der Methodik des Chirurgen verknüpft. Chirurgen besonderer Wirkung haben „Schulen" geprägt**, das Instrumentarium gehörte als fixer Bestandteil dazu und schaffte eine durchgängige Identität von Operationsverfahren und dazu notwendigen Instrumenten mit der Schule. Das abgebildete Musterbuch, im Eigentum der Familie des Autors seit Drucklegung, stammt etwa aus dem Jahr 1910

Abb. 4 Man sieht die Skulptur eines Instrumentenmachers, sein historischer Nachfolger wird bis heute Chirurgiemechaniker genannt. Der Lehrbub, in kurzen Hosen und mit staunendem Ausdruck des in Bronze dargestellten Gesichts, es kann auch der Sohn sein, der beim Vater in die Lehre geht, blickt achtungsvoll zum Vorbild, zum Meister, auf, um von ihm zu lernen. In Augenhöhe (siehe Ausschnittsbild) befindet sich ein Werkzeug in der Hand des Meisters und der Schraubstock. Ich selbst habe diese eindrückliche Situation bei meinem Grossvater erlebt, der als Graveur- und Ätzmeister noch im beruflichen Ruhestand zuhause manche mechanische Arbeit verrichtete und mich teilhaben liess. Als 6- oder 7-Jähriger diesen optischen Eindruck zu verinnerlichen, die abgearbeiteten Hände und ihre Motorik in 20 cm Abstand im Grossformat zu sehen, die Spitzen der Instrumente, z. B. zum Ziselieren, zu verfolgen und dabei Fragen zu stellen, ein kindliches und zugleich elementares Fachgespräch über Metallbearbeitung zu führen, die angestrengte, dabei elegante Bemühung des alten Mannes um Präzision der gröber gewordenen Fingerbewegungen, um das Herausholen der letztmöglichen Feinheit zu erleben, bleibt immer in der Erinnerung haften. Möglicherweise wirken diese ersten Eindrücke prägend. Im Bild wird das fertiggestellte Instrument, hier eine Pinzette, gegen das Licht gehalten, um Mass und Formschluss zu kontrollieren. Es ist vom Künstler damit besonders herausgehoben worden. Mit solchen chirurgischen Instrumenten, auch Scheren, Klemmen, Hebel, einem kompletten Armamentarium Chirurgicum, später auch Mikro-Instrumenten und Implantaten, ist meine Heimatstadt Tuttlingen zu höchster weltweiter Kompetenz in der Instrumentenfertigung und zu Wohlstand gelangt. Aus der württembergischen Kleinstadt wurde eine mittelgrosse Kreisstadt und ein natürliches Kompetenzzentrum, im Cluster, etwa 150 Jahre bevor diese Worte Eingang in den technologischen und politischen Sprachschatz der Gegenwart fanden. Die Skulptur ist eine Miniatur und ziert meinen Schreibtisch, dankbar über die eigene Herkunft aus dieser Stadt und mich ermahnend, der jungen Generation ähnliche, bleibende und nützliche Eindrücke zu vermitteln. Das Original in Lebensgrösse der Figuren, geschaffen vom Tuttlinger Roland Martin, einem bedeutenden Künstler der Gegenwart, begrenzt den Eingang der Firma Karl Storz Endoskope in Tuttlingen. Die Miniatur ist ein Geschenk von Frau Dr. h.c. Sybill Storz, Geschäftsführerin dieses Unternehmens Karl Storz Endoskope, an den Autor

Im zweiten Bildteil sind mehrere Zeugnis-Ausschnitte von Arbeitsnachweisen meines Urgroßvaters Philipp Wintermantel festgehalten. Sie sollen zeigen, wie damals ein Instrumentenmacher in Ausbildung verschiedene Ausbildungsstellen absolvierte und das Ausland, hier die französischsprachige Schweiz, bereits eine wichtige Rolle spielte. Das links in der Mitte abgebildete Zeugnis ist das Lehrlingszeugnis mit folgendem Text: „Gebr. Heinemann, Werkzeugmaschinen-Fabrik, St. Georgen, Schwarzwald, den 15. August 1880. Zeugnis. Philipp Wintermantel von hier ist vom ersten Mai 1877 bis heute zuerst als Lehrling und später als Arbeiter bei uns beschäftigt gewesen und hat sich während dieser Zeit durch Fleiß und Leistungen unser volle Zufriedenheit erworben. Gebr. Heinemann" Man soll die übrigen Briefköpfe im Gegen-Uhrzeigersinn lesen, um den zeitlichen Ablauf der weiteren Arbeitsstationen zu erkennen. Die Firma G. Jetter, Fabrik chirurgischer Instrumente, ist die Keimzelle der späteren Firma Jetter und Scheerer, des Vorläufers der Aesculap AG, des größten Arbeitgebers in meiner Heimatstadt. Auch mein Großvater hatte sein ganzes berufliches Leben als Lehrling, Geselle und Meister in diesem Unternehmen verbracht: Beispiele handwerklicher Ausbildung, beruflicher Tätigkeit und von Treue zwischen Arbeitgeber und Arbeitnehmer über vier Dekaden.

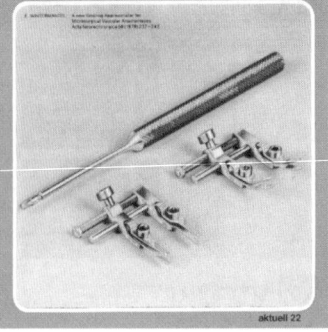

Abb. 5 (großer Bildteil) Dargestellt ist das Titelblatt eines Instrumenten- und Geräte- Verkaufskataloges für die Tiermedizin. Zahlreiche Instrumente konnten unverändert oder modifiziert auch für die Tierheilkunde, die Veterinärchirurgie, angeboten werden. Das aus dem Jahr 1912 stammende und 341 Seiten umfassende Buch weist auf seiner ersten Seite das Selbstverständnis des Hauses aus, man würde heute angenähert von **Corporate Identity** sprechen. Neben dem Hinweis, dass sich die Aktiengesellschaft für Feinmechanik in Württemberg befindet, wird für Berlin und London eine Niederlassung angegeben. Die Firmengeschichte weist diese Gründungen für 1889 (Berlin) und 1895 (London) aus. 1893 war bereits eine Zweigniederlassung in New York gegründet worden. Die weit über die Landesgrenzen bedienten Märkte zeigen sich auch im (auf dem Titelblatt dargestellten) Anspruch, „Korrespondenz in deutscher, englischer, französischer, italienischer und spanischer Sprache" zu erledigen, für damalige Verhältnisse ein globaler Raum. **1600 Arbeiter hatte das Unternehmen 1912, nach heutiger Terminologie ein grosser mittelständischer Betrieb oder, bei entsprechenden Strukturen, bereits ein Konzern. Man sollte diese frühen und für einen Wirtschaftsstandort sehr bedeutenden Dimensionen vor Augen haben, wenn man heute von Globalisierung spricht.** Zur Globalisierung findet sich eine umfassende Betrachtung des Nobelpreisträgers Joseph Stiglitz [20]. Tuttlingen hat heute mehr als 200 weitere Firmen der Medizintechnik aufzuweisen, nimmt man die Zulieferer der weiteren Umgebung dazu, kommt man sicherlich auf über 500 Firmen, die sich bei wachsendem Markt und hervorragender Ausbildungssituation, formieren konnten. Die mittelständische Struktur sorgt für höchste Adaptivität an Marktbewegungen und damit für eine im Wettbewerb besonders vorteilhafte Solidität. Allein durch Innovationen, durch Ideenreichtum und kluges Durchsetzungsvermögen in der Medizintechnik, gründend auf Marktpräsenz und der Trias Bildung, Ausbildung und Fortbildung sowie eigener intensiver Forschung und Entwicklung und durch gleichbleibend hohe und verlässliche Qualität der Produkte liess sich der Vorsprung gegenüber Wettbewerbern anderer globaler Zentren halten und ausbauen. Systematische staatliche Förderung von anwendungsorientierter wettbewerblicher Forschung, wie dies heute angeboten wird, gab es damals, als Steigbügelhalter zum globalen Erfolg, nicht. Trotz Förderungsinstrumenten für grundlagen- und anwendungsorientierte Forschung und damit Zugang zu erheblichen finanziellen Mitteln, sollten sich beide Grundpfeiler der Forschung, die angewandte und die grundlegende, mit Respekt und nicht abwertend begegnen. In der Wechselwirkung, im Austausch liegt für beide mehr Gewinn als in der Ausgrenzung. Pragmatisches Vorgehen ist angesagt
Abb. 5 (kleiner Bildteil) Durch Aktuellblätter, hier ein Instrument des Autors (Getriebe-Approximator für die mikrochirurgische Blutgefässnaht) aus dem Jahr 1980, wird den Kunden, hier den Mikro-, Neuro- und vasculären Chirurgen, zusätzliche Information über ein neues Instrumentarium geboten. (E. Wintermantel: A New Gearing Approximator for Microsurgical Vascular Anastomoses: Acta Neurochirurgica 50(1979)237–242)

Heute ist, durch die Omnipräsenz staatlicher Institutionen und die hochgradige Durchdringung des Alltags mit geschriebenen Gesetzen auch die Förderung von Clustern eine staatliche Aufgabe geworden. Die Ergebnisse dieser staatlichen Anstrengung führen zwar schneller zu unmittelbaren Ergebnissen, jedoch darf erst nach längerem Zusammenwachsen der lokalen Akteure erwartet werden, dass sich der Cluster aus eigener Kraft fortentwickelt. Der Staat muss also wissen: „Wenn ich einen Cluster von Dauer schaffen will, dann darf ich ihm nicht nur eine Start-Spritze geben, sondern ich muss ihn längere Zeit an den Tropf hängen. Fehlen mir langfristig die Finanzen dazu, dann wird es keinen Cluster geben sondern allenfalls ein einfaches Industriegebiet, im ungünstigsten Falle eine Industriebrache." Echte Cluster haben eine grosse eigene Kraft zur wettbewerbsfähigen Weiterentwicklung.

Normen, Regelungen, Gesetzesdichte in der Medizintechnik – und ein Wort zur Verwaltung

Die Sorge um die Sicherheit, z. B. eines Verfahrens oder eines Implantats in der Anwendung, treibt häufig **Blüten des überzogenen gesetzgeberischen Fleisses**: Über Jahrzehnte akkumulieren in den nationalen Prüfbehörden jene Testverfahren, die vom Hersteller heute verlangt werden, um eine Zulassung zur Vermarktung zu erhalten. Vieles ist durch modernere Verfahren entbehrlich geworden und muss dennoch angewendet – und bezahlt – werden. In Zell- und Gewebekulturen z. B. lässt sich mancher Nachweis erbringen, der bisher im Tierversuch verlangt wird. Dabei gilt: **Staaten, die sich nicht permanent verschlanken, hier in Fragen der Zulassung und Zertifizierung, werden wettbewerblich korrigiert. The hard way.** Die Globalisierung wirkt. Es tun sich Alternativen zu den klassischen Zulassungswegen auf. Man nehme, insbesondere als Gesetzgeber, eine Gewichtsverschiebung Richtung Asien zur Kenntnis: 1,4 Mrd. Menschen in China und 1,1 Mrd. in Indien bilden Märkte der Gegenwart und der unmittelbaren Zukunft in der Medizintechnik, zumal das Krankheitsspektrum, vor allem bei den medikamentös oder mechanisch-invasiv behandelbaren Massenkrankheiten Bluthochdruck, Arterienverkalkung, Malignome, auch mancher Geisteskrankheit, sich nicht wesentlich vom europäischen oder amerikanischen unterscheidet. Damit sind auch die Therapieverfahren übertragbar. Jim Rogers, ein amerikanischer Rohstoff-Investor, formuliert deswegen deutlich [21]: „1807 war ein gutes Jahr, um nach London zu ziehen, 1907 war es sicher sehr passend, nach Amerika zu gehen, 2007 ist definitiv perfekt, um nach China zu gehen". Die Angabe trifft für Rohstoffe in der Erdkruste (Festkörper) und solche auf der Erdkruste (Gehirne) gleichermassen zu.

Die Reaktion auf zu hohe Regelungs- und Gesetzesdichte, mit ihrer unmittelbaren Auswirkung auf die technische Normierung, ist eine einfache und eine ubiquitäre zugleich: **die klügsten Köpfe, die die besten Innovationen hervorbringen und sich hochinterdisziplinär verhalten können, möchten sich in Freiräumen entfalten.**

Falls dies nur den Anschein hat, schwierig zu werden, gehen sie weg, wie oben beschrieben, geräuschlos. Sie melden sich nicht einmal aus ihren Netzen ab, sondern sie fehlen darin plötzlich. Sie tauchen an anderer Stelle der Welt, in der Regel einer konkurrierenden, wieder auf, ebenso unspektakulär und sind nun Konkurrent zur Heimat, unter Mitnahme der hervorragenden Ausbildungsqualität, die das Heimatland bezahlt hat. Hier ist die Polarität zwischen Innovationskraft eines Standortes und seiner Regelungsdichte auf die Spitze getrieben. Besondere Verantwortung für die Wettbewerbsfähigkeit eines Landes trägt dabei der Gesetzgeber. Er möge dies, nicht zu spät, erkennen. Man muss es ihm dafür sehr deutlich zurufen, auch, damit er der Kenntnisnahme adäquate Handlungen folgen lässt: **Das Richtige tun und es richtig tun. Dazu gehört auch der richtige Moment des Tuns.** Das Richtige, der Inhalt, ist meist gut identifizierbar, es richtig zu tun, erfordert jedoch umfassendes Erkennen und Abwägen, was die genannten besten Köpfe oft gut schaffen. Die sensiblen High Potentials ziehen das Weniger dem Mehr an Regelungen vor. Sie wollen formen und ausprobieren dürfen, nicht gegängelt werden. Sie erwarten auch höfliche und gebildete Gesprächspartner. Ihre Empfindung: **Die Schaffung eines neuen, für die Medizintechnik relevanten, Gesetzes, sollte die Entsorgung von n plus 10 alten und inhaltlich entbehrlichen begleiten.** Man könnte von reduktiver Gesetzgebung sprechen. Diese ist empfohlen, nicht die endlos additive. Häufig folgt auf eine einfache Regel, aufgrund eines Einzelereignisses, jedoch eine erheblich kompliziertere, unter Erhalt der alten. Man hat also tatsächlich eine additive Gesetzgebung mit Auswirkung auf die Medizintechnik vorliegen. Zulassungen sind gute Beispiele für deren Anwendung. Diese Erkenntnis, sich im Lauf der Zeit einstellender übertriebener Gesetzesdichte gewinnt man auch dann, wenn man in Rechnung stellt, dass damit im Prüfwesen einige neue Arbeitsplätze geschaffen werden. Man könnte, beim Neu-Regeln aufgrund eines singulären Ereignisses eines Misserfolges, z. B. dem Versagen eines Implantats, von der Legitimation des Einzelfalles sprechen, mithin einer Verdrehung des Elite-Gedankens. Der (negative) Einzelfall wird plötzlich zum elitären Ereignis. Allerdings muss man von dieser kritischen Betrachtung jene Erfolge der Verlässlichkeit medizintechnischer Produkte abziehen, die ohne eine scharfe Gesetzgebung nicht erreichbar gewesen wäre. Auch dafür gibt es Beispiele, es sind wenige. Ein wichtiges Element könnte bald dazu kommen: eine Datenbank implantierter Gelenke, zur Qualitätssicherung von Hüft- und Kniegelenksimplantationen [22].

Verwaltungen, also Verwaltungsorgane, Verwaltungseinheiten, Verwaltungs-Abteilungen und -Bereiche sind in der Regel mit besonders „in Linie" arbeitenden **Menschen** versehen, solchen, die Hierarchien schätzen und sie für den beruflichen Erfolg auch brauchen, da sie häufig zu unternehmerischem eigenverantwortlichem Handeln nicht in der Lage sind, egal ob sie es mangels Substanz nicht können oder es, mangels besonderer Umstände, nicht gelernt haben. **Sie brauchen die Anordnung und vollziehen die Umsetzung. Selten ist Freude im Spiel, eher Zufriedenheit.** Die Motivation ist die Erledigung des Tages als Arbeitseinheit. Gelegentlich wird Macht demonstriert, die sich in der Regel im Verhindern oder im Verzögern äussert: unangenehm, wenn man etwas zügig voranbringen will und es nicht schafft, guten

Willen hervorzurufen. Man sollte dann mehr Energie in die Vermeidung solcher Machtspiele setzten, in die elegante Umgehung der hinderlichen Köpfe, als in die Diskussion mit dem Vertreter der reinen (Verwaltungs-)Lehre. Ausdrücklich möchte ich sagen, dass die Verwaltung der ETH Zürich, die ich 16 Jahre lang kennen lernen und schätzen lernen konnte, bei weitem bessere Effizienzen, Höflichkeiten und ein gebildeteres Auftreten ihrer Vertreter bewies als jede andere Verwaltung danach und davor. Damit ist der Gesamteindruck gemeint, nicht die punktuelle Betrachtung von Einzelleitungen. Höfliche Menschen einerseits und Verhaltens-Hobel andererseits gibt es überall als Unikate. Dienstleistung wurde als solche verstanden und gelebt, die Medizintechnik, schweizerisch die Medizinaltechnik, hat davon profitieren dürfen. **Die Medizintechnik braucht besonders ein günstiges Dienstleistungsumfeld, um zeitnah gute Ergebnisse zu erbringen. Möglicherweise ist die Schweiz als Champion der Dienstleistungen besonders für die Medizinaltechnik geeignet: Auf ca. 12.000 Einwohner kommt dort 1 medizinaltechnische Firma, kein anderes Land der Welt hat eine so hohe Dichte an medizinaltechnischen Betrieben.** (Statistik-Quelle: KTI – Kommission für Technologie und Innovation, Eidgenössisches Volkswirtschafts-Departement, Bern)

Universalisten, die jede Verwaltungsebene geschmeidig und elegant zu repräsentieren vermögen, die beliebige Personallücken ad hoc und vertretungsweise mit Kraft ausfüllen können und die im Wechselspiel mit anderen Verwaltungseinheiten hierarchiegerecht zu handeln im Stande sind, bleiben die grosse Ausnahme. Diese Ausnahmen sind jedoch rühmlich und erfrischend zugleich, geben sie doch einem auf Rechtwinkligkeit und Linearität bedachten „Apparat" Schattierungen, weiche Übergänge und Grautöne, durchaus angenehm für Auge und Ohr.

Eigenständig gestaltende Verwaltungsköpfe, die eher die angestrebten Ziele als die vorgeschriebenen Abläufe vor Augen haben, sind, auch im Kontakt mit der Medizintechnik, selten. Aufgrund des hohen Grades an Interdisziplinarität der Medizintechnik kann man in diesem Gebiet mit vielen Verwaltungsköpfen simultan zusammentreffen, gelegentlich muss man sie koordinieren, besonders dann wenn verschiedene „Hausherren", Verwaltungschefs oder, im universitären Bereich, der Kanzler, für die Erreichung eines gemeinsamen Ziels involviert sind. Die beamtenrechtlichen Hierarchisierungen von Funktionen, Befugnissen und Verfügungsgewalten bilden sich auch im Bereich der Angestellten ab, Verwaltungs-Hierarchien sind ubiquitär. Man gewinnt den Eindruck, sie gehen allein auf den militärischen Gehorsam zurück. Frisch aus der Schweiz nach Deutschland übersiedelt und mit neuen Verwaltungsstrukturen konfrontiert, auch, trotz schnellstem Hochschulbau, mit solchen, die hinderlich waren, notierte ich die mir, im Vergleich der Systeme, hier deutsch, dort schweizerisch, wesentlich erscheinenden Empfehlungen für das weniger wettbewerbliche System. Es soll so effizient werden wie die südliche Konkurrenz:

Die 14 goldenen Regeln für eine kunden- und marktgerechte Verwaltung in der Medizintechnik, auch allgemein anwendbar, als Vorschlag:

- Sag' nie „ich bin nicht zuständig". Du bist es immer. Wenn ein Kunde bei Dir anfragt, so hilf ihm. Fast jeder ist Dein Kunde.

- Sag' nie „es geht nicht". Formuliere gewinnend „auf den ersten Blick sieht es schwierig aus, aber wir werden bestimmt eine Lösung finden".
- Biete und vollziehe Komplettlösungen, nicht Teillösungen. Wie Du das schaffst, ist allein Deine Sache. Dafür musst Du mit vielen anderen sprechen. Der Kunde muss den Eindruck gewinnen, Du schaffst es. Plötzlich lobt er Dich. Das tut Dir gut.
- Sprich, bevor Du schreibst. Immer.
- Reduziere das Papier signifikant, 1/10 wäre gut. Nicht um 1/10 sondern auf 1/10.
- Mache Verbesserungsvorschläge und setze sie um, auch wenn man Dir dies in der Ausbildung nicht beigebracht hat. Der Markt lebt von echten Verbesserungen. Du bist jetzt im Markt.
- Gute Verträge leben. Schlechte liegen jeden Tag auf dem Tisch. Schau das Papier auf Deinem Tisch an und handle angemessen.
- Führe Deine Korrespondenz sachlich, aber lass' persönliches Interesse erkennen. Kommandoton führt dazu, nicht ernstgenommen zu werden.
- Mache die Sache schneller als andere: der funktionelle Dienstweg ist der direkte Weg. Lass' Wettbewerb an Dich heran – und in Dich hinein. Sei Dein eigener Kunde.
- Vertraue mehr als Du misstraust. Kooperation bringt mehr Gewinn als Verlust. Wag's.
- Lache mal. Findest Du Humor unangemessen, dann behalt's für Dich und lasse anderen die Freude.
- Bedanke Dich auch mal. Es wirkt Wunder. Wenn Du Wunder nicht magst, bedank Dich trotzdem.
- Überlege mal die Annahme: Zuviele Vorschriften seien für jene, die eine Sache weder mit dem Bauch noch mit dem Kopf erledigen können. Frag' mal Deinen Kopf und Deinen Bauch, ob sie's nicht allein schaffen. Falls sie „ja" antworten: Lass' sie arbeiten. Am Ende stellst Du fest: die Annahme stimmt.
- Lerne, das Wichtige vom Unwichtigen zu unterscheiden und bearbeite mit Freude das Wichtige. Das Leben ist dafür der richtige Massstab, nichts sonst.

Die Medizintechnik erfordert meist schnelles Handeln, da, interdisziplinär zusammengesetzt, viele Einzelkompetenzen für ein Gesamtprojekt nötig sind und die Koordination per se zeitraubend ist. Damit sind dem Medizintechniker die Unternehmertypen näher als die Gremien-Linearisten oder Vorschrifts-Gläubigen. Einem jungen Menschen ist sehr zu empfehlen, zu prüfen, wieweit er selber gestalten kann oder wie sehr ihn die Vorschrift einengt. Innovationen der Medizintechnik brauchen frische Luft und offene Räume.

Eigenforschung als Grundlage erfolgreicher Interdisziplinarität

In erfolgreichen medizintechnischen Entwicklungen sind **zunächst unverbundene Spezialkenntnisse** oft synergistisch, selten symmetrisch, genutzt und zur Interdisziplinarität gefügt. Ein Beispiel: Die Ultrastruktur der Zelle ist in der Biologie zuhause, der molekulare Aufbau der Zellwand erschliesst sich durch die bildgebenden Verfahren der Elektronenmikroskopie, einem Teil der Physik, die Wirkung von Medikamenten kennt man aus der Pharmakologie und mikroskopische Strukturen werden im Mikrospritzguss, Teil des Maschinenbaus, erzeugt. Sensoren und Aktuatoren können hinzutreten und damit weite Gebiete der Elektrotechnik, der Elektronik, der Informatik. In Summe ergibt sich z. B. ein Lab-on-a-Chip-System, ein Kleinlabor, das mit geringsten Mengen an Testsubstanzen auskommt. Der Markt verlangt nach solchen Systemen. Ein grundsätzlicher Erkenntnisdurchbruch ist es nicht.

Ein anderes Beispiel für die Wechselwirkung zunächst unverbundener Spezialkenntnisse: Aus der graphischen Statik des vorvergangenen Jahrhunderts, Teil der Mechanik und damit des Maschinenbaus, entwickelt von Culmann an der ETH Zürich (C. Culmann, Die graphische Statik, Zürich 1866), angewendet auf Kräne und auf Fachwerke, werden Grundlagen auf Knochenstrukturen, hier Teil der Histologie und der orthopädischen Chirurgie, übertragen. Wolff, ein Chirurg in Berlin, der die Remodellierung von Knochen im Heilungsprozess bei damals häufigen Knochentuberkulosen beobachtete, arbeitete mit Culmann zusammen (vgl. J. Wolff, Das Gesetz der Transformation der Knochen, Hirschwald, Berlin 1892). **Beide einander fachfremden Kollegen kooperierten** und bereiteten die Erkenntnis vor, dass die Knochentrabekel nur in Richtung der Hauptspannungen verlaufen. Eine frühe Interdisziplinarität der Medizintechnik, die noch viele weitere Beispiele in ihrer Geschichte aufweist.

Moderne Finite-Element-Methoden (FEM) wurden auf die damaligen Forschungsergebnisse angewendet. Sie ermöglichen heute die Berechnung komplexer lasttragender Strukturen, darunter der Trabekel des Knochens, und erlauben Erkenntnisse zu Spannungsverläufen in modernen Hüftendoprothesen-Schäften und sind auch übertragbar auf andere ossäre und Dentalimplantate. In Anwendung auf das fliessende Blut erscheinen die Finiten Elemente als Computational Fluid Dynamics (CFD), durch moderne Hochleistungs-Rechner ermöglicht. Die Schmiedetechnik verbannte die Bruchanfälligkeit der frühen gegossenen Prothesenschäfte. Dies zusammengenommen führte zur heute verfügbaren Strukturkompatibilität des Implantats, im Fall von Knochen der Gelenkprothesen, im Fall des Bluts der Stents. Werkstoffe mit halbleitenden Metalloxid-Keramik-Oberflächen, z. B. Titandioxid, das sich spontan bei genügender Sauerstoffsättigung der Umgebung auf Titanlegierungen bildet, z. B. an Luft oder im Blut, erlauben nahezu physiologische Redox-Reaktionen von anwachsenden Zellen und schaffen eine Oberflächenkompatibilität. Damit ist **auch das Teilgebiet der Biokompatibilität von Werkstoffen und Bauteilen ein Ergebnis der Interdisziplinarität**. Hier treffen schwierige Oberflächenphänomene (Oberflächenkompatibilität im intrakorporalen Verhalten:

Anwachsen der Osteoblasten) und einfache mechanische Eigenschaften wie Festigkeit und Steifigkeit eines Werkstoffs nutzbringend zusammen: Wolfgang Pauli, dem Physiknobelpreisträger des Jahres 1945, wird die Bemerkung zugeschrieben, Gott habe den Werkstoff erfunden und der Teufel die Oberfläche. In einem biokompatiblen Implantat, das Struktur- und Oberflächenkompatibilität aufweist, hat man es, glaubt man Pauli's, gut nachvollziehbarer, Äusserung, also mit Gott und dem Teufel zugleich zu tun. Welche interdisziplinäre Herausforderung.

Interdisziplinäre wettbewerbliche Forschung der Medizintechnik ist besonders mühsam. Die vorwettbewerbliche Forschung ist nicht Gegenstand der vorliegenden Betrachtungen. **Jene Hochschulen, die die Lehrstühle oder Professuren mit ausreichend Eigenmitteln ausstatten können, um sie mehrere Projekte der anwendungsorientierten Eigenforschung durchzuführen zu lassen, sind anderen, die dies nicht können, haushoch überlegen und dies mit langjährigem Vorsprung.** Im obigen kurzen Vergleich deutscher Technischer Hochschulen mit den ETH's in der Schweiz wurde darauf eingegangen. Eigenforschung betreiben zu können, heisst in der Praxis, Mitarbeiter anstellen zu können, die selbst formulierte Themen bearbeiten, ohne sie zur Genehmigung einem Gremium vorzulegen, es heisst auch, in einem bestimmten Mass Geld für Experimentalaufbauten und für Verbrauchsmaterial ausgeben zu können, ohne über Anträge und Gremien gehen zu müssen. Dabei ist höchster Wettbewerbsvorteil möglich: **Eigenforschung führt zu unmittelbaren Innovationen in interdisziplinären anwendungsorientierten Gebieten.**

Gremien, als Kontrapunkt zur Eigenforschung, neigen, unabhängig von ihrem qualitätssichernden Auftrag, zum demokratischen Nivellieren durch Mehrheitsentscheide, enthalten Elemente des Neides und der Eigenprofilierung einzelner Mitglieder und häufig verzögern sie Abläufe, weil sie nur zu festgesetzten Zeiten tagen. Gremien werden oft als Elemente eines Wettbewerbs dargestellt: Die Antragssteller treten angeblich wettbewerblich vor das Gremium. Man kann allerdings höchstens von einem kleinen internen Wettberbchen sprechen, der medizintechnische Markt sieht manches anders als eine Handvoll ernannter Gutachter. **Der äussere Wettbewerb ist der entscheidende, er kann frei erfolgen, ein Gremium ist nicht geeignet, diesen tatsächlichen grossen Wettbewerb mehrheitlich abzubilden. Gremien korrelieren damit nicht ausreichend mit dem Markt der Produkte.** In diesem bewegt sich die Medizintechnik aber immer. Gremien sind nützlich für Lokalereignisse, um lokale oder regionale Energien zu bündeln, Meinungsunterschiede aufzufangen und zu sublimieren, Konsens zu erzielen oder wenigstens mehrheitliche Abstimmungsergebnisse zu erreichen, Ausschüsse zu bilden, in denen sich sprachlich gut abgegrenzt Teilaspekte eines Themas abhandeln lassen und sich die Diskutanden wiederfinden können. Mentale Wellness ist oft ein wesentlicher Aspekt eines Gremiums. Für unternehmerische Entscheidungen sind solche Strukturen zu träge. Und die Entscheidung, ein innovatives Thema anzugehen, mit Personal und investiven Mitteln, ist immer eine unternehmerische, weil sie zeitgleich an anderer Stelle des Globus auch, vom Wettbewerber und im Wettbewerb, gefällt wird.

Time to market ist mit einem Gremium meist nicht machbar. Es ist dennoch erstaunlich, wie weit die Meinung verbreitet ist, eine Gremienentscheidung in der

Forschungsförderung sei gut, weil „gerecht", weil jede Partialmeinung zu Wort kam und es sich um eine „peer"-Entscheidung handle. Während in Gremien getagt und beraten wird, laufen andernorts die Marktentwicklung und der Wettbewerb zügiger weiter. Die Industrie kann dabei der Hochschule buchstäblich davonlaufen. Die oft erlebten reichlich komplizierten, gelegentlich ritualisierten, Abläufe in Gremien legen den Wunsch nahe, in interdisziplinären Gebieten wie der Medizintechnik von Forschungsförderung über Gremienkontrolle Abstand zu nehmen. Ich hatte immer besondere Freude an bilateralen Projekten, die genauso zu mit Preisen ausgezeichneten und medaillengekürten Doktorarbeiten führten, die genauso grundlegende Fragen anspruchsvoller Behandlung zuführten wie in gremienbehandelten Projekten, die antragsgemäss und gremienkontrolliert durchgeführt wurden. Ausnehmen von dieser kritischen Beurteilung möchte ich erneut ausdrücklich die KTI-Initiative MedTech, die sehr marktnah, kompetent und schnell tätig wird.

Industrielle bilaterale Kooperationen sind in der Regel wesentlich schneller umsetzbar als gremienkontrollierte ohne oder mit Industriebeteiligung, daher zielführender und im mindestens gleichen Masse „peer". Peer by market. Market is Peer. Peer review für wissenschaftliche Veröffentlichungen hat sich allerdings als Qualitätssiegel herauskristallisiert. Dieser Fall wird hier nicht beleuchtet. Unter unserem Markt wird der End-Markt verstanden, nicht der insuläre Pseudo-Markt zusammengezogener Experten. Peer ist ein aus der Soziologie in die anderen Wissenschaften, vor allem in die Naturwissenschaften, übernommener Begriff, der „gleichgestellt" bedeutet. Man meint damit eine Kontrolle durch einen gleichgestellten, gleichqualifizierten Kollegen oder ein Gremium und spricht von peer review bei Publikationen oder Projektanträgen. Bei Projekten wäre korrekter „peer preview", weil das Ergebnis ja erst noch erzeugt werden muss, und gerade „pre-" will man bei hochkarätigen Anwendungen vermeiden, da man, zurecht, Vertraulichkeit nicht garantiert bekommt und es müssig ist, eine Vertraulickeitsverletzung in diesem Umfeld ahnden zu wollen. **Geheimhaltung ist für anspruchsvolle technologische Fragestellungen jedoch unbedingt notwendig**, es lassen sich sonst keine Schutzrechte mehr ableiten, die sich oft aus innovativen Projekten ergeben können, die angestrebt werden und die einen return on investment bezüglich der Projektgelder bedeuten können oder die Grundlage grösseren wirtschaftlichen Erfolges. Das muss zulässig sein. Post Review wäre akzeptabel, post Patentierung oder post Projekt. Post erfolgt jedoch ohnehin: durch den Markt. Eine kollegiale Begutachtung kann man sich also sparen. Die grundsätzliche Nützlichkeit der peer review für medizintechnische Projekte und Antragsverfahren bleibt noch nachzuweisen. Es ist allerdings ein Verfahren, das in hohem Mass konsensfähig ist und sich auch deshalb verfestigt hat.

Die Hochschulen sollten also, unter dem Aspekt des internationalen Wettbewerbs des Landes und der Standortsicherung, finanziell so gut ausgestattet sein, dass sie Eigenforschung wettbewerblich, der globale Wettbewerb ist gemeint, durchführen können, um hochkarätige Fragen ohne Publikation klären zu können, bei geringstem finanziellem System-Risiko, wie oben ausgeführt. Grosse Anstrengungen, v. a. über sponsoring, den Etat aufzubessern, sind gemacht aber noch grössere sind künftig notwendig. Nur so können sie mit dem Innovationsgrad der Industrie mithalten und nur so ist es auch sinnvoll möglich, die gegebene Freiheit in Forschung und (von dieser Forschung abgeleiteten) Lehre auszugestalten: Freiheit in Armut ist so wenig zielführend wie Weisungsbindung in Reichtum. **Es ist die für Eigenforschung taugliche finanzielle Ausstattung der einzelnen Lehrstühle oder Professuren, die wettbewerbsfähig macht**, gelegentlich Institute, als kreative kleinste Einheiten, nicht eine grosse Einheit mit zahlreichen Interessensvertretern und Offenlegung für Jedermann. **Eigenforschung heisst Unabhängigkeit von vorschneller Publizität und Chance zur Bildung eines Kristallisationskeims der Innovation.** Es gibt eine Wahrheits- oder Machbarkeitsfindung in der Forschung, die sich einer geneigten konkurrierenden Öffentlichkeit entzieht und die mit dem etwas holprigen Begriff der „Eigenforschung" belegt ist. Das Antonym wäre die „Fremdforschung", beide Begriffe sind im Bezug, den sie herstellen, interpretierbar: weder erforsche ich mich selbst noch einen Fremden. Gemeint ist, die Forschung selbst, „eigen" durchzuführen, ohne (finanzielle und ideelle) Beteiligung anderer. Damit ist sie so unabhängig, neutral und sachlich, so wie der Professor oder Forschungsleiter sie ausweisen kann. Eine absolute Unabhängigkeit, Sachlichkeit und Neutralität sollte man nicht suchen, ich habe sie nie gefunden. Es gibt sie auch nicht durch Gremien: Immer ist eine bestimmte Messlatte angelegt, ist ein Wertesystem definiert, und es sind Masseinheiten festgelegt. Die auf den Einzelfall passende Messlatte und das gewünschte Wertesystem (qualitas!) ist durchaus mühsam herauszufinden, besonders im interdisziplinären Gebiet der Medizintechnik mit notwendigerweise über lange Zeiträume wechselnden Kooperationspartnern und über kurze Zeiträume wechselnde Themen.

Wiederum Bottom-up: Leistungen der Fakultäten oder Departments sind immer die Summe erbrachter Einzelleistungen von kleineren, fokussiert arbeitenden Forschungseinheiten, den Lehrstühlen oder Professuren, die sich inhaltlich und ergebnisbezogen zusammenfassen lassen, z. B. als Fakultät für Maschinenbau oder für Medizin. Je besser es dem einzelnen Lehrstuhl geht, desto besser kann sich die Fakultät, oder das Departement, präsentieren: dann erst erscheint die Mannschaftsleistung. **Eine hochinnovative Eigenforschung ermöglicht Wettbewerbsvorteil und Abstand zu Kopisten, lokalen, nationalen und internationalen und stärkt nachhaltig den Standort.** Unter Standortstärkung durch Ingenieursleistungen (Bruttosozialprodukt s. o.) sind auch die erstaunlichen Abbildungen in der Anzahl von Lehrstühlen zu beleuchten (Deutschland): in 2005 gab es 2318 Professoren im Ingenieursbereich, dagegen 5041 in den Sprach- und Kulturwissenschaften und 3312 in den Rechts-, Wirtschafts- und Sozialwissenschaften, zusammengenommen das Vierfache an Nicht-Ingenieursprofessuren dieser Auswahl [23]. Wer zum größten Teil des Bruttosozialprodukts beiträgt ist nur zum kleinen Teil in Lehrstühlen abgebildet. Man könnte eine Schiefe Schlachtordnung vermuten.

Vorwärtsintegration der Medizintechnik aus der Hochschule heraus in die Berufswelt

Die **vornehmste Aufgabe des Professors**, oder jedes anderen Dozenten der Medizintechnik, **ist die Förderung seiner Studenten**, sie ist damit auch die wichtigste. Die Förderung jedes einzelnen Studenten, des Individuums, ist gefragt. Der Dozent muss für diese Förderung einen gangbaren Weg finden zwischen der Bewältigung überbordender Administration, dem Anspruch erstklassige Lehre zuliefern und dem hoffnungsvoll an ihn herangetragenen Wunsch, Weltspitzenforschung zu generieren, alles in 7 Tagen pro Woche und jede Woche. Der Student hat Anspruch darauf, er kommt ja als Ratsuchender: dies ist meine Überzeugung aus Sicht eines Gemeinwesens, das im Wettbewerb mit ausländischen Wettbewerbern steht. Der Dozent des Fachs sollte in der Beratung immer wieder die Erkenntnis gewinnen, das Leben sei bedauerlicherweise so kurz eingerichtet, dass man sich Ausruhen und Nicht-Fördern der nächsten Generation gar nicht erlauben könne. Die zeitkritische Verantwortung für die ihm Anvertrauten kann er gar nicht hoch genug einschätzen. Sie kommen zu ihm jetzt und heute, in ihrem gegenwärtigen Studienabschnitt, in der Annahme, von einem sachkundigen Spezialisten eines innovativen Gebietes unterrichtet und ausgebildet zu werden und sie erwarten Rat, höchste fachliche Kompetenz, Wissen um Verbindungen zu Kliniken und zur Industrie sowie zu anderen Hochschulen und Forschungsinstituten und zu Marktentwicklungen.

Der Dozent sollte sie, die Studenten, bei deren Bitte um Förderung nicht enttäuschen. Und: **Eine Vielzahl von Studenten wagt gar nicht die Anfrage nach Förderung, hier hat der Dozent die besondere Aufgabe der Eigeninitiative, auf Fördermöglichkeiten hinzuweisen und, uneigennützig und direkt, Förderung in Form einer Individualberatung, als Service-Leistung, anzubieten.** Dazu zählt auch der Hinweis auf Förderorganisationen, z. B. für Hochbegabte, oder fachlich spezifisch Begabte. **Unbegabte gibt es wenige**, man muss dem Studenten helfen, seine Begabung für die Medizintechnik zu erkennen und ihn auf dem Weg des Handelns begleiten. Meine grobe Abschätzung lässt mich annehmen, dass nur die Hälfte aller Förderwürdigen tatsächlich, zum Zeitpunkt des fortgeschrittenen Studiums, entdeckt ist, sich fördern lässt und sich zugleich den jeweiligen Förderbedingungen, deren Erfüllung in der Ausführung anstrengend sein kann, unterwirft. Es ist die Aufgabe der Professoren und Dozenten, die andere Hälfte zu identifizieren und einer Förderung anzuempfehlen: Förderung gehört sich, nimmt man das Gemeinwesen im Wettbewerb ernst. Auch ist es gut, der Dozent erkennt, dass, neben der persönlichen Überzeugung, der internationale Wettbewerb, nicht der Wettbewerb zwischen Landesteilen, die Triebfeder Nr. 1 für notwendige Förderung ist, und dass Förderung, z. B.jetzt im Gespräch, und Forderung, z. B.anlässlich einer Prüfung, ausgewogen sich gegenüber stehen müssen und beides unter des Beachtung des internationalen Umfelds stattzufinden hat. Die Medizintechnik ist aus vielerlei Gründen sehr internationalisiert: verschiedene handwerkliche Fähigkeiten, regional ausgeprägt, landestypische Kompetenzen der Industrie und Zuliefer- und Abnehmerbeziehungen in einem weltweiten Industrie-Geflecht und aus den zugehörigen Forschungsstellen/ Hochschulen treten und wirken zusammen und nehmen Einfluss auf Förderungen.

Die Vorwärtsintegration beschreibt den beruflichen Anschluss an das Hochschulstudium einer einzelnen Studentin oder eines Studenten in die Zukunft hinein: in den künftigen Arbeitsplatz, in ein Praktikum im Ausland, in eine Zusatzausbildung oder in ein anderes Fachgebiet zum Ablösen des alten oder zum Ergänzen desselben. Wieder ist es eine Schnittstelle, die bearbeitet werden muss.

Er kann sich für diese Förderung verschiedener Mittel bedienen. Ein **Beratungsgespräch** klärt die Standpunkte und bringt Beratenden und Beratenen, auch emotional und intellektuell, zusammen, ein wichtiges Element, um das gemeinsam erarbeitete Konzept zu realisieren. Diese Gespräche sind von höchster Individualität und von unterschiedlichem zeitlichem Verlauf, sie können im Rahmen dieses Buches nicht vollständig beschrieben werden. Wesentliche Elemente, die im Gespräch behandelt oder beachtet werden müssen, sind jedoch: fachliche Neigung des Kandidaten („nur wer das tut, was er gern tut, macht es gut", dies ist für den Beratenden oft das Schwierigste, herauszufinden was der Kandidat gern tut und wirklich beherrscht), fremdsprachliche Qualifikation (abschnittsweise wird das Interview in der Fremdsprache geführt), anzunehmende Sicherheit im Umgang mit anderen Kulturen (Parkettsicherheit und technologische Sicherheit, politische Neutralität, emotionale Stabilität), Arbeitsethos und Leistungsfähigkeit (Durchhaltevermögen im Gespräch, Begeisterungsfähigkeit für Unbekanntes), Ideenreichtum und Spontaneität (z. B. will der Kandidat führen oder will er geführt werden?), Zukunftsvorstellungen (wo sieht er sich in 5, in 10 Jahren und wie sieht der Weg dorthin aus?) und operatives Geschick (Alltags- und Reiseplanung, Korrespondenz, Erbringen von Nachweisen, die förderlich sind, Strategie beim Ausrichten des Studiums, realistische Vorstellung von den eigenen Kräften). Solche Gespräche, in Folge, dauern in der Regel jeweils wenigstens eine bis zwei Stunden und sie erfahren eine mehrfache Wiederholung und Verfeinerung bis die Ziele und Wege klar sind. Das Gespräch ist zeitintensiver Dreh- und Angelpunkt. Es folgt die Suche nach der bestgeeigneten Firma für die Aufnahme des Kandidaten, der Kontakt soll durch den Professor/Dozenten erfolgen, um dem Studenten „Geleitschutz" und „Starthilfe" zu geben. Auch sollte ein direkter Gesprächskontakt erfolgen, falls eine Adresse, ein Institut oder eine Firma vom Studenten „mitgebracht" werden.

In diesen Beratungen soll der Dozent/Professor sein gesamtes Netzwerk daraufhin prüfen, ob es, insgesamt oder in Teilen, dem Studenten nicht dienlich sein kann. Ist die Antwort ja, muss er es dem Studenten auch anbieten. Splendid Isolation im Sinne eines intellektuellen Protektorats „Mein Netzwerk gehört mir" ist nicht nur töricht sondern auch ethisch wertlos.

Gegebenenfalls ist das eigene Netz um die Hilfe von anderen Beratungsstellen, von Auslands-Stützpunkten der Regierungen, von ausserfachlichen Kontakten zu erweitern. Wichtig ist, dass das gemeinsam mit dem Studenten definierte Ziel auch erreicht wird. Auch hier gilt: **Lesen und Hören führt zu Wissen, Tun führt zu Können.** Dabei ist das Gespräch, in Vorbereitung des Tuns, jeder e-mail, jedem Brief/FAX oder anderen papierenen Mitteilungen weit überlegen. Bei Berücksichtigung der Zeitverschiebungen der verschiedenen Zeitzonen der Erde kann man zu kommoden Zeiten jeden notwendigen Kontakt telefonisch wahrnehmen. Meine Erfahrung ist, dass es sich lohnt, dies in Anwesenheit des Studenten und gemeinsam mit ihm, ad hoc zu tun. Dann sind Rückfragen von allen Beteiligten sofort möglich, der

Student lernt, die „Temperatur" des Gesprächs mit der (ausländischen) Stelle einzuschätzen und man muss keine Extra-Sitzung veranstalten, um ihm die telefonischen Absprachen zu vermitteln. **Runde und effiziente Kompaktlösungen der Beratung sind gefragt, dazu gehört auch das Ausstellen von empfehlenden Gutachten.**

An die Wissenschaftsminister möchte ich direkt appellieren: Verpflichten Sie jeden Professor / Professorin und Dozenten konkret dazu, eine individuelle Beratung seiner Studierenden im Sinne einer Vorwärtsintegration vorzunehmen. Zugespitzt: Keine Figur auf dem Hochschulcampus kann dem Studenten so sehr in seiner individuellen Zukunftsplanung helfen wie ein fachlich und im Leben erfahrener Hochschullehrer. Verpflichten Sie denselben Mann / dieselbe Frau auch dazu, im Sinne einer Rückwärtsintegration Schüler von Gymnasien oder anderen Schulen, die eine Hochschulzugangsberechtigung vergeben, an seinen Lehrstuhl oder sein Institut zu nehmen und sie während einer Woche mithilfe praktischer Übungen zu beraten (siehe dazu eigenes Kapitel „Rückwärtsintegration"). Die „Kinder-Universität" reicht nicht, man muss Schüler mitten in die Abläufe eines Lehrstuhls hineinführen, um sie fürs Fach voll zu begeistern. Dazu muss es Ihnen, werte Frau Ministerin oder werter Herr Minister, gelingen, mögliche Widerstände zu überwinden, wo immer sie sich befinden mögen: in der Verwaltung ihres eigenen Hauses, bei den Kollegen, in den Finanzen, bei den Eltern, bei den Lehrern und Schulleitern. Und sagen Sie nicht: „Ich bin nicht zuständig". Ich verweise auf die Nr. 1 der Goldenen Regeln einer marktgerechten Verwaltung (s. o.), sie gilt hier auch für die Politik. Die vornehmste Art, Schülern und Studenten zu helfen im Sinne von Fordern und Fördern, liegt im Bearbeiten der Schnittstellen: Schule – Hochschule und Hochschule – Beruf. Also tun wir das – gemeinsam.

Diversifizieren oder Duplizieren?

Mittelständisches Handeln, typisch für die meisten Unternehmen der Medizintechnik, gelangt oft an die Frage: soll mein Produktsortiment diversifiziert werden oder dupliziere ich mein Können in neuen Produkten? Erstes kann zum Gemischtwarenladen in der Wahrnehmung durch Andere führen, letztes zur globalen Marktführerschaft. Die Medizintechnik ist sehr sensitiv für erhaltene und fortentwickelte Kernkompetenzen, die durch treu gepflegte Zulieferbeziehungen belohnt werden. **Hohe Qualität wird auf Dauer erwartet und vergütet, riskantes experimentelles Jonglieren wird nicht goutiert, daher: eher Duplizieren als Diversifizieren.**

Mehr und mehr noch nicht in der Medizintechnik verankerte mittelständische Firmen versuchen, unter Margendruck, neu in die Medizintechnik einzusteigen, in Erwartung dann wieder steigender Margen. Der Rat ergeht, dabei die bisherige technologische Kompetenz fortzuentwickeln und der Medizintechnik zur Verfügung zu stellen und nicht, einem halb träumenden Gang ähnlich, in ein hoch arbeitsteiliges Gebiet hineinzuschlittern, dessen Mechanismen man nicht kennt. Oft ist eine interessante Technologie im Unternehmen vorhanden, die für die Medizintechnik nutzbar wäre, jedoch fehlen der Marktzugang, der Vertrieb, das Marketing und die

Grundlagen einer reinen oder gar sterilen Produktion. Auch ist meist die Kenntnis nicht vorhanden, wie sehr der Endverbraucher, der Arzt, der Internist, der Chirurg, Einfluss auf die Produktgestaltung nimmt. Der neue Partner, meist ein Vertreiber, ein grösseres und im Markt gut eingeführtes Unternehmen, ist zu identifizieren und eine Partnerschaft zu etablieren: in der Regel wird dann die in Frage kommende, für die Medizintechnik „neue" Technologie, in Form einer OEM-Beziehung der Medizintechnik zugeliefert. Erst nach längerer Tätigkeit für die Medizintechnik empfiehlt es sich für die zuliefernde Firma den Weg des eigenen Vertriebs zu prüfen. Für Firmengründer gilt Analoges: nicht alles auf einmal selber machen wollen. Man verhebt sich.

Mir wesentliche Aspekte, zusammengefasst

1. **Breite und Tiefe.** Beide Dimensionen sind erforderlich, um ein erfolgreiches medizintechnisches Produkt zu entwickeln, zu zertifizieren und zu vermarkten. Selten sind diese Dimensionen in einem Kopf als Qualifikationen vorhanden, daher ist Team-Arbeit die Folge, die wiederum nur bei gegebener Kommunikationsfähigkeit der Team-Mitglieder erfolgreich ist. **Tiefbohrer sind Köpfe, die sich einem Detail bis zur Grenze heutiger Erkenntnis widmen.** Dabei liegt das Bild der Erde und ihrer umgebenden Atmosphäre zugrunde: Gebohrt wird im Festkörper des Bodens, nicht in den Gasen der Luft. **Hochwettbewerbliche Tiefbohr-Kenntnisse werden mit anderen gleichartigen kombiniert. Dabei werden Persönlichkeiten benötigt, die die Synthese anregen, überwachen und steuern. Es sind in der Regel die Köpfe der Übersicht, der Vernetzung, der Wissens-Surfer und -Zapper und der Strategie.** Sie weisen überdurchschnittliche Kommunikationsfähigkeit auf, suchen die Wechselwirkung mit dem zunächst Fremden und können oft vorzüglich integrieren und Sprachbarrieren überwinden. Sie sind Kommunikatoren erster Güte. Eine gut funktionierende Arbeitsgruppe der Forschung und Entwicklung ist aus solchen Köpfen zusammengesetzt und wird geführt, in der Industrie und in der Hochschule. Zur Zusammensetzung eines erfolgreichen Teams siehe auch [24].
2. **Innen und Aussen.** Einer staatlichen Organisation strukturell ähnlich, die Innen- und Aussenressort kennt, sind auch erfolgreiche Arbeitsgruppen der Medizintechnik aufgebaut. **Aussen heisst Screening, was sich in Nachbargebieten tut,** die (internationale) Wechselwirkung mit anderen Gruppen pflegen, Firmen und Institutionen und die Sorge um die Integration der Köpfe in Netzwerke. Dem informellen Informationsgewinn kommt dabei höchste Bedeutung zu. Innen heisst Prüfen, Vorstellen und Implementieren, was von aussen kommt, Qualitätssicherung der eigenen Arbeit durchführen, Dokumentation von Abläufen in allen Bereichen (F&E, Fertigung, Marketing, Finanzen, Personal) vornehmen. **Innen heisst auch Generierung von wettbewerblichem Know-How, das geheim gehalten wird,** als Teil der Firmen- oder Institutsgeheimnisse. Dabei ist zu prüfen, was patentwürdig ist, nicht nur unter dem Aspekt der Innovation

und der juristischen Patentfähigkeit sondern unter dem Aspekt der strategischen Wünschbarkeit. Nicht alles Neue, was man weiss, gehört patentiert. Patente wecken Aufmerksamkeit, die unerwünscht sein kann. Patente erlauben jedoch auch, die Reaktion der Konkurrenz zu testen und diese mit einem (selbstgewählten) Thema zu beschäftigen. Patente sind auch Sensoren, nicht nur Aktuatoren.

3. **Kopf und Hand.** Hier muss höchstmöglicher gegenseitiger Respekt eingefordert werden. Nämlich der einen Kompetenz gegenüber der anderen. Beide sind gleichermassen bedeutsam. Wer, nach Massgabe des Entwicklungszieles, z. B. Feinmechaniker, Elektroniker, Mechatroniker, Molekularbiologen, Werkstoffwissenschaftler und Betriebswirte zu integrieren vermag, hat eine sehr leistungsfähige medizintechnische Keimzelle für ein bestimmtes Arbeitsthema geschaffen. **Ob studierter oder nicht studierter Kopf, als Basisqualifikation für den Einstieg ist dieser Sachverhalt sekundär, das Können zählt und beide Bildungstypen werden benötigt.** Die grossen Würfe der Medizintechnik sind meist durch Integration der Hand- mit der Kopfarbeit entstanden. Selbst die Wechselwirkung mit den die Produkte nachfragenden und abnehmenden Ärzten, den Kunden, wird von Hand- und Kopf-Arbeitern vorgenommen, denn auch (studierte) Chirurgen sind vergleichsweise Handarbeiter und (nicht studierte) Medizinisch-Technische oder Pharmazeutisch-Technische Assistenten sind Kopfarbeiter. Die Beispiele sind sehr abstrahierend gewählt, sollen jedoch hinweisen auf die notwendige Wechselwirkung von individuellen Fähigkeiten und Fertigkeiten. **Snobismus, Überheblichkeit und Arroganz sind fehl am Platz; Zuhören, Lernen und gemeinsames Tun sind angesagt.** Bescheidenheit zu Beginn führt zu Erfolg am Ende. Im Übrigen gilt die allgemein anerkannte Faustregel, dass eine aktuelle Qualifikation aus einer unmittelbar zurückliegenden ca. 10-jährigen Berufserfahrung stammt, weniger aus der viel früheren Ausbildung. Die Ausbildung, ob Studium oder Ausbildungsberuf, ergibt lediglich den Einstieg in den Beruf und ist später begleitend wirksam, nicht mehr gegenwartsbestimmend.

4. **Verträge.** In der Schweiz hatten wir die feine sprachliche Unterscheidung des Auftrags- vom Beteiligungsverhältnis. Im ersten Fall, dem Auftrag, fliesst Geld gegen Know How. Der Forschungs- und Entwicklungspartner, Auftragnehmer, häufig eine Hochschule oder ein Institut, erhält Geld für eine planmässige Leistung, der Auftraggeber bezahlt diese Leistung und erhält in der Regel alle Rechte an den Ergebnissen, vor allem auch die schutzfähigen Ergebnisse. Im Fall der Beteiligung geben beide Partner Mittel in das Projekt, der Hochschulpartner weist seine Kompetenz aus, die in der Regel überragende apparative Infrastruktur und das Potential an Personal, namentlich auch jene Studenten, die später in die Firma eintreten könnten und allgemeines Know How des Institutes aus dem sie stammen, mitnehmen und transferieren. Dieser erhebliche Anteil an Know-How wird in der Regel nicht budgetiert und geht oft gratis von der Hochschule in die Industrie. Das Recht am gemeinsam erarbeiteten geistigen Eigentum wird vertraglich geregelt. Der zweite Fall passt besser zur Medizintechnik als der erste. Man sollte ihn anstreben. Beteiligungsverhältnisse legen Strukturen an, die sich besser an die Unwägbarkeiten eines hochkarätigen Forschungs- und Entwicklungsprojekts anpassen lassen, zu beiderseitigem Nutzen. Im Beteiligungsver-

hältnis herrscht eine symmetrische Betrachtungsweise in die gleiche Richtung, die ein Miteinander auf Sicht- und Rufweite induziert, im Auftrag handelt es sich um zwei gegenläufige Einbahnstrassen mit mindestens einem Häuserblock dazwischen: Kommunikation wird dann schwierig.

Die Rechtsbehandlung in einer Rechtsabteilung sollte zurückhaltend sein. Sie ist ein Hilfsinstrument in der Gestaltung interdisziplinärer Verträge und arbeitet im Auftrag. **Eine Rechtsabteilung gehört straff geführt.** Sie kann, mit einem Casus führungslos allein gelassen, wahren missionarischen Eifer der Selbstdarstellung entfalten wie er sonst nur von gesetzgeberischen eifrigen Abläufen bekannt ist. Es darf nicht sein, dass ein mittelständischer Kooperationspartner seine Bereitschaft zur weiteren Zusammenarbeit in der Verhandlungsphase eines Vertrags zurückzieht weil er sich selbst nur einen einzelnen im Auftrag arbeitenden Anwalt leisten will, der dabei jedoch der geballten Kraft einer ganzen Rechtsabteilung gegenüber steht. Ein solcher Rückzug wäre systemschadend. Auch hier empfiehlt sich die symmetrische Betrachtung und Behandlung: juristisches Augenmass und Rücknahme des Eifers sind zielführend.

Auch in der Rechtsberatung und im Vertragsrecht spielt der Wettbewerb: Man sucht sich die Partner im Gesamtpaket aus: Fachliche Kompetenz und sehr zurückhaltende juristische Behandlung sind gefragt. Dabei geht es gerade bei geistigem Eigentum und beim Formulieren von Kooperationsverträgen um eine gefühlte korrekte Behandlung, die sich auch im Text wiederfindet. Man erwartet vom Juristen eine sanfte partnerschaftliche Beratung, nicht eine molekulare Präjudizierung. **Kurze Verträge sind besser als lange. Der Spielmacher ist der Forscher, der Ingenieur, der Unternehmer. Der Jurist soll lediglich eine Dienstleistung, am Forscher und am Unternehmer, erfüllen.** Es gilt das Primat der Innovation. Ist das Gefühl sanfter Begleitung nicht erlebbar, sucht sich der Industriepartner einen anderen Forschungspartner, oder umgekehrt. Auch dies geht in der Regel geräuschlos und ist für die hoch-interdisziplinäre Medizintechnik besonders wirksam und selten umkehrbar.

5. **Qualitätssicherung, Ranking, Indexierung.** Der Industriepartner in der Medizintechnik ist in der Regel ISO zertifiziert und erfolgreich am Markt mit dem Verkauf von Produkten, der Forschungspartner ist in der Regel nicht ISO zertifiziert. Er kennt andere QS-Systeme: Publikationen, Patente, Firmengründungen, Ausbildungsleistungen, Studienarbeiten, Doktorate. Beide QS-Systeme sind inkongruent und haben verschiedene Zielsetzungen: Hier ein zuverlässig funktionierendes Produkt, dort eine Auflistung von akademischen und wirtschaftlichen Einzelleistungen, man kann sie durchaus als Produkte bezeichnen. Die Bewertung ist jedoch unterschiedlich. Der Forschungspartner steht, in Deutschland, unter dem besonderen Schutz des Grundgesetzes, die Freiheit der Forschung und Lehre gestalten zu dürfen, der Industriepartner steht unter dem Druck des Marktes, verlässliche Produkte abzuliefern. Er hat die alleinige Freiheit, am Markt erfolgreich zu sein. Man sollte die beiden Welten, ähnlich den Hand- und Kopfarbeitern (s. o.) sich gegenseitig respektieren lassen und nicht versuchen, sie mit den gleichen Massstäben zu messen oder gegeneinander auszuspielen. Nur wenn die Eigenidentität gewahrt bleibt, kommen für beide Partner gute Lösungen her-

aus. Die Vielfalt der Identitäten in einer technologischen Zusammenarbeit macht ihre Stärke aus, nicht deren Einheitlichkeit.

Das Zertifizierungswesen könnte auch in Hochschulen Einzug halten. Erste Lehrstühle streben dies bereits an oder haben es umgesetzt. Es ist auch vorstellbar aber nicht wünschbar, dass sich ganze Hochschulen zertifizieren lassen, künftig nach einer ISO-Hochschulnorm, die es noch nicht gibt: ob es zielführend ist, mit einem Lehrstuhl, dem die Freiheit von Forschung und Lehre vom Grundgesetz her garantiert ist, zusammenarbeiten zu wollen, wissend, dass, um die Regeln der Zertifizierung zu erfüllen, jedes Wort, das man dorthin trägt, protokolliert wird, sei dahingestellt. Es kann ja sein, dass man dies nicht als attraktiv empfindet. Diese in Anfängen erprobte Form der Selbstorganisation und -kontrolle muss sich erst noch bewähren. Es muss auch in einem offenen, unkontrollierten und unprotokollierten Geist gesprochen werden können. Hier beginnt der Respekt vor dem individuellen Willen der Akteure und das Ende des Sicherheitsdenkens, oft Ausdruck einer Ängstlichkeit, das einer Registrierung, neben einem Werbeeffekt, zugrunde liegt. **Zertifizierung heisst auch Hilfestellung für die eigene Ordnung: das Papier sagt, was getan werden muss, es entledigt teilweise vom komplexen Denken.**

Wagnis und Mut, heisst auch Glauben und Vertrauen. Meine Überzeugung: Mit guter eigener und verlässlicher Erfahrung eine Sache mit Phantasie und Mut angegangen, führt viel schneller zu einer sicheren Lösung als die systematische Notiz, gefolgt vom Vergleichen und Auswerten und der Ableitung einer Handlung. Angst und komplementäres Sicherheitsbedürfnis, das man im Aufschreiben von allem und jedem ableiten kann, sind in einem innovativen interdisziplinären Gebiet nicht zielführend. Wer sich zu sehr absichert, klemmt sich ein. Hier beginnt die Kunst der spielerischen und vernetzten Ideengestaltung und es endet die strenge Struktur der Linearitäten. Wer sich unsicher unterwegs fühlt, soll eben zertifizieren. Er darf es.

Ein hervorragendes Beispiel der innovativen Medizintechnik, das sicherlich ohne jede Zertifizierung über die Bühne gebracht wurde, mit Augenmass und Mut zugleich umgesetzt, ist die Entwicklung der Herzkatheterisierung durch Werner Forßmann. Er wurde für diese wegweisende Tat, den Mut des Selbstversuches und der Eröffnung der Herzdiagnostik, mit dem Nobelpreis für Medizin 1956 gewürdigt [25]. Ganz ohne Normen und Zertifikate. Und sicher ohne Gremien.

Zum Fleiss der eigentlichen Forschungsanstrengung hinzutretend, alles, auch in der embryonalen Phase, zu protokollieren, findet ihren Niederschlag in einem wissenschaftlichen, staatlichen und industriellen Metrismus, einer soliden, noch gutartigen, Gewebewucherung die sich bald zu einer Metritis, einer entzündlichen Entgleisung mit chronischem Verlauf (Metrose) und dann zu einem Metro-Carcinom mit malignen Metastasen und der Kraft der Selbstzerstörung des Organismus ausweiten kann: **Es herrscht derzeit eine Inflation der Rankings und der Indexierungen.** Analogien sind der Evaluismus, die Evaluitis und das Evaluations-Carcinom. Ohne leistungsfähige Rechner wäre dieser Auswuchs undenkbar, ein schönes Beispiel einer technologischen Kollateralentwicklung, die meiner Kenntnis nach bisher nicht auf ihre Nützlichkeit (für den Patienten) hin untersucht wurde. Man spricht lediglich von allgemeiner Akzeptanz, die wohl unterste Schwelle des emphatischen Lobes. Wöchentlich ist in verschiedenen Periodika die Platzverteilung dieser oder jener Hochschule zu lesen, mit dem Resultat, dass die Hochschulen sich zu imitieren versuchen: Die vermeintlich schlechteren die besseren und die Besten unter sich, grenzüberschreitend. Ergebnis: Nivellierung. Man macht überall nahezu dasselbe, ein wenig verschieden betont. Regelmässig vergleichend nachzulesen in den Hauszeitschriften der Hochschulen.

Alleinstellungsmerkmale verschwinden allmählich durch Rankings, bedingt durch die Einladung, zu kopieren: alle wollen alles machen, besonders das was der jeweils besser gerankte Wettbewerber tut. Das ist zwar Wettbewerb, aber nur für kurze Zeit. Rankings ergeben keine Alleinstellungsmerkmale im technologischen Sinn: Leistungsparameter eines Pflichten- oder Lastenheftes, sondern sie sind ein numerisches Phänomen per se, sie ergeben sich schon allein nicht wegen der Vielfalt der den Rankings zugrunde liegenden Messverfahren. Rankings sind ergebnisbezogen untereinander nicht vergleichbar, sie geben allenfalls Tendenzen an und Hinweise. Empfohlen ist hier eine gelassene Betrachtungsweise: Für die technologische Kooperation ist überwiegend die Leistungsfähigkeit des unmittelbaren Forschungspartners massgebend, ebenso die des Industriepartners. Ob er gerankt und indexiert ist, spielt zunächst keine Rolle. Punktförmige Betrachtungen sind für gute Kooperationen hilfreich, nicht Systemvergleiche. Es gilt also in der hoch arbeitsteiligen Medizintechnik, jenen Partner zu identifizieren, der ausgewiesen ist für die Erreichung des Zieles. Die Presse, die geneigte Öffentlichkeit, das vermeintliche Interesse der schwer definierbaren Allgemeinheit, kommt viel später und andersartig zu ihrem Recht, dann wenn das Ergebnis der Arbeit präsentiert wird.

Man gewinnt den Eindruck, die alten europäischen Institutionen der Forschung und Lehre wollten unter allen Umständen ihre wesentlich jüngeren amerikanischen Partner kopieren, die seit Jahren molekular detaillierte Rankings kennen. Beim Kopieren kann man blendend übers Ziel hinaus schiessen. Ein Beispiel: Auf 300 Seiten [26] findet sich ein Ranking von US Colleges, bis auf eine Stelle hinterm Komma in unendlichen Zahlenreihen. Das Heft wird als Bestseller apostrophiert. Auf mich wirkt das so: rather to impress than to inform. Kein kopierwürdiges Vorbild, weder auf Schul- noch auf Hochschulniveau. Solche Rankings sind für die Beurteilung medizintechnischer F & E untauglich. Man widerstehe der Versuchung. Die Einzelfallbetrachtung unter Anlegung individueller Qualitätsmassstäbe führt weiter.

Ingenieure haben andere Mittel der Umsetzung ihrer Ergebnisse als Naturwissenschaftler und Mediziner. Sie teilen sich daher auch anders mit. Damit sind Indexierungen und Ranking-Verfahren der einen auf die anderen nicht übertragbar.

Von einem klinisch tätigen Arzt bester Qualität kann man erwarten, dass er ausgezeichnete diagnostische oder therapeutische Ergebnisse vorlegen kann, unter Nutzung des modernsten Standes der Technik. Er sollte z. B. besonders hohe Überlebensraten bei schweren Erkrankungen nachweisen können, beste Operationsergebnisse bei minimalen Komplikationen haben oder besondere Verfahren mit grossem Erfolg einsetzen. Publikationen sind für diese Parameter wenig aussagekräftig. Von einem Ingenieur erster Qualität erwartet man sehr gute Problemlösungen mit technischen Mitteln, Patentierungen (sofern das Umfeld dies zulässt, angemessen fördert und nicht behindert), Firmengründungen, Semester- und Diplom- und Doktorarbeiten, die technische Lösungen erbringen, Produkte, die verkäuflich sind. Publikationen gehören erst in zweiter Linie dazu. Von einem forschenden Naturwissenschaftler erwartet man dagegen vorzüglichen Erkenntnisgewinn, niedergelegt in erstklassigen Publikationen und in besten Journals, da er in der Regel über alle eingangs genannten Profilierungs- und Transfermöglichkeiten in die fachliche Öffentlichkeit nicht verfügt.

Alles von Allen zu verlangen, ist nicht nur unseriös sondern offensichtlich unerfüllbar. Trotz stetigen Einforderns bleibt die Unerfüllbarkeit naturgemäss erhalten. Rankings und Indexierungen entspringen dem naturwissenschaftlichen Bedürfnis, Leistungen einzelner Forscher zu messen und zu vergleichen, es muss zu Missverständnissen kommen, wenn sie zum allgemeingültigen Qualitätssiegel für unvergleichbare Leistungen werden sollen. Die Lösung eines technischen Problems durch einen Ingenieur kann nicht sinnvoll mit der Entdeckung einer molekularen Struktur in der Zellbiologie verglichen werden. Man soll beide Arbeitsergebnisse nebeneinanderstellen und dem Betrachter ein persönliches Urteil überlassen. Mehr geht nicht, auch wenn dies mühsamer ist, als Index-Zahlen miteinander zu vergleichen. **Eine technische Ingenieursleistung kann patentierbar sein, eine naturwissenschaftliche Entdeckung ist nicht patentierbar. Der Publikation des Patents hier entspricht die Publikation im Journal dort.** Für die Auswahl eines Forschungs-/Kooperationspartners durch die Industrie ist also der wissenschaftliche Index meist weitgehend irrelevant. Die Industrie hat als Qualitätskontrolle den Markt und sucht schützbares geistiges Eigentum, das vermarktet werden kann. Unter diesem Aspekt, dem Marktaspekt und dem geistigen Eigentum, sollten sich beide künftigen Kooperationspartner der Medizintechnik betrachten, bewerten und respektieren.

6. **Der richtige Zeitpunkt** für eine Handlung, die Umsetzung einer Idee in der Medizintechnik, wie in zahlreichen anderen Bereichen auch, kann nicht gelehrt werden, er muss mit dem eigenen „Riecher", dem Instinkt für das Richtige, erkannt werden. Gute Lehre soll dazu führen, den Riecher sensibler zu machen und in seiner Differenzierungsfähigkeit zu schärfen. Allgemeingültig ist jedoch: Man sollte sich früh üben, z. B. früh vernünftige Praktika machen, ausländische Firmen und Hochschulen besuchen, die ausländische Kultur begreifen, sich in einen (noch kleinen) internationalen Wettbewerb begeben und bereits erste personelle Netze knüpfen, die später von grossem Nutzen sein können. Dabei soll man persönliche Beratung einholen, bei Professoren, bei Entscheidungsträgern der Industrie.

Das Experiment ist gleichrangig wichtig: Wer viele Experimente selbst durchgeführt hat, wird sicherer agieren als der experimentell Unerfahrene. **Theoretisch-analytisch ist in der Medizintechnik eher wenig zu ergründen, experimentell-analytisch dagegen sehr viel.** Man kann darüber sinnieren, warum dies so ist. Mir leuchtet die Erklärung ein, man habe es mit einem biologischen System zu tun, dem man am Ende dient, dem menschlichen Körper. Ihm sind die Handlungen angepasst: die chirurgische Operationslehre, die diagnostische Vorgehensweise, die molekulargenetischen Verfahren, man kann die Liste belie-

Mir wesentliche Aspekte, zusammengefasst

big fortsetzen. Biologische Systeme, verglichen mit technischen Systemen, selbst sehr aufwendigen technischen, sind von unvergleichbar höherer Komplexität mit noch weitgehend unerkannten Zusammenhängen trotz der zahlreichen wichtigen Erkenntnisse der Zell- und Molekularbiologie. In biologischen Systemen, also auch dem menschlichen Körper, sind viele Ereignisse selten, also muss man zahlreiche Versuche und Beobachtungen durchführen, um eine überkritische Anzahl solcher Ereignisse zu entdecken. Dies ist zeitraubend. Technische Systeme werden aus der momentanen Kenntnis entwickelt; es gibt Vorgaben (Lastenhefte), die zu erfüllen sind und man nimmt Verfügbares oder entwickelt später Verfügbares. Biologische Systeme sind bereits vorhanden und werden also nach ihrer (natürlichen) Kreation anlysiert. Man läuft der, nicht selbstgemachten sondern naturgegebenen, Komplexität mit seinem analytischen Kopf hinterher. Man möchte sie im Detail verstehen und hat dabei noch weite Wegstrecken vor sich. Unter Nutzung der technischen Möglichkeiten, die zur Verfügung stehen, die Natur zu ergründen, arbeitet man auch mit den im technischen System festgesetzten Grenzen. Mehr als im Lastenheft des technischen Systems beschrieben, gibt es nicht her. Es bleibt, zum Thema Zeitpunkt, die Erkenntnis: Wer pragmatisch etwas umsetzen will, muss fleissig sein, experimentieren wollen, früh beginnen und nie aufhören. Dabei muss man ihm zugestehen, auch Fehler zu machen. Man darf erwarten, dass er aus Fehlern lernt. Eine Versicherung gegen neue Fehler ist das nicht, nur andere als die alten sollten es sein. Also: Man sollte gern viel experimentieren wollen und dabei lernen.

7. **Orientierung an den besten Köpfen.** An wenigen. Wer sie sind, muss individuell und themenbezogen herausgefunden werden. Allgemeine Tabellen helfen nicht, je nach Fragestellung kann ein bisher Unbekannter der richtige Ratgeber sein, dem man zuhört und mit dem man diskutiert. Dazu muss man sich die Mühe der Suche machen. **Die Suche und das Finden sind häufig schwieriger als die darauf folgende Durchführung des Gesprächs und das Aufrechterhalten der Kommunikation.** Allgemeinplätze („Der ist gut") sind wenig hilfreich. (s. o. zum Thema „Management by Hörensagen"). Es ist ein Zufall, wenn (frühe) Empfehlung und (späte) eigene Erkenntnis deckungsgleich zusammentreffen. Jedenfalls gilt dies für völlig neue Fragestellungen. Das Neue besticht durch die Abwesenheit einer Referenz, daher muss man sich schon selbst die Mühe der Analyse im eigenen Kopf machen und nicht bestehendes Wissen übernehmen oder gar einkaufen. Die Art der Suche kann konventionell sein, z. B. nach Suchbegriffen in Datenbanken, gezieltes Abfragen im Bekanntenkreis, grenzenlos und weltweit. Meine Erfahrung: Für sehr spezielle Fragen gibt es weltweit weniger als eine Handvoll Experten. Vermutlich gibt es aber wenigstens einen, der Gesprächspartner sein kann. Die Feststellung „Das kann Ihnen niemand sagen" sollte nicht ernst genommen werden. Hartnäckige Suche wird durchaus belohnt. Die Frage ist also vielmehr, wieviel Energieeinsatz man sich leisten möchte, als die Frage ob man sich überhaupt ein lohnendes Thema vornimmt. Natürlich lässt sich die Findung von geeigneten Köpfen auch ad absurdum führen. Es gibt pragmatische Grenzen.

8. **Alphatiere leiten ein Rudel, sie sind aber keine Herdentiere.** Kommt man mit Experten zusammen, die zugleich ein hohes Mass an Führungsqualitäten

beweisen, befragt man sie als neugieriger junger Mensch beispielsweise, so ist zu respektieren, dass sie Charaktere mit ausgeprägter Individualität sein können. **Es kann sehr bereichernd sein, mit eckigen Köpfen zusammenzuarbeiten, meist finden sich in gefüllten Ecken mehr valable Informationen als in hohlen Rundungen.** Die Empfehlung für den Jüngeren ist sehr einfach: Durchhalten, Dranbleiben. Die Information, die erhalten werden soll, ist wichtiger als die Stimmung in der sie übergeben wird. Das in der Schweiz oft gepflegte „Aasugä" (Ansaugen) beschreibt diese Annäherungsdynamik zutreffend.

9. **Der internationale Wettbewerb ist der Maßstab,** nicht der nationale oder regionale. Häufig wird im Geschäft des Alltags übersehen, dass in einer anderen Ecke der Welt am gleichen Problem gearbeitet wird. Selten gibt es noch Unikate. Man fühlt sich zu unrecht sicher, ohne den Blick zur internationalen Konkurrenz getan zu haben. **Der Hang zur demokratisierten Mitteilung, der sogenannten Transparenz, die an anderer Stelle ihre volle Berechtigung hat, ist im Bereich der Ideenfindung und des Ideenschutzes allerdings auch schädlich.** Der Einblick in das Tun des internationalen Nachbarn, der sich so gut schützt wie man selbst, erfordert daher ein geschicktes Vorgehen, häufig unter Nutzung der selbst aufgebauten Netze.

10. **Zum Schutz des eigenen geistigen Eigentums** gibt es die triviale Erkenntnis: Will man geistiges Eigentum schützen, gibt man es erst nach dem Schutzvorgang bekannt. Die moderne Telekommunikation lässt Ideen so schnell um den Globus laufen, dass die Zuordnung des gedanklichen Ursprungs zu einem Autor schwierig werden kann, wenn man zu früh telekommuniziert. Einziger Ausweg, um die originär eigene Idee bis zur Umsetzung, z. B. in ein Produkt, zu schützen, ist die Schnelligkeit der Reaktion auf die Erkenntnis, dass es Konkurrenz gibt. Um schnell zu sein, muss man Wege, die beschritten werden müssen, zuvor detailliert, durchaus generalstabsmäßig, durchgespielt haben und (befristet) eine nur noch eingeschränkte Kommunikation führen. **Wissen Viele von der neuen Idee, gar noch vom Weg, sie umzusetzen, wird es immer geistige Trittbrettfahrer geben, denen man am Ende die Benützung des Trittbrettes nicht einmal mehr nachweisen kann.** Anzustreben ist: Der Zufall (einer günstigen Entwicklung, eines „Selbstläufers") darf nur eine geringe Chance haben und die unliebsame Überraschung gar keine. Mit wenigen Personen des mehrfach erwiesenen Vertrauens dagegen sollte man sich austauschen, um die Idee „prüfen" zu lassen. Dann kommt der zügige Gang zum Patentanwalt. Für eine Firmengründung kann ein Patent bedeutendes Geld auslösen. Zu Finanzierungsinstrumenten für Firmengründer ist ein eigenes Kapitel in diesem Buch angefügt, ebenso zu Patentierungen. Der alternative Weg ist, oft und erfolgreich in vielen Firmen beschritten, neue Ideen als Firmengeheimnis im Hause zu behalten und so anzuwenden, dass ein Produkt neue Eigenschaften bekommt, denen man die Herkunft nicht ansieht, bei dem analytische Laborverfahren nicht schnell weiterhelfen und für dessen Erklärung die Patentliteratur leer ist. Daraus lassen sich besonders befriedigende wirtschaftliche Resultate erzielen, eine sichere Geheimhaltung auf Basis einer passenden Kultur vorausgesetzt.

11. **Steile Hierarchie, flache Hierarchie, Netze.** Diese Wortfolge drückt eine Wertung aus. Netzwerke, die überwiegend durch Oszillation von Personen und In-

formationen gekennzeichnet sind, sind schnell, aber unberechenbar. Hierarchien sind langsam und in der Regel gesetzlich oder durch Ordnungen festgeschrieben. Sie sollten berechenbar sein, wenn jeder sich an die geschriebenen Spielregeln hält. Kommen ungeschriebene einzelne Gesetze dazu oder gar eine Vielzahl von Netzen, so entstehen Mischformen, die wiederum schwer einschätzbar sind. Für den aus einem anderen Umfeld Kommenden können sie gefährlich unberechenbar werden, da der Gruppendruck immer grösser ist als jener Druck, den der Einzelne als Neuling in einer Gruppe aufzubringen vermag. **Es ist jedem Jüngeren angeraten, sich genaueste Rechenschaft abzulegen, in welchem System (ob vernetzt oder hierarchisch oder in einer Mischform) er sich befindet und sich klar zu machen, mit welchem eigenen Verhalten er darauf reagieren will.** Ohne diese Grundüberlegung wird die Wechselwirkung zum Roulette. Das vertragen hochrangige neue Ideen besonders schlecht. Sie gehen dann unter oder werden von besonders gewieften Netzwerkern oder Hierarchisten kopiert und selbst genutzt. **Geistiger Diebstahl ist ein solides Phänomen,** dem man sich stellen muss. Soll aus einer neuen Idee eine Firma werden, wäre es geradezu tragisch, wegen eines formalen Verhaltensfehlers im Umgang mit geistigem Eigentum die Firma nicht gründen zu können. Ich selbst habe die Reinform eines Netzes oder die Reinform einer Hierarchie bisher nicht erlebt, die Mischung der Anteile und ihre Gewichtung machte die Alleinstellung des jeweiligen Systems aus.

12. **Wandel und Konstanz.** Die Schnelligkeit mit der Organisationen umgebaut werden, wird gemeinhin als positives Leistungsmerkmal eingestuft: je schneller desto besser. In der Wirtschaft ist diese Meinung oft von Analysten vertreten, die sich der Börse und dem gedeihlichen Börsenkurs, im Sinne eines Shareholders Value, eher als einem Stakeholders Value, besonders verpflichtet fühlen. Damit ist eine administrative Form des „Time to Market" gemeint und es sind relativ grosse Umbauaktionen, die nach aussen deutlich sichtbar werden. Ursprünglich war dieser Term für Güter gedacht, für Produkte aus industrieller oder handwerklicher Produktion. Man kann der Bewertung zustimmen, wenn die bisherige Umbaurate, die jedes biologische System aufweist, also auch menschliche Organisationen, zu gering war oder über einen langen Zeitraum nichts geschah ausser der betulichen Pflege des status quo, in der Wirtschaft ein sehr seltener Fall, da nicht wettbewerbsfähig. Gute Organisationen bauen permanent um, nicht in grossen Schüben und ohne laufenden Personalwechsel, entsprechend einer rollenden Planung, die z. B. jährlich aktualisiert und allen Beteiligten kommuniziert wird, zur Evaluation vorgelegt und dann beschlossen wird.

    Gute und effiziente Organisationen haben einen optimierten Mix von Bottom-Up und Top-Down. Dies schliesst die Häufigkeit der Mischung ein. Ist dies nicht der Fall, so wird plötzlich der Druck, man darf von Marktdruck (bottom), gelegentlich auch von politischem Druck (top) sprechen, so hoch, dass schnellstens gehandelt werden muss, will man nicht ganz von der Bildfläche der Bedeutsamkeit verschwinden. Hat man an eine nicht permanent mit kleinen Inkrementen sondern sich dramatisch in grossen Blöcken und in grossen Zeitabständen sich umwälzende und erneuernde Organisation jedoch Ansprüche, auch verbriefte, z. B. den Aufbau einer Firma in einem Gründerumfeld oder Zusagen, so ist zu schneller Wandel der betreuenden Umgebung sehr schädlich. Wenn die administrativen Ansprechpartner, die „Paten", die „Göttis", die Berater und Begleiter, auch Stabsmitarbeiter, z. B. im Jahresrhythmus wechseln, fängt man repetitiv von vorn an, eine zuverlässige Wechselwirkung aufzubauen, die Idee der Firma verschleisst, die Umsetzung gelingt nicht, zugleich schützt sich der dem Personalwechsel verpflichtete Partner, in dem er „immer nichts weiss", denn der einzige Wissende ist ja gerade gegangen. Wertvolle Energie, Gründerenergie, ist dann verpufft. Dabei ist es für den Firmengründer vollkommen belanglos, welche Beweggründe für den Durchlauferhitzer an ihm zugewiesenen Talenten gesprochen haben. Es sei wiederholt auf das Kapitel 13 bei J. Welch [13] verwiesen. Bei geringstem Verdacht, man habe es mit administrativen oder personellen Unstetigkeiten zu tun, ist einem angeraten, sich rechtzeitig vor Eingehen eines Geschäftsverhältnisses genaueste Informationen über die Verlässlichkeit der entsprechenden Umgebung der künftigen Partnerorganisation zu verschaffen. Bei bereits geringem Zweifel an der Zuverlässigkeit: Finger davon lassen und ein Haus weiter anklopfen. Sicherheit für Zuverlässigkeit gibt es jedoch nicht als absolutes Gut. Möglicherweise trägt eine nachweisbare interdisziplinäre Zusammenarbeit sogar zur Verschönerung der Braut, also des Übernahmekandidaten (eines Unternehmens) bei, eine merkantil erfolgreiche Instrumentalisierung. Wird ein Industriepartner von einem anderen übernommen, überraschend oder absehbar, freundlich oder feindlich, so können frühere Absprachen und Planungshorizonte zur Makulatur werden. Der Neue will, natürlicherweise, oft vieles anders haben. Dann lösen sich Netze auf und Netzbausteine werden neu zusammengesetzt. Es erfolgt ein „restart", der, gut genutzt, zur Chance wird. Aufmerksamkeit sollte eine hektische Fluktuation des Personals immer erregen: Zu häufiger Personalwechsel ist keine Zier eines Unternehmens und wird nur dort nicht sanktioniert wo kein echtes Marktgeschehen herrscht. **Gelegentlich finden sich „Kamin- und Rotationseffekte" von Karriereplanungen. Sie sind für die Verlässlichkeit einer Organisation sehr schädlich, werden von Karrieresüchtigen aber geradezu wie eine Droge gesucht:** Die über eine längere Zeit, oft eine Zeit des Aufbaus, auf solide und kompetente Gespräche setzenden Partner finden dann keine gleichwertigen, diese rotieren gerade oder befinden sich im „Kamin". Damit ist die Symmetrie der Verhältnisse nicht mehr gegeben. Vielfältige, nicht zielführende Interpretationen sind bei zu grosser Fluktuation des Personals möglich. Wenn die Leute bleiben, ist es meist nur eine einfache Interpretation: Das Unternehmen ist gut, die Arbeit macht Spass, der Lohn stimmt, man hat eine individuelle Perspektive, man bleibt (wenigstens noch eine Zeitlang, die immer wieder verlängert werden kann). Mit Schnellrotationen schützt sich manche Organisation vor den Auswirkungen weniger geeigneter Personen oder dem Unvermögen eigener strategischer Führungen: bis sie befragt werden können, sind sie weg.

Der selbst wenig aufmerksame Leser bemerkt eine gewisse Sympathie des Autors für die Effizienz schweizerischer Strukturen, die er im direkten und erlebten, nicht angelesenen oder gehörten, Vergleich gewonnen hat. Der von Aussen und von Norden auf dieses südliche Land Schauende möge sich gelegentlich die südlichen Strukturen zum Vorbild nehmen und jenes, oft im Norden gehörte, Argument nicht gelten lassen: in einem grossen Land herrschten andere Regeln. **Es möge gelingen, Qualitas und Quantitas voneinander zu trennen.**

Ich wünsche allen jungen Gründern in der Medizintechnik und allen Lernenden einen nie nachlassenden Reichtum an neuen Ideen, Glück, Zuversicht, Augenmass, Mut und vor allem Zähigkeit. Den alten wünsche ich dies auch.

Literatur

1. Stallforth, H., Innovationspotential in der deutschen Medizintechnik, Vortragsunterlagen, Wirtschaftswoche-Tagung Medizintechnik, München, 3. 7. 2007
2. Der sechste Kondratieff. Von Leo A. Nefiodow, 5. Aufl., Rhein-Sieg-Verlag, 2001
3. Reinhard, E. R., Optimaler Workflow durch integrierte Diagnostiklösungen: Molekularmedizin und Informationstechnologie als Schlüssel zur nachhaltigen Effizienzsteigerung. Vortragsunterlagen, Wirtschaftswoche-Tagung Medizintechnik, München, 3. 7. 2007
4. Jänisch, R., Das hat grosse Tragweite, Interview zur Stammzellforschung, Frankfurter Allgemeine Zeitung, FAZNET, 6. 6. 2007
5. Aigner, J., Eblenkamp, M., Wintermantel, E., «Funktioneller Gewebe- und Organersatz mit postnatalen Stammzellen: Technologische Grundlagen» Der Chirurg, 76 (5), 2005, S. 435–444
6. Binnig, Gerd, Nanotechnologie könnte die Computer viel intelligenter machen. Süddeutsche Zeitung, 18. 6. 2007, p. 5
7. Boeing, Niels, Abschied von der Nanovision, Die Zeit, 2. 8. 2007, p. 29
8. Mind and Head. The Birth of MIT, By J.A. Stratton and L. H. Mannix, MIT Press, Cambridge, Massachusetts, London
9. Lehre und Forschung an der ETH Zürich, Birkhäuser Verlag, Basel, Boston, Berlin, 2005
10. Die Zukunftsmaschine. Konjunkturen der ETH Zürich 1855–2005, Chronos-Verlag, Zürich, 2005
11. Technische Universität München, Die Geschichte eines Wissenschaftsunternehmens, 2 Bde, Metropol-Verlag, Berlin, 2006
12. Das Ende der Spaltung. Hochschulen und Forschungszentren schliessen sich zusammen. Von J. M. Viarda, Die Zeit, 2. 8. 2007, p. 55
13. Winning. Von J. Welch, Kapitel 13, Campus Verlag Frankfurt, New York, 2006
14. Ursprung, Heinrich, Wachstum und Umbruch, Birkhäuser Verlag, Basel, Stuttgart, 1978
15. Ursprung, Heinrich, Hochschulwachstum in der Zwangsjacke, vdf Hochschulverlag Zürich, Teubner Verlag Stuttgart, 1986
16. Ursprung, Heinrich, Die Zukunft erfinden. vdf Hochschulverlag Zürich, 1997
17. Wissensfabrik für die Zukunft. Bilanz, das Schweizer Wirtschaftsmagazin 14 (2007), 95–101
18. Kampf um die Talente. Wie Unternehmen Spitzenkräfte finden, fördern und halten. Harvard Business Manager, Juni 2007
19. Competitive Advantage of Nations. By Michael E. Porter, MacMillan, London, 1994 ff.
20. Joseph E. Stiglitz. Making Globalisation Work, Norton and Company, New York / London, 2007
21. Amerika war gestern. Von S. Boehringer, Süddeutsche Zeitung, 6. 8. 2007, p. 18
22. Süddeutsche Zeitung Nr. 209, 11.09.2007, Seite 18: Datenbank der künstlichen Hüften
23. Statistisches Bundesamt, Fachserie 11, R4.4, Zitiert nach Forschung & Lehre, 9/2007, S. 512
24. So arbeiten Teams erfolgreich. Harvard Business Manager, Edition 4, 2006
25. Werner Forßmann. Selbstversuch. Droste Verlag, Düsseldorf, 1972
26. US News and World Report: Executive Rankings, Americas Best Colleges, Washington D. C., 2007

Part II
Grundlagen der Medizintechnik

2 Einleitung

S.-W. Ha, E. Wintermantel

Der Aufbau des menschlichen Körpers ist derart komplex, dass die vollständige funktionelle Substitution seiner Strukturen mit künstlichen Werkstoffen und Bauteilen unwahrscheinlich ist. Die meisten heute klinisch eingesetzten Implantate ersetzen in der Regel einfache mechanische oder andere physikalische Funktionen des menschlichen Körpers, die aufgrund eines singulären Defektes im Gewebe oder als Ergebnis einer chronischen Erkrankung substituiert werden müssen. Gelenkprothesen beispielsweise übertragen Lasten, eine künstliche intraokulare Linse ermöglicht Lichttransmission und eine künstliche Arterie sorgt für die Aufrechterhaltung der Blutversorgung. Neben der Funktionserfüllung müssen die medizinisch eingesetzten Werkstoffe zusätzlich den Anforderungen der Körperverträglichkeit genügen, die die vollständige und dauerhafte Aufnahme des Implantates im Körper zum Ziel hat. Die Erkenntnisse der Werkstoffwissenschaft und deren Umsetzung in neue Produkte hat die Entwicklung und Fortschritte in der Medizin und in der Chirurgie entscheidend geprägt. Werkstoffe stehen in ihrem klinischen Einsatz als Temporärimplantate (z. B. Kathetersysteme) sowie als Langzeitimplantate (z. B. Hüftgelenksimplantate oder Herzschrittmacher) in direktem Kontakt mit den Geweben des Körpers und müssen deshalb biokompatibel sein. Die Biokompatibilität ist die erwünschte Verträglichkeit zwischen einem technischen und einem biologischen System. Sie beinhaltet sowohl Struktur- wie auch Oberflächenkompatibilität im Sinne einer Anpassung von Implantatstruktur und Implantatoberfläche an das Empfängergewebe (Werkstoff-Mimikry). Die Strukturkompatibilität äussert sich im optimalen Kraftfluss innerhalb des Implantates und in der Krafteinleitung und -übertragung zwischen lasttragendem Implantat und Empfängergewebe, wie z. B. Knochen. Von faserverstärkten Verbundwerkstoffen, die durch gezielte Modellierung der Verstärkungsstruktur optimal an die Kraftverläufe im Knochengewebe adaptiert werden können, wird in der Entwicklung von lasttragenden Implantaten im Vergleich zu den heutigen metallischen Implantaten eine erhöhte Strukturkompatibilität erwartet.

Die ersten Implantate bestanden aus Werkstoffen, die aus anderen handwerklichen oder industriellen Bereichen übernommen wurden. Sie verursachten ausgeprägte Fremdkörper- oder Entzündungsreaktionen mit Bindegewebebildung. Die meisten dieser Werkstoffe werden heute nicht mehr für Implantate verwendet. Die zweite, heute noch gebräuchliche Generation von biokompatiblen Werkstoffen be-

Jahr	Umsätze (mio. USD)	Umsatzwachstumsrate (%)
2000	574.0	–
2001	577.6	0.6
2002	648.4	12.3
2003	740.3	14.2
2004	792.8	7.1
2005	879.7	11.0
2006	1007.2	14.5
2007	1181.5	17.3

Tabelle 2.1 Erwartete Umsätze und Wachstumsrate für Instrumente und Implantate für arterielle Verschlusskrankheiten in Europa (Quelle: Forst&Sullivan Report 3808, Jan. 2001)

steht aus inerten Werkstoffen, die sich im Körper weitgehend neutral verhalten, zu keinen Abbaureaktionen führen und auch auf den Stoffwechsel keinen bedeutenden Einfluss haben. Biokompatible Werkstoffe und Bauteile der dritten Generation sollen ortsständiges Gewebe zum Wachstum anregen und bestimmte Stoffwechselleistungen hervorrufen und werden daher als bioaktiv oder metabolisch induktiv bezeichnet. Bei der vierten, heute intensiv erforschten Generation handelt es sich um Zell-Werkstoff-Verbunde, bei welchen Zellen oder Gewebe und Werkstoff zusammen verarbeitet werden. Bei solchen Vital-Avital-Verbundsystemen sind Zelltransplantationssysteme von besonderer Bedeutung. Von Transplantationswerkstoffen für Leberzellen erhofft man sich, dass sie innerhalb der nächsten 15 Jahre die heute übliche Lebertransplantationen ergänzen oder ersetzen können. Als Tissue Engineering wird die gezielte Unterstützung von Gewebefunktionen mittels geeigneten biokompatiblen Werkstoffen bezeichnet, ebenso wie die Züchtung von Gewebe aus kultivierten und co-kultivierten Zellen. In der Zukunft werden genetisch veränderte Zellen eine wichtige Rolle im Tissue Engineering spielen.

Die Entwicklung von biokompatiblen Werkstoffen für die klinische Anwendung widerspiegelt die zunehmende Anzahl von Patienten, die auf den teilweisen oder totalen Ersatz einer oder mehrerer Körperfunktionen angewiesen sind. Durch die Zunahme der Lebenserwartung der Bevölkerung ist der Bedarf an medizinischer Versorgung und an medizinischen Instrumenten und Implantaten stetig im Wachstum begriffen wie nachfolgende Tabelle 2.1 exemplarisch zeigt.

Anatomische Nomenklatur
Die anatomische Nomenklatur umfasst rund 6000 anatomische Namen, wovon über zwei Drittel aus dem Lateinischen und fast alle übrigen aus dem Griechischen stammen. Alle anatomischen Bezeichnungen werden unabhängig von ihrer sprachlichen Herkunft lateinisch dekliniert. Die wichtigsten Lage- und Richtungsbezeichnungen des Körpers bezogen auf den aufrechten Menschen (anatomische Nullstellung) sind in Abb. 2.1 beschrieben. Die für die Transplantation von Geweben und Organen gebräuchliche Nomenklatur ist in Tabelle 2.2 dargestellt.

2 Einleitung

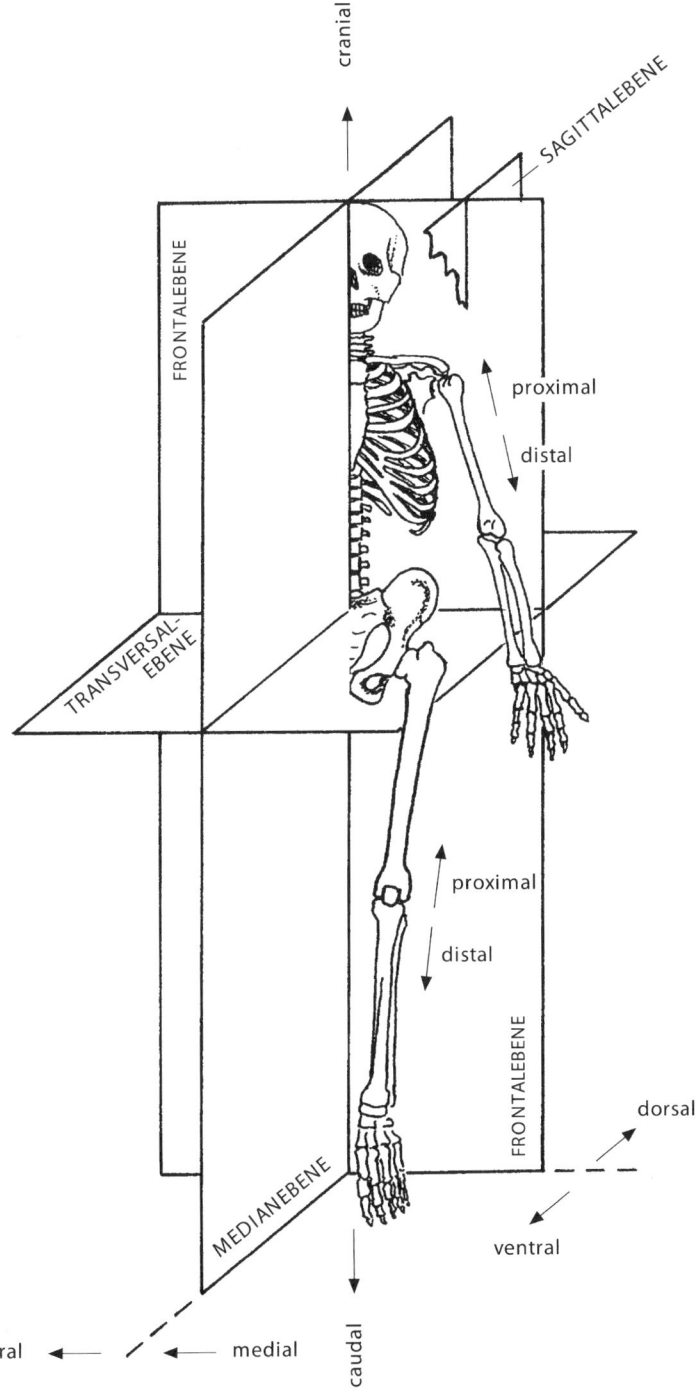

Abb. 2.1 Ausgewählte Richtungs- und Lagebezeichnung des menschlichen Körpers

Bezeichnung	Beschreibung
autogen	Empfänger und Spender sind identisch
syngen	genetisch identische Individuen, wie z. B. eineiige Zwillinge
allogen	genetisch differente Individuen, die jedoch derselben Species angehören
xenogen	Individuen verschiedener Species

Tabelle 2.2 Für die Transplantation von Geweben und Organen gebräuchliche Nomenklatur [1]

a) Richtungs- und Lagebezeichnungen
    cranial   oberhalb, auf das Kopfende zu
    caudal   unterhalb, zum Steissende hin
    lateral   seitlich, von der Medianebene weg
    medial   auf die Medianebene zu
    distal   vom Rumpf weg
    proximal   zum Rumpf hin
    ventral   zum Bauch hin (bauchwärts)
    dorsal   zum Rücken hin (rückenwärts)

b) Ebenen
    Frontalebene   In der Ebene der Stirn; senkrecht zur Median- und Transversalebene.
    Medianebene   Die in der Vertikalen stehende Symmetrieebene, die den Körper äusserlich in zwei annähernd spiegelbildliche Hälften teilt.
    Sagittalebene   Ebenen, die parallel zur Medianebene verlaufen.
    Transversalebene Beim aufrechten Körper horizontale Querschnittsebenen.

2.1 Literatur

1. Pschyrembel, *Klinisches Wörterbuch*, 261, Walter de Gruyter, Berlin, 2007.

3 Biokompatibilität

E. Wintermantel, B. Shah-Derler, A. Bruinink, M. Petitmermet, J. Blum, S.-W. Ha

3.1 Normen

Eine Zusammenstellung harmonisierter Normen ist in der ISO 10993 gegeben, welche vom technischen Komitee 194 der Internationale Standard Organisation (ISO) erarbeitet wurde. Die ISO 10993 ist unterteilt in verschiedene Unternormen. ISO 10993-1 – Guidance on selection of tests – umfasst Richtlinien zur Betrachtung der Sicherheit von medizinischen Instrumenten und Implantaten. Diese können wie folgt zusammengefasst werden:

1. Charakterisierung der Materialien bezüglich ihrer chemischen Zusammensetzung, möglichen Verunreinigungen und Extraktionsstoffen.
2. Untersuchung des potentiellen Auftretens von herausgelösten Substanzen und Degradationsprodukten aus einem medizinischen Instrument oder Implantat.
3. Toxizitätsuntersuchung zur Ermittlung der toxischen Wirkung von herausgelösten Substanzen und Degradationsprodukten.
4. Durchführung der Tests gemäss GLP (good laboratory practice), ausgeführt von kompetenten und informierten Personen.
5. Die experimentell ermittelten Daten sollten den Behörden zur Verfügung gestellt werden können.
6. Bei Änderung der chemischen Zusammensetzung der Materialien oder der Herstellungsbedingungen sowie bei Einsatz für zusätzliche Indikationen sollte ein potentieller toxikologischer Effekt in Patienten aufgrund dieser Änderung untersucht werden.
7. Alle relevanten Daten, inklusive Informationen von nicht klinischen Quellen, klinischen Studien und Markterfahrungen sollte bei der Evaluation eines Medizinproduktes berücksichtigt werden.

3.2 Definitionen

Unter Biokompatibilität wird die Verträglichkeit zwischen einem technischen und einem biologischen System verstanden. Sie gliedert sich in die Strukturkompatibi-

Statische Biokompatibilität
Strukturkompatibilität, statisch Anpassung der Implantatstruktur an das mechanische Verhalten des Empfängergewebes. Damit ist sowohl die Formgebung (Design) als auch die „innere Struktur" (z. B. die Ausrichtung von Fasern in anisotropen Werkstoffen) gemeint. Man strebt Struktur-Mimikry an. *Oberflächenkompatibilität, statisch* Anpassung der chemischen, physikalischen, biologischen und morphologischen Oberflächeneigenschaften des Implantates an das Empfängergewebe mit dem Ziel einer klinisch erwünschten Wechselwirkung.
Dynamische Biokompatibilität
Diese Betrachtung zieht die Dauer der angestrebten Verbindung zwischen Implantat oder Kontaktzeit und dem Empfängergewebe ein. Eine Hüftprothese wäre demnach über Jahrzehnte zu beurteilen, ein degradabler Faden über Wochen. Die dynamische Biokompatibilität betrifft sowohl die Ausprägung der Struktur- wie der Oberflächenkompatibilität.

Abb. 3.1 Definitionen der Struktur- und Oberflächenkompatibilität von Werkstoffen. Beide haben eine statische und eine dynamische Komponente [2]. Die dynamische Komponente ist nur bei Langzeitbeobachtungen verifizierbar und beachtet die Dauer der Verbindung zwischen Werkstoff und Empfängergewebe [58]

lität und die Oberflächenkompatibilität [2]. Diese Definition folgt zum einen der Semantik des Wortes Biokompatibilität, zum anderen entspricht sie der klinischen Erfahrung, an der sich jede neue Technologie zur Schaffung biokompatibler Werkstoffe und Bauteile messen lassen muss.

Bei Knochenimplantaten unterscheidet Schenk [3] folgende Grade der Kompatibilität:

Inkompatibel
Freisetzung von Substanzen in toxischen Konzentrationen oder von Antigenen, die Immunreaktionen hervorrufen und zu Allergien, Fremdkörperreaktionen, Entzündungsreaktionen, Nekrosen oder möglichen Abstossungsreaktionen führen können.

Biokompatibel
Freisetzung von Substanzen in nicht-toxischen Konzentrationen, die zu Einkapselung in Bindegewebe oder schwachen Fremdkörperreaktionen führen können.

Bioinert
Keine Freisetzung toxischer Substanzen.

Bioaktiv
Positive Interaktion mit Gewebedifferenzierung und als Folge davon Bindung oder Adhäsion von Knochen entlang der Grenzfläche zwischen Implantat und Empfängergewebe.

3.2 Definitionen

Induktiv
Induktion von heterotoper Knochenbildung.

Konduktiv
Werkstoff dient als Gerüst für Knochenablagerung, aber nur in osteogener Umgebung.

Im optimalen Fall sollen die physikalischen und chemischen Eigenschaften der Implantatwerkstoffe mit denjenigen des zu ersetzenden Gewebes weitgehend übereinstimmen. Eine wesentliche Einschränkung bildet die Tatsache, dass es sich bei den natürlichen Geweben um lebende Systeme handelt, welche die Fähigkeit besitzen, sich selbst zu regenerieren. Implantate werden dann benötigt, wenn der natürliche Regenerationsprozess aufgrund von Krankheit oder Alter ungenügend ist. Eine eigene Regenerationsfähigkeit besitzen Implantate jedoch nicht.

Im Jahre 1986 wurde von der Europäischen Gesellschaft für Biomaterialien (European Society for Biomaterials, ESB) eine Konferenz zum Thema *Definitions in Biomaterials* organisiert, die zum Ziel hatte, die Terminologie zu vereinheitlichen. Nachfolgend sind die dort festgelegten Definitionen der wichtigsten Begriffe aufgeführt [4]:

Biomaterial	A non-viable material, used in a medical device, intended to interact with biological systems.
Implant	Any medical device made from one or more materials that is intentionally placed within the body, either totally or partially buried beneath an epithelial surface.
Prosthesis	A device that replaces a limb, organ or tissue of the body.
Artificial organ	A medical device that replaces, in part or in whole, the function of one of the organs of the body.
Biocompatibility	The ability of a material to perform with an appropriate host response in a specific application.

Im vorliegenden Buch wird das Implantat wie folgt definiert:

> *Ein Implantat ist ein jenseits der Haut- oder Schleimhautbarriere des Körpers eingebrachter Werkstoff, Bauteil, ein Werkstoff- oder Bauteilsystem. Dies schließt die Verankerung auf oder die Belegung von äusseren und inneren Oberflächen des Körpers ein. Unter den Aspekten der Biokompatibilität, darunter der Struktur- und der Oberflächenkompatibilität werden damit auch Applikationen von Werkstoffen oder Bauteilen auf der Haut oder auf der Schleimhaut verstanden. Je nach Implantationsdauer unterscheidet man Ultrakurzzeit-, Kurzzeit- oder Langzeitimplantate.*

Abb. 3.2 Definition eines medizinischen Implantats

Ein chirurgisches Instrument, das während einer Operation im Körper eingesetzt wird, zählt zu den Ultrakurzzeitimplantaten. Es ist nützlich, auch für diese kurze Zeitdauer der Implantation Aspekte der Biokompatibilität zu berücksichtigen. Nach heutigem Stand der Technik sind echte Dauerimplantate Ausnahmefälle. Ein Daueroder Permanentimplantat ist so definiert, dass seine Funktionstüchtigkeit im Körper, darunter wird auch die Funktionstüchtigkeit des Interfaces zwischen Implantat und Körper verstanden, für die gesamte Restlebensdauer des Patienten intakt bleibt. Hüftprothesen beispielsweise sind zwar als Permanentimplantate konzipiert, jedoch gibt es genügend Fälle, in denen diese Implantate nach langen Jahren vollständiger Funktionstüchtigkeit ausgetauscht werden müssen.

Die hier festgelegte Definition der Biokompatibilität betrifft Werkstoffe und Bauteile. Die meisten Implantate werden als komplexe Bauteile, häufig aus mehreren Werkstoffen systembildend, zusammengesetzt. Die Autoren des vorliegenden Werkes halten es für nützlich, diesen Systemgedanken zu betonen und dies auch in den Definitionen der Biokompatibilität und des Implantates zum Ausdruck zu bringen.

3.3 Implantat-Gewebe-Interaktionen

Jedes Implantat ruft im Empfängergewebe eine Reaktion hervor, die hauptsächlich an der Grenzfläche zwischen Implantat und Gewebe auftritt. Es wird zwischen vier Arten von Implantat-Gewebe-Interaktionen unterschieden (Tabelle 3.1). Bei der Werkstoffauswahl und der Implantatentwicklung muss darauf geachtet werden, dass durch das Implantat keine toxische Reaktion hervorgerufen wird, die Zellen im umliegenden Gewebe nicht abgetötet und keine chemischen Substanzen herausgelöst werden, die im Körper des Patienten einen systemischen Schaden verursachen [5].

Die Art der Verbindung, die zwischen einem Implantat und dem Gewebe ausgebildet wird, hängt direkt ab von der Art der Gewebereaktion, die an der Grenzfläche zwischen Implantat und Gewebe stattfindet. Bei Implantation von *toxischen* Werkstoffen stirbt das umliegende Gewebe ab. Bei *inerten* Werkstoffen bildet sich an der Grenzfläche Bindegewebe. Diese Verbindung ist von relativ geringer Festigkeit und kann bei lasttragenden Implantaten zur Lockerung und zu einem eventuellen Versagen des Implantates führen.

Poröse, inerte Werkstoffe ermöglichen ein Einwachsen des Gewebes, was zu einer mechanischen Verankerung des Gewebes an das Implantat und somit zu einer höheren Festigkeit der Verbindung führt. Die Poren sollten einen Durchmesser von $\geq 100-150$ µm aufweisen, damit eine genügende Vaskularisierung des einwachsenden Gewebes gewährleistet ist. Ist die Blutversorgung ungenügend, kann dies zu einem Versagen der Implantatfunktion führen [7].

Die Entwicklung von *resorbierbaren*, nicht toxischen Werkstoffen zielt auf einen graduellen Ersatz des Implantates durch das umliegende Gewebe. Eine Schwierigkeit besteht jedoch darin, die Resorptionsrate auf die Geschwindigkeit der Gewebeneubildung abzustimmen und die Festigkeit und Stabilität der Verbindung aufrecht zu erhalten, bis sich das neue Gewebe vollständig gebildet hat.

3.3 Implantat-Gewebe-Interaktionen

Implantat-Eigenschaften	Gewebereaktion
toxisch	Gewebenekrose
inert	Gewebe bildet eine nicht-adhärente Bindegewebskapsel um das Implantat
bioaktiv	Gewebe bildet eine Bindung mit dem Implantat aus
degradabel	Gewebe ersetzt Implantat

Tabelle 3.1 Durch Implantate hervorgerufene Gewebereaktionen [6]

Bei *bioaktiven* Werkstoffen entsteht eine chemische Bindung zwischen Implantat und Gewebe. Die Geschwindigkeit und der Mechanismus der Grenzflächenbildung, die Festigkeit der Verbindung sowie die Dicke der neugebildeten Grenzfläche sind je nach Implantatwerkstoff unterschiedlich. Eine gemeinsame Charakteristik aller bioaktiven Knochenimplantate ist die Bildung einer carbonathaltigen Apatitschicht (hydroxy-carbonate apatite, HCA) auf der Implantatoberfläche nach erfolgter Implantation. Diese HCA-Schicht weist die chemische Zusammensetzung und die Struktur der mineralischen Phase von Knochen auf [6].

Eine weitere Klassifizierung von biokompatiblen Werkstoffen für den Knochenersatz wird in [8, 9] angegeben. Die Unterteilung in *biotolerante, bioinerte* und *bioaktive* Werkstoffe ergibt sich aus den drei Möglichkeiten der Knochenreaktion mit dem Implantat:

- Die Reaktion von biotoleranten Werkstoffen mit dem umliegenden Knochengewebe erfolgt durch *Distanzosteogenese*: das Implantat wird mit einer Bindegewebsschicht umkapselt.
- Bioinerte Werkstoffe rufen eine *Kontaktosteogenese* hervor, bei der keine Bindegewebebildung erfolgt: das Knochengewebe entsteht in unmittelbarer Umgebung des Implantates. Das Knochenwachstum erfolgt in Richtung der Implantatoberfläche.
- Bei bioaktiven Werkstoffen erfolgt eine *Verbundosteogenese*, bei der die Knochenbildung an der Implantatoberfläche beginnt und sein Wachstum zum Empfängergewebe gerichtet ist.

Die gemeinsame Charakteristik von in Knochengewebe implantierten, bioaktiven Werkstoffen ist die Erhöhung der Knochengewebsbildungsreaktion sowie die Ausbildung einer starken Bindung mit dem Knochengewebe (*interfacial bond*). Die Einwirkung eines bioaktiven Implantates auf die Knochenneubildung (Osteogenese) wird dabei wie folgt unterteilt [3]:

Osteokonduktion
Ein Implantat verursacht in einem knöchernen Gewebe durch chemische und/ oder physikalische Faktoren ein gerichtetes Wachstum von Osteonen, woraus Knochenbildung an der Oberfläche körpereigener Strukturen oder eines Implantates erfolgt.

Osteoinduktion
Ein Implantat erzeugt eine Knochenbildung in einem dafür atypischen Gewebe. Die Ossifikation erfolgt durch eine vom Implantat freigesetzte Substanz, was zu einer Proliferation und Differenzierung mesenchymaler Zellen über Osteoprogenitorzellen zu Osteoblasten und schliesslich zur Knochenbildung führt.

3.4 Bestimmung der Biokompatibilität mittels *in vitro* und *in vivo* Methoden

Die Testung von Implantatwerkstoffen erfolgt in der folgenden Reihenfolge:
- *in vitro*-Tests mit isolierten Zellen;
- Anwendung und Applikationstechnik an Tieren (*in vivo*-Tests);
- Klinische Studien am Menschen.

In vitro-Tests, also die Durchführung von Zell-, Gewebe- und Organtests, werden grundsätzlich am Anfang einer Biokompatibilitätsbestimmung durchgeführt, bevor Tierversuche in Erwägung gezogen werden. Neuere Entwicklungen gehen dahin, eine zunehmende Anzahl von Parametern, die bisher nur in Tierversuchen zu ermitteln waren, in *in vitro*-Tests zu bestimmen. Dies erfordert umfangreiche Forschungen. Die klinischen Studien am Menschen stellen die letzte Teststufe dar, und ergeben erst den umfassenden Aufschluss über die Biokompatibilität des Implantatwerkstoffes denn nur in *in vivo*-Studien können alle möglichen Veränderungen im menschlichen Gewebe und Organismus, die durch den Werkstoff induziert wurden, festgestellt werden.

3.4.1 *In vitro-Systeme*

Der Ausdruck *in vitro*-Systeme wird für biologische Systeme verwendet, die unter künstlichen, definierten Bedingungen den Erhalt der Funktionalität von Teilen des Organismus ermöglichen. Die praktische Anwendung von *in vitro*-Systemen ist vor allem in der pharmazeutischen Industrie, beispielsweise bei der Entwicklung von pharmazeutischen Produkten etabliert. Es gibt verschiedene *in vitro*-Systeme, die in ihrer Komplexität unterschieden werden können. Die Systeme, bei denen die Zellen nicht aus ihrem Zellverband herausgelöst werden, sind strukturell am ähnlichsten dem *in vivo* Zustand; sie stellen somit auch die komplexesten Systeme dar. Zu diesen Systemen gehören die Organ- und Organschnittkulturen. In den weniger komplexen Systemen werden einzelne Zellen mit Hilfe von mechanischen oder enzymatischen Methoden aus dem Gewebeverband oder anderen Kulturschalen herausgelöst und nachfolgend in Kultur gebracht. Bei dieser Art von Kulturen kann zwischen Reaggregatkulturen, 3D-Zellträgerkulturen und Flachkulturen – auch „Monolayer"-Kulturen genannt – unterschieden werden. Nicht alle Kultursysteme können gleich gut als Toxizitätstestsystem

3.4 Bestimmung der Biokompatibilität mittels in vitro und in vivo Methoden

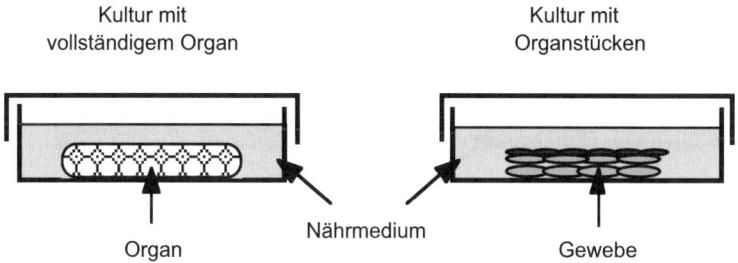

Abb. 3.3 Schematische Darstellung von Kulturen mit vollständigem Organ *(links)* und mit Organstücken *(rechts)*

(„screening system") verwendet werden. Für die meisten toxikologischen Fragestellungen im Sinne eines „screenings" sind die Flachkulturen am besten geeignet.

3.4.1.1 Organkulturen

In Organkulturen („Whole organ culture") werden ganze Organe, in Organschnittkulturen („Slice cultures") kleine Stücke eines Organs verwendet (Abb. 3.3). Damit bleiben die natürliche Organstruktur und somit die Zell-Zell Kontakte, die extrazelluläre Matrix und die Morphologie intakt. Bei kompletten Organen wie z. B. dem Auge kann die Versorgung mit Nährstoffen und Sauerstoff künstlich mittels Perfusion der noch vorhandenen Blutgefässe während einiger Stunden einigermassen aufrecht erhalten werden. Eine einwandfreie physiologische Versorgung des kultivierten Organs über längere Zeit ist in der Praxis leider noch nicht möglich. Somit eignen sich ganze Organe nur für Akuttests. Bei Organstücken sind im allgemeinen die Blutgefässe zerschnitten und für die Versorgung des Systems unbrauchbar. Die Versorgung mit Nährstoffen und Sauerstoff sowie der pH-Ausgleich findet mittels Diffusion vom Medium zum Gewebestückinneren statt. Das Überleben der Zellen hängt von der Grösse der Diffusionsstrecke und damit von der Dicke des Gewebestücks ab. Um einer Zellnekrose im Innern des Organteils entgegenzuwirken wird entweder die Dicke gering gehalten, der Sauerstoffpartialdruck im umliegenden Medium erhöht oder das Medium um das Gewebestück ständig in Bewegung gehalten. Organteile können unter optimalen Kultivierungsbedingungen über Wochen am Leben erhalten werden. Dennoch sollte beachtet werden, dass die Empfindlichkeit der Zellen unter anderem von pH und Sauerstoffpartialdruck abhängt. Aus diesem Grund können abhängig von der Diffusionsstrecke im Gewebestück unterschiedliche Reaktionen ausgelöst werden. Obwohl mit Organ- oder Organschnittkulturen gute qualitative Aussagen getroffen werden können, sind diese Kulturen nicht als quantitative Testsysteme verwendbar.

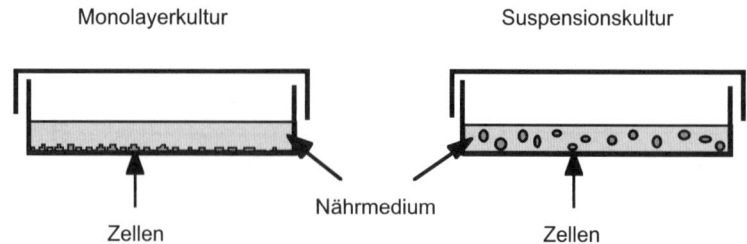

Abb. 3.4 Zellkulturmethoden. Zellkulturen können auch Mischungen verschiedener isolierter Zelltypen sein (co-culturing)

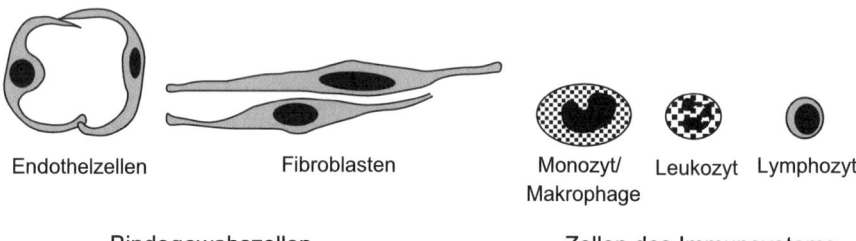

Abb. 3.5 Zelltypen und -morphologien (schematisch), die ein Implantat, das sich unter der Haut oder in den Muskeln befindet, umgeben können [11]

3.4.1.2 Zellkulturen

Die meisten Zellen müssen an einem Substrat haften, damit die Vitalfunktionen erhalten bleiben [10]. In diesem Fall vermehren sie sich, bis sie den Boden des Kulturgefässes mit einer Lage Zellen vollständig besiedelt haben (*Monolayerkultur*; Abb. 3.4 links). Gewisse Zellen können sich im Nährmedium vermehren, ohne dass sie an einer Unterlage haften müssen; diese Zellen bleiben in Suspension (*Suspensionskultur*; Abb. 3.4, rechts). Beide Kulturen können aus einem einzigen Zelltyp oder aber aus einer Mischung verschiedener Zelltypen (co-culturing) bestehen, welche separat isoliert, jedoch zusammen ausgesiedelt wurden. Unter „co-culturing" versteht man die Kultivierung von zwei oder mehreren Zelltypen, die in einem gemeinsamen System überleben sollen.

Zellkulturen bilden den Ausgangspunkt für die Bewertung von biologischen Reaktionen auf einen Fremdstoff und umgekehrt. Änderungen in der Zellstruktur und den Zellfunktionen werden mittels qualitativen und quantitativen Tests bestimmt. Morphologische und biochemische Tests spielen dabei eine bedeutende Rolle. Die Zellen werden entsprechend der medizinischen Anwendung des Werkstoffes ausgewählt. Fibroblasten werden üblicherweise verwendet, wenn die Integrität von Zellmembranen, die Zelladhäsion an Oberflächen oder Eigenschaften wie z. B. die mitochondriale oder lysosomale Zellaktivität untersucht werden sollen.

3.4 Bestimmung der Biokompatibilität mittels in vitro und in vivo Methoden 75

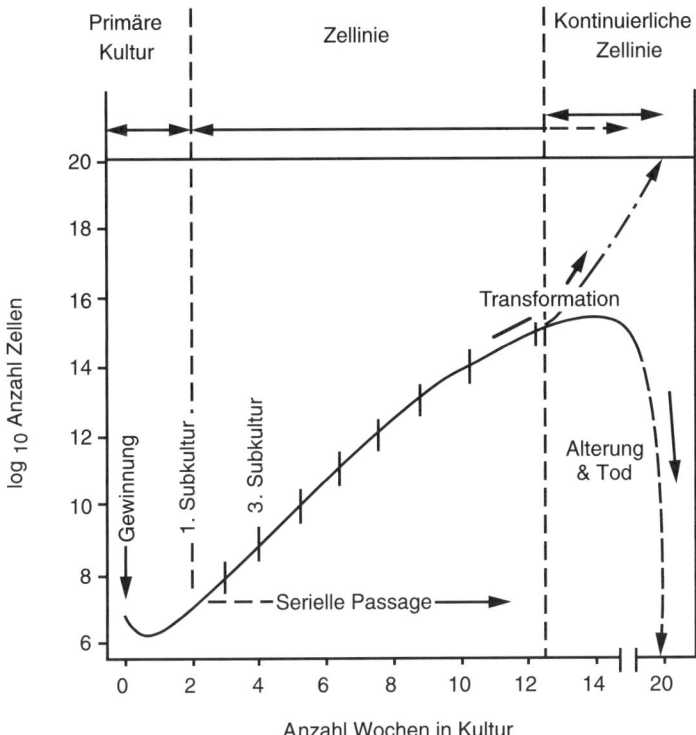

Abb. 3.6 Entwicklung einer Zelllinie für einen hypothetischen Zelltyp. Der Zeitpunkt der Entstehung einer kontinuierlichen Zelllinie ist hier mit 12.5 Wochen angegeben. Bei menschlichen diploiden Fibroblasten ist dies nach etwa 30–60 Verdopplungen der Zellzahl oder nach 20 Wochen in Kultur am wahrscheinlichsten; modifiziert nach [12]

In *in vitro*-Versuchen sollten möglichst die gleichen Zellen verwendet werden, die *in vivo*, also im Patienten, Kontakt mit dem Implantat haben (z. B. Makrophagen, Osteoblasten, Lymphozyten; Abb. 3.5), um spezifische Reaktionen zu untersuchen, die am Implantationsort stattfinden können.

Die Zellen, die für Zellkulturen verwendet werden, werden entweder vorher frisch isoliert (Primärzellkulturen) oder stammen von bereits existierenden Zellkulturen ab (Zelllinien). Primäre Zellen können aus tierischen oder menschlichen Geweben gewonnen werden (Abb. 3.7). Bestimmte Zelltypen sterben ab (z. B. Blutzellen), andere überleben und verhalten sich entsprechend ihres *in vivo* Zustandes, während andere rasch transdifferenzieren. Bei Zellen die aus bestehenden Kulturen gewonnen werden, löst man die Zellen enzymatisch oder mechanisch vom Untergrund ab und plattiert sie anschliessend wieder aus. Dieser Vorgang wird Passage oder Subkultivierung genannt. Zelllinien können aus Primärkulturen gewonnen werden indem man die Zellen selektiert, die ein mehrmaliges Passagieren überleben und ihre Fähigkeit sich zu teilen erhalten haben. Die selbständige Umwandlung der Zellen in eine kontinuierliche Zelllinie wird als *Transformation* bezeichnet. Diese

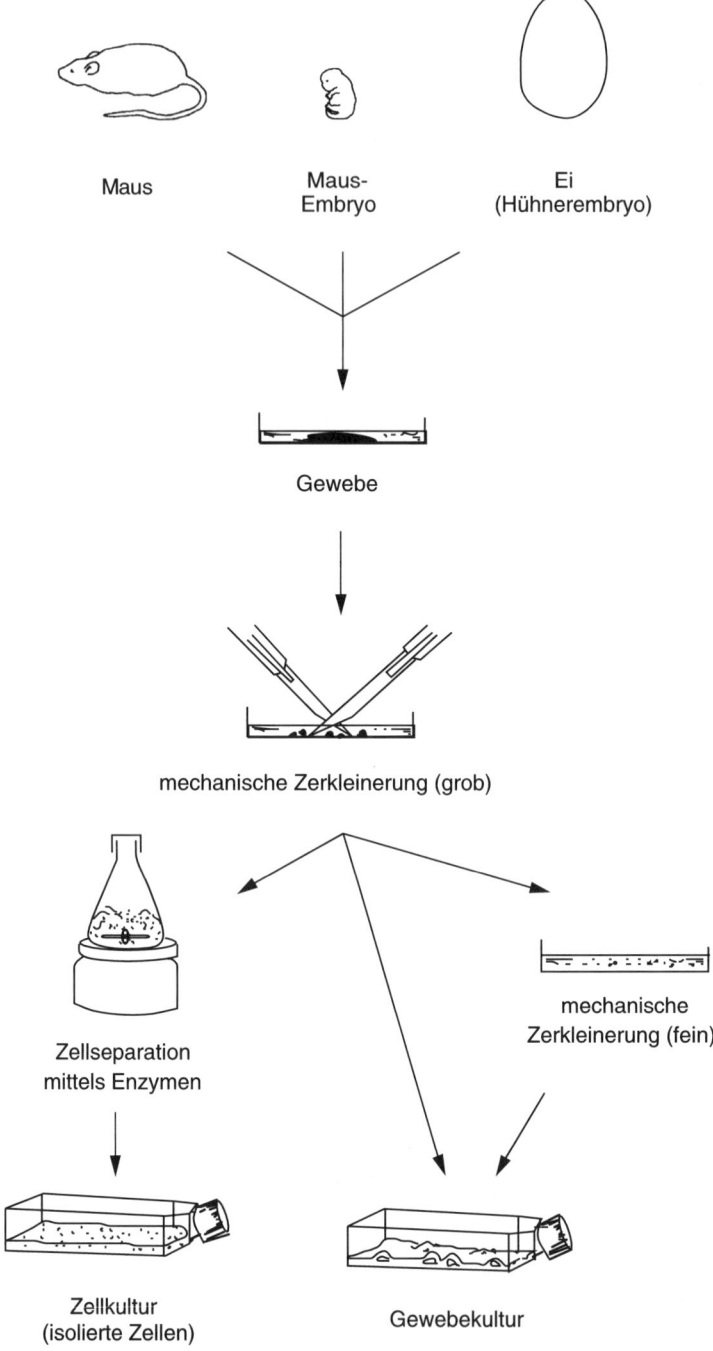

Abb. 3.7 Isolierung von tierischen Zellen, zur Gewinnung von primären Zellen. Subkultivierung führt zu einer langlebenden, permanenten Zellinie, modifiziert nach [12]

3.4 Bestimmung der Biokompatibilität mittels in vitro und in vivo Methoden

Umwandlung geht einher mit morphologischen und proliferationskinetischen Änderungen der Kultur. Die meisten Zellinien können nur über eine begrenzte Anzahl von Passagen kultiviert werden, ohne dass sie sich verändern, danach sterben sie ab oder verlieren eine Reihe von Eigenschaften. Die Fähigkeit einer Zellinie zur kontinuierlichen Proliferation ist bedingt durch ihre genetische Variabilität. Eine weitere Art um Zellen zu erhalten, ist Zellen aus Tumoren zu gewinnen und zu kultivieren. Tumoren entwickeln sich fast immer zu einer kontinuierlichen Zellinien. Wenn Zellen über eine sehr lange Zeit kultiviert werden können, werden sie als etablierte, permanente, kontinuierliche oder stabile Zellinie bezeichnet. Zusammenfassend können die Begriffe primäre Zellen und Zellinien wie folgt definiert werden:

- *Primäre Zellen:* Zellen, die direkt aus Geweben und Organen gewonnen werden;
- *Zellinie:* Zellen, die durch mehrfache Subkultivierung von Primärzellen abstammen.

Kulturbedingungen
Das Arbeiten mit Zellkulturen stellt folgende Anforderungen [12]:

- *Steriles Arbeiten* mit Zellen, Geweben und Organen;
- *Inkubation* der Zell-, Gewebe- und Organkulturen;
- *Sterilisation* von Kulturgefässen, Pipetten, chirurgischen Bestecken;
- *Vorbereitung* und *Sterilisation* der Proben, Zellkulturmedien;
- *Lagerung* der Geräte, Zellkulturmedien, Kunststoff- und Glaswaren;
- *Reinigung* aller im Labor verwendeten Geräte und Utensilien.

Eine grundlegende Anforderung, welche die *in vitro*-Kulturtechnik von den meisten anderen Labortechniken unterscheidet, ist die Einhaltung aseptischer oder steriler Bedingungen. Zellen oder Organe, die ausserhalb ihres natürlichen Ver-

	Reinraumklasse	
	10'000	100
Partikelgrösse	Maximal erlaubte Anzahl Partikel pro m^3	
≥ 5.0 µm	3'000	30
≥ 0.5 µm	400'000	4'000
≥ 0.3 µm	–	12'000
≥ 0.2 µm	–	30'000
Luftmenge [m^3/h m^2] (*)	120–180	1'000–1'600
Partikelmessung	monatlich	wöchentlich
Einsatzort	Operationsraum, Chemielabor	Operationsfeld, Laminar-Flow-Kapelle

Tabelle 3.2 Vergleich der Reinraumklassen 10'000 und 100. Die Zahlen 10'000 und 100 entstammen der amerikanischen Vorschrift, dass nur 10'000 bzw. 100 Partikel grösser als 0.5 µm in 28.3 Liter (1 ft^3) Luft vorhanden sein dürfen. (*) pro m^2 Arbeitsfläche und pro Stunde muss das angegebene Luftvolumen ausgewechselt werden

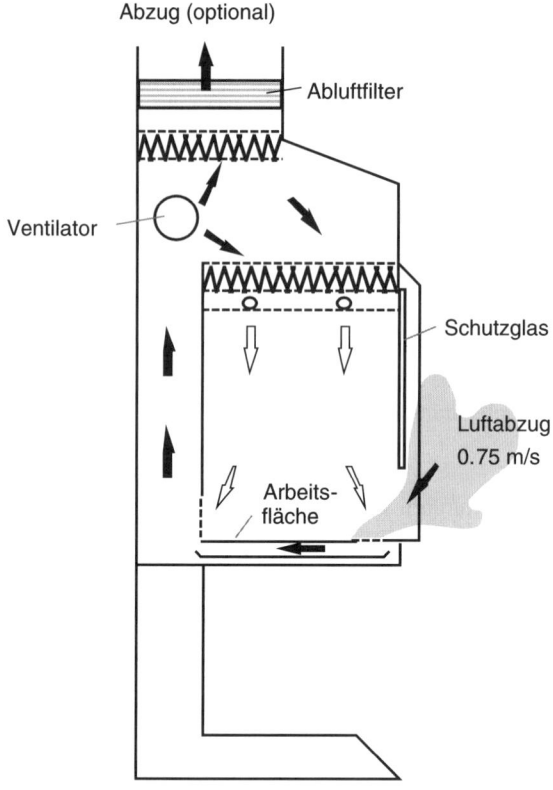

Abb. 3.8 Funktionsprinzip einer Laminar-Flow-Kapelle der Klasse Biohazard II. Durch die Luftführung gewährleistet die Kapelle Objekt-, Umgebungs- und Personenschutz

bands im tierischen oder menschlichen Körper kultiviert werden, besitzen keine natürlichen Abwehrkräfte mehr, weshalb sie gegen Kontaminationen durch Bakterien, Pilze oder Viren über die Umgebungsluft geschützt werden müssen. Die Benützung einer *Laminar-Flow-Kapelle*, in welcher sterile Luft über die Arbeitsfläche geblasen wird ist dafür erforderlich. Die Laminar-Flow-Kapelle vom Typ Biohazard schützt nicht nur die Kultur vor Kontamination (Produktschutz), sondern auch die Umgebung (Umgebungsschutz) und das Laborpersonal (Personenschutz) vor Infektionen (Abb. 3.8). In einer Laminar-Flow-Kapelle muss die Reinraumklasse 100 oder besser herrschen. Dafür wird die Luft gemäss festgelegten Vorschriften aufbereitet (Tabelle 3.2).

Für ihre Zellteilung und ihr Überleben benötigen die Zellen eine Reihe von lebensnotwendigen Substanzen. Diese sind im *Nährmedium* enthalten, das sich aus einem Grundmedium und Zusätzen zusammensetzt [13, 14]. Den Grundmedien, die zum Grossteil aus Wasser, Glucose und diversen Salzen bestehen, wird in der Regel noch 5–10% Serum zugesetzt. Serum wird verwendet, da in ihm Haftsubstratmoleküle wie Fibronectin sowie Wachstumsfaktoren, Albumin und andere Proteine vorhan-

3.4 Bestimmung der Biokompatibilität mittels in vitro und in vivo Methoden

Anorganische Salze, wie z. B.	NaH_2PO_4, $MgSO_4$, $CaCl_2$, KCl, KH_2PO_4, NaCl, $NaHCO_3$
Organische Verbindungen, wie z. B.	Glucose, Aminosäuren, Phenolrot (pH-Indikator), Penicillin (Antibiotikum)
Vitamine, wie z. B.	Thiamin, Inositol

Tabelle 3.3 Qualitative Zusammensetzung von Nährmedien für tierische Zellkulturen [15]

den sind. Haftsubstratmoleküle, Albumin und andere Proteine im Serum überziehen die Kulturschale mit einer Schicht, die es den Zellen ermöglicht, auf verschiedenen Oberflächen anzuwachsen. Um eine Kontamination der Kulturen mit Bakterien oder Pilzen zu verhindern, muss steril gearbeitet werden. Zur Vorsorge vor einer möglichen Vermehrung, werden zuvor dem Medium Antibiotika und/oder Antimykotika zugesetzt. Um adhärente Zellen von einem Substrat abzulösen, werden Enzyme wie z. B. Trypsin verwendet. Dadurch werden die Haftmoleküle der Zellen und Haftsubstratmoleküle der ECM verdaut und können sich die Zellen vom Substrat ablösen.

Neben dem Nährmedium benötigen die Zellen weitere definierte Kulturbedingungen: die Regelung gewisser Faktoren wie pH-Wert, O_2- und CO_2-Gehalt werden durch einen Brutschrank (Inkubator), in dem die Zellen kultiviert werden, übernommen. In diesem Brutschrank sollten ständig physiologische Bedingungen herrschen, die an den zu kultivierenden Zelltyp angepasst werden. Für die meisten Zellen gelten folgende Werte:

- 10% O_2 und 5% CO_2 für die Pufferung des Mediums auf pH 7.2 bis 7.4;
- 5% CO_2 für die Pufferung des Mediums auf pH 7.2 bis 7.4;
- Temperatur: 37 °C;
- > 90% relative Luftfeuchtigkeit, um Verdunstungseffekte möglichst gering zu halten.

Um die Zellaktivität und damit die Proliferationsgeschwindigkeit zu reduzieren, können Zellen über mehrere Tage bei 4 °C gehalten werden. Eingefroren in flüssigem Stickstoff bei −196 °C können Zellen in einem speziellen Medium (erhöhte Konzentration von Serum und Zusatz von Dimethylsulfoxid, DMSO) über einen langen Zeitraum gelagert werden.

3.4.2 In vitro Tests

Zellkulturen bilden den Ausgangspunkt für die Bewertung von biologischen Reaktionen auf einen Werkstoff und umgekehrt. Für die Biokompatibilitätstestung von Implantatwerkstoffen mit Zell- und Gewebekulturen existieren standardisierte Testverfahren [16]. Je besser im Zellkulturtest die physiologischen Bedingungen im menschlichen Körper nachgeahmt werden, desto besser sind die beobachteten Reaktionen auch übertragbar. Zell- und Gewebekulturtests werden aus diesem Grund in simulierten physiologischen Lösungen durchgeführt.

Biokompatibilitätstestung mit Zell- und Gewebekulturen beinhaltet beide Sichtweisen:

- Beeinflussung der Zell-/ Gewebekulturen durch den Werkstoff
- Beeinflussung des Werkstoffes durch Zell-/ Gewebekulturen.

Man möchte mit dieser Betrachtungsweise in einem möglichst einfachen Testsystem umfangreiche Erkenntnisse gewinnen. Dazu gehört, dass ein Werkstoff durch Kurz- oder Langzeitexposition mit Zellen oder Geweben eine erhebliche Veränderung erfahren kann, sowohl mechanisch unbelastet als auch unter statischer oder zyklischer mechanischer Belastung. Besonders interessieren Veränderungen der Implantatoberfläche, das Herauslösen von Werkstoffbestandteilen, Wasseraufnahme in Polymeren, das Auflösen des Interfaces zwischen Faser und Matrix durch Wassereinlagerung bei Faserverbundwerkstoffen sowie die Ionenfreisetzung aus Metallen, die Korrosion. Die Zellen werden entsprechend der medizinischen Anwendung des Werkstoffes ausgewählt. In in vitro-Versuche sollten möglichst die gleichen Zellen verwendet werden, die *in vivo*, also im Patienten, Kontakt mit dem Implantat haben, um spezifische Reaktionen zu untersuchen, die am Implantationsort stattfinden können. Aufschluss über Erfolg, z. B. eines zukünftigen Gefässimplantates kann die Untersuchung der Reaktionen von Endothel- und Blutzellen in Kontakt mit Gefässersatzwerkstoffen geben. Bei den in vitro Tests werden Änderungen in der Zellstruktur und den -funktionen mittels qualitativen und quantitativen Tests bestimmt. Morphologische und biochemische Tests spielen dabei eine bedeutende Rolle. Unterschieden werden Effekte auf die zelltypunspezifischen (basale) und auf die zelltypspezifischen Zellfunktionen und Bestandteile (Tabelle 3.6). Zu den biochemischen Effekten auf die basalen Zellfunktionen und Bestandteile gehören z. B. Störungen der Membranintegrität, des Stoffwechselapparats (Mitochondrien, Lysosomen), der Synthese von zelltypunspezifischen Zellbestandteilen wie DNA und RNA. Als Beispiel von Effekten auf zelltypspezifische Zellfunktionen und Bestandteile kann die Expression und die Aktivität der alkalischen Phosphatase (kommt in grossen Mengen nur in aktiven Osteoblasten vor) genannt werden. Bei einer generell zytotoxischen Substanz reagieren fast alle Zellen bei einer ähnlichen Konzentration der Substanz. Bei einem zelltypspezifischen Effekt (z. B. neurotoxische Substanz) reagiert nur ein bestimmter Zelltyp oder eine Klasse von Zellen empfindlicher als andere Zellen. Dieser Effekt kann sowohl die basalen Zellfunktionen betreffen als auch eine oder mehrere zelltypspezifischen Eigenschaften beinhalten. Diese Änderungen können zum Zelletod führen. Sie können aber auch einzig und allein eine Änderung der Expression bestimmter Zellkomponenten beinhalten. Zum Beispiel ändert sich in Osteoblasten die Expression von verschiedenen Integrinkomponenten wenn diese auf unterschiedlich texturierte und beschichtete Implantatoberflächen kultiviert werden. Diese Änderung ist als Anpassung der Zelle an eine durch den Werkstoff modifizierte Zellumgebung zu verstehen. Es kann sogar soweit gehen, dass die Zellen völlig andere Eigenschaften erhalten, welche keine Ähnlichkeiten mehr haben mit denen des ursprünglichen Zelltyps. Diverse Versuche werden verwendet, um Zelldefekte, die durch den Werkstoff hervorgerufen wurden, zu untersuchen (Tabelle 3.6). Es können dabei Kurzzeit- und Langzeitversuche unterschieden werden.

3.4 Bestimmung der Biokompatibilität mittels in vitro und in vivo Methoden

Toxizitätstests (screening tests)	Reaktionstests (response tests)
Ergebnis: Zellen leben oder sterben ab	Ergebnis: Zellen überleben unter verschiedenen Reaktionen
Zytotoxizität Histotoxizität Hämotoxizität	Zellreaktion Blutreaktion Gewebereaktion Immunreaktion Karzinogenese

Tabelle 3.4 Analyse der in vitro-Biokompatibilität, nach [17]

Kriterium (Zellverhalten)	Zunahme der Biokompatibilität →	
Wachstum/Zelldichte	sterben ab	vermehren sich
Morphologie	abgekugelt	ausgebreitet
Adhäsion	schwach	stark
Benetzung	schlecht	gut
Stoffwechselprodukte	verändert	unverändert

Tabelle 3.5 Kriterien für die in vitro-Biokompatibilität in Zell- und Gewebekulturen

Funktion	Test
Energiemetabolismus	2-deoxyglucose Aufnahme, ATP Succinat-dehydrogenase Aktivität (MTT-Test)
Membranpermeabilität und -funktion	LDH/51Cr-Aufnahme und Freisetzung Trypan-Blau Ausschluss Kenacid-Blau Aufnahme Intrazelluläre Ca^{2+} (fura-2) ATPase Aktivität Lysosomale Neutralrot-Aufnahme
Zellschutz und „Sauerstoff-radikalschutz"	Glutathion Dichlorofluorescin Superoxid Dismutase Malondialdehyd
RNA/DNA Synthese	[^{3}H]-Uridine / [^{3}H]-Thymidine Einbau
Proteinsynthese	Gesamtprotein [^{3}H]-Leucine Einbau
Zellproliferation	Ornithine Decarboxylase PCNA Zellzahl
Degeneration und Apoptosis	ß-Glucuronidase Apoptag BCL-2 Bax

Tabelle 3.6 Tests zur Ermittlung der basalen Zellfunktionen

Bei Kurzzeit- oder Akuttests werden Effekte auf Zellstrukturen, die für die Testsubstanz direkt und vollumfänglich zugänglich sind erfasst. Bei Langzeitversuchen werden dahingegen Effekte die am Ende stehen von einer Kaskade von durch die Testsubstanz induzierte Effekte (verzögerte Toxizität, progressive Toxizität) oder die erst entstehen nach einer Akkumulation der Testsubstanzen in der Zielzelle (chronische Toxizität) erfasst. Um abzuklären, ob ein Effekt irreversibel ist, müssen die Kulturen nach dem Entfernen der Probe weitergeführt und eventuelle morphologische und funktionelle Änderungen erst später gemessen werden. Die Bewertung der Biokompatibilität in Zell- und Gewebekulturen kann anhand der in Tabelle 3.4 und 3.5 zusammengestellten Kriterien erfolgen.

Bestimmung der Zellzahl
Die Bestimmung der Zellzahl, die in Gegenwart des Probenmaterials oder dessen Extrakt überleben und sich vermehrt haben, ist ein Indikator für die Toxizität der Proben. Dies kann durch direkte Bestimmung der Zellzahl ermittelt werden. Wenn aber die Zellen nicht vom Werkstoff abgelöst oder suspendiert werden können oder die Zahl der Zellen zu tief ist, um sie in einer Zählkammer direkt zu zählen, müssen indirekte Methoden verwendet werden.

Direkte Bestimmung der Zellzahl

Zählkammer
Die Konzentration von suspendierten Zellen kann mit Hilfe einer Zählkammer (z. B. Hämozytometer nach Neubauer) unter einem Durchlichtmikroskop bestimmt werden (Abb. 3.9). Durch Zugabe von Trypanblau besteht die Möglichkeit, avitale von vitalen Zellen zu unterscheiden. Bei den avitalen Zellen ist die Membran im allgemeinen defekt. Der Farbstoff kann ins Zellinnere eindringen, die Zelle erscheint im Mikroskop blau. Vitale Zellen weisen eine intakte Membran auf und schliessen deshalb den Farbstoff aus. Die Zelle erscheint farblos und transparent.

Coulter™-Counter
Das Coulter™-Messprinzip zur Bestimmung von Partikelzahl und Partikelgrösse beruht auf der Messung von Abweichungen des elektrischen Widerstands, hervorgerufen durch in einer elektrisch leitfähigen Flüssigkeit (Elektrolyt) suspendierte Teilchen (Abb. 3.10). Diese bewirken beim Durchfliessen der Messöffnung eine kurzfristige Erhöhung des elektrischen Widerstandes. Die dabei erzeugten Impulse ergeben den Zählwert. Die Widerstandsänderung hängt vom Volumen der gemessenen Partikel ab [18].

Indirekte Bestimmung der Zellzahl
Die Zellzahl kann mit verschiedenen Methoden indirekt ermittelt werden:

Zellulärer DNA-Gehalt
Die fluoreszierende Substanz wird in die DNA aufgenommen und eine Fluoreszenzmessung wird durchgeführt [19, 20].

3.4 Bestimmung der Biokompatibilität mittels in vitro und in vivo Methoden

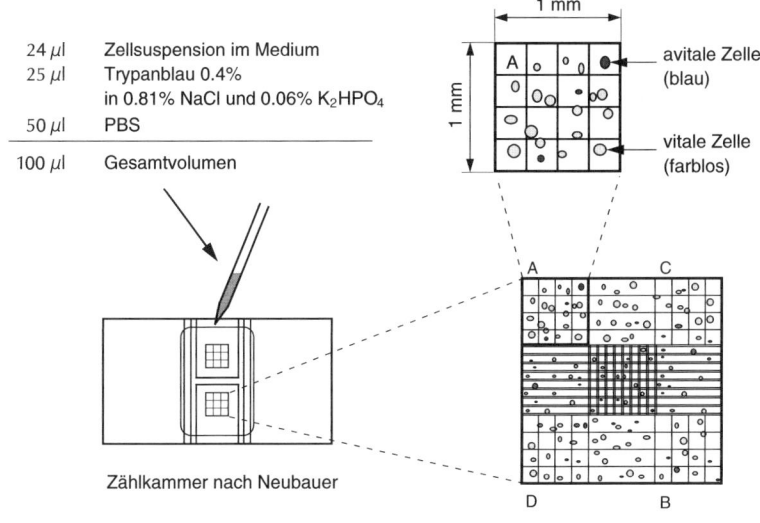

Abb. 3.9 Zählkammer für die Bestimmung der Zellzahl. Die Zellsuspension wird zwischen Deckglas und gerasterte Flächen (erleichtertes Zählen der Zellen) pipettiert. Vitale und avitale Zellen können mit Trypanblau unterschieden werden

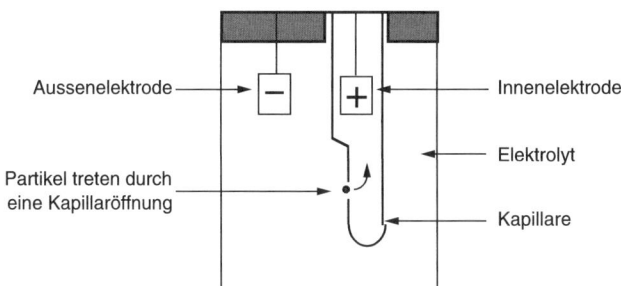

Abb. 3.10 Prinzip eines Coulter-Counters [18]. Durch eine Kapillaröffnung tretende Partikel oder Zellen bewirken eine Änderung des elektrischen Widerstandes im System. Diese Widerstandsänderung wird gemessen

Absoluter Proteingehalt
Die kolorimetrische Bestimmung des absoluten Proteingehaltes gibt ebenfalls Aufschluss über die Zellzahl. Der meistverwendete Test basiert auf der Bindung des Farbstoffs „Coomassie Blue", an die gelösten Proteine und der damit verbundenen Änderung im Absorptionsspektrum. Durch Aufnahme und Vergleich mit einer Referenzlösung bekannter Proteinkonzentrationen kann auf den Proteingehalt in der Probe geschlossen werden [21].

Markierung mit radioaktiven Substanzen
Da der DNA-Gehalt in allen Zellen des gleichen Typs praktisch konstant ist, wird der Einbau von radioaktivem ^{3}H-Thymidin in die DNA als Mass für die Vermehrung der Zellen verwendet. Thymidin ist ein natürlicher Bestandteil der DNA. Durch Zugabe von radioaktivem ^{3}H-Thymidin ins Medium wird dieses, wie natürliches Tymidin, bei der Zellteilung in die DNA der Zellen eingebaut, wodurch der Gehalt an der radioaktiven Substanz im Medium abnimmt. Mit Perchlorsäure kann das ^{3}H-Thymidin ausgefällt und danach die Strahlungsdosis gemessen werden [22].

Bestimmung der Zellmorphologie
Nach der Besiedlung von Werkstoffen mit Zell- oder Gewebekulturen kann die Morphologie der Zellen und Gewebe mikroskopisch analysiert werden. Die Integrität von Organellen, Membranen und anderen Strukturen und die Anwesenheit oder Abwesenheit von intrazellulären Molekülen kann man durch verschiedene Färbungen kontrollieren [23]. Rasterelektronenmikroskopie (REM) und konfokale Lichtmikroskopie (CLSM, confocal laser scanning microscopy) werden dazu verwendet, um die Morphologie, Adhärenz und das Wachstum (Grösse und Proliferation) von Zellen auf den Substraten zu untersuchen [24].

Biomechanische Methoden
In biochemischen Tests wird der direkte Effekt der Proben auf eine oder mehrere grundlegende und zelltypspezifische Prozesse gemessen. Dabei werden oft einfache Beobachtungen wie pH-Veränderungen oder komplexere Messungen wie Enzymaktivitäten (z. B. Gehalt an Phosphatase) vorgenommen [23].

Trypanblau-Test
Trypanblau ist ein nicht toxischer Farbstoff, der bei intakter Zellmembran nicht in die Zelle eindringen kann. Damit sind avitale Zellen anfärbbar und erscheinen blau. Die quantitative Bestimmung der vitalen und avitalen Zellen kann durch Zählung in einer Zählkammer erfolgen [25]. Dieser Test ist einer der häufigsten durchgeführten Verfahren, um die Gesamtzellzahl und den prozentualen Anteil an vitalen und avitalen Zellen zu bestimmen.

Neutralrot-Test
Bei diesem Test nehmen die Zellen den inerten Farbstoff Neutralrot in den Lysosomen aktiv auf und akkumulieren. Die Menge des akkumulierten Farbstoffs wird mittels Fluoreszenz- oder Farbintensitätsmessung bestimmt [26].

3.4 Bestimmung der Biokompatibilität mittels in vitro und in vivo Methoden   85

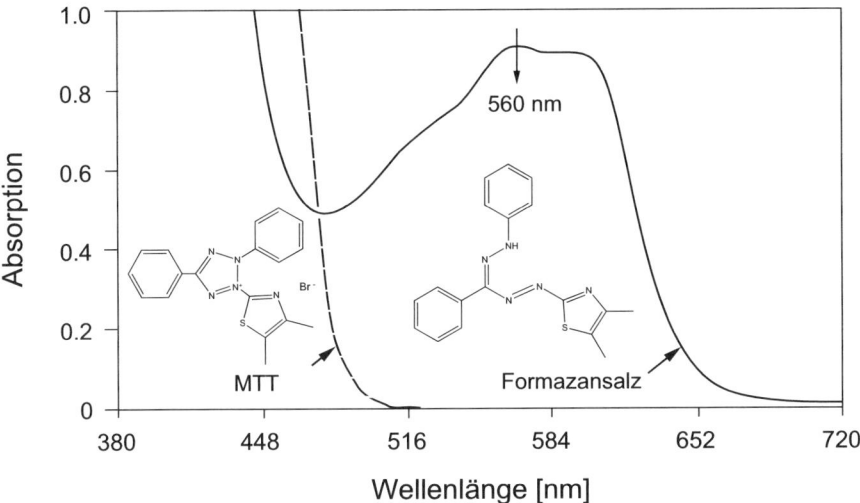

Abb. 3.11 MTT wird in den Mitochondrien der Zellen zu einem Formazansalz umgewandelt, wodurch im UV-Spektrum ein Peak bei 560 nm entsteht

MTT-Test
Ein sehr weit verbreiteter Test ist der MTT-Test. Der MTT-Farbstoff, eine Tetrazoliumverbindung (gelb) wird durch die mitochondriale Succinat-Dehydrogenase in ein Formazanprodukt (blau) umgewandelt, wodurch die Wellenlänge der maximalen Absorption im sichtbaren Spektrum ändert (Abb. 3.11). Die Konzentration des gebildeten Formazans kann spektroskopisch bestimmt werden und ist proportional zur zellulären Aktivität und der Anzahl vitaler Zellen [27]. Es sollte beachtet werden, dass die zelluläre Aktivität sehr stark von verschiedenen Faktoren abhängt wie z. B. vom metabolischen Aktivitätsstatus, vom Zelltyp, ob die Zelle sich teilt und in welcher Phase des Zellteilungszyklus sie sich befindet.

LDH-Test
Die Lactatdehydrogenase (LDH) ist ein natürlicher Bestandteil des Zytoplasmas. Die Zerstörung der Zellmembran bewirkt eine Freisetzung dieses Enzyms, das dann im Nährmedium bestimmt werden kann [28]. Es sollte beachtet werden, dass das LDH im Medium eine Halbwertzeit von 5 bis 8 Stunden hat, abhängig von der Mediumzusammensetzung. Zudem setzt die Zelle auch in gesundem Zustand LDH frei. Da auch die Synthese von LDH gestört werden kann, sollte neben der extrazellulären LDH Konzentration im Medium auch die intrazelluläre LDH Konzentration mitverfolgt werden, um Interpretationsfehler zu vermeiden.

Markierung mit radioaktivem Chrom
Zellen können mit radioaktivem $Na_2{}^{51}CrO_4$ markiert werden. $^{51}Cr^{3+}$ wird durch vitale Zellen aufgenommen, zu $^{51}Cr^{2+}$ reduziert und in den Zellen zurückbehalten. Avitale Zellen geben das $^{51}Cr^{2+}$ wieder ins Medium frei, was mittels Bestimmung der Gammastrahlung quantifiziert werden kann [29].

Test	Kontakt Zelle-Probe	Methode
direkt	Zellen – Werkstoff	Besiedlungstest
indirekt	Zellen – Zwischenschicht – Werkstoff	Agar-Diffusionstest Test mit poröser Membran
Extrakte	Zellen – Extraktionslösung	Extraktionstest

Tabelle 3.7 Methoden der Zytotoxizitätsprüfung von Proben mittels Zellkulturen, nach [17]

Toxizitätstests („screening tests")
Toxizitätstests werden für eine erste Untersuchung der Werkstoffe verwendet. Mit diesen Tests werden Parameter wie z. B. die Dosis-Reaktionscharakteristik und die Selektivität betreffend Spezies für die Risikoabschätzung eines spezifischen Stoffes bestimmt. Die Testmethoden zur Bestimmung der Zytotoxizität können in drei Gruppen aufgeteilt werden [16]:

a) Tests mit direktem Kontakt zum Probenmaterial;
b) Tests mit indirektem Kontakt zum Probenmaterial;
c) Tests mit Extrakten des Probenmaterials (Eludate).

Die Wahl der Methode ist abhängig vom Implantationsort, vom Werkstoff und von der Implantatfunktion. Sowohl die Oberflächentopographie der Werkstoffe als auch die chemische Zusammensetzung beeinflussen die Reaktion der Zellen und des Gewebes *in vitro* und *in vivo*. Für die Untersuchung der Biokompatibilität von Abriebpartikeln oder Korrosionsprodukten können z. B. Makrophagen verwendet werden. Dabei spielt zusätzlich die Geometrie und die Grösse der Partikel eine wichtige Rolle. Dabei wird geprüft, ob Partikel in Makrophagen aufgenommen werden können (durch Phagozytose) oder im Zwischenzellraum (Interstitium) liegen bleiben. Im Falle der Aufnahme in Makrophagen ist eine intrazelluläre Verdauung und damit die Vernichtung der Partikel möglich. Dies trifft jedoch nicht für alle Werkstoffe zu. Partikel, die im Interstitium liegen bleiben und nicht phagozytiert werden können, beinhalten ein grosses Risiko der Gewebsreizung mit nachfolgender Entzündung und der Möglichkeit, dass diese Entzündung chronisch wird. Falls ein chronischer Entzündungszustand vorliegt, muss mit einer Entartung (Tumorbildung) des unmittelbar anliegenden Gewebes gerechnet werden.

Tests mit direktem Kontakt zwischen Zellen und Werkstoffproben
Falls ein direkter Kontakt zwischen Zellen und Werkstoffen angestrebt wird, sind zwei Vorgehensweisen möglich: 1. der Werkstoff wird mit Zellen direkt besiedelt. 2. die Petrischale wird mit Zellen besiedelt; auf diese Zellen wird der Werkstoff aufgebracht. Diese Art der Vorgehensweise erlaubt es, den auf die Zellen aufgebrachte Werkstoff nach einer gewissen Zeit wieder zu entfernen und die Zellen lichtmikroskopisch zu untersuchen. Zellen, die sich auf dem Werkstoff befinden können später rasterelektronenmikroskopisch auf ihre Morphologie hin untersucht werden. Voraussetzung hierfür ist ein Anhaften der Zelle auf dem Werkstoff. Bei der Testung mit direktem Kontakt zwischen Zellen und Werkstoffen können Artefakte auftreten.

3.4 Bestimmung der Biokompatibilität mittels in vitro und in vivo Methoden 87

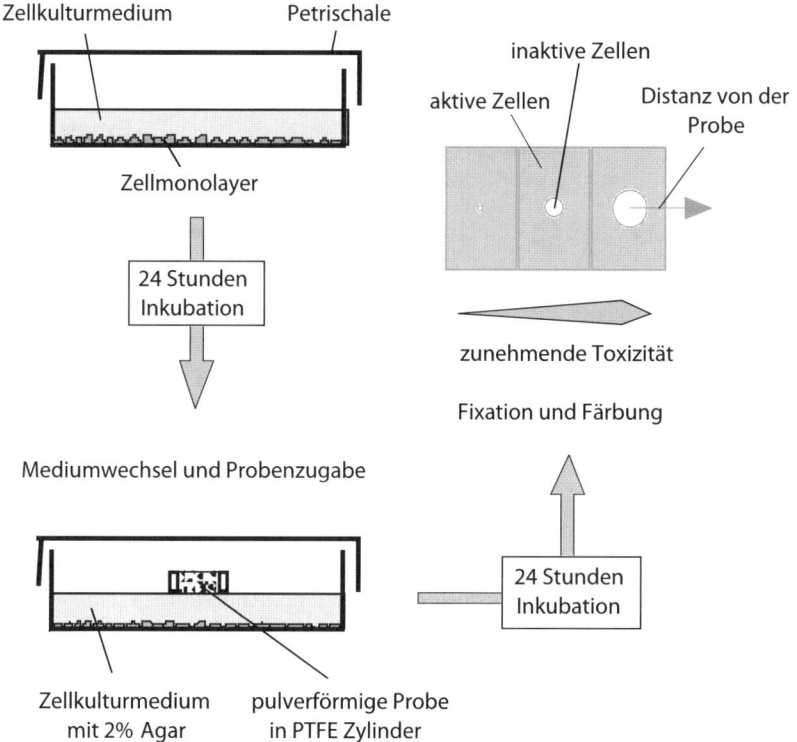

Abb. 3.12 Beim Agar-Diffusionstest wird der Zellmonolayer mit einer Agarschicht bedeckt, welche Nährstoffe enthält und funktionell das flüssige Medium ersetzt. Der Werkstoff wird auf diese Agarschicht gelegt. Nach einer bestimmten Inkubationszeit wird ein Farbstoff aufgebracht, der bis zum Zellmonolayer diffundiert und dort von den vitalen Zellen eingelagert wird [34]

Ein Absterben von Zellen muss beispielsweise nicht durch direkte Einwirkung des Werkstoffes verursacht werden, sondern kann seine Ursache aufgrund einer zu geringen Haftung auf dem Werkstoff haben. Wenn ein bestimmtes Mass an Bindung mit dem Untergrund oder mit anderen Zellen unterschritten wird sterben die meisten Zellen im Körper programmiert ab (Apoptosis).

Tests mit indirektem Kontakt der Zellen zum Werkstoff
Um eine mechanische Verletzung der Zellen durch den Werkstoff oder einen direkten Einfluss der Oberflächeneigenschaften auszuschliessen, werden indirekte Methoden verwendet. Dabei werden die Zellen durch eine Zwischenschicht von der eigentlichen Probe getrennt. Diese Zwischenschicht kann z. B. aus einem *Agar-Gel* bestehen. Dabei können nur die löslichen Komponenten der Probe durch diese Schicht, entsprechend ihrer Diffusionskonstanten, diffundieren. Beim Agar-Diffusions-Test (Agar Overlay Test, ASTM F895-84) bildet Agar die Zwischenschicht, auf die Nährsubstanzen und nach einer bestimmten Inkubationszeit Farbstoffe (z. B. Neutralrot) zur Bestimmung

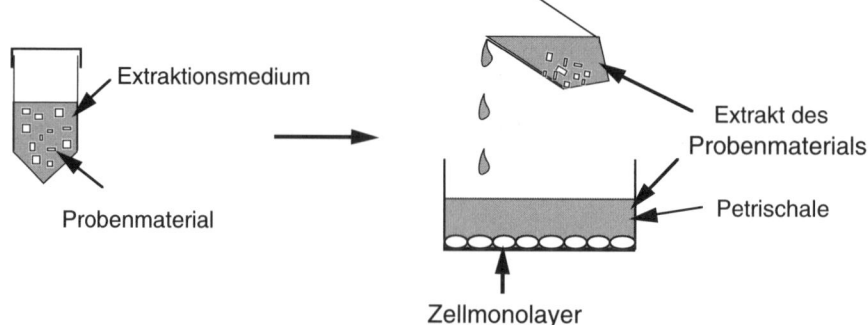

Abb. 3.13 Bestimmung der Toxizität einer Probe über dessen Extrakt (Eludatversuch). Im dargestellten Fall wird das Zellkulturmedium als Extraktionsmedium verwendet

der Zytotoxizität gegeben wird (Abb. 3.12) [30]. Dieser Test ist unter anderem für pulverförmige Proben geeignet. Eine korrekte Interpretation ist nur dann möglich wenn die schichtmaterialabhängigen Diffusionskonstanten der verschiedenen möglichen löslichen Komponenten des Werkstoffes bekannt sind. Anderfalls gestaltet sich wegen den Eigenschaften der Schicht die Interpretation der Daten als sehr schwierig.

Tests mit Extrakten (Eludatversuche)
Durch die Extraktion von Proben mit einem Extraktionsmedium kann die Freisetzung von Substanzen aus dem Werkstoff unter kontrollierten, eventuell beschleunigten Bedingungen simuliert werden (Abb. 3.13) [31]. Extraktionsparameter wie Temperatur, Zeit, Extraktionsmedium (physiologische Kochsalzlösung, Zell-/Gewebekulturmedium, Polyethylenglykol oder Öl [16, 32, 33]), Druck und Grösse der auslaugbaren Oberfläche können entsprechend dem Werkstoff und den gewünschten Extraktionsbedingungen gewählt werden. Temperatur und Zeit werden in Abhängigkeit von Temperaturempfindlichkeit der Probe und des Extraktionsmediums festgelegt. Nachher wird der Extrakt in verschiedenen Verdünnungen im Zellkulturmedium den Zellen zugegeben. Effekte auf die gewählten Parameter werden nach Ablauf der Behandlung bestimmt und die Verdünnungskonzentrationen die eine 5 oder 50% Änderung der Normalwerte induzieren (EC5 oder EC50) berechnet. Beide Werte eignen sich um die Toxizität des Werkstoffes zu ermitteln. Zusätzlich zum Extraktionsmedium kann auch der extrahierte Werkstoff auf seine Resttoxizität untersucht werden. Dieses Verfahren wird angewendet, wenn unphysiologische Extraktionsmedien wie z. B. Öle eingesetzt werden mussen.

Reaktionstests („response tests")

Blutreaktionen – Hämokompatibilität
Die Interaktion zwischen Blutkomponenten und Implantat ist wichtig für seine Biofunktionalität. Beim ersten Kontakt zwischen Blut und Implantat adsorbieren Proteine aus dem Blut auf der Implantatoberfläche. Anschliessend adhärieren Blut-

plättchen. Hämokompatible Werkstoffe sollten keine Blutkoagulation, Änderung der Plasmaproteine des Blutes oder Verringerung der Elektrolytenkonzentration hervorrufen. Für die Testung der Hämokompatibilität wurde eine Vielzahl von *in vitro*-Tests vorgeschlagen [11].

Blutgerinnungstest
Der einfachste Test, um die Hämokompatibilität eines Werkstoffes zu untersuchen, ist der Blutgerinnungstest. Dabei wird Blut auf die Oberfläche der Probe gebracht und die Gerinnungszeit, der Plättchenfaktor sowie die Anzahl der Blutplättchen bestimmt. Kurze oder sehr lange Gerinnungszeiten zeigen, ob die Probe die Gerinnung aktiviert oder hemmt, was ein Mass für die Hämokompatibilität darstellt [33].

Adhäsion von Blutplättchen und Proteinen
Die Adsorption von Blutplättchen oder Proteinen auf Implantatoberflächen verändert die Oberflächeneigenschaften des Werkstoffs. Die Zusammensetzung der Proteinschicht beeinflusst stark die Thrombogenität des Werkstoffes: Albumin senkt und Fibrinogen erhöht das Ausmass der Adhäsion von Blutplättchen. Neben den qualitativen Untersuchungen im Rasterelektronenmikroskop wird die Proteinadsorption auch quantitativ bestimmt. Dies wird durch radioaktive Markierung mit ^{125}Iod erreicht. *In vivo* sind Implantate ständig dem Blutstrom ausgesetzt. Die Verwendung von dynamischen Testsystemen erlaubt dabei die Untersuchung der Interaktion zwischen Werkstoff und Blut unter Fliessbedingungen und simulierten klinischen Konditionen. Eine engere Definition der Hämokompatibilität berücksichtigt die beobachtete vermehrte Adhäsion von Blutplättchen auf der Oberfläche von thrombogenen Werkstoffen im Vergleich zu nicht-thrombogenen Werkstoffen. Die Adhäsion von Blutplättchen und deren Morphologie unter kontrollierten Bedingungen ist damit ein oft untersuchter Parameter. Eine Methode für diese Testung der Hämokompatibilität besteht aus einer Chromatographiesäule, deren Glasbett mit dem Probenmaterial beschichtet wurde. Nicht-koaguliertes Blut oder mit Blutplättchen angereichertes Plasma wird durch diese Säule gepumpt und anschliessend die Konzentration der nicht adhärierten Blutplättchen bestimmt. Ebenfalls untersucht wird die Morphologie der Blutplättchen vor und nach der Eludation. Je kürzer die Retentionszeit der Blutplättchen ist, desto besser ist die Hämokompatibilität des geprüften Werkstoffes.

Thrombogenität
Endothelzellen synthetisieren verschiedene Substanzen, die den Koagulationsprozess des Blutes beeinflussen (z. B. verhindert Prostazyklin die Plättchenaggregation). Werkstoffe, welche die Adhäsion, das Wachstum von Endothelzellkulturen nicht stimulieren und keine Produktion von gewissen Metaboliten wie Fibronectin hervorrufen, können für Gefässimplantate verwendet werden, sofern eine primär athrombogene Oberfläche erwünscht ist. Neuere Ansätze sehen ein Preseeding von Gefäßoberflächen vor der Implantation vor.

Immunreaktionen
Zellen des Immunsystems erkennen sofort eine fremde Oberfläche und reagieren mit der Freisetzung oder der Bildung von Antikörpern, sofern die Oberfläche anti-

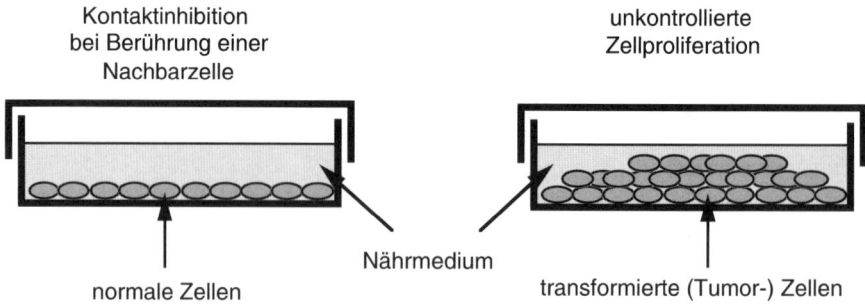

Abb. 3.14 Teilungsverhalten von Zellen. Normale Zellen teilen sich nur so lange, bis sie Kontakt zu den Nachbarzellen haben; dann stellen sie die Zellteilung durch Kontaktinhibition ein. Die unkontrollierte Zellproliferation hingegen ist ein Merkmal von Tumoren und ein Zeichen dafür, das die untersuchte Probe ein karzinogenes Potential in sich birgt. In diesem Fall besteht die Kontaktinhibition nicht mehr

gene Eigenschaften besitzt. Gewebeuntersuchungen bei Implantaten, die Abstossungsreaktionen hervorgerufen hatten, zeigten in Implantatnähe Leukozyten, Monozyten, Makrophagen, Riesenzellen, Lymphozyten und Plasmazellen. Abhängig von der Stärke der Reizung umgeben Entzündungszellen die Implantate für kurze (akute Entzündung) oder lange Zeit (chronische Entzündung).

Karzinogenität
Alle Langzeitimplantate können Zellschädigungen bewirken, die zu Zelltransformationen und u.U. Tumorbildung führen können. Es gibt daher Tests, um durch den Implantatwerkstoff verursachte Mutationen im genetischen Material der Zellen zu ermitteln (z. B. Ames-Test [35]). Nach Ames wird das mutagene Potential mit Hilfe von Mikroorganismen wie z. B. Bakterien, Pilzen oder speziellen Säugetierzellinien bestimmt, die auf die Oberfläche der Probe ausgesiedelt oder einem Extrakt der Probe zugesetzt werden. Eine anormale Vermehrung der Zellen in der Kultur zeigt, dass eine Zelltransformation durch das Probenmaterial hervorgerufen wurde. Chromosomenanalysen werden ebenfalls durchgeführt.

3.4.3 In vivo-Tests

Wenn sich ein Implantatwerkstoff *in vitro* als biokompatibel erweist, muss der Einfluss der Probe auf das Empfängergewebe *in vivo* untersucht werden. Der zu prüfende Werkstoff wird entweder auf die Haut aufgebracht, subkutan injiziert oder implantiert, um Reizungen oder Fremdkörperreaktionen zu untersuchen. Die am häufigsten verwendeten Tiere sind Mäuse, Ratten, Hunde, Hasen und verschiedene Primaten. In Langzeitversuchen werden das Auftreten von toxischen Effekten, Änderungen der Gewebemorphologie und das karzinogene Potential der Implantatwerkstoffe ermittelt, um eine möglichst hohe Sicherheit für einen späteren klinischen Einsatz als

Implantat zu erhalten. Die histologische Auswertung erfolgt durch Biopsien oder durch Tötung des Versuchstiers und anschliessender Untersuchung der Gewebe. Es muss jedoch das Bestreben der Forschung im Bereich biokompatibler Werkstoffe sein, Tierversuche nach Möglichkeit zu reduzieren, um ethischen Ansprüchen zu genügen. Bei verstärkter Anstrengung zur Weiterentwicklung von Zellkultur- und Gewebekulturtestungen, insbesondere der Entwicklung von Methoden des *Tissue Engineering*, ist zu erwarten, dass Tierversuche in Zukunft an Bedeutung verlieren werden. Im besonderen wird der Gesetzgeber dazu aufgerufen, bestehende umfangreiche Vorschriften für Tierversuche kritisch zu überdenken und nach Möglichkeit eine Anpassung dieser Vorschriften vorzunehmen. In den vergangenen Jahren hat die Zell- und Gewebekulturtestung derartige Fortschritte gemacht, dass der heute vom Gesetzgeber verlangte Umfang an Tierversuchen nicht mehr in jedem Fall vertretbar ist.

3.4.4 Vergleich zwischen in vitro- und in vivo-Tests

Für die Qualifizierung von Werkstoffen wird der Tierversuch wegen dem Auftreten nicht vorhersehbarer Effekte unabdingbar bleiben Für die Beurteilung von lasttragenden Implantaten, kommt noch hinzu dass komplexe Lastfälle gemeinsam mit physikalisch-chemischen Wechselwirkungen zwischen Werkstoff und lebendem Gewebe nicht oder nur schwierig in der Zellkultur nachvollzogen werden können. Die Komplexität dieser Verhältnisse erlaubt es bisher somit nicht, eine Beurteilung in Zell-, Gewebe- oder Organversuchen durchzuführen. Zellkulturmodelle werden in der Biokompatibilitätstestung aus folgenden Gründen eingesetzt [36, 37]:

- Untersuchung des toxischen Potential des Implantatwerkstoffes;
- Abschätzung der Freisetzung von potentiell schädlichen Stoffen wie z. B. Weichmacher, Stabilisatoren, Farb- und Füllstoffe, in beschleunigten *in vitro*-Alterungsversuchen;
- Untersuchung der Wechselwirkungen zwischen Implantatoberfläche und dem umgebenden Gewebe wie z. B. Adhärenz, Wachstum und Differenzierung der Zellen, um Herstellungs- und Applikationstechniken wie z. B. Oberflächenbeschichtung, Reinigungs- und Sterilisationsmethoden zu entwickeln;
- Untersuchung der Mechanismen und Ermittlung der Kriterien, die für die Interaktion zwischen Implantatwerkstoffoberfläche und biologischem Empfängersystem verantwortlich sind.
- Qualitätskontrolle während der Produktion und Sterilisation von Bauteilen (z. B. Detektion des Restgehalts von Ethylenoxid nach der Sterilisation oder von toxischen Komponenten aus Verpackungsmaterial).

Vorteile der Zell- und Gewebekulturtechniken:
- Zellkulturen reagieren sehr empfindlich auf toxische Substanzen. Die Vitalität der Zellen kann quantifiziert werden.

- Zell- und Gewebekulturen ermöglichen die Untersuchung des Verhaltens von spezifischen Zelltypen in einer kontrollierten Umgebung. Damit ist es möglich, Wirkungsmechanismen zu analysieren.
- Untersuchung des Einflusses von biokompatiblen Werkstoffen oder ihrer Komponenten auf spezifische Zelltypen. Die Versuche können sowohl im Lichtmikroskop verfolgt als auch die Reaktionen auf zellulärer und molekularer Ebene studiert werden.
- Es können sehr rasch und reproduzierbar Resultate erhalten werden. Eine grosse Anzahl verschiedener Experimente sind *in vitro* zu erheblich niedrigeren Kosten durchführbar als *in vivo*.
- Zell- und Gewebekulturtechniken erlauben, Experimente mit menschlichen Geweben durchzuführen, was für die Bestimmung der Biokompatibilität von Implantatwerkstoffen von hoher Wichtigkeit ist.

Diesen Vorteilen stehen im Vergleich zu *in vivo*-Untersuchungen gewisse Nachteile der Zell- und Gewebekulturtechniken gegenüber:

- *In vivo* liegen Zellen meist nicht isoliert vor, und die verschiedenen Zelltypen beeinflussen sich gegenseitig. Die in vitro-Umgebungsbedingungen widerspiegeln daher nur einen sehr vereinfachten Teil des komplexen *in vivo*-Mechanismus.
- Zell- und Gewebekulturen haben keine Entgiftungs- und Ausscheidungsmöglichkeiten über die Leber, Nieren, Lunge und Haut. Der Einfluss von Implantatwerkstoffen auf die Zellen kann daher *in vitro* stärker ausfallen als er *in vivo* tatsächlich vorliegt.
- Es ist nicht möglich, alle Effekte in Zellkulturen nachzubilden, die *in vivo* vorliegen. Tumorbildung, Sensibilisierung durch Allergene und komplexe allergische Reaktionen oder Gewebereaktionen, die auf ein Blutgefässsystem und Durchblutung angewiesen sind, können nicht simuliert werden. Das führt dazu, dass eine Übertragung von *in vitro*-Daten auf klinische Verhältnisse mit Vorsicht durchgeführt werden muss.
- Gewebereaktionen, die durch ein Implantat induziert werden können, sind komplex und erfolgen über einen Zeitraum von vielen Monaten bis Jahren. Da aber Zellen und Gewebe nur über kürzere Zeiten in Kultur gehalten werden können, sind Zell- und Gewebekulturtechniken in ihren zeitlichen Aussagen eingeschränkt.

3.5 Reaktionen des menschlichen Körpers auf Werkstoffe und Bauteile

In den nachfolgenden Kapiteln werden grundsätzliche Reaktionsformen des menschlichen Körpers auf Werkstoffe und Bauteile beschrieben. Dazu gehören auch die Reaktionen auf kleinste Partikel, wie z. B. Asbestfasern, welche in einem abschliessenden Kapitel vorgestellt werden.

3.5.1 Entzündungsreaktionen

Die Entzündung stellt eine Reaktion des Organismus und der Gewebe gegen schädigende Reize dar, mit dem Ziel, diese zu beseitigen oder zu inaktivieren und das geschädigte Gewebe zu reparieren. Auslöser für eine Entzündung können mechanische Reize, chemische Stoffe, Erreger und Stoffwechselprodukte sein. Die klassischen Entzündungszeichen sind Rötung (Rubor), Überwärmung (Calor), Schwellung (Tumor) und Schmerz (Dolor). Der Entzündungsvorgang wird vom Einwandern neutrophiler Granulozyten und Monozyten durch die Gefässwände begleitet mit dem Zweck, den Entzündungsreiz und geschädigte Zellen mittels Phagozytose zu beseitigen. Zudem wandern Lymphozyten-Effektorzellen ein, die zur Bildung spezifischer Antikörper gegen den Entzündungsreiz führen. Durch die bei der Reaktion erfolgende Aktivierung des Komplementsystems werden Komplementfaktoren, wie z. B. Histamin, freigesetzt, die als Mediatoren wirken. Des weiteren wird die Blutgerinnung aktiviert. Fremdkörper lösen eine charakteristische Entzündung und Gewebereaktion (Fremdkörperreaktion) aus, welche die Bildung eines Fremdkörpergranuloms (Bindegewebskapsel) und bei Immunintoleranz eine Abstossungsreaktion zur Folge hat.

3.5.2 Allergische Reaktionen

Unerwünschte Immunreaktionen, die zu einer Schädigung des wirtseigenen Gewebes führen, werden als Überempfindlichkeit oder Allergie bezeichnet. Unter Allergie wird im spezifischen die angeborene oder erworbene spezifische Reaktionsfähigkeit gegen körperfremde Substanzen, die als Allergene erkannt werden, verstanden. Man unterscheidet die nachfolgenden vier Typen allergischer Reaktionen, die zu unterschiedlich ausgeprägten Krankheitsbildern führen können:

Typ I: Anaphylaxie (Überempfindlichkeit vom Soforttyp):
Die Typ I-Reaktion bezeichnet allergische Reaktionen auf Antigene, mit denen der Körper früher schon in Kontakt gekommen war und für die er eine "Erinnerung" besitzt. Das Antigen bindet sich an Antikörper auf der Membran von B-Lymphozyten. Diese Zellen entwickeln sich zu IgE-produzierenden Plasmazellen. Die IgE-Antikörper lagern sich an die Oberfläche einer Mastzelle an. Nach erneutem Kontakt mit demselben Antigen entleeren sich die Granula der Mastzellen. Die dadurch freigesetzten Mediatoren üben verschiedene Wirkungen auf Muskel- und Drüsengewebe aus. Diese Reaktion kann äusserst schnell verlaufen und bereits nach wenigen Minuten Beschwerden verursachen. Zu Reaktionen des Allergietyps I gehört z. B. der Heuschnupfen.

Typ II: Durch Antikörper vermittelte zytotoxische Reaktion:
Die Typ II-Reaktion wird durch die Interaktion zwischen Antigenen, die Membranbestandteile von Zellen sind, und IgM- oder IgG-Antikörper hervorgerufen. Bei

Werkstoffeigenschaften/ Wirkungen	Test	Dauer
Akute Irritation	Okklusiver epikutaner Patch-Test	Ablesung nach 24, 48, 72 h
Chronisch-kumulative Irritation	Kumulativer epikutaner Patch-Test	21 d
Sensibilisierungspotential	Modifizierter Draize-Test nach Marzulli&Maibach	Induktion: 20 d Latenz: 10–14 d
Sensibilisierungspotential	Modifizierter Maximisations-Test nach Kligman&Epstein	Induktion: 15 d Latenz: 10 d
Evozierungspotential	Klassischer Patch (Epikutan-)Test	Ablesung nach 24, 48, 72 und 96 h
Evozierungspotential	Kumulativer epikutaner Patch-Test	21 d

Tabelle 3.8 Überblick über Testverfahren zur Beurteilung der irritativen und allergenen Potenz von Metall-Legierungen, nach [38]

diesem schliesslich zur Schädigung der Zelle führenden Prozess sind Fresszellen oder spezialisierte, zytotoxisch wirkende Lymphozyten beteiligt. Die bekanntesten Formen dieses Allergietyps sind Bluttransfusionsreaktionen.

Typ III: Immunkomplexreaktionen:
Durch die Anwesenheit grosser Mengen von Immunkomplexen (Aggregate aus Antikörpern und Antigenen) im Blutkreislauf oder im Gewebe werden Enzymsysteme, wie z. B. das Komplementsystem, aktiviert und Entzündungszellen stimuliert. Die hierdurch hervorgerufene Entzündungsreaktion kann Schädigung, z. B. der Nieren oder der Lunge, verursachen.

Typ IV: Überempfindlichkeit vom verzögerten Typ:
Die Typ IV-Reaktion wird durch sensibilisierte Lymphozyten hervorgerufen. Diese Zellen produzieren Lymphokine, welche Makrophagen aktivieren und somit eine Entzündungsreaktion auslösen. Beispiel für Typ IV ist die Kontaktallergie auf Metalle, wie z. B. Nickel.

Allergische Reaktionen spielen auch eine Rolle im Kontakt des Körpers mit verschiedenen Metallen. Gering ausgeprägte Reaktionen werden als Irritationen bezeichnet, wobei zwischen akuter und chronischer Irritation unterschieden wird. Dabei ist eine Sensibilisierung mit einem Allergen noch nicht eingetreten. Hat eine Sensibilisierung stattgefunden, kann bei erneuter Exposition des Sensibilisierten eine allergische Reaktion ausgelöst werden, in der Regel eine allergische Kontaktdermatitis. Dem Arzt stehen verschiedene Tests, darunter der klassische Epicutantest, zur Verfügung, um eine allergische Reaktionsbereitschaft des Patienten erkennen zu können und ihn auf mögliche allergische Reaktionen und damit auf eine Gesundheitsgefahr beim Kontakt mit Allergenen hinzuweisen. Tabelle 3.8 gibt einen Überblick über Testverfahren und Testdauer der Verfahren.

3.5.3 Abwehr partikulärer Substanzen, welche über die Atmung in den Körper eingetragen werden

Die Lunge und die Atemwege stellen das primäre Angriffsziel vieler Schadstoffe dar. Der Atmungstrakt besteht aus über 40 verschiedenen Zelltypen, womit es schwierig ist, die zellulären und biologischen Zellfunktionen *in vitro* zu simulieren. Die am meisten untersuchten Zellen sind diejenigen, welche in den direkten Kontakt zu den inhalierten Partikeln gelangen können: die Alveolarmakrophagen, die Typ II Alveolar-Epithelzellen und die nicht mit Zilien versehenen Bronchiolar-Epithelzellen [39]. Je nach Ablagerungsort, Gesundheit der Person und Art der Partikel können diese innerhalb weniger Stunden aus dem Atmungstrakt entfernt werden oder aber über Jahrzehnte am Ort verbleiben. Bei gesunden Menschen können unlösliche Partikel, die sich im Bereich von zilienbesetzten Zellen befinden (Rachen, Luftröhre bis terminale Bronchien), durch Zilienbewegungen (ca. 1000 mal pro Minute) in Richtung Rachen transportiert werden, von wo sie ausgehustet oder verschluckt werden. In den Alveolen, wo die Zellen nicht mit Zilien versehen sind, sind die Alveolarmakrophagen für den Schutz vor Bakterien und Viren und für das Entfernen von unlöslichen Partikeln zuständig. Die beladenen Makrophagen gelangen durch die Atembewegung, Fliessen von Oberflächenfilmen in die Alveolen und durch eigene amöboide Fortbewegung, in die terminalen Bronchien, von wo sie durch Zilienbewegung oralwärts abtransportiert werden. Die Säuberung durch die Alveolarmakrophagen erfolgt relativ langsam. Ein grosser Anteil der inhalierten Partikel bleibt lange in den Alveolen (über 100 Tage), was die Wahrscheinlichkeit der Absorption von Schadstoffen in Alveolarmakrophagen und Epithelzellen und die Aufnahme in Blut und Lymphe erhöht [40].

Mögliche Krankheiten, die in Folge der Exposition von Asbest (Chrysotil, Krokidolit, Amosit, Anthophyllit), natürlichen Silikaten (Talk, Sepiolit, Erionit, Wollastonit, Attapulgit, Vermiculit) und technologisch hergestellten Mineralfasern (Glasfilamente, Isolationsmaterial aus Glas- oder Steinwolle, Keramikfasern) auftreten, sind pleurale Verdickung, Lungenfibrose, Lungenkrebs und andere. Wichtige Faktoren sind Dauer der Exposition, kumulative Exposition, Ursprung und chemische Zusammensetzung, Faserlänge und -querschnitt, Synergien mit anderen Expositionen, wie z. B. beim Rauchen [41].

Inhalation von Flugasche

Die bei der Verbrennung von Abfall entstehenden Gase enthalten Asche, die zum grössten Teil durch Elektrofilter zurückgehalten werden. In einer Kehrichtverbrennungsanlage können die dort beschäftigten Personen in unmittelbaren Kontakt mit der Flugasche kommen, weshalb die Untersuchung dieser Asche unter arbeitshygienischen Aspekten notwendig ist. Die Konzentration von Schadstoffen (z. B. As, Cu, Cd, Ni, Pb, S, Zn) in der Flugasche ist bei kleinen Partikeln umgekehrt proportional zum Partikeldurchmesser [43, 44]. Partikel mit einem Durchmesser grösser als 10 μm werden, wie oben beschrieben, über den Rachen mit dem Speichel in den Magen befördert. Die Absorption von Schadstoffen beträgt im Magen zwischen

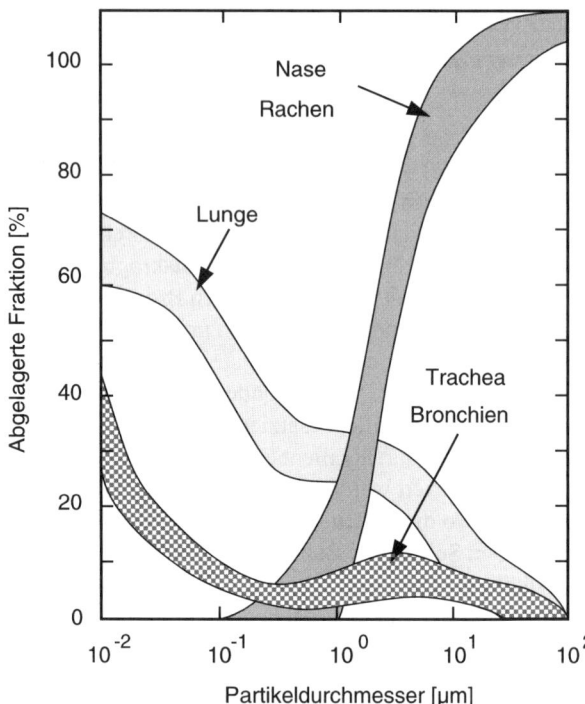

Abb. 3.15 Ablagerungsort inhalierter Partikel im Atmungstrakt. Der grösste Anteil der Partikel mit einem Durchmesser kleiner als 1 μm wird in den Alveolen der Lunge abgelagert [42]

5 und 15%, in den Alveolen hingegen 50 bis 80% (Tabelle 3.9).Flugasche enthält Siliziumdioxid (Quarz) und weitere Substanzen, welche nicht nur die Schleimhaut reizen, sondern auch zu Lungenfibrose führen können [45]. Quarzkörner werden zwar durch die Alveolarmakrophagen phagozytiert, haben aber die Eigenschaft, durch Wechselwirkungen mit Lipoproteinen oder Phosphatestern der Zellmembran deren strukturelle Integrität zu schädigen. Dies führt zur Auflösung der Makrophagen und zum Freiwerden der Quarzpartikel in den Alveolen. Die sich auflösenden Makrophagen geben Substanzen frei, welche die Bildung von Makrophagen mehrere Monate über das Ende der Exposition hinaus anregt. Quarzpartikel führen zu fibrotischen Veränderungen [1]. Über einen längeren Zeitraum hinaus kann es dabei zu Silikose kommen [46, 47].

Wie eine über mehrere Jahre dauernde Studie gezeigt hat, können die negativen Effekte, welche durch Kohleflugaschen bewirkt wurden, reversibel sein. Personen, die beruflich Kohleflugaschen ausgesetzt waren, zeigten Veränderungen in den peripheren Blutlymphozyten. Nach Reduktion der Flugaschenkonzentration in der Luft wurden zwei Jahre später keine neuen Veränderungen mehr nachgewiesen [48].

In vivo-Experimente mit Hamstern zeigten, dass die Anzahl Alveolarmakrophagen von der Konzentration inhalierter Kohleflugasche abhängig ist und dass partikelgeladene Makrophagen sehr lange in den Alveolen verbleiben [49]. Die erhöhte Lactatdehydrogenaseaktivität, welche durch intratracheal an Ratten verab-

3.5 Reaktionen des menschlichen Körpers auf Werkstoffe und Bauteile

Partikelgrösse [µm]	Ort der primären Ablagerung	Verteilung im Körper	Aufnahme [%]
< 1	Lunge (Alveolen)	Blutkreislauf	50–80
> 1	Nase, Rachen, Luftröhre, Bronchien	Zilienbewegung und mit Speichel Verfrachtung in den Magen	5–15

Tabelle 3.9 Aufnahme von Partikeln im Magen und in den Alveolen

reichten Quarz, Flugasche, Glimmer und Korund verursacht wurde, korrelierte mit dem Potential der Fibrosebildung der Stäube in der Reihenfolge: Quarz > Flugasche > Glimmer > Korund [50].

Inhalation von industriell hergestellten Fasern
In den Technischen Regeln für Gefahrenstoffe TRGS 905 (D) „Verzeichnis krebserregender, erbgutverändernder oder fortpflanzungsgefährdender Stoffe" wird eine Klassifizierung natürlicher und künstlicher Mineralfasern vorgenommen [51]:

- *Definition einer gefährlichen Faser (sog. WHO-Fasern):* Länge > 5 µm, Durchmesser < 3 µm, Länge-zu-Breiten-Verhältnis (aspect ratio) > 3:1.
- *Bewertung der Fasern aufgrund des Kanzerogenitätsindexes KI:* Der Kanzerogenitätsindex ergibt sich für die jeweils zu bewertenden Fasern aus der Differenz zwischen der Summe der Massengehalte (in %) der Oxide von Natrium, Kalium, Bor, Calcium, Magnesium, Barium und dem doppelten Massengehalt (in %) von Aluminiumoxid:

$$KI = \sum (Na, K, B, Ca, Mg, Ba)_{Oxide} - (2 \cdot Al_{Oxid})$$

- $KI \leq 30$:
  Es bestehen hinreichende Anhaltspunkte zu der Annahme, dass die Exposition eines Menschen gegenüber dem Stoff Krebs erzeugen kann (GefStoffV, Anhang 1).
- $KI > 30$ und $KI < 40$:
  Stoffe, die wegen möglicher krebserzeugender Wirkung Anlass zur Besorgnis geben.
- $KI \geq 40$:
  keine Einstufung als krebserzeugende Stoffe.

Damit Partikel in die Lunge gelangen können, müssen sie lungengängig sein, d. h. ihr aerodynamisch wirksamer Durchmesser muss so klein sein, dass sie an den Härchen in der Nase und den Flimmerhärchen in den Bronchien vorbeikommen. Bei Fasern wird der aerodynamische Durchmesser wesentlich durch den geometrischen Faserdurchmesser und weniger durch die Faserlänge bestimmt, da sie das Bestreben haben, sich parallel zum Luftstrom auszurichten [52]. Auf dem mehrfach verzweigten Weg in die Alveolen können die Fasern die Wand der Bronchien perforieren, was zu einer lokal erhöhten Faserkonzentration und zu ausgeprägten bindegewebigen Reaktionen führt. Die Wahrscheinlichkeit, dass die Fasern in die Alveolen gelangen, ist dann am grössten, wenn das Atemzugvolumen hoch, die

Atemstromstärke niedrig und die Zeit zwischen Ein- und Ausatmen lang ist. Die Elimination von Fasern aus dem Atmungstrakt kann über mehrere Wege erfolgen:

- Mukoziliäres System (Schleimhäute, Zilien): Die Schleimhäute und zilienbesetzten Zellen transportieren die Fasern in Richtung Rachen, von wo aus sie über den Speichel in den Magen transportiert werden. Die Halbwertszeit des Abtransports von Fasern über das mukoziliäre Klärsystem oralwärts liegt in der Grössenordnung von Stunden.
- Makrophagen: In den Alveolen werden die Fasern durch Makrophagen phagozytiert und z. T. zu den terminalen Bronchien transportiert und von dort ebenfalls über das mukoziliäre Klärsystem abgeführt. Eine andere Möglichkeit ist der Abtransport über die Lymphgefässe (Halbwertszeit beträgt einige Wochen).

Sind die Fasern kurz, können sie phagozytiert werden, sind sie jedoch sehr lang, bleiben sie beim Ausatmen in den Alveolen hängen. Ist die Länge der Fasern grösser als der Durchmesser der Makrophagen, so sterben diese ab, denn, wie im Falle des Asbests, beschädigen die Fasern ihre Zellmembran. Durch die Membranverletzung werden zytotoxische Substanzen wie z. B. Proteasen, Oxidantien und lysosomale Enzyme freigesetzt, welche der Zerstörung von Bakterien und Viren innerhalb der Makrophagen dienen. Diese Substanzen und die durch die gleichzeitige Aktivierung der Makrophagen beim Fressvorgang abgegebenen Mediatoren führen zur Akkumulation von Entzündungszellen und Fibroblasten in der Lunge. Im fortgeschrittenen Prozess kann es dabei zur Narbenbildung und Entstehung von Tumoren kommen.

Eine vergleichende Untersuchung von technologisch hergestellten und natürlichen Fasern zeigte drei Prozesse für die Säuberung der Lunge von Fasern: Transport der kurzen Fasern durch die Makrophagen, Zerbrechen der Fasern in kleinere Bruchstücke und die Auflösung der Fasern im Körper. Bei Fasern mit einer Länge kleiner als 2.5 µm war der Transport durch Makrophagen ausschlaggebend. Die bevorzugte Art der Elimination ist abhängig von der chemischen Zusammensetzung, des pH-Wertes und der Grössenverteilung der Fasern [53–55].

Nach Pott [56] ist die Beständigkeit der Fasern ein wesentlicher Faktor für ihr kanzerogenes Potential, da sie die Dauer bestimmt, in der die Partikel ihre Fasergeometrie beibehalten. Somit spielen Fasertyp, Faserlänge, Zahl der Fasern und Dauer des Verbleibs in der Lunge eine wichtige Rolle bei der Ausbildung eines möglichen Krankheitsbildes, welches nach Jahren mit häufig invalidisierendem oder tödlichem Ausgang enden kann [47].

3.5.4 Asbestproblematik

Asbest wurde wegen seiner Verspinnbarkeit, der Beständigkeit und der schlechten elektrischen Leitfähigkeit beispielsweise für folgende Anwendungen eingesetzt: feuerfeste Schutzkleidung, Dochte, Filter für die chemische Industrie, Asbestzement (Eternit®), Spritzasbest für die Isolation sowie für den Brandschutz von Wänden und Decken von Schiffen und Stahlteilen im Hochbau, Kanalrohre für Trinkwasser und

3.5 Reaktionen des menschlichen Körpers auf Werkstoffe und Bauteile

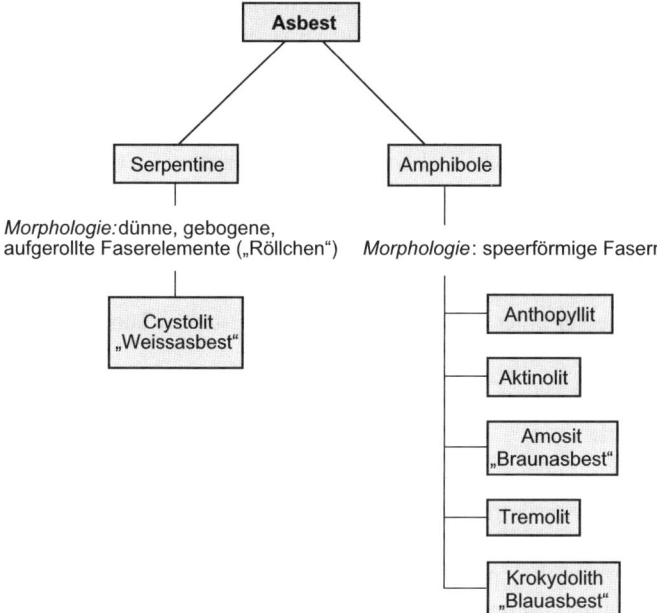

Abb. 3.16 Asbest ist die Bezeichnung einer Familie von Silikaten mit typischer Fasermorphologie, d. h. das Verhältnis zwischen Länge und Dicke ist grösser als 3 : 1. Unter der Bezeichnung Asbest werden sechs chemisch und physikalisch verschiedene Mineralien zusammengefasst [47]

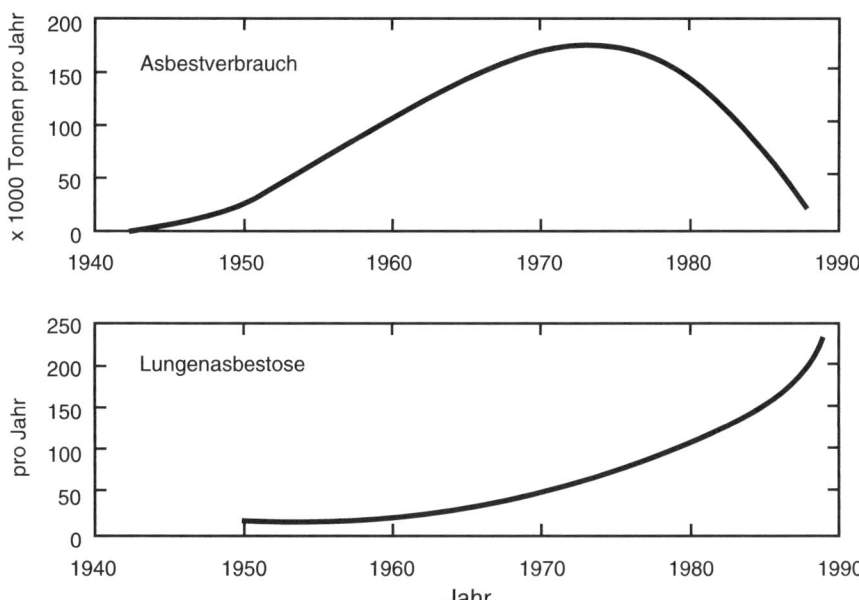

Abb. 3.17 Gegenüberstellung von industriellem Asbestverbrauch in den letzten 50 Jahren in Deutschland und der Zahl der anerkannten Lungenasbestosen [47]

Abwasser[1], Brems- und Kupplungsbeläge im Maschinen- und Fahrzeugbau [52]. Bereits im Jahr 1900 wurde erstmals in Grossbritannien der Zusammenhang einer Asbestbelastung und einer tödlich verlaufenden Lungenverhärtung (Asbestose) nachgewiesen, 1933 wurde Lungenkrebs als Folge von Asbesteinwirkung bereits genannt. Infolge der langen Latenzzeiten – der Zeit zwischen Exposition und der Manifestation einer Krankheit – können bei der Asbestose im Durchschnitt 17 Jahre und beim Lungenkrebs 30 Jahre betragen, d. h. die Zahl der Asbesterkrankungen wird, wie Abb. 3.17 am Beispiel der Asbestose zeigt, in den kommenden Jahren zunehmen. Eine wichtige Ursache für die bösartige Entwicklung der Asbestose liegt hauptsächlich in der Geometrie der Asbestfasern: Fasern mit Längen um 20 µm und einem Durchmesser unter 0.2 µm führen am häufigsten zu Tumoren [52].

3.6 Ausblick

Weltweit werden ausserordentliche Anstrengungen im Bereich der Biokompatibilitätstestung unternommen, um mit Labormethoden, namentlich mit Methoden des *Tissue Engineering*, komplexe Aussagen über die Verträglichkeit von Werkstoffen erzielen zu können. Im besonderen wird daran gedacht, die bisher unbefriedigende Situation der mangelnden Extrapolation von Zellkulturergebnissen auf *in vivo*-Anwendungen zu übertragen. *Tissue Engineering*, darunter wird die ingenieursmässige Behandlung und Beeinflussung von Zell- und Gewebekulturen verstanden, wird in der Zukunft dazu beitragen, einerseits anspruchsvolle Labor-Testsysteme zu erhalten und andererseits Organoide und Histoide vorzubereiten. Besonders attraktiv erscheint die Verfügbarkeit von genetisch veränderten Zellen, auf die ein Empfängerorganismus ohne adäquate Immunantwort reagiert und damit vermutlich eine unbegrenzte Anzahl von spezifischen Zellen, die transplantiert werden können, zur Verfügung steht. Bei all diesen Forschungsansätzen sind unbedingt strenge ethische Grundsätze zu berücksichtigen und bisherige Erfahrungen in der Beurteilung von Tierversuchen einzubeziehen. *Tissue Engineering* sollte in Zukunft dazu führen, nützliche neue Therapien und Tests hervorzubringen, jedoch nicht, weder bei den involvierten Forschern noch in der Bevölkerung, zu einer Verschärfung ethischer Diskussionen beizutragen. Die frühzeitige Einbeziehung der Öffentlichkeit und eine substantielle Aufklärung können massgeblich dazu beitragen, dass Missverständnisse nicht entstehen und die Bevölkerung solcher Forschung wohlwollend und unterstützend gegenübersteht. Am Ende sollen Kranke therapiert werden und im besonderen soll präventiv eingegriffen werden können, indem beispielsweise Organe, die im Laufe der Jahre zu versagen drohen, rechtzeitig mit funktionellem Organersatz unterstützt werden, damit sie sich erholen können und damit katastrophale Ergebnisse, nämlich der frühzeitige Tod des Individuums verhindert werden

---

[1] Im Unterschied zu Asbestfasern in der Atemluft werden Asbestfasern im Wasser nicht als gesundheitsschädlich angesehen (Stand 1993), es wird aber dennoch eine Substitution durch andere Materialien angestrebt [57].

3.6 Ausblick

kann. Diese Art der Forschung wird in den meisten klinischen Disziplinen angeboten werden können, z. B. in der orthopädischen Chirurgie, falls Sandwiches, die aus Knorpel- und Knochenschichten bestehen, auf erkrankte artikulierende Gelenkflächen aufgebracht werden und damit umfangreiche, bis heute biomechanisch unbefriedigende Endoprothesenlösungen umgangen werden. In anderen Fällen könnte geholfen werden, wenn frühzeitiger Leberersatz möglich wäre, um ein Leberkoma und lange sowie frustrierende Wartezeiten für Patienten zu verhindern, die auf ein Ersatzorgan, das auf kostspieligen internationalen Wegen herbeigeschafft werden muss, warten. Zahlreiche andere Beispiele liessen sich nennen, die alle die Anstrengungen unterstützen, eine Forschung im Bereich des *Tissue Engineering* voranzutreiben.

3.7 Literatur

1. Pschyrembel, Klinisches Wörterbuch, 251, Walter de Gruyter, Berlin, 1990.
2. Wintermantel E., Inauguration lecture, ETH-Zürich, Switzerland, 1993.
3. Schenk R.K., Bone response to grafts and implants, in Perspectives on biomaterials, Materials science monographs, Lin O.C.C., Chao E.Y.S. (eds.), Elsevier, Taipei, Taiwan, 1986, p. 121–136.
4. Williams D.F., Consensus and definitions in biomaterials, in Advances in biomaterials, 8, de Putter C., de Lange K., de Groot K., Lee A.J.C. (eds.), Elsevier Science Publishers B.V., Amsterdam, 1988, p. 11–16.
5. Black J., Systemics effects of biomaterials, Biomaterials, 5, 1984, p. 11 ff.
6. Hench L.L., Wilson J., An introduction to bioceramics, 1–24, World Scientific Publishing Co. Pte. Ltd., Singapore, 1993.
7. Hench L.L., Bioceramics: from concept to clinic, Journal of the American Ceramic Society, 74, 7, 1991, p. 1487–1510.
8. Osborn J.F., The biological profile of hydroxyapatite ceramic with respect to the cellular dynamics of animal and human soft tissue and mineralized tissue under unloaded and loaded conditions, in Biomaterials degradation, Barbosa M.A. (ed.), Elsevier Science Publishers B.V., 1991, p. 185–225.
9. Osborn J.F., Physiologische Verankerung von belasteten Endoprothesen durch Verbundosteogenese – Ergebnisse humanhistologischer Auswertung hydroxylapatitbeschichteter Titanschäfte, in Neuere Ergebnisse in der Osteologie, Willert H.G., Heuck F.H.W. (eds.), Springer-Verlag, Heidelberg, 1989, p. 358–364.
10. Folkman J., Tucker R.W., Cell configuration, substrate and growth control, in Cell surface, mediator of developmental processes, Subtellny S., Wessells N.K. (eds.), Academic Press, New York, NY, 1980.
11. Silver F., Doillon C., Biocompatibility – Interactions of biological and implantable materials, 1, VCH Publishers, Inc., New York, 1989.
12. Freshney R.I., Three-dimensional culture systems, in Culture of animal cells, Freshney R.I. (ed.), Alan R. Liss Inc., New York, 1987, p. 297–307.
13. Eagle H., The specific amino acid requirements of mammalian cells (stain L) intissue culture, J. Biol. Chem., 214, 1955, p. 839.
14. Moore G.E., Gerner R.E., Franklin H.A., Culture of normal human leukocytes, J. Am. Med. Assoc., 199, 1967, p. 519–524.
15. Kleinig H., Sitte P., Zellbiologie, 3rd Edition, Gustav Fischer Verlag, Stuttgert, Germany, 1992.
16. ISO 10993-5, Biological testing of Medical Devices – Part 5: Tests for Cytotoxicity, in vitro methods, 1991.
17. Pizzoferratto A., Ciapetti G., Stea S., Cenni E., Arciola C.R., Granchi D., Savariono L., Cell culture methods for testing biocompatibility, Clinical Materials, 15, 1994, p. 173–190.
18. Theory of the Coulter Counter® – Bulletin T-1, Coulter electronics Ltd., Luton, England, 1957.
19. Labarca C., Paigen K., A simple, rapid, and sensitive DNA assay procedure, Anal. Biochem., 102, 1980, p. 344–352.
20. Brunk C.F., Jones K.C., James T.W., Assay for nanogram quantities of DNA in cellular homogenates, Anal. Biochem., 92, 1979, p. 497–500.
21. Bradford M., A rapid and sensitive method for the quatitation of microgram quantities of protein using the principle of protein-dye binding, Anal. Biochem., 72, 1976, p. 248–254.
22. Jacobson M.S., Parkman R., Button L.N., The toxicity of human serum stored in flexible polyvinylchloride containers on human fibroblast cell cultures, Res. Commun. Chem. Pathol. Pharmacol., 9, 1974, p. 315.
23. Grasso P., Gaydon J., Hendy R.J., The safety testing of medical plastics. II An assessment of lysosomal changes as an index of toxicity in cell cultures, Food. Cosmet. Toxicol., 11, 1973, p. 255.

3.7 Literatur

24. Neupert G., Thieme V., Hofmann H., Berger G., Adhesion, spreading and growth of animal cells on the surface of glass ceramic Ap40 – a contribution to the cell compatibility of dental permanent hard tissue implants, Exp. Pathol., 25, 1984, p. 51.
25. Murphy W.M., Biocompatibility of some endodontic materials in vivo and in vitro, in Biocompatibility of implant materials, Williams D. (ed.), Sector Publishing, London, 1976.
26. Borenfreund E., Puerner J.A., Toxicity determination in vitro by morphological alterations and neutral red absorption, Toxicology Letters, 24, 1985, p. 119–124.
27. Mosmann T., Rapid calorimetric assay for cellular growth and survival: application to proliferation and cytotoxicity assays, J. Immunol. Methods, 65, 1983, p. 55–63.
28. DiPaolo J.A., In vitro test systems for cancer chemotherapy. III Preliminary studies of spontaneous mammary tumors in mice, Cancer Chemother., 44, 1965, p. 19–24.
29. Holden H.T., Lichter W., Sigel M.M., Quantitive methods for measuring cell growth and death, in Tissue culture methods and applications, Kruse Jr. P.F., Patterson M.K. (eds.), Academic Press, New York, 1973, p. 408–412.
30. Guess W.L., Rosenblath S.A., Schmidt B., Autian J., Agar diffusion method for toxicity screening of plastics on cultured cell monolayers, J. Pharm. Sci., 54, 1965, p. 1545.
31. Dillingham E.O., Primary acute toxicity screen for biomaterials: Rationale, in vitro/in vivo relationship and interlaboratory performance, in Cell-culture test methods, Brown S.A. (ed.), ASTM special technical publication 810, Philadelphia, PA, 1983, p. 51–70.
32. Wilsnack R.E., Quantitative cell culture biocompatibility testing of medical devices and correlation to animal tests, Biomater. Med. Devices Artif. Organs, 4, 1976, p. 235.
33. BSI, Evaluation of medical devices for biological hazards, BS 5736, London, 1981.
34. Petitmermet M., Favre A., Shah B., Rösler U., Mayer J., Wintermantel E., Toxicity screening of waste products using cell culture techniques, in Monitoring and Verification of Bioremediation, 3, Hinchee R.E., Douglas G.S., Ong S.K. (eds.), Battelle Press, Columbus, Ohio, USA, 1995, p. 223–232.
35. Ames B.N., Identifying environemental chemicals causing mutations and cancer, Science, 204, 1980, p. 587–593.
36. Müller-Lierheim W.G.K., cytotoxicity tests in the biological evaluation of medical devices, in Medical textiles for implantation, Planck H., Dauner M., Renardy M. (eds.), Springer verlag, Berlin, Germany, 1990, p. 77–84.
37. Rae T., Tissue culture techniques in biocompatibility testing, in Techniques of biocompatibility testing, II, Williams D.F. (ed.), CRC Press, Inc., Boca Raton, FL, USA, 1986, p. 81–93.
38. Elsner P., Nickelallergie im Spannungsfeld von Metallkunde, Medizin und Gesetzgebung, Zürich, Schweiz, 1995.
39. Nemery B., Hoet P.H.M., Use of isolated lung cells in pulmonary toxicology, Toxicology in Vitro, 7, 4, 1993, p. 359–364.
40. van Houdt J.J., Indoor and outdoor airborne particles – an in vitro study on mutagenic potential and toxicological implications, Landbouwhogeschool Wageningen, 1988.
41. Merchant J.A., Human epidemiology: A review of fiber type and characteristics in the development of malignant and nonmalignant disease, Environmental Health Perspectives, 88, 1990, p. 287–293.
42. Davison R.L., Natusch D.F.S., Wallace J.R., Trace elements in fly ash, Environmental Science & Engineering, 8, 13, 1974, p. 1107–1113.
43. Natusch D.F.S., Wallace J.R., Toxic trace elements: Preferential concentration in respirable particles, Science, 183, 1974, p. 202–204.
44. Dettwiler B., Aufbereitung von KVA-Rückständen mittels Extraktion, Öffentliches Symposium des koordinierten Projektes "Rückstandsbehandlung", ETH Hönggerberg, 1995.
45. Cho K., Cho Y.J., Shrivastava D.K., Kapre S.S., Acute lung disease after exposure to fly ash, Chest, 106, 1994, p. 309–311.
46. Miller K., Mineral dusts: asbestos, silica and others, in Principles and Practice of Immunotoxicology, Miller K., Turk J., Nicklin S. (eds.), Backwell Scientific Publications, Oxford, 1992.
47. Konietzko N., Teschler H., Asbest und Lunge, Steinkopff Verlag, Darmstadt, 1992.

48. Stierum R.H., Hageman G.J., Welle I.J., Albering H.J., Schreurs J.G., Kleinjans J.C., Evaluation of exposure reducing measures on parameters of genetic risk in a population occupationally exposed to coal fly ash, *Mutation Research*, 319, 4, 1993, p. 245–255.
49. Negishi T., Nishimura I., Lung free cells following short-term inhalation of coal fly ash particles in golden hamsters, *Jikken-Dobutsu*, 42, 1, 1993, p. 51–59.
50. Bajpai R., Waseem M., Gupta G.S., Kaw J.L., Ranking toxicity of industrial dusts by bronchoalveolar lavage fluid analysis, *Toxicology*, 73, 2, 1992, p. 161–167.
51. Technische Regeln für Gefahrenstoffe, Verzeichnis krebserzeugender, erbgutschädigender oder fortpflanzungsgefährdender Stoffe, *TRGS 906*, 1994.
52. Privalova L.I., Kislitsina N.S., Sharapova N.E., Katsnelson B.A., Experimental study on risk factors of pneumoconiosis caused by dust in the industry of new construction materials containing glass and coal waste, *Med Tr Prom Ekol*, 8, 1994, p. 8–12.
53. Bellmann B., Muhle H., Kamstrup O., Draeger U.F., Investigation on the durability of man-made vitreous fibers in rat lungs, *Environmental Health Perspectives*, 102 Suppl 5, 1994, p. 185–189.
54. Bauer J.F., Law B.D., Hesterberg T.W., Dual pH durability studies of man-made vitreous fiber (MMVF), *Environmental Health Perspectives*, 102 Suppl 5, 1994, p. 61–65.
55. Davis J.M., The role of clearance and dissolution in determining the durability or biopersistence of mineral fibers, *Environmental Health Perspectives*, 102 Suppl 5, 1994, p. 113–117.
56. Pott F., Roller M., Kamino K., Bellmann B., Significance of durability of mineral fibers for their toxicity and carcinogenic potency in the abdominal cavity of rats in comparison with the low sensitivity of inhalation studies, *Environmental Health Perspectives*, 102 Suppl 5, 1994, p. 145–150.
57. Linster W., Schmidt A., *Asbest – Kompendium für Betroffene, Planer und Sanierer*, Verlag C.F. Müller, Karlsruhe, 1993.
58. Eblenkamp, M., Persönliche Mitteilung, München 2007
59. Schwarzbauer J.E., Fibronectin: from gene to protein, *Curr. Opin. Cell Biol.*, 3, 1991, p. 786–791.

4 Biofunktionalität

S.-W. Ha, E. Wintermantel

Unter Biofunktionalität wird die Substitution einer oder mehrerer Funktionen im biologischen System durch ein technisches System verstanden. Nachfolgend sind einige typische Beispiele angegeben.

4.1 Lastübertragung

Die Hauptfunktion von Werkstoffen, die im Skelett eingesetzt werden, besteht in der Lastübertragung. Um die Funktion des Knochens zu unterstützen, sind eine ausreichende Steifigkeit, Festigkeit und eine genügend hohe Zähigkeit des eingesetzten Werkstoffes sowie eine gute Implantatstabilisierung im Empfängergewebe Voraussetzungen für die Biofunktionalität lasttragender Implantate. Für die optimale Funktionsfähigkeit lasttragender Implantate über einen längeren Zeitraum ist ihre Dauerfestigkeit sehr wichtig. Die tatsächliche Bauteilfestigkeit wird durch Prüfung mit simulierten Belastungsabläufen am Implantat ermittelt, da so zahlreiche Einflussgrössen berücksichtigt werden können. Biochemische Abläufe sind dabei jedoch schwer oder gar nicht simulierbar, so dass auch durch einen Dauerversuch nicht alle Unsicherheiten hinsichtlich des tatsächlichen Bauteilverhaltens im Patienten ausgeräumt sind. Die Dauerfestigkeit ist in erheblichem Masse von der Oberflächenbeschaffenheit abhängig. Sie kann bei Metallen, z. B. durch das Einbringen von Druckeigenspannungen in die Oberfläche mittels Kugelstrahlen, erhöht werden. Um Versagen durch Ermüdung zu verhindern, ist die Dimensionierung und Gestaltung der Implantate ebenso von Bedeutung. In der Konstruktion müssen Kerbwirkungen und Spannungskonzentrationen möglichst vermindert werden. Die Krafteinleitung in den Knochen soll möglichst physiologisch geschehen – im Sinne der Strukturkompatibilität von Werkstoff und Bauteil.

Bestandteil	Konzentration [g/l]
Proteine (total)	18
Lipide (total)	2.4
Phospholipide	0.8
Urate	0.016
Glucose	0.66
Hyaluronat	2–4

Tabelle 4.1 Zusammensetzung der Synovialflüssigkeit, nach [2]. Damit wird im Gelenk ein Reibungskoeffizient von 0.002 erreicht

4.2 Gelenkersatz

Natürliche Gelenke werden durch die Synovialflüssigkeit (Tabelle 4.1) geschmiert. Dies ergibt in Kombination mit dem Knorpel einen sehr günstigen Reibungskoeffizienten, der durch synthetische Werkstoffe und technische Bauteile nur unter extremen Bedingungen zu erreichen ist und die im Körper nicht realisierbar sind. Bei der Entwicklung von Gelenkprothesen sind geringe Reibung zwischen den Gleitpartnern und möglichst kein Abrieb gefordert. Um dies zu erreichen, wählt man bei vielen Gelenkimplantaten die Kombination eines sehr harten Werkstoffs, üblicherweise Metalle oder oxidkeramische Werkstoffe mit einer polierten Oberfläche, und einem weichen Gleitpartner, in der Regel einem Polymer [1].

4.2.1 Tribologie

Die Tribologie ist die Lehre von den Wechselwirkungen zwischen sich berührenden und gegeneinander bewegenden Grenzflächen von Festkörpern. Im allgemeinen tritt dabei ein Widerstand auf, der als *Reibung* bezeichnet wird. Diese kann durch Modifikation der Grenzflächen, z. B. durch *Schmierung*, vermindert werden. Bei schlechter Schmierung tritt in der Regel *Verschleiss* auf. Die Tribologie befasst sich mit der Untersuchung dieser drei Phänomene: Reibung, Schmierung und Verschleiss. Das tribologische Verhalten eines Werkstoffes kann nicht durch einzelne physikalische oder chemische Parameter allein beschrieben werden. Tribologische Prozesse werden deshalb in einem sogenannten Tribosystem betrachtet, das die im Zusammenhang auftretenden Einflussgrössen zusammenfasst. Tribologische Untersuchungen zielen auf die Betrachtung der Oberfläche und der oberflächennahen Schichten. Oberflächentopographie und -spannung sowie die mechanischen und thermischen Eigenschaften des Werkstoffes sind dabei von besonderer Bedeutung für tribologische Betrachtungen.

4.2 Gelenkersatz

Materialkombination	Schmierung	μ
Gummireifen/ Beton	keine (trocken) Wasser	0.7 0.5
CoCr/ CoCr	keine (trocken) Serum Synovia	0.55 0.13 0.12
CoCr/ Polyethylen (UHMWPE)	Serum	0.08
Leder/ Holz	keine (trocken)	0.4
Al_2O_3/ Al_2O_3	Ringerlösung	0.1–0.05
Stahl/ Stahl Stahl/ UHMWPE Stahl/ Eis	keine (trocken) keine (trocken) Wasser	0.3–0.5 0.1 0.01
Knorpel/ Knorpel (natürliches Hüftgelenk)	Synovia Ringerlösung	0.002 0.01–0.005

Tabelle 4.2 Reibungskoeffizienten μ unterschiedlicher Materialkombinationen. Der extrem niedrige Reibungskoeffizient in natürlichen Gelenken von μ = 0.002 wird nur von wenigen synthetischen Werkstoffkombinationen (z. B. bei Rollreibung mit Fettschmierung) erreicht [2]

4.2.2 Reibung

Die Reibung wirkt der Relativbewegung von sich gegenseitig berührenden Körpern entgegen. Der Reibungskoeffizient μ, der das Verhältnis zwischen Reibungskraft und der Kraft senkrecht zur Grenzfläche bezeichnet, nimmt Werte zwischen 0 und 1 an. Er wird hauptsächlich durch die chemische Zusammensetzung der Grenzflächen, die Oberflächenrauhigkeit sowie durch das Auftreten und die Art der Schmierung beeinflusst. In Tabelle 4.2 sind die Reibungskoeffizienten μ für unterschiedliche technische Materialkombinationen dem natürlichen Hüftgelenk gegenübergestellt.

4.2.3 Schmierung

Die Schmierung bewirkt durch Ausbildung eines dünneren Filmes oder einer dickeren Schicht die Separation zweier Grenzflächen und somit eine Reduktion von Reibung und Verschleiss. Je nach Art und Grösse dieser Grenzflächenseparation werden unterschiedliche Schmierprozesse definiert (Tabelle 4.3).

4.2.4 Verschleiss

In einem tribologischen System treten meist mehrere Verschleissmechanismen gleichzeitig in unterschiedlichen Anteilen auf. Diese Anteile können sich während

Schmierprozess	Separation der Grenzflächen [mm]	Charakteristik
Hydrodynamische Schmierung	10^{-2} bis 10^{-3}	Durch die gegenseitige Bewegung zweier Grenzflächen wird ein kontinuierlicher Schmierfilm gebildet. Die Reibungsarbeit wird vollständig durch viskoses Fliessen des Schmierfilms aufgenommen.
Elastohydrodynamische Schmierung	10^{-3} bis 10^{-4}	Aufgrund der geringen Grenzflächenseparation kann durch die Bewegung der einen Grenzfläche Kraft auf die andere übertragen werden.
„Squeeze Film Lubrication"	10^{-2} bis 10^{-4}	Sie tritt sowohl bei hydrodynamischen wie bei elastohydrodynamischen Bedingungen auf. Die Schmierung ist genug viskos, um bei temporär erhöhten Normallasten elastisch nachzugeben.
„Boundary Lubrication"	$< 10^{-4}$	Adsorbate auf der Oberfläche, die Reibung und Abrasion senken, ohne als schubkraftverminderndes Interface (d. h. ohne Einfluss auf die Reibeigenschaften der Gleitpartner) zu wirken.

Tabelle 4.3 Klassifizierung der Schmierungsprozesse [2, 3]

der Beanspruchungsdauer verändern. Verschleiss äussert sich im Auftreten von losgelösten Partikeln sowie in Veränderungen der Topographie. Als Hauptmechanismen lassen sich Verschleiss durch Adhäsion, Abrasion, Oberflächenermüdung und durch tribochemische Reaktionen unterscheiden (Abb. 4.1).

Abrieb durch Verschleiss entsteht, wenn die härtere Oberflächenstruktur eines Körpers die äussere Grenzschicht des Reibpartners durchdringt, und es im Verlauf der Gleitbewegung zur Bildung neuer Oberflächen und zur Abtragung von Verschleisspartikeln kommt. In vielen Untersuchungen wurden in Grösse und Form stark variierende Abriebpartikel gefunden. Daraus schloss man, dass unterschiedliche Verschleissprozesse gleichzeitig ablaufen und sowohl mechanische wie auch chemische Beanspruchung Einfluss auf die Art der gebildeten Partikel nehmen [2].

4.3 Transport von Flüssigkeiten

Der Transport von Flüssigkeiten im menschlichen Körper findet hauptsächlich im Blutgefäss-System, im Lymphsystem, in den Harnwegen sowie im Hirn und Rückenmark statt. Andere Orte des Flüssigkeitsaustausches sind beispielsweise der Zwischenzellraum und die Sekretbildung der Drüsen. Beim Bluttransport im kardiovaskulären System werden folgende Funktionen unterschieden:

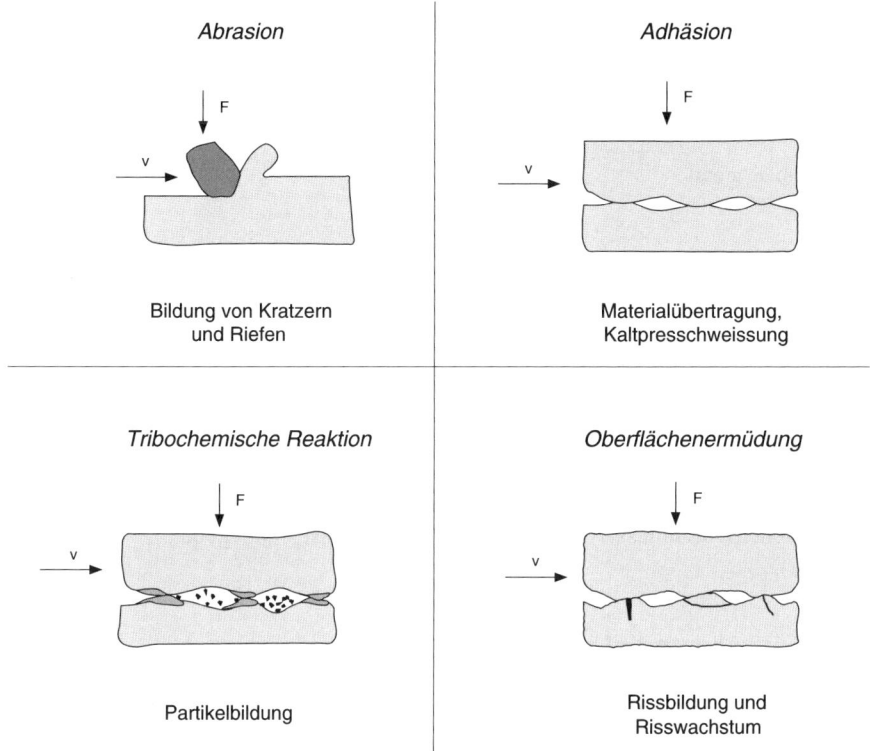

Abb. 4.1 Erscheinungsform der vier Hauptverschleissmechanismen, modifiziert nach [3,4]

Funktion	Organ
Pumpen	Herzmuskel
Blutleitung	Arterien, Venen
Kontrolle der Strömungsrichtung	Herz- und Venenklappen

Aufgrund des relativ einfachen Aufbaus des Blutgefäss-Systems existieren eine Reihe von Implantaten, die einen Teil des Pumpsystems (Herzschrittmacher, LVAD = left ventricular assist device, RVAD = right ventricular assist device), den Blutfluss (künstliche Blutgefässe) und die Kontrolle der Strömungsrichtung (künstliche Herzklappen) teilweise oder ganz ersetzen können. Die Funktionen, die ein Werkstoff im kardiovaskulären System zu erfüllen hat, erscheinen beim ersten Anblick relativ einfach. Tatsächlich leben viele Menschen mit einfach gestalteten künstlichen Herzklappen und künstlichen Blutgefässen, die sich auch über Jahre hinweg bewährt haben. Eine genauere Betrachtung der Fluidmechanik des Blutgefäss-Systems sowie die Berücksichtigung des komplexen Aufbaus von natürlichen

Blutgefäss	Durchmesser
Vena cava	30 mm
Aorta	25 mm
Vene (mittelgross)	5 mm
Arterie (mittelgross)	4 mm
Arteriole	50 µm
Venole	20 µm
Kapillarie	8 µm

Tabelle 4.4 Durchschnittliche Aussendurchmesser natürlicher Blutgefässe im menschlichen Körper, nach [5]

Arterien und Venen und der Zusammensetzung des Blutes erschweren jedoch die exakte Replikation der natürlichen Strukturen. In Tabelle 4.4 sind Beispiele durchschnittlicher Durchmesser von natürlichen Blutgefässen angegeben.

4.4 Optische und akustische Übertragung

Die Beeinträchtigung des Sehvermögens aufgrund von Kurz- oder Weitsichtigkeit sowie Hornhautverkrümmung kann in der Regel durch das Tragen einer Brille behoben werden. Aus ästhetischen oder funktionellen Gründen werden jedoch zunehmend Kontaktlinsen getragen [6]. Die Hauptfunktion einer Kontaktlinse ist die Transmission und Brechung von sichtbarem Licht. Zudem muss die Kontaktlinse eine genügende Sauerstoffversorgung der Cornea gewährleisten. Bei Auftreten einer Katarakt (grauer Star), die durch Trübung der Augenlinse zu einem Verlust der Transparenz führt oder bei Fehlen der Augenlinse (Aphakie) kann das Sehvermögen durch Implantation einer intraokularen Linse verbessert werden. Hörschäden, beispielsweise durch die Zerstörung der Knochenstrukturen innerhalb des Mittelohrs (Gehörknöchelchen), können durch Mittelohrimplantate teilweise behoben werden, wobei der Aufbau dieser Implantate relativ einfach ist [7].

4.5 Kontrolle der Freisetzung von Arzneistoffen

Ein sehr wichtiges Gebiet in der Medizin und in der Pharmazie stellt die Entwicklung von Werkstoffen und Trägersystemen für die kontrollierte Freisetzung von Arzneistoffen dar (*controlled drug-delivery systems*). Hierbei treten in der Regel osmotische oder diffusionsgesteuerte Mechanismen auf, die durch Membranen, degradierbare Matrices oder Mikroprozessoren kontrolliert werden [8, 9].

4.6 Literatur

1. Williams D.F., Biofunctionality and biocomptability, in Materials science and technology, a comprehensive treatment, 14 -Medical and dental materials, Williams D.F. (ed.), VCH Verlag, Weinheim, 1992, p. 1-27.
2. Black J., Biological performance of materials, Marcel Dekker, Inc., New York, 1992.
3. Freitag E., The tribology of biocompatible materials, in Biocompatible materials engineering, Wintermantel E. (ed.), Vorlesungsskript, ETH Zürich, Zürich, 1991, p. 164-200.
4. Müller H., Werkstoffuntersuchungen, in Systematische Beurteilung technischer Schadensfälle, Lange G. (ed.), 3. Edition, DGM Informationsgesellschaft Verlag, 1992, p. 19-43.
5. Silver F.H., Biological materials: Structure, mechanical properties and modeling of soft tissues, New York University Press, New York, 1987.
6. Garr-Peters J.M., Ho C.S., Critical reviews in biomedical engineering, 14, 1987, p. 288-372.
7. Grote J.J., Biomaterials in otology, Martinus Nijhoff, Boston, 1984.
8. Pickup J.C., Implantable insulin delivery system, in Current perspectives on implantable devices, 1, Williams D.F. (ed.), J.A.I. Press, London, 1989, p. 181-202.
9. Langer R.S., Peppas N.A., Present and future applications of biomaterials in controlled drug delivery systems, Biomaterials, 2, 1981, p. 201 ff.

5 Sterilisation

S.-W. Ha, M. Koller, G. Göllner

5.1 Einleitung

Ein steriles Medizinprodukt ist frei von lebensfähigen Mikroorganismen. Von den internationalen Normen, die Anforderungen an die Validierung und Routineüberwachung von Sterilisationsverfahren festlegen, wird für sterile Medizinprodukte verlangt, dass jede zufällige mikrobielle Kontamination eines Medizinproduktes bereits vor der Sterilisation so gering wie möglich gehalten werden soll. Dennoch können auch Medizinprodukte, die unter üblichen Herstellungsbedingungen in Übereinstimmung mit den Anforderungen an Qualitätssicherungssysteme gefertigt oder die im Zuge in einer Einrichtung des Gesundheitswesens einem Reinigungsverfahren unterzogen wurden, vor der Sterilisation mit Mikroorganismen, wenn auch in geringen Anzahl, behaftet sein. Mittels Inaktivierung der mikrobiellen Kontamination können diese unsterilen Produkte in den sterilen Zustand überführt werden. Die Zeit, die für die Inaktivierung einer Reinkultur von Mikroorganismen mit physikalischen oder chemischen Mitteln, die bei der Sterilisation von Medizinprodukten eingesetzt werden, wird durch eine exponentielle Beziehung zwischen der Anzahl der überlebenden Mikroorganismen und dem Umfang der Behandlung mit dem Sterilisiermittel beschrieben. Demnach besteht immer eine begrenzte Wahrscheinlichkeit, dass ein Mikroorganismus, unabhängig vom Umfang des angewendeten Verfahrens, überleben kann. Für eine gegebene Behandlung wird die Wahrscheinlichkeit des Überlebens durch die Anzahl und Resistenz der Mikroorganismen sowie die Umgebung, in der sich die Mikroorganismen während der Sterilisation befinden, bestimmt. Daraus folgt, dass die Sterilität eines bestimmten Produktes aus einer Gesamtheit, die dem Sterilisationsverfahren unterzogen wurde, nicht garantiert werden kann, und daher ist die Sterilität der behandelten Gesamtheit als die Wahrscheinlichkeit zu definieren, dass sich noch ein lebensfähiger Mikroorganismus auf dem Produkt befindet.

Im Gesundheitswesen stellen Medizinprodukte, die direkt mit dem menschlichen Körper in Berührung kommen, ein besonderes Risiko für den Patienten dar. Um einen möglichst guten Schutz des Patienten vor Infektionen durch Medizinprodukte zu erreichen, werden hohe Anforderungen an den hygienischen Status der Produkte

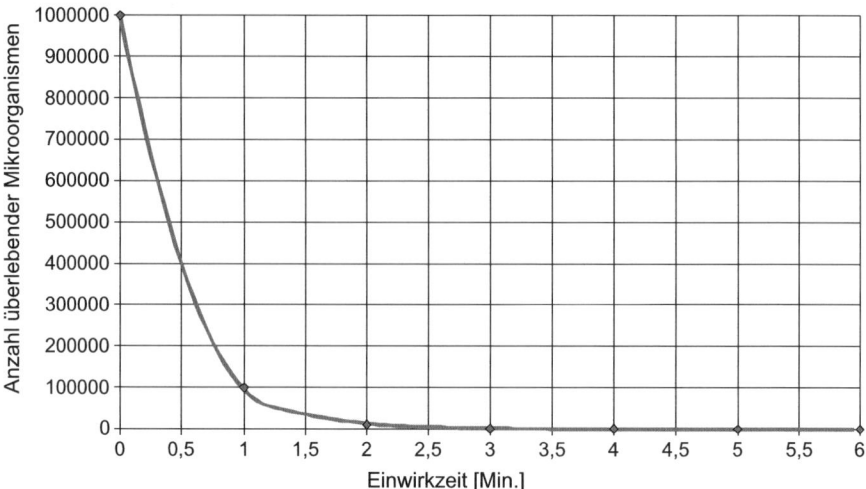

Abb. 5.1 Überlebenskurve von Sporen bei der Einwirkung von Sattdampf bei 121 °C über die Zeit: In einer definierten keimspezifischen Zeiteinheit (D-Wert) werden immer 90% der gerade vorhandenen Sporen abgetötet. Der Erfolg der Abtötung hängt damit stark von der Ausgangskeimzahl ab und die Überlebenskurve nähert sich Null ohne diesen Wert zu erreichen

beim Inverkehrbringen bzw. bei der Aufbereitung von wieder verwendbaren Medizinprodukten gestellt.

Empfehlungen für die Aufbereitung von Medizinprodukten werden vom Robert-Koch-Institut im Bundesgesundheitsblatt veröffentlicht und sind unter www.rki.de in der Rubrik Infektionsschutz-Krankenhaushygiene zu finden. Dort werden die Medizinprodukte in Risikostufen eingeteilt, je nach Art des Kontaktes mit dem Patienten. So werden z. B. Medizinprodukte als semikritisch eingestuft, wenn sie unter anderem mit Schleimhaut in Berührung kommen oder als kritisch, wenn sie direkt mit Blut in Kontakt kommen. Für alle als kritisch eingestuften Medizinprodukte ist neben der Reinigung und Desinfektion eine Sterilisation erforderlich [1].

Sterilität wird durch das Abtöten aller lebensfähigen Mikroorganismen erreicht, einschließlich der sehr widerstandsfähigen Sporen. Die Abtötung von Sporen, z. B. durch Dampf, folgt mathematischen Gesetzmäßigkeiten.

Um ein Produkt als „steril" bezeichnen zu können wurde eine Wahrscheinlichkeit für das Auffinden eines lebensfähigen Keimes von 1×10^{-6} festgelegt [2]. Diese Wahrscheinlichkeit wird auch als SAL (sterility assurance level) bezeichnet.

Da auch die Ausgangsverkeimung einen sehr großen Einfluss besitzt, sind Verfahren zur Reinigung und Desinfektion spezifiziert und vorgeschrieben, um eine definiert niedrige Population von Mikroorganismen (Bioburden) vor der Sterilisation zu erhalten. Alle Verfahren zur Sterilisation müssen in ihrer Wirksamkeit nachgewiesen sein. Dabei ist neben dem einmaligen Nachweis in einem Labor auch der Nachweis der Wirksamkeit am realen Einsatzort mit den verwendeten Medizinpro-

5.2 Sterilisationsverfahren

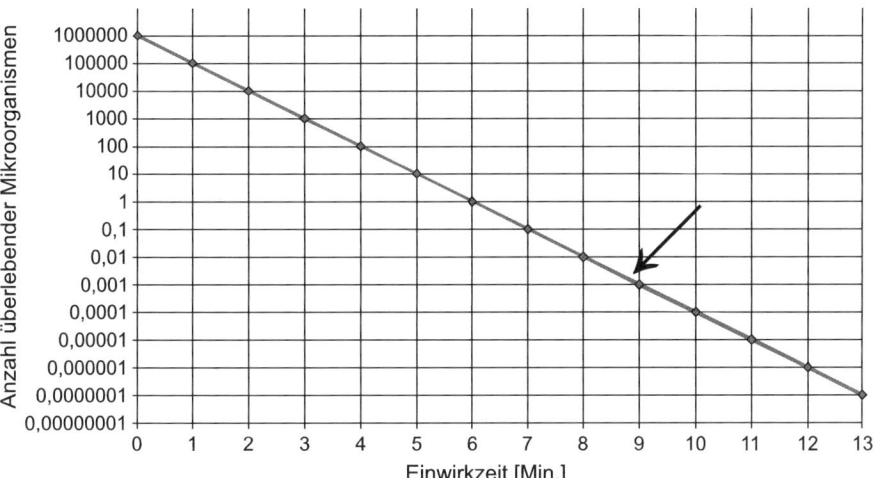

Abb. 5.2 Die logarithmische Auftragung der Keimzahl vereinfacht die Lesbarkeit des Diagramms. Überleben nach 9 Minuten 0,001 Sporen könnte bei 1000facher Wiederholung einmal ein Keim überleben bzw. bei 1000 sterilisierten Produkten könnte eines unsteril sein. Dies wäre ein nicht akzeptables Risiko

dukten zu erbringen. Bei dieser Validierung wird zugleich auch nachgewiesen, dass der Prozess reproduzierbar abläuft und immer zum gewünschten Ergebnis führt.

Die Sterilität jedes einzelnen Produktes kann nicht direkt nachgewiesen werden, ohne dessen anschließende Verwendung unmöglich zu machen. Deshalb werden bei der Verfahrensentwicklung und der Validierung physikalische und chemische Parameter festgelegt, die eine Prozessüberwachung ermöglichen. Neben dem Erreichen von Sterilität ist die Erhaltung der Sterilität ein weiterer wichtiger Aspekt. Dazu werden die Medizinprodukte in Sterilbarrieresysteme verpackt und zusammen mit diesen sterilisiert. Diese Systeme können spezielle „Tüten" teilweise mehrfach übereinander oder speziell für diesen Einsatzzweck hergestellte Sterilisiercontainer sein.

5.2 Sterilisationsverfahren

Medizinprodukte müssen so hergestellt werden, dass sie gemäß ihrem Einsatz am Menschen (Risikoeinstufung) in einem entsprechenden hygienischen Zustand in Verkehr gebracht werden können bzw. bei Wiederverwendung aufbereitet werden können. Für kritische Medizinprodukte gilt die Forderung nach Sterilität. Solche Medizinprodukte müssen aus entsprechend beständigen Werkstoffen hergestellt und so konstruiert werden, dass eine Aufbereitung bis hin zur Sterilisation erfolgreich ausgeführt werden kann. Wichtige Aspekte sind dazu z. B. Reinigbarkeit, Trocknungsverhalten und Zugängigkeit der Oberflächen für das sterilisierende Agens.

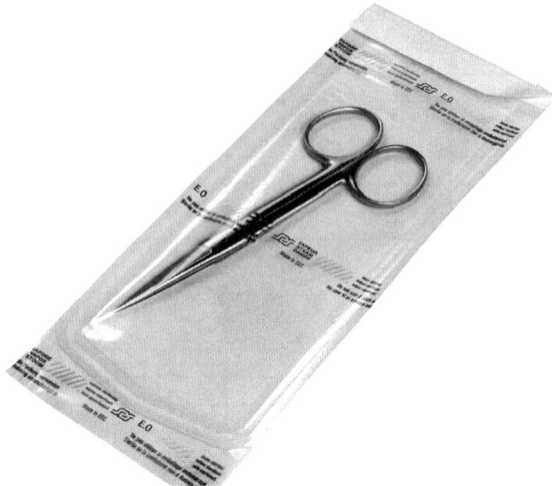

Abb. 5.3 Schere, die in eine spezielle Sterilisierverpackung (Sterilbarrieresystem) eingeschweißt wurde und so steril gelagert und transportiert werden kann. Die Verpackung besteht auf einer Seite aus einem luft- und dampfdurchlässigen Material, das aber das Eindringen von Keimen verhindert. Gleichzeitig befindet sich ein Chemoindikator auf der Verpackung, der anzeigt, ob diese Einheit einer Sterilisation unterzogen wurde

Der Hersteller eines Medizinproduktes, das wiederaufbereitet werden kann, muss die Informationen über die Aufbereitung zur Verfügung stellen. Bei kritischen Medizinprodukten muss auch ein geeigneten Sterilisationsverfahren angegeben werden. [3]

Übliche Verfahren zur Sterilisation sind:

1. Hitzesterilisationsverfahren
   - Mit feuchter Hitze
   - Heißluftsterilisation
2. Niedertemperatur-Gas-Verfahren
   - Ethylenoxid (EO)-Verfahren
   - Niedertemperatur-Dampf-Formaldehyd-Verfahren
   - Gasplasma-Verfahren
3. Sterilisation mit ionisierender Strahlung
   - Beschleunigte Elektronen
   - Gammastrahlen
   - Ultraviolett-Bestrahlung
4. Desinfektionsverfahren mit wässrigen Lösungen
   - Entstehung und Abgabe von toxikologisch bedenklichen Substanzen, bedingt durch das Sterilisationsverfahren;
   - Kompatibilität des Sterilisationsverfahrens mit den Werkstoffeigenschaften (wie z. B. Temperatur-, Strahlen- oder Spannungsrissbeständigkeit);,
   - Masshaltigkeit des Werkstoffes und der Verbindungen wie beispielsweise Schweiss- und Klebestellen oder Steckverbindungen von unterschiedlichen Polymertypen;
   - Geeignete Verpackung für Sterilisation in Einzelverpackung;
   - Möglichkeit der Mehrfachsterilisation;
   - Qualitätstestung

5.3 Hitzesterilisation

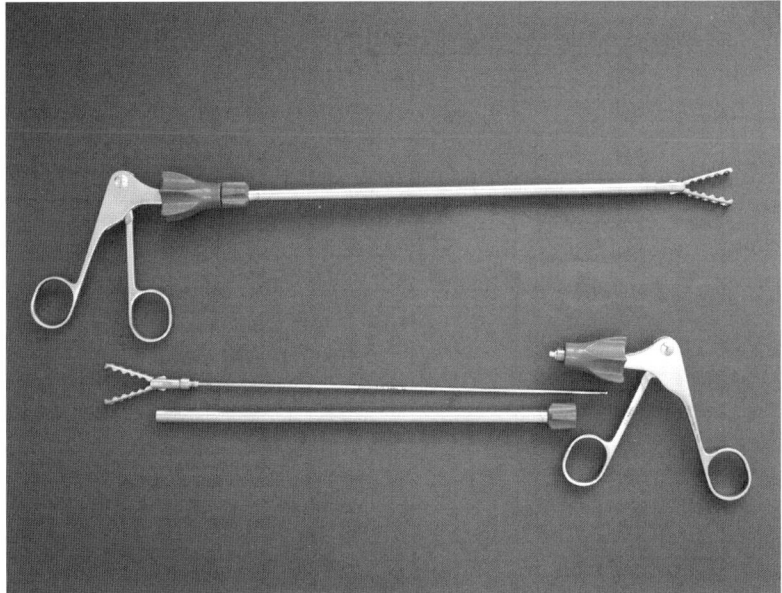

Abb. 5.4 Universalklemme in zerlegtem und zusammengesetztem Zustand. Für die Reinigung und die Sterilisation ist es wichtig, dass auch innere Oberflächen gut zugängig sind. Unter Umständen müssen Instrumente für die Aufbereitung zerlegt werden, um die Zugängigkeit zu erreichen

5.3 Hitzesterilisation

Feuchte Hitze

Sattdampf-Verfahren
Das Verfahren zur Sterilisation mit kondensierendem Sattdampf ist das am meisten verwendete Verfahren für Medizinprodukte, die zum erneuten Gebrauch wieder aufbereitet werden. Die Zeit für die der Dampf mit einer definierten Temperatur auf das Gut einwirkt muss bei 121 °C mindestens 15 Minuten und bei 134 °C mindestens 3 Minuten betragen [4].

Die Anlagen zur Dampfsterilisation von Medizinprodukten im Gesundheitswesen sind in europäischen Normen ausführlich beschrieben und spezifiziert:

- DIN EN 285 „Sterilisation – Dampf-Sterilisatoren – Groß-Sterilisatoren" [4]
- DIN EN 13060 „Dampf-Klein-Sterilisatoren" [5]

Die wichtigsten physikalischen Parameter für die Überwachung des Sterilisations-Verfahrens sind der Temperaturverlauf (auch an kritischen Stellen) und die Einhaltung von Sattdampfbedingungen, das heißt die Abwesenheit von Luft. Die Entfernung der Luft aus dem gesamten Innenraum eines Sterilisators und aus den zum Teil verpackten Medizinprodukten ist die Grundvoraussetzung für den un-

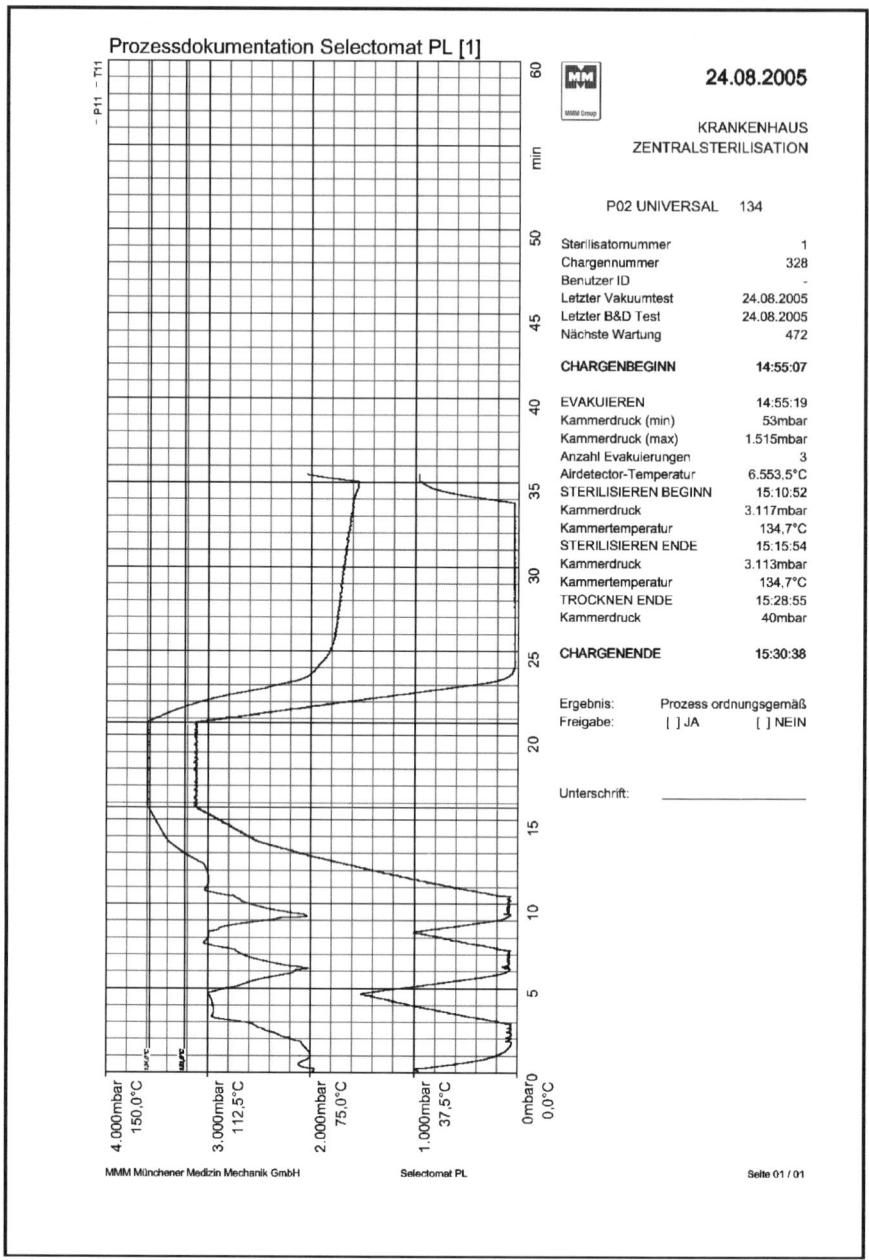

Abb. 5.5 Dokumentation des Prozessverlaufes einer Dampfsterilisationscharge mit Aufzeichnung des Druck- und Temperaturverlaufes und gleichzeitigem Ausdruck wichtiger Eckdaten. Zu erkennen sind die Fraktionierungen vor der Sterilisierphase und ein Vakuum am Ende des Prozesses zur Trocknung der Güter

5.3 Hitzesterilisation

Sterilisationsverfahren	Temperatur (°C)	Einwirkzeit	Bemerkungen
Dampfsterilisation	121–134	5–20 min	Druck: 2–3 bar
Heissluftsterilisation	160–180	30–60 min	–
EO-Sterilisation	38–42	45–60 min	Gaskonzentration: 800–1200 mg/l Geruchsschwelle 700 ppm
Formaldehydsterilisation	55–85	10–120 min	Gaskonzentration: 5–15 mg/l Geruchsschwelle 0,1 ppm

Tabelle 5.1 Auswahl üblicher Prozessparameter für die Hitzesterilisation und Niedertemperatur-Gas-Verfahren

eingeschränkten Dampfzutritt zu den zu sterilisierenden Oberflächen. Dieser Prozessschritt vor der eigentlichen Sterilisation erfolgt durch wiederholtes Evakuieren und anschließendes Dampfeinströmen und wird Fraktionieren genannt.

Dampf-Luft-Gemisch-Verfahren / Heißwasserberieselungs-Verfahren
Neben dem Sattdampf-Verfahren kommen noch Verfahren mit Dampf-Luft-Gemischen und Heißwasserberieselung vor allem bei der Sterilisation von Spüllösungen und Parenteralia in fest verschlossenen Gebinden (Ampullen, Vials, Infusionsflaschen, Infusionsbeutel) zur Anwendung.

Um eine gleichmäßige Temperaturverteilung innerhalb der Beladung zu gewährleisten, muss hier das sterilisierende Agens ständig in Bewegung gehalten werden. Beim Dampf-Luft-Gemisch-Verfahren wird mittels eines Hochleistungs-Ventilators innerhalb des Sterilisators eine permanente Umwälzung des Mediums erzeugt. Für das Heißwasserberieselungs-Verfahren wird Wasser über eine außerhalb des Sterilisators liegende Pumpe umgewälzt und mittels Düsen oder Berieselungsbleche über die Beladung verteilt.

Heißluftsterilisation
Die Sterilisation mit trockener Hitze findet nur eingeschränkte Anwendung. Bedingt durch die erhöhte Resistenz von Mikroorganismen bei einer niedrigen relativen Feuchte und die schlechte Wärmeübertragungsfähigkeit von Luft muss bei der Heißluftsterilisation mit deutlich höherer Temperatur und längerer Haltezeit gearbeitet werden.

Richtwerte für Wärmeübergangszahlen in W/m^2K [6]:

Kondensierender Dampf: 5000–12000
Luft mit mittlerer Geschwindigkeit: 10–30

Dieses Verfahren wird überwiegend für unverpackte, sehr temperaturbeständige Materialien mit gut zugänglichen Oberflächen verwendet.

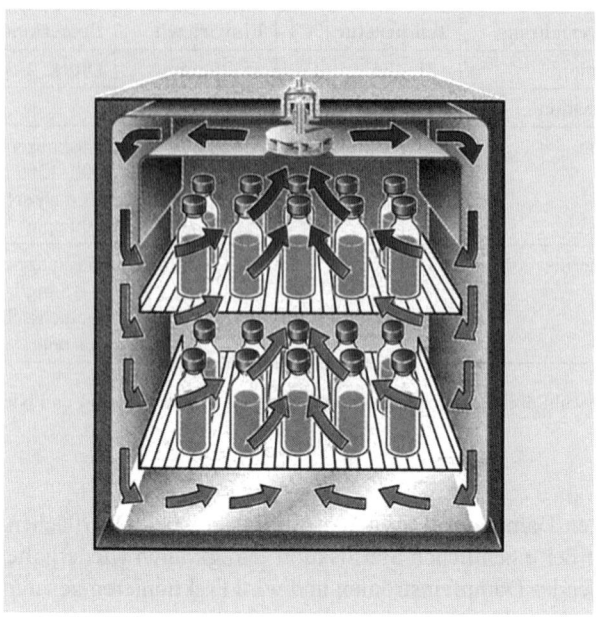

Fig. 5.6 Schematische Darstellung der Umwälzung des Dampf-Luft-Gemisches im Innenraum eines Sterilisators. Nach der Sterilisation werden die Flaschen mit dem gleichen Volumenstrom durch umgewälzte Luft abgekühlt bis auf eine Temperatur deutlich unter der Siedetemperatur zur sicheren Entnahme

Eine zusätzliche Anwendung für die Heißluftsterilisation ist die Reduzierung von Pyrogenen z. B. bei pharmazeutischen Packstoffen. Hier finden deutlich höherer Temperaturen Anwendung wie beispielsweise in verschiedenen Pharmakopöen empfohlen werden: z. B. 250 °C für 30 min [7]

5.4 Niedertemperatur-Gas-Verfahren / Kaltsterilisationsverfahren

Die Gassterilisation wird mit einem mikrobiziden Gas oder Gasgemisch durchgeführt. Die Sterilisationsverfahren mit Ethylenoxid (EO) und Formaldehyd bilden zwei bewährte, reproduzierbare und prüfbare Methoden zur Sterilisation thermisch empfindlicher Werkstoffe und Bauteile. Beide Stoffe und ihre Verfahren unterliegen gewissen Beschränkungen und Grenzen, bei deren Beachtung jedoch eine sichere Sterilisation und ein sicherer Umgang mit den Gasen gewährleistet werden kann. Während bei der EO-Sterilisation vor allem der Gefährlichkeit in der Handhabung und den langen Desorptionszeiten besondere Beachtung geschenkt werden muss, liegt beim Formaldehyd der wesentliche Nachteil in der ungenügenden Tiefenwirkung.

Ethylenoxid (EO)-Verfahren

Das Ethylenoxid besitzt das größte Sterilisationsvermögen und wird von vielen polymeren Materialien absorbiert, d. h. es kann durch die Materialwände hindurchdringen und muss somit nicht durch eine aufwändige Verfahrensführung an die kritischen Stellen eines Medizinproduktes hintransportiert werden. Diese für die eigentliche Sterilisation genutzte Eigenschaft führt aber in der nachgeschalteten Desorptionsphase, in der das Ethylenoxid wieder vom Medizinprodukt entfernt werden muss, oft zu langen Auslüftzeiten. Im reinen Unterdruckverfahren (ohne CO_2 als Trägergas) angewendet, ist es hoch explosiv. Im Überdruckverfahren (mit CO_2 als Trägergas) müssen hingegen die hier immer möglichen Leckagen aufwändig abgefangen werden, da die Geruchsschwelle ca. 700 mal höher ist als der zulässige Arbeitsplatzgrenzwert. Da das Ethylenoxidverfahren zudem teure nachgeschaltete Entsorgungsbausteine (z. B. Verbrennung, Katalysatoren oder Umwandlung zu Ethylenglykol) benötigt und als cancerogen eingestuft wird, ist es aus dem Krankenhausbereich heute fast völlig verschwunden und wird überwiegend in industriellen Anlagen eingesetzt. [8]

Niedertemperatur-Dampf-Formaldehyd-Verfahren

Reiner Formaldehyd ist unter Normalbedingungen ein farbloses, brennbares, äusserst stechend riechendes und tränenreizendes Gas, das sich gut in Wasser und in polaren Lösungsmitteln löst [11]. Üblicherweise kommt Formaldehyd als 35%-ige, wässrige Lösung (Formalin) in den Handel. Formaldehyd zeichnet sich besonders durch seine Wirksamkeit und leichte Anwendbarkeit aus. Die für die Sterilisation notwendige hohe Feuchtigkeit wird durch Verdampfen niedrigprozentiger Formaldehyd-Lösungen (2–5%) erzeugt. Da Formaldehyd im Gegensatz zu EO keine guten Penetrationseigenschaften besitzt, wird durch Druckwechsel ein aktiver Transport erreicht, so dass das Formaldehyd überall in der Kammer und in den Hohlräumen der zu sterilisierenden Teile in ausreichendem Masse vorhanden ist. Im Gegensatz zu EO-Gassterilisation entfällt beim Formaldehyd-Sterilisieren der Verfahrensschritt der Befeuchtung.

Nach der Sterilisation verbleiben auf der Sterlisiergutoberfläche sowie innerhalb der sterilisierten Teile Formaldehydrückstände. Im Vergleich zu EO besitzt Formaldehyd einen rund 100 mal kleineren Diffusionskoeffizienten. Oft genügt eine Spülung mit Wasserdampf, um alle adsorbierten Rückstände fast vollständig vom Teil zu schwemmen. Formaldehydsterilisierte Teile werden heute in der Regel direkt nach der Sterilisation eingesetzt. Schäden am Patienten sind bisher unbekannt. Formaldehyd weist im Vergleich zum Ethylenoxid ein geringes Gefährdungspotential für Bediener der Apparate auf.

Die Sterilisationstemperatur liegt bei 60–75 °C, in Ausnahmefällen wird die Temperatur auf maximal 85 °C erhöht. Diese, im Vergleich zu EO, höhere Arbeitstemperatur stellt eine Beschränkung der Anwendbarkeit des Verfahrens für thermisch empfindliche Werkstoffe dar. Für einen aktiven Transport des Formaldehyds sorgt eine mehrmalige Druckumkehr mit einer Druckdifferenz von 150 mbar. Die Sterilisation wird unter Vakuum bei rund 50 mbar durchgeführt. Für eine sichere Sterilisation muss die Kammerkonzentration mehr als 1 mg/l betragen. Die heute üblichen Verfahren arbeiten mit einer Konzentration von rund 5–15 mg/l [8]

Fig. 5.7 Formaldehyd-Sterilisator mit einem Korb verpackter thermolabiler Medizinprodukte mit Bedienfeld und Plotter zur Prozessdokumentation. Für eine bessere Temperatur- und Gasverteilung und zur schnelleren Entfernung des Formaldehyds am Ende des Prozesses ist ein Ventilator in die Tür eingebaut

Gasplasma-Verfahren

Das Gasplasma-Sterilisationsverfahren kam in den 90er Jahren, zunächst in den USA, auf den Markt. Bei diesem Verfahren wird ein Gas im tiefen Vakuum durch Erzeugung eines elektrischen Feldes in den vierten Aggregatzustand, das Plasma gebracht. Die so erzeugten Gas-Radikale sind hochreaktiv und besitzen ein sehr hohes Sterilsationsvermögen. Hierbei spielt das Ausgangsgas selbst zunächst eine untergeordnete Rolle. Die Plasma-Verteilung in einer Kammer ist nicht sehr homogen bzw. stabil und in Innenräumen und Hinterschneidungen von Medizinprodukten kann kein Plasma erzeugt werden, so dass die hohe Sterilisationswirkung eines erzeugten Plasmas nur für geometrisch sehr einfache Güter genutzt werden kann. Nimmt man als Ausgangs-Gas ein Gas, das selbst eine mikrobizide Wirkung besitzt wie Wasserstoffperoxid (H_2O_2), so kann durch mehrmaliges Fraktionieren auch im Inneren von Medizinprodukten mit begrenzten Lumina eine Sterilisationswirkung erzielt werden. An der äußeren Oberfläche der Medizinprodukte wirkt das Plasma, im Inneren überwiegend das H_2O_2. Durch seine teure Technologie, seine hohen Betriebskosten und seine eingeschränkten Anwendungsbereiche empfiehlt sich dieses Verfahren ergänzend zu anderen Verfahren, wenn es auf die schnelle Wiederverfügbarkeit bestimmter, nicht zu komplexer Medizinprodukte ankommt [8].

5.5 Sterilisation mit ionisierender Strahlung

Beschleunigte Elektronen
Beschleunigte Elektronen werden für die Sterilisation unterschiedlicher Medizinprodukte – vor allem Einmalartikel – eingesetzt. Als Elektronenquelle dient ein Linearbeschleuniger (linear accelerator: Linac). Mit dem Linearbeschleuniger werden Elektronenstrahlen mit einer Energie von 10 GeV erzeugt. Die Eindringtiefe der Elektronen ist abhängig von der Beschleunigungsspannung und der Dichte des zu sterilisierenden Werkstoffes und ist nicht so tief wie bei Gammastrahlen. Die Anlagen sind aufwändig und genehmigungspflichtig, weshalb nur wenige großtechnische Anlagen mit hohem Durchsatz im Einsatz sind.

Gammastrahlen
Die Sterilisation mit Gammastrahlen stellt eine sehr effiziente und kontrollierbare Methode dar. Die für die Gammasterilisation eingesetzte übliche Strahlungsdosis beträgt 25 kGy (2,5 Mrad). Als verfügbare und zuverlässige Strahlungsquelle wird vorwiegend ^{60}Co eingesetzt. Ein Hauptvorteil dieser Methode ist die hohe Eindringtiefe der Gammastrahlen in das Bauteil, weshalb die Sterilisation sehr effizient ist. Die Bestrahlung kann jedoch physikalische oder chemische Veränderungen im Werkstoff herbeiführen. Ein weiterer Nachteil des Verfahrens liegt in den hohen Kosten.

Ultraviolett (UV)-Bestrahlung
UV-Strahlung wird vorwiegend für die Desinfektion von Räumen und Kammern (z. B. Laminar flow-Sicherheitswerkbänke) verwendet. Eine hohe Ausleuchtung erreicht man durch die Installation von genügend vielen UV-Lampen. Der Bereich der Strahlendosis, die zur Abtötung von Mikroorganismen und Viren nötig ist, liegt zwischen 2,5–5,0 mW sec/cm^2 (Staphylococcus aureus) und 34 mW sec/cm^2 (Hepatitisvirus) [7]. Wegen des geringen Eindringungsvermögens der UV-Strahlen wird eine Keimabtötung lediglich an der Oberfläche erreicht. Am wirksamsten sind Strahlen im Wellenlängenbereich um 254 nm.

5.6 Sterilisationsverfahren mit wässrigen Lösungen

Bei der Anwendung von Chemikalien handelt es sich streng genommen um eine Desinfektion, denn im Gegensatz zur Sterilisation werden bei der Desinfektion Mikroorganismen nur soweit geschädigt, dass sie keine Krankheit mehr auslösen können. Es existieren eine ganze Reihe verschiedener chemischer Behandlungen, die sich vor allem in ihrem Wirkungsspektrum unterscheiden (Tabelle 5.2).

Substanz	Eigenschaften	Anwendung
Oxidationsmittel: Ozon (O_3) Kaliumpermanganat ($KMnO_4$) Wasserstoffperoxid (H_2O_2)	geringe Wirkung	Wasserdesinfektion
Halogene: Chlor-Verbindungen Jod Brom	rasch wirksam gute keimtötende Wirkung stark desinfizierend	Wasserdesinfektion Wunddesinfektion
Laugen: Natronlauge (NaOH) Kalkmilch Soda (Na_2CO_3)	in hoher Konzentration keimtötend	Desinfektion von Instrumenten
Alkohole: Ethanol (C_2H_5OH) Isopropanol	rasch wirksam tötet keine Sporen nur 70% Alkohol wirksam	breiter Anwendungsbereich
Persäuren: Peressigsäure	mikrobizid	Desinfektion von Instrumenten

Tabelle 5.2 Auswahl chemischer Substanzen zur Sterilisation in wässriger Lösung mit entsprechenden Eigenschaften und Anwendungsgebieten [9, 10]

5.7 Literatur

1. Robert Koch-Institut, Anforderungen an die Hygiene bei der Aufbereitung von Medizinprodukten, Bundesgesundheitsbl -Gesundheitsforsch- Gesundheitsschutz 2001 · 44:1115–1126 Springer-Verlag 2001
2. DIN EN 556, Sterilisation von Medizinprodukten Anforderungen an Medizinprodukte, die als „STERIL" gekennzeichnet werden Teil 1: Anforderungen an Medizinprodukte, die in der Endpackung sterilisiert wurden, Deutsche Fassung EN 556–1:2001 Beuth Verlag GmbH 10772 Berlin
3. DIN EN ISO 17664, Sterilisation von Medizinprodukten – Vom Hersteller bereitszustellende Informationen für die Aufbereitung von resterilisierbaren Medizinprodukten, Deutsche Fassung EN ISO 17664:2004 Beuth Verlag GmbH 10772 Berlin
4. DIN EN 285, Sterilisation – Dampf-Sterilisatoren – Groß-Sterilisatoren, Deutsche Fassung EN 285:2006 Beuth Verlag GmbH 10772 Berlin
5. DIN EN 13060 Dampf-Klein-Sterilisatoren, Deutsche Fassung EN 13060:2004 Beuth Verlag GmbH 10772 Berlin
6. Kessler H. G., Lebensmittel- und Bioverfahrenstechnik 1988 S.34, Verlag A. Kessler Freising
7. Wallhäuser K. H., Praxis der Sterilisation, Desinfektion-Konservierung, 5. Auflage 1995 Georg Thieme Verlag, S 289 , S 331–333
8. Joachim B. , Die Entwicklung und Erprobung eines Verfahrens zum Nachweis der fachgerechten, hygienischen Aufbereitung von Medizinprodukten der höchsten Risikoeinstufung, Dissertation – Medizinische Fakultät der Universität Ulm, 2006
9. Block S., Desinfection, sterilization and preservation, Lea & Febiger, Philadelphia, USA, 1977
10. Steuer W., Lutz-Dettinger U., Leitfaden der Desinfektion, Sterilisation und Entwesung, 6. Edition, Gustav Fischer Verlag, Stuttgart, 1990
11. Willmes, A., Taschenbuch Chemische Substanzen, Verlag Harri Deutsch, Thun, 1993

Part III
Biologische Grundlagen

6 Zellen

B. Shah-Derler, J. Hubbell, E. Wintermantel, S.-W. Ha

6.1 Einleitung

Die Zelle stellt einen universellen Baustein aller Organismen dar. Sie ist die kleinste selbständig lebensfähige Einheit und wird als Grundform der biologischen Organisation bezüglich der Struktur, der Funktion und der Vermehrung verstanden.

Struktur
Als Grundbaustein aller Lebewesen besitzen die Zellen selbst eine charakteristische molekulare und supramolekulare Struktur, können aber in ihrer äusseren Form sehr unterschiedlich sein. Komplexere Strukturen wie Gewebe, Organe und letztlich ganze Organismen setzen sich aus diesen zellulären Bauelementen zusammen.

Funktion
Die Zelle ist ein offenes System in einem Zustand des Fliessgleichgewichtes, d. h. sie tauscht ständig Energie und Stoffe mit ihrer Umwelt aus, wobei deren Konzentrationen in der Zelle nahezu konstant gehalten werden. Dieses dynamische Gleichgewicht ermöglicht der Zelle, ihre Integrität gegenüber der Umgebung aufrecht zu erhalten und sich gleichzeitig an Veränderungen derselben anzupassen. Die funktionellen Merkmale der Zellen lassen sich daher gliedern in *Stoffwechsel* (Aufnahme von Stoffen, Aufbau, Abbau und Ausscheidung von Stoffen für Energiegewinnung und Wachstum), *Erregbarkeit* sowie *innere und äussere Bewegung* als Reaktion auf chemische und physikalische Reize der Umgebung.

Vermehrung
Jede Vermehrung von organischer Substanz setzt somit Vorgänge voraus, die von der Syntheseleistung intakter Zellen abhängt. Bei der Zellvermehrung ist nicht nur die Vergrösserung von Zellzahl und Zellmasse zu gewährleisten, sondern auch die Weitergabe der Information über Struktur, Funktion und Selbstreproduktion zu garantieren. Die Nachkommen einer Zelle sind in der Regel zu den gleichen Leistungen wie die Ausgangszelle befähigt. Träger der genetischen Information ist die Desoxyribonucleinsäure (DNS).

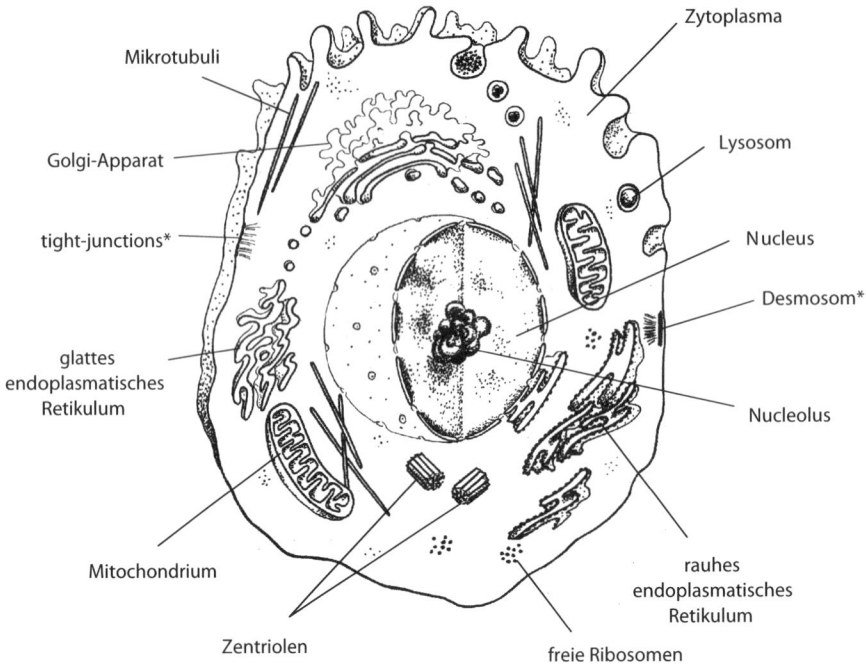

Abb. 6.1 Schematische Darstellung der wichtigsten Elemente einer Zelle (* = Zell-zu-Zell-Verbindungen)

6.2 Zellaufbau

Mit wenigen Ausnahmen (z. B. Bakterien und Blaualgen) besitzen Zellen eine Zellmembran, ein Zytoplasma und einen Zellkern. Innere Membransysteme trennen zusätzliche subzelluläre Strukturen, die Zellorganellen, vom Zytoplasma ab. Durch diese intrazelluläre Kompartimentierung, d. h. die Gliederung in verschiedene Reaktionsräume, können unterschiedliche Stoffwechselleistungen in der Zelle nebeneinander ablaufen, ohne sich in ihrer Wirkung nachteilig zu beeinflussen.

6.2.1 Zellmembran

Die Zellmembran (Plasmamembran) (Abb. 6.2) trennt das Zellinnere von der chemisch anders zusammengesetzten Extrazellulärflüssigkeit und reguliert den Stoffaustausch zwischen Zelle und Umgebung. Damit kann, unter Aufwendung von Stoffwechselenergie, in der Zelle das für das Leben und Überleben geeignete Milieu geschaffen und aufrechterhalten werden. Hauptbestandteile der Zellmembran

6.2 Zellaufbau

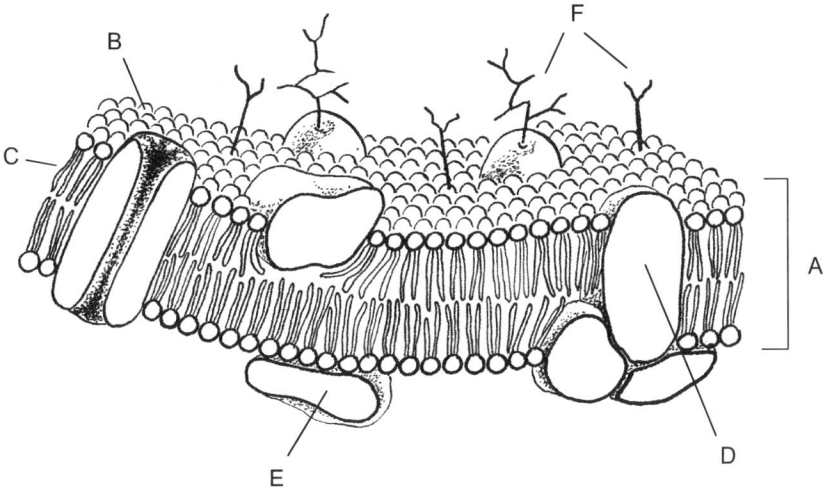

Abb. 6.2 Räumliche, schematische Darstellung einer Plasmamembran. Die Doppelschicht (A) besteht aus Membranlipiden, die eine hydrophile Kopfgruppe (B) und zwei hydrophobe Kohlenwasserstoffketten (C) besitzen. Die integralen Membran-proteine (D) durchqueren die Lipiddoppelschicht; die peripheren Membranproteine (E) sind an der inneren oder äusseren Membranoberfläche adsorbiert. Die Glykokalix (F) befindet sich an der äusseren Oberfläche der Zellmembran

sind Lipide (z. B. Phospholipide, Glykolipide, Cholesterol) welche für die Grundeigenschaften von Biomembranen wie Stabilität, Flexibilität, Semipermeabilität und Fluidität verantwortlich sind. In und an die Lipidmembran sind Proteine gebunden, welche in Struktur und Funktion sehr vielseitig sind. Sie übernehmen enzymatische und katalytische Aufgaben, sind beteiligt an Transportvorgängen durch die Membran, bilden Rezeptoren für die Aufnahme chemischer Impulse aus dem Extrazellulärraum und sind an Kontakt- und Adhäsionsprozessen mit benachbarten Zellen beteiligt. An der äusseren Oberfläche trägt die Zellmembran einen Mantel aus Zuckermolekülen, die Glykokalix. Die an der Oberfläche exponierten Zuckerreste sind gemeinsam mit den Proteinen Träger von Signaleigenschaften; sie werden von Rezeptoren benachbarter Zellen oder von nichtzellulären Elementen des Extrazellulärraums als Liganden benutzt (z. B. Zelladhäsionsmoleküle).

6.2.2 Zytoplasma

Das Zytoplasma (Zytosol) ist in seiner Beschaffenheit ein gelartiges Kolloid und besteht zu rund 75% aus Wasser. Die restlichen 25% setzen sich aus Proteinen und gelösten Salzen zusammen. Im Zytoplasma vollziehen sich Vorgänge des Zellstoffwechsels, des Energieumsatzes, der Kontraktilität (Zusammenziehbarkeit) und der Zellbewegung.

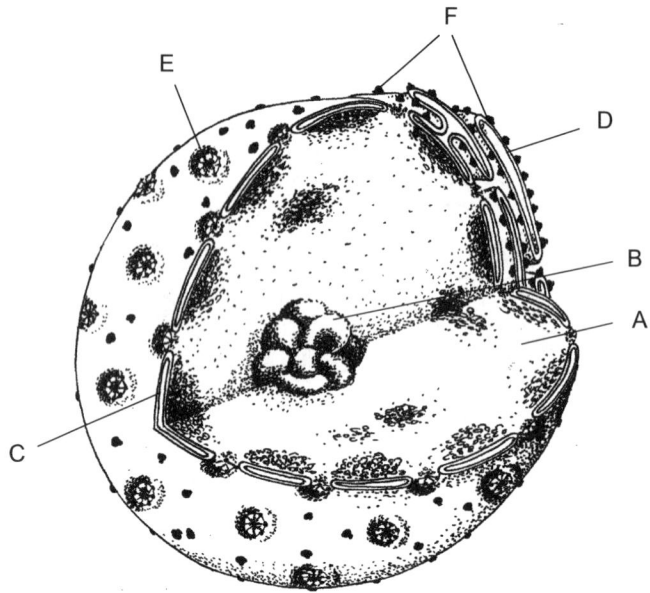

Abb. 6.3 Räumliche Darstellung des Zellkernes mit Nucleolus. (A) Nucleus mit dekondensiertem Chromatin, (B) Nucleolus, (C) Kernhülle, (D) granuläres endoplasmatisches Retikulum, (E) Nucleoporen, (F) Ribosomen

6.2.3 Zellkern

Der Zellkern (Abb. 6.3) enthält alle Informationen, die für die Funktion und Vermehrung der Zelle benötigt werden. Er kennt und steuert die Prozesse, mit denen sich die Zelle am Leben erhält. Der Kern ist von einer Kernhülle umgeben. Diese besteht aus zwei Membranen, die den perinucleären Raum umschliessen, der mit dem Lumen des rauhen endoplasmatischen Retikulums (rER) in Verbindung steht. Die Kernhülle ist von Kernporen durchsetzt. Durch diese findet der Transport von Proteinen aus dem Zytoplasma in den Kern bzw. von Ribonucleinsäure (RNS) aus dem Kern ins Zytoplasma statt. Die äussere Seite der Kernhülle und die Lamellen des rER sind mit zahlreichen Ribosomen bedeckt. Im Kerninnern befindet sich das Chromatin, welches nur während der Mitose in Form von Chromosomen sichtbar wird. Das Chromatin ist aus DNS-Molekülen und kleinen basischen Proteinen, den Histonen, welche das „Rückgrat" der Chromosomen bilden, zusammengesetzt. Als spezielle Struktur im Kerninnern ist der Kernkörper (Nucleolus) zu erkennen, der Bildungsort für die Ribosomen.

6.2 Zellaufbau

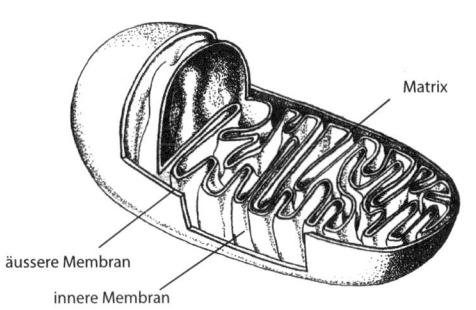 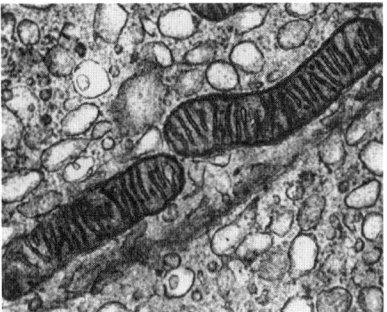

Abb. 6.4 Räumliche, schematische Darstellung eines Mitochondriums *(links)* und transmissionselektronenmikroskopische (TEM) Aufnahme von Mitochondrien eines humanen Acinus einer Pankreaszelle (Vergrösserung: 35'000x) *(rechts),* (TEM-Aufnahme: Dr. C. Bron, Nationales Zentrum für Retroviren, Universität Zürich)

6.2.4 Mitochondrien

Die Mitochondrien (Abb. 6.4) sind die „Kraftwerke" der Zellen. In ihnen findet die Zellatmung statt (Citratzyklus, Elektronentransport und oxidative Phosphorylierung). Stoffwechselintensive Zellen, wie beispielsweise Leberzellen, sind reich an Mitochondrien. Die Mitochondrien sind von einer Doppelmembran umgeben. Damit werden vom Zytoplasma zwei Kompartimente abgetrennt. Die äussere Membran enthält die Enzyme für den Lipidstoffwechsel. Die innere Membran ist zur Oberflächenvergrösserung stark gefaltet. Hier liegen die Enzyme der Atmungskette und der ATP-Synthese. Im inneren Lumen der Mitochondrien (Matrix) befinden sich Enzyme, die den Citratzyklus katalysieren, mitochondriale DNS und ein eigenes Transkriptions- und Translationssystem für einen Teil der mitochondrialen Proteine. Der grösste Teil der mitochondrialen Proteine sowie die ribosomale RNS der Mitochondrien sind vom Zellkern kodiert. Mitochondrien unterscheiden sich von anderen Zellorganellen dadurch, dass sie sich selbst reproduzieren und nicht „de novo" entstehen.

6.2.5 Endoplasmatisches Retikulum

Das endoplasmatische Retikulum (ER) (Abb. 6.5) ist ein Netz von Hohlräumen und Kanälen, die von einer Biomembran gebildet werden. Das ER ist die „Membranfabrik" der Zelle, welche die meisten Komponenten der zellulären Membranen (Proteine, Zucker, Lipide) synthetisiert. Es findet ein ständiger Membranf>luss vom ER zu den anderen Membranen der Zelle statt, entweder direkt (zur Kernmembran) oder indirekt über Vesikel (zum Golgi-Apparat und von dort in Richtung Plasmamembran oder in Richtung Lysosomen). Ein Teil des ER ist mit Ribosomen besetzt (rau-

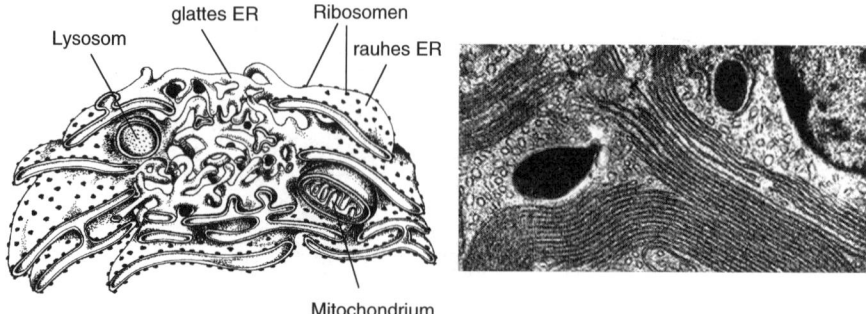

Abb. 6.5 Räumliche, schematische Darstellung *(links)* und TEM-Aufnahme *(rechts)* des rauhen endoplasmatischen Retikulums (rER). Die TEM-Aufnahme stammt von einer Prolactin produzierenden Zelle der Hirnanhangdrüse (Hypophyse) einer Ratte (Vergrösserung: 17'500x),(TEM-Aufnahme: Dr. C. Bron, Nationales Zentrum für Retroviren, Universität Zürich)

hes oder granuläres ER) und ist für die Synthese und Prozessierung von membranassoziierten sowie sekretorischen Proteinen zuständig. Das glatte ER ist vor allem auf den Fettstoffwechsel spezialisiert und übernimmt Funktionen der Entgiftung.

6.2.6 Golgi-Apparat

Der Golgi-Apparat besteht aus gestapelten, flachen Membranzisternen, die mit zahlreichen Vesikeln verbunden sind. Der Golgi-Apparat nimmt Bläschen vom ER auf, um die darin enthaltenen Proteine zu modifizieren, zu sortieren und entsprechend ihrem Bestimmungsort in Vesikeln zu verschiedenen Abschnitten der Plasmamembran oder zu Lysosomen weiterzuleiten. Auch Sekretgranula werden vom Golgi-Apparat abgeschnürt und wandern zur Zellgrenze, wo deren Inhalt (z. B. Hormone) nach aussen abgegeben wird (Exozytose).

6.2.7 Lysosomen

Lysosomen sind von einer Membran umhüllte Bläschen, die dem Golgi-Apparat oder dem ER entstammen. Sie enthalten hydrolytische Enzyme zur Spaltung von Proteinen und anderen organischen Molekülen. Die lysosomalen Enzyme werden im rauhen ER synthetisiert, im Golgi-Apparat modifiziert und von dort zu den Lysosomen transportiert. Die Verdauungsvorgänge in den Lysosomen dienen einerseits dem Abbau zelleigener Substanz (Autophagie), andererseits dem Abbau von Fremdstoffen, die durch Pinozytose und Phagozytose aus der Zellumgebung aufgenommen wurden. Die Abbauprodukte werden dem zelleigenen Metabolismus zugänglich gemacht oder, falls nicht verwendbar, in Residualkörpern gelagert.

6.3 Zellteilung

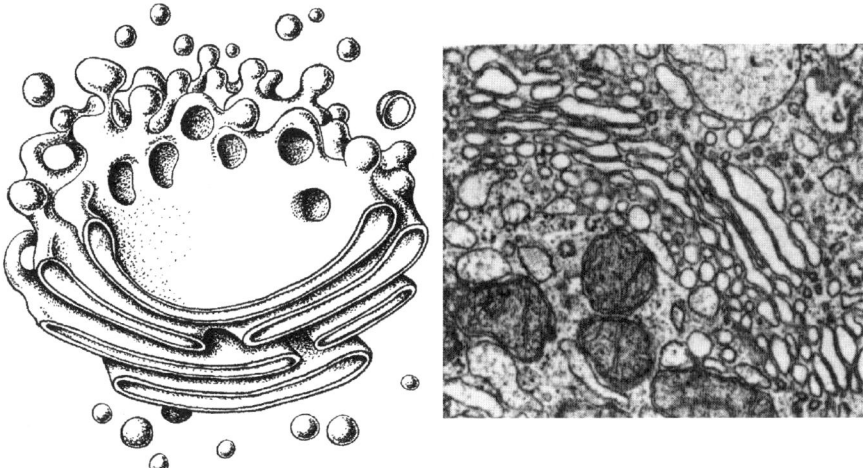

Abb. 6.6 Räumliche, schematische Darstellung *(links)* und TEM Aufnahme *(rechts)* des Golgi-Apparates. Die TEM-Aufnahme stammt von einer Prolactin produzierenden Zelle der Hirnanhangdrüse (Hypophyse) einer Ratte (EM-Vergrösserung: 17'500x), (TEM-Aufnahme: Dr. C. Bron, ETH Zürich).

6.2.8 Zytoskelett

Form, Stabilität und Beweglichkeit einer tierischen Zelle werden hauptsächlich durch das Zytoskelett bestimmt. Das Zytoskelett ist ein Grundgerüst von Filamenten, die in der Zellmembran verankert sind. Es werden drei Typen von Filamenten unterschieden: Actinfilamente und Mikrotubuli, die vorwiegend an Bewegungsvorgängen (z. B. Zellteilung, Muskelkontraktion, Flagellenschlag, Zellwanderung) beteiligt sind, sowie eine heterogene Gruppe von Intermediärfilamenten, deren hauptsächliche Funktion Stützung und Formgebung ist und die charakteristisch in bestimmten Zelltypen vorkommen (z. B. Neurofilamente in den Axonen von Nervenzellen, Keratine in Zellen der äusseren Körperoberfläche). Mikrotubuli sind zusätzlich für einen schnellen intrazellulären Transport von Partikeln verantwortlich.

6.3 Zellteilung

Eine neue Zelle entsteht durch Teilung einer bereits vorhandenen Zelle. Sowohl Einzeller wie auch vielzellige Organismen vermehren sich durch Zellteilung; sie stellt daher einen Grundvorgang der Entwicklung dar.

Arten der Zellteilung

Mitose   Die Mitose ist der Normalfall der Zellteilung, wie sie in den Körperzellen während des Wachstums auftritt. Bei der Mitose verteilt sich das Chromosomenmaterial, in dem die genetische Information gespeichert ist, gleichmässig auf die Tochterzellen. Dadurch wird die vollständige Weitergabe der in den Chromosomen enthaltenen Erbanlagen von Zelle zu Zelle gewährleistet.

Meiose   Die Meiose ist eine Reduktionsteilung, d. h. der normalerweise doppelt vorhandene (diploide) Chromosomensatz einer Zelle wird zu gleichen Teilen auf die beiden Tochterzellen verteilt, so dass haploide Zellen entstehen. Während bei der Mitose vor allem die Erbgleichheit der Tochterzellen sichergestellt werden soll, wird bei der Meiose durch den Vorgang der Rekombination während der Prophase (Austausch von DNS-Stücken zwischen homologen Chromosomen) eine möglichst grosse Durchmischung des Erbgutes angestrebt. Diese Art der Zellteilung findet bei der Bildung von Eizellen und Spermien statt.

Stadien der Mitose

A: Prophase

In der Prophase werden durch das Chromatin kleine Kondensationen (Verdichtungen) gebildet, woraus eine schollige Chromatinstruktur der Zellkerne resultiert (A1). Die Kernmembran ist noch intakt (A2), die Zellorganellen erscheinen noch unverändert.

B: Prometaphase

Im weiteren Verlauf der Mitose werden im Kern die dichten Chromatinkondensationen, die Chromosomen sichtbar (B1). Die Kernhülle zerfällt in kleine Membranvesikel (B2). In der Nähe der grösseren Unterbrechung der Kernhülle liegt das Centriolenpaar (B3), von dem die Mikrotubuli (B4) ausstrahlen und das die Mitosespindel bildet.

C: Metaphase

In der Metaphase findet eine weitere Kondensation der Chromosomen statt (C1), wobei die beiden Chromosomenhälften (Chromatiden) jedes Chromosoms sichtbar werden (C2). Die chromosomalen Mikrotubuli (C3) der Metaphasenspindel erstrecken sich bis zu den Chromosomen. Der Golgi-Apparat und das endoplasmatische Retikulum zerfallen während der Mitose in kleinere, vesikuläre Fragmente, die gleichmässig auf die Tochterzellen verteilt werden.

D: Anaphase

In dieser wenige Minuten dauernden Phase werden die Chromatiden voneinander getrennt und in Richtung der beiden Spindelpole transportiert, wobei zwei Chromatidensterne (Diaster) entstehen. In der späten Anaphase (D') verkürzen sich die chromosomalen Mikrotubuli im Bereich der Centriolen, wodurch die Chromatiden zu den Zellpolen gezogen werden.

6.3 Zellteilung

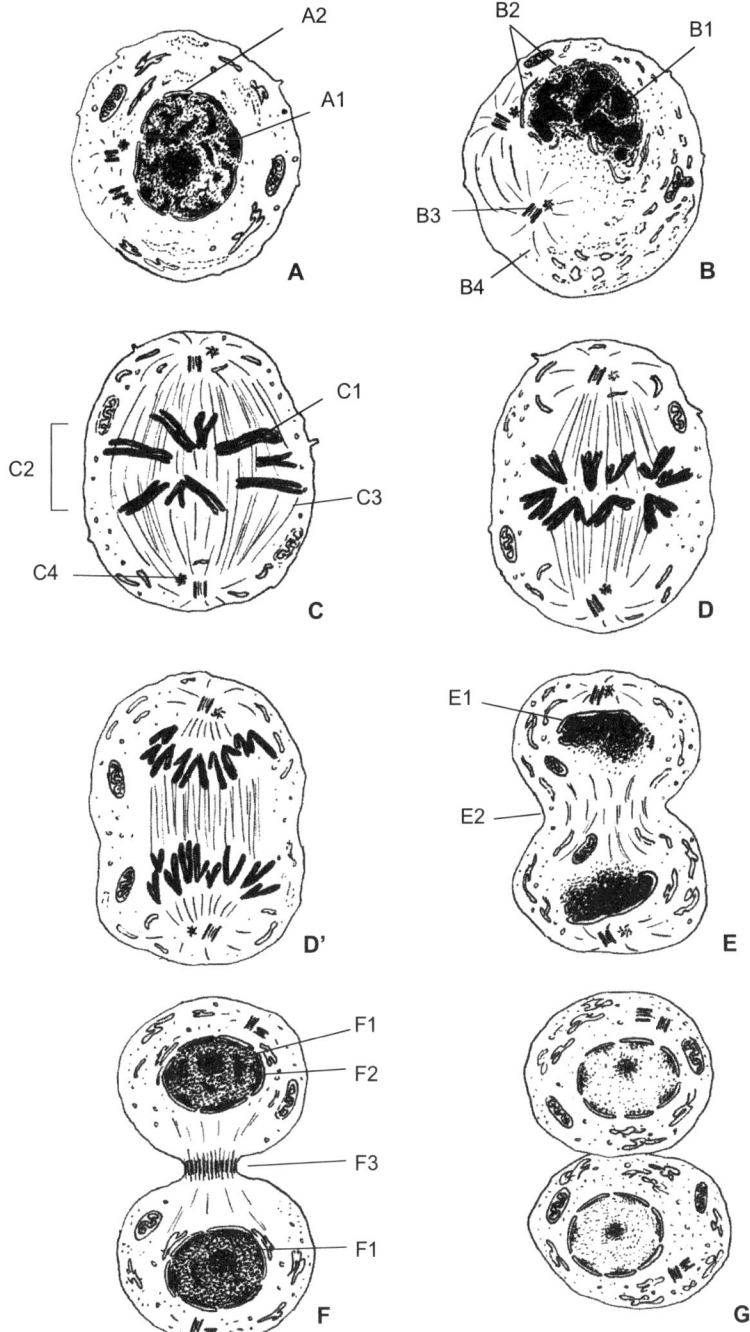

Abb. 6.7 Schematische Darstellung der Teilstadien der Mitose. A: Prophase; B: Prometaphase; C: Metaphase; D: Anaphase; E. Telophase; F: Zytokinese; G: Interphase

E: Telophase
Anschliessend bildet sich eine dichte Chromosomenkondensation, um die sich aus Fragmenten der alten Kernhülle eine neue Hülle aufbaut (E1). Gleichzeitig verkürzen sich die zirkulären unter der Zellmembran liegenden Mikrofilamente, wodurch sich der Zellkörper einschnürt (E2). Die Pol-Mikrotubuli bleiben noch als ein zentrales Bündel (Zentralspindel) bestehen und bilden die letzte Zytoplasmabrücke zwischen den beiden sich allmählich trennenden Tochterzellen.

F: Zytokinese
Aus den Chromosomenkondensationen entstehen zwei neue Kerne (F1) mit vollständiger Kernhülle (F2), die den Interphasekernen gleichen. Die Zellen sind noch durch eine schmale Zytoplasmabrücke (F3) miteinander verbunden.

G: Interphase
Die Phase zwischen zwei Zellteilungen, die Interphase, wird in verschiedene Abschnitte unterteilt: Anschliessend an die Zellteilung findet eine intensive Wachstumsphase (G_1-Phase) statt, in der Proteine, Enzyme und RNS synthetisiert werden. In der folgenden S-Phase repliziert sich die DNS und verdoppeln sich die Centriolen. Nach Abschluss der Verdoppelungsphase folgt vor der nächsten Mitose eine Zwischenphase (G_2-Phase). Zellen, die nicht teilungsaktiv sind (z. B. differenzierte Gewebezellen), verbleiben in der Regel in der (G_1-Phase).

6.4 Differenzierung der Zelle

Obwohl alle Zellen aus den oben beschriebenen Grundbestandteilen aufgebaut sind und alle erforderlichen Grundfunktionen ausführen können, weisen sie innerhalb eines entwickelten Organismus deutliche Unterschiede in Gestalt und Funktion auf. Die verschiedenen Zellarten entstehen durch den Prozess der Zelldifferenzierung. Diese hängt von der Durchführung bestimmter genetischer Programme ab: bestimmte Gene werden stufenweise an- oder abgeschaltet. Den Schritt, in dem die Entwicklungspotenz einer Zelle oder Zellgruppe festgelegt wird, bezeichnet man als Determination. Bei der endgültigen Differenzierung wird der Bau der Zelle offensichtlich ihrer spezifischen Funktion angepasst, weshalb auch von einer funktionellen Differenzierung gesprochen wird.

6.5 Zelladhäsion und extrazelluläre Matrix

6.5.1 Einleitung

Die extrazelluläre Matrix (ECM) ist ein komplexes chemisch und physikalisch vernetztes Maschenwerk bestehend aus Proteinen und Glycosaminoglykanen (Abb. 6.9).

6.5 Zelladhäsion und extrazelluläre Matrix

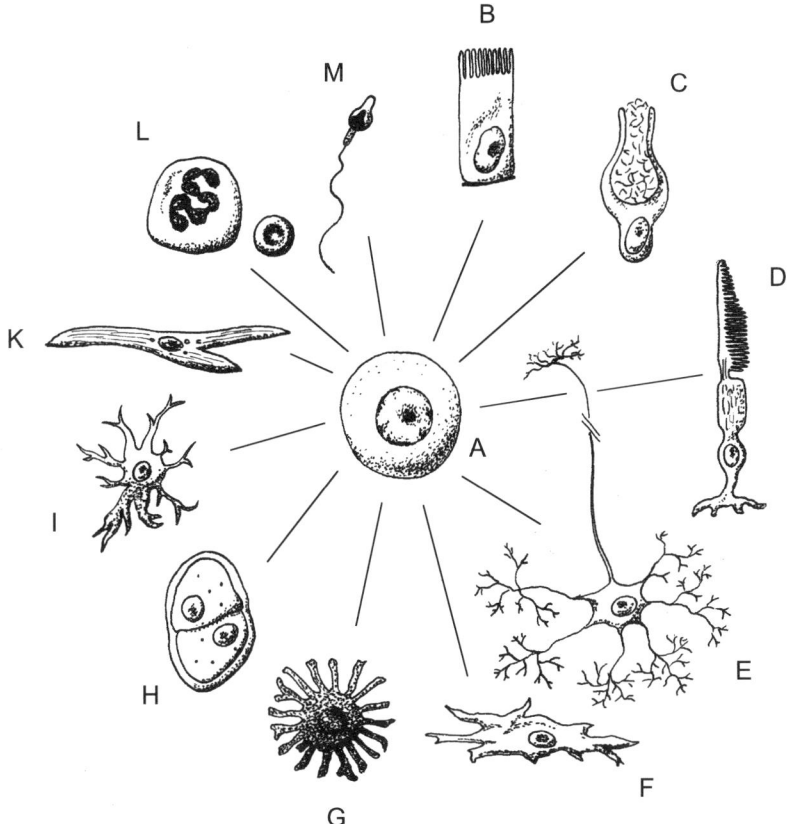

Abb. 6.8 Schematische Darstellung einer tierischen Eizelle (A), die den Ausgangspunkt für die Entstehung von unterschiedlichen differenzierten Körperzellen bildet: Epithelzelle (B), Drüsenzelle (C), Sinneszelle (D), Nervenzelle (E), Bindegewebezelle (F), Farbstoffzelle (Melanozyt) (G), Knorpelzelle (Chondrozyt) (H), Knochenzelle (Osteozyt) (I), glatte Muskelzelle (K), Blutzellen (L) und Samenzellen (M)

Die Matrix dient der räumlichen Organisation der Zellen, in Zellverbänden der Übertragung von Signalen aus der Umgebung für die Kontrolle der ortsspezifischen Zellregulation sowie der örtlichen Trennung der Gewebe. Die Wechselwirkung zwischen den Zellen und der extrazellulären Matrix ist bidirektional und dynamisch: Zellen nehmen über Signale in der ECM laufend Informationen aus ihrer Umgebung auf und formen häufig die extrazelluläre Matrix um.

Im vorliegenden Kapitel werden die Proteine der extrazellulären Matrix und ihre Rezeptoren an der Zelloberfläche beschrieben und Methoden für Zelluntersuchungen mit ECM-Modellen erläutert. Weiter werden Methoden für die räumliche Darstellung von Matrixerkennungsfaktoren beschrieben und Mechanismen, mit welchen Zellen chemische Informationen der ECM umsetzen werden eingeführt.

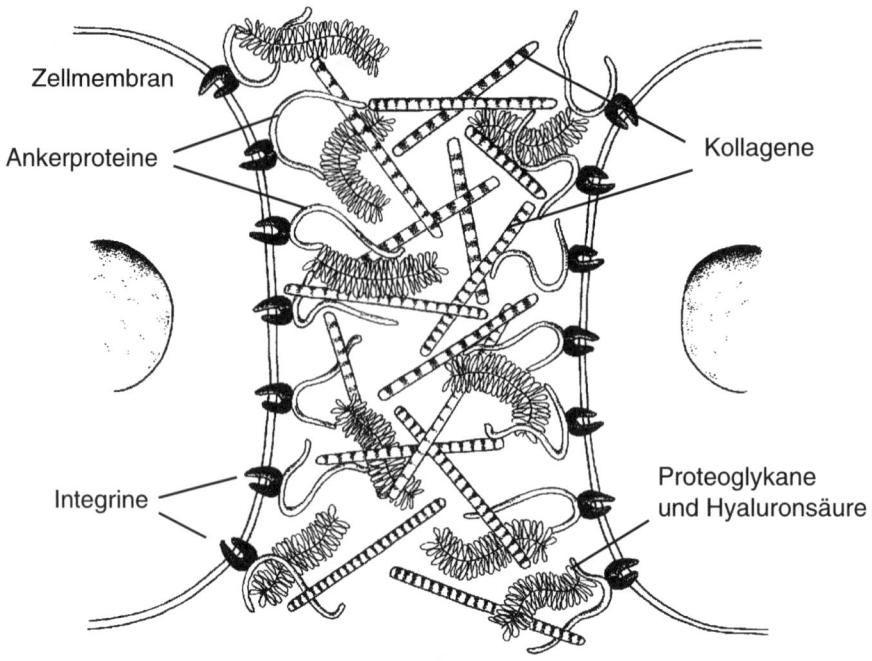

Abb. 6.9 Schematische Darstellung der extrazellulären Matrix

Die Interaktion von Zellen mit der extrazellulären Matrix erfolgt über biologische Erkennungssignale. Die Signalerkennung erfolgt über die Bindung von Zelloberflächenproteinen und Proteoglykanen an matrixgebundene Proteine. Für das *Tissue Engineering* ist das Verständnis dieser Interaktionen von hoher Wichtigkeit. Ein Ziel des *Tissue Engineering* ist es, die Wechselwirkungen zwischen Zellen und ihren natürlich vorkommenden Grenzflächen, namentlich der extrazellulären Matrix, zu simulieren. Nicht alle Signalproteine der extrazellulären Matrix sind immobilisiert. Die extrazelluläre Matrix dient manchmal auch als Speicher für Wachstumsfaktoren, vor allem für glykosaminoglykan-bindende Wachstumsfaktoren, wie zum Beispiel den Fibroblasten-Wachstumsfaktor (FGF). Diese Signale können von der extrazellulären Matrix freigesetzt und unter bestimmten Bedingungen aktiviert werden. In diesem Kapitel werden nur die immobilisierten Komponenten der extrazellulären Matrix beschrieben. Für eine vertieftere Betrachtung der extrazellulären Matrix als selektives Reservoir für diffundierbare Wachstumsfaktoren wird auf die Literatur verwiesen [1]. Nicht alle Signale der extrazellulären Matrix sind biochemischer Natur. Die biomechanische Wechselwirkung zwischen Zellen und ihrer extrazellulären Matrix könnte eine wichtige Rolle bei der funktionellen Regulation in vielen Geweben, besonders in Geweben mit lasttragenden Funktionen, spielen. Im vorliegenden Kapitel werden lediglich die biochemischen Aspekte der biologischen Erkennung beschrieben. Für eine vertieftere Betrachtung der Rolle der extrazellulären Matrix als biomechanischer Regulator bei Zellreaktionen wird auf die Literatur verwiesen [2, 3].

6.5.2 Extrazelluläre Matrixproteine und ihre Rezeptoren

Interaktionen zwischen Zellen und der extrazellulären Matrix werden durch Zelloberflächenproteine und Proteoglykane vermittelt, welche mit immobilisierten Proteinen der extrazellulären Matrix in Wechselwirkung treten. Das vorliegende Kapitel beginnt mit der Beschreibung der Rezeptorproteine auf Zelloberflächen, welche an der Zelladhäsion beteiligt sind. Anschliessend werden die Proteine der extrazellulären Matrix beschrieben, an welche diese Rezeptoren binden. Ebenfalls werden die aktiven Domänen derjenigen Proteine diskutiert, welche an die Zelloberflächenrezeptoren binden. Weiter wird die Rolle von Enzymen auf der Zelloberfläche bei der Bildung und bei der Umwandlung der ECM kurz beschrieben.

Adhäsionsrezeptoren
Es gibt vier Hauptgruppen von Adhäsionsrezeptoren, welche sich auf den Zelloberflächen befinden. Drei davon sind in erster Linie an der Zell-Zell-Adhäsion beteiligt. Die vierte Gruppe von Rezeptoren ist sowohl an der Zell-Zell-Adhäsion wie auch an der Adhäsion zwischen Zellen und der extrazellulären Matrix beteiligt. Die ersten drei werden nur kurz beschrieben, während die vierte Gruppe umfassender erläutert wird.

Cadherine
Die Cadherine stellt eine Klasse von Zelloberflächenrezeptoren dar, welche an der homophilen Bindung (d. h. die Bindung eines Cadherins auf einer Zelle mit einem identischen Cadherin auf einer anderen Zelle) beteiligt ist [4–6]. Diese Moleküle ermöglichen es, dass ein Zelltyp andere Zellen desselben Typs erkennt, und sie sind wichtig im frühen Stadium der Organbildung. Diese Wechselwirkungen sind von der extrazellulären Ca^{2+}-Konzentration abhängig und können durch Ca^{2+}-Chelatbildung dissoziiert werden. Da sich alle Cadherine auf der Zelloberfläche befinden, sind sie nicht direkt an den Wechselwirkungen zwischen Zellen und der extrazellulären Matrix beteiligt. Es wird jedoch angenommen, dass sie zusammen mit einem anderen Rezeptorsystem, welches bei der Regulation der Zell-ECM- Bindung involviert ist, indirekt beteiligt sind.

Selectine
Eine zweite Klasse von Rezeptoren ist die Gruppe der Selectine [7, 8]. Diese membrangebundenen Proteine sind an der heterophilen Bindung zwischen Blutzellen und Endothelzellen beteiligt. Wie bei den Cadherinen sind diese Wechselwirkungen abhängig von der extrazellulären Ca^{2+}-Konzentration. Diese Proteine enthalten lektinähnliche Strukturen und erkennen verzweigte Oligosaccharidstrukturen an ihren Liganden: die Sialyl Lewis X und die Sialyl Lewis A Strukturelemente [9]. Wie bei den Cadherinen sind diese Wechselwirkungen zwischen Rezeptor und Liganden in erster Linie bei Zell-Zell-Wechselwirkungen, besonders im Zusammenhang mit Entzündungsreaktionen wichtig.

Immunoglobulin Superfamilie
Eine dritte Klasse von Rezeptoren, welche als CAMs (cell adhesion molecules) bezeichnet werden gehören zur Immunglobulin Superfamilie [10, 11]. Bei diesen Proteinen findet die Bindung ihrer Liganden unabhängig von der Ca^{2+}-Konzentration statt. Die CAMs sind zudem an homophilen und heterophilen Wechselwirkungen beteiligt. Wie die Cadherine und Selectine binden sie an andere Zelloberflächen-Proteine und sind somit in erster Linie an Zell-Zell-Wechselwirkungen beteiligt. Mitglieder der Klasse der Integrin Adhäsionsrezeptoren (siehe unten) sind eine Klasse ihrer Liganden.

Integrine
Die vierte Klasse der Adhäsionsrezeptoren ist die Familie der Integrine [12, 13]. Während die drei oben beschriebenen Rezeptorklassen in erster Linie bei Zell-Zell-Interaktionen involviert sind, sind die Integrine sowohl an Zell-Zell- wie auch an Zell-ECM-Bindungen beteiligt. Integrine sind Protein-Dimere, welche aus einer α- und einer β-Untereinheit bestehen, die sich nicht-kovalent zu einem aktiven Dimer zusammenlagern. Es gibt mindestens 15 solcher α-Untereinheiten und 8 β-Untereinheiten, diese vereinigen sich zu mindestens 21 $\alpha\beta$-Kombinationen. Die $\alpha\beta$-Kombinationen, die in den β_1-, β_2- und β_3-Untereinheiten vorkommen sind in Abb. 6.11 dargestellt. Die β_1-, β_2- und β_3-Untereinheiten sind die am häufigsten exprimierten Integrine und werden deshalb als die wichtigsten angesehen.

Die β_2-Integrine sind in erster Linie an der Zell-Zell-Interaktionen beteiligt. Ein Beispiel ist das Integrin $\alpha_L\beta_2$, welches an ICAM-1 und ICAM-2 (beides Mitglieder der Immunoglobulin Superfamilie). Im Gegensatz dazu sind die β_1- und β_3-Integrine an Zell-ECM-Wechselwirkungen beteiligt. Wie in Abb. 6.10 gezeigt, binden die β_1- und β_3-Integrine an zahlreiche Proteine der extrazellulären Matrix. Vertreter dieser Proteine sind Kollagen, Fibronectin, Vitronectin, der von Willebrand Faktor und Laminin.

Es gibt zahlreiche zellmorphologische Hinweise für die Bindung von Integrinen mit den Adhäsionsproteinen der extrazellulären Matrix. Beispiele hierfür sind die Zellausbreitung, die Ausbildung von zellulären Membranfortsätzen, den *focal contacts* innerhalb von 20 nm der ECM-Oberfläche [14], die Clusterbildung von Integrin-Rezeptoren an den *focal contacts* [15] und die Zusammenlagerung von intrazellulären Proteinen an der Bindungsstelle der Integrine, um die Anlagerung des Integrinkomplexes an das F-Aktin-Zytoskelett zu unterstützen. Diese Bindungsstellen und die Bindungen zwischen den Transmembranrezeptoren mit dem extrazellulären Zytoskelett übertragen die grössten Kräfte zwischen den Zellen und der extrazellulären Matrix bzw. der künstlichen Oberfläche [16].

Extrazelluläre Matrixproteine
Kollagen
Kollagene sind Faserproteine. Das charakteristische Merkmal der Kollagenmoleküle ist ihre steife, dreisträngige Helixstruktur. Die Familie der Kollagene umfasst mehrere biochemisch und strukturell unterschiedliche Typen, wie in Kapitel 16.2 ausführlich beschrieben ist. Viele Adhäsionsproteine binden an diese Kollagene. Kollagen interagiert auch direkt mit Integrinen, in erster Linie mit $\alpha_1\beta_1$, $\alpha_2\beta_1$ und $\alpha_3\beta_1$.

6.5 Zelladhäsion und extrazelluläre Matrix

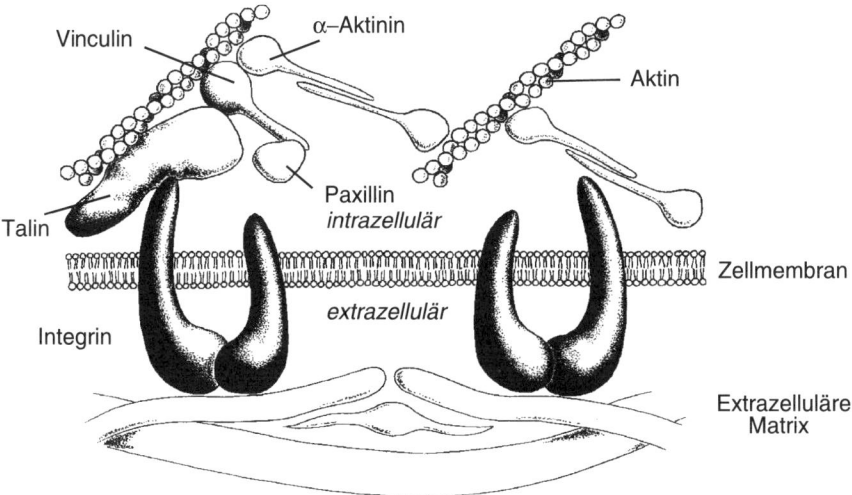

Abb. 6.10 Schematische Darstellung der Haftung der Zelle an der ECM mittels Integrinen und Kopplung der Integrine an das Zytoskelett

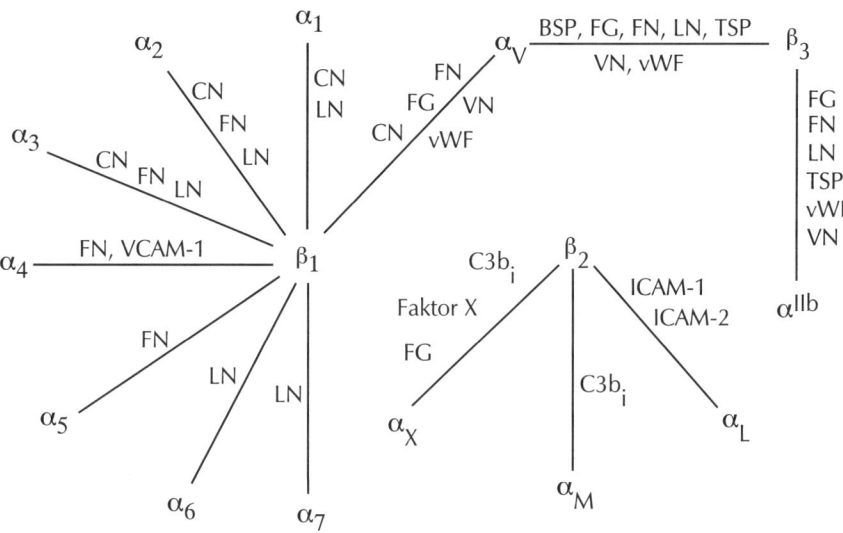

Abb. 6.11 Die Integrinfamilie. Die häufigsten Integrin-Untereinheiten sind dargestellt und die zwischen diesen Untereinheiten gebildeten Rezeptoren sind mit einer Linie verbunden. Die Liganden für diese Rezeptoren sind neben diesen Verbindungslinien dargestellt. BSP: bone sialoprotein; $C3b_i$: complement component $C3b_i$, CN: Collagen, FG: Fibrinogen, FN: Fibronectin, ICAM: intercellular adhesion molecule, LN: Laminin, TSP: Thrombospondin, VN: Vitronectin, VCAM: vascular cell adhesion molecule, vWF: von Willebrand Faktor

Fibronectin
Fibronectin, ein langes, fibrillen-bildendes Protein, ist Bestandteil in beinahe allen Geweben. Es ist in der Literatur ausführlich beschrieben [17]. Es existieren drei unterschiedliche Formen von Fibronectin: *Plasma-Fibronectin*, *Zelloberflächen-Fibronectin* und *Matrix-Fibronectin*. Fast alle Zellen gehen mit Fibronectin Wechselwirkungen ein, in erster Linie über den sogenannten Fibronectinrezeptor $\alpha_5\beta_1$ und in geringerem Masse auch über das β_3-Integrin $\alpha_v\beta_3$ und über andere, weiter unten beschriebene Integrine.

Vitronectin
Vitronectin ist ein multifunktionales Adhäsionsprotein, das in der Blutzirkulation und in vielen Geweben gefunden wird [18]. Dieses Protein unterstützt die Adhäsion zahlreicher Zelltypen und bindet in erster Linie an den sogenannten Vitronectinrezeptor, $\alpha_v\beta_3$ sowie an $\alpha_v\beta_1$ und an den Thrombozyten-Rezeptor $\alpha_{IIb}\beta_3$.

Von Willebrand Faktor
Der von Willebrand Faktor ist ein Adhäsionsprotein, das in erster Linie an der Adhäsion von Blutgefässzellen beteiligt ist. Für detaillierte Betrachtungen wird auf die Literatur verwiesen [19]. Der von Willebrand Faktor wird von Megakaryozyten (Knochenmarksriesenzellen) synthetisiert und in den α-Granula der zirkulierenden Thrombozyten gespeichert. Werden die Thrombozyten aktiviert, so wird der Granulainhalt, welcher den von Willebrand Faktor enthält, freigesetzt. Der von Willebrand Faktor wird auch von Endothelzellen synthetisiert und gespeichert. Eine kurzkettige Form des Proteins, bei welchem sich mehrere dieser Proteine zu einer unlöslichen Struktur gebunden haben, wurde im Subendothel gefunden und ist nach einer Gewebeverletzung über den $\alpha_{IIb}\beta_3$-Rezeptor an der Adhäsion von Thrombozyten an das Subendothelgewebe beteiligt.

Laminin
Laminin, ein sehr komplexes Adhäsionsprotein, stellt einen wichtigen Bestandteil der Basalmembranen dar. Es bindet an Epithel- und Endothelzellen sowie an Zellen einiger anderer Typen [20]. Laminin existiert in verschiedenen Formen. Die klassische Form wurde aus der ECM von Engelbreth-Holm-Swarm-Tumorzellen isoliert und gereinigt. Sie besteht aus einem Trimer, bestehend aus einer A1 (400'000 D)-, einer B1 (210'000 D)- und einer B2 (200'000 D)-Polypeptidkette, die durch Disulfidbrücken miteinander vernetzt sind. Diese Form bindet mit den β_1-Integrinen $\alpha_1\beta_1$, $\alpha_2\beta_1$, $\alpha_3\beta_1$, $\alpha_6\beta_1$ und $\alpha_7\beta_1$ und mit den β_3-Integrinen $\alpha_v\beta_3$ und $\alpha_{IIb}\beta_3$ sowie mit anderen Integrinen.

Die oben beschriebenen extrazellulären Matrixproteine sind sehr komplex. Sie enthalten Bereiche, die verantwortlich sind für die Bindung an Kollagen, für die Bindung an Glycosaminoglykane, für die Vernetzung mit anderen ECM-Proteinen, für den Abbau durch Proteasen und für die Bindung mit Integrinen und anderen Adhäsionsrezeptoren. Da die Proteine viele verschiedene Funktionen ausüben müssen, machen die Stellen, die sich mit den Integrinen binden nur einen kleinen Teil der Proteinmasse aus. In den meisten Fällen besteht die rezeptorbindende Domäne

6.5 Zelladhäsion und extrazelluläre Matrix

aus einer Oligopeptidsequenz mit einer Länge von weniger als zehn Aminosäuren. Diese Stelle kann durch lineare oder zyklische Oligopeptide mit identischer oder ähnlicher Sequenz wie sie im Protein gefunden wird simuliert werden [12, 21, 22]. Die erste minimale Sequenz, welche identifiziert wurde, war das Tripeptid RGD [23] (die Nomenklatur der Aminosäuren ist in der Fussnote zur Tabelle 6.1 angegeben). Mit synthetisierten Peptiden, welche RGD Sequenzen enthalten und die auf geeignete Weise auf einer Oberfläche oder an ein Trägermolekül gebunden sind, können die meisten adhäsiven Wechselwirkungen der RGD Peptide im Protein Fibronectin, inklusive der Integrinbindung und der Integrin-Clusterbildung, imitiert werden. Viele solcher rezeptorbindenden Sequenzen wurden mit unterschiedlichen Methoden identifiziert. Einige dieser Sequenzen sind in Tabelle 6.1 wiedergegeben. Die Affinität dieser rezeptorbindenden Sequenzen zu Integrinen hängt sehr stark von der Anordnung der einzelnen Aminosäuren im Peptid ab und ist daher hoch spezifisch. So vermag beispielsweise das Peptid RDG, welches dieselben Aminosäuren wie das RGD – jedoch in einer anderen Sequenz – aufweist, Integrine nicht zu binden.

Eine Klasse der Adhäsionspeptide enthält die zentrale RGD-Sequenz. Diese wird durch ihre seitlichen Aminosäuren modifiziert, was die Spezifität der rezeptorbindenden Sequenz verändert. Beispielsweise kann in Fibronectin RGDS, in Vitronectin RGDV, in Laminin RGDN und in Kollagen RGDT gefunden werden. Andere Adhäsionspeptide behalten die zentrale Aminosäuren bei, wie z. B. die REDV- und LDV-Sequenz in Fibronectin. Die REDV und LDV-Sequenzen binden relativ spezifisch und interagieren nur mit dem Integrin $\alpha_4\beta_1$.

Zusätzlich zu den Peptiden, die an Integrin-Adhäsionsrezeptoren binden, gibt es noch andere Peptidsequenzen, welche an Nicht-Integrin-Rezeptoren binden. Laminin enthält mehrere solche Sequenzen, wie zum Beispiel das YIGSR- und SIKVAV-Peptid. Die YIGSR-Sequenz [24, 25] bindet an einen 67 kD monomeren Nicht-Integrin Lamininrezeptor [26]. Wie die Integrinrezeptoren interagiert dieser Lamininrezeptor ebenfalls mit intrazellulären Proteinen, die an der Bindung an das F-Actin-Zytoskelett beteiligt sind [27]. Die YIGSR-Sequenz ist bei der Adhäsion und bei der Verbreitung zahlreicher Zelltypen beteiligt (siehe unten). Die SIKVAV-Sequenz in Laminin bindet an einen noch nicht identifizierten Rezeptor und stimuliert die Ausbreitung der Axone von Nervenzellen [28].

Zusätzlich zur hochspezifischen Bindung von Adhäsionspeptiden mit Zelloberflächenrezeptoren, binden die meisten Adhäsionsproteine über weniger spezifische Mechanismen auch an andere Zelloberflächenkomponenten. Diese Proteine enthalten eine heparinbindende Domäne (so genannt aufgrund der Anwendung von Heparin-Affinitäts-Chromatographie bei der Reinigung dieses Proteins), welche mit Zelloberflächen-Proteoglykanen bindet, die Heparinsulfat-Glycosaminoglykan oder Chondroitinsulfat-Glycosaminoglykan enthalten [30, 31]. Die Peptidsequenzen, welche an Zelloberflächen-Proteoglykane binden, weisen zahlreiche kationische Restgruppen, wie Arginin (R) und Lysin (K) auf, im Vergleich zu ihrem Gehalt an den anionischen Restgruppen Aspartat (D) und Glutamat (E). Eine Modellsequenz XBBXBX könnte beides, kationische und hydrophobe Restgruppen enthalten, wobei X eine hydrophobe und B eine basische Aminosäure, d. h. entweder R oder K

Protein	Sequenz	Funktion
Fibronectin	RGDS	Adhäsion der meisten Zellen über $\alpha_5\beta_1$
	LDV	Adhäsion
	REDV	Adhäsion
Vitronectin	RGDV	Adhäsion der meisten Zellen über $\alpha_v\beta_3$
Laminin A	LRGDN	Adhäsion
	SIKVAV	Ausbreitung von Neuriten
Laminin B1	YIGSR	Adhäsion von vielen Zellen über 67 kD
	PDSGR	Lamininrezeptor
		Adhäsion
Laminin B2	RNIAEIIKDA	Ausbreitung von Neuriten
Collagen I	RGDT	Adhäsion der meisten Zellen
	DGEA	Adhäsion von Thrombozyten und anderen Zellen
Thrombospondin	RGD	Adhäsion der meisten Zellen
	VTXG	Adhäsion von Thrombozyten

Legende: A: Alanin, C: Cystein, D: Aspartat, E: Glutamat, F: Phenylalanin, G: Glycin, H: Histidin, I: Isoleucin, K: Lysin, M: Methionin, N: Asparagin, P: Prolin, Q: Glutamin, R: Arginin, S: Serin, T: Threonin, V: Valin, W: Tryptophan, Y: Tyrosin

Tabelle 6.1 Rezeptorbindende Aminosäuresequenzen von ECM Proteinen [29]

darstellt. Diese Stellen innerhalb von Adhäsionsproteinen wie z. B. in Fibronectin und Laminin binden an Zelloberflächen-Proteoglykane, parallel zur gleichzeitig auftretenden Wechselwirkung mit den integrinbindenden Stellen, um den Adhäsionskomplex zu stabilisieren [32]. Die Wechselwirkungen mit Zelloberflächen-Proteoglykanen sind viel weniger spezifisch als diejenigen mit den Integrinen. Die Bindung ist nicht sehr empfindlich auf die Anordnung der Oligopeptidsequenz, und zudem kann der Effekt durch Immobilisierung von R- oder K-Aminosäuren auf einer Oberfläche relativ einfach simuliert werden [33].

Die extrazelluläre Matrix ist unter dem Einfluss des Kontaktes mit Zellen dynamischen Umwandlungsprozessen unterworfen. Zellen, welche *in vitro* auf einer extrazellulären Matrix spezifischer Zusammensetzung ausgesiedelt wurden, können adhärieren, sich ausbreiten, *focal contacts* ausbilden, das ursprüngliche Protein entfernen, eine neue extrazelluläre Matrix mit unterschiedlicher Proteinzusammensetzung sezernieren und neue *focal contacts* bilden [34]. An Zelloberflächen gebundene und von Zellen sezernierte Enzyme spielen bei dieser Umwandlung der extrazellulären Matrix eine wichtige Rolle [35]. Beispielsweise werden Disulfid-Isomerasen von den Zellen freigesetzt, um Proteine in der extrazellulären Matrix mit Disulfidbindungen kovalent zu verbinden [36]. Transglutaminasen bilden ebenfalls eine Amidbindung zwischen der ε-Aminogruppe von Lysin und der γ-Carboxylgruppe von Glutamatsäure, um Proteine der extrazellulären Matrix chemisch zu vernetzen. Diese Prozesse sind beispielsweise dafür verantwortlich, dass sich das globuläre Adhäsionsprotein Fibronectin in der extrazellulären Matrix unterhalb der Zellen zu Fibrillen zusammenlagert.

Membrangebundene und von Zellen freigesetzte Enzyme sind ebenfalls am

Abbau der extrazellulären Matrix bei der Matrixumformung und bei der Zellwanderung beteiligt [37–39]. Von Zellen freigesetzte Metallproteinasen wie Kollagenase und Gelatinase, Serinproteasen wie Urokinase-Typ Plasminogen-Aktivator und Plasmin, sowie Cathepsine sind in beiden Prozessen, bei der ECM-Umformung und beim Abbau während der Zellwanderung involviert. Folglich stellt die Wechselwirkung zwischen Zellen und der extrazellulären Matrix eine bidirektionale Interaktion dar: die Zelle erhält Informationen aus der Matrix und die Matrix wird von der Zelle massgeschneidert.

6.5.3 Modellsysteme für die Untersuchung von Matrixinteraktionen

Da die ECM-Adhäsionsproteine wenigstens teilweise durch kleine synthetische Peptide modelliert werden können, ist es möglich, mit genau definierten Systemen die Wechselwirkungen zwischen Zelle und Substrat zu untersuchen. Die Interaktion zwischen Zellen und Substratoberflächen unterscheidet sich grundlegend von der Wechselwirkung von Zellen mit Adhäsionsproteinen, die auf eine Oberfläche appliziert wurden, um Zelladhäsion zu bewirken. Diese sogenannten nicht-spezifischen Wechselwirkungen finden zwischen Zelloberflächenrezeptoren und Proteinen, die auf die Oberfläche adsorbiert worden sind, statt. Der thermodynamische und kinetische Aspekt der Proteinadsorption wurde in der Literatur detailliert beschrieben [40–42]. Die primäre treibende Kraft für die Proteinadsorption ist der hydrophobe Effekt: Wasser kann mit einer hydrophoben Werkstoffoberfläche keine Wasserstoffbrückenbindungen ausbilden. Es kann daher angenommen werden, dass sich die Wassermoleküle, die sich in der Nähe dieser hydrophoben Werkstoffoberfläche befinden, eine höher geordnete Struktur bilden, in welcher die Wassermoleküle stärker durch Wasserstoffbrücken miteinander verbunden sind als diejenigen, die sich weiter weg von der Werkstoffoberfläche befinden. Ein Protein kann dabei die Rolle eines Tensides übernehmen und an diese hydrophobe Oberfläche adsorbieren. Dabei wird die hydrophobe Oberfläche polar und ermöglicht die Bildung von Wasserstoffbrückenbindungen mit den umliegenden Wassermolekülen. Dies bewirkt die Aufhebung der geordneten Struktur der Wassermoleküle in der Nähe der Werkstoffoberfläche und führt zu einem hohen Entropiegewinn. Elektrostatische Wechselwirkungen, beispielsweise zwischen Ladungen von D-, E-, K- oder R-Aminosäuren in Proteinen und den kationischen oder anionischen Gruppen der Werkstoffoberfläche spielen eine geringere, aber dennoch wichtige Rolle. Da Proteine im allgemeinen eine negative Nettoladung aufweisen, adsorbieren anionische Oberflächen in der Regel weniger Proteine als kationische Oberflächen. Aufgrund dieser generellen Erkenntnisse ist es naheliegend, Modelloberflächen zu untersuchen, die hydrophil und nicht-ionisch sind und die funktionalisiert werden können, um die Anbindung von Adhäsionsproteinen zu untersuchen.

Die Adsorptionstendenz von Proteinen auf Werkstoffoberflächen wurde als Methode, um Peptide auf Substraten zu immobilisieren, genutzt. Zu diesem Zweck haben Pierschbacher et al. das Peptid Ac-GRGDSPASSKGGGGSRLLLLLLR-NH_2 beschrieben (Ac weist auf die Acetylierung des N-Terminus hin und -NH_2 zeigt an, dass der C-Terminus durch eine Amidbindung abgesättigt ist, um terminale Ladungen zu verhindern). Der LLLLLL-Abschnitt ist hydrophob, adsorbiert daher stark auf hydrophoben Polymeroberflächen und immobilisiert die zellbindende RGDS-Sequenz von Fibronectin. Nicht-adhäsive Proteine wie Albumin wurden ebenfalls mit RGD-Peptiden versehen, z. B. durch Bindung an Aminogruppen von Lysinseitenketten des Albumins. Durch Adsorption von Albumin wurden somit die RGD-Peptide immobilisiert [43].

Oberflächen, welche mit hydrophilen Polymeren beschichtet sind, wurden ebenfalls verwendet, um Adhäsionsproteine anzubinden. Ein einfaches und zweckmässiges System ist Glas, das mit einem Silan, 3-Glycidoxypropyltriethoxysilan, modifiziert wurde. Nachdem Aufbringen von Silan auf die Oberfläche, wird die Epoxidgruppe hydrolysiert, woraus -$CH_2CH(OH)CH_2OH$ Gruppen resultieren. Die Hydroxylgruppen dienen als Bindungsstellen für die kovalente Immobilisierung der Adhäsionspeptide, z. B. über das primäre Amin des N-Terminus [44]. Die Korrelation von Oberflächendichte der aufgebrachten RGD-Peptide mit der Zellreaktion ergab quantitative Aufschlüsse über die Anzahl der benötigten Wechselwirkungen für eine morphologische vollständige Zellausbreitung [45]. Eine Oberflächendichte von rund 10 fmol/cm^2 RGD war erforderlich, um die Zellausbreitung, focal contact-Bildung, Integrin-$\alpha_v\beta_3$-Clusterbildung, α-Actinin- und Vinculin Bestimmung mit $\alpha_v\beta_3$, und f-Actin Zytoskelett Zusammenlagerung in humanen Fibroblasten, die auf dieser synthetischen extrazellulären Matrix kultiviert wurden, zu induzieren. Diese Oberflächendichte entspricht einem Abstand von rund 140 nm zwischen den immobilisierten RGD-Peptiden. Dies zeigt, dass weit weniger als eine Monolayerschicht bereits genügt, um eine Zellreaktion zu unterstützen. Das Substratmaterial weist nur einen geringen Widerstand gegen Proteinadsorption und demnach unspezifischer Zelladhäsion auf. Folglich ist die Untersuchung von Wechselwirkungen über einen längeren Zeitraum hinaus, während dem die anhaftenden Zellen ihre eigene extrazelluläre Matrix synthetisieren und sezernieren, um auf die synthetisch hergestellte Oberfläche zu adsorbieren, sehr schwierig durchführbar. Dies führte zu Entwicklungen von Substraten, welche einen höheren Widerstand gegen Proteinadsorption aufweisen.

Eine Vielzahl von Untersuchungen wurde für das Anbringen von wasserlöslichen, nicht-ionischen Polymeren, wie z. B. Polyethylenglykol, auf Werkstoffoberflächen durchgeführt. Diese Untersuchungen sind in der Literatur ausführlich beschrieben [46–48]. Für die Immobilisierung von Polyethylenglykol auf Werkstofoberflächen wurden zahlreiche Methoden angewendet. Zwei besonders wirksame Methoden werden im folgenden Abschnitt beschrieben.

Thiolverbindungen adsorbieren stark an Goldoberflächen über Chemisorption [49, 50]. Wenn diese Thiole terminal an eine Alkangruppe -R-$(CH_2)_n$-SH gebunden sind, adsobiert die Gruppe als perfektes Monolayer; die Thiol-Gold-Interaktion trägt etwa die Hälfte, die Alkan-Alkan van der Waals-Interaktion die

6.5 Zelladhäsion und extrazelluläre Matrix

andere Hälfte der Wechselwirkungsenergie bei. Folglich können Alkanthiole verwendet werden, um eine funktionelle R-Gruppe mit einer hohen Regelmässigkeit auf einer mit Gold beschichteten Oberfläche darzustellen falls die R-Gruppe nicht zu gross ist, um die monomolekulare Anordnung sterisch zu hindern. Mit dieser Methode haben Prime und Whitesides ein Oligoethylenglykol enthaltendes Alkanthiol, -HS-$(CH_2)_{11}(OCH_2CH_2)_n$OH-, immobilisiert. Auf Oberflächen mit diesem Alkanthiol und einem zusätzlichen hydrophoben Reaktanden, -HS-$(CH_2)_{10}CH_3$-, wurde die Proteinadsorption untersucht [51]. Es wurde beobachtet, dass bei einem Polymerisationsgrad n = 4 die Adsorption von sogar sehr grossen Proteinen, wie z. B. Fibronectin stark eingeschränkt wurde. Bei einem unvollständigen Oligoethylengykol-Monolayer, d. h. wenn der Monolayer mit dem hydrophoben Alkanthiol vermischt war, konnte die proteinabstossende Eigenschaft der Oberfläche mit längeren Oligoethylenglykolgruppen aufrechterhalten werden. Da diese Werkstoffe eine sehr geringe Neigung zur Proteinadsorption aufweisen, kann erwartet werden, dass sie sich sehr gut als Substrate eignen, um die Peptidanbindung mit synthetischen Modell-ECM, z. B. mit HS-$(CH_2)_{11}(OCH_2CH2)_n$-NH-RGDS zu untersuchen.

Drumheller und Hubbell haben ein Polymer entwickelt, welches einen sehr hohen Widerstand gegen Zelladhäsion aufweist [52–54]. Werkstoffe, die einen hohen Gehalt an Polyethylenglycol aufweisen quellen in der Regel stark, weshalb sie sich für die Anwendung in Zellkulturen oder als Werkstoffe für medizinische Vorrichtungen oft nicht eignen. Um dies zu umgehen, wurde die Quellung von Polyethylenglykol eingeschränkt, indem es in einem dicht vernetzten Maschenwerk aus einem hydrophoben Monomer, Trimethylolpropantriacrylat, verteilt wurde. Dies ergab einen Werkstoff, welcher eine hydrophile Oberfläche wie ein Hydrogel und die mechanischen und optischen Eigenschaften von Glas aufweist. Diese Werkstoffe wiesen auch nach Adsorption mit dem sehr grossen Adhäsionsprotein Laminin und nach mehreren Wochen einen hohen Widerstand gegen Proteinadsorption auf. Die Zugabe von geringen Mengen an Acrylsäure als Co-Monomer ergab keine Änderung der Zelladhäsionseigenschaften. Die dadurch in der Nähe der Polymeroberfläche eingebrachten Carboxylgruppen konnten für die Funktionalisierung mit Adhäsionsproteinen, wie z. B. RGD- und YIGSR Sequenzen, gebraucht werden. Da die Adsorption dieser Proteine auf diesen Oberflächen derart gering war, zeigten Werkstoffe mit angebundenen inaktiven Peptiden, wie z. B. RDG, keine Zelladhäsion.

6.5.4 Die Bildung von Zellmustern durch Oberflächenfunktionalisierung

Die Herstellung und Kontrolle von Werkstoffoberflächeneigenschaften ermöglicht die Anordnung von mehreren Zellen sowohl in Kultur wie auch in vivo mit einem vorbestimmten Aufbau. Grosse Strukturen wurden durch Funktionalisierung von adhäsiven Oberflächen hergestellt. Zwei Methoden zur Funktionalisierung von Oberflächen haben sich als besonders geeignet herausgestellt: Die Photolithographie und das mechanical stamping (mechanisches Prägen).

Photolithographische Methoden wurden gebraucht, um Muster auf Zelladhäsionsoberflächen aufzubringen. Alkoxysilane wurden chemisch auf Glasoberflächen adsorbiert und mittels UV-Strahlung wurden die Alkoxygruppe selektiv degradiert, was ein Muster von Hydroxylgruppen auf der Oberfläche ergab [55]. Von diesen Hydroxylgruppen aus erfolgte die Reaktion mit einer zweiten aminhaltigen Alkoxysilanschicht. Diese aminhaltigen Bereiche unterstützten die Zelladhäsion und bildeten die Bereiche auf der funktionalisierten Oberfläche, wo Zelladhäsion erfolgte [56]. Diese Aminmuster auf Polymeroberflächen wurden auch benutzt, um eine Verteilung von adhäsiven Bereichen auf einem nicht-adhäsiven Substrat zu erhalten [57]. Diese Ansätze wurden mit der oben beschriebenen Technologie für die Herstellung von bioaktiven Peptiden kombiniert. Beispielsweise wurden Aminpatterns als Anbindungsstellen für die adhäsiven Peptide YIGSR benutzt, um die gerichtete Ausbreitung von Neuriten auf Werkstoffoberflächen zu induzieren [57]. Ein Ziel dieser Arbeit war, ein einfaches System von neuronalen Netzwerken herzustellen, um die Kommunikation innerhalb eines Netzwerkes von Neuronen zu untersuchen. Eine geeignete Methode für eine solche Untersuchung ist die Herstellung eines Musters aus adhäsiven Aminoalkylsilanen auf einem nicht-adhäsiven Perfluoroalkansilan [58]. Eine Reihe von Polymeren wurde gezielt für die Anbindung von adhäsiven Peptidsequenzen wie z. B. RGD entwickelt. Diese Polymere werden für zukünftige Untersuchungen der Zell-Zell- Wechselwirkungen in neuronalen und anderen Zellsystemen sehr nützlich sein [59].

Muster von Alkanthiolen auf Gold wurden ebenfalls mit einfachen Methoden hergestellt. Hierfür wurde das Prägen angewendet [60]. Zur Herstellung des Prägestempels wurde Silikon mittels konventioneller Photolithographie geätzt und daraus ein Negativ in Silikon hergestellt. Dadurch konnten Strukturen von bis zu 200 nm auf dem Silikonstempel hergestellt werden. Der Stempel wurde anschliessend mit einem zelladhäsionsfördernden Alkanthiol, $HS-(CH_2)_{15}-CH_3$ benetzt. Die Übertragung des Musters auf ein Goldsubstrat ergab ein Muster bestehend aus hydrophoben Alkangruppen. Das strukturierte Goldsubstrat wurde anschliessend mit dem zellresistenten Alkanthiol $HS-(CH_2)_{11}(OCH_2CH_2)_6OH$ behandelt. Mit diesem System war es möglich, adhäsive Bereiche mit definierter Grösse auf einem nicht-zelladhäsiven Substrat herzustellen [61]. Diese Methode wird für eine Vielzahl von Anwendungen in der Zellbiologie und im Tissue Engineering von grossem Nutzen sein.

6.6 Literatur

1. Roskelley C.D., Srebrow A., Bissell M.J., A hierarchy of ECM-mediated signalling regulates tissue-specific gene expression, Curr. Opin. Cell Biol., 7, 1995, p. 736–747.
2. He Y.J., Grinnel F., Stress relaxation of fibroblasts activates a cyclic AMP signalling pathway, J. Cell Biol., 126, 1994, p. 457–464.
3. Dickenson R.B., Guido S., Tranquillo R.T., Biased cell migration of fribroblasts exhibiting contact guidance in oriented collagen gels, Ann. Biomed. Eng., 22, 1994, p. 342–356.
4. Takeichi M., The cadherins: cell-cell adhesion molecules controlling animal morphogenisis, Development, 102, 1988, p. 639–665.
5. Takeichi M., Cadherins: a molecular family important in selective cell-cell adhesion, Annu. Rev. Biochem., 59, 1990, p. 237–252.
6. Takeichi M., Cadherin cell adhesion receptors as a morphogenitic regulator, Science, 251, 1991, p. 1451–1455.
7. Bevilacqua M., Butcher E., Furie B., Gallatin M., Gimbrone M., Harlan J., Kishimoto K., Lasky L., McEver R., Paulson J., Rosen S., Seed B., Siegelman M., Springer T., Stoolman L., Tedder T., Varki A., Wagner D., Weissman I.,Zimmerman G., Selectins: a family of adhesion receptors, Cell, 67, 1991, p. 233–233.
8. Lasky L.A., Selectins: interpreters of cell-specific carbohydrate information during inflammation, Science, 258, 1992, p. 964–969.
9. Varki A., Selectin ligands, Proc. Natl. Acad. Sci. USA, 91, 1994, p. 7390–7397.
10. Grumet M., Cell adhseion milecules and their subgroups in the nervous system, Curr. Oin. Neurobiol., 21, 1991, p. 298–306.
11. Hunkapiller T., Hood L., Diverstiy of the immunoglobulin gene superfamily, Adv. Imunol., 44, 1989, p. 1–63.
12. Hynes R.O., Integrins: versatility, modulation and signaling in cell adhesion, Cell, 69, 1992, p. 11–25.
13. Ruoslahti E., Integrins, J. Clin. Invest., 87, 1991, p. 1–5.
14. Izzard C.S., Lochner L.R., Cell-to-substratum contacts in living fibroblasts: and interference reflection study with an evaluation of the technique, J. Cell Sci., 21, 1976, p. 129–159.
15. Fath K.R., Edgell D.S., Burridge K., The distribution of distinct integrins in focal contacts is determined by the substratum composition, J. Cell Sci., 92, 1989, p. 67–75.
16. Ward M.D., Hammer D.A., A theoretical analysis for the effect of fogal contact formation on cell-substrate attac hment strength, Biophys. J., 64, 1993, p. 936–959.
17. Schwarzbauer J.E., Fibronectin: from gene to protein, Curr. Opin. Cell Biol., 3, 1991, p. 786–791.
18. Preissner K.T., Structure and biological role of vitronectin, Annu. Rev. Cell Biol., 7, 1991, p. 275–310.
19. Ruggeri Z.M., Ware J., The structure and function on von Willebrand factor, Thromb. Hemostas., 67, 1992, p. 594–599.
20. Kleinman H.K., Weeks B.S., Schnaper H.W., Kibbey M.C., Yamaury K., Grant D.S., The laminins: a family of basement membrane glycoproteins important in cell differentiation and tumor metaseses, Vitamins Hormones, 47, 1993, p. 161–186.
21. Yamada K.M., Adhesive recognition sequences, J. Biol. Chem., 266, 1991, p. 12809–12812.
22. Humphries M.J., The molecular basis and specificity of integrin-ligand interactions, J. Cell Sci., 97, 1990, p. 585–592.
23. Ruoslahti M.D., Perischbacher M.D., New perspectives in cell adhesion: RGD and integrins, Science, 238, 1987, p. 491–497.
24. Graf J., Iwamoto Y., Sasaki M., Martin G.R., Kleinman R.K., Robey F.A., Yamada Y., Identification of an amino acid sequence in laminin mediating cell attachment, chemotaxis, and receptor binding, Cell, 48, 1987, p. 989–996.
25. Graf J., Ogle R.C., Robey F.A., Sasaki M., Martin G.R., Yamada Y., Kleinman H.K., A pentapeptide from the laminin B1 chain that mediates cell adhesion and binds the 67000 laminn receptor, Biochemistry, 26, 1987, p. 6896–6900.

26. Meecham R.P., Laminin Receptors, *Annu. Rev. Biol.*, 7, 1991, p. 71–91.
27. Massia S.P., Rao S.S., Hubbell J.A., Covalently immobilized laminin peptide tyr-ile-gly-ser-arg (YIGSR) suppports cell spreading and co-location of the 67-kilodalton laminin receptor with a-actinin and vinculin, *J. Biol. Chem.*, 268, 1993, p. 8053–8059.
28. Tashiro K., Sephel G.C., Greatorex D., Sasaki M., Shirashi N., Martin G.R., Kleinman H.K., Yamada Y., The RGD containing site of the mouse laminin A chain is active for cell attachment, spreading, migration and neurite outgrowth, *J. Cell. Physiol.*, 146, 1991, p. 451–459.
29. Yamada Y., Kleinman H.K., Functional domains of cell adhesion molecules, *Curr. Opin. Cell Biol.*, 4, 1992, p. 819–823.
30. Wight T.N., Kinsella M.G., Qwarnström E.E., The role of proteoglycans in cell adhesion, migration and proliferation, *Curr. Opin. Cell Biol.*, 4, 1992, p. 793–801.
31. Jackson R.L., Busch S.J., Cardin A.D., Glycosaminoglycans: molecular properties, protein interactions and role in physiological processes, *Physiol. Rev.*, 71, 1991, p. 481–539.
32. LeBaron R.G., Esko J.D., Woods A., Johansson S., Höök M., Adhesion of glycosaminoglycan-deficient Chinese hamster ovary cell mutants to fibronectin substrata, *J. Cell Biol.*, 106, 1988, p. 945–952.
33. Massia S.P., Hubbell J.A., Immobilized amines and basic amino acids as mimetic heparin binding domains for cell surface proteoglycan-mediated adhesion, *J. Biol. Chem.*, 267, 1992, p. 10133–10141.
34. Dejana E., Colella S., Conforti G., Abbadini M., Gaboii M., Marchisio P.C., Fibronectin and vitronectin regulate the organization of their respective arg-gly-asp receptors in cultured human endothelial cells, *J. Cell Biol.*, 107, 1988, p. 1215–1223.
35. Mosher D.F., Sottile J., Wu C., McDonald J.A., Assembly of extracellular matix, *Curr. Opin. Cell Biol.*, 4, 1992, p. 810–818.
36. Mayadas T.N., Wagner D.D., Vicinal cysteines in the prosequence play a role in von Willebrand factor multimer assembly, *Proc. Natl. Acad. Sci. USA*, 89, 1992, p. 3531–3535.
37. Chen W.T., Membrane proteases: roles in trissue remodeling and tumor invasion, *Curr. Opin. Cell Biol.*, 4, 1992, p. 802–809.
38. Birkedall-Hansen H., Proteolytic remodeling of extracellular matix, *Curr. Opin. Cell Biol.*, 7, 1995, p. 728–735.
39. Blasi F., Urokinase and urokinase receptor: a paracrine/autocrine system regulating cell migration and invasiveness, *BioEssays*, 15, 1993, p. 105–111.
40. Norde W., Lyklema J., Why proteins prefer interfaces, *J. Biomater. Sci. Polym. Edn.*, 2, 1991, p. 183–202.
41. Andrade J.D., Hlady V., Protein adsorption and materials biocompatibility: a tutorial review and suggested hypotheses, *Adv. Polym. Sci.*, 79, 1986, p. 1–63.
42. Wojciechowski P., Brash J.L., The Vroman effect in tube geometry: the influence of flow on protein adsorption measurements, *J. Biomater. Sci. Polym. Edn.*, 2, 1991, p. 203–216.
43. Danilov Y.N., Juliano R.L., (Asp-gly-asp)$_n$-albumin conjugates as model substratum for integrin-mediated cell adhesion, *Exp. Cell Res.*, 182, 1989, p. 186–196.
44. Massia S.P., Hubbell J.A., Covalent surface immobilization of arf-fly-asp- and tyr-ile-gly-ser-arg-containing peptides to obtain well-defined cell-adhesive substrates, *Anal. Biochem.*, 187, 1990, p. 292–301.
45. Massia S.P., Hubbell J.A., An RGD spacing of 440 nm is sufficient for integrin $a_v b_3$-mediated fibroblast spreading and 140 nm for focal contact and stress fiber formation, *J. Cell Biol.*, 114, 1991, p. 1089–1100.
46. Harris J.M., *Poly(Ethylene Glycol) Chemistry*, Plenum Press, New York, 1992.
47. Llanos G.R., Sefton M.V., Does polyethylene oxide possess a low thrombogenecity?, *J. Biomater. Sci. Polymer Edn.*, 4, 1993, p. 381–400.
48. Amiji M., Park K., Surface modification of polymeric biomaterials with poly(ethylene oxide), albumin, and hepatin for reduced thrombogenicity, *J. Biomater. Sci. Polymer Edn.*, 4, 1993, p. 217–234.

49. Lopez G.P., Albers M.W., Schreiber S.L., Carroll R., Peralta E., Whitesides G.M., Convenient methods for pattering the adhesion of cells to surfaces using self-assembled monolayers of alkanethiolates on gold, *J. Am. Chem. Soc.*, 115, 1993, p. 5877–5878.
50. Bain C.D., Whitesides G.M., Modeling organic surfaces with self-assembled monolayers, *Angew. Chem. Int. Edn. Engl*, 28, 1989, p. 506–512.
51. Prime K.L., Whitesides G.M., Adsorption of proteins onto surfaces containing end-attached oligo(ethylene oxide): a model system using self-assemled monolayers, *J. Am. Chem. Soc.*, 115, 1993, p. 10714–10721.
52. Drumheller P.D., Hubbell J.A., Phase mixed poly(ethylene glycol)/ poly(trimethylolpropane triacrylate) semi-interpenetrating polymer networks obtained by rapid network formation, *J. Polym. Sci. A. Polym. Chem.*, 32, 1994, p. 2715–2725.
53. Drumheller P.D., Hubbell J.A., Densely cross-linked polymer networks of poly(ethylene glycol) in trimethylolpropane triacrylate for cell adhesion resistant surfaces, *J. Biomed. Mater. Res.*, 29, 1994, p. 207–215.
54. Drumheller P.D., Hubbell J.A., Polymer networks with grafted cell adhesive peptides for highly biospecific cell adhesive substrates, *Anal. Biochem.*, 222, 1994, p. 380–388.
55. Healy K.E., Lom B., Hockberger P.E., Spatial distribution of mammalian cells dictated by material surface chemistry, *Biotechnol. Bioeng.*, 43, 1994, p. 792–800.
56. Kleinfeld D., Kahler K.H., Hockberger P.E., Controlled outgrowth of dissociated neurons on patterned substrates, *J. Neurosci.*, 8, 1988, p. 4098–4120.
57. Ranieri J.P., Bellamkonda R., Bekos E.J., Gardella J.A., Mathieu H.J., Ruiz L., Aebischer P., Spatial control of neuronal cell attachment and differentiation on covalently patterned laminin oligopeptide substrates, *Int. J. Develop. Neurosci.*, 12, 1994, p. 725–735.
58. Stenger D.A., Gerger J.H., Dulcey C.S., Hickman J.J., Rudolph A.S., Nielsen T.B., McCort S.M., Calvert J.M., Coplanar molecular assemblies of aminoalkylsilane and perfluorinated alkylsilane: characterization and geometric definition of mammalian cell adhesion and growth, *J. Am. Chem. Soc.*, 114, 1992, p. 8435–8442.
59. Moghaddam M.J., Matsuda T., Molecular design of 3-dimensional artificial extracellular matrix: photosensitive polymers containing cell adhesive peptide, *J. Polym. Sci. Polym. Chem.*, 31, 1993, p. 1589–1597.
60. Kumar A., Abbott N.L., Kim E., Biebuyck H.A., Whitesides G.M., Patterned self assembled monolayers and mesoscale phenomena, *Acc. Chem. Res.*, 28, 1995, p. 219–226.
61. Singhvi R., Kumar A., Lopez G.P., Stephanopoulos G.N., Wang D.I.C., Whitesides G.M., Ingber D.W., Engineering cell shape and function, *Science*, 264, 1994, p. 696–698.

7 Blut

B. Shah-Derler, E. Wintermantel, S.-W. Ha

7.1 Zusammensetzung und Funktion

Das Blut zirkuliert in einem System von Blutgefässen und erfüllt dabei wesentliche Transportaufgaben im Organismus. Hauptfunktionen des Blutes sind die Stoffversorgung und -entsorgung der Zellen (Sauerstoff, CO_2, Nährstoffe, Stoffwechselprodukte, etc.), der Transport von Hormonen und die Regulation der Körpertemperatur. Das Blut besteht zu 40–45% aus zellulären Bestandteilen und zu 55–60% aus dem *Blutplasma* (Abb. 7.1). Die Gesamtmenge beträgt beim erwachsenen Menschen etwa 5 bis 6 Liter, was 7–8% des Körpergewichtes entspricht. Aufgrund seiner zahlreichen Aufgaben wird das Blut als „fliessendes Organ" bezeichnet. Das Blutplasma besteht zu rund 90 Vol.% aus Wasser und zu 10 Vol.% aus Elektrolyten, gelösten Gasen, Proteinen (Albumine, Globuline) und Stoffwechselprodukten. Die annähernd gleichbleibende Zusammensetzung dieser Blutbestandteile gewährleistet u. a. einen relativ konstanten osmotischen Druck und pH-Wert.

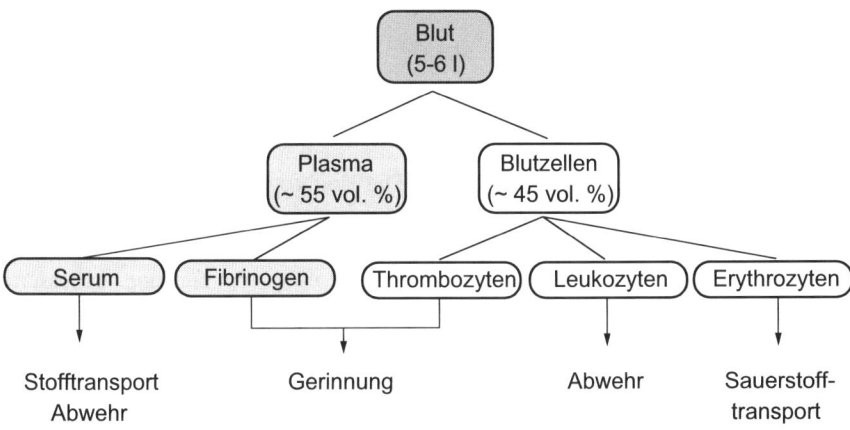

Abb. 7.1 Blutzusammensetzung und Funktion der Blutbestandteile beim Menschen

Bestandteil	Konzentration
Calcium	2.2 – 2.7 mmol/l
Cholesterin	3.36 – 6.72 mmol/l
Eisen	14.3 – 25.1 µmol/l
Eiweiss (gesamt)	67 – 87 g/l
Fett (gesamt)	3.6 – 8.2 g/l
Glukose	3.3 – 5.6 mmol/l
Kalium	4.1 – 5.6 mmol/l
Kupfer	11.0 – 24.4 µmol/l
Magnesium	0.7 – 0.9 mmol/l
Natrium	137 – 148 mmol/l
Phosphor	0.8 – 1.6 mmol/l

Tabelle 7.1 Normwerte ausgewählter Kenngrössen im Blutplasma von Erwachsenen

Bei Verletzungen der Blutgefässwand findet neben der primären *Blutstillung* durch die Blutplättchen ein plasmatischer Gerinnungsvorgang statt. Dabei bildet sich der Blutfaserstoff Fibrin aus einer im Blutplasma gelösten Vorstufe, dem Fibrinogen. Plasma enthält rund 0.3% Fibrinogen. Plasma ohne Fibrinogen wird Serum genannt. Das Fibrin bildet ein Netzwerk, in dem sich die Blutkörperchen verfangen. Durch Zentrifugieren lässt sich Blut in Plasma und Blutkörperchen trennen. Der prozentuale Anteil aller Blutkörperchen wird dabei als *Hämatokrit* bezeichnet.

7.2 Zelluläre Bestandteile des Blutes

7.2.1 Erythrozyten

Unter den festen Bestandteilen des Blutes kommen die Erythrozyten (rote Blutkörperchen) am häufigsten vor. Ihre Hauptfunktion liegt im Transport von Sauerstoff und dem CO_2/O_2-Austausch in der Lunge. Die Erythrozyten haben ihren Zellkern im Laufe der Entwicklung verloren; sie haben daher die Form von bikonkaven Scheiben mit einem mittleren Durchmesser von 7 µm (Abb. 7.2). Die bikonkave Form sorgt für eine Oberflächenvergrösserung und somit für eine verbesserte Gasaufnahme und -abgabe. Die Zahl der roten Blutkörperchen beträgt im Mittel 5.4 Millionen/µl beim Mann und 4.8 Millionen/µl bei der Frau, was einer mittleren Gesamtzahl von rund 25 Billionen Erythrozyten im menschlichen Körper entspricht [1]. Wesentlicher Bestandteil der Erythrozyten ist das Hämoglobin (Hb), das den Sauerstofftransport im Organismus gewährleistet. Der durchschnittliche Hb-Gehalt eines einzelnen Erythrozyten beträgt 30 pg (oder 1.86 fmol). Die normale Hämo-

7.2 Zelluläre Bestandteile des Blutes

Abb. 7.2 Rasterelektronenmikroskopische Aufnahme von Erythrozyten mit einem mittleren Durchmesser von 7 µm

globinkonzentration des Blutes beträgt beim Mann im Mittel 16 g/dl, bei der Frau 14 g/dl [1].

7.2.2 Leukozyten

Die Leukozyten (weisse Blutkörperchen) sind hauptsächlich für die Abwehrvorgänge im Organismus verantwortlich. Sie stellen keine einheitliche Population dar. Man unterscheidet fünf Typen von Leukozyten. Dichtgranulierte Zellen werden als Granulozyten bezeichnet. Je nach der Anfärbbarkeit ihrer Granula durch saure, bzw. basische Farbstoffe wird zwischen neutrophilen, eosinophilen und basophilen Granulozyten unterschieden. Nach der Kernmorphologie erfolgt die Unterteilung in *polymorphonukleäre* und *mononukleäre* Leukozyten. Aufgrund der unregelmässig gestalteten Kerne werden ausgereifte Granulozyten polymorphonukleäre Leukozyten genannt, während Monozyten und Lymphozyten als mononukleäre Leukozyten bezeichnet werden.

Die Hauptbildungsstätten von Leukozyten sind die Lymphknoten und das Knochenmark. Die Zahl der Leukozyten im Blut ist viel geringer als die der Erythrozyten. Sie beträgt beim gesunden Erwachsenen 4000–10'000 pro µl.

Die Leukozyten benutzen die Blutgefässe hauptsächlich als Transportsystem vom Bildungsort zum Ort ihrer Funktion. Ein grosser Teil der Leukozyten hält sich in den Geweben auf, da sie massgeblich am Gewebeaufbau, an der Phagozytose und an der Bildung von Antikörpern beteiligt sind.

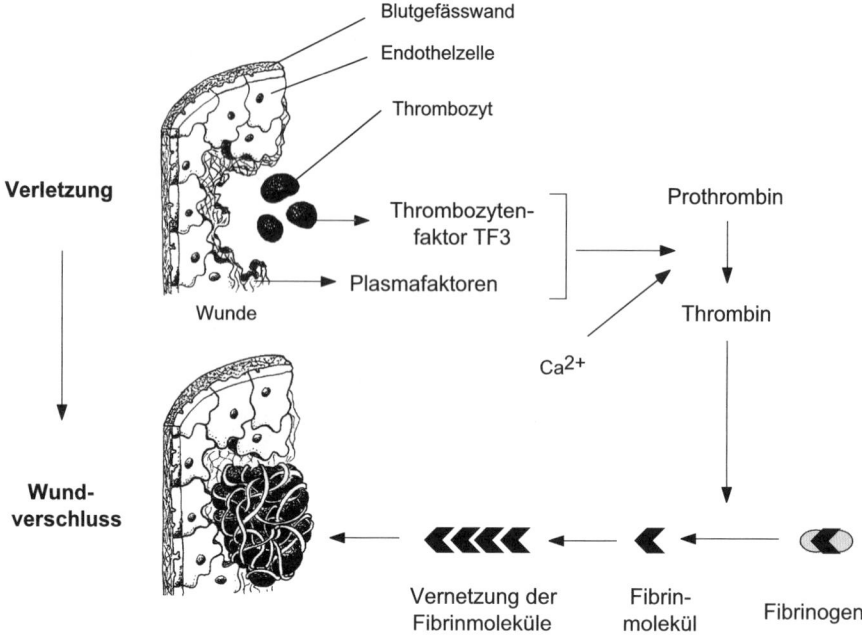

Abb. 7.3 Vorgang der Blutstillung [2]

7.2.3 Thrombozyten

Die Thrombozyten (Blutplättchen) sind kernlose, scheibchenförmige Zellfragmente mit einem Durchmesser von 2–5 µm. Sie entstehen als Abschnürungen grosser vielkerniger Megakaryozyten des Knochenmarks. Die Zahl der Blutplättchen zu bestimmen, ist schwierig, da sie zu Verklumpung neigen. Im Mittel zirkulieren rund 250'000 Thrombozyten/µl im Blut [1]. Die Thrombozyten dienen der Bildung eines Plättchenthrombus, der Blutstillung und -gerinnung. Gleichzeitig mit der Thrombusbildung werden die plasmatischen Gerinnungsvorgänge eingeleitet, als deren Endprodukt Thrombin entsteht, das Fibrinogen in Fibrin überführt (Abb. 7.3).

7.3 Blutkreislauf

Die Pumpe zur Aufrechterhaltung der Blutströmung ist das Herz, seine Bahnen sind die Blutgefässe. Die *Arterien* transportieren das sauerstoffreiche Blut vom Herzen in die Gewebe und Organe. Sie bilden in ihrem Verlauf mehrfach Aufteilungen und enden in Kapillarien. Die Arterien besitzen eine relativ dicke Wand aus elastischem Bindegewebe, das schichtig mit Muskelzellen durchsetzt ist. Ihre Elastizität nimmt den hohen, rhythmisch wachsenden Anfangsdruck, der vom Herzen ausgeht, auf

7.3 Blutstillung und Blutgerinnung

Faktor	Bezeichnung	Biologische Halbwertszeit	Molekulargewicht
I	Fibrinogen	3 – 4 d	340'000
II	Prothrombin	36 – 72 h	68'000
III	Thromboplastin, -kinase	–	–
IV	Ca^{2+}	–	–
V	Akzeleratorglobulin	10 – 14 h	250'000
VII	Prokonvertin	5 – 9 h	63'000
VIII	Antihämophiles Globulin A	8 – 12 h	> 200'000
IX	Antihämophiles Globulin B	12 – 24 h	55'000
X	Stuart-Prower-Faktor	24 – 30 h	55'000
XI	Rosenthal-Faktor (PTA)	24 – 48 h	160'000
XII	Hageman-Faktor	50 h	90'000
XIII	Fibrinstabilisierender Faktor	4 – 10 d	320'000

Tabelle 7.2 Gerinnungsfaktoren im Blutplasma [2–4]

und wandelt ihn so um, dass in den Arteriolen und Kapillaren ein langsamer, gleichmässiger Strom herrscht. Die Muskelzellen in der Arterienwand werden vom Nervensystem kontrolliert. Ziehen sie sich zusammen, wird der Durchmesser der Arterien kleiner, somit kann weniger Blut hindurchfliessen und der Blutdruck steigt. Die *Venen* leiten das Blut von den Kapillaren zurück zum rechten Vorhof des Herzens (venöser Rückfluss). Die Venenwand hat einen ähnlichen Schichtaufbau wie die Arterienwand, ist jedoch wesentlich dünner und dehnbarer. Zahlreiche Venen weisen Venenklappen auf, die den Rückfluss des Blutes verhindern und einen gerichteten Blutstrom gewährleisten. Öffnung und Verschluss der Venenklappen erfolgen passiv unter Einwirkung des Blutstromes und der Skelettmuskulatur.

7.4 Blutstillung und Blutgerinnung

An der Blutstillung bei Verletzungen beteiligen sich die Blutgefässe, die Thrombozyten sowie der Blutgerinnungsvorgang. Wichtig für die Blutstillung ist eine ausreichende Menge an funktionsfähigen Blutplättchen. Die Blutgerinnung kann durch eine Verletzung von Gewebe (extravaskulärer Reaktionsweg) oder durch Prozesse, die auf der Innenseite der Blutgefässe beginnen (intravaskulärer Reaktionsweg) ausgelöst werden. Die intravaskuläre Reaktion erfolgt nach einer Verletzung innerhalb des Blutgefässystems. Dabei kommt das Blut mit den unter dem Endothel liegenden Kollagenfasern in Berührung, die durch Kontaktaktivierung den Faktor XII freisetzen (Tabelle 7.2). Innerhalb weniger Minuten (rund 1–4 min) verschliesst sich die Wunde durch Adhäsion von Thrombozyten. Zusätzlich wird bei der Blutgerinnung der Plasmafaktor X freigesetzt, der zusammen mit weiteren Faktoren Prothrombin

(Faktor II) zu Thrombin umwandelt. Thrombin spaltet von den Fibrinogen-Molekülen kleine Peptide proteolytisch ab, und an den freigewordenen Bindungsstellen aggregieren die Fibrin-Moleküle zum unlöslichen Fibrin. Eine anschliessende kovalente Vernetzung der Aminosäure-Seitenketten des Fibrins durch den Faktor XIII führt zur Bildung eines Thrombus. Den Gerinnungsvorgängen schliesst sich die Retraktion (Nachgerinnung) an, d. h. die Fibrinfäden ziehen sich zusammen, wodurch die Wundränder einander genähert werden und der Verschlussthrombus seine endgültige Festigkeit erhält.

7.5 Blutkontakt und Hämokompatibilität

Alle implantierten biokompatiblen Werkstoffe stehen in direktem Kontakt mit lebendem Gewebe und Körperflüssigkeiten. Dieser Kontakt kann nur unter der Bedingung über einen längeren Zeitraum aufrecht erhalten werden, dass weder der Werkstoff noch das Empfängergewebe geschädigt werden. Beim Kontakt mit Blut gelten für Implantatwerkstoffe neben der Forderung nach Biokompatibilität produkte- bzw. anwendungsspezifische Anforderungen, die oft innerhalb einer Produktgruppe gegensätzlich sein können. Beispielsweise wird beim hochporösen, grosslumigen Gefässersatz die *Thrombogenität* des Werkstoffes zur intraoperativen Abdichtung der Prothesenwand gefordert. Die poröse Wand von kleinlumigen, mikroporösen Gefässimplantaten sollte zwar abdichtbar sein, die Innenfläche der Prothese sollte jedoch keine oder nur eine geringe Thrombo-genität aufweisen, damit der relativ geringe Querschnitt nicht durch Thromben, die den peripheren Blutstrom im Blutgefäss behindern, weiter verringert wird [5]. Beim Blutkontakt spielen Proteinadsorptionen bzw. Wechselwirkungen der Proteine untereinander und mit der Werkstoffoberfläche bezüglich der Förderung oder Verhinderung der Bildung eines Thrombenbelages eine entscheidende Rolle. Das Mass der Proteinadsorption hängt zudem von der Fliessgeschwindigkeit des Blutes ab.

In den meisten Anwendungsfällen wird beim Blutkontakt ein *nicht-thrombogenes* Verhalten der Oberfläche gefordert. Als nicht-thrombogen werden Werkstoffe bezeichnet, die weder über eine Adsorption von Plasmaproteinen die Adhäsion von Thrombozyten einleiten, noch durch Wechselwirkung von Blutbestandteilen mit den Kontaktflächen zur Auslösung des Gerinnungs-vorganges führen. Dies kann durch Inkorporierung von gerinnungshemmenden und/ oder fibrinolytischen Substanzen im Werkstoff oder durch deren Bindung an die Werkstoffoberfläche erreicht werden. Werkstoffoberflächen, die mit Blut in Kontakt kommen, werden innerhalb weniger Sekunden mit einer Proteinschicht bedeckt. Dieser initiale Adsorptionsprozess ist mit grosser Wahrscheinlichkeit für den Beginn des Blutgerinnungsmechanismus verantwortlich. Er beeinflusst die Aktivierung des Hageman-Faktors (Faktor XII) und führt zu einer morphologischen Veränderung der Thrombozyten. Die Art des Adsorptions-vorganges ist von einer Kombination unterschiedlicher Faktoren, wie beispielsweise der Oberflächenenergie, der Benetzbarkeit, der Oberflächengüte sowie der Blutstromcharakteristik abhängig. Jedoch kann keiner dieser Faktoren

7.5 Blutkontakt und Hämokompatibilität

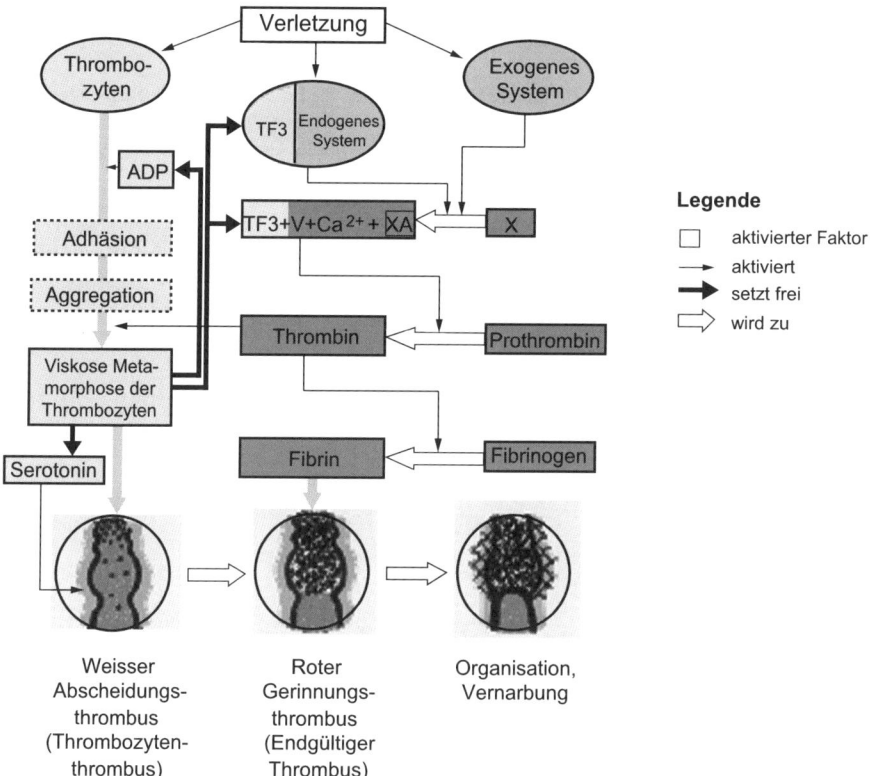

Abb. 7.4 Mechanismen der Blutgerinnung. Sowohl das endogene wie auch dass exogene System aktivieren (einzeln oder gemeinsam) den Plasmafaktor X, der zusammen mit anderen Faktoren Prothrombin zu Thrombin, und dieses wiederum Fibrinogen zu Fibrin umwandelt (ADP = Adenosindiphosphat, TF3 = Thrombozytenfaktor 3) [2]

allein eine gute Hämokompatibilität eines Werkstoffes erklären. Die gegenwärtige Entwicklung von hämokompatiblen Werkstoffen zielt auf die Nachahmung des natürlichen Endothels. Sie umfasst die Modifikation der Werkstoffoberflächen durch Proteinbeschichtung oder Plasmabehandlung sowie die Bindung von pharmakologischen Substanzen (z. B. Heparin, fibrinolytische Moleküle) an die Werkstoffoberfläche, schliesslich das Besiedeln mit Zellen vor der Implantation.

7.6 Literatur

1. Drenckhahn D., Zenker W., Benninghoff Anatomie, 1, 15. Edition, Urban & Schwarzenberg, München, 1994.
2. Silbernagl S., Despopoulos A., Taschenatlas der Physiologie, Georg Thieme Verlag, Stuttgart, 1988.
3. Keidel W.-D., Kurzgefasstes Lehrbuch der Physiologie, Georg Thieme Verlag, Stuttgart, 1985.
4. Bartels H., Bartels R., Physiologie, Lehrbuch und Atlas, 4. Edition, Urban & Schwarzenberg, München, 1991.
5. Autian J., Toxicological evaluation of biomaterials, Artificial organs, 1, 1977, p. 53-60

8 Gewebe

B. Shah-Derler, E. Wintermantel, S.-W. Ha

8.1 Einleitung

Als Gewebe wird ein durch spezifische Leistungen gekennzeichneter Verband gleichartig differenzierter Zellen bezeichnet. Gewebe entstehen aus jungen, noch nicht differenzierten Zellen, die sich ihrer künftigen Funktion entsprechend umwandeln. Gewebe aus differenzierten Zellen wird als Dauergewebe bezeichnet. Verschiedene Gewebe haben allerdings eine mehr oder weniger starke Potenz, sich neu aufzubauen. Beim Menschen unterscheidet man diesbezüglich zwischen *labilem* Gewebe, bei dem die Bildung und der Aufbau der Zellen rasch erfolgt, *stabilem* Gewebe, bei dem der Zellumsatz sehr langsam geschieht und *permanentem* Gewebe, bei dem absterbende Zellen nicht mehr ersetzt werden können (Tabelle 8.1). Es gibt vier Grundtypen von Geweben: *Epithelgewebe, Binde- und Stützgewebe, Muskelgewebe* und *Nervengewebe*. Im Körper treten in der Regel verschiedene Gewebe funktionell zusammen (z. B. Muskeln und Sehnen des Bindegewebes).

8.1.1 Epithelgewebe

Epithelgewebe kleiden äussere (z. B. Haut) und innere (z. B. Darm) Oberflächen des Körpers aus. Sie schützen vor mechanischer Belastung sowie vor thermischer und chemischer Einwirkung. Hierbei stellt die Epidermis der Haut eine besondere Struktur dar, indem die äussersten Zellen absterben und eine Hornschicht bilden. Spezialisierte Epithelzellen, die Drüsenzellen, sind für die Abgabe von Sekreten wie Schleim, Speichel, Milch, Schweiss, Talg und Giften verantwortlich. Auch die Aufnahme oder Resorption von Nährstoffen und Medikamenten wird von Epithelzellen geleistet (z. B. Epithel der Darmzotten, Lungenepithel). Zudem ist das Epithelgewebe bei der Aufnahme von mechanischen, thermischen und chemischen Reizen und deren Übertragung auf die Sinneszellen beteiligt (z. B. Tastkörperchen in der Haut).

Gewebeart	Spezifikation	Vorkommen
Labiles Gewebe	Rasche Bildung und Abbau von Zellen	Haut, Schleimhaut, Knochenmark
Stabiles Gewebe	Langsamer Zellumsatz	Muskel, Leber
Permanentes Gewebe	Absterbende Zellen können nicht ersetzt werden	Zentrales Nervensystem (Hirn- und Rückenmark)

Tabelle 8.1 Unterschiedliche Gewebearten mit Spezifikationen und Vorkommen

8.1.2 Binde- und Stützgewebe

Alle Zellen des Binde- und Stützgewebes entstehen aus dem Mesenchym, welches aus sternförmig verzweigten Zellen besteht, die ein lockeres dreidimensionales Netzwerk bilden (Abb. 8.1). Da dieses Gewebe nur während der Entwicklung des Organismus vorkommt, wird es auch als embryonales Bindegewebe bezeichnet. Aus dem Mesenchym gehen verschiedene Zellarten hervor, die sich sowohl in ihrer Morphologie wie auch in ihrer Funktion stark unterscheiden (Abb. 8.2). Das Bindegewebe dient der Stützung des Körpers, der Verbindung von Organen sowie dem Ausfüllen von Zwischenräumen und der Speicherung von Energie. Zusätzlich wird das gesamte Blutzellsystem mit seinen vielfachen Funktionen von Bindegewebszellen gebildet. Das Bindegewebe erhält im Zusammenhang mit medizinischen Werkstoffen eine besondere Bedeutung.

Es wird zwischen ortsständigen Bindegewebszellen (z. B. Fibroblasten, Fibrozyten) und freien, beweglichen Bindegewebszellen (z. B. Makrophagen, Mastzellen, Leukozyten, Plasmazellen) unterschieden. Nachfolgende Abb. 8.2 zeigt eine vereinfachte Darstellung der Beziehungen zwischen den verschiedenen Bindegewebszellen. In jedem Bindegewebe kommen Fibroblasten und Fibrozyten vor, die der Faserbildung und der Synthese amorpher Interzellulärsubstanzen dienen. Die Fibroblasten stellen die aktive Form mit intensiver Synthesetätigkeit dar, während die Fibrozyten die reifen Zellen sind, die inmitten der Interzellulärsubstanz liegen.

8.1.3 Muskelgewebe

Im Muskelgewebe wird chemisch gebundene Energie in koordinierte Bewegung umgewandelt. Muskeln bestehen aus Zellen, die von einer erregbaren Membran umgeben sind und viele Myofibrillen enthalten, welche parallel in die intrazelluläre Flüssigkeit eingebettet sind. Myofibrillen sind die kontraktilen Elemente der Muskelfasern. Sie sind aus zwei Arten von Filamenten aufgebaut, den dünnen Aktin- und den dicken Myosin-Filamenten, die sich während der Muskelkontraktion aktiv gegeneinander verschieben. Bei den Wirbeltieren werden die glatte und die quergestreifte Muskulatur unterschieden: Die glatte Muskulatur umgibt innere Organe wie

8.1 Einleitung

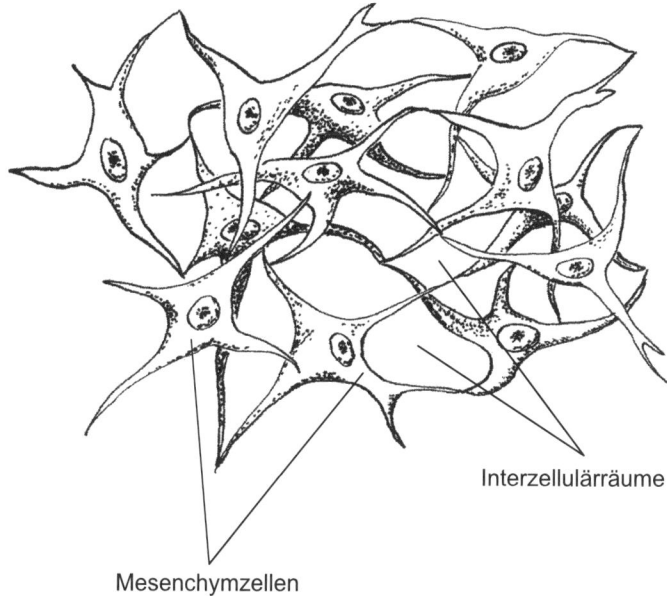

Interzellulärräume

Mesenchymzellen

Abb. 8.1 Räumliche, schematische Darstellung des Mesenchyms. Die embryonalen Bindegewebszellen sind in allen Ebenen des Raumes stark verzweigt. Ihre Ausläufer berühren sich und zwischen den Zellen bestehen weite Interzellulärräume

Magen, Darm und Blutgefässe. Sie führt langsame und lang anhaltende Kontraktionen aus. Zur quergestreiften Muskulatur werden die mit den Knochen verbundenen Skelettmuskeln, welche für schnelle, willkürlich beeinflussbare Bewegungen verantwortlich sind, und der rhythmisch arbeitende Herzmuskel gezählt.

8.1.4 Das Nervengewebe

Das Nervensystem ist eine sehr komplexe Struktur, die ungefähr 30'000 verschiedene mRNAs enthält. Das Nervensystem ist einerseits für die Steuerung des Verhaltens (Aktivität des Organismus in Bezug auf die Umwelt) verantwortlich und es reguliert andererseits Prozesse des Stoff- und Energiewechsels, indem es die Tätigkeit der inneren Organe an die jeweilige Verhaltenssituation anpasst. Die Komplexität beruht dabei auf der hohen Verschaltungsvielfalt seiner einzelnen Bausteine, der Nervenzellen (Neurone) und der Modulation der Verschaltungen zwischen den verschiedenen Nervenzelltypen. Neben diesen reizempfindlichen und reizübertragenden Zellen zählen die Gliazellen ebenfalls zum Nervengewebe. Sie übernehmen, ähnlich dem Bindegewebe in anderen Organen, Stütz- und Ernährungsfunktionen.

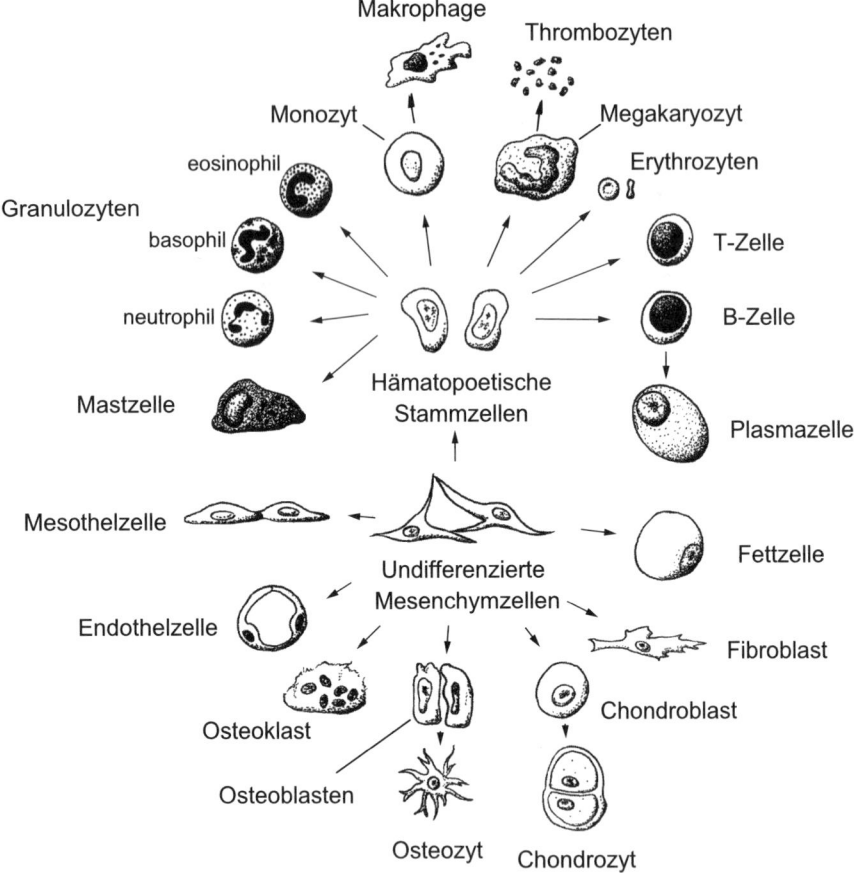

Abb. 8.2 Schematische Darstellung der Beziehung verschiedener Bindegewebszellen

Zusätzlich sorgen sie für die Homeostasis in der Zusammensetzung der interstitiellen Flüssigkeit und dienen der elektrischen Isolierung von Neuronen.

8.2 Knorpelgewebe

Knorpel gehört zu den Binde- und Stützgeweben und setzt sich aus Knorpelzellen (Chondrozyten) sowie der Interzellulärsubstanz (Knochensubstanz) zusammen. Die Interzellulärsubstanz besteht aus 60–70% Wasser, der Rest aus je 40–45% Kollagenfasern und Glycosaminoglycanen sowie mineralischen Bestandteilen [3]. Im Gegensatz zum Knochen besteht Knorpel nur aus organischem Material. *Hyaliner Knorpel* ist die häufigste und am besten untersuchte Knorpelart. Beim Embryo ist

Knorpelart	Aufbau	Vorkommen beim erwachsenen Menschen
Hyaliner Knorpel	• Kollagenfasern • Knorpelgrundsubstanz	• Überzug der Gelenkflächen • Rippenknorpel • Teil der Nasenscheidewand • Grossteil der Kehlkopfknorpel und Trachealringe
Elastischer Knorpel	• Elastische Fasern und Kollagenfasern • Kittsubstanz mit kollagenen Fibrillen, Chondromukoid und Chondroitinschwefelsäure	• Kehldeckel • Ohrknorpel
Faserknorpel	• grobe Kollagenfasern	• Zwischenwirbelscheiben (Disci) • Menisken des Kniegelenks • Gelenkscheiben (Menisci)

Tabelle 8.2 Unterteilung der Knorpelarten in hyalinen, elastischen und Faserknorpel

das Skelett zeitweise aus hyalinem Knorpel aufgebaut, der später durch Knochen ersetzt wird. Zudem ist hyaliner Knorpel ein wesentlicher Bestandteil der Epiphysenfuge (Kapitel 8.3.5) und dient dort hauptsächlich dem Längenwachstum. Beim erwachsenen Menschen kommt hyaliner Knorpel vorwiegend in den Wänden der Atemwege, am ventralen Rippenansatz sowie in den Gelenken vor. Dort überzieht es die Gelenkflächen, nimmt dabei an deren Schmierung teil und ermöglicht nahezu reibungsfreies Gleiten und Lastverteilung. Der *Faserknorpel* dient der Befestigung von Sehnen und Bändern an den Knochen und übernimmt die Lastverteilung und Stossdämpfung an den Bandscheiben der Wirbel und den Menisken der Gelenke; der *elastische Knorpel* sorgt für die Formstabilität, z. B. des äusseren Ohres oder der Nase. Knorpel wird mit Ausnahme der freien Oberfläche der Gelenkknorpel praktisch überall von Perichondrium, einem dichten Bindegewebe, umgeben. Das Perichondrium ist reich an Kollagenfasern (Typ I).

Knorpelwachstum kann auf zwei verschiedene Arten stattfinden. Beim *interstitiellen Wachstum* vermehren sich bereits vorhandene Chondrozyten durch Mitose. Beim *appositionellen Wachstum* entstehen neue Zellen durch Differenzierung aus perichondralen Zellen. In beiden Fällen wird die Interzellulärsubstanz durch die neugebildeten Chondrozyten synthetisiert und nach allen Seiten hin abgegeben [3].

8.3 Knochengewebe

Der Knochen erfüllt im Körper sowohl strukturelle als auch metabolische Funktionen. Zu den strukturellen Funktionen gehört das Abstützen des Körpers gegen einwirkende Kräfte sowie das Bilden eines Hebelsystems für Muskelaktionen. Zudem bietet das Skelett einen mechanischen Schutz für die inneren Organe. Die

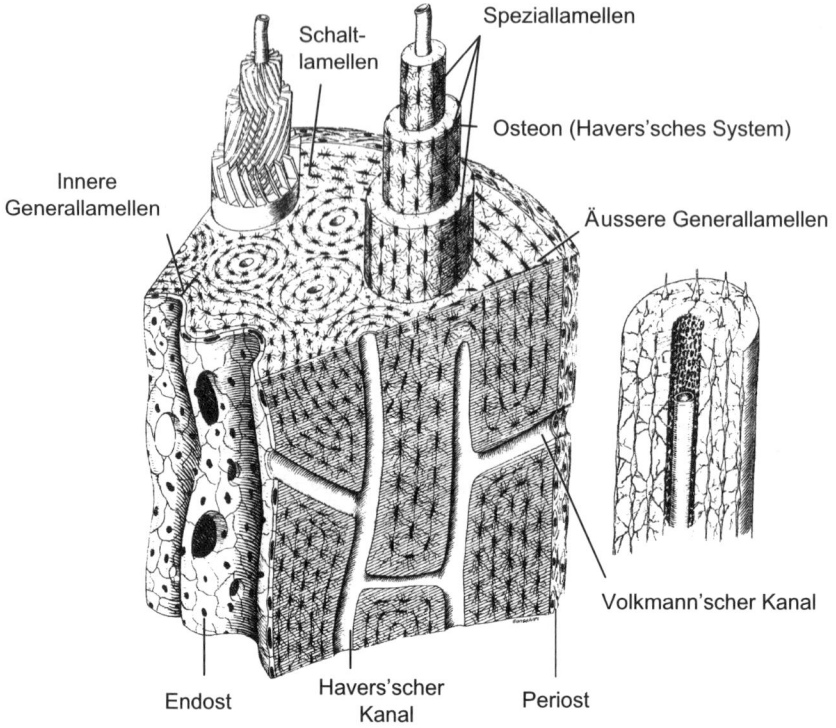

Abb. 8.3 Schematische Darstellung der Kompakta eines Röhrenknochens. Zu unterscheiden sind vier Lamellensysteme: Osteone (Havers'sche Systeme) mit Speziallamellen, innere und äussere Generallamellen und Schaltlamellen. Rechts sind ein Osteon mit Zentralkanal, der ein Blutgefäss enthält, Speziallamellen und Osteozyten mit Fortsätzen dargestellt [3]

primäre metabolische Funktion des Knochens liegt in seiner Eigenschaft als Calcium- und Phosphatspeicher.

8.3.1 Struktureller Aufbau

Makroskopisch kann der Knochen nach seiner Morphologie in Röhrenknochen (z. B. Unterarmknochen, Fingerknochen), platte Knochen (Schädelkalotte, Beckenkamm) und in pneumatisierte Knochen (Warzenfortsatz) unterteilt werden. Eine weitere Unterteilung kann nach der Art der Entstehung (Ossifikation) vorgenommen werden. Hier wird zwischen geflechtartigem und lamellarem Knochen unterschieden. Histologisch setzt sich der Knochen eines erwachsenen Menschen aus zwei Knochenformen zusammen, aus der *Kompakta* (Kortikalis) und aus der *Spongiosa*.

8.3 Knochengewebe

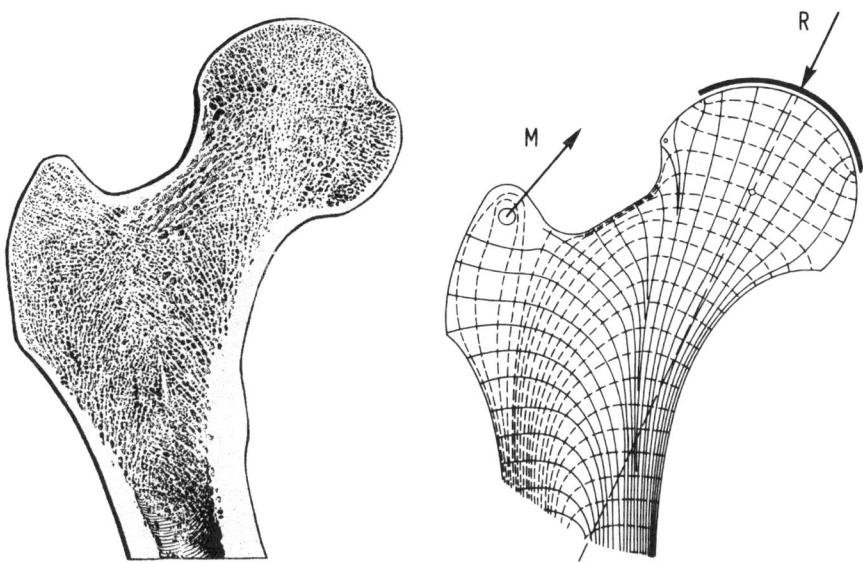

Abb. 8.4 Schnitt durch das rechte proximale Femurende *(links)* [4] und idealisierte Darstellung des Verlaufs der Hauptspannungsrichtungen im proximalen Femurende *(rechts)*, entsprechend sind die Spongiosabälkchen angeordnet. (R = resultierende Druckkraft; M = Zugkräfte durch Muskeln) [3]

Kompakta

Funktioneller Grundbaustein der Kompakta ist das Osteon (Havers'sches System), ein rund 250 µm dickes und 1–5 cm langes zylindrisches Gebilde mit zentralem Blutgefäss. Es besteht aus 2–3 µm dicken, konzentrisch geschichteten Knochenlamellen, die um einen zentralen Kanal (Havers-Kanal) angeordnet sind. Die Havers-Kanäle beherbergen Nerven und Blutgefässe. Ihre seitlichen Verzweigungen werden Volkmann-Kanäle genannt. Neben den Osteonen enthält die Kompakta von Röhrenknochen an ihrem Rand konzentrische Lamellen (äussere Generallamellen), die von der Innenschicht des Periosts angelagert werden. In Anpassung an Belastungsänderungen reagiert der Knochen mit Umbau. In einem ersten Schritt werden dabei zunächst Lamellen der Osteone von Osteoklasten resorbiert. Danach werden wiederum neue Lamellen in konzentrischer Schichtung von aussen nach innen abgelagert, bis sich ein neues Osteon gebildet hat.

Die Gefässversorgung der Kortikalis erfolgt vorwiegend radial von innen nach aussen über Arterien aus dem Markraum. Das äussere Drittel der Kortikalis der Röhrenknochen wird über Arteriolen aus dem Periost versorgt. Zwischen den Gefässen des Periostes und denjenigen des Endostes ist ein gut ausgebildetes anastomotisches Netz vorhanden.

Spongiosa

Im Gegensatz zur dicht gepackten Kortikalis stellt die Spongiosa ein Netzwerk aus einander überschneidenden, gebogenen Plättchen und Röhrchen dar. Die einzelnen

Knochenbälkchen bestehen aus reifem Lamellenknochen, die Osteozyten sind in konzentrischen Lagen in einem gut ausgebildeten Kanälchensystem angeordnet. Spongiosa findet sich typischerweise an den Enden der Knochen, an denen an die Stelle der scharf begrenzten Markhöhle des Schaftes eine andere Organisationsform tritt, die der Knochenbälkchen. Die Spongiosa hat einen Anteil von ca. 20% des gesamten Knochenvolumens. Am proximalen Femurende zeigen die Knochenbälkchen eine Anordnung, die die Richtung der Hauptspannungen im Knochen widerspiegelt (Abb. 8.4). An der Knochenmasse des Skelettes ist die Kompakta mit 80% vertreten. Aufgrund der grossen Flächenausdehnung der Spongiosa ist das Verhältnis zwischen Oberfläche und Volumen allerdings rund 10 mal so gross wie bei der Kompakta.

8.3.2 Chemische Zusammensetzung

Anorganische Knochensubstanz
70 Gew.% des Knochens besteht aus anorganischen Bestandteilen, d. h. mineralische Substanz, die vor allem in Form von Knochenapatit (eine carbonatreiche Form des Hydroxylapatites) vorliegen. Der Knochenapatit weist aufgrund seiner im Vergleich zum stöchiometrischen Hydroxylapatit geringeren Kristallinität eine höhere Löslichkeit auf und ist daher für den Stoffwechsel und für den Austausch mit den Körperflüssigkeiten leichter verfügbar. Er vermag nicht nur Carbonat, sondern u. a. auch Magnesium, Natrium, Kalium, Chlor und Fluor zu speichern.

Organische Knochensubstanz
Rund 30 Gew.% des Knochens besteht aus organischer Knochensubstanz (knochenspezifische Zellen und organische Knochenmatrix), deren Hauptanteil aus Kollagen (vorwiegend Kollagen Typ I) besteht. Kollagen wird nach den Wolff'schen-Gesetzen zur Transformation des Knochens [1] entlang von Hauptspannungen abgelagert und bildet das Kristallisationszentrum für Knochenbälkchen. Nicht-kollagene Proteine sind zwar lediglich mit 5 Gew.% am Gewicht der organischen Knochensubstanz beteiligt, spielen jedoch beim Stoffwechsel des Knochengewebes und bei der Mineralisation der Knochenmatrix eine wesentliche Rolle. Die nicht-kollagenen Proteine teilen sich auf in 23% Osteonektin, 15% Osteocalcin, 9% Sialoprotein, 9% Phosphoproteine, 5% α_2-Glykoproteine, 4% Proteoglykane, 3% Albumin und weitere Proteine in geringeren Anteilen [2].

8.3.3 Mechanische Eigenschaften

Die mechanischen Eigenschaften des Knochens sind aufgrund der ausgeprägten Anisotropie der Knochenstruktur richtungsabhängig. Sie werden sowohl von den organischen wie auch von den anorganischen Komponenten bestimmt. Die Kollagenfasern nehmen in erster Linie Zugkräfte auf, während der mineralische Anteil Druckkräfte übernimmt. Der Knochen kann Dehnungen von rund 2% aufnehmen, wird diese Dehngrenze überschritten, kommt es zum Bruch. Die Zugfestigkeit erreicht rund zwei Drittel der Druckfestigkeit, weshalb Frakturen der Kompakta in der Regel in Bereichen beginnen, wo der Knochen auf Zug überbeansprucht wird. Der in der Literatur angegebene Zug-E-Modul der Kompakta variiert zwischen 12.0 und 23.1 GPa [5–8]. Je nach Orientierung der Kollagenfasern und dem Gehalt der anorganischen Bestandteile können sich lokal unterschiedliche Knocheneigenschaften ergeben.

8.3.4 Knochenzellen

Osteoblasten
Die Osteoblasten (Durchmesser: 20 µm) sind verantwortlich für den Aufbau von Knochengewebe. Sie bilden die organische Knochengrundsubstanz aus Glykoproteinen (Osteoid) und Kollagen, das anschliessend kalzifiziert wird. Bei der Bildung der Grundsubstanz und der Überwachung ihrer Mineralisierung setzen die Osteoblasten alkalische Phosphatase in grossen Mengen frei. Dies ist ein wichtiges Enzym, das die Grundsubstanz auf die Mineralisierung vorbereitet. Die Geschwindigkeit des Knochenaufbaus beträgt für lamellaren Knochen rund 1–2 µm pro Tag. Sie hängt ab von der Anzahl der Zellen pro Fläche und der Osteoblastenaktivität. Bei der Bildung von Osteoid werden einzelne Osteoblasten und kollagene Fasern der Umgebung eingeschlossen.

Osteozyten
Die von den Osteoblasten abstammenden Osteozyten sind Zellen, die ausgereift eine Länge von 20–60 µm erreichen und sich in kleinen Höhlen (Lakunen) tief in die mineralisierte Knochengrundsubstanz eingebettet sind. Sie weisen eine ovale Form auf und tragen an ihrer Oberfläche zahlreiche Fortsätze, welche die Lakunen über ein Netz von Kanälen (Canaliculi) verlassen und mit den Fortsätzen anderer Osteozyten und Osteoblasten in Kontakt treten. Die grosse Kontaktfläche der Osteozyten zum mineralisierten Gewebe ermöglicht einen raschen Austausch von Calcium zwischen dem sich im Aufbau befindlichen Knochen und dem Blutgefässsystem. Osteozyten haben möglicherweise eine Funktion bei der Registrierung von Formänderungen im Knochen, induziert durch mechanische Belastungen. Damit spielen diese Zellen wahrscheinlich eine wichtige Rolle bei der Regulierung des Knochenauf- und abbaus.

„Lining cells"
Es wird angenommen, dass „lining cells" von Osteoblasten abstammen, die inaktiv geworden sind. Sie befinden sich auf stabilen Knochenoberflächen bei denen keine Knochenaufbau und -abbauprozesse stattfinden. Diese Zellen haben weniger Organellen als aktive Osteoblasten. Ihre Funktion ist weitgehend unbekannt. Mög-

licherweise kontrollieren sie den Stofffluss zwischen Knochensubstanz und umliegendem Gewebe und stabilisieren damit den Knochen.

Osteoklasten
Osteoklasten sind grosse, stark polare, bewegliche Zellen mit einem Durchmesser von rund 100 µm. Sie sind verantwortlich für die Knochenresorption. Knochenresorption ist wichtig für den Erhalt des Status quo, bei der normalen Entwicklung des Knochens und der Anpassung an veränderte mechanische Belastungen und damit bei der Knochenremodellierung. Knochenauf- und abbau sind streng miteinander gekoppelt. Ein Osteoklast kann pro Zeiteinheit die gleiche Knochenmenge resorbieren, die von 100–150 Osteoblasten aufgebaut wurde. Um Knochen resorbieren zu können, haftet als erster Schritt ein Osteoklast mittels bestimmter Haftmoleküle (Vitronectin Rezeptor oder Integrin typ $a_v\beta_3$) an die Knochenoberfläche. Dieser Rezeptor bindet an den RGD Sequenzen von Komponenten der ECM. In einen am Knochen haftenden Osteoklast befinden sich die Vitronectinrezeptoren nur am Zellrand und bilden einen Haftkreis, welcher für einen lokal sehr engen Kontakt zwischen Osteoklast und Knochen sorgt. Als nächsten Schritt bildet die Zelle an der apikalen Seite sekretorische Falten. Der Golgiapparat bildet Vesikel, welche nicht lysosomale Enzyme wie Metalloproteinasen, Lysozyme und Kollagenase enthalten, sowie Vesikel, die lysosomale Enzyme wie Cysteinproteinase, ß-Glucuronidase und verschiedene Phosphatasen (unter andern tartratresistente saure Phosphatase und ß-Glycerophosphatase) enthalten. Der Inhalt dieser Vesikel entleert sich über die sekretorischen Falten in die apikale Spalte. Zusätzlich wird der pH mittels Protonenpumpen gesenkt. Der Knochenabbau wird gestoppt bis genügend Calcium freigesetzt wurde, um einen spezifischen Ca^{2+} Sensor zu aktivieren. Dieser bewirkt, dass die Vitronektinrezeptoren inaktiviert werden. Als Folge löst sich die Zelle vom Untergrund ab. Calcium und andere Faktoren und Enzyme werden in der intrazellulären Flüssigkeit freigesetzt. Der Osteoklast wandert weiter und setzt sich erneut ab, um wieder eine neue Einbuchtung in der Knochenoberfläche zu bilden.

8.3.5 Knochenentstehung (Ossifikation)

Desmale Ossifikation
Bei der embryonalen Knochenbildung bildet sich im Bindegewebe zunächst eine Anhäufung von Zellen mesenchymaler Herkunft, die allmählich die charakteristische Form und Anordnung von Osteoblasten annehmen (Abb. 8.5). Innerhalb des bestehenden Bindegewebegerüstes wird von den Osteoblasten Osteoid produziert. Bei der anschliessenden, mehrere Tage dauernden Mineralisation bilden sich Faserknochenbälkchen, die durch Knochenanlagerung verbunden werden. Diese Art der Knochenbildung führt zu einem primären Knochengewebe (Abb. 8.5), das sekundär noch verstärkt oder ausgebaut wird. Die dadurch entstehenden, von Osteoblasten ausgekleideten Hohlräume werden konzentrisch eingeengt. Im Zentrum bleibt ein Lumen offen, das meist ein einzelnes Blutgefäss enthält.

8.3 Knochengewebe

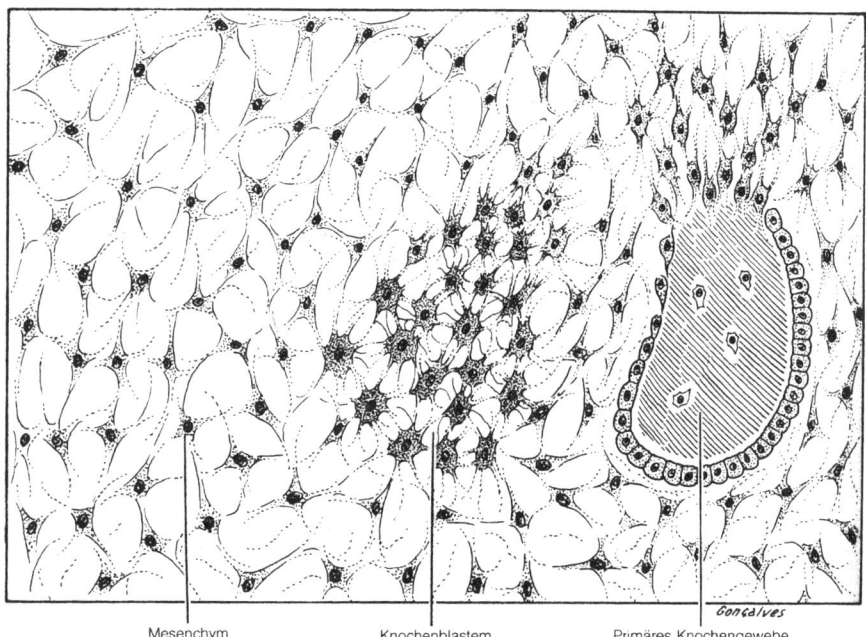

Mesenchym   Knochenblastem   Primäres Knochengewebe

Abb. 8.5 Verschiedene Stadien der desmalen Ossifikation. Zunächst erfolgt eine Ansammlung von differenzierten Mesenchymzellen (Knochenblastem). Dann wandeln sich die Zellen in Osteoblasten um, die mit der Grundsubstanz- und Kollagensynthese beginnen. Schliesslich werden aus Osteoblasten dadurch Osteozyten, dass sich die Osteoblasten mit zunächst unverkalkter, später kalzifierter Matrix umgeben und somit primäres Knochengewebe bilden [3]

Chondrale Ossifikation
Die chondrale Ossifikation geht von vorgebildeten Knochenanlagen aus hyalinem Knorpel aus. Es wird zwischen *perichondraler* und *enchondraler* Ossifikation unterschieden. Die perichondrale Ossifikation ist in der Schaftmitte von langen Knochenanlagen, den zukünftigen Röhrenknochen, lokalisiert, während die enchondrale Ossifikation in verschiedenen Ossifikationszentren der kurzen knorpeligen Knochenanlagen und im Bereich der Epiphysen auftritt.

Eine besondere Bedeutung bei der Knochenneubildung und beim Knochenwachstum hat die Umbauzone zwischen den Anlagen des Knochenschaftes (Diaphysen) und der Knochenenden (Epiphysen). Diese Gebiete werden als Epiphysenfugen bezeichnet. Diese Umbauzonen bleiben erhalten, solange der Knochen wächst. In der Epiphysenfuge sind die verschiedenen Schritte der enchondralen Ossifikation unterschiedlichen Zonen zugeordnet (Abb. 8.6). In der *Proliferationszone* teilen sich die Knorpelzellen und ordnen sich in Säulen in Längsrichtung des Knorpels an (Säulenknorpel). Interzellulärsubstanz wird hier nur noch in geringer Menge gebildet. In den erweiterten Knorpelhöhlen der *Resorptionszone* befinden sich vergrösserte, glykogenreiche Knorpelzellen. Die Interzellulärsubstanz beschränkt

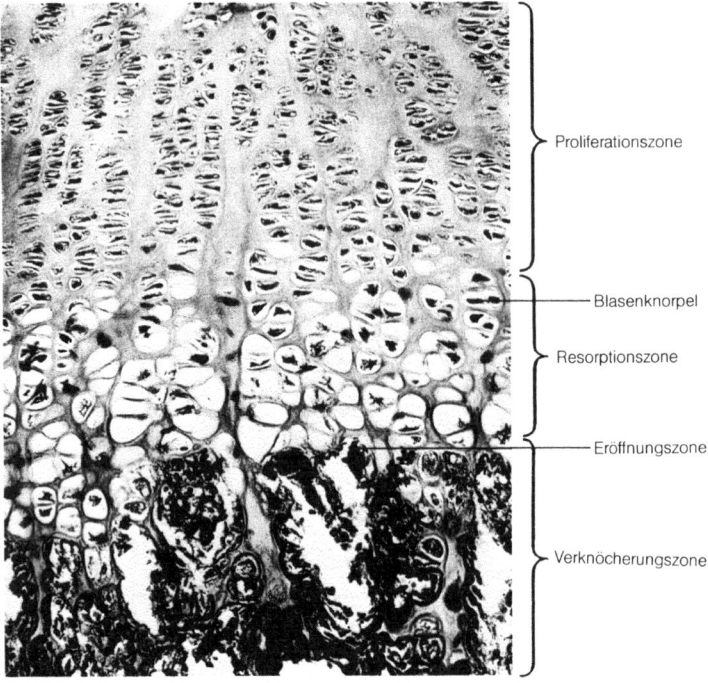

Abb. 8.6 Mikroskopische Aufnahme einer Epiphysenfuge mit den unter-schiedlichen Stadien der Knorpelumbildung und Verknöcherung (Vergrösserung: 110-fach) [3]

sich auf schmale Knochenbälkchen. Zudem kommt es zur Kalzifizierung des Knorpels. Aufgrund seines Aussehens wird dieser Bereich als Blasenknorpel bezeichnet. In der *Verknöcherungszone* sterben die Knorpelzellen ab, und die Knorpelhöhlen werden unter Abbau des Knorpels durch Chondroklasten eröffnet. In die ehemaligen Knorpelhöhlen wachsen Blutkapillaren und undifferenzierte Zellen ein, die anschliessend zu Osteoblasten differenzieren. Die gebildeten Osteoblasten legen sich als diskontinuierliche Schicht auf die Septen der kalzifizierten Knorpelgrundsubstanz und scheiden Osteoid ab. Auf diese Art entstehen Knochenbälkchen, die in ihrem Inneren verkalkten Knorpel und oberflächlich primäres Knochengewebe aufweisen. Der neugebildete Knochen besteht aus Geflechtknochen, der zusammen mit dem verkalkten Knorpel wieder abgebaut und in der Folge durch sekundären Geflechtknochen und schliesslich durch Lamellenknochen ersetzt wird.

Verkalkung
Die Verkalkung des Knochens erfolgt ausserhalb der Zellen. Die Kollagenfasern sind dabei Leitstrukturen für die nachfolgende Mineralisation. Durch Anlagerung von Calciumionen an Pyrophosphatgruppen des Kollagens entstehen Nukleationskeime. Von diesen Keimen aus erfolgt die Kristallisation durch Ausfällung von Calciumphosphat, das sich schliesslich zu Hydroxylapatit umwandelt. Es wird

angenommen, dass bei der Verkalkung des Knochens ausser Kollagenfasern auch Chondroitinsulfat und andere Protein-Polysaccharidkomplexe der Grundsubstanz eine Rolle spielen. Zudem wirken bei der Kalzifizierung Osteozyten mit. Die für die Kalzifizierung notwendigen Calcium- und Phosphat-Ionen gelangen zunächst in das Zytoplasma der Osteozyten und werden dann von dort weitergegeben. Die Regulation der intra- und extrazellulären Calciumkonzentrationen wird durch Parathormon, Calcitonin und die aktivierte Form des Vitamins D beeinflusst.

8.3.6 Knochenwachstum

Nach einer Knochenresorption wird Knochen neu gebildet. Daher kann sich die Geometrie des Knochens verändern (z. B. Längenwachstum). Das Längenwachstum aus der Epiphysenfuge heraus könnte zum Stillstand, nach Aufbrauchen allen Epiphysenknorpels, führen. Knochen reagiert auf veränderte mechanische Belastungen durch Umbau.

8.3.7 Knochenbruchheilung

Bei Auftreten einer Knochenfraktur kommt es im Frakturbereich zu Blutungen aus eröffneten Gefässen sowie zum Absterben von Knochenzellen und einer Schädigung der Knochengrundsubstanz. Resultate der Frakturheilung sind die Bildung von neuem Knochengewebe und die Regeneration der normalen knöchernen Anatomie. Ein Knochenbruch induziert eine Kaskade von Gewebereaktionen, die Geweberückstände entfernt, die Blutversorgung wieder aufbaut und neues Knochengewebe bildet [9]. Bei der natürlichen Heilung eines Knochenbruchs bildet sich an den Frakturenden neues Knochengewebe in Form einer Verdickung über der Frakturstelle, vergleichbar einem knöchernen Brückenschlag über den Frakturspalt (Abb. 8.7). Dies ist der Fall, wenn ein Knochenbruch mit einem Gipsverband oder in einem „fixateur externe" stabilisiert wird. Werden frakturkomprimierende Implantate wie z. B. Osteosyntheseplatten verwendet, können die Heilungsabläufe anders aussehen. Die folgenden Ausführungen beschreiben die Vorgänge bei der natürlichen Bruchheilung. Histologisch kann der Fortschritt der Frakturheilung in vier Phasen eingeteilt werden, die sich durch verschiedene zelluläre Merkmale und durch die extrazelluläre Matrix unterscheiden [10].

Phase 1: Unmittelbare Verletzungsreaktion
Unmittelbar nach dem Knochenbruch kommt es zu einer Blutung, die sich entlang der Kortikalis über die Knochenhaut (Periost) und in das umliegende Weich- und Muskelgewebe ausbreitet. Angrenzend an dieses sogenannte Frakturhämatom vermehren sich undifferenzierte Zellen im Periost und den Weichgeweben. Makrophagen und andere Entzündungszellen wandern in diese Gewebe ein und das

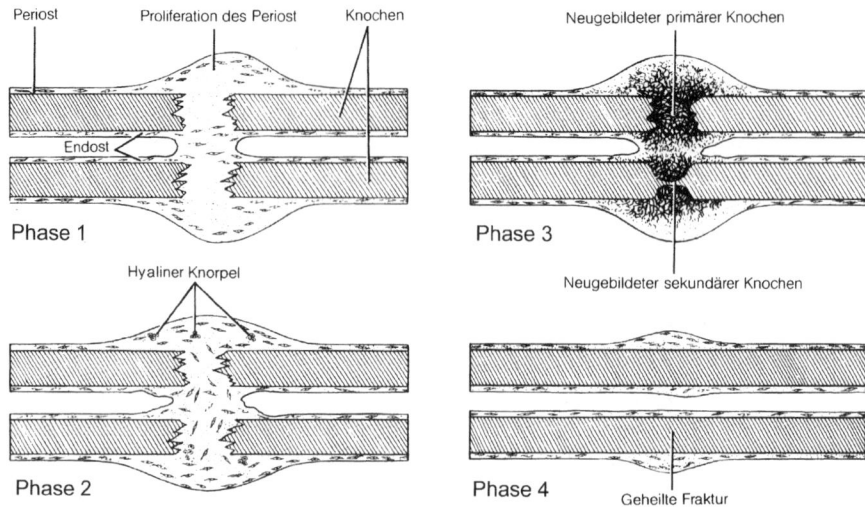

Abb. 8.7 Schematische Darstellung einer Knochenfrakturheilung. Die Heilungsphase beginnt vom Periost und Endost aus. An der Frakturstelle kommt es dabei zur Knochenneubildung [3]

Blutgerinnsel organisiert sich in ein körniges, faserarmes, zell- und gefässreiches Bindegewebe, das Granulationsgewebe.

Phase 2: Periostale Ossifikation
Neues Knochengewebe wird unterhalb des Periosts in der Nähe der Fraktur von Osteoblasten synthetisiert, die sich aus Vorläuferzellen im Periost differenziert haben. Diese Knochenbildung erfolgt direkt ohne knorpelige Zwischenstufe.

Phase 3: Knorpelbildung
Mesenchymale (undifferenzierte) Zellen sind in das Granulationsgewebe eingewandert. Angrenzend an die fortschreitende periostale Knochenbildung entwickeln diese Zellen Eigenschaften von Chondrozyten und beginnen mit dem Aufbau einer knorpeligen Matrix. Dieser Prozess schreitet fort, bis das ganze Granulationsgewebe durch Knorpel ersetzt ist.

Phase 4: Enchondrale Ossifikation
Die an den subperiostalen Knochen angrenzenden Chondrozyten hypertrophieren (vergrössern ihr Volumen), die umgebende knorpelige Matrix kalzifiziert und Kapillaren wachsen aus dem Knochengewebe ein. Osteoblasten folgen den Blutgefässen und synthetisieren Knochensubstanz. Dieser Prozess der enchondralen Ossifikation baut den gesamten Knorpel zu Knochen um. Es existiert nun ein knöcherner Brückenschlag über den Frakturspalt und damit wieder eine steife Verbindung. Über die natürlichen Knochenumbauprozesse werden der neue Knochen und die darunterliegende Kortikalis remodelliert und die normale Knochenarchitektur wiederhergestellt.

Das im Verlauf der Frakturheilung gebildete temporäre Gewebe wird als Kallus bezeichnet. Entsprechend spricht man von primärem Kallus für das direkt gebildete

8.3 Knochengewebe

Knochengewebe, von Brückenkallus oder externem Kallus für das Gewebe über dem Frakturspalt und hier wiederum von weichem Kallus für die bindegewebsartige oder knorpelige Region und von hartem Kallus für das knöcherne Gewebe. Beim Umbau des externen Kallus von Bindegewebe zu Knorpel und Knochen wird das weiche Gewebe allmählich steifer und fester. Bei der anfänglichen Instabilität ist eine Überbrückung der Fraktur mit Knochengewebe nicht möglich, und die auftretenden Dehnungen würden eine knöcherne Verbindung zerreissen. Der als Zwischenstufe gebildete Knorpel kann im Vergleich zum Knochen höhere Dehnungen ertragen, damit den Frakturspalt überbrücken und eine für die Bildung von Knochengewebe hinreichende Stabilität schaffen. Im Gegensatz zum externen Kallus kann sich der primäre Kallus direkt bilden, weil er kleineren Dehnungen ausgesetzt ist.

Regulation der Frakturheilung
Auf zellulärer Ebene erfolgen bei der Frakturheilung verschiedene Vorgänge. Dazu gehören:

- Zellproliferation (Vermehrung durch Teilung)
- Chemotaxis (Wanderung von Zellen in Richtung des Konzentrationsgradienten einer Substanz)
- Zelldifferenzierung (Ausbildung eines bestimmten Phänotyps)
- Angiogenese (Aufbau der Durchblutung)
- Synthese von Extrazellulärmatrix

Die Zellen im Kallus müssen zeitlich und räumlich über die Phasen der Frakturheilung koordiniert und gesteuert werden. Lokalen Faktoren kommt dabei eine weitaus wichtigere Bedeutung zu als systemischen [11].

Wachstumsfaktoren
In Versuchen mit Zell- und Gewebekulturen wurde gezeigt, dass bestimmte Peptide die oben erwähnten zellulären Vorgänge beeinflussen [12]. Diese sogenannten Wachstumsfaktoren sind Botenstoffe von 7500–43'000 g/mol, die in sehr geringer Konzentration (nmol/l bis µmol/l) bioaktiv wirken. Über die Bindung an membranständige Rezeptorproteine können bestimmte Funktionen der Zielzelle direkt beeinflusst werden. Je nach Zelltyp, Differenzierungsgrad der Zelle, Konzentration des Faktors und Interaktionen mit anderen Faktoren oder mit Substanzen der Extrazellulärmatrix ergibt sich eine unterschiedliche Wirkung eines bestimmten Wachstumsfaktors. Eine einfache Charakterisierung der Eigenschaften ist daher nicht möglich.

Im Kallus konnten verschiedene Wachstumsfaktoren nachgewiesen werden [10]. Im Knochengewebe sind hohe Mengen an Wachstumsfaktoren eingelagert, die bei Resorptionsprozessen freigesetzt werden [12]. Thrombozyten sind eine weitere Quelle von Wachstumsfaktoren, welche unmittelbar nach der Fraktur im Frakturhämatom an der Bruchstelle erscheinen [10]. Möglicherweise induzieren diese Faktoren bereits die ersten Heilungsvorgänge. Neben vielen weiteren Zellen sind Entzündungszellen potente Produzenten und Zielzellen von Wachstumsfaktoren.

8.4 Literatur

1. Holden H.T., Lichter W., Sigel M.M., Quantitive methods for measuring cell growth and death, in *Tissue culture methods and applications*, Kruse Jr. P.F., Patterson M.K. (eds.), Academic Press, New York, 1973, p. 408–412.
2. Drenckhahn D., Zenker W., *Benninghoff Anatomie*, 1, 15. Edition, Urban & Schwarzenberg, München, 1994.
3. Junqueira L.C., Carneiro J., *Histologie. Lehrbuch der Cytologie, Histologie und mikroskopischen Anatomie des Menschen*, 2. Edition, Springer-Verlag, Berlin, 1986.
4. Bertolini R., Leutert G., *Atlas der Anatomie des Menschen*, Band 1: Arm und Bein, Springer-Verlag, Berlin, 1978.
5. Bonfield W., Elasticity and viscoelasticity of cortical bone, in *Natural and living biomaterials*, Hastings G.W., Ducheyne p. (eds.), CRC Press, Boca Raton, 1984, p. 43–60.
6. Reilly D.T., Burstein A.H., The elastic and ultimate properties of compact bone tissue, *Journal of Biomechanics*, 8, 1975, p. 393–405.
7. Park J.-B., *Biomaterials science and engineering*, Plenum Press, New York, 1984.
8. Van Audekercke R., Martens M., Mechanical properties of cancellous bone, in *Natural and living biomaterials*, Hastings G.W., Ducheyne p. (eds.), CRC Press, Boca Raton, 1984, p. 89–98.
9. Simmons D.J., Fracture healing perspectives, *Clinical orthopaedics and related research*, 200, 1985, p. 100–113.
10. Bolander M.E., Regulation of fracture repair by growth factors, Proceedings of the Society for Experimental Biology and Medicine, 1992, p. 165–170.
11. Cornell C.N., Lane J.M., Newest factors in fracture healing, *Clinical orthopaedics and related research*, 277, 1990, p. 297–311.
12. Mohen S., Baylink D., Bone growth factors, *Clinical orthopaedics and related research*, 263, 1991, p. 30–48.

9 Immunsystem

J. Blum, M. Petitmermet, E. Wintermantel

Fremdstoffe wie Viren, Bakterien, Pilze, Parasiten und Werkstoffe, die in den menschlichen Organismus eingedrungen, durch Implantation eingebracht oder auf innere und äussere Oberflächen des Körpers aufgebracht sind, können durch das Immunsystem erkannt werden. Dabei spielen sowohl humorale (über die Körperflüssigkeit erfolgende) wie auch zelluläre Immunreaktionen eine wichtige Rolle.

Bei der humoralen Immunreaktion wird der Fremdkörper durch im Plasma vorhandene Immunglobuline, die nach Kontakt mit einem Antigen von Plasmazellen als Antikörper produziert werden, inaktiviert oder der Phagozytose zugeführt. Bei der zellvermittelten Immunreaktion erkennen die Zellen des Immunsystems die körperfremde Oberfläche und reagieren darauf mit der Synthese von Antikörpern. Zudem können bestimmte körpereigene Zellen, wie z. B. Tumorzellen, als verändert erkannt und eliminiert werden.

Für die *unspezifische, angeborene Abwehr* von Fremdstoffen und die Vernichtung von körpereigenen Stoffen, wie z. B. Zelltrümmer, sind vor allem neutrophile Granulozyten (im zirkulierenden Blut) und die Makrophagen (in den Geweben) verantwortlich (Abb. 9.1). Wird die unspezifische Abwehr überfordert, z. B. durch Bakterien, die in der Lage sind, Granulozyten abzutöten, wird das spezifische Abwehrsystem wirksam.

Die *spezifische, erworbene Abwehr* einer fremden Substanz, eines Antigens, geht vor allem auf das Zusammenarbeiten der verschiedenen Typen von Lymphozyten und von ihnen abstammenden Abwehrstoffen zurück. Die Abwehrvorgänge bei der erworbenen Abwehr können sowohl zellulär als auch humoral sein.

9.1 Die Zellen des Immunsystems

Die Leukozyten (weisse Blutkörperchen), zu denen Granulozyten, Lymphozyten und Monozyten gehören, und die Makrophagen sind die wichtigsten Zellen im Abwehrsystem; sie entstehen durch Zellteilung und -differenzierung einer Stammzelle im Knochenmark (Abb. 9.2). Zu den phagozytierenden Zellen gehören die Granulozyten und die Monozyten im Blut sowie die Makrophagen im Gewebe; sie neh-

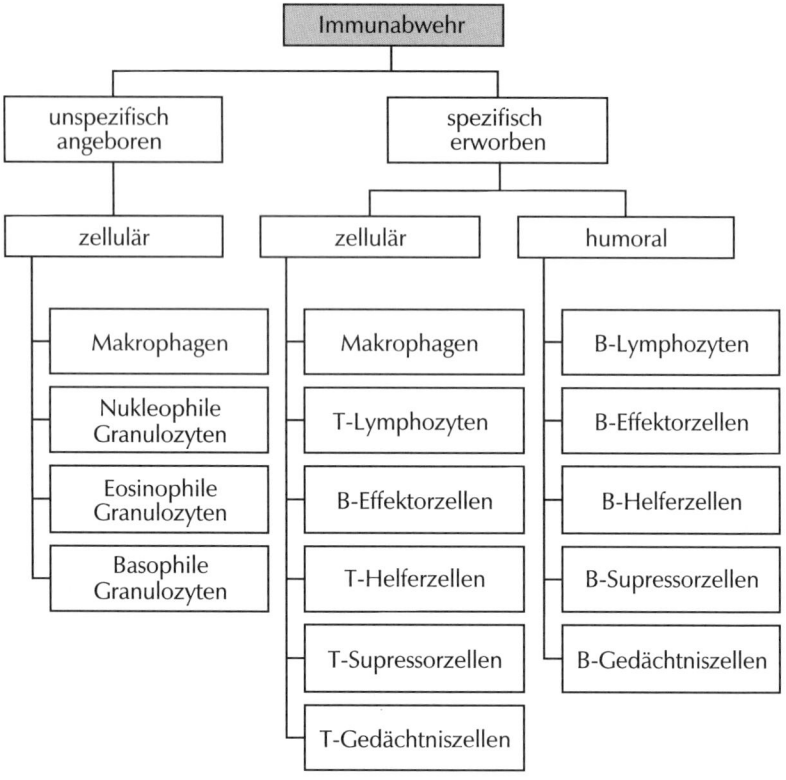

Abb. 9.1 Einteilung des Immunsystems in unspezifische, angeborene und spezifische, erworbene Abwehr mit beteiligten Zelltypen

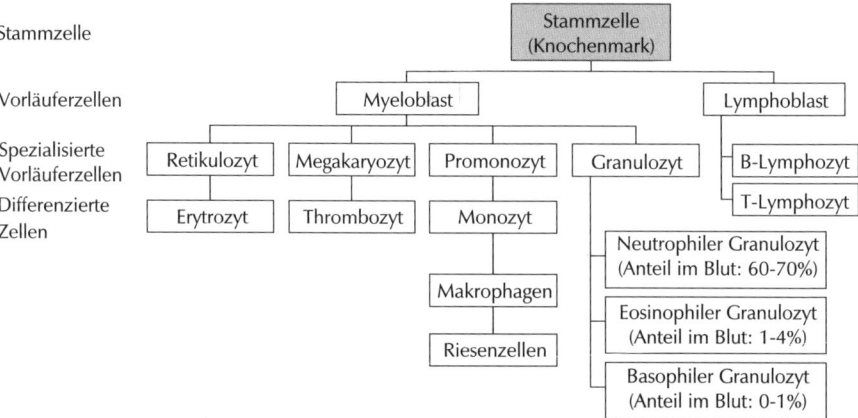

Abb. 9.2 Differenzierung der für die Immunabwehr wichtigen Zellen

9.1 Die Zellen des Immunsystems

Zelltyp	Funktion	Körpereigene Hilfsstoffe
Neutrophile, eosinophile und basophile Granulozyten	Phagozytose und Zerstörung von Bakterien, Fremdkörpern und Zelltrümmern	Enzyme, wie z. B. Säuredehydrogenasen, Myeloperoxidase, Lysozym und Proteasen
B-Lymphozyten	Bildung von Antikörpern zur Erkennung von Fremdorganismen und Fremdkörpern	Antikörper
T-Lymphozyten	Vernichtung von mit Mikroorganismen infizierten körpereigenen Zellen und Tumorzellen	Lymphokine
Monozyten	Phagozytose und Zerstörung von z. B. Bakterien und Viren im Blut; bilden die Vorstufe zu den gewebespezifischen Makrophagen	reaktive Sauerstoffverbindungen (Wasserstoffperoxid, Superoxide), Säuren, Enzyme wie z. B. Säurehydrolasen oder Peroxidasen
Makrophagen	Phagozytose und Zerstörung von z. B. Bakterien und Viren im Gewebe	Enzyme

Tabelle 9.1 Zellen des Immunsystems, ihre Funktion und einige körpereigene Hilfsstoffe

men Mikroorganismen, Zelltrümmer und andere Fremdstoffe auf, um sie dann zu zerstören. Die Lymphozyten sind an spezifischen Abwehrvorgängen beteiligt. Das Auftreten der Zellen des Immunsystems im Falle einer Abwehr erfolgt als Kaskade: einem raschen Auftreten von Granulozyten folgen Monozyten und davon abstammende Makrophagen.

9.1.1 Granulozyten

Granulozyten (Zelldurchmesser: 9–12 µm) sind die im Blut vorherrschenden Leukozyten. Sie stehen rasch und in grosser Anzahl an einem Infektionsort zur Verfügung, ihre Lebensdauer ist jedoch relativ kurz (wenige Tage). Sie sind charakterisiert durch mehrfach segmentierte Zellkerne und kleine Granula. Es wird zwischen neutrophilen, eosinophilen und basophilen Granulozyten unterschieden.

Die *neutrophilen Granulozyten* machen den grössten Anteil der Granulozyten im Blut aus. Ihre Hauptaufgabe ist die Phagozytose und die Zerstörung von Bakterien, Fremdkörpern und Zelltrümmern. Hierzu sind in den Granula verschiedene Enzyme wie z. B. Säuredehydrogenasen, Peroxidasen, Lysozym und Proteasen eingelagert. Die neutrophilen Granulozyten zeigen eine starke amöboide Beweglichkeit. Sie wandern als erste Zellen der zellulären Abwehr aus dem Blut an den Ort der Schädigung, wo sie phagozytoseaktiv werden und danach absterben.

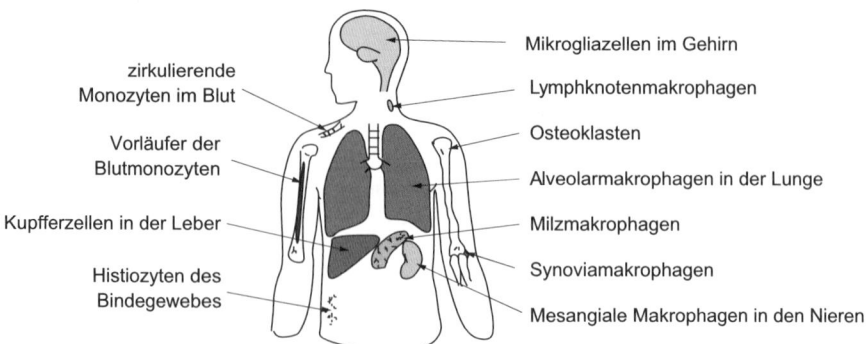

Abb. 9.3 Schematische Darstellung des mononukleären Phagozytosesystems, das die phagozytoseaktiven, von Monozyten abstammenden Zellen zusammenfasst

Die *eosinophilen Granulozyten* sind sehr phagozytoseaktiv und bewegen sich ebenfalls amöboid. Ihre Zahl erhöht sich bei allergischen Reaktionen, Autoimmunerkrankungen und Parasitenbefall.

Der Anteil an *basophilen Granulozyten* im Blut ist sehr gering. Sie enthalten Histamin, Heparin, Proteasen und Hydrolasen, die bei allergischen Sofortreaktionen freigesetzt werden.

9.1.2 Monozyten und Makrophagen

Nach der ersten Angriffswelle der Granulozyten übernehmen mobile Makrophagen, die von den im Blut zirkulierenden Monozyten abstammen, die weitere Abwehr. Im Vergleich zu den Granulozyten weisen die Makrophagen eine längere Lebensdauer auf, und sie sind über längere Zeit zur Synthese (z. B. von Enzymen), zur Sekretion (z. B. vom Komplement = spezielle Serumproteine) fähig.

Neben den im Blut zirkulierenden Monozyten/ Makrophagen gibt es lokal wandernde Makrophagen, wie z. B. im Gehirn (Mikrogliazellen), in den Lymphknoten, in den Lungenalveolen, in der Milz, in den Gelenkspalten oder in der Leber (von Kupffersche Sternzellen), die zum mononukleären Phagozytosesystem zusammengefasst werden (Abb. 9.3).

Die Hauptaufgaben der Makrophagen liegen in der Bekämpfung von Bakterien, Viren und anderen antigen wirkenden Substanzen, durch deren Aufnahme, anschliessende Resorption sowie Inaktivierung durch Enzyme wie z. B. Säurehydrolasen und Peroxidasen, oder reaktive Sauerstoffverbindungen wie z. B. Wasserstoffperoxid. Die Monozyten und Makrophagen besitzen verschiedene Rezeptoren an ihrer Oberfläche für die Anlagerung von biologischen und synthetischen Fremdkörpern.

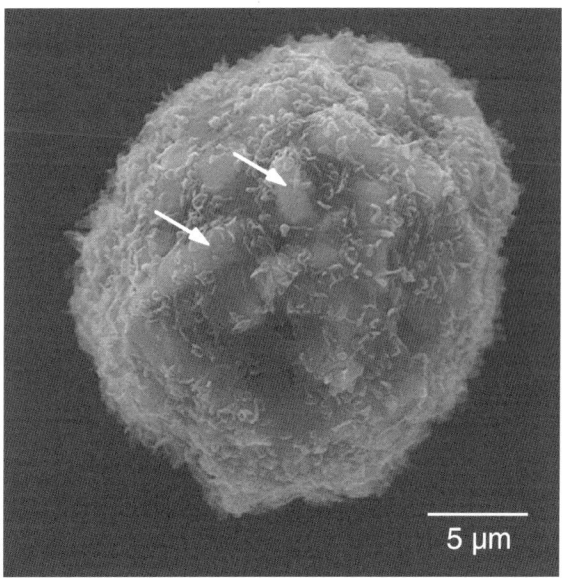

Abb. 9.4 Primärer Rinderalveolarmakrophage mit phagozytierten Titanoxidpartikeln (Pfeile) (Vergrösserung: 4000x)

9.1.3 Lymphozyten

Die Lymphozyten stammen aus dem Knochenmark und wandern als Vorläuferzellen in die verschiedenen Gewebe, wo sie zu immunkompetenten (d. h. zu einer spezifischen Immunreaktion befähigte) Zellen geprägt werden. Als Zellen der humoralen Abwehr sind die *B-Lymphozyten* (sie stammen aus dem Knochenmark, „B" von „bone marrow") darauf programmiert, jeweils eine einzige Art von Antikörpern (z. B. Immunoglobuline) zu bilden und diese als Rezeptoren auf ihrer Zelloberfläche anzulagern (10^5 Antikörpermoleküle auf der Oberfläche). Wenn Antigene und Rezeptoren zusammenpassen, erfolgt eine Bindung. Dadurch werden Lymphozyten aktiviert und zu B-Effektorzellen (Plasmazellen) und B-Gedächtniszellen differenziert. Die B-Effektorzellen produzieren in der Folge Antikörper. Die langlebigen B-Gedächtniszellen sind für die Wiedererkennung verantwortlich: sie können bei einem späteren Kontakt mit denselben Antigenen beschleunigt reagieren.

Neben den B-Lymphozyten sind die *T-Lymphozyten*, welche in der Thymusdrüse geprägt werden („T" von „thymus") für die zelluläre Abwehr zuständig. Ihre Aufgabe ist die Vernichtung von mit Mikroorganismen infizierten oder geschädigten körpereigenen Zellen. Sie reagieren nur auf zellgebundene Antigene. Die T-Lymphozyten müssen daher nicht nur Antigene, sondern auch Oberflächenmarker der körpereigenen Zellen erkennen. Diese Zellmarker werden als Haupt-Histokompatibilitätskomplex bezeichnet (major histocompatibility complex, MHC). Sie wurden im Zusammenhang mit starken Abstossungsreaktionen, wie sie nach Transplantationen vorkommen können, beobachtet.

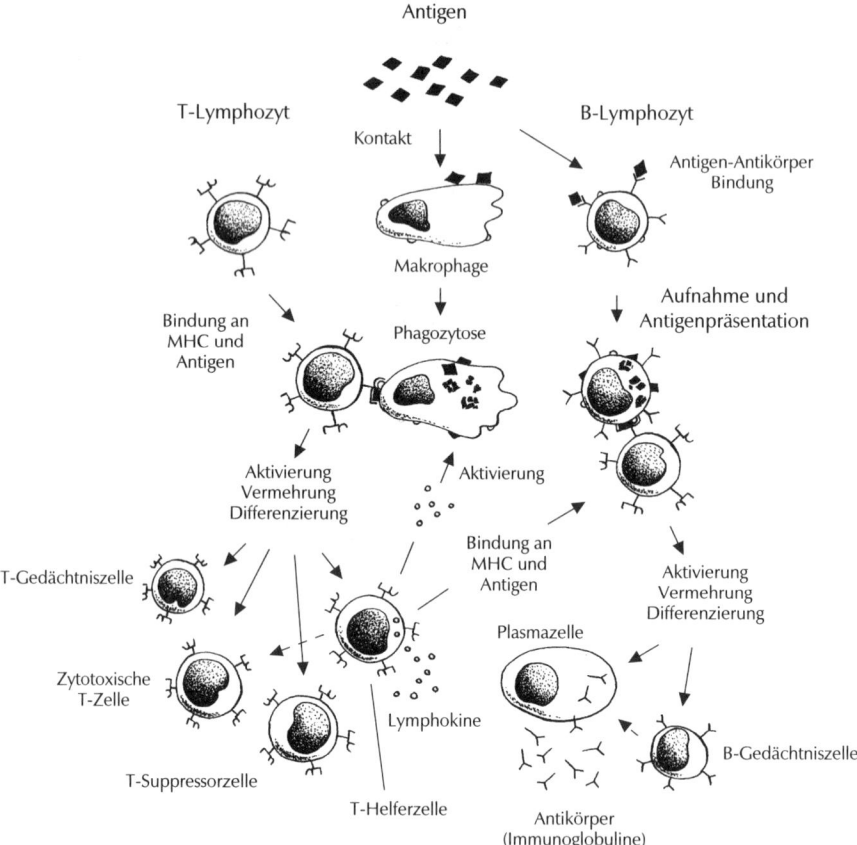

Abb. 9.5 Das spezifische Abwehrsystem des menschlichen Körpers

9.2 Phagozytose und Pinozytose

Monozyten, Makrophagen und Granulozyten werden durch chemische Reize angelockt (Chemotaxis, Abb. 9.6, A). Die *Phagozytose* kann jedoch nur stattfinden, wenn ein Fremdstoff an unspezifischen Rezeptoren der Zelloberfläche anhaftet (Adhärenz, B). Hierdurch wird die Membran aktiviert (C) und Zytoplasmaausläufer (Philopodien) gebildet; von diesen wird der Fremdstoff umschlossen (D). Der Fremdkörper wird in einer Vakuole, einem Phagosom, eingeschlossen, mit welchem sich mit Enzymen gefüllte Granula verbinden und ihren Inhalt in die Phagosomen entleeren (E/F). Anschliessend erfolgt die Abtötung der Mikroorganismen und deren Verdauung durch Enzyme (F). Die Abbauprodukte werden nach der Verdauung aus der Zelle ausgeschieden (G). Von *Pinozytose* wird gesprochen, wenn es sich bei dem aufgenommenen Material um gelöste Makromoleküle (z. B. Proteine, Dextran) oder Flüssigkeiten handelt.

9.2 Phagozytose und Pinozytose

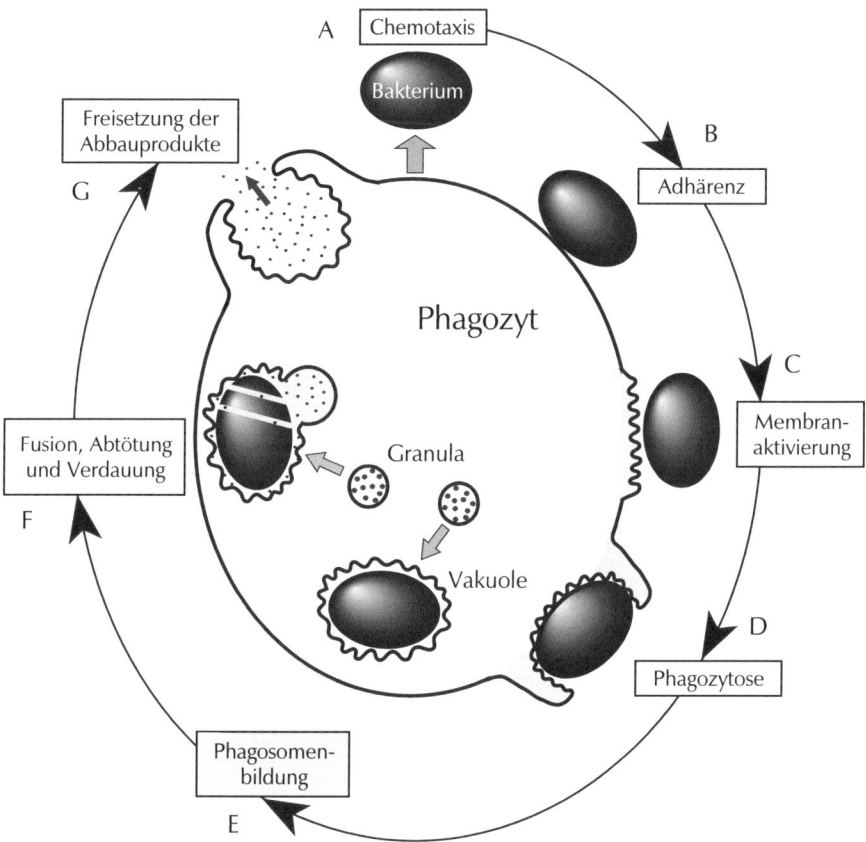

Abb. 9.6 Schematische Darstellung des Vorgangs der Phagozytose eines Bakteriums

Part IV
Werkstoffe in der Medizintechnik

10 Einleitung

S.-W. Ha

Der Einsatz von Implantaten zielt auf die Unterstützung oder den Ersatz von Zell- oder Gewebefunktionen im menschlichen Körper. Die Werkstoffauswahl für diese Implantate hängt dabei von der Art und der Funktion des zu ersetzenden Gewebes ab. Die Anforderungen an den Implantatwerkstoff bezüglich Eigenschaften und Struktur können je nach Implantationsort und Funktionalität ganz unterschiedlich sein. Implantate, die im Knochengewebe Funktionen der Lasteinleitung und -überleitung ausüben, sind hohen *mechanischen* Anforderungen (optimale Bauteilsteifigkeit, Dauerfestigkeit) unterworfen, während bei Blutgefässimplantaten die Werkstoffoberfläche, primär in ihrer *chemischen Zusammensetzung* derart gestaltet sein muss, dass eine minimale Thrombogenität resultiert. Für den Erfolg des Implantatwerkstoffes oder -bauteils sind folgende drei Faktoren relevant: (a) Biokompatibilität, (b) Gesundheitszustand des Patienten und (c) Verlauf der Operation und der nachfolgenden Therapie. Bei Vorliegen einer Erkrankung, wie z. B. die allergische Sensibilisierung gegenüber Metallionen (Nickelallergie) oder Osteoporose im Fall der Verankerung von Hüftprothesen, ist der Implantatwerkstoff höheren Anforderungen bezüglich der Biokompatibilität unterworfen als bei organisch gesunden Patienten.

Durch die Anwesenheit von Implantatwerkstoffen wird die Heilungsphase im menschlichen Körpergewebe beeinflusst. Die spezifische Oberfläche des Implantatwerkstoffes, die durch verschiedene Oberflächenbehandlungen verändert werden kann, beeinflusst beispielsweise die Grenzfläche zwischen Implantat und Körpergewebe. Poröse Strukturen können in der Art und Grösse der Porosität variieren und somit das Einwachsen von Gewebe steuern. Die Gewebereaktionen können zudem durch die chemische Zusammensetzung, die Oberflächenenergie, die Hydrophilie der Werkstoffoberfläche, durch das Herauslösen von chemischen Verbindungen aus dem Implantatwerkstoff sowie durch das Auftreten von Relativbewegungen beeinflusst werden. Ein weiterer Faktor ist die Geometrie und die Grösse des Implantates. Scharfe Ecken oder Kanten können beispielsweise zu chronischen Reizungen führen. Dabei kann sich Bindegewebe bilden, das zur Isolierung des Implantates vor dem Gewebe und mit zunehmender Zeit zu einer vollständigen Einkapselung des Implantates führt.

Es ist zu beachten, dass die Biokompatibilität von Implantaten sowohl durch intrinsische Eigenschaften, als auch durch den Herstellungsprozess und durch klinisch bedingte Nachbehandlungen, wie z. B. Sterilisation, bestimmt wird. Durch den Schmiedeprozess wird beispielsweise bei den Kobaltbasislegierungen ein feinkörniges Gefüge und eine feine Karbidverteilung erhalten, woraus eine hohe Ermüdungsfestigkeit resultiert. Bei Polymeren, die eine geringe Strahlenbeständigkeit haben, muss ein geeignetes Sterilisationsverfahren gefunden werden, das eine Veränderung der molekularen Struktur vermeidet. Für keramische Hüftgelenkskugeln wird von der ISO-Norm eine möglichst geringe mittlere Korngrösse gefordert, damit die Kugeln auf eine optimale Oberflächengüte poliert werden können. Die in diesem Teil vorgenommene Einteilung der Implantatwerkstoffe in Metalle, Polymere, keramische Werkstoffe und Verbundwerkstoffe entspricht der Klassifizierung wie sie in der Werkstoffkunde durchgeführt wird. Die gewählte Reihenfolge ist bedingt durch die historische Entwicklung der Werkstoffe, die auch die Entwicklung der Implantate in der Medizin beeinflusste.

Anwendungen	Werkstoffe		
	Metalle	Polymere	Keramische Werkstoffe
Osteosynthese, Gelenkersatz	Rostfreie Stähle Titan und Ti-legierungen Co-Cr-Legierungen	Polyethylen (UHMWPE) Polymethylmethacrylat	Aluminiumoxid Zirkonoxid Calciumphosphate
Dentalchirurgie	Titan und Ti-legierungen Co-Cr-Legierungen Amalgam (Hg-Ag-Sn) Goldlegierungen	Polymethylmethacrylat	Aluminiumoxid Zirkonoxid Calciumphosphate Porzellan
Gefässchirurgie	Co-Cr-Legierungen Ni-Ti-Legierungen	Polyester Polytetrafluorethylen Polysiloxane Polyurethane	
Chirurgische Instrumente	Rostfreie Stähle Titanlegierungen		
Ophthalmologie		Polymethylmethacrylat Polysiloxane Hydrogele	

Tabelle 10.1 Auswahl von Anwendungsbeispielen von Werkstoffen in der Medizintechnik

11 Biokompatible Metalle

S.-W. Ha, E. Wintermantel

11.1 Einleitung und geschichtlicher Rückblick

Metalle als Implantatwerkstoffe werden in der Medizin für zwei Hauptanwendungen eingesetzt: für Prothesen des totalen Gelenkersatzes wie beispielsweise Hüft-, Knie- und Schulterprothesen und für Fixationselemente zur Stabilisierung von Frakturen. Beispiele hierfür sind Osteosyntheseplatten, Marknägel, Schrauben, Drähte und Stents. Eine der ersten Anwendungen von Metallen im menschlichen Körper war die Fixation von Fragmenten eines gebrochenen Humerus (Oberarmknochen) mit einem Metalldraht durch zwei französische Physiker im Jahr 1775 [1]. Ausführliche Untersuchungen zur Verträglichkeit von Metallen im menschlichen Körper wurden bereits im frühen 19. Jahrhundert durchgeführt. Von den untersuchten Werkstoffen verursachten die edlen Metalle wie Gold, Silber und Platin aufgrund ihrer Korrosionsbeständigkeit und Körperverträglichkeit die geringsten Reizungen im menschlichen Körper. Die klinische Anwendung der Edelmetalle war jedoch wegen der geringen mechanischen Eigenschaften beschränkt. Andere Metalle wie Messing, Kupfer oder Eisen wiesen vergleichsweise höhere Festigkeitswerte auf, sie waren jedoch aufgrund der geringen Korrosionsbeständigkeit und Biokompatibilität nicht für den klinischen Einsatz geeignet. Ein weiteres Problem stellte die Gefahr der Infektion durch unsterile Instrumente und Implantate dar. Gegen Ende des 19. Jahrhunderts hielt die antiseptische Operationsmethode Einzug in die Kliniken, die z. B. erfolgreiche Operationen mit Silberdraht ermöglichte.

In den frühen 20-er Jahren dieses Jahrhunderts wurden Chrom-Nickel-Stähle eingeführt. Der V2A-Stahl von Krupp fand in der Medizin aufgrund seiner relativ hohen Festigkeit seine Anwendung hauptsächlich für Endoprothesen. Im Jahre 1936 wurde beobachtet, dass sich eine neue eisenfreie, molybdänhaltige Gusslegierung auf Kobalt- und Chrombasis im menschlichen Körper inert verhält. Unter dem Handelsnamen Vitallium® (Howmedica Inc.) wurde diese Legierung wegen ihrer guten mechanischen Eigenschaften sowie einer hohen Korrosionsbeständigkeit zunächst in der Dentalmedizin eingeführt. Ab 1943 fand Vitallium® vor allem in den USA für Nägel, Schrauben und Platten Verwendung, während in Europa Endoprothesen aus Kobalt-Chrom-Legierungen entwickelt wurden. Die Untersu-

Jahr	Entdecker/ Verfasser	Bemerkungen
1565	Petronius	Behandlung einer angeborenen Gaumenspalte mit einer Goldplatte.
17. Jhdt.	Hieronymus Fabricius	Verwendung von Eisen-, Gold- und Bronzedrähten bei der Wundnaht.
1775	Lapeyode/ Sicre	Erster Nachweis über den Gebrauch von Knochendrähten.
1829	Levert	Wissenschaftliche Arbeit über die Verträglichkeit von Metallen im Körper. In dieser Arbeit wird gezeigt, dass Platin am wenigsten Irritationen verursacht, zudem wurde die Toxizität von Blei nachgewiesen.
1860-83	J. Lister	Entwicklung der Antisepsis. Erfolgreiche Durchführung von Operationen mit Silberdraht zur Fixation von gebrochenen Kniescheiben.
1886	H. Hansmann	Entwicklung der ersten Knochenplatte aus Stahl mit einem Nickelüberzug.
1893–1912	W.A. Lane	Entwicklung von Stahlschrauben und -platten für die Knochenbruchbehandlung.
1909	A. Lambotte	Entwicklung von Platten aus Al, Ag und Cu.
1912	W. O'Neil Sherman	Entwicklung einer Knochenplatte aus mit Vanadium legiertem Stahl hoher Festigkeit und Zähigkeit.
ab 1920	Krupp	Herstellung von CrNi-Stählen (CrNi188) und CrNi-Mo-Stählen (CrNiMo1810) brachte entscheidende Verbesserung der Korrosionsbeständigkeit.
1930	Erdle	Entwicklung einer CoCr-Legierung (Vitallium) und erste Anwendung als Gussprothese.
1936	C.S.Venable W.G. Stuck	Entwicklung einer Gusslegierung auf Kobalt- und Chrombasis, die erstmals im Dentalsektor unter dem Namen Vitallium® (Howmedica, Inc.) eingeführt wurde.
1938	P. Wiles	Erste Prothese für den totalen Hüftgelenkersatz.
1940–1950	Leventhal	Untersuchung von Tantal, Titan sowie von kaltverformbaren wolfram- und nickelhaltigen Kobaltlegierungen als Implantatwerkstoffe.
1946	J. und R. Judet	Erste unter biomechanischen Gesichtspunkten konzeptionierte Hüftprothese.
ab 1946	J. Cotton	Kommerzielle Herstellung von Titan und Titanlegierungen.
1960	Charnley	Entwicklung von modularen Hüftgelenkendoprothesen.

Tabelle 11.1 Geschichtlicher Überblick über die Entwicklung von Metallen als Implantatwerkstoffe für medizinische Anwendungen [3, 4, 48]

chungen für den medizinischen Einsatz von *Titan* reichen zurück in die fünfziger Jahre. Titan und Titanlegierungen weisen im Vergleich zu anderen Metallen einen relativ geringen Elastizitätsmodul, verbunden mit einer hohen Korrosionsbeständigkeit und Festigkeit, auf [2]. *Tantal* hat in der Medizin beschränkten Einsatz in Form von Nahtdrähten, Drahtmaschen und Schädelplatten gefunden.

Aus der langen klinischen Erfahrung werden an metallische Implantatwerkstoffe und -bauteile folgende Anforderungen gestellt:

- *Mechanische Festigkeit*
  Gewährleistung einer dauerhaften Kraftübertragung zwischen Implantat und Körpergewebe sowie möglichst knochenähnliche Implantatsteifigkeit.
- *Korrosionsbeständigkeit*
  Vermeidung der korrosiven Implantatschädigung durch die Wahl elektrochemisch stabiler Werkstoffe.
- *Biokompatibilität*
  Keine Schädigung des Empfängergewebes durch den Implantatwerkstoff oder durch primäre Korrosionsprodukte und Abriebpartikel. Oberflächen- und Strukturkompatibilität.

Aufgrund der oben genannten Anforderungen werden in der Medizintechnik hauptsächlich rostfreie Stähle, Kobalt-Basislegierungen sowie cp (commercially pure) Titan und Titanlegierungen eingesetzt:

11.2 Mechanische Eigenschaften

Die mechanischen Eigenschaften von Metallen werden durch das Gefüge bestimmt. Das Metallgefüge kann durch Änderung der chemischen Zusammensetzung durch Zulegieren sowie durch das Herstellungsverfahren und die anschliessenden Wärmebehandlungen beeinflusst und variiert werden. Ein Vergleich der mechanischen Eigenschaften von Metallen im Vergleich zur Knochenkortikalis und zu den anderen in der Hüftgelenkprothetik eingesetzten Werkstoffen (ultrahochmolekulares Polyethylen (UHMWPE), Knochenzement und Aluminiumoxid) ist in Abb. 11.1 dargestellt. Die Metalle und die keramischen Werkstoffe weisen erheblich höhere mechanische Kennwerte auf als die Knochenkortikalis. Insbesondere ist der E-Modul der in der Medizin eingesetzten Metalle um den Faktor 5 bis 10 höher als der entsprechende Wert der Knochenkortikalis. Dies kann nach der Implantation zum Effekt des „stress-shielding", der mechanischen Abschirmung des Knochens durch das Implantat und somit zur Störung des Gleichgewichtes im Knochengewebe zwischen spannungsinduziertem Auf- und Abbau führen. Dieser Effekt erfordert deshalb eine strukturkompatible Bauteilauslegung, die durch die Implantatgeometrie beeinflusst werden kann. Der Einsatz von Aluminiumoxid in der Hüftgelenkendoprothetik ist hauptsächlich darin begründet, dass diese Keramik einen hohen E-Modul und eine sehr hohe Druckfestigkeit aufweist (Abb. 11.1 oben). Hieraus resultiert ein hoher Widerstand gegen Ver-

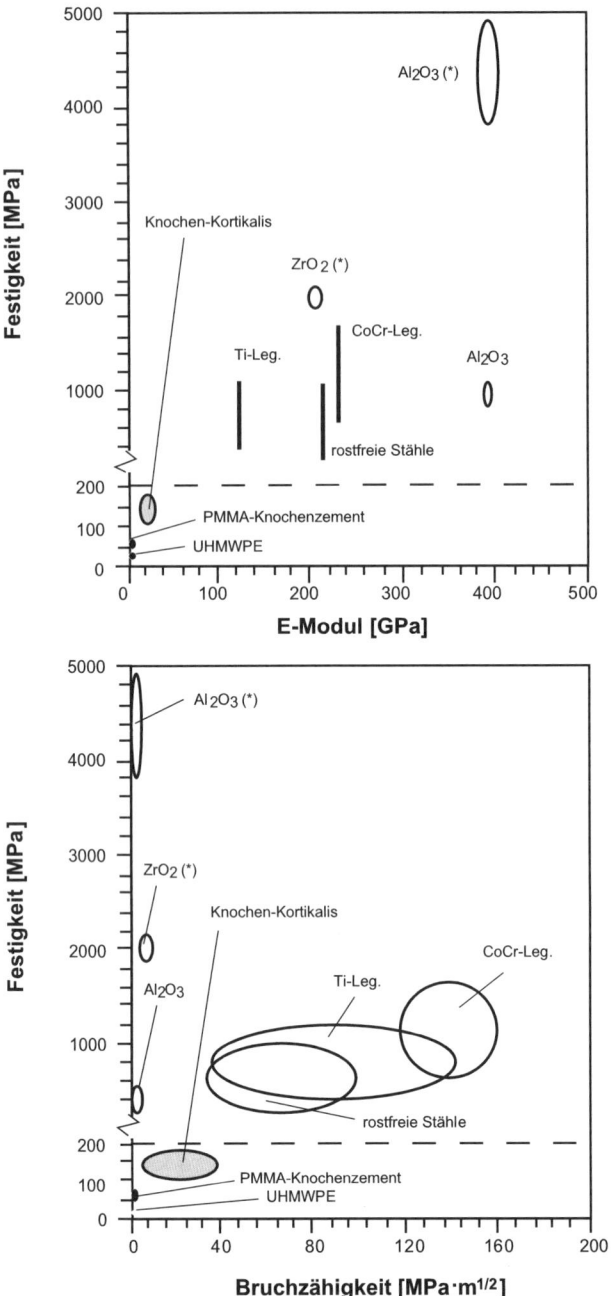

Abb. 11.1 Vergleich der mechanischen Eigenschaften von verschiedenen in der Hüftgelenkendoprothetik eingesetzten Implantatwerkstoffen und von Knochen. Bei den Festigkeiten handelt es sich um Zugfestigkeitswerte mit Ausnahme der mit (*) bezeichneten Werkstoffe, wo Druckfestigkeitswerte angegeben sind

formung, was für den Einsatz als Hüftkugel, neben den tribologischen Eigenschaften, ein wichtiger Faktor für die Biofunktionalität ist.

Eine sichere Bauteilauslegung wird durch eine hohe Dauerfestigkeit unterstützt, die im allgemeinen einen Bruchteil der Zugfestigkeit beträgt. Alle Metalle erleiden eine Ermüdung, die um so stärker ist, je höher die Amplitude der Wechselspannung ist. Kaltverformte rostfreie CrNiMo-Stähle weisen relativ hohe Dauerfestigkeitswerte auf. Die Dauerfestigkeit von CoCrMo-Legierungen kann durch besondere Formgebungsverfahren beachtlich gesteigert werden, damit Werte, vergleichbar mit nickelhaltigen Co-Basislegierungen oder Titanlegierungen erhalten werden können.

11.3 Korrosion

In der Körperflüssigkeit und in den Geweben des menschlichen Körpers kommen Metalle vorwiegend in Konzentrationsbereichen von ng/ml bis mg/ml physiologisch vor und werden deshalb als Spurenelemente bezeichnet. Unter die sogenannten essentiellen Spurenelemente fallen unter anderem die metallischen Elemente Cr, Co, Cu, Mn, Mo, Ni, V, bei deren Abwesenheit schwerwiegende Mangelerscheinungen auftreten können. Andererseits können diese Elemente bei zu hoher Konzentration eine toxische Wirkung entfalten [5].

Die chemische Wechselwirkung zwischen Implantatwerkstoff und Empfängergewebe setzt einen Austausch von Ionen zwischen der Metalloberfläche und dem biologischen Gewebe voraus. Die Körperflüssigkeit wirkt dabei als komplexer Elektrolyt, was zur Bildung eines galvanischen Elementes führt. Dabei wird die unedlere Elektrode zur Anode und die edlere zur Kathode, wobei in wässrigen Lösungen an den Elektroden die jeweiligen Teilreaktionen ablaufen:

anodische Teilreaktion: $Me \rightarrow Me^+ + e^-$
kathodisch Teilreaktion:
Wasserstoffreduktion $\quad 2H^+ + 2e^- \rightarrow H_2$
Sauerstoffreduktion $\quad O_2 + 2H_2O + 4e^- \rightarrow 4OH^-$

Die anodische Teilreaktion entspricht der Metallauflösung, wodurch Ionen in den Körper freigesetzt werden können und der Korrosionsvorgang stattfindet. Die Geschwindigkeit der Korrosion stellt ein direktes Mass für den Grad der Interaktion zwischen Implantat und Empfängergewebe dar [6]. Eine sehr langsame Freisetzung, die durch eine hohe Korrosionsbeständigkeit erreicht werden kann, führt in der Regel auch bei toxischen Elementen zu einer schwachen Wechselwirkung mit dem biologischen Gewebe. Ionen, die durch Korrosionsprozesse ins umliegende Gewebe freigesetzt werden, können mit Wasser zu stabilen Hydroxyden oder Oxiden reagieren oder Komplexe mit Proteinen bilden. Die Konzentration von gelösten Ionen wird dabei durch das elektrochemische Gleichgewicht bestimmt. Durch Diffusion können diese Ionen vom Entstehungsort abtransportiert werden, wobei es bei langsamen Diffusionsgeschwindigkeiten zu einer lokalen Konzentrationserhöhung von Metallionen kommen kann. Die Korrosion von metallischen Implantaten kann das umgebende Körpergewebe auf folgende drei unterschiedliche Arten beeinträchtigen:

a) elektrische Ströme können das Verhalten von Zellen beeinflussen;
b) pH und Sauerstoffpartialdruck können während des Korrosionsprozesses variieren, was zu einer Änderung der chemischen Umgebung führt;
(c) die Freisetzung metallischer Ionen kann eine Veränderung des Zellmetabolismus zur Folge haben.

Bei metallischen Implantaten wurden die allgemeine, flächige Korrosion, Lochfrass- und Spaltkorrosion sowie die galvanische oder Kontaktkorrosion beobachtet. Die Spaltkorrosion ist eine Korrosionsart, welche bei metallischen Implantatwerkstoffen besonders häufig beobachtet wurde [7], sie wurde beispielsweise bei Osteosyntheseplatten zwischen Platte und Schraubenkopf festgestellt. Unter dem Einfluss von statischer, mechanischer Belastung und überlagerter Wechselbeanspruchung können zusätzlich Spannungsriss- und Schwingungsrisskorrosion auftreten.

Die Korrosion von metallischen Implantatwerkstoffen ist oft nur sehr schwer auf eine spezifische Korrosionsart zurückzuführen. Wegen der Komplexität der chemischen Zusammensetzung von Körperflüssigkeiten und der auftretenden Lastfälle treten verschiedene Korrosionserscheinungen oft in Kombination auf, so dass ein summarischer Abtrag resultiert.

11.3.1 Untersuchung der Korrosionsbeständigkeit von metallischen Implantatwerkstoffen

Im Vergleich zu konventionellen Anwendungen werden bei Korrosionsuntersuchungen an metallischen Implantatwerkstoffen höhere Anforderungen an die Versuchsanordnung gestellt. Die Versuche müssen z. B. unter sterilen Bedingungen erfolgen. Zudem ist die Untersuchung der korrosionsbedingten Gewichtsänderung für *in vivo*-Versuche sehr zeitaufwendig. Um messbare Gewichtsänderungen zu erhalten, müssen die Tests über einen sehr langen Zeitraum durchgeführt werden [8]. Daher haben sich die in der Technik üblichen elektrochemischen Methoden als die geeignetsten erwiesen [6–8]. Zur Beschreibung der Thermodynamik von Korrosionsprozessen kann das Pourbaix-Diagramm herangezogen werden, welches das Korrosionsverhalten von Metallen in wässrigen Medien in Abhängigkeit des pH-Wertes und des dabei gemessenen Potentials wiedergibt. In den Körperflüssigkeiten wird der pH-Wert in der Regel in einem sehr engen Bereich konstant gehalten; beim gesunden Menschen beträgt der arterielle pH-Wert des Blutes zwischen 7.39 und 7.45 und der venöse zwischen 7.37 und 7.42. Bei verschiedenen Stoffwechselprozessen kann der pH-Wert lokal jedoch stark davon abweichen. Zudem stellen sich beispielsweise in Spalten der Implantatoberfläche zum Teil erheblich tiefere pH-Werte ein. Pourbaix-Diagramme stellen jedoch nur Gleichgewichtszustände dar und ermöglichen keine Rückschlüsse auf die Reaktionskinetik von Korrosionsvorgängen. Die Kinetik der Metallauflösung und -abscheidung in unterschiedlichen Lösungen wird in der Regel mit der Strom-

11.3 Korrosion

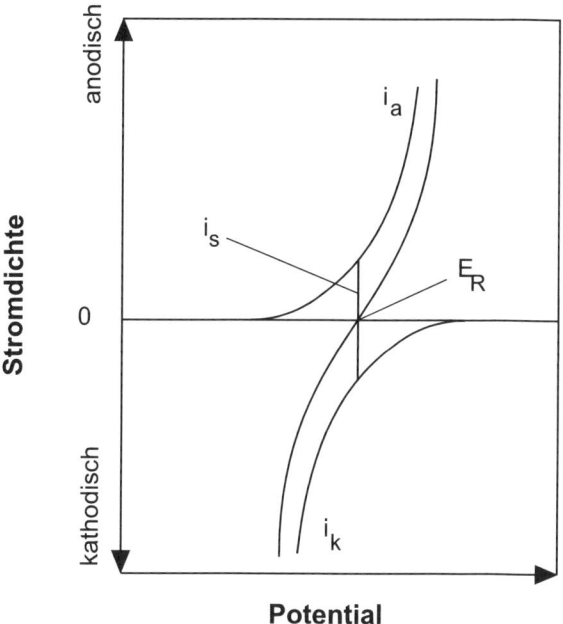

Abb. 11.2 Schematische Darstellung einer Stromdichte-Potentialkurve. Das Ruhepotential ist mit ER bezeichnet, i_a und i_k stellen die anodische bzw. kathodische Teilstromdichte dar. Die Summenstromdichte i_s entspricht der Summe der Teilstromdichten im Gleichgewichtszustand. Je höher i_s ist, desto stärker ist die auftretende Korrosion

dichte-Potentialkurve ermittelt (Abb. 11.2). Die Kurve bestimmt man, indem die Potentialdifferenz zwischen dem Metall und einer Platin-Elektrode erhöht und die Änderung der Stromstärke gemessen wird. Gemäss dem Faraday'schen Gesetz ist die gemessene Stromstärke I proportional zur Reaktionsgeschwindigkeit ($\Delta G/\Delta t$) bei der Metallauflösung oder -abscheidung [9]:

$$\frac{\Delta G}{\Delta t} = \frac{M}{z \cdot F} \cdot I$$

mit G... umgesetzte Masse [g], t... Zeit [s], M... Atommasse [g/mol], z... Wertigkeit des Metallions, F... Faradaykonstante [As/mol] und I... elektrische Stromstärke [A].

11.3.2 Passivierung

Die bei der anodischen Metallauflösung entstehenden schwerlöslichen Reaktionsprodukte wie Metallhydroxide und -oxide, bilden auf der Metalloberfläche eine festhaftende, undurchlässige Schutzschicht. Dieser Vorgang wird als Passivierung

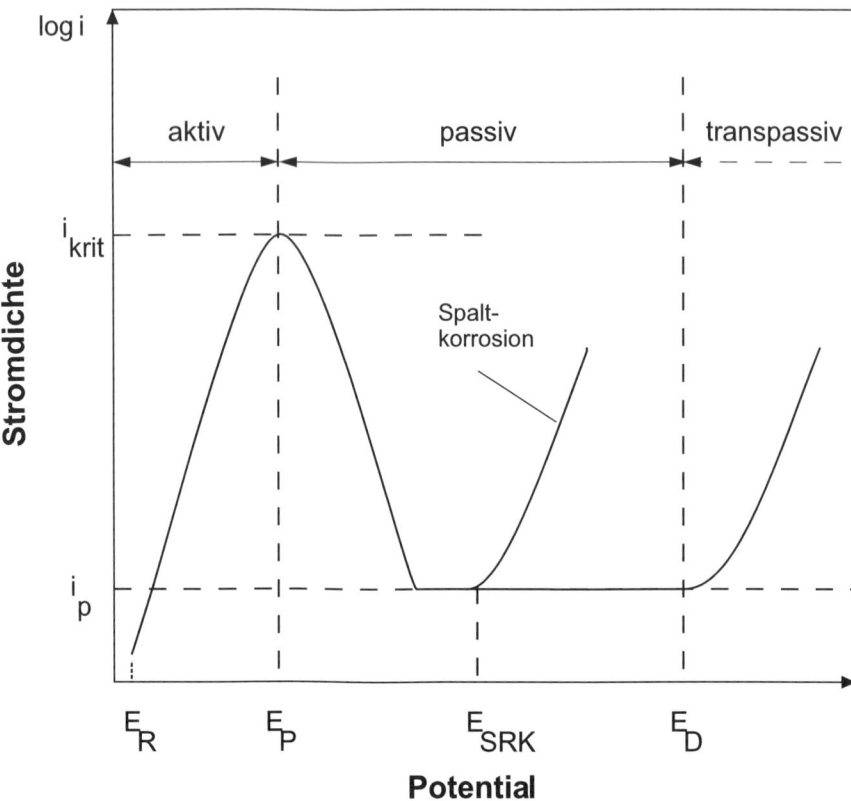

Abb. 11.3 Schematische Darstellung der Stromdichte-Potentialkurve eines passivierbaren Metalls bei anodischer Polarisation. ER = Ruhepotential, EP = Passivierungspotential, ESRK = Spannungsrisspotential, ED = Durchbruchspotential

bezeichnet und ist im Stromdichte-Potentialverhalten erkennbar (Abb. 11.3). Die anodische Stromdichte-Potentialkurve steigt zunächst vom Gleichgewichtspotential ER an und erreicht beim Passivierungspotential EP die kritische Passivierungsstromdichte (i_{krit}). Der anschliessende Abfall der Stromdichte ist auf die Passivierung der Metalloberfläche zurückzuführen. Im passiven Bereich löst sich das Metall nur noch mit sehr kleiner Geschwindigkeit auf. Die Passiv-Stromdichte bleibt in einem weiten Potentialbereich konstant. Bei Erreichen des Durchbruchpotentials ED steigt die Stromdichte wieder an (transpassiver Bereich). ED bezeichnet den Übergang vom passiven in den transpassiven Zustand, der in der Regel durch den Beginn einer zweiten anodischen Reaktion gekennzeichnet ist. In einigen Fällen korreliert der transpassive Zustand nicht mit einer Metallauflösung, sondern kann auf die Sauerstoffentwicklung zurückgeführt werden.

11.3.3 Korrosionsarten

Spaltkorrosion
Bei der Spaltkorrosion handelt es sich um einen lokalen Angriff, der vor allem in chloridhaltigen Medien auftritt. Nach lokaler Zerstörung der Passivschicht, die auf mechanische Oberflächenstörungen, Strukturfehler oder Verunreinigungen im Metall sowie auf örtlich unterschiedliche Elektrolytzusammensetzungen zurückgeführt werden kann, ist je nach lokalen Gegebenheiten eine Repassivierung nicht mehr möglich. An schwer zugänglichen Stellen, wie Löchern und Spalten, kann durch den Mangel an Sauerstoff die Passivschicht nicht mehr zurückgebildet werden, wodurch sie gegenüber dem übrigen passiven Bereich anodisch werden und zu korrodieren beginnen.

Durch Addition von 2–4 Gew.% Molybdän kann bei rostfreien Stählen die Anfälligkeit für Spaltkorrosion massiv gesenkt werden [10]. Bei Chromstählen, wie sie hauptsächlich bei der Herstellung von chirurgischen Instrumenten Verwendung finden, ist schon bei geringer Chlorid-Konzentration eine gewisse Spaltkorrosionsanfälligkeit auf der Oberfläche zu beobachten. Bei Chrom-Nickel-Stählen wurde Korrosion an stark verformten Zonen sowie vorwiegend in Spalten beobachtet. Bei reinem Titan und seinen Legierungen wurde das Auftreten von Spaltkorrosion praktisch nicht festgestellt.

Spannungsrisskorrosion
Bei der Spannungsrisskorrosion handelt es sich um die Bildung und Ausbreitung von Rissen infolge gleichzeitiger Wirkung von statischer mechanischer Zugbeanspruchung und Korrosionsangriff. Hierfür müssen folgende drei Voraussetzungen erfüllt sein:

- Anwesenheit eines spezifischen Elektrolyten oder einer schädlichen Einwirkung aus der Umgebung (z. B. Wasserstoffversprödung).
- Vorliegen von Zugspannungen (z. B. Eigenspannungen);
- Entstehen eines Anrisses.

Ein Anriss kann in Form von Kerben bereits vorhanden sein oder durch ein Zusammenwirken von mechanischer Spannung und Korrosion zustande kommen. Die Bewegung von Versetzungen durch Spannungen führt zu Gleitstufen an der Oberfläche, die eine vorhandene Oxidschicht zu durchbrechen vermögen. Viele Werkstoffe, die allgemein als korrosionsbeständig gelten, sind durch Oxidschichtzerstörung besonders anfällig auf Spannungsrisskorrosion. Die Spannungsrisskorrosion erfolgt je nach Werkstoff und Elektrolyt interkristallin oder transkristallin.

Korrosionsermüdung
Die Korrosionsermüdung (auch Schwingungsrisskorrosion genannt) beruht im wesentlichen auf dem gleichen Mechanismus wie die Spannungsrisskorrosion. Sie tritt meist durch transkristalline Rissbildung bei Zusammenwirken von mechanischer Wechselbeanspruchung und Korrosion auf. Da durch die Wechselbeanspruchung Ex-

trusionen und Intrusionen gebildet werden, entstehen tiefe Anrisse mit einer hohen Versetzungsdichte an der Riss-Spitze. Die Korrosionsermüdung wird praktisch bei allen Legierungen in allen Medien beobachtet. Ihr Ausmass hängt in starkem Masse von der Lastfrequenz sowie von der Neigung der Legierung zur Spaltkorrosion ab.

11.3.4 Weitere Korrosionsarten

Eine weitere Form der Korrosion, die bei metallischen Implantatwerkstoffen beobachtet wurde, ist die interkristalline Korrosion. Beispielsweise kommt es bei austenitischen Stählen durch eine falsche Wärmebehandlung zur Ausscheidung von Chromkarbiden an den Korngrenzen. Die Verarmung an Chrom entlang den Korngrenzen führt zu selektiver Korrosion der korngrenzennahen Bereiche und zur Bildung von lokalen galvanischen Zellen.

Bei Implantatsystemen, die aus mehreren Komponenten aufgebaut sind, wurde durch Relativbewegungen zwischen zwei Komponenten das Auftreten von Reibkorrosion (fretting corrosion) beobachtet. Wenn zwei Metalle gegeneinander reiben, erfolgt bei einer lokalen Zerstörung des Passivfilms eine beschleunigte Korrosion. Zudem können kleine Metallpartikel aus der Oberfläche herausgerissen werden. Das Auftreten von Reibkorrosion wurde beispielsweise bei Gelenkprothesen mit Metall-Metall-Paarung beobachtet, wobei Metallpartikel in der Grössenordnung von 0.1 bis 1 µm erzeugt wurden [1]. Ausserdem zeigte sie sich auch bei Osteosyntheseplatten aus rostfreien Stählen in den Lochflanken und an den Oberflächen der Schraubenköpfe [11, 12].

Bei Paarungen von Metallen mit unterschiedlichen Standardpotentialen kann wegen der Bildung eines galvanischen Elementes Kontaktkorrosion auftreten. Das Metall, bei dem eine beschleunigte Korrosion auftritt, ist dabei die Anode des Korrosionselementes. In Fällen, bei denen rostfreie Stähle zusammen mit CoCr-Legierungen implantiert wurden, zeigte sich oft eine beschleunigte Korrosion der Stahlkomponente. Bei der Kombination von Stahlschrauben und einer Osteosyntheseplatte aus einer CoCr-Legierung wurde eine starke Korrosion der Stahlschrauben festgestellt [13].

Legierung	Durchbruchpotential (Calomelelektrode) [V]
X2CrNiMo1812	+ 0.2–0.3
CoCr (Gusslegierung)	+ 0.42
CoCrNi (Schmiedelegierung)	+ 0.42
TiAl6V4	+ 2.0
cp Ti	+ 2.4
cp Ta	+ 2.25

Tabelle 11.2 Durchbruchpotentiale von unterschiedlichen metallischen Implantatwerkstoffen, gemessen in einer körperanalogen Flüssigkeit (Hank's solution) [17]

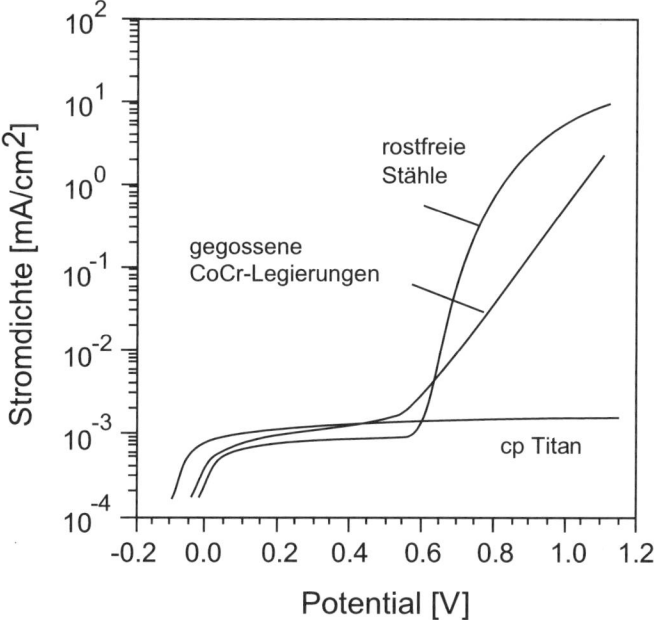

Abb. 11.4 Stromdichte-Potentialkurven von drei verschiedenen Implantatwerkstoffen in Ringer-Lösung

11.4 Biokompatibilität

11.4.1 In vitro-Korrosionsuntersuchungen

In mehreren Arbeiten wurden die Stromdichte-Potentialkurven von verschiedenen metallischen Implantatwerkstoffen in physiologischen Salzlösungen ermittelt [14–16]. Die Untersuchungen zeigten, dass Titan und Titan-Legierungen über den gesamten Potentialbereich passiv blieben, während CoCr-Legierungen und rostfreie Stähle bei höheren Potentialwerten anschliessend an den passiven Bereich einen Wiederanstieg der Stromdichte aufwiesen (Abb. 11.4). Die Ermittlung der Korrosionsbeständigkeit von Metallen hängt dabei in starkem Masse von der Lösung ab. Organische Bestandteile, Elektrolytkonzentration, Sauerstoffpartialdruck und pH-Wert können die Messungen stark beeinflussen. Deshalb sollte für in vitro-Korrosionsuntersuchungen die chemische Zusammensetzung der Lösung möglichst nahe an die Bedingungen im menschlichen Körper approximiert werden.

Die Messung der Durchbruchpotentiale zwischen verschiedenen Implantatwerkstoffen in einer körperanalogen Flüssigkeit (Hank's solution) zeigt eine ähnliche Tendenz wie bei den oben beschriebenen Untersuchungen. Während cpTi und TiAl6V4 hohe Durchbruchpotentialwerte aufwiesen, wurden für rostfreie Stähle und CoCr-Legierungen rund fünf- bis zehnmal tiefere Werte ermittelt (Tabelle 11.2).

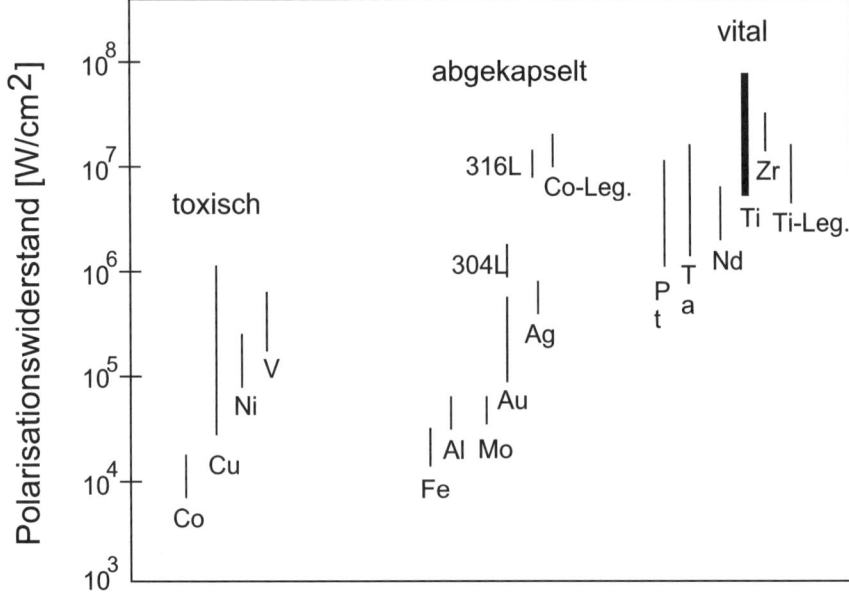

Abb. 11.5 Klassifizierung von Metallen und Metallegierungen aufgrund der Korrelation zwischen Polarisationswiderstand (als Mass für die Korrosionsbeständigkeit) und Gewebereaktion im Körpermedium, nach [6] und [3]

11.4.2 Korrosion und Gewebereaktion

Beim Kontakt von Metallen mit der Körperflüssigkeit rufen die entstehenden Reaktionsprodukte je nach Menge und Art unterschiedliche Gewebereaktionen hervor, die wie folgt unterteilt werden können [6]:

- *Vitale Reaktion*
  Bildung von lockerem, vaskularisiertem Bindegewebe oder von Epithelgewebe;
- *Einkapselung*
  Bildung eines vitalen, dichten, nicht-vaskularisierten Bindegewebes;
- *Toxische Reaktion*
  Schwere Entzündungsreaktion und Absterben von Zellen.

Diese Unterteilung wurde verwendet, um eine Klassifikation von unterschiedlichen Metallen und Metallegierungen durchzuführen. Hierfür wurde in *in vivo*-Versuchen der Polarisationswiderstand als Mass für die Korrosionsbeständigkeit gemessen und anschliessend eine histologische Untersuchung durchgeführt. Diese hat gezeigt, dass eine vitale Reaktion nur durch edle oder passive Metalle, wie z. B. Pt, Ti oder Nb verursacht wird (Abb. 11.5) [6]. Das Auftreten einer starken Korro-

11.4 Biokompatibilität

Art der Reaktion	Elemente und Legierungen
gering (Membrandicke: 2–100 µm)	gegossene und geschmiedete Co-Legierungen Ti, TiAlV-Legierung rostfreie Stähle
ausgeprägt (Membrandicke: 0.1–3 mm)	Fe, Co, Cr, Ni, Mo, V, Mn Nickellegierungen

Tabelle 11.3 Klassifizierung von Metallen und Metalllegierungen aufgrund der beobachteten unterschiedlichen Dicke der gebildeten Pseudomembranen um das Implantat, nach [18]

Korrosionsprodukt	Löslichkeit [mol/l]	Bedingungen	Referenz
V_2O_5	$7.1 \cdot 10^{-3}$	reines H_2O, pH=7	[19]
	$8.3 \cdot 10^{-3}$	reines H_2O, pH=7	[20]
$Co(OH)_2$	$5.0 \cdot 10^{-2}$	reines H_2O, pH=7	[21]
$Ni(OH)_2$	$2.0 \cdot 10^{-3}$	H_2O, pH=7.3	[6]
	$3.2 \cdot 10^{-6}$	reines H_2O, pH=7	[22]
$TiO_2 \cdot H_2O$	$2.5 \cdot 10^{-11}$	H_2O, pH=7.3	[6]

Tabelle 11.4 Löslichkeit von verschiedenen Korrosionsprodukten

sion muss jedoch nicht bedeuten, dass daraus eine toxische Reaktion resultiert. Bei den leicht polarisierbaren Elementen wie z. B. Fe oder Al wurde eine Einkapselung beobachtet. Eine Korrosion des Implantatwerkstoffes kann somit ohne toxische Wirkung auf das umliegende Gewebe stattfinden, für das Auftreten einer toxischen Reaktion, wie z. B. bei den Elementen Co, Ni oder V scheint jedoch die Korrosion Voraussetzung zu sein.

Laing, et al [18] beobachteten, dass der Grad der Gewebereaktion mit der Dicke der gebildeten Bindegewebsmembran um das Implantat korreliert. Nach 6-monatiger Implantation von unterschiedlichen Metallen und Metalllegierungen im Muskelgewebe von Ratten wurden bei Auftreten von starken Reaktionen Membrandicken von über 3 mm, bei geringeren Reaktionen von bis zu 20 µm beobachtet. Durch spektroskopische Analyse konnte eine Quantifizierung der Konzentration von gelösten oder ausgefällten Korrosionsprodukten vorgenommen und mit der Art der Gewebereaktion korreliert werden (Tabelle 11.3). Obwohl es sich dabei nicht um eine kinetische Messung, sondern um einen stationären Zustand handelt, zeigt sie eine Tendenz der Gewebereaktionen bei Metallen. Bei Reintitan und verschiedenen Titanlegierungen wurden Membrandicken von 2–100 µm, bei Co-Legierungen von 2–200 µm und bei rostfreien Stählen solche von 2–400 µm beobachtet. Im Vergleich dazu wurde bei den reinen Metallen wie Fe, Cr, V, Co, Mo, Mn Membrandicken im Bereich von 5 µm bis zu 3 mm festgestellt.

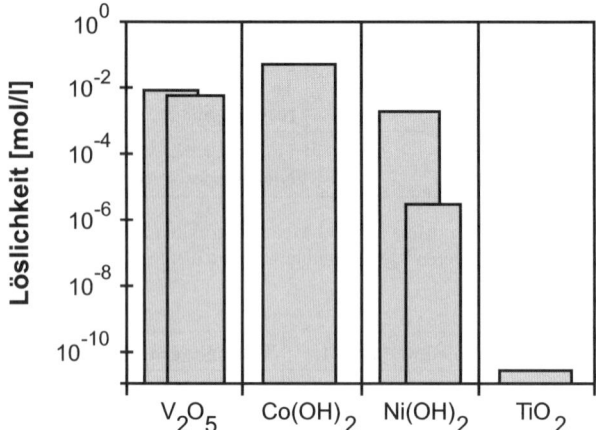

Abb. 11.6 Löslichkeit von unterschiedlichen Korrosionsprodukten. Die zwei Balken von V_2O_5 und $Ni(OH)_2$ bezeichnen zwei unterschiedliche Messresultate (Tabelle 11.4)

11.4.3 Löslichkeit und Toxizität

Wenn die Löslichkeitsgrenze eines Elementes grösser ist als dessen Toxizitätsgrenze im Körpermedium, ist eine toxische Gewebereaktion möglich. In vitro-Untersuchungen in Gewebe- und Organkulturen haben gezeigt, dass toxische Reaktionen mit löslichen Metallchloriden bei einer Konzentration von grösser als 10^{-3} mol/l auftreten; diese Konzentration stellt somit eine grobe Toxizitätsgrenze für Metalle dar [6].

Bei pH 7.3 weisen die Korrosionsprodukte von V, Ni, Co eine relativ hohe Löslichkeit auf (Tabelle 11.4). Die Löslichkeit von V_2O_5 liegt bei rund $7-8 \cdot 10^{-3}$ mol/l; der Wert liegt über der Toxizitätsgrenze, weshalb die Möglichkeit einer toxischen Gewebereaktion nicht ausgeschlossen werden kann. Im Vergleich dazu ist die Löslichkeit von TiO_2 mit $2.5 \cdot 10^{-11}$ mol/l sehr gering; sie liegt deutlich unterhalb der Toxizitätsgrenze. Die Löslichkeitsgrenzen bei den Korrosionsprodukten von Ni und Co liegen im Bereich der Toxizitätsgrenze. Bei rostfreien Stählen mit einem Ni-Gehalt von 12–14 Gew.% wurde für die grenzflächennahen Bereiche eine Konzentration von rund 10^{-7} mol/l berechnet, was weit unterhalb der Toxizitätsgrenze von Ni liegt [6].

11.4.4 Schlussbemerkung zur Biokompatibilität von Metallen

Die in den vorgängigen Kapiteln beschriebenen Korrelationen zwischen Korrosion, Löslichkeit, Toxizität und Gewebereaktionen ermöglichen eine Abschätzung des Verhaltens von metallischen Implantatwerkstoffen im Empfängergewebe und sind daher sehr nützlich für deren Evaluation. Dennoch ist über die exakten Mechanismen der Bildung, Akkumulation und des Abtransportes von Korrosionsprodukten im menschlichen Körper noch relativ wenig bekannt. Das Verständnis der tatsächlich auftretenden Interaktionen zwischen Metalloberfläche und Empfängergewebe setzt ein grösseres Wissen über die exakten Reaktionswege sowie eine adäquatere und einfachere Definition der chemischen Bedingungen in der Umgebung des korrodierenden Implantates voraus [6]. Zu Betrachtungen bezüglich der Modellierung von Transportprozessen von freigesetzten Ionen aus metallischen Implantaten und zur Definition des elektrochemischen Gleichgewichtes in der Implantatumgebung sei auf die weiterführende Literatur [6, 23] verwiesen.

11.5 Rostfreie Stähle

In der Medizin, z. B. für chirurgische Instrumente, wird hauptsächlich ein hochlegierter Stahl mit 17–20% Chrom, 12–14% Nickel und 2–4% Molybdän (AISI-Bezeichnung: 316L) verwendet. Durch den niedrigen Kohlenstoffgehalt von max. 0.03% wird die Ausscheidung von Chromkarbid an den Korngrenzen verhindert und somit die Beständigkeit gegen interkristalline Spannungsrisskorrosion erhöht. Im geschmiedeten Zustand besitzt die Legierung eine rein austenitische Kristallstruktur [24]. Durch Zulegieren von 2–4 Gew.% Molybdän wird die Beständigkeit gegen Spaltkorrosion erhöht [9, 25]. In jüngerer Zeit wurden Duplexstähle (25Cr-7Ni-4Mo-N) für medizinische Anwendungen untersucht [26]. Diese weisen einen höheren Molybdän- und Stickstoffgehalt als die austenitischen Stähle auf und sind somit beständiger gegen Lochfrass- und Spaltkorrosion.

11.5.1 Korrosionsbeständigkeit

Die Korrosionsbeständigkeit der Chrom-Nickel-Stähle beruht im wesentlichen auf der Bildung eines dünnen Passivfilms (1–5 nm) auf der Werkstoffoberfläche, der eine allgemeine Korrosion in der Regel verhindert. Bei Vorliegen von lokalen mechanischen Oberflächenzerstörungen, Heterogenitäten oder Verunreinigungen kann dieser Passivfilm durchbrochen werden. Unter spezifischen Umgebungsbedingungen, wie beispielsweise einer erhöhten Chloridkonzentration, können sich die Korrosionsbedingungen drastisch ändern und durch eine stark erhöhte Passivierungsstromdichte eine spontane Repassivierung der lokal zerstörten Werkstoffoberfläche verunmöglichen.

Spaltkorrosion
Aus der oben beschriebenen beschränkten Repassivierbarkeit erklärt sich die geringere Beständigkeit von rostfreien Stählen gegen Spaltkorrosion im Vergleich zu den Implantatwerkstoffen aus Kobalt-Chrom- oder Titanlegierungen. Obwohl durch

	Zusammensetzung (Gew.%]	
Element	CrNiMo-Stahl 316L	Duplex-Stahl 25Cr-7Ni-4Mo-N
C	≤ 0.03	≤ 0.02
Cr	17–20	25
Ni	12–14	7
Mo	2–4	4
N	–	0.25
Mn	≤ 2	–
P	≤ 0.025	–
S	≤ 0.01	–
Si	≤ 0.75	–
Fe	Rest	Rest

Tabelle 11.5 Chemische Zusammensetzung von medizinisch eingesetzten rostfreien Stählen [25]

Legierung	Werkstoffzustand	Zugfestigkeit [N/mm²]	Bruchdehnung [%]	Dauerfestig- keit [N/mm²]
X2CrNiMo1812	gegossen	275–520	> 30	160–250
	geschmiedet	< 585	> 30	145–320
	geglüht	480–600	40–65	150–260
	kaltverformt	605–1240	12–35	240–415

Tabelle 11.6 Mechanische Eigenschaften der Legierung X2CrNiMo1812 nach unterschiedlichen Herstellungs- und Wärmebehandlungsverfahren [3]

Zulegieren von Molybdän die Lochfrassbeständigkeit stark erhöht wird, konnte *in vivo* das Auftreten von Lochfrasskorrosion beobachtet werden [27]. Spaltkorrosion wurde vorwiegend bei Implantaten für die Osteosynthese an der Grenzfläche zwischen Platte und Schraube festgestellt [27]. Zusätzlich ist durch die Relativbewegung zwischen Knochenplatte und Schraube ein zusätzlicher Korrosionsbeitrag durch Reibkorrosion (fretting) nicht auszuschliessen.

Interkristalline Korrosion
Bei rostfreien Stählen wurde das Auftreten von interkristalliner Korrosion beobachtet, die in der geringeren Passivierbarkeit im Bereich der Korngrenzen begründet ist. Wegen der Bildung von Chromkarbiden, die bevorzugt an den Korngrenzen ausscheiden, resultiert entlang der Korngrenzen ein an Chrom verarmte Zone. Interkristalline Korrosion ist besonders kritisch, da der Prozess, sobald er einmal gestartet ist, rasch zum Versagen führen kann und relativ grosse Korrosionsprodukte in Form von Partikeln im Körpergewebe freigesetzt werden [27].

Korrosionsermüdung

In vitro-Untersuchungen haben gezeigt, dass die Wachstumsrate von Ermüdungsrissen bei austenitischen Stählen in Salzlösungen wesentlich höher ist als an Luft. Es ist jedoch oft schwierig, über fraktographische Methoden zwischen normalem und korrosiv bedingtem Ermüdungsversagen zu unterscheiden.

11.5.2 Mechanische Eigenschaften

Rostfreie Stähle weisen eine niedrige Dehngrenze (0.2%-Dehngrenze) auf, ihre Bruchdehnung ist jedoch sehr hoch. Deshalb können Chrom-Nickel-Stähle zu den unterschiedlichsten Profilen warm- oder kaltverformt werden, wobei bei der Kaltverformung eine Verfestigung erfolgt. Durch die Wahl von unterschiedlichen Herstellungsverfahren können die mechanischen Eigenschaften stark beeinflusst werden (Tabelle 11.6).

11.5.3 Biokompatibilität

Der im Vergleich zur Knochenkortikalis hohe E-Modul von Stahl, kann nach Implantation im Knochen zu einer Beeinflussung des umliegenden Empfängergewebes führen: Bei Behandlung einer Knochenfraktur, bei der die Osteosyntheseplatte einen grossen Teil der Last trägt, kann es unter der Knochenplatte zu Knochenresorption kommen (stress-shielding). *In vivo*-Tests haben gezeigt, dass sich bei Knochenplatten aus rostfreiem Chrom-Nickel Stahl Granulationsgewebe zwischen Metalloberfläche und Körpergewebe bildet [17]. Die Untersuchung von *in vivo* gebrochenen Knochenplatten aus rostfreiem Chrom-Nickel-Stahl ergab den Schluss, dass Herstellungsverfahren und Wärmebehandlung eine wesentliche Rolle für den optimalen Einsatz von metallischen Implantaten spielen [11].

Nickel- und Chrom-Allergien wurden vor allem im Zusammenhang mit Dentalimplantaten diskutiert. Zusätzlich sind auch Sensibilisierungen auf metallische, orthopädische Implantatwerkstoffe bekannt und werden als eine mögliche Ursache für die Lockerung von Hüftprothesenschäften beschrieben [28].

11.6 Kobaltlegierungen

Die Anwendung von Kobaltbasislegierungen in der Medizin begann im Jahre 1929 mit der Entwicklung von Zahnersatzimplantaten. In der Folge wurden Kobaltlegierungen in der Dentalchirurgie in immer grösserem Umfang eingesetzt. Die zwei Hauptanwendungsgebiete von CoCr-Legierungen sind die Orthopädie und die kardiovaskuläre Chirurgie. In der Orthopädie werden CoCr-Legierungen entweder für

Legierung	Anwendungen
CoCrMo (Gusslegierung)	Gelenkersatz für Hüft-, Knie-, Ellbogen-, Schulter-, Knöchel- und Fingergelenke Knochenplatten und -schrauben künstliche Herzklappen
CoCrMo (Schmiedelegierung)	Gelenkersatz
CoCrWNi (Schmiedelegierung)	Gelenkersatz Herzklappen Drähte Chirurgische Instrumente
CoNiCrMo (Schmiedelegierung)	Hüftgelenkschäfte

Tabelle 11.7 Klinische Anwendungen von Kobaltbasislegierungen

den Gelenkersatz oder für die interne Fixation von Knochenbrüchen benutzt (Tabelle 11.7). Das Gefüge der CoCrMo-Gusslegierungen besteht aus mehreren Phasenbestandteilen in einer kubisch flächenzentrierten Matrix. Wegen des hohen Kohlenstoffgehaltes treten bei der Erstarrung harte Mischkarbide der Elemente Cr und Mo an den Dendriten auf; darin ist zu einem grossen Teil die hohe Abriebbeständigkeit begründet. Ein nachträgliches Diffusionsglühen (1220–1230 °C, 1 h) verbessert die Zähigkeit der Gusslegierung. Zu hohe Glühtemperaturen können jedoch einen nachteiligen Effekt auf ihre Festigkeit haben [29].

Die Entwicklung einer CoCrMo-Schmiedelegierung führte zu einem Gefüge mit kleinerer Korngrösse und einer feineren Karbidverteilung. Aufgrund der dadurch erhaltenen höheren Ermüdungsfestigkeit werden diese Legierungen vorwiegend in der Hüftgelenk-Endoprothetik verwendet [30]. Vor allem in den USA haben die CoCrMo-Legierungen sehr gute klinische Ergebnisse gezeigt.

CoCrWNi-Legierungen weisen einen geringeren Kohlenstoffgehalt auf als die CoCrMo-Gusslegierungen. Sie bestehen aus einem feinkörnigen Gefüge von einphasigen kubisch flächenzentrierten Mischkristallen und können zu den unterschiedlichsten Profilen gewalzt werden. Diese Legierung wird hauptsächlich für Endoprothesen und für chirurgische Instrumente eingesetzt. Die CoCrWNi-Legierung wird üblicherweise ebenfalls als Vitallium® bezeichnet, obwohl sie eine andere Zusammensetzung als die Gusslegierung aufweist. Zur Unterscheidung ist in der Regel der Buchstabe W (wrought = gewalzt) anstatt C (cast = gegossen) an die Legierungsbezeichnung angefügt. Der handelsübliche Name für CoCrWNi-Legierungen ist Haynes Stellite 25 (HS25) (Union Carbide and Carbon Corporation, USA).

Eine weitere Kobaltlegierung stellt der unter dem Handelsnamen Protasul 10 (Sulzer AG, Schweiz) eingeführte Werkstoff dar. Es handelt sich dabei um eine in den USA entwickelte CoNiCrMo-Legierung (MP 35N; Standard Pressed Steel Inc., U.S.A.) mit einem Co- und Ni-Anteil von 35 Gew.% mit 20 Gew.% Cr und 10 Gew.% Mo. Diese Legierung ist einphasig mit einem kubisch flächenzentrierten Gefüge. Eine mechanische Verformung unterhalb von 425°C induziert jedoch die Bildung von Bereichen mit hexagonaler Struktur innerhalb der metastabilen,

11.6 Kobaltlegierungen

Element	Zusammensetzung (Gew.%)		
	CoCr-Mo-Gusslegierung	CoCrWNi-Schmiedelegierung HS25	CoNiCrMo-Schmiedelegierung MP 35N
Cr	27.0– 0.0	19.0–21.0	19.0–21.0
Mo	5.0–7.0	–	9.0–10.5
Ni	< 1.0	9.0–11.0	33.0–37.0
Fe	< 0.75	< 3.0	< 1.0
C	< 0.35	< 0.40	< 0.15
Si	< 1.0	< 0.40	< 0.15
Mn	< 1.0	1.0–2.0	< 0.15
P	–	< 0.04	< 0.015
S	–	< 0.03	< 0.01
W	–	14.0–16.0	–
Ti	–	–	1.0
Co	Rest	Rest	Rest

Tabelle 11.8 Chemische Zusammensetzung unterschiedlicher CoCr-Legierungen [25]

kubisch flächenzentrierten Matrix. Die Legierung zeichnet sich durch eine hohe Festigkeit und Zähigkeit aus. Da sie den Anforderungen an die Verschleissbeständigkeit für Endoprothesenkugeln nicht genügt, stellt man lediglich die Schäfte aus ihr her [3]. Die Kugeln werden aus der CoCrMo-Gusslegierung hergestellt und mit dem Schaftteil verschweisst.

11.6.1 Korrosionsbeständigkeit

Trotz der geringen Anfälligkeit auf allgemeine flächige Korrosion wurde bei CoCr-Legierungen beobachtet, dass Ionen in Lösung gehen und eine erhöhte Metallionen-Konzentration im Blut verursachen [30, 31]. Bei Kombination von CoCr-Legierungen mit rostfreien Stählen wurde eine deutliche Korrosion der Stahlkomponente festgestellt, während bei Kombinationen von unterschiedlichen CoCr-Legierungen kein Angriff durch galvanische Korrosion beobachtet wurde [30, 32]. Lochfrass- und Spaltkorrosion konnte bei CoCr-Implantaten nicht gefunden werden; über die Empfindlichkeit auf Spannungsrisskorrosion und Korrosionsermüdung ist relativ wenig bekannt [27]. Die Korrosionsrate von CoCrMo-Legierungen wurden *in vivo* in [6] bestimmt, sie betrug rund 26 µg.cm-2.d-1. Für Langzeitanwendungen wird darauf hingewiesen, dass eine Akkumulation von herausgelösten Ionen bzw. die gebildeten Metallkomplexe im Körpergewebe nicht unbedenklich sein könnten [33]. Untersuchungen von orthopädischen Implantaten an 65 Patienten haben ergeben,

Legierung	Werkstoff-zustand	Zugfestigkeit [N/mm²]	Bruchdehnung [%]	Dauerfestigkeit [N/mm²]
CoCrMo	gegossen	650–1000	8–25	190–400
	geschmiedet	1175–1600	8–28	500–970
	gesintert	1275–1380	12–16	620–900
CoCrWNi	geglüht	900–1220	40–60	280–415
	kaltverformt	1350–1900	10–22	500–590
CoNiCrMo	geglüht	800	40–50	330–340
	kaltverformt	1000–1280	10	555
	kaltverformt und gealtert	1793	8	850

Tabelle 11.9 Mechanische Eigenschaften von unterschiedlichen Kobaltbasis-legierungen [3, 29, 30]

dass CoCrNi-Legierungen in biologischem Milieu korrodieren können, und dass die Korrosionsprodukte sowohl in der Körperflüssigkeit wie auch im umliegenden Körpergewebe des Implantates auftreten [34].

11.6.2 Mechanische Eigenschaften

Die mechanischen Eigenschaften von Co-Legierungen hängen sehr stark von der Korngrösse und der Karbidverteilung ab. Geschmiedete CoCrMo-Legierungen weisen aufgrund ihres austenitischen Feinkorngefüges und der feinen Verteilung der Sekundärphasen eine rund doppelt so hohe Ermüdungsfestigkeit auf wie die entsprechenden Gusslegierungen mit grobkörnigem Gefüge und harten interdendritischen Mischkarbiden. Zudem bewirkt das Feinkorngefüge einen erhöhten Widerstand gegen Lochfrass- und Spaltkorrosion, was der Bildung von initialen Ermüdungsrissen entgegenwirkt. Die relativ geringen mechanischen Eigenschaften von CoNiCrMo-Legierungen werden durch Kaltverformung erhöht (Tabelle 11.9). Durch ein nachträgliches Altern bei rund 550 °C werden intermetallische Phasen gebildet, was zu hohen Festigkeitswerten führt [30].

11.6.3 Biokompatibilität

In vitro-Untersuchungen haben gezeigt, dass Partikel mit einem mittleren Durchmesser von < 10 µm zelltoxisch wirken können [35]. Partikel aus der CoCrMo-Legierung verursachten bei vergleichbarer Partikelgrösse eine stärkere Zellschädigung als solche aus der TiAl6V4-Legierung. Hieraus wurde geschlossen, dass eine zusätzliche, geometriebestimmte Zellschädigung durch das Herauslösen von Partikeln aus der CoCrMo-Legierung erfolgen kann. In Osteoblastenkulturen konnte zudem bei vergleichbaren Oberflächenstrukturen und -rauhigkeiten eine geringere Zelladhäsion und -ausbreitung bei CoCr-Substraten im Vergleich zu Titansubstraten nachgewiesen werden [36]. Bei Patienten mit Hüftgelenkprothesen aus rostfreiem Stahl oder CoCr-Legierungen, die nach 2 bis 15 Jahren Beschwerden aufgrund von Prothesenlockerung und/ oder allergischen Reaktionen auf Cr, Co oder Ni aufwiesen, wurde eine erhöhte Konzentration dieser Elemente im Blut und im Urin nachgewiesen [16].

11.7 Titanlegierungen

Seit Beginn der kommerziellen Produktion von Titan durch Reduktion von Titantetrachlorid wurden rund 20 verschiedene Titanlegierungen hergestellt und untersucht. Für medizinische Anwendungen haben sich reines Titan (commercially pure (cp) titanium) und die Legierungen TiAl6V4 und TiAl6Nb7 als geeignet erwiesen. Bei cp Titan handelt es sich um ein unlegiertes Titan (α-Titan mit hexagonal dichtest gepackter Kristallstruktur) mit geringer Konzentration an Verunreinigungselementen wie Kohlenstoff, Eisen oder Sauerstoff. Titan hat einen hohen Schmelzpunkt und nimmt im geschmolzenen Zustand zusätzliche Verunreinigungen auf, weshalb es in einem Vakuumofen geschmolzen wird. Das reine Titan weist im Vergleich zu den Titanlegierungen eine geringe Festigkeit, jedoch eine hohe Zähigkeit, auf. Durch Zulegieren von Aluminium und Vanadium und durch eine nachträgliche Wärmebehandlung resultiert eine Zweiphasenlegierung mit gleichmässiger Verteilung der Mischkristallphasen. Diese Legierungen zeichnen sich durch eine erhöhte Festigkeit und verbesserte Ermüdungseigenschaften aus [37]. Im gegossenen Zustand zeigt das Gefüge nach der Abkühlung eine lamellare Duplexstruktur (α- und β-Lamellen) auf. Dieser Zustand wird anschliessend einer Homogenisierung (Diffusionsglühen) unterzogen. Im warmverformten Zustand besteht die TiAl6V4-Legierung aus feinen α-Körnern und einer sehr feinen Verteilung von interkristallinen β-Teilchen.

11.7.1 Korrosionsbeständigkeit

Ein Vergleich zwischen cp Titan und TiAl6V4-Legierungen zeigte, dass die Legierung eine dickere Oxidschicht als das reine Metall aufweist. Mittels Auger-Elektronen-Spektroskopie (AES) wurde bei der TiAl6V4-Legierung eine Oxidschichtdicke von $d = 83 \pm 12$ Å und bei cp Titan $d = 32 \pm 8$ Å ermittelt [38].

Allgemeine Korrosion
In vitro-Untersuchungen in Serum ergaben, dass eine thermische Behandlung von Titanoberflächen die Bildung einer dichten, geordneten Rutilstruktur fördert und das Herauslösen von Metallionen verhindert [39]. Im passiven Zustand ist die Auflösungsrate von Titan sehr tief. In einer körperanalogen Flüssigkeit beträgt die Korrosionsrate rund 30 $\mu g cm^{-2} Jahr^{-1}$ [27].

Element	Zusammensetzung (Gew.%]	
	Ti-6Al-4V (ELI grade)	Ti-6Al-4V (Standard grade)
N_2	< 0.05	< 0.05
C	< 0.08	< 0.10
H_2	< 0.0125	< 0.015
Fe	< 0.25	0.30
O_2	< 0.13	0.20
Al	5.50–6.50	5.50–6.75
V	3.50–4.50	3.50–4.50
Ti	Rest	Rest

Tabelle 11.10 Chemische Zusammensetzung der klinisch eingesetzten TiAl6V4-Legierung [25]. ELI grade (ELI = extra low interstitial) ist in den USA gebräuchlich, während „standard grade" vorwiegend in England klinisch eingesetzt wird

Spaltkorrosion

Spaltkorrosion tritt in der Regel an Verunreinigungen oder Fehlstellen in der Oxidschicht auf. Aufgrund der theoretischen Voraussage der thermodynamischen Stabilität und von *in vitro*-Korrosionsuntersuchungen kann angenommen werden, dass die Stabilität der Oxidschicht von Titan in physiologischer Umgebung gewährleistet bleiben [27]. In mehrjährigen klinischen Anwendungen wurde bei Implantaten aus cp Titan und TiAl6V4-Legierung bisher keine Spalt- und Lochfrasskorrosion beobachtet. Bei der Herstellung von Titanbauteilen muss darauf geachtet werden, dass durch den Verarbeitungsprozess keine Verunreinigungen, wie beispielsweise Eisenpartikel, in die Oxidschicht eingelagert werden. Durch Anodisierung können solche Verunreinigungen entfernt und die Passivschichtdicke erhöht werden [40].

Spannungsrisskorrosion

Unlegiertes Titan gilt als beständig gegen Spannungsrisskorrosion [40]. Bisher sind keine Berichte über das Versagen von Titanimplantaten infolge von Spannungsrisskorrosion bekannt.

Galvanische Korrosion

Titan ist sehr beständig gegen galvanische Korrosion, somit ist die Kombination mit anderen Metallen prinzipiell unproblematisch für das Titanimplantat. Bei Kontakt von Titan mit rostfreiem Stahl, der über eine geringe Passivierbarkeit verfügt, tritt am Stahl eine anodische Reaktion verbunden mit starker Auflösung auf (Opferanode).

Korrosionsermüdung

Über die Korrosionsermüdung von Titanimplantaten gibt es relativ wenig Untersuchungen. *In vitro*-Experimente haben gezeigt, dass sich die Wachstumsraten von Ermüdungsrissen an Luft und in Kochsalzlösung nicht wesentlich unterscheiden.

Legierung	Werkstoffzustand	Zugfestigkeit [N/mm^2]	Bruchdehnung [%]	Dauerfestigkeit [N/mm^2]
cp Ti	geschmiedet	240–750	16–30	–
TiAl6V4	geschmiedet	850–1120	10–15	440-690

Tabelle 11.11 Mechanische Eigenschaften der Legierung TiAl6V4 [3, 10, 42]

Deshalb wird angenommen, dass Titan weniger empfindlich auf Korrosionsermüdung ist als die meisten anderen metallischen Implantatwerkstoffe [27].

11.7.2 Mechanische Eigenschaften

Der E-Modul von Titan ist rund halb so hoch wie der von rostfreien Stählen und CoCr-Legierungen. Die daraus resultierende geringere Steifigkeit (bei gleicher Implantatgeometrie) ist für eine optimale Anpassung des Implantates an die elastischen Eigenschaften von Knochen von hoher Bedeutung und hat einen geringeren „stress shielding"-Effekt und somit einen günstigeren Aufbau des Knochens zur Folge [41]. Die Dauerfestigkeit von TiAl6V4 ist rund doppelt so hoch wie bei rostfreien Stählen und gegossenen CoCr-Legierungen. Im Vergleich zu cp Titan weist die TiAl6V4-Legierung eine höhere Zugfestigkeit auf (Tabelle 11.11).

11.7.3 Biokompatibilität

Ein wichtiger Faktor für die Biokompatibilität von Titan und Titanlegierungen ist die Bildung einer stabilen und reinen TiO$_2$-Schicht. In *in vitro*-Tests in Osteoblastenkulturen liess sich kein Einfluss der unterschiedlichen Oxidschichtdicken auf die Zelladhäsion und -morphologie feststellen [27]. In *in vivo*-Tests wurde der Einfluss der Oberflächenstruktur auf die Gewebereaktion untersucht [43, 44]. Bei Implantaten aus TiAl6V4 und TiAl5Fe2.5 fand man eine messbare Bindung zwischen Implantat und Knochen bei Oberflächenrauhigkeiten > 22 µm. In vielen klinischen Untersuchungen wurde die Biokompatibilität von TiAlV-Legierungen bestätigt. Sowohl an porösen wie auch auf glatten TiAlV-Oberflächen konnte, nach zementfreier Implantation, das Anwachsen von Knochen beobachtet werden [41]. Ende der 70er Jahre wurde die toxische Wirkung des Legierungselementes Vanadium in der TiAl6V4-Legierung diskutiert. In [45] wird berichtet, dass Vanadiumdioxid im Körpermilieu thermodynamisch instabil ist und in Lösung geht. Da VO$_2$ jedoch innerhalb von 24 Stunden aus dem Körper ausgeschieden wird, wurden bisher trotz jahrzehntelanger klinischer Erfahrung keine gravierenden toxischen Effekte festgestellt.

In *in vivo*-Experimenten wurden unterschiedliche Metallchloride auf ihre Toxizität hin untersucht. Man beobachtete, dass die Toxizität von Vanadiumchloriden rund 10 mal höher ist als diejenige der entsprechenden Nickel- und Kobaltsalze [46]. Als vanadiumfreie Alternative wurden daher TiAl6Nb7, TiAl6Nb1Ta und TiAl5Fe2.5-Legierungen getestet. *In vitro-* und *in vivo*-Untersuchungen haben gezeigt, dass TiAl6Nb7-Schmiedelegierungen bezüglich Biokompatibilität, Korrosionsbeständigkeit und mechanischer Eigenschaften vergleichbar sind mit den TiAl6V4-Legierungen [47]. TiAl6Nb7-Legierungen sind seit 1985 in klinischem Einsatz und seit 1990 unter der Bezeichnung IMI-367 kommerziell erhältlich [45].

11.8 Literatur

1. Hench L.L., Ethridge E.C., Biomaterials – An interfacial approach, Academic Press, New York, 1982.
2. Hille G.H., Titanium for surgical implants, Journal of materials, 1, 2, 1966, p. 373–383.
3. Ungethüm M., Winkler-Gniewek W., Metallische Werkstoffe in der Orthopädie und Unfallchirurgie, Georg Thieme Verlag, Stuttgart, 1984.
4. Donazzan M., Chanavaz M., Duret L., Véron C., Fernandez J.P., Clinical intolerance to prosthesis material including metallic implants, in Biocompatibility of Co-Cr-Ni alloys, Hildebrand H.F., Champy M. (eds.), Plenum Press, New York, 1988.
5. Ewers U., Brockhaus A., Metal concentrations in human body fluids and tissues, in Metals and their compounds in the environment, Merian E. (ed.), VCH Verlagsgesellschaft, Weinheim, 1991, p. 207–220.
6. Steinemann S.G., Corrosion of surgical implants – in vivo and in vitro tests, in Evaluation of biomaterials, Winter G.D., Leray J.L., de Groot K. (eds.), John Wiley & Sons Ltd., 1980, p. 1–34.
7. Cohen J., Performance and failure in performance of surgical implants in orthopedic surgery, Journal of materials, 1, 2, 1966, p. 354–365.
8. Greene N.D., Jones D.A., Corrosion of surgical implants, Journal of materials, 1, 2, 1966, p. 345–353.
9. Gellings P.J., Korrosion und Korrosionsschutz von Metallen, Carl Hanser Verlag, München, 1981.
10. Bargel H.-J., Schulze G., Werkstoffkunde, 3. Edition, VDI-Verlag GmbH, Düsseldorf, 1983.
11. Hughes A.N., Jordan B.A., Metallurgical observations on some metallic surgical implants which failed in vivo, Journal of Biomedical Materials Research, 6, 1972, p. 33–48.
12. Weinstein A., H. A., Pavon G., Franceschini V., Orthopedic implants – A clinical and metallurgical analysis, Journal of Biomedical Materials Research Symposium, 4, 1973, p. 297–325.
13. Süry P., Corrosion behaviour of cast and forged implant materials for artificial joints, particularly with respect to compound designs, Corrosion science, 17, 1977, p. 155–169.
14. Müller H.J., Greener E.H., Polarization studies of surgical materials in Ringer's solution, Journal of Biomedical Materials Research, 4, 1970, p. 29–41.
15. Zitter H., Plenk H., The electrochemical behavior of metallic implant materials as an indicator of their biocompatibility, Journal of Biomedical Materials Research, 21, 1987, p. 881–896.
16. Breme J., Titanium and titanium alloys, biomaterials of preference (Le titane et les alliages de titane, biomateriaux de choix), Mémoires et Etudes Scientifique Revue de Métallurgie, 86, Octobre, 1989, p. 626–637.
17. Breme J., Titanium and titanium alloys, biomaterials of preference, Sixth world conference of titanium, France, 1988, p. 57–68.
18. Laing P.G., Ferguson Jr. A.B., Hodge E.S., Tissue reaction on rabbit muscle exposed to metallic implants, Jounal of biomedical materials research, 1, 1967, p. 135–149.
19. Deltombe E., de Zoubov N., Pourbaix M., Vanadium, in Atlas of electrochemical equilibria in aqueous solutions, Pourbaix M. (ed.), 2nd Edition, National association of corrosion engineers, Houston, Texas, USA, 1974, p. 234–245.
20. Meyer J., Aulich M., Zur Kenntnis der Vanadosalze, Zeitschrift fuer anorganische und allgemeine Chemie, 194, 1930, p. 278–292.
21. Deltombe E., Pourbaix M., Cobalt, in Atlas of electrochemical equilibria in aqueous solutions, Pourbaix M. (ed.), National association of corrosion engineers, Houston, Texas, USA, 1974, p. 322–329.
22. Deltombe E., de Zoubov N., Pourbaix M., Nickel, in Atlas of electrochemical equilibria in aqueous solutions, Pourbaix M. (ed.), National association of corrosion engineers, Houston, Texas, USA, 1974, p. 330–342.
23. Lycett R.W., Hughes A.N., Corrosion, in Metal and ceramic biomaterials, 2, Ducheyne P., Hastings G.W. (eds.), CRC Press, Boca Raton, 1984, p. 91–118.

24. Semlitsch M., Willert H.G., Korrosions- und Festigkeitseigenschaften metallischer ISO-5832 Implantatwerkstoffe auf Eisen-, Kobalt- und Titanbasis für künstliche Hüftgelenke, in Symposion über Biomaterialien, 5, Rettig H., Weber U. (eds.), Gentner Verlag, Stuttgart, 1981, p. 54–65.
25. Kohn D.H., Materials for bone and joint replacement, in Materials science and technology, a comprehensive treatment, 14 -Medical and dental materials, Williams D.F. (ed.), VCH Verlag, Weinheim, 1992, p. 31–109.
26. Cigada A., Rondelli G., Vicentini B., Giacomazzi M., Roos A., Duplex stainless steels for osteosynthesis devices, Journal of biomedical materials research, 23, 1989, p. 1087–1095.
27. Williams D.F., Electrochemical aspects of corrosion in the physiological environment, in Fundamental aspects of biocompatibility, I, Williams D.F. (ed.), CRC Press, Boca Raton, 1981, p. 11–42.
28. Munro-Ashman D., Miller A.J., Rejection of metal to metal prosthesis and skin sensitivity to cobalt, Contact dermatitis, 2, 1976, p. 65–67.
29. Pilliar R.M., Manufacturing processes of metals: The porcessing and properties of metal implants, in Metal and ceramic biomaterials, 1, Ducheyne P., Hastings G.W. (eds.), CRC Press, Boca Raton, 1984, p. 79–105.
30. Weinstein A.M., A.J.T. C., Cobalt-based alloys, in Concise encyclopedia of medical and dental materials, Williams D. (ed.), Pergamon Press, Oxford, 1990, p. 106–112.
31. Woodman J.L., Black J., Nunamaker D.M., Release of cobalt and nickel from a new total finger joint prosthesis made of vitallium, Journal of Biomedical Materials Research, 17, 1983, p. 655–668.
32. Kuhn A.T., Corrosion of Co-Cr alloys in aqueous environments, Biomaterials, 2, 1981, p. 68–77.
33. Black J., In vivo corrosion of a cobalt–base alloy and its biological consequences, in Biocompatibility of Co-Cr-Ni alloys, Hildebrand H.F., Champy M. (eds.), Plenum Press, New York, 1988, p. 83–100.
34. Hildebrand H.F., Ostapczuk P., Mercier J.F., Stoeppler M., Roumazeille B., Decoulx J., Orthopaedic implants and corrosion products: Ultrastructural and analytical studies of 65 patients, in Biocompatibility of Co-Cr-Ni alloys, Hildebrand H.F., Champy M. (eds.), Plenum Press, New York, 1988.
35. Evans E.J., Cell damage in vitro following direct contact with fine particles of titanium, titanium alloyand cobalt-chrome-molybdenum alloy, Biomaterials, 15, 9, 1994, p. 713–717.
36. Sinha R.K., Morris F., Shah S.A., Tuan R.S., Surface composition of orthopaedic implant metals regulates cell attachment, spreading, and cytoskeletal organization of primary human osteoblasts in vitro, Clinical orthopaedics and related research, 305, 1994, p. 258–272.
37. Bardos D.I., Titanium and titanium alloys, in Concise encyclopedia of medical and dental materials, Williams D. (ed.), Pergamon Press, Oxford, 1990, p. 360–365.
38. Keller J.C., Stanford C.M., Wightman J.P., Draughn R.A., Zaharias R., Characterization of titanium implant surfaces. III, Journal of Biomedical Materials Research, 28, 8, 1994, p. 939–946.
39. Browne M., Gregson P.J., Surface modification of titanium alloy implants, Biomaterials, 15, 11, 1994, p. 894–898.
40. Donachie M.J., Titanium, a technical guide, ASM International, Metals Park, 1988.
41. Head W.C., J. B.D., Emerson R.H., Titanium as the material of choice for cementless femoral components in total hip arthroplasty, in Clinical Orthopaedics and Related Research, 311, Brighton C.T. (ed.), 1995 Edition, JB Lippincott Company, Philadelphia, 1995, p. 85–90.
42. Donachie M.J.J., Introduction to titanium and titanium alloys, in Titanium and titanium alloys, Donachie M.J.J. (ed.), American Society for Metals, Metals Park, Ohio, 1982, p. 3–19.
43. Breme J., Metalle als Biomaterialien, Vorträge der 25. Jahrestagung der Deutschen Gesellschaft für Biomedizinische Technik e. V., Berlin, Germany, 1991, p. 27–30.
44. Wilke H.-J., Claes L., Steinemann S., The influence of various titanium surfaces on the interface shear strength between implants and bone, 9, Elsevier Publishers B.V., Amterdam, 1990.

11.8 Literatur

45. Semlitsch M., Weber H., Streicher M.R., Schön R., Joint replacement components made of hot-forged and surface-treated Ti-6Al-7Nb alloy, Biomedizinische Technik, 36, 5, 1991, p. 112–119.
46. Perren S.M., Geret V., Tepic M., Rahn B.A., Quantitative evaluation of biocompatibility of vanadium free titanium alloys, in Biological and biomechanical performance of biomaterials: proceedings of the fifth European conference on biomaterials; Paris, September 4–6, 1985, 6, Christel P., Meunier A., Lee A.J.C. (eds.), Elsevier Science Publishers B. V., Amsterdam, 1986, p. 397–402.
47. Semlitsch M., Staub F., Weber H., Development of a vital, high-strength titanium-aluminium-niobium alloy for surgical implants, Biological and biomechanical performance of biomaterials: proceedings of the fifth European conference on biomaterials, Paris, France, 1985, p. 69–74.
48. Park J.-B., Biomaterials science and engineering, Plenum Press, New York, 1984.

12 Biokompatible Polymere

S.-W. Ha, E. Wintermantel, G. Maier

Der klinische Einsatz von synthetischen Polymeren begann in den 60-er Jahren in Form von Einwegartikeln, wie beispielsweise Spritzen und Kathetern, vor allem aufgrund der Tatsache, dass Infektionen infolge nicht ausreichender Sterilität der wiederverwendbaren Artikel aus Glas und metallischen Werkstoffen durch den Einsatz von sterilen Einwegartikeln signifikant reduziert werden konnten [1]. Die Einführung der medizinischen Einwegartikel aus Polymeren erfolgte somit nicht nur aus ökonomischen, sondern auch aus hygienischen Gründen. Wegen der steigenden Anzahl synthetischer Polymere und dem zunehmenden Bedarf an ärztlicher Versorgung reicht die Anwendung von Polymeren in der Medizin von preisgünstigen Einwegartikeln, die nur kurzzeitig intrakorporal eingesetzt werden, bis hin zu Implantaten, welche über eine längere Zeit grossen Beanspruchungen im menschlichen Körper ausgesetzt sind. Die steigende Verbreitung von klinisch eingesetzten Polymeren ist auf ihre einfache und preisgünstige Verarbeitbarkeit in eine Vielzahl von Formen und Geometrien sowie auf ihr breites Eigenschaftsspektrum zurückzuführen. Polymere werden daher in fast allen medizinischen Bereichen eingesetzt; die Hauptanwendungsgebiete sind [2]:

Therapie
- Langzeit- und Kurzzeitimplantate, wie z. B. künstliche Blutgefässe, künstliche Herzklappen, Katheter oder Nahtmaterial.
- Kontrollierte therapeutische Systeme (controlled drug delivery systems).
- Neue Technologien für Gewebekulturen in vitro (tissue engineering); Separation von Blutbestandteilen.

Diagnostik
- Diagnostik-Hilfsmittel für die klinische Labortestung.

Polymere für medizinische Anwendungen müssen eine Reihe von Anforderungen erfüllen. Biokompatibilität, Prozessierbarkeit mit konventionellen Herstellungsmethoden, genügend hohe mechanische Eigenschaften, Sterilisierbarkeit und Langzeitstabilität *in vivo* sind wichtige Faktoren für den klinischen Einsatz. Zudem sollten biokompatible Polymere je nach Anwendung möglichst frei von Additiven wie beispielsweise Weichmacher, Antioxidantien oder Stabilisatoren sein. Die Lebensmit-

Polymer	Anwendung
Polyethylen (PE)	Gelenkpfanne für Hüftgelenkendoprothese, künstliche Knieprothesen, Sehnen- und Bänderersatz, Spritzen, Katheterschläuche, Verpackungsmaterial
Polypropylen (PP)	Komponenten für Blutoxygenatoren und Nierendialyse, Fingergelenk-Prothesen, Herzklappen, Nahtmaterial, Einweg-Spritzen, Verpackungsmaterial
Polyethylenterephthalat (PET)	Künstliche Blutgefässe, Sehnen- und Bänderersatz, Nahtmaterial
Polyvinylchlorid (PVC)	Extrakorporale Blutschläuche, Blutbeutel und Beutel für Lösungen für intravenöse Anwendungen, Einwegartikel
Polycarbonat (PC)	Komponenten für Dialysegeräte, unzerbrechliche, sterile Flaschen, Spritzen, Schläuche, Verpackungsmaterial
Polyamide (PA)	Nahtmaterial, Katheterschläuche, Komponenten für Dialysegeräte, Spritzen, Herzmitralklappen
Polytetrafluorethylen (PTFE)	Gefässimplantate
Polymethylmethacrylat (PMMA)	Knochenzement, Intraokulare Linsen und harte Kontaktlinsen, künstliche Zähne, Zahnfüllmaterial
Polyurethan (PUR)	Künstliche Blutgefässe und Blutgefässbeschichtungen, Hautimplantate, künstliche Herzklappen, Dialysemembranen, Infusionsschläuche, Schlauchpumpen
Polysiloxane	Brustimplantate, künstliche Sehnen, kosmetische Chirurgie, künstliche Herzen und Herzklappen, Beatmungsbälge, heisssterilisierbare Bluttransfusionsschläuche, Dialyseschläuche, Dichtungen in medizinischen Geräten, Katheter und Schlauchsonden, künstliche Haut, Blasenprothesen
Polyetheretherketon (PEEK)	Matrixwerkstoff für kohlenstofffaserverstärkte Verbundwerkstoffimplantate wie z. B. Osteosyntheseplatten und Hüftgelenkschäfte
Polysulfon (PSU)	Matrixwerkstoff für kohlenstofffaserstärkte Verbundwerkstoffimplantate wie z. B. Osteosyntheseplatten und Hüftgelenkschäfte, Membranen für Dialyse
Polyhydroxyethylmethacrylat (PHEMA)	Kontaktlinsen, Harnblasenkatheter, Nahtmaterialbeschichtung

Tabelle 12.1 Auswahl von medizinisch eingesetzten, synthetischen Polymeren und ihren Anwendungsgebieten [106, 110, 5–7]

telgesetze schreiben deswegen Art und Höchstmenge solcher Additive für in Frage kommende Polymere vor [3]. Sogenannte „medical-grade" Polymere können einen erheblichen Gehalt an Additiven aufweisen. Der Terminus „medical-grade" weist darauf hin, dass die enthaltenen Additive bestimmte medizinische Anforderungen erfüllen und die Werkstoffverarbeitung bei reinen Bedingungen erfolgte [4].

Viele Polymere, die heute in klinischem Einsatz stehen, wurden ursprünglich für andere Anwendungen entwickelt. Polymere, die in der Textilindustrie eingesetzt wurden, wie beispielsweise Polyethylenterephthalat (Dacron®), werden in der Medizin als künstliche Blutgefässe eingesetzt; künstliche Herzen wurden ursprünglich aus „commercial-grade" Polyurethanen hergestellt [8]. Eine Reihe von Polymerherstellern haben in der letzten Zeit gewisse Polymere für medizinische Anwendungen aus Gründen der Produkthaftung vom Markt zurückgezogen. Der daraus entstandene Rohstoffmangel für Produkthersteller machte es nötig, Polymere zu finden oder zu synthetisieren, welche Werkstoffe, die für die jeweilige spezifische medizinische Anwendung nicht mehr verfügbar sind, ersetzen [8].

12.1 Polymerisationsreaktionen

Die Polymerbildungsreaktionen werden in Polymerisationen und Polykondensationen eingeteilt. In der deutschsprachigen Literatur werden häufig auch noch die Polyadditionen separat behandelt. Polykondensationen und Polyadditionen gehorchen jedoch den gleichen kinetischen Gesetzen und werden in den vorliegenden Kapiteln nicht getrennt betrachtet. Gemäss der IUPAC-Empfehlung werden die Polymerbildungsreaktionen in Reaktionen mit Kettenwachstum (Polymerisationen) und Reaktionen mit Stufenwachstum (Polykondensationen und Polyadditionen) unterteilt.

Kettenwachstum:

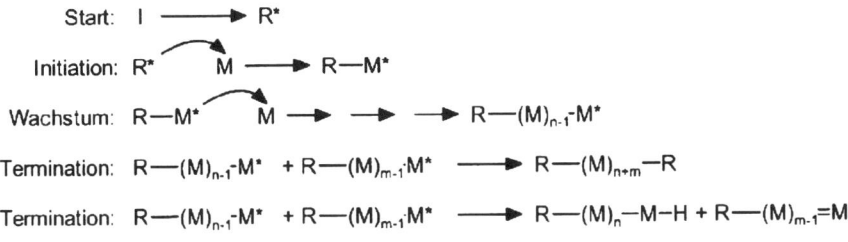

Stufenwachstum:

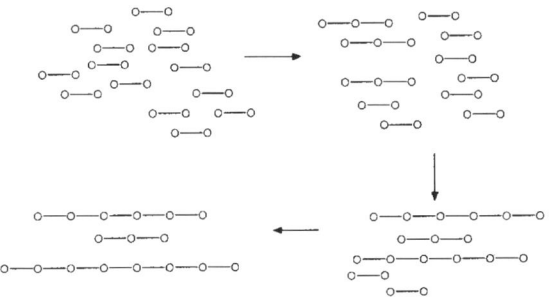

Die Bildung der einzelnen Polymermoleküle während der Synthese unterliegt unabhängig von der Art der Polymerbildungsreaktion statistischen Einflüssen. Daher weisen die einzelnen Polymerketten unterschiedliche Längen (Polymerisationsgrade) und damit Molmassen auf. Synthetische Polymere besitzen im allgemeinen keine einheitliche Molmasse, sondern eine Molmassenverteilung. Hinzu kommen Einflüsse, die auch die chemische Struktur der Wiederholungseinheiten und die Architektur der Polymerketten verändern können (Copolymerisation, Verzweigung, Übertragung etc.), so dass auch die chemische Einheitlichkeit der Polymerketten untereinander nicht in allen Fällen gegeben ist. Diese Einflüsse zu kontrollieren ist die Voraussetzung für die Herstellung von Kunststoffen mit spezifisch angepasstem Eigenschaftsprofil.

12.1.1 Polymerisation

Gemeinsame Prinzipien
Polymerisationen können nach der Art der aktiven Spezies am wachsenden Kettenende in radikalische, anionische, kationische und übergangsmetallkatalysierte Polymerisationen eingeteilt werden. Letztere unterscheiden sich in bestimmten Punkten fundamental von den anderen Typen und werden daher gesondert betrachtet. Die klassischen Polymerisationen beinhalten mehrere Einzelreaktionen wie die Startreaktion (Bildung der aktiven Spezies: Radikale, Ionen), die Initiation (Addition der Radikale oder Ionen an ein Monomermolekül), die Wachstumsreaktion (wiederholte Addition von Monomereinheiten an eine Kette), Abbruchsreaktionen (Absättigung der reaktiven Spezies) und Kettenübertragungen. Allen gemeinsam sind Initiation und Wachstumsreaktion. Termination und Übertragung treten häufig, aber nicht grundsätzlich in allen Fällen auf. Startreaktionen sind bei der radikalischen Polymerisation normalerweise erforderlich, bei ionischen Polymerisationen können aber gelegentlich Verbindungen, die die ionische Spezies bereits enthalten, wie z. B. Butyllithium für die Initiation der anionischen Polymerisation, direkt eingesetzt werden. Charakteristisch für diese Polymerisationsarten ist, dass bei der Initiation eine chemische Bindung zwischen der initiierenden Spezies (Radikal, Anion, Kation) und der ersten Monomereinheit gebildet wird. Der Initiator wird also integraler Bestandteil der Polymerketten. Hierdurch werden Initiatoren von Katalysatoren abgegrenzt. Aus diesem Verhalten ergibt sich die Möglichkeit, eine funktionelle Gruppe gezielt an einem Ende der Polymerkette durch Wahl eines ge-

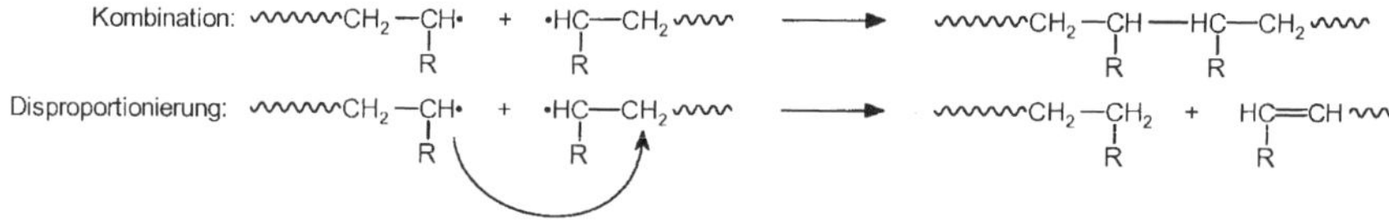

Abb. 12.1 Terminationsreaktionen bei der radikalischen Polymerisation

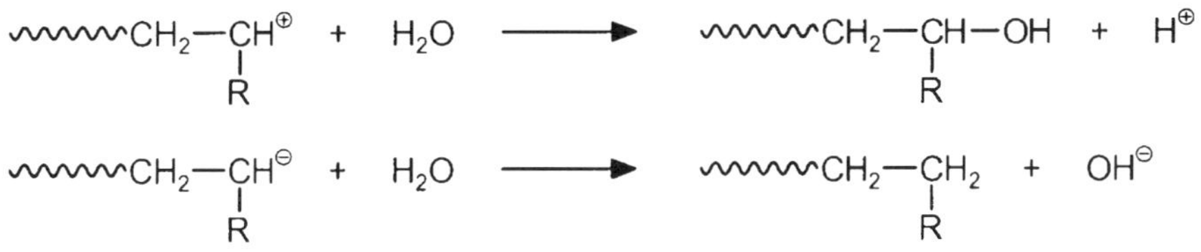

12.1 Polymerisationsreaktionen

$$\sim\sim\sim CH_2-\underset{R}{\overset{|}{CH}}{}^{\oplus} \; + \; H_2O \; \longrightarrow \; \sim\sim\sim CH_2-\underset{R}{\overset{|}{CH}}-OH \; + \; H^{\oplus}$$

$$\sim\sim\sim CH_2-\underset{R}{\overset{|}{CH}}{}^{\ominus} \; + \; H_2O \; \longrightarrow \; \sim\sim\sim CH_2-\underset{R}{\overset{|}{CH_2}} \; + \; OH^{\ominus}$$

Abb. 12.2 Termination bei ionischen Polymerisationen (Beispiele mit Wasser als Elektrophil bzw. Nucleophil)

eigneten Initiators einzuführen. Die Funktionalisierung des anderen Kettenendes ist schwieriger zu erreichen. Insbesondere bei der klassischen radikalischen Polymerisation und bei einfachen kationischen Polymerisationen laufen Abbruchs- und Übertragungsreaktionen ab, bei denen die aktive Spezies am anderen Kettenende in unkontrollierter Weise deaktiviert wird. Im Fall der radikalischen Polymerisation findet der Kettenabbruch entweder durch Kombination zweier wachsender Ketten oder durch Disproportionierung statt (Abb. 12.1).

Bei der Disproportionierung abstrahiert ein wachsendes Polymerradikal ein Wasserstoffatom vom wachsenden Ende einer anderen Polymerkette in der Weise, dass an der einen Kette eine gesättigte Gruppe gebildet wird, an der anderen eine Doppelbindung. Da die meisten Monomere zu beiden Terminationsmechanismen in der Lage sind, wird häufig eine Mischung beobachtet. Die Polymerketten, deren Wachstum nach dem Kombinationsmechanismus terminiert wurde, weisen an beiden Enden das Initiatorfragment auf, die anderen nur an einem. Endfunktionalisierte Polymere sind unter anderem zur Herstellung von Blockcopolymeren erforderlich, allerdings muss dazu die Art der Endgruppen bekannt sein, und die Polymerketten (jede einzelne!) müssen exakt monofunktionell oder exakt difunktionell sein, um gute, reproduzierbare Ergebnisse zu erzielen.

Bei den ionischen Polymerisationen spielt die Reaktion zwischen zwei wachsenden Polymerketten als Abbruchsreaktion keine Rolle. Dagegen treten vor allem Abbruchsreaktionen unter Deaktivierung des Kettenendes durch Reaktion mit elektrophilen bzw. nucleophilen Verunreinigungen auf.

Auch die Kettenübertragung hat einen wesentlichen Einfluss auf die Polymerstruktur. Dabei wird die aktive Spezies am wachsenden Ende einer Polymerkette durch Reaktion mit Monomer, Polymer, Lösungsmittel, Initiator oder gezielt eingesetztem Überträger (Regler) deaktiviert, gleichzeitig eine zur Reinitiation geeignete Spezies erzeugt, die dann das Wachstum einer neuen Polymerkette startet. Diese neue Kette trägt an ihrem Anfang nicht mehr das Initiatorfragment, so dass das Auftreten von unkontrollierten Übertragungsreaktionen die Herstellung exakt funktionalisierter Polymere durch geeignete Initiatorfragmente verhindert.

Bei der Übertragungsreaktion werden die Radikale nicht verbraucht. Die kinetische Kette (Wachstumsschritte pro erzeugtem Radikal) wird also nicht unterbrochen, die reale Kette (Wachstumsschritte pro Polymermolekül) dagegen schon. Die

Übertragung ist daher auch zur Regelung der Kettenlängen geeignet, so dass Kettenüberträger häufig auch als Regler bezeichnet werden. Ist die Konzentration an Kettenüberträger und dessen Übertragungskonstante hoch genug, kann der Anteil an Polymerketten, die ursprünglich zur Erzeugung der ersten Radikale durch Initiatorfragmente gestartet wurden, vernachlässigbar, so dass man von hinreichend genau difunktionellen Polymerketten ausgehen kann. Besondere Bedeutung hat die Übertragung bei der kationischen Polymerisation, wo sie weit überwiegend durch Deprotonierung des Kettenendes, häufig unter Ausbildung einer Doppelbindung, verläuft. Das abgespaltene Proton kann dann in den meisten Fällen eine neue Polymerkette initiieren.

Dieser Vorgang ist nur in wenigen Fällen kontrollierbar und kann oft nur durch sehr tiefe Reaktionstemperaturen einigermassen in Grenzen gehalten werden. Er führt einerseits dazu, dass in solchen Fällen die Funktionalisierung durch Initiatorfragmente misslingt, andererseits meist nur Produkte mit niedrigen Molmassen (Oligomere) erhalten werden. Die technische Synthese von Polyisobuten (PIB, IIR), das wegen seiner geringen Gasdurchlässigkeit für schlauchlose Autoreifen eingesetzt wird, aber auch als Grundstoff für Kaugummi Verwendung findet, wird daher beispielsweise bei –107 °C unter Siedekühlung mit Ethen durchgeführt, um hochmolekulare Produkte zu erhalten.

Findet die Übertragung der aktiven Spezies zum Polymer statt, so ist die neu initiierte Kette kovalent an eine andere Polymerkette gebunden, es entstehen also verzweigte Polymere, die sich je nach Ausmass der Verzweigung (Verzweigungsgrad) in ihrem Verhalten in Lösung und in Schmelze sowie in ihren mechanischen Eigenschaften beträchtlich von linearen Polymeren unterscheiden. Die Kontrolle des Verzweigungsgrads erlaubt eine Anpassung der Fliesseigenschaften an bestimmte Verarbeitungsmethoden und -Bedingungen.

Monomere und Initiatoren

Radikalische Polymerisation
Die radikalische Polymerisation wird initiiert durch Verbindungen, die unter Einwirkung von Wärme oder Licht unter Bildung von Radikalen zerfallen, oder auch durch Redox-Systeme, die über Einelektronenprozesse reagieren. Die wichtigsten Klassen von thermischen Initiatoren sind die organischen Azoverbindungen, vor allem Azobis(isobutyronitril) (AIBN) und seine Derivate, die organischen Peroxide wie z. B. Benzoylperoxid (BPO), Cumylhydroperoxid oder Methylethylketonperoxid (MEKP), und die anorganischen Peroxide wie Kaliumperoxodisulfat oder Wasserstoffperoxid. Redoxsysteme wie z. B. Persulfat/Disulfit oder Fe^{2+}/H_2O_2 sind vor allem dann interessant, wenn eine niedrige Polymerisationstemperatur erforderlich ist, da sie bereits bei Raumtemperatur oder schon darunter unter Radikalbildung reagieren. Vor allem für die photoinitiierten Polymerisationen sind unter anderem auch Acylphosphinoxide und Benzylketal- oder Benzoinether-Derivate interessant, die unter Lichteinwirkung in Radikale zerfallen. Die wichtigsten Monomere, die für die radikalische Polymerisation geeignet sind, sind Ethen, Styrol, die Acrylate und Methacrylate, Acrylnitril, Vinylchlorid, Vinylacetat, die konjugierten Diene, Tetrafluorethen, 1,1-Difluoroethen und Maleinsäurederivate, wobei letzte-

re nicht homopolymerisieren, sondern nur mit anderen Monomeren zusammen in Copolymerisationen eingesetzt werden können. Dies gilt auch für die Vinylether. Allylische Verbindungen wie z. B. Isobuten, Propen und höhere 1-Olefine können nicht radikalisch polymerisiert werden, da hier die Bildung der stabilisierten Allylradikale gegenüber der Addition des Radikals an die Doppelbindung bevorzugt ist.

Anionische Polymerisation
Anionisch polymerisierbare Monomere müssen in der Lage sein, das Anion am wachsenden Kettenende zu stabilisieren, allerdings nicht so sehr, dass es nicht mehr zum nucleophilen Angriff auf das nächste Monomermolekül befähigt ist. Als Monomere kommen unter anderem neben Styrol die Acrylate und Methacrylate, Acrylnitril, konjugierte Diene sowie die ringöffnend polymerisierenden Lactone, Lactame und Epoxide in Frage. Als Initiatoren eignen sich insbesondere Organometallverbindungen (vorwiegend Butyllithium und Naphthalinnatrium), Alkoxide, und für besonders aktivierte Monomere auch Hydroxylionen. Aufgrund der hohen Reaktivität des Anions am Kettenende müssen elektrophile Verunreinigungen und alle protonenliefernden Verbindungen, insbesondere Wasser, während der Polymerisation sorgfältig ausgeschlossen werden. Technisch ist die anionische Polymerisation vor allem bei der Herstellung von thermoplastischen Elastomeren auf der Basis von Styrol-Butadien-Styrol Dreiblockcopolymeren in einer „lebenden" Polymerisation von Bedeutung.

Kationische Polymerisation
Kationisch polymerisierbare Monomere müssen entsprechend in der Lage sein, die kationische aktive Spezies am Kettenende zu stabilisieren. Geeignet sind daher beispielsweise die Vinylether, Styrol, Isobuten, die konjugierten Diene, sowie die ringöffnend polymerisierenden cyclischen Ether (Oxiran, THF, Dioxolan, Trioxan etc.) sowie 2-Oxazoline. Die Initiation kann in den meisten Fällen mit starken Protonensäuren oder Lewissäuren, oder mit Acylium- oder Tropyliumsalzen erfolgen, wobei die Reaktion jedoch im allgemeinen unkontrolliert verläuft, da Termination und Übertragung nicht unterdrückt werden. Auf die Problematik der Übertragungsreaktion durch Deprotonierung und die daraus resultierende Notwendigkeit, bei sehr niedrigen Temperaturen zu polymerisieren wurde bereits eingegangen. Auch bei der kationischen Polymerisation muss unter strengem Wasserausschluss gearbeitet werden, und auch nucleophile Verunreinigungen müssen vermieden werden.

„Lebende" Polymerisation
Einen Spezialfall der Polymerisation stellt die „lebende" Polymerisation dar. Darunter ist eine Polymerisation zu verstehen, die folgende Kriterien erfüllt:

- Initiation sehr viel schneller als Wachstumsreaktion
- sofortige vollständige Initiierung
- keine Termination
- keine Übertragung
- Abwesenheit von Nebenreaktionen

Unter diesen Voraussetzungen findet der Start des Kettenwachstums für alle Polymerketten gleichzeitig zu Beginn der Reaktion statt. Anschliessend wachsen alle Polymerketten unter den gleichen Bedingungen, also bei jeweils gleicher Monomerkonzentration. Im Gegensatz dazu kann bei den üblichen Polymerisationen die Initiation des Wachstums einer neuen Polymerkette zu jedem beliebigen Zeitpunkt während der Durchführung der Reaktion erfolgen, so dass einige Ketten am Anfang, also bei hoher Monomerkonzentration, andere gegen Ende, also bei niedriger Monomerkonzentration, hoher Polymerkonzentration und hoher Viskosität der Lösung gebildet werden. Dies führt naturgemäss zu Polymerketten, die sich in Kettenlänge (Molmasse) und eventuell im Aufbau (Verzweigung, Terminationsmechanismus) unterschieden. Demgegenüber sind die Produkte aus „lebenden" Polymerisationen molekular sehr einheitlich aufgebaut und weisen im Vergleich zu Polymeren aus konventionellen Polymerisationen eine sehr enge Molmassenverteilung auf.

Sind die Voraussetzungen für die „lebende" Polymerisation erfüllt, so bleiben die aktiven Spezies an den Kettenenden nach Verbrauch des Monomers erhalten. Weitere Zugabe von Monomer führt dann zu weiterem Kettenwachstum. Hierbei werden keine neuen Polymerketten gebildet, sondern die ursprünglichen Ketten nehmen ihr Wachstum durch Anlagerung weiterer Monomereinheiten wieder auf. Dieses Verhalten kann in dreierlei Weise vorteilhaft genutzt werden. Einerseits können durch aufeinanderfolgende Zugabe verschiedener Monomere in mehreren Schritten Blockcopolymere aufgebaut werden, in denen längere Sequenzen einer Wiederholungseinheit (abgeleitet von Monomer A) von längeren Sequenzen ein anderen Wiederholungseinheit (abgeleitet von Monomer B) gefolgt werden. Kompliziertere Blockcopolymere (Triblocks und höhere) werden jedoch aufgrund von Problemen bei der praktischen Durchführung nur in Ausnahmefällen auf diese Weise synthetisiert. Andererseits kann die Reaktivität der aktiven Endgruppen nach dem vollständigen Verbrauch des Monomers auch dazu genutzt werden, bestimme funktionelle Endgruppen einzuführen, indem die aktive Spezies gezielt mit einem geeignet funktionalisierten Abbruchreagenz deaktiviert wird. Diese Art der Endgruppenfunktionalisierung ist die wichtigste Methode für die Herstellung von exakt mono- oder di-endfunktionalisierten Polymeren bzw. Oligomeren. Schliesslich kann auch noch durch den Einsatz eines di-, tri- oder höherfunktionalen Abbruchreagenz eine Kopplung von zwei, drei oder mehr Polymerketten zu sternförmigen Molekülen erzielt werden.

Schliesslich kann bei „lebenden" Polymerisationen auch die Molmasse der Produkte eingestellt werden, da unter den ober genannten Bedingungen jedes Initiatormolekül genau eine Polymerkette bildet. Folglich wird der Polymerisationsgrad durch das Verhältnis von Ausgangsmonomerkonzentration zu Initiatorkonzentration bestimmt. Zusammen mit der Möglichkeit, die Art der Endgruppen zu bestimmen und der chemischen Einheitlichkeit der Polymerketten erlaubt die „lebende" Polymerisation ein sehr hohes Ausmass an Kontrolle über die Polymerstruktur.

Die strenge theoretische Definition der „lebenden" Polymerisation wird nur von der anionischen Polymerisation von Styrol mit Butyllithium als Initiator in einem polaren Lösungsmittel erfüllt. Es gibt jedoch eine Fülle weiterer Systeme, die hinreichend kontrolliert ablaufen, um für die Praxis die gleichen Vorteile wie die „lebende" Polymerisation zu bieten. Neben Styrol sind vor allem die konjugierten Diene geeignet. Acrylate und Methacrylate neigen mit sehr reaktiven Initiatoren wie den Organometallverbindungen zu Nebenreaktionen, können aber mit der sogenannten group-transfer-polymerization (GTP), einem Spezialfall der anionischen Polymerisation, sehr kontrolliert polymerisiert werden.

Im Fall der kationischen Polymerisation werden gute Ergebnisse im Sinne einer „lebenden" Polymerisation nur mit speziellen Systemen aus einem Initiator (häufig ein sekundäres, tertiäres oder benzylisches Alkylhalogenid) und einem Coinitiator (häufig eine Lewis-Säure), die miteinander unter Ausbildung einer carbokationischen Spezies reagieren, erzielt. Keine der kationischen Polymerisationen entspricht den strengen theoretischen Kriterien der „lebenden" Polymerisation exakt. Dies ist vor allem in der Problematik der Kettenübertragung durch Deprotonierung der Endgruppe begründet, die nicht ohne weiteres unterdrückt werden kann. Es werden aber doch in bestimmten Fällen vergleichbare Ergebnisse erzielt. Dies sind vor allem solche Systeme, in denen neben der Wachstumsreaktion gezielt eine vollständig reversible Termination sowie eine gezielte Transferreaktion von aktiven Kettenenden zu reversibel terminierten (schlafenden) Kettenenden auftritt. Die reversible Terminierung konkurriert mit der Wachstumsreaktion und den unerwünschten Nebenreaktionen des Kettenendes. Weisen die entsprechenden Reaktionsgeschwindigkeiten die richtigen Verhältnisse auf, können alle unerwünschten Nebenreaktionen unterdrückt werden. Als Beispiel sind die Polymerisation von Isobuten mit Cumylchlorid/BCl_3 und die von Vinylethern mit HI/ZnI_2 zu nennen, die beide alle Charakteristika der „lebenden" Polymerisation zeigen. Aufgrund des Terminations-Reaktivierungsmechanismus wachsen jedoch nicht alle Ketten gleichzeitig, sondern nur im statistischen Mittel gleich lange unter vergleichbaren Bedingungen.

In jüngster Zeit wurden auch Systeme für die kontrollierte radikalische Polymerisation entwickelt, die ähnlich wie die „lebende" kationische Polymerisation im wesentlichen auf reversibler Terminierung und Reaktivierung durch verschiedene Mechanismen beruhen. Allerdings lässt sich bei der radikalischen Polymerisation die Termination durch Reaktion zweier wachsender Polymerradikale nicht vollständig unterdrücken, so dass noch etwas breitere Molmassenverteilung erhalten werden, als bei der „lebenden" anionischen Polymerisation. Die Kontrolle der Molmassen gelingt jedoch ebenso wie die Kontrolle der Endgruppen, vor allem bei den neuesten Systemen der atom transfer radical polymerization (ATRP).

Übergangsmetallkatalysierte Polymerisationen
Die bisher beschriebenen Typen von Polymerisationsreaktionen werden durch Initiatoren gestartet, die beim Initiationsschritt chemisch an die wachsende Kette gebunden, also verbraucht werden. Es gibt jedoch auch Katalysatoren, welche die Polymerisation bestimmter Monomere, vor allem der 1-Olefine, auslösen. Hier sind insbesondere die Katalysatoren für die Ziegler-Natta-Polymerisation zu nennen. Hierbei handelt es sich um heterogene Katalysatoren, die aus Alkylverbindungen von Metallen der I.–III. Hauptgruppe und Halogeniden der Metalle aus der IV.–VII.

Nebengruppe hergestellt werden. Die Bedeutung dieser Katalysatoren liegt zum einen darin, dass sie in der Lage sind, Propen und höhere 1-Olefine zu polymerisieren, was mit den anderen Methoden nicht gelingt. Zum anderen erlauben diese Katalysatoren eine enorme Ausmass über die Kontrolle des stereochemischen Aufbaus der Polymerketten, während die radikalische und ionische Polymerisation dies im allgemeinen nicht zulässt. Der stereochemische Aufbau bezieht sich bei Vinylpolymeren auf die räumliche Anordnung von Substituenten, im Fall des Polypropylens also beispielsweise auf die Methylgruppen, die an jedem zweiten Kohlenstoffatom der Polymerkette sitzen. Diese Substituenten können im Bezug auf die Polymerkette alle in die gleiche Richtung zeigen (isotaktisch), abwechselnd in entgegengesetzte Richtungen (syndiotaktisch) oder regellos angeordnet sein (ataktisch).

Der regelmässige Aufbau der isotaktischen und syndiotaktischen Polymere führt im allgemeinen dazu, dass diese Polymere teilkristallin sind, während ataktische Polymere häufig keine kristallinen Anteile aufweisen, also amorph sind. Die Kristallinität eines Polymers ist eines der morphologischen Charakteristika, die die physikalischen Eigenschaften (Erweichungstemperatur, thermische und mechanische Eigenschaften, Löslichkeit und Chemikalienbeständigkeit, Spannungsrissbildung etc.) von Polymeren wesentlich bestimmen. Daher hat die Kontrolle über den stereochemischen Aufbau eines Polymers eine entscheidende Bedeutung.

Im Fall der Olefine geht die Kontrolle, die durch den Einsatz neuer Katalysatoren auf Metallocenbasis inzwischen möglich geworden ist, soweit, dass man heute aus dem gleichen Monomer durch die Wahl des Katalysators und der Reaktionsbedingungen, insbesondere der Reaktionstemperatur, den ganzen Bereich der thermomechanischen Eigenschaften von einem Öl über einen zähen Thermoplasten bis hin zum Elastomeren abdecken kann (Stereoblockpolymere).

Der Katalysator und gegebenenfalls erforderliche Cokatalysatoren oder Aktivatoren verbleiben bei industriell hergestellten Kunststoffen im Material enthalten, da der Aufwand, sie zu entfernen, erheblich wäre. Moderne Katalysatoren sind allerdings so aktiv, dass der Metallgehalt im Polymer im ppm-Bereich liegt.

12.1.2 Polykondensation und Polyaddition

Polymerketten können auch durch die Verknüpfung von difunktionellen Verbindungen aufgebaut werden. Dabei können die funktionellen Gruppen, die miteinander reagieren, jeweils im gleichen Molekül enthalten sein, beispielsweise eine Hydroxycarbonsäure, oder es können zwei Monomere miteinander verknüpft werden, die jeweils zwei gleiche Gruppen enthalten, z. B. eine Dicarbonsäure mit einem Diol. Voraussetzung für eine erfolgreiche Polymersynthese nach diesem Prinzip ist die Abwesenheit von Nebenreaktionen und eine extrem hohe Reinheit der Monomere, da der Polymerisationsgrad und damit die Molmasse der resultierenden Polymere unmittelbar vom Umsatz der funktionellen Gruppen der Monomere abhängt. Dieser Zusammenhang wurde zuerst von Wallace H. Carothers, dem Erfinder des Nylons abgeleitet:

12.1 Polymerisationsreaktionen

$$P_n = \frac{1+r}{1+r-2rx}$$

P$_n$:   Polymerisationsgrad
x: Umsatzvariable
r: Stöchiometrisches Verhältnis der funktionellen Gruppen zu Beginn der Reaktion (≤ 1)

Zur Ausbildung ausreichender mechanischer Festigkeit der Polykondensate ist meist ein Polymerisationsgrad von P$_n$ = 100 erforderlich. Bei exakter Stöchiometrie der an der Polymerbildung beteiligten funktionellen Gruppen (r = 1) muss nach obiger Gleichung somit ein Umsatz von 99% (x = 0.99) der funktionellen Gruppen erzielt werden, um überhaupt hinreichend hohe Molmassen für technische Anwendungen zu erreichen. Gibt es auch nur geringe Abweichungen von der Stöchiometrie, beispielsweise durch Verunreinigungen, Nebenreaktionen oder Einwaagefehler in der Grössenordnung von 1% (r = 0.99), so ist bereits ein Umsatz von mindestens 99.5% erforderlich. Da mit zunehmender Molmasse und Konzentration eines Polymers die Viskosität in Lösung oder Schmelze steigt, wird die Reaktionsgeschwindigkeit gegen Ende der Reaktion sehr langsam, so dass Umsätze über 99% sehr schwer realisiert werden können. Damit unter diesen Bedingungen die Diffusion überhaupt noch hinreicht für weiteres Polymerwachstum sind hohe Temperaturen erforderlich, unter denen einige Monomere schon zu Nebenreaktionen neigen, bei denen die funktionellen Gruppen verlorengehen (z. B. Decarboxylierung von Carbonsäuren). Es bestehen also enorme Anforderungen an die Reinheit der Monomere und die Eindeutigkeit und Vollständigkeit der zum Polymeraufbau genutzten Reaktion. Sind die beiden verschiedenen reaktiven Gruppen im gleichen Molekül vorhanden, wie etwa bei Aminocarbonsäuren, so spricht man von Polykondensationen des AB-Typs, wobei A und B für die verschiedenen reaktiven Gruppen stehen. Werden zwei difunktionelle Verbindungen mit jeweils gleichen funktionellen Gruppen umgesetzt, z. B. Eine Dicarbonsäure mit einem Diamin, so spricht man vom AA/BB-Typ. System des AB-Typs weisen den Vorteil auf, dass die exakte Stöchiometrie der Ausgangsverbindung naturgemäss durch die chemische Struktur des Monomers immer eingehalten wird. Allerdings können Nebenreaktionen auch hier im Verlauf der Polymerbildung zu Abweichungen führen. Die grösste technische Bedeutung unter den Polykondensaten haben die aliphatischen Polyamide (z. B. Nylon 6), die Polyester (z. B. PET und PBT), die aromatischen Polyether (z. B. PEEK, PES, PSU), die Polyimide (z. B. Kapton) und die aromatischen Polyamide (z. B. Kevlar, Twaron, Nomex). Bei der Polyaddition sind es die Polyurethane und Polyharnstoffe.

12.2 Synthetische Polymere

12.2.1 Polyethylen (PE)

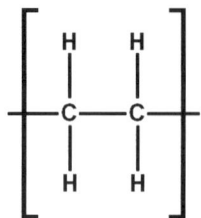

In der Medizin werden unterschiedliche Typen von Polyethylen (PE) eingesetzt. LDPE (low-density PE) und LLDPE (linear low-density PE) dienen als Filme, Behälter und als Schläuche. Sind bessere mechanische Eigenschaften und chemische Stabilität gefordert, findet HDPE (high-density PE), welches eine höhere Kristallinität aufweist, seine Anwendung. Die meisten PE-Implantate werden jedoch aus dem UHMW-PE (ultrahigh-molecular-weight PE) mit einem Molekulargewicht von 2–10 Millionen g/mol hergestellt. Beispiele hierfür sind Knie- und Fingergelenkimplantate sowie die Acetabulumpfanne für Hüftgelenkendoprothesen.

Verarbeitung

LDPE mit niedriger Dichte wird mittels Hochdruckverfahren in einem Autoklaven (ICI) oder in einem Röhrenreaktor (BASF) bei einem Druck von 1000 bis 3000 bar und Temperaturen von 80 bis 300 °C synthetisiert. Als Katalysator dienen Sauerstoff oder Peroxid. HDPE werden heute nach dem Ziegler-Verfahren (Katalysator: Titanhalogenide, Titanester und Aluminiumalkyle) oder nach dem Phillips-Verfahren (Katalysator: Chromoxid) hergestellt. Die Synthese erfolgt beim Ziegler-Verfahren bei Drücken von 1 bis 50 bar und Temperaturen von 20 bis 150 °C. Das Phillips-Verfahren arbeitet bei Drücken von 30 bis 40 bar und Temperaturen von 85 bis 180 °C. Ultrahochmolekulares Polyethylen (UHMWPE) wird mit modifizierten Ziegler-Katalysatoren polymerisiert (Niederdruckpolymerisation). UHMWPE weist im Vergleich mit Polymeren gleicher Steifigkeit eine höhere Schlagzähigkeit, eine bessere Verschleissbeständigkeit sowie eine höhere Beständigkeit gegen Spannungsrisskorrosion auf. Die Verarbeitung von UHMWPE erfolgt mittels Press-, resp. Drucksinterverfahren und kann frei von Additiven erfolgen [9]. Durch das Zusammensintern der UHMWPE-Granulate bei relativ hohen Drücken (300–1000 MPa) und Temperaturen über dem Schmelzbereich wird eine Morpho-

Verarbeitung	Parameter	LDPE	HDPE
Spritzgiessen	Massetemperatur [°C]	160–260	200–280
	Werkzeugtemperatur [°C]	30–70	50–70
	Spritzdruck [bar]	400–800	600–1200
Extrudieren	Massetemperatur [°C]	150	180–200
	Werkzeugtemperatur [°C]	150	180–200
Folienblasen	Massetemperatur [°C]	140	160–190

Tabelle 12.2 Verarbeitungsbedingungen für die Herstellung von Formteilen aus LDPE und HDPE [10]

12.2 Synthetische Polymere

Eigenschaften	LDPE	HDPE	UHMWPE
Dichte [g/cm^3]	0.91–0.925	0.941–0.965	0.94–0.99
Molekulargewicht [g/mol]	20'000–600'000	< 450'000	2–10 mio.
Kristallinitätsgrad [%]	40–55	60–80	50–90
Zugfestigkeit [N/mm^2]	10	27	41
Dehnung [%]	500	> 550	ca. 450
Zug E-Modul bei 23°C [N/mm^2]	210	1400	800–2700
Schubmodul bei 23°C [N/mm^2]	100–200	700–1000	ca. 300
Wasseraufnahme (23°C/ 50% rel. LF) [%]	< 0.1	< 0.1	0.01
Schmelzbereich [°C]	105–110	130–135	135–155
Gebrauchstemperatur ohne mechanische Beanspruchung in Luft [°C] kurzzeitig langzeitig	80–90 60–75	90–120 70–80	– 100

Tabelle 12.3 Ausgewählte Eigenschaften von PE [9, 10, 12–15]

logieänderung und eine Erhöhung des Kristallisationsgrades erreicht (pressure-induced crystallization). Das bisher nur durch Pressintern verarbeitbare Material wurde 1986 durch einen spritzgiessbaren Typ (Hostalen GUR 812, Hoechst AG) ergänzt. Die wichtigsten Verarbeitungsbedingungen für LDPE und HDPE sind in Tabelle 12.2 dargestellt. Aufgrund der geringen Feuchtigkeitsaufnahme müssen die Formmassen nicht vorgetrocknet werden.

Eigenschaften
Typische Eigenschaften von Polyethylen sind die niedrige Dichte, die sehr geringe Wasseraufnahme sowie die geringe Quellung in polaren Lösungsmitteln. Es neigt mit sinkendem Molekulargewicht zu Spannungsrisskorrosion [11]. Seine Eigenschaften können durch die Herstellung von Copolymerisaten und von Polymerblends in grosser Vielfalt kontrolliert werden.

Sterilisation und Biokompatibilität
Implantate aus UHMWPE werden in der Regel durch γ-Strahlung (^{60}Co-Quelle) sterilisiert. Diese bewirkt bei Polyethylen, unter Ausschluss von Sauerstoff, eine Vernetzung der Molekülketten durch Bildung von freien Radikalen (strahlungsinduzierte Vernetzung). In Anwesenheit von Sauerstoff tritt parallel zum Vernetzungsprozess eine oxidative Degradation auf. Durch eine exakte Strahlendosierung kann jedoch ein optimales Verhältnis zwischen Vernetzungsgrad und Molekulargewichtssenkung erreicht werden. Bei der Sterilisation mittels hochenergetischer Elektronenstrahlung kann durch geeignete Wahl der Beschleunigungsspannung die Änderung der Polymereigenschaften auf den Oberflächenbereich beschränkt werden.

Im Gebiet der Hüftgelenkendoprothetik ist UHMWPE ein bedeutender Implantatwerkstoff. Ein grosser Nachteil ist jedoch die limitierte Lebensdauer von

UHMWPE-Acetabulumpfannen. In *in vivo*-Untersuchungen [16] traten bei rund 30% aller implantierten Hüftgelenkspfannen aus UHMWPE elf Jahre nach der Implantation Komplikationen auf. Ausser Brüchen von Acetabulumpfannen stellen Abrasion und Kriechen die Hauptprobleme von Polyethylen dar. Während *in vitro*-Untersuchungen relativ geringe Abrasionsraten von rund 0.2–0.9 µm/Jahr von Polyethylen gegen unterschiedliche klinisch eingesetzte Metalle und Keramiken ergaben [111], wurden in *in vivo*-Untersuchungen Abrasionsraten von Polyethylen bei Paarung mit Stahl oder Keramik bis zu 150–200 µm/Jahr [17] ermittelt. Die durch Abrieb entstandenen UHMWPE-Partikel können durch Granulombildung eine Prothesenlockerung fördern und eine Osteolyse induzieren [18]. Daher wird der Optimierung von UHMWPE im Hinblick auf das Verschleissverhalten eine grosse Bedeutung beigemessen. Verbesserungen könnten insbesondere durch die Erhöhung des Molekulargewichtes und die Variierung des Verarbeitungsverfahrens des Ausgangsmaterials erreicht werden [19].

12.2.2 Polyethylenterephthalat (PET)

Polyethylenterephthalat (PET) ist ein aromatischer Polyester. Er gehört zu den am meisten verbreiteten Polyestern in der Medizin. PET findet vorwiegend als Werkstoff für künstliche Blutgefässe, Sehnen- und Bänderersatz und als Nahtmaterial Anwendung. Nachfolgend ist die Monomereinheit von PET dargestellt:

$$\left[-O-CH_2-CH_2-O-\overset{O}{\underset{\|}{C}}-\!\!\left\langle\!\!\bigcirc\!\!\right\rangle\!\!-\overset{O}{\underset{\|}{C}}- \right]_n$$

Herstellung und Verarbeitung
Die Herstellung von PET erfolgt zweistufig durch Veresterung von Dimethylterephthalat mit Ethylenglykol, bzw. 1,4-Butandiol und anschliessender Polykondensation unter Verwendung von Antimon- und Germanium-Katalysatoren. Formteile können im Spritzgussverfahren oder durch Extrudieren hergestellt werden. PET-Fasern (Trevira, Diolen, Dacron®) werden durch Schmelzspinnen und anschliessendes Verstrecken zu endlosen hochfesten Fäden verarbeitet. Alle Polyester neigen bei gleichzeitiger Einwirkung von Hitze und Feuchtigkeit zu hydrolytischem Abbau, was zu einer Reduktion der mechanischen Eigenschaft der Formteile sowie zur Bildung von Oligomeren führt, welche nach der Implantation Entzündungsreaktionen verursachen können [20]. Die Formmassen müssen daher vor der Verarbeitung getrocknet werden.

12.2 Synthetische Polymere

Verarbeitung	Parameter	PET transkristallin	PET amorph
Spritzgiessen	Massetemperatur [°C]	260–290	260–270
	Werkzeugtemperatur [°C]	140	20–30
	Spritzdruck [bar]	800–1200	800–1200
	Schwindung [%]	1.2–2.0	0.2–0.4
Extrudieren	Massetemperatur [°C]	260–280	–
	Werkzeugtemperatur [°C]	260–270	–

Tabelle 12.4 Verarbeitungsbedingungen für das Spritzgiessen und Extrudieren von PET [10]

Eigenschaften	PET	PBT
Dichte [g/cm^3]	1.38	1.30
Zug E-Modul [N/mm^2]	2800	2600
Wasseraufnahme (23°C/50% r.F., 24 h) [%]	0.1	0.1
Glasübergangstemperatur [°C]	98	60
Schmelztemperatur [°C]	255	223
Gebrauchstemperatur ohne mechanische Beanspruchung in Luft [°C] kurzzeitig langzeitig	200 100	165 120

Tabelle 12.5 Medizinisch relevante Eigenschaften von PET im Vergleich zu PBT [9]

Eigenschaften

PET ist teilkristallin und kann eine Kristallinität von 30 bis 40% erreichen. Durch Abschrecken erhält man eine amorphe Struktur. Das Polymer weist eine hohe Härte sowie relativ hohe Festigkeit und Steifigkeit auf. PET ist beständig gegen verdünnte Säuren, neutrale und saure Salze sowie gegen Alkohole. Die Beständigkeit gegen Hydrolyse ist relativ hoch [21]. Gegen ^{60}Co-γ-Strahlung ist PET bei einer Dosis von 2.5 Mrad stabil, weshalb es mittels γ-Strahlung sterilisiert werden kann [20]. Nachfolgende Tabelle 12.5 zeigt die für die medizinische Anwendung relevanten Eigenschaften von PET und von Polybutylenterephthalat (PBT), welches in der Medizin als Filter, Einwegartikel und für Behältnisse eingesetzt wird.

Medizinische Anwendungen und klinische Ergebnisse

Biokompatibilitätsuntersuchungen von künstlichen Blutgefässen aus PET (Dacron®) zeigten *in vivo* eine gute Gewebeverträglichkeit. In *in vivo*-Untersuchungen von porösen, textilen Blutgefässimplantaten aus Dacron wurde beobachtet, dass sich nach 28 Tagen innerhalb des Dacrongewebes Bindegewebe gebildet hatte, welches sich jedoch von natürlichem Bindegewebe, das nicht mit dem Werkstoff in Kontakt stand, unterschied [21].

Verschiedene Untersuchungen, die das Verhalten von PET in Abhängigkeit von der Implantationszeit anhand von explantierten Gefässprothesen charakterisierten, zeigten mit zunehmender Implantationszeit eine signifikante Abnahme des Molekulargewichtes [1]. Nach 162 Monaten stellte man eine Reduktion der Berstfestigkeit um 25% fest, was jedoch noch als eine ausreichend hohe Festigkeit betrachtet wird [22]. In *in vitro*-Untersuchungen wurde beobachtet, dass PET durch Enzyme wie Esterasen und Papain degradiert wird [21]. Neuere wissenschaftliche Anstrengungen führten zur Synthese von biokompatiblen und biodegradablen Blockcopolyestern, welche die Einstellung eines weiten Bereiches an mechanischen Eigenschaften sowie an Abbauraten ermöglichen [23].

12.2.3 Polyvinylchlorid (PVC)

PVC ist der wirtschaftlich bedeutendste Vertreter der Gruppe der Vinylpolymere. Es ist ein vorwiegend amorphes Polymer mit einem Kristallisationsgrad von weniger als 5%. Seine Monomereinheit ist nachfolgend dargestellt:

$$\left[\begin{array}{c} Cl \\ | \\ CH - CH_2 \end{array} \right]_n$$

PVC kann mittels Masse-, Suspensions- oder Emulsionspolymerisation synthetisiert werden. Hart-PVC zeichnet sich durch eine relativ hohe mechanische Festig-

Eigenschaften	Hart-PVC	Weich-PVC
Dichte [g/cm^3]	1.38–1.40	1.29
Zugfestigkeit [N/mm^2]	50–60	10–15
Reissdehnung [N/mm^2]	10–50	300–400
Glasübergangstemperatur [°C]	80	–

Gebrauchstemperatur ohne mechanische Beanspruchung in Luft [°C]
  kurzzeitig
  langzeitig
	75
	65
		40–50
		40–50

Wasseraufnahme (24 h in Wasser, 20°C) [%]	0.2	0.5

Tabelle 12.6 Ausgewählte Eigenschaften von Hart- und Weich-PVC. Sie beziehen sich bei Hart-PVC auf ein mittels Massepolymerisation hergestelltes PVC [10]. Bei Weich-PVC handelt es sich um Werte, die an Folien ermittelt wurden; die Eigenschaften beziehen sich auf ein PVC mit einem Weichmacher-Gehalt von 40% [11]

12.2 Synthetische Polymere 235

keit, Steifigkeit und Härte sowie durch eine relativ geringe Kriechneigung aus. Durch Weichmacher wird die Flexibilität von PVC eingestellt. Der am häufigsten eingesetzte Weichmacher für Weich-PVC ist Dioctylphthalat (DOP). PVC ist aufgrund seiner hohen chemischen Beständigkeit unempfindlich gegen Spannungsrisskorrosion [10]. PVC-Formteile können über Spritzgiessen, Extrudieren, Hohlkörperblasen und Kalandrieren hergestellt werden. PVC-Rohre, -Profile, -Tafeln und -Folien werden in vielfältiger Weise als Halbzeug weiterverarbeitet [10].

Medizinische Anwendungen
Weich-PVC wird für Blutbeutel, Beutel parenterale Lösungen (d. h. Zufuhr von Medikamenten oder Nahrungsmitteln durch intrakutane, intramuskuläre oder intravenöse Injektion unter Umgehung des Verdauungstraktes), für Schläuche und Katheter benutzt. Für den medizinischen Einsatz wird hochreines PVC verwendet, welches sehr geringe Mengen an Additiven und Verunreinigungen enthält. Dem für Weich-PVC eingesetzten Weichmacher Dioctylphthalat wird eine potentielle Karzinogenität nachgesagt [24].

Hart-PVC wird als Verpackungsmaterial für Spritzen, Nadeln, Nahtmaterial, Schläuche und Medikamente eingesetzt. Alternativwerkstoffe zu Hart-PVC sind PET und Acryl-Polymere, die bei vergleichbarem Preis eine höhere Transparenz aufweisen [24]. Für Langzeitanwendungen im Körper ist PVC aufgrund des je nach Formteil hohen Weichmachergehaltes und seiner Anfälligkeit auf Versprödung nicht geeignet.

12.2.4 Polycarbonate (PC)

Polycarbonate werden seit dem Jahre 1956 industriell hergestellt. Sie sind vorwiegend amorph und weisen einen Kristallinitätsgrad von weniger als 5% auf. Die Herstellung von PC erfolgt aus Bisphenol A und Phosgen nach dem Polykondensationsverfahren. Polycarbonat-Formteile können mit den üblichen thermoplastischen Verarbeitungsverfahren produziert werden. Beim Spritzgussprozess ist der Nachdruck möglichst niedrig zu wählen, um spannungsarme Teile zu erhalten [10]. Nachfolgend ist die Monomereinheit von Polycarbonat dargestellt:

Eigenschaften
Polycarbonate zeichnen sich durch eine hohe Festigkeit, Härte und Zähigkeit aus. Ihre Transparenz sowie die geringe Wasseraufnahme machen sie v.a. für Behälter und Gehäuseteile interessant. In der Medizin werden Polycarbonate daher vorwie-

Verarbeitung	Parameter	
Spritzgiessen	Massetemperatur [°C]	270–310
	Werkzeugtemperatur [°C]	85–120
	Spritzguss [bar]	800–1200
Extrudieren	Massetemperatur [°C]	240–280
Hohlkörperblasen	Massetemperatur [°C]	240–280

Tabelle 12.7 Verarbeitungsbedingungen für die Herstellung von Formteilen aus PC [10]

Eigenschaften	
Dichte [g/cm^3]	1.20
Zugfestigkeit [N/mm^2]	63–69
Dehnung [%]	60–100
Zug E-Modul [N/mm^2]	2200–2450
Wasseraufnahme [%] nach 24 h bei 40% rel. F. gesättigt, 24 h	0.2 0.3
Glasübergangstemperatur [°C]	150
Max. Gebrauchstemperatur ohne mechanische Beanspruchung in Luft [°C] kurzzeitig langzeitig	160 135

Tabelle 12.8 Ausgewählte Eigenschaften von PC [112, 9, 10]

gend in Form von Behältnissen, Schläuchen, Spritzen und als Komponenten für Dialysegeräte verwendet.

12.2.5 Polyamide (PA)

Polyamide werden seit 1937 industriell hergestellt und kamen zuerst als Synthesefasern unter dem Handelsnamen Nylon (PA 66) und Perlon (PA 6) auf den Markt [10]. Polyamide mit höherem Molekulargewicht eignen sich als Formmassen für Spritzguss und Extrusion. Von den aliphatischen Polyamiden wurden hauptsächlich PA 6 und PA 66 für medizinische Anwendungen untersucht. Die aromatischen Polyamide (Aramide) Nomex und Kevlar sind ebenfalls Gegenstand von Untersuchungen in unterschiedlichen medizinischen Bereichen wie z. B. für künstliche Sehnen oder Bänder [25].

Je nach PA-Typ existieren unterschiedliche Polymerisationsverfahren. PA 66 wird durch Polykondensation von Diaminen und Dicarbonsäuren synthetisiert; die Herstellung von PA 6 erfolgt durch Polykondensation von Aminosäuren oder durch

12.2 Synthetische Polymere

Ringöffnungspolymerisation von Caprolactam. Polyamide lassen sich durch Spritzgiessen, Extrudieren und Hohlkörperblasen verarbeiten (Tabelle 12.9). Aufgrund der relativ hohen Wasseraufnahme müssen die Formmassen vor der Verarbeitung getrocknet werden. Als Beispiel ist die Monomereinheit von PA 66 dargestellt:

$$\left[-N(H)-(CH_2)_6-N(H)-C(=O)-(CH_2)_4-C(=O)- \right]_n$$

Amidgruppe

Eigenschaften
Polyamide sind vorwiegend teilkristallin und weisen eine hohe Festigkeit und Steifigkeit, einen hohen Verschleisswiderstand und gute Gleiteigenschaften sowie eine sehr gute chemische Beständigkeit auf. Die unterschiedlichen PA-Typen nehmen rund 1 bis 3.5% Wasser auf. Durch Verstärkung mit Glas- oder Kohlefasern können die mechanischen Eigenschaften, die Wärmeform- und Hydrolysebeständigkeit verbessert und die Wasseraufnahme verringert werden.

Biokompatibilität
In zahlreichen Zytotoxizitätsuntersuchungen wurde die Zellkompatibilität von aliphatischen Polyamiden beobachtet [21]. PA 66 wird als hämokompatibel eingestuft. Für die Anwendung als Kurzzeitimplantat weisen die aliphatischen Polyamide eine ausreichende Biokompatibilität auf. Nach einer längeren Zeit im Körpergewebe findet jedoch Degradation statt [21]. Die *in vitro*-Biokompatibilität von Kevlar wurde mittels Mutagenitäts- (Ames-Test) und Zytotoxizitätstests mit Hamster-Fibroblasten untersucht. Es wurde keine mutagene und zytotoxische Aktivität festgestellt [25].

Verarbeitung	Parameter	PA6	PA66
Spritzgiessen	Massetemperatur [°C]	230–280	260–320
	Werkzeugtemperatur [°C]	80–90	80–90
	Spritzdruck [bar]	700–1200	700–1200
Extrudieren	Massetemperatur [°C]	240–300	250–300
	Massedruck [bar]	150–300	150–300
Hohlkörperblasen	Massetemperatur [°C]	250–260	270–290
	Werkzeugtemperatur [°C]	80	90

Tabelle 12.9 Verarbeitungsbedingungen für die Herstellung von Formteilen aus PA 6 und PA 66 [10]

Eigenschaften	PA6	PA6 mit 30 Gew.% Glasfasern
Dichte [g/cm³]	1.12–1.15	1.37
Zugfestigkeit [N/mm²]	64	148
Dehnung [%]	220	3.5
Zug E-Modul [N/mm²]	1200	5500
Wasseraufnahme [%] Normalklima, 23/50 (Sättigung) Wasserlagerung, 23°C (Sättigung)	2.5–3.5 9–10	1.6–2.2 5.7–6.3
Schmelztemperatur [°C]	220	220
Max. Gebrauchstemperatur ohne mechanische Beanspruchung in Luft [°C] kurzzeitig langzeitig	140–180 80–100	180–200 100–130

Tabelle 12.10 Ausgewählte Eigenschaften von unverstärktem und glasfaserverstärktem PA 6 [9]

12.2.6 Polytetrafluorethylen (PTFE)

PTFE ist ein nahezu unverzweigtes, linear aufgebautes Polymer mit folgender Monomereinheit:

$$\left[\begin{array}{cc} \text{F} & \text{F} \\ | & | \\ -\text{C} - \text{C} - \\ | & | \\ \text{F} & \text{F} \end{array}\right]_n$$

Aufgrund des symmetrischen Aufbaus erreicht der Kristallinitätsgrad Werte bis zu 94%. Der Schmelzbereich der Kristallite beginnt ab 327 °C, oberhalb 400 °C zersetzt sich das Polymer (Tabelle 12.11). Wie alle Fluorpolymere weist PTFE eine sehr gute Korrosions- und Lösungsmittelbeständigkeit auf. Die hohe chemische und thermische Beständigkeit resultiert aus der wendelförmigen, kompakten Anordnung der Polymerketten. Zudem hat PTFE sehr günstige Gleit- und Verschleisseigenschaften. Für medizinische Anwendungen ist insbesondere die schlechte Benetzbarkeit und die hohe chemische Inertheit interessant, weshalb PTFE vorwiegend als Gefässimplantat eingesetzt wird. Wegen des niedrigen Elastizitätsmoduls ist PTFE für lasttragende Anwendungen weniger geeignet.

Herstellung und Verarbeitung
Die Polymerisation von PTFE wird unter hohem Druck mit Peroxiden durchgeführt (Druckpolymerisation nach Plukett). Aufgrund der stark exothermen Reaktion er-

12.2 Synthetische Polymere

Eigenschaften	
Dichte [g/cm³]	2.15–2.20
Zugfestigkeit [N/mm²]	20–40
Reissdehnung [N/mm²]	140–550
Zug E-Modul [N/mm²]	350–750
Wasseraufnahme (24 h, 3.2 mm Dicke) [%]	0
Glasübergangstemperatur [°C]	127
Schmelztemperatur [°C]	327
Gebrauchstemperatur ohne mechanische Beanspruchung in Luft [°C] kurzzeitig langzeitig	300 250

Tabelle 12.11 Ausgewählte Eigenschaften von PTFE [9, 12]

folgt die Synthese, um die Wärme abzuführen, im Suspensions- oder Emulsionsverfahren, da sich das Monomer bei höheren Temperaturen leicht explosiv zersetzt. Wegen der hohen Viskosität der Schmelze lässt sich PTFE nicht mit üblichen Verfahren thermoplastisch verarbeiten. Für die Herstellung von Halbzeugen und Formteilen benutzt man daher das Pressintern (bei rund 380 °C), die Pulverextrusion (Ramextrusion) sowie die Pastenextrusion. Da sich PTFE oberhalb von 400 °C unter Bildung von aggressiven und toxischen Fluorwasserstoffen zersetzt, müssen Maschinen und Formwerkzeuge aus korrosionsfesten Legierungen bestehen und die Arbeitsplätze gut belüftet sein [12].

Medizinische Anwendungen und klinische Ergebnisse
Aufgrund des niedrigen Reibungskoeffizienten wurde PTFE in früheren Jahren als Werkstoff für künstliche Acetabulumpfannen eingesetzt. Die Gleitpaarung mit rostfreiem Stahl führte bei den auftretenden relativ hohen Lasten jedoch zu starker Abrasion von PTFE. Die entstandenen Partikel verursachten starke Gewebereaktionen, die schliesslich zur Bildung von Granulomen führten und in letzter Konsequenz bei vielen Patienten die Entfernung der Prothese zur Folge hatte [26]. Für Acetabulumpfannen wird daher PTFE nicht mehr verwendet.

Gefässimplantate wurden lange Zeit aus gewobenen PET-Fasern (Dacron®) hergestellt. Bald stellte man jedoch fest, dass die Anwendung von PET vorwiegend für den Ersatz von grosslumigen Gefässen geeignet ist. Es wurde nämlich beobachtet, dass das Wachstum der Neointima auf Gefässimplantaten aus Dacron nur sehr schwierig zu kontrollieren ist [26]. Daher wurden in den 70-er Jahren Anstrengungen unternommen, um expandiertes PTFE (kGore-Tex®) einerseits als Alternative zu Dacron für grosslumigen Blutgefässersatz und andererseits für den Ersatz von kleinlumigen Blutgefässen zu verwenden. Für den Ersatz von grosslumigen Blutgefässen konnten mit Gore-Tex® gute klinische Ergebnisse erzielt werden. Für den Ersatz von Blutgefässen mit einem Durchmesser kleiner als 6 mm liegen kontroverse Resultate bezüglich der optimalen Funktionserfüllung vor [26]. Heute werden Gore-Tex®-Gefässimplantate in Form von flexiblen Hohlzylindern mit einem Innendurchmesser von 14 bis 20 mm oder als gegabelte Hohlzylinder (bifurcated Gore-Tex® stretch vascular prostheses) mit einem minmalen Innendurchmesser von 7 mm vertrieben [27].

12.2.7 Polymethylmethacrylat (PMMA)

Unter der Bezeichnung Acrylate werden eine Vielzahl von Polymeren auf der Basis von Acrylsäure und Methacrylsäure sowie deren Ester zusammengefasst. Polymethylmethacrylat (PMMA) wurde erstmals 1933 bei Röhm & Haas in Deutschland zu harten, transparenten Blöcken polymerisiert. Heute ist PMMA als Plexiglas (Röhm), Resarit-Acrylspritzgussmasse (Kalkhof), als Lösung in seinem Monomer (Röhm) sowie als Diakon (ICI) kommerziell erhältlich. Es wird durch radikalische Polymerisation zu hochmolekularen, amorphen Produkten umgesetzt. Nachfolgend ist seine Monomereinheit dargestellt:

$$\left[-CH_2 - \underset{\underset{\underset{CH_3}{O}}{\overset{\overset{CH_3}{|}}{\underset{|}{C}}}}{\overset{|}{C}} - \right]_n$$

In der Medizin findet PMMA sowohl in der Dentalchirurgie als Zahnfüllungs- und Zahnersatzmaterial [11, 28] wie auch in der Ophthalmologie in Form von intraokularen Linsen sowie als harte Kontaktlinsen [11, 29] Anwendung. In der Hüftgelenkendoprothetik wird modifiziertes PMMA als Knochenzement eingesetzt, der die Funktion der *Stabilisierung* des Prothesenschaftes im Femurknochen und der *Lastübertragung* zwischen Prothese und Knochen übernimmt.

Verarbeitung
Die Verarbeitbarkeit und die Eigenschaften von PMMA-Formmassen werden einerseits durch die Molekulargewichtsverteilung und andererseits durch die als innere Weichmachung wirksame Copolymerisation mit bis zu 20% Acrylat beeinflusst [12]. PMMA Formteile können über den Spritzgussprozess (mit nachfolgender Temperung) mittels Extrusion sowie durch Warmformen hergestellt werden.

Eigenschaften
PMMA weist eine hohe Härte bei hoher Festigkeit und Steifigkeit auf; zudem ist die Feuchtigkeits- und Wassseraufnahme gering (Tabelle 12.13). Homopolymeres PMMA

12.2 Synthetische Polymere

Verarbeitung	Parameter	
Spritzgiessen	Massetemperatur [°C]	210–250
	Werkzeugtemperatur [°C]	40–90
	Spritzdruck [bar]	400–1200
	Schwindung [%]	0.3–0.8
Extrudieren	Massetemperatur [°C]	200–230
	Werkzeugtemperatur [°C]	170–2300
Warmformen	Temperatur [°C]	130–180

Tabelle 12.12 Bedingungen für die Verarbeitung von PMMA [10]

Eigenschaften	
Dichte [g/cm^3]	1.18
Zugfestigkeit [N/mm^2]	80
Reissdehnung [%]	5.5
Zug E-Modul [N/mm^2]	3300
Wasseraufnahme 23 °C/ 50% rel. LF [%]	0.35
Glasübergangstemperatur [°C]	115
Gebrauchstemperatur ohne mechanische Beanspruchung in Luft [°C] kurzzeitig langzeitig	90–100 80–90

Tabelle 12.13 Ausgewählte Eigenschaften von gegossenem PMMA-Halbzeug [9, 10, 12]

ist relativ spröde. Durch Zumischen von zähen Pfropfpolymerisaten mit modifiziertem Polyacrylester oder anderen Elastomeren können hochschlagzähe Formmassen hergestellt werden. Durch Copolymerisation mit Acrylnitril kann die chemische Beständigkeit erhöht werden. PMMA ist chemisch beständig gegen schwache Säuren, Laugen und Salzlösungen sowie gegen apolare Lösungsmittel und Fette. Es neigt zu Spannungsrisskorrosion, weshalb herstellungsbedingte Eigenspannungen durch einen nachfolgenden Temperprozess beseitigt werden sollten.

Knochenzement
Bei einem Teil der Erstoperationen und einem grossen Teil der Reoperationen von Hüftgelenkprothesen wird PMMA-Knochenzement zur Fixation des Prothesenschafts eingesetzt. Besonders bei älteren Patienten hat die von Anfang an feste Knochenzement-Verankerung den Vorteil der schnellen Mobilisierung des Patienten. Günstige Eigenschaften von PMMA-Knochenzement sind die relativ einfache Verarbeitbarkeit, die kurze Polymerisationszeit (rund 10 min), die rasche Belastbarkeit

	Zusammensetzung	Anteil [Gew.%]
Pulverförmige Komponente	Polymethylmethacrylat (PMMA, Kugeln 5–100 µm, mittleres Molgewicht von 170'000)	79.7 %
	Poly(butylmethacrylat, methylmethacrylat) (Kugeln 5–100 µm, mittleres Molgewicht von 360'000)	8.8 %
	Zirkon(IV)-oxid (Röntgenkontrastmittel)	9.8 %
	Benzoylperoxid (Radikalbildner)	0.8 %
	Dicyclohexylphtalat (Stabilisator)	0.8 %
Flüssige Komponente	Methylmethacrylat (Monomer)	83.8 %
	Buthylmethacrylat (Monomer)	14.8 %
	N,N-Dimethylaminophenetanol (Aktivator)	1.6 %
	Hydrochinon (Stabilisator)	0.003 %

Tabelle 12.14 Zusammensetzung des PMMA-Knochenzementes Allosul®-60 (Sulzer AG)

(bereits in den ersten postoperativen Tagen) sowie die Möglichkeit, Zusätze (wie z. B. Antibiotika, Kontrastmittel) beizumischen.

Die Polymerisation von PMMA erfolgt mittels radikalischer Polymerisation (Abb. 12.3). Die feste, pulverförmige Komponente besteht aus PMMA- und Poly(butylmethacrylat, methylmethacrylat)-Kugeln, Benzoylperoxid als Radikalbildner, Zirkonoxid als Kontrastmittel und einem Stabilisator. Die flüssige Komponente enthält die Monomere sowie den Aktivator und einen weiteren Stabilisator. Eine auspolymerisierte Portion Knochenzement besteht aus rund 90% Polymer, 7% Kontrastmittel und 3% Restmonomer. Die Komponenten werden in sterilen Portionenpackungen angeboten. Die pulverförmige, auspolymerisierte Phase wird mit der flüssigen, monomeren Phase im Verhältnis von etwa 2:1 kurz vor der Implantation des Prothesenschaftes im Operationssaal gemischt.

Dem Chirurgen bleiben 10–12 Minuten Zeit bis zur vollständigen Aushärtung des Knochenzementes. Da die Monomerflüssigkeit gewebetoxisch ist, sollte der Knochenzement erst 4–5 Minuten nach Mischbeginn mit dem Knochen in Kontakt gebracht werden. Knochenzement wird für die Anwendung bei Hüftendoprothesen in folgenden Schritten verarbeitet [30]:

- Vermischen der beiden Komponenten (ca. 30 sec)
- Ruhezeit, um Luftblasen entweichen zu lassen (ca. 30 sec)
- Umfüllen in Spritze (ca. 1 min)
- Stehenlassen der abgefüllten Spritze (Polymerisation) (ca. 2 min)
- Applikation des Knochenzementes mit Spritze (plastische Konsistenz) (ca. 3 min)
- Aushärtenlassen des Knochenzementes (ca. 2–3 min)
- Spülen mit Ringer-Lösung zur Ableitung der Polymerisationswärme.

Die Qualität des auspolymerisierten Knochenzementes ist abhängig von der Mischtechnik sowie dem Zeitpunkt und der Art des Einpressens der zähplastischen Masse (Applikation). Durch vorsichtiges Vermischen kann die eingebrachte Luft verringert

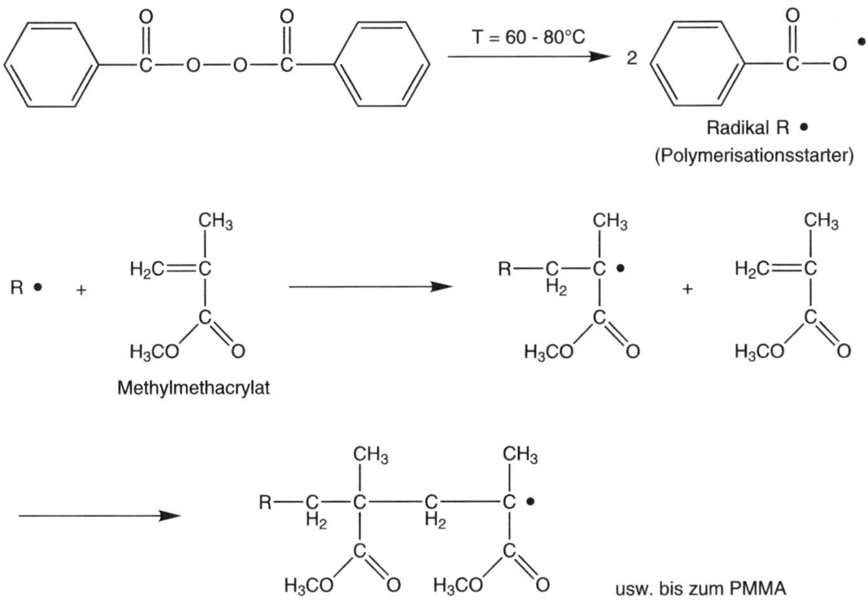

12.2 Synthetische Polymere

Abb. 12.3 Polymerisation von Methylmetacrylat zu PMMA [1]

werden. Die Applikationstechnik hat Einfluss auf die mechanischen Eigenschaften, insbesondere auf die Wechselfestigkeit. Durch Anmischen des Knochenzementes im Vakuum („Vakuumzement") können die Porosität reduziert und die mechanischen Eigenschaften verbessert werden [31].

Die Polymerisationsreaktion ist exotherm, und es können Temperaturen bis zu 124 °C auftreten [111]. Dieser Temperaturanstieg führt zum Verdampfen von Monomeren sowie zur Expansion von Lufteinschlüssen, was mit einer Volumenzunahme von rund 10% verbunden ist. Beim Aushärten erfolgt eine Schrumpfung des Zementes um bis zu 22 vol.%. Die Polymerisation kann durch die Temperatur, die Feuchtigkeit und das Verhältnis von Pulver- und Flüssigkeitsanteil beeinflusst werden.

Mechanische Eigenschaften

Die mechanischen Eigenschaften von Knochenzement werden hauptsächlich durch Pulver- und Monomerzusammensetzung, Pulverkorngrössenverteilung, Verhältnis von Pulver und Flüssiganteil, Molekulargewicht und Porosität bestimmt. Der Knochenzement auf der Basis von PMMA weist eine Druckfestigkeit von 65–100 MPa auf bei einer Zugfestigkeit von 25–50 MPa (Tabelle 12.15). Die relativ hohe Streubreite der Werte ist auf unterschiedliche Zementtypen, Herstellungsarten und Testbedingungen zurückzuführen.

Restmonomerfreisetzung

Bei der Polymerisation von Methylmethacrylat (MMA) wird das Monomer unter Normalbedingungen nicht zu 100% umgesetzt, weshalb jeweils ein Restmonomer-

Eigenschaft	Werte
Zugsteifigkeit [N/mm^2]	2400–2800
Drucksteifigkeit [N/mm^2]	2400–2800
Zugfestigkeit [N/mm^2]	24–48
Druckfestigkeit [N/mm^2]	77–92
Scherfestigkeit [N/mm^2]	41
Biegefestigkeit [N/mm^2]	50–82
Bruchzähigkeit [MN.m$^{-3/2}$]	0.88–1.55

Tabelle 12.15 Statische mechanische Eigenschaften von Knochenzement [111]

gehalt von rund 2–6% verbleibt, der aus dem Knochenzement freigesetzt werden kann. Neben der allergischen Wirkung wurde auch eine Gewebetoxizität von MMA beschrieben [32]. Zudem ist eine chronische Schädigung des Implantatlagers aufgrund einer langsamen Freisetzung von Restmonomeren über längere Zeit denkbar [33]. In vitro-Tests zeigten, dass der Restmonomeranteil im Knochenzement langsam durch eine Nachpolymerisation abnimmt und nur ein kleiner Teil an Restmonomeren freigesetzt wird [34]. Eine Untersuchung an Tieren brachte analoge Ergebnisse: Der Restmonomergehalt fiel innerhalb von zwei Wochen auf rund 0.5% des ursprünglichen Wertes. In Explantaten wurde – unabhängig von der Implantationszeit – ein Restmonomergehalt von 0.2–0.4% ermittelt [32].

Verbesserung von Knochenzementen
Die Gewebeverträglichkeit von Knochenzementen konnte durch die Verwendung eines nicht toxischen Starters wie N,N-Dimethyl-amino-phenetanol (Allosul-60®, Sulzer AG) statt N,N-Dimethyl-p-tuloidin (Sulfix-6®, Sulzer AG) weiter gesteigert werden. Zusätzlich wurde dadurch die Wechselfestigkeit um fast 100% angehoben (3-Punkt-Biegewechselfestigkeit bei 10^7 Zyklen: 11 MPa statt 6 MPa) [35]. Die toxischen Substanzen Methylmethacrylat und Benzoylperoxid sind aber weiterhin Bestandteile des Knochenzementes. Es wird deshalb versucht, diese Substanzen gegen weniger toxische auszutauschen, resp. den Restmonomergehalt zu senken. Ein weiterer problematischer Punkt ist die entstehende Polymerisationswärme. Sie kann bei genügend hoher Konzentration an polymerisierendem Knochenzement so hoch werden, dass das umliegende Gewebe geschädigt wird [14].

Die Reoperation einer zementierten Hüftendoprothese kann dem Chirurgen besondere Probleme bereiten, da die in die feinsten Knochenkavitäten eingedrückten Zementanteile selbst bei gelockerter Prothese nur sehr schwer entfernbar sind. Gelegentlich ist es erforderlich, dass Implantatlager grosszügig auszuräumen oder gar Fensterungen in der Kortikalis vorzunehmen, um alte Zementanteile vollständig zu entfernen. Daher ist ein Prothesenwechsel bei gelockerter, nicht zementierter Prothese in der Regel einfacher durchführbar.

12.2.8 Polyurethane

Die Entdeckung von Polyurethanen datiert aus dem Jahr 1937, als Otto Bayer und seine Mitarbeiter (IG Farbenindustrie, Deutschland) zur Umgehung des Patentschutzes der von Carothers hergestellten hochmolekularen Polyamide (E.I. du Pont de Nemours and Co., Delaware, USA) ein Material mit ähnlichen Eigenschaften entwickelten. Im Jahr 1938 wurden durch die Reaktion von aliphatischen 1,8-Oktan-Diisocyanat und 1,4-Butandiol erstmals Fasern aus Polyurethan hergestellt [36]. Polyurethane sind Polymere, welche eine Urethangruppe besitzen; sie weisen folgende Monomereinheit auf:

$$\left[R - O - \underset{\underset{O}{\|}}{C} - NH - R' - HN - \underset{\underset{O}{\|}}{C} - O \right]_n$$

R und R' können durch unterschiedliche Gruppen substiuiert werden, woraus eine Vielfalt von verschiedenen Eigenschaften resultiert.

Polyurethane wurden erstmals in den 60-er Jahren klinisch eingesetzt. Aufgrund der Hydrolyse-Empfindlichkeit der Estergruppen degradierten die verwendeten *Polyester-Urethane*, was vor allem bei offenporigen Werkstoffen zu starken Entzündungserscheinungen führte [37, 38]. Die Herstellung von hydrolytisch stabilem *Polyether-Urethan* im Jahr 1966 führte zur Entwicklung von unterschiedlichen Implantaten, wie beispielsweise Gefässimplantaten, künstlichen Herzklappen und Kathetern. Aus der Vielzahl kommerziell erhältlicher Polyurethane haben in der Medizin vier Typen als Langzeitimplantate Anwendung gefunden (Tabelle 12.16).

Herstellung und Verarbeitung
Für die Herstellung von Polyurethanen für medizinische Anwendungen wird in der Regel 4,4'-Diphenylmethan-Diisocyanat (MDI) als Isocyanatkomponente verwendet, welches im Vergleich zu Diisocyanat-Toluol (TDI) eine geringere Gesundheitsgefährdung bei der Herstellung aufweist. Die Herstellung von elastomeren Polyurethanen erfolgt über lineare oder verzweigte Polyester oder Polyether. Das Rohprodukt wird mit einem Überschuss an Diisocyanat versetzt, das mit dem Diol Polyurethanketten bildet. Gleichzeitig erfolgt durch das Diisocyanat eine starke Vernetzung der Polyurethanketten untereinander [11]. Thermoplastische PUR-Elastomere werden über Allophanatgruppen vernetzt, die bei Temperaturen über 150 °C reversibel gespalten werden können. Nach der Formgebung bilden sich die Vernetzungspunkte wieder zurück. Alle Typen der thermoplastischen PUR-Elastomere können auf Schneckenkolbenmaschinen spritzgegossen werden. Die Massetemperatur beträgt je nach gewünschter Härte zwischen 180 und 245 °C. Die Werkzeugtemperatur ist normalerweise bei 20 °C, bei dicken Formteilwandungen bei 5 °C und bei dünnen bei 40 bis 50 °C zu halten.

Polyurethan	Beschreibung	Einsatzgebiete
Angioflex (*Abiomed*, USA)	segmentiertes Urethan-Silikon-Copolymer auf der Basis von Polyether	Künstliche Herzklappen, Diaphragma für künstliche Herzpumpen
Biomer® (*) (*Ethicon Inc.*, USA)	lineares, segmentiertes aromatisches Polymer auf der Basis von Polyether	Künstliches Herz, künstliche Herzklappen
Cardiothane (*Kontron Inc.*, USA) (ehemals Avcothane, *Avco*, USA)	vernetztes, aromatisches Urethan-Silicon Copolymer auf der Basis von Polyether	Ballonkatheter
Pellethane (*) (Dow Chemical, USA)	lineares, segmentiertes, aromatisches Polymer auf der Basis von Polyether	Katheterschläuche
Tecoflex HR® (*Thermedics*, USA)	lineares, segmentiertes, aliphatisches Polymer auf der Basis von Polyether	Diaphragma für künstliche Herzpumpen, Katheter, künstlicher Hautersatz (skin buttons)

(*) vom Markt zurückgezogen [39]

Tabelle 12.16 Auswahl kommerziell in der Medizin eingesetzter Polyurethane und ihre Anwendungen [36–40]

Verarbeitung	Parameter		
Spritzgiessen	Massetemperatur [°C]		180–245
	Werkzeugtemperatur [°C]		5–50
Extrudieren	Massetemperatur [°C]		170–220

Tabelle 12.17 Verarbeitungsbedingungen für die Herstellung von thermoplastischen Polyurethan-Elastomeren [9]

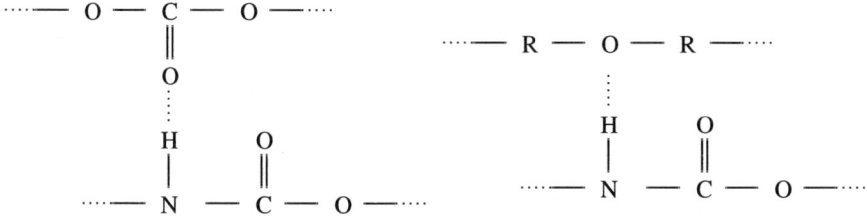

Poly (esterurethan)　　　　　　Poly (etherurethan)

Abb. 12.4 Strukturelle Unterschiede zwischen Polyester-Urethan und Polyether-Urethan

12.2 Synthetische Polymere

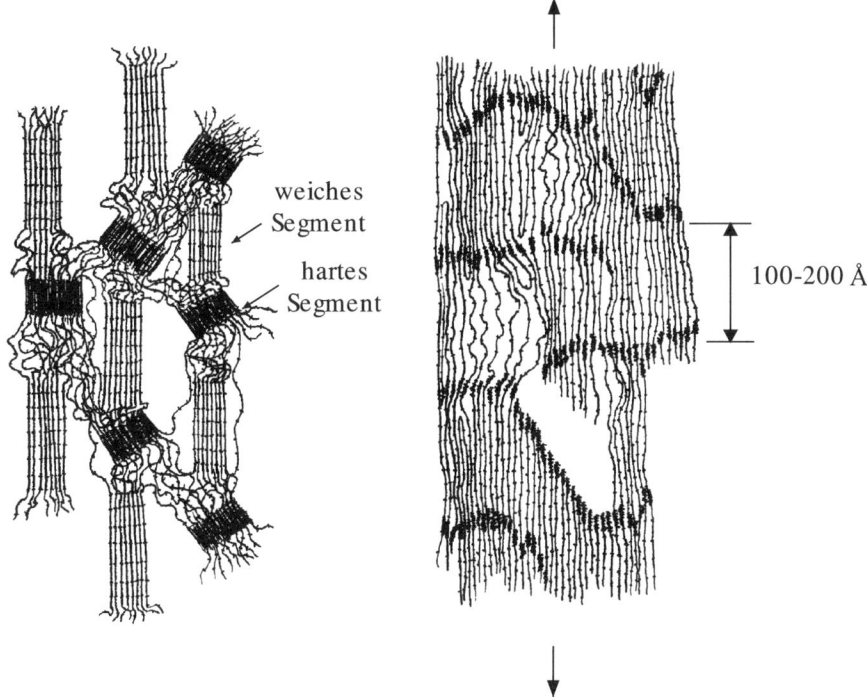

Abb. 12.5 Morphologische Modellierung der gedehnten Polyurethan-Elastomer-Domänenstruktur. Auf der linken Seite ist die Struktur bei einer Dehnung von 200% dargestellt. Die rechte Seite zeigt eine um 500% gedehnte Struktur nach Temperung, modifiziert nach [41] (nicht massstabgerechte Schemazeichnung)

Eigenschaften

Die Eigenschaften von vernetzten Polyurethanen sind in einem weiten Bereich variierbar. Je nach Art der Ausgangsstoffe können harte oder weichelastische Massen erzeugt werden. Durch Polyaddition von Diisocyanaten an lineare Polyester oder Polyether erhält man gummielastische Polyurethane. Das gummiähnliche Verhalten von Polyurethan-Elastomeren resultiert aus dem segmentartigen Aufbau der Makromoleküle. Das Hartsegment wird aus Diisocyanat und einem Kettenverlängerer gebildet. Als Weichsegment dienen langkettige Polyester- oder Polyether-Polyole. Neunzig Prozent aller kommerziell eingesetzten Polyurethan-Elastomere werden auf der Basis von Polyester hergestellt [36]. Diese Polyurethane weisen eine hohe Zug- und Reissfestigkeit sowie eine hohe Abrasionsbeständigkeit auf, verbunden mit einer einfachen Herstellbarkeit zu einem niedrigen Preis. Zudem können sie additivfrei verarbeitet werden. Aufgrund ihrer Empfindlichkeit gegen Hydrolyse sind sie jedoch für die medizinische Anwendung ungeeignet. Die heute medizinisch eingesetzten, kommerziell erhältlichen Polyurethane sind deshalb auf der Basis von Polyethern hergestellt. Cardiothane, Biomer, Pellethan und Tecoflex basieren alle auf Polytetramethylenetherglykol (PTMEG).

Eigenschaften	
Dichte [g/cm^3]	1.20–1.21
Reissfestigkeit [N/mm^2]	35–45
Reissdehnung [%]	400–500
Glasübergangstemperatur [°C]	– 40
Gebrauchstemperatur ohne mechanische Beanspruchung in Luft [°C] kurzzeitig langzeitig	110–130 80

Tabelle 12.18 Ausgewählte Eigenschaften von thermoplastischen PUR-Elastomeren [9]

Biodegradation und klinische Ergebnisse

Die klinischen Erfahrungen der letzten 40 Jahre haben gezeigt, dass viele Eigenschaften der Polyurethane vom Anteil und der Art der Polyhydroxyverbindungen (Polyether, Polyester) abhängig sind. Polyurethane auf der Basis von Polyester sind nach Implantation in den menschlichen Körper einer raschen Hydrolyse unterworfen, weswegen sie für medizinische Anwendungen ungeeignet sind [36].

Verschiedentlich wurde über das Auftreten von *in vivo*-Degradation bei Polyether-Urethanen berichtet [36, 42, 43]. Bei Isolationen von Herzschrittmachern aus Polyether-Urethanen stellte man eine hohe Versagensrate wegen Rissbildung auf den Implantatoberflächen fest. Als Degradationsmechanismus vermutete man die Empfindlichkeit gegen Spannungsrisskorrosion (environmental stress cracking, ESC). Langzeituntersuchungen an Pellethane 2363-80A haben gezeigt, dass wegen prozessbedingter Eigenspannungen im Werkstoff und in Kontakt mit der Körperflüssigkeit Rissbildung auftreten kann [40]. In [44] wird beschrieben, dass HOCl, ein reaktives Oxidationsmittel, das von neutrophilen Granulozyten im Blut produziert wird, eine wichtige Rolle bei der Rissbildung bei Polyether-Urethanen einnimmt. Durch die Einführung eines zusätzlichen Temperprozesses wurde die Beständigkeit von Polyether-Urethanen gegen Spannungsrisskorrosion verbessert [36, 40]. Zudem wurde durch die Senkung des Polyetheranteils eine Erhöhung des Widerstandes gegen Spannungsrisskorrosion beobachtet [45]. *In vitro*-Untersuchungen von radioaktiv markierten Polyether-Urethanen in enzymhaltigen Lösungen haben gezeigt, dass gewisse Enzyme wie z. B. Esterase, Papain und Trypsin eine geringe Degradation verursachen können [46].

Die Komplexierung von Metallionen durch einen geeigneten Liganden in einem Polymer beeinflusst in der Regel dessen mechanischen Eigenschaften und chemische Beständigkeit. Die chemische Zusammensetzung der Polyurethane ermöglicht die Bildung von Metallkomplexen. Zudem wurden Bereiche mit Calcium beobachtet, die auf eine Kalzifizierung schliessen lassen [47]. Daraus wurde gefolgert, dass dieser Kalzifizierungsprozess in Kombination mit Spannungsrisskorrosion eine wichtige Rolle bei der Polyurethan-Degradation spielt [48]. Polyurethane gelten demnach unter Berücksichtigung der folgenden Gesichtspunkte als stabil [40]:

12.2 Synthetische Polymere   249

- Der Werkstoff muss frei von Eigenspannungen sein.
- Die Anwendung von Polyurethanen sollte in einem relativ geringen Spannungs- und Dehnungsbereich erfolgen.
- Metallische Korrosionsprodukte können einen Degradationsprozess beschleunigen. Der Anwesenheit von Metallkomponenten in der Umgebung von Polyurethanimplantaten muss Beachtung geschenkt werden. In neueren Untersuchungen wurde beobachtet, dass Polyurethane mit Weichsegmenten aus Polycarbonat-Diol (Corethane, Corvita Corp., USA) eine höhere Stabilität in vitro und in vivo zeigten [49].

Hämokompatibilität
Für den künstlichen Gefässersatz werden ausser Polytetrafluorethylen (PTFE) immer häufiger Polyurethane eingesetzt, da sie aufgrund ihrer Hämokompatibilität, der ausreichenden mechanischen Eigenschaften und der hohen Flexibilität einen interessanten Werkstoff für diese Anwendung darstellen [50].

Die Thrombogenität von Polyurethanen kann durch die Wahl und den Anteil der Polymerkettensegmente beeinflusst werden. Durch Erhöhung des Anteils an harten Segmenten wurde eine Steigerung der Phasenseparation und der Blutkompatibilität beobachtet [37]. Im Vergleich zu Polyurethanen auf der Basis von Polytetramethylenoxid (PTMO) wurde bei PUR auf der Basis von Polypropylenoxid (PPO) eine geringere Thrombogenität festgestellt, was mit der geringeren Adsorption von Proteinen und Blutplättchen durch Senkung der Grenzflächenenergie zwischen Polyurethanoberfläche und Wasser begründet wurde [37]. Zudem können die Oberflächeneigenschaften durch Copolymerisation mit anderen Polymeren, wie beispielsweise Silikonelastomeren gezielt verändert werden.

In neueren Untersuchungen zur Minimierung der Thrombogenität wurden in verschiedenen Arbeiten Versuche zur Senkung der Oberflächenenergie von Polyurethanen durch Modifikation der Polymeroberfläche durchgeführt. Durch Aufpfropfen von Polyethylenoxid (PEO)-Ketten mit endständigen Monoamingruppen auf Polyurethanoberflächen konnte die Adsorption von Blutbestandteilen verringert werden [51, 52]. Eine weitere Möglichkeit zur Hämokompatibilitätssteigerung stellt die Oberflächenmodifikation von Polyurethanen durch Anbinden von oder Beschichten mit Heparin dar. Das Beschichten eines Polymers auf der Basis von Polyurethan und Polyamid mit Heparin konnte die Hämokompatibilität signifikant steigern [53].

12.2.9 Polysiloxane

Die Makromolekülketten der Polysiloxane werden durch die fortlaufende Verknüpfung von Silizium- und Sauerstoffatomen aufgebaut. Polysiloxane finden in der Medizin in Form von Elastomeren, Flüssigkeiten und Schäumen ihre Anwendung. Eine der ersten Anwendungen für Polysiloxan-Elastomere war die Herstellung von Drainageschläuchen bei Hydrocephalus im Jahre 1955 [54]. Weitere medizinische Anwendungsgebiete für Polysiloxane sind das Blutgefässsystem (künstliche Blutgefässe), das Urogenitalsystem (künstliche Ureter) sowie Augenimplantate. Polysiloxane sind hämokompatibel, weisen eine hohe Langzeitbeständigkeit gegen hydrolytischen und enzymatischen Abbau auf und sie sind autoklavierbar [54]. Nachfolgend ist die Monomereinheit von Polysiloxan dargestellt:

$$\left[-O-\underset{\underset{CH_3}{|}}{\overset{\overset{CH_3}{|}}{Si}}- \right]_n$$

Polysiloxan-Elastomere

Polysiloxan-Elastomere sind als plastische Massen in giess- oder knetbarer Form kommerziell erhältlich. Die Vernetzung erfolgt bei der Verarbeitung durch Heiss-, Kalt- oder Einkomponenten-Vernetzung. Bei ordnungsgemässer Vernetzung sind keine toxischen Wirkungen zu erwarten [11]. Ein Vorteil für medizinische Anwendungen ist, dass in Polysiloxan-Elastomeren keine Weichmacher, Alterungsschutzmittel oder sonstige diffundierende Additive benötigt werden. Die mechanischen Eigenschaften von Polysiloxan-Elastomeren hängen vom Grad der Vernetzung sowie von Art und Anteil des Füllstoffes wie z. B. SiO_2 ab. Aus Polysiloxan-Elastomeren wurden Implantate für die Rekonstruktion der weiblichen Brust, flexible künstliche Gelenke für Finger, Handgelenke, Zehen und Ellbogen sowie Intraokularimplantate entwickelt [55]. Zudem werden Siloxan-Elastomere in Form von Bluttransfusionsschläuchen sowie als Abdruckmasse für die Dentalmedizin eingesetzt.

Biokompatibilitätsuntersuchungen von Polysiloxan-Elastomeren zeigten während einer zweijährigen Implantatstudie in Tierversuchen eine leichte Fremdkörperreaktion resultierend in einer Einkapselung in fibrösem Bindegewebe [55]. Untersuchungen von Explantaten ergaben keine Anzeichen von Werkstoffdegradation und Verringerung der mechanischen Eigenschaften. Polysiloxan-Elastomere in Form von Gelen werden für den klinischen Einsatz nicht empfohlen, es sei denn, sie werden mit einer Umhüllung implantiert. Bei Abwesenheit dieser Umhüllung wurde die Freisetzung von Restmonomeren mit konsekutiver Phagozytose beobachtet [55].

Polysiloxan-Fluide

Flüssige Polysiloxane werden als Schmiermittel für Komponenten aus Polymer oder aus Glas eingesetzt. Die Entwicklung von Wegwerfnadeln z. B. erforderte einen billigen Herstellungsprozess, weshalb die Nadeln weniger scharf und rauher sind als die wiederverwendbaren Nadeln. Durch die Schmierung mit flüssigem Polysiloxan konnte die Penetration dieser Nadeln in die Haut und in das subkutane Gewebe erleichtert und somit der Schmerz für die Patienten vermindert werden. Bei jeder Injektion gelangt so eine gewisse Menge an flüssigem Polysiloxan in das subkutane Gewebe. In [55] wird beschrieben, dass auch bei häufigen Injektionen kein Auftreten von Fremdkörperreaktionen festgestellt wurde. In einer früheren Untersuchung über die Gewebereaktion nach Injektion von flüssigem Polysiloxan wurden leichte Entzündungsreaktionen nach 6 Monaten beobachtet [56].

Eigenschaften	
Dichte [g/cm^3]	1.1–1.2
Zugfestigkeit [N/mm^2]	3.8–9.5
Reissdehnung [%]	350–1200

Tabelle 12.19 Ausgewählte Eigenschaften von Polysiloxan-Elastomeren [55]

12.2.10 Polyetheretherketon (PEEK)

Hochmolekulares PEEK wurde erstmals im Jahr 1978 von der Firma Imperial Chemical Industries PLC (ICI) in England hergestellt. Die Entwicklung zielte auf die Herstellung von hochtemperaturbeständigen, zähen Kabelisolationswerkstoffen. Seit der Kommerzialisierung im Jahr 1981 wurde PEEK aufgrund seiner hohen thermischen Stabilität, kombiniert mit einer einfachen Herstellbarkeit und guten mechanischen Eigenschaften auch bei höheren Temperaturen in verschiedenen Anwendungen eingesetzt. PEEK ist ein zähes, kristallines (max. Kristallinitätsgrad: 48%), thermoplastisches Polymer mit folgender Monomereinheit:

Eigenschaften
PEEK hat eine Glasübergangstemperatur von 143 °C und einen Schmelzpunkt von 334 °C. Es gilt daher als sogenannter Hochtemperaturthermoplast. Die chemische Beständigkeit von PEEK ist sehr hoch. In allen üblichen Lösungsmitteln ist PEEK unlöslich, es kann beispielsweise in konzentrierter Schwefelsäure gelöst werden. Stark oxidierende Säuren wie rauchende Salpetersäure vermögen PEEK zu degradieren. Es weist ausserdem eine hohe Verschleiss- und Strahlenbeständigkeit gegenüber γ-Strahlung auf. Bei mit PEEK beschichteten Drähten wurde bis zu einer Dosis von 1100 Mrad keine Degradation beobachtet [57]. Die mechanischen Eigenschaften von PEEK können durch Faser- oder Partikelverstärkung stark verbessert werden (Tabelle 12.20). Aufgrund der einstellbaren mechanischen Eigenschaften, der hohen chemischen Beständigkeit sowie der additivfreien Verarbeitbarkeit stellt kohlenstofffaserverstärktes PEEK für die medizinische Anwendung einen interessanten Werkstoff dar [58].

Herstellung und Verarbeitung
Eine Möglichkeit zur Herstellung von PEEK ist die Polykondensation von 4,4'-Difluorobenzophenon und Hydrochinon bei 320 °C in Anwesenheit von Diphenylsulfon und Kaliumcarbonat.

Eigenschaften	PEEK	PEEK mit 30 Gew.% C-Fasern
Dichte [g/cm^3]	1.32	1.44
Zugfestigkeit [N/mm^2]	100	210
Reissdehnung bei 25°C [%]	50–150	1.3
Zug E-Modul [N/mm^2]	3700	–
Biege E-Modul [N/mm^2]	3'700–3'800	13'000–21'000
Wasseraufnahme [%] nach 24 h bei 40% rel. F. vollständige Sättigung	0.15 0.44	0.15 –
Glasübergangstemperatur [°C]	143	–
Schmelztemperatur [°C]	334	–
Gebrauchstemperatur ohne mechanische Beanspruchung in Luft [°C] langzeitig	250	250

Tabelle 12.20 Eigenschaften von unverstärktem und mit 30 Gew.% kurzkohlenstoff-faserverstärktem PEEK [10, 59, 60]

PEEK-Formteile können mit allen Prozessarten der modernen thermoplastischen Verarbeitung produziert werden. Hauptsächlich wird PEEK im Extrusions- und im Spritzgussverfahren verarbeitet. Zudem wird es als Matrix für glas- oder kohlenstofffaserverstärkte Verbundwerkstoffe eingesetzt. Die Formmassen müssen vor der Verarbeitung während 3 Stunden bei 150 °C getrocknet werden [10]. Die Massetemperaturen bei der Verarbeitung liegen bei 350 bis 400 °C (Tabelle 12.21). Beim Abkühlen muss darauf geachtet werden, dass die Abkühlgeschwindigkeit nicht zu hoch ist, damit eine hinreichende Kristallisation gewährleistet ist. Beim Extrudieren hat sich die Luftkühlung als am geeignetsten erwiesen, während beim Spritzgussprozess Werkzeugtemperaturen von 150 bis 170 °C eingestellt werden. Durch einen anschliessenden Temperprozess bei rund 200 °C können die besten Produkteigenschaften erzielt werden. Ein wichtiger Vorteil für die medizinische Anwendung ist, dass die Verarbeitung von PEEK ohne Additive erfolgen kann.

In vitro- **und** *in vivo-***Untersuchungen**
Wegen der potentiellen Anwendung von kohlefaserverstärktem PEEK für lasttragende Implantate wurden vorwiegend Untersuchungen mit dem Verbundwerkstoff durchgeführt. Die Ermittlung der Lactatdehydrogenase (LDH)-Aktivität in Zellkulturen von Mäusefibroblasten während 120 h ergab, dass kohlefaserverstärktes PEEK sowohl bei direktem Kontakt wie auch in Extraktionstests eine sehr gute *in vitro*-Biokompatibilität aufweist [58]. Untersuchungen in Osteoblastenkulturen haben gezeigt, dass PEEK nicht zytotoxisch ist [61]. *In vitro*-Untersuchungen über die Langzeitbeständigkeit von kohlenstofffaserverstärktem PEEK ergaben gleichbleibende Scherfestigkeit [62] und Druckfestigkeit [63] nach 5000 h Auslagerung in physiologischer Salzlösung.

12.2 Synthetische Polymere

Verarbeitung	Parameter	
Spritzgiessen	Massetemperatur [°C]	350–400
	Werkzeugtemperatur [°C]	150–170
	Schwindung [%]	1.1
Extrudieren	Massetemperatur [°C]	350–400
	Werkzeugtemperatur [°C]	Raumtemperatur

Tabelle 12.21 Verarbeitungsbedingungen für das Spritzgiessen und Extrudieren von PEEK [10, 57]

In *in vivo*-Untersuchungen von Implantaten wurde eine unspezifische Fremdkörperreaktion, ähnlich wie bei UHMWPE, beobachtet. Zylinderproben aus PEEK wurden nach 12 Wochen Implantation im Muskelgewebe gut toleriert. In derselben Arbeit testete man Osteosyntheseplatten aus kurzkohlefaserverstärktem PEEK *in vivo*. Auch hier trat nach 12 Wochen Implantation eine unspezifische Fremdkörperreaktion auf. Die Frakturheilung erfolgte über eine Kallusbildung und die Platte vermochte während der Heilphase die Fraktur mechanisch in genügendem Masse zu stützen. In *in vivo*-Untersuchungen von kristallinen PEEK-Filmen wurden nach 7 Tagen Implantation keine signifikanten Fremdkörperreaktionen entdeckt [64].

12.2.11 Polysulfon (PSU)

Polysulfone werden seit dem Jahre 1965 kommerziell vertrieben (Union Carbide). PSU ist ein linearer, amorpher Thermoplast. Nachfolgend ist die Monomereinheit von PSU dargestellt:

PSU weist eine hohe Temperaturbeständigkeit, hohe Härte und Festigkeit sowie eine geringe Kerbempfindlichkeit auf. Wegen seiner guten Hydrolysestabilität ist PSU in Heissluft und Dampf sterilisierbar. Es ist beständig gegen Säuren, Laugen, Detergentien und Salzlösungen. PSU-Formteile lassen sich mit allen üblichen Verfahren zur Thermoplastverarbeitung herstellen. Aufgrund der hohen Hygroskopie müssen die Formmassen vor der Verarbeitung bei 130 °C während rund 5 h vorgetrocknet werden [112, 9, 10]. Die Verarbeitungstemperaturen liegen bei 330–400 °C. Aufgrund der hohen Hydrolysestabilität vermag dieser Werkstoff 10'000 Zyklen Heissdampfsterilisation auszuhalten [24]. Eine der wichtigen Anwendungen von Polysulfon sind deshalb wiederverwendbare Verpackungen, oft in komplexen Formen.

Eigenschaften	PSU
Dichte [g/cm^3]	1.24
Zugfestigkeit [N/mm^2]	70
Dehnung [%]	50–100
Zug E-Modul [N/mm^2]	2500
Wasseraufnahme (gesättigt, 24 h) [%]	0.3
Glasübergangstemperatur [°C]	190
Gebrauchstemperatur ohne mechanische Beanspruchung in Luft [°C] kurzzeitig langzeitig	200 140–150

Tabelle 12.22 Ausgewählte Eigenschaften von PSU [112, 9, 10]

12.2.12 Weitere synthetische Polymere

Hydrogele
Unter der Bezeichnung „Hydrogele" werden Polymernetzwerke natürlichen oder synthetischen Ursprungs verstanden, die durch Wasser gequollen sind, sich jedoch in Wasser nicht auflösen. Hydrogele werden in der Medizin als Kontaktlinsen, im Bereich der Organtransplantation sowie als Beschichtung für Nahtmaterialien eingesetzt [65]. Ende der 60-er Jahre wurde Poly-2-hydroxyethyl-methacrylat (PHEMA) erstmals von Wichterle und Lim [66] als Implantatwerkstoff klinisch eingesetzt. Hydrogele als dreidimensionale Netzwerke nehmen abhängig von ihrer chemischen Zusammensetzung und den äusseren Bedingungen bestimmte thermodynamisch kontrollierte Mengen an Wasser oder wässrigen Lösungen im Gleichgewichtszustand auf. Eine der grössten Vorteile von Hydrogelen im Vergleich zu anderen hydrophilen Gelen ist ihre Stabilität gegenüber Veränderungen von pH, Temperatur und Tonizität (osmotische Konzentration von Salzen). Im Gegensatz zu Polymethylmethacrylat (PMMA) besitzt PHEMA zusätzliche OH-Gruppen, die der Grund sind, dass PHEMA durch Wasseraufnahme zu einem klaren, flexiblen Gel wird. Je nach Vernetzungsgrad variiert der Wassergehalt (EWC: equilibrium water content) von PHEMA in einem grossen Bereich. Dadurch werden die Eigenschaften des Gels bestimmt. So können die Sauerstoffpermeabilität, die mechanischen Eigenschaften und die Oberflächeneigenschaften durch den Wassergehalt beeinflusst werden.

Polyacetale (Polyoxymethylene, POM)
Polyacetale (Handelsname: Delrin (USA) oder Tenac (Japan)) entstehen bei der Polymerisation von Formaldehyd. Sie weisen einen hohen Kristallinitätsgrad, sehr hohe Festigkeit und Steifigkeit und einen hohen Kriechwiderstand auf. Zudem sind Polyacetale sehr beständig gegen Lösungsmittel, Desinfektionsmittel und Feuch-

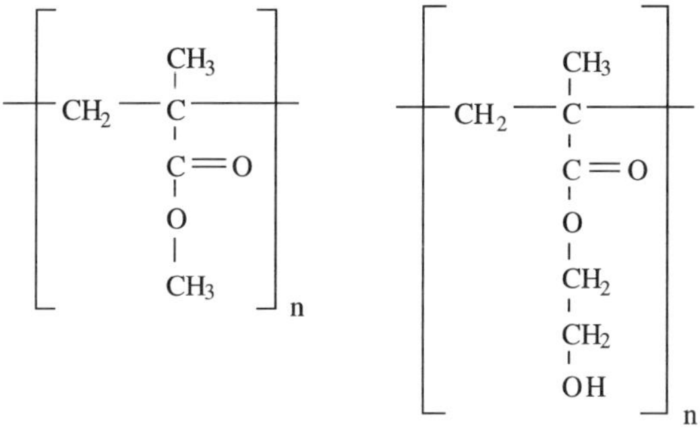

12.2 Synthetische Polymere 255

$$\left[CH_2 - \underset{\underset{CH_3}{\overset{|}{O}}}{\overset{CH_3}{\underset{|}{\overset{|}{C}}}} - \right]_n \quad \left[CH_2 - \underset{\underset{\underset{OH}{|}}{\overset{|}{CH_2}}}{\overset{CH_3}{\underset{|}{\overset{|}{C}}}} - \right]_n$$

Abb. 12.6 Strukturformel von PMMA (links) und PHEMA (rechts)

Eigenschaften	
Dichte [g/cm³]	1.43
Zugfestigkeit [N/mm²]	70
Dehnung [%]	15–75
Zug E-Modul [N/mm²]	3650
Schmelztemperatur [°C]	175
Wasseraufnahme (23°C) [%]	0.9–1.4

Tabelle 12.23 Ausgewählte Eigenschaften von Polyacetalen [112, 12]

tigkeit. Polyacetale können im Spritzguss sowie mittels Extrusion mit Massetemperaturen von 180–230 °C und Werkzeugtemperaturen von 60–120 °C verarbeitet werden. Temperaturen über 220 °C in den Verarbeitungsmaschinen sind wegen der Zersetzung zu gasförmigem Formaldehyd zu vermeiden. Die medizinische Anwendung von Polyacetalen beschränkt sich auf automatische Dispenser für Testpapier, für Blutröhrchen sowie für extracorporale Clips [24]. Die Polymerketten bestehen alternierend aus Sauerstoff und Methylengruppen:

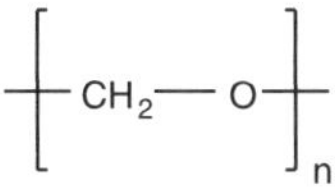

$$\left[CH_2 - O \right]_n$$

12.3 Natürliche Polymere

12.3.1 Kollagen

Struktur und Eigenschaften
Kollagen ist ein wichtiges Faserprotein im menschlichen Körper, da es rund 25% des Proteingehaltes dort stellt. Es weist über einen grossen Teil des Moleküls eine dreifache Helixkonformation auf. Im Vergleich zu anderen Proteinen enthält Kollagen überdurchschnittlich viel Glycin, Prolin und Hydroprolin. Diese Aminosäureeinheiten stabilisieren die Helixstruktur. Jede dritte Aminosäure innerhalb der dreifachen Helix ist Glycin. Die Glycingruppen richten sich zur Innenseite der Helix und bilden die quervernetzenden Wasserstoffbrücken aus. Knochen, Haut und Sehnen bestehen hauptsächlich aus Kollagen und werden daher zur Gewinnung von Kollagen verwendet.

Kollagenfasern bestehen aus Kollagenfibrillen (Durchmesser: 0.2–0.5 µm), deren Bildung sich teilweise intrazellulär in den Fibroblasten, teilweise extrazellulär abspielt. Intrazellulär entsteht Prokollagen, eine Polypeptidvorstufe des Kollagens, welches aus drei helikal angeordneten Polypeptid-α-Ketten besteht. Die drei Polypeptidketten bilden die dreifache Helixstruktur in Form eines steifen, zugfesten Fadens von ca. 300 nm Länge und 1,5 nm Durchmesser. Prokollagen enthält ausser Tropokollagen zusätzlich N- und C-terminale, kurze Peptidsegmente, sogenannte Telopeptide. Im Gegensatz zu Tropokollagen haben Telopeptide kein Glycin an jeder dritten Stelle und weisen keine Helixstruktur auf. Sie stellen Orte für intermolekulare, chemische Vernetzung der Kollagenmoleküle dar [67]. Ausserhalb der Zellen werden Tropokollagen und Telopeptide durch Peptidasen voneinander getrennt; anschliessend ordnet sich Tropokollagen spontan in Kollagenfibrillen (Abb. 12.8). Die Köpfe benachbarter Tropokollagen-Fäden liegen dabei um genau 67 nm gegeneinander versetzt.

Um die ganze Länge eines Tropokollagen-Fadens (300 nm) abzudecken, werden fünf solcher Abstände benötigt. Folglich bleiben zwischen Ende und Kopf hintereinander gereihter Tropokollagen-Fäden jeweils 35 nm frei. In Knochen findet in diesem freien Raum die Mineralisierung statt [68]. Die Anordnung der Kollagenfibrillen zueinander ist den biologischen Funktionen der betreffenden Gewebe angepasst: parallele Ausrichtung in Sehnen (Kraftübertragung), flache Gebilde in der Haut, flächiges Netzwerk in der Sclera des Auges (Reissfestigkeit) oder räumliches, lichtdurchlässiges Netz im Augen-Glaskörper (Formfestigkeit).

Kollagen umfasst 15 biochemisch und strukturell unterschiedliche Typen, von denen 12 gut charakterisiert sind (Tabelle 12.24). Die Kollagene lassen sich in drei Hauptgruppen unterteilen: die fibrillären (Typ I, II, III, V und XI), fibrillen-assoziierten (Typ IX und XII) und nicht-fibrillären (Typ IV, VI, VII, VIII und X) Kollagene [107].

12.3 Natürliche Polymere

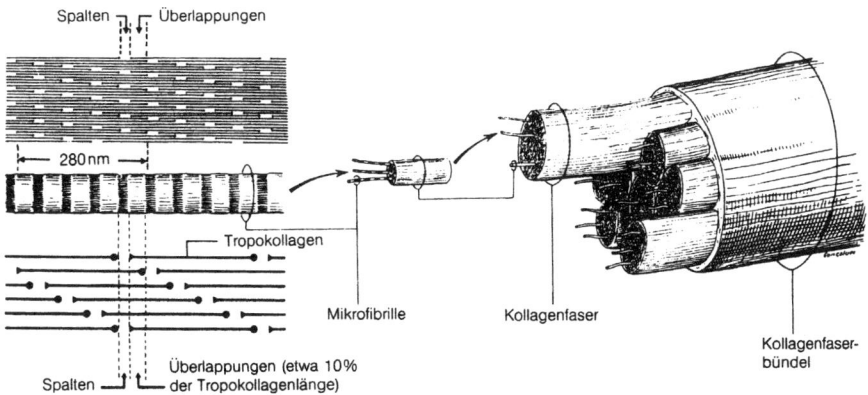

Abb. 12.7 Schema von Kollagenfibrillen, Kollagenfasern und Kollagenfaserbündeln [108]

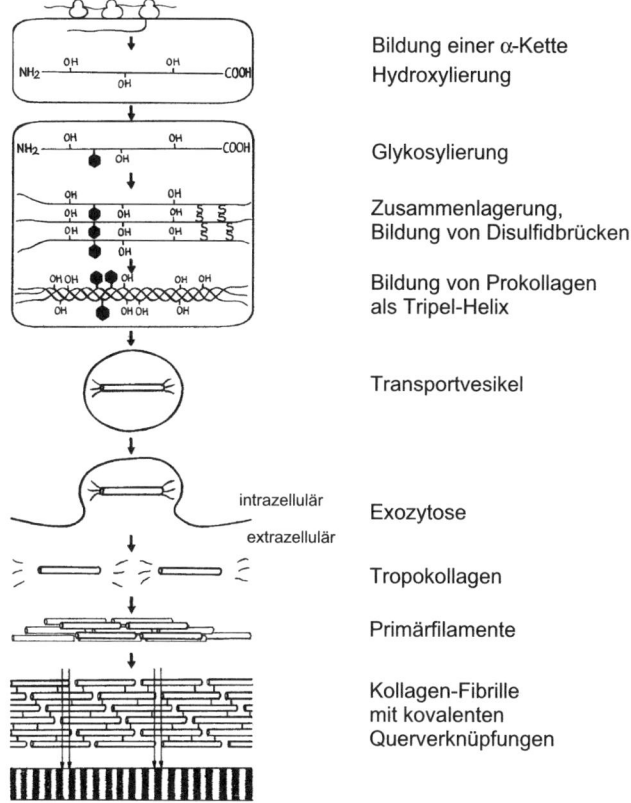

Abb. 12.8 Schematische Darstellung der intrazellulären Bildung von Prokollagen und der extrazellulären Entstehung einer Kollagenfibrille aus Tropokollagen

Kollagentyp	Vorkommen
I	Fibrillen des lockeren und straffen Bindegewebes des Knochens
II	Knorpel
III	Blutgefässe
IV	Basalmembran
V	Sehnen, Haut, Blutgefässe
VI	Blutgefässe, Plazenta, Uterus, Leber, Niere, Haut, Bänder, Cornea
VII	Haut
VIII	Blutgefässe
IX	Knorpel
X	Knorpel
XI	Knorpel
XII	Sehnen, Bänder

Tabelle 12.24 Kollagentypen und ihr Vorkommen im menschlichen Körper [107]

Gewinnung und Reinigung von Kollagen

Es gibt zwei unterschiedliche Verfahren zur Gewinnung von löslichem und fibrillärem Kollagen [67]. *Lösliches Kollagen* wird durch eine proteolytische Abspaltung von Telopeptiden mit Hilfe von Enzymen, z. B. Pepsin, gewonnen. Da die Telopeptide die intermolekulare Vernetzungsstelle darstellen, bedingt ihre Entfernung die Auflösung oder Dispersion von Kollagenmolekülen und kleinen Kollagenaggregaten in wässeriger Pufferlösung. Lösliches Kollagen kann sich unter geeigneten Bedingungen wieder in Fibrillen anordnen, jedoch nicht so gut wie die intakten Moleküle. *Kollagenfasern* (fibrilläres Kollagen) erhält man durch die Entfernung von Nichtkollagen-Bestandteilen aus kollagenhaltigen Geweben. Mittels Extraktion in Salzlösung werden neu synthetisierte Kollagenmoleküle, welche noch nicht in den Kollagenfibrillen integriert sind, entfernt. Gleichzeitig werden andere lösliche, an die Fibrillen gebundene Materialien ausgewaschen. Durch anschliessende Behandlung mit Ethern und Alkoholen werden Lipide ausgewaschen. Saure Proteine und Glycosaminoglykane werden durch eine Extraktion mit Säuren, alkalische Proteine durch eine Extraktion mit Basen entfernt. Eine solche Extraktionsreihe liefert aus Sehnen und Haut gereinigte Kollagenfasern.

Verarbeitung und medizinische Anwendungen

Kollagen besitzt viele für medizinische Anwendungen sehr wertvolle Eigenschaften. Natürlich gewonnenes Kollagen wird in unterschiedlichen Formen (Lösung, Gel, Pulver, Schaum, Film, Faser) medizinisch eingesetzt. Da Kollagenfasern zugfest sind, können sie durch Stricken, Weben oder Flechten in die gewünschte Struktur gebracht werden. Kollagenimplantate sind biokompatibel, abbaubar im Körper und verursachen gelegentlich milde Entzündungsreaktionen. Kollagen verstärkt die Haftung sowie das Wachstum der Zellen an die Implantate, was den Heilungsprozess verbessern und beschleunigen kann [67, 69].

12.3 Natürliche Polymere 259

Medizinische Einsatzgebiete und Anwendungsbereiche	
Kardiovaskuläre Chirurgie	Blutgefässersatz Herzklappenersatz
Orthopädie	Knochenersatz Bänder- und Sehnenersatz
Ophthalmologie	Corneaimplantate
Otologie	Tympanoplastik
Plastische Chirurgie	Korrektur von Gewebedefekten
Urologie	Dialysemembranen Blasen- und Harnleiterimplantat
Wundabdeckung	Behandlung von Verbrennungen, Wundliegen und Geschwüren

Tabelle 12.25 Beispiele für medizinische Anwendungsgebiete von Kollagen [70]

Immunologie
Der Aspekt der Immunologie ist aus zweierlei Gründen wichtig bei der medizinischen Anwendung von Kollagen. Einerseits wird in der Regel Kollagen aus Tieren klinisch eingesetzt, weshalb es notwendig ist, das Potential der immunologischen Reaktionen zu kennen. Zweitens werden Antikörper von Kollagen und anderen Proteinen als hochspezifische und sensitive Assays verwendet [71]. In *in vivo*-Untersuchungen bei 37 Patienten wurden Immunreaktionen auf Rinderhaut-Kollagen beobachtet, wobei die Bildung von Antikörpern in keinem der beobachteten Fälle auf eine systemische Reaktion zurückzuführen war [71].

12.3.2 Chitin und Chitosan

Chitin ist ein in der Natur weitverbreitetes, stickstoffhaltiges, lineares Polysaccharid. Es ist einer der Hauptbestandteile des Aussenskeletts der Gliederfüsser (Maikäferflügel und Hummerschalen) und der Zellwände von Pilzen. Garnelenschalen bestehen zum Beispiel aus einem Verbund von Chitin (15–20%), Calciumcarbonat (40–50%) und Protein (30–40%). Garnelenschale, ein Nebenprodukt der Lebensmittelverarbeitungsindustrie, stellt daher ein billiges Rohmaterial für die Gewinnung von Chitin und Chitosan dar [72–74].

Bei der Chitinherstellung wird gemahlene Garnelenschale zuerst in verdünnter Salzsäurelösung gerührt, um das Calciumcarbonat zu entfernen. Nach diesem Demineralisationsprozess wird die übriggebliebene Schale mit verdünnter Natronlauge behandelt, um Proteine aufzulösen. Schliesslich bleibt unlösliches Chitin zurück. Das erhaltene rohe Chitin wird weiteren Säure- und Lauge-Behandlungen unterworfen, um es vollständig von Mineralien- und Proteinresten zu befreien.

In konzentrierter Natronlauge entsteht aus Chitin das Deacetylierungsprodukt Chitosan (Abb. 12.9). Während Chitin sowohl in wässrigen als auch in gewöhnli-

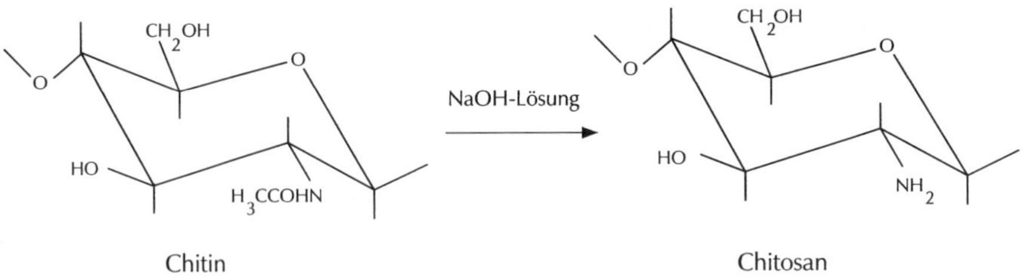

Abb. 12.9 Umwandlung von Chitin in Chitosan

Anwendungsgebiete	Beispiele für mögliche Anwendungen
Medizin	hämostatische Mittel (Chirurgie, Wundbedeckung) künstliche Blutgefässe, Blutdialyse-Membran Wundbedeckungen (Film und Membran) künstliche Haut für Brandwunden Kontaktlinsen bioabbaubares Nahtmaterial Controlled Release Systeme Material für Zahnbehandlung, Orthopädie, künstliche Organe
Kosmetik	Kosmetikzusätze für Haarconditioner, Feuchtigkeitscreme, Nagellack
Biotechnologie	Immobilisierung von Zellen und Enzymen Träger für Affinitätschromatographie und Proteintrennung Biosensor (Glucoseelektrode)
Lebensmittelindustrie	Schutzmittel für Früchte und Gemüse Zusätze für Tierfutter Klärmittel für Säfte

Tabelle 12.26 Chitin, Chitosan und Beispiele für mögliche Anwendungen [77]

chen organischen Lösungen unlöslich ist, weist Chitosan in verdünnten Säurelösungen eine hohe Löslichkeit auf. Dadurch können aus Chitosan durch einfache Verarbeitungsprozesse verschiedenste Materialformen hergestellt werden–von gelartiger Salbe bis zu Pulver, Perlen, Fasern und Membranen.

Chitosan liegt in der Lösung als Polykation vor. Es bildet stabile ionische Komplexe (Hydrogele) mit zahlreichen Anionen und Polyanionen wie Xanthan, Alginat, Pectin, Heparin [75], Dextransulfat [76] und Carboxymethylcellulose. Die antimikrobielle und hämostatische Wirkung von Chitin und Chitosan, in Kombination mit ihrer hohen Bio- und Ökokompatibilität, macht sie zu vielversprechenden Werkstoffen im Bereich der Medizin, Biotechnologie und Landwirtschaft. Im Bereich des Umweltschutzes werden Chitosan und seine leicht vernetzten Produkte zur Entfernung oder Rückgewinnung von Schwermetallen im Abwasser gebraucht, denn Chitosan besitzt dank einem hohen Gehalt an Aminogruppen eine hohe Adsorptionsaffinität zu Metallionen.

12.3 Natürliche Polymere 261

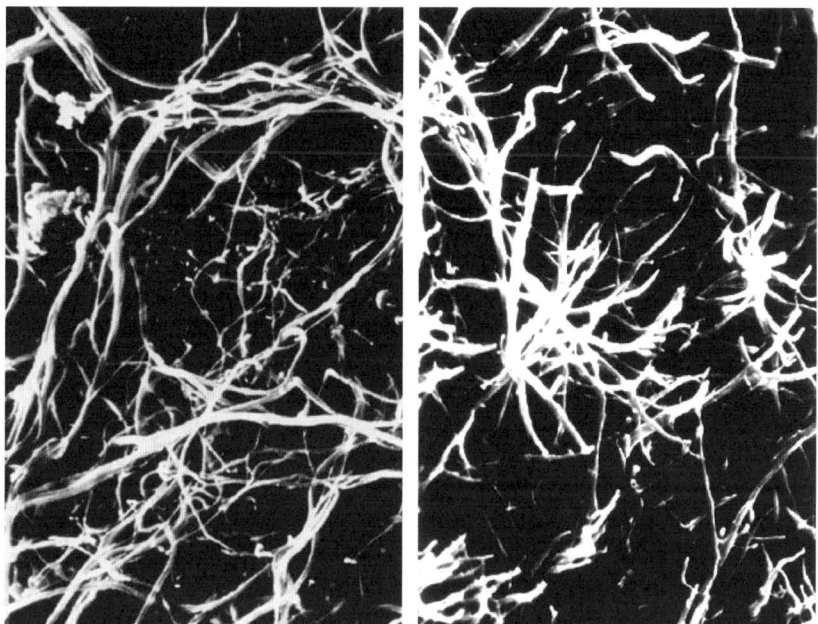

Abb. 12.10 Rasterelektronenmikroskopische Aufnahme einer Fibrinstruktur in einem Plasmaclot *(links)*. Die mit dem Fibrinkleber Tissucol® erreichte Struktur *(rechts)* hat eine grosse Ähnlichkeit mit der natürlichen Fibrinstruktur eines Plasmaclots (Vergrösserung: 6000x) (Aufnahmen: Fa. Immuno AG, Wien)

12.3.3 Fibrin

Für die Vereinigung von Gewebe- und Wundrändern hat sich die chirurgische Nahttechnik seit langem etabliert. Trotz hochentwickelter Nahtmaterialien und optimierter Nahttechnik konnte jedoch nicht immer verhindert werden, dass Komplikationen wie beispielsweise Wundrandnekrosen oder Anämie im Gewebe auftraten. Ziel der Entwicklung von Gewebeklebstoffen war daher der Wunsch nach einer blutstillenden und atraumatischen Gewebeverbindung.

Der Einsatz von fibrin- bzw. fibrinogenhaltigen Substanzen zur Blutstillung und Wundversorgung wurde erstmals im Jahre 1915 durchgeführt [78]. In den nachfolgenden Jahren wurde die Anwendung von fibrin-, bzw. fibrinogenhaltigen Substanzen in verschiedenen medizinischen Bereichen erprobt. Aufgrund der geringen Festigkeit und Stabilität der Klebungen fand die Technik jedoch lange Zeit keine weitere Verbreitung. Die Verwendung von hochkonzentriertem Fibrinogen, der Zusatz des fibrinstabilisierenden Faktors XIII und die Verzögerung der Fibrinolyse durch Antifibrinolytika zeigten sich in den 70-er Jahren positive *in vivo*-Ergebnisse, so dass bald darauf die Fibrinklebung in der Humanmedizin eingesetzt wurde. Da es sich bei Fibrin um ein Human-Hämoderivat handelt, besteht eine potentielle Infektionsgefahr mit Erregern, z. B. dem HIV-Virus.

12.4 Biodegradable Polymere

Biodegradable Polymere werden in der Medizin einerseits in der Chirurgie wie beispielsweise als chirurgische Nahtfäden, temporäre Klebstoffe, temporäre Membranen oder als Osteosyntheseplatten für die Maxillofacialchirurgie, und andererseits in der Pharmazie als Trägerwerkstoffe für kontrollierte therapeutische Systeme eingesetzt. Für eine optimale Anwendung von biodegradablen Polymeren im menschlichen Körper sollen die Degradationsprodukte des Polymers in den biologischen Kreislauf aufgenommen werden. Tabelle 12.27 fasst die geforderten Eigenschaften und die jeweiligen Einflussfaktoren für den klinischen Einsatz von biodegradablen Polymeren zusammen. Das erste biodegradable Polymer, das medizinisch eingesetzt wurde, war Polyglykolsäure (PGA) in Form von resorbierbaren, chirurgischen Nahtfäden (Dexon®) [80]. In den letzten 15 Jahren testete man eine Reihe weiterer biodegradabler Polymere, wie beispielsweise Polyester-Urethane, aliphatische Polyester, Polyanhydride, Polyorthoester, Cellulose und Alginate für die klinische Anwendung. In [80] wird beschrieben, dass bei biodegradablen Polymeren vier unterschiedliche Degradationsmechanismen vorherrschen: (a) Polymerauflösung, (b) unspezifische Hydrolyse, (c) enzymatische Degradation sowie (d) Dissoziation von Polymer-Polymer-Komplexen. In all diesen Fällen ist es erwünscht, dass die Degradationsprodukte in den Körpermetabolismus eingebunden werden. Zudem sollte ihr Molekulargewicht geringer als 40'000–50'000 g/mol sein, damit eine Elimination über die normalen Ausscheidungswege möglich ist [80].

Eigenschaft	Einflussfaktoren
Biokompatibilität	chemische Zusammensetzung Kristallinität Freisetzung von Oligomeren, Restmonomeren, Degradationsprodukten Degradationscharakteristik Implantatdesign, Oberflächeneigenschaften
Biofunktionalität	physikalische, mechanische und biologische Eigenschaften in Funktion der Degradationszeit
Verarbeitbarkeit	thermische Stabilität Schmelz- und Lösungsverhalten
Sterilisierbarkeit	chemische Stabilität gegenüber einer thermischen Behandlung (Dampfsterilisation), Strahlung (γ-Strahlen) und chemischen Substanzen (Ethylenoxid, Formaldehyd)
Anpassbarkeit an den Implantationsort	mechanische Eigenschaften Geometrie und Verformbarkeit des Implantats
Lagerfähigkeit	Alterungsbeständigkeit Wasseraufnahme

Tabelle 12.27 Zusammenstellung einiger Eigenschaften und ihrer Einflussfaktoren auf biodegradable Polymere für den klinischen Einsatz [79]

12.4 Biodegradable Polymere

Polymer	Abkürzung	chemische Struktur
Poly(glykolsäure) (Polyglykolid)	PGA	$+\!\!-\!\!O\!\!-\!\!(CH_2)_5\!\!-\!\!\overset{\overset{O}{\|}}{C}\!\!-\!\!+_n$
Poly(milchsäure) (Polylactid)	PLA	$+\!\!-\!\!O\!\!-\!\!\underset{\underset{CH_3}{\|}}{CH}\!\!-\!\!\overset{\overset{O}{\|}}{C}\!\!-\!\!+_n$
Poly(ε-caprolacton)	PCL	$+\!\!-\!\!O\!\!-\!\!(CH_2)_5\!\!-\!\!\overset{\overset{O}{\|}}{C}\!\!-\!\!+_n$
Poly(β-hydroxybutyrat)	PHB	$+\!\!-\!\!O\!\!-\!\!\underset{\underset{COOH}{\|}}{CH}\!\!-\!\!CH_2\!\!-\!\!\overset{\overset{O}{\|}}{C}\!\!-\!\!+_n$
Poly(p-dioxanon)	PDS	$+\!\!-\!\!O\!\!-\!\!(CH_2)_2\!\!-\!\!O\!\!-\!\!CH_2\!\!-\!\!\overset{\overset{O}{\|}}{C}\!\!-\!\!+_n$
Polyanhydride		$+\!\!-\!\!O\!\!-\!\!\overset{\overset{O}{\|}}{C}\!\!-\!\!(CH_2)_8\!\!-\!\!\overset{\overset{O}{\|}}{C}\!\!-\!\!O\!\!-\!\!+_n$

Tabelle 12.28 Aliphatische Polyester, die in der Literatur als biodegradabel bezeichnet werden [79]

Degradationsmechanismen

Die Degradation von Polymeren kann durch verschiedene Mechanismen initiiert werden. Die strahlungs-, temperatur- oder mechanisch induzierte Degradation erfolgt in der Regel durch die Spaltung von kovalenten Bindungen. Die dadurch gebildeten freien Radikale führen zu einer weiteren Desintegration der Polymerketten. Die *hydrolytische Degradation* erfolgt bei Polymeren mit hydrolytisch instabilen Bindungen wie beispielsweise Ester- oder Amidgruppen. Der Depolymerisationsprozess entspricht dabei einer umgekehrten Polykondensationsreaktion. Bei der Hydrolyse wird der Abbau in der Regel durch die Diffusion von H_2O kontrolliert; die Degradationskinetik ist in erster Näherung unabhängig von der exponierten Oberfläche (bulk degradation). Die hydrolytische Degradation kann durch Temperatur, durch Säuren und Basen sowie durch Enzyme katalysiert werden. Als Beispiel ist im folgenden die Degradationsreaktion von Polyestern dargestellt. Die Esterbindung wird gemäss folgender Reaktion unter Bildung von Alkohol- und Säureendgruppen gespalten (umgekehrte Veresterung):

$$\sim\sim R-\underset{\delta+}{\overset{\overset{\delta-}{O}}{\underset{\|}{C}}}-O-R'-\overset{O}{\underset{\|}{C}}-O\sim\sim \;+\; \overset{\delta-}{\underset{\delta+ H \quad H}{O}} \;\longrightarrow\; \sim\sim R-\overset{O}{\underset{\|}{C}}-OH \;+\; HO-R'-\overset{O}{\underset{\|}{C}}-O\sim\sim$$

Aliphatische Polyester sind relativ empfindlich gegen Hydrolyse. Dies wurde beispielsweise bei den Polyester-Urethanen beobachtet, die in physiologischer Umgebung durch Hydrolyse der aliphatischen Polyestersegmente degradierten. Aromatische Polyester wie z. B. Polyethylenterephthalat (PET) sind weniger empfindlich auf Hydrolyse, da sie wegen der aromatischen Gruppen eine grössere Hydrophobizität aufweisen. Die sterische Hinderung durch die aromatischen Gruppen und eine höhere Kristallinität bilden eine zusätzliche Stabilität gegen hydrolytischen Angriff.

Die *enzymatische Degradation* findet in der Regel an spezifischen Gruppen, die vom Enzym erkannt werden, statt. Sie kann dabei je nach Enzym hydrolytisch, oxidativ oder durch direkte Kettenspaltung erfolgen. Da Enzyme aufgrund ihres hohen Molekulargewichtes nicht in das Polymer diffundieren können, wird in enzymatisch degradierenden Polymeren die Degradationskinetik durch die adsorptiv

12.4 Biodegradable Polymere 265

zugängliche Oberfläche kontrolliert (surface degradation). Der enzymatische Abbau wurde vor allem bei natürlichen Polymeren wie z. B. bei natürlichen Polyestern (Polyhydroxyalkanoate), Polysacchariden (Stärke, Chitin, Alginate) und Polypeptiden (Seide, Wolle, Keratin, Kollagen) beobachtet.

12.4.1 Polylactide und Polyglykolide

Polylactide und -glykolide sind aliphatische Polyester und gehören zu den Poly(α-hydroxysäuren). Seit den 60-er Jahren werden lineare Polylactide und -glykolide in der Medizin eingesetzt, vorwiegend als Trägerwerkstoffe für kontrollierte therapeutische Systeme (drug delivery systems), meist in injizierbarer Form als Hohlkugeln (microspheres), als Trägerwerkstoffe für Zellen (scaffolds) sowie als Nahtmaterial. Durch die Variation der Lactid- und Glykolidanteile können PGA/PLA-Copolymere mit unterschiedlichen physikalischen und mechanischen Eigenschaften hergestellt werden.

Herstellung
Lineare Polylactide und -glykolide werden in der Regel durch eine katalysierte Ringöffnungspolymerisation in der Schmelze bei Temperaturen von 140 bis 180 °C synthetisiert. Als übliche Katalysatoren werden Zinnoktoate oder Zinnhexanoate verwendet. In nachfolgender Abb. 12.11 ist ein hypothetischer Mechanismus der Ringöffnungspolymerisation von Lactiden dargestellt [81].

Polylactide können als D(−)- oder L(+)-Lactide vorliegen. Die D(−)-Lactide entstehen durch Vergärung von Melasse, einem stärkehaltigen Nebenprodukt der Zuckerherstellung, mit Bacillus acidi laevolactiti oder durch Fermentation von Glucose durch Lactobacillus leichmannii. Die L(+)-Milchsäure lässt sich durch Vergärung von Melasse durch Penicillium glaucum oder durch Fermentation von Glucose durch Lactobacillus delbrueckii synthetisieren. Als Naturprodukt kommt sie aber auch im Blut, im Muskelserum, in der Galle, in den Nieren und in anderen Organen von Säugetieren vor. In Muskeln, die kurzzeitig hoch beansprucht werden, bildet sich durch den Abbau von Glucose (Glykolyse) L(+)Milchsäure, wobei zwei Moleküle Adenosintriphosphat (ATP) erzeugt werden, die direkt zum Antrieb der Muskelkontraktion dienen. DL(±)-Lactid, das Racemat, entsteht in der Milch durch Lactidbakterien, kommt aber auch in Früchten und Pflanzen durch teilweise Vergärung des Zucker vor.

Eigenschaften
Die mechanischen Eigenschaften von Polylactiden und -glykoliden hängen hauptsächlich vom Molekulargewicht, vom Kristallinitätsgrad und vom Anteil der Copolymere ab (Tabelle 12.29). PLA und PLA-PGA-Copolymere mit Glykolidgehalt von unter 50% sind in chlorierten Lösungsmitteln, Tetrahydrofuran und Ethylacetat löslich. PGA ist unlöslich in den üblichen Lösungsmitteln mit Ausnahme von Hexafluoroisopropanol.

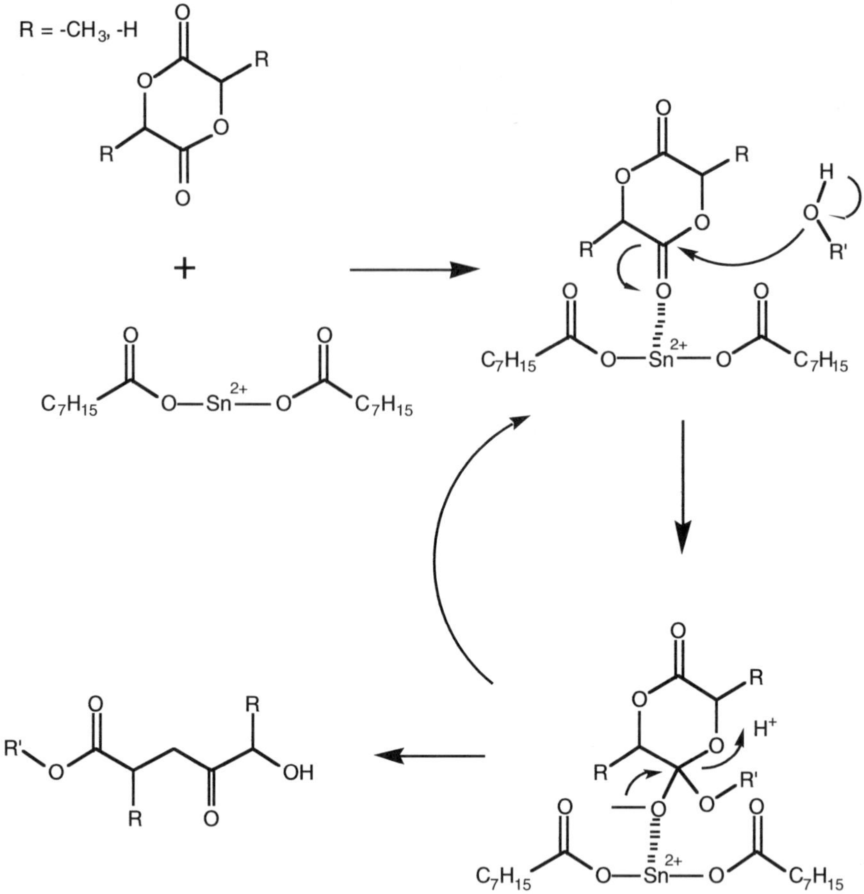

Abb. 12.11 Hypothetischer Mechanismus der Ringöffnungspolymerisation von Lactiden und Glykoliden mit Zinn-2-ethylhexanoat als Katalysator, nach [81]

Biodegradation

Die Degradation von Poly(α-hydroxysäuren) erfolgt hydrolytisch. Enzyme scheinen bei der Degradation von PLA und PGA, im Gegensatz zur Degradation von Poly(ε-caprolacton), keine bedeutende Rolle zu spielen. Es wird jedoch beschrieben, dass in einem späteren Stadium der Degradation eine enzymatische Aktivität involviert ist, wobei vermutet wird, dass das durch enzymatischen Abbau im menschlichen Körper entstandene Kohlendioxid zur Hauptsache über die Lungen ausgeschieden wird [79].

In vivo-Versuche von PGA-Fasern in subkutanem Gewebe von Ratten haben innerhalb von vier Wochen eine nahezu 100%-ige Abnahme der mechanischen Eigenschaften ergeben und nach weiteren drei Wochen wurde eine vollständige Desintegration des Polymers beobachtet [79]. Im Vergleich dazu zeigte PLA in derselben

Polymer	Molekular-gewicht M_w	Tg [°C]	Tm [°C]	Zug-festigkeit [MPa]	Zug E-Modul [MPa]	Bruch-dehnung [%]
L-PLA	50'000	54	170	28	1200	6.0
L-PLA	300'000	59	178	48	3000	2.0
DL-PLA	107'000	51		29	1900	5.0
PGA	50'000	35	210	–	–	–

Tabelle 12.29 Thermische und mechanische Eigenschaften von Polylactiden und -glykoliden [82]

Untersuchung nach einer Implantationsdauer von sechs Monaten einen Gewichtsverlust von lediglich 10%.

Mittels Gelpermeations-Chromatographie (GPC) wurde bei Degradation von PLA *in vitro* in einer nicht gepufferten wässrigen Lösung die Bildung einer bimodalen Molekulargewichtsverteilung beobachtet [79]. Es wurde daraus gefolgert, dass die Oberfläche von PLA, die in Kontakt mit dem umgebenden wässrigen Medium steht, sich mit einer geringeren Degradationsrate abbaut als das Bauteilinnere. Deshalb nimmt man an, dass die relativ langsam degradierende Oberfläche als eine semipermeable Membran wirkt, durch welche die im Werkstoffinnern erzeugten Degradationsprodukte nicht nach aussen transportiert werden können. Die ansteigende Konzentration von Alkohol- und Carboxylgruppen enthaltenden Degradationsprodukten kann den Abbau katalysieren (autokatalytische Degradation), so dass die Degradation hauptsächlich vom Bauteilinnern (bulk degradation) her erfolgt. Diese Beobachtung wurde sowohl bei Polylactiden wie auch bei Hohlkugeln (microspheres) aus PLA/PGA-Copolymeren [83, 84] gemacht.

Biokompatibilität
Bereits im Jahr 1966 wurde nach Implantation von Polylactid in Pulverform das Auftreten von geringen Entzündungsreaktionen innerhalb einer Woche beobachtet [79]. Die Reaktionszone war jedoch beschränkt auf eine dünne Schicht von polymorphonukleären Leukozyten und einigen Lymphozyten. Am Ende der ersten Woche bildeten sich Riesenzellen im frühen Stadium. Nach rund vier Wochen Implantationszeit beobachtete man die Bildung von Bindegewebe, und es wurde keine fortschreitende Entzündungsreaktion am Implantationsort festgestellt. Nach vierwöchiger Implantation von Polylactidfolien hatte sich das Aussehen des Implantates verändert: Das dünne und transparente Material befand sich nun in einem opaken und gequollenen Zustand. Zudem wurde die Bildung von einer dünnen Collagenschicht und einer aktiven Fibroblast-Proliferation zusammen mit der Bildung von einigen Blutgefässkanälen festgestellt. In derselben Arbeit wurde beschrieben, dass weder im Urin noch in den untersuchten Organen signifikante Mengen an Degradationsprodukten detektierbar waren, so dass die Autoren vermuteten, dass das degradierte Polymer in Form von CO_2 über die Atmung eliminiert worden war. Diese Beobachtungen wurden in weiteren Publikationen bestätigt.[110, 85–87].

Biokompatibilitätsuntersuchungen von PGA-Nahtfäden wurden in den frühen 70-er Jahren durchgeführt [88]. Man fand im Vergleich zu Katzendarm (Catgut®) geringere Entzündungsreaktionen des Gewebes, im Ausmass vergleichbar mit Dacronfasern. Nach 2 Jahren war das implantierte PGA vollständig degradiert. In den nachfolgenden Jahren wurden eine Vielzahl von *in vivo*-Untersuchungen mit PGA durchgeführt und in keinem Fall wurde von einer schweren Fremdkörperreaktion berichtet [79].

Aufgrund der relativ raschen Resorption hat sich PGA als ungeeignet für den Einsatz als Osteosyntheseplatten erwiesen, weshalb für diese Anwendungen die stabileren Polylactide erforscht werden. In vivo-Untersuchungen von PLA mit unterschiedlichen Molekulargewichten haben gezeigt, dass nach einer Implantationszeit von 48 Wochen die Implantate mit niedrigerem Molekulargewicht (89'000 g/mol) schneller degradierten als die Proben mit höherem Molekulargewicht (199'000 und 294'000 g/mol) [89].

In *in vivo*-Untersuchungen traten bei hochkristallinem PLA Komplikationen auf, die teilweise eine Entfernung der Implantate nötig machten [90]. Die Entzündungsreaktionen um das PLA-Implantat werden auf die Anwesenheit von Kristalliten und auf durch die Degradation verursachte pH-Senkung (saurer Abbau) zurückgeführt [91].

12.4.2 Polyhydroxyalkanoate (PHA)

Aus der Gruppe der Polyhydroxyalkanoate werden Poly(β-hydroxybutyrate) (PHB) erforscht. PHB ist ein Homopolymer von 3-Hydroxybutyrat. Es ist ein linearer, biodegradabler, kristalliner Polyester, der bakteriell erzeugt wird. Seit seiner ersten Isolierung und Charakterisierung im Jahre 1925 wurde dieses Polymer intensiv erforscht, um die biochemischen Schritte der PHB-Synthese zu ermitteln [92]. Biopol®, ein Copolymer aus Hydroxybutyrat und Hydroxyvalerat, fand als Verpackungsmaterial für Shampooflaschen erste kommerzielle Anwendung. Mögliche medizinische Anwendungen von PHA sind Mikrokapseln für kontrollierte therapeutische Systeme, chirurgische Nahtfäden, Wundabdeckungen und Gefässimplantate [92].

Eigenschaften und Degradation

PHB und PHB/PHV-Copolymere haben ein hohes Molekulargewicht (> 100'000 g/mol) bei einer engen Molekulargewichtsverteilung und eine Kristallinität von typischerweise 55–80%. Der Schmelzpunkt hängt von der Zusammensetzung des Polymers ab: das PHB-Homopolymer schmilzt bei 177 °C und weist eine Glasübergangstemperatur von 9 °C auf. Der Schmelzpunkt von Biopol® beträgt 150 °C (Tabelle 12.30) [82, 93]. Als Hauptnachteile von PHB werden die geringe Temperaturstabilität und die hohe Sprödigkeit genannt, die durch Copolymerisation mit Polyhydroxyvalerat (PHV) verringert werden. Durch Copolymerisation sinken jedoch auch Schmelzpunkt und Glasübergangstemperatur.

12.4 Biodegradable Polymere

Eigenschaften	PHB	Biopol® (PHB/PHV)
Dichte [g/cm³]	1.25	1.20
Zugfestigkeit [N/mm²]	40	32
Bruchdehnung [%]	2.0	8.0
Zug E-Modul [N/mm²]	3500	1200
Glasübergangstemperatur [°C]	9	0
Schmelztemperatur [°C]	177	150

Tabelle 12.30 Ausgewählte Eigenschaften von PHB und Biopol® (PHB/ 19.1% PHV) [93]

Biodegradation

Bei Untersuchungen an Implantaten aus PHB wurden nur sehr milde Fremdkörperreaktion beobachtet. In *in vivo*-Untersuchungen wurden während einer Implantationszeit von 12 Monaten keine chronischen Entzündungsreaktionen festgestellt [94]. *In vitro*-Untersuchungen der Degradation von PHB in einem neutralen Puffer bei 37 °C haben gezeigt, dass die hydrolytisch bedingten Degradationsraten im Vergleich zu *in vivo*-Versuchen bedeutend geringer sind. Der Schluss liegt nahe, dass Enzyme die *in vivo*-Degradation beschleunigen.

12.4.3 Polycaprolacton (PCL)

Polycaprolacton (PCL) wird über anionische, kationische oder Polymerisation aus ε-Caprolacton synthetisiert. Die anionische Polymerisation wird hauptsächlich für die Synthese von Oligomeren und Polymeren mit niedrigem Molekulargewicht und endständigen OH-Gruppen verwendet. Mittels kationischer Polymerisation können Polymere in einem Molekulargewichtsbereich von 15'000 bis 50'000 g/mol hergestellt werden. Für die Synthese von hochmolekularen Homopolymeren und Copolymeren mit Lactiden oder anderen Lactonen werden Katalysatoren wie beispielsweise Alkoxide und Halide von Al, Sn, Mg oder Ti verwendet.

Eigenschaften

Poly(ε-caprolactone) sind löslich in chlorierten und aromatischen Kohlenwasserstoffen, Cyclohexan und 2-Nitropropan. Sie sind unlöslich in aliphatischen Kohlenwasserstoffen, Diethylether und Alkoholen. Das Homopolymer schmilzt bei 59–64 °C und hat eine Glasübergangstemperatur von –60 °C. Die Copolymerisation mit Lactiden erhöht die Glasübergangstemperatur, die mit zunehmendem Lactidanteil steigt. Der Kristallinitätsgrad von PCL sinkt mit steigendem Molekulargewicht; bei einem Molekulargewicht von 5'000 g/mol beträgt der Kristallinitätsgrad 80%, bei MG = 60'000 g/mol weist PCL einen Kristallinitätsgrad von 45% auf [82].

Biodegradation
Die Degradation von Poly(ε-caprolacton) verläuft sowohl in vitro wie auch in vivo hydrolytisch, wobei wie bei Polylactiden eine Degradation vom Bauteilinnern her (bulk degradation) beobachtet wurde [82]. Die vollständige Degradation von PCL geschah in vitro und in vivo nach 2–4 Jahren. Die Degradationsrate kann durch Copolymerisation, durch Zumischen von Lactiden und Glykoliden oder durch Zugabe von tertiären Aminen oder Oleinsäure, welche die Hydrolyse katalysieren, erhöht werden [95, 96].

12.4.4 Polyanhydride

Aromatische Polyanhydride wurden bereits im Jahr 1909 synthetisiert [97], in den 30-er Jahren aliphatische Polyanhydride entwickelt [98, 99]. Polyanhydride werden in neuester Zeit hauptsächlich als Träger für kontrollierte therapeutische Systeme erforscht [100–102]. Um eine maximale Kontrolle über den Prozess der Arzneimittelfreisetzung zu erlangen, ist im allgemeinen ein Polymersystem erwünscht, welches lediglich von der Oberfläche her degradiert [103]. Diese Abbaucharakteristik erfordert, dass die Geschwindigkeit der hydrolytischen Degradation an der Oberfläche viel grösser ist als die Geschwindigkeit der Diffusion von Wasser in das Werkstoffinnere (heterogene Degradation). Polyanhydride stellen diesbezüglich einen vielversprechenden Werkstoff dar. Ein weiterer Vorteil für die medizinische Anwendung ist die additivfreie Verarbeitbarkeit [103].

Herstellung
Der grösste Teil der Polyanhydride wird über Schmelzpolymerisation hergestellt, woraus Polymere mit einem Molekulargewicht von bis zu 125'000 g/mol resultieren. Die Synthese erfolgt dabei über die Bildung eines Zwischenpolymers durch Polymerisation von Monomeren aus Dicarboxylsäure. Das Zwischenpolymer wird anschliessend im Vakuum erhitzt. Die höchsten Molekulargewichte wurden bei einer Temperatur von 180 °C bei einer Polymerisationszeit von 90 min gemessen [82]. Ein höheres Molekulargewicht kann durch Einsatz von Katalysatoren wie beispielsweise Cadmiumacetat oder Oxide von seltenen Erden erhalten werden. Die daraus entstandenen Polymere weisen ein Molekulargewicht von 90'000 bis 240'000 g/mol auf [82]. Eine weitere Möglichkeit zur Synthese von Polyanhydriden ist die Lösungspolymerisation. Hierbei wird eine Dichlorsäure-Monomerlösung tropfenweise in die eisgekühlte Lösung einer Dicarboxylsäure gegeben. Die Polymerisation startet sofort nach Kontakt der Monomere und ist nach rund einer Stunde abgeschlossen.

Eigenschaften
Die Polyanhydride sind sehr hydrophob und hydrolytisch unbeständig, weshalb sie als Trägerwerkstoffe für kontrollierte therapeutische Systeme von Interesse sind. Die meisten Polyanhydride sind in Dichlormethan und Chloroform löslich, wobei

12.4 Biodegradable Polymere

die Löslichkeit der aromatischen Polyanhydride geringer ist als die der aliphatischen Polyanhydride [82].

12.4.5 Polyorthoester

Polyorthoester wurden als Werkstoff für subkutan implantierbare kontrollierte therapeutische Systeme entwickelt [104]. Aufgrund ihres hydrophoben Charakters und der geringen Hydrolysebeständigkeit wurde wie bei den Polyanhydriden eine heterogene Degradation erwartet.

Herstellung und Verarbeitung
Die Synthese der ersten Polyorthoester im Jahr 1978 (Alzamer, Alza Corporation) erfolgte über einen zweistufigen Temperaturzyklus (110–115 °C / 1–2h und 180 °C / 24h / 0.01 torr). In klinischen Feldstudien konnte beim Einsatz von Alzamer die Bildung von lokalen Entzündungen nachgewiesen werden, weshalb es heute nicht mehr benutzt wird. Eine andere Art von Polyorthoestern wurde durch Addition von Diolen (wie beispielsweise Ethylenglykol, Bisphenol A oder 1,6-Cyclohexandiol) und Diketenacetalen hergestellt (Abb. 12.12).

Polyorthoester sind unbeständig gegen Hydrolyse und weisen eine relative geringe thermische Beständigkeit auf. Die Kombination von Feuchtigkeit und Hitze kann deshalb eine Degradation innerhalb weniger Tage zur Folge haben. Die Herstellung von Bauteilen aus Polyorthoester mittels Spritzgussprozess muss demnach unter Ausschluss von Feuchtigkeit erfolgen. [82]. Das Molekulargewicht von Polyorthoestern hängt ab von der Art des eingesetzten Diols und vom Katalysator, der für die Synthese verwendet wird. Ein lineares, flexibles Diol, wie beispielsweise 1,6-Hexandiol, ergab Polymere mit einem Molekulargewicht von MG > 200'000 g/mol, während bei Verwendung von Bisphenol A in Anwesenheit eines Katalysators Polymere mit MG = 10'000 g/mol entstanden [82]. Die Glasübergangstemperatur von DETOSU kann durch Änderung der Anteile von 1,6-Hexandiol und trans-1,4-Cyclohexandimethanol bei der Synthese zwischen T_g = 25–110 °C variiert werden [105].

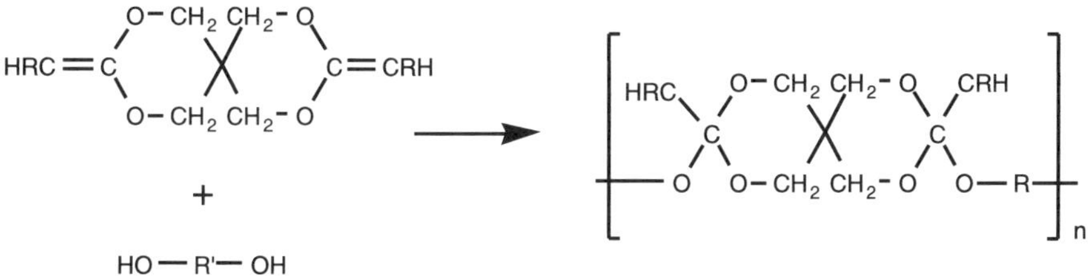

Abb. 12.12 Synthese des Polyorthoesters 3,9-bis(methylen)-2,4,8,10-tetraoxaspiro[5,5]undekan (DETOSU) für R=H [82]

12.5 Literatur

1. Planck H., *Kunststoffe und Elastomere in der Medizin*, Verlag W. Kohlhammer, Stuttgart, 1993.
2. Tanzawa H., Biomedical polymers: Current status and overview, in *Biomedical applications of polymeric materials*, Tsuruta T., Hayashi T., Kataoka K., Ishihara K., Kimura Y. (eds.), CRC Press, Boca Raton, 1993, p. 1-15.
3. Menges G., *Werkstoffkunde der Kunststoffe*, 2. Edition, Hanser Verlag, München, 1985.
4. Williams D.F., The toxicology of additives in medical plastics, in *Systemic aspects of biocompatibility*, II, Williams D.F. (ed.), CRC Press, Boca Raton, 1981, p. 145-157.
5. Dumitriu S., C. D.-M., Hydrogel and general properties of biomaterials, in *Biocompatibility of polymers*, Dumitriu S. (ed.), Marcel Dekker, Inc., New York, 1994, p. 3-97.
6. Dumitriu S., Dumitriu D., Biocompatibility of polymers, in *Polymeric biomaterials*, Dumitriu S. (ed.), Marcel Dekker, Inc., New York, 1994, p. 99-158.
7. Halpern B.D., Tong Y.-C., Medical applications, in *Polymers: Biomaterials and medical applications*, Kroschwitz J.I. (ed.), John Wiley & Sons, New York, 1989, p. 253-275.
8. Peppas N.A., Langer N.A., New challenges in biomaterials, *Science*, 263, 1994, p. 1715-1720.
9. Domininghaus H., *Die Kunststoffe und ihre Eigenschaften*, 3. Edition, VDI Verlag, Düsseldorf, 1988.
10. Ebeling F.-W., Schirber H., Huberth H., Schlör N., *Kunststoffkunde*, 2. Edition, Vogel Buchverlag, Würzburg, 1988.
11. Franck A., Biederbick K., *Kunststoff-Kompendium*, Vogel Fachbuch: Werkstoffkunde, Würzburg, 1990.
12. Woebcken W., *Kunststoff Taschenbuch*, 25. Edition, Carl Hanser Verlag, München, 1992.
13. Eyerer P., Ellwanger R., Federolf H.-A., Kurth M., Mädler H., Polyethylene, in *Concise encyclopedia of medical and dental materials*, Williams D. (ed.), Pergamon Press, 1990, p. 271-280.
14. Eyerer P., Kunststoffe in der Gelenkendoprothetik, *Zeitschrift für Werkstofftechnik*, 17, 1986, p. 444-448.
15. Lynch C.T., *Practical handbook of materials science*, CRC Press, Boca Raton, 1989.
16. Gierse H., Schramm W., Nachuntersuchung von 997 Hüftendoprothesen unter besonderer Berücksichtigung der Spätergebnisse 9-11 Jahre post operationem, *Z. Orthop.*, 122, 1984, p. 784-789.
17. Streicher R.M., Möglichkeit der Optimierung von Gleitpaarungen gegen ultrahochmolekulares Polyethylen für künstliche Gelenke, *Biomedizinische Technik*, 35, 4, 1990, p. 78-83.
18. Willert H.-G., Bertram H., Buchhorn G.H., Osteolysis in alloarthroplasty of the hip. The role of ultra-high molecular weight polyethylene wear particles, *Clinical orthopaedics and related research*, 258, 1990, p. 95-107.
19. Huber J., Plitz W., Refior H.J., Das tribologische Verhalten von UHMWPE Materialien für das künstliche Hüftgelenk im Ring-on-Disc Prüfverfahren, *Biomedizinische Technik*, 40, Ergänzungsband 1, 1995, p. 65-66.
20. Gilding D.K., Degradation of polymers: Mechanisms and implications for biomedical applications, in *Fundamental aspects of biocompatibility*, I, Williams D.F. (ed.), CRC Press, Boca Raton, 1981, p. 43-65.
21. Chu C.C., Polyesters and polyamides, in *Concise encyclopedia of medical and dental materials*, Williams D.F. (ed.), Pergamon Press, Oxford, 1990, p. 261-270.
22. Vinard E. et al., Stability of performance of vascular prostheses retrospective study of 22 cases of human implanted prostheses, *Journal of Biomedical Materials Research*, 22, 1988, p. 633-648.
23. Keiser O.M., *Synthese und Charakterisierung von neuen biokompatiblen Blockcopolyestern für medizinische Anwendungen*, Diss., ETH Zürich, 1995.
24. Lantos P.R., Plastics in medical applications, *Journal of biomaterials applications*, 2, 1988, p. 358-371.

25. Wening J.V., Marquardt H., Katzer A., Jungbluth K.H., Marquardt H., Cytotoxity and mutagenity of Kevlar: an in vitro evaluation, *Biomaterials*, 16, 4, 1995, p. 337-340.
26. Williams D.F., Polytetrafluorethylene, in *Concise encyclopedia of medical and dental materials*, Williams D.F. (ed.), Pergamon Press, Oxford, 1990, p. 299-303.
27. W.L. Gore & Associates (UK) Ltd. T.n.d.i.v.s.B.G.-T.s.v.g., Produkteinformation, Surrey (UK), 1992notes.
28. Jones D.W., Materials for fixed and removable prosthodontics, in *Materials science and technology, Vol. 14: Medical and dental materials*, Cahn R.W., Haasen P., Kramer E.J. (eds.), VCH-Verlag, Weinheim, 1992, p. 429-457.
29. Williams D.F., Materials for ophthalmology, in *Materials science and technology, Vol. 14: Medical and dental materials*, Cahn R.W., Haasen P., Kramer E.J. (eds.), VCH-Verlag, Weinheim, 1992, p. 415-429.
30. Allosul-60 K., Gebrauchsinformation, Gebr. Sulzer AG, Winterthur, Schweiz und ALLO PRO AG, Baar, Schweiz.
31. Lidgren L., Bodelind B., Möller J., Bone cement improved by vacuum mixing and chilling, *Acta Orthop. Scand.*, 57, 1987, p. 27-32.
32. Ege W., Knochenzement, in *Kunststoffe und Elastomere in der Medizin*, Planck H. (ed.), Verlag W. Kohlhammer, Stuttgart, 1993, p. 112-124.
33. Endler F., Die allgemeinen Materialeigenschaften der Methylmethacrylat-Endoprothesen für das Hüftgelenk und ihre Bedetung für die Spätprognose einer Hüftarthroplastik, *Archiv für orthopädische und Unfall-Chirurgie*, 46, 1953, p. 35 ff.
34. Rudigier J., Scheuermann H., Kotterbach B., Ritter G., Restmonomerabnahme und -freisetzung aus Knochenzementen, *Unfallchirurgie*, 7, 1981, p. 132-137.
35. Streicher R.M., Knochenzement Allosul-69, *Informationsschrift der Sulzer Medizinaltechnik, Schweiz, 3. Februar 1987*, 1987.
36. Szycher M., Biostability of polyurethane elastomers: a critical review, *Journal of Biomaterials Applications*, 3, October, 1988, p. 297-402.
37. Williams D.F., Polyurethanes, in *Concise encyclopedia of medical and dental materials*, Williams D.F. (ed.), Pergamon Press, Oxford, 1990, p. 303-307.
38. Boretos J.W., Past, present and future role of polyurethanes for surgical implants, *Pure & Applied Chemistry*, 52, 5, 1980, p. 1851-1855.
39. Szycher M., Siciliano A.A., Reed A.M., Polyurethane elastomers in medicine, in *Polymeric biomaterials*, Dumitriu S. (ed.), Marcel Dekker, Inc., New York, 1994, p. 233-244.
40. Stokes K.B., Polyether polyurethanes: Biostable or not?, *Journal of Biomaterials Applications*, 3, 1988, p. 228-259.
41. Bonart R., *J. Macromol. Sci. Phys.*, B2, 1968, p. 115.
42. Parins D.J., McCoy K.D., Horvath N.J., *In vivo degradation of a polyurethane*, Cardicac pacemakers, Inc., St. Paul, Minnesota, 1981.
43. Williams D.F., Biodegradation of medical polymers, in *Concise encyclopedia of medical and dental materials*, Williams D.F. (ed.), Pergamon Press, Oxford, 1990, p. 69-74.
44. Sutherland K., Mahoney J.R., Coury A.J., Eaton J.W., Degradation of biomaterials by phagocyte-derived oxidants, *The Journal of clinical investigation*, 92, 1993, p. 2360-2367.
45. Stokes K., Chem B., Environmental stress crackin gin implanted polyurethanes, in *Polyurethanes in biomedical engineering*, Planck H., Egbers G., Syre I. (eds.), Elsevier, Amsterdam, 1984, p. 243-255.
46. Smith R., Williams D.F., Oliver C., The biodegradation of poly(ether uretanes), *Journal of Biomedical Materials Reasearch*, 21, 1987, p. 1149-1166.
47. Griesser H.J., Degradation of polyurethanes in biomedical applications - A review, *Polymer Degradation and Stability*, 33, 1991, p. 329-354.
48. Thoma R.J., Tan F.R., Phillips R.E., Ionic interactions of polyurethanes, *Journal of biomaterials applications*, 3, 1988, p. 180-206.
49. Pinchuk L., Kato Y.P., Eckstein M.L., Wilson G.J., MacGregor C.D., Polycarbonate urethanes as elastomeric materials for long-term implant applications, Society for Biomaterials: 19th

Annual Meeting on conjunction with the 25th International Biomaterials Symposium, Birningham, Alabama, USA, 1993, p. 22.
50. Zhang Z., King M.W., Guidoin R., Therrien M., Pezolet M., Adnot A., Ukpabi P., Vantal M.H., Morphological, physical and chemical evaluation of the Vascugraft arterial prosthesis: comparison of a novel polyurethane device with other microporous structures, *Biomaterials*, 15, 1994.
51. Ito Y., Kashiwagi T., Liu S.Q., Antithromogenic heparin bound polyurethane, Artificial hearts, Proc. 2nd Int. Symp. on artificial heart and assist dev., Tokyo, 1988, p. 35-53.
52. Bamford C.H., Middleton I.P., Al-Lamee K.G., Paprotny J., Satake Y., Modifications of polymers for cardiovascular applications - some routes to bioactiv hydrophilic polymers, *Bull. Mater. Sci.*, 12, 1989, p. 3-15.
53. Albanese A., Barbucci R., Belleville J., Bowry S., Eloy R., Lemke H.D., Sabatini L., In vitro biocompatibility evaluation of a heparinizable material (PUPA), based on polyurethane and poly(amido-amine) components, *Biomaterials*, 15, 1994, p. 129-136.
54. Quinn K.J., Courtney J.M., Silicones as biomaterials, *British Polymer Journal*, 20, 1988, p. 25-32.
55. Frisch E.E., Polysiloxanes, in *Concise encyclopedia of medical and dental materials*, Williams D. (ed.), Pergamon Press, Oxford, 1990, p. 289-299.
56. Rees T.D., Platt J.M., Ballantyne D.L., An investigation of cutaneous response to dimethylpolysiloxane (silicone liquid) in animals and humans - A preliminary report, *Plast. Reconstr. Surg.*, 35, 1965, p. 131.
57. Rigby R.B., Polyetheretherketone, in *Engineering thermoplastics*, Margolis J.M. (ed.), Marcel Dekker, Inc., New York, 1985, p. 299-314.
58. Wenz L.M., Merritt K., Brown S.A., Moet A., In vitro biocompatibility of polyetheretherketone and polysulfone composites, *Journal of Biomedical Materials Research*, 24, 1990, p. 207-215.
59. (ICI) I.C.I.P., Polyetheretherketon - Typen, Eigenschaften und Verarbeitungsmerkmale, England, Vorläufiges technisches Merkblatt, 2. Auflage, 1980.
60. Williams D.f., McNamara A., Turner R.M., Potential of polyetheretherketone (PEEK) and carbon-fibre-reinforced PEEK in medical applications, *Journal of materials science letters*, 6, 1987, p. 188-190.
61. Morrison C., Macnair R., MacDonald C., Wykman A., Goldie I., Grant M.H., In vitro biocompatibility testing of polymers for orthopaedic implants using cultured fibroblasts and osteoblasts, *Biomaterials*, 16, 13, 1995, p. 987-992.
62. D'Ariano M.D., Latour R.A., Kennedy J.M., Schutte H.D., Freidman R.J., Long term shear strength durability of carbon fiber reinforced PEEK composite in physiological saline, The 20th annual meeting of the society for biomaterials, Boston, MA, USA, 1994, p. 184.
63. Zhang G., Latour R.A., Kennedy J.M., Schutte H.D., Friedman R.J., Long term compressive strength durability of carbon fiber reinforced PEEK composite in physiological saline, The 20th annual meeting of the society for biomaterials, Boston, MA, USA, 1994, p. 160.
64. North American Science Associates Incorporated (NAMSA), Irvine, USA, Juni, 1984.
65. Davis P.A., Modified PHEMA hydrogels, in *High performance biomaterials: A comprehensive guide to medical and pharmaceutical applications*, Szycher M. (ed.), Technomic Publishing Co., Inc., Lancaster, 1991, p. 343-367.
66. Wichterle O., Hydrogels, in *Encyclopedia of polymer science and technology*, 15, Mark H.F., Gaylord N.G. (eds.), Interscience, New York, 1971, p. 273-291.
67. Li S.-T., Collagen biotechnology and its medical applications, in *Biotechnological polymers*, Gebelein C.G. (ed.), Technomic Publisher, 1993, p. 66-81.
68. de Duve C., *Die Zelle: Expedition in die Grundstruktur des Lebens (a guided tour of the living cell)*, Spektrum Akademischer Verlag, Heidelberg, 1992.
69. Gorham S.D., Collagen, in *Biomaterials: Novel materials from biological resources*, Byrom D. (ed.), Stockton Press, Macmillan Publishers Ltd., New York, 1991, p. 55-122.
70. Ramshaw J.A.M., Werkmeister J.A., Peters D.E., Collagen as a biomaterial, in *Current perspectives on implantable devices*, 2, Williams D.F. (ed.), Jai Press Ltd, London, 1990, p. 151-220.

12.5 Literatur

71. Piez K.A., Collagen, in *Polymers: Biomaterials and medical applications*, Kroschwitz J.I. (ed.), John Wiley & Sons, New York, 1989, p. 71-99.
72. Muzzarelli R.A.A., Jeuniaux C., Gooday G.W., *Chitin in nature and technology*, Plenum Press, New York, 1986.
73. Skjåk-Braek G., Anthonsen G.T., Sandford P., *Chtin and chitosan - Sources, chemistry, biochemistry, physical properties and applications*, Elsevier Applied Science, London, 1989.
74. Brine C.J., Sandford P.A., Zikakis J.P., *Advances in chitin and chitosan*, Elsevier Applied Science, London, 1992.
75. Kikuchi Y., Noda A., Polyelectrolyte complexes of heparin with chitosan, *Journal of applied polymer science*, 20, 1976, p. 2561-2563.
76. Kikuchi Y., Fukuda H., Polyelectrolyte complex of sodium dextran sulfate with chitosan, *Die Makromolekulare Chemie*, 175, 1974, p. 3593-3596.
77. Dang V.-L., Dang M.-H., Chitin and its derivates, in *The polymeric materials encyclopedia synthesis, properties and applications*, Salamone J.C. (ed.), CRC Press, Boca Raton, 1995.
78. Grey E.G., Fibrin as a haemostatic in cerebral surgery, *Surgery, gynecology & obstetrics*, 21, 1915, p. 452-454.
79. Vert M., Li S.M., Spenlehauer G., Guerin P., Bioresorbability and biocompatibility of aliphatic polyesters, *Journal of materials science: Materials in medicine*, 3, 1992, p. 432-446.
80. Iordanskii A.L., Rudakova T.E., Zaikov G.E., *Interaction of polymers in bioactive and corrosive media*, VSP BV, Utrecht, The Netherlands, 1994.
81. Kissel T., Brich Z., Bantle S., Lancranjan I., Nimmerfall, Vit P., Parenteral depot-systems on the basis of biodegradable polyesters, *Journal of controlled release*, 1991, p. 27.
82. Domb A.J., Amselem S., Maniar M., Biodegradable polymers as drug carrier systems, in *Biocompatibility of polymers*, Dumitriu S. (ed.), Marcel Dekker, Inc., New York, 1994, p. 399-433.
83. Kenley R.A., Lee M.O., Mahoney T.R., Sanders L.M., Poly(lactide-co-glycolide) decomposition kinetics in vivo and in vitro, *Macromolecules*, 20, 1987, p. 2398-2403.
84. Vissher G.E., Robinson R.L., Maulding H.V., Fong J.W., Parsin J.E., Argentieri G.J., Biodegradation of and tissue reaction to 50:50 poly(DL-lactide-co-glycolide) microcapsules, *Journal of biomedical materials research*, 19, 1985, p. 349-365.
85. Brady M.M., Cutright D.E., Miller R.A., Battistone G.C., *Journal of Biomedical Materials Research*, 1971, p. 155-166.
86. Miller R.A., Brady J.M., Cutright D.E., Degradation rates of oral resorbable implants (polyactates and polyglycolates): Rate modification with changes in PLA/PGA copolymer ratios, *Journal of biomedical materials research*, 11, 1977, p. 711-719.
87. Gerlach K.L., Biomaterials and clinical applications, Pizzoferrato A., Marchetti P.G., Ravaglioli A., Lee A.J.C. (eds.), Elsevier, Amsterdam, 1993, p. 299-304.
88. Frazza E.J., Schmitt E.E., *Journal of Biomedical Materials Research*, 1, 1971, p. 43-58.
89. Chawla A.S., Chang T.M.S., In vivo degradation of poly(lactid acid) of different mollecular weights, *Biomaterials, medical devices and artificial organs*, 13, 1985-86, p. 153-162.
90. Gerlach K.L., In vivo and clinical evaluations of poly(l-lactide) plates and screws for use in maxillofacial tramatology, *Clinical materials*, 13, 1993, p. 21-28.
91. Suganuma J., Alexander H., Biological response of intramedullary bone to poly-l-lactic acid, *Journal of applied biomaterials*, 4, 1993, p. 13-27.
92. de Koning G.J.M., Prospects of bacterial poly[(R)-3-hydroxyalkanoates], biopolymeren, Technische Universiteit Eindhoven, 1993.
93. Doi Y., *Microbial polyesters*, VCH Publishers, New York, 1990.
94. Gilbert D.L., Lyman J., In vitro and in vivo characterization of synthetic polymer/biopolymer composites, *Journal of Biomedical Materials Research*, 21, 1987, p. 643-655.
95. Cha Y., Pitt C.G., The biodegrability of polyester blends, *Biomaterilas*, 11, 1990, p. 108-112.
96. Pitt C.G., Gratzl M.M., Kimmel G.L., Surles J., Schindler A., Aliphatic polyesters: II. The degradation of poly(DL-lactide), poly(caprolactone) and their copolymers in vivo, *Biomaterials*, 2, 1981, p. 215-220.

97. Bucher J.E., Slade W.C., The anhydrides of isophthalic and terephthalic acids, *Journal of the American Chemical Society*, 31, 1909, p. 1319-1321.
98. Hill J., Studies on polymerization and ring formation: IV. Adipic anhydride, *Journal of the American Chemical Society*, 52, 1930, p. 4110-4117.
99. Hill J., Carothers W.H., Studies on polymerization and ring formation: XIV. A linear superpolyanhydride and a cyclic dimetric anhydride from sebacic acid, *Journal of the American Chemical Society*, 54, 1932, p. 1569-1579.
100. Langer R., New methods of drug delivery, *Science*, 249, 1990, p. 1527-1533.
101. Langer R., Cima L., Tamada J., Wintermantel E., Future directions in biomaterials, *Biomaterials*, 11, 1990, p. 738-745.
102. Mathiowitz E., Dor P., Amato C., Langer R., Polyanhydride microspheres as drug carriers III: Morphology and release charactization of microspheres made by solvent removal, *Polymer*, 31, 1990, p. 547-556.
103. Chasin M., Domb A., Ron E., Mathiowith E., Langer R., Leong K., Laurencin C., Brem H., Grossmann S., Polyanhydrides as drug delivery systems, in *Biodegradable polymers as drug delivery systems*, Chasin M., Langer R. (eds.), Marcel Dekker, Inc., New York, 1990, p. 43-70.
104. Benagiano G., Gabelnick H.L., Biodegradable systems for the sustained release of fertility-regulating agents, *The journal of steroid biochemistry*, 11, 1979, p. 449-455.
105. Heller J., Fritzinger B.K., Ng S.Y., Penhale D.W.H., In vitro and in vivo release of levonorgestrel from poly(ortho esters): II. Crosslinked polymers, *Journal of controlled release*, 1, 1985, p. 233-238.
106. Silver F., Doillon C., *Biocompatibility - Interactions of biological and implantable materials*, 1, VCH Publishers, Inc., New York, 1989.
107. Drenckhahn D., Zenker W., *Benninghoff Anatomie*, 1, 15. Edition, Urban & Schwarzenberg, München, 1994.
108. Junqueira L.C., Carneiro J., *Histologie. Lehrbuch der Cytologie, Histologie und mikroskopischen Anatomie des Menschen*, 2. Edition, Springer-Verlag, Berlin, 1986.
109. Park J.-B., *Biomaterials science and engineering*, Plenum Press, New York, 1984.
110. Hench L.L., Ethridge E.C., *Biomaterials - An interfacial approach*, Academic Press, New York, 1982.
111. Kohn D.H., Materials for bone and joint replacement, in *Materials science and technology, a comprehensive treatment*, 14 -Medical and dental materials, Williams D.F. (ed.), VCH Verlag, Weinheim, 1992, p. 31-109.
112. Park J.-B., *Biomaterials science and engineering*, Plenum Press, New York, 1984.

13 Biokompatible Keramische Werkstoffe

S.-W. Ha, E. Wintermantel

In Medizinprodukten werden hauptsächlich folgende keramischen Werkstoffe eingesetzt: Aluminiumoxid und Zirkonoxid sowie Calciumphosphate, bioaktive Gläser und Glaskeramiken. In der Medizin gibt es zudem breite Anwendungsgebiete für weitere nichtmetallisch-anorganische Werkstoffe. Beispiele hierfür sind Brillengläser oder Glasfasern für Endoskope. Am häufigsten werden keramische Werkstoffe in Medizinprodukten im Zusammenhang mit dem menschlichen Skelett, den Knochen, Gelenken und Zähnen eingesetzt (Tabelle 13.1). In der Dentalmedizin finden keramische Werkstoffe beispielsweise in Form von Porzellankronen, mit Glas gefüllten Zementen oder künstlichen Gebissen eine breite Anwendung [2]. Bei Hüftgelenk-Endoprothesen werden Aluminiumoxid sowie Zirkonoxid für Hüftkugeln und Calciumphosphate in Form von Hydroxylapatit als Beschichtung auf Prothesenschäften eingesetzt.

Biokeramische Werkstoffe	Medizinische Anwendungsgebiete
Aluminiumoxid	Hüftgelenkskugeln Dentalimplantate Gesichtschirurgie Mittelohrimplantate
Zirkonoxid	Hüftgelenkskugel
Hydroxylapatit	Orthopädische Implantate Knochenersatz Dentalimplantate Ohrimplantate Wirbelersatz
Bioaktive Gläser und Glaskeramiken	Implantate für die Gesichtschirurgie Dentalimplantate Knochenersatz Wirbelersatz Orthopädische Implantate

Tabelle 13.1 Auswahl von klinisch eingesetzten keramischen Werkstoffen und ihre medizinischen Anwendungsgebiete [1]

13.1 Aluminiumoxid

Dichtes, hochreines Aluminiumoxid Al_2O_3 wird in der Medizin seit 1974 vorwiegend in Form von Kugeln für Hüftgelenk-Endoprothesen eingesetzt. Die Kombination von Al_2O_3 und UHMWPE stellt eine gute Gleitpaarung dar. Weltweit wurden deshalb in den letzten beiden Jahrzehnten bereits über zwei Millionen Prothesen mit einer Al_2O_3-Kugel bestückt [4], und es wird geschätzt, dass diese Zahl jährlich um rund 100'000 steigen wird [5].

Die meisten Al_2O_3-Implantate bestehen aus feinkörnigem, polykristallinem α-Al_2O_3, welches gepresst und bei 1600–1800 °C gesintert wurde. Al_2O_3 weist eine sehr hohe Korrosionsbeständigkeit, eine hohe Verschleissbeständigkeit, eine hohe Festigkeit und eine gute Biokompatibilität auf [5]. Die mechanischen Eigenschaften sowie die Oberflächengüte von α-Al_2O_3 hängen von der Korngrösse und der chemischen Reinheit des gesinterten Bauteils ab. Durch eine geringe Korngrösse erreicht man eine hohe Oberflächengüte und bessere mechanische Eigenschaften. Durch Dotierung mit rund 0.2 Gew.% Magnesiumoxid (MgO) erhält man ein feinkörniges Gefüge. Die Biokompatibilität wird durch MgO, welches in den Korngrenzen gebunden ist, nicht beeinträchtigt. Als weitere Bestandteile sind im „medical-grade" Al_2O_3 in geringen Konzentrationen die Oxide CaO, Fe_2O_3, Na_2O und SiO2 enthalten. Da diese Stoffe sowohl die Festigkeit wie auch die Korrosionsbeständigkeit verringern, wird in der ISO-Norm 6474 die Gehaltsumme von Na_2O + SiO_2 auf < 0.1 Gew.% begrenzt. In einer neuen, geplanten Norm wird eine zusätzliche Begrenzung der Summe von CaO + Na_2O + SiO_2 + Fe_2O_3 auf < 0.1 Gew.% eingeführt (Tabelle 13.2). Eingehende Untersuchungen haben gezeigt, dass Implantate, welche die in der Norm geforderten Werte erfüllen, eine hohe Versagenssicherheit aufweisen [5].

13.1.1 Klinische Ergebnisse

Ein wichtiges Problem in der Hüftgelenks-Endoprothetik ist die Bildung von Abriebpartikeln. In einer Reihe von Untersuchungen wurde die Abriebrate der Paarung von Al_2O_3-, bzw. Metall-Kugeln mit UHMWPE-Pfannen ermittelt (Tabelle 13.3). Obwohl die erhaltenen Werte relativ stark variieren, wurde für die Metall/UHMWPE-Paarung stets eine höhere Abriebrate als für die Al_2O_3/ UHMWPE-Paarung festgestellt. Die Untersuchung von 956 Hüftgelenk-Endoprothesen mit Al_2O_3/UHMWPE-Paarung während 11 Jahren sowie von 117 Prothesen mit Metall/UHMWPE-Paarung während 6 Jahren ergab Abriebraten des Polymers von 98 μm/Jahr für die Al_2O_3/UHMWPE-Paarung und 245 μm/Jahr für die Metall/ UHMWPE-Paarung [6]. In einer klinischen Studie wurde eine Vielzahl von Fällen untersucht, bei denen Hüftgelenks-Endoprothesen mit einer Al_2O_3-Kugel und einer Al_2O_3-Gelenkpfanne eingesetzt wurden. Hier lagen die ermittelten Abriebraten bei rund 5 bis 9 μm pro Jahr [7]. Aufgrund der hohen Abriebraten bei der Al_2O_3/UHMWPE-Paarung werden als Alternative die Al_2O_3/Al_2O_3-Paarung und die Metall/Metall-Paarung vorgeschlagen [5]. Mögliche Entwicklungspotentiale stecken zudem im konstruktiven

13.2 Zirkonoxid

Eigenschaften	α-Al$_2$O$_3$	α-Al$_2$O$_3$ ISO Norm 6474	α-Al$_2$O$_3$ neue ISO-Norm
Dichte [g/cm^3]	3.98	≥ 3.90	≥ 3.94
Al$_2$O$_3$-Anteil [%]	> 99.7	≥ 99.5	k.S.
SiO$_2$ + Na$_2$O [%]	< 0.02	≤ 0.1	k.S.
SiO$_2$		k.S.	< 0.01
Na$_2$O		k.S.	< 0.01
SiO$_2$ + Na$_2$O + CaO + Fe$_2$O$_3$		k.S.	< 0.1
Mittlere Korngrösse [μm]	3.6	< 7	< 4.5
Vickers-Härte [HV]	2400	> 2000	k.S.
Elastizitätsmodul [kN/mm^2]	380–420	k.S.	k.S.
Druckfestigkeit [N/mm^2]	4000–5000	k.S.	k.S.
Zugfestigkeit [N/mm^2]	350	k.S.	k.S.
Biegefestigkeit [N/mm^2]	400–560	>400	> 450
Bruchzähigkeit [MN/m$^{3/2}$]	4–6	k.S.	k.S.

Tabelle 13.2 Eigenschaften von medizinisch eingesetzten Al$_2$O$_3$-Werkstoffen. Zum Vergleich sind die von der ISO-Norm (ISO 6474 und die neue, sich in der Vorbereitung befindende ISO-Norm) spezifizierten Werte dargestellt (k.S. = keine Spezifikationen oder Empfehlungen in der Norm nicht aufgeführt) [4,5]

Werkstoffpaarung	Abriebrate [μm/Jahr]
Co-Cr-Mo-Legierung/ UHMWPE	200
Al$_2$O$_3$/UHMWPE	20–130
Al$_2$O$_3$/ Al$_2$O$_3$	1–10

Tabelle 13.3 Vergleich der mittleren, jährlichen Abriebraten von verschiedenen Gleitpaarungen bei Hüftgelenks-Endoprothesen aus klinischen Untersuchungen. Bei der CoCrMo/UHMWPE- und Al$_2$O$_3$/UHMWPE-Paarung beziehen sich die Abriebraten auf das Polymer [5, 8]

Bereich. Durch die Entwicklung eines Inlays aus Al$_2$O$_3$, welches in eine äussere Schale aus Titan eingesetzt wird, könnten durch die Keramik gegebene fertigungs- und operationstechnische Einschränkungen umgangen werden [4].

13.2 Zirkonoxid

Zirkonoxid wurde in den letzten Jahren zunehmend für die klinische Anwendung untersucht. Es handelt sich dabei um tetragonales ZrO$_2$, stabilisiert mit Yttriumoxid (Y$_2$O$_3$) (tetragonal zirconia polycrystalline, TZP) und mit Magnesiumoxid (MgO) dotiertes, teilweise stabilisiertes ZrO$_2$ (partially stabilized zirconia, PSZ). ZrO$_2$ tritt in drei Modifikationen auf. Die monokline Phase ist bei Raumtemperatur bis zu einer

Eigenschaften	ZrO_2-TZP
Dichte [g/cm³]	6.05–6.09
ZrO_2-Anteil [%] Anteil Y_2O_3 [%]	95–97 5
Mittlere Korngrösse [µm]	0.2–0.4
Vickers-Härte [HV]	1200
Elastizitätsmodul [kN/mm²]	150–210
Druckfestigkeit [N/mm²]	2000
Zugfestigkeit [N/mm²]	650
Biegefestigkeit [N/mm²]	900–1300
Bruchzähigkeit [MN.m$^{-3/2}$]	7–9

Tabelle 13.4 Ausgewählte Eigenschaften von kommerziell erhältlichem ZrO_2 [5, 9, 11]

Eigenschaften	ZrO2-TZP	Al_2O_3	Knochen
Dichte [g/cm³]	6.08	3.98	1.7–2.0
Elastizitätsmodul [kN/mm²]	210	380–420	3–30
Druckfestigkeit [N/mm²]	2000	4000–5000	130–180
Zugfestigkeit [N/mm²]	650	350	60–160
Biegefestigkeit [N/mm²]	900	400–560	100
Bruchzähigkeit [MN.m$^{-3/2}$]	9	4–6	2–12

Tabelle 13.5 Vergleich verschiedener Eigenschaften von Al_2O_3 und ZrO_2 im Vergleich zu Knochen [3, 5, 9, 11, 12]

Temperatur von rund 1170 °C stabil, wo die Umwandlung in die tetragonale Phase erfolgt. Diese ist bis zu 2370 °C stabil, und oberhalb tritt bis zum Schmelzpunkt von 2680 °C die kubische Phase auf. Durch Dotierung mit geringen Mengen der stabilisierenden Oxide CaO, MgO und Y_2O_3 kann man erreichen, dass nach Abkühlung ein Teil der Kristallite eine kubische Struktur aufweist und der Rest in der metastabilen tetragonalen Phase und in der stabilen monoklinen Phase vorliegt. Mechanische Spannungen, wie z. B. das Spannungsfeld an einer Riss-Spitze können die Umwandlung der tetragonalen Phase in die monokline Phase initiieren. Diese Phasentransformation ist mit einer Volumenzunahme von 3–5% verbunden. Die dadurch erzeugten Druckspannungen wirken einer weiteren Rissausbreitung entgegen. Dieser Mechanismus wird als Umwandlungsverstärkung (transformation toughening) bezeichnet und gibt dem ZrO_2 eine im Vergleich zu Al_2O_3 höhere Zähigkeit (Tabelle 13.4). TZP, dotiert mit Y_2O_3, weist ein dichtes Gefüge mit sehr geringen Korngrössen von kleiner als 1 µm und einer sehr engen Korngrössenverteilung auf. Dadurch erhält die Keramik hohe Zug- und Biegefestigkeitswerte (Tabelle 13.3).

Da Zirkonoxid als Verunreinigung radioaktive Elemente wie beispielsweise Uran, Thorium und Hafnium enthält, wurden in der Literatur Bedenken bezüglich der Radioaktivität von Zirkonoxid als Implantatwerkstoff geäussert [5]. Hochreine Zirkonoxidpulver, welche nahezu frei von diesen Verunreinigungen sind, sind kommerziell erhältlich. ZrO_2 wird in der Hüftgelenkendoprothetik vorwiegend in den USA und in Frankreich eingesetzt. Weitere potentielle, klinische Anwendungsbereiche werden im Schulter-, Knie- und Fingergelenkersatz sowie in der Dentalchirurgie gesehen [9].

13.2.1 Klinische Ergebnisse

Eine detaillierte *in vitro*- und *in vivo*-Untersuchung von mit Yttriumoxid stabilisiertem TZP ist in [10] beschrieben. Die Ermittlung der 4-Punkt-Biegefestigkeit von Probenkörpern nach Auslagerung in Ringerlösung bei 37 °C ergab nach bis zu zweijähriger Auslagerungszeit keine signifikante Änderung der Biegefestigkeit. Die Prüfung der Bruchzähigkeit nach einer Langzeitstudie *in vivo* zeigte nach zweijähriger Implantation keine bedeutende Reduktion. Aufgrund der relativ kurzen Anwendung von Zirkonoxid in der Medizin sind bisher jedoch nur wenige klinische Ergebnisse verfügbar.

13.3 Hydroxylapatit

13.3.1 Einleitung

Hydroxylapatit (HA) gehört zur Gruppe der Calciumphosphate, worunter keramische Werkstoffe mit unterschiedlichen Anteilen von Calcium und Phosphor verstanden werden (Tabelle 13.1). Der Name Apatit steht für eine Gruppe von Festkörpern mit folgender chemischer Formel: $M_{10}(XO_4)_6Z_2$ (mit z. B. M^{2+}: Ca^{2+}, Ba^{2+}; X: P, V, Cr, Mn, Z^-: F^-, OH^-). Hydroxylapatit ($Ca_{10}(PO_4)_6(OH)_2$) ist eine Verbindung, die sowohl natürlich vorkommt, wie auch synthetisch hergestellt werden kann.

Der Einsatz von Calciumphosphaten als Knochenersatzwerkstoff ist heute Stand der Technik. Im speziellen werden Hydroxylapatit und β-Tricalciumphosphat für die Heilung von Knochendefekten im Dentalbereich sowie in der Orthopädie und in der maxillofacialen Chirurgie eingesetzt. Die Motivation für den klinischen Einsatz von Hydroxylapatit entstammt der Idee, einen Werkstoff mit ähnlicher chemischer Zusammensetzung wie die mineralische Phase des Knochens und der Zähne anzuwenden. Hydroxylapatit kommt als natürliche Komponente im mineralischen Anteil der Knochen und Zähne vor: rund 60–70% des Knochens und bis zu 98% des Zahnschmelzes bestehen aus dieser Verbindung. Aufgrund der relativ geringen Ermüdungsfestigkeit wird Hydroxylapatit vor allem in Form von Pulvern oder Beschichtungen eingesetzt. Der klinische Einsatz von Hydroxylapatitbeschichtungen im Bereich der lasttragenden Dental- und orthopädischen Implantate ist hauptsächlich auf folgende Vorteile zurückzuführen [13]:

Element	Zahnschmelz [%]	Dentin [%]	Knochen [%]	stöchiometrische Zusammensetzung [%]
Ca	36.1	35.0	26.7	39.9
P	17.3	17.1	12.47 (*)	18.5
CO_2	3.0	4.0	3.48 (**)	–
Mg	0.5	1.2	0.436	–
Na	0.2	0.2	0.731	–
K	0.3	0.07	0.055	–
Cl	0.3	0.03	0.08	–
F	0.016	0.017	0.07	–
S	0.1	0.2	–	–
Cu	0.01	–	–	–
Si	0.003	–	–	–
Fe	0.0025	–	–	–
Zn	0.016	0.018	–	–

(*) als PO_4^{3-}, (**) als CO_3^{2-}

Abb. 13.1 Vergleich der chemischen Zusammensetzung von Zahnschmelz, Dentin und Knochen untereinander (Werte in Gewichtsprozenten)

- keine Bildung von fibrillärem Bindegewebe;
- rasches Anwachsen von Knochengewebe;
- Ausbildung einer Verbindung zwischen Implantat und Gewebe mit hoher Festigkeit;
- kürzere Heilungsphase als bei Implantaten mit metallischer Oberfläche;
- reduzierte bis verhinderte Ionenfreisetzung der metallischen Substrate.

13.3.2 Herstellung

Die Produktion von Hydroxylapatitpulver erfolgt in der Regel über die Fällungsmethode aus einer wässrigen Lösung, beispielsweise durch die Zugabe von Ammoniumphosphat ((NH_4)HPO_4) in einer Calciumnitratlösung ($Ca(NO_3)_2$) bei pH 11–12. Für die Herstellung von dichten Festkörpern wird das Pulver in einer Presse kaltverdichtet und anschliessend bei Temperaturen zwischen 1100 und 1300 °C gesintert. Je nach Sintertemperatur, Sinterzeit und Korngrössenverteilung entstehen dichte Festkörper mit einem Porengehalt von < 5 Vol.%. Untersuchungen von heissgepressten Festkörpern zeigten keine wesentliche Verbesserung der mechanischen und chemischen Eigenschaften, weshalb das Heisspressverfahren seines hohen Preises wegen nicht für die Herstellung von Hydroxylapatit-Festkörpern angewen-

13.3 Hydroxylapatit

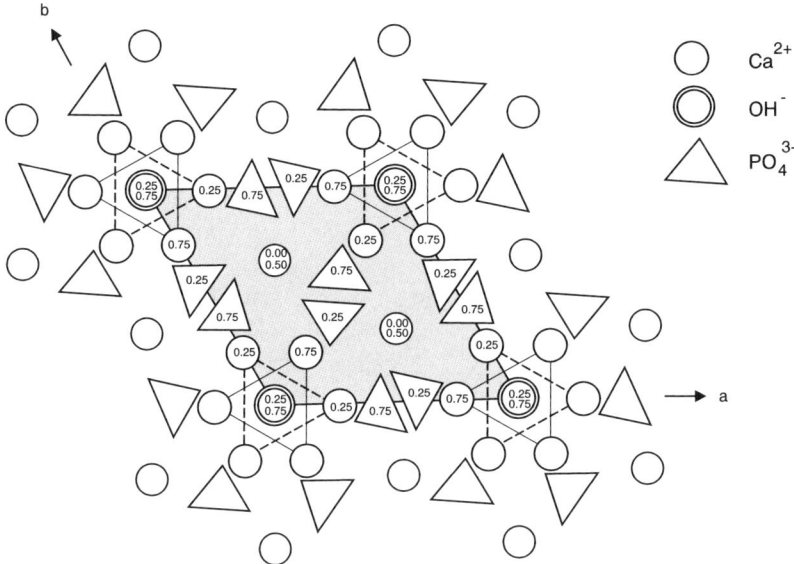

Abb. 13.2 Hexagonale molekulare Struktur von Hydroxylapatit, in die a,b-Ebene projiziert. Die einfachen Kreise stellen die Ca2+-Ionen dar, die doppelten Kreise OH⁻-Ionen und die Dreiecke die tetraedrischen PO_4^{3-}-Gruppen. Die Zahlen in den Symbolen geben die Höhendifferenz der Ionen zur a,b-Ebene in Bruchteilen der Ausdehnung der Einheitszelle in c-Richtung (6.88Å) an. Die Einheitszelle misst in der a- und b-Richtung 9.42 Å [14]

det wird [12]. Für die Produktion von porösen Festkörpern aus Hydroxylapatit kann das Keramikpulver mit organischen Zusätzen vermischt werden, die anschliessend wieder ausgebrannt werden.

13.3.3 Chemische Zusammensetzung und Kristallstruktur

Stöchiometrischer Hydroxylapatit besteht aus 39.9% Ca, 18.5% P und 3.4% OH (Werte in Gew.%) (Tabelle 13.5). In stöchiometrisch reinem Hydroxylapatit beträgt das Ca/P-Molverhältnis 1.67. Biologischer Hydroxylapatit, wie es im Knochen vorkommt, ist jedoch nicht stöchiometrisch. Sein molares Ca/P-Verhältnis ist tiefer als 1.67, und es enthält zusätzliche Bestandteile wie Natrium-, Magnesium-, Carbonat-, Fluorid- und Chlorid-Ionen, die im Austausch gegen Ca^{2+} und PO_4^{3-} in das Kristallgitter aufgenommen wurden, was zu Veränderungen, bzw. Störungen der Gitterstruktur und zu abweichendem Löslichkeitsverhalten führt. Die Kristallstruktur von Hydroxylapatit besteht aus einem Gerüst von PO_4^{3-}-Tetraedern. Je nach Anordnung der OH⁻-Ionen liegt Hydroxylapatit in monokliner oder in hexagonaler Struktur vor. In der hexagonalen Struktur (Raumgruppe: $P6_3/m$) betragen die Dimensionen der Elementarzelle a = b = 9.42 Å und c = 6.88 Å.

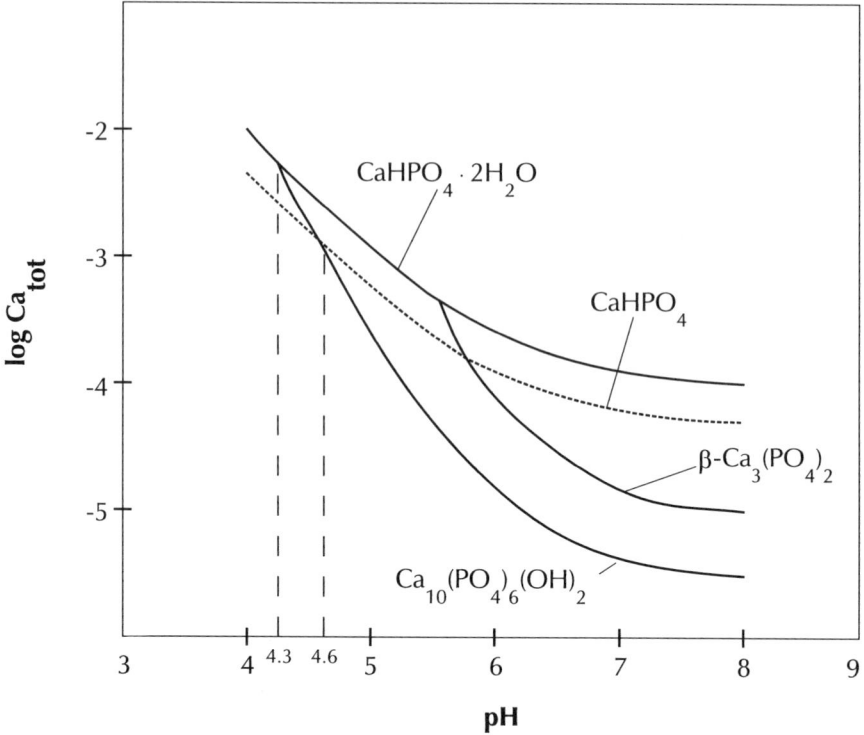

Abb. 13.3 Löslichkeitsisotherme für unterschiedliche Phasen im System CaO-P_2O_5-H_2O bei 25 °C, nach [15]

13.3.4 Eigenschaften

Löslichkeit

Da Hydroxylapatit als Festkörper oder als Beschichtung in der klinischen Anwendung immer einer wässrigen Umgebung ausgesetzt ist, ist das Löslichkeitsverhalten von grosser Bedeutung. Es wird durch folgende Parameter beeinflusst:

- *pH-Wert:*
  Die Löslichkeit von Hydroxylapatit steigt mit sinkendem pH (Abb. 13.3).
- *spezifische Oberfläche:*
  Mit zunehmender spezifischer Oberfläche nimmt die Löslichkeit von Hydroxylapatit zu.
- *Gitterdefekte:*
  Defekte wie Verunreinigungen oder Leerstellen können das Lösungsverhalten durch Änderung der diffusionskontrollierten Austauschvorgänge beeinflussen.
- *Substitution von Anionen:*
  Die Substitution von OH^--Ionen mit Fluorid-Ionen verringert die Löslichkeit von Hydroxylapatit.

13.3 Hydroxylapatit

Name	Chemische Formel	Verhältnis Ca/P	Löslichkeitsprodukt bei 37°C, pH=7.3
Dicalciumphosphat	$CaHPO_4 \cdot {}_2H_2O$	1.00	$1.87 \cdot 10^{-7}$ $(mol^2 \cdot l^{-2})$
Tricalciumphosphat	$Ca_3(PO_4)_2$	1.50	$2.83 \cdot 10^{-29}$ $(mol^{15} \cdot l^{-15})$
Pentacalciumphosphat (Hydroxylapatit)	$Ca_5(PO_4)_3 \cdot OH$	1.67	$5.5 \cdot 10^{-118}$ $(mol^{18} \cdot l^{-18})$
Tetracalciumphosphat	$Ca_4O(PO_4)_2$	2.00	(unlöslich)

Tabelle 13.6 Calciumphosphate mit jeweiliger chemischer Formel und Löslichkeitsprodukt. Die Löslichkeit steigt von Tetracalciumphosphat über Hydroxylapatit zu Tri- und Dicalciumphosphat [12, 16]

Werkstoff	Normierte Löslichkeitsrate
Dichtes HA	1.0
HA-Beschichtung	2.1–8.8
Dichtes Tricalciumphosphat (TCP)	25.0
TCP-Beschichtung	218.0
Gips	667.0

Tabelle 13.7 In vitro ermittelte Löslichkeitsraten von Hydroxylapatit (HA), Tricalciumphosphat (TCP) und Gips. Die Löslichkeitswerte sind auf den Wert des dicht gesinterten HA normiert [13]

Bei Raumtemperatur und in wässrigen Medien existieren im thermodynamischen Gleichgewicht zwei stabile Phasen. Bei einem pH < 4.2 ist $CaHPO_4 \cdot 2H_2O$ (Dicalciumphosphatdihydrat), bei einem pH > 4.2 ist Hydroxylapatit die stabilste Phase. Bei höheren Temperaturen können sich jedoch unterschiedliche Calciumphosphatphasen bilden, die durch eine rasche Abkühlung in einer thermodynamisch instabilen Zusammensetzung auch bei Raumtemperatur auftreten und sich im wässrigen Medium langsam umwandeln. Die Auslagerung von β-Tricalcium- und Tetracalciumphosphat in wässrigen Medien bei einem pH > 4.2 führt zu einer Auflösung mit anschliessender Ausscheidung von Hydroxylapatit an der Oberfläche gemäss folgenden Reaktionsmechanismen [15]:

β-Tricalciumphosphat:
$$4\ Ca_3(PO_4)_2\ (s) + 2\ H_2O \rightarrow Ca_{10}(PO_4)_6(OH)_2\ (s) + 2\ Ca^{2+} + 2\ HPO_4^-$$

Tetracalciumphosphat:
$$3\ Ca_4P_2O_9\ (s) + 3\ H_2O \rightarrow Ca_{10}(PO_4)_6(OH)_2\ (s) + 2\ Ca^{2+} + 2\ OH^-$$

Die Auflösung von β-Tricalciumphosphat führt somit zu einer pH-Senkung, während der Abbau von Tetracalciumphosphat in wässrigen Medien einen pH-Anstieg bewirkt. Aufgrund der pH-Abhängigkeit wird deshalb die Löslichkeit von thermodynamisch instabilen Phasen wie Tricalcium- oder Tetracalcium nicht nur durch

	Dichte [g/cm³]	E-Modul [GPa]	Druckfestigkeit [MPa]	Zugfestigkeit [MPa]	Biegefestigkeit [MPa]
Hydroxylapatit	3.05–3.15	80–120	300–900	40–200	100–120

Tabelle 13.8 Physikalische und mechanische Eigenschaften von Hydroxylapatit [6, 12, 17–19]

die in wässrigen Medien auftretende Phasenänderung zu Hydroxylapatit, sondern zusätzlich auch von der dabei auftretenden pH-Änderung beeinflusst.

Mechanische Eigenschaften
Je nach Herstellungs- und Sinterbedingungen kann ein weiter Bereich von mechanischen Eigenschaften eingestellt werden (Tabelle 13.8). Zudem hängen Zug- und Druckfestigkeit stark vom Gehalt an Poren ab. Die grosse Streuung der mechanischen Eigenschaftswerte von Hydroxylapatit ist auf verschiedene Reinheiten der Ausgangspulver sowie auf unterschiedliche Messmethoden zurückzuführen. Aufgrund der relativ geringen Festigkeit wird Hydroxylapatit als Festkörper nur in nicht lasttragenden Anwendungen wie beispielsweise als Mittelohrimplantat oder als Füllmaterial für Knochendefekte eingesetzt.

13.3.5 Hydroxylapatitbeschichtungen

Die Oberflächeneigenschaften spielen bei lasttragenden Implantaten eine wichtige Rolle, da chemische und mechanische Änderungen, welche die Lebensdauer des Werkstoffes verkürzen, oft an der Oberfläche beginnen, und bei Biege- oder Torsionsbelastungen die maximalen Spannungen in der Regel auch dort auftreten. Durch die Strukturierung von Implantatoberflächen oder durch deren Beschichtung mit bioaktiven Werkstoffen wird das Einwachsen von Gewebe und somit eine festere Verbindung zwischen Implantat und Gewebe erreicht. Die Beschichtung von zementfrei implantierten Hüftgelenkendoprothesen mit einem bioaktiven Werkstoff wie beispielsweise Hydroxylapatit ist heute Stand der Technik. Dabei werden folgende Ziele angestrebt:

- Verkürzung der postoperativen Entlastungsphase des Patienten;
- direkte Lasteinleitung in den Knochen durch substantielle Verbindung des Implantates mit umgebendem Knochengewebe (Anwachsen des Knochens).

Voraussetzung dafür ist eine dauerhafte Verbindung von Grundkörper und bioaktiver Schicht. Das Schichtmaterial darf durch das verwendete Verfahren keine oder nur tolerable Veränderungen erfahren. Durch die Beschichtung der Implantate mit Hydroxylapatit wird die Bildung von fibrösem Bindegewebe verhindert, was Voraussetzung für ein rasches Anwachsen des Knochengewebes und zur Ausbildung einer festen Verbindung zwischen Implantat und Gewebe ist. Ein weiterer Vorteil ist die kürzere Heilungsphase [1]. Für die Beschichtung metallischer Substrate mit

13.3 Hydroxylapatit

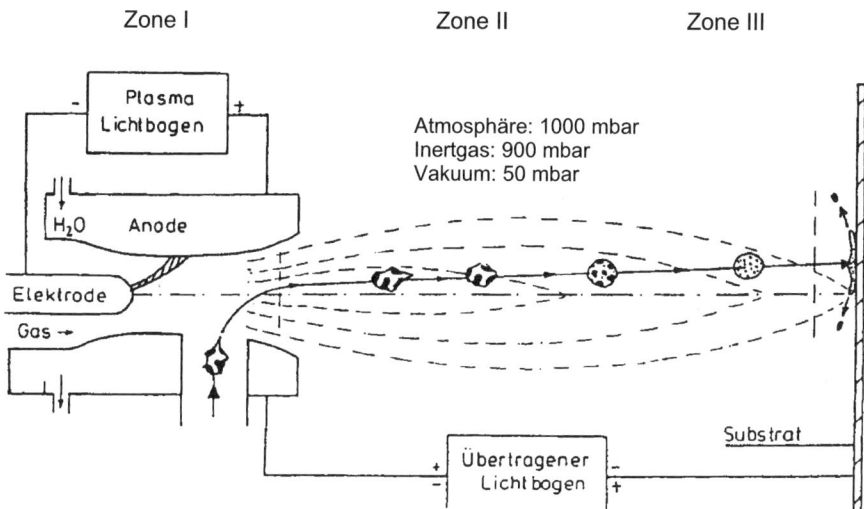

Abb. 13.4 Schematische Darstellung der VPS-Technik: Injektion, Beschleunigung, Aufschmelzung und Abscheidung der Spritzpulverpartikel (Dr. H. Gruner, Medicoat AG, CH-Mägenwil).

Calciumphosphaten wurden unterschiedliche Methoden entwickelt. Die grösste Anwendung findet dabei das Plasmaspritzverfahren. Weitere Möglichkeiten sind das Flammspritzverfahren, das Sintern [3], die elektrophoretische Abscheidung [20] und das Abscheiden aus übersättigter Lösung [16, 21].

Plasmaspritzverfahren
Unter den thermischen Spritzverfahren hat sich das Plasmaspritzverfahren als meist verwendete Methode für die Herstellung von dicken Beschichtungen (> 10 μm) durchgesetzt, da sich eine grosse Vielfalt von Beschichtungs- und Substratwerkstoffen damit prozessieren lässt. In der üblichen Ausführung besteht der Plasmabrenner aus einer düsenförmigen, wassergekühlten Anode und einer stabförmigen, zentrisch gelagerten Kathode. Der zu verarbeitende Spritzwerkstoff wird als Pulver oder in Drahtform in das Plasma eingebracht. Als Plasmagase werden in der Regel Argon, Argon-Wasserstoff, Argon-Helium und Stickstoff verwendet. Ein konstanter und reproduzierbarer Pulvereintrag sowie die Kontrolle der Korngrössenverteilung sind dabei wichtige Parameter für die Herstellung einer reproduzierbaren Beschichtung. Dabei muss die Korngrössenverteilung des Spritzpulvers sehr genau kontrolliert werden. Die an der Kathode emittierten Elektronen werden durch die Potentialdifferenz zwischen den beiden Elektroden beschleunigt und ionisieren durch die Wechselwirkung mit den Atomen bzw. Molekülen das Plasmagas. Bei der Rekombination der Teilchen wird die zur Ionisation benötigte Energie als Wärme- und Strahlungsenergie wieder frei. Die in einer Plasmaflamme auftretenden Temperaturen können bis zu 20'000 K betragen. Durch die bei diesen Temperaturen auftretende Volumenzunahme strömt das Plasmagas mit hoher Geschwindigkeit (300–700 m/s) aus der Düse.

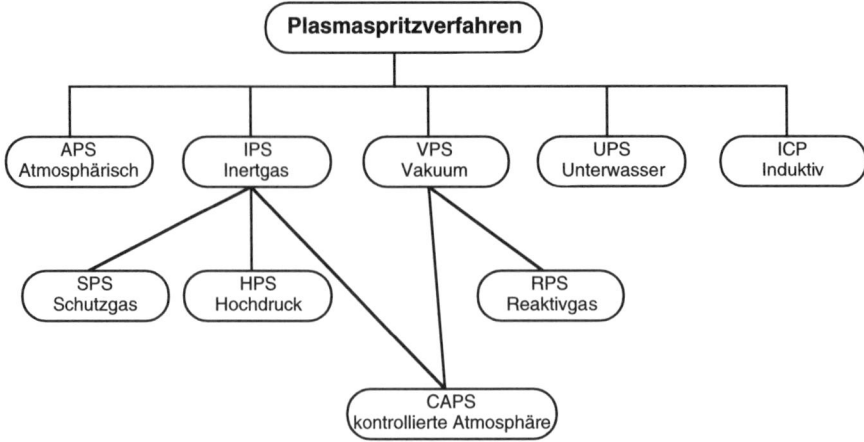

Abb. 13.5 Unterschiedliche Varianten des Plasmaspritzens [23] (ICP = inductive coupled plasma)

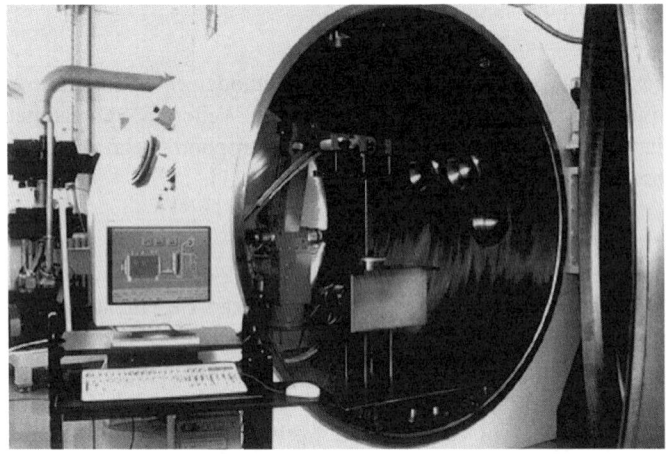

Abb. 13.6 Vakuum-Plasma-Spritzanlage (VPS) der Firma Medicoat AG am Standort EMPA Thun

Es existieren unterschiedliche Varianten des Plasmaspritzens (Abb. 13.5). Sie unterscheiden sich vor allem durch die Umgebungsbedingungen für die Plasmaflamme mit Auswirkungen auf die Konstruktion des Plasmabrenners und der Plasmaparameter. Für die Beschichtung von metallischen Prothesen mit Hydroxylapatit ist das atmosphärische Plasmaspritzverfahren (APS) und das Vakuumplasmaspritzverfahren (VPS) am meisten verbreitet. Beim APS-Verfahren findet der Spritzvorgang an der Luft statt und die Spritzpartikel können auf ihrer Flugbahn mit der Atmosphäre reagieren.

13.3 Hydroxylapatit

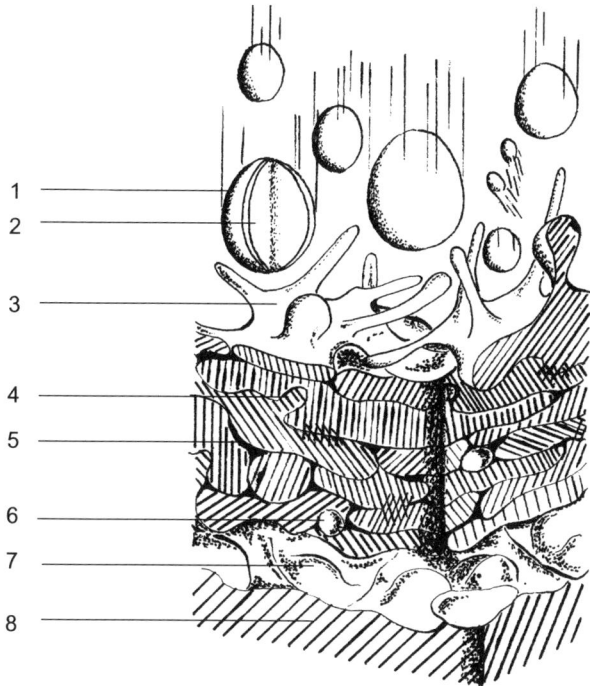

Abb. 13.7 Schematische Darstellung von Teilchen, die beim Plasmaspritzverfahren auf das Substrat treffen. 1: angeschnittene Spritzpartikel; 2: flüssiger Kern; 3: Aufprall des Spritzteilchens; 4: Verhakung der Partikel; 5: Mikropore, durch eingeschlossenes Gas entstanden; 6: eingeschlossenes, bereits vor dem Aufprall erstarrtes Teilchen; 7: Erstarrte Schicht; 8: Substrat

Beim Vakuum-Plasma-Spritzen (VPS) wird der Spritzvorgang in einer Kammer mit inerter Atmosphäre bei reduziertem Druck (mbar-Bereich) durchgeführt (Abb. 13.6). Dadurch entstehen dichtere Schichten mit deutlich weniger Lufteinschlüssen und einer höheren Adhäsionsfestigkeit auf der Prothesenoberfläche [22]. Aufgrund der höheren kinetischen Energie der im VPS beschleunigten Partikel ist das Substrat jedoch einer höheren mechanischen Beanspruchung unterworfen.

Beschichtungen, die durch das Plasmaspritzverfahren appliziert wurden, besitzen in der Regel einen charakteristischen Aufbau. Die in der Plasmaflamme aufgeschmolzenen, kugelförmigen Partikel prallen mit hoher Geschwindigkeit auf die Substratoberfläche bzw. auf bereits erstarrtes Spritzgut. Beim Aufprall breiten sich die Tropfen lamellenartig aus. Abhängig von der Aufprallgeschwindigkeit und -temperatur sowie der Substrattemperatur verbinden sich die auftreffenden Partikel mit dem Substrat durch mechanische Verzahnung oder durch Versintern. Da nicht alle Teilchen in flüssigem Zustand auf die Oberfläche auftreffen, sondern teilweise bereits während der Flugphase erstarren, werden Poren unterschiedlicher Grösse in die Spritzschicht eingebaut (Abb. 13.7). Mit Hilfe einer geeigneten Kornverteilung des verwendeten Spritzpulvers lässt sich die Porosität einer Spritzschicht in weiten Grenzen variieren.

13.3.6 Plasmagespritzte HA-Beschichtungen für die medizinische Anwendung

Beim Plasmaspritzverfahren treten hohe Temperaturen auf, um die Pulver teilweise oder ganz aufzuschmelzen. Für die eingesetzten Pulver und für die Prozessführung bestehen hohe Anforderungen, um Kristallinität und Phasenreinheit des Spritzpulvers in die Spritzschicht zu übertragen. Alle Anforderungen, die eine HA-Beschichtung erfüllen sollte, sind in Tabelle 13.9 dargestellt.

13.3.7 Klinische Ergebnisse

Seit 1970 [28] wurden mit Hydroxylapatit beschichtete Zahnimplantate und seit 1986 Hüftgelenkimplantate klinisch eingesetzt [29]. In vielen Untersuchungen wurde beobachtet, dass an Implantaten, die mit HA beschichtet wurden, ein direktes Anwachsen des Knochens stattgefunden hatte. Push out-Versuche nach 24 Wochen Implantation in Ratten haben gezeigt, dass die Grenzfläche zwischen HA und Knochen zu 95.4% aus Knochengewebe bestand [30]. Im Vergleich dazu wurde bei derselben Untersuchung zwischen Titan und Knochen nur 59.5% Knochengewebe an der Grenzfläche ermittelt.

Diese positiven Resultate lassen es zu, optimistische Aussagen über die Langzeitstabilität von HA-Beschichtungen im menschlichen Körper zu machen. Die optimale Dicke der Beschichtung ist jedoch noch ungeklärt. Aus mechanischen Gründen ist eine möglichst dünne Schicht vorzuziehen. Dünne Hydroxylapatitbeschichtungen weisen eine höhere Festigkeit auf und zeigen eine höhere Adhäsionsfestigkeit als dicke Schichten. Untersuchungen an dünnen Hydroxylapatitbeschichtungen zeigten jedoch, dass Hydroxylapatitoberflächen auch im unbelasteten Fall in physiologischer Umgebung zunächst relativ rasch (im ersten Monat 10 µm) und nachfolgend verlangsamt degradieren bis der Knochen vollständig an das Implantat angewachsen ist [31]. Dabei stellt sich jedoch die Frage nach der tatsächlichen Kristallinität der untersuchten Schicht.

In in vitro-Untersuchungen wurde beobachtet, dass die Löslichkeit der Hydroxylapatitbeschichtungen mit abnehmendem Kristallinitätsgrad steigt [22]. Durch eine Wärmebehandlung im Vakuum bei 630 °C können die beim Plasmaspritzprozess auftretenden amorphen Anteile nachträglich in eine kristalline Struktur umgewandelt werden [32].

Eine weitere Frage ist, ob die Hydroxylapatitbeschichtung lediglich als temporäre Hilfe für eine möglichst rasche Primärfixation durch initiales An- oder Einwachsen

Eigenschaft	Anforderung	Begründung	Referenz
Schichtdicke	50 μm	Bei Schichtdicken < 50μm findet Resorption statt	[18, 24]
	200 μm	Obere Grenze für die Erhaltung genügend hoher Festigkeit	[25]
Porosität/ Rauhigkeit	100–200 μm	Minimale Porosität für das	[25]
	> 75 μm	Einwachsen von Knochengewebe	[26]
HA-Gehalt	> 95 %	Minimale Reinheit für die Biokompatibilität	[18]
	> 98 %	Chemische Stabilität	[25]
Kristallinität	> 70 %		[18]
	> 90 %	Zunehmende Resorbierbarkeit bei abnehmender Kristallinität	[27]
	> 95 %		[22]
Haftfestigkeit	> 35 MPa	Verhinderung des Abplatzens	[19]

Tabelle 13.9 Anforderungsprofil an die Hydroxylapatitbeschichtung für den klinischen Einsatz

des Knochengewebes an das Implantat gebraucht wird oder ob die Beschichtung über längere Zeit eine essentielle Rolle als feste Verbindung zwischen Implantat und Gewebe einnimmt. Im ersten Fall wäre eine dünne Beschichtung ausreichend, während bei geforderter Langzeitstabilität ein Optimum zwischen Resorption, mechanischer Festigkeit und Haftung der Beschichtung gefunden werden muss.

In histologischen Untersuchungen wurde festgestellt, dass an dichten HA-Partikeln, die in periodontalen Knochendefekten eingesetzt wurden, sich zunächst Bindegewebe bildete und anschliessend in gewissen Bereichen Resorption und in anderen Zonen Knochenbildung auftrat [33, 34]. In anderen Untersuchungen wurde um HA-Partikel die direkte Bildung von Knochen ohne Bindegewebebildung festgestellt [35–38]. Die Ergebnisse bezüglich HA-Partikeln sind daher kontrovers. Zukünftige Tests müssen durchgeführt werden, um über den Einfluss der Partikelgrösse auf die Reaktion im Empfängergewebe und über die Mechanismen der chemischen Wechselwirkungen zwischen HA und dem Körpermedium bzw. -gewebe weitere Aufschlüsse zu erhalten.

13.4 Bioglas

13.4.1 Einleitung

Die Entdeckung einer direkten Knochenbindung an Gläser mit speziellen chemischen Zusammensetzungen erfolgte 1969 durch Hench und Mitarbeiter. Diese sogenannten Biogläser weisen die Komponenten SiO_2, Na_2O, CaO und P_2O_5 auf und werden als bioaktive Gläser bezeichnet. Bioglass® enthält 45% SiO_2, 24.5% Na_2O, 24.4.% CaO und 6% P_2O_5 (Angaben in Gew.%).

13.4.2 Herstellung

Die Herstellung von bioaktiven Gläsern erfolgt über die konventionellen Glasherstellungsverfahren. Für eine optimale Bioaktivität muss der Rohstoff eine hohe Reinheit aufweisen, und bei der Verarbeitung und Formgebung muss darauf geachtet werden, dass keine Verunreinigungen eingebracht werden. Je nach Zusammensetzung beträgt die Temperatur der Glasschmelze rund 1300–1450 °C. Die Formgebung erfolgt durch Giessen oder Spritzguss mit anschliessendem Tempern bei 450–550 °C [39]. Je nach chemischer Zusammensetzung müssen Temperatur und Dauer des Temperprozesses speziell bestimmt werden.

13.4.3 Chemische Zusammensetzung

In Abb. 13.8 ist das Dreiphasendiagramm SiO_2-Na_2O-CaO dargestellt. Das biologische Verhalten dieser Glasimplantate hängt stark von ihrer chemischen Zusammensetzung ab. Bioaktive Gläser weisen im Vergleich zu anderen technischen Gläsern, die nicht bioaktiv sind, folgende drei essentiellen Unterschiede auf:

SiO_2-Gehalt < 60 mol.%
Die meisten Natriumsilikatgläser bestehen aus einem Silikatanteil grösser als 65 mol.%, da der Widerstand gegen Feuchtigkeit proportional zum Anteil der Netzwerkbildner verläuft. Es ist jedoch möglich, Glasoberflächen durch Zugabe von multivalenten Metallionen zu stabilisieren, so dass bei Exposition in Wasser oder Körperflüssigkeit ein Schutzfilm ausgebildet wird.

Hoher Na_2O- und CaO-Gehalt
Natriumoxid (Na_2O) dient als Flussmittel (Netzwerkwandler). Die Einbringung von Na_2O führt zur Sprengung der geschlossenen Struktur im SiO_2-Glas. Brückensauerstoffe, die an zwei benachbarte Si^{4+}-Ionen gebunden waren werden dadurch zu einfach gebundenen O^{2-}-Ionen. Aufgrund der dadurch entstandenen Trennstellen werden diese O^{2-}-Ionen als Trennstellensauerstoff (engl.: nonbridging oxygen, NBO) bezeichnet. Die Zugabe von 1 mol bewirkt die Bildung von 2 mol NBO. Durch die Zugabe von 1 mol CaO wird 1 mol NBO gebildet. Die Ca^{2+}-Ionen sind stärker im Glasnetzwerk gebunden. Silanolgruppen entstehen nach folgender Reaktion:

$$Si\text{-}O\text{-}Na^+ + H^+ \rightarrow Si\text{-}OH + Na^+ + OH^-$$

Bei schwach alkalischem pH erfolgt eine Repolymerisation der Silanolgruppen zu Silikatbindungen, die an der Glasoberfläche eine rund 1 μm dicke Barriere für weitere Kationenaustauschreaktionen bildet:

$$Si\text{-}OH + OH\text{-}Si \rightarrow Si\text{-}OH\text{-}Si + H_2O$$

13.4 Bioglas

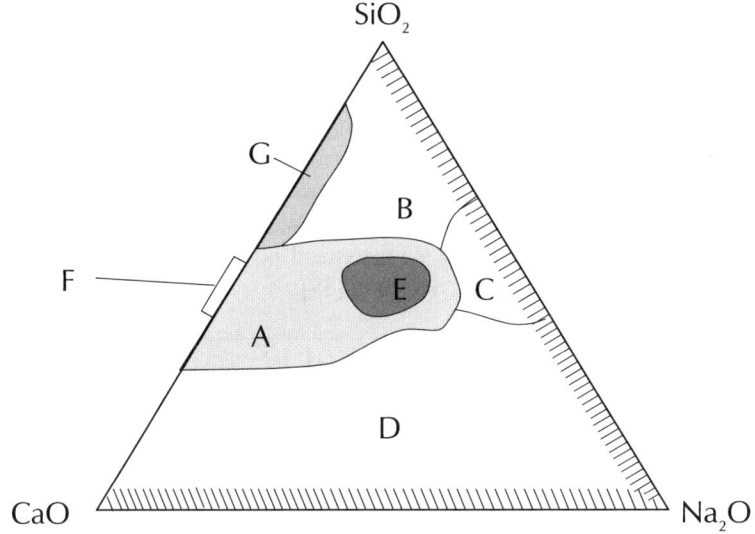

Bereiche:

- A Knochenbindung (bioaktive Gläser und Glaskeramiken)
- B Bioinert
- C Resorbierbar
- D Instabil
- E Bindung zu Knochen und Weichgewebe
- F Apatit/ Wollastonit Glaskeramik
- G Bioaktive Gele und Gläser

Abb. 13.8 Abhängigkeit der biologischen Wirkung von der chemischen Zusammensetzung. Bereiche: A: Knochenanwachsen (bone bonding), B: bioinert, C: resorbierbar, D: unstabil, E: Anwachsen von Knochen und Weichgewebe, F: A/W bioaktive Glaskeramik, G: bioaktive CaO-P_2O_5-SiO_2-Gele und Gläser, nach [2]

Hohes CaO/P_2O_5-Verhältnis
Die Zugabe von P_2O_5 bewirkt eine Umwandlung von Natriumsilikatgläsern (SiO_2-Anteil < 60 mol%) zu einem Glas mit einer hohen Bioaktivität. Ca- und P-Ionen, die bei physiologischen Bedingungen in Lösung gehen, führen bei Lösungsübersättigung zu einem Ausscheiden einer Hydroxylcarbonat-Apatitschicht (HCA-layer).

Die Implantation von Bioglas führt zu einer sehr raschen Ausbildung von Knochengewebe an der Implantat-Knochen-Grenzschicht (Abb. 13.9) Mit zunehmender SiO_2-Konzentration im Bioglas wird die Rate von Netzwerkauflösung, Silikat-Repolymerisation und HCA-Bildung und somit die Bioaktivität gesenkt. Bei einem SiO_2-Gehalt über 60 mol% wird eine HCA-Schicht innerhalb 2 bis 4 Wochen nicht gebildet; diese Gläser sind nicht mehr bioaktiv.

13.4.4 Eigenschaften

Hauptvorteil der Biogläser ist die rasche und direkte Anbindung an den Knochen, welche noch schneller als bei Hydroxylapatit erfolgt (Abb. 13.9). *In vitro-* und *in vivo*-Untersuchungen haben gezeigt, dass sich auf der Oberfläche von Biogläsern eine carbonatreiche Apatitschicht (hydroxycarbonate apatite, HCA) abscheidet, die auf eine Reihe von Ionenaustausch- und Lösungs-Wiederausscheidungs-Reaktionen zurückzuführen ist. Nach heutigem Wissensstand erfolgt die Knochenbildung an der Bioglasoberfläche in folgenden Schritten [39]:

1.	Rascher Austausch von Na^+ oder K^+ mit H^+ oder H_3O^+ aus der Lösung.
2.	Spaltung von Si-O-Si-Bindungen und Bildung von Silanolgruppen (Si-OH) an der Grenzfläche zwischen Glasoberfläche und Lösung: $Si - O - Si + H_2O \rightarrow Si - OH + HO - Si$
3.	Kondensation der Silanolgruppen gemäss: $Si - OH + HO - Si \rightarrow Si - O - Si + H_2O$ und Bildung einer an Alkalimetallen verarmten SiO_2-Oberfläche
4.	Eindiffusion von Ca^{2+} und PO_4^{3-}-Ionen in die Oberfläche und Wachstum einer amorphen CaO-P_2O_5-reichen Schicht auf der Oberfläche
5.	Schichtwachstum und Inkorporierung von OH^-, CO_3^{2-} oder F^--Anionen aus der Lösung und Bildung einer carbonat- und/ oder fluoridhaltigen Apatitschicht.
6.	Adsorption von biologischen Substanzen
7.	Beginn der Macrophagentätigkeit
8.	Anhaften von Stammzellen
9.	Differenzierung der Stammzellen
10.	Bildung von Matrix
11.	Kristallisation der Matrix

Nachteile von Biogläsern sind ihre geringen mechanischen Eigenschaften und ihre geringe Bruchzähigkeit, weshalb diese Werkstoffe als Bauteile für lasttragende Implantate nicht geeignet sind. Die Zugfestigkeitswerte von Biogläsern liegen im Bereich von 40 bis 60 MPa, die E-Modulwerte betragen 30–35 GPa.

13.4.5 Klinische Ergebnisse und Anwendungen

Auf der Basis von Bioglass® wurde eine Reihe von weiteren Gläsern für medizinische Anwendungen untersucht. Das ternäre System SiO_2-Na_2O-CaO mit einem konstanten P_2O_5-Gehalt von 6 Gew.% wurde intensiv erforscht (Abb. 13.8). Es

13.4 Bioglas

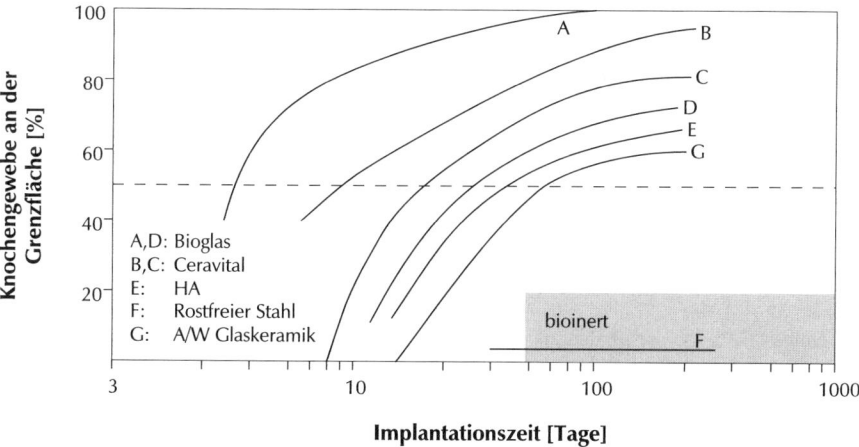

Abb. 13.9 Kinetik der Knochengewebebildung an der Grenzfläche zwischen Implantat und Knochen bei unterschiedlichen Implantatwerkstoffen, modifiziert nach [1]

wurde beobachtet, dass die Bioaktivität dieser Gläser stark von ihrer chemischen Zusammensetzung abhängt. Die Gläser in Region A sind bioaktiv und weisen eine direkte Knochenbindung auf. Innerhalb der Region A existiert ein kleiner Bereich (E); Gläser mit dieser spezifischen Zusammensetzung sind bioaktiv im Knochen- und Weichgewebe. Die Gläser in der Region B sind nahezu inert und werden von einer nicht-adhärenten Bindegewebekapsel eingeschlossen. Die Gläser der Region C werden innerhalb von 10 bis 30 Tagen resorbiert [39].

Die erste klinische Anwendung von Bioglas erfolgte in Form eines Mittelohrimplantates [40]. Des weiteren verwendet man diesen Werkstoff in der Dentalchirurgie als Zahnstifte und Knochenfüllmaterial sowie in der Gesichtschirurgie als Knochenplatten. Sehr erfolgreich wird dieser Werkstoff zudem als Beschichtung von Elektroden für Cochleaimplantate eingesetzt [41].

13.5 Literatur

1. Hench L.L., Wilson J., An introduction to bioceramics, 1–24, World Scientific Publishing Co. Pte. Ltd., Singapore, 1993.
2. Hench L.L., Bioceramics: from concept to clinic, Journal of the American Ceramic Society, 74, 7, 1991, p. 1487–1510.
3. Kohn D.H., Materials for bone and joint replacement, in Materials science and technology, a comprehensive treatment, 14 -Medical and dental materials, Williams D.F. (ed.), VCH Verlag, Weinheim, 1992, p. 31–109.
4. Willmann G., 20 Jahre Aluminiumoxidkeramik für die Medizintechnik, Biomedizinische Technik, 39, 4, 1994, p. 73–78.
5. Hulbert S.F., The use of alumina and zirconia in surgical implants, in An introduction to bioceramics, Hench L.L., Wilson J. (eds.), World Scientific Publishing Co. Pte. Ltd., Singapore, 1993, p. 25–40.
6. Oonishi H., Ishimaru H., Yamamoto M., Tsuji E., Kushitani S., Aono M., Nabeshima T., Comparison of bone ingrowth into porous Ti-6Al-4V beads with/without a plasma spray HA, CRC Handbook of Bioactive Ceramics, 2, 1990, p. 155–162.
7. Boutin P., T.H.R. using alumina-alumina sliding and a metallic stem: 1330 cases and an 11-year follow-up, in Orthopaedic ceramic implants, 1, Oonishi H., Ooi Y. (eds.), 1981.
8. Dörre E., Problems concerning the industrial production of alumina ceramic components for hip joint prosthesis, in Bioceramics and the human body, Ravaglioli A., Krajewski A. (eds.), Elsevier, London, 1991, p. 454–460.
9. Rieger W., Biocompatibility studies on zirconia and alumina in orthopaedic joint applications, The Monte Verità Conference 1993 on Biocompatible Materials Systems, Ascona, Switzerland, 1993.
10. Cales B., Stefani Y., Lilley E., Long-term in vivo and in vitro aging of zirconia ceramic used in orthopaedy, Journal of Biomedical Materials Research, 28, 5, 1994, p. 619–624.
11. Stevens R., Zirconia and zirconia ceramics, 2nd Edition, Magnesium Elektron Ltd., 1986.
12. Ravaglioli A., Krajewki A., Bioceramics – Materials, properties, applications, Chapman & Hall, London, 1992.
13. Kay J.F., Bioactive surface coatings for hard tissue biomaterials, CRC Handbook of Bioactive Ceramics, 2, 1990, p. 111–122.
14. Spiro T.G., Calcium in biology, John Wiley & Sons, New York, 1983.
15. de Groot K., Klein C.P.A.T., Wolke J.G.C., de Blieck-Hogervorst J.M.A., Chemistry of calcium phosphate bioceramics, CRC Handbook of bioactive ceramics, 2, 1990, p. 3–16.
16. Nancollas G.H., In vitro study of calcium phosphate crystallization, in Biomineralization – Chemical and biochemical perspectives, Mann S., Webb J., Williams J.p. (eds.), VCH-Verlagsgesellschaft, Weinheim, 1989, p. 157–180.
17. Maxian S.H., Zawadsky J.P., Dunn M.G., In vitro evaluation of amorphous calcium phosphate and poorly crystallized HA coatings on titanium implants, Journal of Biomedical Materials Research, 27, 1993, p. 111–117.
18. Geesink G.T., Hydroxyapatite-coated total hip prosthesis – Two year clinical and roentgenographic results of 100 cases, Clinical Orthopaedics and Related Research, 261, 1990, p. 39–58.
19. Wolke J.G.C., Klein C.P.A.T., de Groot V., Plasma-sprayed hydroxyapatite coatings for biomedical applications, 3rd National Thermal Spray Conference, Long Beach, CA, USA, 1990, p. 413–417.
20. Shirkhanzadeh M., Azadegan M., Stack V., Schreyer S., Fabrication of pure hydroxyapatite and fluoridated-hydroxyapatite coating by electrocrystallisation, Materials Letter, 18, 1994, p. 211–214.
21. van Blitterswijk C.A., Bakker D., Leenders H., Brink J.v.d., Hesseling S.C., Bovell Y., Radder A.M., Sakkers R.J., Gaillard M., Heinze P.H.,Beumer G.J., Interfacial reactions leading to bone-bonding with PEO/PBT copolymers (Polyactive), in Bone-bonding biomaterials, Ducheyne P., Kokubo T., van Blitterswijk C.A. (eds.), Reed Healthcare Communications, Leiderdorp, The Netherlands, 1992, p. 13–30.

22. Gruner H., Plasmaspritzschichten für die Brennstoffzellentechnik, DSV-Berichte, 130, 1989, p. 194–196.
23. Lugscheider E., Jokiel P., Plasmaspritzen – Verfahren, Anwendungen, Entwicklungen, in Beschichten und Verbinden in Pulvermetallurgie und Keramik, VDI Verlag GmbH, Hagen, 1992, p. 7–32.
24. Wang B.C., Lee T.M., Chang E., Yang C.Y., The shear strength and the failure mode of plasma-sprayed HA coating to bone: The effect of coating thickness, Journal of Biomedical Materials Research, 27, 1993, p. 1315–1327.
25. Dörre E., HA-Keramik-Beschichtungen für Verankerungsteile von Hüftgelenkprothesen (Techn. Aspekte), Biomedizinische Technik, 34, 3, 1989, p. 46–52.
26. Hulbert S.F., Young F.A., Mathews R.S., Klawitter J.J., Talbert C.D., Stelling F.H., Potential of ceramic materials as permanently implantable skeletal prostheses, Journal of Biomedical Materials Research, 4, 1970, p. 433–456.
27. Harris D.H., Overview of problems surrounding the plasma spraying of HA coatings, Third National Thermal Spray Conference, Long Beach, CA, USA, 1990, p. 419–423.
28. Osborn J.F., Die biologische Leistung der HA-Keramik-Beschichtung auf dem Femurschaft einer Ti-Prothese, Boimedizinische Technik, 32, 7–8, 1987, p. 177–183.
29. de Groot K., Klein C.P.A.T., Wolke J.G.C., de Blieck-Hogervorst J.M.A., Plasma-sprayed coatings of calcium phosphate, in CRC Handbook of Bioactive Ceramics, 2, Yamamuro T., Hench L.L., Wilson J. (eds.), CRC Press, Boca Raton, Ann Arbor, Boston, 1990, p. 133–142.
30. Niki M., Ito G., Matsuda T., Ogino M., Comparative push-out data of bioactive and non-bioactive materials of similar rugosity, in The bone-biomaterial interface, Davies J.M. (ed.), University of Toronto Press, Toronto, 1990, p. 350–356.
31. van Blitterswijk C.A., Grote J.J., Kuypers W., Daems W.T., de Groot K., Macropore tissue ingrowth: A quantititavie and qualitative study on hydroxylapatite ceramic, Biomaterials, 7, 1986, p. 137 ff.
32. Zyman Z., et al., Amorphous phase and morphological structure of hydroxyapatite plasma coatings, Biomaterials, 14, 3, 1993, p. 225–228.
33. Galgut P.N., Waite I.M., Tinkler S.M.B., Histological investigation of the tissue response to hydroxyapatite used as an implant material in periodontal treatment, Clinical Materials, 6, 1990, p. 105–121.
34. Ellinger R.F., Nery E.B., Lynch K.L., Histological assessment of periodontal osseous defects following implantation of hydroxyapatite and biphasic calcium phosphate ceramics. A case report, Int. J. Perio. Restor. Dent., 3, 1986, p. 223–233.
35. Jarcho M., Bolen C.H., Hydroxylapatite synthesis and characterization in dense polycrystalline form, Journal of Materials Science, 11, 1976, p. 2027–2035.
36. Daculsi G., LeGeros R.Z., Heugheabert M., Barbieux I., Formation of carbonate-apatite crystals after implantation of calcium phosphate ceramics, Calcified Tissue International, 46, 1990, p. 20–27.
37. Oonishi H., Tsuji E., Ishimaru H., Yamamotot M., Delecrin J., Clinical significance of chemical bondes between bioactive ceramics and bone in orthopaedic surgery, in Bioceramics, 2, Heimke G. (ed.), German ceramic society, Köln, 1990, p. 286–293.
38. de Groot K., Ceramics of calcium phosphates: Preparation and properties, in Bioceramics of calcium phosphate, de Groot K. (ed.), CRC Press, Boca Raton, USA, 1983, p. 100–114.
39. Hench L.L., Andersson Ö., Bioactive glasses, in An introduction to bioceramics, Hench L.L., Wilson J. (eds.), World Scientific Publishing Co. Pte. Ltd., Singapore, 1993, p. 41–62.
40. Wilson J., Douek E., Rust K., Bioglass middle ear devices: Ten year clinical results, in Bioceramics 8, Wilson J., Hench L.L., Greenspan D. (eds.), Elsevier Science Ltd., Florida, USA, 1995, p. 239–245.
41. Wilson J., Yli-Urpo A., Happonen R.-P., Bioactive glasses: Clinical applications, in An introduction to bioceramics, Hench L.L., Wilson J. (eds.), World Scientific Publishing Co. Pte. Ltd., Singapore, 1993, p. 63–73.

14 Faserverbundwerkstoffe

J. Mayer, R. Tognini, M. Widmer, H. Zerlik, E. Wintermantel, S.-W. Ha

14.1 Einleitung

Aus praktischen Erfahrungen der Autoren mit der Entwicklung anisotroper biokompatibler Werkstoffe werden nachfolgend Faserverbundwerkstoffe mit einer thermoplastischen Matrix behandelt. Als Faser kommt die Kohlenstofffaser, in verschiedenen Ausführungen, z. B. als HT- oder als HM-Faser, zum Einsatz (Tabelle 14.1). Kohlenstoff ist die Endstufe allen organischen Abbaus und Hauptelement organischer Verbindungen. Andere grosstechnische Fasern entfallen aufgrund mangelnder Biokompatibilität, geringer Langzeitbeständigkeit, ungenügender mechanischer Eigenschaften oder aus kommerziellen Gründen. Fasern, die dagegen von Interesse sind und sich entweder in klinischer Applikation oder in der Erforschung befinden, sind z. B. Bioglas- oder Titanfasern sowie Fasern degradabler Polymere. Duroplastische Matrices werden hier nicht behandelt, da die Verarbeitung aufwendig ist und möglicherweise toxische Additive im Bauteil zurückbleiben können. Schliesslich können Duroplaste nicht reversibel thermisch verformt werden, was die Anpassbarkeit daraus gefertigter Bauteile, wie z. B. Osteosyntheseplatten, erheblich einschränkt. Duroplastische Verbundwerkstoffe sind nur sehr aufwendig rezyklierbar, da eine Trennung von Faser und Matrix mit vertretbarem technischen Aufwand praktisch ausgeschlossen ist.

Das Ziel der Entwicklung anisotroper Implantatwerkstoffe ist es, sie in ihrer Funktionalität der anisotropen Struktur des Empfängergewebes, wie zum Beispiel der des Knochens, soweit als möglich anzunähern. Im folgenden Kapitel wird unter Anisotropie die räumliche Variation der makroskopischen mechanischen Eigenschaften verstanden. In diesem Sinn sind Metalle als isotrope und Faserverbundwerkstoffe als anisotrope Werkstoffe zu verstehen. Die bei Metallen vorliegende Gefügeanisotropie begründet keine makroskopische Anisotropie mit richtungsabhängigen mechanischen Eigenschaften eines Bauteils.

Biokompatibiliät beinhaltet sowohl die Oberflächen- wie auch die Strukturkompatibilität des Implantates. Eine wesentliche Voraussetzung für die Strukturkompatibilität von lasttragenden Implantaten ist seine Homoelastizität worunter die Annäherung des elastischen Verformungsverhaltens eines Implantates an jenes

Faser (typischer Vertreter, Hersteller)	Durch- messer [µm]	Dichte [g/cm³]	Festigkeit [MPa]	E-Modul [GPa]	Bruch- dehnung [%]
E-Glas	5–25	2.6	1500–3500	73	2–4
R-Glas	5–25	2.5	3000–4500	86	3.4–5.0
C-Standard (AS 4, Hercules)	7–9	1.8	3600	235	1.5
C-Intermediate (IM8, Hercules)	7	1.75	5484	323	1.8
C- Hochfest HT, (T1000, Toray)	5–7	1.75	7060	297	2.4
C- Hochmodul HM, (M50, Toray)	5	1.91	2450	490	0.5
SiC	10	3.3	3500	400	0.8
Si_3N_4	10	2.5	2700	290	0.9
Al_2O_3	3–25	3.3–3.9	2000	300–380	0.4–0.7
Aramide	12	1.45	2800–3000	70–130	2–4

Tabelle 14.1 Vergleich der Eigenschaften verschiedener Kohlenstofffasern mit anderen Faserwerkstoffen [6, 7]

des Empfängergewebes verstanden wird [1]. Das Ziel dabei ist, die Dehnungsdifferenzen im Interface zwischen Implantat und Empfängergewebe zu minimieren. Man geht davon aus, dass Implantate aus anisotropen Werkstoffen sich aufgrund ihrer homoelastisch einstellbaren Eigenschaften zum Knochen günstiger verhalten als isotrope [2–4]. Folgende weitere Eigenschaften anisotroper nicht-metallischer Werkstoffe sind für die Verwendung als Implantatmaterialien als vorteilhaft zu betrachten:

Allergierisiko
bei diesen Werkstoffen entfällt das Risiko allergischer Reaktionen, die durch Metallionen ausgelöst werden können (z. B. Nickelallergie).

Röntgentransparenz
diese Werkstoffe sind röntgentransparent. Sie sind auf konventionellen Röntgenbildern als durchscheinende Strukturen erkennbar, welche die Darstellung feiner knöcherner Strukturen nicht behindern und trotzdem lokalisierbar sind. Durch die Beimengung von Kontrastmitteln als Füllstoff zur Matrix kann der Kontrast eingestellt werden.

Artefaktfreiheit in modernen diagnostischen Verfahren
es tritt keine Artefaktbildung im Computertomogramm (CT) sowie im Kernspintomogramm (NMR) auf. Das Ziel der Entwicklung neuer anisotroper Implantatwerkstoffe ist es, sie in ihrer Funktionalität der anisotropen Struktur des Empfängergewebes, wie zum Beispiel des Knochens, soweit als möglich anzunähern.

14.2 Funktionelle Einheiten eines kohlenstofffaserverstärkten Verbundwerkstoffes

14.2.1 Faser

Die Faser stellt das hauptlasttragende Element eines Faserverbundwerkstoffes mit thermoplastischer Matrix dar. Aufgrund ihres höheren E-Moduls und ihrer höheren Festigkeit bestimmt sie weitgehend die mechanischen Eigenschaften des Verbundes. Kohlenstofffasern werden durch einen mehrstufigen anoxischen Carbonisierungs- und Graphitisierungsprozess bei Temperaturen zwischen 1500 °C und 2500 °C aus Polyacrylnitrilfasern (PAN) oder Pechfasern (Precursorfasern) hergestellt. Mit steigender Graphitisierungstemperatur nehmen die Ausrichtung und die Homogenität der Graphitebenen und damit der E-Modul sowie die Anisotropie der Fasern zu. Gleichzeitig vermindert sich aufgrund der zunehmenden Homogenität des Graphitgefüges und der damit verbundenen Reduktion der Fehlstellenzahl die Bruchzähigkeit und damit auch die Festigkeit [5]. In Tabelle 14.1 werden verschiedene Faserwerkstoffe anhand ihrer mechanischen Eigenschaften miteinander verglichen.

Bei Fasern können sich Probleme für die Biokompatibilität aus ihrer mangelnden chemischen Stabilität oder durch Partikelbildung aus Faserbrüchen ergeben. Letztere können durch ein Versagen des Implantates oder durch Verschleiss freigesetzt werden und in Abhängigkeit ihrer Geometrie und ihrer chemischen Stabilität im umliegenden Gewebe oder auch in Lymphknoten zu schwerwiegenden Gewebereaktionen führen. Fasern sind daher grundsätzlich so in die Matrix einzuschliessen, dass Bruchstücke nicht freigesetzt werden können [8].

14.2.2 Matrix

Durch die Einbettung der Fasern in eine polymere Matrix bleibt die Faserarchitektur des Verbundes auch unter äusserer Beanspruchung erhalten. Die Matrix übernimmt die folgenden Funktionen im Verbundwerkstoff:

- mechanisches Stützen der Fasern bei Druck und Scherbeanspruchung des Verbundes;
- Kraftübertragung von Faser zu Faser vor allem an Faserenden oder während des Rissfortschrittes;
- Festigkeit bei Beanspruchungen senkrecht zur Faserrichtung;
- Schutz der Faser vor aggressiven Medien;
- Schutz des Empfängergewebes vor Faserpartikeln durch Versiegelung der Implantatoberfläche.

Aus der Literatur sind Anwendung von biokompatiblen Werkstoffen bekannt. Als Matrices wurden sowohl duromere Systeme wie Epoxidharze [12] als auch unterschiedlichste thermoplastische Systeme wie Polysulfon (PSU) [13] und Polyami-

Eigenschaften	PA 12	PEEK	PSU
Dichte [g/cm³]	1.10	1.28	1.37
Zugmodul [GPa]	1.4–1.6	3.6	2.4
Zugfestigkeit [MPa]	52	92	84
Bruchdehnung [%]	240	50	40–80
Schmelzpunkt [°C]	178	334	–
Glasübergangstemp. [°C]	40–45	143	230
Kristallinität [%]	30	35	amorph
Wasseraufnahme bei 20°C [%]	1.5%	0.5%	0.4%

Tabelle 14.2 Vergleich der Eigenschaften thermoplastischer Matrices. Quellen: Polyamid 12 PA12 [9], Polyetheretherketon PEEK [67, 10], Polysulfon PSU [11]

de (PA) [14] verwendet. Um optimales Langzeitverhalten sowohl der mechanischen Eigenschaften wie auch der chemischen Beständigkeit zu erhalten, wird vor allem Polyetheretherketon (PEEK) [66, 68, 15] verwendet. Tabelle 14.2 zeigt einen Überblick der Eigenschaften einiger Thermoplaste.

14.2.3 „Interphasen" und „Interfaces" in Verbundwerkstoffen

Definitionen
Grenzflächen (Interfaces) und Übergangsphasen (Interphasen) zwischen zwei Festkörpern, werden als „Achillessehne des Verbundwerkstoffes" bezeichnet [67]. Sie bestimmen als Kontaktelemente zwischen Faser und Matrix zu grossen Teilen die Eigenschaften des Verbundwerkstoffes, wie das Versagensverhalten oder die chemische Beständigkeit.

Interface Das Interface bezeichnet die *2-dimensionalen* Grenzflächen zwischen zwei Interphasen oder einer Interphase und einer Festkörperphase. Es stellt die Oberflächen der jeweiligen Phasen dar. Die mechanische Trennung an einem Interface hat *adhäsiven* Charakter.

Interphase Mit der Interphase wird eine *3-dimensionale* Phase bezeichnet, welche sich in ihren chemischen und physikalischen Eigenschaften von den angrenzenden Festkörperphasen (Faser, Matrix) oder weiteren Interphasen unterscheidet. Die mechanische Trennung in einer Interphase hat *kohäsiven* Charakter.

Diese Definitionen sind in Abb. 14.1 für einen faserverstärkten Thermoplasten mit teilkristalliner Matrix, z. B. PA12 oder PEEK, dargestellt.

Interphasen entstehen aus der Anpassung der Festkörperphasen an die angrenzende Phase im Zeitpunkt ihrer Entstehung. Demnach lassen sich in einem

14.2 Funktionelle Einheiten eines kohlenstofffaserverstärkten Verbundwerkstoffes

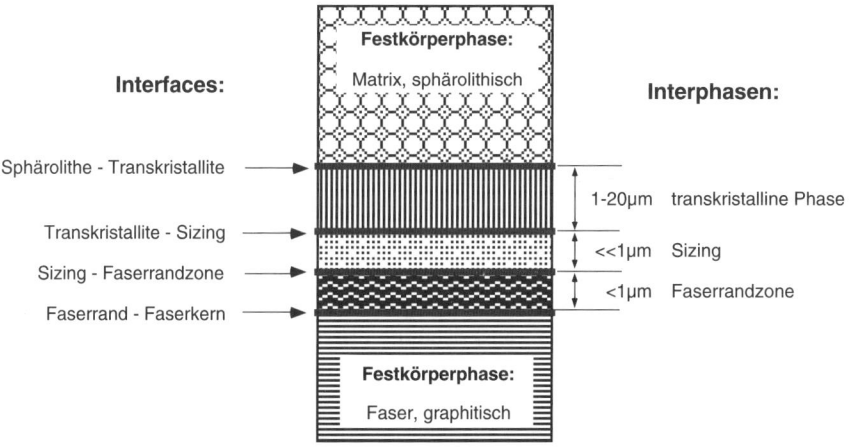

Abb. 14.1 Interfaces und Interphasen in einem thermoplastischen Kohlenstofffaserverbund, schematisch dargestellt in Anlehnung an [17]

kohlenstofffaserverstärkten Thermoplasten die nachfolgend beschriebenen Interphasen unterscheiden:

Faserrandzone
Die Faserrandzone entsteht während des Carbonisierungs- und Graphitisierungsprozesses der Faser. Sie unterscheidet sich vom Faserkern vor allem in der Kristallstruktur, der Fehlstellendichte und Homogenität des Kohlenstoffgefüges [5]. Die PAN-Kohlenstofffaser zum Beispiel weist einen schalenartigen Aufbau auf, in welchem die axiale Ausrichtung und die Ausdehnung der graphitischen Phasenanteile zur Oberfläche hin zunehmen [18]. Die gut graphitisierte Oberflächenschicht hat eine Dicke von einigen 10 nm, wobei die gemessene Ausdehnung vom Messverfahren abhängt. Durch oxidative Behandlung wird der weitgehend graphitische Kohlenstoff an der Faseroberfläche durch Sauerstoffverbindungen substituiert (Hydroxyl-, Carboxyl- Ether-, Ester-, Keton- u. a. Gruppen [19]), wodurch die Oberflächenenergie steigt. Diese funktionellen Gruppen werden an den C-Atomen gebildet, die an Kanten und Fehlstellen der Graphitebenen liegen und dadurch reaktiver sind als die C-Atome in den Graphitebenen. Mit zunehmender Graphitisierung der Faser nimmt ihre Fehlstellendichte und damit die oxidative Aktivierbarkeit ab.

Sizing
Kohlenstofffasern erhalten während ihres Verabeitungsprozesses eine Schlichte, welche als Sizing bezeichnet wird. Dieses hat einerseits eine Schutzfunktion für die Filamente während der Weiterverarbeitung, andererseits wird es bei der Verwendung duromerer Matrixsysteme als kovalent vernetzender Haftvermittler eingesetzt. Bei thermoplastischen Matrixsystemen versucht man, darauf zu verzichten, da das Sizing ohne Härtevorgang und Vernetzung durch die höheren Verarbeitungs-

temperaturen degradiert wird. Es kann unter der Einwirkung aggressiver Medien, wie zum Beispiel Körperflüssigkeit, eludiert werden.

Übergangsphase der Matrix
Die Übergangsphase entsteht aus der strukturellen Anpassung der Matrix an die Faseroberfläche während ihrer Erstarrung. Sie kann sich in ihrer chemischen Stabilität und in ihren mechanischen Eigenschaften [20] von der Matrix unterscheiden. Bei teilkristallinen Polymeren wird die Kristallisation an der Faseroberfläche nukleiert. Unter bestimmten Bedingungen kann anstelle eines sphärolitisches Kristallwachstums ein transkristallines Wachstum erfolgen, bei welchem die Polymerkristallite radial zur Faser wachsen. Die transkristalline Phase wird bei sizingfreien Kohlenstoffasern umso stärker nukleiert, je graphitischer die Oberfläche der Faserrandzone (hochmodulige HM-Fasern) ist. Bei hochfesten HS-Fasern, welche eine nur gering graphitisierte Oberfläche haben, kann die Transkristallinität durch starke Scherung der Matrix, wie sie z. B. im Spritzguss auftritt, erzwungen werden [20, 21]. Man nimmt an, dass durch die Transkristallinität die Festigkeit des Verbundes senkrecht zur Faserrichtung zunimmt. Häufig wird dann ein Versagen in der Grenzfläche zur sphärulitisch kristallisierenden Matrix oder zur transkristallinen Phase der benachbarten Faser beobachtet.

In amorphen Polymeren wurde eine analoge Adaptation des Nahordnungszustandes an die Faser [20] beobachtet. Es wird davon ausgegangen, dass sich Teile der Polymerkette, entsprechend der Taktizität, der Beweglichkeit von Kettensegmenten und des bipolaren Charakters (*polare Inversion*) [22] an die Polarität der zu benetzenden Oberfläche anpassen können. Während der Benetzung einer polaren Oberfläche werden der polare Anteil der Oberflächenenergie des Polymeres und damit die Austauschkräfte zwischen Faser und Matrix erhöht.

Benetzung und Haftung
Voraussetzung für eine optimale Haftung zwischen Faser und Matrix ist eine vollständige Benetzung der Faser durch die Matrix. Die Benetzung hängt vor allem von der Oberflächenenergie der beteiligten Phasen sowie von den Verarbeitungsbedingungen, d. h. der Viskosität des Polymers sowie dem während der Verdichtung des Verbundes aufgebrachten hydrostatischen Druck ab. Die Haftung wird durch mehrere Faktoren bestimmt [22, 23]:

- Mechanische Verankerung durch Vergrösserung der benetzten Oberfläche,
- Kovalente Bindungen, welche durch eine Vernetzungsreaktion des Sizings mit der Faser und Matrix aufgebaut werden,
- Intermolekulare Kräfte wie van der Waals-, Dipol-Dipol-, Wasserstoffbrücken- und ionische (Säure-Base-)Bindungen.

Die Haftung bestimmt das Versagensverhalten des Verbundwerkstoffes und hat damit einen entscheidenden Einfluss auf seine Bruchfestigkeit und Bruchzähigkeit. Sie beeinflusst aber nicht seine elastischen Eigenschaften. Der Einfluss der Haftung wird vor allem unter Off-axis- und Druckbeanspruchung sowie im Ermüdungsverhalten sichtbar. Bei Kurzfasern treten im Vergleich zu Endlosfasern zusätzliche Spannungsspitzen an den Faserenden auf, welche zu einer erhöhten lokalen Beanspruchung der Matrix führen. Faserenden sind bruchmechanisch als innere Fehlstellen zu verstehen.

Um die Langzeiteigenschaften von Verbundwerkstoffen in Implantaten zu verbessern, müssen Faser, Matrix sowie die Interphasen selektiv aufeinander abgestimmt werden. Die beschriebene Reaktivität der Kohlenstofffaser, ermöglicht es, chemische Gruppen wie Hydroxyl-, Carboxyl- Ether-, Ester-, Ketogruppen [19] anzubinden. Dabei werden verschiedene Oxidationsverfahren (thermische [24], nasschemische [25], anodische [25]) aber auch Plasmaoxidations- und Polymerisationsverfahren [26] angewandt. Die oxidative Behandlung der Faser betrifft die folgenden Eigenschaften der Faser [5, 23]:

- die spezifische Oberfläche [27];
- die Rauheit;
- Entfernung defektbeladener Randschichten und Erhöhung der Konzentration funktioneller Gruppen;
- die Oberflächenenergie;
- den Faserdurchmesser.

Bei intensiver Oxidation werden die äusseren Schichten der Faser ganz entfernt, so dass die Faseroberfläche eingeebnet wird und der Faserdurchmesser abnimmt. Oberflächenstrukturen verschwinden und faserschädigende Prozesse beginnen, wie z. B. Porenbildung, Rissbildung, Abplatzen von Faserschichten und Faserbrüche. Zur Charakterisierung der Oberflächenchemie werden spektroskopische Methoden wie Photoelektronenspektroskopie (ESCA), Sekundärionenmassenspektrometrie (SIMS), FTIR-Reflexionsmessungen, RAMAN-Spektroskopie sowie inverse Gaschromatographie [28] angewandt. Die Oberflächenenergie sowie der Einfluss von Adsorbaten wird häufig in Benetzungsversuchen, wie dem Wilhelmy- Benetzungsexperiment, bestimmt.

Einfluss von Feuchtigkeit auf die Haftung
Feuchtigkeit in Faserverbundwerkstoffen kann durch Fertigungsschritte eingebracht werden oder während der Lagerung des Verbundes bei hoher Luftfeuchtigkeit oder in wässrigen Medien auftreten. Dazu gehören auch Körperflüssigkeiten. Diese Feuchtigkeit kann zu einem vorzeitigen Versagen des Werkstoffes führen. Interphasen sind dabei aufgrund ihres höheren chemischen Potentials und ihrer meist geringeren Dichte zugänglicher für den schädigenden Einfluss von Feuchtigkeit [29] als die Matrix. Sie sind bevorzugt hydrolytischer Degradation ausgesetzt und können als Diffusionskanal wirken.

Die mit der Degradation verbundene Reduktion der Haftung bedeutet für ein Implantat die Verminderung der statischen sowie auch der Ermüdungsfestigkeit. Insbesondere wenn die Beanspruchung des Verbundes durch Druck oder nicht in der Faserrichtung (off axis) erfolgt [30, 31].

14.2.4 Faser-Matrix-Verbund

Die Eigenschaften eines Faserverbundwerkstoffes, wie Festigkeit, E-Modul, thermische Ausdehnung und Quellung, werden in erster Linie durch den Faservolumengehalt und durch die Orientierung der Fasern in der Faserarchitektur bestimmt. Die Haftung zwischen Faser und Matrix sowie die Homogenität der Faserverteilung und die Fehlstellendichte bestimmen das Versagensverhalten und damit auch die Festigkeit des Werkstoffes.

Faservolumengehalt
Der Einfluss des Faservolumengehaltes φ ist in Abb. 14.2 illustriert. Dabei kann man für unidirektional verstärkte Verbundwerkstoffe zwei Extremfälle unterscheiden. Bei Beanspruchung in Faserrichtung werden Faser und Matrix parallel angeordnet, wodurch Faser und Matrix die gleiche Verformung erfahren. Bei Beanspruchung senkrecht zur Faserrichtung werden sie in Serie angeordnet, wodurch beide die gleiche äussere Beanspruchung erfahren. Die Dehnung erfolgt in der Matrix aufgrund ihres wesentlich tieferen E-Moduls. Dadurch wird die Matrix einer drei- bis fünfach höheren Dehnungen als der Gesamtverbund ausgesetzt. Für diesen Fall gilt eine zusätzliche Randbedingung, welche die Haftung zwischen Faser und Matrix mitberücksichtigt. In erster Näherung können Spannung σ und E-Modul E entsprechend dem Hook'schen Gesetz nach einer einfachen linearen Mischungsregel berechnet werden. Die Faservolumengehalte liegen für Endlosfasern typischerweise zwischen 40 bis 65%. Kurzfasern werden meist nur in Volumengehalten zwischen 10–30% beigegeben, da die Werkstoffe sonst nicht mehr in den typischen Thermoplast-Verarbeitungs-Verfahren wie Spritzguss oder Extrusion verarbeitbar sind.

Faserorientierung
In endlosfaserverstärkten Verbundwerkstoffen hängen die mechanischen Eigenschaften stark von der Orientierung der Fasern zur Beanspruchungsrichtung ab und bestimmen damit die Anisotropie des Verbunds. Dieser Zusammenhang ist in Abb. 14.3 vergleichend für UD-(unidirektional), Gewebe- und Gestrickverstärkungen dargestellt. Die ausgeprägten Anisotropien von UD- wie auch von gewebeverstärkten Verbundwerkstoffen ermöglichen eine effiziente Ausnutzung der Fasereigenschaften. Sie setzt aber auch voraus, dass die Beanspruchungsrichtung eindeutig definiert ist. Da dies in den wenigsten technischen Anwendungen der Fall ist, werden Verbundwerkstoffe aus unterschiedlich orientierten Schichten aufgebaut. Für die Berechnung der mechanischen Eigenschaften stehen kontinuumsmechanische [32–35] wie auch strukturmechanische Ansätze [36, 37] zur Verfügung. Bei der Schichtabfolge muss darauf geachtet werden, dass die Orientierung der einzelnen Laminate symmetrisch zur Mittelebene des Verbundes erfolgt, da sonst zusätzliche Spannungen durch die Kopplung von Dehnungen und Verwindungen induziert werden. Diese können die Festigkeit des Verbundes reduzieren.

Bei der Verarbeitung der Verbundwerkstoffe führen die unterschiedlichen thermischen Ausdehungskoeffizienten von Faser (Kohlenstofffaser in Faserrichtung,

14.2 Funktionelle Einheiten eines kohlenstofffaserverstärkten Verbundwerkstoffes

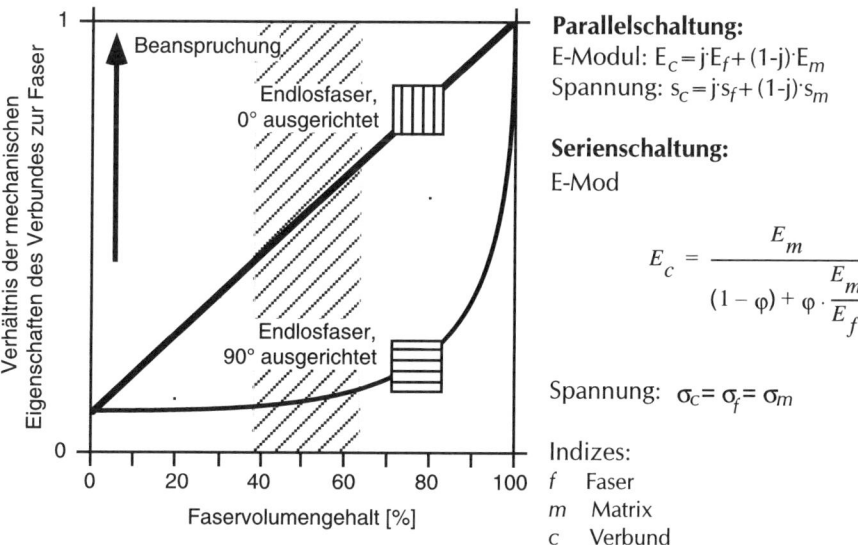

Abb. 14.2 Einfluss des Fasergehaltes endlosfaserverstärkter Verbundwerkstoffe auf die mechanischen Eigenschaften (E-Modul und Festigkeit) in Abhängigkeit der Anordnung der Fasern zur Beanspruchungsrichtung. Die technisch bei endlosfaserverstärkten Werkstoffen verwendeten Fasergehalte sind schraffiert angezeigt

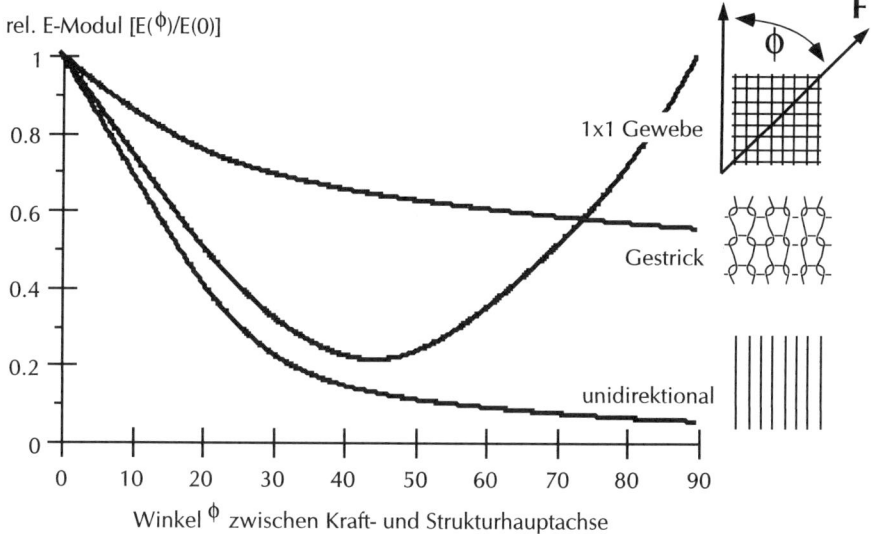

Abb. 14.3 Berechnete Winkelabhängigkeit ($\cos^4\varphi$) des E-Moduls von der Faserorientierung als Mass für die Anisotropie. Vergleich von unidirektional-, gewebe- und gestrickverstärkten Verbundwerkstoffen

α = –10⁻⁶ K–1) und Matrix (α = 10⁻⁵ K–1) aufgrund von Dehnungsbehinderungen zu inneren Spannungen. Analog hierzu können im Bauteil Eigenspannungen und Verzug durch Wasseraufnahme und Quellung der Matrix verursacht werden. Werden die Fasern im Verbundwerkstoff symmetrisch zur Mittelebene angeordnet, kann eine Deformation des Bauteiles („propellerartiger" Verzug) durch solche Eigenspannungen vermieden werden. Kurzfasern weisen verarbeitungsbedingt eine weniger gut definierte Faserorientierungsverteilung auf. Die Berechnung der mechanischen Eigenschaften beruht daher meist auf Näherungsbeziehungen [16].

Kritische Faserlänge, Versagensverhalten
Die kritische Faserlänge lk ist ein Mass, welches den Einfluss der Haftung auf die mechanische Ausnützung der Faser beschreibt. Mit der kritischen Faserlänge wird die Länge einer Faser bezeichnet, die notwendig ist, um soviel Kraft über die Grenzfläche zwischen Faser und Matrix überzuleiten, dass die Faser unter Zug versagt. Die kritische Faserlänge hängt demnach direkt vom Faserdurchmesser df, der übertragbaren Schubspannung im Interface τi und der Faserfestigkeit σf ab (Abb. 14.4):

$$l_k = \frac{d_f}{2} \cdot \frac{\sigma_f}{\tau_i}$$

Typische kritische Faserlängen betragen weniger als 0.5 mm für eine sehr gute Haftung und einige Millimeter im Fall schlechter Haftung. Der Einfluss der Haftung auf das Versagensverhalten ist in Abb. 14.4 für kurzfaserverstärkte Werkstoffe unterschiedlicher Faserlängen schematisch gezeigt. Es ist zu beachten, dass die Faserfestigkeiten aufgrund des geringen Weibullmoduls von Kohlenstofffasern und damit auch die kritischen Faserlängen stark streuen. Zudem kann die kritische Faserlänge nur dann ausgenutzt werden, wenn sich benachbarte Fasern um mindestens diese Länge überlappen. In kurzfaserverstärkten Verbundwerkstoffen geht man daher davon aus, dass die Festigkeit der Fasern erst bei mittleren Faserlängen von mehr als der zehnfachen kritischen Faserlänge ausgenutzt werden kann.

In den REM-Aufnahmen in Abb. 14.5 ist der Einfluss der Haftung auf das Versagensverhalten für endlosfaserverstärkte Laminate dargestellt. In beiden Fällen ist das Versagen faserdominiert. Durch die schlechte Haftung kommt es aber zu ausgeprägtem Faserpullout und zur Desintegration des Verbundes durch „debonding", worunter die Trennung von Faser und Matrix durch Schubbeanspruchung verstanden wird.

Abb. 14.6 illustriert das Versagensverhalten von endlosfaserverstärkten Laminaten unter weiteren typischen Beanspruchungen. Unter Druck kommt es im unidirektional ausgerichteten Verbund zu einem koordinierten Strukturversagen der Fasern durch gleichzeitiges Ausknicken grösserer Faserbezirke (microbuckling). Aufgrund des Strukturversagens ist die Beanspruchbarkeit unter Druck deutlich geringer (30–50%) als unter Zug. Sind die Fasern nicht in Beanspruchungsrichtung orientiert, wie in der gezeigten ± 45°-Zugprobe, wird die Matrix stark auf Schub beansprucht. Das Versagen erfolgt in den meisten Fällen zwischen den Schichten (interlaminar) und wird, wie auch das Knickversagen im Druckversuch, durch die Haftung zwischen Faser und Matrix beeinflusst.

14.2 Funktionelle Einheiten eines kohlenstofffaserverstärkten Verbundwerkstoffes

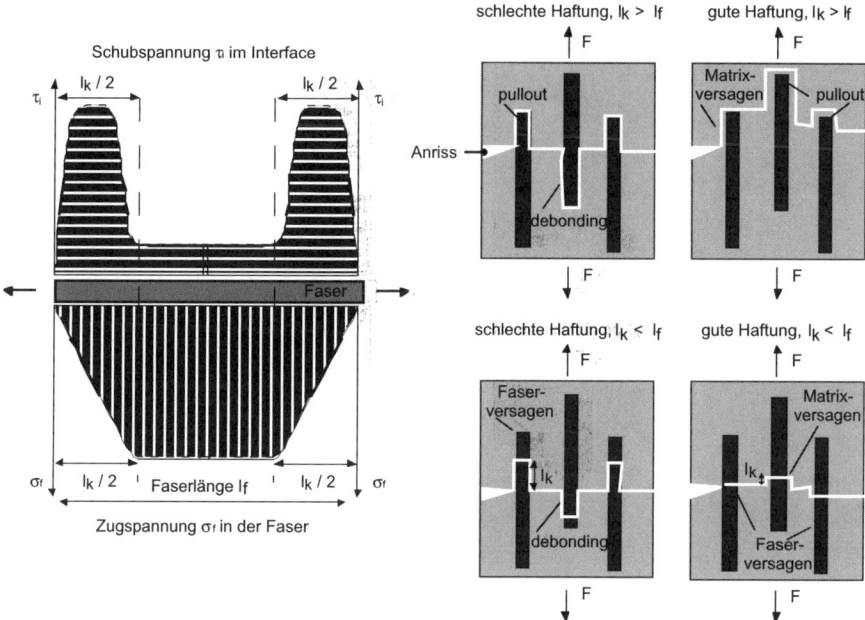

Abb. 14.4 Definition der kritischen Faserlänge (links) und Illustration ihres Einflusses auf die Versagensmechanismen in kurzfaserverstärkten Verbundwerkstoffen (rechts) [38]: *Oben links:* aufgrund der schlechten Haftung kommt es zum Debonding im Interface und anschliessendem Faserpullout. Die Faseroberfläche wird freigelegt und zeigt im REM keine Matrixreste. *Oben rechts:* die Spannungskonzentrationen an den Faserenden führen zu Mikrorissen, welche sich in der Matrix entlang der Fasern ausbreiten. Es kommt zum Faserpullout, wobei die Faseroberfläche von einer Matrixschicht bedeckt bleibt. *Unten links:* aufgrund der schlechten Haftung folgt dem Faserversagen ein Debonding im Interface mit anschliessendem Faserpullout. Die Faseroberfläche wird freigelegt und zeigt im REM keine Matrixreste. *Unten rechts:* aufgrund der guten Haftung folgt dem Faserversagen ein Risswachstum in der Matrix entlang der Faseroberflächen. Die Faseroberflächen bleiben von einer Matrixschicht bedeckt. Die Beispiele unten links und unten rechts sind auch auf endlosfaserverstärkte Verbunde anwendbar

Ermüdungsverhalten

Für lasttragende Implantate erfolgt die Dimensionierung von Bauteilen in den meisten Fällen nach ihrem Ermüdungsverhalten. Tabelle 14.3 zeigt einen vergleichenden Überblick über die Ermüdungsfestigkeit unter Zugbeanspruchung. Aus dem Verhältnis von Ermüdungsfestigkeit und statischer Festigkeit, wird deutlich, dass Verbundwerkstoffe wesentlich besser ausgenutzt werden können als unverstärkte Polymere oder metallische Implantatwerkstoffe, sofern die Beanspruchung weitgehend von den Fasern getragen wird. Die angegebenen Festigkeitswerte sind unter der besonderen Belastung durch Körperflüssigkeiten zu bewerten. Dabei ist festzuhalten, dass diese Flüssigkeiten Werkstoffe derart schädigen können, dass nicht mehr von Dauerfestigkeiten gesprochen werden kann.

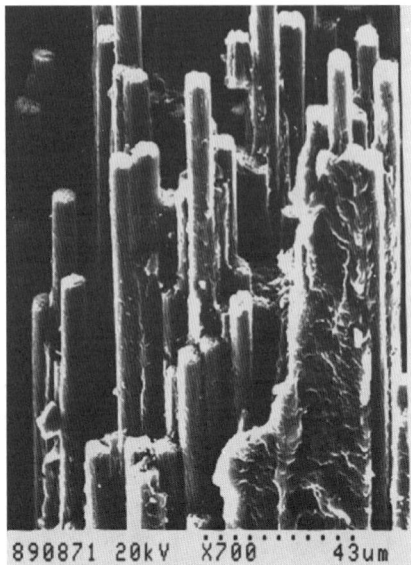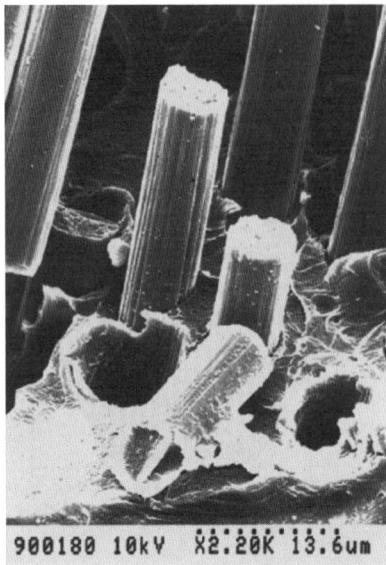

Abb. 14.5 Einfluss der Haftung auf das mikroskopische Versagensverhalten von Zugproben mit unidirektionaler Kohlenstofffaserverstärkung: *Links:* Matrix PA 12, gute Haftung, Matrixreste auf der Faser, kein Faserpullout. *Rechts:* Matrix PEMA, schlechte Haftung, nackte Faseroberfläche, Faserpullout

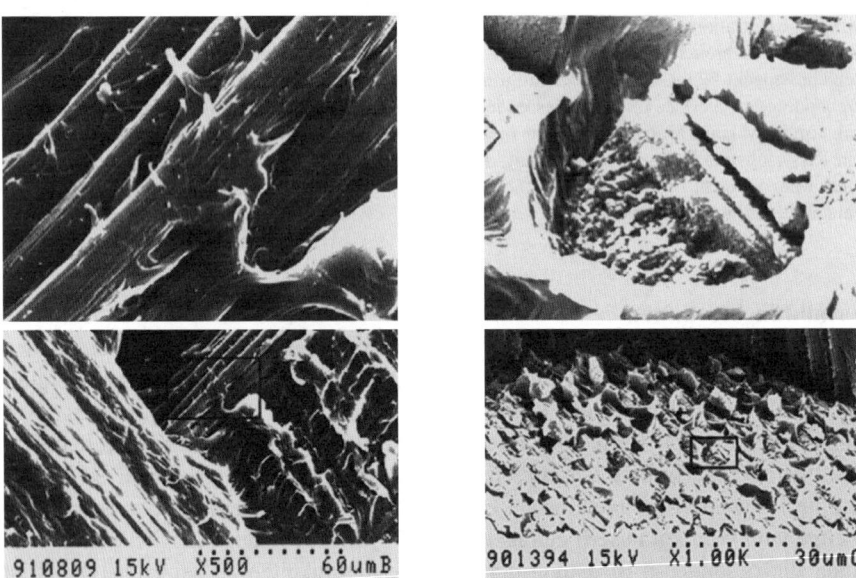

Abb. 14.6 Mikroskopisches Versagensverhalten von kohlenstofffaserverstärktem PA 12: *Links:* Zugversagen eines ±45° Laminates durch interlaminaren Schub. *Rechts:* Druckversagen eines 0° Laminates durch koordiniertes Knicken der Fasern

Werkstoff	statische Zugfestigkeit [MPa]	dyn. Zugfestigkeit [MPa] (10^6 Lastwechsel)	$\sigma_{dyn.}/\sigma_{stat.}$
Metalle			
Stahl 316, austenitisch	540	190	0.3–0.4
Ti6Al4V	1100	500	0.4–0.5
Matrixpolymere			
Polypropylen	20	10	0.5
Polyamid 6	50	5	0.1
Polymethylmethacrylat	40	20	0.5
Polyetheretherketon	120	60	0.5
Faserverbunde, Matrix PEEK			
30 Gew.% Kurz-Glasfasern	200	70	0.35
Laminat 60 Vol.%: unidirektional [0°]	2000	1600	0.8
Laminat 60 Vol.%: [± 45°]	450	200	0.45
Laminat 60 Vol.%: quasiisotrop [0°, ± 45°, 90°]	900	540	0.6

Tabelle 14.3 Vergleich der Ermüdungseigenschaften von Faserverbundwerkstoffen mit unverstärkten Polymeren und ausgewählten Implantatlegierungen

14.2.5 Einfluss der Faserarchitektur (textile Anordnung von Fasern)

Die Geometrie der Faseranordnung und die Bindung der Faser in der textilen Architektur bestimmen die Fertigungsverfahren für das Textil und für den daraus hergestellten Verbundwerkstoff sowie seine mechanischen Eigenschaften [39]. In Tabelle 14.4 und Abb. 14.6 sind die Eigenschaften der Faserarchitekturen in Verbundwerkstoffen vergleichend zusammengestellt sowie typische textile Architekturen dargestellt. Die Faserarchitektur wird durch den Verarbeitungsprozess bestimmt. Sie kann vor der Konsolidierung des Verbundwerkstoffes, typischerweise in Form der oben dargestellten textilen Gebilde, oder während der Endformgebung erzeugt werden.

	Faserarchitekturtyp					
Beispiele	diskret	endlos	eben verknüpft	eben verknüpft	eben verknüpft	räumlich verknüpft
	Vlies	unidirektionale Gelege	2D-Gewebe	2D-Gestrick	Multi-axiales Gelege	3D-Gewebe, Geflechte
Anisotropie	niedrig	sehr hoch	hoch	mittel	mittel	niedrig
Zugfestigkeit	niedrig	sehr hoch (Faserrichtung)	hoch	niedrig	niedrig	mittel
Zugsteifigkeit	niedrig	sehr hoch (Faserrichtung)	hoch	niedrig	niedrig	mittel
Faservolumengehalt	niedrig	sehr hoch	hoch	hoch	hoch	mittel
Drapierbarkeit	mittel	schlecht	mittel	sehr gut	mittel	sehr schlecht
Textilkosten	niedrig	–	mittel	niedrig	teuer	sehr teuer

Tabelle 14.4 Eigenschaften im Vergleich für verschiedene Faserarchitekturen im Verbund nach [39, 40]

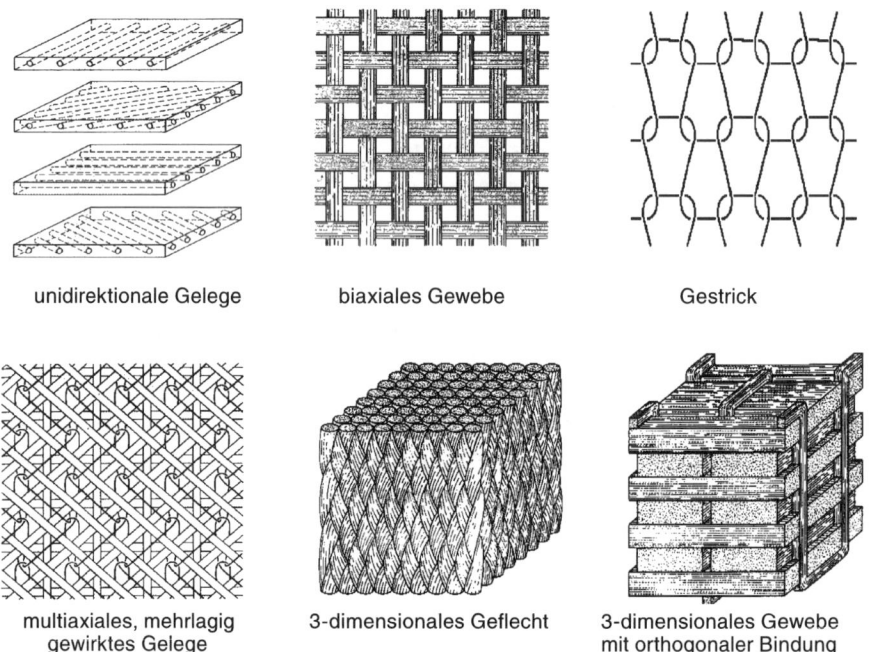

unidirektionale Gelege   biaxiales Gewebe   Gestrick

multiaxiales, mehrlagig gewirktes Gelege   3-dimensionales Geflecht   3-dimensionales Gewebe mit orthogonaler Bindung

Abb. 14.7 Textile Architekturtypen für Faserverbundwerkstoffe [41]

14.3 Gestricke als 3-dimensionale Verstärkungsstrukturen

14.3.1 Die Struktur gestrickverstärkter Verbundwerkstoffe

Charakteristisch für das Kohlenstofffasergestrick ist, wie Abb. 14.8 zeigt, die geringe Flächendichte und die Grösse der Maschen. Das Verstricken der Kohlenstofffasern setzt eine optimierte Stricktechnik, die sog. Konträrtechnik, voraus, in welcher die Beanspruchung des Filamentes während der Maschenbildung minimiert wird [42].

Das rechts/ links-gebundene Gestrick hat eine periodische symmetrische Struktur, welche Spiegelebenen und Drehachsen enthält. Die Eigenschaften lassen sich in der Elementarzelle definieren und in Analogie zu Geweben werden die mechanischen Eigenschaften durch sechs unabhängige elastische Konstanten beschrieben.

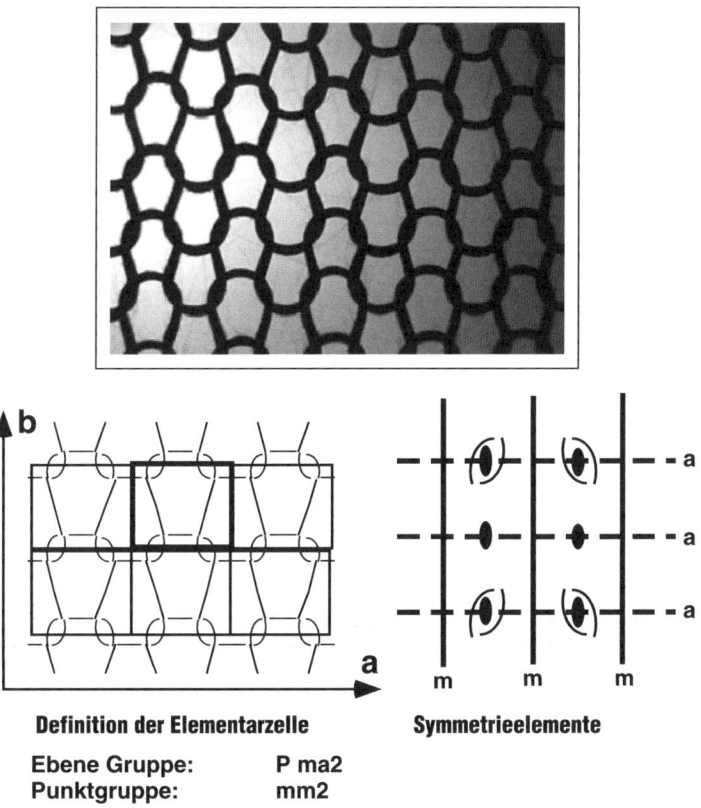

Abb. 14.8 Rechts-/links-gebundenes Gestrick aus Kohlenstoffasern (oben) und ebene Symmetriebedingungen eines Gestrickes mit der Darstellung der Einheitszelle und den zugehörigen Symmetrieelementen (Spiegelebenen m, Gleitspiegelachsen a und zweizähligen Drehachsen unten)

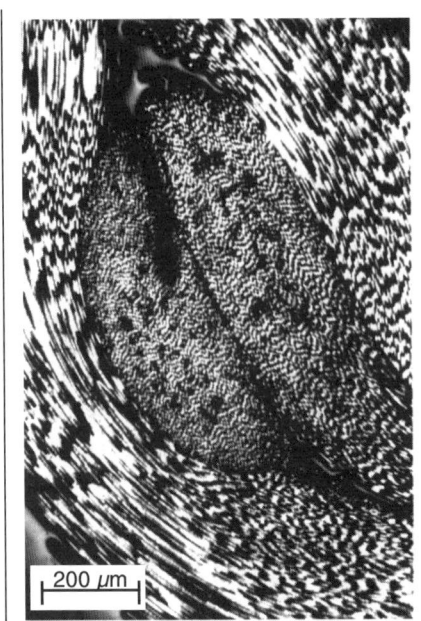

Abb. 14.9 Schliffbild eines gestrickverstärkten Faserverbundes: *Links:* Bereich der Bindung einer Masche. Deutlich wird die räumliche Faserorientierung aus Form und Orientierung der Faserschnittflächen. *Rechts:* Bereich eines Maschenschenkels. Die Fasern liegen vorwiegend in der Schliffebene. Senkrecht dazu orientierte Fasern stammen aus den Bindungszonen weiterer Gestricklagen

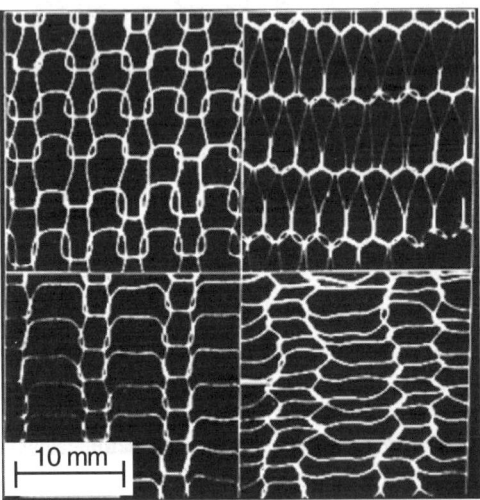

Abb. 14.10 Darstellung der Verstreckbarkeit von Gestricken in einem Röntgenbild; *oben links*: unverstreckt, *oben rechts:* in Maschenrichtung verstreckt; *unten:* verschiedene Verstreckunggrade in Stäbchenrichtung. Die Struktur wurde durch ein mitgestricktes 100 µm dickes Kupferfilament im Röntgenbild dargestellt

14.3 Gestricke als 3-dimensionale Verstärkungsstrukturen

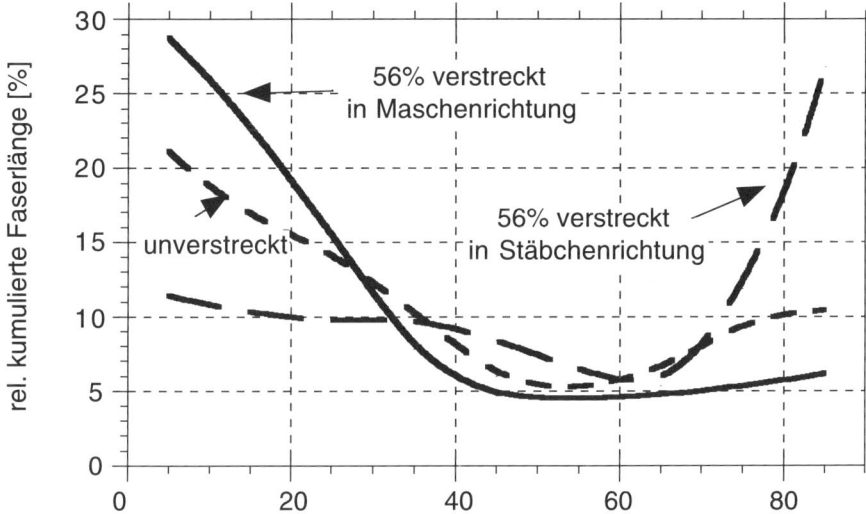

Abb. 14.11 Ergebnis der Maschenanalyse am Gestrick. Die Kurzfaserorientierungsverteilung, gemittelt über alle Faserlängen, ist für den unverstreckten und die in Maschen- und in Stäbchenrichtung verstreckten Zustände eines Gestricks dargestellt

Aufgrund der geringen Flächendichte des Gestrickes entsteht durch die Interpenetration der Maschen während der Verdichtung eine 3-dimensionale Faserarchitektur wie das Schliffbild in Abb. 14.9 illustriert. Es können dabei Faservolumengehalte bis 60% erreicht werden.

Die Kohärenz des Gestricks, welche den Zusammenhalt des aus einem einzelnen Faden aufgebauten Textils bezeichnet, definiert für alle Verformungszustände die Orientierung des Fadens und erlaubt Verformung durch Dehnung und Scherung. Durch uniaxiale Verstreckung wird eine gleichförmige Deformation der Maschen erzeugt, welche für das Gestrick als Festkörper eine Querkontraktionszahl $v = 1$ ergibt (zum Vergleich: Gummi $v = 0.3$). Abb. 14.10 illustriert diese Beobachtung anhand von Röntgenbildern von uniaxial in Maschen- oder in Stäbchenrichtung verstreckten Gestricken. Wie die Auswertung der Faserorientierungsverteilung gezeigt hat, wird durch die Verstreckung der Faseranteil in der Verstreckungsrichtung erhöht und die Fasern werden ausgerichtet. Dies führt zu einer Erhöhung von Festigkeit und E-Modul, so dass, wie Abb. 14.12 zeigt, die Eigenschaften von gewebeverstärkten Verbundwerkstoffen gleichen Fasergehaltes überschritten werden können. Allerdings wird durch die Verstreckung auch die Anisotropie verstärkt, da aufgrund der Kohärenz der Faseranteil senkrecht zur Verstreckungsrichtung reduziert wird.

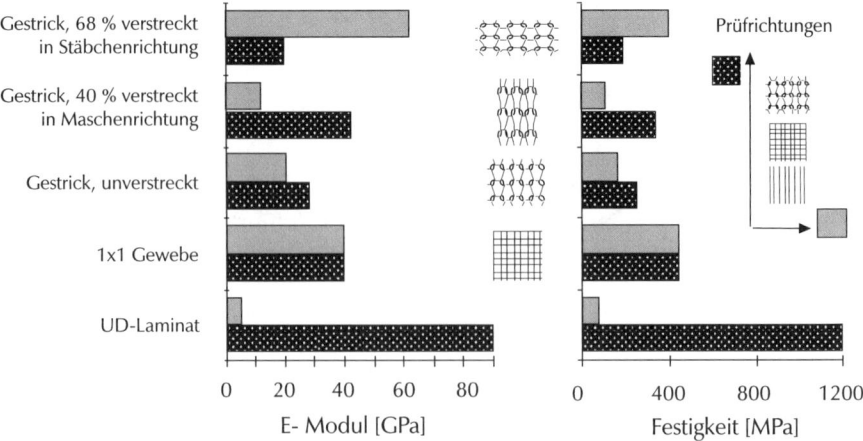

Abb. 14.12 Vergleich der mechanischen Eigenschaften von UD-, 1x1 gewebe- und gestrickverstärkten Verbunden aus hochfesten AS4 Kohlenstoffasern und PEEK-Matrix. Die Eigenschaften sind bezogen auf einen Faservolumengehalt von 40 Vol%. Bei den Gestricken wird der unverstreckte Zustand mit Verstreckungen in Maschen- und in Stäbchenrichtung verglichen. Geprüft wurde in beide Richtungen. Durch die Verstreckung können die Eigenschaften von Geweben übertroffen werden [40]

14.3.2 Mechanische Eigenschaften

Die mechanischen Eigenschaften der gestrickverstärkten Verbundwerkstoffe werden primär durch die Gestrickparameter wie Art, Grösse und Verstreckung der Masche bestimmt. Sie lassen sich durch die Verstreckung des Gestrickes sowie durch die Orientierung der Masche nach der Hauptbeanspruchungsrichtung an die Belastungen anpassen. Durch die Verstreckung werden Teile der Maschen ausgerichtet und ihr Anteil wird aufgrund der Kohärenz erhöht. Dies führt zu einer verstreckungs- oder verformungsinduzierten Verfestigung und Versteifung. Abhängig von der plastischen Deformation während der Verarbeitung können in der Verstreckungsrichtung die Eigenschaften von gewebeverstärkten Verbunden übertroffen werden (Abb. 14.12). Die Anisotropie der mechanischen Eigenschaften wird entsprechend der durch die Verstreckung veränderten Faseranteile erhöht, da die Faser das tragende Element darstellt. Die Abhängigkeit der mechanischen Eigenschaften von der Maschenorientierung (Abb. 14.13) zeigt, dass durch die Krümmung des Filamentes in der Masche ein gleichförmiger Übergang von der Maschen- zur Stäbchenrichtung erzeugt wird. Im Gegensatz dazu zeigen beispielsweise Gewebe eine ausgeprägte Schwachstelle bei Beanspruchung unter 45° (Abb. 14.13), welche in der Auslegung von Implantaten berücksichtigt werden muss.

14.3 Gestricke als 3-dimensionale Verstärkungsstrukturen

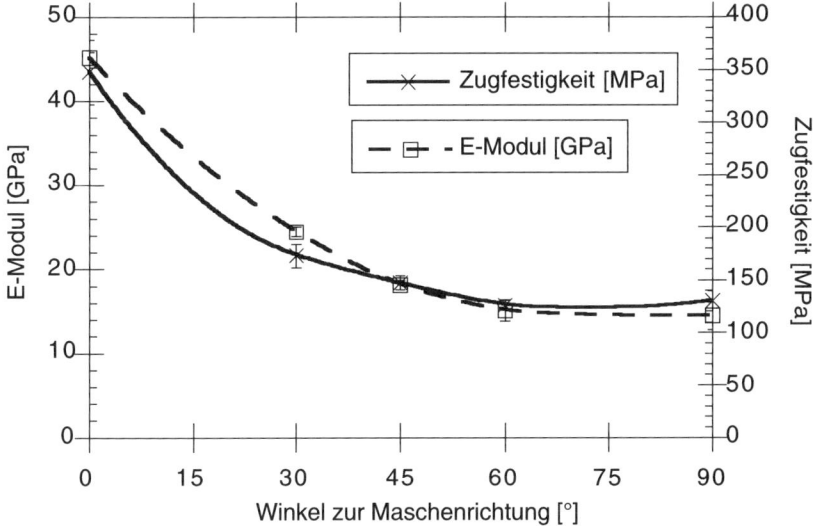

Abb. 14.13 Zugfestigkeit und E-Modul für ein in Maschenrichtung verstrecktes Gestrick. Material: T300-Kohlenstoffaser, PA12-Matrix, Fasergehalt 48 Vol.%. (n=5)

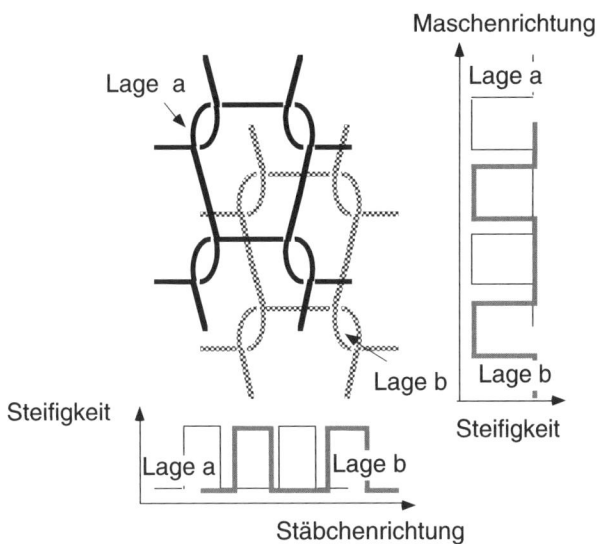

Abb. 14.14 Vereinfachte Darstellung der Überlagerung von Gestricklagen und der Steifigkeiten in den einzelnen Lagen. Die beiden Koordinatensysteme „Stäbchenrichtung" und „Maschenrichtung" sind so eingezeichnet, dass sie mit den beiden Maschenlagen a und b direkt korrelieren

14.3.3 Versagensverhalten [43]

Unter der Voraussetzung einer optimalen Haftung zwischen Faser und Matrix, ist das Versagensverhalten bei endlosfaserverstärkten Verbundwerkstoffen in erster Näherung allein durch die Faserorientierungsverteilung bestimmt. Das heisst, derjenige Anteil der Fasern, welcher am besten in der Beanspruchungsrichtung ausgerichtet ist, leistet den grössten Beitrag an die mechanischen Eigenschaften. Dabei werden die Bindungen, welche in einer einzelnen Gestricklage die mechanischen Schwachstellen darstellen, von den Maschenschenkeln der anderen Lagen überbrückt. Dies ist in Abb. 14.14 exemplarisch für zwei Lagen illustriert.

In Abbildung 14.15 wird das Versagensverhalten in Maschen- und in Stäbchenrichtung für gestrickverstärktes Polyethylmethacrylat (PEMA) verglichen. Die Matrix ist spröde (Bruchdehnung 4%) und haftet nicht optimal auf den Kohlenstoffasern. In beiden Prüfrichtungen zeigt die Spannungs-Dehnungskurve eine Abweichung vom linear-elastischen Verhalten, bevor die maximale Spannung erreicht ist. Dies wird als Hinweis auf das initiale Versagen betrachtet und tritt bei den in Stäbchenrichtung geprüften Proben bei wesentlich tieferen Dehnungswerten auf. Anhand der darunterliegenden Röntgenbilder lässt sich das Totalversagen lokalisieren. Für die in Maschenrichtung geprüften Proben tritt es vor allem im Bereich der Bindungen auf und ist, wie das REM-Bild illustriert, durch Faserzugversagen dominiert. Der sichtbare Faserpullout und die beginnende Desintegration der Bindung weisen auf die schlechte Haftung hin. Im Gegensatz dazu dominiert bei den in Stäbchenrichtung geprüften Proben das Debonding zwischen Faser und Matrix aufgrund der Dehnungsüberhöhung der Matrix im Bereich der Maschenschenkel. Auf das "debonding" folgt die Desintegration der Bindung, wo schliesslich das Totalversagen durch Faserbiegebruch eintritt.

Der Einfluss der Haftung auf das Versagensverhalten bei einer zähen Matrix (PA 12, Bruchdehnung 250%) wird anhand der REM-Aufnahmen in Abb. 14.16 nochmals verdeutlicht. Hierzu wurde das Versagensverhalten bei Prüfung in Maschenrichtung für Kohlenstoffasern, welche sich sehr gut mit PA 12 verbinden, und für Glasfasern, welche eine sehr geringe Haftung mit Polyamid zeigen, verglichen. Die fraktographischen Aufnahmen illustrieren, dass nur bei guter Haftung die Eigenschaften der Fasern und der Überlagerungseffekt der Gestricklagen voll ausgenutzt werden können. Kommt es aufgrund mangelnder Haftung oder mangelnden Verformungsvermögens, wie z. B. bei PEMA, zu einem vorzeitigen Versagen im Bereich der Faser-Matrix-Grenzfläche wird die Kraftübertragung zwischen den Gestricklagen durch die fortschreitende Desintegration des Verbundes verhindert. Als Folge davon liegen die zu erwartenden Festigkeiten bei um mehr als 50% tieferen Werten.

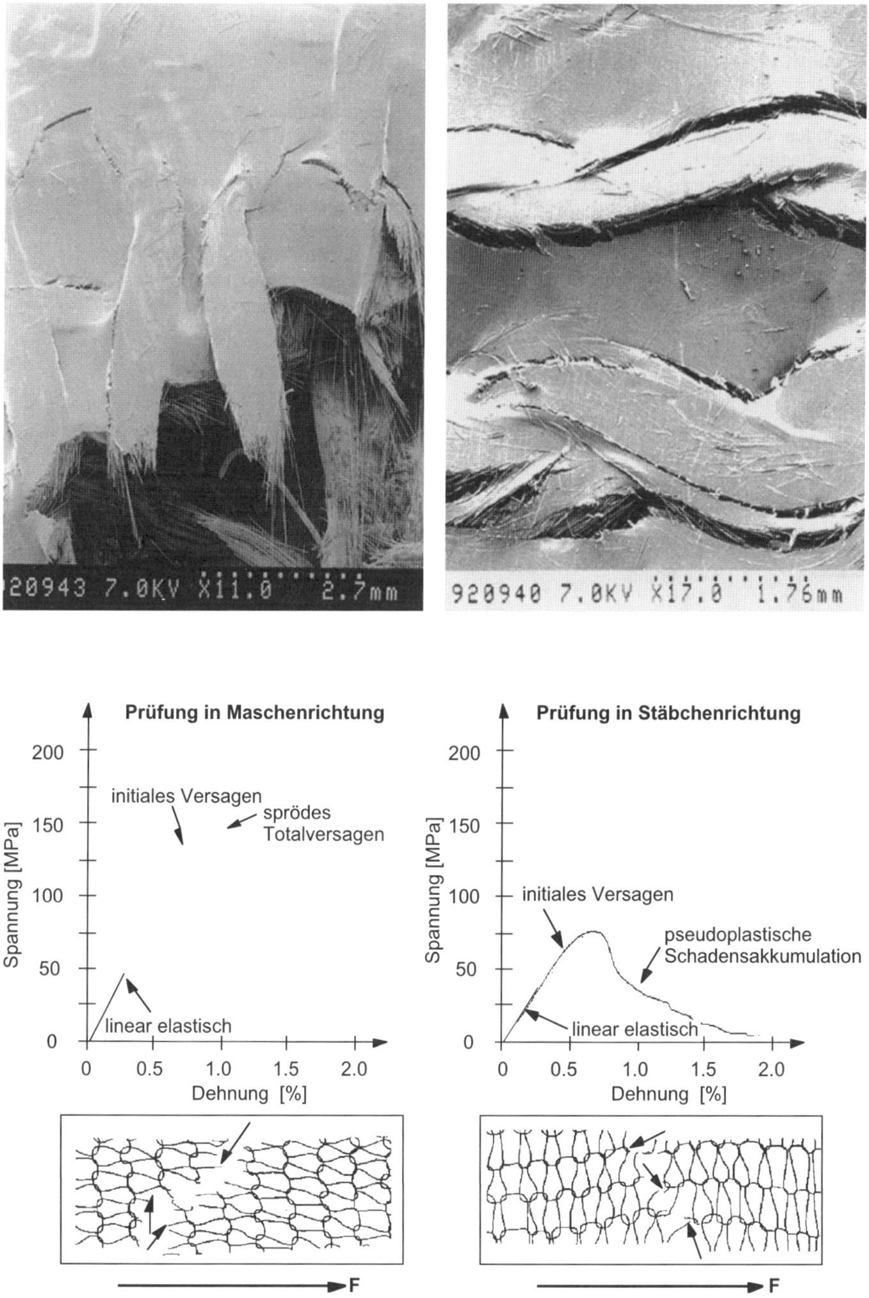

14.3 Gestricke als 3-dimensionale Verstärkungsstrukturen

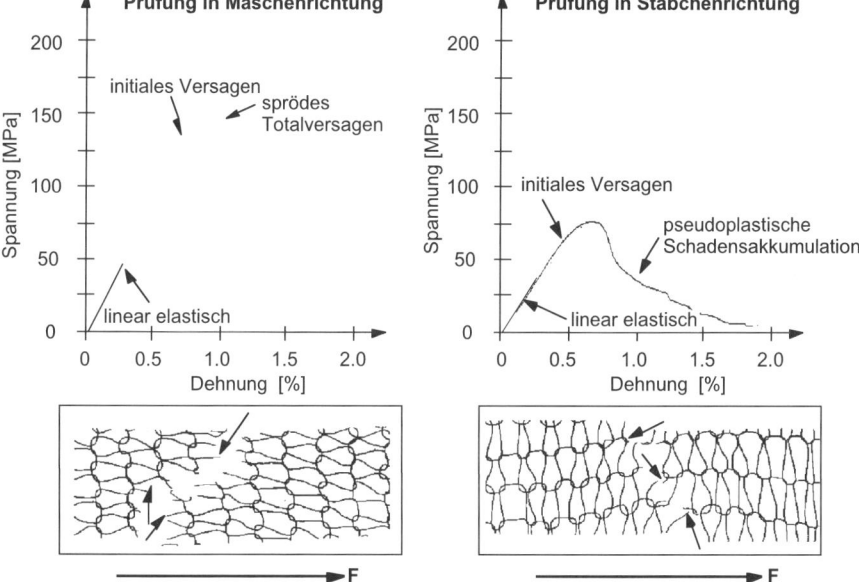

Abb. 14.15 Vergleich des Zugversagensverhaltens von in Maschen- und in Stäbchenrichtung geprüften Proben anhand der Spannungs-Dehnungskurven, der zugehörigen REM-Aufnahmen sowie der Röntgenbilder, welche das Versagen lokalisieren. Material: T300-Kohlenstoffaser, Polyethylmethacrylat, Fasergehalt 35–40 Vol.% [43]

Gute Haftung:

Polyamid 12 - T300 Kohlenstoffaser

Charakteristika:
- sprödes Versagen
- kein Faserpullout
- kohäsives Versagen in der Matrix
- geringe Matrixdeformation
- primäres Faserzugversagen

Schlechte Haftung:

Polyamid 12 - E-Glas Faser

Charakteristika:
- pseudoplastisches Versagen
- ausgeprägter Faserpullout
- starke Matrixdeformation
- adhesive Trennung im Faser-Matrix Interface
- primäres Versagen durch Zwischenfaserversagen der Matrix

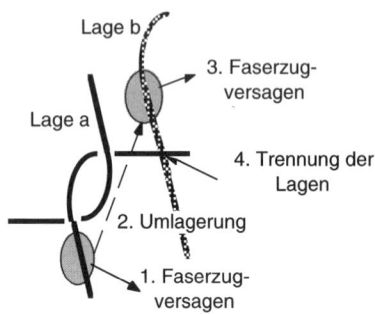

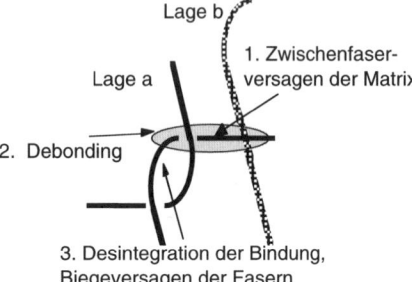

Abb. 14.16 Einfluss der Haftung auf das Versagensverhalten für den Fall einer zähen Matrix (PA12) im Verbund mit Kohlenstofffasern (gute Haftung, linke Bildhälfte) und Glasfasern (schlechte Haftung, rechte Bildhälfte). In der oberen Hälfte der Darstellung ist jeweils der zugehörige Schadensmechanismus im zeitlichen Ablauf skizziert

14.4 Ausgewählte Fertigungsverfahren für Bauteile aus biokompatiblen Faserverbundwerkstoffen

14.4.1 Einleitung

Die Eigenschaften von faserverstärkten Bauteilen werden unmittelbar durch die Fertigungsverfahren bestimmt, da diese Gehalt und Orientierung der Verstärkungsfasern festlegen. Je nach Fertigungsverfahren können die erzielbaren mechanischen Eigenschaften bei gleichen Ausgangsmaterialien um Grössenordnungen variieren. Die Entwicklungen im Bereich der Implantate und chirurgischen Instrumente konzentrieren sich auf Kohlenstofffasern als Verstärkungsfasern und auf thermoplastische Polymere als Matrices [8].

Die Fertigungsverfahren, welche heute in der Verarbeitung von kohlenstofffaserverstärkten Thermoplasten verwendet werden, wurden, bis auf das Spritzgussverfahren, aus den Techniken zur Verarbeitung von faserverstärkten Duromeren entwickelt [44–46]. Die Verfahrensentwicklung wurde vor allem durch die Ansprüche der Luft- und Raumfahrttechnik, welche der Maximierung der mechanischen Eigenschaften Priorität vor gestalterischen Freiräumen und Produktivität einräumte, bestimmt. Die Entwicklungen im Spritzguss hingegen wurden auf eine Maximierung der Produktivität ausgerichtet.

Für die Anwendung kohlenstofffaserverstärkter Thermoplaste als Werkstoffe für lasttragende Kurz- und Langzeitimplantate oder für chirurgische Instrumente müssen die Herstellungsverfahren differenzierter bewertet werden, um das für die Anwendung optimale Verfahren auszuwählen. Im folgenden sind einige wichtige Kriterien zusammengefasst, wobei die Bewertung sich nach den Anforderungen an das Produkt richten. Entsprechend der Einteilung nach der Kontaktzeit des Implantates mit dem Körper, unterscheidet man zwischen Ultrakurzzeitimplantaten (z. B. Instrumente und Verbrauchsartikel), Kurzzeitimplantaten (z. B. Osteosyntheseplatten) und Langzeitimplantaten (z. B. Gelenkprothesen). Für die Auswahl der Fertigungsverfahren und Werkstoffsysteme ergeben sich folgende Kriterien:

- Die Sterilisierbarkeit stellt eine Grundanforderung an den Werkstoff dar. Für die Dampfsterilisation sind thermische Beständigkeit und Hydrolysebeständigkeit in überspanntem Dampf gefordert. Strahlensterilisation erfordert Beständigkeit gegen Abbau oder auch Vernetzung durch Gammastrahlung. Gassterilisation (Ethylenoxid, Formaldehyd) setzt die chemische Beständigkeit sowie eine möglichst geringe Löslichkeit für diese Gase voraus. Die Fertigungsverfahren sollten soweit entwickelt werden, dass das Bauteil den Fertigungsprozess steril verlassen kann. In diesem Fall würde man von Autosterilität sprechen.
- Die Oberflächenkompatibilität bedingt die Abwesenheit von Verarbeitungsrückständen wie Trennmittel oder Werkzeugabrieb. Es ermöglicht ebenso eine Versiegelung der Oberfläche mit Matrix im Fall von Verbundwerkstoffen, um die Freisetzung von Faserpartikeln zu verhindern. Die Strukturkompatibilität erfor-

dert definierte Faserorientierungen, um eine optimale Anpassung an die Anisotropie von Gewebestrukturen zu erreichen.
- Die mechanischen Eigenschaften sind durch Fasergehalt, Faserorientierung und Homogenität des Gefüges bestimmt. Aufgrund des stark unterschiedlichen Wärmeausdehnungsverhaltens von Kohlenstofffaser und thermoplastischer Matrix muss den Eigenspannungen, welche durch die Faserarchitektur oder das Kristallisationsverhalten der Schmelze erzeugt werden, Beachtung geschenkt werden.
- Empfängergewebe variieren erheblich in ihren Eigenschaften von Patient zu Patient. Es ist nahezu unmöglich, mit anisotropen Werkstoffen und Bauteilen diese Vielzahl unterschiedlicher Empfängergewebe durch ein jeweils optimal strukturiertes Implantat zu versorgen. Es muss von mittleren Werten ausgegangen werden, an welche die Anisotropie angeglichen wird. Dabei sind räumliche Faseranordnungen ebenen vorzuziehen.
- Die wirtschaftlichen Randbedingungen der Fertigungsverfahren müssen in Relation zur Anwendung, zu den Losgrössen sowie zur erzielbaren Wertschöpfung gesetzt und bereits in der Forschung berücksichtigt werden.

In den Tabellen 14.5 und 14.6 werden unterschiedliche potentielle Fertigungsverfahren für die Herstellung von kohlenstofffaserverstärkten Implantaten miteinander verglichen. Die Faserwickeltechnik wurde in Tabelle 14.5 und Tabelle 14.6 vergleichend aufgeführt, obwohl sie aufgrund ihrer geringen Produktivität und den hohen Fertigungskosten nicht als Serienverfahren geeignet ist. Sie wird aber häufig angewandt, um Prototypen herzustellen oder um neue Faser-Matrix-Kombinationen zu entwickeln. Während des Wickelprozesses ist es möglich, einerseits die Faseroberflächen zu modifizieren und andererseits durch eine geeignete Imprägnationstechnik, wie z. B. die Pulverimprägnation, die Fasergehalte gezielt einzustellen. Die Reproduzierbarkeit der Faserwicklungen erlaubt es, Prepregs für Laminate mit exakt definierten Faserorientierungen herzustellen. Dies ermöglicht es, den Einfluss von Faser oder Matrixmodifikationen auf die mechanischen Eigenschaften des neuen Verbundes zu untersuchen.

14.4.2 Pressverfahren für spanende und „net-shape"-Fertigung, am Beispiel einer Osteosyntheseplatte

In der Fertigung von endlosfaserverstärkten Osteosyntheseplatten wurden Pressverfahren einerseits zur Herstellung von flächigen Halbzeugen angewandt, aus welchen die Implantate spanabhebend herausgearbeitet wurden. Andererseits wurde der Pressvorgang benutzt, um textile Vorformlinge direkt in der Endform der Platte zu konsolidieren [1, 48]. Man bezeichnet dieses Verfahren als „net-shape"-Pressen. Im folgenden werden spanende und net-shape Formgebung für die Fertigung einer 6-Loch Ulnaplatte aus endlosfaserverstärktem Polyetheretherketon (PEEK) besprochen. Es ergeben sich die folgenden Anforderungen an den Herstellprozess:

14.4 Ausgewählte Fertigungsverfahren für Bauteile

Einflussgrössen	Fertigungsverfahren				
	Pressen mit nachfolgender abtragender Formgebung	Pressen mit endformnaher Formgebung	Wickeln	Spritzguss	Fliesspressen
Faserlängen	Endlosfasern	Endlosfasern	Endlosfasern	Kurzfasern	Endlosfasern
Grundstoffe	2-D Laminate aus Gelegen oder Geweben	Vorformling Gestricke, 3D- Geflechte	Faser-Roving	Granulat, geringe Faserorientierung	Rohling, unidirektionale Faserorientierung
Definition der Faserorientierung im Bauteil, erzeugt durch:	Halbzeug, 2D	Textil, 3D	geodätische Linien, 2D	Schergradient der Schmelze	Schergradient der Schmelze
Homogenität der Faserausrichtung	sehr hoch	mittel	sehr hoch	gering	mittel
Faservolumengehalt	55–65%	40–60 %	55–60 %	10–30 %	55–65%
Anisotropie	sehr hoch	mittel	sehr hoch	gering	hoch
Eigenspannungen durch: Faserorientierung Matrix	hoch gering	mittel gering	hoch gering	mittel hoch	mittel mittel

Tabelle 14.5 Einfluss von Fertigungsverfahren, die für die Herstellung von kohlenstoffaserverstärkten Implantaten geeignet sind, auf die Werkstoffeigenschaften im Bauteil, modifiziert nach [47]

	Fertigungsverfahren				
	Pressen mit nachfolgender abtragender Formgebung	Pressen mit endformnaher Formgebung	Wickeln	Spritzguss	Fliesspressen
Reproduzierbarkeit	gut	gut	gut	sehr gut	gut
Berechenbarkeit der mechanischen Eigenschaften	sehr gut	mittel	sehr gut	schlecht	schlecht
Kostenbestimmende Faktoren	Zeit	Formwerkzeug Zeit	Zeit	Formwerkzeug	Formwerkzeug
Herstellzeit pro Teil	ca. 1–2 h	ca. 15–60 min	1–24 h	0.5–5 Min.	< 10 Min.

Tabelle 14.6 Beurteilung der Fertigungsverfahren, modifiziert nach [47]

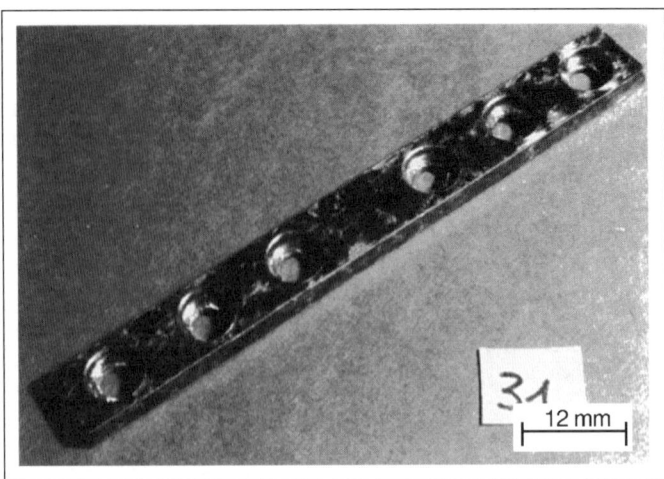

Abb. 14.17 Gestrickverstärkte 6-Loch Osteosyntheseplatte für die Ulna, hergestellt mittels Netshape Pressverfahren

3D-Faserarchitektur
Entsprechend den komplexen Lastkollektiven der Osteosynthese sollte eine 3-dimensionale Faserarchitektur erzielt werden, welche vor allem auf die Krafteinleitung in den Schraubenlöchern ausgelegt ist.

Anisotropie
Die Anisotropie der Platte sollte hohe Biege- und Torsionssteifigkeit mit geringer axialer Steifigkeit verbinden.

Adaptierbarkeit
Die Faserarchitektur sollte eine intraoperative Adaption an die individuelle Knochengeometrie ermöglichen, ohne dass die funktionellen Elemente der Platte (Schraubenlöcher) gestört werden oder es zu verformungsinduzierter Werkstoffschädigung durch Delamination oder Faserbruch kommt.

Oberflächengüte
Alle Plattenoberflächen müssen frei von Trennmitteln, Verarbeitungsrückständen oder Faserpartikeln sein. Es sollte eine durchgehende Matrixbeschichtung bestehen.

Wirtschaftlichkeit
Die Anzahl der Verarbeitungsschritte sollte auf ein Minimum reduziert werden, um in den Gestehungskosten mit Titan- und Stahlplatte konkurrieren zu können. Die Losgrössen betragen etwa 1000 Stück.

14.4 Ausgewählte Fertigungsverfahren für Bauteile

14.4.3 „Net-shape"-Pressverfahren

Der „net-shape"-Pressprozess lässt sich als ein thermischer Pressprozess definieren, welcher das textile Ausgangsmaterial in einem einzigen Verarbeitungsschritt in die Endform des Bauteils überführt. Es werden zwei charakteristische Eigenschaften gestrickter Faserstrukturen, die Drapierbarkeit und die Kohärenz, ausgenutzt, indem das mit der Matrix imprägnierte Gestrick (Mischgarn aus PEEK- und Kohlenstofffasern) gerollt und über die Dorne, welche die Innenkontur der Löcher vorgeben, gepresst wird. Danach werden die Seitenwände eingesetzt und der Stempel in der Presse geschlossen. Die Konsolidierung erfolgt in einem Pressvorgang bei 390 °C und 175 bar. Für die Entformung muss die Platte in den Bereich der Glasübergangstemperatur (T_g = 143 °C bei PEEK) abgekühlt werden, um plastische Verformung oder Verzug durch relaxierende Eigenspannungen zu verhindern. Im Formvorgang werden keine Fasern gebrochen, sondern die Maschen werden um die Dorne aufgeweitet und dadurch zirkulär ausgerichtet, was zu einer selektiven Verstärkung der Krafteinleitungszone führt (selektive Lochrandverstärkung).

14.4.4 Spanende Fertigung aus einem gepressten Halbzeug

Die Auslegung der Osteosyntheseplatte erfolgt durch die Auswahl des Laminataufbaues des Halbzeugs. Als wesentliches Optimierungskriterium wurde die Ermüdungsfestigkeit angenommen, was einen häufigen Wechsel der Lagenorientierung erfordert. Die Krafteinleitung über die Kortikalisschrauben mit sphärischem Kopf ist schlecht lokalisierbar und kann daher im Laminataufbau nicht speziell berücksichtigt werden. Um eine möglichst tiefe axiale Steifigkeit zu erreichen, wurde die Anzahl der 0°-Lagen minimiert. Eine Optimierung von Biege- und Torsionssteifigkeit wurde durch einen 4-lagigen Aufbau mit steiferen Deckschichten und weicheren Kernschichten erreicht. Bei den verwendeten unidirektionalen Prepregs aus kohlenstofffaserverstärktem PEEK, welche je eine Dicke von 0.125 mm hatten, ergab sich folgender, aus 32 Lagen bestehender, Aufbau (Deckschicht – Kernschicht – Kernschicht – Deckschicht):

- Deckschicht: 0°, 0°, 45°, −45°, 0°, 0°
- Kernschicht: −45°, 45°. 45°, −45°, 0°, 0°, −45°, 45°, 45°, −45°

Dadurch wurde eine minimale axiale Steifigkeit (60 GPa) bei maximaler Biegesteifigkeit (107 GPa) erreicht. Die Konsolidierung der Laminate erfolgte in einem Pressprozess bei 400 °C und 6 bar. Für den Zuschnitt der Platten mussten eine Diamantsäge und diamantbesetzte Fräs- und Bohrwerkzeuge verwendet werden, um eine Schädigung der Platte durch Delaminationen zu vermeiden. Die spanabhebende Fertigung erfordert spezielle Sicherheitsmassnahmen wie Staubabsaugung und Wasservorhang um die Schneidwerkzeuge herum, um die maximal zulässigen Arbeitsplatzkonzentrationen für Partikel nicht zu überschreiten.

14.4.5 Vergleich der mechanischen Eigenschaften der beiden Platten

Durch den „net-shape"-Formprozess wird im Schraubenloch eine zirkuläre Faseranordnung erzeugt, wodurch der geometrisch kritische Querschnitt der Platte durch eine bevorzugte Faserausrichtung sowie einen lokal erhöhten Fasergehalt gezielt verstärkt wird. Im Vergleich zu spanend hergestellten Platten, bei welchen die Faserarchitektur durch die Bearbeitung im Schraubenloch unterbrochen wird, resultiert eine im Sinne der Homoelastizität günstigere Steifigkeitsverteilung sowie ein gutmütigeres Versagensverhalten. Die mechanischen Eigenschaften im 4-Punkt-Biegeversuch sind in Abb. 14.18 für beide Plattentypen im Vergleich zur Stahlplatte dargestellt.

Die Spannungs-Dehnungskurven zeigen für die gestrickverstärkte Platte ein schadenstoleranteres Verhalten, sichtbar in dem höheren Anteil pseudoplastischer Dehnung. In der Laminatplatte tritt im geometrisch kritischen Querschnitt druckseitig in der äussersten Faserlage (0°) Faserdruckversagen gefolgt von Delamination der Schichten und Druckversagen der inneren 0° Lagen auf. Faserzugversa-

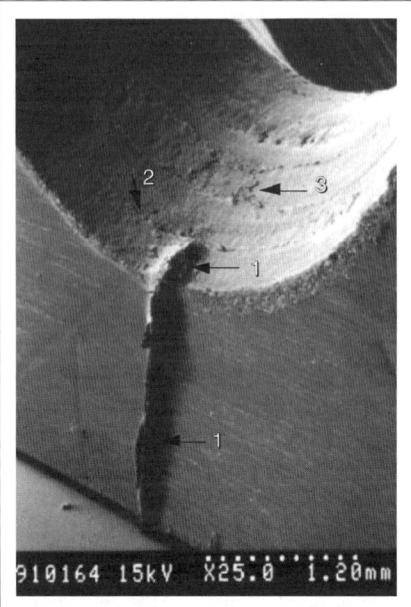
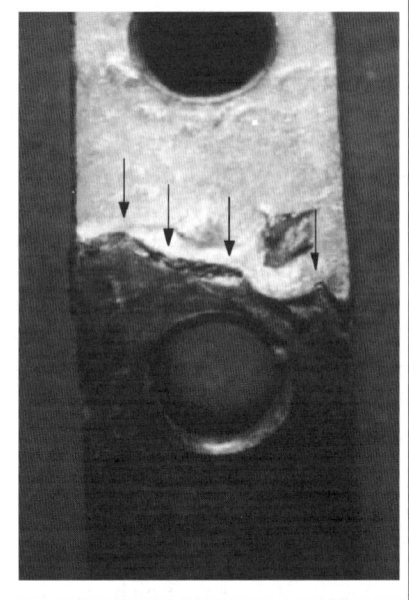

Abb. 14.18 Vergleich der mechanischen Eigenschaften im 4-Punkt Biegeversuch (nach DIN 29971, Traversengeschwindigkeit 2 mm/ min., Auflagerabstände 97 mm und 41.2 mm). Links: Laminatplatte, lokales Faserbuckling der äusseren 0°-Lagen (1) mit nachfolgender Delamination (2) und Druckversagen der inneren 0°-Lagen (3). Rechts: Gestrickplatte, durch die Aufweitung der Maschen wird die Versagenszone aus dem kritischen Lochquerschnitt in den Vollquerschnitt verlagert. Der komplexe Rissverlauf ist bestimmt durch die Faserorientierung in der Masche. Primärversagen erfolgt durch Druckversagen der gut axial orientierten Fasern

14.4 Ausgewählte Fertigungsverfahren für Bauteile

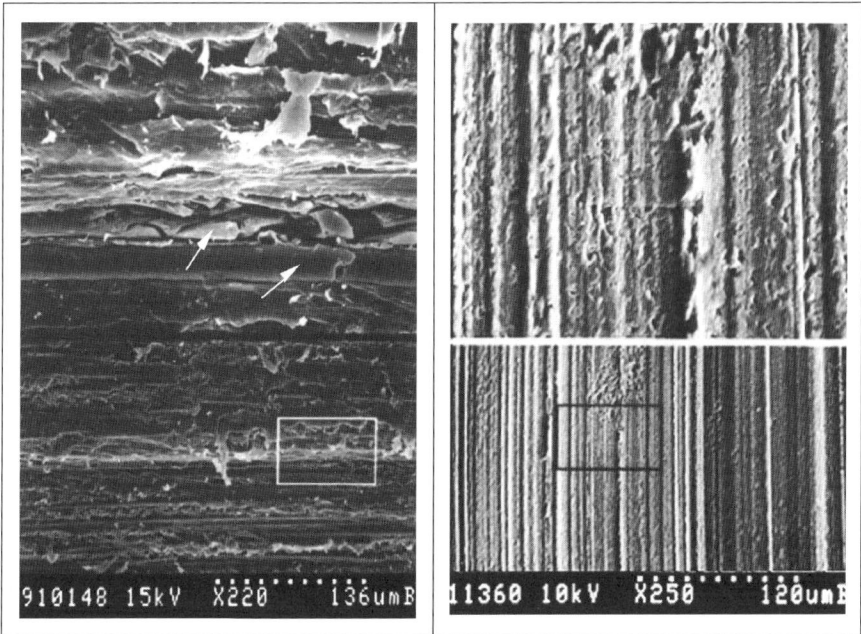

Abb. 14.19 Oberflächengüte im Vergleich; Die Oberfläche der mechanisch bearbeiteten Platte *(links)* ist belegt mit freien Faserpartikeln (Pfeil). Die Oberfläche der „net-shape"-gepressten Platte *(rechts)* ist mit Matrix versiegelt. Es wurden keine Faserpartikel gefunden. Die Strukturierung der Oberfläche zeigt die Bearbeitungsspuren der Metallform. Dies verdeutlicht die gute Benetzung der Form durch das Polymer

Versuchsanordung im 4-Punkt-Biegeversuch

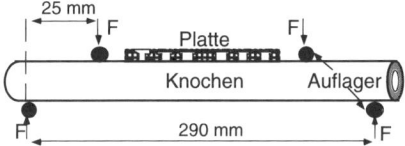

Verschiebung der Biegeneutralachse

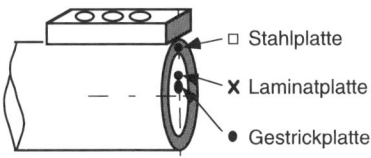

Dehnung auf der Plattenoberfläche

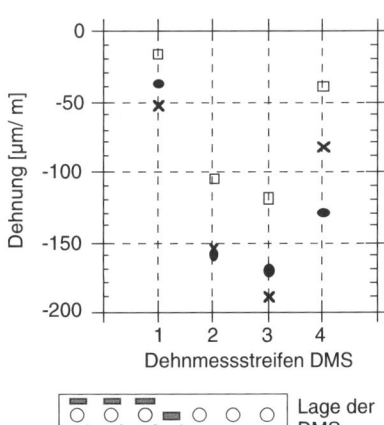

Abb. 14.20 Vergleich des homoelastischen Verhaltens von Stahl-, Laminat- und Gestrickplatten anhand der Verschiebung der Neutralachse aus der Knochenmitte an die Knochenoberfläche

gen wird unmittelbar vor dem Totalversagen beobachtet. In der gestrickverstärkten „net-shape"-Platte tritt primäres Faserdruckversagen gut ausgerichteter Fasern ausserhalb des kritischen Querschnittes auf. Der Rissfortschritt wird in der Folge durch die Orientierung der Maschen bestimmt. Die makroskopische Betrachtung des Rissverlaufes zeigt, dass bei der Gestrickplatte der Lochquerschnitt selektiv verstärkt wird. Durch das Benetzungsverhalten der Matrix werden im Pressprozess die Implantatoberflächen durch Matrix versiegelt. Im Vergleich hierzu zeigt die mit Diamantwerkzeugen gebohrte Oberfläche offen liegende Faserpartikel, welche einen zusätzlichen Versiegelungsschritt notwendig machen (Abb. 14.19).

14.5 Spritzguss kurzfaserverstärkter Verbundwerkstoffe

14.5.1 Faserorientierungsverteilung im spritzgegossenen Verbundwerkstoff

Während des Einspritzens der flüssigen, faserverstärkten Formmasse in die Kavität des Spritzgusswerkzeuges werden die Verstärkungsfasern senkrecht zur Fliessrichtung angeordnet. Die Faserorientierung in den sich bildenden Schichten ändert sich abhängig von ihrem Ort im Bauteilquerschnitt und entspricht der in Abb. 14.21 dargestellten Verteilung. Die Bereiche ähnlicher Faserorientierung entstehen durch

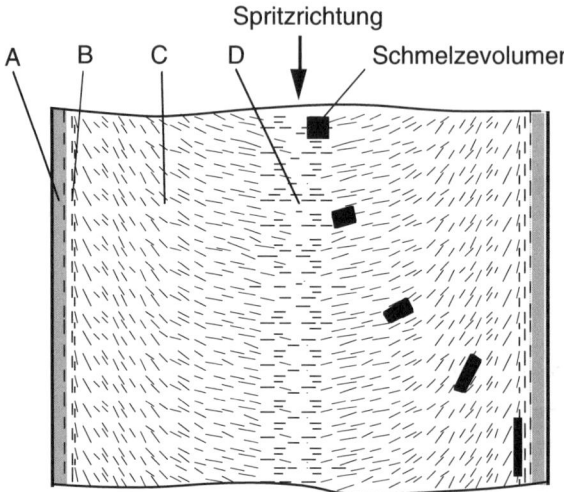

Abb. 14.21 Transport eines Schmelzevolumens von der Kern- zur Randzone beim Füllen der Formkavität und die resultierende Faserorientierungsverteilung im Bauteil aufgeteilt in Bereiche ähnlicher Faserorientierung [49–52, 59]. A: Faserarme Schicht B: Randzone mit Faserausrichtung parallel zur Bauteiloberfläche C: Übergangsbereich D: Kernzone mit Faserorientierung senkrecht zur Flussrichtung

14.5 Spritzguss kurzfaserverstärkter Verbundwerkstoffe

Parameter	Plattentyp	
	Laminatplatte	**Gestrickplatte**
Faserarchitektur	• bestimmt durch die Abfolge unidirektionaler Prepregs, schichtig, zweidimensional	• entsteht im Formgebungsprozess durch die lokale Drapierung des Gestricks, dreidimensional
Verfahrensschritte	• Pressen des plattenförmigen Halbzeuges • spanende Bearbeitung • Versiegelung der Oberflächen	• „net-shape"-Pressen des Gestricks
Materialien	• Prepregs	• Gestrick aus Mischgarn
Auslegungskriterien	• Optimierung von Biege-, Torsions- und axialer Steifigkeit	• Selektive Verstärkung der Krafteinleitungszonen
Adaptierbarkeit	• nur durch interlaminares Gleiten der Schichten, begrenzt auf 15° Verwölbung	• nicht möglich bei PEEK; weitgehend frei, sofern amorphe Matrices wie PSU, PEMA verwendet werden
Selektive Lochrandverstärkung	• nein	• ja
mechanische Charakteristika	• gute Ermüdungseigenschaften • Delaminationsempfindlichkeit • Krafteinleitung ist der schwächste Bereich • sprödes Versagensverhalten	• Delamination nicht möglich • Krafteinleitungszone ist gezielt verstärkt • ausgeglichene Homoelastizität • pseudoplastisches Versagensverhalten
Vorteile in der Anwendung	• gut definierbare Eigenschaften • hohe Ermüdungsfestigkeit	• gute Adaptierbarkeit • Homoelastizität
Nachteile in der Anwendung	• zu hohe Anisotropie • mangelnde Adaptierbarkeit • Schädigung der Schraubenlöcher bei der Verformung	• Einschränkung in der Wahl der Matrixsysteme • schlechte mathematische Berechenbarkeit
Kostenabschätzung im Vergleich zu Titanplatten	• durch die zahlreichen Fertigungsschritte höher	• vergleichbar oder günstiger

Tabelle 14.7 Vergleich von Laminatbearbeitung und net-shape Pressverfahren für die Herstellung von Osteosyntheseplatten

den Transport der Schmelze von der Kern- zur Randzone und der damit verbunden Dehnströmung auf ein Schmelzevolumen. Die Verstärkungsfasern werden dabei in Richtung der Streckung des Schmelzevolumens ausgerichtet [49–52]. Die Faserorientierungsverteilung und damit die Bereiche ähnlicher Faserorientierungen werden hauptsächlich durch die Geometrie von Anguss und Kavität, die Faserlänge, den Fasergehalt sowie durch die Fliesseigenschaften des Matrixwerkstoffs bestimmt. Weitere Einflussgrössen auf die Faserorientierungsverteilung im Bauteil sind die Prozessgrössen des Spritzgussprozesses. Es handelt sich dabei hauptsächlich um die

Bereich	Ausdehnung der Zone	durch Vergrösserung von
Randzone	↓	Massetemperatur
	↓	Werkzeugtemperatur
	↓	Einspritzgeschwindigkeit
	↑	Nachdruck
Kernzone	↑	Massetemperatur
	↑	Werkzeugtemperatur
	↑	Einspritzgeschwindigkeit
	↓	Nachdruck

Tabelle 14.8 Einfluss von Prozessparametern auf die Breite von Rand- und Kernzone, nach [53–55]. Legende: ↑: Vergrösserung der Schichtbreite ↓: Verringerung der Schichtbreite

Vergrössern von	Faserlänge
Massetemperatur	↑
Schneckendrehzahl	↓
Schneckenrückzugskraft	↓
Einspritzgeschwindigkeit	↓
Plastifizierarbeit	↓

Tabelle 14.9 Einfluss von Prozessparametern auf die Verringerung der mittleren Faserlänge in langfaserverstärkten Spritzgussbauteilen, nach [55]. Legende: ↑: geringe Verringerung Faserlänge ↓: starke Verringerung der Faserlänge

Ziel	Optimierungsschritte im Prozess
Erhalt der Faserlänge	• Reduktion der Schneckendrehzahl und des Staudruckes • Minimierung der Schmelzviskosität durch die Temperaturführung • grosse Querschnitte von Düse und Angusskanal • Reduktion der Scherrate durch geringere Einspritzgeschwindigkeit und -druck • keine ausgeprägten Querschnittsänderungen und Winkel in Anguss und Form
optimale Ausrichtung der Fasern in der Randzone	• hohe Scherrate durch hohe Einspritzgeschwindigkeit
minimale Ausdehnung der Kernzone	• Minimierung der konvergenten Zonen in der Form • niedrige Einspritzgeschwindigkeit • Reduktion von Schmelze- und Formtemperatur

Tabelle 14.10 Verfahrensschritte zur Optimierung der Faserlängen und der Faserorientierung im Spritzguss [58]

Temperatur der Spritzgussmasse, die Werkzeugtemperatur, die Einspritzgeschwindigkeit und den Nachdruck. [51, 53–58]. Eine Versiegelung wird durch geeignete Werkzeugtemperatur, Einspritzgeschwindigkeit und Nachdruck erreicht.

Schereffekte beim Aufschmelzen, Homogenisieren und Transport der Schmelze durch die Plastifiziereinheit führen zu Faserbrüchen, wodurch die Verstärkungsfasern bis zu wenigen Prozenten ihrer Ausgangslänge verkürzt werden können. Die Folge ist eine erhebliche Reduktion von Festigkeit und Elastizitätsmodul des Werkstoffes [60]. Weit weniger stark werden die Faserlängen beim Durchströmen von Anguss und Kavität verkürzt, falls Anguss und Kavität eine für den Schmelzefluss und die Fasern günstige Form ohne abrupte Richtungs- und Durchmesseränderungen aufweisen. Bei gegebener Plastifiziereinheit sowie Spritzgusswerkzeug kann die Faserschädigung in einem geringen Masse auch durch die Verarbeitungsparameter beeinflusst werden (Tabelle 14.10).

Aus dem oben beschriebenen wird deutlich, dass gewisse Prozessparameter die gleichzeitige Optimierung von Faserausrichtung sowie Faserlänge nicht ermöglichen. Dabei ist die Optimierung der Faserausrichtung dem Erhalt der Faserlängen dann vorzuziehen, wenn das Bauteil auf Steifigkeit ausgelegt wird. Bei stärkerer Gewichtung der Festigkeit, vor allem unter Ermüdung, gewinnt der Erhalt der Faserlänge an Bedeutung.

14.5.2 Gegentaktspritzguss

Der Gegentaktspritzguss [61–63] wurde für Flüssigkristallpolymere (liquid cristal polymers, LCP) entwickelt, um eine Ausrichtung der Flüssigkristalle zu erhalten und um die Ausbildung von Bindenähten durch die oszillierende Schmelze zu verhindern. Im Gegentaktspritzguss strömt die Schmelze unter Füllung des Formnestes vom Leitaggregat (Einheit 1) zum Gegentaktaggregat (Einheit 2). In der Folge wird die Schmelze mehrfach zwischen beiden Aggregaten durch eine Vorwärts-Rückwärtsbewegung der Schnecken durch das Formnest bewegt. Die Anwendung des Gegentaktspritzgusses auf faserverstärkte Polymere ermöglicht eine kontrollierte schichtweise Ausrichtung der Fasern. Durch die oszillierende Schmelzebewegung während des Einfriervorgangs entsteht ein zwiebelschalenartiger Aufbau mit orientierten Schichten. Zwischen diesen Schichten befindet sich eine oft nur wenige Mikrometer dicke zusätzliche Schicht, welche im Umkehrpunkt der Schmelzebewegung entsteht. Die Ausdehnung des Kernbereiches wird dabei reduziert. Im Vergleich zum konventionellen Spritzguss können Festigkeit und E-Modul durch die verbesserte Faserausrichtung um mehr als 30% erhöht werden [63].

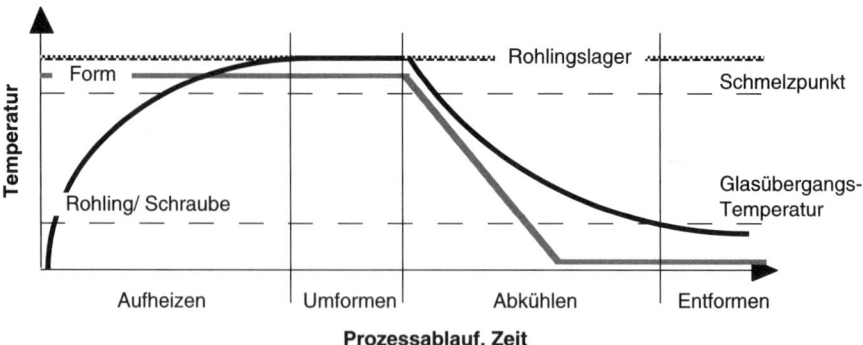

Abb. 14.22 Schematische Darstellung des Fliesspressprozesses zur Herstellung einer Osteosyntheseschraube. Der Prozess verläuft in vier Phasen: Aufschmelzen des Rohlings, Umformen in die Form, Abkühlen und Entformung. Der Temperaturverlauf im Rohlingslager ist isotherm, die Form folgt einem dynamischen Temperaturzyklus im Bereich von Schmelz- und Glasübergangstemperatur der Matrix; die aktiven Heizelemente sind gekennzeichnet

14.6 Fliesspressen endlosfaserverstärkter Verbundwerkstoffe am Beispiel einer Osteosyntheseschraube

Bauteile aus faserverstärkten Thermoplasten finden als Verbindungselemente in der Technik zunehmende Anwendung. Beim Einsatz in der Medizin können Schrauben aus faserverstärkten Thermoplasten Vorteile gegenüber Metallschrauben aufweisen, da sie strukturkompatibel zum Knochen ausgelegt werden können.

Versuche mit kurzfaserverstärkten, im Spritzguss hergestellten, Schrauben zeigten, dass aufgrund geringen Fasergehalts und mangelnder Faserausrichtung die erzielbaren mechanischen Eigenschaften den Beanspruchungen in der Osteosynthese von langen Röhrenknochen nicht genügen. Die geforderten Festigkeiten und Steifigkeiten setzen die Anwendung hochgefüllter (50–60 Vol.%) und endlosfaserverstärkter Verbundwerkstoffe voraus. Da diese im Spritzguss nicht mehr formgebend zu verarbeiten sind, wurde ein neues Verfahren entwickelt, in welchem der Fliesspressprozess von Metallen auf Verbundwerkstoffe übertragen wurde.

Unter Fliesspressen eines Faserverbundwerkstoffes versteht man die Umformung eines endlosfaserverstärkten Halbzeuges oberhalb der Schmelztemperatur des thermoplastischen Matrixwerkstoffes durch Pressen mit einem Stempel in eine formgebende Kavität. Die Bauteilgeometrie wird dabei durch die Kavität und den Stempel definiert. Ein Vergleich der beiden Verfahren, Spritzguss und Fliesspressen ist in Tabelle 14.11 ausgeführt.

Der Fliesspressprozess verläuft in drei Phasen. Der Rohling wird im Rohlingslager aufgeschmolzen und anschliessend über die Stempelbewegung in die Formkavität eingeführt und umgeformt. Für die Entformung von amorphen Polymeren muss die Form bis auf die Glasübergangstemperatur oder bei teilkristallinen Polymeren bis deutlich unter den Schmelzpunkt abgekühlt werden, um einen Verzug beim Entformen

14.6 Fliesspressen endlosfaserverstärkter Verbundwerkstoffe   333

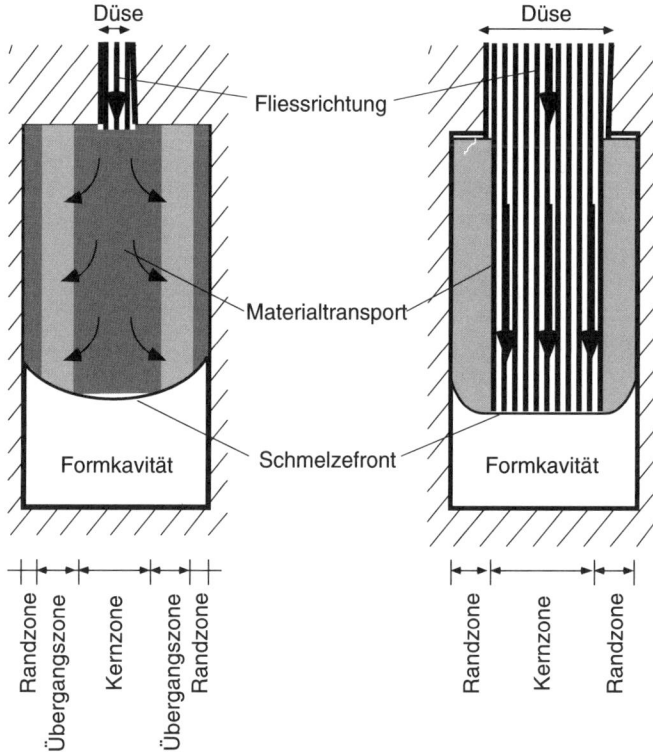

Abb. 14.23 Schematischer Vergleich des Fliessverhaltens der Schmelze: *Links:* beim Spritzgussvorgang entstehen eine zur Fliessrichtung orientierte Randzone, eine Übergangszone ohne Vorzugsorientierung sowie eine Kernzone mit senkrecht zur Fliessrichtung verlaufenden Fasern [51] *Rechts:* beim Fliesspressvorgang entstehen eine Kernzone, deren Orientierung mit der Länge des Fliessweges abnimmt, sowie eine Randzone, in welcher die Fasern nach der Bauteilkontur orientiert sind

des Bauteiles zu vermeiden. Der Temperaturverlauf im Rohlingslager ist isotherm, die Form folgt einem Heiz- und Kühlzyklus. In Abb. 14.24 sind die unterschiedlichen Fliessvorgänge im Spritzguss und beim Fliesspressen schematisch illustriert.

14.6.1 Eigenschaften von fliessgepressten Kortikalisschrauben

Zur Herstellung der Schrauben wurden unidirektional 0° und 0°/± 45° verstärkte Rohlinge aus PEEK mit AS4 Kohlenstofffasern (Faservolumengehalt 62%) bei 380°–400 °C, d. h. deutlich über der Schmelztemperatur des Polymers, fliessgepresst (Abb. 14.22). Dabei wurde bei einem konstanten Pressdruck von 120 MPa die Stempelgeschwindigkeit von 2–80 mm/s variiert. Abgekühlt wurde auf die Entformungstemperatur unter T_g von 143 °C bei 90 MPa Nachdruck.

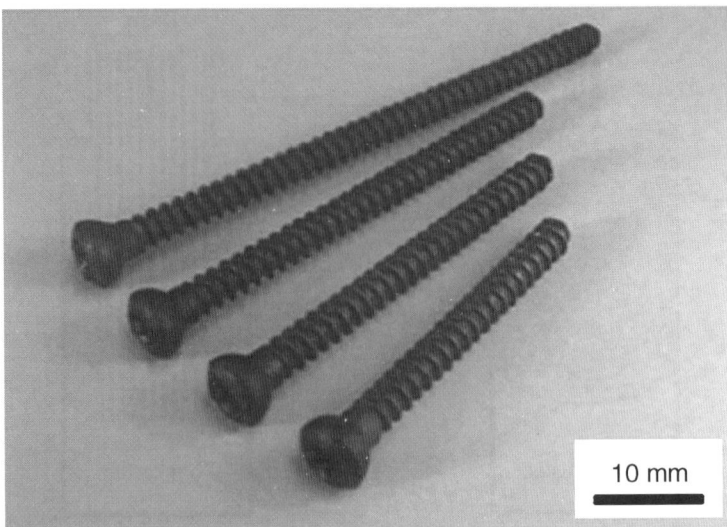

Abb. 14.24 Kortikalisschrauben aus endlosfaserverstärktem Polyetheretherketon mit einem Faservolumengehalt von 61%, „net-shape" gefertigt in einem Fliesspressverfahren

Faserorientierung

Für die fliessgepresste Kortikalisschraube wird die Faserorientierung schematisch in Abb. 14.26 illustriert und mit dem im Versuch ermittelten Verlauf des E-Moduls entlang der Schraubenachse verglichen. Im Schraubenkopf und im oberen Teil des Gewindebereiches sind die Fasern in Richtung der Schraubenachse ausgerichtet. Diese Vorzugsorientierung ändert sich aufgrund der Variation der Strömungsquerschnitte über die Länge der Schraube. In der Schraubenspitze herrscht die zirkuläre Anordnung der Fasern unter 90° zur Schraubenachse vor. Die Randzone (Dicke ca. 0.5 mm) zeigt über die gesamte Schraube eine gute Ausrichtung der Fasern nach der Aussenkontur. In den vergleichenden Versuchen konnte gezeigt werden, dass bei der Verwendung unidirektional verstärkter Rohlinge die axiale Orientierung der Fasern in der Kernzone der Schraube länger erhalten bleibt. Ein Einfluss der Stempelgeschwindigkeit auf die Faserorientierung wurde nicht beobachtet.

14.6.2 Mechanische Eigenschaften

Fliessgepresste Schrauben zeigen ein für Faserverbundwerkstoffe typisches mechanisches Verhalten (Abb. 14.25 und Abb. 14.26). Die elastischen Eigenschaften werden durch die Faserorientierungsverteilung bestimmt. Dies wird aus dem Verlauf des E-Moduls über die Schraubenlänge deutlich. Dabei wird die Höhe des E-Moduls durch die im Rohling vorgegebene Faserorientierung bestimmt. Das Ver-

14.6 Fliesspressen endlosfaserverstärkter Verbundwerkstoffe

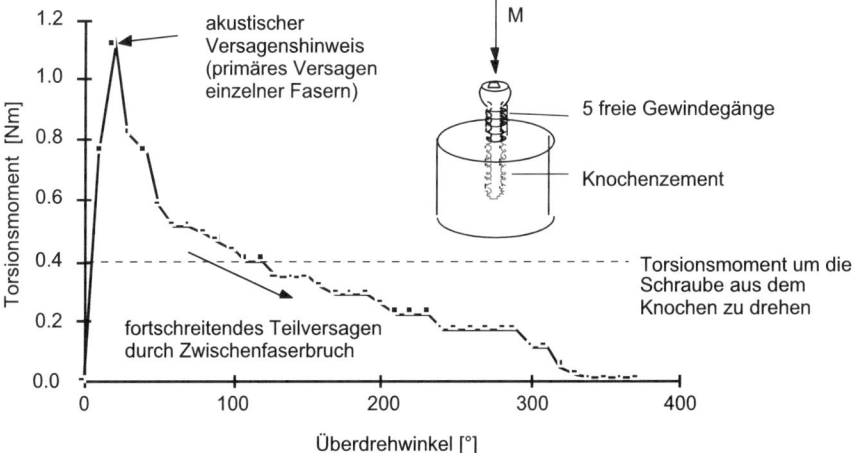

Abb. 14.25 Gutmütiges Überdrehverhalten einer fliessgepressten Kortikalisschraube: Erstes Teilversagen erfolgt durch Faserbruch und ist akustisch sowie durch eine plötzliche Reduktion des Eindrehmomentes wahrnehmbar. Der Versagensfortschritt erfolgt mit zunehmendem Überdrehwinkel durch Zwischenfaserbruch. Bis zu einem Überdrehwinkel von 100° ist das übertragbare Torsionsmoment grösser als das an kortikalem Schweineknochen ermittelte Ausdrehmoment der Schraube

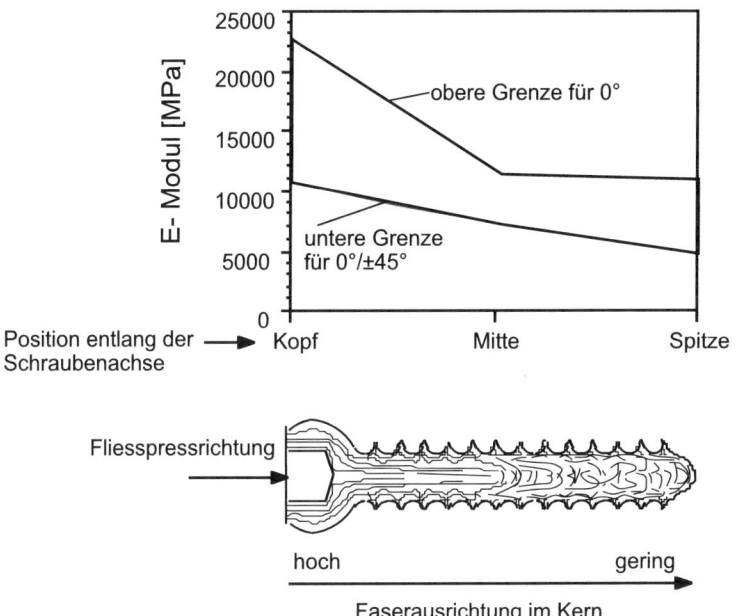

Abb. 14.26 Einfluss der Faserorientierung des Rohlings und der resultierenden Faserausrichtung in der Kernzone auf den E-Modulverlauf entlang der Faserachse

sagensverhalten widerspiegelt die Heterogenität des Werkstoffes, vor allem unter Torsionsbeanspruchung. Wird das maximale, durch die Faserorientierung aufnehmbare, Torsionsmoment überschritten, kommt es zu einem lokalen Faserzugversagen, welches akustisch deutlich hörbar ist, unter Zurücklassung zahlreicher intakter Fasern. Dieses gutmütige Verhalten ermöglichte ein Ausdrehen der teilversagten Schrauben aus der Kortikalis [64].

Unter Zugbeanspruchung wurde ein Versagen im Übergang von ausgerichteter zu desorientierter Kernzone beobachtet. Auch hier kommt es aufgrund der Heterogenität des Gefüges zu einem Mischversagen, bestimmt durch Faserbruch, Zwischenfaserbruch und Schubversagen im Übergangsbereich. Für eine Kortikalisschraube (Durchmesser 4.5 mm) wurden Festigkeiten von 460 MPa erreicht. Im Gegensatz zum E-Modul wurde die Festigkeit nur geringfügig von der Faserorientierung im Rohling beeinflusst, da die Faserorientierung im kritischen Übergangsbereich stärker durch die Fliessbedingungen als durch die Faserorientierung im Rohling bestimmt wird.

14.6.3 Diskussion

Im Vergleich zum Spritzguss ermöglicht das Fliesspressverfahren die Verarbeitung hoch gefüllter Verbundwerkstoffe ohne dass die Faserlängen reduziert werden. Es steht damit ein neues Verfahren zur Verfügung, welches die automatisierte Herstellung von hochbelasteten orthopädischen Implantaten, wie der Kortikalisschraube, ermöglicht. Die mechanischen Eigenschaften sind dabei für die Anwendung mit jenen metallischer Implantate vergleichbar. Bei der Kortikalisschraube wurden 70% der Zugfestigkeit von Stahlschrauben erreicht. Die von der Schraube übertragbare Last 3200 N entspricht etwa dem drei bis vierfachen Wert der Kraft, welche in den Knochen eingeleitet werden kann, ohne dass dieser versagt. Nach dem ISO-Standard 6475 wird für die Stahlschraube ein maximales Torsionsmoment von 4.4 Nm bei einem minimalen Überdrehwinkel von 180° gefordert. Dieser Standard kann nicht auf die fliessgepresste, anisotrope Schraube direkt übertragen werden. Das plastische Fliessen des Metalles entspricht dem prozesscharakteristischen pseudoplastischen Versagensverhalten des fliessgepressten Verbundwerkstoffes. Im Gegensatz zur Stahlschraube, die über den gesamten plastischen Überdrehbereich ein konstantes Drehmoment aufweist, kündigt die fliessgepresste Schraube die Überbeanspruchung durch eine ausgeprägte Reduktion des Eindrehmomentes, verbunden mit einem akustischen Signal, an. Die Restfestigkeit der Schraube erlaubt ein sicheres Herausdrehen aus dem Knochen.

Der E-Modul der fliessgepressten Schraube liegt in der Grössenordnung des Moduls von kortikalem Knochen, was eine günstigere Krafteinleitung von der Schraube in den Knochen als mit metallischen Werkstoffen erwarten lässt. Dieses homoelastische Verhalten, verbunden mit der Stabilität des Verbundwerkstoffes in aggressiven und korrosiven Medien, lässt für die Knochenschraube aus fliessgepresstem, kohlenstofffaserverstärktem PEEK eine verbesserte Struktur- wie auch Oberflächenkompatibilität erwarten.

14.6 Fliesspressen endlosfaserverstärkter Verbundwerkstoffe

Parameter	Verfahren	
	Fliesspressen	**Spritzguss**
Ausgangsmaterial	konsolidiertes Halbzeug mit definierter Faserorientierung	Granulat
Faserart, Volumengehalt	Endlosfaser, bis 65 Vol.%	Kurzfaser, bis 30 Vol.%
Schmelzeaufbereitung	statisches Aufschmelzen durch Wärmezufuhr	dynamisches Aufschmelzen durch Wärmezufuhr und Scherung
Formtemperatur	im Bereich der Schmelzetemperatur	deutlich unter dem Schmelzpunkt des Polymers
Temperaturverlauf in der Form	Form wird nach jedem Schuss deutlich unter den Schmelzpunkt abgekühlt	Form bleibt isotherm
Düsendurchmesser	in der Grössenordnung des Formquerschnittes	klein im Vergleich zum Formquerschnitt
Faserorientierung im Fliessprozess	*Kernzone:* Erhalt der ursprünglichen Orientierung *Randzone:* Faserausrichtung entlang der äusseren Geometrie	*Kernzone:* Fasern 90° zur Fliessrichtung *Randzone:* Faserausrichtung entlang der äusseren Bauteilgeometrie *Übergangszone:* keine Vorzugsrichtung
Festigkeit und E-Modul im qualitativen Vergleich zu UD-Verbundwerkstoff	40–80 %	10–40 %
Nachteile für die Herstellung von Implantaten	Haftung des Polymers an der Form Energiebedarf durch dynamische Formtemperierung längere Taktzeiten Einschränkungen in der Bauteilgestaltung	geringe mechanische Eigenschaften Eigenspannungen durch das Abschrecken der Schmelze in der Form schlecht definierte Faserorientierung
Vorteile für die Herstellung von Implantaten	hohe mechanische Eigenschaften geringere Eigenspannungen wenig Verzug durch den hohen Fasergehalt	höchste Reproduzierbarkeit bei hoher Produktivität Freiheit in der Bauteilgestaltung

Tabelle 14.11 Gegenüberstellung von Fliesspress- und Spritzgussprozess

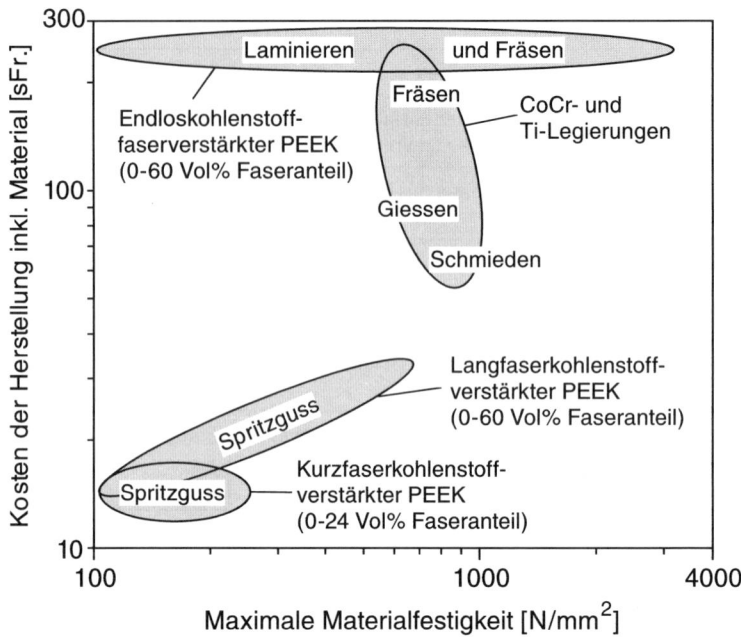

Abb. 14.27 Kosten- und Festigkeitsvergleich unterschiedlicher Herstellverfahren und Materialkombinationen, z. B. für die Entwicklung von Schafthüftprothesen

14.7 Schlussfolgerungen

Für die Auswahl geeigneter Fertigungsverfahren zur Herstellung kohlenstofffaserverstärkter Implantate und Instrumente ist die Korrelation von Herstellkosten und mechanischen Eigenschaften (Abb. 14.27) ein erstes, wichtiges Hilfsmittel. Wie gezeigt wurde, müssen weitere für die Fertigungsverfahren spezifische Randbedingungen wie Stückzahlen, Komplexität der Implantatgeometrie oder Vielfalt der Designvariationen in die Überlegungen mit einbezogen werden. Neueste Entwicklungen im Bereich des Fliesspressens sind in [65] beschrieben.

14.8 Literatur

1. Wintermantel E., Mayer J., Anisotropic biomaterials: strategies and developments for bone implants, in Encyclopedic Handbook of Biomaterials and Bioengineering, B1, Wise D.L., Trantolo D.L., Altobelli D.E., Yaszemski M.J., Gresser J.G., Schwartz E.R. (eds.), 1st Edition, M. Dekker Inc, New York, 1995, p. 3–42.
2. McKibbin B., The biology of fracture healing in long bones, J. Bone Joint Surg., 60, 1978, p. 150–162.
3. Terjesen T., Apalset K., The influence of different degrees of stiffness of fixation plates on experimental bone healing, J. Orthop. Res., 6, 1988, p. 293–299.
4. Woo S.L., Lothringer K.S., Akeson W.H., Coutts R.D., Woo Y.K., Simon B.R., Gomez M.A., Less rigind internal fixation plates, historical perspecitves and new concepts, J. Orthop. Res., 1, 1984, p. 431–449.
5. Donnet J.B., Bansal R.C., Carbon fibers, 2nd Edition, Marcel Dekker, Inc., 1990.
6. Hughes J.D.H., Strength and modulus of current carbon fibers, Carbon, 24, 5, 1986, p. 551–556.
7. Mayer A., Mayer J., Wintermantel E., Buck A., Schmidt R.-P., Mattes P., Sudmanns H., Bressler H., Gestrickte Strukturen aus Endlosfasern für die Abgasreinigung, Motortechnische Zeitschrift, 56, 2, 1995, p. 88–94.
8. Jamison R.D., Gilbertson L.N., Composite materials for implant applications in the human body: characterization and testing, ASTM, Philadelphia, 1993.
9. Atochem, Group elf aquitaine ATO, 92021 Paris.
10. Polyetherketons, Encycl. polym. sci. eng., 12, 1988, p. 313–320.
11. Waterman N.A., Ashby M.F., Materials selector, 2, Elsevier Applied Science, London, 1991.
12. Bradley J.S., Hastings G.W., Jonson-Nurse C., Carbon fibre reinforced epoxy as a high strength, low modulus material for internal fixation plates, Biomaterials, 1, 1980, p. 38–40.
13. Hüttner W., Keuscher G., Nietert M., Carbon fibre reinforced polysulfon thermoplastic composites, in Biomaterials and biomechanics, Ducheyne P., Van der Perre G., Aubert A.E. (eds.), Elsevier Science Publishers, Amsterdam, 1984, p. 167–172.
14. Moyen B., Comtet J.J., Santini R., Rumelhart C., Dumas P., Réactions de l'os intact sous des plaques d'osteosynthèse en carbone, Rev. Chir. Orthop., 68, 1982, p. 83–90.
15. Lustinger A., PEEK composites, processing- morphology property relationship, Intern. Enzycl. Compos., 4, p. 156–169.
16. Kardos L.J., The role of the interface in polymer composites – some myths, mechanisms and modifications, in Molecular characterization of composite interfaces, Ishida H., Kumar G. (eds.), Plenum Press, New York, 1985, p. 1–11.
17. Drzal L.T., Intrinsic material limitations in using interface modification to alter fiber-matrix adhesion in composite materials, Mat. Res. Soc. Symp. Proc., 170, 1990, p. 275–283.
18. Fitzer E., Heine B., Carbon fibre manufacture and surface treatment, in Fibre reinforcements for composite materials, Bunsell A.R. (ed.), Elsevier, Amsterdam, 1988, p. 74–146.
19. Geigl K.H., Studium zur Oberflächenchemie von Kohlenstoffasern und zur Entwicklung von Kohlenstoff-Hohlfasern, Universität, 1979.
20. Möginger B., Müller U., Eyerer P., Morphological investigations of injection moulded fiberreinforced thermoplastic polymers, Composites, 22, 1991, p. 432–436.
21. Benjamin S., Chen H.J.H., Chen E.J.H., Study of transcrystallization in polymer composites, Mat. Res. Soc. Symp. Proc., 170, 1990, p. 117–121.
22. Ryutoku Y., Kiyotake M., Akio N., Yoshito I., Suzuki T., Adhesion and bonding in composites, Marcel Dekker, Inc., New York, 1990.
23. Caldwell D.L., Interfacial analysis, Int. Enc. Comp. Mat., 2, 1991, p. 361–375.
24. Cziollek J., Studien zur Beeinflussung des Verstärkungsverhaltens von Kohlenstoffasern durch Oberflächenbehandlung der Fasern und durch Verwendung eines Kohlenstoff/ Kohlenstoff-Skelettes als Verstärkungskomponente, TH Uni, Karlsruhe, 1983.

25. Weiss R., Die Natur der Haftung an der Faser/ Matrix-Grenzfläche von kohlenstoffaserverstärkten Polymerverbundkörpern und deren Modifizierbarkeit zur Erzielung massgeschneiderter Verbundkörpereigenschaften, Universität, Karlsruhe, 1984.
26. Su J., Tao X., Wei Y., Zhang Z., Liu L., The continuos cold-plasma treatment of the graphite fibre surface and the mechanism of the modification of the interfacial adhesion, in Interfaces in polymers, Ishida H. (ed.), Elsevier Science Publishing, Amsterdam, 1988.
27. Yip P.W., Lin S.S., Effect of surface oxygen on adhesion of carbon fiber reinforced composites, Mat. Res. Soc. Symp. Proc., 170, 1990, p. 339–344.
28. Nardin M., Balard H., Papirer E., Surface characteristics of commercial carbon fibers determined by inverse gas chromatography, Carbon, 28, 1, 1990, p. 43–48.
29. Megerdigian C., Robinson R., Lehmann S., Carbon fiber/ resin matrix interphase: effect of carbon fiber surface treatment and environmental conditioning on composite performance, 33rd Int. SAMPE Symp., 1989, p. 571–582.
30. Hojo M., Tanaka K., Gustafson C.G., Hayashi R., Fracture mechanics for delamination fatigue crack propagation of CFRP in air and in water, Key Engineering Mat., 37, 1989, p. 149–160.
31. Ekstrand K., Ruyter I.E., Wellendorf H., Carbon/ graphite fiber reinforced poly(methyl methacrylate): properties under dry and wet conditions, Journal of Biomedical Materials Research, 21, 1987, p. 1065–1080.
32. Umar-Kitab S.A., Laminated plate analysis using the finite element method, in International encyclopedia of composites, 3, Lee S.E. (ed.), VCH publishers, 1990, p. 1–10.
33. Herakovich K.T., Lamination theory, in International encyclopedia of composites, 3, Lee S.E. (ed.), VCH publishers, 1990, p. 44–54.
34. Byun H.J., Du G.W., Chou T.W., Analysis and modelling of three-dimensional textile structural composites, in High tech fibrous materials: composites, biomedical materials, protective clothing and geotextiles, Vigo T.L., Turbak A.F. (eds.), American chemical society, Miami Beach, Florida, 1991, p. 22–33.
35. Kardos I.J., Short fibre reinforced polymeric composites, structure-property relations, in International encyclopedia of composites, 4, Lee S.E. (ed.), VCH publishers, 1991, p. 130–141.
36. Brandt J., Drechsler K., Siegling H.F., Eigenschaften und Anwendung von polymeren Verbundwerkstoffen mit 3-D Faserverstärkung, 2. Symposium Materialforschung 1991 des BMFT, 1991, p. 1467–1497.
37. Ko F.K., Whyte D.W., Pastore C.M., Control of fiber architecture for tough net-shaped structural composites, MiCon86, Optimization of processing, properties and service performance through microstructural control, Philadelphia, 1986, p. 291–298.
38. Friedrich K., Fractography and failure of unfilled and short fibre reinforced semi-crystalline thermoplastics, in Fractograhpy and failure mechanisms of polymers and composites, Roulin-Moloney A.C. (ed.), Elsevier Applied Science, London, 1989, p. 437–494.
39. Scardino F., An introduction in textile structures and their behavior, in Textile structural composites, Chou T.-W., Ko K.F. (eds.), Elsevier, Amsterdam, 1989, p. 1–25.
40. Mayer J., Gestricke aus Kohlenstoffasern für biokompatible Verbundwerkstoffe, dargestellt an einer homoelastischen Osteosyntheseplatte, Dissertation an der Eidgenössichen Technischen Hochschule Zürich, Zürich, 1994.
41. Chou T.-W., McCollough R.L., Pipes R.B., Verbundwerkstff, Spektrum der Wissenschaft, Sonderheft: Neue Werkstoffe, 1987, p. 134–145.
42. Buck A., Patentschrift DE 3108041 C2, 1985.
43. Mayer J., Wintermantel E., Influence of knit structure and fiber matrix adhesion on failure mechanisms of knitted carbon fiber reinforced thermoplastics, The 4th Japanese Int. SAMPE Symposium, Tokyo, Japan, 1995, p. 667–672.
44. Flemming M., Ziegmann G., Roth S., Faserverbundbauweisen, Springer-Verlag, Berlin, 1995.
45. Bratukhin A.G., Bogolyubov V.S., Composite manufacturing technology, Chapman & Hall, London, 1995.

14.8 Literatur

46. Mallick P.K., Fiber-reinforced composites: materials, manufacturing and design, 2nd Edition, Marcel Dekker, Inc., New York, 1993.
47. Rosato D.V., Materials selection, polymeric matrix composites, in International encyclopedia of composites, 3, Lee S.W. (ed.), VCH publishers, 1990, p. 149–180.
48. Mayer J., Ruffieux K., Tognini R., Wintermantel E., Knitted carbon fibers, a sophisticated textile reinforcement that offers new perspectives in thermoplastic composite processing, Developments in the Science and Technology of Composite Materials, ECCM6, Bordeaux, France, 1993, p. 219–224.
49. Fischer G. et al., Bestimmung der räumlichen Faserorientierung – Ein Qualitätssicherungsverfahren für kurzfaservertärkte Kunststoffe, 12. Stuttgarter Kunstoffkolloquium, Stuttgart, 1991, p. 19.
50. Corscadden S.P. et al., Polyester moulding compounds with novel initial fibre orientation for use in injection moulding, Composite Manufacturing, 1, 3, 1990, p. 173–182.
51. Hegler R.P., Faserorientierung beim Verarbeiten kurzfaserverstärkter Thermoplaste, Kunststoffe, 74, 5, 1984, p. 271–277.
52. O'Connell P.A., Duckett R.A., Measurements of Fibre Orientation in Short-Fibre-Reinforced Thermoplastics, Composites Science and Technology, 42, 1991, p. 329–347.
53. Bright P.F. et al., A Study of the Effect of Injection Speed on Fibre Orientation in Simple Mouldings of Short Glass Fibre-Filled Polypropylene, Journal of Material Science, 13, 1978, p. 2497–2506.
54. Rzepka B., Bailey R., Fibre Orientation Mechanisms for Injection Molding of Long Fibre Composites, Intern. Polymer Processing, 6, 1, 1991, p. 35–41.
55. Menges G., Geisbüsch P., Die Glasfaserorientierung und ihr Einfluss auf die mechanischen Eigenschaften thermoplastischer Spritzgiessteile – Eine Abschätzmethode, Colloid and Polymer Science, 260, 1, 1982, p. 73–81.
56. Folkes M.J., Russell D.A.M., Orientation effects during the flow of shortfibre reinforced thermoplastics, Polymer, 21, 11, 1980, p. 1252–1258.
57. Darlington M.W., Structure and Anisotropy of Stiffness in Glass Fibre-Reinforced Thermoplastics, Journal of Materials Science, 11, 1976, p. 877–886.
58. Crosby J.M., Long-Fiber Molding Materials, in Thermoplastic Composite Materials, Elsever, Amsterdam, 1991, p. 139–165.
59. Widmer M.S., Faserverstärkte Hüftprothesenschäfte – Untersuchungen zu ihrer Herstellung in wirtschaftlichen Verfahren, darunter dem Spritzgussprozess, Departement Werkstoffe, ETH, 1995.
60. Wölfel U., Verarbeitung faserverstärkter Formmassen im Spritzgiessprozess, Dissertation an der Technischen Hochschule Aachen, Aachen, 1987.
61. Becker H., Fischer G., Müller U., Gegentakt-Spritzgiessen technischer Formteile, Kunststoffe, 83, 3, 1993, p. 165–169.
62. Ludwig H.C. et al., Faserorientierung bei unterschiedlichen Spritzgiessverfahren, 13. Stuttgarter Kunstoffkolloquium, Stuttgart, 1993, p. 337–340.
63. Gutjahr L.M., Becker H., Herstellen technischer Formteile mit dem Gegentakt-Spritzgiessverfahren, Kunststoffe, 79, 11, 1989, p. 1108–1112.
64. Loher U., Tognini R., Mayer J., Koch B., Wintermantel E., Development of a cortical bone screw made with endless carbon fiber reinforced polyetheretherketone (CF-PEEK) by extrusion. A new method, 7th Int. Conference on Polymers in Medicine and Surgery, PIMS, Amsterdam, Netherlands, 1993, p. 88–97.
65. Tognini R., Das Composite-Fliesspressen: Ein neues Verfahren zur net-shape Fertigung von endlosfaserverstärkten Bauteilen mit thermoplastischer Matrix dargestellt am Beispiel einer Schraube für die translaminäre Wirbelfixation, ETH Zürich, Thesis No. 14112, 2001.
66. Wenz L.M., Merritt K., Brown S.A., Moet A., In vitro biocompatibility of polyetheretherketone and polysulfone composites, Journal of Biomedical Materials Research, 24, 1990, p. 207–215.

67. (ICI) I.C.I.P., Polyetheretherketon – Typen, Eigenschaften und Verarbeitungsmerkmale, England, Vorläufiges technisches Merkblatt, 2. Auflage, 1980.
68. Williams D.f., McNamara A., Turner R.M., Potential of polyetheretherketone (PEEK) and carbon-fibre-reinforced PEEK in medical applications, Journal of materials science letters, 6, 1987, p. 188–190.

15 Textilverstärkte Kunststoffbauteile in funktionsintegrierender Leichtbauweise

L. Kroll

15.1 Einleitung

Der Mensch ist anisotrop aufgebaut. Vor allem die tragenden Hochleistungskomponenten mit hoher Funktionsintegration, wie Knochen und Knorpel, weisen eine ausgeprägte anisotrope Eigenschaftscharakteristik auf, die an den wirkenden Kraftflusslinien ausgerichtet ist und so extrem leichte Bauweisen zulässt. Daher stellt sich die berechtigte Frage: Warum sind technische Hochleistungsstrukturen noch nicht in dieser idealen Bauweise ausgeführt? Der wesentliche Grund dafür ist, dass sich die erforderlichen beanspruchungsgerechten Werkstoffkonstruktionen und vor allem die zugehörigen Technologien erst am Anfang des Entwicklungsstadiums befinden. Die Natur hatte hier viel mehr Zeit, derartige ressourceneffiziente Werkstoffkonstruktionen zu optimieren und umzusetzen.

Vor dem Hintergrund der Verknappung und Verteuerung von natürlichen Ressourcen rückt auch in der Technik verstärkt die Steigerung der Material- und Energieeffizienz mehr denn je ins Blickfeld von Wissenschaft und Wirtschaft. Fortschrittliche Leichtbaukonzepte werden dabei sowohl für Produktionssysteme und Fertigungstechnologien als auch für die Nutzung und den Betrieb von Strukturen und Komponenten entwickelt. Hohe Energieeinsparpotentiale bei gleichzeitiger Schadstoffminderung versprechen materialeffiziente Leichtbaulösungen mit einer erheblichen Gewichtsreduktion von bewegten Bauteilen und Systemen. Besondere Vorteile bei komplexen Anwendungen in Bereichen: Luft- und Raumfahrt, Fahrzeug- und Maschinenbau, Medizintechnik und Sportgerätebau besitzt die noch relativ junge Werkstoffgruppe der textilverstärkten Kunststoffe. Denn die textile Fadenarchitektur kann in Analogie zu den Bauweisen der Natur an komplizierte, häufig überlagerte mechanische Beanspruchungen optimal angepasst werden. Die ebenfalls entsprechend den Belastungen und Umgebungsbedingungen ausgewählte und durch Additive bei der Compoundierung modifizierte Kunststoffmatrix dient vor allem dem Schutz der Textilverstärkung und der gleichmäßigen Krafteinleitung in die filigrane Faden-Tragstruktur. Aufgrund der gegenüber Metallen relativ niedrigen Herstellungstemperatur lassen sich darüber hinaus in die textilverstärkten Bauteile unterschiedliche Funktionselemente, wie etwa Sensoren, Aktoren, Antennen und Generatoren integrieren, was weitere Gewichtsvorteile zur Folge hat.

Zur Entwicklung derartig belastungsoptimierter Leichtbaustrukturen müssen neuartige Berechnungsstrategien und Auslegungskonzepte bereitgestellt werden, die das komplizierte Werkstoffverhalten infolge Anisotropie berücksichtigen sowie den Restriktionen aus der Verkettung von textil- und kunststoffbasierten Prozessen Rechnung tragen. Für den Einsatz in der Medizintechnik ist nicht nur die textile Fadenstruktur optimal an die oftmals räumlichen Belastungen anzupassen, sondern eine Vielzahl nicht mechanischer Funktionsanforderungen zu erfüllen. Bei Endoprothesen sind beispielsweise die Matrixsysteme und die Faserverstärkungen in Hinblick auf die Biokompatibilität auszuwählen und aufeinander abzustimmen.

15.2 Auslegung textilverstärkter Kunststoffverbunde

Bei der leichtbaugerechten Auslegung von hoch beanspruchten Strukturbauteilen wird stets das Ziel verfolgt, das textile Tragwerk – nach dem Vorbild der Natur – an den Kraftflusslinien auszurichten. In Abb. 15.1 sind exemplarisch die belastungsgerechten Bauweisen eines Hüftgelenkknochens und eines Gelenkknorpelgewebes dargestellt. In der Praxis sind derartig optimierte Konstruktionen nur bei sehr einfachen Geometrien, Belastungsfällen und ungestörten Kraftflüssen technologisch umsetzbar. Da im Bereich von Kerben und Krafteinleitungen aufgrund hoher Spannungsgradienten der gleichmäßige Kraftfluss behindert wird, stellen diese konstruktionsbedingten Störzonen besondere Herausforderungen an die Berechnung und

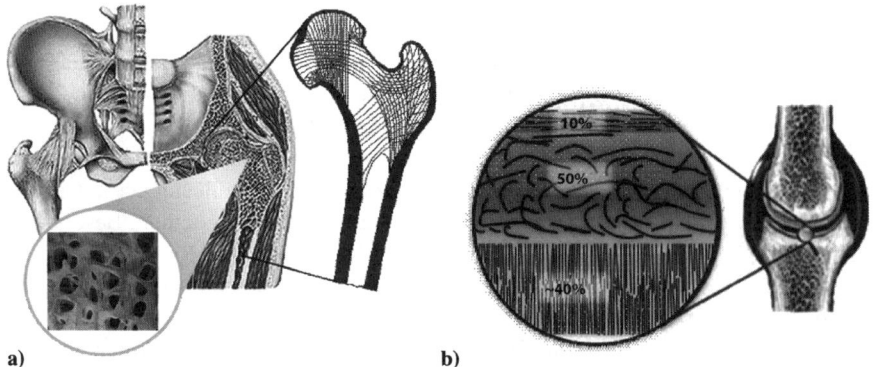

Abb. 15.1 Belastungsgerechte Ausrichtung der Anisotropie von Knochen und Knorpel: a) An den Hauptkraftfluss angepasste Knochenstruktur im Hüftgelenkknochen b) Prinzipielle Anordnung der Collagenfasern im Gelenkknorpelgewebe

15.2 Auslegung textilverstärkter Kunststoffverbunde 345

Konstruktion einerseits und an den entsprechenden Fertigungsprozess andererseits dar.

Für die zuverlässige Dimensionierung von textilverstärkten Hochleistungsbauteilen sind grundsätzlich noch zahlreiche, sowohl werkstoffmechanische als auch strukturmechanische, Fragestellungen zu klären. So etwa sind die wesentlichen Auslegungsverfahren, die Werkstoffmodellierung und -simulation und die Versagensanalyse mit vielen Unsicherheiten behaftet. Im technischen Einsatz sind daher die Textilverbundstrukturen häufig stark überdimensioniert und das Potential zur Funktionsintegration bleibt in der Regel ungenutzt. Für die Auslegung von textilverstärkten Verbundbauteilen wird allgemein eine hierarchische Vorgehensweise gewählt, indem ausgehend von den Eigenschaften der Einzelkomponenten Faser und Matrix, ggf. auch Grenzschicht, über die Anordnung, Orientierung und Architektur der Textilverstärkung eine Verbund-Basiszelle werkstoffmechanisch charakterisiert wird. Diese Elementarzelle bildet das sog. Repräsentative Volumenelement (RVE) zur Berechnung von Textilverbunden.

Das textile Verstärkungsgerüst ist gekennzeichnet durch einen räumlichen Fadenverlauf mit zum Teil sehr kleinen Krümmungsradien und vielfältigen Verknüpfungsarten der Einzelfäden. Eine Übersicht über einige Verstärkungskomponenten für Leichtbauverbunde ist in Abb. 15.2 dargestellt.

Im Vergleich zu klassischen geschichteten Faser-Kunststoff-Verbunden (FKV) aus unidirektionalen Einzellagen erschwert diese komplexe Fadenarchitektur die Modellierung und Simulation der Basiszelle von Textilverbunden. Die Elementarzelle selbst ist Ausgangspunkt der hierarchischen Beschreibung sowohl des Werkstoff- als auch des Strukturverhaltens (vgl. Abb. 15.3). Da allerdings bei textilver-

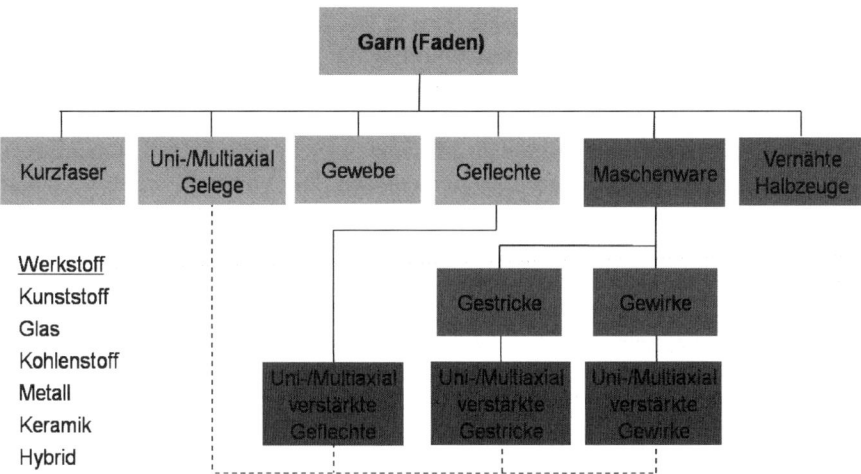

Abb. 15.2 Typische Verstärkungskomponenten für Leichtbauverbunde. Hinsichtlich der Verstärkungsfaserlänge wird zwischen Kurzfasern (<1mm), Langfasern (>1mm) und Endlosfasern (Faserlänge entspricht weitgehend den Bauteilabmessungen) unterschieden. Textile Flächengebilde (Gelege, Gewebe, Gestrickte, Gewirke etc.) sind aus Endlosfaserverstärkung aufgebaut

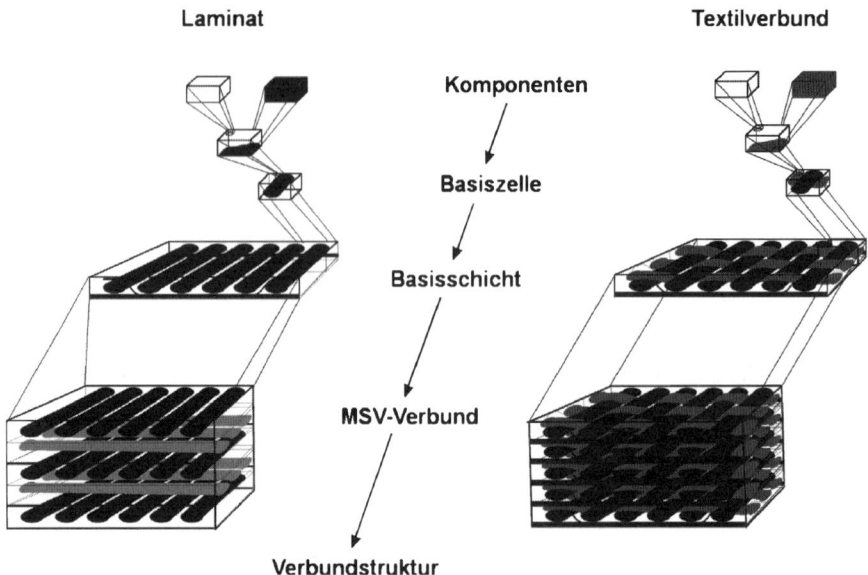

Abb. 15.3 Hierarchische Betrachtung von faser- und textilverstärkten Verbunden. Ausgehend von der Elementarzelle (Repräsentatives Volumenelement-RVE), die aus der Matrix- und Faserkomponente besteht, erfolgt die Zusammensetzung zur zweidimensionalen Einzelschicht und weiterführend zum dreidimensionalen Mehrschichtverbund. Bei textilverstärkten Basiszellen ist das Verbundverhalten stark von der textilen Fadenarchitektur abhängig

stärkten Verbunden die Definition materialgerechter RVE oft mit einschneidenden, pauschalisierten Vereinfachungen verbunden ist, kann die Anpassung der Fadenarchitektur an die vorherrschenden Kraftflüsse nur bedingt vorgenommen werden. Zur werkstoffmechanischen Charakterisierung von Elementarzellen sind eine Vielzahl von Modellen entwickelt worden, die im Wesentlichen auf den nachfolgenden Methoden beruhen: modifizierte Mischungsregeln, erweiterte Laminattheorien, Finite-Elemente-Methoden, Energiemethoden. Die Mehrzahl dieser Verfahren ist in ihrer mathematischen Formulierung naturgemäß komplex und somit oft für praktische Problemstellungen nur begrenzt einsetzbar. In der Regel dienen diese Modelle vorwiegend der Vorausberechnung der elastomechanischen Eigenschaften, während das Versagensverhalten kaum realistisch erfasst wird. Dies stellt ein besonderes Defizit dar, denn hierdurch ist etwa das gemeinhin gutmütige Bruch- und Crashverhalten von Textilverstärkungen der rechnerischen Auslegung nicht zugänglich. Bei der werkstoffmechanischen Modellbeschreibung zur Schwingfestigkeits-, Langzeit-, Impactanalyse fallen die Einschätzungen zum Entwicklungsstand noch ungünstiger aus.

Eine besondere Herausforderung bei der Berechnung von textilverstärkten Kunststoffbauteilen resultiert aus der stark heterogenen, anisotropen Struktur und der damit verbundenen richtungsabhängigen Eigenschaftscharakteristik. Bereits im Falle der Orthotropie (Rhombische Anisotropie) werden für Elastizitätsberechnun-

15.2 Auslegung textilverstärkter Kunststoffverbunde

gen neun voneinander unabhängige Grundkennwerte (E_1, E_2, E_3, ν_{12}, ν_{13}, ν_{23}, G_{12}, G_{13}, G_{23}) benötigt; bei Isotropie reichen bekanntlich zwei (E, ν, $G=E/[2+2\nu]$) aus. Noch komplexer sind die Berechnungen zum Festigkeitsverhalten von Textilverbunden, da für eine realistische Versagensanalyse zwischen den Basisbruchmoden: Faserbruch (FB) und Zwischenfaserbruch (ZFB) sowie den unterschiedlichen ZFB-Subbruchmoden zu unterscheiden ist. Vielversprechende Ansätze bieten hier modifizierte Bruchbedingungen auf Basis der in jüngster Zeit für klassische Faserverbunde entwickelten bruchmodbezogenen Versagenshypothesen nach Hashin/Puck bzw. Cuntze. Die wesentlichen Merkmale dieser neuen Kriterien sind in Tab. 15.1 zusammengefasst.

Der anisotrope Werkstoffaufbau der Textilverbunde ist ebenfalls für die komplizierten, von klassischen isotropen Werkstoffen her unbekannten, Wärme- und Stofftransportphänomene verantwortlich. In der Ingenieurpraxis wird hier analog der Beschreibung des Elastizitätsverhaltens von einem gedanklich verschmierten anisotropen Kontinuum ausgegangen. Die hierfür erforderlichen richtungsabhängigen Stoffkonstanten resultieren aus sog. mikromechanischen Näherungsformeln

---

Hashin/Puck (1992) → *UD-Verbunde*

$$\max_{\theta} F(\sigma_n(\theta), \tau_{nt}(\theta), \tau_{n1}(\theta)) = 1$$

- Bruchmodebezogenes Versagenskriterium als Extremwertaufgabe
- Unterscheidung zwischen Bruchmoden
- Wirkebenenbezogene Bruchbedingungen
- Berücksichtigung „innerer Werkstoffreibung"
- Bestimmung des Bruchwinkels möglich

σ_n, τ_{nt}, τ_{n1}: auf die Wirkebenen bezogene Spannungen; θ: Winkel der Wirkebene; n, t: normal, tangential zur faserparallelen Wirkebene; 1: in Faserrichtung

---

Cuntze (1998) → *UD- und BD-Verbunde*

$$F_i(I_1, I_2, \ldots) = 1$$

- Einfachere Handhabung im Vergleich zu Extremwertansätzen
- Für jeden Bruchmode eine separate Bruchbedingung
- Formulierung mittels konventioneller Festigkeiten und Werkstoffparameter
- Einfache rechnerische Handhabung durch Formulierung mittels Invarianten

---

I_1, I_2, I_6: spezielle Invarianten (zwei Faserbruchmoden und drei Zwischenfaserbruchmoden, I_1, I_2, I_5)

Tabelle 15.1 Bruchmodbezogene Versagenskriterien

oder werden in Basis-Belastungsversuchen ermittelt. Gelegentlich induzieren die Temperaturbelastung und Medieneinwirkung während der Bauteileherstellung sehr hohe Eigenspannungen, die ein vorzeitiges Versagen der Verbundstruktur einleiten.

15.3 Ungewohnte Werkstoff- und Struktureffekte

Der anisotrope Strukturaufbau von textilverstärkten Verbunden ist für zahlreiche – von isotropen Werkstoffen her unbekannte – Koppeleffekte verantwortlich. Beispielsweise kann eine Schubspannung eine nicht zugordnete Scherung, eine Normalspannung eine Scherung und eine Schubspannung eine Dehnung induzieren, was schematisch in Abb. 15.4 dargestellt ist. Derartige unübliche Koppeleffekte kommen auch bei Belastungen außerhalb der Materialachsen von klassischen orthotropen Textilverbunden zum Tragen und können bei Strukturbauteilen zur Erzeugung definierter Deformationszustände angewendet werden. So etwa lassen sich mit „anisotropen Werkstoffgelenken" Zwangsbewegungen ausführen, die bei konventionellen Gelenksystemen nur durch zusätzliche Komponenten für Zwangsführungen vollziehbar sind. Bei neueren Schiffspropellern wurden die Anisotropieeffekte zur Anpassung der Kontur an die Strömungsverhältnisse genutzt.

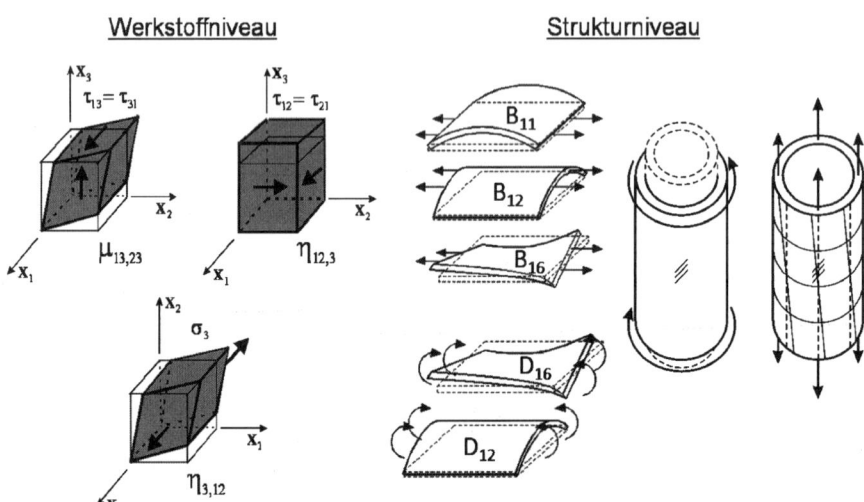

Abb. 15.4 Ungewohnte anisotropiebedingte Werkstoff- und Struktureffekte. Auf dem Werkstoffniveau sind Normal- und Schubspannungen für nicht zugeordnete Verzerrungsdeformationen verantwortlich. In Bauteilen (z. B. Schichtverbundplatten, schräg gewickelte Rohre) erzeugen diese Koppeleffekte unübliche Strukturdeformationen

Die ungewohnten Koppeleffekte auf dem Werkstoffniveau schlagen sich unmittelbar im Strukturverhalten nieder, wie etwa bei dem gekoppelten Scheiben-Platten-Zustand beliebig aufgebauter Mehrschichtverbunde. Die Berechnung derartiger Anisotropiephänomene ist in der Regel sehr aufwendig, so dass in der Ingenieurpraxis oft auf quasi-isotrope Verbunde zurückgegriffen wird oder starke Überdimensionierungen von textilverstärkten Verbunden in Kauf genommen werden. Auch hier besitzen die Bauprinzipien der Natur entscheidende Vorteile, da durch das belastungsangepasste Wachstum sowohl die Geometrie als auch die Anisotropie in einem Optimierungsprozess gestaltet und aufeinander eingestellt werden.

Die Anisotropieeffekte erschweren vor allem den Tragfähigkeitsnachweis von Textilverbunden gegenüber klassischen isotropen Materialien, denn häufig kann die Fragestellung nach dem Einfluss von Koppelphänomen bei Verbundstrukturen nur ungenügend geklärt werden. Zum anderen sind oft aufgrund notwendiger komplex verketteter Prozesse noch viele Fragen hinsichtlich einer reproduzierbaren Fertigung offen. Bei der Einführung neuer Technologien für textilverstärkte Verbundbauteile müssen daher stets die Kriterien nach Berechenbarkeit der Leichtbaustrukturen und nach der Reproduzierbarkeit der Fertigung anforderungsgerecht erfüllt werden.

15.4 Kraftflussgerechte Hochleistungsverbunde

Bei den bereits eingeführten Technologien für faser- und textilverstärkte Kunststoffbauteile, vornehmlich mit Duroplastmatrix, sind die o. a. Problemstellungen weitgehend geklärt. So gelten z. B. einige Tragstrukturen aus kohlenstofffaserverstärktem Kunststoff (CFK) im Flugzeugbau als technologisch ausgereift und haben seit Jahrzehnten das Entwicklungsstadium verlassen. Dazu zählen etwa das Seitenleitwerk und die Landeklappen. Auch für die Flügel und den Rumpf sind die CFK-Bauweisen weitgehend entwickelt und werden derzeit mittels kosteneffizienter Verfahren technologisch umgesetzt. Diese großen Tragstrukturen sind mehrlagig aufgebaut und primär auf die mechanischen und thermischen Lasten abgestimmt.

Die bei den CFK-Tragstrukturen bereits erzielten Gewichtseinsparungen üben zunehmend Druck auf andere Baugruppen im Flugzeugbau aus, die darüber hinaus auch durch Betriebs- und Umgebungsmedien beaufschlagt sind, z. B. Frischwasser- und Abwassersysteme, Kabinenausrüstungen, Auftriebsysteme, Fahrwerke und Hydrauliksysteme. In der Regel lassen sich bei diesen Baugruppen durch den Einsatz von Textilpreformen noch weitere Vorteile erzielen, wie Reduktion der Schwinganfälligkeit und der Geräuschentwicklung, Erhöhung der Impact- und Crashbeständigkeit sowie vereinzelt Kostenreduktion durch endkonturnahe Herstellung. Diese komplexen Bauteile sind in der Regel räumlich belastet und erfordern daher 3D-Textilverstärkungen mit oftmals variabelaxialem Verlauf und speziellen Krafteinleitungssystemen (s. „Bionische Textilien" in Abb. 15.5).

Wesentliche Forschungsschwerpunkte sind deshalb gegenwärtig die bessere Ausnutzung der Leichtbaueigenschaften von Hochleistungstextilien durch kraftflussgerechte Bauweisen und die Steigerung der Ressourceneffizienz und Reprodu-

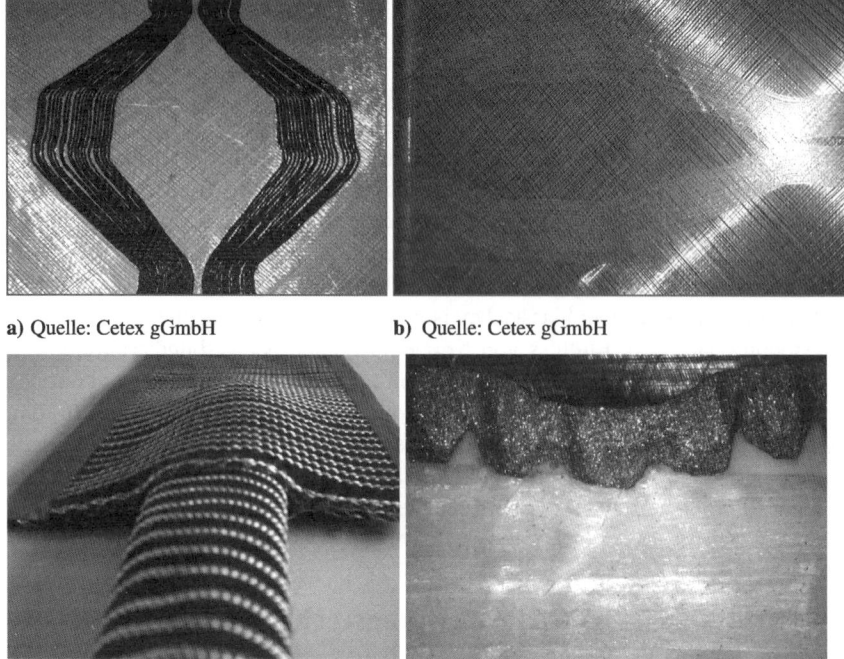

a) Quelle: Cetex gGmbH   b) Quelle: Cetex gGmbH

c) Quelle: STFI e. V.   d) Quelle: SLK, TUC

Abb. 15.5 Belastungsgerechte Textilverbunde: a) und b) Bionische Textilien hergestellt durch Kettenfadenversatzeinrichtung c) Bionische Textilien, konturierte 3D-Gewirke d) Krafteinleitungsbereich einer Hochleistungsverbund-Zugstrebe (v. l. n. r.)

zierbarkeit der zugehörigen Technologieprozesse. Entsprechendes gilt für Hochleistungsbauteile im Allgemeinen Maschinenbau, die vor allem bei schnellbewegten und -oszillierenden Komponenten Anwendung finden sowie bei ultraleichten Sportgeräten. Auch im Bauwesen sind zunehmend Leichtbaulösungen gefragt, die nicht nur zur Energieeinsparung beim Transport beitragen und die Montage erleichtern, sondern auch die Eigenlast von Tragwerken deutlich reduzieren. Beispiele dafür sind die erst kürzlich entwickelten Leichtbauzugstreben aus glasfaserverstärkten Kunststoffen (GFK) und textilverstärkte Leichtbaubetonelemente, wobei das vorliegende hohe Leichtbaupotential erst dann vollständig ausgeschöpft werden kann, wenn die Lasteinleitungssysteme faserverbundgerecht ausgeführt sind.

15.5 Technologien für die Großserienproduktion

Klassische textilverstärkte Verbundbauteile werden prinzipiell in duroplastbasierten Prozessen hergestellt, die den Nachteil langer Zykluszeiten aufweisen. Daher sind

15.5 Technologien für die Großserienproduktion

derartige Textil-Duroplast-Bauteile grundsätzlich für die Großserienproduktion ungeeignet. Um den-noch Leichtbau-Tragstrukturen für Großserien herzustellen, müssen die stückzahlintensiven Thermoplastverfahren, wie etwa die Spritzgießtechnologie, derart modifiziert werden, dass die Textilhalbzeuge in kurzen Taktzeiten faserschonend in Kunststoffen integriert werden können. Die großseriennahe Verkettung der Textil- und Spritzgießtechnologie befindet sich allerdings erst am Anfang der Entwicklungsphase. Wesentliche Herausforderungen liegen hier insbesondere im Benetzungsverhalten von „trockenen" Faserhalbzeugen mit thermoplastischen Kunststoffen, in der Bereitstellung prozessangepasster textiler Preformen, in der exakten Positionierung des Faserhalbzeugs im Bauteil, im beschädigungsfreien Handling der textilen Faserstrukturen sowie in ihrer gestreckten Fixierung im Spritzgießwerkzeug.

Die großserientaugliche Verknüpfung der beiden stückzahl- und kosteneffizienten Technologien Textiltechnik und Kunststoffverarbeitung ist derzeit Gegenstand intensiver Forschungsarbeiten. Bei der Integration der vorausberechneten Textilpreformen in die Thermoplastbauteile wurden neue komplexe Werkzeugkonzepte mit Halte- und Positioniermechanismen entwickelt. Die wesentlichen Daten für die Werkzeuggestaltung und die einzusetzenden Materialien liefert die werkstoffgerechte Modellierung und Simulation in Kombination mit gezielten Fertigungsstudien und experimentellen Untersuchungen zum Bauteilverhalten. Dabei kommt insbesondere dem Strömungsverhalten der Kunststoffschmelze in der Werkzeugkavität und der Umgebung der Textilstruktur sowie der benötigten Faser-Matrix-Haftung besondere Bedeutung zu. Bei Anwendungen in der Medizintechnik müssen noch weiterführende Fragestellungen, etwa zur Biokompatibilität, Strukturierung der Oberfläche und Langzeitbeständigkeit beantwortet werden.

Durch Anwendung neuer Berechnungsansätze wird die Beschreibung des Fließverhaltens von Thermoplastschmelzen in porösen Textilstrukturen während des Spritzgießprozesses vorgenommen. Für die Verifizierung der Ergebnisse sind erste modulare Formwerkzeuge mit integrierten Spannmechanismen für die Textilverstärkung und Messsysteme zur Überwachung des Schmelzefließverhaltens entwickelt worden. Mittels des zweifachen Doppel-T-Probewerkzeugs (ZDT-Werkzeug) und des integralen Tauchkantenwerkzeugs (IT-Werkzeug) können sowohl unidirektionale als auch flächige Textilhalbzeuge im Spritzguss verarbeitet und hinsichtlich ihres Benetzungsverhaltens untersucht werden (Abb. 15.6). Das ZDT-Werkzeug dient vor allem der faserschonenden Einbettung von Rovings- bzw. Maschenreihen in die Kunststoffschmelze, um anschließend in Belastungsversuchen das mikro- und mesomechanische Verbundverhalten zu charakterisieren. Demgegenüber gestattet das IT-Werkzeug strukturierte textilverstärkte Verbundplatten herzustellen, die Aussagen über bestmögliche Prozessfenster und werkstoffimmanente Fertigungsrestriktionen liefern. Anhand der Fertigungsstudien lassen sich dann die modifizierten Berechnungsmethoden auf ihre praktische Relevanz überprüfen, die benötigten Parameter und Randbedingungen ermitteln und die Simulationsmodelle prozessspezifisch verfeinern.

Die grundlegenden Simulationen, Fertigungsanalysen und Untersuchungen an Basiskomponenten bilden den Ausgangspunkt zur Herstellung komplexer Bau-

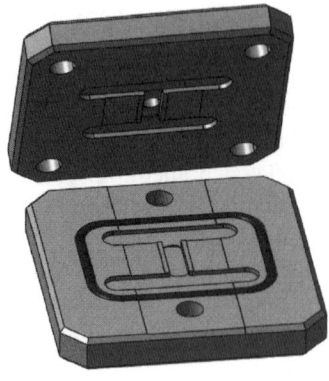 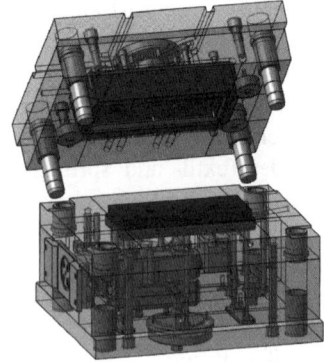

Zweifach Doppel-T-Werkzeug (ZDT)   Integrales Tauchkantenwerkzeug (IT)

Abb. 15.6 ZDT- und IT-Werkzeugsysteme zur spritzgießtechnischen Integration von Faser-bündeln und Textilhalbzeugen. Die textilen Halbzeuge werden über Klemmelemente in der Werkzeugtrennebene gespannt und anschließend mit der thermoplastischen Kunststoffschmelze definiert durch flexible Angusssysteme ummantelt und imprägniert.

teile und Systeme aus textilverstärkten Kunststoffen mit Thermoplastmatrix. Ein aktuelles Anwendungsbeispiel stellt die neue Generation von textilverstärkten Hochleistungskettengliedern dar, die am Institut für Allgemeinen Maschinenbau und Kunststofftechnik (IMK) der TU Chemnitz entwickelt und im integrativen Spritzgießverfahren umgesetzt wurden. Die partielle Faserverstärkung ist sowohl in Bezug auf die wirkenden statischen und dynamischen Belastungen als auch unter Berücksichtigung der Prozesslasten während des Spritzgießvorganges ausgewählt und berechnet worden. Durch eine derartige lokale Verstärkung der hochbelasteten Krafteinleitungsbereiche in der Förderkette lassen sich extrem leichte Kettenglieder bei gleichzeitig vermindertem Reibwiderstand und hoher Verschleißfestigkeit herstellen (Abb. 15.7). Damit können nicht nur die Lebensdauer und Zuverlässigkeit deutlich erhöht, sondern auch eine hohe Systemdämpfung und drastische Energieeinsparungen bei Fördersystemen erzielt werden.

Die neue Fertigungstechnologie zur Herstellung textilverstärkter Thermoplastbauteile bietet zahlreiche Vorteile für komplexe Anwendungen in der Medizintechnik. Denn hiermit wird nicht nur eine sehr hohe Flexibilität zur richtungsabhängigen Anpassung der Steifigkeiten an die Belastungen und ein hoher Leichtbaugrad erzielt, sondern in die Verbundstruktur können zusätzliche Funktionselemente direkt im Fertigungsprozess integriert werden.

15.6 Funktionsintegrative Fertigungstechnologien

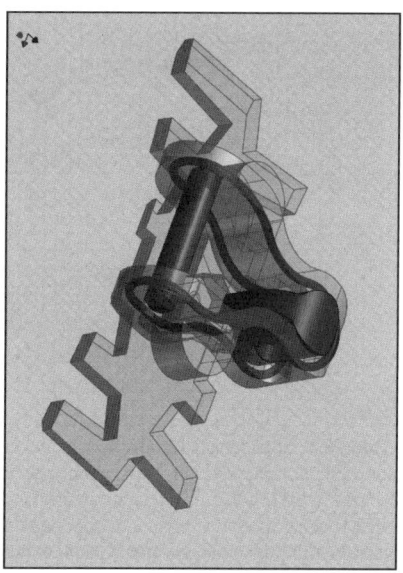

Abb. 15.7 Förderkettenglied für Stückguttransportbänder mit belastungsgerechter Verstärkung durch Faserverbundeinleger. Links: Ermittlung der Spannungsüberhöhungen mittels FEM-Analyse. Rechts: Die belastungsgerechte Verstärkung im Zugelement kann die auftretenden hohen Zugspannungen besser übertragen, was zu einer deutlichen Tragfähigkeitssteigerung der Förderkette führt. (Quelle: IMK, TUC)

15.6 Funktionsintegrative Fertigungstechnologien

Der Vorteil von textilverstärkten Kunststoffbauteilen, Funktionselemente wie etwa Sensoren, Aktoren und Antennen direkt während der Herstellung in Bauteile einzubetten, wird weiter auf vielfältige Art genutzt. So etwa kommen in verschiedenen Bauvarianten von PKW-Heckdeckeln funktionsintegrierende Faserverbundbauweisen zum Einsatz, wobei hier nicht die Gewichtsreduktion, sondern die Antennen- und Sensorintegration ausschlaggebend für die Werkstoffsubstitution ist. Hohes Potential für die Steigerung der Bauteilleistungsdichte durch Funktionsintegration besitzen neu entwickelte Drahtsensoren, die sticktechnisch auf einem textile Trägermaterial fixiert (Abb. 15.8a) und anschließend mit dem Trägermaterial im Spritzgießprozess verarbeitet werden. Für richtungsabhängige 3D-Dehnungsmessungen können diese kosteneffizienten „Textilsensoren" sogar räumlich angeordnet werden (vgl. Abb. 15.8b). Damit lässt sich beispielsweise eine Unterscheidung einzelner Belastungszustände, etwa bei Online-Monitoring von Tragwerken, Bauteilen und Implantaten bzw. bei Pre-Crash-Systemen vornehmen. Die meisten adaptronischen Komponenten sind für Luft- und Raumfahrtanwendungen entwickelt worden und nutzen die integrierten Piezo-Sensoren und -Aktoren in Verbindung mit Ausstattungs- und Regelungselektronik zum Anpassen ihrer Geometrie bzw. Strukturdyna-

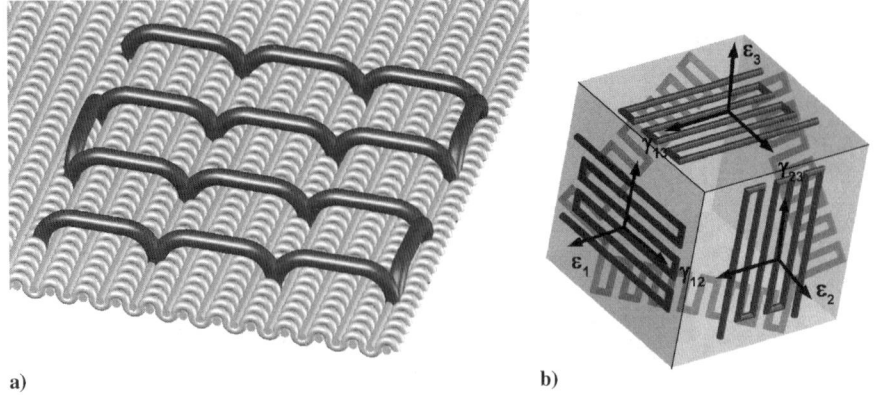

Abb. 15.8 Sticksensor für Großserienanwendungen, a) Textiler 2D-Drahtsensor. Der dünne Sensordraht (Durchmesser 0,04–0,08mm), welcher aus einer besonders leitfähigen Kupferlegierung besteht, wird mittels Sticktechnik in das Grundtextil eingebracht. b) Schema der Sensoranordnung zur Messung aller Verzerrungskomponenten $(\varepsilon_i, \gamma_{ij})$. Durch die räumliche Anordnung des Sensors können alle Verzerrungen und Verschiebungen im Raum ermittelt werden, um so eine belastungsdifferenzierte Signalmessung vorzunehmen.

mik an die wirkenden Belastungen. Als Trägermaterial kommen in der Regel Faserverbundwerkstoffe auf Prepregbasis zum Einsatz. Dabei wird konsequent das Ziel verfolgt, großseriennahe Einzeltechnologien so miteinander zu verknüpfen, dass eine durchgängige Prozesskette für stückzahlorientierte Produkte entsteht. Diese Vorgehensweise kennzeichnet auch die Entwicklung von ebenen Textil-Sensorsystemen. Die ersten Pilotversuche zeigen eine hohe Reproduzierbarkeit der Messergebnisse und die Möglichkeit der Unterscheidung zwischen den Belastungsrichtungen in der Messebene.

Die für den Drahtsensor verwendeten Textilhalbzeuge tragen neben der Sensorfixierung auch zur Verstärkung der Strukturkomponenten bei und erlauben, durch eine belastungsgerechte Fadenarchitektur das Leichtbaupotential noch besser auszuschöpfen. Zur Stabilisierung und zum Schutz der filigranen Drahtsensoren und gelegentlich auch der zugehörigen Elektronik, kommen großserientaugliche, kombinierte Kunststoff-Spritzgießverfahren zum Einsatz. Die Zielstellung weiterführender Entwicklungsansätze ist der Aufbau von ganzen Fertigungsprozessketten für funktionsintegrierende Textilverbundstrukturen. Die durchgängige Fertigungskette besteht dabei aus folgenden Prozessschritten: Textiltechnik zur Ausführung des 3D-Drahtsensors, massengedruckte Polymerelektronik zur Herstellung der Steuerungs- und Regelungsmodule sowie Spritzgießverfahren zur Einbettung und stofflichen Vereinigung der Elektronikelemente zu einem Gesamtsystem.

15.7 Zusammenfassung

Die Erhöhung des Leichtbaugrades von Bauteilstrukturen schlägt sich generell in der Einsparung von Ressourcen nieder. Textilverstärkte Kunststoffe besitzen hierfür ein außerordentliches Potential zur richtungsabhängigen Werkstoffanpassung an die herrschenden Belastungen, um so materialeffiziente Leichtbauweisen mit hoher Funktionsintegration bereitzustellen. Dieses hohe Potential bietet auch in der Medizintechnik ein breites Spektrum für innovative Anwendungen, zumal für viele Kunststoffmatrixsysteme zuverlässige Aussagen zur Biokompatibilität vorliegen. Für derartige funktionsintegrierende Leichtbaustrukturen müssen allerdings reproduzierbare Technologien für kraftflussgerechte Textilhalbzeuge und deren gestreckte Einbettung in Bauteilen entwickelt werden. Eine genaue Kenntnis des werkstoffmechanischen Verbundverhaltens sowohl unter Betriebslasten als auch unter Prozesslasten ist dabei unerlässlich. Sehr hohe Flexibilität zur Erfüllung stark konträrer Anforderungen und Funktionen bieten Mischbauweisen mit textilverstärkten Kunststoffen und Leichtmetallen. Dabei übernimmt der hybride Verbund quasi selbst die Rolle eines Leichtbausystems mit unterschiedlicher Aufgabenteilung zwischen den einzelnen Verbundkomponenten. Im Allgemeinen wird bei derartigen funktionsintegrierenden Leichtbaustrukturen in Mischbauweise zwischen passiven und aktiven Konstruktionslösungen unterschieden. Eine wesentliche Herausforderung ist dabei die Entwicklung großserientauglicher, funktionsintegrativer Technologien mit hoher Reproduzierbarkeit. In diesem Zusammenhang besitzt die Verkettung der stückzahlintensiven Textiltechnik und des Spritzgießverfahrens eine Vorreiterfunktion für textilverstärkte Kunststoffbauteile hoher Funktions- und Leistungsdichte.

15.8 Literaturhinweise

1. Kroll, L.; Gelbricht, S.; Müller, S.: Dimensioning of highly stressed load transmission systems in composite structures. MCM 2008 Riga, Conference on Mechanics of Composite Materials. Riga: 2008.
2. Kroll, L.: Textilverstärkte Leichtbaustrukturen und -systeme. mtex, 2. Internationale Fachmesse & Symposium für Textilien und Verbundstoffe im Fahrzeugbau. Chemnitz: 2008.
3. Odenwald, S.; Kroll, L.: Physiologisch optimierte Strukturkomponenten mit Textilverstärkung für Sportanwendungen. 11. Chemnitzer Textiltechnik-Tagung. Chemnitz: 2007.
4. Rinberg, R.; Kroll, L.; Nendel, W., Philipp, K.: Neue Technologien zur ganzheitlichen Verwertung von Flachspflanzen in Innenraum-Verkleidungsteilen moderner Pkw. 11. Chemnitzer Textiltechnik-Tagung. Chemnitz: 2007.
5. Elsner, H.; Kroll, L.; Tröltzsch, J.: Integration textiltechnisch hergestellter Drahtsensoren in Hochleistungsverbundbauteile für die Großserie. 11. Chemnitzer Textiltechnik-Tagung. Chemnitz: 2007.
6. Kroll, L.; Gelbrich, S.; Elsner, H.: Series production technology for high-performance fibre composite components with structure integrated sensors. Z. CAMES – Computer Assisted Mechanics and engineering sciences. 14. (2007), Nr. 4, S. 659–663.
7. Kroll, L.; Nendel, W.; Helbig, F.: Verfahren für belastungsgerechte Spritzgießbauteile mit textilen Halbzeugstrukturen. Technomer 2007, 20. Fachtagung über Verarbeitung und Anwendung von Polymeren. Chemnitz: 2007.
8. Bürkle, E.; Nendel, W.: Beanspruchungsgerechte lokale Verstärkung mit textilen Gelegen. 8. Dresdner Textiltagung. Dresden: 2006.

16 Radioaktive Biomaterialien

W. Assmann

In der Strahlentherapie von Tumorgewebe (Radioonkologie) nutzt man die zellschädigende Wirkung verschiedener Strahlenarten zur gezielten Abtötung der Tumorzellen. Um bei der perkutanen Bestrahlung die Strahlenschäden im gesunden Gewebe in Grenzen zu halten, wird der Tumor aus verschiedenen Richtungen mit gut fokussiertem Strahl behandelt. Moderne Bestrahlungsanlagen sind durch Steuerung über leistungsfähige Rechner in der Lage, ein millimetergenaues Bestrahlungsprogramm abzufahren, das individuell auf den jeweiligen Tumor abgestimmt ist. Ein ganz anderer Weg, das umgebende gesunde Gewebe zu schonen, wird in der sog. Brachytherapie beschritten. Hier wird ein kurzreichweitiger, radioaktiver Strahler entweder direkt in das Tumorgewebe (interstitiell) oder in grosser Nähe (intrakavitär) permanent oder nur für eine bestimmte Zeitdauer eingebracht. Ein Beispiel ist die Behandlung des Prostatakarzinoms durch die Implantation von dünnwandigen metallischen Hülsen (seeds) von nur wenigen Millimetern Länge und knapp einem Millimeter Durchmesser, die minimalinvasiv mittels feiner Kanülen in die Prostata eingebracht werden. Sie enthalten ein künstliches Radionuklid mit typisch einigen Wochen Halbwertszeit, dessen therapeutisch wirksame Strahlungsdosis sich auf wenige Millimeter des umgebenden Gewebes beschränkt. Wesentlich für den Erfolg einer Strahlentherapie mit derartig kurzreichweitigen Strahlern ist eine Lagekontrolle mit entsprechend hoher räumlicher Auflösung.

Ein Beispiel aus einem ganz anderen Bereich der Medizin ist der Einsatz von radioaktiv beschichteten Gefässstützen (Stents) nach Ballonaufweitung verengter Gefässe. Ziel der wiederum sehr lokalen Bestrahlung ist es, eine hier gutartige Wucherung der Arterie (Intimahyperplasie), provoziert durch die Aufdehnungsverletzung selbst oder durch die Dauerreizung der Gefässstütze, mit nachfolgendem erneuten Gefässverschluss zu verhindern. Diese Restenose ist ein bisher ungelöstes Problem in der Angioplastie, die andererseits eine relativ einfache und weitverbreitete Methode zur Behandlung von Gefässverschlüssen darstellt. Weltweit werden jährlich rund 2 Millionen perkutane transluminale Coronarangioplastien (PTCA) durchgeführt. Durch radioaktive Stents konnte zumindest das Auftreten von Restenosen innerhalb des Stentbereichs erheblich vermindert werden.

Diese beiden Einsatzgebiete für radioaktive Implantate – lokale Tumorbekämpfung unter optimaler Schonung des umgebenden Gewebes und Unterdrückung unerwünschter Proliferation gesunder Zellen – sind Beispiele für eine noch relativ junge Technik in der Strahlenmedizin. Sie gewinnt durch die Verfügbarkeit von immer mehr geeigneten Radionukliden und die Verbesserung der Diagnose- und Applikationstechniken zunehmend an Bedeutung. Die dabei verwendeten radioaktiven Implantate müssen, insbesondere wenn sie permanent im Körper verbleiben, auch aus dem Blickwinkel der biokompatiblen Werkstoffe diskutiert werden.

16.1 Wechselwirkung radioaktiver Strahlung mit Zellen

Die Strahlenwirkung radioaktiver Biomaterialien rührt vom Zerfall in sie eingebrachter künstlicher Radionuklide her. Die Aktivität, d. h. die Zahl der Zerfälle je sec, wird in Bequerel [Bq] angegeben. Die Zeit, in der die Aktivität eines Radionuklides auf die Hälfte seiner Anfangsaktivität abgenommen hat, heisst die Halbwertszeit dieses Zerfalls. Je nach Zerfallsart kann dabei α- (d. h. He-Atome), β- (d. h. Elektronen oder ihre positiv geladenen Antiteilchen, die Positronen), oder γ- bzw. Röntgen-Strahlung mit jeweils ganz bestimmten Energien auftreten. Jede dieser Strahlenarten hat im Körpergewebe eine spezifische, energieabhängige Reichweite, die von wenigen μm bei α-Teilchen über wenige mm bei Elektronen bis zu vielen cm bei der γ-Strahlung reicht. Wegen ihrer kurzen Reichweite kommen α-Strahler allenfalls zur Verwendung für Radiopharmaka in Betracht und können bei der folgenden Betrachtung unberücksichtigt bleiben.

Sowohl Elektronen wie auch γ-Strahlung deponieren auf ihrem Weg durch Zellgewebe Energie in vielen kleineren und grösseren Portionen hauptsächlich durch Ionisation oder Anregung der Gewebeatome. Die Elektronen übertragen ihre Bewegungsenergie direkt über Streuprozesse auf die Elektronenhülle dieser Atome, die γ- oder Röntgenstrahlen im wesentlichen indirekt, wobei zunächst schnelle Elektronen über den Photo- bzw. Comptoneffekt erzeugt werden. Zwar wird der grösste Teil der deponierten Zerfallsenergie der Radionuklide im Gewebe letztlich in biologisch unschädliche Wärme umgewandelt, die Ionisationsereignisse aber können biologisch relevant werden, wenn sie selbst direkt zum Bruch chemischer Bindungen führen oder diesen indirekt durch Erzeugung von chemischen Radikalen induzieren. Die Dissoziation von Wasser, dem Hauptbestandteil der Zellen, mit nachfolgender Bildung chemisch teilweise hochaktiver freier Radikale (Radiolyse), ist die häufigste Folge der physikalischen Strahlenwirkung in Zellen. Freier Sauerstoff im Zellplasma kann die zugehörige Ausbeute signifikant erhöhen (Sauerstoffeffekt). Im einem zweiten Schritt können die gebildeten Radikale Biomoleküle in ihrer Umgebung verändern.

Die empfindlichste Struktur in den Zellen für chemische Veränderungen ist die DNS, da hier jede Beschädigung, falls eine Reparatur nicht gelingt, die ordnungsgemässe Reproduktion der Zelle verhindern oder sogar den Zelltod auslösen kann. Wegen der andauernden natürlichen Strahlenbelastung, aber mehr noch wegen der ständigen Gegenwart von freien Radikalen, haben Zellen sehr effektive Reparaturmechanismen entwickelt, die molekulare Veränderungen erkennen und enzymatisch gesteuert rückgängig machen können. Das gelingt im allgemeinen problemlos bei Einzelstrangbrüchen der Doppelhelixstruktur der DNS, schwieriger hingegen bei Doppelstrangbrüchen. Hier kann es zu Ringbildung oder Auslassungen kommen. Elektronen zählen zwar wie die γ-Strahlung zu den sog. schwach ionisierenden Teilchen, lokal können sie aber durchaus genügend Energie zur Bildung mehrerer Radikale deponieren. Innerhalb der Diffusionslänge freier Radikale von einigen nm können so Mehrfachschäden an der DNS-Struktur entstehen, die dann Doppelstrangbrüche auslösen (Abb. 16.1). Untersuchungen an Zellkulturen haben gezeigt, dass die Strahlenempfindlichkeit einer Zelle u. a. von ihrer Phase im Zellzyklus abhängt. Kurz vor (G2-Phase) und während der Zellteilung (Mitose) selbst ist die Zelle besonders empfindlich, ebenso kurz vor (Ende der G1-Phase) und zu Beginn der DNS-Synthese (frühe S-Phase). In diesen Phasen ist die DNS-Reparatur für die Zelle kaum möglich. Umgekehrt sind Zellen in der Teilungsruhe (G0-Phase) besonders strahlenresistent. Die Schädigung der DNA ist nur eine Folge der Bestrahlung von Zellgewebe. Bedeutsam sind daneben auch Strahlenschäden an den verschiedenen Zellmembranen, die Veränderungen des Zellstoffwechsels verursachen können, aber auch funktionale Beschädigungen von Zellproteinen bis hin zu Schäden an der extrazellulären Matrix. Für eine tiefergehende Diskussion der Strahlenschäden wird auf die Literatur verwiesen [1, 2].

In der Strahlentherapie mit radioaktiven Implantaten muss die Dosis auf die Lebensdauer des Radionuklids bzw. die Bestrahlungszeit auf die besondere Charakteristik und unterschiedliche Wachstumsgeschwindigkeit der Tumorzellen abgestimmt werden. Der Bestrahlungszeitraum muss auch den jeweiligen Zellzyklus der Tumorzellen berücksichtigen. Im allgemeinen ist ein Teil des Tumorgewebes wegen der schlechten Durchblutung sauerstoffunterversorgt (hypoxisch) und damit eher strahlungsunempfindlich. Im Verlauf der Bestrahlung werden daher zunächst die gut durchbluteten Tumorzellen abgetötet und nach und nach erst die dann besser versorgten Nachbarzellen. Wegen der genannten Effekte ist es besser, statt einer langdauernden mehrere kürzere (fraktionierte) Bestrahlungen durchzuführen. Diese Strategie ist bei radioaktiven Implantaten natürlich nur begrenzt möglich.

Die oft nur geringen Unterschiede in der Strahlenempfindlichkeit zwischen gesunden und entarteten Zellen versucht man durch Kombinationstherapien zu verstärken. Hier wird der erhöhte Stoffwechsel zumindest bei stark teilungsaktiven Tumorzellen ausgenutzt, die strahlungssensibilisierende Substanzen eher aufnehmen als gesunde Zellen. Eine andere, besonders elegante Möglichkeit ist die lokale Erwärmung der Tumorzellen (Hyperthermie) während der Bestrahlung durch die radioaktiven Implantate selbst [3]. Temperaturen von mehr als 42.5 °C wirken direkt zytotoxisch über eine Denaturierung der Proteine. Verstärkt sterben unterversorgte Zellen ab, die für einen Tumor typisch und, wie erwähnt, weniger strahlungsempfindlich sind. Ein weiterer Effekt der Hyperthermie ist die Blockade der DNS-Reparatur, beides also echte Synergieeffekte zur Verstärkung der Strahlenwirkung. Elektrisch leitfähige Implantate können direkt als lokale Mikrowellen-Antennen verwendet werden, auch ferromagnetische Implantate in Verbindung mit der MR-Technik werden eingesetzt. Ein Problem stellt bislang noch die Bestimmung der aktuellen Temperaturverteilung dar. Bei der Kombination einer lokalen Strahlentherapie mit der Chemotherapie sollen sich die jeweiligen Stärken ergänzen [4]. Die Chemotherapie ist eine Ganzkörpertherapie, die insbesondere bei soliden Tumoren oder bereits abgesiedelten Mikrotumoren (Metastasen) wirksam ist. Hier kann ein radioaktives Implantat zur intensiveren Bekämpfung eines gut lokalisierten Haupttumors eingesetzt werden. Eine weitere Indikation sind abgesiedelte Tumore, von denen einer beispielsweise im Hirnbereich durch die Blut-Hirn-Schranke von der Chemotherapie nicht erreicht werden kann. Die Kombination gerade einer lokalen, auf den Tumor beschränkten Bestrahlung mit der Chemotherapie bietet gegenüber der perkutanen Bestrahlung den Vorteil, keine Rücksicht nehmen zu müssen auf die eventuell erhöhte Strahlenempfindlichkeit des Normalgewebes durch die Chemotherapie.

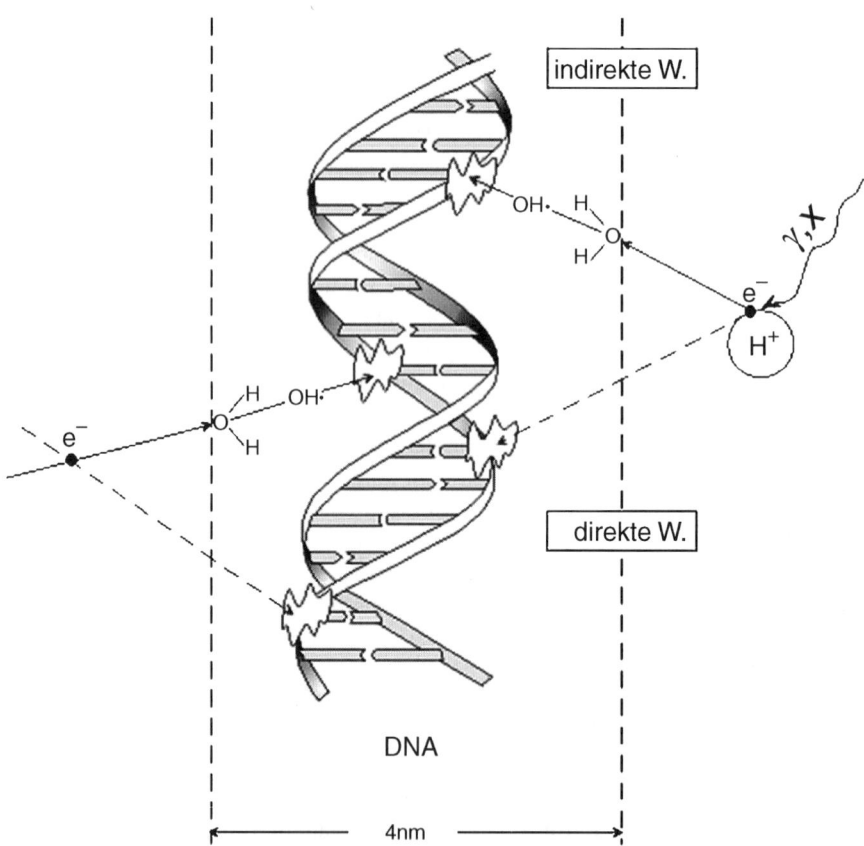

Abb. 16.1 DNS-Struktur mit verschiedenen Schädigungsprozessen

16.2 Dosisbegriffe und Dosimetrie radioaktiver Implantate

Zur Quantifizierung der Strahlenwirkung auf Zellen muss von physikalisch messbaren Grössen ausgegangen werden wie dem linearen Energietransfer (LET) der einwirkenden Strahlung, der als Energiedeposition pro Wegstrecke im Gewebe meist in keV/μm angegeben wird. Der Messung einfacher zugänglich ist die Energiedosis als absorbierte Energie pro Gewebemasse, gemessen in der Einheit J/kg und angegeben in Gray [Gy], d. h. 1 J/kg = 1 Gy. Kerma beschreibt für die indirekt ionisierende γ- bzw. Röntgenstrahlung, wieviel Energie von der Primärstahlung in einem bestimmten Materievolumen an geladene Sekundärteilchen übertragen wird. Diese Grösse hat nur für Messungen Bedeutung und ist zudem materialspezifisch (z. B. Luftkerma). Sie wird ebenfalls in Gy angegeben. Die hier interessierende biologische Strahlenwirkung hängt neben der Dosis auch von der Strahlungs- wie der Gewebeart ab. Für den Strahlenschutz hat man den Begriff der Äquivalentdosis eingeführt, der die physikalische Energiedosis mit einem vom LET – und damit von der Strahlungsart – abhängigen Bewertungsfaktor gewichtet. Die so gewichtete Äquivalentdosis wird in Sievert [Sv] angegeben, wieder mit der Einheit J/kg. Strahlung mit einem LET < 10 keV/μm in Wasser erhält für die Belange des Strahlenschutzes pauschal einen Bewertungsfaktor von 1. Das trifft definitionsgemäss für Röntgen-, γ-, und β-Strahlung zu. Für diese Strahlenarten ist daher zahlenmässig die Angabe in Gy bzw. Sv gleich. Für die Strahlentherapie wird mit der Relativen Biologischen Wirksamkeit (RBW bzw. engl. RBE) etwas genauer zwischen den verschiedenen Strahlenarten unterschieden. Sie wird angegeben als Dosisverhältnis bei gleichem Effekt relativ zu einer Niedrig-LET-Strahlung, meist ^{60}Co-Strahlung. Wiederum im Strahlenschutz, wenn die Folgen einer Ganzkörperbestrahlung bewertet werden sollen, wird die effektive Äquivalentdosis verwendet. Zu ihrer Ermittlung wird zusätzlich die unterschiedliche Strahlenempfindlichkeit verschiedener Gewebearten bzw. Organe berücksichtigt. Die Stärke der Dosis je Zeit wird als Dosisleistung oder Dosisrate bezeichnet und in Gy/s bzw. Sv/s angegeben, Einheit ist W/kg.

Zur Messung der Stärke eines radioaktiven Strahlers können im Prinzip alle Strahlenwirkungen verwendet werden, die sich gut quantifizieren lassen. Ionisationskammern beispielsweise messen die Ionisationsprodukte von radioaktiver Strahlung in Gasen, die je nach Betriebsspannung des Detektors zur Bestimmung der Energieverteilung der Strahlung oder zur Intensitätsmessung genutzt werden können. Halbleiterzähler basieren auf demselben physikalischen Prinzip, als Ionisationsmedium dient hier ein halbleitender Festkörper (Si, Ge). In Szintillationszählern wird die Strahlung in intensitätsproportionales Leuchten umgesetzt, das mit Photomultipliern ausgelesen werden kann. Diese Zählerart, entweder in Form von Plastikszintilatoren oder als Flüssigszintillator, eignet sich besonders zur Messung der integralen Intensität kleiner Strahlungsquellen. Bestimmte Materialien, wie dotiertes LiF, geben nach Bestrahlung Licht ab, wenn sie erwärmt werden. Derartige Thermolumineszenz-Detektoren werden oft als Monitore im Strahlenschutz verwendet. Eine andere Form der Strahlenwirkung ist die Änderung der Farbe in bestimmten Polymeren. Solche Radiochrom-Filme sind kaum lichtempfindlich und

Grösse	SI-Einheit	Name	alte Einheit	Umrechnung
Aktivität	Bq [1/s]	Bequerel	Ci	1 Ci = 37 GBq
Energiedosis	Gy [J/kg]	Gray	rd	1 Gy = 100 rd
Äquivalentdosis	Sv [J/kg]	Sievert	rem	1 Sv = 100 rem
Energiedosisleistung	Gy/s [W/kg]	–	–	–

Tabelle 16.1 Die wichtigsten Einheiten und Bezeichnungen in der Dosimetrie

benötigen keine eigene Entwicklung mehr, so dass sie die früher üblichen Röntgenfilme in diesem Bereich abgelöst haben. Durch Wahl geeigneten Materials können diese Filme – weitgehend unabhängig von der Energie – einen grossen Empfindlichkeitsbereich abdecken [5].

Die Quellstärke eines radioaktiven Implantats wird üblicherweise als Luftkermaleistung in 1 m Abstand frei im Raum angegeben. Die Messung kann aber wegen der geringen Dosisleistung von Implantaten in dieser Entfernung nur mit sehr speziellen, grossvolumigen Ionisationskammern durchgeführt werden. Eine Nachprüfung im Klinikalltag erfolgt daher in gut reproduzierbaren Ersatzanordnungen mit Festkörperphantomen bei wesentlich kleineren Entfernungen, in denen übliche Detektoren eingesetzt werden können. Die Umrechnung erfolgt über Tabellen. Für die Therapieplanung benötigt man die absorbierte Dosis in einem bestimmten Punkt des Gewebes. Radioaktive Implantate haben typischerweise Dimensionen von wenigen Millimetern und eine dementsprechend starke Abnahme der Strahlungsintensität mit der Entfernung. Zur Messung der Dosisverteilung eignen sich somit nur Methoden mit einer Ortsauflösung im mm-Bereich [6]. Von den genannten Detektorarten kommen dafür vor allem Plastikszintillationszähler und Thermolumineszenzdetektoren in Frage, die sich in genügend kleiner Form herstellen und im gewebeähnlichen Phantommaterial plazieren lassen. Eine Sonderstellung nehmen die Radiochrom-Filme ein, die eine relative Dosisverteilung mit hoher Ortsauflösung in geeigneter Phantomanordnung in einer Messung aufzunehmen gestatten. Für die individuelle Therapieplanung muss die Quellstärke und Position des radioaktiven Implantats im Gewebe bekannt sein. Daraus lassen sich mit analytischen Näherungen oder Monte-Carlo-Simulationen die Dosisverteilungen berechnen.

16.3 Radionuklide für die Verwendung in Implantaten

Lange Zeit war das natürlich vorkommende Radiumisotop ^{226}Ra das einzige Radionuklid, das in genügender Menge und Reinheit für medizinische Zwecke verfügbar war. Es ist inzwischen wegen des Sicherheitsrisikos mit gasförmigen Zerfallsprodukten durch andere künstliche Radionuklide ersetzt worden. Die heute hauptsächlich für Implantate verwendeten Strahlungsquellen sind in Tabelle 16.2 zusammengestellt.

16.3 Radionuklide für die Verwendung in Implantaten

Radio-nuklid	Halbwerts-zeit	Zerfalls-arten	β-Energie (MeV)		Ph-Energie (MeV)	
			mittl.	max.	mittl.	max.
^{32}P	14.3d	β⁻	0.69	1.71	–	–
^{90}Sr/Y	28.6y	β⁻	0.17	0.55	–	–
^{90}Y	64.1h	β⁻	0.92	2.27	–	–
^{103}Pd	17.0d	Ph	–	–	0.020	0.023
^{125}I	59.4d	Ph	–	–	0.032	0.035
^{188}W/Re	69.4d	β⁻, Ph	0.16	0.35	0.21	0.29
^{188}Re	16.9h	β⁻, Ph	0.77	2.12	0.16	0.93
^{192}Ir	73.8d	β⁻, Ph	0.17	0.67	0.37	1.06
^{226}Ra	1602y	α, Ph	4.60	4.78	0.19	0.19

Tabelle 16.2 Die wichtigsten Radionuklide für Implantate, Ph bedeutet Photonen, d. h. γ- oder Röntgenstrahlung. ^{90}Sr und ^{188}W sind Mutternuklide von ^{90}Y bzw. ^{188}Re. ^{226}Ra ist zum Vergleich mit seinen beiden α-Energien angegeben

Energie [MeV]	α, mittl. Reichw. [μm]	β, mittl. Reichweite [mm]		γ, Halbwertsdicke [cm]	
	Wasser	Wasser	Blei	Wasser	Blei
0.01	0.23	0.004	–	0.13	0.0004
0.1	1.39	0.14	0.01	4.08	0.01
0.2	2.10	0.43	0.03	5.06	0.06
0.5	3.60	1.71	0.12	7.15	0.34
1.0	5.88	4.32	0.31	9.76	0.86
5.0	36.88	22.5	1.45	22.9	1.44

Tabelle 16.3 Mittlere Reichweite von α-und β−Strahlung bzw. Halbwertsdicke für γ-Strahlung bei verschiedenen Energien in Wasser und Blei. Bei der Halbwertsdicke ist die Intensität auf die Hälfte der Anfangsintensität gefallen

Die meisten aufgeführten Radionuklide können mittels Neutroneneinfangreaktion in einem Reaktor (Reaktorisotope) hergestellt werden. Nach etwa 5 Halbwertszeiten im Neutronenfluss wird die Sättigungsaktivität erreicht, eine Halbwertszeit genügt aber schon zum Erreichen der Hälfte dieser Aktivität. Ein Beispiel ist ^{32}P, das durch Aktivierung von stabilem ^{31}P produziert werden kann. Wegen des relativ kleinen Einfangquerschnitts von 0.16 barn ist eine wirtschaftliche Produktion nur an einem Hochflussreaktor mit einem thermischen Neutronenfluss von über 10^{14} n/cm^{2}s sinnvoll. Dabei sollte gleichzeitig der Anteil epithermischer Neutronen möglichst gering sein, da diese über eine (n,p)-Reaktion unerwünschte Nebenaktivitäten erzeugen können. Beispielsweise entsteht in Titan, einem oft verwendeten Material für Implantate, durch diese Reaktion ^{46}Sc aus ^{46}Ti, das dann mit einer Halbwertszeit

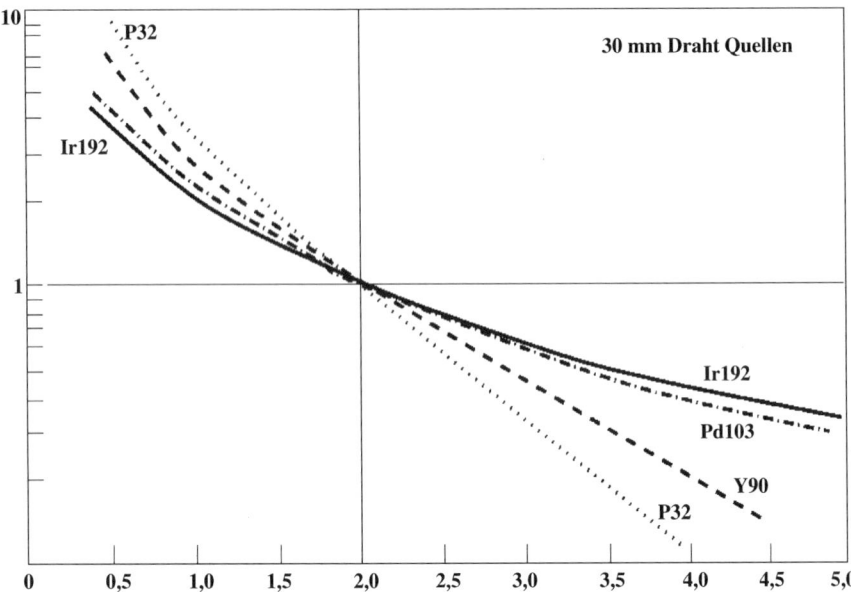

Abb. 16.2 Dosisabfall als Funktion des Abstandes von einem radioaktiven Draht von 30 mm Länge für verschiedene Radionuklide, normiert auf 2 mm.

von 83.8 Tagen unter Aussendung von u. a. 1.1 MeV γ-Strahlung zerfällt. ^{90}Sr hingegen kann als Spaltprodukt aus abgebrannten Reaktor-Brennelementen gewonnen werden, es steht nach etwa 2 Wochen mit seinem ebenfalls instabilen Zerfallsprodukt ^{90}Y im Aktivitäts-Gleichgewicht. ^{90}Y kann auch direkt durch Neutroneneinfang aus ^{89}Y erzeugt werden, ebenso wie ^{103}Pd aus ^{102}Pd bzw. ^{192}Ir aus ^{191}Ir. Alternativ können Radionuklide auch über eine Kernreaktion produziert werden. Dazu wird ein geeignetes stabiles Isotop mit hochenergetischen Protonen, Deuteronen oder α-Teilchen beschossen, die meist mit einem Zyklotron beschleunigt werden (Zyklotronisotope). ^{103}Pd kann so über die Reaktion ^{103}Rh(p,n) ^{103}Pd erzeugt werden, wobei man hochenergetische Resonanzen im Wirkungsquerschnitt nutzt.

Die Radionuklide unterscheiden sich neben ihrer Lebensdauer vor allem in der Strahlungsart, es gibt reine β$^-$-oder γ- bzw. Röntgenemitter und Mischstrahler. Elektronen haben eine deutlich kürzere Reichweite als γ-Strahlung gleicher Energie. Dies hat erhebliche Konsequenzen sowohl für die Strahlentherapie wie den Umgang mit derartigen Strahlern. Hier muss angemerkt werden, dass nur für geladene Teilchen tatsächlich eine Reichweite angegeben werden kann. γ- bzw. Röntgenstrahlung wird beim Durchgang durch Materie nur in der Intensität abgeschwächt und hat keine definierte Reichweite. Man gibt bei Vergleichen trotzdem eine effektive Reichweite an, bei der die Intensität auf ein für therapeutische Belange vernachlässigbares Mass abgefallen ist.

Elektronen deponieren die gesamte Dosis innerhalb ihrer Reichweite, während bei γ-Strahlung ein Teil der abgegebenen Dosis therapieunwirksam „verschwendet" wird. Durch den erheblich steileren radialen Dosisabfall benötigt ein ^{32}P-Seed im Vergleich zu einem ^{125}I-Seed (in Abb. 16.2 ist für die Simulation 30 mm Länge und 0.65 mm Durchmesser angenommen) weniger als 1/30 der Aktivität, um in 2 mm Entfernung dieselbe Gesamtdosis zu deponieren. Die grössere Reichweite der ^{125}I-Strahlung hat zur Folge, dass die auf das umgebende Gewebe abgegebene Dosis ein Mehrfaches über der natürlichen Strahlenbelastung liegt, während sie bei ^{32}P vernachlässigbar bleibt. Für die klinische Praxis ist ein weiterer wesentlicher Gesichtspunkt der Aufwand für den Strahlenschutz beim Umgang mit den verschiedenen Strahlungsquellen. Da die Elektronen der angegebenen β-Emitter von 1 cm Körpergewebe oder Plastikmaterial vollständig absorbiert werden (die auftretende Bremsstrahlung ist sehr gering), ist im Behandlungsbereich kein besonderer Strahlenschutz notwendig. Lediglich für Lagerung und Transport sind spezielle Behälter vorgeschrieben. Anders bei den γ- bzw. Röntgenemittern mit hoher Dosisleistung und Energie: zum Schutz des Klinikpersonals ist ein eigener Behandlungsraum mit 20–25 cm Beton- oder alternativ 2–3 cm Blei-Abschirmung notwendig mit Absperr- und Überwachungssystemen. Durch die Einführung der Afterloading-Systeme, mit denen der radioaktive Strahler ferngesteuert in vorbereitete Applikatoren eingefahren wird, konnte die Strahlenexposition des Behandlungspersonals auch bei diesen Strahlern wesentlich reduziert werden.

16.4 Verfahren zur Herstellung radioaktiver Implantate

Die verschiedenen Verfahren, um Implantate mit Radioaktivität zu versehen, verwenden jeweils eine der beiden gerade beschriebenen Methoden zur Erzeugung von Radionukliden. Bei der Herstellung von Implantaten mittels Neutronenaktivierung wird gezielt ein Bestandteil des Implantatmaterials durch Einfang thermischer Neutronen in ein Radionuklid (Reaktorisotop) umgewandelt. Neutronen durchdringen aufgrund ihrer geringen Wechselwirkung mit Materie das gesamte bestrahlte Implantatvolumen. Daher muss bei der Materialauswahl sehr darauf geachtet werden, dass keine unerwünschten Radionuklide erzeugt werden, die u.U. dann das Strahlungsverhalten des Implantats dominieren. Solche Nebenaktivitäten können sowohl durch einen hohen Einfangquerschnitt einer an sich geringen Materialkomponente entstehen oder durch ein ungünstiges Neutronenspektrum im Produktionsreaktor. Bei geeigneter Auswahl und Anordnung der Implantatmaterialien können die Radioisotope nur in bestimmten Bereichen, z. B. nur an der Oberfläche, erzeugt werden.

Eine sehr elegante Technik ist die Einbettung geeigneter Isotope mittels eines Beschichtungsverfahrens auf der Oberfläche eines Implantats. Zum Einsatz kommen sowohl die üblichen Hartstoffbeschichtungen wie neu entwickelte Schichtsysteme. Das beschichtete Implantat wird anschliessend im Reaktor aktiviert. Ein Beispiel sind Stents aus Nitinol (einer Ni/Ti-Legierung) mit einer Titannitridbeschichtung, die einen ^{31}P-Anteil enthält. Das Radioisotop ^{32}P wird durch Neutronenaktivierung nur in dieser Schicht erzeugt, die anderen Materialien sind so gewählt, dass die Reaktionen mit Neutronen vernachlässigbar sind (geringe Wirkungsquerschnitte oder sehr kleine Halbwertszeiten). Diese Oberflächenbeschichtung hat ausgezeichnete Hafteigenschaften bei gleichzeitiger Härte und Flexibilität, wie sie für die Stentfunktion notwendig sind. Gleichzeitig dient sie als biokompatible Grenzschicht. Alternativ kann das geeignete Isotop auch durch Ionenbeschuss unter die Oberfläche eingebracht werden. Ein entscheidender Vorteil der Neutronenaktivierung ist, dass zu keiner Zeit mit offener Radioaktivität umgegangen werden muss. Das inaktive Implantat kann bis zur abschliessenden Aktivierung vollständig ohne Strahlenschutzmassnahmen gefertigt werden. Ein Nachteil stellt die Einschränkung in der Materialauswahl dar.

Bei der Aktivierung mit geladenen Teilchen werden Radionuklide (Zyklotronisotope) im Implantat durch Beschuss mit Protonen, Deuteronen, etc. erzeugt. Die notwendigen Projektilenergien liegen im Bereich einiger MeV. Die Verteilung der radioaktiven Isotope hängt von der Eindringtiefe der Projektile und der damit verbundenen Reaktionswahrscheinlichkeit ab. So haben 10 MeV Protonen in Eisen eine Reichweite von etwa 300 µm. Im Prinzip kann auch hier nur eine entsprechend ausgewählte Oberflächenbeschichtung aktiviert werden. Dieses Verfahren wurde bisher nur zur Herstellung γ-strahlender Stents für Studienzwecke eingesetzt. Es ist vergleichsweise aufwendig, da anders als bei der Neutronenaktivierung die Implantate einzeln dem hochenergetischen Ionenstrahl ausgesetzt werden müssen.

Die Ionenimplantation stellt ein weiteres Verfahren dar. Dabei werden radioaktive Isotope, die vorher in einem Reaktor erbrütet oder in einem Zyklotron hergestellt wurden, in einem Massenseparator auf etwa 50 keV beschleunigt und in die Oberfläche des Implantats geschossen (z. B. ^{32}P in Stahlstents). Der Massenseparator sorgt dafür, dass das radioaktive Isotop von allen unerwünschten Nachbarisotopen getrennt wird, d. h. trägerfrei entsteht. In der Regel liegt das gewünschte Isotop nur zu einem sehr geringen Anteil vor, z. B. ist das Verhältnis von ^{31}P zu ^{32}P typisch 1:10^{-5}. Die Tiefenverteilung der radioaktiven Isotope hängt von der gewählten Implantationsenergie und dem Implantatmaterial ab. Die Implantationstiefe ist geringer als 100 nm. Durch diese Methode können sehr reine Strahler ohne jede Nebenaktivität hergestellt werden. Der grosse Vorteil der Implantation besteht darin, dass das Implantatmaterial ausschliesslich unter mechanischen und biologischen Gesichtspunkten ausgewählt werden kann, das Radionuklid wird von aussen eingebracht. Nachteilig sind die hohen Maschinen- und Personalkosten, da die Implantate nur jeweils einzeln aktiviert werden können. Für eine wirtschaftliche Fertigung muss in der Ionenquelle ausserdem mit relativ hoher Aktivität umgegangen werden. Bisher wurden nur im FZ Karlsruhe β-aktive ^{32}P-Stents für klinische Studien mit dieser Methode produziert.

Das vierte Verfahren ist die radioaktive chemische Beschichtung. Hier wird das Implantat in eine Flüssigkeit getaucht, in der das radioaktive Isotop gelöst ist. Beim Tauchbad bleibt auf dem Implantat eine dünne Schicht der Lösung haften (vergleichbar einer Lackierung). Da bei diesem Verfahren bislang Haftungsprobleme zwischen Schicht und Implantat auftreten, insbesondere bei mechanischer Belastung, können solche Implantate nicht im direktem Blutkontakt eingesetzt werden. Ein Vorteil ist wie bei der Implantation, dass die Implantatmatrix relativ frei gewählt werden kann. Die Aktivität befindet sich ausschliesslich in der Schicht und nicht im

Implantat. Das Verfahren ist auch für die Massenproduktion gut geeignet. Nachteilig ist, dass das Tauchbad ein sehr grosses Aktivitätsinventar darstellt, so dass bei der Herstellung ein beträchtlicher Sicherheitsaufwand betrieben werden muss.

16.5 Beispiele für radioaktive Implantate

Ein bekanntes für eine lokale Strahlentherapie ist die Behandlung von Schilddrüsenwucherungen mit radioaktivem Iod. Das ^{131}I wird eingenommen oder gespritzt und im Körper fast ausschliesslich in der Schilddrüse gespeichert. Durch die lokale radioaktive β-Strahlung werden die umgebenden Schilddrüsenzellen zerstört. Dieser Fall stellt streng genommen aber kein Beispiel für ein radioaktives Implantat dar, da die radioaktive Iodverbindung selbst zum Wirkort gelangt. Ein echtes Beispiel für eine Brachytherapie mit radioaktiven Implantaten ist die Oberflächenkontakttherapie von Tumoren am Auge. Kalottenförmige Plättchen mit verschiedenen Strahlern erlauben 100 Gy und mehr in eine Tiefe bis 2 mm einzutragen ohne empfindliche Bereiche zu schädigen. Im folgenden sollen zwei neuere Vertreter von permanenten Implantaten ausführlicher beschrieben werden.

16.5.1 Seeds

Als klassische Anwendung werden Seeds bisher mit grossem Erfolg bei der Prostatakrebstherapie eingesetzt. Seeds sind kleine Metallhülsen, die als Radionuklid bislang ausschliesslich γ- bzw. Röntgenemitter enthalten. Die Seeds haben üblicherweise eine Länge von 4.5mm, einen Durchmesser von 0.8 mm, und eine Hülsendicke von etwa 50 μm. Die Abmessungen sind aufgrund der Applikatoren und Afterloader normiert. Die Hülsen bestehen aus Titan und sind an den Enden laserverschweisst. Im Inneren befindet sich eine Trägermatrix, in die das Radioisotop eingebettet ist. Zur Kontrastverbesserung im CT oder bei der Angiographie wird ein Blei- oder Gold-Marker hinzugefügt. Wesentlich bei der Implantation von Seeds ist die genaue Positionsbestimmung während der Applikation mittels Ultraschall. In der Prostatakrebstherapie werden zwei Isotope eingesetzt:

1. Der ^{125}I Seed mit 59.4 Tagen Halbwertszeit und Röntgenenergien zwischen 23 und 32 keV bzw. γ-Strahlung mit 35 keV. Durch Implantation von ^{124}Xe in eine Aluminium-Kohlenstoffmatrix und anschliessender Neutronenaktivierung wird das therapeutische Isotop ^{125}I gewonnen. Um unerwünschte Nebenaktivitäten zu vermeiden, muss isotopenreines Xe verwendet werden.
2. Der ^{103}Pd-Seed mit 17.0 Tagen Halbwertszeit und Röntgenenergien zwischen 20 und 23 keV. Durch Beschuss von ^{103}Rh mit hochenergetischen Protonen (11 MeV) in einem Zyklotron wird unter Ausnutzung des hohen Wirkungsquerschnittes für die Reaktion ^{103}Rh (p,n) ^{103}Pd das therapeutische Isotop erzeugt.

1998 wurden allein in den USA 30.000 Prostatakarzinome mit radioaktiv strahlenden Seeds behandelt. Dies bedeutete eine 50% Zunahme zum Vorjahr. Derzeit repräsentieren die USA 90% des Weltmarktes. Schätzungen der American Cancer Society (ACS) ergeben jährliche 300.000 diagnostizierte Neuerkrankungen in Europa und Nordamerika. Weltweit wird eine Patientenzahl von über 1.000.000 prognostiziert. Diese Zahl ist auf die deutlich verbesserte Früherkennung durch PSA-Tests (Prostata Spezifische Antikörper) zurückzuführen.

Zum therapeutischen Einsatz werden Seeds mit Aktivitäten von 20–80 MBq (entspr. 0.5–2 mCi) benötigt. Typisch werden zwischen 40 und 200 Seeds in einem Tumor implantiert. Durch eine ultraschallgestützte Therapieplanung werden die Seeds so in der Prostata verteilt, dass an der Prostataoberfläche eine Dosis von 144 Gy erreicht wird. Die Seeds müssen bei der Produktion mit etwa der fünffachen Aktivität beladen werden, da einerseits durch logistische Wartezeiten bis zum Einsatz die Aktivität abklingt, andererseits ein grosser Teil der Röntgenstrahlung in der Titanumhüllung absorbiert wird.

16.5.2 Stents

Der Wiederverschluss von Gefässen (Restenose) nach einer Aufweitung durch einen Ballonkatheter ist eines der grössten Probleme in der interventionellen Kardiologie. Es tritt bei über einem Drittel aller behandelten Fälle auf. Zunächst hoffte man, durch gleichzeitiges Aufspannen einer metallenen Gefässstütze (Stent) mit dem Ballon eine Lösung gefunden zu haben. Nach der Expansion ist der Stent in der Lage, dem Gefässdruck zu widerstehen. Leider konnte mit diesen Stents die Restenoserate nur um ein Drittel gesenkt werden. Die Gründe sind vielfältig und bis heute noch nicht vollständig geklärt. Eine der wesentlichen Ursachen der nunmehr auftretenden Restenose ist ein unkontrolliertes Zellwachstum (Intimahyperplasie) als Folge des Heilungsprozesses der Gefässwand, die beim Öffnen des verengten Bereiches verletzt wurde. Das Gefäss reagiert möglicherweise aber auch auf die durch den Stent erfolgende Dauerreizung. Eine weitere Komplikationsgefahr besteht in der Bildung von Thrombosen, die zu einem akuten Gefässverschluss führen können. Diese Gefahr besteht grundsätzlich bei einer Gefässverletzung und wird durch Stents noch erhöht. Zudem stehen die aus den häufig eingesetzten Stahlstents freigesetzten allergenen Metalle Cr, Ni, Co im Verdacht, thrombogen zu wirken. Um diese ungewollte Reaktion zu minimieren, wurden in den letzten Jahren vielfältige Versuche unternommen, die Oberflächen der Implantate zu modifizieren. Durch Beschichtung mit bioverträglichen Materialien oder Aufbringen einer Schicht als „drug delivery System" (z. B. Heparin) könnte die Thrombosegefahr vermindert werden. Zur Lösung des eigentlichen Problems der Restenose wurde versucht, die überschiessende Proliferation durch lokale radioaktive Bestrahlung zu dämpfen. Eine erste Strategie ist das kurzzeitiges Einbringen eines ^{192}Ir-Strahlers mit hoher Dosisleistung in den Ballon unmittelbar nach der Aufdehnung. Während einiger Minuten wird dabei die Gefässinnenwand mit einer Dosis von 8 bis 50 Gy bestrahlt.

Für dieses Verfahren wurden eine ganze Reihe von Applikatoren entwickelt. Bei der zweiten Strategie wird ein sehr kurzreichweitiger Strahler in den Stent integriert. Die meisten klinischen Studien verwendeten den reinen β-Strahler ^{32}P (Tabelle 1.2) mit einer Halbwertszeit von 14.3 Tagen. Die wirksame Reichweite der emittierten Elektronen im Körpergewebe beträgt etwa 2–3 mm. Diese radioaktiven Stents werden bisher nur mittels Ionenimplantation hergestellt, wobei ein isotopenreiner ^{32}P-Strahl mit 60 keV Energie auf einen um seine Längsachse drehenden Stent gerichtet wird. Die ^{32}P-Atome sitzen dann bei etwa 50 nm Tiefe, daher erniedrigt sich die Elektronenenergie kaum. Für die klinischen Versuche wurde die Aktivität in weitem Rahmen variiert, von 0.02 bis 0.3 MBq (0.8–12 µCi)]. Bei deutlich niedrigerer Dosisleistung als bei der Hochdosistherapie wird damit innerhalb von 28 Tagen in 0.5 mm Entfernung von der Stentoberfläche eine teilweise erheblich grössere Gesamtdosis von 8 bis 140 Gy deponiert. In klinischen Studien wurde eine reduzierte Bildung von Neointima nach Bestrahlung beobachtet. Allerdings wird diese positive Wirkung innerhalb des Stents zum Teil durch eine sogar vermehrte Wucherung an den Enden wieder aufgehoben (Endeneffekt). Verschiedene Ursachen werden diskutiert, so könnte im abfallenden Dosisbereich die Proliferation eher verstärkt sein, oder durch einen zu langer Ballon kommt es zu Gefässverletzungen in Bereichen, in denen keine wirksame Dosis appliziert werden kann. Die Lösung des Problems könnte ein verbessertes Ballondesign oder die Verwendung von selbstexpandierenden Nitinolstents („Formgedächtnis"-Material) sein.

16.6 Ausblick

Ein wesentlicher Vorteil der radioaktiven Implantate, insbesondere mit kurzreichweitigen Strahlern, ist die Schonung des umgebenden Gewebes. Das gilt auch für die Applikation selbst, insofern die Implantate mit minimalinvasiven Verfahren oder durch natürliche Kanäle im menschlichen Körper eingebracht werden. Voraussetzung für die Nutzung dieser Vorteile ist eine genaue Positionsbestimmung im mm-Bereich, wie sie mit verschiedenen Techniken bereits möglich ist. Bei den bildgebenden Verfahren sind in naher Zukunft weitere Fortschritte zu erwarten, damit ergänzen sich hier verschiedene Entwicklungen in idealer Weise. Neue Techniken der Beschichtung und nachfolgende Aktivierung bzw. die direkte Implantation von Radionukliden erlauben die Radioaktivität wohldefiniert und sehr lokal in praktisch alle strahlenfesten Materialien einzubringen bei gleichzeitig guter Bioverträglichkeit. Damit erweitert sich der Anwendungshorizont zu multifunktionalen Implantaten. Diskutiert werden auch radioaktiv beladene und bioresorbierbare Operationsfäden, die neben dem Wundverschluss auch vor Ort zur Vorbeugung gegen eine Narbenwucherung dienen könnten. Auch könnten kritische Stellen von Dauerimplantaten, an den durch Zellansiedlung die Funktion beeinträchtigt wird, mit kurzreichweitigen Strahler versehen werden. Diese ganz lokale Beladung von Biomaterialien scheint eine aussichtsreiche und neuartige Möglichkeit für den Einsatz von Radionukliden zu sein.

16.7 Literatur

1. Hall E.J., Radiobiology for the Radiologist, J.B. Lippincott Comp., Philadelphia, 1994.
2. Khan F.M., The Physics of Radiation Therapy, Williams & Wilkins, Baltimore, 1994.
3. Feldmann H., Molls M., Strahlentherapie und Hyperthermie, in Strahlentherapie, Radiologische Onkologie, Scherer E., Sack H. (eds.), Springer, Heidelberg, 1996.
4. Molls M., Strahlentherapie und Chemotherapie, in Strahlentherapie, Radiologische Onkologie, Scherer E., Sack H. (eds.), Springer, Heidelberg, 1996.
5. Niroomand Rad A. et al., Radiochromic film dosimetry: Recommendations of AAPM Radiation Therapy Task Group No. 55, Med. Phys., 25, 1998, p. 2093.
6. Nath R. et al., Dosimetry of interstitial brachytherapy sources: Recommendations of the AAPM Radiation Therapy Committe Task Group No. 43, Med. Phys., 22, 1995, p. 209.

Part V
Tissue Engineering / Stammzell Engineering

17 Grundlagen des Tissue Engineering

J. Mayer, J. Blum, E. Wintermantel

Die Organtransplantation stellt eine verbreitete Therapie dar, um bei krankheits- oder unfallbedingter Schädigung eines Organs die Gesamtheit seiner Funktionen wieder herzustellen, indem es durch ein Spenderorgan ersetzt wird. Organtransplantationen werden für die Leber, die Niere, die Lunge, das Herz oder bei schweren grossflächigen Verbrennungen der Haut vorgenommen. Der grosse apparative, personelle und logistische Aufwand und die Risiken der Transplantationschirurgie (Abstossungsreaktionen) sowie die mangelnde Verfügbarkeit von immunologisch kompatiblen Spenderorganen führen jedoch dazu, dass der Bedarf an Organtransplantaten nur zu einem sehr geringen Teil gedeckt werden kann. Sind Spenderorgane nicht verfügbar, können in einzelnen Fällen lebenswichtige Teilfunktionen, wie beispielsweise die Filtrationsfunktion der Niere durch die Blutreinigung mittels Dialyse ersetzt oder, bei mangelnder Funktion der Bauchspeicheldrüse (Diabetes), durch die Verabreichung von Insulin ein normaler Zustand des Gesamtorganismus auch über Jahre hinweg erhalten werden. Bei der notwendigen lebenslangen Anwendung apparativer oder medikamentöser Therapie können für den Patienten jedoch häufig schwerwiegende, möglicherweise lebensverkürzende Nebenwirkungen entstehen. Daher werden in der Forschung Alternativen gesucht, um die Funktionen des ausgefallenen Organs durch die Implantation von Zellen oder *in vitro* gezüchteten Geweben möglichst umfassend wieder herzustellen. Dies erfordert biologisch aktive Implantate, welche die für den Stoffwechsel des Organs wichtigen Zellen enthalten und einen organtypischen Stoffwechsel entfalten.

Tissue Engineering ist ein interdisziplinäres Forschungsgebiet, das die Prinzipien der Natur- und Ingenieurwissenschaften anwendet, um künstliche Gewebe oder Gewebe-Ersatzsysteme zur Unterstützung oder Substitution von kranken Geweben oder Organen zu entwickeln [1–3]. Anwendungen reichen von der Herstellung künstlichen Hautersatzes bei Verbrennungen [4, 5] über Zelltransplantate in Trägerstrukturen [6, 7], bis hin zum Ersatz durch künstliche Teilorgane, wie z. B. im Fall der Leber [8] oder des Pankreas [9]. Strebt man den funktionellen Ersatz von Gewebe an, z. B. Bindegewebe, für die Durchführung von in vitro-Experimenten im Labor statt im Tierversuch, so kann man von Histoiden sprechen. Darunter wird eine weitgehende Annäherung oder strukturelle und funktionelle Imitation eines natürlichen Gewebes verstanden. In diesem Fall müssen die Werkstoff- und Zellträgereigenschaften so an die Funktion des späteren Ersatzgewebes angeglichen werden, dass in diesen Trägersystemen aufgenommene Zellen sich in ein echtes Ersatzgewebe integrieren.

Strebt man den Ersatz von Organfunktionen an, z. B. die funktionsgerechte Substitution eines Pankreas (Bauchspeicheldrüse), so spricht man von Organoiden. Der Übergang von Histoiden zu Organoiden kann als fliessend bezeichnet werden, da Organe, die mehrere Einzelfunktionen erfüllen, aus Geweben aufgebaut sind und es gelingen kann, mit entsprechend vorbereiteten Werkstoffträgern einen funktionellen Übergang zwischen Gewebe- und Organfunktionen zu erreichen. Strategische Ziele der Histoidentwicklung sollen sein, vor allem Bindegewebsstrukturen im Labor anzuzüchten, um die grosse Vielzahl bisher noch in Subkutan- oder Intermuskulärtests in Tieren, darunter Ratten, Kaninchen usw., durchgeführten Werkstofftests zu ersetzen. Damit wäre einerseits ein Beitrag zur Reduktion von Tierversuchen geleistet, andererseits wären vertiefte Erkenntnisse über die Organisationsstruktur und die Wechselwirkung mehrschichtiger Zellkulturen zu gewinnen. Ein weiterer erheblicher Vorteil des Erfolgs des *Tissue Engineering* im Bereich der Histoide wäre, menschliche Zellen verwenden zu können und damit eher übertragbare Forschungsresultate zu erzielen als dies mit Tierversuchen möglich ist. Die erfolgreiche Entwicklung von Organoiden, besonders bei Verfügbarkeit einer unbegrenzten Anzahl von Zellen, z. B. genetisch veränderten Zellen, die immunologisch vom Empfängerorganismus nicht mehr als fremd erkannt und abgestossen werden, hätten auch erhebliche Vorteile für die Volkswirtschaft. Es wäre damit möglich, Langzeit- und schwerst kranke Patienten bereits zu Beginn einer Erkrankung mit einer überkritischen Anzahl von Ersatzzellen zu versorgen und möglicherweise eine Regeneration eines erkrankten Primärorganes herbeiführen zu können. Damit wären aufwendige und oft fatal verlaufende Langzeitaufenthalte auf Intensivstationen zu umgehen. Es muss jedoch deutlich formuliert werden, dass diese gedanklichen Ansätze weit in die Zukunft reichen. Zudem können, so nimmt man an, mittels *Tissue Engineering* hochintegrierte zelluläre Verbände aufgebaut werden, die als in vitro-Testsysteme zur Prüfung der Biokompatibilität von Werkstoffen verwendet werden. Im Vergleich zu Zellkulturen sind komplexere Interaktionen erfassbar [10]. Diese Testsysteme können in der Zukunft dazu beitragen, die Zahl der auf Tierversuchen basierenden Prüfungen zu reduzieren. Die Sensitivität von Gewebekulturen könnte in der Prüfung der Ökokompatibilität von Werkstoffen und Prozessmitteln, z. B. zur Festlegung von Grenzwerten, genutzt werden. Ebenso wird die Anwendung dieser Systeme auf die Fragen der Arbeitshygiene (MAK-Werte) diskutiert.

Im *Tissue Engineering* werden drei unterschiedliche Ansätze verfolgt [1, 2]:

Isolierte Zellen
Die Implantation von isolierten Zellen in einen Empfängerorganismus erlaubt den spezifischen Ersatz der notwendigen Zellfunktionen oder ermöglicht eine gezielte Veränderung der Zellen vor der Einbringung in das Empfängergewebe. Mit der autologen Transplantation von Zellen können die Probleme der Integration weitgehend umgangen werden: wenn noch funktionsfähige Zellen des Patienten gewonnen und kultiviert werden können, lassen sich Immunreaktionen vollständig um-

17 Grundlagen des Tissue Engineering

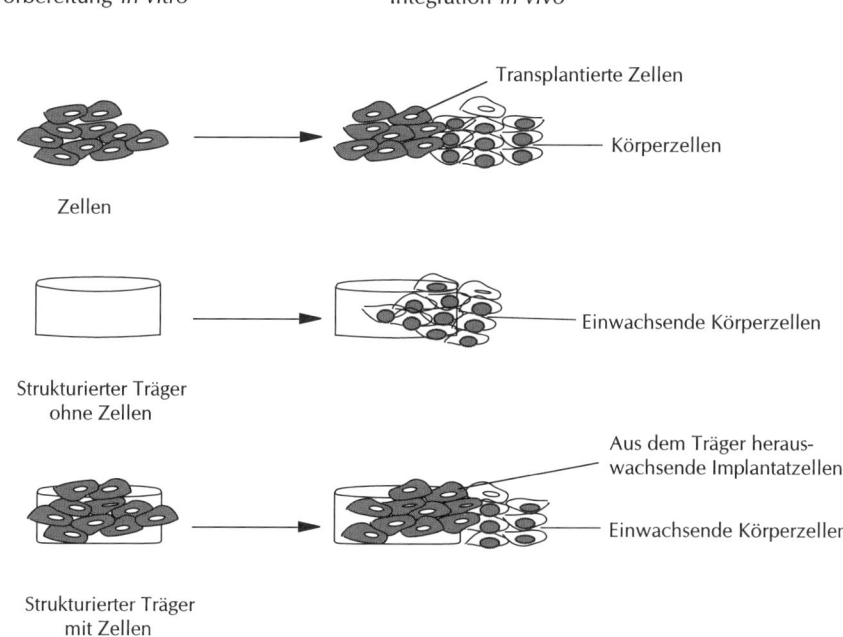

Abb. 17.1 Drei Ansätze für den Aufbau von Gewebe mit Hilfe des Tissue Engineering: *Oben:* direkte Zelltransplantation isolierter Zellen *Mitte:* Implantation eines bioaktiven Trägerwerkstoffes zur Stimulierung des Einwachsens von Empfängergewebe *Unten:* Implantation eines Verbundes von Träger und gezüchteten Zellen oder Gewebe

gehen [11]. Im Vergleich zur Organtransplantation, welche die Verfügbarkeit von Spenderorganen von Fremdpersonen (allogene Transplantate) voraussetzt, ist die Zelltransplantation nicht an diese Rahmenbedingung gebunden.

Bioaktive Werkstoffe
Signalmoleküle, wie beispielsweise Wachstumsfaktoren, vermögen die Bildung von Gewebe zu induzieren. Der Erfolg der Anwendung solcher Wachstumsfaktoren hängt von ihrer Verfügbarkeit und ihrer Reinheit sowie von der Entwicklung von geeigneten Methoden zum Transport und zur Freisetzung dieser Substanzen an den Zielort ab. Dies wird z. B. klinisch dazu genutzt, um eine lokalisierte medikamentöse Therapie (z. B. Zytostatika bei Tumoren) durchzuführen [12]. Neben der physikalisch-chemischen Wechselwirkung zwischen bioaktiven Substanzen und Empfängergewebe muss auch an die strukturelle Wechselwirkung zwischen Trägersubstanz, von der bioaktive Substanzen freigesetzt werden können, und dem Empfängergewebe gedacht werden. Dabei ist zu beachten, dass durch geeignete Trägerstrukturen, z. B. Porosität und Porengrösse, das An- und Einwachsverhalten von Geweben beeinflussbar ist.

Zellträgersysteme
In geschlossenen Zellträgersystemen (microencapsulation) sind die Zellen durch eine Membran vom Körper isoliert. Die semipermeable Membran erlaubt den Austausch von Nährstoffen und Abfallprodukten, verhindert jedoch das Eindringen höhermolekularer Substanzen wie Antikörper oder Immunzellen, die zu einer Zerstörung des Transplantates führen würden. Kritisch kann dabei die Beständigkeit der Membran sein: wird sie zerstört (z. B. durch körpereigene Enzyme), so können die immunogenen Zellen austreten und Fremdkörperreaktionen auslösen. In offenen Zellträgersystemen haften Zellen auf einem, in der Regel offenporigen, Träger, der in den Körper implantiert wird. Die Träger können aus natürlichen Materialien, wie z. B. Collagen, oder aus synthetischen Werkstoffen bestehen. Immunreaktionen können durch die Einnahme von Immunosuppressiva oder durch die Verwendung von autologen Zellen unterdrückt werden.

Durch die Verwendung geeigneter Trägerstrukturen kann die Zahl sowie die Funktionalität der transplantierten Zellen verbessert werden. Die Implantation eines solchen Vital-/Avital-Verbundes ist zur Behandlung grösserer Defekte vorgesehen [27]. Ebenso lässt sich die Integration des Implantates fördern [13]. Diese Integration beinhaltet den Anschluss des Implantates an den Stoffwechsel des Empfängers durch den Aufbau einer Verbindung zum Blutgefässsystem (Vaskularisation). Es ist bekannt, dass durch geeignete Morphologie einer Empfängerstruktur eine differenzierte Blutgefässneubildung im Empfängerorganismus hervorrufbar ist (Angiopolarität) [14]. Damit ist der Anschluss von transplantierten Strukturen, wie z. B. Zellträgern, an das Blutgefässsystem des Empfängers in kurzer Zeit möglich. Solche angiopolaren Strukturen können als „Biostecker" bezeichnet werden.

17.1 Trägerstrukturen (scaffolds)

17.1.1 Struktur und Aufbau natürlicher Gewebe

Ein Gewebe stellt die hochintegrierte Form eines Verbandes verschiedener Zelltypen dar. Dabei bestimmt der strukturelle Aufbau des Zellverbundes die Funktionalität des Gewebes. Dieser mehrphasige Zellverbund lässt sich anhand von drei unterschiedlichen Komponenten beschreiben (Abb. 17.2):

1. Zellen: organisiert als kleinste funktionelle Einheiten mit einem spezifischen Metabolismus;
2. Extrazelluläre Matrix (ECM) als lokaler Vermittler (Oberfläche) für die Zellhaftung;
3. ECM als Skelett oder Trägerstruktur.

Die Wechselwirkungen zwischen Zellen innerhalb einer grösseren funktionellen Einheit und zwischen funktionellen Einheiten spielen eine wichtige Rolle. Sie

17.1 Trägerstrukturen (scaffolds)

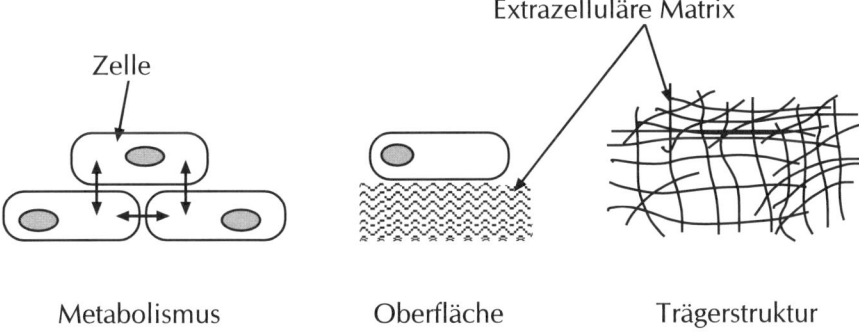

Abb. 17.2 Die Komponenten eines zellulären, mehrphasigen Systems.

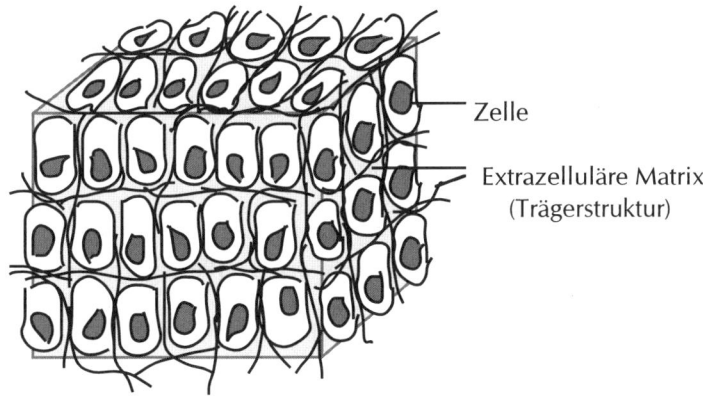

Abb. 17.3 Dreidimensionale Architektur eines Gewebes. Die Architektur ist durch die ECM definiert, die von den Zellen sezerniert wird

besitzen sowohl eine biochemische (Metabolismus) sowie eine mechanische und geometrische (Architektur) Komponente. Zellen benötigen eine Oberfläche, auf welcher sie anhaften, wachsen und sich vermehren können. Diese wird durch die ECM gebildet, die von Zellen sezerniert wird. Die ECM steuert das Ausmass der Zellteilung sowie die Differenzierung und bestimmt damit die innere Architektur sowie die äussere Form des künftigen Gewebes. Im Körper sind Gewebe und Organe räumlich organisiert und zeigen eine dreidimensionale Architektur (Abb. 17.3).

Die Art der Architektur scheint ihrerseits die Wechselwirkungen zwischen Zellen und der ECM zu bestimmen und damit zu gewebespezifischen Funktionen beizutragen [15]. Zellen verhalten sich in einer dreidimensionalen Umgebung in einer Weise, die derjenigen *in vivo* nahekommt, und zeigen ein breites Spektrum an physiologischen Funktionen [29]. Beispielsweise synthetisieren Chondrozyten, die als Monolayer vorliegen, einen anderen Typ von Kollagen (Typ I) als Chondrozyten, die in einer dreidimensionalen Architektur im Agarose-Gel vorliegen (Kollagen

Typ II) [16]. Kollagen Typ II wird *in vivo* im hyalinen Knorpel gefunden.

17.1.2 Struktur und Aufbau künstlicher Gewebe

Unter der Voraussetzung, dass Zellwachstum und -funktion durch das räumliche Umfeld beeinflusst werden, kann durch die Nachahmung der natürlichen räumlichen Organisation des ursprünglichen Gewebes ein künstliches Gewebe mit vergleichbaren Eigenschaften entwickelt werden. Dabei wird eine Trägerstruktur (*scaffold*) verwendet, um die räumliche Organisation der Zellen zu unterstützen. Dieser Vital-/ Avital-Verbund [27] ist analog zum natürlichen Gewebe auch als mehrphasiges System zu verstehen, in welchem jedoch die natürliche Trägerstruktur ganz oder teilweise durch die Architektur des Zellträgers ersetzt wird. Als Interface zwischen den Zellen und dem Werkstoff dient die ECM. Somit können der avitalen Trägerstruktur zwei funktionelle Elemente, die Oberfläche und die Architektur, zugeordnet werden, im Sinne von Oberflächen- und Strukturkompatibilität.

Die Mechanismen, welche eine dreidimensionale Organisation der Zellen ermöglichen, sind noch nicht vollständig verstanden. Durch den Aufbau synthetischer Trägerstrukturen wird versucht, den Einfluss der dreidimensionalen Architektur von Geweben auf deren Funktionalität zu erforschen. Dabei werden sowohl biologische Aspekte der Interaktionen zwischen Zellen und der Trägeroberfläche durch chemische oder biologische Funktionalisierung der Oberflächen (biomolekular engineering) als auch strukturelle Aspekte durch gezielte Veränderung der räumlichen Koordination und der mechanischen Eigenschaften betrachtet.

17.1.3 Funktionale Elemente: Die Oberfläche

Das Wachstum von Zellen wird durch die Eigenschaften der Werkstoffoberfläche, d. h. deren Oberflächenchemie und -physik sowie der Oberflächentopographie entscheidend beeinflusst. So haften z. B. Fibroblasten auf einer festen Oberfläche wie Glas und können sich vermehren (proliferieren); auf einer gelartigen Oberfläche, wie z. B. Agarose, wird die Zelladhäsion und die Proliferation jedoch stark behindert.

Oberflächenchemie und -physik

Chemische Funktionalisierung
Unter natürlichen Bedingungen bilden Zellen Ankerproteine, die in der ECM vorkommen (z. B. Fibronectin) und die Adhäsion auf Oberflächen ermöglichen. Die Wechselwirkung zwischen Zellen und Werkstoffoberflächen kann dabei über spezifische Rezeptoren erfolgen, die zellseitig bestehen und die mit einem entsprechenden Protein auf der Werkstoffoberfläche selektiv in Wechselwirkung treten. Die Werkstoffoberfläche kann chemisch modifiziert werden, indem reaktive Mole-

17.1 Trägerstrukturen (scaffolds)

küle oder Molekülgruppen, welche mit den Ankerproteinen der ECM reagieren, vorbehandelt werden. Durch diese Funktionalisierung fördert man selektiv das Zellwachstum von bestimmten Zelltypen [17]. Wird die Funktionalisierung nur lokal vorgenommen, richten sich die Zellverbände räumlich definiert aus. Dieses Verfahren wird beispielsweise mit der Hilfe von photolithographischen Techniken auf planaren Trägern verwendet.

Benetzbarkeit
Hydrophile Oberflächen erlauben eine bessere Adhäsion von Zellen als hydrophobe. Die Oberflächenenergie eines Werkstoffes korrespondiert ihrerseits mit seiner Polarisierbarkeit.

Polarisierbarkeit, Oberflächenladung
Für Zellen ist die Wechselwirkung zwischen der negativ geladenen Zellmembran und den elektrischen Eigenschaften der Werkstoffoberfläche entscheidend. Für die Adhäsion der Zelle wird zwischen ihr und dem Werkstoff eine Interphase, bestehend aus einer Wasserdoppelschicht, solvatisierten divalenten Kationen (normalerweise Ca^{2+}), adsorbierten Proteinen aus der interstitiellen Flüssigkeit oder dem Kulturmedium sowie Basalproteinen der Zelle gebildet. Durch eine Änderung der Oberflächenladung des Werkstoffes kann daher die Zelladhäsion beeinflusst werden.

Elektrische Leitfähigkeit
Auf Oberflächen von metallischen Werkstoffen können aufgrund der hohen elektrischen Leitfähigkeit Redoxreaktionen stattfinden, die in den Stoffwechsel der Zellen eingreifen oder die adsorbierten Basalproteine denaturieren können.

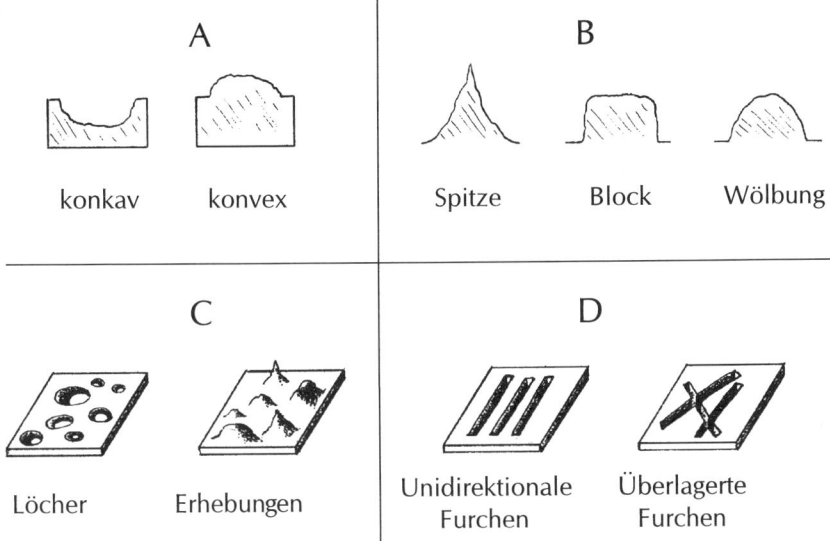

Abb. 17.4 Verschiedene Oberflächentopographien, die einen unterschiedlichen Einfluss auf das Zellwachstum haben können. *A:* Art der Krümmung, *B:* Profil der Krümmung, *C:* Diskrete Anordnung, *D:* Kontinuierliche Anordnung.

Oberflächentopographie

Durch eine Vergrösserung der verfügbaren Oberfläche wird die Zahl der adhärierenden Zellen erhöht [427] (Abb. 17.4). Dabei kann die Oberflächentopographie für den Zellstoffwechsel und für die Akzeptanz des Gewebe-Ersatzes bedeutend sein. So wurde z. B. beobachtet, dass die Makrophagenaktivität in der Umgebung einer rauhen PTFE-Oberfläche in Rattenmuskeln signifikant höher ist als in der Nähe einer glatten PTFE-Oberfläche [19]. Die Oberflächentopographien lassen sich nach den folgenden Strukturprinzipien einteilen:

Art der Krümmung:
konvex oder konkav

Profil der Krümmung:
Das Oberflächenprofil wird durch die Art der Abfolge von unterschiedlichen konvexen und konkaven Krümmungen erzeugt.

Anordnungsmuster:
Die Anordnung dieser Konturen in diskrete oder kontinuierliche Muster erhöht nicht nur die für die Zellen verfügbare Oberfläche, sondern beeinflusst auch die Organisation des Zellwachstums.

17.1.4 Funktionale Elemente: Die Architektur

Die räumliche Form des Trägers, wozu auch die Oberflächentopographie gehört, beeinflusst sowohl die Richtung des Zellwachstums wie auch die Zelldifferenzierung. In einem porösen Träger bestimmen die Grösse und räumliche Verteilung der Poren deren Zugänglichkeit für Zellen sowie den Austausch von Nährstoffen [29].

In physiologischem Gewebe nimmt mit der metabolischen Aktivität der Zellen die Dichte der Blutgefässe zu, um die Stoffaustauschstrecken (Diffusion, Osmose) zwischen den aktiven Zellen und dem Blut minimal zu halten [20]. Bei einem künstlichen Gewebe sind hingegen für den Stoffaustausch häufig grosse Distanzen zu überwinden. Damit wird die Diffusion zum limitierenden Faktor. Konvektiver Stoffaustausch kann durch die Bereitstellung einer geeigneten, vaskularisierbaren Makroporosität erreicht werden.

Architektur: Die Vernetzung

Die Trägerstruktur wird durch Strukturelemente wie Poren, Fasern oder Membranen geformt (Abb. 17.5), die zum einen die Oberfläche für adhärierende Zellen bietet, zum anderen aber auch den für interzelluläre Kontakte verfügbaren Raum einschränkt. Allgemein begrenzen konkave Strukturelemente den Raum stärker als konvexe. Fasern als Strukturelemente, z. B. von textilen Gebilden, besitzen konvexe, gerichtete Oberflächen, welche eine räumliche Vernetzung der Zellen ermöglichen. Poren stellen konkave Oberflächen dar, welche den verfügbaren Raum für Zellen nach aussen begrenzen. Die Kontakte von Zellen, die auf der Porenober-

17.1 Trägerstrukturen (scaffolds)

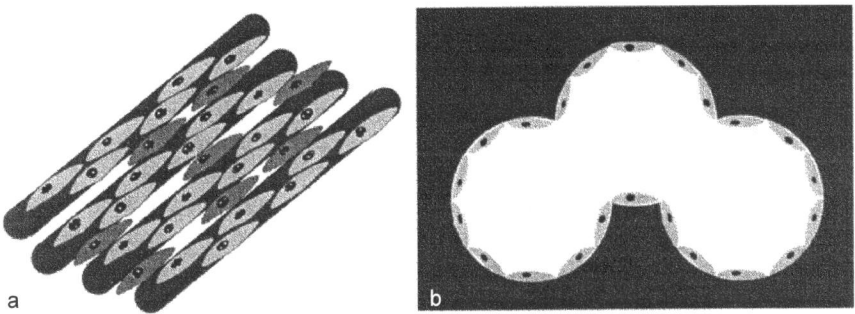

Abb. 17.5 Vergleich der Ausbildung von Räumen, die für die Zellen verfügbar sind. Faserige (a) und poröse (b) Trägerstruktur. In beiden Strukturen sind mehrschichtige Zellagen möglich.

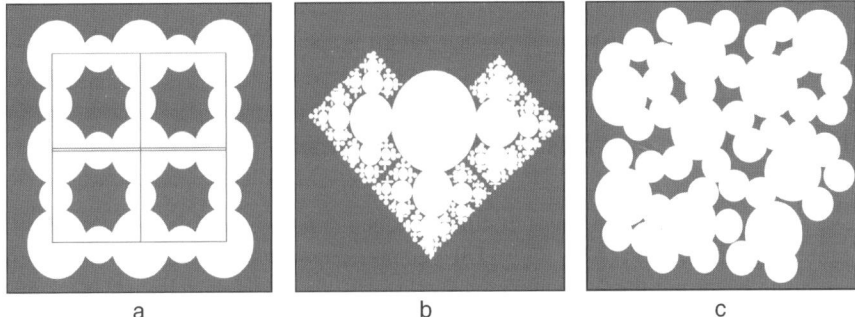

Abb. 17.6 Prinzipielle Darstellung von möglichen porösen Trägersystemen. *a.* Periodische Anordnung: die eingezeichneten Rechtecke illustrieren die symmetrischen Eigenschaften dieser Struktur, welche kristallographisch aus 4 Spiegelebenen und 2 vierzähligen Drehachsen besteht; *b.* Fraktal mit triangulärer Anordnung, wie es z. B. in alveolärem Gewebe auftritt; *c.* Stochastische Strukturen ohne Fernordnung (amorph)

fläche anhaften, beschränken sich auf zwei Dimensionen (z. B. Wandungen eines Schaums), falls die Poren des Schaums erheblich grösser sind, als der Durchmesser der einzelnen Zelle.

In einer Trägerstruktur für die einwachsenden Zellen lassen sich unterschiedliche Randbedingungen festlegen, je nachdem, ob die Zellen mit der Trägeroberfläche im Kontakt stehen oder ob sie nur von anderen Zellen umgeben sind. Es ist anzunehmen, dass Funktionalität und Differenzierung der Zellen durch diese unterschiedlichen Randbedingungen beeinflusst werden.

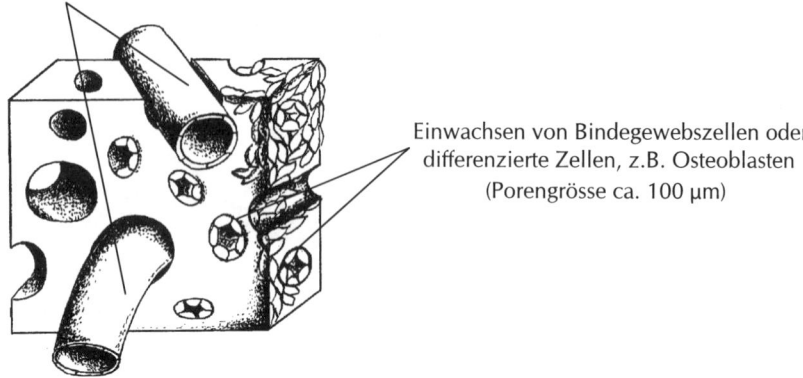

Abb. 17.7 Die Porengrösse und -morphologie wirken bestimmend auf ein differenziertes Einwachsverhalten

17.1.5 Architektur: Das Anordnungsprinzip

Die Strukturelemente können nach stochastischen, fraktalen oder periodischen Prinzipien angeordnet sein (Abb. 17.6). Die gemeinsame Kohärenz dieser strukturellen Elemente bestimmt das Verhalten des Werkstoffs wie beispielsweise der mechanischen Eigenschaften, die Verteilung der offenen Porosität und der Koordination der interzellulären Kontakte. Zusätzlich bestimmt diese Kohärenz die Orientierung der Zellen, denen die Trägerstruktur als Gerüst dient [21].

Sowohl die Art der Verbindung zwischen mehreren Poren als auch die Porengrösse bestimmen den Zelltyp des Gewebes und das Ausmass des Gewebewachstums. In PMMA-Knochenimplantaten wurde bei einer Porengrösse unterhalb von 100 μm vor allem das Wachstum von Bindegewebe festgestellt, während bei einer Porengrösse über 450 μm ein Einwachsen von Blutgefässen und Knochengewebe beobachtet [22] (Abb. 17.7) wurde. Eine zufällige geometrische Verteilung von Poren unterschiedlicher Grösse in synthetischen Trägerstrukturen führte zu unspezifischem Zellwachstum [23]. In Analogie zum strukturierten Aufbau von physiologischen Geweben ist auch bei synthetischen Trägerwerkstoffen die Architektur des Trägers der Funktionalität des Gewebes möglichst anzupassen.

17.1.6 Architektur: Hierarchisierung durch Superstrukturen

Die Komplexität von Trägerstrukturen kann durch eine hierarchische Abfolge von Strukturelementen über mehrere Stufen erhöht werden. Dieses Prinzip des hierarchisierenden Aufbaus wird in Geweben oder Organen häufig angetroffen, indem

17.1 Trägerstrukturen (scaffolds)

kleinste funktionelle Einheiten (z. B. Zellcluster) zu Gruppen und diese wiederum mit weiteren Gruppen anderer Funktionalität (z. B. Kapillaren) zu grösseren Einheiten zusammengefasst werden.

Durch die sogenannte Superstrukturierung (Abb. 17.9) von Trägerwerkstoffen kann die Zahl der transplantierbaren Zellen gegenüber einer Fläche als Trägerstruktur vergrössert werden. Die Konstruktion eines komplexen Trägersystems kann erleichtert werden, indem es aus einfacheren Subsystemen aufgebaut wird. Eine Fläche, die mit Zellen bewachsen ist, kann z. B. zu einer tubulären Struktur oder Einheit eingerollt werden. Mehrere solche Einheiten können in einer übergeordneten Struktur, einer Superstruktur, zusammengestellt werden. Diese Superstrukturen können jeweils verschiedene Zelltypen wie z. B. Endothel- oder glatte Muskelzellen enthalten. Durch die Co-Kultivierung verschiedener Zelltypen in ihren jeweils optimalen Trägerstrukturen können für das superstrukturierte Implantat günstige Eigenschaften erlangt werden.

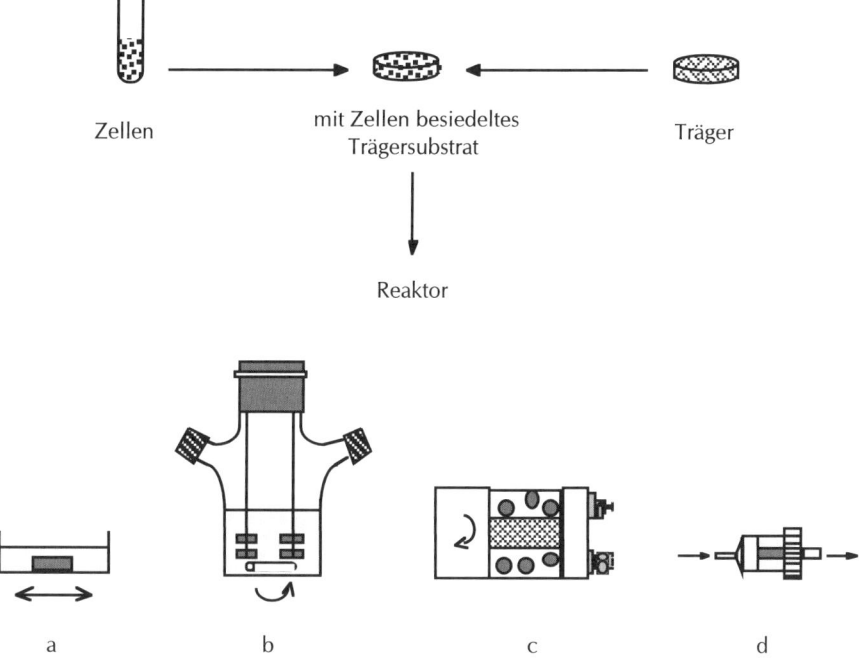

Abb. 17.8 Methodik der Kultivierung von Gewebekulturen in statischen oder dynamischen Reaktoren, modifiziert nach [26]: *a.* Petrischalen: statisch oder dynamisch; *b.* Spinner flasks: dynamisch (mit oder ohne zusätzlichen Magnetrührer für das Medium); *c.* Mikrogravitätsreaktoren: langsame oder schnelle Rotation; *d.* Durchflussreaktor: geringe oder hohe Durchflussgeschwindigkeit

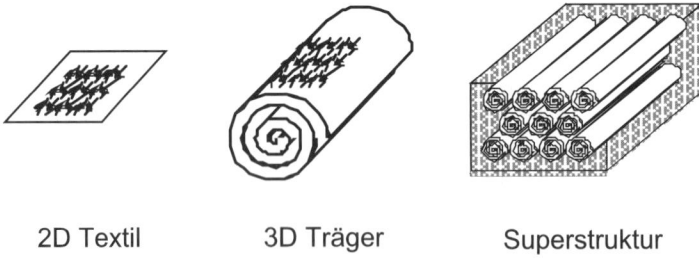

2D Textil   3D Träger   Superstruktur

Abb. 17.9 Hierarchisierung durch Superstrukturen: Organisation eines flächigen Trägersystems in Strukturen zunehmender Komplexität.

17.2 Methodik

Jeder Hierarchisierungs- und Funktionalisierungsschritt des Trägers muss anhand von Zelluntersuchungen (Oberflächen- und Strukturkompatibilität) optimiert werden. Nach der Herstellung des optimalen Trägers wird er mit den erwünschten Zellen besiedelt und im Bioreaktor kultiviert (Abb. 17.8). Die dort herrschenden Bedingungen beeinflussen das Wachstum, die Morphologie und die Syntheseprodukte der Zellen oder des Gewebeersatzes. Unter dynamischen Bedingungen entstehen zusätzlich durch die Strömung des Mediums stärkere Scherkräfte, welche die Differenzierung von Zellen und Geweben massgeblich beeinflussen können [24]. Diese Strömungen erzeugen aber auch einen bedeutend intensiveren Stofftransport innerhalb des mit Zellen besiedelten Trägers als dies alleine durch Diffusion möglich wäre. Auf den mit Chondrozyten besiedelten Polymerträgersubstraten, wurde beobachtet, dass sich das Verhältnis der Sekretionsprodukte Kollagen und Proteoglykane in Abhängigkeit der statischen oder dynamischen Kulturbedingungen unterschied [25]. Das Zellwachstum im Träger wird ferner durch die bekannten Kulturbedingungen wie Zusammensetzung des Mediums, CO_2-Atmosphäre, Temperatur und Feuchtigkeit beeinflusst, ebenso durch die Zugabe spezifischer Substanzen wie Wachstumsfaktoren oder Hormonen [28].

Auf der Basis von noch zu verfeinernden Kultivierungstechniken wird durch das *Tissue Engineering* angestrebt, die Oberfläche und Architektur der Trägerwerkstoffe zu optimieren. Das *Tissue Engineering* stellt für die Entwicklung von künstlichen Geweben als Ergänzung zu Organtransplantaten sowie als Testsysteme für die Biokompatibilitätsprüfung von Werkstoffen und Implantaten einen wichtigen Fortschritt dar. Die modernen Ergebnisse der Forschung in der Biotechnologie wie darunter hauptsächlich der Reaktortechnologie wird aus Sicht des *Tissue Engineering* in der Zukunft besondere Bedeutung zukommen.

17.3 Literatur

1. Langer R., Vacanti J.P., Tissue engineering, *Science*, 260, 1993, p. 920–926.
2. Hubbell J.A., Langer R., Tissue engineering, *Chemical & Engineering News*, March 13, 1995, 1995, p. 42–53.
3. Skalak R., Fox C.F., *Tissue Engineering*, Alan R. Liss, Inc., New York, 1988.
4. Yannas I.V., Biologically active analogues of the extracellular matrix: Artificial skin and nerves, *Angew. Chem. Int. Ed. Engl.*, 29, 1990, p. 20–35.
5. Bell E., Rosenberg M., Kemp P., Gray R., Green G.D., Muthukumaran N., Nolte C., Recipes for reconstituting skin, *Journal of biomechanical engineering*, 113, 1991, p. 113–119.
6. Wintermantel E., Cima L., Schloo B., Langer R., Angiopolarity: Directional angiogenesis in resorbable liver cell transplantation devices, *ESAO-Congress, Wien*, 1991.
7. Cima L.G., Vacanti J.P., Vacanti C., Ingber D., Mooney D., Langer R., Tissue engineering by cell transplantation using degradable polymer substrates., *Journal of biomechanical engineering*, 113, 1991, p. 143–151.
8. Yarmush M.L., Toner M., Dunn J.C.Y., Rotem A., Hubel A., Tomkins R.G., Hepatic tissue engineering: Development of critical technologies., *Ann. N.Y. Acad. Sci.*, 665, 1992, p. 472–485.
9. Colton C.K., Avgoustiniatis E.S., Bioengineering in development of the hybrid artificial pancreas., *Journal of biomechanical engineering*, 113, 1991, p. 151–170.
10. Leuschner J., Rimpler M., Zellkulturen in der Toxikologie, *In-vitro Systeme*, 8, 1992, p. 1–2.
11. Green H., Kehinde O., Thomas J., Growth of cultured human epidermal cells into multiple epithelia suitable for grafting, *Proc. Natl. Acad. Sci. USA.*, 76, 1979, p. 5665.
12. Damien C.J., Parsons J.R., Benedict J.J., Weisman D.S., Investigation of a hydroxyapaptite and calcium sulfate composite supplemented with an osteoinductive factor, *J. Biomed. Mater. res.*, 246, 1990, p. 639.
13. Ito K., Fujisato T., Ikada Y., Implantation of cell-seeded biodegradable polymers for tissue reconstruction, in *Tissue-inducing biomaterials*, 252, Cima L.G., Ron E.S. (eds.), Materials Research Society, Pittsburgh, 1992, p. 359.
14. Wintermantel E., Cima L., Schloo B., Langer R., Angiopolarity of cell carriers. Directional angiogenesis in resorbable liver cell transplantation devices, in *Angiogenesis: Principles-Science-Technology-Medine*, Steiner R., Weisz B., Langer R. (eds.), Birkhäuser Verlag, Basel, 1992, p. 331–334.
15. Bissell M., Barcellos-Hoff M., The Influence of extracellular matrix on gene expression: Is structure the message?, J. Cell Sci. suppl., 8, 1987, p. 327 ff.
16. Benya P.D., Brown P.D., Modulation of chondrocyte phenotype in vitro, in *Articular Cartilage Biochemistry*, Kuettne K.E., R.Schleyerbach, Hascall V.C. (eds.), Raven Press, New York, 1986, p. 219–233.
17. Massia S.P., Hubbell J.A., Human endothelial cell interactions with surface-coupled adhesion peptides on a non-adhesive glass substrate and two polymeric biomaterials., *J. Biomed. Mater. Res.*, 27, 1991, p. 183.
18. Ricci J.L., Alexander H., Howard C., The influence of surface microgeometry on fibroblast colonisation of synthetic surfaces, in *Tissue-inducing biomaterials*, 252, Cima L.G., Ron E.S. (eds.), Materials Research Society, Pittsburgh, 1992, p. 221–227.
19. Salthouse T.N., Matlage B.F., Some cellular effects related to implant shape and surface., in *Biomaterials in reconstructive surgery*, Rubin L.R. (ed.), C.V. Mosby Co., St. Louis, 1983, p. 40–45.
20. Nerem R., Sambanis A., Tissue engineering: from biology to biological substitutes, *Tissue Engineering*, 1, 1995, p. 3–13.
21. Wintermantel E., Mayer J., Blum J., Eckert K.-L., Lüscher P., Mathey M., Tissue engineering scaffolds using superstructures, *Biomaterials*, 17, 1995, p. 83–92.
22. Ashman A., Moss M.L., Implantation of porous polymethylmethacrylate resin for tooth and bone replacement., *J. Prosthet. Dentistry*, 37, 1977, p. 657–665.

23. Hollinger J.O., Battistone G.C., Biodegradable bone repair materials. Synthetic polymers and ceramics, *Clinical orthopaedics and related research*, 207, 1986, p. 290–305.
24. Wang N., Butler J.P., Ingber D.E., Mechanotransduction across the cell surface and through the cytoskeleton., *Science*, 260, 1993, p. 1124–1127.
25. Freed L.E., Vunjak-Novakovic G., Biron R.J., Eagles D.B., Lesnoy D.C., Barlow S.K., Langer R., Biodegradable polymer scaffolds for tissue engineering, *Biotechnology*, 12, 1994, p. 689–693.
26. Freed L.E., Vunjak-Novakovic G., Tissue engineering of cartilage, in *The Biomedical Engineering Handbook .*, Bronzino J.D. (ed.), CRC Press, Boca Raton, 1995, p. 1778–1796.
27. Wintermantel E., Mayer J., Anisotropic biomaterials: strategies and developments for bone implants, in *Encyclopedic Handbook of Biomaterials and Bioengineering*, B1, Wise D.L., Trantolo D.L., Altobelli D.E., Yaszemski M.J., Gresser J.G., Schwartz E.R. (eds.), 1st Edition, M. Dekker Inc, New York, 1995, p. 3–42.
28. Peppas N.A., Langer N.A., New challenges in biomaterials, *Science*, 263, 1994, p. 1715–1720.
29. Freshney R.I., Three-dimensional culture systems, in *Culture of animal cells*, Freshney R.I. (ed.), Alan R. Liss Inc., New York, 1987, p. 297–307.

18 Mikroreaktortechnik für Tissue Engineering

W. Minuth, K. Schumacher, R. Strehl, U. de Vries

18.1 Einleitung

An vielen Geweben in unserem Organismus bestehen funktionelle Barrieren. Besondere Bedeutung haben dabei die Epithelien, die auf ihrer luminalen und basalen Seite ganz unterschiedlichem Milieu ausgesetzt sind. Wichtig ist diese Besonderheit beim Testen neuer Biomaterialien und beim Tissue engineering. Hierbei werden lebende Zellen mit einer künstlichen extrazellulären Matrix in Kontakt gebracht. Um realistische Informationen über die Interaktionen zwischen dem jeweiligen Gewebe und der Matrix zu erhalten, werden reifende Gewebe unter in vitro Bedingungen mechanischem und rheologischem Stress über lange Zeiträume ausgesetzt. Um die Epithelbarriere nicht zu beschädigen, müssen Undichtigkeiten und Druckunterschiede im Kultursystem vermieden werden. Zudem sollten die Umgebungseinflüsse so gestaltet werden, dass zellbiologische Funktionen im generierten Gewebe entstehen können und gleichzeitig eine zelluläre Dedifferenzierung vermieden wird. Da in konventionellen Kulturschalen diese Arbeiten nicht durchgeführt werden können, wurden neue Gewebekulturmethoden entwickelt. Dazu gehören kompatible Gewebeträger mit individuell einsetzbaren Matrices für die Gewebeansiedlung, Perfusionskulturcontainer, Gradientencontainer und Gasexpandermodule für einen permanenten Kulturmediumaustausch mit minimierter Gasblasenbildung.

Bei der Herstellung von künstlichen Geweben gibt es inzwischen eine grosse Vielfalt an Materialien, die zur mechanischen Stabilisierung der Konstrukte als artifizielle extrazelluläre Matrix verwendet werden. Um Aussagen über ihre Eignung und Biokompatibilität zu erhalten, wird unter in vitro Bedingungen überprüft, ob lebende Zellen auf dieser Matrix angesiedelt werden können und in wie weit sich daraus ein funktionelles Gewebe entwickelt. Bis heute sind Prognosen zur Verträglichkeit für eine gänzlich neu entwickelte oder auch nur modifizierte extrazelluläre Matrix nicht möglich. Allein experimentell ermittelte Werte liefern verlässliche Informationen über die jeweiligen Eigenschaften. Heute weiss man, dass eine funktionelle Zellverankerung und damit eine optimale Interaktion zwischen einem Biomaterial und lebenden Zellen nur durch optimal gestaltete Oberflächen erreicht werden kann.

18.2 Funktionelle Epithelien

Neben den Bindegeweben für Knorpel- und Knochenersatz [1–4] wird Epithelgewebe für den Einsatz im Tissue Engineering intensiv untersucht. Dazu gehört die Herstellung von Hautäquivalenten [5,6], Gefässimplantaten [7–9], Insulin produzierender Organoide [10, 11], Leber- [12, 13] und Nierenmodulen [14, 15], sowie die Generierung von Harnblasen- [16], Ösophagus- [17] oder Tracheakonstrukten [18]. Erfahrungsgemäss wird sich ihre biomedizinische Anwendung nur dann mit Erfolg durchsetzen, wenn die einzelnen Epithelgewebe den notwendigen Grad der für sie typischen funktionellen Differenzierung aufweisen und gleichzeitig eine enge strukturelle Beziehung zu den jeweiligen Biomaterialien aufbauen, die ihnen als artifizielle Matrix die notwendige mechanische Stabilität geben soll. Da sich lebende Gewebe und artifizielle Matrix gegenseitig beeinflussen, muss für jedes neue Material unter in vitro Bedingungen erarbeitet werden, ob die Epithelien die Oberfläche der Trägermatrix besiedeln und wie fest sie auf der Matrix verankert sind, ob sie ihre Polarität aufrechterhalten und wie lange sie einer funktionellen Belastung standhalten können. Essentielle Voraussetzung ist, dass die spezifischen Abdichtungs- und Transporteigenschaften des Epithelgewebes erhalten bleiben. Minimiert werden müssen Entzündungsreaktionen und Abstossung sowie die Synthese von atypischen Proteinen durch zelluläre Dedifferenzierung. Adäquate Gewebekulturmethoden ermöglichen Versuche zur Biomaterialprüfung und funktionellen Gewebedifferenzierung.

18.3 Innovative Kulturtechniken

Während es für die Vermehrung von Zellen seit langer Zeit effiziente Techniken gibt, müssen für die Herstellung von Konstrukten mit lebenden Zellen prinzipiell neue Wege begangen werden. Dabei ist zu berücksichtigen, dass die Generierung von lebendem Gewebe mit sehr viel grösserem experimentellem Aufwand verbunden ist als die Vermehrung von Zellen in einer Kulturschale. Es gibt wenig Informationen zu den Reifungsvorgängen, wie im Verlauf der terminalen Differenzierung aus embryonalen Zellen ein erwachsenes Gewebe mit seinen spezifischen Funktionen entsteht. Untersuchungen zeigten, dass nicht ein einzelner Wachstumsfaktor, sondern vor allem auch Umgebungseinflüsse wie die extrazelluläre Matrix, mechanische Belastung, rheologischer Stress oder das Ionenmilieu entwicklungsweisend wirken [19]. Analog zu diesen zellbiologischen Entwicklungseinflüssen wird deshalb eine leistungsfähige Kulturtechnik benötigt, mit der sich ein gewebespezifisches Environment für die Herstellung von Gewebekonstrukten erzeugen lässt. Für die Ansiedlung von Epithelzellen können verschiedenste Scaffolds, Filter, Folien oder Kollagenmembranen als artifizielle Matrix genutzt werden (Abb. 18.1 a–c) [19, 20]. Zur besseren Handhabung werden diese individuell ausgesuchten Matrices in Gewebeträger eingelegt und dann mit Zellen besiedelt oder mit Gewebe in Kontakt

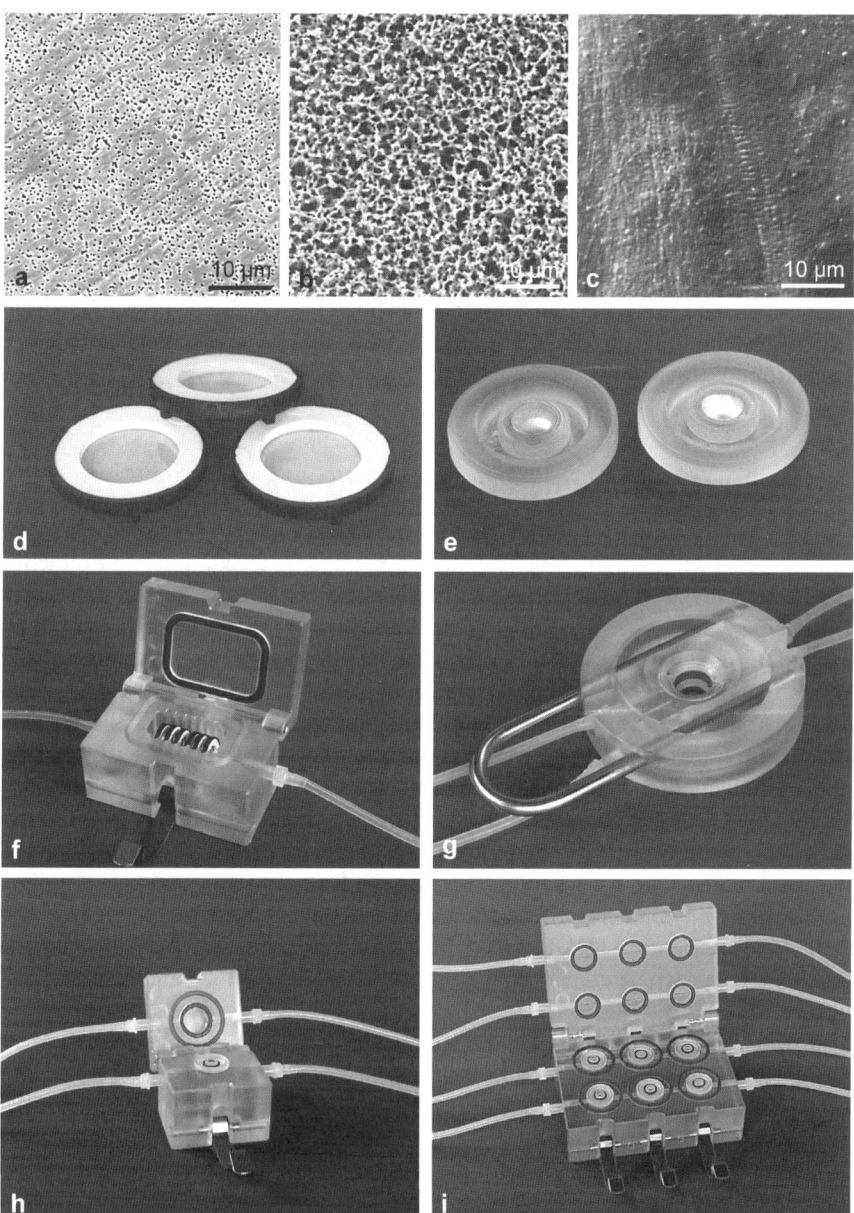

Abb. 18.1 Matrices, Gewebeträger und Perfusionskulturcontainer. Artifizielle Matrices aus z. B. Polycarbonat (a), Nitrocellulose (b) oder Kollagen (c) mit 13 mm Durchmesser können in Gewebeträger (d) eingelegt werden. (e) Modifizierte Gewebeträger dienen zur Aufnahme von flexiblen Membranen, welche in den vorgestellten Versuchen verwendet wurden. Gewebeträger können in Perfusionskulturcontainer (f) und Mikroskopkammern (g) eingebracht werden. In Gradientenkulturcontainer können ein (h) bzw. sechs (i) Gewebeträger verwendet werden. Medien werden dabei luminal und basal wie unter natürlichen Epithelbedingungen durchströmt

gebracht (Abb. 18.1 d,e). Die bewachsenen Gewebeträger können in Perfusionkulturcontainer eingesetzt werden, wo sie permanent mit immer frischem Medium umströmt werden (Abb. 18.1 f). Soll das Wachsen des Gewebes optisch verfolgt werden, so können die Gewebeträger in eine Mikroskopkammer eingelegt werden (Abb. 18.1 g). Gewebetypische Kultur von Epithelien wird in Gradientenkulturcontainern möglich (Abb. 18.1 h,i), in denen die natürlich vorkommende Barrierefunktion simuliert werden kann. Der Gewebeträger mit dem wachsenden Epithel teilt den Container in ein luminales und basales Kompartiment. Die optimalen Bedingungen für ein embryonales Epithel werden geschaffen, indem luminal und basal das gleiche Kulturmedium strömt. Ein Milieu für funktionell erwachsene Epithelien entsteht, wenn auf der luminalen und basalen Seite unterschiedliche Medien durchströmt werden.

18.4 Epithelgewebe unterliegt permanentem Stress

Immer wieder zeigt sich im Gradientenexperiment, dass die kultivierten Epithelien ihre Barrierefunktion nicht perfekt aufbauen oder dass diese während der langen Kulturdauer über Wochen verlorengeht. Verursacht wird dies durch morphologisch kaum erkennbare Undichtigkeiten im Verlauf des Epithels (epithelial leak; Abb. 18.2 a). Aufgrund suboptimaler geometrischer Verteilung oder wegen mangelnder Abdichtung zu benachbarten Zellen kann sich keine funktionelle Barriere entwickeln. Randbeschädigungen (edge damage; Abb. 18.2 b) mit daraus resultierender Undichtigkeit dagegen werden durch die Verwendung suboptimaler Matrices im Gewebeträger und/oder durch Druckunterschiede im Kultursystem verursacht [21]. Diese Undichtigkeiten finden sich immer an der Peripherie des Epithels und damit an Stellen, wo lebendes Gewebe, artifizielle Matrix und Gewebeträger nicht optimal miteinander in Kontakt stehen und/oder dabei einer zu grossen mechanischen Belastung ausgesetzt sind. Probleme bereitet zudem das Auftreten von Druckunterschieden zwischen dem luminalen und basalen Gradientenkompartiment (Abb. 18.2 c).

Optimale Voraussetzungen für die Kultur von Epithelien in einem Gradientencontainer sind gegeben, wenn es zwischen dem luminalen und basalen Kompartiment keine hydrostatischen Druckunterschiede gibt (Abb. 18.2 c). Da aber bei der Kultur sauerstoffangereicherte Medien verwendet werden, stellen entstehende Gasblasen ein unerwartetes Problem dar. Medium wird mit Hilfe einer Peristaltikpumpe (1 ml/h) über dünne Silikonschläuche von einer Vorratsflasche zum Gradientencontainer transportiert (Abb. 18.3). Durch Diffusion kommt es zur Anreicherung von Sauerstoff im Kulturmedium (Abb. 18.4). Einerseits ist dies essentiell für die Gewebeversorgung, andererseits wird dadurch das Epithel einer unerwartet einseitigen hydrostatischen Belastung ausgesetzt. Im Verlauf des Mediumtransportes separiert sich Gas von der Flüssigkeitsphase des Kulturmediums. Dabei kommt es zuerst zur Bildung von kaum erkennbaren Bläschen, deren Vorkommen im Gradientencontainer oder innerhalb der zu- und abführenden Schläuche nicht vorausgesagt

18.4 Epithelgewebe unterliegt permanentem Stress

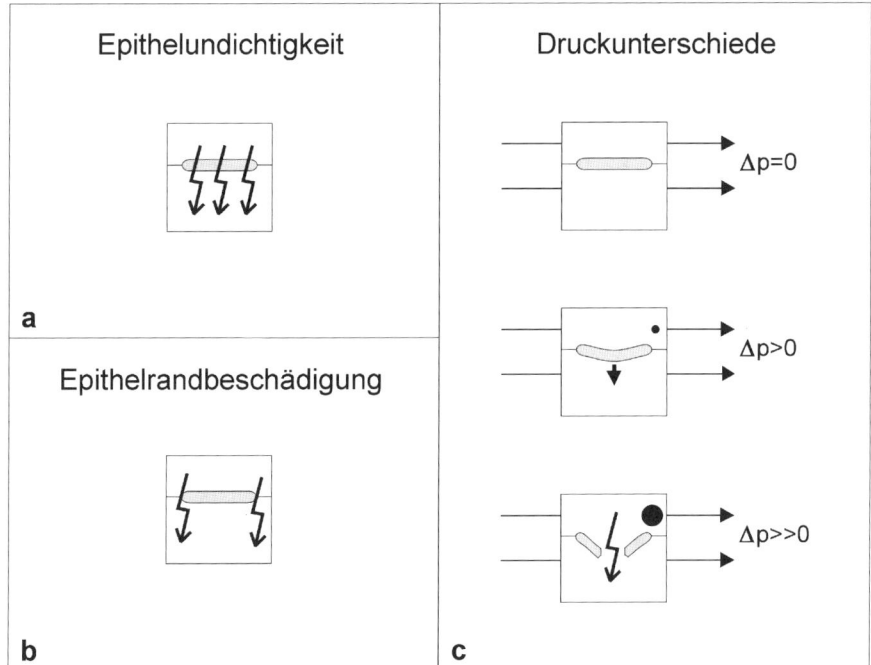

Abb. 18.2 Mögliche Probleme bei der Kultivierung von Epithelien in einem Gradientencontainer. *a)* Undichtigkeiten (epithelial leak) entstehen durch mangelhafte Abdichtung zur Nachbarzelle. *b)* Randbeschädigungen (edge damage) finden sich, wenn kein optimaler Kontakt zwischen dem Epithel und dem Gewebeträger bzw. zur extrazellulären Matrix besteht. *c)* Flüssigkeitsdruckdifferenzen beeinflussen die Abdichtung von Epithelien in einem Gradientencontainer. Kein Problem besteht, wenn der hydrostatische Druck auf der luminalen und basalen Seite gleich ist ($\Delta p = 0$). Im Gegensatz dazu kann eine kleine Luftblase am luminalen Ausfluss des Containers (kleiner schwarzer Punkt) ein Ansteigen des Druckes bewirken. Dadurch wölbt sich das Epithel zur basalen Seite vor, wo niedriger Druck herrscht ($\Delta p > 0$). Wenn die Gasblase an Grösse zunimmt (grosser schwarzer Punkt), so steigt der Druck im luminalen Kompartiment weiter an ($\Delta p \gg 0$). Das Gewebe kann diesen Druck nicht mehr kompensieren und zerreisst schliesslich. Die Barrierefunktion des Epithels geht verloren

werden kann. Die Gasbläschen bleiben eine gewisse Zeit an einem Ort, werden grösser und verursachen dadurch einen zunehmenden Flüssigkeitsstau und damit eine Änderung des hydrostatischen Druckes analog zu einem Embolus in einem kleinen Blutgefäss. Dies geschieht nicht in beiden Kompartimenten gleichmässig, sondern unvorhersehbar einmal nur im luminalen oder basalen Teil des Gradientencontainers. Erkennbar wird der Vorgang relativ spät an einer noch reversiblen Vorwölbung des Gewebes zu dem Kompartiment mit niedrigerem Druck (Abb. 18.2 c). Bei ansteigender Druckdifferenz jedoch wird das Epithel zuerst durch das Aufbrechen von Zellkontakten physiologisch undicht und im weiteren Verlauf kommt es zum Bersten (Abb. 18.2). Die natürliche Barrierefunktion des Epithels ist damit verloren und es kommt zur Vermischung des luminalen und basalen Kompartiments.

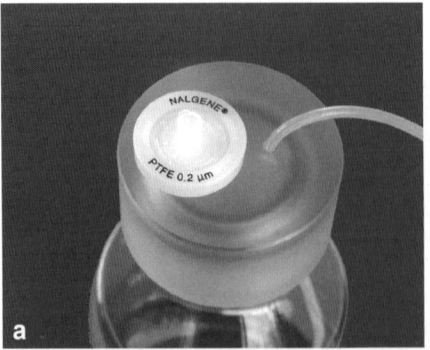
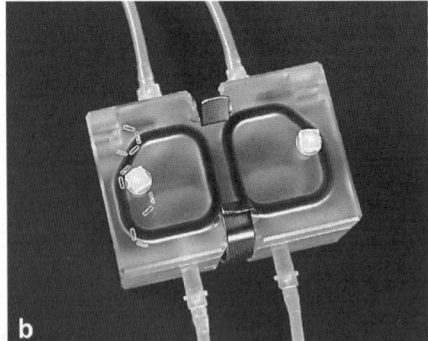
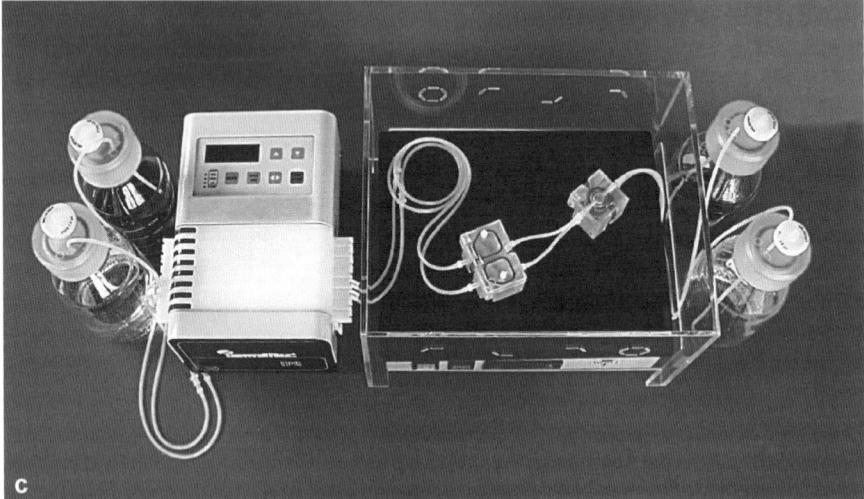

Abb. 18.3 Technik zur Minimierung von Gasblasen für die Kultur von Epithelien in einem Gradientencontainer. *a)* Neu entwickelte Verschlusskappen für Kulturmediumflaschen minimieren die Entstehung von Gasblasen. Der Silikonschlauch für das Medium wird durch den Verschluss geleitet, ohne dass das Medium Kontakt zu der Verschlusskappe hat. *b)* Aufsicht auf ein Gasexpandermodul zur Eliminierung von Gasblasen. Das Medium wird in das Modul eingeleitet, dabei werden Gasblasen an einer Barriere eliminiert. *c)* Gradientencontainer mit vorgeschaltetem Gasexpandermodul auf einer Wärmeplatte mit einer IPC N8 Pumpe, die das Kulturmedium aus der Vorratsflasche (links) in den Kulturcontainer mit 1ml/h transportiert. Das Medium wird nicht rezirkuliert, sondern in einem Abfallbehälter gesammelt (rechts)

Perfusionskulturen im Langzeitversuch benötigen Medien mit minimierter Gasblasenbildung, um gewebeschädigende Druckunterschiede im Gradientencontainer zu vermeiden. Gasblasen entstehen bevorzugt an Stellen, wo unterschiedliche Polymermaterialien von Medienverschlusskappen, Schläuchen, Verbindern und Kammern miteinander in Kontakt kommen. Deshalb mussten spezielle Verschlüsse für Flaschen entwickelt werden (Abb. 18.3 a). Dabei wird ein Silikonschlauch durch einen sterilen Verschluss aus der Flasche herausgeführt, ohne dass das Kulturmedium Kontakt mit dem Material der Verschlusskappe hat. Zur weiteren Verminderung von Gasblasenbildung wurde ein Gasexpandermodul konstruiert (Abb. 18.3 b). Das eingepumpte Medium erreicht ein kleines Reservoir, überwindet eine Barriere und verlässt danach das Modul. Auftretende Gasblasen werden an der Barriere separiert.

18.5 Kulturbedingungen und Epithelbarriere

Gradientenperfusionkulturen werden ausserhalb eines CO_2-Incubators unter Raumatmosphäre auf einem Labortisch durchgeführt (Abb. 18.3c). Eine elektronisch regulierte Wärmeplatte mit einer Abdeckhaube sorgt für die Aufrechterhaltung einer konstanten Temperatur von 37 °C im Kulturcontainer und eine Peristaltikpumpe transportiert das meist serumfreie Medium ohne Rezirkulation in den Abfallbehälter. Dies garantiert eine konstante Ernährung und Sauerstoffversorgung, hält parakrine Faktoren auf einem stabilen Niveau und sorgt für eine kontinuierliche Eliminierung von schädigenden Stoffwechselmetaboliten des Gewebes oder des bioabbaubaren Scaffoldmaterials. Besondere Bedeutung hat dies z. B. bei Verwendung von Scaffolds, die z. B. aus Polylactiden bzw. Polyglycoliden bestehen, deren Abbauprodukte zu einer unphysiologischen Ansäuerung des Milieus führen.

Während einer 14-tägigen Kultur wird das physiologische Milieu kontrolliert (Abb. 18.4). Dabei können Messungen auf der luminalen und basalen Seite, sowie vor und hinter einem Gradientencontainer durchgeführt werden. Um während der gesamten Perfusionsdauer unter Raumatmosphäre Luft einen stabilen pH von 7.4 zu erhalten, sind die Medien gepuffert. Wegen des niedrigen Gehaltes an CO_2 in der Luft (0.3 %) wird vor dem Container ein relativ niedriger Gehalt von 11–12 mmHg CO_2 gemessen. Im Gegensatz dazu kann eine relative grosse Konzentration von 191 mmHg O_2 nachgewiesen werden, die sich allein durch Diffusion durch die Silikonschläuche während des Medientransportes von der Vorratsflasche zum Container einstellt. Die kontinuierlich hohe Konzentration von 440 mg/dl Glucose zeigt, dass der Austausch an Medium hoch genug ist, so dass eine Abnahme aerobe physiologische Prozesse nicht einschränkt. Ebenso kann keine unphysiologische hohe Konzentration an Laktat beobachtet werden. Besondere Bedeutung hat dieser Aspekt bei Verwendung von bioabbaubaren Scaffolds [4]. Durch die Erneuerung des Mediums kann freigesetzte Milch- oder Glykolsäure kontinuierlich entfernt und damit auf einem physiologisch unbedenklichem Niveau gehalten werden. Verhindert wird dadurch eine schädigende partielle Übersäuerung des sich entwickelnden Gewebes.

Während der Kultur wird überprüft, ob die Barrierefunktion des Epithels aufrecht erhalten bleibt. Zur optischen Kontrolle kann Medium mit Phenolrot auf der luminalen und Medium ohne Phenolrot auf der basalen Seite verwendet werden. Es werden nur solche Epithelien für weiterführende Versuche benutzt, die den sichtbaren Farbgradienten während der gesamten Kulturdauer aufrechterhalten haben. Physiologische Kontrolle der Barrierefunktion erfolgt mit einem Elektrolytanalyzer. Die Epithelien sind während der gesamten Kulturdauer z. B. einem Gradienten

			vor	dahinter
IMDM + NaCl luminal	Na^+	mmol/l	130,0	129,7
	K^+	mmol/l	4,01	3,93
	Cl^-	mmol/l	91,5	91,0
	Ca^{++}	mmol/l	1,11	1,11
	Osmolarität	mOsm	275	275
	pH		7,4	7,4
	pO_2	mmHg	193,7	191,6
	pCO_2	mmHg	10,7	6,2
	Glukose	mg/dl	443	443
	Lactat	mmol/l	0	0
	Phenol Rot		+	+

a

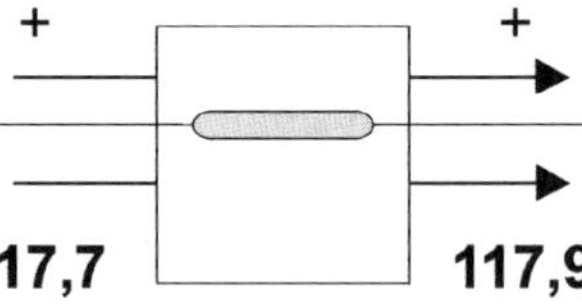

			vor	dahinter
IMDM basal	Na^+	mmol/l	117,7	117,9
	K^+	mmol/l	3,96	3,96
	Cl^-	mmol/l	79,8	80,4
	Ca^{++}	mmol/l	1,15	1,15
	Osmolarität	mOsm	253	253
	pH		7,4	7,4
	pO_2	mmHg	191,8	191,6
	pCO_2	mmHg	11,9	6,5
	Glukose	mg/dl	446	445
	Lactat	mmol/l	0	0
	Phenol Rot		-	-

b

Abb. 18.4 Darstellung der physiologischen Parameter eines individuellen Gradientenkulturexperimentes nach 10 Tagen. Messung des Mediums erfolgt vor und hinter dem Container auf der luminalen und basalen Seite. Während der gesamten Kulturdauer ist luminal (130 mmol/l Na^+) und basal (117 mmol/l Na^+) ein Gradient aufrechterhalten, welcher die intakte Barrierefunktion des kultivierten Epithels zeigt

mit höherer Salzkonzentration auf der luminalen Seite und Standardmedium basal ausgesetzt (130 versus 117 mmol/l Na$^+$). Die Aufrechterhaltung der Epithelbarriere kann durch den Vergleich der Na$^+$ und Cl$^-$ Konzentration, ausserdem durch die Osmolaritätsdifferenz zwischen dem luminalen und basalen Kompartiment erkannt werden (Abb. 18.4 a,b).

18.6 Proliferation und funktionelle Differenzierung

Metabolische und immunologische Proliferationsmarker zeigen, dass Zellteilung in reifendem und erwachsenem Gewebe ganz unterschiedlich stark ausgeprägt ist (Abb. 18.5). Beim Erwachsenen findet z. B. fast keine Zellteilung mehr in neuronalen Strukturen sowie in Herzmuskelzellen statt (Abb. 18.5a; Interphase ∞). Überraschend geringe Zellteilungsraten und damit Interphaseperioden über Jahre finden sich z. B. in der Leber, Niere, Nebenniere oder in Darm- bzw. Magendrüsen (Abb. 18.5b). Relativ hohe Teilungsraten zeigen dagegen Magen- und Darmschleimhaut, sowie Zellen der blutbildenden Organe, Tumorzellen und Zelllinien (Abb. 18.5b; Interphase 1–2 Tage).

Reifende Gewebe zeigen noch wenig typische Funktionen. Erst zum Abschluss der Wachstumsphase werden in der terminalen Differenzierungsphase spezifische Eigenschaften hochreguliert. Beide Gewebe unterscheiden sich primär durch die Häufigkeit ihrer Zellteilungen. Jeder Zellteilungszyklus ist unterteilt in eine Mitose- und Interphase (Abb. 18.5).

Wichtig für die zukünftige Kulturstrategie ist das Verständnis, dass Mitose und Interphase nicht parallel, sondern nacheinander ablaufende Schritte sind. Damit werden Differenzierungseigenschaften der erwachsenen Zelle nur während der Interphase auf einem funktionellen Niveau ausgebildet. Wie erwähnt, ist für jedes Gewebe die Interphase unterschiedlich lange ausgebildet, während die Mitosephase relativ konstant und kurz verläuft. Daraus lässt sich ableiten, dass viele adulte Epithelgewebe besonders lange Zeit in der Interphase bleiben und nur hier die notwendigen Zellfunktionen hochreguliert sind. Aus diesem Grund muss für die Generierung artifizieller Gewebe mit optimalen Differenzierungseigenschaften die Mitoseaktivität herunterreguliert und die Interphase so weit wie möglich verlängert werden.

Bisher wird die Effizienz von Kulturen meist danach bemessen, wie schnell auf einer definierten Fläche ein konfluenter Zellrasen entsteht. Mit Wachstumsfaktoren oder mit fötalem Kälberserum werden die Zellen angeregt, so schnell wie möglich von einem Mitosephasezyklus zum nächsten zu gelangen. Untypisch kurz wird mit dieser Methode die Interphase gehalten und damit der Aufbau einer gewebespezifischen Differenzierung verhindert.

Bei der Herstellung von Gewebekonstrukten wird dagegen definiert, wie lange sich die Zellen zum Erreichen einer bestimmten Menge teilen sollen und zu welchem Zeitpunkt sie dann zur Differenzierung in die Interphase gebracht und darin belassen werden (Tabelle 18.1). Nach unseren bisherigen Erfahrungen kann

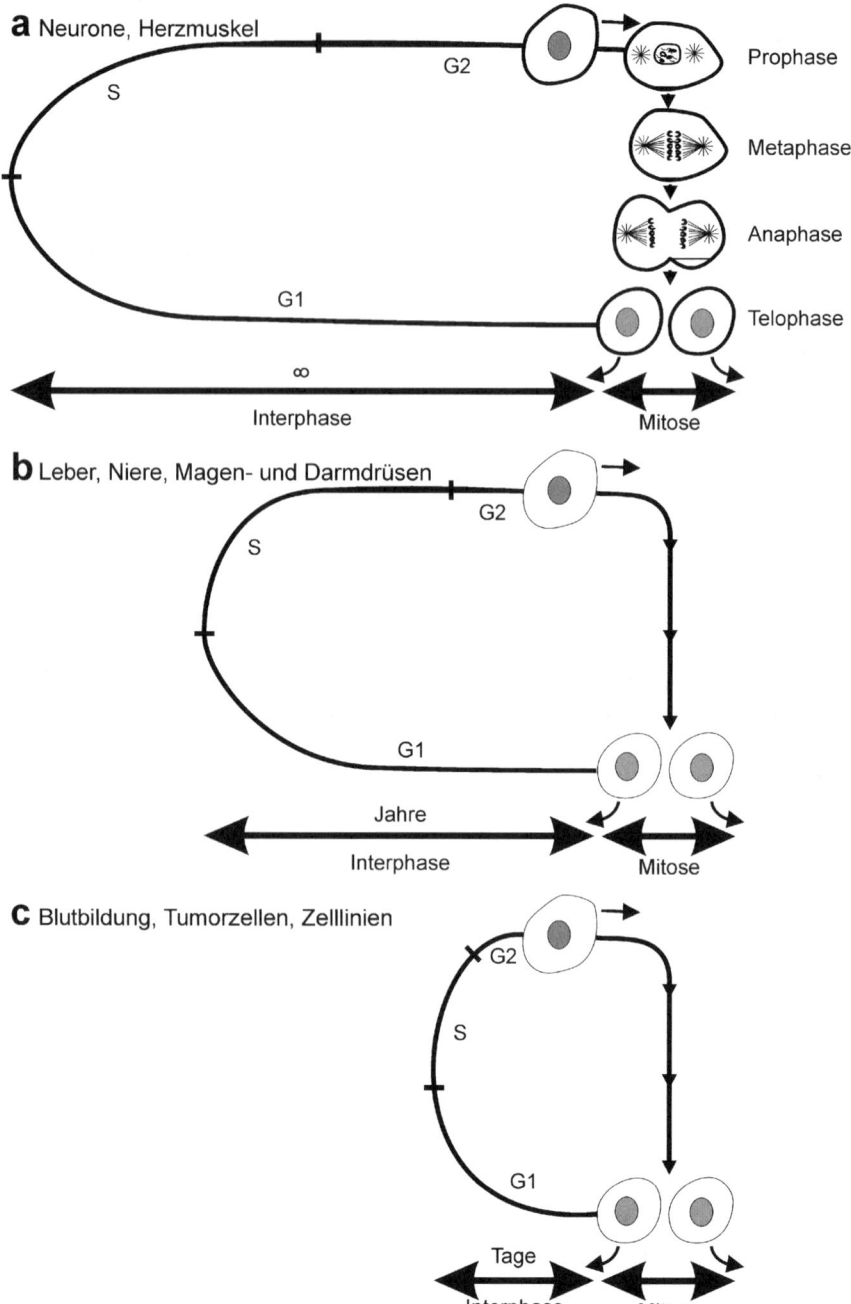

Abb. 18.5 Mitose versus Interphase. Maximale Differenzierung bei Zellen zeigt sich während der Interphase und nicht in der Mitose. Aus diesem Grund wird bei der Herstellung von künstlichen Geweben Mitose- und Interphase individuell gesteuert

	1. Schritt	2. Schritt	3. Schritt
Ziel	Vermehrung von Zellen	Beginn der Gewebedifferenzierung	Aufrechterhaltung der Differenzierung
Versuch	Wachstumsfaktoren FCS im Medium	Morphogene serumfreie Medien	Elektrolytangepasste, serumfreie Medien
Gewebereaktion	schneller Mitosezyklus	reduzierter Mitosezyklus	postmitotische Phase
Differenzierung	niedrig	hochregulierend	hoch
Mitosestress	hoch	niedrig	niedrig

Tabelle 18.1 Steuerung von Mitose und Interphase zur Generierung funktioneller Gewebe (FCS: fetal calf serum)

dies in 3 Schritten durchgeführt werden. Der 1. Schritt umfasst die Vermehrung von Zellen auf einem Gewebeträger mit Medium, welches Wachstumsfaktoren oder fötales Kälberserum enthält. Ziel des 2. Schrittes ist die Herunterregulierung der Mitosefrequenz und die Einleitung einer gewebetypischen Differenzierung. Dies wird erreicht durch Weglassen von fötalem Kälberserum und Wachstumsfaktoren aus dem Medium. Gearbeitet wird jetzt bevorzugt mit serumfreien Kulturmedium. Soll auf Serum nicht verzichtet werden, so wird plättchenfreies Serum vom adulten Organismus ohne Spreadingaktivität verwendet. Im 3. Schritt muss schliesslich darauf geachtet werden, dass keine gewebespezifischen Eigenschaften verloren gehen. Bevorzugt wird jetzt mit Medien gearbeitet, deren Elektrolytkonzentration den Bedürfnissen des jeweiligen Gewebes angepasst ist. Experimentell lässt sich zeigen, dass mit dieser Methode Epithelien der Niere in der für sie typischen Postmitose gehalten werden können und dass allein durch unerwartet kleine Veränderungen der NaCl Konzentration im Medium die Differenzierungseigenschaften beeinflusst werden [19, 22].

18.7 Modulierung der Gewebeeigenschaften

Epithelien sind in unserem Organismus luminal und basal einem Flüssigkeitsmilieu mit ganz unterschiedlicher Elektrolytzusammensetzung exponiert. Hinzu kommt, dass bei der Kultur von Epithelien die zur mechanischen Stabilität notwendigen Matrices Elektrolyte in grosser Menge enthalten oder binden können. Von grossem Interesse ist deshalb, ob und in wie weit Elektrolyte das Differenzierungsverhalten von Epithelien beeinflussen können. Das hier gezeigte Modellgewebe ist ein embryonales Epithel aus der Säugerniere, welches im Gradientenkulturversuch einer NaCl Beladung im luminalen IMDM Gradientenkompartiment (130 vs. 117 mmol/l Na^+) unter serumfreien Bedingungen ausgesetzt wurde (Abb. 18.6 b–e). Nach Beendigung der Kultur wurde das gewebetypische Differenzierungsprofil der Epithelien mit immunohistochemischen Methoden erarbeitet. Im Falle einer luminalen Salz-

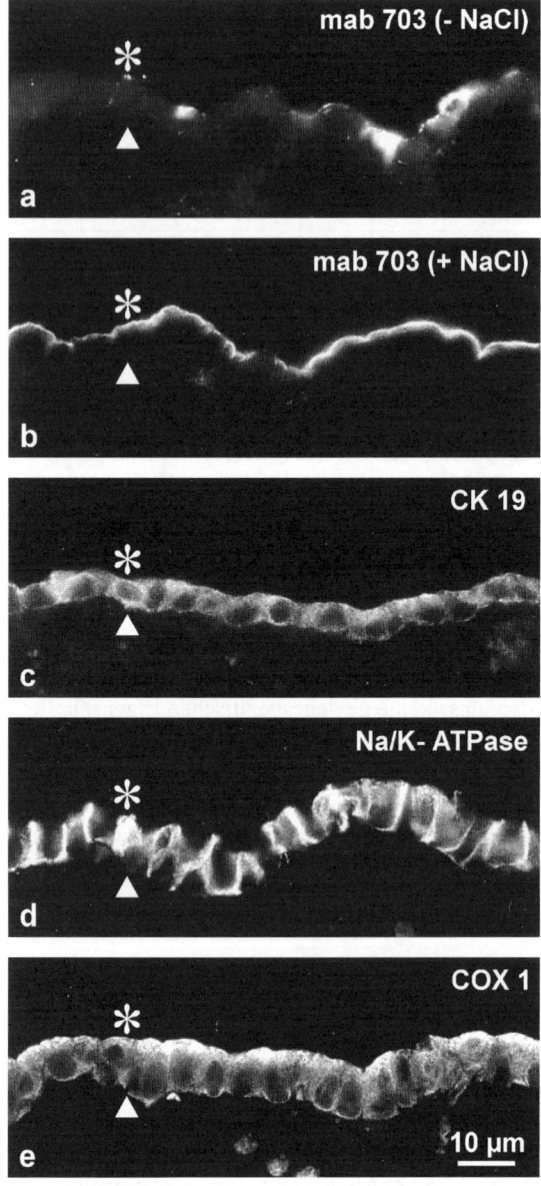

Abb. 18.6 Na-abhängige und unabhängige Modulierung des Differenzierungsprofils von embryonalem Sammelrohrepithel der Niere nach 14 Tagen Gradientenkultur. (a) Mit Standardmedium IMDM auf der luminalen Seite (117 mmol/l Na+) zeigen weniger als 10% der Zellen Reaktion mit dem sammelrohrspezifischen Marker mab 703. (b) Dagegen sind alle Zellen immunpostiv für mab 703, wenn das Epithel luminal 130 mmol/l Na+ ausgesetzt wurde. (c)–(e) Na+-unabhängige Expression von Proteinen. (c) Immunmarkierung an allen Zellen für Cytokeratin 19. (d) Alle Zellen haben basolaterale Immunmarkierung für Na/K ATPase. (e) Alle Zellen zeigen Immunmarkierung für COX-1. *: luminal; ý: basaler Aspekt des Epithels

18.8 Aufrechterhaltung der Differenzierungsleistung

		Human Serum (arterial)	Iscove's Modified Dulbecco's Medium	Medium 199	Basal Medium Eagle	Williams' Medium E	Mc Coys 5A Medium	Dulbecco's Modified Eagle Medium
pH		7,4	7,4	7,4	7,4	7,4	7,4	7,4
pO_2	mmHg	90	186	171	174	177	174	175
pCO_2	mmHg	40	11	5	8	9	7	10
Na^+	mmol/l)	142	117	139	146	144	142	158
Cl^-	mmol/l	103	81	125	111	117	106	116
K^+	mmol/l	4	3,9	5,1	4,8	4,8	4,8	4,8
Ca^{2+}	mmol/l	2,5	1,1	1,5	1,4	1,4	0,5	1,3
Glukose	mg/dl	100	418	99	94	186	270	382
Osmolarität	mOsm	290	250	270	286	288	289	323

Tabelle 18.2 Elektrolytzusammensetzung und physiologische Daten aus Perfusionsexperimenten

beladung zeigen nahezu alle Zellen eine Immunmarkierung mit dem gewebespezifischen monoclonalen Antikörper (mab) 703 (Abb. 18.6 b). Ebenso sind alle Zellen Cytokeratin 19 (Abb. 18.6 c), Na/K ATPase (Abb. 18.6 d) und COX 1 (Abb. 18.6 e) positiv. Wird das Epithel dagegen luminal und basal nur IMDM ausgesetzt, so sind weniger als 10% der Zellen mit mab 703 markiert (Abb. 18.6 a). Dies zeigt, welchen enormen Einfluss das Elektrolytmilieu auf das Differenzierungsverhalten eines renalen Epithels haben kann [22]. Besondere Bedeutung hat die Differenzierungsmodulierung nicht nur beim Testen neuer Biomaterialien sondern auch beim Screening von pharmakologischen Präparaten oder bei Untersuchungen zum drug release an gewebetypischen Kulturen im Langzeitversuch [23]. Hier können lokale Milieuveränderungen und Elektrolytverschiebungen auftreten, was eine Modulierung des funktionalen Phänotyps zur Folge hat.

18.8 Aufrechterhaltung der Differenzierungsleistung

Differenzierung von kultiviertem Gewebe muss nicht nur hervorgerufen, sondern auch aufrechterhalten werden. Dazu wird ein geeignetes Kulturmedium benötigt, mit welchem gewebespezifischen Zellfunktionen über beliebige Zeiträume aufrechterhalten werden können. Derzeit ist ein solches Kulturmedium nicht verfügbar. Fast ohne Ausnahme sind alle heute zur Verfügung stehenden Kulturmedien für schnell proliferierende und nicht für postmitotische Zellen entwickelt worden. Für ein Gewebe, dessen Zellen sich in der langen Interphase ruhen sollen, benötigt man ein Kulturmedium, welches keinen mitotischen Stress auslöst [24]. Zudem muss seine Elektrolytzusammensetzung der jeweiligen interstitiellen Flüssigkeit oder dem Serum gleichen. Wie anhand Tabelle 18.2 und einigen Kulturmedienbeispielen zu sehen ist, ist bisher kein Medium erhältlich, welches identische Elektrolytwerte wie das Serum aufweist. Insbesondere die Cl^-, K^+ oder Ca^{2+} Werte differieren teilweise um mehr als 25%. Überraschenderweise vermag jedes dieser Medien einen individuellen Differenzierungstyp in postmitotischem Gewebe zu bilden [22]. Derzeit wird erarbeitet, wie labil oder stabil die jeweilige Differenzierungsleistung ausgeprägt ist.

18.9 Literatur

1. Perka C., Spitzer R.S., Lindenhayn K., Sittinger M., Schultz O., Matrix mixed culture: new methodology for chondrocyte culture and preparation of cartilage transplants, *J. Biomed. Mater. Res.*, 49, 3, 2000, p. 305–311.
2. Kreklau B., Sittinger M., Mensing M.B., Voigt C., Berger G., Burmester G.R., Rahmanzadeh R., Gross U., Tissue engineering of biphasic joint cartilage transplants, *Biomaterials*, 20, 2000, p. 1743–1749.
3. Rotter N., Aigner J., Naumann A., Planck H., Hammer C., Burmester G., Sittinger M., Cartilage reconstruction in head and neck surgery: Comparison of resorbable polymer scaffolds for tissue engineering of human septal cartilage, *J. Biomat. Res.*, 42, 3, 1998, p. 347–356.
4. Sittinger M., Schultz O., Keyszer G., Minuth W.W., Burmester G.R., Artificial tissues in perfusion culture, *Int. J. Artificial Org.*, 20, 1, 1997, p. 57–62.
5. Van Dorp A.G.M., Verhoeven M.C.H., Van der Halt, Van der Meij T.H., Koerten H.K., Ponec M., A modified culture system for epidermal cells for grafting puposes: an in vitro and in vivo study, *Wound Rep. Reg.*, 7, 1999, p. 214–225.
6. Gustafson C.J., Kratz G., Cultured autologous keratinocytes on a cell free dermis in the treatment of full thickness wounds, *Burns*, 25, 1999, p. 331–335.
7. Waybill P.N., Hopkins L.J., Arterial and Venous Smooth muscle cell proliferation in response to co culture with arterial and venous endothelial cells, *JVIR*, 10, 1999, p. 1051–1057.
8. Surowiec S.M., Conklin B.S., Li J.S., Lin P.H., Weiss J., Lumsden A.B., Chen C., A new perfusion culture system used to study human vein, *J. Surgical Res.*, 88, 2000, p. 34–41.
9. Niklason L.E., Gao J., Abbott W.M., Hirschi K.K., Houser S., Marini R., Langer R., Functional arteries grown in vitro, *Science*, 284, 1999, p. 489–493.
10. Papas K.K., Long R.C., Sambanis A., Constantinidis I. Development of a bioartificial pancreas: effect of oxygen on long-term entrapped ßTC3 cell cultures, *Biotechnology and Bioengineering*, 66, 4, 1999, p. 231–237.
11. Coppelli A., Ariva C., Giannarelli R., Marchetti P., Viacava P., Naccarato A.G., Lorenzetti M., Cosimi S., Cecchetti P., Navalesi R., Long term survival and function of isolated bovine pancreatic islets maintained in different culture media, *Acta Diabetol*, 33, 1996, p. 166–168.
12. Ohshima N., Tissue engineering aspects of the development of bioartificial livers, *J. Chin. Inst. Chem. Ingrs.*, 28, 6, 1997, p. 441–453.
13. Bader A., Frühauf N., Tiedge M., Drinkgern M., De Bartolo L., Borlak J.T., Steinhoff G., Haverich A., Enhanced oxygen delivery reverses anaerobic metabolic states in prolonged sandwich rat hepatocyte culture, *Eptl. Cell Research*, 246, 1999, p. 221–232.
14. Humes H.D., Buffington D.A., MacKay S.M., Funke A., Weitzel W.F., Replacement of renal function in uremic animals with a tissue engineered kidney, *Nature Biotechnology*, 17, 1999, p. 451–455.
15. Fey-Lamprecht F., Gross U., Groth T.H., Albrecht W., Paul D., Fromm M., Gitter A.H., Functionality of MDCK kidney tubular cells on flat polymer membranes for biohybrid kidney, *J. Material Science in Medicine*, 9, 1998, p. 711–715.
16. Ludwikowski B., Zhang Y.Y., Frey P., The long term culture of porcine urothelial cells and induction of urothelial stratification, *BJU International*, 84, 1999, p. 507–514.
17. Miki H., Ando N., Ozawa S., Sato M., Hayashi K., Kitajima M., An artificial esophagus constructed of cultured human esophageal epithelial cells, fibroblasts, polyglycolic acid mesh, and collagen, *ASAIO J.*, 45, 1999, p. 502–508.
18. Goto Y., Noguchi Y., Nomura A., Sakamoto T., Ishii Y., Bitoh S., Picton C., Fujita Y., Watanabe T., Hasegawa S.,Uchida Y., In vitro reconstitution of the tracheal epithelium, *Am. J. Respir. Cell Mol. Biol.*, 20, 1999, p. 312–318.
19. Minuth W.W., Schumacher K., Strehl R., Kloth S., Physiological and cell biological aspects of perfusion culture technique employed to generate differentiated tissues for long term biomaterial testing and tissue engineering, *J. Biomater. Sci. Polymer.*, 11, 5, 2000, p. 495–522.

20. Minuth W.W., Majer V., Kloth S., Dermietzel R., Growth of MDCK cells on non-transparent supports, In Vitro Cell Dev. Biol. Anim., 30, 1994, p. 12–14.
21. Stockmann M., Gitter A.H., Sorgenfrei D., Fromm M., Schulzke J.D., Low edge damage container insert that adjusts intestinal forceps biopsies into Ussing chamber systems, *Pflügers Arch.*, 438, 1999, p. 107–112.
22. Schumacher K., Strehl R., Kloth S., Tauc M., Minuth W.W., The influence of culture media on embryonic collecting duct cell differentiation, *In Vitro Cell Dev. Biol. Anim.*, 35, 1999, p. 465–471.
23. Kloth S., Kobuch K., Domokos J., Wanke C., Monzer J., Polar application in an organotypic environment and under continuous medium flow: a new tissue-based test concept for a broad range of application in pharmacotoxicology, *Toxicol. Vitr.*, 14, 3, 2000, p. 265–274.
24. Itoh T., Yamauchi A., Miyai A., Yokoyama K., Kamada T., Ueda N., Fujiwara Y., Mitogen-activated protein kinase and ist activator are regulated by hypertonic stress in Madin-Darby canine kidney cells, *J. Clin. Invest.*, 93, 6, 1994, p. 2387–2392.

19 Electrospinning

N. Laar, S. Köppl, E. Wintermantel

19.1 Einleitung

Die weite Palette von Technologien, welche sich mit Strukturen und Prozessen auf der Nanometerskala befassen, wird summarisch als Nanotechnologie bezeichnet. Diese wird, wegen ihres Potentials zur grundlegenden Veränderung ganzer Forschungsfelder, als Schlüsseltechnologie angesehen, welche in naher Zukunft nicht nur die technologische Entwicklung beeinflussen, sondern auch maßgebliche ökonomische, ökologische und soziale Fortschritte mit sich bringen wird. Charakteristisch beim Übergang auf die Nanometerskala ist, neben der zunehmenden Dominanz quantenphysikalischer Effekte, dass Oberflächen- bzw. Grenzflächeneigenschaften gegenüber den Volumeneigenschaften des Materials eine immer größere Rolle spielen [1]. Nanostrukturen können in verschiedene Kategorien gegliedert werden. Basisstrukturen bilden sogenannte Nanopartikel, welche in allen drei Raumrichtungen kleiner als 100 nm sind (z. B. Nanokristalle, Cluster, oder Moleküle) und somit als nulldimensionale Nanoelemente angesehen werden können. Desweiteren gibt es linienförmige, gleichsam eindimensionale Strukturen (z. B. Nanodrähte, Nanoröhren und Nanofasern), sowie Schichtstrukturen, welche als zweidimensional betrachtet werden können [1, 2]. Für die Herstellung von Nanofasern gibt es viele unterschiedliche Verfahren, eines der vielseitigsten und variabelsten stellt dabei die Methode des Electrospinnings dar. Das bereits in den 30er Jahren durch Antonin Formhals patentierte Verfahren [3–8] geriet lange Zeit in Vergessenheit. Erst Mitte der 90er Jahre begannen Forscher, das große Potential dieses Prozesses für die Herstellung von Nanofasern zu realisieren [9]. Mittels Electrospinning können Fasern aus Polymeren, Kompositmaterialien, Halbleitern sowie Keramiken hergestellt werden. Da als meist verwendetes Material Polymere eingesetzt werden [10], beziehen sich die folgenden Abschnitte auf diesen Werkstoff.

19.2 Der Electrospinning-Prozess

19.2.1 Funktionsprinzip und Aufbau

Die Bildung von Nanofasern durch Electrospinning basiert auf der uniaxialen Dehnung einer viskoelastischen Lösung durch elektrostatische Kräfte [10]. Bei Polymeren kann die Herstellung einer solchen Lösung durch den Einsatz eines adäquaten Lösungsmittels erreicht werden. Eine schematische Darstellung des Electrospinningprozesses findet sich in Abb. 19.1:

Der Aufbau zur Durchführung des Electrospinnings besteht in seiner einfachsten Form aus folgenden Komponenten [2]:

- Spritze
- Kanüle mit flacher Spitze
- Perfusor
- Gleichstrom – Hochspannungsquelle
- konduktiver Kollektor

Eine Spritze mit aufgesetzter Kanüle dient als Reservoir für die Polymerlösung, welche versponnen werden soll. Durch den Perfusor wird daraus eine gleichmäßige und kontrollierbare Flussrate von normalerweise 0,5 bis 10 ml/h erzeugt, was zur Ausbildung eines Tropfens an der Kanülenspitze führt. Durch das Anlegen einer Hochspannung im Bereich von 5 bis 30 kV zwischen Kanüle und Kollektor formt sich dieser Tropfen zu einem Kegel, dem so genannten Tayler-Cone [10]. Erreicht die angelegte Spannung den kritischen Wert, welcher benötigt wird, um die Oberflä-

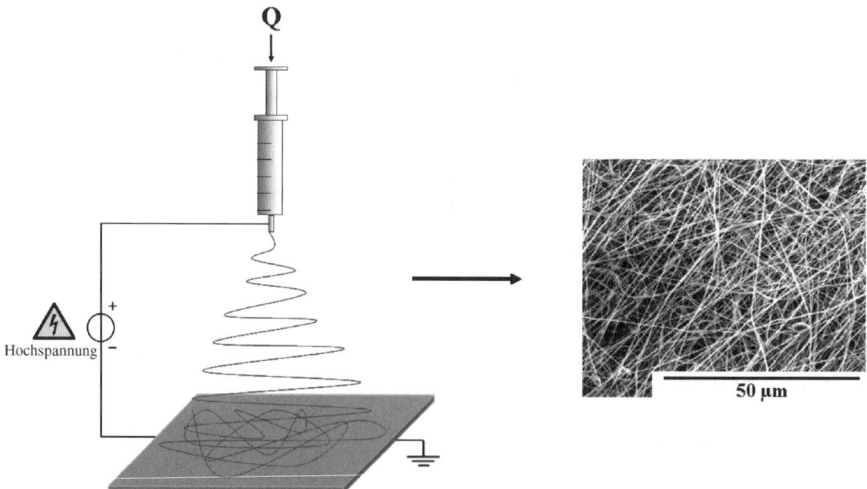

Abb. 19.1 Schematische Darstellung eines Electrospinning-Aufbaus *(links)* und rasterelektronenmikroskopische Aufnahme der gewonnenen Fasern *(rechts)*

19.2 Der Electrospinning-Prozess

Eigenschaften der Polymerlösung:	Molekulargewicht	Viskosität	Oberflächenspannung	Leitfähigkeit	etc.
Prozessparameter:	Temperatur	Kanülendurchmesser	Flussrate	Abstand zwischen Kanüle und Kollektor	Spannung
Umgebungsbedingungen:	Temperatur	Druck	Luftfeuchtigkeit	Luftzusammensetzung	etc.

Tabelle 19.1 Einflussparameter beim Electrospinning

chenspannung der Polymerlösung zu überwinden, wird ein kontinuierlicher Strahl am Ende des Taylor-Cones ausgebildet. Der flüssige Strahl wird geformt, gedehnt und im elektrischen Feld beschleunigt. Währendessen evaporiert das Lösungsmittel und der sehr dünne Strahl erstarrt. Die so gebildeten Fasern werden vom Kollektor gesammelt [11].

19.2.2 Einflussparameter

Die Eigenschaften der Fasern lassen sich während des Electrospinnings durch verschiedenste Parameter beeinflussen [2]. Diese werden in Tabelle 19.1 dargestellt.

Einige der wichtigsten Parameter werden im Folgenden näher erläutert:

19.2.2.1 Viskosität der Polymerlösung

Die Viskosität einer Polymerlösung hängt zum einen vom Molekulargewicht des verwendeten Polymers und zum anderen von der Polymerkonzentration ab. Während des Electrospinning-Prozesses wird, wie bereits beschrieben, der aus der Polymerlösung gebildete Strahl gedehnt. Ist die Viskosität der Lösung zu gering, reicht die Verschlaufung der Molekülketten des Polymers nicht aus, um einen kontinuierlichen Strahl aufrecht zu erhalten [12, 13]. Folglich werden keine Fasern erzeugt, sondern Polymer-Partikel. Dieser Prozess ist in der Literatur als Electrospraying bekannt [13]. Ist die Viskosität der Polymerlösung hingegen zu hoch, trocknet die Lösung an der Spitze der Kanüle bevor der Electrospinningvorgang initiiert ist. Die Viskosität der Lösung muss sich für einen erfolgreichen Electrospinning-Prozess demzufolge in einem bestimmten Bereich befinden, welcher von Polymer zu Polymer variiert. Die Viskosität stellt einen der Parameter dar, welcher die Morphologie der Fasern am meisten beeinflusst. Nimmt die Konzentration des Polymers in der Lösung zu, verändert sich die Struktur von geperlten Fasern zu langen gleichmäßigen Fasern [2].

19.2.2.2 Spannung

Um einen kontinuierlichen Strahl auszubilden, muss die angelegte Spannung so hoch sein, dass die elektrische Kraft die Oberflächenspannung am Ende des Taylor-Cones überwindet. Mit steigender Spannung kommt es sukzessive zu einer Reduktion des Faserdurchmessers [14, 15] und zusätzlich zu einer schnelleren Evaporation des Lösungsmittels, wodurch trockenere Fasern entstehen. Der Grund hierfür liegt in der stärkeren Dehnung der Lösung aufgrund von größeren coloumbschen Kräften im Strahl sowie dem stärkeren elektrischen Feld [16].

Zusätzlich zur Verkleinerung des Faserdurchmessers bewirkt eine hohe Spannung die Ausbildung von geperlten Fasern. Die Form der Perlen verändert sich dabei mit steigender Spannung von spindelförmig bis nahezu sphärisch. Begründet könnte dies in zunehmenden Strahlinstabilitäten sein [17, 18].

19.2.2.3 Flussrate

Die Einstellung der Flussrate ist wichtig, um einen stabilen Taylor-Cone und einen beständigen Strahl zu realisieren. Wird die Flussrate zu gering gewählt, trocknen die Fasern gleich nach dem Verlassen der Kanüle und verstopfen diese, wodurch ein weiterer Ausfluss der Spinninglösung verhindert wird. Dieser Effekt zeigt sich vor allem bei Lösungen, die mit sehr flüchtigen Lösungsmitteln, wie zum Beispiel Chloroform oder Aceton, hergestellt wurden. Durch die Erhöhung der Flussrate vergrößert sich der Faserdurchmesser und es entstehen geperlte Fasern [19]. Ist die Flussrate zu hoch, kann das Lösungsmittel nicht schnell genug evaporieren und es werden noch feuchte Fasern auf dem Kollektor abgeschieden [17, 20].

19.2.2.4 Abstand zwischen Nadelspitze und Kollektor

Durch Variation des Abstandes zwischen Nadelspitze und Kollektor kann direkter Einfluss auf die Flugzeit und die Stärke des elektrischen Feldes genommen werden. So lassen sich die Trocknungsgeschwindigkeit der Fasern sowie die Abscheidung und Orientierung der Fasern beeinflussen. Ist dieser Abstand sehr klein, reicht die Distanz bis zum Kollektor nicht aus, um das Lösungsmittel vollständig zu evaporieren. Es entsteht eine dicht gepackte Struktur aus noch feuchten Nanofasern [2]. Des Weiteren führt ein geringer Abstand zu Bildung von Perlen, was vermutlich durch die höhere elektrische Feldstärke verursacht wird [14]. Bei einem größeren Abstand kommt es aufgrund der längeren Flugzeit zu einer stärkeren Dehnung der Lösung, was eine Verkleinerung des Faserdurchmessers zur Folge hat. Wird der Abstand allerdings zu groß, kann es passieren, dass keine Fasern den Kollektor erreichen oder die Fasern aufgrund der geringen elektrischen Feldstärke nicht genügend gedehnt werden. So ist erneut ein größerer Faserdurchmesser das Ergebnis [15, 21].

19.3 Variationen des Electrospinning-Aufbaus

Durch Variation des Electrospinning-Aufbaus ist es möglich, diverse Faseranordnungen zu erhalten. Bei einem Basisaufbau gibt es dafür zwei unterschiedliche Möglichkeiten. Zum einen kann die Flugrichtung des Strahls durch die Manipulation des elektrischen Feldes kontrolliert werden und zum anderen können verschiedene Kollektortypen eingesetzt werden [10].

19.3.1 Manipulation des elektrischen Feldes

Da die zu verspinnende Lösung nur durch die elektrostatische Ladung der Hochspannungsquelle verstreckt wird, kann durch das Anlegen eines zusätzlichen externen E-Feldes der Weg des Strahls kontrolliert werden. Dabei kann bereits eine geringe Variation des elektrischen Feldes zu einer Änderung der Faseranordnung führen. Üblicherweise werden hierfür mehrere Hilfselektroden verwendet, welche die gleiche, bzw. entgegen gesetzte Polarität des Strahls aufweisen [22].

19.3.2 Unterschiedliche Kollektortypen

19.3.2.1 Feststehender Kollektor

Im Standard–Electrospinning wird ein feststehender Kollektor in Form einer geerdeten Metallplatte verwendet. So lassen sich Membranen herstellen, welche als Ausgangsform für viele Anwendungen dienen. Ein Beispiel stellt die Herstellung von Wasser- und Luftfiltern dar [2].

19.3.2.2 Rotierender Kollektor

Mittels eines um die Längsachse rotierenden Kollektors (siehe Abb. 19.2) ist es möglich, ausgerichtete Fasern zu erzeugen. Aufgrund dieser Tatsache ergeben sich für das Electrospinning vielfältige neue Einsatzgebiete. Für die Anwendung in der Medizintechnik konnte bereits gezeigt werden, dass die Migration von Zellen, welche auf Scaffolds aus axial ausgerichteten Nanofasern kultiviert werden, in Faserrichtung erfolgt (vgl. Abschnitt Anwendungsbeispiele) [23].

Die Ausrichtung der Fasern ist prinzipiell abhängig von der Rotationsgeschwindigkeit des Kollektors, bei niedrigen Geschwindigkeiten kann allerdings noch keine Orientierung beobachtet werden. Ab einer bestimmten Rotationsfrequenz nimmt die Ausrichtung schließlich proportional zur Geschwindigkeit zu [24]. Wird die Geschwindigkeit aber zu hoch gewählt, können keine Fasern mehr auf dem Kollektor

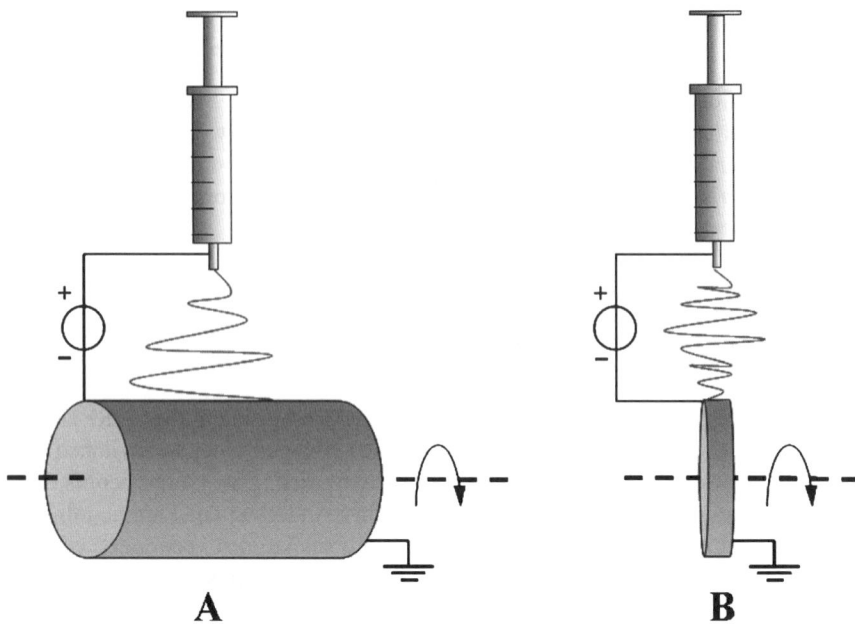

Abb. 19.2 Rotierende Kollektoren *A* Zylinderkollektor *B* Diskkollektor

gesammelt werden. Grund hierfür ist, dass die Geschwindigkeit des Strahls geringer wird als die lineare Geschwindigkeit des Kollektors [25, 26]. Die Rotationsfrequenz des Kollektors und die Anordnung der Fasern haben direkten Einfluss auf die mechanischen Eigenschaften der erzeugten Strukturen. Es ist demnach möglich, durch Variation dieser beiden Parameter, das mechanische Verhalten optimal an die jeweilige Applikation anzupassen.

19.3.3 Sonstige Variationen

Neben der Variation des Kollektors und der Manipulation des elektrischen Feldes gibt es noch viele weitere Modifikationen des Electrospinningprozesses, welche hier aber nur auszugsweise dargestellt werden können. Unter Einsatz der so genannten Vibrationstechnologie kann die Polymerlösung mittels eines Ultraschallgenerators in Schwingung versetzt werden. Die so erzeugte Oszillation führt zu einer Reduktion der Viskosität sowie zur Bildung feinerer Fasern [27]. Des Weiteren besteht die Möglichkeit die Fasern in eine Flüssigkeit zu spinnen und diese anschließend als kontinuierliches Garn aufzusammeln. So können die Nanofasern z. B. in Schutzkleidung eingewebt werden [28, 29]. Eine weitere interessante Anwendung stellt das Electrospinning ohne Kanüle dar, da hiermit das Problem des Verstopfens während des Prozesses umgangen werden kann und eine wesentlich

19.3 Variationen des Electrospinning-Aufbaus

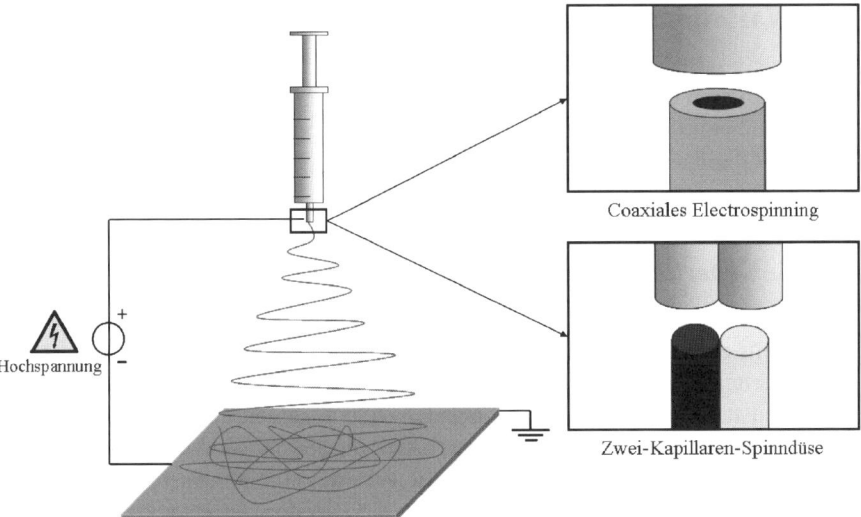

Abb. 19.3 Aufbau zum gleichzeitigen Spinnen zweier Polymerlösungen (links) mit vergrößerter Darstellung der Spezialkapillaren sowie der damit erzielbaren Faserquerschnitte (rechts)

höhere Faserausbeute möglich wird. Hierfür erfolgt die Herstellung einer magnetischen Flüssigkeit aus Magnetit und Silikonöl. Durch das Anlegen eines magnetischen Feldes kommt es zur Ausbildung zahlreicher Fluidspitzen auf der Oberfläche, auf welche anschließend die Polymerlösung aufgebracht wird. Beim Anlegen eines elektrischen Feldes zwischen dem eben beschriebenen Aufbau und einem geerdeten Kollektor entstehen nun mehrere Strahlen gleichzeitig [30].

Auch das gleichzeitige Spinnen zwei verschiedener Polymerlösungen ist möglich. Die beiden gängigsten Verfahren sind in Abb. 19.3 dargestellt. Mit der Methode des coaxialen Electrospinnings ist es dennoch möglich Polymerlösungen zu verarbeiten, welche eigentlich aufgrund der hohen Oberflächenspannung oder der niedrigen Leitfähigkeit des Lösungsmittels nicht versponnen werden können. Dafür wird während des Electrospinnings die entsprechende Lösung durch die innere Kapillare extrudiert, während eine andere Lösung durch die äußere versponnen wird. So befindet sich das nicht spinnbare Polymer zwangsweise im Inneren der gewonnenen Fasern. Durch das spezifische Auflösen der äußeren Polymerhülle im Anschluss wird das gewollte Polymer schließlich als Nanofaser frei [31]. Ein ähnliches Konzept kommt auch bei der Verwendung einer Zwei-Kapillaren-Spinndüse zum Einsatz. Hierbei werden zwei Polymere aus verschiedenen Kanülen gleichzeitig auf einem Kollektor gesammelt. Dadurch entsteht ein Netzwerk aus verschiedenen Polymerfasern, wodurch die Eigenschaften der beiden Polymere miteinander kombiniert werden können. Auch die Entfernung eines der beiden Polymere ist wieder möglich, um so die Zwischenfaserporosität zu erhöhen [32].

19.4 Variationen im Aufbau der Nanofasern

Durch Variation der Prozessparameter können Fasern mit unterschiedlichen Morphologien hergestellt werden. Dabei sind sowohl Modifikationen der Geometrie als auch der Oberfläche möglich.

19.4.1 Geperlte Fasern

Wie bereits erwähnt, stehen einige Parameter in Zusammenhang mit dem Auftreten von geperlten Fasern, wie die Oberflächenspannung der Polymerlösung, die angelegte Feldstärke oder die Oberflächenladungsdichte des Strahls. Grund hierfür ist, dass diese Parameter die achsensymmetrische Instabilität des Strahls erhöhen. Die Größe der Perlen sowie der Abstand zwischen zwei aufeinander folgenden Perlen hängen vom Durchmesser der Fasern ab. Ist der Faserdurchmesser klein, sind auch Abstand und Perlendurchmesser gering [33].

Für den Parameter der angelegten Feldstärke gilt, dass erst bei hoher Spannung ein Auftreten von Perlen zu verzeichnen ist. Manchmal kann aber auch das Anlegen einer zu geringen Spannung die Perlenbildung begünstigen, da der Strahl gegebenenfalls nicht genügend gestreckt wird. Die Verwendung einer Polymerlösung mit großer Oberflächenspannung führt ebenfalls zur Ausbildung einer geperlten Struktur. Physikalisch lässt sich dies damit erklären, dass der Strahl durch die hohe Oberflächenspannung in einzelne Sphären getrennt wird [34]. Eine höhere Ladungsdichte des Strahls verhindert die Perlenbildung und führt darüber hinaus zu einem geringeren Faserdurchmesser, da der Strahl ausreichend gedehnt werden kann. Mit einer niedrigen Ladungsdichte hingegen entstehen wiederum geperlte Fasern. Durch das Zumischen, z. B. von Alkohol, kann die Leitfähigkeit der Polymer-

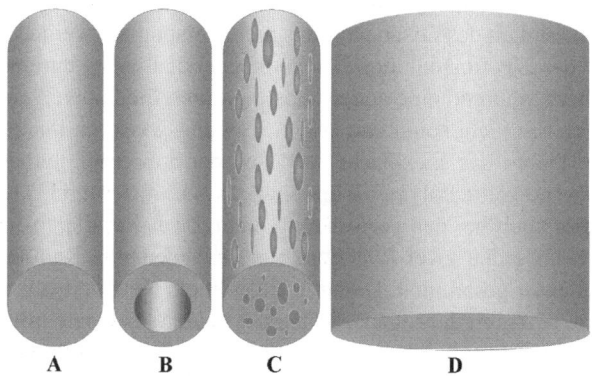

Abb. 19.4 Beispiele elektrogesponnener Nanofasern *A* Zylindrische Faser *B* Tubuläre Faser *C* Poröse Faser *D* Bandförmige Faser

19.4 Variationen im Aufbau der Nanofasern

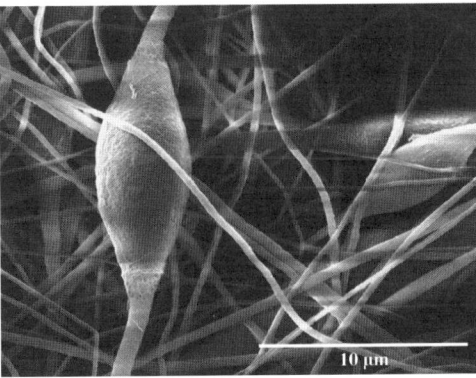

Abb. 19.5 Rasterelektronenmikroskopische Aufnahme geperlter Nanofasern einer Polyvinylpyrrolidon-Membran in 12 000x Vergrößerung

lösung erhöht und die Bildung von Perlen verringert werden. Im Gegensatz dazu setzt die Zugabe von Tetrachlormethan die Leitfähigkeit der Lösung herab und hat demnach eine Erhöhung der Perlenanzahl zur Folge [19].

19.4.2 Poröse Fasern

Nanofasern zeichnen sich durch ein hohes Oberflächen-Volumen-Verhältnis aus, dieses kann jedoch durch die Einbringung von Poren noch weiter erhöht werden.

Zur Herstellung von porösen Nanofasern mittels Electrospinning können verschiedene Techniken zum Einsatz kommen. Hier seien vier verschiedene Methoden genannt und anschließend kurz erläutert:

Abb. 19.6 Rasterelektronenmikroskopische Aufnahme poröser Nanofasern aus einer Polysulfon-Kampher-Dimethylformamid-Chloroform-Lösung in 12 000-facher Vergrößerung

- Phasenseparation
- Einspinnen der Fasern in eine kryogene Flüssigkeit
- Einsatz eines heißen Kollektors
- Electrospinning unter hoher Luftfeuchtigkeit

19.4.2.1 Phasenseparation

Mit der Methode der Phasenseparation können Größe und Porosität der Fasern sehr einfach kontrolliert werden. Dafür können sowohl Zwei- als auch Drei-Phasen-Systeme zum Einsatz kommen. Die Technik des Zwei-Phasen-Systems beruht auf der Gegebenheit, dass die Polymerlösung während der Verdampfung des Lösungsmittels thermodynamisch instabil wird. Dies führt zum Auftreten einer Phasenseparation, also zum Auftrennen der Lösung in polymerreiche und polymerarme Areale. Die Verwendung eines hochflüchtigen Lösungsmittels ermöglicht nun eine rasante Evaporation und die daraus resultierende Bildung von Faserporen [12]. Beim Drei-Komponenten-System wird ein Polymerpaar versponnen, bei welchem die Partner unterschiedliche Lösungseigenschaften aufweisen. Nach dem Electrospinning wird eines der Polymere mittels Lösungsmittel selektiv aus den Fasern entfernt. Die Porosität kann so mit Variation des Extraktionsgrades eingestellt werden [35].

19.4.2.2 Einspinnen der Fasern in eine kryogene Flüssigkeit

Das Funktionsprinzip dieser Technik basiert wiederum auf einer Phasenseparation. Während des Electrospinningprozesses durchlaufen nasse Fasern, bevor sie den Kollektor erreichen, ein mit Flüssigstickstoff gefülltes Bad. Das in den Fasern vorhandene Lösungsmittel wird so zusammen mit den Fasern eingefroren, wodurch eine Trennung in polymerreiche und polymerarme Phasen stattfindet. Die Entfernung des Lösungsmittels erfolgt anschließend unter Einsatz von Vakuum [36].

19.4.2.3 Einsatz eines heißen Kollektors

Es ist möglich, Poren in die Fasern einzubringen, indem ein Polymer, welches in einem oder mehreren hoch flüchtigen Lösungsmitteln gelöst wurde, auf einen heißen Kollektor gesammelt wird. So kann das teilweise nach dem Electrospinning zurückbleibende Lösungsmittel verdampfen und Poren entstehen. Limitierend hierbei ist die Glasübergangstemperatur des Polymers [37].

19.4.2.4 Electrospinning unter hoher Luftfeuchtigkeit

Beim Electrospinning gibt es mehrere Außenfaktoren, welche die Porenbildung in den Fasern beeinflussen. Durch ihren unmittelbaren Einfluss auf die Evaporation des

19.5 Verwendete Polymere und Lösungsmittel   413

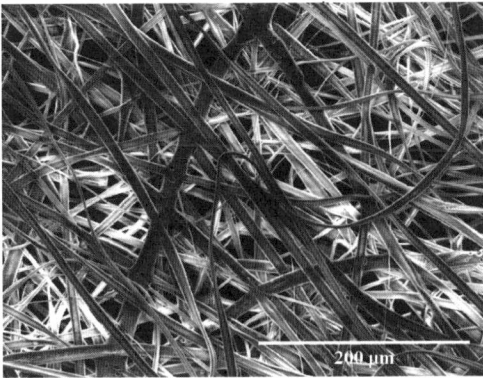

Abb. 19.7 Rasterelektronenmikroskopische Aufnahme bandförmiger Nanofasern in 600x Vergrößerung

Lösungsmittels kommt der Luftfeuchtigkeit dabei eine tragende Rolle zu. In einer Umgebung mit hoher Luftfeuchtigkeit ist es möglich, dass während des Electrospinnings die umliegende Feuchtigkeit an der Oberfläche der Fasern kondensiert. Dies verursacht kreisförmige Poren an der Faseroberfläche, vor allem, wenn das Polymer in einem relativ flüchtigen Lösungsmittel gelöst wurde. Die Größe und die Tiefe dieser Poren steigt dabei mit der Zunahme der Luftfeuchtigkeit an [14, 38, 39].

19.4.3 Bandförmige Fasern

Flache oder bandförmige Fasern können entstehen, wenn der Durchmesser des Strahls im Mikrometerbereich liegt und gleichzeitig die Evaporationsrate des Lösungsmittels langsam ist. Dies geschieht, da so nasse Fasern den Kollektor erreichen und sich aufgrund des Atmosphärendrucks abflachen.

Es wurde oft auch die Präsenz einer dünnen, mechanisch ausgeprägten Polymerhaut am flüssigen Strahl beobachtet, hindurch welche das Lösungsmittel verdampft. Erreicht der Dampfdruck im Inneren des Strahls schließlich einen genügend hohen Wert, führt der Atmosphärendruck auch hier zum Kollabieren des Rohrs und somit zur Bildung bandförmiger Fasern [34,40].

19.5 Verwendete Polymere und Lösungsmittel

Um das Electrospinning durchführen zu können, muss das Polymer als Polymerschmelze oder -lösung in einem flüssigen Zustand vorliegen. Grundvoraussetzung zum Electrospinnen eines speziellen Polymers ist folglich die Verfügbarkeit eines geeigneten Lösungsmittels.

Synthetisches Polymer	Lösungsmittel	Konzentration
Polyamid (PA)	Ameisensäure	10-30%
Polycarbonat (PC)	Dichlormethan	15%
	Chloroform	15%
	Dimethylformamid/ Tetrahydrofuran	15%
Polyethylenoxid (PEO)	Wasser	10%
Polyethylenterephthalat (PET)	Trifluoressigsäure	20%
Polymethylmethacrylat (PMMA)	Tetrahydrofuran	10%
	Aceton	10%
	Chloroform	10%
Polystyrol (PS)	t-Butylacetat	20%
	Chlorbenzol	30%
	Chloroform	30%
	Dichlorethan	30%
	Dimethylformamid	30%
	Ethylacetat	20%
	Methylethylketon	20-30%
	Tetrahydrofuran	20%
Polysulfon (PSU)	90% N,N-Dimethylacetamid 10% Aceton	15–20%
Polyurethan (PUR)	60% Tetrahydrofuran 40% N,N-Dimethylformamid	13%
Polyvinylchlorid (PVC)	60% Tetrahydrofuran 40% N,N-Dimethylformamid	13%

Tabelle 19.2 Auswahl elektrospinnbarer synthetischer Polymere mit korrespondierenden Lösungsmitteln und benötigter Konzentration (modifiziert nach [2])

Bis heute wurden viele verschiedene Polymere elektrogesponnen. Tabelle 19.2 enthält eine Auflistung der am häufigsten verwendeten Polymere mit den korrespondierenden Lösungsmitteln sowie der benötigten Konzentration, um Fasern ohne Perlen zu erhalten [2].

Für diverse Applikationen ist es von Vorteil, degradierbare Kunststoffe zu verwenden. Auch diese können mit dem Verfahren des Electrospinnings verarbeitet werden. Tabelle 19.3 zeigt eine Übersicht der bereits erfolgreich versponnenen resorbierbaren Polymere mit ihren geeigneten Lösungsmitteln.

Es besteht die Möglichkeit, neben synthetischen und biodegradierbaren Polymeren auch natürliche Polymere, wie Kollagen, mittels Electrospinning zu verarbeiten. In Tabelle 19.4 sind bereits versponnene natürliche Polymere aufgelistet, welches erneut die Vielseitigkeit des Verfahrens indiziert.

Die Eigenschaften der Polymerlösung, wie Löslichkeit, elektrische Leitfähigkeit und Dampfdruck, spielen eine bedeutende Rolle bezüglich des Electrospinningpro-

Biodegradables Polymer	Lösungsmittel	Konzentration
Poly(ε-caprolacton) (PCL) Mw 80.000	Chloroform	10%
	85% N,N-Dimethylformamid 15% Methylenchlorid	7–9%
Polydioxanon (PDS)	1,1,1,3,3,3 Hexafluor-2-propanol	–
Polyglykolid (PGA) Mw 14.000-20.000	1,1,1,3,3,3 Hexafluor-2-propanol	8%
Poly(L-laktid) Mw 300.000	70% Dichlormethan 30% n,n-Dimethylformamid	2–5%
Poly(L-laktid) Mw 450.000	1,1,1,3,3,3 Hexafluor-2-propanol	5%
Poly(L-laktid-co-ε-caprolacton) [75:25]	Aceton	3–9%
Poly(D,L-laktid-co-glykolid) [85:15]	50% Tetrahydrofuran 50% Dimethylformamid	–
Poly(D,L-laktid-co-glykolid) [10:90]	Hexafluorisopropanol	5–7%
Poly(L-laktid-co-glykolid) [50:50]	1,1,1,3,3,3 Hexafluor-2-propanol	15%
	Chloroform	15%

Tabelle 19.3 Elektrospinnbare biodegradable Polymere (modifiziert nach [2])

zesses sowie der daraus resultierenden Fasermorphologie (vgl. Abschnitt Funktionsprinzip und Aufbau). Durch Kombination mehrerer verschiedener Lösungsmittel lassen sich diese Eigenschaften variieren und auf die entsprechenden Erfordernisse anpassen. Es ist z. B. möglich, das Evaporationsverhalten einer Lösung zu verändern, indem ein relativ flüchtiges Lösungsmittel mit einem nicht flüchtigen Lösungsmittel kombiniert eingesetzt wird. So können neue interessante Fasermorphologien erzeugt werden.

19.6 Anwendungsbeispiele

Wie in Abb. 19.8 dargestellt, sind die wichtigsten potentiellen Anwendungsgebiete für elektrogesponnene Nanofasern die Medizintechnik, die Umwelt- & Biotechnologie, die Energietechnik & Elektronik sowie die Herstellung von Schutz- und Sicherheitssystemen. In allen Bereichen herrscht eine Nachfrage nach neuen Materialien, folglich könnten elektrogesponnene Polymerfasern eine neue Welle in der Materialforschung bilden. Hierfür ist aber nach wie vor eine intensive Grundlagenforschung nötig, um den Prozess des Electrospinnings sowie die Einflussfaktoren darauf richtig zu verstehen. Daher beschäftigen sich zurzeit 60% aller Forschungsaktivitäten im Bereich des Electrospinnings mit der Grundlagenforschung zum Verarbeitungsprozess an sich sowie zur Charakterisierung der hergestellten Fasern [2].

Natürliches Polymer	Lösungsmittel	Konzentration
20% Casein 80% Polyethylenoxid	5% wässriges Triethanolamid	5%
80% Casein 20% Polyethylenoxid	5% wässriges Triethanolamid	10%
30% Casein 70% Polyvinylalkohol	5% wässriges Triethanolamid	10%
50% Casein 50% Polyvinylalkohol	5% wässriges Triethanolamid	10%
Celluloseacetat	50% N,N-Dimethylacetamid 50% Aceton	15%
	85% Aceton 15% Wasser	17%
Chitosan	70% Trifluoressigsäure 30% Methylenchlorid	8%
50% Chitosan 50% Polyethylenoxid	2% Essigsäure	6%
Collagen Typ I	1,1,1,3,3,3 Hexafluor-2-propanol	0.083g/mol
Collagen Typ II	1,1,1,3,3,3 Hexafluor-2-propanol	–
Collagen Typ III	1,1,1,3,3,3 Hexafluor-2-propanol	0,04g/mol
50% Collagen Typ I 50% Collagen Typ III	1,1,1,3,3,3 Hexafluor-2-propanol	0,06g/mol
Fibrinogen Fraktion I	90% 1,1,1,3,3,3 Hexaflour-2-propanol 10% 10x Earle`s minimal essential medium (ohne L-Glutamin und Natriumbicarbonat)	0–0,83g/mol
Gelatin Typ A	2,2,2-Trifluorethanol	10–12,5%
50% Gelatin Type A 50% Polycaprolacton	2,2,2-Trifluorethanol	10%

Tabelle 19.4 Natürliche elektrospinnbare Polymere (modifiziert nach[2])

19.6.1 Drug-Delivery-Systeme

Seit jeher streben Ärzte und Pharmakologen nach sowohl effektiven als auch schonenden Pharmakotherapien für Patienten. Die medikamentöse Behandlung erfolgt dabei in den meisten Fällen oral. Aufgrund der Verstoffwechselung in den Verdauungsorganen müssen so allerdings sehr hohe Dosen eingenommen werden, was unerwünschte Nebenwirkungen zur Folge haben kann. Im Vergleich dazu ist es mit einer lokalen Gabe des Wirkstoffs möglich, eine wesentlich effektivere Therapie zu erreichen und das Auftreten unerwünschter Wirkungen zu vermindern. Diese bereits seit langem bekannte Tatsache führte in den letzten Dekaden zu einer intensiven Forschung im Bereich lokaler Wirkstoffdepots in Form so genannter Drug-Delive-

19.6 Anwendungsbeispiele

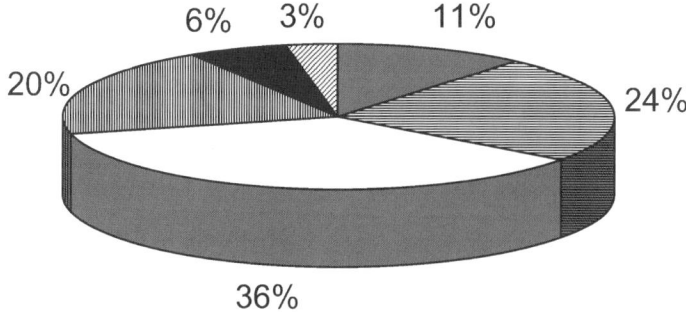

- 11% Schutz- und Sicherheitssysteme (Schutzkleidung, Kompositverstärkung, Luftfilter, Sensoren)
- 24% Grundlagenforschung: Verarbeitungsprozess (Jetausbildung, Electrospinning-Aufbau)
- 36% Grundlagenforschung: Fasercharakterisierung (Morphologie, Struktur, Eigenschaften)
- 20% Medizintechnik (Tissue Engineering, Drug Delivery, Wundversorgung)
- 6% Umwelt- und Biotechnologie (Bakterizide, Filtermembranen)
- 3% Energietechnik und Elektronik (Batterien, Brennstoffzellen)

Abb. 19.8 Forschungs- und Einsatzgebiete für elektrogesponnene Polymerfasern (modifiziert nach [2])

ry-Systeme [41]. Dabei handelt es sich um Systeme, welche aus dem Wirkstoff und einer umgebenden Matrix aufgebaut sind. Diese geben das Medikament über einen bestimmten Zeitraum nach und nach an den gewünschten Wirkort ab. Da die Medikamentenaufnahme im Körper umso schneller erfolgt, je kleiner die Partikelgröße des Wirkstoffes sowie der Matrix ist, werden lokale Drug-Delivery-Systeme meist aus Mikro- und Nanopartikeln, Hydrogelen und Mizellen aus Polymer hergestellt. In letzter Zeit legen Forscher zusätzlich einen Fokus auf wirkstoffbeladene Nanofasern, um so eine noch besser kontrollierbarere Wirkstofffreisetzung zu ermöglichen. Mittels Electrospinning sind dabei folgende Arten der Faserbeladung möglich (vgl. Abb. 19.9) [42]:

- Anlagerung des Wirkstoffes an der Oberfläche der Polymernanofasern
- Coaxiales Einspinnen von Wirkstofffasern in die Polymerfasern
- Homogene Mischung des Wirkstoffs und der Polymerlösung vor dem Electrospinning-Prozess
- Einkapselung von Wirkstoffpartikeln in tubuläre Polymernanofasern

Je nach chemischer Zusammensetzung des Wirkstoffes können die verschiedenen Beladungsarten des Polymers ausgenutzt werden. So kann, zusätzlich zur Variation des Polymers, der Faserdicke sowie der Wirkstoffkonzentration in den Fasern, die Freisetzungsrate kontrolliert werden [2].

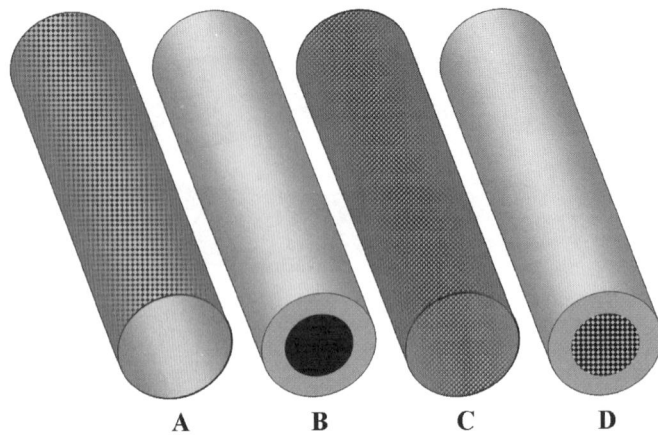

Abb. 19.9 Verschiedene Möglichkeiten der Faserbeladung mit Wirkstoff *A* Anlagerung des Wirkstoffes an der Faseroberfläche *B* Coaxiales Einspinnen von Wirkstofffasern in die Polymerfasern *C* Homogene Mischung des Wirkstoffs und der Polymerlösung *D* Einkapselung von Wirkstoffpartikeln in tubuläre Polymerfasern

Zwei bedeutende potentielle Anwendungsgebiete von nanofaserigen Drug-Delivery-Systemen sind die Tumortherapie und die Inhalationstherapie. In der Tumortherapie konnte z. B. der wasser-unlösliche Wirkstoff Paclitaxel in Polylaktid eingesponnen werden. Die Nanofasern wurden außerdem durch Zugabe von kationischen, anionischen oder neutralen Tensiden in ihrer Ladung beeinflusst. Bei der Analyse der Release-Rate, in der Anwesenheit des Enzyms Proteinase K, konnte ein nahezu ideal lineares Freisetzungsverhalten des Wirkstoffes nachgewiesen werden [43]. Dies ist für eine kontinuierliche und gleichmäßige Therapie unabdingbar. Ein weiteres Anwendungsbeispiel stammt aus der Inhalationstherapie. Es ist bekannt, dass Partikel nur einen sehr geringen aerodynamischen Durchmesser haben dürfen, um in die Lunge zu gelangen. Die Faserlänge spielt dabei nur eine untergeordnete Rolle. Dieses Wissen ermöglicht den Einsatz von Nanofaserstücken als Drug-Delivery-System für eine lokale Therapie von broncho-pulmonalen Tumoren, Metastasen oder Asthma. Dafür könnten biokompatible, wasserlösliche Polymere wie Polyethylenoxid oder Polylaktid zum Einsatz kommen [44].

19.6.2 Scaffolds für das Tissue Engineering

Humane Gewebe sind sehr komplex aufgebaut und in einer definierten, dreidimensionalen Struktur organisiert. Die spezifische Architektur unterschiedlicher Gewebe leistet dabei einen signifikanten Beitrag zur Aufrechterhaltung und Unterstützung biologischer Funktionen [45]. Im Tissue Engineering werden zellbesiedelte Scaf-

19.6 Anwendungsbeispiele

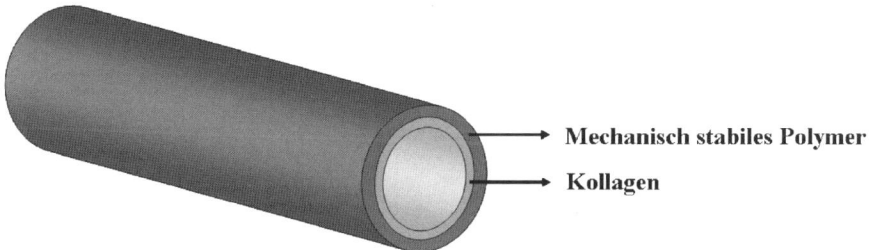

Abb. 19.10 Schematische Darstellung eines Scaffolds für den geplanten Einsatz als Gefäßtransplantat

folds eingesetzt, um geschädigtes humanes Gewebe zu ersetzen. Den Scaffolds kommt dabei die Aufgabe zu, den Zellen vor der Implantation in den Körper ein temporäres dreidimensionales Gerüst zur Verfügung zu stellen [2, 46]. Folglich ist es notwendig, künstliche Scaffolds mit möglichst vielen Attributen der natürlichen Zellumgebung, der so genannten Extracellulären Matrix (ECM), auszustatten. Um die native ECM strukturell und funktionell zu imitieren, müssen folgende Anforderungen erfüllt sein [47]:

- Biokompatibilität und Biodegradabilität
- Hochporöse Struktur mit verbundenen Poren
- Hohes Oberflächen-Volumen-Verhältnis
- Adäquate mechanische Eigenschaften
- Oberflächenmodifizierbarkeit
- Reproduzierbarkeit

Scaffolds für das Tissue Engineering können mit verschiedenen Verfahren, wie z. B. dem Self Assembly oder der Phasenseparation, hergestellt werden. Mit den meisten konventionellen Methoden lassen sich aber aufgrund des nur geringfügig variierbaren Verarbeitungsprozesses Scaffolds mit kontrollierbarer Porengeometrie und -größe, sowie definierter Faserstärke und räumlicher Ausrichtung nicht herstellen. All diese Faktoren sind jedoch essentiell für den Sauerstofftransport und die Nährstoffbereitstellung im Inneren eines Zellsystems [47]. Mittels Electrospinning können einfach und kostengünstig Scaffolds mit einer verbundenen Porenstruktur und Faserdurchmessern im Nanobereich hergestellt werden. Da die Radien der Nanofasern um Größenordnungen geringer sind als die Größe der darauf angesiedelten Zellen, wird diesen die Möglichkeit eröffnet, sich um die Fasern zu organisieren und so eine dreidimensionale Struktur zu bilden [48]. Das Electrospinning bietet außerdem die Möglichkeit, schichtweise aufgebaute Scaffolds herzustellen. So könnten beispielsweise Gefäßtransplantate aus miteinander verwobenen Polymerschichten angefertigt werden.

Als Innenwand kommt Kollagen zum Einsatz, das die Zellproliferation fördert, aber sehr geringe mechanische Eigenschaften aufweist. Zur Stütze wird ein mechanisch stabiles Polymer als äußere Schicht versponnen [10]. Neben den mechani-

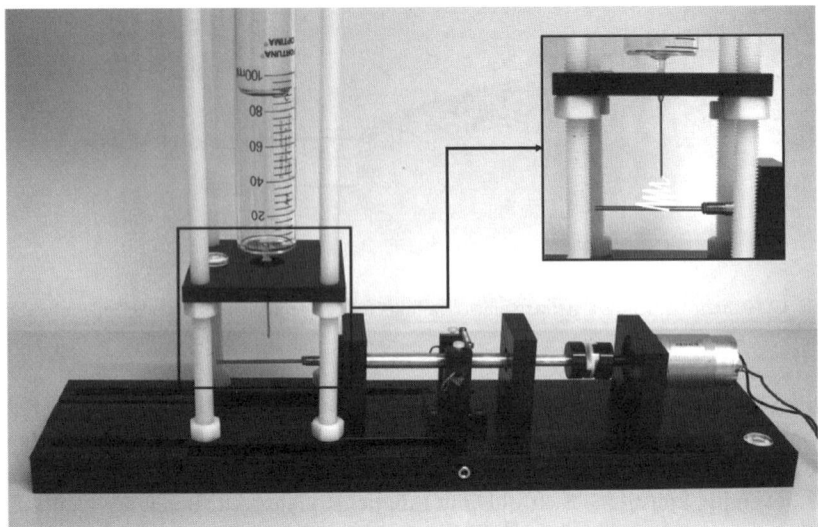

Abb. 19.11 Electrospinning-Aufbau für tubuläre Scaffolds aus Nanofasern

schen Eigenschaften spielen auch die Zelladhäsion und –proliferation eine maßgebliche Rolle. Bis ein Anwachsen von körpereigenen Endothelzellen gewährleistet ist, muss ein künstliches Gefäßtransplantat eine antikoagulatorische Aktivität aufweisen. Dieser Anforderung könnte entsprochen werden, indem in die innere Schicht des Scaffold z. B. ein Tri-n-Butylamin-Heparinsalz eingearbeitet wird, um so die Trombogenität zu senken. Bei Inkubation eines solchen Scaffolds in Phosphor Buffered Saline (PBS) konnte innerhalb der ersten 12 Stunden ein Burst-Release festgestellt werden. Weiterhin zeigte sich über die nächsten vier Wochen eine relativ gleichmäßige Freisetzungsrate, was auf die Degradation des Polymers zurückzuführen ist [49]. Für die Herstellung eines derartigen Gefäßtransplantates ist ein spezieller Electrospinning-Aufbau notwendig. Abb. 19.11 zeigt einen solchen, am Lehrstuhl für Medizintechnik der TU München entwickelten Aufbau.

19.7 Ausblick

Die Ergebnisse aktueller Forschungsaktivitäten zeigen das große Potential des Electrospinnings, sowohl für den Einsatz in der Grundlagenforschung, als auch in der anwendungsorientierten Entwicklung. Die wichtigsten Herausforderungen stellen dabei, unabhängig vom verwendeten System, die Punkte in Tabelle 19.5 dar [34, 42].

Zusätzlich zu allgemeinen Untersuchungen zur Optimierung des Electrospinning-Prozesses selbst, gibt es viele Bestrebungen zur Funktionalisierung der gewonnenen Nanofasern, speziell für die Bereiche der Pharmakologie und Medizin.

19.7 Ausblick

Höherer Durchsatz der Polymerlösung
Kontrolliertere Einstellung der Fasermorphologie und des Faserdurchmessers
Einheitliche Fasermorphologie und enge Verteilung im Faserdurchmesser
Weiterverarbeitung der Fasern, z. B. Schneiden der Fasern auf eine einheitliche Länge oder Isolierung einzelner Fasern

Tabelle 19.5 Zukünftige Herausforderungen des Electrospinnings

Nanofaserige Systeme mit supramolekularen Anordnungen offenbaren hochinteressante Aussichten und könnten zukünftig vollkommen neuartige Strukturen mit neuen Materialeigenschaften hervorbringen.

19.8 Literatur

1. Paschen, H., et al., Nanotechnologie – Forschung, Entwicklung, Anwendung. 2004, Berlin, Heidelberg: Springer-Verlag.
2. Ramakrishna, S., et al., An Introduction to Electrospinning and Nanofibers. 2005, Singapore: World Scientific Publishing Co. Pte. Ltd.
3. Formhals, A., Method and apparatus for spinning. 1939b: US Patent Specification 2160962.
4. Formhals, A., Process and apparatus for preparing artificial threads. 1934: US Patent Specification 1975504.
5. Formhals, A., Artificial fiber construction. 1938a: US Patent Specification 2109333.
6. Formhals, A., Method and apparatus for the production of fibers. 1938b: US Patent Specification 2116942.
7. Formhals, A., Method an apparatus for the production of fibers. 1938c: US Patent Specification 2123992.
8. Formhals, A., Method and production for the production artificial fibers. 1939a: US Patent Specification 2158416.
9. Doshi, J. and D.H. Reneker, Electrospinning process and applications of electrospun fibers. Journal of Electrostatics, 1995. 35: p. 151ff.
10. Teo, W.-E. and S. Ramakrishna, A review on electrospinning design and nanofibre assemblies. Nanotechnology, 2006. 17: p. R89–R106.
11. Zhao, Z., et al., Preparation and Properties of Electrospun Poly(vinylidene flouride) Membranes. Journal of Applied Polymer Science, 2005. 97(2): p. 466–479.
12. Han, S.O., et al., Ultrafine porous fibers electrospun from cellulose triacetate. Materials Letters, 2005(2998–3001).
13. Buchko, C.J., et al., Processing and microstructural characterization of porous biocompatible protein polymer thin films. Polymer, 1999. 40: p. 7397–7407.
14. Megelski, S., et al., Micro- and nanostructured surface morphology on electrospun polymer fibers. Macromolecules, 2002. 35: p. 8456–8466.
15. Lee, J.S., et al., Role of molecular weight of atactic poly(vinyl alcohol) (PVA) in the structure and properties of PVA nanofabric prepared by electrospinning. Journal of Applied Polymer Science, 2004. 93: p. 1638–1646.
16. Pawlowski, K.J., et al., Electrospinning of a micro-air vehicle wing skin. Polymer, 2003. 34: p. 1309–1314.
17. Zhong, X.H., et al., Structure and process relationship of Electrospun bioabsorbable nanofiber membranes. Polymer, 2002. 43: p. 4403–4412.
18. Deitzel, J.M., et al., The effect of processing variables on the morphology of electrospun nanofibers an textiles. Polymer, 2001. 42: p. 261–272.
19. Weiwei, Z., et al., Experimental Study on ralationship between jet instability and formation of beaded fibers during electrospinning. Polymer Engineering and Science, 2005: p. 704–709.
20. Rutledge, G.C., et al., Electrostatic Spinning and properties of ultrafine Fibers. National Textile Center, 2000 Annual Report, 2000: p. 1–10.
21. Zhao, S.L., et al., Electrospinning of Ethyl-Cyanoethyl Cellulose/Tetrahydrofuran Solutions. Journal of Applied Polymer Science, 2004. 91: p. 242–246.
22. Teo, W.-E. and S. Ramakrishna, Electrospun fibre bundle made of aligned nanofibers over two fixed points. Nanotechnology, 2005. 16: p. 1878 ff.
23. Xu, C.Y., et al., Aligned biodegradable nanofibrous structure: a potential scaffold for blood vessel engineering. Biomaterials, 2004. 25: p. 877 ff.
24. Matthews, J.A., et al., Electrospinning of collagen nanofibers. Biomacromolecules, 2002. 2: p. 232 ff.
25. Kim, K.W., et al., The effect of molecular weight and the linear velocity of drum surface on the properties of electrospun poly(ethylene terephtalate) nonwovens. Fiber Polymers, 2004. 5: p. 122 ff.

26. Chew, S.Y., et al., Sustained release of proteins from electrospun biodegradable fibers. Biomacromolecules, 2005. 6: p. 2017 ff.
27. He, J.-H., Y.-Q. Wan, and J.-Y. Yu, Application of Vibration Technology to Polymer Electrospinning. International Journal of Nonlinear Sciences an Numerical Simulation, 2004. 5(3): p. 253–262.
28. Khil, M.S., et al., Novel fabricated matrix via electrospinning for tissue engineering. Journal of Biomedical Materials Research B, 2005. 72: p. 117 ff.
29. Smit, E., U. Buttner, and R.D. Sanderson, Continious yarns from electrospun fibers. Polymer Communications, 2005. 46: p. 2419 ff.
30. Yarin, A.L. and E. Zussman, Upward needleless electrospinning of multiple nanofibers. Polymer, 2004. 45(2977 ff.).
31. Wang, M., et al., Production of submicron diameter silk fibers under benign processing conditions by two-fluid electrospinning. Macromolecules, 2006. 39: p. 1102 ff.
32. Lin, T., H. Wang, and X. Wang, Self-crimping bicomponent nanofibers electrospun from polyacrylonitrile and elastomeric polyurethane. Advanced Materials, 2005. 17: p. 2699 ff.
33. Fong, H., et al., Beaded nanofibers during electrospinning. Polymer, 1999. 40: p. 4585–4592.
34. Subbiah, T., et al., Electrospinning of Nanofibers. Journal of Applied Polymer Science, 2005. 96(2): p. 557–569.
35. Hsieh, Y.-L., S.B. Warner, and H. Schreuder-Gibson, Nano-Porous Ultra-High Surface Area Fibers. National Textile Center Final Report, 2004.
36. McCann, J.T., M. Maruez, and Y. Xia, Highly Porous Fibers by Electrospinning into a cryogenic Liquid. Journal of the American Chemical Society, 2006. 128: p. 1436–1437.
37. Kim, C.H., et al., Effect of Collector Temperature on the Porous Structure of Electrospun Fibers. Molecular Research, 2006. 14(1): p. 59–65.
38. Bognitzki, M., et al., Preparation of fibers with nanoscaled morphologies: Electrospinning of Polymer blends. Polymer Engineering and Science, 2001. 41(6): p. 982–989.
39. Bognitzki, M., et al., Nanostructured Fibers via Electrospinning. Advanced Materials, 2001. 13: p. 70–72.
40. Koombhongse, S., et al., Flat Polymer Ribbons and Other Shapes by Electrospinning. Journal of Polymer Science Part B: Polymer Physics, 2001. 39: p. 2598–2606.
41. Leong, K.W. and R. Langer, Polymeric controlled drug delivery. Advanced Drug Delivery Reviews, 1987. 1: p. 199–233.
42. Huang, Z.-M., et al., A review on polymer nanofibers by electrospinning and their applications in nanocomposites. Composites Science and Technology, 2003. 63: p. 2223–2253.
43. Zeng, J., et al., Biodegradable electrospun fibers for drug delivery. Journal of Controlled Release, 2003. 92: p. 227–231.
44. Crowder, T.M., et al., Fundamental Effects of Particle Morphology on Lung Delivery: Predictions of Stokes' Law and the Particular Relevance to Dry Powder Inhaler Formulation and Development. Pharmaceutical Research, 2002. 19: p. 239–245.
45. Bissell, M.J. and M.H. Barcellos-Hoff, The influence of extracellular matrix on gene expression: is structure the message? Journal of Cell Science Supplement, 1987. 8: p. 327 ff.
46. Pham, Q.P., U. Sharma, and A.G. Mikos, Electrospinning of Polymeric Nanofibers for Tissue Engineering Applications: A Review. Tissue Engineering, 2006. 12(5): p. 1197–1211.
47. Murugan, R. and S. Ramakrishna, Nano-Featured Scaffolds for Tissue Engineering: A Review of Spinning Methodologies. Tissue Engineering, 2006. 12(3): p. 435–447.
48. Xu, C.Y., et al., Electrospun nanofiber fabrication as synthetic extracellular matrix and its potential for vascular tissue engineering. Tissue Engineering, 2004. 10: p. 1160 ff.
49. Kwon, I.K. and T. Matsuda, Co-electrospun nanofiber fabrics of poly(L-lactide-co-e-caprolactone) with type I collagen or heparin. Biomacromolecules, 2005. 6: p. 2096–2105.

20 Tissue Engineering in der Hals-Nasen-Ohrenheilkunde, Kopf- und Halschirurgie

M. Bücheler, F. Bootz

20.1 Einleitung

Tissue Engineering ist eine Schlüsseltechnologie für den Gewebeersatz der Zukunft. Am Beispiel der Hals-Nasen-Ohrenheilkunde, Kopf- und Halschirurgie werden klinisch etablierte Gewebeersatzmethoden und aktuelle Entwicklungen des Tissue Engineering gegenübergestellt. Die Besonderheiten der zu ersetzenden Gewebe im Kopf- und Halsbereich erfordert vielfältige Ersatzverfahren. Im klinischen Alltag werden heute vor allem autogene Transplantate und Implantate für den Gewebeersatz verwendet [1]. In vitro hergestellte Gewebe werden abgesehen von Einzelanwendungen zur Zeit noch nicht am Patienten eingesetzt.

20.2 Gewebeersatz nach Tumorchirurgie

Nach tumorchirurgischen Eingriffen können die resultierenden Gewebedefekte den Patienten funktionell und ästhetisch sehr beeinträchtigen. Die aktuellen Rekonstruktionsverfahren umfassen freie Haut-, Muskel- oder Darmtransplantate, die durch Gefässanastomosen an das versorgende Empfängergefäss angeschlossen werden. Der entscheidende Vorteil des mikrovaskulären Gewebetransfers besteht darin, dass patienteneigenes Gewebe aus defektfernen Körperregionen für die Versorgung des Defektes eingesetzt werden kann. Das zu transplantierende Gewebe muss eine Gefässversorgung bestehend aus einer Arterie und einer Vene mit Mindestdurchmessern über 0,8 mm aufweisen. Die häufigsten freien Transplantate, die zur Rekonstruktion nach Tumoroperationen verwendet werden, sind der radiale Unterarmlappen, der Latissimus-dorsi-Lappen, der Pectoralis-major-Lappen, das Jejunum-Interponat und das Beckenkamm-Transplantat [2]. Trotz des weitverbreiteten klinischen Einsatzes sind Haut und Dünndarmmukosa für den Schleimhautersatz im oberen Aerodigestivtrakt nicht ideal. Beide Gewebe trocknen leicht aus und können dadurch zum Hängenbleiben der Nahrung während des Schluckens führen. Eine mögliche Lösung dieses Problems stellt die Besiedlung von Unterarmlappen mit Keratinozyten aus der Mundschleimhaut dar (Abb. 20.1) [3].

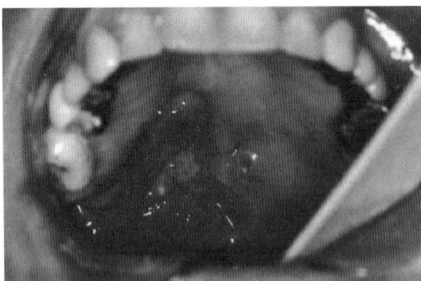 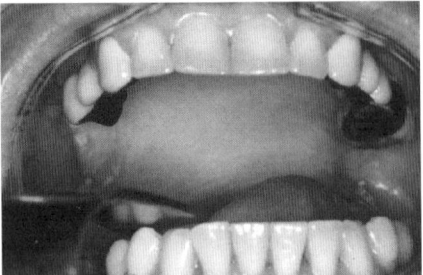

Abb. 20.1 Karzinom des Weichgaumens *(links)*. Verschluss des Defektes mit einem Unterarmlappen *(rechts)*

20.3 Trachealstenosen

Funktionell einschränkende Verengungen der Luftröhre werden am häufigsten nach Langzeitintubationen beobachtet. Durch die Druckschädigung der Trachealschleimhaut werden Heilungsprozesse ausgelöst, die in der Folge zu Vernarbungen als pathologisch-anatomisches Korrelat der Trachealstenose führen können (Abb. 20.2). Weitere Ursachen von Trachealstenosen sind kongenitale Tracheomalazien, Traumata, Entzündungen, Schilddrüsenerkrankungen und Komplikationen nach Tracheotomien.

Das therapeutische Vorgehen kann entsprechend der zugrundeliegenden Ursache variieren, ist aber fast immer operativ. Bei Stenosen, die durch schwere narbige Zerstörung aller Gewebeschichten der Luftröhre bedingt sind, wird die Trachealquerresektion durchgeführt. Der verengte Teil der Luftröhre wird entfernt – die resultierenden Trachealenden durch Nähte zusammengezogen. Dieses Vorgehen ist nicht mehr möglich wenn der verengte Teil der Luftröhre zu langstreckig ist. In diesem Fall muss der entfernte Trachealabschnitt ersetzt werden. Als Problemlösung kommt die Entwicklung einer atemmechanisch stabilen Prothese in Betracht. Zur Gewährleistung der mukoziliären Clearance muss eine Trachealprothese mit einer funktionell aktiven Epithelauskleidung beschichtet werden. Der klinische Einsatz bioartifizieller Trachealprothesen scheitert bisher an den fehlenden Möglichkeiten das Prothesenlumen mit einem funktionsfähigen respiratorischen Epithel auszukleiden. Die Realisierung eines dauerhaften, unidirektionalen und synchronen Zilienschlages ist mit den bisher erprobten Versuchsansätzen nicht gelungen.

Den erfolgversprechendsten Lösungsansatz bietet die Transplantation autogenen respiratorischen Epithels, das mit den Methoden des Tissue Engineering in-vitro vermehrt und transplantierbar gemacht wird. Mit der Besiedelung von Trachealprothesen durch enzymatisch isolierte Epithelzellen oder Gewebestücke aus tracheobronchialen Biopsien wurde erste Fortschritte für das Tissue Engineering von Atemwegsepithel erzielt. Obwohl die gewebespezifische Differenzierung des Epithels in vitro oder im Tierversuch erhalten werden konnte, liess sich in keinem der Versuchsansätze zilientragende oder schleimbildende Zellen nachweisen [4, 5]. Das

20.3 Trachealstenosen

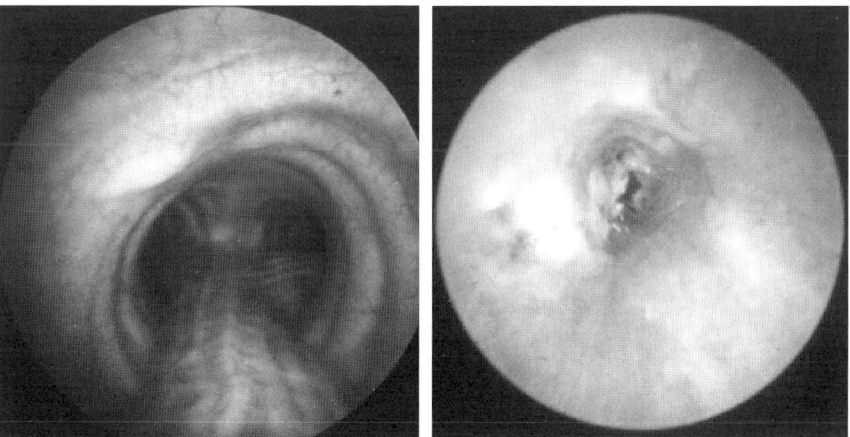

Abb. 20.2 Normale Trachea *(links)* und hochgradige Trachealstenose *(rechts)*

mukoziliäre System der Atemwege ist verantwortlich für die Beseitigung inhalierter Partikel und Krankheitsauslöser. Durch den gerichteten Zilienschlag wird der Schleimfilm der Atemwege kontinuierlich aus den Bronchien in Richtung Kehlkopf bewegt [6].

Für das Tissue Engineering von Atemwegsepithel ist es deshalb entscheidend Zellen mit aktivem Zilienschlag in vitro zu vermehren und in differenzierter Form zu erhalten. Als Entnahmeregion für patienteneigenes respiratorisches Epithel bieten sich die unteren Nasenmuscheln an. Das Gewebe kann in örtlicher Betäubung minimal invasiv durch die Nasenlöcher entnommen werden. Im Labor wird die Epithelzellschicht mit wenig darunterliegendem Bindegewebe abgelöst und in 4 x 4 mm grosse Stücke geschnitten, die dann mit verschiedensten Biomaterialien inkubiert werden können. Die Trägermaterialien müssen für das Tissue Engineering von respiratorischem Epithel vor allem zwei Funktionen übernehmen: Die Initiierung eines kontrollierten Fibroblastenwachstums, die als "feeder layer" (unterstützende Zellschicht) für die Epithelzellen dienen sowie die Gewährleistung einer ausreichenden mechanischen Stabilität, um das Gewebe in vitro und bei späteren Transplantation leichter handhaben zu können [7].

Aus in vitro Untersuchungen an Keratinozyten ist bekannt, das die Interaktion mesenchymaler Komponenten wie Fibroblasten oder Kollagen mit kultivierten Epithelzellen ist von entscheidender Bedeutung für deren Differenzierung ist [8]. In Gewebekulturen humaner Nasenschleimhaut mit Kollagen als Trägermaterial, wird dieses zunächst von Fibroblasten besiedelt, die aus dem Nasenschleimhautexplantat auswachsen. Nach und nach sprossen Epithelzellen aus dem Explantat aus und besiedeln die Fibroblastenschicht. Ihre Zilienaktivität behalten sie bis zu neun Wochen in vitro [7].

Nichtdegradable Werkstoffe wie z. B. Gestricke aus monofilamentem Polyethylenterephtalat (PET) vereinigen eine definierte Geometrie mit einer einstellbaren Porosität und gut dokumentierten Biokompatibilitätsmerkmalen. Die Ober-

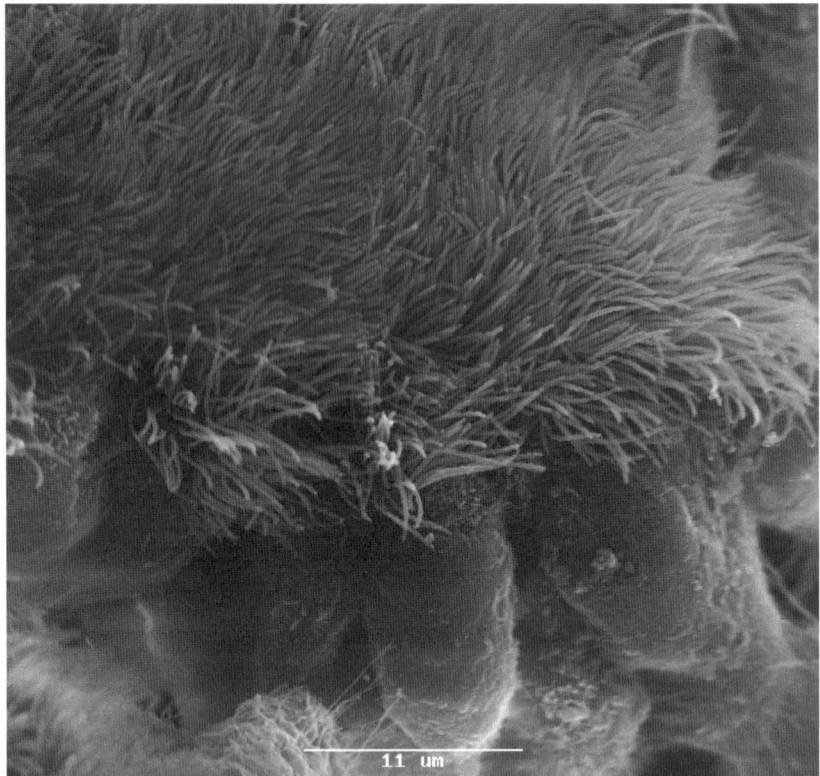

Abb. 20.3 In-vitro kultivierte humane Nasenschleimhaut auf einem PET-Netz

fläche dieses Materials ist für die biochemische Funktionalisierung geeignet, z. B. durch Plasmaaktivierung oder Aufbringen von Aminosäuren. Diese Oberflächenmodifikationen erleichtern die Anheftung von Zellen und Geweben auf dem Trägermaterial. Bei der Besiedelung von PET-Gestricken mit humaner Nasenschleimhaut wachsen zunächst Zellen mit fibroblastenartiger Morphologie zwischen die Filamente des Gestrickes. Die Untersuchung der Proben mit dem Rasterelektronenmikroskop nach sechs Wochen in vitro zeigt zilientragende Zellen, vor allem in der näheren Umgebung des Nasenschleimhautexplantates (Abb. 20.3).

20.4 Speicheldrüsen

Bei Patienten mit malignen Tumoren im Kopf- und Halsbereich werden die speichelproduzierenden Azinuszellen im Rahmen der Strahlentherapie irreversibel geschädigt. Die fehlende Speichelproduktion hat einen dauerhaft trockenen Mund,

20.4 Speicheldrüsen

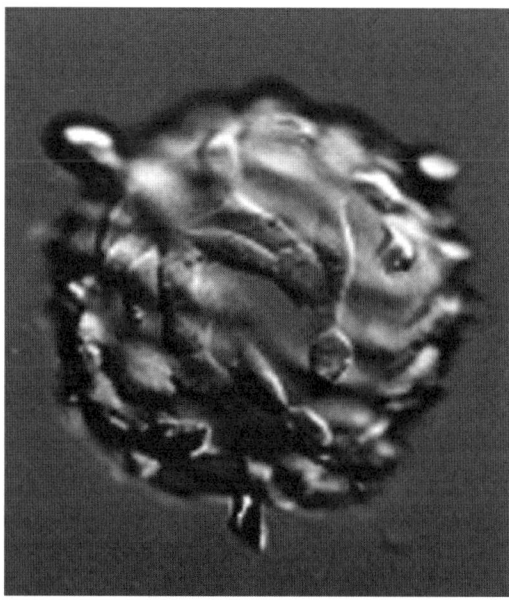

Abb. 20.4 Speicheldrüsenorganoid aus humanen Parotiszellen auf einem Microcarrier aus Dextran mit Kollagenbeschichtung

wiederkehrende Infektionen der Mundhöhle, Zahnkaries und eine nachhaltige Störung der Nahrungsaufnahme zur Folge.

Basierend auf den Methoden des Tissue Engineering und der Gentechnik werden zur Zeit Verfahren entwickelt, um dauerhaft geschädigtes Speicheldrüsengewebe zu ersetzen. Um autogenes Speicheldrüsengewebe in vitro herzustellen wurden Zellen der menschlichen Ohrspeicheldrüse auf kollagenbeschichteten Microcarriern gezüchtet (Abb. 20.4). Die Zellen produzierten das gewebespezifische stärkespaltende Enzym Amylase bis zu 3 Wochen in vitro. In einem anderen Lösungsansatz wurden gentechnisch modifizierte allogene Drüsenepithelzellen mit einem porösen röhrenförmigen Trägersubstrat kombiniert [9]. Diese künstlichen Miniaturspeicheldrüsen sollen in Zukunft in die Mundschleimhaut bestrahlter Patienten implantiert werden.

20.5 Literatur

1. Berghaus A., Alloplastische Implantate in der Kopf-Halschirurgie, *Eur. Arch. Otorhinolaryngol. Suppl.*, 1, 1992, p. 53-95.
2. Bootz F., Müller G.H., Mikrovaskuläre Gewebetransplantation im HNO-Bereich, *HNO*, 36, 11, 1988, p. 456-461.
3. Lauer G., Otten J.E., Cultivation of gingival keratinocytes on permeable membranes: simulating the function of the mouth cavity epithelium, *Mund Kiefer Gesichtschir*, 1, 1997, p. 35-38.
4. Chopra D.P., Kern R.C., Mathieu P.A., Jacobs J.R., Sucessful in vitro growth of human respiratory epithelium on a tracheal prosthesis, *Laryngoscope*, 102, 1992, p. 528-531.
5. Kaschke O., Gerhardt H.J., Bohm K., Wenzel M., Planck H., Experimental in vitro and in vivo studies of epithelium formation on biomaterials seeded with isolated respiratory cells, *Journal of Investigative Surgery*, 9, 2, 1996, p. 59-79.
6. Wanner A., Salathé M., O'riordan T.G., Mucociliary clearence in the airways, *Am J Respir Crit Care Med*, 154, 1996, p. 1868-1902.
7. Bücheler M., Scheffler B., von Foerster U., Bruinink A., Bootz F., Wintermantel E., Wachstum humanen respiratorischen Epithels auf Kollagenfolie, *Laryngo Rhino Otol*, 79, 2000, p. 160-164.
8. Bohnert A., Hornung J., Mackenzie I.C., Fusenig N.E., Epithelial-mesenchymal interactions control basement membrane production and differentiation in cultured and transplanted mouse keratinocytes, *Cell Tissue Res*, 244, 1986, p. 413-429.
9. Baum B.J., Wang S., Cukierman E., Delporte C., Kagami H., Marmary Y., Fox P.C., Mooney D.J., Yamada K.M., Re-engineering the functions of a terminally differentiated epithelial cell in vivo, *Ann N Y Acad Sci*, 874, 1999, p. 294-300.

21 Zellträgersysteme

K.-L. Eckert, J. Blum, E. Wintermantel

Mit Zellträgersystemen soll dem in der klinischen Medizin vordringlichen Problem der Behandlung von schwerstkranken Patienten, die ein partielles oder totales Organversagen erleiden, abgeholfen werden. Man stellt sich vor, dass durch geeignete Trägersubstanzen und -strukturen die Übertragung von metabolisch aktiven Zellen von einem Organismus auf den andern, erkrankten Organismus möglich wird. Die Funktion des Zellträgers ist dabei in erster Linie die des Abstandhalters einzelner Zellen und des Offenhalters für Versorgungskanäle. Man geht von der Vorstellung aus, dass Zellen, die einen optimalen Stoffwechsel haben sollen, in definierten Abständen zueinander in einem Zellträger angeordnet sein sollen. Dabei spielt die Vorstellung eine Rolle, mit dem Trägerwerkstoff die Struktur des zu ersetzenden Organs zu imitieren (Werkstoff-Mimikry). Erste Zellträgersysteme, die im Tierversuch eingesetzt wurden und sich derzeit in Vorbereitung zur klinischen Applikation befinden, sind Pankreas-Ersatzsysteme [1]. Diese Zelltransplantate basieren häufig auf Polymermembranen, die den Empfängerorganismus von den transplantierten allo- oder xenogenen Zellen trennen. Dabei verhindert die Membran einen Kontakt des Empfängerorganismus mit den Proteinen der transplantierten Zellen und damit eine Abstossungsreaktion. Es ist bei dieser Technologie zu bedenken, dass Polymere im Körper einem hydrolytischen Abbau unterworfen sein können und damit die Dauerbeständigkeit einer Polymermembran in Frage gestellt ist. Diesem Aspekt kann Rechnung getragen werden, indem Zellträgersysteme, die immunoprotektive Membranen nach bestimmten Verweilzeiten im Körper samt den transplantierten Zellen ausgetauscht werden.

Andere Konzepte sehen vor, immunoprotektive Membranen zu umgehen und Zellen, die keine immunogene Potenz mehr besitzen, mit Hilfe von geeigneten, z. B. angiopolaren, Zellträgern (siehe unten) zu transplantieren. Zellträgersysteme bieten auch wichtige Entwicklungsvoraussetzungen für spätere *Tissue Engineering* Systeme, die zu echten *in vitro* gezüchteten Ersatzgeweben führen sollen. Im Zusammenhang mit Zellträgersystemen ist auch die funktionelle Behandlung von Oberflächen zu nennen, die ein spezifisches Anwachsen von Zellwandbestandteilen über Rezeptormoleküle ermöglichen sollen [2].

Weltweit übersteigt die Nachfrage nach Spenderorganen das Angebot bei weitem. Alleine in den USA sterben jährlich ca. 30000 Patienten an Leberversagen,

Organtransplantation	Zelltransplantation
„grosse" Chirurgie Intensivstation	MIC (minimalinvasive Chirurgie) endoskopische Chirurgie, Injektionsverfahren
Allgemeinnarkose	Lokalanästhesie
Transplantation des Gesamtorgans	individuelle kritische Zellmasse
Abstossungreaktionen möglich	Zellen von nahen Verwandten oder genetisch veränderte Xenotransplantate
Chirurgische Verbindung der Blutgefässe	angiopolares Implantat („Biostecker")

Tabelle 21.1 Vergleich von Organ- und Zelltransplantation

weil für sie keine passende Spenderleber vorhanden ist. Auch ist der Ersatz von Organen durch eine Transplantation mit dem damit verbundenen grossen chirurgischen Eingriff ein erhebliches Risiko für den Patienten und ein Kostenfaktor von volkswirtschaftlicher Bedeutung. Eine Gegenüberstellung herkömmlicher Techniken für die Organtransplantation und zukünftigen Techniken für die Zelltransplantation ist in Tabelle 21.1 dargestellt. Nach dem Stand der chirurgischen Technik erfordert die Organtransplantation eine sogenannte grosse Chirurgie, die in grossen chirurgischen Zentren, z. B. Universitätskliniken, durchgeführt werden kann. Damit verbunden ist ein relativ grosser apparativer und personeller Aufwand. Der Patient wird in Allgemeinnarkose operiert. Zuvor hat er in der Regel einen langen Aufenthalt auf der Intensivstation hinter sich, während dem teuerste und anspruchsvollste intensivtherapeutische und -pflegerische Massnahmen durchgeführt wurden. Erst nach Ausschöpfen aller Intensivbehandlungsmassnahmen kann ein Patient ein Ersatzorgan erhalten, das, nach einer strengen Auswahl gemäss histologischen Kriterien, optimal für ihn geeignet ist. Die Ersatzorgane werden häufig mit grossem organisatorischen und logistischen Aufwand, darunter dem Flugzeugtransport quer über Kontinente hinweg, durchgeführt. In jedem Fall erfolgt die Transplantation eines Gesamtorgans mit entsprechendem Blutgefässanschluss. Auch Mehr-Organtransplantationen sind bekannt. Da es sich bei den Spenderorganen um Fremdorgane handelt, sind prinzipiell Abstossungsreaktionen möglich, die nach einem festgelegten Schema medikamentös unterdrückt werden. In der Regel ist der Patient nach der Gesundung und Entlassung aus dem Spital lebenslang auf eine spezielle Medikation angewiesen. Die endgültige Abstossung des transplantierten Organs ist damit jedoch nicht sicher ausgeschlossen.

Demgegenüber eröffnet die Zelltransplantation völlig neue therapeutische Möglichkeiten: Man möchte mit geeignet kleinen Zellträgern unter Anwendung der minimal invasiven Chirurgie eine individuell kritische Zellmasse einem Erkrankten zustellen. Dies sollte in Lokalanästhesie möglich sein. Allenfalls wird ein kleiner chirurgischer Eingriff in Vollnarkose durchgeführt. Besonders interessant erscheint die therapeutische Möglichkeit, individuell kritische Zellmassen zuzustellen, die entsprechend dem Versagenszustand des Originalorgans applizierbar sind. Auch ist an die Transplantation von angiopolaren Zellträgern gedacht, die in kurzer Zeit (ca. eine Woche) ein differenziertes Blutgefässmuster an das Transplantat heranwachsen lassen und damit eine unmittelbare Verbindung mit dem Blutgefässsystem des Empfängers darstellen („Biostecker"). Dabei sollen gesunde Zellen einem nahen Verwandten des Patienten entnommen, im Labor vermehrt und dem Patienten transplantiert werden oder es sollen gezüchtete und genetisch veränderte Zellen eingesetzt werden. Zum Zweck der Zelltransplantation werden Zellträger benötigt, die während der *in vitro*-Phase das Wachstum der entnommenen Zellen unterstützen und nach der Implantation deren schnelle Integration in den Organismus ermöglichen. Zur Wiederherstellung von verminderten Organfunktionen durch Zelltransplantationen müssen einige Anforderungen erfüllt werden:

- Es muss eine genügend hohe Anzahl an Zellen gezüchtet werden, um das geschädigte Organ funktionell zu ersetzen. Für den Ersatz der Leber zum Beispiel hat sich herausgestellt, dass für eine erfolgreiche Heilung eine Menge von rund 1–10 Vol.% des Organs benötigt wird [3]. Da es sich bei der Leber um ein relativ schweres Organ handelt (rund 2% des Körpergewichtes), ist die entsprechende Zellmasse, welche zu transplantieren ist, beträchtlich.
- Die transplantierten Zellen, speziell solche mit einer hohen metabolischen Aktivität, müssen mit den benötigten Nährstoffen gut versorgt werden, um ihr Überleben zu sichern. Für die meisten Zelltypen bedeutet dies, dass sie Zugang zu Blutgefässen haben müssen [4].
- Die transplantierten Zellen müssen mit dem körpereigenen Gewebe in Verbindung stehen und mit diesem kommunizieren, um funktionell wirksam sein zu können.
- Die transplantierten Zellen müssen dem Immunsystem des Körpers widerstehen, um längere Zeit wirken zu können. Weder der Zellträger noch dessen Degradationsprodukte sollten nach der Transplantation Entzündungen verursachen oder eine toxische Wirkung haben.

21.1 Immobilisation der Zellen

Die meisten tierischen Zellen benötigen für die Teilung und die Bildung eines Monolayers in der Zellkultur ein Substrat, an das sie anhaften können. Für diese Zellen ist die Interaktion zwischen ihrer Membran und der festen Werkstoffoberfläche von grösster Bedeutung. Diese Adhäsion zwischen dem Substrat und der negativ geladenen Zellmembran wird durch divalente Kationen (meistens Ca^{2+}) und basische Proteine ermöglicht, die eine Zwischenschicht zwischen den beiden Oberflächen bilden [14].

Die Technik der Zellimmobilisation stammt ursprünglich aus der Fermentation mit Enzymen. Es wurde festgestellt, dass die Bindung der Enzyme an eine feste Oberfläche (Träger) ihre Stabilität und Aktivität erhöht und schliesslich half, den Gärungsprozess besser zu kontrollieren. Immobilisierte Zellen zeigten gegenüber freien Zellen im Fermenter eine erhöhte Enzymaktivität, eine höhere Wachstumsrate und eine höhere Zellkonzentration. Zudem stabilisiert das Trägersubstrat, aufgrund seiner mechanisch stabilen und zusammenhängenden Struktur, die Zelle und dessen Enzyme [5].

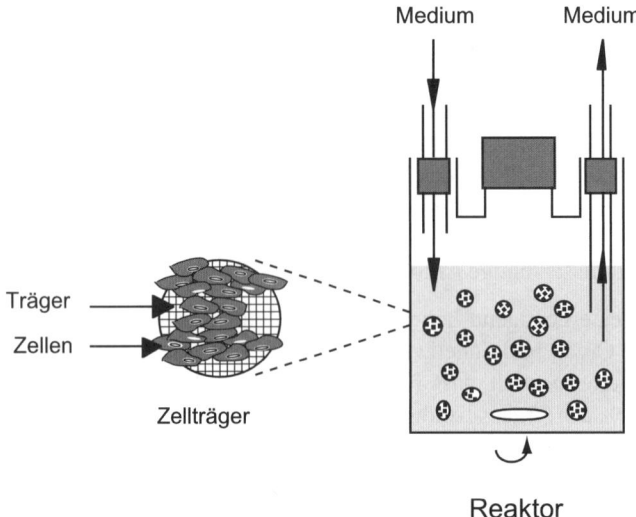

Abb. 21.1 Bioreaktor zur Kultivierung und Vermehrung von Zellen für die Zelltransplantation mit permanentem Mediumaustausch. Im Vergleich zu nicht-trägergebundenen Zellen, liegt hier eine Oberflächenvergrösserung zur Anhaftung von Zellen vor

21.2 Zellvermehrung auf den Trägersubstraten

Für die Kultivierung von Zellen für die Zelltransplantation werden üblicherweise Bioreaktoren verwendet, um eine möglichst hohe Vermehrungsrate und somit eine hohe Zellkonzentration zu erreichen (Abb. 21.1). Durch Erhöhung der Substratoberfläche mittels poröser Strukturen oder durch Verwendung von Substraten in partikulärer Form kann die Zellvermehrung beschleunigt werden.

Durch Modifikation der Substratoberfläche mit Wachstumsfaktoren, chemotaktischen Faktoren und anderen Agenzien kann die Organisation der Zellen beeinflusst werden. Die Freisetzung dieser Stoffe kann beispielsweise dazu dienen, die selektive Haftung bestimmter Zelltypen zu ermöglichen [13]. Porosität und chemische Zusammensetzung des Zellträgersubstrates kann die Freisetzungsrate und -menge dieser Stoffe gezielt verändern [6].

21.3 Nährstoffversorgung der Zellen auf den Trägersubstraten

Durch Annäherung der Zellträgermorphologie an die Morphologie und die Struktur des zu ersetzenden Organs, wird erwartet, dass die entsprechende Organisation der Zellen und die benötigten Zellfunktionen wiederzuerlangen sind. Indem die Form und bestimmte Grössen des Trägers, wie z. B. die Porengrösse, optimiert werden, kann die Organisation der Zellen derart beeinflusst werden, dass möglichst günstige räumliche und bezüglich der Nährstoffversorgung geeignete Bedingungen geschaffen werden. Ziel ist eine vollständige Integration des Transplantates im körpereigenen Gewebe durch Einwachsen von Blutgefässen sowie von körpereigenen Zellen und Geweben in den Träger [13]. In der Regel ist dieses Einwachsen ohne Bindegewebe erwünscht. Man wünscht sogenanntes ortsständiges Gewebe und meint damit z. B. Muskel-, Knochen- oder Nervengewebe. Falls ein Verwachsen dieser genannten Gewebe mit dem Werkstoff erzielt werden soll, so sind sich bildende Bindegewebeschichten oft störend, da sie in den metabolischen und mechanisch-funktionellen Eigenschaften sich vom ortsständigen Gewebe unterscheiden und Trennschichten darstellen. In wenigen Fällen ist jedoch das gezielte Einwachsen von Bindegewebe erwünscht, z. B. bei der Fixation künstlicher Blutgefässe im umgebenden Gewebe. Dort hat das einwachsende Bindegewebe auch eine abdichtende Funktion, um ein Austreten von Blut aus dem Gewebe zu verhindern und das dynamisch durch den Blutstrom belastete Blutgefäss im umliegenden Gewebe sicher zu fixieren.

21.4 Schutz gegen körpereigene Immunabwehr

Bei Zelltransplantationen besteht die Gefahr einer möglichen Abstossung der transplantierten Zellen durch das körpereigene Immunsystem. Eine Möglichkeit, diese Gefahr zu vermindern, besteht in der Einkapselung der Zellen in Werkstoffe, wie z. B. in Alginat oder in Agarose, durch welche nur die Sekretionsprodukte der Zellen und die Nährstoffe hindurchdiffundieren, nicht aber die Antikörper oder die Zellen des Immunsystems [7]. Der Schutz gegen Immunabwehr ist vorwiegend ein Problem bei Zellträgersystemen, die im Kontakt mit dem Blutgefässsystem stehen.

21.5 Zellträgersysteme

Im folgenden werden zwei ausgewählte Beispiele von Zellträgersystemen dargestellt. Ein sogenannter angiopolarer Zellträger wurde für die Anwendung in einer stark durchbluteten Umgebung mit dem Ziel des möglichst schnellen Anschlusses an das Empfängerblutgefässsystem entwickelt, während die Entwicklung einer porösen, degradablen Filzstruktur eher für die Anwendung in Geweben gedacht ist, bei welcher der schnelle Anschluss an des Blutgefässsystem von untergeordneter Bedeutung ist.

21.5.1 Angiopolare Zellträger

Aus verschiedenen Implantatsituationen im menschlichen Körper ist bekannt, dass konvexe Werkstoffoberflächen andere Gewebereaktionen hervorrufen als konkave. In der Regel findet sich um konvexe Oberflächen eine fibröse Kapsel mit relativ straffem Bindegewebe und einer Armut an Blutgefässen. In konkaven Oberflächen findet sich überwiegend lockeres Bindegewebe, zum Teil mit kräftigen Blutgefässen. Es wurde daher vermutet, dass mit Zellträgern, die sowohl konvexe als auch konkave Oberfläche aufweisen, z. B. eine geöffnete Hohlkugel, ein differenziertes Blutgefässwachstum erreicht werden könnte. Dies wurde zunächst mit Polymeren gezeigt [11]. In diesem Fall wurden degradable Polymere (85/15 PLA/PGA) eingesetzt. In einem späteren, nachfolgend beschriebenen System wurde von den degradablen Polymeren abgesehen, um mögliche schädliche Einflüsse durch Abbauprodukte und durch die Senkung des pH-Wertes, die bei PLA bekannt ist, zu umgehen.

Zellträger für den Leberersatz wurden aus einer hochporösen Aluminiumoxidkeramik entwickelt, die eine grosse innere Oberfläche für die Anlagerung von Zellen zur Verfügung stellt. Die äussere Gestalt des Trägers ist kugelig. Diese Gestalt zusammen mit der zentralen Öffnung, dem graduellen Übergang von Konvexität zu Konkavität und einer mikroporösen Struktur des Zellträgers ruft im Körper nach der Implantation ein als Angiopolarität bezeichnetes, differenziertes Blutgefässwachstum hervor (Abb. 21.2) [11]. Durch dieses differenzierte Blutgefässwachstum wird eine dem Leber-Acinus, der kleinsten funktionellen Einheit der Leber, nachgebildete Durchblutung des Zellträgers erreicht. Die implantierten Zellen sollen dadurch optimal mit Blut versorgt werden.

Die komplexe angiopolare Form wurde mit dem Hot-Plate-Molding (HPM)-Verfahren hergestellt [8]. Bei diesem Verfahren wird eine viskose, wässerige Aufschlämmung (Suspension) von Keramikpulvern und polymeren Zusätzen tropfenweise auf eine heisse Platte gegeben. Sobald der Tropfen mit der heissen Platte in Berührung kommt, bildet sich ein Dampffilm, der einen direkten Kontakt des Tropfens mit der Unterlage verhindert. Dadurch erhält der Tropfen seine kugelförmige Gestalt. Die Wärmeübertragung von der Heizplatte auf die Keramiksuspension führt zur Bildung von Dampfblasen im unteren Teil des Tropfens, wodurch ein schaumartiges Porensystem ausgeformt wird. Gleichzeitig entzieht die Dampfbildung der Suspension Flüssigkeit, wodurch sich der untere Teil des Tropfens soweit verfestigt, dass seine Form erhalten bleibt. Im oberen, noch flüssigen Teil sammelt sich der entstandene Dampf in einer einzigen Blase, die später den zentralen Hohlraum des Zellträgers bildet. Durch die fortgesetzte Dampfbildung steigt der Dampfdruck in dieser Blase so weit an, dass ihre zähflüssige Haut an der Oberseite aufreisst – die zentrale Öffnung ist gebildet. Unter dem Einfluss der Oberflächenspannung verfliessen die Ränder dieser Öffnung zu einem glatten, ausgerundeten Rand. Die Öffnung gibt dem austretenden Dampf den Weg frei, was zu einer schnellen Verfestigung des Grünkörpers führt. Die erzeugten Rohlinge werden danach einem Oxidationsbrand bei 800 °C unterworfen, um die polymeren Hilfsstoffe zu entfernen. Danach werden sie bei 1620 °C gesintert, um die endgültigen Materialeigenschaften zu erzeugen (Abb. 21.3).

21.5 Zellträgersysteme

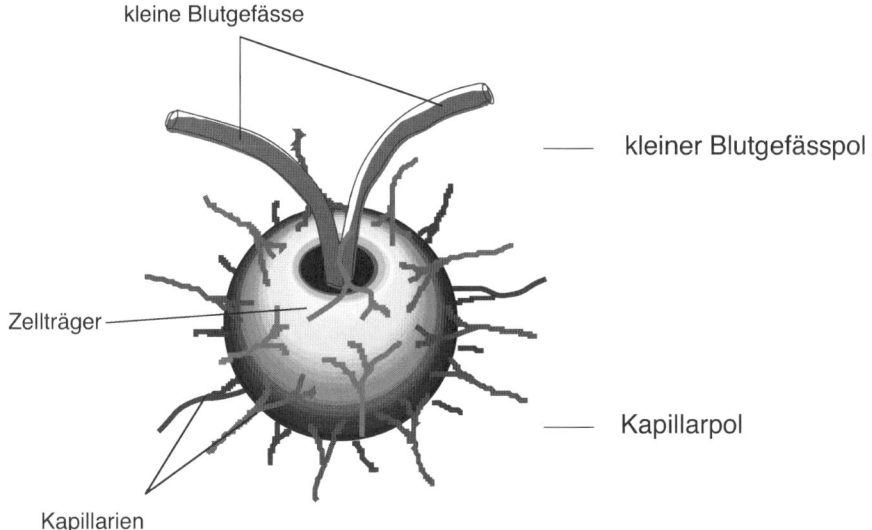

Abb. 21.2 Schematische Darstellung der Angiopolarität am Beispiel eines Leberzellträgers. Die Gefässpole sind: kleine Blutgefässe, die in die zentrale Öffnung einwachsen und Kapillaren, die radiär auf die konvexe Kugelfläche zuwachsen

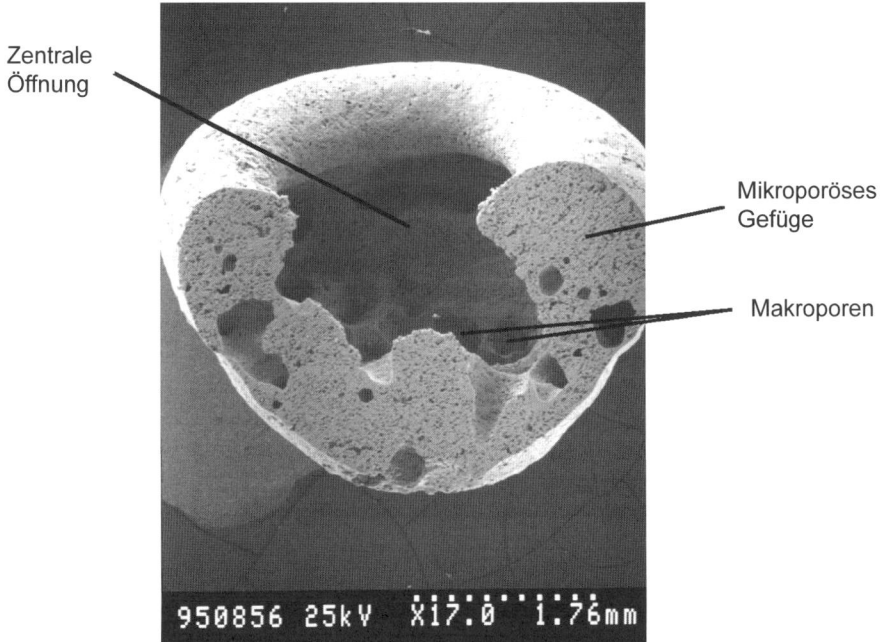

Abb. 21.3 Querschnitt durch einen angiopolaren Zellträger aus Aluminiumoxidkeramik

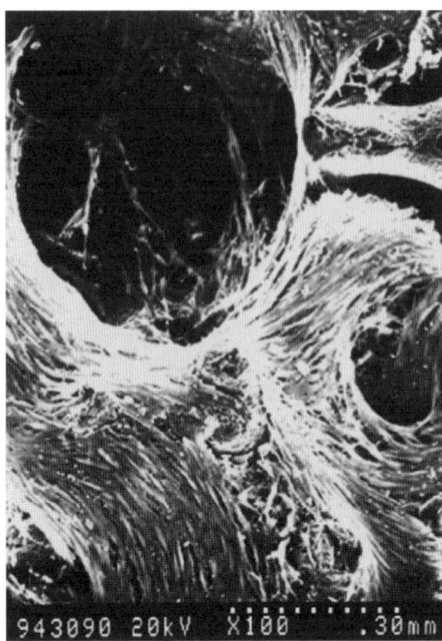

Abb. 21.4 Poröser Aluminiumoxid-Zellträger nach 32 Tagen Kultivierung mit Fibroblasten. Die Zellen haben eine dichte Schicht gebildet, die der Wandstruktur der Poren folgt

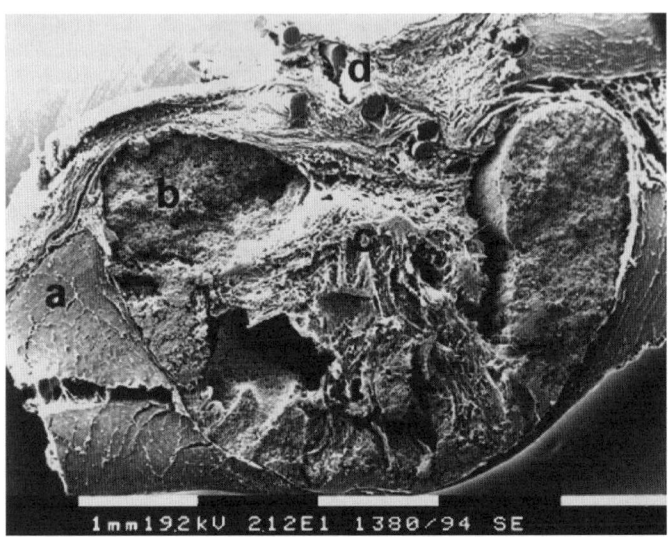

Abb. 21.5 Rasterelektronenmikroskopische Aufnahme eines angiopolaren Zellträgers aus mikroporöser Aluminiumoxidkeramik, entnommen 6 Wochen nach Implantation in der Bauchmuskulatur einer Ratte (fixierter, getrockneter und längs gebrochener Zellträger). *a:* den Zellträger umgebendes Muskelgewebe; *b:* mikroporöser, keramischer Zellträger; *c:* eingewachsener und mit Blutgefässen durchzogenes Bindegewebe; *d:* Nahtfäden vom Schliessen der Muskeltaschen bei der Implantation. (Präparation und Aufnahme: Prof. Dr. P. Groscurth, Institut für Anatomie, Universität Zürich)

21.5 Zellträgersysteme

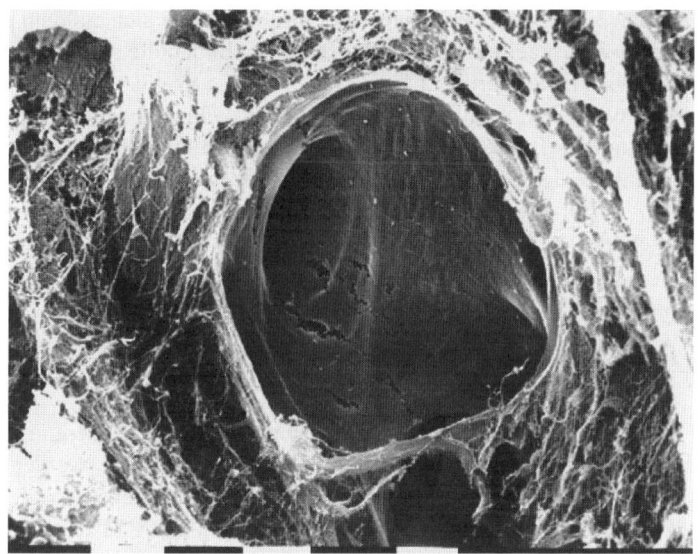

Abb. 21.6 Rasterelektronenmikroskopische Aufnahme einer Bifurkation (Aufteilung in zwei Äste) eines Blutgefässes im zentralen Anteil des Zellträgers. Deutlich zu erkennen ist die Endothelauskleidung der Gefässe. (Präparation und Aufnahme: Prof. Dr. P. Groscurth, Institut für Anatomie, Universität Zürich)

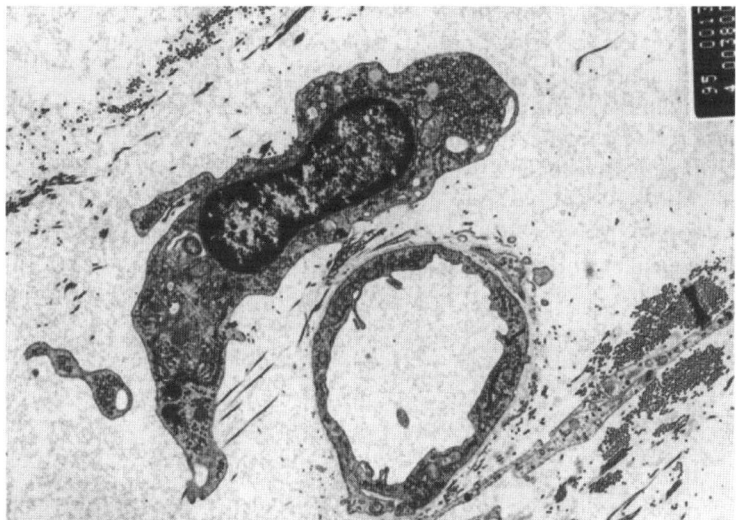

Abb. 21.7 Deutlich erkennt man einen Fibroblasten, der von zahlreichen kollagenen Fibrillen umgeben ist sowie eine Blutkapillare mit kompletter Endothelauskleidung. (Präparation und Aufnahme: Prof. Dr. P. Groscurth, Institut für Anatomie, Universität Zürich)

Nach 32 Tagen Kultivierung mit Fibroblasten hat sich auf dem porösen Aluminiumoxid-Zellträger eine dichte Zellschicht gebildet, die sich entlang der Gestalt des Porensystems ausgerichtet hat (Abb. 21.4). In *in vivo*-Untersuchungen an Ratten wurde 6 Wochen nach Implantation im Muskelgewebe lockeres, mit Blutgefässen durchzogenes Bindegewebe im Innern der Hohlkugel beobachtet (Abb. 21.5). Die Aussenseite der Zellträger war von Muskelgewebe umgeben. Es hatte sich das bereits von polymeren Zellträgern bekannte typische angiopolare Blutgefässmuster ausgebildet.

21.5.2 Resorbierbare Polymersysteme

Falls die vaskuläre Integration nicht von vorrangiger Bedeutung ist, könnten biodegradable Polymere zur Zelltransplantation eingesetzt werden. Als Zellträgerwerkstoff für die Transplantation von Knorpelgewebe wurde Polyglykolsäure (PGA) und Polymilchsäure (PLA) getestet [9]. PGA-Filze wurden aus spinnextrudierten Fasern mit einem Durchmesser von 13 µm hergestellt. Mit Hilfe einer Textilprozesstechnik konnten Filze mit einer Porosität von 97% hergestellt werden. Die dreidimensionale Struktur des Filzes blieb auch nach der Belegung des Zellträgers mit Chondrozyten (Knorpelzellen) erhalten. Diese Untersuchung erfolgte mit Zellen, die während 8 Wochen unter Standardbedingungen im Inkubator bei 37 °C, in feuchter Atmosphäre und mit 10% CO_2 inkubiert wurden. In diesen Versuchen wird das Polymer als temporärer Platzhalter für die extrazelluläre Matrix (ECM) angenommen. Einer Degradation des Polymers steht der Aufbau der ECM gegenüber. Man nimmt an, dass das abgebaute Polymer der ECM Platz schafft. Die Degradationsrate des Polymers wurde daher anhand der Syntheserate der ECM durch die Zellen untersucht. Bereits nach wenigen Wochen war der grösste Teil des Polymers durch die ECM mit Kollagen und Proteoglykanen ersetzt. Das Knorpelgewebe regenerierte sich in der ursprünglich vorgegebenen Form des PGA-Zellträgers. Nach der Implantation von teilweise regeneriertem Knorpelgewebe in verletzte Gelenke von Kaninchen wurde ebenfalls ein Abbau von PGA und die Zunahme an Knorpelproteinmasse beobachtet. Nach 7 Wochen Implantation hatte sich der Knorpel in den Gelenken vollständig regeneriert [12].

21.5 Zellträgersysteme

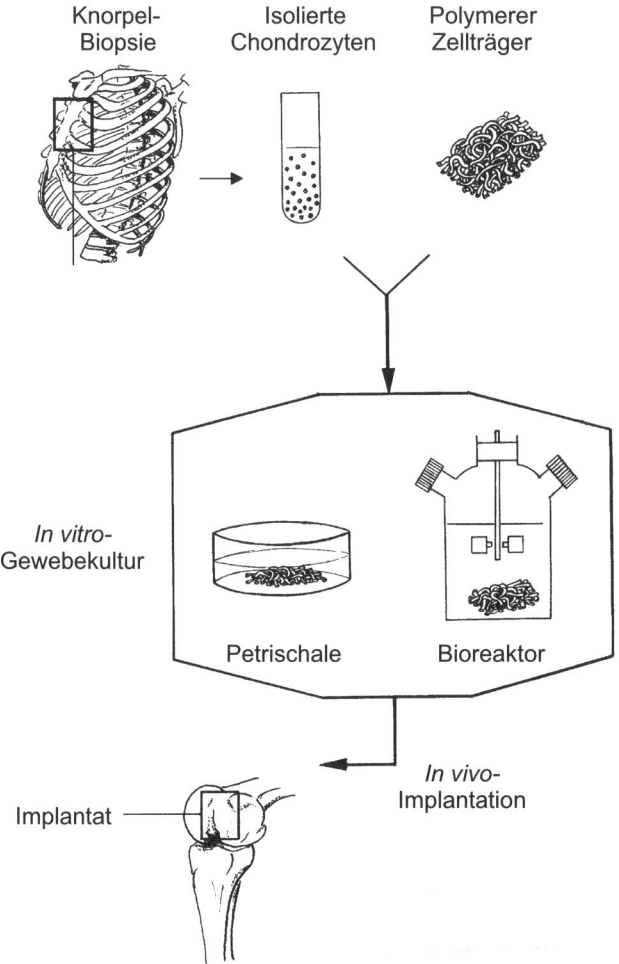

Abb. 21.8 Schematische Darstellung der Herstellung von Knorpelzelltransplantaten [10]

21.6 Literatur

1. Langer R., Vacanti J.P., Artificial organs, *Scientific American*, September 1995, 1995, p. 100–103.
2. Aebischer P., Ranieri J.P., Clemence F., Signore A., Development of biocompatible molecular materials, in *Materials research for engineering systems – Proceedings of the first swiss conference on materials research for engineering systems*, Ilschner B., Hofmann M., Meyer-Olbersleben F. (eds.), Technische Rundschau, Sion, 1994, p. 195–203.
3. Mooney D.J., Kaufman P.M., Sano K., McNamara K.M., Vacanti J.P., Langer R., Transplantation of hepatocytes using porous, biodegradable sponges, *Transplantation proceedings*, 26, 1994, p. 3425–3426.
4. Rotem A., Toner M., Bhatia S., Foy B.D., Tomkins R.G., Yarmush M.L., Oxygen is a factor determining in vitro tissue assembly, *Biotech. Bioeng.*, 43, 1994, p. 654.
5. Gerhartz W., *Enzymes in industry*, VCH Verlagsgesellschaft, Weinheim, 1990.
6. Sato S., S.-W. K., Macromolecular diffussion through polymer membranes., *Int. J. Pharmaceut.*, 22, 1984, p. 229–255.
7. Darquay S., Reach G., Immunoisolation of pancreatic cells by microencapsulation, *Diabetologia*, 28, 1985, p. 776.
8. Eckert K.L., Hofmann H., Wintermantel E., Contribution to the development of ceramic cell carrier materials., in *Proc. 1st Swiss Conference on Materials Research for Engineering Systems, Technische Rundschau*, Ilschner B., Hofmann H. (eds.), 1994, p. 185–189.
9. Freed L.E., Marquis J.C., Nohria A., Emmanuel J., Mikos A.G., Langer R., Neocartilage formation in vitro and in vivo using cells cultured on synthetic biodegradable polymers, *Journal of Biomedical Materials Research*, 27, 1993, p. 11–23.
10. Freed L.E., Vunjak-Novakovic G., Langer R., Cultivation of cell-polymer cartilage implants in bioreactors, *Journal of cellular biochemistry*, 51, 1993, p. 257–264.
11. Wintermantel E., Cima L., Schloo B., Langer R., Angiopolarity of cell carriers. Directional angiogenesis in resorbable liver cell transplantation devices, in *Angiogenesis: Principles-Science-Technology-Medine*, Steiner R., Weisz B., Langer R. (eds.), Birkhäuser Verlag, Basel, 1992, p. 331–334.
12. Freed L.E., Vunjak-Novakovic G., Biron R.J., Eagles D.B., Lesnoy D.C., Barlow S.K., Langer R., Biodegradable polymer scaffolds for tissue engineering, *Biotechnology*, 12, 1994, p. 689–693.
13. Peppas N.A., Langer N.A., New challenges in biomaterials, *Science*, 263, 1994, p. 1715–1720.
14. Freshney R.I., Three-dimensional culture systems, in *Culture of animal cells*, Freshney R.I. (ed.), Alan R. Liss Inc., New York, 1987, p. 297–307.

22 Stammzellen

M. Eblenkamp, S. Neuss-Stein, S. Salber, V. Jacobs, E. Wintermantel

22.1 Einleitung

Die komplexen Funktionen von höheren Lebewesen sind nur durch das koordinierte Zusammenspiel von hochspezialisierten Geweben und Zellen möglich. Im ausgereiften menschlichen Organismus lassen sich ca. 200 verschiedene Zelltypen unterscheiden, die sich in einem vielstufigen Entwicklungsprozess alle aus einer einzigen befruchteten Eizelle entwickeln. Es ist bemerkenswert, dass trotz ihrer vielfältigen Erscheinungsformen und spezialisierten Funktionen alle Zellen (mit Ausnahme der kernlosen Erythrozyten) die gleiche genetische Information behalten.

Lange Zeit herrschte die Meinung vor, dass die Differenzierung von Zellen nach Ausreifung des Organismus weitgehend fixiert sei. Seit ca. 15 Jahren mehren sich jedoch die Beobachtungen, dass auch im reifen Organismus ein Pool an wenig differenzierten Zellen vorhanden ist, die sich auf die Organgewebe verteilen. Ferner ist es möglich, dass Zellen von einer Differenzierungsform in andere, auch wenig differenzierte Erscheinungsformen übergehen können. Die Differenzierung von Zellen muss somit weniger als eine definitive Größe, sondern vielmehr im Sinne eines mehr oder weniger stabilen Gleichgewichtszustandes verstanden werden. Sie scheint somit prinzipiell keine unumkehrliche Eigenschaft zu sein. Die Art der Differenzierung von Zellen wird wesentlich durch den Charakter des die Zelle umgebenden Milieus bestimmt wird [1]. Dieses wiederum wird neben äußeren Einflüssen auch durch die Zellen selbst definiert, wodurch die Theorie eines sich selbst stabilisierenden Gleichgewichtszustandes der Zelldifferenzierung gestützt wird.

Die oben beschriebene Beeinflussbarkeit der Zelldifferenzierung stellt die Grundlage für die Regenerationsfähigkeit von geschädigtem Gewebe dar. Nur durch die Möglichkeit der individuellen Anpassung der Differenzierung einer Zelle an die lokalen Erfordernisse im Gewebsverband kann funktionsfähiges Gewebe neu entstehen und in das bereits vorhandene integriert werden.

Die Erforschung der Mechanismen der Zelldifferenzierung und Gewebsregeneration liefert die Grundlage für Therapien, bei denen die oben beschriebenen Differenzierungsmöglichkeiten von Zellen gezielt zur Behandlung von Gewebeschäden genutzt werden. Diese therapeutischen Bestrebungen werden unter dem Begriff der

„regenerativen Medizin" zusammengefasst. Ein besonderes Augenmerk liegt zum einen in der Identifikation, Gewinnung und Verwendung von Zellen, die leicht vermehrt und in spezialisierte Zellen differenziert werden können. Diese Zellen werden unter dem Sammelbegriff der „Stammzellen" zusammengefasst.

Zum anderen gilt es, die äußeren Einflussmöglichkeiten zu identifizieren, mit denen gezielt auf die Richtung der Differenzierung von Stammzellen eingewirkt werden kann. Sind diese Einflussmöglichkeiten bekannt, so kann es gelingen, Regenerationsvorgänge in vivo gezielt zu fördern oder in vitro geordnete Zellverbände zu generieren. Die Erforschung der Stammzellen und der Beeinflussbarkeit ihrer Differenzierung hat damit eine hohe Bedeutung für das Tissue Engineering.

22.2 Definitionen und Systematik

22.2.1 Definition

Bei dem Versuch, Stammzellen von anderen Zellen abzugrenzen, werden vor allem folgende Zelleigenschaften berücksichtigt:
1. Proliferations- bzw. Selbsterneuerungspotential
2. Plastizität bzw. Differenzierbarkeit

22.2.1.1 Proliferations- und Selbsterneuerungspotential

Prinzipiell besitzt jede Zelle – mit Ausnahme der kernlosen Erythrozyten – die Fähigkeit zur Zellteilung (Proliferation). Zellteilung ist in der Entwicklungsphase essentiell für das Wachstum des Organismus und im ausgereiften Zustand unabdingbar für die Regeneration von Gewebeschäden. Die Proliferation von Zellen darf jedoch nicht unkontrolliert ablaufen, da sonst Tumoren entstehen würden. Daher gibt es eine Vielzahl von komplexen Regulationsmechanismen.

Die Mehrzahl der Zellen sind nicht unendlich häufig teilbar, sondern „altern". Ist eine höhere Anzahl an Zellteilungen erreicht, so werden die Zellen in der Regel in den programmierten Zelltod (Apoptose) überführt, bei dem die Zellen kontrolliert abgebaut werden. Eine wesentliche Aufgabe bei der Steuerung der Zellalterung spielen Telomere [2]. Vereinfacht gesagt sind Telomere DNA-Anhängsel an den Chromosomenenden, die bei jeder Zellteilung verkürzt werden. Haben die Telomere eine kritische Länge unterschritten, so wird die Zelle als „alt" erkannt und die Proliferation eingestellt. Die Telomere werden mittels des Enzyms Telomerase aufgebaut.

Es gibt Zellen mit kontinuierlicher Telomerase-Aktivität. Hierdurch werden die Telomere nach der Zellteilung wieder regeneriert, so dass die Zelle durch die Zellteilung nicht altert. In diesem Fall kann somit von einer „Selbsterneuerung" der Zellen gesprochen werden. Einige der unter dem Sammelbegriff „Stammzellen" zusammengefassten Zelltypen zeigen eine Telomerase-Aktivität und damit ein Selbsterneuerungspotential.

22.2 Definitionen und Systematik

Entwicklungsstadium	Stammzelltypen	Differenzierbarkeit	Bemerkung
 Befruchtete Eizelle		omni-/totipotent	
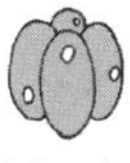 Morula			Verwendung auf Grund ethischer Bedenken wegen des Verbrauchs an Embryonen kontrovers diskutiert; Regelungen in verschiedenen Staaten sehr unterschiedlich
 Blastozyste	Embryonale Stammzellen (ES-Zellen)	pluripotent	
 Embryo	Fetale (= primordiale) Stammzellen		
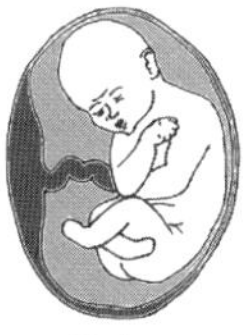 Fetus	Stammzellen der Amnionflüssigkeit	multipotent	Gewinnung risikobehaftet, da in $\leq 1\%$ der Fälle Abort durch Punktion
 Neugeborenes	Postnatale Stammzellen Hämatopoetische Stammzellen (HSC) des Nabelschnurblutes Mesenchymale Stammzellen (MSC) der Nabelschnur, Plazenta und Eihaut	multipotent	Gewinnung und Verwendung unbedenklich
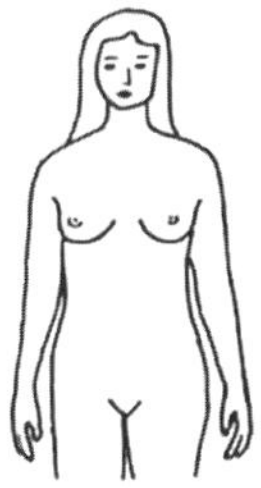 Erwachsene(r)	Adulte Stammzellen Hämatopoetische Stammzellen (HSC) Mesenchymale Stammzellen (MSC)	multipotent / unipotent	

Abb. 22.1 Systematik der humanen Stammzellen. Beachtenswert ist die Abnahme des Differenzierungspotentials mit Fortschreiten der Entwicklung des Individuums, sowie die Unbedenklichkeitsschwelle (Zeitpunkt der Geburt) für die Gewinnung und Verwendung humaner Stammzellen

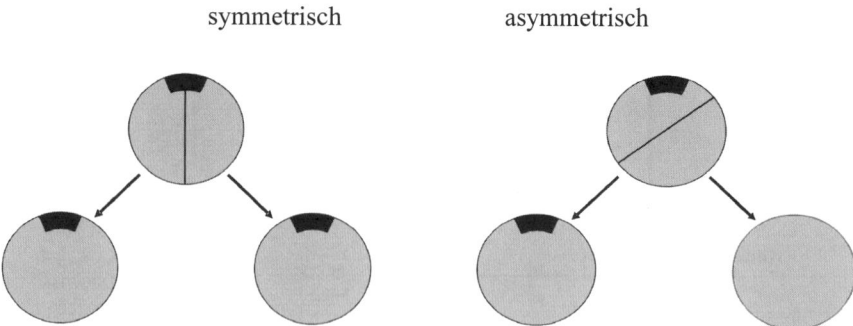

Abb. 22.2 Prinzip der Selbsterneuerung von Stammzellen bei symmetrischer und asymmetrischer Zellteilung Bei der symmetrischen Zellteilung werden die Zellbestanteile zu gleichen Anteilen auf die Tochterzellen aufgeteilt, wodurch zwei identische Zellen entstehen. Bei der asymmetrischen Zellteilung werden bestimmte Elemente der Zelle nur an eine Zelle weitergegeben. Dies führt dazu, dass sich die eine Tochterzelle wieder zu einer Stammzelle entwickelt, während die andere Zelle in eine spezialisierte Zelle differenziert

Es lassen sich zwei Formen der Zellteilung bzw. Selbsterneuerung unterscheiden (siehe Abb. 22.2):

1. symmetrisch
2. asymmetrisch

Bei der symmetrischen Zellteilung entstehen zwei gleichartige neue Tochterzellen. Diese läuft somit auf eine Vermehrung der Stammzellen hinaus.

Bei der asymmetrischen Zellteilung werden bestimmte Bestandteile der Mutterzelle ungleichmäßig auf die Tochterzellen aufgeteilt. Im Falle von Stammzellen führt dies dazu, dass zusätzlich zu einer neuen Stammzelle eine Zelle generiert wird, die sich zu einer differenzierten Zelle weiterentwickelt. Die asymmetrische Zellteilung führt somit nicht zu einer Vermehrung, sondern nur zu einem Erhalt der Menge an Stammzellen. Das Prinzip der asymmetrischen Selbsterneuerung findet sich z. B. bei den hämatopoetischen (= blutbildenden) Stammzellen.

22.2.1.2 Plastizität bzw. Differenzierbarkeit

Unter dem Überbegriff „Plastizität" versteht man im zellbiologischen Zusammenhang die Fähigkeit von Zellen, von einer Differenzierungsform in eine andere überzugehen.

Eine Form der Plastizität von Zellen ist die Fähigkeit zur „Differenzierung". Hierunter versteht man den Vorgang, dass eine Zelle aus einem undifferenzierten Zustand in eine funktionell spezialisierte Form übergeht. Die Fähigkeit zur Differenzierung ist eine grundlegende Eigenschaft der Stammzellen. Ferner gibt es das gegenteilige Phänomen, dass Zellen aus einer differenzierten Form in eine undifferenzierte Form übergehen können. Diesen Prozess bezeichnet man als „De- oder

22.2 Definitionen und Systematik

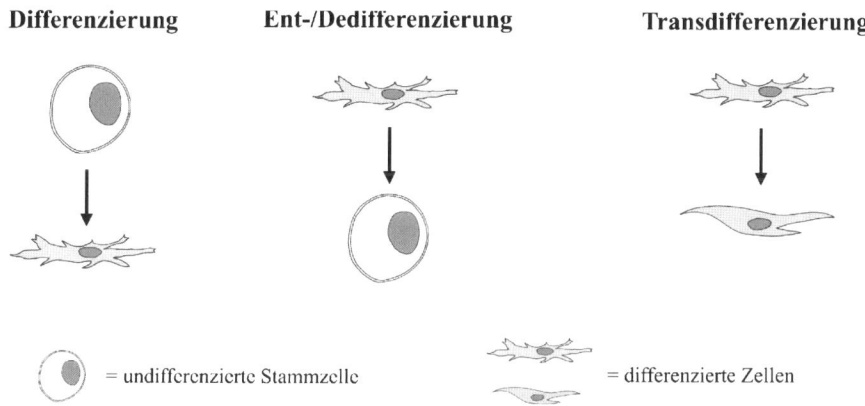

Abb. 22.3 Formen der Plastizität von Zellen Zur Erläuterung siehe unten stehenden Text

Entdifferenzierung". Schließlich kann eine bereits ausdifferenzierte Zelle in einen anderen funktionell differenzierten Zustand übergehen. Man nennt diesen Prozess „Transdifferenzierung".

> Die Klassifizierung einer Zelle als Stammzelle setzt voraus, dass sie
> 1. ein Selbsterneuerungspotential und
> 2. ein Differenzierungspotential
>
>   besitzt. Im alltäglichen Gebrauch des Begriffes Stammzelle wird selten diese strenge Definition eingehalten. Zumeist wird schon dann von Stammzellen gesprochen, wenn sie
> 1. eine hohe Proliferationskapazität und
> 2. eine Plastizität
>
>   aufweisen.

22.2.2 Gliederung nach Ausmaß des Differenzierungspotentials

Abhängig vom Ausmaß ihrer Differenzierbarkeit werden Stammzellen mit den Attributen uni-, multi-, pluri- oder omni-/totipotent belegt (siehe Abb. 22.4).

„Unipotente Stammzellen" sind neben der Selbsterneuerung in der Lage, sich zu einer vorbestimmten ausdifferenzierten Zellform zu entwickeln. In nahezu jedem Gewebe scheinen solche unipotenten Stammzellen vorhanden zu sein. Darüber hinaus gibt es Stammzellen, die sich zu mehr als einem Zelltyp differenzieren lassen. Wenn es sich lediglich um einige der vielen Zellarten handelt, so spricht man von „multipotenten Stammzellen". Ein Beispiel für die Gruppe von Zellen sind

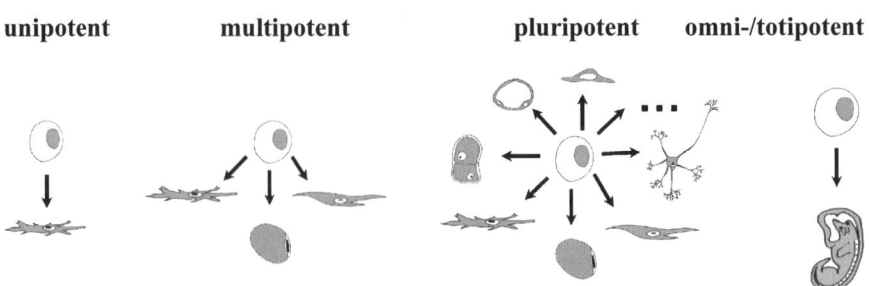

Abb. 22.4 Begriffe zur Beschreibung des Differenzierungspotentials von Stammzellen. Die Begriffe uni-, multi-, pluri- und omni-/totipotent beschreiben das Ausmaß der Differenzierbarkeit von Stammzellen. Während unipotente Stammzellen nur in einen Zelltyp differenzieren können, so kann aus omni-/totipotenten Stammzellen unter geeigneten Bedingungen ein kompletter Organismus entstehen

die multipotenten mesenchymalen Stammzellen. Läßt sich aus der Stammzelle eine Vielzahl spezialisierter Zelltypen differenzieren, so spricht man von einer „pluripotenten Stammzelle". Ein Beispiel für pluripotente Stammzellen sind die embryonalen Stammzellen. Schließlich gibt es Zellen aus denen sich unter geeigneten Bedingungen sogar ein kompletter Organismus entwickeln kann. Diese Zellen werden als „omni- oder totipotente Stammzellen" bezeichnet. Ein Beispiel für diese Art von Zellen sind die Zellen der Morula (siehe Abb. 22.1).

22.2.3 Gliederung nach Richtung des Differenzierungspotentials

Abhängig von der Richtung ihres Differenzierungspotentials werden Stammzellen mit entsprechenden Bezeichnungen belegt. So versteht man z. B. unter den neuronale Stammzellen solche Zellen, aus denen Nervenzellen entstehen können. Die hämatopoetischen Stammzellen sind der Ursprung der verschiedenen Blutzellen. Ein weiteres wichtiges Beispiel sind die mesenchymalen Stammzellen, aus denen Zelltypen, die dem embryonalen Bindegewebe – dem Mesenchym – entstammen, entstehen können.

22.2.4 Gliederung nach Ursprung

Stammzellen werden auch nach ihrem Ursprung gemäß den ontogenetischen Entwicklungsstufen eingeteilt (siehe Abb. 22.1). So werden Stammzellen, die aus der Blastozyste gewonnen werden, als „embryonale Stammzellen", und solche, die aus der fetalen Keimzellanlage isoliert werden, als „fetale Stammzellen" bezeichnet.

Hiervon werden Stammzellen abgegrenzt, die aus dem vollständig entwickelten Organismus gewonnen und daher als „adulte Stammzellen" (adult = erwachsen) bezeichnet werden. Viele Forscher sprechen generell von adulten Stammzellen, sobald sie einem Organismus nach der Geburt entstammen. Da davon auszugehen ist, dass sich die frühkindlichen Zellen im Vergleich zu den Zellen des Erwachsenen durch ein besonders hohes Differenzierungspotential auszeichnen, ist zur weiteren Abgrenzung zusätzlich der Begriff der „postnatalen Stammzellen" für die frühkindlichen Stammzellen sinnvoll.

22.3 Identifizierung von Stammzellen

Stammzellen stellen eine heterogene Gruppe von Zelltypen dar, die sich z. T. nur unscharf von anderen Zellarten abgrenzen lassen. Dieses trifft insbesondere für die multipotenten adulten Stammzellen – wie z. B. mesenchymale Stammzellen – zu. Dennoch wird versucht, charakteristische Zelleigenschaften zu identifizieren, die typisch für die jeweilige Stammzellart sind. Erst so ist es möglich, die Reinheit von Stammzellkulturen zu beurteilen und damit Qualitätskontrollen bei der Kultivierung von Stammzellen einzuführen, die für eine therapeutische Verwendung dieser Zellgruppe unbedingt erforderlich sind.

Die Identifizierung von Stammzellen stützt sich im Wesentlichen auf drei Zelleigenschaften:

1. die Morphologie
2. die Oberflächenmerkmale
3. die funktionellen Eigenschaften

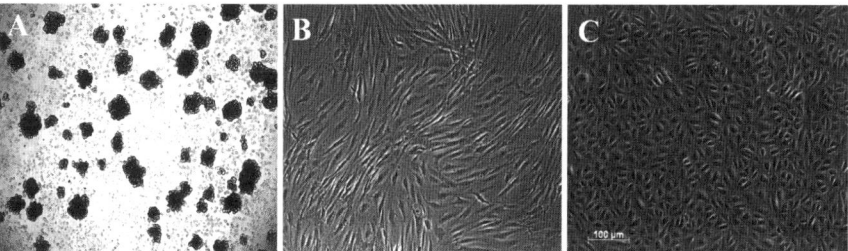

Abb. 22.5 Typische Erscheinungsbilder von (Stamm-)Zellkulturen Jede Zellarten weist in der Zellkultur ein für sie typisches Wachstumsmuster auf. Die mikroskopische Betrachtung der Morphologie einer Zellkultur kann somit zur Kontrolle der Differenzierung von Zellen herangezogen werden. *A:* Bild einer koloniebildenden Zellkultur, wie es z. B. bei hämatopoetischen Stammzellen zu finden ist. Ausgehend von einzelnen Zellen bilden sich durch Zellteilung um die Ursprungszellen größere Zellkolonien. *B:* Typisches Erscheinungsbild einer Kultur aus humanen mesenchymalen Stammzellen (hMSC) mit spindelförmigen fibroblastoiden Zellen. *C:* Bild einer Endothelzellkultur mit einem pflastersteinartigen Wachstumsmuster

22.3.1 Morphologie

Die mikroskopische Kontrolle der Morphologie, also des äußeren Erscheinungsbildes, ist ein einfaches und schnelles Verfahren zur groben Einschätzung der Stammzellkultur. Wie alle anderen Zelltypen besitzen auch Stammzellen ein für die jeweilige Stammzellart typisches Erscheinungsbild. Diese sind jedoch nicht eindeutig und es gibt Überschneidungen mit der Morphologie anderer Zelltypen. So sind z. B. die spindelförmigen humanen mesenchymalen Stammzellen (hMSC) morphologisch identisch mit dermalen Fibroblasten. Von den eher kopfsteinpflasterartigen Epithelzellen lassen sich die hMSC jedoch leicht morphologisch unterscheiden.

22.3.2 Oberflächenmerkmale

Bei den Oberflächenmerkmalen handelt es sich um Proteine der Zellmembran. Generell gilt, dass der Besatz an Proteinen in seiner Gesamtheit charakteristisch für den jeweiligen Zelltyp ist. Die zahlreichen verschiedenen Oberflächenproteine werden in dem System der sog. Cluster of Differentiation, kurz CD, systematisch erfasst. Aufgrund ihrer Spezifität für eine bestimmte Art oder Entwicklungsstufe von Zellen werden einzelne CDs oder ein CD-Muster als Marker für Stammzellen verwendet. So müssen z. B. hMSC CD105 (Endoglin), CD73 (Ekto-5´-nukleotidase) und CD90 (Thy-1) aufweisen und dürfen auf keinen Fall Markerproteine von hämatopoetischen Stammzellen wie CD34 (Ligand für L-Selektin) oder CD45 (Tyrosinphosphatase) exprimieren [3].

22.3.3 Funktionelle Eigenschaften

Die Funktion von Stammzellen ist die Generierung von hochspezialisierten Zellen durch Differenzierung. Um die Reinheit einer Stammzellkultur zu beurteilen, wird daher häufig ihre Differenzierbarkeit untersucht. So wird z. B. zur Beurteilung der Qualität mesenchymaler Stammzellen geprüft, ob sie sich in Fettzellen, Knochenzellen oder Knorpelzellen differenzieren lassen.

Auch die Fähigkeit zur Selbsterneuerung wird zur Qualitätsbeurteilung von Stammzellkulturen herangezogen. So wird bei hämatopoetischen Stammzellen im sog. „Colony Forming Unit Assay" geprüft, ob sie zur klonalen Expansion befähigt sind, d. h. ob aus einer einzelnen Zelle eine ganze Kolonie an Zellen entstehen kann, in der jede Zelle der Ursprungszelle entspricht (siehe Abb. 22.5 A).

Eine Gefahr bei der Kultivierung von Stammzellen ist deren spontane, ungewollte Differenzierung in spezialisierte Zellen. Häufig wird daher geprüft, inwieweit die Stammzellkultur bereits Proteine produziert, die erst bei ausdifferenzierten Zellen zu erwarten sind. Ein negatives Ergebnis dieser Prüfung weist auf eine noch ursprüngliche, wenig differenzierte Stammzellkultur hin.

22.4 Verfahren zur Gewinnung von Stammzellen

Genauso vielfältig wie die Stammzellen sind auch die Verfahren für ihre Gewinnung. Im Folgenden können daher nur einige dieser Verfahren in ihren Grundprinzipien dargestellt werden.

22.4.1 Isolation

Die Verfahren zur Isolation von Stammzellen unterscheiden sich nicht prinzipiell von denen zur Gewinnung anderer Zelltypen [4]:

Die Isolation von Stammzellen aus soliden Geweben erfolgt in einem ersten Schritt in der Regel durch eine enzymatische Auflösung des zuvor meist mechanisch zerkleinerten Gewebes. Mesenchymale Stammzellen des Knochmarks können auch durch kräftiges Durchspülen der Knochmarksfragmente aus dem Verband gelöst werden. Mittels Filtrations-, Waschungs- und Zentrifugationsschritten kann eine Zellsuspension gewonnen werden, die in der Regel zunächst ein Zellgemisch darstellt, in dem nur ein geringer Prozentsatz Stammzellen sind. Bei der Isolation von Stammzellen aus flüssigen Kompartimenten wie dem Blut, dem Fruchtwasser oder Knochenmarksaspirat kann die primäre Zellsuspension durch einfache Zentrifugation ohne vorherigen Verdauungsschritt gewonnen werden.

22.4.2 Aufreinigung

Um aus der so gewonnenen gemischten Zellfraktion eine aufgereinigte Stammzellpopulation zu erhalten, werden physikalische, biochemische oder funktionelle Eigenschaften der Stammzellen genutzt.

22.4.2.1 Selektion über Kultivierungsbedingungen

Die Stammzellfraktion innerhalb des primären Zellgemisches zeichnet sich durch eine hohe Proliferationsaktivität aus. Gelingt es, die Zellen unter Bedingungen zu kultivieren, bei denen der undifferenzierte Zustand der Stammzellen erhalten bleibt, so reichern sich diese häufig bereits durch ihre im Vergleich zu den übrigen Zellen hohe Teilungsrate in der Kultur an.

22.4.2.2 Differenzialzentrifugation

Zur Aufreinigung von hämatopoetischen Stammzellen aus Blut werden in der Regel Zellseparatoren eingesetzt (siehe Abb. 22.6). Hierbei wird das Blut dem Patienten

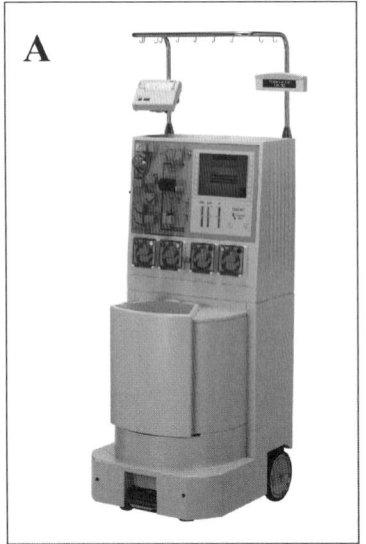
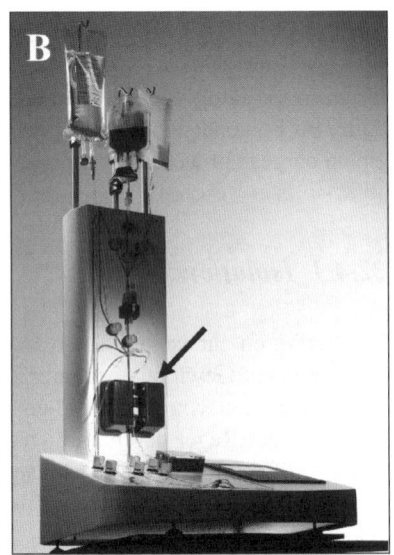

© Fresenius Kabi AG © Miltenyi Biotec GmbH

Abb. 22.6 Systeme zur Isolation und Aufreinigung von Stammzellen *A:* Zellseparator COM-TEC der Firma Fresenius Kabi AG. In einem kontinuierlichen extrakorporalen Kreislauf wird mittels Differenzialzentrifugation (Auftrennung der Blutkomponenten entsprechend ihrer spezifischen Dichte) eine an Stammzellen angereicherte Zellfraktion aus dem Patientenblut gewonnen. *B:* CliniMACS® der Firma Miltenyi zur immunomagnetischen Isolation von Stammzellen. Bei diesem Verfahren werden die Stammzellen in der gemischten Zellsuspension mit Eisen-beladenen Antikörpern markiert. Die Antikörper binden an Oberflächenproteine, die charakteristisch für Stammzellen sind. Anschließend wird die gemischte Zellsuspension (in diesem Fall Blut, siehe oben im Bild) durch eine magnetische Säule (Pfeil) perfundiert, in der die Eisen-markierten Stammzellen aus der gemischten Zellpopulation isoliert werden

in einem kontinuierlichen extrakorporalen Kreislauf entnommen, im Zellseparator eine Fraktion mit angereicherten Stammzellen gewonnen und anschließend das übrige Blut dem Patienten wieder zugeführt. Die Anreicherung der Stammzellen im Zellseparator erfolgt mittels Differenzialzentrifugation, bei der die verschiedenen Blutkomponenten in einer Zentrifugenkammer entsprechend ihrer spezifischen Dichte aufgetrennt werden.

22.4.2.3 Immunomagnetische Verfahren

Bei den immunomagnetischen Aufreinigungsverfahren werden Antikörper eingesetzt, an die Eisenpartikel gebunden sind (siehe Abb. 7 B). Diese Antikörper binden spezifisch an solche Oberflächenmoleküle, die charakteristisch für Stammzellen sind. Somit sind die Stammzellen mit Eisen markiert und können in einer magnetischen Säule aus der übrigen Zellpopulation isoliert werden. Ein negativer Einfluss der Bindung von Eisen-beladenen Antikörpern auf die Stammzellvitalität und -funktion lässt sich nicht beobachten.

22.4.3 Kultivierung

Es ist eine Herausforderung bei der In-vitro-Vermehrung (Expansion) von Stammzellen, die Kulturbedingungen so zu wählen, dass keine spontane Differenzierung der Stammzellen stattfindet. Eine besondere Bedeutung kommt der Auswahl des geeigneten Kulturmediums zu. Neben dem Grundmedium muss eine Serumauswahl getroffen werden. Das Serum dient der Versorgung der Zellen mit Wachstumsfaktoren und Zytokinen, die für den Zellstoffwechsel und die Zellteilung unerlässlich sind. Meistens wird fötales Kälberserum (FCS) verwendet. Da Serum normalerweise nicht synthetisch hergestellt, sondern aus lebenden Organismen gewonnen wird, ist seine Zusammensetzung nicht klar definiert. Bezüglich der Zusammensetzung des Serums liegt eine Black Box vor, die zudem noch chargenabhängigen Schwankungen unterworfen ist. Aus diesem Grund müssen Seren vor ihrer Verwendung getestet werden. Hierbei werden Medien mit Seren verschiedener Chargen versetzt und ihr Einfluss auf Proliferation und Differenzierungsverhalten der Stammzellkultur verglichen. Die Serumcharge, mit der die höchste Proliferationsrate bei gleichzeitig geringer spontaner Differenzierungstendenz erzielt wird, wird dann beim Hersteller reserviert und zur Expansion der Zellen genutzt.

Darüber hinaus gibt es Bestrebungen, gänzlich definierte und somit chargenunabhängige Seren zu entwickeln. Ein solches Medium vermarktet z. B. die Firma PAA Laboratories GmbH unter dem Namen FBS Gold. Es handelt sich hierbei um Serum, das chromatographisch aufgereinigt und gespalten wird. Danach werden die einzelnen Bestandteile definiert wieder zusammengesetzt, so dass laut Hersteller keine Chargenschwankungen entstehen und Vortests unnötig sind.

22.5 Differenzierung von Stammzellen

22.5.1 In-vivo-Situation

Um Stammzellen in vitro gezielt differenzieren zu können, ist ein genaues Verständnis der Differenzierungsvorgänge in vivo notwendig: Die Differenzierung wird von Zellen wesentlich durch den Charakter des Milieus bestimmt, das die Zelle umgibt [5]. Die natürliche Mikroumgebung der Stammzellen wird als „Nische" bezeichnet. Die Nische ist eine strukturelle Einheit bestehend aus den Stammzellen und den sie umgebenden Nischenzellen. Letztere versorgen die Stammzellen durch direkten Zell-Zell-Kontakt oder durch Sekretion löslicher Faktoren. Das Nischenkonzept wurde zunächst an der Fruchtfliege Drosophila melanogaster und am Fadenwurm Caenor-

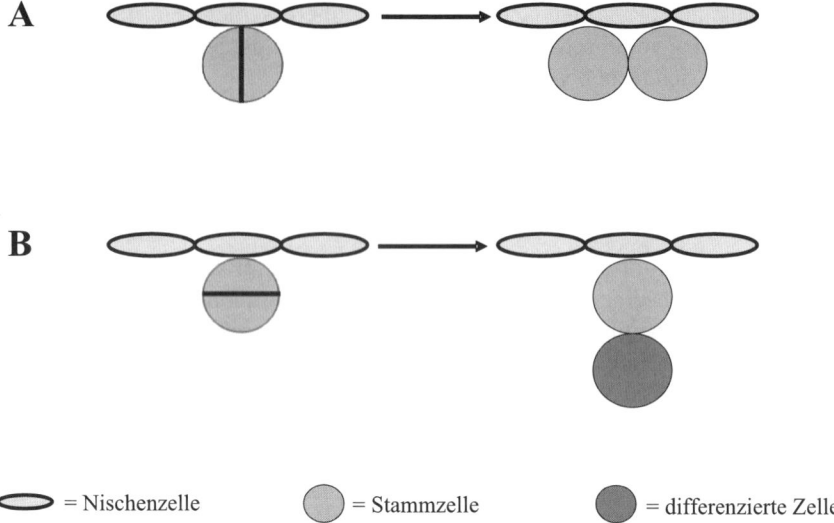

Abb. 22.7 Prinzip der Regulation von Selbsterneuerung und Differenzierung in der Stammzell-Nische *A:* Sind nach der Teilung einer Stammzelle beide Tochterzellen in direktem Kontakt zu den Nischenzellen, so verbleiben beide identischen Tochterzellen undifferenziert in der Stammzellnische. *B:* Erfolgt die Zellteilung so, dass eine Tochterzelle den Kontakt zu den Nischenzellen verliert, so wandert diese aus der Nische aus und beginnt zu differenzieren

habditis elegans (C. elegans) erforscht. Heute weiß man, dass der direkte Kontakt zu den Nischenzellen und die symmetrische und asymmetrische Zellteilungen dazu beitragen, ob eine Stammzelle einen Selbsterneuerungszyklus durchläuft oder aus der Nische auswandert und differenziert (siehe Abb. 22.7) [6, 7]. Das Prinzip der asymmetrischen Zellteilung ist mittlerweile auch für menschliche adulte Stammzellen (z. B. epidermale und hämatopoetische Stammzellen) beschrieben [8, 9].

22.5.2 *In-vitro-Differenzierung*

In der Zellkultur versucht man, die in vivo Bedingungen zur Induktion einer Differenzierung durch eine optimale Wahl von Medien und Seren zu imitieren. Im Allgemeinen werden kommerziell erhältliche Basismedien verwendet, die mit Serum und essentiellen Stoffen – sog. Supplementen – ergänzt werden [4]. Eine besondere Rolle spielt hierbei der definierte Zusatz von Wachstumsfaktoren und anderer makromolekularer Substanzen, die in diesem Zusammenhang häufig als Differenzierungsfaktoren bezeichnet werden. Die Palette an Differenzierungsfaktoren ist vielfältig. Zumeist erzielt erst eine Kombination von verschiedenen Faktoren die gewünschte differenzierende Wirkung. Häufig verwendete Differenzierungsfaktoren und exemplarische Medienzusammensetzungen sind in Abb. 22.8 aufgelistet.

22.5 Differenzierung von Stammzellen

Undifferenzierte Stammzelle

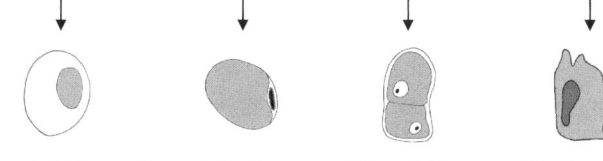

	Expansion	Adipogene Differenzierung	Chondrogene Differenzierung	Osteogene Differenzierung
Basismedium	DMEM low Glucose + MCDB-201	DMEM high Glucose	DMEM low Glucose	DMEM high Glucose
Supplemente	Dexamethason + Ascorbinsäure-2-Phosphat + EGF + ITS-Plus	Dexamethason + Indomethazin + Insulin + 3-Isobutyl-1-Methylxanthin	Dexamethason + Natriumpyruvat + Ascorbinsäure-2-Phosphat + Prolin + ITS-Plus + BSA + TGF-ß	Dexamethson + Ascorbinsäure-2-Phosphat + ß-Glycerophosphat
Serum-Zusatz	2% FKS	10% FKS	10% FKS	10% FKS

| Undifferenzierte Stammzelle | Fettzellen | Knorpelzellen | Knochenzelle |

Abb. 22.8 Zusammensetzung der Nährmedien für die Expansion und Differenzierung von humanen mesenchymalen Stammzellen (hMSC) Die Nährmedien setzen sich aus einem Basismedium, den Supplementen mit essentiellen Stoffen sowie einem Anteil an Serum zusammen. Vor allem mit der Zusammensetzung der Supplemente kann Einfluss auf die Richtung der Stammzell-Differenzierung genommen werden. Abkürzungen: DMEM: Dulbecco's Modified Eagle Medium; MCDB-201: Produktname eines kommerziell erhältlichen Basismediums; EGF: Epidermal Growth Factor; ITS: Insulin/Transferrin/Selen; FKS: Fötales Kälber-Serum; BSA: Bovines (=Rinder-) Serum Albumin; TGF: Transforming Growth Factor

Neben dem Einfluss von löslichen Faktoren im Medium hat auch die Wechselwirkung mit dem Substrat, auf dem die Stammzellen kultiviert werden, eine Wirkung auf deren Differenzierung. Dieses betrifft sowohl die Wechselwirkung mit dem Substrat selbst, als auch mit gezielt auf das Substrat aufgebrachten extrazellulären Matrixproteinen, wie Gelatine oder extrazelluläre Matrixmoleküle (z. B. Kollagen oder Fibronektin). Eine ausführlichere Betrachtung dieser Wechselwirkungen findet sich im Abschnitt 22.7.1. Schließlich sei an dieser Stelle darauf hingewiesen, dass auch mechanische Einflüsse wie Druck-, Zug- oder Scherkräfte eine Wirkung auf die

Differenzierung von Stammzellen ausüben können. Auch diesbezüglich findet sich an anderer Stelle dieses Kapitels im Abschnitt 22.7.2. eine ausführliche Betrachtung.

22.6 Ausgewählte Stammzellen im Detail

22.6.1 Embryonale Stammzellen

1981 wurden erstmals embryonale Stammzellen (ES-Zellen) der Maus isoliert [10]. 1998 etablierte James Thomson die Kultivierung von humanen embryonalen Stammzellen [11]. ES-Zellen werden aus der inneren Zellmasse der Blastozyste gewonnen (siehe Abb. 22.9A). Sie sind in der Lage, sich in sämtliche Zellenarten zu differenzieren. Der Vollständigkeit halber sei erwähnt, dass aus dem Organismus in der Embryonalphase auch die embryonalen oder primordialen Keimzellen (Embryonic Germ Cells = EG-Zellen) gewonnen werden können, die gleichartige Stammzellfähigkeiten wie die ES-Zellen haben.

Aufgrund einer hohen Aktivität des Enzyms Telomerase sind ES-Zellen im undifferenzierten Zustand im Prinzip unbegrenzt vermehrbar. Wie andere Stammzellen auch, zeigen sie jedoch eine Tendenz zur spontanen Differenzierung. Auch bei der Vermehrung von ES-Zellen muss daher besonderer Wert auf die Wahl geeigneter Kulturbedingungen gelegt werden, die der spontanen Differenzierung entgegen wirken. Eine besondere Bedeutung hat hierbei die Zugabe des Leucemia Inhibitory Factor (LIF) zum Kulturmedium. Ferner werden ES-Zellen zur Verhinderung einer spontanen Differenzierung auf einem sog. Feeder-Layer aus bestrahlten, teilungsinaktiven Fibroblasten gezüchtet (siehe Abb. 22.9B). Offenbar produzieren die Fibroblasten in dieser Kokultur Faktoren, die die Proliferation von ES-Zellen fördern und ihren undifferenzierten Zustand stabilisieren.

Da ES-Zellen sich in alle Zelltypen differenzieren lassen, können experimentell aus ihnen kleine organoide Strukturen generiert werden (siehe Abb. 22.10). Diese werden als „Embroid Bodies" bezeichnet. Die Entwicklung der Embroid Bodies erfolgt im Versuchsaufbau des hängenden Tropfens (siehe Abb. 22.10), in dem die Zellen ohne Vorzugsrichtung im schwimmenden Zustand proliferieren und differenzieren können. Da im Embroid Body eine Vielzahl verschiedener Zell- und primitiver Gewebsstrukturen wie z. B. Knorpelgewebe, Nervengewebe oder pulsierende Herzmuskelzellen generiert werden können, stellen sie ein interessantes Forschungsobjekt für die zellbiologische Wissenschaft dar.

Das Stammzellpotential von ES-Zellen ist hoch. Ethische Bedenken verhindern jedoch einen breiten Einsatz von menschlichen ES-Zellen zu wissenschaftlichen Zwecken, da diese aus überzähligen Embryonen von In-vitro-Fertilisationen (ES-Zellen) bzw. aus abgetriebenen Embryonen (EG-Zellen) gewonnen werden. Therapeutisch werden ES-Zellen derzeit noch nicht eingesetzt, da neben den ethischen Bedenken auch das Problem der Tumorentstehung nach Implantation der pluripotenten ES-Zellen noch nicht gelöst ist. Tierische ES-Zellen stellen jedoch ein interessantes Modell für die Erforschung von Differenzierungsvorgängen dar.

22.6 Ausgewählte Stammzellen im Detail

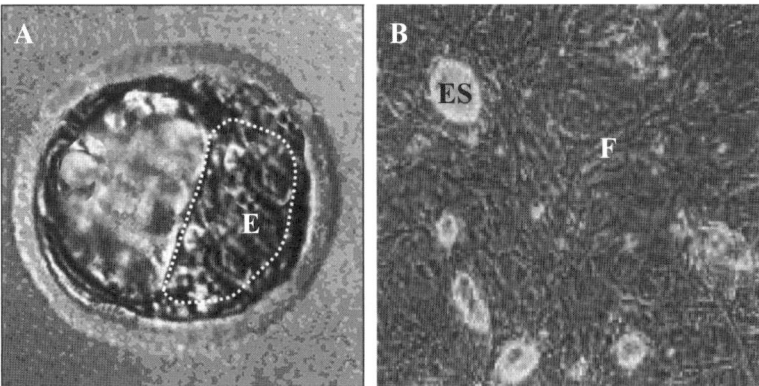

Abb. 22.9 Die Blastozyste als Quelle der embryonalen Stammzellen (ES-Zellen) *A:* ES-Zellen werden aus der inneren Zellmasse der Blastozyste, dem Embryoblasten (E), gewonnen. *B:* Zur Verhindung einer spontanen Differenzierung bei der Vermehrung der ES-Zellen (ES) werden diese auf einem sog. Feeder-Layer aus bestrahlten, teilungsinaktiven Fibroblasten (F) gezüchtet

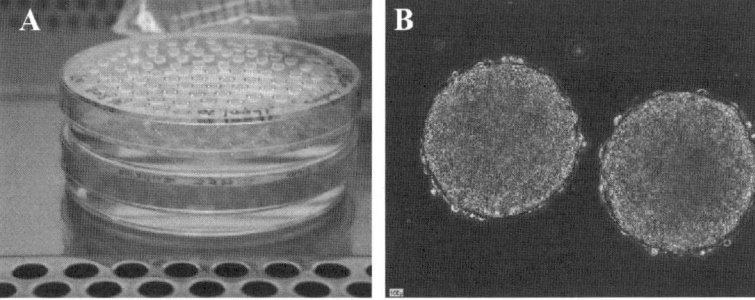

Abb. 22.10 Genierung von Embroid Bodies im hängenden Tropfen ES-Zellen sind in der Lage, in sämtliches Zellarten zu differenzieren. Experimentell können kleine organoide Strukturen generiert werden, in denen eine Vielzahl verschiedener Zell- und primitiver Gewebestrukturen zu finden ist. *A:* Hängende Tropfen. Dargestellt sind zwei übereinander gestapelte Petrischalen, an deren Deckel jeweils zahlreiche hängende Tropfen zu sehen sind. In diesen hängenden Tropfen reifen im schwebenden Zustand die Embroid Bodies. *B:* Abbildung zweier Embroid Bodies [Quelle: Dr. Bernd Denecke, IZKF Aachen]

22.6.2 Hämatopoetische Stammzellen

Sämtliche Blutzellen entstammen den sog. hämatopoetischen (= blutbildenden) Stammzellen. In vivo sind die hämatopoetischen Stammzellen zum größten Teil im Knochenmark ansässig, in dem die Blutbildung abläuft. Ein geringer Teil der hämatopoetischen Stammzellen zirkuliert jedoch auch in der Blutbahn. Hämatopoetische Stammzellen (HSC) können über die Methode der Knochenmarkaspiration oder über die sog. Stammzellapherese mittels eines Zellseparators (siehe Abb. 22.6A) aus dem peripheren Blut gewonnen und asserviert werden. Eine besondere Bedeutung bei der Charakterisierung von hämatopoetischen Stammzellen besitzt das Oberflächenprotein CD34.

Hämatopoetische Stammzellen werden schon seit über 40 Jahren erfolgreich therapeutisch eingesetzt. Ihre Verwendung kann somit als eine Pionierleistung für stammzelltherapeutische Verfahren angesehen werden. So gelingt es, Leukämien nach vorheriger chemotherapeutischer Abtötung der krankhaften Blutzellen durch Transplantationen von hämatopoetischen Stammzellen eines Gesunden zu heilen. Auch ermöglicht die therapeutische Verwendung von HSC die Durchführung von Hochdosis-Chemotherapien zur Behandlung von malignen Tumoren. Bei diesem Prozess werden HSC entnommen und asserviert, bevor anschließend die Hoch-Dosis-Chemotherapie eingeleitet wird. Die Chemotherapeutika wirken vor allem auf Zellen mit hoher Teilungsrate toxisch, zu denen insbesondere die Tumorzellen gehören. Aber auch andere stark proliferierende Zellpopulationen werden durch die Chemotherapie in Mitleidenschaft gezogen – so auch die hämatopoetischen Stammzellen. Nach Durchführung der Hoch-Dosis-Chemotherapie ist daher das blutbildende System zerstört. Durch Gabe der zuvor asservierten hämatopoetischen Stammzellen kann dieses jedoch wieder aufgebaut werden.

Seit einigen Jahren werden auch aus dem Nabelschnur- und Plazentablut hämatopoetische Stammzellen gewonnen. Eine weitere Vertiefung dieses Themas findet sich im Abschnitt 22.6.6.

22.6.3 Mesenchymale Stammzellen

Mesenchymale Stammzellen (MSC) wurden 1968 erstmals von Friedenstein und seinen Mitarbeitern aus Knochenmark isoliert und als „colony forming units-fibroblasts" mit der Fähigkeit, in Osteoblasten zu differenzieren, beschrieben [12]. Sie dienen in vivo der Regeneration von mesenchymalem Gewebe. Darüber hinaus haben sie eine wichtige Funktion bei der Bildung der Nische für hämatopoetische Stammzellen [1]. MSC haben sich als eine Art Prototyp der adulten multipotenten Zellen in der regenerativen Medizin etabliert.

Mesenchymale Stammzellen sind aus vielen verschiedenen Geweben isolierbar. Aus praktischen Gründen (ausreichende Anzahl an Stammzellen, gute Zugänglichkeit des Gewebsmaterials) stehen das Knochenmark, das Fettgewebe sowie die Haut als Quelle im Vordergrund:

Auswahl der Gewebe, aus denen sich mesenchymale Stammzellen (MSC) isolieren lassen:

- Knochenmark [12]
- Blut [13]
- Fettgewebe [14]
- Dermis (Haut) [15]

22.6 Ausgewählte Stammzellen im Detail

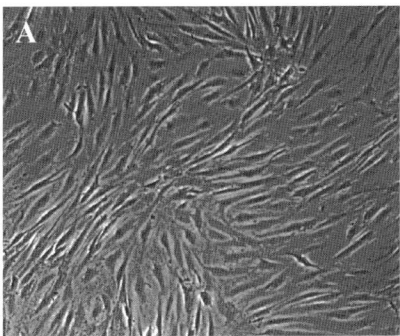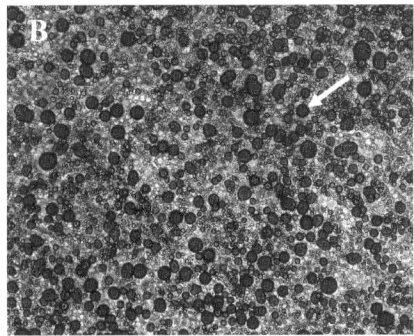

Abb. 22.11 Humane mesenchymale Stammzellen (hMSC) aus dem Knochenmark im undifferenzierten Zustand (A) und nach Differenzierung in Adipozyten (B) *A:* Undifferenzierte hMSC mit typischer spindelförmiger (fibroblastoider) Morphologie *B:* hMSC nach Differenzierung in Adipozyten. Hierzu wurden die Stammzellen für 21 Tage in spezifischem Differenzierungsmedium (nach Pittenger et al., 1999) inkubiert. Gut erkennbar sind die für Fettzellen typischen intrazytoplasmatischen Lipidvakuolen, die mit dem Farbstoff Oil-red-O angefärbt wurden (Pfeil)

- Periost (Knochenhaut) [16]
- Muskel [17]
- Nabelschnur [18]
- Zahnpulpa [19]
- Lunge [20]

MSC lassen sich relativ leicht isolieren und expandieren. Sie werden in in-vitro-Kultur adhärent und haben dann eine spindelförmige Morphologie (siehe Abb. 11A). MSC lassen sich nach Standardprotokollen in Fettzellen, Knochenzellen und Knorpelzellen differenzieren (siehe Abb. 22.11B und Abb. 22.8) [21, 22].

Studien haben gezeigt, dass die MSC der verschiedenen Gewebsquellen teils unterschiedliche, teils aber auch gleichartige Merkmale aufweisen [23]. So besitzen MSC unabhängig von der Art des Isolationsgewebes die Oberflächenproteine CD105, CD73 und CD90, während die typischen Marker der hämatopoetischen Stammzellen nicht präsent sind [3, 24]. Dennoch handelt es sich bei den MSC um eine eher heterogene Zellpopulation, deren Zellen ein unterschiedliches Maß an Differenzierungsfähigkeit und Plastizität aufweisen. Eine weitergehende Aufreinigung der MSC in Subpopulationen ist mit dem heutigen Wissen nicht möglich.

22.6.4 Stammzellen der Haut

Die Haut besteht aus den Schichten Unterhaut, Lederhaut und Oberhaut, sowie aus den Hautanhangsgebilden (Haare, Nägel und Schweißdrüsen). Für die kontinuierliche Regeneration der Haut stehen zwei verschiedene Stammzelltypen zur Verfügung, die im Haarfollikel und in interfollikulären Regionen lokalisiert sind.

Die unipotenten epidermalen Stammzellen befinden sich in der Basalschicht der Oberhaut und produzieren Zellen, deren Differenzierung im Laufe der Migration in die obersten Hautschichten kontinuierlich voranschreitet. Die multipotenten Haarfollikelstammzellen sind hingegen in der sog. Bulge Region der Haarwurzelscheide lokalisiert und dienen der Regeneration von Haaren und Talgdrüsen [25, 26].

Für die regenerative Medizin sind Hautstammzellen von großem Interesse. Zum einen ist die Haut leicht zugänglich und Hautgewebe einfach und risikolos zu entnehmen. Zum anderen eröffnet die Verwendung von Hautstammzellen interessante Möglichkeiten zur Züchtung von Hautgewebe für die Deckung von Hautdefekten, wie sie z. B. bei Verbrennungen auftreten.

22.6.5 Endotheliale Vorläuferzellen

Im Blut und im Knochenmark lassen sich Vorläuferzellen finden, die zu Endothelzellen differenzieren können. Sie werden als endotheliale Vorläuferzellen (Endothelial Progenitor Cell = EPC) bezeichnet. EPC zeigen Gemeinsamkeiten mit hämatopoetischen Stammzellen (HSC), weshalb eine gemeinsame Vorläuferzelle für EPC und HSC postuliert wird, der sog. Hämangioblast. Ebenso wie die hämatopoetischen Stammzellen besitzen EPC das Oberflächenprotein CD34. Darüber hinaus exprimieren EPC das Protein VEGFR-2, den Rezeptor des Vascular Endothelial Growth Factor Receptor 2. Wenngleich diese Merkmale zur Charakterisierung und zur Isolation von EPC mittels Magneto-Beads (siehe Abb. 22.6B) herangezogen werden, so bleibt doch die genaue Abgrenzung der EPC insbesondere zu den HSC unklar.

Den EPC kommt eine wichtige Bedeutung bei der Regeneration von Endothelschäden sowie Gefäßneubildungsprozessen (Angiogenese) zu. Da gerade die Angiogenese derzeit der limitierende Faktor für die Generierung größerer Gewebskonstrukte in vitro oder die gezielte Beeinflussung reparativer Vorgänge in vivo ist, ist die Erforschung der EPC von hoher Bedeutung.

22.6.6 Stammzellen des Geburtsgewebes

Unter dem Begriff „Geburtsgewebe" werden sämtliche Nachgeburtsbestandteile, also Plazenta mit anhängender Nabelschnur (einschließlich des Nabelschnurblutes) und die Eihäute, zusammengefasst. Sämtliche Bestandteile stellen kindliches Gewebe dar. Das Geburtsgewebe ist aus folgenden Gründen eine viel versprechende Quelle zur Gewinnung von Zellen mit Stammzelleigenschaften:

1. Das Geburtsgewebe steht in großen Mengen ohne jeglichen Eingriff zur Verfügung. Ethische Bedenken zur Verwendung dieses Materials bestehen bei rationaler Betrachtung nicht, da die Alternative die Entsorgung des Materials wäre.
2. Aufgrund des fetalen bzw. frühkindlichen Charakters des Gewebes ist davon auszugehen, dass die Zellen insgesamt geringer determiniert sind und ein hö-

22.6 Ausgewählte Stammzellen im Detail

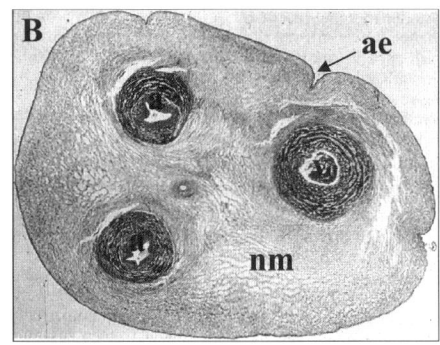

Abb. 22.12 Die Nabelschnur als Ressource zur Gewinnung von Stammzellen *A:* Zur Gewinnung von Stammzellen aus dem Nabelschnurblut werden nach der Abnabelung die Nabelschnurgefäße kanüliert und das Nabelschnur-/Plazentablut in Blutbeuteln aufgefangen. Anschließend können mit den oben beschriebenen Verfahren die Stammzellen isoliert und aufgereinigt werden. *B:* Querschnitt durch die Nabelschnur: a = Nabelschnurarterien, v = Nabelschnurvene, nm = Nabelschnurmatrix, ae = Amnioepithel. Neben dem Nabelschnurblut können auch aus zahlreichen Kompartimenten des Nabelschnurgewebes Stammzellen gewonnen werden [28]

heres Maß an Plastizität und Proliferationskapazität aufweisen, als Zellen des erwachsenen Organismus.
3. Es gibt bereits zahlreiche Veröffentlichungen, die die Isolation von Stammzellen aus verschiedenen Kompartimenten des Geburtsgewebes beschreiben [27, 18, 28].

So können aus dem Nabelschnurblut CD34-positive Zellen gewonnen werden, die eine viel versprechende Alternative zu den CD34-positiven hämatopoetischen Stammzellen darstellen, die aus dem erwachsenen Organismus gewonnen und erfolgreich zur Behandlung schwerer Krankheiten, wie Leukämien, eingesetzt werden [29]. CD34 positive Zellen des Nabelschnurblutes werden bereits heute in Stammzellbanken mit dem Ziel hinterlegt, sie in autologen oder heterologen Transplantationsansätzen therapeutisch einzusetzen.

Ferner haben Untersuchungen am Lehrstuhl für Medizintechnik der Technischen Universität München, die im Rahmen des Verbundprojektes STEMMAT [30] durchgeführt wurden, gezeigt, dass auch die Zellen der Nabelschnurmatrix neben einem myofibroblastären Charakter eine erstaunliche Plastizität besitzen und z. B. in Zellen mit Knochenzell-Charakter differenziert werden können [31].

Insgesamt stellt das Geburtsgewebe somit eine viel versprechende Quelle zur Gewinnung von plastischen Zellen dar. Da die Plazenta und die Nabelschnur durch ihre vaskulären Strukturen geprägt sind, ist zu erwarten, dass die zellulären Bestandteile ihre Anwendung insbesondere im kardiovaskulären Tissue Engineering finden werden. So gibt es bereits schon jetzt erfolgreiche Versuche, auf Basis von aus der Nabelschnur gewonnen Vorläuferzellen anatomisch regelrechte Herzklappen zu generieren. Die Etablierung der Implantation dieser Klappen in menschliche Patienten steht jedoch noch aus [32].

22.7 Stem Cell Engineering

22.7.1 Wechselwirkung mit Biomaterialien

Aufgrund ihres Differenzierungspotentials verbunden mit einer hohen Proliferationsaktivität stellen Stammzellen ein wertvolles Werkzeug für das Tissue Engineering dar. Da hierbei zum Aufbau komplexer Strukturen neben der Zellkomponente auch Biomaterialien als Zellträger zum Einsatz gelangen, kommt der Erforschung der Interaktion zwischen Stammzellen und Biomaterialien große Bedeutung zu. Ziel ist es, Materialien zu identifizieren bzw. zu entwickeln, die die Proliferation von Stammzellen im undifferenzierten Zustand fördern (Expansion) oder die Differenzierung von Stammzellen in gezielte Richtungen ermöglichen.

Bis vor wenigen Jahren war die systematische Untersuchung der Stammzell/Biomaterial-Interaktion mühsam, da immer nur einzelne Zell/Material-Kombinationen untersucht werden konnten. Durch Einführung der Chip-Technologie ist es heutzutage möglich, ähnlich wie in anderen Bereichen (Gen-Chips, Protein-Chips, Gewebe-Chips) auch die Stammzell/Biomaterial-Interaktion systematisch und in parallelen Anätzen in einem Hochdurchsatzverfahren zu untersuchen. Der erste Biomaterial-Chip wurde 2004 von Daniel Anderson vorgestellt [33]. Seine Arbeitsgruppe konnte Chips in der Größe von 25 x 75 mm herstellen, auf die jeweils 3 x 576 verschiedene Monomerkombinationen aufgetragen wurden. Hierauf wurden humane Embryoid bodies für sechs Tage kultiviert. Anschließend wurde in dieser Studie untersucht, welche Monomerkombination eine epitheliale Differenzierung der Zellen im Embroid body fördert. Ein Jahr später gelang es, die Probenanzahl pro Chip zu verdoppeln [34]. Mit Hilfe eines solchen Polymer-Chips wurde beispielsweise systematisch die Adhäsion von Stammzellen auf verschiedenen Polymeren untersucht. Auf einem weiteren Chip aus der Arbeitsgruppe von Christopher Flaim sind 32 verschiedene Kombinationen von fünf Extrazellulärmatrixmolekülen (Kollagen I, Kollagen III, Kollagen IV, Laminin, Fibronektin) aufgetragen [35]. Mit diesem Chip kann elegant die Wechselwirkung von Stammzellen mit wichtigen natürlichen Bestandteilen der extrazellulären Matrix (ECM) untersucht werden.

Darüber hinaus gibt es zahlreiche Ansätze, durch biologische Beschichtung der Materialien Einfluss auf die Stammzelldifferenzierung zu nehmen. Exemplarisch sei hier die Bindung von RGD-Peptiden an Biomaterial-Oberflächen erwähnt [36]. Bei RGD-Peptiden handelt es sich um die Aminosäuresequenz Arginin-Glycin-Asparaginsäure, die unter anderem in den Extrazellulärmatrix-Molekülen Fibronektin und Vitronektion vorkommt und an der Integrin-vermittelten Zelladhäsion beteiligt ist. Humane mesenchymale Stammzellen weisen eine erhöhte Adhäsion an RGD-Peptid-beschichtete Biomaterialien auf. Es konnte gezeigt werden, dass die osteogene Differenzierung dieser Zellen durch die RGD-Peptid-Kopplung gefördert [37] und die chondrogene Differenzierung gehemmt wird [38].

22.7 Stem Cell Engineering

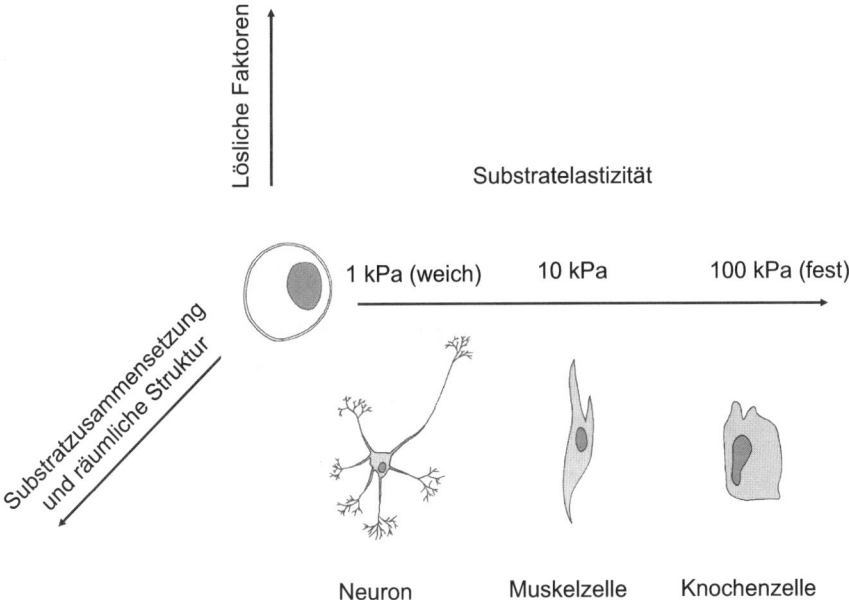

Abb. 22.13 Einflussfaktoren auf die Differenzierung von Stammzellen (modifiziert nach Even-Ram [42]). Neben der stofflichen Zusammensetzung des Kulturmediums („Lösliche Faktoren") und der chemischen und räumlichen Struktur des Zellträgers („Substratzusammensetzung und räumliche Struktur") hat auch die Elastizität des Zellträgers („Substratelastizität") bei einer dynamischen Kultivierung der Stammzellen Einfluss auf die Differenzierung

22.7.2 Mechanisch-physikalische Einflüsse / Bioreaktoren

Nicht nur die stoffliche Zusammensetzung des Materials, sondern auch andere Material-abhängige Faktoren, wie z. B. die geometrische Form, können einen Einfluss auf die Differenzierung von Stammzellen haben. So konnte eine verbesserte osteogene Differenzierung von humanen mesenchymalen Stammzellen (hMSC) in 3D-Nanofasern gegenüber hMSC auf 2D-Nanofasern gezeigt werden [38]. Offenbar hat auch hier, vergleichbar der in-vivo-Situation, die Realisierung von 3-dimensionalen Nischen-Strukturen im Zellträgermaterial einen entscheidenden Einfluss auf die Stammzelldifferenzierung.

Weitere wichtige Einflussparameter stellen die mechanischen Eigenschaften des Materials wie Elastizität und Festigkeit, dar [39, 40]. Engler et al. [41] zeigten kürzlich, dass weiche Matrizes eine Differenzierung von mesenchymalen Stammzellen (MSC) zu neuronalen Zellen bevorzugt auslösen, eine geringere Elastizität in eine myogene (=muskuläre) Differenzierung mündet und steife Matrizes eine osteogene Differenzierung stimulieren [41].

Es sind jedoch nicht nur die intrinsischen mechanischen Eigenschaften der Zellträgermaterialien, die auf die zelluläre Differenzierung Einfluss nehmen. Äußere

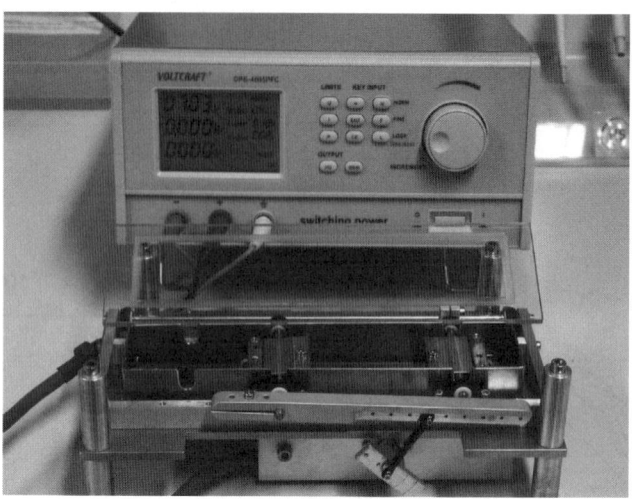

Abb. 22.14 Mechanobioreaktor zur Kultivierung von Zellen auf verschiedenen Biomaterialen unter dynamischen Bedingungen. In der Apparatur können flächige, oberflächenmodifizierte Biomaterialien unterschiedlicher Elastizität eingespannt werden. Dieses umfasst sowohl textile als auch poröse Zellträgerstrukturen, die zyklisch gedehnt und entspannt werden können. In Kombination mit einem CO_2-inkubierten Lichtmikroskop können auch Langzeit-Beobachtungen von Zellen auf den jeweiligen Substraten unter Zellkulturbedingungen durchgeführt werden

Krafteinwirkungen, die entweder direkt auf die Zellen wirken (z. B. Scherkräfte in Flüssigkeitsströmen) oder indirekt über die Materialunterlage (2D-Ansatz) bzw. ein Scaffold (3D-Ansatz) vermittelt werden, haben eine große Bedeutung. So werden von zahlreichen Arbeitsgruppen die Einflüsse von Kräften wie Flüssigkeitsströmungen (Medium, Blut, andere Körperflüssigkeiten) [43], Gravitationskräften [44], Vierpunktbiegeversuchen [45], periodischen Substratdehnungen und -entspannungen [46] sowie Einzelzell-Mechanotransduktion mittels Rasterkrafttechniken [47] untersucht. Neben einer Vielzahl von kommerziell erhältlichen Geräten zur gezielten und periodischen mechanischen Stimulation von Zellen [48, 49] existieren mindestens ebenso viele Apparaturen, die in den Forschungslaboren selbst entwickelt werden [50, 51]. Zum Beispiel wurde eine dieser Apparaturen erfolgreich genutzt, um hMSC über eine zyklische Mechanostimulation zu Myozyten zu differenzieren.

Abbildung 22.14 zeigt eine weitere Apparatur, die im DWI an der RWTH Aachen in Kooperation mit der Fa. Gimpel Ingenieur-Gesellschaft mbH, Aachen, entwickelt wurde. In dieser Anlage können Biomaterialien verschiedener Geometrien und unterschiedlicher Elastizität mit und ohne spezifischer Oberflächenmodifikation eingespannt und zyklisch gedehnt werden.

Von der NASA wurde in den 1990er Jahren ein Rotating Wall Vessel Reactor entwickelt, der Schwerelosigkeit simuliert und so Scherkräfte minimiert. Humane mesenchymale Stammzellen, die typischerweise nur als Monolayer-Kultur 2-dimensional wachsen, bilden in einem solchen Reaktor 3D-Zell-Zell-Kontakte aus

22.8 Klinischer Einsatz

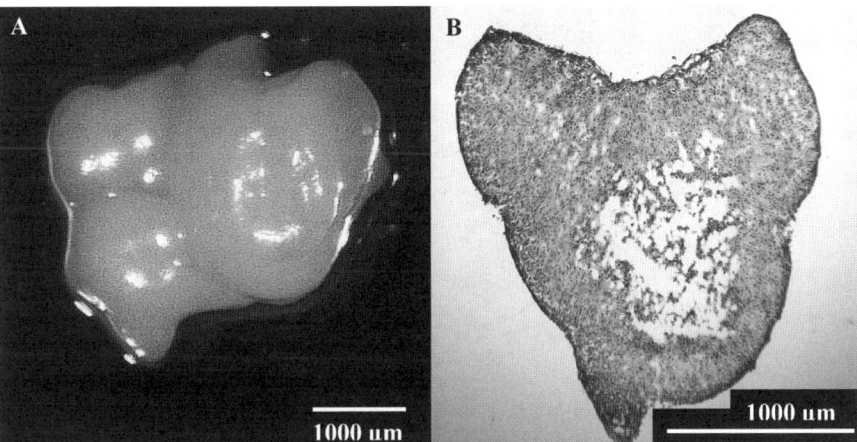

Abb. 22.15 Ausbildung einer Gewebestruktur nach 4-tägiger Kultivierung von hMSC im Rotating Wall Vessel Reactor *A:* Makroskopisch *B:* Histologisch: Die Aufnahme zeigt einen histologischen Schnitt der Gewebestruktur nach HE-Färbung. Im Zentrum findet sich eine aufgelockerte Region, in der die Zellen abgestorben sind (Nekrose). Ursache hierfür ist ein mangelhafter Stoffaustausch. Da eine Vaskularisierung nicht vorhanden ist, kann der Stoffaustausch mit dem äußeren Milieu nur rein über Diffusion erfolgen. Ab einer gewissen Größe des Gebildes ist die Diffusionsstrecke zu lang, um auch in zentralen Gewebsanteilen einen angemessenen Stoffaustausch per Diffusion zu ermöglichen.

und lassen sich zu ca. 2 mm durchmessenden 3D-Aggregaten heranzüchten (siehe Abb. 22.15). Problematisch ist allerdings die Nährstoffversorgung im Zentrum eines solchen Aggregats. Durch Unterversorgung mit essentiellen Faktoren sterben die Zellen im Inneren ab (siehe Abb. 22.15 B)

22.8 Klinischer Einsatz

Mit der Beschreibung des Differenzierungspotentials mesenchymaler Stammzellen sowie der Möglichkeit, humane embryonale Stammzellen in vitro zu kultivieren, wurde das Thema Stammzellen als therapeutische Option in die öffentliche Diskussion gebracht. In der Folge entwickelte sich eine lebhafte Debatte, die juristische, politische und religiös-weltanschauliche Aspekte umfasste. Viele Missverständnisse wurden dadurch erzeugt, dass nicht klar zwischen der ethisch bedenkenswerten Verwendung embryonaler Stammzellen (Verbrauch an menschlichen Embryonen) und der ethisch unbedenklichen Nutzung postnataler bzw. adulter Stammzellen unterschieden wurde. Ferner zeichnete sich die Debatte dadurch aus, dass häufig Erwartungen an die therapeutischen Möglichkeiten von Stammzellen geweckt wurden, die sich großteils bis heute nicht darstellen lassen. Nach einer Zeit der Stammzell-Euphorie ist somit eine Phase der gesunden Ernüchterung bezüglich einer raschen

Abb. 22.16 Lagerungskeller der José Carreras Stammzellbank Düsseldorf Zu sehen sind zahlreiche Stickstoff-Lagertanks, in denen typisierte Nabelschnurstammzellen kryokonserviert werden. Über das weltweite Register NETCORD werden geeignete Patienten identifiziert, die passenden Nabelschnurstammzellen an die behandelnde Klinik verschickt und die Patienten mit den Stammzellen therapiert

Etablierung der Stammzellen als therapeutisches Tool eingetreten. Dennoch gibt es wichtige Beispiele, bei denen Stammzellen zur Therapie von häufigen Krankheiten bereits erfolgreich eingesetzt werden bzw. sich ein Einsatz aufgrund von positiven Studienergebnissen abzeichnet:

Schon seit den 1950er Jahren werden Stammzellen in Form der hämatopoetischen Stammzellen erfolgreich zur Therapie von Leukämien sowie zur Ermöglichung von Hoch-Dosis-Chemotherapien eingesetzt werden. Die Entdeckung und die Transplantation von hämatopoetischen Stammzellen ist als eine Erfolgsgeschichte und ein Meilenstein der Medizin anzusehen, und E. Donnell Thomas wurde hierfür 1990 zu Recht mit dem Nobelpreis belohnt. Der Aufbau von großen Knochenmarkregistern ermöglicht heutzutage die rasche Identifizierung von geeigneten Spendern für hämatopoetische Stammzellen.

In der Weiterentwicklung dieser Technologie wird neuerdings auch das Nabelschnurblut als Quelle der hämatopoetischen Stammzellen verwendet. Es zeichnet sich ab, dass Stammzellen der Nabelschnur offenbar weniger immunogen wirksam sind als die adulten hämatopoetischen Stammzellen, weshalb sie viel versprechend für heterologe Stammzelltransplantationen sind [29]. Auch für hämatopoetische Stammzellen der Nabelschnur wurden inzwischen öffentliche Stammzellbanken aufgebaut (z. B. José Carreras Stammzellbank Düsseldorf), in denen typisierte Nabelschnurstammzellen kryokonserviert werden (siehe Abb. 22.16). Auf Basis dieser Typisierung werden über ein weltweites Register (z. B. NETCORD) die Stammzellen geeigneten Patienten zur Verfügung gestellt und therapeutisch erfolgreich eingesetzt.

Darüber hinaus existieren auch private Stammzellbanken, die im Sinne einer Vorsorgemaßnahme kommerziell die Einlagerung von Nabelschnurstammzellen anbieten. Dieses geschieht mit der Absicht, die asservierten Stammzellen zu einem späteren Zeitpunkt im Leben des Spenders zur Therapie von eigenen Erkrankungen, also autolog, zu verwenden.

Hierbei besteht aber die Möglichkeit, dass die Zellen unter Umständen ungenutzt in der Stammzellbank verbleiben werden, da der Spender im Laufe seines Lebens nicht an einem entsprechenden Leiden erkranken wird. Anders ist dieses bei der Verwendung der Nabelschnurstammzellen von öffentlichen Stammzellbanken, die für allogene Transplantationsansätz zur Verfügung stehen. Leidet eine Person an einer Krankheit, die mit einer Stammzelltransplantation behandelt werden kann, so wird in dem Register der öffentlichen Stammzellbanken nach Zellen gesucht, die zum Gewebetyp des Patienten passen. Es ist daher anzustreben, dass in öffentlichen Stammzellbanken ein großer Pool von Proben aufgebaut wird, so dass für große Bevölkerungsteile geeignete Stammzellen vorhanden sind.

Im Gegensatz zu den bereits routinemäßig eingesetzten hämatopoetischen Stammzellen hat die Verwendung von mesenchymalen Stammzellen noch keinen festen Platz im therapeutischen Spektrum gefunden. Es laufen jedoch bereits Untersuchungen auf dem Niveau von bis zu Phase-3-Studien, in denen sich positive Effekte beim therapeutischen Einsatz von mesenchymalen Stammzellen abzeichnen [52–54]. Dieses gilt insbesondere für die Behandlung des Myokardinfarkts. Hierbei werden zwei therapeutische Regime angewandt:

1. Mobilisierung von Stammzellen in situ
2. Injektion von Stammzellen

Bei der Mobilisierung von Stammzellen in situ wird durch Gabe von Medikamenten – in der Regel Granulocyte Colony Stimulating Factor G-CSF – der Übertritt von Stammzellen aus dem Knochenmark in die Blutbahn gefördert und so die Anzahl der in der Blutbahn zirkulierenden Stammzellen erhöht. Stammzellen sind in der Lage, geschädigte Gewebsareale zu erkennen, dort sesshaft zu werden und regenerative Prozesse zu fördern. Bei der Therapie von Myokardinfarkten per Injektion von Stammzellen werden diese zumeist per Katheter intracoronar, also in die betroffene Koronararterie, appliziert. Hierdurch findet eine Anreicherung der Stammzellen gezielt in der Strombahn des unterversorgten Herzmuskelareals statt.

Eine weiteres viel versprechendes Einsatzfeld von mesenchymalen Stammzellen (MSC) basiert auf ihrer immunmodulatorischen Wirkung. Es ist bekannt, dass MSC eine inhibierende Wirkung auf Entzündungszellen ausüben, die für die Erkennung und Elimination von Fremdzellen und -gewebe (Alloantigen-Erkennung) verantwortlich sind (z. B. Antigenpräsentierende Zellen, T-Zellen, Natural Killer Cells) [55–57]. Daher werden Ansätze geprüft, bei denen begleitend zu allogenen Gewebs- oder Organtransplantationen MSC mit dem Ziel appliziert werden, Abstoßungsreaktionen zu reduzieren. Diese Möglichkeit wird insbesondere bei der Knochenmarktransplantation verfolgt, bei denen die sogenannten „Graft-versus-

Host-Desease" (GvHD) auftreten kann. Die GvHD beruht auf der Tatsache, dass im Rahmen der allogenen Transplantation von Knochenmark Immunzellen des Spenders (!) in den Körper des Empfängers gelangen und sich dort gegen die Körperzellen des Empfängers richten können. Dieses führt zu zum Teil lebensbedrohlichen systemischen Immunreaktionen, die den Einsatz von Immunsuppressiva erfordern. Es zeichnet sich in verschiedenen Untersuchungen ab, dass durch Gabe von MSC die Intensität der GvHD zum Teil deutlich reduziert werden kann.

Darüber hinaus gibt es noch eine Vielzahl von Beschreibungen, bei denen Stammzellen mit positivem Erfolg zur Therapie diverser Krankheiten eingesetzt wurden. Zu erwähnen ist die Therapie genetischer Erkrankungen wie der Osteogenesis imperfecta oder des Hurler-Syndroms sowie neurologischer Erkrankungen (u. a. Schlaganfall, amyotrophe Lateralsklerose (AML)). Diese therapeutischen Ansätze befinden sich jedoch noch auf dem Niveau von experimentellen Studien oder Einzelfallbeschreibungen [58].

Neben den oben beschriebenen Ansätzen, bei denen Stammzellen im Sinne von Zelltransplantationen eingesetzt werden, gibt es auch vielfältige Bestrebungen, in vitro – mit oder ohne Einsatz von Scaffolds-Gewebekonstrukte aus Stammzellen zu generieren und anschließend zu implantieren. Exemplarisch sei hier die Züchtung von kardiovaskulären Strukturen wie den Herzklappen vorgestellt. Haverich und Mitarbeitern gelang es, azellularisierte Pulmonalklappen mit endothelialen Vorläuferzellen (EPC) von Kindern mit Herzklappenfehler zu besiedeln, in einem dynamischen Bioreaktor zu kultivieren und anschließend in die Kinderherzen zu transplantieren [59]. Es zeigten sich in der Follow-up-Phase von 3,5 Jahren zufrieden stellende funktionelle Ergebnisse. Insbesondere konnte demonstriert werden, dass die Implantate synchron zum Herzen wachsen konnten, was einen entscheidenden Vorteil gegenüber mechanischen Herzklappen darstellt.

22.9 Ausblick

Auf Grund ihrer Plastizität und hohen Proliferationskapazität stellen Stammzellen eine viel versprechende Ressource für zelltherapeutische Ansätze dar. Wenngleich – wie bei der Etablierung neuer Technologien häufig der Fall – die Einsatzmöglichkeiten von Stammzellen in der Vergangenheit oft zu euphorisch dargestellt wurden, so zeichnet sich in den letzten Jahren doch eine wachsende Zahl an Einsatzmöglichkeiten zur Therapie gesundheitsökonomisch relevanter Krankheitsbilder ab. Wenn der Erforschung der Stammzellen weiterhin ein hoher Stellenwert zugemessen wird, so bestehen gute Chancen, dass sich ihr Einsatz zukünftig breit im therapeutischen Spektrum etablieren wird.

22.10 Literatur

1. Delorme, B., Chateauvieux, S., Charbord, P., The concept of mesenchymal stem cells. Regen Med, 1 (4), 2006, S. 497–509
2. Hiyama, E., Hiyama, K., Telomere and telomerase in stem cells. Br J Cancer, 96 (7), 2007, S. 1020–4
3. Dominici, M., Le Blanc, K., Mueller, I., et al., Minimal criteria for defining multipotent mesenchymal stromal cells. The International Society for Cellular Therapy position statement. Cytotherapy, 8 (4), 2006, S. 315–7
4. Lindl, T., Zell- und Gewebekultur. 3. Auflage, Spektrum Akademischer Verlag GmbH, Heidelberg, Berlin
5. Fuchs, E., Tumbar, T., Guasch, G., Socializing with the neighbors: stem cells and their niche. Cell, 116 (6), 2004, S. 769–78
6. Crittenden, S.L., Leonhard, K.A., Byrd, D.T., et al., Cellular analyses of the mitotic region in the Caenorhabditis elegans adult germ line. Mol Biol Cell, 17 (7), 2006, S. 3051–61
7. Yamashita, Y.M., Fuller, M.T., Asymmetric stem cell division and function of the niche in the Drosophila male germ line. Int J Hematol, 82 (5), 2005, S. 377–80
8. Ho, A.D., Wagner, W., The beauty of asymmetry: asymmetric divisions and self-renewal in the haematopoietic system. Curr Opin Hematol, 14 (4), 2007, S. 330–6
9. Lechler, T., Fuchs, E., Asymmetric cell divisions promote stratification and differentiation of mammalian skin. Nature, 437 (7056), 2005, S. 275–80
10. Martin, G.R., Isolation of a pluripotent cell line from early mouse embryos cultured in medium conditioned by teratocarcinoma stem cells. Proc Natl Acad Sci U S A, 78 (12), 1981, S. 7634–8
11. Thomson, J.A., Itskovitz-Eldor, J., Shapiro, S.S., et al., Embryonic stem cell lines derived from human blastocysts. Science, 282 (5391), 1998, S. 1145–7
12. Friedenstein, A.J., Petrakova, K.V., Kurolesova, A.I., et al., Heterotopic of bone marrow.Analysis of precursor cells for osteogenic and hematopoietic tissues. Transplantation, 6 (2), 1968, S. 230–47
13. Zvaifler, N.J., Marinova-Mutafchieva, L., Adams, G., et al., Mesenchymal precursor cells in the blood of normal individuals. Arthritis Res, 2 (6), 2000, S. 477–88
14. Zuk, P.A., Zhu, M., Mizuno, H., et al., Multilineage cells from human adipose tissue: implications for cell-based therapies. Tissue Eng, 7 (2), 2001, S. 211–28
15. Young, H.E., Steele, T.A., Bray, R.A., et al., Human reserve pluripotent mesenchymal stem cells are present in the connective tissues of skeletal muscle and dermis derived from fetal, adult, and geriatric donors. Anat Rec, 264 (1), 2001, S. 51–62
16. De Bari, C., Dell'Accio, F., Tylzanowski, P., et al., Multipotent mesenchymal stem cells from adult human synovial membrane. Arthritis Rheum, 44 (8), 2001, S. 1928–42
17. Wada, M.R., Inagawa-Ogashiwa, M., Shimizu, S., et al., Generation of different fates from multipotent muscle stem cells. Development, 129 (12), 2002, S. 2987–95
18. Romanov, Y.A., Svintsitskaya, V.A., Smirnov, V.N., Searching for alternative sources of postnatal human mesenchymal stem cells: candidate MSC-like cells from umbilical cord. Stem Cells, 21 (1), 2003, S. 105–10
19. Shi, S., Gronthos, S., Perivascular niche of postnatal mesenchymal stem cells in human bone marrow and dental pulp. J Bone Miner Res, 18 (4), 2003, S. 696–704
20. Sabatini, F., Petecchia, L., Tavian, M., et al., Human bronchial fibroblasts exhibit a mesenchymal stem cell phenotype and multilineage differentiating potentialities. Lab Invest, 85 (8), 2005, S. 962–71
21. Neuss, S., Becher, E., Woltje, M., et al., Functional expression of HGF and HGF receptor/c-met in adult human mesenchymal stem cells suggests a role in cell mobilization, tissue repair, and wound healing. Stem Cells, 22 (3), 2004, S. 405–14
22. Pittenger, M.F., Mackay, A.M., Beck, S.C., et al., Multilineage potential of adult human mesenchymal stem cells. Science, 284 (5411), 1999, S. 143–7

23. Tsai, M.S., Hwang, S.M., Chen, K.D., et al., Functional Network Analysis on the Transcriptomes of Mesenchymal Stem Cells Derived from Amniotic Fluid, Amniotic Membrane, Cord Blood, and Bone Marrow. Stem Cells, 2007,
24. Horwitz, E.M., Le Blanc, K., Dominici, M., et al., Clarification of the nomenclature for MSC: The International Society for Cellular Therapy position statement. Cytotherapy, 7 (5), 2005, S. 393–5
25. Blanpain, C., Horsley, V., Fuchs, E., Epithelial stem cells: turning over new leaves. Cell, 128 (3), 2007, S. 445–58
26. Moore, K.A., Lemischka, I.R., Stem cells and their niches. Science, 311 (5769), 2006, S. 1880–5
27. Mitchell, K.E., Weiss, M.L., Mitchell, B.M., et al., Matrix cells from Wharton's jelly form neurons and glia. Stem Cells, 21 (1), 2003, S. 50–60
28. Weiss, M.L., Troyer, D.L., Stem cells in the umbilical cord. Stem Cell Rev, 2 (2), 2006, S. 155–62
29. Rocha, V., Gluckman, E., Clinical use of umbilical cord blood hematopoietic stem cells. Biol Blood Marrow Transplant, 12 (1 Suppl 1), 2006, S. 34–41
30. Jacobs, V.R., Niemeyer, M., Gottschalk, N., et al., [The STEMMAT-project as part of health initiative BayernAktiv: adult stem cells from umbilical cord and cord blood as alternative to embryonic stem cell research]. Zentralbl Gynakol, 127 (6), 2005, S. 368–72
31. Eblenkamp, M., Aigner, J., Hintermair, J., et al., [Umbilical cord stromal cells (UCSC). Cells featuring osteogenic differentiation potential]. Orthopade, 33 (12), 2004, S. 1338–45
32. Schmidt, D., Mol, A., Odermatt, B., et al., Engineering of biologically active living heart valve leaflets using human umbilical cord-derived progenitor cells. Tissue Eng, 12 (11), 2006, S. 3223–32
33. Anderson, D.G., Levenberg, S., Langer, R., Nanoliter-scale synthesis of arrayed biomaterials and application to human embryonic stem cells. Nat Biotechnol, 22 (7), 2004, S. 863–6
34. Anderson, D.G., Putnam, D., Lavik, E.B., et al., Biomaterial microarrays: rapid, microscale screening of polymer-cell interaction. Biomaterials, 26 (23), 2005, S. 4892–7
35. Flaim, C.J., Chien, S., Bhatia, S.N., An extracellular matrix microarray for probing cellular differentiation. Nat Methods, 2 (2), 2005, S. 119–25
36. Hersel, U., Dahmen, C., Kessler, H., RGD modified polymers: biomaterials for stimulated cell adhesion and beyond. Biomaterials, 24 (24), 2003, S. 4385–415
37. Hosseinkhani, H., Hosseinkhani, M., Tian, F., et al., Osteogenic differentiation of mesenchymal stem cells in self-assembled peptide-amphiphile nanofibers. Biomaterials, 27 (22), 2006, S. 4079–86
38. Connelly, J.T., Garcia, A.J., Levenston, M.E., Inhibition of in vitro chondrogenesis in RGD-modified three-dimensional alginate gels. Biomaterials, 28 (6), 2007, S. 1071–83
39. Discher, D.E., Janmey, P., Wang, Y.L., Tissue cells feel and respond to the stiffness of their substrate. Science, 310 (5751), 2005, S. 1139–43
40. Vogel, V., Sheetz, M., Local force and geometry sensing regulate cell functions. Nat Rev Mol Cell Biol, 7 (4), 2006, S. 265–75
41. Engler, A.J., Sen, S., Sweeney, H.L., et al., Matrix elasticity directs stem cell lineage specification. Cell, 126 (4), 2006, S. 677–89
42. Even-Ram, S., Artym, V., Yamada, K.M., Matrix control of stem cell fate. Cell, 126 (4), 2006, S. 645–7
43. Kapur, S., Baylink, D.J., Lau, K.H., Fluid flow shear stress stimulates human osteoblast proliferation and differentiation through multiple interacting and competing signal transduction pathways. Bone, 32 (3), 2003, S. 241–51
44. Fitzgerald, J., Hughes-Fulford, M., Mechanically induced c-fos expression is mediated by cAMP in MC3T3-E1 osteoblasts. Faseb J, 13 (3), 1999, S. 553–7
45. Peake, M.A., El Haj, A.J., Preliminary characterisation of mechanoresponsive regions of the c-fos promoter in bone cells. FEBS Lett, 537 (1–3), 2003, S. 117–20
46. Matsuda, N., Morita, N., Matsuda, K., et al., Proliferation and differentiation of human osteoblastic cells associated with differential activation of MAP kinases in response to epidermal growth factor, hypoxia, and mechanical stress in vitro. Biochem Biophys Res Commun, 249 (2), 1998, S. 350–4

47. Charras, G.T., Lehenkari, P.P., Horton, M.A., Atomic force microscopy can be used to mechanically stimulate osteoblasts and evaluate cellular strain distributions. Ultramicroscopy, 86 (1–2), 2001, S. 85–95
48. Banes AJ, W.M., Garvin J, Archambault J, Functional Tissue Engineering. In: Guilak F B.D., Goldstein SA, Mooney DJ (Hrsg.), Springer, 2003, S.
49. Vunjak-Novakovic, G., In: Culture of Cells for Tissue Engineering, Vunjak-Novakovic G., Freshney R.I. (Hrsg.), Wiley-Liss., 2006, S.
50. Raghavan, S., Chen, C.S., Micropatterned environment in cell biology. Adv. Mater., 16 (15), 2004, S. 1303–13
51. Zimmermann, W.H., Schneiderbanger, K., Schubert, P., et al., Tissue engineering of a differentiated cardiac muscle construct. Circ Res, 90 (2), 2002, S. 223–30
52. Stamm, C., Liebold, A., Steinhoff, G., et al., Stem cell therapy for ischemic heart disease: beginning or end of the road? Cell Transplant, 15 Suppl 1, 2006, S. S47–56
53. Steinhoff, G., [Stem cell therapy for the regeneration of heart muscle]. Internist (Berl), 47 (5), 2006, S. 479–80, 482–4, 486–7
54. Tögel, F., Lange, C., Zander, A.R., et al., Regenerative Medizin mit adulten Stammzellen aus dem Knochenmark. Deutsches Ärzteblatt, 23, 2007,
55. Le Blanc, K., Mesenchymal stromal cells: Tissue repair and immune modulation. Cytotherapy, 8 (6), 2006, S. 559–61
56. Rasmusson, I., Immune modulation by mesenchymal stem cells. Exp Cell Res, 312 (12), 2006, S. 2169–79
57. Uccelli, A., Moretta, L., Pistoia, V., Immunoregulatory function of mesenchymal stem cells. Eur J Immunol, 36 (10), 2006, S. 2566–73
58. Giordano, A., Galderisi, U., Marino, I.R., From the laboratory bench to the patient's bedside: an update on clinical trials with mesenchymal stem cells. J Cell Physiol, 211 (1), 2007, S. 27–35
59. Cebotari, S., Lichtenberg, A., Tudorache, I., et al., Clinical application of tissue engineered human heart valves using autologous progenitor cells. Circulation, 114 (1 Suppl), 2006, S. I132–7

23 Blutpräparate und therapeutische Anwendung (Hämotherapie)

J. Burkhart, R. Leimbach, D. Nagl, F. Weinauer

23.1 Einleitung

Die Geschichte der Blutübertragung lässt sich bis in das Altertum verfolgen – wenn auch hier das Blut nicht in die Blutgefäße eingebracht, sondern als Trank verabreicht wurde. Im alten Rom stürmten die Zuschauer in die Kampfarena, um das Blut verletzter Gladiatoren zu trinken, in dem Gedanken, deren Stärke würde in sie überfließen. So wurden auch Greise mit dem Blut von Jünglingen behandelt. Der Glaube, mit dem Blut würden Eigenschaften des Spenders übertragen, muss wohl auch bei dem Versuch mitgewirkt haben, Verbrecher durch Übertragung von Schafsblut „lammfromm" zu machen. Zu Beginn der Mensch-zu-Mensch-Übertragung wurde Blut mittels eines Röhrchens von Blutgefäß zu Blutgefäß transfundiert. Diese im Mittelalter neu erprobte Form basierte auf der Entdeckung des Blutkreislaufes durch William Harvey (1578-1657). Es überwog allerdings noch die Blutübertragung vom Tier auf den Menschen, die nicht selten mit dem Tod beider Beteiligter endete. In der aufklärerischen Phase der französischen Revolution wurde diese Art der Blutübertragung deshalb verboten.

Im Jahr 1818 wurde von James Blundell (1790–1877), einem Londoner Geburtshelfer die erste Bluttransfusion von Mensch zu Mensch durchgeführt. Im Weiteren lag die Sterberate bei etwa 30%, was sich aber nicht von der Sterberate verschiedener Operationen unterschied.

Sichere Voraussetzungen für eine Bluttransfusion wurden erst 1901 von Karl Landsteiner (1868–1943) und seiner Entdeckung der menschlichen Blutgruppen (AB0-System) geschaffen. Unter Blutgruppen versteht man Antigene auf den Erythrozyten, die für jeden Menschen charakteristisch sind und von den Eltern vererbt wurden. Sie bestehen aus Zuckerstoffen, Eiweißen oder Fettstoffen, die auf der Erythrozytenmembran sitzen oder durch sie hindurch laufen.

Durch die Einführung der Zugabe von Natriumcitrat als Blutgerinnungsmittel konnte Blut erstmals auch konserviert werden und führte 1919 zur Gründung der ersten Blutbank in den USA.

Die Entdeckung weiterer Blutgruppensysteme, wie z. B. Rhesus, Kell, Kidd, Duffy und weitere, die Fortschritte in der infektionsserologischen Labordiagnostik und die Einführung neuer Techniken zur Herstellung von Blutpräparaten (Blut- und Plasmafraktionierung, Kryokonservierung, Blutzellapherese, Inlinefiltration etc.) haben zur weltweit praktizierten „Hämotherapie nach Maß" geführt. Dies bedeutet, dass jeder Patient nur noch den Blutbestandteil zugeführt bekommt, den er auch aufgrund seiner Erkrankung wirklich benötigt.

Im Folgenden wird auf die Herstellung von Blutkomponenten, die Herstellung von Blutstammzellpräparaten und das Qualitätsmanagement im Blutspendewesen speziell eingegangen.

23.2 Herstellung von Blutkomponenten

23.2.1 Therapie mit Blutpräparaten

Blutkonserven werden heute nicht mehr so, wie sie entnommen wurden, an ein Krankenhaus ausgeliefert. Seit Anfang der 90er Jahre hat sich in der Transfusionsmedizin die sogenannte Blutkomponententherapie durchgesetzt. Das heißt, der Patient erhält heute nur genau den Teil des Vollblutes, den er benötigt.

Die drei Hauptpräparate, die heute zur Transfusion beim Patienten verwendet werden, sind das Erythrozytenkonzentrat, das Thrombozytenkonzentrat und das Plasma.

Die Indikation dieser Präparate ist im Folgenden nur exemplarisch erwähnt. Es wird auf weiterführende Literatur verwiesen [4].

Für die Indikation zur Erythrozytentransfusion lassen sich keine absoluten und allgemein gültigen kritischen Grenzwerte für Hämoglobin oder Hämatokrit festlegen. Bei einer Entscheidung für eine Transfusion müssen außer den Laborwerten stets die Dauer, die Schwere und die Ursache der Anämie, sowie die Vorgeschichte, das Alter und der klinische Zustand des Patienten berücksichtigt werden [4]. So ist die Gabe angezeigt bei akuten Blutverlusten oder chronischen Anämien. Je nach Anwendungsbedarf müssen die Erythrozytenkonzentrate eventuell noch weiteren Herstellungsschritten unterworfen werden (Bestrahlen, Waschen, Aufteilen, Kryokonservieren).

Thrombozytenkonzentrate hergestellt aus Vollblut oder über Zytapherese werden bei Thrombozytopenien durch primäre oder sekundäre Knochenmarkinsuffizienz, aber auch nach starkem Blutverlust, bei erworbenen Plättchenfunktionsstörungen oder Autoimmunthrombozytopenien gegeben. Die meisten Präparate werden für Patienten im Rahmen einer Chemotherapie bei einer Tumorbehandlung benötigt.

Plasma wird vor allem zur Notfallbehandlung bei klinisch manifester Blutungsneigung oder bei Blutungen aufgrund einer komplexen Störung des Hämostasesystems verwendet. Dabei werden die hämostatisch wirksamen Bestandteile dem Patienten in annähernd physiologischer Konzentration zugeführt. Es muss jedoch berücksichtigt werden, dass eine rasche und effektive Normalisierung der plasmatischen Gerinnung mit einer Therapie mit Plasma alleine nicht erreicht werden kann, da hierfür sehr große Volumengaben notwendig wären.

Die eben genannten Blutpräparate lassen sich über maschinelle Verfahren einzeln gewinnen, oder aus einer Vollblutspende herstellen.

23.2.2 Grundlagen der Herstellung

Seit etwa 1952 wurden die ersten Kunststoffblutbeutel [1] (Abb. 23.2) vorgestellt, die im Verlauf der folgenden Jahre die Glasflasche (Abb. 23.1) verdrängten.

Heute bestehen diese Beutel aus PVC. Um entsprechende Temperaturverträglichkeiten, von − 40°C für tiefgefrorenes Plasma bis + 121°C bei der Dampfsterilisation der Beutel, zu erhalten, werden dem PVC Weichmacher, meist DEHP (Di-[2-ethylhexyl]phtalat) zugesetzt.

Seit 1914 wird Natriumcitrat als Antikoagulanz verwendet. Heute ist als Stabilisator CPD (Zusammensetzung siehe Tabelle 23.1) üblich, dieser enthält neben Natrium*C*itrat noch Natriumhydrogen*P*hosphatdihydrat (um einen Abfall des pH-Wertes in der Konserve über die Lagerdauer einzuschränken) und *D*extrose (Glucosemonohydrat). Durch die Zugabe von Citrat wird das ionisierte Calcium im Blut gebunden und die Gerinnungskaskade dadurch an mehreren Stellen inhibiert. Durch diesen Vorgang wird das Blut ungerinnbar gemacht. Die Zugabe des Zuckers als Nährstoff für die Erythrozyten beeinflusst die Haltbarkeit der Blutkonserve (siehe unten).

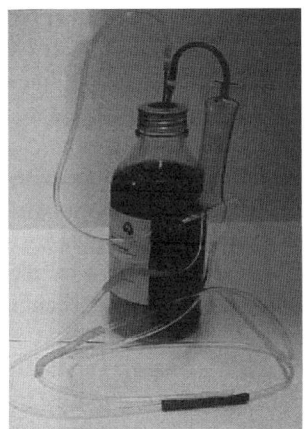

Abb. 23.1 Blutflasche. Bis in die 70er Jahre des 20. Jahrhunderts wurde Blut in solchen Glasflaschen abgenommen. Sie waren mit einem Gummipfropfen und einem Aluminiumdrehverschluss verschlossen und konnten vor Gebrauch desinfiziert und mit einem Vakuum versehen werden

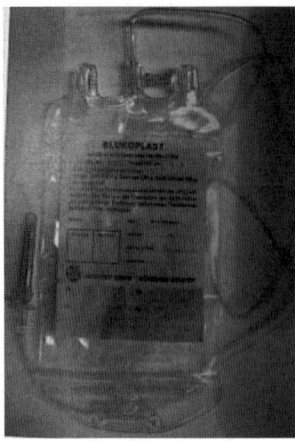

Abb. 23.2 Blutbeutel aus der Anfangszeit. Seit den 70er Jahren des 20. Jahrhunderts wird Blut in Kunststoffbeuteln abgenommen. Durch die Verbindung von mehreren Beuteln mittels eines Schlauchsystems wird die Auftrennung der Blutkonserven in Erythrozytenkonzentrat und Plasma in einem geschlossenem System erstmals möglich

	CPD
*C*itronensäuremonohydrat	3,27 g
Natrium*C*itratdihydrat	26,3 g
Natrium*P*hosphatmonohydrat	2,22 g
Glucosemonohydrat (*D*extrose)	25,5 g
Wasser für Injektionszwecke	Ad 1000,0 ml
Menge auf 100 ml Vollblut	14,0 ml

Tabelle 23.1 Zusammensetzung des CPD-Stabilisators. Der CPD-Stabilisator ist im Entnahmebeutel vorgegeben. Das Blut läuft über den Schlauch in den Beutel und wird dem Stabilisator gemischt. Durch das Mischen mit dem Citrat, Phosphat und der Glukose wird das Blut ungerinnbar und erhält Nährstoffe für die Zeit der Lagerung. Mit diesem Stabilisator alleine wäre eine dreiwöchige Lagerung bei 4°C möglich

Durch die Blutspende wird zwar auch heute noch Vollblut gewonnen, aber sowohl die Europäischen [2], als auch die deutschen Richt- [3] und Leitlinien [4] kennen nur noch Blutkomponenten. Alle diese Dokumente basieren auf Richtlinien der Europäischen Union, insbesondere auf den Qualitäts- und Sicherheitsstandards [5] und den technischen Anforderungen [6].

Vollblut besteht zu etwa aus 55% aus Blutplasma und 45% aus zellulären Bestandteilen, also Erythrozyten, Leukozyten und Thrombozyten. Mittels einer zweistufigen Verarbeitung, d. h. der Entnahme von Vollblut in einer Antikoagulanzlösung, wie CPD ist eine Lagerung von 3 Wochen möglich. Nachfolgend wird das Vollblut in eine Plasmaeinheit und ein Erythrozytenkonzentrat weiterverarbeitet. Dieses Erythrozytenkonzentrat wird zusätzlich mit einer sogenannten additiven Lösung, wie etwa SAGM (Zusammensetzung siehe Tabelle 23.2), versetzt. Durch die Zugabe dieser additiven Lösung aus Natriumchlorid, Adenin, Glucose und Mannitol werden weitere Nährstoffe hinzugegeben. Damit lassen sich Lagerzeiten von 42 Tagen bei 4 ± 2°C erreichen.

23.2 Herstellung von Blutkomponenten

	SAGM
Natriumchlorid (Sodium)	8,77 g
Adenin	0,169 g
Glucosemonohydrat	9,00 g
Mannitol	5,25 g
Wasser für Injektionszwecke	Ad 1000,0 ml

Tabelle 23.2 Zusammensetzung der SAGM-Additivlösung. Die SAGM-Lösung wird nach der Filtration der Vollblutkonserve und dem Entfernen des Plasmas zum Erythrozytenkonzentrat hinzugegeben. Durch die Zugabe von Natriumchlorid, Adenin, Glucose und Mannitol werden weitere Nährstoffe zugegeben, die eine Verlängerung der Haltbarkeit der Erythrozytenkonzentrate bis auf sechs Wochen gewährleistet

Selbstverständlich sind die heute verwendeten Mehrfachbeutelsysteme geschlossen und steril und nur zur einmaligen Verwendung geeignet. Diese Systeme müssen den DIN EN ISO Normen entsprechen [7]. Durch die Verwendung dieser Mehrfachbeutelsysteme ist gewährleistet, dass die Blutkonserve während der gesamten Verarbeitungsschritte nicht geöffnet werden muss und dadurch die Möglichkeit einer bakteriellen Kontamination minimiert wird. Das System ist mit einer Entnahmenadel versehen, so ist auch höchste Spendersicherheit gewährleistet.

Die Trennung in die einzelnen Komponenten erfolgt durch physikalische Trennmethoden. Die grundsätzlichen Herstellungsschritte sind bei allen verwendeten Systemen nahezu gleich. In Abbildung 23.3 ist schematisch ein heute verwendetes Blutbeutelsystem dargestellt. Die Verarbeitung dieser Blutbeutelsysteme erfolgt nach dem Schema in Tabelle 23.3.

23.2.3 Leukozytendepletion

Nach Vorgabe der Bundesoberbehörde, dem Paul-Ehrlich-Institut, dürfen seit dem 01.10.2001 zur Risikominimierung nur noch leukozytendepletierte Blutprodukte [8] in Verkehr gebracht werden. Leukodepletieren bedeutet die Entfernung der Leukozyten aus der Blutkonserve. Damit wird das Sensibilisierungsrisikos gegen HLA-Merkmale und das Risiko einer Übertragung leukozytengebundener Viren (HTLV I, CMV) vermieden. Man hofft damit auch das Risiko der Übertragung von vCJD (neue Variante der Creutzfeldt-Jakob-Erkrankung) zu verringern. Die Leukozytenabreicherung ist vor der Lagerung der Vollblute, Erythrozytenkonzentrate und Thrombozytenkonzentrate mit einem geeigneten Verfahren durchzuführen [10]. In der Regel werden die weißen Blutkörperchen mit Hilfe eines Filters aus dem Vollblut entfernt, so dass der Leukozytengehalt pro Einheit (Blutkonserve) nach der Filtration weniger als 1×10^6 beträgt. Dabei verbleibt auch der größte Teil der Thrombozyten im Filter. Die Qualität der Produkte (Haltbarkeit, Stabilität, Sterili-

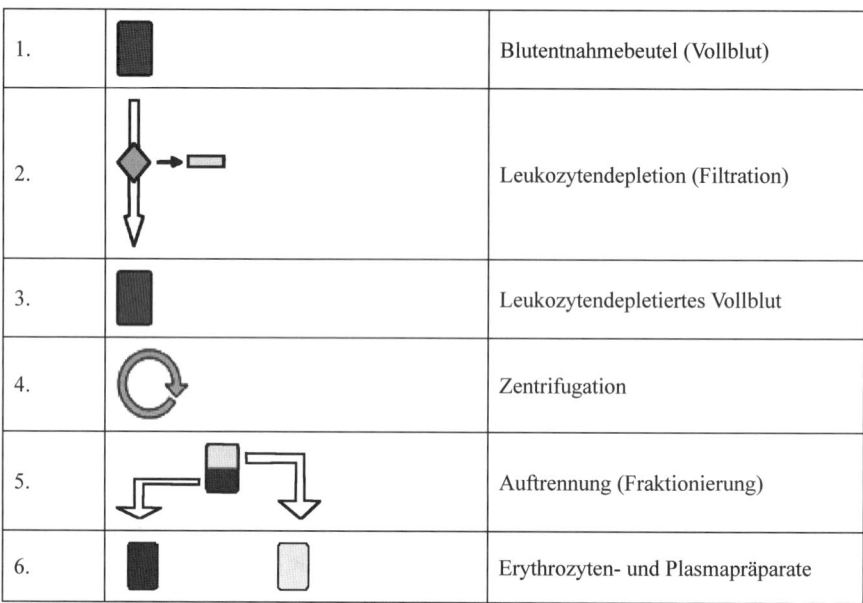

Tabelle 23.3 Schematischer Ablauf der Verarbeitung von Blutbeutelsystemen zur Auftrennung in Erythrozytenkonzentrat und Plasma

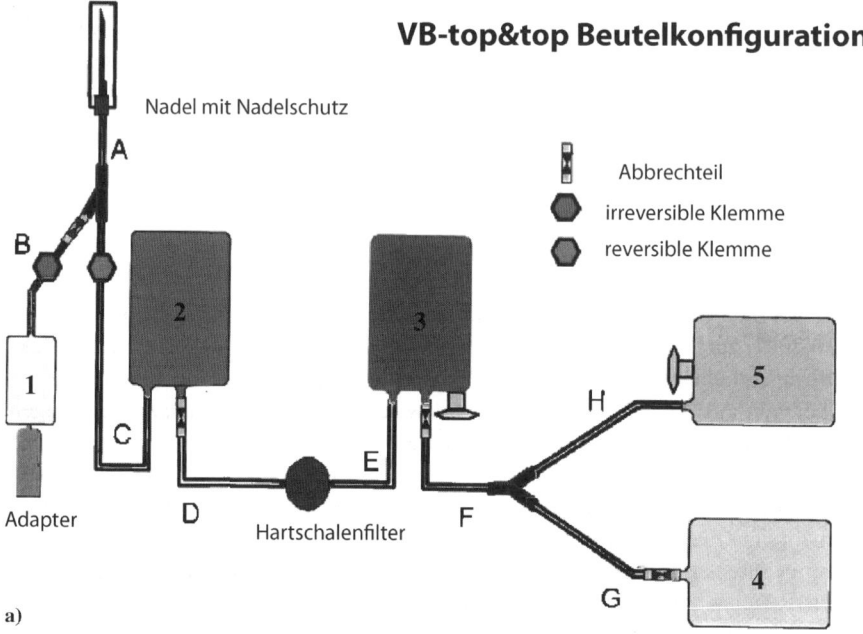

Abb. 23.3 a) Schematische Darstellung eines Blutbeutelsystems 1. Pre-Donation Beutel, 2. Entnahmebeutel, 3. Filtratbeutel, 4. Beutel mit additiver Lösung, 5. Plasmabeutel

23.2 Herstellung von Blutkomponenten

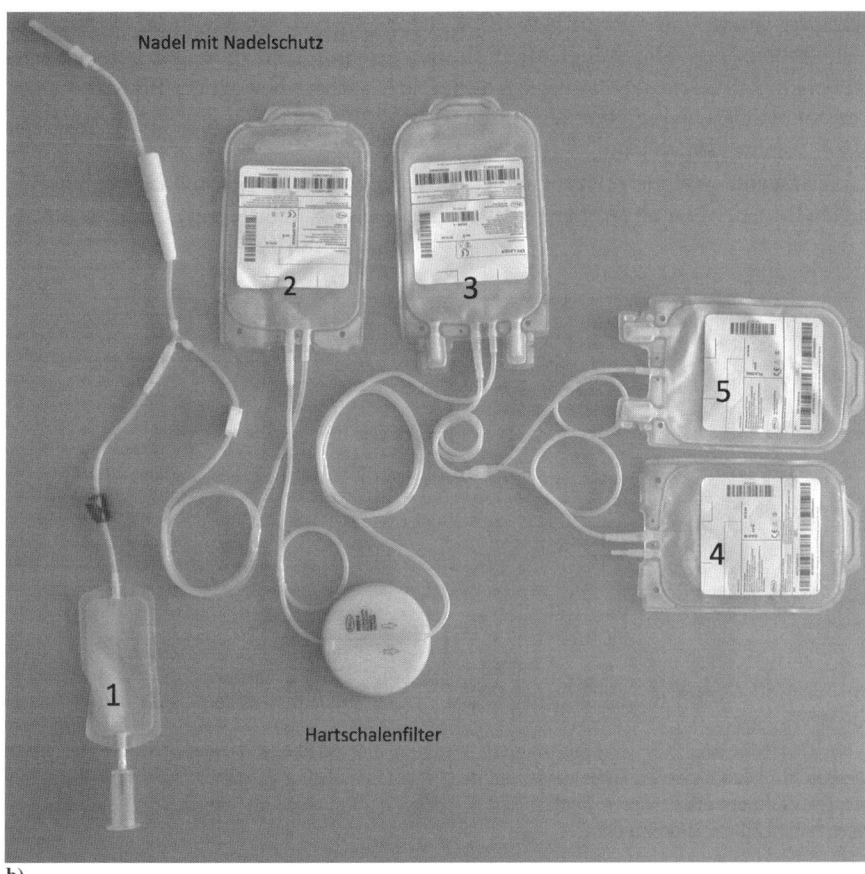

b)

Abb. 23.3 (*Fortsetzung*) b) 1. Pre-Donation Beutel, 2. Entnahmebeutel, 3. Filtratbeutel, 4. Beutel mit additiver Lösung, 5. Plasmabeutel

tät,...) wird durch dieses Verfahren nicht beeinträchtigt [11, 12], wobei die Art und Dauer der Leukozytendepletion Bestandteil der Zulassung sind und entsprechend validiert werden müssen. Die Anforderung an die Begrenzung der Leukozytenzahl muss bei mehr als 90% der geprüften Einheiten erfüllt sein.

Zunächst wurden als Filtermedien Baumwolle, Zelluloseacetat oder auch Polyurethanfasern verwendet, heute kommen überwiegend Polyesterfasern zum Einsatz. Die Oberfläche dieser Fasern wird chemisch oder physikalisch verändert (Coating) um eine bessere Benetzbarkeit der Fasern zu erreichen [9]. Die Filtration erfolgt durch Adsorption, die Leukozyten und der größte Teil der Thrombozyten bleibt an den Polyesterfasern des Filters haften und wird dadurch aus dem Vollblut entfernt.

Kritisch ist vor allem die Dauer des Vorganges der Leukozytendepletion. Dabei darf die in der Zulassung festgelegte Zeit von maximal 90 Minuten nicht überschritten werden. Bei der in Abb. 23.4 und 23.5 gezeigten Maschine werden die Vollblutkonserven eingehängt. Die Filtration erfolgt alleine durch die Schwerkraft, wobei kein Druck ausgeübt werden darf. Die Maschine bewegt die Blute mit einer konstanten Geschwindigkeit bis zur anderen Seite, so dass die Filtrationsdauer exakt bestimmt werden kann.

Ein zweites geeignetes Verfahren ist die leukozytenarme Herstellung bei maschinellen Blutspendearten (Apherese), wo durch geeignete Einstellung der Maschinen-

Abb. 23.4 Maschine zur zeitkontrollierten Filterung der Vollblutkonserven. Auf dieser Seite werden die Blutkonserven aufgehängt und der Filterungsvorgang gestartet. Durch das Filtrieren werden die nicht erwünschten Leukozyten aus dem Vollblut entfernt. Dies bewirkt eine bessere Verträglichkeit der Blutpräparate

Abb. 23.5 Maschine zur zeitkontrollierten Filterung der Blutkonserven. Auf dieser Seite ist der Filterungsvorgang beendet und die Blutkonserven werden abgenommen. Der komplette Filtriervorgang darf maximal 90 Minuten dauern. Bei einer längeren Zeitdauer dürfen die betroffenen Blutkonserven nicht weiter verarbeitet werden

parameter gewährleistet wird, dass die Präparate ebenfalls nur Leukozytenkontaminationen unter 1 x 10^6 pro Einheit (Eine Einheit ist ein Blutbeutel mit ca. 300 ml) aufweisen.

23.2.4 Zentrifugation

Nach der Leukozytendepletion erfolgt die Trennung des Vollblutes in Plasma und Erythrozyten. Mit Hilfe der Fliehkraft wird in leistungsstarken Blutbank-Zentrifugen eine unterschiedliche Sedimentation erreicht. Diese Sedimentation ist von der Dichte der Zellen abhängig. Beispielhaft wird die Dichte von Plasma und einiger Zelltypen in Tabelle 23.4 angegeben.

Die Zentrifugationsbedingungen werden durch die relative Zentrifugalbeschleunigung (g) und die Zentrifugationsdauer, besser noch durch das Integral über Zentrifugalbeschleunigung und Dauer sowie der Temperatur bestimmt.

Die Drehzahl der Zentrifuge ergibt mittels nachfolgender Formel die relative Zentrifugalbeschleunigung:

$$Umdrehungszahl\left(\frac{U}{min}\right) = \frac{\sqrt{Rel.\ Zentrifugalbeschleunigung(g)}}{r \times 11{,}18\left(\frac{m}{s^2}\right)} \times 1000$$

r: Radius des Arbeitskopfes der Zentrifuge

Dabei werden bis zu 3500 Umdrehungen benötigt, dies entspricht einer relativen Zentrifugalbeschleunigung von ca. 5000 g (Erdbeschleunigung). Je nach Programm und Zentrifuge dauert dieser Vorgang zwischen 16 und 23 Minuten. In der Abb. 6 ist eine Blutbeutelzentrifuge mit offenem Deckel dargestellt. Jeder der Zentrifugenköcher kann 2 Blutbeutel aufnehmen, also können pro Lauf 12 Blutkonserven verarbeitet werden. (= 6 Liter Vollblut). Dabei müssen die Zentrifugen sowohl den bestehenden Normen, als auch den Sicherheitsvorschriften entsprechen [13, 14]. Wichtig ist, dass die Temperatur der Zentrifuge nicht über den Wert ansteigt, der für die Verarbeitung zugelassen ist (heute meistens 20 ± 2°C). Durch das Zentrifugieren trennt sich das Blut im Beutel in zwei deutlich unterscheidbare Schichten. Durch die vorhergehende Filtration entsteht die dritte Schicht, der Buffy Coat (siehe 23.2.7), bei diesem Verfahren nicht. In Abbildung 23.7 ist das leicht bernsteinfarbene Plasma oben und die dunkelroten Erythrozyten unten zu sehen.

Blutbestandteil	Mittlere Dichte (g/ml)
Plasma	1,026
Thrombozyten	1,058
Erythrozyten	1,100

Tabelle 23.4 Mittlere Dichte der Blutbestandteile im Vergleich zu Wasser (1,000 g/ml)

Abb. 23.6 Gekühlte Blutbeutelzentrifuge zur Zentrifugation von 12 Blutbeuteln. Bei der Bestückung der Zentrifuge mit den Beuteln ist darauf zu achten, dass keine Unwucht entsteht. Daher werden bei der Entnahme Blutmischwaagen verwendet, die sicherstellen, dass die Beutel immer das gleiche Gewicht haben

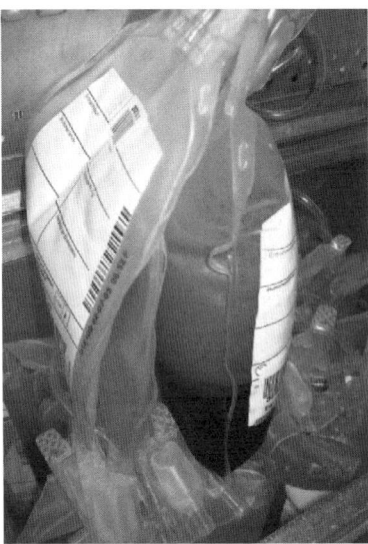

Abb. 23.7 Blutbeutel nach der Zentrifugation. Unten haben sich die Erythrozyten abgesetzt, oben ist das Plasma. Um ein erneutes Durchmischen zu verhindern, muss die Blutkonserve bis zum Abpressen des Plasmas vorsichtig behandelt werden

23.2.5 Auftrennung von Vollblut in Erythrozytenkonzentrat und Plasma

Um die beiden Komponenten, Erythrozytenkonzentrat und Plasma zu erhalten, muss das Vollblut getrennt werden. Bei den unter Abb. 3 vorgestellten Blutbeuteln wird das Plasma mittels einer Presse in den dafür vorgesehenen Beutel überführt. Im Vollblutbeutel verbleibt das Erythrozytenkonzentrat. Zu diesem Konzentrat wird noch eine additive Lösung (siehe 23.2.2) aus dem zweiten Beutel zugesetzt. Während des Vorganges werden die Schläuche steril verschlossen und anschließend getrennt. Diese Trennung kann mit einer rein mechanischen Presse erfolgen oder mit einem

23.2 Herstellung von Blutkomponenten

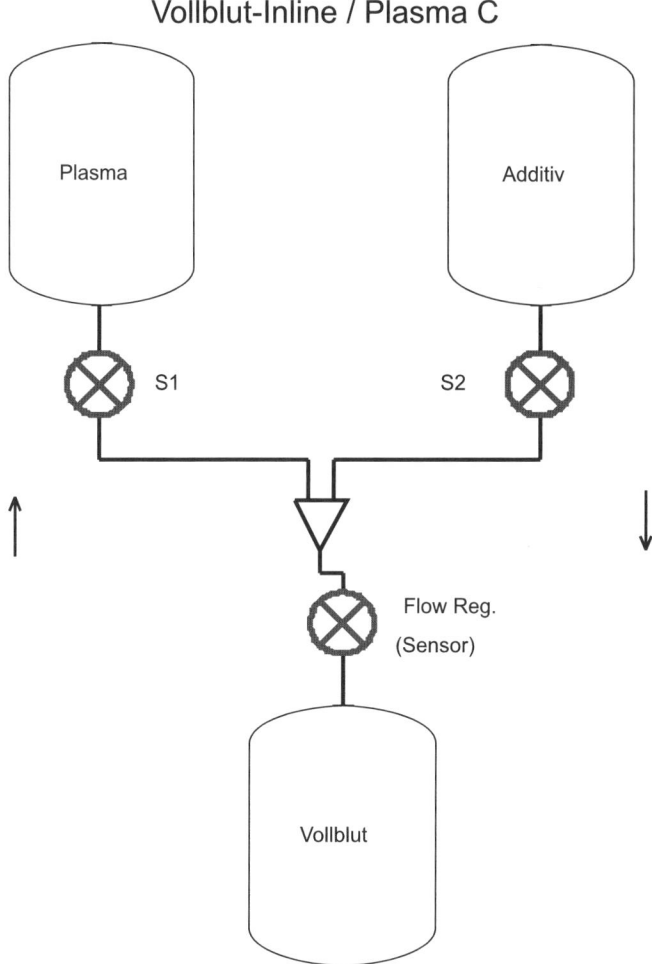

Abb. 23.8 Schema der in den Komponententrenner eingelegten Blutbeutel. Die Schläuche werden in die Schweißköpfe (S1 + S2) und den Sensor eingelegt. Die Presse drückt das Plasma in den Plasmabeutel. Sobald der optische Sensor einen Farbumschlag ins rote (Plasma ist gelb, Erythrozyten sind rot) erkennt, schweißt der Schweißkopf S1 den Schlauch zu. Anschließend läuft die additive Lösung in den Beutel mit dem Erythrozytenkonzentrat. Ist die komplette Additivlösung im Beutel des Erythrozytenkonzentrates, schweißen auch S2 und der Sensor die Schläuche zu. Abbildung 9 zeigt den zugehörigen Blutkomponententrenner bestückt mit einer Blutkonserve

sogenannten Komponententrenner, der sowohl optisch die Phasengrenze zwischen Plasma und Erythrozyten erkennen kann und den Pressvorgang automatisch stoppt, als auch zudem in der Lage ist, die Schlauchverbindungen mittels Hochfrequenz zu verschweißen [15]. Die Verarbeitung ist in Abb. 23.8 und 23.9 dargestellt. Alle Schläuche werden in die Sensoren und die Schweißköpfe eingelegt. Der Komponententrenner prüft die Lage der Schläuche in den Köpfen und dokumentiert die

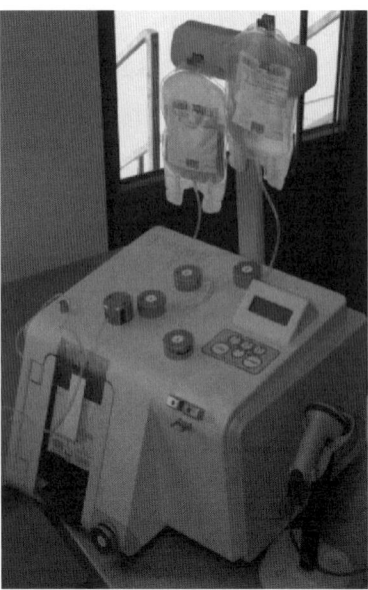

Abb. 23.9 Blutkomponententrenner mit eingehängten Beuteln nach dem Schema in Abb. 8. Links unten ist die Presse zu sehen, in die der Vollblutbeutel eingelegt wird, links oben der Plasmabeutel und rechts oben der Beutel mit der additiven Lösung

Herstellungsdaten. Nach Beendigung der Trennung werden die Erythrozytenkonzentrate bei +4±2°C gelagert. Das Plasma muss so schnell als möglich, jedoch nicht später als 24 Stunden nach der Entnahme tiefgefroren werden. Das Tiefgefrieren von Plasma bedeutet, dass das Plasma innerhalb von 1 Stunde eine Kerntemperatur von −30°C erreicht haben muss (Abb. 23.12). Vor dem Einfrieren werden nach einer Sichtkontrolle noch die hämolytischen und stark lipämischen Plasmen aussortiert.

23.2.6 Konfektionierung der Blutkomponenten

Nach der Trennung des Vollblutes, also der Herstellung der Blutkomponenten, müssen diese noch konfektioniert, freigeben und etikettiert, also gekennzeichnet werden. Dieses kann manuell, oder mittels geeigneter Geräte erfolgen, die gegebenenfalls diese Prozesse automatisch durchführen (Abb. 23.10) Unter Konfektionierung ist üblicherweise die Erstellung von Proben zu verstehen, die zur Durchführung der serologischen Verträglichkeitsprobe dienen. Diese Proben können mit Blut gefüllte Röhrchen des Blutspenders sein. Um Verwechslungen zu vermeiden, werden heutzutage jedoch Schlauchsegmente des Blutbeutelsystems hergestellt, die während der Verarbeitung mit dem Konservenblut gefüllt werden. Dieses Verfahren stellt die Identität der Blutprobe mit der Konserve sicher, wenn dieser Schlauch nicht von der Konserve abgetrennt wird. Zur Identitätssicherung ist dieser Schlauch mit eindeutigen Nummern gekennzeichnet.

Wenn für die verarbeiteten Blutkonserven die Laborergebnisse der Blutgruppen- und Infektionsserologie vorliegen, können die Blutprodukte freigegeben und etiket-

23.2 Herstellung von Blutkomponenten

Abb. 23.10 Gerät zur Konfektionierung von Blutkonserven. Dieses Gerät klebt auf die Blutkonserve das Freigabeetikett, erstellt Schlauchsegmente für die Durchführung der vor der Transfusion notwendigen Verträglichkeitsprobe und überprüft den Vorgang der Etikettierung. Abbildung 23.11 zeigt das Etikett im Großformat

tiert werden. Die Freigabe wird nach dem Arzneimittelgesetz durch die Sachkundige Person vorgenommen, die sich vor der Freigabe vergewissern muss, dass die Konserven ordnungsgemäß hergestellt und getestet wurden. Nach der Etikettierung ist zu prüfen, ob sich das richtige Etikett auf dem richtigen Beutel befindet. Diese Prüfung erfolgt durch Einlesen der ursprünglich bei der Entnahme geklebten Nummer und der Nummer auf dem neuen Etikett entweder vollautomatisch oder mittels Scanner und Vergleich der beiden Nummern durch die EDV. Erst danach dürfen die Blutprodukte in Verkehr gebracht, d. h. an Dritte abgegeben werden. Abb. 23.11 zeigt ein konfektioniertes und etikettiertes Erythrozytenkonzentrat.

Für das Plasma gelten besondere Regeln, falls es nicht ausschließlich zur Weiterverarbeitung (Abb. 23.12) vorgesehen ist. Therapeutisches Plasma, d. h. Plasma zur direkten Anwendung am Menschen, muss im Falle von Poolplasma einer Virusabreicherung, die auf chemischen oder physikalischen Weg erfolgen kann, unterworfen werden oder es muss eine Form der Quarantäne (mindestens 4 Monate) gewählt werden. Bei der Quarantänelagerung bleibt das Plasma einer Spende so lange unberührt tiefgefroren, bis nach dieser definierten Zeit eine ebenfalls negative Folgespende desselben Spenders vorliegt. Erst danach kann das Plasma aus der Quarantäne entlassen und in Verkehr gebracht werden.

Plasma lässt sich nicht nur über eine Vollblutspende und die Aufteilung dieser Spende in Erythrozytenkonzentrat und Plasma gewinnen, sondern mittels maschineller Verfahren auch direkt beim Spender entnehmen. Dabei wird in einem Phereseverfahren (Plasmapherese) mit einer Maschine, die eine integrierte Zentrifuge besitzt, das entnommene Vollblut in einem geschlossenen System aufgeteilt und das gewonnene Plasma in einem Beutel gesammelt. Der Spender erhält während dieser Prozedur die nicht gesammelten Bestandteile (Erythrozyten, Leukozyten und Thrombozyten) in gleicher Sitzung zurück.

Abb. 23.11 Mit Freigabeetikett versehenes Erythrozytenkonzentrat. Das Etikett enthält Angaben zum Hersteller, der Blutgruppe (AB0-Blutgruppe, Rhesus-Untergruppen, Kellfaktor), das Herstellungsdatum, den Verfallzeitpunkt (42 Tage nach Herstellung), einen Produktcode und Gebrauchsinformationen für den Anwender (unter anderem der Lagertemperatur von 2–6°C). Die Serviceetiketten im oberen Bereich des Etiketts können zu Dokumentationszwecken für die Krankenakte verwendet werden

Abb. 23.12 Plasmen vor dem Tieffrieren. Plasmen können bis zu 3 Jahre aufbewahrt werden, wenn sie bei einer Temperatur von kleiner –30°C gelagert werden. Dazu müssen sie innerhalb von 24 Stunden nach der Entnahme eingefroren sein. Der Einfriervorgang selbst muss innerhalb von 60 Minuten abgeschlossen sein

23.2.7 Herstellung von Thrombozytenkonzentraten

Thrombozytenkonzentrate werden entweder aus Vollblutspenden oder durch Thrombozytapherese gewonnen. Bei der Herstellung aus Vollblutspenden wird ein Mehrfachbeutelsystem verwendet, bei dem der Leukozytenfilter an anderer Stelle eingebaut ist. Bei diesem System wird das entnommene Vollblut vor der Filtration zentrifugiert. Dadurch erhält man zwischen den Erythrozyten und dem Plasma eine Schicht aus Leukozyten und Thrombozyten, den sogenannten Buffy Coat. Das

Plasma wird in den ersten Beutel abgepresst, der Buffy Coat in den zweiten Beutel. Anschließend wird das Erythrozytenkonzentrat mit der Additivlösung versehen und im letzten Schritt filtriert. So erhält man ebenfalls ein Erythrozytenkonzentrat und ein Plasma.

Zur Herstellung eines therapeutischen Thrombozytenkonzentrates werden nun in der Regel vier dieser Buffy Coats und ein Plasma miteinander in einem Beutel gepoolt. Anschließend wird dieser Beutel zentrifugiert. Die Zentrifugationsbedingungen sind dabei so eingestellt, dass sich Erythrozyten und Leukozyten unten absetzen und oben ein thrombozytenreiches Plasma entsteht, das über einen Leukozytenfilter in einen weiteren Beutel abgepresst werden kann. Dadurch hat man nun das gefilterte Thrombozytenkonzentrat, das einer therapeutischen Einheit entspricht. Unter einer therapeutischen Einheit ist die üblicherweise angeforderte Menge von mindestens 2×10^{11} Thrombozyten in ca. 250 ml Plasma zu verstehen.

Die zweite Methode ist die Herstellung über eine Thromboyztapherese (zum Verfahren der Apherese siehe unter 23.3.3). Ähnlich einer Plasmapherese oder einer Stammzellapherese werden die Thrombozyten in einer Zentrifuge über einen Dichtegradienten getrennt, abgesogen und in einem Beutel gesammelt, während der Spender die Erythrozyten und das Plasma wieder zurück bekommt. Bei diesem Aphereseverfahren können bis zu drei therapeutische Einheiten gesammelt werden.

23.2.8 Notfälle

Jeder Blutspendedienst hat in der Regel eine größere Menge an Blutkonserven vorrätig, die den Bedarf der Kliniken deckt. Es kann jedoch jahreszeitlich bedingt (Urlaubszeiten) zu Engpässen an einzelnen Blutprodukten oder bei einzelnen Blutgruppen kommen. In diesen Fällen müssen in den Kliniken elektive Eingriffe (z. B. nicht dringliche Operationen) zurückgestellt werden, so dass nur Notfälle behandelt werden können.

Bei Engpässen in der Versorgung helfen sich die Blutspendedienste untereinander aus. So würde auch in einem Katastrophenfall, mit einer hohen Verletztenzahl und einem hohen Blutbedarf ein einzelner Blutspendedienst überfordert sein. Alle Blutspendedienste innerhalb Deutschlands würden in einem solchen Fall Blutkonserven in die jeweilige Region schicken, damit die Verletzten versorgt werden können.

23.3 Herstellung von Blutstammzellpräparaten

In Kapitel 22 wurde auf die Stammzellen und ihr Differenzierungpotential eingegangen. Im Folgenden sollen die präparativen Verfahren im Rahmen der hämatopoetischen Stammzelltransplantation beschrieben werden.

23.3.1 Stammzelltherapie

Aus den hämatopoetischen Stammzellen entwickeln sich über weitere, zunehmend spezialisierte Vorläuferzellen alle Blutzellen, wie Erythrozyten, Leukozyten sowie Thrombozyten. Da reife Blutzellen nur eine begrenzte und zum Teil recht kurze Lebensdauer (ca. 10 Tage bei Thrombozyten und Leukozyten) haben, müssen sie ständig erneuert werden. Dies erforderte eine hohe Proliferationsrate der aus den hämatopoetischen Stammzellen hervorgehenden Vorläuferzellen. Selbst unter Ruhebedingungen findet eine Neubildung von etwa 10^{11} bis 10^{12} (entsprechend 1 g) Blutzellen pro Tag statt. Findet diese Neubildung nicht mehr statt, wie es bei verschiedenen Erkrankungen oder bei verschiedenen Therapien vorkommt, müssen die reifen Zellen regelmäßig über eine Transfusion zugeführt oder Vorläuferzellen transplantiert werden, die die Neubildung wieder übernehmen können.

Zur Behandlung von verschiedenen Krebsformen wird heute das Verfahren der Hochdosischemotherapie, kombiniert in manchen Fällen mit einer Ganzkörperbestrahlung, verwendet. Dabei soll der komplette Tumor zerstört werden. Nebeneffekt dieser Therapie ist aber, dass auch die gesunden, sich schnell regenerierenden, Zellen des Knochenmarks mit zerstört werden und so der Körper nicht mehr in der Lage ist, Blutzellen zu bilden. Durch die Zuführung von autologen (eigenen) oder allogenen (fremden) Blutstammzellen kann diese myeloablative Phase gestoppt werden. Die transplantierten Blutstammzellen wandern in das Knochenmark ein (Homing) und fangen dort wieder mit der Blutbildung an.

23.3.2 Mobilisierung von Stammzellen

Die Stammzellen befinden sich in der Regel im Knochenmark und nur in geringster Menge im peripheren Blut. Zur Gewinnung der Stammzellen gibt es zwei Möglichkeiten. Erstens die Knochenmarkentnahme, bei der unter Vollnarkose durch multiple Aspiration mit einer Kanüle das Knochenmark aus dem Beckenkamm entnommen wird. Oder zweitens die Gewinnung über eine periphere Blutstammzellapherese. Vor einer Apherese müssen jedoch die Stammzellen des Knochenmarks dazu gebracht werden, ins periphere Blut zu wandern. Dieser Vorgang wird „Mobilisation" genannt.

Die Mobilisation, die durch eine Chemotherapie und die Gabe von Wachstumsfaktor, wie dem G-CSF (*G*ranulozyten-*C*olony *S*timulierenden *F*aktor) induziert wird, ist eine Verstärkung des Prozesses, welcher auch bei anderen „Stress"-Signalen wie Entzündung oder Gewebsschädigung vorkommt. Erst in den letzten Jahren gelang die teilweise Aufklärung der komplexen Interaktionen zwischen hämatopoetischen Vorläuferzellen, mesenchymalen Zellen und extrazellulärer Matrix im Knochenmark und neutrophilen Granulozyten [16, 17].

Hierbei wirkt die Kombination verschiedener mobilisierender Substanzen, insbesondere die Kombination aus Chemotherapie und Wachstumsfaktoren, verstärkend auf die Ausschüttung der Stammzellen aus dem Knochenmark.

Die Mobilisation von autologen peripheren Blutstammzellen bei Patienten erfolgt in der Regel durch Chemotherapie und nachfolgende Gabe von G-CSF. Damit ist eine Steigerung der Zahl zirkulierenden Stammzellen bei großer interindividueller Variabilität [18, 19] möglich. Die Ausbeute bei der Stammzellapherese ist dabei von verschiedenen Faktoren, wie Alter, Geschlecht, Diagnose, Stadium der Erkrankung und der Vortherapie abhängig [18, 20–24]. Bei hämatologischen Erkrankungen mit massivem Knochenmarkbefall kommt es in der Regel zu einem geringeren und verzögerten Stammzellanstieg im peripheren Blut. Frauen und ältere Personen zeigen ebenfalls einen geringeren Anstieg der Stammzellen und vereinzelt gibt es auch bei gesunden Personen sogenannte „Poor Mobilizer", die trotz ausreichender G-CSF-Gabe ein ungenügendes Ansprechen haben [25, 26].

Die Gewinnung peripherer Stammzellen für die allogene Stammzelltransplantation bei gesunden Spendern erfolgt unter alleiniger Mobilisation mit G-CSF (ohne Chemotherapie).

Bei der Gabe von G-CSF kommt es in der Hälfte der Fälle zu Nebenwirkungen wie Muskel- und Knochenschmerzen. Es zeigen sich aber auch gelegentlich Enzymerhöhungen wie z. B. der Laktatdehydrogenase (LDH) oder der Glutamat-Pyruvat-Transaminase (GPT) im Blut und eine leichte Milzvergrößerung sowie eine länger anhaltende mäßige Thrombozytopenie [27].

23.3.3 *Stammzellgewinnung durch Apherese*

Die Stammzellapherese erfolgt mit Geräten, sogenannten Zellseparatoren (siehe Abb. 22.6, A), an die der Spender entweder über zwei periphere Zugänge oder einen zentralen Venenkatheter mit zwei Schenkeln angeschlossen wird. Dadurch wird ein kontinuierlicher Durchfluss der Blutstammzellen in der Zentrifugationskammer erreicht. Die Schicht mit den Leukozyten, die auch die angereicherten Stammzellen enthält, wird abgezogen und in einen Sammelbeutel überführt [28]. Dabei liegt die Sammeleffizienz moderner Geräte über 50 Prozent bei einem geringen Verlust an Erythrozyten. Die nicht gesammelten Erythrozyten und das Plasma werden in einer Tropfkammer zusammengeführt und dem Spender über eine zweite Leitung kontinuierlich zurückgegeben. Als Antikoagulans wird ACD-A (Natriumcitrat, Citronensäure, Glucose, Adenin) in der Regel in einem Mischungsverhältnis von 1 : 12 bis 1 : 18 verwendet, so dass die Citrat-Nebenwirkungen trotz einer Separationsdauer von bis zu 5 Stunden gering sind. Bei einem mittleren Blutfluss zwischen 40–70 ml pro Minute, der im Wesentlichen von den Venenverhältnissen abhängig ist, wird dabei etwa das Doppelte bis das Dreifache des Gesamtkörper-Blutvolumens prozessiert. Um für eine allogene Transplantation die Zielmenge von 5 x 10^6 CD34-positive Zellen pro g Körpergewicht des Empfängers (2 x 10^6 CD34-positive Zellen pro g Körpergewicht des Empfängers bei autologer Stammzelltransplantation) zu erhalten, reicht in den meisten Fällen die Durchführung einer Apherese. Die Nebenwirkungen und Risiken der Stammzellapherese entsprechen denen der Routineaphereseverfahren zur Gewinnung von Blutzellen (z. B. Thrombozyten oder Erythrozyten) und betreffen dann Kreislaufprobleme und Citratreaktionen beim Patienten.

23.3.4 Verarbeitung hämatopoetischer Stammzellen

Zellen aus dem Blut sind nur begrenzt lagerbar. Eine monate- oder jahrelange Lagerung ist nur durch Kryokonservierung möglich. In den 50er Jahren des letzten Jahrhunderts wurde entdeckt, dass durch die Zugabe von Glycerin zu Erythrozyten die Schäden beim Einfrieren vermieden werden können. Auch andere Zelltypen werden durch Glycerin beim Einfrieren geschützt. So konnten eingefrorene und aufgetaute Knochenmarkstammzellen 1955 erstmals erfolgreich im Tierexperiment benutzt werden. Seit 1961 wird Dimethylsulfoxid (DMSO) zum Kryokonservieren bei Stammzellen aus Knochenmark und später bei Stammzellen, die mittels Apherese gewonnen werden, eingesetzt.

23.3.5 Kryokonservierung hämatopoetischer Stammzellen

Wird die Temperatur in einer Zellsuspension langsam unter den Gefrierpunkt gesenkt, kommt es zuerst zu einem Ausfrieren des extrazellulären Wassers. Damit verbunden ist eine Aufkonzentrierung der extrazellulären Elektrolyte, die nicht mit einfrieren. Dies führt zu einem osmotischen Ungleichgewicht, welches sich schädigend auf die Zellen auswirkt, da es zu einem Ausströmen des intrazellulären Wassers in den Extrazellulärraum und damit zu einer Schrumpfung der Zellen kommt.

Bei einer sehr schnellen Temperaturabsenkung kommt es durch den hohen Restwassergehalt in den Zellen zu einer intrazellulären Eiskristallbildung, die die Zellmembran zerstören kann.

Durch die Zugabe von Kryokonservierungsmittel werden diese Einflüsse verändert. Niedermolekulare Kryoprotektive wie zum Beispiel DMSO können durch die Zellmembran in die Zelle eindringen. Dort senken sie die Gleichgewichtsfriertemperatur, so dass es erst bei tieferen Temperaturen zur Elektrolytanreicherung im Extrazellulärraum kommt. Zusätzlich wird auch die Temperatur herabgesetzt, bei der es zur intrazellulären Eiskristallbildung kommt. Die Temperaturen müssen nun so weit herabgesenkt werden, dass es zu einer glasartigen Erstarrung im Zellinneren ohne Eiskristallbildung kommt.

Durch die Zugabe des Kryokonservierungsmittels sowie einer kontrollierten Temperaturabsenkung, wie sie z. B. mit einer computergesteuerten Einfrieranlage gewährleistet wird, können die schädigenden Einflüsse reduziert werden, so dass nur noch wenige Zellen beim Einfrieren zerstört werden.

Bei der Verarbeitung von Stammzellpräparaten im Reinraum wird das Plasma abhängig von der Zellkonzentration durch einen Zentrifugationsschritt von der Zellsuspension abgetrennt. Das Kryokonservierungsmittel in einer Endkonzentration der Zellsuspension von meistens 10% DMSO oder 5% DMSO plus 6% HES wird bei einer Temperatur zwischen 0°C und 4°C zugegeben, da die DMSO-Lösung bei Raumtemperatur zytotoxisch ist. Die Vorverdünnung der DMSO-Gefrierschutzlösung wird in der Regel mit einer Proteinlösung hergestellt, wobei die meisten

23.3 Herstellung von Blutstammzellpräparaten

Zentren entweder autologes Plasma oder Humanalbumin dazu verwenden. Danach wird die Zellsuspension portioniert und in spezielle Einfrierbeutel, die die tiefen Temperaturen aushalten, umgefüllt. Anschließend wird die vorgekühlte DMSO-Gefrierschutzlösung im gleichen Volumen zur ebenfalls gekühlten Stammzellsuspension schrittweise zugegeben. Nach der letzten Probenahme wird der Einfrierbeutel verschweißt.

Das Einfrieren erfolgt in der Regel in computergesteuerten Einfrieranlagen in denen die Temperaturabsenkung durch das Einbringen von Flüssigstickstoff durchgeführt wird. Die hierfür erforderliche optimale Kühlrate der Zellsuspension liegt bei 1-4°C/min. Um immer einen gleichmäßigen Einfrierverlauf zu haben, werden die einzufrierenden Beutel in Aluminiumkassetten eingespannt, die eine gleichmäßige Schichtdicke während des Einfriervorganges gewährleisten und die anschließend auch als Schutzhülle während der Lagerung genutzt werden können. Zur Kontrolle und Dokumentation des Einfriervorganges befindet sich in der Einfrierkammer eine Referenzprobe mit einem Temperaturfühler, der den Temperatur-Zeit-Verlauf aufzeichnet (Abb. 23.13).

Die Lagerung des eingefrorenen Beutels erfolgt bei Temperaturen unter $-100°C$, wobei in der Regel entweder in der Dampfphase von flüssigem Stickstoff bei ca. -150 bis $-170°C$ oder in der Flüssigphase von flüssigem Stickstoff bei $-194°C$ gelagert wird. Hierbei sind Lagerungszeiten von mehreren Jahren möglich. Bei der Lagerung in der Flüssigphase von flüssigem Stickstoff muss sichergestellt sein, dass die eingelagerten Präparate nicht infektiös sind, da es schon zu Infektionen durch

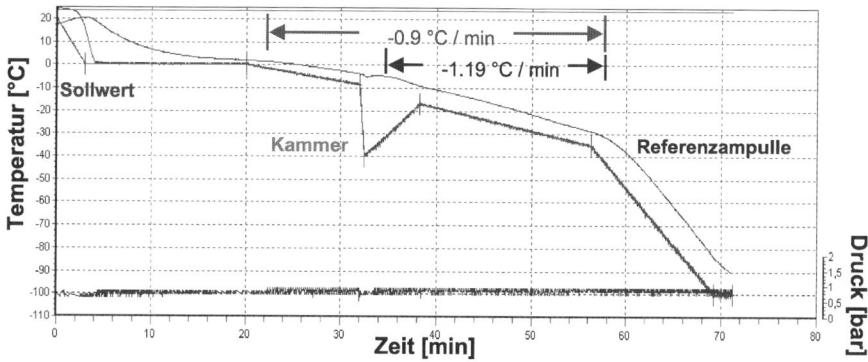

Abb. 23.13 Graphische Darstellung des Einfrierprogramms. Die oberste Kurve (Referenzampulle) entspricht dem Temperaturverlauf in dem einzufrierendem Produkt (entweder Beutel oder Röhrchen). Die darunterliegende Kurve zeigt einmal den Sollwert, der nach ca. 4 Minuten durch den gemessenen Kammertemperaturwert überlagert wird. Nach ca. 32 Minuten muss die Kammertemperatur sehr schnell abgesenkt und später wieder leicht erwärmt werden, um die beim Einfriervorgang entstehende Kristallisationswärme auszugleichen und so einen gleichmäßigen Temperaturabfall zu gewährleisten. Unten ist der Druck des Stickstoffbehälters angegeben. Der Einfriervorgang bis zu einer Temperatur von -100°C dauert etwas über eine Stunde. Anschließend werden die Stammzellpräparate in der Dampfphase von flüssigem Stickstoff bei ca. -160°C bis zur Transplantation gelagert

defekte Beutel bei der Flüssiglagerung gekommen ist. Ein Wechsel zwischen der Lagerung in der Flüssigphase oder in der Dampfphase muss unbedingt vermieden werden, da sie tiefgefrorenen Zellen diesen Temperaturschwankungen nicht gewachsen sind und Schaden nehmen.

Vor und während der Verarbeitung sowie nach der Lagerung müssen verschiedene Untersuchungen zur Qualitätskontrolle stattfinden:

- Untersuchung auf Infektionserreger: Hepatitis B und C, HIV und Syphilis
- Durchflußzytometrische Messung der Anzahl der Stammzellen mittels Oberflächenantigenen (CD34 ist der Oberflächenmarker, der eine hämatopoetische Stammzelle charakterisiert)
- Koloniebildende Ansätze (Colony Assay, CFU-GM) zur Erkennung der Funktionalität der eingefrorenen Zellen
- Sterilitätstestung des Präparates mit aerober und anaerober Kultur
- Umgebungsmonitoring im Reinraum (Abklatschpräparate, Luftkeimmessungen, Partikelmessungen) zur Überprüfung eines sterilen Verarbeitungsprozesses.

Bei der letzten Probenahme werden Pilotröhrchen gefüllt, die gleichzeitig mit dem Präparat eingefroren werden. Aus diesen Pilotröhrchen können Analysen (z. B. Funktionalitätsassays) nach dem Auftauen des Materials durchgeführt werden.

In manchen Fällen ist es zur Verbesserung des Transplantationsergebnisses erforderlich, die möglicherweise das Transplantat kontaminierender Tumorzellen zu entfernen. Hierzu wird sehr häufig ein inzwischen standardisiertes Verfahren zur Immunmagnetseparation eingesetzt, bei dem CD34-positive Zellen hoch selektiv angereichert und somit alle kontaminierenden Zellen reduziert werden (siehe Abb. 22.6, B). Dabei werden CD34+-Antikörper mit Magnetpartikeln gekoppelt und mit den Zellen inkubiert. Diese Zellen bleiben dann in einem Magnetfeld haften, während die kontaminierenden und unmarkierten Tumorzellen sowie auch alle weiteren unmarkierten nicht CD34+ Zellen durch diesen Vorgang entfernt werden. Im Anschluss daran werden die Antikörper mit den Magnetpartikeln wieder von den Zellen gelöst, so dass eine hochreine CD34+-Zellsuspension von ca. 99% CD34+Zellen übrig bleibt [29].

Diese Immunmagnetverfahren mit monoklonalen Antikörpern können auch zur Anreicherung und Selektion spezifischer, immunkompetenter Zellen wie dendritischer Zellen, natürlicher Killerzellen oder regulatorischer T-Zellen verwendet werden, um durch gezielten Einsatz solcher Subpopulationen bei Virus- oder Tumorerkrankungen die Transplantationsergebnisse weiter zu verbessern.

Zur Transplantation wird das vorgesehene Stammzellpräparat in gefrorenem Zustand zum Krankenbett gebracht, wo dann das Auftauen in speziellen Auftaugeräten (z. B. mit warmwassergefüllten Gelkissen, Luftwärmetauscher) durchgeführt wird. Der Inhalt der Beutel mit der aufgetauten Stammzellsuspension kann dem Patienten dann direkt ohne Waschschritt transplantiert/transfundiert werden. Bei einem Waschschritt würde man z. B. physiologische Kochsalzlösung zu dem Transplantat dazu geben, mischen, zentrifugieren und den Überstand, der aus Kochsalzlösung, DMSO-Lösung, Humanalbumin und Plasma besteht, entfernen. Bei dieser Prozedur gehen jedoch auch Zellen verloren, so dass davon abgesehen wird.

23.3.6 Blutstammzellen im Vergleich zu Knochenmark

Die Zusammensetzung von Transplantaten aus Knochenmark unterscheidet sich von nicht-manipulierten Blutstammzellpräparaten. In mehreren randomisierten Studien wurde gezeigt, dass in den Blutstammzellzahlen die Gesamtzahl kernhaltiger Zellen etwa 4-5mal, die Zahl CD34-positiver Zellen etwa 2-4mal und die Zahl der T-Lymphozyten, Monozyten und NK-Zellen etwa 10mal so hoch ist wie in Knochenmarktransplantaten [30].

Neutrophile Granulozyten und Thrombozyten regenerieren nach Blutstammzelltransplantation deutlich schneller als nach Knochenmarktransplantation. So beträgt die mittlere Zeit zum Erreichen einer Zahl der neutrophilen Granulozyten über 500/µl, bei autologer Blutstammzelltransplantation 10-15 Tage im Vergleich zu 19-26 Tagen nach autologer Knochenmarktransplantation [31].

Vergleichende Untersuchungen zur Überlebenswahrscheinlichkeit nach allogener Transplantation zeigen im Vergleich zwischen Blutstammzelltransplantation und Knochenmarktransplantation ein unterschiedliches Bild. Eine bessere Überlebenswahrscheinlichkeit nach Blutstammzelltransplantation ist vor allem durch geringere Transplantations-assoziierte Mortalität bei Patienten in fortgeschrittenen Erkrankungsstadien zu erklären [32].

23.3.7 Indikationen zur Stammzelltransplantation

Im letzten Jahrzehnt kam es zunächst bei der autologen Transplantation und seit etwa 1995 auch bei der allogenen Transplantation zu einer deutlichen Zunahme des Einsatzes mobilisierter Stammzellen aus dem peripheren Blut.

Derzeit ist bei folgenden hämatologischen Erkrankungen bei bestimmten Erkrankungsformen und in bestimmten Stadien eine allogene Stammzelltransplantation Teil des Therapiekonzeptes [33, 34]:

- akute Leukämien und myelodysplastische Syndrome
- chronisch myeloische Leukämie
- Multiples Myelom
- Maligne Non-Hodgkin-Lyphome
- Schwere aplastische Anämie und paroxysmale nächtliche Hämoglobinurie
- Angeborene Immundefekte, Stoffwechseldefekte oder Hämoglobinopathien
- Bestimmte solide Tumoren (vor allem im Kindesalter).

Diese Liste hat nur orientierenden Charakter. Die Indikation zur Stammzelltransplantation muss von einem spezialisierten Zentrum gestellt werden. Dabei stellt sich häufig die Entscheidung zwischen einer Stammzelltransplantation und konventioneller Chemotherapie. Somit sind die Indikationen im Fluss, zum Beispiel in Abhängigkeit von Fortschritten in der Chemotherapie oder neuen Erkenntnissen zu prognostischen Faktoren.

Die Zahl autologer Stammzelltransplantationen liegt in Deutschland bei etwa 2300 pro Jahr, wobei in mehr als 99% dieser autologen Transplantationen periphere Blutstammzellen eingesetzt werden. Plasmozytome (39.8%), andere Non-Hodgkin-Lymphome (32.4%) und Morbus Hodgkin (5.8%) sind die führenden Indikationen für autologe Stammzelltransplantationen. Bei den soliden Tumoren sind es vor allem Keimzelltumore, Neuroblastome, Weichteiltumore und Ewing-Sarkom, welche eine Transplantationsindikation darstellen.

Die Zahl allogener Ersttransplantationen in Deutschland liegt bei etwa 1400 Transplantationen pro Jahr. In den letzten Jahren ergab sich jedoch eine Verschiebung der Indikationen: Die Zahl der allogenen Stammzelltransplantationen bei Patienten mit chronisch myeloischer Leukämie hat aufgrund alternativer Therapiemöglichkeiten abgenommen. Dies wurde jedoch durch Zunahme bei anderen Indikationen (vor allem akute myeloische Leukämie und myelodysplastische Syndrome) kompensiert. Die meisten der allogenen Stammzell-Tranplantationen erfolgten in den letzten Jahren bei Patienten mit Leukämie oder Non-Hodgkin-Lymphom. Bei ca. 80% der allogenen Ersttransplantationen wurden periphere Blutstammzellen eingesetzt. Der Anteil der Transplantationen von unverwandten Stammzellspendern hat in den letzten Jahren stetig zugenommen [35].

23.4 Qualitätsmanagement im Blutspendewesen

23.4.1 Regulatorische Vorgaben

Die vorrangige Aufgabe von Blutspendeeinrichtungen ist die Gewinnung und Herstellung sowie der Vertrieb von Blutprodukten. Blutprodukte sind nach dem Arzneimittelgesetz Arzneimittel [36]. Daher sind für Blutspendeeinrichtungen neben dem Transfusionsgesetz (TFG) und den Hämotherapie-Richtlinien auch die regulatorischen Vorgaben der Arzneimittel- und Wirkstoffherstellungsverordnung (AMWHV) maßgeblich. Übereinstimmend wird in diesen Regelwerken ein Qualitätsmanagementsystem gefordert.

23.4.1.1 Arzneimittel- und Wirkstoffherstellungsverordnung (AMWHV)/GMP-Leitfaden

Die AMWHV [37] legt in § 3 fest, dass „die Betriebe und Einrichtungen ein funktionierendes Qualitätsmanagementsystem (QM-System) entsprechend Art und Umfang betreiben" müssen. Das QM-System muss die aktive Beteiligung der Leitung und des Personals vorsehen. Weiterhin wird gefordert, dass alle Bereiche, die mit der Erstellung, Pflege und Durchführung des QM-Systems befasst sind, angemessen mit kompetentem Personal sowie mit geeigneten und ausreichenden Räumlichkeiten auszustatten sind. Außerdem muss das QM-System vollständig dokumentiert sein und auf seine Funktionsfähigkeit hin kontrolliert werden.

Der Leitfaden der Guten Herstellungspraxis [38] setzt die Vorgaben des EG-Leitfadens einer Guten Herstellungspraxis (Good Manufacturing Practice – GMP) für Arzneimittel und Wirkstoffe („GMP-Leitfaden") um und ist integraler Bestandteil der AMWHV. Ein Qualitätsmanagement wird in Kapitel 1 des GMP-Leitfadens postuliert.

23.4.1.2 Gesetz zur Regelung des Transfusionswesens (Transfusionsgesetz – TFG) / Hämotherapie-Richtlinien

Das Transfusionsgesetz [39] weist der Bundesärztekammer die Aufgabe zu, im Einvernehmen mit dem Paul-Ehrlich-Institut als zuständiger Bundesoberbehörde in Richtlinien den allgemein anerkannten Stand der medizinischen Wissenschaft und Technik zur Gewinnung von Blut und Blutbestandteilen und zur Hämotherapie festzustellen. Diese „Richtlinien zur Gewinnung von Blut und Blutbestandteilen und zur Anwendung von Blutprodukten (Hämotherapie)" [3] – kurz: „Hämotherapie-Richtlinien"– formulieren unter „1.4 Qualitätsmanagement (QM)/Qualitätssicherung (QS)": „**QM** ist Aufgabe der Leitung der jeweiligen Einrichtung, die mithilfe eines **QM-Systems** die Zuständigkeiten und Verantwortlichkeiten festlegt, die erforderliche Qualitätssicherung inhaltlich definiert und geeignete Maßnahmen zur Verwirklichung und Prüfung veranlasst."

23.4.2 Begriffsklärung/Abgrenzung zwischen Qualitätsmanagement, Qualitätssicherung und Qualitätskontrolle

Die Richtlinie 2005/62/EG [48] der EU-Kommission vom 30.9.2005 liefert in Bezug auf gemeinschaftliche Standards und Spezifikationen für ein Qualitätssystem für Blutspendeeinrichtungen folgende Definitionen:

Qualitätsmanagement: die koordinierten Tätigkeiten zur Leitung und Kontrolle einer Organisation in Bezug auf Qualität auf allen Ebenen innerhalb der Blutspendeeinrichtung.

Qualitätssicherung: alle Tätigkeiten von der Gewinnung bis zur Verteilung des Bluts, durch die sichergestellt werden soll, dass Blut und Blutbestandteile die für ihren vorgesehen Zweck benötigte Qualität besitzen.

Qualitätskontrolle: die Komponente eines Qualitätssystems mit dem Schwerpunkt auf der Erfüllung der Qualitätsanforderungen.

Diese sehr theoretischen Umschreibungen der EU-Nomenklatur erschließen sich nicht auf Anhieb. Erschwerend kommt hinzu, dass nicht nur von Laien, sondern auch in Fachkreisen die Begriffe Qualitätskontrolle, Qualitätssicherung und Qualitätsmanagement oft miteinander vermengt oder verwechselt werden. Außerdem werden sogar in maßgeblicher Literatur die Bezeichnungen „Qualitätskontrolle" und „Qualitätssicherung" sowie „Qualitätssicherung" einerseits und „Qualitätsmanagement" andererseits wechselseitig synonym gebraucht.

Insofern sind für eine Klärung bzw. Diskrimination der Begriffe Beispiele aus dem Blutspendewesen hilfreich:

Qualitätskontrollen (QC) in Blutspendeeinrichtungen prüfen u. a. die Qualität der hergestellten Blutprodukte und entscheiden über deren Freigabe, Zurückhaltung (Quarantäne) oder Vernichtung. So werden nach den Vorgaben der Hämotherapie-Richtlinien alle Spenden auf das Vorhandensein bestimmter Infektions-Parameter untersucht (Tabelle 23.5). Nur Spenden, die den Anforderungen (negativ) dieser Qualitätskontrolle standhalten, können zur Anwendung am Patienten freigegeben werden.

Als Überprüfung, ob die Blutspende bzw. das Blutprodukt die geforderten Eigenschaften hat, stellt die Qualitätskontrolle eine von vielen Qualitätssicherungsmaßnahmen dar, ist also entsprechend der EU-Definition (s. o.) eine Komponente eines Qualitätssystems mit dem Schwerpunkt auf der Erfüllung der Qualitätsanforderungen.

Oder anders ausgedrückt: Qualitätssicherung ist die Summe verschiedener Maßnahmen (zu denen auch Qualitätskontrollen zählen), mit denen das Erreichen der geforderten / gewünschten Qualität sicher gestellt wird.

Ein Beispiel für weitere, neben der Qualitätskontrolle bestehende, qualitätssichernde Maßnahmen sind Validierungen. Validierungsmaßnahmen dienen dem Nachweis, dass Verfahren und Prozesse tatsächlich zu den erwarteten Ergebnissen führen. Insofern sind Validierungen wichtige Instrumente der Qualitätssicherung z. B. bei der Herstellung von Blutprodukten, weil durch sie sichergestellt wird, dass aus dem validierten Verfahren tatsächlich ein Blutprodukt mit der vorgeschriebenen bzw. gewünschten Qualität resultiert.

Parameter	Anforderung
Anti-HIV-1/-2-Antikörper	negativ
Anti-HCV-Antikörper	negativ
HBs-Antigen	negativ
Anti-HBc	negativ
HCV-Genom (NAT)	negativ
HIV-1-Genom (NAT)	negativ
Antikörper gegen Treponema pallidum	negativ

Tabelle 23.5 Anti-HIV-1/2: Antikörper gegen Humanes Immundefizienz Virus (ältere Infektion) Anti-HCV: Antikörper gegen Hepatitis C Virus (ältere Infektion) HBs-Antigen: Antigen des Hepatitis B Virus (frische Infektion) Anti-HBc: Antikörper gegen Hepatitis B Virus (ältere Infektion) HCV-Genom: direkter Hepatitis C Virusnachweis (frische Infektion) HIV-1-Genom: direkter Human Immundefizienz Virusnachweis (frische Infektion) Antikörper gegen Treponema pallidum (Infektion mit Syphillis)

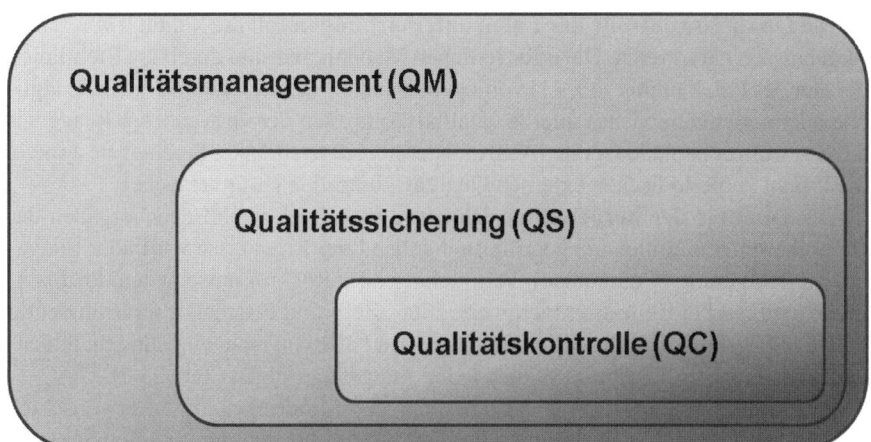

Abb. 23.14 Diese Abbildung zeigt die Beziehungen zwischen QM, QS und QC. Dabei ist die Qualitätskontrolle, mit der Prüfung der Arzneimittel, ein Teil der Qualitätssicherung. Die Qualitätssicherung, die von der Gewinnung bis zur Verteilung der Blutkonserven die nötige Qualität sicherstellt ist wiederum ein Teil des kompletten Qualitätsmanagements des Unternehmens

Am Beispiel „Validierung" lässt sich der Unterschied zwischen „Qualitätssicherung" und „Qualitätsmanagement" verdeutlichen:

Der Annex 15 zum GMP-Leitfaden fordert, dass die Schlüsselelemente eines Validierungsprogramms in einem Validierungsmasterplan definiert und dokumentiert werden sollten.

Dieser Validierungsmasterplan ist also das übergeordnete Dokument für die einzelnen Validierungsmaßnahmen und regelt die Zuständigkeiten und die grundlegenden Anforderungen an Form, Inhalt und Dokumentation von Validierungen innerhalb der Blutspendeeinrichtung. Der Validierungsmasterplan ist als Koordinationsinstrument für die qualitätssichernden Einzelvalidierungen ein klassisches Element des Qualitätsmanagements.

Entsprechend §2 der AMWHV (Begriffsbestimmungen) ist ein Qualitätsmanagementsystem ein System, das die Qualitätssicherung und die Gute Herstellungspraxis einschließlich der Qualitätskontrolle und der periodischen Produktqualitätsüberprüfungen beinhaltet. Diese Zuordnung von QM, QS und QC versucht Abb. 23.14 wiederzugeben.

23.4.2.1 Qualitätskontrolle (QC)

Das System der Qualitätskontrolle in Blutspendeeinrichtungen zielt in drei Richtungen:

- Qualität der Laboruntersuchungen
- Qualität der hergestellten Blutprodukte
- Qualität der für Blutspende und Herstellung von Blutprodukten verwendeten Materialien (Eingangskontrolle)

Die **Qualitätskontrolle der Laboruntersuchungen** soll die Validität von Laborergebnissen garantieren. Die erforderlichen Maßnahmen sind durch die Richtlinien der Bundesärztekammer [40, 41] vorgegeben und umfassen regelmäßige (z. T. tägliche oder seriengebundene) interne Qualitätskontrollen der verwendeten Reagenzien, Kontrollproben und Geräte (Analysengeräte, Kühlschränke, Pipetten etc.) sowie die Pflicht zu periodischen externen Qualitätskontrollen (Ringversuche).

Die **Qualität der hergestellten Blutprodukte** wird gemäß den Vorgaben der Hämotherapierichtlinien [3] geprüft, und anhand der Ergebnisse wird über Freigabe, Zurückhaltung (Quarantäne), Vernichtung oder Rückruf entschieden. Prüfparameter sind hierbei für **jede** entnommene Blut-, Zell- und Plasmakonserve eindeutig negative Ergebnisse der Infektionsserologie; im Falle von nicht eindeutigen, fehlenden oder reaktiven Ergebnissen kann keine Freigabe erfolgen (Tab. 23.5).

Auf andere Prüfkriterien wie Einhaltung des Mindestgehalts an erwünschten Substanzen/Zellen, Unterschreitung des Grenzwerts für nicht erwünschte Substanzen/Zellen, Sterilität wird **stichprobenmäßig** zu Anfang und/oder Ende der Laufzeit des Blutprodukts untersucht. Die vorgeschriebene Größe der Stichproben sowie die entsprechenden blutpräparatspezifischen Spezifikationen sind in den Hämotherapie-Richtlinien festgelegt. Bei systematisch unzureichender Qualität muss die Ursache gefunden (Beutelfehler? Gerätefehler? Entnahmefehler? Lagerungsfehler?) und abgestellt werden und ggf. ein Rückruf eingeleitet werden.

Die **Qualität der für die Blutspende verwendeten Verbrauchsmaterialien** muss ebenfalls untersucht und gesichert werden (Unversehrtheit, Zusammensetzung der Lösungen, Pyrogenfreiheit, Sterilität, Zertifikat des Herstellers, Rückstellmuster). Bei Abweichungen von den Vorgaben darf das Material nicht zur Herstellung freigegeben werden. Eine nochmalige Überprüfung der erfolgten Freigabe muss vor Verwendung des Materials durchgeführt werden.

Neben den Qualitätskontrollen sind im Blutspendewesen weitere Qualitätssicherungsmaßnahmen implementiert, welche im nächsten Abschnitt dargestellt werden.

23.4.2.2 Qualitätssicherung (QS)

Wichtige Elemente der Qualitätssicherung sind schriftlich fixierte **Arbeitsanweisungen** (Standard Operating Procedures – SOPs) für alle qualitätsrelevanten Prozesse. § 31 der AMWHV verpflichtet Blutspendeeinrichtungen, alle kritischen Arbeitsabläufe und die Standardarbeitsverfahren in geeigneten Standardarbeitsanweisungen festzulegen. Die Lenkung (Workflow) und Verwaltung der verschiedenen „SOP" ist wiederum Teil und Aufgabe des Qualitätsmanagements (s. u.).

Ein weiterer Bestandteil der Qualitätssicherung sind **Arbeitsplatzbeschreibungen**: Während die AMWHV in § 4 für alle Arzneimittel herstellenden Betriebe fordert, dass die Aufgaben der *Mitarbeiter in leitender oder verantwortlicher Stellung*, die für die Einhaltung der Guten Herstellungspraxis zuständig sind, in Arbeitsplatzbeschreibungen festgelegt werden, müssen Blutspendeeinrichtungen entsprechend § 31 Arbeitsplatzbeschreibungen für das *gesamte Personal* vorhalten, dessen Tätigkeiten Auswirkungen auf die Qualität haben können.

Die Notwendigkeit der **Schulung** von Mitarbeitern als wichtige qualitätssichernde Maßnahme wird u. a. durch § 4 der AMWHV vorgegeben. Das Personal ist über die bei den jeweiligen Tätigkeiten gebotene Sorgfalt nachweislich *zu Anfang und danach fortlaufend* zu unterweisen. Der *Erfolg* der Unterweisung ist zu *überprüfen*.

Wie oben beschrieben, sind **Validierungen** wichtige Instrumente der Qualitätssicherung. Es ist eine GMP-Forderung, dass Hersteller von Blutprodukten feststellen, welche Validierungstätigkeiten nötig sind, um nachzuweisen, dass die kritischen Aspekte der von ihm vorgenommenen Aktivitäten kontrolliert sind. Größere Änderungen und Neuerungen an Einrichtungen, Ausrüstungen und Prozessen, die die Qualität der Blutprodukte beeinflussen können, sollen daher validiert werden. Weiterhin sollte eine Risikobewertung vorgenommen werden, um Validierungsumfang und -tiefe bestimmen zu können.

Insbesondere richtet sich die Verpflichtung zur Validierung und ihre Durchführung in einer Blutspendeeinrichtung nach dem Annex 15 des GMP-Leitfadens. Analog zu Annex 15 werden üblicherweise unter dem Überbegriff „Validierung" sowohl die Qualifizierung von Einrichtungen, Anlagen oder Ausrüstungsgegenständen als auch die Validierung von Prozessen subsummiert. Während in der englischsprachigen Literatur die Begriffe „Validation" und „Qualification" z. T. synonym verwendet werden, hat sich im deutschen Sprachgebrauch festgesetzt, „Validierung" auf Prozesse, Vorgänge und Abläufe zu beziehen, während **Qualifizierung** bei Einrichtungen, Anlagen, Geräten, Räumen usw. Anwendung findet.

Diese Systematik ist aber nicht in jedem Fall durchzuhalten. So beinhaltet z. B. eine Validierungsmaßnahme im Bereich der Hämapherese, also der apparativen Herstellung von Blutbestandteilen (Thrombozytapherese, Erythrozytapherese, Plasmapherese), immer auch eine Qualifizierung der eingesetzten Geräte (Zellseparatoren).

Spezifikationen – als weiterer Baustein der Qualitätssicherung – geben verbindliche qualitätsrelevante Produkteigenschaften vor. Für Blutprodukte sind diese in den Hämotherapie-Richtlinien definiert. Eine beispielhafte Synopse der Spezifikationen für die verschiedenen Blutprodukte einer Blutspendeeinrichtung zeigt Tabelle 23.6a und 23. 6b.

Eine besondere Eigenschaft von Blutprodukten besteht darin, dass ihr „Ausgangsmaterial" die Blut- oder Blutkomponentenspende von freiwilligen Spendern ist. Insofern kommt bereits der **Auswahl der spendewilligen Personen** eine wichtige Rolle in der Sicherstellung der Qualität von Blutprodukten zu. Auch hier werden die entsprechenden Kriterien von den Hämotherapie-Richtlinien vorgegeben:

Vor jeder Spende ist unter der Verantwortung eines Arztes die Spendetauglichkeit durch Anamnese, durch eine orientierende körperliche Untersuchung und durch Laboruntersuchungen (Tabelle 23.7) zu prüfen. Die Spendertauglichkeit ist durch einen Arzt festzustellen. Aufgrund dieser ärztlichen Beurteilung wird festgelegt, ob der Spender zur Blutspende zugelassen werden kann oder vorübergehend zurückgestellt oder ausgeschlossen werden muss.

Je nach systematischem Ansatz kann die Prüfung und Feststellung der Spendetauglichkeit auch als In-Prozess-Kontrolle eingestuft werden. „Auf dem Weg vom Spender zum fertigen Blutprodukt" ist ein umfängliches Arsenal qualitätssichernder

Spezifikation	Gehalt						
	Bruttogewicht bzw. Volumen	Hb/E	Hk	Thrombozyten	Faktor VIII:C	Sterilität	Sichtkontrolle
Präparat	[g] bzw. [mL]	[g/E]	[L/L]	[n/E]	[IU/mL]	für alle Präparate min. 0,4x sqr(n)	
Erythrozytenkonzentrat (VB-Inline)	340–450 g	>= 40	0,50 bis 0,70	/	/	steril	keine deutl. sichtb. Hämolyse Beutel unversehrt
Erythrozytenkonzentrat (Apherese)	295–375 g	>= 40	0,50 bis 0,70	/	/	steril	keine deutl. sichtb. Hämolyse Beutel unversehrt
Gewaschenes Erythrozytenkonzentrat	250–410 g	>= 40	0,50 bis 0,75	/	/	steril	keine deutl. sichtb. Hämolyse Beutel unversehrt
Langzeitkonserviertes Erythrozytenkonzentrat	230–335 g	>= 36	0,50 bis 0,75	/	/	steril	keine deutl. sichtb. Hämolyse Beutel unversehrt
Thrombozytenkonzentrat (Gepoolt)	256–360 g	/	/	> 2 x 10E11	/	steril	„swirling" Beutel unversehrt
Thrombozytenkonzentrat (Apherese)	256–360 g	/	/	> 2 x 10E11	/	steril	„swirling" Beutel unversehrt
Gefrorenes Human-Frischplasma	200–230 g	/	/	/	>= 0,54	steril	keine s. Ausfällungen Beutel unversehrt

Tabelle 23.6 a Spezifikationen für Blutprodukte. E = Einheit = 1 Beutel, Bei den Thrombozytenkonzentraten ist der pH-Wert ein kritischer Fakror, der nicht unter 6,5 absinken soll

23.4 Qualitätsmanagement im Blutspendewesen

Spezifikation	Reinheit					
	Protein/Osmose	Leukozyten	Thrombozyten	Erythrozyten	Hämolyserate	pH
Präparat	[g/L]	[n/µL;n/E]	[n/µL]	[n/µL;n/E]	[%]	
Erythrozytenkonzentrat (VB-Inline)	/	< 1x10E6/E	/	/	< 0,8%	/
Erythrozytenkonzentrat (Apherese)	/	< 1x10E6/E	/	/	< 0,8%	/
Gewaschenes Erythrozytenkonzentrat	< 0,5 g/Einheit	/	/	/	< 0,8%	/
Langzeitkonserviertes Erythrozytenkonzentrat	mOsm/L d. Waschlsg (max + 10% d. WL)	/	/	/	< 0,8%	/
Thrombozytenkonzentrat (Gepoolt)	/	< 1x10E6/E	/	< 3x10E9/E	/	6,5–7,4 bei +22+/–2°C
Thrombozytenkonzentrat (Apherese)	/	< 1x10E6/E	/	< 1x10E9/E	/	6,5–7,4 bei +22+/–2°C
Gefrorenes Human-Frischplasma	50–75	< 1x10E6/E	< 20000/µL	< 6000/µL	/	/

Tabelle 23.6 b Spezifikationen für Blutprodukte. E = Einheit = 1 Beutel, Bei den Thrombozytenkonzentraten ist der pH-Wert ein kritischer Fakror, der nicht unter 6,5 absinken soll

Kriterium	Anforderung
Hämoglobin oder Hämatokrit im Spenderblut	Frauen: Hb ≥ 125 g/l (7,75 mmol/l) oder Hkt ≥ 0,38 l/l Männer: Hb ≥ 135 g/l (8,37 mmol/l) oder Hkt ≥ 0,40 l/l
Alter	18–68 Jahre (Erstspender: unter 60 Jahre), Zulassung von älteren Spendern nach individueller ärztlicher Entscheidung möglich
Körpergewicht	mindestens 50 g
Blutdruck	systolisch: 100–180 mm Hg diastolisch: unter 100 mm Hg
Puls	unauffällig, Frequenz 50–110/min; Spendewillige, die intensiv Sport betreiben und einen Puls von weniger als 50/min haben, können zugelassen werden
Temperaturmessung	kein Fieber
Gesamteindruck	keine erkennbaren Krankheitszeichen
Haut an der Punktionsstelle	frei von Läsionen

Tabelle 23.7 Prüfung der Spendertauglichkeit (aus [3])

In-Prozess-Kontrollen zu verzeichnen. Exemplarisch und ohne Priorisierung seien aufgeführt:

- mikrobiologische Überwachung des Spende- und Herstellungsbereiches
- Kalibrierung der Blutbeutelmischwaagen und Photometer zur Hämoglobinbestimmung
- Überprüfung der Spenderanamnesebögen auf Vollständigkeit von Angaben und Anzahl
- Vollständigkeitskontrolle der Blutspenden bei Eingang in der Produktionsabteilung
- Kontrolle der Filtrationsdauer bei der Leukozytendepletion von Erythrozytenkonzentraten
- Sichtkontrolle der Blutprodukte bei Herstellung und vor Auslieferung.

23.4.2.3 Qualitätsmanagement (QM)

Wie oben ausgeführt, kommt dem Qualitätsmanagement eine lenkende, prüfende, dokumentierende und auch verwaltende Funktion hinsichtlich aller Prozesse und Maßnahmen, die die Qualität der Produkte und Leistungen beeinflussen, zu.

Nach § 31 der AMWHV haben Blutspendeeinrichtungen eine „mit der Qualitätssicherung beauftragte Person" zu benennen, welche das Qualitätsmanagementsystem der Einrichtung regelt und koordiniert. Üblicherweise leitet der QM-Beauftragte eine Qualitätsmanagementabteilung, deren Aufgabe darin besteht, verschiedene QM-Instrumente anzuwenden, um neben der Sicherstellung und Aufrechterhaltung der Qualität auch einen kontinuierlichen Verbesserungsprozess zu gewährleisten.

Die wesentlichen Instrumente eines Qualitätsmanagements im Blutspendewesen werden im folgenden Abschnitt dargestellt.

23.4.3 Elemente eines Qualitätsmanagements im Blutspendewesen

23.4.3.1 SOP-Management / Dokumentenlenkung

Nach der AMWHV müssen Hersteller pharmazeutischer Produkte alle Schritte und Prozesse, die Auswirkungen auf die Qualität des hergestellten Arzneimittels haben, in für die jeweiligen Mitarbeiter verbindlichen Arbeitsanweisungen (SOPs) festlegen. Zusätzlich ist nach EU-GMP-Leitfaden (Kap. 4) die Art und Weise einer korrekten Dokumentation vorgeschrieben. Hiernach müssen „Unterlagen sorgfältig konzipiert, erstellt, überprüft und verteilt werden", zudem sollen sie „regelmäßig überprüft und auf dem neuesten Stand gehalten werden. Wenn ein Dokument überarbeitet wurde, muss die versehentliche Verwendung der überholten Fassung durch geeignete Maßnahmen verhindert werden".

Dies impliziert, dass alle qualitätsrelevanten Dokumente möglichst zentral gelenkt und verwaltet werden müssen, eine genuine Aufgabe des Qualitätsmanagements. Für Arbeitsanweisungen bedeutet dies, dass es hierfür allgemein verbindliche formale Vorgaben geben sollte, nach denen sie erstellt werden, zudem, dass sie von einer zentralen Instanz angenommen, überprüft, autorisiert und verteilt werden (Abb. 23.15). Diese ist auch für die turnusmäßige Überprüfung auf Aktualität und die Versionsverwaltung dieser Dokumente zuständig. Hier sollte auch die Archivierung aller Arbeitsanweisungen, der ungültigen und der gültigen, vorgenommen werden. Es müssen zudem Maßnahmen getroffen werden, die sicherstellen, dass nur nach gültigen Arbeitsanweisungen vorgegangen wird.

In gleicher Weise sollten alle weiteren Dokumente, die im Zusammenhang mit qualitätsrelevanten Prozessen stehen, verwaltet und gelenkt werden. D.h., auch diese sollten zentral geführt, überprüft, autorisiert und verteilt werden. Ebenso ist dafür zu sorgen, dass keine ungültigen Dokumente verwendet werden. Dokumente, die hiervon betroffen sind, können Vorgabedokumente wie Arbeitsanweisungen, Spezifikationen, Regularien und Arbeitsplatzbeschreibungen sein, Aufzeichnungsdokumente wie Labor-, Herstellungs- und Freigabeprotokolle, Zertifikate und Berichte aller Art sowie Formblätter/Formulare. Ein wichtiges Vorgabedokument ist das „Qualitätssicherungshandbuch" (QSH), in dem alle für das Unternehmen relevanten Qualitätsvorgaben niedergelegt sind.

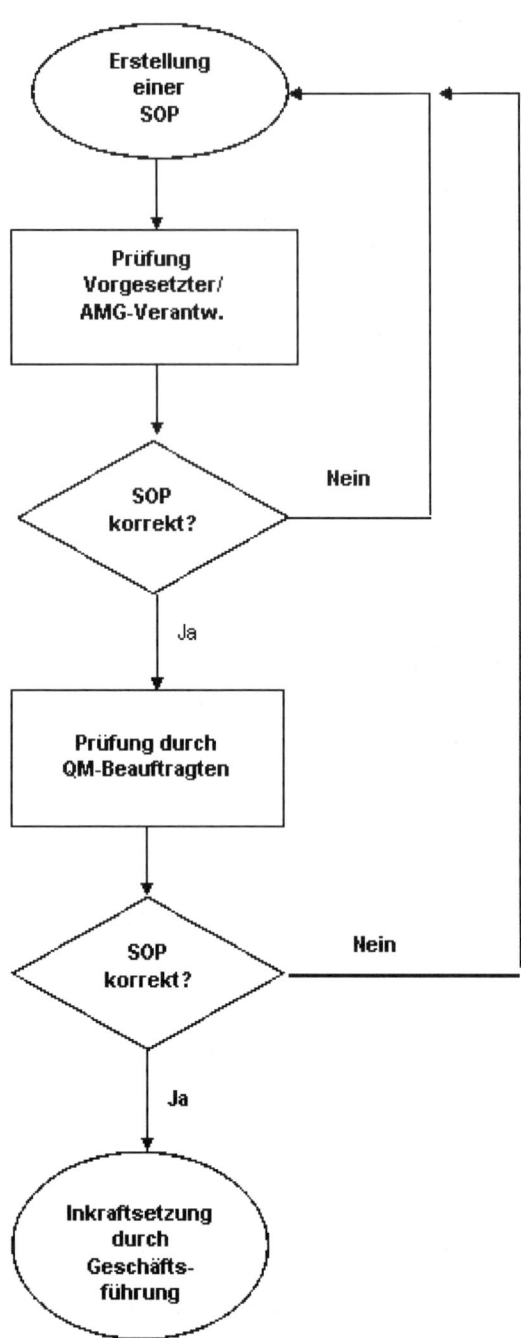

Abb. 23.15 Ablaufdiagramm SOP-Erstellung und -Freigabe. Dargestellt ist der Ablauf der Erstellung und Freigabe einer Standardarbeitsanweisung (SOP). Man sieht, dass zwei Prüfschritte, einmal durch den Arzneimittelgesetz (AMG)-Verantwortlichen und anschließend durch den QM-Beauftragten notwendig sind, bevor die SOP durch die Geschäftsführung in Kraft gesetzt werden kann

23.4.3.2 Abweichungsmanagement

Unter Abweichungen werden alle Ereignisse zusammengefasst, in denen auf ungeplante Weise von Arbeitsanweisungen abgewichen wird, sowie technische Mängel, Reklamationen und Maßnahmen der Qualitätssicherung, die zu nicht-konformen Ergebnissen führen (Fehler bei der Durchführung von Qualitätssicherungsmaßnahmen / Falsche Bewertung der Ergebnisse). Das positive Ergebnis der infektionsserologischen Untersuchung einer Blutspende ist eine erfolgreiche Qualitätskontrolle und keine Abweichung. Zur Abweichung wird es erst, wenn das Untersuchungsergebnis zu keinen oder falschen Konsequenzen führte.

Die Dokumentation und Kommunikation von Abweichungen ist ein integraler Bestandteil einer effektiven Qualitätssicherung. Dabei geht es nicht um Schuldzuweisung, sondern um Aufklärung des Sachverhaltes. Ohne eine systematische Erfassung können derartige Ereignisse nicht analysiert und Schritte zur Vermeidung ihrer Wiederholung nicht getroffen werden. Für die Bearbeitung von Abweichungen wird vom Qualitätsmanagement eine Verfahrensanweisung erstellt.

Die Qualitätsmanagementabteilung bewertet in Zusammenarbeit mit den Fachabteilungen die Abweichungen, sowie die Effektivität daraus resultierender Korrekturmaßnahmen.

Wichtiger Bestandteil des Abweichungsmanagements ist die Beachtung von Meldepflichten gegenüber den Aufsichtsbehörden. So sind beispielsweise technische Fehler bei Blutbeutelsystemen und Hämapheresegeräten entsprechend dem Medizinproduktegesetz und zugehöriger Verordnungen dem Bundesinstitut für Arzneimittel und Medizinprodukte (BfArM) zu melden [43-46]. Die Zuständigkeiten innerhalb einer Blutspendeeinrichtung sollten durch die Qualitätsmanagementabteilung in einer Verfahrensanweisung festgelegt werden und deren Einhaltung überwacht werden.

23.4.3.3 Änderungsmanagement (Change Control)

Damit eine gleichbleibende Qualität der Blutprodukte und eine Reproduzierbarkeit aller Prozesse gewährleistet wird, dürfen Änderungen in den relevanten Abläufen oder bei den verwendeten Geräten und Materialien nur auf kontrollierte Weise nach sorgfältiger Planung erfolgen. So kann zum Beispiel der Umstieg auf ein neues Testsystem für die Infektionsserologie nicht ohne vorherige Prüfung erfolgen, selbst wenn die Änderung auf erstem Blick minimal erscheinen sollte. Unkontrollierte Änderungen gelten als Abweichungen und sind entsprechend zu behandeln (siehe Abweichungsmanagement).

Nach Annex 15 des EU GMP-Leitfadens sind Änderungen vor der Einführung formal zu beantragen, zu dokumentieren und zu genehmigen. Dazu wird vom Qualitätsmanagement ein allgemeiner Ablaufplan vorgegeben. Der Änderungsantrag wird beim Qualitätsmanagement eingereicht, dazu gehört eine genaue Beschreibung der geplanten Änderung und ihrer Auswirkungen. Es muss auch eine sorgfältige Analyse und Bewertung möglicher Risiken, die durch die Änderung auftreten können, durchgeführt und beschrieben werden, wie ihnen begegnet werden kann. Aus der Risikoanalyse kann sich die Notwendigkeit einer Revalidierung bzw. Requalifizierung bzw. deren Ausmaß ergeben. Diese ist durchzuführen, bevor die Änderung in den Normalbetrieb übernommen wird. Erst dann kann die formale Freigabe der Änderung und die Übernahme in den Normalbetrieb erfolgen. Abbildung 23.16 gibt den Ablauf einer kontrollierten Änderung in vereinfachter Form wieder.

23.4.3.4 Validierungsmasterplan

Der Validierungsmasterplan (VMP) ist ein grundlegendes Dokument im Qualitätssicherungssystem einer Blutspendeeinrichtung. Er dient dazu, die Validierungspolitik des Unternehmens zu beschreiben und ihr eine organisatorische Struktur zu verleihen. Der Validierungsmasterplan sollte eine kurze und präzise Zusammenfassung sein, die auch Bezug nimmt auf die operativen Arbeitsanweisungen wie zum Beispiel SOPs zu Validierungen/Qualifizierungen, Änderungskontrolle und Risikoanalyse. Er muss grundlegende Anweisungen für die Durchführung einer Validierung und auch das Format für deren Dokumentation enthalten. Dazu beinhaltet er eine Auflistung der zu validierenden Verfahren, Geräte und Räume. In einer Blutspendeeinrichtung betrifft dies alle Verfahren von der Entnahme der Spende bis zur Abgabe des Blutprodukts, die dazu verwendeten Geräte und die Räume, in denen die Verfahren ablaufen, einschließlich der Lagerräume.

23.4.3.5 Audits

Inspektionen (Audits) sind Instrumente zur Überwachung des Qualitätssicherungssystems. Insbesondere wird dabei die Einhaltung der durch die geltenden Regelwerke gemachten Vorgaben sowie die Einhaltung der Arbeitsanweisungen überprüft. Nach EU-GMP-Leitfaden und AMWHV (§ 11) sind interne und externe Inspektionen vorgeschrieben.

Interne Inspektionen dienen der Überprüfung der unternehmensinternen Übereinstimmung mit den Grundsätzen der Qualitätssicherung sowie der präventiven Fehlererkennung. Sie werden regelmäßig gemäß den dafür geltenden Arbeitsanweisungen in allen arzneimittelrechtlich relevanten Bereichen und Abteilungen durchgeführt.

Externe Inspektionen können von nicht unternehmenseigenen Personen im Bereich der Blutspendeeinrichtung durchgeführte Maßnahmen sein, aber auch Inspektionen von Mitarbeiten der Einrichtung bei Lieferanten bzw. Dienstleistern (Lieferantenqualifizierung). Zu den ersteren zählen Inspektionen von zuständigen Aufsichtsbehörden, von der Blutspendeeinrichtung beauftragten Unternehmen und von Kunden (Kundenaudit). Zu den letzteren zählen Inspektionen bei Lieferanten von Medizinprodukten für die Herstellung, Transport und Lagerung von Blutpräparaten sowie von Unternehmen, die arzneimittelrechtlich relevante Dienstleistungen für die Blutspendeeinrichtung erbringen.

23.4 Qualitätsmanagement im Blutspendewesen

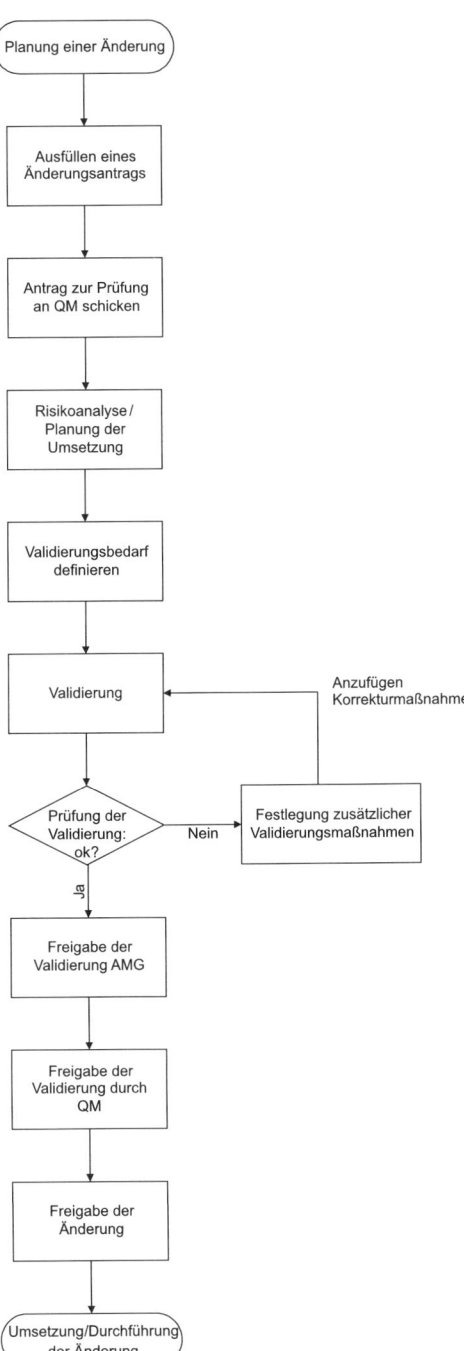

Abb. 23.16 Unter QM-Gesichtspunkten darf ein Prozess oder ein Gerät nicht einfach geändert werden. Vor der Änderung muss eine Risikoanalyse durchgeführt werden und der Validierungsbedarf ermittelt werden. Nach Abschluss der Validierung muss der Prozess oder das Gerät freigegeben und kann dann erst anschließend durchgeführt oder eingesetzt werden

Das Inspektionswesen ist eine originäre Aufgabe der Qualitätsmanagementabteilung in einer Blutspendeeinrichtung. Diese stellt jährlich einen Auditplan auf und koordiniert die Durchführung aller von Mitarbeitern des Unternehmens durchgeführten Inspektionen. Die Auditoren sollten die die nötige Sachkenntnis besitzen und werden von der Qualitätsmanagementabteilung gestellt bzw. benannt. Alle Inspektionen werden nach Möglichkeit immer von deren Vertretern durchgeführt bzw. begleitet.

Die während der Inspektionen gemachten Beobachtungen werden schriftlich dokumentiert. Gegebenenfalls werden Korrekturmaßnahmen vorgeschlagen und Fristen für deren Durchführung vorgegeben. Die Durchführung wird schriftlich dokumentiert und ihre Umsetzung bei Folgeinspektionen überprüft.

23.4.3.6 Product Quality Review (PQR)

Der Product Quality Review (PQR) wird seit 01.01.2006 im EU-GMP-Leitfaden Kapitel 1.5 „Produktqualitätsüberprüfung" gefordert:

„Es sollten regelmäßig periodische oder wiederkehrende Qualitätsüberprüfungen aller zugelassenen Arzneimittel ... mit dem Ziel durchgeführt werden, die Beständigkeit des gegenwärtigen Prozesses und die Geeignetheit der aktuellen Spezifikationen sowohl für die Ausgangsstoffe als auch für das Fertigprodukt zu verifizieren, um Trends hervorzuheben sowie Verbesserungsmöglichkeiten für Produkte und Abläufe zu identifizieren. Solche Überprüfungen sollten normalerweise unter Berücksichtigung vorhergehender Überprüfungen jährlich durchgeführt und dokumentiert werden ...".

Beim PQR handelt es sich um eine jährliche zusammenfassende Bewertung der Ergebnisse der QM-Systeme. Somit ist der PQR ein Spiegel des Qualitätssystem im Unternehmen und wird als aktives Element der kontinuierlichen Qualitätssicherung betrieben.

In Absprache mit der für den PQR verantwortlichen Leitung der Blutspendeeinrichtung legt die Qualitätsmanagementabteilung die vom EU-GMP-Leitfaden geforderten Inhalte bezogen auf das Produktionsspektrum einer Blutspendeeinrichtung fest. Diese stammen in der Regel aus folgenden Bereichen:

- Eingangskontrollen, Lieferantenaudits, Technical Agreements, insbesondere im Zusammenhang mit Beutelsystemen und Entnahmesets.
- Validierungen / Qualifizierungen von Verfahren, Geräten und Räumen, die einen möglichen Einfluss auf die Qualität der Blutprodukte haben.
- Änderungen bei der Entnahme, Testung, Herstellung, Lagerung, Transport und Ausgabe der Blutprodukte
- Abweichungsmanagement und CAPA („corrective and preventive actions")
- Schulungsmaßnahmen im Sinne von Korrektiv- und Präventivmaßnahmen und zur Vermittlung den arzneimittelrechtlichen Vorschriften (speziell GMP)
- OOS-Statistik („Out of Specification") der Qualitätskontrolle (z. B. Hämolyserate zum Ende der Laufzeit)

- Sterilitätsprüfungen
- UAW (unerwünschte Arzneimittelwirkungen)/Lookback entsprechend der Voten des Arbeitskreises Blut [42, 47]
- Behördliche Inspektionen
- Interne Audits.

In Zusammenarbeit mit den betroffenen Fachabteilungen trägt die Qualitätsmanagementabteilung die Daten zusammen und bewertet sie abschließend im PQR.

23.5 Literatur

1. Murphy W. CW., A closed gravity technique fort he preservation of whole blood in ACD solution utilizing plastic equipment, Surg Gyn Obst 94, 1952, 687–692
2. Guide tot he preparation, use and quality assurance of blood components, Council of Europe Publishing, 2007
3. Richtlinien zur Gewinnung von Blut und Blutbestandteilen und zur Anwendung von Blutprodukten (Hämotherapie) gemäß §§ 12 u. 18 TFG, zuletzt geändert am 20. Mai 2007, Deutscher Ärzte-Verlag, 2007
4. Leitlinien zur Therapie mit Blutkomponenten und Plasmaderivaten, Deutscher Ärzte-Verlag, 2003
5. Richtlinie 2002/98/EG des europäischen Parlaments und des Rates vom 27. Januar 2003 zur Festlegung von Qualitäts- und Sicherheitsstandards für die Gewinnung, Testung, Verarbeitung, Lagerung und Verteilung von menschlichem Blut und Blutbestandteilen und zur Änderung der Richtlinie 2001/83/EG, Council of Europe Publishing, 2002
6. Richtlinie 2004/33/EG der Kommission vom 22. März 2004 zur Durchführung der Richtlinie 2002/98/EG des Europäischen Parlaments und des Rates hinsichtlich bestimmter technischer Anforderungen für Blut und Blutbestandteile, Council of Europe Publishing, 2004
7. DIN EN ISO 3826-1 und 3826-3, Beuth Verlag, Jeweils gültige Fassung
8. Durchführung des Stufenplans zum 01.10.2001, Bundesanzeiger, 14.08.2000
9. Brand A., White Cell Depletion: Why and How?, Transfusion Medicine in the 1990`s AABB, 1990, 35
10. Müller N., In-Line Filtration of SAG-M Red Cell Concentrates Prepared in Top/Bottom Respectively Conventional Bag System, Transfusionsmedizin 1995/96, Vol 33, 1996, 121
11. Müller-Steinhardt M., Einfluß von Vollblutpräparation und Leukozytenfiltration auf die Lagerung von Erythrozytenkonzentraten über 42 Tage, Transfusionsmedizin 1996/97, Vol 34, 1997, 53
12. Ghandi M.J. et al., Prestorage leukoreduction does not increase hemolysis of stored red cell concentrates, Transfusion and Apheresis Science, Vol 36 / 17, Feb. 2007
13. DIN 24405, Beuth Verlag
14. Unfallverhütungsvorschrift, GUV-V 7z, Jan 2007
15. Rácz Z., Differential Reduction in Lymphocyte and Granulocyte Content by Removal of the Buffy-Coat from Fresh and Overnight-stored Blood. Comparison of Manual and Automated Blood Processing Systems, Transfusion Science, Vol. 18, Issue 3; Sept. 1997, 393
16. Lapidot T, Petit I. Current understanding of stem cell mobilization: the roles of chemokines, proteolytic enzymes, adhesion molecules, cytokines, and stromal cells. Exp Hematol. 2002; 30:973–981
17. Cottler-Fox MH, Lapidot T, Petit I et al. Stem cell mobilization. Hematology (Am Soc Hematol Educ Program). 2003;:419–37.:419–437
18. Roberts AW, DeLuca E, Begley CG et al. Broad inter-individual variations in circulating progenitor cell numbers induced by granulocyte colony-stimulating factor therapy. Stem Cells, 1995; 13:512–516
19. Johnsen HE, Lanza F, Fruehauf S et al. Sources and Procurement of Haemapoietic Stem Cells. In: Apperley J, Carreras E, Gluckman E, Gratwohl A, Masszi T, eds. The EBMT Handbook: Haemopoietic Stem Cell Transplantation. Paris: European School of Hematology; 2004:79-89
20. Wahlin A, Eriksson M, Hultdin M. Relation between harvest success and outcome after autologous peripheral blood stem cell transplantation in multiple myeloma. Eur J Haematol. 2004; 73:263-268
21. Dreger P, Haferlach T, Eckstein V et al. G-CSF-mobilized peripheral blood progenitor cells for allogeneic transplantation: safety, kinetics of mobilization, and composition of the graft. Br J Haematol. 1994;87:609-613

23.5 Literatur

22. Wiesneth M, Schreiner T, Friedrich W et al. Mobilization and collection of allogeneic peripheral blood progenitor cells for transplantation. Bone Marrow Transplant. 1998; 21 Suppl 3:S21-4.:S21-S24
23. Desikan KR, Tricot G, Munshi NC et al. Preceding chemotherapy, tumour load and age influence engraftment in multiple myeloma patients mobilized with granulocyte colony-stimulating factor alone. Br J Haematol. 2001; 112:242-247
24. Clark RE, Brammer CG. Previous treatment predicts the efficiency of blood progenitor cell mobilisation: validation of a chemotherapy scoring system. Bone Marrow Transplant. 1998; 22:859-863
25. Sugrue MW, Williams K, Pollock BH et al. Characterization and outcome of „hard to mobilize"' lymphoma patients undergoing autologous stem cell transplantation. Leuk Lymphoma. 2000; 39:509-519
26. Stiff PJ. Management strategies for the hard-to-mobilize patient. Bone Marrow Transplant. 1999; 23 Suppl 2:S29-33.:S29-S33
27. Akizuki S, Mizorogi F, Inoue T, Sudo K, Ohnishi A. Pharmacokinetics and adverse events following 5-day repeated administration of lenograstim, a recombinant human granulocyte colony-stimulating factor, in healthy subjects. Bone Marrow Transplant. 2000;26:939-946
28. Wiesneth M. Gewinnung und Präparation von peripheren Blutstammzellen. In: Mueller-Eckhardt C, Kiefel V, eds. Transfusionsmedizin. Springer; 2004:272-286
29. Muller S, Schulz A, Reiss U et al. Definition of a critical T cell threshold for prevention of GVHD after HLA non-identical PBPC transplantation in children. Bone Marrow Transplant. 1999;24:575-581
30. Bensinger WI, Martin PJ, Storer B et al. Transplantation of bone marrow as compared with peripheral-blood cells from HLA-identical relatives in patients with hematologic cancers. N Engl J Med. 2001;344:175-181
31. Ottinger HD, Beelen DW, Scheulen B, Schaefer UW, Grosse-Wilde H. Improved immune reconstitution after allotransplantation of peripheral blood stem cells instead of bone marrow. Blood. 1996; 88:2775-2779
32. Schrezenmeier H, Bredesen DE, Bruno B et al. Comparison of Allogeneic Bone Marrow and Peripheral Blood Stem Cell Transplantation for Aplastic Anemia: Collaborative Study of European Blood and Marrow Transplant Group (EBMT) and International Bone Marrow Transplant Registry (IBMTR) [abstract]. Blood. 2003; 102:267
33. Urbano-Ispizua A, Schmitz N, De Witte T et al. Allogeneic and autologous transplantation for haematological diseases, solid tumours and immune disorders: definitions and current practice in Europe. Bone Marrow Transplant. 2002; 29:639-646
34. Apperley J, Carreras E, Gluckman E, Gratwohl A, Masszi T, eds. The EBMT Handbook: Haematopoietic Stem Cell Transplantation. Paris: European School of Haematology; 2004
35. Wiesneth M., Burkhart J., Meyer T., Schrezenmeier H., Hämatopoetische Stammzelltransplantation: Gewinnung, Präparation und klinischer Einsatz, hämotherapie 3/2004, 16-32
36. Gesetz über den Verkehr mit Arzneimitteln (Arzneimittelgesetz – AMG), zuletzt geändert am 23. November 2007
37. Verordnung über die Anwendung der Guten Herstellungspraxis bei der Herstellung von Arzneimitteln und Wirkstoffen und über die Anwendung der Guten fachlichen Praxis bei der Herstellung von Produkten menschlicher Herkunft (Arzneimittel- und Wirkstoffherstellungsverordnung – AMWHV), zuletzt geändert am 26. März 2008
38. Leitfaden der Guten Herstellungspraxis – Anlage 2 zur Bekanntmachung des Bundesministeriums für Gesundheit zu § 2 Nr. 3 der Arzneimittel- und Wirkstoffherstellungsverordnung vom 27. Oktober 2006
39. Gesetz zur Regelung des Transfusionswesens (Transfusionsgesetz – TFG) Neufassung 28. August 2007
40. Richtlinie der Bundesärztekammer zur Qualitätssicherung quantitativer laboratoriumsmedizinischer Untersuchungen, zuletzt geändert am 12. Dezember 2003
41. Richtlinien der Bundesärztekammer zur Qualitätssicherung in der Immunhämatologie, Februar 1992

42. Voten des Arbeitskreises Blut, veröffentlicht im Bundesgesundheitsblatt
43. Gesetz über Medizinprodukte (Medizinproduktegesetz – MPG), zuletzt geändert am 14.Juni 2007
44. Verordnung über das Errichten, Betreiben und Anwenden von Medizinprodukten
45. (Medizinprodukte-Betreiberverordnung – MPBetreibV), zuletzt geändert am 31. Oktober 2006
46. Verordnung über die Erfassung, Bewertung und Abwehr von Risiken bei Medizinprodukten (Medizinprodukte-Sicherheitsplanverordnung – MPSV), zuletzt geändert am 14. Juni 2007
47. Richtlinie 2005/61/EG der Kommission vom 30. September 2005 zur Durchführung der Richtlinie 2002/98/EG des Europäischen Parlaments und des Rates in Bezug auf die Anforderungen an die Rückverfolgbarkeit und die Meldung ernster Zwischenfälle und ernster unerwünschter Reaktionen
48. Richtlinie 2005/62/EG der Kommission vom 30. September 2005 zur Durchführung der Richtlinie 2002/98/EG des Europäischen Parlaments und des Rates in Bezug auf gemeinschaftliche Standards und Spezifikationen für ein Qualitätssystem für Blutspendeeinrichtungen

24 Magnetoseed – Vasculäres Tissue Engineering

H. Perea, H. Methe, E. Wintermantel

24.1 Einleitung

Gegenwärtig sind kardiovaskuläre Erkrankungen, allen voran die Arteriosklerose koronarer und zerebraler Gefäße, Ursache für 38% aller Todesfälle in Nordamerika und häufigste Todesursache europäischer Männer <65 Jahre und zweithäufigste Todesursache bei Frauen [4]. Es wird prognostiziert, dass innerhalb der nächsten 10–15 Jahre kardiovaskuläre Erkrankungen und deren Komplikationen weltweit die häufigste Todesursache stellen werden. Dies ist zum einen Folge der ansteigenden Prävalenz kardiovaskulärer Erkrankungen in Osteuropa und zunehmend auch in den Entwicklungsländern, zum anderen Folge der kontinuierlich ansteigenden Inzidenz von Übergewicht und Diabetes mellitus in den westlichen Ländern.

Aufgrund einer limitierten Verfügbarkeit sowie einer hohen Versagensrate von venösen Bypässen (innerhalb von 10 Jahren sind ca. 35% der implantierten venösen Bypasse verschlossen) wird große Hoffnung in kardiovaskuläres Tissue Engineering mit Entwicklung von artifiziellen Gefäßprothesen für die Behandlung kardiovaskulärer Erkrankungen gesetzt. Die Herausforderung des kardiovaskulären Tissue Engineerings liegt darin, eine weitestgehend blutgefäß-typische Prothese herzustellen, welche sich von biochemischer, mechanischer und thrombogener Seite mit einem natürlichen Blutgefäß messen lassen kann. Zum aktuellen Zeitpunkt sind synthetische Gefäßprothesen aufgrund einer hohen Thrombosegefahr und konsekutivem Verschluss bisher auf Gefäßdiameter ≥ 6 mm beschränkt. Die besonderen Merkmale des kardiovaskulären Tissue Engineerings liegen zum einen in der außerordentlichen phänotypischen Vielfalt von Endothelzellen (EZ) als auskleidender Zellschicht der Gefäße. Daneben spielt die Zusammensetzung der extrazellulären Matrix eine wichtige Rolle für die erfolgreiche Synthese einer Gefäßprothese. Und schließlich werden Gefäßprothesen in vivo verschiedenen mechanischen Beanspruchungen ausgesetzt (z. B. mechanischer Wandstress, Scherspannung).

Neben den zellulären Bestandteilen von Gefäßprothesen steht die Struktur der zugrunde liegenden Matrix (Scaffold) sowie die Technik der Besiedelung der Matrix mit den jeweiligen Zielzellen im Mittelpunkt der aktuellen Forschung des kardiovaskulären Tissue Engineerings.

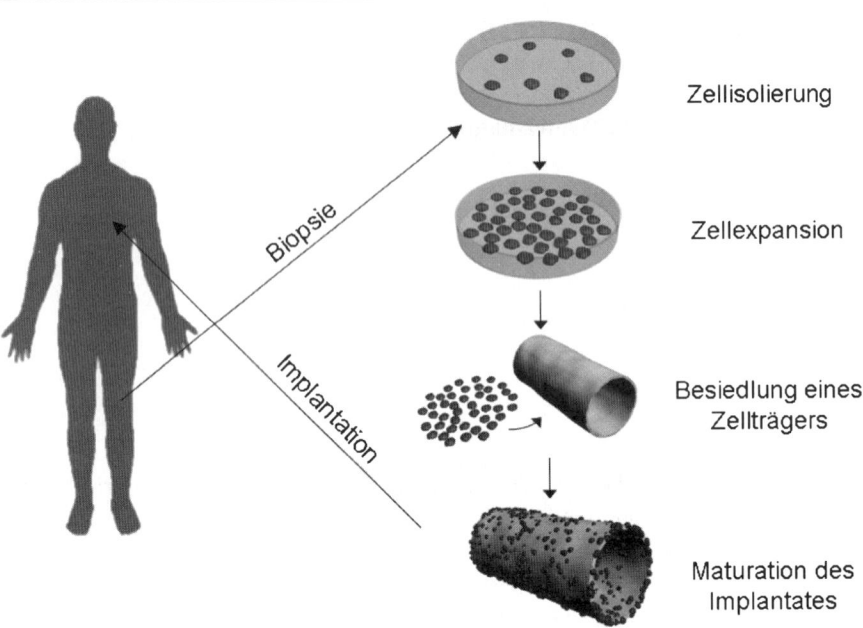

Abb. 24.1 Übersicht eines typischen Tissue Engineering Ansatzes[1]. Aus einer Biopsie des Patienten werden Zellen isoliert und in-vitro expandiert. Anschliessend wird eine Trägersubstanz (Scaffold) mit den Zellen besiedelt. Nach der Inkubation entsteht ein bioartifizielles Implantat

Grundsätzlich werden beim kardiovaskulären Tissue Engineering zwei Ansätze verfolgt: Einerseits wird die Besiedlung einer nicht-degradierbaren Matrix mit vaskulären Zellen (z. B. glatte Muskelzellen, EZ) angestrebt (Abb. 24.1). Die mit diesem Ansatz erreichten Prothesen zeichnen sich durch die mechanische Integrität der synthetischen Matrix und durch die (physiologische) Biofunktionalität der zellulären Beschichtung aus. Andererseits wird versucht, einen vollständigen bioartifiziellen Gefäßersatz zu generieren, welcher die biochemischen, regulatorischen Funktionen sowie die mechanischen Eigenschaften eines nativen Blutgefäßes widerspiegelt. Die Grundelemente des kardiovaskulären Tissue Engineerings sowie die bisherigen Forschungs- und klinische Erfahrungen werden im kommenden Kapitel vorgestellt.

24.2 Anatomischer Aufbau von Blutgefäßen

Blutgefäße setzen sich aus drei konzentrischen Schichten zusammen. Das Lumen wird innen von der Tunica intima in Form eines endothelialen Monolayers ausgekleidet (Intima). EZ bilden eine antithrombogene Grenzschicht zwischen zirkulie-

24.2 Anatomischer Aufbau von Blutgefäßen

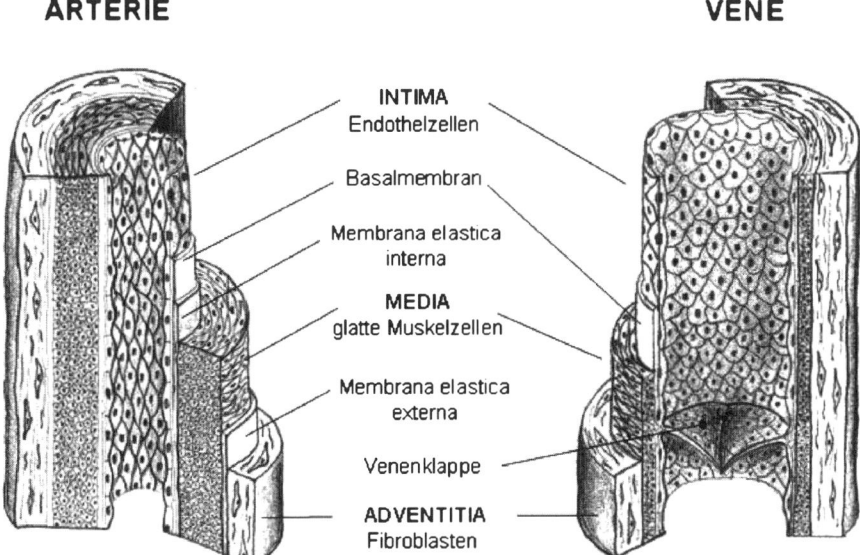

Abb. 24.2 Anatomischer Aufbau der Gefäßwand von Arterien *(links)* und Venen *(rechts)*. Die Wand besteht aus drei konzentrischen Schichten: Tunica intima, Tunica media und Tunica adventitia. Die Intima steuert den Stoff-, Flüssigkeits- und Gasaustausch durch die Gefäßwand. Endothelzellen regulieren Gefäßtonus und Thrombogenität. Die Media bestehend aus glatten Muskelzellen und extrazellulärer Matrix ist in Arterien muskulärer Typ besonders geprägt und verleiht dem Blutgefäß spezifische elastische Eigenschaften für die Regulierung der Blutbewegung. Über die Adventita sind die Gefäße in die Umgebung eingebaut (modifiziert nach Principles of Anatomy & Physiology 11th edition by Tortora and Derrickson Wiley Press)

rendem Blut und Gefäßwand, kontrollieren Permeabilität von Gefäßen, regulieren über Sekretion von verschiedenen Faktoren lokal und systemisch Gefäßtonus und sind passive und aktive Mediatoren einer Vielzahl von Entzündungsreaktionen. Bei Arterien wird die Intima gegen die Tunica media durch eine Membrana elastica interna getrennt. Die Tunica media besteht aus annähernd zirkulär verlaufenden Strukturen: glatte Muskelzellen, elastische Fasernetze, Kollagenfasern (Kollagen Typ I und III) und Grundsubstanz (Proteoglykane). Bei Arterien kann als Grenze zur Tunica adventitia eine Membrana elastica externa ausgebildet sein. Die Tunica adventitia ist – wie die Intima – aus längsgerichteten Elementen zusammengesetzt, aus Bindegewebe (v.a. Kollagen Typ I) und, bei Venen, aus glatten Muskelzellen. Außerdem finden sich vereinzelt Fibroblasten in der Adventitia (Abb. 24.2).

Je nach Lokalisation im Gefäßbaum gibt es strukturell-anatomische Unterschiede im Gefäßwandaufbau. Während in herznahen Arterien vom elastischen Typ die Intima stärker als in allen übrigen Gefäßen ausgebildet ist, dominiert in herzferneren Arterien die Tunica media. Venen hingegen besitzen meist eine dünnere Wand als die korrespondierenden Arterien: während hier Intima und Media nur schwach ausgebildet sind findet sich eine stark ausgeprägte Tunica adventitia.

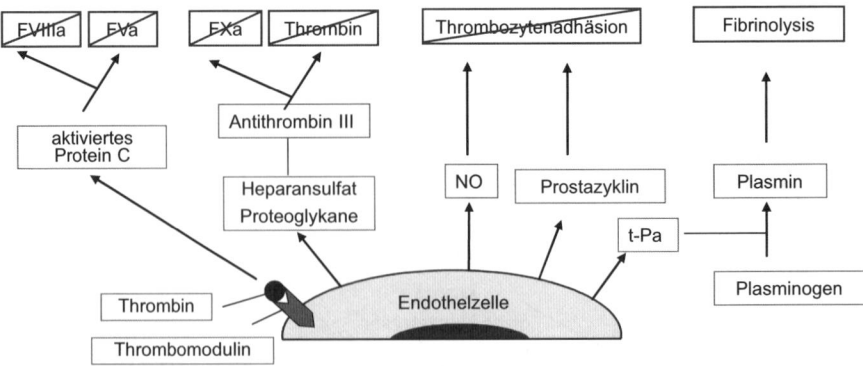

Abb. 24.3 Endothelzellen üben durch Sekretion unterschiedlicher aktiver Moleküle eine antithrombotische und fibrinolytische Funktion im Blutgefäss aus [2]

Neben lokoregionalen Unterschieden im Gefäßwandaufbau weisen vor allem EZ eine ausgesprochene Heterogenität innerhalb der unterschiedlichen Gefäßbetten auf [5, 6]. Das Endothel ist keine inerte Grenzschicht zwischen zirkulierendem Blut und dem Gewebe sondern zeichnet sich durch eine hohe metabolische Aktivität aus. EZ spielen so eine herausragende Rolle im Rahmen vieler physiologischer Prozesse, u. a. Regulation des Vasotonus, Adhäsion und Diapedese von Immunzellen, Permeabilität, Proliferation und Regulation der Hämostase. Einerseits verhindert die negative Oberflächenladung die Adhäsion von Thrombozyten an EZ, andererseits produzieren und sezernieren EZ ein breites Spektrum vasoaktiver Substanzen welche zur antikoagulatorischen Wirkung und fibrinolytischen Aktivität des Endothels beitragen (Abb. 24.3) [7, 8].

Außerdem sind EZ an Immunreaktionen des angeborenen und erworbenen Immunsystems aktiv beteiligt. Je nach vaskulärem Bett unterscheiden sich EZ hinsichtlich ihrer Zellform (elongiert vs. kuboidal) und auch bezüglich ihrer Funktion. Dies zeigt sich in einer unterschiedlichen Permeabilität für verschiedene Substanzen aber beispielsweise hinsichtlich Adhäsion und Diapedese von Leukozyten. Letzteres beruht v.a. auf einer gefäßbett-spezifischen endothelialen Expression von Adhäsionsmolekülen und Chemokinen. Zudem unterscheiden sich EZ hinsichtlich ihrer hämostasiologischen Eigenschaften: so wird beispielsweise von Willebrand Faktor nur von EZ in venösen Gefäßbetten exprimiert [9].

24.3 Zelluläres Kompartiment

Die zelluläre Komponente bestimmt die Funktionalität eines bioartifiziellen Gefäßimplantates und erfordert deshalb eine besondere Aufmerksamkeit bei der Auswahl geeigneter Zellquellen. Die Immunantwort, die Idiosynkrasie des vaskulären Betts und die physiologische Funktion der Zellen sind entscheidende Kriterien bei dieser Auswahl [10].

Aufgrund der bereits langen klinischen Erfahrung mit der Vena saphena als Bypassgefäß kamen bei den ersten klinischen Studien im kardiovaskulären Tissue Engineering Grafts zum Einsatz welche mit EZ aus der Vena saphena beschichtet ware [11–13]. Die Implantation autologer EZ aus der Vena Saphena bietet eine immunkompatible und ethisch unbedenkliche Alternative. Jedoch wird kontrovers diskutiert, ob EZ die von Patienten isoliert wurden welche an einer systemischen vaskulären Erkrankung mit klinischen Zeichen der endothelialen Dysfunktion leiden, generell für eine Graft-Implantation geeignet sind. Es konnte nämlich gezeigt werden, dass die endotheliale Dysfunktion über das geschädigte Gefäßsegment hinausgeht und prinzipiell eine Systemerkrankung ist. Zusätzlich stellt sich die Frage, ob Zellen venösen Ursprungs die erforderlichen funktionellen Eigenschaften nach Implantation in ein arterielles Gefäßbett gewährleisten können.

Die Forschritte der Stammzellforschung in den letzten Jahren haben vielfältige Perspektiven eröffnet um die limitierte Verfügbarkeit und die funktionellen Einschränkungen von ausdifferenzierten autologen Zellen zu überwinden. Neben Nabelschur-Stammzellen (siehe Kapitel Stammzellen) scheinen endotheliale Progenitorzellen und mesenchymale Stammzellen vielversprechende alternative Zellquellen im Bereich des vaskulären Tissue Engineerings bieten zu können [14].

24.3.1 Endotheliale Progenitorzellen und andere Stammzellen

In neuen Versuchsansätzen finden zunehmend Stammzellen oder Progenitorzellen an Stelle von ausdifferenzierten EZ zur Auskleidung des inneren Lumens von Gefäßprothesen Verwendung. Embryonale Stammzellen sind *in vivo* und *in vitro* in der Lage, sich in Zellen aller drei Keimblätter (Ento-, Ekto- und Mesoderm) auszudifferenzieren. Demgegenüber kommen adulte (postembryonale) Stammzellen im Organismus auch nach der Geburt vor. Aus diesen Zellen werden während der gesamten Lebensdauer des Organismus neue spezialisierte Zellen gebildet. Zu diesen Zellen werden beispielsweise auch die im peripheren Blut zirkulierenden endothelialen Progenitorzellen (EPC) gezählt, die die Fähigkeit haben, zu EZ zu differenzieren.

In Zusammenhang mit vaskulärem Tissue Engineering konnten insbesondere mit EPCs viel versprechende Ergebnisse erzielt werden. Kaushal et al. testen beispielsweise ob EPC geeignet sind, eine dezellularisierte Arterie endoluminal auszukleiden [15]. Dezellularisierte Arterien wurden in einem Bioreaktor mit autologen Schaf-EPC beschichtet und dann als Gefäßconduit in die Arteria carotis communis implantiert. Die EPC-beschichteten Interponate wiesen *in vivo* eine Offenheitsrate von mehr als 130 Tagen auf. Im Gegensatz dazu okkludierten unbeschichtete Grafts innerhalb von 15 Tagen. Am Ende des Beobachtungszeitraumes wiesen die EPC-beschichtenGrafts zudem gefäßtypische Charakteristika auf (u. a. Kontraktilität, NO-vermittelte Gefäßrelaxation).

Schmidt et al. charakterisierten in einem *in vitro* Flussmodell die Eigenschaften von EPCs (gewonnen aus humanem Nabelschnurblut) nach 12-tägiger Kultivierung in drei-dimensionalen tubulären und porösen Polyglycolsäure (PGA)- oder

Polyurethan (PUR)-Scaffolds [16]. Die EPC hatten das Lumen der gewählten Gefäßgerüste in Form eines konfluenten endothel-ähnlichen Monolayers ausgekleidet. Die ausdifferenzierten Zellen wiesen typische EZ-Marker auf wie z. B. Flk-1, von Willebrand Faktor, CD31 und CD34, funktionell konnte die Aufnahme von diIacLDL nachgewiesen werden.

Mit einem ähnlichen experimentellen Ansatz konnten Shirota et al. zeigen, dass humane EPC, welche in schmal-kalibrigen PUR-Gefäßprothesen kultiviert wurden, nach Applikation von Scherspannung das Lumen als Monolayer auskleideten. Zudem richteten sich die EPC polar in Flussrichtung aus [17]. Darüber hinaus weisen Gefäßprothesen welche mit EPC beschichtet wurden ein größeres ani-thrombogenes Potential auf als Prothesen welche mit ausdifferenzierten EZ beschichtet worden waren.

Neben EPC wurden auch andere Stammzellen als innerste lumenständige Zellschicht vaskulärer Gefäßprothesen verwendet. Mononukleäre Knochenmarkzellen wurden beispielsweise im Kaninchenmodell mit einem Wachstumshormoncocktail in EZ und glatte Muskelzellen ausdifferenziert und in dezellularisierten Arterien kultiviert. Nach End-zu-End-Anastomosen der Arteria carotis communis [18] wiesen die mit mononukleären Knochenmarkzellen beschichteten Gefäßprothesen eine mittlere Dauer der Durchgängigkeit von 8 Wochen auf. Im Vergleich dazu waren sämtliche der implantierten azellulären Kontrollgrafts bereits nach 2 Wochen komplett verschlossen. Die histologische Aufarbeitung zeigte, dass die ausdifferenzierten mononukleären Knochenmarkzellen sowohl in der Intima als auch in der Media des implantieren Gefäßabschnittes (also ortsständig) nachgewiesen werden konnten. Komplementäre Ergebnisse mit mononukleären Knochenmarkzellen beschichteten Gefäßprothesen wurden auch von anderen Arbeitsgruppen beschrieben [19]. Beispielsweise zeigten Nanofiber-Grafts welche mit Knochenmarkzellen beschichtet worden waren eine mehr als 8-wöchige Offenheitsrate. Während dieser Beobachtungszeit konnte zudem ein signifikantes Matrixremodeling in der implantierten Gefäßprothese mit Synthese und Reorganisierung des Kollagen- und Elastinnetzwerkes dokumentiert werden. Zudem konnte eine luminale EZ-Monolayerschicht und mehrere Schichten von glatten Muskelzellen in der Media der Gefäßprothesen histologisch nachgewiesen werden.

24.3.2 Genetisch modifizierte EZ

Die Beschichtung von Gefäßprothesen mit genetisch-modifizierten EZ hat sich zu einer vielversprechenden Ergänzung in der Therapie von arteriosklerotischen Gefäßprozessen entwickelt. 1989 konnten Zwiebel et al. erstmals eine erfolgreiche Transfektion von EZ zeigen, indem sie eine hohe Konzentration von rekombinanten Genen in isolierten Kaninchen-EZ *in vitro* demonstrieren konnten [20]. Im gleichen Jahr implantierte die Arbeitsgruppe um Wilson synthetische Gefäßgrafts in einem Kaninchenmodell, bei dem die Grafts zuvor mit retroviral-transduzierten EZ beschichtet worden waren [21]. Nach diesen erfolgreichen Berichten wurde der retrovirale Gentransfer von EZ vor allem dazu genutzt, EZ zu markieren um beispielsweise deren Proliferationsrate nach Beschichtung von Gefäßprothesen *in vitro* und *in vivo* zu quantifizieren [22]. Außerdem konnte durch retroviralen Gentransfer die Fähigkeit von EZ analysiert werden, sich unter Flußbedingungen zu replizieren und ihre Funktionalität zu behalten [23].

In einem nächsten Ansatz wurden dann genetisch modifizierte EZ als Carrier benutzt um lokal hohe Konzentrationen von vasoaktiven Mediatoren und anderen Substanzen zu erreichen. So wurden beispielsweise mit rekombinanter t-PA transduzierte EZ benutzt um lokal die Konzentration dieser thrombolytischen Substanz zu erhöhen [24]. Mit Hilfe eines Pavianmodells konnte gezeigt werden, dass die Implantation von Gefäßprothesen mit so transfizierten EZ eine signifikant verminderte Adhäsion von Blutplättchen und Fibrin nach Anlage eines femoralen arteriovenösen Shunts zur Folge hatte [25]. Allerdings wurden diese frühen Erfolgsmeldungen durch Ergebnisse im Schafmodel abgemildert: hier konnte gezeigt werden, dass die proteolytischen Effekte von t-PA welches von genetisch modifizierten EZ sezerniert wurde, im Langzeitverlauf *in vivo* die Adhärenz von EZ an die jeweilige Graft-Matrix signifikant vermindert [25]. Außerdem zeigten weiterführende Untersuchungen im Hundemodell, dass *in vivo* eine persistierende Genexpression durch retroviral transduzierte EZ bis heute noch nicht erreicht werden konnte [26].

24.4 Scaffold

Modifikationen der zugrunde liegende Matrixstruktur stellen eine entscheidende Komponente in der Entwicklung von Gefäßprothesen dar. Die *in vitro* Kultur von Geweben erfordert eine geeignete Trägersubstanz um optimal Zelladhäsion und -metabolismus zu garantieren. Als solches kann die Matrix als vorläufiges strukturelles Gerüst das gerichtete Gewebewachstum fördern sowie den diffusiven Austausch von Nähr- und Abfallprodukte mit dem umgebenden Medium gewährleisten. Theoretisch wird die synthetische Matrix zur Gefäßrekonstruktion solang benötigt, bis die Zellen in der Lage sind, durch Synthese ihrer eigenen physiologischen Matrix eine ausreichende mechanische Stabilität zu bieten.

Die Auswahlkriterien eines geeigneten Scaffolds sind vielfältig und sollten in Übereinstimmung mit der vorgesehenen Anwendung getroffen werden. Das Material, die Architektur, die Oberflächestrukturierung sowie spezifische Beschichtungen, bestimmen die Entwicklung des Gewebes und somit die Funktionalität und mechanisches Verhalten des künftigen Implantates *in vivo* [27].

24.4.1 Synthetische Scaffolds

Die Entwicklung von synthetischen Gefäßprothesen hat seinen Ursprung im Jahr 1952. Voorhees et al. entwickelten damals die ersten tubulären arteriellen Gefäßimplantate aus Vinyon N, um Grafts in verschiedenen Längen, Lumina und anatomi-

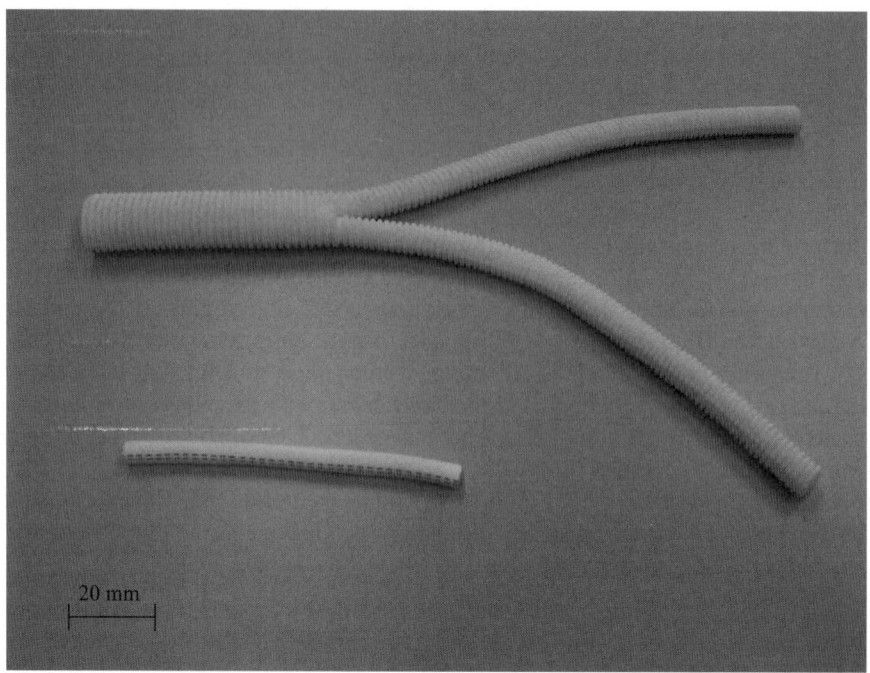

Abb. 24.4 Klinisch zugelassene Gefäßimplantate aus Dacron (oben) und ePTFE (unten). Alloplastische Gefäßprothesen werden für den Ersatz von großlumigen Gefäßen (z. B. Aorta oder periphäre Bypässe) eingesetzt. Sie eignen sich jedoch aufgrund der niedrigen Offenheitsrate nicht als Ersatz kleinlumiger Gefäße (<7mm)

schen Formen herzustellen [28]. Trotz intensiver Forschung in den vergangenen Jahrzehnten konnte bisher noch keine alle Aspekte befriedigende Gefäßprothese für die Bypasschirurgie gefunden werden. Gefäßprothesen aus elastischem Polytetrafluroethylen (ePTFE), Polyethylenterephtalat (PET) oder PUR werden mit mäßigem Erfolg für den Ersatz von großlumigen Gefäßen eingesetzt (Abb. 24.4). Die Offenthaltsrate sinkt jedoch bei kleinlumigen Prothesen und Gefäßen mit niedrigem Perfusionsdruck stark ab. Thrombosen, Ausbildung einer stenosierenden Neointima im Anastomosenbereich, Inflammation und spätes Remodeling verhindern so beispielsweise bisher den Einsatz von synthetischen Prothesen im Rahmen der kleinlumigen Gefäßchirurgie (< 6 mm) [10].

Ein weiterentwickelter und vielversprechender Ansatz im Bereich des kardiovaskulären Tissue Engineerings liegt in der endoluminalen Auskleidung von synthetischen Gefäßprothesen mit vaskulären Zellen. Dies steigert signifikant die Hämokompatibilität und die Offenheitsrate synthetischer Gefäßprothesen [13, 29, 30].

24.4 Scaffold

24.4.1.1 Polytetrafluroethylen

Polytetrafluroethylen (PTFE, Handelsname TEFLON®) ist ein unverzweigtes, linear aufgebautes Polymer aus Fluor und Kohlenstoff. In der Polymerisation wird unter Zusatz bestimmter Katalysatoren und Emulgatoren das gasförmige Tetrafluorethylen zum PTFE umgesetzt. Für die Herstellung synthetischer Gefäßprothesen wird PTFE unter hohem Druck zu einem Schlauch extrudiert, der anschließend auf den gewünschten Durchmesser gestreckt wird. Durch Sintern bei exakt definierter Temperatur wird die notwendige Festigkeit erreicht. Das nach dem Expandierprozess entstandene expandierte PTFE (ePTFE) weist eine fibrilläre Struktur aus Teflonknoten auf, zwischen denen sich Fibrillen in Längsrichtung ausspannen (Abb. 24.5). ePTFE ist ein hochkristalliner Thermoplast (>90%) mit einer Zugfestigkeit von 15–35 MPa, ein E-Modul von 0,4–0,6 GPa und eine Reißdehnung bis 400% (Tabelle 24.1). Der Expandiervorgang von PTFE erlaubt die Herstellung unterschiedlicher internodaler Abstände zwischen 17 μm und 90 μm, sowie die Variation der Strukturausrichtung. Es konnte gezeigt werden, dass internodale Abstände zwischen 30 μm und 90 μm Durchmesser eine optimale Besiedelung mit EZ gewährleisten (Abb. 24.5)[31]. Kleinere Poren rufen eine inflammatorische Antwort hervor, während größere Poren zu einer unerwünschten höheren Blutdurchlässigkeit führen.

ePTFE-Prothesen weisen nur eine geringe Thrombogenität auf, die auf einer nachgewiesenen geringeren Aktivierung der zellulären und humoralen Faktoren der Hämostase beruht [32, 33]. Seine biologische Inaktivität sowie seine antiallergischen und antiadhäsiven Eigenschaften machen Prothesen aus PTFE seit über 30 Jahren zu einem verbreiteten Gefäßersatz in der Bypasschirurgie. Ihr Einsatzgebiet liegt vor allem im Bereich der femoropoplitealen Bypässe (7–9 mm Durchmesser): die Offenheitsrate im aorto-iliacalen Stromgebiet liegt nach 5 Jahren bei 90%, im Unterschenkelbereich jedoch bei nur 45%.

24.4.1.2 Polyethylenterephtalat

Polyethylenterephtalat (PET, Handelsname DACRON®) ist ein thermoplastisches Polyester, welches sich aus dem Monomer Ethylenterephtalat durch Polykondensation zu einem Polymer zusammensetzt. Zur Herstellung einer Polyesterprothese wird ein aus PET gewonnenes Polyestergarn (bestehend aus einzelnen Fasern unterschiedlicher Dicke und Stärke) mittels speziell entwickelter Strick- und Webtechniken zu Gefäßprothesen verarbeitet. Während gewebte Prothesen kleine Poren besitzen, weisen gestrickte Prothesen durch zusätzlichen Veloursbesatz an der inneren und äußeren Oberfläche größere Poren auf, die eine gute Einheilung im Transplantatlager ermöglichen. Aufgrund der Porosität mit hoher Blutdurchlässigkeit muss jedoch vor Implantation in Gefäßgebieten mit hohen Druckverhältnissen (z. B. Aorta) ein sog. *preclotting* durchgeführt werden. Dies ist mit einem höheren Zeitaufwand, Gefahr von Mikrothrombembolien und einem erhöhten Kontaminationsrisiko assoziiert. Alternativ kommen mit Albumin oder Gelatine beschichtete Textilprothesen zur Anwendung, die jedoch den Nachteil höherer Kosten, der feh-

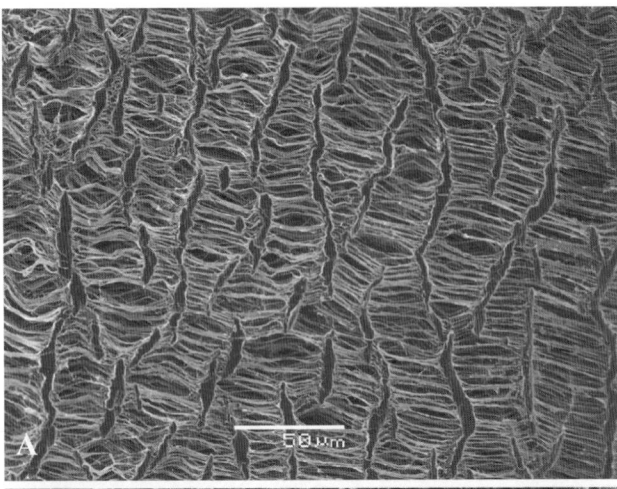
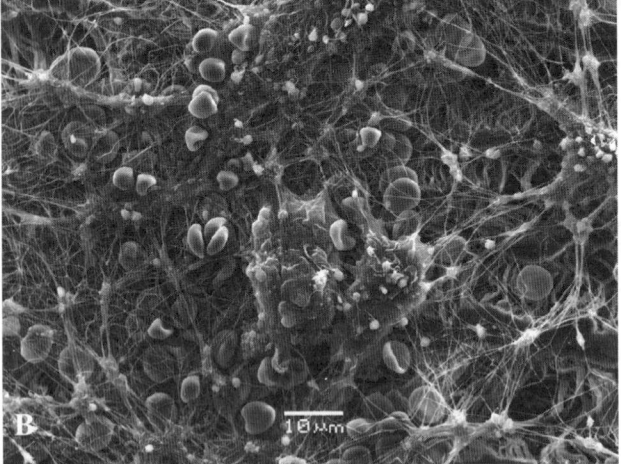
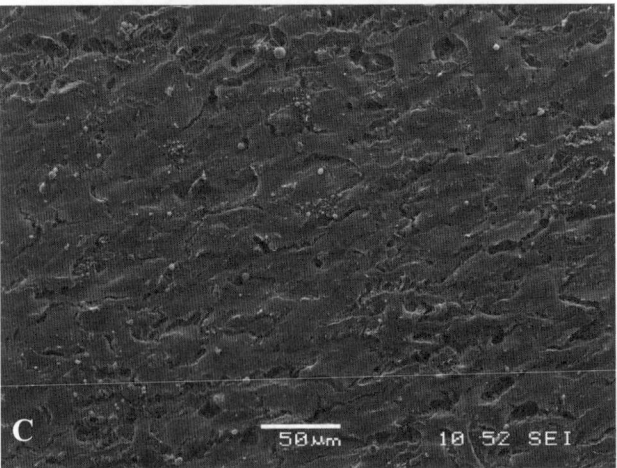

Abb. 24.5
A Die luminale Oberfläche einer ePTFE Prothese weist eine fibrilläre Struktur aus Teflonknoten auf zwischen denen sich Fibrillen in Längsrichtung ausspannen. Für eine optimale Besiedlung mit Endothelzellen sind internoduläre Abstände zwischen 30 und 90 µm ideal.

B Aufgrund der fehlenden antithrombogenen Endothelschicht bildet sich bei unbeschichteten synthetischen Gefäßprothesen primär eine fibrinreiche Neointima aus. Die Ausbildung einer Neointima ist mit einem signifikant höheren Thromboserisiko assoziiert als nach Implantation von autologen endothelialisierten Gefäßen.

C Luminale Besiedlung einer ePTFE Prothese mit Endothelzellen. Endothelzellen produzieren ein breites Spektrum vasoaktiver Substanzen die der Prothese antikoagulatorische, fibrinolytische und regulatorische Eigenschaften vermitteln

24.4 Scaffold

Polymer	Zugfestigkeit [MPa]	E-Modul [GPa]	Reissdehnung [%]
ePTFE	1535	0,4–0,6	200–400
Dacron	170–200	2–4	30–300
PUR	20–90	1,3–2,2	60–180

Tabelle 24.1 Mechanische Eigenschaften von klinisch-zugelassenen Polymeren für die Herstellung synthetischer Gefäßprothesen

lenden Resterilisierbarkeit, eventueller Verzögerungen der Einheilung sowie einer erhöhten initialen Thrombogenität aufweisen [34]. Dacron weist eine Zugfestigkeit von 10–200 MPa auf und einen E-Modul von 2–4 GPa (Tabelle 24.1). Bei zunehmender Implantationsdauer muss mit einer Ausbildung von Aneurysmen bis hin zu Rupturen infolge chronisch-mechanisch bedingter Ermüdungsprozesse der textilen Strukturen und der Anfälligkeit gegenüber hydrolytischen Abbauprozessen gerechnet werden [35]. Dacron Prothesen kommen vorwiegend beim thorakalen Aortenersatz zum Einsatz.

24.4.1.3 Polyurethan

Polyurethane (PUR) entstehen durch Polyadditionsreaktion eines Dialkohols mit einem Diisocyanat. Je nach Zusammensetzung werden Zugfestigkeiten zwischen 20 MPa und 90 MPa, und E-Module zwischen 1,3 GPa und 2,2 GPa erreicht (Tabelle 24.1). Eine Besonderheit von PUR-basierenden Gefäßprothesen ist das annähernd arteriengleiche Dehnungsverhalten (Compliance), welches eine verbesserte Integration zwischen Transplantat und Empfängerarterie ermöglicht. Dies resultiert in einer verminderten Inzidenz von Hyperplasien (Lumeneinengung durch überschiessendes Wachstum von glatten Muskelzellen und gesteigerte Extrazellulärmatrixsynthese). Hyperplasien nach Prothesenimplantation beruhen v.a. auf einer Traumatisierung der EZ-Schicht und eines Compliance-Mismatches zwischen Prothese und nativem Gefäß im Anastomosenbereich.

PUR, das im klinischen Bereich in Form von intravenösen Kathetern vielfach zur Anwendung kommt, besaß in den achtziger Jahren aufgrund der hervorragenden Biokompatibilität eine hohe Popularität als Gefäßersatzmaterial. Ein großer Nachteil von PUR-Prothesen liegt jedoch in der *in vivo* Degradation der zugrunde liegenden Polyol-Segmente. Die Weiterentwicklung hin zu auf Kohlenstoff-basierenden PUR ohne Esterbindungen ermöglichte eine erhöhte Resistenz gegenüber der Biodegradation. Bei vergleichbaren Offenheitsraten im Tierversuch konnte eine beschleunigte luminale Endothelialisierung und eine geringere neointimale Proliferation gegenüber PTFE-Prothesen nachgewiesen werden [36]. Aktuelle Studien unterstreichen das Potential von PUR basierte Scaffolds im vaskulären Tissue Engineering [37].

24.4.1.4 Biodegradierbare Polymere

Biodegradierbare Polymere können eine temporäre Trägerstruktur für die zelluläre Besiedlung und Ausreifung einer Gefäßprothese bieten. Nach der Implantation, wird die Matrix im Körper allmählich hydrolytisch oder enzymatisch abgebaut. Dabei wird die mechanische Integrität der Polymer-Matrix auf das neue Gewebe übertragen. Im optimalen Fall hinterlässt der Abbauprozess ein vollständiges biologisches Konstrukt ohne dass Reste der ursprünglichen synthetischen Matrix im Organismus verbleiben. Die Abbaurate ist abhängig von der chemischen Zusammensetzung und von der Struktur des Zellträgers.

Unter den am häufigsten verwendeten abbaubaren Polymeren befinden sich die aliphatischen Polyester Polyglycolsäure (PGA) und Polylactidsäure (PLA). PGA und PLA werden mit unterschiedlicher Abbaurate im Körper hydrolytisch zu Glycol- bzw. Lactidsäure abgebaut. Der dadurch resultierende niedrige pH-Wert im Gewebe kann in bis zu 8% der Patienten eine inflammatorische Antwort auslösen, die durch Infiltration mit Makrophagen und Fremdkörperriesenzellen charakterisiert ist. Das Ausmaß der Entzündungsreaktion korreliert mit der Geschwindigkeit der Biodegradation des Polymers [38].

PGA weist neben hoher Kristallinität (45–55%) einen hohen Schmelzpunkt (220–225 °C) und eine Glas-Übergangstemperatur von 35 °C bis 40 °C auf (Tabelle 24.2). Nahtmaterial aus PGA verliert 50% seiner Festigkeit nach 2 Wochen und 100% nach 4 Wochen und wird innerhalb von 4 bis 6 Monaten vollständig resorbiert. PGA wird zu einem Vlies aus Einzelfäden mit einem Durchmesser von bis zu 13 µm verarbeitet. Dies ermöglicht eine adäquate Zelladhäsion und einen optimalen Austausch von Medium. Eine stärkere Zelladhäsion kann durch Steigerung der Hydrophilie mittels NaOH-Behandlung von PGA erreicht werden [39].

Lactide existieren in zwei Isomerformen D und L. Das Homopolymer von L-Lactid (LPLA) ist ein semikristallines Polymer (37%) mit einem Schmelzpunkt zwischen 175 °C und 178 °C, einer Glas-Übergangstemperatur von 60 °C bis 65 °C

Polymer	Schmelzpunkt [°C]	Glasübergangstemperatur [°C]	E-Modul [Gpa]	Abbaurate [Monate]
PGA	225–230	35–40	7.0	6–12
LPLA	173–178	60–65	2.7	> 24
DLPLA	Amorph	55–60	1.9	12–16
85/15 DLPLG	Amorph	50–55	2.0	5–6
75/25 DLPLG	Amorph	50–55	2.0	4–5
65/35 DLPLG	Amorph	45–50	2.0	3–4
50/50 DLPLG	Amorph	45–50	2.0	1–2

Tabelle 24.2 Mechanische Eigenschaften von Polylactid-, Polyglykolsäure, und deren Copolymere. Durch Copolymerisation von DLPLA und PGA lassen sich definierte Abbauraten erzielen. (PGA: Polyglykolsäure; PLA: Polylactidsäure; LPLA: L-Isomer von PLA; DPLA: D-Isomer von PLA; DLPLA: Copolymer aus LPLA und DPLA; DLPLG Copolymer aus DLPLA und PGA) [123]

24.4 Scaffold

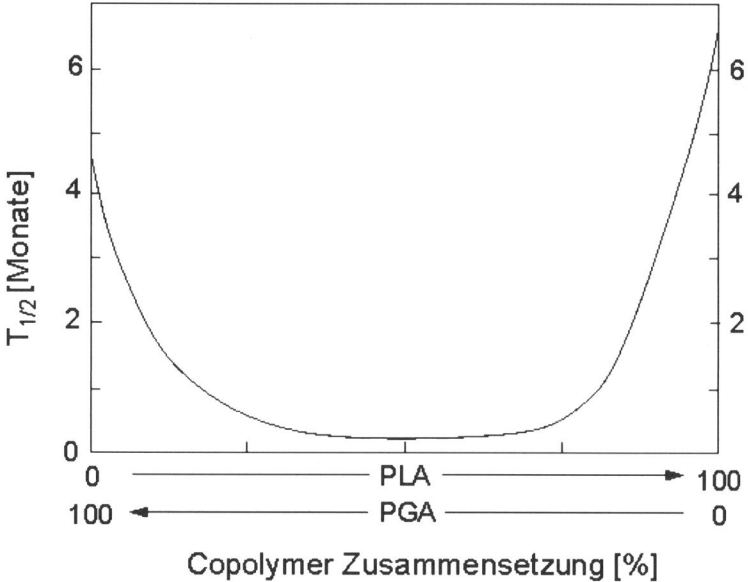

Abb. 24.6 Halbwertszeit der Resorption von PLA-PGA Copolymere im Tiermodell. Es besteht kein linearer Zusammenhang zwischen Copolymer-Zusammensetzung und Abbaurate [41]

und weist eine hohe Zugfestigkeit bei niedriger Dehnbarkeit auf (Tabelle 24.2). Es eignet sich damit zum Einsatz als lasttragendes Implantat [40]. Poly(dl-lactide), das Copolymer der zwei Isoformen der Lactide (DLPLA) ist dagegen ein amorphes Polymer mit niedriger Zugfestigkeit, hoher Dehnbarkeit und einer schnelleren Abbaurate. Durch Copolymerisation von DLPLA und PGA lassen sich definierte Abbauraten erzielen. PLA/PGA Copolymere (PLG) mit Verhältnissen von PLA und PGA zwischen 75% und 100% PLA und entsprechend 25% und 0% PGA können eine Halbwertszeit des Implantates von 2 Wochen bis 6 Monate erreichen [41] (Tabelle 24.2; Abb. 24.6).

Poly-ε-caprolacton (PCL) ist ein abbaubarer Thermoplast mit einer semikristallinen Struktur. Die Abbaurate beträgt ca. 2 Jahre und weist bessere elastische Eigenschaften als PLA oder PGA auf. PCL hat einen Schmelzpunkt bei etwa 63 °C, eine Zugfestigkeit von 26–42 MPa und eine Reißdehnung von 600 bis 1000 %. PCL bietet eine geeignete Trägerstruktur für die Adhäsion und Proliferation von Endothel und Muskelzellen [42].

Ein weiteres verbreitetes abbaubares Polymer ist der fermentativ herstellbare Polyester Polyhydroxybuttersäure (PHB). Dieses Polymer zeichnet sich durch eine raue, poröse Oberfläche aus, welche das Wachstum von Zellen begünstigt. Die Porengröße von PHB-Polymeren kann zwischen 80 und 400 nm variieren und die Abbaurate beträgt wenige Monate. Hoerstrup et al. verwendeten ein Copolymer aus PGA/P4HB um ein kleinlumiges Gefäßersatz in vitro zu generieren. Die daraus gebildeten Gefäßprothesen weisen eine über das physiologische Niveau herausgehende mechanische Widerstandskraft auf, so dass sie Eingang in die Gefäßchirurgie gefunden haben [43].

Ein besonders neuer Ansatz im Scaffold-Design besteht in der Verwendung von Hyaluronsäure (auch Hyaluronan, HA). Es handelt sich hierbei um ein Glykosaminoglykan, das einen sehr wichtigen Bestandteil des Bindegewebes darstellt und auch eine Rolle bei der Zellproliferation, Zellwanderung und Tumorentstehung spielt. Die enzymatische Degradation bewirkt kaum Entzündungsreaktionen im Gegensatz zu PGA/PLA. Die Abbaurate beträgt ca. 2 Monate. Das versprechende Potential von Hyaluronan basierte Träger für den kleinlumigen Gefäßersatz konnte bereits im Tiermodell nachgewiesen werden [44, 45].

24.4.2 Biologische Scaffolds

Natürliche biologische Scaffolds bieten im Vergleich zu den meisten synthetischen Polymeren den Vorteil einer sehr guten Zelladhäsion sowie einer verbesserten Gewebeintegration *in vivo*.

Kollagen
Seit der bahnbrechenden Studie von Weinberg et al. [46] wurde Kollagen für zahlreiche experimentelle Ansätze im Rahmen von kardiovaskulärem Tissue Engineering eingesetzt. Kollagen ist ein bei Menschen und Tieren vorkommendes Strukturprotein welches in Form von Fasern zur Festigkeit der Blutgefäßwand beiträgt. Kollagen wird vornehmlich von glatten Muskelzellen der Intima media und von Fibroblasten der Adventitia synthetisiert. Funktionell wirken die Kollagenfibrillen in der Gefäßwand der druck-induzierten Gefäßausdehnung entgegen. Über Verbindungen zu glatten Muskelzellen wird die Ausdehnung auf die gesamte Zirkumferenz eines Gefäßes verteilt. Kollagen als Scaffold bietet den Vorteil einer niedrigen Antigenität, einer nur schwach ausgeprägten Entzündungsreaktion gepaart mit Biodegradierbarkeit [47]. Kollagen wird in verschiedenen Konfigurationen beim Tissue Engineering eingesetzt, z. B. als Gel-, Membran- (Abb. 24.7) oder Schwammstruktur. Von besonderem Interesse sind neutralisierte säure-lösliche Filme aus Kollagen Typ I, da für dieses Scaffoldmaterial eine fehlende Thrombogenität gezeigt werden konnte. In vitro konnte darüber hinaus eine optimale Adhäsion und Proliferation von glatten Muskelzellen und EZ demonstriert werden (Abb. 24.7) [48].

In diesem Zusammenhang konnte die Arbeitsgruppe um Badylak biodegradierbare azelluläre Scaffolds aus der Dünndarm-Submucosa in Schweinen gewinnen [49, 50]. Diese setzen sich aus Extrazellulärmatrix (vornehmlich Kollagen) zusammen. Die daraus *in vitro* hergestellten Gefäßprothesen wiesen im xenogenen Kaninchenmodell eine höhere Offenheitsrate als PTFE-Prothesen auf [51]. Eine weitere Analyse zeigte, dass die so gewonnene Matrix Zellen im Empfängerorganismus zur Proliferation mit Ausbildung von gewebespezifischen Matrixstrukturen innerhalb von 90 Tagen nach Implantation anregen [52]. Andere Arbeitsgruppen haben erfolgreich Kollagenmatrizen im Rahmen allogener Tierexperimente verwendet [53].

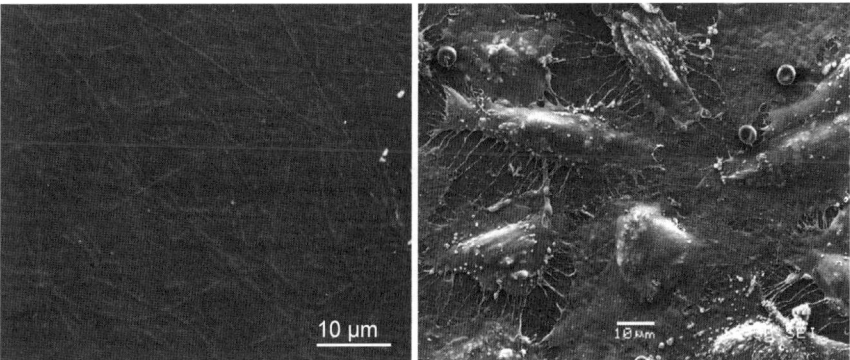

Abb. 24.7 Kollagen-Membran (Resorba GmbH) aus nativen Kollagenfibrillen equinen Ursprungs *(links)*. Die Membran fördert die die Adhäsion und Migration von EZ *(rechts)*

Zellulose

Klemm et al. beschrieben die Möglichkeit, aus Zellulose tubuläre Strukturen zu synthetisieren [52]. Bakterielle Zellulose (Acetobacter xylinum) weist ein hohe Hydrophilie und plastische Verformbarkeit auf. Dadurch können vielfältige Strukturen für den medizinisch-experimentellen Einsatz realisiert werden, u. a. konnten auf Zellulose basierende Strukturen erfolgreich im Rahmen von neurochriurgischen Nervenrekonstruktionen und auch als Gefäßinterponate mit einem Innendurchmesser von ca. 1 mm erprobt werden. Die Gefäßinterponate zeichnen sich durch hohe mechanische Festigkeit bei glatter Oberfläche und einer kompletten Endothelialisierung im Ratten-Model aus [52].

24.4.3 Scaffold Beschichtungen

Die mangelhafte und nur temporäre Adhäsion von EZ bei der Besiedelung der verschiedensten Gefäßprothesen stellt eine der größten Limitationen für den persistierenden klinischen Erfolg dieses therapeutischen Ansatzes dar. Die dauerhafte Adhäsion wird zusätzlich durch die physiologischen Strömungsbedingungen (insbesondere im arteriellen Stromgebiet) erschwert. Insbesondere Dacron- und ePTFE-Prothesen weisen aufgrund ihrer niedrigen Oberflächenenergie und des daraus resultierenden hydrophoben Charakters eine schlechtere Adhäsion von EZ auf. Um die Adhäsion an die unterschiedlichen Polymeroberflächen zu verbessern, wird versucht, die luminale Oberfläche synthetischer Gefäßprothesen mit unterschiedlichen Adhäsionsproteinen zu beschichten. Neben Albumin kommen dabei Fibronektin, Gelatine, Plasma, Serum, Kollagen und Fibrinkleber zum Einsatz. Eine weitere Möglichkeit zur Verbesserung der Zelladhäsion auf synthetischen Scaffolds besteht darin die luminale Oberfläche der Prothese mit für EZ affinen Peptidsequenzen (z. B. RGD) zu funktionalisieren. Diese Proteine werden über eine kovalente Bindung auf die Polymeroberfläche integriert und bieten dann spezifische Bindungsstellen zur Rekrutierung von EZ.

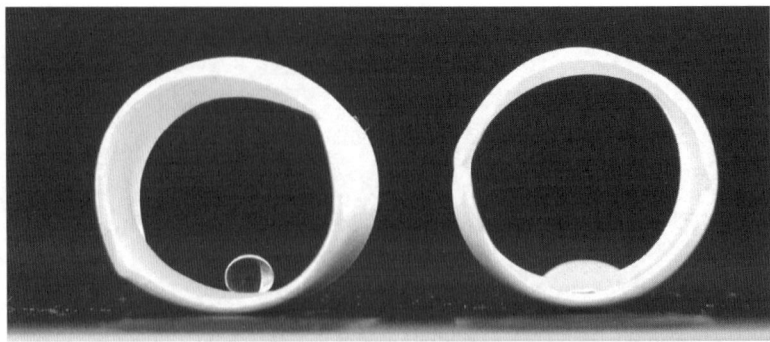

Abb. 24.8 Die Benetzbarkeit des Werkstoffes ist ein entscheidender Faktor für die Zelladhäsion. Hydrophile Oberflächen begünstigen Zelladhäsion und Zellmigration. *Links:* Eine unbehandelte ePTFE Prothese weist eine niedrige Oberflächenenergie und somit einen starken hydrophoben Charakter auf. *Rechts:* Durch Plasmabehandlung (Gfe-Medical AG) wird die Oberflächenenergie der ePTFE Prothese erhöht, was dem behandelten Implantat einen hydrophilen Charakter verleiht

Bowlin et al. konnten eine Verbesserung der Zelladhäsion induzieren, indem sie die Gefäßprothesen unter dem Einfluss eines starken elektrischen Feldes besiedelten. Das positive geladene elektrische Feld neutralisiert temporär die negative Oberflächenladung der Polymere und begünstigt so die Adhäsion der negativ geladenen EZ [54].

Ein anderer viel versprechender Ansatz besteht darin, mittels Niederdruck-Plasmatechnologie die Hydrophobizität von Gefäßprothesen abzusenken (Abb. 24.8). Diese Technologie ermöglicht die physikalisch-chemisch Funktionalisierung von Oberflächen mit gezielter Anpassung an die jeweilige Anwendung, ohne die Grundeigenschaften des Volumenmaterials zu verändern. Die Oberflächen der zu modifizierenden Trägersubstanzen werden in einem Plasmaprozess mit einer ultra-dünnen, nur wenige Nanometer dicken Substratschicht (z. B. Gold [55], Kupfer [55], Titan [56]) beschichtet. Die physikalisch-chemischen Eigenschaften der Oberflächen, wie z. B. die Oberflächenenergie, die Rauheit (auf der Nanometerskala), das Benetzungsverhalten oder die Adhäsionseigenschaften gegenüber anderen Materialien lassen sich durch Veränderung der Prozessparameter separat und spezifisch beeinflussen. Es konnte gezeigt werden, dass diese Art der Oberflächenmodifizierung v.a. die Zelladhäsion *in vitro* fördern kann [57]. Die bisher gewonnen *in vivo* Daten sind jedoch widersprüchlich [58, 59]

24.4.4 Immunogenität von Gefäßprothesen

Die extrazelluläre Matrixzusammensetzung der jeweiligen Scaffolds scheint auch eine wichtige Rolle für die Immunogenität von EZ und somit auch der Gefäßprothesen zu spielen. Prinzipiell wäre die Verwendung von isogenen EZ bei der Therapie von arteriosklerotischen Gefäßprozessen mittels tissue-engineered Gefäßprothesen aus immunologischer Sicht zu bevorzugen. Allerdings konnte mehrfach gezeigt werden, dass die der manifesten Gefäßarteriosklerose vorausgehende endotheliale Dysfunktion nicht nur auf das erkrankte Gefäßsegment beschränkt ist sondern das gesamte Endothel des erkrankten Patienten betrifft. Außerdem ist inzwischen hinlänglich durch Untersuchungen bei Vaskulitiden und arteriosklerotischer Krankheitsprozesse bekannt, dass der Körper eine Immunogenität gegen eigene EZ entwickeln kann [60–64]. Somit könnte eine primär erfolgreiche Therapie mit tissue-engineered Gefäßprothesen durch eine nachfolgende Immunreaktion des Empfängerorganismus gegen die zellulären Bestandteile der Prothese (allen voran gegen die implantierten EZ) deutlich gemindert werden. Eigene Experimente legen nun den Schluß nahe, dass die Immunogenität von EZ und somit die Initiierung einer Immunreaktion von der Anordnung und der Zusammensetzung der extrazellulären Matrix abzuhängen scheint [65–67]. Eine drei-dimensionale räumliche Anordnung der Matrix beeinflusst integrin-vermittelt ebenso wie die zugrunde liegende Zusammensetzung des Gefäßgerüstes intrazelluläre endotheliale Zytokinkaskaden. So überwiegt bei drei-dimensionaler Anordnung eine verminderte Reaktivität von EZ und beispielsweise auch von Fibroblasten gegenüber pro-inflammatorischen Zytokinen (z. B. TNFα und IFNγ) [67, 68]. Diese Zytokine werden zum einen im Rahmen eines arteriosklerotischen Prozesses lokal in der Gefäßwand gebildet, zum anderen während der Implantation von Gefäßprothesen als unspezifische Entzündungsantwort im Empfängerorganismus ausgeschüttet.

Der Kontakt mit der extrazellulären Matrix beeinflusst auch die direkte Interaktion von EZ mit Entzündungszellen des Organismus. So konnte gezeigt werden, dass drei-dimensional eingebettete EZ im Gegensatz zu zwei-dimensional kultivierten EZ keine Ausdifferenzierung von allo- und xenogenen dendritischen Zellen induzieren [69]. In gleichem Maße werden durch drei-dimensional eingebettete EZ immun-inhibitorische T regulatorische Zellen induziert und die allgemeine T Zell Proliferation minimiert [70]. Es konnte gezeigt werden, dass in Abhängigkeit von der zugrunde liegenden Matrix allo- und sogar xenogenen EZ in immunkompetente Tiere implantiert werden konnten ohne dass diese eine nachfolgende Abstoßungsreaktion induzierten [66, 71, 72]

24.5 Zelluläre Besiedelungstechniken – Bioreaktoren

Die Besiedlung der verschiedenen Scaffolds mit Zellen hat einen entscheidenden Einfluss auf die Funktion und das mechanisches Verhalten des künftigen Implantates und stellt eine Herausforderung an Tissue Engineering im Allgemeinen dar. Hohe anfängliche Besiedlungsdichten induzieren eine vermehrte Gewebebildung und die Synthese einer extrazellulären Matrix [73]. Da die Anzahl verfügbarer Zellen meistens jedoch stark begrenzt ist, sind möglichst effiziente Besiedlungsverfahren erwünscht. Außerdem scheint eine homogene Zellverteilung mit Nachahmung der histologischen Architektur des Zielgewebes zum physiologischen Verhalten des kultivierten Konstruktes entscheidend mit beizutragen. Im Rahmen von kardiovaskulärem Tissue Engineering stellt dabei die tubuläre Geometrie der Blutgefäße eine besondere Herausforderung für die Besiedlung dar. Diesbezüglich konnten über die letzten Jahre unterschiedliche experimentelle Ansätze erfolgreich realisiert werden. Eine Möglichkeit die tubuläre Zellbesiedlung zu umgehen bietet das auf einer Zellfolie basierende Besiedlungsverfahren. Dabei werden mehrere membranartige Scaffolds mit vaskulären Zellen planar besiedelt, welche anschließend um einen nicht-adhärenten Zylinder gewickelt werden. Nach mehreren Wochen Inkubation wird der Zylinder entfernt und es entsteht somit ein drei-dimensionales tubuläres Zell-Gewebekonstrukt.

Eine Variante dieses Verfahrens besteht in der Möglichkeit der Generierung eines vollständig-biologisches Konstrukts ohne Verwendung einer unterstützenden Trägerstruktur. Dabei werden einzelne Zellrasen von Fibroblasten oder glatten Muskelzellen zur Konfluenz in Kulturgefäßen gezüchtet. Die Zellrasen werden dann schrittweise um einen Zylinder geschichtet bis die verschiedenen Zellschichten zu einer mehrschichtigen tubulären Struktur fusionieren (Abb. 24.9). Außerdem macht man sich dabei die Synthese einer eigenen extrazellulären Matrix durch die Zellen zu Nutzen. Ein großer Nachteil dieses Verfahrens liegt in der langen Inkubationszeit (>13 Wochen) und in der sehr empfindlichen und mühsamen manuellen Bearbeitungsprozedur. Zudem muss in einem zusätzlichen Besiedlungsschritt die Endothelialisierung des Konstruktes erfolgen.

Zur direkten endoluminalen *in vitro* Besiedelung von tubulären Scaffolds wurden in den letzten Jahren mehrere Techniken entwickelt, u. a. mittels Rotation oder mit Hilfe einer ferromagnetischen Nanopartikelmethode. Bei der Rotationstechnik werden die tubulären Strukturen einer axialen Rotation ausgesetzt (konzentrisch oder exzentrisch) (Abb. 24.9). Die Gewichtskraft wirkt als treibende Kraft auf die Zielzellen, das Rotieren des Scaffolds gewährleistet eine homogene und komplette Besiedelung der luminalen Oberfläche. Die Umdrehungsfrequenz sowie die notwendige Rotationsdauer sind für jeden Ansatz unterschiedlich. Nasseri et al. verwendeten beispielsweise 5 rpm für 10 Tage um eine Polymerprothese mit Myofibroblasten auszukleiden. Dunkern et al. konnte durch 4-stündige Rotation mit 0.3 rpm einen PTFE Graft endothelialisieren [74] wohingegen Hsu et al. über eine optimale Besiedelungseffizienz von PUR-Prothesen mit humanen Nabelschnurvenen-EZ nach 12 Stunden bei 0.16 rpm berichtet [75]. Allerdings kommt es wohl aufgrund der kontinuierlichen Bewegung der Zieloberfläche zu einer erschwerten Adhäsion der Zellen. Dies geht mit erhöhten Adhäsionszeiten einher, was eventuell die Vitalität und Funktionalität der Zellen gefährden kann. Außerdem wurde gezeigt, dass die zusätzlich auftretenden Scherkräften – insbesondere bei höherer Drehzahl – zwischen Zelle und Träger Apoptose induzieren kann [75].

Die Technik der magnetischen Besiedlung bietet ein neuartiges vielversprechendes Konzept zur Besiedlung von Prothesen mit verschiedenen Zielzellen [76]. Dabei werden unterschiedliche Zellpopulationen gezielt mit superparamagnetischen Nanopartikeln markiert und dann mit geeigneten magnetischen Feldern an die tubuläre Trägerstruktur (sog. Scaffold) transportiert (Abb. 24.9). Die magnetischen Felder sind so gerichtet, dass die markierten Zellen eine Radialkraft erfahren und sich dadurch

24.5 Zelluläre Besiedelungstechniken – Bioreaktoren

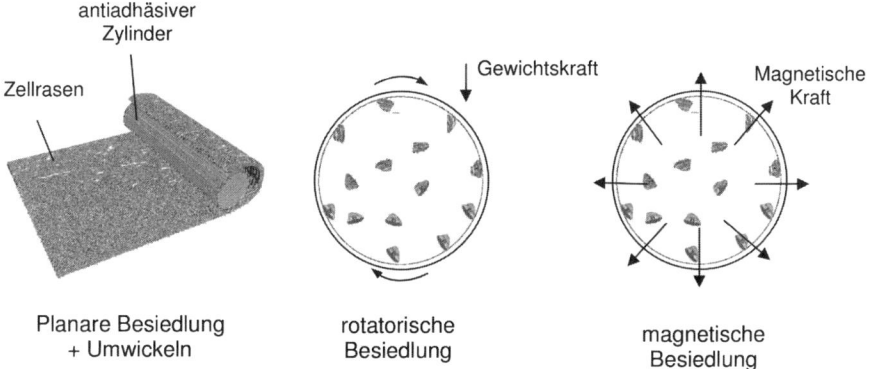

Abb. 24.9 Verschiedene Besiedlungskonzepte für die endoluminale Auskleidung tubulärer Gefäßkonstrukte. *A)* planare Besiedlung: folienartige Zellrasen werden um einen Zylinder zu einer tubulären Struktur gewickelt. *B)* Rotatorische Besiedlung: unter Einfluss der Gewichtskraft sedimentieren Zielzellen in die rotierende tubuläre Prothese. *C)* Magnetische Besiedlung: mit magnetischen Nanopoartikeln markierte Zellen werden unter Einfluss einer radialen Magnetkraft direkt auf die endoluminale Oberfläche eines tubulären Trägers transportiert

auf der inneren Oberfläche der Trägerstruktur gezielt absetzen. Sobald die Zellen die Trägerstruktur erreicht haben, verhindert die magnetische Kraft das Absinken der Zellen durch die Gewichtskraft. Durch die Kombination von magnetischen Feldern und der magnetischen Zellmarkierung kann eine homogene Besiedlung in wenigen Minuten erreicht werden (20–40min). Durch konsekutive Besiedlungsschritte ist es zudem auch möglich, „komplexe Histoarchitekturen" der Gefäßwand, bestehend aus Endothel- und Muskelzellen sowie umgebenden Bindegewebe, zu generieren. Die superparamagnetische Natur der Nanopartikel gewährleistet, dass nach Abschalten des Magnetfeldes keine Restmagnetisierung vorhanden ist, und die weitere *in vitro* Kultur kann unter herkömmlichen Bedingungen erfolgen. Eine pathopyhsiologische Auswirkung der verwendeten Nanopartikel konnte bisher durch zahlreiche *in vitro* und *in vivo* Studien nicht festgestellt werden [77–80].

Ein weiterer Vorteil des Verfahrens besteht darin, dass die so erzeugten Konstrukte zugleich mit Hilfe klinischer Diagnoseverfahren nicht-invasiv sichtbar gemacht werden können [81]. Die an den Zellen gebundenen Eisenoxide bewirken eine Signalauslöschung durch Verkürzung der Relaxationszeit in MRT Sequenzen und eröffnen somit die Möglichkeit eines langen diagnostischen Zeitfensters zum Zell-Tracking (Abb. 24.10). Damit kann auch eine Verlaufsbeobachtung und Kontrolle der Implantate *in vitro* und *in vivo* erfolgen, was ganz wesentlich zur Erhöhung der Qualitäts- und Sicherheitskontrolle beiträgt.

Mechanische Stabilität

Neben der Besiedlungstechnik sind die mechanischen Eigenschaften der Gefäßprothesen wichtige Determinanten für den erfolgreichen klinischen Einsatz der durch kardiovaskuläres Tissue Engineering geschaffenen Gefäßprothesen. Unter phy-

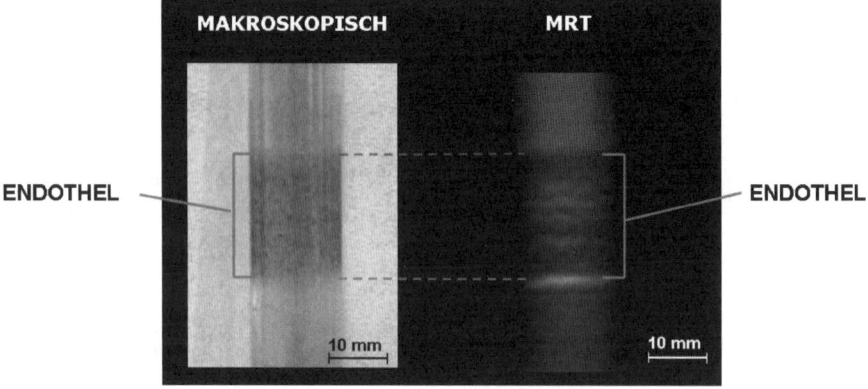

Abb. 24.10 Mit magnetischen Nanopartikeln markierte Zellen lassen sich in einem Magnetresonanztomograph (MRT) darstellen. Dadurch eröffnet sich die Möglichkeit der nicht-invasiven Validierung der zellulären Besiedlung von tubulären Trägerstrukturen. *Links:* Makroskopische Aufnahme eines mit magnetisch-markierten Endothelzellen beschichteten Kulturöhrchens. Die Schattierung entspricht dem besiedelten Bereich und kommt durch die in den Zellen befindlichen Nanopartikeln zustande. *Rechts:* Untersuchung desselben Röhrchens in einem 1,5T klinischen MRTs. Der dunkle Bereich resultiert aus der Verkürzung der Relaxationszeit durch die Nanopartikel in einer T2-gewichteten Sequenz. [MRT: O. Dietrich, Institut für klinische Radiologie, LMU]

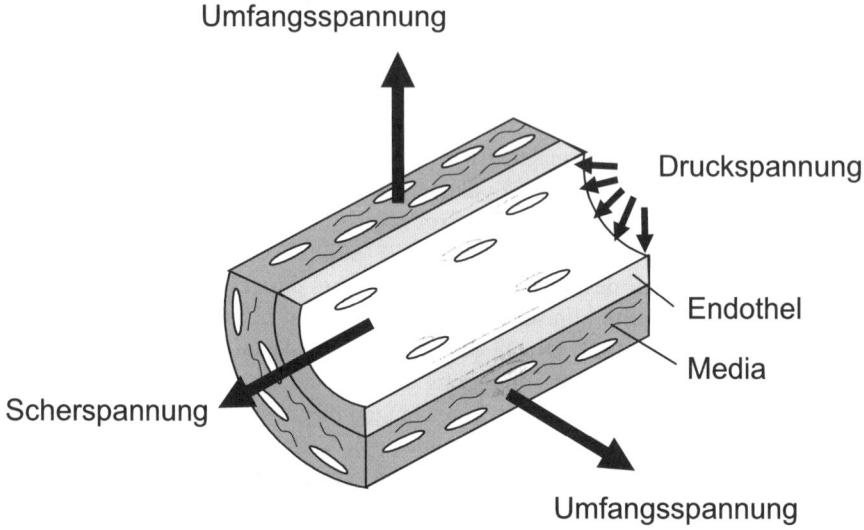

Abb. 24.11 Übersicht der hydrodynamischen Kräfte in einem Blutgefäß. Die verschiedenen Gefäßwandstrukturen ermöglichen einen optimalen Ausgleich der verschiedenen Spannungen: Endothelzellen orientieren sich entlang der Strömungsrichtung, um die Scherspannung zu minimieren. Das in der Tunica media synthetisierte Elastin trägt zur Elastizität, Kollagen zur Zugfestigkeit und Glykosaminoglykane zur Kompressibilität bei

Mechanische Beanspruchung	Ursprung	Physiologisches Intervall	
Scherspannung	Reibungskräfte auf die luminale Oberfläche aufgrund der Blutströmung	Arterien Kapillare Venen	6–40 dyn/cm^2 8 dyn/cm^2 1–5 dyn/cm^2
Druckspannung	Hydrostatischer Druck	Arterien Venen	80–120 mmHg 0–15 mmHg
Umfangsspannung	Distension des Blutgefässes	Arterien Venen	2–8% ~0%
Pulsatilität	Herzschlag	Arterien Venen	1–2 Hz ~0 Hz

Tabelle 24.3 Mechanische Beanspruchungen eines Blutgefäßes unter physiologischen Bedingungen

siologischen Bedingungen bewirkt die pulsatile Hämodynamik nativer arterieller Blutgefäße eine zyklische Dehnung der Gefäßwand, die in manchen Bereichen eine radiale Dehnung von bis zu 10% erreichen können. Um dieser kontinuierlichen Beanspruchung widerstehen zu können verfügt die Gefäßwand über ein dichtes Netzwerk von konzentrisch ausgerichteten Kollagen- und Elastin-Fasern (Abb. 24.11; Tabelle 24.3)

Fluss und Scherkraft spielen auch eine wichtige Rolle für die endotheliale Funktion. So konnte gezeigt werden, dass die Sekretion endothelialer Mediatoren [82] ebenso wie die Expression von Adhäsionsmolekülen [83] vom jeweiligen Flussprofil abhängt. Außerdem reagieren EZ aus verschiedenen Gefäßbetten unterschiedlich auf venöse und arterielle Flussprofile was erneut die Heterogenität von EZ dokumentiert. Um eine optimale Funktion eines Gefäßinterponates hinsichtlich der mechanischen, biosekretorischen und regulativen Anforderungen des jeweiligen Gefäßbettes zu realisieren, sollten die o.g. Unterschiede bei kardiovaskulärem Tissue Engineering idealerweise berücksichtigt werden.

So konnten Balcells et al. demonstrieren, dass die Anpassung einer endothelialisierten tubulären Struktur an das jeweilige physiologische Strömungsmilieu am besten durch initiale Applikation von niedrigen Flüssen mit sukzessiver Steigerung der Flussraten erreicht werden kann [84].

Während die Herstellung von Gefäßprothesen mittels Tissue Engineering *in vitro* und *in vivo* inzwischen weitestgehend reproduzierbar gelingt, weisen viele der entwickelten Gefäßprothesen eine mangelnde mechanische Stabilität auf, wenn sie *in vivo* arteriellen Flüssen und Drucken ausgesetzt sind. Daher hat man sich in jüngster Zeit vor allem auf die Zusammensetzung des Bindegewebes der Gefäßprothesen konzentriert. Neben Kollagen (v.a. Typ I und III) spielt Elastin eine herausragende Rolle, Gefäßen Zugsteifigkeit, Elastizität und Komprimierbarkeit zu vermitteln [85].

Zunächst wurde durch Variation der Zusammensetzung von zugrunde liegenden synthetischen Gefäßgerüsten die Elastinkonzentration der jeweiligen Gefäßprothesen beeinflusst. Kim und Mooney konnten zeigen, dass der Elastingehalt nach Bin-

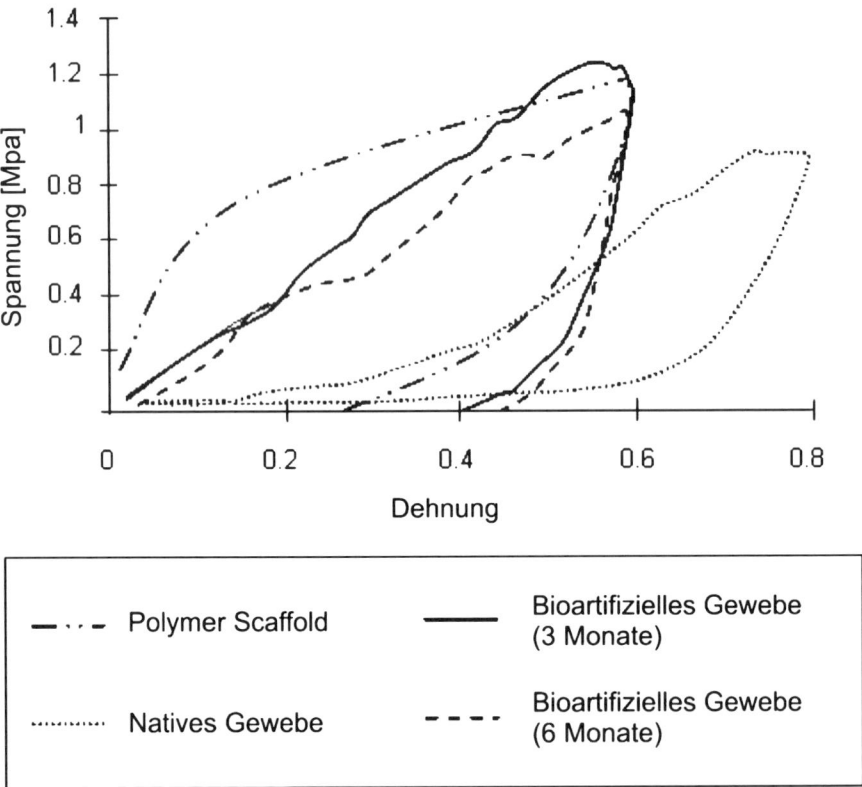

Abb. 24.12 Vergleich des Spannungs-Dehnungs-Verhaltens zwischen nativem Blutgefäß (Aorta), Polymerprothese und tissue engineered Graft nach 3- und 6- monatiger Kultur. Mit zunehmender Kulturzeit nähert sich das Spannungs-Dehnungs-Verhalten des bioartifiziellen Gewebes dem natürlichen Verhalten des nativen Gefäßes an [3]

dung von poly-L-lactic acid auf Gefäßscaffolds vor *in vitro* Beschichtung mit aortalen EZ 2-fach gegenüber Scaffolds erhöht war, bei denen PGA verwendet worden war. Allerdings wiesen die PGA-beschichteten Gerüste eine bessere endotheliale Adhäsion auf [86]. Die Ergebnisse einer Abhängigkeit der Elastinkonzentration von der Beschichtung der Gefäßgerüste konnten im Wesentlichen von anderen Arbeitsgruppen bestätigt werden [87, 88].

Shum-Tim et al. [3] wendeten dann eine *in vivo* Strategie an, um den Elastingehalt von Gefäßprothesen zu erhöhen. Dazu wurden vaskuläre Zellen aus der Arteria carotis bei Lämmern isoliert und in tubulären Gefäßgerüsten von 7 mm Länge kultiviert. Nach einer Wachstumsphase von 7 Tagen wurden die Gefäßsegmente in die abdominelle Aorta isogener Tiere implantiert. Trotz der nur unvollständigen Beschichtung mit EZ wiesen die Gefäßprothesen organisierte Elastin- und Kollagenfasern auf, welche sich nach Applikation von Fluss in Richtung des Flusses ausrichteten. Die Gefäßprothesen wiesen eine mechanische Festigkeit auf, die mit der einer nativen Aorta vergleichbar war. Allerdings kam es im weiteren Verlauf zu einer deutlichen Deformierung der Gefäßprothesen, die die Autoren auf eine fehlendes cross-linking der Elastinfasern zurückführten (Abb. 24.12).

In weiteren Ansätzen wird derzeit mit Hilfe von Wachstumsfaktoren (z. B. TGF-ß1, insulin, Calcitriol, Retinolsäure) versucht, die Elastinsynthese sowie das cross-linking bestehender Elastinfasern zu optimieren [89–92]. In anderen Versuchsansätzen wurde die Gerüstzusammensetzung der extrazellulären Matrix mittels sog. electrospinnings selektiv manipuliert. So gelang es beispielsweise den Kollagengehalt von Gefäßprothesen gezielt zu erhöhen oder aber Heparin an die jeweiligen Gerüste zu binden um so das Wachstum von EZ und ihre Konfluenz zu maximieren [93–95].

Mit Hilfe eines anderen Ansatzes konnten Nerem et al. eine erhöhte mechanische Festigkeit und Viskoelastizität von Gefäßprothesen erreichen, indem sie Gefäßprothesen *in vitro* mittels Vorstimulation mit physiologischer zyklischer Beanspruchung an die *in vivo* Situation adaptierten. Dies war mit einer erhöhten mRNA-Expression von Matrixmetalloproteinasen und Elastin assoziiert [96]. Ein effektives cross-linking der extrazellulären Proteine konnte allerdings nicht nachgewiesen werden. Eine Weiterführung dieses Versuchsaufbaus mit Applikation von pulsatilem Fluss *in vitro* für 24 Stunden vor Implantation durch die Arbeitsgruppe um Opitz et al. [97] resultierte zwar in einer gleichmäßigeren Verteilung der Elastinfasern über die gesamte Gefäßprothese, doch auch hier kam es nur zu einem unvollständigen cross-linking der Fasern. Andere Arbeitsgruppen konnten ebenfalls einen kombinierten Effekt von gewählter Gefäßgerüstzusammensetzung und mechanischer Stimulation der Gefäßprothesen *in vitro* auf die Synthese von Elastin beschreiben [98–103] [104]. Tranquillo gelang es schließlich sogar durch dynamische Stimulation die Elastinsynthese in einem EZ-beschichteten Kollagengel zu induzieren [89].

24.6 Klinische Erfahrung

24.6.1 *Endothelzell-beschichtete Gefäßimplantate*

Obwohl in einer Vielzahl von Tierversuchen eine signifikant höhere Offenheitsrate von EZ-beschichteten Gefäßprothesen im Vergleich zu unbeschichteten synthetischen Prothesen gezeigt werden konnte, blieben viele klinische humane Studien ohne Nachweis eines therapeutischen Erfolges. Aufgrund der unterschiedlich verwendeten Gefäßprothesen und der Implantationslokalisation sind die Studien allerdings nicht sehr gut vergleichbar. Neben der Prothesenlokalisation im Gefäßsystem, der unterschiedlichen Prothesendiameter variierten die verschiedenen Studien auch in der Technik der endothelialen Besiedelung der vaskulären Grafts. Herring et al. beschrieben 1985 als erste den erfolgreichen Einsatz von EZ-beschichteten Gefäßinterponaten in einem klinischen Krankenkollektiv [105]. Die gleiche Gruppe berichtete 1987 über eine klinische Studie bei denen bei 17 Patienten eine 2.5-fach höhere Offenheitsrate durch Verwendung von endothelialisierten PTFE Grafts (autologe EZ) im Vergleich zu nicht-endothelialisierten Gefäßprothesen 12 Monate

Bypassmaterial	Klinischer Routineeinsatz	Gefäßbett
Autografts		
Vena saphena	ja	Koronar
Arteria radialis	ja	Koronar
Arteria mammaria interna	ja	Koronar
Arteria gastroepiploica	ja	Koronar
Synthetische Prothesen		
ePTFE	>6 mm	Aorta, peripherer Bypass
Dacron	>6 mm	Aorta, peripherer Bypass
Polyurethan	ja	Hämodialyse
Tissue-engineered Gefäßprothesen		
Hybride Prothese	Klinische Studie	>6 mm [11] <6mm [112, 113]
Bioartifizielle Prothese	Klinische Studie	arteriovenöser Shunt für Hämodialyse [114]

Tabelle 24.4 Klinischer Routineeinsatz und im Rahmen von klinischen Studien von autologen Bypassen, synthetischen Prothesen, EZ-beschichteten Prothesen und mittels tissue engineering hergestellter vollständiger Gefäßprothesen

nach femoropoplitealer Bypass-Operation erreicht werden konnte [106]. Diese Studie belegte zum ersten Mal die klinische Durchführbarkeit von tissue-engineered Gefäßprothesen im Menschen. Etwa zur gleichen Zeit veröffentlichten Zilla et al. jedoch die negativen Ergebnisse einer Studie, bei der bei 18 Patienten im Rahmen einer distalen femoropoplitealen Bypass-Operation mit autologen EZ besiedelte Gefäßprothesen implantiert worden waren [107]. Mit Hilfe von objektivierbaren Serummarkern und einer Adhäsionsanalyse von Thrombozyten konnten die Autoren in der gleichen Studie kausal darstellen, dass die implantierten Gefäßprothesen nur eine inkomplette Endothelialisierung aufgewiesen hatten. Im weiteren Verlauf konnten dann andere Studien mit einer Dauer von 6–12 Monaten eine verminderte Anhaftung von Thrombozyten an EZ-beschichtete Gefäßprothesen nach arterieller Rekonstruktion von arteriellen Beingefäßen nachweisen [30, 108]. Darüber hinaus konnten Magometschnigg et al. zeigen, dass EZ-beschichtete Gefäßprothesen 30 Tage nach Implantation in Beinarterien eine fast doppelt so hohe Offenheitsrate aufweisen wie implantierte Prothesen, welche nicht mit EZ beschichtet worden waren. Als klinische Endpunkte mussten in der mit EZ-beschichteten Prothesengruppe 18 Monate nach Implantation 50% weniger Amputation durchgeführt werden als in der Gruppe von Patienten welche ein unbeschichtetes Gefäßinterponat erhalten hatten [109]. Darüber hinaus wurden zwei klinische Langzeit-Studien veröffentlicht, bei denen EZ-beschichtete Grafts verwendet wurden. Leseche et al. berichten über eine Beobachtungsstudie: 23 Patienten wurden femoropopliteale Bypassgrafts implantiert, welche zuvor mit autologen venösen EZ beschichtet worden waren. Nach 3

Monaten betrug die Offenheitsrate 95%, jeweils 89% nach 10 und 48 Monaten. Nach 76 Monaten waren immer noch 2/3 der implantierten Gefäßprothesen funktionstüchtig [110]. Somit konnte diese Gruppe erstmals eine adäquate Offenheitsrate von EZ-beschichteten Grafts über einen längeren Beobachtunsgzeitraum in einem klinischen Modell demonstrieren. Eine andere erfolgversprechende Langzeit-Studie wurde von einer Wiener-Gruppe seriell 1994, 1997 und 1999 veröffentlicht [12, 13, 111]. Während der gesamten Beobachtungszeit zeigten femoropopliteale Bypassgrafts welche mit venösen autologen EZ beschichtet worden waren eine höhere Offenheitsrate als unbeschichtete Grafts (nach 3 Jahren 84.7% vs. 55.4%, 7 Jahre nach Implantation 73.8% vs. 0%). Die 9 Jahres Auswertung zeigte einen persistierenden klinischen Effekt bei Patienten welche eine EZ-beschichtete Gefäßprothese als Bypass erhalten hatten (sowohl infra- als auch supra-poplitealer Gefäßrekonstruktion). Seit diesen klinischen Versuchsreihen werden EZ-beschichtete Gefäßprothesen mit einem luminalen Prothesendurchmesser von 6–7 mm routinemäßig zur Revaskularisation bei der peripheren arteriellen Verschlußkrankheit mit großem Erfolg klinisch eingesetzt. Insgesamt konnte durch die in vitro Beschichtung von Gefäßprothesen mit EZ eine signifikant höhere Bypassoffenheitsrate erreicht werden als dies mit venösen Bypassen möglich war (Tabelle 24.4).

Die Limitation eines Prothesendurchmessers von <6 mm konnte von der Berliner Arbeitsgruppe um Laube erstmals überwunden werden. Diese Gruppe berichtete im Jahr 2000 über eine klinische Langzeit-Studie bei denen Patienten mit koronarer Herzerkrankung PTFE-Prothesen mit einem Innendurchmesser von 4 mm als aortokoronare Bypasse implantiert worden waren. Die entsprechenden Gefäßprothesen waren zuvor mit autologen venösen EZ beschichtet worden. Nach einer mittleren Beobachtungszeit von 27.7 Monaten (7.5–48) waren noch 90.5% der implantierten PTFE-Grafts vollständig durchgängig [112]. Ein Patient zeigte einen funktionstüchtigen Bypass sogar noch 9 Jahre nach Implantation [113].

24.6.2 *Tissue Engineering vollständiger Gefäßprothesen*

Während durch *in vitro* Beschichtung von Gefäßprothesen mit EZ die Möglichkeiten zur Therapie arteriosklerotischer Gefäßprozesse deutlich erweitert werden konnte, gab es in den letzten Jahren Bestrebungen mittels Tissue Engineering das konventionelle Grafting von Gefäßen zu revolutionieren. Ziel ist dabei die reproduzierbare *komplette* Herstellung von Gefäßen: tissue-engineered Gefäßprothesen müssen die Qualitäten eines physiologischen Gefäßes widerspiegeln (u. a. trilaminare Struktur, neurohomonale Regulation, Fähigkeit unterschiedlichen Fluss- und Druckbedingungen dauerhaft standzuhalten). Außerdem muss es das Ziel eines solchen Ansatzes sein, sämtliche vaskuläre Zellen und zell-spezifischen Mediatoren und Produkte in einem tissue-engineered Gefäß zu erhalten. Die Vielzahl der bisher veröffentlichten Versuche, mittels Tissue Engineering komplette Gefäße herzustellen, haben sich mit den mechanischen und nur die wenigsten mit den biochemischen Aspekten von Blutgefäßen beschäftigt [10].

Erste Versuche stammen bereits aus dem Jahr 1986. In einer Pionierleistung hatten Weinberg und Bell vollständige durch Tissue Engineering gewonnene Gefäßprothesen durch Besiedelung eines Dacron-Meshes mit Schweine Aorten-EZ, glatten Muskelzellen und Fibroblasten *in vitro* produziert [46]. Zunächst wurden glatte Muskelzellen in einem Kollagengel ringförmig kultiviert. In nachfolgenden Schritten wurde dann neben dem Dacron-Netz Fibroblasten und EZ angesiedelt. Die in dieser Pionierarbeit geschaffenen Blutgefäßprothesen wiesen eine endotheliale Expression Prostazyklin und von Willebrand Faktor und somit Hinweise für ein endothel-spezifisches biosekretorisches Profil auf. Diese Gefäßprothesen konnten initial Drucke bis zu 323 mmHg widerstehen, sie waren allerdings in der weiteren Beobachtungsphase von 2 Wochen mechanisch nicht mehr in der Lage, einem physiologischen Gefäßdruck standzuhalten und konnten somit auch nie *in vivo* validiert werden.

L'Heureux et al. entwickelten dann ein tubuläres Kollagengel, welches mit Muskelzellen ausgekleidet wurde. An der Außenseite wurden dann Fibroblasten und luminal EZ kultiviert, so dass eine trilaminäre luminale Struktur erreicht werden konnte. Trotz dieses quasi-arteriellen Wandaufbaus war das Gefäß nicht in der Lage, hohen Drucken zu widerstehen. Weitere Studien welche von Matsuda et al. durchgeführt wurden verwendeten ein Hybrid-Gefäß im Kaninchen-Modell, welches zwar eine Offenheitsrate von mehr als 6 Monaten aufwies aber arteriellen Blutdruckwerten nur mittels Unterstützung durch ein Dacronnetz aushalten konnte [98, 115–117].

Shin'oka et al. konnten als erste die erfolgreiche klinische Anwendung von tissue-engineered Gefäßgrafts demonstrieren. In dem Niedrigdruckgebiet der Pulmonalisstrombahn konnten Grafts erfolgreich als modifizierte Blalock-Tausig-Shunts bei Kindern mit zyanotischen Herzvitien implantiert werden. Die Grafts setzten sich aus Kopolymer-Schläuchen (LPL und PCLA) zusammen, welche mit autologen Knochenmarkzellen beschichtet worden waren und deren mechanische Stabilität mittels einer Polyglycolsäure-Beschichtung erreicht wurde [1, 118]. Diese Gefäßprothesen waren allerdings nicht für den Einsatz in arteriellen Druckverhältnissen geeignet.

Die Limitationen durch den arteriellen Blutdruck konnte 1998 durch L'Heureux et al. überkommen werden. EZ und glatte Muskelzellen wurden aus humanen Umbilikalvenen, Fibroblasten aus humaner Dermis isoliert. Glatte Muskelzellen und Fibroblasten wurden getrennt in optimiertem Zellkulturmedium inkubiert, welches mit 50 µg/ml Ascorbinsäure (Vitamin C) supplementiert worden war. Die Kultur von Fibroblasten ermöglicht die Bildung einer extrazellulären Matrix. Nach 30-tägiger Kultur wurden die resultierenden Zellschichten in mehreren Schichten um einen ePTFE-Zylinder gelagert. Das sich ausbildende luminale Zellgerüst wurde dann von dem Zylinder entfernt und die Innenseite mit EZ beschichtet. Die gesamte Kultivierungsdauer betrug 3 Monate. Histologisch zeigte sich eine konfluente EZ-Schicht. Außerdem wiesen die glatten Muskelzellen eine Expression von α-smooth muscle Aktin und Desmin auf. Die so geschaffene Gefäßprothese konnte Druckwerte von bis zu 2600 mmHg widerstehen, und war somit höher als die Widerstandskraft einer humanen Vena saphena. In einem in vivo Modell (Implantation

24.6 Klinische Erfahrung

der Gefäßprothese als Interponat in die Femoralarterie von Hunden) eine 50%-ige Offenheitsrate der Prothesen 7 Tage post implantationem – obwohl es sich dabei um Xenografts in immunkompetenten Tieren gehandelt hatte [119].

Im Jahr 2006 berichteten L'Heureux et al. dann über einen erfolgreichen in vivo Langzeitversuch: in einem analogen experimentellen Ansatz wurden diesmal EZ aus der humanen Vena saphena isoliert und zur Auskleidung von tissue-engineered Gefäßprothesen benutzt. Die Prothesen hatten einen Innendurchmesser von 1.5 mm bzw. 4.5 mm und verfügten über eine 1.75-fach höheren Berstdruck als Isolate der humanen Vena saphena, vergleichbar mit arteriellen Gefäße. Die histologische Aufarbeitung zeigte ein intaktes konfluentes Endothel sowie eine regenerierte Intima media (Nachweis von α-Aktin positiven glatten Muskelzellen). Ein xenogenes Hundemodell musste aufgrund einer ausgeprägten Entzündungsreaktion nach 2 Wochen abgebrochen werden. Gefäßinterponate in die Aorta immunkomprimierten Ratten (T-Zell-Depletion), bzw. in Primaten mit gleichzeitiger immunsuppressiver Medikation zeigten eine Offenheitsrate von bis zu 8 Wochen. Morphometrisch und histologisch fand sich kein Hinweis auf Lumenreduktion oder Ausbildung von Aneurysmata in den explantierten Gefäßprothesen [120].

Erst kürzlich berichtete die Arbeitsgruppe um L'Heureux von der ersten klinisch-humanen Anwendung der humanen Gefäßprothesen. In einer Phase-I-Studie wurden bei 3 Patienten Gefäßgrafts als arteriovenöse Dialyse-Shunts implantiert. Trotz der hohen Flussraten eines Dialyseshunts (>800 ml/min) waren die so geschaffenen arteriovenösen Shunts im Beobachtungszeitraum von bis zu 12 Monaten ohne Komplikationen für Dialyseprozeduren punktierbar und verwendbar. Hinsichtlich Blutstillung nach Punktionen waren sie sogar den herkömmlich verwendeten ePTFE Grafts überlegen [114].

Mit Hilfe eines anderen experimentellen Ansatzes demonstrierten Niklason et al. die Möglichkeit, Gefäße durch Wachstum in einem pulsatilen Strömungsfeld an arterielle Drucke bereits in vitro zu adaptieren [39]. Glatte Muskelzellen wurden dazu in einem pulsatilen Strömungsfeld (165 Schläge/Minute; 5% radiale Distension, 8 Wochen Kultivierung) in tubulären Natriumhydroxide-behandelten PGA-Scaffolds kultiviert. Danach wurde die luminale Oberfläche mit EZ besiedelt. Nach 3 Tagen Kultur in einem kontinuierlichen Flußprofil und durch Zusatz von Ascorbinsäure, Kupfer und Aminosäuren zur Förderung der Bildung von Extrazellulärmatrix durch die glatten Muskelzellen wiesen die geschaffenen Arterien eine mechanische Festigkeit von über 2000 mmHg auf. Außerdem waren die Gefäßprothesen reagibel auf Endothelin und Prostaglandin F2α. Die histologische Aufarbeitung zeigte eine hohe Dichte glatter Muskelzellen als Hinweis für einen hohen Ausdifferenzierungsgrad der Zellen in der Tunica media. EZ exprimierten von Willebrand Faktor und PECAM. Schließlich konnte mittels eines in vivo Experimentes (Gefäßinterponate in die rechte V. saphena in Yucatan Mini-Schweine) eine Offenheitsrate der tissue engineered Gefäßprothesen von 4 Wochen demonstriert werden.

In einem anderen experimentellen Ansatz machten sich Campbell et al. die natürliche Fähigkeit des Körpers zu nutzen, Wundheilung in Form von tubulären Strukturen zu realisieren. 1999 berichtete diese Arbeitsgruppe über die Formation von synthetischen Arterien mit ausgeprägten architektonischen Gemeinsamkeiten mit nativen Blutgefäßen durch Einbringung von Silikonröhrchen in die Peritonealhöhle von Ratten und Kaninchen [121]. Die resultierende Entzündungsreaktion führte zur Ummantelung der Silikonröhrchen mit Myofibroblasten, Mesothelzellen und einer Kollagenmatrix. Die Mesothelzellen kleideten das Röhrchen in Form einer endothelialen Schicht aus. Die Myofibroblasten übernahmen die Funktion von glatten Gefäßmuskelzellen, welche in einer Kollagen- und Elastin-reichen Matrix eingebettet waren. Die gesamte Struktur war von einer kollagenen Adventitia ummantelt. Nach Implantation dieser Gefäße als Interponat in die A. carotis communis von Kaninchen oder in die Aorta von Ratten zeigte sich eine Prothesenperfusion über einen Zeitraum von mindestens 4 Monaten. In der Wand der Gefäßprothesen konnte zudem die Expression elastischer Lamellae und höhervoluminger Myofilamente nachgewiesen werden. Die Myofilamente vermittelten nach pharmakologischer Provokation eine Kontraktion der implantierten Interponate.

Ermutigt von dieser Möglichkeit komplette Gefäßprothesen herzustellen, verwendeten Cebotari et al. dezellularisierte Geweberöhrchen als peritoneale Implantate. Drei Wochen nach Implantation beobachteten die Autoren jedoch neben einer signifikanten Verkalkung der Röhrchen auch eine Degradierung der extrazellulären Matrixbestandteile [122]. Bisher ist es noch nicht gelungen die Diskrepanz der von Campbell et al. und Cebotari et al. berichteten Ergebnisse aufzuklären.

24.7 Zusammenfassung

Die Therapie kardiovaskulärer Erkrankungen wird auch in Zukunft eine große Rolle spielen. Große Hoffnung wird dabei in sogenanntes kardiovaskuläres Tissue Engineering gesetzt. Über die letzten Jahrzehnte ist es bereits gelungen endothelialisierte Gefäßprothesen (auch mit kleinem Durchmesser von bis zu 5 mm) in den klinischen Routinealltag einzuführen. Neben der peripheren arteriellen Verschlusskrankheit finden solche Prothesen auch Einsatz in der koronarchirurgischen Bypassoperation. Die Weiterentwicklung hin zu vollständig tissue-engineered Gefäßprothesen ist noch nicht abgeschlossen. Dies liegt vor allem an dem komplexen Aufbau von Blutgefäßen mit mechanischer Stabilität und biochemischer Regulation durch unterschiedlichste Gefäßbestandteile (Matrix und vaskuläre Zellen).

Neben einer Optimierung der mechanischen Stabilität stehen momentan die Anwendung von Stammzellen und Progenitorzellen zur Verbesserung der zellulären Zusammensetzung von tissue-engineered Gefäßprothesen im Mittelpunkt der Forschung. Eine andere wissenschaftliche Domäne beschäftigt sich derzeit mit der Immunreaktion gegen azelluläre und vor allem zelluläre Bestandteile der tissue-engineered Grafts.

Eine große Herausforderung im Rahmen von kardiovaskulärem Tissue Engineering liegt immer noch darin, dass aufgrund der immunologischen Barriere weitestgehend nur autologe Zellen für die Synthese von Prothesen in Frage kommen. Versuche mit azellulären Gefäßprothesen erbrachten keine befriedigenden Resultate. Die Kultur und *in vitro* Besiedelung von Scaffolds mit EZ oder aber die komplet-

24.7 Zusammenfassung

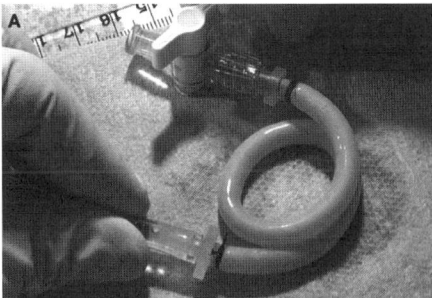
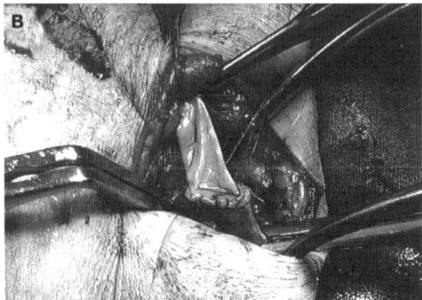

Abb. 24.13 *A:* Vollständige tissue-engineered Gefäßprothese für den Einsatz als arteriovenöser Shunt für Hämodialyse. *B:* Die bioartifizielle Prothese weist eine chirurgische Handhabung ähnlich wie natives Gewebe auf. Mit freundlicher Genehmigung von Macmillan Publishers Ltd [114]

te Synthese von biologischen Gefäßprothesen mittels Tissue Engineering nimmt momentan allerdings noch Wochen bis Monate in Anspruch. Zumeist handelt es sich aber bei kardiovaskulären Erkrankungen um akute Ereignisse bzw. akute Verschlechterungen eines chronischen Krankheitsverlaufes, welche eine schnellstmögliche interventionelle Therapie erfordern. Daher kann die momentan favorisierte Technik der Herstellung von kompletten Gefäßprothesen mit autologen Zellen aktuell nur Patienten mit chronischen Krankheitsverläufen und planbaren Interventionen zu Gute kommen. Bei einem anderen Kollektiv (z. B. zeitlich planbare Implantation eines Dialyseshunts bei präterminal niereninsuffizienten Patienten) könnten jedoch Gewebeentnahmen zur Gewinnung autologer Zellen mit nachfolgender Synthese von Gefäßprothesen bereits frühzeitig erfolgen.

Eine andere Limitation des Einsatzes tissue-engineered kardiovaskulärer Grafts besteht aktuell (noch) auf rechtlich-ethischer Ebene. Die in vitro Besiedelung von Prothesen mit (autologen) Zellen im Rahmen einer pharmazeutischen Produktion in größerem Stil und anschließender Implantation im Rahmen eines klinisch-therapeutischen Ansatzes befindet sich in einer rechtlichen Grauzone: weder die US-amerikanische FDA noch europäische Gremien haben aktuell formale Richtlinien für den Einsatz von manipulierten Zellen veröffentlicht. Insbesondere muss gesichert sein, dass kardiovaskuläres Tissue Engineering einer standardisierten Qualitätskontrolle unterliegt.

24.8 Literatur

1. Shin'oka, T., Y. Imai, and Y. Ikada, *Transplantation of a Tissue-Engineered Pulmonary Artery.* N Engl J Med, 2001. 344(7): p. 532–533.
2. Mitchell, S.L. and L.E. Niklason, *Requirements for growing tissue-engineered vascular grafts.* Cardiovascular Pathology, 2003. 12(2): p. 59–64.
3. Shum-Tim, D., et al., *Tissue engineering of autologous aorta using a new biodegradable polymer.* Ann Thorac Surg, 1999. 68(6): p. 2298–2304.
4. Murray, C. and A. Lopez, *Global mortality, disability, and the contribution of risk factors: Global Burden of Disease Study.* The Lancet, 1997. 349(9063): p. 1436–1442.
5. Aird, W.C., *Phenotypic Heterogeneity of the Endothelium: I. Structure, Function, and Mechanisms.* Circ Res, 2007. 100(2): p. 158–173.
6. Aird, W.C., *Phenotypic Heterogeneity of the Endothelium: II. Representative Vascular Beds.* Circ Res, 2007. 100(2): p. 174–190.
7. Michiels, C., *Endothelial cell functions.* Journal of Cellular Physiology, 2003. 196(3): p. 430–443.
8. McGuigan, A.P. and M.V. Sefton, *The influence of biomaterials on endothelial cell thrombogenicity.* Biomaterials, 2007. 28(16): p. 2547–2571.
9. Yamamoto, K., et al., *Tissue Distribution and Regulation of Murine von Willebrand Factor Gene Expression In Vivo.* Blood, 1998. 92(8): p. 2791–2801.
10. Parikh, S.A. and E.R. Edelman, *Endothelial cell delivery for cardiovascular therapy.* Advanced Drug Delivery Reviews, 2000. 42(1–2): p. 139–161.
11. Meinhart, J.G., et al., *Clinical autologous in vitro endothelialization of 153 infrainguinal ePTFE grafts.* The Annals of Thoracic Surgery, 2001. 71(5, Supplement 1): p. S327–S331.
12. Meinhart, J., M. Deutsch, and P. Zilla, *Eight Years of Clinical Endothelial Cell Transplantation Closing the Gap Between Prosthetic Grafts and Vein Grafts.* ASAIO Journal, 1997. 43(5): p. M522.
13. Deutsch, M., et al., *Clinical autologous in vitro endothelialization of infrainguinal ePTFE grafts in 100 patients: A 9-year experience.* Surgery, 1999. 126(5): p. 847–855.
14. Riha, G.M., et al., *Review: Application of Stem Cells for Vascular Tissue Engineering.* Tissue Engineering, 2005. 11(9–10): p. 1535–1552.
15. Kaushal, S., et al., *Functional small-diameter neovessels created using endothelial progenitor cells expanded ex vivo.* Nat Med, 2001. 7: p. 1035–40.
16. Schmidt, D., et al., *Umbilical Cord Blood Derived Endothelial Progenitor Cells for Tissue Engineering of Vascular Grafts.* Ann Thorac Surg, 2004. 78(6): p. 2094–2098.
17. Shirota, T., et al., *Human Endothelial Progenitor Cell-Seeded Hybrid Graft: Proliferative and Antithrombogenic Potentials in Vitro and Fabrication Processing.* Tissue Engineering, 2003. 9(1): p. 127–136.
18. Cho, S.-W., et al., *Small-Diameter Blood Vessels Engineered With Bone Marrow-Derived Cells.* Annals of Surgery, 2005. 241(3): p. 506–515.
19. Huang, N.F., R.J. Lee, and S. Li, *Chemical and Physical Regulation of Stem Cells and Progenitor Cells: Potential for Cardiovascular Tissue Engineering.* Tissue Engineering, 2007. in press.
20. Zwiebel, J., et al., *High-level recombinant gene expression in rabbit endothelial cells transduced by retroviral vectors.* Science, 1989. 243(4888): p. 220–222.
21. Wilson, J., et al., *Implantation of vascular grafts lined with genetically modified endothelial cells.* Science, 1989. 244(4910): p. 1344–1346.
22. Callow, A., *The vascular endothelial cell as a vehicle for gene therapy.* Journal of Vascular Surgery, 1990. 11(6): p. 793–798.
23. Newman, K., N. Nguyen, and D. Dichek, *Quantification of vascular graft seeding by use of computer-assisted image analysis and genetically modified endothelial cells.* Journal of Vascular Surgery, 1991. 14(2): p. 140–146.
24. Shayani, V., K.D. Newman, and D.A. Dichek, *Optimization of Recombinant t-PA Secretion from Seeded Vascular Grafts.* Journal of Surgical Research, 1994. 57(4): p. 495–504.

24.8 Literatur

25. Dunn, P.F., et al., *Seeding of Vascular Grafts With Genetically Modified Endothelial Cells : Secretion of Recombinant TPA Results in Decreased Seeded Cell Retention In Vitro and In Vivo.* Circulation, 1996. 93(7): p. 1439–1446.
26. Sackman, J.E., et al., *Synthetic vascular grafts seeded with genetically modified endothelium in the dog: Evaluation of the effect of seeding technique and retroviral vector on cell persistence in vivo.* Cell Transplantation, 1995. 4(2): p. 219–235.
27. Hess, F., et al., *Significance of the inner-surface structure of small-caliber prosthetic blood vessels in relation to the development, presence, and fate of a neo-intima. A morphological evaluation.* Journal of Biomedical Materials Research, 1984. 18(7): p. 745–755.
28. Voorhees, A., J. A, and B. AH, *Use of tubes constructed from Vinyon-N cloth in bridging arterial defects.* Ann. Surg., 1952(135): p. 332.
29. Gulbins, H., et al., *Development of an artificial vessel lined with human vascular cells.* Journal of Thoracic and Cardiovascular Surgery, 2004. 128(3): p. 372–377.
30. Ortenwall, P., et al., *Endothelial cell seeding reduces thrombogenicity of Dacron grafts in humans.* Journal of Vascular Surgery, 1990. 11(3): p. 403–410.
31. Golden, e.a., *Healing of polytetrafluoroethylene arterial grafts is influenced by graft porosity.* J. Vasc. Surg., 1990. 11: p. 838–845.
32. Kalman, P., et al., *Differential stimulation of macrophage procoagulant activity by vascular grafts.* Journal of Vascular Surgery, 1993. 17(3): p. 531–537.
33. Miyauchi, M. and S. Shionoya, *Complement activation by vascular prostheses and its role in progression of arteriosclerotic lesions.* Angiology, 1988. 39(10): p. 881–90.
34. Blieskastel, B.K., *Der femoropopliteale P1-Bypass mittels Fluoropassiv- Erfahrungen mit einem neuen alloplastischen Gefäßersatz*, in *Medizinische Fakultät.* 2003, Julius-Maximilians-Universität: Würzburg.
35. Riepe, G., et al., *Long-term in vivo alterations of polyester vascular grafts in humans.* European Journal of Vascular and Endovascular Surgery, 1997. 13(6): p. 540–548.
36. Jeschke, M., et al., *Polyurethane vascular prostheses decreases neointimal formation compared with expanded polytetrafluoroethylene.* Journal of Vascular Surgery, 1999. 29(1): p. 168–176.
37. Grenier, S., M. Sandig, and K. Mequanint, *Polyurethane biomaterials for fabricating 3D porous scaffolds and supporting vascular cells.* Journal of Biomedical Materials Research Part A, 2007. In Press
38. S. Gogolewski, M.J., S. M. Perren, J. G. Dillon, M. K. Hughes,, *Tissue response and* in vivo *degradation of selected polyhydroxyacids: Polylactides (PLA), poly(3-hydroxybutyrate) (PHB), and poly(3-hydroxybutyrate-<I>co</I>-3-hydroxyvalerate) (PHB/VA).* Journal of Biomedical Materials Research, 1993. 27(9): p. 1135–1148.
39. Niklason, L.E., et al., *Functional Arteries Grown in Vitro.* Science, 1999. 284(5413): p. 489–493.
40. Atala, A. and D.J. Mooeny, *Synthetic Biodegradable Polymer Scaffolds.* 1997, Boston, MA: Birkhauser.
41. Miller, R.A., J.M. Brady, and Duane E. Cutright, *Degradation rates of oral resorbable implants (polylactates and polyglycolates): Rate modification with changes in PLA/PGA copolymer ratios.* Journal of Biomedical Materials Research, 1977. 11(5): p. 711–719.
42. Serrano, M.C., et al., *Mitochondrial membrane potential and reactive oxygen species content of endothelial and smooth muscle cells cultured on poly(\[epsilon]-caprolactone) films.* Biomaterials, 2006. 27(27): p. 4706–4714.
43. Hoerstrup, S.P., et al., *Tissue engineering of small caliber vascular grafts.* European Journal of Cardio-Thoracic Surgery, 2001. 20(1): p. 164–169.
44. Lepidi, S., et al., *Hyaluronan Biodegradable Scaffold for Small-caliber Artery Grafting: Preliminary Results in an Animal Model.* European Journal of Vascular and Endovascular Surgery, 2006. 32(4): p. 411–417.
45. Lepidi, S., et al., *Hyaluronan Biodegradable Scaffold for Small-caliber Artery Grafting: Preliminary Results in an Animal Model.* Journal of Vascular Surgery, 2006. 44(4): p. 908.

46. Weinberg, C. and E. Bell, *A blood vessel model constructed from collagen and cultured vascular cells* Science, 1986. 231(4736): p. 397–400.
47. Nicolas, F.L. and C.H. Gagnieu, *Denatured thiolated collagen : II. Cross-linking by oxidation.* Biomaterials, 1997. 18(11): p. 815–821.
48. Boccafoschi, F., et al., *Biological performances of collagen-based scaffolds for vascular tissue engineering.* Biomaterials, 2005. 26(35): p. 7410–7417.
49. Badylak, S.F., et al., *Small intestinal submucosa as a large diameter vascular graft in the dog.* Journal of Surgical Research, 1989. 47(1): p. 74–80.
50. Badylak, S., et al., *Strength over Time of a Resorbable Bioscaffold for Body Wall Repair in a Dog Model.* Journal of Surgical Research, 2001. 99(2): p. 282–287.
51. Sandusky, G.E., G.C. Lantz, and S.F. Badylak, *Healing Comparison of Small Intestine Submucosa and ePTFE Grafts in the Canine Carotid Artery.* Journal of Surgical Research, 1995. 58(4): p. 415–420.
52. Woods, A.M., et al., *Improved biocompatibility of small intestinal submucosa (SIS) following conditioning by human endothelial cells.* Biomaterials, 2004. 25(3): p. 515–525.
53. Kakisis, J.D., et al., *Artificial blood vessel: The Holy Grail of peripheral vascular surgery.* Journal of Vascular Surgery, 2005. 41(2): p. 349–354.
54. Bowlin, G.L. and S.E. Rittgers, *Electrostatic endothelial cell seeding technique for small diameter (<6 mm) vascular prostheses: Feasibility testing.* Cell Transplantation, 1997. 6(6): p. 623–629.
55. Zhang, J., et al., *Adhesion improvement of polytetrafluoroethylene/metal interface by graft copolymerization.* Surface and Interface Analysis, 1999. 28(1): p. 235–239.
56. Breme, F., J. Buttstaedt, and G. Emig, *Coating of polymers with titanium-based layers by a novel plasma-assisted chemical vapor deposition process.* Thin Solid Films, 2000. 377–378: p. 755–759.
57. Haupt, M., *Niederdruckplasmaprozesse zur gezielten Funktionalisierung von Grenz- und OberflÃ¤chen*, in *Jahrbuch Oberflächentechnik*, R. Suchentrunk, Editor. 2006, Leuze: Saulgau. p. 149–161.
58. Ueberrueck, T., et al., *Characteristics of titanium-coated polyester prostheses in the animal model.* Journal of Biomedical Materials Research, 2005. 72B(1): p. 173–178.
59. Cikirikcioglu, M., et al., *Titanium coating improves neo-endothelialisation of ePTFE grafts.* Thorac cardiovasc Surg, 2006. 54.
60. Lee, K.W., et al., *Circulating endothelial cells, von Willebrand factor, interleukin-6, and prognosis in patients with acute coronary syndromes.* Blood, 2005. 105(2): p. 526–532.
61. Erdbruegger, U., M. Haubitz, and A. Woywodt, *Circulating endothelial cells: A novel marker of endothelial damage.* Clinica Chimica Acta, 2006. 373(1–2): p. 17–26.
62. George, J., et al., *Anti-endothelial cell antibodies in patients with coronary atherosclerosis.* Immunology Letters, 2000. 73(1): p. 23–27.
63. Park, M.-C., et al., *Anti-endothelial cell antibodies and antiphospholipid antibodies in Takayasu's arteritis: correlations of their titers and isotype distributions with disease activity.* Clin Exp Rheumatol, 2006. 24(41): p. S010–S016.
64. Jamin, C., et al., *Induction of endothelial cell apoptosis by the binding of anti-endothelial cell antibodies to Hsp60 in vasculitis-associated systemic autoimmune diseases.* Arthritis & Rheumatism, 2005. 52(12): p. 4028–4038.
65. Methe, H. and E.R. Edelman, *Cell-Matrix Contact Prevents Recognition and Damage of Endothelial Cells in States of Heightened Immunity.* Circulation, 2006. 114(1_suppl): p. I–233–238.
66. Methe, H., et al., *Matrix Embedding Alters the Immune Response Against Endothelial Cells In Vitro and In Vivo.* Circulation, 2005. 112(9_suppl): p. I–89–95.
67. Methe, H. and E.R. Edelman, *Tissue Engineering of Endothelial Cells and the Immune Response.* Transplantation Proceedings, 2006. 38(10): p. 3293–3299.
68. Kern, A., K. Liu, and J. Mansbridge, *Modification of Fibroblast [ggr]-Interferon Responses by Extracellular Matrix.* 2001. 117(1): p. 112–118.

69. Methe, H., S. Hess, and E.R. Edelman, *Endothelial cell-matrix interactions determine maturation of dendritic cells.* European Journal of Immunology, 2007. 37(7): p. 1773–1784.
70. Methe, H., et al., *Matrix adherence of endothelial cells attenuates immune reactivity: induction of hyporesponsiveness in allo- and xenogeneic models.* FASEB J., 2007. 21(7): p. 1515–1526.
71. Nugent, H.M., et al., *Perivascular Endothelial Implants Inhibit Intimal Hyperplasia in a Model of Arteriovenous Fistulae: A Safety and Efficacy Study in the Pig.* Journal of Vascular Research, 2002. 39(6): p. 524–533.
72. Nugent, H.M., C. Rogers, and E.R. Edelman, *Endothelial Implants Inhibit Intimal Hyperplasia After Porcine Angioplasty.* Circ Res, 1999. 84(4): p. 384–391.
73. Martin, I., D. Wendt, and M. Heberer, *The role of bioreactors in tissue engineering.* Trends in Biotechnology, 2004. 22(2): p. 80–86.
74. Dunkern, T.R., et al., *A Novel Perfusion System for the Endothelialisation of PTFE Grafts Under Defined Flow.* European Journal of Vascular and Endovascular Surgery, 1999. 18(2): p. 105–110.
75. Hsu, S.-h., et al., *The effect of dynamic culture conditions on endothelial cell seeding and retention on small diameter polyurethane vascular grafts.* Medical Engineering & Physics, 2005. 27(3): p. 267–272.
76. Perea, H., et al., *Direct Magnetic Tubular Cell Seeding: A Novel Approach for Vascular Tissue Engineering.* Cells Tissues Organs, 2006. 183(3): p. 156–165.
77. Matuszewski, L., et al., *Cell Tagging with Clinically Approved Iron Oxides: Feasibility and Effect of Lipofection, Particle Size, and Surface Coating on Labeling Efficiency.* Radiology, 2005. 235(1): p. 155–161.
78. Metz, S., et al., *Capacity of human monocytes to phagocytose approved iron oxide MR contrast agents in vitro.* European Radiology, 2004. V14(10): p. 1851–1858.
79. Perea, H., et al., *Vascular tissue engineering with magnetic nanoparticles: seeing deeper.* Journal of Tissue Engineering and Regenerative Medicine, 2007. In press.
80. Kopp, A., et al., *MR imaging of the liver with Resovist: safety, efficacy, and pharmacodynamic properties.* Radiology, 1997. 204(3): p. 749–756.
81. Perea, H., et al., *Vascular tissue engineering with magnetic nanoparticles: seeing deeper.* Journal of Tissue Engineering and Regenerative Medicine, 2007. in Press.
82. Noris, M., et al., *Nitric Oxide Synthesis by Cultured Endothelial Cells Is Modulated by Flow Conditions.* Circ Res, 1995. 76(4): p. 536–543.
83. Chiu, J.-J., et al., *Shear Stress Increases ICAM-1 and Decreases VCAM-1 and E-selectin Expressions Induced by Tumor Necrosis Factor-{alpha} in Endothelial Cells.* Arterioscler Thromb Vasc Biol, 2004. 24(1): p. 73–79.
84. Balcells, M., et al., *Cells in fluidic environments are sensitive to flow frequency.* Journal of Cellular Physiology, 2005. 204(1): p. 329–335.
85. Patel, A., et al., *Elastin biosynthesis: The missing link in tissue-engineered blood vessels.* Cardiovascular Research, 2006. 71(1): p. 40–49.
86. Kim, B.-S., et al., *Optimizing seeding and culture methods to engineer smooth muscle tissue on biodegradable polymer matrices.* Biotechnology and Bioengineering, 1998. 57(1): p. 46–54.
87. Williams, C. and T.M. Wick, *Perfusion Bioreactor for Small Diameter Tissue-Engineered Arteries.* Tissue Engineering, 2004. 10(5–6): p. 930–941.
88. Higgins, S.P., A.K. Solan, and L.E. Niklason, *Effects of polyglycolic acid on porcine smooth muscle cell growth and differentiation.* Journal of Biomedical Materials Research Part A, 2003. 67A(1): p. 295–302.
89. Long, J.L. and R.T. Tranquillo, *Elastic fiber production in cardiovascular tissue-equivalents.* Matrix Biology, 2003. 22(4): p. 339–350.
90. Tukaj, C., J. Kubasik-Juraniec, and M. Kraszpulski, *Morphological changes of aortal smooth muscle cells exposed to calcitriol in culture.* Med Sci Monit, 2000. 6(4): p. 668–674.
91. Hayashi, A., T. Suzuki, and S. Tajima, *Modulations of Elastin Expression and Cell Proliferation by Retinoids in Cultured Vascular Smooth Muscle Cells.* J Biochem (Tokyo), 1995. 117(1): p. 132–136.

92. Tajima, S., A. Hayashi, and T. Suzuki, *Elastin expression is up-regulated by retinoic acid but not by retinol in chick embryonic skin fibroblasts.* Journal of Dermatological Science, 1997. 15(3): p. 166–172.
93. Buttafoco, L., et al., *Electrospinning collagen and elastin for tissue engineering small diameter blood vessels.* Journal of Controlled Release.Proceedings of the Eight European Symposium on Controlled Drug Delivery, 2005. 101(1–3): p. 322–4.
94. Casper, C.L., et al., *Functionalizing Electrospun Fibers with Biologically Relevant Macromolecules.* Biomacromolecules, 2005. 6(4): p. 1998–2007.
95. Casper, C.L., et al., *Coating Electrospun Collagen and Gelatin Fibers with Perlecan Domain I for Increased Growth Factor Binding.* Biomacromolecules, 2007. 8(4): p. 1116–1123.
96. Seliktar, D. and R.M. Nerem, *Blood Vessel Substitute,* in *Methods of Tissue Engineering,* A. Atala and R. Lanza, Editors. 2001, Academic press.
97. Opitz, F., et al., *Tissue engineering of aortic tissue: dire consequence of suboptimal elastic fiber synthesis in vivo.* Cardiovascular Research, 2004. 63(4): p. 719–730.
98. Kanda, K., T. Matsuda, and T. Oka, *In Vitro Reconstruction of Hybrid Vascular Tissue Hierarchic and Oriented Cell Layers.* ASAIO Journal, 1993. 39(3): p. M566.
99. Ziegler, T., R.W. Alexander, and R.M. Nerem, *An endothelial cell-smooth muscle cell co-culture model for use in the investigation of flow effects on vascular biology.* Annals of Biomedical Engineering, 1995. 23(3): p. 216–25.
100. Kolpakov, V., et al., *Effect of Mechanical Forces on Growth and Matrix Protein Synthesis in the In Vitro Pulmonary Artery : Analysis of the Role of Individual Cell Types.* Circ Res, 1995. 77(4): p. 823–831.
101. Kim, B.-S. and D.J. Mooney, *Scaffolds for Engineering Smooth Muscle Under Cyclic Mechanical Strain Conditions.* Journal of Biomechanical Engineering, 2000. 122(3): p. 210–215.
102. Kim, B.-S., et al., *Cyclic mechanical strain regulates the development of engineered smooth muscle tissue.* 1999. 17(10): p. 979–983.
103. Kim, B.-S., et al., *Engineered Smooth Muscle Tissues: Regulating Cell Phenotype with the Scaffold.* Experimental Cell Research, 1999. 251(2): p. 318–328.
104. Seliktar, D., R.M. Nerem, and Z.S. Galis, *Mechanical Strain-Stimulated Remodeling of Tissue-Engineered Blood Vessel Constructs.* Tissue Engineering, 2003. 9(4): p. 657–666.
105. Herring, M., S. Baughman, and J. Glover, *Endothelium develops on seeded human arterial prosthesis: A brief clinical note.* Journal of Vascular Surgery, 1985. 2(5): p. 727–730.
106. Herring, M., et al., *Endothelial seeding of polytetrafluoroethylene popliteal bypasses: A preliminary report.* Journal of Vascular Surgery, 1987. 6(2): p. 114–118.
107. Zilla, P., et al., *Endothelial cell seeding of polytetrafluoroethylene vascular grafts in humans: A preliminary report.* Journal of Vascular Surgery, 1987. 6(6): p. 535–541.
108. Örtenwall, P., H. Wadenvik, and B. Risberg, *Reduced platelet deposition on seeded versus unseeded segments of expanded polytetrafluoroethylene grafts: Clinical observations after a 6-month follow-up.* Journal of Vascular Surgery, 1989. 10(4): p. 374–80.
109. Magometschnigg, H., et al., *Prospective clinical study with in vitro endothelial cell lining of expanded polytetrafluoroethylene grafts in crural repeat reconstruction.* Journal of Vascular Surgery, 1992. 15(3): p. 527–535.
110. Leseche, G., et al., *Above-Knee Femoropopliteal Bypass Grafting Using Endothelial Cell Seeded PTFE Grafts: Five-Year Clinical Experience.* Annals of Vascular Surgery, 1995. 9(Supplement 1): p. S15–S23.
111. Kadletz, M., et al., *Implantation of in vitro endothelialized polytetrafluoroethylene grafts in human beings. A preliminary report.* J Thorac Cardiovasc Surg, 1992. 104(3): p. 736–742.
112. Laube, H.R., et al., *Clinical experience with autologous endothelial cell-seeded polytetrafluoroethylene coronary artery bypass grafts.* J Thorac Cardiovasc Surg, 2000. 120(1): p. 134–141.
113. Gabbieri, D., et al., *Aortocoronary Endothelial Cell-Seeded Polytetrafluoroethylene Graft: 9-Year Patency.* Ann Thorac Surg, 2007. 83(3): p. 1166–1168.

114. L'Heureux, N., et al., *Technology Insight: the evolution of tissue-engineered vascular grafts – from research to clinical practice.* Nature Clinical Practice Cardiovascular Medicine, 2007. 4: p. 389–395.
115. Hirai, J. and T. Matsuda, *Self-organized, tubular hybrid vascular tissue composed of vascular cells and collagen for low-pressure-loaded venous system.* Cell Transplantation, 1995. 4(6): p. 597–608.
116. Hirai, J. and T. Matsuda, *Venous reconstruction using hybrid vascular tissue composed of vascular cells and collagen: Tissue regeneration process.* Cell Transplantation, 1996. 5(1): p. 93–105.
117. Matsuda, T. and H. Miwa, *A hybrid vascular model biomimicking the hierarchic structure of arterial wall: neointimal stability and neoarterial regeneration process under arterial circulation.* J Thorac Cardiovasc Surg, 1995. 110(4): p. 988–997.
118. Shin'oka, T., et al., *Midterm clinical result of tissue-engineered vascular autografts seeded with autologous bone marrow cells.* J Thorac Cardiovasc Surg, 2005. 129(6): p. 1330–1338.
119. L'heureux, N., et al., *A completely biological tissue-engineered human blood vessel.* FASEB J., 1998. 12(1): p. 47–56.
120. L'Heureux, N., et al., *Human tissue-engineered blood vessels for adult arterial revascularization.* 2006. 12(3): p. 361–365.
121. Edelman, E.R., *Vascular Tissue Engineering : Designer Arteries.* Circ Res, 1999. 85(12): p. 1115–1117.
122. Cebotari, S., et al., *Guided Tissue Regeneration of Vascular Grafts in the Peritoneal Cavity.* Circ Res, 2002. 90(8): p. e71–.
123. Middleton, J.C. and A.J. Tipton, Synthetic biodegradable polymers as orthopedic devices. Biomaterials, 2000. 21(23): p. 2335–2346

Part VI
Prozesstechnologien für medizintechnische Entwicklungen

25 Kunststoffverarbeitung für die Medizintechnik

I. Jumpertz, E. Krampe, E. Wintermantel

25.1 Einführung

25.1.1 Medizintechnik – eine Herausforderung für die Kunststoffverarbeitung

Nach dem Medizinproduktegesetz sind Medizinprodukte „alle einzeln oder miteinander verbunden verwendeten Instrumente, Apparate, Vorrichtungen, Stoffe und Zubereitungen aus Stoffen oder andere Gegenstände einschließlich der für ein einwandfreies Funktionieren des Medizinproduktes eingesetzten Software, die vom Hersteller zur Anwendung für Menschen mittels ihrer Funktionen zum Zwecke

a) der Erkennung, Verhütung, Überwachung, Behandlung oder Linderung von Krankheiten,
b) der Erkennung, Überwachung, Behandlung, Linderung oder Kompensierung von Verletzungen oder Behinderungen,
c) der Untersuchung, der Ersetzung oder der Veränderung des anatomischen Aufbaus oder eines physiologischen Vorgangs oder
d) der Empfängnisregelung

zu dienen bestimmt sind und deren bestimmungsgemäße Hauptwirkung im oder am menschlichen Körper weder durch pharmakologisch oder immunologisch wirkende Mittel noch durch Metabolismus erreicht wird, deren Wirkungsweise aber durch solche Mittel unterstützt werden kann." [1]

Medizinprodukte, insbesondere Implantate, unterliegen besonderen Umgebungseinflüssen, die mechanisch, physikalisch oder chemisch auf das Produkt einwirken. Implantate und extrakorporale Systeme stehen in direktem Kontakt mit Gewebe und/oder Körperflüssigkeiten. Die Anforderungen an die Produkte sind hierbei abhängig von der Kontaktzeit mit dem menschlichen Körper. Hinzu kommt, dass diese Produkte durch die gängigen Sterilisationsverfahren nicht geschädigt werden dürfen.

Aus Gründen des Patientenschutzes gelten hohe Zulassungsvoraussetzungen für Medizinprodukte. Für den europäischen Markt müssen diese Produkte mit einem CE-Kennzeichen deren Vergabe über drei EG-Richtlinien geregelt wird, die im

Kapitel „Qualitätsmanagement in der Medizintechnik" näher erläutert werden. Bei der Zulassung eines Medizinproduktes ist es erforderlich, die gesamte Kette des Herstellungsprozesses zu betrachten. Nachfolgend werden die wichtigsten Schritte der Herstellung eines spritzgegossenen Medizinproduktes vom Rohstoff bis zur Anwendung am Patienten aufgeführt (Abb. 25.1):

Die Änderung eines Prozessschrittes oder eines Zuschlagstoffes zieht die Notwendigkeit einer erneuten Zulassung nach sich [2]. Aus diesem Aspekt heraus sind langfristige Lieferverträge aus Sicht eines Verarbeiters, der im Allgemeinen der Gruppe der kmUs (kleine und mittelständische Unternehmen) angehört, wünschenswert. Dem gegenüber steht das Interesse der Rohstoffhersteller, wirtschaftlich herstellen zu können. Die für Medizinprodukte eingesetzten Materialien sind aufgrund des geringen Mengenbedarfs unrentabel zu fertigen. Kleine Chargen können auf den für immer größere Durchsätze ausgelegten Synthese-Linien nicht mehr wirtschaftlich produziert werden. Bei der Übertragung eines Produktes auf eine andere Syntheselinie besteht zudem die Gefahr, dass geringfügige Chargenschwankungen (beispielsweise eine leichte Änderung der Molmassenverteilung) auftreten. Bei den Verarbeitungsprozessen, die häufig am Rande der Leistungsgrenze laufen, können auch leichte Chargenschwankungen große Einflüsse auf die Prozessstabilität und die Produktqualität haben.

Sondermischungen sind nur in großen Mengen oder – falls überhaupt – zu sehr hohen Preisen erhältlich. Im Bereich der Sondermaterialien nehmen kleinere Compoundierbetriebe, die spezialisierte und besonders funktionalisierte Materialien vertreiben, daher zunehmend eine Sonderstellung ein.

Die vom Gesetzgeber vorgeschriebene und ständig verschärfte Haftung der Hersteller von Medizinprodukten und die hohen Anforderungen an diese Produkte machen den Einsatz hoch qualifizierter Mitarbeiter vonnöten. Um Fehlerquellen auszuschließen bzw. um bei Regressansprüchen nachweisen zu können, dass ein Fehler nicht auf die eigene Produktion zurückzuführen ist, ist eine lückenlose Dokumentation aller Verarbeitungs- und Peripherieschritte notwendig. Den hohen finanziellen Risiken in der Medizintechnik, die auf einem hohen Entwicklungsaufwand und langwierigen und teuren Zulassungsverfahren beruhen sowie durch die Gefahr der Produkthaftung gegeben sind, steht ein sehr hohes Wertschöpfungspotential gegenüber. Die Medizintechnikbranche gilt als ein kleiner Markt mit großen Gewinnmargen. Dadurch und durch den Einsatz neuer Technologien ist die Branche ein bedeutsamer Innovationstreiber, dem weiterhin ein großes Entwicklungspotential zugesprochen wird. [3–5]

Kennzeichnend für den Status als Innovationstreiber ist, dass u. a. in Bezug auf Sauberkeit, Miniaturisierung, Wiederholgenauigkeit und Maßtoleranzen häufig in Grenzbereichen gearbeitet wird. Der Stand der Technik wird dabei laufend erweitert.

25.1 Einführung

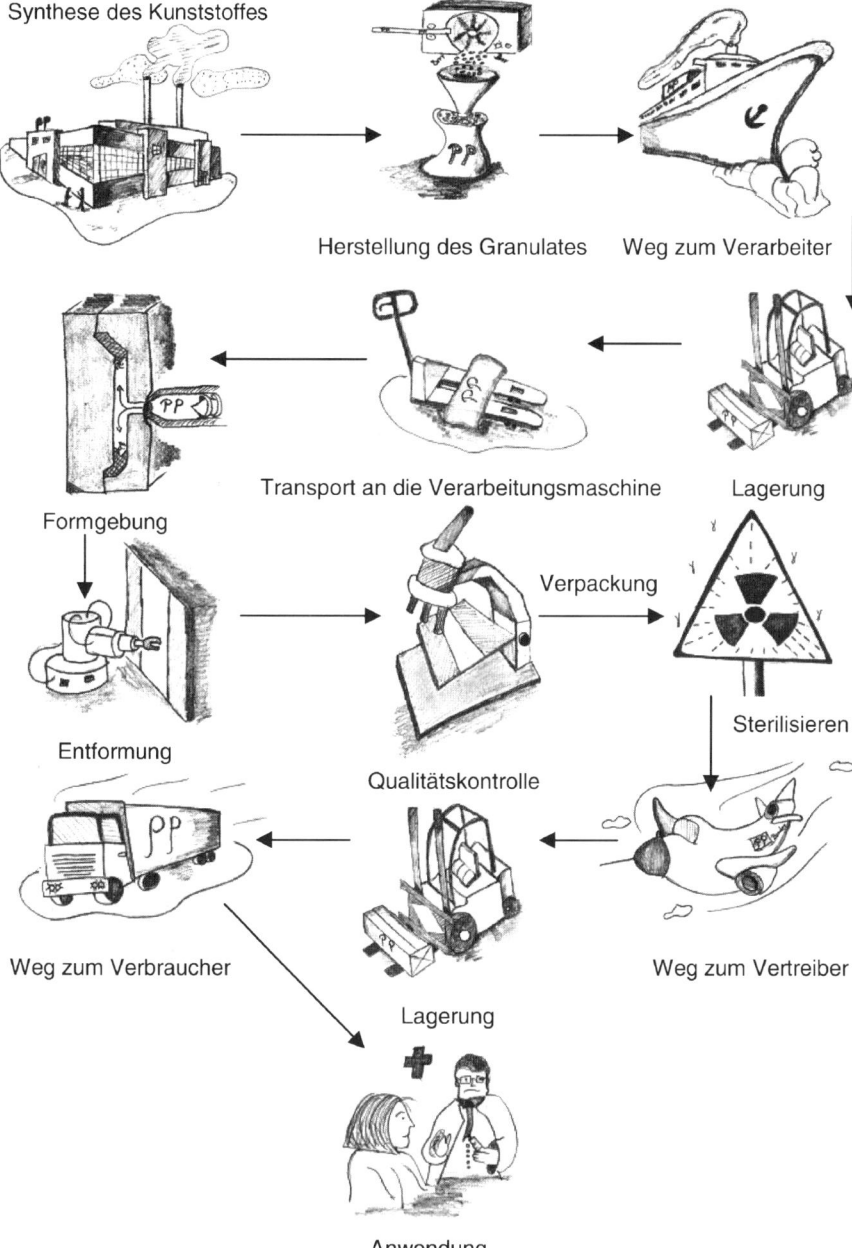

Abb. 25.1 Vom Rohstoff bis zur Anwendung: Beispielhafte Stationen auf dem Weg vom Rohstoff bis zur Anwendung eines Medizinproduktes

25.1.2 Kunststoffe in der Medizintechnik

Kunststoffe werden seit den 60er Jahren des vergangenen Jahrhunderts klinisch eingesetzt. Durch permanente Weiterentwicklung sowohl der Polymerchemie als auch der Fertigungstechnologien konnten die Anwendungsfelder von Polymeren in der Medizintechnik stark ausgebaut werden [6]. Einer der wichtigsten Gründe für den bahnbrechenden Erfolg polymerer Werkstoffe ist neben einer weitgehenden Designfreiheit die in weiten Bereichen mögliche Einstellbarkeit der mechanischen, chemischen und physikalischen Eigenschaften von Kunststoffen. Aus wirtschaftlicher Sicht sind die verhältnismäßig geringen Rohstoffpreise und günstigen Verarbeitungsverfahren nicht zu vernachlässigen [7, 8]. Neben Neuentwicklungen von Produkten aus Kunststoffen für die Medizintechnik wird aus o. g. Gründen häufig eine Substitution klassischer Werkstoffe wie Metalle und Keramiken durch Kunststoffe angestrebt. Voraussetzung für einen erfolgreichen Einsatz ist in diesem Fall die Beachtung der besonderen Eigenschaften dieser polymeren Werkstoffe und der damit verbundenen Vor- und Nachteile [5, 9–11]. Die Anwendung von Polymeren in der Medizintechnik reicht von einfachen Einmalartikeln und Verpackungen über medizinische Geräte bis hin zu Implantaten. Polymere, die als Implantatmaterial in Frage kommen, müssen neben dem Nachweis der Verträglichkeit für den jeweiligen Anwendungsfall hohe Anforderungen an die Reinheit erfüllen. Diese Anforderungen treiben den Aufwand des Herstellprozesses und damit den Preis in die Höhe. Zusätzlich erhöhen die notwendige und aufwändige Zertifizierung sowie die Gefahr der Produkthaftung die Kosten des polymeren Rohstoffes enorm. Häufig wird ein Polymer, das für Medizinanwendungen hergestellt wird, zusätzlich unter technisch gleichen, aber weniger reinen Bedingungen produziert. Dieses Material wird dann unter einer anderen Typenbezeichnung deutlich günstiger auf dem Markt erhältlich sein. Umgekehrt wird längst nicht jedes Material, das kommerziell erhältlich ist, auch als Type für Medizinanwendungen verkauft. Hinzu kommt, dass nicht jeder Rohstoffhersteller Produkte bedingungslos für Medizinanwendungen bereitstellt. Während noch zahlreiche Rohstoffhersteller Polymere für den Produkte der Klasse IIa (Risikoklasse nach Richtlinie 93/42 EWG: invasive Produkte mit einer ununterbrochenen Verwendung von bis zu 30 Tagen) vertreiben, ist die Auswahl bei Produkten der Klasse IIb schon deutlich geringer [12–19].

25.1.3 Kunststoffverarbeitung – ein Überblick

Die industrielle Kunststoffverarbeitung begann bereits gegen Mitte des 19. Jahrhunderts mit der Umwandlung von Natur-Latex zu Kautschuk [20]. Mit der Entwicklung synthetischer Thermoplaste Mitte der dreißiger Jahre des 20. Jahrhunderts wurde der Grundstein der heutigen industriellen Kunststoffverarbeitung gelegt. Mit der Erschließung neuer Einsatzgebiete der Kunststoffe im Bereich der Medizintechnik haben die Verarbeitungsverfahren einen bedeutenden Einfluss. Wesentli-

25.1 Einführung

che Vorteile von Kunststoffverarbeitungsverfahren sind die einfache und günstige, oft nachbearbeitungsfreie Fertigung der Produkte sowie die charakteristische hohe Automatisierbarkeit der Prozesse. Ein hoher Automatisierungsgrad bildet die Basis für einen reproduzierbaren Prozess, der wiederum ausschlaggebend für gleich bleibend hochwertige Produkte ist.

Die beiden wichtigsten Kunststoffverarbeitungsverfahren innerhalb und außerhalb der Medizintechnik sind Spritzgießen und Extrusion. Mit Extrusion wird die kontinuierliche Herstellung eines Halbzeug aus Kunststoff bezeichnet. Typische Extrusionsprodukte der Medizintechnik sind Infusionsschläuche, Katheter, Folien für Blutbeutel sowie permeable Folien. Die Hintergründe des Verfahrens und der Anlagentechnik werden im Kapitel „Extrusion und Compoundierung" näher beleuchtet. Spritzgießen hingegen ist ein diskontinuierliches Verfahren zur Herstellung komplexer, nachbearbeitungsfreier Bauteile. Die verfahrens- und anlagentechnischen Hintergründe werden im folgenden Kapitel erläutert. Um den zahlreichen Sonderverfahren des Spritzgießens Rechnung zu tragen, werden diese in einem eigenen Kapitel aufgeführt. Besondere Bedeutung kommt im Bereich der Medizintechnik dem Mehrkomponenten-Spritzgießen, dem Sandwich-Spritzgießen und dem Thermoplastschaumspritzgießen zuteil. Sonderverfahren erweitern das Verfahrensspektrum des klassischen Spritzgießens und erlauben eine Integration von Funktionen in nur einem Verarbeitungsschritt, die sonst nur durch eine aufwändige Weiterverarbeitung realisiert werden können.

Eine Verfahrensvariante, die gerade in den vergangenen Jahren zunehmend an Bedeutung gewonnen hat, ist das Mikro-Spritzgießen. Der Miniaturisierung und der gesteigerten Anforderungen an die Qualität der Bauteile wird zunehmend durch eine angepasste Anlagen- und Prozesstechnik Rechnung getragen. Das Kapitel „Mikro-Spritzgießen" widmet sich in einer ausführlichen Betrachtung der besonderen Herausforderungen der Mikro-Spritzgießtechnik sowie der unterschiedlichen industriellen Lösungsansätze.

Ein Thema, das verfahrensübergreifend die Basis für qualitativ hochwertige Medizinprodukte darstellt, ist die Reinraumtechnik. Die Produktion in reinen Räumen ist seit Anfang der 60er Jahre des vergangenen Jahrhunderts Stand der Technik und zwingende Vorraussetzung für die Zulassung der meisten Medizinprodukte. Der Abschnitt „Kunststoffverarbeitung für die Medizintechnik" wird mit der Darstellung der Reinraumtechnik abgerundet.

Wesentliche Impulse für die Zukunft werden von folgenden Entwicklungen erwartet [21]:

- Zur Verfügungstellung von Medical Grade Materialien durch die Industrie
- antiinfektiöse Ausstattung der Kunststoffe
- Sterilproduktion von Kunststoffen und Kunststoffbauteilen
- geschlossene Werkstoff-Kreisläufe (Rohstoffhersteller – Verarbeiter – Vertrieb – Krankenhaus – Rücknahme)

25.2 Literatur

1. Kindler, M., Menke, W., Medizinproduktegesetz - MPG, Ecomed Verlagsgesellschaft, Landsberg, Deutschland, 1998, S. 155
2. Kindler, M., Menke, W., Medizinproduktegesetz - MPG, Ecomed Verlagsgesellschaft, Landsberg, Deutschland, 1998, S. 159–161
3. Jensen, R., Die Medizintechnik – Vorreiter für Innovation und Wertschöpfung. Kunststoffe in der Medizintechnik, Friedrichshafen, Deutschland, 2004
4. Kuntz, K., Kunststoffe in der Medizintechnik: ein besonderes Haftungs- und Versicherungsproblem. Kunststoffe in der Medizintechnik, Friedrichshafen, Deutschland, 2004
5. Wintermantel, E., Gotzmann, G., Ein Eldorado für Neuentwicklungen aus Kunststoff. Kunststoffe, 97 (8), 2007, S. 64–68
6. Epple, M., Biomaterialien und Biomineralisation, Teubner, Wiesbaden, Deutschland, 2003, S. 49–59
7. Bongers, A., Polymere Implantate durch spezielle Oberflächenfibrillierung. Dissertation, Polymertechnik, TU Berlin, Berlin, Deutschland, 1997
8. Erhard, G., Kunstruieren mit Kunststoffen, Hanser Verlag, München, Deutschland, 2004, S.3–6
9. Erhard, G., Kunstruieren mit Kunststoffen, Hanser Verlag, München, Deutschland, 2004, S.245–279
10. Kaya, Y., Kunststoffanwendungen bei der Entwicklung extrakorporaler Medikalprodukte und Implantate. Dissertation, Polymertechnik, TU Berlin, Berlin, Deutschland, 1999
11. Michaeli, W., Einführung in die Kunststoffverarbeitung. 5. Auflage ed, Carl Hanser Verlag, München, Deutschland, 2006, S. 1–2
12. Kosche, J.G., Berthold, K., Health Care Policy. Informationsschrift der Momentive Performance Materials Inc., Leverkusen, Deustchland, 2007
13. DuPont Caution Regarding Medical Applications of DuPont Materials. Informationsschrift der Du Pont de Nemours Deutschland GmbH, Bad Homburg, Deutschland, 2003
14. Quality Procedure – Medical Applications. Informationsschrift der EMS-CHEMIE AG, Domat/Ems, Schweiz, 2005
15. Bayer MaterialScience plastics for medical and laboratory equipment. Informationsschrift der Bayer MaterialScience AG, Leverkusen, Deutschland, 2006
16. Wacker-Richtlinien für medizinische Anwendungen. Informationsschrift von Wacker Silicones, Burghausen, Deutschland, 2006
17. Implant Policy of Solvay Advanced Polymers. Informationsschrift der ENSINGER GmbH, Nufringen, Deutschland, 2007
18. Mitteilung an Kunden, die beabsichtigen, Kunststoffe der BASF in Medizinprodukten oder pharmazeutischen Anwendungen einzusetzen. Informationsschrift der BASF Aktiengesellschaft, Leverkusen, Deutschland, 2007
19. Raaijmakers, J.A., GE Health Care Policy. Informationsschrift von GE Plastics, Bergen op Zoom, Niederlande, 2006
20. Menges, G., Haberstroh, E., Michaeli, W., et al., Werkstoffkunde Kunststoffe. 5. Auflage ed, Carl Hanser Verlag, München, Deutschland, 2002, S. 1–6
21. Wintermantel, E., Fellbacher Liste. Tagungsbericht Kunststoffe medical, Fellbach, Deutschland, 2007

26 Spritzgießen

E. Bürkle, D. Ammer, M. Würtele

26.1 Grundlagen

Kunststoffe zu spritzgießen ist eine der fortschrittlichsten Verarbeitungstechnologien. Durch Spritzgießen, ein Verfahren der Urformtechnik werden Formteile in der Regel mit komplexer Geometrie vollautomatisch hergestellt. Ausgehend vom Verfahrensablauf werden Thermoplaste, Duroplaste oder Kautschuk in einer Spritzgießmaschine aus dem Feststoffzustand heraus aufgeschmolzen, in einen formgebenden Hohlraum (Werkzeug) eingespritzt, dort verdichtet, abgekühlt oder zur Reaktion gebracht und dann als Formteil aus dem Werkzeug ausgeworfen. Etwa 60 % aller Kunststoffverarbeitungsmaschinen sind Spritzgießmaschinen (Abb. 26.1). Auf ihnen werden Formteile mit sehr niedrigen Massen im mg-Bereich bis hin zu großen Massen in zwei – z. T. sogar auch dreistelligen kg-Bereich hergestellt. Der Prozess des Spritzgießens nutzt in idealer Weise das besondere physikalische Verhalten der

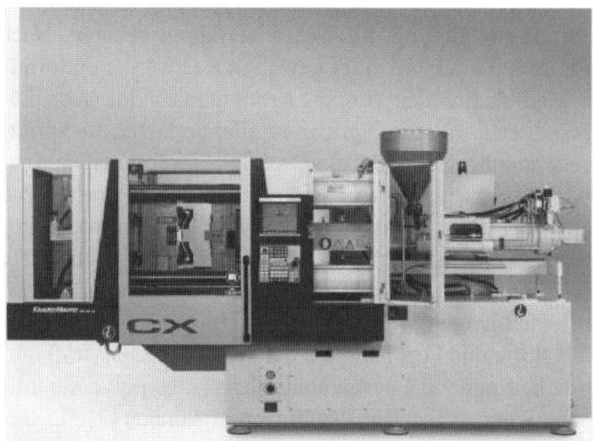

Abb. 26.1 Heute marktübliche Spritzgießmaschine. Beispiel: Hydraulische Zweiplatten-Spritzgießmaschine KM160CX von KraussMaffei [Quelle KraussMaffei]

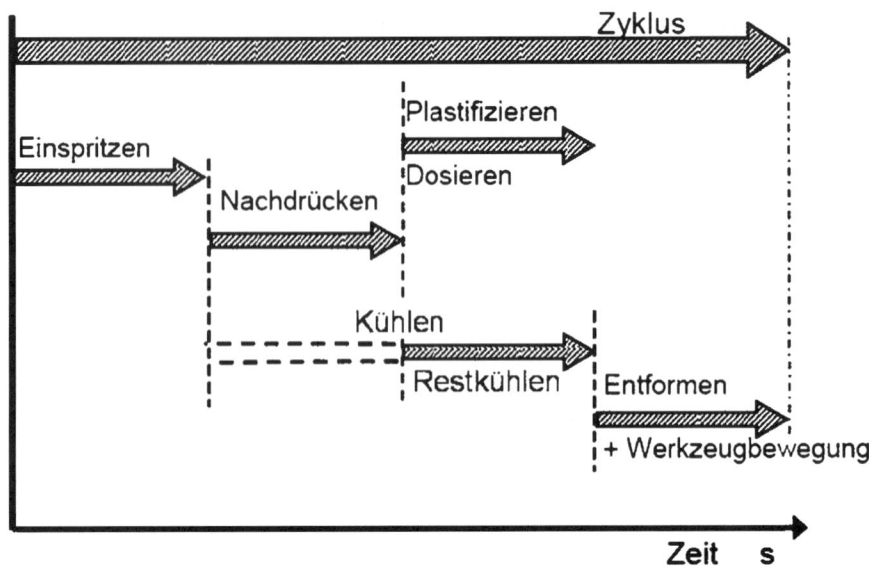

Abb. 26.2 Zyklusablauf eines Spritzgießvorgangs [Quelle KraussMaffei]

Kunststoffe. In einem verhältnismäßig einfachen Prozess werden durch Erwärmen des Kunststoffes und der nachfolgenden Formgebung im Schmelzezustand mit abschließender Abkühlung in einem formgebenden Werkzeug direkt gebrauchsfertige Formteile hergestellt [1, 31].

Schon seit Ende des 19. Jahrhunderts ist der Funktionsablauf, Aufschmelzen von Kunststoffen unter Einwirken von Wärme in einem Zylinder- /Kolbensystem und die Injektion der Schmelze unter teilweise sehr hohen Drücken in eine gekühlte formgebende Werkzeughöhlung, für dieses Verfahren bekannt. Nach der Abkühlung kann das Formteil noch mit einer gewissen Restwärme entformt werden. Diesen periodisch wiederkehrenden Vorgang nennt man Zyklus (Abb. 26.2).

Die so hergestellten Formteile (Spritzgussteile) verlassen die Spritzgießmaschine in der Regel verwendungsfertig und sind vergleichsweise maßhaltig. Ausschlaggebend dafür sind die sehr genaue Prozessführung und ihre hohe Reproduzierbarkeit. Die Zykluszeiten, der durch Spritzgießen hergestellten Formteile liegen zwischen einer Sekunde und bis zu ca. 10 Minuten. Das Verfahren ist sehr wirtschaftlich und hoch automatisierbar. Das Spritzgießverfahren zeichnet sich außerdem dadurch aus, dass nahezu alle fließfähigen Werkstoffe wie z. B. Magnesium-Legierungen – biokompatible Werkstoffe und Formmassen, bei denen der Kunststoff nur als Hilfsstoff für die Fließfähigkeit und zur Formgebung dient (z. B. pulverkeramische und pulvermetallurgische Werkstoffe), verarbeitet werden können [2, 3].

26.2 Spritzgießprozess

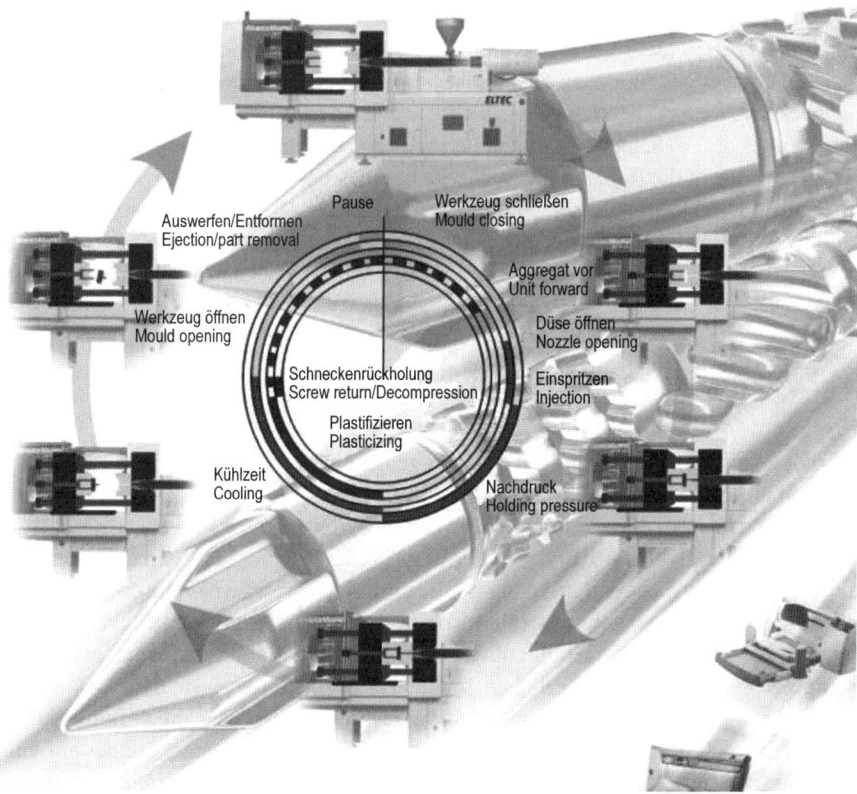

Abb. 26.3 Prozessphasen des Spritzgießzyklus [Quelle KraussMaffei]

26.2 Spritzgießprozess

Der Verfahrensablauf des Spritzgießens ist durch die folgenden Prozessabschnitte gekennzeichnet

- Plastifizieren und Dosieren
- Einspritzen, Nachdrücken und Abkühlen sowie
- Entformen [2, 5, 12 und 31].

26.2.1 Plastifizieren und Dosieren

Die Plastifiziereinheit der Spritzgießmaschine wird über den Trichter mit dem festen Aufgabegut (Granulat, Pulver) befüllt. Die gut rieselfähigen Materialien fallen direkt in den Schneckenkanal einer Schnecke. Durch die Drehung der Schnecke wird das Material in Richtung Schneckenspitze (Düse) gefördert. Dabei wird das Material durch Konvektion (Wärmeübertragung von Zylinderwand zur Formmasse) und durch Scherenergie aufgeschmolzen. Die so plastifizierte Masse (Formmasse) bildet vor der Schneckenspitze ein Materialpolster, das die Schnecke nach hinten gegen einen einstellbaren Gegendruck (Staudruck) drückt und verschiebt. Nach einem vorgegebenen Weg (Dosierweg) wird die Rotation der Schnecke beendet, das vorgegebene Dosiervolumen ist erreicht. Das Dosiervolumen wird so eingestellt, dass damit der Werkzeughohlraum gefüllt und die Volumenschwindung bei der Abkühlung ausgeglichen werden kann. In der Regel wird noch eine gewisse Reserve – als sog. Massepolster – dazu addiert.

26.2.2 Einspritzen, Nachdrücken und Abkühlen

Zum Zeitpunkt des Einspritzens ist das Werkzeug geschlossen. Die Schnecke wird wie ein Kolben nach vorne bewegt. Die Rückstromsperre (RSP) am Ende der Schnecke verhindert dabei ein Zurückströmen der Schmelze in die Schneckengänge. Bei dieser translatorischen Bewegung findet in der Regel keine Rotation der Schnecke statt. In dieser Phase des Einspritzens (Abb. 26.4) wird die Schneckenvorlaufgeschwindigkeit gesteuert oder geregelt kontrolliert. Ein weg-, zeit- oder druckabhängiges Signal schaltet bei volumetrischer Füllung der Werkzeugkavität auf einen druckgeführten Restprozess um, dessen wesentlichen Teil die Nachdruckphase ausmacht.

In dieser Phase wird die Kunststoffmasse komprimiert um die Volumenkontraktion infolge der Abkühlung auszugleichen. Die Schnecke drückt dabei auf ein Restmassepolster vor ihrer Spitze. Dieser Druck wird so lange aufrecht erhalten, bis die Siegelzeit des Angusses erreicht ist. Nach diesem Zeitpunkt des Versiegelns („Einfrieren, Aushärten") kann keine Schmelze mehr fließen. Zu beachten ist, dass dünnwandige Formteile oft eher einfrieren können als der Anguss. Die Nachdruckphase muss druckkontrolliert gesteuert oder geregelt werden. Der Nachdruck wird beendet, wenn das Werkzeug (Anguss) versiegelt ist. bzw. wenn keine Schmelze mehr nachgedrückt werden kann. Um eine für die Entformung ausreichende Formstabilität (-Steifigkeit) zu erreichen, folgt nach der Nachdruckzeit eine so genannte Restkühlzeit. Diese Zeit wird für den nächsten Dosiervorgang genutzt. Da die Düse (offene Düse) noch am Werkzeug, d. h. an der Angussbuchse anliegt, kann keine Schmelze nach außen treten. Bei Verwendung einer Verschlussdüse kann die Spritzeinheit schon vor Start des Dosierens abheben und die druckdichte Verbindung zwischen Düse und Werkzeugangussbuchse aufgegeben werden. Diese Möglichkeit wird oft genutzt, um mehr Zeit für den Plastifiziervorgang zu gewinnen.

26.2.3 Entformen

Hat die Schnecke die gewünschte Masse (Dosiervolumen) für den nächsten Einspritzvorgang dosiert, wird die Schneckenrotation beendet und die Schmelze druck-

26.2 Spritzgießprozess

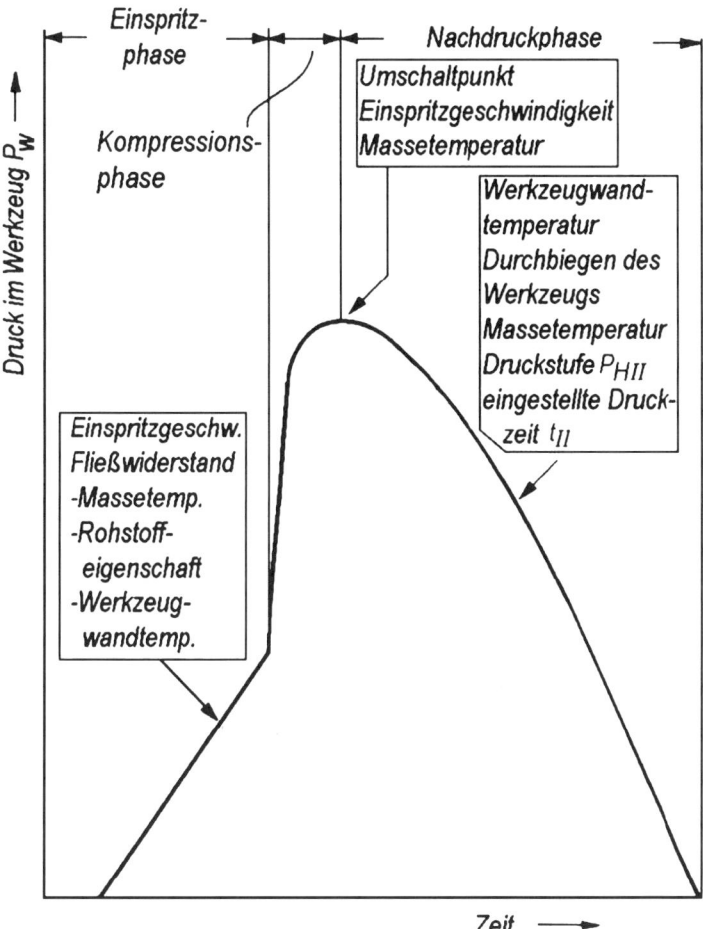

Abb. 26.4 Charakteristischer Werkzeuginnendruckverlauf in Abhängigkeit der Zeit (Zykluszeit) mit Zuordnung von Einflussgrößen in den Prozessphasen [Quelle KraussMaffei]

entlastet (dekomprimiert). Wird mit offener Düse gearbeitet, erfolgt jetzt das Abheben der Spritzeinheit vom Werkzeug. Das Abheben der Düse ist aus zweierlei Gründen wichtig. Zum einen soll keine Kraft auf die Düsenseite des Werkzeugs wirken, wenn die Gegenkraft durch die Schließ- oder Ausstoßerseite des Werkzeugs beim Öffnen des Werkzeugs aufgehoben wird. Dies könnte zu einer Beschädigung des Werkzeugs führen. Zum anderen ist eine Wärmeübertragung von der heißen Düse auf die relativ kalte Angussbuchse des Werkzeugs unerwünscht.

Sobald die Kühlzeit (Thermoplaste) oder Aushärte- bzw. Vulkanisationszeit (Duroplaste bzw. Kautschuk) beendet ist, wird das Werkzeug geöffnet und das Formteil ausgestoßen. Die Ausstoßerbewegung kann hydraulisch, elektromechanisch oder auch pneumatisch über einen Auswerfermechanismus auf das Formteil übertragen

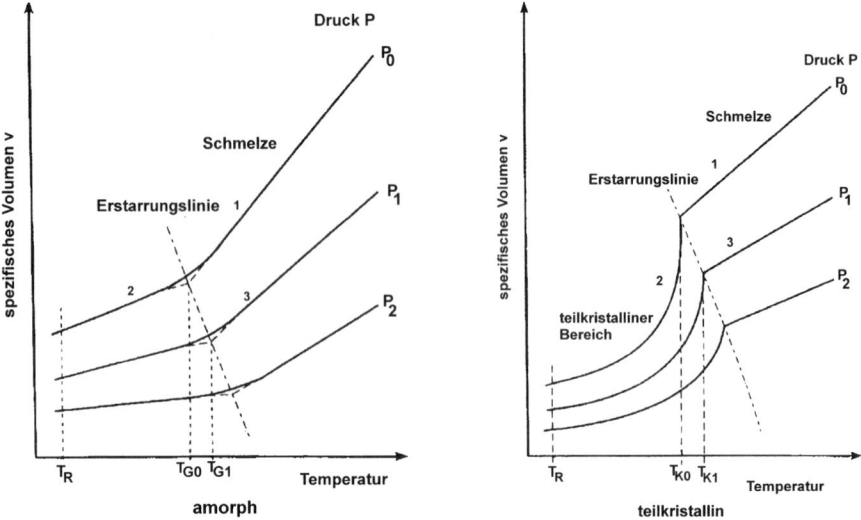

Abb. 26.5 pvT-Diagramme für amorphe und teilkristalline Thermoplaste [Quelle KraussMaffei]

werden. Das Formteil fällt dann entweder durch die Schwerkraft nach unten oder wird durch Handlingsgeräte entnommen. Nach dem Schließen des Werkzeugs und dem Schließkraftaufbau wird der neue Zyklus mit dem Einspritzen gestartet.

26.2.4 Formteilbildung

Die Formteilbildung im Werkzeug ist geprägt durch die Zustandsgrößen Druck, Temperatur und Volumen. Obwohl diese Größen thermodynamisch gesehen gleichrangig sind, kommt dem Druckzustand und –verlauf für die Prozessführung eine besondere Bedeutung zu. Er zeigt viele Einzelheiten der Formteilbildung an, kann relativ einfach gemessen und schnell verändert werden [5, 7–13].

Der Zusammenhang zwischen Druck, spezifischem Volumen und der Temperatur wird als pvT-Verhalten bezeichnet (p = Pressure, v = spec. volume, T = temperature). Das pvT-Verhalten unterscheidet sich bei amorphen und teilkristallinen Thermoplasten (Abb. 26.5.)

Amorphe Thermoplaste zeigen für einen bestimmten Druck sowohl im schmelzeflüssigen als auch im festen Zustand eine lineare Abhängigkeit des spez. Volumens von der Temperatur. Bei teilkristallinen Thermoplasten ist unterhalb der Einfriertemperatur ein exponentieller Abfall des spez. Volumens zu beobachten. Dies ist bedingt durch die starke Dichtezunahme infolge Kristallisation. Betrachtet man das Abkühlverhalten beim Spritzgießen, so erkennt man, dass die Formmasse aufgrund der Abkühlung durch die kalte Werkzeugwand von außen nach innen erstarrt.

26.2 Spritzgießprozess

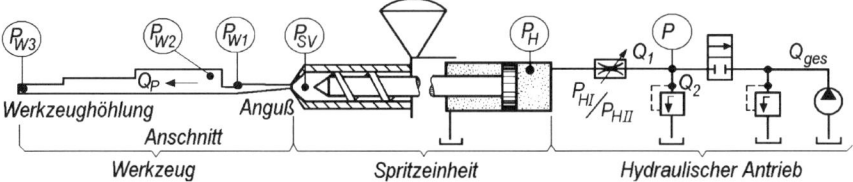

Abb. 26.6 Druckstrecke (Prozessstrecke) von der Maschinenhydraulik bis zum Fließwegende im Werkzeug [Quelle KraussMaffei].

P… Druck im Hydrauliksystem
PH… Hydraulikdruck am Einspritzkolben
PSV… Massedruck im Schneckenvorraum
PW1… Massedruck im Anguss
PW2… Massedruck angussnah
PW3… Massedruck angussfern

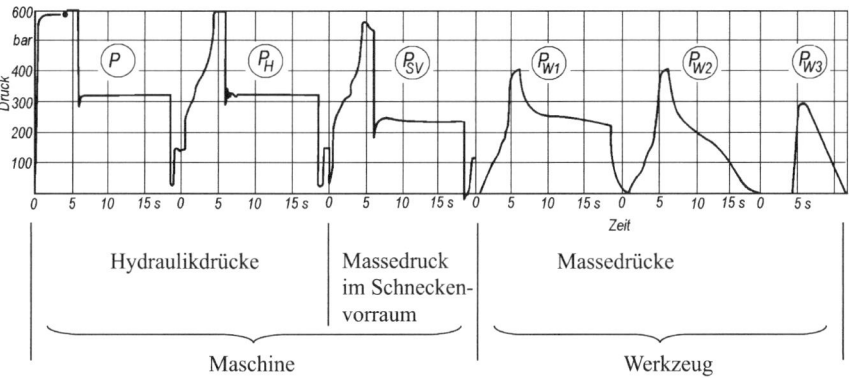

Abb. 26.7 Druckfortpflanzung in Abhängigkeit der Zeit von der Hydraulik in der Maschine bis zum Fließwegende im Werkzeug [Quelle KraussMaffei]

Solange der innere Bereich noch schmelzflüssig ist, kann dort noch eine Druckübertragung erfolgen.

Verfolgt man die wirkenden Drücke entlang der Prozessstrecke (Abb. 26.6 und 26.7), so stellt man fest, dass der für die Maßhaltigkeit und inneren Eigenschaften der Formteile entscheidende Druckverlauf im Werkzeug nicht identisch ist mit Druckverläufen im Hydrauliksystem.

Im Hydrauliksystem werden zunächst zwei verschiedene Druckphasen erzeugt – ein hoher eingestellter Einspritzdruck und eine reduzierte Druckstufe für die Nachdruckphase. Betrachtet man die Werkzeugkavität, so kommt dort der Druck verzögert und vermindert an (pw1 und pw2). In der Einspritzphase unterscheiden sich bereits die Druckverläufe in der Hydraulik und im Werkzeug nicht nur in der absoluten Druckhöhe sondern auch der zeitliche Verlauf ist verschieden. Hierbei spielt das Kompressibilitäts- und Deformationsverhalten der Schmelze eine ganz wesentliche Rolle. Im

Werkzeug fällt der Druck mit zunehmender Kühlzeit deutlich ab. Er erreicht den Nullpunkt (bzw. Umgebungsdruck), wenn der Anguss erstarrt ist und der Nachdruck von der Schnecke nicht mehr in das Werkzeug übertragen werden kann.

Die Erstarrung der Formmasse erfolgt örtlich unter sehr unterschiedlichen Druckzuständen, was zu Unterschieden bei den inneren Spannungen im Formteil führt. Auch die Masse– und die Werkzeugtemperatur weisen Inhomogenitäten auf. Beim Einspritzen und Nachdrücken sind Druck-, Zeit- und Temperaturschwankungen systembedingt voneinander abhängig. Ebenso wirken Einflüsse aus der Umgebung und aus dem Prozess unterschiedlich auf Maschine, Werkzeug und damit auch auf die Qualität des Formteils. Der thermisch und rheologisch instationäre Spritzgießprozess ist erheblichen Inhomogenitäten unterworfen. Dennoch kann der Druckverlauf im Werkzeug so beeinflusst und geführt werden, dass eine optimale Ausformung (geometrische Eigenschaften) und ein hinreichend niedriges Eigenspannungsniveau im Formteil erreicht wird. Mit Hilfe einer kontinuierlichen Erfassung des Werkzeuginnendrucks lässt sich die Formteilqualität gezielt optimieren und reproduzierbar halten.

26.2.5 Werkzeuginnendruckverlauf und Einflussnahme

Der Einspritz- und Nachdruckvorgang kann an der Spritzgießmaschine nur über die Einspritzkraft und Schneckenvorlaufgeschwindigkeit direkt beeinflusst werden. Dabei werden der Vortrieb und die Kraft entweder hydraulisch durch Volumenstrom und Druck geführt oder elektromechanisch übertragen. Der für die Formteilbildung relevante Werkzeuginnendruckverlauf wird damit über die Geschwindigkeit und die Kraft geführt. Bei hydraulisch angetriebenen Maschinen hat der Hydraulikdruckverlauf wenig Ähnlichkeit mit dem tatsächlich in der Werkzeugkavität vorherrschenden Druck (Abb. 26.8). Verantwortlich dafür sind die Reibungs- und Strömungswiderstände sowie die Kompressibilität des Hydrauliköls. Anders ist es bei elektromechanisch angetriebenen Maschinen, hier findet eine direkte Übertragung auf die Kunststoffschmelze statt.

Die Druckverläufe werden an den Spritzgießmaschinen, auch die in der Werkzeugkavität bei entsprechender Sensorik, erfasst und am Display der Maschinensteuerung dargestellt. Damit wird dem Einrichter an der Maschine eine Hilfestellung gegeben, den Anfahr- und Optimiervorgang zielgerichteter und schneller auszuführen. Dieses Monitoring erleichtert den Einblick in die Prozessführung und ermöglicht bei der Prozessüberwachung, z. B. anhand von Referenzkurven und Toleranzbändern, gezielt den Prozess nachzuführen. Ebenso kann bei geschlossenen Regelkreisen hierüber Einfluss genommen werden.

Wie aus Abb. 26.9 hervorgeht, ist der gesamte Verlauf des Werkzeuginnendrucks qualitätsbestimmend. Nahezu alle beeinflussenden Merkmale werden hier fixiert.

26.2 Spritzgießprozess

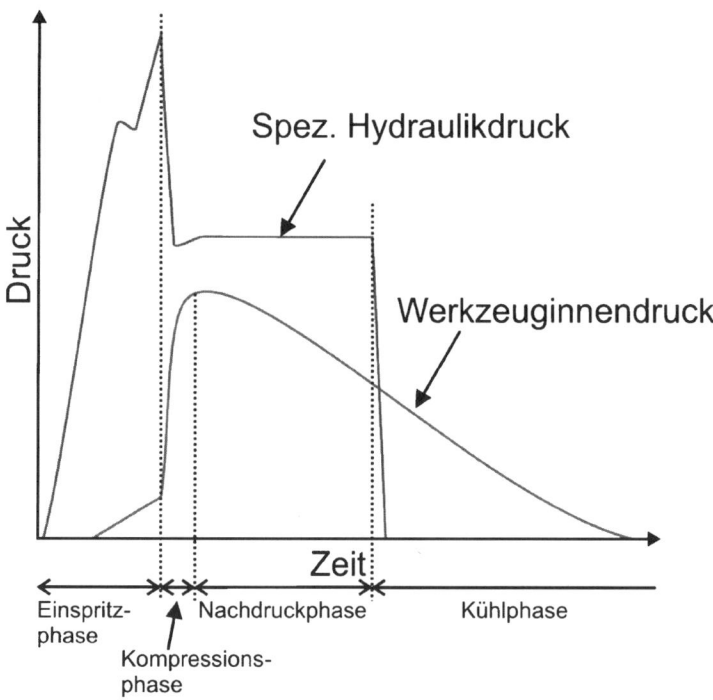

Abb. 26.8 Exemplarischer Hydraulikdruck- und zugehöriger Werkzeuginnendruckverlauf in Abhängigkeit der Zeit (Zykluszeit) [Quelle KraussMaffei]

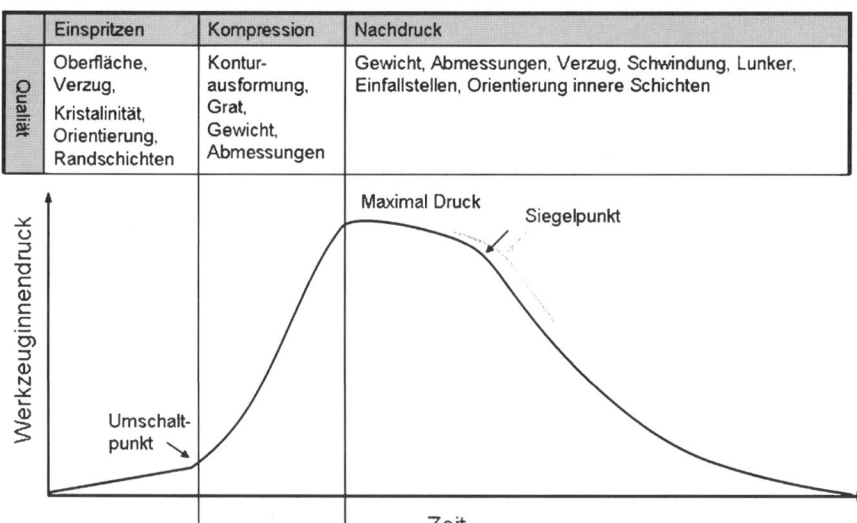

Abb. 26.9 Charakteristische Werkzeuginnendruckkurve mit Zuordnung von Qualitätsmerkmalen zu den beeinflussenden Druckbereichen [Quelle KraussMaffei]

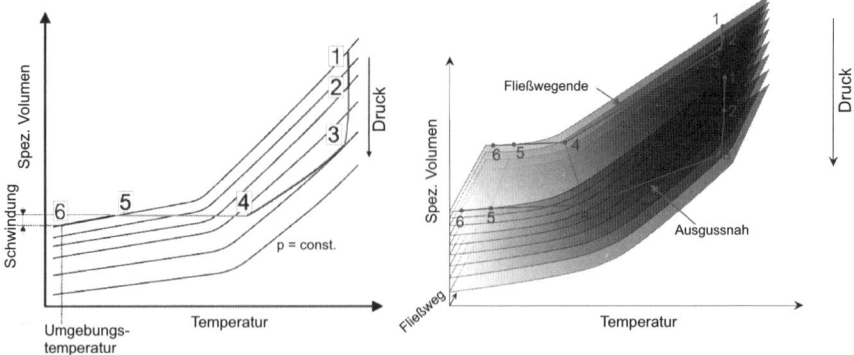

Abb. 26.10 Realer Prozessablauf für das Standardspritzgießen im [14]
a) zweidimensionalen und   b) dreidimensionalen pvT-Diagramm

1. Während der Einspritzphase (1–2) steigt der Druck bei nahezu konstanter Temperatur an (isotherm).
2. Ende der Füllphase bei volumetrischer Füllung der Kavität – es beginnt die Kompressionsphase. Die Schmelze wird verdichtet, um die Ausformung der Formteilkonturen sicherzustellen.
3. Erreichen des maximalen Werkzeuginnendrucks – es beginnt die Nachdruckphase. Sie gleicht die hohe thermische Kontraktion des Kunststoffs, also die Verringerung seines Volumens infolge der Abkühlung, durch nachgeschobenes Material aus.
4. Erstarren der Schmelze im Anschnittbereich (Siegelpunkt) – die fortschreitende thermische Kontraktion lässt den Druck in der Werkzeugkavität bis auf den Umgebungsdruck absinken (5). Die Phase (4-5) ist isochor.
5. Erreichen des Umgebungsdrucks – die Verarbeitungsschwindung setzt ein.
6. Formteil erreicht Umgebungstemperatur – die Änderung des spezifischen Volumens in Phase (5–6) ist die Verarbeitungsschwindung.

26.2.6 Prozessführung im pvT-Diagramm

Anhand des pvT-Diagramms lässt sich der Verfahrensablauf besonders anschaulich darstellen (Abb. 26.10).

Festzuhalten ist, dass sich beim Spritzgießen die Druckspitzen punktuell von der Schnecke durch den Anschnitt (Anguss) auf das Formteil übertragen. Bedingt durch die Abkühleffekte, frieren entlang des Fließwegs die Randschichten ein. Damit verbunden ist ein Druckgefälle, das in der Kompressions- und Nachdruckphase Spannungen im Formteilinneren induziert.

26.2.7 Prägen – Prozessführung für spannungsarme Formteile

Beim Spritzgießen beeinflusst der Formgebungsprozess nicht nur die Geometrie, sondern ganz entscheidend auch die inneren Eigenschaften der Formteile. Für die

26.2 Spritzgießprozess

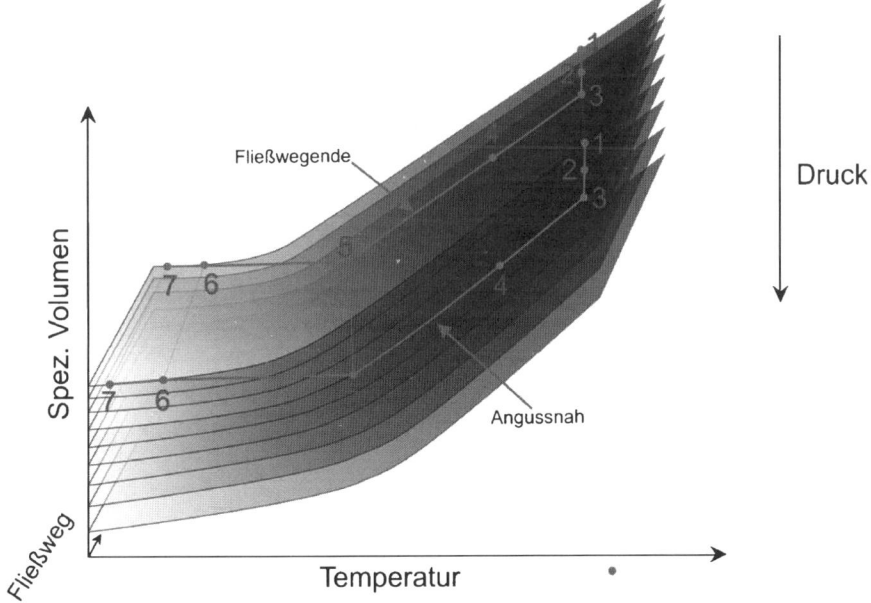

Abb. 26.11 Idealer Prozessverlauf im dreidimensionalen pvT-Diagramm für das Expansionsprägen [14]

Herstellung spannungsarmer Formteile hat sich das Spritzprägen als das geeignete Verfahren erwiesen. Beim Prägen schließt sich die Nachdruckphase direkt an die Kompressionsphase an. Dabei wird der Druck flächig aufgebracht, d. h. das Werkzeug selbst übt durch eine kleine Prägebewegung den erforderlichen Innendruck auf die erstarrende Schmelze aus. Dadurch wird eine homogene Druckverteilung erreicht. Die Prägebewegung und die – Kraft wird entweder über die Schließeinheit der Maschine aufgebracht oder aber auch in Teilbereichen im Werkzeug erzeugt [14].

Um die tatsächlichen Verhältnisse im Werkzeug darzustellen, muss das pvT-Diagramm um den Fließweg als dritte Dimension erweitert werden (Abb. 26.10b). Erst dadurch wird deutlich, dass beim Standard-Spritzgießen im Formteil ein inhomogener Druckzustand vorliegt der zu den inneren Spannungen führt. Vergleichsweise dazu ist nun der Prägeprozess zu betrachten.

Dargestellt am Beispiel des Expansionsprägens (Abb. 26.11) – eine Prägevariante – verläuft der ideale Prozess mit einer isothermen Füllphase (1-2) und geht dann in die Expansionsphase (2) über. Während dieser wird der Maximaldruck erreicht (3) und der Prozess isobar geführt. In (4) setzt die Prägephase ein, die ebenfalls isobar ist. Ab (5) ist der Prozess wieder isochor bis zum Erreichen des Umgebungsdrucks (6) bzw. bis zur Abkühlung auf Umgebungstemperatur (7). Während der isobaren Prozessführung stellt der Prozess – eine ebene (Druck-) Fläche mit konstantem Druck über den gesamten Fließweg dar.

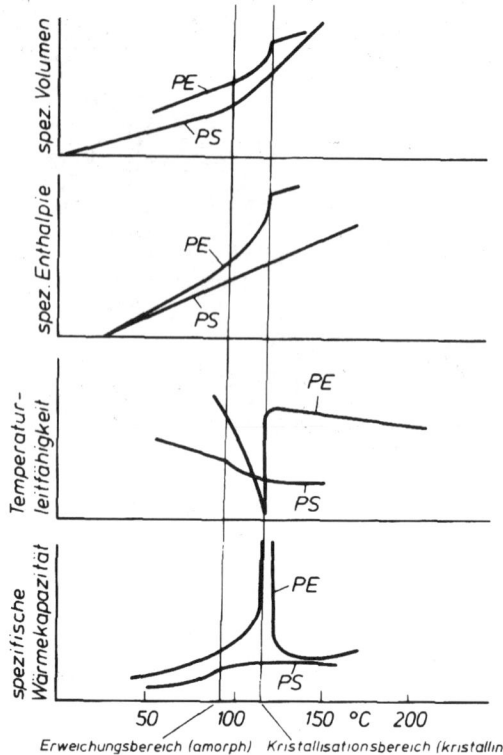

Abb. 26.12 Thermodynamische Eigenschaften der amorphen und teilkristallinen Kunststoffe am Beispiel von Polystyrol (PS) und Polyethylen (PE) [Quelle KraussMaffei]

26.2.8 Einfluss der Formmasse (amorph, teilkristallin) auf den Druckverlauf

Neben der Anguss- und Formteilgeometrie spielen besonders die thermodynamischen Werkstoffeigenschaften eine bedeutende Rolle.

Viskosität	$\eta = f(T,p,\gamma)$
Enthalpie	$H = f(T)$
spezifisches Volumen	$v = f(p,T)$
Wärmeleitfähigkeit	$\lambda = f(T)$
Wärmekapazität	$cP = f(T)$
Temperaturleitfähigkeit	$a = \lambda/(\rho \cdot cP)$

Während sich in den Werkstoffgruppen amorph oder teilkristallin zwar jeweils die absolute Größe dieser Werkstoffkennwerte und deren Verlauf über der Temperatur verschieben, bleiben deren charakteristischen Verläufe jeweils gleich. Dagegen

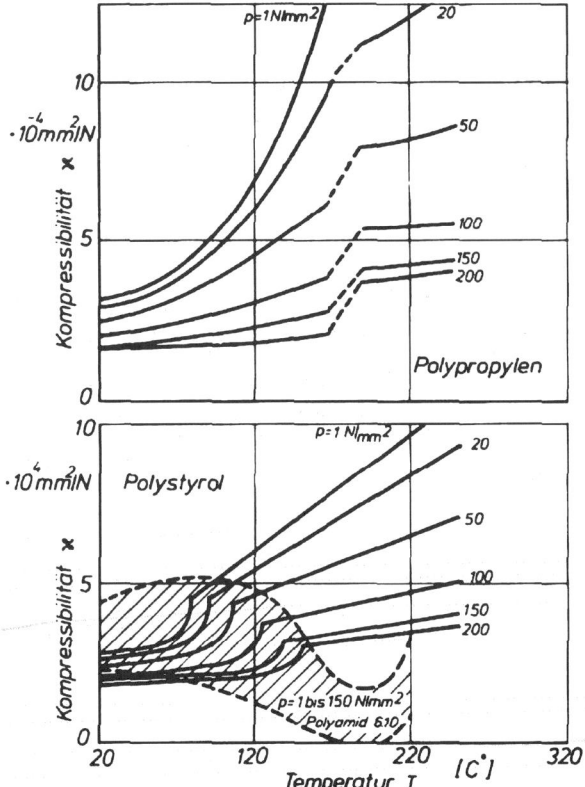

Abb. 26.13 Kompressibilität in Abhängigkeit von Temperatur und Druck für einen amorphen Kunststoff (Polystyrol PS und Polyamid PA) sowie für einen teilkristallinen Kunststoff (Polypropylen PP) [Quelle KraussMaffei]

bestehen zwischen amorphen und teilkristallinen Werkstoffen erhebliche Unterschiede.

Während bei amorphen Stoffen sich die Eigenschaften wie Viskosität, Temperaturleitfähigkeit u. a. langsam, stetig und nahezu gleichmäßig vom Feststoff über den Aufschmelzbereich bis in den Schmelzezustand hin ändern, zeigen die teilkristallinen Stoffe beim Kristallisationsschmelzpunkt in ihren Eigenschaften plötzlich sehr große Steigungsänderungen, Knicke und Sprünge (Abb. 26.12).

Die Unterschiede in den Eigenschaften zwischen amorphen und teilkristallinen Stoffen spielen während der Einspritzphase keine Rolle, solange ihre Viskositäten gleich sind. Zwischen den einzelnen Werkstoffen bestehen aber Unterschiede in ihrer Kompressibilität (Abb. 26.13).

Diese Eigenschaft führt dazu, dass zum Druckaufbau im Werkzeug nach der volumetrischen Füllung unterschiedlich viel Schmelze zu Beginn der Nachdruckphase – noch vor Beginn der durch die Abkühlung bedingten Volumenkontraktion – nachgeschoben werden muss. Je nach Werkstoff und Werkzeuginnendruck pw max kann

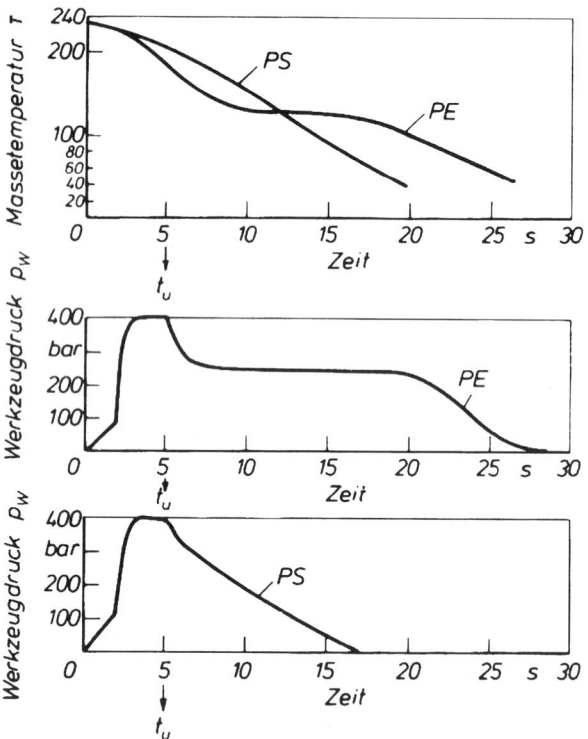

Abb. 26.14 Temperatur- und Werkzeuginnendruckverlauf für PS (amorph) und PE (teilkristallin) [Quelle KraussMaffei]

diese Menge bis zu 25% des Formteilgewichts ausmachen. Während des Abkühlens der Schmelze in der Nachdruckphase muss weiteres Material zum Ausgleich der Volumenkontraktion – gemäß dem pvT-Verhalten des Werkstoffs – in das Werkzeug transportiert werden, um Einfallstellen zu verhindern.

Bei amorphen Formmassen fällt während der Nachdruckphase der Werkzeuginnendruck analog der sinkenden Formteiltemperatur bis auf Umgebungsdruck ab. Der Grund liegt in der zunehmenden Viskosität und der damit verbundenen schlechteren Druckübertragung vom Schneckenvorraum bis in das Werkzeug. (Abb. 26.14).

Bei teilkristallinen Materialien bleibt der Druck bis zum Erreichen des Kristallitschmelzpunktes wegen der zunächst noch besseren Druckübertragung nahezu konstant. Anschließend folgt ein steiler Druckabfall, bedingt durch die starke Volumenkontraktion in der Festphase während der Kristallisation. Die Dauer des Haltepunktes hängt unter anderem vom Material oder den Verarbeitungsparametern ab; beispielsweise ist der Kristallitschmelzpunkt bei teilkristallinen Materialien abhängig vom gerade herrschenden Werkzeuginnendruck.

26.3 Spritzgießmaschine

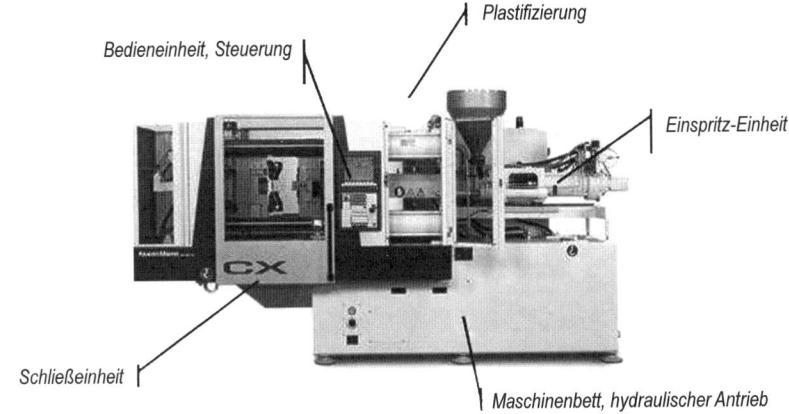

Abb. 26.15 Hydraulische Zweiplatten-Spritzgießmaschine [Quelle KraussMaffei]

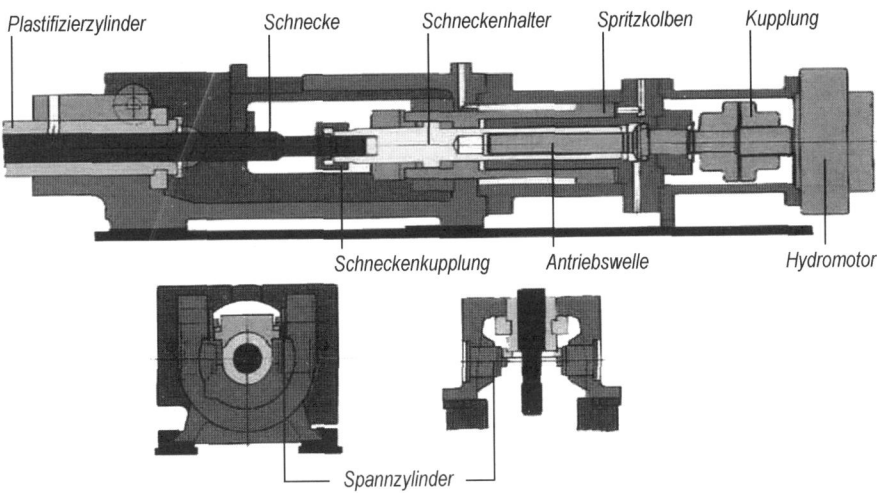

Abb. 26.16 Spritzeinheit [Quelle KraussMaffei]

26.3 Spritzgießmaschine

Eine Spritzgießmaschine der heute üblichen Bauart zeigt Abb. 26.15. Die Maschine besteht aus mehreren Einzelaggregaten. Grundsätzlich wird unterschieden zwischen den Hauptaggregaten – der Spritz- und der Schließeinheit [2, 3, 4, 6, 30–32].

Die Aufgaben und Grundfunktionen der Spritzeinheit (Abb. 26.16) sind:

- Aufnahme des Plastifizieraggregates, bestehend aus Schnecke, Rückstromsperre, Zylinder, Zylinderkopf, Düse, Trichter und Beheizung,

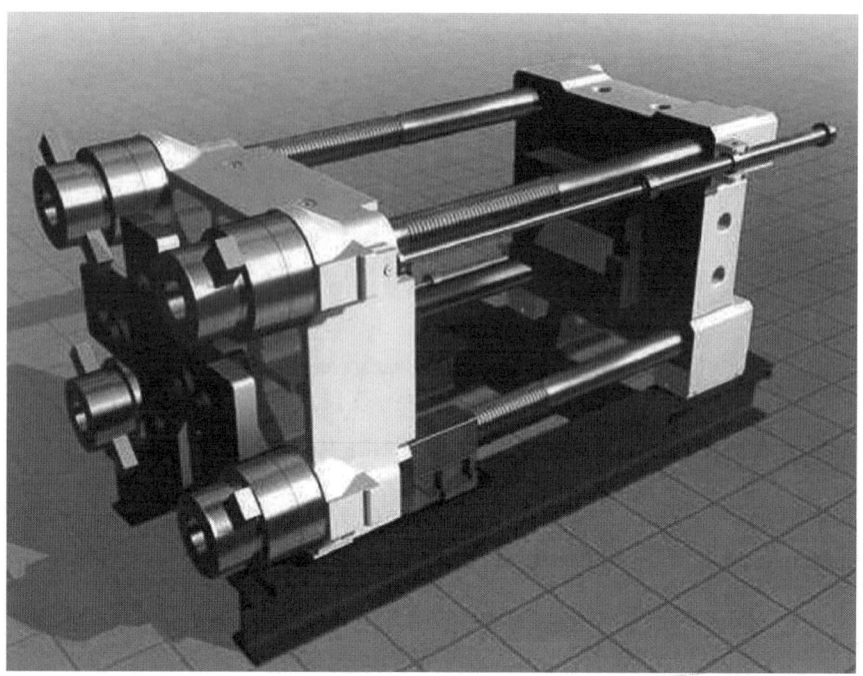

Abb. 26.17 Schließeinheit einer Zweiplatten-Spritzgießmaschine [Quelle KraussMaffei]

- Rotation der Schnecke, Schneckenantrieb
- translatorische Bewegung der Schnecke für Einspritzen, Nachdrücken und Dosieren (Geschwindigkeit, Kraft)
- Aggregat bewegen, Düse abheben und Düsenanlage an Werkzeug (Geschwindigkeit, Kraft) führen.

Die Schließeinheit (Abb. 26.17) muss folgende Aufgaben übernehmen und Grundfunktionen erfüllen:

- Aufnahme der Werkzeuge,
- präzise, koaxiale und parallele Führung und Zentrierung der Werkzeughälften,
- translatorische Bewegung der beweglichen Werkzeugaufspannplatte (Geschwindigkeitsprofile, Positioniergenauigkeit),
- Schließkraft aufbauen, halten und abbauen (Kraftprofile),
- Zusatzfunktionen wie Auswerfer, Kernzüge u. a.

26.4 Plastifiziereinheit

26.4.1 Leistungsfähigkeit

Unter Plastifizieren versteht man die Umwandlung eines pulver- oder granulatförmigen Stoffes innerhalb einer vorgegebenen Prozesszeit aus dem festen Zustand durch Energiezufuhr (Temperaturerhöhung) in den plastischen Zustand. Die erzeugte Schmelze muss dabei in thermischer und stofflicher Hinsicht möglichst homogen bereitgestellt werden. Dieser Umwandlungsprozess findet im Schneckenzylinder statt (Abb. 26.18), was eine Unterteilung der Schnecke in mehrere Zonen erforderlich macht.

Aus Wirtschaftlichkeitsgründen und im Sinne einer rationellen Verarbeitung werden Standardausführungen von Spritzgießmaschinen mit Dreizonen-Universalschnecken geliefert, mit denen sich fast alle für die Spritzgießverarbeitung gebräuchlichen Thermoplaste gut verarbeiten lassen [15]. Dieser Schneckentyp ist wie in der Extrusion durch die Aufteilung der Schnecke in drei verschiedene Zonen mit unterschiedlichen Aufgaben gekennzeichnet. An der Schneckenspitze befindet sich in der Regel noch eine Rückstromsperre, die das Zurückströmen der sich im Schneckenvorraum befindlichen Schmelze während der Einspritzphase und Nachdruckphase verhindern soll [16].

In Anbetracht der stark verbesserten Werkzeug- und Maschinentechnik sowie Formteilgestaltung konnten die Kühl-, Bewegungs- und daraus folgend die Zykluszeiten innerhalb der letzten 20 Jahre drastisch verkürzt werden. Bei sehr kurzen Zykluszeiten und damit hohen Massedurchsätzen, wie sie speziell in der Verpackungsindustrie und der Produktion von Großbehältern und Paletten auftreten, kann der Plastifizierstrom die begrenzende Größe für die Leistungsfähigkeit einer Spritz-

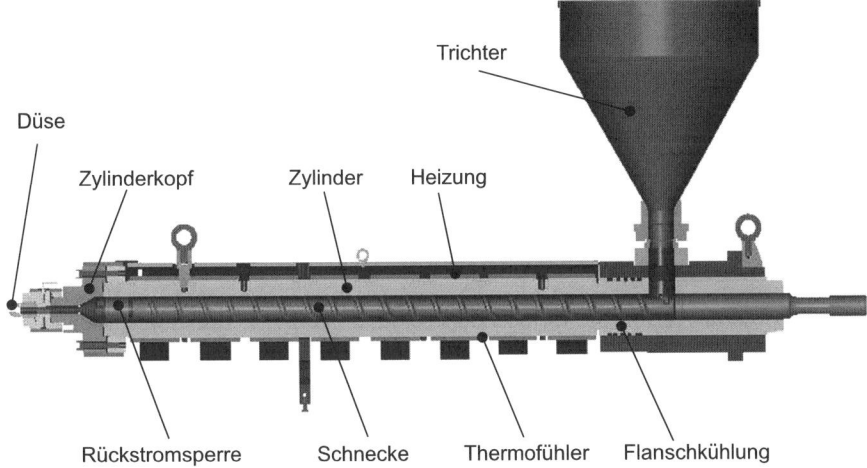

Abb. 26.18 Aufbau einer Plastifiziereinheit – mechanische und elektrische Komponenten [Quelle KraussMaffei]

gießmaschine werden. Dies hatte zur Folge, dass die maximal möglichen Plastifizierströme der Spritzaggregate ebenfalls angehoben werden mussten. Möglichkeiten dazu boten sich durch:

- Erhöhung der Schneckendrehzahlen
- Entwicklung von Plastifiziereinheiten mit Feststoffzwangsförderung [15]
- Maschinenkonzepte, die das Plastifizieren während der Maschinenzeiten der Schließeinheit ermöglichen
- Verbesserung der Schneckengeometrie mit dem Ziel einer Vergrößerung des spezifischen Plastifizierstroms (Plastifizierstrom pro Schneckenumdrehung [g/U] ist eine die Geometrie bzw. das System charakterisierende Kenngröße)

Während Systeme mit genuteten Einzugssystemen aufgrund hoher Durchsatzforderungen aus der Extrusionstechnik nicht mehr wegzudenken sind, wurden sie im Spritzgießmaschinenbau nur in besonderen Fällen (bei einzugsschwierigen Formmassen [17] und evtl. bei hohen Durchsätzen [18]) angewandt.

Durch die Steigerungen in den Massedurchsätzen durften aber keinesfalls Einschränkungen in der Qualität der Schmelze hingenommen werden. Diese Tatsache, gepaart mit den zunehmenden Forderungen nach Direkteinfärben (mechanische Homogenität) und Aufbereiten von Kunststoffen mit der Spritzgießmaschine sowie den Anforderungen neuer Rohstoffe (höhere Scher- und Verweilzeitempfindlichkeit), grenzen aber das Arbeitsfeld der heutigen Universalschnecken immer stärker ein. Für diese besonderen Fälle werden Schnecken mit größeren Längen zwischen 23 D und 28 D und zum Teil auch mit zusätzlichen Scher- und Mischelementen als sogenannte Hochleistungsschnecken eingesetzt.

Bei Spritzgießmaschinen fällt somit den Plastifiziereinheiten die bedeutendste Aufgabe innerhalb des Prozessablaufes zu. Sie müssen nämlich jederzeit in einem breiten Anwendungsfeld eine material- und betriebspunktgerechte Verarbeitung ermöglichen [19]. Zu den wichtigsten Zielen des Plastifiziervorganges, die durch die Schneckengeometrie beeinflusst werden, gehören wie bei der Extrusion

- ein reproduzierbares und förderstabiles Einzugsverhalten,
- ein intensives, aber schonendes Aufschmelzen mit möglichst geringem Materialabbau,
- eine gute Homogenität der Schmelze, sowohl in thermischer als auch in optischmechanischer Hinsicht,
- eine optimale, regelbare Massetemperatur,
- ein ausreichender Plastifizierstrom.

Die Forderungen an die Spritz- und Plastifiziereinheiten sind somit sehr weitreichend. Für die Formteilbildung sind Merkmale wie maximaler Einspritzdruck und Einspritzstrom sowie die Ansprechgenauigkeit und Schließgeschwindigkeit der Rückstromsperre wichtig. Dem System werden dabei u. a. aufgrund der diskontinuierlichen Betriebsweise die unterschiedlichsten Beanspruchungsmerkmale aufgeprägt, beispielsweise

- Innendrücke bis rund 3500 bar (Einspritzdrücke),
- Betriebstemperaturen bis 450 °C,

- Lastwechsel mit einer Frequenz ≤ 1 Hz,
- Gleitgeschwindigkeiten bis 1,8 m/s,
- Verschleiß durch Adhäsion, Abrasion und Korrosion,
- Breites Materialspektrum, wie z. B.
  - unverstärkte Thermoplaste (z. B. HDPE, PP)
  - verstärkte / gefüllte Kunststoffe (z. B. PA + GF, ABS/PC + FS)
  - transparente Kunststoffe (z. B. PC, PMMA, SAN)
  - Hochtemperaturkunststoffe (z. B. PEEK, PPS, PFA)
  - Polymerblends (z. B. PBT/PC, PP/EPDM)

Das Zusammenspiel dieser Größen kennzeichnet die Leistungsfähigkeit einer Plastifiziereinheit bzw. Spritzeinheit. Ausgehend vom Formteil sind beim Auslegen einer Produktionseinheit anhand der quantifizierbaren Werte für Hubvolumen, Einspritzdruck, Einspritzstrom und Plastifizierstrom sorgfältig die Größe und Geometrie der Schnecke sowie der entsprechende Schneckenantrieb abzustimmen. Dabei ist der Einfluss des zu verarbeitenden Materials zu berücksichtigen. Diese Abstimmung entscheidet letztlich nicht nur über die maßliche und optische Formteilqualität, ihre Reproduzierbarkeit und die erreichbare Zykluszeit, sondern auch über möglicherweise auftretende Materialschädigung und damit über die mechanischen Eigenschaften eines Formteils.

26.4.2 Schnecken, Geometrie und Aufgaben

Konventionelle Schneckenkolbenspritzeinheiten sind zur Thermoplastverarbeitung meistens mit einer eingängigen Dreizonenschnecke ausgestattet (Abb. 26.19).

Sie ist das Ergebnis wirtschaftlicher Bestrebungen, die zur Entwicklung einer Universal-Thermoplastschnecke geführt haben. Wie der Name schon sagt, ist dieser Schneckentyp in drei Zonen aufgeteilt:

- der Einzugszone
- der Umwandlungszone (Kompressionszone)
- der Austragszone (Meteringzone)

Dreizonenschnecken sind so ausgelegt, dass sie die Standardkunststoffe in ausreichender Qualität verarbeiten können. Die Geometrie wird definiert durch den Durchmesser D, die Gangsteigung t, den Gangsteigungswinkel φ, die Gangbreite b, die Gangtiefe h, die Stegbreite e und das radiale Schneckenspiel δ (Abb. 26.20).

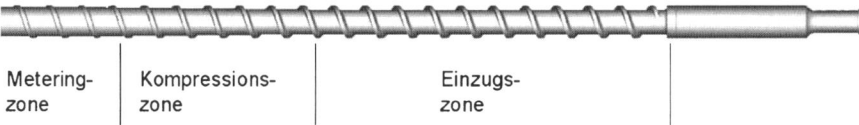

Abb. 26.19 Darstellung einer Dreizonenschnecke mit den Funktionszonen Einzug, Kompression und Metering (Austragszone) [Quelle KraussMaffei]

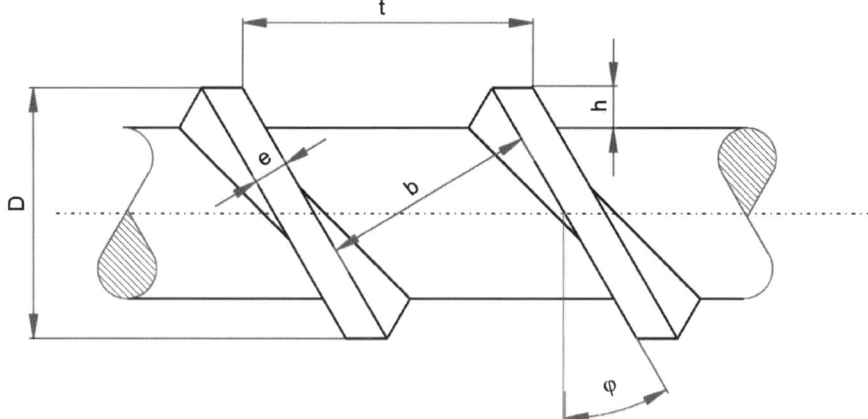

Abb. 26.20 Geometrie einer eingängigen Schnecke mit den charakteristischen Größen: Durchmesser D, Gangsteigung t, Gangsteigungswinkel φ, Gangbreite b, Gangtiefe h Stegbreite [Quelle KraussMaffei]

Die Schneckenlängen sind größtenteils kürzer als bei Extrudern, da infolge des zyklischen Betriebes beim Spritzgießen ein zusätzlicher Energieaustausch durch reine Wärmeleitung während der Stillstandszeit das Aufschmelzen günstig beeinflussen. Moderne Standardschnecken weisen eine, auf den Durchmesser normierte wirksame Länge von 18 – 23 D auf, wobei die Einzugszonenlängen etwa der halben Schneckenlänge entspricht. Kompressions- und Meteringzone haben in etwa gleiche Längen, die Gangsteigung beträgt 1 D, und das Gangtiefenverhältnis zwischen Einzugs- und Meteringzone liegt zwischen 2 und 3.

In der Einzugszone wird das Kunststoffmaterial von der Schnecke aufgenommen und zu einem kompakten Feststoffbett verdichtet. Dabei ist bei der auf Haftung beruhenden Feststoffförderung ein hoher Reibungskoeffizient μ zwischen Kunststoff und Zylinderwand (z. B. durch aufgeraute Zylinderwand im Einzugsbereich) und ein kleiner zwischen Kunststoff und Schnecke (z. B. durch polierten Schneckengrund) anzustreben. Durch den Wärmeübergang von der heißen Zylinderwand in das Feststoffpaket wird der Kunststoff erwärmt und beginnt aufzuschmelzen. In Abb. 26.21 ist die gesamte Aufschmelzzone schematisch dargestellt. Der Feststoff A ist allseitig von Schmelze umhüllt und gleitet auf den Schmelzefilmen C_1 und C_2 am Schneckengrund und an der Schneckenflanke. Diese Schmelzefilme nehmen in ihrer Dicke aufgrund der Erwärmung durch die Schnecke in Förderrichtung ständig zu. Das Aufschmelzen des Feststoffes findet jedoch hauptsächlich an der Zylinderwand statt. Die Erwärmung erfolgt hier durch Leitung und Dissipation in einem nur wenige Zehntel Millimeter dicken Schmelzefilm B. Die Relativgeschwindigkeit v_{rel} zwischen Zylinder und Feststoff sorgt dafür, dass die entstehende wandhaftende Schmelze sofort weggeschleppt wird, wodurch der Schmelzefilm B stets sehr dünn bleibt. Dadurch wird sowohl die Wärmeleitung von der heißen Zylinderwand in den

26.5 Plastifiziereinheit

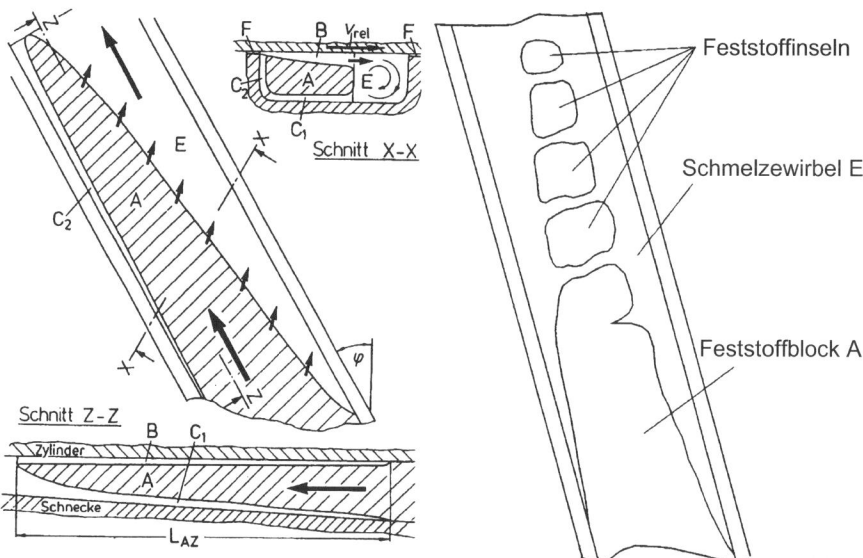

Abb. 26.21 Qualitative Analyse des Aufschmelzvorganges nach dem Maddock-Modell [21]: Der Feststoffblock A wird entlang der Aufschmelzzone LAZ durch die abnehmende Gangtiefe an die heiße Zylinderwand gepresst und aufgeschmolzen. Die Schmelze sammelt sich im Schmelzepool E. Am Ende der Aufschmelzzone LAZ bricht der Feststoffblock in kleine „Feststoffinseln" auf

Feststoff als auch die Dissipation im Schmelzefilm B und damit die Aufschmelzleistung in dem darunter liegenden Feststoff A forciert. Sie sammelt sich im Schmelzewirbel E an der Schubflanke an. In geringem Maß wird der Feststoff auch an der dem Schmelzewirbel zugewandten Seitenfläche aufgeschmolzen. Weiterhin gelangt von E über den Leckspalt F ein geringer Teil der Schmelze zum Schmelzefilm B zurück (Leckströmung). Beim Fortschreiten in Schneckenkanalrichtung wird bei konstanter Kanaltiefe h der Schmelzewirbel breiter. Er drückt dabei den deformierbaren und daher schmaler werdenden Feststoffblock A an die Schubflanke [21].

In der Aufschmelzzone nimmt die Gangtiefe linear ab, um die Aufschmelzfläche zwischen Feststoff und Zylinderwand möglichst groß zu halten. Dadurch wird der Feststoffblock A sowohl in die Breite gequetscht als auch in Kanalrichtung beschleunigt. Gegen Ende der Aufschmelzzone bricht der Feststoffblock aufgrund hoher Scher- und Beschleunigungskräfte, die von dem Schmelzewirbel auf das Feststoffbett ausgeübt werden, in Einzelstücke auseinander. Das Aufbrechen des Feststoffs in sog. „Feststoffinseln" führt zu Strömungsverhältnissen, in denen kaum noch Schubspannungen zum Aufschmelzen in den Feststoff eingebracht werden können, und der Schmelzprozess nur noch durch Wärmeleitung realisiert werden kann. Falls die in der Schmelze fortschwimmenden Feststoffteile in den nachfolgenden Schneckenzonen nur ungenügend aufgeschmolzen werden können, führt dies zu thermischen Inhomogenitäten im Formteil.

Die Meteringzone hat die Aufgabe, die Schmelzetemperatur zu homogenisieren. Das Homogenisieren erfolgt im schmelzegefüllten Zustand und beinhaltet sowohl vollständiges Aufschmelzen noch vorhandener Feststoffpartikel, Verteilen von Zusätzen (Additive) und Komponenten (Polymerblends), sowie das gleichmäßige Temperieren der Schmelze auf ein gefordertes Temperaturniveau. Dabei ist zu beachten, dass im Gegensatz zur kontinuierlichen Extrusion die Aufbereitung der Schmelze bei Schneckenkolben-Plastifiziereinheiten im Zyklus nicht unter stationären Bedingungen erfolgt. Während des Plastifiziervorganges reduziert sich die wirksame Schneckenlänge solange, bis der eingestellte Plastifizierweg (Hub) erreicht wird. Dies hat, insbesondere bei größeren Dosierwegen, Auswirkungen auf die thermische und mechanische Homogenität der Schmelze im Schneckenvorraum, bis hin zu unaufgeschmolzenem Material. Die thermische Homogenität der aufbereiteten Formteilmassen steht in direktem Zusammenhang zur Temperaturentwicklung im Schneckenkanal. Axiale und radiale Temperaturdifferenzen entstehen zwangsläufig durch das Aufschmelzen des kalten Feststoffes und der diskontinuierlichen Verfahrbewegung der Schnecke während der Plastifizierung sowie der Schneckenstillstandsphase (Abb. 26.22).

Die Funktionen dieser Standard-Schnecken, die bereits vor etwa 40 Jahren eingeführt wurden, sind erforscht und bestens bekannt. Viele Materialien wurden auf und mit ihnen entwickelt. Doch obwohl bei diesem Schneckentyp der Erfahrungs-

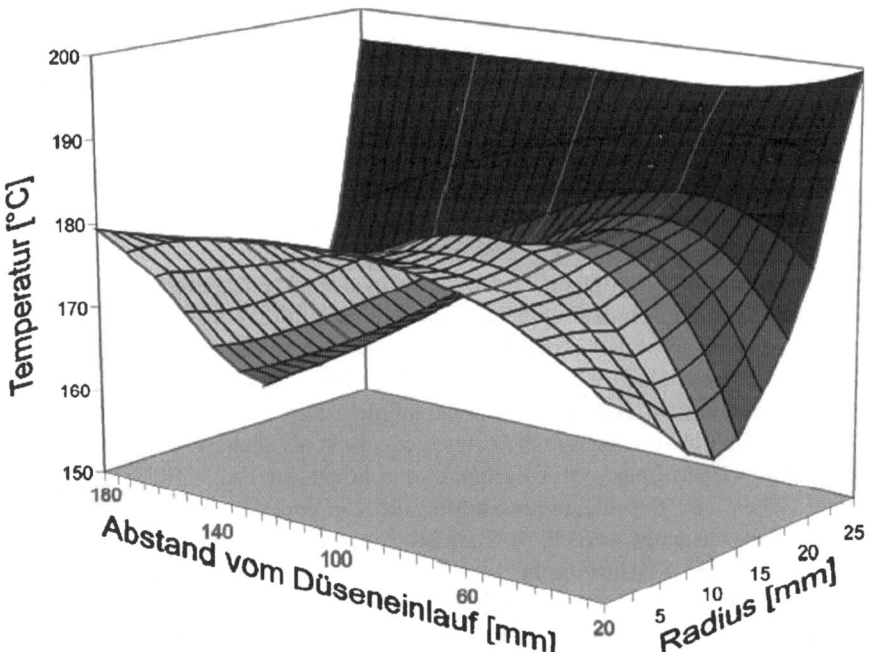

Abb. 26.22 Temperaturprofil im Schneckenvorraum aufgrund der Tatsache, dass sich während des Plastifiziervorganges die wirksame Schneckenlänge reduziert Beispiel: LD-PE, TZ=200°C, n=114U/min, pSt=35bar, D=60mm [Quelle KraussMaffei]

26.5 Plastifiziereinheit

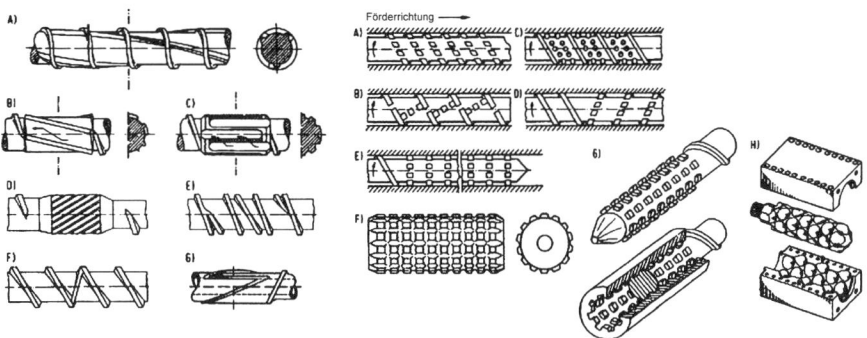

Abb. 26.23 Gebräuchliche Scher- und Mischelemente [20]: Linke Seite – Scherteile weisen einen gegenüber dem Zylinder abgesetzten Steg auf, über den die Schmelze strömen muss. Rechte Seite – Mischteile weisen Durchbrüche und Hindernisse auf, welche die Schmelze in mehrere Teilströme zerteilen

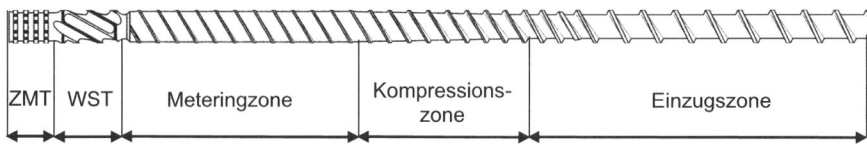

Abb. 26.24 KraussMaffei-Hochleistungsschnecke mit Scher- und Mischteil: In der Praxis werden Scher- und Mischteile immer am Ende der Schnecke angeordnet. Sie haben die Aufgabe, die Schmelze zu homogenisieren. WST: Wendelscherteil; ZMT: Zahnscheibenmischteil [Quelle KraussMaffei]

horizont derzeit am größten ist, lassen sich die ständig wachsenden Anforderungen nicht immer ausreichend erfüllen. Der Konflikt zwischen hohen Durchsätzen und guter Schmelzhomogenität ist folglich nur durch alternative Schneckenkonzepte zu lösen. Ziel der Bemühungen ist die Verbesserung der Aufschmelzleistung der Schnecken, um den Durchsatz zu steigern bzw. um mehr Schneckenlänge für die Homogenisierung der Schmelze zu erhalten.

Um eine ausreichende prozessunabhängige Homogenität zu erreichen, werden die Dreizonenschnecken zusätzlich mit Scher- und Mischteilen ausgestattet (Abb. 26.23). Diese Zerteilen Agglomerate sowie in der Schmelze herumvagabundierende Feststoffinseln und wirken somit als Filter, da nur noch Kunststoffpartikel durchgelassen werden, die mindestens in einer Länge kleiner als der Scherspalt sind.

Bei herkömmlichen Dreizonenschnecken werden Scherteile in der Ausstoßzone bei etwa zwei Drittel der Schneckenlänge angeordnet (Abb. 26.24). Hier kann das Scherelement das Ausstreichen von Schmelzevolumenelementen durch Scher- und Dehndeformation unterstützen (Abb. 26.25). Mit Scherelementen erhält man gleichmäßigere Schmelzetemperaturen. Bedingt durch die dünne Schmelzeschicht im Scherspalt und die gleichmäßige Scherung der Schmelze werden niedriger viskose

Schmelzeteile (hohe Temperatur) weniger, hochviskose Teile (niedrige Temperatur) stärker geschert.

Mischteile werden am Ende einer Schnecke angeordnet und erfüllen dort Verteilaufgaben (Abb. 26.24). Dies wird durch ein ständiges Aufteilen und Vereinigen des Schmelzestromes erreicht, so dass Schmelzeteile umlagert werden (Abb. 26.25). Im Gegensatz zum Zerteilvorgang in Scherteilen können aber Schmelzepartikel oder Additivkonzentrationen nicht zerteilt werde; die Aufgabe von Mischteilen ist, durch möglichst häufiges Umlagern von Teilen der Schmelze zu einer Vielzahl von Teilströmen zu gelangen. Dadurch wird das Temperaturniveau gegenüber einer Standardschnecke angehoben, was die Folge einer erhöhten Wärmedissipation in dem kleineren Querschnitt des Mischteils aufgrund höherer Schubspannungen und größerer Schergeschwindigkeiten ist.

Derart modifizierte Dreizonenschnecken zeichnen sich in der Anwendung durch bessere thermische wie auch mechanische Homogenität der plastifizierten Formmasse aus, jedoch nimmt der Durchsatz durch höhere negative Druckgradienten entlang der Schnecke ab. Die Scher- und Mischteile sollten darum möglichst druckneutral ausgelegt werden, um den Durchsatz nicht zu reduzieren, den Verschleiß zu minimieren und die Massetemperatur nicht zu negativ zu beeinträchtigen [16]. Aufgrund der zahlreichen in den vergangenen Jahren entwickelten Scher- und Mischteile ist es schwer, alle verschiedenen Geometrien zu analysieren. Bei den heute eingesetzten Scher- und Mischteilen ist zudem keine strenge Unterscheidung nach der Funktion mehr möglich. So wird beim Wendelscherteil neben der Scherung des Materials auch distributiv gemischt.

Anhand des einfachen Tadmor-Modells für Newton'sche Schmelzen sieht man sehr rasch die wesentlichen Einflussgrößen auf die Aufschmelzrate Γ (Aufschmelzrate pro Zeit- und Flächeneinheit) einer Schnecke. Für das Aufschmelzen stehen grundsätzlich zwei Energiequellen zur Verfügung. Die erste und wichtigste ist die

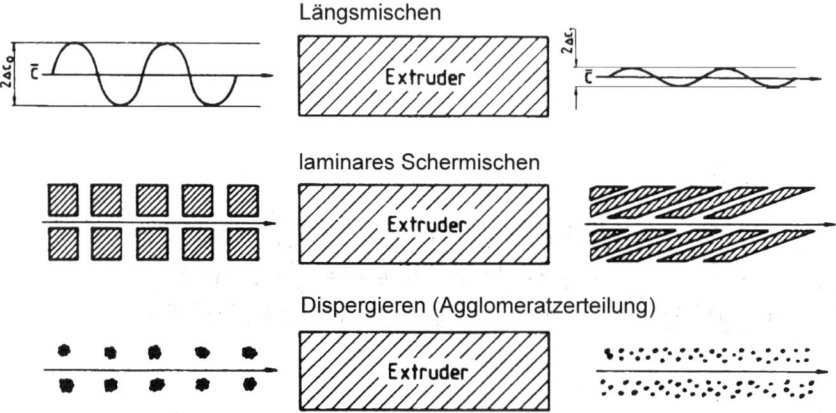

Abb. 26.25 Mischen und Dispergieren in Kunststoffschmelzen [21]: Die Mischaufgaben der sich an die Aufschmelzzone anschließenden Schneckenelemente können unterteilt werden in Längsmischen, laminares Schermischen und Dispergieren (Agglomeratzerteilung)

26.5 Plastifiziereinheit

mechanische Energie, die durch die Schnecke eingebracht wird und durch Scherung in Wärme umgewandelt wird. Dafür ist die Relativgeschwindigkeit zwischen Feststoffbett und Zylinder ausschlaggebend. Die zweite Quelle ist die äußere Zylinderheizung. Beide Energiequellen treten in der Gleichung für die Aufschmelzgeschwindigkeit [20] auf. Zusätzlich beeinflusst auch die Enthalpie, die zur Erwärmung des Feststoffs notwendig ist, die Aufschmelzgeschwindigkeit.

$$\Gamma = \Phi \sqrt{X} \tag{1}$$

$$\Phi = \left\{ \frac{v_{bx}\, \rho_M \left[\overbrace{\lambda_M \left(T_Z - T_M\right)}^{\text{Wärmeleitung}} + \overbrace{\frac{1}{2} \eta_{SF}\, v_r^2}^{\text{Dissipation}} \right]}{2 \left[\underbrace{c_F \left(T_M - T_F\right) + i}_{\text{Enthalpie + Phasenübergang}} \right]} \right\}^{\frac{1}{2}} \tag{2}$$

Hierin bedeuten: λ_M = Wärmeleitfähigkeit der Schmelze; c_F = spez. Wärmeleitfähigkeit des Feststoffes; ρ_M = Dichte der Schmelze; η_{SF} = Viskosität im Schmelzefilm; i = Schmelzwärme; T_Z = Zylinderwandtemperatur; T_F = Feststofftemperatur; T_M = Temperatur in der Grenzfläche Schmelze / Feststoff.

Für die Geschwindigkeiten gelten unter Vernachlässigung der Schneckenrückzugsgeschwindigkeit die folgenden Ansätze [20]:

$$v_r = \sqrt{v_b^2 + v_{Fz}^2 - 2\, v_b\, v_{Fz} \cos(\varphi)} \tag{3}$$

$$v_b = \pi\, n\, D, \qquad v_{Fz} = \frac{\dot{m}}{\rho_F\, b\, h} \tag{4}$$

$$v_{bx} = v_b \sin(\varphi). \tag{5}$$

Hierin bedeuten: v_r = Relativgeschwindigkeit; v_b = Umfangsgeschwindigkeit; v_{bx} = Umfangsgeschwindigkeit senkrecht zur Kanalrichtung; v_{Fz} = Feststoffgeschwindigkeit in Kanalrichtung; $\dot{m}$ = Massedurchsatz; ρ_F = Feststoffdichte; n = Schneckendrehzahl.

Aus Gleichung (2) ist ersichtlich, dass die Aufschmelzrate Γ durch einen geringeren Temperaturunterschied zwischen Feststoff (T_F) und Schmelze (T_M) verbessert werden kann. Solch ein Temperaturausgleich im Bereich der Aufschmelzzone (Kompressionszone) kann z. B. durch Stifte realisiert werden (Abb. 26.26).

Ein Aufreißen des Feststoffbetts im mittleren Bereich der Schnecke, wie bei der KraussMaffei-Mischschnecke (Pat.-Nr. DE 3132429 C3), trägt ebenfalls zur

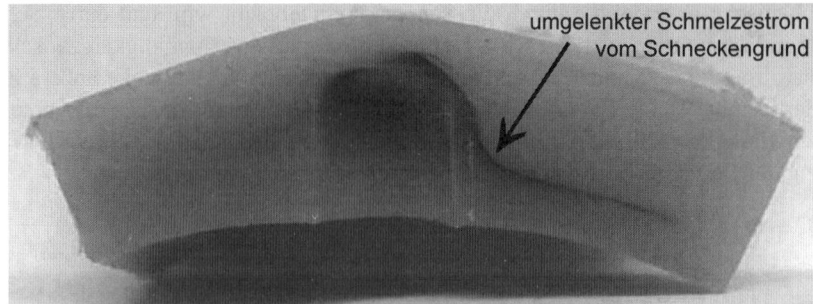

Abb. 26.26 Einbringen von Energie in das Feststoffbett: Ein Stift im Schneckenkanal streift die Schmelze von der Schneckenoberfläche ab und lenkt diese in das Feststoffbett um, wodurch sich die Feststoffbetttemperatur erhöht

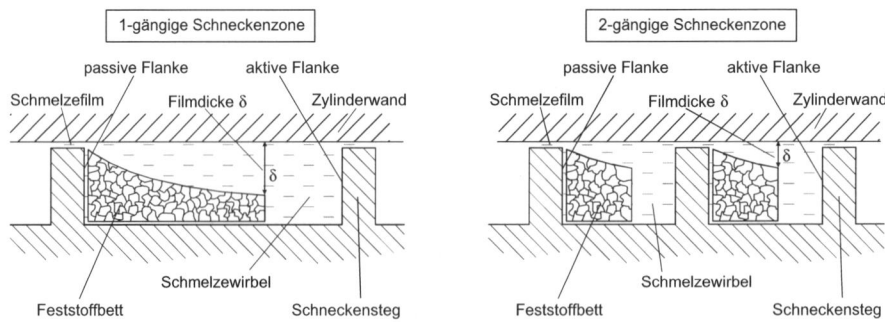

Abb. 26.27 Aufschmelzverhalten in mehrgängigen Geometrien [16]: Durch einen weiteren Schneckensteg wird der Schmelzefilm am Zylinder früher von der aktiven Flanke abgestriffen. Durch den dünneren Schmelzefilm φ kann die Wärme besser vom Zylinder in das Granulat übertragen sowie höhere Schubspannungen in den Schmelzefilm eingeleitet werden

Verbesserung der Schmelzehomogenität bei. Die dominante Wärmequelle ist dann die Umwandlung mechanischer in Wärmeenergie. Derart modifizierte Schnecken zeichnen sich somit durch eine sehr gute Homogenität und geringfügige Durchsatzreduktion aus.

Durch eine Verringerung der Schmelzefilmdicke zwischen Zylinderwand und Feststoffbett wird zum einen die Wärmeübertragung vom Zylinder in den Feststoff verbessert, zum anderen wirken durch den dünneren Schmelzefilm auch höhere Schergeschwindigkeiten im Schmelzefilm, wodurch mehr Dissipationswärme entsteht und die Aufschmelzleistung gesteigert wird.

Konstruktiv ist eine Verringerung der Schmelzefilmdicke durch folgende Maßnahmen möglich:

- Mehrgängige Schnecken
- Barriereschnecken

26.5 Plastifiziereinheit

Durch die Erhöhung der Gangzahl bei ansonsten unveränderten Schneckengeometrien ergeben sich bei der mehrgängigen Schnecke im Vergleich zur eingängigen Ausführung kleinere Schmelzefilmdicken an der Zylinderwand [16]. Dies ist aus Abb. 26.27 ersichtlich.

Da sich nach Rothe [22] der Wärmeübergang vom Zylinder in den Feststoff umgekehrt proportional zur Schmelzefilmdicke verhält, wird die Wärmeübertragung durch die geringere Filmdicke gesteigert. Zusätzlich ergeben sich durch die geringere Dicke höhere Schergeschwindigkeiten im Schmelzefilm, was zu einer höheren Zuführung von Dissipationsenergie und somit zu einer Verbesserung der Aufschmelzleistung führt [23].

Die Funktionsweise aller Barriereschnecken ist prinzipiell gleich. Anstelle einer Kompressionszone wird bei diesem Schneckenkonzept Feststoff und Schmelze durch einen zusätzlichen Steg mit vergrößertem Spalt gegenüber dem Zylinder, getrennt (Abb. 26.28). Dadurch wird der Feststoffblock A zusammengehalten und

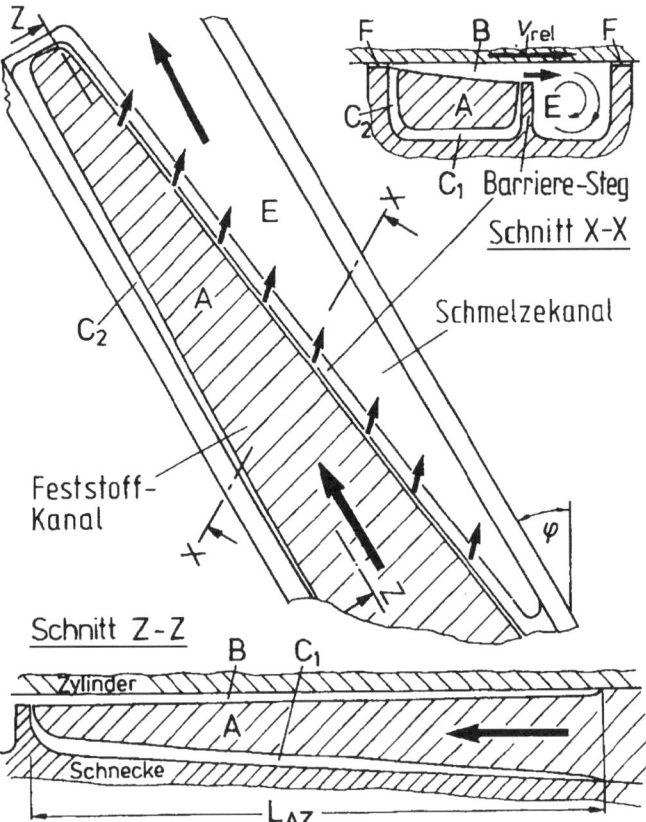

Abb. 26.28 Qualitative Analyse des Aufschmelzvorganges in einer Barrierezone [21]: Der Aufschmelzvorgang ist analog dem Maddock-Modell bei konventionellen Schnecken. Durch den Barrieresteg (über den die Schmleze strömen kann) wird der Feststoffblock A zusammengehalten und dessen Aufbrechen in Einzelstücke unterdrückt

dessen Aufbrechen in Einzelstücke unterdrückt. Die Spaltweite ist gerade groß genug, um aufgeschmolzenes Material passieren zu lassen. Durch Verringerung des Gangvolumens des Feststoffkanals wird das Granulat an die Zylinderwand gedrückt und aufgeschmolzen. Der sich bildende Schmelzefilm B an der Zylinderwand wird laufend über den engen Barrierespalt zwischen den beiden Kanälen geschert und von dem dahinter liegenden Hauptsteg in den Schmelzekanal E abgeschabt. Dadurch bleibt lediglich eine dünne Schmelzschicht B an der Zylinderwand erhalten. Die Barrierestege tragen somit entscheidend zum Aufschmelzverhalten sowie zu einer effektiven Wärmeeinbringung und somit zu einer guten mechanischen und thermischen Schmelzequalität bei.

Die Gangsteigung in der Barrierezone ist im allgemeinen größer als in der Einzugszone, um das benötigte Gangvolumen für den zweiten Schneckengang zu schaffen. Anderenfalls wären die Einlauf- und Umlenkwiderstände beim Übergang der Einzugszone in die Barrierezone zu hoch. Mit wachsender Kanallänge der Barrierezone nimmt der Querschnitt des Feststoffkanals stetig ab, während gleichzeitig der Kanalquerschnitt des Schmelzekanals zunimmt.

Ausgehend von dieser Grundidee entstanden im Verlauf der Entwicklung verschiedene Barrieregeometrien. Derzeit findet man am Markt unterschiedliche Geometriekonzepte für Barriereschnecken. Eine Gegenüberstellung prinzipiell möglicher Barriere-Systeme ist in Abb. 26.29 schematisch anhand von Abwicklungen dargestellt.

Aus Gl. (1) ist zu entnehmen, dass ein breites Feststoffbett X das Aufschmelzen ebenfalls begünstigt. Somit sind Barriere-Systeme, bei denen die Aufschmelzfläche durch einen Feststoffkanal mit gleich bleibender Breite vergrößert wird, bezüglich der Aufschmelzleistung zu bevorzugen.

Um die Vorteile eines Barrierekonzeptes optimal zu nutzen, ist die Geometrie spezifisch auf das zu verarbeitende Material und den vorgesehenen Betriebspunkt auszule-

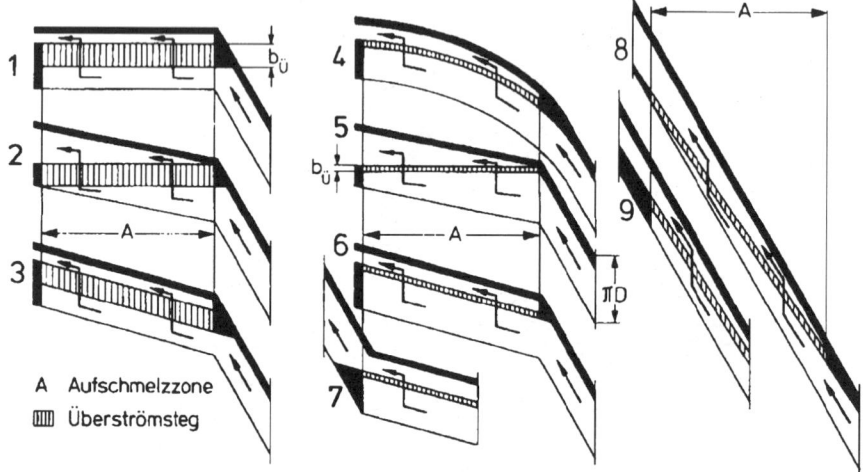

Abb. 26.29 Gegenüberstellung von Barrieresystemen [21] 2, 5, 8, 9: abnehmende Feststoffkanalbreite – Wärmeübergang Zylinder / Granulat nimmt ab 1, 3, 4, 6, 7: konstante Feststoffkanalbreite – Wärmeübergang Zylinder / Granulat bleibt konstant

26.5 Plastifiziereinheit

gen. Das schränkt allerdings ihr Material- und Betriebspunktverhalten ein. Besonders deutlich wird dies bei großen Dosierwegen. Hierbei verschiebt sich die Barrierezone sehr weit zum Materialeinzug, weshalb der Feststoffanteil in dieser Zone so stark zunimmt, dass die Aufschmelzlänge bis zum Ende der Barrierezone nicht mehr ausreicht. Der Feststoffkanal verstopft und der Materialdurchsatz vermindert sich.

Im Gegensatz zu dem Aufschmelzmodell nach Maddock (vgl. weiter oben) liegt den sog. Polygon Schnecken („Wave"-Screw) ein anderes Aufschmelzmodell zugrunde. Bei diesem Modell geht man nicht von einer Aufteilung im Schneckengang in Feststoff und Schmelze aus, sondern von Feststoffpartikeln, die in einer sie umschließenden Schmelze eingebettet sind (vgl. Abb. 26.30).

Bereits früher erkannte man, dass ein Aufreißen des Feststoffbetts im mittleren Bereich der Schnecke ebenfalls zur Verbesserung des Aufschmelzverhaltens bzw. der Schmelzehomogenität beiträgt (KraussMaffei-Mischschnecke). Versuche zeigen [25], dass das Aufreißen des Feststoffbetts entscheidend den Aufschmelzprozess verkürzt, und somit zur Verbesserung der Homogenität beiträgt. Dies ist besonders bei Maschinen mit größeren Gangtiefen beobachtet worden. Die dominante Wärmequelle ist dann die Umwandlung mechanischer in Wärmeenergie. Derart modifizierte Schnecken zeichnen sich durch eine sehr gute Homogenität und geringfügige Durchsatzreduktion aus.

Aber auch andere Schnecken wurden mit dem Zweck entwickelt, eine Dispergierung des Feststoffes in der Schmelze zu erzielen. Durch die Dispergierung wird eine größere Kontaktfläche zwischen Granulat und Schmelze erzeugt. Beispiel hierfür ist die Double-Wave Schnecke [26]. Die Kanäle der Double-Wave Schnecke haben gegenläufig wechselnde Gangtiefen. Während die Gangtiefe in einem Kanal zunimmt, nimmt sie im benachbarten Kanal ab. Weist an einer Stelle der eine Kanal seine maximale Tiefe auf, ist im anderen Kanal dessen minimale Gangtiefe erreicht. Die Kunststoffmasse wird aufgrund dieser zyklischen Variation der Gangtiefen über den zentralen Barrieresteg gezwungen (vgl. Abb. 26.31). Dabei werden an- bzw. aufgeschmolzene Grenzschichten am Granulatkorn abgestreift und neue Kontaktflächen für die Schmelze am Granulat geschaffen.

Ein solches Schneckendesign liefert eine gute Homogenität ist aber ebenfalls wie die Barriereschnecke teuer in der Herstellung und vor allem material- und betriebspunktabhängig, da die minimalen Gangtiefen so ausgelegt werden, dass der

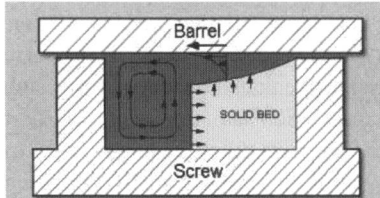
Aufschmelzmodell nach *Maddock*

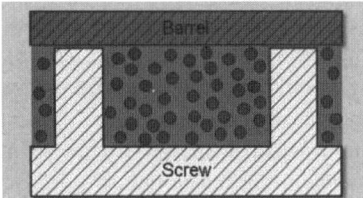
disperses Aufschmelzmodell

Abb. 26.30 verschiedene Aufschmelzmodelle im Vergleich [24]: Aufschmelzmodell nach Maddock – Aufteilung von Feststoff und Schmelze Disperses Aufschmelzmodell – in Schmelze eingebettete Feststoffpartikel (große Oberfläche)

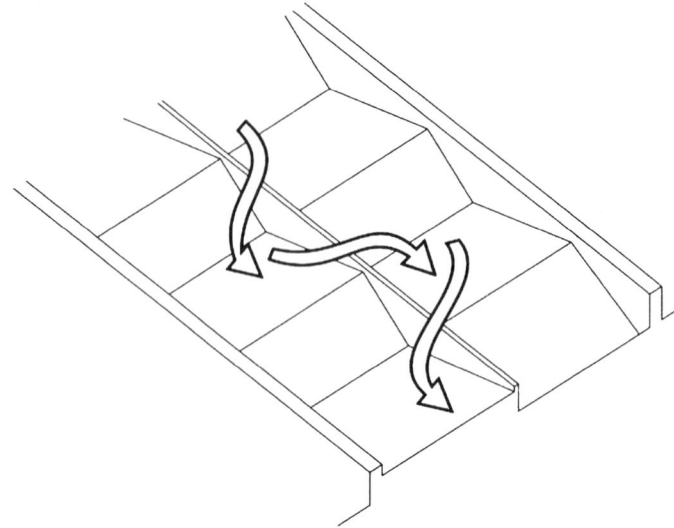

Abb. 26.31 Prinzip der Double-Wave Schnecken [37]: Die Schmelze wird durch „Berge" und „Täler" über einen zum Zylinder hin abgesetzten Steg gezwungen, was sich positiv auf das Aufschmelzen und die Mischwirkung der Schnecke auswirkt

mittlere Korndurchmesser nicht unterschritten wird. Um wie bei der Barriereschnecke ein Verstopfen der Schnecke zu vermeiden ist auch hier nötig bei Beginn der Wave-Zone bereits ausreichend aufgeschmolzenes Material vorliegen zu haben.

26.4.3 Rückstromsperre

Die Rückstromsperre (RSP) bildet das Ende einer Spritzgießschnecke. Sie dient dazu, einen während des Einspritz- und Nachdruckvorganges möglichen Schmelzerückfluss zu verhindern und damit die Wirksamkeit des Nachdruckes aufrecht zu erhalten. Beim Plastifizieren muss sie es jedoch dem aufgeschmolzenem Kunststoff ermöglichen, in den Schneckenvorraum zu dringen. Somit kann die Rückstromsperre entscheidenden Einfluss auf das Druck- und Durchsatzverhalten der Plastifiziereinheit ausüben (vgl. Abb. 26.32). Durch den Druckverlust der Rückstromsperre während des Dosierens wird die Strömung im Schneckenkanal beeinflusst was sich auf das Mischverhalten der Schnecke auswirkt. Zusätzlich kann es – je nach Bauart der Rückstromsperre – zu einer Umlagerung der Schmelze durch Teilungs- und Zusammenführungsvorgängen der Schmelze und damit zu bewussten Mischeffekten in der Rückstromsperre kommen [23].

Abb. 26.33 zeigt zwei Bauarten von Rückstromsperren, die in der Praxis Verwendung finden. Auf die Funktion und den Vorteil der einzelnen Rückstromsperren soll hier nicht näher eingegangen werden, hierfür sei auf die entsprechende Literatur verwiesen [27].

26.5 Plastifiziereinheit

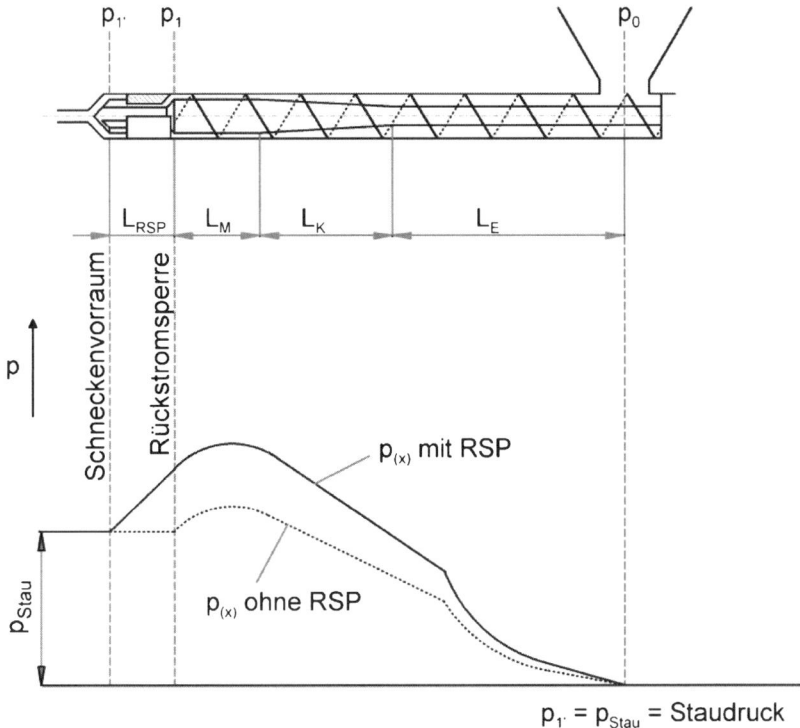

Abb. 26.32 Qualitativer Druckverlauf p(x) zur Erläuterung des Einflusses der RSP [19]: Durch den Druckverlust über der Rückstromsperre wird die Strömung im Schneckenkanal beeinflusst, was sich auf das Mischverhalten der Schnecke auswirkt

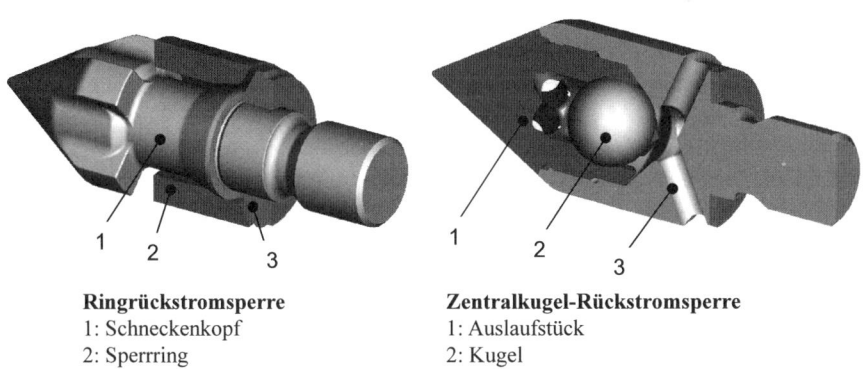

Ringrückstromsperre
1: Schneckenkopf
2: Sperrring
3: Druckring

Zentralkugel-Rückstromsperre
1: Auslaufstück
2: Kugel
3: Einlaufstück

Abb. 26.33 Unterschiedliche Rückstromsperrentypen [Quelle KraussMaffei]: Sowohl der Sperrring (2) als auch die Kugel (2) verhindern beim Einspritzvorgang ein Zurückströmen des Kunststoffes in den Schneckengang

26.4.4 Antrieb für Schnecke und Einspritzvorgang

Grundsätzlich benötigt die Schnecke einen rotatorischen Antrieb für das Plasifizieren und einen translatorischen für das Einspritzen.

Beim rotatorischen Antrieb wird nach Art und Lage des Antriebs unterschieden:

- direkthydraulischer Antrieb mit langsam laufenden Hydromotor,
- hydraulischer Antrieb mit Untersetzungsgetriebe,
- elektromotorischer Antrieb mit Untersetzungsgetriebe,
- Direktantrieb mit regelbarem E-Motor.

Die translatorische Bewegung für den Einspritzvorgang wird,

- Hydraulisch – für hohe Bewegungsgeschwindigkeiten z. T. noch zusätzlich über Druckspeicher oder
- elektromechanisch durch Direktantriebe ausgeführt.

26.5 Spritzeinheit

Der Spritzeinheit einer Spritzgießmaschine muss die größte Bedeutung zugeschrieben werden. Sie ist verantwortlich für die Prozessführung, Formteilbildung und letztlich für die Qualität der Formteile.

Das polymere Aufgabegut – vorzugsweise rieselfähige Granulate, in besondern Fällen auch Gries, bzw. Pulver – werden über den Trichter der Plastifiziereinheit zugeführt. Dort wird der Kunststoff erwärmt, aufgeschmolzen und homogenisiert; anschließend unter Geschwindigkeit und Druck geführten Bedingungen in die Werkzeugkavität eingespritzt. Die Prozessparameter – Temperatur, Geschwindigkeit und Druck – müssen dabei an die verarbeitenden Kunststoff-Formmassen und die jeweiligen Formteilspezifikationen angepasst werden.

Heute kommen Schneckenkolben-Spritzeinheiten, Kolbenspritzeinheit mit Schneckenvorplastifizierung und Kolbenspritzeinheiten zum Einsatz. Der Schwerpunkt liegt eindeutig bei den Schneckenkolben-Spritzeinheiten (Standard am Markt). Hier wirkt die Schnecke neben ihren eigentlichen Aufgaben – Fördern, Verdichten, Aufschmelzen und Homogenisieren – gleichzeitig auch als Kolben (Schubschnecke). Sie hat für die zentralen Aufgaben Schmelzeaufbereitung und präzise Einspritzung die wohl größte Bedeutung. Die Spritzeinheiten können in unterschiedlicher Anzahl und Varianten an die Maschine angeordnet werden. Der Treiber zu diesen Variationsmöglichkeiten ist in erster Linie die Mehrkomponententechnik. Die Regelanordnung ist horizontal in Maschinenachse.

26.6 Schließeinheit

Bis heute ist es üblich, die Spritzgießmaschine in Schließkraftklassen zu ordnen und nach der Schließkraft zu beurteilen. Die Größe einer Spritzgießmaschine wird nach ihrer Schließkraft benannt. So spricht man z. B. von einer 150 t – oder 1500 kN – Maschine.

Alle Schließeinheiten – unabhängig von ihrer Bauart – haben die Aufgabe, die Zuhaltekraft für den Einspritz- und Nachdruckvorgang zu erzeugen. Bei den Mechanismen zur Aufbringung der Zuhaltekraft unterscheidet man zwischen:

- mechanischer Zuhaltung (formschlüssige Verriegelung) durch elektrisch oder hydraulisch betätigte Kniehebel (Abb. 26.34),
- hydraulischer Zuhaltung (kraftschlüssige Verrieglung) durch direkt wirkende Hydraulikzylinder (Abb. 26.35) und
- mechanisch-hydraulischer Zuhaltung (kraftschlüssige Verriegelung) wobei eine Trennung der Funktion Fahrbewegung und Schließkraftaufbau mit einer mechanischen Zwischenfunktion (Verriegelung) vorgenommen wird (Abb. 26.36).

Schließeinheiten in Dreiplattenbauweise waren seit Beginn der Herstellung von Spritzgießmaschinen vorherrschend. Sowohl bei Maschinen mit Kniehebelmechanismen als auch bei hydraulisch-mechanischer Zuhaltung wurde (musste) das Dreiplattenprinzip Abb. 26.37 angewandt werden. Erst Mitte der 90iger Jahre wurde, zuerst bei kleinen Schließkraftgrößen und später auch bei Großmaschinen, die Zweiplatten-Schließeinheit entwickelt.

Andere unterschiedliche Merkmale der Art der Bauweise findet man im Kraftflusssystem. Man unterscheidet dabei im mechanischen Aufbau zwischen

- den klassischen Säulenschleißeinheiten und den
- säulenlosen-Schließeinheiten (C- und H-Rahmenbauweise), Abb. 26.38

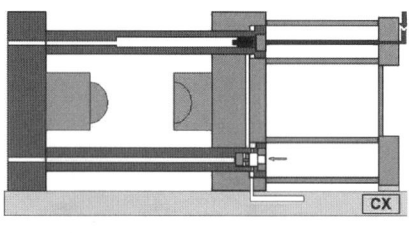

Abb. 26.34 Zweiplatten-Schließeinheit mit direkthydraulischer Zuhaltung [Quelle KraussMaffei]

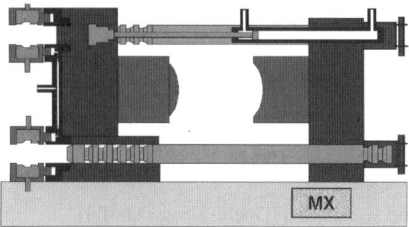

Abb. 26.35 Zweiplatten-Schließeinheit mit mechanisch-hydraulischer Zuhaltung [Quelle KraussMaffei]

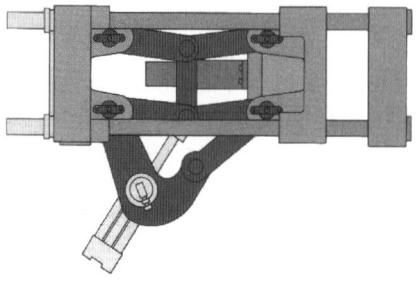
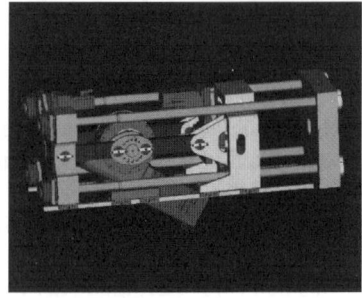

Abb. 26.36 Schließeinheit mit mechanischer Zuhaltung [Quelle KraussMaffei]

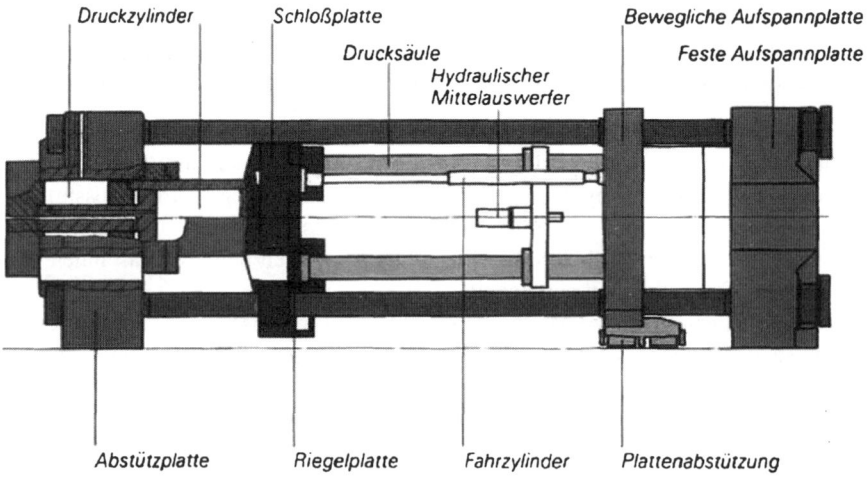

Abb. 26.37 Dreiplatten-Schließeinheit mit mechanischer Verriegelung und hydraulischer Zuhaltung [Quelle KraussMaffei]

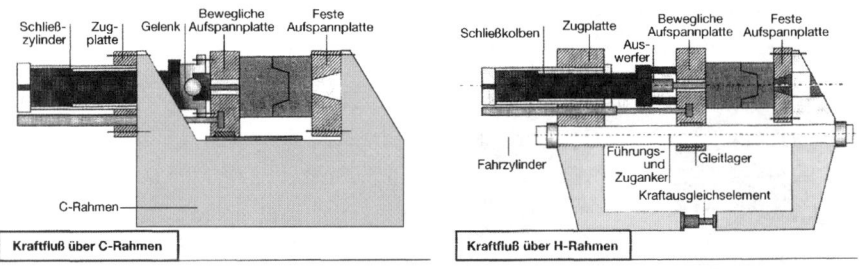

Abb. 26.38 Säulenlose Schließeinheiten mit C- und H-Rahmen [Quelle KraussMaffei]

26.7 Qualitätssicherung und Prozessüberwachung

Anstatt die Qualität der gelieferten Teile zu kontrollieren, wird heute das Konzept der Hersteller von Formteilen überprüft mit dem er die Fehlerfreiheit sicherzustellen hat. „Auditieren", „Zertifizieren" und „Verifizieren" heißen hierbei die Schlagworte. Nicht mehr das Produkt selbst, sondern das Qualitätssicherungssystem zur Herstellung des Produkts – im unseren Fall das Formteil – steht im Vordergrund [13].

26.8 Prozessdokumentation

Eine Dokumentation oder Abspeicherung der Maschineneinstellung ist selbstverständlich. Mit dem Wissen um die Zusammenhänge zwischen Prozessführung und Forteilqualität, dem Kennen der möglichen Störeinflüsse und den geeigneten Abhilfemaßnahmen wird die geforderte „Prozessbeherrschung" erreicht. Die Basis für dieses Wissens ist die systematische Dokumentation in Regelkarten, Einstellprotokollen und evtl. Messschrieben.

26.9 Überwachung von Prozessparametern

Die Überwachung von Prozessparametern soll aufgrund der automatischen Messwerterfassung – die Spritzgießmaschinensteuerung stellt die Prozessgrößen zur Verfügung – in jedem Fall zu 100 % erfolgen. Die Dokumentation muss aufgrund der notwendigen Datenverdichtung auf statistische Methoden zurückgreifen. Von den Maschinensteuerungen werden die Verläufe für den Hydraulikdruck, den Schneckenweg oder auch die Prägewege und, soweit erfassbar, den Werkzeuginnendruck angeboten. Diese Funktionen erlauben es dem Maschineneinrichter, eine visuelle Kontrolle des Prozessgeschehens vorzunehmen.

Um den Verlauf einer Prozesskurve über den gesamten Zyklus oder über bestimmte Phasen eines Zyklus automatisch zu überwachen, werden so genannte Toleranzbandüberwachungsfunktionen von der Maschinensteuerung zur Verfügung gestellt. Für die Prozessüberwachung bieten sich so genannte Prozesskennzahlen in besonderer Weise vorteilhaft an. Kennzahlen des Druckverlaufs beim Einspritzen und Komprimieren:

- Einspritzarbeit, Fließzahl [28, 29]
- Druckanstiegsgradient beim Einspritzen
- Druckwert zum Umschaltzeitpunkt
- Fülldruck
- Füllzeit, Einspritzzeit
- Druckmaximum

- Druckintegral in der Nachdruckphase
- Druckwirkzeit.

Kennzahlen beim Plastifizieren

- Dosierzeit
- Drehmoment
- Dosierarbeit

Temperaturkennzahlen:

- Massetemperatur
- Werkzeugtemperatur

Weitere Kennzahlen:

- Zykluszeit
- Massepolster

Wichtig bei einer Prozessüberwachung ist das Finden der geeigneten Toleranzgrenzen. Normalerweise ist der Zusammenhang zwischen den Prozessgrößen und den erzielten Forteileigenschaften nicht bekannt. Deshalb ist eine Grenze am Prozess im ersten Ansatz willkürlich. Allerdings kann wie auf einer Regelkarte einmal ein Zustand der „Normalität" oder „Referenz" definiert werden. Danach überwacht man auf eine systematische Veränderung des Arbeitspunkts, da man davon ausgehen kann, dass bei unveränderter Prozesssituation auch die Qualität der produzierten Teile unverändert bleibt [33, 34].

26.10 Besonderheiten an der Spritzgießmaschine für den Betrieb in reinen Räumen

Spritzgießmaschinen haben sich heute überzeugend für die Produktion von Formteilen qualifiziert, die unter reinen Bedingungen hergestellt werden. Für die Maschine, aber auch für ihre peripheren Geräte gilt, möglichst alle Emissionsstellen von Feststoffpartikeln (wie Abrieb, Oxydation, ...) sowie Öl, Schmierstoffen, Kunststoffschmelze (wie Zersetzungs- und Spaltprodukte, Gase) auszuschalten oder zu isolieren [13].

Darüber hinausgehende Forderungen bestehen in einer laminaren Durchströmung der Maschine mit möglichst strömungsgünstigen Querschnitten und optimalen Zugangsvoraussetzungen für die Reinigung von Oberflächen.

Spritzgießmaschinen von einigen Maschinenherstellern sind auf diese reinraumspezifischen Anforderungen hin speziell ausgelegt. Sie unterliegen einer verschärften Durchlaufkontrolle, um den nachfolgenden Qualifizierungs- und Validierungsprozessen beste Voraussetzungen zu bieten [34 bis 36].

26.10 Besonderheiten an der Spritzgießmaschine für den Betrieb in reinen Räumen 593

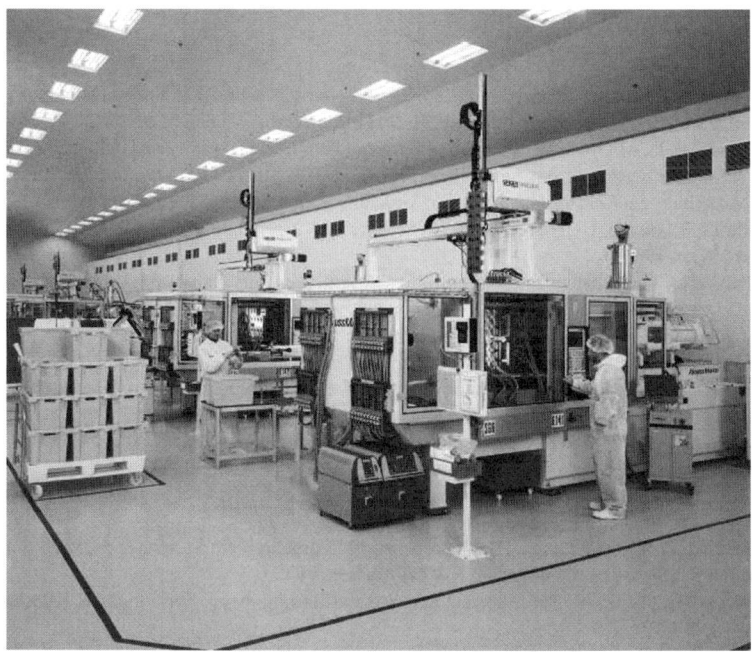

Abb. 26.39 Spritzgießmaschinen im Reinraum [Quelle KraussMaffei]

26.11 Literatur

1. Menges, G.: Einführung in die Kunststoffverarbeitung, Carl Hanser Verlag, München
2. Stitz, S., Keller W.: Spritzgießtechnik, Carl Hanser Verlag, München 2001
3. Johannaber F., Michaeli W.: Handbuch Spritzgießen, Carl Hanser Verlag, München 2002
4. Beck, H.: Entwicklung der Schnecken-Spritzgussmaschinen, in Schneckenmaschinen, Band 1, Mitteilung der Verfahrentechnischen Versuchsgruppe der BASF, Ludwigshafen
5. Sarholz, R., Beese, U., Hengesbach, H., Wübken, G.: Spritzgießen, Carl Hanser Verlag, München, Wien 1979
6. Johannaber, F.: Kunststoffmaschinenführer 3. Auflage, Carl Hanser Verlag, München, Wien 1992
7. Stitz, S.: Analyse der Formteilbildung beim Spritzgießen von Plastomeren als Grundlage für die Prozesssteuerung, Dissertation RWTH Aachen, 1973
8. Thienel, P.: Der Formfüllgang beim Spritzgießen von Thermoplasten, Dissertation RWTH Aachen, 1977
9. Wübken, G.: Einfluss der Verarbeitungsbedingungen auf die innere Struktur thermoplastischer Spritzgussteile, Dissertation RWTH Aachen, 1974
10. Wübken, G.: Verarbeitungsbedingte Beeinflussung der Kunststoffeigenschaften, VDI-Bildungswerk, Beitrag Nr. 4, Kenn-Nr. BW3969, Sep. 1980
11. Leibfried, D.: Untersuchungen zum Werkzeugfüllvorgang beim Spritzgießen von thermoplastischen Kunststoffen, Dissertation RWTH Aachen, 1970
12. Menges, G., Stitz, S.: Grundlagen der Prozessführung beim Spritzgießen, Kunststoffe 3 (1971), S. 74
13. Hengesbach, J.A.: Verbesserung der Prozessführung beim Spritzgießen durch Prozessüberwachung, Dissertation an der RWTH Aachen, 1976
14. Bürkle, E., Klotz, B., Schnerr, O.: Der gläserne Innendruck, Kunststoffe 5 (2007), S. 26
15. Elbe, W.: Untersuchungen zum Plastifizierverhalten von Schneckenspritzgießmaschinen, Dissertation, RWTH Aachen, 1973
16. Effen, N.: Theoretische und experimentelle Untersuchungen zur rechnergestützten Auslegung und Optimierung von Spritzgießplastifiziereinheiten, Dissertation, UNI-GH Paderborn, 1996
17. Gornik, Ch., Bleier, H.: Läuft wie geschmiert, Carl Hanser Verlag, München, Kunststoffe 4/2003, S. 72–74
18. Würtele, M., Lange, Ch., Hungerkamp, Th.: Plastifizieren in kürzester Zeit, Carl Hanser Verlag, München, Kunststoffe 6/2004, S. 96–99
19. Bürkle, E.: Verbesserte Kenntnis des Plastifizersystems an Spritzgießmaschinen, Dissertation, RWTH Aachen, 1988
20. Hensen, F., Knappe, W., Potente, H.: Handbuch der Kunststoff-Extrusionstechnik Grundlagen, Carl Hanser Verlag, München / Wien, 1989
21. Grünschloß, E.: Der Extruder im Extrusionsprozeß – Grundlage für Qualität und Wirtschaftlichkeit, VDI-Verlag GmbH, Düsseldorf 1989
22. Rothe, J.: Spritzgießen – Maschinen und verfahrenstechnische Entwicklung; Kunststoffe 80(1990), S. 217–226
23. Schulte, H.: Grundlagen zur verfahrenstechnischen Auslegung von Spritzgießplastifiziereinheiten, Dissertation, UNI-GH Paderborn, 1990
24. Rauwendaal, Ch.: Understanding Extrusion, Carl Hanser Verlag, München 1998
25. Martin, G.: Beitrag zur Bestimmung der Aufschmelzlänge im Gewindegang einer Einschneckenpresse; Kunststofftechnik 8,1969,7; S.238–246
26. Kruder, G.A.; Calland, W.N.: SPE Antec, 74–85, (1990)
27. Bauer, E.: Rückstromsperren in Schnecken-Spritzgießmaschinen – eine Betrachtung über veröffentlichte Patentanmeldungen, Kunststoffe und Gummi, Heft 6, S. 329–333, 1967
28. Lampl, A., Gissing, K., Painsith, H.: Kontrolle des Formfüllvorgangs beim Spritzgießen mit Hilfe der Einspritzarbeit, Plastverarbeiter 10 (1983), S. 1105

26.11 Literatur

29. Johannaber, F.: Füllindex, eine Größe zur Charakterisierung von Kunststofformassen beim Spritzgießen, Kunststoffe 1 (1984), S. 2
30. Thoma, H.: Spritzgießmaschinentechnik, Kunststoffe 11 (1997), S. 1550
31. Mink, W.: Grundzüge der Spritzgießtechnik, Zechner & Hüthig Verlag, Speyer 1971
32. Johannaber, F.: Spritzgießmaschinen, Kunststoffe 12 (1995), S. 2080
33. Gierth, M.: Methoden und Hilfsmittel zur prozessnahen Qualitätssicherung beim Spritzgießen von Thermoplasten, Dissertation RWTH Aachen, 1992
34. Wortberg, J.: Qualitätssicherung in der Kunststoffverarbeitung, Carl Hanser Verlag, München 1996
35. Bürkle, E.: Maßgeschneidert oder auf Zuwachs dimensioniert, Kunststoffe 5 (1997), S. 600
36. Bürkle, E.: Reinraumtechnik – Einstieg oder Aufstieg, K-Zeitung, 16.–25.08.2005

27 Sonderverfahren des Spritzgießens

W. Michaeli, C. Lettowsky

Das Spritzgießen ist neben der Extrusion das wichtigste Verarbeitungsverfahren für Kunststoffe [1]. Das Verfahren hat sich seit seinen Ursprüngen Ende des 19. Jahrhunderts bis heute stetig weiterentwickelt [2]. In neuerer Zeit steigt die Anzahl komplexer Anwendungen, die die gezielte Kombination verschiedener Funktionalitäten in einem Formteil erfordern. Das Standard-Spritzgießen kann diese Anforderungen immer weniger befriedigen. Daher gewinnen die Sonderverfahren des Spritzgießens zunehmend an Bedeutung [3]. Ihre Anzahl beträgt inzwischen über 100. Die Aufgabe des Anwenders ist es, aus der Vielzahl der möglichen Verfahren, ein anforderungsgerechtes auszuwählen, das sowohl unter technischen wie wirtschaftlichen Gesichtspunkten die optimale Lösung darstellt. Dies setzt die ständige Auseinandersetzung mit Entwicklungstendenzen im Bereich der Spritzgießtechnologie voraus. Daher soll im folgenden Abschnitt ein Überblick über die wichtigsten Spritzgieß-Sonderverfahren gegeben werden.

27.1 Mehrkomponenten-Spritzgießen

Der Begriff Mehrkomponenten-Spritzgießen bezeichnet die Fertigung von Spritzgussteilen, die aus zwei oder mehreren – in Farbe oder mechanischen Eigenschaften etc. – verschiedenen Kunststoffen bestehen. Das Verfahren bietet die Möglichkeit, Formteile in einem Arbeitsgang kostengünstig zu produzieren und dabei Funktionalitäten wie Design, Haptik, Dichtung oder Spritzgießmontage zu integrieren. In den vergangenen 30 Jahren hat das Mehrkomponenten-Spritzgießen enorm an Bedeutung gewonnen. Dies ist zum einen auf die Entwicklung immer anspruchsvollerer Produkte und zum anderen auf Rationalisierungsbestrebungen zurückzuführen. Die Einteilung der Mehrkomponenten-Spritzgießverfahren erfolgt üblicherweise nach der Art der Komponentenzusammenführung in Additionsverfahren („an-, um- oder übereinander spritzen") und Sequenzverfahren („ineinander spritzen").

27.1.1 Additionsverfahren

Die Additionsverfahren, die auch mit dem Begriff Overmoulding bezeichnet werden, sind dadurch gekennzeichnet, dass die Kunststoffe über zwei oder mehrere separate Angusssysteme in das Werkzeug eingespritzt werden. Die Fertigung von Spritzgussteilen nach diesen Verfahren hat eine lange Tradition. Bereits in den 60er Jahren des vergangenen Jahrhunderts wurden Telefonwählscheiben, Schreibmaschinentasten, Rückleuchten etc. auf Zweikomponenten-Spritzgießmaschinen in einem Werkzeug vollautomatisch gefertigt.

Im Laufe der Jahre hat sich eine Vielzahl verschiedener Bezeichnungen für die existierenden Verfahren etabliert. Die Begriffsbildung ist bis heute nicht einheitlich geregelt, sodass teilweise mit ein und demselben Begriff unterschiedliche Verfahren benannt werden. Eine Clusterung der Verfahren ist zum einen anhand der verwendeten Werkzeugtechnik (siehe unten) und zum anderen unter produktspezifischen Gesichtspunkten möglich: Die Fertigung von Spritzgussteilen nach einem Additionsverfahren, bei denen die Komponenten eine stoffschlüssige Verbindung an der Grenzfläche eingehen, wird mit dem Begriff Verbund-Spritzgießen (auch: Spritzschweißen) bezeichnet. Eine nicht lösbare Verbindung kann bei nicht haftenden Materialkombinationen konstruktiv durch Formschluss realisiert werden. Additionsverfahren, bei denen zwei Kunststoffe stoff- oder formschlüssig an- oder übereinander gespritzt werden, werden als Mehrstoff-, Mehrrohstoff- (bei verschiedenen Kunststoffen) oder Mehrfarben-Spritzgießen (bei gleichen, jedoch unterschiedlich eingefärbten Kunststoffen) bezeichnet. Der Begriff Montage-Spritzgießen bezeichnet zum einen die Fertigung von Spritzgussteilen mit Gelenkfunktion durch Kombination von nicht haftenden Kunststoffen (direktes Montage-Spritzgießen), zum anderen die Verbindung von Einzelkomponenten, durch An-/Überspritzen im Fügebereich oder das Zusammenfügen zweier Vorspritzlinge in einer zusätzlichen Station im Werkzeug (indirektes Montage-Spritzgießen). Der Begriff ist jedoch als Abgrenzung zum Verbund-Spritzgießen nicht eindeutig gewählt, da die Kombinationen von haftenden Materialien wie das Anspritzen einer Dichtung auch eine in den Spritzgießprozess integrierte Montageoperation darstellt.

Die Additionsverfahren lassen sich nach der Art der zeitlichen Abfolge der Komponentenzusammenführung in simultane oder serielle Verfahren einteilen (Abb. 27.1).

Bi-Injektionsverfahren

Das Bi-Injektionsverfahren ist die maschinen- und werkzeugtechnisch einfachste Variante des Mehrkomponenten-Spritzgießens. Die Komponenten werden in einem einstufigen Prozess simultan über unabhängige Anspritzpunkte in eine Kavität eingespritzt. Der Zusammenfluss der Schmelzen ist mehr oder weniger unkontrolliert. Die Bindenahtlage kann in Grenzen durch die Angusspositionen, die Einspritzgeschwindigkeiten der Komponenten oder Fließbarrieren in der Kavität beeinflusst werden. Vorteilhaft sind die geringen Werkzeugkosten, die vergleichsweise kurzen Zykluszeiten und die hohen Verbundfestigkeiten, die mit dieser Verfahrenvariante erzielt werden können. In vielen Fällen reicht die mangelnde Reproduzierbarkeit

27.1 Mehrkomponenten-Spritzgießen

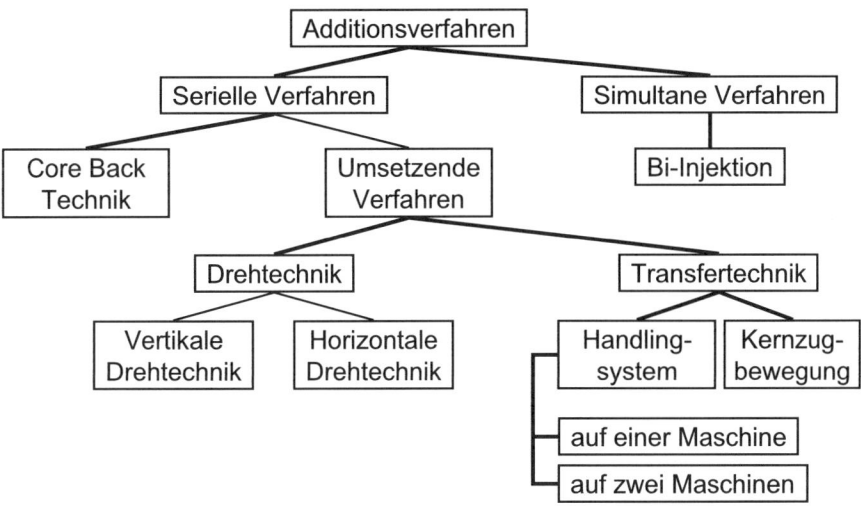

Abb. 27.1 Einteilung der Mehrkomponenten-Spritzgießverfahren – Additionsverfahren

der Bindenahtlage jedoch nicht aus, sodass dieses Verfahren nur in wenigen Fällen Anwendungen findet.

Bei den seriellen Verfahren erfolgt die Injektion der Komponenten nacheinander in unterschiedliche Kavitäten oder Kavitätsbereiche eines Werkzeugs. In separaten Verfahrensstufen wird zunächst ein Vorspritzling hergestellt, der dann mit einem und/ oder in weiteren Stufen mit mehreren Kunststoffen an-/um-/überspritzt wird. Der Vorspritzling ist zum Zeitpunkt der Injektion der zweiten bzw. allgemeiner der nächsten Komponente bereits weitgehend erkaltet. Die verwendeten Formmassen stellen klar definierte Körper dar, deren Verbindung anstoßend, überlappend oder überdeckend erfolgen kann. Die so hergestellten Spritzgussteile besitzen somit in bestimmten Bereichen genau definierte Eigenschaften wie Farbe, Härte, etc. Zur Herstellung solcher Formteile gibt es zwei grundsätzlich verschiedene Werkzeugkonzepte: Die Core-Back-Technik und die sogenannten umsetzenden Verfahren [4].

Umsetzende Verfahren

Die umsetzenden Verfahren sind durch die vollständige oder teilweise Entformung des Vorspritzlings gekennzeichnet, der in eine andere, größere Kavität umgesetzt wird. Diese Verfahren werden weiter in *Drehtechnik* und *Transfertechnik* unterteilt.

Bei der *Drehtechnik* ist zwischen vertikal und horizontal drehenden Werkzeugen zu unterscheiden. Zu den vertikalen Drehtechniken zählen die Werkzeugtechniken Drehteller, Drehmechanik im Werkzeug und Einsatz-Drehmechanik („Indexplatte", „Drehkreuz") [4]. In Bezug auf den Prozessablauf ist diesen Techniken gemeinsam, dass die Schmelze zunächst in eine Kavität eingespritzt wird, die nur das Volumen für diesen ersten Kunststoff freigibt. Nach der zwischenzeitigen Öffnung des Werkzeugs und dem Umsetzen des Vorspritzlings mit einer Drehbewegung in die zweite Kavität kann der nächste Kunststoff eingespritzt werden. Parallel zu dem zweiten Arbeits-

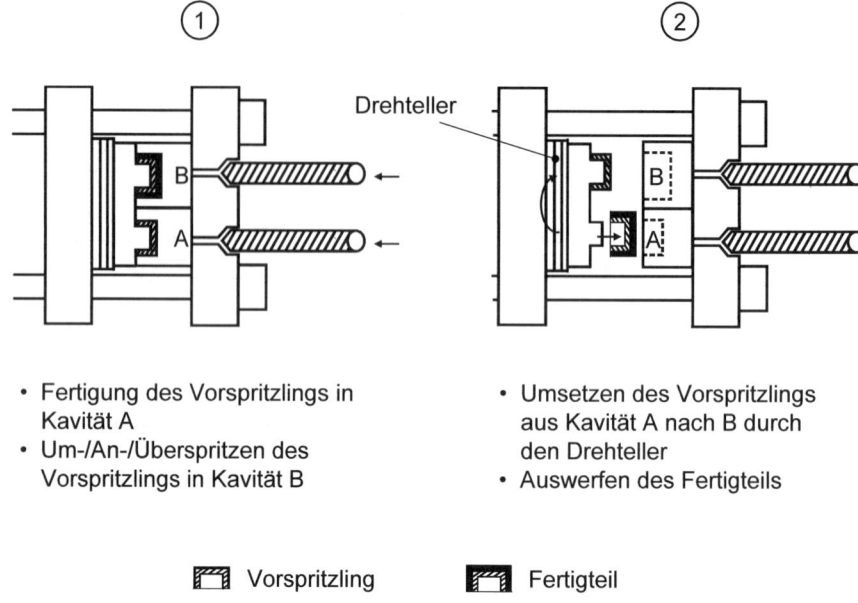

- Fertigung des Vorspritzlings in Kavität A
- Um-/An-/Überspritzen des Vorspritzlings in Kavität B

- Umsetzen des Vorspritzlings aus Kavität A nach B durch den Drehteller
- Auswerfen des Fertigteils

▰ Vorspritzling   ▰ Fertigteil

Abb. 27.2 Funktionsprinzip Drehtellerwerkzeug

schritt wird in der ersten Kavität bereits der nächste Vorspritzling gefertigt. In der Regel wird bei zwei Komponenten um 180° gedreht, bei drei Komponenten entsprechend um 120°. In Abb. 27.2 ist diese Prozessfolge exemplarisch an Hand eines Drehtellerwerkzeugs zur Herstellung eines Zweikomponenten-Spritzgussteils dargestellt.

Neben diesen Techniken mit vertikal drehenden Werkzeugen werden auch Bauformen mit horizontaler Dreheinrichtung eingesetzt. Das Werkzeug besitzt zwei parallele Trennebenen, in denen die Kavitäten für Vorspritzling und Fertigspritzling liegen. Das Umsetzen des Vorspritzlings erfolgt über eine Drehung des Mittelsegments um die senkrechte Mittelachse. Das Mittelsegment kann als Platte, als Würfel (Abb. 27.3) oder als Rahmen, der drehbar gelagerte Einzelsegmente enthält, ausgeführt sein [4]. Je nach Art und Gestaltung von Prozess und Formteil wird das Mittelsegment heute um 90° oder um 180° gedreht. Das Funktionsprinzip der horizontalen Drehtechnik wird in Abb. 27.3 an Hand der sogenannten 90°-Würfeltechnik illustriert.

Bei der *Transfertechnik* unterscheidet man zwischen dem Umsetzen des Vorspritzlings mit Kernzugbewegung auf einem Schiebetisch und dem Umsetzen mit Handhabungsgeräten. Der Einsatz von Handhabungsgeräten stellt dabei die häufigere Variante dar. Im Gegensatz zur Core-Back-Technik (siehe unten) kann hierbei – wie bei der Drehtechnik – in beide Kavitäten zeitgleich eingespritzt werden. Die Fertigspritzkavität kann sich dabei im gleichen Werkzeug, in einem zweiten Werkzeug auf der gleichen Maschine oder auf einer zweiten Spritzgießmaschine befinden. Neben einer automatischen Umsetzung ist prinzipiell auch das Umsetzen

27.1 Mehrkomponenten-Spritzgießen

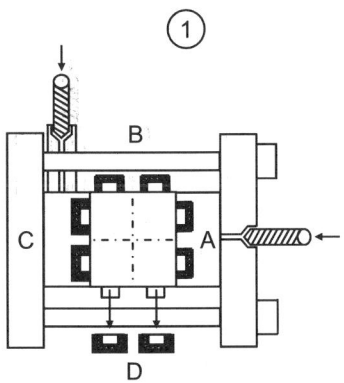 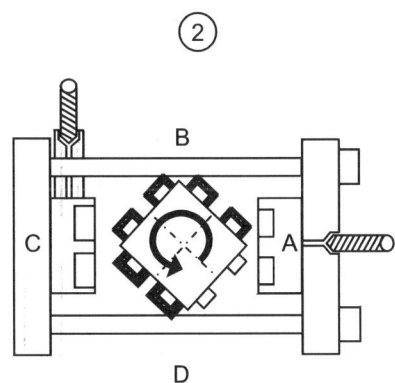

- Fertigung des Vorspritzlings in Station A
- Um-/An-/Überspritzen des Vorspritzlings in Station C
- Auswerfen des Fertigteils in Station D

- Würfel um 90° drehen

 Vorspritzling  Fertigteil

Abb. 27.3 Funktionsprinzip horizontalen Drehtechnik am Beispiel der 90°-Würfeltechnik

von Hand möglich. Diese erfolgt aber aufgrund hoher Lohnkosten und steigender Qualitätsansprüche nur noch bei der Kleinserien- und Prototypenfertigung.

Das Umsetzen des Vorspritzlings bietet gegenüber der Drehtechnik den Vorteil einer einfachen thermischen Trennung der Kavitäten für die jeweiligen Komponenten. Dies ist vor allem für Anwendungsfälle wichtig, bei denen Thermoplaste und Duroplaste oder Elastomere gleichzeitig eingesetzt werden, da die einen im Werkzeug geheizt, die anderen dagegen gekühlt werden müssen [5].

Core-Back-Technik

Bei der Core-Back-Technik entfällt im Gegensatz zu den umsetzenden Verfahren das Zwischenöffnen des Werkzeugs. Nach dem Einspritzen des ersten Kunststoffs wird durch die Betätigung verschiebbarer Einsätze oder Kerne ein Hohlraum für den zweiten Kunststoff freigegeben. Abhängig von der Gestaltung des Kerns können Absperr- (Abb. 27.4) und Kernschieber (Abb. 27.5) unterschieden werden [4].

Das Core-Back-Verfahren hat den Vorteil, dass die Investitionskosten für die Werkzeuge vergleichsweise niedrig sind. Voraussetzung für die Anwendung dieser Technik ist aber, dass die Kavität für die Nachspritzkomponente durch verschiebbare Einsätze abgesperrt und durch einfache axiale Kernzugbewegungen freigestellt werden kann. Da die Vorspritzlinge nicht entformt, sondern nur bereichsweise freigestellt werden, ist die Komplexität der herstellbaren Teile eingeschränkt. Die serielle Fertigung von Vor- und Fertigspritzling führt im Vergleich zu umsetzenden

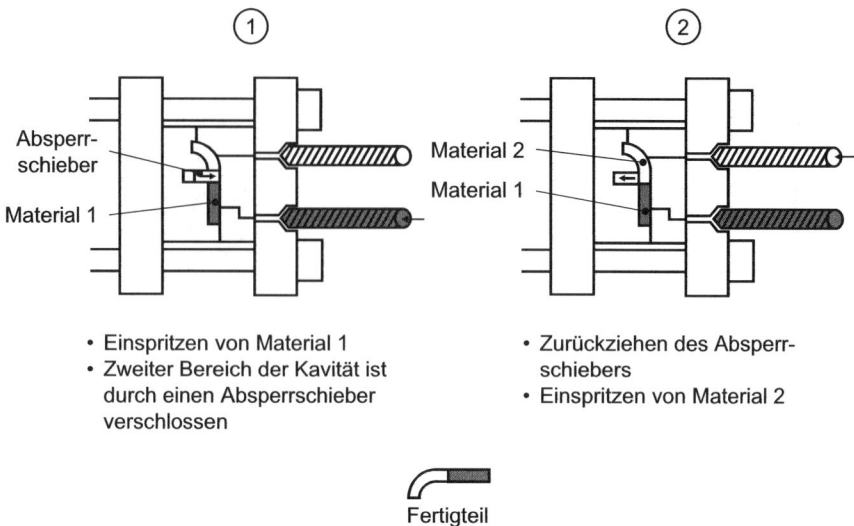

Abb. 27.4 Funktionsprinzip Core-Back-Technik mit Absperrschieber

Verfahren zu längeren Zykluszeiten. Materialien mit unterschiedlichen Verarbeitungstemperaturen wie z. B. Thermoplaste und Flüssigsilikonkautschuke können aufgrund der nicht erzielbaren thermischen Trennung der einzelnen Formnester nicht oder nur unwirtschaftlich hergestellt werden [5].

27.1.2 Verfahrenstechnische Aspekte

Der kritische Punkt bei dem Mehrkomponenten-Spritzgießen ist das Erreichen eines mechanisch belastbaren Verbunds zwischen den verwendeten Werkstoffen. Bei dem sogenannten Verbund-Spritzgießen wird dabei in der Regel eine stoffschlüssige Verbindung der Komponenten angestrebt, da diese werkzeugtechnisch weniger aufwändig ist als eine formschlüssige. Es gibt aber auch eine Reihe weiterer Vorteile für diese Verbindungen, z. B. Dichtigkeit, Optik, Stabilität und Krafteinleitung. Die Voraussetzung für eine stoffschlüssige Verbindung ist die Haftung der Materialien aneinander. Die Haftung ist definiert als Widerstand des Verbunds gegenüber einer trennenden Beanspruchung. Ursache dafür sind zwischenmolekulare Wechselwirkungen, die zu Bindungskräften in der Grenzflächenschicht führen und aus deren Summe die messbare Verbundfestigkeit resultiert. Die Betrachtungen zur Haftung zweier Materialien im Verbund-Spritzgießen beruhen in der Regel auf Adhäsionstheorien einschließlich der Diffusionstheorie. In zahlreichen Untersuchungen wurden die verschiedenen Einflussfaktoren auf die Verbundhaftung analysiert, um die Vorhersage der Verbundfestigkeit zu verbessern. Die Verbundfestigkeit hängt im Wesentlichen von der Materialpaarung, den Materialeigenschaften, der Verfahrenstechnik, der Prozessführung, der

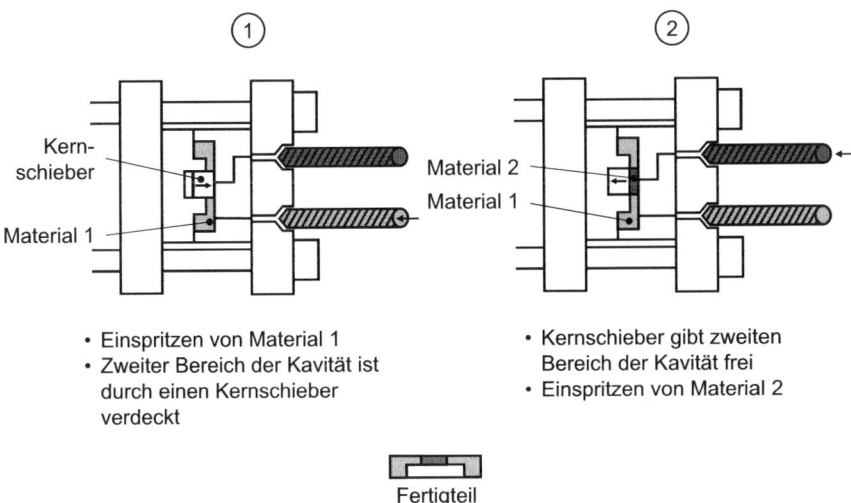

Abb. 27.5 Funktionsprinzip Core-Back-Technik mit Kernschieber

Formteilgeometrie und der Gestaltung der Verbindungsflächen ab, wobei die Faktoren aufgrund der gegenseitigen Wechselwirkungen nicht unabhängig voneinander betrachtet werden können. Aufgrund teilweise noch ungeklärter Haftmechanismen und gegenläufiger Effekte für ein und dieselbe Einflussgröße bei unterschiedlichen Materialien ist eine theoretische Abschätzung der Verbundfestigkeit nicht möglich. Eine zuverlässige Materialauswahl erfordert daher heute immer noch Vorversuche zur Untersuchung der Haftung. Eine detaillierte Darstellung des Themenkomplexes Verbundfestigkeit findet sich z. B. in [5, 6, 7].

Die Ermittlung dieser Festigkeit stellt dabei ein zentrales Problem bei der Auslegung von Verbundbauteilen dar. Während beim Montage-Spritzgießen, bei dem die Materialien über formschlüssige Elemente miteinander verbunden werden, die Festigkeit der Verbindung durch die Materialfestigkeit der mechanischen Verankerungen bestimmt wird und mit konventionellen Prüfmethoden ermittelt werden kann, existieren bislang noch keine genormten Prüfverfahren zur Bestimmung der Verbundfestigkeit von haftenden Materialkombinationen beim Verbund-Spritzgießen. Grundsätzlich kann man bei den in der Praxis angewendeten Prüfungen zwischen Zug-, Scher-, und Schälversuchen unterscheiden [5].

27.1.3 Anwendungen

Die ersten Anwendungen, die mittels Mehrkomponenten-Spritzgießen hergestellt wurden, waren Hart/Hart-Kombinationen. Dabei handelte es sich um Formteile aus unterschiedlich eingefärbten Kunststoffen; beispielhaft seien Rückleuchten aus

PMMA, Scheinwerferabdeckungen aus PC, Tasten und Verschlüsse aus PS oder ABS genannt. Heute werden daneben auch technische Bauteile wie Maschinenelemente (Gleitlager, Rollen oder Zahnräder) mittels Verbund-Spritzgießen hergestellt. Ein noch recht junges Anwendungsgebiet für Hart/Hart-Kombinationen ist die Integration von elektrischer Leitfähigkeit oder magnetischen Eigenschaften in das Spritzgussteil. Spritzgussteile mit einer Gelenkfunktion, wie z. B. Spielzeugfiguren oder Lüftungsblenden, die mittels Montage-Spritzgießen hergestellt werden, sind weitere Beispiele für Hart/Hart-Kombinationen. Im Gegensatz zu den übrigen erwähnten Anwendungen muss hier Haftung der beiden Komponenten vermieden werden.

Der Markt für Hart/Weich-Anwendungen ist seit Mitte der 90er Jahre des vergangenen Jahrhunderts besonders dynamisch gewachsen. Dies ist vor allem darauf zurückzuführen, dass durch den Einsatz des Mehrkomponenten-Spritzgießens in Kombination mit Materialien wie thermoplastischen Elastomeren (kurz: TPE), Kautschuken oder Flüssigsilikonkautschuk (Liquid Silicone Rubber, kurz: LSR) eine Vielzahl neuer Produkte unter Verkürzung der Prozesskette und Wegfall von Arbeitsgängen hergestellt werden können. Bei allen Bauteilen, bei denen neben den Eigenschaften des Thermoplasts zusätzlich Funktionen wie Dichtung, Haptik oder ein ansprechendes Design gefordert werden, bieten sich TPE als zweite Komponente an. Neben Verbindungen aus Thermoplasten und TPE gewinnen solche aus Thermoplasten und vernetzenden Werkstoffen wie LSR, organischen Elastomeren oder auch Duroplasten immer mehr an Bedeutung. LSR bietet in Hinblick auf erhöhte Temperaturbelastbarkeit, Chemikalienbelastung, physiologische Unbedenklichkeit und mechanische Belastung (Kriechen, dynamische Belastungen) im Vergleich zu TPE neue Möglichkeiten für das Mehrkomponenten-Spritzgießen [5, 8].

27.1.4 Sandwich-Spritzgießen

Das Sandwich-Spritzgießen, auch Sandwichmoulding, Coinjektion, Coinjektionstechnik oder 2-Komponenten-Spritzgießen genannt, ermöglicht die Herstellung mehrschichtiger Spritzgussteile. Dazu werden die Haut- und danach die Kernkomponente durch einen gemeinsamen Anguss direkt nacheinander in die Kavität eingespritzt. Bedingt durch das für Kunststoffe charakteristische Quellflussverhalten erfolgt die Verdrängung des zuerst eingespritzten Hautmaterials durch das anschließend eingespritzte Kernmaterial in der Art und Weise, dass sich die typische Sandwichstruktur mit Haut- und Kernschicht bildet.

27.1.4.1 Verfahrensvarianten

Grundsätzlich sind drei verschiedene Varianten möglich, zwei Schmelzen durch einen Anguss in ein Werkzeug einzuspritzen: Die Injektion der Materialien kann zum einen sequentiell oder parallel aus zwei Einspritzeinheiten und zum anderen aus einer Einspritzeinheit, in der Materialien nacheinander aufdosiert vorliegen, erfolgen [9, 10].

27.1 Mehrkomponenten-Spritzgießen

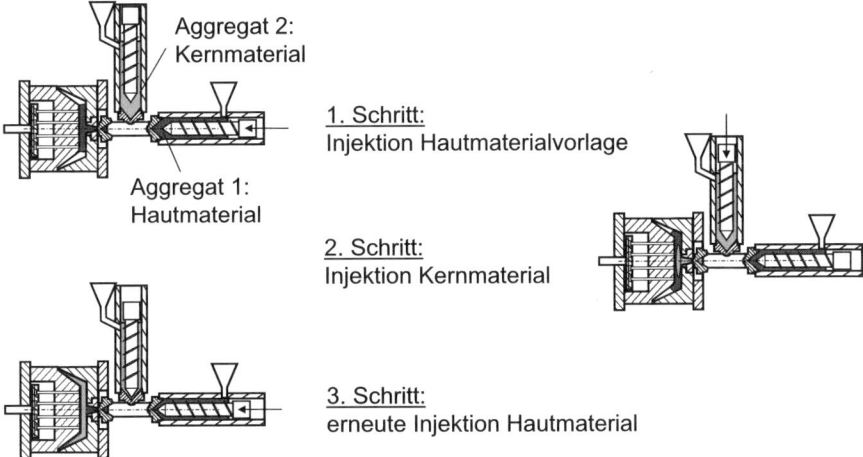

Abb. 27.6 Verfahrensablauf: Sandwich-Spritzgießen mit zwei Einspritzeinheiten

Die sequentielle Injektion aus zwei unabhängigen Einspritzeinheiten erfolgt, indem die Materialien entweder über einen gemeinsamen Düsenkopf, eine Werkzeugplatte oder eine Koaxialheißkanaldüse nacheinander in die Kavität eingespritzt werden [2, 4]. Der Einspritzvorgang erfolgt in drei Phasen (Abb. 27.6).

Zuerst wird die Hautkomponente eingespritzt. Es folgt das Einspritzen der Kernkomponente in die plastische Seele der Hautkomponente. Um zu verhindern, dass Kernmaterial im Angussbereich an der Formteiloberfläche verbleibt, wird die Einspritzphase mit dem erneuten Einspritzen von Hautmaterial beendet. Einbrüche der Fließfrontgeschwindigkeit sowie Werkzeuginnendruckspitzen oder -einbrüche sollten vermieden werden, um eine perfekte Oberflächenqualität ohne Markierungen und Glanzunterschiede zu erzielen. Der Einspritzvorgang der beiden Komponenten weist daher eine kurze Simultanphase auf.

Die parallele Injektion von Kern- und Hautmaterial bietet die Möglichkeit, extrem dünne Kernschichten (< 10% der Gesamtwanddicke) zu erzielen, die bei serieller Prozessführung nicht realisierbar wären. Dies ist besonders interessant für Bauteile mit einer Barriereschicht im Kern.

Die beiden Schmelzen können auch über eine Einspritzeinheit, in deren Schneckenvorraum diese zuvor neben-/nacheinander vorgelegt wurden, injiziert werden. Das sogenannte Monosandwich-Spritzgießen ist ein Vertreter dieser Verfahrensvariante. Daneben sind das Twin-Shot-Verfahren und das AddMix-Verfahren Prozesse, die die Herstellung von Sandwich-Spritzgussteilen mit einem Einspritzaggregat ermöglichen [2].

27.1.4.2 Verfahrenstechnische Aspekte

Das Sandwich-Spritzgießen bietet durch die gezielte Kombination von Haut- und Kernmaterial die Möglichkeit, Produkte mit speziellen Eigenschaften zu realisie-

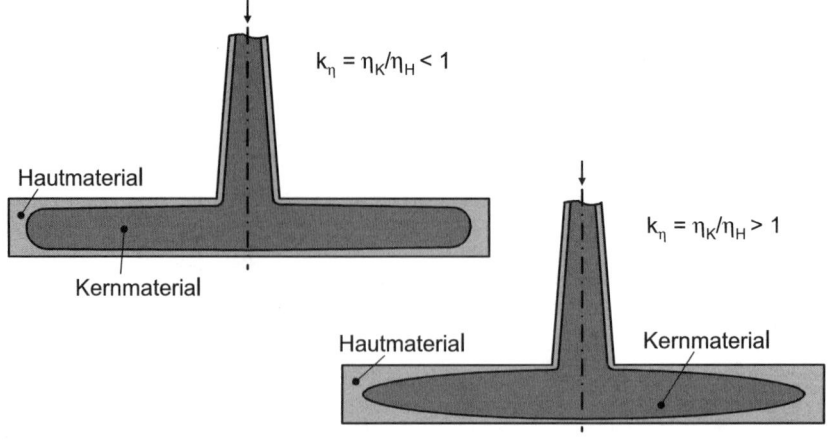

Abb. 27.7 Einfluss des Viskositätsverhältnisses auf das Schichtgrenzprofil

ren. Es ist eine optimale Anpassung an die jeweiligen Anforderungen, die an das Bauteil gestellt werden, möglich. Die Hautkomponente kann aus einem anderen Material als der Kern bestehen oder aus dem gleichen Werkstoff, der modifiziert wurde. Allerdings sind bei der Kombination von Kunststoffen drei wichtige Kriterien zu beachten [11]:

- Verarbeitungskompatibilität,
- Haftungskompatibilität und
- Eigenschaftskompatibilität.

Verarbeitungskompatibilität
Eine erfolgreiche Verarbeitung zweier Materialien im Sandwich-Spritzgießen ist nur dann möglich, wenn ihre Verarbeitungseigenschaften zueinander passen. Dies betrifft neben den Viskositäten der Materialien, genauer gesagt dem sogenanntem Viskositätsverhältnis (siehe unten), vor allem die Verarbeitungstemperaturen von Haut- und Kernmaterial. Genauer gesagt sollten sich die Verarbeitungstemperaturbereiche überlappen. Abhängig von der Art der Komponentenzusammenführung ist die Verarbeitung von Materialien mit stark unterschiedlichen Schmelzetemperaturen nur eingeschränkt möglich, da der gemeinsame Fließweg immer einen mehr oder weniger großen Maschinen- oder Werkzeugbereich umfasst und prinzipbedingt dieselbe Temperatur aufweisen muss. Neben den Verarbeitungstemperaturen sollten auch die empfohlenen Werkzeugtemperaturen, respektive die Werkzeugtemperaturbereiche, von Haut- und Kernmaterial ähnlich sein.

Die 3-dimensionale Kontur der Schichtgrenzfläche zwischen Haut- und Kernmaterial hat die Gestalt eines elliptischen Paraboloids. Diese Fläche wird im Fol-

27.1 Mehrkomponenten-Spritzgießen

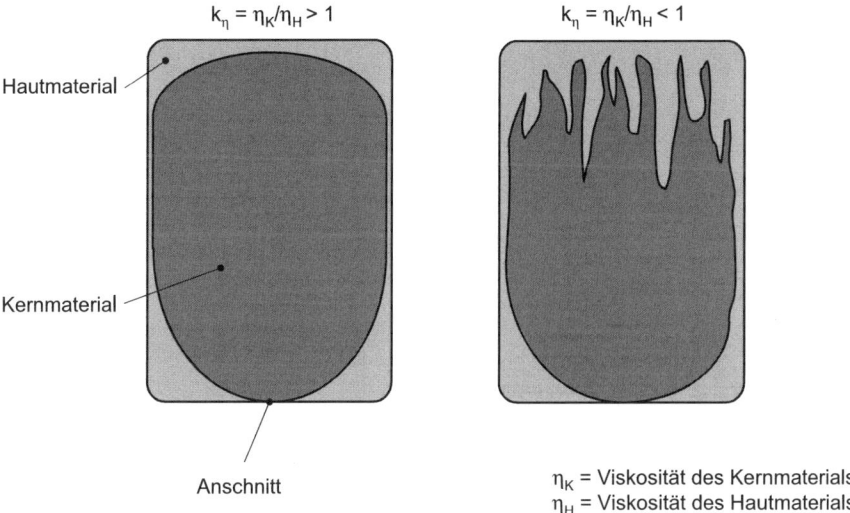

Abb. 27.8 Einfluss des Viskositätsverhältnisses auf die flächige Kernmaterialverteilung

genden als Schichtgrenzprofil bezeichnet. Dieses Profil, d. h. Verteilung der beiden Komponenten, ist im Sandwich-Spritzgießen ein wichtiges Qualitätsmerkmal. Eine vollständig gleichmäßige Materialverteilung ist nicht möglich. Das Schichtgrenzprofil wird durch die flächige Verteilung der Kernkomponente und die Eindringtiefe des Kernmaterials sowie die lokale Kernschichtdicke und die Kontur der Kernmaterialfließfront charakterisiert.

In der Schnittebene in Fließrichtung ergibt das Schnittbild des Schichtgrenzprofils immer eine Parabel. Die Form (spitz oder stumpf) der Parabel ist abhängig von den rheologischen Eigenschaften der verwendeten Kunststoffe. Abb. 27.7 zeigt die Abhängigkeit der Schichtgrenzprofile von dem Verhältnis der Viskosität des Kern- zu der Viskosität des Hautmaterials bei der im Fließkanal an der repräsentativen Stelle vorliegenden Schergeschwindigkeit bei Verarbeitungstemperatur. Das Verhältnis wird kurz als Viskositätsverhältnis $k_\eta = k_{\eta\,Kern}/k_{\eta\,Haut}$ bezeichnet. Im Fall $k_\eta < 1$ weist die Kernmaterialfließfront ein stumpfe und im Fall $k_\eta > 1$ eine eher spitze Kontur auf [11].

Eine gute flächige Materialverteilung lässt sich bei geschickter Wahl der Material-, Geometrie- und Verarbeitungsparameter erzielen. Bei $k_\eta < 1$ führen kleinste Schwankungen im Fließwiderstand zu lokalen Voreileffekten (Abb. 27.8). Stabile und reproduzierbare Fließverhältnisse sind nur bei Viskositätsverhältnissen $k_\eta \geq 1$ möglich [11].

Haftungskompatibilität

Der komplexe Vorgang der Kontaktbildung und der Ausbildung einer Grenzschicht beim Verarbeitungsprozess ist von der chemischen Struktur der Rohstoffe und von den Prozessparametern abhängig. Für den Fall, dass Haut- und Kernmaterial keine

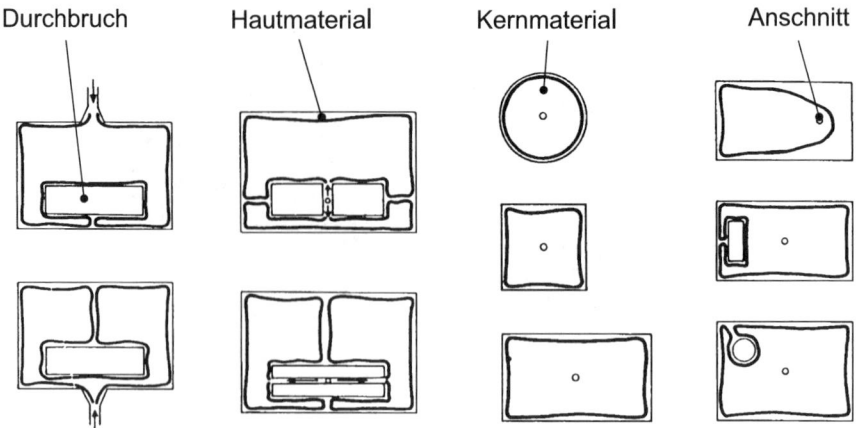

Abb. 27.9 Flächige Kernmaterialverteilung bei unterschiedlichen Angussarten und Formteilgeometrien [12]

oder nur geringe Haftung untereinander aufweisen, kann diese durch Additive wie Haftvermittler (Compatibilizer) ermöglicht respektive verbessert werden. Bei ungenügender Haftung besteht die Gefahr der Delamination der Hautschicht von der Kernschicht [11].

Eigenschaftskompatibilität
Wenn die physikalischen Eigenschaften beider Sandwichkomponenten zu stark voneinander abweichen, kann es zu abkühlbedingten und/oder belastungsbedingten hohen Spannungen im Formteil kommen. Die Folge können Formteilverzug oder Rissbildung sein. Daher sollten der E-Modul, der Wärmeausdehnungskoeffizient und das Schwindungsverhalten von Haut- und Kernmaterial ähnlich sein. Die Verzugsneigung ist besonders bei der Kombination von amorphen mit teilkristallinen Kunststoffen stark ausgeprägt [11].

Das Schichtgrenzprofil wird neben der Materialkombination und den Prozessparametern durch das Düsensystem, das Anguss- / Anschnittsystem und die Formteilgeometrie beeinflusst.

In Bezug auf die Formteilgeometrie führen rotationssymmetrische Geometrien zu einer guten Materialverteilung. Probleme können bei nicht symmetrischen Spritzgussteilen mit Durchbrüchen und unterschiedlichen Wanddicken auftreten; diese lassen meist nur geringe Kernmaterialanteile zu (Abb. 27.9).

27.1.4.3 Anwendungen

In den ersten Jahren der kommerziellen Nutzung des Sandwich-Spritzgießens wurden hauptsächlich dickwandige Formteile mit kompakter Außenhaut und geschäum-

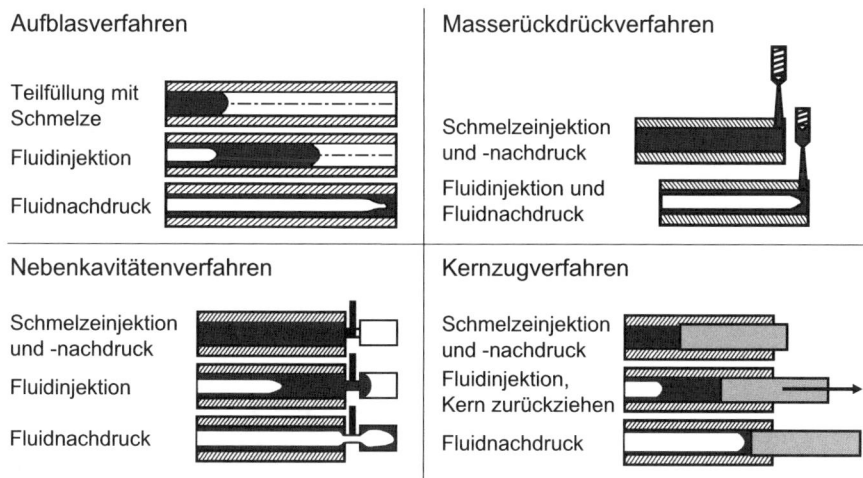

Abb. 27.10 Verfahrensvarianten der Fluidinjektionstechnik

ten Kern hergestellt. Dadurch konnten erstmals leichte, schwindungsfreie Formteile ohne Einfallstellen mit hervorragenden Oberflächen hergestellt werden. Beispielhaft seien Möbelteile, Toilettensitze, Blumenschalen, Griffe und Gehäuse erwähnt. Seit einiger Zeit wird das Verfahren zunehmend auch für dünnwandige Formteile wie Preforms, Verpackungen und technische Artikel aus dem Automobilbereich etc. eingesetzt. Dabei steht das Potenzial des Verfahrens zur Funktionsintegration von z. B. Festigkeit, Optik, Haptik, Barrierewirkung, antistatischer Oberfläche, elektromagnetischer Abschirmung, Recycling etc. in ein Spritzgussteil durch Realisierung einer entsprechenden Materialkombination von Haut- und Kernmaterial im Mittelpunkt des Interesses.

27.2 Fluidinjektionstechnik

Die Fluidinjektionstechnik (FIT) ist neben der Schmelzkerntechnik (siehe Kapitel 27.7) ein Verfahren um Kunststoff-Hohlkörper im Spritzgießverfahren herzustellen. Die Idee Kunststoff-Hohlkörper durch den Einsatz von Fluiden herzustellen, ist seit den 30er Jahren bekannt und war seit dieser Zeit immer wieder Gegenstand von Patentschriften [u. a.: 13, 14, 15, 16]. In Abb. 27.10 ist der Verfahrensablauf der vier Grundvarianten der Fluidinjektionstechnik (FIT), die heute der Stand der Technik sind, dargestellt.

Der grundsätzliche Verfahrensablauf ist bei allen vier Varianten gleich; der Formteilbildungsprozess ist zweigeteilt: Zunächst wird das Polymer wie beim konventionellen Spritzgießen in die Kavität eingespritzt. Dabei bildet sich an den kalten Kavitätswänden eine eingefrorene Randschicht aus, während die Schmelzeseele

Dickwandige, stabförmige und rohrähnliche Formteile

 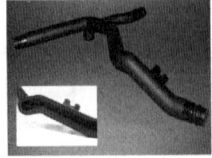

Foto: Engel AUSTRIA GmbH

Kompakte Formteile mit integrierten partiellen Dickstellen

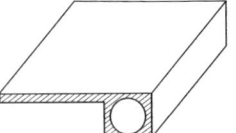 

Foto: Utescheny AG

Dünnwandige, flächige Formteile mit geeignet geformten Versteifungsrippen

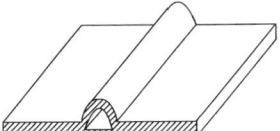 

Foto: Coko GmbH & Co. KG

Abb. 27.11 Klassifizierung von FIT-Formteilen

noch flüssig ist. In diese schmelzeflüssige Seele wird nach einer gewissen Verzögerungszeit ein Prozessfluid injiziert, das die Schmelze entweder in zunächst ungefüllte oder zusätzlich geöffnete Kavitätsbereiche oder zurück in den Schneckenvorraum verdrängt. Das Fluid formt so einen Hohlraum aus und treibt die Fließfront bis zur vollständigen Ausformung des Spritzgussteils voran. Nach der vollständigen Füllung der Kavität wird über das Fluid Nachdruck aufgebracht. Dabei tritt über dem Fließweg in der Fluidblase kein Druckverlust auf, sodass im gesamten Formteil ein gleichmäßiger Nachdruck wirkt, der beliebig lange aufrechterhalten werden kann, da das Fluid nicht erstarrt und daher kein Siegelpunkt existiert. Als Prozessfluid wird heute bei der Gasinjektionstechnik (GIT) Stickstoff oder Kohlendioxid und bei der Wasserinjektionstechnik (WIT) Wasser eingesetzt. Prinzipiell ist auch die Injektion von beliebigen Flüssigkeiten wie z. B. Öl, Alkohol, etc. denkbar.

FIT-Bauteile werden ihrer Formteilgestalt nach in drei Geometriefamilien klassifiziert (Abb. 27.11):

- dickwandige, stabförmige und rohrähnliche Formteile (GIT und WIT),
- kompakte Formteile mit integrierten partiellen Dickstellen (GIT und WIT) und,
- dünnwandige, flächige Formteile mit geeignet geformten Versteifungsrippen / Gasführungskanälen (bisher nur GIT).

Für die Anwendung der FIT ist es wichtig, dass die Formteilgeometrie „Fluidführungskanäle" aufweist. Diese bestehen aus länglichen Masseanhäufungen wie z. B. an Rippenfüßen, in deren Richtung der Ausbreitung der Fluidblase ein geringerer Fließwiderstand entgegengebracht wird als im übrigen Bauteil. Bei Formteilen wie Platten, die keine solche Vorzugrichtungen vorgeben, führen bei der GIT aufgrund der geringen Viskosität des Prozessfluids schon geringste Schwankungen im Fließwiderstand zu Instabilitäten und damit zu einem lokalen Voreilen der Fluidblase. Man spricht in diesem Zusammenhang auch vom Fingereffekt, da die vorgeeilten Bereiche der Fließfront eine fingerähnliche Form aufweisen. Wegen der klaren axialen Vorzugsrichtung sind stabförmige Bauteile besonders für die Fluidinjektionstechnik geeignet.

Zu den Vorteilen der FIT gegenüber dem konventionellen Spritzgießen gehören Reduzierung der Restkühlzeit, Materialeinsparung, Verringerung von Schwindung und Verzug und die Realisierung von langen Fließwegen [17]. Der Einsatz der FIT macht es zudem erst möglich, Formteile mit funktionellen Hohlräumen herzustellen. Dadurch eröffnen sich völlig neue Anwendungsgebiete für das Spritzgießen, die vorher Verfahren wie der Extrusion und dem Extrusionsblasformen vorbehalten waren, wie z. B. die Herstellung von Medienleitungen [18].

Die Kombination der FIT mit anderen Spritzgieß-Sonderverfahren erlaubt die Herstellung hochintegrierter Spritzgussteile. So ist es z. B. durch die Kombination des Sandwich-Spritzgießens mit der GIT/WIT möglich, zweischichtige Medienleitungen herzustellen [19].

27.2.1 Gasinjektionstechnik

Die Entwicklung der Gasinjektionstechnik (GIT) begann in den 70er Jahren. Seit Mitte der 80er Jahre hat das Verfahren sehr rasch an Bedeutung für die industrielle Praxis gewonnen [20, 21]. Die GIT wird heute nicht nur bei der Verarbeitung thermoplastischer Kunststoffe für Anwendungen aus den unterschiedlichsten Bereichen eingesetzt [22, 23, 24, 25], sondern auch bei duroplastischen Formmassen, Keramik [26], Polyurethan [27] sowie Elastomeren [28]. Obwohl das Verfahren bereits einen hohen technologischen Reifegrad erreicht hat, wird es stetig weiterentwickelt. Neue Möglichkeiten u. a. zur Reduzierung der Restkühlzeit ergeben sich durch die Anwendung von Prozessvarianten im Tieftemperaturbereich wie das KoolGas-Verfahren oder die Gascool-Technologie [17]. Das HELGA-Verfahren (HELGA: Hettinga Liquid Gas-Assist) ist eine weitere Variante der GIT [17]. Für diesen Prozess ist kennzeichnend, dass zunächst eine niedrig siedende Flüssigkeit – i. d. R. Alkohol – in das Polymer injiziert wird, die dann verdampft und so den Hohlraum bildet. Der TIK-WIT Prozess kombiniert GIT mit der WIT. Bei diesem Verfahren wird in die Schmelzeseele zunächst eine definierte Menge Gas injiziert, die unmittelbar von Wasser gefolgt wird, sodass das Wasser eine Gasblase vor sich hertreibt. Die entstehende Gasblase bildet einen „thermischen Puffer", der ein sofortiges Erstarren der Schmelze mit Wasser durch Kontakt mit dem Wasser während der Bildung des Hohlraums verhindert. Ein durch Schwerkraft bedingtes Herunterfließen der noch flüssigen Schmelze innerhalb der Gasblase, insbesondere bei Bauteilen mit großem Durchmesser, wird durch das unmittelbar dem Gas folgende Wasser und somit einer sehr schnellen Abkühlung der Schmelze verhindert [29].

Die GIT stößt ab einem Außendurchmesser der Formteile von ca. 30 mm an ihre physikalischen Grenzen. Bei größeren Bauteildurchmessern ergeben sich naturgemäß größere Restwanddicken und es besteht die Gefahr, dass die Schmelze unmittelbar nach der Hohlraumausbildung so heiß ist, dass sie in Richtung der Schwerkraft verläuft. Die hohe Temperatur des Kunststoffs an der Kontaktstelle zur Gasblase resultiert aus der einseitigen Wärmeabfuhr über die Werkzeugwand. An das Prozessgas wird wegen der schlechten Wärmeleitfähigkeit und des niedrigen Wärmeaufnahmevermögens (Produkt von Dichte und Wärmekapazität) von Gasen nahezu keine Wärme abgeführt. Neben der geringen Wärmeabfuhr über das Gas ist bei der konventionellen GIT weiter nachteilig, dass sich das Gas in der Kunststoffschmelze lösen kann. Daher kann es bei einer zu frühen Nachdruckentlastung des Gases zum Aufschäumen des Kunststoffs auf der Bauteilinnenseite kommen, was u. a. bei Medienleitungen unerwünscht ist.

27.2.2 Wasserinjektionstechnik

Am Institut für Kunststoffverarbeitung (IKV), Aachen, legte Brunswick 1998/1999 mit seinen grundlegenden Arbeiten [30, 31, 32] den Grundstein für die heutige, erfolgreiche industrielle Anwendung der Wasserinjektionstechnik (WIT).

Der wichtigste Vorteil der WIT gegenüber der GIT ist die Reduzierung der Kühlzeiten im Spritzgießzyklus um bis zu 70% [17, 32, 33]. Im Vergleich zu Gas als Medium für die Hohlraumbildung wird bei der WIT zum einen durch die deutlich höhere Wärmeleitfähigkeit des Wassers ein wesentlich besserer Wärmeübergang zwischen Formteil und Wasser erreicht. Zum anderen ist durch die höhere Dichte und Wärmekapazität des Wassers das Wärmeaufnahmevermögen im Hohlraum des Formteils um ein vielfaches größer als bei der GIT. Während bei der GIT die Formteilkühlung nahezu ausschließlich über die Werkzeugwand erfolgt, wird bei der WIT ein signifikanter Anteil aus dem Formteil an das Prozessfluid Wasser abgeführt. Durch Integration einer Spülfunktion kann diese Wärmeabfuhr sogar noch gesteigert werden. Dabei wird nach dem Auf- oder Ausblasen der Schmelze und der Nachdruckzeit ein Durchbruch erzeugt, durch den kaltes Wasser gepumpt wird. Wegen der guten Wärmeabfuhr im Bauteilinneren können mit der WIT größere Bauteildimensionen realisiert werden als mit der GIT. Die WIT führt bei vielen Werkstoffen zu einer geringeren Restwanddicke und v. a. gleichmäßigeren Restwanddickenverteilung als die GIT [19, 31, 33, 34, 35]. Die bessere Konzentrizität des durch WIT gebildeten Hohlraums in gekrümmten Bereichen ist auf die Massenträgheit des Wassers zurückzuführen. Bei der FIT erfolgt die Hohlraumausbildung immer in Richtung des geringsten Widerstandes, sodass bei vernachlässigbarer Fluidträgheit wie bei der GIT in Krümmungen der Hohlraum immer näher an der Kurveninnenseite verläuft. Eine gleichmäßigere Restwanddickenverteilung bewirkt gleichmäßigere Abkühlbedingungen und führt somit zu einer gleichmäßigeren Schwindung. Daher weisen im Vergleich zur GIT durch WIT hergestellte Bauteile eine geringere Verzugsneigung auf [31]. Je nach Werkstoff werden bei WIT-Bauteilen häufig aber nicht zwangsläufig glättere fluidseitige Oberflächen beobachtet als bei GIT-Bauteilen [17, 36].

Die Injektoren für die WIT, über die das Fluid in die schmelzeflüssige Seele injiziert wird, unterscheiden sich wesentlich von den Injektoren, die Anwendung im Bereich der GIT finden. Die meisten bekannten GIT-Injektoren sind für die Wasserinjektion ungeeignet, da sie den notwendigen hohen Volumenstrom nicht ermöglichen. Hingegen gestatten gewisse für die WIT konzipierte Injektoren sehr wohl den Einsatz von wahlweise Gas oder Wasser als Prozessmedium. Generell sind WIT-Injektoren von den äußeren Abmaßen größer als GIT-Injektoren. Da Wasser im Gegensatz zu Gas (Stickstoff) ein nahezu inkompressibles Medium ist, müssen die Austrittsöffnungen bei WIT-Injektoren deutlich größer ausgeführt werden, um schließlich die geforderten hohen Wasservolumenströme im Prozess realisieren zu können. Bei der WIT sind Auslassdurchmesser ab 3 mm bis 5 mm geeignet für Bauteildurchmesser bis ca. 40 mm. Grundsätzlich verbessert eine Vergrößerung des Durchmessers die Hohlraumausbildung [37].

Ein Nachteil der WIT ist, dass die Entfernung des Prozessfluids aus dem Formteilhohlraum aufwändiger als bei der GIT ist. Es existieren zahlreiche Konzepte zur Wasserrückführung. Eine Übersicht verschiedener Methoden ist in [33] zu finden. Es sind jedoch auch Anwendungen denkbar bei denen das Wasser im Bauteil verbleiben soll. Hierbei wird der Formteilbereich um den Injektor durch erneutes Einspritzen von Kunststoff versiegelt.

Bei der Anwendung der WIT kann es dazu kommen, dass z. B. unzureichende Dichtwirkung am Injektor oder durch Fehler beim Anfahren oder Einrichten des Prozesses das Wasser nicht in das Formteil eingeleitet wird, sondern an der Kavitätswand entlang fließt und anschließend aus der Werkzeugtrennebene tritt. Auch eine unzureichende Wasserrückführung kann beim Entformen zu einem Wasseraustritt in die Trennebene führen. Daher sind die verwendeten Werkzeuge einer erhöhten Korrosionsgefahr ausgesetzt.

27.3 Thermoplast-Schaumspritzgießen

Das Thermoplast-Schaumspritzgießen (TSG) ist eines der ältesten und aktuellsten Sonderverfahren des Spritzgießens, das die Herstellung von sogenannten „Strukturschaumformteilen" ermöglicht. Solche Formteile zeichnen sich durch einen sandwichartigen Aufbau aus, d. h. eine mehr oder weniger kompakte Außenhaut und einen geschlossenzelligen, geschäumten Kern. Je nach Verfahrensart oder Verfahrensvariante können beim Schäumen unterschiedliche Dichteverteilungen im Bauteil erzielt werden. Dabei kann einerseits die Dichteverteilung entlang der Längen- und Breitenachse und andererseits diejenige über der Dicke des Bauteils unterschieden werden. Abb. 27.12 zeigt verschiedene Dichteverläufe, die sich als Funktion verschiedener Verfahren über der Bauteildicke ergeben [38].

Ausgehend von einem kompakten Bauteil, bei dem näherungsweise gleiche Dichten über der Dicke vorliegen, wird durch das Schaumspritzgießen eine Bauteilstrukturen mit integraler Dichtereduktion erzeugt. Diese Schaumstrukturen sind gekennzeichnet durch (nahezu) kompakte Randschichten und einen geschlossenzellig geschäumten Kern in der Bauteilmitte.

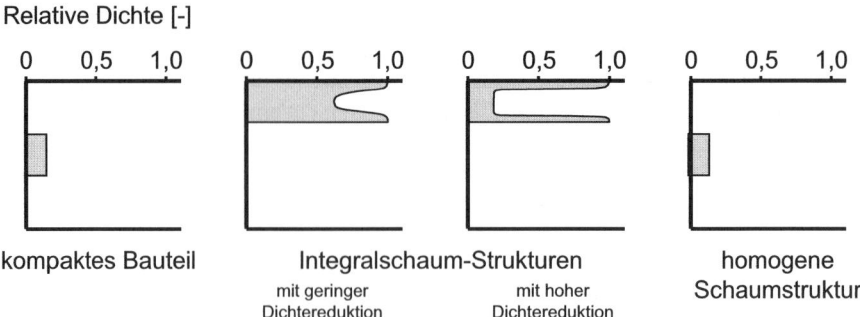

Abb. 27.12 Verschiedene Dichteverläufe über der Bauteildicke

Die Schaumstrukturen können weiter untergliedert werden in solche, die eine geringe Bauteil-Dichtereduktion aufweisen (z. B. < 20%) und in solche, deren Dichtereduktionen deutlich höher sind. Mit dem konventionellen Thermoplast-Schaumspritzgießen werden meist erst genannte Schaumstrukturen erzielt. Integralschäume mit einer sehr ausgeprägten integralen Dichtereduktion ergeben sich oft erst durch den Einsatz von Verfahrensvarianten, auf die später noch näher eingegangen wird. Die in Abb. 27.12 rechts dargestellte homogene Schaumstruktur, die beispielsweise in Isolationsschäumen zum Einsatz kommt, kann mit dem Schaumspritzgießen auch unter Verwendung von Verfahrensvarianten nicht erzielt werden. Hier kommen zur Herstellung Verfahren wie das Schäumen von Polyurethan in Betracht.

27.3.1 Eigenschaften von Thermoplastschäumen

Die Eigenschaften der hergestellten Schäume werden maßgeblich durch deren charakteristische Struktur bestimmt. Diese ist u. a. gekennzeichnet durch die Dicke der Randschichten, durch die Zellgrößen und Zelldichten als auch durch den Verstreck- und Orientierungsgrad der Zellen. Dabei können die Eigenschaften nicht nur über der Bauteildicke, sondern auch deutlich entlang des Fließwegs variieren. Die spezifischen Merkmale der Schaumstrukturen werden dabei wiederum durch eine Vielzahl von Parametern beeinflusst. Neben den Prozessparametern bei der Verarbeitung spielen das Treibmittel, das Polymer und auch das Werkzeug eine entscheidende Rolle [39, 40].

Das TSG weist im Gegensatz zum Spritzgießen kompakter Formteile einige Vorteile auf: Dazu zählt die Dichtereduktion des Formteils, wodurch nicht nur Gewicht sondern auch polymerer Rohstoff eingespart wird. Des Weiteren weisen geschäumte Spritzgussteile eine erhöhte spezifische Steifigkeit durch Verlagerung der Flächenträgheitsmomente in die Randschichten des Bauteils sowie eine erhöhte Dämmwirkung, z. B. gegen Wärme, auf. Auch die Herstellung von Formteilen mit großen Wanddicken ist möglich, was größere Freiheiten im Design und dadurch auch die Erschließung neuer Anwendungsbereiche erlaubt. Das TSG ermöglicht im Vergleich zum Kompaktspritzgießen zudem die Herstellung von Formteilen mit deutlich geringerem Verzug und niedrigeren Eigenspannungen, häufig günstigeren Fertigungstoleranzen und weniger sowie kleineren Einfallstellen [40, 41, 42, 43]. Nicht zuletzt lassen sich mit diesem Sonderverfahren durch eine Reduktion von Materialkosten und eine Reduktion der Zykluszeit wirtschaftliche Vorteile erzielen. Als Herausforderung steht auf der anderen Seite neben der bisher noch eher mäßigen Oberflächenqualität der geschäumten Spritzgussteile [44] die Verfahrenstechnik zur Herstellung selbiger.

27.3.2 Treibmittelarten

Für den Aufschäumvorgang beim Schaumspritzgießen wird ein Treibmittel benötigt, das so gleichmäßig wie möglich in der Polymerschmelze verteilt sein sollte. Hierbei kommen verschiedene Treibmittelarten zum Einsatz, die sich im Wesentlichen in der Zudosierung differenzieren. Grundsätzlich unterscheidet man chemische von physikalischen Treibmitteln, deren Wirkungsweise und Verarbeitung nachfolgend erläutert werden.

Chemische Treibmittel
Chemische Treibmittel werden dem Kunststoffgranulat meist in fester Form (als Masterbatch) beigemischt. Sie zersetzen sich bei Wärmezufuhr unter Abspaltung eines Fluids, meist Stickstoff, Kohlendioxid oder Wasser. Das Gemisch aus Kunststoffgranulat und Treibmittel wird dem Plastifizieraggregat zugeführt und ähnlich wie beim Kompaktspritzgießen verarbeitet. Durch die hohen Temperaturen im Plastifizieraggregat zersetzt sich das Treibmittel in das Treibgas und anfallende Restprodukte, wobei letztere wiederum als Nukleierungsmittel wirken können. Bei der Prozessführung ist darauf zu achten, dass die Temperaturen und Drücke im Plastifizieraggregat eine vollständige Zersetzung des Treibmittels ermöglichen und ein vorzeitiges Ausgasen über den Materialeinzug verhindern. Die beim Schäumen mit chemischen Treibmitteln anfallenden Restprodukte können einen Anteil von bis zu 70 Gew.-% des Masterbatches ausmachen und sind nicht nur vorteilhaft. Sie können zur Degradation der Polymermatrix und damit zur Verschlechterung der mechanischen Eigenschaften, zu Verfärbungen im Bauteil sowie zur Korrosion und Verschmutzung des Werkzeugs sowie der Spritzgießmaschine führen. Darüber hinaus können mit chemischen Treibmitteln aufgrund der begrenzten Gasausbeute bei der Zersetzung im Vergleich zu physikalischen Treibmitteln nur geringe Aufschäumgrade erzielt werden [45].

Sollen jedoch sehr dickwandige Bauteile hergestellt werden (beispielsweise mit Wanddicken größer als 6 mm), kann das Schäumen mit chemischen Treibmitteln zu sehr gleichmäßigen Schaumstrukturen führen, da die Zersetzungsprodukte als Nukleierungsmittel dienen. Weiterhin erfordert das Schäumen mit chemischen Treibmitteln keine wesentliche Anpassung der Anlagentechnik. Lediglich eine Verschlussdüse sowie eine Lageregelung der Schnecke sind anlagentechnische Voraussetzung, um ein vorzeitiges Aufschäumen der Kunststoffschmelze im Plastifizieraggregat zu vermeiden.

Vertiefende Ausführungen zu chemischen Treibmitteln sind u. a. in [40, 42, 45, 46, 47] zu finden.

Physikalische Treibmittel

Treibmittel, die als Fluide dem Kunststoff direkt zudosiert werden, bezeichnet man als physikalische Treibmittel oder auch als Treibfluide. Diese können Stickstoff oder Kohlendioxid, ferner Kohlenwasserstoffe wie Pentan, aber auch Wasser sein [40]. Da bei der Verarbeitung keine Zersetzung stattfindet und somit keine Zersetzungsprodukte anfallen, treten weder treibmittelbedingte Verfärbungen, noch eine Verschlechterung der mechanischen Eigenschaften der Bauteilmatrix (z. B. geringere Reißfestigkeit oder Bruchdehnung in Folge des Treibmittelträgers selbst) auf.

An ein geeignetes Treibfluid für die Herstellung thermoplastischer Schäume werden aus prozesstechnischer Sicht im Wesentlichen zwei Anforderungen gestellt, die sich aus den Phasen Polymerbeladung und Schaumwachstum (siehe Kapitel 27.3.3.3) herleiten lassen. Um eine schnelle und genügend hohe Beladung des Polymers mit Treibfluid zu erreichen, sollte es eine möglichst hohe Diffusionsrate bei einer hohen Löslichkeit im Polymeren aufweisen. Darüber hinaus sollte die Diffusionsneigung des Treibfluids während der Wachstumsphase möglichst gering ausfallen, um hohe Zellnukleierungsdichten der Schäume realisieren zu können. Dies sind teilweise widersprüchliche Anforderungen, die durch eine geeignete Prozessführung in gewissen Grenzen aufgefangen werden können. Weiterhin sollte das Treibfluid kostengünstig, umweltfreundlich und toxikologisch unbedenklich sein. Zusammenfassend betrachtet erfüllen Stickstoff und Kohlendioxid die Anforderungen am besten und sind daher die vornehmlich verwendeten physikalischen Treibfluide [48].

Vergleicht man die Eignung dieser beiden Fluide für den Schäumprozess, so verfügen beide über einen vergleichbaren Diffusionskoeffizienten in den meisten Polymeren [49]. Hinsichtlich des Lösungsverhaltens weist Kohlendioxid bei den technisch relevanten Polymeren in der Regel eine deutlich höhere Löslichkeit auf. Somit können der Theorie nach im Vergleich zu Stickstoff höhere Aufschäumgrade und aufgrund der bei höheren Treibfluidkonzentrationen möglichen höheren Nukleierungsdichte eine feinere Schaumstruktur [39] erreicht werden.

Physikalische Treibmittel bewirken wie chemische Treibmittel nicht nur ein Aufschäumen der Schmelze, sondern auch eine Verringerung der Schmelzeviskosität während des Füllvorgangs. Dieser Effekt tritt im Wesentlichen dann auf, wenn der Partialdruck des Treibfluids den Schmelzedruck übersteigt [50].

27.3.3 Mechanismen der Schaumbildung

Der Schäumprozess durchläuft mehrere Prozessphasen, die abgesehen von der Treibfluideingabe bei beiden Treibmittelarten und den meisten Schäumverfahren ähnlich ablaufen. Diese Prozessphasen können, wie in Abb. 27.13 exemplarisch

27.3 Thermoplast-Schaumspritzgießen

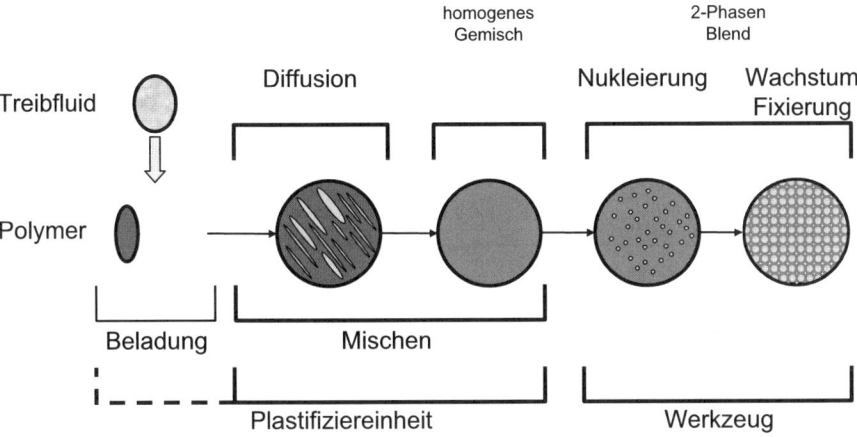

Abb. 27.13 Mechanismen der Schaumbildung nach [51]

für das Schäumen mit physikalischen Treibmitteln gezeigt, in die Beladungs- und Mischphase, die Nukleierungsphase, die Wachstumsphase sowie die Abkühlungs- und Fixierphase untergliedert werden.

27.3.4 Anlagentechnik zur Beladung von Polymerschmelzen mit physikalischen Treibmitteln

Wie bereits oben beschrieben, erfordert der Einsatz physikalischer Treibfluide beim Schaumspritzgießen meist eine modifizierte Anlagentechnik, um eine gleichmäßige Beladung der Polymerschmelze und eine geeignete Weiterverarbeitung zu ermöglichen. Im Folgenden werden die bekanntesten Verfahren (Abb. 27.14) zur Herstellung von thermoplastischen Schäumen mit physikalischen Treibfluiden kurz vorgestellt, die alle im Wesentlichen auf den zuvor vorgestellten Mechanismen der Schaumbildung basieren.

Verarbeitung von mit Treibfluid vorbeladenem Granulat
Bei der Treibfluidvorbeladung wird das im festen Zustand vorliegende Kunststoffgranulat zunächst in einer temperierbaren Druckkammer (Autoklav) mit einem geeigneten Treibfluid beladen und nachfolgend im Spritzgießprozess weiterverarbeitet, Abb. 27.14, links oben. Über die Parameter Beladungsdruck, -temperatur und -zeit kann dabei die Konzentration des Treibmittels im Kunststoff variiert werden. Nach hinreichend langer Beladungszeit wird der Systemdruck im Autoklaven auf Umgebungsdruck abgebaut und das Granulat kann aus dem Druckbehälter entnommen werden. Abhängig vom Konzentrationsgefälle zwischen Granulat und Umgebung desorbiert ein Teil des Treibfluids aus dem Kunststoff wieder aus. Erst nach

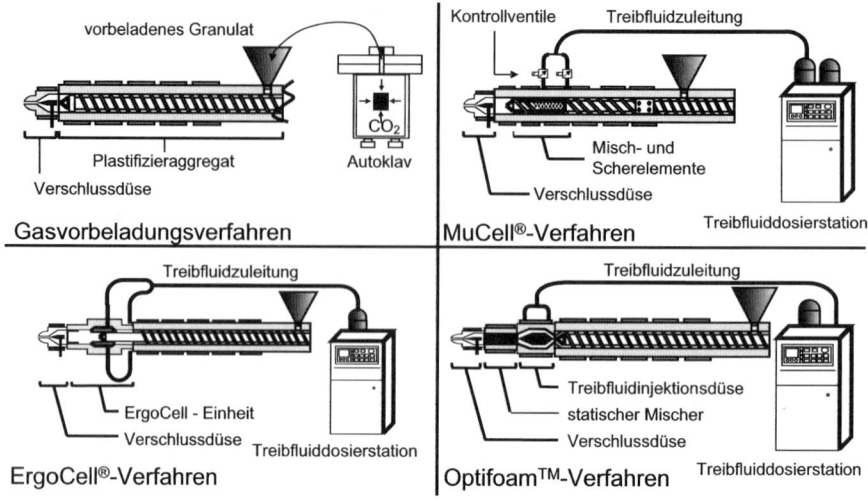

Abb. 27.14 Verfahren zur direkten Schmelzebeladung mit physikalischen Treibfluiden

einer längeren, definierten Verweildauer des beladenen Polymergranulats unter Umgebungsbedingungen ist der Treibfluidverlust so gering, dass ein reproduzierbarer Schaumspritzgießprozess bei nur noch geringer Abnahme der Treibfluidkonzentration durchgeführt werden kann.

MuCell®-Verfahren
Eine weit verbreitete Möglichkeit zur Herstellung physikalisch geschäumter Formteile ist die Injektion des physikalischen Treibfluids in das Plastifizieraggregat einer Spritzgießmaschine während der Dosierphase. Hierbei wird das Treibfluid über einen oder mehrere Injektoren im Schneckenzylinder in die Schmelze dosiert und anschließend intensiv vermischt. Aus diesem Grund ist eine Sonderschnecke mit Scher- und Mischteilen notwendig. Um einen Austritt des Treibfluids über den Materialeinzug zu vermeiden, ist eine zusätzliche Rückstromsperre im mittleren Bereich der Schnecke notwendig. Da die Schnecke während der Dosier- und Beladungsphase eine axiale Bewegung ausführt, bewegt sie sich relativ zu den Injektoren, wodurch die wirksame Mischlänge der Schnecke stetig variiert. Um diese Mischlänge für eine reproduzierbare, homogene Treibfluideinmischung nahezu konstant zu halten und die gewünschte Treibfluidmenge einzudosieren, muss die Ansteuerung der Injektoren gezielt über die Maschinensteuerung erfolgen [51]. Das MuCell®-Verfahren der Fa. Trexel Inc., Woburn (USA) beruht auf diesem Verfahrenskonzept (Abb. 27.14, oben rechts).

ErgoCell®-Verfahren
Ein Konzept zur direkten Beladung der Schmelze mit physikalischen Treibfluiden, bei dem eine zusätzliche Anlagenkomponente zwischen Plastifizierzylinder und Einspritzdüse einer Spritzgießmaschine eingebaut wird ist das ErgoCell®-Verfahren

27.3 Thermoplast-Schaumspritzgießen

[52]. Die derzeit aktuelle Ausführung des Zusatzaggregats besteht aus einer axial angeordneten Einheit mit einer Treibfluideinleitungszone und einer Mischzone, in der das Treibfluid/Schmelze-Gemisch während der Dosierphase homogenisiert wird [53]. In der Treibfluideinleitungszone befinden sich Injektoren, die von einer Dosierstation mit Treibfluid versorgt werden. Der Schneckenkopf übernimmt bei dieser Verfahrensvariante zwei Funktionen. Zum einen treibt er zur Homogenisierung des Treibfluids in der Polymerschmelze einen dynamischen Mischer an, zum anderen übernimmt er, wie beim konventionellen Spritzgießen, die Funktion eines Einspritzkolbens (vgl. Abb. 27.14, unten links).

Optifoam™-Verfahren
Ein am Institut für Kunststoffverarbeitung (IKV), Aachen, entwickeltes Verfahren basiert auf einer speziellen Injektionsdüse, mit deren Hilfe physikalische Treibfluide während des Einspritzvorgangs in den Schmelzestrom einer konventionellen Spritzgießmaschine eingebracht werden können. Diese Injektionsdüse wird zwischen Verschlussdüse und Plastifizieraggregat installiert und ist prinzipiell auf konventionellen Spritzgießmaschinen nachrüstbar (Abb. 27.14, unten, rechts). Die Schmelze strömt bei diesem Verfahren während der Einspritzphase aus dem Schneckenvorraum durch die Injektionsdüse und wird dort mit dem Treibfluid beladen. Nach der Beladung durchströmt die Schmelze ggf. nachgeschaltete statische Mischelemente, bevor sie über eine Verschlussdüse in die Kavität des Spritzgießwerkzeugs eingebracht wird [40, 54]. Dieses Verfahren ist von der Sulzer Chemtech AG, Winterthur, Schweiz, exklusiv lizenziert und wird unter dem Markennamen Optifoam™ vertrieben.

ProFoam
Die Herstellung eines feinzelligen, homogenen Schaums kann mit einem weiteren am IKV entwickelten Verfahren mittels einer konventionellen Spritzgießmaschine erfolgen. An die Spritzgießmaschien wird dazu eine spezielle Vorrichtung im Einzugbereich des Plastifizieraggregats montiert. Diese Vorrichtung, die in Form einer Druckkammerschleuse ausgeführt ist, hat die Aufgabe, das Treibfluid unter einem definierten Druck zusammen mit dem aufzuschäumenden Werkstoff in das Plastifizieraggregat einzubringen. Das drucklos eingebrachte Kunststoffgranulat wird über ein Schleusensystem mit Treibfluid gemischt und dem Plastifizieraggregat unter Druck zugeführt. Mit dieser Anlagentechnik wird eine definierte Treibfluidatmosphäre im Plastifizieraggregat erzeugt, in der das Kunststoffmaterial plastifiziert und homogen mit Treibfluid beladenen wird [55]. Um ein Entweichen des eingebrachten Treibfluids aus dem Plastifizieraggregat zu vermeiden, muss im hinteren Bereich des Plastifizierzylinders eine Dichtung zwischen Zylinder und Schnecke vorgesehen werden. Eine Abdichtung des Plastifizieraggregats im vorderen Bereich wird, wie bei allen oben genannten Verfahren, mittels einer konventionellen Verschlussdüse erzielt.

27.3.5 Verfahren für das Thermoplast-Schaumspritzgießen

Die Verfahren für das Thermoplast-Schaumspritzgießen lassen sich, abgesehen von der Aufbereitung des Schmelze/Treibfluid-Gemischs, grundsätzlich in zwei Kategorien einteilen, die durch die Höhe der auftretenden Werkzeuginnendrücke bestimmt werden. Dies sind auf der einen Seite die Niederdruckverfahren, bei denen die Drücke im Werkzeug im Allgemeinen 100 bar nicht übersteigen. Sind die Drücke höher, spricht man von Hochdruckverfahren [56], die meist mit einer aufwändigeren Anlagentechnik verbunden sind.

Niederdruckverfahren
Kennzeichen des Niederdruckverfahrens beim Schaumspritzgießen ist, dass das während der maschinenseitigen Einspritzphase in die Kavität eingebrachte Polymervolumen geringer ist als das Volumen der Kavität. Erst durch das Aufschäumen der Schmelze wird das Formnest vollständig ausgefüllt. Der Aufschäumvorgang wird dabei in den meisten Fällen durch den Druckabfall der Schmelze entlang des Fließwegs ausgelöst. Die Drücke entscheiden in dieser Phase maßgeblich über die Nukleierungs- und Zellwachstumsvorgänge und bieten sich daher als Größe zur Prozessüberwachung an.

Die Abläufe im Werkzeug können entsprechend der zuvor dargestellten Mechanismen der Schaumbildung im Wesentlichen in drei Phasen aufgeteilt werden: Einspritzen und Keimbildung, Restformfüllung durch Blasenwachstum und Druckausgleich in der Kavität sowie Blasenstabilisierung.

Aufgrund der im Vergleich zum Kompaktspritzgießen geringen Werkzeuginnendrücke ist bei diesen Verfahren ein Arbeiten mit geringen Werkzeug-Schließkräften möglich. Darüber hinaus zeichnet sich das Schaumspritzgießen im Niederdruckverfahren vor allem durch geringe Investitionskosten aus. So liegen zum einen die Herstellungskosten für die Werkzeuge deutlich niedriger als bei den Hochdruckverfahren, da der Einsatz spezieller Tauchkantenwerkzeuge mit dem entsprechenden Aufwand wie bei den Hochdruckverfahren entfällt. Zum anderen genügen aufgrund der relativ niedrigen Werkzeuginnendrücke oftmals Aluminium-Werkzeuge den gestellten Anforderungen [56]. Diese sind im Vergleich zu konventionellen Stahlwerkzeugen wesentlich schneller und größtenteils günstiger herstellbar. Die Nachteile der Niederdruckverfahren liegen vor allem in der oftmals schlechten Oberflächenqualität sowie in der inhomogenen Dichteverteilung der hergestellten Formteile.

Hochdruckverfahren
Ziel bei der Entwicklung der so genannten Hochdruckverfahren war in erster Linie die Verbesserung der Oberflächenqualität geschäumter Bauteile [56]. Kennzeichen dieser Verfahren ist, dass die Kavität im Vergleich zu den Niederdruckverfahren vollständig mit dem Schmelze/Treibmittel-Gemisch gefüllt wird. Ein Aufschäumen der Polymerschmelze wird erst anschließend durch verschiedene Mechanismen erzielt. Als Vertreter dieser Verfahrensgruppe können die Verfahrensvarianten Schaumspritzgießen mit „atmenden" Werkzeugen und mit Gasgegendruck angeführt werden.

27.3.6 CESP – Ein Verfahren zur Herstellung geschäumter, resorbierbarer, Wirkstoff tragender Implantate

Das CESP-Verfahren (Controlled Expansion of Saturated Polymers) ist ein Prozess, mit dem die Herstellung von Bauteilen mit mikrozellulärer Schaumstruktur bei niedrigen Verarbeitungstemperaturen möglich ist. Dies ist vor allem für die Fertigung von resorbierbaren, Wirkstoff tragender Implantaten interessant [39, 57, 58, 59, 60].

Motivation für den Einsatz des CESP-Verfahrens
Die im menschlichen Körper eingesetzten, abbaubaren Kunststoffe lassen sich in natürliche und synthetische Polymere unterteilen. Bei den natürlichen Polymeren handelt es sich um Albumin, Chitin und Kollagen. Synthetische Polymere sind unter anderem Polyanhydride, Polycarbonate, Polyaminosäuren und Polyester [61]. Unter den resorbierbaren Kunststoffen kommt der Gruppe der Polyester, insbesondere den aliphatischen Polyestern, im Hinblick auf eine Verwendung als Implantatwerkstoff die größte Bedeutung zu. Sie sind bereits seit den 70er Jahren Gegenstand vieler Untersuchungen [62]. Die resorbierbaren Polyester der α-Hydroxycarbonsäuren, wie das Polylactid, das Polyglycolid und ihre Copolymere, stehen hierbei im Vordergrund.

Wegen der besseren primären Festigkeit wurde das kristalline Poly(L-lactid) (PLLA) das heutzutage am häufigsten eingesetzte bioresorbierbare Polymer. Der in vivo-Abbau des kristallinen PLLA erfolgt ungleichmäßig. Die Abbauprodukte bestehen aus sich nur langsam weiter abbauenden unlöslichen Kristalliten, die unerwünschte Gewebereaktionen verursachen und sich in den Lymphknoten ansammeln. Für die amorphen Poly(α-hydroxycarbonsäuren) fand Vert [63] einen heterogenen, durch die Abdiffusion der entstandenen Oligomere bestimmten Abbaumechanismus. Da die löslichen Oligomere von der Oberfläche schneller wegdiffundieren können als die im Inneren gefangenen Spaltprodukte, findet hier aufgrund der Anreicherung der Säureendgruppen eine Autokatalyse der Esterspaltung statt. Dies führt zu einem schnelleren Abbau im Inneren des Polymermaterials (Bulk). Es bleibt eine äußere Hülle zurück, die schließlich abrupt zusammenbrechen kann. Es entstehen relativ großvolumige, ggf. nicht gefäßgängige Implantatpartikel. Weitere Studien zeigen allerdings auch eine Abhängigkeit des Abbaus von der Dicke [64] und der Porosität [65] des Materials. Wird bei kleineren Implantaten oder bei Filamenten eine kritische Dicke unterschritten, so wird die Diffusion der Oligomere aus dem Bulk nicht mehr behindert. Es gibt keine Hülle, in der die inneren Oligomere gefangen sind. Eine autokatalytisch beschleunigte Degradation im Bulk wird nicht beobachtet, sodass für sehr dünne Filme (< 200 µm), Mikrosphären (< 600 µm) und Filamente ein langsamerer Abbau festzustellen ist.

Auch poröse Strukturen wie z. B. mikrozelluläre Schäume werden durch die ungehinderte Diffusion der entstehenden Oligomere aus dem Polymermaterial langsam und gleichmäßig von der Oberfläche abgebaut [39]. Hier beginnt die Degradation des Implantats, genauso wie bei dem kompakten Material, mit der Wasseraufnahme. Infolge der kürzeren Diffusionswege können die Reaktionsprodukte jedoch aus der Zellwand diffundieren, wobei sie sich in den Schaumzellen akkumulieren. Die Degradation erfolgt langsamer, ein kontinuierlicher Abbau von der Oberfläche aus wird begünstigt. Es kommt weder zu einem spontanen Zusammenbruch der einzelnen Zellwände noch des gesamten Implantats, sondern zu einer allmählichen Auflösung. Das Implantat bleibt länger funktionstüchtig, der Degradationsverlauf ist demnach biokompatibel [39].

Um den Degradationsverlauf positiv zu beeinflussen ist es daher sinnvoll, das Bauteil mit einer Schaumstruktur auszustatten. Dies kann mit Kunststoff verarbeitenden Verfahren, wie dem Thermoplastschaumspritzgießen, erfolgen. Allerdings gibt es hier Einschränkungen, wenn eine Wirkstoffinkorporierung gefordert ist. Die hohen Prozesstemperaturen von ca. 190 °C führen bei temperatursensitiven Wirkstoffen, wie z. B., zu deren Zersetzung und verlieren dadurch ihre Wirkung. Das CESP-Verfahren stellt hier eine interessante Alternative dar.

Charakteristika des CESP-Verfahrens
Ein Verfahren für die Herstellung resorbierbarer Implantate, welches weder zu Eigenschaftsverlusten des Materials infolge von z. B. einer zu hohen Temperaturbelastung, noch zu einer Verringerung der Wirksamkeit der Medikamente führt, ist das am Institut für Kunststoffverarbeitung (IKV), Aachen, entwickelte CESP-Verfahren. Dieses eignet sich aufgrund der bei der Verarbeitung vorliegenden niedrigen Verarbeitungstemperaturen in idealer Weise zur Herstellung Wirkstoff tragender, resorbierbarer Implantate mit einer Schaumstruktur. Das CESP-Verfahren beruht auf der Plastifizierung amorpher Polymere durch Sättigung mit physikalischen Treibmitteln wie CO_2 bei hohem Druck. Die Viskositätserniedrigung, die für die Verarbeitung durch Urformen nötig ist, wird nicht durch eine Temperaturerhöhung erreicht, sondern zunächst und vorderst durch die Lösung von Gas in der Polymermatrix. Die kleinen Gasmoleküle diffundieren zwischen die Polymerketten und wirken dort als nicht-toxischer Plastifizierer. Die Verarbeitungstemperatur von resorbierbaren, amorphen Polymeren kann somit je nach Prozessparametern auf Werte zwischen 25–40 °C reduziert werden [57].

Das Verfahren zeichnet sich dadurch aus, dass das zu einem Pulver aufbereitete, resorbierbare Polymer in ein formgebendes Werkzeuges gefüllt und in einem Autoklaven, bei einer Temperatur oberhalb des Glasübergangspunkts, einer Kohlendioxidatmosphäre unter hohem Druck ausgesetzt wird. Durch die Absorption von Kohlendioxid in das Polymer werden die zwischen den Molekülketten wirkenden Nebenvalenzkräfte reduziert, wodurch eine Formgebung bei niedrigen Temperaturen ermöglicht wird. Sobald die Sättigung des Polymers mit Kohlendioxid eintritt, wird der Druck im Autoklaven kontrolliert abgebaut. Die daraus resultierende Übersättigung des Polymers mit Kohlendioxid führt zu einem Aufschäumen und ermöglicht auf diese Weise eine Formgebung. Bei einem hohen Druckentlastungsgradienten laufen die Diffusionsvorgänge zu langsam ab, um einen Konzentrationsausgleich über die Formteiloberfläche herzustellen, sodass es zu einer Zellnukleierung kommt. Diese wird jedoch durch das gleichzeitige Erstarren des Materials infolge der schnellen Temperaturabnahme, die aus der Expansion des Beladungsga-

27.4 Hinterspritztechnik

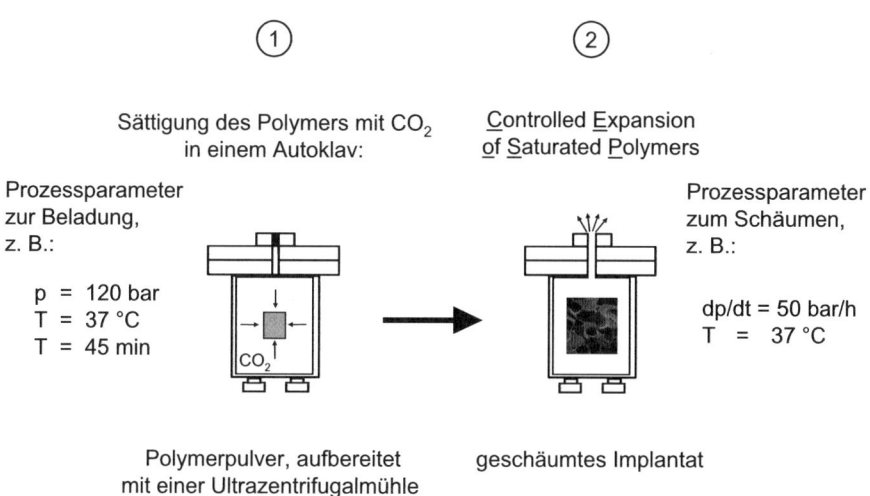

Abb. 27.15 Das CESP-Verfahren

ses resultiert, gestoppt. Das Ergebnis dieses Vorgangs ist eine Schaumstruktur. Die Morphologie des Schaums lässt sich durch die Prozessparameter:

- Gasbeladungstemperatur,
- Gasbeladungsdruck,
- Gasbeladungsdauer und
- Druckentlastungsgradient dp/dt

während der Entspannung beeinflussen. Nachdem Umgebungsdruck erreicht wird, kann das Implantat der Form entnommen werden [39, 57].

27.4 Hinterspritztechnik

Eine Oberflächenveredelung von Kunststoffbauteilen kann eine Verschönerung, wie z. B. eine höherwertige Optik oder eine gewünschte Haptik, einen Schutz, einen technischen Effekt, eine Information oder Werbung bezwecken [66]. Dabei kann die Oberflächengestaltung bei der Verwendung von entsprechenden Dekorhalbzeugen unabhängig von der jeweils erzielbaren Oberflächenqualität des verwendeten Trägers durchgeführt werden, wohingegen beispielsweise bei einem Druck- oder Lackiervorgang die erreichbare Oberflächenqualität oftmals signifikant von der Oberflächenbeschaffenheit des verwendeten Trägers abhängt.

Die Dekorierprozesse können dabei prinzipiell zunächst in einstufige, so genannte integrierte Verfahren, und mehrstufige Dekorationsverfahren gegliedert werden [67]. In mehrstufigen Dekorationsverfahren, wie z. B. dem Laminieren, Beschichten, Lackieren oder Bedrucken, erfolgt der eigentliche Dekorierprozess nach der Herstellung eines geeigneten Trägerbauteils. Demgegenüber wird in einstufigen Verfahren das Dekor während des Urformprozesses des Trägers ohne Zusatz von Klebstoffen unlösbar mit diesem verbunden, indem das Dekormaterial in das Werkzeug vor dem Schließen und Einspritzen eingelegt wird. Daher werden diese Verfahren auch als integrierte oder One-Shot-Verfahren bezeichnet. In Sonderfällen werden, z. B. zur Erzielung eines niedrigeren Werkzeuginnendrucks, auch das Spritzprägen oder das Thermoplastschaum-Spritzgießen eingesetzt. Für bestimmte Anwendungsfälle hat sich darüber hinaus, insbesondere in der Automobiltechnik, auch das Pressverfahren oder das Strangablegeverfahren etabliert. Das Blasformverfahren kommt dagegen nur für spezielle Anwendungen als Urformverfahren zur integrierten Dekoration zum Einsatz. Im Wesentlichen nutzt man heute bei den integrierten Verfahren zwei Dekormaterialien, nämlich Dekorfolien und Textilien. Details zum Aufbau von Dekorfolien sowie hochwertigen Dekormaterialien, wie Aluminium oder Holz, finden sich in [67].

Im Laufe der vergangenen Jahre haben sich verschiedene Prozessvarianten bei den integrierten Verfahren entwickelt. Die Kenntnis der spezifischen Anwendungsfelder sowie der Möglichkeiten und Grenzen der Verfahren trägt zum Verständnis der Vorteile der Hinterspritztechnik kompakter Dekormaterialien gegenüber mehrstufigen Dekorationsverfahren bei. Die gängigen Verfahren sind in [2, 3, 4, 67] detailliert dargestellt und werden im Folgenden kurz erläutert.

Textilhinterspritztechnik
Die Textilhinterspritztechnik wird in vielen Anwendungsfällen in Serie eingesetzt. Sie dient dazu, Polster und Abdeckungsteile z. B. für die Automobil- und Möbelindustrie kostengünstig herzustellen. Aufgrund der Druckempfindlichkeit des textilen Dekors werden in der Regel Niederdruckspritzgießverfahren eingesetzt [68].

In-mould Labeling
Beim *In-mould Labeling* (IML) wird die Formteiloberfläche im Spritzgießwerkzeug mit bedruckten und der Kontur entsprechend ausgestanzten Etikettenfolien versehen. Die fertigen Folien werden mit einem Handlingsystem in das Spritzgießwerkzeug eingebracht und dort mittels Vakuum, Stiften oder elektrostatischer Aufladung fixiert und an die Werkzeugkontur angeformt. Anschließend wird die Schmelze eingespritzt und die bedruckte Folie verbindet sich unlösbar mit dem Träger [69].

In-mould Decoration
Mit *In-mould Decoration* (IMD) wird ein Verfahren bezeichnet, bei dem das Dekor mit Hilfe einer Trägerfolie in das Werkzeug eingebracht wird. Im Gegensatz zum In-mould Labeling werden keine zugeschnittenen Etikettenfolien in das Werkzeug eingelegt, sondern das aufzubringende Dekor befindet sich als Lacksystem auf einer Endlosträgerfolie. Diese Folie wird mit Hilfe eines Folienvorschubgerätes direkt in das Spritzgießwerkzeug geführt und passgenau justiert. Durch Anlegen eines Vakuums kann das Anlegen der Trägerfolie an die Kontur der Kavität sichergestellt werden. Anschließend wird Schmelze injiziert, sodass Formgebung und Dekoration in einem einzigen Schritt erfolgen. Unter dem Einfluss von Druck und Temperatur der

27.4 Hinterspritztechnik

heißen Schmelze lösen sich die Lackschichten von der Trägerfolie und verbinden sich fest mit dem Träger [61].

Insert-Moulding
Eine Weiterentwicklung des IMD-Verfahrens für besonders komplexe Teile wird häufig auch als *Insert-Moulding* [66] oder *Insert-Moulding-Decoration* [70] bezeichnet. Wenn dickwandigere Formteile dekoriert werden sollen, möglicherweise über Eck und seitlich nicht erkennbar, ist ein erhöhter Fertigungsaufwand nötig. Beim Insert-Moulding wird eine auf Trägerfolien vorder- oder rückseitig kaschierte Heißprägefolie zunächst tiefgezogen und ausgestanzt oder ausgeschnitten, sodass auch Formteile mit großen Vertiefungen dekoriert werden können. Leichte Hinterschnitte am Bauteilrand, Umbüge bis zu einem gewissen Grenzradius und Wölbungen lassen sich problemlos realisieren. Die Vorformlinge werden anschließend in das Spritzgießwerkzeug eingelegt und hinterspritzt. Die Trägerfolie gewährleistet dabei die dreidimensionale Formgebung und die Haftung zum hinterspritzten Substratmaterial.

Folienhinterspritztechnik
Bei der Folienhinterspritztechnik (FHST) wird eine den Anforderungen entsprechend bedruckte, kompakte oder mehrschichtige Dekorfolie für die meisten Anwendungen zunächst vorgeformt und eventuell besäumt. Anschließend wird die Folie in das Spritzgießwerkzeug eingelegt, fixiert und durch das Einspritzen der Formmasse unlösbar mit dem Träger verbunden. Auf diese Art und Weise werden seit vielen Jahren Spritzgussteile erfolgreich durch eingelegte Folien auf Teilen ihrer Oberfläche oder auf einer Außenseite vollständig dekoriert [2]. Besonders attraktiv ist die Verwendung von lackierten Folien, aber auch sogenannte hochwertige Dekormaterialien wie Holzfurniere, Aluminium oder Leder finden Verwendung.

Als wesentlicher Unterschied zwischen der IML-Technik und der Folienhinterspritztechnik werden bei der Folienhinterspritztechnik meist vollständige, dreidimensionale Oberflächen durch eine Verformung der Dekorfolie realisiert, während bei der IML-Technik nur kleine, flächige oder zumindest abwickelbare Teiloberflächen der Formteiloberfläche durch die Folie bedeckt werden. Daraus resultiert ein Unterschied in der Größe und Dicke der Folien. Während beim IML im Wesentlichen zur Etikettierung lediglich dünne Etiketten und kleine, dünne (60–100 μm) Folien hinterspritzt werden, kommen bei der Folienhinterspritztechnik großflächige und abhängig von den Umformgraden meist dickere (100–1200 μm) Folien zum Einsatz.

Der Begriff Folienhinterspritztechnik dient als Oberbegriff für Verfahren zur Verarbeitung unterschiedlicher kompakter oder mehrschichtiger Foliensorten. Da einige Hersteller die Weiterentwicklung der Dekorfolien für ein bestimmtes Anwendungsgebiet mit einem eigenen Namen versehen und auch das Hinterspritzverfahren dieser Dekorfolien mit der entsprechenden Dekorbezeichnung in der Literatur verwendet wird, kann es zu Kommunikationsschwierigkeiten kommen.

Die unterschiedlichen Verfahrensvarianten der Hinterspritztechnik von Dekorfolien lassen sich zunächst hinsichtlich der Folienvorformung in einstufige und mehrstufige Folienhinterspritzverfahren unterteilen. In einstufigen Verfahrensvarianten ist keine Vorformung der Folie vor dem Hinterspritzvorgang erforderlich, wohingegen in mehrstufigen Verfahren eine Vorformung der Folie vor dem Dekorierprozess durchgeführt wird. Diese Vorformung des Dekormaterials kann in einem separaten Arbeitsschritt oder aber im Spritzgießwerkzeug unmittelbar vor dem Dekoriervorgang erfolgen. Darüber hinaus unterscheidet man in Bezug auf die Folienkonfektionierung so genannte pre-tailored (vorkonfektioniert) und post-tailored (nachkonfektioniert) Verfahren. Mit pre-tailored wird in diesem Zusammenhang eine Verfahrensvariante bezeichnet, in der das Dekormaterial schon vor dem Dekorierprozess auf seine Endabmaße zugeschnitten wird. Demgegenüber wird der Folienbeschnitt in post-tailored Verfahrensvarianten erst nach dem eigentlichen Dekorierprozess durchgeführt [2, 3, 67].

Grundsätzlich ist für jedes einzelne Bauteil zu prüfen, welche Fertigungsvariante die jeweils größeren Vorteile bietet, um die geforderte Qualität und Reproduzierbarkeit zu möglichst günstigen Herstellkosten zu erzielen.

27.5 Mikro-Spritzgießen

Das Spritzgießen ist ein hochautomatisierbarer Prozess, der sich auch für die Herstellung von Komponenten für die Mikrosystemtechnik eignet. Neben Kunststoffen werden für Mikrobauteile verschiedenste Ingenieurmaterialien wie Keramik, Metalle etc. eingesetzt [71]. Das Mikro-Spritzgießen kann prinzipiell in zwei technologische Bereiche untergliedert werden:

- Erstens das Spritzgießen mikrostrukturierter Oberflächen und Mikrostrukturen,
- sowie zweitens das Spritzgießen von Kleinstbauteilen.

Beide genannten Anwendungen ermöglichen eine Massenfertigung von Formteilen speziell für die Mikrosystemtechnik.

Spritzgießen mikrostrukturierter Oberflächen und von Mikrostrukturen
Bauteile, die sich in die erste Gruppe einordnen lassen, haben makroskopische Gesamtabmessungen, besitzen jedoch auf der gesamten Oberfläche oder Teilen davon Strukturdetails, welche im Mikrometerbereich liegen. Prominente Vertreter dieser Bauteilgruppe sind beispielsweise optische Datenträger wie die Compact Disc (CD), die Digital Versatile Disc (DVD) und die Blu-ray Disc (BD).

Per Definition wird zwischen mikrostrukturierten Oberflächen und Mikrostrukturen unterschieden. Bei mikrostrukturierten Oberflächen liegt das Aspektverhältnis, das Verhältnis zwischen Höhe und lateraler Abmessung, in der Regel unter eins. Bei Mikrostrukturen dagegen handelt es sich um Oberflächendetails, deren Aspektverhältnis größer eins ist. Als Beispiel hierfür wird hier ein Bauteil gezeigt, das aus sechseckigen Säulen aufgebaut ist, welche eine Schlüsselweite von 80 µm und eine Höhe von 200 µm haben (Abb. 27.16, rechts). Das Aspektverhältnis beträgt hier 2,5. Hiermit wird der Unterschied zur CD-Fertigung, bei der mikrostrukturierte Oberflächen erzeugt werden, deutlich. Die kleinsten bei der Fertigung von Compact

27.5 Mikro-Spritzgießen

Mikrostrukturierte Oberfläche
Aspektverhältnis 0,5

Mikrostrukturen
Aspektverhältnis 2,5

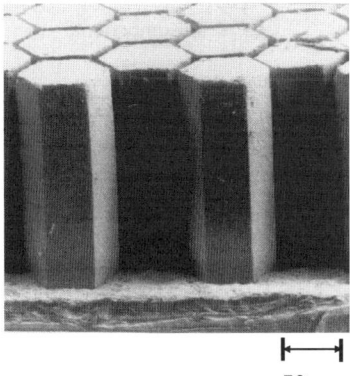

Pyramidenstruktur

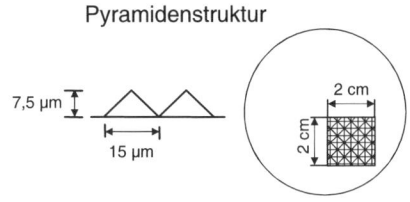

50 µm

Fläche mit ca. 1100 Säulen (POM)
Schlüsselweite: 80 µm
Strukturhöhe: 200 µm

Abb. 27.16 Mikrostrukturierte Oberfläche *(links)* und Mikrostrukturen *(rechts)*

Discs auftretenden Lateralabmessungen liegen bei ca. 0,6 µm und die maximalen Strukturhöhen bei etwa 0,1 µm, sodass sich Aspektverhältnisse von weit unter 1 ergeben. In Abb. 27.16, links, ist exemplarisch eine mikrostrukturierte Oberfläche dargestellt.

Oft werden bei mikrostrukturierten Bauteilen die optischen Eigenschaften der Oberflächenstruktur genutzt. So lassen sich Fresnellinsen und Reflektoren im Mikrospritzgießen herstellen. Ein weiteres Beispiel ist der Mottenaugeneffekt, der eine reflektionsmindernde Wirkung hat und beispielsweise bei Displays von Mobiltelefonen genutzt wird [72]. Aber auch strömungstechnische Anwendungen, wie zum Beispiel der Haifischhauteffekt, lassen sich mit Hilfe mikrostrukturierter Oberflächen realisieren [73].

Die Qualität spritzgegossener mikrostrukturierter Bauteile und Bauteilen mit Mikrostrukturen wird entscheidend durch die Werkzeugtechnik beeinflusst. Bereits bei der Konstruktion eines Mikro-Spritzgießwerkzeuges muss insbesondere die filigrane Struktur der Kavitäten selbst berücksichtigt werden [4]. Zusätzlich ist für das Spritzgießen mikrostrukturierter Bauteile eine spezielle Prozessführung notwendig, wie z. B. die Verwendung einer variothermen Werkzeugtemperierung [74] und/oder ein Vakuum in der Kavität, um den Formfüllgang zu unterstützen.

Spritzgießen von Kleinstbauteilen

Das Spritzgießen von Kleinstbauteilen mit Bauteilgewichten unter einem Milligramm ist heute bereits Stand der Technik [75, 76]. Allerdings werden dabei oft überdimensionierte Angussverteiler eingesetzt, um das minimale Schussgewicht einer konventi-

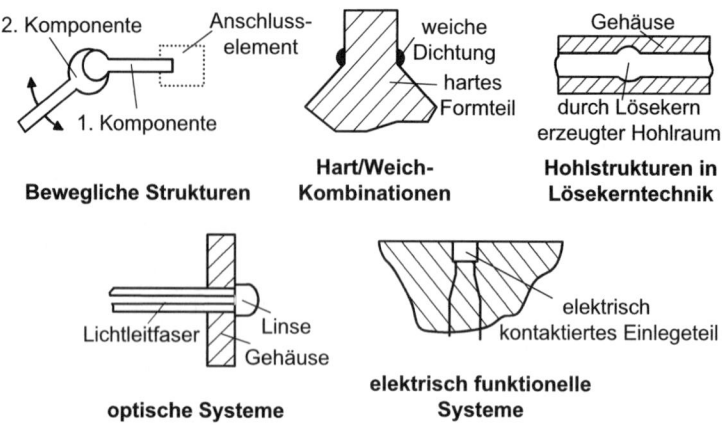

Abb. 27.17 Verfahrensvarianten des Mikro-Montagespritzgießens

onellen Spritzgießmaschine zu erreichen. Der minimale Schneckendurchmesser liegt heute bei 12 Millimetern. Dieser Durchmesser ist bei der Verwendung von Standardgranulat als technische Untergrenze anzusehen. Die Schneckengänge im Einzugsbereich müssen eine gewisse Tiefe haben, um das Granulat aufzunehmen. Dadurch ist der Kerndurchmesser in diesem Bereich sehr gering und die mechanische Stabilität in Hinblick auf die Torsionsbelastung der Schnecke reduziert.

Alternative Verfahren zur Plastifizierung kleinster Schmelzemengen nutzen nicht mehr das Prinzip der Schneckenkolbenmaschine. Die Schneckenplastifizierung mit Kolbeneinspritzung stellt eine Lösung zur Verringerung des Schussgewichts dar. Dabei werden die Funktionen Plastifizieren/Homogenisieren und Einspritzen auf zwei Maschinenelemente verteilt. Die Plastifizierung erfolgt auf einem diskontinuierlich arbeitenden Plastifizierextruder während der Kunststoff durch einen Kolben eingespritzt wird.

Durch die Trennung der Funktionen kann der Durchmesser des Einspritzkolbens frei gewählt werden, sodass kleinste Dosiervolumina sehr genau realisierbar sind. Allerdings ist bei dieser Anordnung die relativ lange Verweilzeit der Schmelze immer noch ein Problem. Die Plastifizierschnecke enthält in den Schneckengängen im Vergleich zum Schussgewicht sehr viel Schmelze, woraus eine lange Verweilzeit resultiert.

Eine weitere Reduktion des Schussgewichts bei gleichzeitiger Begrenzung der Verweilzeit des Materials erfordert andere Plastifiziermethoden. Möglich ist es zum Beispiel, durch Kolbenplastifizierung mit Kolbeneinspritzung das sich in der Maschine befindliche Schmelzevolumen auf wenige Schuss zu reduzieren. Bei diesem Verfahren wird der Kunststoff nur über Wärmeleitung aufgeschmolzen.

Da die Plastifzierung durch reine Wärmeleitung im Vergleich zur restlichen Zykluszeit des (Mikro-)Spritzgießprozesses relativ lang und unter Umständen sogar Zykluszeit bestimmend ist, gibt es seit einiger Zeit Ansätze, alternative Plastifizierverfahren zu entwickeln, wie z. B. den Kunststoff durch Ultraschall aufzuschmelzen [77].

27.6 Spritzprägen

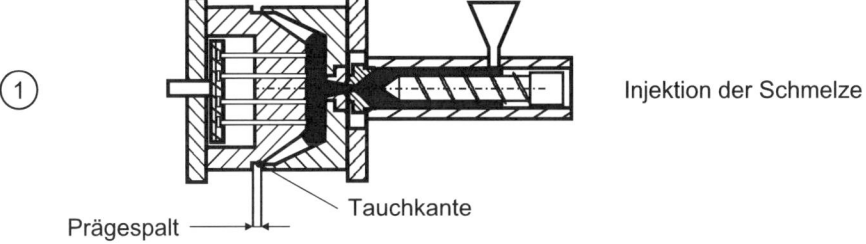

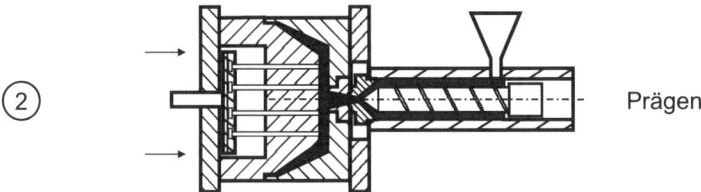

Abb. 27.18 Verfahrensschritte beim Spritzprägen

Eine besonders interessante Variante des Spritzgießens von Kleinstbauteilen ist das Mikro-Montagespritzgießen. Das Verfahren ist eine Kombination zwischen dem Mikrospritzgießen und dem Montage-Spritzgießen. Durch die Zusammenführung beider Verfahren kann in einem Verarbeitungsschritt ein beweglicher oder fester Verbund aus einem oder mehreren Kunststoffen oder aber auch aus einem Kunststoff mit Mikroteilen aus anderen Werkstoffen, wie z. B. Metall, Silizium, Glas oder Keramik hergestellt werden. Abb. 27.17 zeigt beispielhafte Verfahrensvarianten des Mikro-Montagespritzgießens nach [78].

Die Vorzüge (Rationalisierungspotenzial, Funktionsintegration, etc) werden in verschiedenen Anwendungsgebieten wie der Medizin- und Kommunikationstechnik, dem Automobilbau, der Elektrotechnik oder auch der Anlagentechnik, genutzt und eingesetzt [79].

27.6 Spritzprägen

Das Spritzprägeverfahren ist im Gegensatz zum Spritzgießen ein zweistufiger Prozess. Es wird, wie in Abb. 27.18 dargestellt, in die zwei Prozessschritte Einspritzen und Prägen unterteilt. Zunächst wird eine genau vordosierte Menge Kunststoffschmelze in das um einen Prägespalt geöffnete Werkzeug eingespritzt.

Die eingespritzte Schmelze bildet einen Massekuchen, da zu diesem Zeitpunkt das Volumen der Kavität größer als das spätere Formteilvolumen ist. Dadurch werden die Molekülorientierungen in der eingespritzten Masse erheblich vermindert.

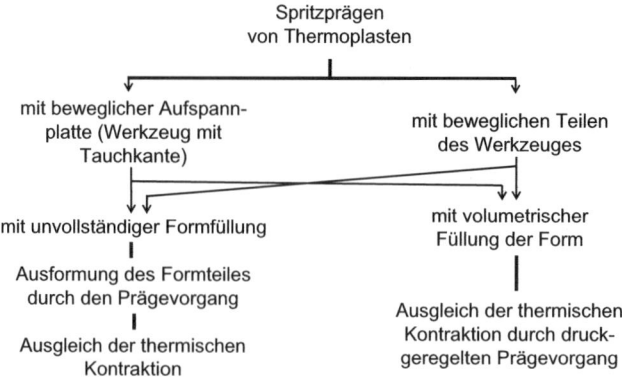

Abb. 27.19 Verfahrensvarianten des Spritzprägens

Gleichzeitig können sich die Orientierungen wegen des flachen Temperaturgefälles, das durch die vergrößerte Wanddicke entsteht, leichter zurückbilden. In der Prägephase wird der Schmelzekuchen im Formhohlraum verteilt und ausgeformt. Dabei muss ein Rückfließen der Schmelze durch das Angusssystem zurück in den Schneckenvorraum verhindert werden. Dazu hat sich der Einsatz eines mechanischen Verschlusses der Kavität, zum Beispiel mittels Nadelverschlussdüse, durchgesetzt.

Das Spritzprägeverfahren kann grundsätzlich in die in Abb. 27.19 dargestellten Varianten gegliedert werden. Der Verfahrensablauf mit Teilfüllung der Kavität und Ausführung des Prägehubs über die bewegliche Werkzeughälfte hat die weiteste Anwendung gefunden [80, 81]. Diese Art des Spritzprägens wird als „Spritzprägen mit der beweglichen Werkzeughälfte" bezeichnet. Das Werkzeug ist dabei um den Prägespalt geöffnet oder öffnet sich beim Einspritzen.

In Abb. 27.20, rechts, ist die weitverbreitete Verfahrensvariante „Spritzprägen mit Teilfüllung über die bewegliche Werkzeughälfte" dargestellt. Die bewegliche Werkzeughälfte ist um einen Prägespalt s_{p*}, das heißt um einen wesentlich größeren Prägespalt als zum Ausgleich der thermischen Volumenkontraktion erforderlich ($s_{p*} > s_p$), zurückgezogen.

Bei dem „Spritzprägen mit vollständiger Füllung" (Abb. 27.20, links) wird der Prägehub s_p nicht zur Ausformung der Masse, sondern nur zum Ausgleich der beim Abkühlen des Formteils auf Entformungstemperatur entstehenden thermischen Volumenkontraktion genutzt. Das Volumen der Werkzeugkavität ist daher beim Einspritzvorgang nur um den Betrag der Volumenschwindung der Masse vergrößert.

Weiterhin kann der Prägevorgang auch über bewegliche Kerne realisiert werden, die nach der Versiegelung des Formhohlraums eingeschoben werden (Abb. 27.21). Diese Variante bedarf keiner exakt auf den Prozess angepassten Maschinensteuerung und erlaubt den Verzicht teurer Tauchkantenwerkzeuge. Die Kerne können sowohl auf die gesamte Querschnittsfläche wirken als auch nur auf Teilflächen.

27.6 Spritzprägen

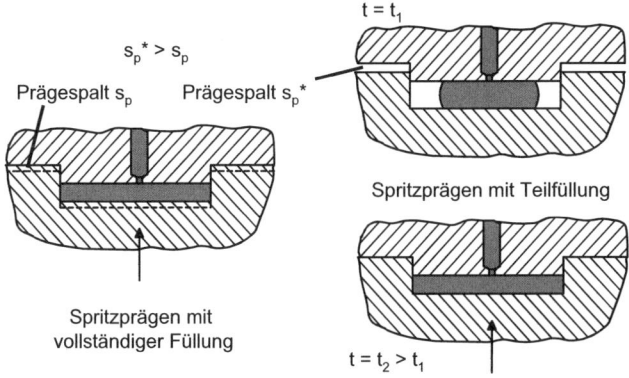

Abb. 27.20 Spritzprägen mit der beweglichen Werkzeughälfte

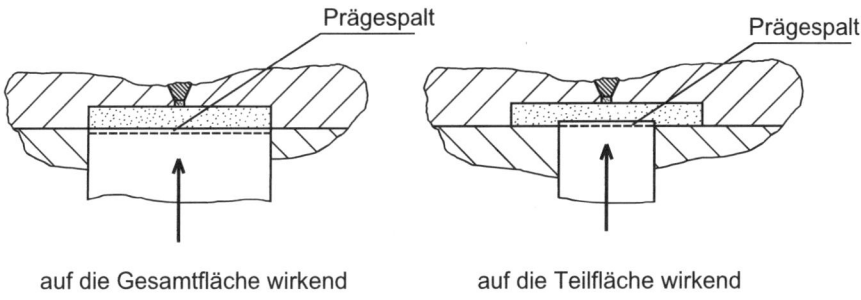

Abb. 27.21 Spritzprägen mit beweglichen Werkzeugteilen

Diese Variante des Spritzprägens macht komplexere Geometrien möglich als das Spritzprägen mit der gesamten Werkzeughälfte.

Das Spritzprägen hat auf Grund seiner prozesstypischen Vorteile vor allem drei Einsatzgebiete:

- Herstellung dickwandiger Bauteile mit sehr hohen Genauigkeitsanforderungen (Optiken) auf Grund der Möglichkeit, Kunststoffteile mit homogeneren inneren Eigenschaften herzustellen als beim Spritzgießen.
- Herstellung dünnwandiger Bauteile mit großem Länge/Dicke-Verhältnis auf Grund der Möglichkeit, den maximalen Werkzeuginnendruck im Vergleich zum Spritzgießen deutlich zu senken.
- Integriertes Kaschieren von Kunststoffteilen aufgrund des niedrigen und daher Faser schonenden Werkzeuginnendrucks.

Detaillierte Hinweise zur Prozessführung, Vor- und Nachteilen des Verfahrens sowie zur Werkzeugtechnik finden sich in [2, 3]. Das Verfahren eignet sich neben der Verarbeitung von Thermoplasten [82] auch für Duroplast-Verarbeitung [83].

27.7 Schmelzkerntechnik

Die Schmelzkerntechnik ist ein Sonderverfahren des Spritzgießens, das die Herstellung polymerer Hohlkörper mit komplexen Hinterschnitten im Hohlraum ermöglicht. Im Falle des konventionellen Spritzgießprozesses ist der Kern Bestandteil des Werkzeugs und wird während oder nach dem Öffnen des Werkzeugs entformt. Im Fall der Schmelzkerntechnik wird der Kern mit dem Spritzgussteil entformt; daher spricht man auch von einem „verlorenem Kern" (Abb. 27.22). Der Kern muss in einem nächsten Schritt vom Spritzgussteil entfernt werden. Dies geschieht üblicher Weise durch Schmelzen in einem Ofen. Das Kernmaterial ist typischer Weise eine niedrig schmelzende Metalllegierung mit einem Schmelzpunkt von ca. 150 °C. Für den nächsten Spritzgießzyklus muss ein neuer Kern in das Werkzeug eingesetzt werden.

Der komplette Prozess besteht aus den in Abb. 27.22 dargestellten vier Schritten

- Einsetzen eines Kerns in das Spritzgießwerkzeug
- Durchlaufen eines vollständigen Spritzgießzyklus
- Trennung des Kerns vom Spritzgussteil
- Druckgießen eines Kerns für das Spritzgießen

Typische Produkte die mit dieser Technologie hergestellt werden sind heute Pumpenteile oder Ansaugkrümmer.

27.8 Insert- / Outsert- / Hybridtechnik

In klassischen Anwendungen konkurrieren die Werkstoffe Metall und Kunststoff in vielen Fällen miteinander. In den letzten Jahren haben sich eine Vielzahl von Technologien (weiter-) entwickelt, die sich für die Herstellung von Kunststoff/Metall-Hybridbauteilen eignen: Eine Möglichkeit ist die Herstellung von Verbundbauteilen aus Kunststoff und Metall in einem mehrstufigem Prozess, bei dem zunächst die einzelnen Rohmaterialien in separaten Fertigungsschritten zu Vorformlingen/Halbzeugen verarbeitet werden. In einem anschließendem Montage- oder Fügevorgang werden diese dann durch Schweißen, Kleben, Klemmen, Verschrauben o. ä. zu einem Bauteil miteinander verbunden.

Das Spritzgießen hybrider Formteile, also die Verbindung von heterogenen Werkstoffen wie Kunststoff und Metall, in einem einstufigen Verfahren wird heute im Wesentlichen im Rahmen des Insert- und Outsert-Verfahren sowie der Hybrid-Technik realisiert [2].

27.9 Pulverspritzgießen

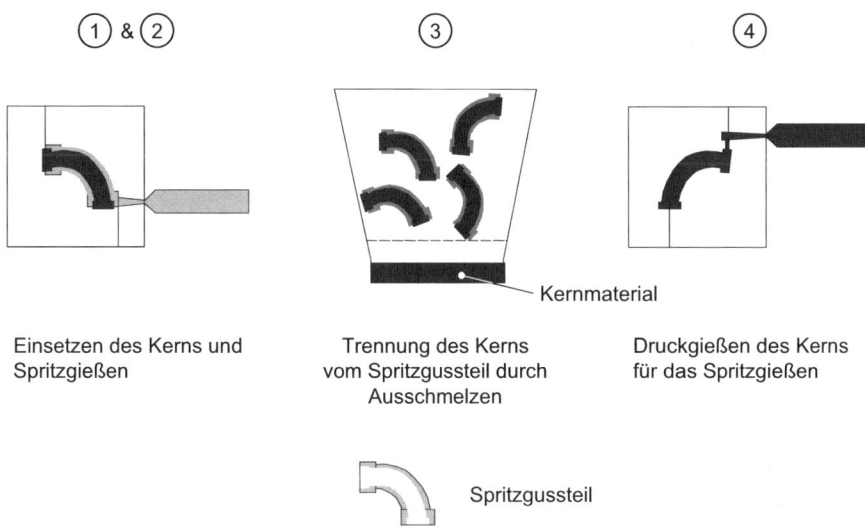

Abb. 27.22 Verfahrensschritte bei der Schmelzkerntechnik

Die Anfänge der *Inserttechnik* liegen in den 70er Jahren. Inserts (metallische Gewindebuchsen etc.) werden in dafür speziell vorgesehene und entsprechend gestaltete Aussparungen in das Spritzgießwerkzeug eingelegt und anschließend umspritzt.

Unter *Outserttechnik* versteht man das An- oder Einspritzen von Kunststoffelementen als Bestandteile an Bauelemente aus anderen Kunststoffen oder anderen Werkstoffen, insbesondere Metallplatinen oder -bleche. Dabei ist die in das Werkzeug eingelegte Komponente im Allgemeinen kein Spritzgussteil.

Unter *Hybridtechnik* versteht man die Herstellung eines Verbundkörpers aus thermoplastischen Kunststoff und einem profilförmigen Metallteil mit einem im Spritzgießen erzeugten Formschluss zwischen den beiden Komponenten. Dies erlaubt die Herstellung von höher belastbaren aber auch hoch funktionellen und damit kostengünstigen Bauteilen. Ein bekanntes Beispielbauteil in der Automobilindustrie, das mit diesem Verfahren hergestellt werden kann, ist das Frontend.

27.9 Pulverspritzgießen

Das Verfahren des Pulverspritzgießens eignet sich zur Herstellung kompakter Bauteile aus einem sinterbaren Werkstoff (i. a. Metall oder Keramik) im Spritzgießprozess. Man spricht daher auch je nach Werkstoff vom Pulvermetall- oder Keramikspritzgießverfahren. Das Pulverspritzgießen stellt damit eine Kombination aus dem aus der Kunststoffverarbeitung bekannten formgebenden Spritzgießprozess und dem Sinterverfahren zur Verdichtung und Verfestigung der Bauteile dar. Es lassen

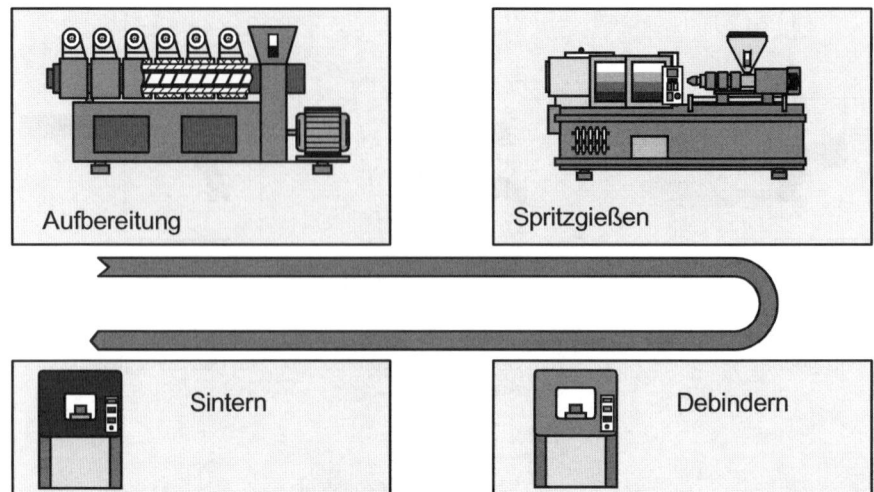

Abb. 27.23 Prozessstufen beim Pulverspritzgießen

sich prinzipiell alle pulverförmig vorliegenden Werkstoffe verarbeiten, insbesondere solche, die nicht durch Gießen verarbeitet werden können. Dem Pulverspritzgießverfahren kommt aufgrund seiner hervorragenden Automatisierbarkeit eine besondere Bedeutung zu. Insbesondere bei kleinen Bauteilen mit komplexer Geometrie, die in hohen Stückzahlen hergestellt werden, bietet dieses Verfahren wirtschaftliche Vorteile gegenüber konkurrierenden Verfahren der Metallbearbeitung und Keramikverarbeitung, da sich die hohen Investitionskosten für Spritzgießmaschine und -werkzeug rasch amortisieren. Im Pulverspritzgießen können zudem hohe Abformgenauigkeiten erzielt werden, sodass die Bauteile je nach Anforderungen endkonturtreu oder zumindest endkonturnah gefertigt werden können. Eine Nachbearbeitung ist somit minimal, woraus sich gerade bei keramischen Werkstoffen aufgrund ihrer hohen Härte wirtschaftliche Vorteile ergeben [84, 85, 86, 87 ,88].

Der Pulverspritzgießprozess untergliedert sich in vier Stufen (Abb. 27.23):

- Aufbereitung der keramischen Formmasse
- Formgebung im Spritzgießprozess
- Austreiben des Bindersystems (Debindern)
- Sintern des Formteils

Ausgehend von einem pulverförmigen Rohstoff und einem die Fliessfähigkeit herstellenden Bindersystem wird zunächst durch Mischen und Granulieren eine spritzgießfähige Formmasse, der sogenannte Feedstock, hergestellt. Aus der Verarbeitung im Spritzgießprozess entsteht der sogenannte Grünling, aus dem anschließend meist durch thermischen oder chemischen Einfluss das Bindersystem entfernt werden muss. Der verbleibende, nur locker zusammenhaftende porige Verbund aus Pulverkörnern (Weißling oder Braunling) gewinnt durch den anschließenden Sintervorgang den endgültigen Zusammenhalt und eine dichte Gefügestruktur.

27.9 Pulverspritzgießen

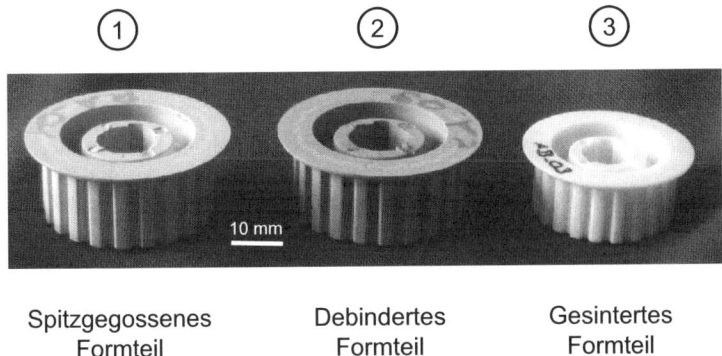

Abb. 27.24 Keramisches Zahnriemenrad bei verschiedenen Prozessstufen

Der Formkörper erfährt während des Debinderns und Sinterns eine charakteristische, weitestgehend isotrope Schwindung. Diese ist beispielhaft in Abb. 27.24 dargestellt.

Die deutliche Schwindung beim Sintern in Verbindung mit Inhomogenitäten im Grünkörper erschweren vor allem bei komplexen Bauteilen eine gesicherte Qualität und eine maßgenaue Fertigung. Inhomogenitäten, wie zum Beispiel Entmischungen oder innere Spannungen im Bauteil, die während der Formgebung in das Bauteil eingebracht werden, können sich erst in dem Spritzgießprozess anschließenden Prozessschritten als Ursache für ein fehlerhaftes Bauteil zum Beispiel in Form von Rissen, Lunkern, Verzug etc. herausstellen. Ihre frühzeitige Vorhersage und Vermeidung durch eine angepasste Prozessführung sowie Werkzeug- und Formteilgestaltung ist daher für eine reproduzierbare Bauteilqualität von hoher Bedeutung.

27.10 Literatur

1. Tadmor Z., Gogos C.G.: *Principles of Polymer Processing*, 2. Edition, John Wiley & Sons, New York, 2006.
2. Johannaber F., Michaeli, W.: *Handbuch Spritzgießen*, 2. Edition, Hanser Verlag, München, 2004.
3. Pötsch G., Michaeli W.: *Injection molding – An introduction*, Hanser Verlag, 2. Edition, München, New York, 2007.
4. Menges G., Michaeli W., Mohren P.: *Anleitung zum Bau von Spritzgießwerkzeuge*, 6. Edition, Hanser Verlag, München, 2007.
5. Ronnewinkel C.: *Mehrkomponentenspritzgießen von Flüssigsilikon-Thermoplast-Verbundbauteilen*, Dissertation an der Rheinisch-Westfälischen Technischen Hochschule Aachen, Aachen, 2001.
6. Kuhmann K.: *Prozeß- und Materialeinflüsse beim Mehrkomponentenspritzgießen*, Dissertation an der Universität Erlangen-Nürnberg, 1998.
7. Brinkmann S.: *Verbesserte Vorhersage der Verbundfestigkeit von 2-Komponenten-Spritzgussbauteilen*, Dissertation an der Rheinisch-Westfälischen Technischen Hochschule Aachen, Aachen, 1996.
8. Haberstroh E., Lettowsky C.: Multi-component injection moulding of Liquid Silicone Rubber/Thermoplastic-Combinations, *Journal of Polymer Engineering*, 24, 1–3, 2004, p. 203–214.
9. White J.L., Lee B.-L.: An experimental study of sandwich injection molding of two polymer melts using simultaneous injection, *Polymer Engineering and Science*, 15, 7 1975, p. 481–485.
10. Young S.S., White J.L., Clark E.S., Oyanagi Y.: A basic experimental study of sandwich injection molding with sequential injection, *Polymer Engineering and Science*, 20, 12, 1980, p. 798–804.
11. Zipp T.: *Fliessverhalten beim 2-Komponenten-Spritzgießen*. Dissertation an der Rheinisch-Westfälischen Technischen Hochschule Aachen, Aachen, 1992.
12. Eckardt H.: *Mehrkomponentenspritzgießen*, In: Neue Werkstoffe und Verfahren beim Spritzgießen, VDI-Verlag, Düsseldorf, 1990, p. 149–194.
13. Hobson J.R.: Patentschrift US 2331688 (12.10.1943), Hartford Empire Company. Pr.: US 19380207700 13.05.1938 – Method and apparatus for making hollow articles of plastic material.
14. Cretin A.: Patentschrift FR 1145441 (25.10.1957). Pr.: FR T1145441 24.01.1956 – Procédé et dispositif pour le moulage des corps creux en matière plastique et analogues.
15. Kataoka H.: Patentschrift US 4140672 (20.02.1979), Asahi Dow Ldt. Pr.: JP 19770000316 05.01.1977 – Process for producing moldings.
16. Uematsu R.: Patentschrift JP 54034378 (13.03.1979), Riyuuji Uematsu. Pr.: JP 19770100710 22.08.1977 – Method of manufacturing buffering synthetic resin moldings.
17. Jüntgen T.: *Injektortechnik und Prozessuntersuchungen bei der Gas- und Wasserinjektionstechnik*, Dissertation an der Rheinisch-Westfälischen Technischen Hochschule Aachen, Aachen, 2004.
18. Michaeli W., Lettowsky C., Grönlund O., Wehr H.: Fluidinjektionstechnik: Herstellung medienführender Leitungen, *Kunststoffe*, 94, 3, p. 80–82, 2004.
19. Michaeli W., Lettowsky C., Grönlund O.: Advances in Gas- and Water Injection Technique. In: *Proceedings of the 22nd Annual Meeting of the Polymer Processing Society (PPS)*. Yamagata, Japan, 02.–06.07.2006
20. Avery J.: *Gas-Assist Injection Molding – Principles and Applications*, Hanser Verlag, München, New York, 2001.
21. Eyerer P., Elsner P., Knoblauch-Xander M., von Riewel A.: *Gasinjektionstechnik*, Hanser Verlag, München, 2003.
22. Lanvers A.P.: *Analyse und Simulation des Kunststoff-Formteilbildungsprozesses bei der Gasinjektionstechnik (GIT)*, Dissertation an der Rheinisch-Westfälischen Technischen Hochschule Aachen, Aachen, 1993.

23. Rennefeld C.: *Konstruktive Optimierung von Thermoplastformteilen und Spritzgießwerkzeugen für die Gasinnendrucktechnik*, Dissertation an der Universitäts-Gesamthochschule Paderborn, 1996.
24. Schröder T.: *Neue Aspekte bei der Herstellung von Kunststoffformteilen mit der Gasinjektionstechnik (GIT)*, Dissertation an der Rheinisch-Westfälischen Technischen Hochschule Aachen, Aachen, 1996.
25. Findeisen H.: *Ausbildung der Restwanddicke und Prozeßsimulation bei der Gasinjektionstechnik*, Dissertation an der Rheinisch-Westfälischen Technischen Hochschule Aachen, Aachen, 1997.
26. Hopmann C.: *Analyse des Keramikspritzgießverfahrens zur Herstellung kompakter Bauteile und unter Einsatz der Gasinjektionstechnik*, Dissertation an der Rheinisch-Westfälischen Technischen Hochschule Aachen, Aachen, 2001.
27. Kleba I.: *Entwicklung von Sequenzverfahren zur Herstellung von Hohlkörpern und Sandwichformteilen aus Polyurethan*, Dissertation an der Rheinisch-Westfälischen Technischen Hochschule Aachen, Aachen, 2001.
28. Wehr H.: *Fluidinjektionstechnik im Elastomerspritzgießprozess*, Dissertation an der Rheinisch-Westfälischen Technischen Hochschule Aachen, Aachen, 2001.
29. Op de Laak M.: Neue WIT-Variante kombiniert Gas und Wasser. TiK-WIT: Spezielles Wasserinjektionsverfahren vermeidet Wassereinschlüsse im Bauteil, *Kunststoff-Berater*, 48, 11, 2003, p. 28–31.
30. Michaeli W., Brunswick A., Gruber M.: Gas geben mit Wasser: Wasser-Injektionstechnik (WIT): Eine neue Alternative zur GIT?, *Kunststoffe*, 89, 4, 1999, p. 84–86.
31. Michaeli W, Brunswick A, Pohl T.C.: Gas oder Wasser? Spritzgießen von Hohlkörpern durch Fluidinjektion, *Kunststoffe*, 89, 9, 1999, p. 62–65.
32. Michaeli W., Brunswick A., Kujat C.: Kühlzeit reduzieren mit der Wasser-Injektionstechnik – Vorteile gegenüber der Gasinjektion, *Kunststoffe*, 90, 8, 2000, p. 67–72.
33. Michaeli W., Jüntgen T., Brunswick A.: Die WIT auf dem Weg zur Serie – Wasserinjektionstechnik jetzt industriell angewendet, *Kunststoffe*, 91, 3, 2001, p. 104–106.
34. Liu S.-J., Chen Y.-S.: Water assisted injection molding of thermoplastic materials: Effects of processing parameters, *Polymer Engineering and Science*, 43, 2003, p. 1806–1817.
35. Liu S.-J., Hsieh M.-H.: Residual wall thickness distribution at the transition and curve sections of water-assisted injection molded tubes, *International Polymer Processing*, 22, 1, 2007, p. 82–89.
36. Liu S.-J., Wu Y.-C., Chen W.-K.: Surface gloss difference on water assisted injection moulded thermoplastic parts: Effects of processing variables, *Plastics, Rubber and Composites*, 35, 1, 2006, p. 29–36.
37. Michaeli W., Grönlund O., Lettowsky C.: Injector Technology for the Water Injection Technology (WIT), In: *Proceedings of the 64th Annual Technical Conference (ANTEC) of the Society of Plastics Engineers,* Charlotte, Vereinigte Staaten von Amerika, 2006.
38. Knauer B., Wende A.: *Methodik-Werkstoff-Gestaltung-Bemessung. Konstruktionstechnik und Leichtbau*, Akademie-Verlag, Berlin, 1988.
39. Pfannschmidt L.O.: *Herstellung resorbierbarer Implantate mit mikrozellulärer Schaumstruktur*, Dissertation an der Rheinisch-Westfälischen Technischen Hochschule Aachen, Aachen, 2002.
40. Habibi-Naini, S.: *Neue Verfahren für das Thermoplastschaumspritzgießen*, Dissertation an der Rheinisch-Westfälischen Technischen Hochschule Aachen, Aachen, 2004.
41. Klempner D., Frisch K.C.: *Polymeric Foams*, Hanser Verlag, München, New York, 1991.
42. Trausch G.: *Physikalisch und chemisch getriebene Thermoplastschäume. Grenzen der Verfahren und Anwendungen. Schäume aus der Thermoplastischen Schmelze*, VDI Verlag, Düsseldorf, 1981.
43. Michaeli W., Cramer A.: Process analysis of foam injection moulding with physical blowing agents, *Journal of Polymer Engineering*, 26, 2–4, 2006, p. 227–244.
44. Michaeli W., Cramer A.: Increasing the surface quality of foamed injection molded parts, In: *Proceedings of the 64th Annual Technical Conference (ANTEC) of the Society of Plastics Engineers*, Charlotte, Vereinigte Staaten von Amerika, 2006.

45. Lübke, G.: Jedem das Seine – Treibmittelsysteme und Nukleierungsmittel für thermoplastische Schaumstoffe, In: *IKV-Seminar zur Kunststoffverarbeitung*, Aachen, 26.–27. Juni 2001.
46. Liebehentschel L.: Chemische Treibmittel – Eine Einführung in das Schäumen von Polymeren, In: *Unterlagen zum IKV-Seminar Kunststoffschäume – Neues aus Spritzgießen und Extrusion*, Aachen, 26.–26. September 2006.
47. Mennerich C.: Chemische Treib- und Nukleierungsmittel – Grundlagen und Anwendungsbeispiele, In: *Unterlagen zur Fachtagung Polymerschäume*, Süddeutsches Kunststoff-Zentrum, Würzburg, 07.–08.02.2007.
48. Okamoto K.T.: *Microcellular Processing*, Hanser Verlag, München, New York, 2003.
49. van Krevelen D.W.: *Properties of Polymers*, Elsevier Scientific, Amsterdam, Oxford, New York, 1990.
50. Pretel G.U.: *Fließverhalten treibmittelbeladener Polymerschmelzen*, Dissertation an der Rheinisch-Westfälischen Technischen Hochschule Aachen, Aachen, 2006.
51. Park C.B., Suh N.P.: Filamentary Extrusion of Microcellular Polymers Using a Rapid Decompressive Element, *Polymer Engineering and Science*, 36, 1, 1996, p. 34–48.
52. Jaeger A.: Schäumen beim Spritzgießen neu entdeckt, In: *Tagungshandbuch Präzisionsspritzguss heute*, Kunststoff-Institut Lüdenscheid, 2002.
53. Pahlke, S.: Schaumspritzgießen mit physikalischen Treibmitteln – Maschinentechnik, Nutzen und Grenzen, In: *Unterlagen zum IKV-Seminar Kunststoffschäume*, Aachen, 4.–5. Februar 2003.
54. Michaeli W., Schröder T., Pfannschmidt O.: *Entwicklung einer Vorrichtung zur Herstellung geschäumter Kunststoffformteile durch Einbringen eines physikalischen Treibmittels in den Schmelzestrom einer konventionellen Spritzgießmaschine*, Deutsches Patent DE198530218, 2000.
55. Cramer A.: *Vorrichtung und Verfahren zur Herstellung physikalisch getriebener Schäume*, Deutsche Patentanmeldung DE10 2005 033 731 A1, 2005.
56. Semerdjiev S.: *Thermoplastische Strukturschaumstoffe*, VEB Deutscher Verlag für Grundstoffindustrie, Leipzig, 1980.
57. Michaeli W., Pfannschmidt L.O.: Microporous, resorbable implants produced by the CESP Process, *Advanced Engineering Materials*, 1, 3–4, 1999, p. 206–208.
58. Vogt F., Stein A., Rettemeier G., Krott N., Hoffmann R., Vom Dahl J., Bosserhof A.-K., Michaeli W., Hanrath P., Weber C., Blindt R.: Long-term assessment of an novel biodegradable paclitaxel-eluting coronary polylactide stent, *European Heart Journal*, 25, 2004, p.1330–1340.
59. Hölzl F.: *Entwicklung einer biodegradierbaren Harnleiterschiene*, Dissertation an der Rheinisch-Westfälischen Technischen Hochschule Aachen, Aachen, 2001.
60. Hözl F., Pfannschmidt L.O., Manegold E., Rohrmann D., Jakse G., Brauers, A.: In vitro analysis and animal experiment study of surface modified biodegradable polylactide ureteral stents, *Der Urologe*, A 39, 6, 2000, p. 557–564.
61. Bendix D., Liedtke, H.: Resorbierbare Polymere: Zusammensetzung, Eigenschaften und Anwendungen. In: *Biodegradierbare Implantate und Materialien, Hefte zu „Der Unfallchirurg"*, Herausgeber: Claes L., Ignatius A., 265, Berlin Heidelberg, Springer-Verlag, 2006.
62. Hofmann G.O.: Biodegradable implants in traumatology: a review on the state of the art, *Archives in Orthopedic and Trauma Surgery*, 114, 1995, p. 123–132.
63. Ming Li S.U., Garreau H., Vert M.: Structure-property relationships in the case of the degradation of massive aliphatic poly-(α-hydroxy acids) in aqueous media, *J. Mater. Sci. Mater. Med.*, 1, 1990, p. 123–130.
64. Grizzi I., Garreau H., Li S., Vert M.: Hydrolytic degradation of devices based on poly (DL-lactid acid) size-dependence, *Biomaterials*, 16, 1995, p. 305–311.
65. Lam K.H., Niewenhuis P., Molenaar I., Esselbrugge H., Feijen J., Dijkstra J., Schakenraad J.M.: Biodegradation of porous versus non – porous poly(L-lactid acid) films, *J. Mater. Sci. Mater. Med.*, 5, 1994, p. 181–189.
66. Bürkle E.: Foliendekoration – Oberflächenveredelung mit Zukunft, *Kunststoffe*, 87, 3, 1997, p. 320–328.

27.10 Literatur

67. Wielpütz M.: *Analyse der Hinterspritztechnik kompakter Dekormaterialien*, Dissertation an der Rheinisch-Westfälischen Technischen Hochschule Aachen, Aachen, 2004.
68. Galuschka S.: *Hinterspritztechnik – Herstellung von textilkaschierten Spritzgießteilen*, Dissertation an der Rheinisch-Westfälischen Technischen Hochschule Aachen, Aachen, 1994.
69. Steinbichler G., Giebauf J.: Thermoformen im Spritzgießwerkzeug, *Kunststoffe*, 87, 10, 1997, p. 1262–1270.
70. Schütt H.K.: *Dekorieren mit Inserts*, Kunststoffe 88, 9, 1998, p. 1371–1374.
71. Dimov S.S., Matthews C.W., Glanfield A., Dorrington P.: A roadmapping study in multimaterial micro manufacture, In: *Proceedings of the 2nd International Conference on Multi-Material Micro Manufacture (4M)*, Grenoble, France, 2006.
72. Glaser T., Ihring A., Morgenroth W., Seifert N., Schröter S., Baier, V.: High temperature resistant antireflective moth-eye structures for infrared radiation sensors, *Microsystems technologies*, 11, 2005, p. 86–90.
73. Bechert D.W., Bruse M., Hage W.: Experiments with three-dimensional riblets as an idealized model of Shark-Skin, *Experiments in fluids*, 28, 2000, p. 403–412.
74. Gärtner R.: *Analyse der Prozesskette zur Herstellung mikrostrukturierter Bauteile durch Spritzgießen*, Dissertation an der Rheinisch-Westfälischen Technischen Hochschule Aachen, Aachen, 2005.
75. Rogalla A.: *Analyse des Spritzgießens mikrostrukturierter Bauteile aus Thermoplasten*, Dissertation an der Rheinisch-Westfälischen Technischen Hochschule Aachen, Aachen, 1998.
76. Spennemann A.: *Eine neue Maschinen- und Verfahrenstechnik zum Spritzgießen von Mikrobauteilen*, Dissertation an der Rheinisch-Westfälischen Technischen Hochschule Aachen, Aachen, 2000.
77. Michaeli W., Lettowsky C., Kamps T.: *Micro injection moulding – New plasticising concepts*, In: *Proceedings of the 23rd Annual Meeting of the Polymer Processing Society (PPS)*, Salvador, Brasil, 2007.
78. Ziegmann C.: *Kunststofftechnische Prozesse für die Mikromontage*, Dissertation an der Rheinisch-Westfälischen Technischen Hochschule Aachen, Aachen, 2007.
79. Opfermann D.: *Verbundfestigkeit beim Mikro-Montagespritzgießen*, Dissertation an der Rheinisch-Westfälischen Technischen Hochschule Aachen, Aachen, 2007.
80. Friedrichs B., Friesenbichler W., Gissing, K.: Spritzprägen dünnwandiger thermoplastischer Formteile, *Kunststoffe*, 80, 5, 1980, p. 583–587.
81. Michaeli W., Galuschka S.: Spritzprägen: Verfahrensanalyse und Cadmould- Berechnungen, *Plastverarbeiter*, 45, 12, 1994, p. 21–27.
82. Brockmann C.: *Spritzprägen technischer Thermoplastformteile*, Dissertation an der Rheinisch-Westfälischen Technischen Hochschule Aachen, Aachen, 1998.
83. Berthold J.: *Verarbeitung von duroplastischen Formmassen im Spritzprägeverfahren*, Dissertation an der Rheinisch-Westfälischen Technischen Hochschule Aachen, Aachen, 2000.
84. Mehls B., Meckelburg E.: Hochleistungskeramik – Schlüsseltechnologie des 21. Jahrhunderts?, *Ingenieur-Werkstoffe*, 2, 12, 1990, p. 10–20.
85. Mair H., Wiesner H., Weinand D., Maat J. ter, Wohlfromm H., Blömacher M.: Pulverspritzguß, *GAK*, 50, 4, 1997, p. 279–282.
86. Hopmann C.: *Analyse des Keramikspritzgießverfahrens zur Herstellung kompakter Bauteile und unter Einsatz der Gasinjektionstechnik*, Dissertation an der Rheinisch-Westfälischen Technischen Hochschule Aachen, Aachen, 2000.
87. Hickmann T., Klemp E.: Schnell und günstig zu Präzisionsteilen, *Kunststoffe*, 94, 11, 2004, p. 62–65.
88. Michaeli W., Pfefferkorn T.: Analyse des Keramikspritzgießprozesses für komplexe Bauteilgeometrien, Keramische Zeitschrift, 58, 4, 2006, p. 262–266.

28 Mikrospritzgießen

K.-H. Ebert, D. Ammer, M. Hoffstetter, E. Wintermantel

Bei der Betrachtung von aktuellen Produktentwicklungen lässt sich durch alle Branchen hinweg ein deutlicher Trend zur Miniaturisierung und Funktionsintegration auf kleinstem Raum erkennen. Der Einsatz technischer Kunststoffe, die überwiegend im Thermoplast-Spritzgießverfahren verarbeitet werden, leistet dabei einen wichtigen Beitrag um diese Produktentwicklungen in marktfähige Artikel umsetzen zu können. Hierbei sind im Vergleich zum Standardspritzgießen einige Besonderheiten hinsichtlich des Formenbaus, der Anlagen- sowie Prozesstechnik und der Qualitätssicherung zu beachten.

28.1 Definition des Mikrospritzgießens

Eine klare Grenzlinie zwischen Standard- und Mikrospritzgießen kann nicht eindeutig festgelegt werden, jedoch markieren sowohl produktspezifische wie technologische Daten den Übergangsbereich der beiden Verfahren. In beiden Bereichen findet sich das Mikrospritzgießen am Ende der Skala dessen, was zurzeit technisch realisierbar ist. Dies impliziert automatisch, dass diese Grenze in der Vergangenheit stetig gesunken ist und dies auch für die Zukunft zu erwarten ist.

Hinsichtlich der herzustellenden Produkte wird im Allgemeinen zwischen verschiedenen Arten von Mikroteilen unterschieden, die in Tabelle 28.1 dargestellt sind. Es handelt sich hierbei einerseits um tatsächliche Mikroteile mit Gewichten kleiner 0,1 Gramm und Dimensionen im Sub-Millimeter bis in den unteren µm-Bereich. Andererseits werden auch makroskopische Bauteile mit Gewichten bis zu mehreren Gramm und Dimensionen von bis zu mehreren Zentimetern als Mikro-Struktur- und Mikro-Präzisionsbauteile bezeichnet, falls Sie über entsprechende Strukturen oder Toleranzen im Bereich von meist wenigen Mikrometern verfügen [1, 2]. Oftmals werden mikrostrukturierte Bauteile weiter unterschieden in mikrostrukurierte Oberflächen mit Aspekverhältnissen kleiner eins (das Aspektverhältnis beschreibt dabei das Verhältnis von Strukturhöhe zu Strukturbreite) und Mikrostrukturen mit Aspektverhältnissen größer eins.

	Singuläres Mikroteil	Bauteil mit Mikrostrukturen	Bauteil mit mikro-strukturierter Oberfläche	Mikro-Präzisions-Bauteil
Beschreibung des Bauteils	sehr klein	makroskopisch, Mikrostrukturen im Sub-mm Bereich	makroskopisch, Oberflächenstrukturen im Sub-mm Bereich	makroskopisch, Bauteil mit Toleranzen im Sub-mm Bereich
Typisches Gewicht	< 0,1g	>> 0,1g	>> 0,1g	>> 0,1g
Typische Abmessungen	Sub-mm bzw. µm Dimensionen und Sub-mm Toleranzen	Mehrere mm bis cm mit Sub-mm bzw. µm Strukturen	Mehrere mm bis cm mit Sub-mm bzw. µm Strukturen	Mehrere mm bis cm mit Sub-µm Toleranzen
Aspektverhältnis (Strukturhöhe zu -breite)	≥ 1	> 1	≤ 1	
Beispiele	Mikro-Zahnräder, Mikro-Schalter	Ventilgehäuse	Mikro-Encoderscheibe, CD, DVD	Kunststoff-Linsen, Glasfaser-Stecker
Beispielbild	Zahnrad mit Schrägverzahnung	Dichtkegel eines Präzisionsventils	Ring mit Innenrippe von 1µm Stärke	Einkoppelung in Glasfaserlichtleiter

Tabelle 28.1 Bauteile die durch Mikrospritzgießen hergestellt werden. Es wird zwischen echten Mikroteilen und Bauteilen mit Mikro-Strukturen bzw. Mikro-Toleranzen unterschieden. Während für die Produktion von Mikroteilen spezielle Anlagenkonzepte erforderlich sind, können Mikro-Präzisions- und Mikro-Struktur-Bauteile auch auf konventionellen Spritzgießmaschinen mit bestimmten Prozessvariationen (z. B. Spritzprägen) hergestellt werden [2]

Auf technologischer Seite wird die Grenze zum Mikrospritzgießen durch die verfügbare Anlagentechnik sowie die klassischen Fertigungsmethoden des Werkzeugbaus markiert. Hierbei stellt die Schnecken-Spritzgießmaschine mit kleinsten verfügbaren Schneckendurchmessern D von 12 bis 14 Millimetern die Untergrenze dar [3]. Für eine reproduzierbare Prozessführung und Prozessbeherrschung werden im Allgemeinen Schneckenhübe von 1 D bis 3 D (bezogen auf den Schneckendurchmesser D) angenommen [4]. In diesen Fällen bewegen sich die realisierbaren Schussgewichte jedoch im Bereich von 0,1 Gramm und mehr. In Ausnahmefällen lassen sich auch Prozesse mit Einspritzhüben von nur 0,1 D realisieren [5, 6]. Neben dieser Limitierung hinsichtlich einer sauberen Prozessführung ist es aufgrund der Genauigkeit der Wegauflösung in den meisten Maschinen nicht möglich noch kleinere Stellwege reproduzierbar anzufahren. Da der Schneckendurchmesser aufgrund der notwendigen Stabilität nicht weiter verkleinert werden kann wird die Notwendigkeit einer speziellen Anlagentechnik für das Mikrospritzgießen deutlich, auf die im weiteren Verlauf näher eingegangen wird.

Im Vergleich zum Standardspritzgießen kann für das Mikrospritzgießen ein Dimensionssprung von einer Potenz angenommen werden. Dieser Faktor wird in allen Bereichen der gesamten Prozesskette sichtbar: Von den Toleranzen im Werkzeugbau (z. B. Positioniergenauigkeit von 5 μm entgegen 0,5 μm im Mikro-Bereich) über den Spritzgießprozess bis zur Qualitätssicherung und Messtechnik (z. B. Toleranz der Klimatisierung in Werkzeugbau und Fertigung normal +/− 5° entgegen +/− 0,5° für Mikro-Bereich; Kugeldurchmesser des Tastfühlers beim Koordinatenmessen normal 0,3 mm entgegen 10 μm im Mikro-Bereich). Die Dimensionen machen deutlich, dass eine Beurteilung von Kavitäten und Bauteilen nur unter Einsatz von Mikroskopen in allen Produktionsbereichen ermöglicht wird.

Für die Herstellung hochwertiger Mikroteile sind somit der Einsatz und die Beherrschung aller Fertigungsbereiche, vom Formenbau über den Spritzgießprozess bis zur Messtechnik von entscheidender Bedeutung [7]. Neben der Integration aller Produktionsbereiche unter einem Dach empfiehlt sich auch eine kontinuierliche Weiterentwicklung der Technologien, um den wachsenden Anforderungen moderner Produkte und der anhaltenden Innovation in allen technischen Bereichen gerecht zu werden. Die Erfüllung dieser Anforderungen gelingt nur durch kontinuierlichen finanziellen Einsatz in neue Maschinenkonzepte und deren Fortentwicklung. Einen weiteren wichtigen Beitrag leisten selbstverständlich die Mitarbeiter, die diesen Systemgedanken, das Weitertreiben des Limits der Technik und die Beherrschung der Ihnen anvertrauten Prozesse umsetzten und täglich neu beleben müssen.

28.2 Märkte und Anwendungen

Kunststoff-Bauteile die im Mikrospritzgießen hergestellt werden, finden in nahezu allen Branchen Ihre Anwendung. Eine namhafte Marktstudie prognostiziert wachsende Umsätze von 17 Billionen US$ im Jahr 2006 auf über 25 Billionen US für das Jahr 2009 [8, 9]. Beispiele hierzu lassen sich in der IT-Industrie, der Automobilindustrie, dem Konsumer-Bereich und der Medizintechnik finden. Größte Absatzmärkte sind Lese-/Schreibköpfe für die digitale Datenverarbeitung, sowie Mikrodisplays und Druckköpfe. Generell ist ein Trend zur Miniaturisierung von Produktsystemen zu beobachten, die in den vergangenen Jahren in der Kommunikationsbranche (z. B. Mobiltelefone), der IT-Industrie (z. B. Laptops) oder auch in der Automobilindustrie (z. B. Sensorik für ABS, ESP oder Regensensoren) eindrucksvoll bewiesen wurden [10]. Oftmals erfüllen kleinste Teile wesentliche Funktionen und ermöglichen dadurch erst den reibungslosen Betrieb großer technischer Systeme, wobei die eigentlichen Mikrokomponenten für den Benutzer nicht direkt einsehbar sind. Neben den steigenden Ansprüchen an Komfort und Integration von Funktionen ermöglicht die Herstellung kleinster Bauteile ein hohes Einsparpotenzial an Energie. Dies trifft sowohl auf den Herstellprozess als auch auf den Energieverbrauch der Endprodukte

Abb. 28.1 Darstellung von im Mikrospritzgießverfahren hergestellten Getriebekomponenten für einen kompakten Rotationssensor. Oben: Detailaufnahme; Links: Schrägverzahnung mit einem Modul von 0,11 mm und einem Schrägungswinkel von 48°; Rechts: Gesamtansicht des Getriebes

zu. Als Beispiele hierfür können die konsequenten Bestrebungen zur Gewichtsreduktion in der Automobil- sowie der Luft- und Raumfahrtindustrie angeführt werden. Einen essenziellen Beitrag leisten die Mikrospritzgieß-Bauteile auch in der Antriebstechnik. Die kostengünstige Bereitstellung kleinster Zahnrad- und Getriebeelemente (siehe Abb. 28.1) ermöglicht erst den Einsatz kleiner Elektromotoren, deren Nenndrehzahlen im Bereich von ca. 10.000 U/min und mehr liegen. Gleich-

28.2 Märkte und Anwendungen

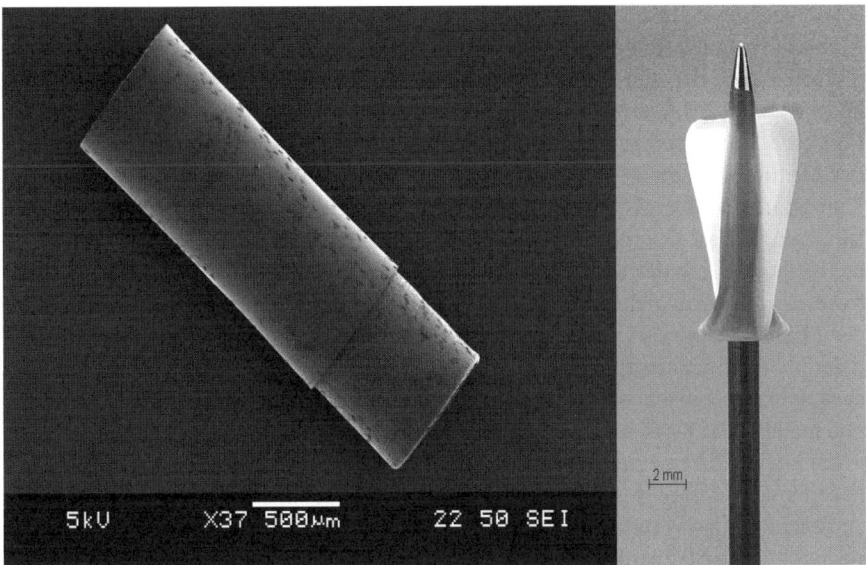

Abb. 28.2 Produkte aus der Medizintechnik, hergestellt im Mikrospritzgießverfahren. Seed Body (*links*): Der zylindrische Hohlkörper wird nach Füllung mit radioaktiver Flüssigkeit als Implantat zur lokalen Tumortherapie eingesetzt; Impeller des Herzunterstützungssystems Impella® von Abiomed Europe (Aachen, Deutschland) (*rechts*): Die Krümmung der Schaufelblätter ist ähnlich komplex der einer Turbinenschaufel und lässt sich nur durch ein Werkzeug mit vier ineinander verschachtelten Schiebern realisieren. Die Welle hat einen Durchmesser von 1,4 mm, die Flügel an der Außenspitze eine Wandstärke von 0,2 mm

zeitig müssen diese Komponenten hohen mechanischen Ansprüchen genügen, um teilweise sicherheitsrelevante Funktionen ausfallsicher zu gewährleisten.

Betrachtet man die Wertschöpfungskette der Mikrobauteile, so lassen sich viele Parallelen zum Standardspritzgießen ziehen. Aufgrund der identischen Abläufe im Produktentstehungsprozess sind auch die Kosten in etwa gleich zu bewerten. Einige Ausnahmen in der Kostenstruktur sollen jedoch noch explizit erwähnt werden. Während die Herstellungskosten im Spritzgießprozess aufgrund des geringeren Material- und Energieverbrauchs deutlich niedriger ausfallen, muss im Bereich des Formenbaus und der Qualitätssicherung sowie dem Handling der Mikroteile mit erhöhtem Aufwand und Kosten gerechnet werden. Vor allem der Formenbau erfordert für die Einhaltung der minimalen Toleranzen einen besonderen finanziellen und personellen Aufwand. Ein Gesamtvergleich der Kostenstruktur zwischen Standard- und Mikrospritzgießen kann hier aufgrund der stark abweichenden Gegebenheiten von Bauteilen und Prozessen nicht gegeben werden. Abgesehen von Aspekten wie Komfort und Energieeinsparung ermöglicht die Verfügbarkeit von Mikroteilen in einigen Bereichen erst die Entwicklung neuer Anwendungen und Technologien. In der Medizin- und Labortechnik führt dies zum Einsatz von Mikrokomponenten die in direktem Kontakt zum Patienten stehen und die diagnostischen und therapeutischen Verfahren entscheidend beeinflussen. Beispielhaft sind in Abb. 28.2 zwei im Mikrospritzgießverfahren hergestellte Medizinprodukte dargestellt.

Im Bereich der minimalinvasiven Chirurgie können ebenfalls verstärkt Mikrokomponenten aus Kunststoff zum Einsatz kommen. Diese Miniaturisierung ermöglicht eine Traumareduzierung in chirurgischen Behandlungen. Kostensenkungen in der Heilungsphase sind die positive Folge. Ferner können diese kostengünstigen Kunststoffprodukte als Einmalartikel entsorgt werden, womit aufwändige Resterilisierungs- und Überprüfungsprozeduren entfallen. Weiterer wichtiger Vorteil ist die Kompatibilität der Kunststoff-Komponenten in der Bildgebung mittels Magnetresonanztomographie, da hierbei keine Artefakte auftreten. Auch weitere Bereiche der Mikrosystemtechnik werden durch Bauteile die im Prozess des hoch automatisierbaren Mikrospritzgießens hergestellt werden bedient. Dabei kommt zu Gute dass neben technischen Thermoplasten auch gefüllte Polymere sowie keramische und metallische Werkstoffe verarbeitet werden können. Entgegen der üblichen Werte sind beim Mikrospritzgießen von gefüllten Polymeren Limitationen hinsichtlich Faserlängen kleiner der Bauteildimensionen und deutlich reduzierten Füllgraden zu beachten. Die Verarbeitung sintermetallischer und sinterkeramischer Werkstoffe gelingt wie im Standardspritzgießen, wo in nachfolgenden Prozessschritten ein debindern des beigefügten Polymers und im abschließenden Sinterprozess das fertige Bauteil hergestellt wird [11]. Nähere Angaben hierzu finden sich in weiteren Kapiteln dieses Buchs.

28.3 Anlagentechnik

Für die Herstellung mikrostrukturierter Bauteile, sowie makroskopischen Bauteilen mit funktionalen Mikrostrukturen sind keine speziellen Anlagenkonzepte erforderlich, da normale Bauteilgewichte spritzgegossen werden. Hohe Anforderungen an die Positioniergenauigkeit, die Dynamik des Einspritzprozesses sowie die Reproduzierbarkeit aller Prozesse lassen jedoch einen steigenden Anteil vollelektrischer Maschinen in diesem Bereich erkennen. Weitere Besonderheiten in der Herstellung dieser Teile liegen jedoch in der Prozessführung, sodass optische Teile beispielsweise oftmals im Verfahren des Spritzprägens hergestellt werden. Weitere Informationen hierzu finden sich im Abschnitt Spritzprägen des Kapitels für Sonderverfahren. Die Produktion von Mikroteilen mit kleinsten Bauteilgewichten erfordert jedoch spezielle Anforderungen an die Maschinentechnik. Die Limitation der Schneckenkolbenmaschinen liegt in dem minimal realisierbaren Schneckendurchmesser von 12 mm begründet. Eine weitere Reduktion ist aufgrund der nötigen Gangtiefe für den Einzug von Standardgranulaten und dem erforderlichen Mindestkerndurchmesser zur Aufnahme des eingebrachten Drehmomentes nicht möglich [12]. Daraus ergeben sich für kleinste Schussvolumen Verfahrwege, die von der Sensorik nicht mehr sinnvoll aufgelöst werden können. Ferner führt der große in den Schneckengängen gespeicherte Materialvorrat in Verbindung mit der minimalen Austragsmenge zu extrem langen Verweilzeiten, die zur Schädigung des verarbeiteten Materials

28.3 Anlagentechnik

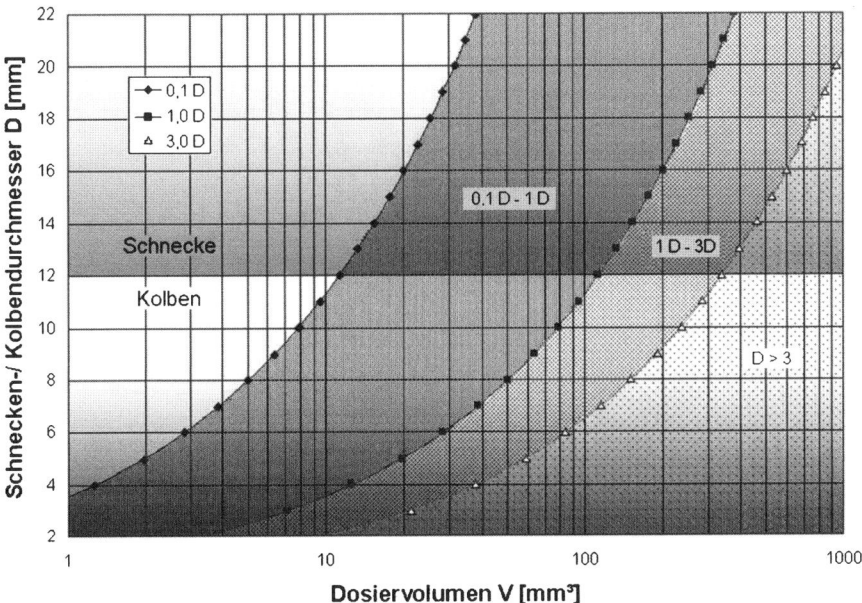

Abb. 28.3 Zusammenhang zwischen Schnecken- bzw. Kolbendurchmesser und erzielbarem Dosiervolumen bezogen auf den Schnecken- bzw. Kolbenverfahrweg (angegeben im Bezug auf den Durchmesser D) Der Bereich von 1D bis 3D repräsentiert dabei den mit konventioneller Anlagentechnik üblichen Dosierhub. Hübe von 0,1 bis 1 D liegen im Grenzbereich des technisch möglichen

führen. Eine Möglichkeit, diese Problematik zu umgehen, ist die Verwendung von Mehrkavitätenwerkzeugen um das Schussgewicht zu erhöhen, sowie die Erhöhung des Angussvolumens [13, 14]. Dies führt jedoch zu einer Verschlechterung des Bauteil-Anguss-Verhältnisses, was die Wirtschaftlichkeit sowie die Prozessbeherrschung in der Füllphase negativ beeinflusst. Ferner bedeuten Mehrkavitätenwerkzeuge gerade im Mikro-Bereich eine enorme Steigerung der Herstellkosten für die Einbringung der zahlreichen Kavitäten, sowie der Gefahr von Toleranzschwankungen der einzelnen Formnester. Neben den genannten Nachteilen muss eine Entscheidung für die Herstellung eines Mikroteils schließlich von den Anforderungen an die Bauteilqualität sowie die zu erwartenden Zykluszeiten und erforderlichen Stückzahlen abhängig gemacht werden. Entscheidend ist dabei die Betrachtung der Wirtschaftlichkeit des gesamten Prozesses von Formenbau und Produktion.

Anlagentechnische Lösungen zur Herstellung von Mikroteilen liegen in der Aufteilung der Funktionen Plastifizieren/Homogenisieren, Dosieren und Einspritzen, hin zu Konzepten mit Vorplastifizierung und Kolbeneinspritzung. Die Kolbeneinspritzung ermöglicht eine nahezu beliebige Verringerung des Durchmessers, was eine Steigerung des Einspritzwegs und damit einhergehend eine Verbesserung der Auflösung und Regelung des Einspritzprozesses ermöglicht. Die Vorplastifizierung kann durch eine diskontinuierlich arbeitende Extruderschnecke oder eine Kolben-

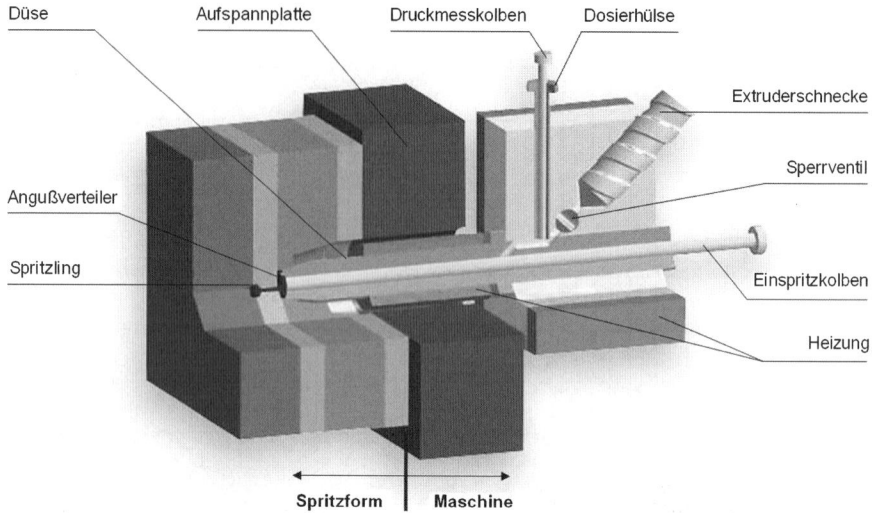

Abb. 28.4 Funktionsprinzip des Battenfeld Microsystem 50 – Die mit einer 14 mm Extruderschnecke vorplastifizierte Schmelze wird in den senkrecht stehenden Dosierzylinder gefördert. Nach Rückziehen des Einspritzkolbens und Schließen des Sperrventils wird die eingestellte Schmelzemenge in den Einspritzkolben übergeben und von dort in die Kavität gespritzt. (Quelle: Fa. Battenfeld, Kottingbrunn, Österreich)

vorplastifizierung realisiert werden. Während die Schneckenvorplastifizierung den Nachteil der hohen Verweilzeit und der dadurch entstehenden Materialschädigung aufweist, wird eine sehr gute Homogenisierung der Schmelze erreicht. Die Kolbenplastifizierung ermöglicht eine drastische Reduktion der Materialmenge im Prozess, verfügt jedoch über keine Homogenisierungsfunktion und erzeugt unter Umständen zykluszeitbestimmende Aufschmelzzeiten aufgrund der Plastifizierung durch reine Wärmeleitung [3, 15]. Weitere Ansätze zur Plastifizierung z. B. mittels Ultraschall wurden bisher nicht im industriellen Maßstab realisiert [16]. Zwei am Markt erhältliche Systeme für das Microspritzgießen sollen hier kurz erläutert werden. Einerseits das vollelektrische Microsystem 50® der Firma Battenfeld (Kottingbrunn, Österreich), welches als vollständige Produktionszelle verfügbar ist. Das bedeutet, dass die Maschine neben den Komponenten der Plastifizierung, Einspritzung und Schließeinheit über ein integriertes Handlingmodul, eine optische Qualitätsprüfung, ein Reinraummodul, Anschlüsse für Formevakuierung und variotherme Prozessführung uvm. verfügt. Das Aggregat ist als Schneckenvorplastifizierung mit Kolbeneinspritzung und separater Kolbenvordosierung nach dem first-in-return-out Prinzip aufgebaut. Abb. 28.4 verdeutlicht das Funktionsprinzip bei dem mittels einer 14 mm Extruderschnecke Material in den 5 mm Dosierkolben gefördert wird. Von dort wird die voreingestellte Schmelzemenge in den Einspritzzylinder übergeben und in die Kavität gespritzt, wobei ein Eintauchen des Spritzkolbens bis in die Trennebene möglich ist, um große Angusssysteme zu vermeiden [17].

Als zweites, speziell auf das Mikrospritzgießen von Bauteilen mit Gewichten unter 200 mg zugeschnittenes System, gilt die Anlage formicaPlast des Kunststoffzentrums in Leipzig. Die Anlage mit einer Kolbenvorplastifizierung vom Durchmesse 6 mm und einer Kolbeneinspritzung vom Durchmesser 3 mm wird in der Einspritzachse von einem elektrischen Servomotor und einer Einspritzgeschwindigkeit bis 500 mm/s sowie pneumatischen Komponenten angetrieben. Die reproduzierbare Produktion kleinster Bauteile sowie die Verarbeitung vielfältiger Formmassen und auch ein Zwei-Komponenten–Modul wurden in zahlreichen Veröffentlichungen nachgewiesen [18, 19]. Den wichtigsten Aspekt in der Realisierung der Anlagentechnik für das Mikrospritzgießen stellt die Einspritzung dar. Hierbei ist zu beachten, dass aufgrund der Verringerung des Durchmessers am Einspritzkolben höhere Einspritzgeschwindigkeiten zu realisieren sind um einen ausreichenden Volumenstrom für die schnelle Füllung der Kavität zu gewährleisten. Hinzu kommt die Tatsache, dass aufgrund des deutlich größeren Oberflächen-Volumen-Verhältnisses der Mikroteile eine schnelle Abkühlung der Schmelze eintritt und somit für die Abbildung der Mikrostrukturen und die vollständige Füllung der Kavität eine schnelle Einspritzung unumgänglich ist. Lösungen hierzu liegen in der Verwendung hochdynamischer elektrischer Servoantriebe, die durch Spindeln, Kurvenscheiben oder Pleuel in lineare Bewegungen übersetzt werden. Nicht zu vernachlässigen ist auch die dahinter liegende Regelungstechnik die eine stabile Prozessführung gewährleisten muss. Neueste Ansätze beschäftigen sich mit dem Einsatz von Linearmotoren zur Realisierung der Einspritzung. Neben den klassischen Komponenten der Spritzgießmaschine muss der Bauteilentformung und -entnahme beim Mikrospritzgießen ein besonderes Augenmerk geschenkt werden. Aufgrund der filigranen Strukturen und des hohen Oberflächen-Volumen-Verhältnisses gestaltet sich die Entformung meist nicht trivial und elektrostatische Aufladung reicht aus um Spritzlinge im Werkzeugraum schweben zu lassen. Antistatik-Einrichtungen und Handlingsysteme mit Greifern und Saugern kommen deshalb zum Einsatz um die Bauteile an weiterführende Prozesse zu transferieren [20, 21].

28.4 Werkzeugbau

Der Werkzeugbau für die Herstellung von mikrostrukturierten Bauteilen und Mikroteilen ist dem klassischen Formenbau in vielen Bereichen ähnlich. Dennoch sind spezielle Anforderungen zu erfüllen die nur durch präzise Planung, den Einsatz modernster Fertigungsverfahren und das gebündelte Know-How eines Mikrospritzgieß-Betriebs zu erreichen sind. Eine exakte Absprache mit dem Kunden, die eine eindeutige Festlegung der Bauteilgeometrie und -funktion ermöglicht, ist unumgänglich. Hierzu zählen neben Abmessungen, Toleranzen, Oberflächenanforderungen, Radien, etc. auch Angaben zum weiteren Handling und dem weiteren Einsatz der Teile, um beispielsweise Lage und Gestaltung von Anguss, Entformungskomponenten und Entlüftungen sinnvoll festlegen zu können. In dieser Phase muss die generelle Machbarkeit abgeklärt werden, wozu auch beim Mikrospritzgießen

Abb. 28.5 Mikrospritzgießwerkzeug mit mehreren Schiebern zur Herstellung des Wälzkörperkäfigs eines Kugelrollenlagers (vgl. Abb. 27.12). Der Stift zum Größenvergleich hat eine Mine mit 0,5 mm Durchmesser

Simulationen des Füllvorganges eingesetzt werden. Neben der Machbarkeit werden durch die Einbeziehung der Know-How Träger aus der Fertigung die technologischen Grenzen zur Einbringung der Formnester berücksichtigt [22]. Oftmals werden die eigentlichen Kavitäten als Formeinsätze gestaltet, sodass der restliche Werkzeugaufbau in konventioneller spanender Fertigung hergestellt werden kann. Für die Konzeption des gesamten Werkzeugsystems gelten die gleichen Vorgaben wie sie auch im konventionellen Spritzgießen zu finden sind. Besonderes Augenmerk ist im Mikrospritzgießen auf die geringen Toleranzen zu legen. Insbesondere im Fall von Mehrfachkavitäten muss auf die Maßhaltigkeit und die Abweichung der einzelnen Formnester geachtet werden. Hierbei spielt auch die Zentrierung der Werkzeughälften bzw. der schwimmend gelagerten Werkzeugeinsätze eine entscheidende Rolle. Die im Normalfall eingesetzten Führungssäulen können für das Mikrospritzgießen oftmals nicht die erforderliche Präzision gewährleisten. Ziel ist die zuverlässige Deckung der beiden Werkzeughälften um maßliche Verschiebungen zu eliminieren. Ein weiterer Punkt ist die Gestaltung des Angusssystems und der Entlüftungsmöglichkeiten. Hierbei werden die Zahl der Formnester sowie die Gegebenheiten der Mikrospritzgießmaschine berücksichtigt. Generell ist es wünschenswert, das Angussvolumen soweit als möglich zu minimieren, um ein günstiges Formteil-Anguss Volumenverhältnis zu realisieren. Ferner muss berücksichtigt

28.4 Werkzeugbau

Prozess	Minimale Dimensionen	Maximales Aspektverhältnis	Beste Oberfläche	Einsetzbare Materialien
Mikrozerspanung	10 µm	10	Ra = 0,15 µm	Nahezu alle Materialien
Mikro-EDM (electronical discharge machining)	10 µm	100	Ra = 0,1 µm	Nahezu alle elektrisch leitfähigen Materialien
Mikro-ECM (electro chemical machining)	25 µm	>10	Ra = 0,05 µm	Nahezu alle elektrisch leitfähigen Materialien
Laserablation	5 µm	10	Ra = 1 µm	Nahezu alle Materialien
Röntgen-LiGA	0,2 µm	50 (500*)	Ra = 0,03 µm	Ni, Ni-Leg., Cu, Au, Keramiken
UV-LiGA / Silizium-LiGA	2 µm	1 (10*)	Ra = 0,03 µm	Ni, Ni-Leg., Cu, Au, Keramiken / Si

Tabelle 28.2 Darstellung üblicher Fertigungsverfahren für die Herstellung von Formeinsätzen für das Mikrospritzgießen. Nach [2, 24, 26, 27] (* geometrieabhängig)

werden, dass das Angusssystem eine zuverlässige Balancierung bei der Formfüllung erlaubt, da andernfalls eine stabile Prozessführung und eine gleichmäßige Formfüllung unmöglich werden. Auch die Integration von Werkzeugsensorik (v. a. Forminnendruckaufnehmer) wird meist im Angussbereich realisiert, da in den Formnestern selbst keine ausreichend große Oberfläche zur Verfügung steht. Spezielle Werkzeugkonzepte hinsichtlich der Herstellung von Bauteilen mit Hinterschnitten, wie Schieber- und Backenwerkzeuge, können auch für das Mikrospritzgießen realisiert werden (Abb. 28.5). Zu beachten sind hierbei die geringen Toleranzen, die die Maßhaltigkeit des Teils nicht negativ beeinflussen dürfen. Eine Gratbildung am Bauteil muss dringend ausgeschlossen werden, da die gewünschte Funktion des Spritzlings hierdurch beeinträchtigt oder unmöglich werden kann.

Einige Besonderheiten im Werkzeugdesign sind auch in der Gestaltung der Entformung zu beachten. Zum Einen stellt sich die Frage der Entformung mittels herkömmlicher Auswerferstifte, die bis zu einem minimalen Durchmesser von etwa 0,3 mm realisiert werden können. In der Vergangenheit wurden hierzu auch System entwickelt die sich des Ultraschalls als Enformungshilfsmittel bedienen [23]. Zum Anderen ist zu berücksichtigen, dass die gewohnten Erwartungen des Standardspritzgießens nicht ohne weiteres auf das Mikrospritzgießen übertragen werden dürfen. Aufgrund des stark abweichenden Oberflächen-Volumen-Verhältnisses von Mikroteilen ist eine sichere Aussage über den Verbleib des Teils auf der Auswerferseite beim Öffnen des Werkzeugs nicht möglich. Hinzu kommt die Tatsache, dass die statische Auflading der Teile ein gewohntes Herausfallen aus der Maschine verhindert. So sind schwebende und nach oben „fallende" Teile keine Seltenheit, wobei

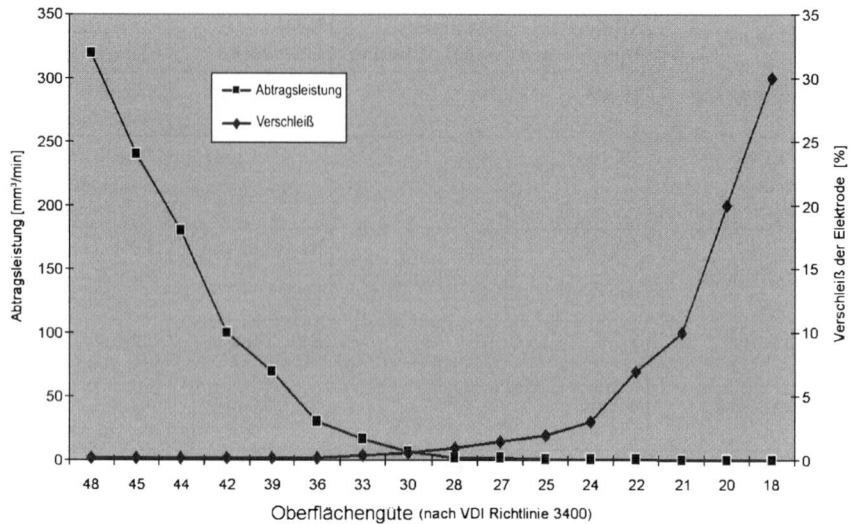

Abb. 28.6 Zusammenhang zwischen gewünschter Oberflächengüte und der daraus resultierenden maximal möglichen Abtragsleistung sowie dem Elektrodenverschleiß. Ab einem Wert von etwa 30 oder kleiner (dies entspricht einem RA-Wert von etwa 18) sinkt die Abtragsleistung erheblich ab während der Verschleiß der Elektroden exponentiell zu nimmt

diesen Phänomenen durch die Installation von Anti-Statik Einrichtungen weitgehend entgegengewirkt werden kann. Auch eine Angusstrennung durch klassische Dreiplatten-Konzepte ist im Mikrospritzgießen realisierbar.

Neben der reinen Entformung kann auch das Bauteilhandling, welches im Mikrospritzgießen kaum wegzudenken ist, als Teil des Werkzeugs betrachtet werden. Hierbei ist eine enge Abstimmung oder gar die Integration des gesamten Handlings in der Werkzeugkonstruktion als zwangsgeführtes Entnahmesystem zu beobachten.

Als wichtigste Fertigungsverfahren sind für den Formenbau der Mikrospritzgießwerkzeuge das Mikrofräsen, sowie die Senk- und die Drahterosion (auch als EDM – electronical discharge machining bezeichnet) zu nennen. Müssen noch kleinere Strukturen eingebracht werden, kommt auch die LIGA-Technik zum Einsatz [24, 25]. Es handelt sich hierbei um abtragende Verfahren zu denen auch die abtragende Laserbearbeitung zählt. Diese wird jedoch aufgrund der schlechten resultierenden Oberflächen kaum eingesetzt. Auch die bekannten Verfahren zum Aufbau metallischer Strukturen (z. B. Indirektes/Direktes Metall Laser Sintern, Selective Laser Melting, etc.) finden im Mikro-Formenbau kaum Anwendung, da die aus der minimalen Schichtdicke resultierende Auflösung der Verfahren die Toleranzen von Mikroteilen bei weitem übersteigt. Tabelle 28.2 zeigt eine Übersicht von Bearbeitungsverfahren zur Herstellung von Formeinsätzen für das Mikrospritzgießen. Angegeben sind neben den erreichbaren Strukturgrenzen auch die erzielbaren Oberflächenrauhigkeiten und Aspektverhältnisse (Strukturbreite zu Strukturtiefe).

28.4 Werkzeugbau

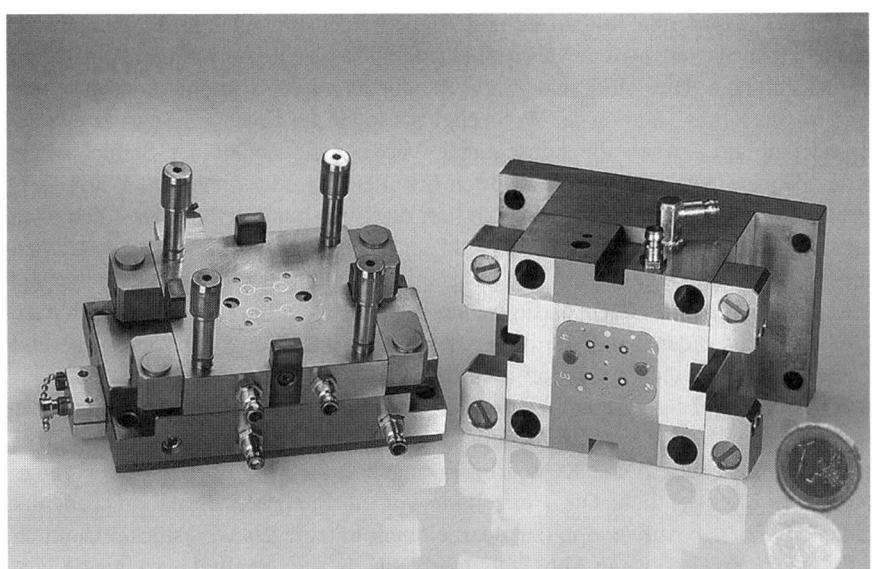

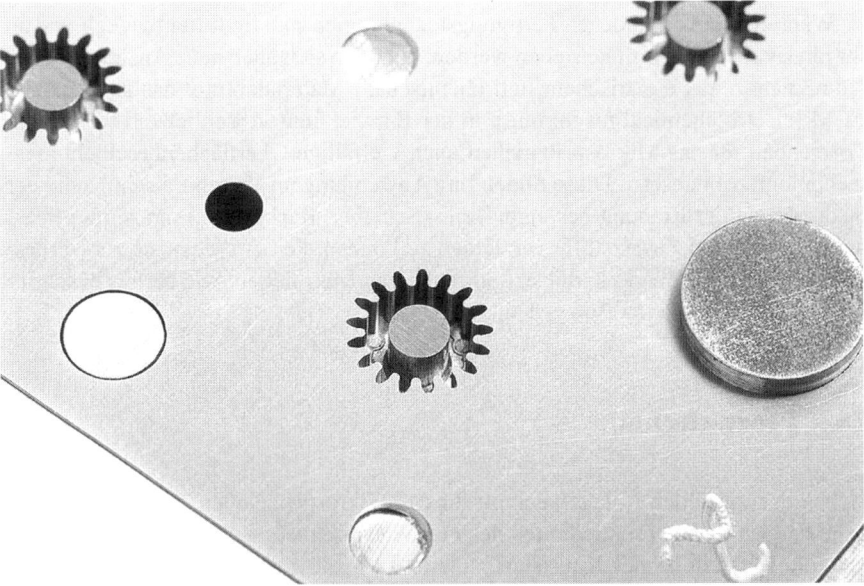

Abb. 28.7 Werkzeug zur Herstellung von Zahnrädern im Mikrospritzgießverfahren. *Oben:* Abbildung beider Werkzeughälften, die Euro-Münze dient dem Größenvergleich *Unten:* Detailaufnahme der Formkavität welche durch Drahterodieren hergestellt wurde. Der Kern in der Mitte hat einen Durchmesser von 0,9 mm, der des Zahnrades beträgt 0,21 mm

Um die geforderten Toleranzen und Wiederholgenauigkeiten im Formenbau für das Mikrospritzgießen zu gewährleisten sind noch eine Reihe weiterer Aspekte zu berücksichtigen. Dies sind zum Einen Randbedingungen wie eine konstante und überwachte Klimatisierung des Werkzeugbaus sowie der einzelnen Aggregate (z. B. Spindelkühlung). Auch die konsequente Verwendung hochreiner Stähle, sowie eine adäquate Auswahl von Stahlsorten mit gleichen oder ähnlichen Wärmeausdehnungskoeffizienten ist zu beachten, um die Einhaltung geforderter Toleranzen auch im Betrieb eines temperierten Werkzeugs sicher zu stellen. Selbstverständlich müssen auch die eingesetzten Fertigungsanlagen und Messeinrichtungen über die erforderlichen Auflösungen verfügen um die gesetzten Toleranzen realisieren zu können. Zum Anderen müssen die Prozesse zur Herstellung der Werkzeuge und Formeinsätze auf die Produktion von Präzision ausgelegt werden. Dies erfordert den personellen Einsatz qualifizierten Fachpersonals sowie eine Abstimmung der Bearbeitungsprozesse auf die Anforderungen des speziellen Werkzeugs. Hierbei wird die Entstehung hoher Kosten im Formenbau für Mikrospritzgießwerkzeuge besonders offensichtlich. Die Herstellung von hochpräzisen Strukturen bedeutet einen erheblichen Aufwand in der Bearbeitungsstrategie der Werkstücke. Deutlich wird dies beispielsweise in Abb. 28.6, hierbei ist der exponentiell ansteigende Verschleiß einer Elektrode beim Senkerodieren über der fallenden Abtragsrate, die für die Herstellung feinster Oberflächen benötigt wird, erkennbar.

Während die vorhandenen Fertigungstechnologien ständig fortentwickelt und an ihr physikalisches Limit getrieben werden, befinden sich auch neue Ansätze wie die Kombination aus elektrischem und chemischem Materialabtrag, das so genannte ECM (electro chemical machining), in der Entwicklung. Abschließend werden im Formenbau für das Mikrospritzgießen auch vielfältige Oberflächenbeschichtungstechnologien eingesetzt. Diese finden Ihre Anwendung im Verschleißschutz und der Reduzierung der Reibung bewegter Teile (Schieber, Backen etc.) um so möglichst auf Schmier- und Zusatzstoffe verzichten zu können. Ferner dienen sie zur Verbesserung der Entformbarkeit, die sich im Falle von Mikroteilen, wie bereits beschrieben, teilweise problematisch gestaltet.

28.5 Prozesstechnik

Neben der speziellen Anlagentechnik für das Mikrospritzgießen und den vorangehend dargestellten Besonderheiten des Formenbaus spielt auch die Prozesstechnik, also die Herstellung der Kunststoffbauteile im Spritzgießprozess, eine besondere Rolle. Noch stärker als im Standardspritzgießen ist hier das Systemverständnis für die gesamte Prozesskette gefragt, da kleinste Abweichungen den Produktionsprozess erheblich stören oder gar unmöglich machen können. Diese Tatsache zieht sich von der Materialvorbereitung (Trocknung, Förderung, etc.) über die Überwachung der Prozessparameter bis hin zur beschädigungsfreien Entnahme und dem weiteren Handling der Bauteile. Darüber hinaus müssen auch konstante Randbedingungen für die Produktion geschaffen werden. Hierzu zählen beispielsweise kontrollierte

28.5 Prozesstechnik

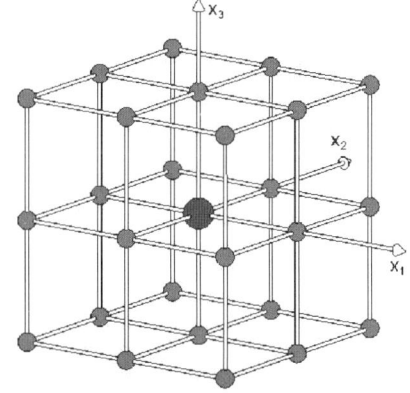

STUFENPLAN				
Parameter Stufe	V_e [ccm/s]	T_{WZ} [°C]	T_{zyl} [°C]	p_{Na} [bar]
(M)inus untere Stufe	30	80	270	400
(Z)entralpunkt mittlere Stufe	50	90	280	500
(P)luspunkt Obere Stufe	70	100	290	600

BEMUSTERUNGSPLAN					
Nr.:	Einstellung	V_e [ccm/s]	T_{WZ} [°C]	T_{zyl} [°C]	p_{Na} [bar]
1	ZZZZ	50	90	280	500
2	MMMM	30	80	270	400
3	PMMP	70	80	270	600
4	MPMP	30	100	270	600
5	PPMM	70	100	270	400
6	MMPP	30	80	290	600
7	PMPM	70	80	290	400
8	MPPM	30	100	290	400
9	PPPP	70	100	290	600
10	...	..	..	..	..

Abb. 28.8 Aufbau eines Versuchsplans zur Ermittelung des idealen Prozessmodells. Zunächst werden im Stufenplan Parameter mit Einfluss auf den Prozess bestimmt und mit einem Sollwert (Zentralpunkt) sowie Schwankung (plus-minus) definiert. Der Bemusterungsplan legt fest welche Kombination der einzelnen Parameterwerte nacheinander gefahren wird, wobei jeweils die Bauteilqualität geprüft wird. Ziel ist es, den Prozess mittig (größere, dunkle Kugel) im erlaubten Schwankungsbereich der einzelnen Prozessparameter (x1 bis x3) zu stabilisieren

Luft- und Raumbedingungen, regelmäßige und standardisierte Reinigungs-, Kalibrierungs- und Wartungsintervalle der Produktionsanlagen, sowie Förderung und Weiterbildung des verantwortlichen Fachpersonals. Ziel aller Bestrebungen muss die Beherrschung des gesamten Produktionsprozesses sein, um Störungen richtig erkennen und beseitigen zu können und um eventuelle Störgrößen soweit als möglich zu minimieren. Um dieses Ziel gewährleisten zu können empfiehlt sich die Durchführung einer konsequenten Abmusterung des zu fertigenden Bauteils, indem ein statistischer Versuchsplan durchfahren wird. Dieser Versuchsplan hat das Ziel ein Prozessmodell aufzubauen, welches schließlich die Festlegung des Prozesspunktes mit der größtmöglichen Varianz erlaubt. Erst nach Findung dieses gewünschten Prozesspunktes wird der letzte Bearbeitungsschritt im Formenbau durchgeführt und die nötigen Änderungen (z. B. Angussbalancierung) im bis dahin mit Aufmass gefertig-

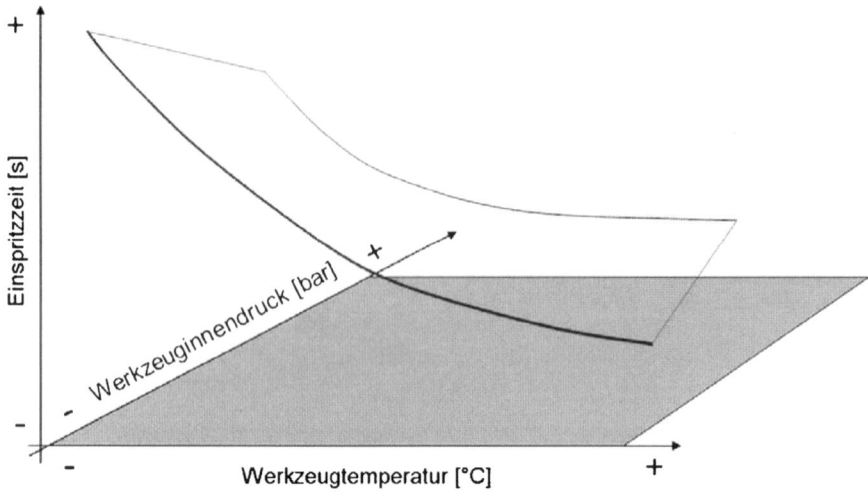

Abb. 28.9 Fährt man die einzelnen Prozessparameter gemäß dem Bemusterungsplan ab, ergibt sich in der graphischen Darstellung ein funktioneller Zusammenhang zwischen den Prozessparametern der eine Fläche repräsentiert

ten Werkzeug durchgeführt. Um den optimalen Prozesspunkt festlegen zu können wird ein Spritzgießprozess mit den gewünschten Randbedingungen eingestellt und schließlich anhand eines definierten Versuchsplan die Abhängigkeit einzelner Prozessparameter überprüft. Wie in Abb. 28.8 und 28.9 beispielhaft dargestellt, können dies die Variationen der Einspritzzeit, des Einspritzdrucks, der Werkzeugtemperatur u. a. sein. Nach Auswertung der Einflüsse auf die Bauteilqualität unter Zuhilfenahme geeigneter Messmittel ergibt sich ein Prozessmodell (beispielhaft dargestellt in Abb. 28.10) aus dem sich ein Prozesspunkt ableiten lässt, der eine größtmögliche Varianz und damit größtmögliche Produktionssicherheit gegenüber möglichen Schwankungen gewährleistet. Für eine konsequente Einhaltung der aus dem statistischen Versuchsplan ermittelten Parameter ist während des folgenden Produktionsprozesses die lückenlose Dokumentation und Überwachung der Parameter notwendig. Ein sehr sensibles und gleichzeitig aussagekräftiges Kontrollinstrument ist hierbei der Forminnendruck, der kleinste Veränderungen im Spritzgießprozess anzeigt und in direktem Zusammenhang mit der zu erwartenden Teilequalität steht [28]. Besonderheiten der Prozessführung beim Mikrospritzgießen liegen in der höheren Einspritzgeschwindigkeit und oftmals höheren Temperaturen für Formmasse und Werkzeugwand. Diese resultieren aus der Tatsache, dass die filigranen Strukturen der Mikrokavitäten vollständig gefüllt und abgebildet werden müssen. Aufgrund der in der Regel dünnen Angusssysteme und des hohen Oberflächen-Volumen-Verhältnisses muss ein schneller Füllvorgang realisiert werden, bevor die rasche Abkühlung der Schmelze mit Erreichen des Siegelpunktes eine weitere Formfüllung verhindert. Der Entformungs- und Entnahmevorgang stellt, wie bereits dargelegt, eine besondere Herausforderung des Mikrospritzgießprozesses dar. Ne-

28.5 Prozesstechnik

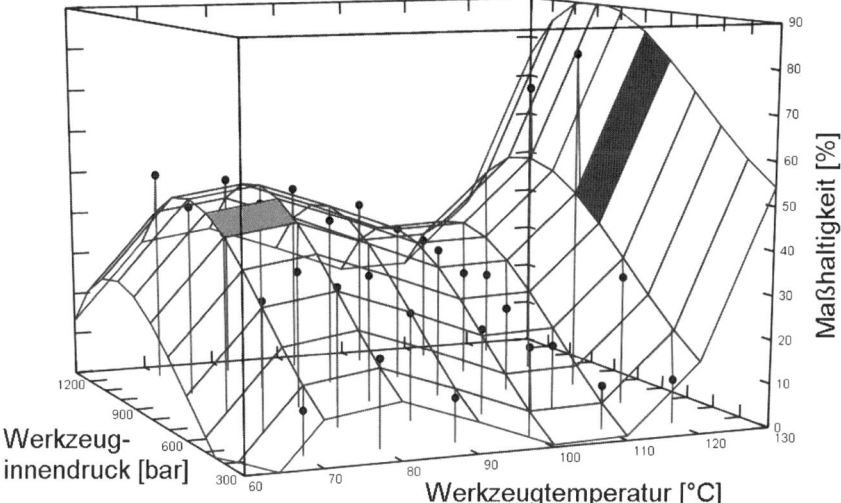

Abb. 28.10 Durch die Kombination der gemäß Bemusterungsplan erstellten, funktionalen Zusammenhänge der einzelnen Prozessparameter ergibt sich eine dreidimensionale Funktion aus der sich stabile (hell schraffierte) und weniger stabile (dunkel schraffiert) Prozessfenster ablesen lassen

ben der Gestaltung des Auswerfer- und Handlingsystems und der Beschichtung der Kavitätsoberfläche sowie dem Einsatz von Antistatikeinrichtungen, müssen auch die Prozessbedingungen angepasst werden um eine beschädigungs- und verzugsfreie Entformung und Entnahme der Spritzlinge zu sichern. Auswerfergeschwindigkeit, Kühlzeit und weitere Parameter spielen hierfür eine entscheidende Rolle. Auch nachgeschaltete Prozesse wie Handling, Ablage bzw. Sortierung, Reinigung und Verpackung müssen berücksichtigt und so gestaltet werden, dass sie nicht etwa Zykluszeit bestimmende Auswirkungen haben. Eine Rezyklierung der im Verhältnis zum Bauteilgewicht hohen Angussvolumen ist prinzipiell möglich soweit die gültigen Vorschriften dies zulassen. Eine Rentabilität muss jedoch abhängig vom Angussgewicht, welches maßgeblich durch das Werkzeugdesign und die eingesetzte Spritzgießmaschine bestimmt wird, und der aufgrund der Stückzahlen tatsächlich resultierenden Volumina betrachtet werden. Für die Produktion von Mikroteilen im Allgemeinen und die Herstellung medizintechnischer Teile im Besonderen, werden hohe Anforderungen an die Reinheit und Sauberkeit der Produkte gestellt. Dies kann durch Verwendung der von den Polymerherstellern angebotenen Sondertypen mit hohem Reinheitsgrad und ggf. medizinischer Zulassung unterstützt werden. Schließlich resultiert aus dem folgenden Spritzgießprozess ein aufgrund der eingesetzten Verarbeitungstemperaturen steriles Bauteil. Einzige Quelle für Verunreinigungen sind somit die im Herstellungsprozess eingebrachten Partikel und Schmier- sowie Hilfsstoffe. Um diese zu minimieren, können zwei Wege gegangen werden: Zum Einen die Produktion in Reinraumumgebung und der Verzicht jeglicher Hilfsstoffe, zum Anderen eine abschließende Reinigung der Bauteile um die gewünschte Reinheit zu gewährleisten. Beide Varianten finden in der Praxis Ihre Anwendung. Eine Entscheidung muss neben der geforderten Reinheitsklasse von weiteren Faktoren wie Betriebsgröße, Möglichkeiten der Zertifizierung der Prozesse und anfallenden Kosten abhängig gemacht werden.

28.6 Messtechnik

Wie an den Werkzeugbau sowie die Prozess- und Anlagentechnik werden im Mikrospritzgießen auch an die Messtechnik besonders hohe Anforderungen gestellt. Diese ist dabei neben dem Formenbau und der Prozesskontrolle als drittes Standbein für eine Produktion mikrostrukturierter Bauteile mit gleichbleibend hoher Qualität und Genauigkeit unabdingbar. Konventionelle Meßsysteme reichen dabei mit ihrer maximalen Auflösung oft nicht aus.

Konventionelle Tastsysteme
Messsysteme mit einem in allen drei Raumachsen beweglichen Träger und einem darauf montierten Messtaster bzw. Messuhr sind das meist genutzte System zur dreidimensionalen Vermessung von Bauteilen im Rahmen der Qualitätskontrolle. Der Verfahrweg des Messtasters wird dabei in allen Raumachsen detektiert und daraus die Position in einem dreidimensionalen Koordinatensystem bestimmt. Der Tastfühler ist an der Spitze mit einer oder mehreren Kugeln fester Größe, meist aus Rubinkristallen, versehen. Der Messtaster wird wiederholt an das zu vermessende Werkstück herangefahren bis der abknickende Tastfühler den eingebauten Kontakt auslöst (Abb. 28.11). So ergeben sich Messpunkte innerhalb des dreidimensionalen Koordinatensystems auf der Bauteiloberfläche die entweder von einer Anzeige abgelesen werden oder von einem Messrechner gespeichert und weiter verarbeitet werden. Es entsteht eine Punktewolke welche der tatsächlichen räumlichen Ausdehnung des vermessenen Objektes entspricht und mit den CAD Daten bzw. technischen Zeichnung auf Abweichungen hin abgeglichen werden kann.

Die maximale Auflösung dieses Messsystems ist dabei durch die Empfindlichkeit des Tasters und wesentlich stärker noch durch die Größe der Tastkugel bestimmt. Stand der Technik sind dabei Taster mit einer Kugel von 10 µm Durchmesser, deren Antasten durch optische Systeme detektiert wird. Strukturen wie Bohrungen oder Vertiefungen in der gleichen Größenordnung auf dem Bauteil lassen sich daher mit diesem System nur unzureichend oder gar nicht auflösen. Auch bei der Vermessung von sehr kleinen Bauteilen mit komplexer Struktur ergeben sich Probleme, da ein Umspannen des Werkstücks meist nicht möglich ist ohne dabei die Referenz zu den bereits bestimmten Messpunkten zu verlieren. Hinterschneidungen und komplexere Kavitäten lassen sich ohne eine Zerstörung des Bauteils gar nicht vermessen. Eine 100 % Prüfung solcher Spritzgießbauteile welche eine Anwendung in der Medizintechnik oft erfordert, ist daher mit dieser Technologie nicht möglich. Anwendung finden Messtaster bzw. Messuhren

28.6 Messtechnik

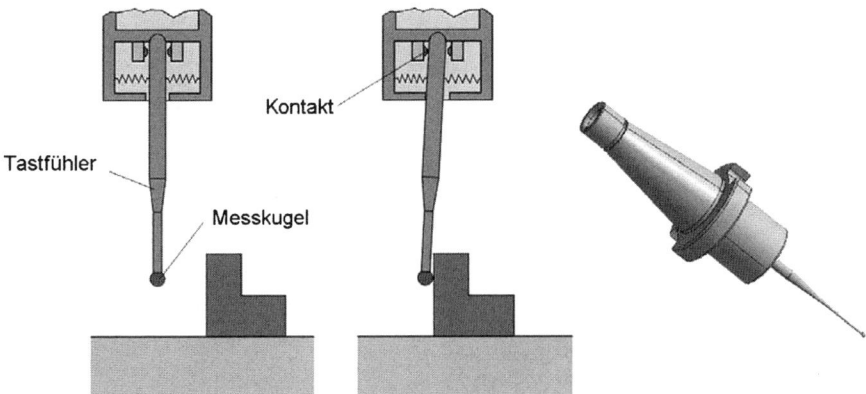

Abb. 28.11 Prinzipskizze der Funktionsweise eines Messtasters. Der Messfühler wird gegen das Werkstück gefahren bis dieser abknickt und den Kontakt auslöst. Es ergibt sich ein Messpunkt auf der Bauteiloberfläche. Messtaster finden auch in einen Steilkegel zur Aufnahme in die Spindel einer Werkzeugmaschine (rechts) zur Vermessung der Bauteillage im Formenbau Anwendung

auch als Einsatz für die Spindel von CNC-Werkzeugmaschinen zur Bestimmung der räumlichen Lage des zu bearbeitenden Bauteils. Diese Systeme sind meist in einem Steilkegel zur Aufnahme in die Werkzeugspindel integriert (Abb. 28.11) und eignen sich grundsätzlich auch zu einer Vermessung des Bauteils, jedoch mit geringerer Auflösung.

Bildgebende Verfahren
Grundsätzlich bietet sich zur Beurteilung der Bauteilqualität auch eine optische Betrachtung an. Um auch feinste Strukturen darstellen zu können bedient man sich Lupen und Lichtmikroskopen deren maximale Auflösung durch die Wellenlänge des verwendeten Lichts begrenzt ist und im Bereich von etwa 0,4 µm liegt. Eine entscheidende Einschränkung liegt dabei jedoch in der geringen Tiefenschärfe und daraus resultierenden ungenügenden Tiefenausdehnung des Messbereichs. Durch Stereolupen sowie der Verwendung von Digitalkameras in Verbindung mit einer digitalen Bildauswertung kann dieser Nachteil kompensiert werden. Als Problem bleibt jedoch dass sich das Bauteil jeweils nur von einer Seite aus vermessen und sich so die räumliche Struktur nicht erfassen lässt. Hinterschneidungen oder Kavitäten mit Freiformflächen lassen sich gar nicht vermessen. Als ein weiters optisches System bietet sich die Technologie der Computertomographie, wie sie in der Humanmedizin als bildgebendes Verfahren bereits seit Jahren etabliert ist, an. Die maximale Auflösung bei dieser Technologie fällt zwar geringer aus als bei der Lichtmikroskopie, jedoch können auch Hohlräume und Hinterschneidungen sowie die räumliche Struktur des Bauteils dargestellt werden. Die Wellenlänge der verwendet Röntgenstrahlung sowie das Auflösungsvermögen des verwendeten Detektors limitieren dabei nach aktuellem Stand der Technik das maximale Auflösungsvermögen. Abhängig von der Kalibrierung erreichen spezielle als µ-CT bezeichnete

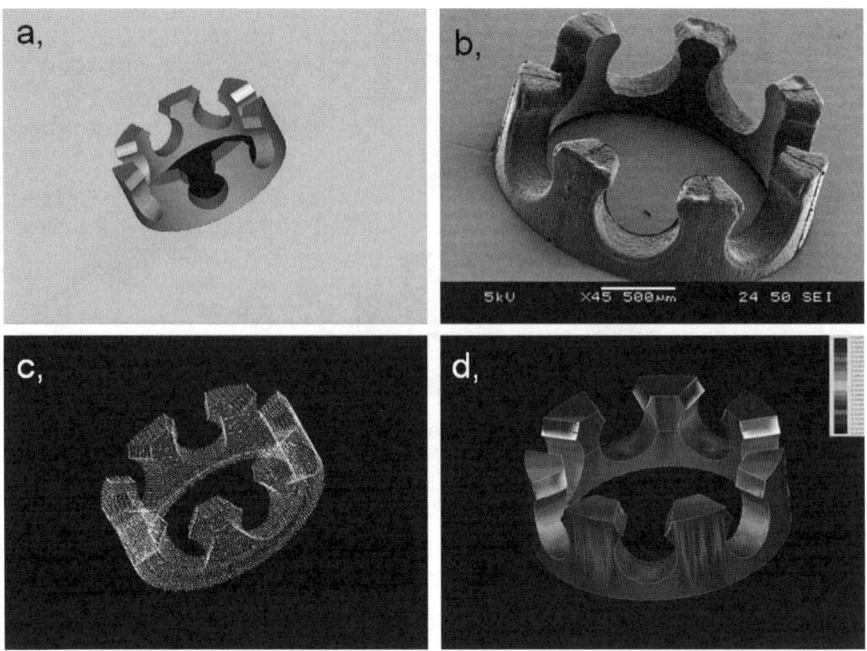

Abb. 28.12 Wälzkörperkäfig für das Kugellager eines Herzunterstützungssystems mit einer Bauteilhöhe von 0,8 mm: *a* CAD-Darstellung des Bauteils; *b* Rasterelektromikroskopische Aufnahme des Bauteils; *c* Punktewolke nach CT-Messung; *d* aus der Überlagerung der gemessenen Bauteilgeometrie und den CAD Daten ergibt sich eine Darstellung der Formabweichungen

Geräte eine Auflösung mit einer Voxelgröße von etwa 5–10 µm. So lässt sich ein Messvolumen von 3 mm³ durch einen geeigneten CCD Chip auf ein Kantenvolumen von 80 mm projizieren und mit einer Punktewolke aus 200 bis 500 Tausend Messpunkten versehen. Hierdurch besteht die Möglichkeit auch feinste Strukturen zu erfassen und die tatsächliche Bauteilform mit hoher Genauigkeit mit der gewünschten Form abzugleichen. Da die Messpunkte, anders als bei der Verwendung eines Messtasters auch direkt in Ecken und Kanten gelegt werden können, ergibt sich bei der Verwendung eines CT's eine deutlich höhere Auflösung (Abb. 28.12) [29, 30].

Indirekte Verfahren
Zur Vermessung von Werkzeugformen ist das µ-CT im Gegensatz zum Messtaster nur bedingt geeignet, da der Röntgenstrahl durch metallische Werkstoffe stark absorbiert und verfälscht wird. Die genaue Form der metallischen Oberfläche wird so erheblich durch Artefakte überlagert und kann daher nur ungenügend bestimmt werden. Lässt sich die Form aufgrund ihrer feinen Struktur oder komplexen Bauform auch mit einem Messtaster nicht vermessen, kann die Maßhaltigkeit der Werkzeugform nur über eine Funktionsprüfung oder Vermessung des fertigen Spritzlings

28.6 Messtechnik

erfolgen. Dazu wird das Werkzeug zunächst mit einem geringen Aufmass hergestellt und erste Bauteile werden abgeformt. Aus der Differenz zur gewünschten Bauteilform lässt sich so ermitteln, an welcher Stelle die Form nachgearbeitet werden muss. Dieses Vorgehen wird in mehreren Schritten iterativ wiederholt bis das Bauteil innerhalb der geforderten Toleranzen liegt.

Grundsätzlich bilden Computertomographie und Lichtmikroskopie nicht die Grenze der technisch möglichen Messverfahren. Mit einem Rasterkraftmikroskop (AFM – Atomic Force Microskope) lassen sich beispielsweise Strukturen bis zu einer Größe von 10 nm auflösen und darstellen. Da die für eine industrielle Produktion von Werkzeugformen etablierten Fertigungstechniken wie das Fräsen oder Erodieren in ihrer maximalen Auflösung etwa zwei Größenordnungen größer ausfallen, erscheint eine derart hochauflösende Vermessung jedoch momentan nicht sinnvoll.

28.7 Literatur

1. Angelov, A. and J. Coulter. *Micromolding Product Manufacture – Progress Report.* in *Society of Plastics Engineers ANTEC.* 2004. Chicago, USA.
2. Piotter, V. and R. Ruprecht. *Stand und Entwicklungen beim Spritzgießen von Mikrobauteilen.* in *Spritzgießen 2006.* 2006. Baden-Baden, Deutschland: VDI-Verlag GmbH, Düsseldorf.
3. Jüttner, G., *Plastifiziereinheiten für kleinste Schussgewichte.* Kunststoffe, 2004. 94(1): p. 53–55.
4. Kaminski, A. and F. Lambeck, *Anwendungstechnische Information: Korrelation zwischen Schneckendurchmesser, Dosiervolumen, Dichte und Schussgewicht.* 1997, Bayer AG, Geschäftsbereich Kunststoffe: Leverkusen, Deutschland.
5. Bürkle, E. and M. Würtele, *Plastifizieren in Grenzbereichen.* Kunststoffe, 2002. 92(3): p. 38–44.
6. Brunner, D. and F. Seidel. *Plastifizier- und Einspritzverhalten beim Spritzen von Kleinteilen (Hub < 1xD).* in *Technomer 2003.* 2003. Chemnitz, Deutschland.
7. Ebert, K.-H., *Der moderne Dreikampf - Formenbau, Spritzgießen, Messtechnik.* Mikroproduktion, 2006(1): p. 18–23.
8. Bouchaud, J., R. Dixon, and H. Wicht. *Consumer electronics: the second wave for MEMS.* in *Commercialization of Micro and Nano Systems Conference.* 2005. Baden-Baden, Deutschland.
9. Wicht, H. and J. Bouchaud. *NEXUS market analysis for MEMS and Microsystems III 2004–2009.* in *Commercialization of Micro and Nano Systems Conference.* 2005. Baden-Baden, Deutschland.
10. Stadler, J.P. *MST@BOSCH: From Automotive to Consumer applications.* in *Commercialization of Micro and Nano Systems Conference.* 2005. Baden-Baden, Deutschland.
11. Ruprecht, R., et al., *Injection molding of microstructured components from plastics, metals and ceramics.* Microsystem Technolgies, 2002. 8(4–5): p. 351–358.
12. Kleinebrahm, M. *Maschineninterne Möglichkeiten zur Erhöhung der Formteilqualität.* in *Technomer 2001.* 2001. Chemnitz, Deutschland.
13. Kleinebrahm, M., *Präzisions-Spritzgußteile auf kleinen Spritzgießmaschinen herstellen.* Kunststoffe, 1998. 88(1): p. 41–44.
14. Götz, W., *Virtuoses Spiel: Mikrospritzgießen mit Standardmaschinen.* Plastverarbeiter, 2002. 53(7): p. 18–21.
15. Jüttner, G. *Mikrospritzgießmaschinen.* in *Spritzgießen 2006.* 2006. Baden-Baden, Deutschland: VDI-Verlag GmbH, Düsseldorf.
16. Spennemann, A., *Eine neue Maschinen- und Verfahrenstechnik zum Spritzgießen von Mikrobauteilen*, in *Institut für Kunststoffverarbeitung (IKV).* 2000, RWTH Aachen: Aachen, Deutschland.
17. Ganz, M., *Im Mikrokosmos der Spritzlinge.* Kunststoffe, 2002. 92(9): p. 90–92.
18. Jüttner, G., et al. *A New Micro Injeciton Molding Machine.* in *21st Annual Meeting of the Polymer Processing Society PPS.* 2005. Leipzig, Germany.
19. Jüttner, G. *Neue Perspektiven beim Mikrospritzgießen durch Kolbenspritzeinheiten.* in *Technomer 2005.* 2005. Chemnitz, Deutschland.
20. Moll, D., *Generelle Aussagen gibt es nicht – Serie 3D-Mikroteile: Handling von Mikrospritzgussteilen.* Plastverarbeiter, 2003. 54(5): p. 56–58.
21. Ganz, M., *Handling und Montage wachsen zusammen.* Plastverarbeiter, 2005. 56(7): p. 26–27.
22. Moll, D., *Gratwanderung zum Erfolg – Serie 3D-Mikroteile: Mikroformenbau.* Plastverarbeiter, 2003. 54(1): p. 24–25.
23. Bloss, P., *Vielseitig anwendbarer Ultraschall – Prozessentwicklung.* Kunststoffe, 2006. 96(6): p. 119–123.
24. Rogalla, A., *Analyse des Spritzgießens mikrostruktuierter Bauteile aus Thermoplasten*, in *Institut für Kunststoffverarbeitung (IKV).* 1998, RWTH Aachen, Deutschland: Aachen.
25. Bourdon, R. and W. Schneider, *Mikrospritzgießen mit System.* Kunststoffe, 2001. 91(6): p. 70–71.

28.7 Literatur

26. Konzilia, G. *Werkzeugbau für Mikrospritzgießanwendungen.* in *Spritzgießen 2006.* 2006. Baden-Baden, Deutschland: VDI-Verlag GmbH, Düsseldorf.
27. Kock, M., V. Kirchner, and R. Schuster, *Electrochemical micromachining with ultrashort voltage pulses – a versatile method with lithographical precision.* Electrochimica Acta, 2003. 48(20–22): p. 3213–3219.
28. Schnerr-Häselbarth, O., *Der heiße Draht ins Werkzeug.* Kunststoffe, 2002. 92(7): p. 56–60.
29. Pfeifer-Schäller I., T.S., Klein F.;. *Computertomographie im Vergleich mit konventionellen Prüfverfahren.* in *DGZfP-JAHRESTAGUNG 2001*
30. *Zerstörungsfreie Materialprüfung.* 2001. Berlin.
31. Kastner J., E.S., D. Salaberger;. *Mikro-Computertomographie für die Charakterisierung und Vermessung von Mikrobauteilen.* in *DGZIP Jahrestagung 2005.* 2005. Rostock, Deutschland.

29 Extrusion & Compoundierung

H. Collin, V. Schulze

29.1 Einleitung

Unter Extrusion wird das kontinuierliche Fördern von formbaren Massen verstanden. Dies können Kunststoffe, Teigwaren in der Lebensmittelindustrie oder auch keramische Massen sein. In der chemischen Industrie werden ebenfalls hochviskose (schwerfließende) Stoffe oder Pasten dosiert, gefördert und extrudiert. Früher waren vorzugsweise Kolbenstrangpressen im Einsatz, bis sich ab 1950 in steigendem Maße die Schneckenmaschinen durchgesetzt haben. Der weltweite Siegeszug der Kunststoffe ist zu einem erheblichen Teil auf die stetige technologische Weiterentwicklung im Bereich der Extrusionstechnik zurückzuführen. Der Markt der weltweit produzierten Maschinen für die Kunststoffverarbeitung erreichte im Jahr 2006 einen Wert von 20 Milliarden Euro und somit zählt dieser Bereich mittlerweile zu einem der großen Industriezweige [1].

Extruder mit ihren Nachfolgeeinrichtungen werden vorzugsweise für die kontinuierliche Herstellung von Halbzeugen aus thermoplastischen Kunststoffen verwendet. Unter Halbzeugen werden z. B. Schläuche, Rohre, Folien und Platten verstanden, die im darauf folgenden Schritt zu einem Endprodukt weiterverarbeitet werden. Die technischen Möglichkeiten Extrusionsanlagen weitgehend automati-

Einschnecke	Doppelschnecke (Compounder)	Sonderbauarten
• konventionell • fördersteif	Gleichläufig Gegenläufig	• Weissenbergextruder • Planetwalzenextruder • Kaskadenextruder • Ramextruder, u. a.

Tabelle 29.1 Grobe Einteilung der Schneckenmaschinen in Ein-, Doppelschnecke und Sonderbauarten

siert zu betreiben sowie produktberührende Prozessteile aus hochwertigen, nicht korrosiven Werkstoffen herzustellen, bieten hervorragende Voraussetzungen für den Einsatz in der Medizintechnik und im Pharmabereich.

Die folgenden Kapitel geben weitere Erläuterungen zu

- den Grundlagen der Schneckenmaschinen,
- der Extrusion im Einschneckenextruder sowie dessen typische Nachfolgeeinheiten,
- dem Compoundieren auf Doppelschneckenextrudern.

29.1.1 Schneckengeometrie

Zur Verarbeitung von verschiedenen Polymeren ist es sinnvoll, unterschiedliche Schneckengeometrien einzusetzen (Tabelle 29.2).

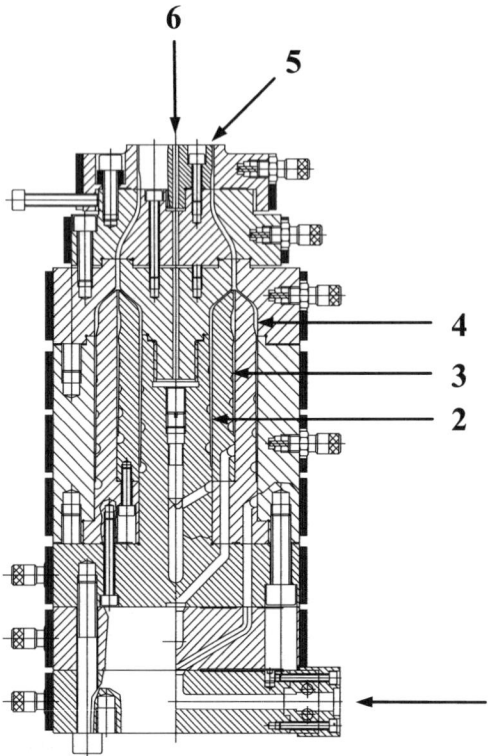

Abb. 29.1 Coextrusionswerkzeug mit ineinander gesteckten axialen Wendelverteilern, bestehend aus drei Schichten. Dies ist die ursprüngliche Bauweise, genutzt seit Anfang der 80er Jahre. Weitere Varianten sind konische Wendelverteiler für höhere Biegesteifigkeit bei größeren Durchmessern [4].
1 Luftzuführung, 2 Wendelverteiler für innere Schicht, 3 Wendelverteiler für mittlere Schicht, 4 Wendelverteiler für äußere Schicht, 5 Austritt der Blasfolie, 6 Luftaustritt

29.2 Grundlagen Schneckenmaschinen

Gebräuchliche Plastifizierschnecken	Anwendungsmaterial
3-Zonenschnecke	Polyolefine wie PP, PE
Kurzkompressionsschnecke	PE-HD, PA
Langkompressionsschnecke/Kernprogressiv	PVC
Entgasungsschnecke	ABS, PET, PA
Maillefer-Schnecke/Barriereschnecke	v. a. Polymermischungen

Tabelle 29.2 Plastifizierschnecken und deren bevorzugte Anwendungsmaterialien. (Polyethylen hoher Dichte (PE-HD), Polyamid (PA), Acrylnitril-Butadien-Styrol (ABS), Polyethylenterephthalat (PET)). Für viele Anwendungen wird eine 3-Zonenschnecke eingesetzt, die je nach Material zusätzliche Misch- und/oder Scherelemente an der Schneckenspitze aufweisen kann. Heute werden in zahlreichen Extrusionsanlagen Barriereschnecken eingesetzt, deren wichtigster Vertreter die Maillefer-Schnecke ist. Hierbei werden der Feststoff- und der Schmelzeanteil in der Aufschmelzzone der Extruderschnecke durch einen zusätzlichen Barrieresteg voneinander getrennt. Über den Steg kann somit nur Schmelze, aber kein unaufgeschmolzenes Granulat gelangen. Für teilkristalline Thermoplaste hat sich die Kurzkompressionsschnecke bewährt, bei der die Abnahme der Gangtiefe von der tiefgeschnittenen Einzugszone auf die flache Meteringzone in einer sehr kurzen Kompressionszone erfolgt. Langkompressionsschnecken weisen eine stetige Kompression auf, d. h. bis zur Schneckenspitze gibt es eine stetige Kernprogression. Dies dient vorwiegend zur Verarbeitung von empfindlichen Materialien wie PVC.

29.2 Grundlagen Schneckenmaschinen

Auf dem Verarbeitungsweg zwischen Rohstoff und fertigem Formteil/Halbzeug durchlaufen die meisten Thermoplaste mindestens einmal eine Schneckenmaschine in einer ihrer vielfältigen Ausführungsarten.

Die Vorteile der Schneckenmaschinen im Gegensatz zu z. B. Aufschmelzgefäßen liegen darin, dass sie sowohl Förder- als auch Plastifizierarbeit leisten können. Aufgrund der geringen Wärmeleitfähigkeit von Thermoplasten (< 1 W/mK) ist es wichtig, dass die Wärmeeinbringung nicht allein durch Wärmeleitung, sondern ebenfalls durch Reibung/Scherung erfolgt. Zum Plastifizieren des Kunststoffgranulats wären ansonsten hohe Temperaturgradienten und lange Zeiten erforderlich, die einen Abbau der Molekülketten im Kunststoff zur Folge haben können. Im Schneckenkanal ist es möglich große Mengen Material bei kurzer Verweilzeit gleichmäßig aufzuschmelzen [2].

Schneckenmaschinen sollten im Allgemeinen folgenden Anforderungen genügen:

- Gleichmäßiges Einziehen, Aufschmelzen, Mischen und Ausstoßen des Materials
- Flexibel einsetzbare Maschine, z. B. Verarbeitung unterschiedlichster Materialien mit gleicher Schneckenkonfiguration
- Homogenität im gesamten Prozess (thermisch, mechanisch)
- Energetisch günstige Arbeitsweise (Strom, Wasser)
- Hohe Lebensdauer.

Tabelle 29.1 gibt die grundlegendsten Bauarten wieder, die in der Rohstoffherstellung, Aufbereitung und der Halbzeug- sowie Formteilherstellung anzutreffen sind.

Die grundsätzlichen Unterschiede zwischen der Verarbeitung auf einer Einschnecke und einem Compounder sind in Tabelle 29.3 aufgeführt.

In den folgenden Kapiteln liegt der Schwerpunkt auf Einschneckenextrudern und Compoundern, da diese den größten Marktanteil haben. Prozentual gesehen werden ungefähr 85% Einschneckenextruder und 15% Compounder im Markt eingesetzt. Literatur zu Sonderbauarten findet sich z. B. in [3].

29.3 Extrusion im Einschneckenextruder

Der erste Einschneckenextruder wurde bereits etwa 1870 gebaut. In den fünfziger Jahren des letzten Jahrhunderts entstanden die modernen Einschneckenextruder. Diese zeichnen sich durch ein sehr breites Einsatzspektrum aus und werden sowohl für kleinste Durchsätze (50 g/h) als auch für sehr großen Ausstoß (50 t/h) verwendet. Dementsprechend unterschiedlich sind die Schneckendurchmesser. Sie variieren von 12 mm für z. B. medizintechnische Anwendungen bis hin zu 400 mm für z. B. die großtechnische Herstellung von PP. Die Verfahrenslänge reicht von 10 Zentimetern bis hin zu 8–10 Metern. Der grundlegende Aufbau, die verschiedenen Verfahrenszonen sowie übliche Schneckengeometrien von Einschneckenextrudern werden in den nächsten Kapiteln beschrieben.

29.3.1 Maschineller Aufbau von Einschneckenextrudern

Abbildung 29.2 zeigt einen Einschneckenextruder für geringe Durchsätze (Labor- und Pilotanlagen bis ca. 100 kg/h). Die dargestellten Baugruppen gelten im Allgemeinen für alle Ausstoßgrößen.

Der Motor treibt über den Keilriemen das Getriebe und somit die Schnecke an. Über den Trichter wird Material zugegeben, das von der Schnecke aufgenommen, gefördert und aufgeschmolzen wird. Die äußere Wärmeeinbringung erfolgt meist sowohl über den Zylinder als auch durch die Schnecke. Die möglichst homogen gemischte und aufgeschmolzene Masse wird am Ende der Schnecke ausgetragen und kann nachfolgend weiterverarbeitet werden.

29.3.2 Einteilen der Extruderzylinder in Verfahrenszonen

Der Extruder besteht aus drei Hauptverfahrenszonen, die in Abb. 29.3 dargestellt werden.

29.3 Extrusion im Einschneckenextruder

	Einschneckenextruder	Compounder	
		gleichläufig	gegenläufig
Haupteinsatzgebiete	Rohstoffaufbereitung Plastifizieren & Fördern vorwiegend von Granulat	Rohstoff-aufbereitung	Plastifizieren vorwiegend von Pulver
Meist verarbeitete Materialien	Polyolefine (PE, PP, etc.) aber auch Elastomere	Polyolefine, Pulver, Flüssigkeiten	PVC
Förderprinzip	Schleppkräfte	Schleppkräfte	Kammerförderung
Mischwirkung	gering	hoch	gering
Druckaufbau	hoch	gering	
Verweilzeitspektrum	weiter Zeitbereich (2 bis 10 min)	enger Zeitbereich (1 bis 4 min)	
Wirtschaftliche Vorteile	Preis-/Leistungsverhältnis hohe Lebensdauer	spezifischer Energieverbrauch	
Einsatz in der Medizintechnik	Schläuche, Infusionsbeutel	Aufbereitung von Mischungen, z. B. für Tabletten	

Tabelle 29.3 Vergleich zwischen Einschneckenextruder und Compounder hinsichtlich der Einsatzgebiete, technologischen Besonderheiten und wirtschaftlichen Vorteilen. Insbesondere sei auf die materialschonende Förderung im gegenläufigen Doppelschneckenextruder hingewiesen. (Polyethylen (PE), Polypropylen (PP), Polyvinylchlorid (PVC))

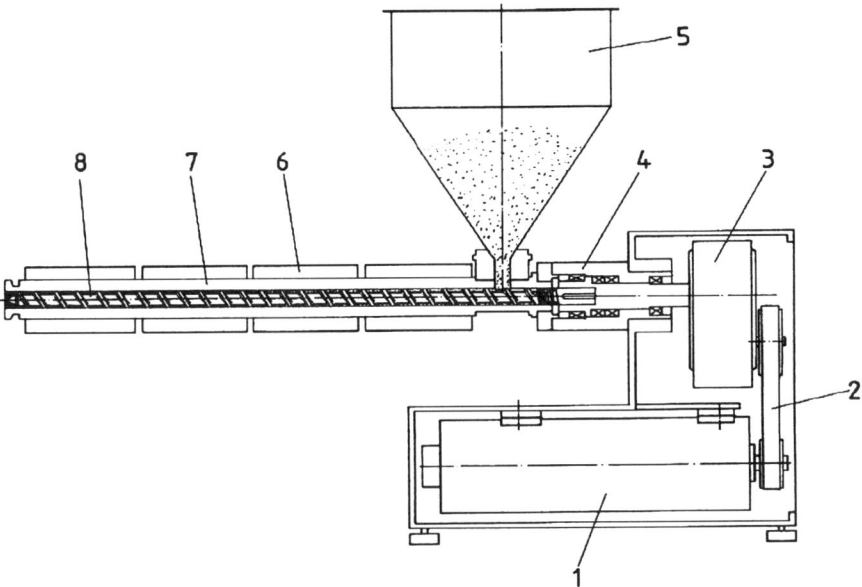

Abb. 29.2 Grundsätzlicher Aufbau eines Extruders [4]. 1 Motor, 2 Keilrippenriemen, 3 Stirnradgetriebe, 4 Schneckenlagerung, 5 Trichter, 6 Heizung, 7 Zylinder, 8 Schnecke

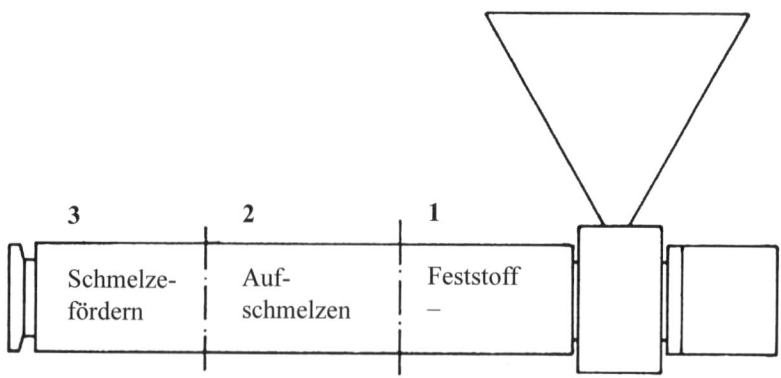

Abb. 29.3 Einteilung des Extruderzylinders in Verfahrenszonen [4]

1. In der Einzugszone wird das Rohmaterial gravimetrisch/volumetrisch eindosiert oder, wie bei Einschneckenextrudern sehr häufig, der Trichter mit Granulat gefüllt, so dass die Schneckengänge ab der Trichtervorderkante vollständig gefüllt sind. Es wird langsam Druck aufgebaut. Ein Anschmelzen des Kunststoffs erfolgt zum Ende der ersten Zone.
2. Das Material wird in der Kompressionszone aufgeschmolzen bis nur noch einzelne Feststoffpartikel in der Schmelze schwimmen, die durch Wärmeleitung und Scherung weiter reduziert werden.
3. In der Austragszone kommt es zu Schlepp- und Druckströmungen im Schmelzekanal. In dieser Zone kann entgast werden (z. B. durch den Einsatz einer Vakuumpumpe), um niedermolekulare Substanzen wie Wasser und Schleppmittel zu entfernen. Um eine gute Mischwirkung zu erhalten, werden zur Schneckenspitze hin Misch- und Scherelemente eingesetzt. Die Elemente sind so ausgelegt, dass sie so wenig wie möglich Druck verbrauchen, eine gute Selbstreinigung besitzen, keine Totwassergebiete erzeugen und eine geringe Wärmedissipation haben. Schmelzepartikel in Totwassergebieten weisen aufgrund der stagnierenden Bewegung eine sehr hohe Verweilzeit auf, was zu einer thermischen Materialschädigung führen kann. Nach der Schneckenspitze werden zum Teil Filter eingesetzt, um Fremdpartikel und unaufgeschmolzenes Material zurückzuhalten. Nachteilig wirkt sich jedoch aus, dass Filter große Druckverbraucher sind. Generell muss die Schnecke einen bestimmten Mindestdruck aufbauen, so dass der Werkzeugwiderstand überwunden werden kann. Durch den Werkzeug-Gegendruck entstehen Rückströmungen im Schneckengang, wodurch es zu erhöhter Wärmedissipation und inhomogener Temperaturverteilung kommt. Somit wird eine Schmelzepumpe eingesetzt, die die Pulsationen dämpft. Sie besitzt einen Pumpwirkungsgrad von 38%–55% im Gegensatz zu der Einschnecke, die einen Wirkungsgrad von 14%–28% aufweist [9]. Auf den Gesamtprozess hat der Schneckenaufbau erheblichen Einfluss.

29.3 Extrusion im Einschneckenextruder

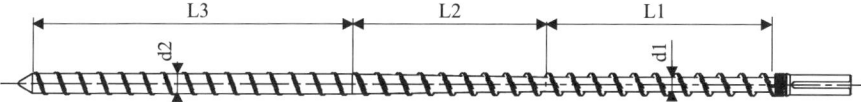

Abb. 29.4 Charakteristische Größen einer konventionellen 3-Zonenschnecke [4]

Abb. 29.5 Misch- und Scherelemente, die im Bereich der Schneckenspitze eingesetzt werden und zu einer besseren Verteilung von Füllstoffen bzw. zu einer Zerteilung unzureichend aufgeschmolzener Schmelze beitragen [4]

29.3.3 Schneckengeometrie

Zur Verarbeitung von verschiedenen Polymeren ist es sinnvoll, unterschiedliche Schneckengeometrien einzusetzen (Tabelle 29.4).

Am Beispiel der 3-Zonenschnecke wird die unterschiedliche Schneckengeometrie beschrieben.

Wichtige charakteristische Größen von Schnecken sind:

- Kerndurchmesser (**d1, d2**)
- Länge Einzugszone (**L1**)
- Länge Übergangszone/Kompressionszone (**L2**)
- Länge Austragszone (**L3**).

Die 3-Zonenschnecke ist die gängigste Schneckenversion, wobei je nach zu verarbeitendem Material die Längen der jeweiligen Zonen variieren können. Entlang des Bereichs **L2** nimmt der Kerndurchmesser der Schnecke zu, bis er letztlich

Gebräuchliche Plastifizierschnecken	Anwendungsmaterial
3-Zonenschnecke	Polyolefine wie PP, PE
Kurzkompressionsschnecke	PE-HD, PA
Langkompressionsschnecke/Kernprogressiv	PVC
Entgasungsschnecke	ABS, PET, PA
Maillefer-Schnecke/Barriereschnecke	v.a. Polymermischungen

Tabelle 29.4 Plastifizierschnecken und deren bevorzugte Anwendungsmaterialien. (Polyethylen hoher Dichte (PE-HD), Polyamid (PA), Acrylnitril-Butadien-Styrol (ABS), Polyethylenterephthalat (PET))

d2 erreicht. Es wird der Druck aufgebaut, der benötigt wird, um das nachfolgende Werkzeug (z. B. Rohrdüse) zu durchlaufen.

Um eine gute Homogenität (mechanisch und thermisch) in der Schmelze zu erreichen werden im Bereich der Schneckenspitze Misch- bzw. Scherelemente eingesetzt. **Mischelemente verteilen** Füllstoffe gleichmäßig, z. B. Farbpigmente, während **Scherelemente** unaufgeschmolzenes Material oder agglomerierte Füllstoffe **zerteilen** (Abb. 29.5).

Sowohl an Extrudern als auch an Compoundern werden meist spezielle Nachfolgeeinrichtungen angefügt, die die Schmelze zu einer Geometrie ausformen. Grundsätzlich wird unterschieden zwischen Rohr-/Schlauchanlagen, Blasanlagen, Folien-/Plattenanlagen, Extrusionsblasformanlagen und Aufbereitungsanlagen. In den weiteren Kapiteln wird, bezogen auf die Medizintechnik, vor allem auf Schlauchanlagen mit geringem Schlauchdurchmesser (z. B. für Katheter), Blasanlagen mit Wasserkühlung (z. B. für Infusionsbeutel) sowie Flachfolien (z. B. für Zahnknirschschienen) eingegangen. Weitergehende Literatur zu Extrusionsblasformanlagen ist in [6, 7, 8] zu finden.

29.4 Typische Extruder-Nachfolgeeinheiten

29.4.1 Rohr/Schlauch

Der charakteristische Unterschied zwischen einem Rohr und einem Schlauch liegt in deren Flexibilität. Schläuche sind flexible Leitungen während Rohre statische Elemente mit erhöhter Steifigkeit darstellen. Tabelle 29.5 gibt einen Überblick über geometrische Größen, übliche Kunststoffe und den Einsatz in der Medizintechnik für Rohre und Schläuche.

	Rohr	**Schlauch**
übliche Kunststoffe	PE-HD, PP	PE-LD, PEEK, PVC, PUR, PA, Polyolefine
gängige Durchmesser	10 mm–1000 mm	0,3 mm–10 mm
Wanddicken	1,8 mm–56 mm	0,05 mm–1,5 mm
Einsatz in der Medizintechnik	gering	hoch, z. B. Katheter

Tabelle 29.5 Vergleich zwischen Rohr- und Schlauchgeometrie. Aufgeführt sind gängige Kunststofftypen und die Verbreitung im Bereich der Medizintechnik. Schläuche sind flexibel, weisen dazu erheblich geringere Durchmesser und Wanddicken auf als Rohre. (Polyethylen niedriger Dichte (PE-LD), Polyetheretherketon (PEEK), Polyurethan (PUR))

29.4.1.1 Verfahren zur Rohr-/Schlauchherstellung

In Abb. 29.6 wird die Herstellung eines Rohrs bzw. Schlauchs prinzipiell dargestellt. Die Schmelze wird von einem Extruder in das Werkzeug gefördert, umfließt einen Verdrängerkörper (z. B. Dorn, Wendelverteiler) und wird dadurch zu einer Ringspaltströmung umgeformt. Nach dem Austreten aus der Düse gelangt die Schmelze über eine Einlaufbuchse zur Kalibrierscheibe, die den Außendurchmesser des Rohrs/Schlauchs festlegt. Die Wanddicke wird durch unterschiedliche Abzugsgeschwindigkeiten oder durch Ausstoßvariierung des Extruders eingestellt. Im Anschluss folgt die Kühlstrecke. Als Kühlmedium wird vorwiegend Wasser eingesetzt.

29.4.1.2 Werkzeuge

In diesem Kapitel werden das Dornhalterwerkzeug und der Querspritzkopf mit Pinole beschrieben, da diese vor allem für Schläuche und Rohre eingesetzt werden. Auf Wendelverteilerwerkzeuge wird im Kapitel zur Blasfolienherstellung näher eingegangen.

Dornhalter
Dornhalter werden vor allem in der Rohrherstellung verwendet. Abb. 29.7 zeigt die Schnittzeichnung eines typischen Dornhalterwerkzeugs. Der kritische Bereich bei Dornen ist deren Halterung, auch Stege genannt. Die Schmelze wird im Dornhalterbereich in mehrere Teilströme aufgeteilt, umfließt die Stege und trifft schließlich als Rohrgeometrie wieder aufeinander. Um Bindenähte zu vermeiden, die mecha-

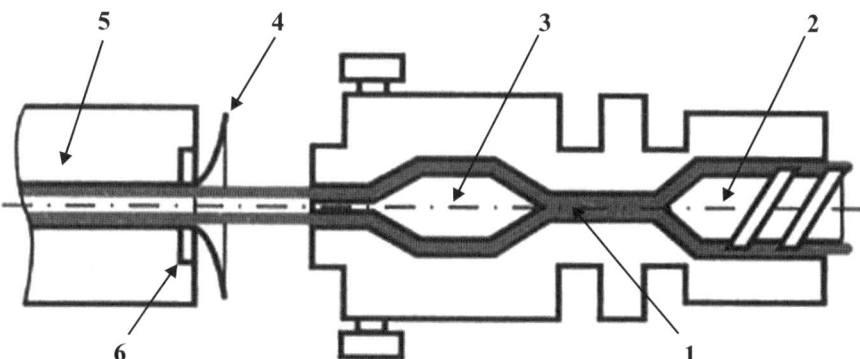

Abb. 29.6 Prinzipskizze zur Rohr-/Schlauchherstellung [4]. Die Besonderheit hierbei liegt in der Führung der Schmelze um einen Verdrängerkörper, was zu einer Ausformung der Rohrgeometrie führt. Der Verdrängerkörper kann unterschiedliche Bauformen aufweisen (z. B. Dorn, Wendelverteiler) 1 Schmelze, 2 Extruderschnecke, 3 Schmelzehindernis, 4 Einlaufbuchse, 5 Kühlstrecke, 6 Kalibrierscheibe

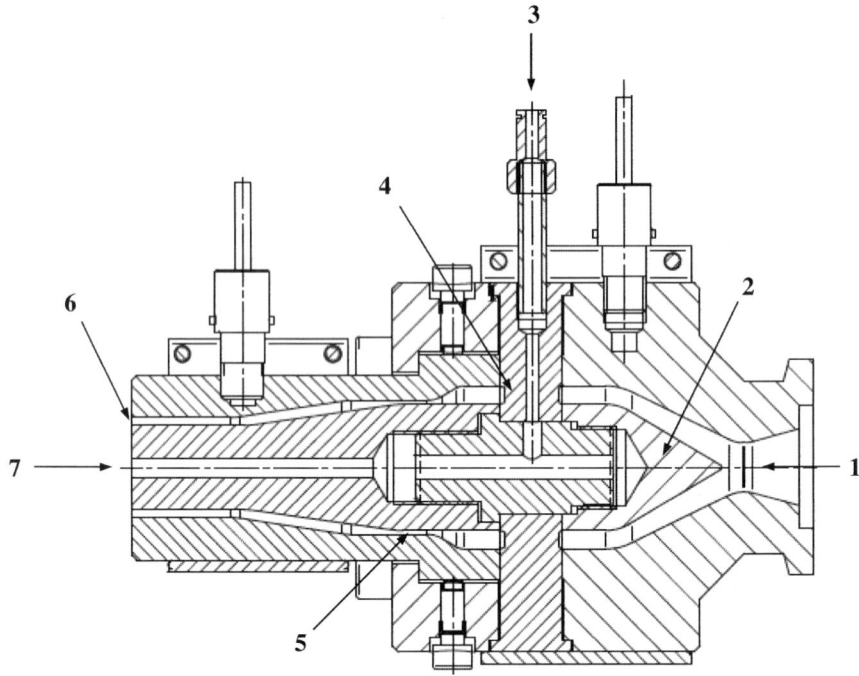

Abb. 29.7 Schnittzeichnung eines Dornhaltewerkzeuges [4]. Der kritische Bereich bei Dornenhalterwerkzeugen ist die Halterung des Dorns. Die Schmelze wird hier in mehrere Teilströme aufgeteilt, umfließt die Halterung und trifft schließlich als Rohrgeometrie wieder aufeinander. Um ein Kollabieren des Rohrs zu verhindern wird Stützluft eingesetzt. 1 Schmelzeeintritt, vom Extruder kommend, 2 Dorn, 3 Stützlufteinlass, 4 Steg, der den Dorn hält, 5 Engpass, der zur besseren Vermischung der vorher durch die Stege getrennten Schmelzeströme dient (keine Bindenähte), 6 Rohraustritt, 7 Stützluftaustritt

nische Schwachstellen darstellen, werden oftmals Verwischgewinde, Engstellen, beheizte Stege oder Lochscheiben eingesetzt. Die unterschiedlichen Konzepte sind in [9, 10, 11] nachzulesen. Stützluft wird verwendet, um ein Kollabieren des Rohrs/Schlauchs zu verhindern.

Querspritzkopf für kleine Schlauchdurchmesser

Zur Herstellung von Schläuchen mit engen Toleranzen, sehr geringen Durchmessern und Wanddicken (z. B. Herzkatheter) wird ein Querspritzkopf mit Pinole angewendet (Abb. 29.8). Bei diesem Werkzeugkonzept wird häufig ein so genannter Stützdraht eingezogen, der insbesondere dann eingesetzt wird, wenn ein exakter Innendurchmesser gefordert wird und Stützluft für diesen Zweck zu ungenau ist. Des Weiteren werden Stützdrähte bei instabiler Schmelze verwendet, bei der ansonsten der Hohlraum kollabieren würde. Die Schläuche werden nach der Kühlstrecke auf die benötigte Länge geschnitten, wobei der Draht im Nachhinein manuell entfernt wird.

Bei einem Pinolenwerkzeug wird die Schmelze dem Werkzeug immer seitlich zugeführt, meist unter einem Winkel von 90°. Es wird angestrebt, dass die Schmelze

29.4 Typische Extruder-Nachfolgeeinheiten 675

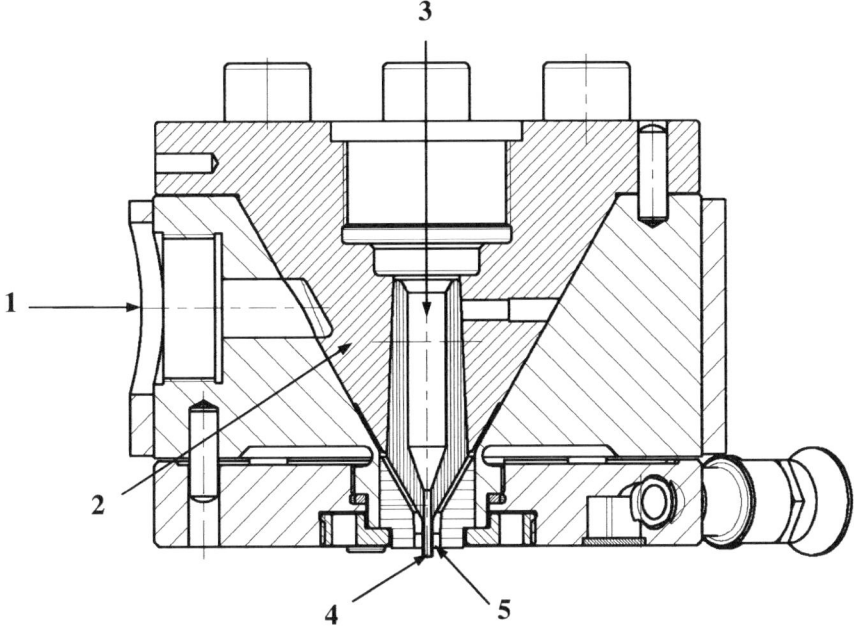

Abb. 29.8 Schnittzeichnung eines Querspritzkopf, von oben gesehen [12]. Die Besonderheit dieses Pinolenwerkzeugs gegenüber dem Dornhaltersystem besteht darin, dass die Schmelze hier seitlich zugeführt wird. 1 Schmelzeeintritt, vom Extruder kommend, 2 Pinole, 3 Stützlufteinlass bzw. Drahteinlass, 4 Stützluft bzw. Draht, 5 Austritt des Schlauches

möglichst gleichmäßig und mit einheitlicher Geschwindigkeit aus dem Werkzeug austritt. Um dies zu erreichen, bieten sich mehrere Fließgeometrien wie z. B. Kleiderbügelverteiler, Herzkurve, u. a. an. Weitergehende Informationen hierzu stehen in [13, 14, 15].

Abgebildet ist eine Pinole mit Kleiderbügelverteiler (Abb. 29.9). Vorteilhaft ist die einfache Bauweise von Pinolen mit wenigen rheologischen Totwassergebieten. Ein wesentlicher Nachteil jeder Pinole ist jedoch, dass durch die Teilung des Schmelzestroms an der nachfolgenden Zusammenführung immer charakteristische Bindenähte entstehen, die Schwachstellen im fertigen Bauteil darstellen.

Für die Medizintechnik werden Schläuche mit speziellen Merkmalen extrudiert. Das folgende Kapitel gibt als konkretes Beispiel die Anlagentechnik zur Katheterherstellung wieder.

29.4.1.3 Schläuche, die Heilung bringen

Die Liste der Einsatzgebiete von Schläuchen in der Medizintechnik ist nahezu endlos. Entsprechend vielfältig sind die verschiedenen Ausführungen bezogen auf Material und Aufbau, Durchmesserbereiche und Wanddicken, Toleranzen und vieles

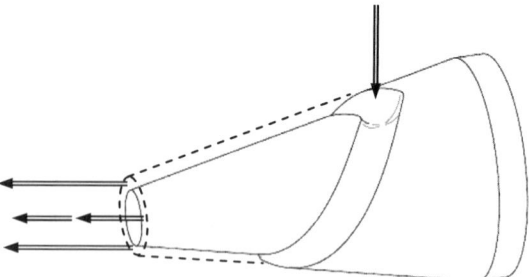

Abb. 29.9 3D Prinzipskizze einer Pinole mit Kleiderbügelverteiler [4]. Durch die Auslegung des Querschnitts des Verteilkanals und der Höhe des Inselbereichs ist sichergestellt, dass die Schmelze mit einer über den Schlauchumfang möglichst gleichmäßigen Wanddicke aus dem Werkzeug austritt

mehr. Die Vielfalt und die große Anwendungsbandbreite mit den entsprechenden spezifischen Anforderungen an die Produkte erfordern vom Hersteller größte Flexibilität. Oftmals werden die an die Produkte gestellten Anforderungen nicht von einem einzelnen Material erfüllt. In solchen Fällen kann die Kombination verschiedener Materialien zu einem mehrschichtigen Verbund eine Lösung sein. Das Produkt vereint somit die positiven Eigenschaften der Einzelmaterialien in sich. Dieses Verfahren wird **Coextrusion** genannt. Für medizinische Schläuche hat die Dr. Collin GmbH, Ebersberg, eine entsprechend konfigurierte 3-Schicht-Coextrusionsanlage entwickelt. Hierbei können Schläuche mit sehr kleinen Durchmessern (0,5–5 mm), geringen Wanddicken (0,07–0,5 mm) und wahlweise 1-, 2- oder 3-schichtig aus unterschiedlichen Thermoplasten hergestellt werden.

Bei der Auslegung solcher Anlagen sind unter Anderem folgende Kriterien zu berücksichtigen [22]:

- Produktionsgeschwindigkeiten bis zu 100 m/min
- schnelle Produktwechsel bei kleinen Losgrößen mit gleichen Materialien
- zentrale Ansteuerung der gesamten Anlage mit Speicherung und Auswertung aller relevanten Prozessdaten
- reinraumgerechte Ausstattung und Bauweise für den Einsatz in einem medizintechnischen Produktionsbetrieb.

Abbildung 29.10 gibt ein Beispiel für den Aufbau von Katheteranlagen mit Stützdraht. Die gesamte Anlage ist entsprechend den reinraumtechnischen Vorgaben ausgelegt [22]. Hierbei sind viele Vorgaben zu erfüllen, beispielsweise die völlige Abdeckung der Antriebe und Heizungen, gekapselte Motoren, glatte, homogene Oberflächen oder etwa die eckenlose Ausführung aller Kalibrier- und Kühlbäder. Als positiver Nebeneffekt resultiert aus diesen Maßnahmen ein äußerst niedriger Geräuschpegel beim Betrieb der Anlage. Um das Produkt in den USA herstellen oder dort verkaufen zu können muss die Anlage „Food and Drug Administration" (FDA) geprüft sein, d. h. zum Beispiel die ausschließliche Verwendung von Edel-

29.4 Typische Extruder-Nachfolgeeinheiten

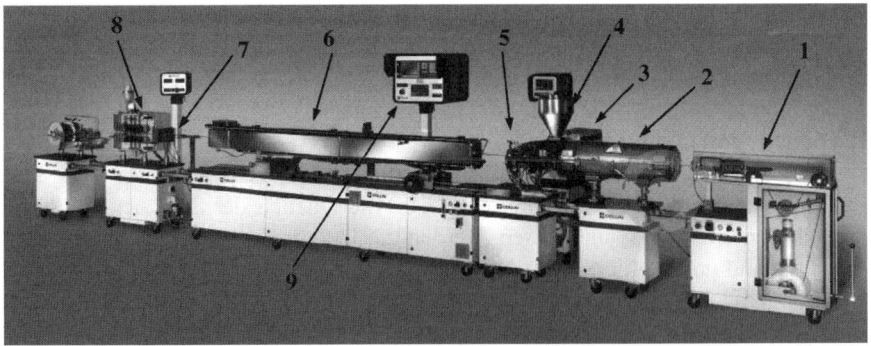

Abb. 29.10 Beispiel für eine Katheteranlage [22]. Die Schmelze wird seitlich vom Extruder auf einen zuvor erwärmten Stützdraht aufgetragen. Der austretende Schlauch wird beim Einlauf in ein Wasserbad kalibriert und anschließend abgekühlt. Im Einlaufbereich des Raupenabzugs befindet sich eine Messvorrichtung zur Erfassung des Schlauchdurchmessers. Nach dem Abzug wird der Katheter auf Rollen aufgewickelt

stahl, Reinluft, destilliertem Wasser und vieles mehr. Dies beinhaltet hohen Aufwand vor allem auch im administrativen Bereich.

Eine Schlauchanlage besteht im Wesentlichen aus den unten aufgeführten Baugruppen mit den jeweiligen Aufgaben [4]:

1. **Stützdrahtabwickler (optional)**
   Hierbei kann ein Drahtgeflecht, das in das Polymer eingearbeitet wird, oder ein einzelner Stützdraht verwendet werden.
2. **Vorheizofen (optional)**
   Der Draht wird auf eine bestimmte Temperatur gebracht um eine bessere und vor allem genauere Umschlingung und Benetzung durch die Kunststoffschmelze zu ermöglichen sowie eine gute Haftung zu garantieren.
3. **in/mehrere Einschneckenextruder (je nach Mono- oder Coextrusion)**
   Die Extruder weisen unterschiedliche Schneckendurchmesser auf, um minimale bzw. maximale Ausstoßleistungen zu erreichen, z. B. 16 mm Schneckendurchmesser für 0,05 kg/h Durchsatz und 25 mm Schneckendurchmesser für 6 kg/h.
4. **gravimetrische Dosierung**
   Zur präzisen Dosierung und für die reproduzierbare Regelung von Durchsatz und Schichtdickenverhältnissen kann jeder Extruder mit einer gravimetrischen Durchsatzerfassung ausgestattet werden.
5. **Adapter und Düsen**
   Kurze Fließwege, das Vermeiden von Totwassergebieten, sowie Bypässe zum schnellen Spülen erlauben fehlerfreie Versuche ohne Stippenbildung, die durch abgebautes Material auftreten kann. Wahlweise können aber auch Schmelzepumpen eingesetzt werden um Ausstoßschwankungen und daraus resultierenden Durchmesserschwankungen vorzubeugen.
6. **Kalibrierung und Wasserkühlung**
   Wichtig sind hier konstante und reproduzierbare Einstellbedingungen. Dafür

verfügt die Einheit über eine Regelung der Umlaufmenge des Kühlmediums im Vakuumtank und in der Kühlzone. Sichergestellt sind ferner die exakte Wassertemperierung, eine genaue Vakuumregelung sowie die Regelung des Drucks und der Durchflussmenge der Stützluft (falls vorhanden).

7. **Dicken- und Ovalitätsmessung**

Im Einlaufbereich des Raupenabzugs befindet sich eine Messvorrichtung zur Erfassung des Schlauchdurchmessers. Um die Qualität der Schläuche zu kontrollieren und zu dokumentieren, werden die Durchmesser- und Ovalitätswerte erfasst und protokolliert.

8. **Abzug**

Der Abzug wird über zwei elektronisch synchronisierte Motoren angetrieben. Die Regelgüte muss dabei mit jener der Extruder übereinstimmen, um nur minimale Abweichungen vom Sollwert zu erzielen. Deshalb kommt hier ein Regler mit sehr hoher Konstanz zum Einsatz, der zudem einen weiten Stellbereich hat. Im Anschluss an den Abzug werden wahlweise Wickler oder Schneideanlage und Abwurftische eingesetzt.

9. **Leitsystem**

Das Leitsystem erfasst und protokolliert kontinuierlich sämtliche Parameter und koordiniert darüber hinaus die Regelung der gesamten Anlage. Beispielsweise führt es beim Anfahren der Anlage alle Sollwertparameter synchron und kontinuierlich an den Arbeitspunkt heran. Die Extruder sowie der Abzug sind somit über das Leitsystem gekoppelt. In der Praxis wäre das Anfahren einer so komplexen Anlage ohne ein zentrales Leitsystem, also manuell, kaum durchzuführen.

Viele Schläuche werden durch Coextrusion hergestellt (meist in drei Schichten). Abb. 29.11 zeigt den Düsenbereich mit drei Extrudern für die Bereitstellung der unterschiedlichen Materialien, dem Stützdraht und dem Anfang der Wasserkalibrierung.

29.4.2 Blasfolie

Blasfolien sind weltweit zu einem Massenprodukt geworden, für das in den verschiedensten Bereichen große Nachfrage besteht. Die Steigerung von Produktvielfalt sowie der wachsende Produktionsausstoß wird begleitet von immer höheren Qualitätsansprüchen. Wie bei Schläuchen/Rohren wird hier sehr häufig das Verfahren der Coextrusion angewendet. Der Aufbau einer fünfschichtigen Blasfolie kann z. B. so wie in Abb. 29.12 dargestellt aussehen:

Die meisten Produkte werden aus einer ungeraden Anzahl von Schichten hergestellt und weisen damit einen symmetrischen Aufbau auf. So können Verzug und Spannungen in der Folie aufgrund unterschiedlichen Abkühlverhaltens der Materialien gut vermieden werden. Tabelle 29.6 gibt einen Überblick über einige bekannte Blasfolienprodukte, deren Bestandteile und Schichtenanzahl.

Weitere Einsatzgebiete für Blasfolienanlagen liegen in der Forschung und Entwicklung. Hier werden neue Polymere auf ihre Eignung geprüft, deren maximaler Reckgrad oder die Ausziehfähigkeit untersucht. In der Produktion wird das angelie-

29.4 Typische Extruder-Nachfolgeeinheiten

Abb. 29.11 Querspritzkopf mit Stützdraht, drei Extrudern und Kalibrierung [4]. Das in einer solchen Anlage hergestellte dreischichtige Extrudat verbindet die Eigenschaften der verschiedenen Materialien im coextrudierten Schlauch

Abb. 29.12 Beispiel eines Querschnitts einer fünfschichtigen, symmetrischen Barriereblasfolie für Lebensmittelverpackungen. **1** äußere Schicht aus kostengünstigem PE, **2** dünne, teure Haftvermittlerschicht, die die beiden Schichten 1 & 3 miteinander verbindet, **3** mittlere Schicht aus teurerem PA oder Ethylenvinylalkohol Copolymer (EVOH), die als Barriere für Gase (v. a. Sauerstoff) dient, um das Verderben von Lebensmitteln hinauszuzögern, **4** dünne Haftvermittlerschicht, **5** innere Schicht wieder aus kostengünstigem PE

ferte Material im Rahmen der Eingangskontrolle mit Hilfe von Blasfolienanlagen auf Stippen/Defekte geprüft.

Grundsätzlich wird zwischen zwei Blasfolienverfahren unterschieden:

- Luftgekühlt, d. h. „nach oben geblasen"
- Wassergekühlt, d. h. „nach unten geblasen".

Der allgemeine Aufbau und die Unterschiede zwischen diesen beiden Verfahren werden in den nächsten beiden Kapiteln dargestellt.

29.4.2.1 Verfahren mit Luftkühlung

Die Luftkühlung ist ausgezeichnet geeignet für dünne Blasfolien (von ca. 5–150 µm), da die Wärme in diesem Dickenbereich noch gut abgeführt werden kann. Es werden luftgekühlte Blasfolien mit kleinen Durchmessern (ab 10 mm) für z. B. Lebensmittelverpackungen bis hin zu sehr großen Durchmessern (5000 mm) für Deponiefolien hergestellt. Abb. 29.13 zeigt schematisch den Aufbau einer Blasfolienanlage mit Luftkühlung.

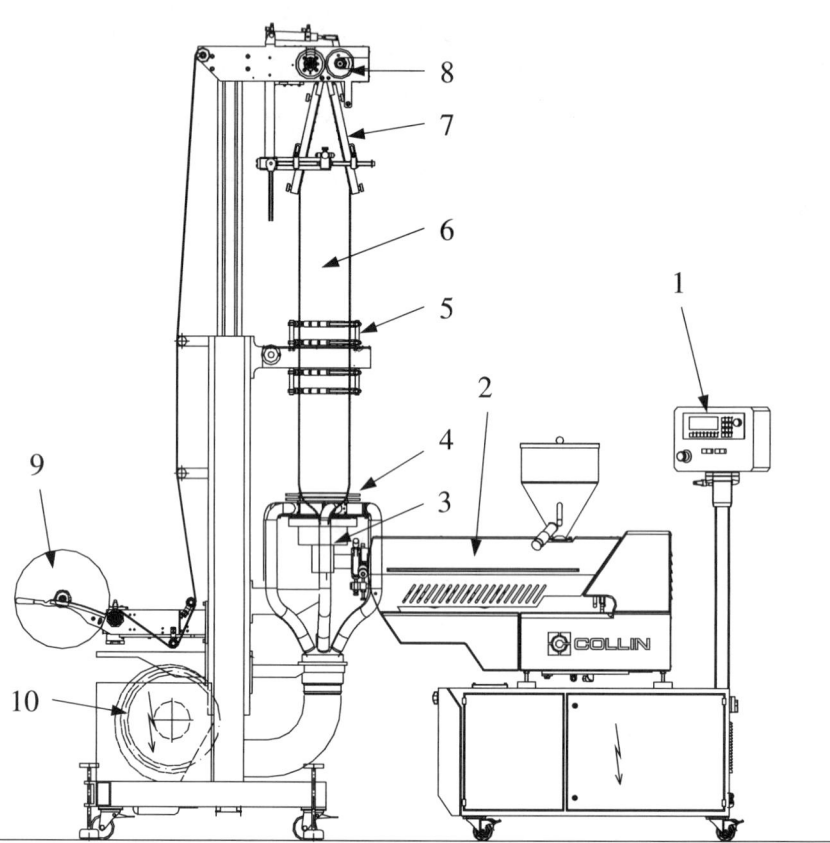

Abb. 29.13 Blasanlage (luftgekühlt) [4]. Der Kunststoff wird mit Hilfe des Extruders plastifiziert. Im Werkzeug wird die Schmelze durch eine Ringdüse gedrückt und der entstehende Schmelzeschlauch wird durch einen Kühlring von außen gleichmäßig abgekühlt. Zur Stabilisierung der Blase dient ein Kalibrierkorb, der die Blase einklemmt. Nach der Folienflachlegung wird die Folienbahn durch motorisch angetriebene Gummiwalzen abgezogen, über Umlenkwalzen geführt und aufgewickelt. **1** Steuerung, **2** Extruder (ein Extruder bei Monoschicht, mehrere Extruder bei Coextrusion), **3** Werkzeug, **4** Kühlring, **5** Kalibrierkorb, **6** Blasfolie, **7** Flachlegung, **8** Abzugswalzen, **9** Wickler, **10** Gebläse

29.4 Typische Extruder-Nachfolgeeinheiten

Blasfolientypen	Hauptschichten	Haftvermittler	Barriere-schichten	Anzahl der Polymer-schichten
Einkaufstüten (sehr einfach)	PE-LD, PE-HD	–	–	1
Abfalltüten	PE-LD, PE-HD	–	PA, EVOH	3
T-Shirt Tüten	PE-LD, PE-HD	–	–	2–3
Lebensmittel-tüten	PE-LD, PE-HD, PLA, PVOH	auf PE und PP basierend, wirksam durch Maleinsäureanhydrid	PA, PET, EVOH, LCP	3–9
Medizinische Blasfolien	PP, PVC	auf PE und PP basierend, wirksam durch Maleinsäureanhydrid	PA, EVOH	2–5

Tabelle 29.6 Typische Blasfolienprodukte und deren Bestandteile. Wie zu erkennen ist, bedarf die Herstellung mehrschichtiger Folien oft des Einsatzes von Haftvermittlern, um eine belastbare Verbindung zwischen den verschiedenen funktionellen Schichten sicher zu stellen. (Polylactid (PLA), Polyvinylalkohol (PVOH), „Liquid Crystal Polymers" (LCP))

Der Kunststoff wird mit Hilfe des Extruders bzw. mehrerer Extruder plastifiziert. Im Werkzeug wird die Schmelze durch eine Ringdüse gedrückt und der entstehende Schmelzeschlauch mit Hilfe eines Kühlringes von außen gleichmäßig abgekühlt. Bei großen Anlagen wird der Schlauch gleichzeitig von innen gekühlt, d. h. es findet ein Luftaustausch im Inneren der Blase statt. Zur Stabilisierung der Blase dient ein Kalibrierkorb mit Teflon- oder Filzröllchen, der die Blase einklemmt. Bei der Verarbeitung von PE-HD besteht die Flachlegung aus Holzlatten, bei PE-LD überwiegend aus Rollen. Das Abziehen der Folienbahn geschieht durch motorisch angetriebene Gummiwalzen am oberen Ende der Flachlegung. Durch die Abzugsgeschwindigkeit wird die Dicke der Folie festgelegt. Die endgültige Foliendicke wird rheologisch im thermoplastischen Bereich des Kunststoffes festgelegt (Abb. 29.14). Ab der Frostlinie sind die Makromoleküle unbeweglich und die Folie somit in ihrer Form eingefroren. Die flachgelegte Folienbahn wird über Umlenkwalzen geführt und aufgewickelt. Im Anschluss daran können die Folienrollen z. B. zu Beuteln, als Laminierfolie oder als Folie zum Bedrucken verwendet werden.

29.4.2.2 Verfahren mit Wasserkühlung

Um wirtschaftlich und qualitativ hochwertig dickwandige Blasfolien (Dicke ca. 170–300 µm) herzustellen, hat sich das System der Fahrweise nach unten in eine Wasserkalibrierung bewährt.

Blasfolien mit Wasserkühlung werden vorwiegend dann angewendet, wenn

- die Wanddicke der Folie zu groß wird und die Wärmeübertragung von Polymer zu Luft zu gering ist

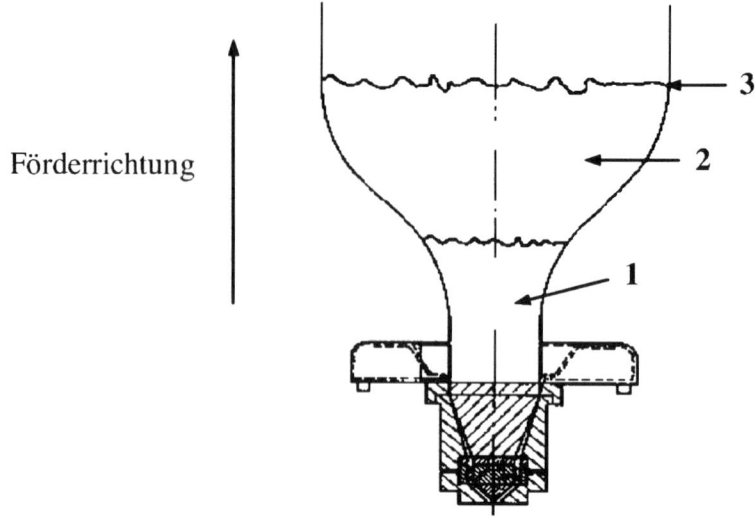

Abb. 29.14 Aufblasbereich einer Blasfolie [4]. Eine Verformung der Folie ist im thermoplastischen Bereich (1) möglich; im Bereich der Frostlinie (3) ist im Vergleich zum Kristallisationsbereich (2) keine molekulare Beweglichkeit mehr vorhanden

- eine hohe Transparenz des Materials gefordert wird (beim schockartigem Abkühlen von z. B. PP mit Wasser bleibt die amorphe molekulare Struktur erhalten, das Material bleibt durchsichtig),
- eine sehr ausgeglichene Orientierung im Material gefordert wird, die die Vorraussetzung für z. B. nachfolgendes Recken der Folie ist.

Abbildung 29.15 gibt den typischen Aufbau einer wassergekühlten Blasanlage wieder. Das Verfahren ist im Prinzip sehr ähnlich wie bei der Luftkühlung, der Aufbau ist jedoch um 180° gedreht.

Mehrere erhöht angeordnete Extruder fördern die Schmelze in eine Blasdüse. Die Blasfolie wird nach unten in einen Wasserkühlring geführt, danach flachgelegt, getrocknet, gegebenenfalls verlegt oder geschnitten und anschließend auf Rollen gewickelt.

Der Nachteil der Wasserkühlung im Gegensatz zur Luftkühlung liegt in der geringeren Flexibilität der Durchmessereinstellung. Bei einer gewünschten Durchmesseränderung ist hier jeweils ein neuer Kalibrierring notwendig, wohingegen bei dem Verfahren der Luftkühlung die Luft im Inneren des Schlauchs einfach variiert werden kann und der Schlauchdurchmesser durch das Aufblasverhältnis eingestellt werden kann.

Eines der entscheidenden Bauteile bei der Blasfolienherstellung ist das Werkzeug. Die Blasdüse kann verschiedene Designs haben. Im vorangegangenen Kapitel zu Schläuchen und Rohren wurden bereit das Dornhalterwerkzeug und die Pinole vorgestellt. Zur Herstellung von Blasfolien werden häufig Wendelverteiler als Verdrängerkörper eingesetzt. Diese können axial oder radial, einschichtig oder mehrschichtig ausgeführt sein.

29.4 Typische Extruder-Nachfolgeeinheiten

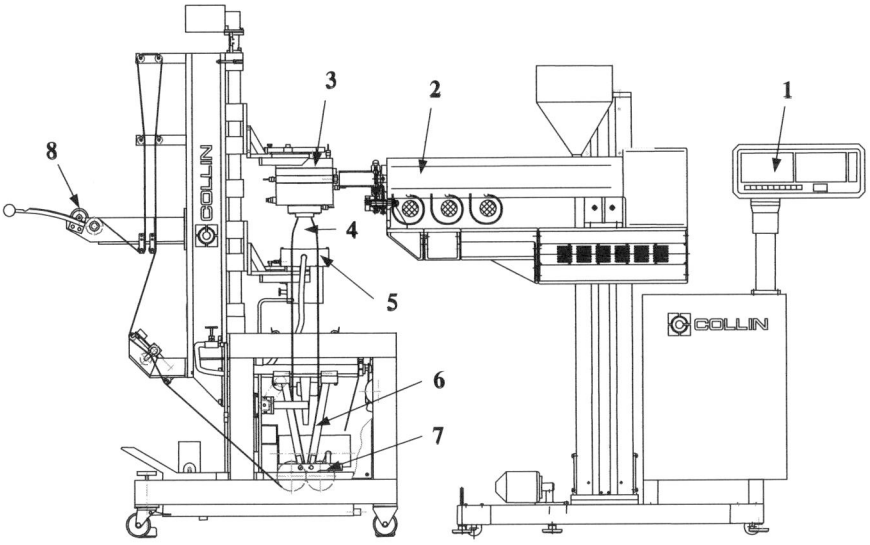

Abb. 29.15 Blasanlage (wassergekühlt) [4]. Entgegen der luftgekühlten Variante wird hier der Schlauch vertikal nach unten extrudiert und im Kühlring mit Wasser gekühlt. **1** Steuerung, **2** Extruder, **3** Werkzeug (hier z. B. Mehrschichtdüse), **4** Blasfolie, **5** Kühlring mit Wasserkühlung und Kalibrierung, **6** Flachlegung, **7** Abzugswalzen, **8** Wickelwelle

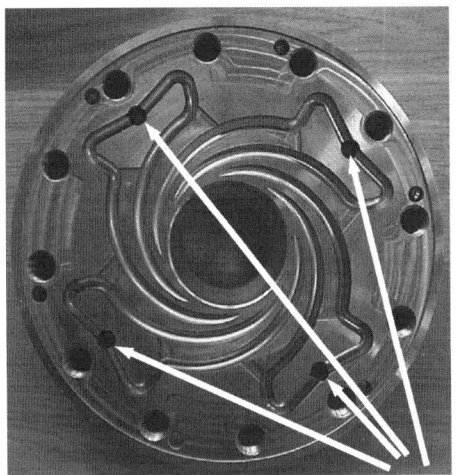 

Abb. 29.16 Radialer und axialer Wendelverteiler. Durch die Führung in den Wendeln und Stegen wird eine gleichmäßige Verteilung der homogenen Schmelze sichergestellt und die Bildung einer Bindenaht vermieden [4]

29.4.2.3 Axialer und radialer Wendelverteiler

Beim Wendelverteilerwerkzeug wird der vom Extruder angelieferte Schmelzestrom zunächst in mehrere Einzelströme aufgeteilt. Die wendelförmigen Kanäle sind je nach Ausführung in den Dorn oder auf einer Platte eingearbeitet (Abb. 29.16). Die Kanaltiefe nimmt mit zunehmender Länge stetig ab, wobei der Spalt zwischen Verteiler und Werkzeugaußenwand stetig zunimmt. Somit wird bewirkt, dass ein in einer Wendel fließender Schmelzestrom sich fortlaufend aufteilt. Ein Anteil strömt axial über den sich zwischen zwei Wendeln bildendem Steg und der andere Anteil folgt weiterhin radial dem Verlauf des Wendelkanals. Dies hat den großen Vorteil, dass jegliche Bindenähte vermieden werden. Ferner wird sowohl eine mechanische als auch eine thermische Homogenität der Schmelze erreicht [16].

Wie bereits erwähnt, bestehen die meisten extrudierten Folien aus mehreren Polymerlagen. Um diese herstellen zu können, sind auch hier Coextrusionswerkzeuge nötig. Abb. 29.17 zeigt eine Fünfschichtdüse unter Verwendung von fünf radialen,

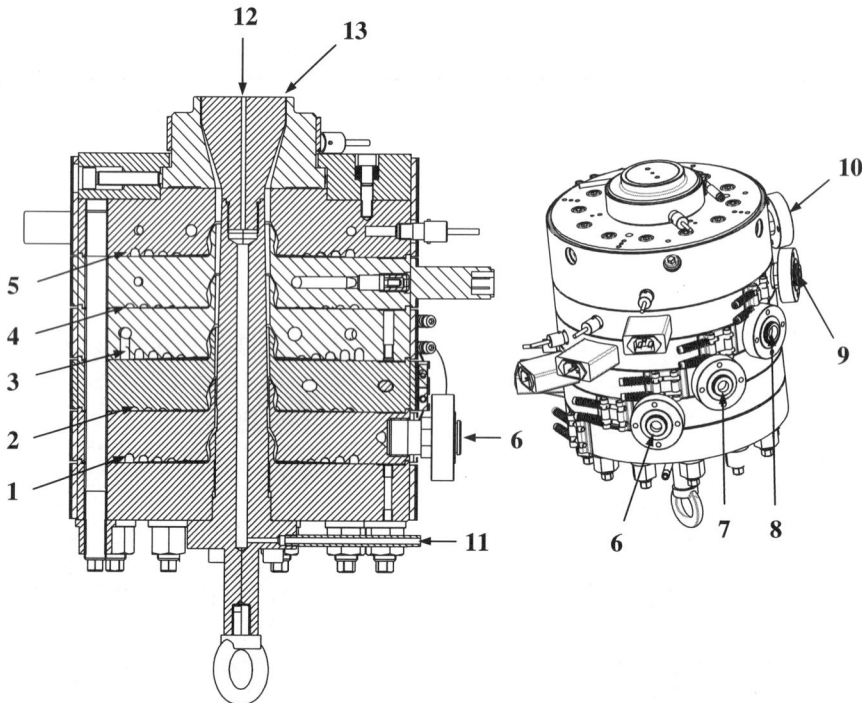

Abb. 29.17 Coextrusionswerkzeug mit radialen Wendelverteilern, bestehend aus fünf Schichten. Die Extruder werden ringförmig um die Düse angeordnet [4]. **1** Wendelverteiler für innere Schicht, **2** Wendelverteiler für 2. Schicht, **3** Wendelverteiler für mittlere Schicht, **4** Wendelverteiler für 4. Schicht, **5** Wendelverteiler für äußere Schicht, **6** Zuführung innere Schicht, **7** Zuführung 2. Schicht, **8** Zuführung mittlere Schicht, **9** Zuführung 4. Schicht, **10** Zuführung äußere Schicht, **11** Lufteintritt, **12** Luftaustritt, **13** Austritt der Blasfolie

29.4 Typische Extruder-Nachfolgeeinheiten

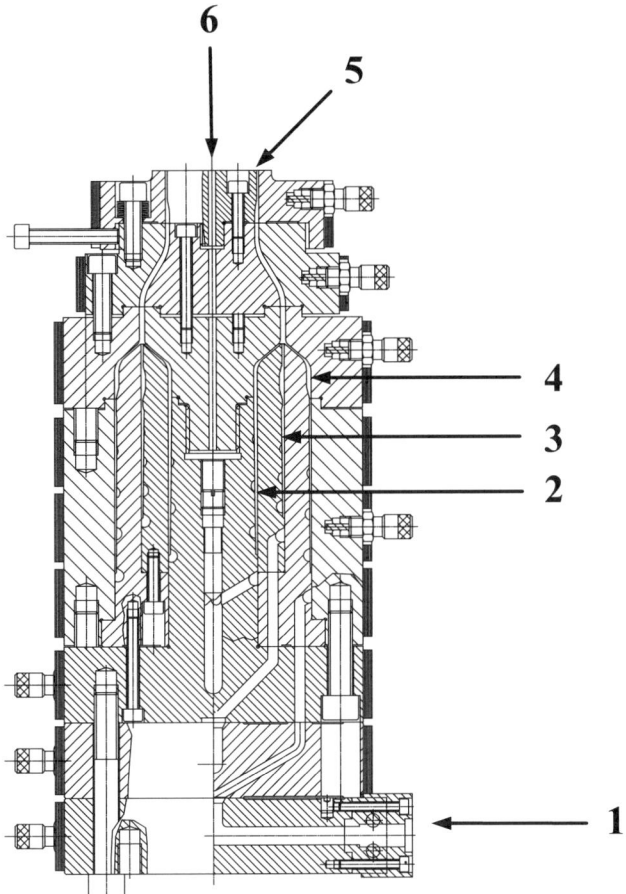

Abb. 29.18 Coextrusionswerkzeug mit ineinander gesteckten axialen Wendelverteilern, bestehend aus drei Schichten. Dies ist die ursprüngliche Bauweise, genutzt seit Anfang der 80er Jahre. Weitere Varianten sind konische Wendelverteiler für höhere Biegesteifigkeit bei größeren Durchmessern [4]. **1** Luftzuführung, **2** Wendelverteiler für innere Schicht, **3** Wendelverteiler für mittlere Schicht, **4** Wendelverteiler für äußere Schicht, **5** Austritt der Blasfolie, **6** Luftaustritt

übereinander gesteckten Wendelverteilern. Diese Bauart wird vorwiegend für kleinere Anlagen bis 250 mm Düsendurchmesser verwendet. Vorteilhaft wirkt sich die individuelle Temperaturführung der einzelnen Platten sowie eine sehr kurze Verweilzeit der Schmelze aus. Weiterhin ist eine gute Austauschbarkeit der einzelnen Scheiben gegeben, wodurch die Durchflussmenge variiert werden kann. Für große Durchmesser wird eher die Bauweise aus mehreren axialen Wendelverteilern bevorzugt, siehe Abb. 29.18, da bei zu großen Scheiben die Gefahr der Durchbiegung und somit Leckage besteht. Der Vorteil des Coextrusionwerkzeugs mit ineinander gesteckten axialen Wendelverteilern liegt in der hohen Steifigkeit, so dass extrem hohe Schmelzedrücke gefahren werden können. Nachteilig ist die schlechte Erweiterbarkeit auf mehrere Schichten sowie die aufwändige Demontage und Reinigung.

29.4.2.4 Anwendung in der Medizintechnik

Der besondere Vorteil bei der Herstellung von Blasfolien für die Medizintechnik liegt darin, dass die Innenseite von der Herstellung des Schlauches bis zum Schweißen des Beutels rein bleibt. Die Innenseite der Beutel berührt keine weiteren Flächen außer sich selbst, was vor allem für die Infusionsbeutelherstellung wichtig ist. Aufgrund geforderter Transparenz und hoher Dicke von 200 µm werden diese mit dem Verfahren der Wasserkühlung hergestellt. Da es das Bestreben gibt, Weich-PVC als Material für Infusionsbeutel und Umverpackungen zu ersetzen, führt dies zum vermehrten Einsatz von PE, PP aber auch PA und anderen Werkstoffen. Vor allem bei PP muss eine rasche Kühlung erfolgen, damit eine hohe Transparenz erhalten bleibt. Des Weiteren können nicht alle Eigenschaften von Weich-PVC durch eine Monoschicht eines Polyolefin-Werkstoffs erfüllt werden. Somit sind Verbundsysteme von 3, 5, in Sonderfällen bis zu 7 Schichten entwickelt worden. Ein PP-Infusionsbeutel besteht z. B. aus einer dünnen, härteren Außenschicht aus PP (20 µm), einer durch Elastomeranteile weich eingestellter Mittelschicht aus PP-Compound (130 µm) sowie einer weicheren Innenschicht aus siegelbarem PP (40 µm–50 µm) zum Abkleben der Seitenflächen und zum Einkleben der Schlauchanschlüsse [4].

29.4.3 Flachfolien und Tafeln

Die Unterscheidung zwischen Flachfolie und Tafel gestaltet sich schwierig, da sowohl die Dicke als auch die Wickelfähigkeit des Produktes zur Differenzierung herangezogen werden. Unter Wickelfähigkeit wird dabei verstanden, dass durch das Wickeln keine bleibenden Verformungen und/oder Produktschädigungen hervorgerufen werden. Unter der Berücksichtigung der Tatsache, dass beide Begriffe gleitend ineinander übergehen, kann man die Grenzdicke bei ca. 0,5 mm bis 0,7 mm ansiedeln [17, 18].

29.4.3.1 Herstellungsverfahren

Im Herstellungsverfahren und Werkzeugaufbau zeigen sich größere Unterschiede. Abb. 29.19 gibt das prinzipielle Verfahren zur Herstellung von Folien und Tafeln wieder.

Flachfolien werden durch das Gießverfahren hergestellt. Die schräge oder senkrecht nach unten extrudierende Düse gießt die Folie auf eine gekühlte Walze. Dies ist das Standardverfahren zur Herstellung von Folien mit einer Dickenspannbreite

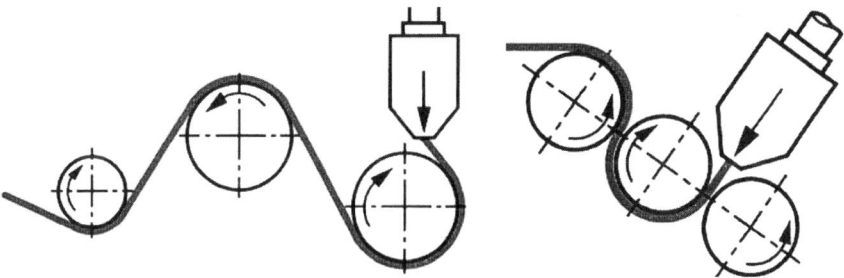

Abb. 29.19 Prinzipskizze zur Herstellung von Flachfolien und Tafeln. Eine Unterscheidung zwischen beiden Typen ist schwierig und erfolgt meistens über die Wickelfähigkeit des Extrudats [4]

von 20 – ca. 300 µm. Auch dickere Folien können gegossen werden, allerdings nimmt die Qualität der Oberfläche dabei erheblich ab.

Tafeln oder Dickfolien werden üblicherweise geglättet oder kalandriert. Bei den üblichen 3-Walzen-Glättkalandern wird die Bahn in den ersten Walzenspalt eingeführt, an der Oberfläche geglättet sowie in der Dicke exakt ausgewalzt. Nach 180° Umschlingung der zweiten Walze läuft die Tafel/Dickfolie zum Nachglätten der Gegenseite und zum symmetrisch, thermischen Behandeln durch den zweiten Walzenspalt.

Der wesentliche Unterschied im Werkzeugaufbau zwischen Folien- und Tafelextrusion liegt in der geometrischen Gestaltung des Schmelzeverteilers. Bei Tafelextrusionswerkzeugen ist der Staubalken das Standardhilfsmittel, um eine gleichmäßige Schmelzeverteilung zu erzielen. Lokale Durchflussunterschiede bei Flachfolienwerkzeugen werden in der Regel über lokale Änderungen der Austrittslippenspaltweite ausgeglichen. Dies geschieht über eine Verformung der Lippe („flex lip") beispielsweise mittels Druckschrauben. Da für die Medizintechnik selten Tafeln eingesetzt werden, wird ab hier nur noch näher auf die Flachfolienherstellung eingegangen. Einen Überblick über übliche Flachfolienanwendungsgebiete, deren unterschiedliche Kunststoffe und Bestandteile zeigt Tabelle 29.7.

Die Herausforderung bei der Herstellung von Flachfolien ist das Erhalten eines gleichmäßigen Schmelzeaustritts über die gesamte Werkzeugbreite. Unter Berücksichtigung der Materialeigenschaften und Betriebsparameter wird versucht, eine entsprechende rheologische Auslegung der Fließkanalgeometrie vorzunehmen. Im folgenden Kapitel wird der Aufbau eines Breitschlitzverteilerwerkzeugs für Flachfolien näher erläutert.

29.4.3.2 Werkzeugaufbau zur Herstellung von Flachfolien

Ein Breitschlitzwerkzeug formt den eintretenden, meist runden Schmelzestrang zu einer rechteckigen, ebenen Schmelzebahn um. Die Verteilung der Schmelze wird dabei durch einen Verteilerkanal und ein sich anschließendes Drosselfeld – auch

Flachfolientypen	Hauptmaterial	Haftvermittler	Barriere-schichten	Anzahl der Schichten
Lebensmittelfolien	PP, PE-LLD, PE-LD	Ionomer	EVOH, PA PVDC	3–9
Laminat	PE-LD, PE-HD	Ionomer	EVOH, PET, LCP, PA	2–5
Stretchfolie	EVOH, PE-LLD	PIB	PE	5–7
Schrumpffolie	EVOH, PE-LLD, PE-LD	–	–	5–7
Folienband	PE-LD, PE-HD	–	–	2–5
Folie für Automobilindustrie	PE-LD, PE-HD, PP	EVOH	–	2–7
Medizinische Flachfolien	PP, PVC	auf PE und PP basierend, wirksam durch Maleinsäureanhydrid	PA	2–5

Tabelle 29.7 Typische Flachfolienprodukte und deren Bestandteile [4]. (Lineares Polyethylen niedriger Dichte (PE-LLD), Polyvinylidenchlorid (PVDC))

Insel oder Damm genannt – vorgenommen. Der prinzipielle Aufbau eines Flachfolienwerkzeugs ist in Abb. 29.20 zu sehen.

Die geringsten Foliendicken, die mit guter Betriebssicherheit gefahren werden können, liegen bei etwa 10 µm. In Sonderfällen können sogar bei langsamen Geschwindigkeiten noch kleinere Dicken erzielt werden. Generell werden extrem dünne Folien (2 µm bis 1 µm) durch biaxiales Recken hergestellt (dies auch als Mehrschichtverbunde). Die Anzahl der Schichten von Mehrschichtverbunden liegt bis heute bei etwa 9 bis 11. Neue Entwicklungen ermöglichen aber bereits bis zu mehreren 100 Schichten (Falttechnik) [19].

Um Produkte aus mehreren Schichten herzustellen werden bei der Flachfolienextrusion wiederum Coextrusionswerkzeuge eingesetzt. Es bestehen im Wesentlichen zwei Systeme zu Herstellung von coextrudierten Flachfolien:

a) In einem sogenannten „feedblock" werden mehrere Schichten aus verschiedenen Extrudern in geringer Breite zu einer mehrschichtigen Bahn zusammengeführt. Danach wird dieser Mehrschichtverbund einer Breitschlitzdüse zugeführt und auf Nennbreite ausgedehnt. Vorteilhaft bei diesem Verfahren ist, dass beliebig viele Einzelschichten zusammengeführt werden können. Als nachteilig zeigt sich jedoch, dass die zu verarbeitenden Materialien annähernd gleiches Fließverhalten und Verarbeitungstemperaturen haben müssen. Trotzdem ist die Mehrzahl der heute eingesetzten Coextrusionsanlagen mit einem „feedblock" ausgestattet.

b) Mit der sogenannten „manifold die" (Mehrschichtwerkzeug) werden in mehreren ausgearbeiteten Verteilerkanälen Folien erzeugt und am Ende der Düse in voller Breite übereinandergelegt und gemeinsam ausgetragen. Vorteilhaft ist, dass mit derartigen Mehrschichtwerkzeugen Materialien stark unterschiedlichen

29.5 Grundlagen der Compoundierung

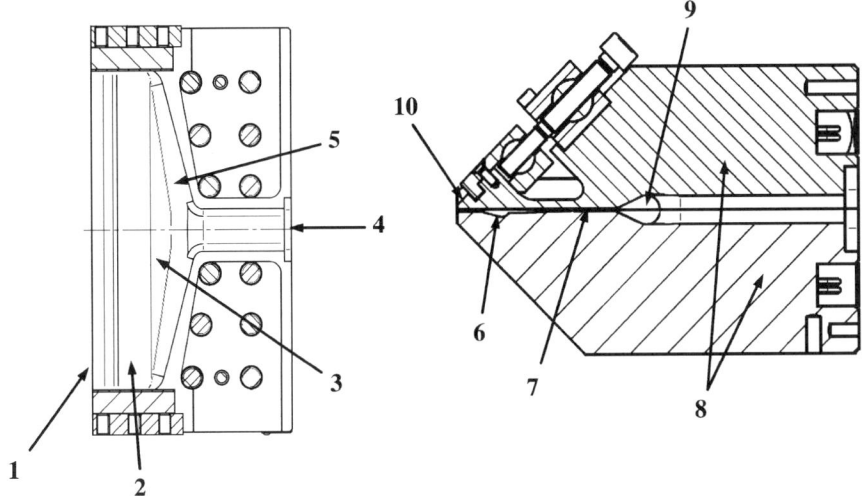

Abb. 29.20 Breitschlitzwerkzeug für die Flachfolienextrusion. Durch eine rheologische Auslegung des Verteilkanalquerschnittes und des Inselbereiches wird die Produktion einer möglichst gleichmäßig dicken Folie angestrebt. Die Feineinstellung erfolgt durch die Justierung der flexiblen Lippe [4]. **1** Werkzeuglippe, **2** Stauzone, **3** Insel, **4** Material, vom Extruder kommend, **5** Verteiler, **6** Ausgleichszone, um Druckunterschiede im Material auszugleichen, **7** Insel, **8** Werkzeugkörper, **9** Schmelzeverteiler, **10** flexible Lippe (lokal verstellbar), um Dickenunterschiede über die Breite auszugleichen

Fließverhaltens und unterschiedlicher Schmelzetemperaturen verarbeitet werden können. Die thermische Isolierung der einzelnen Fließkanäle gegeneinander ist allerdings aufgrund des ohnehin schon komplizierten Werkzeugaufbaus konstruktiv schwierig zu lösen. Weitergehende Literatur zu Mehrschichtwerkzeugen bei der Flachfolienherstellung ist z. B. in [20] zu finden.

Als Anwendung in der Medizintechnik kann eine mehrschichtige Folie genannt werden, die für Zahnknirschschienen eingesetzt wird. Die verschiedenen Polymerschichten sind unterschiedlich eingefärbt und zeigen aufgrund von Abrieb der Schichten die Intensität des Knirschens an. Ein weiteres Einsatzgebiet für Flachfolien liegt in bioabbaubaren Folien, die sich nach einer definierten Zeit von selbst auflösen. Nach z. B. einem Nabelbruch werden diese Folien unterstützend zu einem Gewebe in den Körper eingesetzt.

29.5 Grundlagen der Compoundierung

Die **Compoundierung** beschreibt ein Verfahren, bei dem mindestens ein, oft mehrere Kunststoffe, aber auch Additive oder Füllstoffe intensiv gemischt und zu einem neuen Compound miteinander verbunden werden. Ziel ist es, die Eigenschaften der

Kunststoffe auf einen speziellen Anwendungsfall hin zu modifizieren. So werden z. B. Kunststoffe für Bauteile im Außenbereich durch Beimischung sog. Stabilisatoren Ultraviolett (UV)-beständig und hydrolyseunempfindlicher. Im Fall der Verarbeitung von Thermoplasten erfolgt die Compoundierung mit Hilfe von Doppelschneckenextrudern.

Die Ziele der Compoundierung sind vielfältig und richten sich nach den gewünschten Eigenschaften des späteren Bauteils.

- **Veränderung der mechanischen Eigenschaften des Grundpolymers.** Hierbei werden über die Zugabe von Verstärkungs- und Füllstoffen sowie über eine Schlagzähmodifizierung mechanische Kenngrößen wie die Zugfestigkeit, die Bruchdehnung und die Schlagzähigkeit eingestellt.
- **Farbeinstellungen.** Über die Zugabe von Pigmenten oder sogenannten Masterbatches wird die vom Kunden gewünschte Farbe eingestellt. Hierbei ergeben sich oft erste Zielkonflikte, da bestimmte Farbeinstellungen die mechanischen Eigenschaften teilweise sehr deutlich beeinflussen.
- **Flammschutz.** Durch Zugabe von Flammschutzmitteln kann verhindert werden, dass sich Kunststoffe, von Natur aus sonst leicht entzündlich, entzünden.
- **Zugabe von Stabilisatoren und Stabilisatorsystemen.** Gründe für die Stabilisierung sind im Wesentlichen:
  - Temperaturinitiierter Kettenabbau während der Verarbeitung. Dieser kann durch eine zu hohe Scherung des Materials oder durch zu lange Verweilzeiten in den verarbeitenden Maschinen eintreten.
  - Temperaturinitiierter Kettenabbau in der Anwendung. Z. B. stark temperaturbelastete Kunststoffteile im Motorenraum eines Kraftfahrzeugs müssen speziell stabilisiert werden.
  - Verbesserung der Witterungsbeständigkeit. Kunststoffteile in Außenbereichen sind starken Schädigungen durch Oxidation und Hydrolyse ausgesetzt. Diese können in einem gewissen Umfang durch spezielle Stabilisatoren ausgeglichen werden.
- **Zugabe von Verarbeitungshilfsstoffen.** Diese Gruppe von Stoffen verbessert im Wesentlichen die Verarbeitung der Polymere. Auf diese Weise wird z. B. durch Entformungshilfsmittel die Entformung im Spritzgießprozess vereinfacht. Für die Endanwendung ist diese Gruppe von Additiven weniger relevant.

Häufig verwendete Zusatzstoffe in der Aufbereitung sind in Tabelle 29.8 aufgelistet.

Um eine gute Einarbeitung der Zusatzstoffe zu realisieren, wird ein Doppelschneckenextruder (auch Compounder) eingesetzt. Die prinzipiellen Verfahrensschritte bei der Compoundierung auf Doppelschneckenextrudern gleichen im Wesentlichen denen auf Einschneckenextrudern:

- Zuführen der Komponenten
- Aufschmelzen (Wärmeleitung und Scherung)
- Entgasen
- Homogenisieren/Dispergieren (Verteilen und Zerteilen)
- Druckaufbau und Austragen der Schmelze

29.5 Grundlagen der Compoundierung

Festigkeitserhöhende Zusätze	Steifigkeitserhöhende Zusätze	Reagierende Zusatzstoffe	Sonstige Additive
Glasfasern (kurz, lang)	Quarzsand	Treibmittel	Antioxidantien
Kohlefasern	Gesteinsmehl	Inhibitoren	Farbstoffe
Aramidfasern	Kreide	Schwerentflammbarkeitszusätze	Antistatika
Ruße	Talkum	Peroxide	
		Beschleuniger	

Tabelle 29.8 Zusatzstoffe in der Compoundierung

Die Vorteile von Doppelschneckenextrudern im Gegensatz zu Einschneckenextrudern liegen:

1. in der hohen Scherarbeit, die für eine gute Homogenisierung und Dispergierung notwendig ist. Diese lässt sich unabhängig von Reibungsverhältnissen zwischen Zylinder und Schnecke – wie es bei der Einschnecke der Fall ist – umsetzten,
2. in gutem Einzugsverhalten auch von schlecht rieselfähigen Materialien,
3. in hoher Förderkonstanz ohne unregelmäßige thermische Belastungen der Schmelze,
4. in einem sehr genauen Verweilzeitspektrum der Schmelze und dadurch bedingt guter Qualität,
5. in spezifisch hohen Ausstoßleistungen bei günstiger Energieumsetzung,
6. in der guten Steuerung der Druckverhältnisse in der Schmelze im Hinblick auf optimale Entgasungsmöglichkeit.

29.5.1 Der Doppelschneckenextruder

Wird die historische Entwicklung der Doppelschneckenextruder betrachtet, so fällt auf, dass zwischen den ersten Ideen und der kommerziellen Verwertung mehr als ein halbes Jahrhundert liegen. Mit großer Wahrscheinlichkeit wurde bereits im Jahre 1901 die erste kontinuierlich arbeitende gleichläufige Zweischnecke konzipiert [21]. Die ersten gegenläufigen Doppelschneckenextruder für die Kunststoffindustrie entstanden um 1948. Der Prototyp für eine gleichläufig arbeitende Zweischnecken-Knetmaschine wurde 1958 gebaut. Bei dieser Maschine war durch die Kombination von Schneckenelementen und Knetscheiben sowie durch den modularen Aufbau von Schnecken und Zylinder ein neuer Typ Zweischneckenmaschine für die Verarbeitung von Kunststoffen entstanden [21].

Für das Compoundieren von technischen Polymeren werden Compounder mit Schneckendurchmessern ab 35 mm bis ca. 200 mm eingesetzt. Dies entspricht Durchsätzen von 100 kg/h bis 2000 kg/h. Im Bereich Medizintechnik werden jeweils viel kleinere Mengen von Produkten, dafür aber in einer breiten Palette von Materialkombinationen benötigt. Somit kommen kleine Maschinen ab 18–25 mm Schneckendurchmesser zum Einsatz. Die Ausstoßleistung dieser Maschinen liegt bei weniger als 1 kg/h bis hin zu 20–50 kg/h, je nach Komplexität der Compoundieraufgabe.

Insbesondere die Schneckendrehzahlen liegen je nach Einsatz in völlig anderen Dimensionen. Das Compoundieren von Standardkunststoffen erfolgt heute bei immer höheren Drehzahlen (zwischen 1200–1800 U/min). Ursache dieser Entwicklung sind maßgeblich wirtschaftliche Gründe, da so aus einer kleineren und preiswerteren Maschine ein wesentlich höherer Ausstoß erzielt werden kann. Ganz andere Auslegungskriterien müssen bei medizintechnischen Compoundern beachtet werden. Die neuen Techniken erlauben, dass medizinische Wirkstoffe bereits im Compound mit eingearbeitet werden. Sowohl z.B. bioabbaubare Matrizen, als auch medizinische Wirkstoffe werden durch zu hohe Scherung und Temperatureinwirkung zerstört. Daher werden diese Compounds bei sehr langsamen Drehzahlen und somit materialschonend hergestellt (30–100 U/min).

Die Bauart der Doppelschneckenextruder wird nach dem Drehsinn der Schnecken eingeteilt. Es wird zwischen gleichläufigen und gegenläufigen Systemen unterschieden.

29.5.1.1 Gleichläufig/Gegenläufig

Die heute in der Extrusion eingesetzten Schneckensysteme sind alle dichtkämmend, d. h. die Stege der einen Schnecke schaben den Schneckengrund der anderen Schnecke mehr oder weniger sauber aus. Abb. 29.21 zeigt ein gegenläufiges und ein gleichläufiges Schneckenpaar. Der gleichlaufende Doppelschneckenextruder übergibt bei jeder Umdrehung die Schmelze vom Kanal der einen in den der anderen Schnecke. Der Fördermechanismus ist dem des Einschneckenextruders vergleichbar. Für gegenläufige Doppelschneckenextruder ist ein grundlegend anderer Fördermechanismus charakteristisch. Jedes Schneckensegment bildet eine abgeschlossene Kammer, welche das aufgenommene Material vom Trichter bis zum Schneckenende ohne nennenswerten Austausch mit den Nachbarkammern fördert.

Die Scherung und Strömung der Schmelze während des Verarbeitens sind für den gleichlaufenden und den gegenlaufenden Doppelschneckenextruder sehr unterschiedlich (Abb. 29.22). Beim Gleichläufer bewegen sich die den Spalt begrenzenden Flächen gegeneinander. Die Schmelze erfährt eine homogene Scherung. Das von der einen Schneckenoberfläche in den Spalt geförderte Material wird von der anderen unter scharfer Umlenkung der Strömungsrichtung zurückgefördert. Dadurch entsteht ein Knet, in dem gemischt wird. Bei gleicher Spaltweite ist der Durchsatz durch den Spalt kleiner als bei gegenläufigen Schnecken. Die den Spalt begrenzenden Flächen bewegen sich hier in ein und dieselbe Richtung, so dass eine kalanderähnliche Anordnung entsteht. Den Durchsatz durch den Spalt bestimmen die Geschwindigkeit der Schneckenoberfläche und das Druckgefälle zwischen zwei Kammern. Die Schmelze wird inhomogen geschert. Zum Rand hin erfährt sie die größte, in der Mitte die niedrigste Scherung.

29.5 Grundlagen der Compoundierung

gegenläufig

gleichläufig

Abb. 29.21 Gegenläufige und gleichläufige Doppelschnecken. Bei der gleichläufigen Doppelschnecke wechselt die Schmelze bei jeder Schneckenumdrehung vom Kanal der einen Schnecke in den der anderen Schnecke, wobei sie intensiv gemischt wird. Dem gegenüber bildet beim gleichläufigen Doppelschneckenextruder jedes Schneckenelement eine abgeschlossene Kammer, deren Füllung ohne nennenswerte Mischwirkung Richtung Schneckenspitze geführt wird [4]

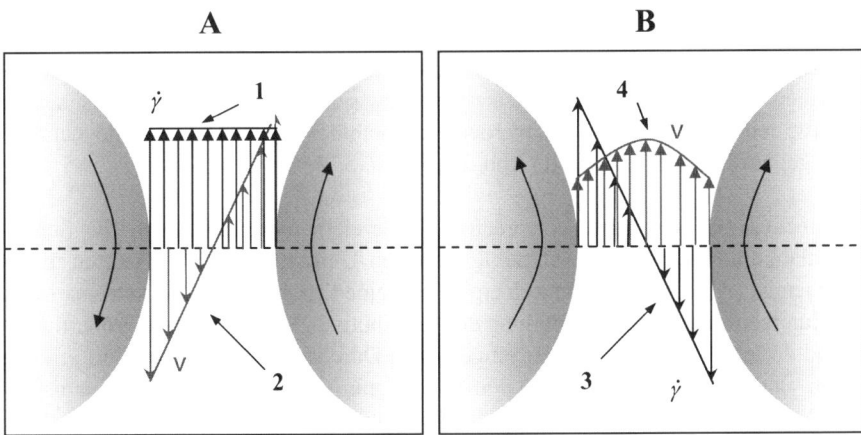

Abb. 29.22 Scherung und Strömung bei gleichläufigen und gegenläufigen Doppelschnecken. A: Beim Gleichläufer bleibt die Schergeschwindigkeit $\dot{\gamma}$ über den Spalt konstant (1). Die Geschwindigkeit v ist nahe des Schneckenrandes am höchsten und in der Spaltmitte am geringsten (2). Die Verweilzeit des Materials entspricht somit einer weiten Gaußschen Verteilerkurve, d. h. dass einiges Material viel länger im Compounder verweilt und somit thermisch beansprucht wird, als anderes. Somit werden vor allem thermisch unempfindliche Polymere verarbeitet. B: Im Gegenläufer wird die Schmelze inhomogen geschert (3). Die Geschwindigkeit bleibt über die Spaltbreite ähnlich hoch (4), wodurch das Material in Kammern zwangsgefördert wird. Dies bewirkt eine enge Gaußsche Verteilerkurve im Bezug auf die Verweilzeit im Compounder. Vor allem thermisch empfindliche Materialen werden mit gegenläufigen Schnecken verarbeitet [4]

Um eine gute Homogenität der Schmelze zu erzielen werden zur Verarbeitung von Materialien unterschiedliche Schneckengeometrien verwendet. Hierfür werden verschiedene Schneckenelemente eingesetzt, die auf Schneckenwellen gesteckt werden.

29.5.1.2 Schneckenelemente

Es gibt unterschiedlichste Steckelemente zur Konfigurierung der Schnecken. Die wichtigsten sind Förder-, Knet-, Schneckenmisch- und Zahnmischelemente. Des Weiteren gibt es Sonderbauarten wie Igelelemente, Turbomischer, Stauscheiben und viele mehr [23]. Auf jeden Anwendungsfall bezogen ist eine optimal ausgelegte Schnecke notwendig. Die wichtigsten Schneckenelemente werden im Folgenden kurz vorgestellt.

Förderelemente (Abb. 29.23) werden zum Materialtransport und Druckaufbau verwendet, um z. B. das Werkzeug überströmen zu können. Der erforderliche Druck wird dadurch realisiert, dass der Gangsteigungswinkel in Förderrichtung abnimmt. Dabei wirkt der Druckgradient der Schleppströmung entgegen und bewirkt (damit) eine Durchmischung der Schmelze. In der Regel werden die Elemente zwei- oder dreigängig ausgeführt. Zum Einzug grober Partikel können auch eingängige Elemente verwendet werden.

Knetelemente werden einzeln oder in Blöcken aus mehreren Elementen eingesetzt. Ein Knetelement besteht aus mehreren hintereinander versetzt angeordneten Knetscheiben. Je nachdem, ob der Versatzwinkel zwischen den einzelnen Knetscheiben positiv, neutral oder negativ ist, werden die Knetblöcke in förderwirksame, neutrale oder gegenfördernde eingeteilt (Abb. 29.24).

Schneckenmischelemente entsprechen Förderelementen, bei denen die Schneckenflanke an mehreren gleichmäßig über den Umfang verteilten Punkten unterbrochen ist (Abb. 29.25). Dadurch ergibt sich eine Erhöhung des Rückströmanteils, der durch eine stärkere Stromteilung den distributiven Mischeffekt vergrößert. Aufgrund der engen Kanalweite der eingefrästen Durchbrüche herrschen dort erhöhte Dehn- und Scherströmungen, die den Schneckenmischelementen auch eine dispersive Mischwirkung verleihen.

Zahnmischelemente (Abb. 29.26) sind ähnlich wie Schneckenmischelemente aufgebaut, nur dass sie keine fördernde, sondern eine rückstauende Wirkung haben. Sie dienen vor allem zum distributiven Mischen.

29.5.2 Typischer Verfahrensaufbau mit Nachfolgeeinrichtungen

Ein üblicher Aufbau zur Compoundierung ist in Abb. 29.27 dargestellt. Zur Eindosierung in den Trichter des Doppelschneckenextruders kann zwischen verschiedenen Verfahren und somit verschiedenen Dosiersystemen gewählt werden [24]:

- gravimetrische Dosierung (Dosierbandwagen, Differentialdosierwaage)
- volumetrische Dosierung (Schneckendosierer, Banddosierer, Lochscheibendosierer).

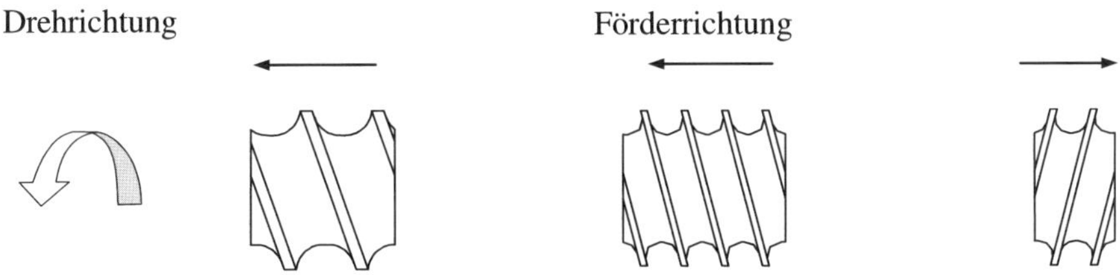

29.5 Grundlagen der Compoundierung

Abb. 29.23 Förderelemente [4]. *Links:* Normales Förderelement z. B. am Schneckenanfang zum Anschmelzen des Materials. *Mitte:* Druckaufbauendes Förderelement, das zum Schneckenende kurz vor dem Austragen der Schmelze eingesetzt wird. *Rechts:* Gegenförderndes Element. Meist eingesetzt nach Knetelementen, um die Schmelze länger in den Knetblöcken zu halten und somit eine bessere Homogenisierung zu erreichen

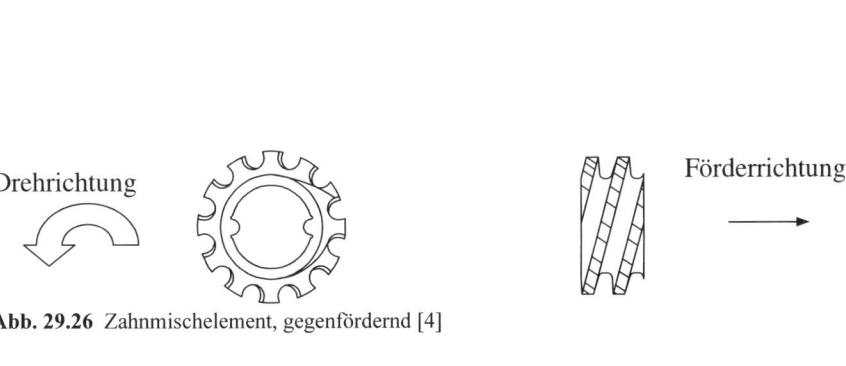

Abb. 29.24 Knetelement, förderwirksam [4]

Abb. 29.25 Schneckenmischelement, förderwirksam [4]

Abb. 29.26 Zahnmischelement, gegenfördernd [4]

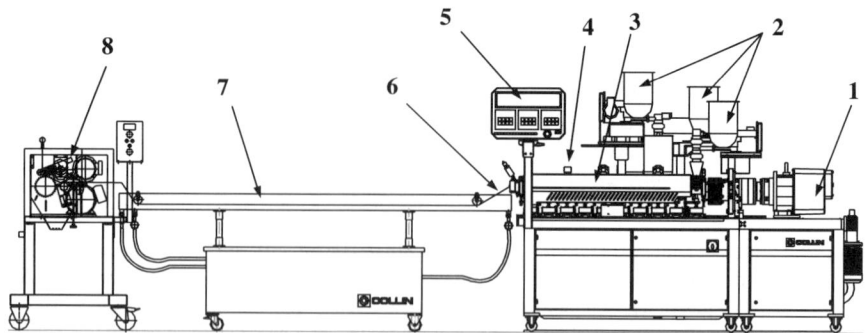

Abb. 29.27 Verfahrensaufbau bei der Compoundierung [4]. Im Gegensatz zu Extrusionsanlagen wird der geförderte Extrudatstrang im Granulierer zerkleinert. **1** Schneckenantrieb (Motor und Getriebe), **2** Dosierer (Hauptdosierer mit Matrixpolymer und Dosierer für Zuschlagstoffe), **3** Compounder, **4** Entgasungsöffnung, **5** Steuerung des Compounders, **6** Produkt (Strang), **7** Kühlstrecke (hier Wasserbad), **8** Stranggranulierer

Die Grundlage des gravimetrischen Dosierens ist das Wägen, das sowohl kontinuierlich als auch diskontinuierlich durchgeführt werden kann. Der Vorteil hierbei liegt in der hohen Genauigkeit, der andauernden Überwachung sowie der dadurch gegebenen Zuverlässigkeit. Ein Nachteil ist der relativ hohe Preis, der etwa 2- bis 3-mal so hoch ist wie bei der volumetrischen Dosierung.

Nachdem das Matrixmaterial über den Haupttrichter eindosiert wurde, wird es aufgrund von Wärmeleitung und Scherung im Doppelschneckenextruder aufgeschmolzen. Die Zuschlagstoffe werden entweder mit einem Dosierer über eine Öffnung auf der Zylinderoberseite oder über eine Seitenfütterung zugegeben. Die Öffnungen hierfür sind in Abb. 29.28 zu sehen. Vorteilhaft an dem Seitenfüttersystem sind ein verbesserter Einzug direkt in die Schmelze hinein sowie ein höherer Mengendurchsatz aufgrund der Zwangsförderung. Nachteilig hingegen ist der erhöhte Preis, da ein Seitenfüttersystem und ein dazugehöriger Dosierer benötigt werden.

Zur Schneckenspitze hin wird in den häufigsten Fällen entgast. Bei der Compoundierung nimmt die Entgasung von Polymeren eine bedeutende Stellung ein. Flüchtige Bestandteile wie Monomer- oder Lösungsmittelreste müssen aus dem Produkt entfernt werden, um die Anforderungen an die Produktqualität und die verschärften gesetzlichen Auflagen hinsichtlich Umweltschutz und physiologischer Unbedenklichkeit zu erfüllen. Wie bei der Einschnecke werden vor allem Vakuumpumpen hierfür eingesetzt.

In Abb. 29.27 nicht dargestellt ist eine Schmelzepumpe, die je nach Material bei der Compoundierung eingesetzt wird. Doppelschneckenextruder bauen einen geringeren Druck als Einschneckenextruder auf und tragen die Schmelze leicht pulsierend aus. Dies wird durch Einsatz einer Schmelzepumpe, die direkt nach dem Austragen angeschlossen wird, abgemildert. Sie stellt einen konstanten Schmelzevolumenstrom bereit, kann allerdings nicht für empfindliche Materialien (z. B. PVC) und hochgefüllte Polymere (z. B. mit Glasfasern) eingesetzt werden. An sich stellt die Schmelzepumpe ein unabhängiges Bauteil dar, das ebenfalls bei der Extru-

29.5 Grundlagen der Compoundierung

Abb. 29.28 Seitenfütterungsöffnung im Zylinder bei der Compoundierung [4]

sion mit Einschneckenextrudern verwendet wird (z. B. zur Filamentherstellung; der Faden würde bei kleinsten Volumenstromabweichungen abreißen).

Nach dem Austrag aus der Düse (hier einfacher Rundstrang) wird das Compound abgekühlt und für die Weiterverarbeitung (z. B. auf Spritzgießmaschinen) zerkleinert. Üblicherweise wird aufgrund besserer Wärmeabführung Wasser als Kühlmedium gewählt. Bei wasserempfindlichen Materialien (z. B. PVOH) kann auch über einen Luftstrom gekühlt werden. Es wird bei der Zerkleinerung zwischen der Stranggranulation (kaltgeschnitten) und dem Heißabschlagverfahren unterschieden. Abb. 29.29 zeigt das Prinzip der Stranggranulation. Hierbei entsteht zylinderförmiges Granulat mit zwei Schnittflächen. Der Nachteil dieser Granulate ist die schlechtere Rieselfähigkeit infolge von Schneidgraten [25].

Beim Heißabschlagverfahren wird die aus der Düsenplatte austretenden Schmelze unmittelbar an der Lochplatte abgeschnitten. Das dabei heiß abgeschlagene Granulat wird je nach Viskosität und Klebeneigung durch einen Kühlluftstrom abgesaugt oder durch einen Wasserstrahl gekühlt. Diese Granulatkörner haben keine sichtbaren Schnittflächen, da jedes Korn im heißen, plastischen Zustand abgeschnitten wird. Der Kern bleibt zunächst plastisch, wodurch das Granulatkorn sich zu einem Körper geringster Oberfläche (Kugelform) zusammenzieht. Vorteile beim Heißabschlagverfahren [25]:

- keine Feinanteile (Staub, Splitter)
- keine Kühlung von Bändern und Strängen (Platz- und Energieersparnis)
- geringer Messerverschleiß (Schnitt im plastischen Zustand)
- geringere Schnittleistung erforderlich (plastischer Zustand)
- hohe Mengenleistung.

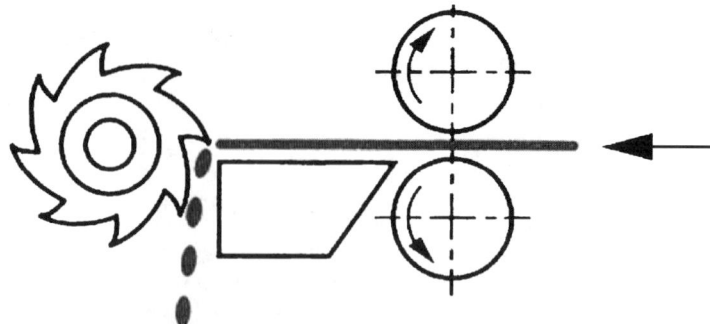

Abb. 29.29 Prinzip der Stranggranulation [4]. Bei diesem Zerkleinerungsverfahren entstehen Granulatkörner mit 2 Schneidflächen, deren Schneidkanten die Rieselfähigkeit negativ beeinflussen

Nachteilig, vor allem bei der Unterwassergranulierung, ist die Gefahr des Einfrierens der Düse. Durch gezielte Wasserführung kann dies jedoch verhindert werden.

29.5.3 *Einsatz in der Medizintechnik*

In der Medizintechnik werden Compounder vor allem zur Herstellung von Granulat (Gemisch aus Medikamentenpulver und bioabbaubarem Polymer) eingesetzt, dass in einem nachfolgenden Schritt zu medizinischen Produkten weiterverarbeitet wird. Einige Möglichkeiten seien hier aufgeführt.

Die Weiterverarbeitung kann im Spritzgießprozess zu z. B. Tabletten erfolgen. Da das Granulat vom Compounder kommend noch einmal aufgeschmolzen werden muss, um dann in die Form gespritzt zu werden, handelt es sich hierbei um einen diskontinuierlichen Prozess. Um dies zu umgehen gibt es die Möglichkeit, direkt nach dem Compounder Tablettenwalzen anzuordnen (Abb. 29.30).

Weiterhin können z. B. bioabbaubare Garne mit dem Compounder hergestellt werden. Es werden Düsenplatten mit einer Vielzahl an Löchern sehr kleiner Durchmesser gewählt, um mehrere Filamente herzustellen. Nach dem Kühlen durch einen Luftschacht werden die Filamente gereckt und sehr feine bioabbaubare Garne erzeugt.

Für die pharmazeutische Industrie werden auf Doppelschneckenextrudern Wirkstoffpflaster (z. B. Nikotinpflaster) hergestellt. Die Einarbeitung des Wirkstoffs erfolgt hier unmittelbar vor der Düse, da die Wirkstoffe in der Regel nur sehr kurze Zeit einer höheren Temperatur ausgesetzt werden dürfen [23].

Abb. 29.30 Walzen mit strukturierter Oberfläche (jeweils halbe Tablettenform) [4]. Die fertig gemischte Medizin wird über eine Düse am Compounder in den Walzenspalt zugegeben und zu Tabletten ausgeformt

29.6 Ausblick

Der Markt der Extrusion wächst mit dem zunehmenden weltweiten Kunststoffverbrauch um ca. 5% jährlich. Ein überproportionales Wachstum ist im Bereich Medizin- und Pharmatechnik zu erwarten. Die steigende wirtschaftliche Entwicklung vor allem in den Entwicklungsländern lässt hier den Markt für Medizintechnik rasant wachsen. Der Einsatz von Extrusionsverfahren kann ein Weg sein, kostengünstig Arzneimittel (z. B. Tabletten zur Behandlung von AIDS) herzustellen. Im Bereich der medizinischen Schlauchanlagen geht die Weiterentwicklung in verschiedene Richtungen. Eine weitere Verkleinerung des Schlauchdurchmessers von den üblichen 0,5 mm zu 0,2 mm (oder noch kleiner) wird angestrebt. Problematisch sind hierbei das mechanische Handhaben der kleinen, rissempfindlichen Produkte und die Luftzuführung in die sehr kleinen Lumen (Innendurchmesser von Kanülen). Hinzu kommt, dass die Anzahl der Lumen in den einzelnen Schläuchen größer wird und deren Formen immer komplexer. Hierfür sind sehr komplizierte Werkzeuge zu erstellen und ein hohes verfahrenstechnisches Know-how vorzuhalten.

Das gleiche Wachstum zeigt sich im Bereich der Compoundierung. Standardpolymere werden in immer größeren Tonnagen hergestellt (etwa 75 t/h sind Ausstoßleistungen moderner World-Scale-Anlagen). Da die Basiswerkstoffe sich nur noch langsam weiterentwickeln, werden immer mehr Compounds für spezifische Einsätze von Verarbeitern selbst gefertigt. Die Verwendung von Compoundern zum Inline-Direktextrudieren steigt, da Kosten gespart und das Material nur einem einmaligen thermischen Prozess ausgesetzt sein sollte. Speziell in der Pharmaindustrie und Medizintechnik nimmt die Herstellung von Pillen oder in den Körper injizierten Medikamententrägern stark zu. Die aus einer bioabbaubaren „kunststoffähnlichen" Matrix und dem Wirkstoff bestehenden Einheit kann gezielt auf die Abgabegeschwindigkeit im Körper eingestellt werden.

29.7 Literatur

1. Gärtner, H., Kunststofffolien – eine Standortbestimmung, Seminar IKV 18./19. September 2006
2. Michaeli, W., Extrudertechnik. In: *Umdruck zur Vorlesungsreihe Kunststoffverarbeitung II/III,* IKV, Aachen, 1998
3. Franck, A., Herstellung, Aufbau, Verarbeitung, Anwendung, Umweltverhalten und Eigenschaften der Thermoplaste, Polymerlegierungen, Elastomere und Duroplaste, Kunststoff-Kompendium, Vogel Verlag, 6. Auflage, 2006
4. Informationen bereitgestellt von Firma Dr. Collin GmbH, Ebersberg, 2007
5. Martin, G., *Der Einschneckenextruder*, VDI-Gesellschaft Kunststofftechnik, 2. Aufl, Düsseldorf, 2001
6. N.N., *Extrusionsblasformen,* Informationsschrift der BASF AG, Ludwigshafen, 1990
7. Rosato, D., *Blow Moulding Handbook*, Hanser Publishers, Munich, Vienna, New York, 1989
8. Lee, N., Plastic Blow Moulding Handbook, Van Nostrand Reinhold, New York, 1990
9. Schiedrum, H.O., Auslegung von Rohrwerkzeugen. Plastverarbeiter (1974) 10, S. 1–11
10. Kleindienst, U., *Fließmarkierungen durch Dornhalterstege beim Extrudieren von Kunststoffen.* Kunststoffe 63 (1973) 7, S. 423–427
11. Caton, J.A., Extrusion die design for blown film production. Br. Plast (1971) 4, S. 140–147
12. Lechmann, U., Produktinformation Querspritzkopf, Firma Erocarb SA, Schweiz, 2007
13. Plajer, O., Praktische Rheologie für Kunststoffschmelzen. Plastverarbeiter 23 (1972) 6, S. 407–412
14. Fenner, R.T., Nadiri, F., Finite element analysis of polymer melt flow in cable-covering crossheads. Polym. Eng. Sci. 19 (1979) S. 3
15. Horn, W., Auslegung eines Pinolenverteilersystems. Unveröffentlichte Diplomarbeit am IKV, Aachen, 1978
16. Ast, W., Pleßke, P., Wendelverteiler für die Rohr- und Schlauchfolienextrusion. In: Berechnen von Extrudierwerkzeugen. VDI-Verlag, Düsseldorf, 1978
17. Kaehler, M., Der Einschneckenextruder und seine Anwendung bei der Platten- und Folienherstellung. Kunstst. Plast. 20 (1973) 3, S. 13–16
18. Michaeli, W., Zur Analyse des Flachfolien- und Tafelextrusionsprozesses. Dissertation an der RWTH Aachen, 1976
19. NanoForce Technology Ltd, Queen Mary, University of London, *Persönliche Mitteilung*, Ebersberg, 2006
20. Michaeli, W., Extrusionswerkzeuge für Kunststoffe und Kautschuk. Carl Hanser Verlag München Wien, 1991
21. Tenner, H., Zweischnecken-Extruder zur Aufbereitung - Entwicklung, Stand der Technik, Perspektiven, Plastverarbeiter 40 (1989) 11, S. 218–224
22. Collin, H., Schläuche, die Heilung bringen, *Kunststoffe Sonderdruck* 88 (1998) 9
23. Wiedmann, W., Der gleichläufige Doppelschneckenextruder, VDI-Gesellschaft Kunststofftechnik, Düsseldorf, 2007
24. Speichern, Fördern und Dosieren von Kunststoffen. VDI-Gesellschaft, Düsseldorf, 1971
25. Michaeli, W., Aufbereitung von Kunststoffen. In: Umdruck zur Vorlesungsreihe Kunststoffverarbeitung II/III, IKV, Aachen, 1998

30 Mikrospritzgießanlage μ-Ject mit Linearantrieb

D. Ammer

Das Mikrospritzgießen stellt eine Sonderform der klassischen Spritzgießtechnik dar und erfreut sich in einem wachsenden Markt mit Mikro-Elektro-Mechanischen Systemen (sogenannter MEMS) zunehmenden Interesses und vielfältiger Anwendungen [1]. Die Besonderheiten der Mikrospritzgießtechnik im Vergleich zum Standardspritzgießen sind auch im vorangehenden Kapitel (Mikrospritzgießen) dargelegt. Im Folgenden wird eine neuartige Anlagentechnik für das Mikrospritzgießen von Thermoplasten vorgestellt (siehe Figur 30.1), die im Rahmen eines ge-

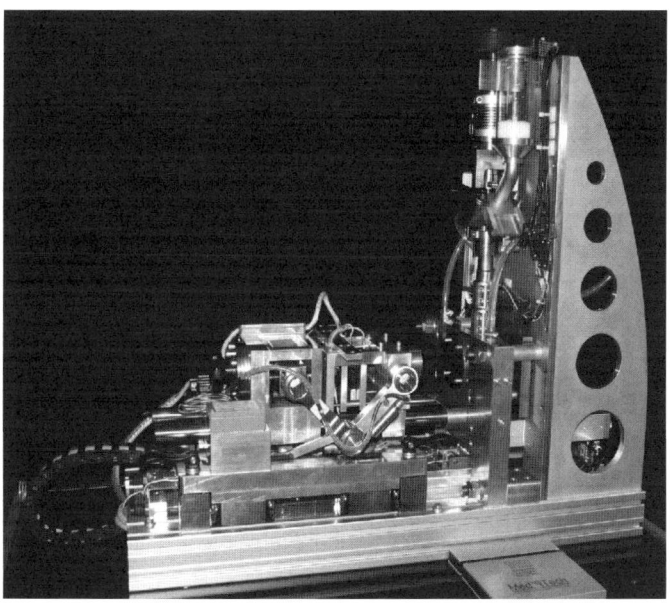

Abb. 30.1 Gesamtansicht des Prototyps der vollelektrischen Mikrospritzgießanlage μ-Ject mit Linearantrieb. Die Gesamtabmessungen betragen 1200x500x940 mm (BxTxH) [2]

förderten Projekts am Lehrstuhl für Medizintechnik an der Technischen Universität München erarbeitet wurde.

30.1 Motivation und Ziele

Ausgangspunkt der Entwicklung ist das Ziel, eine Mikrospritzgießmaschine herzustellen, die sich durch geringe Größe, geringes Gewicht und niedrigen Preis bei gleichzeitig hoher Funktionalität auszeichnet.

Die Funktionalität einer Mikrospritzgießmaschine wird zum Einen durch eine Plastifizierung zur reproduzierbaren Aufbereitung kleinster Schmelzemengen und zum Anderen durch eine hochdynamische Einspritzung charakterisiert. Das Einspritzaggregat spielt daher die zentrale Rolle bei der Herstellung von Mikrobauteilen. Es muss aufgrund der ungünstigen Fließweg-Wandstärken-Verhältnisse beim Mikrospritzgießen nicht nur über eine hohe Endgeschwindigkeit sondern auch über eine große Verzögerung verfügen. Dies erlaubt die optimale Füllung von Mikrokavitäten, wobei eine mangelnde Füllung der Kavität oder ein Überspritzen durch die geeignete Wahl des Umschaltpunkts und eine schnelles, geregeltes Abbremsen des Einspritzvorgangs vermieden werden müssen. Zur idealen Festlegung des Umschaltpunkts und zur Nachdruckregelung bietet sich die Verwendung von Prozessgrößen an, die den Produktentstehungsprozess nachbilden bzw. direkt beeinflussen. Dies sind die Antriebsdaten (z. B. Stromaufnahme, Drehmoment), Maschinenmessdaten (z. B. Spritzkraft, Massedruck im Düsenvorraum) und Werkzeugdaten (z. B. Forminnendruck, Werkzeugwandtemperatur). Alle diese Größen eignen sich zur Regelung des Einspritzprozesses und sollen daher in einem innovativen Maschinenkonzept verwertet werden. Beim Einsatz bauteilnaher Sensordaten (z. B. Forminnendruck) lässt sich aufgrund geringerer Störeinflüsse eine höhere Prozesskonstanz erwarten als bei bauteilfernen Sensordaten (z. B. Stromaufnahme des Antriebs).

Mit dem neuen Anlagenkonzept soll eine hochdynamische Einspritzung zur reproduzierbaren Herstellung kleinster und dünnwandiger Mikroteile verwirklicht werden. Der Fokus der Entwicklung richtet sich dabei stärker auf die Dynamik und Wiederholgenauigkeit als auf die maximale Produktivität des Gesamtsystems. Ein Einsatz der neuen Anlagentechnik bietet sich damit für Anwendungen im Bereich der Forschung an, sowie für Kleinserien von Start-Ups mit kleinen und mittleren Stückzahlen, vorwiegend im Bereich der Life Sciences.

Durch einen modularen Aufbau der gesamten Maschine soll eine einfache Modifikation und Erweiterbarkeit, sowie eine nahezu werkzeugfreie Wartung sichergestellt werden. Für einen problemlosen Transport und eine flexible Aufstellung wird durch geringe Abmessungen und eine vollelektrische Ausführung aller Funktionen gesorgt. Zum Betrieb der Anlage darf lediglich ein Stromanschluss erforderlich sein.

Neben der hochdynamischen Antriebstechnik soll für die neue Mikrospritzgießmaschine ein echtzeitfähiges Steuerungskonzept realisiert werden, welches die Verwertung der Prozessdaten zur Antriebsregelung erlaubt. Der Aufbau der Steuerung soll ebenfalls modular gestaltet sein, um Nachrüstungen, Modifikationen und Modernisierungen jederzeit durchführen zu können. Die Bedienung der Maschine soll einfach, intuitiv und graphisch ermöglicht werden.

30.2 Konzeption und Realisierung

Um die vorangehend dargestellten Ziele zu realisieren, wird ein modulares Gesamtkonzept entworfen und mit einer innovativen, echtzeitfähigen Antriebs- und Steuerungstechnik kombiniert. Die Anlage gliedert sich wie in Figur 30.2 dargestellt, in Grundkomponenten (hellgrau), die den Maschinenrahmen bilden, und die Steuerung sowie einen Synchron-Linearmotor (dunkelgrau), die den funktionalen Kern der Maschine bilden. Die weiteren zum Betrieb der Mikrospritzgießanlage benötigten Basismodule sind grau gepunktet dargestellt. Die weiß gekennzeichneten Zusatzmodule bilden optionale Erweiterungsmöglichkeiten für spezielle Anwendungen und können auch durch Systeme anderer Hersteller ergänzt werden. Diese Modularität des Gesamtaufbaus gewährleistet beispielsweise einen einfachen Austausch der Schneckenplastifizierung durch eine Kolbenplastifizierung, falls dies aufgrund produktspezifischer Gegebenheiten gefordert wird.

Prozesstechnisch verfügt die Mikrospritzgießanlage über ein zweistufiges System mit einer Schneckenvorplastifizierung (alternativ auch Kolbenvorplastifizierung) und einer Kolbeneinspritzung (siehe Figur 30.3). Dies erlaubt die Verringerung des Einspritzkolbendurchmessers auf 5 mm (alternativ 3 mm), wodurch aufgrund der höheren Wegauflösung eine bessere Regelbarkeit des Einspritzprozesses realisiert werden kann. Die Anlage ist als FIFO-System (first-in-first-out) gestaltet, sodass

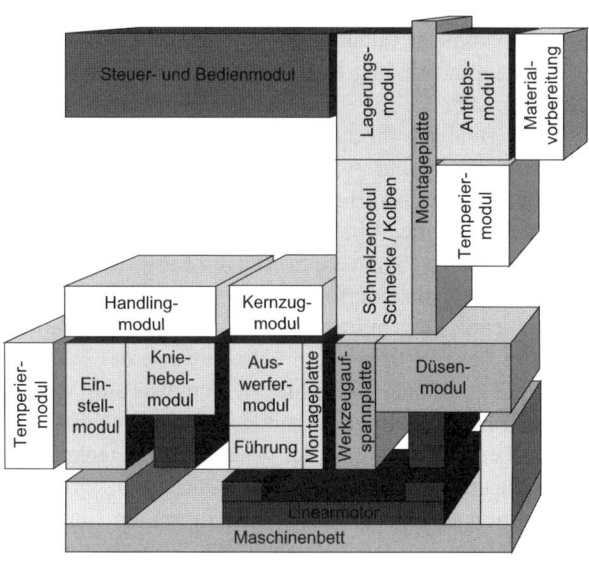

Abb. 30.2 Modulares Gesamtkonzept der neuen Mikrospritzgießanlage. Plattform und Einspritzmodul (hellgrau) bilden die Grundkomponenten, die hellgrau gepunktet dargestellten Basismodule werden für die Erfüllung der Minimalfunktionen benötigt. Beliebige Erweiterungsmodule (weiß) können ergänzt werden, die Steuer- und Bedieneinheit (dunkelgrau) bildet die übergeordnete Schaltzentrale. [2]

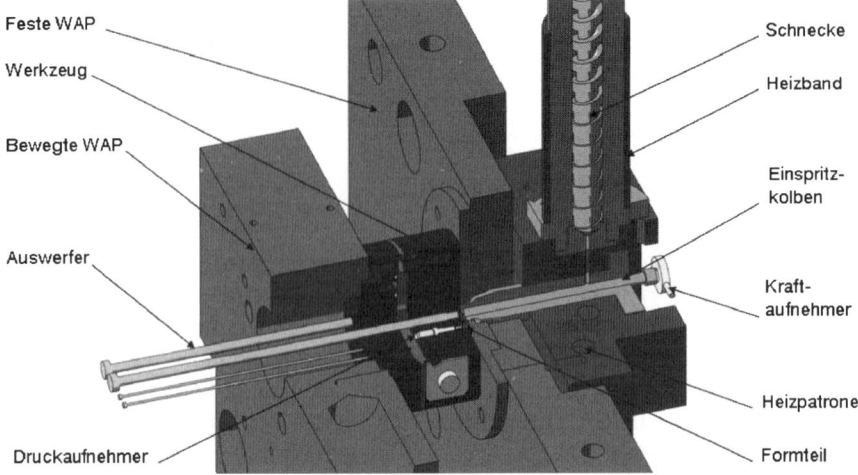

Abb. 30.3 Schnittansicht durch den Plastifizier-, Einspritz- und Werkzeugbereich. Die Bewegung des Einspritzkolbens wird wahlweise durch ein Weg- oder Geschwindigkeitsprofil oder durch die Rückführung der Prozessdaten des Einspritzkraft- bzw. Forminnendrucksensors in Echtzeit geregelt

bei zurückgezogenem Einspritzkolben stets frisch aufplastifizierte Schmelzemasse in den Einspritzzylinder gefördert und direkt eingespritzt wird. Auf eine Speicherung der Schmelze in einem Dosiermodul sowie Ventil- oder Verschlusssysteme zur Übergabe der Schmelze vom Plastifizier- an das Einspritzmodul wird bewusst verzichtet. Mögliche Volumenschwankungen aus der Plastifizierung können hierbei einen negativen Einfluss auf die Reproduzierbarkeit der hergestellten Bauteile haben. Diesem Problem wird durch die auf der Grundlage qualitätsbestimmender Prozessparameter (alternativ Spritzkolbenkraft oder Forminnendruck) in Echtzeit geregelte Einspritzung begegnet und somit eine gleichbleibende Formteilqualität gewährleistet.

Die Grundlage für diese dynamische und echtzeitfähige Einspritzung bildet der Einsatz eines Synchron-Linearmotors, der systembedingt eine Beschleunigung und Verzögerung von bis zu 10 g und Spitzengeschwindigkeiten von 1500 mm/s erreicht. Die Auslegung des Linearmotors ist so gewählt, dass bei einem Einspritzkolbendurchmesser von 5 mm ein maximaler Einspritzdruck von 2500 bar erreicht werden kann. Darüber hinaus erfordert der Einsatz dieses Antriebs keinerlei Wandlung einer rotatorischen Bewegung in die notwendige Linearbewegung des Einspritzkolbens, wie dies bei Elektromotoren üblicherweise der Fall ist. Somit kann auf Getriebeelemente vollständig verzichtet werden, was eine Verbesserung des Wirkungsgrads sowie Vorteile der Regelbarkeit (z. B. kein Umkehrspiel) mit sich bringt.

Um bei der Gestaltung des gesamten Anlagenkonzepts auch die Anforderungen an Größe und Kompaktheit zu berücksichtigen, wird der Linearantrieb in einer Doppelfunktion eingesetzt. Dies erlaubt neben der Einsparung eines weiteren Antriebs die Verbesserung der Auslastung des Linearmotors. Zusätzlich zur Einspritzung

30.2 Konzeption und Realisierung

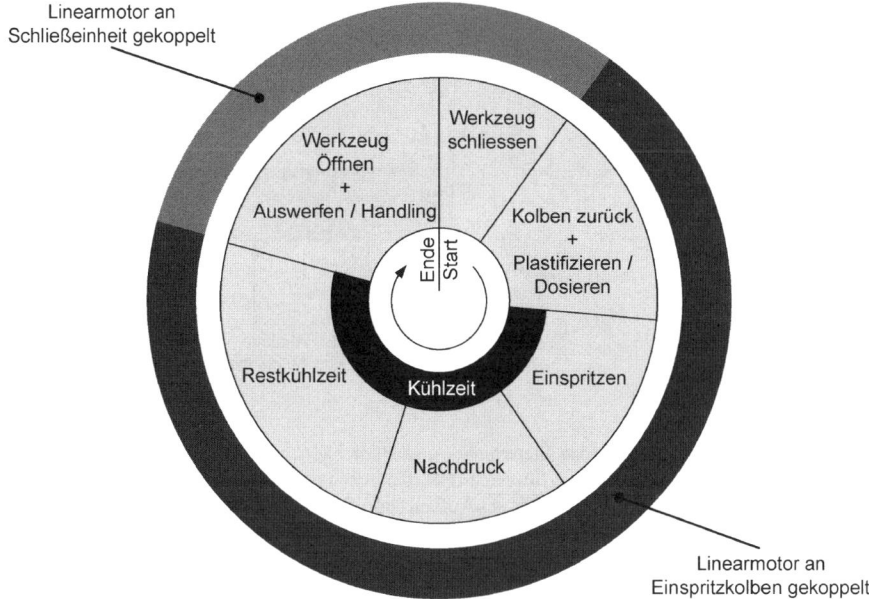

Abb. 30.4 Darstellung eines Spritzgießzyklus der Mikrospritzgießanlage µ-Ject. Der Linearmotor erfüllt dabei eine Doppelfunktion und wird wahlweise zum Kniehebel-Schließmodul oder zum Einspritzmodul gekoppelt. Die nicht gekoppelte Komponente wird zwischenzeitlich arretiert [2]

wird der Antrieb deshalb für das Öffnen und Schließen des Werkzeugs verwendet, welches ebenfalls eine lineare Antriebsbewegung erfordert. Aufgrund der erforderlichen Schließkraft von 10 kN müsste hierbei ein deutlich größerer Linearantrieb als für die Einspritzung ausgewählt werden. Um dies zu vermeiden, wird eine Kniehebel-Mechanik zur Kraftübersetzung zwischen Linearmotor und Schließeinheit verwendet. Die Kniehebel-Mechanik auf der Schließenseite, sowie ein Einspritzwagen der den Einspritzkolben inklusive Kraftmesseinrichtung auf der Spritzenseite trägt, erlauben die getrennte Koppelung und Entkoppelung vom Linearantrieb durch zwei Bolzenverriegelungen. Im entkoppelten Zustand werden beide Module jeweils zum Maschinenrahmen hin fixiert, um eine freie Bewegung der Einheiten zu unterbinden. Prozesstechnisch bedeutet diese Doppelfunktion des Linearantriebs lediglich eine vernachlässigbare Zykluszeitverlängerung von einigen Sekundenbruchteilen aufgrund der notwendigen Umkoppelung.

Der Aufbau der echtzeitfähigen Steuer- und Bedieneinheit ist ebenfalls modular gestaltet. Dadurch wird eine einfache Anpassung und Modernisierung der Steuerung im Fall der Modifikation oder Ergänzung von Anlagenmodulen gewährleistet. Die Steuerung basiert auf einem Industrie-PC, der mit einer echtzeitfähigen Software-SPS-Lösung ausgestattet ist. Er stellt die notwendige Rechenleistung für die Steuerung und Regelung, aber auch für die Visualisierung der Bedienoberfläche zur

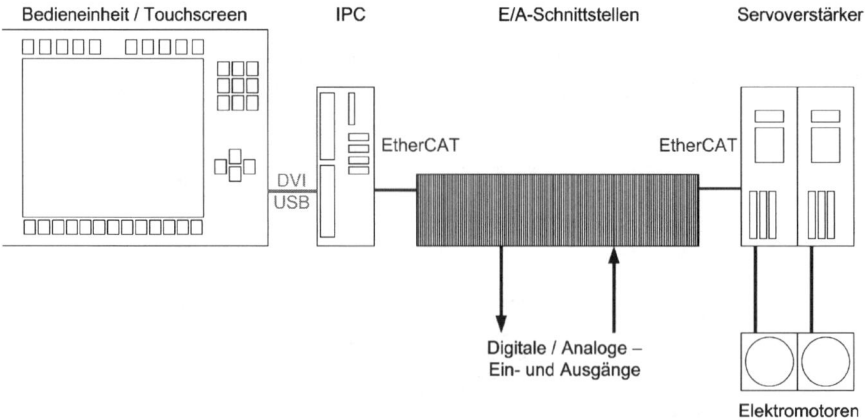

Abb. 30.5 Modularer Aufbau des Steuerungs- und Bedienkonzepts. Die Verwendung der normierten Bussysteme (Digital Visual Interface DVI, Universal Serial Bus USB und echtzeitfähiges EtherCAT) erlaubt eine hohe Variabilität des Aufbaus und die Anbindung vielfältiger Sensorik und Aktorik. Der Industrie-PC (IPC) ermöglicht die Integration von Steuerung, Bedien- und Messfunktionen in einem Gerät [2]

Verfügung. Die Anbindung zur Maschine erfolgt über das schnelle EtherCAT-Bussystem. Dieses gewährleistet die echtzeitfähige Kommunikation mit den Eingangs/Ausgangs-Modulen (Wandler für digitale und analoge Ein- und Ausgangssignale) sowie den für die elektrischen Antriebe erforderlichen Servoverstärkern. Im Fall der Mikrospritzgießmaschine erfolgt der vollständige Abgleich aller E/A-Daten über den EtherCAT-Bus in nur 250 µs und erlaubt so eine schnelle Reaktion des Linearmotors auf die gemessenen Sensordaten der Spritzkraft und des Forminnendrucks. Die Verbindung zum Maschinenbediener erfolgt in Form eines HMI (human machine interface) auf einem Touchscreen mit zusätzlichen Funktionstasten. Der Touchscreen ermöglicht eine sehr intuitive Bedienung und die graphische Visualisierung aller Prozessdaten und -abläufe. Auch eine graphische Analyse sowie die Speicherung der erfassten Daten ist möglich.

30.3 Validierung und Prozessoptimierung

Nach dem erfolgreichen Aufbau des Gesamtsystems als Prototyp konnte die volle Funktionalität aller Teilmodule nachgewiesen werden. So erzielt die Schneckenvorplastifizierung für verschiedenste eingesetzte Thermoplaste eine homogene Schmelzequalität, die keine Einschränkungen für die Herstellung von Mikrobauteilen erkennen lässt.

Die Kolbeneinspritzung und die Kniehebel-Mechanik der Schließeinheit erlauben eine reibungslose Einspritzung der Schmelze ins Werkzeug. Eine vollständige Abformung der Bauteile ohne Gratbildung sowie der Auswurf der abgekühlten

30.3 Validierung und Prozessoptimierung

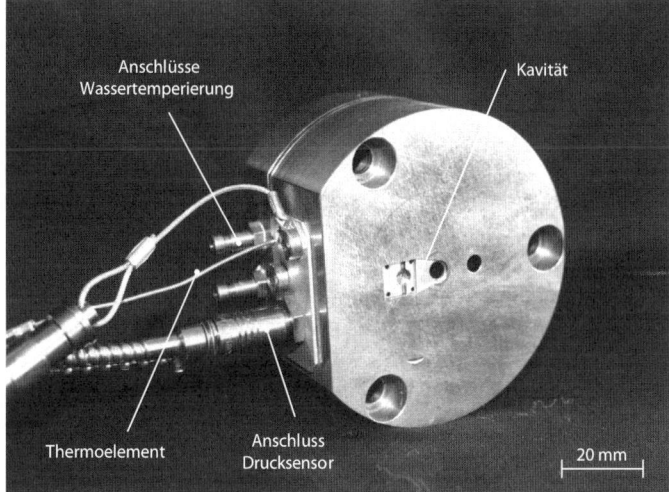

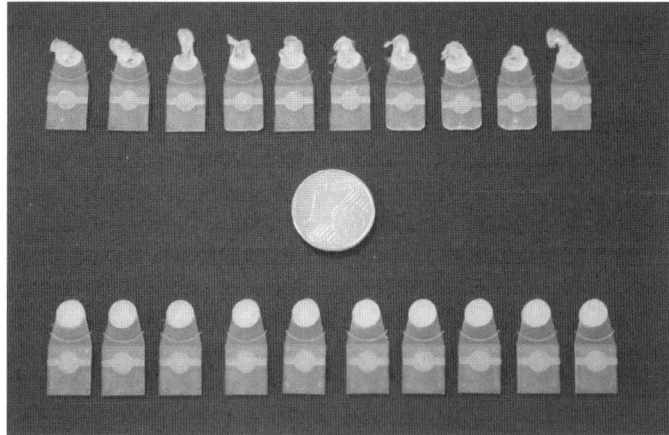

Abb. 30.6 Versuchswerkzeug (oben) und hergestellte Spritzlinge (unten). Die Anlagentechnik erlaubt eine kompakte und damit kostengünstige Werkzeuggestaltung. Erkennbar sind die Anschlüsse für Forminnendruck- und Temperaturmessung sowie die Wassertemperierung. Durch die spritzkraftgeregelte Einspritzung und Nachdruckführung lässt sich eine konstantere Bauteilqualität erzielen (untere Reihe von Spritzlingen) als durch eine weggeregelte Einspritzung (obere Reihe von Spritzlingen) [2]

Spritzlinge kann problemlos gewährleistet werden. Von Vorteil ist die Möglichkeit zur Verwendung sehr einfacher und damit kostengünstiger Spritzgießwerkzeuge für den Versuchsbetrieb (siehe auch Figur 30.6). Aufgrund der kompakten Bauweise und der Integration des Auswerfers in das Werkzeugaufspannmodul der Mikrospritzgießanlage kann das Werkzeug im Idealfall als einfache Platte mit der gewünschten Kavität gestaltet werden. Trotz des limitierten Werkzeugeinbauraums ist eine Integration von Temperierkanälen sowie Sensorik (z. B. Forminnendrucksensor, Thermoelemente) möglich.

Im unteren Bereich der Figur 30.6 sind Spritzlinge aus zwei Versuchsreihen abgebildet, wobei in der oberen Reihe an den unteren Bauteilrändern deutliche Unregelmäßigkeiten der Formteilfüllung erkennbar sind. Diese resultieren aus der direkten Übertragung von Schwankungen des Schmelzevolumens aus der Plastifizierung auf die Bauteile, wenn eine weggeregelte Einspritzung erfolgt. Bei Verwendung der Kolbenkraft als Regelgröße der Einspritzung wird eine reproduzierbare Füllung der Kavität und damit eine gleichbleibende Bauteilqualität der Spritzlinge erreicht (siehe untere Reihe von Spritzlingen).

Der in Figur 30.7 schematisch dargestellte Forminnendruck- und Geschwindigkeitsverlauf beschreibt die Vorgänge während des Einspritz- und Nachdruckprozesses bei spritzkraft- bzw. forminnendruckgeregelter Einspritzung. Die Füllung der Kavität erfolgt mit einem konstanten Volumenstrom bis zur volumetrischen Füllung, die durch einen starken Anstieg des Forminnendrucks bzw. der Kolbenkraft charakterisiert wird. Hier erfolgt die so genannte Nachdruckumschaltung, die den Antrieb zum Abbremsen veranlasst. Die Überschneidung aus dieser Reaktions- und Abbremsphase des Antriebs geht mit einer Kompression der Schmelze in der Kavität einher und bestimmt maßgeblich die endgültige Bauteilqualität. Die schnellstmögliche Verzögerung und gleichzeitige Regelung des gewünschten Druck- bzw. Kraftprofils bildet somit den Kernpunkt der neuen Mikrospritzgießmaschine und erlaubt eine Produktion von Mikrobauteilen mit reproduzierbarem Einspritzprozess und damit gleichbleibender Bauteilqualität.

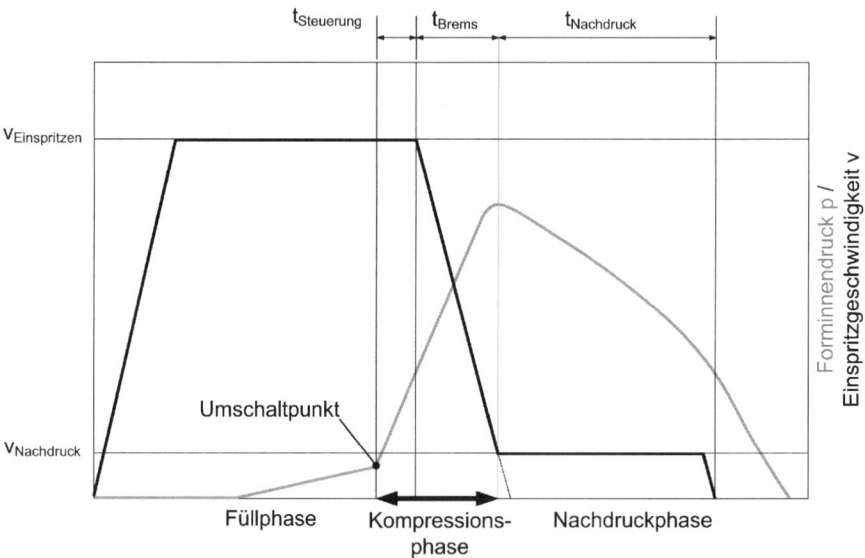

Abb. 30.7 Schematischer Verlauf der Einspritzgeschwindigkeit im Zusammenhang mit einer typischen Forminnendruckkurve. Die Minimierung der Reaktionszeit der Steuerung und der Bremszeit des Antriebs, sowie eine Regelung des Forminnendrucks bzw. der Kolbenkraft in Echtzeit sind entscheidend für eine reproduzierbare Bauteilqualität [2]

30.4 Fazit und Ausblick

Die neue Spritzgießmaschine μ-Ject verfügt über eine Vorplastifizierung und eine Kolbeneinspritzung, die aufgrund des hochdynamischen Synchron-Linearmotors und einer echtzeitfähigen Prozessregelung die reproduzierbare Herstellung von Mikrobauteilen aus nahezu allen verfügbaren Thermoplasten ermöglicht. Für eine Verwendung der Anlage in Serie werden noch weitere Untersuchungen zur Dauerfestigkeit und Anpassung an verschiedene Polymerwerkstoffe und Bauteilanforderungen durchgeführt. Eine Erweiterung der Anlagentechnik nach Prozess- oder Kundenbedürfnissen z. B. durch ein Handlingmodul zur Bauteilentnahme oder die Integration in eine Reinraumfertigung für medizinische Anwendungen ist aufgrund der modularen Bauweise jederzeit möglich.

30.5 Literatur

1. Wicht, H.; Bouchaud, J.: NEXUS Market Analysis for MEMS and Microsystems III 2004–2009. Commercialization of Micro and Nano Systems Conference, Baden-Baden, Deutschland, 2005
2. Ammer, D.: Mikrospritzgießanlage µ-Ject mit Linearantrieb – Entwicklung und Validierung. Dissertation, Lehrstuhl für Medizintechnik, TU München, München, Deutschland, 2008

31 Extrusion von ein- und mehrlumigen Katheterschläuchen aus thermoplastischen Kunststoffen

H. Wahl

31.1 Rohmaterial

In der Fertigung von medizinischen Katheterschläuchen werden thermoplastisch verarbeitbare Materialien wie z. B. Pebax, Polyamid, Polyurethan, Polyethylen oder Weich-PVC eingesetzt. Sämtliche zum Einsatz kommenden Materialien müssen für den medizinischen Einsatz zugelassen sein. Sie müssen in ihrer Zusammensetzung physiologisch unbedenklich sein.

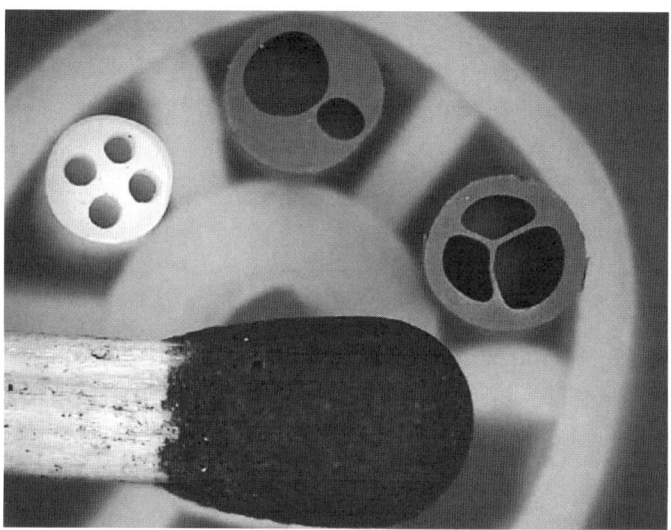

Abb. 31.1 Mehrlumenschläuche im Größenvergleich

Um beim Röntgen den Katheterschlauch sichtbar zu machen, werden häufig Materialmischungen, so genannte Compounds, bestehend z. B. aus Pebax und Barium-Sulfat, eingesetzt.

Die Rohstoffe werden vom Rohstoffhersteller in Kunststoffsäcken zu je 25 kg beim verarbeitenden Betrieb angeliefert. Man prüft bei den jeweiligen Materialsorten, ob es sich um hygroskopische oder nicht hygroskopische Materialien handelt. Die nicht hygroskopischen Materialien können sofort nach der Anlieferung bei Raumtemperatur verarbeitet werden.

Die hygroskopischen Materialien müssen entsprechend dem Materialdatenblatt in einer Trocknungsanlage getrocknet werden. Wenn diese Materialien nicht ausreichend getrocknet sind, treten beim Verarbeiten im Extruder (Schneckenpresse) erhebliche Probleme auf, wie z. B. Schäumen der aus dem Mundstück austretenden Schmelze durch zu hohen Feuchtigkeitsgehalt im Rohstoff. In diesem Zustand ist es ausgeschlossen, ein Produkt fertigen zu können.

Abb. 31.2 Materialtrockner mit Fördergerät

31.2 Materialförderung

Das handelsübliche Rohmaterial in Form von Granulat mit den Abmessungen 3 x 3 mm wird vom Vorratsbehälter oder vom Trockner mittels eines Saugfördergerätes in den Materialtrichter des Extruders gefördert. Der Trichterfüllstand wird entweder über den Schüttkegel oder über Minimum- und Maximum-Sonden überwacht, so dass immer eine ausreichende Menge an Material im Einzugsbereich des Extruders vorhanden ist und der Extrusionsprozess nicht durch Materialmangel unterbrochen wird.

31.3 Extrusion

Das Granulat gelangt vom Trichter im freien Fall in den Einzugsbereich des Extruders, d.h. die Zylinderwand im Einzugsbereich ist mit Nuten versehen. In diesem genuteten Einzugszylinder (je nach Materialsorte können die Nuten in ihrer Geo-

Abb. 31.3 Fördergerät, auf Materialtrichter Extruder montiert

metrie und Form unterschiedlich ausgeführt sein) befindet sich die Schnecke, das so genannte Förder- und Plastifizierelement eines Einschnecken-Extruders. Durch die Rotation der Schnecke sowie die Nuten im Einzugszylinder wird ein so genannter Mutter-/Schraubeneffekt erzielt, d. h. die Granulatkörner können sich nur in eine Richtung bewegen wie eine Mutter auf der Schraube wenn man sie dreht. In der Extrusion mit Nutbuchsen-Extruder spricht man deshalb auch von einer Zwangsförderung. Diese Zwangsförderung gewährleistet einen wesentlich konstanteren Einzug des Granulates als bei einem glatten Zylinder und somit auch eine höhere Austragskonstanz der Schmelze im formgebenden Werkzeug, was zum Erreichen u. a. von geringeren Toleranzen im Produkt führt. Ein weiteres Merkmal dadurch ist auch die Reduzierung von Pulsationen im Förderstrom der Schmelze auf ein absolutes Minimum.

Abb. 31.4 Extruder EN 20-25 D Medtech der Firma Extrudex

Durch die Beheizung des gesamten Schneckenzylinders, außer dem genuteten Einzugsbereich, wird dem Kunststoff Energie zugeführt, und es beginnt in verschiedenen Zonen der Extrusionsprozess. Die erste Zone ist der Einzugs- oder Feststoffbereich. Da in diesem Bereich das Granulat noch hart ist, entsteht hier auch der größte Verschleiß. Bei der zweiten Zone spricht man von der Aufschmelzzone. Direkt nach dem Einzugsbereich befindet sich das erste Heizband, so dass das Granulat anfängt anzugelieren, um dann im weiteren Verlauf vollends aufzuschmelzen. In der Zone 3 befindet sich eine kurze Kompressionszone, und zwar im Übergang von Zone 2 zur Zone 4. Es entsteht deshalb eine Kompression, weil sich die Gangtiefe in Richtung Schneckenspitze und formgebendem Werkzeug verringert. Bei der Zone 4 spricht man von Metering- oder Austragszone.

Durch eine dem jeweiligen Material angepasste Schneckengeometrie wird das Kunststoffgranulat im Extruder-Zylinder zu einer plastischen und homogenen Masse geknetet, so dass keine inhomogenen Partikel mehr vorhanden sind. Dabei ist auch ganz wichtig, dass das jeweilige Material innerhalb des im Datenblatt angegebenen Temperaturbereiches verarbeitet wird, damit es zu keinen thermischen Schädigungen und somit zum Abbau der Eigenschaften kommt.

31.4 Anlagensteuerung

Die mikroprozessorgesteuerte Extruder-Steuerung „Medtec" ist für Extrusionslinien mit unterschiedlichsten Anwendungen entwickelt worden.

Als CPU dient ein ETV Control Panel mit Touch Screen und integrierter Soft-SPS. Schnelle und praktisch jitterfreie Kommunikation ermöglicht der hart-echtzeitfähige, Ethernet-basierte VARAN-Bus. Zusätzliche Schnittstellen in Form von CAN, USB usw. zur Kommunikation mit externen Messwertgebern (z. B. Zumbach o. ä.) stehen zur Verfügung.

Die Grundausführung besteht aus bis zu 7 frei wählbaren Extrudern mit je bis zu 16 Heizzonen. Zusätzlich stehen je Extruder eine Massetemperatur- und eine Massedruckmessung zur Verfügung, ebenso wie ein Rampenbetrieb für Anfahr-, Einfädel- und Produktionspunktanfahrt. Alle Antriebe können bei entsprechender Einstellung synchron gefahren werden. Extruder-Nachfolgelösungen wie Abzug oder fliegende Säge können mit in die Steuerung integriert werden.

Die getrennte Rezeptverwaltung für Antriebs-, Temperatur- und Rampenparameter ermöglicht eine schnelle Konfiguration und Inbetriebnahme der Antriebe und Temperaturzonen. In der Software werden die einzelnen Heizzonenparameter tabellarisch dargestellt, die Darstellung der Temperaturabweichung erfolgt in grafischer Form.

Verschiedene Passwortlevels zur Verwaltung von Zugangsberechtigungen, Wochen-Zeitschaltuhr und eine umfangreiche Alarmverwaltung sind bereits integriert. Für Alarmmeldungen stehen 6 frei konfigurierbare digitale Eingänge für Alarmmeldungen, Abschaltbedingungen usw. bereit. Hilfetexte werden im PDF-Format angezeigt und können über den USB- Anschluss an der Front des ETV in die Steuerung geladen werden.

Abb. 31.5 Bildschirmsteuerung „Med-Tec"

Wesentliche Merkmale der Steuerung
- ETV VARAN-CPU mit Farbdisplay und Touch Screen
- Konfigurierbar für bis zu 7 Extruder mit jeweils bis zu 16 Temperaturzonen
- Integrierte Rampenfahrt für Anfahr-, Einfädel- und Produktionspunkt
- Data Logging: bis zu 8 Kanäle mit Oszilloskop
- Getrennte Rezeptverwaltung für Antriebs-, Temperatur- und Rampenparameter
- Hilfetexte im PDF-Format
- Einfache Programmierung mit dem objekt-orientierten Programmierungstool LASAL.

31.5 Formgebendes Werkzeug

Die plastifizierte und homogene Masse wird nach der Meteringzone dem formgebenden Werkzeug zugeführt. Um mehrlumige Schläuche fertigen zu können, ist das Werkzeug als Querspritzkopf, d. h. es ist in 90° zur Extrusionsrichtung angeordnet, ausgeführt. Dies ist erforderlich, damit man von hinten mit Stützluftanschlüssen

31.6 Stützluftregeleinheit

Abb. 31.6 Querspritzkopf für Ein- und Mehrlumen-Katheter

für die jeweiligen Hohlkammern (Lumen) im Schlauch arbeiten kann. Von sehr großer Bedeutung ist im Kleinschlauchbereich für medizinische Produkte, dass das formgebende Werkzeug rheologisch einwandfrei ausgelegt ist, d. h. es darf sich kein zu großes Massevolumen im Werkzeug befinden, sondern möglichst nur die Menge, die durch das herzustellende Produkt benötigt wird. Wenn das Massevolumen größer ist als die abzunehmende Menge für das Produkt, kommt es zur Degradierung des Materials, eventuell zu thermischen Beschädigungen, die absolut schädlich für medizinische Kleinschläuche sind.

Da im Querspritzkopf die Schmelze im 90°-Winkel umgelenkt wird, ist ein optimales Schmelzeverteilersystem von größter Wichtigkeit, um eine gleichmäßige Verteilung und somit ein einwandfreies Produkt zu erzielen.

In der Auslegung von Dorn und Düse, die letztendlich die Form des zu fertigenden Produktes ergeben, ist im Hinblick auf die Extrusionsgeschwindigkeit das so genannte Unterzugsverhältnis (DDR = Down Draw Ratio) zu berücksichtigen. Dieses Unterzugsverhältnis ist von Materialsorte zu Materialsorte unterschiedlich und beruht größtenteils auf einer langjährigen Erfahrung. Im Unterzugsverhältnis ist auch der für das jeweilige Material zu erwartende Schrumpffaktor zu berücksichtigen, um nach einer Relaxierungszeit im Produkt noch das geforderte Maß zu haben.

31.6 Stützluftregeleinheit

Die für Ein- und Mehrlumenschläuche erforderliche Stützluft wird in 4 unabhängig voneinander einstellbaren Stützlufteinheiten realisiert. Über ein Proportionalventil ist eine sehr präzise Luftregelung für die einzelnen Schlauchkammern auch bei minimalster Leistung gewährleistet. Über Präzisionspotentiometer wird die Stützluft geregelt.

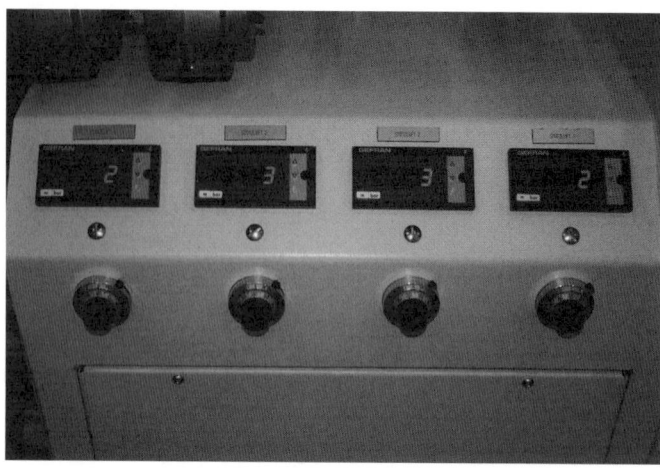

Abb. 31.7 Stützluftmodule für 1 bis 4 Lumen-Katheter

Abb. 31.8 2-teilige Blockkalibrierung aus V2A-Stahl in der Vakuumkammer

31.7 Kalibrierung

Nach dem Austritt des Produktes aus dem formgebenden Werkzeug im noch plastischen und weichen Zustand wird der Schlauch dem Kalibrierwerkzeug im Vakuumkalibrierbad sowie durch das Vakuumkalibrierbad der Abzug-/Ablängeinheit zugeführt, damit durch konstantes Abziehen die Einstellung und Optimierung des Prozesses erfolgen kann. Im 2-teiligen Kalibrierwerkzeug wird der Schlauch unter Vakuum gesetzt und auf das erforderliche Außenmaß gebracht und gleichzeitig gekühlt und formstabil gemacht.

31.8 Vakuumkalibrierbad

Das Vakuumkalibrierbad besteht aus 1 bis 2 Vakuumkammern sowie einem Vollbad zur anschließenden Kühlung des Extrudates. Die beiden Vakuumkammern können je nach Erfordernis und Produkt mit unterschiedlichen Vakuumeinstellungen betrieben werden. Die Kalibrier- und Kühlungsstreckenlänge hat maßgeblichen Einfluss auf die Geschwindigkeit des Extrusionsprozesses.

Das Vakuumkalibrierbad besteht außer den beiden Vakuumkammern und dem Vollbad noch aus zwei zusätzlichen Kammern, und zwar der Messkammer für eine Ultraschall-Wanddickenmessung sowie einer Trockenkammer, in der sich eine Abblasdüse zum Abblasen des sich auf dem Produkt befindlichen Wassers befindet.

31.9 Durchmessermess- und Regeleinheit

Nach dem Austritt aus der Trockenkammer des Vakuumkalibrierbades befindet sich ein Laser-Messkopf zur Messung des Außendurchmessers über die X-/Y-Achse des Schlauches. Es handelt sich nicht nur um eine Messeinrichtung, sondern um eine Regeleinrichtung über die Messung des Außendurchmessers bei Untermaß oder Übermaß die Abzugsgeschwindigkeit des nachfolgenden Bandabzuges entweder zu erhöhen oder zu reduzieren sind, um auf das benötigte Maß zu kommen.

31.10 Abzug-Ablängeinheit

Ein Bandabzug mit zwei elektronisch synchronisierten Servomotoren, die unabhängig voneinander den jeweiligen Bandträger antreiben, gewährleistet ein absolut konstantes Abziehen des Schlauches. Die eingesetzten Bänder müssen für medizinische Produkte zugelassen sein. Es kann produktabhängig zwischen verschiedenen Beschichtungsarten sowie -härten gewählt werden. Auf alle Fälle müssen die

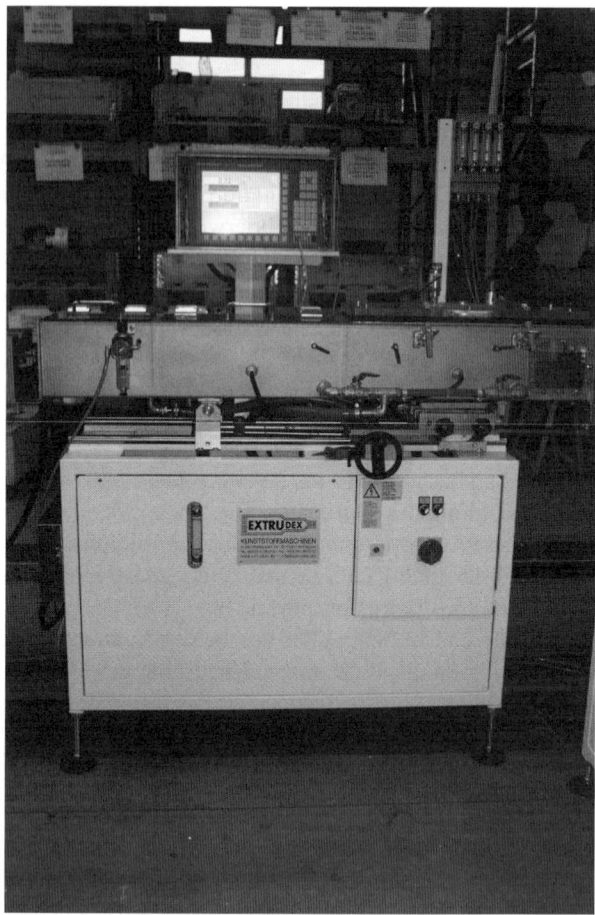

Abb. 31.9 Vakuum-Kalibrierbad VB 150

Bänder absolut abriebsicher sein, so dass sich keine Abriebpartikel auf dem Produkt festsetzen können.

Die direkt an den Bandabzug angebaute Ablängeinheit ermöglicht das Ablängen der Schläuche auf eine voreinstellbare Länge. Ein fliegendes Messer, direkt auf die Antriebswelle eines Servomotors aufgesetzt, ermöglicht hohe Schnittfrequenzen und einen sauberen, gratfreien Schnitt des Produktes. Ein nach dem Schnittbereich direkt angebauter kleiner Rollenabzug befördert die abgeschnittenen Schläuche auf ein nachfolgendes Abziehband mit integrierter Ablagevorrichtung. Dieser Rollenabzug ist speziell bei sehr weichen Materialien wie z. B. PUR, Weich-PVC und kleinen Durchmessern erforderlich, um die Schläuche aus dem Schnittbereich zu befördern.

31.10 Abzug-Ablängeinheit

Abb. 31.10 Lasermesskopf für X-/Y-Achse mit Anzeige- und Regeleinheit

Abb. 31.11 a) Bandabzug BA 030 Medtec b) Ablängeinheit mit Rollenabzug

Das nachfolgende Transportband mit Ablagevorrichtung befördert die abgelängten Schläuche in Extrusionsrichtung auf die abzulegende Position, und diese werden durch seitlich angeordnete Luftdüsen in die Auffangwanne geblasen. Dort können die Schlauchbündel vom Bedienpersonal entnommen und verpackt bzw. dem Weiterverarbeitungsprozess zugeführt werden.

Eventuelle Schlechtprodukte (außerhalb der Toleranz) werden durch den Laserkopf erkannt und über die Steuerung nach hinten in einen Auffangbehälter befördert.

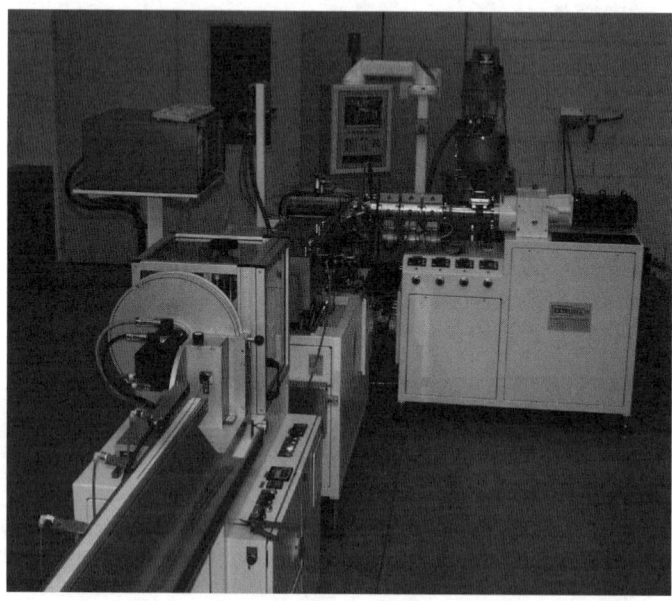

Abb. 31.12 Transportband mit Abblasvorrichtung und Auffangwanne

32 Reinraumtechnik für die Medizintechnik

M. Petek, M. Jungbluth, E. Krampe

Die Reinraumtechnik ist heute ein unverzichtbarer Bestandteil bei der Fertigung von Produkten der Life Sciences, den Bereichen Pharma, Lebensmittel, Kosmetik und Medizintechnik. In Anbetracht der langen Historie der Medizintechnik ist sie jedoch eine sehr junge Disziplin. Die Bedeutung von Keimen und die richtige Einschätzung ihrer Größe wurden zwar sehr früh bereits durch Paracelsus erkannt, jedoch wurden daraus noch keine speziellen oder kontinuierlich umgesetzten Hygienevorschriften abgeleitet. Die erste bekannte technische Umsetzung von Hygieneempfehlungen geht auf den Franzosen François Nicolas Appert zurück, der eine aseptische Abfüllmethode für Lebensmittel entwickelte und diese 1810 veröffentlichte [1]. Die erste dokumentierte medizinische Umsetzung stellten Hygienevorschriften für Ärzte dar, die Ignaz Philipp Semmelweis nach 1847 in der Wiener Klinik für Geburtshilfe einführte [2].

Räume mit kontrolliert reinen Bedingungen entstanden erst viel später. Ein Meilenstein für die Reinraumtechnik stellte dabei die Entwicklung von Schwebstofffiltern des Typs HEPA (High Efficiency Particulate Air Filter) zu Beginn der 1950er Jahre dar [3]. HEPA-Filter waren erstmals in der Lage, über 99,9% aller Partikel im Größenbereich von 0,1–0,3 µm wie Viren, lungengängige Stäube, Pollen, Rauchpartikel, diverse toxische Stäube und Aerosole aus der Luft zu filtern. Eine weitere Verbesserung der Filterwirkung konnte durch den Einsatz von ULPA-Filter (Ultra Low Penetration Air) erreicht werden, die 99,999 % aller Schwebstoffe zurückhalten können. Heute wird die Reinraumtechnik neben der Medizin und Pharmazie insbesondere in der Halbleiterproduktion und in zunehmendem Maß auch in der Automobilindustrie und in der Nanotechnologie eingesetzt [4].

Der noch heute oft zitierte U.S.-Federal Standard wurde als Normen-Grundlage der Reinraumtechnik erstmals 1963 eingeführt. Die Überarbeitung zum U.S. Federal Standard 209E (FED-STD 209E) erfolgte nur drei Jahre später. Offiziell wurde dieser im Jahre 2001 zurückgezogen und durch die seit 1988 erarbeiteten Normen der DIN EN ISO 14644 Teil 1 und 2 abgelöst.

Ziel der Reinraumtechnik ist es, Verfahren, Fertigungsschritte, Produktionsabläufe und die im Reinraum hergestellten Produkte vor Verunreinigungen zu schützen. Die Aufgabe ist daher in erster Linie, das Einbringen luftgetragener Verunreinigungen durch bauliche Maßnahmen zu verhindern bzw. zu reduzieren. Meist handelt es sich bei den Verunreinigungen um Staubpartikel, Pollen oder Aerosole. In der Medizintechnik muss zudem die Zahl der Bakterien und Keime kontrolliert gesenkt werden und gleichzeitig die während der Produktion z. b. durch den Menschen freigesetzten Partikel berücksichtigt und begrenzt werden [5].

32.1 Funktionsprinzip eines Reinraumes

Für alle Reinräume gelten ähnliche Konstruktionsrichtlinien. Im nachfolgenden Abschnitt sollen die Grundlagen sowohl von der prinzipiellen Funktion als auch von Seiten der Ausrüstung (z. B. Filtertechnik) und der Messtechnik näher erläutert werden.

32.1.1 Konstruktionsprinzip

Stark vereinfacht lässt sich ein Reinraum als abgeschlossenes Volumen betrachten, das mit hochgradig gereinigter und damit sauberer Luft durchströmt wird.

Der geforderte Reinheitsgrad eines Reinraums, und damit seine Spezifikation, sowie seine Größe und Auslegung, hängen i. A. vom zu handhabenden Produkt und dessen späteren Einsatzgebiet ab (z. B. Pharmazie, Lebensmittel, medizintechnische Instrumente). Davon leitet sich der erforderliche technische Aufwand für Filtertechnik, Klimatisierung und Raumausstattung ab. Pauschal lässt sich sagen, dass der finanzielle Aufwand, der mit der Erstellung und dem laufenden Betrieb eines Reinraumes verbunden ist, mit der Größe (umbautes Volumen) und mit der Reinheit (höhere Reinheitsklasse) zunimmt. Bei hochwertigen Reinräumen steigen die Kosten zur Erreichung der nächst höheren Reinraum-Klasse überproportional an.

Die gesamten Kosten des Reinraumes, sowohl für die Herstellung des Raumes, den laufenden Betrieb und Wartung und Unterhalt, werden maßgeblich durch folgende Faktoren beeinflusst:

- Zu realisierende Reinraumklasse,
- Größe und Konzeption sowie Ausführung (Auswahl der Baumaterialien),
- Konstruktionsprinzip und Auslegung der Lüftungsanlage (z. B. Klimatisierung),
- Notwendige Einbauten (z. B. reinraumtaugliche Maschinen, Geräte und Anlagen),
- Erforderlicher Personalbedarf,
- Aufwand für Qualitätssicherung (Qualifizierung und Validierung).

Weitere Kostenfaktoren sind notwendige Hilfsstoffe, erforderliche reinraumtaugliche Werkzeuge und angepasste Arbeitskleidung. Besonderes Augenmerk verdienen auch die Verhaltensvorschriften und Schulungen für die Mitarbeiter, die im Reinraum und dessen Umfeld tätig sind. Umfangreiche und detaillierte Arbeitsanweisungen wie häufige Reinigungsprozeduren führen auf den ersten Blick oft zu

32.1 Funktionsprinzip eines Reinraumes

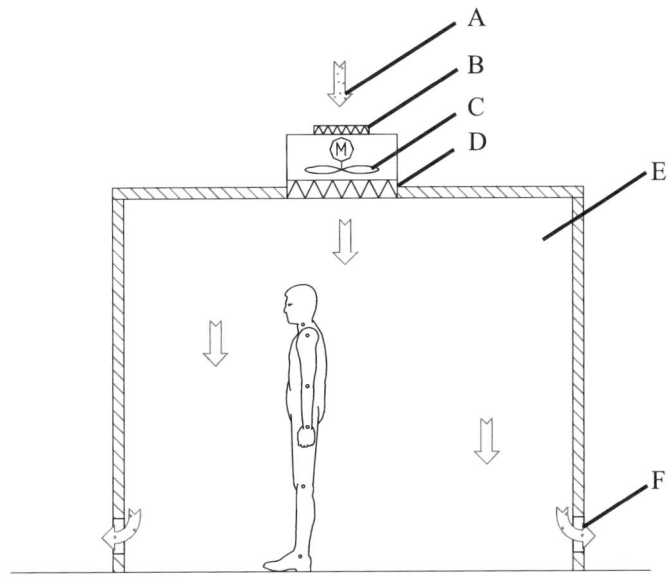

Abb. 32.1 Grundsätzliches, vereinfachtes Funktionsprinzip eines Reinraumes mit einer mehrstufigen Filterung der Zuluft und der Abluftführung im unteren Raumbereich. A: Zuluft, B: Vorfilter, C: Gebläse, D: Schwebstoff-Filter, E: Reinraum, F: Luftauslass. Die Kombination der Positionen B–D in einer Baugruppe wird als FFU (Fan-Filter-Unit) bezeichnet

höheren Nebenzeiten, deren Aufwand jedoch zur Sicherstellung der erforderlichen Reinheit zwingend erforderlich ist.

Nationale und internationale Gesetze, Normen und Regelwerke greifen bereits bei der Planung einer Reinraumanlage und müssen über die Bauausführung bis zum laufenden Betrieb Berücksichtigung finden [3, 6].

Das grundsätzliche Funktionsprinzip eines Reinraumes ist in Abb. 32.1 dargestellt. Im Regelfall tritt die Luft von oben über einen Ventilator und ein Filtersystem in den Raum ein und verlässt diesen im unteren Bereich wieder. Durch diese Luftführung wird der Raum mit sauberer Luft gefüllt und durchspült. Mittels einer gezielten Drosselung der abströmenden Luft wird im Reinraum ein leichter Überdruck zum umgebenden Raum erzeugt. Dadurch können Partikel und Verunreinigungen nicht gegen den Überdruck durch Spalte und Ritzen (z. B. an Türdichtungen) in den Reinraum gelangen.

Reinräume werden meist als Raum-in-Raum-System realisiert. Hierbei befindet sich der Reinraum als begrenzter „reiner Bereich" innerhalb eines Grauraums (die den Reinraum umgebende klassifizierte Zone) oder eines Schwarzraums (die den Grauraum umgebende reinraumtechnisch nicht klassifizierte Zone; siehe Ta-

Zone	Bereich	Komponenten bzw. Funktionen
„Schwarz"	Umgebung (nicht klassifiziert)	Prozessmedienversorgung, Sicherheits- und Umwelttechnik, Luftaufbereitung und Klimatechnik, Messtechnik
„Grau"	Grauraum (i. d. R. klassifiziert)	Die den Reinraum umgebende Zone und Schleusen (z. B. für Material, Personal)
„Weiß"	Reinraum (klassifiziert)	Arbeitsbereich: Werkstücke, Personal, Maschinen, Geräte

Tabelle 32.1 Sequenzieller Aufbau eines Reinraums: Die Unterbringung der verschiedenen nicht reinraumrelevanten Prozesskomponenten erfolgt so weit möglich außerhalb des Reinraums mit der höchsten Klasse, um einen Partikel- und/oder Keimeintrag zu vermeiden

belle 32.1). Dieses Konstruktionsprinzip wird beispielsweise durch Laminar-Flow-Werkbänke (Arbeitstische, die mit einer Laminar-Flow-Einheit überdeckt sind) oder Laminar-Flow-Zelte (sehr kleine Reinräume mit einfacher Wandkonstruktion, meist als Vorhänge) ausgeführt.

Mit Laminar-Flow wird eine zumeist vertikal gerichtete keim- und wirbelfreie Strömung bezeichnet. Erzeugt wird diese mittels spezieller Anordnungen aus Ventilatoren, Filtern und Luftverteilern.

Es existieren auch Reinräume als abgeschlossene, meist größere Gebäudeabschnitte, bei denen komplette Abteilungen kontrollierten Umgebungsbedingungen, z. B. in der Halbleiterindustrie, unterliegen.

Wichtig für die Konzeption von Reinräumen ist es, bereits früh in der Konzeptionsphase über das Raumkonzept zu entscheiden, da davon entscheidend die baulichen Maßnahmen und das Investitionsvolumen abhängen.

Raum-in-Raum-Konzepte bieten in der Regel die wirtschaftlichste Lösung, da sie mit einem geringeren finanziellen, technischen, zeitlichen und auch räumlichen Aufwand bereitgestellt werden können. Man beschränkt sich dabei darauf, nur die nötigen Prozessschritte und Anlagenteile einzuhausen, wodurch lediglich eine begrenzte Menge Luft aufbereitet werden muss. So wird im prozessrelevanten Anlagenteil ein hoher Umluftanteil sichergestellt. Der Mensch als wesentlicher Faktor für den Partikeleintrag kann bei diesen Konzepten oft ganz aus dem Reinbereich gehalten werden. Solche kompakten Systeme zeigen sich sehr flexibel gegenüber späteren Umbauten oder Erweiterungen. Das Konzept spart zudem Investitions- und Betriebskosten. Beispiele für ein Raum-in-Raum-System sind in Abb. 32.2 a/b dargestellt.

Je nach Anforderung, Umfang oder Art der Fertigung kann es also günstiger sein, einzelne Räume oder eine Folge von Räumen komplett als Reinraum zu bauen. Grundsätzlich sollte auf einen sequenziellen Aufbau des Reinraumkonzepts geachtet werden (siehe Tabelle 32.1). Der optimale Fall tritt dann ein, wenn solche Konzepte von Beginn an als Neubau erarbeitet werden. Hierdurch lassen sich Aufwendungen für nachträgliche bauliche Veränderungen vermeiden und die Raummaße, wie z. B. die nutzbare Raumhöhe, im Voraus ausreichend dimensionieren.

32.1 Funktionsprinzip eines Reinraumes

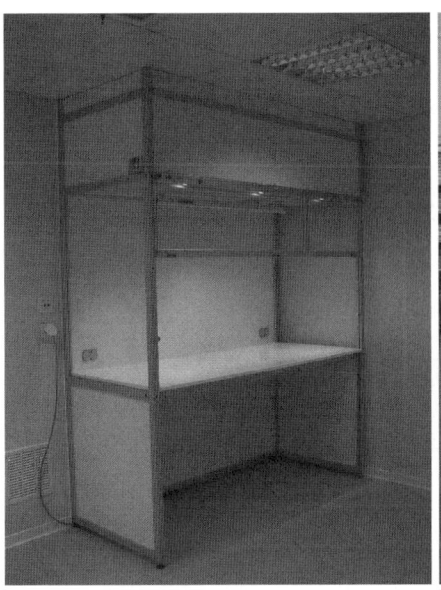

a) b)

Abb. 32.2 Beispiele für ein Raum-in-Raum-Konzept eines Reinraumes: a/Links ist ein Laminar-Flow-Arbeitsplatz der ISO-Klasse 5 in Aluminium-System-Profilbauweise dargestellt. Als Besonderheit verfügt diese unter dem oben angeordneten Filter über einen eingebauten Ionisationsstab und eine mehrteilige abgesaugte Tischplatte. b/Rechts: Der Werkzeugbereich einer Spritzgießmaschine wurde inklusive einer Verpackungseinheit eingehaust (Klasse ISO 6). Die spritzgegossenen Formteile verlassen den Reinraumbereich fertig verpackt über ein gekapseltes Förderband. Das System wird innerhalb eines Grauraums als eigenständiger Reinraum betrieben

Je nach Einsatzbereich müssen Reinräume unterschiedlichen Anforderungen genügen. Beispielsweise enthält die „Good Manufacturing Practice" (GMP) Richtlinien zur Qualitätssicherung der jeweiligen Produktionsabläufe und -Umgebungen während der Produktion von Medizinprodukten [u. a. 20]. Die Anwendung dieser Richtlinien dient der Sicherstellung der Produktqualität und der Erfüllung verbindlicher Anforderungen. Eine Auflistung entsprechender, auch die Anforderungen durch die amerikanische „Food and Drug Administration" (FDA) betreffender, Regelwerke findet sich in [3, 7].

FDA- und GMP-konforme Reinräume müssen eine Reihe von strengen Anforderungen erfüllen, um die Reinraumqualität zu gewährleisten. So müssen Wand- und Deckensysteme beispielsweise vollständig flächenbündig ausgeführt sein, um zum einen die Reinigung zu erleichtern, zum anderen keine Räume für die Ansammlung von Partikeln und Bakterien zu bieten. Hierfür werden in der Regel Wandsysteme in Monoblock-Bandrasterausführung verwendet. Die Monoblockelemente bestehen aus zwei Stahlblechen, die verzinkt und pulverbeschichtet oder in Edelstahl ausgeführt sind. Dazwischen befindet sich ein Füllkörper aus Wabenstrukturen oder Dämmstoffmaterialien. Die einzelnen Elemente werden mit Klammern stabil verbunden und der entstehende Zwischenraum glatt abgedeckt. Fenster werden als Doppelverglasung ausgeführt und eben in die Brüstungen eingeklebt. Als Decken

Abb. 32.3 a Ein GMP/FDA-konformer Reinraum mit flächenbündigen Wand- und Deckenelementen nach der Erstellung. Auf der linken Seite des Raums sind 2 Förderbänder zu erkennen, die die von einer extern angebundenen Spritzgießmaschine produzierten Teile in den Reinraum fördern. **b** Detailansicht des GMP/FDA-konformen Reinraums aus Abb. 3 a: Monitor und Materialschleusen sind flächenbündig eingebaut. Der rückseitige Teil des Monitors mit den Belüftungsschlitzen befindet sich außerhalb des Reinraums im Rückluftkanal. Hierdurch beeinflussen Emissionen des Monitors nicht die Reinraumqualität. (Bilder mit freundlicher Genehmigung der Fa. Pöppelmann GmbH & Co. KG, Lohne)

kommen meist in ein Deckenraster flächenbündig eingefügte Flächenelemente zum Einsatz. Die verbleibenden Fugen in Wänden und Decken werden mit geeigneten (fungiziden) und qualifizierten Dichtstoffen versiegelt. Die sonstigen Komponenten sind ebenfalls nach strengen Kriterien auszuwählen. So sind beispielsweise Beleuchtungskörper in abgedeckter deckenbündiger Ausführung zu wählen, Wandanschlüsse als gut zu reinigende Hohlkehlen auszuführen und entsprechende Fußbodenbeläge (abriebfest, glatt, leicht zu reinigen, dabei beständig gegen Reinigungs- und Desinfektionsmittel) vorzusehen.

Ein Beispiel für einen GMP/FDA-konformen Reinraum zeigen die Abb. 32.3 a/b.

Insbesondere technische Medizinalartikel (wie z. B. Gehäuseteile) müssen nicht immer unter GMP-konformen Reinraumbedingungen gefertigt werden, sondern es kann auf günstigere Reinraumlösungen, die zum Beispiel aus Aluminium-Systemprofilen bestehen, zurückgegriffen werden (siehe Abb. 32.4). Durch die Wahl dieser einfacher aufgeführten Wand- und Deckensysteme lassen sich die Investitionskosten erheblich senken. Zusätzliches Potential zur Kosteneinsparung besteht im Wegfall der umfangreichen Qualifizierungs- und Validierungsmaßnahmen für diese Produktionsanlagen. Diese Form der Reinraumgestaltung findet sich häufig bei Kunststoffverarbeitern mit mittleren pharmazeutischen und medizinischen Anforderungen, insbesondere dann, wenn die Produkte nach der Spritzgießfertigung gereinigt und sterilisiert werden. Solche Systeme erweisen sich als hochgradig flexibel und erweiterbar und können in veränderten Varianten umgenutzt werden, was jedoch in jedem Einzelfall separat zu prüfen ist.

Abb. 32.4 Reinraum ohne GMP/FDA-Qualifizierung aus Aluminium-Systemprofilen: Kompakte Fertigungszelle der ISO-Klasse 7 für die Verpackung von Spritzgießteilen mit kleiner Materialschleuse im Vordergrund. Bei der Ausführung muss auf eine möglichst flächenbündige Ausführung geachtet werden. Im Inneren des Reinraumes sind keine offenen Nuten, Schrauben oder Verbinder verwendet worden

32.1.2 Filter für die Reinraumtechnik

Aus dem Funktionsprinzip (Abb. 32.1) wird bereits ersichtlich, dass die Qualität der Zuluft-Filterung einen entscheidenden Einfluss auf die Reinraumqualität hat. Partikel, die von dem Filter zurückgehalten werden, gelangen nicht in den Reinraum und können diesen und das Produkt mithin nicht kontaminieren. Quellen der Luftverunreinigung sind natürliche Partikel im Größenbereich > 2 µm, die vorwiegend aus Erosionsprozessen der Erdrinde stammen. Dieser Größenbereich umfasst auch Pollen, Sporen und einige Bakterienspezies. Mehrheitlich sind jedoch pathogene Partikel im Größenbereich < 2 µm anzutreffen, die vorwiegend durch Industrie- und Verbrennungsprozesse sowie durch den Straßenverkehr verursacht werden.

Luftfilter werden überwiegend nach DIN EN 1822-1 und DIN EN 779 klassifiziert. Dabei wird zwischen Grobfiltern (Filterklassen G1–G4) und Feinfiltern (F5–F9) unterschieden. Als endständige Filter kommen in der Reinraumtechnik Schwebstofffilter vom Typ HEPA (High Efficiency Particulate Air Filter; H10–H14) oder ULPA (Ultra Low Penetration Air Filter; U15–U17) zum Einsatz, die einen noch höheren Abscheidegrad aufweisen und z. B. in der hoch sensitiven Halbleiterindustrie verwendet werden.

Im Allgemeinen wird die Zuluftfilterung 3-stufig aufgebaut:
1. Stufe: ein Grob-Vorfilter   z. B. Filterklasse G4
2. Stufe: ein Feinfilter   z. B. Filterklasse F7
3. Stufe ein endständiger Schwebstofffilter   z. B. Filterklasse H14

In Tabelle 32.2 sind in Auswahl verschiedene Filterklassen und der jeweils damit erreichbare Abscheidegrad aufgeführt. Mit Abscheidegrad wird das gravimetrische Verhältnis der von dem Filter zurückgehaltenen Partikel bezogen auf den in nor-

Filterklasse	Mittlerer Abscheidegrad	Abscheidegrad im Abscheidegradminimum
G3	80–87 %	
G4	90 %	
F5	97 %	
F6 / F7 / F8	> 99%	
H11		≤ 95 %
H13		≥ 99,95 %
H14		≥ 99.995 %
U15		≥ 99.999 5 %
U17		≥ 99.999 995 %

Tabelle 32.2 Verschiedene Filterklassen und der jeweils erreichbare Abscheidegrad (nach DIN EN ISO 1822-1 bzw. DIN EN 779). G: Grobfilter, F: Feinfilter, H: Schwebstofffilter (High Efficiency Particulate Air Filter, HEPA), U: Hochleistungs-Schwebstofffilter (Ultra Low Penetration Air Filter, ULPA)

32.1 Funktionsprinzip eines Reinraumes

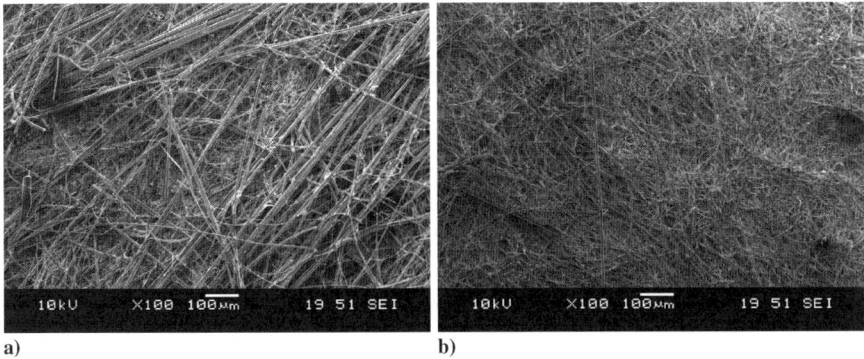

a)   b)

Abb. 32.5 a/b: Luftfilter mit verschiedenen Filterklassen (rasterelektronenmikroskopische Aufnahmen): Beim Vergleich der beiden Filterproben (F7 links, H14 rechts), die beide mit der gleichen Vergrößerung (100x) aufgenommen wurden, ist ein eindeutiger Unterschied in der Filterfeinheit zu erkennen. Es wird deutlich, dass mit dem H14-Filter aufgrund der engen Packung der feineren Fasern kleinere Partikel sicher zurückgehalten werden können als mit dem Filter der Klasse F7

mierten Testmessungen aufgebrachten Prüfstaub (ausgedrückt in %) bezeichnet. Die Wirksamkeit der Filter hängt stark von der Geschwindigkeit ab, mit der sie von der Luft durchströmt werden. Die endständigen Filter werden mit einer sehr niedrigen Luftaustrittsgeschwindigkeit von ca. 0,45 m/sec betrieben. Dies beugt Schmutzaufwirbelungen vor, wodurch sich notwendigerweise allerdings relativ große Filterflächen ergeben, um die vorgesehene Luftmenge in den Reinraum einzubringen.

Zur Visualisierung der unterschiedlichen Filterklassen sind in Abb. 32.5 a/b beispielhaft rasterelektronenmikroskopische Aufnahmen von Filtern der Klasse F7 und H14 bei gleicher Vergrößerung gegenüber gestellt. Zu erkennen ist, dass durch die enge Packung feinerer Faserstrukturen mit einem Filter H14 kleinere Partikel sicher zurückgehalten werden können als mit dem gröberen Filter der Klasse F7.

Neben der Führung der Zuluft und der eingesetzten Filterklassen hat auch die Zuluftmenge einen entscheidenden Einfluss auf die Reinraumqualität. Vereinfacht gilt: je höher die Zuluftmenge, desto höher die Reinraumklasse.

32.1.3 Belüftung

Der Belüftung des Reinraums kommt eine entscheidende Bedeutung zu, denn Luftströmung und Zuluftqualität beeinflussen, wie schon angesprochen, maßgeblich die Einhaltung der Reinraumanforderungen. Dabei bestimmen nicht nur die festgelegten Reinraumspezifikationen die Auslegung des Reinraumes und somit die Investitions- und Betriebskosten, sondern auch die im Reinraum entstehenden Belastungen durch Partikel, Wärme, Keime, Staub oder toxische Stoffe.

Die Luftströmungsprofile unterteilt man in *turbulenzarme Verdrängungsströmung* und *turbulente Verdünnungsströmung*. Werden beide Varianten innerhalb desselben Reinraums eingesetzt, spricht man von einer *Mischströmung oder -Lüftung*.

Die turbulenzarme Verdrängungsströmung kann horizontal oder vertikal geführt werden. Kennzeichnend hierfür ist eine möglichst geradlinige und störungsfreie Luftführung, die im optimalen Fall durch gegenüberliegende Zu- und Abluftöffnungen, die zudem vollflächig auszulegen sind, realisiert wird. In diesem Fall ist in der Regel die gesamte Wand bzw. Decke mit Filtern bestückt. Speziell in dem sensitiven Bereichen z. B. der Halbleiterindustrie muss der Luftstrom möglichst ununterbrochen verlaufen. Wird die Reinraumluft zentral zugeführt und durch entfernt liegende Rückströmöffnungen abgesaugt, liegt eine turbulente Verdünnungsströmung vor. Um tote, das heißt nicht ausreichend durchströmte Bereiche zu vermeiden, muss hier auf eine gleichmäßige Verteilung der Abluftkanäle geachtet werden. In der Praxis wird bei hochwertigen Reinraumklassen (ISO 1–5) meist die turbulenzarme Verdrängungsströmung eingesetzt, ab Reinraumklasse ISO 6 und weniger rein die turbulente Verdünnungsströmung oder eine Mischströmung.

Sowohl bauliche als auch betriebswirtschaftliche Faktoren beeinflussen die Auswahl des Lüftungskonzepts. Hierbei werden unterschieden:

Betrieb im Umluftsystem

Die Luft gelangt über Fan-Filter-Units (FFU) in den Reinraum, die dabei die Partikelabscheidung, die Druckhaltung und den Luftwechsel sicherstellen. Die Luft strömt in die Umgebung ab und wird von dort wieder angesaugt (siehe Abb. 32.1). Somit sind die Klimabedingungen im Reinraum unmittelbar von den Bedingungen des umgebenden Raumes abhängig. Die Zuluft kann zwar durch den FFUs vorgeschaltete Wärmetauscher gekühlt werden, eine Einstellung der Luftfeuchtigkeit ist aber nicht möglich. Dieses System ist äußerst kostengünstig, wenn die Umgebung bereits ausreichend klimatisiert ist. Abhängig von den Größenverhältnissen von Reinraum zur Umgebung kann im umgebenden Raum bereits durch die abströmende Reinraumluft eine gewisse Reinheit erzielt werden, die sonst ohne Zusatzeinrichtungen (Zuluftfiltersysteme) nicht möglich wäre. Der Reinraum reinigt hierbei somit auch die umgebende Räumlichkeit.

Zentrales Lüftungssystem

Bei einem zentralen Lüftungssystem versorgt in der Regel ein Klimagerät den gesamten Reinraumbereich mit gereinigter und klimatisierter Luft. Dabei wird Frischluft mit aus dem Reinraum ausgeschleuster Rückluft gemischt, vorgereinigt und klimatisiert. Über ein Kanalsystem wird diese Luft anschließend verteilt und strömt durch Schwebstofffilter in den Reinraum. Ein kleiner Anteil der austretenden Abluft wird als Fortluft abgegeben. Das Schema eines solchen zentralen Lüftungssystems wird in Abb. 32.6 wiedergegeben.

Die graphischen Symbole eines Reinraumschemas mit zentralem Lüftungssystem aus Abb. 32.6 sind in nachfolgender Tabelle dargestellt.

32.1 Funktionsprinzip eines Reinraumes

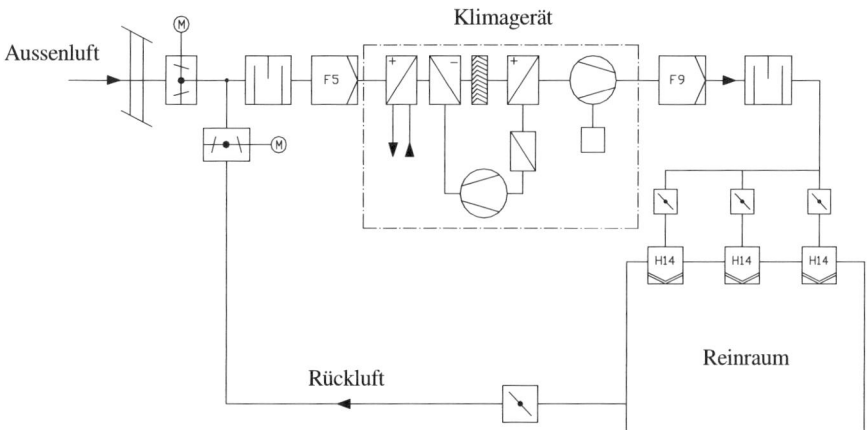

Abb. 32.6 Schema eines Reinraumes mit einem zentralen Lüftungssystem: Die Außenluft wird über eine Klappe angesaugt und gelangt über einen Schalldämpfer und einen Filter Klasse F5 in das Klimagerät. Über einen nachgeschalteten Filter Klasse F9 und einen weiteren Schalldämpfer strömt sie anschließend über endständige Schwebstofffilter (Filterklasse H14) in den Reinraum. Die Rückluft wird gedrosselt wieder dem Zuluftstrom zugeführt

(M)	Jalousie-Klappe (motorisch angetrieben)		Tropfenabscheider
	Schalldämpfer		Verdichter (Gebläse / Kompressor)
F5	Filter (mit Angabe der Klasse, hier F5)		Klappe (manuell einstellbar)
+	Wärmetauscher (+ Heizung, – Kühlung)	H14	Schwebstofffilter Filterklasse H14

Tabelle 32.3 Erklärung der in Abb. 6 verwendeten lüftungstechnischen Symbole

Dezentrales Lüftungssystem

Bei einem dezentralen Lüftungssystem wird die Luft im Reinraum ebenfalls von Fan-Filter-Units (FFU's) umgewälzt, wie im vorhergehenden Abschnitt „Betrieb im Umluftsystem" beschrieben. Allerdings strömt die Luft nicht frei in die Umgebung ab, sondern wird über Rückluftkanäle oder Hohlwandsysteme in den Bereich über der Reinraumdecke zurückgeführt. Dieser Bereich ist als abgeschlossener Raum ausgebildet und wird im Allgemeinen als Druckplenum bezeichnet.

Konstruktiv wird das Druckluftplenum in der Regel so ausgeführt, dass innerhalb der Reinraumhülle eine luftdichte, abgehängte Zwischendecke installiert ist. Die Klimatisierung erfolgt dadurch, dass von einem dezentralen Zuluftgerät konditionierte Luft in diesen Deckenzwischenraum gespeist wird. Der überschüssige Luftanteil wird abgeführt.

Dieses Konstruktionsprinzip wird meistens bei Reinräumen eingesetzt, die eine sehr hohe Luftwechselzahl und damit eine sehr große Zuluftmenge benötigen. Die Kosten für große Zuluftkanäle können dadurch entfallen, allerdings kann bei diesem Belüftungsprinzip nur eine begrenzte Wärmelast abgeführt werden. Bei der Auslegung ist die durch die FFU´s zusätzlich eingebrachte Wärmemenge ebenfalls zu berücksichtigen.

32.1.4 Druck und Druckstufen der (Zu-)Luft

Ein Reinraum wird im Allgemeinen mit Überdruck betrieben, um das Eindringen von Partikeln und Keimen zu verhindern. Sind mehrere Reinräume verschiedener Klasse hintereinander angeordnet, so ist jeweils ein Druckunterschied zwischen den einzelnen Reinraumbereichen sicher zu stellen. Hierbei wird der Reinraum mit der höchsten Reinheitsklasse auch mit dem höchsten Druckunterschied zur Umgebung und dem anschließenden Reinraumbereich betrieben. Dies ist in Kap. 32.2.4 ausführlich beschrieben.

Wird im Reinraum mit gefährlichen Substanzen wie z. B. Krankheitserregern gearbeitet können im Sonderfall einzelne Bereiche im Unterdruck betrieben werden. Dies dient in der Regel zum Schutz der im Reinraum arbeitenden Personen. Der Unterdruck wird durch eine gezielte und geregelte Luft-Absaugung aus diesen Abschnitten erzeugt.

Wichtig ist dabei, dass die Luft mit ausreichender Geschwindigkeit aus Richtung des im Reinraum arbeitenden Personals über den Arbeitsbereich hinweg zu einem Abluftkanal abgezogen wird. Dieses Prinzip wird beispielsweise in Laborkapellen und Zytostatikawerkbänken angewandt.

32.1.5 Klimatisierung

Die Fertigung im Reinraum kann die Einhaltung von Klimatoleranzen erfordern. Mit zunehmender Temperatur steigen z. B. die Vermehrung und das Wachstum von Sporen und Keimen. Zudem nimmt die Stoffwechselaktivität von Mikroorganismen und damit in Einzelfällen auch die Toxinbildung zu. Eine gezielte Klimatisierung kann dieses Risiko reduzieren und vermeidet Störungen durch Materialfeuchte oder Kondenswasserbildung.

Die Stabilität von empfindlichen Fertigungsprozessen mit begrenzten Verarbeitungsfenstern kann die Einhaltung von sehr engen Klimatoleranzen erfordern.

32.1 Funktionsprinzip eines Reinraumes

Ferner müssen auch in Reinräumen die durch die einschlägigen Normen und Richtlinien (Arbeitsstättenrichtlinien) vorgegebenen Werte bezüglich Raumtemperatur und Luftfeuchte eingehalten werden, auch um die Behaglichkeit und Leistungsfähigkeit der Mitarbeiter sicher zu stellen. Beispielsweise unterschreitet im Winter die Luftfeuchte bisweilen die geforderte Untergrenze von 6 g Wasser pro kg Luft, so dass die Außenluft befeuchtet werden muss.

Zu berücksichtigen ist ferner, dass die Reinraumkleidung bei höheren Temperaturen schneller zur Transpiration des Personals führt als normale Kleidung. Bei der Auslegung der Klimatisierung müssen so genannte äußere Lasten und innere Lasten berücksichtigt werden.

Äußere Lasten

Als äußere Lasten bezeichnet man die Wärmezufuhr von außen, z. B. durch Sonneneinstrahlung, durch die Hülle in den Reinraum. Diese Wärmezufuhr kann durch die Wahl geeigneter Werkstoffe, wie z. B. mit Isoliermaterial gefüllte Wandelemente, gesenkt werden. Zusätzlich sind jahreszeitliche Schwankungen über die Regelung der Klimageräte aufzufangen: Hierzu je nach Jahreszeit sowohl Kühl- als auch Heizkapazität vorhanden sein.

Innere Lasten

Als innere Lasten bezeichnet man die Wärmequellen, die im Reinraum wirken und in der Regel den Hauptteil der Wärmeproduktion ausmachen. Für das Personal gilt ein Richtwert von 30 – 150 W pro Person, je nach Grad der Bewegung. Die Beleuchtung trägt mit einer Leistung zwischen 12 und 40 W pro Quadratmeter ebenfalls nicht unerheblich zur Erwärmung bei, zumal in Reinräumen in der Regel auf eine gute Ausleuchtung mit hoher Lichtintensität geachtet wird. Hinzu kommen die Fertigungsmaschinen, die je nach Typ durchaus alle anderen Wärmequellen dominieren können.

In der Kunststoffverarbeitung, z. B. der Spritzgießfertigung von medizintechnischen Bauteilen (siehe Abb. 32.7), umgeht man dieses Problem meist dadurch, dass nur die prozessrelevanten Maschinenbereiche eingehaust werden und über entsprechende Anbindungen (z. B. Tunnel, gekapseltes Förderband) die zur Weiterverarbeitung notwendigen Reinräume angebunden sind. Die Verarbeitungsmaschine befindet sich hierbei außerhalb des Reinraums, wodurch ihre Wärmelast nicht in den Reinraum gelangt.

32.1.6 Sterilisation und Ionisation

Die nachträgliche Sterilisation der Fertigprodukte kann eine Fertigung unter Reinraumbedingungen in der Regel nicht ersetzen. Die Reinraumtechnik schafft hierbei die wichtige Voraussetzung, dass auf dem zu sterilisierenden Werkstück keine

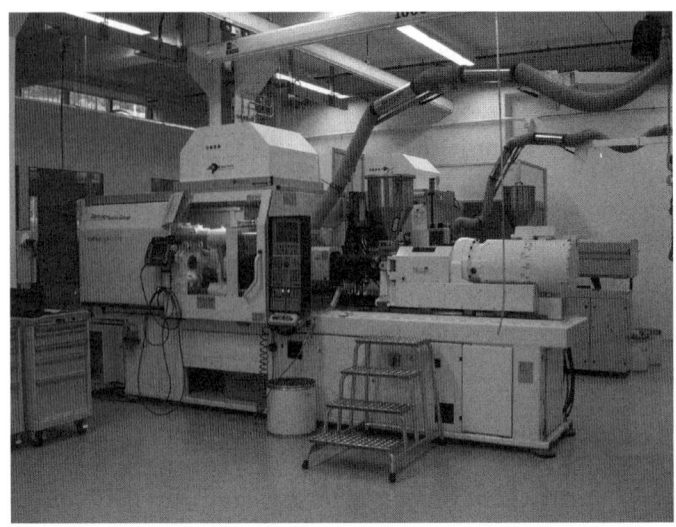

Abb. 32.7 Seitenansicht einer Spritzgießmaschine: Aufgrund der hohen Wärmeabgabe und zur Reduzierung der Betriebs- und Investitionskosten ist die Spritzgussmaschine extern vom Reinraum aufgestellt. Die Spritzgießmaschine ist mit einem Laminar-Flow-Modul über der Schließeinheit ausgestattet. Die Werkstücke gelangen über ein hinter der Maschine angeordnetes, abgedecktes, reinluftdurchspültes Förderband in den Reinraum zur Weiterbearbeitung (z. B. Verpackung, Montage). (Foto mit freundlicher Genehmigung der Firma GEMÜ Gebr. Müller Apparatebau GmbH & Co. KG, Ingelfingen)

undefinierte Menge von Mikroorganismen vorhanden ist. Erst dadurch wird eine Berechnung und Aussage über die Wirksamkeit der notwendigen Sterilisationsmaßnahmen möglich.

Die statische Aufladung von Werkstücken während der Produktion tritt in der Praxis sehr häufig auf. Diese entsteht dadurch, dass man zwei unterschiedliche Materialien miteinander in Kontakt bringt und sie anschließend wieder voneinander entfernt (z. B. bei einem Teiletransport). Dadurch werden sehr häufig Ladungen voneinander getrennt. Sind die Materialien geerdete elektrische Leiter, so wird kein Effekt von außen zu messen sein. Sind die Materialien dagegen elektrisch nicht leitend, so verbleibt nach der Trennung auf beiden Hälften eine statische elektrische Ladung [8]. Auch bei der Abkühlung von nicht leitenden Werkstücken, wie z. B. Kunststoff-Spritzgießteilen, wird häufig eine statische Aufladung beobachtet.

Die beschriebenen Mechanismen generieren im Produktionsumfeld bisweilen hohe elektrostatische Felder (mit Feldstärken im Bereich von einigen kV/cm). Durch diese elektrischen Felder werden Partikel beschleunigt, angezogen und elektrostatisch auf der Produktoberfläche gehalten.

Auch wenn die Anzahl der Partikel in einem Reinraum wesentlich geringer ist als in einer natürlichen Umgebung, arbeitet dieser geschilderte Effekt gegen das Reinraumprinzip an und verschlechtert lokal an der Produktoberfläche scheinbar die Reinraumklasse. Dadurch wird klar, dass nur durch ein Zusammenspiel beider Voraussetzungen, Reinraum und statische Entladung, einer Verschmutzung der Produktoberfläche wirksam begegnet werden kann.

Die statische Ladung kann durch passive Präventivmaßnahmen (z. B. Kontrolle der Luftfeuchtigkeit, Verwendung von leitfähigen Materialen für Tischoberflächen und Fußböden) oder aktiv mittels so genannter Ionisationssysteme abgebaut werden. Dafür kommen beispielsweise Ionisationsstäbe, Ionisationsgebläse oder Ionisationsköpfe zum Einsatz. Diese Geräte erzeugen positive und negative Ladungen, die durch die Luftmoleküle zu den aufgeladenen Flächen bzw. Werkstücken transportiert werden und dort zu einer gezielten Entladung führen.

32.2 Qualität, Qualifizierung und Beurteilung eines Reinraumes

Für die Beurteilung der Qualität eines Reinraums und dessen Qualifizierung sind verschiedene Grundmessungen (z. B. Partikel- und Druckmessungen) zwingend erforderlich. Wird der Reinraum für eine keimfreie Produktion genutzt, werden zusätzliche Untersuchungen (z. B. Luftkeimsammlungen oder so genannte Abklatschtests von Oberflächen) notwendig.

Insbesondere in der medizinischen und pharmazeutischen Industrie wird die Qualität der Reinräume und der darin gefertigten Produkte durch Qualifizierungs- und Validierungsmaßnahmen geplant, durchgeführt, überwacht und dokumentiert. Die Qualifizierung ist elementarer Bestandteil des Qualitätssicherungssystems und soll belegen, dass die eingesetzten Anlagen und Systeme fachgerecht installiert sind, ordnungsgemäß funktionieren und zu den erwarteten Ergebnissen führen. Die Qualifizierung ist Bestandteil der Validierung.

Unter Validierung versteht man den dokumentierten Nachweis, dass ein bestimmter Prozess oder ein System mit größtmöglicher Sicherheit reproduzierbare Ergebnisse liefert und die festgelegten Akzeptanzkriterien erfüllt.

Grundsätzlich muss der Reinraum erst qualifiziert werden, bevor die Validierung des Gesamtprozesses (d. h. der laufenden Fertigung) vorgenommen werden kann.

Für jede Qualifizierung muss neben der Reinraumklasse auch der Betriebsstatus festgelegt werden, für den der Reinraum klassifiziert wird. Man unterscheidet drei Stufen:

1. die Bereitstellung, „**as built**" genannt, d. h. die vollständige und betriebsbereite Reinraumanlage, jedoch ohne Betriebseinrichtungen und ohne Personal.
2. den Leerlaufbetrieb, als „**at rest**" bezeichnet. Die Reinraumanlage ist ausgestattet mit allen Produktionseinrichtungen; jedoch ohne Personal.
3. Betrieb „**in operation**", wobei die Reinraumanlagen und alle Produktions-Einrichtungen in Betrieb sind, sich das Personal in der vorgesehenen Anzahl im Reinraum aufhält und die notwendigen Tätigkeiten ausführt.

Zu den Unterlagen für eine vollständige Qualifizierung des Reinraums gehören unter anderem die Festlegung des Umfangs der Messungen, die Definition der Messverfahren (mit der Beschreibung und dem Verweis auf die angewandten Normen und Richtlinien), die Dokumentation firmeninterner Verfahren und Protokollvorlagen (SOP – Standard Operation Procedure) sowie Spezifikationen und Zeichnungen.

32.2.1 Reinraumklassen / zulässige Partikelanzahl

Luftreinheitsklassen werden über eine Abstufung des Reinheitsgrades klassifiziert. Die Reinheitsklassen selbst definieren die jeweiligen Anforderungen an die Qualität der Raumluft.

Der sehr bekannte, aber inzwischen abgelöste US FED-STD 209E wird nach wie vor in einigen Fällen für die Beschreibung der Partikelanzahl in der Raumluft genutzt, da er sehr leicht verständlich und anschaulich ist. So bedeutet eine Klasse 10.000 beispielsweise, dass maximal 10.000 Partikel (der Größe 0,5 µm) in einem Kubikfuß Raumluft vorhanden sein dürfen.

Nach der Tabelle entspricht beispielsweise ein Reinraum der Klasse ISO 7 nach DIN EN ISO 14644-1 einem Reinraum der Klasse 10.000 nach US FED-STD 209E.

ISO 14644-1 Klassifizierung	Höchstwert der Partikelkonzentrationen (Partikel/m³ Luft)						FED STD 209E
	0,1 µm	0,2 µm	0,3 µm	0,5 µm	1 µm	5 µm	
ISO Klasse 1	100	2	-	-	-	-	
							-
ISO Klasse 2	100	24	10	4	-	-	
							-
ISO Klasse 3	1.000	237	102	35	8	-	
	28	*7*	*3*	*1*	*0*		*1*
ISO Klasse 4	10.000	2.370	1.020	352	83	-	
	284	*67*	*29*	*10*	*2*		*10*
ISO Klasse 5	100.000	23.700	10.200	3.520	832	29	
	2.841	*673*	*290*	*100*	*24*	*1*	*100*
ISO Klasse 6	1.000.000	237.00	102.000	35.200	8.320	293	
	28.409	*6.733*	*2.898*	*1.000*	*236*	*8*	*1.000*
ISO Klasse 7	-	-	-	352.000	83.200	2.930	
				10.000	*2.364*	*83*	*10.000*
ISO Klasse 8	-	-	-	3.520.000	832.000	29.300	
				100.000	*23.636*	*832*	*100.000*
ISO Klasse 9	-	-	-	35.200.000	8.320.000	293.000	

Tabelle 32.4 In dieser Tabelle sind die Reinraumklassen nach DIN EN ISO 14644-1 (1. Spalte links) bzw. FED-STD 209E (rechte Spalte) dargestellt. In der oberen Hälfte jeder Doppelzeile ist die zulässige Partikelanzahl bezogen auf einen Kubikmeter Luft eingetragen. Die zugehörigen Reinraumklassen nach DIN EN ISO 14644 befinden sich in der linken Spalte. Unter den jeweiligen Partikelwerten wird die Partikelzahl für einen Kubikfuß Luft kursiv aufgeführt. Die entsprechenden Reinraumklassen nach FED-STD 209E finden sich dann in der rechten Spalte [9]

32.2 Qualität, Qualifizierung und Beurteilung eines Reinraumes

In Abb. 32.8 ist das Ergebnis der nachfolgenden Formel zur Klassifizierung von Reinräumen nach DIN EN ISO 14644-1 grafisch dargestellt.

$$c_n = 10^N \cdot \left(\frac{0{,}1}{D}\right)^{2{,}08} \tag{32.1}$$

c_n: Partikelkonzentration in [Partikel/m³]
N: ISO-Klasse
D: Partikelgröße in [μm]

Die Richtlinien der EU (bzw. EC: European Community) erweitern die Einteilung der Reinraumklassen (siehe Tabelle 32.5). Mit den Buchstaben A bis D wird eine Klassifizierung geschaffen, die zusätzlich die Anwesenheit von Luftkeimen und bleichzeitig den Betriebszustand berücksichtigt. Die Keimkonzentration zur Beurteilung der Luftqualität wird in so genannten „KBE", d.h. Kolonie bildende Einheiten (englisch: „cfu", colony forming units) pro Kubikmeter, angegeben [7].

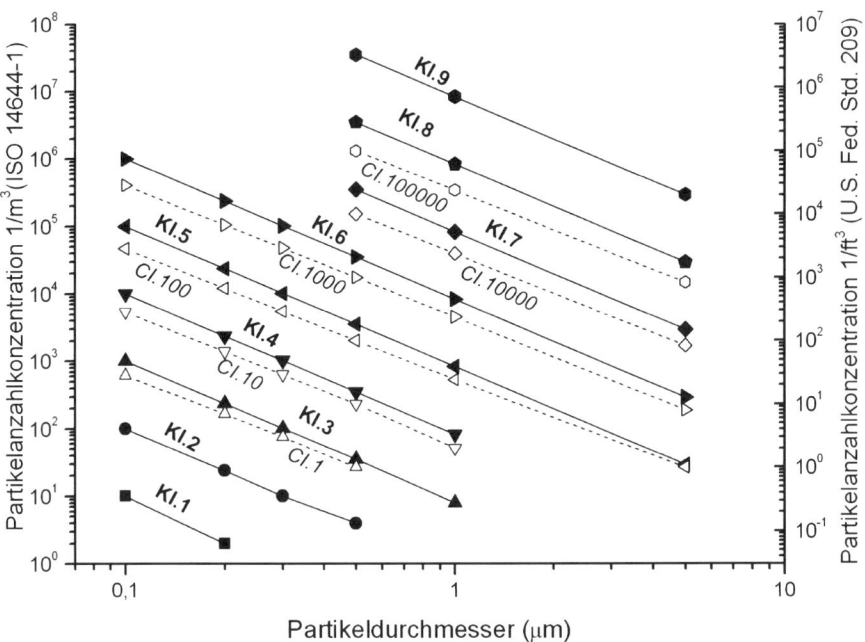

Abb. 32.8 Grafische Festlegung der Reinheitsklassen, nach [3, 9]. Vergleichend sind hier die Klassen Kl. 1–9 nach DIN EN ISO 14644-1 (Skalierung links) und die Klassen Cl 1–100.000 des FED-STD 209E (Skalierung rechts) gegenüber gestellt. Bei den Klassen 9 und 8 spricht man von Sauberräumen, bei den Klassen 7 und besser von Reinräumen. In den Bereichen 6 bis 8 finden die meisten Fertigungsabläufe für Produkte statt, die der Medizintechnik zugeliefert werden. Hochreine Räume besser als Klasse 5 sind nur in speziellen Bereichen, wie zum Beispiel in der Medikamentenfertigung oder der Chipherstellung, anzutreffen

	Partikel ≥ 0,5 µm/m³	Partikel ≥ 5 µm/m³	cfu/m³
Klasse A	3.500 at rest / in operation	1 at rest / in operation	< 1
Klasse B	3.500 at rest 350.000 in operation	1 at rest 2.000 in operation	10
Klasse C	350.000 at rest 3.500.000 in operation	2.000 at rest 20.000 in operation	100
Klasse D	3.500.000 at rest	20.000 at rest	200

Tabelle 32.5 Reinraumklassen nach EU-GMP-Leitfaden (EL02). Angegeben ist die maximale Konzentration für Partikel der Größe 0,5 µm (in Partikel/m³) und Luftkeime (in cfu/m³) [nach 7, 21]

Für die Reinraumtechnik relevante Normen und Richtlinien werden in den Tabellen 32.6 und 32.7 vorgestellt.

Nummer	Dokument	Ausgabedatum
DIN EN 779	Partikel-Luftfilter für die allgemeine Raumlufttechnik – Bestimmung der Filterleistung	05/2003
DIN EN 1822	Schwebstofffilter (HEPA und ULPA)	
DIN EN 1822-1	– Klassifikation, Leistungsprüfung, Kennzeichnung	07/1998 (Norm-Entw. 04/2008)
DIN EN 1822-2	– Aerosolerzeugung, Messgeräte, Partikelzählstatistik	07/1998 (Norm-Entw. 04/2008)
DIN EN 1822-3	– Prüfung des planen Filtermediums	07/1998 (Norm-Entw. 04/2008)
DIN EN 1822-4	– Leckprüfung des Filterelementes (Scan-Verfahren)	01/2001 (Norm-Entw. 04/2008)
DIN EN 1822-5	– Abscheidegrad des Filterelementes	02/2001 (Norm-Entw. 04/2008)
DIN EN ISO 14644	Reinräume und zugehörige Reinraumbereiche	
DIN EN ISO 14644-1	– Klassifizierung der Luftreinheit	07/1999
DIN EN ISO 14644-2	– Festlegungen zur Prüfung und Überwachung zum Nachweis der fortlaufenden Übereinstimmung mit ISO 14644-1	02/2001
DIN EN ISO 14644-3	– Prüfverfahren	03/2006
DIN EN ISO 14644-4	– Planung, Ausführung und Erst-Inbetriebnahme	06/2003

Tabelle 32.6 Für die Reinraumtechnik relevante Normen und Richtlinien. Bezugsquelle: Beuth Verlag GmbH, Berlin

32.2 Qualität, Qualifizierung und Beurteilung eines Reinraumes 743

Nummer	Dokument	Ausgabedatum
DIN EN ISO 14644-5	– Betrieb	03/2005
DIN EN ISO 14644-6	– Begriffe	10/2007
DIN EN ISO 14644-7	– SD-Module (Reinlufthauben, Handschuhboxen, Isolatoren und Minienvironments)	01/2005
DIN EN ISO 14644-8	– Klassifikation luftgetragener molekularer Kontamination	04/2007
DIN EN ISO 14698	Reinräume und zugehörige Reinraumbereiche – Biokontaminationskontrolle	
DIN EN ISO 14698-1	– Allgemeine Grundlagen	04/2004
DIN EN ISO 14698-2	– Auswertung und Interpretation von Biokontaminationsdaten	02/2004
VDI 2083	Reinraumtechnik	
VDI 2083 Blatt 1	– Partikelreinheitsklassen der Luft	05/2005
VDI 2083 Blatt 2	– Bau, Betrieb und Instandhaltung	02/1996
VDI 2083 Blatt 3	– Messtechnik in der Reinraumluft	07/2005
VDI 2083 Blatt 4	– Oberflächenreinheit	02/1996
VDI 2083 Blatt 4.1	– Planung, Bau und Erst-Inbetriebnahme von Reinräumen	10/2006
VDI 2083 Blatt 5	– Thermische Behaglichkeit	02/1996
VDI 2083 Blatt 5.1	– Betrieb von Reinräumen	09/2007
VDI 2083 Blatt 5.2	– Betrieb von Reinräumen – Dekontamination von Mehrweg-Reinraumbekleidung	10/2008
VDI 2083 Blatt 6	– Personal am Reinen Arbeitsplatz	11/1996
VDI 2083 Blatt 7	– Reinheit von Prozessmedien	11/2006
VDI 2083 Blatt 8	– Reinraumtauglichkeit von Betriebsmitteln	09/2002
VDI 2083 Blatt 9.1	– Reinheitstauglichkeit und Oberflächenreinheit	12/2006
VDI 2083 Blatt 10	– Reinstmedien-Versorgungssysteme	02/1998
VDI 2083 Blatt 11	– Qualitätssicherung	01/2008
VDI 2083 Blatt 12	– Sicherheits- und Umweltschutzaspekte	01/2000
VDI 2083 Blatt 13.1 (Entwurf)	– Qualität, Erzeugung und Verteilung von Reinstwasser – Grundlagen	03/2008
VDI 2083 Blatt 13.2 (Entwurf)	– Qualität, Erzeugung und Verteilung von Reinstwasser – Mikroelektronik und andere techn. Anwendungen	03/2008
VDI 2083 Blatt 14 (Entwurf)	– Molekulare Verunreinigungen aus der Reinraumluft	04/2008
VDI 2083 Blatt 15	– Personal am Reinen Arbeitsplatz	04/2007

Tabelle 32.6 (*Fortsetzung*) Für die Reinraumtechnik relevante Normen und Richtlinien. Bezugsquelle: Beuth Verlag GmbH, Berlin

| IEST-RP-CC006.3 | Testing Cleanrooms | 08/2004 |

Tabelle 32.7 Sonstige Richtlinien. Bezugsquelle: Institut of Environmental Sciences and Technology, Arlington Heights, IL, USA

32.2.2 Partikelmessung

Die Messung der Partikelanzahl, speziell die Überprüfung auf Filterleckagen, ist in der Regel der erste Test einer Qualifizierung. Erst wenn die einwandfreie Funktion der Filter eines Reinraumes gewährleistet ist, sind die nachfolgenden Messungen sinnvoll und aussagekräftig. Zur Ermittlung der im Reinraum vorhandenen Partikelanzahl werden Partikelzähler eingesetzt.

Klassische Partikelzähler saugen die umgebende Luft an und zählen die darin schwebenden Partikel sortiert nach deren Größe mit Hilfe von Laserstrahlen. Hierzu werden die von den Partikeln verursachten Lichtstreueffekte im Messgerät detektiert und ausgewertet. Viele Geräte sind für die Zählung von Volumina auf Kubikfuß-Basis ausgelegt; hierzu saugen sie ca. 28,4 Liter (= 1 Kubikfuß) Luft pro Minute an. Kleinere und handlichere Messgeräte, so genannte „Hand Held", begnügen sich mit einem geringeren Messvolumen. Hinzuweisen sei an dieser Stelle darauf, dass gemäß der gültigen Norm DIN EN ISO 14644 die Klassifikation der Reinräume auf Kubikmeter genormt ist (siehe Tabelle 32.4). Die Messergebnisse müssen dementsprechend umgerechnet werden. Viele Messgeräte führen diese Umrechnung vollautomatisch durch, so dass das Ergebnis direkt in [Partikel/m^3] ausgegeben wird.

Um Messunsicherheiten auszugleichen, wird an jedem Messpunkt drei Mal für die Dauer von je einer Minute gemessen. Abb. 32.9 zeigt die praktische Durchführung einer Messung innerhalb eines Reinraumes. In dem dargestellten Beispiel saugt der auf einem Stativ montierte isokinetische Probennehmer die Reinraumluft an und führt sie über einen Schlauch dem Messgerät zu. Die Probenentnahme, d.h. der Messpunkt, liegt auf Arbeitshöhe.

Mobile Messgeräte werden unter Anderem eingesetzt, um Leckagen zu detektieren oder Kontrollmessungen nach kurzfristigen Eingriffen in den Reinraum durchzuführen, z.B. nach Wartungen. Ein kontinuierliches Monitoring mit Partikelsensoren stellt die lückenlose Dokumentation über die Einhaltung der notwendigen Partikelgrenzen sicher. Die zugehörigen Geräte werden fest installiert und messen an relevanten Punkten der Produktionsanlage selbst oder in markanten Zonen innerhalb des Reinraums.

32.2.3 Luftgeschwindigkeit, Luftmenge, Luftwechsel

Luftgeschwindigkeit, Luftmenge und Luftwechselzahlen sind maßgebliche Faktoren, die die Qualität eines Reinraumes bestimmen. Bei der Messung der Luftge-

32.2 Qualität, Qualifizierung und Beurteilung eines Reinraumes

Verpackungseinrichtung

Isokinetischer Probennehmer

Messgerät

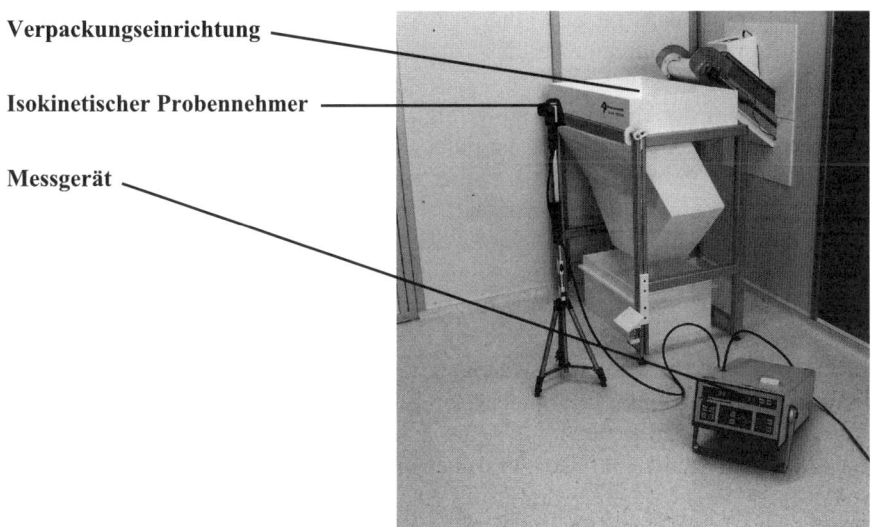

Abb. 32.9 Partikelmessung innerhalb eines Reinraumes. Der Isokinetische Probenehmer ist auf einem Stativ montiert und über einen Messschlauch mit dem Messgerät verbunden. Dadurch kann einfach auf Arbeitshöhe gemessen werden. Im Bild gelangen die auf einer extern angebundenen Spritzgießmaschine hergestellten Formteile in eine Verpackungsvorrichtung

schwindigkeit spielt der Turbulenzgrad der Luftströmung eine entscheidende Rolle. Liegt eine turbulenzarme (laminare) Verdrängungsströmung vor, so wird die Luftgeschwindigkeitsverteilung unterhalb der Luftaustrittsfläche ermittelt. Bei turbulenter Mischströmung hingegen wird der Luftvolumenstrom zur Bestimmung der Luftwechselzahl ermittelt.

Die Luftgeschwindigkeit wird mit Anemometern in [m/s] gemessen, wobei der typische Messbereich zwischen 0 und 1 m/s liegt. In den Arbeitsbereichen sollte i. A. eine Luftgeschwindigkeit von 0,45 m/s herrschen, wobei Abweichungen von ± 20% erlaubt sind. Unterschieden wird zwischen Flügelrad-Anemometern und Hitzdraht-Anemometer. Da Hitzdraht-Anemometer nur eine punktförmige Messung erlauben werden sie dann eingesetzt, wenn beispielsweise bei hochwertigen Reinräumen an CG-Verteilern gemessen wird, die durch ihre zweilagige feine Bespannung mit Mikrogeweben bereits eine besonders gleichmäßige turbulenzarme Verdrängungsströmung gewährleisten. Diese großflächigen Luftauslässe werden in der Regel mit einer sehr niedrigen Ausblasgeschwindigkeit von nur ca. 0,25 m/s betrieben und stellen eine sehr hohe Reinraumklasse bzw. einen extrem niedrigen Keimpegel sicher.

Als Messfühler wird bei den Hitzdraht-Anemometern ein heißes Element von Luft umströmt. Durch Wärmeabgabe an die Luft kühlt dieses Messelement aus, wobei die abgeführte Wärme ein Maß für die Luftgeschwindigkeit ist.

Im Gegensatz dazu messen Flügelrad-Anemometer über einen größeren Strömungsquerschnitt (Durchmesser des Flügelrades), liefern jedoch nur einen integralen Messwert.

Die Messung des Volumenstroms erfolgt entweder als direkte Messung mit einer Volumenmesshaube (Flow hood) am Filter oder indirekt über ein Rechenverfahren. Dabei wird die Geschwindigkeit am Filter gemessen und mit der wirksamen Filterfläche zum Volumenstrom umgerechnet.

Für Reinräume der hochwertigen Klasse A ist gemäß dem „Guide to Good Manufacturing Practice for Medicinal Products" (EEC GMP) eine Messung der Luftgeschwindigkeitsverteilung vorgeschrieben. Für die Klassen B, C und D ist lediglich die Messung des Luftvolumenstroms vorgeschrieben.

Luftwechselraten werden berechnet als Verhältnis des ermittelten Luftvolumenstromes zum Rauminhalt. Beispielsweise soll der Luftwechsel gemäß den GMP-Richtlinien für einen Reinraum der Klasse C mindestens 25-fach/h betragen. Mit höherwertigen Reinraumklassen wird auch eine höhere Luftwechselrate gefordert.

An einem Beispiel soll die Ermittlung der notwendigen Luftwechselrate verdeutlicht werden:

Reinraumvolumen: $V_{RR} = 50$ m³
Luftwechselrate: $L_w = 25$-fach / Stunde
Zuluftmenge: $V_{zu} = V_{RR} \times L_w = 50$ m³ $\times 25$ 1/h $= 1.250$ m³/h

Das Beispiel zeigt, dass für einen Reinraum mit einem Volumen von 50 m³ mindestens 1.250 m³/h Luft über die Zuluftanlage und die Filter zur Verfügung gestellt werden müssen, um einen 25-fachen Luftwechsel zur erreichen.

32.2.4 Luftdruck und Druckstufen

Um den Reinraum vor einem Partikeleintrag aus den umgebenden, nicht reinen Bereichen zu schützen, stellt man in ihm über eine Steuerung der Zu- und Abluft einen Überdruck ein. Die Raumdruckabstufung wird in der DIN EN ISO 14644-3 festgelegt. Bei der Auslegung der Druckstufen gilt, dass der Druck von innen nach außen abgebaut wird, wodurch Partikel mit dem Luftstrom ausschließlich vom reinen in den weniger reinen Bereich getragen werden und nicht umgekehrt. In der Regel werden Druckunterschiede von 15 Pa von Raum zu Raum angelegt.

Die Überprüfung des Drucks im Reinraum geschieht als relative Messung gegenüber den umgebenden klassifizierten und nicht klassifizierten Bereichen. Die Durchführung der Druckmessung ist unter anderem beschrieben in der VDI-Norm 2083 Blatt 3 und in der DIN EN ISO 14644-3. Die Messung erfolgt in Pascal [Pa], wobei 1 Pa dem Druck von 1 N/m² entspricht.

Die Druckabstufung kann beispielsweise wie folgt eingestellt sein:

Umgebung: nicht klassifiziert $P_U = 0$ Pa (Referenz)
Schleuse: RR-Klasse D $P_S = 15$ Pa +/- 5 Pa
Reinraum: RR-Klasse C $P_{RR} = 30$ Pa +/- 5 Pa

32.2 Qualität, Qualifizierung und Beurteilung eines Reinraumes

Bei der Festlegung der zulässigen Toleranzen muss darauf geachtet werden, dass auch bei ungünstigster Paarung ein ausreichendes Druckgefälle gewährleistet ist. Für das obige Beispiel ist diese Bedingung mit $P_{RR\ min} = 25\ PA > P_{S\ max} = 20\ Pa$ erfüllt.

Die Messgeräte detektieren den Druck entweder über die Auslenkung einer Membran oder über die Höhe einer Flüssigkeitssäule (Schrägrohrmanometer). Typische Messbereiche von Druckmessgeräten für Reinräume liegen zwischen 0 und 50 Pa oder zwischen –50 bis +50 Pa, je nach Aufstellbereich des Messgerätes und Bezugspunkt. Da der Druckunterschied relevant für das Funktionieren des Reinraumes ist und gleichzeitig Rückschlüsse auf die korrekte Funktion des Zuluftsystems zulässt, wird dieser Parameter in der Regel ständig mit fest installierten Geräten gemessen und bei einer Über- oder Unterschreitung der zulässigen Grenzen sofort eine Alarmierung ausgelöst (z. B. durch Blitzleuchten im Reinraum).

32.2.5 Reinraumtemperatur und Reinraumfeuchte

Im Reinraum haben Temperatur und Feuchte direkten Einfluss auf:

- Das Wohlbefinden und die Gesundheit der Mitarbeiter.
- Das Wachstum und die Vermehrung von Bakterien und Keimen. Hohe Temperaturen in Verbindung mit hoher Luftfeuchtigkeit begünstigen das Keimwachstum signifikant.
- Die Verarbeitung und Lagerfähigkeit von Produkten.

Ein wichtiger Parameter stellt dabei die relative Feuchte dar. Sie bezeichnet das Verhältnis des momentanen Wasserdampfgehaltes in der Luft zum maximal möglichen Wasserdampfgehalt bei einer gegebenen Temperatur. Diese von der Luft maximal aufnehmbare Wasserdampfmenge, auch Sättigungsmenge genannt, ist deutlich von der Lufttemperatur abhängig und steigt mit zunehmender Temperatur an. Daraus leitet sich ab, dass bei einem gegebenen Wasserdampfgehalt der Luft sich die relative Feuchte ebenso mit der Temperatur ändert. Mit zunehmender Temperatur wird demnach Luft mit einem bestimmten Wasserdampfgehalt als immer trockener empfunden, da die relative Feuchtigkeit abnimmt [10]. Die relative Feuchte wird als rF oder rH abgekürzt und in [%] angegeben. Sie kann von 0 bis 95% rF reichen [10].

Zur Messung der Luftfeuchte werden verschiedene Methoden eingesetzt. Das für die Qualität eines solchen Meßsystems entscheidende Element ist der Feuchtigkeitssensor. Gemessen wird in den Analysegeräten beispielsweise über einen flüssigen Elektrolyten, der durch die Aufnahme von Luftfeuchte seinen Leitwert verändert. Ebenfalls können als Feuchtigkeitssensoren spezielle Kondensatoren verwendet werden, deren Kapazität sich ausreichend linear mir der relativen Feuchte verändert. Die Messwertermittlung erfolgt in diesem Fall zum Beispiel über die Auswertung des Wechselstromwiderstandes oder die Frequenzmessung eines RC-Oszillators.

32.2.6 Filterlecktest

Der Filterlecktest stellt eine der aufwendigsten Messungen dar und wird sowohl beim Filterhersteller wie auch nach der endgültigen Installation der Filter im Reinraum durchgeführt. Hierfür wird der Filter rohluftseitig mit einer definierten Menge an Partikeln in Form eines Prüfaerosols beaufschlagt und die gesamte Filterfläche anschließend mit einem Partikelmessgerät gescannt.

Der Filterlecktest im Rahmen einer Reinraumqualifizierung geschieht zur Überprüfung der eingebauten Endfilter, um durch Transport und fehlerhafte Installation eventuell entstandene Leckagen nachweisen zu können. Die Ermittlung des Abscheidegrades ist nicht Ziel dieser Messung sondern erfolgt getrennt [3].

32.2.7 Visualisierung der Luftströmung

Zur Visualisierung der Luftströmung innerhalb von Reinräumen werden im Allgemeinen meist Nebelfluide eingesetzt, deren Strömungsbild mit einer Videokamera aufgezeichnet wird. Ziel ist es, die in der Konstruktion bzw. bei der Auslegung des Reinraumes vorgesehenen Luftbewegungen und -richtungen zu überprüfen und nachzuweisen. Diesbezüglich kritische Bereiche stellen z. B. die Überströmungen von Türen und Gittern dar. Der Vorteil bei dem Einsatz dieses Verfahrens liegt darin, dass auch Luftverwirbelungen und ungenügend durchspülte Teilbereiche entdeckt werden können. Deshalb eignet es sich insbesondere zur Untersuchung von geometrisch komplexen Maschinen und Anlagen im Reinraum, da hier der Luftströmungsverlauf an Störkanten beurteilt werden kann.

32.2.8 Erholzeit

Als Erholzeit oder auch Spülzeit wird die Zeit definiert, die ein Lüftungssystem benötigt, um die Partikelkonzentration um einen festgelegten Faktor zu reduzieren. Ziel ist mithin die Ermittlung der Selbst-Reinigungsleistung des Reinraumsystems nach einer Verunreinigung.

Dazu wird ein Prüf-Aerosol in den vorher ungestörten Reinraum eingebracht und der Raum somit kontrolliert und definiert möglichst gleichmäßig verunreinigt. Der Verschmutzungsfaktor (Start- zu Partikelendkonzentration) sollte hierbei mindestens 100 betragen. Danach wird unter laufender Luftspülung so lange gemessen, bis die definierte Reinraumklasse wieder erreicht wird. Die hierzu benötigte Zeit ist die Erholzeit.

32.2.9 Bakterien und Keime

Auf einem medizinischen Produkt sind mikrobiologische Verunreinigungen unzulässig. Um eine Kontamination sicher vermeiden zu können, muss der Reinraum entsprechend ausgelegt werden, wozu auch die Festlegung jeweils zulässiger, spezifischer Grenzwerte gehört.

Zur Überprüfung an Oberflächen sind so genannte Abklatschtests üblich. Die luftgetragenen mikrobiologischen Verunreinigungen werden durch Luftkeimsammler erfasst, mit deren Hilfe man die Keimkonzentration der Raumluft in [cfu/m^3] ermittelt. Bei diesen Messungen werden Filter vor eine Luftansaugöffnung gespannt, durch die eine definierte Menge Luft angesaugt wird. Anschließend werden die Filter mit einem Nährboden in Kontakt gebracht und wie bei Abklatschtests eine bestimmte Zeit bebrütet. Die darauf wachsenden Bakterien, Keime und Pilze, auch cfu (colony forming units) genannt, lassen sich durch einfaches Auszählen ermitteln. Die zugehörigen Geräte gibt es als Kurz- und Langzeitsammler.

Für hochsensible Bereiche muss eine Messung der „Airborne Molecular Contamination" (AMC) erfolgen. Diese ermittelt die molekulare Kontamination der Luft (im Unterschied zur partikulären und partikelgetragenen Kontamination). Anwendungsgebiet ist insbesondere die Halbleiterproduktion.

32.3 Peripherie eines Reinraumes

Im folgenden Abschnitt wird die für den Betrieb eines Reinraumes notwendige externe wie interne Peripherie behandelt. Da der Reinraum immer im Kontext zu dem ihn umgebenden Raum zu betrachten ist, sind als externe Peripherie z. B. Schleusensysteme für den Personalzugang und den Materialtransport zwingend erforderlich. Als interne Peripherie werden insbesondere Maschinen und Anlagen betrachtet.

32.3.1 Material- und Personalschleusen

Die Produktion von Medizinprodukten in einem Reinraum bedingt einen Materialfluss, wobei dieser im Regelfall in beide Richtungen erfolgt. Es müssen sowohl Materialien (Rohware, Halbfertigteile oder Hilfsstoffe) in den Reinraum gelangen, als auch Fertigteile aus dem Reinraum hinaus befördert werden. Hierbei ist es von entscheidender Bedeutung, dass durch diese Vorgänge der Reinraum und die darin befindlichen Prozesse nicht kontaminiert werden.

Bei dem Transport in den Reinraum dürfen die Materialen nur über ein Schleusensystem eingeschleust werden. Ein direkter Zugang (durch eine Klappe oder Türe) ist nicht zulässig. Eine Materialschleuse ist ein an den Reinraum angrenzen-

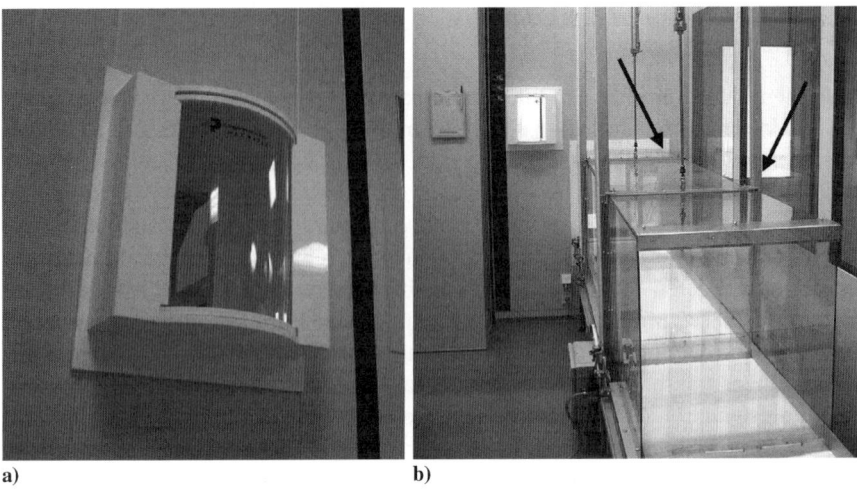

Abb. 32.10 a) Kleine Materialschleuse (Drehschleuse) zum Wandeinbau in vertikaler Ausführung, Verwendung z. B. zur Ausschleusung von einzelnen Werkstücken für die Qualitätssicherung. **b)** Vollautomatische Förderbandausschleusung mit gegenseitig verriegelten Hubtüren (Pfeile) [11]

des Raumvolumen, das ebenfalls den Reinraumkriterien unterliegt. Diese Schleuse kann je nach zu transportierender Gebindegröße und Materialmenge begehbar bzw. befahrbar oder nur als sehr kleiner Raum für einzelne Werkstücke ausgeführt sein. Die Abb. 32.10 a/b zeigen hierfür zwei Beispiele. Links (Abb. 32.10 a) ist eine Materialschleuse als Drehschleuse gezeigt. Sie eignet sich insbesondere für kleine Materialmengen wie zum Beispiel für das Ausschleusen einzelner Werkstücke zur Qualitätssicherung. Rechts (Abb. 32.10 b) ist eine Materialschleuse für größere Materialmengen abgebildet. Das Transportgut (Behälter oder Beutel) kann fortwährend aufgegeben werden. Die Steuerung der Förderbänder und der pneumatisch betätigten Hubtüren übernimmt die Ausschleusung vollautomatisch.

Der Schleusenbereich wird als eine Reinraumklasse niedriger als der Reinraum definiert und technisch realisiert wie aus folgendem Beispiel hervorgeht (vergleiche Tabelle 32.5):

Umgebung: RR-Klasse D
Schleuse: RR-Klasse C
Reinraum: RR-Klasse B

Ein Übergang in einem Schritt über mehrere Klassen hinweg ist nicht zulässig. Gegebenenfalls sind mehrere Schleusen mit ansteigender Reinraumqualität hintereinander anzuordnen.

Folgende Kriterien sind bei der Schleusengestaltung zu berücksichtigen:

1. Die Durchlässe (in der Regel Türen) zum Reinraum und zum umgebenden Raum hin dürfen im Normalbetrieb nicht gleichzeitig zu öffnen sein.
2. In der Schleuse hat ein zum Reinraum abgestufter, niedrigerer Druck zu herrschen, um ein Eindringen von Partikeln in den sauberen Bereich zu verhindern.

32.3 Peripherie eines Reinraumes

3. Äußere Verpackungen von sauberem Transportgut sind in der Schleuse zu entfernen und in den umgebenden Raum zurückzuführen.
4. Liegt das Transportgut nicht in sauberer Form vor (z. B. Anlagenteile, Werkzeuge), so sind diese in der Schleuse reinraumgerecht zu reinigen.
5. Das Transportgut sollte vor der Verbringung in den Reinraum mindestens so lange in der Materialschleuse verbleiben, bis entstandene Partikel aus der Schleuse sicher entfernt sind (Spülzeit).
6. Ein Personaldurchgang ist nicht zulässig.

Regelmäßig in den Reinraum zu bewegendes Transportgut (z. B. Werkstücke zur Weiterverarbeitung) sollte bereits entsprechend sauber und doppelt verpackt angeliefert werden. Die Transportverpackung (Karton) wird spätestens im Grauraum entfernt. In der Materialschleuse wird die äußere Verpackung, die in der Regel als dichter und geschlossener PE-Beutel ausgeführt ist, geöffnet und zurück nach außen befördert. Das Transportgut in der sauberen inneren Verpackung, zumeist ebenfalls ein PE-Beutel, kann nun in den Reinraum gebracht werden, wo sie erst unmittelbar vor der Verarbeitung entfernt werden sollte.

Bei der Ausschleusung von Materialien aus dem Reinraum sind die oben genannten Kriterien grundsätzlich ebenfalls zu beachten. Werkstücke, die sauber zu einer Weiterverarbeitung in einen anderen Reinraum gelangen sollen oder die für eine Lagerung bzw. Pufferung den Reinraum vorübergehend verlassen, sind im Reinraum bereits doppelt zu verpacken.

Die im Reinraum beschäftigten Personen müssen ebenfalls eingeschleust werden. Dies ist als besonders kritisch anzusehen, da der Mensch generell als größter Verschmutzungsfaktor im Reinraum anzusehen ist. Die Tabelle 32.8 vermittelt einen Eindruck über diese Problematik [12].

Da der Mensch fortwährend Verunreinigungen und Partikel wie z. B. Hautschuppen und Aerosole abgibt, muss der Reinraum und insbesondere das zu fertigende Produkt vor diesen geschützt werden. Dies wird durch eine entsprechende Einkleidung der Personen erreicht. Die Reinraumkleidung soll die Verschmutzungen zurückhalten und darf ihrerseits auch bei Bewegungen keine Partikel abgeben.

Tätigkeit	Anzahl der Partikel ($\leq 0{,}3\ \mu m$) / min.
Sitzen oder Stehen ohne Bewegung	100.000
Sitzen mit leichter Handbewegung	500.000
Sitzen mit mittleren Körper- und Armbewegungen	1.000.000
Abwechselnd Stehen und Sitzen	2.500.000
Spazierengehen (ca. 3,5 km/h)	5.000.000
Spazierengehen (ca. 6,0 km/h)	7.500.000
Schnelles Gehen (ca. 8...9 km/h) oder Treppensteigen	10.000.000
Freiübungen	$15 \times 10^6 - 30 \times 10^6$

Tabelle 32.8 Durch menschliche Tätigkeit erzeugte Partikelmengen. Bemerkenswert ist hierbei die bereits sehr hohe humane Partikelabgabe, ohne dass eine Tätigkeit ausgeführt wird

Eine Personalschleuse ist deshalb im Regelfall mindestens mit folgenden Einrichtungsgegenständen versehen:
1. Getrennte Garderobe zum Ablegen der unreinen Oberbekleidung.
2. Getrennte Garderobe oder Spenderschrank für die Reinraumkleidung.
3. Sitover (Überschwingbank) in einer Reinraum-Personalschleuse, in der Regel beidseitig mit Fächern für Werks- und Reinraumschuhen ausgerüstet. Sie dient zur räumlichen Trennung zwischen dem sauberen und unsauberen Schleusenbereich. Ebenfalls soll eine Verschmutzung durch den Bodenkontakt des Personals (Weiterlaufen) wirksam verhindert werden.
4. Spender für Kopfhauben, Handschuhe, Überschuhe, Mundschutz
5. Handwaschbecken
6. Steriliumspender.

Abbildung 32.11 zeigt eine eingerichtete Personalschleuse. Art und Umfang der Ausrüstungsgegenstände hängen neben der Anzahl der im Reinraum tätigen Personen insbesondere von der Reinraumklasse ab. So wird beispielsweise bei sehr hohen Reinraumanforderungen die Unterbekleidung in einer Vorschleuse gegen reinraumtaugliche Unterwäsche gewechselt und der Mitarbeiter vor dem Betreten des Reinraumes noch zusätzlich durch eine Luftdusche geschleust. In einem umgebenden Grauraum kann hingegen das Tragen von einer Kopfhaube und einem Reinraummantel ausreichend sein.

Diese beste Ausrüstung bleibt jedoch wirkungslos, wenn der Mensch diese Vorkehrungen durch ein nicht reinraumgerechtes Verhalten zunichte macht. Als Verhaltensvorschriften für den Reinraum gelten je nach Anforderung beispielsweise [3]:

1. Hände häufig waschen (ggf. Handschuhe tragen)
2. Gute Körperhygiene (z. B. saubere Fingernägel)
3. Die vorgeschriebene Kleidung immer korrekt zu tragen
4. Keine Partikel abgebenden Gegenstände in den Reinraum mitnehmen
5. Teile und Werkzeuge am Arbeitsplatz so ordentlich und sauber wie nur möglich halten
6. Unnötiges Umhergehen im Reinraum vermeiden
7. Generelles Verbot von Speisen und Getränken.

Dem Reinraumbetreiber und den Vorgesetzten obliegt es, die Mitarbeiter für ihre verantwortungsvolle Tätigkeit zu sensibilisieren, regelmäßig neu zu schulen und eine strikte Personaldisziplin durchzusetzen. Verstöße müssen notfalls mit disziplinarischen Maßnahmen (Abmahnungen) geahndet werden.

Ein in der Praxis oft beobachteter Verstoß ist, dass nach Arbeitsende und insbesondere wenn kein Vorgesetzter mehr anwesend ist, vergessene persönliche Gegenstände rasch aus dem Reinraum geholt werden, ohne die Einschleusprozedur korrekt durchzuführen.

Es ist auch sinnvoll, das Reinraumpersonal regelmäßig ärztlich untersuchen zu lassen, da beispielsweise Salmonellenerkrankungen unter Umständen im Anfangsstadium zu keinen Beschwerden führen und somit vom Mitarbeiter nicht wahrgenommen werden, gleichzeitig jedoch eine extreme Gefährdung des Produktes darstellen.

32.3 Peripherie eines Reinraumes

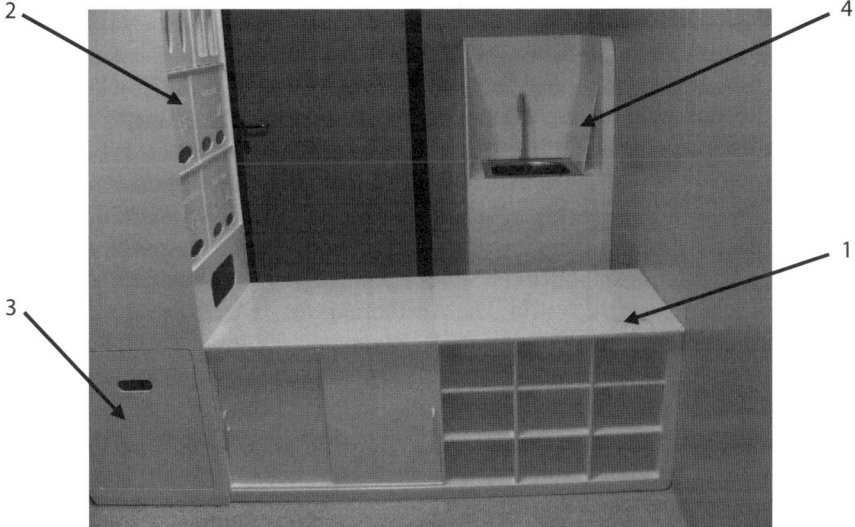

Abb. 32.11 Teilansicht einer eingerichteten Personalschleuse, mit Sitover (1), integriertem Spenderschrank (2), Mülleimer (3) und Handwaschbecken (4), als Schweißkonstruktion gefertigt aus weißem Polypropylen

32.3.2 Anlagen und Maschinen im Reinraum

Für den Produktionsprozess werden im Reinraum in der Regel Maschinen und Anlagen benötigt. Da, wie im vorhergehenden Kapitel ausgeführt, die im Reinraum arbeitenden Personen für einen großen Anteil an den Partikelimmissionen verantwortlich gemacht werden können, ist es oft sinnvoll, einen hohen Automatisierungsgrad in der Reinraumfertigung anzustreben und möglichst viele Tätigkeiten von Automaten oder Robotern durchführen zu lassen. Sind Anlagen und Geräte für die Aufstellung im oder am Reinraum zu beschaffen, ist darauf zu achten, dass diese für die geforderte Reinraumklasse geeignet, d. h. entsprechend qualifiziert, sind. Oftmals steht der Hersteller jedoch vor dem Problem, dass die benötigten Anlagen auf dem Markt so nicht verfügbar sind. Trotzdem müssen diese Komponenten den strengen Richtlinien entsprechen, um nicht Gefahr zu laufen, dass diese den Reinraum und den Produktionsprozess negativ beeinflussen oder gar kontaminieren. Um dies sicherzustellen, hat sich in der Vergangenheit ein offener Dialog zwischen Anlagenbauer und Reinraumbetreiber bewährt, ggf. unter Einbindung eines externen Reinraumplaners [13]. Gemeinsam ist im Vorfeld sicherzustellen, dass die grundsätzlichen Anforderungen der Reinraumtechnik erfüllt werden. Am sinnvollsten geschieht dies bereits vor dem Konstruktionsbeginn. Handelt es sich um standardisierte Anlagen oder Geräte, müssen gegebenenfalls individuelle Änderungen nachträglich vorgenommen werden.

Grundsätzlich sollten folgende Punkte beachtet werden:

1. **Glatte, leicht zu reinigende, abriebfeste Oberflächen**: Bei produktberührenden Flächen sollten Edelstahl oder sonstige zugelassene Materialien zum Einsatz kommen, für die der Hersteller entsprechende Zeugnisse (z. B. die FDA-Zulassungen) vorweisen kann. Oberflächen-behandelte Materialien wie z. B. Lackierungen sind glatt und antistatisch auszuführen. Insbesondere ist das Augenmerk auf die Beständigkeit der Oberfläche oder der Beschichtungen gegen die zu verwendenden Reinigungsmittel wie Isopropanol oder Sterilium zu richten [3].
2. **Leichte Reinigungsmöglichkeit**: Die regelmäßig zu reinigenden Baugruppen müssen leicht zugänglich sein. Die Ausführung der Einzelteile ist so zu wählen, dass sie eine leichte und sichere Reinigung unterstützen. So sind beispielsweise abgedeckte Senkkopf- oder Sechskantschrauben gegenüber Innensechskantschrauben vorzuziehen (siehe Abb. 32.12).
3. **Strömungsgünstige Anordnung**: Vermeidung von „toten Ecken", in denen sich Partikel oder Schmutz sammeln könnten. Ebene Flächen quer zum Luftstrom sind aufgrund der resultierenden Verwirbelungen zu vermeiden. Antriebe, Mechaniken und Medienzuführungen (z. B. Schleppketten) sind Lee-seitig zum Produkt anzuordnen, d. h. auf der der Strömungsrichtung abgewandten Seite.
4. **Reinraumtaugliche Antriebe**: Pneumatiken sollten mit ungeölter und feinstgefilterter Druckluft betrieben werden. Sinnvoll ist auch, die Abluft zu fassen und aus dem Reinraumbereich hinaus zu führen. Dies bietet sich insbesondere bei der Verwendung von Ventilinseln an. Elektroantriebe mit Lüftern und insbesondere Riementriebe sollten vermieden oder zumindest gekapselt werden.
5. **Energie- und Medienführungen**: Hierbei sind ebenfalls geschlossene oder abriebarme Varianten auszuwählen.
6. **Kapselung von Partikelemittenten**: Falls Partikelemissionen nicht eliminiert werden können (z. B. bei Schweiß-, Fräs- oder Schleifprozessen), sind die betreffenden Baugruppen oder Anlagen so zu kapseln, dass keine Partikel in den

Abb. 32.12 Vergleich eines Pneumatik-Zylinders in Standard-Ausführung (links) und in Reinraumausführung (rechts). Der Verzicht auf profilierte Oberflächen und der Einsatz von Sechskant- anstatt Inbus-Verbindungselementen sind bei der Reinraumversion sofort erkennbar [14]. (Bilder mit freundlicher Genehmigung der Festo AG&Co.KG, Esslingen)

32.3 Peripherie eines Reinraumes

umgebenden Reinraum gelangen können. Hierfür ist es in der Regel notwendig, den betreffenden Bereich in einem leichten Unterdruck zum umgebenden Reinraum zu halten. Dies lässt sich mit einer geregelten Absaugung gewährleisten.

Bei der Aufstellung von Maschinen und Anlagen zur Reinraumproduktion können drei Varianten zum Einsatz kommen:

- Aufstellung der Anlage im Reinraum
- Aufstellung teilweise im Reinraum
- Externe Aufstellung komplett außerhalb des Reinraumes.

Obwohl die Maschinenaufstellung im Reinraum zunächst als die einfachste und sicherste Lösung erscheint, birgt sie gewisse Kosten und Risiken, die nicht zwingend in Kauf genommen werden müssen. Bei der Planung der Aufstellung bzw. Anbindung sollte überlegt werden, ob die nicht prozessrelevanten Baugruppen zwingend im Reinraumbereich sein müssen oder ob Möglichkeiten bestehen, diese durch geeignete Maßnahmen außerhalb anzuordnen.

Am Beispiel einer Spritzgießmaschine soll dies an dieser Stelle beispielhaft erörtert werden (siehe Abb. 32.13 a/b).

Der prozessrelevante Teil stellt die Schließeinheit dar, worin sich das Werkzeug befindet und das Spritzgießteil entsteht. Die daran anschließenden Bereiche wie zum Beispiel die Plastifiziereinheit, in der das Kunststoffgranulat aufgeschmolzen wird, sowie die Hydraulikkomponenten und die Schaltschränke sind aus Sichtweise des Reinraumes kritisch und partikelträchtig. Die Schalt- und Belüftungskomponenten, das heiße Spritzaggregat und dessen Isolierung, sowie die zahlreichen Elektrokabel und Hydraulikschläuche sind beträchtliche potentielle Partikelquellen. Es

a) b)

Abb. 32.13 Extern aufgestellte Maschinen. **a)** Extern angebundene Spritzgießmaschine für die Herstellung von Medizinalartikeln mit LF-Modulen, Weichen und gekapselten Förderbändern [15]. (Bild mit freundlicher Genehmigung der Fa. Pöppelmann GmbH & Co. KG, Lohne). **b)** Hydraulikpresse für die Implantatherstellung in externer Aufstellung. Schaltschrank, Anzeigen und Bedienteil sind flächenbündig ausgeführt. (Bild mit freundlicher Genehmigung der Firma Karl Leibinger Medizintechnik, Mühlheim an der Donau)

liegt also nahe, eine Aufstellung zu realisieren, bei der nur die Schließeinheit in den Reinraum ragt und sich die Reinraumwand in etwa auf Höhe der festen Werkzeug-Aufspannplatte befindet. Diese Aufstellung lässt sich jedoch noch weiter optimieren, indem die Spritzgießmaschine (SGM) vollständig extern neben dem Reinraum aufgestellt wird (siehe Abb. 32.13 a).

Hierdurch ergeben sich folgende Vorteile:

- Der Reinraum kann kleiner gebaut werden, da in ihm kein Platz für die SGM und die notwendigen Service-Freiräume vorgesehen werden muss.
- Die aufstellbare Maschinengröße ist nicht abhängig von den Reinraumabmessungen, was die Flexibilität erhöht und im Regelfall insbesondere die notwendige Reinraumhöhe senkt.
- Die Wärmelasten der SGM gelangen nicht in den Reinraum, wo sie durch die hochwertige Klimatechnik des Reinraumes nicht zusätzlich abgeführt werden müssten, um die notwendigen Klimabedingungen sicher zu stellen.
- Der Werkzeugwechsel kann einfach mit einem Hallenkran ausgeführt werden, ohne dass spezielle Hebezeuge im Reinraum oder Öffnungen in der Reinraumdecke vorgesehen werden müssen, da das Laminar-Flow-Modul über dem Werkzeugbereich verschiebbar angebracht ist.
- Eine Havarie oder Leckage im Hydrauliksystem oder dem Werkzeug-kühlsystem der SGM hat nicht zwangsläufig eine Kontamination des gesamten Reinraumes zur Folge.
- Der Service kann einfacher durchgeführt werden. Ein Einschleusen des Wartungspersonals sowie aller benötigten Werkzeuge und Ersatzteile in den Reinraum kann entfallen.
- Nur die prozessrelevanten Bereiche müssen reinraumtechnisch gereinigt werden.

Diese Punkte haben neben den reinraumtechnischen Vorzügen den betriebswirtschaftlichen Vorteil niedrigerer Investitions-, Betriebs- und Wartungskosten.

Um die geforderten Reinraumbedingungen zu erreichen, wird über dem Werkzeugbereich der SGM ein Laminar-Flow-Modul installiert. Hierbei ist auf eine möglichst gut angepasste Adaption zur Maschinenverkleidung zu achten, d. h. eine möglichst spaltfreie Verbindung und eine vollflächige Überdeckung nicht nur des Werkzeugbereichs, sondern über die gesamte Breite der Verkleidung. Dadurch wird die Verkleidung der Spritzgießmaschine quasi zu einer Reinraumhülle und innerhalb der Schließeinheit die geforderte Reinraumsituation geschaffen.

Der Transport der Spritzgießteile aus dem sauberen Werkzeugbereich in den Reinraum kann beispielsweise über gekapselte, an den Reinraum angebundene Förderbänder in Verbindung mit einer Separierweiche für Anfahr- und fehlerhafte Spritzgießteile realisiert werden (siehe Abb. 32.13). Ein Ausführungsbeispiel für eine solche Separierweiche ist in Abb. 32.14 dargestellt.

Ein weiteres Beispiel für eine Maschinenaufstellung außerhalb des Reinraumes ist schon in Abb. 32.13 b gezeigt. Hierbei wurde eine hydraulische Presse mit einfachen Änderungen so modifiziert, dass ein flächenbündiger Einbau des Schaltschrankes und der Pressenvorderseite möglich ist. Der Werkzeugraum wird vom

32.4 Anwendungsbeispiele

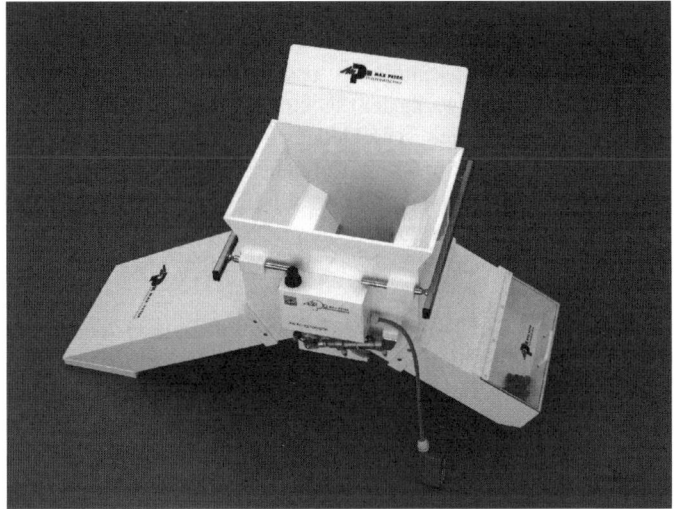

Abb. 32.14 Separierweiche in 3-Wege-Ausführung. In dieser speziellen Ausführung ist es möglich, Anfahr- bzw. Ausschuss-Teile von Gut-Teilen zu trennen, wobei gleichzeitig Formteile für die Qualitätssicherung gezielt gezogen werden können. Eine seitliche Werkstück-Entnahme ist beispielsweise durch eine reinraumgerechte Tunnelanbindung in Verbindung mit einem Handlingsystem möglich. Die Weiche ist komplett als stabile Schweißkonstruktion aus Polypropylen gefertigt, wobei Anforderungen an eine gute Reinigungsmöglichkeit und Verschleißarmut erfüllt wurden. (Hersteller Firma Max Petek Reinraumtechnik, Radolfzell)

Reinraum aus horizontal durchströmt. Die Presse selbst befindet sich im dahinter angeordneten Grauraum. Dieser ist als abgeschlossenes Volumen mit geregelter Be- und Entlüftung ausgeführt, wodurch eine kontrollierte Überströmung aus dem Reinraum ermöglicht wird.

32.4 Anwendungsbeispiele

In den vorangehenden Abschnitten sind die Grundlagen und prinzipiellen Richtlinien zur Konzeption und zum Aufbau einer Reinraumfertigung behandelt worden. Deren praktische Realisierung wird in diesem Abschnitt anhand von zwei Beispielen aus der Praxis dargestellt.

32.4.1 Reinraum zur Fertigung von Implantaten

Für die Fertigung sowie Verpackung von Implantaten und Zubehör hat die Firma Karl Leibinger Medizintechnik (Mühlheim an der Donau, ein Unternehmen der

KLS Martin Group), einen Reinraum mit einer Nutzfläche von 110 m² eingerichtet (siehe Abb. 32.16 a/b). Dieser ist nach ISO Klasse 7 bzw. GMP C qualifiziert und validiert, wobei bei der GMP-Einteilung zusätzlich die zulässige Anzahl der Bakterien und Keime zu prüfen ist. In dem Reinraum, der mit einem 40-fachen Luftwechsel betrieben wird, werden verschiedenste Fertigungsprozesse durchgeführt: Spritzgießen, 3D-Fräsen, Heißpressen, Tiefziehen und Siegeln von Verpackungen, Tampondruck und Materialanalysen. Diese zahlreichen Prozesse sind hauptsächlich durch die Fertigung von zwei Produkten, dem BOS-Drill, einem batteriebetriebenen Vorbohrer für Knochen (siehe Abb. 32.15 a) und einem resorbierbaren Pin (siehe Abb. 32.15 b) begründet.

Mit dem SonicWeld Rx®-System werden kraniofaziale Osteosyntheseeingriffe stark vereinfacht. Ein vollständig resorbierbarer Pin (SonicPin®) wird hierbei mittels Ultraschall in ein vorgebohrtes Loch eingebracht. Er dringt in alle knöchernen Hohlräume ein und sorgt damit für eine außergewöhnlich stabile Verankerung. Zusätzlich verbindet sich der Kopf des Pins auch mit der Implantatplatte und erreicht dadurch eine hohe dreidimensionale Stabilität (Abb. 32.15 b). Das Basismaterial ist Poly- D- und L-Laktid (PDLLA). Aus diesem thermisch hochsensiblen Werkstoff werden die Pins im Reinraum spritzgegossen. Zugehörige Platten und Meshes werden durch eine Fräsbearbeitung von Halbzeugen bzw. durch Pressen aus Rohmaterial ebenfalls im Reinraum hergestellt.

Hierbei stellte sich das Problem, dass viele zur Produktion benötigten Maschinen auf dem Markt nicht als reinraumtaugliche und qualifizierte Anlagen zur Verfügung standen. In diesem Fall wurde auf Standardmaschinen zurückgegriffen, die teilweise in Eigenleistung umgebaut oder in Zusammenarbeit mit den Herstellern entsprechend reinraumtechnisch modifiziert wurden. Beispielsweise wurden die

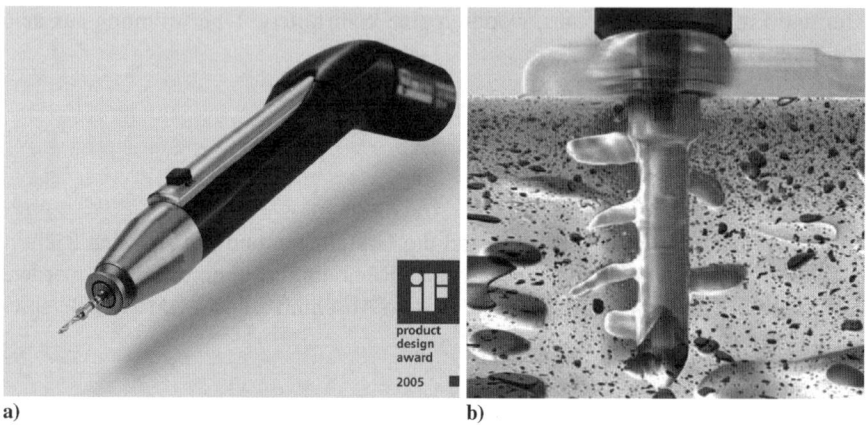

Abb. 32.15 Beispiele von in einem Reinraum hergestellten Medizintechnikprodukten (Bilder mit freundlicher Genehmigung der Firma Karl Leibinger Medizintechnik, Mühlheim an der Donau): **a)** Der BOS-Drill ist ein batteriebetriebener Vorbohrer, der desinfizier- und bei 134°C dampfsterilisierbar ist. Das Batteriemodul wird steril geliefert [16]. **b)** Der SonicPin® wird mittels Ultraschall an der Oberfläche verflüssigt und dringt in die Knochenhohlräume ein [16]

32.4 Anwendungsbeispiele

 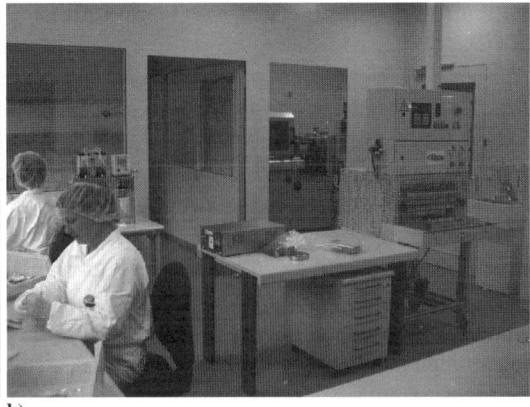

a) b)

Abb. 32.16 Detailansichten des Reinraumes und der Ausrüstung (Bilder mit freundlicher Genehmigung der Firma Karl Leibinger Medizintechnik, Mühlheim an der Donau): **a)** Produktionsreinraum mit 3D-Fräsmaschine, Siegelmaschine und dahinter die in die Wand integrierte Hydraulikpresse. **b)** Verpackungsreinraum mit dem Siegelapparat auf der rechten Seite, dahinter die separaten Räume für Spritzgießen und Materialanalytik

Schaltschränke mit einer Wasserkühlung ausgerüstet, um eine vollständig gekapselte Ausführung zu realisieren. Ein wichtiges Kriterium war auch, dass alle Oberflächen der Reinigung mit Desinfektionsmitteln standhalten müssen. Wo eine Ausführung in Edelstahl nicht möglich war, wurden entsprechend resistente Lackierungen gewählt. Da bei der Fräsbearbeitung naturgemäß Partikel und Stäube entstehen, ist die Fräsmaschine als Isolatorkonzept ausgeführt. Dies bedeutet, dass innerhalb der Maschinenverkleidung durch eine Absaugung ein leichter Unterdruck zum umgebenden Reinraum geschaffen wird. Entstehende Partikel können dadurch nicht in den Reinraum gelangen und damit sicher aus diesem entfernt gehalten werden. Auch für die Herstellung und die Verpackung von individuellen Implantaten zur kraniofazialen Rekonstruktion und für die in Abb. 32.15 a gezeigte, sterilisierbare batteriebetriebene Bohrmaschine bildet der Reinraum die Grundlage zur nachfolgenden Sterilisation. Durch das gewählte Konzept und die definierten Bedingungen der Reinigungsprozedur wird die maximal zulässige Anzahl der Bakterien und koloniebildenden Einheiten sicher eingehalten.

32.4.2 Reinraum zur Fertigung von Verpackungen

Die Firma FischerSöhne AG in Muri (CH) fertigt unter anderem so genannte Wannen und Nester in einem Reinraum der ISO-Klasse 7. Diese beiden aus Polystyrol bzw. aus Polypropylen hergestellten Formteile dienen zur Aufnahme, zum Verpacken und zum Transport von medizinischen Spritzen und werden auf Spritzgießmaschinen hergestellt, die seitlich neben dem Reinraum angeordnet sind. Zusammen mit den Spritzen ergibt sich hiermit ein so genanntes „Ready to fill System" (RTF).

Über dem Werkzeugbereich der SGM ist jeweils ein Laminar-Flow-Modul vom Typ „LMP" montiert. Dieser Modultyp ist im Gegensatz zu Standard-Modulen mit festem Rastermaß, speziell dafür ausgelegt, den prozessrelevanten Werkzeugbereich der Spritzgießmaschine vollflächig zu überdecken. Hierdurch wird die ISO-Klasse 7 „in operation" sicher eingehalten (vergleiche Tabelle 32.5).

Die seitliche Entnahme und die Kontrolle der Spritzgießteile erfolgt vollautomatisch. Hierfür werden ein Sechs-Achs-Knickarmroboter (siehe Abb. 32.17, rechts) und ein Kamerasystem eingesetzt. Der Roboter befindet sich in einem separaten Reinraum, der zwischen der SGM und dem Verpackungs-Reinraum angeordnet ist. Die Spritzgießteile werden zum weiteren Transport vom Roboter im Reinraum gestapelt auf einem Förderband abgelegt. Dieses ist mit einer Schleusenfunktion, bestehend aus zwei Hubtüren und einer Tunnelabdeckung, ausgestattet. Nach dem Anfahren der SGM schleust der Roboter die ersten Teile direkt in den umgebenden Grauraum aus.

Die Spritzgießteile werden im Reinraum nochmals visuell kontrolliert und in PE-Beutel verpackt. Die Ausschleusung in den Grauraum zur weiteren Verpackung

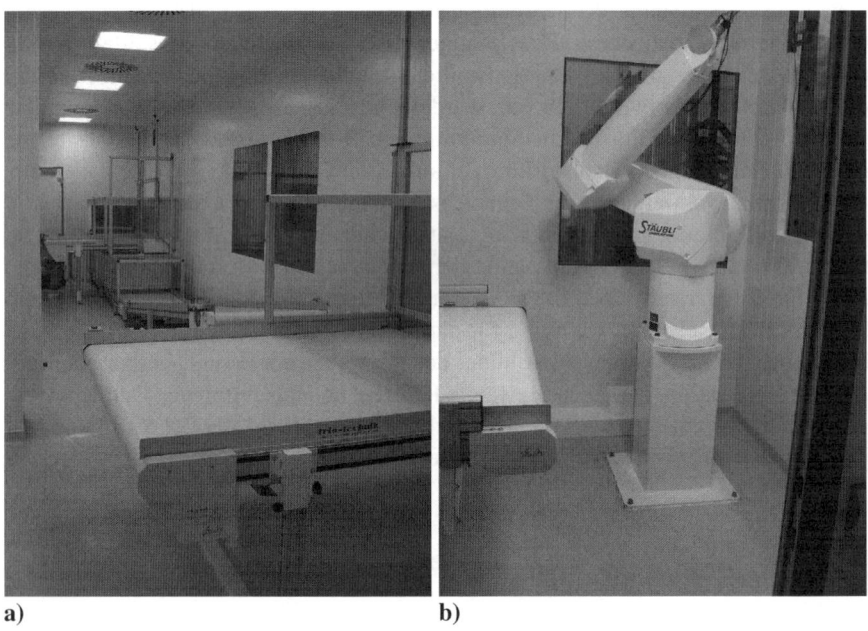

a) b)

Abb. 32.17 Reinraum für die Verpackung (links) und der Reinraum des Roboters (rechts) zur Teileentnahme Die Ausschleusung erfolgt jeweils automatisch. Eine Steuerung übernimmt die Ansteuerung der Förderbänder und der gegenseitig verriegelten Hubtüren (Fotos mit freundlicher Genehmigung der Firma FischerSöhne AG, Muri, Schweiz)

geschieht ebenfalls über ein Förderbandsystem, das mit einer automatischen Schleusenfunktion ausgerüstet ist.

Der Fertigungsprozess ist nach den GMP-C-Richtlinien qualifiziert und validiert. Neben der Aufzeichnung der üblichen Parameter wie Raumdruck, Temperatur und Feuchte wird die Partikelbelastung an mehreren Messpunkten von einem permanenten Partikel-Monitoringsystem ständig gemessen, dokumentiert und gegebenenfalls bei einer Grenzwertüberschreitung ein Alarm ausgelöst.

Der Reinraum mit seinen Peripherie-Elementen wie Personen- und Materialschleusen sowie die SGM befinden sich in einem räumlich abgegrenzten, separat belüfteten Teil der Fertigungshalle. Dieser ist als umgebender Grauraum definiert und ausgelegt.

32.5 Ausblick

Der internationale Handelsmarkt für medizintechnische Artikel beläuft sich aktuell auf mehr als 70 Mrd. US-$ und hat sich alleine zwischen 1991 und 2001 verdoppelt [17].

Speziell in Deutschland ist die medizintechnische Branche ein wichtiger Wirtschafts- und Arbeitsmarktfaktor und sie ist eine Branche, die im Vergleich zu anderen stete Zuwachsraten verbuchte. In Deutschland umfasst der Wert der Produktion im Bereich der Medizintechnik rund 15 Milliarden Euro; als Exportdienstleister rangiert Deutschland weltweit an zweiter Stelle [18]. Die in diesem Bereich tätigen Unternehmen beschäftigen rund 150.000 Menschen und es ist davon auszugehen, dass die gleiche Anzahl von Arbeitsplätzen in der Zulieferindustrie unmittelbar von der Medizinprodukteindustrie abhängt [18].

Dem positiven Trend liegen, wie vielfach beschrieben, die demografische Entwicklung und die Veränderung des Morbiditätsspektrums zugrunde [17]. Damit verbunden ist die Nachfrage u. a. nach innovativen Wirkstoff-Dosiersystemen, intelligenter Verpackung, schnellen Diagnosemöglichkeiten oder Vereinfachungen der Medikamentenverabreichung. Dies sind typischerweise Produkte, die in der Zulieferindustrie gefertigt werden, wie beispielsweise der Insulin-Pen für die Eigenmedikation von Diabetikern, die Mikroreaktionsplatten, z. B. für die Blut-Analysen, oder die DES-Systeme (Drug Eluting Stents – Medikamente freisetzende Stents). Viele Produkte für den Patientenbedarf sind für die Einmalnutzung konzipiert und müssen daher bereits möglichst rein gefertigt werden, weil sich eine nachträgliche Sterilisierung nicht immer lohnt bzw. materialbedingt unmöglich sein kann. Dasselbe gilt für Analysesysteme und selbstverständlich für alle Produkte, die im direkten Patientenkontakt eingesetzt werden.

Ein weiterer markanter Wachstumsfaktor ist die zunehmende Miniaturisierung von Bauteilen, sei es als Gerätebauteil oder als Implantat. In diesem Fall spielt die Reinraumfertigung nicht nur bei der Reduktion der Keimbelastung eine Rolle, sondern auch als Gewähr der Prozesssicherheit. Aufgrund der mikroskopisch kleinen

Strukturen derartiger Bauteile ermöglicht erst die Fertigung unter Reinraumbedingungen die Einhaltung der hohen Qualitäts- und Maßhaltigkeitsanforderungen.

Eng verbunden mit der Medizintechnik wie auch den anderen Life Science Bereichen ist die Reinraumtechnik als Zulieferindustrie. Infolge der positiven wirtschaftlichen Entwicklung des Medizintechnikmarktes, sowohl im nationalen als auch im internationalen Zusammenhang, wird auch die Reinraumtechnik als Branche wachsen. Dabei gilt es, nicht nur mehr Fertigungen anforderungsgerecht auszustatten, sondern auch innovative Lösungen anzubieten und flexibel auf sich verändernde Rahmenbedingungen (Gesetze, Normen, Standortcharakteristika) einzugehen.

Parallel dazu ist ein Trend zu beobachten, neben der reinen funktionalen Gestaltung zunehmend auch ein ansprechendes Design und die Haptik zu berücksichtigen (z. B. bei Insulin-Pens und Medizinischen Geräten). Dies wird einen zunehmenden Einsatz von Prozessen wie Mehrkomponenten Techniken (z. B. im Spritzguss), Lackieren oder „In Mold Decoration" (IMD) zur Folge haben. Diese Fertigungsverfahren werden heute beispielsweise schon in der Automobilindustrie erfolgreich unter Reinraumbedingungen durchgeführt [19].

32.6 Literaturverzeichnis

1. Appert, F.N., Die Kunst alle animalischen und vegetabilischen Substanzen nämlich alle Gattungen Fleisch, Geflügel, Wildpret, Fische, Zugemüse, Kuchen - Arzneygewächse, Früchte, Sulzen, Säfte; ferner Bier, Kaffeh, Thee u.s.w. in voller Frische, Schmackhaftigkeit und eigenthümlicher Würze mehrere Jahre zu erhalten, Mörschner und Jasper, Wien, 1822
2. Semmelweis, I.P., Äthiologie, Begriff und Prophylaxis des Kindbettfiebers. Unveränderter Nachdruck der Ausg. Leipzig 1912, Zentralantiquariat der Dt. Demokratischen Republik, 1968
3. Gail, L., Horting, H.P., Reinraumtechnik, Springer Verlag, Berlin, 2002
4. Jensen, R., Mitzler, J., Grefenstein, A., Gschwendtner, R., Jungbluth, M., Kaufmann, G., Sonntag, R., Synergie schafft neue Technologie. Kunststoffe, 91 (10), 2001, S. 96-102
5. Bürkle, E., Dittel, G., Leitfaden zum Aufbau einer praxisgerechten Reinraumfertigung. Kunststoffe, 93 (11), 2003, S. 4-12
6. Bürkle, E., Dittel, G., Ganzheitliche Reinraumplanung für Medizinprodukte. Kunststoffe, 94 (4), 2004, S. 42-47
7. Auterhoff, G.H., EG-Leitfaden der Guten Herstellungspraxis für Arzneimittel und Wirkstoffe, Editio Cantor Verlag, Aulendorf, 2007
8. Dressler, J., ESD-Management in Produktionstools. GIT ReinRaumTechnik, 02, 2003, S. 22-25
9. Jungbluth, M., Einführung in die Reinraumtechnik. Vorlesungsunterlagen Studiengang Kunststofftechnik, Fachhochschule Rosenheim, Rosenheim, 2006
10. Kohtz, D., Messen, Steuern und regeln mit PIC-Mikrokontrollern, Franzis Verlag GmbH, Poing, 2003
11. Mairose, T., Jungbluth, M., Reinraumproduktion außerhalb des Reinraumes. Kunststoffe, 95 (2), 2005, S. 60-64
12. Reinmüller, B., Ljungqvist, B., Modern cleanroom clothing system: people as a contamination source. PDA J Pharm Sci Technol, 57 (2), 2003, S. 114-125
13. Zinckgraf, S., Gemeinsam stark. Heidelberger Expertengespräch Medizintechnik. Plastverarbeiter, 58 (5), 2007, S. 24-29
14. Produkte 2006/2007 - Kompakt, Ausgabe 07/2006. Festo AG&Co.KG, Esslingen, 2006, S. 1-24,1-41
15. Jetzt mit Reinraum – Der Spritzgießverarbeiter erschließt sich neue Fertigungs- und Absatzmöglichkeiten. K-Zeitung, 10, 2005, S. 20
16. SonicWeld Rx®-System, eine neue Ära in der kraniofazialen Osteosynthese, Firmenschrift, 90-300-01-04, 9/2006, Gebrüder Martin GmbH&Co. KG, 2006
17. Studie zur Situation der Medizintechnik in Deutschland im internationalen Vergleich, Bundesministerium für Bildung und Forschung, Berlin, 2005
18. Beeres, M., BVMed Jahresbericht 2006/07, BVMed, Bundesverband Medizintechnologie e.V., Berlin, 2007
19. Ackermann, R., Gärtner, R., Oberflächentechnik – "Design meets Function". In: Spritzgießen 2007, VDI-Verlag, Düsseldorf, 2007
20. EC GMP Guide to Good Manufacturing Practice. Revised Annex 1: Manufacture of sterile medicinal products, 2003
21. GMP für Wirkstoffe. EU-GMP-Leitfaden II: Good Manufacturing Practice Part II, Maas & Peither GMP-Verlag, 3. Auflage, 2008

33 Cell 3D: Kunststoffschäume für dreidimensionale Zellkultivierung

A. Walter, S. Leicher, E. Wintermantel

33.1 Einleitung

Die Anzucht tierischer und humaner Zellen spielt bei klinischen Anwendungen und im Labor eine große Rolle. Die Nutzung dieser angezüchteten Zellen reicht von der Testung parmazeutischer Wirkstoffe und der Toxizität von Werkstoffen bis hin zum klinischen Einsatz als Implantat [1–4].

In der Entwicklung pharmazeutischer Wirkstoffe erlangt die frühzeitige Selektierung neuer Formulierungen aufgrund der im Entwicklungsverlauf steigenden Kosten zunehmende Bedeutung [5, 6].

Durch erhöhte Sensitivität und Selektivität zellkulturbasierter Testverfahren soll die Vorhersagewahrscheinlichkeit der Wirkung einer Substanz im Körper verbessert werden. Bevor neuartige Pharmazeutika im Tierversuch auf ihre Wirkungen und Nebenwirkungen getestet werden, wird eine Vorauswahl im Zellversuch getroffen. Die Ergebnisse der Versuchsreihen aus den Tierversuchen und den Zellkulturexperimenten können aufgrund der komplexen Wechselwirkungen im tierischen und später auch menschlichen Organismus erheblich voneinander abweichen. Somit ist es wichtig, verbesserte Zellkulturversuche mit besserer Vorhersagbarkeit der Wirkung pharmazeutischer Wirkstoffe auf einen Zellverbund zu entwickeln. Die Anzahl notwendiger Tierversuche kann dadurch reduziert werden. Die gleiche Vorgehensweise gilt für die Überprüfung der Toxizität von Werkstoffen. Auch hier kann die Anzahl an Tierversuchen reduziert oder vermieden werden, wenn verbesserte Zellkultursysteme zur Anwendung kommen und dadurch die Aussagekraft der Zellversuche gesteigert werden kann.

Im Bereich der Zellzüchtung für therapeutische Zwecke wurden in den vergangenen Jahren beachtliche Erfolge erzielt. So konnten von Heimburg et al. erfolgreich Fettzellen auf dreidimensionalen abbaubaren Kunststoffgerüsten züchten und anschließend für Anwendungen in der plastischen Chirurgie einsetzen [1, 7–9]. Ähnlich positive Ergebnisse erzielten Kimura et al. [10]. Cima et al. verwendeten ebenfalls poröse Strukturen aus abbaubaren Kunststoffen zur Transplantation von ausserhalb des Körpers gezüchteten Zellen [11]. Chevallay et al. zeigten Möglichkeiten auf wie dreidimensionale Kollagenstrukturen zur Gewebezüchtung und für

Zweidimensionale Kultivierung

Dreidimensionale Kultivierung

Abb. 33.1 Kultivierung von Säugetierzellen in zweidimensionalen Zellkulturschalen (links) und in dreidimensionalen porösen Strukturen (rechts). Bei zweidimensionaler Kultivierung zeigen die Zellen eine flache Gestalt. Bei dreidimensionaler Kultivierung füllen die Zellen den zur Verfügung stehenden Raum weitgehend aus und können, unterstützt durch die Trägerstruktur, eine zelltypische dreidimensionale Morphologie ausbilden [15]

Anwendungen in der Gentherapie eingesetzt werden können [12]. Huss erzeugte eine dreidimensionale Kokultur von Fett- und Epithelzellen als Ersatz für nach Tumorentfernung fehlendes Gewebe der weiblichen Brust [13].

Eine ausreichende Anzahl qualitativ hochwertiger Zellen soll durch Methoden der Zellkultivierung bereitgestellt werden. Die Qualität der Zellen wird dabei durch das Vorhandensein zelltypischer Merkmale wie Vitalität und Differenzierungsgrad bestimmt. Für die Kultivierung von Primärzellen und permanenten Zelllinien stehen eine Reihe von speziell funktionalisierten Oberflächen zur Verfügung. Mit Hilfe poröser Zellträger sollen Voraussetzungen für optimale Kulturbedingungen geschaffen werden. Das in offenporigen Zellträgern ermöglichte dreidimensionale Zellwachstum stellt eine Nachbildung des natürlichen Zellmilieus dar.

Dreidimensionale Matrices für die Zellkultur sind aus verschiedenen natürlichen und synthetischen Materialen, vor allem aus Polymeren und aus Keramiken verfügbar. Aufgrund aufwendiger Herstellungsverfahren und zum Teil hohen Rohstoffkosten sind dreidimensionale Zellträger oft deutlich teurer als gewöhnliche Zellkulturschalen und haben noch nicht deren große Verbreitung gefunden. Fertigungsverfahren aus der Massenproduktion von Kunststoffartikeln können hierbei helfen kostengünstige Zellträger bereit zu stellen. Nach geeigneter Validierung können diese Kunststoffmatrices in Verbindung mit geeigneten Zelltypen leistungsfähige Testsysteme für pharmazeutische Wirkstoffe darstellen.

Das Messen von Zellanzahl und Zellqualität stellt aufgrund der eingeschränkten Zugänglichkeit der Zellen in dreidimensionalen Konstrukten eine besondere Herausforderung dar. Die etablierten Analyseverfahren können auf diese neue Situation nur teilweise übertragen werden [14].

33.2 Prozesstechnologie zur Herstellung geschäumter Polymere

33.2.1 Einleitung

Die Anforderungen an Herstellungsprozesse für offenporige Zellträger stellen sich wie folgt dar:

- Keine Verwendung toxischer Grund- oder Hilfsstoffe wie beispielsweise chemische Treibmittel
- Keine thermische Umwandlung der Grund- oder Hilfsstoffe in toxische Produkte
- Fähigkeit optimale Porengrößen und Porengrößenverteilungen bei hoher Offenporigkeit für maximale Strukturkompatibilität zu liefern [16, 17].
- Wirtschaftlichkeit
- Möglichst geringe Anzahl von Nachbearbeitungsschritten

33.2.2 Grundlagen

Alle Schäumverfahren können in die grundlegenden Schritte Gasbeladung, Nukleierung, Porenwachstum und Porenstabilisierung eingeteilt werden [18, 19]. Durch die Gasbeladung (Injektion) und die homogene Einmischung des Gases in die Schmelze wird eine homogene übersättigte Mischung erzeugt. Durch das Herbeiführen einer thermodynamischen Instabilität entstehen an Fehlstellen innerhalb der Polymermatrix (Eigennukleierung) oder an der Oberfläche von Partikeln (Fremdnukleierung) Nukleierungskeime [20]. Die Eigennukleierung wird als homogene, die Fremdnukleierung als heterogene Nukleierung bezeichnet [18]. Delale [21] und Abraham [22] beschreiben die theoretischen Vorgänge bei homogener Nukleierung, die den Versuchsbedingungen in dieser Arbeit am nächsten kommen. Eine thermodynamische Instabilität kann wie bei Park et al. beschrieben durch einen Druckabfall herbeigeführt werden [23] Durch eine Temperaturerhöhung kann ebenfalls die Nukleierung gestartet werden [24]. Ein Nukleierungskeim ist dann stabil, wenn die zur Keimbildung nötige Energie kleiner als die freie Energie des Systems ist [24].

Die zur homogenen Keimbildung nötige Energie kann wie folgt beschrieben werden.

$$W = \sigma \cdot A - (P_g - P_l) \cdot V_p + n \cdot (\mu_g - \mu_l) \quad \text{(Gl. 33.1)}$$

Hierbei bezeichnet σ die Oberflächenspannung der Kunststoffschmelze, A die Oberfläche einer Pore, P_g den Partialdruck des Treibgases, P_l den Partialdruck der Schmelze, V_p das Volumen einer Pore, μ_g die Anzahl der Moleküle, μ_l das chemisches Potential der Gasmoleküle und das chemisches Potential der Moleküle in der Schmelze. Im Gleichgewichtszustand der chemischen Potentiale der Gas- und Flüssigkeitsmoleküle vereinfacht sich (Gl. 33.1) zu:

$$W = 4\pi r^2 \sigma + \frac{4}{3}\pi r^3 (P_g - P_l)$$
(Gl. 33.2)

r ist dabei die Variable für den Porenradius. Der kritische Radius r^* bezeichnet den Porenradius, ab dem ein weiteres Porenwachstum energetisch günstig für das Gesamtsystem ist. Er kann durch Bildung der ersten Ableitung von (Gl. 33.2) nach r berechnet werden:

$$\frac{dW}{dr} = 0$$
(Gl. 33.3)

$$r^* = \frac{2\sigma}{P_g - P_l}$$
(Gl. 33.4)

Die zur Erreichung des kritischen Porenradius erforderliche freie Energie W^*_{hom} beträgt:

$$W^*_{hom} = \frac{16\pi}{3(P_g - P_l)^2} \cdot \sigma^3$$
(Gl. 33.5)

Die zur heterogenen Keimbildung erforderliche freie Energie ist stets geringer als die zur homogenen Keimbildung erforderliche Energie [24].

Im Folgenden werden schematisch die Mechanismen der Schaumentstehung dargestellt. Abb. 33.2 zeigt exemplarisch verschiedene Phasen der Einmischung eines physikalischen Treibmittels in eine Kunststoffschmelze mit nachfolgender Nukleierung und anschließendem Porenwachstum.

Auf die Nukleierung folgt das Porenwachstum. Shafi et al. [26] beschrieben wie Amon und Denson [27] die grundsätzlichen Mechanismen während des Porenwachstums. Aus der Schmelze diffundiert gelöstes Gas in die während der Nukleierung entstandenen Hohlräume und lässt die Poren wachsen, Abb. 33.2. Treibende Kraft ist hierbei der Konzentrationsunterschied der in der Schmelze und in den wachsenden Poren enthaltenen Gasmolekülen, Abb. 33.3 [23]. Dem wachsenden Partialdruck im Inneren der Pore wirkt die Oberflächenspannung der flüssigen Schmelze an der Blasenoberfläche entgegen [28]. Das Energiegleichgewicht kann wie folgt beschrieben werden [29]:

$$\sigma \cdot dA = P_g \cdot dV$$
(Gl. 33.6)

V steht dabei für das Gasvolumen. Für kugelförmige Poren gilt:

$$\sigma \cdot 8 \cdot \pi \cdot r \cdot dr = P_g \cdot 4 \cdot \pi \cdot r^2 \cdot dr$$
(Gl. 33.7)

Der Gasdruck innerhalb einer Pore kann wie folgt beschrieben werden [30]:

$$P_g - P_\infty - \frac{2\sigma}{R} + \int_R^{R_f} (\tau_{\gamma\gamma} - \tau_{\theta\theta}) \frac{dr}{r} = 0$$
(Gl. 33.8)

33.2 Prozesstechnologie zur Herstellung geschäumter Polymere

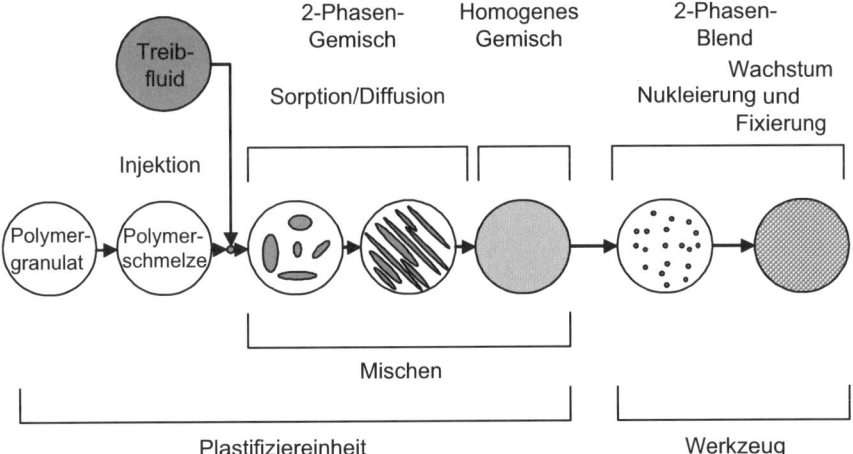

Abb. 33.2 Mechanismen der Treibmittelbeladung und der Schaumentstehung. Nach der Injektion eines Treibfluids in die flüssige Schmelze entsteht durch Sorptions- und Diffusionsvorgänge während des Mischens aus einem 2-Phasen-Gemisch ein homogenes Gemisch. Nach Induktion eines thermodynamischen Ungleichgewichts durch Druckabfall oder Temperaturerhöhung bilden sich in der Nukleierungsphase Porenkeime. Die Keime wachsen zu Poren. Durch Abkühlung der Schmelze nimmt die mechanische Festigkeit der Kunststoffanteile zu. Hierdurch werden die in der Wachstumsphase entstandenen Poren fixiert und bleiben nach Erkalten der Polymerschmelze erhalten (nach [25])

P_∞ beschreibt in der Gleichung den Umgebungsdruck, R den Porenradius bis zur Grenzfläche zwischen Gas und Schmelze, R_f den äußeren Zellradius der Diffusionszone (entspricht Variable S in Abb. 33.3), $\tau_{\gamma\gamma}$ die Spannungskomponente in radialer Richtung und $\tau_{\theta\theta}$ die Spannungskomponente in Umfangsrichtung. Die zeitliche Änderung des Porenwachstums ist:

$$\frac{d}{dt}(\rho_g R^3) = 3\rho D R^2 \left[\frac{\partial c}{\partial r}\right]_{r=R} \quad \text{(Gl. 33.9)}$$

Die Dichte des Treibmittels wird mit ρ_g, die Dichte der Kunststoffschmelze mit ρ, der Diffusionskoeffizient mit D und die Gaskonzentration mit c bezeichnet. Die konzentrationsabhängige Diffusionsgleichung lautet:

$$\frac{\partial c}{\partial t} + V_r \frac{\partial c}{\partial r} = \frac{1}{r^2} \frac{\partial}{\partial r}(Dr^2 \frac{\partial c}{\partial r}) \quad \text{(Gl. 33.10)}$$

t beschreibt die Zeit für das Porenwachstum. Diesen Berechnungen liegen folgende Rand- und Startbedingungen zugrunde:

$$c(r,0) = c_0 = K_W P_{g0} \quad \text{(Gl. 33.11)}$$

$$c(R,t) = K_w P_g \quad \text{(Gl. 33.12)}$$

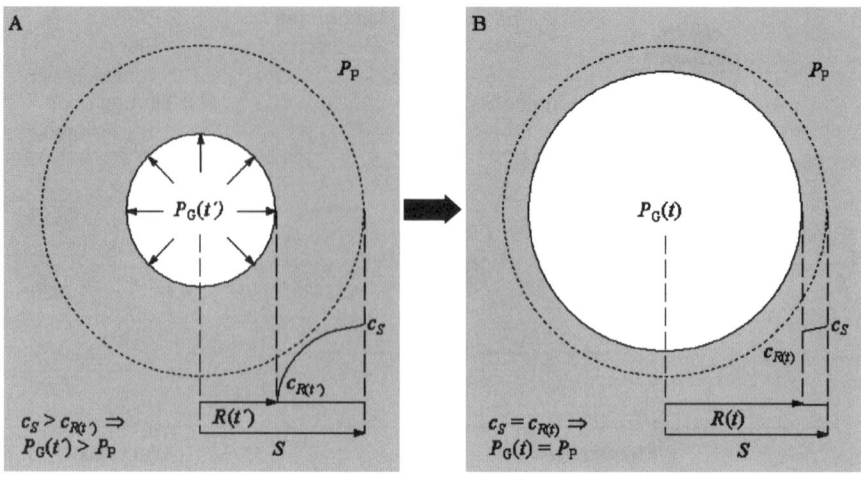

Abb. 33.3 Schematische Darstellung des Wachstums einer Pore. Die Pore wächst vom Zeitpunkt t' mit dem kritischen Radius $R(t')$ (A) bis zum endgültigen Radius $R(t)$ (B) zur Zeit t. Treibende Kraft ist die Diffusion von gelöstem Gas in das Innere einer Pore (A). Diese Diffusion erhöht den Gasdruck P_G innerhalb der Pore. Das Gas diffundiert radial in einer Grenzschicht. Die Dicke dieser Grenzschicht wird definiert durch den Radius $R(t', t)$ und die radiale Position S. Der Gasgradient wird durch ein Konzentrationsprofil von c_S nach $c_{R(t',t)}$ beschrieben. Das Porenwachstum hält solange an bis keine Gasmoleküle mehr in die Pore diffundieren, es gilt dann $c_S = c_{R(t)}$ (B). Der Gasdruck $P_G(t)$ und der Druck in der Schmelze P_P sind gleich und das Porenwachstum endet [31]

P_{g0} bezeichnet den Gasdruck innerhalb der Pore zu Beginn des Porenwachstums, K_w ist eine spezifische Konstante und c_0 die Gaskonzentration zu Beginn des Porenwachstums. Findet kein Gasverlust nach außen statt (innenliegende Poren), so gilt:

$$\frac{\partial c}{\partial r} = 0 \tag{Gl. 33.13}$$

Durch die Abkühlung der Kunststoffschmelze steigt deren Viskosität und die Festigkeit des Materials nimmt zu. Das Porenwachstum ist beendet sobald sich ein Gleichgewicht zwischen der Festigkeit des Materials und dem Gasdruck innerhalb der Pore eingestellt hat. Die während des Porenwachstums entstandene Struktur wird durch weitere Abkühlung des Kunststoffs fixiert.

33.2.3 Schaumspritzguss

Spritzguss stellt ein diskontinuierliches Fertigungsverfahren dar. Beim Schaumspritzguss mit physikalischen Treibmitteln wird beispielsweise überkritisches CO_2 in die Kunststoffschmelze dosiert [25]. Beim Einspritzen in das Werkzeug expandiert das gelöste Gas und bildet Gasblasen [32]. Sind die Gasblasen stabil bis der

33.2 Prozesstechnologie zur Herstellung geschäumter Polymere 771

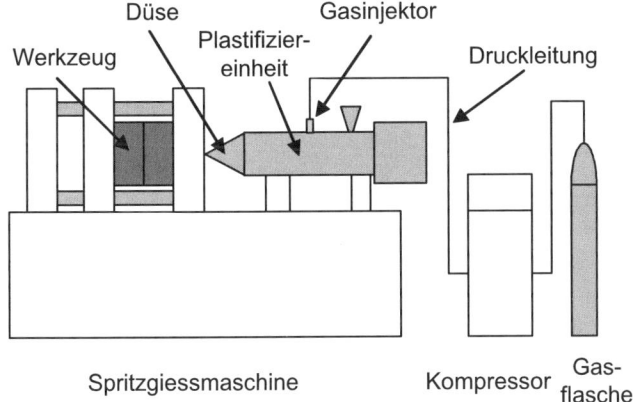

Abb. 33.4 Schematischer Aufbau einer Spritzgussmaschine mit MuCell-Ausrüstung zum physikalischen Schäumen. Das als Treibmittel verwendete Gas wird aus einer Gasflasche entnommen und in einem Kompressor soweit verdichtet bis es im überkritischen Zustand vorliegt. Das komprimierte Gas wird durch eine Hochdruckleitung zum Gasinjektor geleitet. Dort wird das überkritische Gas in die Plastifiziereinheit injiziert und dort mit der flüssigen Kunststoffschmelze vermischt. Über die Düse wird das Polymer-Gas-Gemisch in das Werkzeug eingespritzt, wo das Gas expandiert und die Porenbildung beginnt (nach [35])

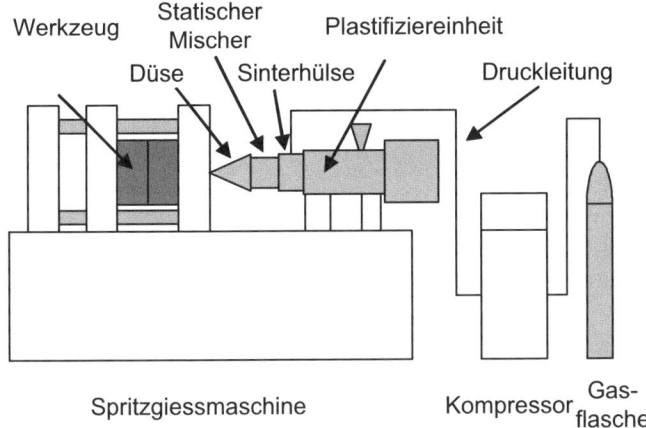

Abb. 33.5 Schematischer Aufbau einer Spritzgussmaschine mit Optifoam-Düse zum physikalischen Schäumen. Das als Treibmittel verwendete Gas wird aus einer Gasflasche entnommen und in einem Kompressor soweit verdichtet bis es im überkritischen Zustand vorliegt. Das komprimierte Gas wird durch eine Hochdruckleitung zu einer vor der Düse angeordneten Sinterhülse geleitet. Dort wird das überkritische Gas über eine poröse Sinterhülse in die vorbeiströmende Kunststoffschmelze injiziert. In einem nachgelagerten statischen Mischelement wird das überkritische Gas mit der flüssigen Kunststoffschmelze vermischt. Über die Düse wird das Polymer-Gas-Gemisch in das Werkzeug eingespritzt. Dort expandiert das Gas und die Porenbildung beginnt (nach [38])

erkaltete Kunststoff ausreichende Festigkeit erreicht hat, so entstehen Hohlräume. Die Größe und die Verteilung der Hohlräume hängen vor allem von der Massetemperatur, der Einspritzgeschwindigkeit, der Werkzeugtemperatur, dem eingespritzten Schmelzevolumen und der Abkühlungsgeschwindigkeit ab [33, 34].

Das überkritische Gas kann punktuell durch Hochdruckventile (MuCell) [35], Abb. 33.4, oder flächig durch spezielle poröse Sinterdüsen (Optifoam) [36], Abb. 33.5, zugegeben werden. In jedem Fall ist mit Hilfe von speziellen Mischschnecken oder statischen Mischern sicher zu stellen, dass das Gas homogen in der Schmelze verteilt wird. Der Gasexpansion wirkt der durch das abgeschlossene Werkzeugvolumen aufgebaute Werkzeuginnendruck entgegen [34]. Durch die Steuerung des Werkzeuginnendrucks über das eingespritzte Schmelzevolumen kann die Gasexpansion und damit das Porenwachstum gezielt beeinflusst werden.

33.2.4 Schaumextrusion

Ähnlich wie im Schaumspritzguss kann in der Schaumextrusion ein in der Kunststoffschmelze gut lösliches Gas (z. B. N_2, CO_2) im überkritischen Zustand in die Schmelze eindosiert werden. Beim Austritt aus der Düse expandiert das gelöste Gas und führt zur Bildung von Hohlräumen, die je nach Prozessführung abgeschlossen oder offen sein können.

Die Gasinjektion kann punktförmig oder flächig erfolgen. Ein Beispiel für punktförmige Gaseinbringung ist der Foamex Extruder der Fa. Berstorff [38]. Eine Gaseinbringung über die Wandfläche eines Zylinders findet in der am Institut für Kunststoffverarbeitung (IKV), Aachen, entwickelten Optifoam Gasinjektionsdüse statt [37, 39]. Die Schaumstruktur wird hauptsächlich durch folgende Parameter beeinflusst [40, 41]:

- Art des Treibgases
- Schmelzetemperatur
- Druckabfall an der Düse
- Druckabfallrate an der Düse.

Im Gegensatz zum Schaumspritzguss findet die Gasexpansion in der freien Extrusion gegen Atmosphärendruck und nicht gegen den Werkzeuginnendruck statt [42]. Hierdurch können in der Schaumextrusion deutlich höhere Aufschäumgrade erreicht werden als im Schaumspritzguss. Nach Verlassen der Extrusionsdüse können die Außenabmessungen des extrudierten Strangs und damit auch die Porenstruktur durch geeignete Kalibriereinheiten eingestellt werden [43–46]. Nach Michaeli werden unter anderem Druckluftkalibrierungen und Vakuumkalibrierungen eingesetzt [47]. Bei Druckluftkalibrierungen wird ein Hohlprofil durch im Inneren des Profils angelegte Druckluft an die Wandung der Kalibrierung gedrückt. Bei der Vakuumkalibrierung wird zwischen Profil und Kalibrierungswand ein Vakuum angelegt [46].

Abbildung 33.6 zeigt den prinzipiellen Aufbau eines Schaumextruders. Das Granulat wird über den Trichter eingezogen und mit Hilfe der Schnecke plastifiziert und

33.2 Prozesstechnologie zur Herstellung geschäumter Polymere

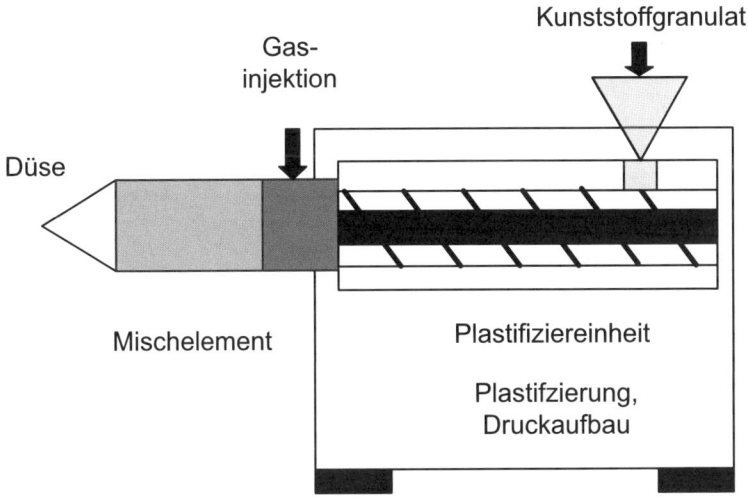

Abb. 33.6 Prinzipieller Aufbau eines Schaumextruders. Das Kunststoffgranulat wird über einen Trichter der Plastifizierung zugeführt und dort aufgeschmolzen. Während der Plastifizierung wird Druck in der Schmelze aufgebaut. Am Ende der Plastifiziereinheit wird überkritisches Treibgas in die Schmelze dosiert. Das nun entstandene inhomogene 2-Phasen-Gemisch wird in einem statischen Mischer zu einem homogenen Gemisch verarbeitet. An der Düse verlässt die Schmelze durch die Düsenöffnung den Extruder. Induziert durch den Druckabfall nach Verlassen der Düse beginnt sofort die Gasexpansion und damit das Porenwachstum [15].

komprimiert. Auf die Plastifizierung folgt eine Gasinjektionseinheit. Hier wird entweder punktuell oder flächig komprimiertes Gas in die Schmelze dosiert. Im Anschluss an die Gasinjektion wird das Gas-Polymer-Gemisch entweder durch Mischelemente auf der Schnecke oder durch einen statischen Mischer gemischt. Durch die Düse, deren Geometrie maßgeblich den Druckabfall und die Druckabfallrate bestimmt, entspannt sich das Gas-Polymergemisch und es entsteht ein poröses Extrudat mit typischer Porengeometrie und Porengröße. Xu et al. zeigten auf wie die Düsengeometrie Druckabfall und Druckabfallrate und damit die Porenstruktur bestimmt [41].

Abbildung 33.7 zeigt eine Gasinjektionsdüse zur Herstellung offenporiger Schäume. Die Kunststoffschmelze tritt aus dem Extruder in die Gasinjektionsdüse. Dort wird Gas über eine Hochdruckleitung in die Schmelze dosiert. In einem anschließend angeordneten statischen Mischer wird das Gas in die Schmelze eingemischt. Über die Düse tritt das Polymer-Gas-Gemisch aus dem Extruder und das gelöste Gas kann expandieren [15].

Während im Spritzguss das flüssige Gas-Schmelze Gemisch an der kalten Werkzeugwand sofort erstarrt und eine kompakte Außenhaut bildet, entsteht in der Extrusion, bedingt durch den schlechten Wärmeübergang zwischen Kunststoffschmelze und der Umgebungsluft, nur eine dünne Haut an der Oberfläche des Extrudats. Die Dicke dieser Haut kann durch geeignete Kühlmaßnahmen (Wasser, Druckluft, flüssiges CO_2) beeinflusst werden. Das Extrudat wird über eine geeignete Abzugsvor-

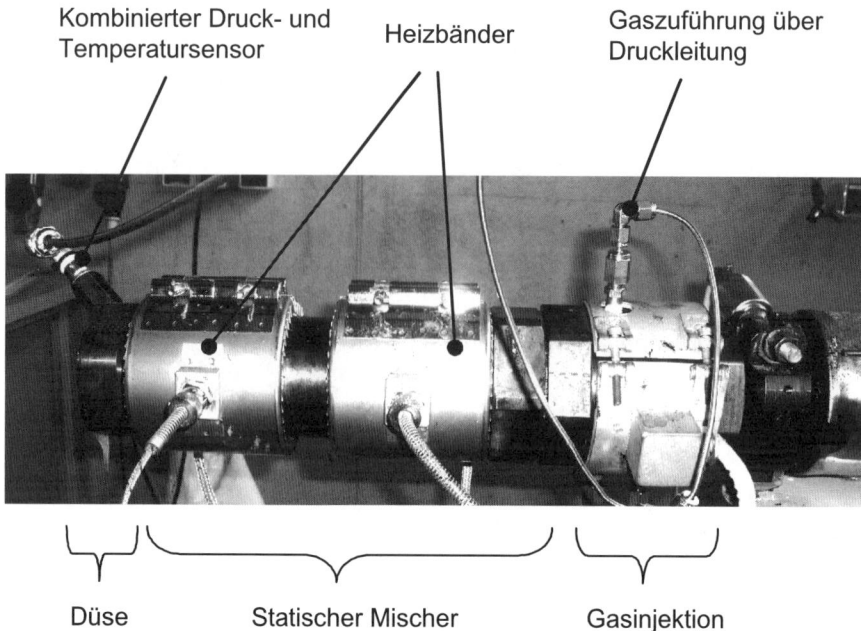

Abb. 33.7 Detailansicht des Versuchsaufbaus zur Schaumextrusion. In die flüsssige Schmelze wird im Bereich der Gasinjektion (rechts) überkritisches Gas dosiert. Das inhomogene 2-Phasen-Gemisch wird im Bereich des statischen Mischers (mitte) homogenisiert. An der Düse (links) verlässt die flüssige Schmelze den Extruder [15]

richtung transportiert, wobei die Abzugsgeschwindigkeit Einfluss auf den Durchmesser des extrudierten Strangs hat. Im Anschluss an eine Kühlstrecke können weitere Verarbeitungsschritte wie Ablängen, Schneiden oder Schälen folgen [15].

33.2.5 Einfluss der Prozessparameter auf die Schaumstruktur

Bei der Herstellung offenporiger Zellträger durch Schaumspritzguss wird die Expansion der gasbeladenen Schmelze durch die Geometrie der abgeschlossenen Werkzeugkavität begrenzt. Ein weiterer Einflussfaktor auf die Schaumstruktur ist die Werkzeugtemperatur. Diese bestimmt maßgeblich die Dicke einer kompakten Aussenhaut am geschäumten Spritzling. Durch die Aussenhaut wird eine weitere zur Porenöffnung notwendige Expansion verhindert. Durch ein geeignetes Verhältnis zwischen Abkühlrate der Schmelze und Expansionsrate des Treibgases kann trotzdem eine offenporige Struktur entstehen, wenn die Schmelze im Moment der Porenöffnung erstarrt, Abb. 33.8.

Durch das Erkalten des Bauteils, beginnend an der Werkzeugwand, entsteht im Schaumspritzguss ein Gradient der Porengröße von der kompakten Außenwand bis

33.2 Prozesstechnologie zur Herstellung geschäumter Polymere

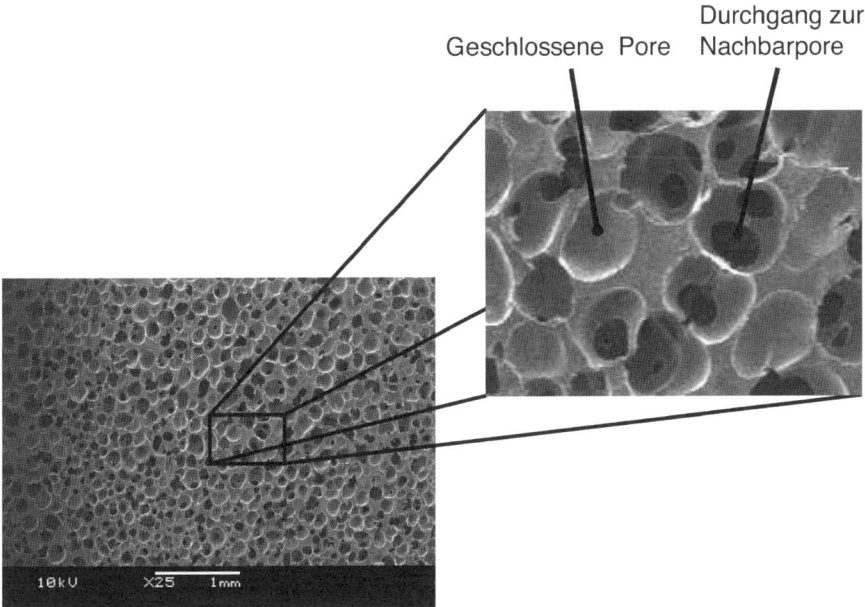

Abb. 33.8 REM-Aufnahme mit Detailansicht einer durch Schaumspritzguss hergestellten offenporigen Schaumstruktur aus Polystyrol. Die Aufnahme zeigt einen Schnitt senkrecht zur Achse eines porösen Zylinders mit Blickrichtung in Richtung der Achse. Neben geschlossenen Poren finden sich eine Reihe Poren mit Durchgängen zu den Nachbarporen. Die Durchgänge sind in der REM-Aufnahme schwarz dargestellt, da aus den in die Bildebene hinein verlaufenden Durchgängen keine Elektronen emittiert werden [15]

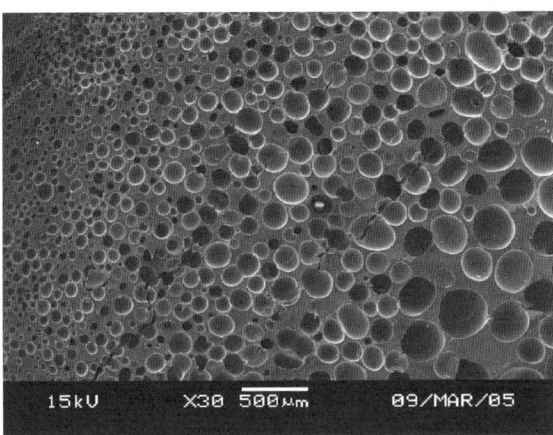

Abb. 33.9 REM-Aufnahme aus dem Randbereich eines durch Schaumspritzguss hergestellten porösen Zylinders. Blickrichtung ist in Richtung der Zylinderachse. Die Porendurchmesser weisen einen positiven Gradienten auf, beginnend mit Porendurchmessern von kleiner 10 µm an der Werkzeugwand (links oben) bis hin zu Porendurchmessern von bis zu 400 µm zur Mitte des Spritzlings hin (rechts unten) [15]

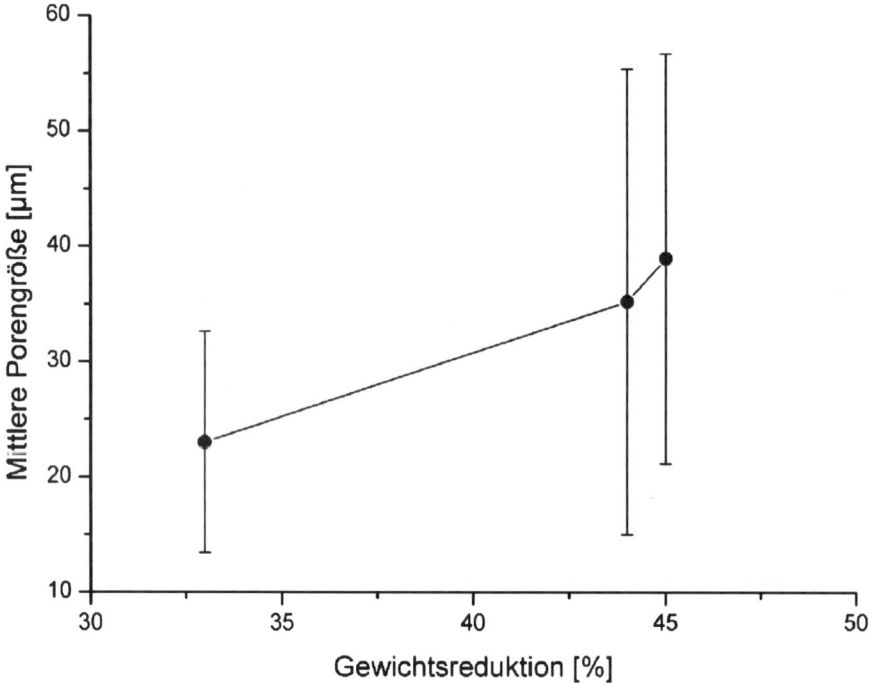

Abb. 33.10 Mittelwerte und Standardabweichungen der mittleren Porengröße geschäumter Bauteile aus Polystyrol in Abhängigkeit der prozentualen Gewichtsreduktion bei Messung an zehn Bauteilen je Messwert. Die Einspritzgeschwindigkeit wurde mit 200 mm/s und die Schmelzetemperatur mit 220 °C konstant gehalten. Mit zunehmender Gewichtsreduktion von 33–46 % des Gewichts kompakter Bauteile steigt der mittlere Porendurchmesser von 23 ± 10 μm bis auf 38 ± 18 μm an. Die Standardabweichungen variieren von 43% des Mittelwertes bei einer Gewichtsreduktion von 33% bis zu 46% des Mittelwertes bei einer Gewichtsreduktion von 46%. Die Standardabweichungen geben die Bandbreite der Porengrößenverteilung dar und sind bedingt durch den statistischen Prozess der homogenen Nukleierung [15]

hin zur maximalen Porengröße in der Mitte des Spritzlings. Während Abb. 33.8 eine homogene Größenverteilung der Poren zeigt, stellt Abb. 33.9 einen deutlichen Gradienten der Porengrößen in den Randbereichen der Probe dar [15].

Die Porenstruktur wird vor allem durch die Parameter Einspritzvolumen, Massetemperatur und Einspritzgeschwindigkeit beeinflusst. Die Porengröße steigt mit zunehmender Massetemperatur, da durch die im Spritzling enthaltene Restwärme ein weiteres Porenwachstum begünstigt wird [48]. Ein reduziertes Einspritzvolumen führt zu einer stärkeren Gasexpansion und damit zu einer erhöhten Gewichtsreduktion im Bauteil. Abb. 33.10 zeigt den Einfluss zunehmender Gewichtsreduktion auf die mittlere Porengröße geschäumter Bauteile bei konstanter Schmelzetemperatur von 220 °C und Einspritzgeschwindigkeit von 200 mm/s. Mit zunehmender Gewichtsreduktion bis zu 46% des Gewichts eines kompakten Bauteils steigt die mittlere Porengröße auf Werte bis zu 39 ± 18 μm an. Bis zu einer Gewichtsreduktion

33.2 Prozesstechnologie zur Herstellung geschäumter Polymere 777

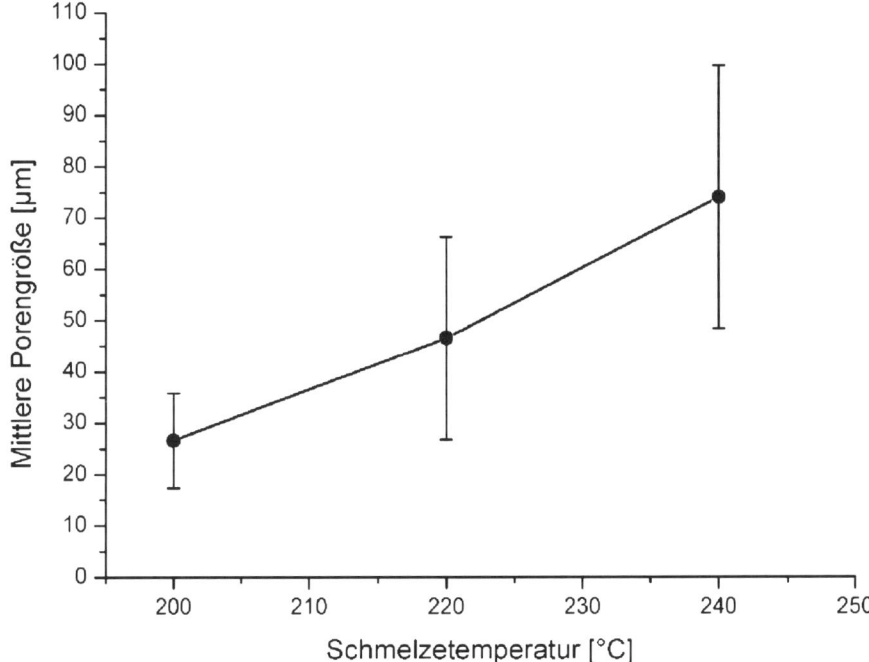

Abb. 33.11 Mittelwerte und Standardabweichungen der mittleren Porengröße geschäumter Bauteile aus Polystyrol in Abhängigkeit der Schmelzetemperatur bei Messung an zehn Bauteilen je Messwert. Die Einspritzgeschwindigkeit wurde mit 200 mm/s und die Gewichtsreduktion mit 47% konstant gehalten. Mit zunehmender Schmelzetemperatur von 200–240 °C steigt der mittlere Porendurchmesser von 27 ± 9 µm bis zu 74 ± 26 µm an. Die Standardabweichungen variieren von 33% des Mittelwertes bei einer Schmelzetemperatur von 200 °C bis zu 35% des Mittelwertes bei einer Schmelzetemperatur von 240 °C. Die Standardabweichungen geben die Bandbreite der Porengrößenverteilung dar und sind bedingt durch den statistischen Prozess der homogenen Nukleierung [15].

von 46 % reicht der Gasdruck aus, um die Form zu füllen. Der Anteil offener Poren am Gesamtvolumen steigt bis zu einer Gewichtsreduktion von 45% kontinuierlich bis auf 20% an. Ab einer Gewichtsreduktion von 45 % steigt der Anteil offener Zellen sprunghaft von 20% auf 50% an, was mit der Entstehung größerer Hohlräume begründet werden kann [15].

Abbildung 33.11 zeigt den Einfluss steigender Schmelzetemperatur auf die mittlere Porengröße geschäumter Bauteile aus Polystyrol. Die Porengröße steigt linear von 27 ± 9 µm bei einer Schmelzetemperatur von 200 °C bis zu 74 ± 26 µm bei einer Schmelzetemperatur von 240 °C an [15].

Abbildung 33.12 zeigt den Einfluss der Einspritzgeschwindigkeit auf die mittlere Porengröße geschäumter Bauteile aus Polystyrol. Die mittlere Porengröße wurde bei niedriger Einspritzgeschwindigkeit von 50 mm/s zu 92 ± 61 µm gemessen. Die hohe Standardabweichung von 66% resultiert aus der bei diesen Prozesseinstellungen inhomogenen Porenstruktur. Mit zunehmender Einspritzgeschwindigkeit

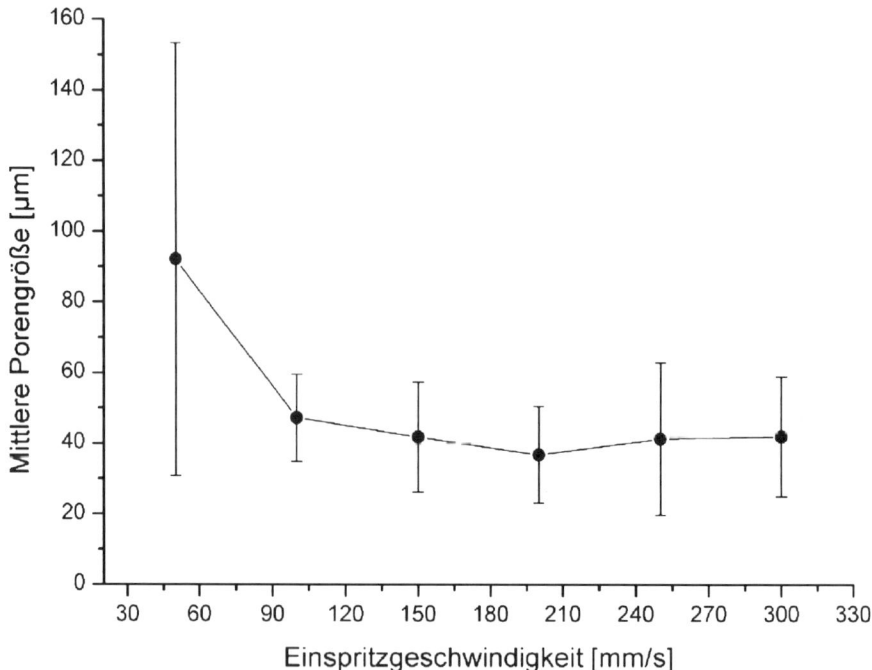

Abb. 33.12 Mittelwerte und Standardabweichungen der mittleren Porengröße geschäumter Bauteile aus Polystyrol in Abhängigkeit der Einspritzgeschwindigkeit bei Messung an zehn Bauteilen je Messwert. Die Schmelzetemperatur wurde mit 220 °C und die Gewichtsreduktion mit 47% konstant gehalten. Mit zunehmender Einspritzgeschwindigkeit von 50–300 mm/s blieb die mittlere Porengröße in einem Bereich von 30–50 µm bei Standardabweichungen von 40% des Mittelwertes weitgehend konstant. Bei niedriger Einspritzgeschwindigkeit von 45 mm/s war der Mittelwert der Porengröße mit 92 ± 61 µm größer als bei den übrigen Einspritzgeschwindigkeiten. Die Standardabweichungen geben die Bandbreite der Porengrößenverteilung dar und sind bedingt durch den statistischen Prozess der homogenen Nukleierung. Die hohe Standardabweichung von 66% des Mittelwertes bei einer Einspritzgeschwindigkeit von 45 mm/s resultiert aus der inhomogenen Schaumstruktur bei dieser Prozesseinstellung. Höhere Einspritzgeschwindigkeiten führen zu deutlich homogeneren Schaumstrukturen [15]

kann eine deutlich homogenere Schaumstruktur mit mittleren Porengrößen von 41 ± 17 µm hergestellt werden. Die Standardabweichung liegt hierbei mit 41% des Mittelwertes deutlich unter der Standardabweichung bei einer Einspritzgeschwindigkeit von 50 mm/s. Abb. 33.13 zeigt die Unterschiede in der Porenmorphologie bei niedriger und hoher Einspritzgeschwindigkeit [15].

Bei geringer Einspritzgeschwindigkeit finden die Nukleierung und das Porenwachstum bereits während des Einspritzvorgangs statt. Es steht somit mehr Zeit für das Porenwachstum zur Verfügung. Bei hoher Einspritzgeschwindigkeit hat die Schmelze bereits in einer frühen Phase des Porenwachstums Kontakt mit der kalten Werkzeugwand. Die für das Porenwachstum zur Verfügung stehende Zeit ist reduziert. Damit wird eine weitere Expansion der Poren eingeschränkt [15].

33.2 Prozesstechnologie zur Herstellung geschäumter Polymere 779

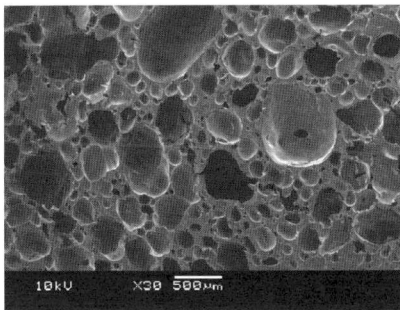 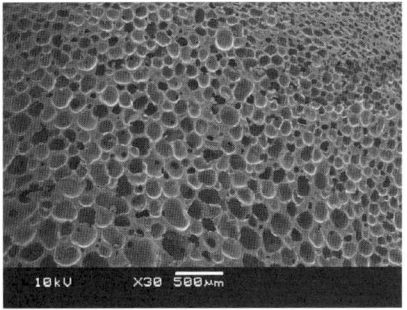

Abb. 33.13 REM-Aufnahmen der Porenmorphologie geschäumter Bauteile bei Einspritzgeschwindigkeiten von 50 mm/s (links) und 300 mm/s (rechts). Die Schmelzetemperatur lag bei beiden Aufnahmen konstant bei 220 °C und die Gewichtsreduktion bei 47 % des Gewichts eines kompakten Bauteils. Das rechte Bild zeigt bei höherer Einspritzgeschwindigkeit eine deutlich homogenere Porenverteilung und kleinere mittlere Porengrößen im Vergleich zu der links dargestellten Porenstruktur [15]

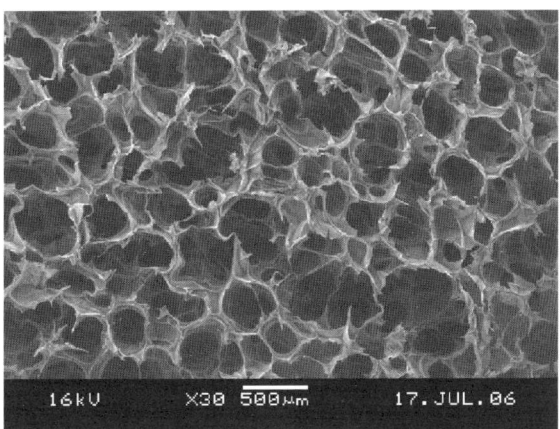

Abb. 33.14 REM-Aufnahme einer extrudierten Schaumstruktur aus Polystyrol mit einer Offenporigkeit von 98%. Durch den raschen Druckabfall an der Extruderdüse haben sich eine Vielzahl von Gasblasen gebildet, die bis zur Erstarrung der umgebenden Polymermatrix expandierten und dabei teilweise die Wände zwischen den Poren aufbrachen. Der mittlere Porendurchmesser beträgt in dieser Aufnahme 300 μm [15]

Schaumextrusion bietet im Gegensatz zum Schaumspritzguss den Vorteil der freien Expansion des gelösten Treibgases gegen den Druck der Atmosphäre. Somit kann eine kontinuierliche Ausdehnung der gasbeladenen Schmelze in Abhängigkeit von Schmelzetemperatur und Druckabfall an der Extruderdüse erfolgen. Ein Gradient der Porengröße zum Rand des extrudierten Strangs sowie eine geschlossene Außenhaut sind vorhanden, aber deutlich geringer ausgebildet als im Schaumspritzguss. Die wesentlichen Einflussfaktoren auf die Gestalt der extrudierten Schaum-

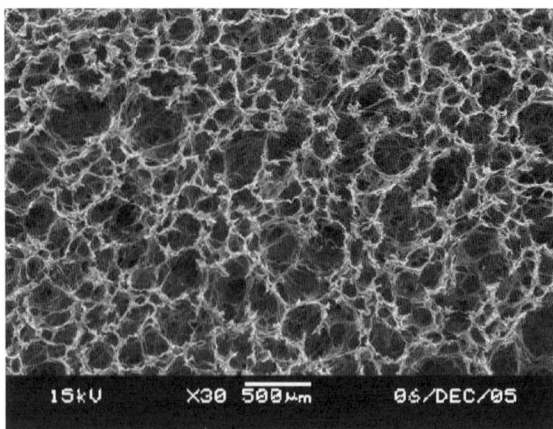

Abb. 33.15 REM-Aufnahme einer extrudierten Schaumstruktur aus PS 158K mit Zugabe von 0,5% Talkum als Nukleierungsmittel Die Fremdnukleierung an den zugegebenen Talkumpartikeln führte zu einer deutlich reduzierten Porengröße im Vergleich zu Abb. 29.14 bei gleichzeitig hohem Grad von 98% Offenporigkeit [15]

struktur sind die Massetemperatur, der Druckabfall an der Düse und die Druckabfallrate [42, 49]. Bei optimalen Prozessparametern können durch Schaumextrusion Schaumstränge aus Polystyrol mit einer Offenporigkeit von 98% hergestellt werden, Abb. 1–14 [15]. Als nicht toxisches Treibmittel kann beispielsweise CO_2 verwendet werden. Zur Vermeidung möglicherweise toxischer Additive werden keine zusätzlichen Nukleierungsmittel verwendet. Die Nukleierung wird dann allein durch den Druckabfall induziert (Eigennukleierung). Durch den starken Druckabfall finden eine schnelle Expansion des gelösten Gases und damit ein Aufreißen der Porenwände statt. Zusätzlich wird die Polystyrolschmelze unterkühlt, das heißt nah an der Glasübergangstemperatur verarbeitet. Die offenporige Schaumstruktur erstarrt sehr schnell. Ein unerwünschter Zusammenschluss mehrerer Poren zu großen Gasblasen kann somit verhindert werden. Aufgrund der hohen Offenporigkeit sind einzelne Poren in Abb. 33.14 kaum mehr erkennbar. Es bleiben alleine die Stege zwischen den Poren bestehen [15].

Durch die Zugabe von Nukleierungsmitteln wie beispielsweise Talkum wird das Porenwachstum zusätzlich durch Fremdnukleierung induziert. Wie Abb. 33.15 zeigt, kann somit eine deutlich feinere Porenstruktur erzeugt werden.

33.3 Oberflächenmodifikation von Kunststoffschäumen

33.3.1 Einleitung

Während mit Hilfe eines offenporigen Schaums Strukturkompatibilität erreicht wird, muss die Oberflächenkompatibilität offenporiger Zellträger durch eine Modifizierung der Kunststoffoberflächen optimiert werden [15]. Ziel der Oberflächenmodifikation ist es, die Adhäsion von Zellen als Voraussetzung zu deren Wachstum zu fördern [50, 51]. Ohya et al. [52] zeigten ebenso wie Lee [53] den Einfluss reaktiver Gruppen und der Oberflächenladung auf das Zellwachstum. Van Wachem et al. [54] konnten einen Einfluss der Oberflächenladung und der Benetzbarkeit von Kunststoffoberflächen auf die Adhäsion von Endothelzellen nachweisen. Eine bereits bei glatten Zellkulturschalen bekannte Art reaktive Gruppen auf Kunststoffoberflächen zu schaffen, ist die Hydrophilisierung durch eine Niederdruckplasmaentladung [55]. Durch die auf der Oberfläche erzeugten Radikale wird die Benetzung der Oberflächen mit Zellsuspension gefördert. Die in der Zellsuspension enthaltenen Zellen können somit leichter an plasmabehandelte Oberflächen anwachsen als an vergleichbare unbehandelte Oberflächen.

33.3.2 Plasmabehandlung

Plasmaentladungen werden standardmäßig zur Erhöhung der Benetzbarkeit von Kunststoffoberflächen eingesetzt [55–57]. In einer evakuierten Kammer wird mit Hilfe einer Hochfrequenzentladung das verwendete Prozessgas ionisiert. Die im

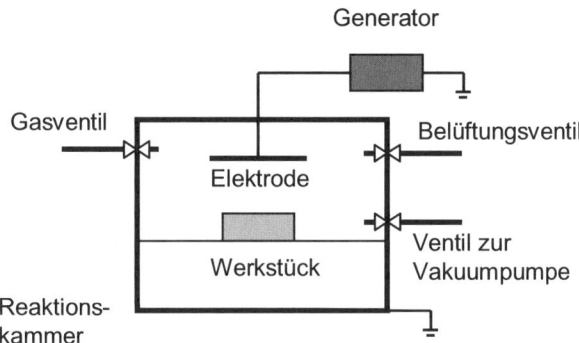

Abb. 33.16 Aufbau einer Plasmakammer zur Behandlung von dreidimensionalen Objekten. Das zu behandelnde dreidimensionale Werkstück befindet sich in einer evakuierten Reaktionskammer, die über ein Gasventil mit einem Prozessgas beaufschlagt werden kann. Ein Hochspannungsgenerator erzeugt an der Elektrode ein hochfrequentes Wechselfeld. Zwischen der Elektrode und der geerdeten Wand der Reaktionskammer findet eine Hochspannungsentladung statt und erzeugt in der Reaktionskammer ein ionisiertes Gas (Plasma) [15]

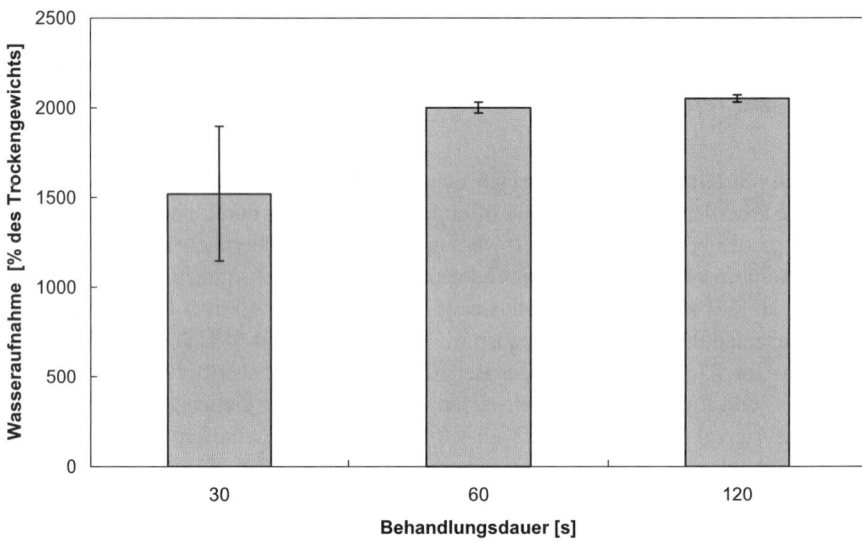

Abb. 33.17 Mittelwerte und Standardabweichungen der Aufnahmefähigkeit plasmabehandelter offenporiger Polystyrolschäume für Wasser in Prozent des Eigengewichts bei Plasmabehandlung von 30, 60 und 120 s. Es wurden Messungen an 10 plasmabehandelten Proben gemittelt. Nach einer Behandlungsdauer von 30 s nehmen die Proben das 15-fache (1500 %) ihres Eigengewichts an Wasser auf bei einer Streuung der Messwerte um den Mittelwert von 50%. Nach einer Behandlungsdauer von 60 s nehmen die Proben das 20fache (2000%) ihres Eigengewichts an Wasser auf. Die Streuung der Messwerte um den Mittelwert ist bei dieser Behandlungsdauer auf unter 3% reduziert. Eine weitere Erhöhung der Behandlungsdauer ergibt keine signifikante Verbesserung der Benetzbarkeit [15]

Plasma enthaltenen Ionen und freien Elektronen treffen auf die zu modifizierende Oberfläche und rufen dort verschiedene Reaktionen hervor. Je nach Energie der auftreffenden Teilchen findet entweder ein Aufbrechen von Polymerketten, Radikalbildung auf der Oberfläche oder eine Implantation von Fremdatomen statt [57].

Plasma wirkt bei Kunststoffen hauptsächlich in den oberflächennahen Bereichen bis in eine Tiefe von etwa 10 µm [58]. Es findet Abtrag durch Ätzreaktionen, oberflächennahe Anlagerung aktivierter Gasmoleküle und Radikalbildung statt [55]. Bei einer mit organischen Molekülen gesättigten Atmosphäre kann Abscheidung von Polymeren auftreten [57]. Ein der Plasmabehandlung verwandtes Verfahren, bei dem Kunststoffoberflächen durch eine Hochspannungsentladung bei Atmosphärendruck hydrophilisiert werden, wird als Coronaentladung bezeichnet. Im Gegensatz zu einer reinen Coronaentladung, die bei Umgebungsdruck stattfindet, können wie von Boxleitner gezeigt wurde, in einer Plasmakammer auch dreidimensionale Objekte wie beispielsweise offenporige Schaumstrukturen modifiziert werden [59]. In der in Abb. 33.16 dargestellten evakuierten Plasmakammer erzeugt eine Hochspannungsentladung zwischen der Elektrode und der geerdeten Wand der Plasmakammer ein den gesamten Raum der Reaktionskammer und somit auch das Werkstück ausfüllendes Plasma. Mit diesem räumlichen Plasma können dreidimensionale Objekte behandelt werden [15].

33.3 Oberflächenmodifikation von Kunststoffschäumen 783

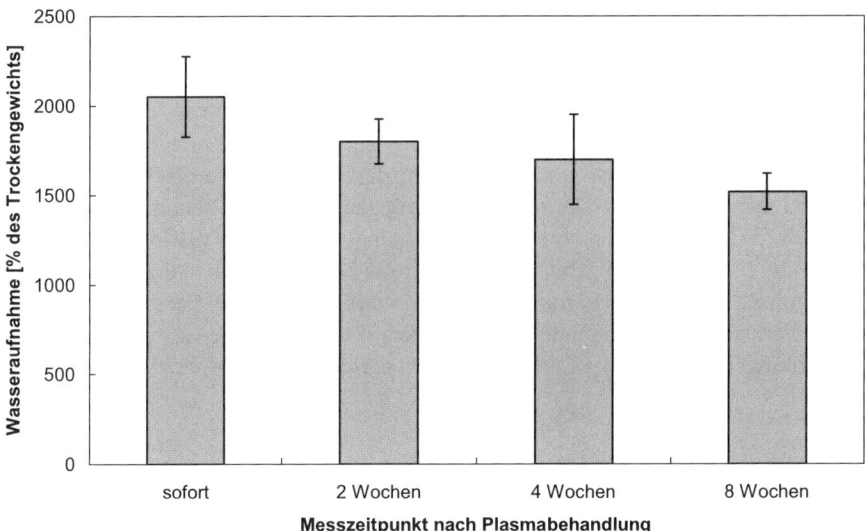

Abb. 33.18 Mittelwerte und Standardabweichungen aus 10 Einzelmessungen der Benetzbarkeit von plasmabehandelten Proben aus Polystyrol in Prozent des Eigengewichts sofort, 2, 4 und 8 Wochen nach einer Plasmabehandlung. Der höchste Wert der Wasseraufnahme wird mit 2050% des Trockengewichts bei einer Standardabweichung von 25% direkt nach der Plasmabehandlung erreicht. Im Zeitraum von 8 Wochen nach der Plasmabehandlung reduziert sich die Wasseraufnahmefähigkeit der Polystyrolschäume um 25% bis auf einen Mittelwert von 1520% des Trockengewichts bei einer Standardabweichung von 7% [15]

Der Plasmaprozess wird vom Prozessdruck, von der Dauer der Behandlung, von der Generatorleistung und von der Lage des zu behandelnden Objekts innerhalb der Plasmakammer beeinflusst [15].

33.3.3 Auswirkung von Niederdruckplasma auf die Benetzbarkeit von Polymerschäumen

Die vollständige Aufnahme einer wässrigen Zellsuspension in das gesamte offenporige Volumen eines dreidimensionalen Zellträgers stellt eine wichtige Voraussetzung für eine erfolgreiche Besiedelung dar.

Während ein nicht modifizierter hydrophober Zellträger in etwa sein Eigengewicht an Wasser binden kann, wird die Aufnahmefähigkeit für Wasser durch eine 60 Sekunden dauernde Plasmabehandlung um den Faktor 20 gesteigert. Eine Behandlungsdauer von mehr als 60 s führt dabei zu keiner weiteren Steigerung der Benetzbarkeit, Abb. 33.17 [15].

Bei den in Abb. 33.18 dargestellten Ergebnissen aus der Untersuchung der Langzeitstabilität der plasmabehandelten Proben über einen Zeitraum von 8 Wochen wurde eine durchschnittliche Abnahme der Benetzbarkeit um ca. 25 % gemessen [15].

Durch die Plasmaaktivierung werden auf den Kunststoffoberflächen Carboxylgruppen angelagert. Ein Nachweis dieser Gruppen ist durch Färbung mit Nilblau A möglich [56]. In einer photometrischen Messung mit einem UV/VIS-Spektrometer wurde die Extinktion des gebundenen Farbstoffs bei einer Wellenlänge von 638 nm zu bestimmt. Dies entspricht nach dem Gesetz von Lambert-Beer-Gesetz einer gebundenen Farbstoffmenge von mol. Die gebundene Farbstoffmenge ist wiederum direkt proportional zur Anzahl der Carboxylgruppen auf der Kunststoffoberfläche [15].

33.4 Analyse der Porenstruktur

33.4.1 Ein- und zweidimensionale Porenanalyse

Ein- und zweidimensionale Analyseverfahren auf Basis mikroskopischer Aufnahmen stellen einfache Möglichkeiten dar, den Aufbau einer Schaumstruktur zu erfassen. Mit einem Lichtmikroskop mit Kamera oder mit einem Rasterelektronenmikroskop werden mikroskopische Aufnahmen von Querschnitten durch die Schaumstruktur angefertigt. Für die rasterelektronenmikroskopischen Aufnahmen wird der Kunststoffschaum auf einen leitfähigen Probenträger mit Leitsilber aufgeklebt und zur Verbesserung der Leitfähigkeit mit Hilfe eines Sputtercoaters mit Gold beschichtet. Ausgehend von den mikroskopischen Aufnahmen werden die eindimensionale und die zweidimensionale Porendichte bestimmt [15].

Bei der eindimensionalen Porenanalyse werden beliebige Strecken definierter Länge über das Schnittbild gelegt und die Anzahl der durch die Strecke geschnittenen Poren bestimmt. Diese Anzahl wird durch die Länge der Strecke geteilt und man erhält die eindimensionale Zelldichte in der Einheit „pores per inch" (PPI). Ähnlich wird die zweidimensionale Zelldichte bestimmt. Durch Auszählen der in einem Flächenausschnitt A_0 enthaltenen Zellen erhält man die Zellanzahl N_0. Der Quotient aus N_0 und A_0 wird als Flächenzelldichte n_F bezeichnet [60]:

$$n_F = \frac{N_0}{A_0}$$

(Gl. 33.14)

Durch die Annahme gleichförmiger Verteilung der Poren im Raum kann mit Hilfe mathematischer Modelle von der zweidimensionalen Zelldichte auf die dreidimensionale Zelldichte n_R geschlossen werden [60]:

33.4 Analyse der Porenstruktur

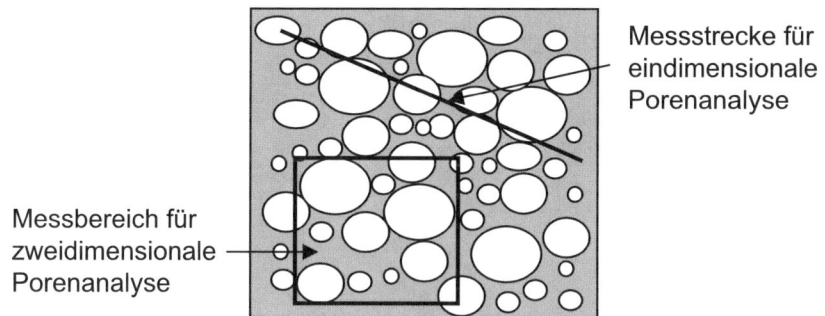

Abb. 33.19 Schematische Darstellung der Vermessung von mikroskopischen Schnittbildern poröser Körper durch eindimensionale und zweidimensionale Porenanalyse. Bei der eindimensionalen Porenanalyse werden die von einer Messstrecke geschnittenen Poren gezählt und durch die Länge der Messstrecke geteilt. Bei der zweidimensionalen Porenanalyse werden die in einem Messbereich befindlichen Poren gezählt und durch die Fläche des Messbereiches geteilt [15]

$$n_R = n_F^{3/2}$$ (Gl. 33.15)

Mit Methoden der Bildverarbeitung können zusätzlich zur Zelldichte die durchschnittlichen Porendurchmesser und die statistische Verteilung der Porendurchmesser über den analysierten Querschnitt bestimmt werden. Es können Auswertungen mit halbautomatischen und automatischen Auswertealgorithmen durchgeführt werden [15].

Für die halbautomatische Analyse werden die Schnittbilder zunächst mit einem Raster markiert. Die Umfänge der an den Kreuzungspunkten des Rasters befindlichen Poren werden markiert. Durch den Einsatz von Bildanalysesoftware wie beispielsweise ImageJ kann die mittlere Fläche der markierten Poren gemessen werden. Legt man ein kugelförmiges Porenmodell mit gleichmäßiger räumlicher Porenverteilung zugrunde, so kann aus den erhaltenen Daten der mittlere Porendurchmesser bestimmt werden [15].

Mit Hilfe eines automatischen Auswertealgorithmus basierend auf der Software Cellenger (Cellenger 4.0, Definiens AG, München) können die Porengrenzen anhand von Helligkeitsunterschieden einzelner Bildpixel erkannt und markiert werden [15]. Die Nutzung von Helligkeitsunterschieden an den Porenbegrenzungen zur automatischen Erkennung der Poren liegt ebenfalls dem am Institut für Kunststoffverarbeitung entwickelten Analyseprogramm OZELLA zugrunde [61]. Zusätzlich können Durchgänge zwischen benachbarten Poren als dunkle Flächen innerhalb der Poren identifiziert und vermessen werden.

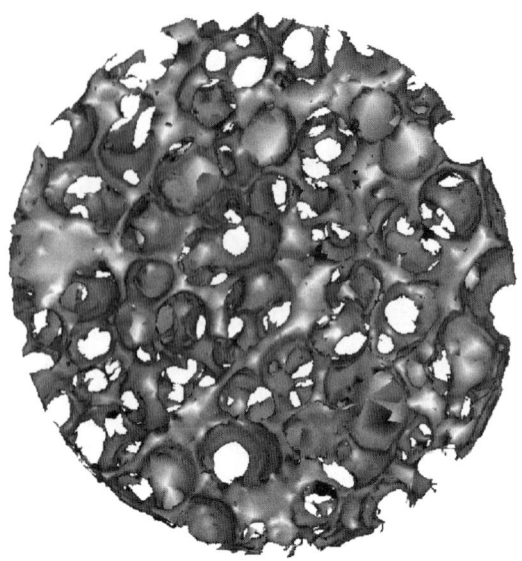

Abb. 33.20 Mikro-CT Aufnahme eines offenporigen Polystyrolschaums [15]

33.4.2 Dreidimensionale Porenanalyse

Die dreidimensionale Analyse von Porengrößen und deren Verteilung liefert deutlich aussagekräftigere Ergebnisse über die Struktur eines Schaums als die rechnerische Extrapolation von zweidimensionalen Messwerten, sie ist allerdings mit erhöhtem apparativem Aufwand verbunden [15]. Eine Möglichkeit die räumliche Struktur von Schäumen zu analysieren, ist die Einbettung von offenporigen Schäumen in geeignetes Einbettmaterial und die Anfertigung von Schliffbildern. Von jeder Ebene wird eine licht- oder elektronenmikroskopische Aufnahme angefertigt. Anschließend werden die Aufnahmen der einzelnen Ebenen mit geeigneter Software zu dreidimensionalen Darstellungen kombiniert [60].

Eine zerstörungsfreie alternative Analysemethode hierzu stellt das Mikro-CT dar [62]. Hierbei werden schichtweise Röntgenaufnahmen der zu untersuchenden Probe angefertigt und anschließend zu dreidimensionalen Darstellungen zusammengefügt. Die mit kommerziell erhältlichen Systemen erzielbaren Auflösungen liegen im Bereich von 5 bis 10 µm. Tondorf gibt die erreichbare Genauigkeit von Geräten im Laboreinsatz mit 2 µm an [62]. Für die bei dreidimensionalen Zellträgern üblichen Porendurchmesser von 100–500 µm kann mit diesem Verfahren eine zuverlässige Beurteilung der Porenstruktur vorgenommen werden [15]. Von Müller et al. wurde beispielsweise bereits gezeigt, dass das Mikro-CT für die Analyse poröser Strukturen aus abbaubarem Kunststoff eingesetzt werden kann [62]. In ähnlicher Weise wurden von Illerhaus et al. poröse Materialien mittels Computertomographie untersucht [63].

33.5 Besiedelung von Kunststoffschäumen mit Zellen

Die Eignung eines dreidimensionalen Zellträgers zur Züchtung von Zellen kann durch die direkte Besiedelung des Zellträgers mit Zellen nachgewiesen werden. Hierbei sind unter anderem folgende Faktoren von Interesse:

- Anwachsrate: Mit welcher Geschwindigkeit wird der Zellträger besiedelt?
- Zellvitalität: Können die Zellen in dem dreidimensionalen Zellträger dauerhaft überleben?
- Zellmenge: Wie viele Zellen können in einem Zellträger mit definierten Abmessungen kultiviert werden?
- Differenzierungsverhalten: Zeigen die Zellen ein zelltypisches Differenzierungsverhalten oder findet Dedifferenzierung statt?
- Dreidimensionales Zellwachstum: Entspricht die räumliche Anordnung der Zellen den Erwartungen?

Die Testung von Zellträgern kann mit Zelllinien oder mit primären Zellen durchgeführt werden. Zelllinien sind durch Ausschaltung der für den programmierten Zelltod (Apoptose) verantwortlichen Gene immortalisierte Zellen. Sie sind kommerziell über Zellbanken wie die American Type Culture Collection (ATCC) erhältlich [64]. Für Testzwecke im Labor werden aufgrund ihrer guten Verfügbarkeit und der Robustheit bei der Kultivierung häufig Zelllinien eingesetzt. Primäre Zellen werden durch Biopsien direkt aus lebenden Organismen isoliert [64]. Die durch Biopsien gewonnenen Zellverbünde werden durch Enzyme wie Trypsin aufgelöst. Aus den so gewonnenen Zellagglomeraten werden einzelne Zelltypen selektiert. Diese stehen dann für die Kultivierung zur Verfügung. Im Gegensatz zu Zelllinien weisen primäre Zellen noch deutlich mehr zellspezifische Merkmale auf und sind daher für aussagekräftige Versuchsergebnisse beispielsweise bei der Testung neuer Medikamente oft unerlässlich. Primäre Zellen stellen allerdings deutlich höhere Anforderungen an die Kulturbedingungen wie Kultursubstrat oder Medium als Zelllinien. Daher ist die Auswahl des Zelltyps vor allem abhängig von der geplanten Zielsetzung des einzelnen Zellkulturexperiments.

Hydrophile dreidimensionale Zellträger können beispielsweise in einem zweistufigen Inkubationsprozess mit einer Zellsuspension besiedelt werden [65]. Zunächst wird soviel Zellsuspension auf den Zellträger pipettiert bis dieser vollständig bedeckt ist. Während einer Wartezeit von wenigen Minuten bis zu einer halben Stunde findet die erste oberflächliche Adhäsion der Zellen an den Zellträger statt. Anschließend wird Nährmedium aufgefüllt. Dieser zweistufige Prozess bewirkt, dass sich ein Großteil der Zellen an den dreidimensionalen Zellträger anlagern [15].

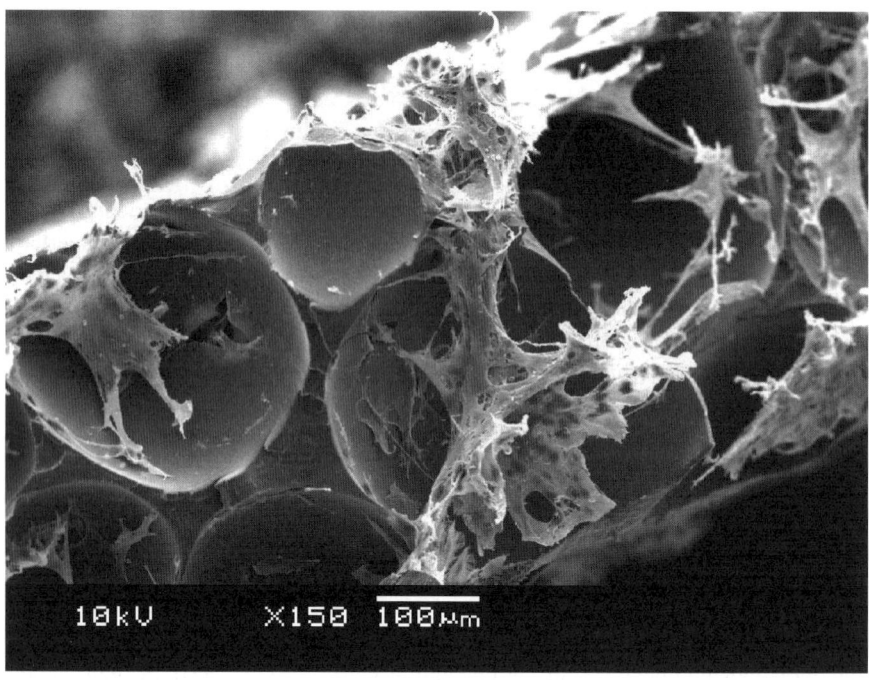

Abb. 33.21 Rasterelektronenmikroskopische Aufnahme des Querschnitts eines Kunststoffschaums mit dreidimensionalem Zellbewuchs [15]

33.6 Nachweis dreidimensionalen Zellwachstums

Ein wesentliches Merkmal eines dreidimensionalen Zellträgers ist dessen Potential für räumliches Zellwachstum. Dieses kann mit etablierten Nachweismethoden wie Licht- oder Fluoreszenzmikroskopie [66] nur schwer analysiert werden. Mit dem Rasterelektronenmikroskop können aufgrund der im Vergleich zur Lichtmikroskopie besseren Tiefenschärfe innerhalb gewisser Grenzen dreidimensional gewachsene Zellen dargestellt werden, Z. B. 33.21. Eine weitere Möglichkeit die räumliche Anordnung von Zellen in einem dreidimensionalen Zellträger mit mikroskopischen Methoden zu untersuchen, besteht in der Anfertigung von schichtweisen Querschnittsaufnahmen. Der Zellträger wird mit den Zellen eingebettet und dann mit Hilfe eines Mikrotoms schichtweise geschnitten [67]. Von diesen Schnitten werden dann licht- oder rasterelektronenmikroskopische Aufnahmen angefertigt [66]. Die mikroskopischen Bilder können mit Hilfe von 3D Visualisierungsprogrammen zu dreidimensionalen Objekten zusammengestellt werden.

Mit einem konfokalen Laserscanmikroskop (CLSM, Zeiss, Oberkochen) können schichtweise Aufnahmen von dreidimensionalen Zellträgern ohne Zerstörung des Zellträgers angefertigt werden. Diese Technik wurde beispielsweise von den Braber [68, 69], Cukierman et al. [70] und Roeder et al. [71] zur Darstellung dreidimensional wachsender Zellen eingesetzt. Die in einem dreidimensionalen Zellträger gezüchteten Zellen werden beispielsweise mit Glutaraldehyd fixiert. Hierdurch werden die Zell- und die Zellkernmembran durchlässig für Farbstoffe zur Anfärbung von Zellbestandteilen. Die Zellkerne können beispielsweise mit dem Farbstoff Ethidiumbromid gefärbt werden. Ethidiumbromid lagert sich in die im Zellkern enthaltene DNA ein und kann fluoreszenzoptisch analysiert werden. Im CLSM findet dann eine schichtweise Anregung einer fluoreszenzmarkierten Probe mit Laserlicht der Wellenlänge statt, die zur Anregung des verwendeten Farbstoffs notwendig ist. Ethidiumbromid kann mit UV-Licht mit einer Wellenlänge von 302 nm angeregt werden. Die Emissionswellenlänge liegt im sichtbaren Bereich bei 602 nm. Im CLSM kann bis in eine Tiefe von 800 µm und bei geeigneten Bedingungen darüber hinaus die Fluoreszenz bei Anregung mit Laserlicht registriert werden [15]. Allerdings wird mit zunehmender Eindringtiefe sowohl der anregende Laserstrahl als auch das vom Farbstoff emittierte Licht zunehmend abgeschwächt. Im Rechner können aus den gewonnenen schichtweisen Bildinformationen dreidimensionale Darstellungen der Zellverteilung oder andere grafische Darstellungen wie farbcodierte Tiefenprofile erzeugt werden.

33.7 Genexpressionsprofile dreidimensionaler Zellkulturen

Der Differenzierungsgrad dreidimensional kultivierter Zellen kann durch die Erstellung von Genexpressionsprofilen dargestellt werden. Hierfür werden Microarrays eingesetzt. Kaps et al. setzten Mikroarrays zur Darstellung des Differenzierungsgrades kultivierter Knorpelzellen ein [72]. Liu et al. zeigten mit Hilfe von Mikroarrays den Einfluss dreidimensionaler Kultivierung auf das Genexpressionsprofil von embryonalen Stammzellen der Maus auf [73] und Nakamura untersuchte Änderungen des Genexpressionsspektrums im Verlauf der Entstehung von Fettzellen (Adipogenese) aus mesenchymalen Stammzellen [74]. Für die Erstellung eines Genarrays muss die DNA der Zellen isoliert und amplifiziert werden, um eine ausreichende Menge Genmaterial zur Verfügung zu haben. Die Zellmembran der gezüchteten Zellen wird mit einem Lysispuffer aufgeschlossen und die im Zellkern enthaltene DNA wird extrahiert. Die gewonnene DNA wird anschließend mit Hilfe einer RT-PCR vervielfältigt [72]. Ein Mikroarray-Chip besteht aus einzelnen Bereichen, in denen sich Gensequenzen befinden. Bei Übereinstimmung der Gensequenzen auf dem Microarray mit der zu untersuchenden Gensequenz wird eine fluoreszenzoptische Farbreaktion ausgelöst. Damit kann auf das Vorhandensein bestimmter Gensequenzen geschlossen werden. Je nach Anzahl der gebundenen Gensequenzen variiert die Intensität des Fluoreszenzsignals. Sind nur wenige ausgewählte Gensequenzen von Interesse, dann können spezialisierte Microarrays mit nur wenigen Gensequenzen zu deutlich niedrigeren Kosten genutzt werden. ein „Whole-genome" Mikroarray sollte verwendet werden, wenn die Art der exprimierten Gene unbekannt ist. Dieser enthält alle bekannten Genabschnitte einer bestimmten Spezies. Die Auswertung der Genarrays kann beispielsweise mit Hilfe der

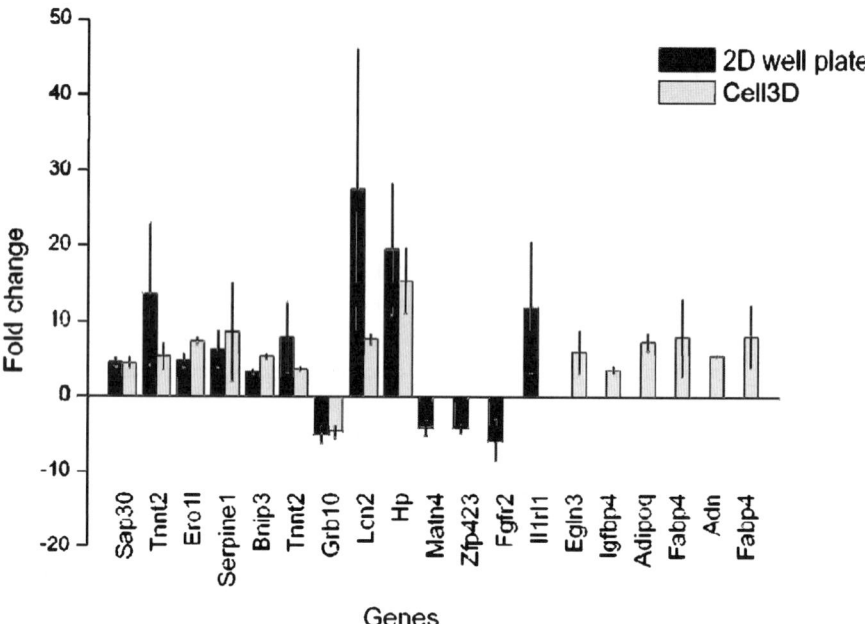

Abb. 33.22 Fold Change der Genexpression bei nicht induzierten Zellen nach fünfwöchiger Züchtung auf Standard Wellplatten (2D well plate) und in einem drei-dimensionalen Zellträger (Cell3D). In dreidimensionaler Umgebung ist die Expression von Genen zur Synthese von extrazellulärer Matrix (z. B. Egln3, Igfbp4) und von typischen Genen für die adipogenen Differenzierung (z. B. Adipoq, Fabp4, Adn, Fabp4) erhöht. Für diese Faktoren lag bei zweidimensionaler Kultivierung der Wert des Fold Change unterhalb des Schwellwerts von 2 und wurde daher nicht dargestellt [15]

Software RMA (Robust Microarray Analysis) oder mit einem Programm der Firma Affymetrix (GCOS 1.2 software) erfolgen. Als Ergebnis der Auswertung wird der „Fold Change" (FC) der Fluoreszenzsignale bei Vergleich der Probe A mit Probe B folgendermaßen berechnet [15]:

$$FC = \frac{2^A}{2^B} = 2^{(A-B)}$$

Gl. 33.16

Die Differenz der Messwerte A und B beträgt damit:

$$A - B = \log_2(FC)$$

Gl. 33.17

Ist das Signal A kleiner als B, dann gilt:

$$FC = -\frac{2^B}{2^A} = -2^{(B-A)}$$

Gl. 33.18

und damit

$$A - B = -\log_2(FC) \qquad \text{Gl. 33.19}$$

Abbildung 33.22 zeigt den Fold Change der Genexpression von 3T3-L1 Adipozyten ohne künstliches Differenzierungsmedium (nicht induziert) bei Kultivierung in Standard 24-well Platten und in dreidimensionalen Kunststoffschäumen. Gene zur Synthese von extrazellulärer Matrix (z. B. Egln3, Igfbp4) und für die adipogenen Differenzierung (z. B. Adipoq, Fabp4, Adn, Fabp4) sind bei dreidimensionaler Kultivierung erhöht. Bei diesen Genen ist kein Wert für den Fold change für zweidimensionale Kultivierung angegeben, da die Werte jeweils unterhalb eines Schwellwertes von zwei liegen [15].

33.8 Zusammenfassung und Ausblick

Die Kultivierung von Zellen in dreidimensionalen Polymerschäumen bietet im Vergleich mit konventioneller Kultur in ebenen Kulturschalen Vorteile hinsichtlich der Zellanzahl und des Differenzierungsverhaltens der Zellen. Methoden der Kunststoffverarbeitung wie Schaumextrusion oder Schaumspritzguss können Kostenvorteile gegenüber bisherigen Verfahren zur Herstellung dreidimensionaler Zellträger bieten. Während durch die Struktur des Polymerschaums Strukturkompatibilität erreicht werden kann, wird die nötige Oberflächenkompatibilität durch selektive Oberflächenmodifikation mit Hilfe physikalischer (z. B. Plasmabehandlung) oder biochemischer Verfahren (z. B. Proteinbeschichtung) erreicht. Die Struktur des Kunststoffschaums wird durch die Art des Zelltyps bestimmt und muss für jeden Zelltyp neu evaluiert werden. Zwingende Voraussetzung für ein erfolgreiches Zellwachstum ist in jedem Fall eine ausreichend hohe Offenporigkeit. Bestenfalls sollten mehr als 80 % des Schaumvolumens offenporig sein. Die Art der Oberflächenmodifikation ist ebenfalls unter Berücksichtigung des Zelltyps zu wählen. Plasmaverfahren können in einem ersten Schritt für eine grundsätzliche Verbesserung der Zelladhäsion herangezogen werden. Für eine weitere Verbesserung des Zellwachstums können in Abhängigkeit des verwendeten Zelltyps weitergehende biochemische Oberflächenmodifikationen mit Proteinen aus der extrazellulären Matrix oder mit Wachstumsfaktoren angewendet werden.

Der Stellenwert von dreidimensionalen Zellkulturen im pharmazeutischen Screening oder bei Toxizitätsuntersuchungen muss in Anbetracht der hohen Kosten für Tierversuche und die zunehmenden ethischen Bedenken als hoch bewertet werden. Leistungsfähige zellkulturbasierte Testsysteme werden in diesem Bereich zukünftig an Bedeutung zunehmen.

33.9 Literatur

1. D. von Heimburg, M. Kuberka, R. Rendchen, K. Hemmrich, G. Rau und N. Pallua, Preadipocyte-loaded collagen scaffolds with enlarged pore size for improved soft tissue engineering, Int J Artif Organs, 26 (12), 2003, 1064–76
2. L. R. V. J. Lanza R.P, Principles Of Tissue Engineering, Academic Press, 2000;
3. W. Mueller-Klieser, Three-dimensional cell cultures: from molecular mechanisms to clinical applications, Am J Physiol, 273 (4 Pt 1), 1997, C1109–23
4. C. W. Patrick, Jr., P. B. Chauvin, J. Hobley und G. P. Reece, Preadipocyte seeded PLGA scaffolds for adipose tissue engineering, Tissue Eng, 5 (2), 1999, 139–51
5. S. C. Gad, Introduction: Drug Discovery in the 21st century in: S. C. Gad, Drug Discovery Handbook, John Wiley & Sons, 2005; 1–10
6. A. Hillisch, R. Hilgenfeld und H. Giersiefen, Modern methods of drug discovery: An introduction in: A. Hillisch and R. Hilgenfeld, Modern methods of drug discovery, Birkhäuser Verlag, Basel, 2003; 1–19
7. K. Hemmrich, D. von Heimburg, R. Rendchen, C. Di Bartolo, E. Milella und N. Pallua, Implantation of preadipocyte-loaded hyaluronic acid-based scaffolds into nude mice to evaluate potential for soft tissue engineering, Biomaterials, 26 (34), 2005, 7025–37
8. D. von Heimburg, S. Zachariah, I. Heschel, H. Kuhling, H. Schoof, B. Hafemann und N. Pallua, Human preadipocytes seeded on freeze-dried collagen scaffolds investigated in vitro and in vivo, Biomaterials, 22 (5), 2001, 429–38
9. D. von Heimburg, S. Zachariah, A. Low und N. Pallua, Influence of different biodegradable carriers on the in vivo behaviour of human adipose precursor cells, Plast Reconstr Surg, 108 (2), 2001, 411–20; discussion 421–2
10. Y. Kimura, M. Ozeki, T. Inamoto und Y. Tabata, Adipose tissue engineering based on human preadipocytes combined with gelatin microspheres containing basic fibroblast growth factor, Biomaterials, 24 (14), 2003, 2513–21
11. L. G. Cima, J. Vacanti, C. Vacanti, D. E. Ingber, D. J. Mooney und R. Langer, Tissue engineering by cell transplantation using biodegradable polymer substrates, Journal of biomedical engineering, 113 1991, 143–51
12. B. Chevallay und D. Herbage, Collagen-based biomaterials as 3D scaffold for cell cultures: applications for tissue engineering and gene therapy, Med Biol Eng Comput, 38 (2), 2000, 211–8
13. F. R. Huss und G. Kratz, Mammary epithelial cell and adipocyte co-culture in a 3-D matrix: the first step towards tissue-engineered human breast tissue, Cells Tissues Organs, 169 (4), 2001, 361–7
14. Kee W. NG, Leong D. und Hutmacher D., The challange to measure cell proliferation in two and three dimensions, Tissue Engineering, 11 (1), 2005, 182–191
15. A. Walter, Oberflächenmodifizierte Polymerschäume für die dreidimensionale Zellkultur, Dissertation, Chair of Medical Engineering, Technische Universität München, Munich, 2007
16. D. W. Hutmacher, Scaffolds in tissue engineering bone and cartilage, Biomaterials, 21 2000, 2529–2543
17. E. Wintermantel, Medizintechnik mit biokompatiblen Werkstoffen und Verfahren, Springer, Berlin, 2002; 296–303
18. S.-T. Lee, Foam nucleation in gas-dispersed polymeric systems in: S.-T. Lee, Foam extrusion, Technomic Publishing, Lancaster, Basel, 2000; 81–124
19. S. K. Goel und E. J. Beckman, Nucleation and growth in microcellar materials: supercritical CO_2 as foaming agent, International Journal of Multiphase Flow, 22 1996, 93–97
20. J. S. Colton und N. P. Suh, Nucleation of microcellular foam: theory and practice, Polymer engineering and science, 21 1987, 500
21. C. F. Delale, J. Hruby und F. Marsik, Homogenous bubble nucleation in liquids: The classical theory revisted, The Journal of Chemical Physics, 118 (2), 2003, 792–806
22. F. F. Abraham, Homogeneous nucleation theory in: H. Eyring and D. Henderson, Advances in theoretical chemistry, Supplement 1, Academic Press, New York, 1974; 80–108

33.9 Literatur

23. C. B. Park, D. F. Baldwin und N. P. Suh, Effect of the pressure drop rate on cell nucleation in continuous processing of microcellular polymers, Polymer engineering and science, 35 (5), 1995, 432–440
24. D. Klempner und K. C. Frisch, Handbook of Polymeric Foams and Foam Technology, Hanser, München, Wien, New York, 1991; 5–13
25. H. Schumacher, Grundlagen des physikalischen Schäumens, Thermoplastische Schaumstoffe-Verarbeitungstechnik und Möglichkeiten der Prozessanalyse, Aachen, 2004
26. M. A. Shafi, K. Joshi und R. W. Flumerfelt, Bubble size distributions in freely expanded polymer foams, Chemical Engineering Science, 52 (4), 1997, 635–644
27. M. Amon und C. D. Denson, A study of the dynamics of foam growth: analysis of the growth of closely spaced spherical bubbles, Polymer engineering and science, 24 (13), 1984, 1026–1034
28. J. R. Street, L. F. Arthur und L. P. Reiss, Dynamics of phase growth in viscous, non-Newtonian liquids – Initial stages of growth, Industrial and Engineering Chemistry Fundamentals, 10 (1), 1971, 54–64
29. Q. Huang, Lösemittelfreie Herstellung von porösen polymeren Membranen durch Schaumextrusion, Dissertation, Fachbereich Chemie, Universität Hamburg, Hamburg, 2000
30. N. S. Ramesh, Foam growth in polymers in: L. S.-T., Foam extrusion, Technomic Publishing, Lancester, Basel, 2000; 125–145
31. S. Leicher, Microcellular injection moulding of porous polymer implants, Master Thesis, Central institute for medical engineering, Technical University, Munich, 2004
32. J. Martini, F. Waldmann und N. P. Suh, The production and analysis of microcellular thermoplastic foams, SPE ANTEC Proceedings, 28 1982, 674–676
33. H. Kawashima und M. Shimbo, Effect of key process variables on microstructure of injection molded microcellular polystyrene foams, Cellular polymers, 22 (3), 2003, 175–190
34. K. T. Okamoto, Microcellular processing, Hanser, Munich, 2003; 1–37
35. M. Gruber, Schaumspritzgießen mit physikalischen Treibmitteln – Maschinenausrüstung und Prozessführung, Thermoplastische Schaumstoffe – Verarbeitungstechnik und Möglichkeiten der Prozessanalyse, Aachen, 2004
36. S. Habibi-Naini, Schäumen auf flexible Weise, Thermoplastische Schaumstoffe – Verarbeitungstechnik und Möglichkeiten der Prozessanalyse, Aachen, 2004
37. W. Michaeli und S. Habibi-Naini, Schaumspritzgießen mit physikalischen Treibmitteln – Maschinenkonzepte und Prozessuntersuchungen, Thermoplastische Schaumstoffe Verarbeitungstechnik und Prozessanalyse, Aachen, 2003
38. M. Reimker, Zweischneckenextruder in der Schaumtandemlinie, Thermoplastische Schaumstoffe – Verarbeitungstechniken und Möglichkeiten der Prozessanalyse, Aachen, 2004
39. W. Michaeli und S. Habibi-Naini, Foam injection molding (FIM) – a new nozzle for fluid injection, ANTEC 2002, San Francisco, 2002
40. X. Han, K. W. Koelling, D. L. Tomasko und L. J. Lee, Continuous microcellular polystyrene foam extrusion with supercritical CO_2, Polymer engineering and science, 42 (11), 2002, 2094–2106
41. X. Xu, C. B. Park, D. Xu und R. Pop-Iliev, Effects of die geometry on cell nucleation of PS foams blown with CO_2, Polymer engineering and science, 43 (7), 2003, 1378–1390
42. C. B. Park, A. H. Behravesh und R. D. Venter, Low density microcellular foam processing in extrusion using CO_2, Polymer engineering and science, 38 (11), 1998, 1812–1823
43. C. Rauwendaal, Polymer extrusion, Hanser, Munich, Cincinnati, 2001; 572–575
44. H.-G. Fritz, S. Fang und R. Krause, Rechnergestützte Auslegung von Kalibrierwerkzeugen in: V.-G. K. Verein deutscher Ingenieure, Extrusionswerkzeuge: Schwerpunkt Profilwerkzeuge, VDI-Verlag, Düsseldorf, 1996; 187–242
45. G. Lichti, Kalibrieren von Profilen. Extrusionswerkzeuge, VDI-Verlag, Düsseldorf, 1993;
46. O. Schwarz, F.-W. Ebeling und B. Furth, Kunststoffverarbeitung, Vogel, Würzburg, 2002; 54–55
47. W. Michaeli, Extrusionswerkzeuge für Kunststoffe, Hanser, München, 1979;
48. S. Leicher, A. Walter, M. Schneebauer, T. Kopp, M. Wagner und E. Wintermantel, Key processing parameters for microcellular molded polystyrene material, Cellular polymers, 25 (2), 2006, 63–72

49. C. B. Park und N. P. Suh, Filamentary extrusion of microcellular polymers using a rapid decrompessive element, Polymer engineering and science, 36 (1), 1996, 34–48
50. [50] B. D. Ratner, Surface modification of polymers for biomedical applications: chemical, biological and surface analytical challenges in: B. D. Ratner and D. G. Castner, Surface modification of polymeric biomaterials, Plenum Press, New York, 1996; 1–9
51. P. C. Schamberger und J. A. Gardella, Surface chemical modifications of materials which influence animal cell adhesion – a review, Coll. Surf. B.: Biointerfaces, 2 1994, 209–223
52. Y. Ohya, H. Matsunami und T. Ouchi, Cell growth on the porous sponges prepared from poly(depsipeptide-co-lactide) having various functional groups, Journal of biomaterials science polymer edition, 15 (1), 2004, 111–123
53. J. H. Lee, J. W. Lee, G. Khang und H. B. Lee, Interaction of cells on chargeable functional group gradient surfaces, Biomaterials, 18 1997, 351–358
54. P. B. van Wachem, A. H. Hogt, J. Beugeling, J. Feijen, A. Bantjes, J. P. Detmer und W. G. van Aken, Adhesion of cultured human endothelial cells onto methacrylate polymers with varying surface wettability and charge, Biomaterials, 8 1987, 323–328
55. M. Wertheimer, Plasma treatment of polymers to improve adhesion, adhesion promotive techniques, technological applications in: K. L. Mittal and A. Pizzi, Adhesion promotion techniques, Marcel Dekker, New York, 1999; 139–173
56. Gleich H., Zusammenhang zwischen Oberflächenenergie und Adhäsionsvermögen von Polymerwerkstoffen am Beispiel von PP und PBT und deren Beeinflussung durch die Niederdruckplasmatechnologie, Dissertation, Duisburg-Essen, Duisburg, 2004
57. Inagaki N., Plasma surface modification and plasma polymerization, Technomic Publishing Co., Lancester, 1996; 21–41
58. K. Rieß, Plasmamodifizierung von Polyethylen, Dissertation, Martin-Luther-Universität Halle Wittenberg, Wittenberg, 2001
59. J. Boxleitner, Optimierung der Benetzbarkeit eines Polystyrolschaums für den Einsatz als Zellkulturträger, Diplomarbeit, Bioingenieurwesen, Fachhochschule München, München, 2006
60. A. Tondorf, Möglichkeiten zur 3D Schaumstrukturanalyse mittels digitaler Bildverarbeitung, Thermoplastische Schaumstoffe – Verarbeitungstechniken und Möglichkeiten der Prozessanalyse, Aachen, 2004
61. R. Peters, Schaumstrukturanalyse mit digitalen Bildverarbeitungsmethoden, Dissertation, Institut für Kunststoffverarbeitung, RWTH Aachen, Aachen, 2003
62. B. Müller, F. Beckmann, M. Huser, F. Maspero, G. Szekely, K. Ruffieux, P. Thurner und E. Wintermantel, Non-destructive three-dimensional evaluation of a polymer sponge by microtomography using synchrotron radiation, Biomol. Eng., 19 (2–6), 2002, 73–8
63. B. Illerhaus, E. Jasiuniene und J. Goebbels, Messungen von Eigenschaften poröser Materialien in 3D mittels Mikro-Computertomographie, BAM, 2001,
64. W. W. Minuth und R. Strehl, 3-D-Kulturen: Zellen, Kultursysteme und Environment, Pabst Science Publisher, Lengerich, 2006; 156–186
65. C. Fischbach, J. Seufert, H. Staiger, M. Hacker, M. Neubauer, A. Gopferich und T. Blunk, Three-dimensional in vitro model of adipogenesis: comparison of culture conditions, Tissue Eng, 10 (1–2), 2004, 215–29
66. W. W. Minuth und R. Strehl, 3-D-Kulturen: Zellen, Kultursysteme und Environment, Pabst Science Publisher, Lengerich, 2006; 447–452
67. C. U. Lau, Biologische und physikochemische Charakterisierung sowie 3D-Wachstum von Zellen auf Matrices aus nativem Kollagen für den Einsatz in der Medizin, Dissertation, Fakultät für Mathematik, Informatik und Naturwissenschaften, Rheinisch Westfälische Technische Hochschule, Aachen, 2005
68. E. T. den Braber, H. V. Jansen, M. J. de Boer, H. J. Croes, M. Elwenspoek, L. A. Ginsel und J. A. Jansen, Scanning electron microscopic, transmission electron microscopic, and confocal laser scanning microscopic observation of fibroblasts cultured on microgrooved surfaces of bulk titanium substrata, J Biomed Mater Res, 40 (3), 1998, 425–33

33.9 Literatur

69. E. T. den Braber, J. E. de Ruijter, L. A. Ginsel, A. F. von Recum und J. A. Jansen, Orientation of ECM protein deposition, fibroblast cytoskeleton, and attachment complex components on silicone microgrooved surfaces, J Biomed Mater Res, 40 (2), 1998, 291–300
70. E. Cukierman, R. Pankov und K. M. Yamada, Cell interactions with three-dimensional matrices, Curr Opin Cell Biol, 14 (5), 2002, 633–9
71. B. A. Roeder, K. Kokini, J. E. Sturgis, J. P. Robinson und S. L. Voytik-Harbin, Tensile mechanical properties of three-dimensional type I collagen extracellular matrices with varied microstructure, J Biomech Eng, 124 (2), 2002, 214–22
72. C. Kaps, S. Frauenschuh, M. Endres, J. Ringe, A. Haisch, J. Lauber, J. Buer, V. Krenn, T. Häupl, G.-R. Burmester und M. Sittinger, Gene expression profiling of human articular cartilage grafts generated by tissue engineering, Biomaterials, 27 2006, 3617–3630
73. H. Liu, J. Lin und K. Roy, Effect of 3D scaffold and dynamic culture condition on the global gene expression profile of mouse embryonic stem cells, Biomaterials, 27 2006, 5978–5989
74. T. Nakamura, Temporal gene expression changes during adipogenesis in human mesenchymal stem cells, Biochem Biophys Res Commun, 303 (1), 2003, 306–12

34 Systemlieferant und OEM Hersteller für die Medizintechnik und Pharmabranche

T. Jakob, R. Reichenberger

34.1 Einleitung

Unter einem Original Equipment Manufacturer (OEM) versteht man einen Hersteller fertiger Komponenten oder Produkte, der diese in seinen eigenen Produktionsfabriken produziert, sie aber anschließend nicht selbst in den Handel bringt. Die Anforderungen an einen OEM für die Medizintechnik- und Pharmabranche sind weitaus komplexer und umfangreicher als in anderen Branchen. Diese zusätzlichen Anforderungen haben schließlich auch ihre Berechtigung, da es letztendlich immer um die Gesundheit und das Leben von Menschen geht. Ein OEM muss neben der heute immer stärker geforderten Flexibilität, Schnelligkeit und Wettbewerbsfähigkeit sämtliche für die Medizintechnik- und Pharmabranche erforderlichen Qualitäts- und Prozesssicherheitskriterien erfüllen. Entsprechende Nachweise sind durch regelmäßige Kunden- und Überwachungsaudits zu erbringen. Das Arbeitsumfeld eines OEM für die Medizintechnik- und Pharmabranche bezieht sich somit nicht nur auf die Herstellung der Produkte für seine Kunden, sondern auch auf die Einhaltung sämtlicher Normen, Sicherheitskriterien, regulatorischen Voraussetzungen und Gesetze die zur Herstellung der Produkte notwendig sind.

Die Fertigungstechnologien eines OEM für die Medizintechnik- und Pharmabranche sind auf alle gängigen Werkstoffe verteilt. Auch die Fertigungstiefe bzw. Fertigungsbreite kann variieren beginnend vom Spezialisten mit einer speziellen Fertigungstechnologie bis hin zum Systemanbieter mit breitem Spektrum von unterschiedlichen Verfahren und Technologien. Am Beispiel eines Systemanbieters und OEM für die Herstellung polymerer Produkte für die Medizintechnik- und Pharmabranche sollen anschaulich die Fertigungstechnologien Extrusion Spritzgießen, Konfektion sowie ausgewählte Materialentwicklungen vorgestellt werden.

34.2 Extrusion in der Medizintechnik

In Medizinprodukten oder in sogenannten Disposables finden Schläuche in den vielfältigsten Varianten Verwendung, einfache PVC-Schläuche, Katheterschläuche in diversen Materialien, mit oder ohne Röntgenkontraststreifen, in Vollkontrastausführung, Hochdruckdruckschläuche oder auch Verbundschläuche. Die Extrusionstechnologie [1, 2] hat sich den spezifischen Anforderungen der Medizintechnik angepasst und entwickelt sich laufend weiter.

34.2.1 Extrusion in Reinräumen

Ideal erfolgt bereits der erste Arbeitsschritt zu einem Medizinprodukt, die Extrusion [3], in Reinräumen um das geforderte hohe Sauberkeitsniveau von Anbeginn zu erreichen, optimale Logistik zu gewährleisten und beste Prozessabläufe in der Produktion zu erreichen. Neben den normativen Anforderungen an eine derartige Fertigungseinheit ist darauf zu achten, dass von der Anlage selbst keine Verunreinigung in irgendeiner Form ausgeht. Verunreinigung wie Abrieb, Öle, Fette, Druckluft, Befüllung oder Kontamination durch unkontrolliertes Kühlwasser oder andere Kühlsysteme können neben dem Extruder auch durch Nachfolgeeinheiten wie z. B. dem Abzug, dem Schlauchwickler oder der Schlauchschneidemaschine entstehen.

Alle Bestandteile sind einzeln und auch im Verbund dementsprechend auszulegen. Die einwandfreie Funktion ist weiterhin auch im Dauerbetrieb sicher zu stellen. Der Einsatz von speziellen Stählen und anderen Metallen, Oberflächenbeschichtungen für Bauteile, spezielle Oberflächengüte, leicht zu reinigende Ausführung der Anlagen und Maschinen sind die wichtigsten Aspekte die es bereits bei der Konzeption und bei der Konstruktion von Maschinen strikt zu beachten gilt.

Neben den anlageseitig recht unkritischen Materialien wie Polyolefine, Polyurethane oder Polyamide etc. werden auch Materialien in der Medizintechnik benötigt die eine spezielle korrosionsresistente Auslegung aller mit den Material in Berührungen kommender Bauteile erfordern. Schnecken, Zylinder und natürlich auch Werkzeug müssen aus besonders geeigneten Werkstoffen hergestellt werden oder speziell beschichtet werden. Idealerweise sollte auch jede Anlage mit einer eigenen Vortrocknung des Materials ausgerüstet sein, um mögliche Materialeinflüsse zu minimieren. Abb. 34.1 und 34.2 zeigen beispielhaft zwei Extrusionsstrecken im Reinraum. Abb. 34.1 zeigt beispielhaft den Aufbau einer Extrusionsanlage zur Produktion von Silikonschläuchen. Abb. 34.2 zeigt ein Beispiel der im nächsten Abschnitt im Detail beschrieben Mikroextrusionsanlage zur Produktion kleinster Schläuche und Mikroschläuche.

34.2 Extrusion in der Medizintechnik

Abb. 34.1 Beispiel einer Extrusionsstrecke zur Extrusion von Silikonschläuchen im Reinraum gemäß DIN EN ISO 14644, ISO Klasse 7

Abb. 34.2 Beispiel einer Hochleistungs-Mikroextrusionsstrecke mit Nachfolgeeinheiten für die Produktion von klein dimensionierten Schläuchen und Mikroschläuchen

34.2.2 Mikroextrusion – Realisierung kleinster Dimensionen

Die moderne minimalinvasive Medizin erfordert neue speziell abgestimmte Instrumente, Katheter und Mikroschläuche. Auch Infusionskatheter zur Verabreichung kleinster im µl Bereich liegender Medikamentenmengen sind gängige Anforderungen an einen OEM Hersteller. Schlauchdurchmesser von kleiner 100 µm werden notwendig, um diese Vorgaben zu erfüllen. Innendurchmesser von kleiner 100 µm und Außendurchmesser von kleiner 0,2 mm sind schon die Regel.

Herkömmliche Extrusionsanlagen sind für dieses Produktportfolio nicht geeignet um einen sicheren und auch wirtschaftlichen Fertigungsprozess zu gewährleisten.

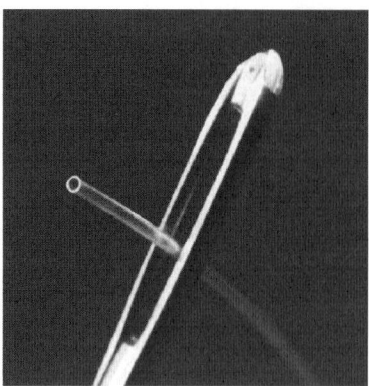

Abb. 34.3 Polyurethanschlauch mit einem Innendurchmesser von 0,15 mm

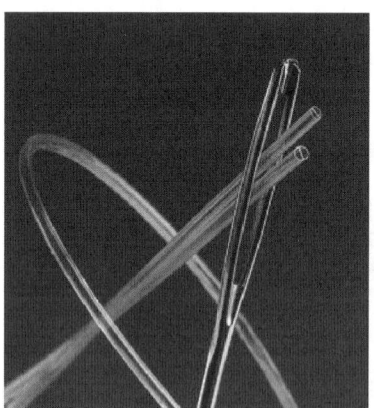

Abb. 34.4 Katheterschlauch mit zwei in einem Schlauch separaten Lumen mit einem Durchmesser von 0,75 mm

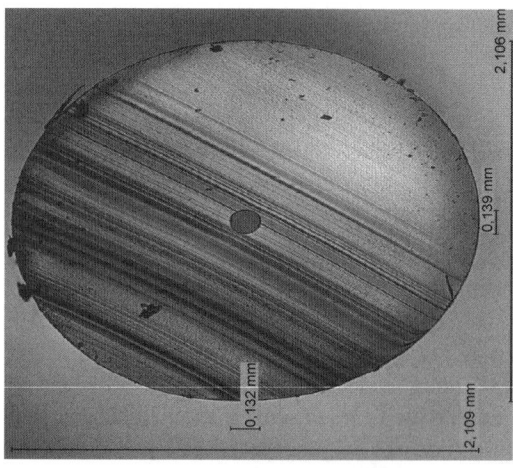

Abb. 34.5 Mikrotomschnitt eines Mikropumpenschlauches aus Polyurethan mit einem Innendurchmesser von 0,13 mm

Abb. 34.6 Messcomputer in der Fertigungs- und Endprüfung zur Messung und Dokumentation

Für diese speziellen Schläuche bietet die Mikroextrusionstechnologie eine technische Lösung. Zylindervolumen, Schneckendurchmesser und -geometrie, Werkzeugauslegung, Motorleistung und Steuerung sind so konstruiert um kleinste Materialvolumina von wenigen Gramm zu verarbeiten und daraus hochwertige Schläuche herzustellen. Diese Technik schaffte die Grundlage, den Fertigungsprozess für derartige kleinste Schläuche sicher zu gestalten.

Speziell im Katheterbereich werden sehr enge Toleranzen (im 1/100 mm Bereich) gefordert, unabhängig von der Dimension. Je enger die Toleranzen gefasst werden können, desto prozesssicherer ist die Weiterverarbeitung auf vollautomatisierten Montageautomaten. Gleiches gilt natürlich auch für die weiteren Bauteile. Auch spezielle Zubehörteile oder Applikationshilfsmittel erfordern immer engere Toleranzen bei extrudierten Schläuchen, um die Gesamtfunktion des Medizinproduktes zu sichern. Insbesondere Katheter-in-Katheter-Systeme basieren und funktionieren nur mit optimalen engsten Toleranzen.

Die permanente Überwachung der Maschinenparameter, Druck Temperatur, Drehzahl, Abzugsgeschwindigkeit, Laufgeschwindigkeit etc. in der laufenden Extrusion sind Standardüberwachungsparameter. Gleichzeitig schafft eine permanente Inline-Prüfung der Dimensionen, verbunden mit komplexer Anlagensteuerung, die Vorrausetzung zur Erreichung dieser hohen Präzision.

Unabhängig davon müssen auch die eingesetzten Mess- und Prüfgeräte geeignet sein Abweichung in 1/100 mm Bereich festzustellen. Modernste Messcomputer sind zwingende Notwendigkeit.

Die modernen Medizinprodukte bauen auf einer Vielfalt von unterschiedlichen Schläuchen auf, welche mehr und mehr funktionsoptimiert werden müssen, um die unterschiedlichen Aufgaben optimal zu bewältigen.

34.2.3 *Verbundschläuche / Mehrschichtschläuche / Multilayer-Schläuche*

Um anwendungs- und fertigungstechnische Vorteile verschiedener Materialien in einem Schlauch zu vereinen, werden Mehrschicht- oder Verbundschläuche eingesetzt.

Grundsätzlich sind bis zu 5 Schichten individuell möglich, in der Regel reichen aber 2 bis 3 Schichten aus. Dabei werden in einem Extrusionsprozess gleichzeitig ein Innenschlauch aus dem Material „X" hergestellt, eine Zwischenschicht aus dem Material „Y" und ein Außenschlauch aus Material „Z". In Abhängigkeit zu den Materialien ergibt sich außerdem ein optimaler Verbund der Schichten. Die Mittelschicht kann ebenfalls aus einem Verbundmaterial bestehen oder einer Speerschicht oder, je nach Einsatzzweck, aus einem weiteren Funktionsmaterial. Mit solchen Mehrschicht-Schläuchen lassen sich spezielle chemisch und biologische Eigenschaften mit fertigungstechnischen Anforderungen verbinden.

Für jede Schicht, d. h. für jedes Material wird ein separater Extruder benötigt, der das Material in ein gemeinsames Werkzeug fördert. Die Extrudergröße ist, je nach Materialanteil variabel. Derjenige Extruder mit dem größten Materialdurchsatz „trägt" das Werkzeug. Online-Prozessüberwachung und Dokumentation der Prozessparameter und Prüfwerte sind in die Extrusionslinie integriert.

Verbundschläuche kommen in verschiedenen Anwendungsbereichen zum Einsatz, z. B. als Befüllbeutel für Infusionsbehältnisse, als Medikamentenleitung in In-

Abb. 34.7 2-schichtiger Infusionsschlauch zur Verabreichung von speziellen Medikamenten. Die Innenschicht ist aus einem LDPE (Medikamentenverträglichkeit), die Außenschicht aus einem Polyurethan für die optimale nachträgliche Konfektionierung mit weiteren Standardkomponenten

Abb. 34.8 3-schichtiger Befüllschlauch für Infusionsbehältnisse. Die Innenschicht des Infusionsschlauches ist aus dem Material LDPE, die Außenschicht aus PVC und die Mittelschicht aus EVA, zwecks optimaler Verbundfestigkeit der einzelnen Schichten

34.2 Extrusion in der Medizintechnik

fusions-Sets, in Infusionsgeräten zur Verabreichung von speziellen, auch lichtempfindlichen Lösungen, aber auch als Katheterschläuche mit speziellen mechanischen Eigenschaften wie z. B. gute Gleiteigenschaften der inneren Schlauchwand, sowie erhöhte Torsionsstabilität sind häufige Anforderungsprofile.

34.2.4 Liner-Schläuche

Liner-Schläuche sind Schläuche mit integrierten und einextrudierten Streifen. Wieviele Streifen einextrudiert sind hängt von den Produktanforderungen ab. Ebenso ob es sich um reine Farbstreifen oder funktionelle Streifen wie z. B. Röntgenkontraststreifen handelt. Ein wichtiges Kriterium in der Medizintechnik ist die komplette Einbettung der Streifen in das Matrixmaterial d.h. das Streifenmaterial ist umschlossen und tritt an keiner Stelle des Schlauches an dessen Oberfläche. Damit wird auch ein optimaler Verbund gewährleistet mit optimalen mechanischen Ei-

Abb. 34.9 Flachdrainage aus Silikon mit Röntgenkontraststreifen für chirurgische Anwendungen. Die Innenriefen verhindern ein Verkleben und gewährleisten selbst unter extremen Bedingungen den Flüssigkeitstransport

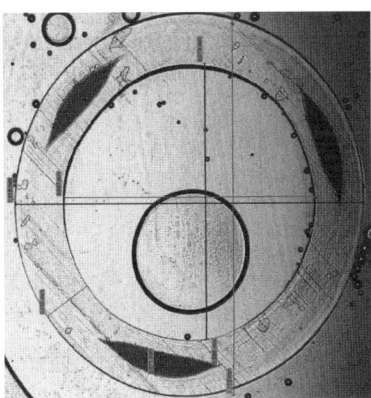

Abb. 34.10 Venenverweilkanüle aus Polyurethan mit drei eingebetteten Streifen. Aufnahme einer mit Hilfe Mikrotomschnitt präparierten Probe unter dem Mikroskop

genschaften. Ähnlich dem Verbundschlauch wird für jedes Material ein separater Extruder eingesetzt, natürlich auch hier größenabgestimmt.

Liner-Schläuche in kleinen und kleinsten Dimensionen werden auf speziellen Mikroextrusionsanlagen produziert, welche aus 4 Aggregaten besteht die innerhalb eines Extruders zusammengeführt werden. Analog zu der Mikroextrusion werden auch hier engste Toleranzen im 1/100 mm Bereich eingehalten. Komplex ist der jeweilige Werkzeugaufbau. Profil-Werkzeuge haben sich in den meisten Fällen bewährt und sind Standard. Durch den komplexen Werkzeugaufbau, zusätzlich erschwert durch kleine Schlauchdimensionen und die notwendige Präzision, hat sich der Schwierigkeitsgrad bei der Herstellung der Werkzeuge enorm erhöht.

34.2.5 Mehrlumenschläuche

Mehrlumenschläuche finden in der Medizintechnik ein weites Einsatzfeld, ob als Infusionskatheter, als Zuleitungsschläuche oder als Multifunktionsschläuche. Die

Abb. 34.11 Beispiele verschiedener Mehrlumen-Schläuche mit unterschiedlichen Geometrien und Materialien wie zum Beispiel PVC, PUR, LDPE und PA

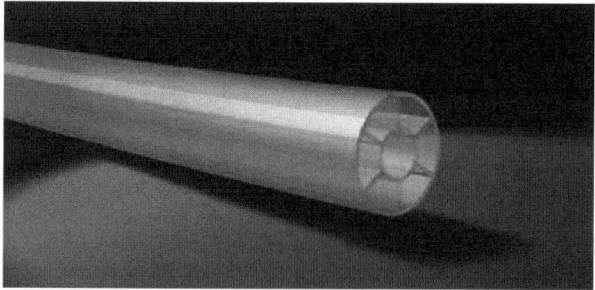

Abb. 34.12 7-lumiger PVC-Schlauch für die Beatmungstherapie zur Versorgung von Sauerstoff und Gasen inklusive Temperierkanäle

unterschiedlichsten Materialien werden von den diversen Anwendungsgebieten und Einsatzzwecken gefordert. Polyurethan hat sind bei den diversen Kathetern etabliert, Polyamide und Polyolefine und auch PVC werden für spezielle Anwendungen ebenfalls zu Mehrlumenschläuchen verarbeitet.

Die Anzahl der Lumen ist grundsätzlich nach oben offen, bestimmender Faktor ist das Verhältnis Außendurchmesser, Größe der einzelnen Lumen und verbleibende Restwandstärke.

Werkzeugtechnisch kommen hier Profilwerkzeuge zum Einsatz ähnlich komplex aufgebaut wie Liner-Werkzeuge.

Auch in der Mikroextrusion gibt es erste Mehrlumenschläuche, die einen Außendurchmesser von weniger als 1 mm haben, jedoch gleichzeitig 2-Lumen aufweisen. Der Werkzeugaufbau ähnelt grundsätzlich einem Profilwerkzeug und ist sehr größenspezifisch ausgelegt, das heißt, dass bei Dimensionsänderungen beim Schlauch ein Neuwerkzeug notwendig wird.

34.2.6 Schläuche mit einextrudierten Drähten/Datenleitungen

Elektronik findet immer mehr Verbreitung in Medizinprodukten. Sensoren oder Elektroden müssen kontaktiert werden, in vielen Fällen steht das Innenlumen zur Aufnahme der elektrischen Leitungen nicht zur Verfügung. In diesen Fällen werden die elektrischen Leitungen in die Wandung eines Schlauches einextrudiert. Optimal ist die elektrische Isolierung der Litzen; die Anordnung kann flexibel gestaltet werden, die Drähte sind vor mechanischen Beschädigungen geschützt, die Reißfestigkeit des Schlauches nimmt zu.

Um den Draht/die Drähte bestmöglich einzuextrudieren sind spezifische Abwickelhaspeln erforderlich um den Draht drallfrei, zugfrei und ausgerichtet in das Extrusionswerkzeug zu führen. Es bietet sich an, den Draht vor dem Werkzeugeinlauf auszurichten und vorhandene Krümmungen, Verformungen auszugleichen. Zur Erhöhung der Verankerungskräfte kann die Oberfläche beim Ausrichten des Drahtes mechanisch bearbeitet werden, z. B. rändeln, d. h. mit einer Oberflächenstruktur versehen.

34.2.7 Armierte Schläuche

Hauptsächlich zum Durchleiten von Gasen mit hohem Druck werden in der Medizintechnik gewebearmierte Schläuche verwendet.

Der Schlauch ist 3-schichtig aufgebaut, der Innenschlauch hat direkten Kontakt mit dem Gas, die Mittelschicht ist das Gewebe aus Polyesterfäden geflochten, die Außenschicht fixiert das Gewebe und geht eine Verbindung mit der Innenschicht ein. Das Gewebe wird mittels Spezialflechtmaschinen um den Grundschlauch geflochten, Inline oder in Abhängigkeit der Flecht- bzw. Extrusionsgeschwindigkeiten

Off-Line. Mit diesen Spezialschläuchen, welche das Optimum von Flexibilität und Druckfestigkeit darstellen, lassen sich Druckwerte bis über 80 bar realisieren. Für die Anwendung als Gasversorgungsschläuche gelten Normen in welchen auch weitere mechanische Anforderungen festgeschrieben sind.

Ein kleines Anwendungsgebiet in der Kardiologie benötigt ebenfalls Hochdruckschläuche, allerdings in einem Dimensionsbereich von < 3 mm und einer Druckfestigkeit von > 1500 psi. Im Gegensatz zu PVC bei den Gasversorgungsschläuchen kommt hier Polyurethan zum Einsatz in Verbindung mit Polyesterfäden oder Stahldrähten mit Durchmessern von 0,05 mm.

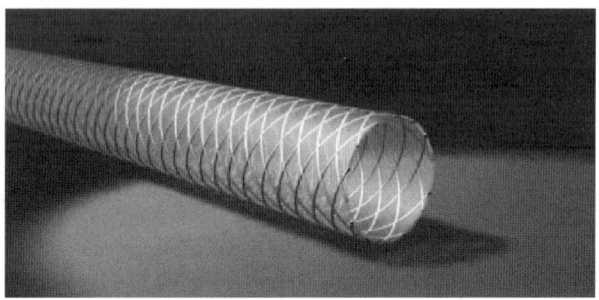

Abb. 34.13 Armierter PVC-Druckschlauch für kleine bis mittlere Drücke < 25 bar

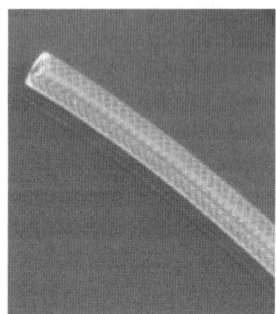 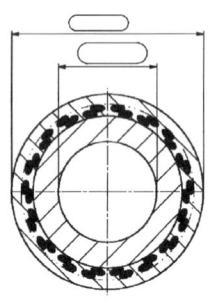

Abb. 34.14 Hochdruckschlauch aus Polyurethan für den Bereich der Kardiologie mit einer Druckfestigkeit von 85 bar mit Polyesterfadenarmierung

Gasversorgungsschläuche gemäß EN 739:	Gasart Farbe	Vac gelb	Air schwarz/weiß	O_2 weiß	N_2O blau	CO_2 grau	neutral transparent

34.2.8 Blasfolienschläuche

Als Alternative zu Folien nehmen extrudierte Blasfolienschläuche als Behältnis für Lösungen aller Art eine wichtige Rolle ein. Zum Einsatz kommen hauptsächlich PVC und EVA, für spezielle Anwendungen auch Polyurethan. Die Vorteile sind in der einfacheren und sicheren Verarbeitung (weniger Schweißungen), in kompakten Weiterverarbeitungsmaschinen zu sehen. Wirtschaftliche Vorteile ergeben sich dadurch, dass aus einer Größe des Folienschlauches Beutel unterschiedlicher Größe hergestellt werden können. Folienschläuche können innen glatt oder mit Struktur versehen sein, je nach Art der Weiterverarbeitung.

Die Folienschlauchextrusion unterscheidet sich grundlegend von der „normalen" Extrusion. Die Anlage besteht aus einem Extruder mit den Schlauchfolienwerkzeugen, den Kühlringen, der Flachlegevorrichtung, der Abquetsch-/Abzugswalzen und dem Wickler.

Über die grundlegende Einteilung hinaus gibt noch eine Vielzahl von weiteren medizinspezifischen Anforderungen:

- spezielle Oberflächenausführungen, die mittels spezifischer Temperaturführung am Werkzeug realisiert werden, z. B. unterschiedliche Glanzgrate (matt, frosted Effekt oder hochglänzend)
- Außenstrukturen, z. B. Längsriefen, erzeugt mittels spezieller Werkzeugkonstruktion
- Optimierte Gleitfähigkeit an der Innen- und Außenoberfläche mittels Online-Beschichtung

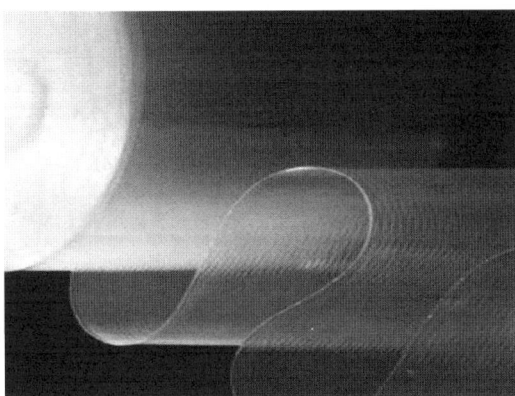

Abb. 34.15 EVA-Folienschlauch mit innerer Struktur für die spätere Abfüllung von Ernährungslösungen

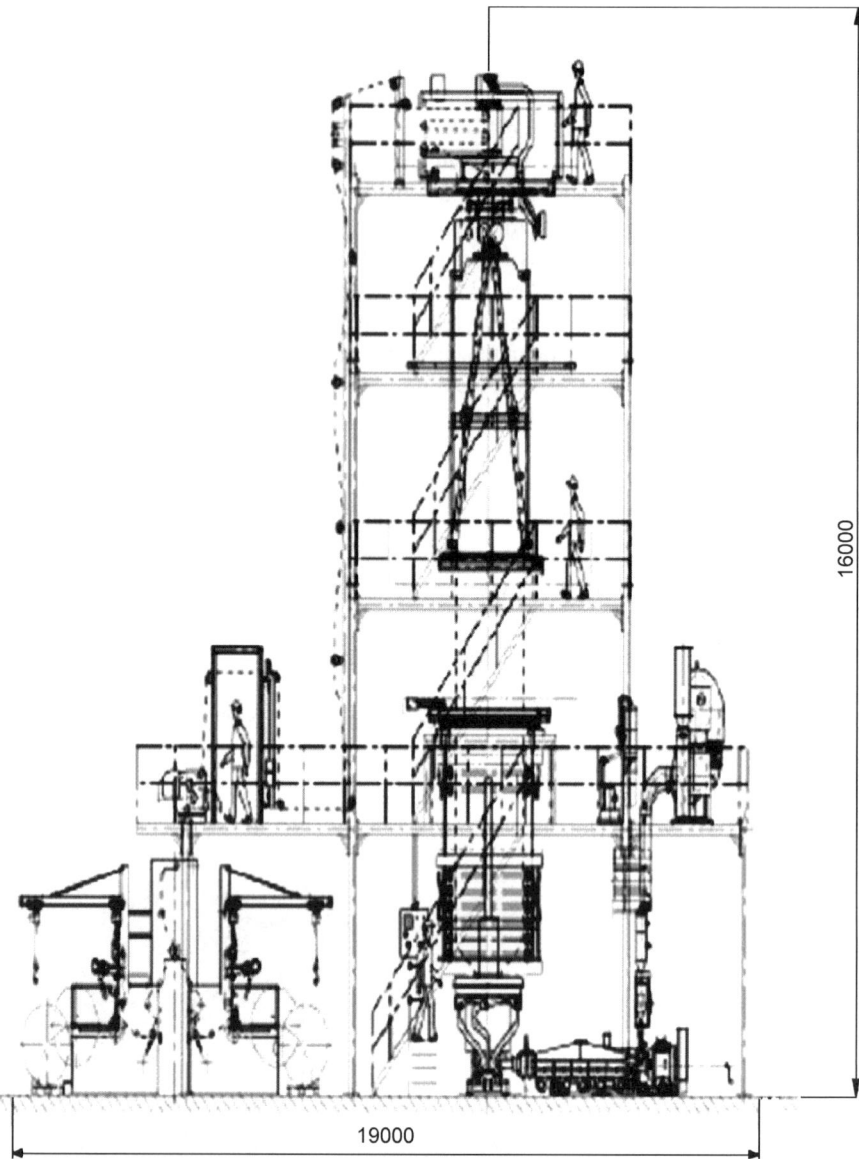

Abb. 34.16 Schematischer Aufbau einer Blasfolienanlage für die Herstellung on Folienschläuchen für Ernährungslösungen

34.3 Spritzgießen in der Medizintechnik

Die Verarbeitung von Kunststoffen mit Hilfe der Spritzgießtechnologie ist mit einem Anteil von etwa 60% aller Kunststoffverarbeitungsmaschinen eines der am häufigsten eingesetzten und fortschrittlichsten Verarbeitungsverfahren [4, 5]. Der Verfahrensablauf des Spritzgießens mit den Prozessschritten [6, 7]:

- Plastifizieren und Dosieren
- Einspritzen, Nachdrücken und Abkühlen und
- Entformen

wird in der Medizintechnik bereits weit vor Beginn der ersten Abmusterung sukzessive mit Hilfe Risikobewertungsanalysen erfasst. Mit der Herstellung von Erstmustern beginnt der Validierungs- und Qualifizierungsprozess. Alle wichtigen Spritzgießparamater werden über abgestimmte Prozessfenster solange optimiert und systematisch abgefahren, bis eine prozesssichere Produktion der Formteile gewährleistet werden kann. Erst mit Abschluss der Qualifizierung und Kundenfreigabe beginnt der OEM mit der Serienproduktion. Alle Maßnahmen zur Validierung und Qualifizierung sowohl des Produktes als auch des Prozesses sind über Dokumentationen zu erfassen und belegen.

34.3.1 Einkomponenten-Spritzgießen

Das Einkomponenten-Spritzgießen ist ein über alle Branchen hinweg etabliertes und bekanntes Verfahren. Besonderheiten bei Spritzgießproduktionen für die Medizintechnik sind erhöhte Anforderungen an Emissionen, Öl- und Schmierstoffen sowie die anzustrebende Minimierung und Isolierung von Zersetzungs- und Spaltprodukten bei der Kunststoffverarbeitung. Für die Zufuhr von Granulat an die Maschine werden zur Vermeidung von Partikelemissionen in modernen Reinraumproduktionen Vakuumsysteme eingesetzt. Abb. 34.17 zeigt einen Ausschnitt einer medizinischen Spritzgießproduktion mit Vakuumsystemen für die Zuführung des polymeren Granulats an die Spritzgießmaschinen.

Angemessene Qualität wird gerade in der Medizintechnik durch den Einsatz modernster Messtechniken bereits in der Entwicklungsphase erreicht. Präzision spielt gerade in der Medizintechnik eine entscheidende Rolle. Sowohl bei sehr sensitiven Produkten als auch bei Produkten mit nachfolgender vollautomatisierter Montage spielen exakte Geometrien und Toleranzen für eine spätere reibungslose Anwendung eine entscheidende Rolle. Vielfach werden automatisierte Kameramesssysteme zur Vermessung von Formteilen zur Qualitätsüberwachung eingesetzt. Aber auch in der Produktentwicklungsphase werden mit Hilfe von Kameramesssystemen erhaltene Messwerte automatisch mit den 3D-Konstruktionsdaten verglichen und die Differenzen visuell über farbliche Abweichungen sichtbar gemacht. Aus der Abstufung des Farbplots ist die geometrische Abweichung des gescannten Formteils in dreidi-

Abb. 34.17 Spritzgießmaschinen im Reinraum mit entsprechenden Vakuumzuführsystemen für die direkte emissionsfreie Granulatförderung an die Spritzgießmaschine

mensionaler Darstellung erkennbar. Dieses Entwicklungstool erlaubt die zielgenaue Optimierung von Spritzgieß-Werkzeugen und somit die Produktion präziser medizinischer Formteile. Abb. 34.18 zeigt ein mit dieser Methode eingescanntes und mit den 3D-Daten abgeglichenes Formteil eines Deckels einer später montierten Baugruppe.

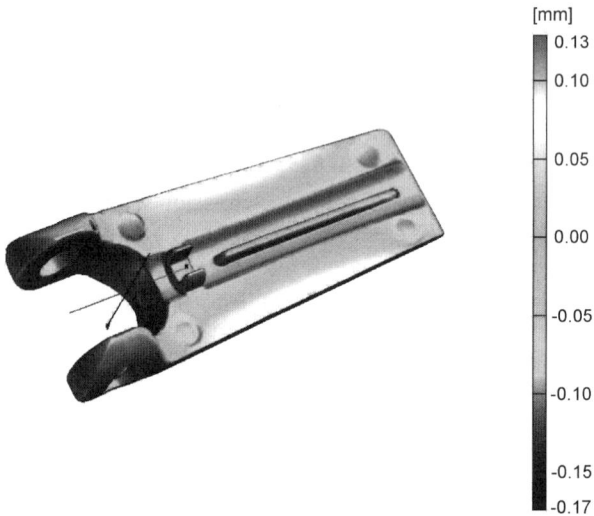

Abb. 34.18 Dreidimensionales eingescanntes Formteil für eine später montierte Baugruppe. Mit Hilfe modernster Kamerasysteme können eingescannte Formteile auch dreidimensional vermessen werden. Die Darstellung über die farblichen Kontraste zeigen die Abweichungen zu den 3D-Daten. Vorteile der Messmethode und des Abgleichs mit den 3D-Daten sind die präzise und schnelle Optimierung von Formteilen in der Entwicklungsphase

34.3 Spritzgießen in der Medizintechnik

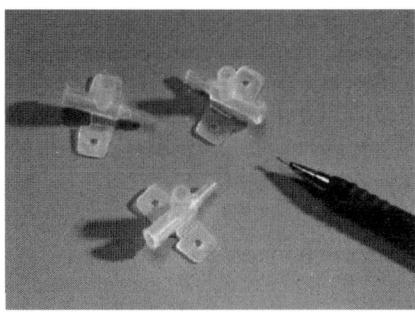 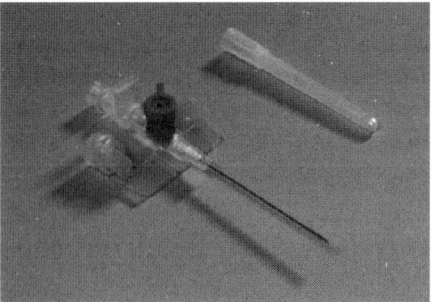

Abb. 34.19 Formteile für Venenverweilkanülen bestehend aus mehreren Komponenten zur intravenösen Flüssigkeitstherapie und Applikation von Medikamenten. Vorteile liegen in der einmaligen Injektion einer Kanüle. Sämtliche Komponenten erfordern höchste Präzision an Qualität und geometrischer Auslegung. [Quelle: RAUMEDIC AG]

Das Einkomponenten-Spritzgießen in der Medizintechnik verlangt aber nicht nur besondere Anforderungen an die Präzision bei der Formteilentwicklung und deren Produktion. Bereits in der Entwicklungsphase der Teileauslegung müssen OEM und Systemlieferant die nachfolgende Sterilisation, Konfektion und Anwenderbedingungen berücksichtigen. Gerade nachträgliche Sterilisationen können zu geometrischen Änderungen von polymeren Formteilen führen, die sich dann im schlimmsten Fall auf die Anwendung beim Patienten niederschlagen.

Ein Beispiel höchster Präzision bei gleichzeitig hohen Stückzahlen zeigen die in Abb. 34.19 abgebildeten Formteile für Venenverweilkanülen. Venenverweilkanülen werden bei der intravenösen Flüssigkeitstherapie und der Applikation von Medikamenten eingesetzt. Der Vorteil der Venenverweilkanülen liegt im einmaligen Einstechen in die Vene des Patienten und der mehrmaligen intravenösen Applikation von Medikamenten über mehrere Tage und Wochen hinweg. Besonderheiten in der Produktion der Formteile liegen in einer hochpräzisen Abstimmung der Kunststoffbeauteile zur Metallkanüle.

34.3.2 Anspritzen an Schläuche

Beim Einkomponenten-Spritzgießen in der Medizintechnik spielen aber nicht nur die notwendigen Abstimmungen zu Metall- und Kunststoffkomponenten eine Rolle, sondern auch zu extrudierten polymeren Schläuchen. Es gibt in der Medizintechnik Baugruppen, bestehend aus einem Formteil und einem Schlauch, die sich aufgrund der Materialpaarung nur direkt über Spritzgießen verbinden lassen. Beispiele sind Polyolefine, die sich aufgrund der wachsartigen Polymeroberfläche nicht dauerhaft und sicher verkleben lassen. Aus diesem Grund gibt es die Möglichkeit, Formteile direkt in einem Arbeitsgang in einem Spritzgießwerkzeug anzuspritzen. Das notwendige Know-how steckt in der Abstimmung der Toleranzbereiche zwischen

Extrusion und Spritzgießen. In derartigen Baugruppen bestehen höchste Anforderungen an die Präzision und Entwicklungs-Know-how eines Systemlieferanten. Die Möglichkeiten beginnend vom händischen Aufstecken von Mikroschläuchen in das Spritzgießwerkzeug bis zur vollautomatisierten Zuführung über Robotersysteme, sind in der Medizintechnik breit gefächert. Zwei Beispiele in der Abb. 34.20 und 34.21 zeigen dieses breite Produkt- und Technologiespektrum.

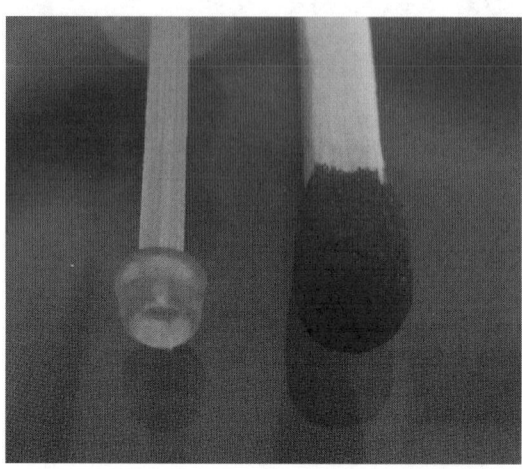

Abb. 34.20 Mikroschlauch aus Polyethylen mit angespritztem Kopf. Die Verbundfestigkeit zwischen Schlauch und Formteil wird über das direkte Anspritzen erreicht. Um einen Größenvergleich zu erhalten wurde ein Streichholz in die Abb. Integriert

Abb. 34.21 Vollautomatisiertes Anspritzen eines PVC-Schlauches. Nach Extrusion des Schlauches erfolgt das vollautomatisierte Ablängen und Banderolisieren zu Schlauchbunden. Diese werden über einen 4-Achs-Roboter mit Kamerasystem vollautomatisiert der Spritzgießmaschine zugeführt. Es werden an beiden Schlauchenden zwei unterschiedliche Konnektoren direkt angespritzt. Der Vorteil liegt in der Verbundfestigkeit und einer wirtschaftlichen Produktion großer Stückzahlen

34.3.3 Mehrkomponenten-Spritzgießen

In den letzten Jahren ist ein verstärkter Trend hin zu Sonderverfahren wie der Mehrkomponenten-Spritzgießtechnik zu verzeichnen. Die Vorteile dieser innovativen Technologien liegen auf der Hand. Bei gleichzeitiger kostengünstiger Integration zusätzlicher Funktionalitäten in einem Arbeitsgang können nachträgliche Montageschritte entfallen. Zusätzliche Funktionalitäten wie Design, Haptik oder Abdichtung spielen dabei eine entscheidende Rolle. Im Mehrkomponentenspritzguss primär zu beachten sind entsprechende Verbundfestigkeiten von polymeren Materialien. Insbesondere bei der gewünschten Verbundfestigkeit von polymeren Materialien sind Know-how und Erfahrungen notwendig, die allerdings branchenunabhängig Gültigkeit haben. Speziell für die Medizintechnik typisch sind entsprechende Sonderfunktionen wie Durchstecheigenschaften beim Penetrieren eines Dichtelements mit einer Injektionskanüle. Auch derartige Dichtelemente können direkt in einem Bauteil integriert werden. Die Anforderungen an derartige Dichtelemente liegen zum Einen in der gewünschten Abdichtung nach dem Durchstechvorgang und dem Herausziehen der Injektionskanüle, und zum Anderen dürfen aber beim Einstechen der Injektionskanüle keine Partikel aus dem Dichtelement herausgestochen werden. Weitere Besonderheiten einer derartigen Entwicklung für die Medizintechnik liegen in den zusätzlichen Anforderungen zur gewünschten Sterilisation, wie z. B. Dampfsterilisation bei 134°C sowie den, für die jeweilige Anwendung geforderten Zulassungsvoraussetzungen an das polymere Material. In Abb. 34.22 ist beispielhaft ein Zweikomponenten Injektionsport der Firma RAUMEDIC AG in verschiedenen Einfärbungen abgebildet.

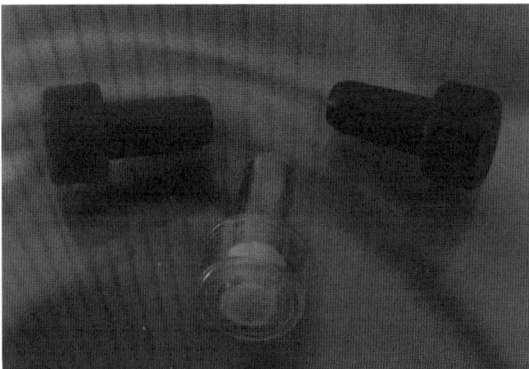

Abb. 34.22 Zweikomponenten-Injektionsport zur Injektion von Substanzen mit Hilfe einer Injektionskanüle durch die Weichkomponente. Linke Seite 3-D-Darstellung der Hartkomponente. Rechte Darstellung drei unterschiedlich eingefärbte 2-Komponenten-Injektionsports. Der 2K-Injektionsport besteht aus einem thermoplastischen Elastomer als Dichtelement bzw. Weichkomponente und einer unterschiedlich eingefärbten Hartkomponente. Größte Herausforderungen bestanden in der Kombination von Verbundfestigkeit, Sterilisationsbeständigkeit, Durchstechverhalten und Dichteigenschaften in einem Bauteil, ohne nachträgliche Konfektionsschritte

Ein weiteres Beispiel der Mehrkomponententechnologie ist ein 2K-Unterteil bestehend aus einem weichen thermoplastischen Dichtelement und einer Hartkomponente aus Polypropylen. Das 2K-Unterteil ist ein Bestandteil einer Baugruppe für die Regionalanästhesie der Firma B.Braun Melsungen. Mit Hilfe der Drehteller-Werkzeugtechnik wird das 2K-Unterteil mit Hilfe einer Zweikomponenten-Spritzgießmaschine bei der RAUMEDIC AG hergestellt und vollautomatisiert mit weiteren Formteilen konfektioniert. Abb. 34.23 zeigt die Drehteller-Werkzeugtechnologie im laufenden Betrieb. Abgebildet ist die Drehbewegung für das direkte Anspritzen der zweiten thermoplastischen Weichkomponente an die Hartkomponente.

Mit Hilfe der Mehrkomponenten-Spritzgießtechnik können nicht nur Hart-Weich-Kombinationen, sondern auch Bauteile mit einem Sandwich-Aufbau hergestellt werden. Die Sandwich-Spritzgießtechnik ist, wie der Name bereits kennzeichnet, charakterisiert durch einen dreischichtigen Aufbau, analog einem Sandwich. Oben und unten ist das Material „A" und in der Mitte, komplett umschlossen und sicher integriert, liegt das Material „B". Die Sandwich-Spritzgießtechnik ist vor allem im Automobilbereich seit Jahren im Einsatz. Im Bereich der Medizintechnik und dem Pharmabereich ist diese Technologie absolut neu. Die Sandwichspritz-

Abb. 34.23 Beispiel eines Zweikomponenten-Spritzgießwerkzeugs mit Drehtellertechnik im laufenden Betrieb. Abgebildet ist die Drehbewegung für das direkte Anspritzen der zweiten thermoplastischen Weichkomponente an die Hartkomponente. Das 2K-Unterteil ist ein Bestandteil einer Baugruppe der Firma B.Braun Melsungen für die Regionalanästhesie

34.3 Spritzgießen in der Medizintechnik

gusstechnik wird bei der RAUMEDIC AG, wie in Abb. 34.24 dargestellt, für neue innovative Systeme z. B. für den Pharmabereich eingesetzt. Durch eine gezielte Materialkombination werden mehrere Funktionen durch die Materialkombination in einem Bauteil integriert. Als Funktionen können Diffusionssperren für bestimmte Substanzen wie Sauerstoff und Wasserdampf gezielt über Materialkombinationen in einem Formteil aufgebaut und integriert werden. Verbesserungen von Sauerstoff- und Wasserdampfpermeationen können durch gezielte Kombination von so genannten Barrierematerialien erreicht werden. Barrierematerialien sind polymere Materialien mit im Vergleich zu etablierten Polymeren, verbesserten Barriereeigenschaften. Ein Ziel zum Einsatz derartiger Materialien ist z. B. das Thema Glasersatz, aber auch die Verbesserung bestehender Primärverpackungen im Pharmabereich durch neue innovative Systeme zur Verbesserung der Haltbarkeit von Medikamenten und Inhaltsstoffen.

Die Herstellung von Formteilen mit Hilfe der Sandwichspritzgießtechnologie erfolgt auf bekannten 2-Komponenten-Spritzgießmaschinen. Über eine spezielle Coinjektionsdüse werden die Schmelzeströme über zwangs- und druckgesteuerte Mechanismen zusammengeführt. Die Füllung von zwei unterschiedlichen polymeren Materialien erfolgt über eine definierte Steuerung des gesamten Spritzgießablaufs. Zunächst wird die Kavität mit dem späteren „Hautmaterial" teilgefüllt. Danach wird über das gleiche Angusssystem das „Kernmaterial" eingespritzt. Als letztendliches

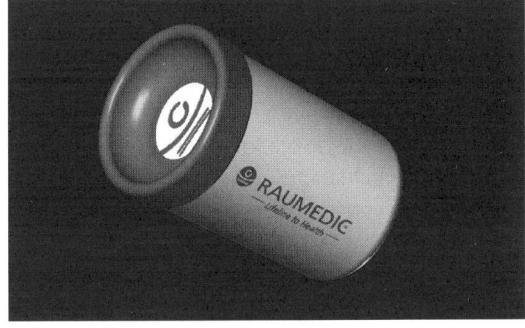

Abb. 34.24 Beispiel eines mit Hilfe der Sandwich-Spritzgießtechnologie hergestellten Medikamentenbehälters mit verbesserter Barriereeigenschaft für die pharmazeutische Industrie. Der Vorteil liegt in einer verbesserten Sauerstoff- und Wasserdampfpermeation im Vergleich zu bestehenden auf dem Markt befindlichen Systemen

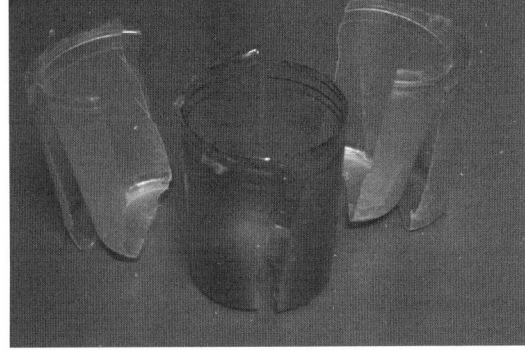

Abb. 34.25 Aufgeschnittener Medikamentenbehälter, bestehend aus zwei unterschiedlichen polymeren Materialien, hergestellt mit Hilfe der Sandwich-Spritzgießtechnologie. Beide Materialien sind jeweils vollkommen über den gesamten Behälter verteilt. Das Hautmaterial umschließt dabei vollkommen das Kernmaterial

Endprodukt erhält man durch ein definiertes „Hautmaterial" geschütztes „Kernmaterial". Beide Materialien können analog der bereits beschriebenen Hart-Weich-Materialkombinationen unterschiedliche Funktionen erfüllen. Der Kunde und das Endprodukt gibt dabei die Funktion für den OEM und Systemlieferanten vor.

Neben dem Umspritzen von Polymeren wird in der Medizintechnik häufig auch Metall direkt umspritzt. Durch direktes Einlegen von Metalleinlegern in ein Spritzgießwerkzeug können zum Beispiel Injektionskanülen direkt mit polymeren Materialien umspritzt werden. Insbesondere hier spielt neben Präzision und dem notwendigen Material-Know-how zur Verbundfestigkeit das beschädigungsfreie Handling der Injektionskanülen eine entscheidende Rolle.

34.4 Konfektion in der Medizintechnik

In der Herstellung von Medizinprodukten aus polymeren Werkstoffen kommen diverse Konfektionstechnologien zum Einsatz. In Abhängigkeit zum eingesetzten Werkstoff, zu Bedarfsmengen und zum konzipierten Fertigungsablauf können diese sich grundsätzlich unterscheiden um den gleichen Weiterverarbeitungsgrad bzw. die gleiche Verarbeitungsform zu erreichen. Die in der medizintechnischen Praxis am häufigsten verwendeten Technologien werden im Folgenden aufgezeigt.

34.4.1 Klebetechnologie

Um verschiedene Produktkomponenten zu verbinden, wie z.B. Schläuche mit Schläuchen, Schläuche mit Formteilen, Formteile mit Formteilen, und Komponenten aus verschiedenen Materialien, wendet man in vielen Fällen die Klebetechnik an.

Laufende Entwicklungen bei den Klebern erweitern ständig die Einsatzmöglichkeiten dieser Technik. Konnten früher nur gleiche Materialien verklebt werden, so ist es heute durchaus möglich, viele verschiedene Materialien dauerhaft zu verkleben. Dabei steigen kontinuierlich die Ansprüche, insbesondere aus chemisch-biologischer Sicht. Die Klebetechnik hat selbst in vollautomatischen Konfektionslinien Zugang gefunden. Dabei müssen exakte Dosiermengen, extrem kurze Aushärtezeiten und problemlose Automatengängigkeit berücksichtigt werden. Weiterhin stellen Klebeverbindungen sehr oft kritische Arbeitschritte dar, weshalb der angewandte Prozess validiert werden muss.

34.4.1.1 Lösungsmittelkleber

Lösungsmittelkleber werden speziell bei Produkten aus PVC (Polyvinylchlorid), insbesondere bei Schlauch-Sets, für diverseste Verbindungen eingesetzt. Insbeson-

34.4 Konfektion in der Medizintechnik

Abb. 34.26 Infusionssystem aus PVC (Polyvinylchlorid), bestehend aus unterschiedlichen Schlauch- und Formteilkomponenten. Die Klebeverbindungen werden mit Hilfe von Lösungsmitteln hergestellt

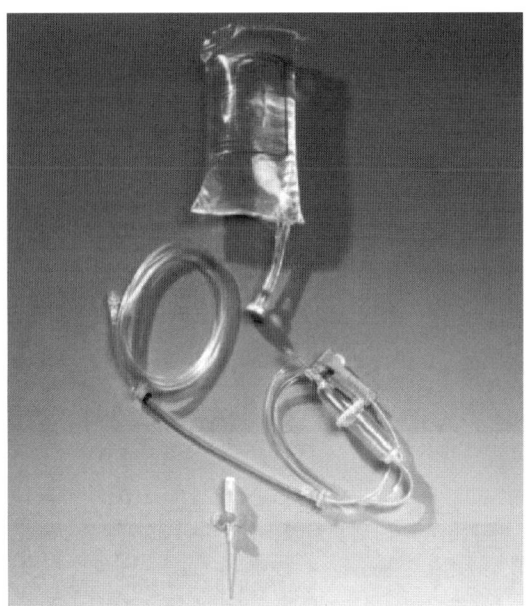

dere werden PVC-Schläuche mit Formteilen ebenfalls aus PVC oder auch anderen Materialien wie z. B. ABS (Acryl-Butadien-Styrol) verbunden. Das Lösungsmittel, hauptsächlich Tetrahydrofuran oder Cyclohexanon, löst die Oberfläche der zu verbindenden Teile an. Nach dem Aushärten und Verdampfen des Lösungsmittels bildet sich ein fester Verbund der beiden Teile. Man spricht auch von einer Kaltverschweißung. Wichtig bei dieser Art von Verklebung ist die exakte geometrische und maßliche Abstimmung der zu verbindenden Komponenten.

34.4.1.2 UV-Kleber

Bei Materialien, deren Oberfläche sich nicht mit Lösungsmitteln anlösen lässt, oder wenn Metallteile (z. B. Stahlkanülen) mit polymerer Werkstoffen verbunden werden, kommen UV-härtende Kleber zum Einsatz.

Der aufgebrachte Kleber bildet die Verbindungsschicht zwischen den beiden Materialien und bestimmt die Festigkeit.

Die Verbindungsstelle wird mit Kleber versehen und anschließend einer UV-Lichtquelle ausgesetzt. Das Aushärten erfolgt in der Regel innerhalb von Sekunden. Um die gesamte Klebfläche mit UV-Licht bestrahlen zu können, muss mindestens eine Komponente klarsichtig, lichtdurchlässig sein. Bei der Konstruktion der Bauteile ist zu berücksichtigen, dass ein ausreichender Kleberspalt vorhanden ist.

Das Aufbringen der Kleber erfolgt mit speziellen Dosiergeräten. Exakte Dosiermengen und konstante Verarbeitungsbedingungen sind dabei notwendige Grund-

Abb. 34.27 Präzisionsdosiergerät mit Steuereinheit, Reservoir und Dosiereinheit zur Dosierung von Kleinstmengen flüssiger Kleber

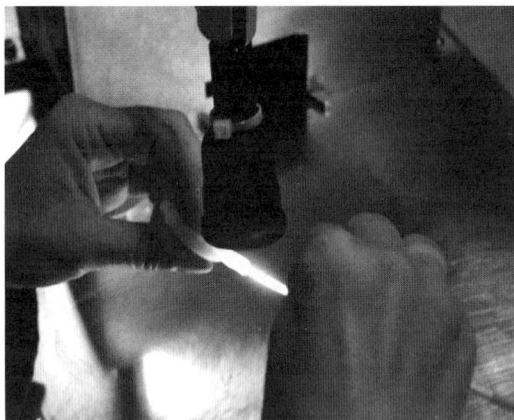

Abb. 34.28 UV-Spotlight zur sekundenschnellen Aushärtung von UV-Klebern

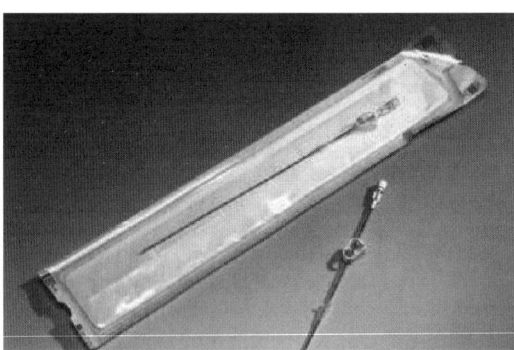

Abb. 34.29 Ventrikelkatheter konfektioniert mit Komponenten aus PUR , POM und PC. Alle Klebeverbindungen sind mit UV-Klebern Ausgeführt

34.4 Konfektion in der Medizintechnik

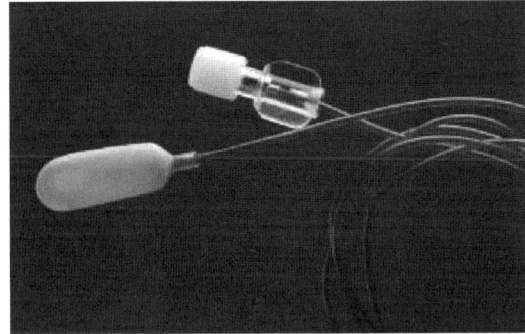

Abb. 34.30 Rektalkatheter mit Komponenten aus dem Materialien PUR, PC und SB mit UV-Klebeverbindungen

voraussetzungen. Die chemisch-biologischen Zulassungen liegen für eine Vielzahl von Klebertypen vor und müssen auch immer mit den Produkt- und Zulassungsanforderungen abgestimmt werden.

34.4.1.3 Cyanacrylat-Kleber

Seltener, aber doch in vielen Fällen nicht zu umgehen, ist der Einsatz von Cyanacrylatklebern, ggf. unter Verwendung von geeigneten Primern. Diese Kleberart wird einsetzt wenn andere Kleber keine Verbindung mit den Einzelteilen eingehen und wenn keine dynamischen Belastungen auf die Klebestelle einwirken. Weiterhin sollte die Verbindungsstelle keiner Feuchtigkeit ausgesetzt sein.

Analog den UV-Klebern ist bei der Konstruktion der Bauteile einen Kleberspalt zu berücksichtigen. Das Aufbringen der Klebeschicht erfolgt ebenfalls mit speziellen Dosiergeräten, das Procedere ist analog dem Vorgehen des UV-Klebers, das Aushärten ohne spezielles Equipment.

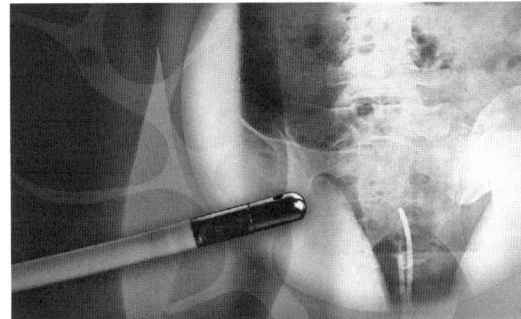

Abb. 34.31 MTC Druckkatheter mit Titan Spitze und Drucksensor, verklebt mit Cyanacrylatkleber und Silikon-Coating

34.4.1.4 Silikonkleber

Zur Verbindung von Komponenten aus Silikon muss auch Silikonkleber verwendet werden. Im medizintechnischen Anwendungsgebiet ist, im Gegensatz zu anderen Klebern, die Auswahl sehr begrenzt. Silikonkleber härten unter Freisetzung von Essigsäure aus. Der Aushärteprozess dauert teilweise bis zu 24 Stunden und wird

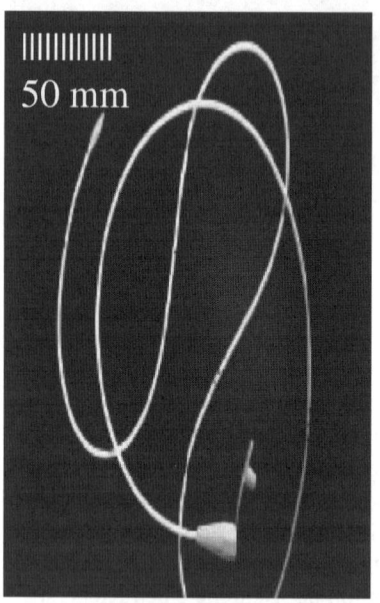

Abb. 34.32 Silikonernährungsonde, alle Klebverbindungen wurden mit Hilfe von Silikonkleber verklebt

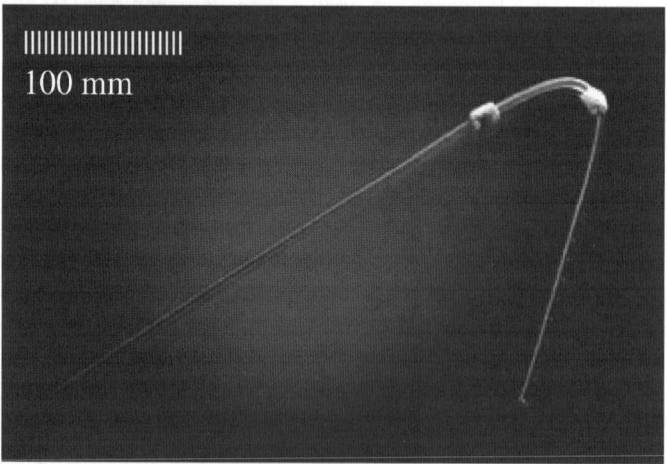

Abb. 34.33 Spezialkatheter aus Silikon für Dialyseanwendung sowie geklebte Cuffs aus Silikonschaum

daher nur bei manuellen Fertigungen eingesetzt. Die Kleberdosierung erfolgt mittels speziell auf die Viskosität abgestimmten Dosiergeräten.

Werden Silikonkomponenten in automatischer Fertigung verarbeitet geht man den Weg über mechanisch gesicherte Verbindungstechnik.

34.4.2 Tipforming/Flaring-Technologie

Speziell bei Kathetern muss jeweils das Ende, welches in den menschlichen Körper eingeführt wird, atraumatisch gestaltet werden. Das Einführen in den Körper und das Implantieren muss schmerzlos, mit möglichst wenig Kraft und ohne weitere Gefährdung des Patienten erfolgen. Zu diesem Zweck wird die Spitze des Katheterschlauches verformt, mit Radien versehen, der Durchmesser des Katheters verjüngt oder komplett geschlossen. Eine Vielzahl unterschiedlichster Katheterspritzen wird je nach Produkt ausgeführt. Zum Tragen kommt eine derartige Geometrien insbesondere bei zentralvenösen Kathetern, Infusionskathetern und auch bei Drainagekathetern.

Mit speziellen Maschinen und den ausführungsspezifischen Werkzeugen wird der Schlauch in einem Form gebenden Werkzeug erhitzt. Dabei wird das Polymer bis nahezu an den plastischen Bereich aufgeheizt und unter Aufwendung von Druck in die neue Form gepresst. Ein anschließender Kühlprozess in diesem Werkzeug fixiert die neue Form. Diese Technologie ist bei nahezu allen thermoplastischen Werkstoffen anzuwenden und kann über einen sehr großen Abmessungsbereich eingesetzt werden.

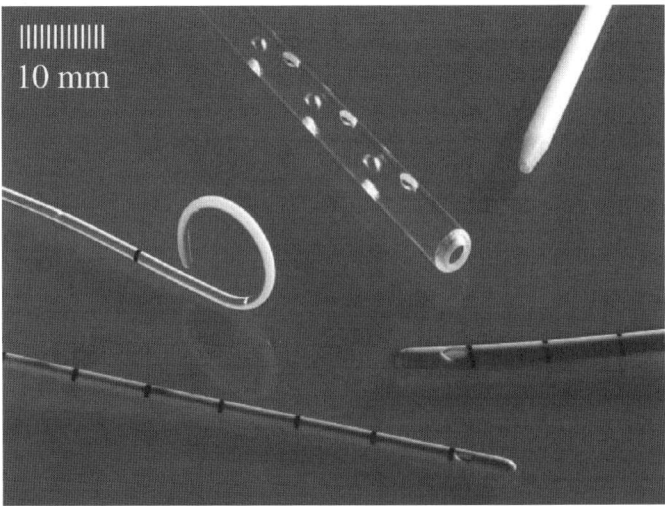

Abb. 34.34 Verschiedene Ausführungen zum Tipforming. Am Beispiel von unterschiedlichen Kathetersystemen werden die Spitzen verrundet, angespitzt oder verschlossen

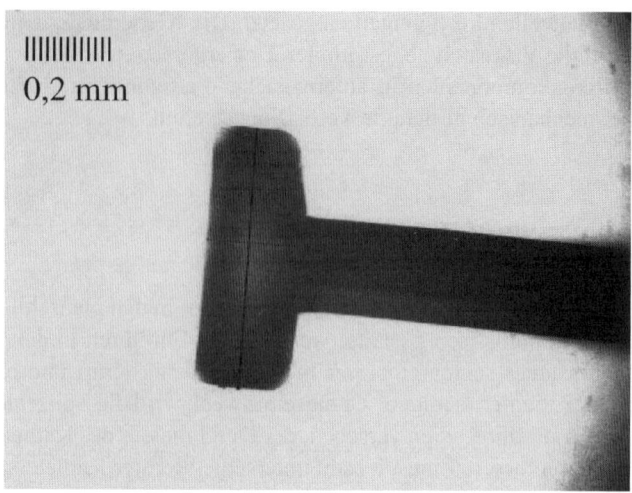

Abb. 34.35 Beispiel der Konfektionstechnik Flaring (Hammerflansch). Unter Flaring versteht man das Aufweiten und Verformen in einem Konfektionsschritt. Beispielhaft aufgezeigt an FEP-Kanülen mit einem Innendurchmesser von 0,31 mm und einem Außendurchmesser von 0,61 mm

Technisch auf der gleichen Basis erfolgt das Flaring (Aufweiten/Verformen) von Schlauchenden. Formgebender Faktor ist in diesem Fall ein spezieller Werkzeugkern auf den der Schlauch aufgesteckt wird und dann in einem spezifischen Werkzeug unter Aufwendung vom Wärme und Druck neu geformt wird.

Technisch anspruchsvoll ist das sehr schnelle Einbringen von Energie, d. h. Wärme. Je nach Polymer werden bis zu 260 °C notwendig, um das Material aufzuschmelzen. Dies erfolgt idealer weise induktiv. Damit lässt sich die Energie auf den tatsächlich relevanten Werkzeugbereich konzentrieren, was zeit- und energieeffizient ist. Gleichfalls anspruchsvoll ist die Umsetzung der Kühlung des Werkzeuges mittels Kühlwasser oder extrem gekühlter Luft. Heiz- und Kühlzeiten dürfen nur wenige Sekunden betragen.

34.4.3 Perforationen/Stanzungen

Eine Vielzahl von Medizinprodukten, speziell Katheter oder Drainagen, sind mit Stanzungen/Löchern versehen. In Abhängigkeit zu Material (Härte), Dimension und Ausführung werden verschiedene Technologien angewandt.

34.4.3.1 Mechanische Stanzwerkzeuge

Die überwiegende Mehrzahl von Stanzungen wird mit rein mechanischen Stanzwerkzeugen ausgeführt. Weiche, verformbare Schläuche werden in ein Stanzwerk-

34.4 Konfektion in der Medizintechnik

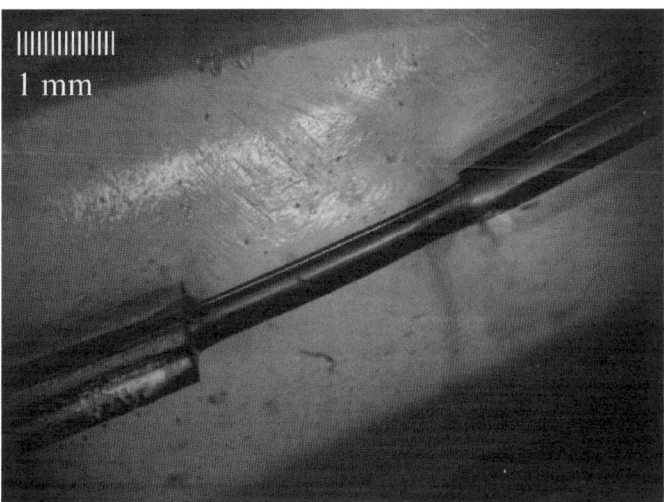

Abb. 34.36 Stanzungen eines Mikroschlauches mit einem Außendurchmesser von 0,85 mm. Die Stanzungen wurden mit Hilfe mechanischer Stanzwerkzeuge durchgeführt

zeug eingelegt, die Abstände und Durchmesser der Stanzstempel ergeben das jeweilige Stanzbild. Pneumatische oder hydraulisch werden die Stanzstempel bewegt und schneiden einen Ausschnitt aus dem Schlauch heraus. Bei harten Schläuchen oder Rohren treten anstelle der Stanzstempel Bohrstempel, die einzeln oder gesamt in zusätzliche Rotation versetzt werden und sich somit in das Material schneiden. Abb. 34.36 zeigt ein Beispiel einer mechanischen Stanzung eines Mikroschlauches mit einem Außendurchmesser von 0,85 mm.

34.4.3.2 Ultraschallschneiden

Bei kleineren Abmessungen und bei kleinen Lochdurchmessern bietet sich das Ultraschallschneiden (US-Schneiden) oder Ultraschall-Bohren (US-Bohren) an. Zur Umsetzung dieser Technik kommt eine US-Schweißpresse zum Einsatz. Die Aufgabe der Stanzstempel übernimmt eine speziell auf die Geometrie der Stanzung ausgelegte Sonotrode. Das Stanzbild wird von einer Werkzeugaufnahme für den Schlauch vorgegeben. Nachteile dieser Technik sind das Abführen der Stanzabfalles (kann sich an der gegenüberliegenden Seite anhaften) und der Leistungsfähigkeit bzw. den deutlich höheren Investitionskosten.

34.4.3.3 Laserschneiden

Bei nochmals kleineren Abmessungsbereich, speziell in der Mikro-Konfektion (Konfektion von Mikroschläuchen im Durchmesser-Bereich von < 1,0 mm

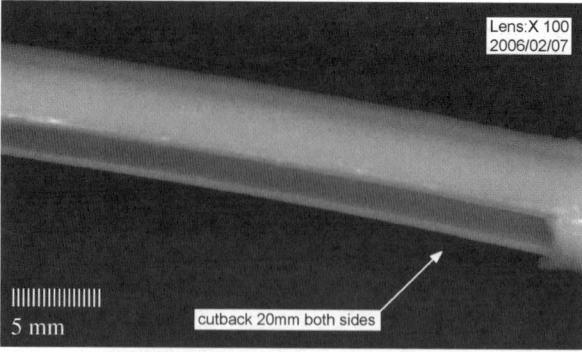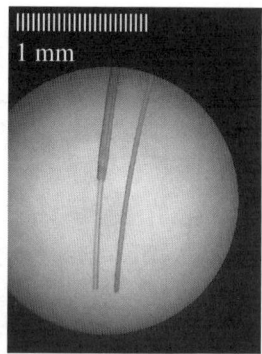

Abb. 34.37 Beispielhafte Darstellung von Stanzungen an einem 2-Lumen-Mikrokatheter mit 0,80 mm Durchmesser, zur Aufnahme einer Hohlfaser (unter Mikroskop), unter Beibehaltung der ursprünglichen mechanischen Festigkeit. Die rechte Abbildung zeigt konfektionierten Bereich unter dem Mikroskop

Durchmesser) bietet sich das Laserschneiden oder -Bohren an. Durch den Entfall spezifischer Stanzstempel und komplexer Teileaufnahmen lassen sich Stanzdurchmesser von wenigen 1/10 mm realisieren. Zudem wird der Schlauch im Verarbeitungsprozess mechanisch nicht belastet und deshalb auch nicht verformt. Bewährt haben sich in diesem Leistungsspektrum Yag-Laser.

34.4.4 Schweißen

In Abhängigkeit von der Materialauswahl und dem zu verschweißenden Produkten kommen verschiedene Schweißverfahren zur Anwendung:

34.4.4.1 Hochfrequenz-Schweißverfahren

Anwendbar bei polaren Werkstoffen wie PVC, Polyurethanen und verschiedenen Polyamiden, insbesondere beim Einschweißen von Schläuchen in Folien oder von Folien selbst.

34.4.4.2 Ultraschall- Schweißverfahren

Anwendbar bei nahezu allen Materialien, bei der Herstellung von Behältern, großflächigen Formteilen, anschweißen von weiteren Bauteilen etc. Im Prinzip das vielfältigst anwendbare Verfahren.

34.4 Konfektion in der Medizintechnik

34.4.4.3 Vibrationsschweißen

Wird bei großflächigen Behältnissen oder Containern mit extrem hohen Anforderungen an die Dichtheit eingesetzt. Die Schweißfläche muss eben sein, und die Konstruktion der Bauteile muss schwingungstechnische Anforderungen erfüllen um eine sichere Verschweißung zu gewährleisten.

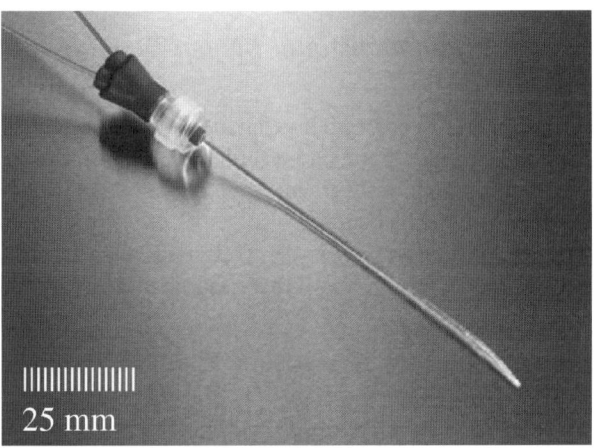

Abb. 34.38 3-teiliger Konnektor zur Verbindung eines 2-Lumen-Schlauches mit zwei Extension-Lines. Die Verschweißung erfolgt mit Hilfe Ultraschallverschweißung. Die Gestaltung des Schweißbereiches sichert in diesem Fall eine 100% Dichtheit und sichere Fixierung der Schläuche

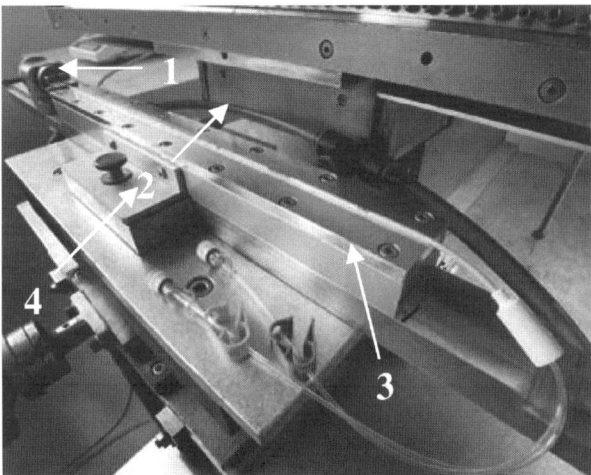

Abb. 34.39 Schweißanlage mit integriertem Druckprüfstand am Beispiel eines 2-Lumen-Katheters. 1 Schweißsonotrode. 2 Energieleitung. 3 Schweißaufnahme. 4 Druckprüfstadion

34.4.4.4 Rotations- Schweißverfahren

Dieses Verfahren kommt in seltenen Fällen zum Verschweißen von runden Teilen zum Einsatz. Durch Rotation einer Komponente wird der Schweißbereich erhitzt und aufgeschmolzen. Das plastifizierte Material wird dann unter Druck zusammengepresst.

34.4.5 Zwei- und drei-dimensional Biegen/Bending und Flaring

In komplexen, aus mehreren beweglich gelagerten Teilen bestehenden Produkten werden Längen ausgleichende Elemente erforderlich. Diese müssen 2- oder 3-dimensional gebogen oder verformt werden. Auch in Katheteranwendungen werden speziell konfigurierte Schläuche benötigt.

Um diese spezifische Verformung in der Fertigung umzusetzen, kommen zwei Verfahren zur Anwendung, das Thermoformverfahren und das HF-Biegeverfahren.

34.4.5.1 Thermoformverfahren

Spezielle, die gewünschte Kontur wiedergebende Formwerkzeuge stellen die Basis dar. Der Schlauch oder das Profil werden in diese Werkzeuge eingelegt. Die Energie, in diesem Fall Wärme, wird in einem Ofen/Wärmeschrank zugeführt um die Kontur dauerhaft zu fixieren. Der abschließende Kühlprozess beschleunigt diese Fixierung. Grundsätzlich lassen sich alle polymeren Werkstoffe nach diesem Verfahren um-/verformen, die Höhe der Temperatur ist der maßgebende Faktor.

34.4.5.2 HF-Biegeverfahren

Analog dem HF-Schweißen lassen sich nur polare Werkstoffe nach diesen Verfahren um-bzw. verformen. Die Formwerkzeuge sind grundsätzlich ähnlich aufgebaut, nur dass die Einbringung der Energie in diesem Fall besonderer Aufmerksamkeit bedarf. Die Richtungsgeber sind so nah als möglich an den zu verformenden Teil des Produktes zu platzieren um die Energie ausschließlich hier in das Produkt einwirken zu lassen. Der Vorteil dieses Verfahrens liegt in einer deutlich kürzeren Zykluszeit. Das technische Equipment ist in einem Fertigungsautomaten problemlos zu integrieren, die erreichte Produktqualität ist temperaturstabiler.

34.4 Konfektion in der Medizintechnik

Abb. 34.40 Beispiel eines HF-geformten Insulinkatheters mit angeformten Kopf (Flaring)

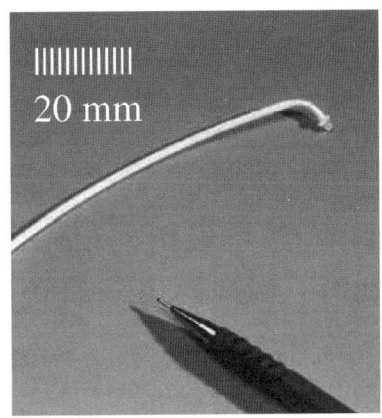

Abb. 34.41 Beispiel eines HF-geformten urologischen Katheters aus Polyurethan. Die gebogene Spitze dient zur Fixierung des Katheters in der Niere. Weitere Konfektionsschritte sind die Tamponbedruckung und die Stanzung der Öffnungen

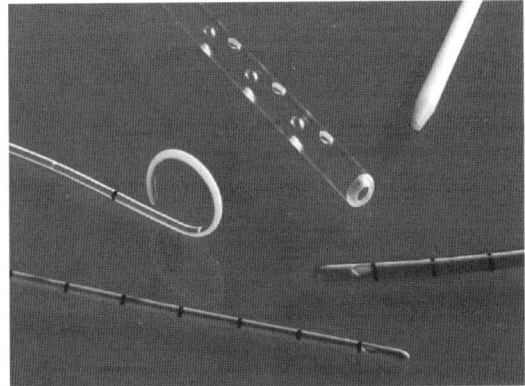

Abb. 34.42 HF-geformter 3-dimensionaler Polyurethan-Schlauch. Der 3-dimensionale Schlauch wird als Druck- und Längenausgleichselement in Inhalationssystemen eingesetzt

34.4.6 Bedrucken

Auch in der Medizintechnik werden unterschiedliche Bedruckungsverfahren zur Beschriftung oder Kennzeichnung von Produkten eingesetzt. Wichtig ist die exakte Auswahl des geeigneten Bedruckungsverfahrens im Hinblick auf die Produktspezifikationen.

34.4.6.1 Tampondruckverfahren-Outline

Das indirekte Tampondruck-Verfahren wird auch am häufigsten für die Beschriftung oder Kennzeichnung von Medizinprodukten verwendet. Der Druck wird von einem Druckklischee, in welches der Drucktext eingeätzt ist, von einem weichen Silikontampon übernommen und auf das zu bedruckende Teil übertragen. Eine kurze Trocknungszeit mittels Wärme/Luft beschließt den Druckvorgang. Spezifische Druckklischees und Druckaufnahme sind erforderlich. Durch drehen der Druckaufnahmen ist rundum Bedruckung möglich. Der Druck ist geringfügig erhaben.

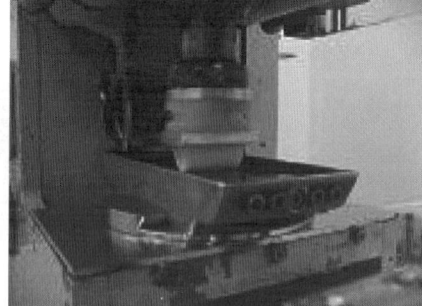

Abb. 34.43 (links) und Abb. 34.44 (rechts) Tampondruckanlage mit Teileaufnahme, Farbreservoir mit integriertem Druckklischee und Tampon mit vorlaufender Rakel

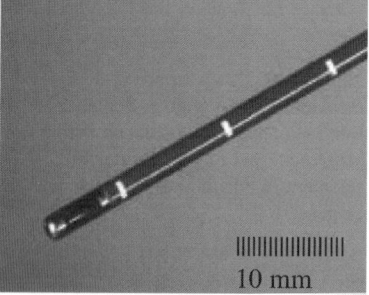

Abb. 34.45 Beispiel einer mittels Tampondruckverfahren aufgebrachte Bedruckung auf Polyurethan Katheterschläuchen

34.4 Konfektion in der Medizintechnik 829

34.4.6.2 Ink-Jet Druckverfahren-Inline und Outline

Das modernste und vielfältigst einsetzbare Verfahren, mit dem nahezu jedes Druckbild zu realisieren ist. Eine rechnergesteuerte Regeleinheit verarbeitet die Druckvorlage in einem Programm, welches die Vorlage dann mittels Tintenstrahldrucker auf das Produkt überträgt. Spezifische Druckwerkzeuge fallen in der Regel, je nach Ausrüstungsstand der Druckanlage nicht an. Die Entwicklung spezieller Drucktinten vergrößert ständig den Einsatzbereich der Bedruckung neuer und exotischer Materialien. Die Tinte dringt in das polymere Material ein, der Druck ist nicht erhaben.

34.4.6.3 Off-Set Druckverfahren-Inline

Dieses Verfahren verliert immer mehr an Bedeutung, da Druckbilder immer komplexer und die Qualitätsanforderungen immer höher werden. Grundsätzlich wird das erwünschte Druckbild auf eine Matrize eingeätzt und anschließend, beispielsweise über eine harte oder auch flexible Rolle auf das Produkt übertragen.

34.4.7 Assembly

Jedes Medizinprodukt, jeder Artikel besteht aus mehren Komponenten. Schläuche, Formteile, elektrische Kabel, Metallkanülen und vieles mehr werden zu einem Endprodukt montiert. Je höher die Bedarfsmengen, desto höher ist der Automatisierungsanteil einer derartigen Fertigung. Reine manuelle Produktionen beschränken sich auf Nischenprodukte in sehr geringen Stückzahlen. Bis hin zu einer vollautomatisierten Großmengenproduktion gibt es eine Vielzahl von Zwischenschritten.

Großmengenanlagen sind äußerst komplexe, größenmäßig raumfüllende, mit modernster Elektronik zur Steuerung und Überwachung der Einzelarbeitsprozesse ausgestattete Automaten in welchen alle oben beschriebenen Herstellungstechniken vereint werden.

Die technische Basis ist ähnlich wie in anderen Bereichen z.B. Automobil. Grundsätzlich haben sich 2 Arten durchgesetzt, Rundtischautomaten und Linearmontageautomaten. Bei sehr umfangreichem Zusammenbau erfolgt auch eine Verknüpfung der beiden Techniken.

Die Steuerung, d.h. der konstant Ablauf von Einzeltakten in zeitlicher Abfolge, erfolgt idealer weise (zwangsgesteuert) mittels Kurvenscheiben, welche die Einzelarbeitsstationen steuern. Speziell in der Medizintechnik werden kleine und kleinste Komponenten verarbeitet (extrem kleiner Schlauch mit Durchmessern von < 1 mm, Stahlkanülen mit Durchmessern von < 0,3 mm). Dem entsprechen Form- und Verbindungsteile in gleicher Größenordnung, was den Schwierigkeitsgrad einer derartigen Anlage ganz deutlich erhöht. Ebenfalls integriert werden Kontroll- und Überwachungssysteme, welche Maße und Toleranzen erfassen, Funktionsprüfun-

Abb. 34.46 (links) und **Abb. 34.47** (rechts) Vollautomatische Rundtischanlage zum Aufweitung und 3 dimensionalen Biegen eines PUR-Schlauches. Die Kapazität der Montageanlage beträgt 5 Millionen Stück pro Jahr. Die Anlage ist in einer 4-läufigen Ausführung aufgebaut. Ein integriertes Kamerakontrollsystem zur Überwachung der Funktionsmaße kontrolliert jedes Teil. Linke und rechte Abbildung zeigen unterschiedliche Ansichten

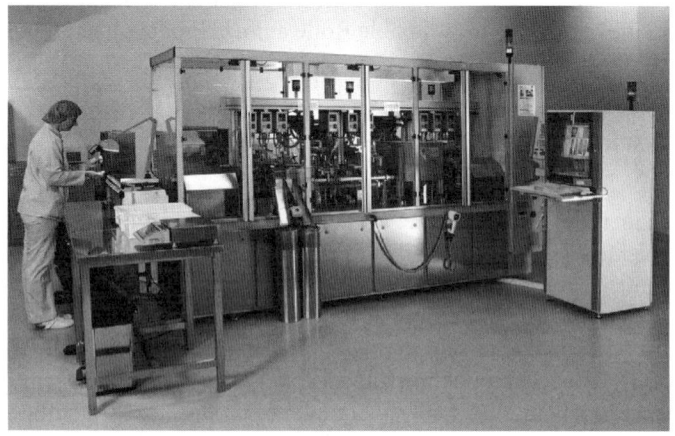

Abb. 34.48 Vollautomatischer Linear-Montageautomat zur Montage von 4 Einzelteilen. Ein integriertes Kamera-Überwachungssystem kontrolliert Funktionsmaße. Mit Hilfe vollautomatisierter Montageautomaten können mehrere Millionen Stück Baugruppen pro Jahr montiert werden

gen (z. B. Dichtheit, Durchfluss) durchführen und die Ergebnisse zuordenbar und nachvollziehbar dokumentieren. Gerade hier sind der technischen Phantasie und Innovation keine Grenzen gesetzt.

34.5 Polymere Materialien in der Medizintechnik

Das Spektrum der polymeren Materialien in der Medizintechnik ist breiter aufgebaut als in anderen Branchen. Unterschiede liegen in sehr speziellen Anforderungen

34.5 Polymere Materialien in der Medizintechnik

an Materialien aufgrund spezifischer Produkteigenschaften. Die geringeren Mengenbedarfe von polymeren Materialien in der Medizintechnik fordert immer stärker die Flexibilität der Rohstofflieferanten und Compound-Hersteller. An dieser Stelle soll aufgrund des sehr großen Materialspektrums nur auf ausgewählte Spezialitäten eingegangen werden.

34.5.1 Antimikrobielle polymere Materialien und Oberflächen

In der Medizintechnik fällt der Entwicklung neuer Materialien mit verbessertem Eigenschaftsprofil, aufgrund der immer spezifischeren Anforderungsprofile, eine immer wichtiger werdende Bedeutung zu. Anlog zu neuartigen Verarbeitungstechnologien spielen hauptsächlich zusätzliche Funktionen der Werkstoffe eine übergeordnete Rolle. Infektionen die im Krankenhaus bzw. im Rahmen einer medizinischen Behandlung erworben werden (sog. nosokomiale Infektionen), stellen eine ernst zu nehmende Belastung für den Patienten sowie die Gesundheitssysteme dar. Prävalenzstudien zeigen ein Auftreten von nosokomialen Infektionen bei 4–9% aller vollstationär behandelten Patienten [8]. Dabei gibt es Unterschiede nach Region, Fachabteilung und Behandlungsmaßnahmen bzw. Fachrichtung. So ist beispielsweise das Infektionsrisiko bei der Behandlung mit urologischen oder zentralvenösen Kathetern signifikant erhöht. Allein für die Vereinigten Staaten wird im Zusammenhang mit dem Einsatz von zentralvenösen Kathetern eine Zahl von 250.000 Infektionen angegeben. Dabei fallen geschätzte Kosten von ca. 25.000$ pro Fall an [9]. Neben den Empfehlungen zur Behandlung und Hygiene können besonders antimikrobiell ausgelegte Medizinprodukte einen wichtigen Beitrag zur Infektionsprävention liefern. Entscheidend für die Entstehung einer nosokomialen Infektion im Zusammenhang mit dem Einsatz von Medizinprodukten ist die Kolonisation deren Oberfläche mit Biofilm bildenden Bakterien und Pilzen [10]. Biofilme sind „Zusammenschlüsse" von Mikroben, die eingebettet von einer zähflüssigen Matrix, Oberflächen überziehen. Biofilme bestehen bildlich ausgedrückt aus einer dünnen Schleimschicht, in der Mikroorganismen wie z. B. Bakterien eingebettet sind. Biofilme entstehen immer dann, wenn sich Mikroorganismen, überwiegend in wässrigen Medien, an Grenzflächen ansiedeln. Im Biofilm verändern Mikroorganismen wesentlich ihre Eigenschaften und sind gegen Antibiotika Angriffe erheblich besser geschützt. Durch ein Ablösen der Biofilme können dann die Mikroben ihre pathogene Wirkung im Körper voll entfalten und zu schwerwiegenden Infektionen führen. Es gilt daher, die Ansiedlung von Mikroben an Oberflächen generell zu unterbinden, um damit die Ausbildung von Biofilmen zu verhindern. Das Problem der Biofilmbildung betrifft dabei neben medizintechnischen und analytischen Geräten, vor allem im Körper eingesetzte Produkte, angefangen von Drainageschläuchen über Katheter bis hin zu Herzschrittmachern. Naheliegend ist daher die Maßnahme Medizinprodukte mit antimikrobiellen Eigenschaften auszustatten. Entweder indem man den Materialien Antibiotika beimischt oder keimreduzierende Beschichtungen vornimmt. Die fortschreitende Resistenzbildung gegen Antibiotika und das vermehrte Auftreten multiresistenter Keime hat den Einsatz von Silberverbindungen wieder verstärkt in den medizinischen Blickpunkt gerückt. Die antimikrobielle Wirkung von Silber ist seit Jahrhunderten bekannt. So wurde im Mittelalter Trinkwasser durch Zugabe von Silbermünzen längerfristig trinkbar gemacht. Silber zeichnet sich durch ein sehr breites Wirkungsspektrum aus und wirkt auf zahlreiche bakterielle Keime und Hefen. Resistenzbildungen konnten bisher nicht beobacht werden. Die antimikrobielle Wirksamkeit von Silber beruht auf der Interaktion der freigesetzten Silberionen mit spezifischen Angriffsstrukturen der Keime. Dabei kommt es zur Blockade der enzymatischen Atmungskette, Zerstörung der Zellmembran oder Behinderung der Mitose dieser Organismen. Durch die verschiedenen Angriffspunkte der Silberionen kann somit eine Resistenzbildung der Keime ausgeschlossen werden.

Substanzen mit antimikrobieller Wirkungsweise sind Ionen bestimmter Metalle wie Silber, Gold oder Kupfer. Silber besitzt im Vergleich zu anderen Wirksubstanzen die höchste oligodynamische Wirksamkeit [11], d. h. bereits geringste Mengen führen zu einer Wirkung. Silber ist die in der Literatur am weitest verbreitete Substanz auf dem Gebiet antimikrobieller Materialien und wird am häufigsten in Produkten eingesetzt. Lieferformen kommerziell verfügbarer Silberadditive sind reine Silberverbindungen wie Silberoxid oder Silbersulfat. Ebenso wird in Trägermaterialien wie Zeolith eingebettetes Silber sowie Nanosilber käuflich angeboten. Antimikrobiell wirksame Additive werden nur selten in reiner Form verwendet, sondern liegen in der Regel eingebettet in einer Trägermatrix vor. Neben der homogenen Einbettung der Additive hat die Matrix die Aufgabe, die Abgabe der Wirksubstanz zu steuern.

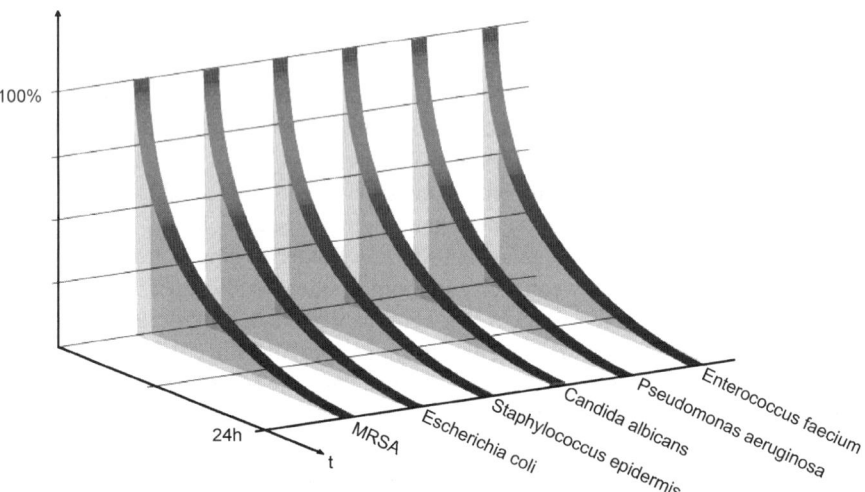

Abb. 34.49 Darstellung des Keimwachstums innerhalb der ersten 24 Stunden von silberhaltigen polymeren Materialien am Beispiel von Polyurethan. Getestet wurden die relevanten Keime MRSA, Escherichia coli, Staphylococcus epidermis, Candida albicans, Pseudomonas aeruginose, Enterococcus faecium in Anlehnung an die Prüfnorm JIS Z2801. Das Diagramm zeigt beispielhaft die Hemmung des Keimwachstums, entsprechend einer 99,9%igen Keimabtötung, für ein antimikrobiell ausgestattetes Polyurethan

Als Matrix für die Einbettung antimikrobieller Wirksubstanzen in geringen Konzentrationen bieten sich Polymere an. Die ständige Weiterentwicklung der Polymertechnologie hat dazu geführt, dass heute ein Großteil der in der Medizin verwendeten Geräte und Instrumentarien aus Kunststoff besteht. Für viele Aufgabengebiete stehen verschiedene Polymere mit maßgeschneiderten Eigenschaften zur Verfügung. Vorteilhaft ist die einfache und leicht an den Verwendungszweck anpassbare Formgebung, z. B. mittels Extrusion oder Spritzgießen. Somit ist die Herstellung multifunktionaler Bauteile, beispielsweise durch Mehrkomponenten-Spritzgießen möglich. Typische Anwendungen sind Infusionsschläuche, Infusionsbeutel, Herzklappen, Katheter, Ernährungssonden oder künstliche Hüftgelenke, um nur einige Beispiele zu nennen.

Obwohl der antibakterielle Effekt von Silber bereits seit über 7000 Jahren bekannt ist, wurden gerade im Laufe der letzten Jahre neue, wichtige Erkenntnisse hinzugewonnen [12]. So ist der Einfluss der Kristallinität der Polymermatrix auf die Wirkstofffreisetzung des Silbers bei antimikrobiellen Polymeren entscheidend. Dennoch gibt es viele Faktoren, die bisher noch nicht einwandfrei geklärt werden konnten. Durch Einschränkungen und Ausnahmefälle vieler auf diesem Gebiet gemachten Studien ergeben sich sehr widersprüchliche und keinesfalls vergleichbare Ergebnisse, wodurch eine Verallgemeinerung und damit Grundaussage nicht getroffen werden kann [13]. Aktuelle Forschungen konzentrieren sich auf eine vertiefende Untersuchungen für die Anwendung auf innovativen Medizinprodukten.

34.5.2 Dehäsive Materialien und Oberflächen

Bei Medizinprodukten spielt die Oberfläche grundsätzlich eine übergeordnete Rolle. Wie bereits oben beschrieben, soll grundsätzlich die Anlagerung von Keimen und Bakterien auf den polymeren Oberflächen ausgeschlossen werden. Auch hier setzt die Material- und Beschichtungstechnologie gerade für die Medizintechnik innovative Ansatzpunkte. Sowohl über die gezielte Materialrezeptierung von polymeren Materialien als auch über gezielte nachträgliche Oberflächenbeschichtungen ist die Minimierung von Fremdanlagerungen jeglicher Art erreichbar. Abb. 34.50 zeigt beispielhaft einen beschichteten Schlauch für die Medizintechnik. Durch gezielte Veränderung der Oberflächenspannung von polymeren Oberflächen kann auch die Adsorption und Adhäsion von unerwünschten Fremdpartikeln wie z. B. auch Bakterien und Keimen gezielt beeinflusst werden. Insbesondere sehr adhäsive polymere Materialien wie Silikon, PVC, Polyurethan, sowie weiche Polyamide, zeigen die Notwendigkeit einer gezielten Oberflächenbehandlung.

Um die polymeren Oberflächen auch quantitativ zu bewerten bietet sich eine Messung der Haft- und Gleitreibung an. In Abb. 34.51 aufgezeigt sind zusammengefasst beispielhafte mögliche Werte für die Haftreibung bei Anwendung unterschiedlicher Beschichtungsverfahren auf Polymeroberflächen der Materialien Silikon, Polyurethan und PVC.

Abb. 34.50 Beispiel eines nach Extrusion funktionalisierten Schlauches mit minimierter Grenzflächenspannung. Die aufgebrachten Wassertropfen perlen leicht von der polymeren Oberfläche ab. Vorteil der Funktionalisierung liegt in einer grundsätzlich minimierten Oberflächenadhäsion

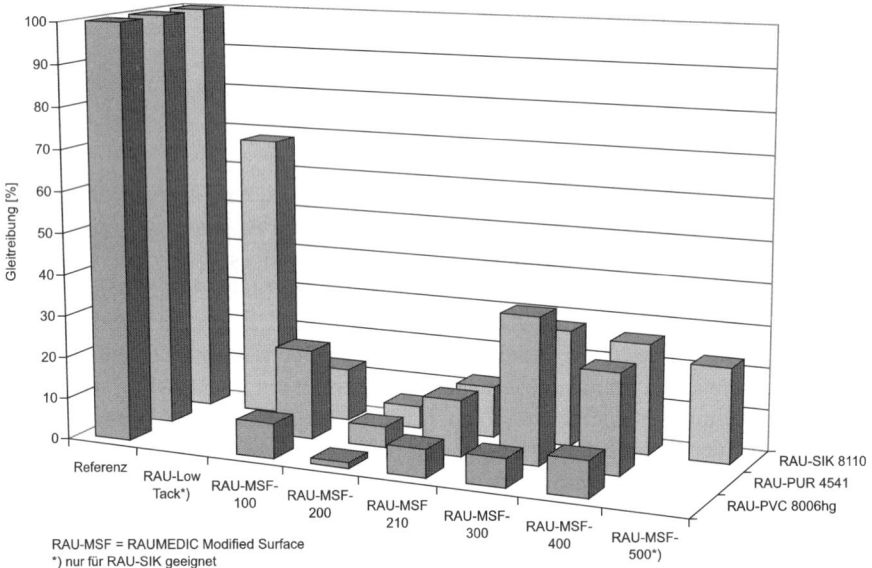

Abb. 34.51 Dreidimensionale Darstellung [14] der Gleitreibung in Prozent für die Polymere Silikon, Polyurethan und PVC für unterschiedliche nachträgliche Oberflächenbeschichtungen. Als Referenz und Ausgangswert mit 100% aufgetragen ist jeweils der unbehandelte Schlauch aus den Materialien RAU-PVC (Polyvinylchlorid), RAU-PUR (Polyurethan) und RAU-SIK (Silikon). Freie Felder sind nicht mögliche Anwendungen der Beschichtungstechnologie auf das jeweilige Material. Die Messungen wurden an Schlauchprobekörpern mit einer Zugprüfmaschine in Anlehnung an DIN EN ISO 8295 durchgeführt

34.5.3 PVC und Weichmacher

Der Werkstoff Polyvinylchlorid (PVC) ist mit ca. 30 Prozent mengenmäßig nach wie vor der am häufigsten eingesetzte polymeren Werkstoffe in der Medizintechnik. Der globale PVC-Verbrauch lag über alle Branchen verteilt im Jahr 2006 bei 33,6 Mio. Tonnen und ist seit 2003 jährlich um 6,3% gewachsen [15]. Die Gründe hierfür sind zahlreich. Primär sind die Materialeigenschaften in Verbindung mit seinem Preis-Leistungs-Verhältnis, das größte Argument für das PVC.

Am Beispiel von PVC-Folien soll das breite Leistungsspektrum kurz verdeutlicht werden. PVC wird in der Medizintechnik z. B. bei Blutbeuteln eingesetzt. Blutbeutel aus PVC zeichnen sich durch die gute Biokompatibilität und Flexibilität aus. Die Blutbeutel aus PVC sorgen weiterhin dafür, dass das Blut nicht gerinnt und über längere Zeiten lagerfähig bleibt. Weiterhin lassen sie sich aufgrund der gut einstellbaren Hitzestabilität sterilisieren und sind parallel beim Einfrieren sehr gut kälteelastisch. Die beim PVC sehr gute Konfektionierbarkeit, z. B. durch Verschweißen und Verkleben, gewährleistet bei Blutbeuteln die notwendige sehr gute Stabilität der konfektionierten Verbindungsstelle. Aus den aufgeführten Gründen ist das PVC in europäischen Vorschriften der einziger polymerer Werkstoff, der für Blutbeutel genormt ist.

Ein weiteres großes Anwendungsgebiet bilden Schläuche und Schlauchsysteme aus PVC, z. B. für die Bereiche Infusion und Transfusion. Besondere Eigenschaften bei Schläuchen sind die gute Knickstabilität, Transluzenz und Konfektionierbarkeit mit weiteren Formteilen und Baugruppen. Insbesondere die Knickstabilität ist eine wesentliche Anforderung im Anwendungsgebiet der Infusion, Transfusion und bei zahlreichen Katheteranwendungen.

Weitere Anwendungsgebiete sind Einmalhandschuhe, Blisterverpackungen für Tabletten, Sauerstoffzelte sowie Fußbodenbeläge in Krankenhäusern und Operationssälen.

Das breite Leistungsspektrum resultiert allerdings vor allem auf der sehr guten Einstellbarkeit des polymeren Werkstoffs auf seine späteren Gebrauchseigenschaften. Durch spezielle Zusatzstoffe, Additive und Weichmacher können die Eigenschaften individuell an das Produkt und dessen Anforderungen angepasst werden. Gerade Weichmacher spielen hier eine entscheidende Rolle. Überwiegend werden als Weichmacher Phthalate, oder aber Adipate, Citrate sowie Trimellitate eingesetzt.

Der in den letzten Jahren bekannteste und am besten erforschte Weichmacher ist das DEHP (Di-(2-ethylhexyl)-phthalat), auch vielfach unter dem Trivialnamen DOP bekannt. Die Strukturformel von DEHP ist in Abb. 34.1.46 abgebildet. Weiterhin abgebildet ist in Abb. 34.46 ein immer häufiger eingesetzter Weichmacher, das so genannte DINCH (Di-isononyl-cyclohexan-1,2-dicarboxylat).

Bei der Auswahl einer geeigneten PVC-Type und sämtlicher Inhaltsstoffe einer PVC-Rezeptur inklusive des geeigneten Weichmachers sind eine langjährige Erfahrung und ein umfassendes Material-Know-how erforderlich. Alleine für die Entscheidung eines geeigneten Weichmachers müssen eine Vielzahl von Anforderungen und Produktspezifikationen berücksichtigt werden.

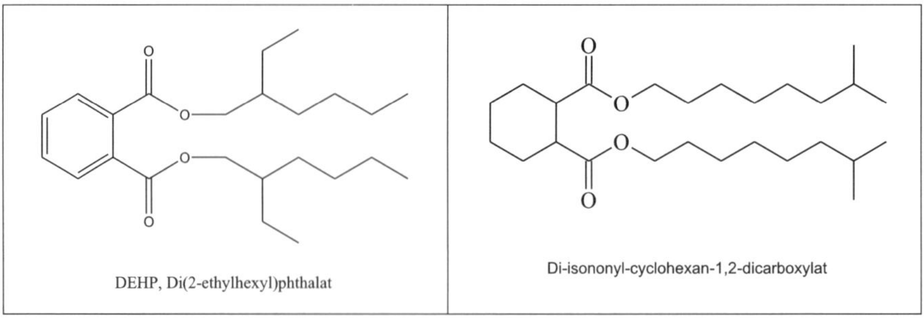

DEHP, Di(2-ethylhexyl)phthalat | Di-isononyl-cyclohexan-1,2-dicarboxylat

Abb. 34.52 Links: Strukturformel am Beispiel des in der Vergangenheit am häufigsten diskutierten Weichmachers DEHP (Di-(2-ethylhexyl)phthalat). Rechts: Strukturformel des immer häufiger eingesetzten Weichmachers DINCH (Di-isononyl-cyclohexan-1,2-dicarboxylat)

Eine Auswahl der wichtigsten Kriterien soll anschaulich den Umfang der Entscheidungsmatrix verdeutlichen:

- Toxizität
- Chemische Struktur
- Herstellungsverfahren, Abschätzung der Verunreinigungen über Ausgangsstoffe und Nebenreaktionen
- Chemische Eignung nach relevanten Normen
- DIN EN ISO 3826, Eu. Ph., und andere
- Blutkompatibilität
- Biokompatibilität
- Migration, Tropentest, Thermostabilität, Alterung, Oxidationsstabilität, Medikamentenverträglichkeit sowie Wechselwirkungen, u. s. w.
- Eignung für die Sterilisationsarten (Dampf 121°C, 20 min; Beta- und Gammastrahlen, trockene Hitze, ETO, ETO-Gasgemische, Plasmasterilisation)
- Gelierungsbedingungen, MFR, weichmachende Wirkung
- Produktionsbedingungen und Produktionsverfahren
- (Mischen, Granulieren, Extrudieren, Spritzgießen, Equipment)
- Wirtschaftlichkeit.

Neben den grundsätzlich aufgeführten Kriterien kommen dann auch weitere produktspezifische Aspekte hinzu. Alleine aus dieser Auflistung wird ersichtlich, dass die PVC- und Weichmacher Diskussionen alleine aus einer sehr eingeschränkten Sichtweise geführt werden. Eine umfassende und fachlich fundierte Diskussion ist zukünftig dringend notwendig.

Weiterhin gibt es aktuell zahlreiche PVC-Alternativen, die alle technischen Voraussetzungen zum PVC-Ersatz mitbringen, die aber aufgrund des teureren Preisgefüges aktuell nur in Spezialitäten eingesetzt werden. Eine zukünftige breitere Anwendung ist jedoch potenziell geeignet, die Preisdifferenz zu vermindern.

34.6 Literatur

1. Franck, A., Herstellung, Aufbau, Verarbeitung, Anwendung, Umweltverhalten und Eigenschaften der Thermoplast, Polymerlegierungen, Elastomere und Duroplaste, Kunststoff-Kompendium, Vogel Verlag, 6. Auflage, 2006
2. Michaeli, W., Extrudertechnik, In: *Umdruck zur Vorlesungsreihe Kunststoffverarbeitung II/III*, IKV, Aachen, 1998
3. Collin, H., Schläuche, die Heilung bringen, *Kunststoffe Sonderdruck* 88 (1998) 9
4. Menges, G.: Einführung in die Kunststoffverarbeitung, Carl Hanser Verlag, München 2006
5. Mink, W.: Grundzüge der Spritzgießtechnik, Zechner & Hüthig Verlag, Speyer 1971
6. Stitz, S., Keller W.: Spritzgießtechnik, Carl Hanser Verlag, München 2001
7. Johannaber F., Michaeli W.: Handbuch Spritzgießen, Carl Hanser Verlag, München 2002
8. Mielke M.: Das Problem der nosokomialen Infektionen und Antibiotikaresistenz aus mitteleuropäischer Sicht, Robert-Koch-Institut, www.rki.de (August 2007): S. 1
9. O`Grady NP, Alexander M., Dellinger E.P., et al.: Guidelines for the prevention of intravascular catheter-related infctions. http://pediatrics.aapublications.org/cgi/content/full/5/e51 (PEDIATRICS Vol. 110 No. 5 November 2002, pp. e51
10. Guggenbichler, J.P.: Fremdkörperassoziierte Infektionen. mt-Medizintechnik 124 (2004), Nr. 6, S. 2009
11. U. Landau, Die keimreduzierende Wirkung des Silbers in Hygiene, Medizin und Wasseraufbereitung, Isensee Verlag, 2006
12. http://www.chemtrails-info.de/kolloidales-silber/geschichte.htm, 22.06.2007
13. J. R. Johnson, M. A. Kuskowski, T. J. Wilt, Systematic Review: Antimicrobial urinary catheters to prevent catheter-asociated urinary tract infection in hospitalized patients, 144, 2 2006
14. RAUMEDIC-Flyer: Dehäsive Polymeroberflächen – Funktionale Oberflächen für Medizin- und Pharmaprodukte, 2007
15. J. Ertl, J. Liderer, O. Mieden, Polyvinylchlorid (PVC), Kunststoffe Oktober 2007, S. 48 ff.
16. Schöckert: „Kunststoff Lexikon"
17. Saechtling: „Kunststoff Taschenbuch"
18. Karsten: „Bauchemie"
19. Scholz/Hiese: „Baustoffkenntnis"
20. Böge: „Technikerhandbuch"
21. Schäffler/Bruy/Schelling: „Baustoffkunde"
22. Wesche: „Baustoffe für tragende Elemente"
23. www.Uni-Leipzig.de/.../KU%20%20APriester/Definition/Kunststoffe2.doc

35 Atmosphärisches Plasma in der Medizintechnik

T. Beer, A. Knospe, C. Buske

35.1 Einleitung

Bei der Fertigung komplexer Bauteile werden immer häufiger unterschiedlichste Materialien zur Erfüllung der Funktion kombiniert. Kunststoff, Metall, Glas oder Keramik müssen miteinander verbunden werden. Dies gilt für die unterschiedlichsten Industriebereiche; von der Halbleiter- / Elektronikindustrie [1, 2] über die Automobilindustrie [3, 4] bis hin zur Medizintechnik werden für Verklebungs- [5], Bedruckungs-, Lackier- [6] und Anspritzprozesse optimal vorbehandelte Oberflächen benötigt.

Aber gerade in der Medizintechnik sind dabei die Anforderungen an Sauberkeit und Sterilität eine besondere Herausforderung an die Fertigungsmethoden. In der Fertigung werden hier allerhöchste Standards verlangt, die über die Anforderungen der meisten anderen Fertigungsbereiche weit hinausgehen. Oberflächen müssen hier nicht nur rein sein, sondern höchsten Qualitätsanforderungen entsprechen. Eine wesentliche Rolle spielt die Keimfreiheit, da schädliche Wechselwirkungen mit Menschen verhindert werden müssen, die mit derartigen Produkten in Berührung kommen oder denen solche Produkte implantiert werden. Darüber hinaus müssen die Materialien häufig biokompatibel sein. Besonders wichtig ist die Zuverlässigkeit: Die Verbindungen müssen mechanisch belastbar, dicht und alterungsbeständig sein. Aufdrucke müssen dauerhaft gut lesbar sein, um eine falsche Dosierung oder Verwendung zu vermeiden. Die atmosphärische Openair®-Plasmatechnologie ermöglicht hier neue und wirtschaftliche Fertigungskonzepte.

Um optimale Verbindungsprozesse zu gewährleisten, müssen Kunststoffe meist aktiviert und Metalle von organischen Kontaminationen befreit werden [7]. Die verschiedenen Vorbehandlungsmethoden, wie die Reinigung mit Lösungsmitteln, Fluorierung und Chlorierung von Kunststoffen, Korona- oder Niederdruckplasmaverfahren sowie mechanisches Aufrauen, sind jedoch zum Teil umweltbelastend, nicht in-line-fähig oder bieten nicht immer reproduzierbare Ergebnisse.

Als Alternative dazu kann das vielseitig verwendbare Atmosphärendruckplasmasystem basierend auf einem Düsenprinzip eingesetzt werden. Hiermit ist eine partielle oder vollflächige Behandlung der Bauteiloberflächen auch in-line möglich. Die Düsen können vollautomatisiert mittels Roboter komplizierte 3D-Strukturen abfahren, um so ganz gezielt die zu behandelnden Oberflächenbereiche zu aktivieren bzw. zu reinigen. Durch die hohe Intensität des Atmosphärendruckplasmas sind die Behandlungszeiten oft sehr viel kürzer als bei vergleichbaren Prozessen. Durch den geringen Material- und Energiebedarf dieses Plasmaverfahrens ist es besonders umwelt- und ressourcenschonend.

In den letzten Jahren haben sich vielfältige atmosphärische Plasmaanwendungen in der Medizintechnik eröffnet.

35.2 Das Openair®-Plasma

In der Medizin wird der Begriff Plasma üblicherweise mit Blutplasma in Verbindung gebracht. Dem hier vorgestellten Verfahren liegt allerdings ein physikalischer Effekt zugrunde, der im Folgenden näher beschieben wird.

Materie kann unterschiedliche Aggregatzustände annehmen, die durch Zuführung bzw. Abführung von Energie gewechselt werden können. Vereinfacht gesagt, kann ein fester Stoff durch Energieaufnahme in den flüssigen und dann in den gasförmigen Zustand überführt werden. Bei weiterer Energiezufuhr wird das Gas dann angeregt und teilweise ionisiert. Dieser Zustand wird in der Physik als Plasma bezeichnet (vierter Aggregatzustand).

Um ein Plasma aufrecht zu erhalten, muss kontinuierlich Energie zugeführt werden. Dies kann auf unterschiedliche Weise vonstatten gehen [8]. Im Falle des Openair®-Plasma wird hierfür ein Lichtbogen verwendet (Alternating-Current-Anregung). Dieses energiereiche Atmosphärendruckplasma kann dann zur Behand-

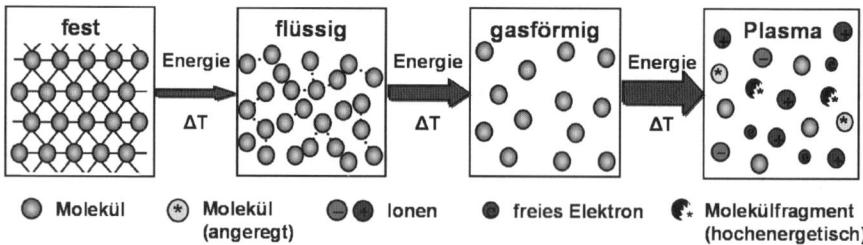

Abb. 35.1 Aggregatzustände der Materie: durch Energiezufuhr entsteht aus einem Feststoff eine Flüssigkeit bzw. ein Gas. Bei weiterer Energiezufuhr wird das Gas zum Teil angeregt, ionisiert und fragmentiert. Diesen Zustand bezeichnet man auch als Plasma (4. Aggregatzustand). (Quelle: Fraunhofer IFAM, Bremen)

lung von Oberflächen eingesetzt werden. Als besonderes Merkmal ist der aus der Düse austretende Plasmastrahl elektrisch neutral, wodurch sich die Anwendbarkeit stark erweitert (Vorbehandlung von elektronischen Bauteilen). Seine Intensität ist so hoch, dass Bearbeitungsgeschwindigkeiten von mehreren 100 m/min erreicht werden können. Die typischen Erwärmungen von Kunststoffoberflächen während der Behandlung betragen hierbei aber nur wenige Grad Celsius ($\Delta T < 30$ °C). Das atmosphärische Plasmasystem ist durch eine dreifache Wirkung gekennzeichnet: Es aktiviert die Oberfläche durch gezielte Oxidationsprozesse, entfernt gleichzeitig elektrostatische Aufladung und bewirkt eine mikrofeine Reinigung.

35.3 Anlagentechnik

Bei der atmosphärischen Openair®-Plasmatechnik wird die Plasmadüse bevorzugt mit Luft, ggf. auch mit einem anderen Prozessgas, sowie mit Hochspannung betrieben [9]. In der Plasmaquelle wird mittels Hochspannungsentladung (5–15 kV, 10–100 kHz) ein gepulster Lichtbogen erzeugt. Das Prozessgas, welches an dieser Entladungsstrecke vorbeiströmt, wird angeregt und in den Plasmazustand überführt. Dieses Plasma gelangt anschließend durch einen Düsenkopf auf die Oberfläche des zu behandelnden Materials. Der Düsenkopf ist elektrisch geerdet und hält so die potentialführende Teile des Plasmastromes weitgehend zurück. Es findet kaum Potentialübergang von der Düse zum Bauteil statt (Unterschied zur Corona).

Die Geometrie des austretenden Plasmastrahls wird durch die Form des Düsenkopfes bestimmt. Durch konstruktive Variationen kann der Strahl bis zu 40 mm lang werden und eine Behandlungsbreite von 15 mm erzielen. Die statische Plasmadüse wird je nach erforderlicher Behandlungsintensität im Abstand von 4–40 mm mit einer Geschwindigkeit von 5–400 m/min relativ zur Substratoberfläche bewegt. Die erzielbaren Oberflächeneffekte (Reinigung / Aktivierung) können auch durch die eingespeiste elektrische Leistung verändert werden. Zur Vorbehandlung größerer Flächen stehen neben den Einzeldüsen auch Rotationssysteme zur Verfügung. Sie beinhalten zum Teil mehrere Plasmaerzeuger, die mit hoher Drehzahl rotieren. Je nach Durchmesser der Düsenköpfe und Anordnung der Plasmadüsen nebeneinander können so in einem Durchlauf bis 2000 mm breite Materialien behandelt werden. Die Behandlungsgeschwindigkeit beträgt bei den rotierenden Düsen maximal 40 m/min.

Für den Laborbetrieb wurde zur Vorbehandlung von Oberflächen mit Atmosphärendruckplasma eine Anlage konzipiert, die computergesteuert Flachmaterialien mit Plasma beaufschlagen kann. Die Anlage besteht aus einem Hochspannungsgenerator, einem nachgeschalteten Transformator sowie einer Plasmadüse. Die Komponenten sind in einem Gehäuse mit integrierter Verfahreinheit verbaut, an das eine Absaugung angeschlossen werden kann. Das X/Y/Z-System ermöglicht das reproduzierbare Abrastern der Oberflächen mit definierten Parametern (Geschwindigkeit, Düse-Substratabstand, Spurabstand). Alle Eingaben erfolgen über den angeschlossenen Rechner, welcher auch zusätzlich zur Auswertung der Versuche bzw. zur Erstellung von Prozessfenstern verwendet werden kann.

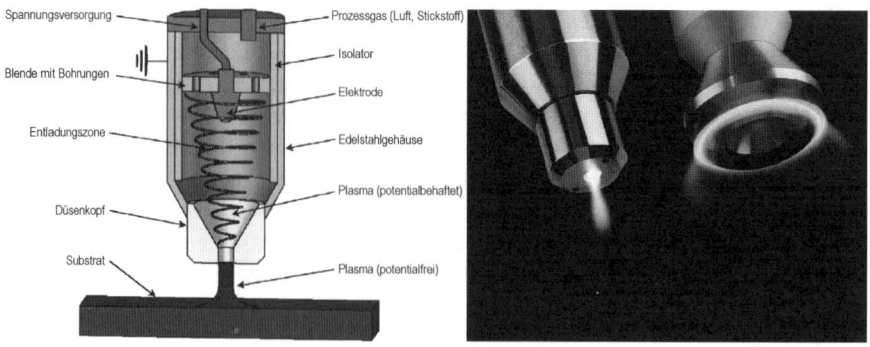

Abb. 35.2 Schematischer Aufbau eines Openair®-Plasmaerzeugers zur Reinigung und Aktivierung von Oberflächen. Im Innern der Düse wird ein Lichtbogen erzeugt, der das durchströmende Prozessgas anregt und ionisiert. Das aus dem Düsenkopf austretende potentialfreie Plasma kann dann zur Oberflächenbehandlung verwendet werden (links). Eine statische Plasmadüse konzentriert das Plasma auf einen sehr kleinen Bereich, so dass sehr intensive Behandlungen möglich sind. Dieser hohe Energieeintrag wird meist für Reinigungsanwendungen benötigt (mitte). Rotierende Plasmadüsen verteilen das Plasma auf einen breiteren Oberflächenbereich, so dass eine mildere Behandlung möglich ist. Diese werden vorwiegend für die Aktivierung von thermisch empfindlichen Kunststoffen eingesetzt (rechts)

35.4 Aktivierung und Reinigung mittels atmosphärischem Plasma

Die Wirkungsweise des atmosphärischen Plasmas beruht vereinfacht gesagt auf der oxidierenden Eigenschaft des Plasmas. Bei Kunststoffen und Metallen kommt es dabei zu unterschiedlichen Oberflächeneffekten. Das Resultat ist jedoch immer eine Erhöhung der Oberflächenspannung des vorbehandelten Materials.

Kunststoffe werden durch die Plasmabehandlung aktiviert. Dabei werden Sauerstoff- und Stickstoffgruppierungen in das Material eingebaut. Dies ist ein reiner Oberflächeneffekt. Das Bulkmaterial wird durch die Vorbehandlung in seinen Eigenschaften nicht beeinflusst. Möglich wird diese Wirkung durch die im Plasma vorhandenen energiereichen Spezies (Radikale, Atome, Molekülfragmente, elektronisch angeregte Teilchen), die ihre Energie an die Oberfläche des Substrates abgeben und dadurch chemische Reaktionen initiieren. Sauerstoff aber auch Stickstoff, beide Bestandteil des Prozessgases Luft, können so in die Oberfläche eingebaut werden [10]. Der Nachweis dieser Oberflächenmodifikation kann anhand von XPS-Analysen (X-ray Photoelectron Spectroscopy) verfolgt werden. Hier zeigen sich nach einer Plasmabehandlung zusätzliche Banden, die den unterschiedlichsten chemischen Gruppierungen zugeordnet werden können. Die entstandenen Hydroxyl-, Carbonyl-, Carboxyl-, und Etherfunktionen (aber auch Sauerstoffverbindungen des Stickstoffs) gehen mit Klebstoffen und Lacken teils sehr feste chemische Bindungen ein und tragen so zur Verbesserung der Haftung bei.

Metalle werden mit Plasma intensiv gereinigt. Dabei werden organische Kontaminationen wie Fette und Öle verdampft, aber auch teilweise zu Kohlendioxid

35.4 Aktivierung und Reinigung mittels atmosphärischem Plasma

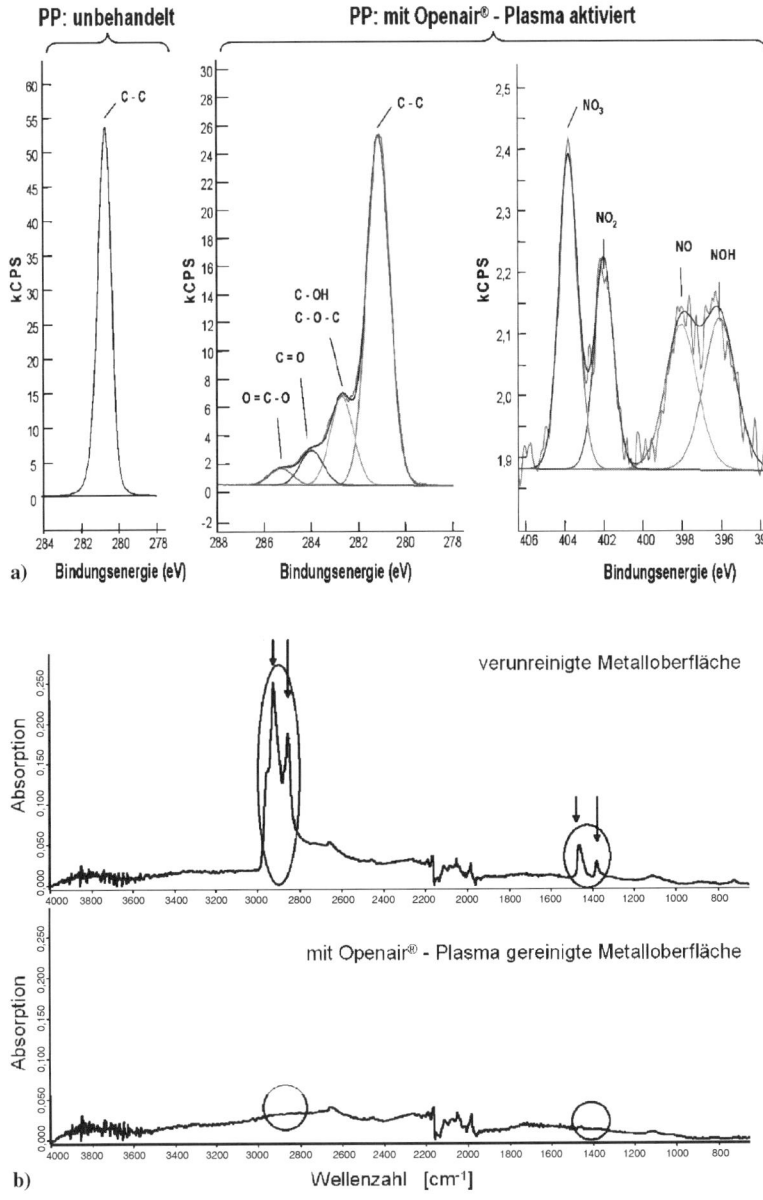

Abb. 35.3 a) Die XPS-Analyse eines unbehandelten Polypropylens (PP) zeigt ausschließlich eine für das Kohlenstoffgerüst charakteristische Bande (C-C-Bande). Durch eine Plasmabehandlung wird Sauerstoff beziehungsweise Stickstoff in die Kunststoffoberfläche eingebaut, was sich durch die zusätzlichen Banden nachweisen lässt. Anhand von Literaturwerten können die neu entstandenen Banden den einzelnen chemischen Gruppierungen eindeutig zugeordnet werden. (Quelle: Fraunhofer IFAM, Bremen). **b)** Die typischen Banden für eine organische Verunreinigung sind im IR-Spektrum bei etwa 3000 cm^{-1} zu erkennen. Durch die Reinigung einer Metalloberfläche mittels Openair®-Plasma werden alle organischen Verunreinigungen entfernt, so dass diese Banden im Spektrum nicht mehr auftreten

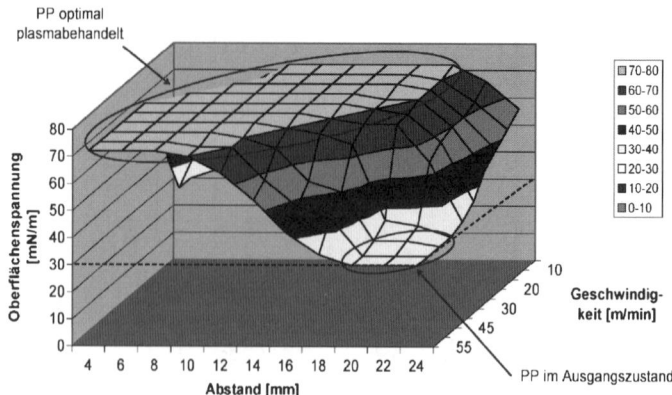

Abb. 35.4 Prozessfenster einer Plasmabehandlung von Polypropylen (PP). Die Aktivierung kann durch Veränderung des Abstandes und der Geschwindigkeit unterschiedlich stark ausfallen. Durch die graphische Darstellung lassen sich die optimalen Einstellungen sehr einfach ablesen

und Wasser umgesetzt. Dies führt häufig schon zu einer besseren Haftung. Je nach Intensität des Plasmas kann es auch zu einer Beeinflussung der Oxidstruktur des Metalls kommen. Die Reinigungswirkung kann mittels IR-Spektroskopie (Infrarotspektroskopie) verfolgt werden. Die meisten organischen Verunreinigungen weisen charakteristische Banden im Bereich von 2800 bis 3000 cm^{-1} auf (CH-Banden). Die Bandenlage und -höhe geben dabei Auskunft über die Art und Menge der auf der Oberfläche befindlichen Verunreinigung. Durch eine Plasmabehandlung können alle organischen Bestandteile vollständig entfernt worden, so dass im IR-Spektrum nur noch eine Nulllinie (Basislinie) zu erkennen ist.

Vergleicht man das Openair®-Plasmasystem mit herkömmlichen Verfahren, so ähnelt es auf den ersten Blick der Beflammung. Jedoch ist die thermische Belastung der Oberfläche sehr viel geringer und eine hohe Aktivierung in einem weit größeren Prozessfenster gegeben. Dies führt zu einer höheren Prozesssicherheit.

Im Gegensatz zur Korona-Vorbehandlung, der Sprühkorona und der Freistrahlkorona weist der in der Plasmaquelle erzeugte Strahl unter Verwendung geeigneter Düsenköpfe nur ein sehr kleines elektrisches Potential auf. Das Substrat wird deshalb kaum mit Spannung beaufschlagt, so dass auch elektronische Bauteile vorbehandelt werden können. Beim atmosphärischen Plasmasystem entsteht die Wirkung über einen homogenen Plasmastrahl, welcher eine gleichmäßige und hohe Aktivierung der Oberfläche erzielt. Die erreichte Oberflächenspannung ist häufig größer als 72 mN/m (Wasserbenetzbarkeit) und stellt für eine nachfolgende Verklebung oder Lackierung nahezu ideale Voraussetzungen dar. Die elektrische Leitfähigkeit der zu behandelnden Materialien ist dabei nicht von Bedeutung. Es können somit die verschiedensten Werkstoffe mit unterschiedlichsten Materialdicken und Geometrien behandelt werden.

Die Veränderung der Oberflächenspannung durch die Plasmabehandlung kann mittels Testtinten oder Kontaktwinkelmessung ermittelt werden. Die Intensität der

35.5 Schichtabscheidung mittels atmosphärischem Plasma

Abb. 35.5 Openair®-Plasmadüse mit seitlich angebrachtem Verdampfer und speziellem Düsenkopf. Durch die Zuführung eines Precursors direkt in das Plasma können die unterschiedlichsten Materialien (Metall, Glas, Kunststoff oder Keramik) beschichtet werden. Der Precursor wird im Plasma angeregt bzw. fragmentiert und scheidet sich auf dem Material ab, wo sich dann eine vernetzte Schicht ausbildet

Plasmabehandlung wird durch den Abstand zwischen Düse und Material und durch die Verfahrgeschwindigkeit bestimmt. Je größer der Abstand und je höher die Geschwindigkeit ist, desto weniger Effekt wird auf dem Material erzielt. Die Oberflächenspannung wird sich dann nur wenig verändern und somit auf einem relativ niedrigen Niveau bleiben. Durch eine Verringerung des Abstandes bzw. Reduzierung der Behandlungsgeschwindigkeit wird eine starke Erhöhung der Oberflächenspannung erreicht, die bei den meisten Materialien zur Wasserbenetzung führen kann (72 mN/m). Anhand der graphisch dargestellten Messergebnisse können die optimalen Behandlungsparameter für die jeweilige Anwendung ermittelt werden (Prozessfenster).

35.5 Schichtabscheidung mittels atmosphärischem Plasma

Neben der Reinigung und der Aktivierung kann das Atmosphärendruckplasma auch zur Beschichtung von Oberflächen eingesetzt werden [11]. Für diese sogenannte „Plasmapolymerisation" werden dem Plasma chemische Zusatzstoffe (Precursoren) beigemischt, die sich dann auf der Oberfläche abscheiden. Bei der zur Verfügung stehenden Anlagentechnik kommen meist flüssige Precursoren zum Einsatz, die zusammen mit einem Trägergas verdampft und direkt in das Plasma eingeleitet werden. Aber auch eine direkte Einspeisung gasförmiger Precursoren ist möglich. Durch die hochenergetische Anregung im Plasma werden die Moleküle des Precursors angeregt beziehungsweise fragmentiert und scheiden sich auf der Materialoberfläche ab. Dort vernetzen („polymerisieren") die einzelnen Molekülfragmente

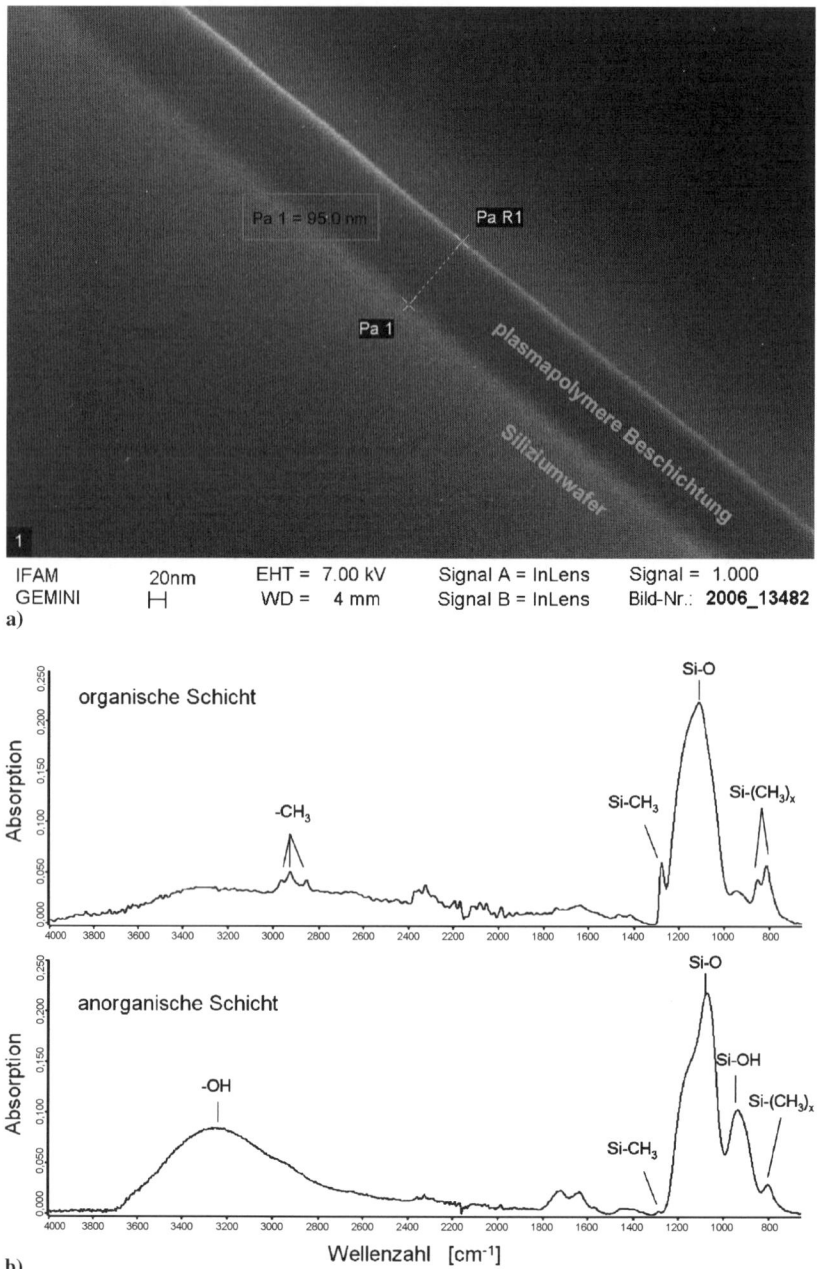

Abb. 35.6 a) REM-Aufnahme eines Probenquerschnittes durch eine etwa 100 nm dicke Beschichtung auf einem Siliziumwafer. Die mittels Atmosphärendruckplasma erzeugte Schicht hat sich sehr gleichmäßig auf dem Substratmaterial abgeschieden (Quelle: Fraunhofer IFAM, Bremen). **b)** Typische IR-Spektren von organischen und anorganischen Beschichtungen. Die beiden Schichttypen können deutlich anhand der einzelnen Banden unterschieden werden

zu einer geschlossenen Schicht und bilden so untereinander und mit der Substratoberfläche einen festen Verbund. In Ausnahmefällen hat die Schicht direkt nach dem Beschichtungsvorgang noch nicht vollständig ausreagiert. Eine Nachvernetzung erfolgt jedoch schon durch Lagerung bei Raumtemperatur.

Standardmäßig werden siliziumorganische Verbindungen, wie zum Beispiel HMDSO (Hexamethyldisiloxan) oder TEOS (Tetraethoxysilan), in das atmosphärische Plasma eingespeist. Mit diesen Precursoren liegen die meisten Erfahrungen vor. Die Plasmapolymerisation ist aber nicht ausschließlich auf diese Substanzen festgelegt.

Für die Schichtabscheidung sind neben der Art des Precursors noch diverse Einflussgrößen, wie zum Beispiel die Precursormenge, der Einspeiseort des Precursors, das Prozessgas und die Düsenkopfgeometrie, ausschlaggebend. Die erzielte Schichtcharakteristik wird aber auch entscheidend von der in das Plasma eingekoppelten Leistung beeinflusst. So wird bei niedriger Plasmaintensität ein relativ hoher organischer Anteil (CH_x-Gruppen) in die Schicht mit eingebaut. Dies kann anhand von IR-Untersuchungen nachgewiesen werden. Die so erzeugten Schichten besitzen meist einen hydrophoben Charakter. Um die Schicht anorganischer zu machen, kann entweder die Plasmaintensität während des Beschichtungsvorganges erhöht werden, oder aber die Schicht wird nach dem Abscheiden ein weiteres Mal mit dem Plasma behandelt. Durch diesen zusätzlichen Energieeintrag wird der Kohlenstoff in der Schicht oxidiert und die Beschichtung dadurch hydrophiler.

Des Weiteren sind als maßgebende Parameter der Abstand zwischen Düse und Substratmaterial sowie die Geschwindigkeit, mit der die Düse über die Oberfläche bewegt wird, zu nennen. Die Schichten können entweder in einem Durchgang oder sequenziell aufgebaut werden (Multilayer). Trotz des komplexen Zusammenspiels von unterschiedlichen physikalischen und chemischen Vorgängen während des Beschichtungsvorganges wird meist eine lineare Korrelation zwischen der Anzahl der abgeschiedenen Schichten und der Schichtdicke erhalten. Die so erzielbaren Schichtdicken liegen im Bereich von 10 nm bis ca. 1000 nm.

Mit dem Openair®-Plasma lassen sich die unterschiedlichsten Beschichtungen mit hydrophilen, hydrophoben, korrosionsinhibierenden oder hafvermittelnden Oberflächeneigenschaften herstellen. Für den jeweiligen Anwendungsfall können so die optimalen Einstellungen gewählt werden, um auf den unterschiedlichen Materialien (beispielsweise Metall, Kunststoff, Glas oder Keramik) die besten Resultate zu erzielen.

Die Qualität und die Schichtdicke können anhand von REM-Untersuchungen (Rasterelektronenmikroskop) beurteilt werden. Die REM-Aufnahmen von beschichteten Probenquerschnitten lassen einen homogenen und porenarmen Schichtaufbau erkennen. Auch EIS-Messungen (Elektrochemische Impedanzspektroskopie) belegen, dass die abgeschiedenen Schichten geschlossen sind und nur wenige Fehlstellen aufweisen [12]. Die zu schützenden Oberflächen werden so effektiv von zum Beispiel korrosiven Medien abgeschirmt. Eine Unterwanderung der Beschichtung wird aufgrund der sehr guten Hafteigenschaften der Beschichtung auf dem Grundwerkstoff wirkungsvoll vermindert. Mittels Salzsprühtests konnte nachgewiesen werden, dass die abgeschiedenen Schichten insbesondere auf Aluminium eine sehr gute Korrosionsschutzwirkung haben. Weitere Ergebnisse sind in [13, 14] zu finden.

35.6 Anwendungen des Openair®-Plasmas in der Medizintechnik

Allgemein ist eine Plasmabehandlung zur Verbesserung der Haftung in der Medizintechnik schon seit langem verbreitet. Vor der Einführung der Openair®-Plasmatechnologie konnte eine hochwertige Aktivierung der Oberflächen nur mittels Niederdruckplasma in einer Vakuumkammer durchgeführt werden. Vakuum bedeutet jedoch häufig langsame und kostenaufwändige Produktionsabläufe. Dagegen ist die Behandlungsdauer mit dem Atmosphärendruckplasma sehr kurz und das Verfahren kann in-line eingesetzt werden.

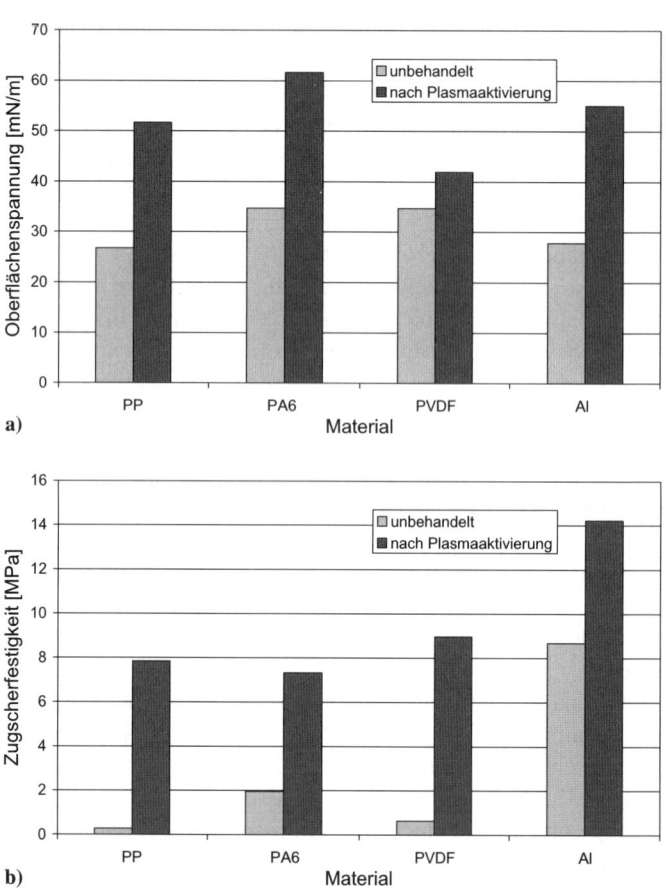

Abb. 35.7 a) Vergleich der Oberflächenspannung von unbehandelten und plasmabehandelten Materialien. **b)** Die Zugscherfestigkeit von Verklebungen ist bei plasmabehandelten Materialien deutlich höher als bei unbehandelten Proben. (Quelle: Fraunhofer IFAM, Bremen)

35.6.1 Kleben und Bedrucken

35.6.1.1 Aktivierung und Klebfestigkeit

Aus detaillierten Untersuchungen sind die positiven Eigenschaften einer Vorbehandlung mittels atmosphärischen Plasmas bekannt [15, 16]. Als Beispiel sei hier die Steigerung der Haftfestigkeit anhand von vier unterschiedlichen Materialien (PP, PA6, PVDF und Aluminium) gezeigt. Die Oberflächenspannung der Werkstoffe wurde im Ausgangszustand (unbehandelt) und nach der Plasmabehandlung mittels Kontaktwinkelmessung überprüft. Danach erfolgte die Verklebung der Kunststoffe durch einen 2-Komponenten Polyurethan-Klebstoff und die des Aluminiums mit einem 2-Komponenten Epoxid-System. Die Auswertung der Zugscherprüfungen zeigt einen deutlichen Zusammenhang zwischen der Oberflächenspannung und der Klebfestigkeit.

Bei den untersuchten Kunststoffen ist eine deutliche Erhöhung der Oberflächenspannung durch die Plasmabehandlung messbar, was durch den Einbau chemischer Funktionalitäten in die Materialoberflächen begründet ist. Dadurch wird nicht nur die Benetzbarkeit des Werkstoffes mit dem Klebstoff positiv beeinflusst, sondern vor allem die Anbindung des Klebstoffes an die Oberfläche erheblich verbessert. Die neuen chemischen Gruppierungen (Alkoxy-, Carbonyl-, Carboxyl-Gruppen etc.) ermöglichen es dem Klebstoff kovalente Bindungen mit der Oberfläche einzugehen und damit eine bessere Haftung zu erzielen. Die Referenzproben weisen im direkten Vergleich dazu geringere Oberflächenspannungen und Zugscherfestigkeiten auf. Auch beim Metall wird durch die atmosphärische Plasmabehandlung eine

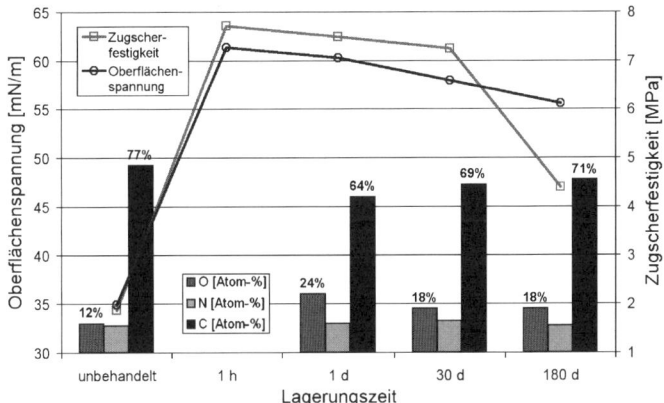

Abb. 35.8 Zeitabhängigkeit der Oberflächenspannung und Zugscherfestigkeit in Zusammenhang mit der chemischen Zusammensetzung (XPS-Analyse) eines plasmabehandelten Kunststoffmaterials (Polyamid). Im unbehandelten Zustand besitzt das Material eine geringe Oberflächenspannung und Klebfestigkeit. Durch eine Openair®-Plasmaaktivierung wird Sauerstoff (O) in den Kunststoff eingebaut, was die Oberflächenspannung und Klebfestigkeit stark erhöht. Dieser Behandlungseffekt hält über einen Zeitraum von mehreren Wochen an. (Quelle: Fraunhofer IFAM, Bremen)

Erhöhung der Oberflächenspannung gemessen, die auf die Reinigungswirkung des Plasmas zurückzuführen ist. Daraus resultiert auch hier eine signifikante Verbesserung der Klebstoffhaftung.

Die Qualität der Verklebung kann auch anhand einer Bruchbildanalyse bewertet werden. Weisen die unbehandelten Muster einen adhäsiven Bruch auf, so zeigen die plasmabehandelten Bauteile meist einen Kohäsions- oder Fügeteilbruch. Durch eine Aktivierung kann somit die maximal mögliche strukturelle Festigkeit einer Klebverbindung erreicht werden.

35.6.1.2 Langzeitbeständigkeit

Ein wichtiges Kriterium für die Qualität einer Vorbehandlungsmethode ist die Langzeitbeständigkeit der erreichten Aktivierung. Da Produktionsabläufe nicht immer in-line durchgeführt werden, sollten die aktivierten Bauteile eine möglichst lange Lagerfähigkeit besitzen, ohne dass die Oberflächenspannung nennenswert absinkt. Verantwortlich für ein Absinken der Oberflächenspannung können molekulare Umorientierungen von Polymerketten an der Kunststoffoberfläche sein. Als weitere Gründe kommen Diffusionsvorgänge von niedermolekularen Bestandteilen aus dem Bulkmaterial zur Oberfläche bzw. Adsorptionsvorgänge von Molekülen aus der Umgebungsluft in Frage, welche die aktiven Zentren absättigen.

Die Verklebung eines mit atmosphärischem Plasma aktivierten Polyamidmaterials erfolgte nach unterschiedlich langer Lagerungszeit. Die resultierende Klebfestigkeit wurde der gemessenen Oberflächenspannung gegenüber gestellt. Der Aktivierungseffekt nimmt wie erwartet im Laufe der Zeit ab, was mit einem Absinken der Zugscherfestigkeit einhergeht. Der zeitliche Trend der Oberflächenspannung und der Zugscherfestigkeit lässt sich in direkten Zusammenhang mit den an der Oberfläche vorhandenen chemischen Gruppierungen (charakterisiert durch die oberflächennahe Sauerstoffkonzentration) bringen. Mit dem atmosphärischen Plasma kann somit ein über viele Wochen stabiles und hohes Aktivierungsniveau erreicht werden.

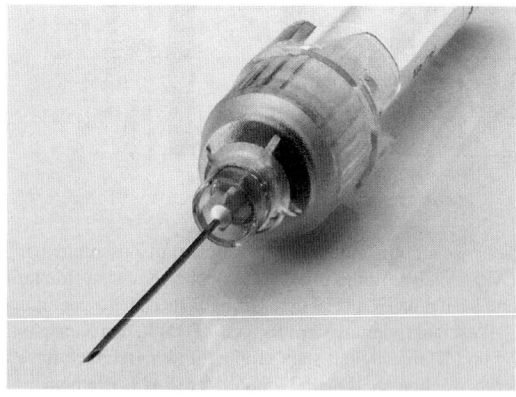

Abb. 35.9 Das Kunststoffteil eines Injektionsspritzenkörpers wird vor dem Einkleben der Edelstahlnadel mit atmosphärischem Plasma behandelt, um eine optimale Verklebung zu erreichen

35.6.1.3 Anwendungsbeispiele

Bei der Bedruckung ermöglicht die atmosphärische Plasmabehandlung von Polyolefinen einen einwandfreien, kratzfesten Druck. Die aufgedruckten Schriftzüge zeigen eine optimale Haftung und Langzeitbeständigkeit.

Ebenso ist bei der Verbindung eines Injektionsspritzenkörpers aus Polypropylen mit einer Edelstahlnadel die atmosphärische Plasmavorbehandlung des Kunststoffes vor dem Auftrag des Klebstoffes von entscheidender Bedeutung für den Haftungsverbund. Besondere Vorteile des Verfahrens sind der geringere Einfluss von haftungsrelevanten Verarbeitungsparametern sowie die Verbesserung der Verbindung von Standardwerkstoffen.

Das Vorbehandeln vor dem Verkleben und Anspritzen von Schläuchen und Kanülen ist eine weitere Applikation des Openair®-Plasmaverfahrens.

Auch die Verbundhaftung von TPU Membranen für Injektionsverschlüsse wird durch das Plasma stark erhöht. Während einer Herzoperation übernimmt die Herz-/Lungenmaschine kurzzeitig die Funktion dieser lebenswichtigen Organe. Die Sauerstoffanreicherung des Blutes erfolgt über Membranen, deren Qualität über Leben und Tod entscheidet. Der Einsatz der atmosphärischen Plasmatechnik ermöglicht seit mehreren Jahren deren sichere Herstellung und perfekte Einbettung.

35.6.2 2-Komponenten-Spritzguß

35.6.2.1 Vorbehandlung von Einlegeteilen im Spritzgussprozess

Der Mehrkomponenten-Spritzguss ist ein Fertigungsverfahren, welches die Kombination verschiedenster Materialien miteinander in einem System ermöglicht. Durch Hart-Weich-Verbunde können beispielsweise Gehäuseteile mit einer Dichtung versehen, dekorative Folien mit einem Trägermaterial hinterspritzt oder Hybridbauteile (Metall-Kunststoff-Verbunde) hergestellt werden. Das Ziel ist, so viele Einzelteile wie möglich in ein und demselben Zyklus zu verbinden. Damit die verschiedenen Materialien und Teile mit höchster Präzision aneinander haften, werden sie mittels Plasma vorbehandelt.

Anwendungen für eine Plasmabehandlung sind zum Beispiel 2K-Spritzgussverfahren sowie auch vor- und nachgeschaltete Prozessschritte. Durch die Vorbehandlung mittels atmosphärischen Plasmas wird nicht nur die Verbindung von ansonsten inkompatiblen Materialien ermöglicht, auch werden die Prozesssicherheit optimiert sowie hohe Ansprüche an die Qualitätsanforderung erfüllt. Es können stoffschlüssige Verbunde von bisher nur mäßig bzw. nicht haftenden Materialkombinationen erreicht werden. Dabei wird das erzielbare Haftungsniveau deutlich erhöht. Das Plasma übernimmt die Aufgabe, einzelne Komponenten der Bauteile in-line so zu reinigen und zu aktivieren, dass nicht nur ein sicherer Verbund gewährleistet wird, sondern auch die sonst erforderlichen zusätzlichen Montageschritte entfallen [17].

35.6.2.2 Hybridbauteile in der Medizin

Die Kombination aus Spritzguss- und Openair®-Plasmatechnologie wird heute genutzt, um komplizierte Fittings für den Einsatz an Oxygenatoren kostengünstig und prozesssicher zu fertigen. Hierbei handelt es sich um ein Bauteil, welches an den Oxygenator, einem wichtigen Bestandteil einer Herz-Lungen-Maschine, adaptiert wird. Innerhalb dieses Werkstückes befindet sich ein Metallinsert, welches während einer Operation ständig die Bluttemperatur misst. Zur Vermeidung einer externen Montage, wird das Metallinsert als Einlegeteil in das Werkzeug gebracht und mit Polycarbonat (PC) umspritzt. Die Verbindung zwischen Metall und PC muss perfekt sein, um eine absolute Dichtheit zu gewährleisten. Umfangreiche Tests haben ergeben, dass die Vorbehandlung mit Atmosphärendruckplasma hier das einzige mögliche Verfahren ist, mit dem diese Anforderung erfüllt werden kann. Der Einsatz haftungsmodifizierter Compounds oder einer zusätzlichen Haftvermittlerschicht wären nach den medizinischen Richtlinien nicht zulässig.

Abb. 35.10 a) Medizinischer Reinraum für höchste Produktionsanforderungen beim 2K-Spritzgießen (Quelle: Gira, Radevormwald). **b)** Plasmadüse beim Aktivieren eines medizinischen Bauteils (Quelle: Gira, Radevormwald)

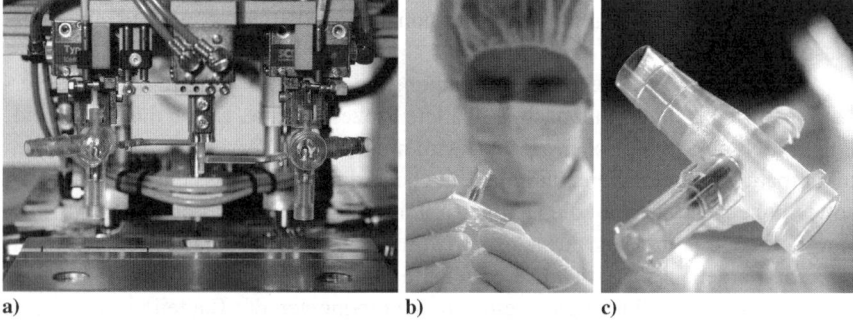

Abb. 35.11 a) Die fertigen Bauteile mit dem umspritzten Metallinsert werden paarweise der Kavität entnommen (Quelle: Gira, Radevormwald). **b)** Die Bauteile werden im Reinraum unter hohen Sicherheitsvorkehrungen geprüft (Quelle: Gira, Radevormwald). **c)** Fertiges 2K-Spritzgußteil (Quelle: Gira, Radevormwald)

35.6 Anwendungen des Openair®-Plasmas in der Medizintechnik

35.6.2.3 Fertigung in sauberer Atmosphäre

Die Herstellung dieses anspruchsvollen Produktes erfordert einen medizintechnischen Reinraum nach ISO-Klasse 7. Das gesamte Luftvolumen wird nicht nur 80 mal pro Stunde ausgetauscht, auch müssen zusätzliche Filter und Laminar-Flow-Module über dem Handling und Werkzeugbereich der von außen angebundenen Spritzgießmaschine eine gleichbleibende Luftqualität während der gesamten Fertigung garantieren. Daraus folgt das Bestreben, Anlagenkomponenten auf ein Minimum zu reduzieren. Diesem Wunsch entspricht, dass die Openair®-Plasmadüsen in-line in die Produktionslinie integriert werden können. Für die Fertigung des an den Oxygenator anzuschließenden Bauteils werden die Metallteile in einem Wendelförderer vereinzelt und mittels eines Handlingssystems von der Abholposition aufgenommen und in der Plasmabehandlungsstation abgelegt. Der Plasmastrahl aktiviert und reinigt die rotierenden Werkstücke vollflächig, bevor die Inserts mit dem Handling in das Werkzeug eingelegt und gleichzeitig die fertigen Bauteile aus der Kavität entnommen werden. Das Plasma wird hier als vollständige in-line Lösung zur Reinigung und Aktivierung der Oberfläche genutzt. Das Einlegeteil wird weder in seiner Oberflächenstruktur noch in den technologischen Eigenschaften verändert.

Das Atmosphärenplasma wirkt direkt auf die Werkstückoberfläche ein und sorgt für die Oxidation organischer Verschmutzungen. Dadurch erhöht sich die Oberflächenspannung auf über 72 mN/m, was im nachfolgenden Anspritzprozess für eine gute Benetzung der Kunststoffschmelze mit der Metalloberfläche sorgt. Durch die integrierte Prozessüberwachung wird eine sichere Durchführung dieses Prozessschrittes gewährleistet. Das Handlingsystem ermöglicht zudem eine einfache, individuelle Anpassung an die jeweilige Produktion und somit eine flexible Fertigung bei gleichzeitig höchster Produktionssicherheit.

Durch das beschriebene Plasmaverfahren ist es möglich geworden, diese hybriden Bauteile im Mehrkomponenten-Spritzgussverfahren zu fertigen. Die Firma Gira, Radevormwald, ist weltweit der erste Hersteller, der dieses Verfahren erfolgreich in der Produktion umgesetzt hat.

35.6.3 Desinfektion

Keimfreies Arbeiten ist in der Medizin höchster Standard auf den jeder Patient, insbesondere beim Arztbesuch und Krankenhausaufenthalt, vertraut. Medikamente und Instrumente müssen absolut keimfrei in höchster Qualität verpackt sein. Die Plasmatechnik allgemein leistet diesbezüglich einen wichtigen Beitrag. In der richtigen Intensität appliziert, werden Keime abgetötet, ohne dass dabei das Ausgangsmaterial verändert wird.

Unter Desinfektion wird allgemein die Reduktion der Anzahl lebensfähiger Mikroorganismen mit Hilfe physikalischer und chemischer Methoden verstanden. Ziel der Desinfektion ist das Unschädlichmachen bestimmter pathogener Mikroorganismen durch Eingriffe in deren Struktur oder Stoffwechsel. Die Desinfektion von Flächen, Räumen, Geräten, Instrumenten und Wäsche kann im medizinischen

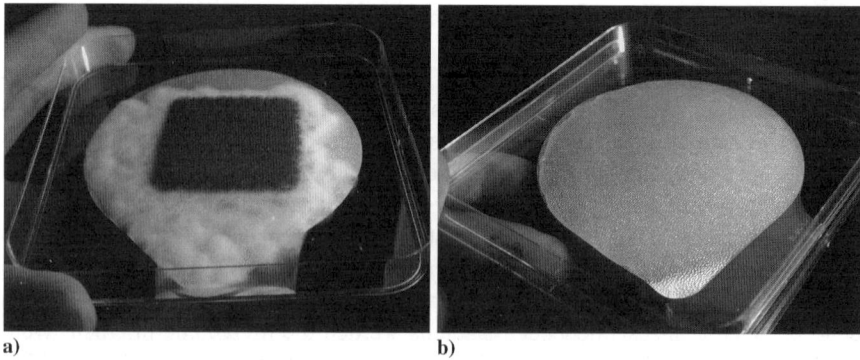

Abb. 35.12 a) Aluminiumfolien, wie sie als Deckelplatinen für z. B. Joghurtbecher verwendet werden, wurden mit Keimen (Aspergillus niger) besprüht. Ohne Behandlung ist ein deutliches Pilzwachstum zu erkennen. **b)** Durch eine Plasmabehandlung wurde die Oberfläche vollständig von Keimen befreit und es tritt keinerlei Pilzwachstum mehr auf (Quelle: Fraunhofer IVV, Freising)

Bereich oder in der Lebensmittelindustrie angewendet werden. Die vom Stand der Technik bekannten Desinfektionsmittel für Oberflächen sind häufig sehr aggressiv, so dass man sie nur unter besonderen Vorsichtsmaßnahmen, beispielsweise mit Schutzhandschuhen, verarbeiten darf. Das Einatmen der aus den Desinfektionsflüssigkeiten entstehenden konzentrierten Dämpfe kann zudem gesundheitliche Schäden verursachen. Auch ist die Dosierung dieser Mittel stark vom Anwender abhängig. Weitere Desinfektionsmethoden basieren auf der Anwendung von UV- oder radioaktiver Strahlung, haben aber den Nachteil geringer Effektivität oder bedeuten einen hohen technischen Aufwand.

Bei der Desinfektion mittels atmosphärischen Plasmas wird die zu behandelnde Oberfläche mit dem Plasma in Kontakt gebracht. Die desinfizierende Wirkung beruht auf der Energieübertragung vom Plasmastrahl auf die Oberfläche, wobei die vorhandenen Keime aufgrund der hohen Plasmareaktivität abgetötet werden.

Die Plasmaenergie kann auf verschiedene Weise Keime abtöten und Endotoxine von der Oberfläche abreinigen. Man unterscheidet grundsätzlich drei Möglichkeiten des Energieeintrags. Zum einen schlagen schnelle Teilchen in den Keim ein und führen zur Beschädigung der Membranen, Zellwände und der DNA. Des Weiteren reagieren Radikale mit den Zell- und Sporenwänden sowie mit den Membranen und der DNA. Drittens führt die UV-Strahlung zu Veränderungen der DNA und kann die Sporenwände angreifen. Schnelle Teilchen und Radikale haben beim atmosphärischen Openair®-Plasma die größte Bedeutung, UV-Strahlung wird nur in geringem Maße frei.

Die Unterschiedlichen Bereiche der Zelle reagieren dabei ganz individuell auf die eingetragene Plasmaenergie. Bei der Zellwand kommt es durch strukturelle Änderungen zu chemischen und physikalischen Löchern, d. h. die Morphologie der Zelle ändert sich. Ferner werden Sporenwände aufgerissen und das Cytoplasma tritt

35.6 Anwendungen des Openair®-Plasmas in der Medizintechnik

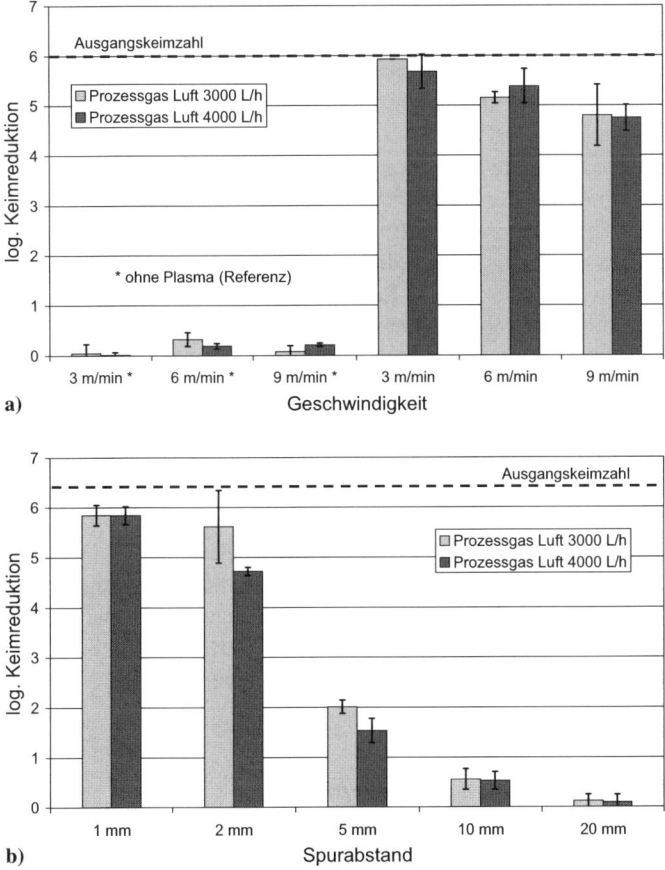

Abb. 35.13 Keimreduktion von B. atrophaeus DSM 2277 auf Metalloberflächen in Abhängigkeit von der Plasmaintensität. Die Intensität wurde anhand der Verfahrgeschwindigkeit (**a**) beziehungsweise des Abstandes der einzelnen Behandlungsspuren (**b**) variiert. Je intensiver das atmosphärische Plasma auf die Proben einwirkt (bei geringer Geschwindigkeit beziehungsweise geringem Spurabstand), desto höher ist die Keimreduktion. Bei den unbehandelten Proben (Referenzen) ist fast keine Veränderung der Keimzahl zu beobachten (Quelle: Fraunhofer IVV, Freising)

aus. Außerdem werden die Membranen durchlässig, wodurch die natürliche Barriere zwischen Zellmembran und Umgebung verloren geht. Bei der DNA können zweierlei Effekte auftreten. Indirekte Schäden entstehen hier durch Anregung von Chromophoren und Reaktion entstehender Hydroxylradikale oder Singulett-Sauerstoffmoleküle mit der DNA, was zur Oxidation führt. Direkte Schäden entstehen durch photochemische Reaktion der Basen des DNA-Stranges miteinander (zum Beispiel Dimerisierung zweier Thyminmoleküle).

In Zusammenarbeit mit dem Fraunhofer Institut für Verfahrenstechnik und Verpackung IVV in Freising wurde ein Verfahren zur Desinfektion von Oberflächen mit dem Openair®-Plasma entwickelt und zum Patent angemeldet [18]. Im Rahmen einer Forschungsarbeit wurde festgestellt, dass das Atmosphärendruckplasma erhebliche Konzentration von atomarem Sauerstoff enthält [19], welcher eine Reihe von Mikroorganismen auf Oberflächen wirksam bekämpfen kann. Die Desinfektionsversuche auf Metallen haben gezeigt, dass mit Atmosphärendruckplasma eine sehr effiziente Entfernung von Keimen möglich ist [20].

Für die Bestimmung der Entkeimungseigenschaften wurden spezielle Bioindikatoren eingesetzt (Endosporen von B. atrophaeus DSM 2277). Die bekeimten Teststreifen besaßen eine initiale Keimdichte von etwa 10^6 koloniebildende Einheiten pro Objekt und wurden direkt einer Behandlung mit dem Openair®-Plasma unterzogen. Dazu wurden die Proben mit der Plasmadüse sukzessive abgefahren, d. h. die Oberfläche wurde in nebeneinander liegenden Bahnen mit definiertem Spurabstand behandelt. Die Anzahl der überlebenden Keime wurde mit den klassischen Methoden der Mikrobiologie bestimmt und so die Abtötungsrate ermittelt.

Die Einwirkdauer und das lückenlose Abrastern der zu entkeimenden Substratoberfläche sind entscheidend für die mikrobiologische Entkeimungseffizienz des atmosphärischen Plasmas. Je niedriger die Behandlungsgeschwindigkeit ist, desto länger ist die Kontaktzeit des Plasmas mit der kontaminierten Oberfläche. Daher wurden für den verwendeten Testkeim die besten Entkeimungsergebnisse bei dicht nebeneinander liegenden Behandlungsspuren (geringer Spurabstand) und geringen Behandlungsgeschwindigkeiten erzielt. Je nach Parameterkombination wurde so eine Reduktion der Keimzahl um sechs Zehnerpotenzen erreicht.

35.6.4 Verschließen von Glasampullen

Glasampullen gelten in der Medizin als die sichersten Gefäße für die Aufbewahrung von parenteralen Arzneimitteln. Nach dem Befüllen mittels Kolbendosierpumpen, Zeitdruck- oder Wägefüllung werden die Ampullen heutzutage meist mit einer offenen Flamme (Gasbrenner) zugeschmolzen. Als Brennergas kommt überwiegend Propan, Butan oder Erdgas im Gemisch mit Sauerstoff zum Einsatz. Diese Verschlusstechnik ist ein seit langem erprobtes und bewährtes Verfahren, welches weltweit immer noch fast ausschließlich angewandt wird. Daneben gibt es Bestrebungen auch Lasertechniken einzusetzen, die sich aber bis heute nicht entscheidend durchsetzen konnten.

Die atmosphärische Plasmatechnik bietet entscheidende Vorteile. So wird das Einstellen der Temperatur für das Verschließen der Glasampullen wesentlich vereinfacht. Die relevanten Prozessparameter sind in der Systemsteuerung hinterlegt und garantieren somit einen präzisen und reproduzierbaren Produktionsablauf. Spezielle Kenntnisse oder besondere Erfahrungen des Anlagenbedieners, wie beim Einstellen einer Gas/Sauerstoffflamme, sind hier nicht erforderlich. Des Weiteren entstehen beim atmosphärischen Plasma weder Verbrennungsgase noch Ruß, die in das Innere der Ampullen gelangen könnten. Eine mögliche Beeinflussung empfindlicher Medikamente durch diese Stoffe ist damit ausgeschlossen.

35.7 Mögliche weitere Anwendungsgebiete in der Medizintechnik

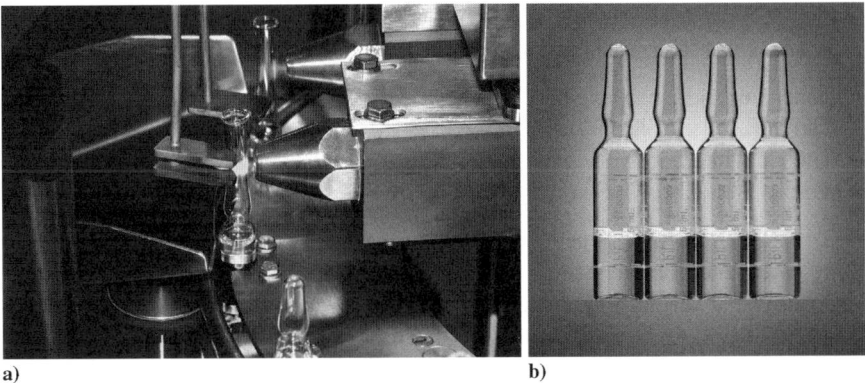

Abb. 35.14 a) Glasampullen werden mittels atmosphärischen Plasmas verschlossen. Dies ist eine zuverlässige Alternative zu den herkömmlich eingesetzten Gasbrennern. **b)** Glasampullen für die Aufbewahrung von flüssigen Medikamenten (Quelle: Rota Verpackungstechnik, Wehr)

Für die Integration der Plasmadüsen in bestehende Abfüllanlagen ist nur ein geringer konstruktiver Aufwand erforderlich, da sich die Düsen an die gleichen Einbauorte innerhalb der Produktionsanlage montieren lassen wie die Gasbrenner. Durch die längeren Standzeiten der Düsen sinkt zudem der Wartungsaufwand. Im Vergleich zu den beiden vorgenannten Techniken muss ein Laser zwar wesentlich seltener ausgetauscht werden, dafür ist ein Wechsel aber wesentlich zeitaufwendiger und kostenintensiver. Außerdem müssen beim Laser die Prozessparameter meist revalidiert werden.

Die atmosphärische Plasmatechnologie ist eine zuverlässige Alternative zu den herkömmlichen Verschlusstechniken. Durch den Einsatz von Plasma lässt sich die Produktion weiter vereinfachen bzw. optimieren und das Abfüllen von Medikamenten wird dadurch noch sicherer. Das innovative Verschlussverfahren mittels Openair®-Plasma wurde von der Firma Rota Verpackungstechnik, Wehr bis zur Serienreife entwickelt. Rota ist derzeit der einzige Hersteller von Ampullenabfüllmaschinen, der dieses Verfahren anbietet.

35.7 Mögliche weitere Anwendungsgebiete in der Medizintechnik

Die vorgenannten Beispiele bezogen sich auf das Reinigen und Aktivieren von Oberflächen mittels atmosphärischen Plasmas. Diese Anwendungen sind, wie gezeigt wurde, in der Medizintechnik erfolgreich umgesetzt worden. Im Folgenden soll auf die Beschichtung mittels Openair®-Plasma eingegangen werden.

In der Produktion medizintechnischer Produkte ist die Schichtabscheidung mittels Openair®-Plasma allerdings noch nicht konkret zum Einsatz gekommen. Es sind aber diverse Einsatzmöglichkeiten für die Plasmapolymerisation denkbar. Als mögliche Einsatzgebiete wären zu nennen:

- Korrosionsschutzschichten
- Haftvermittlerschichten
- Gleitschichten
- Barriereschichten

Die großen Vorteile gegenüber anderen Beschichtungstechniken liegen bei der atmosphärischen Plasmatechnik vor allem in der Möglichkeit Bauteile ortsselektiv und in-line zu beschichten. Einige dieser Verfahren werden in anderen Industriebereichen erfolgreich eingesetzt. Eine Übertragung auf die Medizintechnik steht allerdings noch aus.

35.7.1 Korrosionsschutzschichten

Wird eine plasmapolymere Beschichtung als Korrosionsschutz eingesetzt, so sind dicke Schichten von mehreren hundert Nanometern empfehlenswert, da diese über einen längeren Zeitraum beständig gegenüber korrosiven Medien (Elektrolytlösungen, Säuren, Laugen etc.) sind [21]. Die Beschichtung weist in der Regel kaum Fehlstellen (Löcher) auf, so dass das angreifende Medium die so geschützte Oberfläche erst gar nicht erreicht. Die Abschirmung funktioniert allerdings nur, solange die Beschichtung unbeschädigt ist. Daher sollte eine direkte mechanische Beanspruchung der beschichteten Bauteile minimiert werden.

Diese Beschichtungen könnten zum Beispiel für Bauteile oder Geräte sinnvoll sein, die mit Körperflüssigkeiten, Blut oder anderen korrosiv wirkenden Substanzen in Kontakt kommen.

35.7.2 Haftvermittlerschichten

Als Haftvermittlerschichten für Verklebungen reichen jedoch meist schon dünne Schichten von wenigen Nanometern aus. Diese Schichten weisen bereits alle wichtigen funktionellen Gruppen auf, mit denen der Klebstoff reagieren und eine feste Bindung eingehen kann [22, 23]. Die sehr gute Haftung der Beschichtungen auf dem Grundmaterial verhindert zudem wirkungsvoll eine Unterwanderung der Klebenaht (bondline corrosion).

Die selektive Plasmabeschichtung unter Atmosphärendruckbedingungen ist erstmalig für die Großserienproduktion in der Automobilbranche umgesetzt worden [4]. Die auf den Aluminiumgehäusen aufgetragenen Schichten dienen als Haftvermittler für die Verklebung der Bauteiloberflächen. Durch die optimale Haftung des Klebstoffes auf dem Metall wird somit das Gehäuseinnere gegenüber schädlichen Umwelteinflüssen geschützt. Die Langzeitstabilität der Verklebung wird zu-

35.7.3 Gleitschichten

In einem Forschungsprojekt wurden für die Abscheidung von plasmapolymeren Beschichtungen auf Elastomeroberflächen unterschiedliche Precursoren verwendet, um diese anschließend hinsichtlich ihrer Oberflächeneigenschaften zu untersuchen. Es hat sich gezeigt, dass sich die Gleitreibung gegenüber den unbeschichteten Referenzmaterialien stark reduzieren lässt [24]. Für bestimmte Precursoren sank die Gleitreibung auf etwa die Hälfte ab. Die so modifizierten Oberflächen weisen demnach geringere adhäsive Wechselwirkungen auf. Diese Schichteigenschaft könnten auch für einige medizintechnische Anwendungen (Katheter, Infusionsnadeln etc.) interessant sein.

35.7.4 Barriereschichten

Auch wird durch die Beschichtung im Atmosphärendruckplasma das Permeationsverhalten von Elastomeren verändert [24]. Die aufgetragenen Schichten bilden einen sehr dicht geschlossenen Verbund und vermindern so die Diffusion des umgebenden Mediums durch den beschichteten Grundwerkstoff. Neben der Durchtrittszeit wurde vor allem die Durchbruchskurve stark abgeflacht, d. h. es dauert länger bis die ersten Moleküle durch die Beschichtung kommen und es sind dann pro Zeiteinheit auch wesentlich weniger.

Aufgrund dieser Barrierewirkung der atmosphärisch abgeschiedenen Plasmabeschichtungen könnte zum Beispiel eine Verlängerung der Haltbarkeit von Medikamentverpackungen erreichen werden.

35.8 Zusammenfassung

Aufgrund ihres breiten Anwendungspotentials gehört die hier beschriebene Plasmatechnik zu den Schlüsseltechnologien in der Oberflächenbehandlung. Mit ihr werden bereits heute in vielen Anwendungsbereichen der Industrie nachhaltig innovative Lösungen geschaffen. Der Einsatz des Verfahrens führt zu einem sehr hohen Qualitätsniveau der unterschiedlichsten Produkte und Produktfunktionalitäten, wobei stets ein sicherer Prozessablauf gewährleistet ist. Das Potential dieser vielseitigen Technologie ist nahezu unbegrenzt. Materialien wie Kunststoff, Metall, Glas oder Keramik werden mit Openair®-Plasma gereinigt, aktiviert oder beschichtet. Bisher inkompatible Substrate d. h. völlig neue Materialverbunde können geschaffen werden. Ohne jeglichen Einsatz von Chemikalien und ohne wesentlichen Eingriff in den bestehenden Prozessablauf werden innovative und kostengünstige Oberflächenbehandlungen in der Produktion realisiert und dies bei hoher Umweltverträglichkeit.

35.9 Literatur

1. Langhof, P.; Keine Chance für Undichtigkeiten – Atmosphärisches Plasma; Kunststoffe, 05/2007, S. 106-108
2. Wingel, D.; Inline-Verguss mit integrierter Plasmabehandlung – Sicherer Schutz für elektronische Bauteile; Adhäsion, 04/2007, S. 41-44
3. Buske, C.; Schüssler, J.; *Durchaus „nicht oberflächlich";* Adhäsion, 04/2006, S. 16-19
4. Beer, T.; Inline-Beschichtung mit atmosphärischem Plasma – Selektiver Korrosionsschutz für Alu-Gehäuse; JOT – Journal für Oberflächentechnik, 9/2007, S. 60-62
5. Melamies, I.A.; Klebtechnikeinsatz in gigantischen Flüssiggastankern – Sicherer LNG-Transport dank richtiger Vorbehandlung; Adhäsion, 06/2007, S. 12-15
6. Schüssler, J.; *Plasma statt Chemie – Eine Umweltrevolution beim Coil Coating;* BBR – Bänder, Bleche, Rohre, 05/2007, S. 54-56
7. Noeske M.; Degenhardt J.; Strudthoff S.; Lommatzsch U.; *Plasma Jet Treatment of five Polymers at atmospheric Pressure: Surface Modifications and the Relevance for Adhesion*; International Journal of Adhesion and Adhesives; 24 (2); 2004, S. 171-177
8. Tendero, C.; Tixier, C.; Tristant, P.; Desmaison, J.; Leprince, P.: *Atmospheric pressure plasmas: A review*; Spectrochimica Acta Part B: Atomic Spectroscopy; 2005
9. Patent DE 19532412 C2 (1999-09-30); Förnsel, P.; Vorrichtung zur Oberflächen-Vorbehandlung von Werkstücken
10. Lommatzsch, U.; Pasedag, D.; Baalmann, A.; Ellinghorst, G.; Wagner, H.-E.; *Atmospheric Pressure Plasma Jet Treatment of Polyethylene Surfaces for Adhesion Improvement;* Plasma Process. Polym. 2007, 4, S. 1041-1045
11. Patent EP 1230414 B1 (2004-10-06); Förnsel, P.; Buske, C.; Hartmann, U.; Baalmann, A.; Ellinghorst, G.; Vissing, K.D.; *Verfahren und Vorrichtung zur Plasmabeschichtung von Oberflächen;* Priorität DE 19992019142U (1999-10-30); WO 2000EP02401 (2000-03-17)
12. Haack, L.P.; Boerio, F.J.; Ponda, A.K.; Straccia, A.M.; Simko, S.J.; Holubka, J.W.; *Openair Plasma Polymerized Coatings for Enhanced Surface Properties;* Adhesion Society; ISSN 1086-9506; 2005; S. 495-497
13. Wilken, R.; Ihde, J.; Korrosionsschutz von Aluminium mittels Atmosphärendruck-Plasmabeschichtung; Abschlußbericht AiF-Projekt, 14240N/1; 2007
14. Müller-Reich, C.; Meyer, R.; *Plasmapolymere Beschichtungen mittels potentialfreier Atmosphärendruck-Plasmen;* Abschlußbericht BMWi-Projekt, KF0045801KUL9, 2002
15. Lommatzsch, U.: Erfolgreicher Einsatz von Plasma-Jets in der Produktion, Adhäsion, 07/2005
16. Vollweiler, G.; Lommatzsch, U.: Untersuchungen zur Vorbehandlung von Polymerwerkstoffen und Metallen mittels potentialfreier Atmosphärendruck-Plasmen, Abschlußbericht AiF-Projekt, 12651N/1, 2002
17. Ameseder, S.; Kopczynska, A.; Ehrenstein, G.W.; *Mehrkomponententechnik: Plasma sorgt für festen Verbund;* Kunststoffe 09/2003, S. 124-129
18. Patentanmeldung WO 2007/071720 A1 (2007-06-28); Buske, C., Förnsel, P., Wunderlich J.: *Verfahren und Vorrichtung zur Desinfektion von Gegenständen*; Priorität: DE 102005061236 (2005-12-20)
19. Wagner, H.-E.; Pasedag, D.; Brandenburg, R.; Michel, P.; Kozlov, K.V.; Baalmann, A.; Ellinghorst, G.; Lommatzsch, U.; *Räumlich und zeitlich aufgelöste Spektroskopie an reaktiven Strahlplasmen bei Atmosphärendruck;* Verhandlungen der DPG, Reihe VI, Band 39, (2004), S. 39, P 3.20
20. Wunderlich, J.; Muranyi, P.; Knospe, A.; Entkeimung von Packstoffen und Anlagen der Verpackungstechnik in der Lebensmitteltechnologie mittels Atmosphärendruckplasmen, Zwischenbericht BMWi-Projekt, KA0310101UL6, 2007
21. Patent EP 1027169 B1 (2002-01-09); Semrau, W.; Baalmann, A.; Stuke, H.; Vissing, K.D.; Hufenbach, H.; *Verfahren zur korrosionsfesten Beschichtung von Metallsubstraten mittels Plasmapolymerisation;* Priorität: WO 1998DE03266 (1998-10-29), DE 19971048240 (1997-10-31)

22. Lommatzsch, U.; *Plasmagestützte Abscheidung von Haftvermittlerschichten bei Atmosphärendruck*; Abschlußbericht AiF-Projekt, 14817N, 2008
23. Patentanmeldung US 20070065582 A1 (2007-03-22); Haack, L.; Straccia, A.; Holubka, J.; *Method of coating a substrate for adhesive bonding;* Priorität: US 20050162746 (2005-09-21)
24. Wildberger, A.; Geisler, H.; Schuster, R.H.: *Atmosphärendruckplasmaverfahren – Modifizierung der Elastomeroberflächeneigenschaften*; KGK – Kautschuk Gummi Kunststoffe, 01-02/2007, S. 24-31

36 Dünne Beschichtungen auf Biomaterialien

D. Klee, J. Lahann, W. Plüster

36.1 Beschichtung von Biomaterialien

Ein Schwerpunkt der Implantatentwicklung liegt in der Synthese und Verarbeitung geeigneter Biomaterialien, die bezüglich ihrer mechanischen Eigenschaften und ihrer Stabilität die erwünschte Funktion im Organismus erfüllen sollen. Die biologische Antwort auf Biomaterialien im Implantateinsatz wird jedoch hauptsächlich von der chemischen Zusammensetzung und der Struktur der Implantatoberfläche bestimmt [1]. Sie ist entscheidend für die Langzeitverträglichkeit eines Implantats. Geeignete Ansätze zur Verbesserung der Grenzflächenverträglichkeit von Biomaterialien, ohne die mechanischen Eigenschaften und die Funktionalität des Implantates zu verändern, beruhen auf die Aufbringung einer definierten, falls erforderlich biologisch aktiven Beschichtung auf die Werkstoffoberfläche. Bei den eingesetzten Beschichtungsverfahren handelt es sich vielfach um bekannte Verfahren zur Oberflächenmodifizierung technischer Werkstoffe, die auf physikalischen und chemischen Prozessen basieren. Je nach Beschichtungsverfahren können unterschiedliche Schichtdicken erzielt werden. Zur Charakterisierung der Zusammensetzung und Struktur der beschichteten Biomaterialoberflächen ist der Einsatz oberflächensensitiver Analytik unverzichtbar. Vielfach wird eine Kombination von Methoden eingesetzt, die sich hinsichtlich ihrer Informationstiefe und Informationsaussage unterscheiden [1].

36.2 Schichtdickenbereiche der Beschichtungsverfahren

Es besteht ein direkter Zusammenhang zwischen dem eingesetzten Beschichtungsverfahren und der erzielbaren Schichtdicken wie Abb. 36.1 zeigt. Zur Erzeugung von dünnen Schichten werden Dünnschichttechnologien eingesetzt, die vorwiegend vakuum-, plasma- und ionentechnische Prinzipien zur Schichtabscheidung ausnutzen. So hat sich in jüngster Zeit die Verwendung von Vakuumtechniken wie CVD (chemical vapour deposition) oder PVD (physical vapour deposition) fest etabliert. Mit dem Verfahren der Ionenimplantation werden ebenfalls dünne Schichten erzielt.

Das thermische Plasmaspritzverfahren ist zur Erzeugung dickerer Schichten von Bedeutung, ebenso wie das Verfahren der Schmelztauchbeschichtung, Emaillebeschichtung, des Plattierens und der Löt- und Schweissverfahren. Während die zuletzt genannten Verfahren zur Veredlung von Konstruktionswerkstoffen für technische Anwendungen von Interesse sind, findet das thermische Plasmaspritzen bereits vielfache Verwendung zur Beschichtung von Metallimplantaten mit anorganischen Substanzen. Am bekanntesten ist die Hydroxylapatitbeschichtung, die mit einer Schichtdicke von ca. 100–200 µm bei Zahnimplantaten und Hüftgelenkimplantaten seit 1970 klinisch eingesetzt werden [46, 2]. Eine neuere Entwicklung bei den Keramikbeschichtungen durch atmosphärisches Plasmaspritzen ist das Aufbringen von gradierten Keramikschichten, die einen fliessenden Übergang von bioaktiven Schichten zu resorbierbaren Schichten auf Calciumcarbonatbasis aufweisen [3].

Als ultradünne Schichten werden Beschichtungen bezeichnet, die im Bereich von 10 nm bis 1 µm liegen. Zu diesem Bereich gehören die biologischen Schichten, die durch Immobilisierung von biologisch aktiven Substanzen entstehen. Neben der Immobilisierung von Biomolekülen führt die Silanisierung und die plasmainduzierte Pfropfung zu kovalent gebundenen Beschichtungen. Dagegen wird mittels der Langmuir-Blodgett-Technik ein nicht kovalent gebundener Film abgeschieden [4]. Im folgenden werden Verfahren zur Oberflächenmodifizierung von Biomaterialien vorgestellt, die möglichst dünne Schichten erzeugen.

36.3 Zielsetzung der dünnen Beschichtung

Die dünne Beschichtung von Biomaterialien ist immer dann die Methode der Wahl, wenn unter Beibehaltung der übrigen Implantateigenschaften gezielt die Grenzflächeneigenschaften verbessert werden sollen. Folglich sollte die Beschichtung so dünn wie möglich sein, jedoch muss die Einheitlichkeit, die Beständigkeit und die Funktionalität der Beschichtung gewährleistet sein. Die Haftfestigkeit der Beschichtung kann durch die Wahl eines Verfahrens, welches zu einer kovalenten Bindung zwischen Werkstoff und Beschichtung führt, gesteigert werden. Beispiele von Anwendungen dünner Beschichtungen auf Biomaterialoberflächen sind:

- Gezielte Beeinflussung der Proteinadsorption.
- Verbesserung der Blutverträglichkeit mit antithrombogenen Oberflächen.
- Gezielte Beeinflussung der Zelladhäsion und des Zellwachstums.
- Erhöhung der Gleitfähigkeit der Biomaterialoberfläche.
- Optimierung der Korrosionsbeständigkeit und der Verschleissbeständigkeit.
- Veränderung der elektrischen Eigenschaften der Biomaterialoberfläche.

Die vorgestellten Dünnschichttechnologien erheben aufgrund ständig neuer innovativer Ideen und Einsatzgebiete keinen Anspruch auf Vollständigkeit. Die im folgenden näher beschriebenen Verfahren werden in Abhängigkeit der angestrebten Schichteigenschaft gezielt eingesetzt bzw. angepasst.

36.4 Verfahren zum Aufbringen von dünnen Schichten auf Biomaterialien

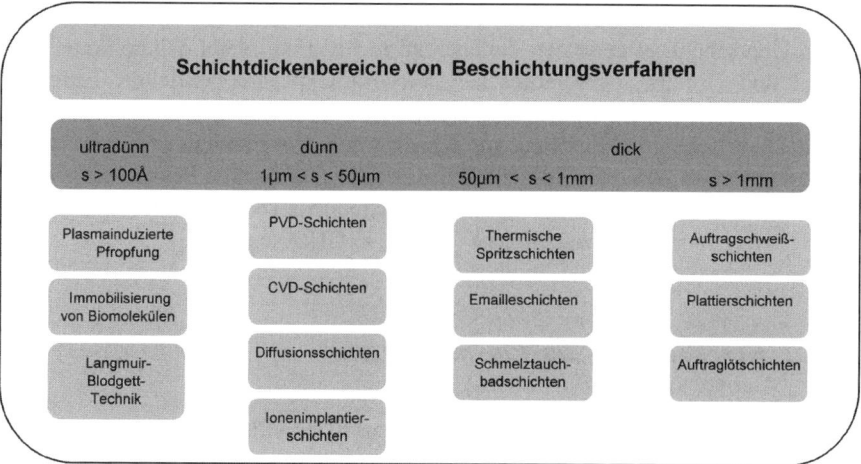

Abb. 36.1 Schichtdickenbereiche der Beschichtungsverfahren

36.4 Verfahren zum Aufbringen von dünnen Schichten auf Biomaterialien

Die Bedeutung der Dünnschichttechnologien zur Veredlung der Oberfläche klassischer Werkstoffe hat in den letzten Jahren ständig zugenommen. Dabei hat der Einsatz von Plasma- und Chemical Vapour Deposition- (CVD) Prozessen als moderne Techniken grosse Bedeutung erlangt. Die vielfältigen Möglichkeiten zur Hydrophilierung und Funktionalisierung von Polymeroberflächen werden für die unterschiedlichsten Arbeitsgebiete angewendet.

36.4.1 Erzeugung von dünnen Schichten durch Plasmaprozesse

Mit dem Begriff „Plasma" wird ein angeregtes Gasgemisch beschrieben, welches sich aus Neutralteilchen, Ionen, Elektronen, freien Radikalen und metastabilen Molekülen zusammensetzt [5]. Im Vergleich zu Gasen im Normalzustand liegt bei Plasmen ein erhöhter Gehalt an Ladungsträgern vor. Die Verteilung von positiven und negativen Ladungsträgern ist allerdings nicht homogen, vielmehr bilden sich stark fluktuierende Ladungsüberschüsse und damit verbunden lokale elektrische Felder aus [6]. Bei Atmosphärendruck ist ein Plasma sehr heiss, da angeregte, „heisse" Teilchen ihre Energie durch Stösse auf alle andere Teilchen gleichmässig verteilen. Beispiele sind Flammen- und Bogenentladungen. Es entstehen sogenannte „thermische" Plasmen, z. B. beim thermischen Plasmaspritzverfahren. Wird aber ein Plasma bei niedrigem Druck gezündet, z. B. bei 100 Pa, so sind die Teilchenstösse sehr selten, und die angeregten, geladenen Teilchen können ihre Energie nur noch wenig an neutrale „kalte" Teilchen abgeben. Da selbst bei stark ionisierten Plasmen mit einem Überschuss an neutralen Teilchen zu rechnen ist, bleibt das gesamte Plasma kalt und wird als „nichtthermisches" Niederdruckplasma bezeichnet. Aufgrund der geringen thermischen Belastung eignen sich diese Plasmaprozesse besonders für die Oberflächenmodifizierung von Kunststoffen. Zur Erzeugung dieser Niederdruckplasmen werden die eingesetzten Trägergase elektrischen Feldern ausgesetzt. Dies können Gleichspannungs (DC)-, Niederfrequenz (NF)-, Hochfrequenz (HF, 13,56 MHz)- oder Mikrowellenfelder (MW, 2,45 GHz) sein [2, 7].

36.4.2 Beschreibung der Plasmaprozesse

Die Wechselwirkung von Plasmen mit Biomaterialoberflächen kann zu verschiedenen Prozessen führen, die in Abhängigkeit vom ausgewählten Gas bzw. Monomer beschichtend oder nicht beschichtend wirken können. Allen Plasmen gemeinsam sind die vielfältigen und komplex verlaufenden Stossprozesse, einschliesslich der Ionisation, Anregung und Rekombination von Gasmolekülen oder -atomen, wobei die einzelnen Reaktionsmechanismen im Detail bislang nicht aufgeklärt werden konnten. Weitgehende Einigkeit besteht darüber, dass die hochenergetischen Elektronen massgeblich an den wesentlichen Plasmaprozessen beteiligt sind [8].

Niederdruckplasmen können aus verschiedensten Gasen oder Gasmischungen erzeugt werden, wobei sowohl atomare Gase, wie Argon oder Helium, als auch molekulare Gase, wie Sauerstoff oder Stickstoff, Anwendung finden [9–11]. Die Auswahl des jeweiligen Gases ist vom Anwendungsgebiet abhängig: so werden zur Reinigung von Werkstoffoberflächen überwiegend stark ätzende Gase, wie Sauerstoff oder Tetrafluorkohlenstoff benutzt [12] (Plasmaätzung). Bei Verwendung von Inertgasen wie Argon oder Helium werden unter anderem Wasserstoffatome von der Polymeroberfläche abstrahiert und Polymerketten homolytisch gespalten, so dass es zur Bildung von Radikalen auf der Oberfläche kommt. Diese Radikale können in Folgereaktionen rekombinieren und somit die Polymeroberfläche vernetzen. Eine Funktionalisierung von Polymeroberflächen kann z. B. durch den Einsatz von Schwefeldioxid [13] oder Ammoniak [14] erfolgen. Des weiteren erlaubt die Auswahl von unter Plasmaeinwirkung polymerisierenden Gasen, wie z. B. Ethylen, Butenol, aber auch Aceton, die Abscheidung stark vernetzter Schichten (Plasmapolymerisation). In Abb. 36.2 sind die Reaktionsmöglichkeiten bei der Plasmapolymerisation zusammengefasst.

Der einfachste Reaktionsweg des Plasmas aus polymerisierenden Gasen ist die plasmainduzierte Polymerisation, bei der sich die angeregten Monomermoleküle auf der Oberfläche zu Polymeren vernetzen. Parallel dazu werden in den stark ionisierten Plasmen die Monomere fragmentiert, vorvernetzt und auf der Substratoberfläche zu völlig neuen Polymerstrukturen polymerisiert. Zusätzlich führen hochenergetische Teilchen und UV-Strahlung aus dem Plasma zu weiteren Anregungen der Oberfläche sowie zu teilweisen Abbaureaktionen der aufgebauten Schicht. Der Plasmareaktor einer Plasmapolymerisationsanlage besteht aus einer Vakuumkammer mit einem Probenteller und einem Reaktionsbereich, in dem das Plasma gezün-

36.4 Verfahren zum Aufbringen von dünnen Schichten auf Biomaterialien

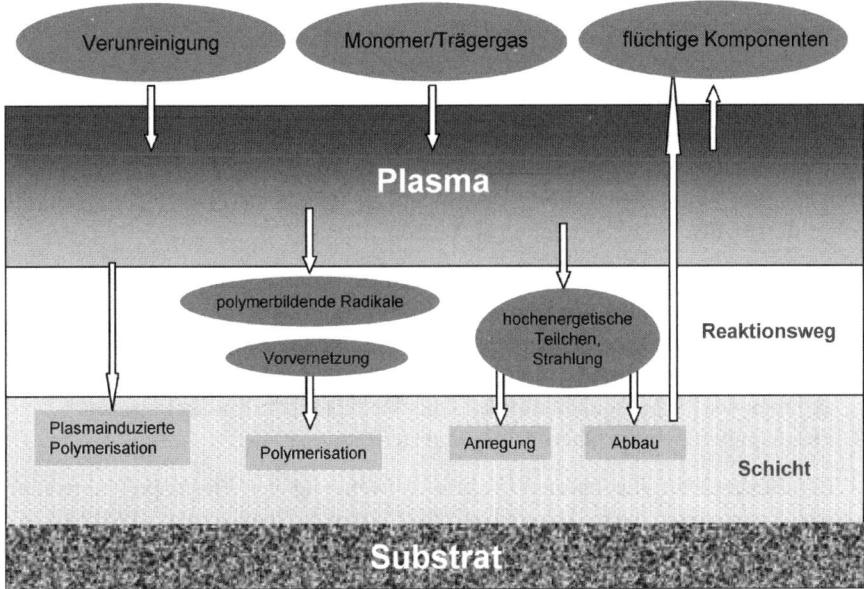

Abb. 36.2 Reaktionsvorgänge bei der Plasmapolymerisation

det wird. Zur Erzeugung des Vakuums werden Drehschieberpumpen eingesetzt. Der Mikrowellengenerator mit Transformator und Zuleitungen versorgt den Plasmareaktor mit Plasmaenergie. Eine spezielle Gaszuführung, welche die Flussregelung, die Gasspeicher und den Mikrowellenhohlleiter enthält, regelt die Zuführung von Trägergase bzw. von Monomeren in den Reaktionsraum. Zusätzliche Regeleinheiten sorgen für die Einstellung der sogenannten äusseren Prozessparameter, wie Prozessdruck und Mikrowellenleistung, die neben der Anlagengeometrie sowie dem Gasfluss des ausgewählten Gases einen entscheidenden Einfluss auf die inneren Prozessparameter wie Dichte der Elektronen, Ionen und Neutralteilchen sowie ihre Energieverteilung haben. Die Einflussfaktoren bestimmen die Eigenschaften der Oberflächenbeschichtung. Folglich müssen bei jeder neuen Anwendung die Einstellung der Prozessparameter so optimiert werden, dass die gewünschten Schichteigenschaften erreicht werden.

36.4.3 Niedertemperaturplasmabehandlung zur Oberflächenmodifizierung von Biomaterialien

Die Erzeugung dünner Schichten auf Biomaterialien auf Basis der Niedertemperaturplasmabehandlung kann in verschiedene Verfahren unterteilt werden. Der Einsatz dieser Verfahren ist sowohl für die Beschichtung von Polymeren als auch für Metalle und Keramiken möglich. Ein guter Überblick über die Gasentladungstechniken zur Modifizierung von Biomaterialien ist in [15, 16] gegeben.

Plasmapolymerisation

Die Plasmapolymerisation stellt ein relativ neues Vakuumbeschichtungsverfahren dar. Der Einsatz von polymerisierbaren Gasen wie z. B. Styrol, Dimethylsiloxan, Ethylen oder Fluorethylen führt in der Regel zu ultradünnen Beschichtungen, die folgende spezifische Eigenschaften aufweisen:

1. Sie sind mikroporenfrei und dreidimensional vernetzt, daher bereits als ultradünne Schicht von 0,1 µm Dicke diffusionsdicht.
2. Die glatten Filme haben eine hohe chemische und mechanische Belastbarkeit.
3. Sie sind gut haftend selbst auf unpolaren Oberflächen aufgrund chemischer Reaktionen der Plasmaschicht mit den Oberflächenmolekülen des Substrats.
4. Plasmapolymerisierte Oberflächen sind steril.

Ein Beispiel für die biomedizinische Anwendung der Plasmapolymerisation ist die Behandlung einer Augenlinse aus Polymethylmethacrylat (PMMA) mit Fluorethylenplasma. Die Beschichtung führte zur Hydrophobierung der Oberfläche, die zur Reduktion entzündlicher Prozesse beiträgt [17]. Es konnte gezeigt werden, dass die Blutverträglichkeit von Polytetrafluorethylen (PTFE) Gefässprothesen durch die Beschichtung mittels Plasmapolymerisation des Monomergemisches Hexafluorethan/Wasserstoff positiv beeinflusst werden kann [18].

Plasmainduzierte Pfropfcopolymeristion

Wie bereits beschrieben führt die Plasmabehandlung von Polymeroberflächen mit nicht polymerisierenden Plasmagasen in jedem Fall zu einer Aktivierung der Oberfläche. Zur Aktivierung der Polymeroberflächen können neben der Verwendung der Plasmabehandlung ebenfalls γ-Strahlung oder Coronabehandlungen eingesetzt werden [19–22]. Die hohe Strahlungs- bzw. Teilchenenergie führt zu einer homolytischen Bindungsspaltung von Molekülen der obersten Moleküllagen und somit zur Bildung von Radikalen auf den Polymeroberflächen. Insbesondere die Plasmabehandlung von Polymeren unter Verwendung von Inertgasen wie Argon wird vielfach zur Aktivierung der Polymeroberflächen eingesetzt, da zum einen Plasmabehandlungen hohe Spaltgängigkeiten zeigen und folglich die gleichmässige Modifizierung dreidimensionaler Geometrien ermöglichen, zum anderen lediglich die äussersten Moleküllagen beeinflusst werden [14]. Die mittels Plasmabehandlung durch Reaktion von Elektronen und/oder UV-Strahlung an der Polymeroberfläche erzeugten Radikale reagieren nach Belüftung der Behandlungskammer mit Sauerstoff zu Peroxiden, die unter Wasserstoffabspaltung metastabile Hydroperoxide ausbilden. Nach Beschichtung derart aktivierter Polymere mit definierten Monomerlösungen lässt sich thermisch- oder photoinduziert eine radikalische Polymerisation an der Oberfläche durchführen (Abb. 36.3).

Durch Einsatz dieses Zwei-Stufen-Verfahrens können auf Polymeroberflächen z. B. Hydrogele wie Polyacrylsäure oder Polyhydroxyethylmethacrylat gepfropft werden [23]. Solchermassen ausgestattete Grenzflächen zeigen eine ausgeprägte

36.4 Verfahren zum Aufbringen von dünnen Schichten auf Biomaterialien

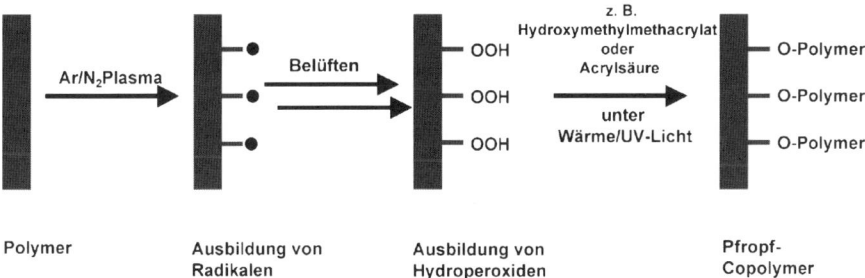

Abb. 36.3 Schematische Darstellung der plasmainduzierten Pfropfcopolymerisation

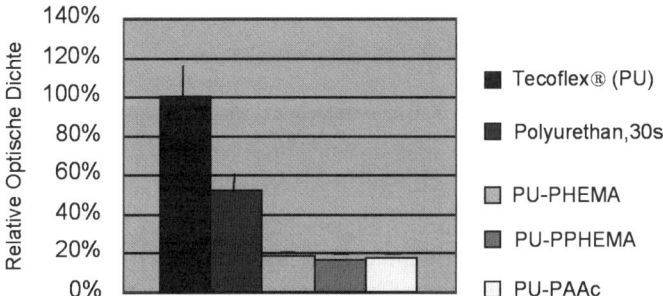

Abb. 36.4 Vergleich der Fibrinogenbindungskapazitäten von unbehandeltem Tecoflex®, 30s mit Argon behandeltem Tecoflex® und der verschieden pfropfcopolymerisierten Tecoflex®-Oberflächen (PHEMA=Polyhydroxyethylmethacrylat, PAAc=Polyacrylsäure)

Hydrophilie. Zur Untersuchung der Wechselwirkungen einer plasmainduzierten pfropfcopolymerisierten Polyurethanoberfläche (Tecoflex®) und dem Blutprotein Fibrinogen, welches die Thrombusbildung auf Fremdoberflächen begünstigt, kann dessen Adsorption mittels Enzyme Linked Immunosorbent Assay (ELISA) bestimmt werden [24]. In Abb. 36.4 sind die Fibrinogenbindungskapazitäten von Tecoflex® als interner Standard, dem Argon-plasmabehandeltem Tecoflex® und den mit verschiedenen Hydrogelen beschichteten Tecoflex®-Oberflächen dargestellt. Es zeigt sich, dass durch die Hydrogelbeschichtungen die Fibrinogenadsorption vermindert wird. Die Hydrophilisierung führt zur Minimierung der hydrophoben Wechselwirkungen des Proteinmoleküls und der Polymeroberfläche. Eine mögliche Anwendung dieser Hydrogelpfropfung ist die Verbesserung der Blutverträglichkeit von Produkten für den Kurzzeitblutkontakt.

Immobilisierung von Biomolekülen
Im Falle von Implantaten wird seit längerem eine Verbesserung der Biokompatibilität durch Beschichtung der Oberfläche mit bioaktiven Wirkstoffen verfolgt. Diese Beschichtungen werden als „biologische Tarnkappe" bei Implantaten eingesetzt, die

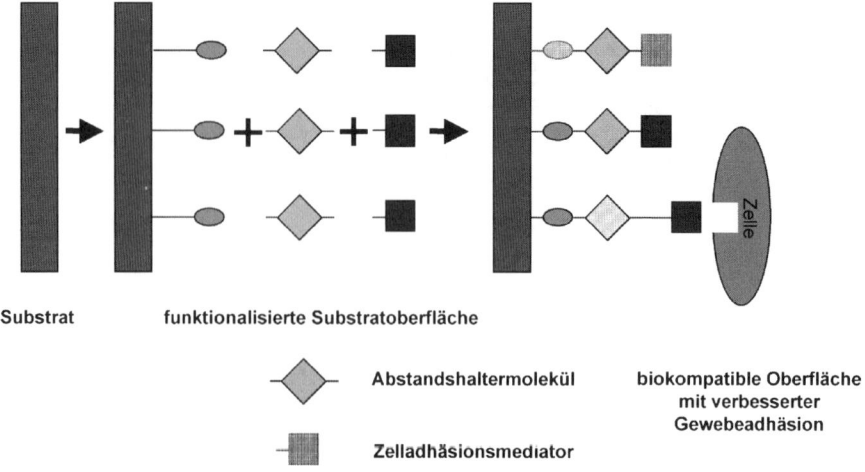

Abb. 36.5 Aufbau einer biologisch aktiven Beschichtung nach Plasmabehandlung

sich hinsichtlich ihrer mechanischen Eigenschaften bewährt haben. Voraussetzung für die Immobilisierung von Biomolekülen, im Falle einer chemischen Bindung zwischen Biomolekül und Substrat, sind geeignete funktionelle Gruppen an der Biomaterialoberfläche. Eine zusammenfassende Darstellung der Immobilisierung von Biomolekülen ist in [25] beschrieben.

Die Plasmabehandlung von Biomaterialien beim Einsatz von nicht polymerisierenden Gasen führt in der Regel zur Ausstattung der Oberfläche mit Einbau von funktionellen Gruppen. So konnten Cooper et al. zeigen, dass sich durch Schwefeldioxid-Plasmabehandlung SO_x-Gruppen in Polyetherurethanoberflächen einbauen lassen [26, 27]. Desweiteren werden Ammoniak-Plasmabehandlungen [28] vielfach zum Einbau von Aminogruppen in Polymeroberflächen eingesetzt während z. B. Feijen et al. [29] CO_2-Plasmen zum Einbau von Carbonsäuregruppen in Polyethylen-Oberflächen verwenden. Um eine gleichmässige, aminogruppenhaltige Beschichtung zu erzielen wird n-Heptylamin eingesetzt [30]. Eine gleichmässige Funktionalisierung wird durch die plasmainduzierte Pfropfcopolymerisation von Acrylsäure erreicht (siehe Abb. 36.3) Die aufgepfropften Polyacrylsäureäste liefern nicht nur Carbonsäuregruppen für nachfolgende Immobilisierungsreaktionen sondern fungieren gleichzeitig als Spacermoleküle. Beim Aufbau einer biologischen Beschichtung spielt die Spacerschicht als Abstandshalter eine entscheidende Rolle, da sie den Erhalt der Beweglichkeit bzw. der Konformation von Biomolekülen nach der Immobilisierung begünstigt [30, 31]. Das Konzept der chemischen Bindung von Biomolekülen ist in Abb. 36.5 dargestellt. Die Vielzahl der Biomoleküle, die für eine biologische Beschichtung eingesetzt werden können, eröffnen eine breite Anwendungen in therapeutischen und diagnostischen Bereichen. Beispiele von verschiedenen biologisch wirksamen Substanzen sind in Tabelle 36.1 zusammengefasst.

36.4 Verfahren zum Aufbringen von dünnen Schichten auf Biomaterialien

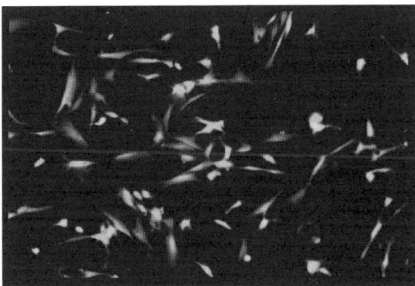 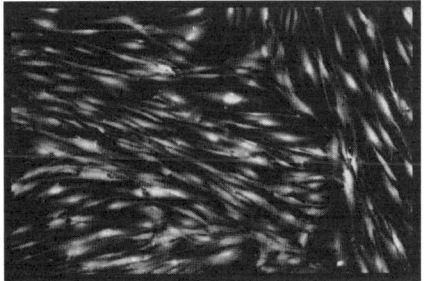

Abb. 36.6 Wachstumsverhalten von Bindehautfibroblasten auf unbehandeltem (a) und mit Fibronectin immobilisiertem Silikonoberflächen (b)

Proteine / Peptide	Enzyme, Antikörper, Antigene, Zelladhäsionsvermittler
Lipide	Fettsäuren, Phospholipide, Glycolipide
Wirkstoffe	Antithrombosemittel, Cytostatika, Antibiotika
Saccharide	Oligosaccharide, Polysaccharide [32], Zucker
Nukleinsäuren	DNA, RNA, Nukleotide

Tabelle 36.1 Beispiele von biologisch wirksamen Molekülen für die Immobilisierung auf Biomaterialoberflächen [1]

Die Immobilisierung von z. B. Zelladhäsionsmediatoren kann bei Implantatoberflächen eingesetzt werden, um die Gewebeverträglichkeit zu erhöhen bzw. das Einwachsen zu stimulieren. In jüngster Zeit wurde die Immobilisierung von Fibronectin an die periphere Haltebereiche einer neu entwickelten Hornhautprothese aus Silikon durchgeführt [33]. Die Funktionalisierung der Silikonoberfläche des peripheren Haltebereichs erfolgt durch die plasminduzierte Pfropfcopolymerisation von Polyacrylsäure. An die zur Verfügung stehenden Carboxylgruppen dieser Oberfläche kann Fibronectin kovalent gebunden werden. Das Wachstumsverhalten von Bindehautfibroblasten auf dem oberflächenmodifizierten Silikon zeigt in in vitro-Versuchen das schnelle Erreichen einer Monolage von in Kontakt stehender Zellen im Vergleich zu der unmodifizierten Silikonoberfläche (Abb. 36.6).

36.4.4 Chemical Vapour Deposition (CVD) – Beschichtung von Biomaterialien

Sieht man von der Plasmapolymerisation ab, so ist die Gasphasenpolymerisation von Poly-p-xylylen (pcp) eines der wenigen Beispiele für die Anwendung des CVD-Verfahrens auf Polymere. Die wesentlichen Besonderheiten der CVD-Beschichtung im Vergleich zu herkömmlichen Beschichtungsverfahren (Tauchprozesse) ergeben

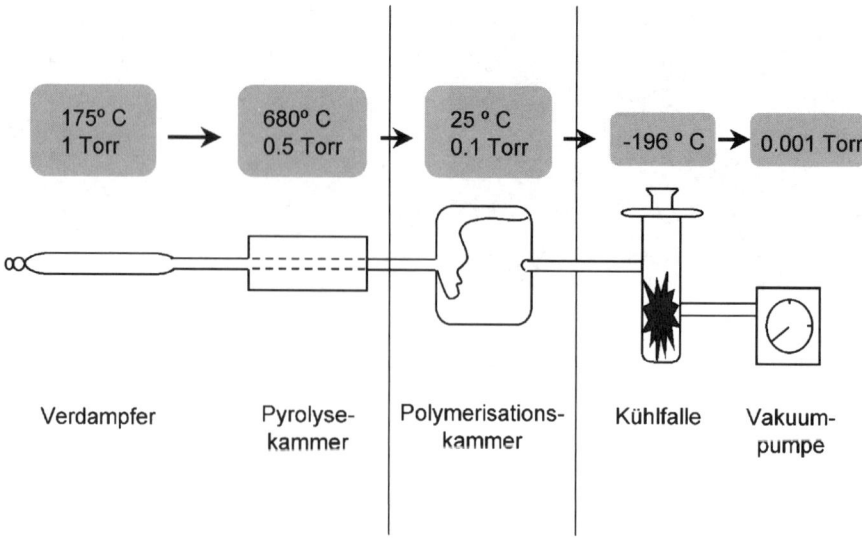

Abb. 36.7 Darstellung des Gorham-Prozesses zur Herstellung von substituierten Paracyclophanen [41]

sich dadurch, dass es sich hierbei um eine definiert ablaufende Gasphasenbeschichtung ohne Lösungsmittel oder Initiatoren handelt. Die Vorteile der CVD-Beschichtung sind:

- Die universelle Anwendbarkeit auf Polymere, Metalle und Keramiken.
- Keine Verwendung von Lösungsmitteln.
- Keine Verwendung von Initiatoren und Additiven.
- Die gute Spaltgängigkeit der Monomeren bewirkt eine hohe Abbildungspräzision bei Werkstücken mit einer geometrisch anspruchsvollen Oberflächenstruktur.
- Die Polymerisation erfolgt unter Reinraumbedingungen.
- Die Beschichtung des Substrats erfolgt bei Raumtemperatur.
- Die Beschichtungsdicke ist genau einstellbar.
- CVD-Beschichtungen sind chemisch resistent.

CVD-Beschichtungen aus Polyxylylenen (ppx) besitzen einige besondere Eigenschaften. Die guten isolatorischen Eigenschaften und die chemische Resistenz gegen praktisch alle Lösungsmittel [34] werden für zahlreiche Anwendungen [35] (z. B. Leiterplattentechnik, Isolierungen für Herzschrittmacher) genutzt. Poly-2-chlor-p-xylylen-beschichtete Bauteile haben für verschiedene medizinische Applikationen eine Zulassung in den U.S.A. erhalten [36]. Das ursprüngliche Verfahren zur Darstellung von Poly-p-xylylenen oder substituierten Poly-p-xylylenen nach Szwarc [37] beruht auf der Disproportionierung von p-Xylylradikalen, die bei der Pyrolyse von p-Xylylen gebildet werden. Bei den hohen Temperaturen (800 bis 1000 °C), die hierbei notwendig sind, kommt es zur Bildung von zahlreichen Nebenprodukten. Heute erfolgt die

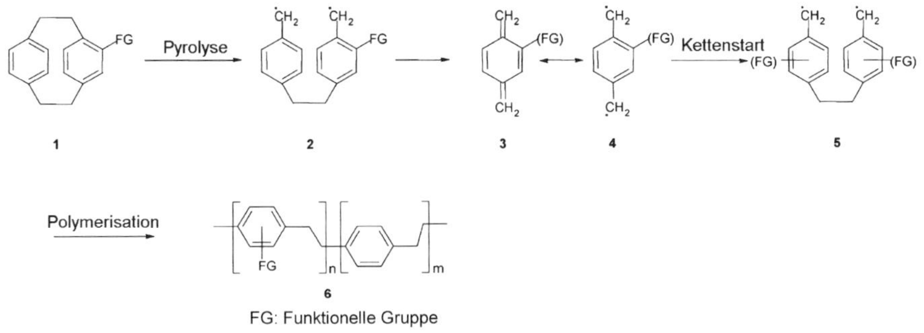

36.4 Verfahren zum Aufbringen von dünnen Schichten auf Biomaterialien

Abb. 36.8 Mechanismus der CVD-Polymerisation von substituierten Parylenen

Polymerisation fast ausschliesslich nach dem Gorham-Prozess [38], der in Abb. 36.8 schematisch dargestellt ist. Dabei wird das reaktive Monomer unter reduziertem Druck bei Temperaturen von 600 °C aus dem stabilen Dimeren [2,2]-Paracyclophan gewonnen. Wird das reaktive Monomer unter eine bestimmte Temperatur abgekühlt, die für ppx bei 30 °C und für Chlor-ppx bei 90 °C liegt, so findet die spontane Polymerisation statt. Die Reaktion verläuft praktisch quantitativ. Kommerziell erhältliches ppx, das nach dem Gorham-Verfahren hergestellt worden ist, wird im allgemeinen als Parylene bezeichnet. Die Begriffe Parylene C, Parylene D und Parylene N sind Produktbezeichnungen der Fa. Union Carbide Corporation. (Parylen N:ppx; Parylen C: Chlor-ppx; Parylen D: Dichlor-ppx)

Eine variabel verwendbare CVD-Anlage, ähnlich in ihrer grundlegenden Gestaltung wie vergleichbare Anlagen, die zur Darstellung von ppx oder chlorsubstituiertem ppx entwickelt wurden ist in [39, 40] beschrieben. Wesentliche Komponenten sind die Sublimationszone, die Pyrolysezone, die Beschichtungskammer und die Vakuumpumpe (Abb. 36.7). Die Prozessparameter wie Arbeitsdruck, Trägergasstrom, Sublimationstemperatur, Pyrolysetemperatur, Abscheidetemperatur und Monomermenge können unabhängig voneinander variiert werden. Die Steuerung dieser Parameter ermöglicht die spezifische Optimierung der Prozessparameter für unterschiedliche Monomere. Zusätzlich lassen sich die Schichtdicke und Abscheiderate genau bestimmen.

Eine neuere Entwicklung ist die CVD-Polymerisation von substituierten Paracyclophanen zur Polymerbeschichtung von Substraten mit dem Ziel, funktionelle Gruppen für die spätere Anbindung von Wirkstoffen bereitzustellen. Durch die Synthese unterschiedlich substituierter Paracyclophane lassen sich funktionelle Gruppen, wie Amino-, Alkohol-, Carbonsäure- oder Anhydridgruppen in die CVD-Schicht einführen [42]. Hervorzuheben ist die gelungene CVD-Polymerisation des Aminoparacyclophans, welches zu einer Polyamino-p-xylylen-co-poly-p-xylylen-Beschichtung führt. Die primären Aminogruppen dieser CVD-polymerisierten Schicht kann für nachfolgende Immobilisierungsreaktionen genutzt werden [43].

Inbesondere für Metallimplantate im Bereich der vaskulären Anwendung bietet sich die CVD-Beschichtung mit Polyamino-p-xylylen-co-poly-p-xylylen (amino-

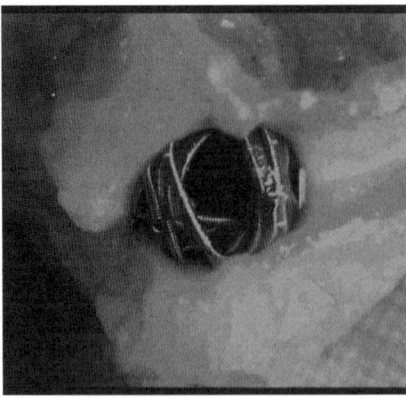 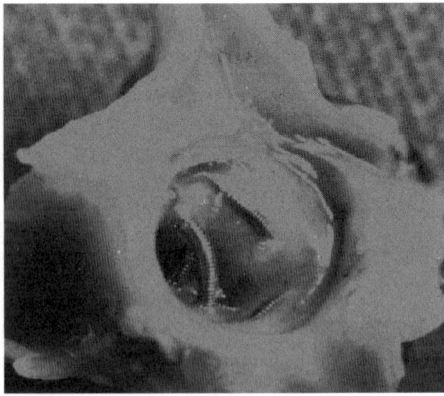

Abb. 36.9 Präparate von Aneurysmen, die mit konventioneller Embolisationsspirale *(links)* und mit komplex geformter, Fibronectin beschichteter Embolisationsspirale gefüllt worden sind *(rechts)*. Explantation nach 7 Wochen

ppx) als geeignete Trägerschicht zur kovalenten Anbindung von bioaktiven Wirkstoffen an. So gelang es, Nitinolstents (Gefässstützen) und Embolisationsspiralen aus Platin mit einer funktionellen Polymerbeschichtung auszurüsten [44]. Die ca. 400 nm dicke homogene CVD-Beschichtung des Nitinolstents zeichnet sich durch eine hohe Haftung und eine ausserordentlich gute mechanische Festigkeit aus, die der mechanischen Beanspruchung bei der Expansion des Stents standhält.

Im Falle der bioaktiven Beschichtung von Stents wurde z. B. r-Hirudin als stärkster bekannter Thrombininhibitor gewählt. Die Immobilisierung erfolgte nach Umsetzung der funktionalisierten Metalloberfläche mit dem bivalenten Spacer Hexamethylendiisocyanat (HDI). Die Erhaltung der Aktivität des immobilisierten r-Hirudins wurde durch Einsatz der MSC-Schutzgruppentechnik gewährleistet. Solchermassen bioaktivierte Metalloberflächen zeigten eine extrem verlängerte Thrombinzeit und eine starke Abnahme der Plättchenadhäsion in in vitro-Versuchen [45].

An Embolisationsspiralen aus Platin zur endovaskulären Therapie von zerebralen Aneurysmen wird die Forderung gestellt, den dauerhaften Verschluss des Aneurysmas zu garantieren. Dazu werden an die CVD-beschichteten Platinspiralen Zelladhäsionsmediatoren wie Fibronectin oder Collagen IV immobilisiert, um einen dauerhaften Verschluss dieser Aneurysmen durch körpereigenes Zellwachstum zu erzielen. Die kovalente Anbindung von Fibronectin oder Collagen IV an die aminoPPx-beschichteten Platinspiralen führte zu einer erhöhten Proliferationsrate von humanen Endothelzellen. Erste in vivo Versuche am Kaninchen zeigen, dass eine Steigerung des Gewebewachstums durch eine Fibronectinbeschichtung der Platinspiralen hervorgerufen werden konnte (Abb. 36.9).

Die vorgestellten Beispiele zeigen, dass die CVD-Beschichtung mit funktionalisierten Paracyclophanen ein universell anwendbares Verfahren zur Polymerbeschichtung und gleichzeitiger Funktionalisierung von Metalloberflächen ist, welche die Wirkstoffausrüstung ermöglicht. Bei der Vielzahl von möglichen bioaktiven Wirkstoffausrüstungen ist eine Anwendung dieses Verfahrens bei Metallimplantaten ausserhalb der kardiovaskulären Anwendungen ebenfalls von Interesse.

36.5 Ausblick

Da der extra- und intrakorporale Einsatz von Biomaterialien ein jährliches Wachstum von über 10% aufweist, wird der Einsatz moderner Dünnschichttechnologien zur Einstellung eines spezifischen Designs der Biomaterialoberflächen immer bedeutender. Denn die Oberflächenmodifizierung eines vorhandenen Biomaterialbauteils ist wirtschaftlich günstiger als die Entwicklung neuer Biomaterialien. Eine Vision ist sicherlich die Entwicklung einer dünnen Beschichtung, die Struktur und Eigenschaften des zu ersetzenden Körpergewebes aufweist. Ein weiterer interessanter Aspekt, ist die Entwicklung einer dünnen Beschichtung, die gleichzeitig als Wirkstoffdepot biologisch aktive Substanzen über eine definierte Zeit freisetzt. Die Umsetzung neuer innovativer Ideen wird jedoch nur durch gemeinsame interdisziplinäre Anstrengungen von Materialwissenschaftlern, Naturwissenschaftlern und Medizinern möglich sein.

36.6 Literatur

1. Ratner B.R., Hoffman A.S., Schoen F.J., Lemons J.E., *An Introduction to Materials in Medicine in Biomaterials Science*, Academic Press, New York, 1996.
2. Wintermantel E., Ha S.-W., *Biokompatible Werkstoffe und Bauweisen – Implantate für Medizin und Umwelt*, Springer-Verlag, Berlin, 1996.
3. Kyeck J., Nitoumbi B., Wasserman C., New coating systems for biomedical implants, *UTSC*, 1999, p. to be published.
4. Ulman A., *An Introduction to ultrathin organic films from Langmuir-Blodgett to self-assembly*, Academic Press, Inc., Harcourt Brace Jovanovitch, Publishers, Boston, 1991.
5. Drost H., *Plasmachemi*, Akademie Verlag, Berlin, 1978.
6. Boenig H.V., *Plasma science and technology*, Cornell University Press, New York, 1982.
7. Kobayashi M., Bell A., Shen M., *Plasmachemistry of Polymers*, Marcel Dekker, New York, 1976.
8. Chi M.C., *Polymer Surface Modification and Characterization*, Carl Hanser Verlag, München, 1994.
9. Hoffman A.S., *Macromol. Symp.*, 101, 1996, p. 443–454.
10. Hopkins J., Badyal J.P.S., *Macromolecules*, 27, 1994, p. 5498–5503.
11. Yang A.C.M., Allen R.D., Reiley T.C., *J. Appl. Polym. Sci.*, 46, 1992, p. 757–762.
12. Meichsner J., Nitschke M., Rochotzki R., Zeuner M., *Surface and Coating Technology*, 74–75, 1995, p. 227–231.
13. Klee D., Villari R.V., Höcker H., Dekker B., Mittermayer C., *J. Mat. Sci.*, 5, 1994, p. 592–595.
14. Sipehia A., Chawla A.S., Daka J., Chang T.M.S., *J. Biomed. Mater. Res.*, 22, 1988, p. 417–422.
15. Gombotz W.R., Hoffmann A.S., Gas discharge techniques for biomaterial modification, *CRC Critical Review in Biocompatibility*, 4, 1987, p. 1–42.
16. Ratner B.D., Chilkoti A., Lopez G.P., Plasmadeposition and treatment for biomaterial applications, in *Plasma Deposition, Treatment and Etching of Polymers*, R. D.A. (ed.), Academic Press, San Diego, 1990, p. 463–516.
17. Eloy R., Parrat D., Tran M.D., Legeay G., Bechetoille A., *Cataract. Refract. Surg.*, 19, 1993, p. 364.
18. Yeh Y.S., Yriyama Y., Matsuzawa Y., Hanson S.R., Yasuda H., Blood compatibility of surface modified by plasma polymerisation, *Journal of Biomedical Materials Research*, 22, 1988, p. 795–818.
19. Zubaidi T., Hirtsu J., *J. Applied Poly. Sci.*, 61, 1996, p. 1579.
20. Lee J.H., Lee J.W., Khang G., Lee H.B., *Biomaterials*, 18, 1997, p. 351.
21. Godjevargova T., *J. Applied Polym. Sci.*, 61, 1996, p. 343.
22. Edge S., Walker S., Feast W.J., Pacynko W.F., *J. Applied Polym. Sci.*, 47, 1993.
23. Lee S.D., Hsiue G.H., Wang C.C., Characterization of Plasma Induced Graft Polymerization of 2-Hydroxyethyl Methacrylate onto Silicone Rubber, *Journal of Applied Polymer Science*, 54, 1994, p. 1279–1287.
24. Plüster W., Oberflächenmodifizierung eines cycloaliphatischen Polyetherurethans zur Optimierung der Blutverträglichkeit, Diss. RWTH-Aachen, Shaker Verlag, 1998.
25. Hoffmann A.S., Ionizing Radiation and Gas Plasma (orGlow) Discharge Treatments for Preparation of Novel Polymeric Biomaterials, in *Advances in Polymer Science*, Springer Verlag, Heidelberg, 1984, p. 57.
26. Giroux T.A., Cooper S.L., *J. Appl. Polym. Sci.*, 43, 1991, p. 145–155.
27. Lin J.C., Cooper S.L., *Biomaterials*, 16, 13, 1995, p. 1017–1023.
28. Rose P.W., Liston E.M., *Plastics Engineering*, October, 1985, p. 41–45.
29. Terlingen J.G.A., Gerritsen H.F.C., Hoffman A.S., Feijen J., *J. Appl. Polym. Sci.*, 57, 1995, p. 969–982.
30. Lee S.D., Hsiue G.H., Plasma-induced grafted polymerization of acrylic acid and subsequent grafting of collagen onto polymer film as biomaterials, *Biomaterialien*, 17, 16, 1996, p. 1599–1608.

31. Klee D., Höcker H., Polymers for Biomedical Application: Improvement of the Interface Compatibility, in *Advances in Polymer Science*, Springer Verlag, Berlin, Heidelberg, 1999, p. 1–57.
32. Dai L., St.John H.A.W., Bi J., Zientek P., Chatelier R.C., Griesser H.J., Biomedical coatings by the covalent immmobilization of polysaccharides onto gas plasma activated polymer surfaces, *Surface and Interface Analysis*, 29, 2000, p. 46–55.
33. Langefeld S., Von Fischern T., Kompa S., Völcker N., Klee D., Reim M., Kirchhof B., Schrage N.F., Eine neue künstliche Hornhaut aus Silikon, *Medizin im Bild*, 5, 1998, p. 27–30.
34. Mark H., Bikales N., Overberger C., Menges G., *Enzyclopedia of Polymer Science and Engeneering*, J. Wiley & Sons, New York, 1985.
35. Surendran G., Gazicki M., Yasuda H., *J. Polymer Sci.*, Part A 24, 1986, p. 2089.
36. Wörner T., persönliche Mitteilung, Fa. DiMer, personal communication.
37. Swarc M., *J. Polym. Sci.*, 6, 3, 1951, p. 319.
38. Gorham W.F., *J. Polym. Sci.*, Part A-1, 4, 1966, p. 3027.
39. Lahann J., Verfahren zur Ausrüstung von Metallimplantaten mit bioaktiven Oberflächen, *Diss. RWTH Aachen*, Shaker Verlag, Aachen, 1998, p. D82.
40. Höcker H., Lahann J., Klee D., Lorenz G., Verfahren zur Erzeugung antithrombogener Oberflächen auf extrakorporal und/oder Intrakorporal zu verwendenden medizinischen Gegenständen, *DE 196 04 173 C2*, 1996.
41. Kramer P., Yasuda H., *J. Polymer Sci.*, Part A22, 1984, p. 475.
42. Lahann J., Klee D., Höcker H., Chemical vapour deposition polymerization of substituted [2.2]paracyclophanes, *Macromol. Rapid Commun.*, 19, 1998, p. 41–444.
43. Lahann J., Klee D., Höcker H., CVD Beschichtung mit einem funktionalisierten Poly-p-xylylen. Ein universell anwendbares Verfahren zur Ausrüstung von Medizinimplantaten mit Wirkstoffen, *Mat. wiss. u. Werkstofftech.*, 30, 1999, p. 763–766.
44. Lahann J., Klee D., Thelen H., Bienert H., Vorwerk D., Höcker H., Improvement of haemocompatibility of metallic stents by polymer coating, Journal of Materials Science, *Materials in Medicine*, 10, 1999, p. 443–448.
45. Lahann J., Plüster W., Klee D., Höcker H., Verfahren zur Immobilisierung des Thrombogeneseinhibitors Hirudin auf Polymeroberflächen, *DE 1975608.5 1997 und PCT WO 99/32080*, 1999.
46. Osborn J.F., Die biologische Leistung der HA-Keramik-Beschichtung auf dem Femurschaft einer Ti-Prothese, *Biomedizinische Technik*, 32, 7–8, 1987, p. 177–183.

37 PVD-Beschichtungstechnologie

M. K. Lake

37.1 Grundlagen der Physical Vapor Deposition-PVD-Beschichtungstechnologie

Die PVD–Technologie umfasst eine Reihe von Beschichtungsverfahren zur Abscheidung von Metallen, Legierungen oder chemischen Verbindungen durch Zufuhr von thermischer Energie oder durch Teilchenbeschuss im Hochvakuum. PVD-Verfahren gestatten u. a. die Beschichtung bei niedrigen Prozesstemperaturen, so dass thermisch sensible Substrate, z. B. wärmebehandelte Stähle oder ausgewählte Kunststoffe, beschichtet werden können. Insbesondere mit dem Magnetron Sputter Ion Plating-Verfahren (MSIP-Verfahren) und mit dem Arc Ion Plating-Verfahren (AIP-Verfahren) ist es möglich, thermisch vorbehandelte Werkstoffe zu beschichten, ohne den eingestellten Wärmebehandlungszustand (Härte, Spannungszustand) zu verändern. Ferner können endbearbeitete Bauteile mit der PVD-Technologie beschichtet werden, da die eingesetzten PVD-Verfahren die Ausgangsoberfläche konturgetreu abbilden, ohne dass eine Nachbearbeitung erforderlich wird.

Im Bereich der industriellen PVD–Beschichtung haben sich das Ionenplattieren, hierunter versteht man das Lichtbogenverdampfen (AIP–Verfahren), das Hochleistungs–Kathodenzerstäuben (MSIP–Verfahren) sowie das Elektronenstrahlverdampfen (EB–Verfahren) etabliert. Die PVD–Verfahren stellen sehr umweltfreundliche Beschichtungsverfahren dar, da im Prozess keinerlei umweltgefährdende oder toxische Reaktionsprodukte entstehen, die aufwändig aufbereitet und kostenintensiv entsorgt werden müssen.

Bei dem AIP–Verfahren wird das schichtbildende, elektrisch leitfähige Material mittels eines Lichtbogens (Arc) verdampft und nahezu vollständig ionisiert. Die Ionen können zusätzlich unter Einsatz einer negativen Spannung (Bias–Spannung) auf die zu beschichtende Bauteiloberfläche beschleunigt werden. Eine Unterbrechung der Bias-Spannung mit einer definierten Frequenz, auch Pulsen genannt, ermöglicht die Beschichtung von Bohrungen, sofern das Verhältnis von Bohrungstiefe zu Bohrungsdurchmesser kleiner oder gleich eins ist. Die Einschaltrate im Pulsbetrieb gibt das Verhältnis von Einschalt- und Ausschaltzeit wieder. Das Ionenbombardement führt zur Abscheidung von dichten, kompakten Schichten mit sehr guter Haftung. Das Bild 37.1 zeigt schematisch das AIP–PVD–Verfahren. In Bild 37.2 werden die Lichtbogenspuren und die Plasmaausbildung zweier Verdampfer zur Beschichtung von Bohrern gezeigt. Bei den PVD–Verfahren erfolgt die Beschichtung der Bauteiloberflächen nach der sogenannten Sichtliniencharakteristik. Hierunter versteht man, dass die zu beschichtenden Oberflächen unmittelbar dem Plasma ausgesetzt sein müssen, um eine Schichtbildung zu gewährleisten. Hinterschneidungen oder tiefe Bohrungen können daher nicht beschichtet werden.

Die Bauteiltemperatur, auch Substrattemperatur genannt, hängt wesentlich von den eingestellten Prozessparametern Bias-Spannung und Verdampferstrom ab. Es können aber auch temperatursensible Werkstoffe, z. B. Wälzlagerstähle mit einer Anlasstemperatur von 180°C, mit diesem PVD–Verfahren beschichtet werden. Die Verwendung von Reaktivgasen, z. B. Stickstoff oder Kohlenstoffträgergas (Methan, Acetylen) ermöglicht die Abscheidung von nitridischen, carbonitridischen oder carbidischen Hartstoffschichten. Charakteristisch für dieses Beschichtungsverfahren ist die Emission von Mikro- und Makropartikeln, den sogenannten Droplets, die sich in die aufwachsende Schicht einlagern können (Bild 37.3). Der Einbau von Makropartikeln in die aufwachsende Schicht lässt sich durch den Einsatz von magnetischen Filtersystemen deutlich senken, wodurch die Schichtrate ebenfalls gesenkt wird.

Für die Herstellung von dichten, korrosionsbeständigen Oberflächensystemen können Mehrlagenschichten mit dem AIP–Verfahren abgeschieden werden, wobei

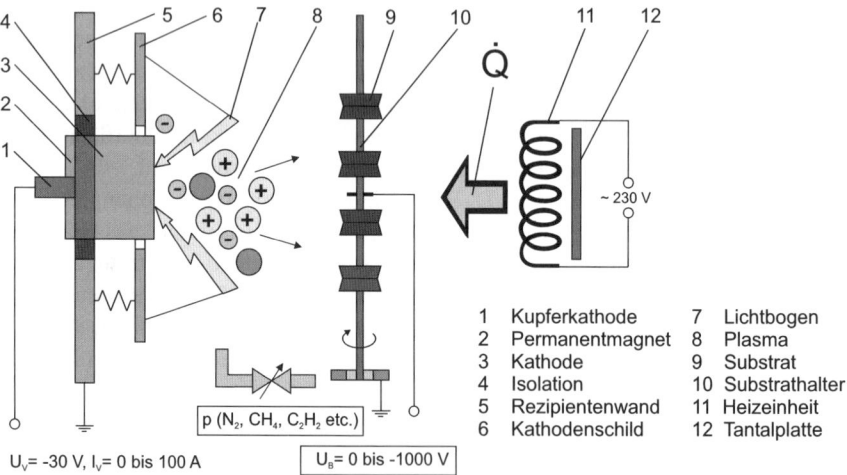

Abb. 37.1 Prinzipbild des AIP–PVD–Verfahrens: Der zwischen dem Kathodenschild (6) und der Kathode (3) brennende Lichtbogen (7) verdampft das Schichtmaterial welches sich auf dem Substrat (9) abscheidet. Die Heizeinheit (11) temperiert das Substrat in der Ätzphase mit dem Ziel, die Schichthaftung zu verbessern

37.1 Grundlagen der Physical Vapor Deposition-PVD-Beschichtungstechnologie

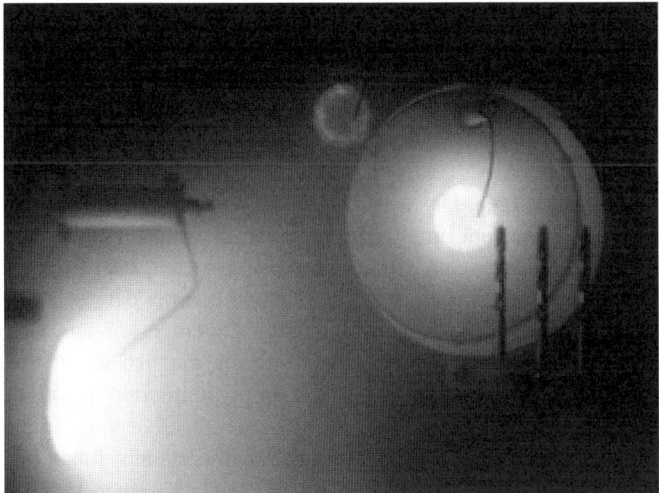

Abb. 37.2 Lichtbogen und Plasmaausbildung bei dem AIP–PVD–Verfahren: Der Lichtbogen verdampft die Kathodenmaterialien (helle Brennflecken). Im Bild sind zwei aktive Verdampfer gezeigt, die jeweils einen schichtbildenden Werkstoff verdampfen. Am linken Verdampfer ist die sich ausbildende Dampfkeule sehr gut dargestellt

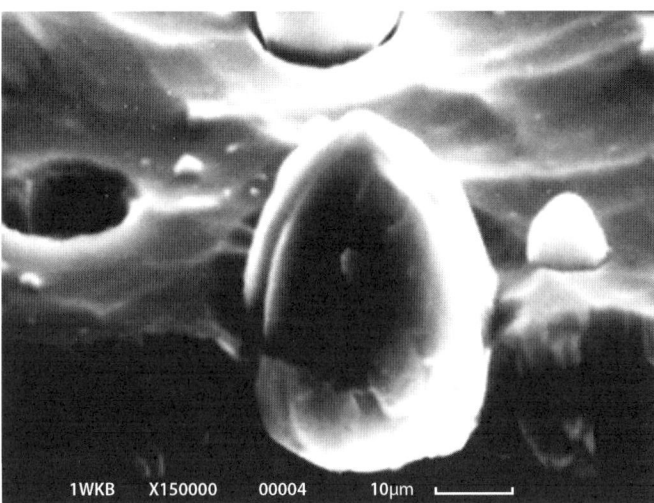

Abb. 37.3 Eingelagertes Droplet in der TiN–Schicht (AIP–PVD–Verfahren): Im vorderen Bereich der Schicht ist ein eingelagertes Droplet dargestellt, welches sich zu ca. 1/3 der gesamten Droplethöhe in der Schicht befindet. Links neben dem großen Droplet befindet sich in der Schicht eine Kaverne, die durch ein herausgelöstes Droplet entstanden ist. Die Wellenform der Schichtoberfläche ist auf die hohen Druckeigenspannungen zurückzuführen, die im Prozess des Schichtwachstums entstehen

jeweils die neue Schichtlage den Defekt in der vorhergehenden Schicht schließt. Mit dem AIP–Verfahren werden bevorzugt Hartstoffschichten abgeschieden, die aus einem metallischen Element (z. B. Cr, Ti) und einem Metalloid (z. B. N, C) bestehen.

Die Abscheidung oxidkeramischer Systeme (Al_2O_3, Cr_2O_3, CrAlON) und metallischer Systeme (CrAlN, TiAlN) kann mit dem MSIP–Verfahren in Ein– bzw. Mehrlagentechnik erfolgen. Das schichtbildende Material (Target) wird durch ein Argonionen–Bombardement im DC– bzw. im HF–Betrieb zerstäubt. Die DC–Zerstäubung erfolgt bei elektrisch leitenden Targetwerkstoffen, z. B. Titan oder Chrom. Eine Verfahrensvariante stellt die HF–Zerstäubung dar, bei der auch nicht leitende Targetmaterialien, z. B. Al_2O_3 oder SiO_2 zerstäubt werden können. Das zerstäubte Material besteht zu 99 % aus neutralen Teilchen, die sich in der Randzone einer Gasentladung, z. B. auf einem entsprechend positionierten Substrat, als dünne Schicht abscheiden. Legt man an das Substrat eine negative Vorspannung, die sogenannte Bias–Spannung, so werden auf das Substrat ständig Ionen beschleunigt, die neben einer minimalen Wiederzerstäubung auch zu einer Verbesserung der Haftfestigkeit der Schichten sowie zu dichteren Schichtstrukturen führen. Mit dem MSIP–Verfahren können unter Einsatz von Reaktivgasen keramische und metallische Hartstoffschichten nahezu fehlstellenfrei abgeschieden werden. Das Bild 37.4 zeigt das Prinzip des MSIP–PVD–Verfahrens und Bild 37.5 die Anordnung von Target, Plasma und Substrat.

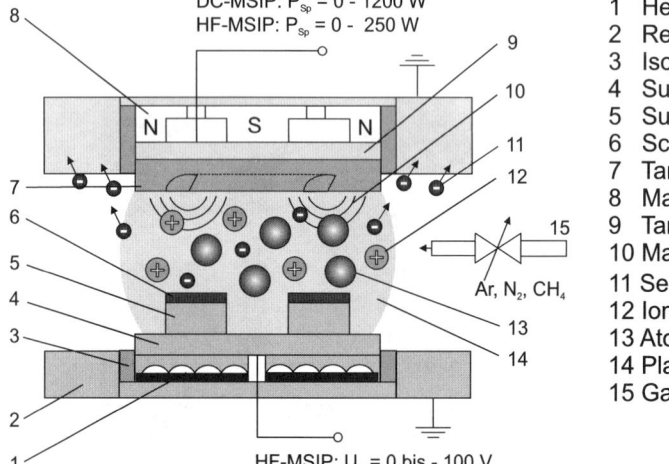

Abb. 37.4 Prinzipbild des MSIP–PVD–Verfahrens: Das schichtbildende Material (7), Target genannt, wird durch Argonionen (12) zerstäubt und das zerstäubte Material scheidet sich auf einem entsprechend positionierten Substrat (5) als Schicht (6) ab. Eine Substrattemperierung (1) verbessert die Schichthaftung und erlaubt die Einstellung der definierten Schichtmorphologie (amorph, kristallin)

Abb. 37.5 Plasmaausbildung bei dem MSIP–PVD–Verfahren: Im mittleren Bildbereich ist das hellbrennende Plasma sichtbar (unterhalb des Targets). Das Substrat befindet sich unmittelbar unter dem Plasma und wird von dem schichtbildenden Material vollständig erfasst

37.2 Schichtsysteme, Schichtarchitektur und Eigenschaften

Die beiden vorgenannten PVD–Verfahren Arc Ion Plating und Magnetron Sputter Ion Plating erlauben die definierte Einstellung der Schichteigenschaften, wie beispielsweise der Schichthärte, der Oberflächenrauheit, der Schichtmorphologie und -struktur, der Oberflächenenergie sowie der Schichthaftung zur Bauteiloberfläche bzw. innerhalb der Schichten, über die Wahl der verwendeten Prozessparameter, z. B. Bias–Spannung, Target– bzw. Kathodenleistung, Gasdruck und Gaskomposition. Hierdurch besteht die Möglichkeit, Schichtsysteme im Hinblick auf spezielle Eigenschaften, z. B. antiadhäsive Schichtoberfläche in Verbindung mit einer

Schicht-system	Mikrohärte [HV 0,5]	Reibwert (trocken, gegen Stahl)	Maximale Anwendungs-temperatur [°C]	Farbe	Quelle
a–C:H	> 2.000	0,1–0,2	350	schwarz	1
AlCrN	3.200	0,35	1.100	blau–grau	1
AlTiN	3.700	–	900	anthrazit	2
TiAlN	3.300	0,25–0,35	900	violett–grau	1
TiCN	3.000	0,4	400	blau–grau	1
TiN	2.300	0,4	600	gold–gelb	1
CrN	1.750	0,5	700	silber–grau	1
WC/C	1.500/1.000	0,1–0,2	300	anthrazit	1
ZrN	2.600	–	550	hellgold	2

Tabelle 37.1 Richtwerte für ausgewählte PVD–Dünnschichtsysteme

hohen Korrosions- und Verschleißbeständigkeit, herzustellen. Die Tabelle 1 zeigt Richtwerte für mechanisch-technologische Eigenschaften von industriell etablierten Dünnschichtsystemen.

Im Bereich des kunststoffverarbeitenden Maschinenbaus werden für die verschleißbeständige Auslegung von Plastifizierschnecken zur Verarbeitung von gefüllten Formmassen, z.B. PPS–GF40 oder PA6.6–GF50, beispielsweise Titanbasisschichten (TiN, TiCN, TiBN, TiAlN) sowie Chrombasisschichten (CrN, CrC) eingesetzt [3 bis 10]. Im Modelltest haben mehrlagige chrombasierte Schichten (Cr_xN) im Vergleich zu titanbasierten Schichtsystemen, TiN oder TiBN, trotz geringerer Oberflächenhärte ein verbessertes Verschleiß- und Korrosionsverhalten bei der Verarbeitung korrosiver Formmassen (PPS, C–PVC) gezeigt [3]. Bei der Verarbeitung von Formmassen optischer Qualität spielt u. a. die Korrosionsbeständigkeit der Plastifizierkomponenten eine wesentliche Rolle, da durch Zersetzungsprodukte ein korrosiver Angriff der schmelzekontaktierenden Bereiche eintreten kann. Chrombasisschichten (Cr_xN) bieten, im Vergleich zu titanbasierten Schichtsystemen, einen guten Korrosionsschutz durch die Bildung einer Passivschicht.

Der Einsatz von CrN-Schichten im Bereich der Verarbeitung von Formmassen optischer Qualität wird erstmals in [11] beschrieben. Für die Herstellung von Seitenscheiben aus PC wurden die Kavitäten mit einer CrN-Schicht versehen. Hierdurch wurden die antiadhäsiven Eigenschaften der Kavität dahingegen verbessert, dass ein Anhaften der Kunststoffschmelze an der Wandung der Kavität sicher vermieden und die Formteile ohne die Verwendung von Trennmitteln entnommen werden können. Der Verzicht auf die Verwendung von Trennmitteln ist besonders wichtig, um die Kunststoffoberflächen in einem nachfolgenden Prozessschritt mit Polysiloxan beschichten zu können. Einen wesentlichen Aspekt stellt die umweltschonende Reinigung der beschichteten Kavitätenoberfläche durch einfaches Auswischen in Verbindung mit einem umweltfreundlichen Reinigungsmittel dar. Neben der verbesserten Reinigungsmöglichkeit konnte durch die Beschichtung mit einer CrN-Schicht die Beständigkeit der Kavität gegen Korrosion im Bereich der Formentlüftung verbessert werden [11].

Als Schichtsysteme zur Verbesserung der Abrasions- und Korrosionsbeständigkeit sowie zur Senkung der Adhäsionsneigung von Plastifizierkomponenten, die zur Verarbeitung von Formmassen optischer Qualität eingesetzt werden, können oxidkeramische Schichten und Chrombasisschichten eingesetzt werden. Oxidkeramische Schichten, wie beispielsweise das Aluminiumoxid, sind auf Grund des ionischen Bindungscharakters chemisch inert und weisen daher eine sehr hohe Korrosions- und Oxidationsbeständigkeit auf [12]. Der ionische Bindungscharakter der Oxidkeramik vermindert ein adhäsives Anhaften der Kunststoffschmelze [13]. Darüber hinaus weisen Al_2O_3-Schichtsysteme mit einer Härte von 2400 HV eine sehr gute Beständigkeit gegen Abrasivverschleiß auf. Die direkte Beschichtung von metallischen Substraten mit einer Al_2O_3-Schicht führt in Folge der stark unterschiedlichen thermischen Ausdehnungskoeffizienten zu Haftungsproblemen und somit zur Schichtablösung. Ein Vergleich der thermischen Ausdehnungskoeffizienten von Al_2O_3 ($\alpha_{(Al2O3)} = 7{,}2 \times 10^{-6}$ 1/K) und Nitrierstahl ($\alpha_{(Nitrierstahl)} = 12 \times 10^{-6}$ 1/K) zeigt deut-

37.2 Schichtsysteme, Schichtarchitektur und Eigenschaften

lich, dass thermisch induzierte Spannungen im Beschichtungsprozess sowie im späteren Spritzgießbetrieb auftreten. Ein Lösungsansatz stellt die Al_2O_3-Abscheidung im Mehrlagensystemen unter Verwendung von metallischen Zwischenschichten, z. B. TiAlN, dar. Der mehrlagige Aufbau mit einer Gesamtschichtdicke von 5 µm kann bis zu 40 Einzelschichtlagen enthalten, wobei die Decklage aus Al_2O_3 besteht. Durch das Mehrlagenkonzept wird die Schichthaftung auf dem Substrat sowie zwischen den Einzelschichten wesentlich verbessert. Die Korrosionsbeständigkeit ist sehr hoch, da Schichtdefekte durch den mehrlagigen Aufbau abgedeckt werden. Ferner führt der Mehrlagenaufbau dazu, dass Risse in dem Oberflächensystem in Folge mechanischer Beanspruchung nicht zu einer vollständigen Schichtablösung führen. Der Rissfortschritt wird durch die Absorption der Rissenergie über den einzelnen Interfaces herabgesetzt und somit die Gefahr der vollständigen Schichtablösung wesentlich vermindert. Ein antiadhäsives Multilagenschichtsystem für die PC-Verarbeitung zeigt Bild 37.6. Das Schichtsystem mit einer Schichtdicke von ca. 5 µm besteht aus insgesamt 22 Lagen bestehend aus TiAlN- und ZrO_2-Schichten und einer ZrO_2-Decklage [14].

Abb. 37.6 Multilagenschichtsystem TiAlN-ZrO_2 [14]: Im Bruchquerschnitt ist die Abfolge einer Mulitlagenschicht mit insgesamt 22 Einzelschichtlagen sichtbar. Die Decklage ist eine oxidkeramische Schicht, die antiadhäsive Eigenschaften aufweist. Der Vorteil von Multilagenschichten besteht darin, dass die Energie von Rissen über die Einzelschichtlagen (Interfaces) abgebaut und hierdurch die Gefahr der spontanen, vollständigen Schichtablösung (Delamination) vermieden wird

Eine Alternative zu den oxidkeramischen Schichten sind Chrombasisschichten (CrN, CrAlN, CrAlON). Chrom gehört zu den unedlen Metallen, nimmt aber die Eigenschaft von Edelmetallen an, da es leicht passivierbar ist. An Atmosphäre bilden sich auf Chrom spontan stabile, festhaftende, korrosionsbeständige und gasundurchlässige Cr_2O_3-Schichten, die bis 1000°C zunderbeständig sind. Die Verbindungen des Systems Cr-N gehören zu den Einlagerungsverbindungen, in denen die kleineren Stickstoffatome in die Lücken des Trägergitters eingelagert sind. Es können sich CrN- und Cr_2N-Phasen bilden, wobei auch ein Bereich besteht, in dem beide Phasen gleichzeitig existieren [15]. Die Härtewerte der Phasen liegen zwischen 1100 HV und 1750 HV, so dass diese Systeme einen ausreichenden Verschleißschutz im Kontakt mit ungefüllter Kunststoffschmelze bieten. Eine Weiterentwicklung stellen Chrom-Aluminium-basierte Schichtsysteme dar. Mit einer Schichthärte von bis zu 2700 HV weisen CrAlN-Schichten ein sehr gutes Verschleißverhalten auf. Darüber hinaus wird durch den Einbau von Aluminium in die Schicht die Ausbildung einer chemisch inerten Al_2O_3-Deckschicht gefördert, wodurch die Oxidationsbeständigkeit des Schichtsystems, im Vergleich zu einer CrN-Schicht, verbessert wird. Die Bildung oxidischer Deckschichten erfolgt spontan nach Atmosphärenexposition.

Eine Weiterentwicklung stellt die Abscheidung von CrAlON-Schichten dar, die z. B. auf den Komponenten der Plastifiziereinheit (Spritzgießschnecke, Rückstromsperre) eingesetzt werden kann. Hier wird neben dem Stickstoff auch Sauerstoff als Metalloid im Beschichtungsprozess eingesetzt, so dass oxidkeramische Schichten mit einer höheren Schichtdicke hergestellt werden können, als dies durch eine spontane Passivierung möglich wäre. Im Kontakt mit gut haftenden Polymerschmelzen (z. B. COC) zeigen die CrAlON-Schichten ein antiadhäsives Verhalten, was dazu führt, dass einerseits die Belagbildung im Plastifizierprozess und andererseits der Reinigungsaufwand der Plastifiziereinheit deutlich reduziert wird [16].

37.3 Schichtarchitektur

Eine Modifikation und Optimierung der Oberflächen kann über die Art des Schichtsystems, den Schichtaufbau (Mono-, Multi- oder Gradientenlayer) und die Variation der jeweiligen Parameter des PVD-Prozesses, z. B. Gaskomposition oder Bias-Spannung, erfolgen. Als Kenngrößen für eine Optimierung werden u. a. Härte der aufgebrachten Schicht, Verbundfestigkeit zwischen Hartstoffschicht und Trägermaterial (Substrat), Oberflächengüte nach der Beschichtung, Blutverträglichkeit und Elastizität mittels der Nanoindenteruntersuchung ermittelt. Ferner ist auch eine Optimierung des Schichtsystems hinsichtlich einzelner Eigenschaften, z. B. Oberflächenhärte oder -rauheit, möglich [17, 18]. In Bild 37.7 wird der schematische Aufbau eines einlagigen Schichtsystems (Monolagensystem), eines Gradientenschichtsystems und eines mehrlagigen Schichtsystems (Multilagensystem) gezeigt.

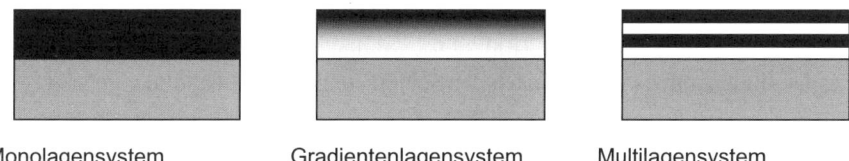

Monolagensystem   Gradientenlagensystem   Multilagensystem

Abb. 37.7 Aufbau von PVD-Schichtsystemen: Bei der Monolagenschicht wird ein Substrat mit einer einzigen Schicht versehen. Ist es erforderlich die Stützwirkung in die Schicht zu verlegen, so kann eine Gradientenlagenschicht appliziert werden. Hierbei wird der Schichtaufbau zunächst durch die Abscheidung eines reinen Metalls (z. B. Titan) auf der Substratoberfläche begonnen. Im weiteren Prozess wird das entsprechende Metalloid (Stickstoff, Kohlenstoffträgergas) mit steigender Konzentration in die Schicht eingebaut, bis die gewünschten Schichteigenschaften (Stöchiometrie oder Härte) eingestellt sind. Bei der Multilagenschicht werden mehrere Schichten alternierend über einander appliziert (z. B. Titannitrid und Titanaluminiumnitrid)

37.4 Kombinationsbehandlung Plasmanitrieren und PVD-Beschichten

Eine Weiterentwicklung stellt die Hybridbehandlung, bestehend aus Plasmanitrieren und PVD–Beschichten, dar. Hierbei werden Werkstücke und Bauteile in einem ersten Schritt verbindungsschichtfrei plasmanitriert und in einem weiteren Behandlungsschritt PVD–beschichtet. Die Bildung der Diffusionsschicht in der Randzone des Werkstoffs verbessert einerseits die Stützwirkung auf die PVD–Verschleißschutzschicht und verhindert somit ein Einbrechen der PVD–Schicht unter lokaler Lastbeanspruchung („Eierschaleneffekt"). Andererseits wird die Schichthaftung auf der zu beschichtenden Bauteiloberfläche durch das Fehlen einer Verbindungsschicht verbessert [19]. Diese Oberflächenbehandlung kann einerseits in einer Anlage erfolgen, in der die Bauteile zunächst nitriert und in einem nachfolgenden Prozess PVD–beschichtet werden. Ein anderer Ansatz besteht darin, die Bauteile in einem ersten Schritt in einer konventionellen Plasmanitrieranlage verbindungsschichtfrei zu nitrieren und in einem zweiten Schritt in einer Beschichtungsanlage mit einer PVD–Schicht zu versehen. In Bild 37.8 wird schematisch der Härteverlauf einer hybridbehandelten Randzone gezeigt.

37.5 Mechanische Probenvorbehandlung

Für eine beschichtungsgerechte Probenvorbehandlung bietet sich der Einsatz einer Gleitschleifanlage an. Der Gleitschleifprozess erfolgt automatisiert, so dass auf manuelle Schleif- und Polieroperationen verzichtet werden kann. Die durch den Schleif- und Poliervorgang erzielten Oberflächen weisen eine sehr geringe Oberflächenrauheit auf, so dass die Substratoberflächen optimal für den PVD-Beschichtungsprozess vorbereitet sind. Das Gleitschleifverfahren führt zu reproduzierbaren Oberflächenqualitäten. In dem Bild 37.9 wird die stereomikroskopische Aufnahme des Okkluderzapfens vor und nach der Schleif- und Polierbehandlung gezeigt.

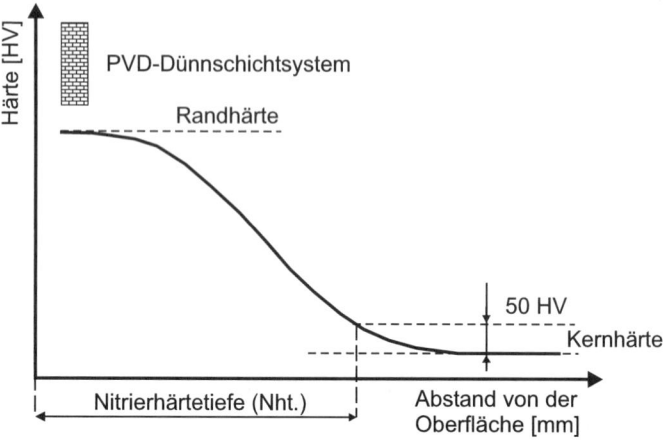

Abb. 37.8 Härteverlauf einer hybridbehandelten Randzone: Die Grundhärte wird in der Randzone der Substratoberfläche durch das Eindiffundieren von Stickstoff im Nitrierprozess eingestellt (Nitrierhärtetiefe). Im Anschluss erfolgt die Applikation des Dünnschichtsystems mit einer deutlich höheren Härte als die der nitrierten Substratoberfläche. Hierdurch lässt sich der Härtegradient von Substrat und Schicht in einem weiten Bereich einstellen

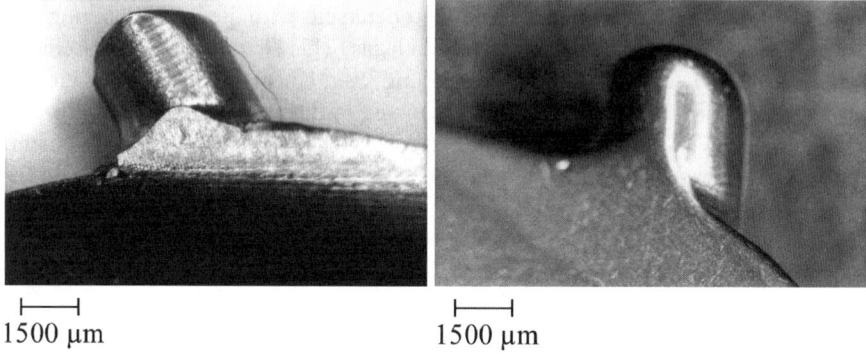

Abb. 37.9 Aufnahme des Okkluderzapfens vor (linkes Bild) und nach (rechtes Bild) dem Gleitschleifprozess als Verfahren zur mechanischen Substratvorbehandlung. Das Gleitschleifverfahren hat sich als automatisiertes Verfahren etabliert, da hierdurch feine Grate oder Oberflächenriefen gut und reproduzierbar abgetragen bzw. eingeebnet werden können. Eine weitere manuelle Oberflächenbearbeitung (Polieren, Läppen) ist über das Gleitschleifen hinaus nicht mehr erforderlich

37.6 Einsatzbereiche der PVD-Technologie

Im medizinischen Bereich haben sich für die PVD-Beschichtung von Implantaten ternäre und quaternäre Titanbasisschichten, z. B. Ti-O-N, Ti-Zr-O-N- oder Ti-Nb-O-N-Schichten, durchgesetzt. Die herausragenden Eigenschaften hinsichtlich der Biokompatibilität sind auf die Ausbildung einer Passivschicht aus Titanoxid zurückzuführen [18, 20 bis 23].

Im Rahmen von Blutverträglichkeitsuntersuchungen können Grenzwinkelmessungen mit unterschiedlichen Medien, z. B. physiologische Kochsalzlösung, Blut, Glyzerin oder Wasser, durchgeführt werden. Hierbei werden die kritische Oberflächenspannung sowie das Verhältnis von polarem zu dispersem Anteil der freien Oberflächenenergie der unbeschichteten Referenzprobe und der PVD-beschichteten Prüfkörper untersucht und bewertet [24, 25].

Nach Untersuchungen von Baier verhält sich eine Oberfläche biokompatibel, wenn der Wert der kritischen Oberflächenspannung in dem Bereich von 20 dyn/cm bis 30 dyn/cm liegt [26]. In einem Ansatz von Kaelble und Moacanin zur Abschätzung der Biokompatibilität werden die polaren und dispersen Anteile der Oberflächenspannung herangezogen. Als blutverträglich gelten Implantate, wenn sie einen geringen polaren (Dipolkräfte, Wasserstoffbrückenbindung) und einen hohen dispersen Anteil (v. d. Waals-Kräfte) der Oberflächenenergie aufweisen [27]. Die Blutverträglichkeit kann durch die Adsorption einer Proteinschicht verbessert werden.

Titannitridschichten zeichnen sich neben einer hohen Härte von 2400 HV und einem geringen Reibwert durch eine gute Biokompatibilität aus [20, 22, 23, 28]. Für die Beschichtung der Dentalprothesen wurde beispielsweise eine spezielle AIP-PVD-Prozessführung entwickelt. Der eingesetzte Beschichtungsprozess erfolgte mehrstufig mit einem Zwischenätzprozess, um dichte homogene Schichtstrukturen zu erzielen [29]. Dieser Schicht-Substratverbund zeichnet sich durch sehr gute mechanische Eigenschaften, d. h. hohe Härte und Verbundfestigkeit in Verbindung mit einer hohen Korrosionsbeständigkeit, aus [20, 30, 31]. Das Bild 37.10 zeigt zwei mit Titannitrid beschichtete Dentalprothesen.

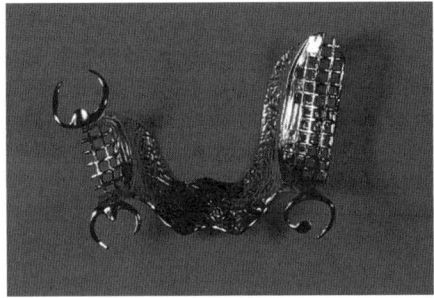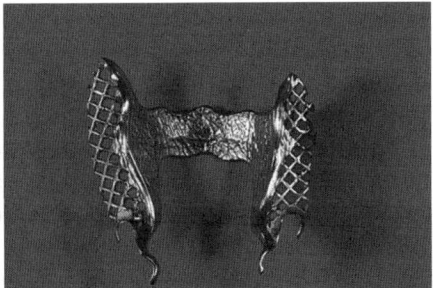

Abb. 37.10 TiN-beschichtete Dentalprothesen: Die Bilder zeigen zwei Dentalprothesen die mit einer mehrlagigen Titannitridschicht versehen wurden. Die Mehrlagenbeschichtung gewährleistet die Korrosionsbeständigkeit des Grundwerkstoffs gegenüber dem Mundmilieu und verhindert somit das Ausbilden eines Lokalelementes

37.7 PVD-Beschichtung von Kunststoff

Die Beschichtung von ausgewählten Kunststoffen, z. B. PBT oder PEEK, wird durch die Wahl geeigneter PVD-Verfahrenstechniken, wie beispielsweise dem MSIP-, dem AIP- oder dem EB-PVD-Verfahren sowie einer angepassten Prozessführung ermöglicht. Hierdurch können auch auf thermoplastischen Werkstoffen Materialsysteme mit veränderbaren strukturellen und mechanischen Eigenschaften abgeschieden werden. Der entscheidende Vorteil der PVD-Verfahrenstechniken liegt darin, dass Werkstoffe bei Prozesstemperaturen von unter 100°C an der Bauteiloberfläche beschichtet werden können. Damit ist die Beschichtung von Thermoplasten prinzipiell möglich, ohne das Substrat oder die Schicht zu beschädigen. Einen wesentlich beschränkenden Faktor bei der Niedrigtemperaturbeschichtung, insbesondere im Hinblick auf korrosive und mechanische Beanspruchung, stellt die Haftfestigkeit des Materialsystems auf der Oberfläche des Substrats dar, da eine starke ionische oder kovalente Bindung der Schichtatome sich weder ausbilden noch über Diffusionsvorgänge entstehen kann.

Bei Polymeren treten in der Regel van-der-Waals-Bindungskräfte als maßgebliche Haftungsmechanismen der Schichtsysteme auf, so dass z. B. stark polare Werkstoffe zur Beschichtung eingesetzt werden. Eine weitere Möglichkeit besteht in der Generierung dieser Zustände an der Oberfläche des Substrats durch geeignete Plasmaaktivierungen unmittelbar vor dem Beginn der Beschichtung. Es gibt aber auch sichere Hinweise (per XPS-Analyse) auf die Anbindung metallischer und keramischer Werkstoffe über die Bildung von Oxiden, wobei hier Polymere mit hohem Sauerstoffgehalt und einer O-Anbindung an die C-X-Kette eingesetzt wurden, z. B. bei Polybutylenterephtalat (PBT). Bessere Verbundfestigkeiten erzielen in der Regel Polymere, die einer höheren Temperaturbelastung ausgesetzt werden können, da sich nicht nur die strukturellen Eigenschaften der Schichtsysteme verbessern, sondern auch deutlich höhere Schichtdicken ohne eine thermische Überlastung des Substrats erreicht werden können. Ein sehr gut mit dem PVD-Verfahren beschichtbarer Werkstoff stellt das Polyetheretherketon (PEEK) dar. Die Haftungseigenschaften können aber auch durch verschiedene mehrstufige Verfahrensketten verbessert werden, jedoch ist bei jedem zusätzlichen Arbeitsschritt ein weiterer Kostenanstieg zu berücksichtigen. Als vorgelagerte Fertigungsstufen bei der Herstellung applikationsangepasster Werkstoffverbunde kommen zum einen galvanische Vorbehandlungen oder zum anderen das Aufbringen von haftvermittelnden „Lackschichten", z. B. eine Kunststoffmatrix mit eingelagerten Metallpartikeln, in Frage.

Da es sich bei den meisten PVD-Verfahren um Hochvakuumprozesse handelt, spielt das Ausgasungsverhalten der Polymere eine entscheidende Rolle, da bei zu hohen Ausdampfraten das Aufwachsen einer dichten Schicht nicht realisiert werden kann. Abhilfe kann hier eventuell durch eine Auslagerung der Bauteile in einer Vakuumwärmekammer geleistet werden. Trotz dieser zahlreichen einschränkenden Rahmenbedingungen konnten mittels des MSIP-Verfahrens bereits komplexe Bauteile mit Metall- und Hartstoffschichten auf der Basis Ti-Zr-N, Ti-N und Cr-N für einen speziellen tribologischen Einsatz beschichtet werden [32, 33, 34].

Verpackung	– Barriereschichtsysteme (PET-Flaschen, Folienverpackung) – Lichtschutzsysteme
Food	– Korrosions-/Verschleißschutz von Dosierkolben, Lagern und Führungen
Pharma	– Tablettierstempel (Antiadhäsion, Verschleißschutz)
Life Science	– Beschichtung von Kunststoffoptiken – Applikation antimikrobieller Beschichtungen – Aufbau von Dünnschichtsensorik (Lab On Chip-Systeme) – Verspiegelungssysteme (Tag-Nacht-Umschaltung)
Medizintechnik	– TEP-Komponenten – Instrumente für die Augenchirurgie – Bohrer und Werkzeuge für die Chirurgie – Herstellung von Lotpads zur elektrischen Kontaktierung – EMV-Schutz von Gehäusen – Herstellung von MID-Trägern

Tabelle 37.2 Anwendungsbeispiele für PVD-Dünnschichtsysteme

Kunststoffe werden beispielsweise mit einer wenige µm-dicken Kupferschicht versehen, um einerseits die Lötbarkeit zu erzielen, um so elektrische Verbindungen zu ermöglichen. Andererseits wird das elektromagnetische Abschirmverhalten von Gehäusen durch eine Kupferschicht verbessert, um so den Einfluss von Störstrahlung zu vermeiden. Die Beschichtung von Kunststoffoptiken zur Verbesserung der Kratzfestigkeit und zur Optimierung der optischen Eigenschaften, z. B. durch Antireflexbeschichtungen, sind weitere Anwendungsfelder.

Die Anwendungsfelder für PVD-Dünnschichtsysteme sind vielfältig und in weiten Bereichen der industriellen Praxis etabliert. Insbesondere im Bereich der Tribologie werden diese Schichtsysteme für einen wirkungsvollen Verschleiß- und Korrosionsschutz eingesetzt. Innovative Ansätze für den Einsatz der PVD-Technologie in den Bereichen Verpackung, Pharma, Life Science stellt Tabelle 37.2 vor.

37.8 Qualitätssicherung und Prüftechnik für PVD-Dünnschichtsysteme

Die Bestimmung der Schichtdicke auf dem Substrat erfolgt über die Vermessung einer in die Schicht geschliffenen Kalotte. Der Schliff wird mit einem Kalottenschleifgerät erzeugt, bei dem eine Hartmetallkugel unter Verwendung von 3 µm-Diamantemulsion und Kühlschmiermittel auf der Oberfläche einer geneigten Probe abrollt (Bild 37.11). Die Kalotte ist soweit einzuschleifen, bis der Substratwerkstoff sichtbar wird. Die Auswertung erfolgt mit einem geeigneten Vergrößerungsgerät,

Abb. 37.11 Anordnung von Probe- und Schleifkugel: Die aus Hartmetall bestehende Schleifkugel läuft auf der Schleifwelle und dient unter Verwendung einer Diamantemulsion als geometrisch definierter Schleifkörper. Die Kugel schleift das Schichtsystem bis auf den Grundkörper des Substrates ein, wobei die Geometrie der eingeschliffenen Kalotte ausgewertet wird

wobei die Kalotte auf einen Bildschirm projiziert oder mittels einer interaktiven Bildauswerteeinheit ausgewertet wird. Die Berechnung der Schichtdicke S erfolgt unter Verwendung der Formel $S = X \cdot Y \cdot f$ mit der Angabe der Schichtdicke in µm. Die Faktoren X und Y sind geometrische Größen und werden auf einem Bildschirm eines Messmikroskops ermittelt. Der Faktor f ist von der eingestellten Vergrößerung des Mikroskopsystems und der Größe der eingesetzten Hartmetallkugel abhängig. In Bild 37.12 werden die für die Schichtdickenmessung relevanten Größen dargestellt.

Für die Beurteilung der Qualität des Schicht-Substrat-Verbundes kann die kritische Last mit einem Scratchtest, auch Ritztest genannt, ermittelt werden. Der Scratchtest gibt Aufschluss über die Haftung und die Verbundfestigkeit von dünnen Hartstoffbeschichtungen auf dem Grundwerkstoff (Substrat). Das Prinzip des Scratch-Verfahrens besteht darin, dass eine gewichtsbelastete Diamantspitze (Rockwell-C-Diamant) über die Schicht gezogen wird. Hierbei wird die auf die Diamantspitze wirkende Last schrittweise im Bereich von 10 N bis 90 N erhöht und die Scratch-Spuren ausgewertet. Die Belastung, bei der zum ersten Mal ein Schichtver-

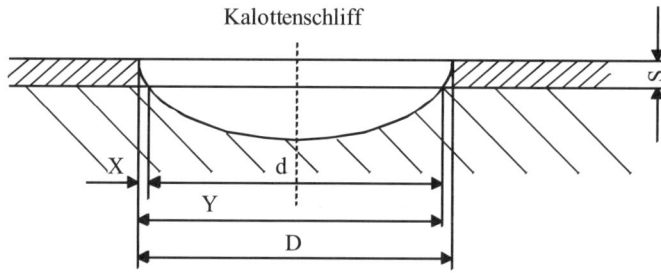

Abb. 37.12 Geometrische Größen zur Bestimmung der Schichtdicke: Die in die beschichtete Probenkörperoberfläche eingeschliffene Kalotte zeigt bei einer Monolagenschicht zwei konzentrische Kreise mit zwei Durchmessern (D, d). Die Schichtdicke in µm kann über die Formel $S = X \cdot Y \cdot f$ berechnet werden. Hierbei ist f ein Faktor der durch das eingesetzte Messmikroskop und durch den Durchmesser der eingesetzten Schleifkugel bestimmt ist

37.8 Qualitätssicherung und Prüftechnik für PVD-Dünnschichtsysteme

Abb. 37.13 Ritzspuren von 10 bis 40 N (v.l.n.r.) eines TiAl6V4-Prüfkörpers (L_C = 40 N): Die Last mit denen die Ritzspuren in die Probenoberfläche eingebracht werden wird von Spur zu Spur gesteigert. Die Last bei der erste Beschädigungen innerhalb oder in den Randbereichen der Ritzspur auftreten, wird als kritische Last bezeichnet

sagen (kohäsives, adhäsives Versagen) auftritt, wird als kritische Last bzw. Scratch-last L_c bezeichnet. Bild 37.13 zeigt die Scratch-Spuren auf einem Prüfkörper.

Neben dem Scratchtest hat sich der Rockwell C-Test für die Bewertung der Verbundfestigkeit etabliert. Bei diesem Prüfverfahren wird eine kraftbelastete Rockwell C-Diamantspitze in die beschichtete Prüfkörperoberfläche eingebracht und das entstehende Schädigungsmuster anhand vordefinierter Klassen bewertet. Die Bewertungsklassen werden in Bild 37.14 vorgestellt. Eine Auswertung hinsichtlich der Bewertungsklassen erfolgt lichtmikroskopisch. Der Rockwell C-Test ist häufig Gegenstand der Wareneingangsprüfung, da die Durchführung und die Auswertung einfach und rasch erfolgen kann.

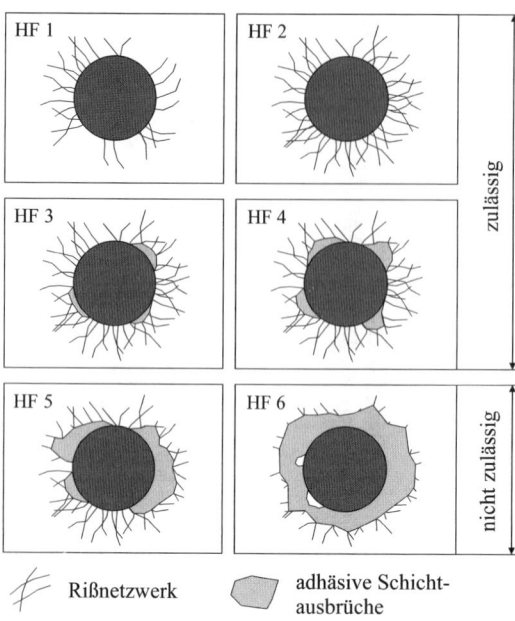

Abb. 37.14 Bewertungsklassen: Der Eindrucktest ist ein schnelles und einfaches Verfahren zur Bewertung der Haftung von beschichteten Oberflächen. Nach dem Eindruck des Rockwell-Diamanten kann das Schadensbild visuell nach den Bewertungsklassen (Haftfestigkeitsklassen) ausgewertet werden. Hierbei sind großflächige bzw. zusammenhängende Schichtausbrüche nicht mehr zulässig. Kleinere Ausbrüche am Rand des Rockwell-Eindrucks oder Rissnetzwerke sind zulässig und werden mit den Klassen 1 bis 4 bewertet

37.9 Literaturverzeichnis

1. Coating Guide, Oerlikon Balzers Coating Germany GmbH, Bingen, 2006
2. Übersichtsinformation Nr. 4, Metaplas–Ionon GmbH, Bergisch Gladbach, 2003
3. Cremer, M.; et al.: Schichten in der Kunststoffverarbeitung, Mat.–Wiss. u. Werkstofftechnik 29, VCH Verlagsgesellschaft, Weinheim, 1998, S. 555–561
4. Berg, G.; et al.: Chrome Nitride Coatings for Applications in Plastics Processing, Intern. Polymer Processing XIV, Band 2, 1999, p. 122–127
5. Bürkle, E.; et al.: Verschleiß und Verschleißschutz beim Spritzgießen, Mat.–Wiss. u. Werkstofftechnik, VCH Verlagsgesellschaft, Weinheim, 1995, S. 531–538
6. Heinze, M.: Einsatzmöglichkeiten von PVD–Hartstoffschichten in Kunststoff–Verarbeitungsmaschinen, Mat.–Wiss. u. Werkstofftech. 26, VCH Verlagsgesellschaft, Weinheim, 1995
7. Heinze, M.; Paller, G.: Sind PVD–Hartstoffschichten für Plastifiziereinheiten geeignet?, Kunststoffe 84, 9/1994, S. 1118–1125
8. Berg, G.; et al.: Chrome Nitride Coatings for Applications in Plastics Processing, Intern. Polymer Processing XIV, Band 2, 1999, p. 122–127
9. Produktinformation „Mit unseren Beschichtungen bleiben Ihre Produkte länger in Form", Firma Metaplas, Bergisch Gladbach, 1997
10. Thienel, P.; Saß, R.: Oberflächenbehandlung von Spritzgießwerkzeugen, Kunststoffe 81, Carl Hanser Verlag, München, 7/1991, S. 591–602
11. Die Brillianz der KFZ–Kunststoffscheiben, Plastverarbeiter 51, Nr. 2, 2000, S. 36–39
12. Paterok, I.J.; Paterok, L.F.; Schaaf, O.: Kampf der Abrasion, Zeitschrift SMM, Nr. 45, 1994, S. 32–34
13. Kloos, H.: Abschlussbericht zum Forschungsvorhaben „Tribologische Wechselwirkungen zwischen Kunststoff und PVD–Hartstoffbeschichteten metallischen Oberflächen" im DFG–Schwerpunktprogramm „Ionen– und Plasmaoberflächentechnik", Institut für Werkstoffkunde (IfW), Darmstadt, 1994
14. Bölinger, S.: Spritzgießen und Spritzprägen von Kunststoffoptiken, Dissertation, Institut für Kunststoffverarbeitung, Aachen, 2002
15. Holleck, H.: Binäre und ternäre Karbid– und Nitridsysteme der Übergangsmetalle, Gebrüder Bornträger, Stuttgart, Berlin, 1984
16. Michaeli, W.; et al.: PVD–Beschichtungen auf Plastifizierschnecken, Kunststoffe 8, Carl Hanser Verlag, München, 2006, S. 66–68
17. Mayr, P.; Stock, H.R.; Höhl, F.: Examination of residual stress, morphology, and mechanical properties of sputtered TiN films, Surface and Coatings Technology 54/55, Elesevier, Amsterdam, London, New York, 1992
18. Thull, R.; Pieger, K.; Probst, J.: Modellierung eines gesteuerten Lichtbogens für plasmagestützte PVD–Beschichtungen, Konferenz-Einzelbericht, Vorträge der Jahrestagung der deutschen Gesellschaft für Biomedizinische Technik, Würzburg, 14.-15. September 1995
19. Lake, M.: Verfahrenskombination aus Plasmanitrieren und PVD–Technik zum Verschleißschutz, SKZ–Fachtagung „Verschleiß und Verschleißschutz von Schnecken und Zylindern für Extruder und Spritzgießmaschine", Würzburg, 2005
20. Thull, R.: In-vitro-Korrosionsstudie von (Ti, Nb)ON-Beschichtungen auf Dentallegierungen, Zeitschriftenaufsatz, Die Quintessenz, Band 43, Heft 2 1992
21. Thull, R.; Handke, H.K.; Karle, E.J.: Tierexperimentelle Prüfung von Titan mit Oberflächenbeschichtungen aus (Ti, Nb)ON und (Ti, Zr)O, Zeitschriftenaufsatz, Biomedizinische Technik, Band 40, Heft 10, 1995
22. Behrndt, H.; Lunk, A.: Biocompatibility of TiN preclinical and clinical investigations, Materials Science and Engineering, A 139, 1991
23. Van Raay, J.J.A.M.; et al.: Biocompatibility of wear-resistant coatings in orthopaedic surgery in vitro testing with human fibroplast cell cultures, Journal of Materials Science: Materials in Medicine 6, S. 80-84, 1995

24. Glasmacher, B.; Reul, H.; Lugscheider, E.; Lake, M.: Influence of Coating an Surface Compatibility Properties of PP and TiN, Xth Colloquium on Biomaterials, Aachen, February 13–14 1997
25. Glasmacher, B.; Reul, H.; Rau, G.; Lugscheider, E.; Lake, M.: Modification of Surface Compatibility of PP and TiN; Proceedings Advances in Tissue Engineering and Biomaterials, York, July 20-23, 1997
26. Baier, R.E.: Role of surface energy in thrombogenesis, Buul. New York Acad. Med. 48, 257, 1972
27. Kaelble, D.H.; Mocanin, J.: Polymer 18, 475, 1977
28. Glauche, R.; et al.: Physikalische und tierexperimentelle Untersuchungen zur Charakterisierung dünner Hartstoffschichten für die Implantologie, Teil 2: Elementanalytische Untersuchungen und in vivo Ergebnisse, Wiss. Z. d. TU Chemnitz 33, 1991
29. Holmberg, K.; Matthews, A.: Coatings Tribology, Properties, Techniques and Applications in Surface engineering, Tribology Series, 28, S. 383-385, Elsevier, Amsterdam, London, New York, 1994
30. Knotek, O.; Löffler, F.; Weitkamp, K.: Physical vapor deposition coatings for dental prostheses, Surface and Coatings Technology, 54/55, 1992
31. Lugscheider, E.; Lake, M.; Reul, H.; Glasmacher, B.: PVD-Beschichtung von Herzklappen zur Verbesserung der Biokompatibilität und zur Minderung des abrasiven Verschleißes, Posterpräsentation, Dt. Gesellschaft für Materialkunde, Braunschweig, 20.-23. Mai 1997
32. Lugscheider, E.; Bärwulf, S.: Metallisieren von Kunststoffen zur Entwicklung eines Reinraumbehälters, Bericht zum Forschungsvorhaben mit dem FKZ: 13N6621, Teilprojekt PVD-Schichtentwicklung für Kunststoffe, in: Statusseminar „Oberflächen- und Schichttechnologien", Würzburg, 1997
33. Lugscheider, E.; Bärwulf, S.; Hilgers, H.; Riester, M.: Abscheidung und Charakterisierung von dünnen Hartstoffschichten auf Kunststoffen, Vortrag zur DGM-Hauptversammlung in Braunschweig, 1997
34. Lugscheider, E.; Bärwulf, S.; Hilgers, H.; Riester, M.: Magnetron Sputtered Titanium Nitride Thin Films On Thermoplastic Polymers, Vortrag zur PSE 1998, Garmisch Partenkirchen

38 Polymer-/Medikamentenbeschichtung von oberflächenstrukturierten metallischen Werkstoffen

M. Renke-Gluszko, M. Stöver, E. Wintermantel

38.1 Einleitung

Die konventionelle Medikamententherapie umfasst eine periodisch verabreichte Dosis des Wirkstoffes über einen bestimmten Zeitraum verteilt. Für viele Medikamente ist eine systemische Gabe effektiv, manche Medikamente aber sind sehr unstabil, haben ein schmales therapeutisches Spektrum oder sind bei systemischer Gabe toxisch für den Körper. Um die Medikamentkonzentration im Körper konstant zu halten, ist ein so genanntes controlled Drug Delivery System notwendig.

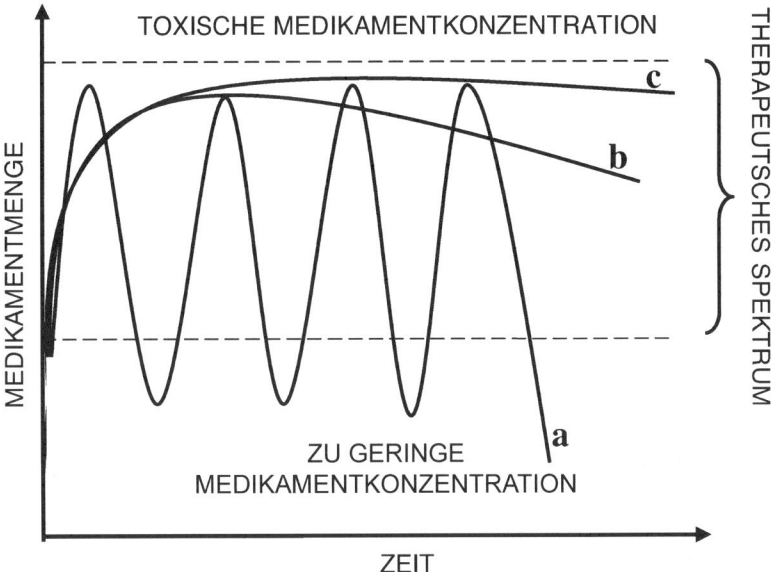

Abb. 38.1 Plasma Medikamentenkonzentration: Kurve b) und c) das ist Beispiel von Systemen mit kontrollierte Freisetzungskinetik. Kurve a) repräsentiert konventionelle Medikamentengabe (Tabletten oder Injektionen). Modifiziert nach [1]

38.2 Polymere für kontrollierte Medikamentengabe

Die ersten Systeme zur kontrollierten Freisetzung von medizinischen Wirkstoffen wurden in den sechziger und siebziger Jahren beschrieben [2]. In den letzten Jahren hat die Zahl und Vielfalt derartiger Systeme drastisch zugenommen. Die am meisten angewandten Drug Delivery Systems sind Systeme auf Polymerbasis. Verwendet werden degradierbare und nicht degradierbare Polymere. Häufig werden Polymere verwendet, die besondere physikalische und chemische Eigenschaften haben, wie Bioabbaubarkeit, Biokompatibilität oder die Fähigkeit, auf Änderungen des pH-Werts oder der Temperatur zu reagieren.

Grundsätzlich es gibt zwei Möglichkeiten, eine gezielte und kontrollierte Medikamentenabgabe zu realisieren:

- freigesetztes Medikament aus einer Kapsel, Mikrosphäre, Film etc...
- mit Medikament oder Medikament in Matrix beschichtete Implantate

Eine Polymermatrix kann ein Medikament mit kurzer in-vivo Halbwertszeit schützen und die Bioverfügbarkeit von Medikamenten mit niedriger Wasserlöslichkeit verbessern. Polymerbasierte Drug Delivery Systems kann man an einer beliebigen Stelle lokalisieren und gleichzeitig die systemische Toxizität von Wirkstoffen reduzieren. Diese lokale Anwendung erhöht die Medikamentenwirksamkeit. Die potentiellen Vorteile von solchen Systemen müssen in Relation zu den Nachteilen gesehen werden (Tabelle 38.1).

Die Freisetzung von Wirkstoffen auf Basis bioabbaubarer Polymere ist vom Typ der Arzneiform und dem Diffusions- und Abbauverhalten der verwendeten Polymere abhängig. Prinzipiell kann man zwei Typen von Freigabesystemen unterscheiden (Tabelle 38.2):

- Reservoir Typ – der Wirkstoff ist mit einer Hülle umgeben
- Matrix Typ – der Wirkstoff ist homogen verteilt in einer Matrix, als Dispersion oder in gelöster Form

Es existiert eine lange Liste von bioabbaubaren Polymeren, die Bedeutung haben für Systeme mit kontrollierter Freisetzung von Wirkstoffen. Zu dieser Liste gehören unter anderem: Albumine, Alginate, Cellulosederivate[4], Fibrine, Gelatine, Hyaluronsäure, Polysaccharide, Kollagene, Polyester wie Polylactide, Polylactid-

Vorteile der Polymermatrix	Nachteile der Polymermatrix
• Schutz des Medikamentes	• Biokompatibilität
• Verbesserung der Bioverfügbarkeit des Medikamentes	• Toxizität von Abbauprodukten
• Programmierbare kontrollierte Medikamentenfreisetzung	
• Verbesserte Haftung von kristallinen Medikamenten an glatten Implantatoberflächen	

Tabelle 38.1 Polymermatrix für kontrollierte Medikamentengabe. Vor- und Nachteile

38.2 Technische Umsetzung

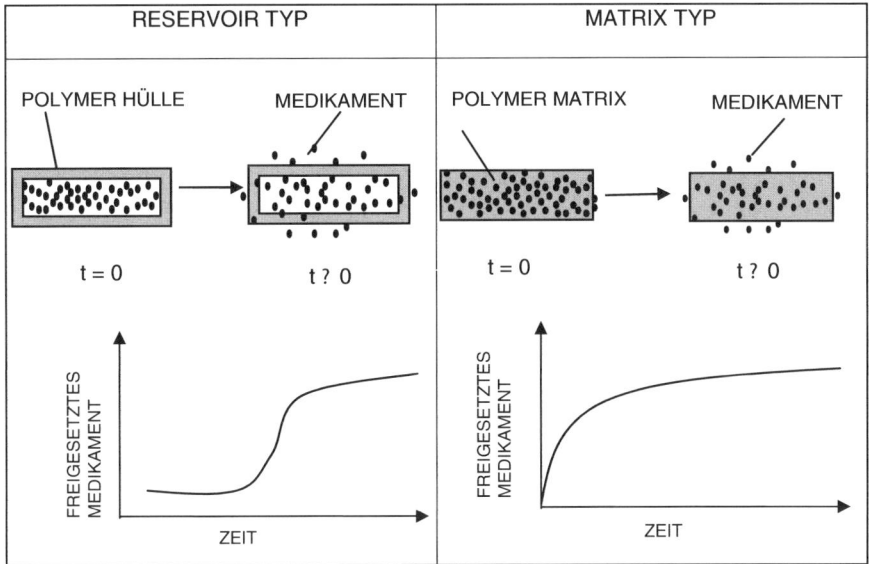

Tabelle 38.2 Typen von Medikamenten Freigabesystemen unter Verwendung von Polymeren

co-glycolide, Polyglycolide, Polydioxanone, Poly-ε-caprolactone[6] oder Poly-(β)-hydroxybutyrate, Poly(ortho)ester, Polyvinylalkohole.

Die am häufigsten verwendeten sind Polyester, aufgrund deren Biokompatibilität und der chemischen Eigenschaften. Die z. Zt. verwendeten bioabbaubaren Polyester sind Polylactide und Polylactid-co-glycolide sowie Polyglycolide.

Sofern das Polymer abgebaut wird, soll es folgenden Anforderungen entsprechen:

- es soll innerhalb eines endlichen Zeitraums im Körper abgebaut sein
- seine Abbauprodukte müssen toxikologisch unbedenklich sein
- das Polymer darf das umgebende Gewebe nicht irritieren oder reizen, da ansonsten wegen der zu erwartenden Immunreaktion eine kontrollierte Freigabe des Wirkstoffs nicht möglich ist

Als ein Anwendungsbeispiel kann hier ein koronarer Stent dienen. Es sind sowohl glatte als auch strukturierte Stentoberflächen für eine Beschichtung mit Polymer-Medikament Gemisch geeignet, um die Freisetzung von Wirkstoffen zu steuern und individuell an den Patienten anzupassen.

38.3 Technische Umsetzung

Stentbeschichtung
Um eine patientenbezogene Medikamententherapie zu ermöglichen wurde eine spezielle, auf einem Sprühverfahren basierende Beschichtungsapparatur entwickelt,

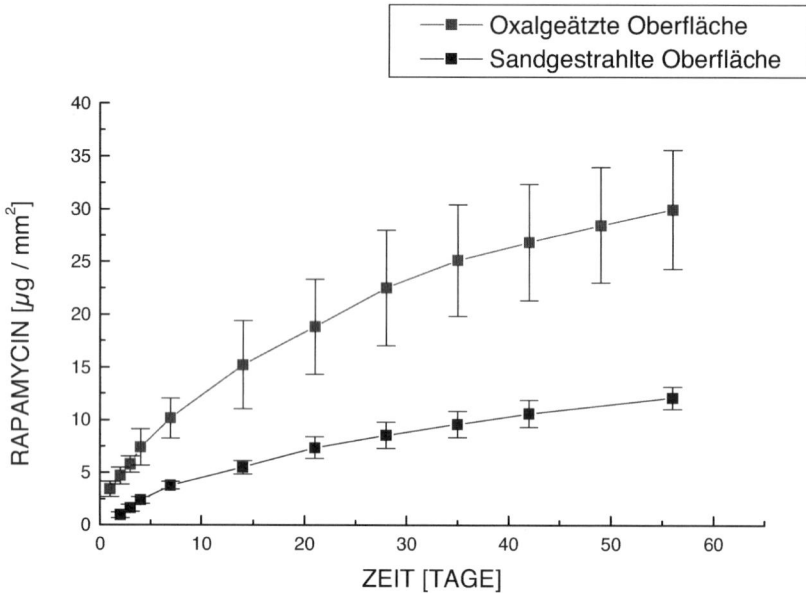

Abb. 38.2 Vergleich der Medikamentenfreisetzung einer Polylactidmatrix aus modifizierten Oberflächen

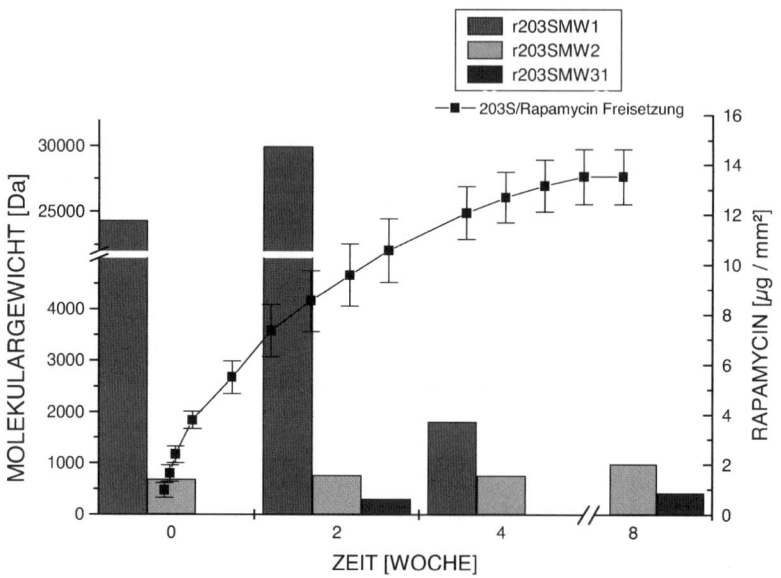

Abb. 38.3 Molekulargewichtsentwicklung der 203S Polylaktide während der in-vitro Untersuchung der Freisetzung von Rapamycin

38.4 Medikamentenfreisetzung

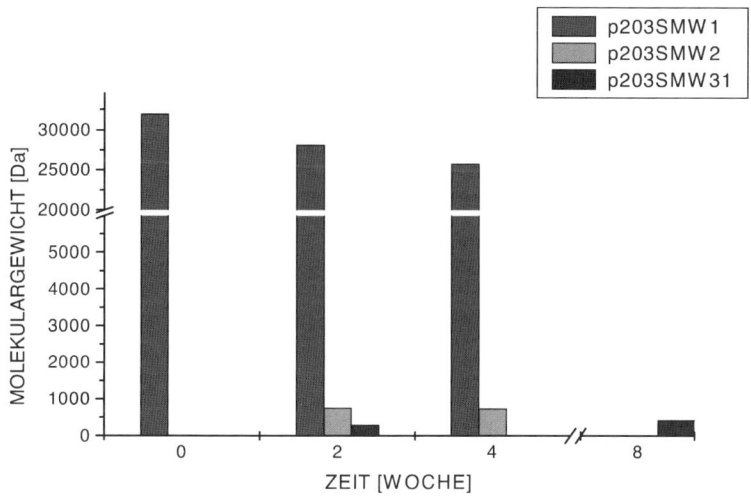

Abb. 38.4 Molekulargewichtsentwicklung der 203S Polylactide während der in-vitro Untersuchungen – ohne Zusatz von Medikament

die es ermöglicht, einen Stent direkt vor der Implantation vor Ort zu beschichten [9, 10, 11]. Diese Methode macht eine individuell patientenbezogene Therapie möglich. Man kann mittels einer solchen Apparatur sowohl nur das Medikament als auch eine Medikament-Polymermatrix auf den Stent auftragen.

Um eine bestimmte für die Therapie notwendige Medikamentmenge auf die Stentoberfläche aufzubringen und kontrolliert freizusetzen, sind zwei Wege geeignet:

- Variation der Medikamentenkonzentration in Beschichtungslösung
- Strukturierung der Implantatoberfläche

Es wurde eine Polylactidmatrix mit einem Ausgangs-Molekulargewicht von 16–30 kDa verwendet, um Rapamycin auf die Stentoberfläche aufzutragen und kontrolliert freizusetzen, bei einem Gewichtsverhältnis Polymer/Medikament von 1:1.

38.4 Medikamentenfreisetzung

Mit einem Gemisch aus Rapamycin und Polylactid (Ausgangsmolekulargewicht 16–30 kDa) beschichtete Stents haben eine verlängerte Wirkstofffreisetzung, verglichen mit nur Rapamycin beschichteten Stents (Abb. 38.8). Hier spielt auch die Oberflächenstruktur eine große Rolle bei der Medikamentenhaftung und -freisetzung. Mit Hilfe von mittels Oxalsäureätzung erzeugten Depots auf der Oberfläche kann man mehr Medikament-Polymer Gemisch einbringen (Schichtdicke ca. 14 μm) als auf sandgestrahlten Oberflächen (Schichtdicke ca. 12 μm) (Abb. 38.2).

Die Oberflächestrukturierung hat hierbei keinen signifikanten Einfluss auf die Polymerdegradation.

Demgegenüber zeigt sich anhand der Molekulargewichtmessungen deutlich, dass Rapamycin einen Einfluss auf die Degradation des Polymers Polylactid R203S hat. So wird in den ersten 4 Wochen die Degradation durch das Medikament beschleunigt, und erst nach 8 Wochen hat sich die Degradation in etwa ausgeglichen (Abb. 38.3 und 38.4).

38.5 Polymerfreie Medikamentenbeschichtung von Implantaten

Eine Möglichkeit, Medikamentenfreisetzung ohne Polymermatrix zu steuern, bietet eine strukturierte Implantatoberfläche. Hier ist die Adhäsion des Medikaments auf der Implantatoberfläche eine Herausforderung. Das Phänomen der Haftung und seine theoretischen Grundlagen werden in der Literatur durch unterschiedliche Ansätze angegangen und interpretiert. Im Wesentlichen werden die folgenden Theorien zur Erklärung der Haftung herangezogen [3, 4]:

- Theorie der chemischen Bindung
- Säure-Base-Theorie
- Diffusionstheorie
- Elektrostatische Theorie
- Polarisationstheorie
- Adsorptionstheorie
- Theorie der mechanischen Verankerung
- Thermodynamische Haftungstheorie

Keine der oben genannten Theorien kann für sich in Anspruch nehmen, die Haftung in ihrer Komplexität umfassend zu beschreiben oder auf alle Testsysteme anwendbar zu sein. Ein wichtiger Aspekt der Adhäsion von Substraten auf strukturierten Oberflächen ist die mechanische Haftung. Eine nachweisbar stärkere Haftung bei Verbundsystemen nach Vergrößerung der Rauhigkeit einer Adhärensoberfläche ist in erster Linie auf die gleichzeitige Vergrößerung der wirksamen Oberfläche zurückzuführen, wodurch eine größere Anzahl von Wechselwirkungsstellen zwischen den adhärierenden Phasen an der Haftung beteiligt ist. Zusätzlich entstehen durch Aufrauen der Substratoberfläche Vertiefungen bzw. Poren in denen das flüssige Adhäsiv aushärtet und dort ähnlich wie Druckknöpfe oder Dübel mechanisch verankert ist (Abb. 38.5). Eine notwendige Voraussetzung dafür ist jedoch eine ausreichend geringe Viskosität des Adhäsivs beim Auftragen auf das Substrat. Ist die Viskosität zu hoch, ist es möglich, dass die Oberfläche des Adhärens in den Vertiefungen nur unvollständig durch die Beschichtungssubstanz benetzt wird. Das Modell der mechanischen Adhäsion spielt immer eine, in Abhängigkeit der Geometrie des Adhärens mehr oder weniger wichtige Rolle. Das Eindringen des Adhäsivs in die Oberflächenkavitäten, die durch das Aufrauen geschaffen wurden, ist abhängig von der Gestalt, d. h. dem Durchmesser, der Tiefe und dem Öffnungswinkel der

38.5 Polymerfreie Medikamentenbeschichtung von Implantaten

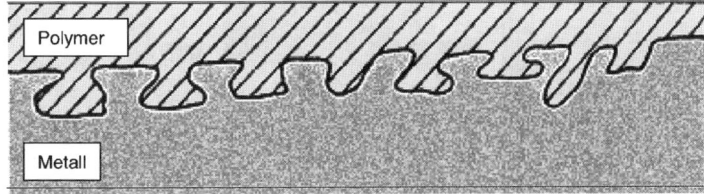

Abb. 38.5 Mechanische Haftung. Skizze der mechanischen Verzahnung eines Polymers auf einem Metallsubstrat

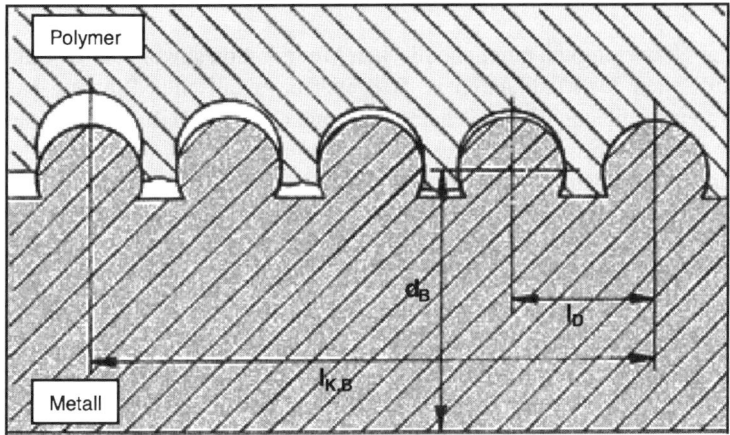

Abb. 38.6 Druckknopfverankerung. Die schematische Darstellung der geometrischen Verhältnisse, die Riedel seinen Berechnungen der Ablösekraft von Polymer und Metall zu Grunde gelegt hat [aus 6]

Vertiefungen, sowie von der Oberflächenspannung und dem Benetzungsverhalten des Adhäsivs [5–8].

Bei diesem Modell zur Beschreibung der Haftfestigkeit eines Verbundes ist noch zu berücksichtigen, dass die chemische Zusammensetzung von technischen Metalloberflächen, in Abhängigkeit von Art und Menge der vorhandenen Verunreinigungen und Legierungsbestandteilen, stark von der Zusammensetzung im Inneren abweichen kann.

Eine besondere Bedeutung erhielt die mechanische Adhäsionstheorie bei der Metallisierung von Pfropfpolymerisaten. In diesem Zusammenhang entstand die Druckknopftheorie, die von Riedel et. al. nach experimentellen Untersuchungen ausgearbeitet wurde. Mit ihrer Hilfe wurde der Trennungsmechanismus von Metall und Polymer theoretisch untersucht und mit den Ergebnissen der Experimente verglichen[6].

Man kann Medikamente und Polymere sowohl chemisch als auch physisch an die Oberfläche binden. Eine chemische Bindung ist kompliziert zu realisieren auf-

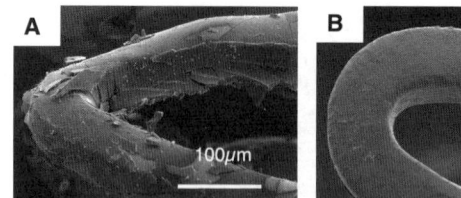 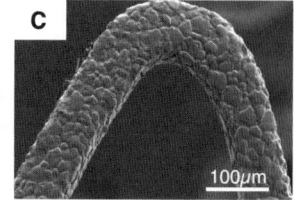

Abb. 38.7 REM – Vergleich der Güte der Beschichtung auf modifizierten Oberflächen, anhand von expandierten Stents, beschichtet mit 1% Rapamycinlösung. *A* elektropolierte Oberfläche, *B* sandgestrahlte Oberfläche, *C* oxalgeätze Oberfläche

grund der Notwendigkeit einer chemischen Modifikation sowohl der Oberfläche als auch auf Seiten des Medikamentes. Bei einer physikalischen Bindung haften die Medikamente schlechter als bei chemischen und eine gute Haftung hängt sehr stark von der Oberflächestruktur ab. Als Beispiel kann hier ein mit einem kristallinen Medikament beschichteter Stent dienen (Abb. 38.7).

Auf einer elektropolierten Oberfläche haftet das Medikament sehr schlecht und platzt ab. Demgegenüber ist auf strukturierten Oberflächen (Abb. 38.7: *B* sandgestrahlte, *C* geätzte) Oberfläche die Medikamentverteilung homogener und die Haftung deutlich besser. Untersuchungen von Medikamentenfreisetzungen aus allen drei Oberflächen haben gezeigt, dass die Modifizierung und die Erzeugung der Medikamentendepots sehr großen Einfluss haben auf das Freisetzungsschema und die Medikamentenmenge, die von der Oberfläche aufgenommen wird.

Mittels eines Sprühverfahrens wurden Stents mit strukturierten Oberflächen mit 1% und 2% Rapamycinlösung beschichtet. Die Medikamentkonzentration in der Beschichtungslösung hat einen großen Einfluss auf die Wirkstoffmenge, die an der Oberfläche bleibt. Man kann den Verlauf der Freisetzung mittels verschieden strukturierter Oberflächen gezielt einstellen (Abb.38.8).

Eine glatte elektropolierte Oberfläche nimmt deutlich weniger Medikament auf als strukturierte Oberflächen und setzt das Medikament relativ schnell (im Verlauf ca. einer Woche) frei.

Im Vergleich zu oberflächenbeschichteten (sandgestrahlte, elektropolierte) Stents können diese eine vielfache Medikamentendosis speichern. Die Depots sind der Schlüssel zur einen maßgeschneiderten und zielgerichteten Freisetzung von Medikamenten, die sowohl räumlich als auch richtungsabhängig kontrolliert werden kann(Abb. 38.9).

Hier sieht man einen deutlichen Einfluss von verschiedenen Depotgeometrien auf die Freisetzung des Medikamentes. Eine kombinierte Phosphorsäureätzung resultiert in sehr offenen und runden Depots, wodurch die Haftung des Medikaments beeinflusst werden kann. So kann hier schon während der Beschichtung weniger Medikament in den Depots gespeichert werden. Auch bei Aufdehnung des Stents, nach mechanischen Belastung kann das Medikament von diese Depots leichter entfernt werden als bei den beiden anderen Oberflächen.

38.5 Polymerfreie Medikamentenbeschichtung von Implantaten

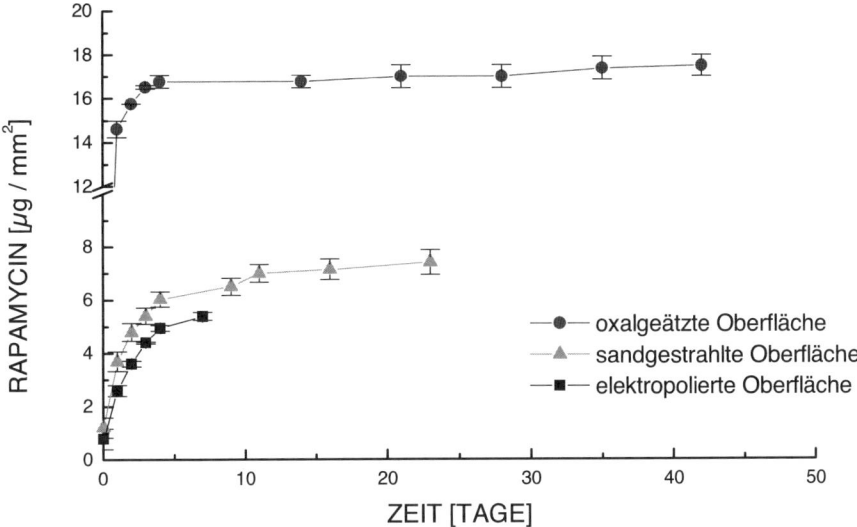

Abb. 38.8 Einfluss der Struktur der Oberfläche auf Medikamentenfreisetzung. Stents wurden mit Rapamycin-Ethanol Lösung beschichtet. Medikamentkonzentration in Lösung: 10 mg/ml

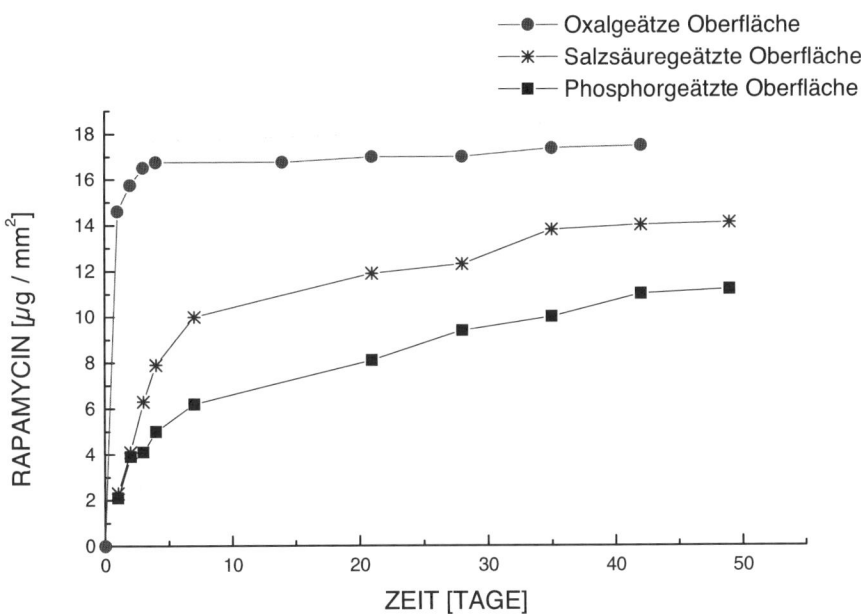

Abb. 38.9 Einfluss der Struktur der geätzte Oberfläche auf Medikamentenfreisetzung. Stents wurden mit Rapamycin-Ethanol Lösung beschichtet. Medikamentkonzentration in Lösung: 10 mg/ml

38.6 Literatur

1. Linhardt RJ. Biodegradable Polymers for Controlled Release of Drugs in Controlled release of Drug: Polymers and aggregate systems, Ed. Rosoff M. VCH Publishers 1989, 53 – 94
2. J. R. Robinson, V.H.L Lee, Sustained and controlled release drug delivery systems; 1978.
3. C. Bischof, W. Possart. Adhäsion. Theoretische und experimentelle Grundlagen.1. Auflage, Hrsg.: Akademie-Verlag, Berlin (1982)
4. A.V. Pocius. Adhesion and Adhesives Technology. 2. Auflage, Hrsg.: Carl Hanser Verlag, München (2002)
5. A.J. Kinloch. The science of adhesion. Surface and interfacial aspects. J. Mat. Sci., 15, 2141–2166 (1980)
6. W. Riedel. Zur Galvanisierung von ABS-Propfpolymerisaten. Die Schälfestigkeit nach der Druckknopftheorie. Galvanotechnik, 57, 579–583 (1966)
7. D.J. Arrowsmith. Trans. Inst. Met., Finish., 48, 88 (1970)
8. S. Paul. Journal of Coating Technology, 54, 59 (1982).
9. Patent Ätzen: „Method for the Creation of a Sructure on Metallic Surfaces, and Components Produced According to Said Method" („Verfahren zur Erzeugung einer Strukturierung von Metalloberflächen sowie nach diesem Verfahren hergestellte Bauteile"), DE 102004044738 (A1), EP 2005009335
10. Patent Beschichtung: „Coating System", JP 2003205037, DE 10200388 (A1) „Device for applying active substances to surfaces of medical implants, in particular stents", US 2006124056, DE 10318803 (A1)
11. ISAR: „Individualized Drug Eluting Stent System to Abrogate Restenosis", Bayerische Forschungsstiftung, 2002-2005

39 Titanisierung von Implantatoberflächen

H. Zimmermann, M. Heinlein, N. W. Guldner

39.1 Einleitung

Titan gilt seit Jahrzehnten als einer der wichtigsten Implantatwerkstoffe in der Medizin. Neben den guten mechanischen Eigenschaften (Leichtigkeit, hohe Festigkeit etc.), besitzen Titanimplantate vor allem eine hervorragende Körperverträglichkeit, so dass die Implantate optimal in den humanen Organismus integriert werden [1]. Ist jedoch aufgrund der Anforderungen an das Implantat eine hohe Flexibilität und/ oder Elastizität gefragt, so scheidet der Werkstoff Titan aufgrund seiner spröden und unflexiblen Materialeigenschaften aus. Die Folge ist der Einsatz von Implantatmaterialien, sowohl künstlichen als auch biologischen Ursprungs, welche nicht selten eine unzureichende Biokompatibilität aufweisen und somit zu Fremdköper- und immunologischen Reaktionen und Einkapselung des Implantates führen können. Die Erhöhung der Körperverträglichkeit, eine Adaption an das biologische Umfeld und eine hohe Biokompatibilität sind demzufolge die wichtigsten Eigenschaften bei der bedarfsgerechten Herstellung von Implantaten und Implantatoberflächen. Zur Gestaltung von innovativen, biokompatiblen Oberflächen stehen unterschiedliche technische Lösungsansätze zur Verfügung. Zum einen besteht die Möglichkeit, geeignete Oberflächeneigenschaften aus dem Grundmaterial selbst zu optimieren. Dies geschieht unter anderem durch Modifikation der Werkstoffoberflächen in Form von Texturierungen und Oberflächenrauhigkeiten. Zum anderen können die Oberflächeneigenschaften unabhängig von denen des Trägermaterials gestaltet werden. Durch Funktionalisierung der Oberflächen mit geeigneten Beschichtungen oder der Zugabe von Medikamenten (Drug Eluting) werden die Kunststoffimplantate dahingehend verändert, dass eine Steigerung der Körperakzeptanz erreicht wird.

Die Titanbeschichtung von Implantatoberflächen kombiniert die positiven Materialeigenschaften von Titan und Polymer.

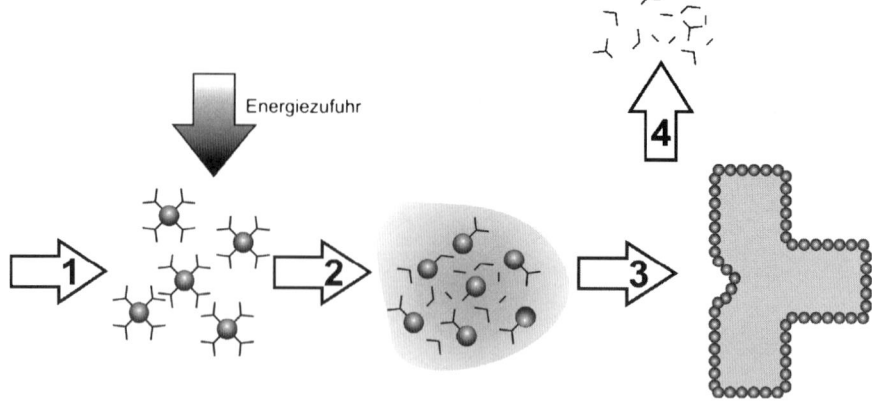

Abb. 39.1 Funktionsprinzip der chemischen Gasphasenabscheidung: Antransport des Precursors (1); Zerlegung durch Energiezufuhr (2); Abscheidung auf der Substratoberfläche (3); Abtransport nicht schichtbildender Restbestandteile (4)

39.2 Oberflächentitanisierung

39.2.1 Technische Grundlagen

Die erfolgreiche Umsetzung einer funktionellen Titanbeschichtung auf polymeren Implantatoberflächen ist an verschiedene Voraussetzungen gebunden. Neben der Möglichkeit, selbst komplexe Geometrien wie Schläuche, Hohlkörper usw. gleichmäßig mit einer Beschichtung zu versehen, muss auch die Titanisierung selbst den Anforderungen (Abrieb, Konfektionierung der Implantate etc.) im medizinischen Einsatz standhalten. Neben einer haftfesten Verbindung mit dem Trägermaterial und einer dichten Ausführung der Schicht sollte das Verfahren möglichst auf ein breites Spektrum von unterschiedlichen Polymeren anwendbar sein.

Ein Prozess, mit dem die Metallisierung komplexer Bauteile möglich ist und gleichzeitig haftfeste Verbindungen erzielt werden, ist das CVD-Verfahren (chemical vapor deposition). Nachdem jedoch die Prozesstemperaturen oberhalb von 150° C liegen, scheidet dieses Verfahren für eine Vielzahl von prothetischen Materialien aus, da hierdurch die Wärmeformbeständigkeit deutlich überschritten wird.

Bei der chemischen Gasphasenabscheidung (CVD-Verfahren) wird eine flüchtige Ausgangssubstanz (Precursor) in die Gasphase überführt. Durch Zufuhr thermischer Energie wird der gasförmige Precursor in fraktionierte, radikalisierte Molekülbestandteile zerlegt und an der zu beschichtenden Substratoberfläche abgeschieden (Abb. 39.1).

Wird das CVD-Verfahren nun dahingehend modifiziert, dass die Energiezufuhr in Form eines Plasmas erfolgt und der Beschichtungsprozess in einem Vakuum stattfindet, ist es möglich, Temperaturen unterhalb 40 °C zu erreichen. Somit können

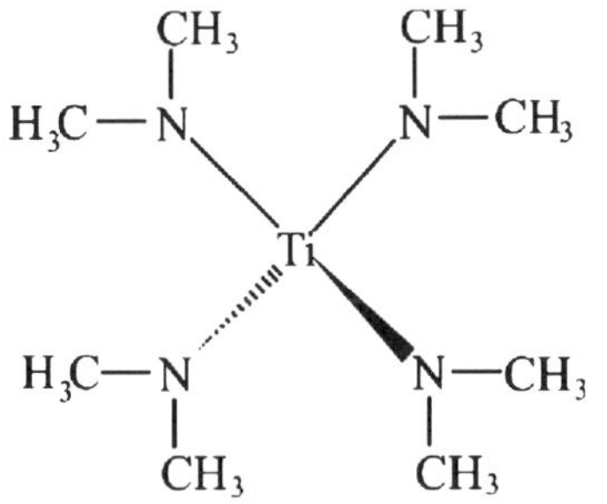

39.2 Oberflächentitanisierung

$$\begin{array}{c} \text{H}_3\text{C}-\text{N} \\ \phantom{\text{H}_3\text{C}-}\overset{|}{\text{CH}_3} \end{array} \quad \text{Ti} \quad \begin{array}{c} \overset{\text{CH}_3}{|} \\ \text{N}-\text{CH}_3 \end{array}$$

Abb. 39.2 Titanhaltiger Precursor Tetracisdimethylamidotitan als Ausgangssubstanz für eine titanhaltige Oberflächenbeschichtung unter Verwendung des PACVD-Verfahrens

auch temperaturempfindliche Materialien und Strukturen mit einer metallhaltigen Schicht und insbesondere mit Titan versehen werden. Die Gasphasenabscheidung unter Verwendung von Plasmaenergie, wird auch als <u>P</u>lasma <u>A</u>ctivated <u>C</u>hemical <u>V</u>apor <u>D</u>eposition (PACVD) bezeichnet.

39.2.2 Schichtcharakterisierung

Aufgrund des Einsatzgebietes der funktionalisierten Implantate ergeben sich unterschiedliche Anforderungen an die titanhaltige Beschichtung. Neben der Schichtzusammensetzung selbst, welche primär für die Biokompatibilität verantwortlich ist, sind vor allem die Schichtdicke und die Haftfestigkeit der Metallisierung auf dem Substrat von besonderer Bedeutung. Zusätzlich zu diesen Merkmalen ist aber auch die Homogenität und Gleichmäßigkeit der Titanisierung vor allem bei komplexen Geometrien nicht außer Acht zu lassen.

39.2.2.1 Schichtzusammensetzung

Für die Titanisierung von Implantatoberflächen unter Verwendung des PACVD-Verfahrens ist zunächst ein geeigneter Precursor erforderlich, welcher das benötigte Element Titan enthält. Bewährt hat sich hierbei Tetracisdimethylamidotitan TMT ($Ti[N(CH_3)_2]_4$), welches eine tetraedrische Struktur aufweist. Im Zentrum des Tetraeders befindet sich das Titanatom, welches von vier Dimethylamido-Gruppen umgeben ist (Abb. 39.2).

Während des Beschichtungsprozesses wird das gasförmige TMT durch die Plasmaenergie zerlegt und an das Substrat herangeführt. Hierbei scheidet sich ein Teil des fraktionierten Precursors an der Oberfläche ab, wobei es zu einer Oberflächenreaktion kommt. Die Untersuchung der Schichtzusammensetzung aber auch der Bindungsverhältnisse erfolgt mit Hilfe der Röntgenphotoelektronenspektroskopie (X-ray Pho-

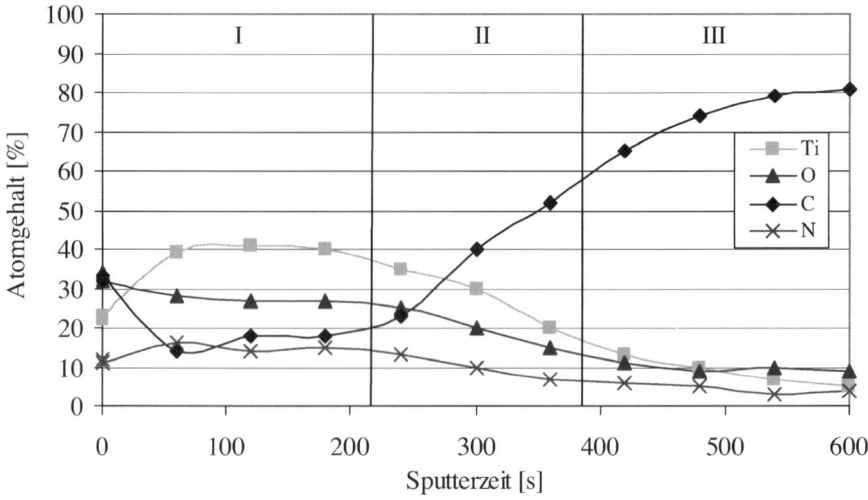

Abb. 39.3 XPS-Diagramm für titanisiertes Polypropylen mit Einteilung in drei Bereiche: (I) titanhaltige Oberflächenbeschichtung; (II) Übergangsbereich zwischen Beschichtung / Substrat; (III) Kunststoffsubstrat

toelectron Spectroscopy, XPS). Durch die Kombination mit einem Sputterprozess, erhält man zusätzlich den Verlauf der Schichtzusammensetzung durch die Schicht. Abbildung 39.3 zeigt ein XPS-Diagramm für titanisiertes Polypropylen.

Wie aus Abb. 39.3 ersichtlich wird, setzt sich die Oberflächenbeschichtung des Polymers neben Titan (Ti) auch aus den Elementen Kohlenstoff (C), Stickstoff (N) und Sauerstoff (O) zusammen. Kohlenstoff und Stickstoff stammen aus dem Precursor, der, wie in Abbildung 39.2 dargestellt, die jeweiligen Elemente enthält. Der Einbau des Sauerstoffs hingegen ergibt sich aus einer nachträglichen „Oxidation" der Schicht, da während des Beschichtungsprozesses selbst kein Sauerstoff vorhanden ist. Der Schichtverlauf selbst kann in drei Bereiche eingeteilt werden, wobei die Oberflächenbeschichtung (I) durch einen hohen Titangehalt charakterisiert ist. Der Kohlenstoffgehalt ist in diesem Bereich niedrig und ergibt sich aus carbidisch gebundenem Kohlenstoff. Im Bereich II nimmt der Titan- und Sauerstoffgehalt allmählich ab, wohingegen die Kurve des Kohlenstoffs einen starken Anstieg verzeichnet. Hier befindet sich der Übergangsbereich zwischen Beschichtung und Grundsubstrat. Der ursprüngliche Kohlenstoff aus der Schicht wird durch organischen Kohlenstoff aus dem Polymer ersetzt. Deutlich wird dieser Übergang bei einer modifizierten Darstellung der XPS-Meßkurven, indem die Intensitäten der einzelnen Elemente in Abhängigkeit der Bindungsenergie dargestellt werden (Abb. 39.4).

Wie aus Abbildung 39.4 ersichtlich wird, nimmt der carbidische Kohlenstoff (Bindungsenergie ca. 282 eV) ab und der Kohlenstoffpeak verschiebt sich hin zum organischen Kohlenstoff aus dem Substrat. Parallel hierzu nehmen die Intensitäten der anderen Elemente ab, so dass man in den Bereich III (vgl. Abb. 39.3) des Grundwerkstoffes gelangt.

39.2 Oberflächentitanisierung

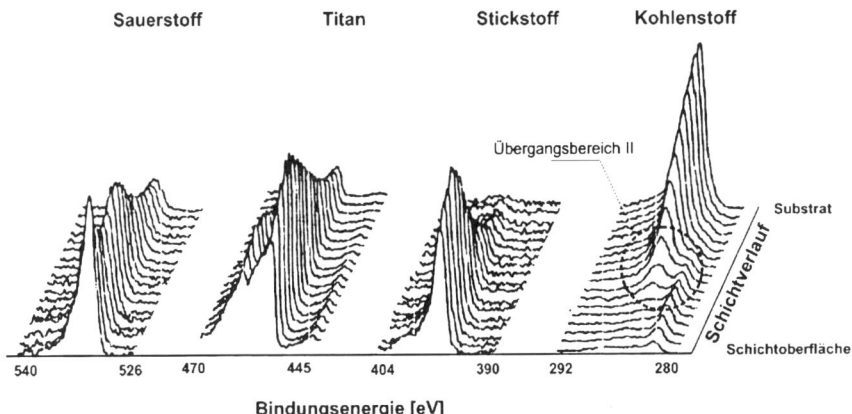

Abb. 39.4 XPS-Tiefenprofil in Abhängigkeit der Bindungsenergie für die Titanisierung von Polypropylen

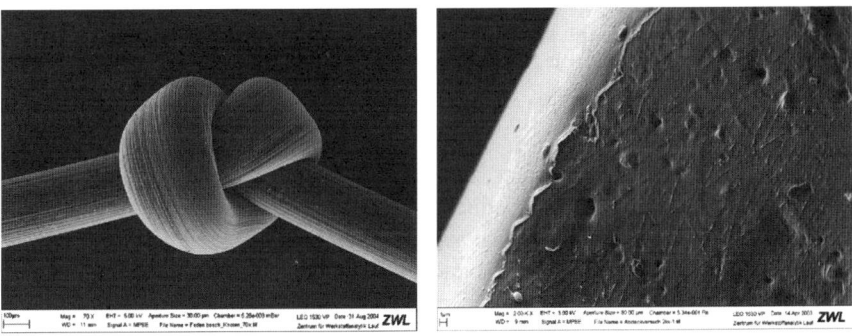

Abb. 39.5 Links: Titanisiertes Nahtmaterial (Polypropylen) mit chirurgischem Knoten; Rechts: titanisierte Silikonplatte mit Schnittkante; hohe Flexibilität und Haftfestigkeit der Beschichtung bleiben trotz der mechanischen Beanspruchung gewährleistet

Basierend auf dieser Darstellung ist es auch möglich, die Bindungsverhältnisse der einzelnen Elemente genauer zu spezifizieren. An der Oberfläche der Beschichtung liegt das Titan primär in Form von Titandioxid (linker Peak bei ca. 462 eV) vor, wohingegen es im Schichtinneren vorrangig in Form von Titancarbid, Titannitrid und Titanmonoxid gebunden ist (rechter Titanpeak 456 eV).

39.2.2.2 Schichtdicke und Schichttopographie

Die Schichtdicken der Titanisierung liegen idealerweise in einem Bereich zwischen 30 nm und 50 nm. Innerhalb dieser Grenzen kann davon ausgegangen werden, dass die komplette Implantatoberfläche gleichmäßig bedeckt ist. Zum anderen sind die Schichten ausreichend dünn, so dass der eigentlich starre und unflexible Charak-

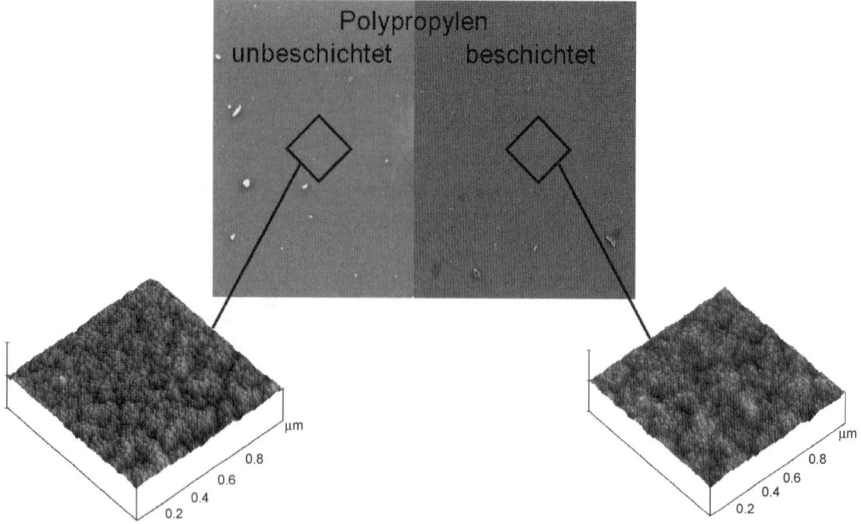

Abb. 39.6 AFM-Analyse einer beschichteten und unbeschichteten Polypropylenoberfläche im Vergleich, mit dem Nachweis, dass die Schichttopographie trotz Beschichtung erhalten bleibt (Vergrößerung 200.000-fach)

ter der titanhaltigen Beschichtung sich nicht auswirkt und die Werkstoffe Titan und Polymer trotz der unterschiedlichen Ausdehnungskoeffizienten miteinander kombiniert werden können und eine ausreichende Haftfestigkeit gewährleistet ist. Abb. 39.5 lässt die hohe Flexibilität und Elastizität der Beschichtung am Beispiel eines Polypropylenfadens, der nach der Titanisierung verknotet wurde (links) und einer Silikonprobe, die nach dem Titanisieren geschnitten wurde (rechts), erkennen. Aufgrund der hohen Duktilität der Titanisierung bleibt die Beschichtung trotz der mechanischen Beanspruchung (Verformung, Dehnungen etc.) intakt.

Ein weiteres wichtiges Merkmal von Implantatoberflächen stellt die Oberflächentopographie dar. Speziell für das Anwachsverhalten von Zellen aber auch z. B. für eine optimierte Strömungscharakteristik bei Gefäßprothesen sind definierte Oberflächenrauhigkeiten unerlässlich, welche durch eine Beschichtung nicht nachträglich verändert werden dürfen.

Wie in Abb. 39.5 erkennbar, bleiben die Oberflächenstrukturen der Materialien trotz der Beschichtung erhalten. Diese Beobachtungen wurden durch einen Vorher-Nachher-Vergleich von PP-Oberflächen mit Hilfe eines AFM (Atomic Force Microscope) bestätigt (Abb. 39.6).

39.2.2.3 Haftfestigkeit

Ein maßgeblicher Faktor für die hohe Haftfestigkeit der Oberflächenbeschichtung resultiert aus der extrem dünnen Ausführung der titanhaltigen Schicht. Entschei-

39.2 Oberflächentitanisierung

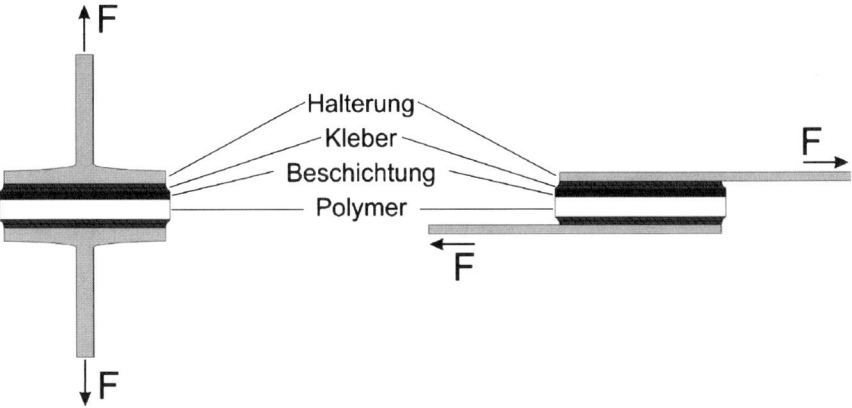

Abb. 39.7 Haftfestigkeitsuntersuchung beschichteter Polymere mit Stirnabzugsversuch (orthogonal pulloff, *links*) und Scherversuch (lateralpull, *rechts*)

dend für das Haftvermögen ist jedoch die Ausbildung der Grenzschicht zwischen Polymer und Beschichtungswerkstoff. Neben einer rein mechanischen Verankerung aufgrund der Oberflächenrauhigkeiten mit geringer Haftfestigkeit existieren unterschiedlich ausgebildete chemische Bindungszustände. Die maximale Haftung erreichen Diffusionsgrenzschichten, welche einen konstanten Übergang von Substrat zu Beschichtung mit dazwischen liegender Übergangszone aufweisen [2]. Ein derartiger Schichtaufbau wurde bereits bei der Schichtcharakterisierung mit Hilfe der XPS nachgewiesen, so dass im Folgenden die Haftfestigkeit genauer beschrieben wird. Unterschiedliche Polymerwerkstoffe werden hierzu nach der Beschichtung einem sog. Stirnabzugsversuch bzw. Scherzugversuch unterzogen. Nach Einkleben der Materialproben zwischen zwei Halterungen erfolgt eine Zug- oder Scherbeanspruchung der Proben (Abb. 39.7).

Diese Tests zeigten im Falle von Polypropylen und Polyethylen Zugfestigkeiten im Bereich von ca. 6 N/mm² und für PET und PVC größer 10 N/mm². Zusätzlich war es nicht möglich, die Beschichtung vom Substrat zu trenne, so dass der Kunststoff selbst zerstört wurde ehe es zu einem Ablösen der Schicht kam.

Basierend auf diesen Ergebnissen und den Untersuchungen zur Schichtzusammensetzung mittels XPS, kann davon ausgegangen werden, dass durch das plasmagestützte Beschichtungsverfahren eine Diffusionsgrenzschicht zwischen Polymer und Beschichtung erzeugt wird. Innerhalb dieses Verbundwerkstoffes sind die einzelnen Elemente kovalent gebunden, so dass eine hohe Haftfestigkeit die Folge ist.

39.2.2.4 Oberflächenenergie

Ein Nachteil, der sich oftmals aus dem Einsatz von polymeren Werkstoffen ergibt, ist die geringe Oberflächenenergie und damit einhergehend der hydrophobe Cha-

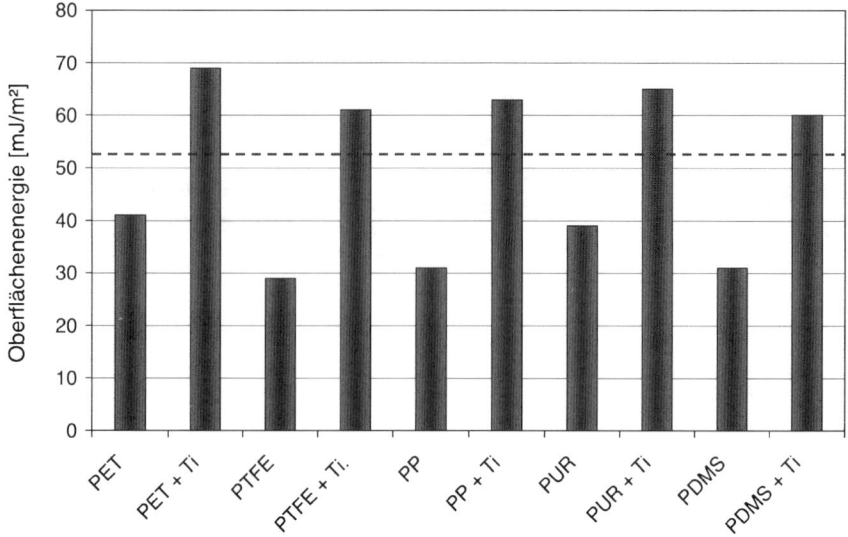

Abb. 39.8 Erhöhung der Oberflächenenergie verschiedener Polymermaterialien durch Titanisierung in Vergleich zu unbeschichteten Kunststoffoberflächen

rakter der Implantatoberflächen. Durch eine Titanbeschichtung hingegen wird die Benetzbarkeit der Proben deutlich verbessert, so dass durchwegs hohe Oberflächenenergien verzeichnet werden.

In Abbildung 39.8 sind die Oberflächenenergien für unterschiedliche Implantatwerkstoffe vor und nach der Beschichtung dargestellt. Für alle getesteten Polymerwerkstoffe wird durch die Titanisierung die für Biomaterialien geforderte kritische Oberflächenspannung von mindestens 55 mJ/m² überschritten [3].

39.2.3 Wirksamkeit titanisierter Implantatoberflächen im Zellversuch

Einer der wesentlichen Faktoren, der zur Biokompatibilität von Titanmaterialien beiträgt, ist die Bildung einer reinen und stabilen TiO_2-Schicht auf der Oberfläche [4]. Diese Oxidschicht besitzt in einem weiten pH-Bereich die Eigenschaft zu hydrolisieren, so dass an der Oberfläche freie OH-Gruppen entstehen. Diese dienen den menschlichen Proteinen als Anker, so dass diese daran andocken können und das Implantat in den Organismus integriert wird [5].

Inwiefern die Titanisierung der Implantatoberflächen zu einer Verbesserung des Zellwachstums und der Zellvitalität beiträgt, zeigen Zellbesiedlungsversuche auf unterschiedlichen Materialien sowohl mit als auch ohne Titanisierung (Abb. 39.9).

39.2 Oberflächentitanisierung

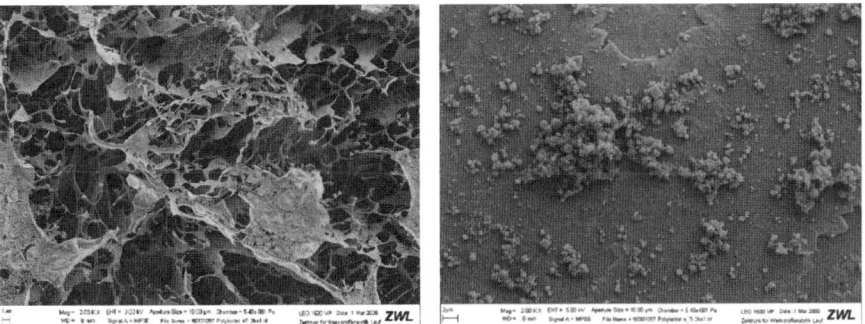

Abb. 39.9 Ausgeprägtes Zellwachstum von Osteoblasten auf titanisiertem Polylactat (links) im Vergleich zu unbeschichteter Polylactatprobe (rechts) (Cryo-REM, 2.000-fache Vergrößerung)

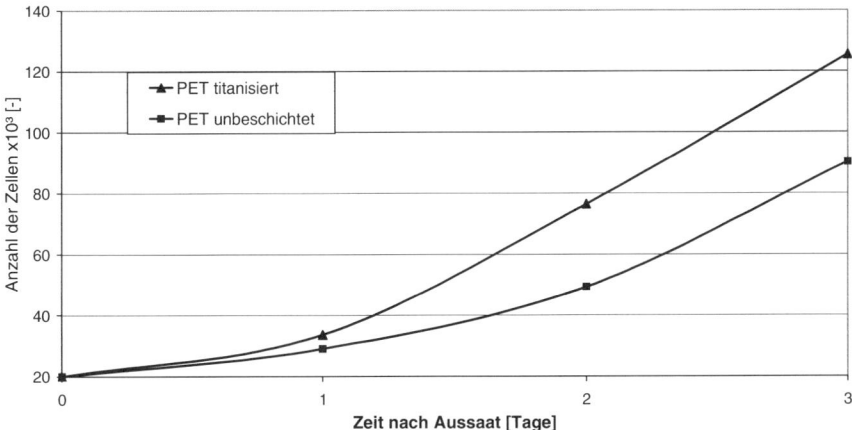

Abb. 39.10 Zellproliferation von Fibroblasten auf titanisiertem PET und unbehandelten PET im Vergleich

Bei einer Besiedlung von PET-Proben mit humanen Fibroblasten, konnte die Tendenz des verbesserten Zellwachstums bestätigt werden. Bereits ab dem zweiten Tag nach der Aussaat ist auf dem beschichteten Polymer eine deutlich höhere Zellanzahl zu finden als im Vergleich zu dem unbehandelten Material (Abb. 39.10) [6].

Der Einfluss der Titanisierung auf die Zellvitalität ist in Abb. 23.11 illustriert. Bei allen untersuchten Kunststoffen konnte durch die Titanisierung eine deutlich höhere Zellvitalität der angesiedelten Fibroblasten beobachtet werden.

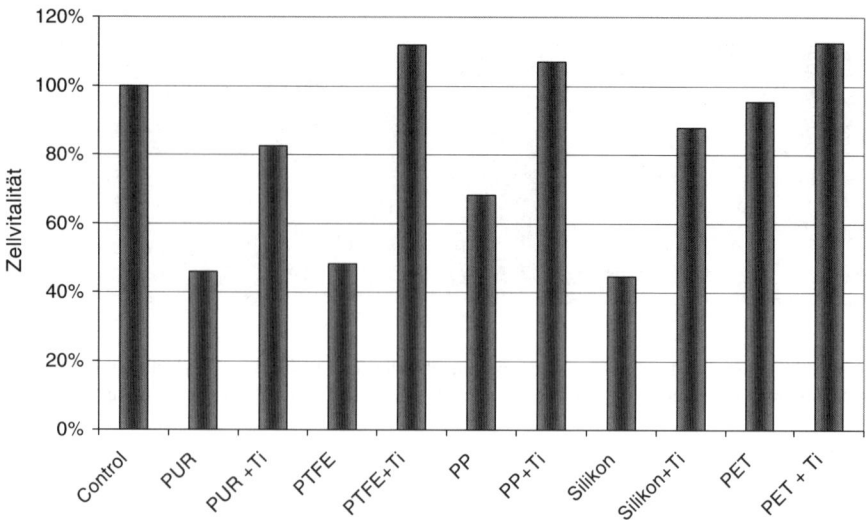

Abb. 39.11 Einfluss der Titanisierung auf die Zellvitalität von Fibroblasten bei Anwendung auf unterschiedlichen Polymeren

39.2.4 Einsatz titanisierter polymerer Netzimplantate im Großtiermodell

Maßgeblich für den Nachweis einer Eignung der titanisierten Polymeroberfläche zum Einsatz in medizinischen Implantaten sind jedoch nicht allein die in-vitro Untersuchungen mit den durchgeführten Zelltests. In unterschiedlichen Tierversuchsstudien am Großtiermodell konnte die Wirksamkeit der Titanisierung belegt werden [7] [8] [9]. Köckerling et al. [7] untersuchte die Wirkungsweise titanisierter Herniennetze aus Polypropylen im direkten Vergleich zu unbeschichteten PP-Netzen mit identischer Struktur und Flächengewicht am Schwein. Nach einer Beobachtungsdauer von 90 Tagen wurden die Versuchstiere getötet und die Implantate zusammen mit dem umliegenden Gewebe entnommen. Als ein maßgeblicher Faktor zur Bestimmung der Biokompatibilität von Herniennetzen gilt das Schrumpfungsverhalten. Wird ein Netzimplantat infolge der Fremdkörperreaktion eingekapselt, so kommt es, bedingt durch diesen Abwehrmechanismus, zu einer Schrumpfung des Netzes. Im Falle der Vergleichsstudie, lag das Schrumpfungsverhalten der titanisierten Netze mit 8,8 % signifikant niedriger als das der unbeschichteten Netzimplantate mit 14,9 %. Die nachfolgende histochemische und histopathologische Aufbereitung der Gewebeproben bestätigten diese Beobachtungen. Sowohl das Ausmaß der Entzündungsreaktionen als auch die Ki-67-Expression, welche die Bildung von Antikörpern beschreibt, lagen im Fall der titanisierten Implantate unter den Werten der unbeschichteten Implantate. Zusammenfassend zeigten die Untersuchungen, dass durch die Titanisierung der Implantatoberflächen eine deutlich reduzierte Fremd-

39.2 Oberflächentitanisierung

körperreaktion erfolgt. Nachdem außer der Oberflächenbeschichtung alle anderen Parameter wie Gewirkeart, Porendurchmesser der Netze, Flächengewicht etc. identisch gehalten wurden, ist der Unterschied im Einwachsverhalten der Implantate eindeutig auf die Titanisierung zurückzuführen.

In weiteren nachfolgenden Versuchsreihen am Tiermodell wurden titanisierte Polypropylennetze im Vergleich zu Standardprodukten in der Hernienchirurgie untersucht [8]. Ziel war es, neben der Oberflächenmodifikation durch die Titanisierung die weiteren Materialeigenschaften derart zu optimieren, dass das Einwachsverhalten nachhaltig verbessert wird. In einer Vergleichstudie mit 12 Versuchstieren wurden eine Gruppe mit einem titanisierten, leichtgewichtigen Herniennetz (TiMESH® light) und die andere Versuchsgruppe mit einem unbeschichteten PTFE-Netz (Dual-Mesh) versorgt. Die Implantation erfolgte intraperitoneal im direkten Kontakt zum Darm. PTFE-Materialien gelten für diese Anwendung als Gold-Standard, da durch die geschlossene und hydrophobe Struktur des Implantates eine Adhäsion zu den Eingeweiden und ein Einwachsen des Netzes in den Darm vermieden werden soll. Nach der Beobachtungsdauer von 90 Tagen wurde zunächst durch eine laparoskopische Untersuchung der Grad der Adhäsionen detektiert. Anschließend erfolgten die Explantation und die histochemische sowie histopathologische Aufarbeitung der Gewebeproben.

Hinsichtlich der Adhäsionen zeigte sich bei keinem der untersuchten Materialien eine Adhäsion zum Darm. Zum Omentum majus hingegen waren die Adhäsionen beim titanisierten Netzimplantat deutlich geringer (8,5%) ausgeprägt als im Fall der PTFE-Implantate (25%). Ein ebenso deutlicher Unterschied hat sich beim Schrumpfungsverhalten gezeigt. Wohingegen die titanisierten Netzimplantate erneut ein sehr geringes Schrumpfungsverhalten aufwiesen (18 %), lag die durchschnittliche Schrumpfungsrate beim PTFE bei 43,5%. Neben den in Abb. 39.12 nochmals dargestellten makroskopischen Befunden, setzte sich die Tendenz der besseren Biokompatibilität auch bei den histochemischen Ergebnissen fort. Sowohl hinsichtlich der Entzündungsreaktionen als auch der Expression von Antikörpern wies das titanisierte TiMESH® deutlich geringere Werte auf als das aus PTFE-Material gefertigte DualMesh.

Die vorangestellten Ergebnisse sind jedoch nicht allein auf die Titanisierung selbst zurückzuführen, sondern auch auf die verminderte Menge an Fremdkörpermaterial der eingesetzten Netzimplantate. Durch die fortschreitende Entwicklung immer neuer und leichtgewichtiger Implantate mit optimierten Oberflächenstrukturen stellt sich die Frage, inwiefern eine Oberflächenbeschichtung zu einer verbesserten Biokompatibilität beitragen kann.

Zu diesem Zweck wurde an der Charité in Berlin eine Tierversuchsstudie mit ultraleichten Netzimplantaten durchgeführt [9]. Es wurden titanisierte Netzimplantate aus monofilem Polypropylen mit einem Flächengewicht von nur 16 g/m² und einem Porendurchmesser von 1 mm mit unbeschichteten Netzen mit identischer Gewirkestruktur hinsichtlich des Einwachsverhaltens untersucht.

Es stellte sich heraus, dass trotz der erheblichen Reduzierung des Materialanteils bei den unbeschichteten Netzen, eine verstärkte Fremdkörperreaktion zu verzeichnen war. Die titanisierten Materialien hingegen wurden gleichmäßig und ohne Ent-

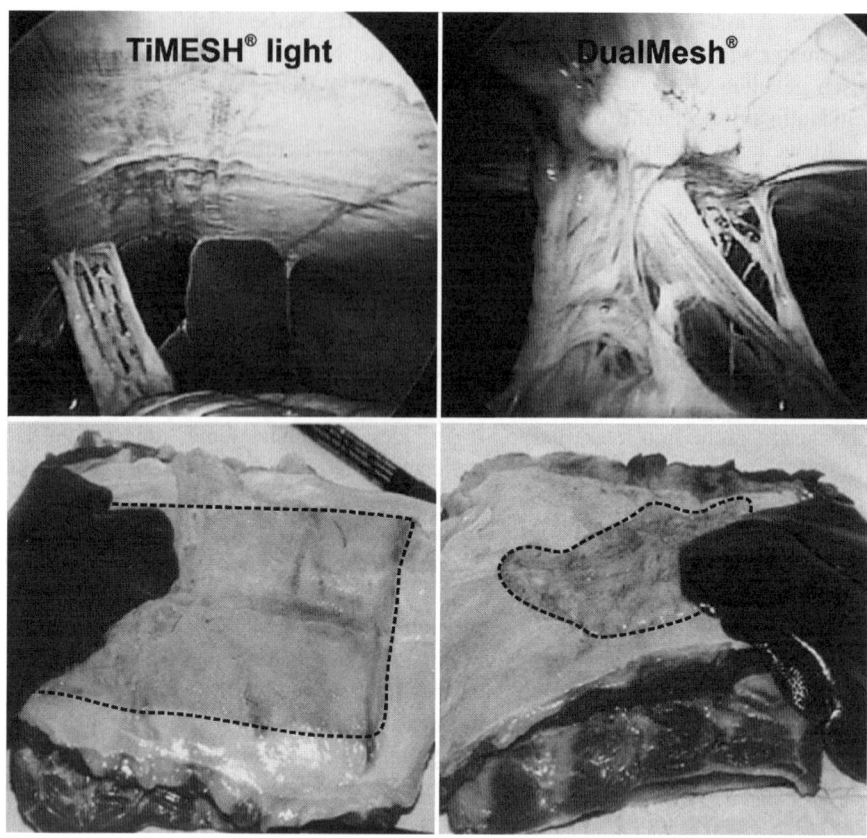

Abb. 39.12 Adhäsions- (oben) und Schrumpfungsverhalten (unten) von titanisierten Herniennetzen (links) im Vergleich zu PTFE-Implantaten (rechts) nach 90-tägiger intraperitonealer Implantation im Schwein [8]; gestrichelte Linie stellt die Implantatgrenzen nach Schrumpfung dar

zündungsreaktionen in das Körpergewebe integriert. Dieses unterschiedliche Einwachsverhalten war derart ausgeprägt, dass ein Nachweis der Kapselbildung beim unbeschichteten Netzimplantat ermöglicht wurde (Abb. 39.13).

39.2.5 Titanisierung polymerer und kollagener Blutkontaktflächen

Neben der Biokompatibilität und dem Einwachsverhalten titanisierter Implantate nimmt die Blutkompatibilität einen besonderen Stellenwert ein. So ist zum Beispiel die Verschlussrate kleinlumiger Gefäßprothesen oder auch die Thromboembolierate und Kalzifizierung von Herzklappen trotz vielfältiger Forschungsaktivitäten bis heute nicht zufriedenstellend gelöst. Die Synthese neuartiger Kunststoffe und die chemische Fixierung von Antikoagulantien mit beispielsweise Heparin oder

39.2 Oberflächentitanisierung

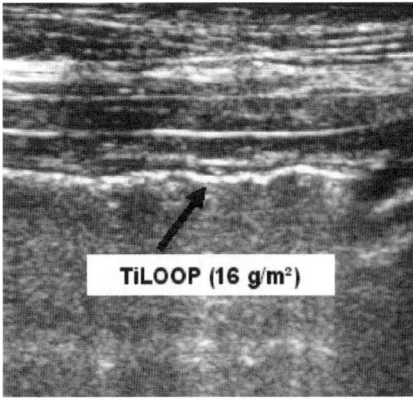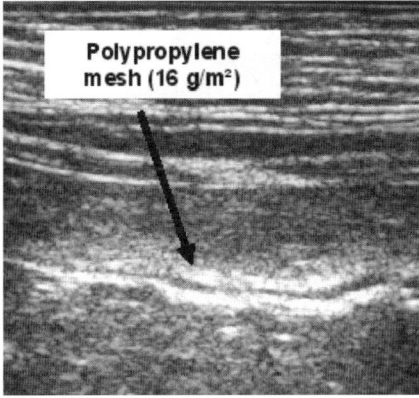

Abb. 39.13 Einwachsverhalten ohne Kapselbildung bei einem titanisierten Netzimplantat *(links)* und mit Einkapselung bei einem identischen Netzimplantat ohne Beschichtung *(rechts)*

Phosphatidylcholin auf bewährten Biomaterialien konnten die Hämokompatibilität durch eine nachgewiesen signifikant reduzierte Anlagerung adhäsiver Proteine verbessern. Das reicht jedoch nicht, um die Verschlussrate klinisch befriedigend zu senken [10].

Das verbesserte Zellwachstum von Endothelzellen auf titanisierten Polymeroberflächen wurde bei in-vitro Untersuchungen bereits nachgewiesen [6]. Sedelnikov et al. konnten bei ihren Untersuchungen über einen Zeitraum von einem Monat am Schweinemodell mit unbeschichteten und titanisierten PTFE-Gefäßprothesen eine Neoendothelialisierung der titanisierten Implantate beobachten [11]. Ein Unterschied hinsichtlich der Verschlussrate zwischen titanisierten und unbeschichteten PTFE-Prothesen konnte hingegen bisher nicht erreicht werden.

Inwiefern eine Titanisierung von blutdurchströmten Implantaten einen Beitrag zur langfristigen Verbesserung der Hämokompatibilität leistet, wurde im Rahmen der Entwicklung eines Biomechanischen Herzen am Großtiermodell untersucht.

Bei einem Biomechanischen Herzen (BMH) handelt es sich um eine muskuläre Blutpumpe, die parallel zum Herzen aortal in den Blutkreislauf integriert wird. Um die Pumpkammer selbst, die im vorliegenden Fall aus PTFE besteht, wird ein Skelettmuskel gelegt, der durch elektrische Stimulation mit einem Muskelschrittmacher in Synchronisation mit dem Herzen zur Kontraktion gebracht wird. Hierbei wird die Pumpkammer komprimiert und das darin enthaltene Blutvolumen analog wie beim Herzen ausgetrieben. Die Pumpleistung des BMH beträgt bei der Ziege ca. 1.5 Liter pro Minute und soll beim Menschen ca. 2–3 Liter pro Minute ausmachen [12].

Für die Untersuchungen am Tiermodell wurden sowohl unbeschichtete als auch titanisierte PTFE-Pumpkammern in Langzeitversuchen in Ziegen implantiert. Bereits nach einer Implantationsdauer von 8 Wochen stellte sich bei den unbeschichteten Kammern eine deutliche Reduzierung der Pumpleistung ein. Nach Explantation des BMH zeigte sich, dass die Innenseite der PTFE-Kammer gleichmäßig mit einem fast 1cm dicken Appositionsthrombus ausgekleidet war (Abb. 39.14).

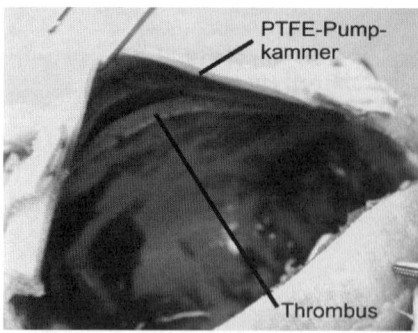 

Abb. 39.14 Thrombosierung der gesamten inneren Oberfläche einer PTFE-Pumpkammer *(links)* mit einem dickwandigen, ausgeschälten Thrombus *(rechts)* 8 Wochen nach der Implantation

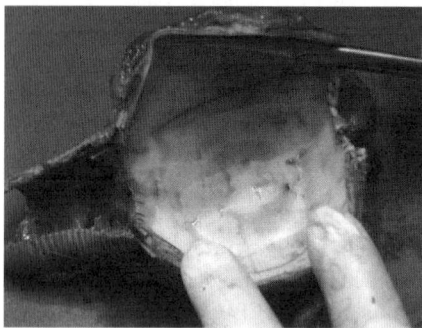 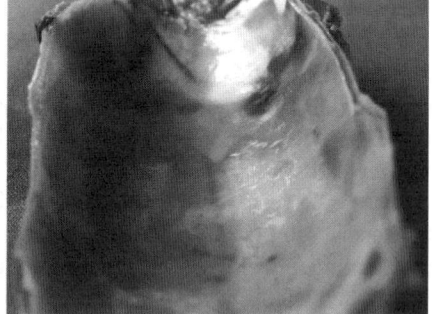

Abb. 39.15 Blutdurchströmte athrombogene Innenseite einer titanisierten PTFE-Pumpkammer eines BMH mit dünner, durchscheinender Endothelauskleidung nach einer Implantationsdauer von 6,5 Monaten

Bei den beschichteten Pumpkammern hingegen war selbst nach einer Pumpdauer von 6,5 Monaten keine Thrombenbildung festzustellen. Die Innenwandung der Pumpkammern war mit einer gleichmäßigen endothelialisierten bindegewebigen Schicht ausgekleidet (Abb. 39.15).

Dieses verbesserte Langzeitverhalten zusammen mit einer offensichtlich vorhandenen autologen Endothelialisierung der titanisierten Oberflächen könnte auch bei implantierten künstlichen Herzklappen von Bedeutung sein.

39.2.6 Detoxifizierung glutaraldehydfixierter kollagener Prothesen

Weltweit werden jedes Jahr etwa 200.000 Herzklappen eingesetzt. In 60% der Operationen kommt es zum mechanischen und in 40% zum biologischen Herzklappen-

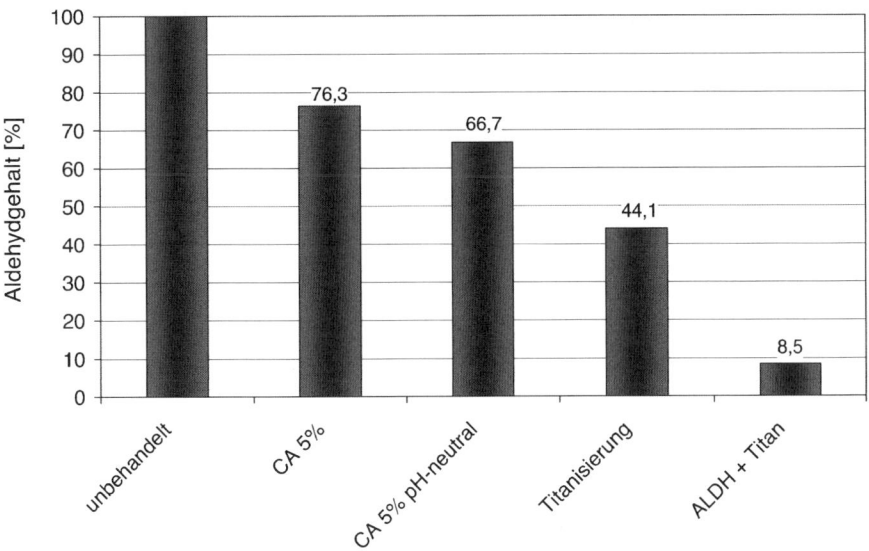

Abb. 39.16 Aldehydrestgehalt auf Glutaraldehyd fixierten Pericardproben nach unterschiedlichen Methoden der Detoxifizierung [18]

ersatz. Unabhängig von der Art der verwendeten Herzklappe kommt es innerhalb der ersten zehn Jahre in 50–60% aller Fälle zu Komplikationen. Diese resultieren im Falle der mechanischen Klappen aus der hohen Thrombogenität des eingesetzten Materials. Bei den biologischen Klappen hingegen ergeben sich die Komplikationen aus der Verkalkung des Gewebes und einer damit verbundenen Klappendestruktion. Diese Verschleißerscheinungen werden unter anderem durch die Toxizität des Fixierungs- und Stabilisierungsmittels Glutaraldehyd hervorgerufen [13]. Eine Detoxifizierung und Endothelialisierung könnte die Klappe vor Kalzifizierung und auch thromboembolischen Komplikationen schützen. Eine dauerhafte Besiedlung Glutaraldehyd fixierter Prothesen mit Endothelzellen hat sich jedoch als nicht durchführbar erwiesen. Verantwortlich hierfür ist die kontinuierliche Freisetzung von ungebundenem Glutaraldehyd sowie freien Aldehydgruppen auf den biologischen Implantaten [15]. Das primäre Ziel der Vermeidung einer Kalzifizierung und das Ermöglichen einer Endothelialisierung müssen demzufolge sein, die Restbestandteile des Fixierungsmittels weitestgehend zu entfernen. In-vitro Untersuchungen hierzu hat unter anderem Gulbins et al. durchgeführt, der durch eine Behandlung Glutaraldehyd fixierter Prothesen mit Zitronensäure und eine darauffolgende Beschichtung mit wirtsautologen Fibroblasten eine verbesserte Besiedelbarkeit für Endothelzellschicht erzielt hatte [16].

Eine weitaus effektivere Methode zur Detoxifizierung der biologischen Prothesen stellt eine Titanisierung mit einer vorangestellten enzymatischen Aldehyddehydrogenasen-Behandlung (ALDH) dar. Eine Titanisierung dient nicht alleine zur Detoxifizierung und zur besseren Zelladhäsion, sondern könnte auch durch eine

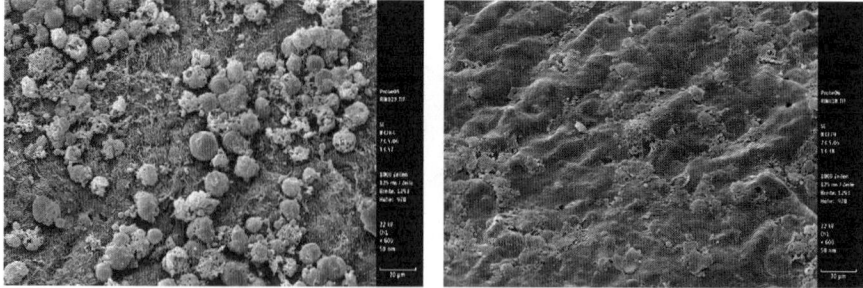

Abb. 39.17 Vergleich des Zellwachstums von humanen Endothelzellen auf Glutaraldehyd fixiertem Rinderpericard mit nachträglicher Behandlung durch Zitronensäure (links) bzw. physio-enzymatischer Detoxifizierung durch Titanisierung und ALDH (rechts)

„Oberflächenversieglung" vor allem immunologische Reaktionen verringern, die bekanntermaßen in Abhängigkeit vom Alter des Klappenträgers zur Klappenverkalkung und danach zur Klappendestruktion führen [17]. Durch geeignete Trocknungsverfahren ist es möglich, biologische Herzklappen in einen wasserfreien Zustand zu überführen. Die entfeuchteten Prothesen werden anschließend unter Verwendung des PACVD-Verfahrens titanisiert. Im Anschluss an die Beschichtung werden die Implantate wieder in den wasserhaltigen Zustand versetzt. Untersuchungen am Klappenprüfstand haben ergeben, dass sowohl durch die Trocknung als auch durch den PACVD-Prozess das biologische Gewebe funktionell nicht verändert wird.

Als Bewertungsfaktor für die Effektivität der Detoxifizierung dient der verbliebene Restgehalt an Aldehyd im Gewebe. Abb. 39.16 zeigt eine Versuchsreihe für die Detoxifizierung von Glutaraldehyd fixiertem Rinderpericard. Als Grundlage für die Effektivität wurde der Aldehydgehalt einer unbehandelten Probe als Referenzwert von 100% gesetzt. Bei einer Behandlung der Proben mit Zitronensäure beträgt der Restgehalt an Aldehyd 76,3 % bzw. 66,7 %. Durch eine reine Titanisierung wird der Restgehalt an Aldehyd bereits auf bis zu 44,1 % reduziert. Die besten Ergebnisse hingegen lassen sich durch eine Kombination des physikalischen (Titanisierung) Verfahrens mit einer enzymatischen Aldehyddehydrogenase (ALDH) erreichen, wodurch der ursprüngliche Aldehydgehalt und somit die Toxizität der um mehr als 90 % reduziert wird. Parallel zu diesen Detoxifizierungsversuchen wurden die unterschiedlich vorbehandelten Perikardproben mit humanen Endothelzellen besiedelt. Im Falle der mit Zitronensäure behandelten Proben zeigte sich ein reduziertes und ungleichmäßiges Zellwachstum (Abb. 39.17 links). Bei den Proben, bei denen eine Titanisierung mit anschließender Aldehyddehydrogenase durchgeführt wurde, hat sich auf der Perikardoberfläche ein geschlossener Zellrasen ausgebildet (Abb. 39.17 rechts).

Aufgrund dieser positiven Ergebnisse wurden im Anschluss an die in-vitro Versuche Herzklappen vom Schwein dem kombinierten Detoxifizierungsverfahren unterzogen und für umfangreichere Untersuchungen in Ziegen implantiert. Im Gegensatz zu den bisherigen Lösungsansätzen [16], wurde auf den Prothesen kein Zellcoating

39.3 Zusammenfassung

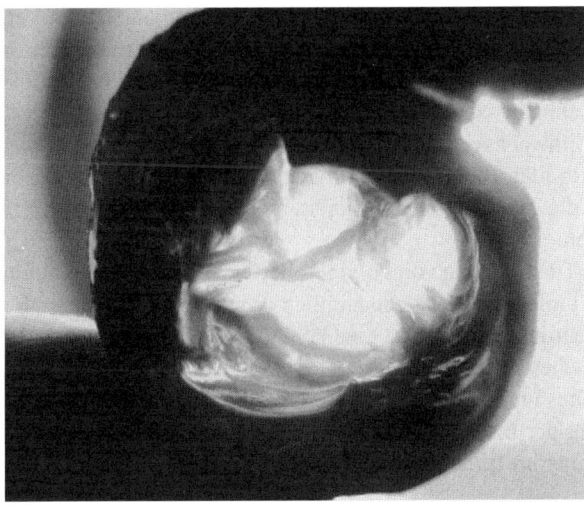

Abb. 39.18 Titanisierte Herzklappe vom Schwein nach 6-monatiger Implantation in einer Ziege

mit Endothelzellen nach vorheriger Fibroblastenbesiedelung vor der Implantation durchgeführt. Erste Ergebnisse dieser Versuchsreihen bestätigen, dass die Funktionalität der Klappen komplett erhalten bleibt. Des Weiteren konnte an entnommenen Schweineherzklappen nach einer Implantationsdauer von über sechs Monaten gezeigt werden, dass keinerlei Anzeichen einer Degradation vorlagen (Abb. 39.18).

Histologische Untersuchungen ergaben, dass die komplette Blutkontaktfläche mit Endothelzellen besiedelt wurde. Da diese Klappe vor der Implantation keinem Zellcoating unterzogen wurde, ist dieses Ergebnis auf eine autologe Endothelialisierung zurückzuführen. Weitere Untersuchungen werden zeigen, inwiefern die Titanisierung der Prothesen die Kalzifizierung und die darauffolgende Prothesendestruktion unterbinden und folglich die Haltbarkeit verlängern kann.

39.3 Zusammenfassung

Zur Verbesserung der Biokompatibilität von Implantatoberflächen werden die Materialien mit einer Oberflächentitanisierung versehen. Die extrem dünnen Schichten (30–50 nm) weisen aufgrund der kovalenten Bindung zum Grundsubstrat und der aus dem PACVD-Prozess entstehenden Übergangszone eine sehr hohe Haftfestigkeit auf. Die Rauhigkeit der Implantatoberflächen wird durch die Beschichtung nicht verändert. Aufgrund der verbesserten Benetzbarkeit infolge der höheren Oberflächenenergie werden die Kriterien für biokompatible Materialien erfüllt. Dies konnte auch in mehreren Zellversuchen anhand des optimierten Zellwachstums, der verstärkten Zelladhäsion und der verbesserten Zellvitalität nachgewiesen werden.

In Tierversuchsstudien mit unterschiedlichen Netzimplantaten im Vergleich, zeichneten sich die titanisierten Implantate durch ein klinisch relevantes und signifikant verringertes Schrumpfungsverhalten aus. Diese reduzierte Fremdkörperreaktion konnte auch anhand weiterer Marker mehrfach beobachtet werden. Neben dem verbesserten Einwachsverhalten beeinflusst eine Oberflächentitanisierung auch die Hämokompatibilität von Blutkontaktflächen. Im Falle von PTFE-Pumpkammern konnte durch die Titanisierung eine kaum mehr feststellbare thrombogene Wirkung gezeigt werden.

Neben der Titanisierung von Polymeroberflächen ist die Anwendung des Verfahrens auch auf biologische Gewebe möglich. Wie im Fall der Glutaraldehyd fixierten Xenografts deutlich wurde, führt eine PACVD-Behandlung in Kombination mit einer enzymatischen Aldehyddehydrogenasen-Behandlung zu einer Reduzierung des Aldehydgehaltes um mehr als 90 %. Bedingt durch diese Detoxifizierung wird eine Zellbesiedlung der biologischen Gewebe bis hin zu einer autologen endothelialen Selbstbesiedlung im Blutstrom möglich.

39.4 Literatur

1. Vörös J., Wieland M., Ruiz-Taylor L., Characterization of Titanium Surfaces, Titanium in Medicine, Springer Verlag, (2001), 87–144
2. Mann, D. A., Plasmamodifikation von Kunststoffoberflächen zur Haftfestigkeitssteigerung von Metallschichten, Springer Verlag, Berlin, 1994
3. Helsen JA., Breme J. H., Metals as biomaterials, Wiley, Weinheim, 1998
4. Jennissen H.P., Verträglichkeit groß geschrieben, Essener Unikat, Universität Essen, 2000
5. Köppen S, Langel W., Adsorption of Collagen Fragments on Titanium Oxide Surfaces: A Molecular Dynamics Study, Phys Chem, 221(1):3–20, 2007
6. Lehle K. Lohn S., Verbesserung des Langzeitverhaltens von Implantaten und anderen Biomaterialien auf Kunststoffbasis durch plasmaaktivierte Gasphasenabscheidung (PACVD), Abschlußbericht Forschungsverbund "Biomaterialien (FORBIOMAT II)", 149–173, 2002
7. Köckerling F., Scheidbach, Tannapfel A., Schmidt U., Lippert H., Influence of Titanium Coating on the Biocompatibility of a Heavyweight Polypropylene Mesh, Eur Surg Res, (36), 313–317, 2004
8. Schug-Paß C., Tamme C., Tannapfel A., Köckerling F., A lightweight polypropylene mesh (TiMesh) for laparoscopic intraperitoneal repair of abdominal wall hernias: comparison of biocompatibility with the DualMesh in an experimental study using the porcine model. Surg Endosc., (20), 402–409, 2006
9. Neymeyer J., Spethmann J., Beer M., Al-Ansari W., Lange V., Haider W., Niehues S., Groneberg D.A., Große-Siestrup C., Animal experiment-based investigation of the compatibility of titanium-coated polypropylene mesh implants for urogynecological plasties under conditions of accompanying intestine surgery, Abridged Research Report from Charité Campus Virchow-Klinikum, Berlin, 2007
10. Mebus S., Polylaktidbeschichtung zur antithrombogenen Ausrüstung von Biomaterialien – ein Beitrag zur Freisetzung der eingearbeiteten Arzneistoffe und Nachweis der antiinfektiven Eigenschaften -, Dissertation TU München, 2000
11. Sedelnikov N., Cikirikicioglu M., Osorio-Da Cruz S., Khabiri E., Donmez Antal A., Tille J.C., Karaca S., Hess O.M., Kalangos A., Walpoth B., Titanium coating improves neo-endothelialisation of ePTFE grafts. Thorac Cardiovasc Surg., 54, suppl. 1, 83–115, 2006
12. Guldner NW., Klapproth P., Großherr M., Rumpel E., Noel R., Sievers HH., Biomechanical Hearts: Muscular Blood Pumps, Performed in a One-Step Operation, and Trained under Support of Clenbuterol, Circulation 2001;104 717–22
13. Glasmacher B., and Deiwick M., Kalzifizierung biologischer Herzklappenprothesen, In: Biokompatible Werkstoffe und Bauweisen. Wintermantel E, Ha S (eds.) Springer-Verlag Berlin 3. Aufl. S.571–84 (2002)
14. Trantina-Yates AE., Human P., Bracher M., Zilla P. Mitigation of bioprosthetic heart valve degeneration through biocompatibility: in vitro versus spontaneous endothelialization, Biomaterials 2001; 22: 1837–1846.
15. Fischlein T., Lehner G., Lante W., Reichart B., Endothelialization of aldehyde-fixed cardiac valve biprotheses, Transplant Proc. 1992 Dec; 24 (6): 2988.
16. Gulbins H., Goldemund A., Anderson I., Haas U., Uhlig A., Meiser B., Reichart B., Preseeding with autologous fibroblasts improves endothelialization of glutaraldehyde-fixed porcine aortic valves. J Thorac Cardiovasc Surg. 125: 592–601, 2003
17. Manji RA., Zhu LF., Ross DB., Glutaraldehyde-fixed bioprosthetic heart valve conduits calcify and fail from xenograft rejection Circulation.2006;114:318–327
18. Guldner N.W., Jasmund I., Mayer V., Gebert H., Heinlein M., Sievers H.-H., Detoxification and endothelialization of glutaraldehyde fixed collagen scaffolds for cardiovascular tissue engineering, XXXIV. Annual Congress of the European Society for Artificial Organs September 5th – 8th, 2007 KREMS

40 Mikrostrukturtechnik und Biomaterialien

A. E. Guber, V. Saile, K.-F. Weibezahn

40.1 Einleitung

In der Biomedizintechnik zeichnet sich derzeit ein Trend zu einer verstärkten Miniaturisierung des operativen Instrumentariums und der Peripheriegeräte ab, da zur sicheren Durchführung vieler minimal invasiv auszuführender chirurgischer Eingriffe sehr kleine Instrumente und Zusatzgeräte benötigt werden. Weiterhin werden für verschiedene Anwendungen im Life-Sciences-Bereich, wie z. B. innerhalb der klinischen Diagnostik und der pharmazeutischen Chemie, in zunehmendem Masse Komponenten mit eingearbeiteten Mikrostrukturen benötigt. Mit den inzwischen verfügbaren mikrotechnischen Herstellungsverfahren (siehe Kapitel 40.2) ist man in der Lage, unterschiedliche geometrische Formen von kleinen dreidimensionalen Bauteilen und Baugruppen im Mikrometerbereich zu fertigen. Für spezielle Anwendungen können aber auch Strukturen im Bereich von einigen 100 nm erzeugt werden. Mikrostrukturierte Komponenten und Baugruppen können entweder in Form von Implantaten in den menschlichen Körper gelangen oder in extrakorporal einsetzbaren Geräten zum Einsatz kommen (siehe Kapitel 40.3). Dabei ist zwischen Kurzzeit- und Langzeitimplantaten zu unterscheiden. Typische Kurzzeitimplantate sind beispielsweise Operationsinstrumente während eines operativen Eingriffes und für kurze Zeiträume gelegte Spezialkatheter zur gezielten Entnahme von Körpersäften oder zur temporären Medikamentenapplikation. Zur Kategorie der Langzeitimplantate gehören beispielsweise auf Dauer eingesetzte Gefässendoprothesen (Stents), Herzschrittmacher, Cochleaimplantate, miniaturisierte Medikamentendosiersysteme auf Basis mikrofluidischer Baugruppen (Mikropumpen, Mikrokanäle, etc.), implantierbare Arrays von Mikroelektroden, welche innerhalb der Neurobionik verstärkt Anwendung finden werden, sowie in der Zukunft auch künstliche Organe. Extrakorporal einsetzbare Geräte können beispielsweise beim bed-side-monitoring und in der klinischen Diagnostik in Form von mikrofluidischen Strukturen für Überwachungsgeräte, Lab-on-Chip- und µTAS-Anwendungen (µTAS: micro total analysis systems), Mikro- und Nanotiterplatten sowie im Bereich des Tissue Engineering zum Einsatz kommen.

40.2 Fertigungsverfahren in der Mikrostrukturtechnik

Zur Herstellung von Mikrostrukturen stehen zwischenzeitlich mit der Silizium-Mikromechanik, dem LIGA-Verfahren, der Lasermikromaterialbearbeitung sowie mit modifizierten feinstwerktechnischen Verfahren, wie dem Mikrozerspanen und der Mikroerodiertechnik (µEDM-Technik), eine ganze Reihe von Herstellungsverfahren zur Mikrostrukturierung von unterschiedlichen Materialien zur Verfügung.

40.2.1 Silizium-Mikromechanik

Bei der Silizium-Mikromechanik werden auf Basis verschiedener nass- oder trockenchemischer Ätzverfahren Mikrostrukturen direkt in einen Silizium-Einkristall bzw. in siliziumhaltige Substrate hineingearbeitet oder mittels CVD-Techniken (CVD: chemical vapor deposition) auf diesen aufgebaut [1]. Abb. 40.1 zeigt in einer schematischen Darstellungsweise die anisotrope nasschemische Mikrostrukturierung eines Siliziumwafers mit KOH als Ätzmittel. Zunächst wird auf der zu ätzenden Seite des Siliziumsubstrates eine dünne SiO_2-Schicht durch thermische Oxidation des Wafers erzeugt. Auf diese wird anschliessend eine Photolackschicht aufgebracht und durch eine Maske hindurch mit lithographischen Methoden belichtet. Nach dem Entwickeln des Photolacks erfolgt dann die Strukturierung der SiO_2-Schicht mit HF-Säure und nach dem Entfernen der Restlackschicht (Lack-Strippen) dient die SiO_2-Schicht als eigentliche Ätzmaske für die nasschemische Tiefenätzung mit KOH. Abhängig von der Kristallorientierung des Siliziums (z. B. (100)-Siliziumwafer) und dem Design der Ätzmaske entstehen dabei schräge Seitenwände mit einem eben ausgebildeten Bodenbereich. Die seitlichen Ätzflanken weisen dabei einen Winkel von 54,7° auf. Siliziummikrostrukturen mit senkrechten Seitenwänden können durch nasschemisches Ätzen von (110)-Siliziumwafern mit KOH oder (100)-Siliziumwafern durch RIE-Ätzen (RIE: Reaktives Ionen Ätzen) mittels halogenhaltiger Gase erzeugt werden (Abb. 40.2).

40.2.2 LIGA-Verfahren

Mit dem LIGA-Verfahren können Mikrostrukturen aus Metallen, Kunststoffen und keramischen Materialien erzeugt werden. Die drei wichtigsten Prozessschritte des LIGA-Verfahrens sind die Lithographie, Galvanik und die Abformung. Eine sehr detaillierte Beschreibung zum LIGA-Verfahren findet sich in [2]. In Abb. 40.3 ist die schematische Herstellung einer typischen LIGA-Mikrostruktur dargestellt.

In einem ersten Prozessschritt (Lithograhieschritt) wird eine mehrere hundert Mikrometer dicke strahlenempfindliche Resistschicht aus PMMA, welche sich meist auf einer metallischen Grundplatte befindet, durch eine Maske hindurch mit sehr ener-

40.2 Fertigungsverfahren in der Mikrostrukturtechnik

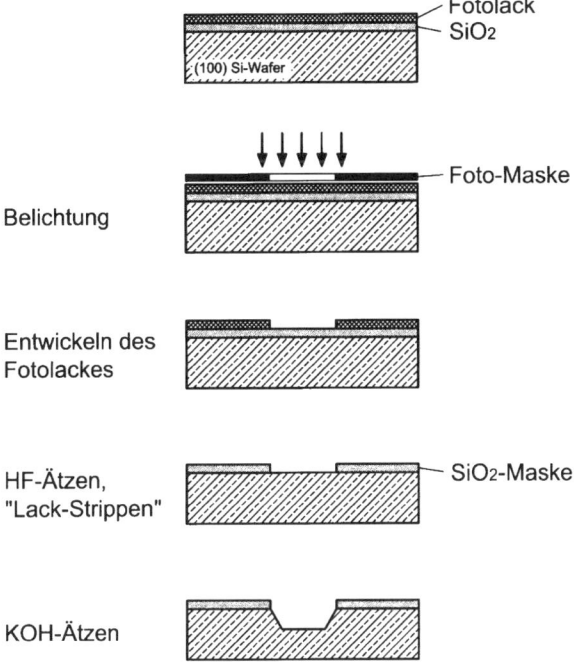

Belichtung

Entwickeln des
Fotolackes

HF-Ätzen,
"Lack-Strippen"

KOH-Ätzen

Abb. 40.1 Schematische Darstellung der wichtigsten Prozessschritte der Silizium-Mikromechanik

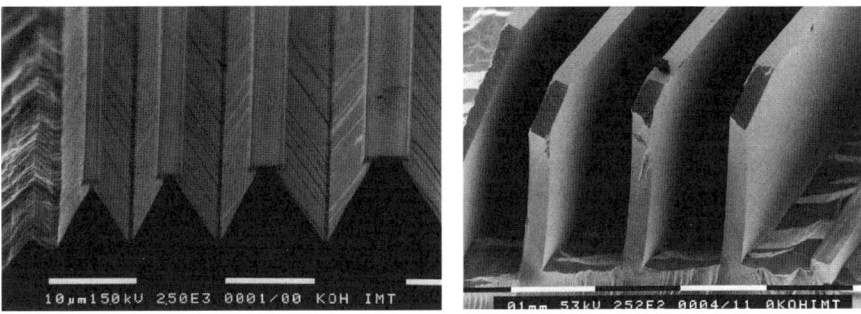

Abb. 40.2 Nasschemisch geätzte Mikrokanäle in (100)-Silizium *(links)* und in (110)-Silizium *(rechts)* (mit freundlicher Genehmigung des Forschungszentrums Karlsruhe, Institut für Mikrostrukturtechnik)

giereicher und hochparalleler Synchotronstrahlung (λ: 0,2 bis 0,6 nm) belichtet. Dabei werden die nicht durch die Maske abgedeckten Bereiche des Resists strahlenchemisch soweit verändert, dass sie sich anschliessend mit einem geeigneten Entwickler gezielt entfernen lassen. Dadurch erhält man eine primäre Mikrostruktur aus Kunststoff auf einer metallischen Unterlage. In dem zweiten Prozessschritt (Galvanik) werden

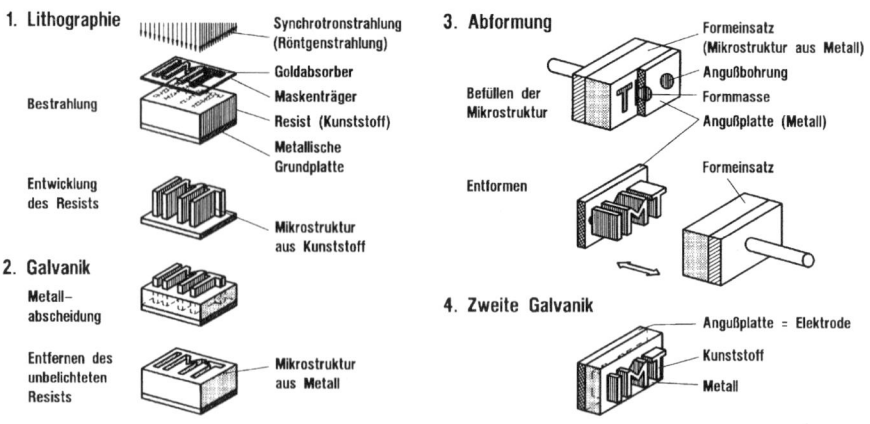

Abb. 40.3 Übersicht der Prozessschritte des LIGA-Verfahrens [2]

die Freiräume zwischen der Kunststoffmikrostruktur, ausgehend von der elektrisch leitfähigen Metallgrundplatte, galvanisch mit Nickel, Kupfer, Gold oder Permalloy aufgefüllt. Danach wird der unbestrahlte Resist mit einem weiteren Lösungsmittel entfernt, so dass man als Ergebnis eine Sekundärstruktur aus Metall erhält, die die inverse Mikrostruktur der ursprünglichen Primärstruktur aufweist. Diese metallische Mikrostruktur dient in einem dritten Prozessschritt (Abformung) als metallischer Formeinsatz zur kostengünstigen Vervielfältigung des Bauteiles mittels verschiedener Kunststoff-Replikationstechniken. Durch Spritzguss oder Vakuumheissprägen kann man somit Tertiärstrukturen aus verschiedenen Kunststoffen (PMMA, PC, PE, PA, POM, PEEK, PVDF und PSU) [3] erhalten, welche in ihrer Form und im Design der ursprünglichen Primärstruktur entsprechen. Bei Bedarf können die tertiären Kunststoffstrukturen durch einen weiteren galvanischen Prozessschritt (2. Galvanik) in metallische Mikrostrukturen (Quaternärstrukturen) umkopiert werden. Im Falle der Herstellung keramischer Mikrobauteile aus Al_2O_3 und ZrO_2 [3] dienen die tertiären Kunststoff-Mikrostrukturen als „verlorene Formen".

Abb. 40.4 zeigt eine Mikroturbine aus Nickel, welche mittels Lithographie und anschliessender Galvanik gefertigt worden ist, sowie eine Mikrolinse aus Kunststoff, welche ausgehend von einem metallischen Abformwerkzeug durch Heissprägen in PMMA erzeugt worden ist. Der Rotor der Turbine besitzt einen Durchmesser von 130 µm und ist 150 µm hoch. Auf Basis dieser Turbinen lassen sich beispielsweise stark miniaturisierte Antriebssysteme realisieren, welche in Rotablator-Kathetern innerhalb der interventionellen Kardiologie zum Einsatz kommen könnten [4]. Die Mikrolinsen besitzen eine plankonvexe Form und ihr Aussendurchmesser beträgt 0,6 mm, während der Krümmungsradius der Linse bei nur 0,5 mm liegt. Zwei Linsen dieses Typus können in ein Kunststofflinsenobjektiv eines flexiblen Mini-Endoskops integriert werden, welches beispielsweise im Bereich der endoskopischen Neurochirurgie zum Einsatz kommen kann [5].

40.2 Fertigungsverfahren in der Mikrostrukturtechnik

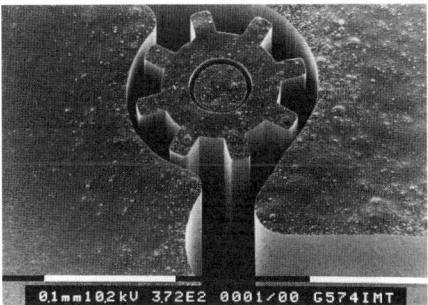 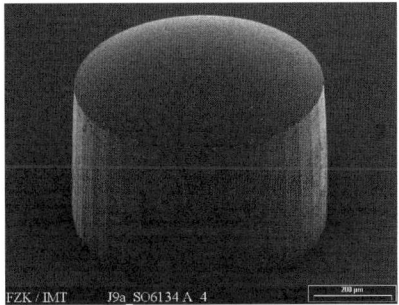

Abb. 40.4 Mikroturbine aus Nickel *(links)* und Kunststoff-Mikrolinse aus PMMA *(rechts)*, beide hergestellt nach dem LIGA-Verfahren (mit freundlicher Genehmigung des Forschungszentrums Karlsruhe, Institut für Mikrostrukturtechnik)

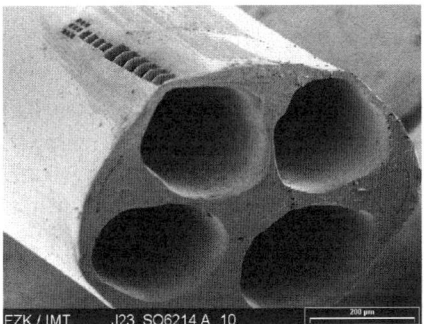 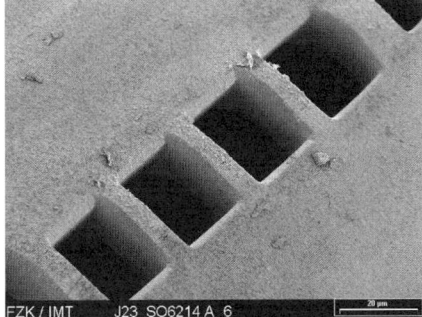

Abb. 40.5 Eingearbeitete quadratische Öffnungen in der Aussenwand eines Mehrlumenkatheters aus PUR *(links)*. Die kleinste Öffnungsweite beträgt ca. 12 µm x 12 µm (*rechts;* mit freundlicher Genehmigung des Forschungszentrums Karlsruhe, Institut für Mikrostrukturtechnik und Institut für Materialforschung)

40.2.3 Lasermikromaterialbearbeitung

Mit den verschiedenen Methoden der Lasermikromaterialbearbeitung lassen sich beispielsweise mit Hilfe von Excimerlasern in Abhängigkeit von den jeweiligen Wellenlängen (351, 308, 248, 193 und 157 nm) eine Vielzahl von Kunststoffen und bestimmte Keramiken direkt mikrotechnisch bearbeiten, während mit Nd:YAG-Laserstrahlung (1064 bzw. 532 nm) z. B. Stähle und Hartmetall mikrostrukturierbar sind [6–8]. Dabei wird die Laserstrahlung mit optischen Elementen (Spiegel, Linsen) auf kleinste Abmessungen konzentriert, so dass die gewünschten Mikrostrukturen in dreidimensionaler Form direkt in das zu bearbeitende Material „hineingeschrieben" werden können. Im Falle der Kunststoffablation absorbieren die Polymere die Laserstrahlung praktisch vollständig in einem örtlich sehr genau begrenzten Bereich. Es kommt dabei zum Aufbrechen der chemischen Bindungen und damit zu einem

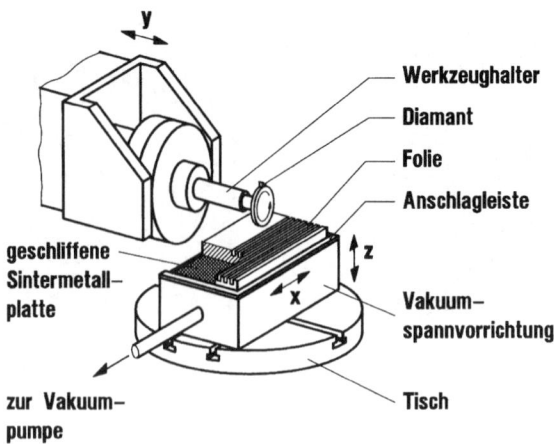

Abb. 40.6 Schematische Darstellung des Mikrozerspanens [11]

schichtweisen Materialabtrag, bei welchem sich gasförmige und damit absaugbare Reaktionsprodukte (Ablationsprodukte) bilden. Diese Bearbeitungstechnik entspricht dem Rapid-Prototyping von Polymeren, speziell dann, wenn nur geringe Stückzahlen eines Mikrobauteiles benötigt werden. Bei der Laser-LIGA-Technik [9] wird in Anlehnung an das LIGA-Verfahren (siehe Kapitel 40.2.2) zunächst ebenfalls eine primäre Mikrostruktur aus Kunststoff generiert, welche anschliessend galvanisch in eine sekundäre Metallstruktur, z. B in ein Abformwerkzeug, umkopiert werden kann. Abb. 40.5 zeigt das distale Ende eines mittels Excimerlaserstrahlung präparierten medizinischen Mehrlumenkatheters. In die Aussenwand des Katheters können im Gegensatz zu den üblichen Schneid- und Stanzverfahren gezielt sehr kleine Öffnungen mittels Lasermikromaterialbearbeitung berührungslos eingearbeitet werden.

40.2.4 Mikrozerspanen

Fast beliebige geometrische Formen von metallischen Mikrostrukturen lassen sich weiterhin mit modifizierten spanabhebenden Bearbeitungsverfahren auf Basis der Feinstwerktechnik erzeugen. Dabei kommen CNC-gesteuerte Hochpräzisions-Bearbeitungsmaschinen zum Einsatz. Mit den derzeit verfügbaren Mikrowerkzeugen können Strukturfeinheiten von minimal 5 µm und Strukturtiefen von 1000 µm und mehr erreicht werden [10]. Eine Mikrostrukturierung von Kunststoffen und einkristallinem Silizium ist ebenso möglich. Das Grundprinzip des Mikrozerspanens ist in Abb. 40.6 dargestellt [11].Das zu bearbeitende Metallsubstrat (hier eine Metallfolie) befindet sich auf einem in x- und z-Richtung mikrometergenau beweglichen Drehtisch und wird mit einer Vakuumspannvorrichtung fest auf einer plangeschliffenen Sintermetallplatte fixiert. Der mikroprofilierte Bearbeitungsdiamant ist

40.2 Fertigungsverfahren in der Mikrostrukturtechnik

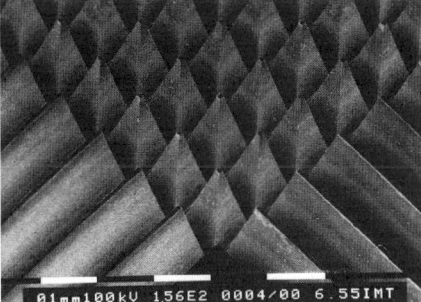

Abb. 40.7 Profilierter Mikrodiamant zur Erzeugung von Dreiecknuten (*links*) und die nach einer kreuzweisen Bearbeitung erhaltenen Mikropyramidenstrukturen (*rechts*; mit freundlicher Genehmigung des Forschungszentrums Karlsruhe, Hauptabteilung Versuchstechnik).

auf einer in y-Richtung im Mikrometerbereich verfahrbaren Hochfrequenzspindel eingespannt. Die geometrische Form und die Eindringtiefe des Mikrowerkzeuges bestimmen das Design der metallischen Mikrostrukturen. So werden durch Fräsen mit Bearbeitungsdiamanten mit einem rechteckförmigen Schneidquerschnitt parallele Rechtecknuten erhalten, während mit dreieckförmigen Mikrowerkzeugen entsprechende Nuten realisiert werden (Abb. 40.7). Durch eine kreuzweise Bearbeitung des Metallsubstrates erhält man beispielsweise vierseitige Mikropyramidenstrukturen mit einem Rastermass von 100 µm und einer Höhe von jeweils 250 µm (Abb. 40.7). Stark miniaturisierte Fingerfräser aus Diamant erlauben eine lateral freie Mikrostrukturierung von zweidimensionalen Geometrien mit senkrechten oder geneigten Wänden [12, 13]. Viele der so erhaltenen metallischen Mikrostrukturkörper können ebenso als Abformwerkzeuge zur Herstellung von Kunststoffmikrostrukturen zum Einsatz kommen (Abb. 40.13).

40.2.5 Mikrofunkenerosion (µEDM-Technik)

Mit der Mikrofunkenerosion (µEDM-Technik: micro electrical discharge machining) lassen sich alle elektrisch leitfähigen Werkstoffe hochgenau bearbeiten, unabhängig von ihren mechanischen, physikalischen und chemischen Eigenschaften. Der Materialabtrag beruht dabei auf einer zeitlich versetzten Abfolge von elektrischen, thermischen und mechanischen Vorgängen zwischen zwei leitfähigen Materialien [14]. Abb. 40.8 zeigt in einer schematischen Darstellung das Prinzip des Mikroschneiderodierens am Beispiel der Herstellung einer Mikrofasszange aus einer NiTi-Legierung [15]. Während des Bearbeitungsvorganges ist das Werkstück (NiTi-Draht) fest in eine Haltevorrichtung eingespannt und kann mit einer CNC-gesteuerten Erodiermaschine exakt im Mikrometerbereich in x- und y-Richtung geführt werden. Als Werkzeug dient beim Mikroschneiderodieren ein sehr dünner Schneiddraht mit nur 30 µm Aussendurchmesser, mit welchem die gewünschte Mi-

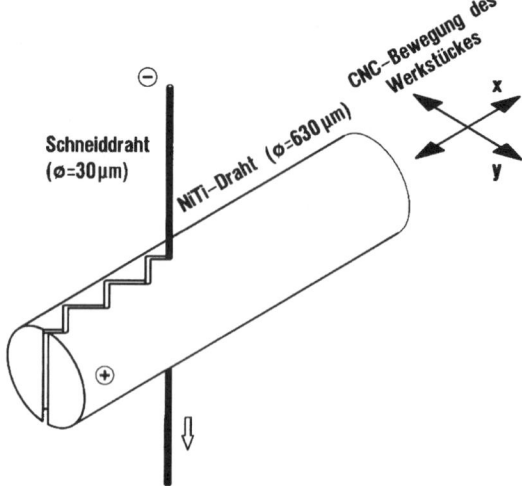

Abb. 40.8 Herstellungsschema einer Mikrozange aus einem NiTi-Draht mit der Mikroschneiderodiertechnik [15]

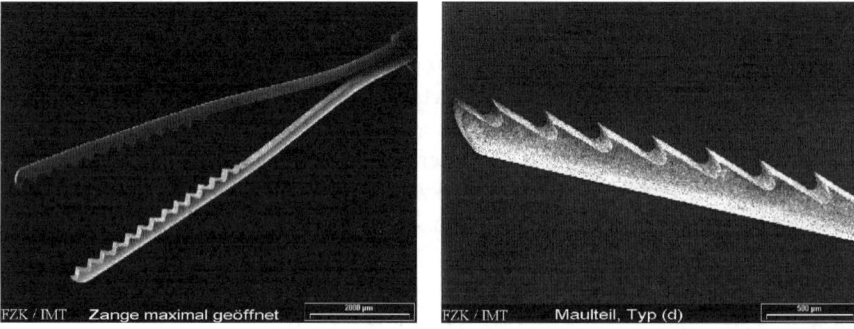

Abb. 40.9 REM-Aufnahme einer Mikro-Fasszange aus NiTi-Draht *(links)* und Detailaufnahme der erodierten Maulteiloberflächen *(rechts;* mit freundlicher Genehmigung des Forschungszentrums Karlsruhe, Institut für Mikrostrukturtechnik)

krostruktur direkt in das Werkstück hineingearbeitet wird. Werkstück und Werkzeug werden als unterschiedliche Elektroden geschaltet und einander angenähert, so dass es zur Funkenbildung kommt. Die lokal sehr hohen Temperaturen führen zum Aufschmelzen und Verdampfen des Metalles. Dabei wird die am Bearbeitungsort zur Verfügung stehende Drahtelektrode ständig erneuert. Abb. 40.9 zeigt eine entsprechend gefertigte Mikrofasszange, welche aus einem nur 0,63 mm dünnen NiTi-Draht herausgearbeitet worden ist und z. B. in der endoskopischen Neurochirurgie zum Einsatz kommen kann [16]. An der bearbeiteten Metalloberfläche entstehen immer mikroskopisch kleine Erosionskrater.

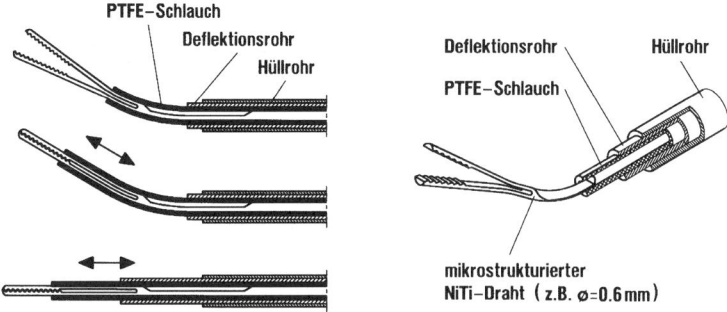

Abb. 40.10 Schematische Darstellung des Funktionsprinzips und des Aufbaus einer Mikro-Fasszange [15].

40.3 Anwendungsbeispiele

40.3.1 Miniaturisierte Instrumente für die endoskopische Chirurgie

Für viele minimal-invasive chirurgische Eingriffe in den Bereichen der endoskopischen Neurochirurgie, der Urologie, der interventionellen Kardiologie und der Gynäkologie werden miniaturisierte Operationsinstrumentarien benötigt, da immer häufiger Eingriffe in schwer erreichbaren Arealen bzw. in sehr engen Lumina des menschlichen Körpers vorgenommen werden. Wünschenswert sind daher Instrumente mit geringen Aussenabmessungen, die dennoch minimal-invasiv zum Operationssitus vorgeführt und vor Ort sicher bedient werden können. Kleinste Greif- und Schneidinstrumente, Saug- und Spülinstrumente sowie Hilfs- und Zusatzinstrumente können auf der Basis von superelastischen NiTi-Drähten, -Röhrchen und -Plättchen realisiert werden [15, 17]. Erst durch die Verwendung von superelastischen NiTi-Legierungen gelingt eine erhebliche Verkleinerung der Mikroinstrumente, da mechanische Gelenke nicht mehr notwendig sind. NiTi kann in bestimmten Temperaturbereichen bis ca. 8 % elastisch gedehnt werden und kehrt nach Entlastung in seine Ursprungsform zurück. Abb. 40.10 zeigt den Aufbau und das Funktionsprinzip der Mikroinstrumente am Beispiel einer deflektierbaren Zange. Der Schliessvorgang erfolgt mit Hilfe eines längsbeweglichen PTFE-Schlauches, der über den mikrostrukturierten NiTi-Draht zu dem distalen Ende des Instrumentes vorgeführt wird. Dabei werden die auseinandergespreizten Maulteile zusammengedrückt und die Zange schliesst sich. Die am distalen Ende abgewinkelte Zange kann durch Vorschieben einer längsbeweglichen starren Metallkanüle (Deflektionsrohr) stufenlos gerade ausgerichtet werden. Damit ist im Falle eines endoskopischen Eingriffes erstmalig ein Operieren „um die Ecke herum" möglich [18].

Unterschiedliche Typen von miniaturisierten Fass- und Biopsiezangen sowie Mikroschneidinstrumenten mit Aussendurchmessern zwischen 0,4 und 1,4 mm sind auf der Basis von mikrotechnisch bearbeiteten NiTi-Drähten herstellbar. So

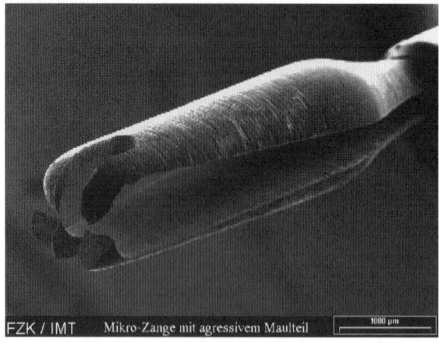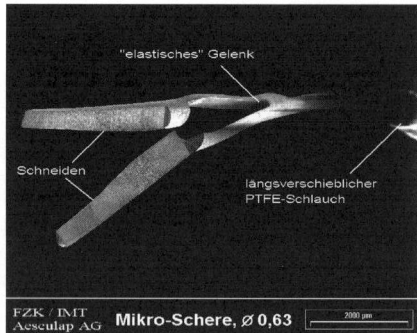

Abb. 40.11 REM-Aufnahmen einer halbgeöffneten Mikro-Biopsiezange *(links)* und einer Mikroschere *(rechts;* mit freundlicher Genehmigung des Forschungszentrums Karlsruhe, Institut für Mikrostrukturtechnik, und der Aesculap AG, Tuttlingen).

weist die in Abb. 40.9 dargestellte Mikrozange mit zwei Branchen im vorderen Greifbereich eine anatomische Zahnung auf, so dass empfindliche Gewebestrukturen und kleinste Implantate sicher gefasst und gehalten werden können. Mikro-Biopsiezangen mit einer stark krallenartig ausgebildeten Maulteilverzahnung (2:2 Zähne) ermöglichen ein rutschsicheres Greifen von Gewebe (Abb. 40.11). Ebenso sind deflektierbare Mikroscheren realisierbar. Vierbackige Mikro-Fasszangen können für Anwendungen in der interventionellen Kardiologie eingesetzt werden [19].

Das Prinzip der gezielten Deflektion kann auch auf miniaturisierte Hilfsinstrumente sowie auf Führungssysteme für optische Komponenten übertragen werden. Dünne NiTi-Röhrchen mit 0,9 mm Innendurchmesser eignen sich beispielsweise als stufenlos deflektierbare Saug- oder Spülinstrumente bzw. Applikatoren für Laserfasern [18]. Für operative Anwendungen in der Gynäkologie, speziell für die Inspektion von Eileitern, wurde ein miniaturisiertes Spreizinstrument (Falloposkop) entwickelt, das ein weitgehend atraumatisches Aufdehnen dieser sehr kleinen bzw. raumlosen Lumina ermöglicht [20]. Die Mikroinstrumente können wahlweise mit einem starren oder hochflexiblen Instrumentenschaft ausgerüstet werden. Sie sind entweder als „Freihandinstrumente" einsetzbar oder können mit Hilfe von starren Metalltrokaren bzw. hochflexiblen Kathetern sicher zum Operationssitus geführt werden.

40.3.2 Gefässendoprothesen (Stents)

In der Kardiologie werden routinemässig verengte Gefässe mit Hilfe der Ballondilatation (PTCA: Perkutane Transluminale Koronar Angioplastie) wieder geöffnet. Da aber die aufgeweiteten Blutgefässe aufgrund ihrer Eigenelastizität häufig relativ schnell wieder kollabieren, ist es vorteilhaft, wenn die dilatierten Gefässe mit ballonexpandierbaren oder mit selbstexpandierenden Gefässendoprothesen (Stents) dauerhaft offen gehalten werden. Die Gefässstützen bestehen entweder aus vorgestrickten

Drahtgeflechten oder aus dünnwandigen Metallrohren. Durch Feinschneiden mittels Lasermikromaterialbearbeitung werden in die Metallröhrchen zahlreiche Strukturen eingearbeitet, welche die Stentexpansion ermöglichen. Selbstexpandierende Stents auf Basis von NiTi-Legierungen werden aus dünnwandigen NiTi-Röhrchen mit Lasermikromaterialbearbeitung gefertigt. Durch Feinschneiden mit einem Nd:YAG-Laser werden minimale Stegbreiten von 40 bis 50 µm erreicht [3]. Durch nachträgliches Elektropolieren und Beschichten der NiTi-Stents erzeugt man sehr glatte Oberflächen, welche die Thrombogenität deutlich herabsetzen. Selbstexpandierende Stents werden mit Hilfe eines Kathetersystems minimal-invasiv in das Gefässsystem des Menschen eingeführt und am gewünschten Ort freigesetzt. Weitere Entwicklungen im Bereich der Stents sind derzeit radioaktiv markierte Stents und resorbierbare Stents aus bioabbaubaren Materialien, wie beispielsweise Polylactid [21, 22].

40.3.3 Mikrocontainer für Zellkulturen

Auf Basis von in Kunststoff abgeformten Mikrovertiefungen (Wells bzw. Mikrocontainern) lassen sich gänzlich neuartige Zellkultursysteme zur dreidimensionalen in-vitro-Gewebekultivierung realisieren, welche für verschiedene Anwendungen in den Bereichen des Tissue Engineerings und in der klinischen Diagnostik für HTS-Testreihen (HTS: high-throughput-screening) interessant sind [23, 24]. Damit sich Zellen dreidimensional orientieren und verankern können, benötigen sie kleine Stützstrukturen. Ausgehend von gestuften Abformwerkzeugen werden durch Spritzguss oder Prägen Arrays von 900 Wells/cm^2 in PMMA oder PC erzeugt (Abb. 40.12). Die Wells besitzen ein Öffnungsmass von 300 µm^2 und sind 300 µm tief bei einer Wandstärke von nur 50 µm. Der poröse Bodenbereich enthält pyramidenförmige Senken, in welche Öffnungen mit einem Durchmesser von maximal 3 µm mittels Lasermikromaterialbearbeitung hineingearbeitet wurden [8].

Damit in den Mikrocontainern eine optimale Gewebekultivierung über einen langen Zeitraum (Wochen bis Monate) möglich wird, ist für manche Zellarten auch eine biokompatible Beschichtung der Kunststoffoberflächen notwendig (z. B. mit Extrazellularmatrix) [25]. Die Versorgung der Zellkulturen mit Nährstoffen kann auf unterschiedliche Weise erfolgen: Zum einem ist es möglich, jede Seite des dreidimensionalen Gewebes mit gleichen oder auch unterschiedlichen Medien zu versorgen (parallele Superfusion). Zum anderen kann das Gewebe durch die Poren der Struktur versorgt werden (Perfusion). Je nach Gewebetyp kann damit eine angemessene Form der Langzeitkultivierung gewählt werden. In jedem Fall ermöglicht die Geometrie eine extrem hohe Zelldichte bei kleinem Totvolumen und bei sehr kurzen Versorgungswegen. Diese Bedingungen spielen bei der Kultur von Zellen mit autokrinen oder parakrinen Eigenschaften eine sehr wichtige Rolle (kleiner Verdünnungsraum). Durch Parallelschaltung einer Vielzahl von Mikrocontainern können Bioreaktoren zur funktionalen Organunterstützung aufgebaut werden [26]. Bei Serienschaltung von Bioreaktoren mit unterschiedlichen Geweben ist sogar die in vitro Simulation von Metabolismusketten möglich.

 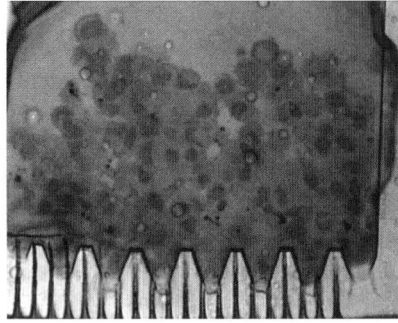

Abb. 40.12 Array von Mikrocontainern mit porösen Böden *(links)* sowie vertikaler Dünnschnitt durch einen Mikrocontainer, welcher mit einer humanen Hepatozyten-Zellinie über 25 Tage kultiviert worden ist *(rechts)* (mit freundlicher Genehmigung des Forschungszentrums Karlsruhe, Hauptabteilung Versuchstechnik und Institut für Medizintechnik und Biophysik)

40.3.4 µTAS- und Lab-on-Chip-Anwendungen

Weltweit werden zur Zeit miniaturisierte Analysengeräte, sogenannte µTAS-Systeme bzw. Lab-on-Chip-Systeme, für ausgewählte (bio)chemische Anwendungen innerhalb der klinischen Chemie entwickelt. Mit ihnen wird es u. a. möglich sein, die zu untersuchenden Proben direkt vor Ort (z. B. beim bed-side-monitoring) mit miniaturisierten, schnellansprechenden Testsystemen zu prüfen, so dass eine Untersuchung auf bestimmte Krankheiten anhand von (bio)chemischen Nachweisreaktionen erfolgen kann. Diese Systeme enthalten in miniaturisierter Form beispielsweise Probeaufgabestellen, Mikrovermischer, in denen die Stoffströme zusammengeführt werden, Mikrokanäle, welche als Trenn- und Reaktionsstrecken dienen, sowie darin integrierte Mikrofilter, welche zur Vorreinigung oder zur An- bzw. Abreicherung von Stoffen herangezogen werden können. Am Ende der Reaktionsstrecken befinden sich meistens Bereiche für integrierte Sensoren, die auf elektrochemischen oder optischen Detektionsverfahren beruhen. Abb. 40.13 zeigt eine entsprechende mikrofluidische Struktur mit zwei Probeaufgabestellen mit einem sich anschliessenden Mikrokanalsystem, welches sich mehrere Male aufteilt. Die Kanäle besitzen einen Querschnitt 200 µm x 200 µm und können im Falle von Trennstrecken mehrere Millimeter lang sein [23]. Mit Filtereinbauten auf Basis von sehr eng angeordneter Mikroprismen mit nur 8 µm breiten und 180 µm hohen Kapillarspalten können z. B. Fluide gezielt von Schwebstoffteilchen befreit werden (Abb. 40.13). Bei Bedarf können die zu untersuchenden Substanzen auch mit Hilfe von integrierten Mikropumpen und Mikroventilen gezielt durch das Analysensystem geleitet werden. Speziell für Einsätze in den medizinischen und diagnostischen Bereichen ist daher eine kostengünstige Produktion obiger Systeme als Einwegprodukte auf Basis von mikrostrukturierten Kunststoffbauteilen und -systemen notwendig. Dabei muss auf die Bioverträglichkeit und die chemische Beständigkeit aller an einer (bio)chemischen Reaktion beteiligten Materialien und Substanzen geachtet werden.

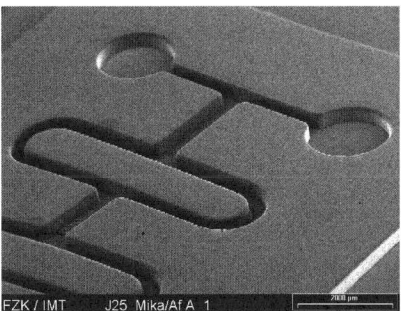 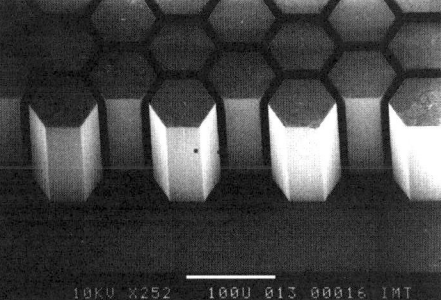

Abb. 40.13 Mikrokanalstrukturen aus PMMA *(links)* für Lab-on-Chip-Anwendungen und Mikrofilterstrukturen auf Basis von PMMA-Mikroprismen *(rechts)* (mit freundlicher Genehmigung des Forschungszentrums Karlsruhe, Institut für Mikrostrukturtechnik)

40.4 Ausblick

Aufgrund der raschen Weiterentwicklung der Mikrosystemtechnik kann davon ausgegangen werden, dass zukünftig in vielen Bereichen der Medizin bzw. Medizintechnik auf die speziellen Bedürfnisse abgestimmte miniaturisierte Bauteile und Systeme zum Einsatz kommen werden. Das kann einerseits durch die Integration einer Vielzahl oder einzelner sehr einfach gestalteter Mikrostrukturen in bereits bestehende medizintechnische Produkte erfolgen [27], andererseits sind gänzlich neue Instrumentarien auf Basis der Mikrosystemtechnik denkbar, die sich durch eine hohe Multifunktionalität auszeichnen werden [28]. Zu den wenigen Beispielen von kommerziell verfügbaren Mikrobauteilen und Mikrosystemen innerhalb der Medizintechnik, welche mikrotechnologisch gefertigt werden, gehören derzeit im wesentlichen verbesserte Herzschrittmacher bzw. Defibrillatoren, Cochleaimplantate, implantierbare Medikamentendosiersysteme und Koronarstents. Im mikrochirurgischen Instrumentenbau haben sich dagegen die echten mikrotechnischen Fertigungsmethoden noch nicht durchsetzen können, da extrem miniaturisierte Instrumente nur in wenigen Spezialgebieten für ganz besondere Anwendungen benötigt werden. Ausgehend von den hier vorgestellten Beispielen und den bisher gemeinsam mit den Medizinern gewonnenen Erkenntnissen zum Einsatz der Mikrosystemtechnik in der Medizin ist davon auszugehen, dass sich in Kürze weitere neue Anwendungsfelder für deutlich komplexere Operationssysteme ergeben werden. Abb. 40.14 zeigt wie in der Zukunft ein multifunktionales, endoskopisch einsetzbares Operationssystem aussehen könnte [28]. Bei einem solchen Endosystem (intelligentes Endoskop) handelt es sich um einen zweigeteilten Katheter. Der vordere und hintere Teil sind durch ein miniaturisiertes Hydraulikteil miteinander verbunden. Zum Festklemmen in Körperlumina (z. B. Blutgefässen) dienen Miniballons, welche von einem zentralen Mikroventilsystem individuell angesteuert werden können [4]. Auf Basis des inch-worm-Prinzips ist das gesamte Endosystem in der Lage, sich selbständig durch Körperlumina fortzubewegen und gezielt

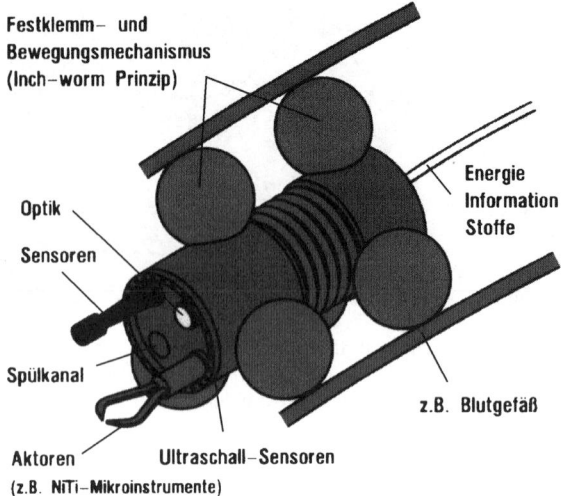

Abb. 40.14 Schematische Darstellung eines multifunktionalen Endosystems, welches zukünftig innerhalb der minimal-invasiven Therapie zum Einsatz kommen wird [28].

an den gewünschten Operationsort zu gelangen. Die Spitze des Kathetersystems ist mit einer Hochleistungsoptik ausgestattet, durch die gleichzeitig Laserlicht verschiedener Wellenlängen geleitet werden kann. Integrierte Sensoren erlauben das kontinuierliche Messen von biologischen Daten vor Ort in Echtzeit. Mit miniaturisierten Aktoren, z. B. auf Basis von NiTi-Legierungen, sind operative Massnahmen in kleinsten Körperkavernen möglich. Ein Array von Ultraschallsensoren dient zur Unterstützung der sensorischen Ergebnisse. Ein solches Endosystem sollte aber jederzeit eine Verbindung zur Aussenwelt besitzen, damit Spülflüssigkeiten oder Medikamente appliziert werden können bzw. eine Entnahme von Gewebeproben oder grossvolumigen Gewebeteilen möglich ist. Im Falle der „Pluschirurgie" könnten beispielsweise Implantate, welche auf Basis des Tissue Engineerings realisiert worden sind, mit ähnlichen Endosystemen von aussen in den Körper hinein transferiert werden und am vorgesehenen Operationsort gezielt plaziert werden.

40.5 Literatur

1. Büttgenbach S., Mikromechanik, Teubner Verlag, Stuttgart, 1991.
2. Menz W., Mohr J., Mikrosystemtechnik für Ingenieure, 2. Edition, VCH-Verlag, Weinheim, 1997.
3. Fertigungstechnologien für Mikrobauteile, Broschüre des Forschungszentrums Karlsruhe GmbH, Projekt Mikrosystemtechnik, 1999.
4. Wallrabe U., Guber A.E., Mohr J., Ruther P., Ruzzu A., Mikrosysteme für endoluminale Anwendungen in der Medizin, *Wissenschaftliche Berichte*, FZKA 6080, 1998, p. 181–186.
5. Fischer M., Göttert J., Guber A.E., Köhler U., Mohr J., Oertmann F.W., Ruther P., Auslegung und Herstellung von Kunststoff-Mikrolinsen und Mikroobjektiven für flexible Endoskope in der Neurochirurgie, Abschlussbericht des MINOP-Verbundprojektes, *VDI/VDE-Reihe, Innovationen in der Mikrosystemtechnik*, 50, 1997, p. 107–125.
6. Bäuerle D., *Chemical processing with lasers*, Springer, 1986.
7. Lammers C., Hildenhagen J., Dickmann K., Strukturierung von Keramik, *Laser Praxis*, 3, 2000, p. 28–30.
8. Pfleging W., Hanemann T., Hoffmann W., Lasergestützte Entwicklung von mikrostrukturierten Komponenten und Abformwerkzeugen, *Wissenschaftliche Berichte*, FZKA 6423, 2000, p. 131–136.
9. Arnold J., Dasbach U., Ehrfeld W., Hesch K., Löwe H., Combination of excimer laser micromachining and replication processes suited for large scale production, *Applied Surface Science*, 86, 1995, p. 251–258.
10. Schaller T., Bier W., Linder G., Schubert K., Mechanische Mikrostrukturierung metallischer Oberflächen, *F&M Feinwerktechnik, Mikrotechnik, Mikroelektronik*, 103, 1994, p. 274–278.
11. Schubert K., Bier W., Linder G., Seidel D., Profiled microdiamonds for producing microstructures, *Industrial Diamond Review*, 50, 1990, p. 235–239.
12. Schaller T., Bier W., Linder G., Schubert K., Mechanische Mikrotechnik für Abformwerkzeuge und Kleinserien, *Wissenschaftliche Berichte*, FZKA 5670, 1995, p. 45–50.
13. Schaller T., Bohn L., Mayer J., Schubert K., Microstructure grooves with a width of less than µm cut with ground hard metal micro end mills, *Precision Engineering*, 23, 1999, p. 229–235.
14. König W., Klocke F., *Fertigungsverfahren*, 3, 3. Edition, Springer-Verlag, Berlin, 1997.
15. Guber A.E., Giordano N., Loser M., Wieneke P., Mikroinstrumente aus Nickel Titan, *F&M Feinwerktechnik, Mikrotechnik, Mikroelektronik*, 105, 1997, p. 247–251.
16. Loser M., Entwicklung mikrotechnisch gefertigter Operationsinstrumente aus Nickel Titan für die Neurochirurgie, Diplomarbeit, Universität Karlsruhe, 1996.
17. Guber A.E., Beckmann J., Fritz M., Muslija A., Saile V., Miniaturisierte Instrumente aus Nickel-Titan-Legierungen für die minimal invasive Therapie, *Nachrichten – Forschungszentrum Karlsruhe*, 32, 1–2, 2000, p. 70–76.
18. Giordano N., Dötzkirchner V., Guber A.E., Abschlußbericht des MINOP-Verbundprojektes, *VDI/VDE-Reihe, Innovationen in der Mikrosystemtechnik*, 50, VDE-Reihe, 1997, p. 126–149.
19. Haude M., Eggebrecht H., Guber A.E., Fritz M., Erbel R., A new microforceps device for retrieval of embolized coronary stents, *European Heart Journal*, 20, 1999, p. 268.
20. Guber A.E., Rimbach S., Muslija A., Bastert G., Mikroinstrumente aus Ni Ti Legierungen für die Gynäkologie, *Geburtshilfe und Frauenheilkunde*, 60, 2000, p. 23.
21. Detemple P., Ehrfeld W., Freimuth H., Pommersheim R., Wagler P., Microtechnology in modern health care, *Medical Device Technology*, 1998, p. 18–25.
22. Fehsenfeld P., Schösser K., Scheickert H., Herstellung von radioaktiven Stents, *Nachrichten – Forschungszentrum Karlsruhe*, 32, 1–2, 2000, p. 81–86.
23. Guber A.E., Bacher W., Gottwald E., Heckele M., Herrmann D., Muslija A., Mikrokapillarstrukturen aus Kunststoff für die Biotechnologie, *Wissenschaftliche Berichte*, FZKA 6423, 2000, p. 231–232.

24. Weibezahn K.F., Knedlitschek G., Dertinger H., Bier W., Schaller T., Schubert K., Dreidimensionale Gewebekulturen in mechanisch gefertigten Mikrostrukturen, *KfK Nachrichten*, 26, 1994, p. 10–14.
25. Knedlitschek G., Schneider F., Gottwald E., Schaller T., Eschbach E., Weibezahn K.F., A tissue like culture system using microstructures: influence od extracellular matrix material on cell adhesion and aggregation, *Journal of Biomechanical Engineering*, 121, 1999, p. 35–39.
26. 3-dimensionale in-vitro-Gewebekultivierung, Forschungszentrum Karlsruhe, Werbebroschüre, 1999.
27. Bier W., Guber A., Schubert K., Riesemeier H., Mikrostrukturierte Röntgenverstärkerfolien für die Röntgendiagnostik, *KfK Nachrichten*, 1, 1994, p. 3–9.
28. Guber A.E., Potential of microsystems in medicine, *Minimally Invasive Therapy*, 4, 1995, p. 267–275.

41 Oberflächenstrukturierung metallischer Werkstoffe, z. B. für stents

M. Stöver, E. Wintermantel

41.1 Einleitung

Eine topologische Oberflächenmodifikation von metallischen Implantaten kann aus verschiedenen Gründen sinnvoll sein. Im Allgemeinen lassen sich zwei Hauptziele unterscheiden. Zum einen dienen Oberflächen dazu, bestimmte Zellreaktionen zu forcieren. Die Anwendungsbeispiele reichen hier von sehr rauen Oberflächen in Fällen wo eine gute Integration eines Permanentimplantates in das Gewebe erwünscht ist bis hin zu glatt polierten Oberflächen. Letztere werden in erster Linie dort eingesetzt, wo das Implantat in direktem Kontakt mit Blut ist. Ein Beispiel für die Erforderlichkeit einer hohen Rauheit (Rz > 100 µm) sind meist aus Titan gefertigte Schäfte von Gelenksimplantaten[1,2]. Die Autoren machten den Vorschlag, die Aufrauung von Titan- und Edelstahl-Stents analog der Aufrauung bei Hüftprothesenschäften zu versuchen, um eine noch bessere Biokompatibilität zu erreichen. [7, 8 ,9]. Sehr glatte Oberflächen, in der Regel mit Rz Werten von unter 0,1 µm, sind z. B. bei Herzklappenprothesen und der Innenseite von Gefäßstützen gefordert. Mittlere Rauheiten werden oft bei temporären Implantaten eingesetzt, in die in reguliertem Maße Gewebe einwachsen, allerdings keine unlösbare Verbindung bilden sollen. Sehr genau eingestellt werden müssen auch die Oberflächentopographien bei Implantaten in sehr empfindlichen Gebieten wie z. B. der Gehirnregion. Hierbei muss eine gute Verankerung im Gewebe vorhanden sein, um ein Verrutschen des Implantates zu verhindern. Zum anderen darf keine überschüssige Zellproliferation entstehen, um ein Einwachsen in sensible Regionen zu verhindern.

Zum anderen werden Oberflächenmikrostrukturen genutzt, um Wirkstoffe in Implantate einzubringen, die lokal über einen bestimmten Zeitraum freigesetzt werden sollen. Als wichtigste Wirkstoffe sind hier Antibiotika und entzündungshemmende Mittel sowie im kardiovaskulären Bereich Proliferationshemmer zu nennen.

Abb. 41.1 Mit Korundpartikeln gestrahlter Strut eines Koronarstents, rasterelektronenmikroskopische Aufnahme, 500X

41.2 Sandstrahlen

Ein Standardverfahren zur Erhöhung der Oberflächenrauheit ist das Strahlen mit Partikeln (s. Abb. 41.1). Hierfür werden meist synthetische Korundpartikel oder Glasperlen definierter Größe verwendet. Erstere erzeugen scharfkantigere Rauheiten mit hohem Verhältnis von Rz zu Ra während sich mit letzterer eher wellige Rauheiten mit vereinzelten Kratern und Spalten generieren lassen. Problematisch hierbei können unter Umständen in der Oberfläche haften bleibende Partikel werden, die sich oft auch durch Ultraschallreinigung nicht mehr entfernen lassen [3].

41.3 Ätzen

Eine weitere Methode zur Rauheitserhöhung metallischer Oberflächen ist das chemische oder elektrochemische Ätzen. In der Regel werden hierfür starke Mineralsäuren verwendet [4], in Einzelfällen (Titan) auch starke Laugen. Die durch konventionelles Ätzen erzeugten Rauheiten sind kleiner als die durch Sandstrahlen erzeugten, wobei die Art der erzeugten Topographien vom eingesetzten Ätzmedi-

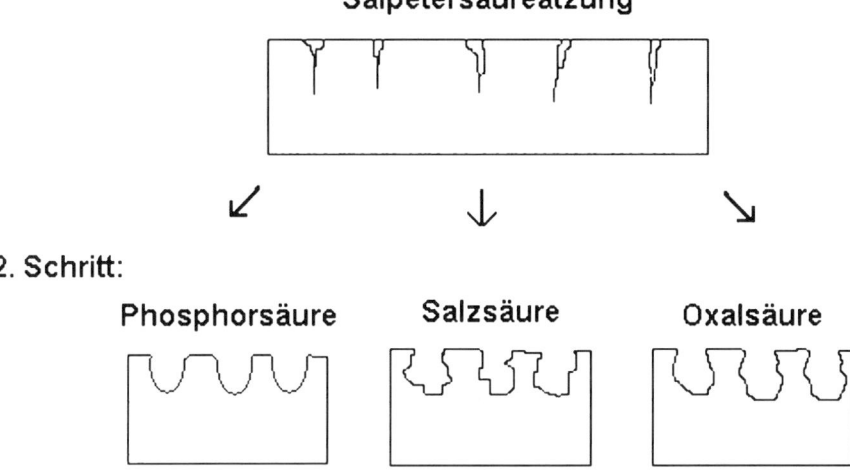

Abb. 41.2 Zweistufiges Mikrostrukturierungsverfahren auf Basis der Korngrenzenätzung im Querschnitt (Schemazeichnung)

um sowie vom Werkstoff selber abhängig ist. Durch Verwendung lithographischer Masken in Kombination mit elektrochemischer Ätzung lassen sich definierte Mikrostrukturen in Oberflächen einbringen. Dieses Verfahren findet allerdings bei Implantaten aufgrund des hohen Aufwandes nur selten Anwendung.

41.4 Mikrostrukturierung durch elektrochemisches Korngrenzenätzen

Ein neueres Verfahren, das sich zurzeit noch im Entwicklungsstadium befindet, nutzt die im Material vorhandenen intrinsischen Gefügestrukturen aus, um gleichmäßige statistisch verteilte Mikrostrukturen zu generieren. Es konnte gezeigt werden, dass sich mit Hilfe kombinierter Ätzverfahren auf Basis von Korngrenzenätzungen definierte Mikrostrukturen mit einstellbarer Topographie und Rauheit erzeugen lassen [5]. Im Rahmen des Verfahrens werden durch elektrochemische Salpetersäureätzung die Korngrenzen von Stahlwerkstoffen bis in eine bestimmte Tiefe angeätzt, so dass ein Netz gleichmäßig verteilter Korngrenzenspalte entsteht. Diese spaltartigen Strukturen werden in einer zweiten Ätzung ausgehöhlt und geglättet, so dass kanalartige Vertiefungen entstehen. In in vitro Versuchen mit Koronarstents konnte gezeigt werden, dass diese Mikrostrukturen als Speicher für Medikamente verwendet werden können, mit der ein Release über mehrere Wochen hinweg möglich ist. Zudem wurde gezeigt, dass die erzeugten Strukturen das Anwachsen von Zellen begünstigen.

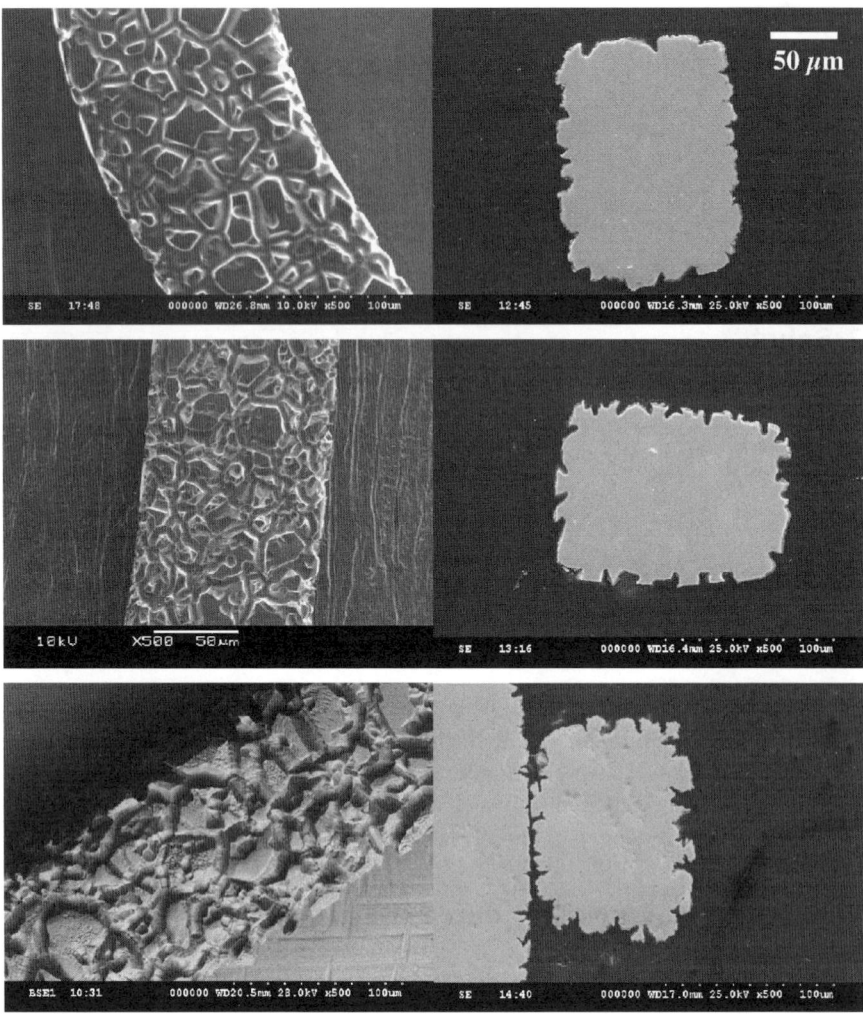

Abb. 41.3 Stentoberflächen nach kombinierter Ätzung, *oben:* Salpetersäure/Phosphorsäure, mitte: Salpetersäure/Salzsäure, *unten:* Salpetersäure/Oxalsäure, (*links* Aufsicht, *rechts* Querschliff), rasterelektronenmikroskopische Aufnahme, 500 X

41.5 Technische Umsetzung

Die erste Ätzung findet in 40%ger Salpetersäure statt, bei Stromdichten von einigen mA/mm^2. Die Tiefe der Korngrenzenspalte, in Abhängigkeit von der Ätzzeit sowie deren Form kann über eine Formel abgeschätzt werden, in die verschiedene Materialkennwerte sowie die von der Stromstärke abhängige Selektivität der Ätzung eingehen [5]. Eine hohe Selektivität erzeugt hierbei tiefe schmale Kerben, geringe

	Erster Ätzschritt (40% Salpetersäure)	**Zweiter Ätzschritt**	**Ergebnis**
Kombiätzung Phosphorsäure	210 s, bei 1,4 mA/mm²	180 s, bei 1,4 mA/mm² (H3PO4, 85%)	glatte Strukturen schmalere Depots
Kombiätzung Oxalsäure	160 s, bei 1,4 mA/mm²	180 s, bei 2,1 mA/mm² (Oxalsäure, 10%)	feine Rauheit mittlere Depots
Kombiätzung Salzsäure	180 s, bei 1,4 mA/mm²	60 s, bei 1,9 mA/mm² (Salzsäure, 24%)	gröbere Rauheit breitere Depots

Tabelle 41.1 Beispiel für Ätzparameter zur Erzeugung verschiedener Oberflächenstrukturen

Selektivität dementsprechend flache breite Kerben. Für die Erzeugung von Release verzögernden Medikamentendepots sind hohe Selektivitäten vorzuziehen, die durch Stromdichten von 1–2 mA/mm² erreicht werden.

Für den zweiten, isotropen Ätzschritt werden je nach Anforderung an die zu erzielende Oberfläche verschiedene Säuren verwendet. Ist eine Glättung der Strukturen sinnvoll, werden Elektropoliermittel wie z. B. Phosphorsäuren eingesetzt. Diese bewirken eine moderate Aufweitung der Spalten bei gleichzeitiger Glättung der Kanten. Ist eine spätere Besiedelung mit Zellen erwünscht kann statt einem glättenden Ätzschritt eine Säure verwendet werden, die neben einer Aushöhlung der Spalte feine überlagerte Submikrometerstrukturen erzeugt. Hierfür kann Salzsäure oder Oxalsäure verwendet werden, wobei letztere eine feinere Substruktur erzeugt.

Je nach Einstellung der Ätzparameter und der Gefügestruktur des Stahls entstehen Strukturen mit Tiefen von 2 bis 10 µm und Breiten von mehreren µm bei einem erzeugbaren Depotvolumen von bis zu 0,003 mm³/mm². Die erzeugbaren Rauheiten können im Bereich zwischen etwa Rz = 2 bis 15 µm eingestellt werden.

41.6 Anwendungsmöglichkeiten

Das Verfahren wurde als neuer Ansatz für die Realisierung einer komplett resorbierbaren Beschichtung von koronaren Stents entwickelt. Koronarstents werden zur Vermeidung eines Wiederverschlusses der Arterien durch überschüssige Geweberoliferation mit Medikamenten beschichtet. Diese Medikamente müssen langsam, über einen Zeitraum von bis zu mehreren Wochen freigesetzt werden, um effizient zu wirken [6]. Um eine Beschichtung ohne eine zusätzliche Barriereschicht aus Polymeren zu realisieren, werden mikrostrukturierte Oberflächen eingesetzt. In Anwendung sind hierfür sandgestrahlte Stents, bei denen allerdings aufgrund der geringen Speicherwirkung ein Grossteil des Wirkstoffes in den ersten Tagen freigesetzt wird. Bei korngrenzengeätzten Stents konnte in in vitro Versuchen eine stark verlängerte Releasephase erreicht werden, wobei 90% des Medikamentes innerhalb von bis zu vier Wochen freigesetzt wird. Bei der Verwendung von korngrenzengeätzten Stents muss die Schwächung des Materials durch Abtrag beim Ätzen sowie die Kerbwirkung der

Mikrostrukturen berücksichtigt werden. Die Kerbwirkung ist allerdings durch die Glättung der Strukturen im zweiten Ätzschritt, insbesondere bei Verwendung von Phosphorsäure, deutlich geringer als die sandgestrahlter Stents. Eine Verbreiterung der Stentstruts von etwa 15 µm vor der Ätzung wird hierfür als notwendig erachtet.

Eine weitere Möglichkeit der Anwendung wird z. B. bei Edelstahl-Knochenimplantaten gesehen. Hier sind oft antibiotisch wirkende Beschichtungen sinnvoll, die ebenfalls über einen längeren Zeitraum freigesetzt werden sollen. Klinische Studien liegen jedoch in diesem Bereich, wie auch bei einem Einsatz in Stents noch nicht vor.

41.7 Ausblick

Im Bereich der Drug Eluting Stents ist mittlerweile nach einer anfänglichen starken Euphorie ein stärker werdendes Misstrauen entstanden. Beschränkte sich diese Ernüchterung anfangs auf die verwendeten Barrierepolymere, die in einigen Fällen zu teilweise schwerwiegenden Spätfolgen führten, so ist momentan eine allgemeine Tendenz hin zu nicht aktiven Beschichtungen zu verzeichnen. Dennoch ist gerade im Bereich von Problemstenosen (Verzweigungen, Diabetes, dünne Gefäße) noch eine hohe Restenoserate vorhanden, der durch eine schonende Wirkstoffabgabe effektiv entgegengewirkt werden kann. Gerade die Verwendung der oben beschriebenen Mikrostrukturen könnte eine komplett resorbierbare Schicht nur aus Medikament oder aus Medikament in einer Matrix aus abbaubarem Polymer ermöglichen. Auch polymerfreie Matrizen aus organischem Material (Lipide, Polysacharide etc.) sind denkbar. Ein weiterer denkbarer Ansatz im Stentbereich ist die direkte Beschichtung des Stents mit Endothelzellen, um eine frühe Endothelialisierung zu initiieren. Für diesen Ansatz könnten die Zellen in die Mikrovertiefungen eingebracht und so vor mechanischer Belastung und Abrieb geschützt werden. Durch die erhöhte Rauheit stellen solche Mikrostrukturen zudem eine gut besiedelbare Oberfläche dar.

Vielfältige Anwendungsmöglichkeiten finden sich darüber hinaus bei zahlreichen weiteren Implantaten, bei denen Wirkstoffbeschichtungen sinnvoll sind. So kommt es beispielsweise bei Knochenimplantaten trotz Sterilisation in einigen Fällen zu Infektionen des umliegenden Gewebes, die ein erhebliches Risiko für den Patienten darstellen. Hier wäre eine Beladung von geätzten Mikrostrukturen mit antibiotikahaltigen Trägersubstanzen eine Möglichkeit solche Komplikationen praktisch auszuschließen.

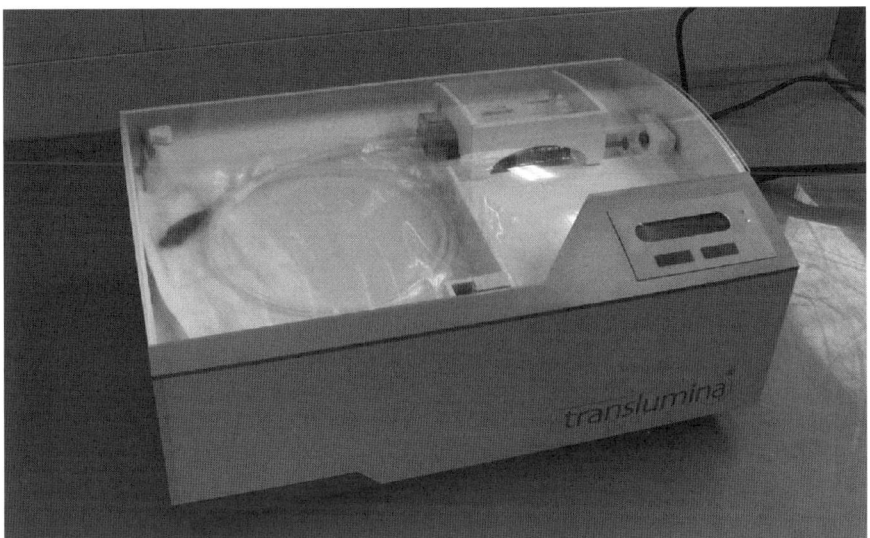

Abb. 41.4 Mit diesem Gerät werden stents circulär mit einer Wirksubstanz beschichtet. Man hat damit eine intraoperative Therapieform geschaffen, die, patientenabhängig unterschiedliche Dosierungen für einen Drug-Eluting-Stent zulassen. Es wird allein ein Medikament aufgebracht, keine weiteren Schutzschichten (Projekt gefördert von der Bayerischen Forschungsstiftung, Patent DE 10200388)

41.8 Literatur

1. R. G. Richards. Surfaces to control implant tissue adhesion for osteosynthesis: In vitro and in vivo evaluations. 19th European Conference on Biomaterials, Sorrento, 2005.
2. K. Mustafa and A. Wennerberg et al. Determining optimal surface roughness of tio(2) blasted titanium implant material for attachment, proliferation and differentiation of cells derived from human mandibular alveolar bone. Clinical Oral Implants Research, 12(5):515–25, 2001.
3. B. W. Darvell, N. Samman, W. K. Luk, R. K. F. Clark, and H. Tideman. Contamination of titanium castings by aluminium oxide blasting. Journal of Dentistry, 23(5):319–322, 1995. TY – JOUR.
4. S. Ban, Y. Iwaya, H. Kono, and H. Sato. Surface modification of titanium by etching in concentrated sulfuric acid. Dental Materials, in press, 2006.
5. M. Stoever, Surface microstructuring for controlled drug release in coronary Stents, dissertation, Lehrstuhl für Medizintechnik, Technische Universität München, 2006
6. S. H. Duda and T. C. Poerner et al. Drug-eluting stents: Potential applications for peripheral arterial occlusive disease. Journal of Vascular and Interventional Radiology, 14:293, 2003.
7. Patent Ätzen: „Method for the Creation of a Sructure on Metallic Surfaces, and Components Produced According to Said Method" („Verfahren zur Erzeugung einer Strukturierung von Metalloberflächen sowie nach diesem Verfahren hergestellte Bauteile"), DE 102004044738 (A1), EP 2005009335
8. Patent Beschichtung: „Coating System", JP 2003205037, DE 10200388 (A1) „Device for applying active substances to surfaces of medical implants, in particular stents", US 2006124056, DE 10318803 (A1)
9. ISAR: „Individualized Drug Eluting Stent System to Abrogate Restenosis", Bayerische Forschungsstiftung, 2002-2005

42 Sticktechnologie für medizinische Textilien und Tissue Engineering

E. Karamuk, J. Mayer, E. Wintermantel

42.1 Einleitung

Textile Strukturen werden in grossem Ausmass als medizinische Implantate eingesetzt, um Weich- und Hartgewebe zu unterstützen oder zu ersetzen. Im Tissue Engineering gewinnen sie an Bedeutung als scaffolds, um biologische Gewebe in vitro zu züchten für anschliessende Implantation oder extrakorporale Anwendungen. Textilien sind gewöhnlich anisotrope zweidimensionale Strukturen mit hoher Steifigkeit in der Ebene und geringer Biegesteifigkeit. Durch eine Vielzahl textiler Prozesse und durch entsprechende Wahl des Fasermaterials ist es möglich, Oberfläche, Porosität und mechanische Anisotropie in hohem Masse zu variieren. Wegen ihrer einzigartigen strukturellen und mechanischen Eigenschaften können faserbasierte Materialien in weitem Masse biologischem Gewebe nachgeahmt werden [1]. Gesticke erweitern das Feld von technischen und besonders medizinischen Textilien, denn sie vereinen sehr hohe strukturelle Variabilität mit der Möglichkeit, mechanische Eigenschaften in einem grossen Bereich einzustellen, um so die mechanischen Anforderungen des Empfängergewebes zu erfüllen (Abb. 42.1).

42.2 Gesticke für technische Anwendungen

Die Mehrheit der Prozesse zur Herstellung textiler Rohlinge, inklusive der Weberei- und Strickereitechnik, erlauben keine lokalen Variationen von Fasergehalt und -Orientierung, um lokalen Veränderungen des Kraftflusses Rechnung zu tragen. Um diesen Nachteilen entgegen zu wirken, sind verschiedene Forschungsgruppen im Bereich der Stickereitechnik für Verbundwerkstoffanwendungen aktiv [2–5]. Die hohe Kontrolle über die Faserarchitektur wie sie in der Stickerei gegeben ist kann möglicherweise Bedeutung haben für hochbeanspruchte Bauteile, da Fasern in gewünschter Position mit erforderlicher Ausrichtung plaziert werden können. Dies ermöglicht, Steifigkeit und Festigkeit zu optimieren [5].

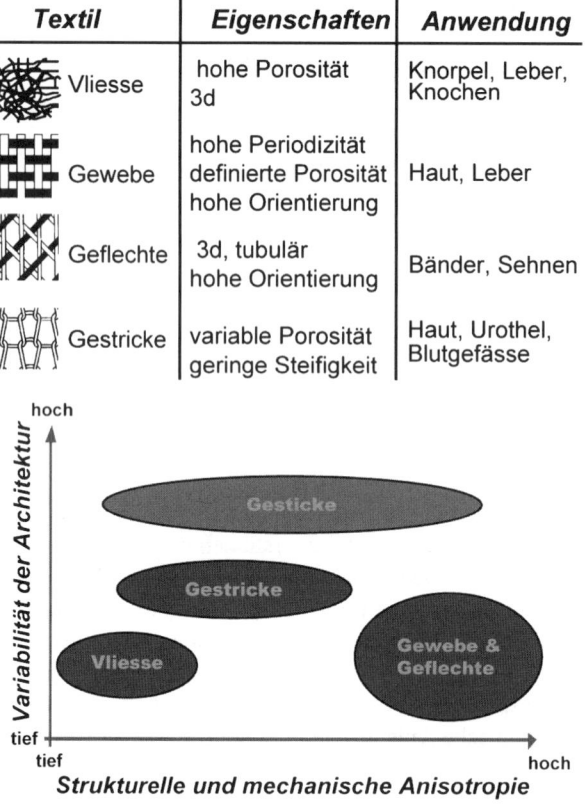

Abb. 42.1 Textile Strukturen werden als Zellträger ('scaffold') für Anwendungen im Tissue Engineering eingesetzt *(oben)*. Lokale Änderungen von Material und Stichmuster bei Gesticken erlauben es, die mechanischen und strukturellen Eigenschaften in weitem Masse zu variieren *(unten)*.

42.3 Gesticke für medizinische Anwendungen

Textile Strukturen für die medizinische Anwendung spielen im Gesundheitssektor eine wichtige Rolle und bilden einen Wachstumssektor der Textilindustrie. Seit Jahren werden chirurgische Implantate durch Webe- und Stricktechniken hergestellt worden, obwohl viele biomechanische Aspekte durch diese Textilien nur unvollständig berücksichtigt werden. Neue Lösungen fokussieren auf strukturbiokompatible Implantate. Erste Entwicklungen in gestickten Implantaten sind auf Ellis et al. [4] zurückzuführen. Sie entwarfen Herniennetze, Bandscheibenimplantate und einen Stentgraft für die Behandlung abdomineller aortischer Aneurysmen. Im letztgenannten Fall wurde Stickereitechnik eingesetzt, um auf ein Grundtextil Verstärkungsringe aus einer shape memory-Legierung (Nitinol) zu plazieren und fixieren. Ein textiles, auf Sticktechnologie basiertes Wundverbandsystem zur Behandlung chronischer Wunden und Ulcera wurde kürzlich entwickelt [6].

42.4 Gesticktechnik für scaffolds im Tissue Engineering

Textile Strukturen als scaffolds für das Tissue Engineering werden intensiv erforscht. Diese Strukturen beinhalten Vliesse, gewobene, gestrickte und geflochtene Textilien aus synthetischen oder natürlichen Polymerfasern. Alle diese textilen Strukturen haben einzigartige strukturelle und mechanische Eigenschaften, die für bestimmte Anwendungen ideal sind: Beispielsweise für die Züchtung von Knochen [7], Haut [8], Knorpel [19], Sehnen [9] oder Lebergewebe [10] in vitro (Abb. 42.1). Struktur und Porosität der scaffolds sind Schlüsselelemente, welche die Bildung von neuem Gewebe in vitro und die Vaskularisation nach der Implantation in vivo bestimmen [12]. Textile Trägerwerkstoffe bieten durch die Verteilung struktureller Elemente wie Poren und Fasern ein breites Spektrum an räumlicher Organisation. Die anfängliche mechanische Stabilität des vital-avital Verbundes wird durch den textilen scaffold gewährleistet. Biologische Gewebe zeigen in der Regel ein anisotrop-nichtlineares und zeitabhängiges mechanisches Verhalten [13]. Vom Gesichtspunkt der Strukturbiokompatibilität aus gesehen, ist es entscheidend, die mechanischen Eigenschaften der Trägerstruktur denen des Empfängergewebes anzupassen. Die Gesticktechnik erlaubt es, die Dichte, Verteilung und Orientierung der Fasern lokal zu kontrollieren und ist ein effektives Mittel, um Strukturen zu gestalten, welche das mechanische Verhalten und das Einwachsen von Zellen steuerbar machen.

42.5 Fertigungsprozess für technische Stickereien

Moderne textile Fertigungsprozesse sind in der Regel nur kosteneffektiv, wenn grosse Mengen hergestellt werden können [4]. Die Gesticktechnologie hingegen erlaubt die kostengünstige Herstellung von textilen ‚Bauteilen' auf vollständig elektronisch gesteuerten Maschinen. Die technische Zeichnung eines Gestickmusters wird in einer üblichen CAD-Umgebung gestaltet, welche auch die Steuerungsdaten für die Stickmaschine erstellt. Diese vollständig integrierte Produktion – optimiert für die zeitkritischen Bedürfnisse der Modeindustrie – erlaubt einfache und schnelle Produktion zu minimalen Kosten. Auf der Laborebene bietet die Sticktechnologie ein effektives Werkzeug um sehr kleine Mengen von Garnmaterial zu verarbeiten, verglichen mit traditionellen industriellen Textilprozessen. In der Biomaterialforschung besteht das Bedürfnis, experimentelle Garne zu verarbeiten, welche modifizierte Oberflächen- oder Struktureigenschaften besitzen und in Forschungslabors in nur geringen Mengen hergestellt werden können [14, 15]. Die Stickereitechnik erlaubt die textile Verarbeitung von kleinsten Fasermengen, während die Weberei und Strickerei mehrere Kilometer Garnmaterial brauchen, um effizient zu laufen zu können. Da bei der Sticktechnologie jeder Faden von einer einzelnen Nadel geführt wird, besteht die Umsetzung in eine industrielle Produktion nur in der Erweiterung der Nadelreihen, beispielsweise von einer 2 yard Maschine für Prototypen auf 20 yard für Massenproduktion.

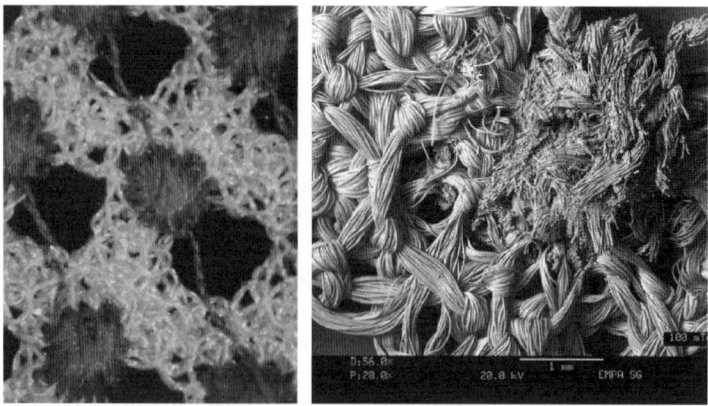

Abb. 42.2 Gestickte, biodegradable Elemente aus PGA (links, in dunkelgrau) wurden auf ein Polyester-Gestick aufgebracht. Bei der Degradation in vitro bauen sie sich ab, ohne die strukturelle Integrität des Basismaterials zu beeinträchtigen (REM Aufnahme, rechts)

Da in der Sticktechnik per Definition ein Trägerstoff mit einem Garn bestickt wird, bietet die Wahl der Struktur und des Materials des Stickgrundes einen weiteren Designparameter für technische Gesticke. Das kontrollierte Ablegen von Fäden auf ein bestehendes Gewebe kann einerseits für eine lokale Verstärkung der Struktur benützt werden [3] oder für die Applikation funktioneller Elemente wie zum Beispiel Drähte oder Hohlfasern auf eine bestehende Membran. Durch Sticken auf ein biodegradables Substrat entsteht ein Composite-Implantat, in welchem eine Komponente nach der Implantierung langsam abgebaut wird, um das Einwachsen von Gewebe zu ermöglichen. Falls der Stickgrund nach dem Stickprozess direkt ausgewaschen wird, entsteht eine poröse textile Struktur, welche als Implantat oder als Zellträger für die in vitro Besiedelung und Kultivierung von Zellen vor der Implantation dienen kann. Die momentane Forschung konzentriert sich auf Strukturen dieses Typs, wobei der Stickgrund aus Polyvinylalkohol (PVA) oder Celluloseacetat (CA) nach dem Sticken in Wasser oder Aceton ausgewaschen wird [6].

42.6 Strukturelle und mechanische Aspekte

Um den Anforderungen der Strukturkompatibilität Rechnung zu tragen, müssen die strukturellen und mechanischen Eigenschaften von textilen Biomaterialien für Implantate und Tissue Engineering auf drei Ebenen untersucht werden: die makroskopische Ebene (> 10–1 mm) beschreibt die Nachgiebigkeit (compliance) des Materials und seine mechanische Adaptation an das Zielgewebe. Auf der mesoskopischen Ebene (1 mm–100μm) werden die Interaktionen zwischen den strukturellen Elementen des Textiles (Poren, Knoten, Bindungen) mit dem einwachsenden Gewebe untersucht (z. B. Vaskularisierung). Die mikroskopische Ebene (100–10μm)

42.6 Strukturelle und mechanische Aspekte

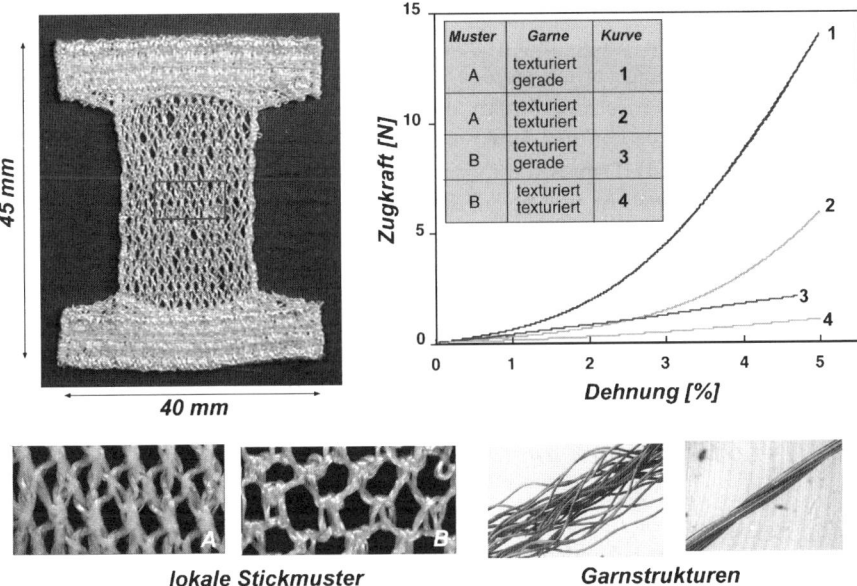

Abb. 42.3 Eine gestickte Zugprobe wurde entwickelt, um die Einflüsse von Änderungen des lokalen Stickmuster und der Garne auf die makroskopischen mechanischen Eigenschaften zu untersuchen. Die Nachgiebigkeit der Textilen konnte dabei über eine Grössenordnung variiert werden

beschreibt das strukturelle Interface zwischen den einzelnen Fasern des Textiles und den einwachsenden Zellen. Die mechanischen Eigenschaften von medizinischen Textilien ändern sich nach der Implantation oder nach in vitro Besiedlung mit Zellen. In Geweben und Gestricken tritt eine mechanische Verformung erst durch Verschiebung des Garns in der Bindung auf. Danach verformt sich das Garn direkt durch Biegung oder Streckung. Einwachsende Zellen und die extrazelluläre Matrix wandeln die Garne in Abschnitte mit höherer lokaler Steifigkeit um. Dabei werden die Textilien erheblich versteift [16]. Nachfolgende Verformungen in diesen versteiften Regionen können zu einer Beschädigung eingewachsenen Gewebes führen mit nachfolgender Entzündungsreaktion und damit einer Wundheilungsstörung. Für verschiedene Anwendungen ist es wünschbar, ein textiles Material zur Verfügung zu haben, das sein mechanisches Verhalten nicht oder nur sehr wenig ändert während Gewebe einwächst und damit ein Vital-Avital Composite entsteht. Im Gegensatz zu den beschriebenen Textilien nimmt man von den Gesticken grössere Vorteile an: Die Struktur des Gesticks mit lokalen Knoten sollte eine Verschiebung des Garns nach Einwachsen von Gewebe weitgehend verhindern. In einem mechanischen Modell kann man sich diese Struktur als Stabelemente mit Knoten vorstellen. Daher hängt eine Verformung von den Eigenschaften der Garne ab und das mechanische Verhalten kann massgeschneidert werden durch lokale Integration steifer Elemente, wie z. B. Monofilamente oder durch Erhöhung der Anzahl und Ausrichtung der Stiche pro Flächeneinheit. Durch die Variation des Stickmusters im Zentrum einer gestickten Zugprobe und durch die Verwendung verschiedener Kombinationen von Stick- und Bobbinengarnen kann die Steifigkeit innerhalb einer Grössenordnung variiert werden. Durch die unidirektionale Anordnung entstehen steife, hochanisotrope Strukturen, während die Anordnung von Stichen in einer dichten, fachwerkartigen Struktur zu einem beinahe isotropen Verhalten führt (Abb. 42.3 und 42.4). Daraus folgt, dass die lokale Anordnung von verschiedenen Garnen und Stichmustern, wie sie nur die Sticktechnik gegeben ist, die Möglichkeit bietet mechanische Eigenschaften in weitem Masse für medizinische Textilien mit hoher Strukturkompatibilität masszuschneidern.

42.7 Anwendungsbeispiele für medizinische Gesticke

42.7.1 Textil für einen angiopolaren Wundverband

Gegenwärtig wird ein neues Wundverbandssystem entwickelt, mit dem chronische Wunden und Ulcera behandelt werden sollen. Eine der wichtigsten Abläufe in der Geweberegenerierung ist die kontrollierte Revaskularisation des Haut- und Unterhausgewebes sowie die Minimalisierung von Narbengewebe. Es ist allgemein von textilen Implantaten her bekannt, dass die Gewebebildung und Versorgung des Gewebes mit Blutgefässen von der Grösse und der Verteilung von Poren abhängen. Man nimmt an, dass eine Anordnung von Poren verschiedener Grössenordnungen in der Grösse von 1–1000 µm das Einwachsen von Geweben und die Bildung neuer Blutgefässe sowie Kapillarien begünstigt wie dies für angiopolare Zellträger bereits gezeigt wurde [17]. In Anwendung auf Stickereien wurde angenommen, dass eine 3D-Architektur mit solchen Porensystemen zu erreichen ist und zusätzlich Versteifungselemente zur lokalen mechanischen Stimulation der Wunde aufweisen. Zur Erreichung der steifen Knoten zwischen den Makroporen wurden Kombinationen von PET Mono- und Multifilamentgarnen unterschiedlicher Faserdurchmesser (20 µm bis 500 µm) verwendet (Abb. 42.5). Dieser Wundverband wird gegenwärtig in ersten klinischen Studien zur Behandlung von Patienten mit chronischem Ulcus Cruris (Unterschenkelgeschwür) und Dekubitalulcera eingesetzt.

42.7.2 Textile Scaffolds für Zellkulturstudien

Um die Wechselwirkung zwischen Zellen und unterschiedlichen Garnmaterialien zu untersuchen, ist es nützlich, zunächst ein Modell zu entwickeln. Ein textiles Scaffold wurde dafür entwickelt, mit radiär ausstrahlenden Garnen innerhalb einer kreisrunden Garnstruktur. Seine Grösse wurde einer Standard-Zellkulturschale mit 6, 12 oder 24 Einzelzellen angepasst. Der reproduzierbare Resultate liefernde Herstellungsprozess des Scaffolds wird es erlauben, Motilität, Proliferation und Differenzierung von Zellen in vitro zu studieren in Abhängigkeit von Garn-Eigen-

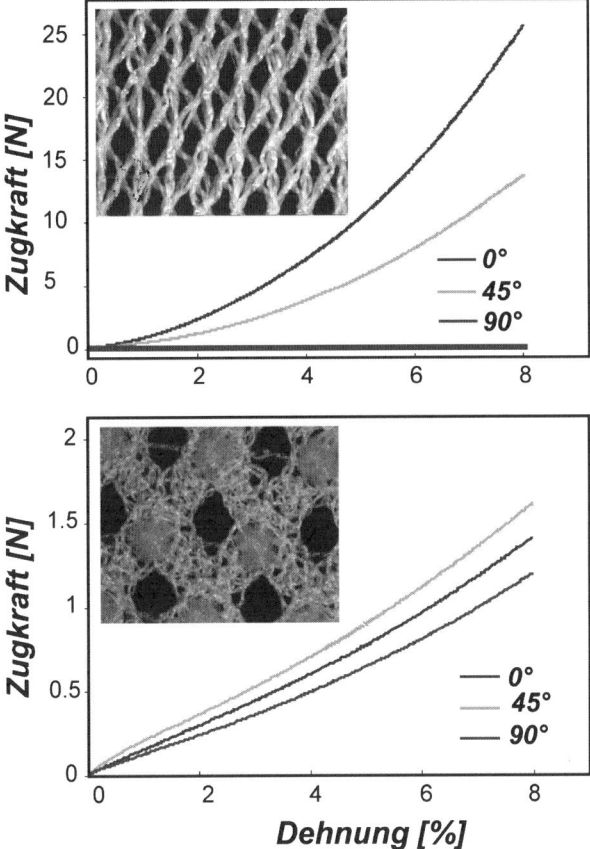

Abb. 42.4 Uniaxiale Zugversuche unter verschiedenen Winkeln an zwei Gesticken: Hohe Anisotropie *(oben)* und beinahe isotropes Verhalten *(unten)* kann durch die Variation des Stickmusters und die Anordnung der Garne erreicht werden

schaften wie Werkstoff, Oberflächenbehandlung, Texturierung und Garn-Titer sowie lokaler Faserkonzentration und Faser-Kreuzungswinkeln. Im dargestellten Beispiel (Abb. 42.6) wurden Polyester-Garne (Polyethylenterephtalat, PET) verschiedener Texturierungen eingesetzt. Aus den Ergebnissen der Studie werden Angaben für die Optimierung von textilen Scaffolds erwartet mit dem Ziel der Entwicklung von Zelltransplantationsträgern.

Das Abbauverhalten von des Garnmaterials nach der Implantation ist eine Schlüsselfrage in der Entwicklung von textilen Zellträgern. Während eine Reihe biodegradabler Polymere natürlichen oder synthetischen Ursprungs untersucht werden, sind die Polylactide (PLA) Polyglycolide (PGA) und deren Copolymere aufgrund ihrer langen Geschichte im klinischen Einsatz am weitesten verbreitet [18]. Um die Verarbeitbarkeit von gängigen degradablen Garnmaterialien mittels Sticktechnik zu demonstrieren, wurden PGA-Fäden gewählt, welche für die Herstellung

Abb. 42.5 Mesoskopische Struktur komplexer Stickereien: Verglichen mit rasterelektronischen Aufnahmen *(oben)* bieten rekonstruierte μ-CT Bilder *(unten)* die Möglichkeit, quantitative Angaben über strukturelle Parameter wie Porosität und spezifische Oberfläche von Textilien zu machen. Die Bilder zeigen ein Gestick, das für einen textilen Wundverband entwickelt wurde

von chirurgischem Nahtmaterial verwendet werden. Es konnte gezeigt werden, dass das Auswaschen des Stickgrundes keine wesentliche Änderung der mechanischen Eigenschaften des Garnes bewirkte. Lokal degradable Gesticke wurden entwickelt für Zellträgerstrukturen zur mechanischen Stimulation von Vital-Avital Verbunden und für die lokale Freisetzung von Wirkstoffen aus textilen Implantaten.

42.8 Zusammenfassung und Ausblick

Zusammenfassend kann festgehalten werden, dass Gesticke interessante Verhaltensalternativen, zu Gestricken und Geweben bieten, die bisher den Hauptanteil medizinischer Textilien darstellen, z. B. für Wundverbände und im Tissue Engineering. Besonders attraktiv erscheinen die Einstellbarkeit lokaler Steifigkeiten durch lokale Änderungen des Garnmaterials, z. B. für die Kombination degradabler

42.8 Zusammenfassung und Ausblick

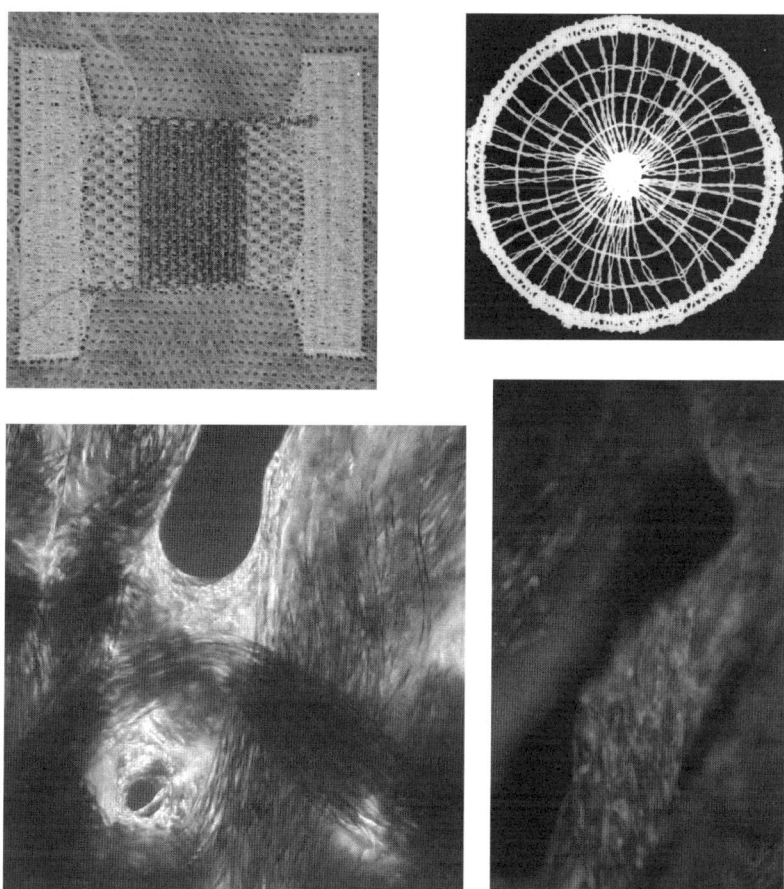

Abb. 42.6 Gestickte Zellträger dienen als Testsysteme zur Untersuchung der Wechselwirkungen von Zellen und textilen Strukturen in vitro. Der Einfluss mechanischer Stimulation und Degradation des Trägermaterials wird untersucht mit einem Zellträger aus kombiniertem PGA und PET *(oben, links)*. Primäre Rattensehnenfibroblasten *(unten, links und rechts)* werden auf einem runden, gestickten Zellträger kultiviert, welcher in Standard-Zellkulturschalen passt. Effekte der Garneigenschaften auf die Proliferation und Differenzierung der Zellen werden untersucht um das Design textiler Zellträger zu optimieren

mit nicht degradablen Abschnitten (Abb. 42.2), für die Einbeziehung von Hohlfasern als Release-Systeme von Nähr- und Wirkstoffen oder Medikamenten. Schliesslich eröffnet sich die Möglichkeit, lokale Anisotropien und Porositäten zu erzeugen, um medizinische Textilien mit massgeschneiderten, z. B. auf bestimmte Gewebetypen abgestimmten, Eigenschaften zu erzeugen.

42.9 Literatur

1. Gupta B.S., Medical Textile Structures: An Overview, *Medical Plastics and Biomaterials*, Jan, 1998, p. 16–21.
2. Dransfield K., Baillie C., Mai Y.-W., Improving the delamination resistance of CFRP by stiching – A review, *Composites Science and Technology*, 50, 1994, p. 305–307.
3. Breuer U.P., Reinforcement of CFRP Structures by Tailored Fibre Placement, *Polymers & Polymer Composites*, 6, 9, 1998, p. 499–504.
4. Ellis J.G., Embroidery for engineering and surgery, Textile Institute World Conference, Manchester, 2000.
5. Warrior N.A., Rudd C.D., Gardnewr S.P., Experimental studies of embroidery for the local reinforcement of composites strructures 1. Stress concentrations, *Composites Science and Technology*, 59, 1999, p. 2125–2137.
6. Karamuk E., Mayer J., Embroidery technology for medical textiles and tissue engineering, *Technical Textiles International*, 9, 6, 2000, p. 9–12.
7. Redlich A., Perka C., Schultz O., Spitzer R., Häuptl T., Burmester G.-R., Sittinger C., Bone Engineering on the Basis of Periosteal Cells Cultured in Polymer Fleeces, *Journal of Materials Science: Materials in Medicine*, 10, 1999, p. 767–772.
8. Naughton G.K., Bartel D., Mansbridge J., Synthetic Biodegradable Polymer Scaffolds, in *Synthetic Biodegradable Polymer Scaffolds*, Atala A., Mooney D.J. (eds.), Birkhäuser, Boston, 1997, p. 235–251.
9. Cao Y., Vacanti J.P., Ma P.X., Ibarpa C., Paige K.T., Upton J., Langer R., Vacanti C.A., Tissue Engineering of Tendon, Materials Research Society Symposium, 1995.
10. Karamuk E. et al., Partially Degradable Film/Fabric Composites: Textile Scaffolds for Liver Cell Culture. Artificial Organs, *Artificial Organs*, 23, 9, 1999, p. 881–884.
11. Naughton B.A., Roman J.S., Sibanda B., Weintraub J.P., Kamali V., Sterotypic culture systems for liver and bone marrow: Evidence for the development of functional tissue in vitro and following implantation in vivo, *Biotechnology and Bioengineering*, 43, 1994, p. 810–825.
12. Reece G.P., Patrick C.W., Tissue engineered construct design principles, in *Frontiers in Tissue Engineering*, Patrick C.W., Mikos A.G., McIntire L.V. (eds.), Pergamon Press, Amsterdam, 1998.
13. Fung Y.C., *Biomechanics: Mechanical Properties of Living Tissues*, 2nd Edition, Springer Verlag, New York, 1993.
14. Cavallaro J.F., kemp P.D., Kraus K.H., Collagen fabrics as biomaterials, *Biotechnology and Bioengineering*, 43, 1994, p. 781–791.
15. Underwood S. et al., The physical properties of a fibrillar fibronectin-based material with potential use in tissue engineering, *Bioprocess Engineering*, 20, 1999, p. 239–248.
16. de Haan J., Structure-property relations in plain weft-knitted fabric reinforced composites (KFRCs) preparing for load bearing implants: experimental study and beam model approach, Biocompatible Materials Science and Engineering, ETH Zürich, Switzerland, Thesis No. 13042, 1999.
17. Wintermantel E., Mayer J., Blum J., Eckert K.-L., Lüscher P., Mathey M., Tissue engineering scaffolds using superstructures, *Biomaterials*, 17, 2, 1996, p. 83–91.
18. Bonassar L.J., Vacanti C.A., Tissue engineering: the first decade and beyond, *Journal of Cellular Biochemistry, Supplement*, 30–31, 1998, p. 297–303.
19. Freed L.E., Vunjak-Novakovic G., Biron R.J., Eagles D.B., Lesnoy D.C., Barlow S.K., Langer R., Biodegradable polymer scaffolds for tissue engineering, *Biotechnology*, 12, 1994, p. 689–693.

43 Medizinische Textilien

S. Houis, T. Deichmann, D. Veit, T. Gries

43.1 Einleitung

Textilien werden in Form von Naht- und Verbandmaterial schon seit sehr langer Zeit eingesetzt. Bereits die Ägypter und die amerikanischen Ureinwohner verwendeten medizinische Textilen für die Wundbehandlung [1]. Verschiedene Nahtmaterialien wie Leinen (Ägypter) oder Golddraht (Griechen) wurden schon im Altertum eingesetzt [2]. Die mittelalterliche Chirurgie verwandte Scharpie als Verbandstoff. Scharpie ist ein Produkt, das durch Zupfen und Schaben eines Leinwandgewebes entsteht und eine erhöhte Saugfähigkeit besitzt. Zur Reinigung wurde Scharpie in Rotwein getränkt, die Wunde damit ausgefüllt und mit Leinenbinden fixiert. Seit den 1950er Jahren nimmt die Anzahl der Anwendungen von textilen Strukturen im intrakorporalen Bereich, z. B. als Gefäß- oder Bandersatz, stetig zu. Die textilen Strukturen können dabei an die gewünschten Eigenschaften des Produkts angepasst werden [3], sie sind in hohem Maße drapierbar und besitzen eine hohe spezifische Oberfläche, die je nach Anforderung modifiziert und funktionalisiert werden kann [4].

Die Entwicklung neuer Biomaterialien sowie neuer Fertigungstechniken und -verfahren ermöglichte eine Vielzahl von Entwicklungen in diesem Bereich. Dem steht ein ebenfalls steigender Bedarf an Implantaten gegenüber. Dies liegt zum einen an der in den letzten Jahrzehnten stark gestiegenen Lebenserwartung der Menschen in den Industrieländern und zum anderen an der sinkenden Anzahl von Spenderorganen und in vielen Fällen auch am frühzeitigen „Verschleiß" des Körpers durch Extremsportarten. Weiterhin spielt auch die erhöhte Anspruchshaltung an die Funktionsfähigkeit des menschlichen Körpers eine Rolle.

Um den Bedarf an Implantaten zu decken, ist es daher ein wesentliches Ziel der Forschung, mit textilen Strukturen Gewebe, Körperfunktionen oder Organe nachzubilden. Mit Hilfe des Tissue Engineerings, also dem Nachzüchten von Gewebe mit Hilfe von Zellen des betroffenen Patienten, lassen sich speziell im Bereich des Weichgewebeersatzes sehr gute Ergebnisse erzielen. Die Textilien dienen dabei der Aufnahme der mechanischen Belastung. Gleichzeitig dienen sie als dreidimensionale Struktur, an der sich die Zellen in ihrer Wachstumsrichtung orientieren können. Die textilen Strukturen sind somit entscheidend für die Funktionalität des hybriden Implantats.

Dieses Kapitel ist eine Einführung in die Faser- und Textiltechnologie für medizinische Anwendungen. Die Herstellung und Prüfung von Fasern und Textilien sowie die Problematik bei der Herstellung im Hinblick auf die spätere Verwendung im Bereich Medizin werden ebenfalls diskutiert.

43.2 Werkstoffe

Medizinische Textilien können aus vielen verschiedenen Materialien und auf mannigfache Art und Weise hergestellt werden. Sie verbleiben im Falle von Implantaten je nach gewünschtem Einsatz entweder im Körper oder lösen sich mit der Zeit kontrolliert auf. Die eingesetzten Materialien umfassen vier Hauptklassen: Metalle, Polymere, keramische Werkstoffe und Faserverbundwerkstoffe (vergleiche Part IV Werkstoffe in der Medizintechnik). Abb. 43.1 zeigt eine Übersicht über die verwendeten Werkstoffe mit Produktbeispielen.

Das wichtigste Auswahlkriterium für den Einsatz eines Materials als Biowerkstoff ist seine Biokompatibilität. Das Material darf nicht toxisch sein, keine Entzündungen auslösen und muss einen hohen medizinischen Reinheitsgrad aufweisen. Zusätzlich müssen alle während des Herstellungsprozesses verwendeten Additive, Avivagen und Lösungsmittel auf ihre Gewebeverträglichkeit untersucht werden und wenn möglich entfernt werden.

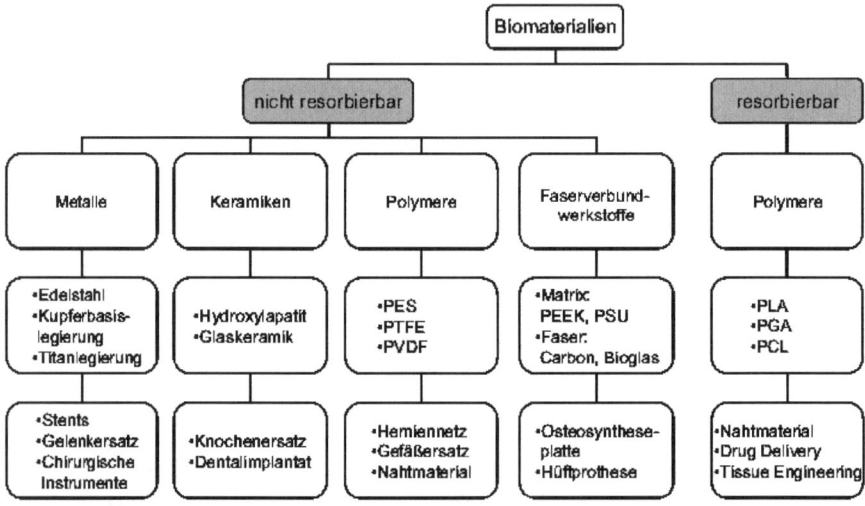

Abb. 43.1 Überblick über verwendete resorbierbare und nicht resorbierbare Biomaterialien und deren typische Anwendungs- und Produktbeispiele im Bereich der Implantate

Polymere gewinnen im Bereich der Implantate immer mehr an Bedeutung. Es wird unterschieden zwischen resorbierbaren und nicht resorbierbaren Polymeren. Der Abbau der resorbierbaren Polymere soll in dem Maße erfolgen, in dem das körpereigene Gewebe sich regeneriert. Für viele Anwendungen ist es ideal, wenn die Degradation zeitlich exakt steuerbar ist. Polymere variieren stark in ihren Degradationszeiten. In Form einer Vliesstruktur beispielsweise verliert Polylactid 50 % seiner Festigkeit nach acht Wochen, während es als Faser nach 20 Wochen noch eine Restfestigkeit von 65 % besitzt [5]. Zur Verhinderung von Entzündungen ist von Bedeutung, dass resorbierbare Polymere zu körpereigenen Metaboliten abgebaut und so über die normalen Stoffwechselprozesse ausgeschieden werden. Ein Nachteil der häufig eingesetzten Polyester, z. B. auf Polylaktidbasis, ist jedoch, dass beim hydrolytischen Abbau das Abbauprodukt (Milchsäure) zu einer örtlichen pH-Wert-Absenkung führen und somit Entzündungsvorgänge auslösen kann. Dies ist vor allem bei massiven Bauteilen, wie Schrauben, zu beobachten. Neben den biochemischen Eigenschaften sind die mechanischen Eigenschaften und die Verarbeitbarkeit, insbesondere die Verspinnbarkeit, zu beachten.

Ein Problem bei der Entwicklung von Implantaten ist, dass viele Materialien von den Herstellern wegen der geringen Absatzmengen und des hohen Risikos im Hinblick auf die Produkthaftung vom Markt genommen wurden. Gleichzeitig wird auf Grund der hohen Entwicklungs- und Zulassungskosten nur eine geringe Anzahl neuer Produkte auf dem Markt eingeführt [6,7].

Dennoch bieten Polymere den Vorteil, dass durch gezielte Synthese, Modifikation und Mischungen anwendungsspezifische Materialien hergestellt und mit einfachen Mitteln zu maßgeschneiderten, endkonturnahen Medizinprodukten geformt werden können. Im Weiteren wird daher speziell auf die Verarbeitung von Polymeren eingegangen.

43.3 Definitionen in der Textiltechnik

Bevor Herstellungstechnologien und Unterschiede zwischen textilen Strukturen erläutert werden, werden im Folgenden einige wichtige Definitionen und Begriffe aus der Textiltechnik vorgestellt.

Generell wird unterschieden zwischen Filamenten (endlose Fasern) und Stapelfasern (Fasern endlicher Länge). Auf Grund der verschiedenen, z. T. auch nicht runden Querschnitte von Fasern kann ihr Durchmesser meist nicht als Maß für die Dicke angegeben werden. Aus diesem Grund wird die Dicke als längenbezogenes Gewicht, der so genannte Titer, angegeben. Über die Festigkeit des Garnes oder das Volumen sagt der Titer nichts aus. Der Titer kann je nach Faserart in verschiedenen Nummerierungssystemen angegeben werden. Für synthetische Fasern und Garne wird meist das Tex-System verwendet. Bei diesem System wird der Titer Tt berechnet als Gewicht pro Länge. Nach DIN EN ISO 2060 wird der Titer als Quotient der Masse in g und einer Länge von 1000 m für tex (1.1) und einer Länge von 10.000 m (1.2) für dtex berechnet.

$$\text{Tt} = \frac{\text{Gewicht [g]}}{1.000\,[\text{m}]}[\text{tex}] \tag{1.1}$$

$$\text{Tt} = \frac{\text{Gewicht [g]}}{1.000\,[\text{m}]}[\text{dtex}] \tag{1.2}$$

Multifilamente bestehen aus vielen Einzelfilamenten. Die Anzahl der Filamente wird neben dem Titer oft in der Garnspezifikation angegeben. Ein Polyesterfilamentgarn mit der Bezeichnung 100f36 dtex bezeichnet somit ein Polyesterfilament, welches 100 g auf 10.000 m wiegt und aus 36 Einzelfilamenten besteht. Der Einzeltiter t eines einzigen Filaments (1.3) wird demnach berechnet als

$$t = \frac{Gesamter\,[dtex]}{Anzahl\,Filamente}[dtex] \tag{1.3}$$

Ist die Dichte des Fasermaterials bekannt, lässt sich bei runden Faserqueschnitten aus dem Einzeltiter der Durchmesser d des Filaments berechnen (1.4). Der Durchmesser ist definiert durch:

$$d \approx 10\sqrt{\frac{t\,[dtex]}{\rho\,[g/cm^3]}}[\mu\text{m}] \tag{1.4}$$

Die mechanische Festigkeit von Filamenten wird mittels Zugprüfmaschine nach DIN EN ISO 2062 bestimmt. Dabei werden die Höchstzugkraft und die Höchstzugkraftdehnung ermittelt. Die Festigkeit, Dehnung und der E-Modul der Filamente hängen von ihrem Titer ab. Aus diesem Grund wird die spezifische, d. h. die titerbezogene Festigkeit angegeben. Sie wird berechnet aus dem Quotienten der ermittelten absoluten Festigkeit, geteilt durch den Gesamttier des Filaments und üblicherweise in cN/tex angegeben. Polylactide besitzen z. B. je nach Aufmachung und Zusammensetzung Festigkeitswerte zwischen 4 und 6,3 cN/dtex [8].

43.4 Medizinische Filamente – Lieferformen und Fasererzeugung

Alle textilbasierten Medizinprodukte bestehen aus Fasern. Diese Fasern sind in Form von Monofilamenten, Multifilamenten, Stapelfasern oder Nanofasern aus natürlichen, synthetischen oder aus gentechnisch hergestellten Polymeren erhältlich.

Monofilamente werden auf Grund ihrer Steifigkeit, der guten Gleiteigenschaften und der guten Passage durch Gewebe beim Nähen häufig als Nahtmaterialien oder im Bereich der Herniennetze verwendet. Multifilamente zeichnen sich hingegen durch gute Drapierbarkeit, hohe Reißfestigkeit und Geschmeidigkeit aus. Sie finden

43.4 Medizinische Filamente – Lieferformen und Fasererzeugung

Verwendung in Geweben für OP-Textilien, Verbände oder Gefäßprothesen. Stapelfasern und Nanofasern eignen sich für die Herstellung von Vliesstoffen, welche für das Tissue Engineering eingesetzt werden.

In Abhängigkeit vom verwendeten Material werden verschiedene Herstellungsverfahren eingesetzt: das Schmelzspinnverfahren und das Lösungsspinnverfahren, das in Trocken- und Nassspinnen unterteilt wird, sowie das Elektrospinnverfahren. Das Schema der Herstellung vom Polymer bis zur fertigen Faser ist in Abb. 43.2 zu sehen.

Im Allgemeinen sind alle Spinnanlagen bis zur Spinndüse, unabhängig von der Art der hergestellten Faser, ähnlich aufgebaut. Das Polymer wird in flüssiger Form (Schmelze, Lösung) bereitgestellt. Es wird durch Spinnpumpen zum Spinnpaket gefördert, wo es durch die Spinndüse die Maschine verlässt. Anschließend folgen beim Schmelz- sowie Lösungsspinnverfahren Vorrichtungen, die den Faden kühlen, koagulieren und verfestigen sowie ihn verstrecken und aufwickeln. Unterschiede gibt es bei den zu erreichenden Faserdurchmessern der erzeugten Filamente. Mittels Schmelz- und Lösungsmittelspinnverfahren können Fasern nur bis zu wenigen Mikrometern Durchmesser hergestellt werden. Dabei variieren die Durchmesser der Fasern zwischen ca. 10 µm für Multifilamente und 500 µm oder mehr für Monofi-

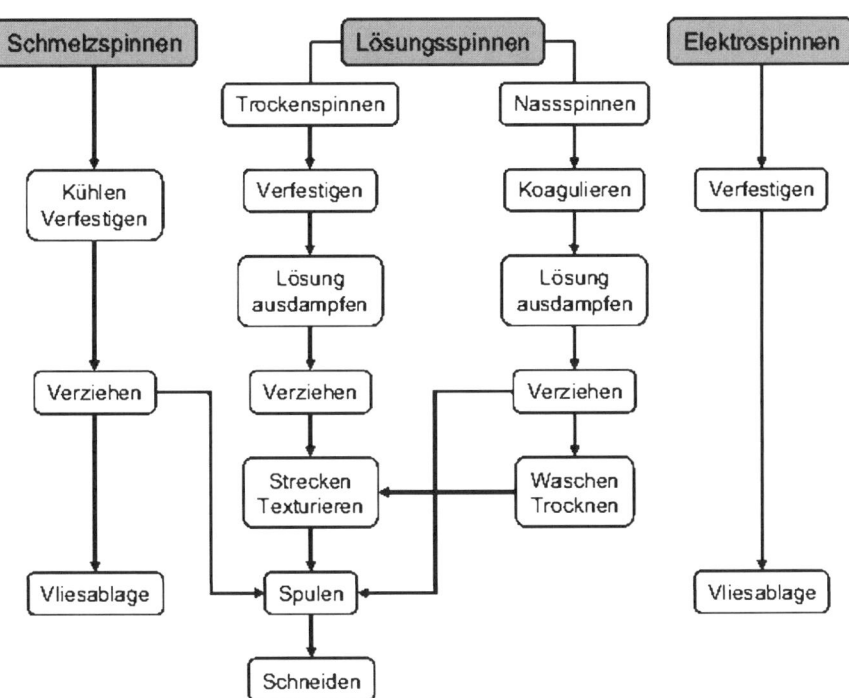

Abb. 43.2 Fasern werden je nach Material mit verschiedene Spinnverfahren hergestellt. Die Prozessschritte vom Polymer zur Faser und zu Vliesen variieren je nach Herstellungsprozss im Schmelz-, Lösungs- und Elektrospinnen

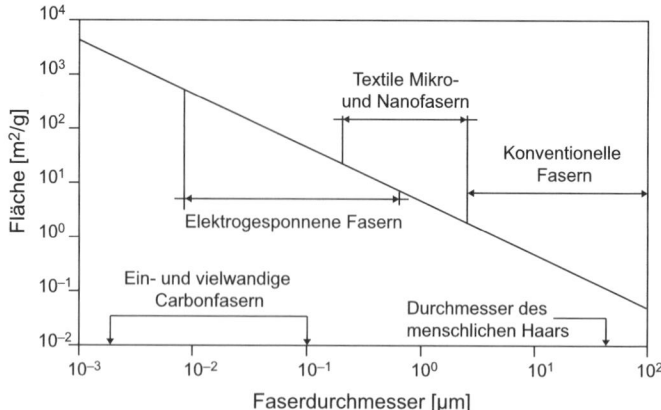

Abb. 43.3 Die zu erzielende Feinheit von Filamenten variiert mit dem Herstellungsverfahren. Faserdurchmesser von Mikrofasern können mit dem Schmelz- und Lösungsmittelspinnverfahren erzielt werden. Für die Erzeugung von Nanofasern werden Spezialverfahren wie das Bikomponentenspinnen, das Melt-Blown-Verfahren oder das Elektrospinnverfahren eingesetzt [10]

lamente. Für Fasern mit feinerem Durchmesser als 10 μm werden Spezialverfahren wie die Bikomponentenspinntechnologie oder das Melt-Blown-Verfahren eingesetzt. Sind Fasern mit Feinheiten ab 50 nm erforderlich, wird das Elektrospinnverfahren eingesetzt (Abb. 43.3) [2,9].

Schmelzspinnverfahren

Beim Schmelzspinnverfahren (Abb. 43.5) werden ausschließlich thermoplastische Polymere verarbeitet. Das Polymergranulat wird in einem Extruder aufgeschmol-

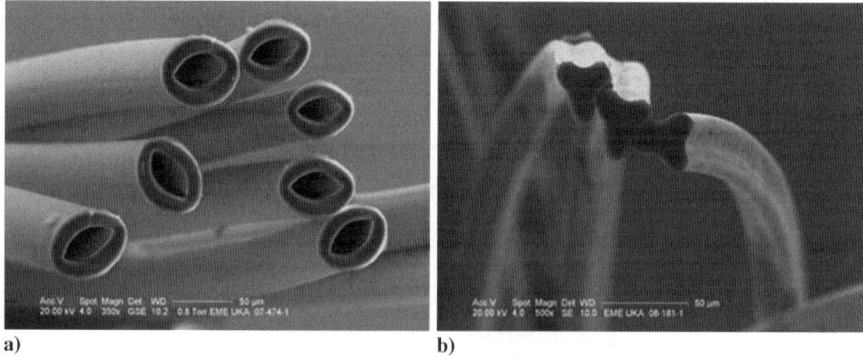

a) b)

Abb. 43.4 Faserquerschnitte werden durch die Wahl der Spinndüse definiert. Neben runden Fasern können z. B. auch Hohlfasern (**a**) Polyvinylidenfluorid-Hohlfaser) oder Trilobalfasern (**b**) Polyvinylidenfluorid-Trilobalfaser) erzeugt werden

43.4 Medizinische Filamente – Lieferformen und Fasererzeugung   967

zen und homogenisiert. Anschließend wird das schmelzflüssige Polymer mittels Spinnpumpen durch eine Spinndüse befördert. Die Spinndüse bestimmt die Anzahl und den Querschnitt der Filamente (Abb. 43.4).

Für Monofilamente ist lediglich eine einzige Bohrung, für Multifilamente sind viele Bohrungen in der Spinndüse erforderlich. Nach dem Austritt aus der Spinndüse wird das Filament abgekühlt. Dies geschieht für Monofilamente meist in einem Wasserbad, für Multifilamente in einem Blasschacht, in dem durch die Luftströmung der Erstarrungs- und Abkühlungsprozess geregelt wird. Anschließend benetzt ein Präparationsstift das Filament mit der Spinnpräparation, die eine statische Aufladung bei der Weiterverarbeitung verhindert und die Reibeigenschaften verbessert. Eine Spulstreckmaschine erlaubt die Verstreckung und Temperaturnachbehandlung

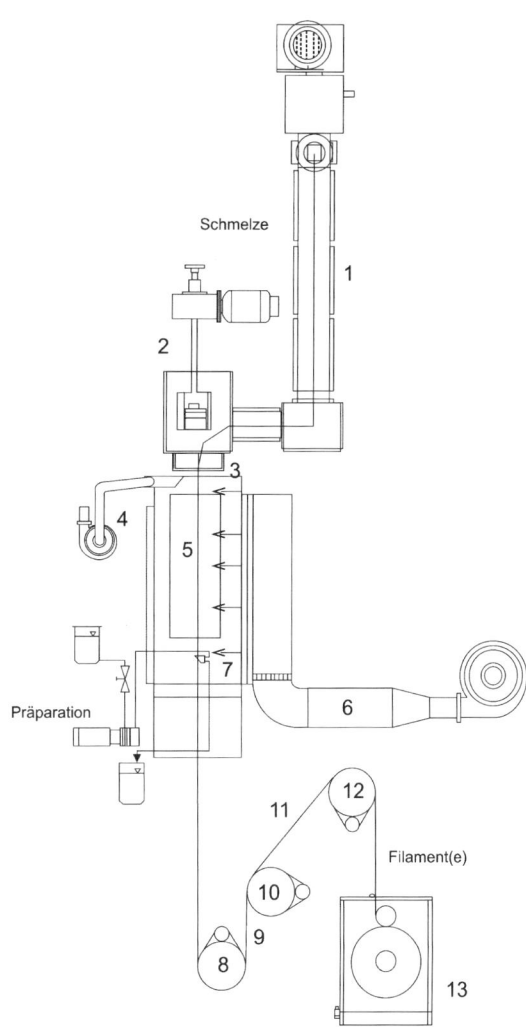

Abb. 43.5 Schmelzspinnanlage zur Herstellung von Multifilamentgarnen. *1.* Extruder, *2.* Spinnpumpe, *3.* Spinnpaket, *4.* Monomerenabsaugung, *5.* Blasschacht, *6.* Luftzufuhr, *7.* Präparationsstift, *8.* Galette 1, *9.* Verstreckungszone 1, *10* Galette 2, *11.* Verstreckungszone 2, *12.* Galette 3

Abb. 43.6 Schmelzspinnanlage für die Herstellung von teil- und vollverstreckten Multifilamentgarnen (System Fourné)

der Faser und somit die gezielte Beeinflussung ihrer mechanischen Eigenschaften. Abschließend wird das erzeugte Filament auf Spulen aufgewickelt.

Beim Schmelzspinnverfahren können lediglich thermoplastische Polymere verarbeitet werden, die bei den hohen Verarbeitungstemperaturen (typische Temperaturen sind hier 200°C), keine Zersetzungserscheinungen aufweisen.

Die Verarbeitbarkeit dieser Polymere wird oft durch Zusatz von Additiven wie Stabilisatoren, Weichmacher oder Antioxidantien im Polymer sowie durch Auftrag von Spinnpräparationen für die Weiterverarbeitung erzielt. Einige dieser Chemikalien müssen jedoch vor der Verwendung der Faser als Medizinprodukt wieder entfernt werden.

Lösungsmittelspinnverfahren

Polymere, die bei erhöhten Temperaturen Abbaureaktionen zeigen, sowie Polymere mit temperaturempfindlichen Additiven, wie z. B. Medikamente, und nicht schmelzbare Polymere können mit dem Lösungsmittelverfahren verarbeitet werden.

Das Lösungsmittelspinnverfahren wird in zwei Verfahren unterteilt: das Trockenspinnen und das Nassspinnen.

43.4 Medizinische Filamente – Lieferformen und Fasererzeugung

Beim Nassspinnverfahren (Abb. 43.7) wird das Polymer zunächst in einem Lösungsmittel gelöst. Nach Austritt aus der Spinndüse wird das Filament in ein Fällbad geführt. Das Lösungsmittel diffundiert dabei aus dem Filamentinneren an die Oberfläche in das Spinnbad und das Filament verfestigt sich. Beim Trockenspinnverfahren (Abb. 43.8) wird eine Lösung aus Polymer und Lösungsmittel in einen heißen Gasstrom extrudiert. Dabei dampft das Lösungsmittel aus und die Faser geht von einem gelartigen Zustand in einen festen Zustand über. Bei beiden Verfahren muss anschließend das Filament durch Waschen von Lösungsmittelrückständen befreit, verstreckt, getrocknet und aufgespult werden [11].

Problematisch bei der Herstellung mittels dieses Spinnverfahrens sind die verwendeten Lösungsmittel. Bei Lösungsmitteln, deren Gase explosionsgefährlich sind, muss bei der Produktion unter Schutzgas gearbeitet werden. Die Rückgewinnung der Lösungsmittel ist schwierig und kostenintensiv. Zudem muss gewährleistet werden, dass keinerlei Rückstände in den Fasern verbleiben, die bei der späteren Verwendung zu toxischen Reaktionen führen können [12].

Die Lösungsspinnmethode weist im Gegensatz zum Schmelzspinnen ökonomische und ökologische Nachteile auf [14]. Sie wird daher nur eingesetzt, wenn Schmelzspinnen nicht möglich ist.

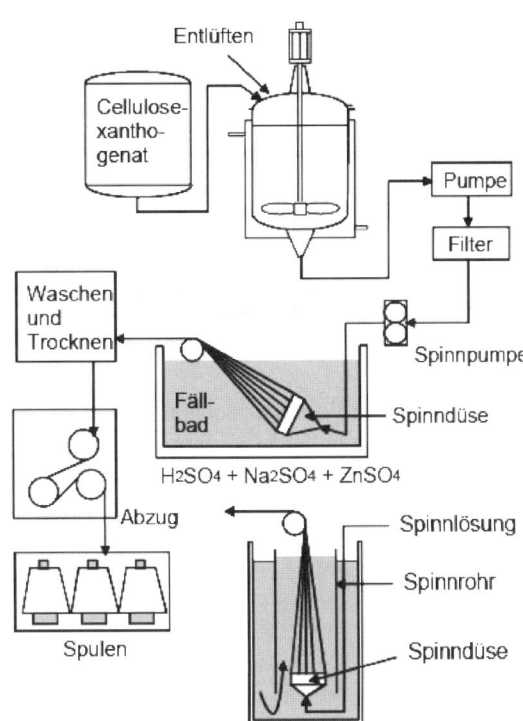

Abb. 43.7 Nassspinnanlage zur Herstellung von lösungsgesponnenen Fasern [13]

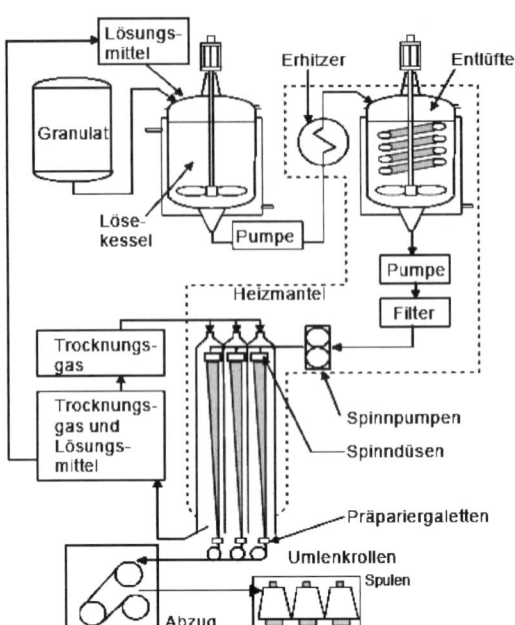

Abb. 43.8 Trockenspinnanlage zur Herstellung von lösungsgesponnenen Fasern [13]

Elektrospinnverfahren

Beim Elektrospinnen werden sehr dünne Fasern aus einer Polymerlösung oder -schmelze durch die Behandlung in einem elektrischen Feld hergestellt. Als Problem stellt sich allerdings bisher die Aufwicklung der Fasern dar. Die Herstellung von Endlosfilamenten ist dadurch erschwert. Daher werden die Fasern bisher immer als Vlies abgelegt. Das Verfahren des Elektrospinnens ist detailliert in Part V, Kapitel 19 erklärt, daher wird an dieser Stelle nicht näher darauf eingegangen.

Weiterverarbeitung von Fasern

Die ersponnenen Fasern werden entweder zu Vliesen oder zu Garnen verarbeitet. Dazu werden die üblichen Verfahren eingesetzt, die auch zur Verarbeitung anderer Chemiefasern, z. B. Polyester oder Polyamid, verwendet werden. Dazu gehören das Zwirnen (Abb. 43.9), das Texturieren (Abb. 43.10), das Kablieren, das Verstrecken und die Herstellung von Kombinationsgarnen. Für spezielle Anwendungen werden zusätzlich die Oberflächen der Garne verändert, um z. B. die Hafteigenschaften der Textilstruktur gegenüber körpereigenen Zellen zu verbessern.

Abb. 43.9 Zwirn aus Polylactid. Beim Zwirnen werden zwei oder mehrere Garne zusammengedreht um z. B. die Reißfestigkeit und Gleichmäßigkeit zu verbessern

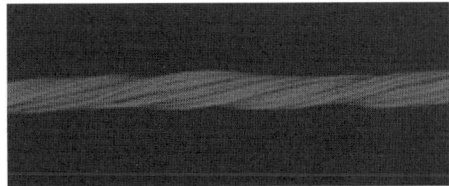

Abb. 43.10 Texturiertes Garn aus Polyvinylidenfluorid. Beim texturieren werden glatte und endlose Chemiefasern gekräuselt und gebauscht, um u. a. die Wärmehaltung und Saugfähigkeit sowie Dehnbarkeit der aus den Chemiefäden hergestellten Textilien zu erhöhen

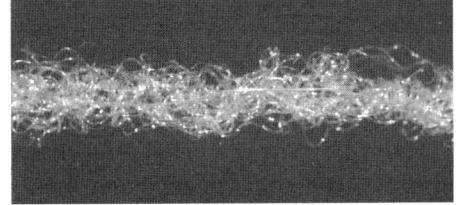

43.5 Textilerzeugung

Die medizinischen Fasern werden nach ihrer Erzeugung zu Textilien weiterverarbeitet. Dabei erhalten sie die gewünschten mechanischen und biologischen Eigenschaften. Aus Biomaterialien können prinzipiell die gleichen Flächengebilde hergestellt werden wie aus anderen textilen Werkstoffen. Zu den Flächengebilden zählen Vliesstoffe, Gewebe, Geflechte und Maschenwaren, die in Gestricke und Gewirke aufgeteilt werden (Abb. 43.11). Ein weiterer möglicher Prozessschritt bei der Implantatherstellung ist die Konfektionierung, die z. T. mit speziellen Näh- und Stickverfahren erfolgt. Die textilen Strukturen besitzen verschiedene Eigenschaften, die für produktangepasste Konstruktionen beachtet werden müssen. Diese werden im Weiteren erläutert.

Abb. 43.11 Überblick der in Medizinprodukten verwendeten textile Strukturen. Vliese (links) werden häufig im Bereich Tissue Engineering eingesetzt, Gewebe (zweites von links) als Textilbänder für Gewebeunterstützung bei Inkontinenz, Geflechte (mitte) als Bandersatz, Gestricke (zweites von rechts) als Anuloplastiering und Gewirke (rechts) als Gefäßprothesen

Die meisten textilen Prozesse und Maschinen müssen für die Produktion von Medizintextilien den oft empfindlichen Materialien angepasst werden. Darüber hinaus sind Biomaterialien häufig nur in geringen Mengen verfügbar. Dies ist zum einen auf den Preis und zum anderen auf die generelle Verfügbarkeit der Materialien zurückzuführen. Die Besonderheit der Verarbeitung der Biomaterialien liegt daher in den oft nur sehr kleinen Mengen. Herkömmliche Textilmaschinen sind hierfür bedingt geeignet und werden für den Einsatz im Medizinbereich daher oft miniaturisiert.

Vliesstoffe

Vliesstoffe sind nach DIN 61210 definiert als „Flächengebilde, die ganz oder zu einem wesentlichen Teil aus Fasern bestehen". Für die Erzeugung von Vliesstoffen entfällt der Prozess der Garnerzeugung, da direkt Stapelfasern verwendet werden können. Eine Ausnahme bilden die Spinnvliesstoffe. Sie werden aus Filamenten hergestellt. Die Herstellung der Filamente entspricht im Prinzip der herkömmlichen Faserherstellung. Die beim Spinnprozess austretenden Filamente werden aerodynamisch oder mechanisch abgezogen und gleichzeitig verstreckt. Die so entstandene Fadenschar wird direkt der Vlieslegung zugeführt.

Werden die Vliese mit anderen Verfahren hergestellt, sind als Grundmaterial Stapelfasern nötig. Liegen die Biomaterialien als endlose Filamente vor, werden die Filamente zunächst mittels Stapelschneider auf die gewünschte Länge geschnitten.

Die Stapelfasern werden anschließend zu isotropen oder anisotropen Faserbändern verarbeitet. Dabei werden hydrodynamische, aerodynamische oder mechanische Vliesbildeverfahren eingesetzt. Beim hydrodynamischen Verfahren handelt es sich um die Filtration einer Fasersuspension mit Hilfe eines umlaufenden Siebes, analog zur Papierherstellung. Beim aerodynamischen Verfahren werden die Fasern mittels Luftströmung auf ein Sieb abgelegt. Diese beiden Verfahren erzeugen isotrope Strukturen. Bei der mechanischen Vliesbildung werden klassische Textilmaschinen eingesetzt, z. B. Krempeln (Abb. 43.13) oder Karden. Das erzeugte Faserband besitzt anisotrope Eigenschaften. Ein Schema des Vliesherstellungsverfahrens ist in Abb. 43.12 dargestellt.

Die Verbindung zwischen den einzelnen Fasern erfolgt mechanisch (durch Vernadeln oder hydrodynamische Verfahren), thermisch (Kalander) oder chemisch (Bindemittel).

Von besonderer Bedeutung ist bei Vliesen für medizinische Einsatzzwecke eine gleichmäßige Flächenmasse über die gesamte Struktur.

Vliesstoffe besitzen lediglich geringe Festigkeiten, haben jedoch eine gewebeähnliche Struktur mit interkonnektierenden Poren. Vliese haben ein gutes Wasseraufnahmevermögen und ermöglichen ein vororientiertes Zellwachstum und ein Einwachsen der Zellen auch in die textile Struktur. Vliese können unmittelbar als Wundauflage oder in besiedelter Form beispielsweise als künstlicher Hautersatz oder auch zur Regeneration von Knorpel, Fettgewebe oder Kieferknochen eingesetzt werden [15] [16].

43.5 Textilerzeugung

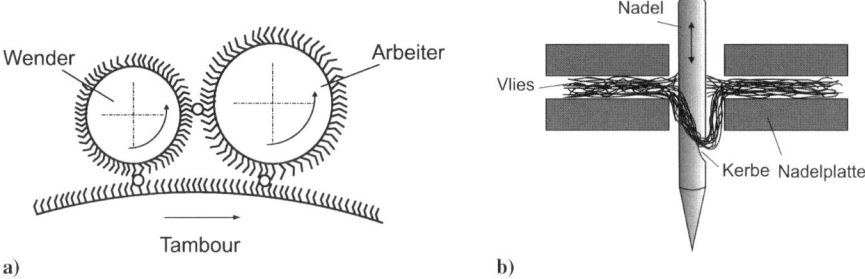

Abb. 43.12 Bei der mechanischen Vliesbildung werden die Fasern zunächst in einer Karde oder Krempel mittels mit Nadeln bestückten Walzen (Tambour, Arbeiter und Wender, **a**) gereinigt, aufgelöst, parallelisiert, durchmischt, verstreckt und zu einem Band oder Flor gebildet. Dieses wird anschließend z. B. durch Vernadelung (**b**) zu einem Vlies verfestigt

Abb. 43.13 Laborkrempel zur Verarbeitung von kleinen Fasermengen zu Faserbändern für die Vliesstoffherstellung (System ITA der RWTH Aachen)

Gewebe

Gewebe bestehen aus zwei oder mehr senkrecht miteinander verkreuzten Fadensystemen, den so genannten Kett- und Schussfäden. Die Kette ist in Längsrichtung, der Schuss in Querrichtung angeordnet. Die entstehenden Fadenkreuzungen nennt man Bindungen. Folgende Grundbindungsarten sind bekannt: Leinwand-, Atlas- und Köperbindung.

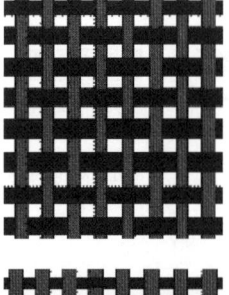

Abb. 43.14 Leinwandbindung, die einfachste und zugleich engste Verkreuzung der Kett- und Schussfäden

Abb. 43.15 Atlasbindung, besitzt ein geschlossenes, glattes und dichtes Warenbild

Abb. 43.16 Köperbindung, eine strapazierfähige Bindung, die durch einen schräg verlaufenden Grat gekennzeichnet ist

Beim Weben werden die Kettfäden von einem Kettbaum (Abb. 43.17, 1) abgezogen und über einen Streichbaum (2) geführt (Spannungsausgleich). Um einen Schussfaden eintragen zu können, muss zunächst ein Fach gebildet werden. Dazu werden die Kettfäden individuell oder als Fadenschar (mit Schäften, 3) angehoben oder abgesenkt. In das Fach wird der Schuss (4) eingetragen. Dieser wird von einem Riet (5) an das bereits vorhandene Gewebe angeschlagen. Über einen Brustbaum (6) wird das fertige Gewebe auf den Warenbaum (7) aufgewickelt.

Der Schusseintrag kann dann mit Schütze, Projektil, Greifer, Luft oder Wasser erfolgen. Die wesentlichen Merkmale der unterschiedlichen Schusseintragstechniken sind in Tab. 43.1 aufgezeigt.

Weltweit dominierend ist das Schützenwebverfahren, bei dem eine echte Webkante gebildet wird. Das bedeutet, dass der Schuss nicht wie bei den anderen Verfahren nach jedem Eintrag abgeschnitten wird und somit kein Ausfransen an den Kanten entsteht. Für das Weben medizinischer Textilien im Implantatbereich bieten Bandwebmaschinen Vorteile, da mit ihnen kleinste Materialmengen und verschiedenste Materialien verarbeiten werden können, z. B. auch die Formgedächtnis-Legierung Nitinol.

Gewebe besitzen eine hohe Festigkeit und geringe Dehnung. Sie können mit variabler Porosität und Rauhigkeit produziert werden. Gewebe können mit sehr

43.5 Textilerzeugung

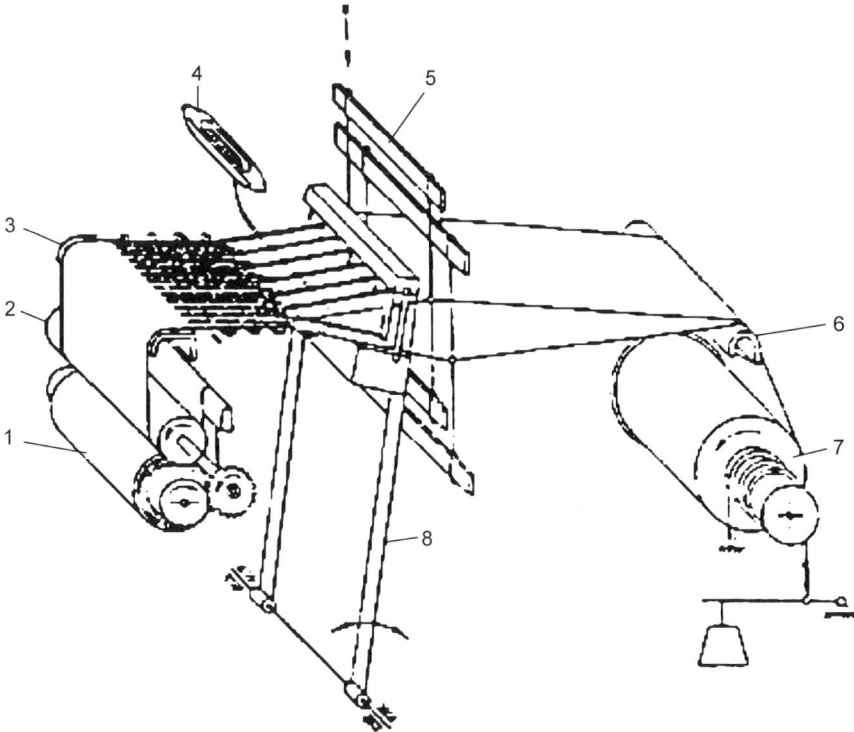

Abb. 43.17 Aufbau einer Schützenwebmaschine. Die Kettfäden werden vom Kettbaum abgezogen und durch die Schäfte angehoben. In das sich bildende Fach wird dann der Schussfaden eingetragen, der mit dem Riet an das fertige Gewebe angeschlagen wird. Abschließend wird das Gewebe auf den Warenbau aufgewickelt

Verfahren	Geschwindigkeit [Schuss/Minute]	Zu bewegende Masse	Schussmaterial	Sonstiges
Schütze	150	1200 g	kein Glas/Carbon	echte Webkante
Projektil	350	600 g	kein Glas/Carbon	
Greifer	650	400 g	alles	
Luft	1100	–	nur feine Garne	
Wasser	1500	0,1 g	nur feine Garne	

Tabelle 43.1 Vergleich der Schusseintragsverfahren bei Webmaschinen. Bei Schützensystemen werden echte Webkanten gebildet, die ein Ausfransen verhindern. Das Greifersystem zeichnet sich durch seine Flexibilität aus, es kann alle Materialien verarbeiten. Das Eintragsverfahren mit Wasser ist hingegen das schnellste Eintragverfahren

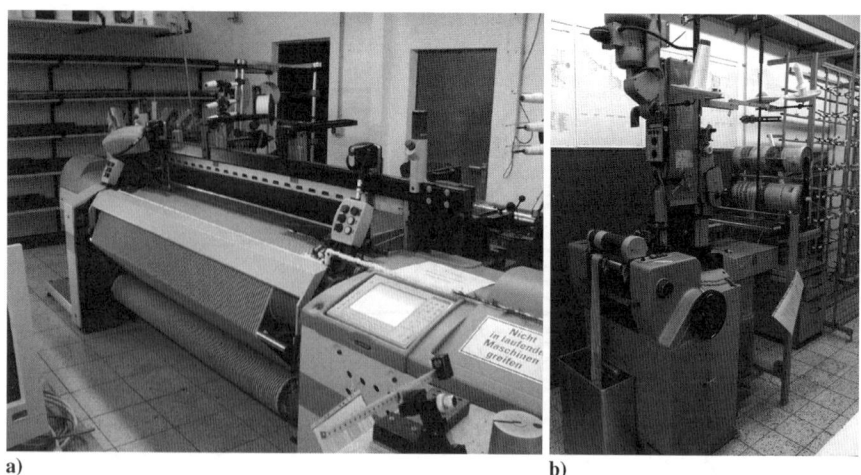

Abb. 43.18 Webmaschinen. **a)** Bandgreiferwebmaschine, mit der auch empfindliche Materialien verarbeitet werden können, System Dornier; **b)** Bandwebmaschine, für die Verarbeitungen von Kleinstmengen, System Jakob Müller

geringer Porosität produziert werden, sie besitzen eine geringe Wasser- und Blutdurchlässigkeit. Gewebe sind jedoch steifer, weniger flexibel und schwieriger in der Handhabung beim Nähen als z. B. Gestricke [2]. Die Schnittkanten fransen bei mechanischer Belastung leicht aus und müssen daher besonders gesichert werden (z. B. durch Verschweißen). Verwendung finden Gewebe z. B. als Textilbänder für Gewebeunterstützung bei Inkontinenz oder Blasenschwäche oder als Gefäßprothesen.

Geflechte

Nach DIN 60 000 werden Geflechte definiert als Flächen- und Körpergebilde mit regelmäßiger Fadendichte und geschlossenem Warenbild, deren Flecht-(Klöppel-)Fäden einander in schräger Richtung zu den Warenkanten verkreuzen. Geflechte ähneln somit Geweben, bei Geflechten müssen die Fäden einander jedoch nicht im rechten Winkel kreuzen, auch andere Flechtwinkel sind möglich (Abb. 43.20). Die zu verflechtenden Fäden werden auf Spulen gewickelt und auf Klöppel montiert. Diese Klöppel bewegen sich auf festgelegten Bahnen mittels Flügelräder und verkreuzen die Fadenscharen zu Geflechten (Abb. 43.19).

Geflechte sind lediglich in Längsrichtung stabil, können dort jedoch große Kräfte aufnehmen. Sie besitzen eine geringe Porosität und fransen aufgrund der geringen Faserreibung an den Schnittkanten aus. Die Einstellbarkeit der Elastizität und der mechanischen Eigenschaften erlaubt vielfältige textile Konstruktionen von Implantaten, was besonders für Sehnen und Bänder aber auch für Stents interessant ist. Typische Anwendungen von Rotationsgeflechten sind der medizinische Bandersatz chirurgisches Nahtmaterial, sowie implantierbare Stents für cardiovaskuläre Bereiche oder zum Einsatz in Luftröhre, Speiseröhre, Gallenwegen und Darm.

43.5 Textilerzeugung

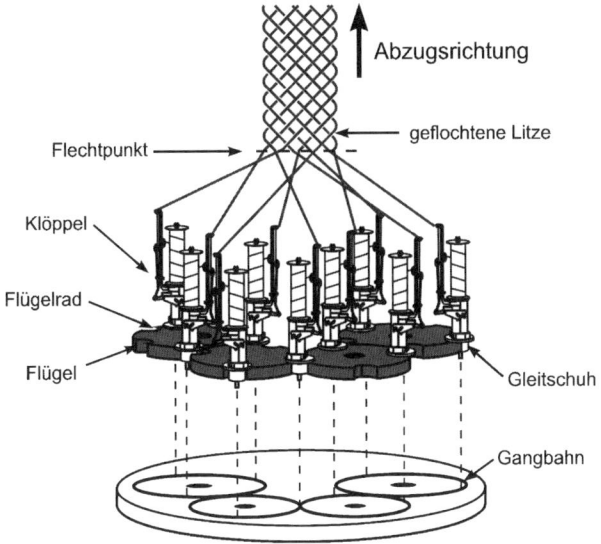

Abb. 43.19 Im Rotationsflechtverfahren werden Rundgeflechte hergestellt, die entstehen, wenn der Räderaufbau geschlossen ist. Die Klöppel bewegen sich dabei auf geschlossenen Bahnen, die um den Mittelpunkt kreisen

Abb. 43.20 Flechtstruktur eines Rundgeflechtes mit kompakter Struktur

Maschenwaren

Maschenwaren bestehen aus einem oder mehreren Fäden oder aus einem oder mehreren Fadensystemen und entstehen durch Maschenbildung. Maschen bestehen aus Kopf, Schenkel und Fuß. Maschenwaren können durch die Stricktechnologie (Abb. 43.21) und die Wirktechnologie (Abb. 43.22) hergestellt werden. Diese unterscheiden sich durch ihren Fadenverlauf in der Struktur.

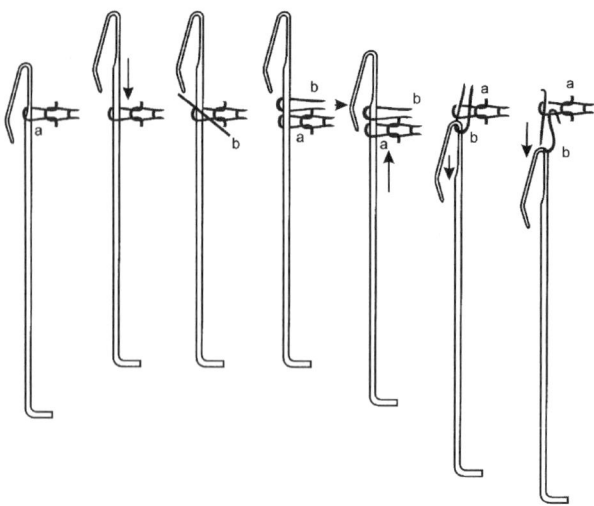

Abb. 43.21 Bei der Stricktechnik bewegen sich die Nadeln einzeln und durchlaufen die Phasen der Maschenbildung nacheinander, lediglich ein Faden kann daher verarbeitet werden

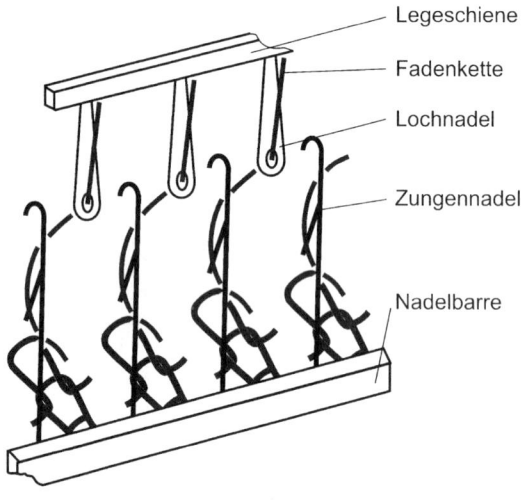

Abb. 43.22 Bei der Wirktechnik wird die Maschenbildung in Längsrichtung durch Vermaschung benachbarter Kettfäden realisiert, dazu können mehrere Fäden gleichzeitig verarbeitet werden

Gestricke

Bei Gestricken wird der Faden in Form von Spulen vorgelegt und in Querrichtung zu den maschenbildenden Nadeln verarbeitet. Die Nadeln bewegen sich einzeln und durchlaufen die Phasen der Maschenbildung nacheinander. Stricken ist daher mit einem einzigen Faden möglich (Abb. 43.21). Es gibt sowohl Flachstrick- als auch Rundstrickmaschinen (Abb. 43.23), je nach Anwendung.

43.5 Textilerzeugung 979

Abb. 43.23 Rundstrickmaschine (System Mayer & Cie)

Gestricke können sehr offenporig hergestellt werden und sind einfach in der Handhabung während der Operation. Allerdings besteht bei Gestricken auf Grund der Streckung der Maschenschlingen und der Möglichkeit der Garnbewegung in den Kontaktpunkten der Maschenschlingen die Gefahr der nachträglichen Dehnung nach der Implantation [2]. Die Deformation der Maschen unter Last führt zu bleibenden Strukturdehnungen.

Werden Gestricke zugeschnitten, können die Kanten ausfransen bzw. es bilden sich Laufmaschen. Diese Nachteile können durch die Anwendung der Wirktechnologie als maschenbildendes Verfahren eliminiert werden. Eine Anwendung für Gestrickte ist beispielsweise der Anuloplastiering. Er wird zur Raffung des Mitralklappenringes bei einer Insuffizienz verwendet.

Gewirke

Bei den Wirkmaschinen werden die maschenbildenden Fäden in Form von Kettbäumen vorgelegt. Alternativ können auch Garne von einem Gatter direkt verwirkt werden. Die Maschenbildung erfolgt in Längsrichtung durch Vermaschung benachbarter Kettfäden. Dabei werden je nach Technik ein oder mehrere Fäden benötigt. Die Nadeln für die Maschenbildung bewegen sich im Gegensatz zum Strickprozess im Kollektiv (Abb. 43.22).

Bei den Wirkprozessen wird unterschieden zwischen Kettenwirk- und Kulierwirkprozess. Beim Kettenwirkprozess (Abb. 43.24) werden die Nadeln gemeinsam bewegt und jeder Nadel wird ein eigener Faden vorgelegt. Die Vorlage einer Fadenschar erfolgt mittels Legeschienen. Beim Kulierwirkprozess werden die Nadeln ebenfalls gemeinsam bewegt, allen Nadeln wird jedoch derselbe Faden vorgelegt. Der Faden muss dafür vor der Maschenbildung zu Schleifen ausgeformt werden (Kulierung).

Abb. 43.24 Kettenwirkmaschine (System Karl Mayer)

Bei der Maschenbildung wird die Fadenschar durch Legeschienen um die Nadel gelegt, es bildet sich eine Masche. Die Vermaschung (Bindung) wird durch die Bewegung der Legeschiene beeinflusst. Die Musterungsmöglichkeiten sind bei Wirkmaschinen nahezu unbegrenzt. Sie werden stets am Computer generiert, in die Maschine geladen und dann ausgeführt.

Gewirke werden für Produkte verwendet, bei denen eine große elastische Verformung nötig ist. Im Medizinbereich eignen sie sich daher für Implantate, die einer dynamischen Beanspruchung unterliegen, wie z. B. Gefäßprothesen oder Herniennetzen. Die mechanischen Eigenschaften, die Musterung und die Porengröße sind in weiten Bereichen über die Maschinenparameter einstellbar [2] [17]. Es können röhrenförmige, verzweigte und flache Produkte hergestellt werden. Durch die Maschenbildung können keine Laufmaschen gebildet werden.

Fügetechnologie

Für medizinische Zwecke werden zum Fügen von Einzelteilen bevorzugt Stickmaschinen eingesetzt. Unter Stickereien versteht man Flächengebilde, bei denen Stickfäden von Hand oder maschinell durch einen Stickboden gezogen werden. Der Stickboden kann mit bestimmten Verfahren nachträglich ganz oder teilweise entfernt werden. Während das Nähen in der Konfektion meist zum Fügen mehrerer Lagen von Materialien dient und die Stiche in der Regel von gleicher Größe und Richtung sind, können beim Sticken die Richtung und Größe der Stiche frei variiert werden.

Grundsätzlich kann man zwischen Zweifadensystemen und Einfadensystemen innerhalb der Stickerei unterscheiden. Beim Zweifadensystem können die Stickmaschinen, ähnlich einer Nähmaschine, einen Ober- und einen Unterfaden bilden wie

43.5 Textilerzeugung

in Abb. 43.25 dargestellt. Dabei wird der Stickgrund in einen Spannrahmen eingespannt und definiert zum Stichbildungsaggregat bewegt. Wegen der frei wählbaren Richtung und Größe der Stiche können weitere Sticharten ausgeführt werden. Während die Steppstichlinie aus fortlaufend aneinandergereihten Stichen gebildet wird und einen Linienstich darstellt, besteht z. B. ein Plattstich aus Zick-Zack Stichen, die dicht nebeneinander liegen, eine Fläche füllen und plastisch wirken können. Es existieren zahlreiche weitere aus diesen Grundsticharten abgeleitete Sticharten. Hierdurch ergeben sich vielfältige Musterungsmöglichkeiten für unterschiedliche Effekte.

Neben den überwiegend hergestellten Stickereien mit zwei Fadensystemen gibt es auch Stickereien, die aus nur einem Fadensystem gebildet werden. Hier finden vor allem der Kettenstich und der Moosstich Anwendung. Beim Kettenstich handelt es sich um einen Schlaufenstich, dessen aneinandergereihten Schlaufen ineinander greifen (Abb. 43.26). Jede Schlaufe wird von der nachfolgenden Schlaufe nieder- und festgehalten. Der Kettenstich wird meist zum Erzeugen von Linien bzw. Konturen oder zum Ausfüllen von Flächen genutzt. Beim Moosstich wird eine Folge offener kurzer nicht gefestigter Fadenschlaufen gebildet (Abb. 43.27). Er wird zum Ausfüllen von Flächen verwendet [18].

Anwendungen von Stickereitechnik in der Medizin sind beispielsweise Stentgrafts für die Behandlung abdomineller aortischer Aneurismen. Hier werden Verstärkungsringe aus Nitinol auf ein Grundtextil platziert und fixiert. Des Weiteren wurde ein auf Sticktechnologie basiertes Wundverbandsystem zur Behandlung chronischer Wunden und Ulcera entwickelt [19].

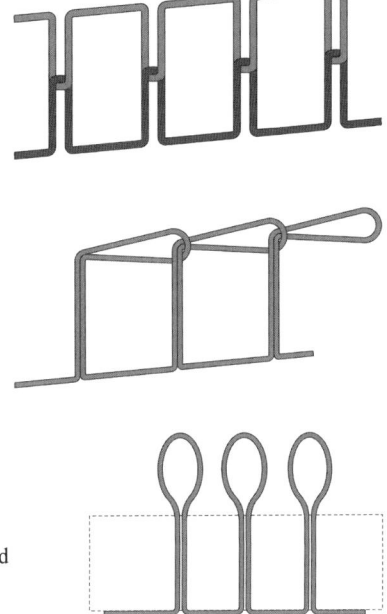

Abb. 43.25 Der Steppstich ist ein Zweifadensystem. Hier wird eine Stichlinie aus fortlaufend aneinandergereihten Stichen gebildet

Abb. 43.26 Der Kettenstich ist ein Einfadensystem. Hierbei handelt es sich um einen Schlaufenstich, dessen aneinandergereihten Schlaufen ineinander greifen

Abb. 43.27 Der Moosstich ist ein Einfadensystem und wird aus einer Folge offener kurzer nicht gefestigter Fadenschlaufen gebildet

43.6 Prüfmethoden

Normierte Prüfverfahren für textile Strukturen umfassen eine Vielzahl möglicher Testverfahren, z.B. die Ermittlung von Abriebfestigkeit, Porosität, Dichtigkeit, Zugfestigkeit, Berstfestigkeit, Elastizität, Reiß- und Weiterreißfestigkeit, Oberflächenrauheit, Weichheit, Haptik, Knickfestigkeit, Knickerholungsfähigkeit. Um hieraus die relevanten Prüfungen für das jeweilige Medizinprodukt zu bestimmen, ist eine genaue Analyse der Anforderungen notwendig, die an das Textil gestellt werden. Des Weiteren kann es notwendig sein, neue Prüfverfahren zu entwickeln oder bestehende Prüfverfahren zu adaptieren, um biomechanische Belastungen zu simulieren, damit beispielsweise ein textiles Implantat ideal an die in vivo wirkenden Lastfälle ausgelegt werden kann. Im Weiteren werden einige textile Prüfverfahren am Beispiel einer textilen Gefäßprothese vorgestellt.

Die wichtigsten Charakteristika zur biomechanischen Auslegung einer textilen Gefäßprothese sind:

- Berstfestigkeit
- Porosität
- Compliance.

Berstfestigkeit

Die Berstfestigkeit textiler Flächen wird ermittelt, indem ein Stempel mit definiertem Querschnitt und einer definierten Vorschubgeschwindigkeit durch einen vollständig eingespannten Prüfling bis zum Versagen der Struktur durchgestoßen wird. Hierbei wird die charakteristische Kraft-Dehnungs-Kurve ermittelt und die Kraft im Punkt des strukturellen Versagens als Berstkraft bezeichnet.

Zum Testen der Berstfestigkeit textiler Gefäßprothesen wird von der AAMI (Association for the Advancement of Medical Instrumetation) eine abgewandelte Methode empfohlen. Dabei wird ein Prüfling von innen mit einem radial wirkenden und kontinuierlich steigenden Druck so lange belastet, bis strukturelles Versagen auftritt. Die kontinuierliche Druckzunahme bis zum Bersten der Probe erfolgt entweder direkt mittels Testmedium (i.d.R. Wasser bei 37°C) oder mittels eines eingelegten Schlauchballons bei hoch porösen Proben. Die Einspannung des Prüflings erfolgt gestreckt und spannungsfrei. Die Probenlänge sollte mindestens dem fünffachen entspannten inneren Durchmesser entsprechen. Gemessen und aufgezeichnet werden Druck und Druckänderung über die Zeit im Inneren der Probe bis zum Bersten [20].

Besonders wichtig bei dieser Prüfung ist eine ausreichende Quellung der Prüflinge vor Versuchsbeginn in gepufferter Kochsalzlösung bei Raumtemperatur über einen Zeitraum von mindestens 15 Minuten.

Porosität

Die Porosität einer Gefäßprothese bestimmt maßgeblich den Grad des Einwachsens von körpereigenen Zellen in das Implantat. Die Prothese sollte so ausgelegt sein, dass zwei Kriterien erfüllt werden. Zum einen muss ein Einwachsen von Bindegewebe an der Außenseite der Prothesenwand gewährleistet werden, um eine genügende Fixierung des Implantates in vivo zu ermöglichen und zum anderen muss die lumenseitige Oberfläche eine feste Verankerung der sich ausbildenden Neointima gewährleisten [7].

Die Durchlässigkeit einer Gefäßprothese kann auf vielfältige Art und Weise ermittelt und dargestellt werden. Die Richtlinie der FDA (U.S. Food and Drug Administration) schlägt drei verschiedene Verfahren vor.

Die erste Möglichkeit ist die optische Bestimmung der mittleren Porengröße und ihre Häufigkeit mittels eines geeigneten Licht- oder Elektronenmikroskops und evtl. digitaler Bildverarbeitung. Als Kennwert wird dann die mittlere Größe der Poren pro Flächeneinheit angegeben.

Die zweite Möglichkeit besteht in der Bestimmung des minimal notwendigen Druckes in einem Gefäß, bei dem sich an der äußeren Oberfläche nach einer Minute Wassertropfen bilden. Der Kennwert bei dieser Methode ist der Innendruck.

Die dritte Möglichkeit bildet die Bestimmung eines Durchdringungsvolumens innerhalb eines definierten Zeitraumes durch die Oberfläche des Prüflings bei einem statischen physiologischen Gefäßinnendruck. Der Kennwert der sich aus dieser Methode ableitet ist die integrale Permeabilität und wird als Volumen pro Flächen- und Zeiteinheit nach Gleichung 1.5 angegeben

$$IP = \frac{V}{A_i} \left[\frac{cm^3}{cm^2 \cdot min} \right] \text{ mit } A_i = L \cdot \pi \cdot d_i [cm^2] \qquad (1.5)$$

Da beispielsweise mit Kollagen beschichtete Gefäßprothesen häufig erst nach einer bestimmten Quellzeit ihre primäre Dichtwirkung erreichen, müssen Prüflinge zunächst mindestens 15 Minuten in gepufferter Kochsalzlösung bei Raumtemperatur gequollen sein [21].

Compliance-Test

Mit diesem Test wird das dynamisch-elastische Verhalten der Probe unter physiologisch realistischen Bedingungen ermittelt. Bezüglich des Kraft-Dehnungsverhaltens der Prothesenwand, insbesondere beim kleinlumigen Ersatz, wird eine Compliance zur natürlichen Arterienwand gefordert. Dies begünstigt einen strömungsfreien Transport des Blutes. Mangelnde Übereinstimmung der Prothese mit dem natürlichen Gefäß führt zu dauernder Intimaverletzung der Wirtsarterie im Nahtbereich. Dies löst dort eine verstärkte Thrombusbildung aus, welche zum thrombischen Verschluss des Gefäßes oder zur Embolie führen kann [7].

Um die mechanischen Eigenschaften von natürlichen Gefäßen möglichst gut durch entsprechende Auslegung synthetischer Prothesen nachahmen zu können, ist es zunächst notwendig, die entsprechenden Funktionsweisen zu verstehen. Im Folgenden werden daher die grundlegenden biomechanischen Eigenschaften von Gefäßwänden kurz vorgestellt [22].

Die Wände von Blutgefäßen sind nicht starr, sondern verhalten sich viskoelastisch. Wenn deformierende Spannungen an den Gefäßwänden sich nur langsam zeitlich verändern, haben die viskosen Eigenschaften kaum einen Einfluss auf die resultierende Dehnung. Daher wird im Folgenden ausschließlich auf die elastische Komponente eingegangen.

Die elastischen Eigenschaften der Gefäßwände sind außerordentlich wichtig, denn sie bestimmen den zeitlichen Verlauf von Druck und Volumenstrom innerhalb des Gefäßbettes. Die unterschiedlichen Wandeigenschaften von Arterien und Venen sind darüber hinaus ein wesentliches Element für die Funktion und Regelung des Blutkreislaufes.

Spannungen in den Gefäßwänden werden durch Überdruck in den Gefäßen aufgebracht. Dabei ist jedes Volumenelement innerhalb der Wandung einer Tangentialspannung σ_t, einer Längsspannung σ_l und einer Radialspannung σ_r ausgesetzt. Dies ist in Abb. 43.28 für ein Volumenelement aus der Gefäßwand gezeigt.

Die drei Komponenten der Spannung lassen sich aus dem Überdruck im Gefäß, der Wanddicke und dem Gefäßradius bestimmen. Für dünnwandige Rohre gelten folgende Beziehungen, die auch als Laplace-Gesetz oder Kesselformeln bezeichnet werden:

$$\sigma_t = \frac{p \cdot r}{h}$$

$$\sigma_l = \frac{p \cdot r}{2h}$$

$$\sigma_r = \frac{p}{2}$$

mit p Überdruck im Gefäß
r Mittlerer Gefäßradius
h Gefäßwanddicke

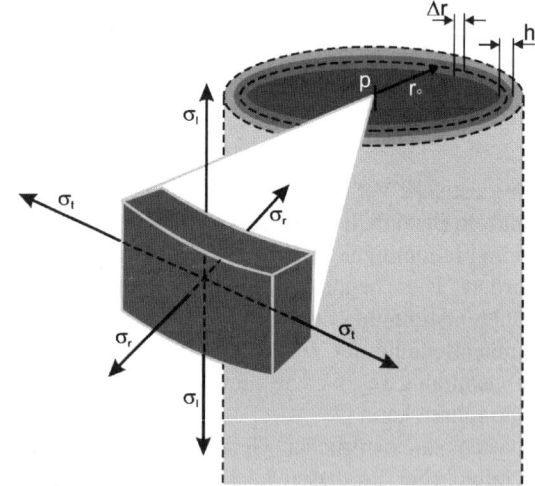

Abb. 43.28 Spannungen in der Gefäßwand werden durch Überdruck in den Gefäßen aufgebracht. Dabei ist jedes Volumenelement einer Tangentialspannung σ_t, einer Ländspannung σ_l und einer Radialspannung σ_r ausgesetzt

43.6 Prüfmethoden

Bezeichnet man $\frac{2\pi \Delta r}{2\pi r}$ mit ε_t (Tangentialdehnung), dann gilt

$$\sigma_t = E \cdot \varepsilon_t$$

und damit

$$E = \frac{p \cdot r^2}{h \cdot \Delta r}$$

Dieser Elastizitätsmodul wird allgemein als Young-Modul des Wandmaterials bezeichnet. Von Peterson wurde 1960 ein weiterer statischer E-Modul eingeführt:

$$E_p = \frac{\Delta p}{\Delta r_a} \bar{r}_a$$

Dieser Modul gibt den Zusammenhang zwischen der Änderung des Gefäßinnendruckes Δp und des Außenradius Δr_a ohne Zwischenschritt über die Wandspannung wieder. Der Peterson-Modul hat also den Vorteil, dass bei Messungen die Wanddicke nicht berücksichtigt werden muss. Er hat in der Literatur die weiteste Verbreitung.

Bei den oben vorgestellten Modulen handelt es sich um statische Module, die ausschließlich das statische und nicht das dynamische Verhalten beschreiben. Zur Beschreibung des dynamischen Verhaltens müssen weitere Annahmen mit in einbezogen werden.

Der dynamische Elastizitätsmodul des Wandmaterials bestimmt die Druckausbreitungsgeschwindigkeit oder Pulswellengeschwindigkeit innerhalb der elastischen Gefäße. In der Literatur findet man als Grundgleichung für die Pulswellengeschwindigkeit in dünnwandigen Leitungen die Moens-Korteweg-Gleichung. Sie kann aus dem Kontinuitätssatz, dem Impulssatz und der Kesselformel abgeleitet werden.

$$c_0^2 = \frac{E \cdot h}{2r \cdot \rho} = \frac{V}{\rho} \left(\frac{dp}{dV} \right)$$

E Young-Modul
h Wanddicke
r Gefäßradius
ρ Dichte des Fluids

$$\frac{dp}{dV} = E'$$

Volumenelastizität

Dabei ist vorausgesetzt, dass sich das Wandmaterial rein elastisch verhält und $h \ll r$.

Die Gleichung bezieht sich auf Wellen, die mit einer radialen Dehnung der Wand einhergehen. Sie werden häufig auch Young-Wellen genannt. Dabei beschreibt der Term

$$\frac{dp}{dV} = E'$$

die Volumenelastizität des Gefäßes. In der angelsächsischen Literatur wird im Allgemeinen der Kehrwert der Volumenelastizität verwendet, der dann Compliance heißt. Die Compliance ist ein Maß für die radiale Nachgiebigkeit bezogen auf eine Veränderung des Gefäßinnendrucks. Je höher die Compliance eines Gefäßes, desto höher ist seine Nachgiebigkeit und somit die Windkesselfunktion. Formelmäßig wird die Compliance in der Literatur auch häufig wie folgt angegeben.

$$C_f = \frac{d_D - d_S}{d_0(p_D - p_S)} \cdot 100\%$$

Zur Bestimmung des Volumenelastizitätskoeffizienten bzw. seines Kehrwerts, der Compliance, wird ein Prüfstand wie in Abb. 43.29 gezeigt, verwendet. Der Prüfling wird in eine Vorrichtung eingespannt, die die Beaufschlagung mit einem dynamischen Druckpuls ermöglicht. Dabei kann die äußere Durchmesseränderung des Prüflings kontaktfrei mittels optischer Verfahren gemessen werden. Bei diesem Test ist es besonders wichtig, dass der Prüfling nass von außen und mit einem flüssigen Medium von innen geprüft wird. Gemessen und aufgezeichnet werden der Druck über die Zeit im Inneren der Probe und der äußere Durchmesser bzw. die Durch-

Abb. 43.29 Gefäßprothesen-Prüfstand zur Ermittlung des dynamischen Druck-Dehnungsverhaltens von Gefäßprothesen unter physiologischen Bedingungen

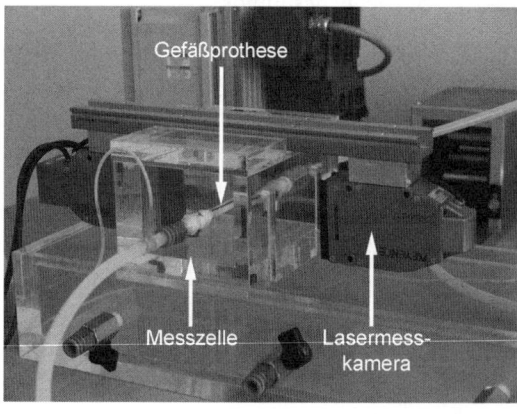

Abb. 43.30 Compliance-Test Messzelle mit eingespannter Gefäßprothese und CCD-Mikrometer zur kontinuierlichen Erfassung der Prothsendurchmesserveränderung

messerveränderung. Anschließend wird der Wert der Compliance als Verhältnis der Durchmesseränderung zur Druckänderung in Prozent pro mmHg angegeben.

43.7 Anwendungen von Textilien in der Medizin

In Abb. 43.31 werden die Anwendungsgebiete und entsprechende Einsatzbeispiele für Textilien im Gesundheitswesen dargestellt. Es kann zwischen zwei großen Anwendungsbereichen differenziert werden: Hygienetextilien und Medizintextilien.

Im Hygienebereich können Textilien ihrer Anwendung entsprechend in textile Ausstattung (z. B. Stationswäsche, Patientenkleidung) und Inkontinenztextilien (z. B. Windeln) unterschieden werden. Diese Textilien haben die Hauptaufgabe, Feuchtigkeit aufzunehmen und nicht wieder abzugeben. Diese Produkte sind bereits seit langer Zeit bekannt. Gerade in den letzten Jahren haben jedoch neue Entwicklungen im Bereich der Faserstoffe und der textilen Strukturen dazu geführt, dass zahlreiche Hygieneprodukte hinsichtlich ihres Feuchtigkeitsaufnahmevermögens und des Tragekomforts erheblich verbessert werden konnten.

Im Bereich Medizintextilien kann zwischen OP-Textilien, extrakorporalen Textilien und intrakorporalen Textilien unterschieden werden.

OP-Abdeckungen, OP-Mäntel und OP-Bauchtücher gehören zu OP-Textilien und lassen sich in zwei Produktgruppen einordnen – die Einweg- (Vliesstoffe, z. T. beschichtet) und die Mehrwegprodukte (Gewebe und Laminate).

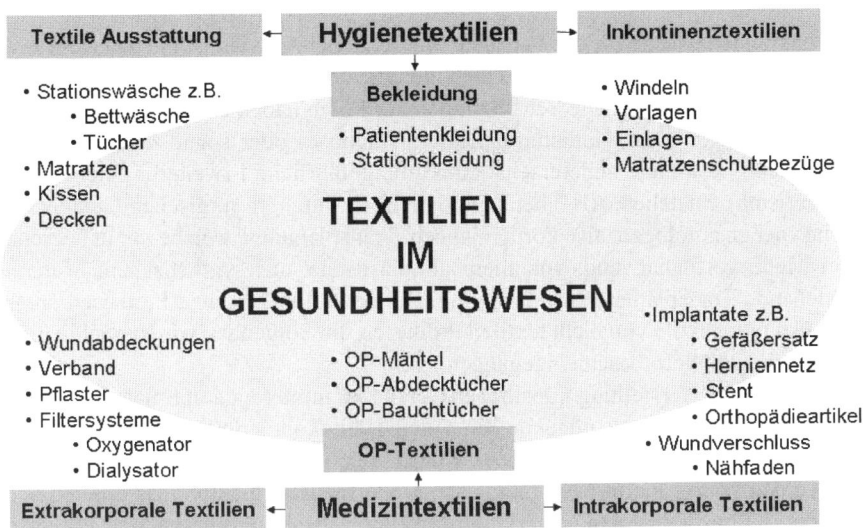

Abb. 43.31 Textilien im Gesundheitswesen können in zwei Hauptanwendungsbereiche unterteilt werden; Hygienetextilien und Medizintextilien. Im Hygienebereich unterscheidet man entsprechend zwischen textiler Ausstattung und Inkontinenztextilien. Im Bereich Medizintextilien kann zwischen OP-Textilien, extrakorporalen und intrakorporalen Textilien unterschieden werden

Zu den extrakorporalen Textilien gehören unter anderem Pflaster, Bandagen, Binden, Verbände, Kompressen, Verbandwatten. Anforderungen an diese Textilien sind beispielsweise eine Feuchteregulation der Haut und die Schaffung eines heilungsunterstützenden Mikromilieus. Sehr häufig werden für extrakorporale Textilien auf Grund dieser Anforderungen Baumwoll- und Viskosefasern eingesetzt. In letzter Zeit werden aber auch verstärkt speziell entwickelte Chemiefasern verwendet. Weiterhin werden speziell entwickelte Filtersysteme zur Dialyse oder innerhalb eines Oxygenators zu den extrakorporalen Textilien gezählt. Die eingesetzten Fasern sind in der Regel mikroporöse Hohlfasern mit semipermeabler Membran. Auf Grund der großen Kontaktfläche zwischen Material und Blut während der Behandlung werden an die verwendeten Materialien erhöhte Anforderungen, insbesondere an die Hämokompatibilität gestellt.

Weisen die Konstruktionen und Anwendungsbereiche von extrakorporalen Textilien bereits eine sehr große Vielfalt auf, so ist dies bei den intrakorporalen Textilien noch weitaus mehr der Fall. So können Implantate aus textilen Materialien sowohl Hart- als auch Weichgewebe ersetzen oder verstärken. Im Hartgewebeersatz werden Textilien beispielsweise als Verstärkungsmaterial für Faserverbundwerkstoffe eingesetzt, die zur Fixierung von Knochenbrüchen (Osteosynthese) oder zum Ersatz von Knochen- oder Gelenkstrukturen verwendet werden. Gefäßprothesen oder Herniennetze dagegen dienen zum Ersatz bzw. zur Verstärkung von Weichgewebe. Im Weiteren wird am Beispiel einer textilen Gefäßprothese auf Anforderungen und Auslegung von intrakorporalen Textilien eingegangen.

Anforderungen und Auslegung einer textilen Gefäßprothese

Die häufigste Ursache für das Versagen menschlicher Arterien ist die Arteriosklerose. Bei dieser Krankheit handelt es sich um eine degenerative Veränderung der Gefäße, die zwei verschiedene Schädigungen zur Folge haben kann. Zum einen kann es zur Verengung des Gefäßdurchmessers (Stenose) oder sogar zum Verschluss (Okklusion) kommen, andererseits kann eine gefährliche Erweiterung der Arterie (Aneurisma) entstehen. Als Therapiemöglichkeit durch chirurgischen Gefäßersatz stehen neben autologen, also körpereigenen, Transplantaten, welche nur in begrenztem Maße verfügbar sind, vor allem alloplastische, aus synthetischem Material bestehende Transplantate zur Verfügung. Bei den alloplastischen Prothesen unterscheidet man textile von nicht textilen Prothesen. Im Folgenden wird ausschließlich auf textile Gefäßprothesen eingegangen.

Ziel bei der Herstellung künstlicher Gefäße ist immer eine optimale, möglichst naturgetreue Funktion, genügende Bio- sowie Hämokompatibilität sowie eine lange und komplikationsfreie Lebensdauer. Zum Erreichen einer guten Biokompatibilität werden häufig inerte bzw. biologisch weitestgehend inaktive Materialien verwendet. Klinisch erprobte Materialien für alloplastische Prothesen sind Polyester (PETP) e-PTFE (Teflon®), Polyurethan (PUR) sowie Polypropylen und neuerdings auch Polyvenylidenfluorid (PVDF) [23], [24].

Die für den alloplastischen Gefäßersatz verwendeten Polymere müssen sicher sterilisierbar sein, nach Möglichkeit im Autoklaven. Ihr Schmelzpunkt muss da-

43.7 Anwendungen von Textilien in der Medizin

her über 150°C liegen. Alternativ gibt es auch chemische Behandlungen, z. B. mit Hexan/Ethanol und die Plasmasterilisation. Des Weiteren sind eine weitgehende Beständigkeit der physikalischen und chemischen Eigenschaften in vivo und gute texttiltechnische Verarbeitungseigenschaften notwendig.

Von ausschlaggebender Bedeutung neben Bio- und Hämokompatibilität sind auch die mechanischen Eigenschaften der Gefäßersatzwand. Besonders dem Druck-Dehnungsverhalten (Compliance) kommt eine hohe Bedeutung zu. Deshalb wird versucht, für jeden Anwendungsfall speziell eine Prothese zu verwenden, die nicht nur dem Durchmesser nach, sondern auch in dieser Eigenschaft möglichst genau dem vor- bzw. nachgeschalteten natürlichen Gefäß entspricht. Als weitere wichtige mechanische Eigenschaften sind eine ausreichende Berstfestigkeit sowie Zugfestigkeit und Knickstabilität, besonders für Gefäßersatz in Gelenkbereichen, anzuführen. Des Weiteren sollte durch eine entsprechende Porosität der Prothesenwand das Einwachsen von Bindegewebe außenseitig und Neointima lumenseitig gewährleistet werden.

Textile Gefäßprothesen werden aus Chemiefasern als Gewebe oder Gewirk hergestellt. Sie sind nahtlos und können als Aderprothese oder als Y-förmige Bifurkation hergestellt werden, wie in Abb. 43.32 dargestellt. Die Länge und der Durchmesser sind frei wählbar. Durch eine Plissierung, das „crimping", kann der Prothese eine gewisse radiale Stabilität und Biegestabilität erteilt und sie somit bei einem gekrümmten Verlauf vor Abknicken geschützt werden. Allerdings führen Plissierungen in Form von Falten zu Turbulenzen und Totwasserzonen innerhalb des Blutstroms.

Gewebte Prothesen aus Polyester, z. B. Dacron®, besitzen eine hohe primäre Dichte, aber eine geringe Porosität. Sie sind sehr widerstandsfähig und besonders für den Ersatz von großlumigen Gefäßen, z. B. der Aorta, geeignet. Die hohe Dichtigkeit verhindert ein initiales Durchsickern von Blut, führt aber auch zu einer erhöhten Steifheit der Prothese, was ihre Handhabung negativ beeinflusst.

Gewirkte Prothesen verfügen über eine hohe Porosität, die das Einwachsen von körpereigenem Gewebe von außen nach innen zulässt. Auf diese Art wird auf der Innenseite der Prothese eine biologisch der Intima entsprechende Zellschicht, eine Pseudointima, gebildet. Bevor gewirkte Prothesen implantiert werden können, müssen sie auf Grund der höheren Porosität abgedichtet werden, um das Risiko eines anfänglichen hohen Blutverlustes zu vermeiden. Früher wurde die Technik des „preclotting" angewandt. Dieses Verfahren erfordert ein Tränken der Prothese im Blut des Patienten während des Eingriffs, um so durch eine Vorgerinnung die nötige Abdichtung der Prothese zu erhalten. Dies ist jedoch sehr zeitaufwändig und oft schwer durchzuführen, da in den meisten Fällen gerinnungshemmende Medikamente verabreicht werden, was dazu führt, dass keine Koagulation stattfindet. Daher geht man dazu über, gewirkte Prothesen mit Kollagen, Albumin oder Gelatine zu beschichten, um sie primär abzudichten. Diese biologisch degradierbaren Materialien weichen später dem einwachsenden Gewebe. Ein Ausfransen der Schnittränder ist bei gewirkten Prothesen nicht zu erwarten [23,25,26].

Eine Weiterentwicklung der einfachen gewirkten Prothese ist die in Abb. 43.32 dargestellte Doppel-Veloursprothese. Durch den in Abb. 43.33 zu erkennenden Veloursbesatz an der inneren und äußeren Oberfläche soll der Einheilungsvorgang beschleunigt werden. Ziel dieser Methode ist zum einen ein gutes Einwachsen der Prothese in das umliegende Gewebe zur Stabilisierung und zum anderen eine gute Verankerung der Neointima lumenseitig. Die Veloursausrüstung stimuliert eine mehr oder weniger ausgeprägte Perigraft-Fibrose, welche bewirkt, dass das Transplantat mit Bindegewebe umgeben wird, wodurch die oben genannten Ziele erfüllt werden [23].

Im Mittelpunkt der aktuellen Forschung stehen vor allem kleinlumige Gefäßprothesen mit einem Durchmesser kleiner sechs Millimeter, da sich konventionelle gewirkte und gewebte Prothesen und nichttextile mikroporöse e-PTFE-Schlauchprothesen in diesen Dimensionen auf Grund ihrer geringen Offenheitsraten wegen neointimaler Hyperplasie als nicht einsetzbar erwiesen. Neue Entwicklungen zielen auf eine Optimierung der Hämokompatibilität durch lumenseitige Beschichtung der Gefäßprothesen mit autologen Endothelzellen und auf Züchtung von natürlichen Ersatzarterien aus autologen Zellkulturen (Tissue Engineering) [23,24,27,28].

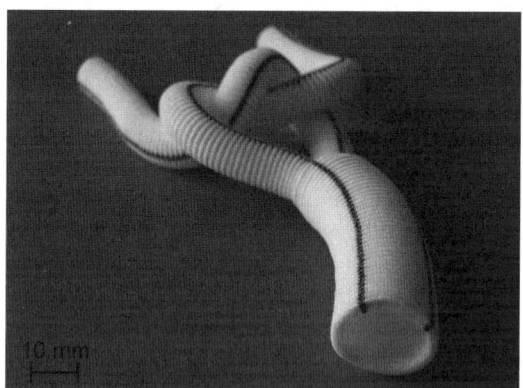

Abb. 43.32 Gewirkte Doppelvelour-Gefäß-prothese der Firma B. Braun Aesculap AG & CO.KG, Melsungen, mit Y-förmiger Bifurkation. Durch Plissierung erhält die Prothese radiale Stabilität und Biegestabilität

Abb. 43.33 REM-Aufnahme des Veloursbesatzes der äußeren Gefäßprothesenoberfläche. Dies ermöglicht eine gute Stabilisierung der Prothese in das umliegende Gewebe durch Einwachsen der Zellen in die Veloursoberfläche

43.8 Literatur

1. Shalaby, S.W., Fibrous materials for biomedical applications. In: Lewin, M.; Preson J. (Eds.), High Technology Fibers, Part A, Dekker, New York, 1985, pp. 87–121
2. Ratner, B.D.; Hoffman, A.S.; Schoen, F.J.; Lemons, J.E. (Hrsg.), Biomaterials Science: an Introduction to Materials in Medicine. 2nd Ed., Elsevier, Amsterdam [u. a.], 2004
3. Sakthivel, J.C.; Vasanthakumar, R.; Aruljothi, N., Biopolymers in medical textiles. Man made Textiles in India 49 (7), 2006, S. 249–252
4. Houis, S.; Siegmund, F.; Barlé, M.; Gries, T., Bioresorbierbare Textilien für medizinische Anwendungen, Technische Textilien 50 (4), 2007, S. 294–296
5. Ellä, V.; Gomes, M. E.; Reis R. L.; Törmälä, P.; Kellomäki, M., Studies of P(L/D)LA 96/4 non-woven scaffolds and fibres : properties, wettability and cell spreading before and after intrusive treatment methods. Journal of Materials Science: Materials in Medicine 18 (6), 2007, S. 1253–1261
6. Wintermantel, E.; Ha, S.W., Medizintechnik mit biokompatiblen Werkstoffen und Verfahren. 4. Aufl., Springer,Berlin, 2008
7. Planck, H. (Hrsg.), Kunststoffe und Elastomere in der Medizin. Stuttgart [u. a.], Kohlhammer, 1993
8. Linnemann, B.; Sri Harwoko, M.; Gries, T., Fiber Tables according to P.-A. Koch: Polylactide fibers (PLA). Chemical Fibers International 53, 2003, S. 426–433
9. Houis, S.; Schreiber, F.; Gries, T., Faserstoff-Tabellen nach P.A. Koch: Bikomponentenfasern. Shaker, Aachen, 2008
10. Pourdeyhimi, B., Directions in Nonwovens technologies. North Carolina State University, August 2007, URL: http://www.thenonwovensinstitute.com/ncrc/ presentations/directions_in_nonwovens_technology.pdf
11. Fourné, F., Synthetic Fibers Machines and Equipment : Manufacture, Properties. Hanser, München, 1999
12. Paul, D., Polymer Hollow Fiber Membranes for Removal of Toxic Substances from Blood. Progress in Polymer Science 14 (5), 1989, S. 597–627
13. Zahradnik, F., Herstellung von Polymerwerkstoffen – Fasern, Kap. 3/37; Lehrstuhl für Polymerwerkstoffe, Universität-Erlangen-Nürnberg, 2001
14. Wang, J.; Xu, Z.; Xu, Y., Preparation of Poly(4-methyl-1-pentene) Asymmetric or Microporous Hollow-Fiber Membranes by Melt-Spun and Cold-Stretch Method. Journal of Applied Polymer Science 100 (3), 2006, S. 2131–2141
15. Hemmrich, K.; Meersch, M.; Wiesemann, U.; Salber, J.; Klee, D.; Gries, T.; Pallua, N., Polyesteramide-derived nonwovens as innovative degradable matrices support preadipocyte adhsion, proliferation, and differentiation, Tissue Engineering 12 (2006), H. 12, S. 3557–3565
16. Smeets, R.; Wiesemann, U.; Bozkurt, A.; Gerressen, M.; Riediger, D.; Sri Harwoko, M.; Gries, T.; Wöltje, M., Textiler Verbundwerkstoff als dreidimensionale Trägermatrix für humane adulte mesenchymale Stammzellen. Biomaterialien 6 (2), 2005, S. 79–84
17. Sri Harwoko, M.; Budillon, F.; Aibibu, D.; Gries, T.: Medical textiles for tissue engineering. In: RAPRA Technology Limited <Shawbury> (Hrsg.): Medical polymers 2006 : Cologne, Germany, 6–7 June 2006 ; [5th International Conference Focusing on Polymers Used in the Medical Industry ; conference proceedings]. Shawbury, Shrewsbury : Rapra Technology Ltd, 2006, Paper 13
18. Gries, T.; Klopp, K.; Füge und Oberflächentechnologien für Textilien – Verfahren und Anwendungen. Sprinter-Verlag, Berlin, 2007
19. Karamuk, E.; Mayer, J.; Embroidery technology for medical textiles and tissue engineering,; Technical Textiles International, 9, 6, 2000, p. 9–12
20. Association for the Advancement of Medical Instrumentation (Hrsg.), Cardiovascular Implants – Vascular prostheses. American National Standard, Washington, 1993
21. U.S. Department of Health and Human Services, Public Health Service, Food and Drug Administration, Center for Devices and Radiological Health (Hrsg.), Guidance for the Preparation of Research and Marketing Applications for Vascular Graft Prostheses. Washington, 1993

22. Bleifeld, W.; Kramer, C.; Meyer-Hartwig, K., Klinische Physiologie: Lehrtexte für Medizin und Technik. Verlag Gerhard Witzstrock, Baden-Baden, 1977
23. Vollmar, J., Rekonstruktive Chirurgie der Arterien. 4. Aufl., Thieme Verlag, Stuttgart, 1996
24. Tschoeke, B.; Sri Harwoko, M.; Ellä, V.; Koch, S.; Glitz, A.; Schmitz-Rode, T.; Gries, T.; Kellomäki, M.; Jockenhövel, S., Tissue Engineering of Small Calibre Vascular Grafts. Tissue Engineering 13 (7), 2007, S. 1770
25. Paton, D., Werkstoffe für künstliche Arterien. Technische Rundschau Sulzer 2, 1991, S.5–10
26. How, T.V.; Guidoin, R.; Young, S.K., Engineering design of vascular prostheses, Proceedings of the Institution of Mechanical Engineers 206 Part H (2), 1992, S. 61–71
27. Tschoeke, B.: Tissue-engineered vascular graft based on a fibrin PLA scaffold. Regenerative Medicine 2 (5), 2007, S. 580
28. Deichmann, T.; Tschöke, B.; Sri Harwoko, M.; Jockenhövel, S.; Gries, T.; Vascular composite graft based on a textile PLA scaffold. In: Küppers, B. (Ed.): Proceedings Aachen Dresden International Textile Conference, Aachen November; 29–30, 2007. - Aachen: DWI an der RWTH Aachen e.V., 2007, Paper: p9_deichmann.pdf

44 Wundversorgung

R. Bruggisser, I. Potzmann, M. Dudler

44.1 Geschichtliche Entwicklung

Das Problem der Wundversorgung ist so alt wie die Geschichte der Menschheit. Wo immer es galt, einen Hautdefekt oder eine Wunde beliebiger Genese zu versorgen, wurden Materialien verwendet, die – der Tradition oder der Überlieferung folgend – sich dazu mehr oder weniger gut eigneten.

Die Naturvölker griffen – und sie tun es heute noch – mit besonderer Vorliebe zu pflanzlichen Materialien wie Blättern, Basten, zerschnittenen Rinden, Sägemehl, Holzspänen, oder aber Torf und gar Ackererde. Ihnen allen wurde eine besondere, heilende Wirkung zugesprochen.

Um das 5. Jahrtausend vor Christi Geburt entwickelten sich die Kenntnisse über die Spinnerei und die Weberei. Von da an wurden vorwiegend textile Erzeugnisse für die Wundversorgung verwendet. Frühe Einblicke in die Fabrikation von Geweben geben uns altägyptische Königsgräber, deren Wandmalereien Spinnerinnen und Weberinnen bei der Arbeit zeigten. Die Verwendung von Binden für Verbandzwecke wird in den medizinischen Papyri, vor allem im Papyrus Smith (um 1600 vor Christus, jedoch auf viel ältere Quellen zurückgehend) beschrieben. Den Ärzten wird der Rat gegeben, sich die Binden bei den Einbalsamierern zu beschaffen, diese hätten die feinsten. Aber auch die Zeitgenossen der alten Ägypter nördlich der Alpen beherrschten die Kunst, Leinenbinden zu weben, wie von Überresten aus Pfahlbauten des schweizerischen Mittellandes bekannt ist.

Die heute gebräuchlichen Gazebinden ähneln den Binden, die seit Jahrtausenden gebraucht wurden. Herstellungsverfahren und Materialien haben sich vervollkommnet. Baumwolle hat Leinen praktisch völlig verdrängt.

Lange galt die Charpie aus zerzupften Leinwandresten als das geeignete Material, Körperflüssigkeiten aufzusaugen. Versuche mit roher Baumwollwatte, wie sie für Polsterzwecke üblich geworden war, scheiterten daran, dass die unbehandelte Baumwollfaser nicht im Stande war, Flüssigkeiten aufzusaugen. Die Baumwollfaser wird durch die Natur durch eine dünne Wachsschicht vor Witterungseinflüssen geschützt und weist somit keinerlei Hydrophilie auf. Unter dem nicht saugenden Verbandmaterial kam es naturgemäss zu fatalen Wundinfektionen.

Es herrschte ein dauernder Mangel an Charpie, was dazu führte, dass oftmals Verbandmaterialien von einem Patienten zum andern übertragen wurden, ohne sie zu reinigen. Es blieb nicht aus, dass bei solchen Verhaltensweisen und den damaligen, hygienischen Verhältnissen, insbesondere in Lazaretten und überbelegten Spitälern, ein ganz besonderes Phänomen Platz griff: Die Wundinfektion.

Memoiren und Lehrbücher bedeutender Chirurgen berichten über die Zustände in der Heilkunde vor 1875. So berichtet Professor Dr. J.N. Ritter von Nussbaum in seinem „Leitfaden zur antiseptischen Wundbehandlung" aus seiner Münchner Klinik:

„In meiner Klinik war seit Dezennien die Pyämie (Allgemeininfektion durch Eitererreger in der Blutbahn) eingebürgert. Alle complizirten Fracturen, nahezu alle Amputierten verfielen derselben. Es war von Manchem die Frage aufgestellt worden, ob man denn in einem so vergifteten Hause operieren dürfe. Allein all mein Hilfegeschrei nach einem neuen, gesunden Haus blieb erfolglos, und auf der Strasse konnte ich nicht operieren.

In meiner Klinik kam nun im Jahr 1872 zur Pyämie noch der Hospitalbrand (bösartiges Lazarettfieber) auf, welcher sich immer vermehrte nach Quantität und Qualität, so dass im Jahr 1874 schon 80 % aller Wunden und Geschwüre ergriffen, oftmals Arterien angefressen und Knochen abgestossen wurden und dies zwar in Fällen, die vielleicht wegen einem leichten Panaritium oder wegen einer Bursitis patellaris in die Klinik gekommen waren.

Das Erysipelas (Rotlauf) war nahezu an jedem Bett zu finden, den Spitalgastricismus musste jeder Kranke ein- bis zweimal durchmachen ... So war es. So schrecklich war unser Beruf. Alles, was dagegen empfohlen wurde, haben wir ganz erfolglos versucht. Das Chlorwasser, die Carbolsäure, die offene Wundbehandlung, nichts von Allem bezwang den furchtbaren Hospitalbrand. Das glühende Eisen war,

Abb. 44.1 Louis Pasteur (1822 – 1895)

44.1 Geschichtliche Entwicklung

wenn es frühzeitig und kräftig genug angewandt worden war, noch das beste Heilmittel. Wahrlich ein trauriges Medicament."

Die Ursachen der Infektionskrankheiten waren dem medizinischen Personal weitestgehend unbekannt. Man erkannte erst ab der zweiten Hälfte der 1860er Jahre, dass der Wundverband nicht ein nebensächliches Hilfsmittel war, sondern den Wundverlauf entscheidend beeinflusst.

Es war Louis Pasteur, ein französischer Chemiker, Biologe und Mediziner, der den Kampf gegen Krankheit und Tod zu seiner Lebensaufgabe machte. Er zeigte zum ersten Mal auf, dass Mikroorganismen bei Fäulnis und Gärung mitwirken. Aus dieser Beobachtung ergab sich auch die Idee, Lebensmittel zu erhitzen, um die nicht hitzebeständigen Organismen (Bakterien) abzutöten und sie damit keimfrei zu machen.

Der Wissenschaftler schuf die Lehre der Mikrobiologie und somit die Grundlage für die Antiseptik und Asepsik in der Chirurgie, zu deren Erforschung er 1888 das Pasteur-Institut in Paris gründete.

Die Erkenntnisse Pasteurs brachten den schottischen Chirurgen Joseph Lister, der in Glasgow, später in Edinburgh wirkte, auf den Gedanken, auch die Infektionen und die Eiterung von Wunden könnten durch Luftkeime verursacht werden. Lister entwickelte eine „antiseptische" (fäulniswidrige) Wundbehandlung. Der nach ihm benannte Wundverband bestand aus einer achtfachen Lage von mit Carbol getränkter Gaze, welche unter Luftabschluss auf die Wunde aufgebracht wurde. Carbol benutzte er, weil ihm bekannt war, dass dieses erfolgreich zur chemischen Reinigung von Abwässern eingesetzt wurde.

Das Wesentliche seiner Lehre, so hat Joseph Lister seine Entdeckung später einmal mit eigenen Worten zusammengefasst, lag darin, Mikroorganismen planmäßig von chirurgischen Wunden fernzuhalten. Das Carbol (Phenol), dessen er sich zu diesem Zweck bediente, war das Mittel, das seinen Zielen gerecht werden konnte. Er bediente sich der „Pasteurisierung", um Instrumente und Verbandmaterialien zu entkeimen.

Abb. 44.2 Joseph Lister (1827 – 1912)

Prof. Viktor von Bruns
(1812 – 1883)

Heinrich Theophil Baeschlin
(1845 – 1887)

Eine der wichtigsten Ergänzungen des Lister'schen Verbandes war die von Professor Viktor von Bruns entwickelte Baumwollcharpie, die Heinrich Theophil Baeschlin in Schaffhausen weltweit erstmals in seiner „Woll- und Baumwollcarderie" herstellte. Der hochangesehene Tübinger Chirurg, während des Deutsch-Französischen Krieges Generalarzt der Württembergischen Feld- und Reservespitäler, war der erste, der das Verfahren der Baumwollentfettung der Öffentlichkeit durch einen Zeitungsartikel im „Schwäbischen Merkur" vom 2. August 1870 preisgab. Mit dem Tübinger Apotheker Johannes Schmid hatte er ein Verfahren entwickelt, mit welchem er das Pflanzenwachs von der Baumwollfaser ablösen konnte. Dadurch liess sich das saubere Verbandmaterial industriell und in jeder beliebigen Menge herstellen.

Wir zitieren noch einmal den Münchner Chirurgen Prof. N. von Nussbaum, der in seiner Klinik die Lister'sche Verbandtechnik einführte:

„Wer diese traurigen Zustände mit durchlebt und gesehen hat, wie sie alle (die Infektionen) und alle wie durch einen Zauber durch Lister's Methode vertilgt wurden, der muss der ganzen Welt sagen, dass die grösste aller Erfindungen in der Chirurgie gemacht ist und durch Lister Tausende vom Tode gerettet sind, die früher eine sichere Beute desselben gewesen wären, dass Tausende schmerzlos in wenigen Tagen jetzt geheilt werden, die sonst nach endlosen Schmerzen mit verstümmelten Gliedern das Krankenhaus verlassen hätten.

Durchgehen Sie nur meine klinischen Räume. Die Kranken liegen schmerzlos, heiter und meist gesund aussehend im Bette. Nirgends finden Sie mehr eine Erysipelas, nirgends eine Phlebitis. Kein einziger Hospitalbrand ist mehr beobachtet worden, die Pyämie ist verschwunden; complizierte Fracturen heilen wunderschön, Kopfverletzte, welche sonst fast alle pyämisch starben, genesen jetzt in wenigen Tagen.

Es ist die antiseptische Wundbehandlung, die der Spitalchirurgie, ja der Chirurgie überhaupt, ihren Schrecken genommen hat!"

Wer die chirurgischen Lehrbücher aus den 1870er Jahren aufschlägt, stösst immer wieder auf dramatische Schilderungen der Wundkrankheiten in den Spitälern und auf das Lob der Antisepsis und der Lister'schen Verbände, die berufen waren, dem Elend ein Ende zu machen.

44.1 Geschichtliche Entwicklung

Fabrik in Diessenhofen   Fabrik in Schaffhausen

Heinrich Theophil Baeschlin gab seiner „Woll- und Baumwollcarderie" ab 1871 einen neuen Namen und nannte sie fortan „Fabrik für medizinische Verbandstoffe des Heinrich Theophil Baeschlin in Schaffhausen". Er erkannte die Wichtigkeit und Bedeutung seines neuen Produktes und liess sich von Professor von Bruns die Erlaubnis geben, seinen Charpie-Produkten dessen Namen beizufügen (von Bruns Baumwoll-Charpie). Baeschlin darf als eigentlicher Begründer der Verbandstoffindustrie bezeichnet werden. Er trug sich mit dem Gedanken, seine Produkte weltweit zu vertreiben. In dem von Kriegen geschüttelten Europa der 1860er- und 70er-Jahre bestand tatsächlich ein enormes Potential. Baeschlin lieferte seine Charpie an Regierungen und Armeen, so nach Russland, die Türkei und gar nach Übersee. Sein Verkaufssortiment ergänzte der innovative Unternehmer mit Utensilien und Hilfsmaterialien, die in Spitälern und Arztpraxen Verwendung fanden und er wurde so zu einem Vollanbieter für seine Kunden. Er bereiste ganz Europa, warb für seine Charpie und machte dabei die Bekanntschaft mit den bedeutendsten Chirurgen der damaligen Zeit.

Es blieb nicht aus, dass sein Unternehmen in Schaffhausen bald einmal zu klein war, um der Nachfrage zu genügen. Nicht nur, dass die Kapazitäten beschränkt waren. Seine Produktion war zweigeteilt. So betrieb er in Diessenhofen, in der „Rheinmühle", die Bleicherei und das Labor. Die gebleichte Baumwolle wurde per Dampfboot nach Schaffhausen verschifft, wo sie umgeladen und mit Fuhrwerken in das Werk an der Klosterstrasse gebracht wurde. Dort wurde sie zur Baumwollcharpie verarbeitet und konfektioniert. Die Büros und das Lager befanden sich ebenfalls in Schaffhausen.

Baeschlin musste bald einsehen, dass er mit seinen bescheidenen Ressourcen sein Unternehmen nicht in der Art ausbauen konnte, wie ihm das notwenig erschien, um ganz Europa mit Verbandmitteln versorgen zu können. So entschloss er sich, seine Fabrik in eine Aktiengesellschaft umzuwandeln. Mit einem „Prospectus" warb er um Interessenten für die 500 Aktien à Fr. 1000.–, die er denn auch bald beisammen hatte. Im ersten Rechenschaftsbericht der „Internationalen Verbandstoff-Fabrik in Schaffhausen (vorm. H.Th.Baeschlin)" stellt das Unternehmen mit Stolz fest, dass „es gelungen sei, einen Kreis von Aktionären zu erhalten, deren Stellung in Gesellschaft und Beruf die Förderung unserer Interessen und die Erreichung unserer Ziele mit Sicherheit erwarten liess. Es geruhten auch Seine Majestät der Kaiser Franz Joseph von Österreich, Ihre Majestäten die Deutsche Kaiserin Augusta und die Kö-

Die IVF Schaffhausen 1908 in Neuhausen am Rheinfall

nigin Olga von Württemberg als höchste Protektorinnen der Vereine für verwundete und kranke Krieger, sich durch Zeichnung von Aktien an der Internationalen Verbandstoff-Fabrik in Schaffhausen zu beteiligen". Die persönlichen Kontakte aus seinen Reisen nutzend gelang es Baeschlin, eine Vielzahl von prominenten Medizinern und Chirurgen dazu zu bewegen, in seinem Verwaltungsrat als Fachberater Einsitz zu nehmen, während die geschäftliche Leitung in die Hände eines Verwaltungsrats-Ausschusses, dessen Mitglieder in Schaffhausen oder der näheren Umgebung ansässig sein mussten, gelegt wurde.

Am 23. Januar 1874 trat der gesamte Verwaltungsrat zu einer ersten Sitzung zusammen und wählte den Tübinger Chirurgen und Erfinder der Verbandwatte, Prof. Dr. Victor von Bruns, zu seinem Präsidenten. Im Jahr 1909 gab die IVF ihre beiden Standorte in Schaffhausen und Diessenhofen auf und legte die Fabrikation in einem Neubau in Neuhausen am Rheinfall zusammen.

Lister's Gedanke des antiseptischen Verbandes löste nicht überall gleichermassen Begeisterung aus wie in München bei Prof. N. von Nussbaum. Ja selbst von Bruns zeigte sich der Methode gegenüber eher skeptisch. Insbesondere die „Einnebelung" des unmittelbaren Operationsfeldes mit Carbol empfand er als Operateur stossend. Das hinderte ihn nicht, die Wundversorgung nach eigenen Carbol-Rezepturen anzugehen.

Interessante Hinweise über das „Listern", wie die Anwendung der Lister-Methode auch genannt wurde, erfährt man aus dem Buch „Briefe von Theodor Billroth" (Dr. Georg Fischer, Hahnsche Buchhandlung, Hannover, 1922). Billroth war Chefarzt der Chirurgie am Universitätsspital in Wien und einer der Gründungsverwaltungsräte der Internationalen Verbandstoff-Fabrik in Schaffhausen. Er war ein begeisternder Briefeschreiber und pflegte den persönlichen wie auch wissenschaftlichen Kontakt zu vielen Berufskollegen, aber auch zum Komponisten Johannes

44.1 Geschichtliche Entwicklung

Brahms. Fischer schreibt in seinem Vorwort: „Ein Billroth ohne Brahms (und Hanslick) ist unvorstellbar".

Aus Billroth's Briefen geht u. a. hervor, wo Lister's Methode besonders gepflegt wurde. Und er verfolgte die Erfahrungen seiner Kollegen mit grosser wissenschaftlicher Neugierde. Er schreibt am 27. Oktober 1875 seinem Freund Prof. Volkmann in Halle: „Um Dir eine Freude zu machen, listere ich seit dem 1. Oktober. Da ich meine bisherigen Wundbehandlungsmethoden nun etwa 10 Jahre durchgeführt und somit einige Erfahrungen über das damit zu Erreichende gewonnen habe, glaube ich es verantworten zu können, Dir dies Opfer der Freundschaft zu bringen". Und er beschreibt seine dramatischen Misserfolge und Enttäuschungen, fügt aber bei: „Doch da Du sagst, dass das alles nichts schadet, sondern später besser wird, so wird vorläufig mit ungeschwächten Kräften weiter gelistert.......Wärest Du nicht so energisch für diese Methode eingetreten, ich würde Alles für Schwindel halten; doch auch die Persönlichkeit Listers hat mich eingenommen".

In einem späteren Brief hält er fest: „Ich finde gerade die Fehler bei der Lister-Behandlung sehr lehrreich und möchte sie nicht entbehren; jede absolute Vollkommenheit ist für mich absolut interesselos. Ich bin neugierig, was nun nach Lister kommen wird; länger wie 5 Jahre pflegen solche Dinge nicht anzuhalten".

Die Tatsache, dass mit Carbol pathogene Keime abgetötet werden können, animierte einige Professoren, eigene Techniken zur Wundversorgung und deren Behandlung zu entwickeln. Und da es mit dem Carbol bei unsachgemässer Dosierung immer wieder zu verhängnisvollen Intoxikationen kam, wurde auch nach alternativen Stoffen gesucht.

Die Internationale Verbandstoff-Fabrik verfolgte das Geschehen mit viel Interesse. Was sich Professoren und Ärzte zur Wundbehandlung einfallen liessen, wiederspiegelt sich im Verkaufskatalog aus dem Jahr 1885. Baeschlin nahm viele Ideen auf und setzte sie mit seinen Produkten um. Damit erschloss er auch vielen kleineren Spitälern und Kliniken, aber auch den Hausärzten die Möglichkeit, „moderne" Wundversorgung zu betreiben.

Im erwähnten Katalog sind zu finden:

Dr. von Bruns Charpie, hygroskopisch, chemisch reine Watte
Carbol-Charpie (in vielerlei Packungsgrössen)
4% Salicyl-Charpie nach Prof. Thiersch
5% Salicyl-Charpie nach P. Bruns
3% Benzoe-Charpie nach Prof. Volkmann
10% Benzoe-Charpie nach Prof. Volkmann
50% Borsäure-Charpie
Thymol-Charpie
10%Jodoform-Charpie
1‰ Sublimat-Charpie
Eisenchlorid-Charpie nach Dr. Ehrle
Jod-Charpie
Arnica-Charpie

Praktisch parallel zur Charpie entwickelte sich das Verkaufsprogramm im Gazesektor.

Jodoform-Gaze nach Prof. Mikulicz
Sublimat-Gaze nach Prof. Bergmann
SublimatkOchsalz-Gaze nach Prof. Dr. Maas
Carbol-Gaze nach Prof. Lister
Carbolgaze nach Dr. P. Bruns
Salicylgaze nach Dr. P. Bruns
Thymol-Gaze nach Dr. Ranke
Eucalyptus-Gaze nach Prof. Lister
Borsäure-Gaze
Benzoe-Gaze nach Dr. P. Bruns

Ja selbst fertig konfektionierte Gazebinden wurden angeboten.

Carbol-Gaze-Binden nach Prof. Lister
  gebleicht
  ungebleicht
Salicyl-Gaze-Binden
Sublimat-Gaze-Binden
Thymol-Gaze-Binden nach Prof. Ranke

In einem Brief an Prof.Czerny in Heidelberg berichtet Prof. Billroth seinem Kollegen:

„Zwei Jahre lang habe ich nach Methoden gesucht, das Lister'sche Gazezeug zu vermeiden und die Verbände feucht anzulegen; ich habe einzelne Wundercuren gemacht und im Ganzen dieselben Resultate gehabt, wie bei offener Wundbehandlungen, doch eine constante Reihe von Erfolgen. Seit 1. Januar dieses Jahres (1878) wende ich nur den trockenen, aseptischen Verband an, in den Modifikationen, wie er von Ihnen und Volkmann gebraucht wird, und bin damit sehr zufrieden".

Es zeichnet sich zwei Dinge ab. Zum einen wird Carbol ersetzt durch weniger aggressive Substanzen. Thymol-Charpie und -Gaze zeigen diese Entwicklung auf. Das Thymol wurde erstmals wohl von Prof. Billroth angewendet. Er musste dem rührigen Baeschlin verbieten, dass dieser die Thymolgaze im Verkaufskatalog mit seinem Namen versah, da er nicht über genügend gesicherte Erkenntnisse über den Wirkungsmechanismus des Thymols verfügte.

Und eine zweite Tendenz zeigte sich in obigem Schreiben ab. Es hängt wohl mit der ausreichen vorhandenen Menge an keimarmem Verbandmaterial (Baumwoll-Charpie) und den allgemein verbesserte, hygienischen Verhältnissen in den Spitälern zusammen, dass die Operationen und die spätere Wundversorgung nicht nach antiseptischen, sondern nach aseptischen Gesichtspunkten angegangen wurden. Das konsequente Fernhalten von Luftkeimen von den Wunden und Narben durch die Händedesinfektion, die Desinfektion und Sterilisation von Instrumenten und Verbandmaterialien ermöglichten diese Art der Wundbehandlung.

Mit den Forschungsresultaten Louis Pasteurs, den Erkenntnissen Prof. Listers und den in der Praxis erarbeiteten Wundversorgungstechniken durch profilierte Chirurgen waren denn auch Ende des 19. Jahrhunderts die Voraussetzung für eine fachgerechte Behandlung der Patienten gegeben. Es ergaben sich über mehr als ein halbes Jahrhundert kaum neue Erkenntnisse, die die Wundversorgung revolutioniert hätten. Ob antiseptisch oder aseptisch, trocken oder feucht, okklusiv oder offen: Die Optionen lagen meist in den Händen des Pflegepersonals und wurden von diesem situativ angewendet.

In der Neuzeit setzt sich die Erkenntnis durch, dass eine Wunde „phasengerecht" versorgt werden muss. Es geht um eine diagnostische Beurteilung der Frage, wie die körpereigenen Heilungsmechanismen optimal unterstützt und gefördert werden können. Insbesondere den schlecht heilenden Wunden wird vermehrt eine besondere Aufmerksamkeit geschenkt. Deren Behandlung ruft nach interdisziplinären Vorgehensweisen. Der „Verband" einer Wunde ist nicht der Abschluss der Behandlung, sondern Teil der Heilung und damit eine stete Herausforderung für den Arzt und die Pflege.

44.2 Moderne Wundversorgung

44.2.1 Einleitung

Seit jeher hat der Mensch seine Wunden verbunden und damit instinktiv die richtige Massnahme ergriffen. Über Jahrtausende hinweg galten Blutstillung und Wundschutz als die Hauptaufgaben des Verbandes. Und sie sind es heute noch. In den letzten Jahrzehnten erkannte man verstärkt die biochemischen und morphologischen Zusammenhänge bei der Wundheilung. Dadurch konnten Wundauflagen entwickelt werden, die in hohem Masse therapeutischen Zwecken dienen. Insbesondere bei der Therapie chronischer Wunden ist der moderne Wundverband zu einem unverzichtbaren Bestandteil der lokalen Wundbehandlung geworden.

44.2.1.1 Phasen der Wundheilung

Unabhängig von der Art der Wunde und vom Ausmass des Gewebeverlustes verläuft jede Wundheilung in Phasen, die sich zeitlich überlappen und die nicht voneinander zu trennen sind. Die Phaseneinteilung orientiert sich an den grundsätzlichen morphologischen Veränderungen im Laufe der Reparationsprozesse, ohne die eigentliche Komplexität der Vorgänge widerzuspiegeln. Man unterscheidet drei Grundphasen:

Inflammatorische Phase

Diese Phase dient der Blutstillung und Wundreinigung, vorrangig durch Phagozytose. Sie setzt mit dem Moment der Verletzung ein und dauert unter physiologischen Bedingungen ca. drei Tage. Primäres Ziel dieser Phase ist es, die Blutung zu stillen.

Proliferative Phase

Sie beginnt etwa am 4. Tag nach der der Wundentstehung, wobei hier die Zellproliferation im Vordergrund steht. Ziel ist die Defektauffüllung mit neuem Gewebe das sogenannte Granulationsgewebe.

Differenzierungsphase

Etwa zwischen dem 6. und 10. Tag beginnt die abschliessende Differenzierungsphase. Das Granulationsgewebe festigt sich und es kommt zur Bildung von Narbengewebe. Den Abschluss der Wundheilung bringt die Epithelialisierung.

In der Praxis werden die drei Wundheilungsphasen verkürzt auch als Reinigungs-, Granulations- und Epithelialisierungsphase bezeichnet [1].

44.2.1.2 Wundheilungsformen

Alle Wunden heilen nach denselben biologischen und biochemischen Gesetzmässigkeiten. Nur das Ausmass der reparativen Prozesse ist unterschiedlich: je nach Zustand und Schwere der Wunde kommt es zu einer mehr oder weniger ausgedehnten Bindegewebeneubildung, Kontraktion und Epithelisation. Bereits Galen (griechischer Arzt, 129–199 v. Chr.) unterschied zwei Formen der Wundheilung:

Primärheilung (Sanatio per primam intentionem, kurz p.p-Heilung)

Die Wundränder legen sich lückenlos aneinander und verwachsen unter minimaler Narbenbildung miteinander. Primärheilung findet man bei glatten, eng aneinander liegenden Wundrändern sowie sauberen Wunden und gut durchblutetem Wundgebiet.

Sekundärheilung (Sanatio per secundam intentionem, kurz p.s.-Heilung)

Grosse zerklüftete Wunden können nicht primär heilen. Der Defekt wird mit Granulationsgewebe aufgefüllt, das sich nach und nach in Narbengewebe umwandelt. Die Reparationsprozesse sind dieselben wie bei der Primärheilung, aber sie nehmen wesentlich mehr Zeit in Anspruch und das Ergebnis sind oft unschöne Narben [3].

44.2 Moderne Wundversorgung

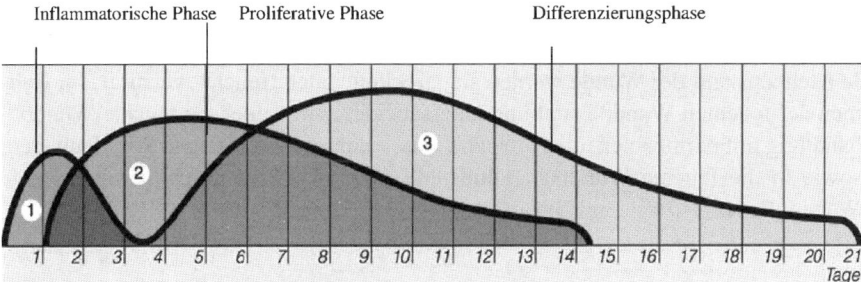

Abb. 44.3 Schematische Darstellung des Zeitablaufes der Wundheilungsphasen. In der 1. Phase finden Aktivitäten der Blutreinigung, Blutgerinnung und Infektabwehr statt. Die 2. Phase ist gekennzeichnet durch die Bildung von Granulationsgewebe und die Einwanderung von Fibroblasten. In der Schlussphase nähern sich die Wundränder aneinander an und das Epithelgewebe überdeckt allmählich die Wunde. Die Wundheilung ist abgeschlossen und es kommt zur Bildung von Narbengewebe [2]

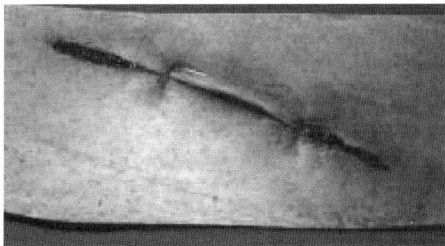

Abb. 44.4 Primäre Wundheilung: die Wundflächen sind glatt und liegen dicht aneinander ohne nennenswerten Substanzverlust und ohne Wundinfektion. Es erfolgt ein rascher und komplikationsloser Verschluss mit minimaler Bindegewebeneubildung; innerhalb von 3 Wochen abgeschlossen. Eine p. p. Heilung erfolgt in der Regel bei chirurgischen Wunden oder bei Gelegenheitswunden durch scharfkantige Gegenstände [2]

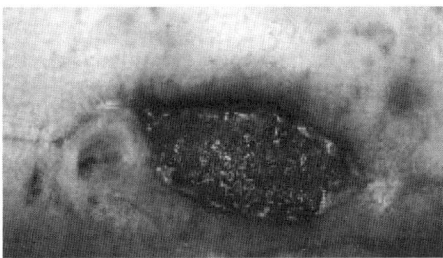

Abb. 44.5 Sekundäre Wundheilung: die Wundflächen liegen nicht dicht beieinander sondern klaffen auseinander.Die Wundränder können nicht vernäht werden, da das Granulationsgewebe neu aufgebaut werden muss. Zusätzlich behindern Keime und Fremdkörper die Heilung, die hier bis zu mehreren Monaten dauern kann. Typische Vertreter einer p. s. Heilung sind chronische Wunden wie z. B. ein Sakraldekubitus [2]

44.2.1.3 Methoden der Wundbehandlung

Je nach Zustand der Wunde werden sie „trocken" oder „feucht" versorgt. Im Rahmen der feuchten Wundbehandlung unterscheidet man weiter die feuchte Wundbehandlung mit permeablen, also luft- und wasserdampfdurchlässigen Wundauflagen, sowie in die feuchte Wundbehandlung mit Okklusiveffekt durch semipermeable Wundauflagen.

Trockene Wundbehandlung

Trockene Wundauflagen werden heute vor allem zur Versorgung von Wunden im Rahmen der Ersten Hilfe sowie zur Versorgung von primär heilenden, mit Naht verschlossene Wunden zur Aufnahme von Sickerblutungen und als Schutz vor Sekundärinfektion und als Polsterschutz gegen mechanische Irritationen eingesetzt.

Eine Spezialindikation im Rahmen der trockenen Wundbehandlung ist die Interimsabdeckung von Brandwunden oder Konditionierung von Weichteildefekten mit synthetischen Hautersatzmaterialien.

Typische Produkte für die trockene Wundbehandlung sind u. a. klassische Kompressen aus Verbandmull (ES-Kompressen) oder Vliesstoffkompressen. Weiters werden kombinierte Saugkompressen eingesetzt, die schichtweise aus unterschiedlichen Materialien aufgebaut sind eingesetzt. Sie sind luft- und wasserdampfdurchlässig, weich und bieten eine gute Polsterwirkung zum Schutz der Wunde.

Feuchte Wundbehandlung

Für alle sekundär heilenden Wunden mit erforderlichem Gewebeaufbau zur Defektfüllung gilt die feuchte Wundbehandlung heute als Standard und bewährt sich insbesondere bei der Behandlung chronischer Problemwunden. Die wissenschaftlichen Grundlagen der Feuchttherapie wurden durch die Arbeiten von G. D. Winter geschaffen (1962, Erstveröffentlichung in „Nature"). Er wies nach, dass ein feuchter und permeabler Wundverband und das damit erzielte „moist wound healing" zu einer schnelleren Heilung führte als ein trockenes, der Luft ausgesetztes Wundmilieu.

Ansprüche an einen modernen Wundverband (T. D. Turner):

- Aufrechterhaltung eines feuchten Milieus im Wundbereich
- Entfernung von überschüssigem Exsudat und toxischen Bestandteilen
- Ermöglichen eines Gasaustausches
- Wärmeisolation
- Barriere gegen Mikroorganismen
- Verbandwechsel ohne Trauma
- Vermeidung von Irritationen oder Allergien

44.2.2 Wundauflagen für die feuchte Wundbehandlung

Grundsätzlich unterscheidet man zwischen traditionellen und modernen Wundauflagen. Zu den traditionellen Wundauflagen (passive Wundauflagen) zählen z. B. Gazekompressen.

Moderne Wundauflagen, die ein feuchtes Wundmilieu aufrecht erhalten, nennt man hydroaktive Wundauflagen.

Wundauflagen die neben den feuchthaltenden noch weitere Eigenschaften aufweisen, bezeichnet man als interaktive Wundauflagen. Sie bestehen aus Eiweissen (z. B. Kollagen) oder Zuckermolekülen (Hyaluronsäure, Chitosan), die mit körpereigenen Substanzen identisch oder verwandt sind [4].

Nachfolgend wird ein Überblick über die wichtigsten Gruppen der hydroaktiven Wundauflagen gegeben:

44.2.2.1 Feuchtes Wundkissen mit Superabsorber und Ringer-Lösung

Diese mehrschichtige, kissenförmige Wundauflage enthält als zentralen Bestandteil ihres Saug-Spülkörpers ein superabsorbierendes Polyacrylat (SAP). Die Umhüllung besteht aus einem hydrophoben Polypropylengestrick, das sich den Wundkonturen ausgezeichnet anpasst. Die Kompressen sind gebrauchsfertig mit Ringer-Lösung aktiviert, die kontinuierlich über Stunden an die Wunde abgegeben wird. Durch diese permanente Zufuhr von Ringer-Lösung werden Nekrosen aufgeweicht und abgelöst. Gleichzeitig wird keimbelastetes Wundexsudat in das Wundkissen aufgenommen und dort gebunden. Dieser Vorgang wird auch als „Saug-Spüleffekt" bezeichnet und sorgt für die erforderliche Wundreinigung.

Indikation: in der Reinigungsphase chronischer Wunden wie Dekubitus, Ulcus cruris sowie zur Wundkonditionierung vor Hauttransplantationen und zur anschliessenden Versorgung der Transplantate [5].

Abb. 44.6 TenderWet® active sind Wundkissen mit Saug-Spül-Körper, die mit Ringerlösung aktiviert sind. Die Ringerlösung wird an die Wunde abgegeben und nimmt gleichzeitig Wundsekret auf. Keime, Zelltrümmer und Nekrosen werden im Kern aufgenommen und die Wunde aktiv und effizient gereinigt. Die Wundkissen sind nicht selbsthaftend und müssen vollflächig fixiert werden z. B. mit einem elastischen Fixiervlies oder einer elastischen Fixierbinde [2]

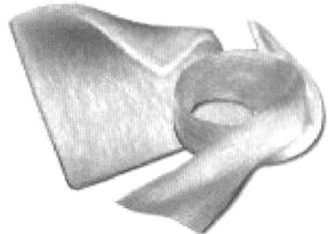

Abb. 44.7 Sorbalgon® ist eine Kompresse aus hochwertigen Calciumalginat-Fasern. Sie wird locker in enge, tiefe Wunden eintamponiert. Durch Aufnahme von Wundsekret wandelt sich das Alginat in ein feuchtes, saugfähiges Gel um, das die Wunde ausfüllt, reinigt und feucht hält. Durch den Quellvorgang werden Keime sicher in die Gelstruktur eingeschlossen. Wunden werden optimal gereinigt, sodass Sorbalgon® vor allem bei der Behandlung chronischer und infizierter Wunden indiziert [2]

44.2.2.2 Alginate

Alginate sind Salze der Alginsäure (Alginic acidum). Sie bestehen aus Mannuron- und Guluronsäuren, welche aus Braunalgen gewonnen werden. Zur Herstellung von Alginat- Wundauflagen verwendet man vorwiegend Calciumalginatfasern, die zu vliesartigen Kompressen oder Tamponaden verarbeitet werden. Alginate basieren auf dem Prinzip des Ionenaustausches: die trockene Calciumalginatfaser saugt natriumreiches Exsudat auf. Dabei wandelt sie sich unter Abgabe von Calciumionen in ein lösliches Natriumalginat um, das auf der Wunde ein feuchtes Gel bildet. Dieses hydrophile Gel bindet grosse Mengen Flüssigkeit. Weiters schliesst es aufgenommene Bakterien und Zelltrümmer fest ein und unterstützt damit die Wundreinigung. Die freiwerdenden Calciumionen wirken blutstillend.

Indikation: stark nässende Wunden in der Reinigungsphase, tiefe Wunden und Wundhöhlen, infizierte chronische Wunden, Verbrennungen 2. Grades.

44.2.2.3 Schaumstoffverbände/Hydropolymere

Schaumstoffkompressen sind Wundauflagen die das bis zu 20 bis 30-fache ihres Eigengewichtes an Exsudat aufnehmen können. Bei Polyurethan (PU)-Weichschaumkompressen bleibt dabei ihre Grösse und Form unverändert. Mittels Kapillarkraft saugen die porenreichen Schäume wie Schwämme die Wundflüssigkeit auf, die sie auf Druck in der Regel auch wieder abgeben.

Als Hydropolymere bezeichnet man meist Polyurethan-Schäume, die sich unter Flüssigkeitsaufnahme ausdehnen und der Wundoberfläche entgegenquellen. Eine Besonderheit unter den Hydropolymeren sind jene Produkte, die aus einer Polyetherpolyurethan-Grundsubstanz in Gel- oder Schaumform in die Superabsorber-Partikel aus Polyacrylat eingelagert sind. Diese Partikel halten auch unter Druck die aufgenommene Flüssigkeitsmenge fest („Pampersprinzip").

Polyurethan-Schäume sind wundseitig sehr feinporig, sodass kein Anhaften an den Wundgrund erfolgt und dadurch ein atraumatischer Verbandwechsel möglich ist. Sie erhalten ein ideal feuchtes Wundklima durch Feuchthalten der Wundoberfläche und gewährleisten einen Gas- und Wasserdampfaustausch.

Indikation: oberflächige, stark bis mässig sezernierende Wunden in der Exsudations- oder Granulationsphase.

44.2 Moderne Wundversorgung

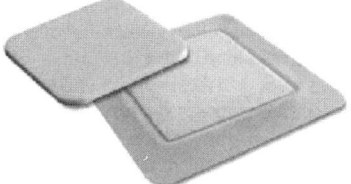

Abb. 44.8 PermaFoam™ Schaumverband ist eine Kombination von zwei unterschiedlich strukturierten Schaumstoffen. Die Saugschicht besteht aus hydrophilen Polyurethan-Polymeren, die bis zum Neunfachen ihres Eigengewichtes an Flüssigkeit aufnehmen können. Die Deckschicht ist ein flexibler, geschlossener Polyurethanschaum der semipermeabel ist d. h. keimdicht, aber durchlässig für Wasserdampf. Durch die hohe vertikale Kapillarwirkung wird überschüssiges Wundexsudat rasch bis unter die Deckschicht aufgenommen [2]

44.2.2.4 Hydrokolloide

Die Basis der Hydrokolloide sind meist Carboxymethylcellulose, Pektin oder Gelatine, die in eine Trägersubstanz aus synthetischen Kautschukarten wie Polyisobutylen, eingebettet sind. Eine semipermeable Folie dient als keim- und wasserdichte Deckschicht. Unter Aufnahme von Exsudat quillt die Hydrokolloidmasse und bildet ein feuchtes, zähflüssiges Gel. Dieses Gel hält die Wundoberfläche feucht und muss beim Verbandwechsel von der Wunde gespült werden. Gleichzeitig wird mit dem Quellvorgang das aufgenommene Wundsekret, das immer mit Detritus, Bakterien und deren Toxinen belastet ist, sicher in die Gelstruktur eingeschlossen. Hydrokolloide können ohne zusätzliche Fixierung direkt auf die Wunde geklebt werden. Sie geben Feuchtigkeit ab und ermöglichen ein ideal feuchtes Wundklima. Duschen ist mit dem Verband möglich und er ist undurchlässig für Schmutz und Bakterien.

Indikation: vor allem in der Granulationsphase bei gering bis mässig sezernierenden Wunden.

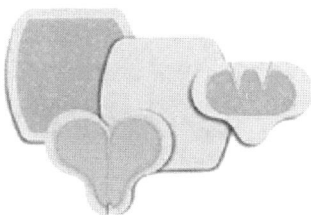

Abb. 44.9 Hydrocoll® ist ein selbsthaftender, saugfähiger Hydrokolloid-Verband der mit einer keimdichten Deckschicht kombiniert ist. Durch die Aufnahme von Wundsekret quellen die hydrokolloiden Anteile der Wundauflage auf und bilden ein Gel, das die Wunde feucht hält. Hydrocoll® lässt sich im Gelzustand in einem Stück entfernen. Für eine praxisgerechte Anwendung stehen für den Sakralbereich, an Fersen und Ellbogen speziell geformte Zuschnitte zur Verfügung [2]

Abb. 44.10 Hydrosorb® ist ein transparenter Gelverband aus saugfähigen Polyurethan-Polymeren, in die ein Wasseranteil von ca. 60% eingelagert ist. Führt der Wunde Feuchtigkeit zu, schützt sie vor dem Austrocknen und verhindert Schorfbildung. Die Transparenz des Produktes ermöglicht eine Inspektion der Wunde ohne Verbandwechsel. Hydrosorb® ist daher ideal zum Feuchthalten von Granulation und Epithel im Anschluss an eine Wundbehandlung mit TenderWet®, Sorbalgon® oder PermaFoam™ [2]

44.2.2.5 Hydrogele

Hydrogele entstehen durch Quellung von makromolekularen organischen Verbindungen mit Wasser. Als Gelbildner werden heute meist organische Substanzen wie z. B. Stärke, Pektin, Calciumalginate oder halbsynthetische Gelbildner wie z. B. Natriumcarboxymethylcellulose, verwendet. Produkte der Gruppe der Hydrogele weisen einen hohen Wassergehalt, meist zwischen 30 und 95% auf und sind dadurch ideal zum Feuchthalten von trockenen Wunden geeignet. Sie geben Feuchtigkeit ab und weichen dadurch Schorf und Beläge auf.

Hydrogele gibt es in Form von durchsichtigen Kompressen oder als Gel in der Tube bzw. sonstiger Applikationsform zum Einbringen in tiefe Wunden. Sie ermöglichen einen schmerzfreien Verbandwechsel, ohne Traumatisierung der Wunde und unterstützen die Autolyse der Wunden bei schmierigen oder nekrotischen Belägen. Bei Verbrennungswunden 1. und 2. Grades zeichnet sich der kühlende Effekt der Hydrogele besonders aus.

Hydrogele in Kompressenform bieten zusätzliche Vorteile:

- Transparenter Verband, dadurch Wundbeobachtung ohne Verbandswechsel möglich
- Angenehme Polsterwirkung
- Gelplatte lässt sich in einem Stück rückstandsfrei entfernen

Indikation: in der Granulations- und Epithelisationsphase bei oberflächlichen Wunden z. B. Schürfwunden, Spalthautentnahmestellen; bei Verbrennungen 1. und 2. Grades sowie zum Aufweichen von Nekrosen und Abtragen von Belägen.

Abb. 44.11 Hydrosorb® Gel besteht aus Carboxymethylcellulose, Ringerlösung und Glycerin. Das klare, viskose Gel gewährleistet eine kontinuierliche und ausreichende Abgabe von Feuchtigkeit an eine trockene Wunde. Dadurch werden fibrinöse und nekrotische Beläge aufgeweicht und abgelöst. Die in der Ringerlösung enthaltenen Elektrolyte wie Natrium, Kalium und Calcium fördern die Zellproliferation. Die praktische Dosierspritze ermöglicht eine einfache Anwendung vor allem bei tiefen Wunden [2]

44.2 Moderne Wundversorgung

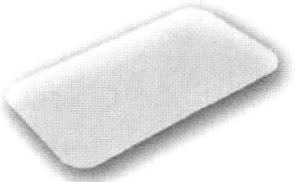

Abb. 44.12 Hydrofilm® ist ein selbsthaftender Transparentverband und dient vor allem dem sicheren Schutz der Wunde vor Sekundärinfektionen. Er ist keim- und wasserdicht, jedoch durchlässig für Sauerstoff und Wasserdampf. Das dünne, elastische Material passt sich den Körperformen gut an. Durch die Transparenz des Verbandes ist eine Inspektion des Wund- und Hautgebietes ohne Verbandwechsel jederzeit möglich z. B. bei Katheter und Kanülenfixierungen [2]

44.2.2.6 Folienverbände

Folienverbände bestehen aus dünnen, transparenten Membranen aus Polyurethan. Diese Membranen sind semipermeabel d. h. sie verhindern das Eindringen von Bakterien und Nässe, gewährleisten aber einen weitreichenden Sauerstoff- und Wasserdampfaustausch. Dabei ist die Höhe der Wasserdampfdurchlässigkeit von entscheidender Bedeutung. Sie ist so ausbalanciert, dass zwar eine grosse Menge Wundexsudat verdunsten kann, gleichzeitig aber ein Austrocknen der Wundoberfläche verhindert.

Folienverbände sorgen für die Aufrechterhaltung eines ideal feuchten Wundmilieus. Sie sind selbstklebend und durch die Transparenz des Verbandes ist eine Wundbeobachtung möglich. Ein weiterer Vorteil: sie sind wasserfest und können von den Patienten beim Baden oder duschen verwendet werden.

Indikation: bei oberflächlichen, nicht nässenden Wunden in der Epithelisierungsphase; bei Operationsnähten, zur Fixierung anderer Produkte z. B. Hydrogele, Alginate und zur Fixierung von i.v. – Kathetern.

44.2.2.7 Silberhaltige Produkte

Ein Trend in jüngster Zeit ist die Wiederentdeckung von Silber in der Wundbehandlung. Silber hat eine bakterizide Wirkung mit breitem Wirkspektrum. Dazu zählen Pilze, grampositive und –negative Aerobier und Anaerobier, Pseudomonaden, multiresistenter Staphylokokken und Vancomycin-resistenter Enterokokken. Silber-Kationen bilden Komplexe mit Proteinen der Bakterienzelle. Der gleichzeitige Funktions- und Strukturverlust von Zellmembranen, Enzymsystemen und DNA/RNA führt zum Zelltod mit einem sehr geringen Risiko der Resistenzbildung.

In Wundauflagen ist Silber entweder in Form von Ionen oder als Metall integriert. Produkte die Silberionen enthalten, setzen meist sehr schnell grosse Mengen an Ionen frei. Bakterien werden dadurch sehr rasch abgetötet. Die andere Möglichkeit ist, metallisches Silber in die Wundauflagen zu integrieren. Bei Kontakt mit der Wundfüssig-

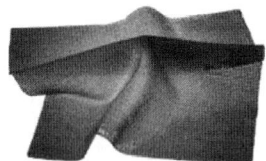

Abb. 44.13 Atrauman® Ag – silberhaltige Salbenkompresse. Sie besteht aus einem hydrophoben Textil aus Polyamid, das mit metallischem Silber ummantelt ist. Zusätzlich ist sie mit einer wirkstofffreien Salbenmasse imprägniert, die die Wundränder pflegt. Bei Kontakt mit Wundexsudat werden Silberionen kontrolliert freigesetzt. Keime wie MRSA oder Staphylococcus aureus werden dadurch abgetötet. Atrauman® Ag kann individuell mit anderen Wundauflagen kombiniert werden [2]

keit werden kontinuierlich Silberionen von der metallischen Oberfläche abgegeben. Diese Produkte setzten in der Regel geringere Mengen an Silberionen frei.

Indikation: infizierte oder infektionsgefährdete sekundär heilende Wunden [6, 7].

Diese Produktgruppen gelten als Basis für ein modernes Wundmanagement. Für spezielle Wundsituationen gibt es weitere Produktklassen z. B. silikonbeschichtete Wundauflagen für die sensible Haut, biotechnologisch gewonnene Produkte wie Kollagene sowie Wundauflagen mit Arzneistoffen.

Die Anforderungen die heute an Wundauflagen gestellt werden, haben sich durch die Erkenntnisse der modernen Wundbehandlung stark verändert. Traditionell war die Hauptaufgabe einer Kompresse die Wunde nach aussen zu schützen und Sekret aufzusaugen.

Moderne Wundauflagen ermöglichen aufgrund ihrer unterschiedlichen physikalischen Wirkungsweisen, eine phasengerechte Wundtherapie. Besonders bei der Behandlung chronischer Wunden sind die Produkte zu einem unverzichtbaren Bestandteil der lokalen Wundbehandlung geworden ist.

44.3 TenderWet® – die hydroaktive Wundauflage zur Wundreinigung

44.3.1 Konzept der hydroaktiven Wundauflage TenderWet®

Die hydroaktive Wundauflage TenderWet® wird im vorliegenden Buch als isoliertes Beispiel für eine innovative Wundauflage im Rahmen der modernen Wundversorgung aufgeführt. Dem Konzept von TenderWet® liegt die Überzeugung zu Grunde, dass für eine optimale Wundversorgung ein feuchtes Wundmilieu geschaffen werden soll [8]. In den 80er Jahren wurden, um diesem Konzept gerecht zu werden, Gazekompressen mit Ringer-Lösung getränkt und in regelmässigen Abständen gewechselt. Es war das Ziel bei der Entwicklung von TenderWet® ein Produkt zu generieren, das ein physiologisches Wundmilieu über einen längeren Zeitraum schafft.

Entstanden ist eine hydroaktive Wundauflage, die im Wesentlichen aus 2 Kompartimenten, einem Kern und einer Hülle besteht (vgl. Abb. 44.12).

44.3 TenderWet® – die hydroaktive Wundauflage zur Wundreinigung

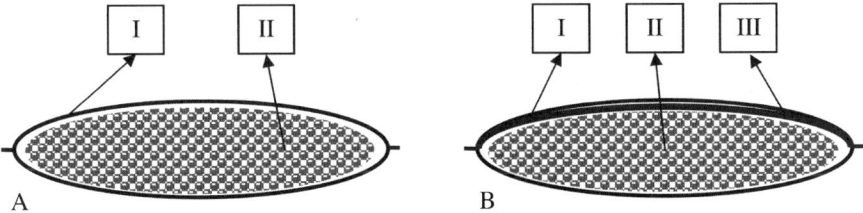

Abb. 44.14 Schematische Darstellung der hydroaktiven Wundauflage TenderWet®. Teilbild A zeigt den Aufbau von TenderWet® für tiefe Wunden, Teilbild B zeigt den Aufbau von TenderWet® für oberflächliche Wunden. Die Wundauflagen bestehen aus einem Hüllgestrick (I) und einem Kern (II). Die Ausführung für oberflächliche Wunden hat zusätzlich eine Schutzfolie (III), die vor Durchnässung und Verdunstung schützt [2]

Die beiden Ausführungen von TenderWet® (vgl. Abb. 44.12) unterscheiden sich in ihrer Einsatzmöglichkeit, nicht aber in der Funktionalität. Während die eine Ausführung (Abb. 44.12 A; ohne zusätzliche Schutzfolie) für tiefe Wunden gedacht ist, so ist die andere Ausführung (Abb. 44.12 B) für oberflächliche Wunden (bis ca. 5 mm tief) geeignet. Da sich die beiden Ausführungen in ihrer Funktionalität nicht unterscheiden, wird im Folgenden nur noch von einer Wundauflage gesprochen.

44.3.1.1 Die Hülle der hydroaktiven Wundauflage

Die Hülle einer Wundauflage hat verschiedene Aufgaben. Es ist das Material, das direkt mit dem Wundgrund in Kontakt kommt. Entsprechend muss es verschiedene Anforderungen erfüllen. Einerseits muss die Biokompatibilität des Materials hoch sein. Gemäss Vorgaben der Norm ISO 10993-1 muss für Wundauflagen die biologische Verträglichkeit in Bezug auf Zytotoxizität, Irritation und Sensibilisierung gewährleistet sein. Andererseits muss das Material sicherstellen, dass ein atraumatischer Verbandwechsel möglich ist. Dies bedeutet, dass das Hüllmaterial möglichst hydrophob sein soll, denn die Erfahrung zeigt, dass je hydrophober ein Material ist, desto geringer ist die Verklebungsneigung einer Wundauflage [9]. Ferner muss bei einer hydroaktiven Wundauflage ein ungehinderter Austausch zwischen der Wunde und der Wundauflage möglich sein. Als weitere Voraussetzung soll das Hüllmaterial durch Ultraschallenergie schweissbar sein.

Erfüllt werden diese Voraussetzungen durch ein speziell gefertigtes Gestrick aus Polypropylenfasern. Die Struktur eines Gestricks lässt den ungehinderten Austausch von Ringer-Lösung aus dem Kern und Exsudat aus der Wunde zu. Es verhindert aber, dass Kernmaterial in die Wunde eindringen kann. Das Material zeigt eine gute Biokompatibilität und hat durch seine Hydrophobizität eine geringe Wundverklebungsneigung.

Zur Ermittlung der Wundverklebungsneigung wurde eigens ein Test entwickelt. Dabei wird *in situ* aus Fibrinogen und Thrombin ein Fibrin-Clot gebildet und auf die Testmaterialien appliziert. Nach einer Phase der Trocknung wird eine definier-

 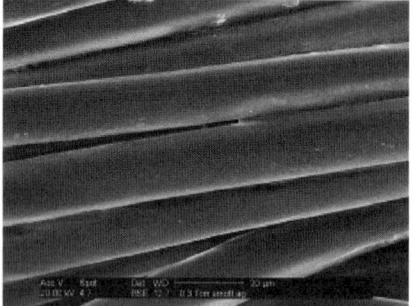

Abb. 44.15 Polypropylen-Gestrick in zwei unterschiedlich starken Vergrösserungen im Elektronenmikroskop. Die Bilder zeigen die glatte und gerichtete Oberfläche des Polypropylen-Garns

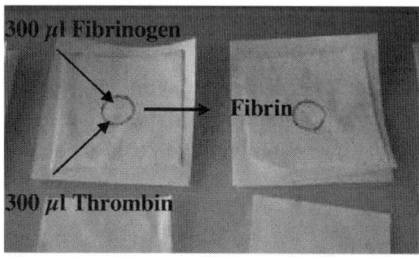 

Abb. 44.16 Assay zur Bestimmung der Verklebungsneigung einer Wundauflage. Es wird auf dem Testgewebe ein Fibrin-Clot aus Fibrinogen und Thrombin gebildet. Anschliessend wird das zu testende Material mit einer zweiten Deckschicht abgedeckt. Anschliessend wir die Kraft gemessen, die aufzubringen ist, um die beiden Materialschichten mit einer definierten Breite, wieder zu trennen. Je höher die Kraft, desto grösser ist die Verklebungsneigung

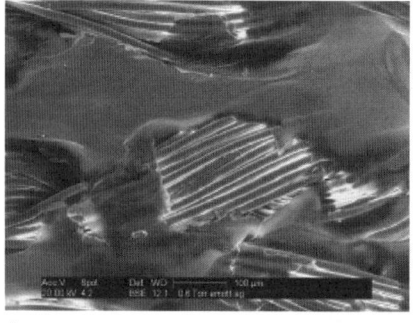 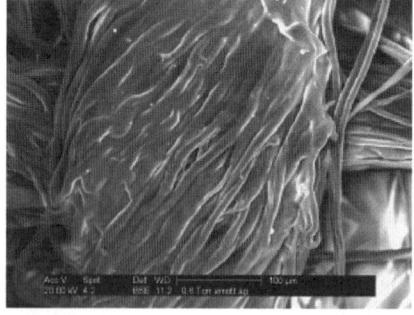

A   B

Abb. 44.17 Polypropylengestrick überschichtet mit Fibrin (Bild A). Der Fibrinkleber dringt nicht in das Faserbündel ein. Im Gegensatz dazu dringt das Fibrin tief in die Baumwollfasern ein (Bild B).

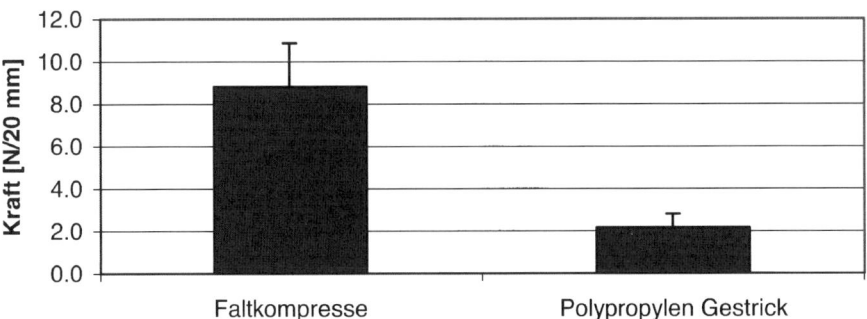

Abb. 44.18 Als Mass der Verklebungsneigung einer Wundauflage wurde ein Fibrin-Assay entwickelt. Aus Fibrinogen und Thrombin wird in situ ein Fibrinclot gebildet. Die Kraft, die aufgewendet werden muss, um zwei Materialien, die durch den Fibrinclot verklebt sind wieder zu trennen, steht als Mass für die Verklebung. Die Gazekompresse zeigt seine signifikant (Student's t-Test, $p < 0.01$) höhere Verklebungsneigung als das hydrophobe Polypropylen-Gestrick der hydroaktiven Wundauflage

te Breite des Fibrin-Clots ausgeschnitten und die Kraft gemessen, die notwendig ist, um die beiden Materialien zu trennen. Je höher die aufzubringende Kraft ist, desto grösser ist die Verklebungsneigung der Wundauflage. Das Verfahren wurde durch Vergleichen der gemessenen Kraft mit klinischen Angaben zur Verklebungsneigung, validiert.

Das hydrophobe PP-Gestrick von TenderWet® hat eine geringe Verklebungsneigung. Diese kommt dadurch zustande, dass das verklebende Fibrin tendenziell eher von den Polypropylen-Fasern abperlt als sich anlagert (vgl. Abb. 44.15 im Vergleich zur Gazekompresse).

Dieser sichtbare Unterschied in der Materialverbindung unterschiedlicher Textilien mit dem Fibrin, zeigt sich auch in der Messung der Kraft, die aufgewendet werden muss, um zwei Schichten, die mit einem Fibrin-Clot verklebt wurden, zu trennen.

Die Kraft, die aufgewendet werden muss, um das Polypropylen-Gestrick zu trennen, ist deutlich tiefer als die Kraft, die aufgewendet werden muss, um die Gazekompresse zu trennen.

44.3.1.2 Der Kern der hydroaktiven Wundauflage

Auch an den Kern einer hydroaktiven Wundauflage werden einige Anforderungen gestellt. Die Hauptaufgabe jeder Wundauflage besteht darin, dass sie die Wunde ins Gleichgewicht bringen soll, um den physiologischen Heilungsprozess zu fördern. Dazu ist die kontinuierliche Abgabe von Ringer-Lösung essentiell. Ringer-Lösung

1 Liter Ringer-Lösung nach USP enthält:	
Natriumchlorid	8.60 g
Kaliumchlorid	0.30 g
Calciumchlorid dihydricum	0.33 g

Tabelle 44.1 Zusammensetzung der Ringer-Lösung nach USP (Amerikanisches Arzneibuch). Die Ringer-Lösung wird zur Aktivierung der Wundauflage eingesetzt und schafft ein physiologisches Wundmilieu

ist eine physiologische Salzlösung, die neben Natrium- und Chloridionen auch Spuren von Calcium- und Kaliumionen enthält. Untersuchungen haben gezeigt, dass das ausgewogene Gleichgewicht dieser 4 Ionen ein optimales Milieu für die Gewebszellen schafft [10].

Der Kern der Wundauflage besteht aus Cellulosefluff und Superabsorber. Der Superabsorber wird im Herstellungsverfahren der Wundauflage mit Ringer-Lösung bis zur Sättigung aktiviert. Dabei bildet die Ringer-Lösung mit dem Superabsorber ein körniges Gel. Dieses Gel wird mit dem Cellulosefluff und dem Hüllgestrick zusammengehalten. Das feuchte Wundpad reinigt durch kontinuierliche Abgabe der Ringer-Lösung und gleichzeitiger Absorption von Wundexsudat und aufgelöstem nekrotischem Gewebe die Wunde und ermöglicht somit die Granulation des Wundgrundes.

Superabsorber im Kern der Wundauflage

Superabsorber sind dadurch charakterisiert, dass sie ein Vielfaches ihres Eigengewichts an Flüssigkeit aufnehmen können [11]. Chemisch handelt es ich bei Superabsorbern um ein Copolymer aus Acrylsäure und Natriumacrylat, dem Polyacrylat.

Bei der Herstellung von Superabsorbern kommt ein Oxidationsverfahren zum Einsatz. Gasförmiges Propen reagiert in einer zweistufigen Reaktion zu Acrylsäure.

Die Charakteristiken des Superabsorbers werden durch das Verhältnis der Monomere zueinander und durch die Quervernetzung der Polymerketten bestimmt. Dabei kommen verschiedene Vinylvernetzer zum Einsatz [12]. Die Polymerisation wird radikalisch initiiert.

Polyacrylat ist aufgrund seines hohen Vernetzungsgrads wasserunlöslich. Das Eindringen von Wasser in die Polymerpartikel führt zu einem Quellprozess. Die Salzionen in der Ringer-Lösung führen dazu, dass die Absorptionskapazität des Superabsorbers gegenüber Ringer-Lösung im Gegensatz zu der von Wasser deutlich geringer ist. Die Ionen besetzen einen Teil der Wasserstoffbindungsplätze im Polymer.

Die Airlaid-Technologie

Der Superabsorber wird gemeinsam mit dem Cellulosefluff zu einem Airlaid verarbeitet, um in die hydroaktive Wundauflage einarbeitet werden zu können.

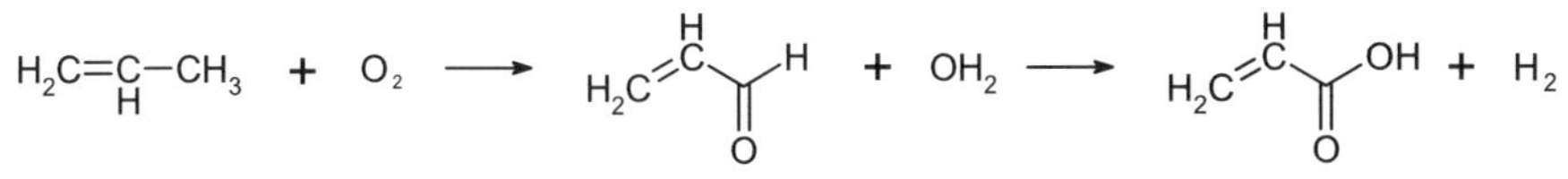

44.3 TenderWet® – die hydroaktive Wundauflage zur Wundreinigung

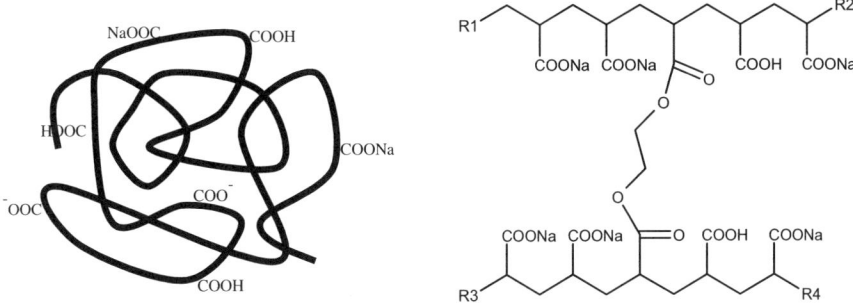

Abb. 44.19 Das Monomer des Polyacrylats, die Acrylsäure wird in einer zweistufigen Reaktion aus gasförmigem Propen hergestellt

Abb. 44.20 Schematische Darstellung des vernetzten Superabsorbers mit freien Carboxylgruppen. Durch Quervernetzungen werden die Acrylsäurepolymere miteinander verbunden. Die Stukturformel im rechten Bildteil stellt eine von vielen möglichen Quervernetzungen dar

Die Airlaid-Technologie besteht darin, dass Fasern auf ein Band geblasen werden und durch ein geeignetes Verfahren verfestigt werden. Als Verfestiger kommen Latexkleber oder Schmelzfasern zum Einsatz, oder es findet eine Kalandrierung unter Erwärmung statt. Die einzelnen Verfahren können auch kombiniert zum Einsatz kommen. Wird in einem Airlaid neben Cellolosefluff auch pulverförmiger Superabsorber verarbeitet, so muss die Maschine eine Dosiervorrichtung für das Pulver haben und dieses kontrolliert zwischen den Fluff einstreuen. Ein übliches Verfahren ist der Einsatz von Dosierschnecken.

44.3.1.3 Fertigung der hydroaktiven Wundauflage

Die beschriebenen Komponenten (Hülle und Kern), die den Aufbau der Wundauflage ergeben, werden in einem Ultraschall-Trennschweissverfahren zu einem Pad verarbeitet. Dabei wird durch Ultraschallenergie thermoplastisches Material (hier: Polypropylen) aufgeschmolzen und gleichzeitig versiegelt und herausgetrennt.

Die nicht-thermoplastischen Elemente des Airlaids zwischen den Polyproplyen-Lagen werden durch die Geometrie des Ambosses aus der Schweissnaht verdrängt. Dabei entsteht ein Pad in einem Polypropylen Hüllgestrick, mit einer Polypropylen Folie und einem Kern bestehend aus einem Airlaid aus Cellulosefluff und Superabsorber.

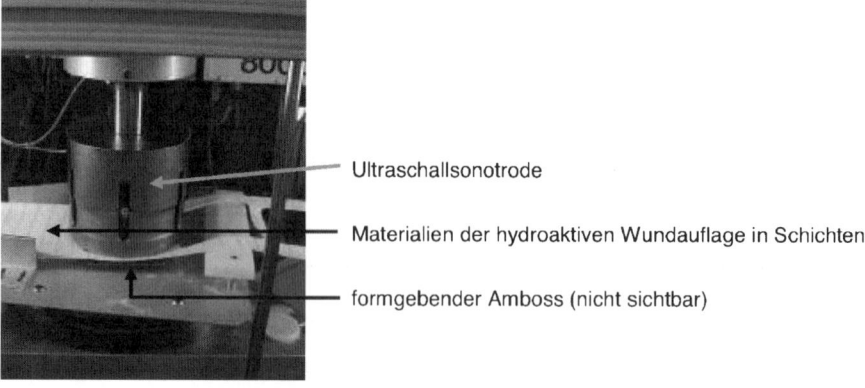

Abb. 44.21 Ultraschalltrennschweiss-Anlage von Telsonic® zur Herstellung der Wundauflagen. Durch Ultraschallenergie wird die Sonotrode in Schwingung versetzt. Mit der Ultraschallenergie und dem applizierten Druck schmilzt das thermoplastische Polypropylen auf. Durch die Geometrie des Ambosses kommt es zu einer 1 mm breiten Schweissnaht und zu einer Durchtrennung der Materialien am Rande des Pads

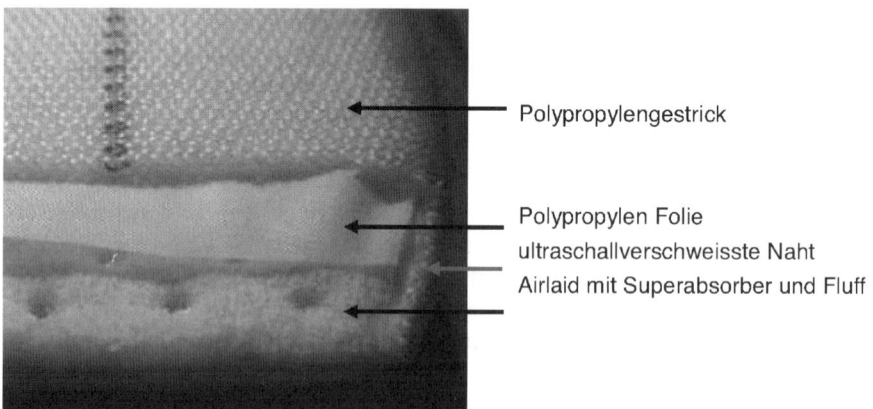

Abb. 44.22 In der aufgeschnittenen Wundauflage sind die verschiedenen Schichten gut sichtbar. Die Schichten werden durch ein Ultraschalltrennschweissverfahren miteinander verschweisst. Oben und unten (nicht sichtbar) umgibt ein Polypropylen-Gestrick den Kern der Wundauflage. Zum Schutz gegen Verdunstung und Durchnässung ist eine Polypropylenfolie in die Wundauflage integriert. Der Kern der Wundauflage besteht aus einem Airlaid, in welchem der Superabsorber zwischen Fluff-Fasern eingebettet vorliegt

Das trockene Pad wird in einem Aluminiumpeelbeutel mit der adäquaten Menge Ringer-Lösung aktiviert und anschliessend sterilisiert.

Die Sterilisation erfolgt nach EN 554 in einem modifizierten Verfahren. Standardmässig durchdringt bei einer Dampfsterilisation der 121 °C heisse Dampf die Primärverpackung und sterilisiert das Produkt im Innern der Verpackung. Im Fall

44.3 TenderWet® – die hydroaktive Wundauflage zur Wundreinigung

Abb. 44.23 Sterilisator mit vorbereiteter Beladung. Die Beutel stehen parallel in den Gitterkörben, um eine gleichmässige Durchflutung der Beladung mit dem Dampf zu gewährleisten

der hydroaktiven Wundauflage ist dies nicht möglich, da der Aluminiumpeelbeutel keinen Feuchtigkeitsaustausch ermöglicht. Bei der hydroaktiven Wundauflage wird zur Sterilisation die Feuchtigkeit der Wundauflage genutzt. Der heisse Dampf dient als Energieträger auf die Aussenseite des Beutels. Dadurch wird die zugegebene Ringer-Lösung im Innern der Beutel erhitzt und die Wundauflage sterilisiert sich somit im Innern des Beutels selbst.

Das Erreichen der Sterilbedingungen wurde im Rahmen der Sterilisationsvalidierung mit Temperaturfühlern und Bioindikatoren überwacht. Als Bioindikatoren wurden Glasampullen gewählt, die ca. 10^7 Bacillus subtilis ATCC 9372 (SterilAmp®, BAG) Keime enthalten. Nach erfolgter Sterilisation werden die Ampullen aus den Beuteln entnommen und im Inkubator bei 37 °C während 72 Stunden inkubiert. Ein Farbindikator im Nährmedium zeigt an, ob ein Wachstum stattgefunden hat oder nicht. Anhand der Temperaturfühler wird sichergestellt, dass in allen Positionen der Sterilkammer die Sterilbedingungen über die notwendige Zeit, erreicht werden. Um ein Platzen der Beutel nach erfolgter Sterilisation zu verhindern, wird während der Abkühlphase in der Kammer ein kontrollierter Stützdruck gehalten.

44.3.2 Die Hydroaktive Wundauflage im klinischen Einsatz

Am Anfang einer erfolgreichen Wundheilung steht eine sorgfältige Wundbettreinigung [13]. Dabei müssen avitales Gewebe und Beläge aus der Wunde entfernt, sowie keimbelastetes Exsudat aus der Wunde in die Wundauflage aufgenommen werden. Diese Phase wird als Reinigungsphase bezeichnet. Die hydroaktive Wund-

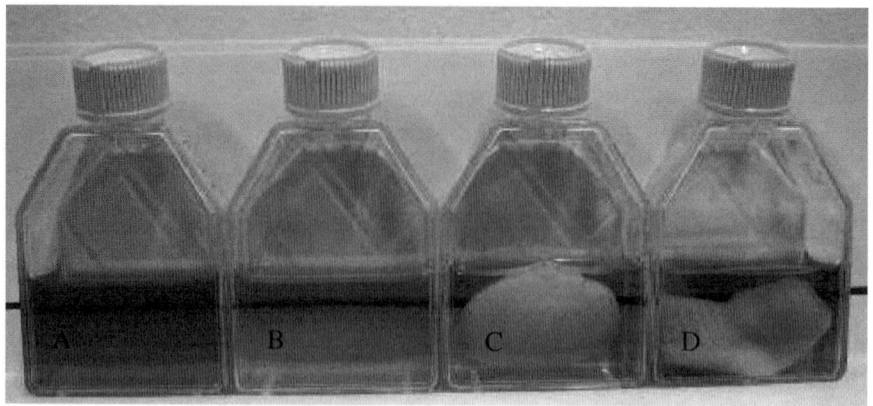

Abb. 44.24 Kulturflaschen mit Wachstumsmedium (CASO Bouillon) nach Zugabe von 102 Keimen pro ml und Inkubation während 24 h bei 25 °C. A: Wachstumsmedium; B: Wachstumsmedium mit Ringer-Lösung; C: Wachstumsmedium mit TenderWet®; D: Wachstumsmedium mit Ringer-Lösung und einer Gazekompresse

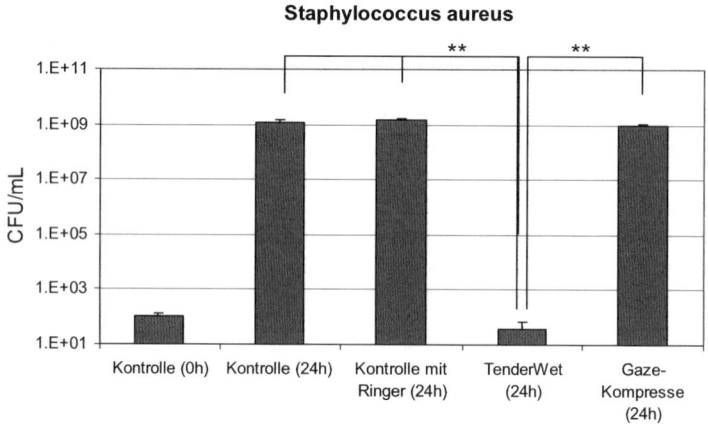

Abb. 44.25 Bakterielles Wachstum (S. aureus) nach 24 h Inkubtion. Während in den Kontrolllösungen (2. und 3. Balken) und in der Flasche mit der Gaze-Kompresse deutliches Wachstum stattfindet, ist die Anzahl Bakterien in der Flasche mit der hydroaktiven Wundauflage (TenderWet®) das Wachstum deutlich reduziert. ** signifikat unterschiedlich nach Student's t-Test, $p < 0.01$

auflage eignet sich für den Einsatz in der Reinigungsphase. Die Ringer-Lösung wird kontinuierlich an die Wunde abgegeben. Dadurch werden Nekrosen und Beläge aufgelöst und zusammen mit dem keimbelasteten Exsudat in den Saugkörper aufgenommen. Diese Reinigung wird als autolytisches Debridement bezeichnet [14]. Im Gegensatz zum chirurgischen Debridement, ist diese Wundreinigung schmerzfrei

44.3 TenderWet® – die hydroaktive Wundauflage zur Wundreinigung

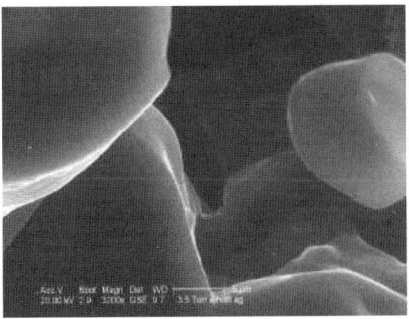 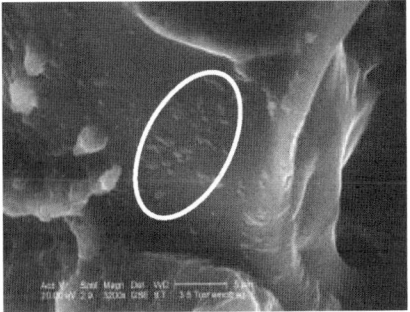

Abb. 44.26 *A* Elektronenmikroskopische Aufnahme eines Superabsorbers. *B* Elektronenmikroskopische Aufnahme eines Superabsorbers nach Kontakt mit Staphylococcus aureus. Die Keime sind an die Oberfläche des Superabsorbers adsorbiert

schonend für das neugebildete Gewebe. Das Ausmass des autolytischen Debridements, das durch TenderWet® erreicht wird, ist vergleichbar mit einem enzymatischen Debridement [15, 16]. Patienten mit chronischen Wunden weisen oftmals irritierte Wundumgebungen auf und vertragen jede Art von Fremdstoffen nur sehr schlecht. Oft äussert sich diese Unverträglichkeit auch in Form von Allergien. Das wirkstofffreie hydroaktive Wundpad hat sich im Einsatz bei diesen Wunden speziell bewährt [17].

44.3.2.1 Wundreinigung durch Reduktion von Keimen und störenden Enzymen

Der superabsorbierende Kern der Wundauflage bewirkt die effiziente und schonende Reinigung der Wunde. Neben der Entfernung von Nekrosen und Belägen ist auch die Reinigung der Wunde von Mikroorganismen entscheidend für den positiven Verlauf der Wundheilung. In einem *in vitro* Modell wurde die Reduktion verschiedener Keime in einer Suspension in An- und Abwesenheit der hydroaktiven Wundauflage untersucht [18]. Es wurden 4 verschiedene Nährstofflösungen mit einer äquivalenten Konzentration an Mikroorganismen beimpft. Als Kontrolle wurden das reine Wachstumsmedium (CASO Bouillon), sowie das mit Ringer-Lösung verdünnte Wachstumsmedium eingesetzt. Die Untersuchungslösungen bestanden aus Wachstumsmedium und einer Wundauflage (TenderWet® active bzw. Gaze-Kompresse).

Die beimpften Flaschen wurden während 24 h bei 25 °C inkubiert. Anschliessend wurde die Zahl der im Überstand vorhandenen Bakterien bestimmt. Bei allen untersuchten Mikroorganismen war eine deutliche Hemmung des Wachstums in Anwesenheit der hydroaktiven Wundauflage festzustellen.

Die Tatsache, dass die hydroaktive Wundauflage ohne antiseptische Inhaltsstoffe eine Wachstumshemmung von Mikroorganismen bewirkt, muss auf physikalischen Eigenschaften beruhen. Mittels elektronenmikroskopischen Aufnahmen konnte die Adsorptionsneigung der Mikroorganismen an den Superabsorber gezeigt werden.

Es wird davon ausgegangen, dass die Keime durch Adsorption an den Superabsorber der Umgebung entzogen werden und somit im Kern der Wundauflage festgehalten werden.

Die Reduktion der Keime konnte auch durch Untersuchungen bei kontaminierten Wunden gezeigt werden [19].

Zusätzlich zu dieser Reduktion von Mikroorganismen, kann auch eine Reduktion von wundheilungshemmenden Proteasen *ex vivo* beobachtet werden. In Anwesenheit des Superabsorbers wird die Enzymaktivität von Matrix Metalloproteasen in Wundexsudat um 80% reduziert. In schlecht heilenden Wunden wird oft ein stark erhöhter Matrix Metalloprotease-Spiegel festgestellt. Diese Enzyme verhindern den Gewebsaufbau, der zur Wundheilung notwendig ist. Durch die Hemmung dieser Enzyme durch den Superabsorber, kann die Wundheilung bei stagnierenden Wunden wieder angeregt werden [20].

44.3.3 Zusammenfassung

Es wurde eine hydroaktive Wundauflage zur Behandlung chronischer Wunden entwickelt, die einen Kern aus Superabsorber enthält, der mit Ringer-Lösung aktiviert ist. Der Kern wird von einem hydrophoben Polypropylengestrick umgeben. Die hydroaktive Wundauflage bewirkt ein autolytisches Debridement und wird bei chronischen Wunden in der Reinigungsphase zur Entfernung von Nekrosen und Belägen eingesetzt. Der Superabsorber hat eine Affinität zu Mikroorganismen und ist in der Lage, wundheilunghemmende Proteasen zu inaktivieren. Die Wundauflage hat sich für die Behandlung von chronischen Wunden im mehrjährigen Einsatz bewährt, da das Wundmilieu durch die hydroaktive Auflage wieder ins Gleichgewicht gebracht wird.

44.4 Literatur

1. PAUL HARTMANN AG, HARTMANN medical edition: Kompendium Wunde und Wundbehandlung, Heidenheim 2005
2. Bildarchiv der PAUL HARTMANN AG, Heidenheim
3. Asmussen Peter D, Söllner Brigitte: Die Prinzipien der Wundheilung, Sonderausgabe der Akademie- ZWM®, Embrach 2005
4. Vasel-Biergans Anette: Wundauflagen, Stuttgart 2006
5. PAUL HARTMANN AG, WundForum Heft 2/2007 – 14.Jahrgang S.20
6. Vasel-Biergans Anette: Wundauflagen, Stuttgart 2006
7. Kammerlander Gerhard, Lokaltherapeutische Standards für chronische Wunden, Wien 1998
8. Winter G., Formation of the scab and the rate of epithelialization of superficial wound in the young domestic pig. Nature 1962; 193:293–294
9. Thomas S., Low-adherence dressings. Journal of Wound Care 1994; 3(1):27–30
10. Kallenberger A. Experimentelle Untersuchungen zur Gewebeverträglichkeit von Desinfektionslösungen. In: Burri C., Herfarth Ch., Jäger M. (Herausgeber): Aktuelle Probleme in der Chirurgie und Orthopädie, S. 87-96. Huber, Bern, 1977
11. Buchholz F. L., Absorbency and Superabsorbency. In: Buchholz F. L., Graham A. T. (Editors): Modern Superabsorbent Polymer Technology, S. 19-67. Wiley-VCH, New York, 1998
12. Staples Th. L., Henton D. E., Buchholz F. L., Chemistry of Superabsorbent Polyacrylates. In: Buchholz F. L., Graham A. T. (Editors): Modern Superabsorbent Polymer Technology, S. 19–67. Wiley-VCH, New York, 1998
13. Falanga V., Wound Bed Preparation and the Role of Enzymes: A Case for Multiple Actions of Therapeutic Agents. Wounds 2002; 14(2): 47–57
14. Knestele M., Effektivere Reinigung, bessere Handhabung – klinische Erfahrungen mit den neuen TenderWet active. HARTMANN WundForum 2004; 3-4:20–22
15. Paustian C., Stegman M. Preparing the wound for healing: the effect of activated polyacrylate dressing on debridement. Ostomy Wound Mangement 2003; 49:34–42
16. König M., Vanscheidt W., Augustin M., Kapp H. Enzymatic versus autolytic debridement of chronic leg ulcers: a prospective randomised trial. Journal of Wound Care 2005; 14(7):320–323
17. Geiser M., Erfahrungsbericht mit TenderWet active aus der Wundsprechstunde am Spital Zofingen. Hospitalis 2006 76(7/8):107–108
18. Bruggisser R., Bacterial and fungal absorption properties of a hydrogel dressing with a superabsorbent polymer core. Journal of Wound Care 2005; 14(9):438–442
19. Mosti G., Iabichella L., Picenri P., Mattaliano V., Le ulcere degli arti inferiori: la detersione intelligente. HARTMANN Wundforum, Spezialdruck 2005
20. Smola H., Eming S., Smola-Hess S., Krieg T., Polyacrylate-superabsorber inhibits excessive metalloprotease activity in wound fluid form non-healing wounds. 16th Annual Meeting of the European Tissue Repair Society Conference. 2006, Pisa, Italy

45 Die Fadeninjektion

P. Lüscher, E. Wintermantel

Die Fadeninjektion ist eine in Entwicklung befindliche neue, minimal invasive Implantationstechnik für metabolisch induktive Werkstoffe. Sie schafft eine Möglichkeit, offenporige Strukturen nach Injektion durch einen dünnen Kanal in den Körper zu implantieren. Der Injektionsvorgang ist schematisch in Abb. 45.1 dargestellt. Der Faden wird während der Injektion vom Trägerfluid über Reibungs- und Druckkräfte kontinuierlich durch den Injektionskanal vorgeschoben und legt sich als makroskopisch offenporige Struktur in der Form eines Fadenknäuels am Injektionsort ab. Voraussetzung für die Injizierbarkeit ist eine genügend kleine Biegesteifigkeit des Fadens, damit sich eine Knäuelstruktur durch die zufälligen Windungen des Fadens überhaupt ausbilden kann. Beispiele von Implantatstrukturen zeigt Abb. 45.1.

Das knäuelartige Implantat ist kohärent, da es aus einem einzigen Faden besteht, und ist damit im Gewebe gut lokalisierbar. Dies ist ein bedeutender Unterschied zu den häufig verwendeten injizierbaren *microspheres*, bei denen es zur Verlagerung der Partikel im Gewebe kommen kann. Ausserdem kann die kohärente Knäuelstruktur einfach explantiert werden. Besonders bei controlled release Systemen ist die Entfernbarkeit wichtig, um bei möglichen starken Entzündungsreaktionen oder Unverträglichkeit der Wirkstoffe reagieren zu können.

Die Injektion von Fäden kann durch verschiedenartige Injektionskanäle erfolgen, wie Kanülen, Katheter, oder Servicekanäle von Endoskopen. Grundsätzlich ist eine Implantation in alle Weichgewebe und Hohlräume möglich, die mit diesen Mitteln zugänglich sind. Das Implantatvolumen ist theoretisch unbegrenzt, da die Fadeninjektion ein kontinuierlicher Prozess ist. Es kann eine vorbestimmte Fadenlänge injiziert werden oder der Injektionsprozess kann durch das Durchschneiden des Fadens und Zurückziehen des Injektionskanals abgebrochen werden. Ausser der Grösse kann auch die Form des Implantats durch Bewegungen des Injektionskanals, z. B. kontrolliert über einen Röntgenbildverstärker, intraoperativ bestimmt und angepasst werden.

Es können unterschiedliche Fadenformen und Werkstoffe in verschiedenen Fadendurchmessern verwendet werden, vorausgesetzt die Biegesteifigkeit des Fadens ist für die entsprechende Anwendung genügend klein. Beispiele für Fadenformen sind Monofilamente, die porös, beschichtet, oberflächenstrukturiert oder hohl sein können, und gesponnene oder geflochtene Multifilamente. Polymere, Biopolymere,

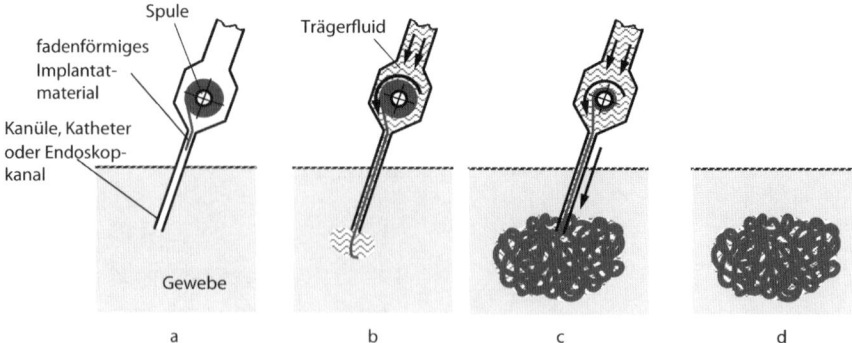

Abb. 45.1 Schematische Darstellung der Fadeninjektionstechnik. *a:* Injektionsvorrichtung vor der Implantation. Der Implantatwerkstoff ist auf einer drehbaren Spule aufgerollt und ein Fadenende ist in den Injektionskanal eingeführt. *b:* Durch die Injektion einer Flüssigkeit (Trägerfluid) wird der Faden durch den Kanal transportiert und gleichzeitig von der Spule abgewickelt. Das Trägerfluid beginnt am Applikationsort einen flüssigkeitsgefüllten Hohlraum zu bilden. *c:* Implantatwerkstoff und Trägerfluid werden kontinuierlich in den Hohlraum eingespritzt. Der Werkstoff legt sich dort als offenporige Knäuelstruktur ab. Ein Teil des Trägerfluids kann vor dem Zurückziehen des Injektionskanals wieder abgesaugt werden. *d:* Fertig injiziertes Implantat. Das Porenvolumen wird anfänglich vom Trägerfluid ausgefüllt

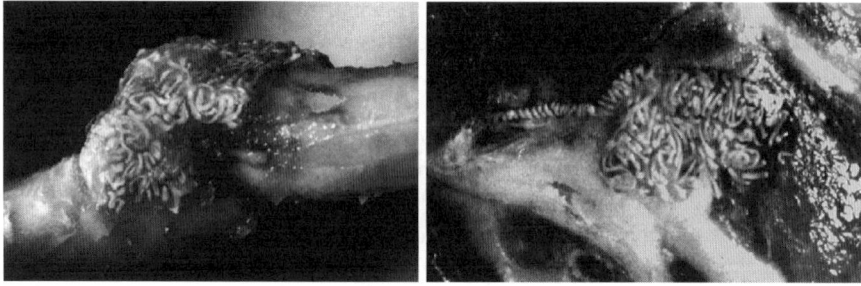

Abb. 45.2 *Links:* Monofilament aus Calciumalginatgel (ø 0.6 mm) auf Knochengewebe appliziert. Das umliegende Weichgewebe wurde erst nach der Implantation entfernt. *Rechts:* Calciumalginatgel-Monofilament (ø 0.6 mm) in Weichgewebe injiziert (Querschnitt durch Gewebe und Implantat). Die Knäuelstruktur links im Bild wurde bei der kontinuierlichen Injektion während des Zurückziehens der Kanüle gebildet

Hydrogele oder Komposite sind als abbaubare oder nicht abbaubare Implantatwerkstoffe in Fadenform einsetzbar. Eher steifere Werkstoffe wie synthetische Polymere können als dünne Monofilamente oder als Multifilament ausgebildet sein, damit die Biegesteifigkeit des Fadens nicht zu hoch wird. Neben dem Implantatwerkstoff kann auch das Trägerfluid variiert werden. Darüber wie auch über den Faden selbst sind auch Medikamente applizierbar.

45 Die Fadeninjektion

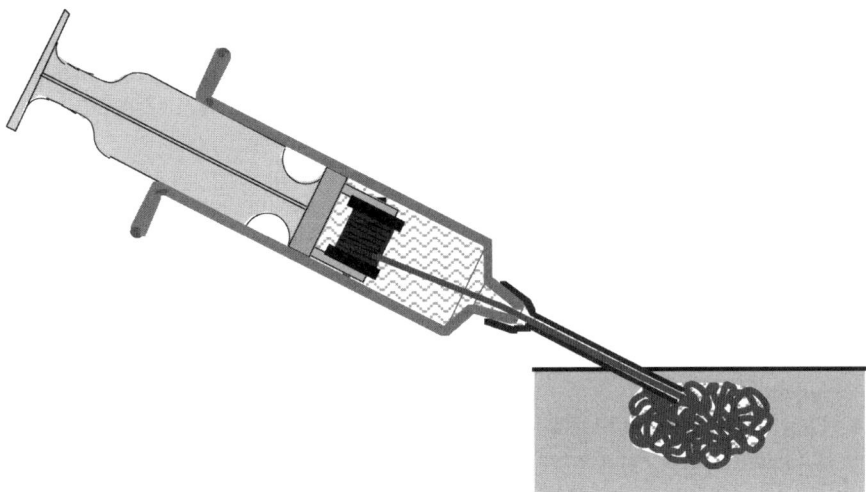

Abb. 45.3 Einweginstrument für die Fadeninjektion. Die Fadenspule ist in eine Spritze integriert, welche gleichzeitig die Pumpe für das Trägerfluid darstellt

Ausgehend von dem in Abb. 45.1 dargestellten Funktionsprinzip können verschiedene Injektionsvorrichtungen entsprechend den spezifischen Anforderungen eingesetzt werden. Grössere Implantatvolumina, wie beispielsweise für das Auffüllen von Hohlräumen, können mit Vorrichtungen implantiert werden, die an eine Pumpe für das Trägerfluid angeschlossen sind. Kleinere Implantate wie beispielsweise "drug delivery"-Systeme sind auch mit Einweginstrumenten wie in Abb. 45.3 dargestellt injizierbar.

Die Bereitstellung von je nach Anwendung geeigneten Implantatwerkstoffen in Fadenform ist Voraussetzung für den klinischen Einsatz der Fadeninjektionstechnik. Implantatsysteme auf der Basis der Injektionstechnik sind in der Entwicklungsphase. Die neuen Möglichkeiten, welche durch die Fadeninjektion eröffnet werden, werden im folgenden anhand von vier potentiellen Einsatzgebieten verdeutlicht.

1. **"drug delivery"-Systeme**
   Die Fadeninjektion ermöglicht den Einsatz von Fasern als injizierbare kontrollierte Feisetzungssysteme. Für deren Herstellung können Produktions- und Verarbeitungstechnologien aus der Textilindustrie adaptiert werden. Im Vergleich zur Fabrikation von "microspheres" dürfte die Herstellung faserförmiger Medikamententräger einfacher sein. Zudem kann das Freisetzungsverhalten durch die Modifikation von Fasern in weiten Bereichen variiert werden. Ein Vorteil ist, wie oben erwähnt, die Kohärenz des Implantats.
2. **Gewebsinduzierende Implantate**
   Die offenporige Struktur ermöglicht das Einwachsen von Zellen und Blutgefässen in das Implantat. Bioaktive Oberflächen und die Freisetzung von Wachstumsfaktoren könnten zur gezielten Bildung von neuem Gewebe im Po-

renvolumen führen. Die Geometrie des Implantats, und damit jene des induzierten Gewebes, kann durch seine Formbarkeit angepasst werden. Beispiele für dieses Anwendungsgebiet ist das Auffüllen eines Knochendefekts mit osteoinduktivem Fadenmaterial oder die Behandlung von Frakturen mit fadenförmigen Freisetzungssystemen für heilungsfördernde Substanzen.

3. **Zelltransplantation**
Monofilamente aus Hydrogelen lassen sich sehr gut injizieren. Xenogene oder genetisch veränderte Zellen könnten in derartige Monofilamente verkapselt und mit diesen Trägern injiziert werden. Vergleichbar zu den "drug delivery"-Systemen sind derartige Zellträger gut lokalisierbar und einfacher explantierbar als Hydrogele. Die offenporige Implantatstruktur könnte von Blutgefässen durchwachsen werden, welche die verkapselten Zellen über Diffusion mit Metaboliten versorgen.

4. **Therapeutische Embolisation**
Ein Fadenknäuel kann durch einen dünnen Katheter in Blutgefässe injiziert werden. Die Gerinnung von Blut an der Implantatoberfläche kann zum vollständigen Verschluss des Gefässes führen. Damit könnte beispielsweise ein Tumor oder ein Hämangiom von der Blutversorgung abgeschnitten werden.

Die Breite der potentiellen Anwendungsgebiete für die Fadeninjektion ergeben sich aus der Verbindung eines einfachen Funktionsprinzips mit der Vielseitigkeit der verwendbaren Werkstoffe, Fadenformen und Trägerfluiden. Die Fadeninjektion stellt damit ein Basisverfahren dar, dessen Möglichkeiten in verschiedenen Gebieten neue therapeutische Ansätze initiieren kann. Neuste Ergebnisse im Bereich der Fadeninjektion sind in [1] zusammengefasst.

45.1 Literatur

1. Frei C., The thread injection – Thread transport in circular pipe flow applied in a minimally invasive open-porous implant system for endonasal surgery, ETH, Zürich, Thesis No. 13549, 2000.

Part VII
Diagnostische Medizintechnik und minimalinvasive Verfahren

46 Magnetresonanztomographie

S. C. Göhde, M. E. Ladd, L. Papavero, P. Köver, M. Semadeni, E. Wintermantel

46.1 MRI Bildgebung

46.1.1 Einleitung

Seit ihrer Einführung in den 80er Jahren hat sich die der Kernspintomographie[1] (engl. Magnetic Resonance Imaging, MRI, Abb. 46.1) zu einem wichtigen bildgebenden Verfahren der modernen Medizin entwickelt. Im Vergleich zu klassischen Röntgenuntersuchungen oder der Computertomographie (CT) wird ohne Einsatz ionisierender Strahlung eine qualitativ hochwertige Darstellung des Körperinnern ermöglicht. Die erzeugten MRI-Bilder weisen einen hervorragenden Weichteilkontrast auf. Ausserdem kann der Arzt die abzubildende Ebene frei wählen.

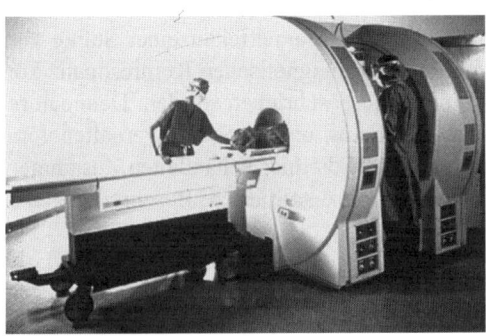

Abb. 46.1 Interventioneller Magnetresonanz-Tomograph Signa 0.5 T von General Electric. Der Innendurchmesser der Patientenöffnung beträgt 60 cm, die Breite der seitlichen Zugangsöffnung 58 cm

---

[1] Die Bezeichnungen für die Magnet-Resonanz-Tomographie sind sehr vielfältig und etwas verwirrend. In diesem Kapitel wird die Abkürzung MRI sowohl für *Magnetic Resonance Imaging* als auch für *Magnetic Resonance Imager* verwendet. Weiter steht iMRI für *interventional Magnetic Resonance Imaging*. In der Literatur wird ebenfalls NMR als Abkürzung für *Nuclear Magnetic Resonance* verwendet.

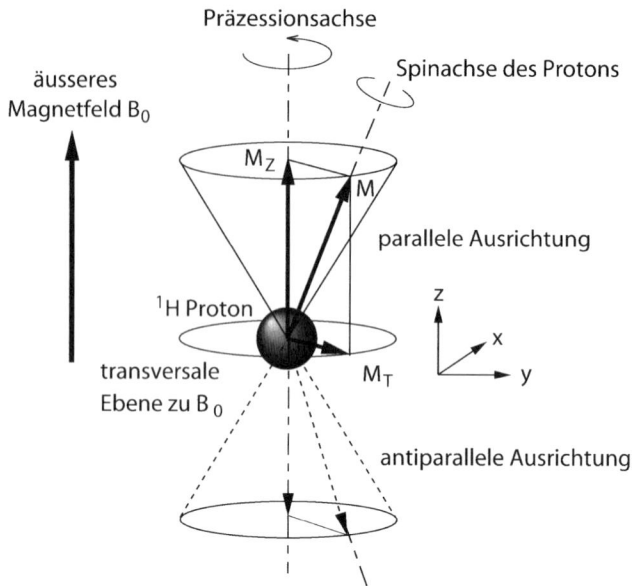

Abb. 46.2 Die Spinachse des Protons beschreibt einen Kegelmantel um die Präzessionsachse, welche parallel zum äusseren Magnetfeld ausgerichtet ist. Die Magnetisierung M ist während der Relaxation immer kleiner als die Gesamtmagnetisierung M_0 und kann in eine zum äusseren Magnetfeld B_0 parallele Komponente (longitudinale Magnetisierung M_Z) und in eine dazu orthogonale Komponente (transversale Magnetisierung M_T) aufgetrennt werden

Das MRI-Verfahren beruht auf dem Prinzip der magnetischen Kernresonanz. Zu diesem Zweck werden statische Magnetfelder einer Stärke von 0.2 bis 3.0 Tesla verwendet. Viele Vorgänge der magnetischen Kernresonanz können nur mit Hilfe der Quantenphysik umfassend beschrieben werden. Dennoch reicht die klassische Physik in den meisten Fällen aus, um ein Systemverhalten vorauszusagen. In diesem Kapitel werden nur die für die hier behandelten Zusammenhänge wichtigsten Begriffe eingeführt werden. Für detailliertere Beschreibungen sei auf die entsprechende Literatur verwiesen [1–8].

46.1.2 Grundlagen der Magnetresonanz-Tomographie

Atomkerne ungerader Massenzahl mit nicht abgesättigten Kernspins (z. B. ^{1}H, ^{13}C, ^{17}O, ^{19}F, ^{23}Na und ^{31}P) weisen ein magnetisches Dipolmoment auf. Aus diesem Grund treten sie mit äusseren Magnetfeldern in Wechselwirkung. Aufgrund ihrer grossen natürlichen Häufigkeit in menschlichen Geweben und des grossen gyromagnetischen Verhältnisses γ eignen sich Wasserstoffatome (^{1}H) am besten für MRI. Die Wechselwirkungen zwischen den Wasserstoffatomen und dem äusseren

46.1 MRI Bildgebung

Magnetfeld können mit geeigneten Apparaturen wie z. B. mit Spektrometern und RF-Spulensystemen aufgezeichnet werden und ermöglichen eine Darstellung der örtlichen Konzentration der Wasserstoffatome in der betrachteten Bildebene.

Energieniveaus und Besetzungshäufigkeiten
Der Kernspin eines Wasserstoffatoms (Abb. 46.2) richtet sich nach dem Erreichen des thermischen Gleichgewichts in einem stationären Magnetfeld B_0 entweder parallel oder antiparallel zu diesem aus. Da es sich auf atomarer Ebene um ein Quantensystem handelt, existieren keine weiteren stabilen Energieniveaus. Dabei ist die parallele Ausrichtung die energetisch günstigere, wobei die Besetzungshäufigkeit der zwei Zustände in Abhängigkeit von der Stärke des äusseren Magnetfeldes und von der Temperatur variiert. Pro Millionen Kernspins gibt es bei einem Feld von 1.5 Tesla und Körpertemperatur einen Überschuss von nur 5 Spins mit paralleler Ausrichtung. Die Gesamtmagnetisierung M_0 bezeichnet die Vektorsumme aller auftretenden magnetischen Dipolmomente. Mit abnehmender Magnetfeldstärke und steigender Temperatur werden zunehmend die zwei erlaubten Energieniveaus (parallel und antiparallel) gleichmässig besetzt. Dadurch wird die Gesamtmagnetisierung M_0 immer kleiner.

Larmorfrequenz
Wird um einen geladenen Kern, der wie ein Kreisel um seinen Schwerpunkt in Spinachse rotiert, ein Magnetfeld anderer Ausrichtung angelegt, beginnt die Spinachse mit der Larmorfrequenz zu präzedieren. Die Larmorfrequenz ω_0 ist proportional zur Feldstärke und berechnet sich nach Gleichung (1). Dabei sind B_0 die Feldstärke des äusseren Magnetfeldes in Tesla, γ das gyromagnetische Verhältnis in MHz/T und ω_0 die Larmorfrequenz in MHz.

$$\omega_0 = \gamma\, B_0 \tag{46.1}$$

46.1.3 Relaxationsphänomene

Das MRI-Verfahren nutzt die Abhängigkeit der Larmorfrequenz ω_0 vom äusseren Magnetfeld B_0 sowie die Aufspaltung der Energieniveaus in zwei stabile Zustände: durch eine Anregung mittels eines elektromagnetischen Hochfrequenz-Impulses mit der Larmorfrequenz kann ein Übergang von der parallelen zur energiereicheren antiparallelen Ausrichtung erzwungen werden. Es werden jeweils nur diejenigen Kernspins angeregt, welche genau die Resonanzbedingung der Larmorfrequenz in Gleichung (1) erfüllen. Dabei beschreibt die Magnetisierung M im ortsfesten Koordinatensystem (x, y, z) eine Spiralspur auf einer Kugeloberfläche (Abb. 46.3). Im mitrotierenden Koordinatensystem (x', y', z) klappt die Magnetisierung M je nach Stärke und Länge des Pulses um einen gewissen Winkel θ um. Im MRI sind 90°- und 180°-Pulse von grosser Bedeutung. Durch einen 90°-Puls wird die Magnetisierung in die transversale Ebene (x–y) geklappt, wo ein messbares Signal abgetastet

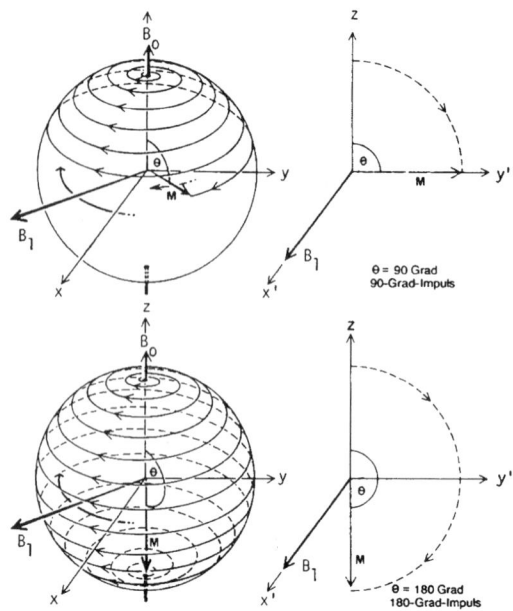

Abb. 46.3 Anregung der Magnetisierung M unter der Wirkung eines 90°- und eines 180°-Pulses. B_1 gibt die Richtung des Pulses an. Der dargestellte Puls weist eine fixierte Orientierung im mitrotierenden Koordinatensystem (x', y', z') auf und ist deshalb im ortsfesten Koordinatensystem (x, y, z) zirkular polarisiert. Links ist der Anregung die Präzession von M um die eigene Achse überlagert [2]

werden kann. Im Fall von Spinecho-Sequenzen klappt anschliessend ein 180°-Puls die Magnetisierung innerhalb der x–y-Ebene in die entgegengesetzte Richtung. Dies führt zu einer Refokussierung der Magnetisierung in dieser Ebene.

Da sich die angeregten Kerne in einem instabilen oder metastabilen Zustand befinden, wird die aufgenommene Energie in Form von elektromagnetischen Wellen mit der Larmorfrequenz abgegeben, bis das thermische Gleichgewicht wieder erreicht ist. Dieser Vorgang wird als Relaxation bezeichnet. Dabei können zwei unabhängige Effekte, die longitudinale (T_1) und die transversale (T_2) Relaxation, beobachtet und durch die Lösungen der Bloch'schen Gleichungen beschrieben werden. Die Relaxationszeiten T_1 und T_2 sind ein Mass für die Geschwindigkeit der Energieübertragung: je schneller die absorbierte Energie an benachbarte Kerne weitergegeben werden kann, desto eher erreichen die Spinsysteme wieder ihren Gleichgewichtszustand. In welcher Zeit, also mit welcher Intensität die Energieabgabe stattfindet, beschreiben die longitudinalen (T_1) und transversalen (T_2) Relaxationszeiten.

T_1-Relaxation
Nach einer Störung des Spinsystems wird die Differenz in der Besetzungszahl der erlaubten Energieniveaus und somit die Magnetisierung M_Z in Richtung des äusseren Magnetfeldes nach folgender Beziehung wieder eingestellt:

46.1 MRI Bildgebung

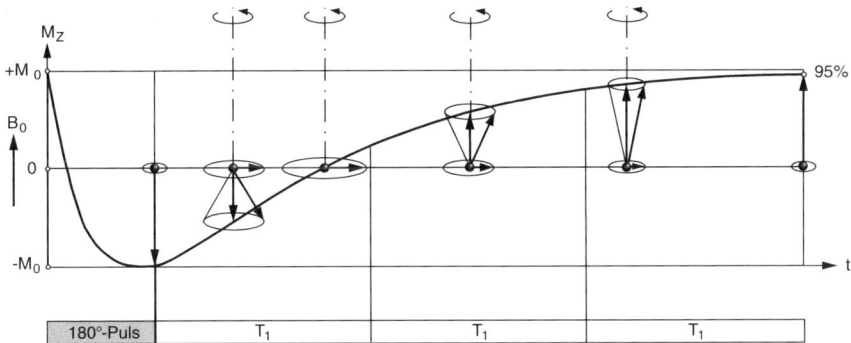

Abb. 46.4 Longitudinale Relaxation nach einem 180°-Puls mit der Zeitkonstanten T_1. Nach ca. 0.7 T1 rotiert die Magnetisierung in der x-y-Ebene und nach 3 T1 erreicht M_Z 90% der Gesamtmagnetisierung M_0. Die Vektorsumme der longitudinalen Magnetisierung M_Z und transversalen Magnetisierung M_T ist nicht gleich M_0, da es sich um zwei unabhängige Prozesse handelt

$$M_Z(t) = M_0 + (M_{Z,0} - M_0) \cdot e^{(-t/T_1)} \tag{46.2}$$

M_0 bezeichnet die Gesamtmagnetisierung im thermischen Gleichgewichtszustand, $M_{Z,0}$ die Magnetisierung entlang der z-Achse (longitudinale Magnetisierung) sofort nach der Störung, t die Zeit nach der Störung und T_1 die longitudinale oder Spin-Gitter-Relaxationszeit. Für 90°-Pulse ist $M_{Z,0} = 0$, für 180°-Pulse ist $M_{Z,0} = -M_0$. Die Bezeichnung *longitudinale Relaxationszeit* bringt zum Ausdruck, dass nur die zum äusseren Magnetfeld parallele Komponente der Magnetisierung mit der Zeitkonstanten T_1 wieder aufgebaut wird (Abb. 46.4). Die synonyme Bezeichnung *Spin-Gitter-Relaxation* verdeutlicht, dass während der Zeit T_1 Energie zwischen den Spins und der Umgebung ausgetauscht wird. In fluiden Medien nehmen benachbarte Moleküle oder Atome die abgestrahlte Energie in Form von Translations- oder Rotationsenergie auf.

T_2-Relaxation
Für das Spin-Signal ist nur die transversale Komponente M_T der Magnetisierung von Bedeutung. Sie rotiert definitionsgemäss in der x–y-Ebene des ortsfesten Koordinatensystems und kann deshalb in einer Empfangsspule eine Wechselspannung mit der Larmorfrequenz des präzedierenden Spins induzieren (Abb. 46.5). Das MRI registriert also ein oszillierendes, proportional zur transversalen Magnetisierung M_T und mit der Spin-Spin-Relaxationszeit T_2 abklingendes Signal, das sogenannte Free Induction Decay Signal (FID). Die Bezeichnung *Spin-Spin-Relaxationszeit* verdeutlicht, dass während der Zeit T_2 Energie nur innerhalb des Spinsystems verschoben wird: Nach einem 90°-Puls rotieren alle Spins in der x–y-Ebene in Phase, da sie durch den HF-Impuls gleichgerichtet wurden. Weil jedes einzelne Atom selbst ein schwaches lokales Magnetfeld erzeugt, befindet sich jedes Atom in einem leicht unterschiedlichen Magnetfeld. Nach Gleichung (3) präzedieren die Spins deshalb mit

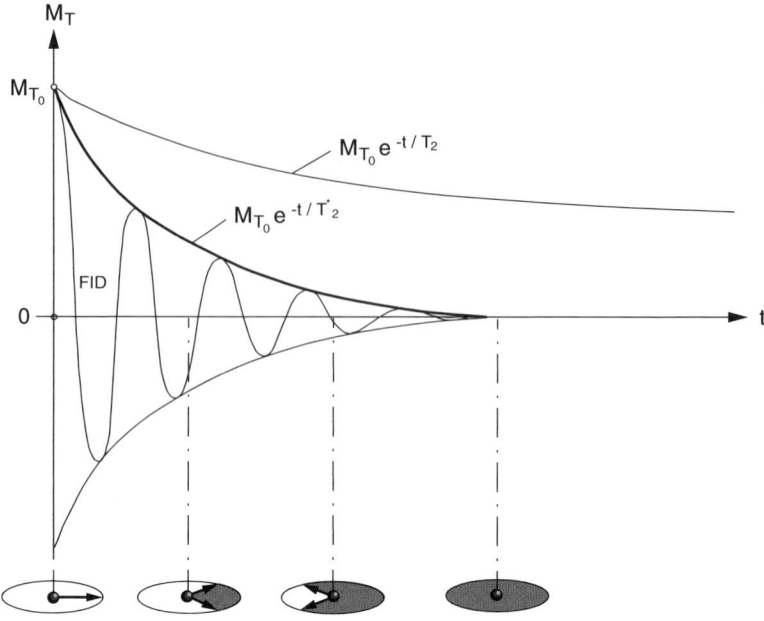

Abb. 46.5 Nach einem 90°-Puls sind alle elementaren magnetischen Dipolmomente in Phase. Ihre Summe erzeugt zur Zeit t=0 die Magnetisierung M_{T_0}. Die Spins verlieren ihre Phasenkohärenz mit der Zeitkonstanten T_2^* und erzeugen dabei das FID-Signal. Die Kreise stellen das Auffächern der Spin-Vektoren dar. Die transversale Relaxation ohne Feldinhomogenitäten würde mit der Zeitkonstanten T_2 erfolgen

verschiedenen Larmorfrequenzen, da B_0 für jedes Atom verschieden ist. Dadurch wird die Phasenkohärenz aufgehoben und die Spinsignale beginnen, sich gegenseitig aufzuheben. In einem realen System werden die Spins durch Inhomogenitäten des äusseren Magnetfeldes wesentlich schneller aus der Phase gebracht als im idealen Fall. Dementsprechend erfolgt auch der Signalabfall schneller. Die reale Zeitkonstante T_2^* ist aus diesem Grund immer kleiner als ideale T_2.

$$M_T(t) = M_{T0}(e^{-t/T_2^*}) \qquad (46.3)$$

M_{T_0} bezeichnet die transversale Magnetisierung zur Zeit t=0. Die transversale Relaxation (auch ohne Inhomogenität des äusseren Magnetfeldes) ist immer der schnellere Vorgang als der Wiederaufbau der Längsmagnetisierung: T_1 ist immer grösser als T_2.

46.1 MRI Bildgebung

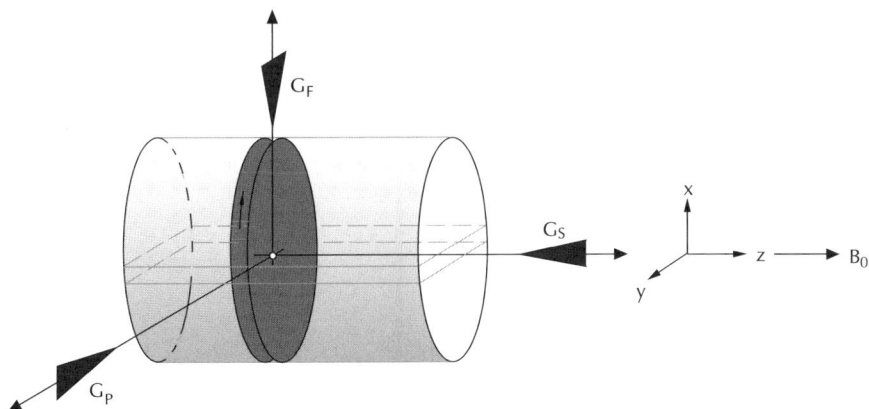

Abb. 46.6 Durch G_S wird eine Schicht selektiert; diese wird durch G_P und G_F weiter in einzelne Voxel unterteilt, welche alle eine eigene Kombination aus Larmorfrequenz und Phase aufweisen. Das MRI tastet die verschiedenen Signale ab und ordnet jedem Voxel entsprechend dem empfangenen Spinsignal eine Graustufe zu

46.1.4 MR Bildgebungstechnik und Anwendungen

Bei der MR-Bildgebung wird jedem Bildelement (Pixel bzw. Voxel) der gemessene Signalwert (definiert durch die in den Empfangsspulen induzierte Spannung) zugeordnet, der zum einen durch gewebespezifische Eigenschaften wie die Wasserstoffprotonendichte sowie die T_1- und die T_2-Zeit des Gewebes im Bildelement bestimmt wird, zum anderen aber durch die MR-Bildgebungssequenz. Da die Sensitivität der Messspulen nicht auf ein einzelnes Bildelement abgestimmt ist, müssen die Spinsignale zusätzlich eine Ortskodierung aufweisen. So werden zusätzlich zum Hauptmagnetfeld B_0 noch drei weitere Gradientenfelder G_X, G_Y und G_Z in den drei Raumrichtungen angelegt. (Abb. 46.6). Durch Anlegen eines Schichtselektionsgradienten G_S wird zunächst eine auszulesende Schicht ausgewählt. Bei Einstrahlung des Hochfrequenzpulses werden gemäss der Gleichung (1) werden nur die Spins dieser Schicht angeregt.

Der Phasenkodier-Gradient G_P unterteilt diese Schicht in Stäbe, die alle eine spezifische Phasenbeziehung zum Anregungspuls haben. Schliesslich löst der Auslese-Gradient G_F die Stäbe in einzelne Voxel auf, die wiederum alle eine spezifische Kombination von Larmorfrequenz und Phase aufweisen. Der Leseprozess besteht nun im Abhören des abgegebenen Signals. Um das empfangene Signal einem einzelnen Voxel zuzuweisen, wird diese Abhör-Prozedur mit verschiedenen Amplituden des Phasenkodiergradienten G_P wiederholt, und zwar so oft, wie die gewünschte Anzahl Pixel im Bild vorgibt. Nach Abtastung aller Phasenkodierschritte wird das Bild mit Hilfe einer zweidimensionalen Fourier-Transformation rekonstruiert, anschliessend erfolgt eine Graustufenzuweisung für jedes Voxel in Abhängigkeit vom berechneten Spinsignal in diesem Voxel.

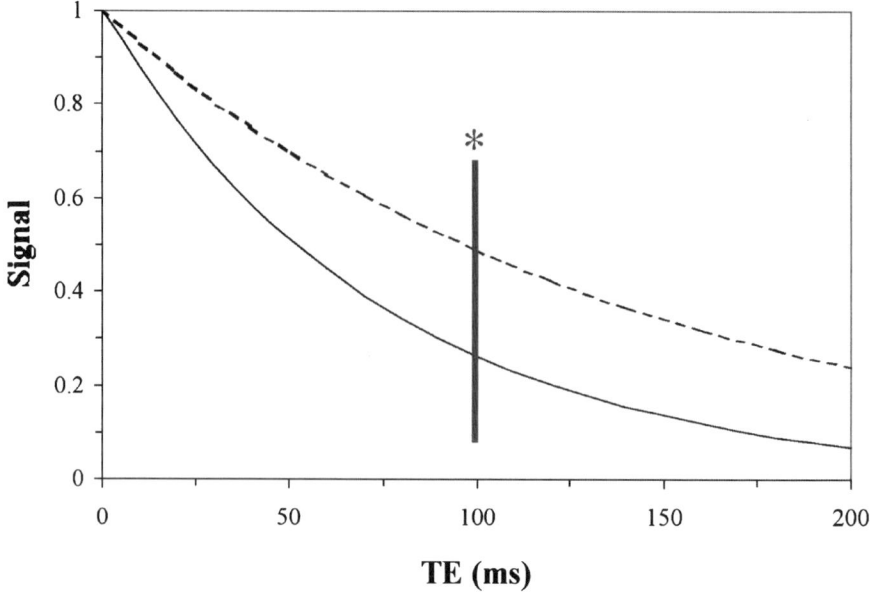

Abb. 46.7 T$_2$-Relaxationskurve. Muskelgewebe mit einer T$_2$-Relaxationszeit von 75 ms (durchgehende Linie) zeigt einen deutlich schnelleren Signalverlust in der xy-Ebene als die Milz (T$_2$-Zeit von 140 ms, gestrichelte Linie). Der Signalunterschied bzw. Kontrast zwischen diesen beiden Geweben ist am grössten bei hohen TE (*). T$_2$-gewichtete Sequenzen (die besonders T$_2$-Unterschiede von Geweben darstellen) besitzen daher eine lange TE-Zeit

Die einfachsten Sequenzen benutzen zunächst einen 90°-Puls, der die Magnetisierung M$_z$ in die x-y-Ebene umklappt und gleichzeitig alle Spins in Phase bringt. Es entsteht die Magnetisierung M$_{xy}$=M$_0$, M$_z$ ist null. Gleichzeitig nimmt, wenn auch deutlich langsamer, die Magnetisierung M$_z$ von null aus wieder zu. Wartet man nun eine Zeit TE (Echozeit) bis zur Auslesung des ausgestrahlen Signals, erhält man einen Messwert M$_{xy}$ (TE) = M$_0$e$^{-TE/T2}$, welcher mit längerem TE immer kleiner wird. Gewebe mit hohem T$_2$-Wert geben ein höheres Signal als Gewebe mit niedrigem T$_2$. Kurze TE sind üblicherweise 2–30 ms, lange TE liegen bei 100ms. Wählt man lange TE, erhält man bei der Signalauslesung besonders grosse Unterschiede zwischen Geweben mit unterschiedlicher T$_2$-Zeit (Abb. 46.7). Die Zeit, die man wartet, bis ein neues Experiment gestartet wird, bis also ein neuer 90°-Puls eingestrahlt wird, wird als TR bezeichnet (Repetitionszeit). Wartet man lange, sorgt die longitudinale Relaxation dafür, dass beim nächsten Experiment wieder eine genügend grosse Magnetisierung in z-Richtung zur Verfügung steht. Ist TR sehr kurz, steht nur eine kleine Magnetisierung M$_z$ zur Verfügung. Lange TR-Zeiten betragen üblicherweise 3000–8000 ms, kurze TR 5–500ms. Benutzt man ein kurzes TR, unterscheiden sich Gewebe mit verschiedenem T$_1$ in ihrem gemessenen Signal besonders stark voneinander (Abb. 46.8); der T$_2$-Effekt geht dann nicht in das gemessene Signal ein, wenn TE kurz gehalten wird. Bei diesen kurzen TR und kurzen TE spricht man daher von einer T$_1$-gewichteten Sequenz. Wählt man kurze TE und lange TR, hat man also die komplette Mz-Ma-

46.1 MRI Bildgebung

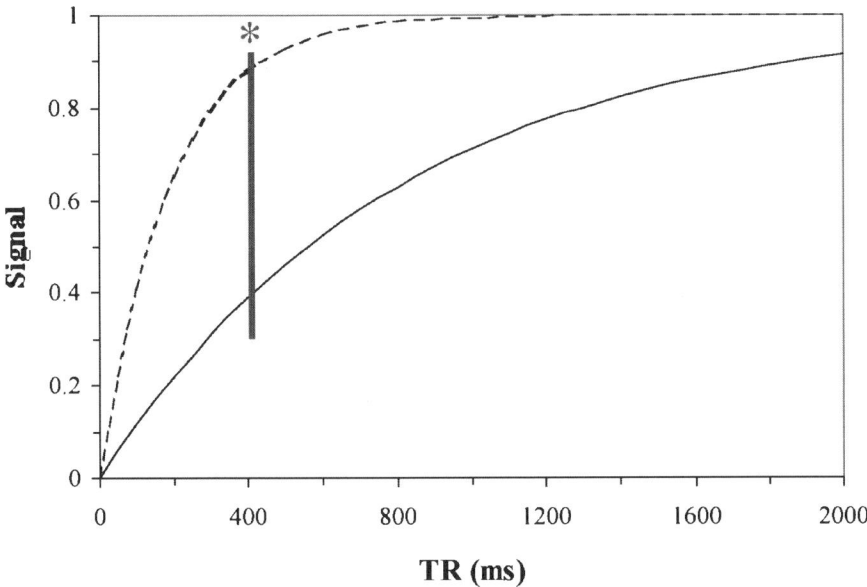

Abb. 46.8 T_2-Relaxationskurve. Muskelgewebe mit einer T_2-Relaxationszeit von 75 ms (durchgehende Linie) zeigt einen deutlich schnelleren Signalverlust in der xy-Ebene als die Milz (T_2-Zeit von 140 ms, gestrichelte Linie). Der Signalunterschied bzw. Kontrast zwischen diesen beiden Geweben ist am grössten bei hohen TE (*). T_2-gewichtete Sequenzen (die besonders T_2-Unterschiede von Geweben darstellen) besitzen daher eine lange TE-Zeit

gnetisierung zur Verfügung und die Spindephasierung ist durch ein kurzes TE quasi unabhängig vom Gewebe, wird das gemessene Signal nur noch von der Anzahl der im Voxel enthaltenen Spins bestimmt, die Sequenz ist Protonendichte-gewichtet. Bei langen TR-Zeiten und langem TE bestimmt lediglich der Unterschied in der T_2-Zeit den Signalunterschied zwischen den Geweben, dies nennt man daher T_2-gewichtete Sequenz. Tabelle 46.1 zeigt T_1- und T_2-Zeiten für ausgewählte Gewebe.

Spinechosequenzen

Spinechosequenzen (SE) waren mit die ersten Bildgebungssequenzen; sie werden auch heute noch benutzt. Sie bestehen aus einem primären 90°-HF-Anregungspuls, der die Spins aus der z-Achse in die x–y-Ebene auslenkt und dabei in Phase bringt. Jetzt kommen die zwei bekannten Relaxationsmechanismen ins Spiel: zum einen dephasieren die Spins untereinander (T_2-Relaxation), zum anderen, mit einer wesentlich länger dauernden Zeiteinheit T_1, relaxieren sie in Richtung auf die z-Achse zurück. Nach einer Zeit TE/2 erfolgt nun ein 180°-HF-Puls, der die Spins in der x–y-Ebene refokussiert. T_2^*-Effekte, induziert durch externe Feldinhomogenitäten, werden durch den 180°-Puls wieder aufgehoben. Nach einer nochmaligen Wartezeit von TE/2 wird nach insgesamt TE nach dem ersten 90°-Puls das „Echo", also die abgegebene HF-Strahlung, ausgelesen. T_1-gewichtete SE-Bilder sind durch sehr kurze TE-Zeiten gekennzeichnet, um den T_2-Effekt in den Bildern zu minimieren; typisch sind TE von

Gewebe	T$_1$ (ms)	T$_2$ (ms)
Fettgewebe	192	108
Herzmuskel	629	45
Hirn (grau)	825	110
Hirn (weiss)	687	107
Leber	397	96
Lungen	756	139
Milz	760	140
Nieren	765	124
Pankreas	572	189
Prostata	808	98
Skelettmuskel	644	75

Tabelle 46.1 Relaxationszeiten von menschlichen Geweben bei 40 °C in einem 0.5 T Feld und einer Larmorfrequenz von 20 MHz HF [15]

20 ms. TR, die Zeit, die zwischen zwei 90°-Anregungen verstreicht, ist ebenfalls kurz; damit wird erreicht, dass sich Gewebe mit unterschiedlichen T$_1$-Zeiten besonders deutlich in ihrem Signal voneinander unterscheiden. Typische TR betragen 300–500 ms. Bei T$_2$-gewichteten Bildern sind TR und TE entsprechend lang, typischerweise um 100ms bzw. 3500ms. Zur Reduktion des Rauschens bzw. zur Erhöhung des Signal-zu-Rausch-Verhältnisses werden üblicherweise Mittelungen über 2 bis 4 Akquisitionen durchgeführt. So ergeben sich Akquisitionszeiten für T$_1$-gewichtete Bilder von 3–4 Minuten, für T$_2$-gewichtete Bilder sogar von 8–20 Minuten. Aufgrund dieser langen Akquisitionszeit ist die Anzahl der Untersuchungssequenzen pro Untersuchung beschränkt; gleichzeitig unterliegen die Bilder Artefakten, die von der Atmung und der Bewegung des Patienten herrühren.

Heutzutage werden SE in folgenden Bereichen eingesetzt: im Hirn kommt es auf eine besonders gute Bildqualität und einen hohen T$_1$- und T$_2$-Gewebekontrast an, um auch kleine pathologische Veränderungen sicher von normalem Gewebe abgrenzen zu können. Dieser Teil des Körpers besitzt für die SE-Bildgebung den Vorteil, dass er sich üblicherweise nicht bewegt, damit entstehen keine Bewegungsartefakte. Im Abdomen können SE-Sequenzen mit Atemkompensationsmechanismen versehen werden, sie sind aber in den meisten Abteilungen bereits durch die schnelleren Gradientenechosequenzen abgelöst, die in Atemstillstand durchgeführt werden können. Lediglich die HASTE (half fourier acquisition single shot turbo spin echo), eine besonders schnelle SE-Weiterentwicklung, ist ebenfalls in Atemstillstand durchführbar. Für andere nicht bewegte Körperteile, wie das muskuloskelettale System, sind SE-Sequenzen (evtl. in ihrer schnellen Form als Turbo- oder Fastspinechosequenzen, TSE oder FSE) allerdings auch heute nicht wegzudenken. Dabei spielt die hohe Qualität der SE ebenso eine Rolle wie die gegenüber Gradientenechosequenzen oft deutlich geringere Artefaktbildung durch metallische Implantate.

Gradientenechosequenzen

Die zweite grundlegende Art, MR-Bilder zu produzieren, bilden die Gradientenecho- (GRE-) Sequenzen. Sie bestehen aus einem HF-Puls, der die anfängliche z-Magnetisierung um einen Winkel α auslenkt. Nun beginnen die Spins wieder in Richtung z-Achse zu relaxieren (langsamer Prozess, longitudinale Relaxation) und gleichzeitig zu dephasieren (schneller Prozess, transversale Relaxation). Nach einer gewissen Zeit erfolgt eine Auslesegradientenschaltung derart, dass die Spins zunächst weiter dephasiert werden. Der Auslesegradient bekommt anschliessend ein umgekehrtes Vorzeichen, so dass die Spins unabhängig von ihrer Lokalisation wieder refokussiert werden, um ein Echo zu bilden. Gäbe es keine Spin-Spin-Wechselwirkung (T_2-Effekt), würde das ausgelesene Signal anzeigen, dass alle Spins wieder in Phase sind. Der T_2-Effekt zusammen mit örtlichen zusätzlichen Feldinhomogenitäten (insgesamt als T_2^*-Effekt bezeichnet) führt aber zu einer Abschwächung des Signals, welches nach TE ausgelesen wird. Auch Gradientenecho-Sequenzen können in T_1- oder T_2-Wichtung geplant werden. Typische Zeiten sind für T_1-Wichtungen ein TE von 1.5–6 ms und TR von 5–150 ms. T_2-gewichtete Gradientenechosequenzen werden zumindest im Abdomen und Muskuloskelettsystem kaum benutzt, auch hier werden deutlich kürzere TE und TR als in den entsprechenden SE-Sequenzen benutzt. Diese kurzen Zeiten kommen dadurch zustande, dass Gradientenschaltungen und -umschaltungen (für die Gradientenechos) viel schneller realisiert werden können als die 180°-HF-Pulse für die Refokussierung in den Spinecho-Sequenzen. TE kann deshalb stark gekürzt werden. Damit sind Gradientenechosequenzen die deutlich schnelleren Sequenzen.

Die kurzen Akquisitionszeiten der GRE erlauben die MR-Bildgebung von bis zu 20 Schichten in einem Atemstillstand. Damit verkürzen sie die Gesamt-Untersuchungsdauer und reduzieren Bewegungs- und Atemartefakte. Es können in immer kürzerer Zeit immer mehr Schichten in einer Akquisition untersucht werden. Andererseits kann die Zeitersparnis dazu genutzt werden, eine höhere räumliche Auflösung zu erzielen. Sie erlaubt zudem aber auch die mehrfach hintereinandergeschaltete Akquisition eines ganzen Körpervolumens bzw. Körperbereichs, zum Beispiel nach Gabe von intravenösem Kontrastmittel (KM), um den Verlauf der Kontrastmittelaufnahme in Geweben im Lauf der Zeit zu beurteilen. Benutzt werden GRE für: dynamische Kontrastmittelstudien im Abdomen oder im muskuloskelettalen System, zur Detektion von Läsionen, die sich nur in einer kurzen Phase nach KM-Applikation von dem umliegenden normalen Gewebe abgrenzen lassen, zur Charakterisierung von Läsionen anhand des zeitlichen Verlaufs der KM-Aufnahme, für die Darstellung des Gefässsystems sowie neuerdings auch für Bewegungsstudien von Gelenken oder der Darstellung der Herzbewegung.

Mit einer speziellen Gradientenechosequenz, der Phasenkontrasttechnik, ist es unter anderem möglich, Flussmengen zu quantifizieren, damit kann man mit der MRT zusätzlich zu morphologischen auch funktionelle Informationen erhalten.

Besondere Merkmale von Gradientenechosequenzen sind ausser der Schnelligkeit die inhärente Sensitivität gegenüber fliessendem Blut (vor allem bei Fluss senkrecht durch die Schicht) und die erhöhte Anfälligkeit gegenüber Suszeptibilitätsartefakten (durch den T_2^*-Effekt). Deshalb sind Artefakte durch metallische Implantate in Gradientenechosequenzen besonders ausgeprägt.

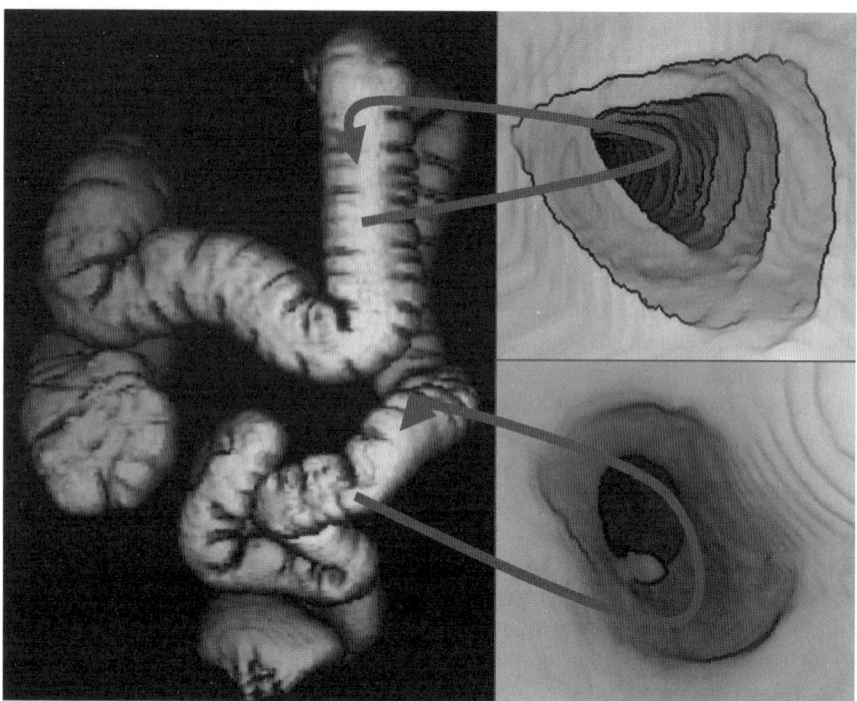

Abb. 46.9 Oberflächenrekonstruktion einer 3D-Darmuntersuchung nach Füllung des Darms mit verdünntem KM. Der kleine Polyp lässt sich nur in der Innenansicht des Darms („virtuelle Colonoskopie") erkennen *(unten rechts)*

Kontrastmittel

Die magnetischen Eigenschaften von Geweben und Flüssigkeiten können im MR mit Hilfe von Kontrastmitteln (KM) verändert werden; damit bietet die Verabreichung von KM zusätzlich zur T_1- und T_2-Zeit von Geweben eine weitere Dimension zur Gewebecharakterisierung. Im Gegensatz zur CT oder zum konventionellen Röntgen werden die KM nicht direkt visualisiert, sondern können nur indirekt über ihre Wirkung auf das Gewebe abgegrenzt werden. KM können die T_1- und/oder die T_2-Zeit von Geweben verkürzen. In der T_1-gewichteten Sequenz erscheinen KM-aufnehmende Gewebe durch die verkürzte T_1-Zeit signalreich/hell, in der T_2-gewichteten Sequenz erscheinen Gewebe nach Gabe von T_2-Zeit-verkürzenden KM signalarm/dunkel. KM können auf verschiedene Weise in den Körper eingeführt werden: oral oder rektal zur Kontrastierung des Magen-Darm-Traktes oder aber intravenös, dann gelangen sie in die Blutbahn. Die heute zugelassenen intravenösen Kontrastmittel sind entweder rein extrazelluläre Kontrastmittel (werden also nicht in die Zellen aufgenommen, sondern verbleiben in der Blutbahn und in den Räumen zwischen den Zellen) oder werden spezifisch von bestimmten Zellen aufgenommen, wie zum Beispiel in Leberzellen oder in Zellen des retikuloendothelialen Systems (Abwehrsystem des Körpers).

Intravenöse KM werden benutzt, um das Gefässsystem zu markieren, um Tumoren und Entzündungen von normalen Gewebe zu unterscheiden durch die unterschiedliche KM-Aufnahme zu einem bestimmten Zeitpunkt, oder sie können in Hohlräume, wie den Darm oder in Gelenke gefüllt werden (Abb. 46.9). Welches KM man für welche Fragestellung benutzt, hängt auch mit den besonderen Eigenschaften des originären Gewebes ab. Für die Gefässdarstellung benutzt man T_1-verkürzende, paramagnetische KM, da sie für die schnellen T_1-gewichteten Sequenzen besonders gut geeignet sind. Für einige Leberläsionen dagegen haben sich T_2-verkürzende KM in Verbindung mit T_2-gewichteten Sequenzen als besonders sensitiv erwiesen.

46.2 Klinische Anwendungen der MRT

46.2.1 Gehirn

Das primäre Ziel bei der Bildgebung des Gehirns besteht in der Darstellung der Morphologie, wobei hier die Abgrenzung von grauer Substanz gegenüber der weissen Substanz hohe Anforderungen an den Weichteilkontrast der benutzten Sequenz stellt. Üblicherweise werden T_1-gewichtete SE und T_2-gewichtete Fast-Spinechosequenzen (FSE) benutzt. Bei Verdacht auf Entzündungen oder Tumoren sowie auf Gefässpathologien wird KM verabreicht. Die Multiple Sklerose wird mit einer besonders Flüssigkeits-sensitiven Sequenz untersucht (FLAIR, Turbo-Flair, Flair-HASTE).

Mit speziellen Sequenzen können im Gehirn auch funktionelle Informationen dargestellt werden. Die BOLD (blood oxygen level dependent) Bildgebung zeigt eine Abhängigkeit des MR-Signals von der Desoxyhämoglobin-Konzentration im Blut, die sich während der Gehirnaktivierung ändert. Dadurch wird die Magnetfeldhomogenität verändert, und es entsteht eine Signaländerung. Funktionelle und strukturelle Information können in einem Bild überlagert werden. Klinische funktionelle Bildgebung mit schnellen GRE dienen zum Beispiel der präoperativen Lokalisation des Sprachzentrums, des primären sensorischen und motorischen Zentrums und von Epilepsiezentren. Vor allem die frühe Diagnostik von Schlaganfällen basiert auf Diffusions- und Perfusionsuntersuchungen. Perfusionsuntersuchungen stellen sensitiv schlechter durchblutete Hirnregionen dar. Die Diffusionsbildgebung hängt von der Wasserbewegung auf Voxelniveau ab. Die meisten Läsionen sind durch Abnahme der Brownschen Bewegung oder des ADC (apparent diffusion coefficient) gekennzeichnet.

46.2.2 Wirbelsäule

Die grösste Gruppe von Wirbelsäulenerkrankungen betrifft die Zwischenwirbelräume, die durch die Bandscheiben ausgefüllt werden. Bandscheibenvorfälle können besonders gut mit der MRT untersucht werden: die MRT liefert Bilder in jeder

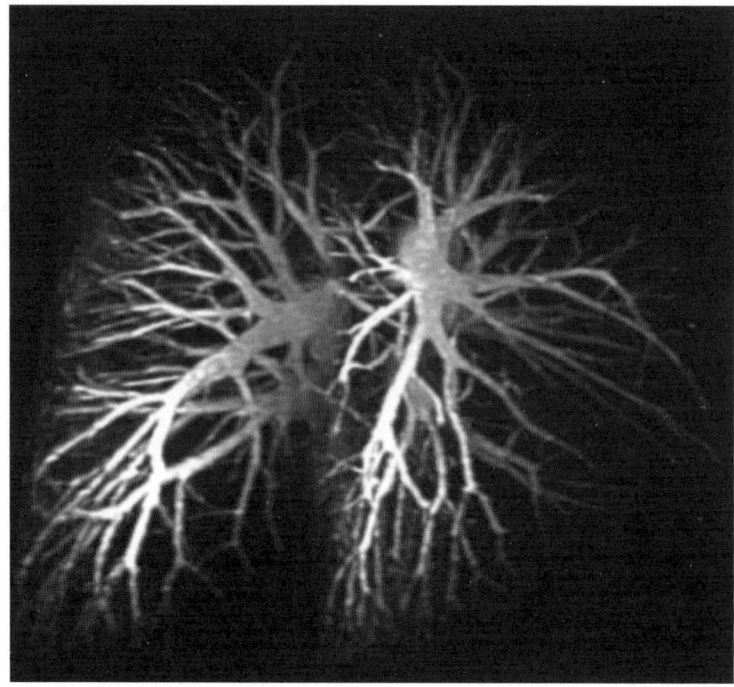

Abb. 46.10 Schrägansicht eines 3D-Datensatzes der Lungenschlagadern. Das untersuchte Körpervolumen lässt sich aus jeder beliebigen Blickrichtung anschauen

beliebigen Schnittführung, besonders die sagittale Ebene ist hierfür geeignet. Auch können Nervenfasern aufgrund des hohen Weichteilkontrastes gut gegenüber der Bandscheibe und den Wirbelkörpern abgegrenzt werden und so eventuelle Kompressionen diagnostiziert werden. Bei Tumorverdacht ist auch hier die Gabe von KM unerlässlich, da dann der Tumor weit besser in seiner gesamten Ausdehnung erfasst wird als es ohne KM möglich ist.

46.2.3 Thorax

Die Untersuchung des Lungenparenchyms ist weiterhin eine Domäne der Computertomographie (CT, bessere Ortsauflösung, keine Artefakte an Luft-Gewebe-Grenzschichten). Bei Tumoren allerdings, die in die obere Brustregion oder die grossen Thoraxgefässe einwachsen, ist die MRT der CT vor allem auch wegen der multiplanaren Bildgebungsmöglichkeiten oft überlegen. Je nach Ausstattung der Geräte kann die MRT teilweise besser als die CT auch Lungenembolien nachweisen (mit einer 3D MR-Angiographie). Abb. 46.10 zeigt eine dreidimensionale Aufnahme der Lungenschlagadern nach intravenöser Gabe von KM.

46.2 Klinische Anwendungen der MRT

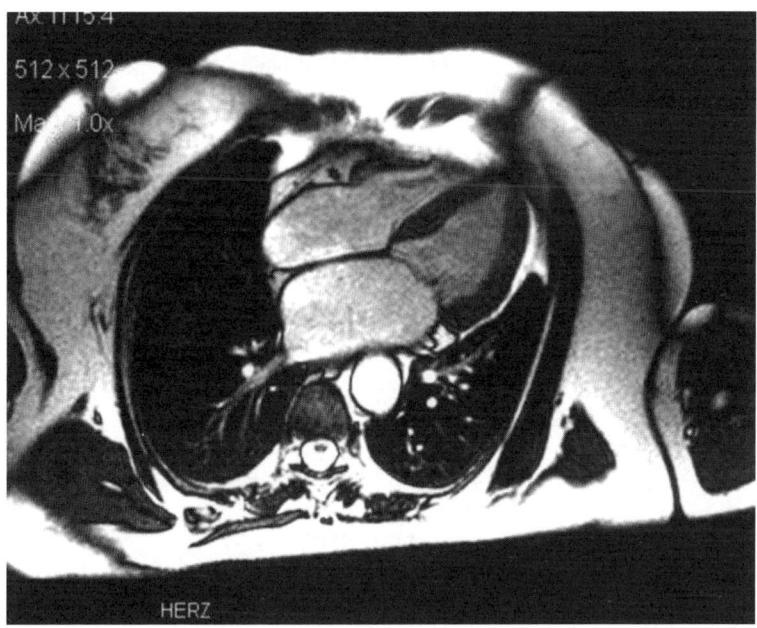

Abb. 46.11 Einzelaufnahme einer Schicht durch das Herz. Durch die kurze Akquisitionszeit von 50 Millisekunden lassen sich Herzwände und -binnenräume ohne Bewegungsartefakte abbilden

46.2.4 Herz

Mit der Entwicklung leistungsfähiger Gradientensysteme können ultraschnelle Bilder des Herzens in unter 50ms aufgenommen werden (Abb. 46.11). Dies ist wichtig, um die Bewegung der Herzwand innerhalb eines Herzzyklus, der unter 1 Sekunde dauert, zu untersuchen. Wandbewegungsstörungen, die zum Beispiel nach Infarkten entstehen, lassen sich so diagnostizieren. Akute Durchblutungsstörungen des Herzmuskels können ohne KM festgestellt werden, denn durch das auftretende Ödem ändern sich dessen T_1- und T_2-Zeit. Leider leiden vor allem die T_2-gewichteten Bilder aufgrund ihrer langen Akquisitionszeit unter Bewegungsartefakten. Eine genauere Aussage zur Gewebeperfusion (Gewebedurchblutung) liefern Untersuchungen nach intravenöser Gabe von KM. Hier geben ein niedrigeres Maximum und eine niedrigere Anstiegsrate nach KM Anhalt für eine signifikante Koronararterienstenose (Herzkranzgefässverengung); schnelle Sequenzen dienen hier dieser „first pass" Beurteilung nach KM-Gabe. 10–15 Minuten nach KM-Gabe ist das KM aus normalem Herzmuskelgewebe ausgewaschen und bleibt in Infarkten bestehen.

Die 3D MR-Angiographie (3D Gefässdarstellung), angewandt auf die Herzkranzgefässe, erlaubt deren direkte Darstellung nach KM-Applikation und kann so Verengungen oder Verschlüsse aufzeigen.

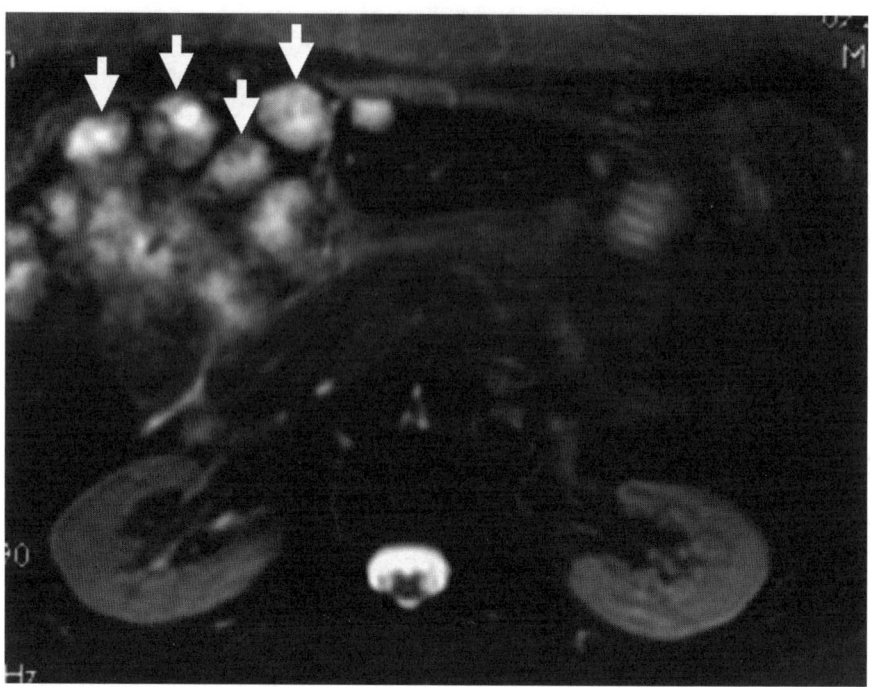

Abb. 46.12 T_2-gewichtete Sequenz durch Leber und Nieren. Innerhalb des normalen (dunklen) Lebergewebes erkennt man viele (teilweise mit Pfeilen markiert) rundliche helle Metastasen (längere T_2-Zeit als normales Lebergewebe)

46.2.5 Abdomen

Im Abdomen geht es meist darum, Tumoren zu erkennen und in ihrer Art zu bestimmen. Hierfür werden in jedem Fall T_1- und T_2-gewichtete Sequenzen verwandt. Die neueren MRT-Geräte erlauben es, diese Sequenzen in Atemstillstand durchzuführen (T_1-gewichtete Gradientenechosequenz und T_2-gewichtete HASTE). Dabei sind zum Beispiel Lymphknotenmetastasen vor allem in der T_1-gewichteten Sequenz als dunkle Strukturen im hellen Bauchfettgewebe gut zu erkennen. T_2-gewichtete Sequenzen dienen der Detektion von Tumoren, die fast immer mit einem erhöhten Anteil an Wasser bzw. Ödem einhergehen (Abb. 46.12), oder von Entzündungen. Anschliessend kann eine flusssensitive Gradientenechosequenz für die Beurteilung von Gefässen angeschlossen werden (Thrombus, Stenose, Gefässinvasion durch Tumor, Anomalien). Schnelle Sequenzen, mehrfach hintereinander nach intravenöser KM-Applikation akquiriert, lassen oft Läsionen erst jetzt erkennen und dienen zur Charakterisierung von Tumoren. Besonders stark T_2-gewichtete Sequenzen werden zur Darstellung des Gallengangsystems oder der ableitenden Harnwege benutzt, da die hier enthaltenen Flüssigkeiten eine besonders lange T_2-Zeit aufweisen. Wenn der Schwerpunkt der Untersuchung auf dem Gefässsystem liegt (Nierenarterienstenosen, Aortenaneurysma, Thrombus in der Pfortader), sollte eine 3D Angiographie nach Gabe von KM durchgeführt werden. Sie ersetzt in vielen Zentren fast komplett die früher gebräuchlichen flusssensitiven Sequenzen.

46.2.6 Gelenke

Indikationen für die MRT sind vor allem Verletzungsfolgen, besonders am Schultergelenk und am Kniegelenk. Hierfür reichen T_1- und T_2-gewichtete SE meist aus, da Sehnen- und Muskelrisse sowie Knochenbrüche bereits ohne KM gut abgegrenzt werden können. Bei diesen Untersuchungen kommt es meist eher auf die Akquisition verschiedener Bildebenen an. Vor allem am Kniegelenk kommen auch spezielle GRE zur Visualisierung der Knorpelschicht zum Einsatz. Neue schnelle Sequenzen erlauben mittlerweile auch Bewegungsstudien an Gelenken (zum Beispiel die Beurteilung der Position der Kniescheibe bei Kniebeugung).

46.2.7 Muskuloskelettales System

Auch in den Extremitäten kommen überwiegend SE zum Einsatz, da sie bessere Bilder als GRE liefern und Bewegungsartefakte nicht zu erwarten sind. Da meist Entzündungen und Tumore der Grund für die Untersuchung sind, kann auf eine Kontrastmittelgabe zur genaueren Abgrenzung von normalem Gewebe nicht verzichtet werden. Wichtig ist hier ganz besonders die Abgrenzung von wichtigen Strukturen wie Blutgefässen und Nervenbahnen, vor allem, wenn eine Operation geplant ist. Auch hier wird die Läsion in verschiedenen Ebenen untersucht.

46.2.8 Kontrastmittel-verstärkte 3D MR-Angiographie

Bei den 3D GRE-Sequenzen handelt es sich um schnelle dreidimensionale Sequenzen, d.h. der Informationsgehalt jedes Voxels wird bestimmt von Daten aus jeder einzelnen Echoabtastung. Dies führt zu einem besonders hohen Signal-zu-Rausch-Verhältnis, daher können besonders dünne Schichten akquiriert werden, wie es bei den 2D-Techniken nicht möglich ist. Nach Datenerfassung erfolgt eine 3D-Fouriertransformation zur Berechnung der Bilddaten.

Die 3D GRE kann besonders gut dort angewandt werden, wo ausgewählte Strukturen mit Kontrastmittel gefüllt werden können. Dazu gehört neben dem Magen-Darm-Trakt und den Gelenkräumen als wichtigstes das Gefässsystem. Nach intravenöser KM-Gabe kommt es, nach Durchfliessen des Herzens und der Lungenstrombahn, zu einer Kontrastierung des arteriellen Gefässsystems, das dann in der

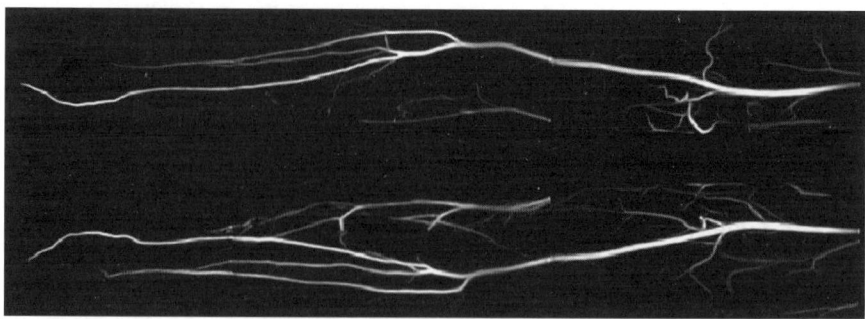

Abb. 46.13 Frontalansicht eines 3D Datensatzes der Beinschlagadern. Auch diese Daten kann man von allen Seiten betrachten, ebenfalls kann man in beliebigen Richtungen Dünnschichtreformationen durchführen und so genau nach Verengungen suchen

3D GRE einen hohen Kontrast zu den umgebenden Weichteilstrukturen aufweist. Da die Sequenz inzwischen nur bis unter 20 Sekunden benötigt, können auch diese 3D Sequenzen für dynamische Untersuchungen benutzt werden. Nach der arteriellen Phase des KM werden im Abdomen sukzessive auch das portalvenöse System (Lebergefässe) und dann die Venen des gesamten Körpers gefüllt und können zeitlich getrennt voneinander in den verschiedenen aufeinanderfolgenden 3D Akquisitionen dargestellt werden. So dient die Sequenz für folgende Fragestellungen: Lungenembolie, Verengungen oder pathologische Erweiterungen der Hauptschlagader in Brust und Bauch (Abb. 46.14), Verengungen der Nieren-, Leber- und Darmgefässe oder der Beingefässe (Abb. 46.13), Thrombosen oder Einbruch von Tumoren in die Gefässe. Verschiedene Nachverarbeitungsmöglichkeiten helfen, den pathologischen Befund zu detektieren und örtlich zuzuordnen.

46.2.9 3D MR-Colonographie

Eine relativ junge Indikation für das MR ist die Colon- oder Dickdarmuntersuchung. Aufgrund der Darmbewegung ist sie ebenfalls auf schnelle Sequenzen angewiesen. Das Colon wird hierfür von rektal her mit Hilfe eines Darmrohrs mit einer wässrigen KM-Lösung gefüllt und anschliessend mit einer 3D GRE-Sequenz, analog wie der in der Angiographie, untersucht. Auch hier wird der Befund erst in der Nachverarbeitung sichtbar. So sind nicht nur Stenosierungen des Dickdarms, sondern auch Divertikel (Ausstülpungen der Darmwand), Polypen (Abb. 46.9), Entzündungen und Tumore gut sichtbar. Die Vorteile gegenüber konventionellen Röntgendiagnostik des Dickdarms bestehen neben dem Verzicht auf Röntgenstrahlen in folgenden zusätzlichen Informationen: die Umgebung ausserhalb des Darms kann mitbeurteilt werden, die Leber und die übrigen Bauchorgane können im Hinblick auf mögliche Metastasen oder andere Krankheiten mitbeurteilt werden.

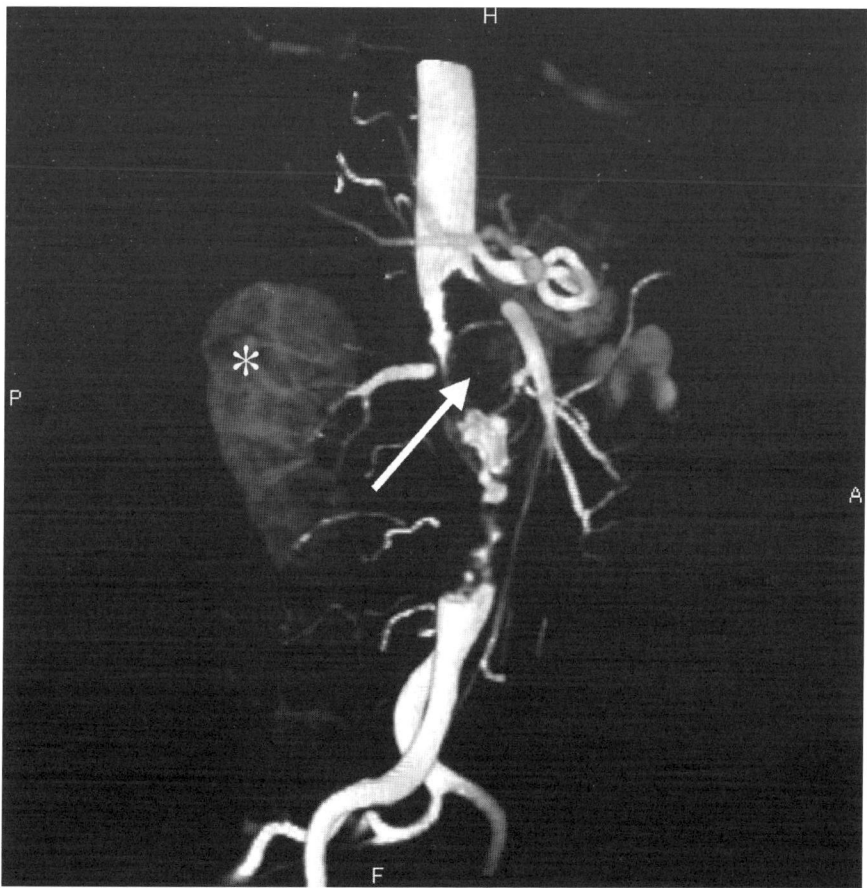

Abb. 46.14 Schrägansicht eines 3D Datensatzes der Bauchschlagader und ihrer Äste nach intravenöser KM-Gabe. Eine Niere ist erkennbar (*), die Bauchschlagader weist Füllungsdefekte (Pfeil) auf, hier sitzt eine ausgedehnte Thrombose (Blutgerinnsel) mitten im Blutgefäss. Die Akquisitionszeit dieses Datensatzes betrug 22 Sekunden

46.3 MRI-Kompatibilität

Mit der Einführung neuartiger Magnete für die interventionelle Kernspintomographie (iMRI) am Anfang der Neunziger Jahre, die einen verbesserten Zugang zum Patienten ermöglichen, wurde deutlich, dass sich diagnostische und Werkstoff-Technologien in unterschiedlichen Geschwindigkeiten entwickeln können. Während iMRI-Systeme bereits als Serienprodukte erhältlich sind, fehlen heute noch adäquate chirurgische Instrumente und Positionierungssysteme, welche es ermöglichen, das Potential dieser neuen Behandlungsform voll auszuschöpfen.

Kriterien	MRI-Kompatibilität	Beispiele	Bemerkungen
$|\chi| > 10^{-2}$	inkompatibel	Fe, Co, Ni, magnetischer rostfreier Stahl	Diese Werkstoffe erfahren in einem Magnetfeld eine Beschleunigung und verhindern auch in grossem Abstand eine korrekte Abildung
$10^{-2} < |\chi| < 10^{-5}$	Kompatibilität 1. Ordnung	Ti, W, nicht-magnetischer rostfreier Stahl	Diese Werkstoffe erfahren in einem Magnetfeld keine beobachtbaren Kräfte, bewirken aber Artefakte, falls sie zu nahe an das abgebildete Volumen aufgestellt werden
$|\chi| < 10^{-5}$	Kompatibilität 2. Ordnung	H_2O, Cu, Zr, menschliche Gewebe	Auf diese Werkstoffe wirken in einem Magnetfeld keine beobachtbaren Kräfte und sie verursachen auch keine schwerwiegenden Artefakte, wenn sie sich im abzubildenden Volumen befinden

Tabelle 46.2 MRI-Kompatibilitätsklassen nach [9]. Eine scharfe Abgrenzung der verschiedenen Klassen ist nur bedingt möglich, da diese von der Anwendung abhängt

Um das Störpotential von bestehenden Instrumenten abschätzen zu können, wurde eine Einteilung in drei MRI-Kompatibilitätsklassen vorgenommen (Tabelle 46.2): Magnetisch inkompatible Instrumente, wie z. B. ferromagnetische Bauteile, müssen aus der näheren Umgebung des MRI entfernt werden. Instrumente und Geräte, welche nicht direkt im MRI benutzt werden, müssen die Kriterien der magnetischen Kompatibilität 1. Ordnung erfüllen. Schliesslich sollten Instrumente, welche direkt im Operationsfeld eingesetzt werden, die MRI-Abbildung nicht zu stark stören. Solchen Instrumenten wird eine magnetische Kompatibilität 2. Ordnung eingeräumt.

Viele heute verfügbare Instrumente, z. B. Endoskope, welche für die minimalinvasive Chirurgie erforderlich sind, können nicht im MRI verwendet werden, weil sie aus diamagnetischen, paramagnetischen und manchmal sogar aus ferromagnetischen Legierungen bestehen. Ferromagnetische Instrumente müssen aus einem MRI-Operationssaal entfernt werden, da sie im Magnetfeld beschleunigt werden und im freien Flug möglicherweise Patienten oder Personal verletzen könnten (magnetische Inkompatibilität).

Diamagnetische oder paramagnetische Instrumente können im MRI zwar handgehabt werden, da sie keiner Beschleunigung unterliegen (magnetische Kompatibilität 1. Ordnung). Allerdings können, in Abhängigkeit vom Absolutwert der einheitslosen magnetischen Suszeptibilität χ, Artefakte auftreten, also vom MRI, physisch nicht vorhandene Strukturen vorgetäuscht werden (Abb. 46.15). Dabei sind die Artefakte um so kleiner, je näher sich die absolute magnetische Suszeptibilität bei Null befindet (Tabelle 46.2). Weil Wasser und die verschiedenen menschlichen Gewebe leicht diamagnetisch sind ($\chi = -9.1 \times 10^{-6}$), liegt die ideale Suszeptibilität eines MRI-kompatiblen Instruments nicht genau bei Null; das Material sollte vielmehr auch leicht diamagnetisch sein, so dass das Magnetfeld im Körper möglichst homogen bleibt.

46.3 MRI-Kompatibilität

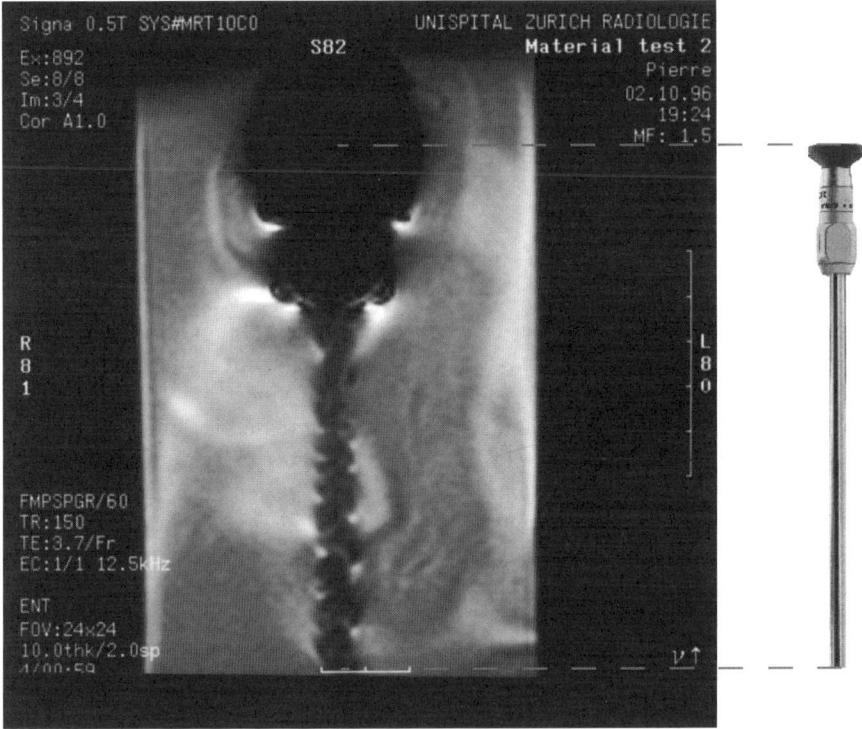

Abb. 46.15 MRI-Abbildung eines Endoskops aus Monel in Wasser. Rechts das Original im selben Massstab. Die Geometrie des Instruments ist wegen starke Artefakte kaum zu erkennen; eine genaue Positionierung ist nicht möglich

Um die diagnostischen Möglichkeiten des MRI voll auszuschöpfen, sind neue, hochfeste Werkstoffe zu entwickeln, die sich artefaktfrei darstellen lassen (magnetische Kompatibilität 2. Ordnung) und die einen ausreichenden Dimensionierungsspielraum für lasttragende Elemente zulassen. Es sollte vermieden werden, dass Patienten von einem modernen diagnostischen Verfahren ausgeschlossen werden und damit Erkrankungen möglicherweise unentdeckt bleiben und eine adäquate Therapie nicht erfolgen kann, weil nicht artefaktfrei darstellbare Implantate (z. B. metallische) stören oder geeignete chirurgische und mikrochirurgische Instrumente nicht zur Verfügung stehen. Dies ist ein Hauptentwicklungsbedarf für die nahe Zukunft.

Eine MR-Untersuchung kann dabei aufgrund von verschiedenen Risiken kontraindiziert sein, die unterteilt werden können in Gefahren für den Patienten und in Artefaktbildung im aufgenommenen Bild. Beispiele für implantiertes Material, das im MR eine Rolle spielen kann, sind Gefässclips, Zahnimplantate, Halo-Fixateur, Herzklappen, intravaskuläre Stents, Filter oder Coils, Augenimplantate, Ohrimplantate (Cochlearimplant), Septumdefektverschlüsse des Herzens, Penisimplantate, Portsysteme und Katheter, Diaphragma oder Intrauterinpessar, magnetisch aktive Implantate wie Brustexpander, kardiale Schrittmacher und Defibrillatoren,

Gelenkprothesen und Osteosynthesematerial, und im weitesten Sinne auch Schuss-Projektile. Weiterhin sind ebenso zu berücksichtigen mobile Materialien, die von aussen mit dem Patienten in Berührung kommen können, wie Biopsienadeln und andere Instrumente, die in der MR-Umgebung für Interventionen benutzt werden, sowie EKG-Kabel.

46.3.1 Statisches Magnetfeld

Das statische Magnetfeld ist bei den üblichen Geräten (1T und mehr) auch bei Nicht-Betrieb vorhanden und übt eine starke Anziehungskraft auf ferromagnetische Materialien aus. Metallische Implantate im weitesten Sinne sind Objekt der magnetischen Anziehungskraft, die um so grösser ist, je grösser das Implantat ist, und je grösser die statische Magnetfeldstärke ist. Kleine, bis zu 1cm grosse Clips aus Metall werden benutzt, um bei Operationen Gefässe gezielt abzuklemmen. Daher stellen Clips aufgrund ihrer geringen Masse prinzipiell ein geringes Problem dar. Lediglich in der ersten postoperativen Phase sollten Patienten mit Gefässclips nicht untersucht werden, da sich noch kein ausreichendes Narbengewebe bilden konnte, um die Clips am Ort zu halten. Bereits wenige Tage nach der Operation hat die Umgebungsreaktion des Gewebes dazu geführt, dass die Clips bei den üblichen Feldstärken nicht mehr ihren Ort verlassen können, denn es hat sich bereits ein Granulationsgewebe um den Clip gebildet, das später in Narbengewebe übergeht, und den Clip an seiner Stelle festhält. Daher sind die neueren Clips (auch vaskuläre Clips, Clips im Hirn oder in den Herzkranzgefässen) mit Ausnahme der frühen postoperativen Zeit kein Ausschlusskriterium für eine MR-Untersuchung. Auch Lockerungen von Implantaten in Knochen oder Gelenken durch magnetische Anziehungskräfte sind nicht bekannt geworden. Die Dislokation von Implantaten ist oft auch deshalb kein Problem, da die Magnetkräfte meist kleiner sind als die lokalen Gewebekräfte. Ferromagnetische Objekte (ausser Clips, siehe oben) nahe vital wichtiger Strukturen wie Hirn, Nerven, Gefässen sollten nicht untersucht werden.

46.3.2 Gradienten

Auch nichtferromagnetische Objekte können durch von Gradienten hervorgerufene Eddy-Ströme wiederum nicht nur Erwärmung, sondern auch Bildartefakte hervorrufen; die Schaltung der Gradienten wird durch den Pulssequenztyp (Spinechosequenz oder Gradientenechosequenz) bestimmt.

46.3.3 HF-Energie

Sind implantierte Materialien länglich und ausgedehnt, fungieren sie (in Abhängigkeit von ihrer Längsausdehnung) als Antennen für die eingestrahlte HF-Energie und können Energie lokal verstärken oder die Körperumgebung erwärmen. Dies ist zum Beispiel der Fall bei Schrittmachern und Defibrillatoren, die jeweils aus mindestens einem langen elektrischen Leiter zwischen Aggregat (im Bereich der Brustwand) und dem Herzen bestehen. Damit wird ausserdem ihre Funktion ausser Betrieb gesetzt, denn die kleinen elektrischen Impulse des Reizleitungssystems des Herzens werden um Grössenordnungen von der empfangenen HF-Energie überragt, und es resultieren schwere bis tödliche Beeinflussungen der Herzaktivität durch die eingestrahlten HF-Pulse. Eine Lösung dieses Problems ohne Konfigurationsänderung ist wohl nicht möglich, daher sind alle Träger eines Schrittmacher- oder Defibrillatorsystems prinzipiell vom MR-Raum auszuschliessen. Das gleiche Problem, die Funktionseinbusse, betrifft Cochleaimplantate, also sogenannte innere Hörgeräte, die nicht in das MR-Gerät dürfen. Je kleiner oder kürzer ein Implantatbestandteil ist, desto geringer ist die Absorption von HF-Energie und die Erwärmung. Gleichzeitig besteht eine Abhängigkeit des Effektes von der benutzten Pulssequenz: besonders hohe HF-Pulsdichten weisen zum Beispiel Fast- oder Turbo-Spinecho-Sequenzen auf; sie stellen ein besonders kritisches Pulsdesign bezüglich Erwärmung von Implantaten, aber auch vom menschlichen Körper selbst dar. Kein Problem stellt die Erwärmung oder HF-Energie-Absorption zum Beispiel bei Gefässclips aufgrund ihrer geringen Grösse dar. Metallhaltige Knochenimplantate sind oft bei Patienten anzutreffen. Beispiele sind vor allem künstliche Gelenkteile, Knochenmarknägel oder Knochenschrauben. Viele Patienten in einer grösseren Klinik sind am Herzen operiert worden und haben Drähte im Brustbein, die dieses nach (für die Operation notwendiger) Durchtrennung stabilisieren sollen. Eine wesentliche Erwärmung dieser relativ zur benutzten HF-Wellenlänge kurzen Implantate ist bislang in Patienten nicht aufgetreten.

Insgesamt haben Untersuchungen gezeigt, dass in Implantaten nur geringe Temperaturanstiege gesehen werden. Ganz besondere Vorsicht sollte auch gelten bei der Benutzung von unisolierten Leitern (Elektrodenkabeln) und nicht angeschlossenen Spulen; hier ist es im normalen klinischen MR-Alltag schon zu Verbrennungen gekommen, besonders wenn die Leiter nicht gerade auf dem Patienten liegen, sondern gewunden, und als Spulen fungieren. Daher sollten zwischen Patienten und diese Leiter isolierende Materialien gelegt werden.

Am sichersten geht man, wenn man nur Implantate im MR zulässt, die entweder vom FDA (US-amerikanische Food and Drug Administration) als MR-tauglich bezeichnet werden, oder die (im Notfall) im in vitro Versuch keine Auslenkung im Magnetfeld erfahren.

Absolute Kontraindikationen für das MR sind aber auf jeden Fall: Schrittmacher, kürzlich eingesetzte Gefässclips, Metallsplitter im Auge oder Gehirn sowie manche Hirndruckregulatoren.

	Werkstoff	Magnetische Suszeptibilität (10^{-6} ppm)
Diamagnetisch	Supraleiter	-10^6
	Graphit orthogonal zu Atomlagen	−595
	Polykristalliner Graphit (Russ)	−204
	Zr	−122
	PbO	−42
	Al_2O_3	−37
	Pb	−23
	Cu_2O	−20.0
	ZrO_2	−14.0
	H_2O	−13.0
	MgO	−10.2
	Menschliche Gewebe	−9.1
	Kortikalis	−8.9
	Graphit parallel zu Atomlagen	−8.5
	Erithrozyten	−6.5
	Cu	−5.5
Paramagnetisch	Leber	~ 0.0
	Luft	0.4
	Kohlefasern	0.5
	TiO_2	6.0
	Mg	13.1
	Al	16.5
Ferromagnetisch	Ti_2O_3	125
	TiO_3	132
	Ti	153
	CuO	239
	Mn	529
	MnO_2	2280
	Fe_2O_3	3586
	MnO	4850
	FeO	7200
	Mn_3O_4	12400
	Mn_2O_3	14100
	Gd_2O_3	53200
	Nichtmagnetischer rostfreier Stahl	~ 100000
	Gd	185000
	Magnetischer rostfreier Stahl	~ 10^9
	Fe	~ 10^{11}

Tabelle 46.3 Magnetische Suszeptibilitäten und „MRI-kompatibles Fenster" nach [9–11]. Instrumente aus Metallen oder Metalllegierungen mit einer Suszeptibilität im angegebenen Bereich können zur Arbeit im MRI benutzt werden, ohne ein Risiko für Patienten oder Personal darzustellen. Ihre Abbildungsgüte ist allerdings in Frage zu stellen (vgl. Abb. 46.15)

46.3 MRI-Kompatibilität 1053

46.3.4 Artefaktbildung

Ist die Verträglichkeit der Untersuchung bei Patienten mit Implantaten sichergestellt, besteht die zweite Frage danach, ob die Implantate möglicherweise die Bildqualität so weit einschränken können, dass die Untersuchung zwecklos ist. Zum einen entstehen an der Stelle der Implantate „Bildlöcher" dadurch, dass innerhalb der Implantate keine für die Signalgebung nötigen Wasserstoffprotonen vorhanden sind. Zusätzlich führt die mehr oder weniger immer vorhandene paramagnetische oder ferromagnetische Beschaffenheit des Materials zu einer Erhöhung oder Erniedrigung des lokalen statischen Magnetfeldes und damit zu einer Verzerrung des Magnetfeldes in der Umgebung. Dadurch präzedieren die Wasserstoffprotonen etwas langsamer oder etwas schneller als erwartet und werden nach Fouriertransformation an einen anderen Punkt im dreidimensionalen Raum oder in der Bildebene rückgerechnet. Damit entsteht eine Verzerrung zwischen tatsächlicher Position von Spins im Raum und deren Projektion im errechneten Bild. Es resultiert eine Verzerrung des Bildes in der Umgebung des Implantates, was sich meist als „schwarzes Loch" (vor allem bei Spinechosequenzen gleichzeitig mit teilweise weissen Rändern) präsentiert.

Besitzt das Implantat eine besonders grosse para- oder ferromagnetische Suszeptibilität, ist das „Loch" besonders gross und eine Beurteilung der Umgebungsstrukturen nicht mehr möglich. Auch dieser Effekt hängt neben geometrischen Voraussetzungen des Implantates und seiner Orientierung im statischen Magnetfeld insbesondere auch vom Pulssequenzdesign ab: wenn Gradientenechobilder, die besonders empfindlich für lokale Magnetfeldinhomogenitäten (T_2^*-Effekte) sind, besonders grosse Artefakte aufweisen, können mit Spinechobildern oft noch verwertbare Bilder akquiriert werden. Weiter vom Implantat entfernte Körperregionen dagegen lassen sich problemlos untersuchen.

Ein Beispiel für ein solches Artefakt durch Magnetfeldverzerrung zeigt die Abb. 46.16 für eine lange Stabprobe mit kreisförmigem Querschnitt. Die Ausrichtung des Hauptmagnetfeldes ist senkrecht zur Stabachse. Eine homogene Feldverstärkung, wie sie im Inneren der paramagnetischen Stahlprobe (Bereich 2 in Abb. 46.16) auftritt und durch eine konstante Feldliniendichte dargestellt ist, führt zu einer Verschiebung des Innenraums auf einen Bereich ausserhalb des Bauteils hin. Die Feldveränderung ausserhalb des Probenkörpers nimmt mit $1/r^2$ ab (Bereiche 1 und 3 in Abb. 46.16), was eine Verzerrung des näheren Aussenraums der Probe bewirkt. Diese geometrische Verzerrung des Objekts spielt eine dominante Rolle bei Spinecho-Sequenzen, in denen die Spins durch 180°-Pulse in der transversalen Ebene refokussiert werden. Bei Gradientenecho-Sequenzen kommt es zu einer zusätzlichen Auslöschung des Signals in der Nähe des Objekts, da die Magnetfeldänderungen dort zu einer stark verkürzten T_2^*-Zeit führen: das Signal innerhalb eines Bild-Voxels verliert sehr schnell seine Phasenkohärenz.

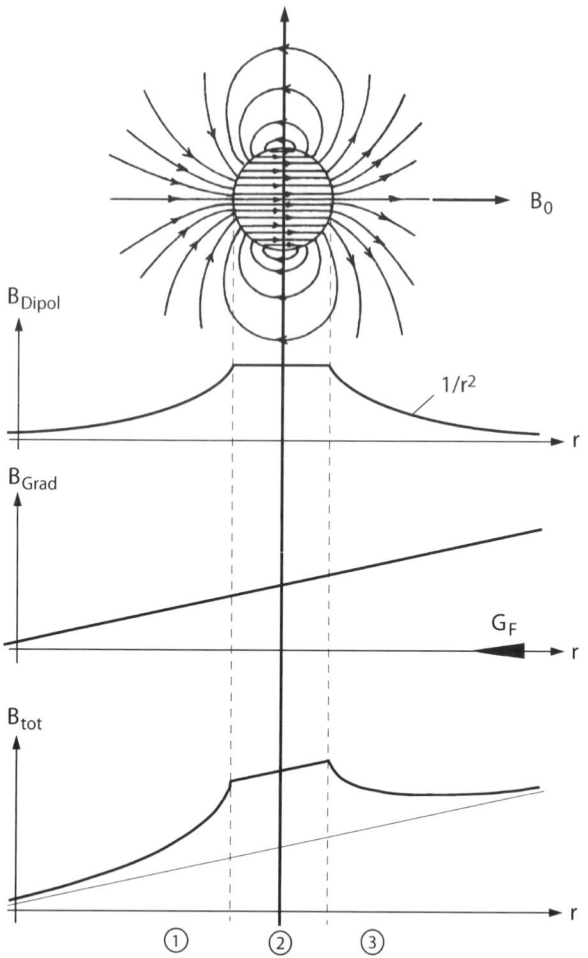

Abb. 46.16 Vereinfachte Darstellung zur Entstehung eines Artefaktes. Das Dipolfeld, welches um die paramagnetische Probe in einem äusseren Magnetfeld entsteht, überlagert sich mit dem Feld des Frequenz-Kodiergradienten G_F: $B_{Dipol} + B_{Gradient} = B_{tot}$. Bei einer linearen Zunahme der Feldstärke kann jeder empfangenen Larmorfrequenz ein Ort zugeordnet werden. Das gestörte Gradientenfeld führt jedoch zu Verschiebungen und Verzerrungen. Spinsignale, welche aus dem Bereich 1 empfangen werden, werden aufgrund des verstärkten Gradienten einem grösseren Gebiet zugeordnet, wodurch die Signalintensität pro Pixel abnimmt. Im Bereich 2 ist der Gradient zu höheren Feldstärken hin verschoben, wodurch dieses Gebiet unverzerrt einem Ort zugeordnet wird, der im Bild weiter rechts liegt. Im Gebiet 3 erfolgt der Signalkollaps, da alle Spinsignale mehr oder weniger demselben Ort zugewiesen werden, weil das B-Feld über einen gewissen Bereich konstant ist. Dies führt zu einem sehr hellen Gebiet auf dem MRI-Bild [8]

46.3 MRI-Kompatibilität

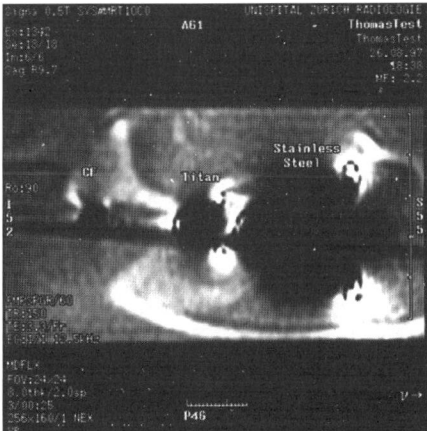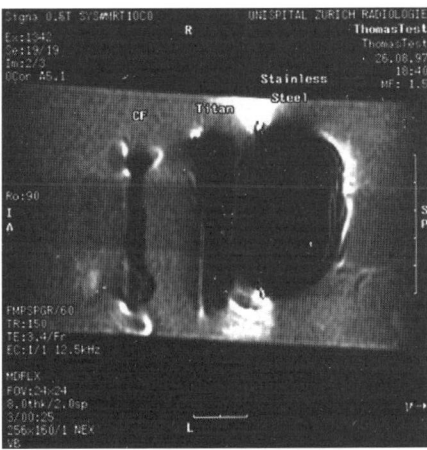

Abb. 46.17 Vergleich von Kortikalisschrauben aus Stahl, Titan und PEEK/ CF, links im Querschnitt, rechts im Längsschnitt. Durch die Verwendung von Titan können Artefakte verkleinert werden. Die Schraube aus faserverstärktem Polymer ergibt eine für chirurgische Zwecke genügende Abbildungsqualität

46.3.5 Aktuelle Entwicklungen

Das Ersetzen von MRI-inkompatiblen Werkstoffen, z. B. Stählen, durch solche mit einer MRI-Kompatibilität 1. Ordnung, z. B. Titan und Titanlegierungen, bewirkt eine erheblich verbesserte Bildqualität. Allerdings ist durch diese Massnahme noch keine artefaktfreie Darstellung gewährleistet. Nur eine konsequente Verwendung von Werkstoffen mit einer MRI-Kompatibilität 2. Ordnung kann dieses Ziel erfüllen. Weil aber die Metalle mit einer Kompatibilität 2. Ordnung zu geringe mechanische Eigenschaften aufweisen, um die lasttragenden Funktionen jener 1. Ordnung zu übernehmen, muss nach Alternativen mit folgenden Merkmalen gesucht werden: hohe mechanische Belastbarkeit kombiniert mit geringstmöglicher Störung der Abbildung. Dieses Ziel kann unter Verwendung von faserverstärkten Polymeren erreicht werden.

Klassische Kortikalisschrauben zur Fixierung von Brüchen oder Knochenplatten werden heute aus nichtmagnetischem, rostfreiem Stahl oder Titan hergestellt. Dass diese Werkstoffe im Bezug auf eine klinisch artefaktfreie MRI-Abbildung nicht unproblematisch sind, kann aus ihren magnetischen Suszeptibilitäten (Tabelle 46.3) entnommen werden. In Abb. 46.17 ist ersichtlich, dass die Kortikalisschraube aus Titan gegenüber der Stahlschraube zwar eine deutlich kleinere Artefaktbildung hat. Allerdings dehnt sich dieser Bereich immer noch über ein Vielfaches der realen Abmessungen des Bauteils aus. Nur die Schraube aus faserverstärktem Polymer, in diesem Fall 30 Gew.-% Kohlefasern in PEEK, wird deutlich genug abgebildet, so dass z. B. die Kopfseite der Schraube eindeutig erkannt werden kann.

Es ist anzumerken, dass auch PEEK/CF gering artefaktbildend wirkt, an beiden Enden in Längsrichtung der Schraube sichtbar. Dies ist aber im Rahmen der erfor-

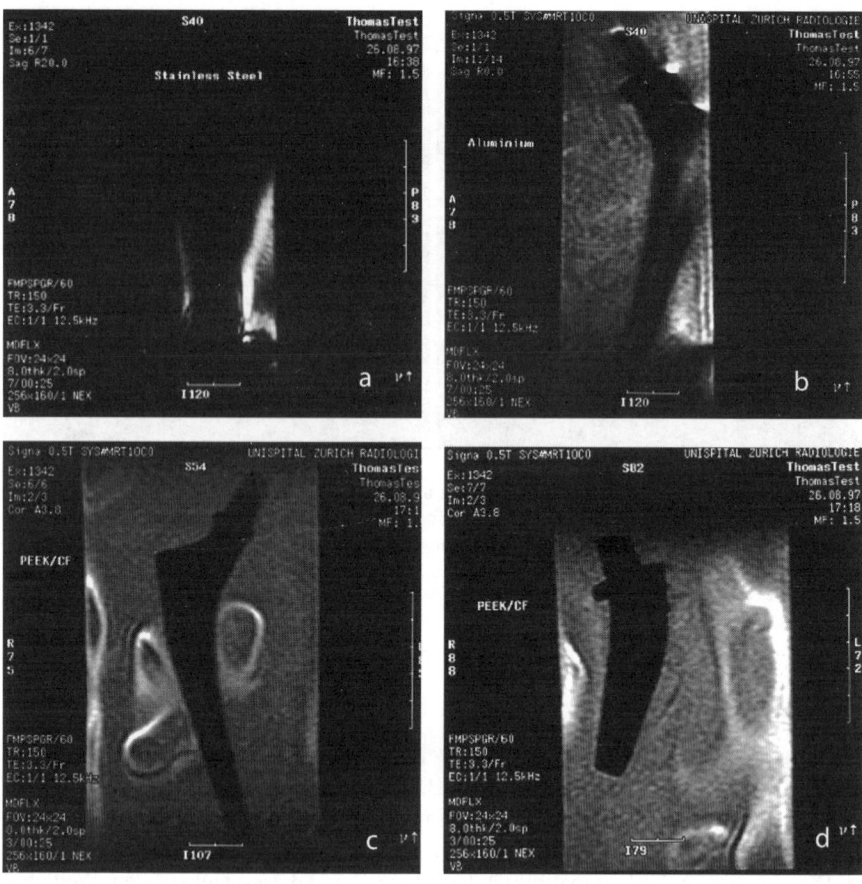

Abb. 46.18 Vergleich von Hüftendoprothesen aus Stahl, Aluminium und PEEK/CF im Längsschnitt. Die Stahlprothese *(a)* stört das statische Magnetfeld so stark, dass kaum ein erkennbares Bild aufgenommen werden kann. Die Aluminiumprothese *(b)* weist an Ecken und Kanten Artefakte auf, welche auf die zu hohe magnetische Suszeptibilität zurückzuführen sind. Die humane Prothese aus PEEK/CF *(c)* wird korrekt abgebildet; es sind keine merklichen Artefakte sichtbar. Auch die Prothese aus PEEK/CF *(d)* wird deutlich abgebildet

derlichen Genauigkeit nicht weiter von Bedeutung. Analog den Kortikalisschrauben können auch grosse lasttragende Implantate, wie z. B. eine Hüftendoprothese aus faserverstärkten Polymeren, durch Spritzguss hergestellt werden. Auch in diesem Fall wird nur das polymere Bauteil sauber abgebildet (Abb. 46.18).

Die Schlieren, besonders deutlich auf beiden Seiten der Prothese in Abb. 46.18c zu sehen, stammen von leichten Bewegungen des Wassers in dem Behälter, in das die Prothesen gebettet sind. Vibrationen des MRI-Geräts können das Wasser in Bewegung versetzen und solche Artefakte hervorrufen. Eine solche Erscheinung ist im Körper eines Patienten eher unwahrscheinlich, da ein grosses, stehendes Flüssigkeitsvolumen nicht vorliegt.

46.3.6 Potential von iMRI

Aus heutiger Sicht sind die wichtigsten Vorteile:
- Bessere Darstellung von Weichteilen gegenüber anderen bildgebenden Verfahren wie Röntgen und CT
- Beliebig wählbare darzustellende Ebene gegenüber anderen bildgebenden Verfahren wie Röntgen und CT
- Darstellung von Temperaturänderungen gegenüber einem Referenzbild
- Zeitsynchrone Überwachung des Operationsprozesses über einen Monitor direkt im Operationsfeld
- Keine Verwendung von ionisierender Strahlung oder von nephrotoxischen Kontrastmitteln
- Zugang zum Patienten von zwei Seiten gleichzeitig oder wahlweise von der Kopfseite
- Verbesserter Zugang zum Patienten gegenüber den klassischen, nicht interventionellen MRI-Geräten, da die interventionellen Magnetdesigns kürzer beziehungsweise seitlich offen sind.

46.4 Beispiele von MRI kompatiblen Instrumenten

46.4.1 Neurochirurgie/ Halswirbelsäulenchirurgie

Die Neurochirurgie umfasst Eingriffe an Gehirn, Rückenmark und dessen knöchernen Hüllen sowie an Hirn- und peripheren Nerven. Nach wie vor besteht die Herausforderung, operative Aspekte technisch zu optimieren, um die klinischen Ergebnisse zusätzlich zu verbessern oder genauer dokumentieren zu können oder völlig neue Operationsverfahren einzuführen. Während der Durchführung eines Eingriffs kann es notwendig sein, eine Röntgenkontrolle (Durchleuchtung) des OP-Gebietes durchzuführen, um die Wirksamkeit und Vollständigkeit der bis zu diesem Zeitpunkt durchgeführten chirurgischen oder sonstigen operativen Massnahmen zu überprüfen. Dies ist häufig bei Eingriffen an der Wirbelsäule und anderen Knochen erforderlich: z. B. die Kontrolle der Aufrichtung eines gebrochenen Wirbelkörpers und die Wiederherstellung der Durchgängigkeit des angrenzenden Spinalkanals (intraoperative Myelographie). In anderen Fällen soll das Vordringen einer Bohrerspitze in den Knochen anhand bestimmter anatomischer Orientierungsmarken verfolgt werden. In der operativen Behandlung von Gehirngefässmissbildungen (z. B. Angiome oder Aneurysmen) sowie in der Tumorchirurgie an der Schädelbasis kann die intraoperative Kontrastdarstellung von Gefässen (Angiographie) sehr wertvoll sein. In solchen Fällen bringen herkömmliche Metallinstrumente folgende Nachteile mit sich:

1. Erschwerte oder nur unvollständige Darstellung der interessierenden Struktur auf dem Röntgenschirm aufgrund nicht röntgentransparenter Instrumente im Blickfeld.

2. Verlängerung der Durchleuchtungszeit damit röntgenweiche Strukturen dargestellt werden können, mit entsprechender höherer Strahlenbelastung von Patient und OP-Team.
3. Automatische Einstellung durch den Bildwandler der Strahlungsenergie auf das röntgendichteste Material im Feld und erheblich schlechtere Darstellung der röntgenweicheren, aber operativ wichtigeren Bereiche, z. B. des Knochens. Noch röntgenweichere Strukturen, z. B. wasserhaltige Weichgewebe können dann praktisch nicht mehr dargestellt werden.
4. Zusätzliche Traumatisierung des Gewebes durch wiederholtes Umstellen der Metallinstrumente. Trotz Schwenkung des Röntgenapparates um das Operationsfeld herum gelingt es häufig nicht, die interessierende Struktur darzustellen. Dann müssen im Operationsfeld liegende Instrumente umpositioniert oder entfernt werden. Dies ist mit einer erheblichen Gewebebelastung verbunden.

Die anatomischen Besonderheiten des zentralen und peripheren Nervensystems erfordern eine miniaturisierte operative Manipulation der Neurostrukturen. Dies wird ermöglicht durch den kombinierten Einsatz von Operations-Mikroskop, Mikroinstrumentation und entsprechendem Nahtmaterial. Auch für diese mikrochirurgischen Eingriffe gelten dieselben Anforderungen an das Operationsinstrumentarium (Artefaktfreiheit, Röntgentransparenz). Zur Durchführung einer Operation wird ein Instrumentarium benötigt, das in *immobile*, *semimobile* und *mobile* Instrumente aufgeteilt wird:

1. Immobile Instrumente
Unter immobilen Instrumenten werden Halterungs- und Lagerungsvorrichtungen wie beispielsweise die 3-Dornklemme nach Mayfield zur Fixierung des Schädels (Abb. 46.19) oder die Kopfnackenstütze bei Halswirbelsäulen (HWS)-Operationen verstanden. Diese Instrumente fixieren den zu operierenden Körperbereich in einer bestimmten Position, die vor dem Eingriff eingestellt und während der Operation in der Regel nicht mehr verändert wird.

2. Semimobile Instrumente
Bei semimobilen Instrumenten handelt es sich um Hilfsvorrichtungen, die während des Eingriffes den chirurgisch erarbeiteten anatomischen Zugang zum Zielorgan offenhalten (z. B. Spreizer, Haken). Diese Hilfsinstrumente zum Offenhalten des Zugangs werden entweder in geeignete Vorrichtungen eingespannt oder von assistierenden Personen gehalten.

3. Mobile Instrumente
Mobile Instrumente werden umgangssprachlich gemeinhin als "die" Instrumente bezeichnet. Sie umfassen Scheren, Pinzetten, Dissektoren, Nadelhalter, Klemmen, Sauger usw. Sie dienen der Präparation, der Durchtrennung oder dem Nähen anatomischer Strukturen (Gewebe) sowie der Blutstillung. Diese Instrumente werden sehr oft (bis zu mehrere hundert Male) zwischen Operateur und Instrumentierpersonal ausgetauscht und damit transportiert. Dabei ist zu bemerken, dass ein komplettes Set für eine grosse Operation (z. B. einen bauchchirurgischen Eingriff) weit über 15 kg wiegen kann. Von Vorteil wäre hier, durch leichtere Werkstoffe eine Verbesserung der Handhabbarkeit zu erzielen.

46.4 Beispiele von MRI kompatiblen Instrumenten

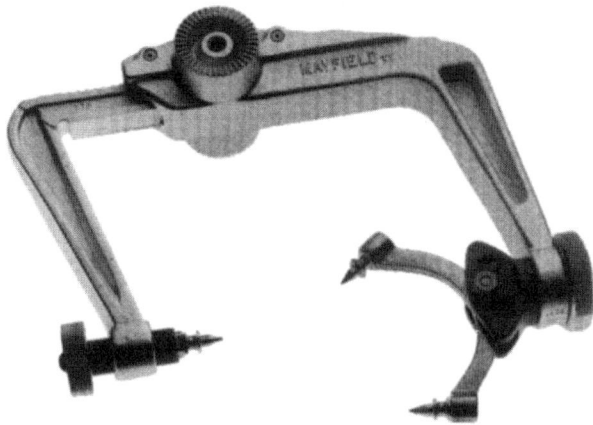

Abb. 46.19 Konventionelle Dreidornklemme nach Mayfield zur Fixierung des Schädels. Die Halterung ist aus Aluminium und die Dornen aus Edelstahl (Johnson & Johnson Professional Products GmbH, Geschäftsbereich Codman, D)

Am Beispiel der Halswirbelsäulenchirurgie, bei der der Hauptzugang zur Wirbelsäule von vorn (ventral) erfolgt ist die Entwicklung eines Instrumentes aus kohlenstofffaserverstärktem Verbundwerkstoff (Retraktorblatt) abgebildet. In der Abb. 46.20 ist links ein Stahlblatt dargestellt, das einen erheblichen Teil des Operationskanals und der anliegenden Wirbelsäule verdeckt. In diesem Fall hat sich das mobile Röntgengerät in der Kontrastbildung auf das röntgendichte Metallinstrument eingestellt mit entsprechend schlechterer Darstellung der Wirbelsäule. In Abb. 46.20b ist ein Titanblatt eingesetzt, das eine geringe Röntgendichte aufweist und damit eine bessere Darstellung der Halswirbelsäule ermöglicht. Die Abb. 46.20c zeigt ein gefenstertes Titanblatt, bei dem zusätzlich die Einführung von Metallinstrumenten beobachtet werden kann und sich ein guter Kontrast der knöchernen Strukturen ergibt. In der Abb. 46.20d ist ein vollkommen röntgentransparentes Kohlenstofffaserverbund-Retraktorblatt eingesetzt, das einerseits eine ungestörte Kontrastbildung der knöchernen und der Weichteilstrukturen zulässt und andererseits die genaue Beobachtung der Einführung metallischer Implantate und Instrumente ermöglicht (hier: Osteosyntheseschraube und Trapezosteosyntheseplatte).

Prä- oder postoperative artefaktfreie Beurteilung des OP-Gebietes in der Magnetresonanztomographie (MRI)

Mitte der 80er Jahre hat die Einführung der Kernspintomographie eine bis dahin nicht bekannte qualitativ besonders hochwertige Darstellung des Körperinneren ermöglicht. Dieses Verfahren beruht auf dem Prinzip der Magnetresonanz, wobei ein starkes Magnetfeld (0,5–1,5 Tesla) angewendet wird. Dabei wirken ferro- oder paramagnetische Werkstoffe im Untersuchungsgebiet störend in der Form, dass die Bildauswertung Strukturveränderungen vortäuscht, die nicht vorhanden sind (Artefaktbildung). In diesem modernen diagnostischen Verfahren entsteht die

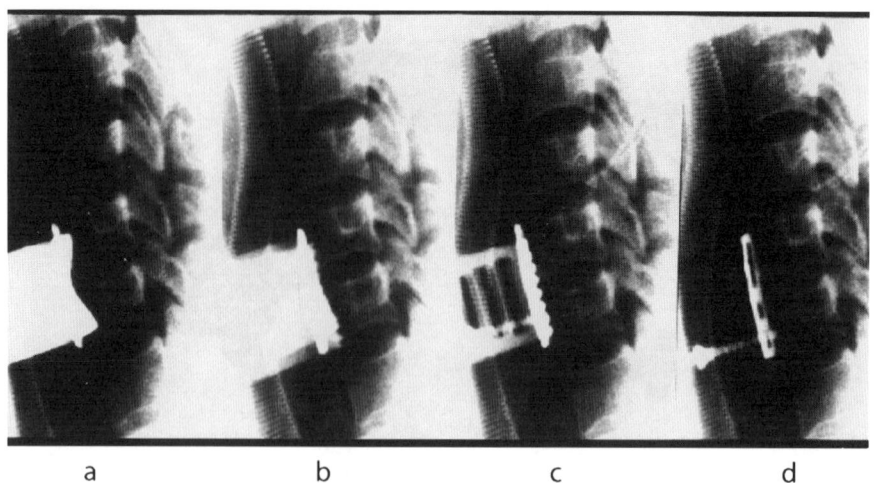

a b c d

Abb. 46.20 Intraoperative seitliche Röntgendarstellung der Halswirbelsäule (HWS) bei Eingriff in Höhe C5/C6 (C5: fünfter Halswirbel; C6: sechster Halswirbel). Auflage einer Osteosyntheseplatte aus Titan und Einbringen einer Schraube in HWK 6 (HWK: Halswirbelkörper). Von links nach rechts Retraktorblätter aus Edelstahl (a), aus einer Titanlegierung, dicht (b) und gefenstert (c) sowie aus kohlenstofffaserverstärktem Verbundwerkstoff (d). Dieser erlaubt die beste Darstellung des Einführungswinkels der Schraube zum Wirbelkörper

Kontrastbildung durch die unterschiedlichen magnetischen Eigenschaften von Wasserstoffprotonen in ihrer jeweiligen biochemischen Umgebung. Polymere Faserverbundwerkstoffe ergeben kein Signal und bewirken innerhalb eines wasserhaltigen Gewebes eine Signalauslöschung und sind so indirekt und artefaktfrei darstellbar.

In der Vergangenheit konnte bei Patienten, die mit einer Halswirbelsäulenverletzung in einer externen Orthese (z. B. Halo-Fixateur) ruhiggestellt wurden, der Rückenmarkschaden nicht mittels MRI beurteilt werden. Der Ersatz aller Metallteile durch kohlenstofffaserverstärkte Polymere hat dieses Problem gelöst. In diagnostischen Darstellungen des Körpergewebes, bei denen nicht mit einem Magnetfeld, sondern mit Röntgenstrahlung gearbeitet wird, z. B. dem Computertomogramm (CT), ergeben sich durch metallische Implantate ebenfalls Artefakte (Abb. 46.21 rechts). In Abb. 46.21 links ist mittels Kontrastmittel, das in die Hirngefässe eingebracht wurde, eine grosse Aussackung an der Teilungsstelle der inneren Halsschlagader in die mittlere und vordere Hirnarterie dargestellt. Solche Aneurysmen können zu einer plötzlichen Blutung im Gehirn führen und müssen dringend operativ versorgt werden, um einen dauernden Schaden oder den Tod des Patienten abzuwenden. In diesem Fall wird der Schädel eröffnet und auf den Hals des Aneurysmas (kleine Verbindungsstelle zwischen speisender Arterie und Aneurysma) ein metallischer Clip (Chromstahl, chirurgischer Stahl) gesetzt, der den Aneurysmasack vom Blutstrom isoliert. Damit ist eine dauerhafte Verhinderung weiterer Blutungen möglich. Nach der Operation ist es von grosser Bedeutung, den Schwellungszustand des Gehirns, der durch Wassereinlagerung als Folge der Operation zustande kommt, zu beurteilen. Dies erfolgt in der

46.4 Beispiele von MRI kompatiblen Instrumenten

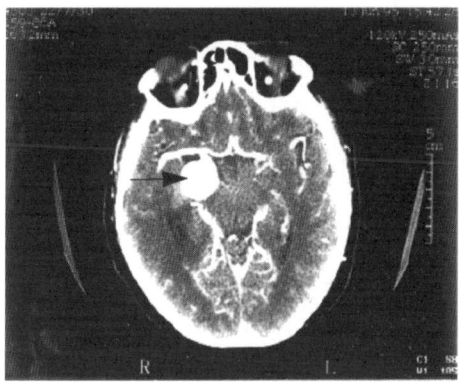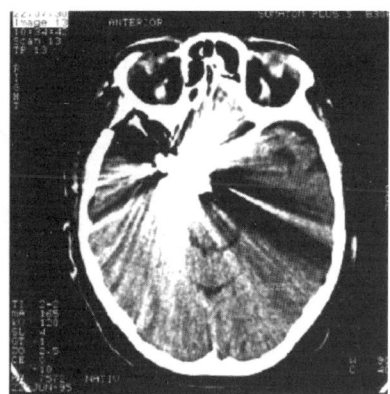

Abb. 46.21 *Links:* Grosses Aneurysma an der Teilungsstelle der A. carotis interna in mittlere und vordere Hirnarterie (siehe Pfeil). *Rechts:* Postoperative controlle: Die durch mit Metallclips verursachten Artefakte erlauben keine detaillierte Analyse des OP-Bereiches

Regel im Computertomogramm. Falls die Ebene des metallischen Clips erfasst wird, so erfolgt eine erhebliche Überstrahlung (Artefaktbildung) des operierten Gebietes mit der Unmöglichkeit, die umliegenden Gehirnstrukturen zu beurteilen. Von grösstem Vorteil wäre daher die Verfügbarkeit nichtmetallischer Clips, die jedoch dieselbe Zuverlässigkeit aufweisen müssen, wie sie von Metallclips seit Jahrzehnten bekannt ist. Faserverbundwerkstoffe können hier einen Ausweg bieten.

Die Anwendung der Kernspintomographie auf mit metallischen Clips operierten Patienten verbot sich lange Zeit, da nicht sichergestellt war, dass in dem oben genannten starken Magnetfeld nicht eine Verschiebung, im schlimmsten Fall ein Abgleiten des Clips vom Aneurysmahals, erfolgen konnte und damit eine erneute Blutung provoziert wurde. Mit der Einführung von Titanclips, die nur einen geringen Paramagnetismus aufweisen, wurde es möglich, Kernspintomographien des Schädels bei Patienten durchzuführen, die zuvor einen Aneurysmaclip erhalten haben. Jedoch wird auch in diesem Fall der unmittelbar postoperative Einsatz der Kernspintomographie gemieden. Man wartet die bindegewebige Narbenbildung in unmittelbarer Umgebung des Clips ab, um so eine grössere Stabilisierung der Cliplage zu erreichen und der Gefahr der Dislozierung zu entgehen. Dennoch herrscht auch in diesen Fällen eine Artefaktbildung in der Clipumgebung vor, die jedoch geringer ausgeprägt ist als beim herkömmlichen Metallclip (Stahl) unter Anwendung der Computertomographie.

46.4.2 Fertigung eines MRI-kompatiblen Retraktorblattes aus kohlenstofffaserverstärkten Thermoplasten

Chirurgische Instrumente und Implantate werden heute vorwiegend aus Metallen gefertigt. Wie bereits erwähnt, besteht der Nachteil von Metallen für bildgebende

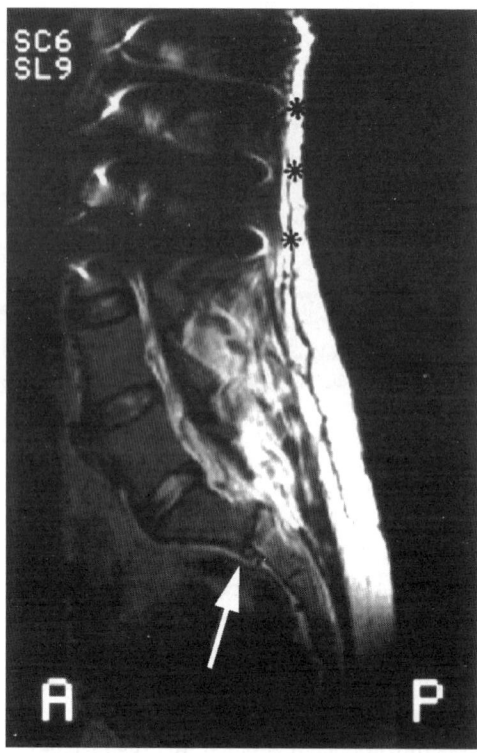

Abb. 46.22 Kernspintomographische Aufnahme einer 20-jährigen Patientin nach einem PKW-Unfall. In der oberen Bildhälfte (*) sind Artefakte aufgrund liegender Metallimplantate zu beobachten. In diesem Bereich der Wirbelsäule hat die Patientin Metallimplantate erhalten, um wegen einer Verkrümmung (Skoliose) vor 11 Jahren eine Stellungskorrektur zu erreichen. Im unteren Bildteil (Pfeil) ist ein Bruch zwischen 1. und 2. Steissbeinwirbelkörper (SWK1/SWK2) dargestellt. Hätte die Verletzung nach diesem Unfall weiter oben gelegen, wäre eine Beurteilung im Kernspintomogramm wegen überlagerter Artefakte nicht möglich gewesen

Verfahren im Signalverlust durch den linearen Attenuationskoeffizienten bei der Computertomographie (CT) und anderen Röntgenverfahren und in der von Körpergewebe und Luft unterschiedlichen magnetischen Suszeptibilität, die meist zu Artefakten bei der Kernspintomographie (MRI) [12]. Daher muss der Operateur oft Metallinstrumente aus dem Operationsgebiet entfernen, da diese nicht röntgentransparent sind. Bei diagnostischen Kernspintomographie-Untersuchungen kann die nähere Umgebung von Implantaten oft nicht hinreichend genau analysiert werden. Der für Implantate oder Instrumente verwendete Werkstoff muss daher in seiner magnetischen Suszeptibilität der Umgebung angeglichen werden, z. B. durch aus sich gegenseitig kompensierenden magnetischen Suszeptibilitäten von Kern und Hülle eines Bauteils [13]. Der Signalverlust bei röntgendiagnostischen, bildgebenden Verfahren kann durch einen möglichst niedrigen, linearen Attenuationskoeffizienten gemildert werden. Zu berücksichtigen ist auch, dass in der Chirurgie weit-

46.4 Beispiele von MRI kompatiblen Instrumenten

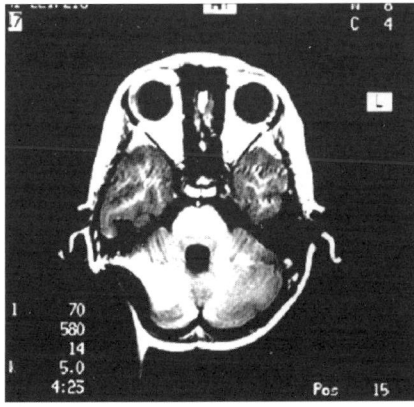
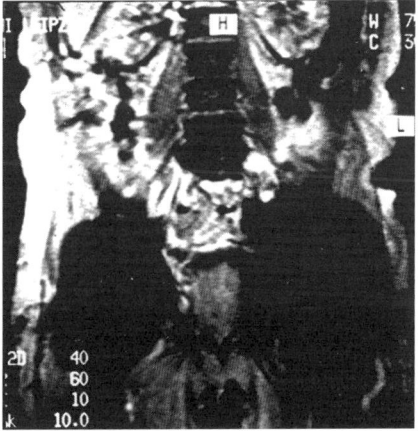

Abb. 46.23 *Links:* MRI-Aufnahme des Schädels eines Patienten mit Liquor-Drainagesystem. Eine kleine Metallverbindung im polymeren Schlauchsystem genügt, um die Kalotte zu einem Horn zu verformen. Damit werden ein Kalotten- und ein Hirnsubstanzdefekt vorgetäuscht. Diese Aufnahmen sind somit klinisch wertlos. *Rechts:* MRI-Aufnahme der Beckenregion mit Darstellung beider Hüften eines Patienten mit beidseitiger Hüft-Totalendoprothese. Extreme Artefaktbildung beidseits (Pfeile), die eine Beurteilung der interessierenden Region unmöglich macht. (Aufnahme: Prof. Dr. F. Schmidt, Klinik und Poliklinik für diagnostische Radiologie der Universität Leipzig, D)

verbreitet rostfreie Stähle eingesetzt werden, die zunächst nicht ferromagnetisch sind, dann jedoch ferromagnetisch werden, wenn sie z. B. durch intraoperatives Verbiegen einer Osteosyntheseplatte zur optimalen Anmodellierung an den Knochen oder durch das Überdrehen einer Schraube kaltverformt werden. Nach dieser Kaltverformung bewirken diese Implantate erhebliche Artefakte (verformungsinduzierte martensitische Umwandlung des austenitischen Gefüges). Titan und Titanlegierungen anstelle von Stählen bewirken erheblich verbesserte Bildqualitäten [14]. Durch die Verwendung von kohlenstofffaserverstärkten Polymeren, welche in beiden diagnostischen Verfahren vollständig verträglich sind, kann die Artefaktbildung vollständig vermieden werden.

Als klinisch anwendbares Modell wurden Retraktorblätter eines Wundspreizers für Operationen an der Halswirbelsäule entwickelt und optimiert. Es wurde darauf geachtet, dass das neuartige Blatt (Länge 55 mm, Breite 20 mm) in einem üblichen Retraktor angewendet werden kann. Für die Prototypenserie wurde ein C-kurzfaserverstärktes Polyamid 12 (PA 12) verwendet. Dieser Matrixwerkstoff zeichnet sich durch eine relativ geringe Wasseraufnahme, Chemikalienbeständigkeit, Formbeständigkeit unter Heissdampfsterilisation, hohe Festigkeit und gute Verarbeitbarkeit aus. Ausgehend vom Designvorbild in Metall wurden Gestaltvarianten in einem 3D-CAD-System (Unigraphics) erstellt und vom optimalen Design nach chirurgischer Beurteilung im Berechnungssysteme Patran ein Finite Element Modell (FEM) erstellt. Dabei wurde auf eine besonders feine Elementierung im Bereich kritischer Spannungszonen geachtet. Durch mehrere FEM-Berechnungen wurde wiederum

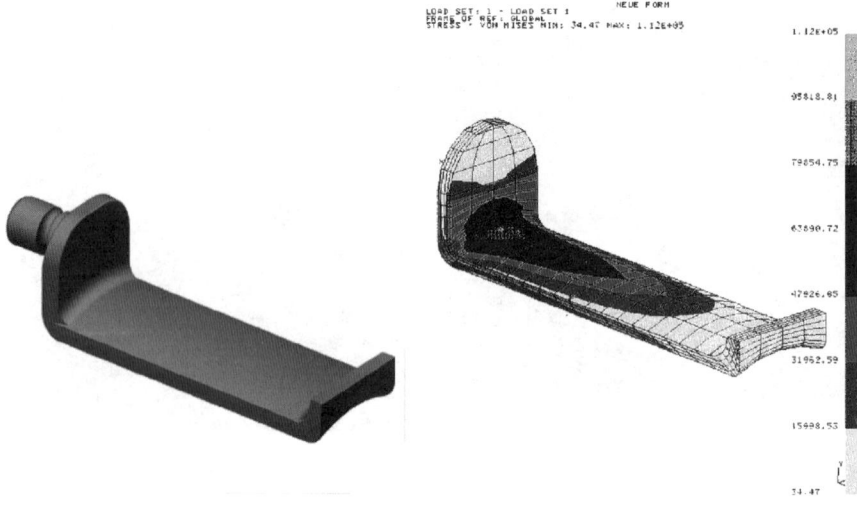

Abb. 46.24 Solidmodell des Retraktorblattes nach FE-Modellierung *(links)* und dreidimensionale Ansicht des Blattes mit Graustufenkodierung der Bauteilspannung *(rechts)*. Last am Blattende 100N. (Nach klinischer Erfahrung werden max. 50N erwartet). Ermittelte Vergleichsspannung nach von Mises: 70N/mm^2

eine Designoptimierung erreicht, und aus dem dann erzielten Datensatz wurden NC-Daten (numerical controlled data) generiert. Diese wurden zur Anfertigung einer Kupferelektrode auf einem Mehrachsenbearbeitungszentrum übertragen, mit der anschliessend mittels Funkenerosion eine Spritzgusskavität hergestellt wurde.

Spritzgussgerechte Bauteilkonstruktion und Formenbau
In Tabelle 46.4 sind wesentliche Kriterien für die Gestaltung einer Spritzgussform zusammengestellt. Es wird daraus deutlich, dass Formgestaltung, Prozessführung und Werkstoffeigenschaften aufeinander abgestimmt werden müssen. In den meisten Fällen wird eine Optimierung stattfinden, die den Anforderungen im Pflichtenheft, wie beispielsweise den mechanischen Eigenschaften, der Biokompatibilität und den Herstellungskosten, Rechnung trägt. Für die Entwicklung des beschriebenen Retraktorblattes wurden die Schwerpunkte auf die Bauteilgeometrie, die Biegesteifigkeit des Blattes sowie auf die Überdeckung der Oberfläche mit Matrix gelegt. Es ist von besonderer Bedeutung, dass Instrumente und Implantate aus kohenstofffaserverstärkten Verbundwerkstoffen eine vollständig durch Matrix und niemals durch Kohlenstofffasern gebildete Oberfläche haben. Diese Bedeckung muss auch unter maximal möglicher Belastung sowie unter verschiedensten Manipulationsmöglichkeiten durch den Chirurgen, z. B. Kratzen auf der Oberfläche, erhalten bleiben. Damit soll sichergestellt werden, dass durch Kohlenstofffasern im Körper kein Reizzustand hervorgerufen wird. Aufgrund der kleinen Fertigungslosgrössen werden die Fertigungskosten entscheidend durch die Kosten für das Einrichten der Spritzgussmaschine sowie für das Anfahren des Prozesses bestimmt. Die Möglich-

46.4 Beispiele von MRI kompatiblen Instrumenten

Problemstellungen in der Fertigung des Retraktorblattes	Lösungsansätze für die Gestaltung der Spritzgussform	Lösungsansätze zur Prozessführung
Spritzgussform		
Trennmittelfreie Entformbarkeit ohne mechanische Beanspruchung des noch warmen Bauteiles	Formschrägen von 2° Geeignete Wahl der Trennebenen, um Hinterschneidungen zu vermeiden Geeignete Positionierung der Auswerferstifte, um Drehmomente am Bauteil zu verhindern Formoberflächen mit Antihaftbeschichtungen	Tiefe Formtemperatur Tiefe Temperatur der Schmelze
Belastung der Form durch schrägverlaufende Trennebene	Zentrierung durch Führungsstifte in der Form	–
Werkzeugtemperierung zur Minimierung des Verzuges und zur Optimierung der Prozesszeit	Hohe Wärmeleitfähigkeit der Formmaterialien Positionierung von Heiz- und Kühlelementen	Verzug: Hohe Formtemperatur und hoher Nachdruck Prozesszeit: tiefe Formtemperatur
Geeignete Angussgestaltung zur Optimierung der Werkzeugfüllung	Stangenanguss über den Zapfen des Blattes Reduktion des Wärmeverlustes durch runden Querschnitt und Minimierung der Angusslänge sowie des Druckverlustes	Hohe Formtemperatur Getrennte Temperierung des Angussbereiches
Entlüftung: zur Optimierung der Werkzeugfüllung	Entlüftungsschlitze der Spitze, der oberen Kanten und oberhalb des Zapfens	Evakuieren der Form vor der Füllung
Bauteil Retraktorblatt		
Masshaltigkeit, Minimierung des Verzugs durch Eigenspannungen	Homogene Temperaturverteilung Vermeiden von Materialanhäufungen und ausgeprägten Querschnittsübergängen	Hohe Formtemperatur
Matrixüberdeckung der Oberflächen	Benetzbarkeit der Formoberflächen	Hohe Formtemperatur
Optimale Faserausrichtung	Kleinvolumiger, schlitzförmiger Anguss mit maximaler Scherrate	Hohe Einspritzgeschwindigkeit der Schmelze Geringe Massetemperatur der Schmelze
Maximale Faserlänge	Grossvolumiger Anguss mit minimaler Scherrate Keine scharfen Querschnittsübergänge	Geringe Einspritzgeschwindigkeit Hohe Massetemperatur

Tabelle 46.4 Gestaltungskriterien für den Formenbau sowie deren Einflussnahme auf die Prozessführung (Spritzguss)

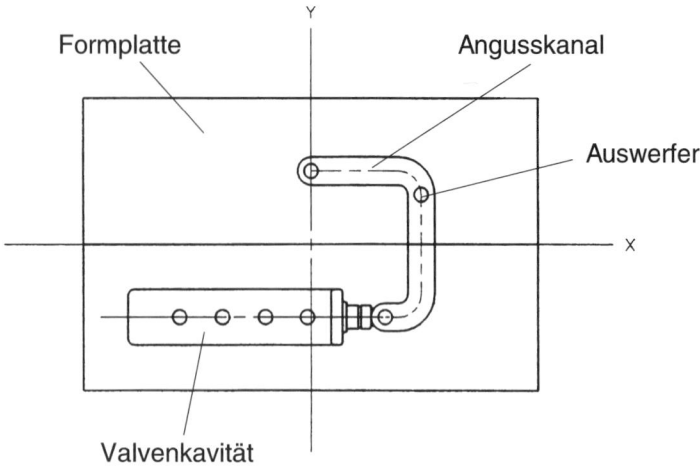

Abb. 46.25 Aufbau der Spritzgussform und Gestaltung des Angusskanals

keit, die Fertigungskosten durch die Verkürzung der Taktzeit zu reduzieren, ist daher bei den geringen Stückzahlen nur bedingt gegeben.

In Abb. 46.25 ist der Aufbau der Spritzgussform dargestellt. Die Trennebene beschreibt die Abgrenzung zwischen den Formhälften und ermöglicht deren Öffnung für die Bauteilentformung. Durch eine Abstufung der Trennebene entlang der Konturlinie des Retraktorblattes konnte auf die technisch kompliziertere Lösung eines Kernzuges verzichtet werden. Ein solcher würde ein drittes Formteil darstellen, das vor der Öffnung der Spritzgussform und der Entfernung des Bauteils aus der Bauteilhinterschneidung ausgefahren werden muss. In den gefangenen Zonen der Kavität mussten Entlüftungsschlitze angebracht werden, um eine vollständige Formfüllung zu erreichen. Eine zusätzliche Evakuierung der Form war so nicht notwendig. Der Anguss erfolgt als Stangenanguss über den Zapfen des Retraktorblattes, um ein vorzeitiges Einfrieren der Schmelze zu verhindern und die Faserausrichtung in der Schmelze für die spätere Bauteilbeanspruchung geeignet anzulegen. Als Werkstoff wurde kohlenstofffaserverstärktes, teilkristallines PA 12 mit einem Fasergehalt von 40 Gew.% verwendet. In späteren Versuchen wurde als Matrixwerkstoff PEEK verwendet, um die mechanischen Eigenschaften und die Hydrolysestabilität des Retraktorblattes zu verbessern. Dies hat besondere Bedeutung für die Resistenz des Bauteils im Dampfsterilisations- und γ-Strahlensterilsationsverfahren.

Struktur und Eigenschaften des Retraktorblattes

Die Faserorientierungsverteilung, die sich aus der Gestaltung der Spritzgussform sowie der Prozessführung ergibt, ist in Abb. 46.26 illustriert. Sie zeigt eine gute Formfüllung über den Zapfen sowie drei unterschiedliche Bereiche, eine Rand-, eine Übergangs- und eine Kernzone. Im Übergang vom Blatt zum Zapfen sind stärker desorientierte Faserbereiche festzustellen. Die Bauteilfestigkeit wurde im statischen

46.4 Beispiele von MRI kompatiblen Instrumenten

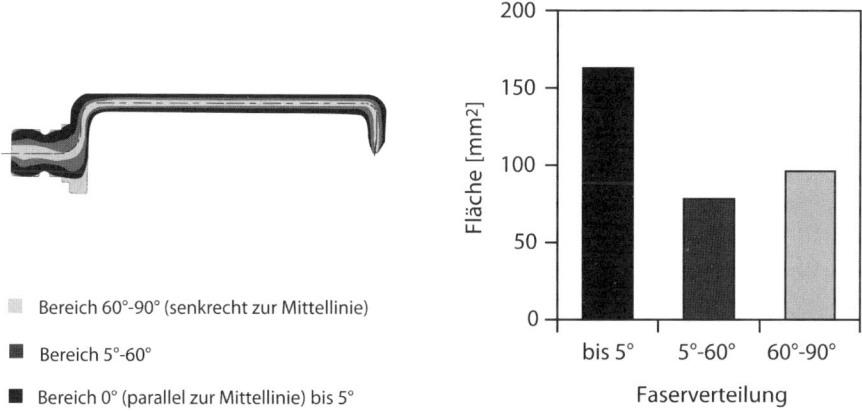

Abb. 46.26 Faserorientierungsverteilung des spritzgegossenen faserverstärkten Retraktorblattes, wobei 0° die parallele Ausrichtung der Fasern in Richtung der eingezeichneten Achse und 90° senkrecht dazu bedeutet

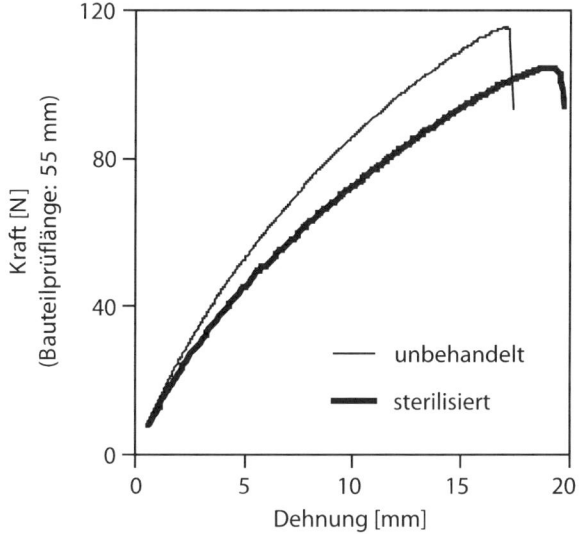

Abb. 46.27 Spannungs-Dehnungsdiagramm des Blattes im statischen Druckversuch. Die Bauteile wurden dampfsterilisiert

Druckversuch ermittelt, welche die Biegebeanspruchung des Blattes beim OP-Einsatz simuliert. Dazu wurde das Blatt am Zapfen eingespannt und die Beanspruchung an der Blattspitze aufgebracht. Die Bruchkraft des kurzfaserverstärkten Thermoplastblattes lag bei 108 N (Abb. 46.27). Lichtmikroskopische (LM) und REM-Aufnahmen zeigten eine intakte und faserfreie Oberfläche mit ausreichender Matrixüberdeckung.

Abb. 46.28 Spritzgegossenes, faserverstärktes Retraktorblatt nach Fertigung *(links)* und im Wundspreizer *(rechts)*

Beim erstmaligen Sterilisieren mittels Heissdampf (T = 134 °C, p = 2 bar) zeigte sich eine Reduktion der Bruchkraft um 8%, bedingt durch eine Spannungsrelaxation der im Herstellungsprozess eingebrachten Eigenspannungen. Fünf nachfolgende Sterilisationen zeigten jedoch keine weitere Beeinflussung der mechanischen Kennwerte. Diese Erfahrung, durch nachfolgende Erwärmung, hier in der Sterilisation des Bauteils, muss dazu führen, künftig alle später für das Heissdampfsterilisation vorgesehenen Instrumente unmittelbar nach der Entnahme aus der Spritzgusskavität zu tempern, um prozessbedingte Eigenspannungen abzubauen und eine spätere Verformung in den Sterilisationsgängen zu verhindern. Dieser Tempervorgang muss, um eine Verformung des Bauteils bei gleichzeitiger Relaxation der Eigenspannung zu erreichen, in einer Temperform geschehen. Je nach Prozessführung und Wirtschaftlichkeitserwägungen für die Herstellung einer gesamten Serie von Bauteilen kann diese Relaxation auch in der Spritzgussform selbst erfolgen. Die Oberfläche des Bauteils war intakt und faserfrei mit ausreichender Matrixüberdeckung.

46.4.3 Ausblick auf weitere Entwicklungen

Die bisher skizzierten Erkenntnisse in der Fertigung von Instrumententeilen aus faserverstärkten Polymeren soll in der Zukunft auf zahlreiche neue Instrumente ausgedehnt werden. Vorrangig gehört dazu ein Biopsiebesteck, dabei vor allem eine Biopsienadel, die gleiche Punktions-Präzision bietet wie herkömmliche Metallsysteme, jedoch im Kernspintomogramm keine Artefakte hervorruft und CT-kompatibel ist. In diesem Fall ist es erwünscht, neben der Signalauslöschung, die der kohlenstofffaserverstärkte Thermoplast bewirkt, an bestimmten Stellen des Instrumentes eine positive Kontrastdarstellung zu erzielen, um beispielsweise die Spitze sichtbar zu machen, die sich in einem zu punktierenden Tumor befindet.

Ein erstes Beispiel ist in Abb. 46.29 rechts dargestellt, wo eine für die Hirnbiopsie entwickelte Nadel gezeigt ist. Für die Punktion des Hirngewebes, z. B. im Falle

46.4 Beispiele von MRI kompatiblen Instrumenten 1069

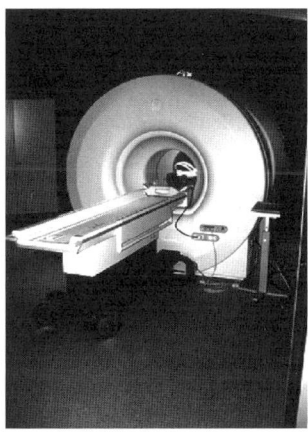
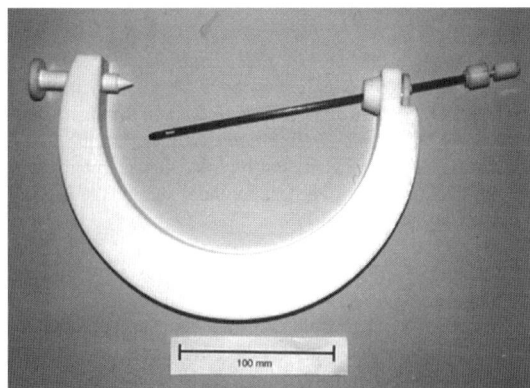

Abb. 46.29 *Links:* Interventionelles MRI mit optimalem Patientenzugang und adäquater Feldstärke für hohe Bildqualität (0.5 Tesla) *Rechts:* Design eines neuen Kopfhalterungssystems mit eingesetzter Biopsienadel

von Glioblastomen, ist es bedeutend, dass die Spitze nicht scharfkantig ist, sondern gerundet, damit Blutgefässe, auf die die Nadelspitze trifft, sanft zur Seite geschoben werden können und nicht angestochen werden. Im Innern der Nadel befindet sich eine zweite Hohlnadel, die an ihrem unteren Ende eine seitliche Öffnung besitzt. Nach erfolgter Aspiration wird durch Rotation der in den Tumor eingestochenen Kanüle ein Tumorzylinder entnommen, der einer histologischen Auswertung zugeführt werden kann.

Dieser erste Prototyp einer Hirntumorbiopsienadel wurde für die interventionelle Radiologie entwickelt. Damit eröffnet sich ein sehr weites Feld völlig neuer therapeutischer Verfahren, die am Ende von der Verfügbarkeit eines MRI-kompatiblen Instrumentariums abhängen.

Hiermit ist deutlich gezeigt, dass sich diagnostische und Werkstoff-Technologien in unterschiedlichen Geschwindigkeiten entwickeln können. Interventionelle Kernspintomographen sind bereits als Serienprodukte erhältlich, während adäquate chirurgische Instrumente für diese neue Behandlungsform noch weitgehend fehlen. Es wird in der Zukunft daher eine Vielzahl von Instrumentenentwicklungen geben, die durch optimal prozessierte biokompatible Werkstoffe zustande kommen, und die damit neue Diagnosemethoden und Behandlungsverfahren ermöglichen.

46.5 Literatur

1. Bergmann L., Schäfer C., *Elektrizität und Magnetismus*, Band 2, 7. Edition, de Gruyter, 1987.
2. Bösiger P., *Kernspin-Tomographie für die medizinische Diagnostik*, Teubner, Stuttgart, 1985.
3. Canet D., *NMR-Konzepte und Methoden*, Springer, Berlin, 1994.
4. Känzig W., *Physik für Ingenieure*, vdf, Zürich, 1993.
5. Partain C.L., Price R.R., Patton J.A., Nucelar magnetic resonance imaging: An overview of the physical principles, clinical potential and interrelationship with radionuclide imaging, in *NMR Imaging*, Saunders, 1988, p. 231–279.
6. Seiler, Hardmeier, *Lehrbuch der Physik*, Teil III, 6. Edition, Polygraphischer Verlag, Zürich.
7. Slichter S.P., *Principles of magnetic resonance*, 3rd Edition, Springer, Berlin, 1989.
8. Sommerfeld A., *Elektrodynamik*, Band III, Akademische Verlagsgesellschaft, Leipzig, 1964.
9. Schenck J.F., The Role Of Magnetic Susceptibility In Magnetic Resonance Imaging: MRI Magnetic Compatibility Of the First and Second Kinds, *Medical Physics*, 23, 6 (June), 1996, p. 815–850.
10. Lide D.R., Magnetic susceptibility of the elements and inorganic compounds, in *CRC Handbook of Chemistry and Physics*, Lide D.R. (ed.), 73. Edition, CRC Press, Tokyo, 1992, p. 9/57 – 9/61.
11. McClure J.W., Hickman B.B., Analysis of magnetic susceptibility of carbon fibers, *Carbon*, 20, 5, 1982, p. 373–378.
12. Callaghan P.T., *Principles of nuclear magnetic resonance microscopy*, Clarendon Press, Oxford, 1991.
13. Fritzsche S., Thull R., Haase A., Reduzierung von NMR-Bildartefakten durch Benutzung optimierter Werkstoffe für diagnostische Hilfsmittel und Implantate, *Biomedizinische Technik*, 39, 1994, p. 42–46.
14. Rupp R., Ebraheim N.A., Savolaine E.R., Jackson W.T., Magnetic resonance imaging evaluation of the spine with metal implants, *Spine*, 18, 1993, p. 379–385.
15. Jackels, S.C., Enhancement agents for magnetic resonance and unltrasound imaging, in *Pharmceuticals in medical imaging*, Macmillan Publishing Company, New York, 1990, p. 645–661

47 Medizinische Bildgebung

G. Wessels

47.1 Allgemein

In dem Spektrum der Medizintechnik nimmt die medizinische Bildgebung eine zentrale Rolle ein. Die verschiedenen Bildgebungsverfahren erfüllen nicht nur die Aufgabe, diagnostische Fragestellungen zu beantworten, sondern sie sind auch Basis für den gezielten Einsatz von Therapieverfahren (z. B. Strahlentherapie) bzw. bildgestützte interventionelle Interaktionen (z. B. Instrumentenführung) im menschlichen Körper.

Das Ziel aller Bildgebungsverfahren ist es, die fehlende direkte visuelle Einsicht des Mediziners in den menschlichen Körper zu ermöglichen. Dementsprechend sind auch die Anforderungen an bildgebende Systeme hinsichtlich Darstellung und Detailerkennbarkeit anatomischer Strukturen, Differenzierung unterschiedlicher Gewebe und deren Funktion sehr hoch.

Keines der medizinischen Bildgebungverfahren ist hinsichtlich seines Informationsgehaltes (Anatomie, Morphologie, Geometrie, Organfunktion, etc.) für sich gesehen in der Lage, diagnostische Fragestellungen in der Gesamtheit zu beantworten. Jedes Verfahren weist Stärken und Schwächen auf. Dementsprechend bauen sich auch die diagnostischen Strategien bezüglich ihres Einsatzes und ihrer Kombination je nach diagnostischer Fragestellung auf. Das Ziel der jeweils eingesetzten Verfahren ist somit immer, die Schwäche eines Verfahrens mit der Stärke eines anderen zu kompensieren.

Die unterschiedlichen Verfahren zur medizinischen Bildgebung werden entweder nach dem verwendeten physikalischen Verfahren oder nach der Bildtyp unterteilt (Tabelle 47.1)

Die bildgebenden Verfahren dienen unterschiedlichen Aufgabenstellungen. Primär werden sie für diagnostische Fragestellungen eingesetzt. Allerdings übernehmen sie auch verstärkt Aufgaben als intraoperative Bildgebung zur Lokalisation von Läsionen, zur Instrumentenbeobachtung, etc.

Eine mit einem Bildgebungssystem heute eng verknüpfte Komponente stellen digitale Bildsysteme dar. Sie ermöglichen neben der Bilddatenakquisition und deren Visualisierung Aufgaben der Bildverarbeitung wie Quantifizierung von Bildobjekten, Kontrastanhebung, Bildfusion, usw.

Bildgebendes Verfahren	Physikalisches Verfahren	Bildtyp
Röntgen-Aufnahme/Durchleuchtung	Röntgenstrahlung	Projektionsbild
Computertomographie	Röntgenstrahlung	Schnittbild
Kernspintomographie	nuklearmagnetische Resonanz	Schnittbild
Sonographie	Ultraschallwellen	Schnittbild
Szintigraphie	instabile Nuklide	Projektionsbild
SPECT/PET	instabile Nuklide	Schnittbild
Endoskopie/ Mikroskopie	Lichtwellen	Aufsichtsbild

Tabelle 47.1 Medizinische Bildgebungsverfahren

47.2 Ultraschall – Bildgebung (Sonographie)

In der Medizin werden seit 200 Jahren Schallwellen für diagnostische Zwecke in Form der Perkussion genutzt. 1942 wendete DUSSIK erstmals Ultraschall als Durchschallungsverfahren am Schädel an, um Ventrikelverschiebungen zu diagnostizieren. In den USA wurde dann 1949 der Weg für das Impuls-Echo-Verfahren bereitet, das erstmals zum Auffinden von Gallensteinen durch LUDWIG angewendet wurde. Das Verfahren ist Basis für die heute verwendete diagnostische Ultraschall-Bildgebung, die je nach Fragestellung Ultraschallfrequenzen zwischen 3.5 MHz bis 30 MHz nutzt.

Impuls-Echo-Verfahren
In der medizinischen Diagnostik wird zur Erzeugung von Ultraschallwellen der piezoelektrische Effekt genutzt. Darunter versteht man die Eigenschaft bestimmter polykristalliner Materialien (Titanate, Zirkonate), elektrische Impulse in mechanische Schallimpulse zu wandeln, die durch Änderung der Kristalldicke bewirkt werden. Die so erzeugten Ultraschallimpulse dringen bei geeigneter akustischer Ankopplung in das Untersuchungsobjekt ein und werden auf ihrem Ausbreitungsweg an internen Gewebegrenzflächen reflektiert. Der Teil der reflektierten Schallwelle, die die Piezokeramik wieder erreicht, erzeugt in dieser auf Grund mechanischer Anregung wiederum ein elektrisches Signal (Abb. 47.A1). Das heißt, der piezoelektrische Effekt ist umkehrbar; eine Piezokeramik kann als Sender und umgekehrt als Empfänger verwendet werden. Daraus ergibt sich auch das Prinzip des Impuls-Echo-Verfahrens (Abb. 47.A2). Mit Hilfe eines Ultraschallgenerators wird zunächst eine Piezokeramik, nachfolgend Schallkopf genannt, zu Schwingungen angeregt und anschließend auf eine Empfangselektronik umgeschaltet, die die resultierenden elektrischen Empfangssignale verstärkt und gleichrichtet. Die Amplituden können dann im einfachsten Fall als Zeit-Amplitudensignal dargestellt werden. Man bezeichnet es als A-Signal (A-Mode von Amplitudenmodulation).

Schallwellen
Schallwellen und ihre Ausbreitung sind an elastische Materie gebunden. Da die Atome sowohl längs als auch quer zur Ausbreitungsrichtung einer Schallwelle schwin-

47.2 Ultraschall – Bildgebung (Sonographie)

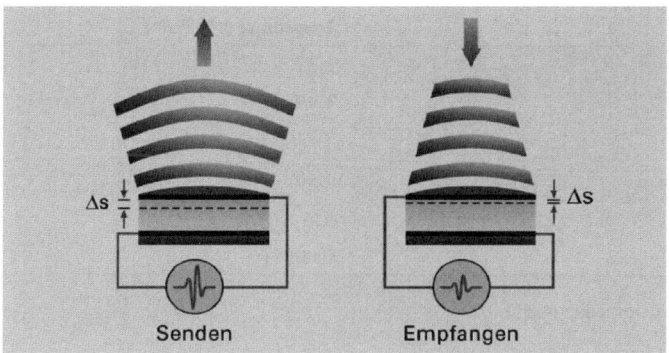

Abb. 47.A1 Piezoelektrischer Effekt

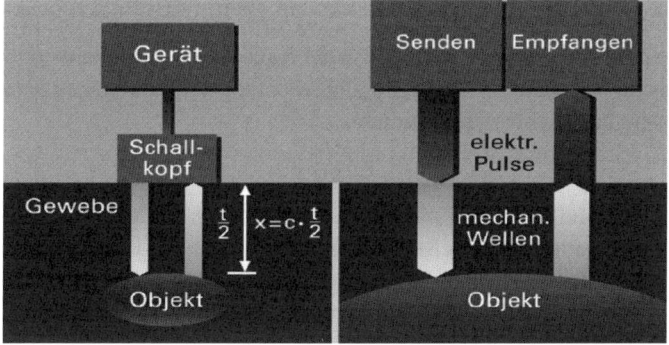

Abb. 47.A2 Impuls-Echo-Verfahren

gen können, unterscheidet man zwischen Longitudinal- und Transversalwellen. In Flüssigkeiten und Gasen können ausschließlich Longitudinalwellen auftreten, da die für Transversalwellen notwendigen Scherkräfte für die Ausbreitung fehlen. In biologischen Geweben, die als zähe Flüssigkeit aufgefaßt werden, treten nur Longitudinalwellen auf. Longitudinalwellen sind dadurch gekennzeichnet, daß in Wellenausbreitungsrichtung periodisch wiederkehrend Druckerhöhungen und Unterdrücke auftreten. Die Differenz des jeweiligen Druckes bezogen auf den Normaldruck wird als Schalldruck p bezeichnet. Er hat die Maßeinheit Pascal.

Breitet sich eine Ultraschallwelle in einem Medium aus, so werden eine Reihe stoffspezifischer Eigenschaften auf die Welle wirksam. Eine stoffspezifische Größe ist die Ausbreitungsgeschwindigkeit c, die sich für Longitudinalwellen zu

$$c = \sqrt{E/\rho} \quad (E = \text{Elastizitätsmodul},\ \rho = \text{Dichte des Mediums})$$

ergibt.

Medium	Impedanz ($10^6 \cdot$ Ns/m³)
Fett	1,37
Wasser	1,49
Gehirn	1,58
Leber, Muskel	1,66
Knochen	3,7 – 7,8
Luft	0,00041

Tabelle 47.2 Impedanzwerte

Der Abstand zweier aufeinanderfolgender Orte gleichen Schalldruckes bestimmt die Wellenlänge:

$\lambda = c / f$ (c = Ausbreitungsgeschwindigkeit; f = Schallfrequenz)

Eine weitere charkteristische Größe in der Akustik ist der Wellenwiderstand oder die akustische Impedanz Z. Sie ergibt sich aus der Ausbreitungsgeschwindigkeit c der Welle und der Dichte ρ des Mediums.

$$Z = \rho \cdot c$$

In Tabelle 47.2 sind für spezifische Gewebe typische Werte angegeben.

Bei der Ausbreitung von Schallwellen in biologischen Geweben werden Ultraschallwellen durch mehrere physikalische Effekte beeinflußt. Für die Schallausbreitung gelten dabei grundsätzlich die Gesetze der Wellenoptik.

Reflexion und Brechung

Der Reflexion einer Schallwelle an Gewebegrenzflächen kommt für den diagnostischen Ultraschall die größte Bedeutung zu. Solange sich eine Schallwelle in einem homogenen Medium ausbreitet, unterliegt sie den stoffspezifischen Eigenschaften dieses Mediums. Trifft sie jedoch auf eine Grenzfläche zweier Medien mit unterschiedlichen akustischen Impedanzen, so wird ein Teil der Welle reflektiert, während sich der andere Teil im zweiten Medium fortpflanzt (Abb. 47.A3). An der Grenzfläche zweier Gewebe treten sprunghafte Änderungen von ρ und c auf, die abhängig sind vom Einfallswinkel α_1 und dem Winkel α_2, unter dem die Welle Unterschied der Impedanzen Z_1 und Z_2 der beiden Medien abhängt zu

$R = ((Z_2 \cos \alpha_1 - Z_1 \cos \alpha_2) / (Z_2 \cos \alpha_1 + Z_1 \cos \alpha_2))^2$

Sein Wert bestimmt die relative Größe der Amplitude des reflektierten bzw. transmittierten Wellenanteils. In Tabelle 47.3 sind Werte häufig vorkommender Reflexionsfaktoren zusammengestellt.

Aus der Tabelle 47.3 lassen sich folgende wichtige Aussagen ableiten:

1. Der Reflexionsfaktor ist für Weichteilgewebe sehr klein und bewegt sich im Promillbereich.

	Wasser	Fett	Muskel	Haut	Hirngewebe	Leber	Blut	Schädelknochen
Wasser		0,047	0,02	0,029	0,007	0,035	0,007	0,57
Fett			0,067	0,076	0,054	0,049	0,047	0,61
Muskel				0,009	0,013	0,015	0,02	0,56
Haut					0,022	0,0061	0,029	0,56
Hirngewebe						0,028	0,00	0,57
Leber							0,028	0,55
Blut								0,57
Schädelknochen								

Tabelle 47.3 Typische Werte für den Betrag des Reflexionsfaktors

2. Aus 1) resultiert, daß dieser Umstand überhaupt diese physikalische Methode als Bildgebungsverfahren eingesetzt werden kann, da der weitaus größte Schallwellenanteil sich im Gewebe weiter ausbreitet und Informationen aus dem Körperinneren liefern kann.
3. Grenzflächen an Knochengeweben reflektieren einen sehr hohen Wellenanteil
4. Grenzflächen an Luftschichten führen zu einer Totalreflexion der Welle.

Der Winkel, unter dem die Ausbreitungrichtung der Schallwelle im folgenden Medium gebrochen wird, berechnet sich nach

$$\sin \alpha_1 / \sin \alpha_2 = c_1 / c_2$$

Im wesentlichen tragen die senkrecht zur Ausbreitungsrichtung liegenden Grenzflächen zum Aufbau des Ultraschallbildes bei.

Streuung

Normalerweise sind die Grenzflächen unterschiedlicher Medien nicht glatt, sondern rauh (Abb. 47.A4). Auftreffende Schallwellen regen jeden Punkt der Fläche zu Schwingungen an, der dann eine Kugelwelle abstrahlt. Die Überlagerung all dieser Kugelwellen führt zu rückgestreutem Schall. Die Aufweitung des rückgestreuten Schallkegels hängt von der Wellenlänge und der Rauhigkeit der Grenzfläche ab. Durchläuft eine Schallwelle ein Medium mit statistisch verteilten kleinen Kugeln mit einem Radius als die Schallwellenlänge, so tritt die sogenannte Rayleigh-Streuung auf.

Die Streuung in Geweben ermöglicht die Beobachtung von Schallechos; auf diesem Effekt beruht die diagnostische Ultraschall-Bildgebung.

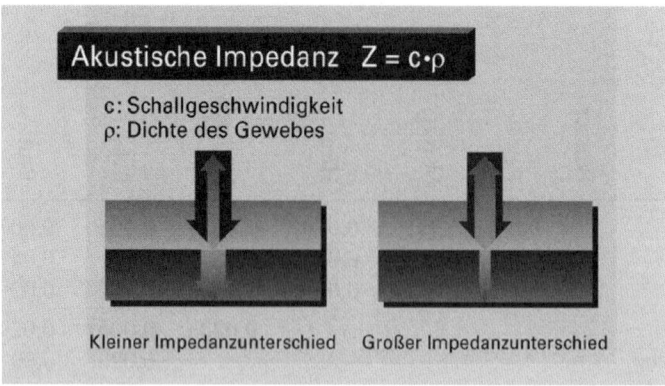

Abb. 47.A3 Akustische Impedanz

Absorption
Während der Ausbreitung im Gewebe verliert eine Ultraschallwelle Energie durch die Reflexion. Durch die Absorption im Gewebe erfährt eine Schallwelle jedoch wesentlich höhere Energieverluste. Dies wirkt sich unmittelbar auf den Schalldruck p des reflektierten Wellenanteils aus. Der Zusammenhang zwischen dem Schalldruck p(x) in einer Tiefe x und dem zurückgelegten Laufweg x wird bestimmt durch

$$p(x) = p_0 \cdot e^{-\alpha \cdot f \cdot x}$$

p_0: Anfangsschalldruck; f: Frequenz; α: Absorptionskonstante

Der Mittelwert für die Absorption in Weichteilgeweben (Laufweg 2x) beträgt

$$\text{Absorption} \approx 0{,}6 \,/\, \text{cm} \cdot \text{MHz (dB)}$$

Für das Impuls-Echo-Verfahren ist dabei der doppelte Weg zu berücksichtigen. Der Absorptionskoeffizient α ist sowohl von den biologischen Gewebeeigenschaften als auch von der Ultraschallfrequenz abhängig und steigt annähernd linear mit der Frequenz. Für die Ultraschallbildgebung hat dies folgende Konsequenzen:

1. Identische akustische Impedanzsprünge werden mit zunehmender Eindringtiefe durch immer kleinere Amplituden des reflektierten Wellenanteils repräsentiert. Dadurch werden ohne gerätetechnische Maßnahmen unterschiedliche Impedanzsprünge (sich ändernde Gewebeeigenschaften) vorgetäuscht. Dieser Effekt kann gerätetechnisch durch eine über die Eindringtiefe der Schallwelle (Laufzeit) zunehmende Verstärkung (sog. Tiefenausgleichsfunktion) des Empfangssignals elektronisch kompensiert werden.
2. Trotz der laufzeitabhängigen Verstärkung verringert sich mit zunehmender Schallfrequenz die Eindringtiefe im Körper. Da man möglichst hohe Frequenzen (hohe örtliche Objektauflösung) verwenden möchte, muß in der Praxis ein Kompromiß zwischen verwendeter Frequenz und der gewünschten Eindringtiefe in den Körper geschlossen werden (Abb. 47.A5). Dies erklärt auch das breite

47.2 Ultraschall – Bildgebung (Sonographie)

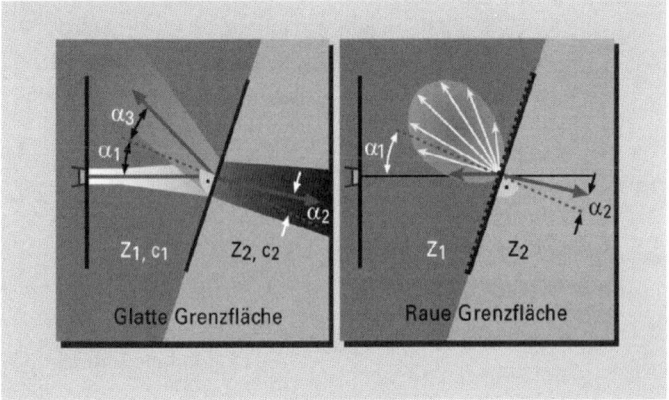

Abb. 47.A4 Reflexion und Beugung

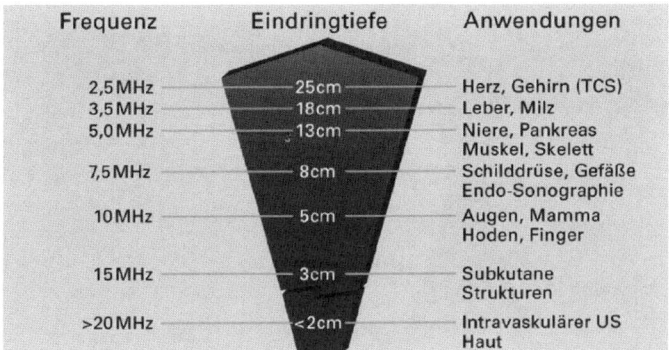

Abb. 47.A5 Verknüpfung von Eindringtiefe und Frequenz

Frequenzspektrum in der Ultraschalldiagnostik. Oberflächennahe Organe werden typischerweise mit 7.5 – 10.0 MHz und tieferliegende Körperregionen mit 3.5 – 5.0 MHz untersucht.

Beugung
Jede Begrenzung von Schallfeldern führt zu Beugung; kreisförmige Felder mit einem Durchmesser (Appertur) D weiten sich auf entsprechend

$$\alpha = 1.22 \lambda/D$$

(α = Winkel zwischen Schallachse und 1. Beugungsminimum)

In der Sonographie werden vorwiegend ‚schlanke' Schallfelder genutzt. Um ein Objekt möglichst real abzubilden, muß das Schallfeld quer zur Ausbreitungsrichtung möglichst scharf gebündelt sein und darf sich in Ausbreitungsrichtung nur wenig aufweiten. Dazu werden z. B. akustische Linsen eingesetzt, die direkt auf dem

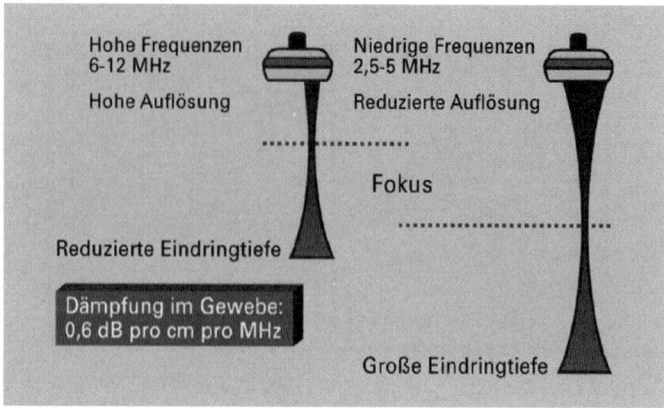

Abb. 47.A6 Schallfeld-Fokussierung

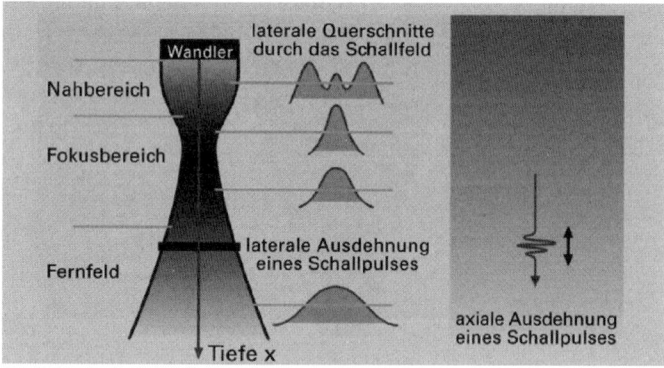

Abb. 47.A7 Schallfeld und tiefenabhängige Schalldruckverteilung

Piezoschwinger aufgesetzt sind und das Schallfeld auf eine gewünschte Eindringtiefe fokussieren (Abb. 47.A6).

Schallfeld
Das erzeugte Schallfeld eines Piezokristalls ist ein wesentlicher Einflußfaktor für die Qualität von Ultraschallbildern. Physikalisch gesehen ist die Bildqualität durch die erreichbare Objektauflösung begrenzt. Hierunter wird wird der Mindestabstand zweier Objekte verstanden, die im Ultraschallbild noch getrennt dargestellt werden können.

Die räumliche Ausbildung des Schallfeldes (seine Schalldruckverteilung) bestimmt neben der verwendeten Frequenz das Auflösungsvermögen dieses bildgebenden Verfahrens (Abb. 47.A7). Generell unterscheidet man beim Ultraschall zwischen dem lateralen und dem axialen Auflösungsvermögen (Abb. 47.A8).

47.2 Ultraschall – Bildgebung (Sonographie)

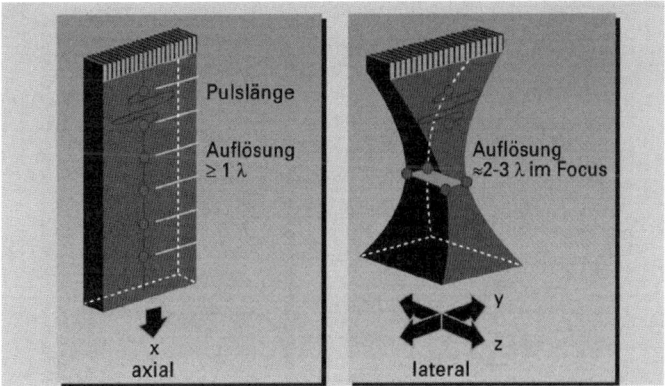

Abb. 47.A8 Axiale und laterale Auflösung

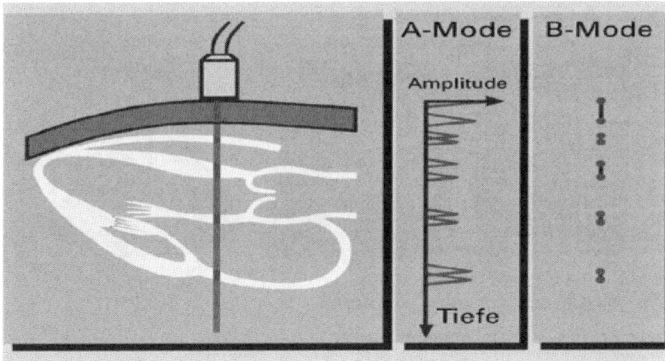

Abb. 47.A9 Von A-Mode zu B-Mode

Das laterale Auflösungsvermögen (senkrecht zur Ausbreitungsrichtung) wird durch die Schallfeldgeometrie bestimmt. Für den Fall, daß die laterale Ausdehnung (Schalldruckverteilung) des Schallfeldes größer als das Objekt ist, wird beispielsweise ein punktförmiger Reflektor nicht punktförmig sondern linienförmig („verschmiert") abgebildet. Ab einem bestimmten (abnehmenden) Objektabstand zweier Reflektoren resultiert daraus, daß sie nicht mehr als separate Reflektoren dargestellt werden können.

Die axiale Auflösung (in Schallausbreitungsrichtung) ist durch die verwendete Frequenz bzw. die Ultraschallimpulslänge bestimmt. Theoretisch entspricht die Auflösung der halben Wellenlänge. Prinzipiell gilt, daß die axiale Auflösung gegenüber der lateralen Auflösung um den Faktor 2–3 besser ist.

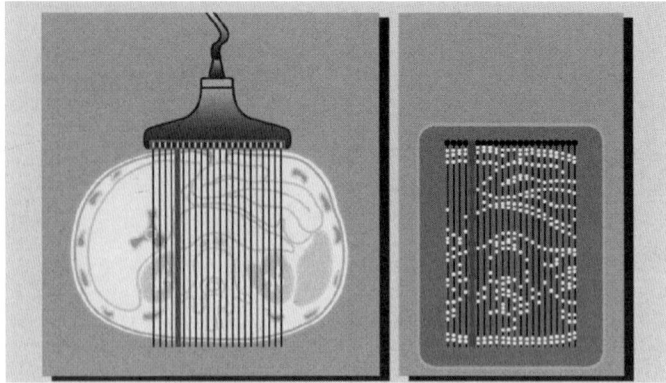

Abb. 47.A10 Entstehung des B-Bild

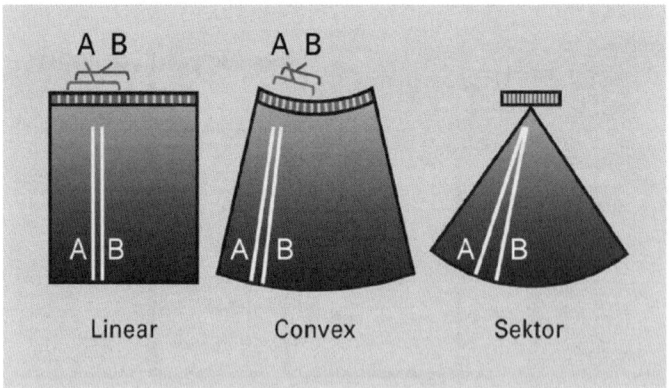

Abb. 47.A11 Ultraschall-Arrayausführungen und Bilddarstellungen

B-Bild (B-Mode)
Die Darstellung der Ultraschallinformation erfolgt auf unterschiedliche Weise. Alle Bildverfahren nutzen das beschriebene Amplituden-Zeitsignal (A-Signal / A-Mode). Im sogenannten B-Mode (B=Brightness) werden die nach dem Sendeimpuls empfangenen Echoamplituden entlang einer Linie entsprechend dem zeitlichen Eintreffen aus der Tiefe des Gewebes in eine Helligkeitsmodulation (Grauwerte) umgewandelt (Abb. 47.A9). Wird der Ultraschallsender gezielt über ein Untersuchungsgebiet bewegt, und werden die im B-Mode akquirierten Echosignale entsprechend ortsrichtig zur Darstellung gebracht, so entsteht ein zweidimensionales Ultraschall-Schnittbild, das die Textur von Geweben in Form von Grauwerten repräsentiert (Abb. 47.A10).

Zur Aufnahme von Schnittbildern gibt es unterschiedliche Methoden, die nach dem Abtastprinzip benannt sind. Unter einem sogenannten ‚Ultraschallscan' versteht

47.2 Ultraschall – Bildgebung (Sonographie)

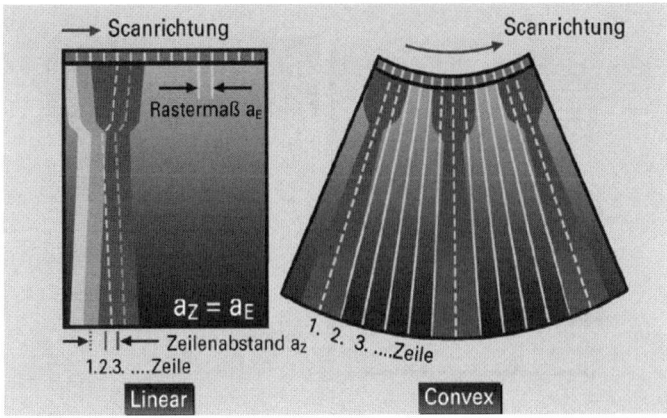

Abb. 47.A12 B-Bild-Aufbau

man in der Ultraschalldiagnostik die regelmäßige Abtastung einer Schnittebene einer untersuchten Körperregion mit dem A-Mode mit einem bestimmten Scanformat in vorgebbarer zeitlicher Sequenz. Die Scanformate sind durch die konsruktive Ausbildung der Ultraschall-Applikatoren und deren elektronischer Ansteuerung vorgegeben (Abb. 47.A11). Man unterscheidet primär zwischen mechanischen und elektronischen Schallköpfen. Letztere werden in *linear-array, curved (convex)-array* bzw. *phased (Sektor)-array* eingeteilt. Als ‚array' wird eine reihenförmige Anordnung von n Einzelwandlern bzw. flächenhafte Anordnung von n^2 Elementen bezeichnet.

B-Bild-Aufbau
Am Beispiel des Linear- und Curved -arrays mit einer Anzahl n von Elementen soll der prinzipielle B-Bild-Aufbau dargestellt werden. Von den n Elementen wird jeweils eine Gruppe, bestehend aus m Elementen, zum Senden und Empfangen einer Ultraschallzeile (Basis A-Signal) von der Geräteelektronik aktiviert (Abb. 47.A12). Zum Akquirieren der nächsten B-Bildzeile wird dann die Elementgruppe um ein Element (Rastermaß α_E) auf dem array verschoben. Beim Senden und Empfangen mit der neuen Gruppe wird somit auch das Gewebe um einen einen entsprechenden Schritt versetzt abgetastet. Durch Fortsetzung dieses Verfahrens erhält man ein B-Bild (Schnittbild), das eine flächenhafte Verteilung eines Reflexionsmusters eines Gewebeareals durch Grauwerte repräsentiert.

Zur Erreichung einer bestmöglichen Bildqualität ist eine Fokussierung des Schallfeldes einer Wandlergruppe. Senkrecht zur Arraylänge kann das Schallfeld durch eine akustische Linse auf eine fixe Fokustiefenlage fokussiert werden. In Bildebene erfolgt eine elektronische Fokussierung durch unterschiedliche elektronische Verzögerung der Signale einer Wandlergruppe von m Elementen. Je nach gewünschter Tiefenlage des Fokus werden die empfangenen Signale der Einzelwandler entsprechend der Laufwegsunterschiede zeitlich verzögert. So liefern alle aktive Wandler einer Gruppe kohärente Signalanteil, d. h. die Addition der verzögerten Signale er-

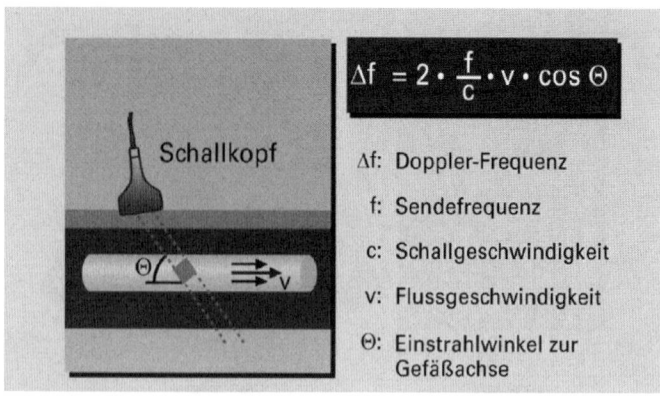

Abb. 47.A13 Ultraschall-Dopplerverfahren

gibt die bestmögliche Echodarstellung für den Fokuspunkt. Werden während des Empfangs der Echosignale die Verzögerungszeiten der einzelnen Wandler geeignet variiert, so kann variabel über die Bildtiefe der Fokus entsprechend verändert werden. Dies wir als dynamische Fokussierung bezeichnet.

Doppler-Verfahren
Neben der zweidimensionalen B-Bilddarstellung dient das Doppler-Verfahren (Abb. 47.A13) zur Erfassung, Darstellung und Auswertung von Blutflußgeschwindigkeiten im Herzen und in Gefäßen. Man unterteilt die Dopplersonographie in

- Spektrale Doppler-Sonographie
- Farbdoppler-Sonographie

Spektrale Doppler-Sonographie
Während das B-Bild auf Reflexion und Streuung von Ultraschall an Grenzflächen und Binnenstrukturen von Organen beruht, nutzt das Doppler-Verfahren die Erythrozyten, die sich in Gefäßen mit unterschiedlichen Geschwindigkeiten auf den Ultraschallkopf zubewegen bzw. sich von ihm wegbewegen. Dabei erfahren die reflektierten Echosignale eine geringfügige Frequenzverschiebung gegenüber der Sendefrequenz, die von der Größen und Richtung der Flußgeschwindigkeit abhängt (Abb. 47.A14). Bei dem spektralen Doppler wird das Gefäß von einem Einzelschallstrahl erfaßt und die Flußgeschwindigkeit nur längs dieser Richtung gemessen. Die spektrale Verteilung der Geschwindigkeit wird als Funktion der Zeit dargestellt. In kombinierter Darstellung mit dem B-Bild des Gefäßes wird das Verfahren auch Duplex-Sonographie (Abb. 47.A15) genannt.

Das von den Erythrozyten im Blutstrom gestreute Echosignal erfährt gegenüber der Sendefrequenz f eine Frequenzverschiebung Δf, die durch die Doppler-Formel

$$\Delta f = 2 f/c \cdot v \cdot \cos\Theta$$

47.2 Ultraschall – Bildgebung (Sonographie)

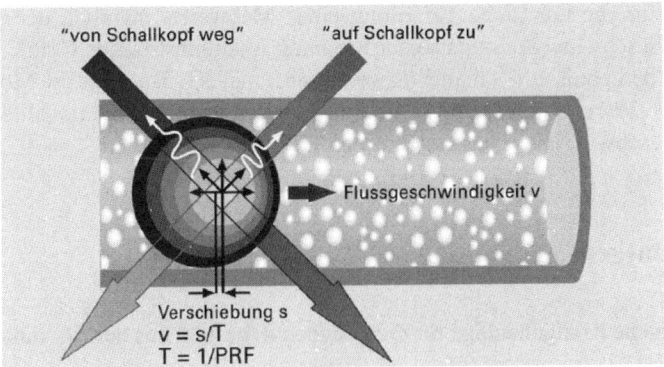

Abb. 47.A14 Ermittlung der Flussgeschwindigkeit

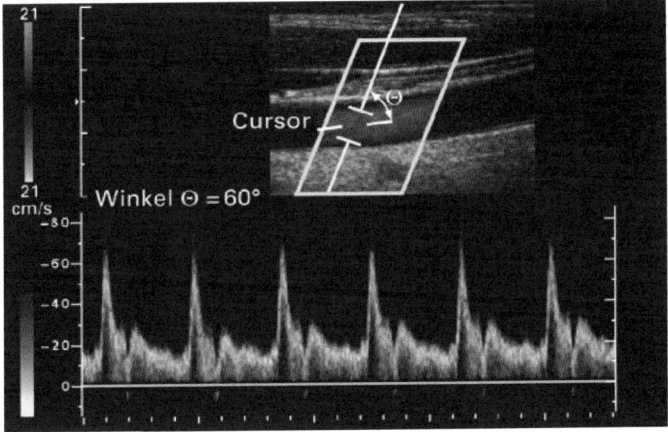

Abb. 47.A15 Duplex-Sonographie

Hierin ist c die mittlere Schallgeschwindigkeit (1540 m/s) in Gewebe, v die zu bestimmende Flußgeschwindigkeit und Θ der Einstrahlwinkel zur Gefäßachse. Die Frequenzverschiebung Δf ist ein direktes Maß für die Flußgeschwindigkeit.

Ultraschall-Frequenzbereich 2 bis 8 MHz und bei physiologischen Flußgeschwindigkeiten von einigen mm/s bis zu 1 bis 2 m/s gemessenen Dopplerfrequenzen Δf liegen im Hörbereich von 50 Hz bis 15 kHz.

Farbdoppler-Sonographie
Während beim spektralen Doppler der zeitliche Verlauf der Geschwindigkeitsverteilung an einem vorgewählten Ort gemessen wird, analysiert das Farbdoppler-Verfahren über eine Vielzahl von Orten, die über das zweidimensionale Schnittbild verteilt sind, die Flußgeschwindigkeit. Im Unterschied zum Doppler-Spektrum ist

das Ergebnis die räumliche Verteilung eines Meßwertes, nämlich der Größe der mittlerenGeschwindigkeit und seiner Richtung im durchströmten Gefäß.

Als Bildergebnis erhält man ein zweidimensionales B-Bild, das die Morphologie eines Gewebeareals repräsentiert, in Kombination mit der Funktionalität in Form der Flußgeschwindigkeit des zugehörigen Gefäßsystems.

47.3 Röntgen-Bildgebung

Die klassische Röntgenanlage für die Diagnostik besteht aus den Grundkomponenten (Abb.B1):

- dem *Strahler* (Röntgenröhre), der die Röntgenstrahlung erzeugt,
- dem *Generator*, der den Strahler mit Energie versorgt,
- dem *Detektor*, der die Röntgenstrahlung nach Durchdringung des Patienten in ein Bildsignal wandelt
- dem *Gerät*, das Röhre, Detektor und Patienten einander zuordnet
- dem Bildsystem

Fortschritte in der Röntgentechnik ergaben sich mit der Entwicklung der digitalen Elektronik/Mikroprozessortechnik (z. B. digitale Bildsysteme) und durch die Einführung der Bildverstärker/Fernsehsysteme, die die Trennung der Bildbetrachtung vom Ort der Bildentstehung ermöglichte. Damit war die Voraussetzung geschaffen, die Röntgendiagnostik an die spezifischen Anforderungen der einzelnen Fachrichtungen anzupassen. Es entstanden eine eine Vielzahl von Spezialgeräten für die Gastroenterologie, Lungen- und Skelettdiagnostik, Urologie, Pädiatrie, Angiologie, Neurologie. Die digitalen Bildsysteme hielten mit der digitalen Subtraktionsangiographie (DSA) Einzug in die Röntgendiagnostik. Heute sind sie zur Bildakquisition, Speicherung und Bildverarbeitung eine Voraussetzung. Die Mikroelektronik dient der Qualitätsverbesserung der Röntgenbilder, die Strahlendosis zu reduzieren und nicht zuletzt die Arbeitsabläufe zu rationalisieren.

Der wesentliche Vorteil der Röntgenbildgebung gegenüber allen anderen bildgebenden Verfahren besteht darin, daß es in Echtzeit Übersichtsbilder aus dem Patien-

Abb. 47.B1 Aufbau eines Röntgengerätes (C-Bogen)

47.3 Röntgen-Bildgebung

Abb. 47.1 Prinzip der digitalen Radiographie

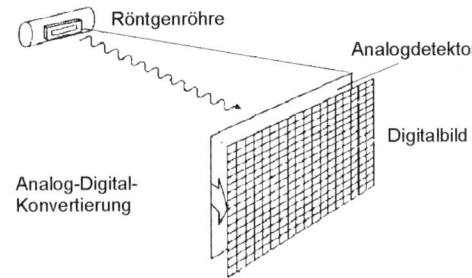

ten liefert. Diese Information ist für den Anwender wichtig, um unter Sichtkontrolle Vorgänge oder Manipulationen im Körper direkt mitzuverfolgen.

Mit der Verbreitung der digitalen Bildsysteme vollzog sich ein immer stärkerer Wandel der klassischen Röntgendiagnostik hin zur Digitalen Radiographie. Als Vorteile der DR sind die Möglichkeit der digitalen Bildverarbeitung und der Zugang zu methodisch neuen Bildern zu nennen.

Zunächst soll der Begriff „Digitale Radiographie" (DR) definiert werden: Man versteht unter DR die Projektionsradiographie mit digitalem Bildausgang (exklusive der Computertomographie). Heute werden mehr 50% aller Untersuchungen und mehr als 60% aller Bilder digital ausgeführt. Die digital vorliegende Bildinformation ist Voraussetzung der digitalen Bildverarbeitung.

Die erste Anwendung der Digitalen Radiographie ist seit 1976 die Digitale Subtraktionsangiographie (DSA). Dabei werden mit Hilfe von Bildverstärker-Fernseh-Ketten Bilder zu verschiedenen Zeitpunkten aufgenommen und voneinander fortlaufend subtrahiert.

Diese gestattet es, den vorgegebenen diagnostischen Inhalt eines Bildes so aufzubereiten, daß die Bildinformation zur Klärung der jeweils aktuellen Fragestellung optimal aufbereitet und dargestellt wird. Verschiedenartige Detailinformation aus ein und demselben Bild kann simultan oder nacheinander herausgearbeitet werden, so daß das Bild insgesamt eine höhere diagnostische Aussagekraft erhält. Außerdem verdankt die DR ihren Zuwachs der verbesserten Handhabbarkeit von Bildern bei Dokumentation, Archivierung, und Weiterleitung und der damit verbundenen erhöhten Wirtschaftlichkeit. Ein dritter wesentlicher Grund ist durch die reproduzierbare, gleichbleibend gute Bildqualität gegeben: „Elektronik ist leichter regelbar als Chemie".

Das digitale Bild
Die Begriffe „digital" und „digitalisiert" sind zwei viel strapazierte Wörter, die synonym zueinander benutzt werden. Im engeren Sinne versteht man unter einem digitalen Bild eine Aufnahme, bei der schon bei der Entstehung nur digitale Daten anfallen. Beispiele hierfür sind am Computer synthetisch erzeugte Bilder, Zählraten-Bilder in der Nuklearmedizin, CT- oder MR-Bilder. Demgegenüber spricht man von einem digitalisierten Bild, wenn bei der Datenaufnahme zunächst nur ein ana-

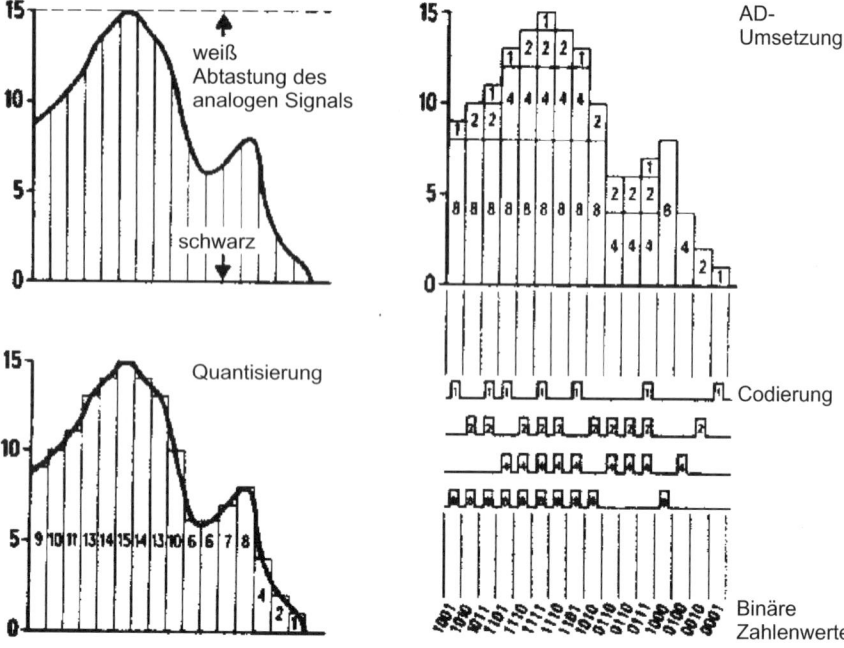

Abb. 47.2 Prinzip der Quantisierung

loges Bild entsteht, das anschließend erneut abgetastet und dabei digitalisiert wird. Folgende Abbildung zeigt das Prinzip.

Beispiele für Systeme mit digitalisierten Bildern sind die Lumineszenzradiographie (CR oder DLR) oder das Röntgenbildverstärker-Fernsehen (RBV/FS).

In der Elektrotechnik versteht man unter Digitalisierung die Annäherung von analogen, d. h. kontinuierlichen physikalischen Meßwerten durch diskrete Meßwerte aus einem endlichen Wertevorrat. Diese Diskretisierung, auch Quantisierung genannt, erfolgt sowohl für den Meßwert selbst als auch für die Zeitachse der Meßwertbestimmung oder die räumliche Ausdehnung der Meßwertquelle bei örtlich variierenden Größen. Folgende Abbildung zeigt das Prinzip der Quantisierung.

Dabei ist der Wertevorrat des Meßsignals (Ordinate) auf 16 (von 0 bis 15) Werte beschränkt. Der in der Abszisse dargestellte Orts-/Zeitbereich der Messung erstreckt sich ebenfalls auf 16 Orts-/Zeiteinheiten, so daß als Resultat der Analog-Digital-Wandlung (ADC) die Darstellung des Meßsignals als Reihe von 16 Zahlenwerten (ganzzahlig und positiv) entsteht.

Dargestellt ist neben der dezimalen Zahlendarstellung auch die entsprechend binäre. Dabei bezeichnet die Anzahl der Bits einer Zahl in Binärdarstellung die Anzahl der Ziffern (hier nur 0 und 1), die zu ihrer Darstellung erforderlich sind. Acht Bits faßt man zu einem Byte zusammen.

Ein digitales Bild ist nun die Menge von Bildelementen (sogenannten Picture-Elements oder Pixel) eines regelmäßigen, zweidimensionalen Ortsrasters (Ortsdis-

47.3 Röntgen-Bildgebung

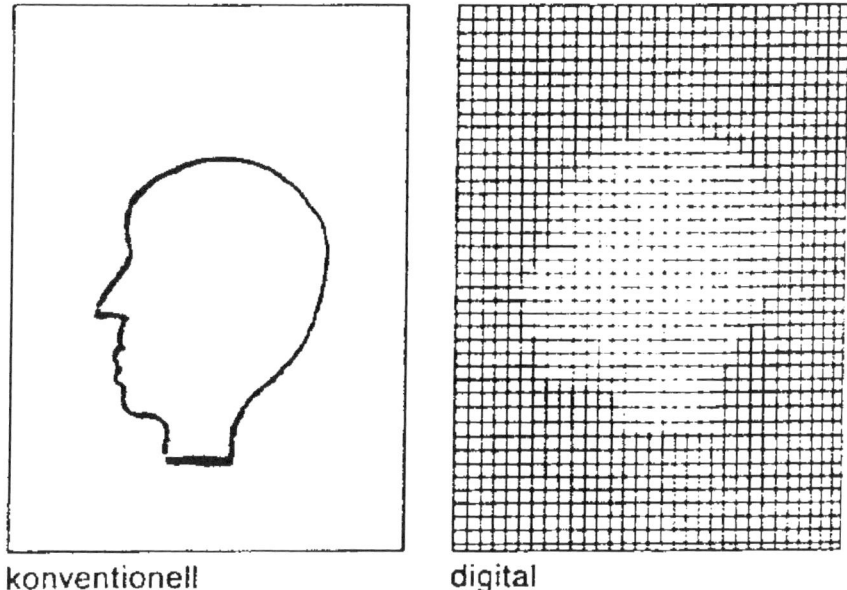

konventionell   digital

Abb. 47.3 Darstellung in einem analogen / digitalen Bild

kretisierung), mit endlicher Wertemenge an Informationsgehalt (Meßwertdiskretisierung).

Ein Meßwert, d. h. eine Zahl, steht dabei symbolisch für eine physikalische Kenngröße, z. B. das Röntgenabsorptionsvermögen. Eine hohe Röntgenabsorption im untersuchten Objekt bedingt ein kleines Analogsignal und damit ein kleines Digitalsignal. Macht man dieses Digitalsignal an einem Monitor sichtbar, so ergibt sich ein dunkler Grauwert (Kontrastmittel in der DSA; „Knochen dunkel"). Eine Grauwerttabelle (LUT) bildet dabei den endlichen Wertevorrat der Meßwerte auf Helligkeitswerte am Monitor ab. Für eine niedrige Röntgenabsorption erscheint in diesem Modus auf dem Monitor ein heller Grauwert, extrem z. B. in überstrahlten Bereichen bei mangelhafter oder nicht möglicher Einblendung. Die umgekehrte, dem Film entsprechende Darstellung ist ebenfalls gebräuchlich und über eine abfallende statt aufsteigende Belegung der LUT-Tabelle realisierbar („Knochen hell").

Bildqualität

Wie oben beschrieben stellt sich das digitale Bild als endliche Matrix von natürlichen Zahlen, den Bildpunkten, dar. Der Unterschied zwischen einem digitalen und einem analogen Bild ist schematisch in folgender Abbildung dargestellt.

Mathematisch sind dies zweidimensionale Funktionen $f(x,y)$ bzw. $g(i,j)$ mit kontinuierlichen Wertebereichen für f, x, y bzw. diskreten Werten (ganzen Zahlen) für g, i, j.

Die Qualität eines digitalen Bildes hängt entscheidend vom physikalischen Abstand zweier benachbarter Bildpunkte ab ($\Delta i, \Delta j$; „Pixelgröße"). Allgemein kann

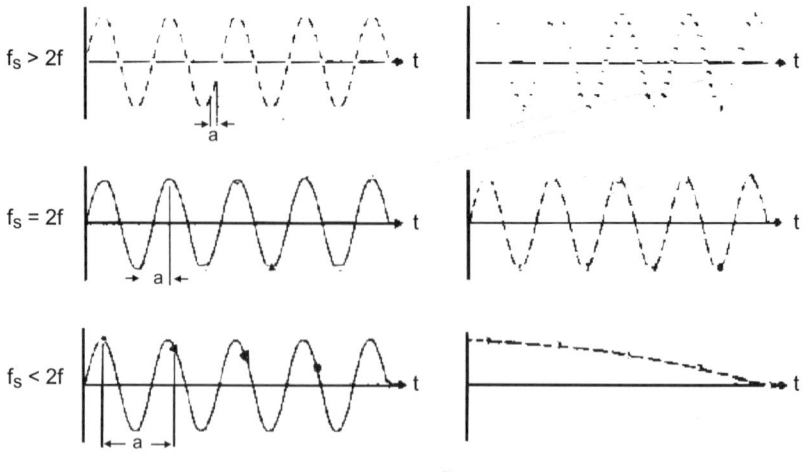

$f_S \geq 2f$ ist Voraussetzung für getreue Übertragung

↑ ↑ Höchste Frequenz im Signalspektrum: f

Abtastfrequenz: $f_S = \dfrac{1}{2a}$

Abb. 47.4 Ortsauflösung / Ortsfrequenz

man sagen, daß mit feiner werdender Ortsrasterung die Bildqualität bezüglich der optischen Schärfe steigt. Zusätzlich muß man aber berücksichtigen, daß ein reales Abbildungssystem physikalisch oder technisch vorgegebene Qualitätsgrenzen besitzt. Ein Beispiel hierfür ist die Aufweitung des im RBV-Eingangsleuchtschirm generierten Lichts durch Streueffekte, die sich negativ auf die Ortsauflösung des Abbildungssystems auswirken. Das sind jedoch minimale Effekte gegenüber der außerhalb des eigentlichen Bildsystems entstehenden Röntgenstreuung. Als Ortsauflösung bezeichnet man die Gütegrenze eines Abbildungssystems um räumliche Schwankungen der abzubildenden Objektinformation auch im Bild wiederzugeben. Diese (maximale) Ortsfrequenz wird ausgedrückt in [LP/mm]. Dies ist in der folgenden Abbildung graphisch dargestellt.

Anzumerken bleibt, daß die Ortsauflösung allein nicht zur Beschreibung der Bildqualität ausreicht, sondern daß die an die Ortsauflösung gekoppelte Kontrastauflösung eine entscheidende Rolle spielt.

Meßtechnisch wird die Bildqualität durch ihre Linienbildfunktion (Punktbildfunktion bzw. deren Fouriertransformierte der Modulationstransferfunktion (MTF), durch das Rauschspektrum (sog. Wiener Spektrum) und die Detektor Quanten Effizienz (DQE) beschrieben. Praktisch (experimentell) bestimmt wird die Ortsauflösung z. B. durch Aufnahme eines sog. Bleistrichgitters.

Wie oben erwähnt, sind reale Abbildungssysteme nicht ideal, d. h. sie bilden Untersuchungsobjekt nicht völlig exakt ab. Ein frequenzabhängiges Maß für dieses Übertragungsverhalten gibt die MTF an. Sie ist in der folgenden Abbildung erklärt.

47.3 Röntgen-Bildgebung

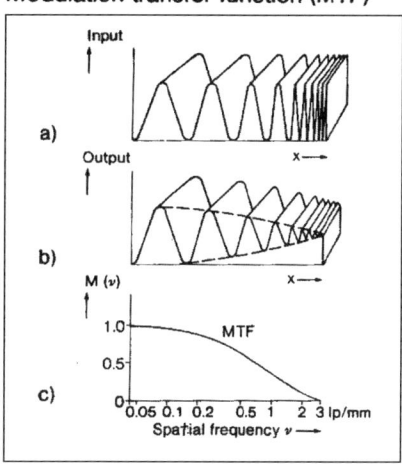

Abb. 47.5 Modulationstransferfunktion

Was sagt die oben erwähnte Größe DQE aus? In der Röntgentechnik ist eine obere Grenze für die zu erreichende Bildqualität durch die Physik der Röntgenstrahlung, d. h. durch die Quantenstatistik definiert. Das bedeutet, es existiert auch für ein ideales Abbildungssystem ein maximaler Wert für das Signal/Rausch-Verhältnis. Die Größe DQE gibt nun an, wieviel von diesem Optimum in einem realen System tatsächlich erreicht werden.

Insgesamt läßt sich feststellen, daß eine Vielzahl von Einflußgrößen die Qualität eines digitalen Bildes bestimmt. Unter anderem ist die Bildqualität objektabhängig: „Ein dünner Patient (weniger Streuung) bildet sich besser ab als ein dicker Patient". Ebenso entscheidend ist die Betrachtungsumgebung, d. h. findet z. B. eine Monitorbetrachtung im abgedunkelten Raum statt oder in einem hell erleuchteten, und das Betrachtungsequipment, d. h. betrachtet man z. B. das Bild auf einem hochauflösenden oder auf einem normalauflösenden Monitor.

Digitalsystem

Das Prinzip eines digitalen Bildsystems ist, stark vereinfacht, in Abb. 47.6 dargestellt. Die Detektoreinheit wandelt Röntgenbildinformation in Meßsigale um, die der Analog-Digital-Wandler für die Handhabung im Digitalsystem präpariert. Im Digitalspeicher wird das Digitalbild abgelegt, zum Zwecke der Bilddarstellung und der Bildmanipulation durch die Einheit Bildverarbeitung. Um das Digitalbild an einem Monitor darzustellen, muß es über einen Digital-Analog-Wandler in ein Videosignal überführt werden. Dieses Videosignal kann auch als Eingangssignal für die Dokumentationseinheit dienen. Heute üblich sind jedoch Dokumentationseinheiten (Laser Imager) mit digitalem Bildeingang.

Bildverarbeitung

Zur Verarbeitung von digitalen Bildern läßt sich grundsätzlich feststellen: Nur Information, die auch im originären Rohdatenbild schon enthalten ist, kann rekonst-

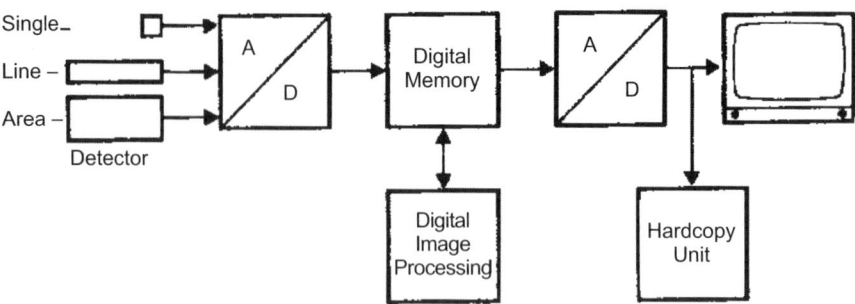

Abb. 47.6 Prinzip eines digitalen Bildsystems

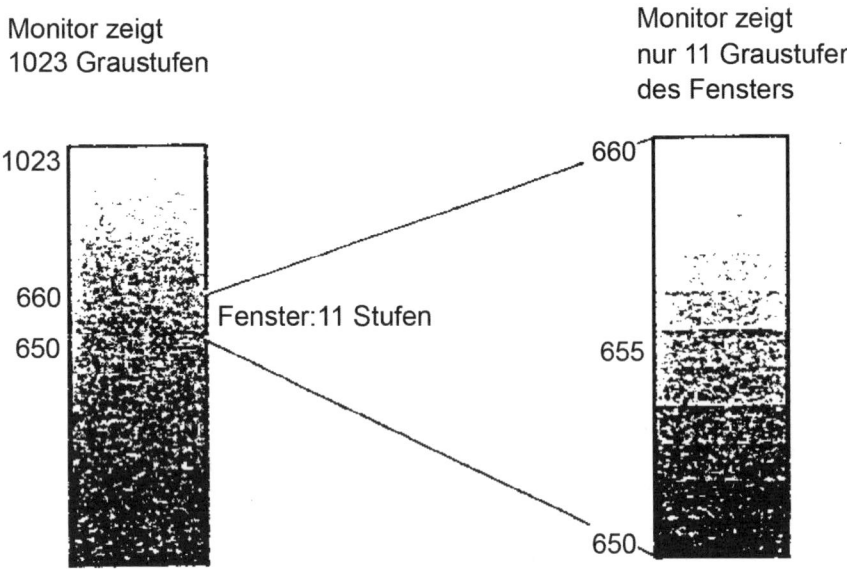

Abb. 47.7 Grauwertfensterung zur Bilddarstellung

ruiert werden. Was häufig übersehen wird ist die Tatsache, daß das Bildsignal schon bei der Datenaufnahme (dem Meßprozeß) einer Verarbeitung unterworfen wird. Das analoge Bildsignal wird manipuliert, z. B. durch Logarithmierung für die DSA, was seine Begründung in der exponentiellen Röntgenabsorption hat, oder durch eine Quadratwurzelbildung, was durch die Abhängigkeit des Quantenrauschens von der Wurzel des Meßsignals motiviert wird.

Einfache Methoden der Bildverarbeitung bieten sich bei der Darstellung des Bildes an. Der Begriff Darstellung bedeutet dabei die Umsetzung von Zahlenwerten nach Grauwerthelligkeiten am Monitor bzw. Hardcopy. Diese Umsetzung erfolgt mit Hilfe einer Übersetzungsvorschrift, einer sogenannten Look-Up-Tabelle. Bei-

47.3 Röntgen-Bildgebung

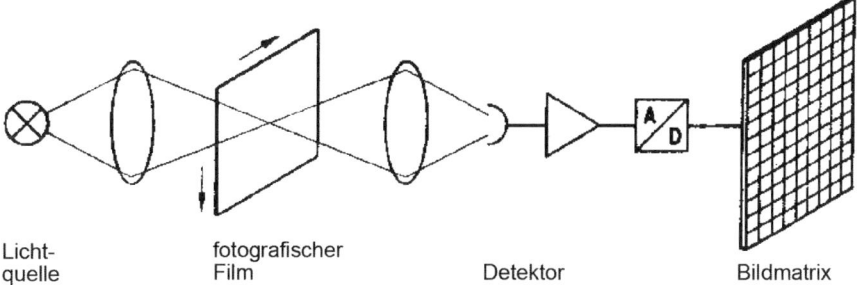

Abb. 47.8 Prinzip der Röntgenfilm-Digitalisierung

spiele für die Manipulation in der Bilddarstellung sind die Grauwertfensterung oder die Grauwertinvertierung. Siehe folgende Abbildung.

Von eigentlicher Bildverarbeitung spricht man, wenn man das Bild an sich manipuliert, d. h. die Bildzahlenwerte in ihrem Kontext verändert. Beispiel Hochpaßfilterung: Im Originalbild vorhandene Grauwertkanten (Konturen) werden durch mathematische Differenzierung „(d/di, d/dj)g" ermittelt und das daraus entstehende reine Kantenbild auf das Originalbild addiert mit dem Effekt der Betonung von Kanten und feinen Strukturen.

Neuere Methoden der Bildverarbeitung (künstliche Intelligenz, Neuronale Netze, Fuzzy Logic) dringen auch in die automatische Analyse von Bildinhalten vor. Beispiele hierfür sind die Konturerkennung des Herzens, die automatische Findung von Stenosen in DSA-Aufnahmen oder die automatische Detektion von Mikrokalk in der Mammographie.

Digitalisierung von Röntgenfilmen

Das Prinzip hierbei ist folgende: Ein fokussierter Laserstrahl wird rasterförmig über einen entwickelten Röntgenfilm geführt. Je nach Schwärzung des Films wird das Laserlicht mehr oder weniger absorbiert. Die durch den Film transmittierte Intensität des Laserlichts wird über einen Lichtdetektor (Photodiode, Photomultiplier) bestimmt und in ein digitales Signal gewandelt. Man detektiert also die Lichtdurchlässigkeit des Films in Abhängigkeit des Ortes. Das Prinzip zeigt Abb. 47.8.

Die Abtastschärfe wird dabei durch den Durchmesser des Laserstrahls bestimmt. Durch eine nachfolgende Bildverarbeitung kann der Grauwertkontrast gegenüber dem Filmbild angehoben werden. Im allgemeinen führt dies jedoch nicht zu einer signifikanten Verbesserung der Bildqualität. Die nichtlineare Filmgradation kann auf diese Art und Weise natürlich nicht vollkommen ausgeglichen werden.

Eine andere Methode der Filmdigitalisierung läßt sich durch den Einsatz von CCD-Fernsehkameras realisieren.

Da PACS-Systeme in zunehmendem Maße als Routinewerkzeug eingesetzt werden, kann die Digitalisierung von Röntgenfilmen eine Renaissance erleben. Um für Verlaufsstudien auch ältere Patientenaufnahmen dem PACS-System zugänglich zu machen, ist diese Methode die einzig gangbare.

Abb. 47.B2
Bildverstärker/
Festkörperdetektor

Röntgen-Bildverstärker Fernseh-System
Der Röntgen-Bildverstärker (RBV) ist eine Vakuumröhre, in der ein Röntgenbild in ein sichtbares Bild hoher Leuchtdichte umgewandelt wird. Die durch das Untersuchungsobjekt räumlich modulierte Röntgenstrahlung wird am Eingangsleuchtschirm des RBVs in ein sichtbares Bild umgewandelt. Dieses optische Bild wird an einer Photokathode über Photoeffekt in ein Elektronenbild gewandelt. Durch ein zwischen Photokathode und Anode angelegtes elektrisches Feld (25–35 kV) werden die Photoelektronen beschleunigt und auf einen Ausgangsleuchtschirm abgebildet (Sammellinsenprinzip), der das Elektronenbild überführt in ein optisch sichtbares Bild sehr hoher Leuchtdichte (ein Elektron wird in 1000 Photonen gewandelt). Die physikalische Basis bei diesem Abbildungsprozeß ist durch die Eigenschaft der Elektronen gegeben, als geladene Teilchen sehr gut durch elektrische Felder ablenkbar zu sein, während die Röntgenquanten eine solche Kollimierung nicht erlauben.

Das Bild am Ausgangsleuchtschirm des RBVs wird auf die photoempfindliche Schicht der Fernsehaufnahmeröhre projiziert und von dort über einen fokussierten Elektronenstrahl rasterhaft abgetastet. Das Videosignal der Fernsehkamera wird digitalisiert und gespeichert.

Der Vorteil des RBV/FS-Systems liegt in der Schnelligkeit der Datenaufnahme (30 1024^2-Bilder/Sekunde) begründet, was eine Echtzeitbefundung bei Durchleuchtungsprinzip ermöglicht und eine Verlaufskontrolle bei zeitkritischen Funktionsabläufen (DFR+DSA) erlaubt. Ein Nachteil der RBV/FS-Systeme ist die relativ schlechte Ortsauflösung bei größerer Eingangsfläche des RBVs (typisch 300 μm Pixelgröße bei 33 cm RBV). Eine Matrixgröße von 1024^2 mit 10 Bit Grauwerten ist heute Standard. Systeme mit einer Matrixgröße von 2048^2 sind im High-End eingeführt.

Eine typische Anwendung des RBV/FS-Systems liegt in der DFR und DSA. Während es sich bei DFR (Digitale Fluoro Radiographie) um die Aufzeichnung nativer Bilder handelt, stellt die DSA eine Methode zur isolierten Darstellung von Gefäßbildern dar. Verfahren wird dabei wie folgt: von ein und demselben Ort werden unter Kontrastmittelinjektion zwei Aufnahmen in zeitlichem Abstand voneinander angefertigt. Eine noch ohne Kontrastmittel, das sog. Maskenbild, und eine zweite

47.3 Röntgen-Bildgebung

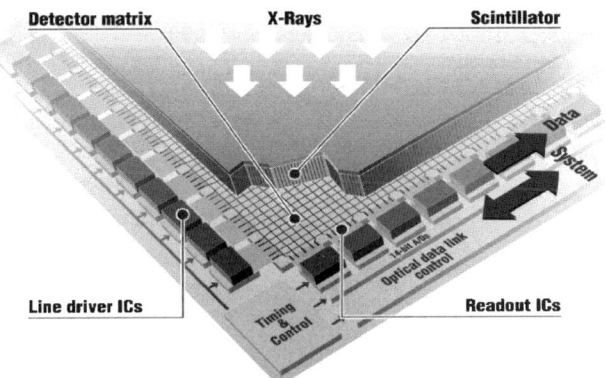

Abb. 47.B3 Aufbau Festkörperdetektor

mit Kontrastmittel, das Füllungsbild. Die beiden Bilder werden voneinander subtrahiert: Deckungsgleiche Objekte wie Knochen und Weichteile werden eliminiert. Übrig bleiben im Bild die mit Kontrastmittel gefüllten Gefäße.

Die digitale Bildverarbeitung ermöglicht es beispielsweise, Hintergrundsstrukturen (Knochen) prozentual und kontinuierlich für eine anatomische Orientierung zuzumischen. Diese Technik wird „Anatomic Background" oder „Landmarking" genannt.

Festkörperdetektoren
Alternativ zum klassischen Röntgen-Bildverstärker (Abb. 47.B2) kommen heute im Sinne der Innovation sogenannte Festkörperdetektoren (Abb. 47.B3) zur Anwendung, die auf aSi-Technologie (amorphes Silizium) basieren. Die eigentliche Röntgenabbildung erfolgt hier wie bei den Bildverstärkern auf einer CsJ-Szintillationsschicht. Die Vorteile dieser ‚flat panel'-Technologie sind, dass sie eine deutlich kleinere Bauweise gegenüber einem Bildverstärker und sie keine geometrische Verzerrung der Bilder aufweisen. Hinter der Röntgendetektorschicht ist parallel eine Diodenmatrix aus „amorphem Silizium" angebracht, die dieser Technik ihren Namen gibt. In dieser Schicht werden die „Lichtblitze" aus dem CsJ in elektrische Ladungen gewandelt. Treiber zur „Adressauswahl" steuern die Diodenmatrix an und über Ausleseverstärker wird die Ladungsinformation ausgelesen. Die gesamte Elektronik sitzt in hochintegrierter Form hinter der eigentlichen aSi Schicht.

Digitale Lumineszenz-Radiographie
Das Prinzip der temporären Speicherung von Röntgenbildern auf Speicherfolien beruht auf folgendem Prinzip:

Die Speicherfolie, von Material und Wirkungsweise ähnlich der Verstärkerfolie, hat als Halbleitermaterial die Fähigkeit, Röntgeninformation in Kristallelektronenzuständen temporär zu speichern. Bei Zuführung von Röntgenenergie werden Kristallelektronen in einen energetisch angeregten Zustand versetzt. Die Dichte der angeregten Elektronen ist dabei über einen sehr großen Dynamikbereich linear zur anregenden Röntgendosis. Die gespeicherte Information wird der Speicherfolie

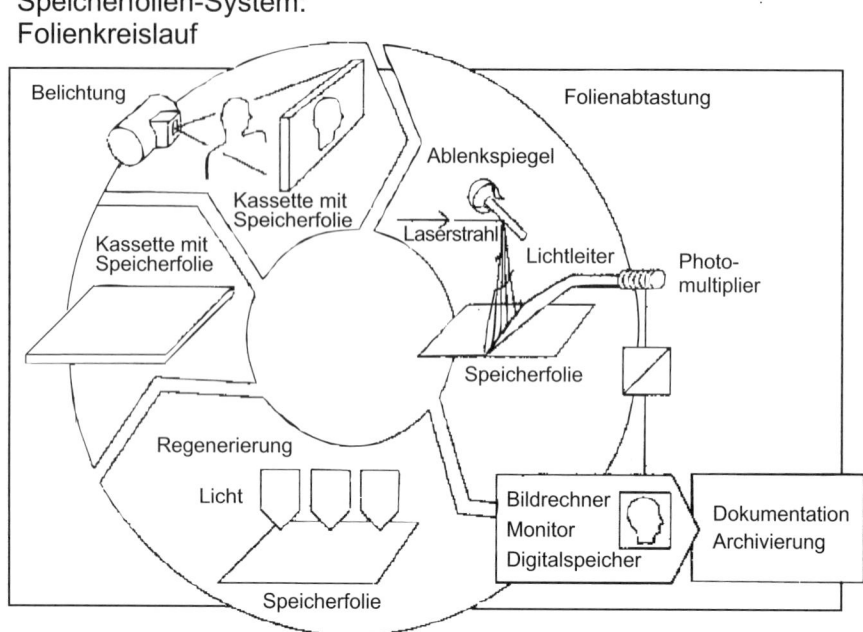

Abb. 47.9 Arbeitsschritte eines Speicherfolien-Systems

über ein rasterhaftes Abtasten mit einem fokussierten Laserstrahl wieder entzogen. Durch zugeführte Laserenergie regen sich die angeregten Kristallelektronen ab, unter Aussendung von Lumineszenzlicht. Dieses Lumineszenzlicht wird über einen Photomultiplier detektiert und in ein digitales Signal gewandelt. Abb. 47.9 zeigt den Anwendungskreislauf.

Vorteil der Speicherfolie ist der hohe lineare Dynamikbereich, der die Möglichkeit einer Über- bzw. Unterbelichtung stark reduziert. Das System ist dosisflexibel, d. h. die Dosis kann an die medizinische Fragestellung angepaßt werden und kann somit zu einer Reduktion der Patientendosis führen. Nachteile sind die gegenüber Film/Folie geringere Ortsauflösung (heute 100 µm) und die fehlende Möglichkeit eines Durchleuchtungsprinzips.

Bildarchivierung

In der DR werden heute Bilder mit Matrixgrößen zwischen 512 x 512 Pixeln und 2048 x 2048 Pixeln erzeugt. In Einzelfällen, z. B. für die digitale Mammographie, sogar Bilder mit einer Matrixgröße von 4096 x 4096 Pixeln oder mehr.

Gespeichert werden pro Bildpunkt im allgemeinen 16 Bit, was zwar an Grauwertdynamik nicht ausgeschöpft wird, üblich sind 8 bis 12 Bit, was aber als Konzession an das computerbedingte Binärsystem aufgebracht wird. Damit ergeben sich für ein 512^2 Bild eine Datenmenge von 0,5 MByte, für ein 2048^2 Bild eine Datenmenge von 8 MByte und für ein 4096^2 Bild eine Datenmenge von 32 MByte. Neben der fortschreitenden Erhöhung der Datenmenge pro Bild, erhöht sich auch der Anteil von digitalen Bildern gegenüber analogen Bildern von Jahr zu Jahr. Dieser immer größer werdenden Datenmenge begegnet man einerseits mit immer leistungsfähigeren Speichermedien andererseits mit Methoden der Redundanzreduktion (Datenkompression). Allgemeines Prinzip einer voll reversiblen Datenkompression ist die Darstellung von Bildinformation in einer Art, daß möglichst wenig Speicherplatz erforderlich ist, daß aber der volle Informationsgehalt erhalten bleibt.

Da mit dem Aufkommen von PACS (Picture Archiving and Communication System) der schnelle Datentransfer über Netzwerke zusehends wichtig wird, spielt auch hier die Kompression des Datenvolumens eine entscheidende Rolle.

Das gleiche gilt noch mehr für die Teleradiologie, die quasi eine Erweiterung von PACS über die normalen Telekommunikationskanäle darstellt und es so z. B. ermöglicht, die digitalisierten Bilder aus der Radiologie zu den überweisenden Ärzten zu übertragen (Telemedizin).

47.4 Computertomographie (CT)

Die Computertomographie (CT) basiert wesentlich auf Prinzipien der Röntgenprojektion. Sie ist ein spezielles Röntgen-Schichtaufnahmeverfahren, das sich im Bildaufbau grundsätzlich dadurch unterscheidet, daß es transversale Schnittbilder (Abb. 47.C1) liefert. Es sind Abbildungen von Körperschichten, die primär senkrecht zur Körperachse orientiert sind. Die Darstellung solcher Schichtbilder repräsentiert – im Gegensatz zur klassischen Röntgentechnik – die örtliche Verteilung des Schwächungswertes $\mu(x, y, z)$ dar. Das gibt ihr das Potenzial, interessierende Organe prinzipiell im dreidimensionalen Bildraum darzustellen und geringe Dichteunterschiede von Weichteilgeweben kontrastreich abzubilden.

Dazu benötigt die CT eine Vielzahl von Projektionen unter verschiedenen Winkeln – im Gegensatz zu einer direkten Projektion in der klassischen Röntgentechnik. Die vollständige dreidimensionale Rekonstruktion von $\mu(x, y, z)$ gelingt mittelbar, indem man nacheinander Schicht an Schicht setzt und verrechnet. Heute wird dieses Verfahren vermehrt durch die sogenannte „Spiral-CT"-Technologie abgelöst, bei der die Verschiebung des Patienten in Körperlängsrichtung z kontinuierlich während der Meßdatenakquisition geschieht.

Hounsfield konnte 1972 das erste klinische CT-Bild erzeugen. Dieser Durchbruch war erst möglich mit digitaler Signalverarbeitung; daher auch der Name „Computertomographie" für dieses Verfahren, das den prinzipiellen Durchbruch zu allen modernen Schnittbild- und 3D-Verfahren in der Medizin darstellte. Es war damit möglich, verläßliche Orts- und Dichte Information aus dem Körperinneren zu gewinnen, typischerweise mit einer Pixelgröße von 1,3 mm, entsprechend einer Ortsauflösung von 4 LP/mm (Linienpaaren/mm) bei 1cm Schichtdicke. Die Aufnahmezeit hierfür betrug insgesamt etwa 10 Minuten. Heute erreicht man Auflösungen von 20 LP/mm und Aufnahmeraten von mehreren Schichten pro Sekunde. Das bedeutet in der Geschwindigkeit eine Steigerung von mehr als dem Faktor 1000. Die

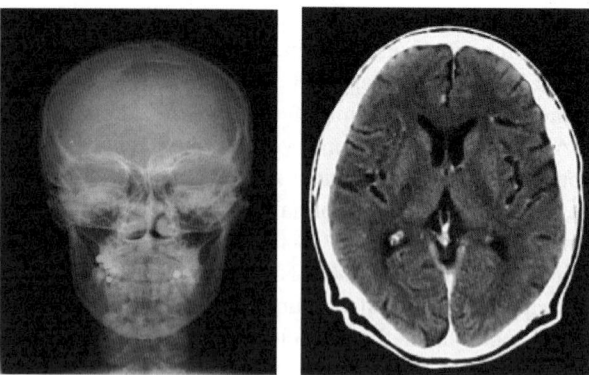

Abb. 47.C1 Von Projektionsbild zu Schnittbild

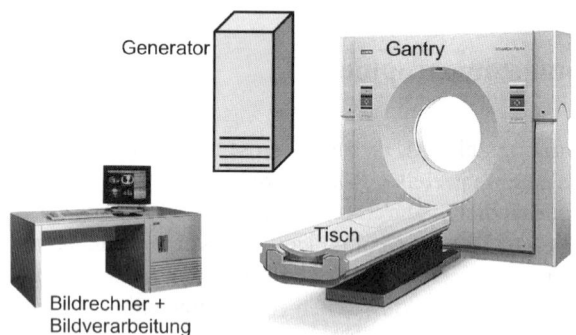

Abb. 47.C2 Komponenten eines CT

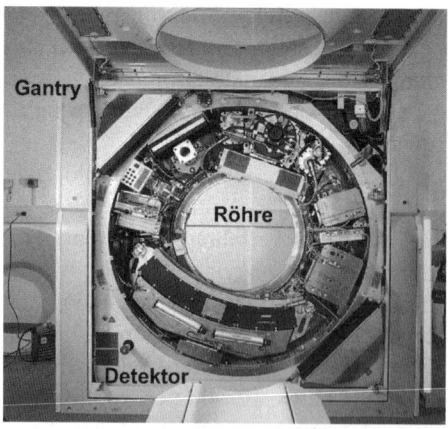

Abb. 47.C3 CT-Gantry

47.4 Computertomographie (CT)

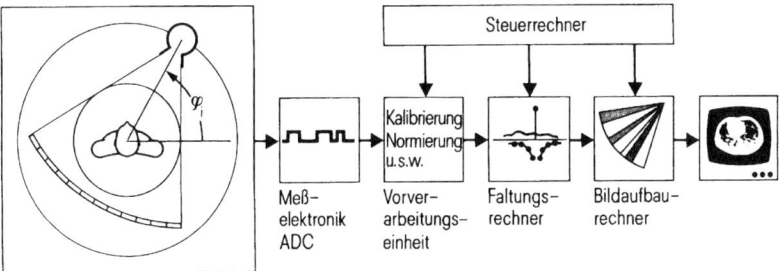

Abb. 47.C4 CT-Prinzip (Signalverarbeitung)

Auflösung wurde mit der modernen Mehrzeilen-Spiral-CT vor allem auch in der dritten Dimension, der Schichtdicke, auf unter 1mm gedrückt, so daß inzwischen nahezu isotrope Volumina über größere Körperbereiche ideal darstellbar sind.

Geräteaufbau
Im Folgenden werden die Komponenten eines CT-Gerätes (Abb. 47.C2) beschrieben. Kernkomponente der Anlage (des Scanners) ist die Gantry, in deren zentraler Öffnung der Patient mit der servogesteuerten Liege hineingefahren, zentral positioniert und gescannt wird. Innerhalb des Gantry-Gehäuses rotieren die Röntgenröhre und gegenüberliegend die Detektorzeile(n) zur Signalaufnahme (Abb. 47.C3).

Die bildgebende Röntgenstrahlung wird durch die Röntgenröhre in der Gantry mit Hochspannung erzeugt, die im sogenannten „Röntgengenerator" entsteht. Der Röntgengenerator enthält die gesamte Steuerung und Kontrolle des Röntgenteils und arbeitet synchronisiert mit dem Aufnahmeteil. Die in der Gantry entstehenden Meßdaten, auch Rohdaten genannt, werden an den Computer übermittelt und von diesem unmittelbar im Anschluß an die Aufnahme zu diagnostizierbaren Bildern rekonstruiert (Abb. 47.C4). Mittlerweile sind PCs so leistungsfähig, daß sie in einfachen Scannern zur Bilderzeugung genügen. In Mehrzeilen-Spiral-CTs werden Spezialkarten mit schnelleren Signalprozessoren eingesetzt, um auch bei den dort anfallenden Massendaten die Bilderzeugung in wenigen Sekunden durchzuführen. Bei der Menge der erzeugten Bilder sind Bedienung (user interface), Datenhaltung (Datenbanken, Vernetzung) und Bildverarbeitung (3D-Visualisierung), also die Software auf der Konsole, die den radiologischen Arbeitsabläufe unterstützt, gerade in letzter Zeit sehr wichtig geworden.

Meßprinzip
Zur Erzeugung einer Schichtaufnahme wird der von einer Röntgenröhre emittierte Strahlenkegel durch Blenden (Kollimatoren) so ausgeblendet, daß ein ebener Strahlenfächer entsteht, der eindimensionale Zentralprojektionen der durchstrahlten Schicht auf der gegenüberliegenden Seite auf die Detektorzeile entwirft (Abb. 47.C5). Detektorseitig befinden sich ebenfalls Kollimatoren, die vor allem

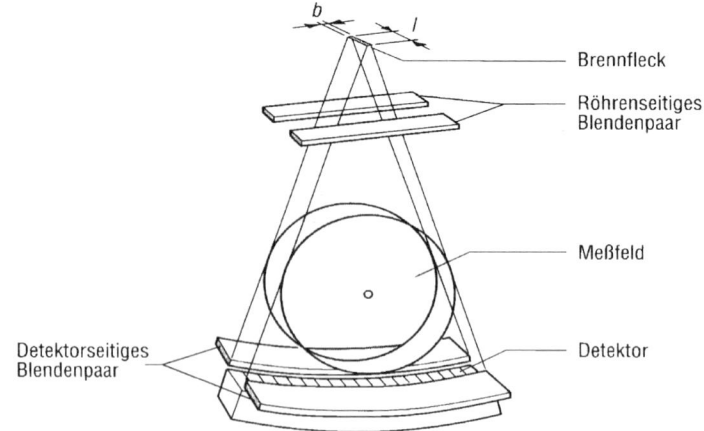

Abb. 47.C5 Erzeugung eines Fächerstrahls

die im Körper entstehende Streustrahlung ausfiltern, da diese das Bild nur verschlechtern würden. Zur exakten Rekonstruktion der Verteilung der Schwächungswerte $\mu_z(x,y)$ muß dieser Strahlenfächer senkrecht auf der Drehachse von von rotierender Röhre und Strahlendetektor stehen und außerdem so weit gespreizt sein, daß er aus jeder Projektionsrichtung die anvisierte Schicht des Meßobjektes vollständig überdeckt. Aus den Dichteprofilen unter ca 500–1000 Winkeln über 360° wird dann ein Schichtbild senkrecht zur Körperachse zusammengerechnet.Die gebräuchlichsten CT-Geräte sind Fächerstrahlgeräte.

Grundprinzip der Bilderzeugung
Das Bildrekonstruktionsverfahren läßt sich am besten an einem Meßprinzip erläutern, das eine Anzahl n von Parallelprojektionen liefert, die unter m „Blickwinkeln" aufgenommen werden. Dieses sogenannte „Translations-Rotations-Prinzip» wurde am Anfang der CT-Entwicklung genutzt. Wie in Abbildung 47.C6 dargestellt, wird ein einzelner Röntgenstrahl bestimmter Abmessungen mit einem Kollimator von der Röntgenröhre durch das Meßobjekt zum Detektor geführt. Röhre und Detektor werden senkrecht zum Strahl verschoben und um die Meßfeldmitte gedreht. Der Detektor reagiert auf die eintreffenden Strahlen mit elektrischen Signalen I, deren Amplitude proportional zur Intensität dieser Strahlen ist. Aus dem Verhältnis dieser Signale zum erwarteten Signal I_0 ohne schwächendes Objekt ergeben sich die gerade vorliegenden Strahlenschwächungen durch das Meßobjekt.

Auf die durchstrahlte Schicht sei ein ortsfestes Koordinatensystem (x, y) gelegt, in dem die Objektfunktion $\mu(x, y)$ lokalisiert ist, ferner ein zweites, zum ersten konzentrisches System (ξ, η), dessen ζ-Achse parallel zum Meßstrahl ausgerichtet ist, das also die Drehung der Gantry mit vollzieht (Abb. 47.C7). In jenem (ξ, η)-System registriert der Detektor die Intensitätsprofile $I(\phi, \eta)$, wenn Röhre und Detektor, wenn der Strahl, parallel zu sich selbst verschoben, nach erfolgter Transverse um

47.4 Computertomographie (CT)

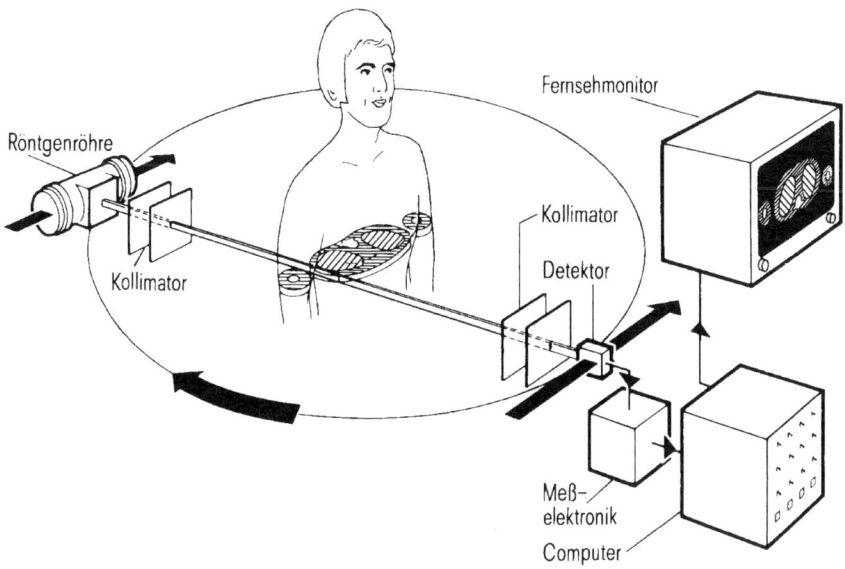

Abb. 47.C6 Scan-Prinzip

einen kleinen Winkel $\Delta\phi$ gedreht, dann rückläufig verschoben und wieder gedreht wird. Dieses Wechselspiel erfolgt so lange, bis insgesamt ein Drehwinkel von 180° erreicht wird. Zu jedem Winkel ϕ gibt es danach einen Satz paralleler Strahlen, deren Signale in $I(\phi, \eta)$ gesammelt wurden.

Die Schwächungsprofile

$$S(\phi, \eta) = I(\phi, \eta) / I_0(\phi, \eta)$$

Bilden also Parallelprojektionen der Schicht zum Projektionswinkel ϕ. Da es gleichgültig ist, von welcher Seite ein Objekt durchstrahlt wird, sind Schwächungsprofile, die unter dem Winkel ϕ gemessen werden, identisch mit denen, die bei $\phi + 180°$ zu gewinnen sind; bei Gleichsetzung ist nur auf die gegenläufige Ausrichtung von η zu achten. Das heißt, es ist

$$S(\phi+\pi, \eta) = S(\phi, -\eta)$$

anzusetzen.

Wenn man noch annimmt, die Strahlung sei monochromatisch (z. B. 70 keV), so daß alle Substanzen, mit denen die Strahlung in Wechselwirkung tritt, einem bestimmten spezifischen Strahlenschwächungskoeffizienten μ zugeordnet werden kann, dann schwächt sich die Anfangsintensität

$$I(\phi, \eta) = I_0(\phi, \eta) \cdot e^{-\int \mu(x, y) d\zeta}$$

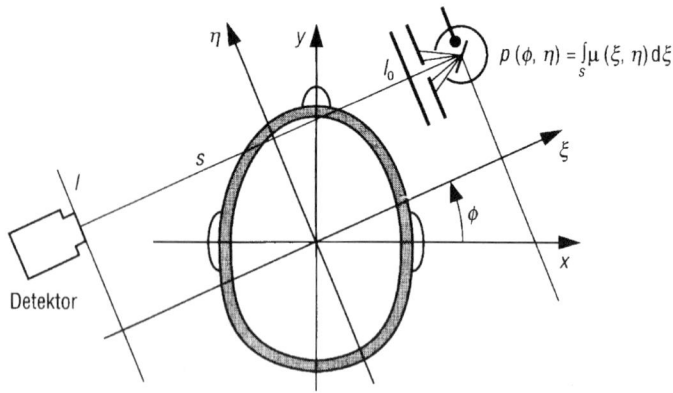

x, y	Raumfeste Koordinaten	I	Röntgenstrahlintensität
ξ, η	An das Meßsystem gebundene Koordinaten	μ	Schwächungskoeffizient
φ	Projektionswinkel	s	Weg eines Strahls

Abb. 47.C7 Scan-Prinzip

Bildet man die Logarithmen, so erhält man die Linienintegrale der Projektionen

$$p(\phi, \eta) = \ln I_0/I = {}_s\!\int \mu(x, y) d\zeta,$$

deren Gesamtheit auch als die Radon-Transformierte der Verteilung $\mu(x, y)$ bezeichnet wird. Diese Transformation ist umkehrbar, $\mu(x, y)$ also errechenbar aus $p(\phi, \eta)$. Gebräuchlich ist der sogenannte Faltungsalgorithmus, bei dem die Linienintegrale je Projektion zunächst mit einer speziellen Funktion („Faltungskern") gefaltet und dann längs der ursprünglichen Strahlrichtung auf die Bildebene rückprojeziert werden.

In ganz ähnlicher Weise läßt sich dieses Verfahren auch für Fächerstrahl-CT-Geräte anwenden.

In stark vereinfachter Form kann man sich die mathematischen Ausführungen in 'plastischer' Weise vorstellen. Betrachtet man als Objekt einen Zylinder, so weisen die Schwächungsprofile einen exponentiellen Verlauf auf. Das heißt, abseits der Zentralachse des Zylinders sind Schwächungsanteile vorhanden, die ringförmig um das Zylinderzentrum verteilt (abnehmend mit 1/r), umgekehrt proportional zur Zunahme der Ringumfänge (~r) beitragen. Dieser Abfall stellt sich als Unschärfe des Punktes dar. In ähnlicherweise werden Linien und Kanten im Bild verschliffen (Abb. 47.C8a).

Zur Vermeidung derartiger Verschmierungen werden die vorverarbeiteten Projektionen vor der Überlagerung zunächst mit einer Filterfunktion gefaltet, um dieser systematischen Unschärfe entgegenzuwirken. Der best geeignete Ort, diese Korrekturrechnung durchzuführen, sind bereits die Rohdaten (Detektordaten), die mit so genannten Filterkernen bearbeitet werden. Das Ergebnis der Faltung sind modifizierte Signale, die neben positiven auch negative Anteile enthalten. Sie sind bei ge-

47.4 Computertomographie (CT)

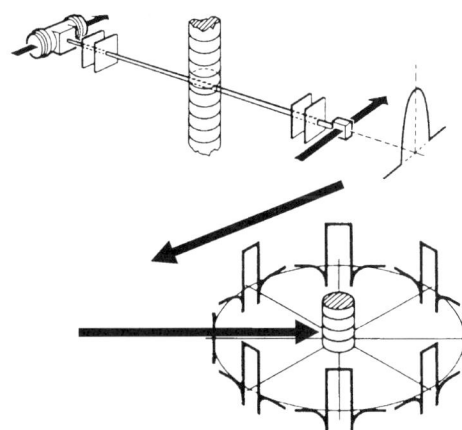

Abb. 47.C8 a/b
Rückprojektion und
Faltung der Meßwerte

eigneter Wahl der Filterfunktion so beschaffen, daß sie bei der Überlagerung der gefalteten Projektionen die weitreichenden Unschärfen gerade auslöschen. Damit läßt sich im Endergebnis ein scharfes Schichtbild erzeugen (Abb. 47.C8b). Dieses meist verbreitete CT-Verfahren ist damit unzertrennlich die Filtered Backprojection.

Aufgrund verschiedener weiterer Störeinflüsse (endliche Zahl der Meßwerte; Röntgenstreuung; Spektrum des Röntgenstrahls; Näherungscharakter des Röntgenschwächungsmodells) ist die Rekonstruktion nicht exakt und es gibt keinen Filterkern, der ganz ideal ist. Der Kernel nach Shepp und Logan deckt jedoch einen großen Anwendungsbereich sehr gut ab. Weitere Kerne, die vom jeweiligen Hersteller mitgeliefert werden und einstellbar sind, bieten spezielle Kontrastanhebungen für bestimmte Anwendungen.

Eine Folge des Faltungsvorgangs und der anschließenden Projektionsüberlagerung ist es, daß jeder Meßwert – wenn auch mit sehr unterschiedlicher Gewichtung- zu jedem Bildpunkt beiträgt. Dieser Umstand ist u. a. von besonderer Bedeutung für das im Vergleich zu den klassischen Röntgenaufnahmeverfahren völlig verschiedene Artefaktverhalten der Computertomographie.

Bilddarstellung
Mit der Berechnung der Schwächungswert-Verteilung μ der durchstrahlten Schicht ist die Aufgabe der Bilddarstellung noch nicht abgeschlossen. Die Verteilung der Schwächungskoeffizienten repräsentiert im medizinischen Anwendungsbereich nur eine anatomische Struktur, die als Bild dargestellt werden muß. Nach Hounsfield ist es üblich geworden, die linearen Schwächungskoeffizienten μ (mit der Maßeinheit cm^{-1}) auf eine dimensionslose Skala zu transformieren, in der das Material Wasser den Wert 0 und Luft den Wert –1000 erhält. Die Umrechnungsformel auf diese „CT-Zahl" lautet

Die so genannten CT-Werte oder nach dem CT-Erfinder benannten "Hounsfield-Einheiten" sind bezogen auf die Röntgenschwächung von Wasser und stehen über eine Tabelle im direkten Bezug zu weiteren biologischen Materialien:

$$\text{CT-Zahl}\,(\mu_{rel}) = 1000 \cdot (\mu_{Objekt} - \mu_{Wasser}) / \mu_{Wasser}$$

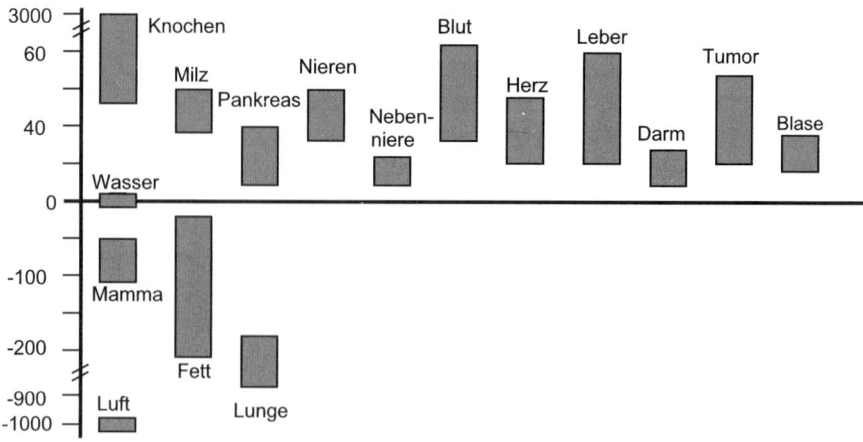

Abb. 47.C9 Gewebetypen und Hounsfield-Einheiten

Die Einheit der CT-Zahl heißt 'Hounsfield-Unit' (HU). Diese Zahl ist sehr geeignet, da die µ-Werte der meisten körpereigenen Substanzen sich nur wenig vom µ-Wert des Wassers unterscheiden. Mit der Einheit wird die Abweichung in Promill von $µ_{Wasser}$ ausgedrückt. Die Hounsfield-Skala beginnt bei −1000 für Luft und endet, obwohl im Prinzip nach oben offen, im allgemeinen bei +3000 für Knochen. Die Lage der übrigen Gewebe auf der Skala ist in der Abbildung 47.C9 dargestellt.

Zur morphologischen Auswertung eines CT-Bildes gilt es, die für die jeweilige Untersuchung wesentliche Information hervorzuheben. Dazu werden die Schwächungswerte des CT-Bildes in bis zu 256 Graustufen umgesetzt und auf einem Monitor zur Darstellung gebracht. Zur Darstellung kleiner Schwächungsunterschiede benutzt man deshalb die sogenannte Bildfensterung. Dabei wird nur ein Teil der CT-Werteskala ausgewählt und über alle Helligkeitswerte zwischen schwarz und weiß aufgespreizt. Auch kleine Schwächungsunterschiede innerhalb des gewählten Fensters werden so zu wahrnehmbaren Grautonunterschieden, während alle CT-Werte unterhalb des Fensters schwarz und alle Werte oberhalb des Fensters weiß dargestellt werden.

Spiral CT
Bei der klassischen CT wird der Patient mit der Liege jeweils z. B. 0,5 cm weiter geschoben und Schicht für Schicht abgebildet („durchgeschichtet"). Beim neueren Verfahren, der Spiral CT oder Helical CT erfolgt der Tischvorschub kontinuierlich bei permanenter Rotation des CT-Meßsystems (Abb. 47.C10). Der Spiral-CT ist kein Schichtaufnahme- sondern vom Prinzip her ein Volumenaufnahmeverfahren. Vor allem im Zusammenwirken mit mehrzeiligen Detektoren (4, 8, 16 und bis zu 64 Detektoren) kann damit ein erheblicher Geschwindigkeitsgewinn erzielt werden, weil der Tischvorschub pro Umlauf sogar größer gewählt werden kann wie die Gesamthöhe des Detektoren-Ensembles. Aus den Spiral-Rohdaten werden durch geeignete Interpolation und Umsortierung Daten gewonnen, die einer Einzelschicht-Berechnung wie oben beschrieben zugeführt werden.

47.5 Nuklearmedizinische Bildgebung (Szintigraphie / SPECT / PET)   1103

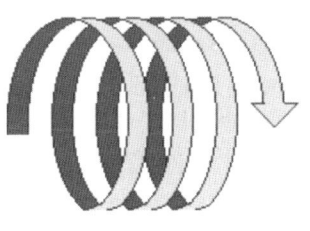
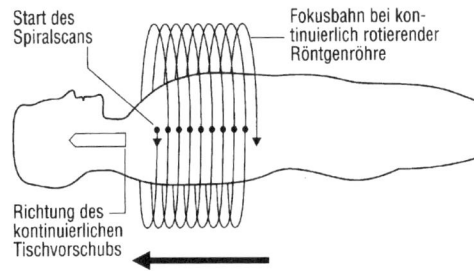

Abb. 47.C10 Prinzip Spiral-CT

Spiralserien erzeugen „echte", d. h. nahezu isotrope Schichtpakete, die direkt für die 3D-Darstellung geeignet sind. Typisch sind durchaus Pakete von 500 Schichten. Bei einem Standard-Datenformat von 512×512 Pixeln zu 16 Bit sind dies 250 MByte, also ein beträchtliches Datenvolumen für Rekonstruktion, Visualisierung und Archivierung. Die erzeugten Rohdaten können gleichwohl ausschnittsweise in Echtzeit während des Scans dargestellt werden (Realtime Display „RTD"), so daß auch eine detaillierte Kontrolle des Aufnahmevorgangs möglich wird, während dessen die ionisierende Strahlung im diagnostischen Bereich appliziert wird. Anschließend sind auf Basis dieser Rohdaten verfeinerte Rekonstruktionen über das gesamte Rohdatenvolumen oder über beliebige Ausschnitte davon möglich.

47.5 Nuklearmedizinische Bildgebung (Szintigraphie / SPECT / PET)

Hinsichtlich der strahlenphysikalischen Grundlagen und der Bilddarstellung gibt es bei der Nukleardiagnostik Parallelen zur Röntgendiagnostik. Ein grundlegender Unterschied ist jedoch, daß hier das Objekt (z. B. Organ) selbststrahlend ist und somit keine extracorporale Strahlenquelle erforderlich ist.

Für die klinische Anwendung nuklearmedizinischer Verfahren bedeutet das, daß dem Patienten ein mit bestimmten, instabilen Nukliden markiertes Stoffwechselpräparat injiziert wird, das sich organspezifisch anreichert. Durch die Detektion der entsprechenden, aus dem Körper emittierten Zerfallsquanten resultiert ein Abbild des Organs; der zeitliche Verlauf der Aktivität im Organ läßt Rückschlüsse auf dessen Funktion zu. Diese Informationen über biochemische Funktionen und Stoffwechselvorgänge im Körperinneren sind die große Stärke der nuklearmedizinischen Verfahren. Je nach Zerfallsart des applizierten Nuklids lassen sich die zwei Teilgebiete der Nuklearmedizin aufteilen:

- Bildgebung mit Einzelphotonenemittern
  Hier kommen Radionuklide zum Einsatz, die unter Emission eines einzelnen γ-Quants zerfallen. Zu diesem Gebiet zählen die klassische, planare Szintigra-

phie sowie die entsprechenden Schnittbildverfahren SPECT (Single Photon Emission Computed Tomography).
- Bildgebung mit Positronenemittern
Die hier verwendeten Radionuklide leichter Atomkerne zerfallen unter Emission von Positronen. Bedingt durch den Nachweis der entsprechenden Annihilationsquanten führt das PET-Verfahren (Positronen Emissions Tomograpie) direkt zu Schnittbildern der Aktivitätsverteilung.

Szintilationsdetektor – Meßprinzip

Der Aufbau eines Szintilationsdetektors ist schematisch in Abbildung 47.D1 dargestellt. Das primäre Detektorelement ist ein optisch transparenter Szintillationskristall (Einkristall), der ein auftreffendes γ-Quant absorbiert und der dessen Energie in sichtbare Lichtphotonen (N_{ph}) umwandelt. Natriumjodid mit Spuren von Thallium (NaI(Tl)) ist wegen seiner hohen Lichtausbeute und dem schnellen Abklingen das geeignetste Material. Jedes der im Szintillationskristall erzeugten Photonen löst an der Photokathode eines Photomultipliers (PM) mit der Wahrscheinlichkeit p ein Photoelektron aus. Der resultierende, primäre Elektronenstrom wird anschließend im Dynodensystem des PM rauscharm verstärkt und im nachfolgenden Vorverstärker (VV) zu einem meßbaren elektrischen Signal verstärkt. Ein Integrator (I) bewirkt eine Glättung des Signals und ein Impulshöhenanalysator (IA) bewirkt eine grobe Vorselektierung der Impulshöhe, bevor das Signal einem Vielkanalanalysator (MCA) zugeführt wird. Nach einer Analog-Digital-(A/D) Wandlung ordnet der MCA die Impulshöhe des Ereignisses einem Spektrum zu. Da die Impulshöhe der Energie des nachgewiesenen γ-Quants proportional ist, erhält man bei geeigneter Eichung direkt das entsprechende Energiespektrum.

Die Halbwertsbreite ΔE des Vollenergiepeaks für primäre γ-Quanten spiegelt eine wichtige Eigenschaft des Szintillationsdetektors wider: seine endliche Energieauflösung. Das bedeutet, daß auch bei γ-Quanten mit einer scharf definierten Energie E_0 eine verbreiterte Verteilung der Impulshöhen um die entsprechende Energie E_0 beobachtet wird. Ursache dafür sind statistische Fluktuationen bei den verschiedenen Umwandlungsprozessen im Szintillationsdetektor. Ein quantitatives Maß für das Energieauflösungsvermögen ist die relative Halbwertsbreite $\Delta E/E_0$.

Bei der Absorption eines γ-Quants im Szintillationskristall wird im Mittel eine Anzahl N_{ph} von sichtbaren Lichtphotonen erzeugt, deren statistische Schwankung in guter Näherung durch eine Poisson-Verteilung beschrieben werden kann. Mit der Wahrscheinlichkeit p, daß ein Photon an der Kathode des Photomultipliers ein Elektron auslöst, ist der mittleren Zahl der Photoelektronen durch $p\,N_{ph}$ und deren Schwankung durch $\sqrt{p \cdot N_{ph}}$ gegeben. In vereinfachter Betrachtung ergibt sich die Energieauflösung zu:

$$\Delta E / E_0 \approx 1/\sqrt{p \cdot N_{ph}}$$

Für eine gute Energieauflösung des Detektors sind also folgende Kriterien maßgebend: hohe Lichtausbeute, effiziente Lichtüberführung auf die Photokathoden des Photomultipliers und ein hoher Quantenwirkungsgrad der Photokathode. Man erreicht real Werte für $\Delta E/E_0$ von etwa 10% (bei $E_0 = 140$keV)

47.5 Nuklearmedizinische Bildgebung (Szintigraphie / SPECT / PET)

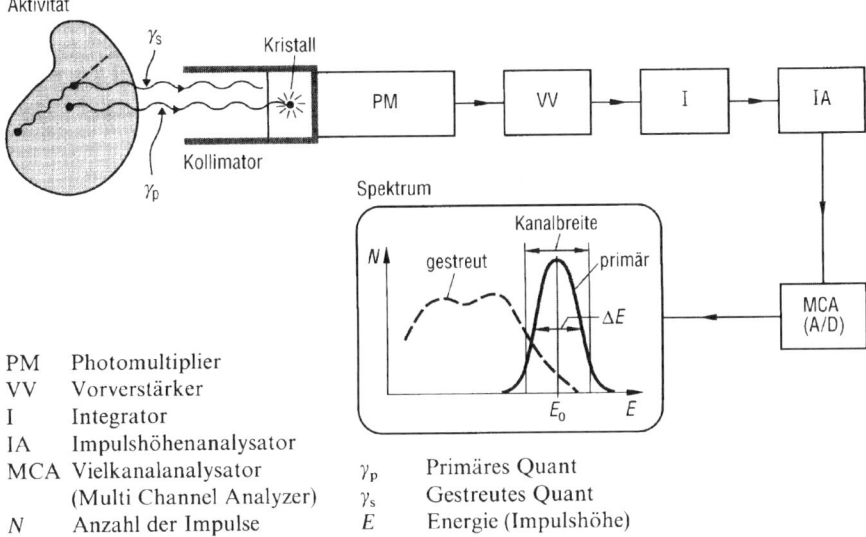

Abb. 47.D1 Komponenten und Messkette eines Szintillationsdetektors

Bildgebung
In den Anfängen der Nukleardiagnostik wurden das oben beschriebene Detektorprinzip zur Abbildung (Projektionsbild) ‚aktiver' Organbezirke als kollimierter Einzeldetektor verwendet. Um zu einem planaren zweidimensionalen Bild zu kommen, wurde das Organgebiet mechanisch (mäanderförmig) Punkt für Punkt abgetastet und die aktuellen Meßdaten den jeweils zugehörigen Flächenkoordinaten zugeordnet. Die heute üblichen großflächigen und ortsauflösenden Detektortechnologien, sogenannte Gammakameras wurden von H.O. Anger entwickelt. Sie stellen das klinische Universalgerät dar.

Das Prinzip der Bildgebung mit der Gammakamera und deren schematischen Aufbau zeigt Abbildung 47.D2. Das Herzstück bildet ein großer Einkristall aus NaI(Tl), der die vom Objekt emittierten γ-Quanten absorbiert. Vor diesem Kristall befindet sich ein mechanischer Kollimator, z. B. ein Parallellochkollimator, der die Projektionsrichtung des Bildes definiert. Durch die sogenannten Kollimatorschächte wird das abzubildende Objekt in einzelne schmale Kanäle (Bildpunkte) aufgeteilt, durch die die Quanten in den Szitillationskristall gelangen können. Die geometrische Ausbildung eines Kollimators hat daher einen starken Einfluß auf die räumliche Auflösung und Empfindlichkeit des Kamerasystems. Beide Größen sind für die Qualität eines nuklearmedizinischen Bildes von großer Bedeutung. An die Rückseite des Kristalls sind eine Reihe von Photomultipliern optisch angekoppelt, deren elektrische Ausgangssignale zum einen zur Lokalisierung, d. h. zur Bestimmung des Absorptionsortes (x, y) im Kristall, zum anderen nach Summierung zur Impulshöhenanalyse benutzt werden. Zum Aufbau des Emissionsbildes wird die aktive Meßfläche der Kamera in ein im allgemeinen quadratisches Raster von Bil-

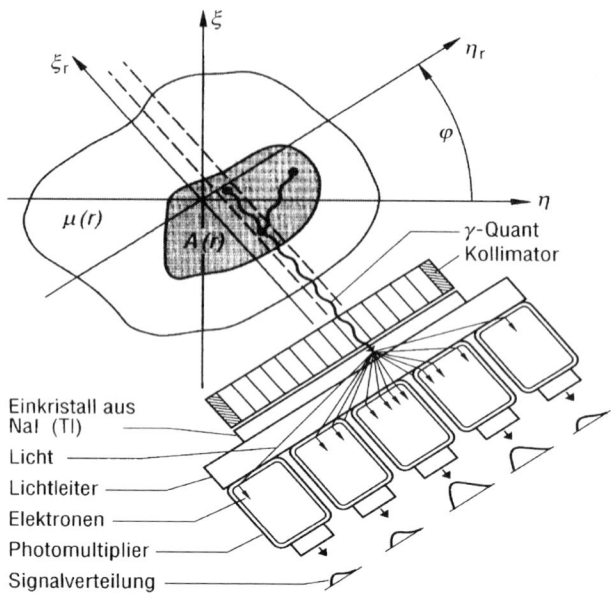

Abb. 47.D2 Schematischer Aufbau des Detektors

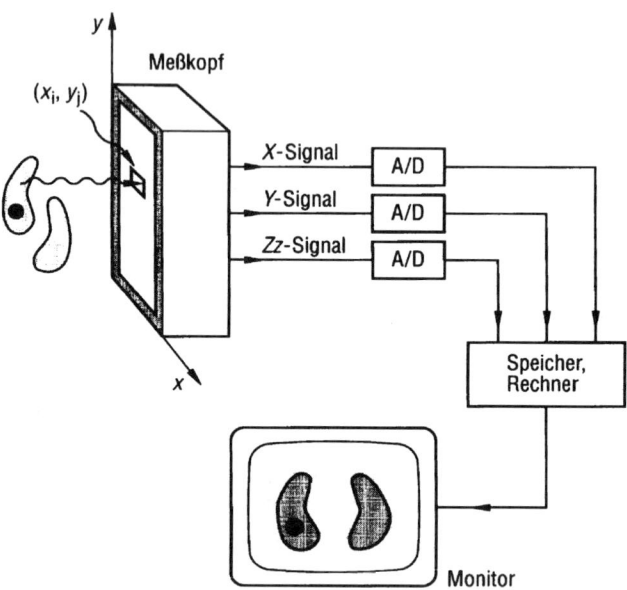

Abb. 47.D3 Bildgebung mit einem Detektor

47.5 Nuklearmedizinische Bildgebung (Szintigraphie / SPECT / PET)

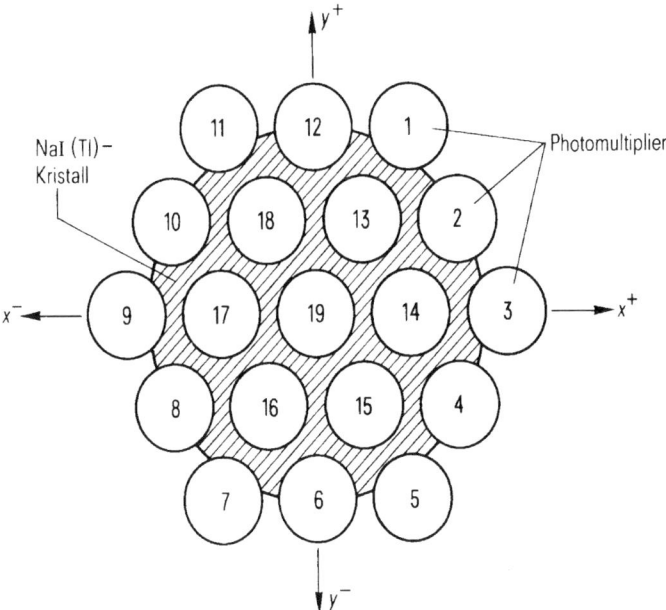

Abb. 47.D4 Anordnung der Photomultiplier

delementen (Pixel) eingeteilt, wobei in jedes Bildelement die innerhalb der Meßzeit registrierten Ereignisse, das heißt die Anzahl $n_{ij}(t)$ der am Ort (x_i, y_j) absorbierten Quanten gespeichert werden.

Für jedes Ereignis stehen am Ausgang des Meßkopfes wenigstens drei Signale zur Verfügung, das X-Signal und das Y-Signal für die räumlichen Koordinaten (x bzw. y) und das Energiesignal (Z-Signal, Summensignal aller einzelnen PM-Signale), dessen Höhe proportional zur Energie des absorbierten Quants ist (Abb. 47.D3). Die für die Bildgebung wichtigste Eigenschaft der Anger-Kamera ist die Ortszuordnung der registrierten γ-Quanten, d. h. die Bestimmung der (x, y)-Koordinaten der entsprechenden Absorptionsorte innerhalb der Meßfläche.

Prinzipielle Funktionsweise
Eine zweidimensionale Anordnung der Photomultiplier in dichtester hexagonaler Form auf einem runden NaI-Kristall zeigt Abbildung 47.D4. Die Kristalle erreichen bei heutigen Großfeldkameras Durchmesser bis zu 55 cm. Die Anzahl der Photomultiplier reicht von minimal 37 bis zu über 100. Bei neueren Kameras, die zunehmend auf SPECT-Anwendungen ausgerichtet sind, werden meist rechteckige Meßköpfe mit entsprechend modifizierter Anordnung der Photomultiplier eingesetzt.

Abbildung 47.D5 zeigt eine typische eindimensionale Lichtverteilung $L(x)$ um den Absorptionsort x_A, wie sie auf der Ausgangsseite des Kristalls auftritt. Dabei ist diese Lichtverteilung zumindest in der Nähe des Kristallmittelpunkts in guter Näherung rotationssymmetrisch. Durch die Abtastung dieser Lichtverteilung

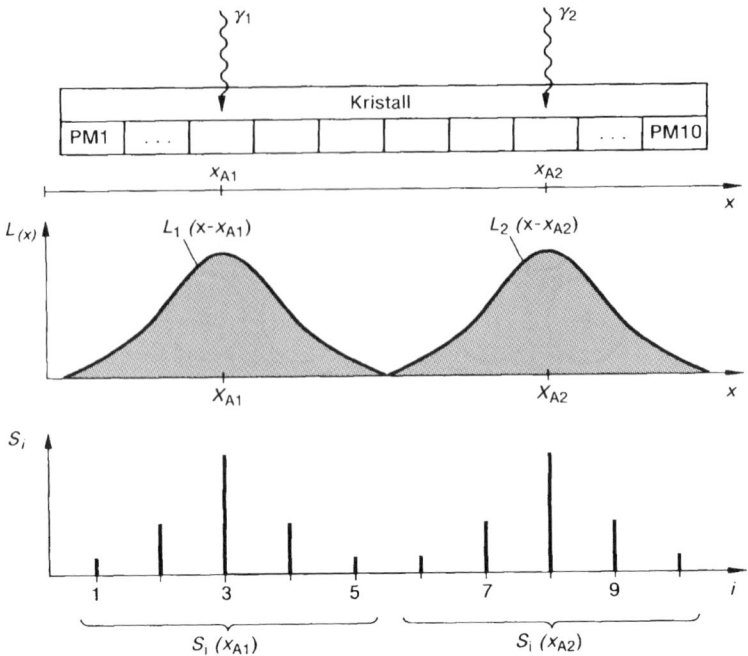

Abb. 47.D5 Detektion der Lichtverteilung

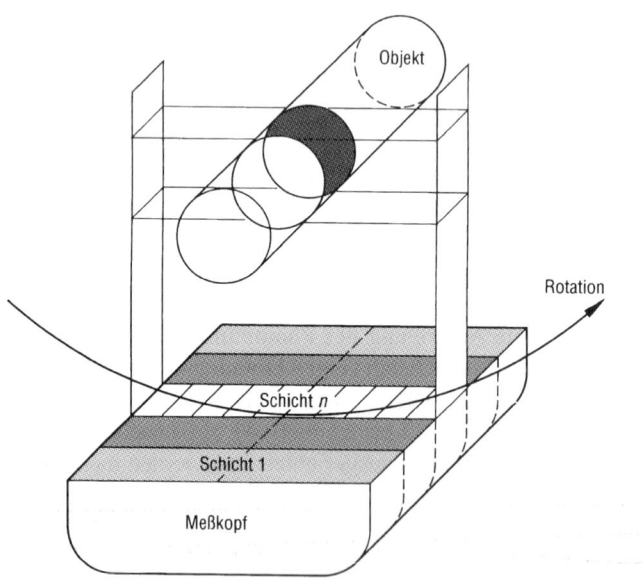

Abb. 47.D6 SPECT-Aufnahme benachbarter Objektschichten

47.5 Nuklearmedizinische Bildgebung (Szintigraphie / SPECT / PET)

mit Photomultipliern entsteht ein Signalmuster $(S_1(x_A),\ldots S_N(x_A))$ von elektrischen Ausgangssignalen der Photomultiplier, das in charakteristischer Weise vom Absorptionsort x_A abhängt. Wie in Abbildung D5 zusätzlich schematisch dargestellt, sind die relativen Signalamplituden der Photomultiplier charakteristisch für den Absorptionsort. Das heißt, durch die optischen Elemente der Kamera ist letztlich der Absorptionsort in einem Vektor $(S_1,\ldots S_N)$ von elektrischen Ausgangssignalen kodiert. Die Aufgabe der Ortung (Lokalisation) besteht darin, eine Dekodierung durchzuführen.

Schwerpunktsortung
Zur Bestimmung des Absorptionsortes aus dem Signalvektor $(S_1,\ldots S_N)$ wird bis heute ausschließlich der Algorithmus der Schwerpunktsortung (auch als Anger-Ortung bekannt) verwendet. Formal analog der Bestimmung des Massenschwerpunkts für ein System diskreter Massenpunkte wird hier der räumliche Schwerpunkt des diskreten Signalverteilung $(S_1,\ldots S_N)$ aufgesucht, der dann mit dem Absorptionsort identifiziert wird.

Schnittbildverfahren SPECT
Vergleichbar dem Röntgen-Computertomographie-Verfahren gibt es bei den nuklearmedizinischen Verfahren Analogien in Form des Schnittbildverfahrens SPEC.

Die Aufnahmetechnik bei SPECT (vgl. Abbildung D1) ist dadurch gekennzeichnet, daß die Meßköpfe der Gammakamera auf einer Kreisbahn um den Patienten bewegt werden (Abb. 47.D6).

Die erwähnte Analogie zur Röntgen-CT legt es nahe, die entsprechenden mathematischen Algorithmen zur Berechnung der SPECT-Schnittbilder anzuwenden. Für die klinische Routineanwendung wird heute die gefilterte Rückprojektion nahezu ausschließlich eingesetzt.

Die Aufnahmetechnik ist dadurch gekennzeichnet, daß die Meßköpfe der Kamera um den Patienten rotieren. Unter diskreten Aspektwinkeln werden Projektionen der Aktivitätsverteilung von der Meßebene der Kamera akquiriert. Der großflächige Meßkopf ermöglicht es dabei, Projektionen von mehreren benachbarten Organschichten simultan aufzunehmen. Das Meßergebnis ist je Schicht ein Satz von ‚Parallelprojektionen', wobei für ein Bild z. B. 180 Projektionen mit 128 Meßwerten je Projektion genutzt werden.

Die wesentlichen Unterschiede einer SPECT-Aufnahme gegenüber einer Röntgen-CT-Aufnahme sind:

a) aus den üblicherweise injizierten Aktivitäten und aus der eingeschränkten Empfindlichkeit des Kollimators folgt im Vergleich zur Röntgendiagnostik ein stark erhöhtes Quantenrauschen. Die gemessenen Projektionen enthalten somit einen hohen Rauschanteil,
b) die gemessenen Projektionen enthalten die Absorption durch das die Aktivität umgebende Medium,
c) trotz des Kollimators sind die Projektionen (bzw. Bilder) bei ausgedehnten Objekten durch starke Streustrahlanteile überlagert. Der tiefere Grund dafür ist, daß

– verglichen zum punktförmigen Fokus einer Röntgenröhre – hier die Quelle ausgedehnt ist und damit eine hohe Wahrscheinlichkeit besteht, das gestreute Quanten den Kollimator passieren.

Bildgebung mit Positronenemittern – PET
Die Positronenemissionstomographie (PET) nutzt die besonderen Eigenschaften der Positronenstrahler und der Positronenannihilation aus, um quantitativ die Funktion von Organen oder Zellbereichen zu bestimmen.

Bei PET werden Tracer eingesetzt, die mit einem Positronenstrahler markiert sind. Beim Zerfall des Positronenstrahlers wird ein Proton umgewandelt in ein Positron, ein Neutron und ein Neutrino:

$$\rightarrow p \quad e^+ + n + \nu$$

Das Positron wird allerdings nicht direkt nachgewiesen, da seine Reichweite nur wenige Millimeter beträgt. Im Gewebe des Patienten wird das Positron durch Streuprozesse an den Hüllen benachbarter Atome abgebremst und von einem Hüllenelektron eingefangen. Positron und Elektron bilden anschließend für einen sehr kurzen Moment ein Positronium, bevor ihre Masse in dem Annihilation genannten Prozeß in zwei γ-Quanten umgewandelt wird, die in entgegengesetzter Richtung auseinanderfliegen:

$$e^+ + e^- \quad 2\gamma \rightarrow$$

Werden die beiden γ-Quanten (Energie 511 keV) von zwei gegenüberstehenden Detektoren innerhalb einer bestimmten Zeit gemessen, ist der Ort der Annihilation auf eine Position auf der Verbindungslinie zwischen diesen beiden Detektoren festgelegt (Abb. 47.D7). Das Koinzidenzzeitfenster hat üblicherweise eine Länge von etwa 12 ns; denn nur, wenn der Annihilationsort genau in der Mitte zwischen zwei Detektoren liegt, werden die zwei Detektoren das γ-Quant zur gleichen Zeit detektieren.

Ordnet man viele Detektoren kreisförmig um die zu messende Aktivitätsverteilung (z. B. um den Patienten) an, so kann aus den gemessenen Werten entlang der Verbindungslinie zweier Detektoren (LOR, line of response) die Aktivitätsverteilung im Patienten rekonstruiert werden. Rekonstruiert wird üblicherweise wie in der SPECT mit Hilfe der gefilterten Rückprojektion.

Klinische Anwendungen der PET sind unter anderem in der Kardiologie, der Neurologie und in der Onkologie zu sehen.

In der Kardiologie gestattet die PET z. B. die Unterscheidung zwischen nekrotischem und vitalem Gewebe nach einem Herzinfarkt. In der Neurologie können degenerative Erkrankungen diagnostiziert werden. Für die Onkologie interessant ist die Möglichkeit, das Tumorwachstum und den Tumorstoffwechsel quantitativ darzustellen und damit die Therapiewege aufzuzeigen und vorherzusagen sowie den Therapieerfolg zu kontrollieren.

47.5 Nuklearmedizinische Bildgebung (Szintigraphie / SPECT / PET)

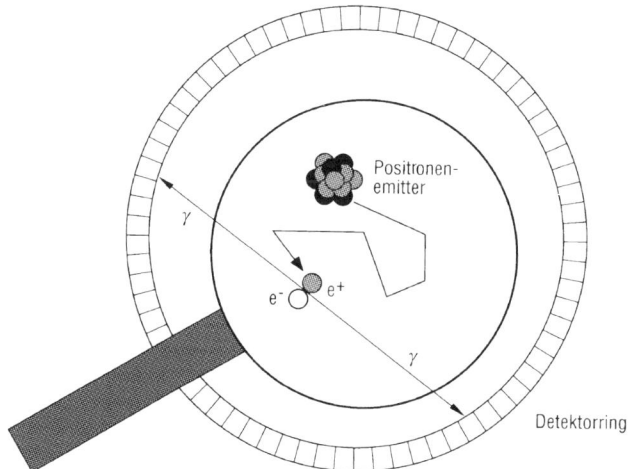

Abb. 47.D7 Prinzip des Positronenzerfalls und Gammaquantendetektion

Weiterführende Literatur:

Das Manuskript ist angelehnt an das Buch:
  Morneburg, H. (Hrsg): Bildgebende Systeme für die medizinische Diagnostik; Siemens AG Berlin und München; Publicis MCD Verlag, Erlangen (1995)

Eine aktualisierte Darstellung der modernen Bildgebungsverfahren sowie umfangreiche Literatur zur Vertiefung findet sich ergänzend in:
  Oppelt, A. (Ed.): Imaging Systems for Medical Diagnostics; Siemens AG Berlin und München; Publicis Corporate Publishing, Erlangen (2005)

48 Theragnostik: Diagnostische Systeme mit integrierter Therapie

R. Birkenbach

48.1 Einleitung

Da mit den nachfolgend beschriebenen diagnostischen Systemen auch therapeutische Eingriffe möglich werden, deren Erfolg an die Qualität der bildgebenden Verfahren geknüpft ist, werden diese Verfahren als theragnostische Systeme bezeichnet. Dazu gehören:

- Computertomographie (CT)
- Magnetresonanztomographie (MRI)
- Ultraschall (US)
- Positron Emissions Tomography (PET)
- Single Photon Emissions Tomography (SPECT)
- Magnetoencephalographie (MEG)

Mit Hilfe der erzeugten Bilder kann ein Arzt eine Diagnose erstellen und eine entsprechende Therapie wählen und durchführen. Oft ist dies direkt in einer Sitzung möglich. Da die Bildinformation jedoch noch nicht in der nötigen Präzision zur Verfügung steht, kann sie momentan noch nicht unmittelbar in eine sofortige Therapie einfliessen. Die derzeitige Forschung zielt daher auf die Präzisierung der Bildinformation und auf die Beschleunigung der Abläufe, um Diagnostik und Therapie. Ein wesentlicher Bestandteil dieser Forschung sind Navigationssysteme, die manche Abläufe erst ermöglichen.

48.2 Vorbereitende Massnahmen

Die Verbindung von Bilddaten mit der Therapie setzt den Einsatz von modernster Computertechnik voraus. Grundlegende Anforderung ist, dass das bildgebende Gerät die Daten in einem digitalen Format zur Verfügung stellt. In den letzten Jahren hat sich der Standard DICOM immer mehr durchgesetzt.

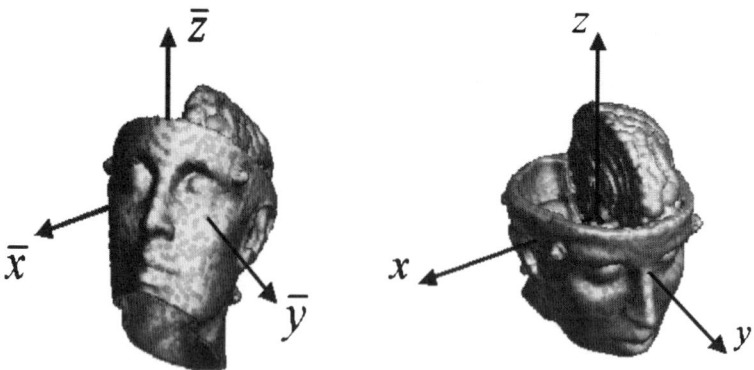

Abb. 48.1 Volumendatensätze in unterschiedlichen Koordinatensystemen

48.2.1 Image fusion

Jeder Scanner verwendet zur internen Orientierung sein eigenes Koordinatensystem. Da der Patient zudem in jedem Scanner eine andere Lage einnimmt, sind die erzeugten Volumendatensätze nicht kompatibel, da sie in verschiedenen Koordinatensystemen erzeugt wurden. Der Transfer der verschiedenen Volumendatensätze in ein gemeinsames Koordinatensystem wird *image fusion* genannt. Bei der *image fusion* wird die Lage der Volumendatensätze so lange verändert, bis alle Volumendatensätze deckungsgleich sind. Moderne Systeme sind durch den Einsatz mathematisch hoch komplexer Algorithmen vollautomatisch. Ein solches System fusioniert z. B. einen MRI Datensatz mit einem CT Datensatz vollautomatisch in weniger als 1 Minute.

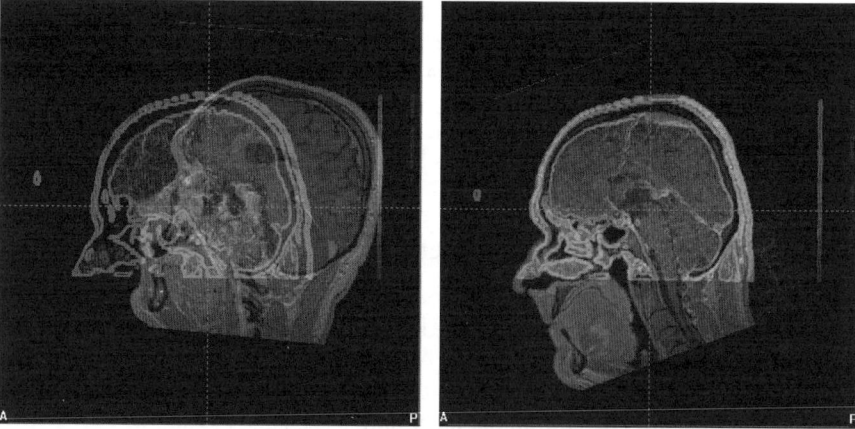

Abb. 48.2 Image fusion vor *(links)* und nach *(rechts)* der Berechnung

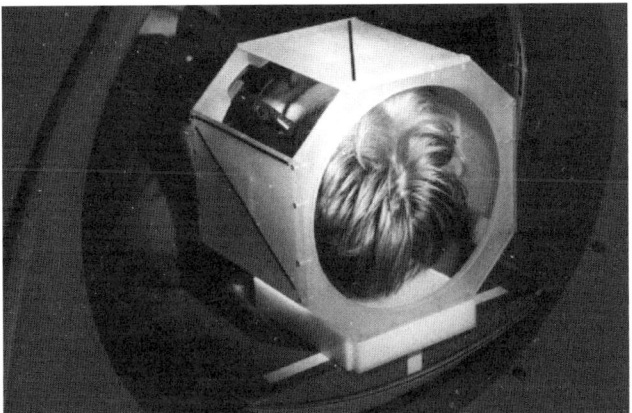

Abb. 48.3 Patient mit Localizer im CT Scanner

48.2.2 Segmentierung

Um die Bilddaten während der Therapie besser lesbar zu machen, werden einzelne Bildbereiche markiert. Dabei erlauben moderne Systeme die automatische, auf Bildbearbeitungs-Algorithmen basierende Segmentierung von Objekten. Bei komplexen Objekten wird die modellbasierte Segmentierung angewandt. Ein modellbasiertes System hat einmal erfasst, wie das zu segmentierende Objekt in etwa aussieht. Durch diese Information weiss das System, nach welcher Art Information gesucht wird und kann daher sehr zuverlässig und genau arbeiten. Ein modellbasiertes System wird mit zunehmendem Einsatz immer besser: es lernt dazu.

48.3 Patientenregistrierung

Zur Zeit der Therapie befindet sich der Patient am Behandlungsort, wie beispielsweise im Operationssaal. Um die während der Planung erzeugten Daten korrekt auf den Patienten anwenden zu können, muss das System die Lage des Patienten exakt registrieren. Der Therapieerfolg hängt dabei unmittelbar von der Präzision der Patientenregistrierung ab. Es muss sichergestellt sein, dass jedem Bildpunkt der entsprechende anatomische Punkt zugeordnet werden kann.

48.3.1 Registrierung mit Hilfe eines Localizers

Bei der Behandlung im menschlichen Kopfbereich wird ein sogenannter Localizer verwendet, insbesondere dann, wenn der Kopf des Patienten während der Behand-

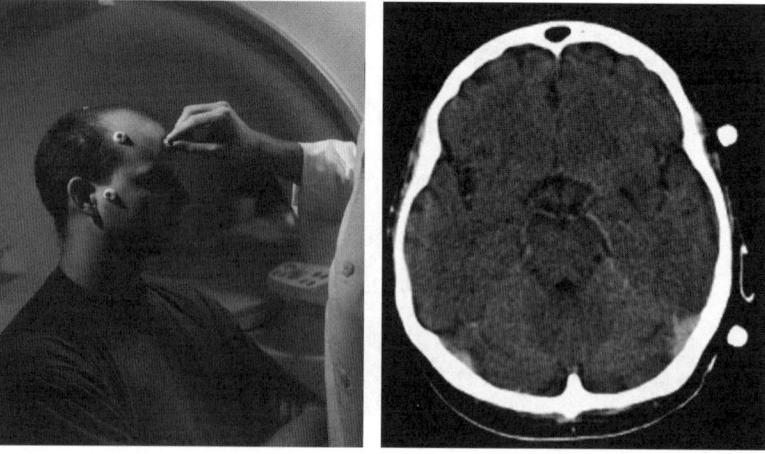

Abb. 48.4 Anbringen von künstlichen landmarks vor dem Scannen *(links)* und Darstellung in axialer Computertomographie *(rechts)*

lung fixiert werden kann. Die Localizer-Box enthält mehrere Stäbe die sich im CT- bzw. MRI-Scanner klar abzeichnen. Die Lokalisations-Software erkennt die Stäbe in jeder Schicht und markiert diese. Da die exakte Geometrie der Box bekannt ist, kann nun jedes Pixel des Schnittbildes einer exakten Position innerhalb der Box zugeordnet werden.

48.3.2 Paired Point Methode (PPM)

Bei der sogenannten *paired point* Methode werden künstliche Markierungen (landmarks) vor dem Scannen am zu behandelnden Körperteil fixiert, welche in den gewonnenen Bildern visualisiert werden und als Orientierungspunkte dienen.

48.4 Therapie

48.4.1 Radiochirurgie als nicht-invasive Therapie

Bei der Radiochirurgie wird Tumorgewebe aus verschiedenen Richtungen mit geringer Dosis bestrahlt. Dabei bleibt die Dosis im gesunden Gewebe unkritisch. Die Radiochirurgie ist eine nicht-invasive Behandlungsform, die meist ambulant durchgeführt wird. Die präzise Information über die Lage des Tumors wird in der Pla-

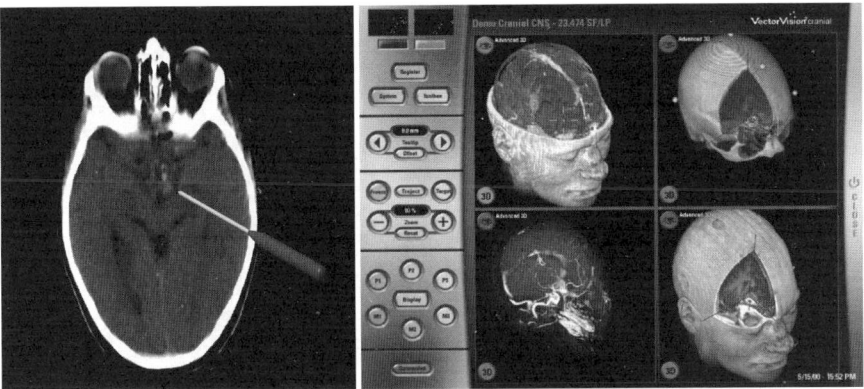

Abb. 48.5 Axiale CT Schicht mit eingezeichnetem chirurgischem Instrument *(links)*. Visualisierung der Instrumentenposition in 3D Ansicht *(rechts)*

nungssoftware in einen Behandlungsplan einbezogen. Die Bestrahlung kann somit mit einer Genauigkeit im Submillimeterbereich durchgeführt werden. Die höchste Genauigkeit lässt sich mit der sogenannten „shaped beam surgery" erreichen, bei der der Strahl die Form des Tumors annimmt.

48.4.2 Bildgestützte Navigation

Bei der bildgestützten Navigation – auch *image guided surgery* (IGS) genannt – ist das Ziel, die präoperativ gewonnenen Bilddaten intraoperativ zur Verfügung zu stellen. Die vom Chirurgen verwendeten Instrumente werden von einem Messsystem erfasst und an korrekter Stelle in den Bilddaten eingezeichnet. Ein Kamerasystem erfasst die Position der chirurgischen Instrumente mit Hilfe reflektierender Marker. Diese sogenannte passive Markertechnologie ermöglicht es, die Lage nahezu aller chirurgischen Instrumente zu erfassen und diese in Relation zu den präoperativ gewonnenen diagnostischen Bilddaten zu visualisieren. Der Chirurg ist dadurch zu jeder Zeit in der Lage die exakte Position seines Instrumentes zu verifizieren, selbst dann, wenn er selbst die Instrumentenspitze nicht visuell erfassen kann. Damit sind minimalinvasive Eingriffe sicherer und in vielen Fällen erst möglich geworden. Während die ersten IGS Systeme nur in der Neurochirurgie verwendet wurden (daher auch der weit verbreitete Name „Neuronavigationssystem"), findet man IGS inzwischen in vielen Disziplinen. Im Bereich der Hals-Nasen-Ohren (HNO) Chirurgie werden Navigationssysteme zur Zeit speziell bei der Nasennebenhöhlenchirurgie eingesetzt. Hier werden insbesondere Sauger und Endoskope navigiert.

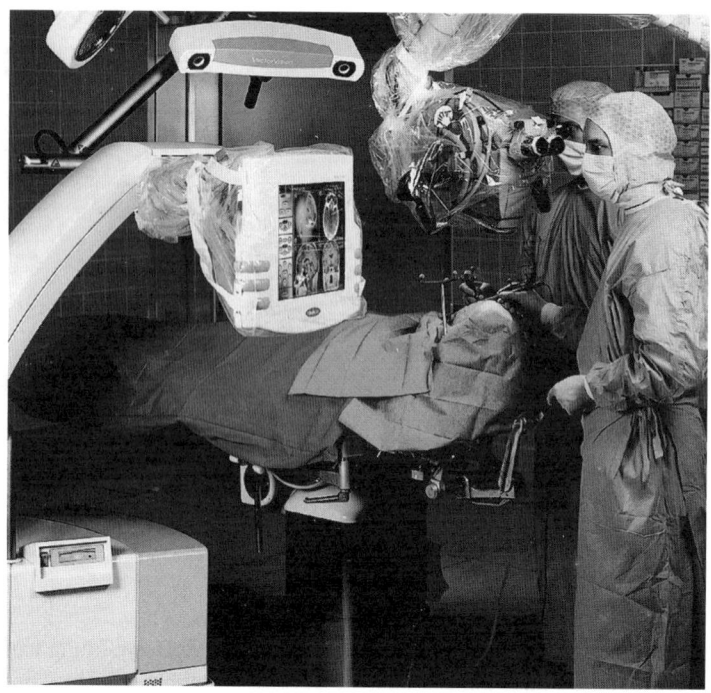

Abb. 48.6 Einsatz eines Navigationssystems während einer neurochirurgischen Operation

48.4.3 Intraoperative Bildgebung

IGS Systeme haben einen prinzipbedingten Nachteil. Durch die Verwendung von präoperativem Bildmaterial nimmt die Genauigkeit mit der Zeit ab. Entfernt z. B. der Chirurg einen Tumor so passt sich die entsprechende CT-Schicht nicht an, der Tumor bleibt weiterhin sichtbar. Folglich ist die Navigation ab einem bestimmten Operationszeitpunkt nicht mehr sinnvoll. Durch eine intraoperative Bildgebung kann der Chirurg zu jeder Zeit neue Bilddaten in das Navigationssystem einspeisen. Eine kostengünstige Möglichkeit ist die Integration von Ultraschallgeräten. Ultraschall hat jedoch einige Nachteile. Zum einen muss der Benutzer in der Lage sein die Informationen zu interpretieren, zum anderen sind im Ultraschallbild nicht unbedingt die gleichen Informationen enthalten die auch im präoperativen Bildmaterial sichtbar sind. Aus diesem Grund ist es sinnvoll die gleichen Bildmodalitäten auch intraoperativ zur Verfügung zu stellen. Speziell in der Neurochirurgie wird der Einsatz von MRI Scannern bevorzugt da sich dort Weichteilgewebe besser abzeichnet als zum Beispiel im CT Scan.

48.5 Ausblick

Viele der vorgestellten Systeme verbessern wesentlich die Resultate der jeweiligen Therapieform. Dadurch wird die Therapie für den Patienten sicherer und der Aufenthalt im Krankenhaus wird erheblich verkürzt. Dadurch hat die Theragnostik einen volkswirtschaftlich positiven Effekt. Therapieformen wie die Radiochirurgie wären ohne die enge Verschmelzung von Diagnostik und Therapie erst gar nicht möglich. Aber auch im chirurgischen Bereich werden die Operationstechniken minimalinvasiver und zukünftige Implantate werden speziell auf die Navigation abgestimmt sein. Darüber hinaus werden sich Theragnostische Systeme in vielen anderen klinischen Bereichen etablieren.

49 Endoskopie, minimal-invasive Chirurgie und navigierte Systeme

H. Feußner, A. Schneider, A. Meining

49.1 Die dritte Phase der wissenschaftlichen Chirurgie

Die Ära der wissenschaftlichen Chirurgie begann in der zweiten Hälfte des 19. Jahrhunderts und war gekennzeichnet durch die Eroberung der Anatomie. Namen wie Billroth, von Langenbeck, Halsted u. a. stehen stellvertretend für die Pioniere der Chirurgie, die nach und nach alle Körperhöhlen und Organe für chirurgische Eingriffe zugänglich machten.

Die darauf folgende zweite Phase stand unter dem Vorzeichen der Rekonstruktion/Substitution/Transplantation. Neben dem resektiven Aspekt traten jetzt Gesichtspunkte wie der Ausgleich der durch den chirurgischen Eingriff gesetzten Defekte, der Ersatz degenerativ veränderter Funktionseinheiten (z. B. Gelenke) oder die Transplantation in den Vordergrund.

Ende des 20. Jahrhunderts wurde eine neue Leitthematik erkennbar. In den Fokus rückte die sog. Minimierung des Eingriffstraumas. Ziel war es nun, die durch den interventionellen Eingriff unvermeidbaren Kollateralschäden soweit als möglich zu reduzieren, selbstverständlich ohne das eigentliche Eingriffsziel zu kompromittieren. Augenfällig wurde diese Tendenz durch die Einführung der minimal-invasiven Chirurgie, die sich Anfang der 90. Jahre wie ein Buschfeuer verbreitete. Dabei beschränkten sich die Ansätze zur Minimierung des Eingriffstraumas keineswegs nur auf die laparoskopische (endoskopische) Chirurgie (Abb. 49.1).

Schon mehr als ein Jahrzehnt vorher hatte die endoluminale endoskopische Diagnostik und Therapie viele Domänen der konventionellen Chirurgie erobert (z. B. Ösophagusvarizensklerosierung statt Shunt-Operationen, endoskopische Polypektomien usw.). Mit der interventionellen Radiologie war bereits eine ganz neue operative Disziplin entstanden, die nicht nur zahlreiche gefäßchirurgische Eingriffe überflüssig machte, sondern auch völlig neue, schonendere Behandlungsverfahren hervorbrachte (Drainageverfahren, Stents usw.). Ein Ende dieser Entwicklung ist nicht abzusehen. Beispielhaft seien transkutane lokal-ablative Verfahren, die aufwändige chirurgische Resektionen überflüssig machen, oder die ganz aktuelle Entwicklung der transluminalen endoskopischen Chirurgie (Natural Orifice Transluminal Endoscopic Surgery – NOTES) genannt.

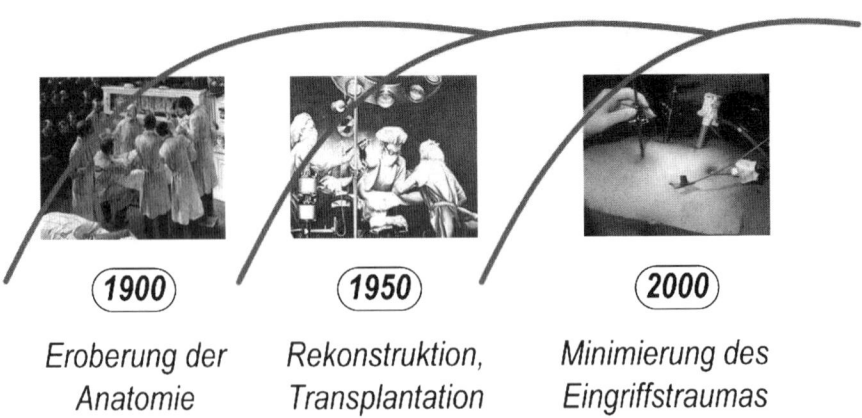

Abb. 49.1 Einsatz eines Navigationssystems während einer neurochirurgischen Operation Die Chirurgie ist als wissenschaftliches Fach relativ jung. Erst vor ca. 150 Jahren wurde eine breite akademische Grundlage geschaffen. Die zentrale Herausforderung war zunächst die sichere Beherrschung aller anatomischen Regionen des menschlichen Körpers. In der darauffolgenden Phase konnten große Erfolge auf dem Gebiet der Rekonstruktion, dem Einsatz von Implantaten und der Transplantation errungen werden. Ende des 20. Jahrhunderts setzte nun die Tendenz ein, chirurgische Interventionen bei gleicher therapeutischer Effizienz wie bisher für den Patienten signifikant schonender zu gestalten. Der Trend zur Minimierung des Eingriffstraumas ist derzeit in allen interventionellen medizinischen Disziplinen zu beobachten

49.2 Flexible Endoskopie

Endoskopie ist ein Oberbegriff, der für alle Maßnahmen verwendet wird, die mit der Spiegelung natürlicher Körperöffnungen oder von Körperhöhlen (z. B. Bauch-, Brustraum, Gelenke usw.) verbunden ist.

Prinzipiell wird zwischen starrer und flexibler Endoskopie unterschieden. Derzeit werden fast alle diagnostischen und therapeutischen Maßnahmen in den Körperhöhlen (Bauchspiegelung: Laparoskopie; Spiegelung des Brustraumes: Thorakoskopie; Gelenkspiegelung: Arthroskopie) noch mit starren Geräten durchgeführt.

Für den Bronchialbaum und den Gastrointestinaltrakt kommt dagegen die flexible Endoskopie zum Einsatz. Die dabei verwendeten Geräte können den natürlichen Krümmungen der Hohlorgane folgen und sind von extern steuerbar.

Obwohl die Endoskopie des Gastrointestinaltrakts bereits auf eine lange Historie zurückblickt (erste Spiegelung des Magens durch von Mikulicz 1873), konnte sich die Endoskopie des Gastrointestinaltrakts erst mit der Einführung der Glasfaserlichtleiter durch Hirschowitz Mitte der 60-er Jahre auf breiter Front durchsetzen. Heute stehen für fast alle Anwendungszwecke hochspezialisierte Geräte praktisch jeglichen Durchmessers zur Verfügung.

Schematischer Aufbau eines Glasfiberendoskops
Flexible Endoskope bestehen aus der Glasfaseroptik und mindestens einem Lichtleiter, die in einem unterschiedlich langen, flexiblen Schaft meist zusammen mit

49.2 Flexible Endoskopie

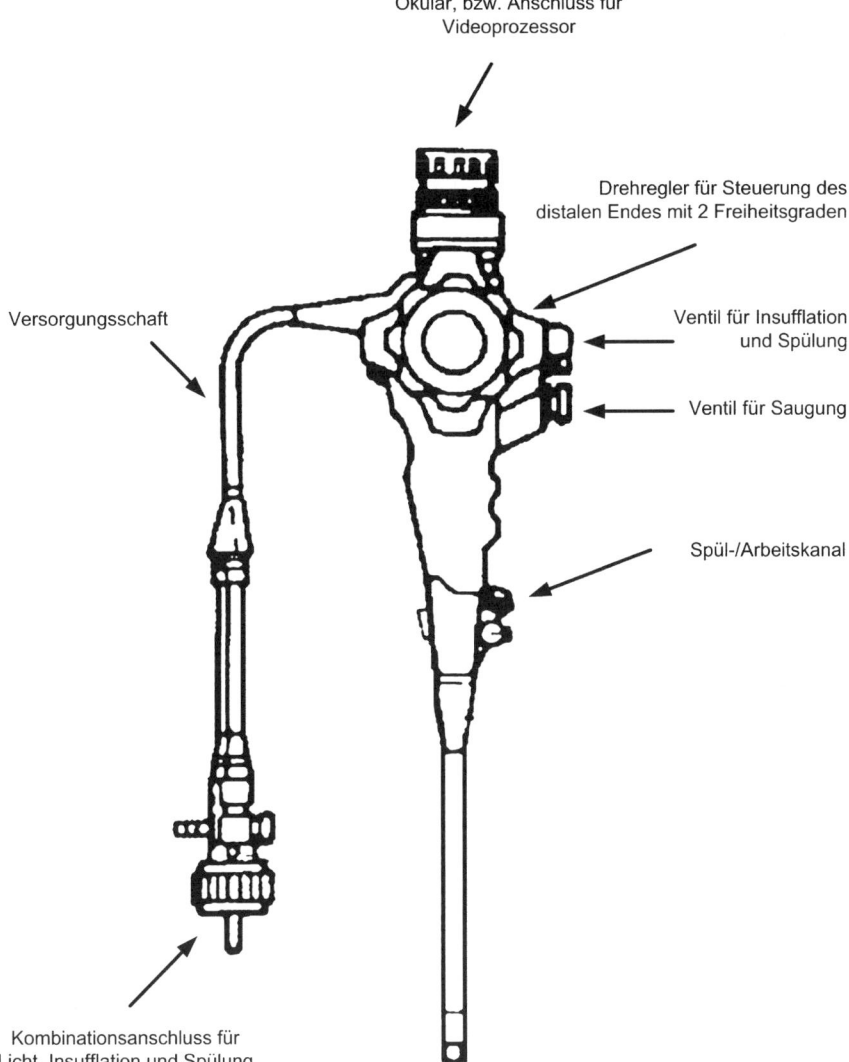

Abb. 49.2 Schematischer Aufbau mit typischen Komponenten und Steuerelementen eines flexiblen Endoskops

einem oder mehr Arbeitskanälen untergebracht sind. Die Spitze ist mittels eines am sog. Handling angebrachten Doppeldrehknopfs in zwei Ebenen abwinkelbar (Abb. 49.2).

Mittels einer entsprechenden Zuleitung ist das flexible Endoskop mit der erforderlichen Versorgungseinheit verbunden, die den Prozessor für die Bildverarbeitung sowie eine Saug/Spül-Einheit umfasst (Abb. 49.3).

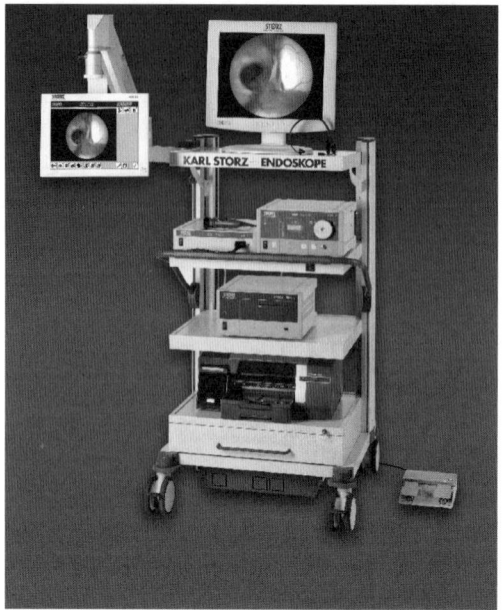

Abb. 49.3 Komplett installierter Endoskopieturm mit (von oben): Lichtquelle, Monitor, Kameraprozessor, Dokumentationseinheit und Saugvorrichtung

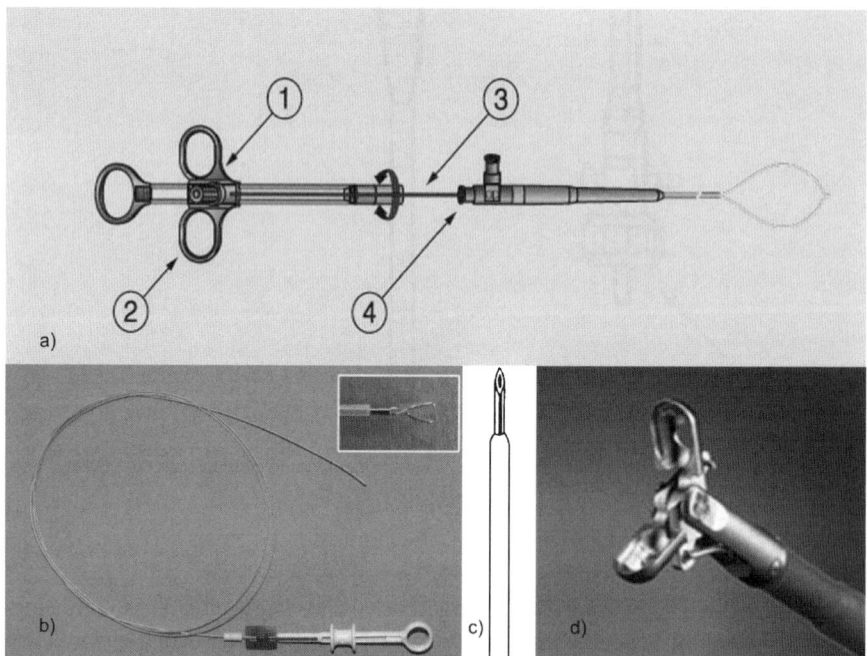

Abb. 49.4 Verschiedene flexibel-endoskopische Instrumente: a) Polypektomieschlinge: 1. Feststellschraube, 2. Fingerschlitten, 3. Schubstange, 4. Luer-Lock-Anschluss; b) Clipzange Insert: Eingespannter Clip; c) Sklerosierungs-(Unterspritzungs-)Nadel; d) Maul einer Biopsiezange

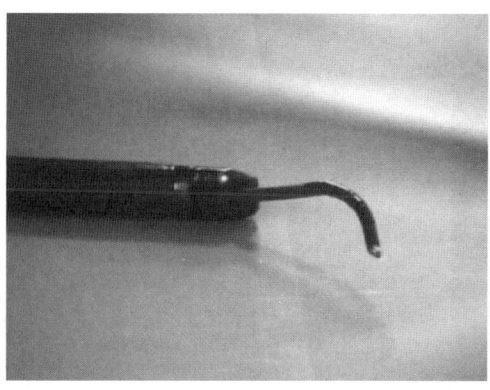

Abb. 49.5 Duodenoskop mit eingeführtem Miniendoskop für die „mother-baby-Endoskopie"

Während bei den flexiblen Endoskopen das endoskopische Bild ursprünglich über das Okular am Endoskop betrachtet wurde, ist bei modernen Endoskopen eine Videokamera integriert, sodass das endoskopische Bild über den Bildschirm betrachtet werden kann. Künftig werden diese Art von Videokameras wohl durch Chip-on-the-Tip-Endoskope abgelöst werden: Der Videochip ist bereits an der Spitze des Instruments montiert, sodass auf die aufwändige und anfällige analoge Bildübertragung verzichtet werden kann.

Für die große Zahl unterschiedlichster diagnostischer und therapeutischer Eingriffe ist heute ein breites Spektrum von flexiblen Instrumenten verfügbar, die über den Arbeitskanal des Endoskops eingeführt werden und endoluminal zum Einsatz kommen (Abb. 49.4).

Über den großlumigen Arbeitskanal des Endoskops können auch Miniendoskope eingebracht werden, um so z. B. die Gallenwege zu spiegeln (sog. „mother-baby-Endoskopie") (Abb. 49.5).

Instrumentenaufbereitung
Auch heute noch ist eine sachgerechte Aufarbeitung der Geräte nach den strengen Vorschriften der chirurgischen Hygiene nicht unproblematisch. Die langen, engen Kanäle des Gerätes können nur mit Hilfe von speziellen Spülmaschinen einigermaßen verlässlich von Verschmutzungen (Eiweißprodukte) gereinigt werden. Ebenso schwierig ist auch die Erzielung einer vollständigen Keimfreiheit. Die konventionelle chirurgische Sterilisation im hochgespannten Dampf führt zur Zerstörung der Geräte, sodass nur die Gassterilisation in Betracht kommt. Aus praktischen Gründen beschränkt man sich deshalb in der klinischen Routine auf das „Einlegen" der Instrumente in desinfizierende Lösungen.

Diagnostische und therapeutische Einsatzmöglichkeiten
Ursprünglich waren flexible Endoskope reine Werkzeuge der Diagnostik. Neben der visuellen Inspektion konnten durch die Entnahme von Probeexzisionen verdächtige Läsionen auch histopathologisch untersucht werden. Recht bald schon wurde es möglich, polypöse Strukturen mittels Drahtschlingen, die unter Schneid-/Koagulationsstrom gesetzt wurden, zu entfernen.

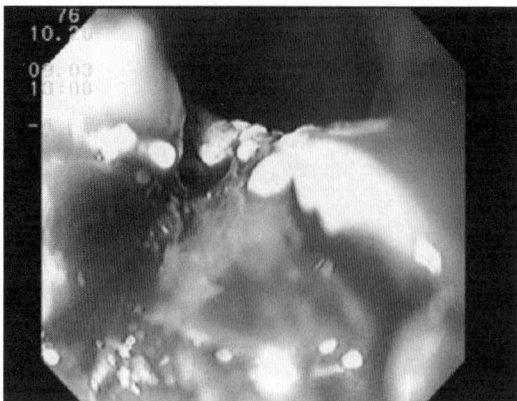

Abb. 49.6 Über das liegende Gastroskop wird das Magenfrühkarzinom unterspritzt und dann mit einem Nadelmesser aus der Magenwand ausgeschält

Anfang der siebziger Jahre wurde erstmals der Gallengang sondiert, so dass nach Erweiterung der Vater'schen Papille z. B. Gallensteine aus dem Hauptgallengang entfernt werden konnten. Die Technik der Entfernung von gutartigen und frühen bösartigen Tumoren im Gastrointestinaltrakt wurde immer mehr verfeinert. Auch sich flächig ausbreitende Frühkarzinome werden immer häufiger flexibel-endoskopisch reseziert (Abb. 49.6).

Heute sind praktisch alle Abschnitte des Gastrointestinaltraktes für die flexible Endoskopie zugänglich. Mit Hilfe der sog. Push-Technik sind heute sogar auch alle Abschnitte des Dünndarms explorierbar, die vorher nicht erreichbar waren.

Bei der Indikationsstellung steht zwar die Diagnostik immer noch im Vordergrund, zunehmend mehr werden aber auch therapeutische Eingriffe flexibel-endoskopisch durchgeführt (Tabelle 49.1).

Noch immer befindet sich die Methodik in einer stürmischen Weiterentwicklung. Neben der sondenlosen Endoskopie (Kapselendoskopie) (Abb. 49.7) sind derzeit auch Verfahren für die endoluminale Refluxtherapie oder automatisierte Geräte für die Untersuchung des Dickdarms in der klinischen Erprobung. Eine exponentielle Erweiterung hat die flexible Endoskopie durch NOTES erfahren (s. Abschnitt „Transluminale Eingriffe").

- **Ösophagus:** Ösophagusvarizensklerosierung oder -unterbindung; Mukosektomie; Stenteinlage
- **Magen:** Mukosektomie; Hämostase bei Blutungen; Polypektomien
- **Duodenum:** Hämostase; Stenteinlage; Ampullektomien
- **Gallenwege:** Papillotomie; Stenteinlage; Steinextraktion; Lithotrysie
- **Dünndarm:** Hämostase
- **Dickdarm:** Polypektomie; Hämostase; Stenting

Tabelle 49.1 Beispiele für therapeutische flexibel-endoskopische Eingriffe

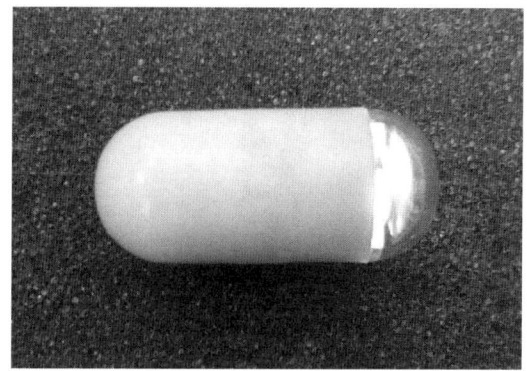

Abb. 49.7 Kapselendoskopie: Am distalen Ende ist eine Minioptik mit Leuchtioden integriert. Die in 2 Hz akquirierten Bilder werden während der Gastrointestinalpassage telemetrisch an einen Gürtelempfänger übertragen

49.3 Laparoskopische Chirurgie

Das Prinzip der laparoskopischen Chirurgie besteht darin, in der Abdominalhöhle erforderliche chirurgische Eingriffe nicht mehr über eine mehr oder weniger lange Inzision der Bauchdecke hindurch durchzuführen, sondern nach Anlage eines sog. Pneumoperitoneums die chirurgische Manipulation über dünnkalibrige Instrumente auszuführen. Die notwendige Übersicht über den Situs erhält man über ein ebenfalls in die Bauchhöhle eingeführtes Teleskop, auf das eine Videokamera aufgesetzt ist (Abb. 49.8).

49.3.1 Apparative Grundausstattung

Anlage des Pneumoperitoneums
Um im Bauchraum überhaupt minimal-invasiv operieren zu können, muss durch Gasinsufflation ausreichend Raum geschaffen werden.

Das sog. Pneumoperitoneum wird mittels Insufflation von CO_2 erzeugt. Hierzu wird eine Spezialkanüle (Veress-Nadel) (Abb. 49.9) in den Bauchraum eingebracht, durch welche das Gas einströmt. Eine Gefahr geht dabei von der potentiellen Verletzung von Organen aus. Mittels verschiedener konstruktiver Besonderheiten an Kanülen zur Insufflation wurde versucht, die Sicherheit bei der Anwendung zu erhöhen, z. B. durch optische Indikatoren oder durch Vorrichtungen, die den charakteristischen „Klick" beim Vorspringen des Mandrins akustisch deutlich werden lassen.

Gasinsufflation
Die Insufflation des Gases wird durch den Insufflator gewährleistet, der von einer Gasflasche oder dem festinstallierten Gasanschluss versorgt wird. Wichtigster Bestandteil ist die Steuerungs- und Regelungstechnik, die einerseits den abdominellen Druck konstant halten muss und andererseits den Flow kontrolliert.

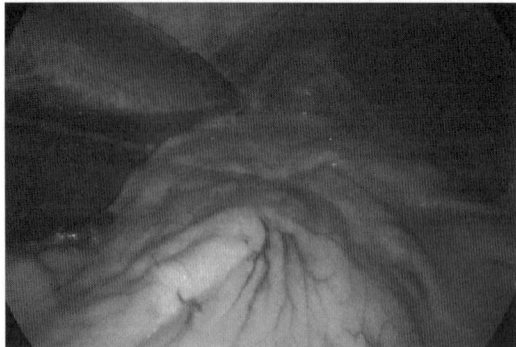

Abb. 49.8 Laparoskopischer Blick in den Oberbauch. Zur linken Bildseite der mittels eines Taststabs angehobene linke Leberlappen. In Bildmitte erkennt man, wie der Magen im Zwerchfell verschwindet. Es liegt hier eine sog. paraösophageale Hernie vor, bei der große Anteile des Magens in den Brustraum verlagert sind

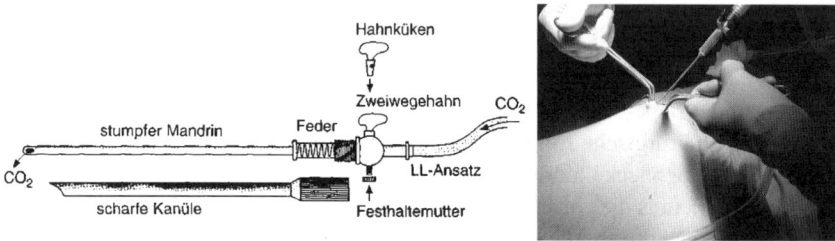

Abb. 49.9 Schematischer Aufbau einer Veress-Nadel. Insert: Über die bereits in den Abdominalraum eingebrachte Veress-Nadel strömt Gas in die Peritonealhöhle ein

Die heutigen handelsüblichen Geräte zeigen an, welcher aktuelle Druck in dem zu füllenden Compartment herrscht. Einerseits soll ein bestimmter Mindestdruck bei der Füllung erreicht werden, andererseits müssen Druckspitzen, die den Patienten gefährden, vermieden werden. Einen Aufschluss über den aktuellen Druck des Pneumoperitoneums gibt die Anzeige „Abdominal pressure" oder „intraabdomineller Druck" o. ä. Wie schnell gefüllt werden kann, hängt von der Einstellung des Flows ab. Das Flowmeter zeigt die Fließgeschwindigkeit an. Je höher die Fließgeschwindigkeit, um so rascher die Füllung. Schließlich geben die meisten Geräte auch noch an, wie viel Volumen inzwischen verbraucht wurde (Abb. 49.10).

Trokare
Der Trokar ermöglicht den Zugang zum Operationssitus. Über ihn werden Optik und Instrumente eingebracht. Ein idealer Trokar sollte eine Reihe von Voraussetzungen erfüllen:

- ein ungehindertes Einführen der verschiedenen Instrumente zulassen.
- ohne besondere Vorkehrungen einen sicheren Sitz in der Bauchdecke garantieren.
- mit einer mattierten Oberfläche als Schutz vor störenden Reflexen versehen sein.
- auch bei wechselnder Instrumentation nur ein Minimum an Gasverlust zulassen.
- bei Gasverlust gleichzeitig eine rasche, erneute Gaszufuhr ermöglichen.

49.3 Laparoskopische Chirurgie

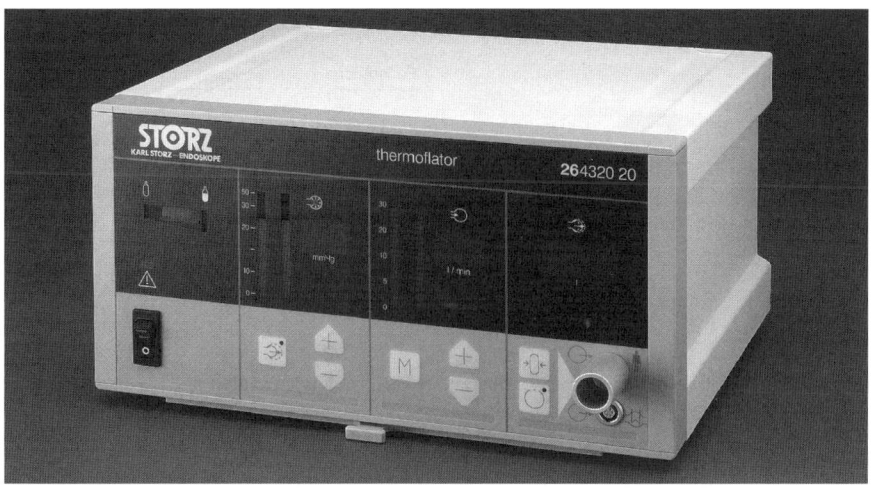

Abb. 49.10 Insufflator mit den wichtigsten Anzeige- und Kontrollelementen, Füllstandsanzeige des Gasvorrats, Anzeige des intraabdominellen Drucks mit Vorwahl des Maximaldrucks, Vorwahl und Anzeige des maximalen Gasflows, Anzeige des insufflierten Gesamtvolumens, Anschlusselement für den Gasschlauch zum Patienten

Die „Achillesferse" des Trokars ist der Ventilverschluss. Verschiedene Konstruktionen sind erhältlich (Kolben-, Kugel-, Klappenventile). Reduktionshülsen (bei Mehrweginstrumenten) oder -Kappen gestatten eine Anpassung an wechselnde Kaliber der Instrumente.

Ventilsysteme
Kolben- und Kugelventile sind konstruktiv aufwendig und finden sich daher meist an Mehrweginstrumenten, während Einwegtrokare in der Regel Klappenventile besitzen. Mehrfach verwendbare Trokare, müssen nach jedem Gebrauch zur Reinigung komplett auseinander genommen und nach Trocknen und Ölen der beweglichen Teile erneut funktionsfähig zusammengefügt werden. Die einzelnen Arbeitsschritte müssen dem jeweiligen Konstruktionsprinzip angepasst sein.

Sämtliche Einzelteile, Innenlumina und Gewinde des Trokars müssen gründlich gereinigt werden. Dies wird am sichersten ohne großen Zeit- und Arbeitsaufwand mit der Instrumentenwaschmaschine erreicht, in deren speziellem Einsatz die Einzelteile des Trokars angeordnet werden.

Nach Reinigung und Trocknung der Einzelteile müssen alle Gleit- und Schraubverbindungen (Zweiwegehahn, Gewinde usw.) vor dem erneuten Zusammenbau sorgfältig geölt werden. Dazu dürfen nur nicht verharzende Spezialöle verwendet werden. Zu ausgiebiges Ölen ist zu vermeiden, da dies beim Einführen der Optik zur Verschmutzung führt (Abb. 49.11).

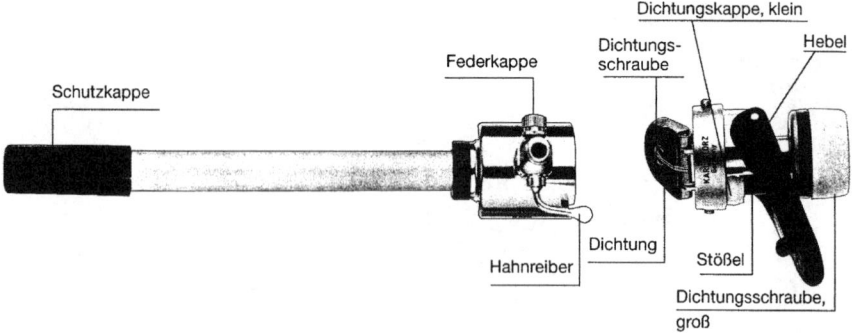

Abb. 49.11 Aufbau eines wiederverwendbaren Trokars mit Klappenventil

Klappenventil
Hier wird ein Klappenmechanismus mit einem seitlich federnd gelagerten Kunststoffplättchen verwendet.

Die Trokare öffnen beim Einführen des Instruments selbsttätig, erlauben aber auch eine manuelle Öffnung des Ventils vor Passage des Instruments mittels eines kleinen Hebels. Je nach Erfordernis können Instrumente entweder ohne Mitwirkung der zweiten Hand oder – schonender – durch zusätzliches Betätigen des Ventils eingeführt werden.

Statt der bei Metalltrokaren verwendeten Reduktionshülsen werden bei Einmaltrokaren so genannte Konvertoren benutzt, um die Kaliberreduktion für Instrumente geringeren Durchmessers zu ermöglichen.

Trotz der ausgezeichneten Eigenschaften von Einwegtrokaren wird der praktische Einsatz durch den hohen Preis limitiert. Theoretisch könnten die Trokare gassterilisiert werden, doch ist bereits die Grobreinigung der Obturatoren so schwierig, dass ein verlässlicher Sterilisationseffekt nicht garantiert werden kann.

Trokare für die „halboffene" Technik
Gelegentlich wird die sog. „halboffene Technik" für das Einführen des ersten Trokars bevorzugt. Dazu wird das Peritoneum über eine kleine Inzision unter direkter Sicht freigelegt, inzidiert und ein Trokar mit stumpfer Spitze eingeführt (Hasson-Trokar). Speziell für den Einsatz bei voroperiertem Abdomen wurde das sog. „optische Skalpell" entwickelt, mit dem nach Anlage des Pneumoperitoneums der erste Trokar unter Sicht eingeführt wird, wobei die Gewebsstrukturen unter optischer Kontrolle mit einem eingebauten Skalpell durchtrennt werden können. Gewisse Vorteile ergeben sich damit möglicherweise beim präperitonealen Operieren (z. B. Leistenhernie).

Visualisierung
Der wesentliche Unterschied zur konventionellen Operation besteht bei der minimal-invasiven Operationstechnik darin, dass das Operationsteam den operativen Situs nicht mehr direkt im Blick hat, sondern das Operationsfeld auf einem Bild-

49.3 Laparoskopische Chirurgie

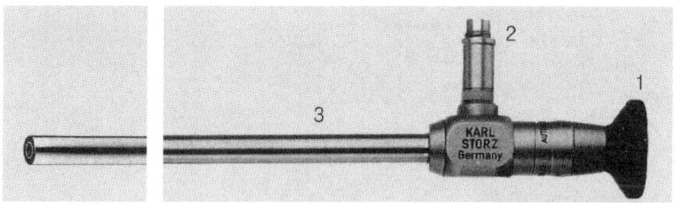

Abb. 49.12 0°-Optik mit den Bestandteilen: 1. Okulartrichter für Anschluss der Kamera; 2. Anschluss für Lichtleiterkabel; 3. Schaft. Das komplexe Linsensystem für eine optimale Bilddetailtreue ist im Schaft untergebracht („Hopkins-Optik")

schirm wahrnimmt. Die Beleuchtung erfolgt durch eine Kaltlichtquelle, die mit einem Lichtkabel an die Optik gekoppelt ist. Die eigentliche Bildübertragung übernimmt die auf das Teleskop aufgesetzte Kamera.

Vor Beginn eines endoskopischen Eingriffs müssen also zusätzlich zu den eigentlichen Operationsinstrumenten folgende Geräteeinheiten bereitgestellt und auf ihre Funktionstüchtigkeit überprüft werden:

- Kaltlichtquelle und Lichtkabel
- Kamera und Kontrolleinheit
- Monitor
- Dokumentationssystem

Optik (Teleskop)
Die Optik ist neben der Kamera der hochwertigste Teil des Laparoskopiesystems. Entscheidende Qualitätskriterien sind:

- verzerrungsfreie Bildwiedergabe,
- möglichst kleiner Durchmesser bei möglichst großem Gesichtsfeld,
- Wirtschaftlichkeit (Anschaffungspreis und Lebensdauer).

Am besten erfüllen derzeit noch Optiken mit Stablinsensystem (sog. Hopkins-Optiken) diese Bedingungen.

Für besondere Anwendungsbereiche (z. B. diagnostische Laparoskopie, Thorakoskopie) können auch halbstarre Optiken (Spitze abwinkelbar) eingesetzt werden, doch ist deren Bildübertragungsqualität systembedingt nicht optimal.

- Die Optik besteht aus
- dem Okulartrichter mit Fenster,
- dem Schaft,
- dem Lichtaustritt mit Objektivfenster und
- dem Anschluss für das Lichtleitkabel (Abb. 49.12)

Es sind heute 0° (= Geradeaus- Optiken) und Winkeloptiken (Blickrichtung z. B. 30, 70 oder 90°) erhältlich (Abb. 49.13). Der Durchmesser beträgt je nach Anwendung zwischen 2 und 10 mm. Für die laparoskopische Chirurgie bei Erwachsenen werden in aller Regel 10-mm-Optiken benutzt.

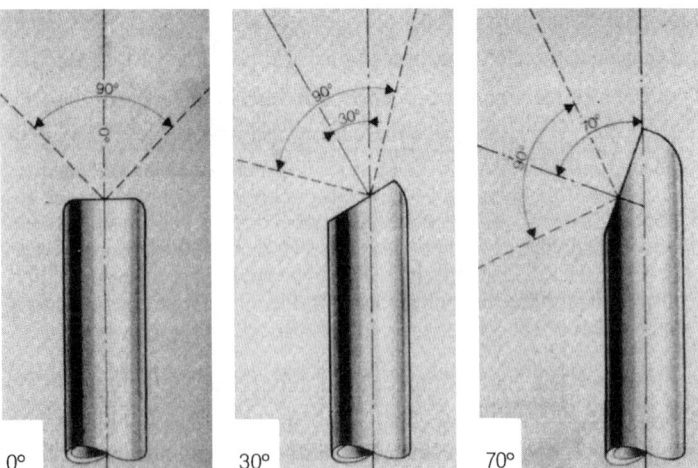

Abb. 49.13 Typische Sichtebenen von Optiken mit Stablinsensystem. Der Öffnungswinkel beträgt immer 90°, während es z. B. Modelle mit einer Sichtebene von 0°, 30° und 70° gibt. Indikationsabhängig werden unterschiedliche Winkel gewählt, um eine Kollision (Behinderung) von Instrumenten und Optik zu verhindern. Wird der Durchmesser der Optik verkleinert, resultiert dies in einem geringeren Öffnungswinkel

Die 0°-Optik ist unempfindlich gegen axiale Verdrehung, gestattet aber nur eine direkte Aufsicht. Mit der Winkeloptik können dagegen auch Strukturen eingesehen werden, die nicht der direkten Aufsicht zugänglich sind (z. B. die Kuppe des rechten Leberlappens).

Optiken dürfen weder hohen Temperaturen noch großen Temperaturschwankungen ausgesetzt werden. Dies bedeutet in der Praxis, dass Optiken im allgemeinen für eine Dampfsterilisation nicht geeignet sind. Vereinzelt bieten Hersteller autoklavierbare Optiken an, weisen aber darauf hin, dass der Sterilisator die Temperatur bei 134 °C sicher limitieren muss. Kleinsterilisatoren können das häufig nicht. Auch die geforderte langsame Abkühlung ist nicht unbedingt gewährleistet.

Bereits nach minimalen Beschädigungen, die die Funktionsfähigkeit der Optik an sich noch nicht beeinträchtigen, kann auch bei autoklavierbaren Optiken Wasser während der Dampfsterilisation eintreten und eine aufwendige Reparatur erforderlich machen. Daraus resultiert eine deutlich verkürzte Lebensdauer der kostspieligen Optiken. Die Gassterilisation ist daher vorzuziehen.

Die neueste Generation der Optiken zeichnet sich durch eine „chip in the Tip" Technologie aus. Bei diesen Optiken wird das Bild mit einem CCD-Chip im distalen Ende der Optik aufgenommen und volldigital ohne Linsensysteme der Visualisierungskette zugeführt. Die durchgehende digitale Informationsübertragung verhindert somit einen Qualitätsverlust durch die Analog/Digital-Wandlung, die in herkömmlichen Systemen zum Einsatz kommt. Die Systeme sind alle autoklavierbar und können daher ohne sterilen Überzug direkt eingesetzt werden. Als weiteres Feature wird von vielen Herstellern eine automatische Rotation des Bildes angeboten. Somit wird eine anatomisch korrekte Horizonteinstellung sichergestellt.

49.3 Laparoskopische Chirurgie 1133

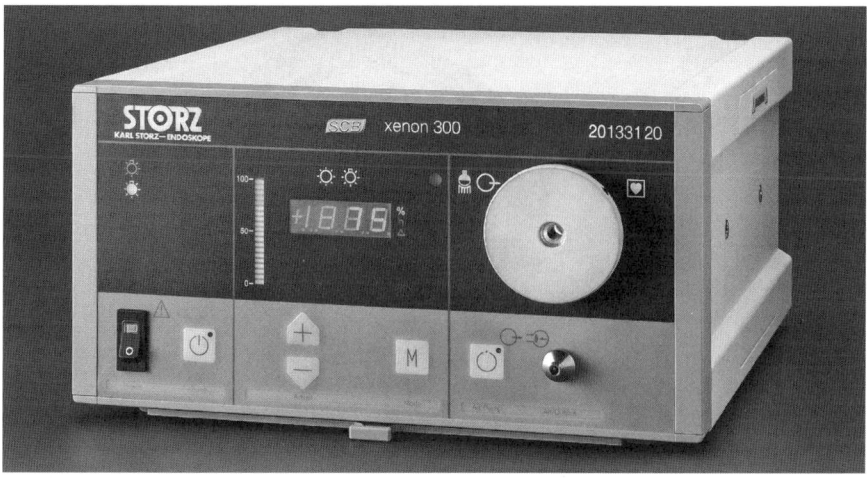

Abb. 49.14 Kaltlichtquelle mit Xenon-Birne: Anschluss für Lichtleiterkabel, Regler für Lichtleistung, Anzeige der Lichtleistung in % vom Maximum

Kaltlichtquelle

Endokavitäre Räume, wie der Brust- oder Bauchraum, müssen für die Betrachtung beleuchtet werden, so dass hier eine spezielle Kaltlichtfontäne die Operationslampe ersetzen muss. Anforderungen sind:

- eine ausreichende Lichtleistung: Die Lichtleistung einer modernen Kaltlichtfontäne muss mindestens 250–300 Watt betragen.
- eine für eine möglichst naturgetreue Farbwiedergabe ausreichende Farbtemperatur. Bei modernen Xenon- oder Halidlampen erreicht sie mindestens 5000 – 6000 Kelvin.
- eine stufenlose Regelung der Lichtintensität. Sie ist die Voraussetzung für eine Anpassung der Lichtstärke an einen wechselnden Abstand zwischen Optik und Objekt.

Bei guten Kamerasystemen erfolgt die Lichtregelung automatisch durch Rückkoppelung mit der Kamera.

Für die Lichterzeugung werden Halogen-, Halid- oder Xenonlampen verwendet, wobei Halogenlampen zwar verhältnismäßig preisgünstig sind (ca. 7–10 EUR pro Birne), aber in der Regel keine für laparoskopische Zwecke ausreichende Lichtintensität bieten.

Halidbirnen sind deutlich billiger als Xenonlichtquellen (250–600 EUR), haben dafür aber auch eine mit ca. 200–300 Stunden deutlich niedrigere Betriebsstundenzeit als Xenonlampen (ca. 600 Stunden).

Außerordentlich praktisch ist in jedem Fall eine redundante Lichtversorgung durch eine eingebaute Reservelampe. Dadurch kann bei Ausfall der Primärbirne ohne jeglichen Zeitverlust auf die Ersatzlampe umgeschaltet werden (Abb. 49.14).

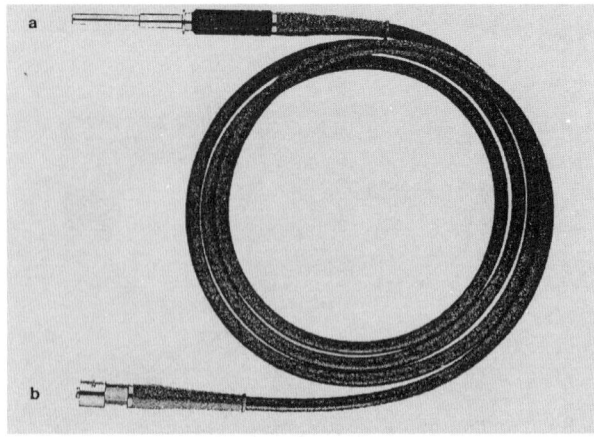

Abb. 49.15 Lichtleitkabel aus Glasfasern: a) Anschluss an die Lichtquelle; b) Schraubanschluss an die Optik

Kaltlichtkabel

Die Lichtübertragung von der Lichtfontäne zur Optik wird durch das Kaltlichtkabel sichergestellt. Das Kaltlichtkabel muss über eine ausreichende Länge und einen ausreichenden Durchmesser verfügen, da die Transmissionsleistung (Lichtübertragungsleistung) eines Kaltlichtkabels im wesentlichen von dem Durchmesser und der Qualität des Übertragungsmaterials abhängt. Üblicherweise werden heute Fiberglas- oder Flüssigkeitslichtleiter verwendet. Die spezifische Transmissionsleistung von Flüssigkeitslichtleitern ist zwar höher und die Übertragung des Farbspektrums gleichmäßiger, doch wird dieser Vorteil durch eine geringere Flexibilität eingeschränkt (Abb. 49.15).

Unabhängig von der Art des Übertragungsmediums muss das Kaltlichtkabel über eine ausreichende Länge verfügen, um einen angemessenen Abstand zwischen der unsterilen Kaltlichtfontäne und dem Operationsfeld zu gewährleisten. Die Mindestlänge beträgt für die laparoskopisch/ thorakoskopische Anwendung 3 Meter.

Der Durchmesser des Kabels muss dem Leiterquerschnitt der Optik entsprechen. Für eine 10 mm-Optik sollte das Kabel daher mindestens 5 mm Durchmesser haben.

Kamera und Steuereinheit

Die Kamera mit der Steuereinheit stellt das Herzstück der Visualisierungskette dar. Moderne Kameras verwenden eine 3 Chip CCD- Technologie. Hier wird im Gegensatz zum 1 Chip System das optische Bild vor dem 3-CCD-Bildsensor durch ein speziell beschichtetes Farbprisma in die drei Primärfarben zerlegt. Jeder einzelne der drei CCD-Sensoren erhält somit nur eine Farbinformation, bei jeweils maximaler Zeilendarstellung. Durch die separate Verarbeitung der Primär-Farbinformationen Rot, Grün und Blau, werden nur mit diesem Verfahren sämtliche Farben optimal erkannt. Zudem erhöht sich durch die Verwendung von drei CCD-Sensoren die Detailerkennung um das nahezu 3-fache.

49.3 Laparoskopische Chirurgie

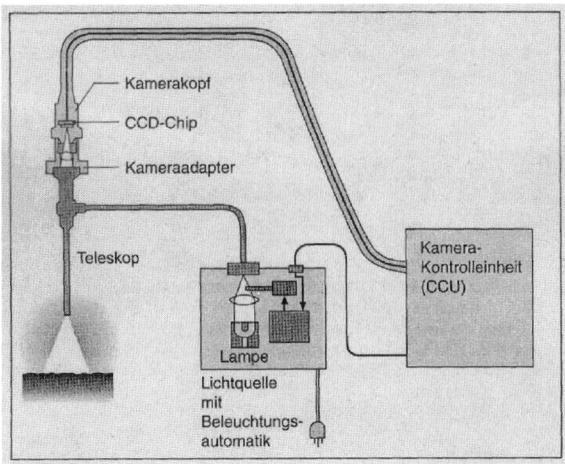

Abb. 49.16 Schematische Darstellung der Visualisationskette: Der Kameraadapter mit CCD-Chip sitzt auf dem Okulartrichter, bündelt die Bildinformationen in einer Linse und führt diese dem CCD-Chip zu. Das elektrische Signal des Chips wird in der CCU zu einem Videobild prozessiert und dem Monitor (nicht dargestellt) zugeführt. Die Lichtquelle mit Beleuchtungsautomatik erhält das prozessierte Bildsignal und regelt im Bedarfsfall die Helligkeit nach

Die neueste Generation der Kameras sind mit HDTV („high-definition television") Chips ausgestattet und ermöglichen eine noch höhere Auflösung des Bildes (1080 vs. 576 Zeilen). Durch diese annähernde Verdoppelung der Zeilen ist eine deutliche Detailverbesserung und Steigerung der Schärfe möglich.

Kamera
Derzeitiger Standard sind auf das Teleskop (Optik) aufsetzbare Kameras, deren „Kernstück" ein lichtempfindlicher Silikonchip (CCD = Charge coupled device) ist. Der Chip weist etwa 150 000 – 300 000 lichtempfindliche Punkte, sog. Pixels, auf. Die aktuellen Messwerte (Lichtintensität und Farbe) werden 30mal pro Sekunde abgefragt und ein entsprechendes Bild auf dem Monitor aufgebaut. Je nach Größe des Chips unterscheidet man zwischen ½"- oder 2/3"-Kameras (Abb. 49.16).

Eine technische Neuentwicklung stellen so genannte „3-Chip-Kameras" dar (z. B. Fa. Stryker), bei denen pro Farbqualität (Rot, Grün und Blau) ein eigener ½"-Chip verwendet wird. Vorteilhaft sind hier zweifellos die höhere Auflösung und die wesentlich bessere Farbtreue. Es ist jedoch noch zweifelhaft, ob dieser Qualitätsgewinn eine Anschaffung in Anbetracht des etwa 2- bis 3-fach höheren Preises rechtfertigt. Für die Videodokumentation ist zudem mindestens ein S-VHS-System (Videorecorder) erforderlich, um die Qualitätsverbesserung auch bei der Dokumentation und Reproduktion zu erhalten.

Mittelfristig werden sich auch in der Laparoskopie digitale Kameras durchsetzen. Erste Systeme mit einer „Chip in the Tip"- Technologie sind bereits in Erprobung. Bei diesen Systemen ist der Bildsensor in die Spitze der Optik integriert.

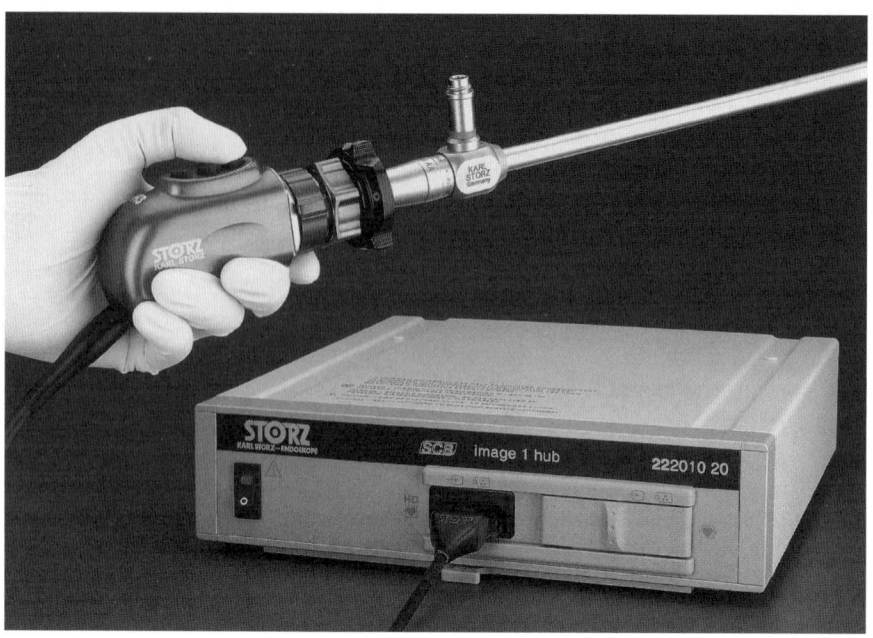

Abb. 49.17 Kamerakontrolleinheit mit Kamera

Analog dazu werden in naher Zukunft digitale Ausgänge (IEEE 1394, DVI) zur Verfügung stehen. Diese Kombination ermöglicht dem Operateur die volle Auflösung von bereits immer häufiger eingesetzten LCD-Bildschirmen auszunutzen. Hier war man bisher auf eine maximale Auflösung von 768 x 576 Bildpunkten limitiert (PAL-Standard).

Kamerakopf
Der Kamerakopf wird mittels Schnellkupplung auf das Teleskop (Geradeaus- bzw. Winkeloptik) aufgesteckt. Unabhängig von den vom jeweiligen Hersteller gewählten technischen Lösungen (Ringklemmen, Rollbacken o. a.) ist das Problem der Schnittstelle zur Sterilzone zu beachten:

Wenn der Kamerakopf unsteril in einem sterilen Schutzüberzug angereicht wird, muss das Okular des Teleskops zunächst in den Schutzüberzug eingebracht, befestigt und dann erst auf die Kamera aufgesetzt werden. Dabei wird das Okular in jedem Fall unsteril. Praktische Alternativlösungen sind sterilisierbare Zwischenkupplungen, mit denen ein direkter Kontakt zwischen Kamera und Teleskop umgangen werden kann. Sie sind insbesondere dann erforderlich, wenn während einer Operation mehrere Teleskope verwendet werden müssen (z. B. bei der Cholangioskopie).

Moderne Einheiten können gassterilisiert (großer Zeitaufwand!) oder zur Desinfektion in eine geeignete Lösung (z. B. Glutaraldehyd) eingelegt werden (umstritten). Üblicherweise wird die Kamera mit dem Zuleitungskabel deshalb nicht sterilisiert, sondern mit einem sterilen Überzug verpackt.

49.3 Laparoskopische Chirurgie

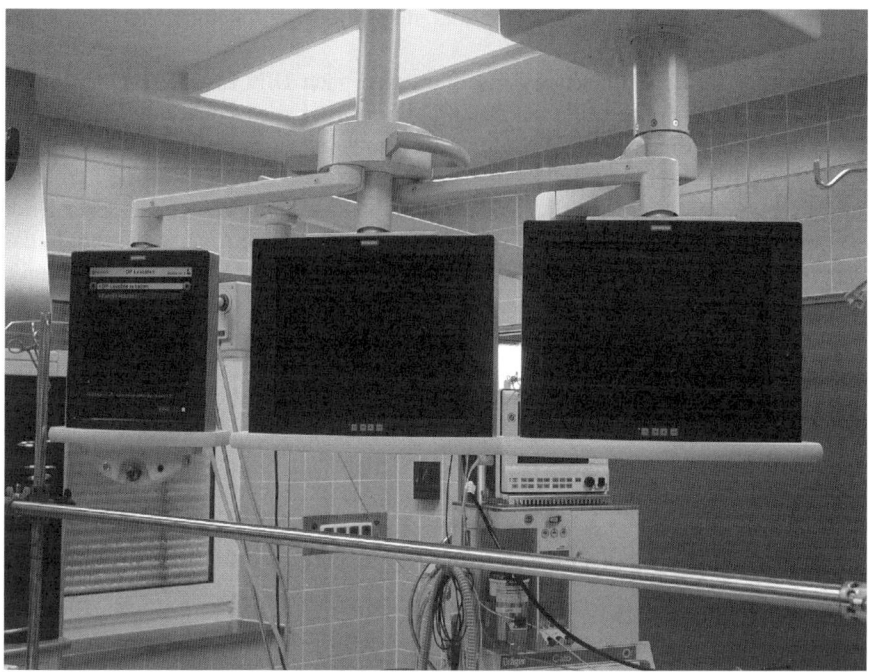

Abb. 49.18 Die heutigen Flachbildmonitore sind platzsparend, lassen sich problemlos in unterschiedliche Positionen bringen und können somit flexibel den jeweiligen OP-Anforderungen angepasst werden

Kamerakontrolleinheit (CCU)
Die Kamerakontrolleinheit (in vielen Prospekten auch auf neudeutsch als CCU = „camera control unit" bezeichnet) liefert der Kamera die erforderliche Betriebsspannung sowie die Regelungsimpulse und empfängt und verstärkt die Helligkeits- und Farbsignale. Über entsprechende Ausgänge werden diese Signale an die Peripherie (Monitor, Videorecorder usw.) ausgegeben. Steuerimpulse der Kontrolleinheit können außerdem die Lichtleistung der Kaltlichtquelle regeln.

In der Praxis haben sich heute die separaten Kontrolleinheiten (Abb. 49.17) durchgesetzt, da bei diesen die Möglichkeiten der Bildverarbeitung, sowie die Archivierung auf verschiedenen Medien leichter realisierbar sind.

Monitor
Auf dem Monitor werden die von der Kameraeinheit erzeugten Videosignale zu einem sichtbaren Bild umgesetzt. Es kann nur wiedergegeben werden, was auch von der Kamera aufgenommen wurde, sodass auch ein technisch hoch entwickelter Monitor nicht die Schwächen des Aufnahme-Systems ausgleichen kann. Andererseits können durch Monitore mit zu geringer Leistung auch die speziellen Vorteile moderner Kamerasysteme nicht zur Geltung gebracht werden, so dass die Qualität

des Aufnahmesystems und des Monitors stets in einem angemessenen Verhältnis stehen müssen.

Monitore für den klinischen Einsatz müssen nach DIN EN60601-1 zertifiziert sein. Die Schutzscheibe sollte mit Desinfektionsmittel abwischbar und eine Abdeckung der frontseitigen Bedienknöpfe vorhanden sein.

Technisch sollte die Farbwiedergabe realistisch sein, d. h. es muss die Farbtreue und Farbintensität den natürlichen Farben anpassbar sein. Weiter muss der Bildschirm ein ausgezeichnetes Kontrastverhältnis haben. Diese Angabe beschreibt das Verhältnis zwischen dem hellsten Punkt der Darstellung zum dunkelsten Punkt. Die Darstellung von hellen und dunklen Bildelementen mit sauberen Konturen und deutlichen Abgrenzungen ist ausschlaggebend für eine hohe Darstellungsqualität. CRT- Monitore (Abb. 49.18) haben üblicherweise ein Kontrastverhältnis von 500:1, bei LCD Bildschirmen liegt dies bei ca. 350:1.

Ebenso wichtig wie ein gutes Kontrastverhältnis ist die gleichmäßige Ausleuchtung der Bildfläche. Besonders bei CRT- Modellen kann die Helligkeit in den Ecken und an den Rändern sichtbar abnehmen.

Außerdem ist eine ausreichende Blickwinkelunabhängigkeit von großer Wichtigkeit, es sollten auch bei einem Betrachtungswinkel > 140° keine Spiegelungen auftreten.

Handinstrumente – Grundinstrumentarium

Das Grundinstrumentarium umfasst:

- Fasszangen
- Elevatoren/Retraktoren
- Instrumente für die Gewebepräparation
- Scheren
- Nahtinstrumente wie Nadelhalter und Fadenschieber
- Extraktionshilfen

Instrumente und Zubehör für den Verschluss kanalikulärer Strukturen:

- Clips
- Nadel-Faden-Kombinationen
- Ligaturen
- Stapler

Für die leichtere Reinigung werden diese Instrumente zerlegbar konstruiert (Abb. 49.19).

Fasszangen

Zum Fassen werden mehr oder weniger stark gezähnelte unilateral oder bilateral wirkende Fasszangen angeboten. Die Maulform muss geeignet sein, einerseits eine sichere Fixation der Struktur zu gestatten, aber andererseits auch eine zu starke Traumatisierung oder gar Perforation zu vermeiden. Eine Reihe von bisher erhält-

49.3 Laparoskopische Chirurgie

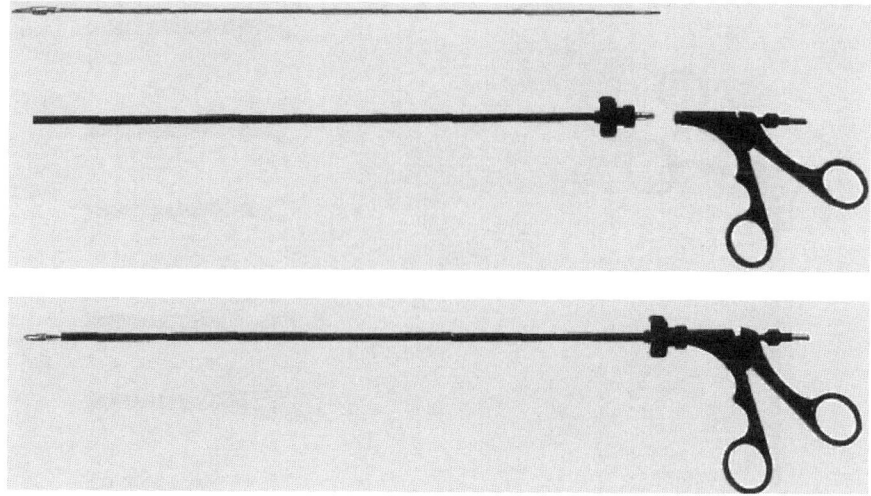

Abb. 49.19 Laparoskopische Handinstrumente sind durch ihre Bauart extrem schwer sicher zu reinigen und zu desinfizieren. Als Alternative zu Einmalinstrumenten (hoher Preis) wurden An-Instrumente entwickelt, die für den Aufbereitungsprozess in die verschiedenen Baugruppen zu zerlegen sind

lichen Fasszangen ist in Abb. 49.20 dargestellt. Im Instrumentensieb sollten stets mehrere Formen von Fasszangen vorhanden sein, um die Gewebekonsistenz bei der Wahl des Instrumentes berücksichtigen zu können. Zweifellos gibt es bis heute noch kein „ideales" Sortiment von Fasszangen, doch wurde die Palette durch einige Spezialinstrumente inzwischen bereichert. Für die Fixation von sehr vulnerablen Geweben (Lunge, Darm) gibt es weichfassende Klemmen mit ausreichend großem Maulteil (z. B. Endolung, Fa. Tyco), die allerdings einen Schaftdurchmesser von 10 mm haben. Andererseits stehen auch besonders kräftige Fasszangen für derbes Gewebe (z. B. verschwielte Gallenblasen) zur Verfügung, die sinnvollerweise als Reserve für Sonderfälle vorgehalten werden sollten. Als Faustregel kann grundsätzlich gelten, dass die Fasszange um so traumatischer sein darf, je dicker und derber die zu greifende Struktur ist.

Retraktoren
Häufig ist für die gezielte Exposition des Operationsgebietes das „Weghalten" störender Strukturen erforderlich (z. B. Leber, Darm, Lungen). Im einfachsten Fall genügen dazu Instrumente nach Art des Taststabs. Spezialisierte Instrumente sind in Abb. 49.21 dargestellt.

Instrumente zur Gewebepräparation
Die scharfe Dissektion durch Schneiden steht beim laparoskopischen Vorgehen weniger im Vordergrund als bei der offenen Operation. Die Präparation erfolgt vor-

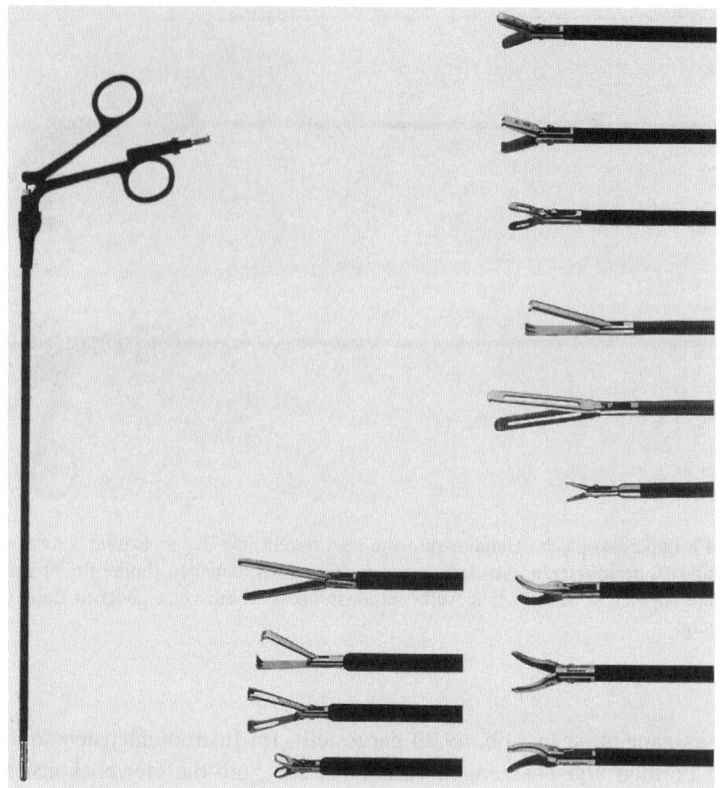

Abb. 49.20 Am Beispiel der Fasszange wird gezeigt, wie breit mittlerweile das Spektrum an Handinstrumenten ist: Für jeden Anwendungsbereich bzw. für jede Gewebsart stehen spezialisierte Maulteile zur Verfügung

wiegend stumpf. Das Gewebe wird gespreizt und dann mittels HF-Schneidstrom durchtrennt.

Ein ausgezeichnetes Instrument dazu ist die normale Biopsiezange, mit der auch Schneid- oder Koagulationsstrom appliziert werden kann (Abb. 49.22).

Alternativ können auch Präparationshäkchen (Abb. 49.23) verwendet werden, über die ebenfalls Strom appliziert werden kann. Sie sind häufig in Verbindung mit einem Saugrohr erhältlich.

Vorteilhafter sind jedoch Präparationsklemmen nach Art des Overhold, die sowohl als Einmal- wie auch Mehrweginstrumente erhältlich sind. Sie erlauben eine insgesamt „chirurgischer" wirkende Präparation.

Für besonders anspruchsvolle Präparation (z. B. hinter dem Magen) stehen abwinkelbare Instrumente zur Verfügung (Abb. 49.24). Durch Drehen eines Stellelementes wird die Spitze vorgeschoben und nimmt dabei eine Krümmung von bis zu 90° an. Trotzdem können die Branchen weiterhin normal betätigt werden. Durch Einziehen in den Schaft wird die Spitze wieder begradigt.

49.3 Laparoskopische Chirurgie

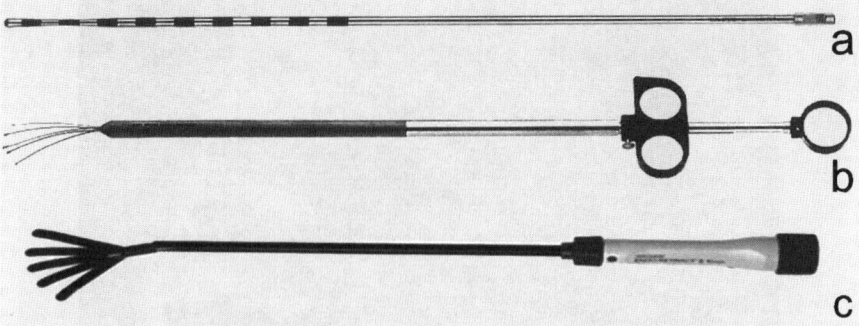

Abb. 49.21 Voraussetzung für einen erfolgreichen chirurgischen Eingriff ist die ausreichende Exposition des Operationsgebietes. Dieses Ziel ist gerade im Bauchraum häufig nicht einfach zu erreichen. Es werden sog. Retraktoren oder Elevatoren eingesetzt, mit denen der Assistent störende Strukturen oder Organe „weghalten" kann. Drei Beispiele für Retraktoren: a) Taststab (Fa. STORZ); b) spreizbarer Taststab nach Cognat (Fa. STORZ); c) spreizbarer Einmalretraktor (Fa. Tyco)

Abb. 49.22 Die sog. Biopsiezange dient zur Gewinnung von Gewebsproben. Sie kann jedoch auch als Universalinstrument z. B. als Nadelhalter und zur Präparation verwendet werden

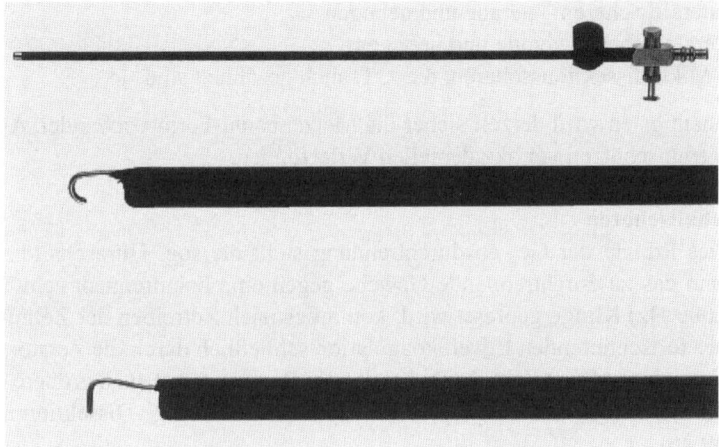

Abb. 49.23 In der Anfangszeit der laparoskopischen Chirurgie häufig verwendet: das sog. Präparationshäkchen. Durch Applikation von monopolarem Strom kann mit dem abgewinkelten Drahthäkchen an der Spitze auch Gewebe durchtrennt werden. In den Schaft ist ein Saug-Spül-Rohr integriert

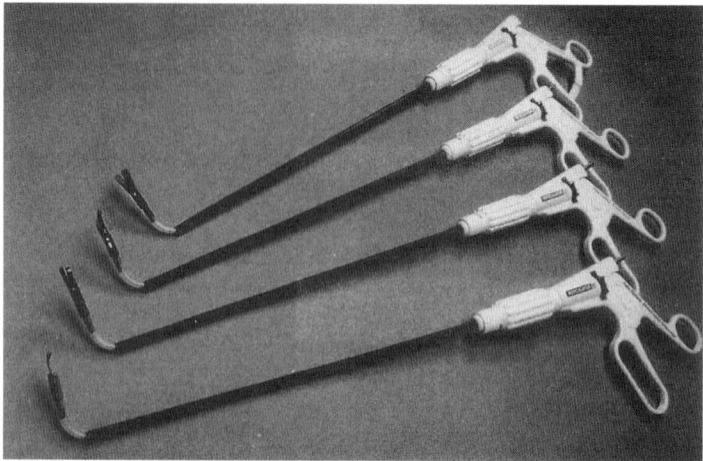

Abb. 49.24 Bei schwieriger anatomischer Lokalisation eines Befundes können auch abwinkelbare Instrumente eingesetzt werden. Sie werden im begradigten Zustand über den Trokar in den Bauchraum eingebracht. Durch Drehen an der breiten Rendel-Schraube am Handstück der Instrumente kommt es zur Krümmung der Spitze

Scheren

Heute werden eine ganze Reihe verschiedener Scherenmodelle angeboten, ohne dass diese Typenvielfalt operationstechnisch gerechtfertigt erscheint. Man unterscheidet folgende Grundtypen (Abb. 49.25):

- Hakenscheren,
- unilaterale Scheren – gerade und gebogen,
- bilaterale Scheren-gerade und gebogen,
- sog. Mikrodissektionsscheren, die z. T. auch gezähnelt sind.

Am häufigsten wird derzeit sicher die Metzenbaum-Form verwendet. Abgerundete Spitzen schützen vor akzidentellen Verletzungen.

Ultraschallscheren

Ein neues Prinzip der Gewebsdurchtrennung stellt die sog. Ultraschalldissektion dar. Wenn das zu durchtrennende Gewebe gegen eine hochfrequent schwingende (ca. 40.000 Hz) Klinge gepresst wird, kommt es nach Zerreißen der Zellmembran und einer fortschreitenden Eiweißkoagulation schließlich durch die Zerstörung des Zellverbundes zu einem Schnitt. Da bei diesem Prozess selbst auch größere Blutgefäße obliterieren, ist eine ausgesprochen blutarme und zügige Dissektion möglich (Abb. 49.26).

Nadelhalter

Der Grundtyp eines laparoskopischen Nadelhalters ist in Abb. 49.27 dargestellt. Mit ihm wird die zu fixierende Nadel durch Axialschub gehalten.

49.3 Laparoskopische Chirurgie

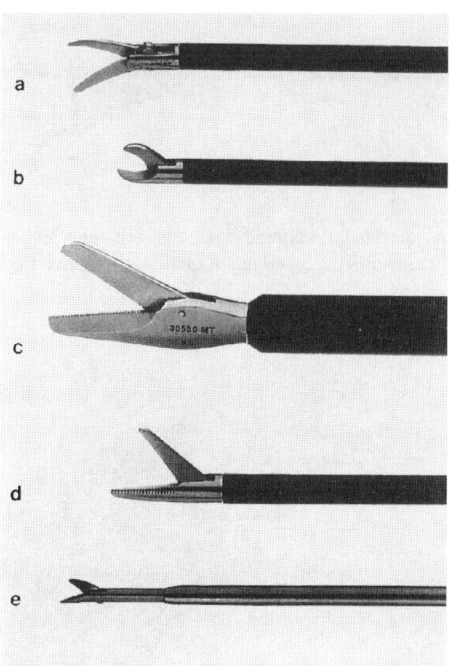

Abb. 49.25 Für das Schneiden stehen zahlreiche unterschiedliche Scherenformen zur Verfügung:
a) nach Metzenbaum, bilateral, gebogen;
b) Hakenschere;
c) gerade Schere, unilateral;
d) Schere nach Cuschieri, unilateral;
e) Mikrodissektionsschere nach Semm.
Die Metzenbaum-Schere ist die universelle Form

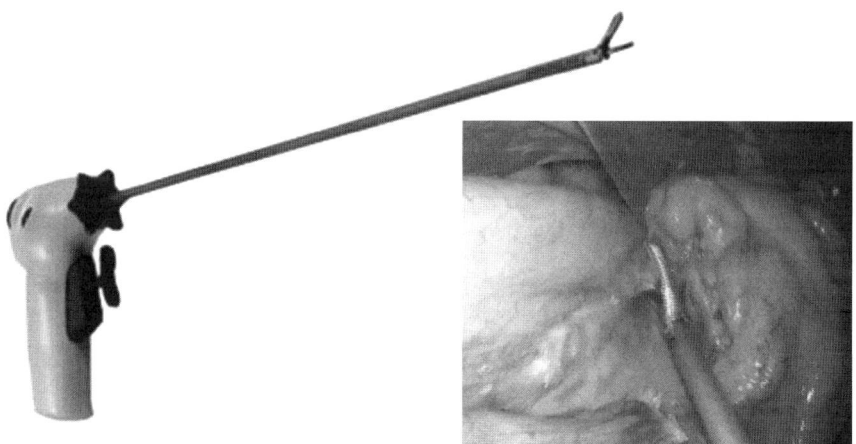

Abb. 49.26 Ultraschallschere (Harmonic ACE, Fa. Ethicon): Durch Betätigen des Abzugs wird die zu zertrennende Struktur von den Branchen der Schere gegriffen. Durch Betätigen des Auslöseknopfes kommt es rasch zu einer Koagulation und Gewebsdurchtrennung

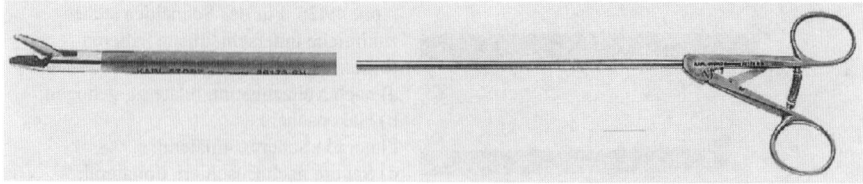

Abb. 49.27 Der Nadelhalter ist erforderlich, um die Nadel während des Nahtvorganges sicher zu fixieren und zu positionieren. Die dabei auftretenden Kräfte verlangen qualitativ hochwertige Materialien

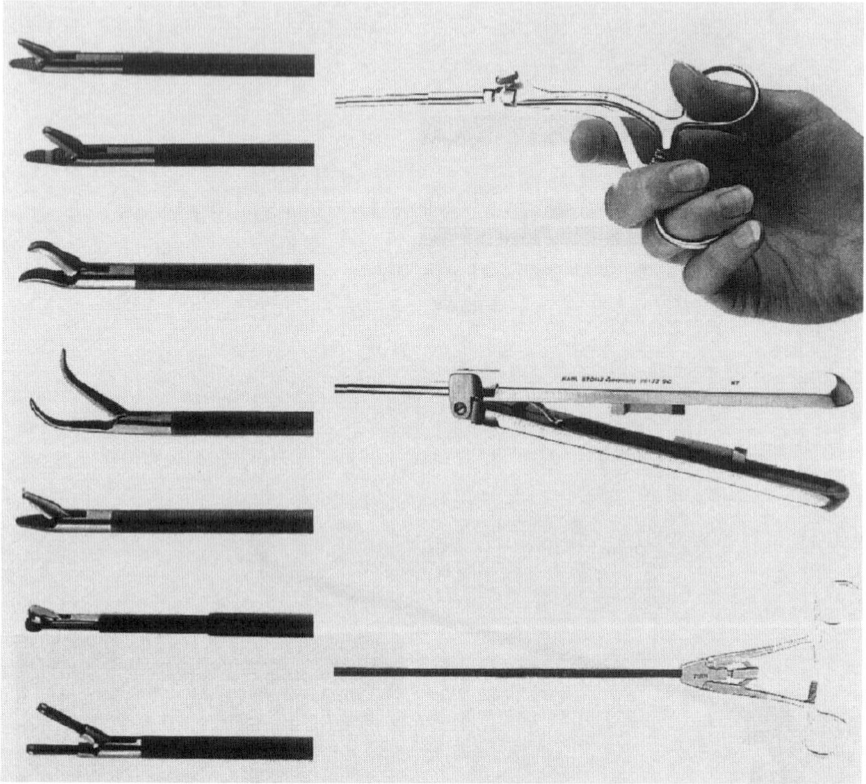

Abb. 49.28 Je nach verwendeter Nadel und beabsichtigter Naht variieren die Maulformen. Auch die Handstücke werden in vielen unterschiedlichen Ausformungen angeboten

Einen Überblick über die heute angebotenen Nadelhaltertypen gibt Abb. 49.28. Für welches Modell, bzw. Handstück man sich entscheidet, hängt von der persönlichen Einschätzung des Operateurs ab.

Für die intrakorporale Knotentechnik sollten gebogene Nadelhalter verwendet werden, da diese ein „Verschlingen" des Knotens erleichtern.

49.3 Laparoskopische Chirurgie 1145

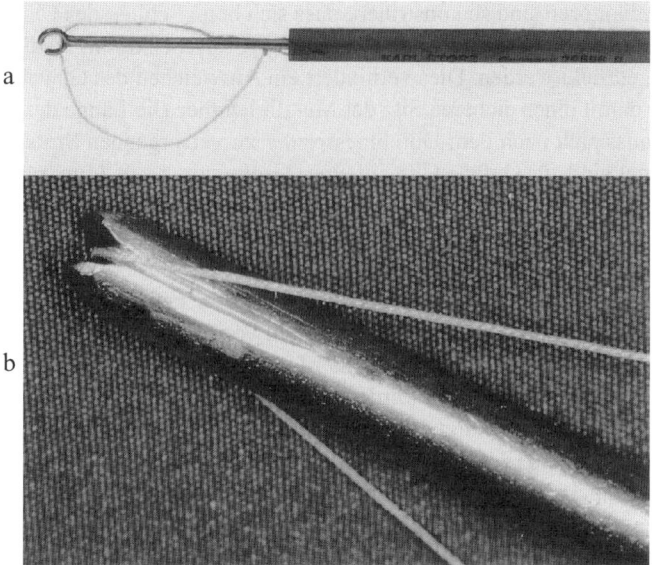

Abb. 49.29 Bei der sog. extrakorporalen Naht wird der Knoten außerhalb des Bauchraums vorgelegt. Um ihn dann bis zur Nahtstelle vorzuschieben, werden sog. Fadenschieber eingesetzt: a) mit halboffener Ringöse; b) mit genuteter Spitze

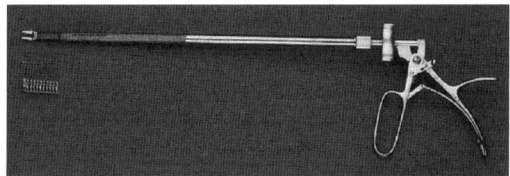

Abb. 49.30 Kanalikuläre Strukturen (Blutgefäße, Gallenblasengang usw.) werden mit sog. Clips verschlossen. Die OP-Assistenz setzt einen Clip aus dem Magazin (im Bild links) in die Backen des Clip-Applikators ein. Durch Betätigen des Handgriffes wird dann der Clip über der zu verschließenden Struktur zusammengepresst

Fadenschieber
Bei der extrakorporalen Knotentechnik muss der Knoten mit Hilfe eines speziellen Fadenschiebers platziert werden. Dieser muss nicht nur einen geschmeidigen Vorschub des Knotens gestatten, sondern auch den Faden sicher führen. Zwei einfache Grundformen sind in Abb. 49.29 dargestellt.

Clips
Zum Verschluss kanikulärer Strukturen (Venen, Arterien, Gallengang, Darm, Bronchus, etc.) werden Titan- oder resorbierbare Clips verwendet. Dazu stehen verschiedene Clipapplikatoren zur Verfügung (Abb. 49.30).

Alle Applikatoren sind so konstruiert, dass sich beim Schluss des Clips zunächst das freie Ende schließt und erst dann die beiden Clipschenkel im medialen Anteil zusammengedrückt werden. Dies verhindert ein Ausweichen des Gewebes und gewährleistet damit einen sicheren Sitz der Metallklammer Die Länge des verwendeten Clips muss sich nach dem Durchmesser der zu versorgenden Struktur richten. In aller Regel sind für Gefäße Clips in einer Größe von 5 – 8,7mm, während beispielsweise für den Ductus cysticus 8,7 mm-Clips oder noch größere (11 mm) erforderlich sind. Nachteilig ist, dass das Gerät für jede Applikation erneut eingeführt werden muss und damit eine neuerliche Einstellung des Situs erforderlich wird. Um dies zu vermeiden, wurden Repetierapplikatoren entwickelt.

Diese Repetierapplikatoren bieten zudem den Vorteil, dass sie in ihrer Längsachse drehbar sind und so z. T. akrobatische Manöver zum Einstellen des optimalen Applikationswinkels entbehrlich werden. Die rasche Clipapplikation ohne Ein- und Ausfahren des Gerätes verkürzt die Operationszeit deutlich. Nachteilig ist auch hier der hohe Preis (ca. 150 EUR pro Applikator), insbesondere auch deswegen, weil nur teilweise gebrauchte Clipapplikatoren nicht resterilisiert werden können, da eine zuverlässige Reinigung nicht möglich ist.

Eine Alternative zu Titanclips stellen resorbierbare Clips dar. Sie sind aus Polydioxanon gefertigt und weisen in Analogie zu resorbierbarem Nahtmaterial eine ausreichend lange Stabilität auf, um den sicheren Verschluss der betreffenden kanalikulären Strukturen bis zur Abheilung zu gewährleisten. Wo immer möglich, sollte ihnen der Vorzug vor Metallclips gegeben werden. Die Handhabung dieser Clips ist jedoch schwieriger. Sie müssen stets korrekt in die Applikationszange eingesetzt werden. Vor dem Einführen muss die Zange halb geschlossen werden, da mit vollständig geöffnetem Clip der Trokar nicht passiert werden kann.

Peripheriegeräte

Saug-Spül-Einrichtung
Zur Spülung des Operationsbereiches und zum Absaugen der sich während des laparoskopischen Eingriffes ansammelnden Flüssigkeit dient die so genannte Saug-Spül-Einheit. Grundbestandteile sind die Saug-Spül-Pumpe mit dazugehöriger Saugflasche, Überlaufschutz und Bakterienfilter, sowie eine Vorrichtung zum Einstellen der NaCl-Sterilflaschen, aus denen über eine spezielle Punktionskanüle die Spülflüssigkeit gepumpt wird (Abb. 49.31).

Thermokoagulation und -dissektion
Trotz zeitweilig geäußerter Vorbehalte kann auch in der laparoskopischen Chirurgie monopolarer Strom verwendet werden. Wie in der offenen Chirurgie kann hier jedes handelsübliche, den Sicherheitsbestimmungen und den Bestimmungen der MedGV entsprechende Fabrikat verwendet werden. Günstig erscheint ein kombiniertes Gerät für die Uni- und Bipolarkoagulation, das Hochfrequenzleistungen nur an der jeweils aktivierten Elektrode zulässt, sodass durch die unbenutzte Elektrode keine Verletzungen entstehen können (Abb. 49.32). Mit demselben Gerät sollte gleichzeitig auch bipolar koaguliert werden können, wenn die neutrale Elektrode

49.3 Laparoskopische Chirurgie

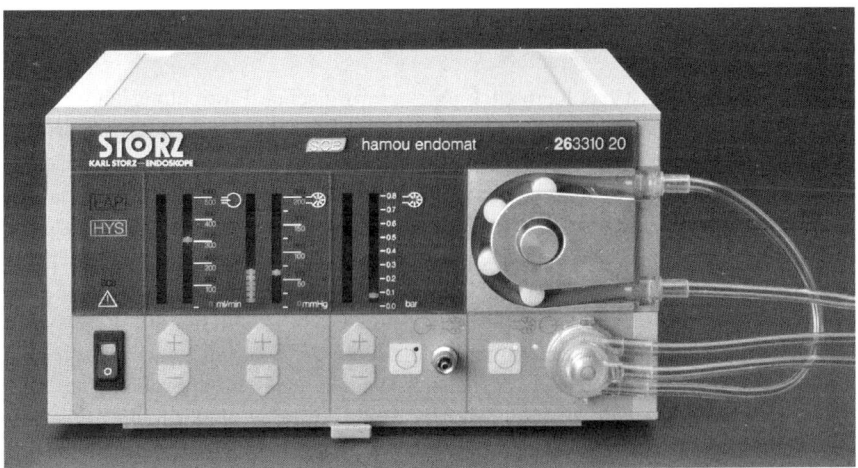

Abb. 49.31 Saug-Spül-Gerät

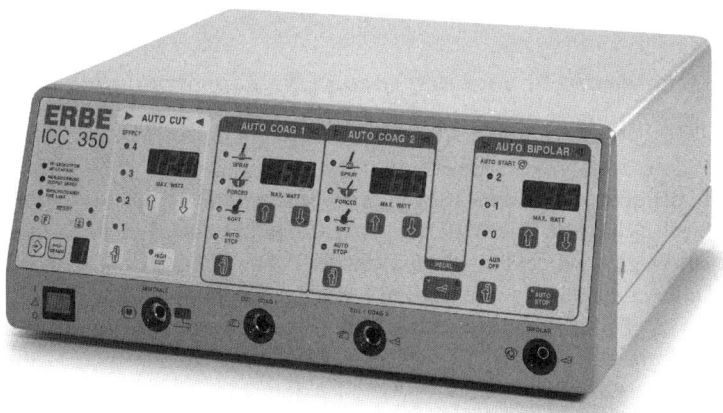

Abb. 49.32 HF-Generator mit 2 Stromcharakteristiken zum Schneiden oder Koagulieren: Anschluss für die Neutralelektrode, Anschluss für monopolare Koagulation, Anschluss für bipolare Koagulationsinstrumente, Leistungseinstellung und Anzeige für Schneidstrom, Leistungseinstellung für Koagulationsstrom, Wahlschalter um Modulation des Stromes zu verändern

fehlt (dies verringert im Einzelfall die bereits problematisch hohe Zahl der Zu- und Ableitungen zum Patienten). Bei der Verwendung von monopolarem Strom muss, wie in jedem anderen Bereich der Chirurgie, äußerste Sorgfalt bei der Platzierung der Neutralelektrode walten. Ihr Kontakt zur Haut muss vollständig und sicher sein. Starke Behaarung, z. B. am Oberschenkel, muss vor Anbringen der Elektrode entfernt und die Haut entfettet werden.

49.3.2 Der minimal-invasive OP

Der Operationssaal ist das Kernstück jeder chirurgischen Einrichtung und gleichzeitig auch die komplikationsträchtigste und teuerste Arbeitseinheit einer chirurgischen Klinik. Schon in der Ära der offenen/konventionellen Chirurgie war diese Arbeitsumgebung recht hoch technisiert. Mit der Einführung der minimal-invasiven Chirurgie erfolgte eine rasche Erweiterung um zahlreiche weitere Gerätesysteme, sodass die Raumauslastung noch mehr verdichtet wurde und die Arbeit des Operationsteams immer komplexer wurde. Deshalb setzen sich für minimal-invasive Eingriffe immer mehr dezidierte Arbeitsumgebungen durch, denn nur auf diese Weise besteht eine Aussicht, die zunehmend diffizileren technischen und chirurgischen Anforderungen überhaupt noch zu beherrschen. Um das Raumproblem am OP-Tisch, d. h. am Patienten, zu lösen, werden Gerätesysteme immer mehr miniaturisiert bzw. in die Peripherie verlagert. Zudem wird die Bedienbarkeit kontinuierlich verbessert. Die unterschiedlichen Funktionseinheiten und Peripheriegeräte werden mit einem Datenbussystem vernetzt, sodass das OP-Team die zentrale Kontrolle aus dem Sterilbereich gewinnt (Abb. 49.33).

49.3.3 Diagnostische und therapeutische Einsatzmöglichkeiten der laparoskopischen Chirurgie

Praktisch alle gutartigen Erkrankungen des Gastrointestinaltrakts werden heute laparoskopisch behandelt. Die Entfernung der Gallenblase wird heute fast nur noch auf diesem Wege durchgeführt, ebenso wie die Behandlung der sog. gastroösophagealen Refluxkrankheit (Sodbrennen) in Form der Fundoplikatio. Weitere Beispiele sind die entzündliche Divertikelkrankheit (Sigmadivertikulitis) und andere entzündliche Darmerkrankungen.

Auch die sehr häufigen Eingriffe Appendektomie und Verschluss des Leistenbruchs können selbstverständlich laparoskopisch ausgeführt werden. Der Anteil der minimal-invasiven Eingriffe ist hier überwiegend aus Kostengründen niedriger.

Ein sich rasch entwickelndes Feld ist die Behandlung bösartiger Tumore des Gastrointestinaltrakts bzw. deren Vorläufer. Gerade bei Frühformen können die laparoskopische Chirurgie entweder allein oder unterstützt durch die flexible Endoskopie die Invasivität des Eingriffs erheblich reduzieren (Tabelle 49.2).

49.3.4 Perspektiven

Die weite Ausgestaltung dieses Arbeitsumfeldes nimmt eine Schlüsselrolle in der künftigen Entwicklung der Chirurgie ein. Konkret werden die folgenden Innovationsfelder kurz- und mittelfristig eine zentrale Bedeutung gewinnen (Tabelle 49.3).

49.3 Laparoskopische Chirurgie

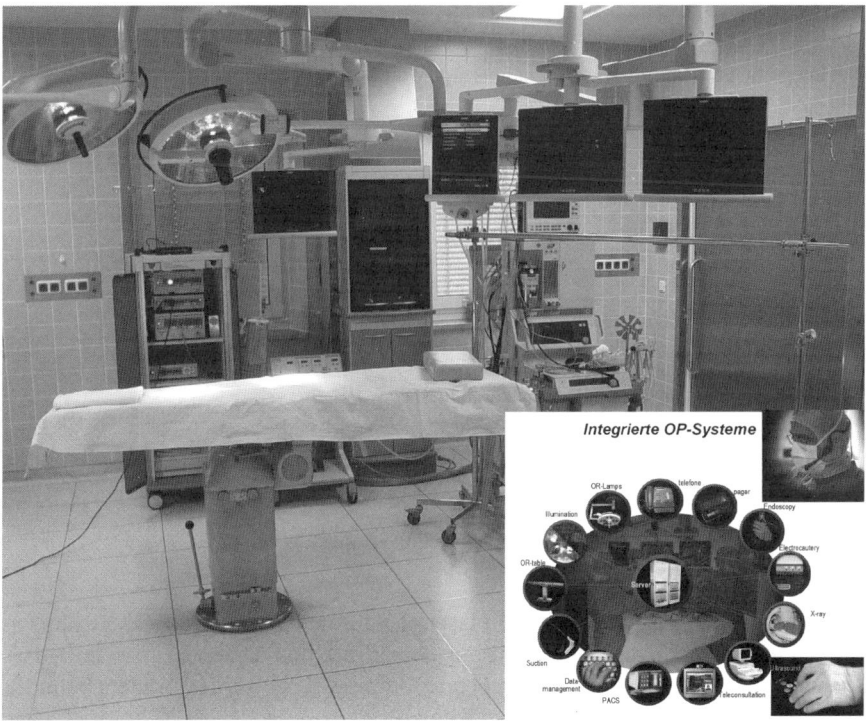

Abb. 49.33 Blick in einen minimal-invasiven OP mit integriertem OP-System. Am Operationstisch befinden sich nur die unmittelbar erforderlichen Instrumente und Geräte. Die sonstige Ausrüstung ist in die Peripherie disloziert. Über ein zentrales Rechnersystem *(Bildmitte Hintergrund)* sind sämtliche Gerätesysteme miteinander vernetzt und können zentral aus dem Sterilbereich durch den Operateur bzw. die OP-Assistenz bedient werden

„Gold-Standard"	Alternative zu konventionellen Operationen	In Evaluation	Kein Stellenwert
• Cholezystektomie, Fundoplikatio • Sigmaresektion bei Divertikulitis • Resektion von benignen und frühen malignen Läsionen des Gastrointestinaltrakts • Splenektomie	• Appendektomie • Herniotomie • endokrine Chirurgie	• Resektion von fortgeschritteneren malignen Tumoren des Gastrointestinaltrakts (z. B. Magen, Colon) • Resektion parenchymatöser Organe	• Transplantation • Multiviszerale Resektionen • Traumabedingte abdominale Notfalleingriffe

Tabelle 49.2 Indikationen für minimal-invasive Eingriffe

- Präoperative Therapieplanung und Simulation
- Integration des OPs in den gesamtklinischen Workflow
- Verbesserung der intraoperativen Diagnostik
- Fusion von präoperativ gewonnener Information mit dem aktuellen Situs (augmentierte Realität)
- Kombinierte interventionelle Verfahren (endoskopisch/laparoskopisch; laparoskopisch/endoskopisch)
- Intelligente Instrumente
- Intraoperative Telematikunterstützung
- Integrierte OP-Syteme
- Intelligente Organisation des Arbeitsumfeldes
- Ergonomie

Tabelle 49.3 Schlüsseltechnologien für die künftige Weiterentwicklung der minimal-invasiven Chirurgie

Selbstverständlich ist das Entwicklungstempo auf den verschiedenen Innovationsfeldern unterschiedlich. Manche Ansätze scheinen schon derzeit so ausgereift, dass sie auch den Bedürfnissen der kommenden Jahre gerecht werden. Andere befinden sich noch völlig am Anfang der Entwicklung.

Planung & Simulation
Bereits im Vorfeld des eigentlichen chirurgischen Eingriffs werden künftig auf der Basis der immer präziseren präoperativen Diagnostik eine exakte Planung und langfristig sogar eine Simulation der Operation in der virtuellen Realität unter Berücksichtigung der individuellen Befundkonstellation möglich sein. Bei der Planung der Operationstaktik kommen vermehrt wissensbasierte Systeme zum Einsatz, um die optimale Vorgehensweise für jeden einzelnen Fall unter Berücksichtigung des persönlichen Risikoprofils, des Erkrankungsstadiums und der Prognose zu ermitteln.

Infolge einer durchgängigen Vernetzung der gesamten klinischen Einheit unter besonderer Einbeziehung des Operationssaals und geeigneter Schnittstellen zur Bedienung sowie ergonomisch günstiger Visualisierungs-Stationen ist das Ergebnis der Planung in intuitiver Form dann auch während des eigentlichen Eingriffs jederzeit abrufbar (Abb. 49.34). Ebenso werden die Abläufe im OP wie überhaupt alle hier generierten Informationen online in das Klinikinformationssystem (KIS) bzw. das PACS übernommen.

Intraoperative Diagnostik
Neue Verfahren der intraoperativen Diagnostik (z. B. navigierte Ultraschalluntersuchungen oder auch szintigrafische Verfahren) werden dazu beitragen, durch eine gezieltere Exploration und eine individuell „maßgeschneiderte" Radikalität die Belastung des Patienten durch reduzierte Invasivität weiter zu verringern. Die bisher

49.3 Laparoskopische Chirurgie

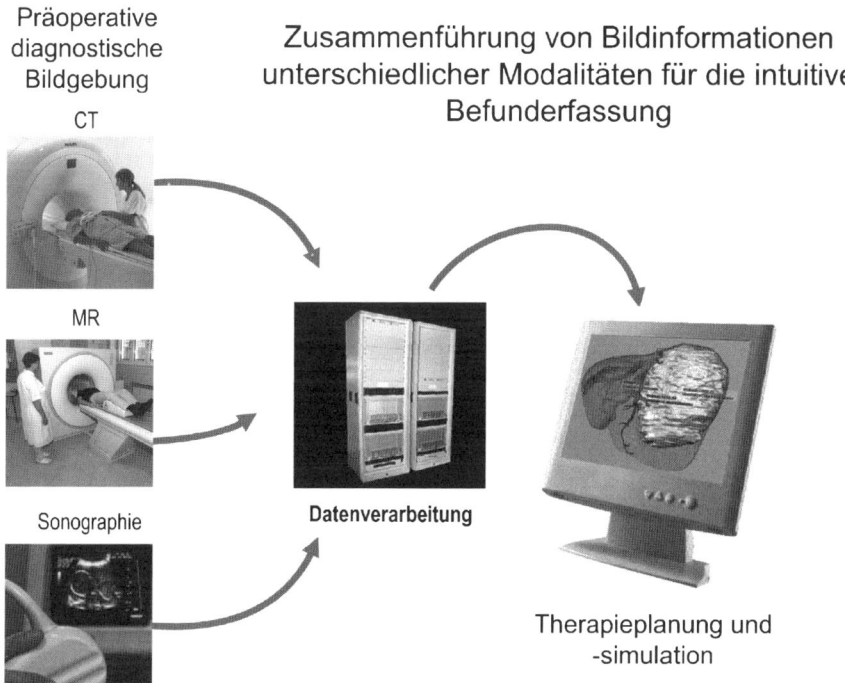

Abb. 49.34 Angesichts der wachsenden Flut an präoperativer bildgebender Diagnostik unterschiedlicher Modalitäten ist eine Zusammenführung der Information zu einer möglichst intuitiven Befundübermittlung an den Chirurgen („Anwender") dringend erforderlich. Die integrierte intuitive Befundübermittlung ist Grundlage der individuellen Operationsplanung und -simulation

übliche Resektion kann durch lokale Behandlung, beispielsweise mittels Hochfrequenz-Thermoablation, fokussierten Ultraschall o. ä. bei vielen Indikationen abgelöst werden.

Die intraoperative Ad hoc-Diagnostik gestattet mittels Referenzierung auch die Fusion von präoperativer Diagnostik mit dem aktuellen Situs (augmentierte Realität). Die Zielläsion kann präziser lokalisiert werden; gleichzeitig lassen sich gefährliche Strukturen genau orten. Auf diese Weise kann man den Operationsablauf beschleunigen und komplikative Situationen vermeiden (Abb. 49.35).

„Intelligente Instrumente"
Geeignete, heute bereits verfügbare flexible Instrumente können zusätzlich während operativer Eingriffe eingesetzt werden und neue, natürliche „Wege in die Anatomie" eröffnen. Ansatzweise wird diese Technik bereits zur besonders schonenden Entfernung von Tumoren im Magen-Darm-Trakt genutzt. Auch die simultane Unterstützung der chirurgischen Maßnahmen über vaskuläre Zugänge, d. h. in erster Linie der arteriellen Gefäße in Form der interventionellen Radiologie, könnte die heutige Chirurgie erheblich verändern (Abb. 49.36). Dabei werden zunehmend

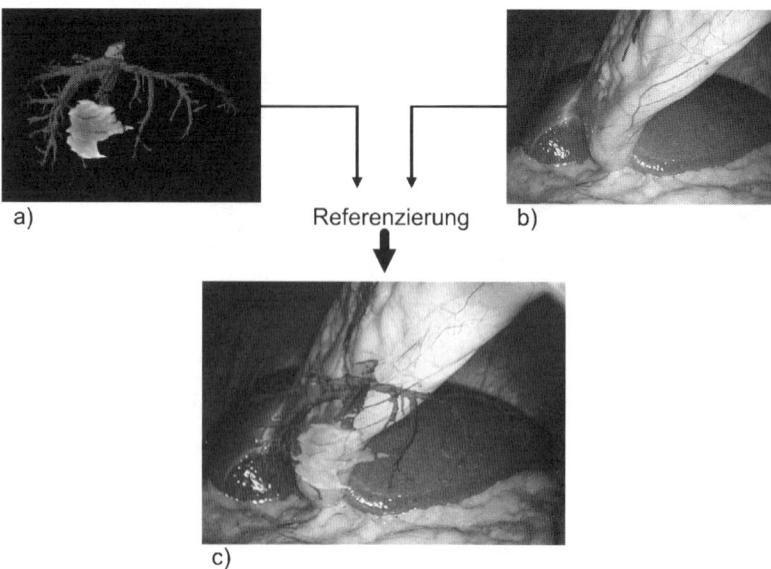

Abb. 49.35 Beispiel für die Befundarstellung in Augmentierter Realität: Die Konfiguration der Lebergefäßanatomie und die relative Lage eines Lebertumors sind durch die präoperative Diagnostik genau bekannt (a). Unter b) ist der aktuelle laparoskopische Aspekt der Leber zu sehen. Durch geeignete Referenzierungsverfahren werden beide Informationen so verschmolzen, dass ein virtueller Blick in die dritte Dimension des Organs möglich ist (c)

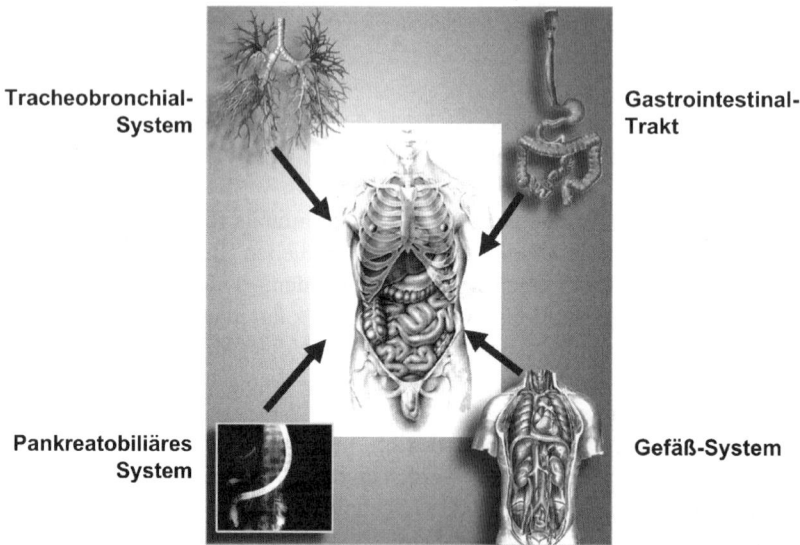

Abb. 49.36 Der traumatische Zugang durch die Brust- und Bauchwand wird immer mehr durch natürliche Zugangswege über vorbestehende anatomische Strukturen wie das Tracheobronchialsystem, den Gastrointestinaltrakt oder das Gefäßsystem abgelöst

49.3 Laparoskopische Chirurgie

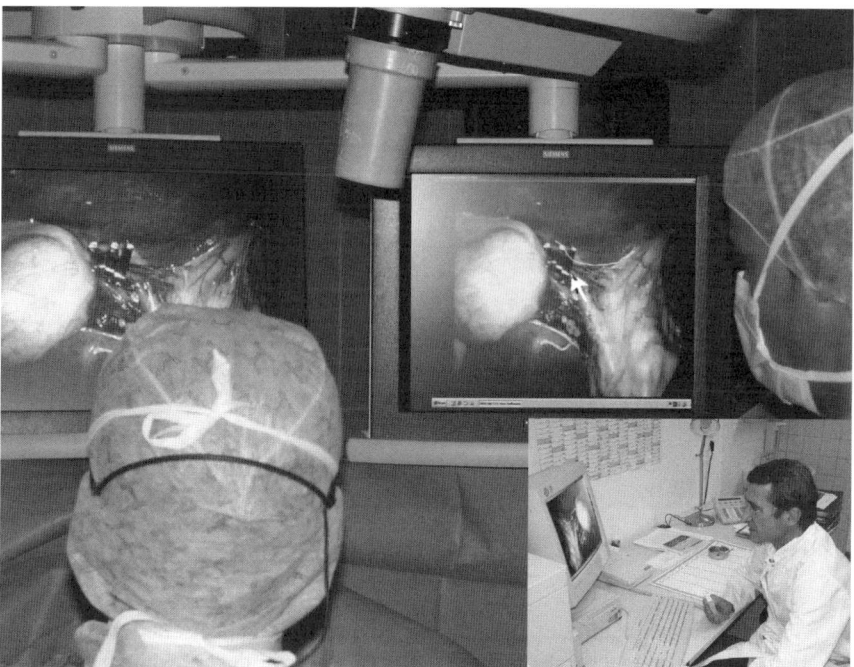

Abb. 49.37 Telepräsenz: Der Chirurg kann aus der intraoperativen Situation über Hochleistungsdatennetze den Situs an einen Experten an beliebigem Ort (Insert) übermitteln. Im Dialog kann dann das weitere Vorgehen am Konsultationsmonitor (rechter Monitor) erörtert werden. Schon bei der Konstruktion/Konfiguration von Medizintechnikgeräten bzw. Arbeitsplätzen können ergonomische Aspekte planerisch berücksichtigt werden

mehr impedanzgesteuerte Instrumente zum Einsatz kommen: Instrumente, die Gewebe völlig blutfrei durchtrennen oder zuverlässig im Sinne einer Anastomosierung wieder vereinigen, oder Assistenzsysteme, die bestimmte Funktionen wie z. B. die Kameraführung selbstständig übernehmen. Diese von mechatronischen Systemen übernommenen Unterstützungsfunktionen sollten jedoch nicht mit „Operationsrobotern" verwechselt werden. Eigenständig operierende Automaten oder intelligente Maschinen gehören auch heute noch in den Bereich der Sciencefiction.

Telematik
Der Operationsablauf muss dabei aus Gründen der Effizienz und der Sicherheit in ein integriertes Steuerungs- und Kontrollsystem eingebettet sein, das dem OP-Kernteam (Chirurg und OP-Schwester/Pfleger bzw. operationstechnischer Assistent/in) jederzeit aus dem Sterilbereich die Kontrolle über sämtliche Funktionssysteme gestattet. Dazu gehört neben unmittelbar den operativen Ablauf betreffenden Steuerkommandos wie beispielsweise der Veränderung der Beleuchtung oder der Patientenlagerung auch die Kontaktaufnahme „nach außen".

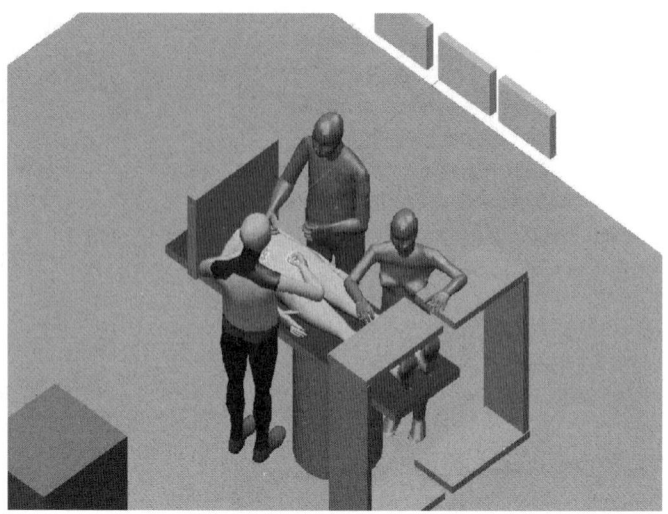

Abb. 49.38 Ergonomie

Künftige telemedizinische Applikationen werden es auch gestatten, aus dem OP-Bereich ad hoc externe Kompetenz – z. B. einen in der relevanten Situation besonders ausgewiesenen chirurgischen Fachkollegen – in „virtueller Präsenz" oder „Telepräsenz" hinzuzuziehen (Abb. 49.37). Darüber hinaus werden die sog. integrierten OP-Systeme in Zukunft in wachsendem Maße eigene Intelligenz aufweisen, indem sie die ablaufenden Operationsschritte automatisch dokumentieren, sich daraus ergebende logistische Konsequenzen erkennen und umsetzen und ggf. in der Akutsituation sogar auch aktive Unterstützung durch Warnhinweise und die Einleitung von besonderen Sicherheitsmaßnahmen vornehmen.

Ergonomie
Die Conditio sine qua non der hier skizzierten Entwicklungen ist allerdings eine erfolgreiche Adaptation aller Schnittstellen der Interaktion von Mensch und Maschine an das menschliche Leistungsvermögen, auch und gerade unter besonderen Belastungsbedingungen. Eine ergonomische, soweit wie möglich intuitive Bedienungsführung zu verwirklichen, stellt dabei eine ganz wesentliche Herausforderung bei der Realisierung des OPs der Zukunft dar (Abb. 49.38).

49.4 Sogenannte „Transluminale Eingriffe,, (NOTES)

NOTES bedeutet „natural orifices transluminal endoscopic surgery" (endoskopisches Operieren durch natürliche Köperöffnungen). NOTES wurde erstmalig 2004 durch Kalloo und Kollegen in ihrer Beschreibung einer transgastrisch durchgeführten endoskopischen Peritoneoskopie einschließlich Leberbiopsie publiziert [1]. Das

49.4 Sogenannte „Transluminale Eingriffe" (NOTES)

Konzept, extraluminale Eingriffe durch Penetration eines Hohlorgans durchzuführen, war jedoch zu diesem Zeitpunkt nicht mehr neu. So berichteten Seifert et al. bereits Anfang der 90er Jahre über die transgastrische Eröffnung von Abszessen und Nekrosehöhlen bei schwerkranken Patienten mit Pankreatitis gedacht als Alternative zur konventionellen chirurgischen Sanierung [2]. Weiter beschrieben wurden transösophageale Zugänge bei Patienten mit Mediastinalabszessen. Im Vergleich zu NOTES sollte jedoch berücksichtigt werden, dass diese transmuralen „Pionierverfahren" vorwiegend retroperitoneal bei ausgeprägten entzündlichen Veränderungen mit entsprechender Adhäsion von Gewebsschichten durchgeführt wurden. Vor der Erstbeschreibung von NOTES galt daher der Blick in die freie Bauchhöhle immer noch als schwerwiegende Komplikation, z. B. im Rahmen einer Polypektomie, welche meistens ein sofortiges chirurgischen Vorgehen implizierte.

49.4.1 Prinzip, derzeitige Indikationen, Forschungsbedarf

Das Prinzip bzw. die Grundidee von NOTES besteht darin, allfällige chirurgische Eingriffe an den Organen des Bauchraums nicht mehr wie bisher über einen oder mehrere Schnitte durch die Bauchdecke vorzunehmen, sondern stattdessen mittels eines oder mehrerer Endoskope über einen Abschnitt des Gastrointestinaltrakts die Bauchhöhle zu entrieren. Die erforderlichen Interventionen an den Organen des Abdominalraums werden nun auf diesem Weg durchgeführt.

Zumindest das Konzept einer absichtlichen Perforation eines Hohlorgans zum Eintritt in die freie Bauchhöhle ist jedoch inzwischen etabliert. Folgende potentielle Vorteile von NOTES sprechen für dieses große Interesse:

- geringeres operatives Trauma mit kürzeren Erholungszeiten postoperativ
- kein Risiko von Narbenhernien
- kosmetische Gründe (keine Narben)
- minimal invasives Vorgehen auch bei ausgeprägter Adipositas möglich
- geringeres Infektionsrisiko

Indikationen

Die Liste möglicher Indikationen für NOTES ist lang und wird kontinuierlich erweitert (Tabelle 49.4). Primär unterschieden werden sollte zwischen diagnostischen und therapeutischen NOTES-gesteuerten Interventionen. Diagnostische NOTES-Eingriffe beschränken sich hierbei auf die Peritoneoskopie in Analogie zur laparoskopischen Staging-Untersuchung bei malignen Tumoren des Gastrointestinaltrakts einschließlich der gezielten Entnahme von Biopsien aus Leber und Peritoneum. In einer eigenen tierexperimentellen Studie am Schweinemodell konnten wir die Machbarkeit der konfokalen Lasermikroskopie im Peritoneum via NOTES dokumentieren [3] (Abb. 49.39). Der Vorteil dieser Methode liegt in er Kombination des minimal-invasiven NOTES-Ansatz mit der atraumatischen „virtuellen Biopsietechnik" der konfokalen Lasermikroskopie.

• Cholezystektomie	• Leberteilresektionen
• Appendektomie	• Anlage einer Gastroenterostomie
• Tubenligatur	• „Anti-Obesity"-Operationen (gegen Fettleibigkeit)
• Pankreaslinksresektion	
• Splenektomie	• Anti-Reflux-Operationen
• Nephrektomie	• Myotomie des unteren Ösophagussphinkters
• Oophorektomie	

Tabelle 49.4 Etablierte experimentelle Indikationen für NOTES

Wie Tabelle 49.3 zeigt, erscheint vieles technisch machbar; ob und in wie weit sich einiges davon auf den Menschen übertragen lässt, muss abgewartet werden. Berichtet wurde bisher beim Menschen über die transgastrische Appendektomie, die transgastrische Gastroenterostomie und die transvaginale Cholecystektomie. Hierzu in sog. „peer-reviewed"-Journalen publizierte Arbeiten liegen aktuell noch nicht vor.

Kritisch angemerkt werden sollte auch, dass vieles was machbar erscheint nicht zwangsläufig sinnvoll auf den Menschen übertragbar ist. Hier bedarf es einer kritischen Nutzen/Risiko-Abwägung auch im Vergleich mit bereits existierenden laparoskopischen und „offen-chirurgischen" Verfahren. In der eigenen Arbeitsgruppe bestehen derzeit vorwiegend Erfahrungen mit der transcolischen Cholecystektomie. Dieses Verfahren erscheint im Tiermodell relativ einfach und komplikationsfrei durchführbar. Auch scheint die Übertragbarkeit auf den Menschen, zumindest bei der unkomplizierten Gallenblase (keine chronische Entzündung, keine Adhäsionen, etc.) plausibel. Abb. 49.40 soll das am MITI der TU München praktizierte Prinzip exemplarisch erläutern.

Zugangswege
Als potentieller Zugangsweg zur Bauchhöhle kommt der Magen, der Dickdarm, die Scheide, die Blase sowie eine Kombination mehrerer Zugänge in Frage. Jeder einzelne Zugangsweg impliziert Vor- und Nachteile, welche tabellarisch in Tabelle 49.5 dargestellt sind. Ein idealer, universell anwendbarer Zugangsweg existiert nicht. Entscheidend zur Auswahl welcher Weg genommen werden sollte ist die jeweilige Indikation. So ist etwa bei beabsichtigter Cholezystektomie ein transgastrischer Zugang aufgrund der notwendigen starken Abwinkelung ungeeignet [4], für eine Tubenligatur ist dieser Zugang jedoch wahrscheinlich ideal. Wichtig bei der Wahl des Zugangs ist auch die Möglichkeit den gewählten Eintrittspunkt suffizient wieder verschließen zu können. Der Zugang über den Dickdarm wird aus diesem Grund von vielen Gruppen gemieden, da ein inkompletter Verschluss ein hohes Risiko einer Peritonitis durch Eintritt von Fäkalkeimen in die freie Bauchhöhle impliziert. Der Magen als primär steriles Organ mag diesbezüglich sicherer erscheinen. In einer eigenen Studie konnten wir jedoch demonstrieren, dass bei sorgfältigem kompletten Verschluss des transcolischen Zugangs das Risiko einer Peritonitis als

49.4 Sogenannte „Transluminale Eingriffe" (NOTES)

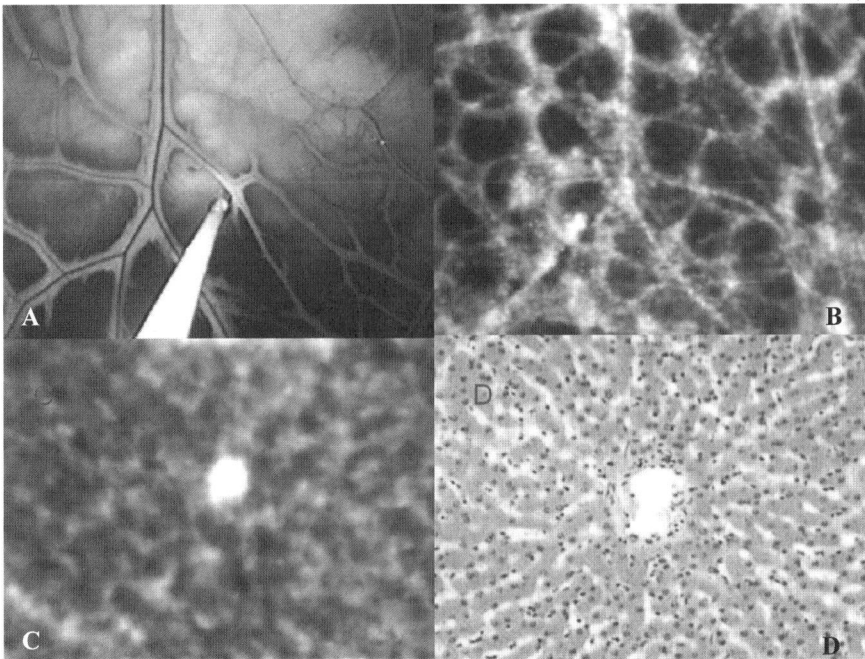

Abb. 49.39 Transgastrische Peritoneoskopie: *A:* Blick auf das Peritoneum mit konfokaler Minisonde aus dem Instrumentierkanal des Endoskops; *B:* korrespondierendes lasermikroskopisches Bild des Peritoneums (Fettzellen und einzelne Kapillaren mit Erythrozyten sind sichtbar bei einem Bildausschnitt von 500 x 600 mm); *C:* Lasermikroskopie der Leber und korrespondierendes histologisches Bild *(D)* mit Darstellung der Zentralvene und der Sinusoide

	Magen	**Darm**	**Scheide**	**Blase**
Zielorgane	Tuben, Ovarien, Appendix, Kolon, Dünndarm	Gallenblase, Milz, Magen, Pankreas, Niere	In Analogie zu Darm	In Analogie zu Darm
Vorteile	Magen ist steril	Kurzer Weg zur Bauchhöhle, auch Einsatz breitlumiger Geräte möglich	Leichter Zugang und Verschluss, kurzer Weg	Kurzer Weg
Nachteile	Langer Weg über Mundhöhle/ Ösophagus	Potentiell erhöhtes Infektionsrisiko	Nur für weibliche Patienten, Langzeitfolgen bzgl. Fertilität, etc. unklar	Harnröhre ist sehr eng → nur Kombination mit anderen Zugängen

Tabelle 49.5 Gegenüberstellung der jeweils möglichen Zugangswege in die Bauchhöhle

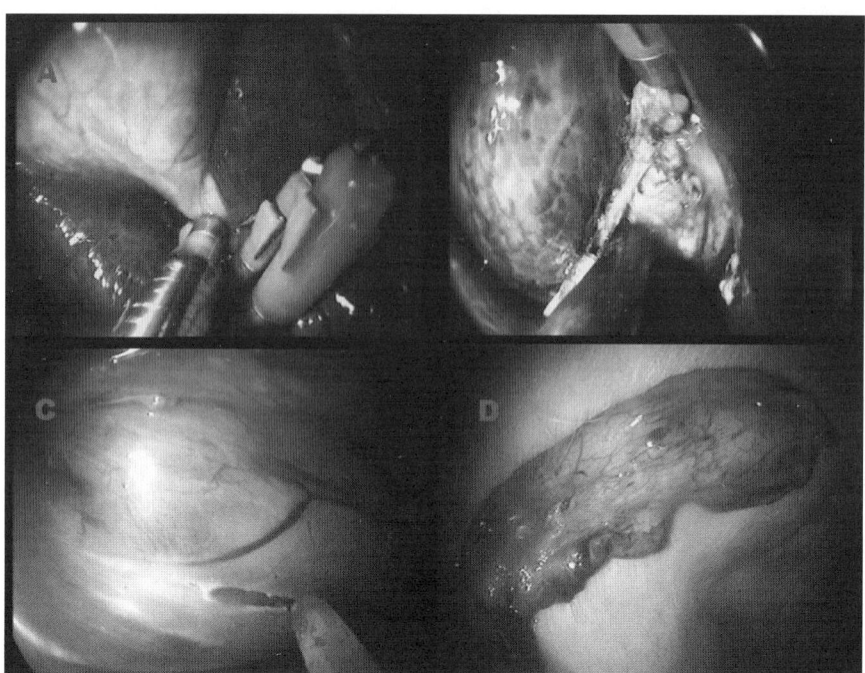

Abb. 49.40 Cholezystektomie via NOTES (transcolischer Zugang); A: Indentifikation des Infundibulums und Klipping der Arteria cystica und des Ductus cysticus; B: Durchtrennung der Arteria cystica mit Elektromesser; C: Freipräparation der Gallenblase nach Injektion von steriler Kochsalzlösung in das Gallenblasenbett; D: Extrahierte Gallenblase ex-situ

minimal zu erachten ist: 5 Schweine wurden entsprechend behandelt, bei keinem Tier kam es postoperativ zu septischen Komplikationen [5]. Der gemeinsam am Institut für minimal invasive Interventionen (MITI) entwickelte und in erwähnter Studie evaluierte „ISSA" (innovative safe and sterile sigmoid access) ist in Abb. 49.41 erläutert.

Limitationen
Die derzeitigen Limitation von NOTES beruhen vor allem auf das noch nicht ausgereifte endoskopisch-technische Instrumentarium. Dementsprechend beziehen sich die meisten Innovationen auf Instrumente welche einen sicheren Zugang zur aber auch sicheren Verschluss der Bauchhöhle ermöglichen. Die derzeit benutzten Endoskope sind auf die Manövrierbarkeit in schlauchförmigen Hohlorganen ausgerichtet und nicht auf die Navigation im Pneumoperitoneum. Weiterhin ist ein Manko, dass im Gegensatz etwa zur Laparoskopie mit einem einzigen Endoskop keine Opponierung mit entgegen gesetzt gerichteten Bewegungen möglich ist („Arm 1" hält Objekt, „Arm 2" präpariert Objekt). Viele derzeitigen NOTES-Projekte sind daher noch Hybridlösungen mit über die Bauchdecke eingeführten Minitrokaren. Alternativ kommt der Einsatz von zwei Endoskopen in Frage, welche parallel transcolisch/

49.4 Sogenannte „Transluminale Eingriffe" (NOTES)   1159

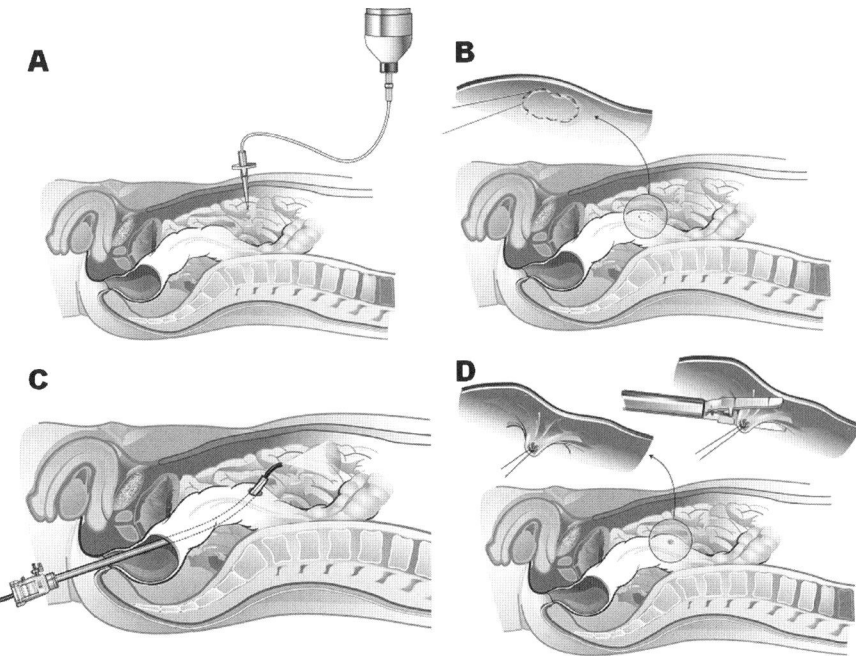

Abb. 49.41 ISSA für NOTES: A: Provokation eines Hydroperitoneums; B: Anlage einer Tabaksbeutelnaht für den Punktionstrokar; C: Durchtritt durch Mukosa über Punktionstrokar und Einführen des Endoskops in freie Bauchhöhle; D: Verschluss durch Zug an Tabaksbeutelnaht und Gebrauch eines Linearstaplers

transvaginal (transvesikal) eingeführt werden. Letztendlich ermöglichen diese Lösungen zwar NOTES-Eingriffe, eine gewisse minimale Invasivität (Punktion der Bauchdecke) besteht jedoch weiter. Weitere Verbesserungen werden daher benötigt, medizintechnische Innovationen müssen getätigt werden.

49.4.2 Perspektiven, innovative Instrumente/Geräte

Das NOTES-Konzept hat bewiesen, dass es machbar ist, durch Nutzen natürlicher Körperöffnungen therapeutische Eingriffe im Bauchraum minimalst-invasiv durchzuführen. Erste therapeutische Eingriffe beim Menschen sind schon mit Erfolg getätigt. Dennoch ist die Liste der Limitation noch lang. Wichtig ist jetzt eine sorgfältige Evaluation der grundlegenden Vorraussetzungen eines erfolgreichen NOTES-Eingriffs. Eine Vielzahl von Innovationen zur Verbesserung des bisherigen Arsenals ist zwingend erforderlich. Trainingsmodelle und Ausbildungskonzepte müssen geschaffen und stringent angewandt werden. An NOTES-Interessierte, Endoskopeure und Operateure sollten sich hüten, jetzt all das, was im Tiermodell halbwegs funktioniert, 1:1 auf den Menschen zu übertragen. Bei den ersten dann möglicherweise auftretenden Komplikationen wäre rasch ein reizvolles Konzept mit unbestreitbar existierenden Vorteilen zum Scheitern verurteilt. Die aktuell bestehende Begeisterung würde in eine generelle Ablehnung von NOTES umschlagen, was die wissenschaftliche Evaluation aber auch klinische Anwendung sehr schwierig machen wird. Weiterhin gilt es zu bedenken, dass NOTES langfristig nur durch eine enge Kooperation von Chirurgen, endoskopisch tätigen Gastroenterologen und Medizintechnikern funktionieren kann. Die eigene Erfahrung am Institut für minimal invasive therapeutische Interventionen (MITI) der Technischen Universität München zeigen, dass ein enger Schulterschluss dieser Disziplinen mit gemeinsamen Erfahrungsaustausch untereinander eine conditio sine qua non ist um bestehende Probleme zu überwinden und NOTES erfolgreich durchzuführen. Unabhängig vom Ausgang der NOTES-Geschichte sollte das hier notwendig gewordene Konzept der engen Kooperation zur Überwindung von Problemen sich auch auf andere Bereiche übertragen lassen. Wir lernen, dass wir viel voneinander profitieren, Barrieren abbauen und gemeinsam neue Wege in der Therapie einschlagen können. Somit besteht die Möglichkeit unser medizinisches Handeln im Allgemeinen sicherer, effizienter und – last not least – auch Patienten-orientierter zu gestalten.

49.5 Literatur

1. Kalloo AN Singh VK, Jagannath SB (2004) Flexible transgastric peritoneoscopy: a novel approach to diagnostic and therapeutic interventions in the peritoneal cavity; Gastrointest Endosc 60:114–117
2. Seifert H, Wehrmann T, Schmitt T, Zeuzem S, Caspary WF (2000) Retroperitoneal endoscopic debridement for infected peripancreatic necrosis; Lancet 356(9230):653–655
3. von Delius S, Feußner H, Wilhelm D, Karagianni A, Henke J, Schmid RM, Meining A (2007) Transgastric confocal fluorescence microscopy in the peritoneal cavity using miniprobe-based confocal fluorescence microscopy in an acute porcine model; Endoscopy 39:407–411
4. Wagh MS, Thompson CC (2007) Surgery insight: natural orifice transluminal endoscopic surgery – an analysis of work to date; Nature Clin Gastro Hepatol 4:386–392
5. Wilhelm D, Meining A, von Delius S, Fiolka A, Can S, Hann von Weyhern C, Schneider A, Feußner H (2007) An innovative, safe and sterile sigmoid access (ISSA) for NOTES; Endoscopy 39(5):401–406
6. Feußner H (2003) The operating room of the future: A view from Europe; Semin Laparosc Surg 10(3):149–156
7. Feußner H (2006) Der OP der Zukunft nimmt Gestalt an; MTD 5:62–63
8. Feußner H, Schlag PM (2005) Mechatronik und Telematik in der Viszeralchirurgie; Chir Gastroenterol 21(suppl 2):V–VI
9. Feußner H, Schneider A, Wilhelm D (2007) Robotik und Navigation als Zukunft der Laparoskopie? Klinikarzt 36(6):341–345
10. Feußner H, Wilhelm D, Härtl F, Schneider A, Siess M (2007) Gibt es technologische Fortschritte in der MIC und wer soll das bezahlen? Chirurg 78(6):519–524
11. Schneider A, Wilhelm D, Bohn U, Wichert A, Feußner H (2005) An evaluation of a surgical telepresence system for an intrahospital local area network; J Telemed Telecare 11:408–413
12. Wilhelm D, Feußner H, Harms J, Schneider A, Wessels G (2001) Integrierte Systemkontrolle für die laparoskopische Chirurgie – Eine vergleichende Evaluation; Min Invas Chir 10:110–114

50 Endoskopie, minimal invasive chirurgische und navigierte Verfahren in der Urologie

J. Grosse, M. von Walter, G. Jakse

50.1 Einleitung / Zusammenfassung

Betrachtet man die letzten 100 Jahre der Urologie in Deutschland seit Gründung ihrer Fachgesellschaft 1906 in Stuttgart, so sind sicherlich die letzten 25 Jahre von umfassenden Entwicklungen mit z. T. vollständigen Umwälzungen bisheriger Therapien und Methoden auf urologischen Fachgebiet gekennzeichnet. In erster Linie handelte es sich dabei um minimal invasive endoskopische Techniken wie perkutane Nierenchirurgie, Ureterorenoskopie, videoendoskopisch unterstütze transurethrale Elektroresektionen der Prostata und von Blasentumore sowie die Laparoskopie. Sie führten zu besseren operativen Ergebnissen und einer deutlichen Senkung der Morbidität der entsprechenden Behandlung urologischer Krankheitsbilder, mit der Konsequenz, dass einige bisher als Standard gültige offene Operationsverfahren abgelöst wurden.

Dabei hatte jede dieser Techniken zunächst mit den gleichen Problemen zu kämpfen wie die Überwindung ausrüstungstechnischer Probleme im Bereich der Video- und Kameratechnologie, bipolare und mechanische Hämostase. Mit der Entwicklung der digitalen 3-Chip-Kamera gelang ein Quantensprung. Mittlerweile können, klassischen tumorchirugischen Standards folgend, komplexe laparoskopische Eingriffe, wie die Tumornephrektomie und radikale Prostatektomie realisiert werden, mit vergleichbaren klinischen Ergebnissen wie bei den etablierten offenen Verfahren. So hat die laparoskopische radikale Nephrektomie für organbegrenzte Tumore mittlerweile Leitlinienniveau erreicht. Das Problem der fehlenden Einsteigeroperation in der Urologie – im Vergleich zur laparoskopischen Cholezystektomie in der Chirurgie – konnte an entsprechenden Zentren durch ein modulares Trainingsprogramm vollständig eliminiert werden. Dennoch limitieren neben den Kosten systemimmanente Grenzen wie 2-dimensionales Sehen, fixierte Portzugänge und rigide Instrumente wie auch eine allgemein anerkannte Lernkurve von wenigstens 40 Eingriffen bei der Prostatektomie, um akzeptable Operationszeiten und Komplikationsraten zu erreichen, bisher noch einen flächendeckenden Einsatz der Laparoskopie. Andererseits erlauben zunehmende Erfahrung und Übung mit der endoskopischen Nahttechnik nicht nur ablative sondern auch rekonstruktive laparoskopische Eingriffe wie die Pyeloplastik im Kinder- und Erwachsenenalter. Nachdem jüngst sehr komplexe Eingriffe wie die radikale Zystektomie mit Dünn- oder Dickdarmersatzblase in alleiniger endoskopischer Technik realisiert werden konnten, scheinen fast alle methodischen Grenzen überwindbar. Die Entwicklung der laparoskopischen automatischen Nahtmaschine EndoSew™ in unserem Forschungslabor kann einen wichtigen Beitrag zur Verkürzung der Nahtzeit und damit Operationsdauer sowie Nahtsuffizienz bei Harnableitungen leisten. Der Einsatz von Operationsrobotern zeigt einen neuen Weg der Weiterentwicklung laparoskopischer Operationsverfahren auf. Sie ermöglicht auch dem laparoskopisch nicht erfahrenen Operateur in kurzer Zeit einen Weg diese Technik zu erlernen und beherrschen, da o.g. technische Grenzen der Laparoskopie minimiert werden können. Allerdings hat bisher nur das da Vinci®-System eine feste Etablierung der roboterassistierte laparoskopischen radikalen Prostatektomie ermöglicht.

Im Bereich der transurethralen Endoskopie ermöglichten Weiterentwicklungen in der Technologie von Lichtquellen, Lichtleitern und Bildverarbeitung einerseits den mittlerweile etablierten diagnostischen und operativen Einsatz der photodynamischer Fluoreszenz-Endoskopie bei oberflächlichen Tumoren der Harnblasenschleimhaut, andererseits erlauben spezielle Lasertechniken der optischen Kohärenztomographie (OCT) mit miniaturisierten Sonden die endoskopische Beurteilung der architektonischen Feinstruktur oberflächlicher Schichten der Blasenwand als sog. „virtuelle Histologie". Langfristiges Ziel ist die zuverlässige Diagnose und direkte Behandlung eines Tumors oder dessen Vorstufe unmittelbar intraoperativ in vivo, ohne ex vivo histopathologische Begutachtung sichern zu müssen.

Unterschiedliche Lasertypen (Nd-YAG, Alexandrit, Hollium) erweitern das Armamentarium an nebenwirkungsarmen transurethralen Operationen bei Tumoren und Steinen im Nierenbecken und Harnleiter und bei der gutartigen Prostatavergrößerung. Die konservativ nicht beherrschbare Belastungsharninkontinenz von Frau und Mann ist durch Harnröhrenschließmuskel naher transurethraler Injektionen optimierter sog. „Bulking Agents" minimal invasiv behandelbar. Der obere und untere Harntrakt als Hohlorgane ist nicht nur mittels minimal-invasiver Techniken für chirurgische Maßnahmen zugängig, sondern ermöglicht auch die Applikation von Drug-Delivery-Systemen mit unterschiedlichen Designs der Trägermatrix. Entwicklungen zur Behandlung von Verengungen oder oberflächlichen Tumoren am Harnleiter wie auch der Überaktivität oder oberflächlicher Tumore der Harnblase sind Gegenstand aktueller Forschung. Im folgenden wird versucht aus Sicht des Klinikers einen Überblick und Schwerpunkt auf diejenigen minimal-invasiven, endoskopischen Techniken zu richten, die das Stadium der klinischen Anwendung erreicht haben oder unmittelbar vor Einführung derselben stehen, allerdings weiterhin der Optimierung und Weiterentwicklung bedürfen.

50.2 Laparoskopische Tumorchirurgie

50.2.1 Niere und Harnleiter

In der Urologie haben sich minimal-invasive endoskopische Verfahren von anfang an synchron zu den offen-operativen Techniken entwickelt. Überraschenderweise war anfangs das Interesse an der Laparoskopie, im Gegensatz zur Gynäkologie und Chirurgie, eher gering. So wird der Beginn der laparoskopischen urologischen Chirurgie mit der ersten pelvinen Lymphadenektomie von Schuessler und Vancaillie im Oktober 1989 verbunden. 1990 wurde die erste laparoskopische Nephrektomie von Clayman durchgeführt.

Mittlerweile hat sich die Datenlage bzgl. des Stellenwertes laparoskopischer Verfahren bei der Diagnose und Behandlung urologischer Tumoren gefestigt. Hinsichtlich des klinischen und onkologischen Ergebnisses ist die laparoskopische der offen radikalen Tumornephrektomie ebenbürtig [1]. Ähnliches gilt für die Nephroureterektomie [2], wobei der optimale Zugangsweg zum distalen Ureter mit kompletter Resektion einer paraostalen Blasenwandmanschette (transvesikal versus zystoskopische Resektion) zur Vermeidung positiver Absätzungsränder anhand von Studien noch zu definieren ist.

Für die Nierenteilresektion, die bei nicht zentral gelegenen Tumore von < 4cm indiziert ist, zeichnet sich nach zunehmender technischer Optimierung in der Rekonstruktion eröffneter Nierenkelche und der Nierenkapsel eine ähnliche Tendenz wie bei der Tumornephrektomie ab, wobei Technik immanente Grenzen der Hämostase noch limitierend wirken [3]. Andererseits haben Kontrolle des Gefäßstieles, Hämostyptika, Argonbeamer und spezielle Nahttechniken sowie Nierenfunktion protektive intra- wie extrarenale Kaltischämie in der Laparoskopie längst Einzug gehalten [3–5]. Die Vorteile zur offenen Operation zeigen sich in postoperativ geringem Schmerzmittelbedarf, kürzerer Hospitation und schnellerer Rekonvaleszenz. Niedriger Enzündungsparameter und Akut-Phase-Protein unterstreichen die geringere Invasivität zum offenen Vorgehen. Bei Eingriffen an Niere und Harnleiter erweist sich die thorakoabdominelle Lagerung mit standardisierter Positionierung der Trokare als vorteilhaft für die transperitoneale Tumorneprektomie [6] (Abb. 50.1).

Aber auch der retroperitoneale Zugang ist etabliert. Eine Vielzahl von Daten belegt die Gleichwertigkeit beider Techniken bei T1–2 Tumoren (4–10 cm Größe) in Bezug auf Operationsdauer (2–6 Std.), Komplikationsrate (1–45%), perioperative Morbidität und onkologischer Resultate vergleichbar der konventionellen Tumornephrektomie. Die Konversionsrate intraoperativ zur offenen Operation liegt bei 4–10% [7, 8]. Bei benignen symptomatischen Nebennierentumoren <10cm (Conn-Syndrom, Cushing-Syndrome, Hyperplasien und Zysten) Phäochromozytom und Inzidentalome >4cm kann die laparoskopische Adrenalektomie über trans- oder retroperitonealen Zugangsweg als Standard alternativ zur offenen Operation angesehen werden [9, 10]. Die sich auch bei diesem Eingriff in vollem Umfang abzeichnenden allgemeinen Vorteile der Laparoskopie avancieren die laparoskopische Adrenalektomie mittlerweile zum Goldstandard [11]. Primäre Karzinome gelten bisher

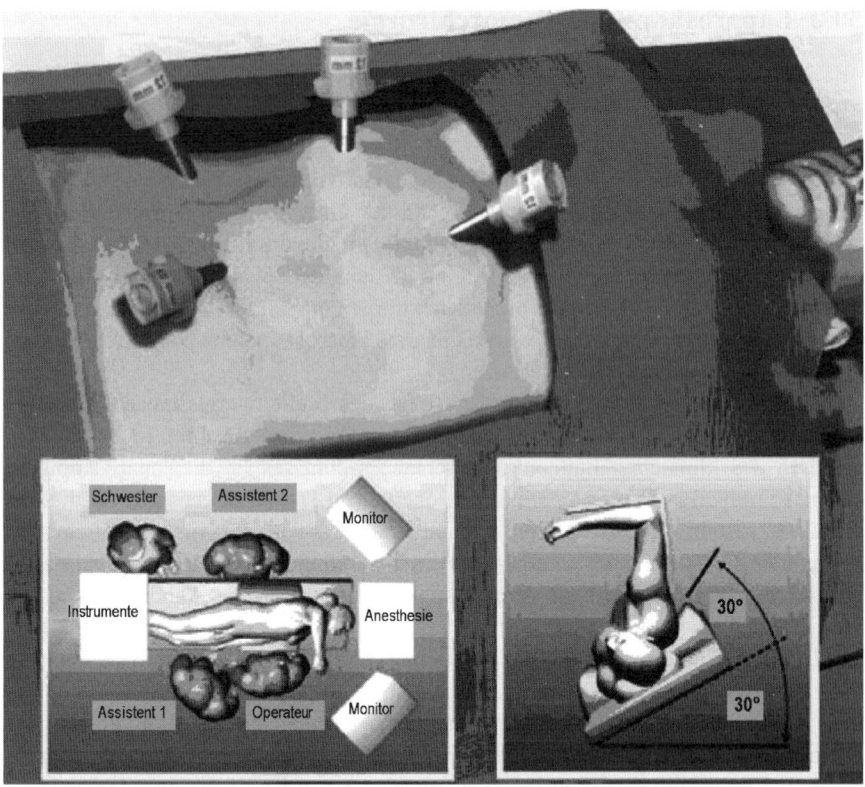

Abb. 50.1 Thorakoabdominelle Patientenlagerung und standardisierte Trokarpositionierung für Eingriffe an der Niere. Modifiziert nach [6]

noch als anerkannte Kontraindikation. Mit der Akzeptanz der laparoskopischen Tumornephrektomie und dem Nachweis einer laparoskopisch sicheren Nahttechnik für eine dichte Harnröhrenanastomose bei der radikalen Prostatektomie haben sich mittlerweile neben ablativen Verfahren auch rekonstruktive entwickelt wie die Nierenbeckenplastik bei Harnleiterabgangsenge [12–14] oder die transvesikale Harnleiterneueinpflanzung nach COHEN [15]. Hiebei folgen die einzelnen Operationsschritte im wesentlichen dem offen operativen Vorgehen. Ein leichtes Verrutschen der transvesikal eingebrachten Trokare kann durch spezielle Trokare mit Ballons an der Spitze atraumatisch verhindert werden. Die laparoskopische Pyelolithotomie zu Entfernung größerer Nierenbecken- oder Kelchausgußsteine bietet sich als alternatives Verfahren an, wenn Patienten für die perkutanen Nephrolitholapaxie (PCNL) ungeeignet oder die PCNL nicht verfügbar sind. Der retroperitoneale Zugangsweg zur Vermeidung intraperitonealer Komplikationen durch potentiell infektösen Urin wird bevorzugt [16]. Die Roboter gestützte laparoskopische Technik befindet sich noch im Stadium der Machbarkeit.

Distale Harnleiterverletzungen können laparoskopisch nach der etablierten Psoas-Hitch-Technik versorgt werden [17]. Die Indikationen zur Ureterolithotomie sind wie bei der offenen Chirurgie seit dem Siegeszug ureterorenoskopischer (flexibel oder starr) Techniken kombiniert mit Laserlithotripsie oder elektrohydraulischer Lithotripsie (Lithoclast®) selten und noch nicht klar definiert, zumal ein begrenztes Operationsfeld wie auch fehlende anatomische Orientierungspunkte das Vorgehen erschweren [18].

Dank der Erfolge der Laparoskopie in der Erwachsenenurologie hat sie sich in der Kinderurologie vom reinen Diagnostikum (Suche nach sog. Bauchhoden bei Kryptorchismus) ablative (Nephrektomie, Nephroureterektomie) und rekonstruktive Techniken über einen extra- oder intraperitonealen Zugangsweg (Pyeloplastik, Heminephrektomie, Harnleiterneueinpflanzung,) erschlossen. 1993 wurde von Schuessler die erste laparoskopische Pyeloplastik beschrieben. Die Technik nach Anderson-Hynes erlaubt die Versorgung sowohl angeborener wie auch erworbener Nierenbeckenabgangsengen mit Erfolgsraten on bis zu 92%. Voraussetzung hierfür war die gelungene Miniaturisierung des Instrumentariums. Die kumulativen operationsbedingten Komplikationsraten konnten in den vergangenen 10 Jahren von 5.6% auf < 3% gesenkt werden [19]. Auch die Roboter assistierte Laparoskopie hält bei rekonstruktiven Eingriffen wie der Pyeloplastik in der Kinderurologie Einzug. Zum Einsatz kommen sowohl das da Vinci® System wie auch das ZEUS® System in Kombination mit dem sprachgesteuerten Kamerasystem AESOP® [20].

50.2.2 Prostata

Seit der Erstbeschreibung durch Schuessler 1997 [21] wurde die Technik der laparoskopischen radikalen Prostatektomie kontinuierlich weiterentwickelt und verbessert, so dass sie heute ein standardisiertes Verfahren darstellt, welches in spezialisierten Zentren routinemäßig neben der offenen Prostatektomie beim lokal begrenzten Prostatakarzinom durchgeführt wird. Unterschiede in der Indikationsstellung zur offenen Operation bestehen nicht, zumal der Eingriff laparoskopisch gleichermaßen transperitoneal und streng extraperitoneal durchführbar ist [22]. Ferner kann in gleicher Sitzung über selbigen Zugang die pelvine Staging-Lymphadenektomie erfolgen. Auch die erektionsprotektive Schonung des sog. neurovaskulären Bündels stellt technisch kein Hindernis mehr dar. Die grundlegenden Vorteile eines laparoskopischen Vorgehen liegen im minimal-invasiven Zugangsweg, der hervorragenden Visualisierung des Operationssitus durch die optische Vergrößerung, eine kürzere Katheterverweildauer und geringem Blutverlust. Die Tatsache, dass bei transperitonealem Zugangsweg zu dem extraperitoneal gelegenen Organ Prostata intraperitoneale Komplikationen wie Darmverletzungen, Peritonitis, intraperitoneale Blutung und postopertive Verwachsungen potentiell gegeben sind, favorisiert in jüngster Zeit den extraperitonealen Zugang mit kürzer Operationsdauer [23] (Abb. 50.2).

Ferner stehen als Vorteile bei extraperitonealem Zugangsweg kein Kontakt bei abdominellen Voroperationen, weniger Probleme bei Urinextravasation und stark

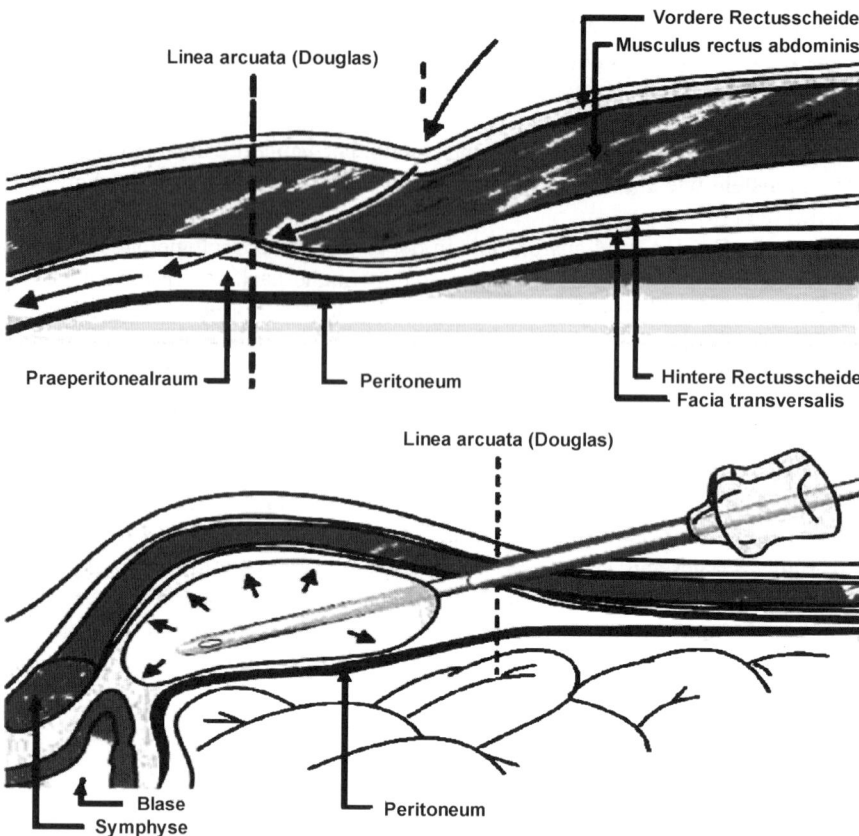

Abb. 50.2 Extraperitonealer Zugang für die laparoskopische radikale Prostatektomie, Präparation des Präperitonealraumes. Obere Abbildung: Dissektion entlang der eingezeichneten Linie (Pfeile) bis auf die hintere Rektusscheide, anschließend stumpfe Präparation des Präperitonealraumes mittels Finger. Untere Abbildung: Präparation des Präperitonealraumes mittels Ballontrokar. Modifiziert nach [23]

adipösen Patienten denen bei transperitonealem Zugang wie größeres Arbeitsfeld, spannungsfreiere Anastomosennaht und minimales Lymphozelenrisiko gegenüber [24]. Kontrovers diskutiert wird noch eine mögliche Limitierung des extraperitonealen Zuganges aufgrund der assoziierten erhöhten CO_2-Absorption für Patienten, die keine chronische Atemwegserkrankung haben, [25]. Bezüglich klinischer und onkologischer Outcome-Parameter wie Rekonvaleszenz, Harnkontinenz, positiver Tumorabsetzungsrand oder Potenzerhalt zeigt sich für beide Zugangswege kein signifikanter Unterschied im Vergleich zum offen operativen Vorgehen. Obwohl in Deutschland die erste roboterassistierte laparoskopische radikale Prostatektomie mit dem amerikanischen System da Vinci® erfolgte, hat sie sich u. a. aus Kostengründen (Gerätekosten ca. 1,2 Mio €, Wartung 100.000 €/Jahr, Instrumente 1500 €/Fall) noch nicht durchsetzen können [26]. Hingegen scheint in den USA dieses Verfahren für

50.2 Laparoskopische Tumorchirurgie

Autoren	n	PSA [ng/ml]	OP-Zeit [min]	Stationärer Aufenthalt [Tage]	Katheter [Tage]	Komplikationen [%]	Pos.Ränder alle/pT2 [%]
Rassweiler	33*	8,8	375	n.v.	7	n.v.	21/n.v.
Bentas	40	11,3	460	17	14	25	30/8
Wolfram	81	8,9	250	n.v.	14	n.v.	22/13
Menon	40	n.v.	274	n.v.	n.v.	n.v.	18/n.v.
Menon	100	7,2	195	1,2	7	8	15/10,5
Ahlering	60	8,1	231	1,1	7	6,7	17/4,5
Menon	1100	n.v.	160	1,2	7	5	9/n.v.
Cathelineau	105	8,0	180	5,5	7	8	22/12

Tabelle 50.1 Roboterassistierte LRP, Literaturübersicht [24]

das Jahr 2006 mit ca. 30% aller Eingriffe (ca. 31500 Fälle) die offene Technik beim lokal begrenzten Prostatakarzinom zu verdrängen (Tabelle 50.1) [24, 27].

Dies nicht zuletzt, weil sich die Lernkurve am da Vinci®-Robotersystem deutlich verkürzen lässt [28], selbst bei laparoskopisch unerfahrenen Chirurgen. Im Jahre 2004 waren weltweit 209 da Vinci®-Systeme installiert worden, davon allein 78 in den USA und 14 in Europa. 44% der Systeme werden primär zur radikalen Prostatektomie eingesetzt [29]. Die klinischen Ergebnisse sind mit denen der alleinigen laparoskopischen radikalen Prostatektomie vergleichbar [30, 31]. Obwohl die Roboter-Technologie dem Operateur ein präziseres und ergonomischeres Arbeiten ermöglicht, besteht noch genügend Bedarf für Verbesserungen wie die weitere Flexibilisierung und Miniaturisierung der Instrumente auf 5 mm, eine vierter Roboterarm wie auch in der Decke des Operationssaals integrierte Roboterarme, um assistenzfrei operieren zu können. Unabhängig von dem da Vinci® System kann der sprachgesteuerte Kamerahalter Roboter AESOP® bei laparoskopischen Standardoperationen eingesetzt werden. Es erlaubt dem Assistenten mit beiden Händen frei zu arbeiten, so dass auf einen sonst häufig notwendigen 2. Assistenten verzichtet werden kann [30].

50.2.3 Harnableitung

Während bereits 1992 von Parra [32] und 1995 Puppo [33] erstmals die laparoskopische radikale Zystektomie beschrieben wurde, fand diese Technik erst nach Etablierung der radikalen Prostatektomie breitere Anwendung [34, 35]. Wie bei offenem Vorgehen sind beim Mann die radikale Zystoprostatektomie und bei der Frau eine vordere Exenteration möglich. Zwischenzeitlich liegen weltweit Daten von mehr als 500 Zystektomien vor, wobei für die Zystektomie mit erweiterter Lymphadenektomie Operationszeiten zwischen 3–4 Stunden angegeben werden [24]. In den

Jahr	Autor	n	OP-Zeit [h]	Harnableitung	Laparoskopisch assistiert	Revision	Komplikationen
99	Denewer	10	8–10	Mainz II	Ja	n.a.	n.a.
01	Türk	11	7–8	Mainz II	Nein	1	Pouchfistel (n=2)
02	Abdel-Hakim	8	7–12	Ileumneoblase	Ja	0	Thrombose (n=1)
02	Gill	3	8–12	Ileumneoblase	Nein	0	Vaginalfistel (n=1) GI-Blutung (n=1)
02	Chiu	1	8,5	Ileumneoblase	Ja	0	–
03	Gaboardi	6	6–8	Ileumneoblase	Ja	0	–
03	Paulhac	1	7,5	Ileumneoblase	Ja	0	Urinleakage (n=1)
03	Hoepffner	25	7	Ileumneoblase	Ja	1	Hautfistel (n=1)
03	Goharderakh.	25	n.a.	Ileumneoblase	Ja	3	Blutung (n=2), Sepsis (n=3), Urinleakage (n=3)
03	Vallancien	20	4–6	Ileumneoblase	Ja	n.a.	n.a.
03	Popken	4 1	6–7 7	Ileumneoblase Mainz II	Ja Nein	0	–
03	Guazzoni	3	7–8	Ileumneoblase	Ja	0	–
03	Liu	5	7	Sigmaneoblase	Ja	0	n.a.
03	van Velthoven	15 2	7–9 7–8	Ileumneoblase Mainz II	Ja/Nein Ja/Nein	0	Ileus (n=3), Harnverhalt (n=1)
04	Deger	20	8–9	Mainz II	Nein	2	Urinleakage (n=1) Vaginalfistel (n=1)
05	Arroyo	25	5	Ileumneoblase	Ja/Nein	0	Neoblastenfistel (n=1) Lymphozele (n=1), Ileus (n=1), Porthernie (n=1)
05	Rassweiler	2 3	8 9–11	Ileumneoblase Sigmaneoblas	Ja Nein	1	Blutung (n=1) Anastomosenenge (n=1) Ureterenge (n=1)
	Total	190				8/190 4,2%	22/190 11,5%

Tabelle 50.2 Laparoskopische radikale Zystektomie mit kontinenter Harnableitung: Literaturübersicht [24]

erfahrenen Zentren sind die Raten für intraoperative Komplikationen und Konversionen zu offenem Vorgehen mit < 9% relativ gering, während postoperative Komplikationen in bis zu 24% der Fälle angegeben werden. Ferner liegen noch nicht ausreichend lange onkologische Langzeitergebnisse vor, so dass dieses Verfahren noch als experimentell bewertet werden muß (Tabellen 50.2, 50.3) [24]. Hierfür

50.2 Laparoskopische Tumorchirurgie

Kriterien	Internat. Studie (n=308)	Ital. Studie (n=114)	Nordital. Studie (n=84)
Beobachtungszeit [Monate]	18	24	16
Pathol. Stadien [%]			
pT0/Ta	12	12	n.a.
pT1/is	11	8	n.a.
pT2	35	37	n.a.
pT3	31	28	n.a.
pT4	11	12	n.a.
pN+	17	15	n.a.
Rezidivrate [%]			
Lokal	10	12	9
Systemisch	7	18	21
Portmetastasen	–	–	–
Überlebensrate [%]			
Gesamt	80	66	79
Spezifisch	94	n.a.	n.a.
Rezidivfrei	n.a.	63	70

Tabelle 50.3 Laparoskopische radikale Zystektomie, Onkologische Daten [24]

spricht auch der Umstand, dass Urothelkarzinome der Harnblase mit einer nicht zu vernachlässigenden Rate an Portmetastasen behaftet ist, was eine korrekte Operationstechnik (Non-touch Verfahren) und Bergung erfordert [36]. Ob ein komplett Roboter assistiertes Vorgehen mit intrakorporaler Bildung einer Ileumneoblase Verbesserungen im Sinne eines standardisierten Vorgehens, kürzere Operations- und Nahtzeiten bei gleichem onkologischen Ergebnis wie beim offenen Verfahren bringen wird, bleibt abzuwarten [37].

Zur Harnableitung können zwar Ileumconduit, Mainz Pouch II und Ileum- oder Sigmaneoblase laparoskopisch realisiert werden, dennoch wird aufgrund von Komplexität und Zeitaufwand für die Darmnähte noch ein laparoskopisch assistiertes Vorgehen favorisiert unter Nutzung des erweiterten Bergeschnittes.

Dieses Handicap könnte bald durch die an der Aachener Urologischen Universitätsklinik in Zusammenarbeit mit der Firma Karl Storz, Medizinische Nähsysteme, entwickelte rein laparoskopisch anwendbare Nähmaschine EndoSew™ gelöst werden [38]. Freihändig wie auch im Retraktor fixiert kann eine fortlaufende Maschinennaht die Nahtzeit für die Harnableitung (Conduit, Neoblase) um das bis zu 2.4 fache reduzieren. Die in einen 14 mm Standard-Trokar einführbare, wieder verwendbare und dampfsterilisierbare Nähmaschine besteht aus zwei voneinander trennbaren Komponenten – dem Getriebe und dem Schaft, an dessen Spitze sich der Nähkopf befindet (Abb. 50.3).

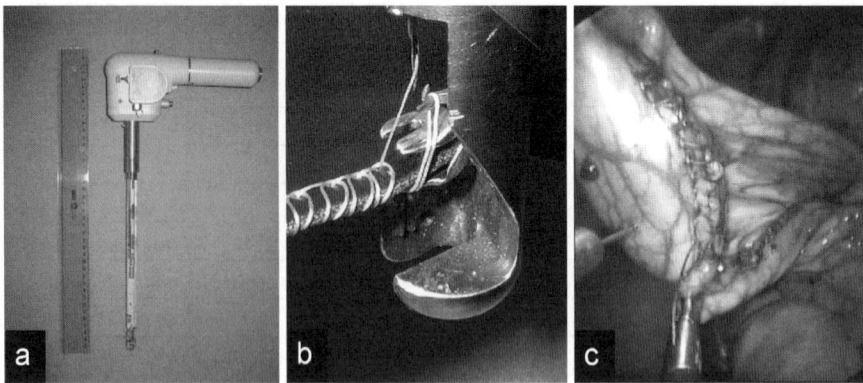

Abb. 50.3 Laparoskopische Nähmaschine EndoSewTM, Totalansicht *(a)* sowie vergrößerte Ansicht des Nähkopfes *(b)*. Fäden der Stärke 3–0 bis 6–0 sowie Nadeln von 0.6–0.8 mm Durchmesser können eingesetzt werden. Aufgrund einer speziellen Nahttechnik und Fadenführung unter Zug wird Wasserdichtigkeit gewährleistet. Zusätzliche fixierende Einzelknopfnähte an den Nahtenden sind nicht notwendig. *c)* Fortlaufende wasserdichte Dünndarmnaht, erzeugt mit dem EndoSew™, modifiziert nach [38]

Die Laparoskopie hat bisher noch nicht zu komplett neuen Operationstechniken geführt und garantiert bisher noch nicht ein besseres Gesamtergebnis als die offene Chirurgie. Dennoch erzielt sie ein weniger invasives Vorgehen und konsequenterweise geringere Schmerzen, eine schnellere Rekonvaleszenz und damit Verkürzung des stationären Aufenthaltes. Die sog. minimal invasiven laparoskopischen Techniken imitieren das offene Vorgehen, indem sie dünnere und längere Instrumente verwenden. Insofern dupliziert die Laparoskopie die offene Chirurgie. Durch die Entwicklung neuer Instrumente sowie eines verbesserten standardisierten Operationstrainings wird langfristig für die Laparoskopie der Weg geebnet für einen alltäglichen Einsatz. Langzeitstudien mit größeren Patientenzahlen als bisher sind notwendig, um die definitive Stellung der Laparsokopie innerhalb der urologisch chirurgischen Verfahren zu klären.

50.3 Virtuelle Histologie der Harnblase
Endoskopisch anwendbare Optische Kohärenztomographie

Circa 25000 Patienten erkranken in der BRD jährlich neu an einem Harnblasenkarzinom. Damit gehört das Harnblasenkarzinom zu einem der häufigsten Krebserkrankungen in westlichen Industrienationen. Etwa 75–80% weisen bei Diagnosestellung einen nicht invasiven auf das Urothel oder die darunter liegende bindegewebige Lamina propria begrenzten Tumorbefall auf. Während niedrig gradige papillär wachsende Tumoren mit einem Rezidivrisiko von 20–70% innerhalb der ersten zwei Jahre gut einer endoskopischen Kontolle und lokalen Therapie zugängig sind, zeichnen

50.3 Virtuelle Histologie der Harnblase

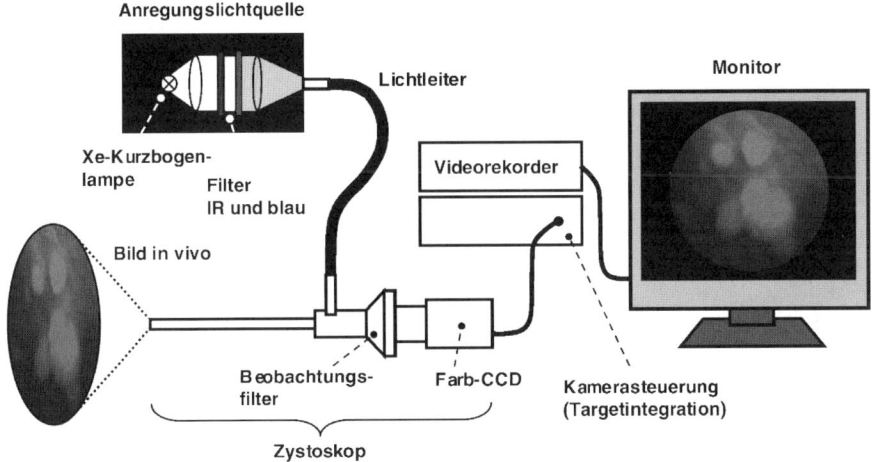

Abb. 50.4 Schema der 5´ALA-Fluoreszenzzystoskopie zur optischen Diskriminierung von Harnblasenkarzinomen. Das blaue Anregungslicht (380–450 nm) wird durch das Zystoskop in die Blase geleitet und läßt Karzinomgewebe, in welchem 5´ALA verstoffwechselt wurde, rot fluoreszieren

sich höher gradige Tumore wie auch die Sonderform des Carcinoma in situ durch eine Progressionsrisiko von bis zu 30% während dieses Zeitraums aus. Hierdurch wird die Prognose erheblich verschlechtert mit der Konsequenz einer frühzeitigen aggressiven und meist ablativ chirurgischen Therapie wie Zystektomie und Harnableitung bzw. Blasenersatz. In Ermangelung einer suffizienten Organ erhaltenden Therapieoption gilt es, frühzeitig diese aggressive Tumorentität zu identifizieren. Hierbei leisten Urinzytologie in Kombination mit zytogenetischen Techniken wie die Fluoreszenz in situ Hybridiserung (FISH) und jüngst proteomische Techniken als nicht invasive Verfahren wertvolle Dienste. Eine genaue Tumorlokalisation und Identifikation ermöglichen sie jedoch nicht. Daher bleibt der endoskopisch zystoskopische Tumornachweis mit Gewebeentnahme diagnostischer Standard.

	Zusätzliche Detektion von Carcinoma in %				
Autor	Pub.-Jahr	Alle TU	Dys / Cis	Sensitivität	Spezifität
Kriegmair	1996	38	58	95,8	63,8
Jichliniski	1997	76	100	89	57
Koenig	1999	18	50	87	59
Filbeck	1999	30,3	58,9	96	67
Zaak	2001	34	25,4	96	65
Inoue	2006	58,9	31	89,5	58,5

Tabelle 50.4 Prospektive Phase 2 – Studien mit 5´ALA in der Harnblase

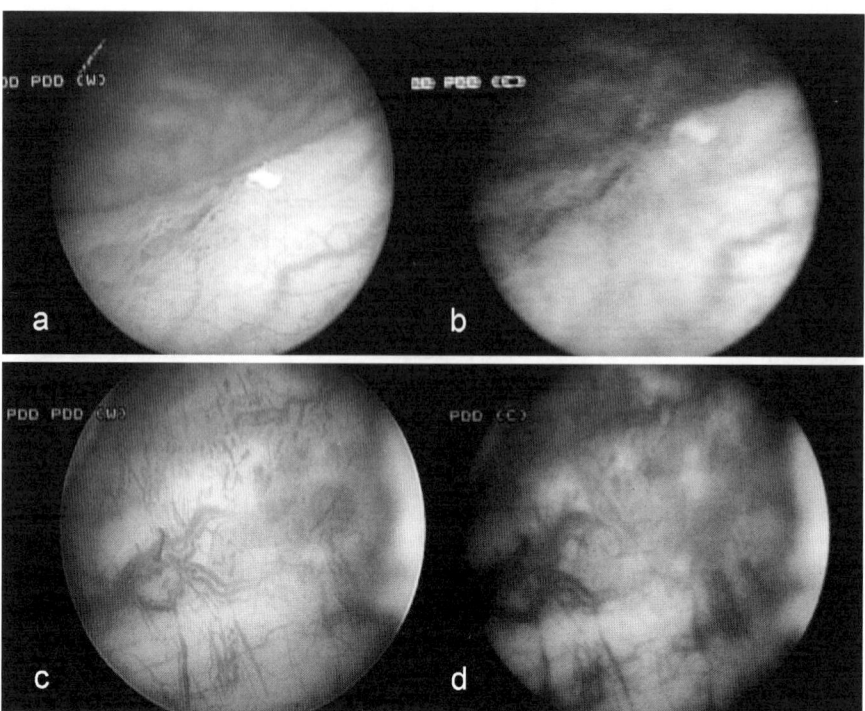

Abb. 50.5 Visualisierung von Harnblasenkarzinomen durch photodynamische ALA-Fluoreszenzzytoskopie, *a)* Blasenschleimhautareal im Weißlichtmodus mit unspezifisch vermehrter Gefäßzeichnung, *b)* selbiger Bildausschnitt mit Identifikation als flache ALA-positive, rot fluoreszierende Läsion; histologisch Carcinoma in situ, *c)* mehrere mikropapilläre pTa-Urotheltumore, *d)* kräftige ALA-Fluoreszenz sämtlicher, z. T. im Weißlicht nicht erkennbarer Tumore

Die Nachweisgrenzen der konventionellen Weißlichtendoskopie können durch den kombinierten Einsatz mit der photodynamischen Fluoreszenzzystoskopie (PDD) (Abb. 50.4–6) mit den Photosensitizern 5-Aminolävulinsäure (5-ALA) und ihrem Hexylester (HAL) sowie Hypericin für prämaligne Veränderungen, high grade Tumore und dem Carcinoma in situ um bis zu 30% gesteigert werden [39].

Die unter Blaulichtanregung (380–450nm) entstehende Rotfluoreszenz entstammt bei ALA und HAL dem relativ tumorselektiv gebildeten eigentlichen Photosensitizer, dem Protoporphyrin IX (PPIX), und ist nicht auf invasive Tumoren beschränkt. Dies resultiert zum einen in einer vollständigeren Tumorresektion und signifikant niedrigen Resttumorrate bei der transurethralen Nachresektion und damit in einer Senkung der Rezidivrate, zum anderen in bis zu 12% der Fälle zu einer korrekten Anpassung der notwendigen Therapiemaßnahmen [40]. Voraussetzungen hierfür waren die Entwicklung von Laser-gestützten Lichtquellen, Filtersystemen, speziellen Lichtleitern und Linsensystemen, gekoppelt mit einer 3-D-Chip Endokamera und Videokette.

Die optische Kohärenztomographie (OCT) besitzt für die Abgrenzung von Präkanzerosen zu in situ Karzinomen und invasiven Tumoren großes diagnostisches

50.3 Virtuelle Histologie der Harnblase

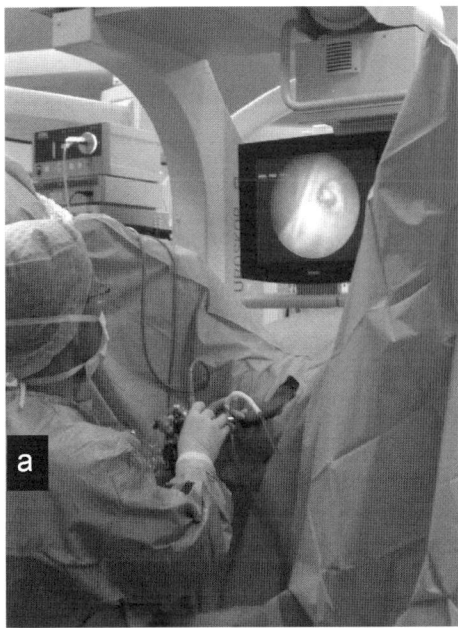
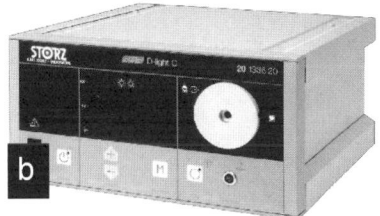
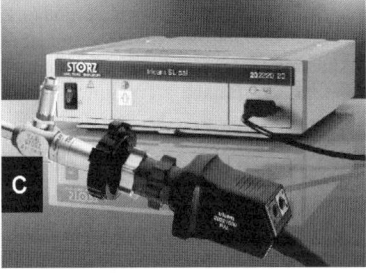

Abb. 50.6 *a)* Vorgang der Zystoskopie, Examinierung unter Weisslicht, *b)* Ansicht der Anregungslichtquelle (Xenon 300 W), *c)* Ansicht der CCD-3 Chip-Kamera am Zystoskop mit angeschlossener Kontrolleinheit für die Photodynamik (Geräte Fa. Karl Storz GmbH & Co KG, Tuttlingen) Weitere Anbieter kommerzieller Systeme für die photodynamische Fluoreszenzzystoskopie, sowohl mittels starrem wie auch flexiblen Endoskop in Deutschland, sind Richard Wolf GmbH in Knittlingen und OLYMPUS Deutschland GmbH in Hamburg

Potenzial. Ziel diverser Arbeitsgruppen ist es, mit Hilfe der OCT das Intaktsein der Basalmembran nachzuweisen, ohne dass hierfür zukünftig eine Biopsieentnahme notwendig sein wird [41, 42]. Unsere Untersuchungen mit Kooperationspartnern der RWTH Aachen mit der hoch auflösenden HR-OCT an mehr als 200 Proben aus 55 humanen Harnblasen erfolgten im Sinne einer virtuellen Histologie [43]. Dabei waren eindeutige Darstellungen der Basalmembranregion, aufgrund ihrer geringeren Streueigenschaften, in Exzidaten und Biopsien möglich. Weiterhin konnte sicher zwischen Normalurothel und flachen Präkanzerosen gegenüber invasiven Tumoren unterschieden werden (Abb. 50.7–8; modifiziert nach [43])

So liefert die HR-OCT als eine nicht-invasive Schnittbilddarstellung durch Licht im nahen Infrarotbereich mit einem Auflösungsvermögen von 3 µm axial und 9 µm lateral die notwendigen Parameter, um den Bereich der Basalmembran deutlich darzustellen. Dabei werden Schnittbilder senkrecht zur Oberfläche des zu untersuchenden Gewebes erzeugt. Basis dieser Bildgebung ist eine interferometrische Methode unter Verwendung niederkohärenten Lichtes, wobei die axiale Auflösung dieses Verfahrens mit der Kohärenzlänge der Lichtquelle skaliert [44]. Vergleichsaufnahmen mittels konventioneller Superlumineszenzdioden (SLD) basierter OCT – wie sie in den meisten kommerziell erhältlichen OCT-Systemen vorhanden ist –, deren axiale

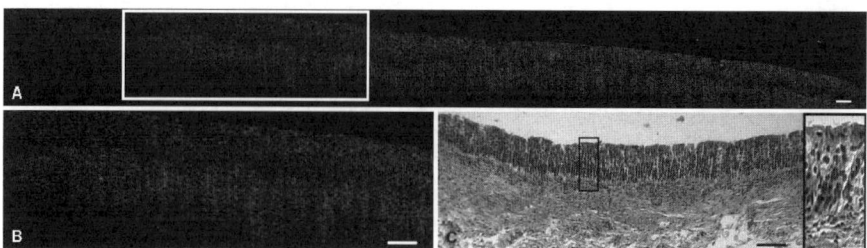

Abb. 50.7 OCT-Tomogramm gesunden Urothels der Harnblasenwand mit deutlich erkennbarer Gewebeschichtung *(A)*. Die Basalmembran ist deutlich als dunkles Band zwischen Urothel und stärker streuendem Stroma zu erkennen (B). Korrelierender histologischer Gewebeschnitt mit Vergrößerung *(C)*. Balken = 100 µm

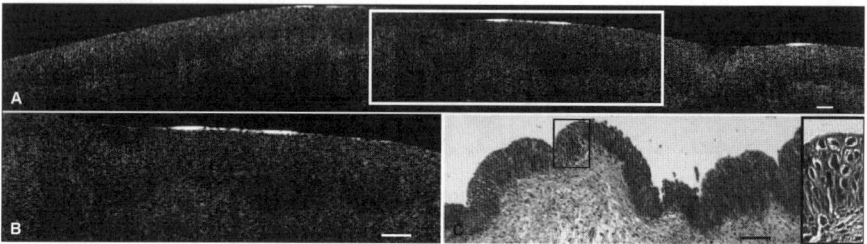

Abb. 50.8 OCT-Tomogramm eines Carcinoma in situ (Cis) der Harnblasenwand, aber erkennbarer Gewebeschichtung *(A)*. Die Basalmembran ist als dunkles Band zwischen Urothel und Stroma zu erkennen, allerdings erscheint das Urothel zunehmend inhomogen und eine Unterscheidung vom Stroma wird durch ähnliche Streueigenschaften erschwert *(B)*. Korrelierender histologischer Gewebeschnitt mit Vergrößerung *(C)*. Balken = 100 µm

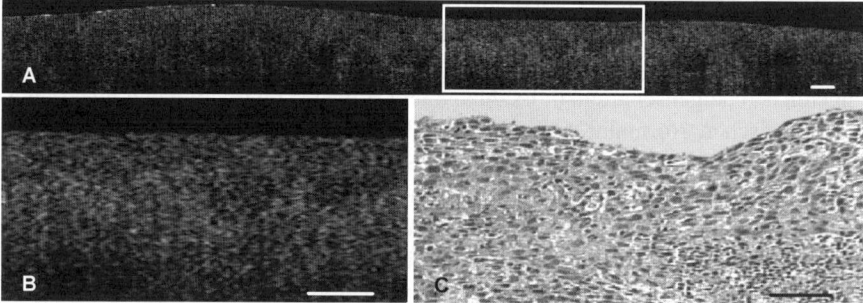

Abb. 50.9 OCT-Tomogramm mit beginnendem invasivem Tumor flacher Läsion *(A)*. Die Region der Basalmembran ist nur noch teilweise als dunkles Band zwischen Urothel und dem Stroma zu erkennen, allerdings erscheint das Urothel inhomogen und eine Unterscheidung vom Stroma ist nur vereinzelt möglich. Die Gewebeschichtung verläuft nicht mehr oberflächenparallel, sondern wellig *(B)*. Korrelierender histologischer Gewebeschnitt mit Vergrößerung *(C)*. Balken = 100 µm

Auflösung bei etwa 10 μm lag, konnten kein annähernd adäquates Ergebnis liefern. Die Auflösung reichte für die genaue Darstellung und Abgrenzung der Basalmembranregion nicht aus. Als Lichtquellen mit einer höheren spektralen Bandbreite, die dadurch eine höhere axiale Auflösung unterstützen, bieten sich insbesondere Femtosekundenlaser an. Die höchste axiale Auflösung die in der OCT unter Verwendung des von uns eingesetzten Ti:Saphir-Femtosekundenlasers demonstriert wurde, beträgt etwa 1 μm in Gewebe [45].

Mit Hilfe dieses Bildgebungsverfahren können jeweils nur sehr kleine Blasenschleimhautareale untersucht werden, was den routinemäßigen klinischen Einsatz aus Zeit und Praktikabilitätsgründen noch verhindert. Die Kombination der OCT mit der PDD, die eine Vorselektion tumorsuspekter Areale ermöglicht, macht diese OCT-Bildgebungsverfahren jedoch auch in einem Hohlorgan wie der Blase höchst praktikabel [46, 47]. Das erklärte Fernziel der sicheren nicht-invasiven Abgrenzung von Präkanzerosen zu in situ Karzinomen und invasiven Karzinomen in der Blase konnte aufgrund der geringen Auflösung der verwendeten SLD gestützten Systeme (etwa 10 μm axial) allerdings nicht näher untersucht werden. Erste ex vivo Untersuchungen PDD selektionierter Resektate mit der HR-OCT in unserer Arbeitsgruppe scheinen diese Hürde zu nehmen [48]. Zukünftige Weiterentwicklungen werden neben einer praktikablen Miniaturisierung der OCT-Sonden die Möglichkeit der ultrahochauflösenden OCT und 2-Farb-OCT zur besseren Gewebedifferenzierung zu realisieren versuchen.

50.4 Minimal invasive Verfahren zur Behandlung der Belastungsinkontinenz

Beim Mann ist die Belastungsinkontinenz anteilig mit etwa 10% aller Inkontinenzformen vertreten und in aller Regel Folge stattgehabter operativer Interventionen am unteren Harntrakt (z. B. Prostata) seltener Folge von Innervationsstörungen nach abdomialchirurgischen Eingriffen im kleinen Becken (Sigma, Rektum). Minimal invasive Techniken streben in erster Linie eine „soziale" Kontinenz an, um ein individuelles Maximum an Lebensqualität zu erreichen. Transurethrale submuköse Injektionsverfahren im Bereich des äußeren Harnröhrenschließmuskels und Blasenhalses wurden bereits 1963 beschrieben. In der Vergangenheit verwendete Substanzen wie Paraffinwachs, Kollagen, autologe Chondrozyten oder autologes Fett werden abgebaut oder sind nicht ortsständig, so dass nur kurzfristig (< 6–9 Mo.) positive Wirkungen zu erwarten sind [49–51]. Glutaraldehyd vernetztes Rinderkollagen ist mit dem Risiko allergischer Reaktionen behaftet. Die Injektion von Polytetrafluorethylen (Teflon) führte zu Kontinenzraten von 17–67%, verschwand allerdings rasch vom Markt, als tierexperimentelle Studien ein hohes Migrationspotenzial in ferne Organe aufzeigte [52].

Etabliert haben sich während der letzten Jahre das quervernetzte Siliconderivat Polydimethylsiloxan (Macroplastique®) und ein Dextranomer-Hyaluronsäure-Kopolymer (Deflux® Zuidex®). Ihre molekulare Struktur und Größe (> 80 μm) ermög-

Handelsname	Zusammensetzung	Firma
Contigen®	Glutaraldehyd-vernetztes Rinderkollagen (95% Typ I) in PBS	C.R.Bard Inc., Atlanta, Ga
DuraspereTM	Carbon beschichtete Zirkon Kügelchen in Polysaccharid-Gel	Boston Scientific, Boston, Mass
Uryx®	Äthylen-Vinylalkohol-Polymer auf Dimethylsulfid-Trägern	Genyx Medical, Inc., San Diego, Calif
Macroplastique®	Polydemethyl-Siliconpolymer in PVP Gel	Uroplasty, Minneapolis, Minn
ZuidexTM	Detranomer-ikrosphären in nicht tierischem Hyaluronsäure-Gel	Q-Med, Uppsala, Sweden
Coaptite®	Calciumhydroxylapatit Partil in wässirgem Gel	Genesis Medical Ltd., London, UK

Tabelle 50.5 Injizierbare Bulking Agents, verfügbar in Nordamerika und Westeuropa [53]

Vorteile	Nachteile
Minimal-invasives Verfahren	Migration/Arrosion (alloplastisches Material)
Einfache Handhabung	Resorption (biodegradierbares Material)
Kurzfristig gute Kontinenzraten	Hohes Rezidivrisiko
Ambulant durchführbar	Langfristige Ergebnisse unbefriedigend Hohe summarische Kosten Zerstörung der urethralen Restfunktion

Tabelle 50.6 Vor- und Nachteile submuköser Depotinjektionen mit Unterpolsterungssubstanzen [54]

licht eine höhere Ortsständigkeit. Transurethral werden üblicherweise 2.5–2.75 ml Macroplastique® oder 1–3 ml Deflux® eingebracht. Bei primären Kontinenzraten von 15–65% sind dennoch häufig mehrfache Nachinjektionen notwendig, in Abhängigkeit vom präoperativen Ausmaß der Inkontinenz. Die Implantation eines artifiziellen Harnröhrensphinkter bei unzureichendem Erfolg der Injektionsbehandlung wird nach Erfahrung im eigenen Patientengut wie auch in der Literatur publizierter Daten technisch nicht erschwert und beeinflusst nicht die Kontinenzraten.

Bulking agents, sowohl resorbierbar oder nicht degradierbar, werden wegen ihrer einfachen und ambulanten Durchführbarkeit und der kurzen Behandlungszeit seit Jahrzehnten eingesetzt. Die durchweg schlechten Langzeitergebnisse nach 3–5 Jahren sämtlicher Substanzen legen allerdings den Schluß nahe, dass das Konzept der suburothelialen Koadaptation zur funktionellen Erhöhung des Blasenauslaßwiderstandes bei der Stressharninkontinenz des Mannes nicht überzeugend ist.

Mit etwa 50% stellt die Belastungs-(Stress)harninkontinenz bei der Frau die häufigste Form der Harninkontinenz dar. Die o.g. „Bulking agents" finden ebenso Anwendung, wenn konservativ medikamentöse Maßnahmen wie auch Physiotherapie bei hypermobiler Harnröhre und / oder Schließmuskelschwäche nicht zielführend

50.4 Minimal invasive Verfahren zur Behandlung der Belastungsinkontinenz

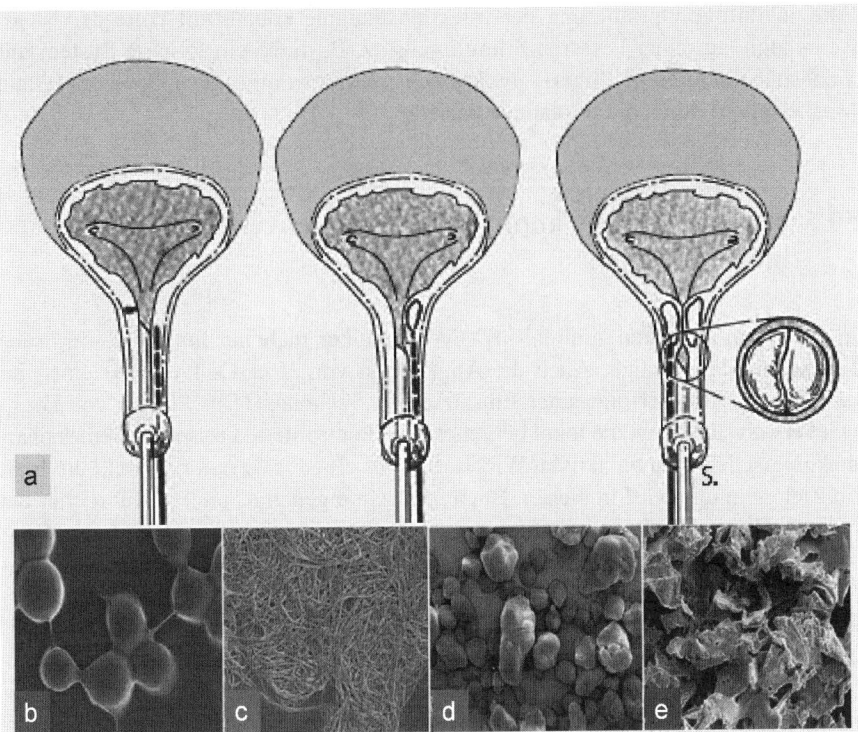

Abb. 50.10 Technik der submukösen Depotinjektion von Unterpolsterungssubstanzen (a), links submuköse Positionierung der Injektionsnadel, mittig Erzeugung eines Depotes auf einer Seite, rechts analoger Vorgang auf der anderen Seite und Kompression der Harnröhre (Querschnitt) als Ergebnis; b–e) Depot und elektronenmikroskopische Aufnahmen unterschiedlicher biodegradierbarer (b,c) und nicht abbaubarer (d,e) Unterpolsterungssubstanzen (rechts): b) Dextranomer/ Hyaluronsäure-Mischung, c) Kollagen, d) PTFE (Teflon®-Paste), 4e) Silikonpartikel; modifiziert nach [54]

sind. Eine aktuelle Analyse basierend auf einer MEDLINE-Recherche der Jahre 1966 bis 2004 ergab, dass im Gegensatz zu den schlechten Ergebnissen bei Männern für die genuine Stressinkontinenz die submuköse Injektionsbehandlung bei etwa drei von vier Frauen erfolgreich oder zu einer signifikanten Verbesserung ihrer Harninkontinenz und Lebensqualität führt bei einer Nachbeobachtung von weniger als 12 Monaten, so dass gehäuft Reinjektionen notwendig werden. So wird diese minimal-invasive Behandlungsform bei der unkomplizierten, konservativ nicht beherrschbaren Belastungsinkontinenz als first-line Therapie empfohlen [55]. Signifikante Unterschiede im Behandlungserfolg zwischen den verfügbaren Substanzen lassen sich nicht ausmachen. Der Einsatz des jeweiligen Präparates wird mehr von Präferenz und Erfahrung des Behandlers abhängig gemacht. Weiterhin technisch noch unbefriedigend gelöst ist das Phänomen der Schrumpfung des Implantates um wenigstens 25% im Rahmen von Abbauprozessen der gelförmigen Trägersubstanz.

Eine zukünftige Optimierung der Injektionstherapie könnte mit Hilfe der Nanotechnologie auf einer besseren Stimulierung (z. B. durch ein Release System mit Wachstumsfaktoren getriggert) funktionell relevanten originären Gewebes (glatte Muskelzellen) durch die Implantate basieren.

50.5 Minimal-invasiv applizierte Drug-Delivery-Systeme in der Urologie

In der Urologie werden minimal-invasive Techniken nicht nur für rein chirurgische Maßnahmen angewandt. Auch die Applikation von Drug-Delivery-Systemen im urogenitalen Trakt erfolgt unter Einsatz dieser Techniken. Das Prinzip von Drug-Delivery-Systemen ist die lokal begrenzte und kontrollierte Freisetzung eines pharmakologischen oder bioaktiven Wirkstoffes aus einer Trägermatrix direkt am bzw. im Zielorgan und wird in diesem Buch in einem eigenen Kapitel ausführlicher behandelt. Hier soll auf spezielle Anwendungen minimal-invasiv applizierbarer Wirkstoffträger im Feld der Urologie eingegangen werden.

Die klassische Behandlung von Krankheitskomplexen des Harntraktes
Zur medikamentösen Behandlung urologischer Erkrankungskomplexe erfolgt die Verabreichung der angewandten Wirkstoffe klassischerweise über den oralen bzw. intravenösen Weg. Um eine pharmakologisch ausreichende Wirkung an den Zielorganen des urologischen Traktes zu erzielen, sind in der Regel relativ hohe Dosen des Medikamentes nötig, was ein zum Teil beträchtliches Spektrum an Nebenwirkungen zur Folge hat. Beispielsweise werden zur Behandlung des Symptomkomplexes der Überaktiven Harnblase Medikamente der Wirkstoffgruppe der Anticholinergika eingesetzt, die kompetitiv an Acetylcholin-Rezeptoren des Detrusors (glatter Muskel) der Harnblase binden und in Folge die cholinerg gesteuerte Aktivität dieses Muskels dämpfen [56, 57]. Da dieser Rezeptortyp jedoch in vielen weiteren Organen vorkommt, treten bei oraler Anwendung unter anderem Nebenwirkungen wie Mundtrockenheit, Verstopfung, Blutdruckabfall und Akkomodationsschwäche der Augen auf, welche so ausgeprägt sein können, dass der betreffende Patient die Therapie unterbricht. Beim systemischen Einsatz von Chemotherapeutika zur Behandlung von Krebserkrankungen des Harntraktes müssen gravierende Nebenwirkungen wie Veränderungen des Blutbildes und ausgeprägte Übelkeit in Kauf genommen werden. Die analoge Verwendung von Antibiotika zur Bekämpfung von Infektionen des Harntraktes führt unter anderem zur Beeinträchtigung der Darmflora. Vor diesem Hintergrund liegt es nahe, eine medikamentöse Behandlung urologischer Konditionen direkt und kontrolliert an den Zielorganen des Harntraktes vorzunehmen. Stellt diese Vorgehensweise aufgrund der Vorteile der spezifischeren, nebenwirkungsärmeren und kostensparenden Therapiemöglichkeit ganz allgemein einen Trend in der Medizin dar, so bedarf sie jedoch im Einzelfall einer detaillierten Ausarbeitung, da bei der Anwendung vor Ort andere pharmakodynamische und -kinetische Kriterien berücksichtigt werden müssen als bei der klassischen oralen Verabreichung.

50.5 Minimal-invasiv applizierte Drug-Delivery-Systeme in der Urologie

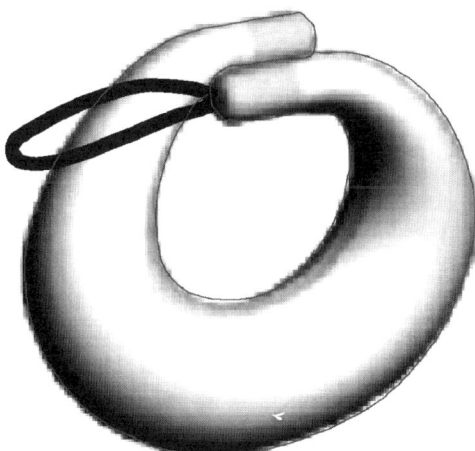

Abb. 50.11 Intravesikales, per Katheter applizierbares Wirkstoffreservoir mit semipermeabler Membran, Firma Situs Company, USA, zur kontrollierten Wirkstoffabgabe über einen Monat. Das System läßt sich nach Verbrauch des Wirkstoffes mittels der Schlaufe cytoskopisch entfernen. Modifiziert nach [62]

Intravesikale Instillation

Zur Behandlung von Komplikationen der Harnblase kann der einzusetzende Wirkstoff alternativ zur oralen/intravesikalen Gabe durch eine direkte intravesikale Instillation, also eine Injektion in die Blase per Katheter, verabreicht werden [58, 59]. Auf diese Weise gelangt die Substanz primär in unmittelbare Nähe des Blasengewebes und kann sofort ihre Wirkung entfalten. Diesem Vorteil stehen einige limitierende Punkte gegenüber. So können auch bei dieser Darreichungsart systemische Nebenwirkungen auftreten, wenn eine unkontrollierte passive Resorption des Wirkstoffes über die zelluläre Auskleidung der Innenwand der Blase, das sogenannte Uroepithel, erfolgt. Dies trifft vor allen Dingen für tendenziell weniger hydrophile Substanzen wie zum Beispiel dem Anticholinergikum Oxybutynin zu [60]. Werden jedoch Wirkstoffe mit einer geringen Membrangängigkeit (hoher Wasserlöslichkeit) verwendet, ist eine verminderte passive Resorption des Wirkstoffes über das Uroepithel und in Folge ein deutlich geringeres systemisches Nebenwirkungspotential zu erwarten. Dies wurde in Studien zum intravesikalen Einsatz des stark hydrophilen Anticholinergikums Trospiumchlorid gezeigt, in denen ein eindeutiger blasenrelaxierender Effekt auftrat, der Wirkstoff jedoch nur in äußerst geringen Mengen im Serum des Patienten nachgewiesen werden konnte [61]. Die eigentliche anticholinerge Wirkung wird hierbei durch begrenzten aktiven Transport in das Uroepithel erklärt. Ein weiterer Nachteil der intravesikalen Instillation ist, daß bei längerfristigen Therapien eine mehrmalige Katheterisierung am Tag zur ständigen Ergänzung des Wirkstoffes nötig ist, da die Blase im Tageszyklus periodisch entleert wird. Diese hohe Katheterisierungsfrequenz ist für viele Patienten unkomfortabel und birgt zudem ein gesteigertes Risiko der Harnwegsinfektion.

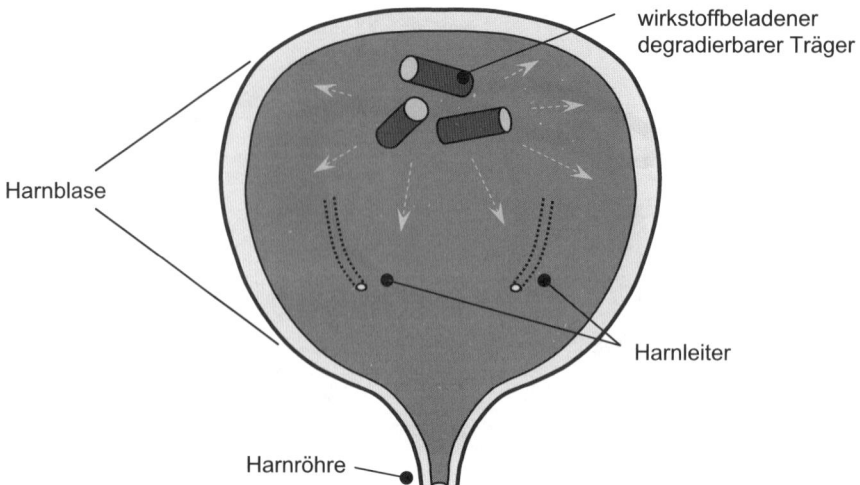

Abb. 50.12 Schematischer Querschnitt durch die menschliche Blase mit intravesikalem Drug-Release-System. In diesem Beispiel wurden mehrere zylindrische wirkstoffbeladene Trägereinheiten per Katheter eingesetzt, welche sich über einen Zeitraum von 2 – 3 Wochen auflösen und gleichzeitig den Wirkstoff kontrolliert abgeben sollen (grüne Pfeile). Die Träger schwimmen aufgrund ihrer geringen Dichte im Blasenurin auf, wodurch eine Obstruktion der Harnröhre während der Verweildauer vermieden wird

Intravesikale Drug-Delivery-Systeme
Wird das intravesikale Darreichungsprinzip nun kombiniert mit einem Trägersystem, welches in die Blase appliziert wird und den Wirkstoff kontinuierlich und verzögert in den Blasenurin abgibt, so lassen sich wesentlich längere Applikationsintervalle und damit eine komfortablere und sicherere Therapie realisieren. In einem derartigenAnsatz wird die Wirkstofflösung in ein hufeisenförmiges Reservoir mit semipermeabler Membran injiziert und das System mittels eines speziellen Kathetersystems in der Blase plaziert (Abb. 50.11, Situs Company, San Diego, USA) [62]. Das Reservoir soll frei im Blasenurin schwimmen und den Wirkstoff konstant über einen Zeitraum von 28 Tagen abgeben, muß dann allerdings mittels Cytoskopie und Greifer wieder entfernt werden, was eine Selbstapplikation ausschließt.

Die Entwicklung eines weiteren Ansatzes wird aktuell in der Urologie der RWTH Aachen in Kooperation mit dem Lehrstuhl für Medizintechnik der TU München und dem Institut für Kunststoffverarbeitung an der RWTH Aachen (IKV) verfolgt (Abb. 50.12). Ziel des Projektes ist die Gestaltung eines Drug-Release-Systems primär zur Behandlung der Überaktiven Harnblase, bestehend aus einem Polymerträger, der im Zeitrahmen von 2–3 Wochen im Urin zerfallen soll, sowie eines Anticholinergikums. Der beladene Träger soll per Selbstkatheterisierung applizierbar sein und möglichst während der gesamten Verweildauer in der Blase das Anticholinergikum in einer pharmakologisch wirksamen Konzentration zur Verfügung stellen.

Das beschriebene Prinzip des intravesikalen Drug Release kann allgemein zur Durchführung wirkstoffbasierter Therapien der Blase angewandt werden. Zur Che-

50.5 Minimal-invasiv applizierte Drug-Delivery-Systeme in der Urologie

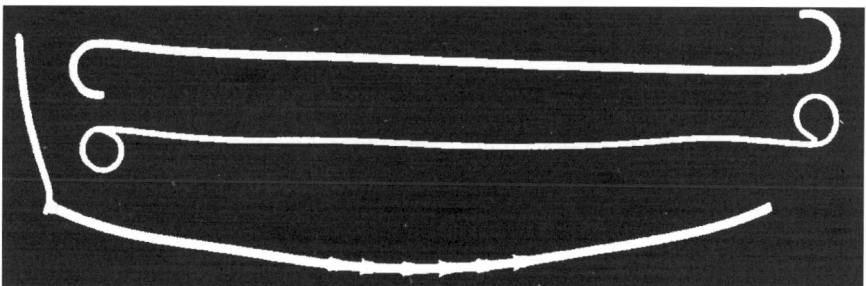

Abb. 50.13 Formen verschiedener Harnleiterstents. Die flexiblen Stents werden cytoskopisch durch die Blase in die betroffenen Harnleiter bis zum Nierenbecken eingeführt. und durch die gebogenen Enden in ihrer Position stabilisiert. Von oben nach unten sind die Typen Double-J, Pigtail und Gibbons dargestellt [67]

motherapie von Blasenkarzinomen werden in einem noch im Entwicklungsstadium befindlichen Ansatz degradierbare Polymer-Zylinder mit einem Chemotherapeutikum beladen und per Katheter in die Blase appliziert [63]. Diese Träger sind oberflächenchemisch so gestaltet, daß sie sich an die Schleimschicht des Uroepithels anheften können. Auch hier erfolgt die Freisetzung des Wirkstoffes unmittelbar am Zielgewebe. Des weiteren können intravesikale Release-Systeme zur lokalen Anwendung von Antibiotika oder aber zur Behandlung entzündlicher Erkrankungen des Blasenuroepithels wie der interstitiellen Cystitis verwendet werden.

Bei der Entwicklung eines intravesikalen Trägersystems sind folgende wichtige Kriterien zu berücksichtigen. Die anorganische Zusammensetzung, die Ionenstärke bzw. der pH des Urins unterliegen in Abhängigkeit von der Ernährung, der Flüssigkeits- und Mineralienzufuhr des Patienten beträchtlichen Schwankungen. So können pH und Osmolalität (Konzentration gelöster osmotisch wirksamer Substanzen pro Masseneinheit des Lösungsmittels) des Urins zwischen den Extremwerten 4,6–8,0 bzw. 50–1400 mOsm/kg schwanken [64]. Aus diesem Grund müssen sowohl das Freisetzungs- und Resorptionsverhalten des eingesetzten Wirkstoffes als auch die Degradierung des Trägers in Abhängigkeit von den bekannten Schwankungsbreiten untersucht und optimiert werden.

Harnleiterstents

Eine Obstruktion (Verschluß) der Harnleiter kann durch Bruchstücke lithotriptisch zertrümmerter Nierensteine, infolge operativer Eingriffe bzw. durch Verletzungen verursacht werden. Um Obstuktionen der ableitenden Harnwege durchgängig zu machen, werden in der Routine minimal invasiv Harnleiterstents eingesetzt. Es handelt sich hierbei um lange flexible Röhren, welche die komplette Distanz der betroffenen Harnleiter vom Nierenbecken bis zur Blase überbrücken (Abb. 50.13). Als Stentmaterial kommen Polymere, vorzugsweise Silikon, sowie Metalle zur Anwendung [65]. Als Komplikationen können beim Stenteinsatz Verkrustungen durch den Urin auftreten, welche die Behandlungsdauer limitieren. Ferner besteht das Risiko einer Harnwegsinfektion durch den Eintrag von Keimen. Vor diesem Hintergrund werden Ansätze zur Oberflächenbeschichtung von Stents unternommen. Um beispielsweise die Inkrustation des Stents zu vermindern, kann ein Hydrogel aus Heparin auf die Oberfläche gekoppelt werden [65, 66]. Dieses verhindert einerseits Anhaftung und Wachstum von Kristallen aus mineralischen Komponenten des Urins. Andererseits wird auch die hydrophobe Anhaftung und Denaturierung von Proteinen unterdrückt, welche als Keimprozess für die weitere Krustenbildung fungieren kann. Zudem sind Hydrogel-beschichtete Stents gleitfähiger und können mit einem geringeren Verletzungsrisiko appliziert werden. Zur Unterdrückung von Infektionen können Beschichtungen mit Antibiotika bzw. Silbersalzen eingesetzt werden.

Da bei der Verwendung herkömmlicher langer Harnleiterstents nachteilige Komplikationen wie Unverträglichkeit oder Veränderungen des Harnleiteruroepithels auftreten können, werden aktuell degradierbare und kürzere Stents konzipiert, die nur die eigentliche zu versorgende Stelle des Harnleiters überbrücken sollen. In einer Dissertation der RWTH Aachen wird die Entwicklung von porösen Stents aus Homo- und Copolymeren des Basismaterials Poly(D,L-Lactid) beschrieben [67]. Die Aufschäumung der Formkörper erfolgt hierbei unter Einsatz des sogenannten CESP-Verfahrens (Controlled Expansion of Saturated Polymers), bei dem die Herstellungsansätze bei ihrer Glasübergangstemperatur unter Druck mit CO_2 saturiert und anschließend kontrolliert expandiert werden. Die Stents sollen sich im Harnleiter komplikationsfrei bis zur Heilung des betroffenen Segmentes abbauen, wodurch ein zusätzlicher cytoskopischer Eingriff zur Entfernung entfällt.

50.6 Literatur

1. Albqami N, Janetschek G. (2006) Indications and contraindications for the use of laparoscopic surgery for renal cell carcinoma. Nat Clin Pract urol 3:32–37
2. Bariol SV,Stewart GD, McNeill SA, Tolley DA (2004) Oncological control following laparoscopic nephroureterectomy: 7-year outcome. J Urol: 172: 1805–1808
3. Desai MM, Gill IS (2005) Laparoscopic partial nephrectomy for tumour: current status at the Cleveland Clinic. BJU Int 95 [Suppl 2]:41–45
4. Janetschek G, Abdelmaksoud A Bagheri F, Al-Zahrani H, Leeb K, Gschwendtner M (2004) Laparoscopic partial nephrectomy in cold ischemia: renal artery perfusion. J Urol 171: 68–71
5. Walters RC, Collins MM, L'Esperance JO (2006) Hemostatic techniques during laparoscopic partial nephrectomy. Curr Opin Urol 16: 327–331
6. Jurczok A, Hamza A, Nill A, Gerbershagen HP, Fornara P (2006) Stellenwert der laparoskopischen Nierenchirurgie in der Urologie. Urologe A 45: 1111–1117
7. Rassweiler J, Schulze MM, Marrero R, Frede T, Palou Redorta J, Bassi P (2004) Laparoscopic nephroureterectomy for upper urinary tract transitional cell carcinoma: Is it better than open surgery? EurUrol 46: 690–697
8. Vallancien G, Cathala N, Cathelineau X, Rozet F (2004) Laparoscopic surgery for renal cancers. Bull Acad Natl Med 188:3945
9. Guazzoni G, Cestari A, Montorsi F, Bellinzoni P, Centemero A, Naspro R, Salonia A, Rigatti P (2004) Laparoscopic treatment of adrenal diseases: 10 years on. BJU Int 93: 221–227
10. McKinlay R, Mastrangelo MJ Jr, Park AE (2003) Laparoscopic adrenalectomy: indications and technique. Curr Surg 60: 145–149
11. Zacharias M, Haese A, Jurczok A, Stolzenburg JU (2006) Transperitoneal laparoscopic adrenalectomy: Outline of the preoperative management, surgical approach and outcome. Eur Urol 49: 448–459
12. Schuessler WW, Grune MT, Tecuanhuey LV, Preminger GM (1993) Laparoscopic dismembered pyeloplasty. J Urol 150: 1795–1799
13. Janetschek G, Peschel R, Frauscher F (2000) Laparoscopic pyeloplasty. Urol Clin North Am 27: 695–704
14. Inagaki T, Rha KH, Ong AM, Kavoussi LR, Jarrett TW (2005) Laparoscopic pyeloplasty. Current status. BJU int 95 (Suppl 2): 102–105
15. Gill IS, Ponsky LE, Desai M, Kay R, Ross JH (2001) Laparoscopic cross-trigonal Cohen ureteroneocystostomy: novel technique. J Urol 166: 1811–1814
16. Nambirajan T, Jeschke S, Albqami N, Abukora F, Leeb K, Janetschek G (2005) Role of laparoscopy in management of renal stones: single –center experience and review of literature. J Endourol 19: 353–359
17. Modi P, Goel R, Dodiya S (2005) Laparoscopic ureterocutaneostomy for distal ureteral injuries. Urology 66: 751–753
18. Jeong BC, Par H, Byeon SS, Kim HH (2006) Retroperitoneal laparoscopic ureterolithotomy for upper ureter stones. J Korean Med Sci 21: 441–444
19. Teber S, Subotic S, Schulze M et al. (2006) Stellenwert der Laparoskopie in der Kinderurologie. Urologe 45: 1145–1154
20. Lee RS, Borer JG (2006) Robotic surgery for ureteropelvic junction obstruction. Curr Opin Urol 16: 291–294
21. Schuessler WW, Schulam PG, Dayman RV, Kavoussi LR (1997) Laparoscopic radical prostatectomy: Initial short-term experience. Urology 50:854–857
22. Van Velthoven RFP (2005) Laparoscopic radical prostatectomy: transperitoneal versus retroperitoneal approach: is there an advantage fort he patient? Curr Opin Urol 15: 83–88
23. Stolzenburg JU, Truss MC, Rabenalt R, Do M et al. (2004) Die endoskopische extraperitoneale radikale Prostatektomie (EERPE) – Ergebnisse nach 300 Eingriffen, Urologe A 43:698–707
24. Rassweiler J, Teber D, de la Rosette J, Laguna P, Pansodoro V, Frede T (2006) Laparoskopische Beckenchirurgie. Wo stehen wir im Jahr 2006? Urologe A 45: 1135–1144

25. Glascock JM (1996) Carbon dioxid homeostasis during transperitoneal or extraperitoneal laparoscopic pelvic lymphadenectomy: a rea- time intraoperative comparison. J Endourol 10: 319–323
26. Binder J, Kramer W (2001) Robotically assisted laparoscopic radical prostatectomy. BJU Int 87: 408–410
27. Zorn KC, Gofrit ON et al. (2007) Robotic-assisted laparoscopic prostatectomy : functional and pathological outcmes with interfascial nerve preservation. Eur urol 51: 755–763
28. Yoannes P, Rotariu P, Pinto P et al. (2002) Comparison of robotic versus laparoscopic training drills. Urology 60: 39–45
29. Cathelineau X, Rozet F, Vallancien G (2004) Robotic radical prostatectomy: the European experience. Urol Clin North Am 31: 639–699
30. Rassweiler J, Hruza M, Teber D, Su LM (2006b) Laparoscopic and robotic assisted radical prostatectomy – critical analysis of the results. Eur urol 49: 612–624
31. Mikhail AA, Orvieto MA et al. (2006) Robotic assisted laparoscopic prostatectomy: first 1000 patients with one year of follow-up. Urology 68:1275–1279
32. Parra RO, Andrus CH, Jones JP, Boullier JA (1992) Laparoscopic cystectomy: Initial report on a new treatment for the retained bladder. J Urol 148: 1140–1144
33. Puppo P, Perachino M, Ricciotti G et al. (1995) Laparoscopically assisted transvaginal radical cystectomy. Eur Urol 27: 80–84
34. Basillote JB, Abdelshehid C, Ahlering T, Shanberg AM (2004) Laparoscopic assisted radical cystectomy with ileal neobladder: A comparison with the open approach. J Urol 172: 489–493
35. Arroyo C, Andrews H, Rozet F et al. (2005) Laparoscopic prostate-sparing radical cystectomy: The Montsouris technique and preliminary results. J endourol 19: 424–428
36. Rassweiler J, Tsivian A, Ravi Kumar AV et al. (2003) Oncological safety of laparoscopic surgery for urological malignancies:experience with more than 1000 operations. J Urol 169: 2072–2075
37. Sala LG Matsunaga GS, Corica FA, Ornstein DK (2006) Robot-assisted laparoscopic radical cystoprostatectomy and totally intracorporal ileal neobladder. J Endourol 20: 233–235
38. Brehmer B, Moll C, Makris A, Knüchel-Clarke R, Jakse G (2007) EndoSewTM: A new device for laparoscopic running sutures. J Endourol (submitted and accepted)
39. Zaak D, Karl A, Knüchel R et al. (2005) Diagnosis of urothelial carcinoma of the bladder using fluorescence endoscopy BJU Int 96 (2): 217–222
40. Filbeck T, Pichlmeier U et al. (2003) Reducing the risk of superficial bladder cancer recurrence with 5-aminolevulinic acid-induced fluorescence diagnosis. Results of a 5-year study. Urologe 42: 1366–1373
41. Daniltchenko D, König F, Lankenau E et al. (2006) Anwendung der optischen Kohärenztomographie (OCT) bei der Darstellung von Urothelerkrankungen der Harnblase. Radiologe 46: 584–89
42. Zagaynova EV, Streltsova OS, Gladkova ND et al. (2002) In vivo optical coherence tomography feasibility for bladder disease. J Urol 167: 1492–1496
43. Hermes , Spöler F, Naami A, Bornemann J, Först M, Grosse J, Jakse G, Knüchel R. High-resolution optical coherence tomography for virtual histology of bladder pathology: a feasibility study. J. Urol., eingereicht Mai 2007.
44. Huang D, Swanson EA, Lin CP et al. (1991) Optical coherence tomography. Science 254, 1178–1181
45. Unterhuber A, Povazay B, Bizheva K et al. (2004). Advances in broad bandwidth light sources for ultrahigh resolution optical coherence tomography. Phys. Med. Biol. 49, 1235–46
46. Wang ZG, Durand DB, Schoenberg M, Pan YT (2005). Fluorescence guided optical coherence tomography for the diagnosis of early bladder cancer in a rat model. J. Urol. 174, 2376–81
47. Pan YT, Xie TQ, Du CW, et al. (2003) Enhancing early bladder cancer detection with fluorescence-guided endoscopic optical coherence tomography. Opt. Lett. 28, 2485–87
48. Grosse J, Hermes B, Bornemann J, Spöler F, Först M, Jakse G. Bladder tissue differentiation by high-resolution optical coherence tomography. Urology 68, 134 (2006).

50.6 Literatur

49. Faerber GJ, Richardson TD (1997) Long-term results of transurethral collagen injection in men with intrinsic sphincter deficiency. J Endourol 11:273–277
50. Kluthe S, Markendorf R Mali M et al. (1996) Pressure-dependent knight shift in NA and Cs metal. Physical reviewB Condensed Matter 53: 865–867
51. Lee PE, Kung RC, Drutz HP (2001) Periurethral autologous fat injection as treatment for female stress urinary incontinence: a randomized double-blind controlled trial
52. Stanisic TH, Jennings CE, Miller JI (1991) Polytetrafluoroethylene injection for post-prostatectomy incontinence: experience with 20 patients during 3 years.J Urol 146: 1575–1577
53. Bent AE (2004). Sling and Bulking Agent Placement Procedures. Rev Urol 6 (Suppl 5): 26–46
54. Hampel C, Gillitzer R, Wiesner C, Thüroff JW (2007) Etablierte Methoden in der Behandlung der Belastungsinkontinenz des Mannes. Urologe A 46: 244–56
55. Chapple CR, Wein AJ, Brubaker L et al. (2005) Review. Stress Incontinence Injection Therapy: What is best for our Patients? Eur Urol 48: 552–565
56. Epstein BJ, Gums JG, Molina E. Newer agents for the management of overactive bladder. Am Fam Physician. 2006 Dec 15;74(12):2061–8. Review
57. Tiwari A, Naruganahalli KS. Current and emerging investigational medical therapies for the treatment of overactive bladder. Expert Opin Investig Drugs. 2006 Sep;15(9):1017–37. Review
58. Tyagi P, Tyagi S, Kaufman J, Huang L, de Miguel F. Local drug delivery to bladder using technology innovations. Urol Clin North Am. 2006 Nov;33(4):519–30. Review
59. Giannantoni A, Di Stasi SM, Chancellor MB, Costantini E, Porena M. New frontiers in intravesical therapies and drug delivery. Eur Urol. 2006 Dec;50(6):1183–93; discussion 1193. Epub 2006 Aug 30. Review.
60. Abramov Y, Sand PK. Oxybutynin for treatment of urge urinary incontinence and overactive bladder: an updated review. Expert Opin Pharmacother. 2004 Nov;5(11):2351–9. Review.
61. Walter P, Grosse J, Bihr AM, Kramer G, Schulz HU, Schwantes U, Stohrer M. Bioavailability of trospium chloride after intravesical instillation in patients with neurogenic lower urinary tract dysfunction: A pilot study. Neurourol Urodyn. 1999;18(5):447–53.
62. Chancellor MB. Future trends in the treatment of urinary incontinence. Rev Urol. 2001;3 Suppl 1:S27–34.
63. Eroğlu M, Irmak S, Acar A, Denkbaş EB. Design and evaluation of a mucoadhesive therapeutic agent delivery system for postoperative chemotherapy in superficial bladder cancer. Int J Pharm. 2002 Mar 20;235(1–2):51–9.
64. www.nlm.nih.gov/medlineplus, U.S. National Library Of Medicine, Eintrag Urinalysis, Urine Chemistry
65. Chew BH, Duvdevani M, Denstedt JD. New developments in ureteral stent design, materials and coatings. Expert Rev Med Devices. 2006 May;3(3):395–403. Review.
66. Riedl CR, Witkowski M, Plas E, Pflueger H. Heparin coating reduces encrustation of ureteral stents: a preliminary report. Int J Antimicrob Agents. 2002 Jun;19(6):507–10.
67. Hölzl F. Entwicklung einer biodegradierbaren Harnleiterschiene – In-vitro Analytik von poly(D,L-Lactid) als Homo- und Copolymer, Formgebungs-Technologie, Oberflächenmodifizierung und tierexperimentelle Untersuchung im Schaf-Modell. Dissertation der medizinischen Fakultät der RWTH Aachen, Mai 2001.

51 Single-Use Instrumente in der endoskopischen Gastroenterologie

H. Schlicht, E. Wintermantel

51.1 Einleitung

51.1.1 Endoskope

In der Medizin werden flexible Endoskope in natürliche Körperöffnungen eingeführt, um z. B. den Verdauungstrakt und die Atemwege zu untersuchen. Ein solches Endoskop besteht aus einem langen Schlauch, dessen distaler Bereich mit Hilfe einer Griffmechanik in alle Richtungen bewegt wird und so der Anatomie und morphologischen Gegebenheiten des menschlichen Verdauungstrakts folgen kann. Das Endoskop wird an eine Lichtquelle angeschlossen. Innerhalb des Schlauchs befindet sich ein Glasfaserstrang, der das Licht an die Spitze des Schlauchs leitet. Über die Optik kann der Arzt dann den beleuchteten Bereich des Körperinneren inspizieren. Während sich früher nur ein Okular direkt am Griff befunden hat, werden die Bildinformationen heute zusätzlich über einen CCD-Chip an der Spitze des Endoskops auf einen Monitor übertragen. Über den Arbeitskanal werden Instrumente eingeführt, die dann unter optischer Kontrolle angewendet werden können.

Manche Endoskope besitzen eine Spüleinrichtung, so dass Körperflüssigkeiten, die die Optik beeinträchtigen, weggewaschen werden können. Eine weitere Sonderform ist das Endoskop mit zwei Arbeitskanälen, bei dem zwei Instrumente gleichzeitig angewendet werden können. Dies führt aber dazu, dass der Außendurchmesser des Endoskops relativ groß und die Arbeitskanäle relativ klein sind. Aus diesen Gründen ist die am weitesten verbreitete Bauform bei Endoskopen diejenige gemäß Abb. 51.1.

Führende Unternehmen bei flexiblen Endoskopen sind die Firma Olympus, Storz und Pentax. Daher werden Instrumente für die endoskopische Gastroenterologie so ausgelegt, dass sie in diesen Endoskopen angewendet werden können.

Endoskope werden in verschiedenen Längen und mit verschiedenen Arbeitskanal-Durchmessern angeboten. Der Arbeitskanal-Durchmesser beeinflusst den Außendurchmesser des Endoskopschlauchs (Tab. 51.1).

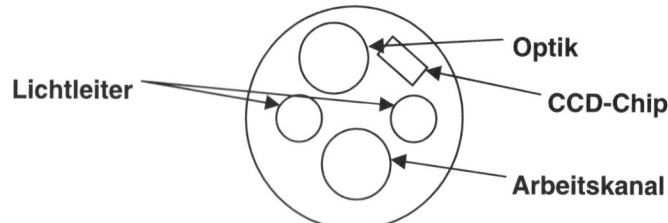

Abb. 51.1 Schematischer Aufbau einer Endoskop-Spitze. Über Glasfaser-Lichtleiter wird das Licht der externen Lichtquelle an die Spitze des Endoskops gebracht. Der so beleuchtete Bereich des Magen-Darm-Trakts kann über die Optik untersucht werden. Heute werden die Bildinformationen von einem CCD-Chip auf einen Monitor übertragen. Der Arbeitskanal erlaubt das Einführen von Instrumenten

Insofern ist die Auswahl des richtigen Endoskops abhängig vom Patienten und dessen Sedierung. Für Kinder wird man tendenziell ein dünnes Endoskop auswählen, während bei Erwachsenen größere Durchmesser angewendet werden.

51.1.2 Einsatzgebiete der Instrumente in der endoskopischen Gastroenterologie

Über den Arbeitskanal des Endoskops können Instrumente eingebracht werden, die zumeist aus einem Griff, mehreren ineinander liegenden Kathetern und/oder Drähten sowie dem Instrument an der Spitze bestehen. Über den Griff, der außerhalb des Endoskops verbleibt, kann unter optischer Kontrolle über den Monitor das Instrument bewegt bzw. betätigt werden.

	Olympus		Pentax	
	Ø Arbeitskanal	Länge Endoskop	Ø Arbeitskanal	Länge Endoskop
Bronchoskop	1,2–3,2	550–600	1,2–3,2	600
Gastroskop	2–6,0	930–1260	2–4,8	1050
Duodenoskop	2–4,2	1240	2–3,8	1250
Koloskop	2,8–4,2	1330–1680	3,8–4,2	1300–1700
Sigmoidoskop	3,2–3,7	700–730	3,5	700

Alle Maße in Millimetern

Tabelle 51.1 Vergleich der Abmessungen von medizinischen Endoskopen. Olympus ist Marktführer, Pentax Hauptwettbewerber, weshalb alle endoskopischen Instrumente für diese Endoskope ausgelegt werden. Endoskope werden in verschiedenen Längen und mit verschiedenen Arbeitskanaldurchmessern angeboten. Am häufigsten eingesetzt werden lange Endoskope mit großem Arbeitskanal [1, 2]

51.1 Einleitung

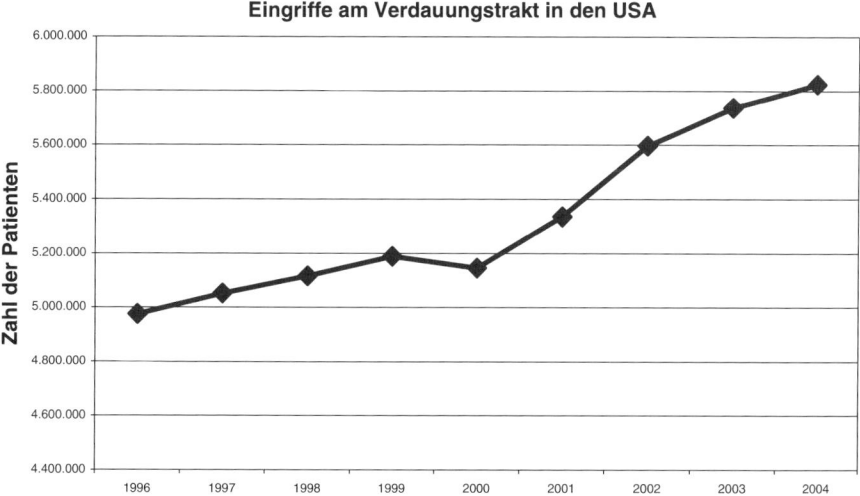

Abb. 51.2 Eingriffe am Verdauungstrakt in den USA. Die Zahl nahm von 1996 bis 2004 im Schnitt jährlich um 2% zu und betrug zuletzt knapp 6 Millionen Eingriffe [3]

Mit Hilfe der endoskopischen Instrumente werden minimalinvasiv z. B. Fremdkörper aus dem Verdauungstrakt geborgen, Polypen abgetragen oder Gallensteine entfernt.

Jedes Jahr unterziehen sich in den USA knapp 6 Millionen Menschen einem Eingriff am Verdauungstrakt (Abb. 51.2) [3].

51.1.3 Abmessungen der Instrumente

Die Instrumente für die endoskopische Gastroenterologie werden so ausgelegt, dass sie durch den Arbeitskanal eines Endoskops passen und etwa 600 mm länger als das Endoskop sind. Das Instrument wird meist nicht durch den endoskopierenden Arzt selbst, sondern durch einen Assistenten bedient, der neben dem Arzt steht. Der Arzt bedient mit beiden Händen das Endoskop, richtet es korrekt aus und hält die Position. Das Instrument, das zum Einsatz kommen soll wird ausgewählt und in den Arbeitskanal eingeführt. Nun wird der Assistent angewiesen, das Instrument zu bedienen. Auf dem Monitor können beide den Vorgang optisch kontrollieren.

Medi-Globe Instrument	Einsatzgebiet	Ø Instrument	Arbeitslänge Instrument
Dilatationsballon	Duodenoskopie	1,9	2000
	Ösophagus	1,9	2000
	Achalasie	4,7	1000
Steinextraktionsballon	Duodenoskopie	1,7 / 2,5	1800
ERCP-Katheter	Duodenoskopie	1,8	1800
Papillotom	Duodenoskopie	1,7 / 2,5	1800
Fremdkörpergreifer und -körbchen	Gastroskopie	2,5	1800
	Koloskopie	2,5	2300
Steinextraktionskörbchen	Duodenoskopie	1,9 / 2,5	1800
Lithotriptor	Duodenoskopie	2,6	2800 / 4000
Injektionsnadel	Bronchoskopie	1,9 / 2,3	1200
	Gastroskopie	1,9 / 2,3	1800
	Koloskopie	1,9 / 2,3	2300
Polypektomieschlinge	Gastroskopie	2,5	1800
	Koloskopie	2,5	2300
Biopsiezange	Bronchoskopie	1,8	1200
	Gastroskopie	2,3	1800
	Koloskopie	2,3	2300
	HF („Hot"-Biopsy)	2,4	2300
Aspirationsnadel	Bronchoskopie	1,9	1000
	Gastroskopie	1,9	1800
SonoTip® II	Ultraschall-Endoskopie	1,8 / 2,1 / 2,7	1350
Zytologiebürste	Bronchoskopie	1,8 / 2,5	1200
	Gastroskopie	1,8 / 2,5	1800
	Koloskopie	1,8 / 2,5	2300
Fibrinnadel	Gastroskopie	2,5	1800
	Koloskopie	2,5	2300

Alle Maße in Millimetern

Tabelle 51.2 Abmessungen einiger Instrumente für die endoskopische Gastroenterologie der Firma Medi-Globe [4]

51.2 Ballonkatheter

Ballons bieten die Möglichkeit, in einem Lumen radiale Kräfte auszuüben, was dazu genutzt werden kann, Engstellen (Stenosen) zu erweitern oder einen Katheter in einer Position zu fixieren. Eine weitere Eigenschaft von Ballons ist, dass sich mit ihnen große Durchmesserunterschiede realisieren lassen. So kann ein Ballon an Steinen vorbeigeführt und entfaltet werden, so dass er diese beim Zurückziehen mitnimmt. Hier wird auch die Tatsache genutzt, dass ein Ballon keine scharfen Kanten hat und sich so an die Wand des Gallengangs weich anschmiegt.

51.2.1 Dilatationsballons

Mit Hilfe eines Dilatationsballons wird eine Stenose im Verdauungstrakt minimalinvasiv über das Endoskop behandelt (Abb. 51.3). Am häufigsten wird dieses Instrument in der Speiseröhre und in den Gallengängen verwendet. Der Katheter, an dessen distalem Ende sich der Ballon befindet, wird so weit in die Stenose eingeführt, bis die engste Stelle erreicht ist. Dies geschieht bei Dilatation der Gallengänge über das Endoskop und den Führungsdraht, während es für die Speiseröhre auch Varianten gibt, die durch einen eigenen Draht stabilisiert und ohne Führungsdraht angewendet werden. Der Ballon besteht aus formstabilem Polyamid und kann daher bei Flüssigkeitsfüllung einen hohen Druck bei konstantem (Ziel-)Außendurchmesser auf die Stenose ausüben. Dilatationsballons dürfen nicht mit Luft befüllt werden. Ein Platzen des Ballons würde einer Explosion im Körper gleich kommen und schwere innere Verletzungen verursachen. Spezielle Metallmarkierungen machen dieses Instrument röntgensichtbar und erlauben so eine exakte Positionierung.

Instrument	Ballonmaterial	Ballondurchmesser	Einsatzdauer
Dilatationsballon	Polyamid (formstabil)	4–8 mm (biliär) 8–18 mm (Ösophagus) 30–40 mm (Achalasie)	<60 min
Steinextraktionsballon	Latex (hohe mechanische Festigkeit)	9–17 mm (variabel)	<60 min
Harnblasenkatheter	Silikon (biokompatibel)	20–40 mm (variabel)	>24 h

Tabelle 51.3 Verschiedene Arten von Ballonkathetern. Je nach Einsatzgebiet unterscheiden sich die Materialien. Wird hohe Formstabilität benötigt, so wählt man Polyamid, für hohe mechanische Festigkeit bei variablen Durchmessern bietet Latex die besten Eigenschaften, Silikon hat die besten Biokompatibilitätseigenschaften

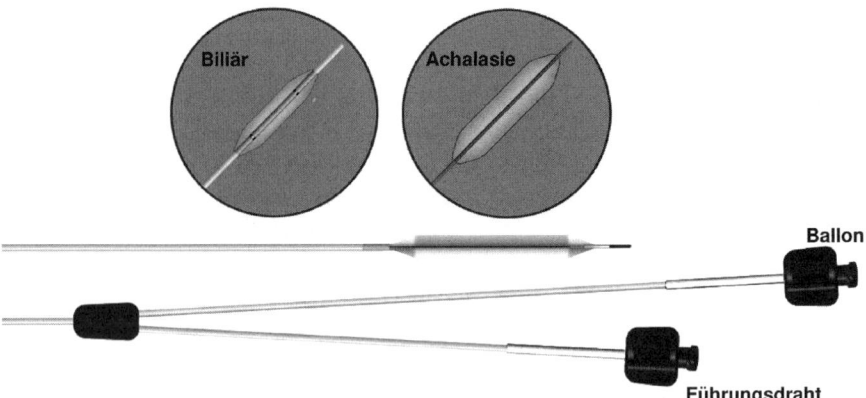

Abb. 51.3 Dilatationsballon für die endoskopische Behandlung von Verengungen im Verdauungstrakt. Zur Aufweitung der Vaterschen Papille werden kleine, biliäre Ballons mit Durchmessern zischen 4 und 8 mm angewendet. Die im Bereich der Speiseröhre verwendeten Ballons sind zwischen 8 und 18 mm groß, bei Achalasie werden Ballons mit bis zu 40 mm Durchmesser eingesetzt. Das Instrument hat zwei Lumen, eines für den Führungsdraht, über das Zweite wird der Ballon mit Flüssigkeit befüllt. Wird Kontrastmittel zur Befüllung verwendet, so ist es möglich, röntgenkontrolliert die Verengung so weit zu dilatieren, bis sie den gewünschten Durchmesser hat [6]

51.2.1.1 Dilatation der Gallengänge (biliär)

Mitte der 90er Jahre wurde eine schonende Alternative zum Einschneiden der Vaterschen Papille gesucht. Mit Hilfe von Dilatationsballons mit Durchmessern von 4-8 mm kann die Papille schonender und ohne Blutung aufgeweitet werden [5].

Der Dilatationsballon wird über den liegenden Führungsdraht in die Papille eingeführt und mit Kontrastmittel befüllt. Auf dem Röntgenbild erkennt man nun eine Einschnürung in Höhe des Schließmuskels. Nun wird der Druck im Ballon erhöht, bis keine Einschnürung mehr auf dem Röntgenbild erkennbar ist. Die Papille bleibt dann zunächst in der erweiterten Position stehen und die Steine gehen ab bzw. können entfernt werden.

Das Risiko einer Pankreatitis ist beim Einsatz von Dilatationsballons stark erhöht, weshalb der Einsatz genau überlegt sein muss. Besonders bei Patienten mit Gerinnungsstörungen oder Zirrhose ist der Einsatz von Dilatationsballons angeraten. Bei den meisten Patienten wird die Papille allerdings mit dem Papillotom – das weiter unten noch genau beschrieben wird – geöffnet [5].

51.2.1.2 Dilatation der Speiseröhre

Am häufigsten tritt eine krankhafte Verengung des Verdauungstraktes im Bereich der Speiseröhre auf. Ursachen hierfür können beispielsweise eine angeborene Missbildung der Speiseröhre oder ein stenosierend wachsender Tumor sein. Bei einer

Achalasie funktioniert der peristaltische Abtransport der Nahrung im unteren Bereich der Speiseröhre nicht mehr und die Nahrung staut sich vor dem verschlossenen Schließmuskel auf. Die Ursache dieser Krankheit ist ungeklärt, aber eine Dilatation der unteren Speiseröhre verspricht Abhilfe [6]. In mehreren Sitzungen wird der zu dilatierende Bereich örtlich betäubt – der Eingriff wäre sonst sehr schmerzhaft – und auf den Zieldurchmesser erweitert. Nach einer Sitzung zieht sich das Gewebe wieder etwas zusammen, ein weiterer Grund für die Notwendigkeit mehrerer Sitzungen ist die Vermeidung von Perforationen des Gewebes durch Überdehnung [6]. Dilatationsballons sind aufgrund der hohen Anforderungen an das Material recht teuer, was dazu führt, dass der Arzt dem Patienten für die Therapiedauer „seinen" Dilatationsballon vorhält und dieser beim nächsten Mal wieder verwendet wird.

51.2.2 Steinextraktionsballon

Dieses Instrument dient zur endoskopischen, minimalinvasiven Entfernung von kleinen Steinen oder Grieß aus dem Gallengang (Abb. 51.4). Dies geschieht, indem nach Platzierung eines Duodenoskops und Zugang durch die Vatersche Papille der Steinextraktionsballon über den Arbeitskanal des Endoskops eingeführt wird [5].

Über den liegenden Führungsdraht wird das Instrument bis hinter die zu entfernenden Steine eingeführt, dann wird der Ballon gefüllt bis er den Gallen- bzw. Pankreasgang komplett ausfüllt. Nun ist es möglich, den weiter innen liegenden Bereich des Gallengangs darzustellen, indem durch das Lumen des Instruments Röntgenkontrastmittel eingebracht wird. Der Ballon dichtet den Gang ab und verhindert so das Abfließen des Kontrastmittels. Beim Zurückziehen des Steinextraktionsballons Richtung Duodenum werden die Steine mitgenommen und gehen dann über den Darm auf natürlichem Wege ab. Die maximale Steingröße, die mit diesem Instrument entfernt werden kann, hängt von der Größe der aufgeschnittenen bzw. dilatierten Papille ab und liegt in der Größenordnung von 1 cm.

51.2.3 Exkurs: Harnblasenkatheter

Während Steinextraktionsballons in der Regel Latexballons besitzen, die den spitzen Gallensteinen am besten widerstehen, und Dilatationsballons aus Polyamid hergestellt werden, das auch bei hohen Drücken formstabil bleibt, so ist das bevorzugte Material für Harnblasenkatheter Silikon. Im Gegensatz zu Latex, das unter Umständen Allergien auslösen kann, ist Silikon sehr gut körperverträglich, da sich aus dem Silikonmaterial nach vollständiger Vernetzung keine Rückstände mehr lösen. Die Biokompatibilität ist bei Harnblasenkathetern die zentrale Anforderung, da die Katheter unter Umständen mehrere Monate im Patienten verbleiben.

Die intraurethrale Sphinkter Prothese (Medi-Globe) hat die Form eines kurzen Katheters und besteht aus biokompatiblem Silikon. Sie ist so bemessen, dass sie tief in die

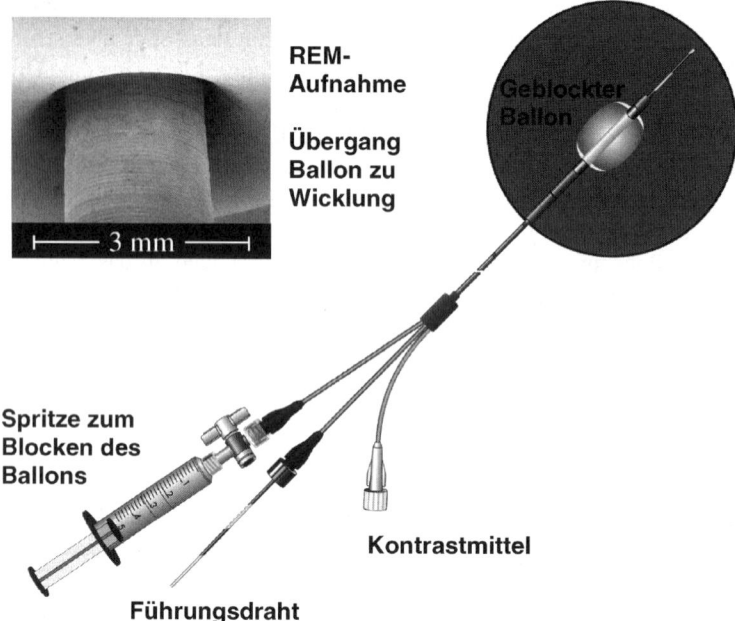

Abb. 51.4 Steinextraktionsballon zur Entfernung von kleinen Steinen und Grieß aus den Gallengängen. Zur Positionierung wird der Führungsdraht in das entsprechende Lumen des Instruments eingeführt und hindurch gezogen. Durch Vorschieben des Instruments auf dem Führungsdraht erreicht man das Zielgebiet in den Gallengängen. Erst hinter den zu extrahierenden Steinen bzw. Grieß wird der Latexballon über eine Spritze mit Luft oder Blockflüssigkeit aufgepumpt. Über das dritte Lumen des Instruments kann Kontrastmittel gespritzt und die weiter distal liegenden Gegebenheiten im Gallengang dargestellt werden. Der aufgepumpte Ballon dichtet hierbei ab, so dass das Kontrastmittel nicht sofort wieder abfließt. Beim Zurückziehen des Ballons durch die Papille werden Steine und Grieß mitgenommen und gehen dann über den Darm auf natürlichem Wege ab [5]

männliche Harnröhre versenkt werden kann (Abb. 51.5). Dadurch, dass nach Einsetzen der Sphinkter Prothese keine Verbindung zur äußeren Körperoberfläche besteht, wird eine über die äußere Harnröhrenöffnung (A) aufsteigende Keimbesiedlung der Harnwege entlang der Schließmuskelprothese weitgehend vermieden. Die Sphinkter Prothese verhindert unwillkürlichen Harnverlust (Harninkontinenz) und ist von außen nicht sichtbar. Durch einen manuellen Druck auf das distale Ende, das durch die Harnröhrenwand des Penis tastbar ist, erfolgt die kontrollierte Blasenentleerung.

Ein Standard-Harnröhrenkatheter überbrückt die natürlichen Abwehrmechanismen der Harnröhre und erleichtert Keimen den Eintritt in die Harnblase [7]. Die Medi-Globe Sphinkter Prothese hingegen überbrückt die Harnröhre nicht, sondern nimmt ca. 80% ihrer Länge ein. Dabei bleiben die ersten 30 mm der Harnröhre unbedeckt. Laut einer Studie ist die Anzahl der Keime 30 mm innerhalb der Harnröhre um 90% niedriger als am Harnröhrenausgang [8]. Das heißt, dass bei der Sphinkter Prothese in situ um 90% weniger Keime mit der

51.2 Ballonkatheter

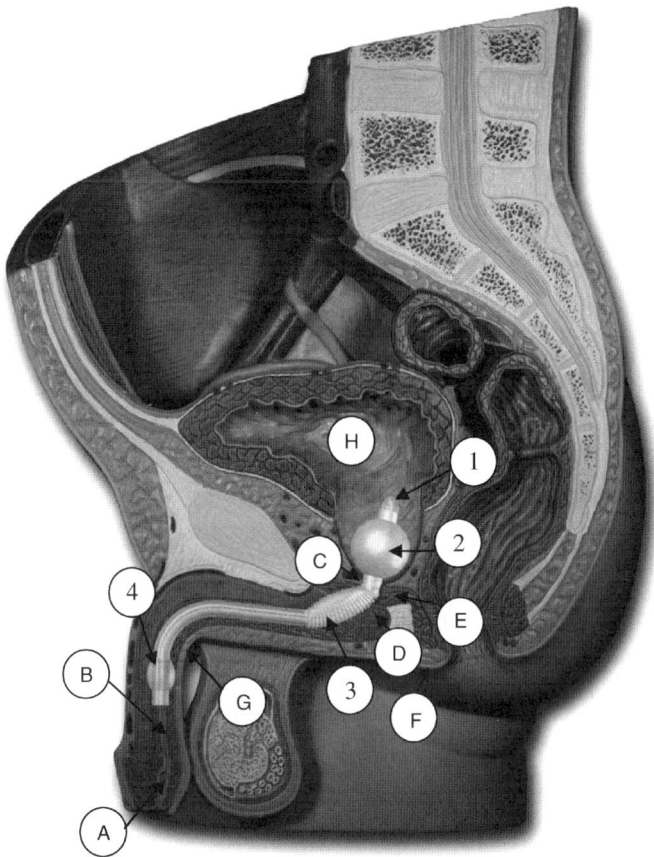

Abb. 51.5 Anatomie des Prostata-resezierten Mannes bei liegender Sphinkter Prothese. Der Halteballon (5) liegt in der so genannten Prostataloge. Die in der Harnröhre (B) positionierte Schließmuskelprothese dichtet durch einen mit Flüssigkeit gefüllten Ballon (2) den Blasenauslass (C) ab und sichert gleichzeitig zusammen mit einem zweiten mit Flüssigkeit gefüllten Ballon (3) die Lage in der Harnröhre (B). Der zweite Ballon (3) kommt dabei idealerweise in dem von Natur aus zwiebelförmig erweiterten, kurzen Harnröhrenabschnitt (pars bulbosa uerthrae) (D), unmittelbar unterhalb des Schließmuskels (E), zu liegen. Zur besseren Verträglichkeit und zur besseren Anpassung an wechselnde Druckverhältnisse im Dammbereich (F), zum Beispiel beim Laufen oder Sitzen, kommunizieren die beiden Halteballons (2 und 3) über einen Flüssigkeitskanal in der Wand der Sphinkter Prothese. Druckläsionen der Harnröhrenwand werden weitgehend vermieden. Zum Öffnen und Schließen der Sphinkter Prothese zur kontrollierten Blasenentleerung dient ein Ventil (1) am oberen blasenseitigen Ende der Prothese. Dieses Ventil (1) wird durch einen kurzen, zwischen Zeigefinger und Daumen ausgelösten manuellen Druck auf den Betätigungsballon (4) am unteren Ende der Sphinkter Prothese geöffnet. Dieser Ballon (4) ist auf der Unterseite des Penis, etwa am vorderen Ansatz des Hodensackes (Scrotum) (G), durch die Harnröhrenwand hindurch tastbar. Das auf die beschriebene Weise über einen hydraulischen Mechanismus geöffnete Ventil (1) schließt sich automatisch nach einer Zeit von ca. einer Minute, wodurch der vorher ausgelöste Harnstrahl zum Stehen kommt. Der Vorgang kann bis zur vollständigen Blasenentleerung beliebig oft wiederholt werden

Sphinkter Prothese in Kontakt kommen. Der vordere Bereich der Harnröhre bleibt in seinem natürlichen Zustand, wodurch die Abwehrmechanismen des Körpers hier weiter funktionieren. Ein wichtiger Faktor ist hier das regelmäßige Spülen durch abfließenden Urin, der auch bei der Sphinkter Prothese in situ gewährleistet ist.

Beim gesunden Menschen werden Bakterien mit dem Urin aus dem Harntrakt herausgeschwemmt. Katheterventile, die eine natürliche Blasenfüllung und -entleerung ermöglichen, scheinen die Verkrustung von Kathetern zu verlangsamen, indem der schwallartig austretende Urin bei Ventilöffnung Verkrustung verursachende Organismen mitreißt [9, 10].

51.3 Endoskopisch retrograde Cholangiopankreatikographie (ERCP)

Wenn bei einem Patienten Gallensteine vermutet werden, so sollte eine ERCP durchgeführt werden, durch die die Gallengänge minimalinvasiv dargestellt werden können [5]. Dazu wird das Duodenoskop bis in den Zwölffingerdarm vorgeschoben. Da diese Art Endoskop einen seitlichen Blick ermöglicht, kann die an der inneren Kurve des Duodenums liegende Papille lokalisiert werden. In seltenen Fällen besitzt der Patient getrennte Ausgänge von Galle und Bauchspeicheldrüse. Er hat dann auch zwei Papillen.

Eine ERCP ist nicht ungefährlich. Die Häufigste Komplikation ist eine Bauchspeicheldrüsen-entzündung, die bei etwa 1,5% der ERCP-Patienten auftritt. Daher sollte das Risiko für den Patienten mit der Wahrscheinlichkeit, dass Steine vorliegen abgewogen werden, bevor eine solche Untersuchung durchgeführt wird [5].

51.3.1 ERCP-Katheter

Der ERCP-Katheter wird durch den Arbeitskanal des Endoskops und durch die Papille in den gemeinsamen Gang von Galle und Bauchspeicheldrüse eingeführt. Eine Vorbiegung („pre-curved") und spezielle Spitzengeometrien erleichtern das Einführen des Katheters in die Papille. Unter Umständen ist es sogar nötig, zunächst einen Führungsdraht einzuführen, der dann als Führung für den ERCP-Katheter dient. Ist die Papille verengt, so empfehlen sich verjüngte Spitzen. Liegen direkt hinter der Papille Gallensteine, die überwunden werden müssen, so sollten Metallspitzen verwendet werden (Abb. 51.6).

Anhand der farbigen Markierungen an der Spitze des Katheters lässt sich gut einschätzen, in welcher Tiefe sich die – über die Optik des Duodenoskops dann nicht mehr sichtbare – Spitze des ERCP-Katheters befindet. Wurde die gewünschte Position erreicht, so wird über das Lumen des Katheters Kontrastmittel gegeben. Auf dem Röntgenbild lassen sich nun Steine lokalisieren. Röntgensichtbare Katheterspitzen erlauben ein Nachjustieren zur Darstellung tieferer Strukturen.

51.3 Endoskopisch retrograde Cholangiopankreatikographie (ERCP)

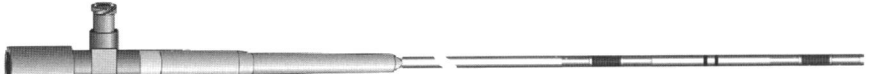

Abb. 51.6 ERCP-Katheter zur Darstellung der Gallengänge [5]. Er wird mit oder ohne Führungsdraht durch den Arbeitskanal des Duodenoskops eingeführt. Seine Vorbiegung sowie die spezielle, röntgensichtbare Spitze erleichtern das Einführen in die Vatersche Papille. Farbige Markierungen erlauben eine makroskopische Kontrolle der Eindringtiefe über die Optik des Duodenoskops

51.3.2 Papillotom

Wenn Gallensteine vorliegen, so zeigt dies, dass zumindest ein Stein so groß ist, dass er nicht durch die Papille passt. Daher ist das Aufschneiden der Papille mit dem Papillotom und das anschließende Entfernen der Steine mit einem Steinextraktionskörbchen oder -ballon die Standardmethode bei der Behandlung von Gallensteinen. Wie im Abschnitt oben schon beschrieben, ist die Papillotomie sicherer als der Einsatz eines Dilatationsballons. Es treten signifikant weniger Bauchspeicheldrüsenentzündungen (Pankreatitis) auf, als bei Dilatation [5].

Mit dem Papillotom wird die Papille, der ringförmige Schließmuskel am Ausgang des gemeinsamen Gangs von Galle und Pankreas, aufgeschnitten (Abb. 51.7). Über die so vergrößerte Öffnung können Steine und Grieß mit Hilfe eines Steinextraktionskörbchens oder -ballons extrahiert werden. Das Instrument wird an einen Hochfrequenz (HF) Generator angeschlossen. Bei Aktivierung wird der Schneidedraht unter Strom gesetzt. Durch Ziehen am Fingerschlitten wird der Draht verkürzt, was zu einer Biegung der Spitze des Papillotoms und damit zu einem Schnitt des Drahts in das Gewebe führt. Die HF-Generatoren erlauben die Einstellung verschiedener

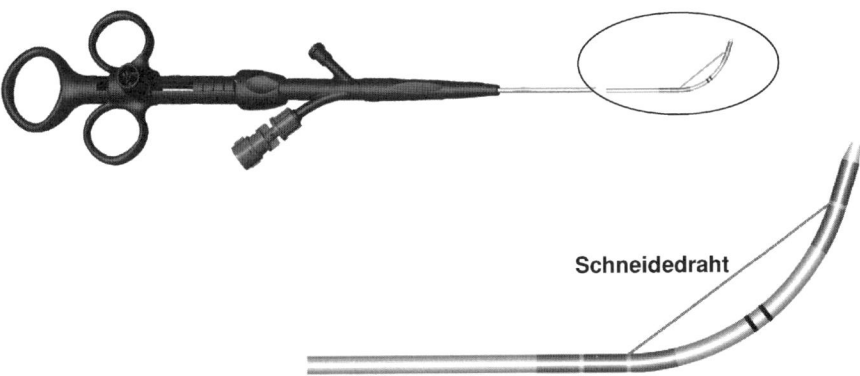

Abb. 51.7 Mit dem Papillotom wird die Papille, der ringförmige Schließmuskel am Ausgang des gemeinsamen Gangs von Galle und Pankreas, aufgeschnitten. Über die so vergrößerte Öffnung können Steine und Grieß mit Hilfe eines Steinextraktionskörbchens oder -ballons extrahiert werden [5]. Die Farbmarkierungen erleichtern die Orientierung. Der Schneidedraht liegt am Papillotom an, bei Zug am Draht biegt sich die Spitze und der Schnitt wird ausgeführt

Arten der Stromapplikation. Beim reinen Schneidestrom (Einstellung „Pure" des HF-Generators) wird das Gewebe nur sehr wenig kauterisiert. Entsprechend häufiger und stärker treten Blutungen auf. Wird koagulierender Strom beigemischt (Einstellung „Blend"), so treten weniger bis keine Blutungen auf, aber das Risiko einer Pankreatitis ist deutlich erhöht. Die passende Einstellung des HF-Generators muss also auf den jeweiligen Patienten abgestimmt werden. Bei Patienten mit erhöhter Neigung zu Pankreatitis aber nicht zu Blutungen durch die Papillotomie sollte entsprechend „Pure" ausgewählt werden. Trotzdem ist diese Behandlung bei einigen Patienten nicht angeraten, nämlich beim Vorliegen von Gerinnungsstörungen oder bei Zirrhose, wo besser mit dem Dilatationsballon gearbeitet wird [5].

51.4 Körbchen und Greifer

51.4.1 Fremdkörpergreifer

Es passiert sehr häufig, dass ein Fremdkörper verschluckt wird. Die meisten Fremdkörper durchqueren den Körper dann problemlos und werden wieder ausgeschieden. Bei bis zu 20% der Fälle muss aber doch ein Arzt den Fremdkörper endoskopisch entfernen, bei weniger als 1% ist ein operativer Eingriff nötig. Todesfälle aufgrund von verschluckten Fremdkörpern sind allerdings äußerst selten. Die meisten Patienten sind Kinder im Alter zwischen 6 Monaten und 6 Jahren. Wenn Fremdkörper stecken bleiben, dann meistens in stark gebogenen oder natürlich verengten Bereichen des Verdauungstrakts. Dies sind vor allem der Rachen und der Übergang vom Dünndarm in den Dickdarm [11].

Wurde der Fremdkörper mit Hilfe von Röntgenbildern oder eines Metalldetektors lokalisiert, so wird ein flexibles Endoskop bis zum Fremdkörper vorgeschoben

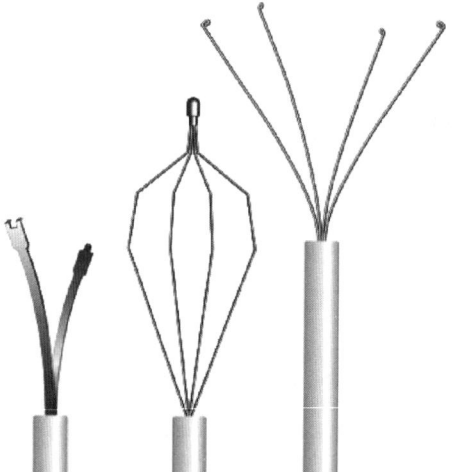

Abb. 51.8 Körbchen und Greifer zur Entfernung von Fremdkörpern aus dem Magen-Darm-Trakt. Nach Lokalisierung des Fremdkörpers mit Hilfe von Röntgen oder Metalldetektoren und anschließendem Vorschieben des Endoskops werden Körbchen oder Greifer zur Bergung des Fremdkörpers eingesetzt [11]

51.4 Körbchen und Greifer

und dieser z. B. mit Körbchen oder Greifern erfasst (Abb. 51.8). Bei scharfkantigen Fremdkörpern oder einer größeren Anzahl ist ein Overtube angeraten, durch das das Endoskop gemeinsam mit dem Fremdkörper herausgezogen werden kann. So wird der Zugang vor Verletzungen geschützt und auch das erneute Einführen des Endoskops ist deutlich vereinfacht [11].

51.4.2 Steinextraktionskörbchen

Mit dem Steinextraktionskörbchen werden größere Steine aus den Gallengängen entfernt [5]. Wie in Kapitel 2.2 bereits beschrieben können kleine Gallensteine und Grieß am besten mit dem Steinextraktionsballon entfernt werden. Hier wäre der Einsatz des Körbchens aufwändig, da sich immer nur ein Stein extrahieren lässt. Bei einem oder mehreren großen Steinen hingegen empfiehlt sich der Einsatz eines Körbchens, da so der Stein besser erfasst und leichter herausbefördert werden kann.

Das Körbchen wird eingezogen im Tubus liegend unter Zuhilfenahme seiner Metallspitze am Stein vorbeigeschoben. Anschließend wird es ausgefahren und der Stein seitlich in das Drahtkörbchen gebracht. Das Körbchen wird in den Tubus zurückgezogen, wobei der Stein fest von den Drähten umschlossen und fixiert wird. Nun wird das Instrument durch die Papille zum Duodenoskop zurückgezogen (Abb. 51.9). Im Normalfall wird der Stein nun einfach im Duodenum fallengelassen, damit er auf natürlichem Wege den Körper verlässt. Soll der Stein weiter un-

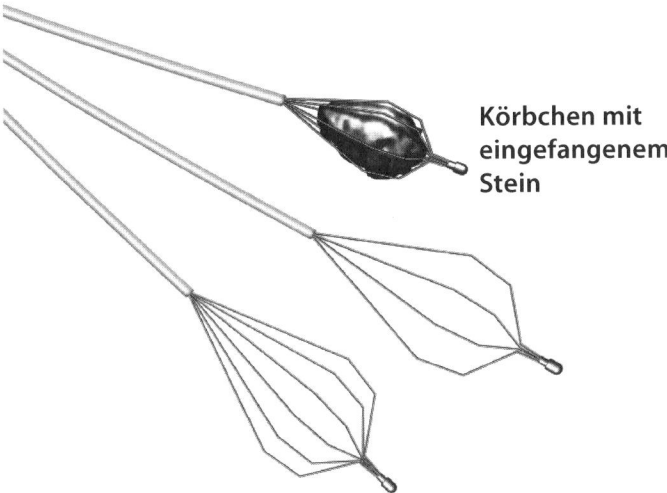

Abb. 51.9 Steinextraktionskörbchen zur Entfernung großer Steine aus den Gallengängen. Das Körbchen wird eingezogen im Tubus liegend mit Hilfe der Metallspitze am Stein vorbei geschoben und dann entfaltet. Dann wird der Stein seitlich ins Körbchen gebracht und durch Zurückziehen am Tubus fixiert. Im Duodenum wird der Stein einfach fallengelassen, um auf natürlichem Wege abzugehen [5]

tersucht werden, so muss das ganze Endoskop gemeinsam mit Instrument und Stein entnommen werden, wenn der Stein zu groß oder zu scharfkantig ist, um ihn durch den Arbeitskanal zu extrahieren.

51.4.3 Lithotripsie

Die mechanische Lithotripsie wird durchgeführt, wenn der Stein mit dem Steinextraktionskörbchen nicht entfernt werden kann, weil die Papille selbst nach Papillotomie zu eng ist. Wenn aufgrund der Darstellung bei der ERCP damit gerechnet werden kann, dass der Stein zu groß zur Extraktion ist, so sollte von vornherein der Lithotriptor anstatt des Steinextraktionskörbchens verwendet werden [5].

Wenn bereits erfolglos versucht wurde, den Stein mit dem Körbchen zu entfernen, so kann das Problem auftreten, dass der Stein nicht mehr aus dem Körbchen bewegt werden kann. Das Körbchen sitzt dann mit dem Stein fest im Gallengang und kann nicht mehr entfernt werden. In diesem Fall ist es möglich, den Griff des Steinextraktionskörbchens abzuschrauben, den Tubus abzuziehen und den Lithotriptor an das liegende Körbchen zu adaptieren.

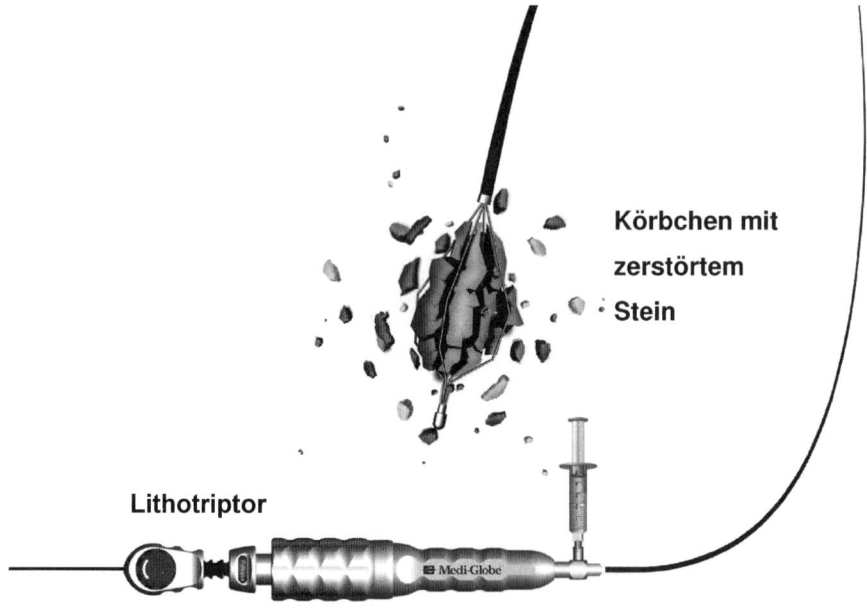

Abb. 51.10 Lithotriptor zur Zertrümmerung von Gallensteinen, die zu groß für die Extraktion durch die Papille sind. Mit dem Medi-Globe Lithotriptor können durch einen speziellen kombinierten Dreh- und Zugmechanismus Kräfte von über 500 N zur Zerstörung des Steins aufgebracht werden. Zur Darstellung des Steins kann Kontrastmittel über den Tubus gegeben werden

51.5 Entfernung von Polypen

Der Stein wird beim Einsatz des Lithotriptors von den ihn umschließenden Drähten immer stärker gequetscht, bis er in kleinere Fragmente zerbricht, welche mit den oben beschriebenen Methoden entfernt werden können (Abb. 51.10). In 80% der Fälle, bei denen eine Extraktion des Steins mit Ballon oder Körbchen scheitert, ist die mechanische Lithotripsie erfolgreich.

Jeder Endoskopiker, der ERCPs durchführt, sollte in der Lage sein, neben dem Papillotom und Steinextraktionskörbchen oder -ballon, im Notfall auch eine Lithotripsie durchzuführen. Ansonsten kann es passieren, dass sich ein Körbchen mit dem Stein verhakt und nicht mehr entfernt werden kann. Außerdem sollte ein entdeckter Stein immer schnellstmöglich entfernt werden [5].

Über den kombinierten Dreh- und Zugmechanismus des Medi-Globe Lithotriptors können Kräfte von über 500 N zur Zertrümmerung des Steins mit geringem Kraftaufwand aufgebracht werden. Sollte der Stein trotz allem nicht zerstörbar sein, so reißt ein Draht des Körbchens und es ist möglich, das Instrument inklusive Körbchen aber ohne den Stein zu entnehmen. In diesem Fall muss der Stein operativ entfernt werden.

51.5 Entfernung von Polypen

Polypen sind Wucherungen der Schleimhaut, die makroskopisch sichtbar sind und im gesamten Verdauungstrakt auftreten können. Am häufigsten sind diese Wucherungen im Dickdarm. Eine Entfernung der Polypen reduziert das Risiko eines späteren Dickdarmtumors [12].

51.5.1 Polypektomieschlinge

Polypen werden mit der Polypektomieschlinge abgetragen (Abb. 51.11). Dazu wird die Schlinge über den Polypen gelegt und zugezogen, so dass er an der Stelle des gewünschten Schnitts eingeschnürt wird. Durch Applikation von Schneidestrom

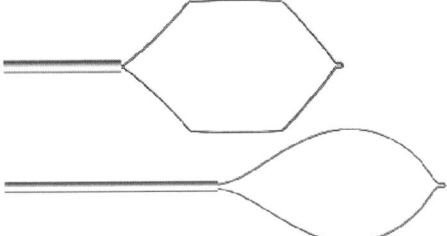

Abb. 51.11 Mit Polypektomieschlingen werden Polypen im Verdauungstrakt abgetragen. Je nach Art und Form des Polypen sowie den Präferenzen des Arztes kommen Schlingen in verschiedenen Formen zum Einsatz. Ovale Schlingen sind eher für kleine und flache Polypen geeignet, während mit der hexagonalen Schlinge große Polypen leichter erfasst werden können [12]

wird der Polyp dann durchtrennt [12]. Neben den Standard-Polypektomieschlingen werden auch rotierbare Schlingen angeboten. Sie haben den Vorteil, dass sie sich leichter über den Polypen legen lassen.

51.5.2 Injektionsnadel

Beim Abtragen von Polypen mit der Polypektomieschlinge besteht immer die Gefahr, zu tief in die Wand z.B. des Darms zu schneiden. Durch Injektion einer Flüssigkeit – in den meisten Fällen wird Kochsalzlösung verwendet – in die Submucosa neben dem Polypen wird der Abstand zwischen der Basis des Polypen und der Serosa erhöht und das Abtragen ist deutlich sicherer [12].

Die Injektionsnadel ist ähnlich wie ein Kugelschreiber aufgebaut und erlaubt eine intuitive Bedienung des Instruments (Abb. 51.12). Nach dem Einführen durch den Arbeitskanal wird der Sicherheitsclip entfernt und die Nadel durch Druck auf das hintere Griffende ausgefahren und arretiert. Über den Luer-Lock-Anschluss am Griff kann nun mit einer Spritze z.B. Kochsalzlösung injiziert werden. Dann wird die Nadel wieder eingefahren, indem der seitliche Knopf betätigt wird. Der Clip wird wieder angebracht und das Instrument kann entnommen werden. Durch den Clip ist sichergestellt, dass die Spitze sicher vom Tubus geschützt ist und weder Patient noch Endoskop zu Schaden kommen.

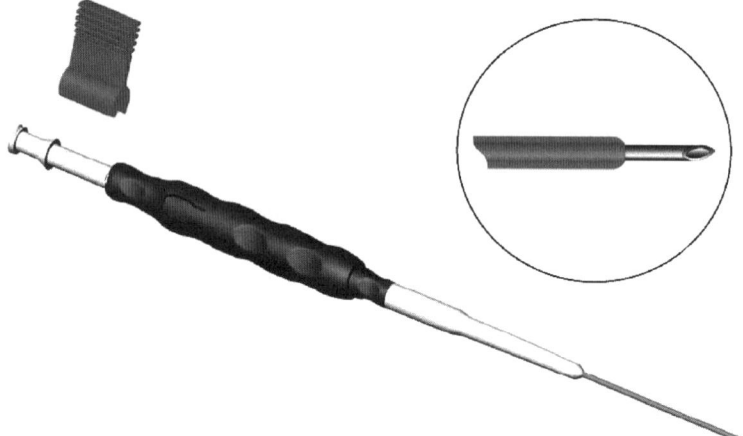

Abb. 51.12 Injektionsnadel zur Injektion von z.B. Kochsalzlösung unter Polypen [12]. Ein Aufbau ähnlich wie bei einem Kugelschreiber erlaubt intuitive Bedienung des Instruments. Nach dem Einführen wird der Sicherheitsclip entfernt und die Nadel durch Druck auf das hintere Griffende ausgefahren und arretiert. Nach Injektion von z.B. Kochsalzlösung mit einer Spritze über den Luer-Lock-Anschluss wird die Nadel wieder eingefahren, indem der seitliche Knopf betätigt wird

51.6 Gewebeproben

51.6.1 Biopsiezange

Biopsiezangen sind die am häufigsten eingesetzten Instrumente in der endoskopischen Gastroenterologie. Sie werden zur endoskopischen Entnahme von Proben auffälligen Gewebes eingesetzt, das später histologisch untersucht wird [13].

Das Instrument wird durch den Arbeitskanal an die Stelle des Verdauungstrakts vorgeschoben, von der eine Probe entnommen werden soll. Über die Optik des Endoskops wird die Position überprüft und die Zange mit Hilfe des Griffs geöffnet (Abb. 51.13). Ein Dorn in der Mitte der Zange erleichtert das Fixieren des Zielgewebes. Dann wird das Gewebe mit Hilfe der angeschliffenen Löffel der Zange herausgeschnitten, indem der Fingerschlitten des Griffs zurückgezogen wird (Abb. 51.14).

Nun kann das Instrument wieder herausgenommen und die Probe untersucht werden. Es gibt auch eine HF-Variante der Biopsiezange („Hot"), die bevorzugt zur Entfernung kleiner Polypen verwendet wird [12]. Hier kann die Zange mit Strom beaufschlagt und so geschnitten werden.

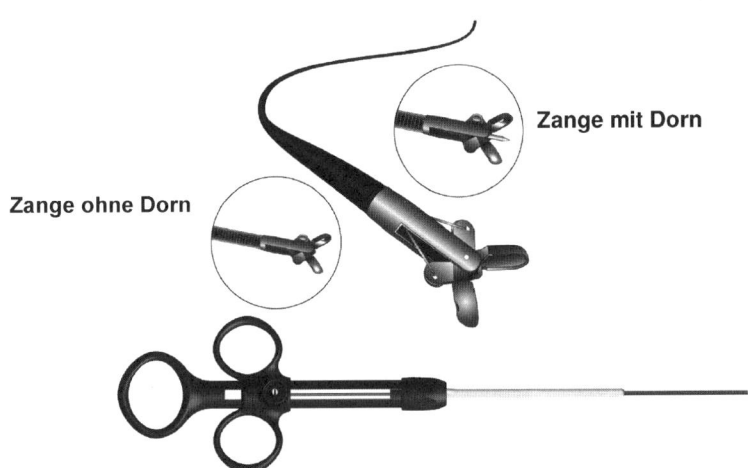

Abb. 51.13 Biopsiezange zur Entnahme von Gewebeproben [13] und als HF-Variante zur Entfernung von kleinen Polypen aus dem Verdauungstrakt [12]. Die Zange besitzt angeschliffene Löffel, die ein Schneiden des Gewebes erlauben. Bei der Variante mit Dorn wird das Zielgewebe besser fixiert, was die Entnahme erleichtert

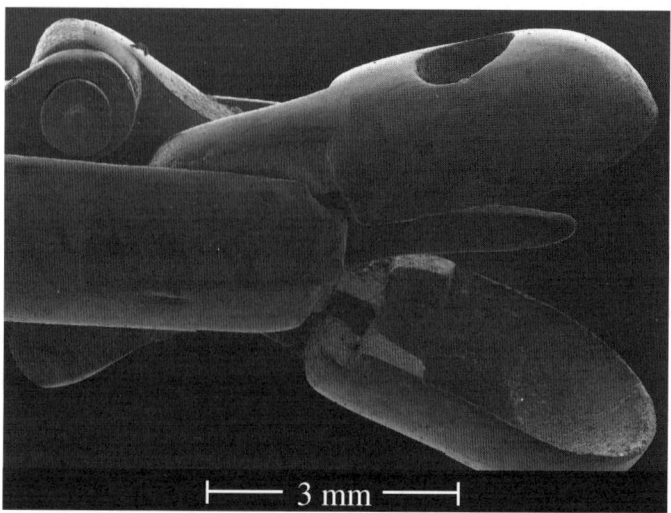

Abb. 51.14 REM-Aufnahme der Biopsiezange. Deutlich erkennbar sind die scharfen Löffel und der Dorn in der Mitte

51.6.2 Aspirationsnadel

Auch mit der Aspirationsnadel können Gewebeproben gewonnen werden (Abb. 51.15).

Hierzu wird nach der Positionierung des Tubus über dem Gewebe, aus dem die Probe entnommen werden soll, der Sicherheitsclip entfernt und durch Druck auf das hintere Ende des Instruments – wie bei einem Kugelschreiber – die Nadel in das Gewebe eingestochen. Durch Ansetzen einer Spritze an den Luer-Lock-Anschluss

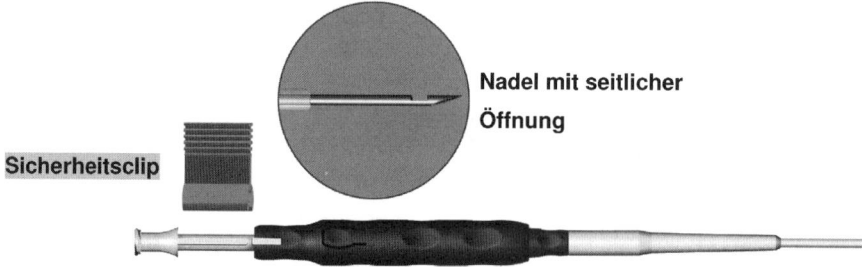

Abb. 51.15 Aspirationsnadel zur Entnahme von Gewebeproben. Ein Aufbau ähnlich wie bei einem Kugelschreiber erlaubt intuitive Bedienung des Instruments. Nach dem Einführen wird der Sicherheitsclip entfernt und die Nadel durch Druck auf das hintere Griffende ausgefahren. Nach Entnahme der Probe mit einer Spritze über den Luer-Lock-Anschluss wird die Nadel wieder eingefahren, indem der seitliche Knopf betätigt wird

51.6 Gewebeproben

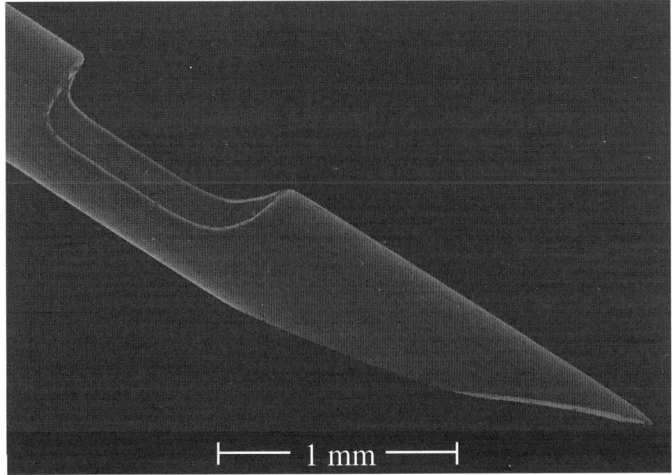

Abb. 51.16 REM-Aufnahme der Nadelspitze. In der seitlichen Öffnung der Nadel wird Gewebe zur Untersuchung aus dem Zielgebiet herausgeschnitten

und Ansaugen kann das Gewebe entnommen und untersucht werden. Ein Druck auf den seitlichen Knopf am Griff lässt die Nadel wieder in den Tubus zurück gleiten. Nach dem erneuten Anbringen des Sicherheitsclips kann das Instrument entnommen werden.

Der Sicherheitsclip verhindert, dass Patient oder Endoskop aufgrund herausstehender Nadel Schaden nehmen. Die Nadel besitzt eine seitliche Öffnung, damit mehr von dem als auffällig identifizierten Gewebe aspiriert und untersucht werden kann (Abb. 51.16).

51.6.3 SonoTip® II

Der SonoTip® II ist eine Aspirationsnadel speziell für die Ultraschall-Endoskopie (Abb. 51.17). Mit ihr können auch Proben entnommen werden, die aus Organen stammen, die dem oberen Verdauungstrakt benachbart sind. In erster Linie wird dieses Instrument verwendet, um eine Biopsie der Bauchspeicheldrüse durchzuführen [14].

Im Gegensatz zu allen anderen hier vorgestellten Instrumenten wird der Griff des SonoTip® II am Luer-Lock-Anschluss am Ausgang des Arbeitskanals befestigt. Da Endoskope in ihrer Länge unterschiedlich sein können, ist der SonoTip® II an die individuelle Länge anpassbar.

Ein Gastroskop mit Ultraschallkopf wird in den Magen eingeführt und der SonoTip® II z. B. am Magengrund platziert. Nun wird die Nadel unter Ultraschall-

Kontrolle in das Gewebe eingestochen und bis zum Zielgewebe z. B. im Pankreas vorgeschoben, was in diesem Fall nicht von einem Assistenten, sondern vom Arzt selbst durchgeführt wird. Die Nadel hat eine speziell gelaserte Struktur, die sie unter Ultraschall besonders gut sichtbar macht (Abb. 51.18). Der Nadelschieber besitzt einen Anschlag, mit dem eine vorher bei der Diagnose festgelegte Einstichtiefe eingestellt werden kann. Ein Stylet im Inneren der Nadel verhindert die Aufnahme von Gewebe auf dem Weg zum Zielgebiet. Erst in der Zielposition wird das Stylet entnommen und durch Aspiration mit einer Spritze kann wie bei der einfachen Aspirationsnadel die Gewebeprobe entnommen werden.

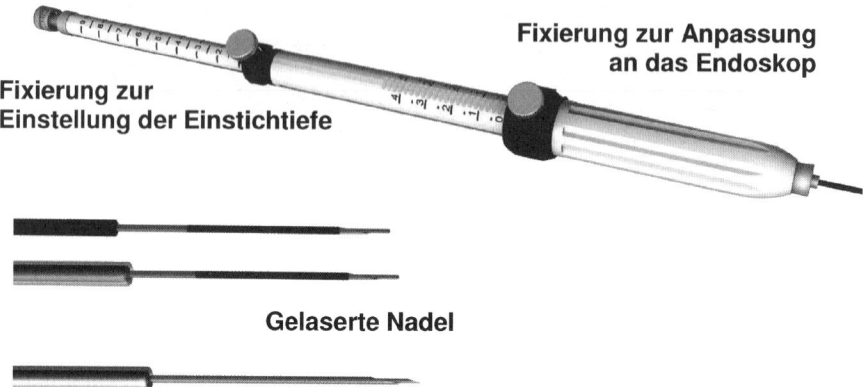

Abb. 51.17 Aspirationsnadel SonoTip® II zum Einsatz in der Ultraschall-Endoskopie. Besonders zur endoskopischen Entnahme von Gewebeproben aus dem Pankreas wird dieses Instrument eingesetzt [14]. Die Nadel besitzt eine speziell gelaserte Struktur, die gemeinsam mit den Feststellmöglichkeiten ein kontrolliertes Einstechen vom Magengrund aus unter Ultraschall-Kontrolle ermöglicht

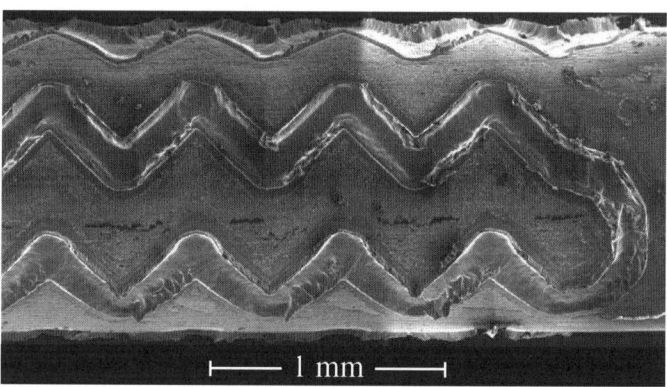

Abb. 51.18 REM-Aufnahme der gelaserten Spitze der Aspirationsnadel SonoTip® II. Die spezielle Struktur der Spitze macht die SonoTip® II-Nadel besonders gut im Ultraschall sichtbar

51.6 Gewebeproben

51.6.4 Zytologiebürste

Mit der Zytologiebürste werden im gesamten Verdauungstrakt und den Gallen- und Pankreasgängen Abstriche von auffälligem Gewebe gemacht (Abb. 51.19). An der Zielposition wird die Bürste aus dem Tubus ausgefahren. Sie wird über das Gewebe gestrichen, wobei an den Borsten Gewebe hängen bleibt. Dann wird die Bürste zurück in den Tubus gezogen und kann nach dem Herausnehmen des Instruments aus dem Endoskop abgeschnitten und untersucht werden. So kann festgestellt werden, ob ein Karzinom vorliegt [15].

Besonders für Abstriche im Gallen- und Pankreasgang wird die Zytologiebürste über einen Führungsdraht vorgeschoben. Unter dem Rasterelektronenmikroskop ist erkennbar, wie fein die Struktur der Bürste ist (Abb. 51.20).

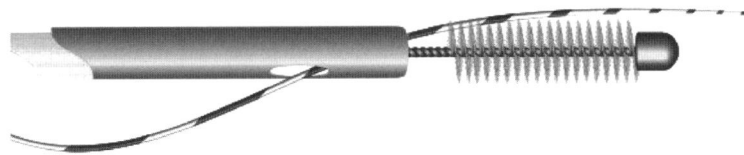

Abb. 51.19 Zytologiebürste zur Gewinnung von Abstrichen aus dem Verdauungstrakt. Besonders für Abstriche im Gallen- und Pankreasgang wird die Zytologiebürste über einen Führungsdraht vorgeschoben

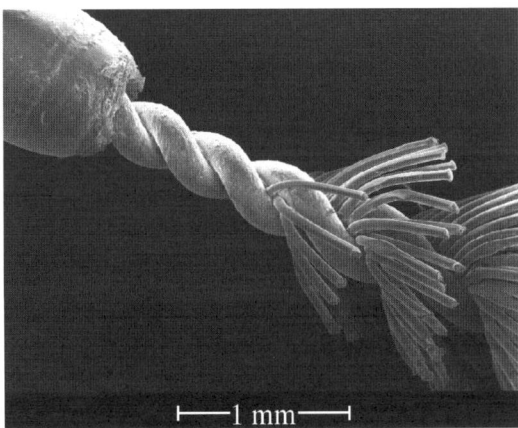

Abb. 51.20 REM-Aufnahme der Zytologiebürste. Im gedrehten Draht sind die Borsten sicher fixiert

51.7 Applikation

In den meisten Fällen werden Instrumente in der endoskopischen Gastroenterologie eingesetzt, um die Diagnose durch zielgenaues Einbringen von Kontrastmittel zu unterstützen und Steine, Fremdkörper oder Polypen freizulegen und aus dem Körper herauszubefördern.

Bei den folgenden beiden Instrumenten werden Implantate appliziert. Fibrinkleber ist hier das Beispiel für ein Implantat, dessen Komponenten flüssig eingebracht werden und das erst im Körper aushärtet. Stents stehen für klassische Implantate.

51.7.1 Hämostase

Im Rahmen der endoskopisch durchgeführten Eingriffe im Verdauungstrakt kann es immer zu Blutungen kommen, die vom Arzt gestillt werden müssen. Im Normalfall geschieht dies über Koagulation, die bei den entsprechenden Instrumenten, z.B. der Polypektomieschlinge oder der HF-Biopsiezange, meist ohnehin integriert ist. Mit Hilfe von Fibrinkleber können größere Blutungen gestillt und Fisteln geschlossen werden [16]. Fibrinkleber ist ein 2-Komponenten-Kleber (Fibrinogen und Thrombin), der vollständig biokompatibel ist. Da die beiden Komponenten beim Vermischen sofort erstarren, muss der Applikator so ausgelegt sein, dass diese erst am Zielort zusammentreffen. Eine elegante Lösung dieser Anforderung sind zwei koaxial ineinander liegende Hohlnadeln (Abb. 51.22). Die Kartusche mit den beiden Komponenten wird an den Luer-An-

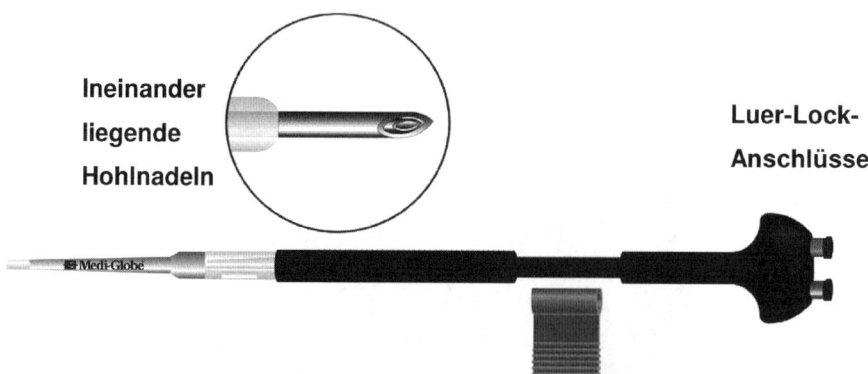

Abb. 51.21 Fibrinnadel zur Stillung von Blutungen oder zum Schließen von Fisteln. An den beiden Luer-Anschlüssen des Applikators wird die Kartusche mit den beiden Komponenten des Fibrinklebers befestigt. Zwei koaxial ineinander liegende Nadeln stellen sicher, dass sich beide Komponenten erst am Zielort kontrolliert vermengen und erstarren

51.7 Applikation

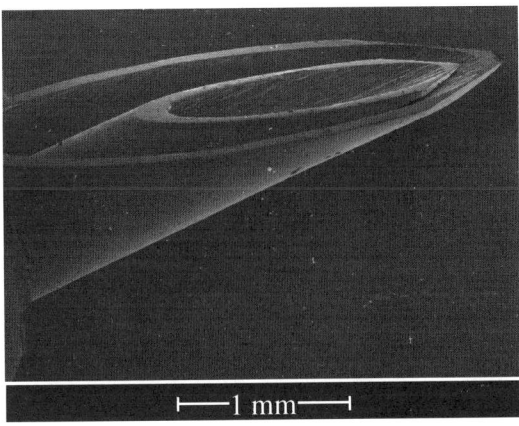

Abb. 51.22 REM-Aufnahme der ineinander liegenden Hohlnadeln der Fibrinnadel. Die Nadeln sind so dimensioniert, dass von beiden Komponenten die gleiche Menge dosiert wird

schlüssen des Applikators befestigt. Auch dieses Instrument besitzt – wie die Injektions- und die Aspirationsnadel – den Sicherheitsclip, mit dem eine verletzungsfreie Positionierung und Entnahme der Nadel möglich ist (Abb. 51.21).

Der größte Nachteil von Fibrinkleber ist der sehr hohe Preis. Für eine Applikation werden einige Milliliter benötigt, deren Preis oft schon die abrechenbaren Kosten für den gesamten Eingriff übersteigt. Im Besonderen gilt dies für die Stillung von Blutungen, die oft iatrogen entstehen und daher bei den Behandlungskosten natürlich nicht vorgesehen sind.

51.7.2 Drainage

Häufig ist bei Patienten mit Gallensteinen die Galle bakteriell kontaminiert. Wenn ein oder mehrere Gallensteine also nicht sofort entfernt werden können, so muss sichergestellt werden, dass die Galle abfließen kann, damit es nicht zu einer Entzündung der Gallengänge kommt. Der kurzzeitige Einsatz von Gallengang-Stents hat sich in diesem Fall bewährt (Abb. 51.23). Der Dauereinsatz von Stents als Alternative zu einer Entfernung der Steine sollte nur bei Patienten mit limitierter Lebenserwartung in Betracht gezogen werden. Bei Patienten, die zu einer Post-ERCP-Pankreatitis neigen, sollte vorübergehend ein Pankreasgang-Stent gesetzt werden [5].

Stents sind vorgeformte, flexible Kunststoffröhrchen mit einem Durchmesser von etwa 3 mm. Das Material enthält als Zusatz Bariumsulfat, wodurch es röntgensichtbar wird. Es gibt zwei Arten der Fixierung von Stents. „Pigtail"-Stents sind an beiden Enden zu einem Kreis gebogen, wovon einer hinter den Steinen im Gallengang liegt und der andere im Zwölffingerdarm vor der Papille. Die zweite Art der Fixierung sind die „Flaps", also kleine Flügel, die den Stent in Position halten in

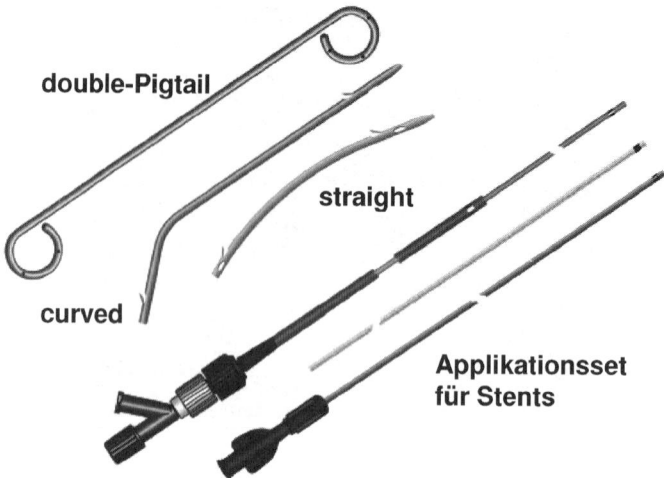

Abb. 51.23 Mit Hilfe von Stents kann ein Abfließen der Gallenflüssigkeit erreicht werden, wenn sich Steine im Gallengang befinden, z. B. zur Überbrückung der Zeit bis zu einer operativen Entfernung der Steine oder bei limitierter Lebenserwartung [5]. Stents gibt es in verschiedenen Formen, Längen und Durchmessern, aber alle werden mit Hilfe eines Führungskatheters und eines Pushers so platziert, dass ein Ende aus der Papille in den Zwölffingerdarm ragt und sich das andere hinter den Steinen im Gallengang befindet. Über das Lumen des Stents und kleine Bohrungen fließt die Gallenflüssigkeit ab. Zur vorübergehenden Behandlung mit einem Pankreasgang-Stent wird bei Patienten geraten, die zu Post-ERCP-Pankreatitis neigen [5]

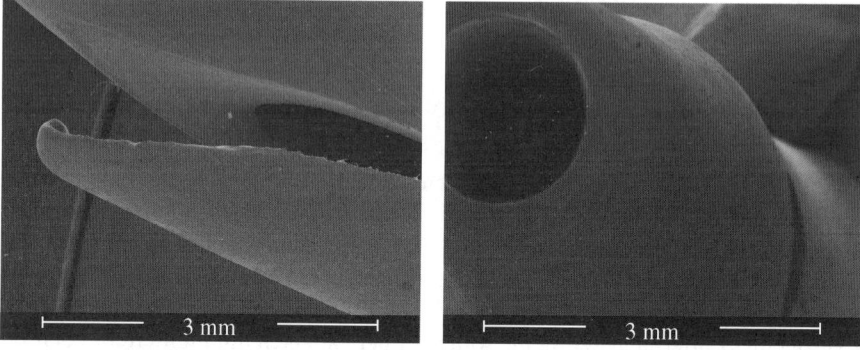

Abb. 51.24 Die linke REM-Aufnahme zeigt einen Flap, also einen Widerhaken, der in den Stent geschnitten wird, damit dieser im Gallen- oder Pankreasgang fixiert wird. Auf der rechten Aufnahme sieht man eine konische Spitze. Die Spitzen sind atraumatisch, also so abgerundet, dass sie den Patienten nicht verletzen können

51.7 Applikation

dem sie wie kleine Widerhaken in der Wand des Ganges sitzen (Abb. 51.24). Durch das Lumen des Röhrchens und durch seitlich gebohrte Löcher kann die Gallenflüssigkeit in den Zwölffingerdarm abfließen.

Zur Applikation wird ein Führungskatheter mit Hilfe des liegenden Führungsdrahts unter Röntgenkontrolle bis in den Gallengang vorgeschoben. Dann wird der passende Stent über den Führungskatheter mit dem Pusher an die Zielposition gebracht. Mit Hilfe der Röntgenkontrastringe kann die Position der Instrumente überprüft werden. Liegt der Stent in der richtigen Position, so werden Pusher, Führungskatheter und Führungsdraht wieder entfernt.

51.8 Literaturverzeichnis

1. Produktkatalog, 2003/2004, Olympus Europa GmbH, Endoscope Division
2. Produktübersicht, 2007, Pentax Corporation
3. National Hospital Discharge Surveys, Annual Summaries 1996–2004, U.S. Department of Health and Human Services, Centers for Disease Control and Prevention, National Center for Health Statistics
4. Produktkatalog, 2008, Medi-Globe GmbH
5. Williams, E., Green, J., Beckingham, I., et al., Guidelines on the management of common bile duct stones (CBDS). Gut, 57, 2008, S. 1004–1021
6. Siersema P., Treatment options for esophageal strictures. Nature Clinical Practice Gastroenterology & Hepatology, 5 (3), 2008, S. 142–152
7. Tambyah, P., Catheter-associated urinary tract infections: diagnosis and prophylaxis. International Journal of Antimicrobial Agents, 24 (Suppl 1), 2004, S. S44–S48
8. Montagnini Spaine et al., Microbiologic aerobic studies on normal male urethra. Urology, 56 (2), 2000, S. 207–210
9. Bissett, L., Reducing the risk of catheter-related urinary tract infection. Nurs Times, 101 (12), 2005, S. 64–67
10. Godfrey, H., Fraczyk, L., Preventing and managing catheter-associated urinary tract infections. Br J Community Nurs, 10 (5), 2005, S. 205–212
11. American Society for Gastrointestinal Endoscopy, Guideline for the management of ingested foreign bodies. Gastrointestinal Endoscopy, 55 (7), 2002, S. 802–806
12. Winawer, S., Zauber, A., Fletcher, R., et al., Guidelines for Colonoscopy Surveillance after Polypectomy: A Consensus Update by the US Multi-Society Task Force on Colorectal Cancer and the American Cancer Society. CA: A Cancer Journal for Clinicians, 56 (3), 2006, S. 143–159
13. Muscarella, L., Biopsy Forceps: Disposable or Reusable? Gastroenterology Nursing, 24 (2), 2001, S. 64–68
14. Boujaoude J., Role of endoscopic ultrasound in diagnosis and therapy of pancreatic adenocarcinoma. World Journal of Gastroenterology, 13 (27), 2007, S. 3662–3666
15. Henke, A., Jensen, C., Cohen, M., Cytologic Diagnosis of Adenocarcinoma in Biliary and Pancreatic Duct Brushings. Advances in Anatomic Pathology, 9 (5), 2002, S. 301–308
16. Marx, G., Evolution of Fibrin Glue Applicators. Transfusion Medicine Reviews, 17 (4), 2003, S. 287–29

52 Bildanalyse in Medizin und Biologie

M. Athelogou, R. Schönmeyer, G. Schmidt, A. Schäpe, M. Baatz, G. Binnig

52.1 Einleitung

Heutzutage sind bildgebende Verfahren aus medizinischen Untersuchungen nicht mehr wegzudenken. Diverse Methoden – basierend auf dem Einsatz von Ultraschallwellen, Röntgenstrahlung, Magnetfeldern oder Lichtstrahlen – werden dabei spezifisch eingesetzt und liefern umfangreiches Datenmaterial über den Körper und sein Inneres. Anhand von Mikroskopieaufnahmen aus Biopsien können darüber hinaus Daten über die morphologische Eigenschaften von Körpergeweben gewonnen werden. Aus der Analyse all dieser unterschiedlichen Arten von Informationen und unter Konsultation weiterer klinischer Untersuchungen aus diversen medizinischen Disziplinen kann unter Berücksichtigung von Anamnesedaten ein „Gesamtbild" des Gesundheitszustands eines Patienten erstellt werden. Durch die Flut der erzeugten Bilddaten kommt der Bildverarbeitung im Allgemeinen und der Bildanalyse im Besonderen eine immer wichtigere Rolle zu. Gerade im Bereich der Diagnoseunterstützung, der Therapieplanung und der bildgeführten Chirurgie bilden sie Schlüsseltechnologien, die den Forschritt nicht nur auf diesen Gebieten maßgeblich vorantreiben.

In Diagnoseverfahren, wie beispielsweise der patientenspezifischen Visualisierung von Anatomie und Funktion, der virtuellen Endoskopie, der morpho-funktionalen Visualisierung sowie der biomechanischen Analyse, kommen dabei vom einfachen Hervorheben von Zielregionen, durch „Fensterung" eines Grauwertbereichs, bis hin zur semi- oder auch voll-automatischen Extraktion relevanter Information, die unterschiedlichsten algorithmischen Methoden zur Verarbeitung von digitalen Bilddaten zum Einsatz.

Auch bei der Unterstützung von therapeutischen und prognostischen Maßnahmen sowie in Forschung und Entwicklung von Biomarkern und Medikamenten werden oft Bilddaten als primäre Informationsquelle herangezogen. Rasante technologische Erneuerungen und Entwicklungen der bildgebenden Verfahren – sowohl in der Mikroskopie als auch der Röntgen- und Ultraschalldiagnostik – ermöglichen die Akquisition von umfangreichen Bilddaten in immer kürzeren Zeitspannen. Insbesondere bei Vorsorgeuntersuchungen, wie Mammographie- oder auch Kolonoskopie-Screenings, fallen große Mengen an Bilddaten an, die alle genau auszuwerten sind, so dass eine computergestützte Analyse und auch Interpretation immer mehr gefragt und gefordert ist.

Bei der Medikamentenentwicklung unter dem Einsatz der virtuellen Mikroskopie für pathologische Untersuchungen von Gewebeschnitten können große Mengen von Bildern anfallen, die vom Computer analysiert werden können. Die resultierenden Analyseergebnisse dienen dazu, Vorgänge und Funktionen, die innerhalb von Zellorganellen, Zellen, Geweben und Organen stattfinden, besser verstehen zu können [6, 7, 9].

Voraussetzung für die Interpretation von Bildinhalten ist eine erfolgreiche Bildanalyse, deren Ziel die Berechnung einer tabellen- bzw. bildhaften Beschreibung des zugrunde liegenden Originalbildes darstellt. Dies kann bei Röntgenbildern die hervorgehobene Darstellung und inhaltliche Zuordnung von Knochen, Weichteilen oder auch Organen sein. Als Segmentierung bezeichnet man die Zusammenfassung benachbarter Bildpunkte zu inhaltlich zusammenhängenden Regionen (so genannten Segmenten), die einem bestimmten Homogenitätskriterium genügen. Eine anschließende Zuordnung dieser Regionen zu bestimmten Klassen mit ggf. inhaltlicher Bedeutung (Interpretation) ist Aufgabe der Klassifikation. Bei der Merkmalsextraktion werden Merkmale, wie z. B. Metriken für Form und Textur von Bildobjekten, in einem beschreibenden Merkmalsvektor zusammengefasst. Bei der Filterung werden beispielsweise Bilddaten geglättet oder darin enthaltene Kanten hervorgehoben. Man unterscheidet zwischen diversen Arten von Segmentieralgorithmen und -verfahren: die wichtigsten Kategorien davon sind punkt-, kanten-, bzw. konturorientierte Verfahren sowie regionen- und texturorientierte Ansätze. Bei den punktorientierten Verfahren wird mittels eines definierten Homogenitätskriteriums entschieden, ob ein Bildpunkt zu einem Objekt gehört oder nicht. Es muss dabei eine Schwelle innerhalb einer Grauwertskala definiert werden, die den Grauwertbereich der Objekte untereinander und vom Hintergrund trennt. Ein wichtiges Hilfsmittel zur Bestimmung dieser Schwelle ist dabei die Verteilungshäufigkeit der Grauwerte des jeweiligen Bildes (Histogramm). Schwellenwert- und auch Regionenwachstumsverfahren sind in der Regel pixelbasierte Ansätze. Bei der Klassifikation werden die durch Segmentierung erzeugten Objekte eines Bildes jeweils einer Klasse zugeordnet. Für die Klassifikation von Objekten existieren wiederum mehrere Ansätze, wie z. B. numerische Klassifikation, Klassifikation mit wissensbasierten Systemen und auch Klassifikation unter Zuhilfenahme Neuronaler Netze. Algorithmen, die für die Zuordnung von Objekten zu Objektklassen geeignet sind, werden Klassifikatoren genannt [16, 17, 18].

Es gibt heute eine Fülle von medizinischen Applikationen, die maßgeblich auf den Einsatz von Bildanalyse angewiesen sind. Eine der wichtigsten dieser Anwendungen ist die so genannte Computerunterstützte Diagnose (Computer Aided Detection/Diagnosis, CAD). CAD-Systeme finden heute bereits Anwendung in der Klinik, z. B. im Bereich der Radiologie im Zusammenhang von Mammographie-Screenings, und unterstützen sowohl als autonome als auch interaktive Systeme Ärzte bei Bedarf in der Routinediagnostik oder der Befundung seltener Fälle. Die von Computern berechneten Informationen beruhen bislang fast ausschließlich auf

52.1 Einleitung

der Detektion von auffälligen Einzelelementen und befinden sich in ihrer Leistungsfähigkeit noch weit entfernt von der kognitiv-diagnostischen Expertise eines erfahrenen Radiologen. Speziell bei der computergestützten Diagnostik auf klinisch erhobenen Bilddaten werden bei den heute erhältlichen Systemen fast ausschließlich einzelne Bildregionen als Entscheidungsgrundlage herangezogen und vorhandene Kontextinformationen, wie Bilder anderer Modalitäten oder Anamnesedaten, weniger berücksichtigt. Weitere Einsatzgebiete von CAD-Systemen neben der Mammographie sind die vollautomatische Tumordiagnose anhand dynamischer MRT der weiblichen Brust, die Unterscheidung von Polypen und Tumoren im Darm, die Lokalisation von kritischen Hirnarealen bei akutem ischämischen Schlaganfällen, die Auffindung und quantitative Bewertung von Tumoren in der Leber oder Lunge und die Bestimmung von Aneurysmen in Blutgefäßen [19, 20, 21, 22].

Aus dreidimensionalen anatomischen Datensätzen lassen sich mit Hilfe der Bildanalyse Abbildungen von Organen, Blutgefäßen, Muskeln und Knochen anfertigen. Eine jeweilige 3D-Rekonstruktion kann dann der Erstellung von individuellen anatomischen Atlanten dienen, die in der Operationsplanung oder der bildunterstützten Chirurgie Verwendung finden. Die Entwicklung von Algorithmen und Verfahren einer solchen „Multiorgan-Extraktion" ist Gegenstand aktueller Forschung und Entwicklung [21, 22].

Der Fortschritt bei der digitalen Mikroskopie zeigt ähnliche Tendenzen. Die pathophysiologische Situation von Tumoren führt zu einer raumzeitlichen Heterogenität im Tumorgewebe [15]. Diese Heterogenitäten, die auch bei Biopsien vorhanden sind, können mit Hilfe der digitalen Mikroskopie abgebildet und unter Einsatz bildanalytischer Verfahren erkannt und quantifiziert werden [4, 5, 6, 7, 9, 10]. Über die digitale Konfokalmikroskopie werden Bildsequenzen von dreidimensionalen Objekten, wie Zellen und Zellkerne, aufgenommen, analysiert und dreidimensional rekonstruiert. Aus der Bildanalyse von solchen Filmen lassen sich Erkenntnisse über das raumzeitliche Verhalten von lebenden Mikroorganismen, wie des HIV-1 Virus', erzielen [26].

In der Literatur werden bislang vorwiegend Algorithmen, Verfahren und Anwendungen zur pixelbasierten Bildanalyse ausführlich vorgestellt und behandelt. Objektbasierte Algorithmen und Verfahren zur Bildanalyse wurden hingegen erst in den letzten Jahren verstärkt entwickelt und eingesetzt, so dass sie noch weniger in die Standardliteratur eingegangen sind. Im Weiteren wird exemplarisch eine objektbasierte Technologie zur Bildanalyse vorgestellt und von ihrem Aufbau und Konzept her genauer beschrieben. Darüber hinaus werden Anwendungsszenarien, in der diese Technologie bereits eingesetzt wird, aufgezeigt. Ziel dieser Technologie ist, unter Einbeziehung von Expertenwissen nachvollziehbare bildanalytische Lösungen zu entwickeln, um große Bildmengen mit komplexen Inhalten voll-automatisch und detailliert qualitativ und quantitativ zu analysieren.

52.2 Objektbasierte Bildanalyse am Beispiel der Cognition Network Technology (CNT)

Eine der grundlegenden Ideen der Cognition Network Technology für die Bildanalyse ist die Erkenntnis, dass zum tieferen Verständnis eines Bildes nicht nur alleine Bildpunkte (Pixel) herangezogen werden dürfen, sondern auch Eigenschaften darauf aufbauender Bildobjekte auf mehreren Skalen sowie deren gegenseitige Beziehungen. Das zugrunde liegende Verfahren wurde bei der Definiens AG unter der wissenschaftlichen Leitung von einem der Autoren (Gerd Binnig) entwickelt und basiert auf einem allgemeinen Ansatz zur effizienten Modellierung komplexer Zusammenhänge innerhalb semantischer Netzwerke.

Die Grundmotivation zur Entwicklung dieses Verfahrens besteht darin, elementare Mechanismen der menschlichen Wahrnehmung in ein Bildanalyseverfahren so natürlich und einfach wie möglich einzubetten. Gegenüber den heutigen automatischen Verfahren verfügt der Mensch vor allem über zwei Fähigkeiten, die von Maschinen nichteinmal annähernd erreicht werden. Dies ist zum einen die Fähigkeit, kontextabhängig zu schlussfolgern und zum anderen, komplexes Wissen in die Schlussfolgerungen einfliessen zu lassen. Beides zusammen führt dazu, dass Menschen mit einem wesentlich höheren Mass an Komplexität zurechtkommen als Computer dies heute vermögen. Es geht somit in dem hier beschriebenen Verfahren vorrangig darum, einerseits komplexes Wissen auf natürliche Art in das System eingeben zu können und andererseits auf einfache Weise eine kontextgetriebene Analyse so formulieren zu können, dass das eingegebene Wissen sinnvoll Verwendung findet.

Beide Anforderungen, sowohl die an einen wissensbasierte als auch die an einen kontextgetriebener Ansatz, führen zu ein und derselben Konsequenz, nämlich objekthaft zu analysieren und zu prozessieren. Zum einen liegt Wissen meistens in Form von Wissen über Objekte vor. Hierbei sind neben den intrinsischen Objekteigenschaften vor allem die Beziehungen zu anderen Objekten von entscheidender Bedeutung. Zum anderen repräsentiert das Vorhandensein bestimmter Objekte den Kontext zur richtigen Segmentierung und Interpretation anderer Objekte. Auch hier spielen die Beziehungseigenschaften, wie Grössenverhältnisse oder Orientierung zueinander, eine wichtige Rolle, die wiederum in Form von Wissen vorliegen sollte. Eine kontextgetriebene Analyse ist somit also gleichzeitig auch wissensbasiert. Es bedarf aber für eine erfolgreiche kontextgetriebene Analyse neben dem Wisssen über Objekte und deren Beziehungen noch einer weiteren Wissensform: der der Wahrnehmungsdynamik. Auf den ersten Blick erscheint eine kontextgetriebene Analyse unmöglich zu sein, da es sich um ein Henne und Ei Problem zu handeln scheint. Da Objekte erst sinnvoll erkannt werden können, wenn sie einen definierten Kontext besitzen, der wiederum durch die sinnvolle Erkennung von Objekten gegeben ist, die ihrerseit einen Kontext benötigen... u.s.w., scheint sich die Analyse im Kreis zu drehen. Dieses Problem wird aber durch geeignete Wahrnehmungs- oder Analysedynamiken aufgelöst. Zuerst werden die kontrastreichen, „einfachen" Objekte erkannt, die keinen Kontext benötigen. Bei der Analyse eines CT-Bildes stellt dies z. B. der abgebildete Körper dar. Es ist das grösste zusammenhängende Objekt im Bild, das Grauwerte oberhalb der Grauwerte von Luft aufweist. Dieser Körper kann nun als Kontext für weitere Analysen dienen. Das grösste Objekt ausserhalb dieses Körpers mit Luftgrauwerten ist der Hintergrung und innerhalb des Körpers die Lunge. Dies stellt eine Vereinfachung dar, da der Teufel bekanntlich im Detail steckt, verdeutlicht aber das Prinzip.

Ein kontextgetriebenes Verfahren muss also neben der Möglichkeit einer natürlichen Eingabe von Wissen ebenso die Möglichkeit einer natürlichen Eingabe der Analysedynamik ermöglichen. Die Analysedynamik besteht vor allem in einer Navigation von einfachen zu komplexen Objekten. In den meisten Fällen und vor allem bei komplexen Bildern wird diese Navigation nicht nur über komplette Objekte, wie Organe, Zellen oder Zellkerne, gehen, sondern über Fragmente von kompletten Objekten. Ein Lichtreflex auf einem metallischen Gegenstand stellt ein solches Fragment dar und zu Beginn einer Analyse stehen oft nur derartige Fragmente zur Verfügung, denen man aber bereits eine semantische Bedeutung beimessen kann.

Die Grundelemente der CNT sind 1. Datenerfassung 2. eine Wissenshierarchie (Klassenhierarchie), 3. hierarchische Navigationsverfahren zur Festlegung der Prozessierungsdomäne, 4. eine Prozesshierarchie zur lokalen objekthaften oder pixelhaften Prozessierung, 5. eine resultierende Objekthierarchie und werden im Folgenden näher erläutert.

52.3 Grundelemente und Definitionen

Cognition Networks und CNT-Software
Die Bildanalyse mittels der CNT-Software beruht auf dem Konzept der Informationsverarbeitung mit Hilfe von Cognition Networks [1, 2, 3]. Diese bestehen aus semantischen Netzwerken von Objekten und ihrer Verknüpfungen. Sowohl Objekte als auch Verknüpfungen sind wohl unterscheidbare Einheiten, die in der Lage sind, Daten zu tragen. Spezielle Verknüpfungen erlauben den Aufbau von Objekthierarchien und die Zuordnung von Objekten zu Objektklassen. Grundkomponenten der Methodik sind Bildobjekte, Merkmale, Klassen, Prozesse und Domänen.

Es gibt fünf Grundtypen von Objekten:

1. Datenobjekte, wie z. B. Bilder, Buchstaben, Texte, Tabellen und Metadaten.
2. Instanzobjekte, welche als Prozessierungsergebnisse von Datenobjekten erzeugt wurden und die Gruppen von Daten- bzw. von Instanzobjekten repräsentieren.
3. Klassenobjekte, die potenzielle Instanzobjekte beschreiben und in dem Sinne konfigurieren, welche bestimmten Merkmale sie tragen, bzw. welche gegenseitigen Beziehungen zu anderen Objekten sie zeigen sollen.
4. Prozessobjekte, die vorwiegend Daten- und Instanzobjekte prozessieren, aber fähig sind, alle Arten von Objekten – wie auch deren gegenseitigen Verknüpfungen – zu modifizieren. Deren Reihenfolge bestimmt auch die Reihenfolge der Analyseschritte.
5. Domänenobjekte, die definieren, welches Objekt oder welche Gruppen von Objekten prozessiert werden sollen.

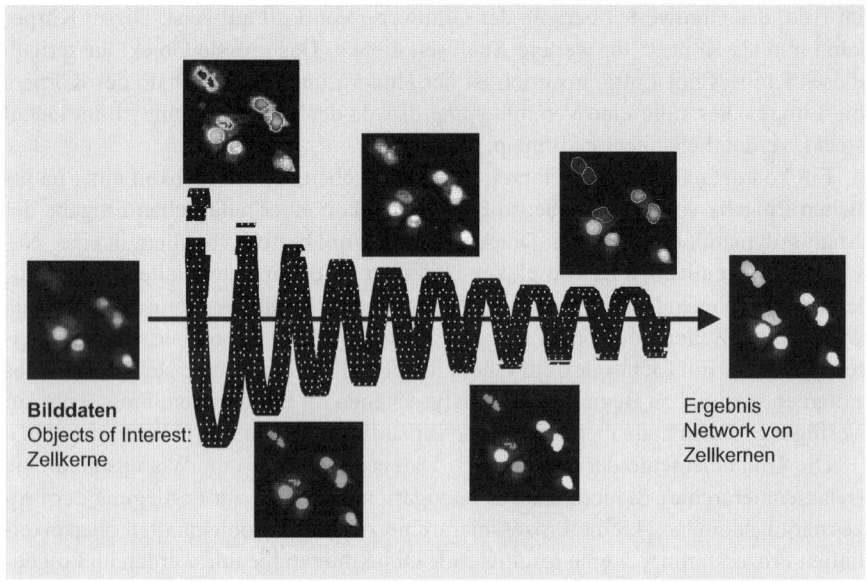

Abb. 52.1 Die Cognition Network Technology (CNT) ermöglicht das Wechselspiel zwischen domänen-basierter Segmentierung (Zwischenergebnisse oberhalb der Spirale) und Klassifikation (Zwischenergebnisse unterhalb der Spirale). Segmentierung und Klassifikation wechseln sich einander in iterativen Analyse Prozessen ab

All diese Objekte können in sich in einer hierarchischen Form organisiert sein. Es gibt demnach:

1. Objekthierarchien
2. Klasshierarchien als hierarchische Netze von semantischen Objekten
3. Instanzhierarchien
4. Prozesshierarchien
5. Domänenhierarchien

Auch die Hierarchien sind miteinander verknüpft und bilden ein hierarchisches Objektnetz – das Cognition Network (CN).

Das Verfahren zeichnet sich im Einzelnen durch folgende Leistungen aus:

- Durch mehrere zur Verfügung stehende proprietäre Segmentierverfahren können auch aus stark texturierten, verrauschten und/oder kontrastarmen Bilddaten Segmente (Bildobjekte) extrahiert werden, die sich anschließend ggf. auf einer höheren Ebene weiter sinnvoll gruppieren lassen. Dadurch entsteht eine Hierarchie von Bildobjekten, die eine Instanz des semantischen Wissens repräsentiert.
- Ein interaktives Fuzzy-Klassifikationssystem ermöglicht eine intuitive Erstellung komplexer Klassenbeschreibungen zur Klassifikation von Bildobjekten. Dazu können sowohl die Eigenschaften der Bildobjekte als auch inter- und in-

trahierarchische Beziehungen der Bildobjekte zueinander herangezogen werden. Wesentliche Eigenschaften von Bildobjekten sind Farbspektrum, Textur, Fläche und Form. Eigenschaften von Beziehungen sind unter anderem die Klassenzugehörigkeit des jeweils hierarchisch höherliegenden Bildobjekts oder die Anzahl von Nachbar-Segmenten mit bestimmten Eigenschaften.
- Ein Verfahren zur Kombination von pixel- und objektbasierten Algorithmen ermöglicht eine Beschleunigung der Prozessierung, indem die entsprechenden Algorithmen nur auf die im gerade aktuellen Kontext der laufenden Prozessierung relevanten Bildbereiche angewandt werden.

Eine entwickelte Bildanalyselösung kann als so genannter Regelsatz bzw. CNT-Regelwerk gespeichert werden, der sich auch einfach auf andere Datensätze anwenden lässt. Auf diese Weise kann eine automatisierte Auswertung von vielen gleichartigen Bildern erfolgen.

Zu Beginn eines CNT-Prozesses generieren Prozessobjekte eine Hierarchie von Instanzobjekten, die dann mit den Klassenobjekten verknüpft werden, indem Klassifikationsprozesse benutzt werden. Die Methode und die Parameter können dabei in den Klassenobjekten gespeichert werden. Der Zustand der Gesamtheit von Instanz-, Klassen-, Prozess- und Domänennetzwerken definiert eine sogenannte Netzwerksituation, die iterativ über die Prozessobjekte modifiziert werden kann bis ein Endzustand erreicht wird. Diese Endsituation eines Netzwerks repräsentiert die Information, die aus den Eingansdaten extrahiert wurde (Abb. 52.1).

Bildmodell

Als Bildmodell dienen vektorielle, diskrete Ortsraumfunktionen. Dadurch können Grauwertbilder, Farbbilder sowie auch multispektrale Daten verarbeitet werden. Ein konkretes Bild wird als *Szene* bezeichnet. Die einzelnen Komponenten der Ortsraumfunktionen der Szene heißen *Kanäle* der Szene. Es wird die einfache Vierer-Nachbarschaft von Bildpunkten und der darauf basierende Zusammenhangsbegriff angenommen. Das heißt, benachbart sind nur die nord-, süd-, west- und östlichen Bildpunkte – nicht die diagonal angrenzenden. Im Prinzip ist das Verfahren jedoch auch für die erweiterte Achter-Nachbarschaft anwendbar. Bildpunkte in zweidimensionalen Datensätzen heißen Pixel, Bildpunkte in dreidimensionalen Volumendatensätzen Voxel.

Die CNT benutzt ein generisches Modell um Bilddaten zu repräsentieren. Bilddaten können mehrkanalig sein und unterschiedliche Datentypen tragen, so dass standardmäßig diverse Datenformate unterstützt werden, die z. B. aus RGB, 8 Bit, 16 Bit, 24 Bit Daten bestehen.

Bildobjekte

Jedes *Bildobjekt* repräsentiert eine zusammenhängende Region in der Szene. Bildobjekte sind *benachbart*, wenn ihre assoziierten Regionen entsprechend der Vierer-Nachbarschaft benachbart sind. Benachbarte Bildobjekte sind durch ein *topologisches Verknüpfungsobjekt* verbunden. Eine *Bildobjektebene* bildet eine Partition der Szene in Bildobjekte, d.h. die Bildobjekte einer Ebene sind disjunkt, und die Szene wird vollständig von den Objekten der Ebene überdeckt. Eine *Bildobjekthierarchie* ist eine vollständig geordnete Menge von Bildobjektebenen derart, dass es für jedes Objekt o in einer feineren Ebene genau ein Objekt o' in der gröberen Ebenen gibt, in dem o vollständig enthalten ist. Bildobjekte sind entlang dieser Einbettungshierarchie über hierarchische Verknüpfungsobjekte miteinander vernetzt. Im Folgenden wird eine konkrete Szene zusammen mit einer zugehörigen Bildobjekthierarchie als *Situation* bezeichnet. Der Begriff Objekt wird häufig synonym mit Bildobjekt verwendet.

Merkmale
Merkmale sind Zahlenwerte, die anhand eines definierten Verfahrens aus einer gegebenen Situation berechnet werden können. Es gibt mehrere Arten von Merkmalen:
Objektmerkmale sind Eigenschaften eines Bildobjekts, z. B. Metriken für Farbe, Form und Textur des Objektes. Eigenschaften sind aber auch Beziehungen des Objektes zur Umgebung, wie z. B. die mittlere Helligkeitsdifferenz des Objektes zur Umgebung. Spezielle Objektmerkmale für zeitabhängige Analysen sind z. B. die Geschwindigkeit eines Objekts oder ein Zeitstempel für das Verschwinden bzw. Auftauchen eines Objekts. *Klassenbezogene Objektmerkmale* berechnen sich abhängig von der Klassifikation des Objekts oder der Klassifikation der topologischen Nachbarn eines Objekts. Beispiele sind der Abstand eines betrachteten Bildobjekts zu einem anderen Objekt einer gewissen Klasse, oder die Anzahl der Unterobjekte einer gewissen Klasse. *Prozessbezogene Objektmerkmale* können im Verlauf der Ausführung eines CNT-Programms berechnet werden. Dabei können Merkmale in Beziehung gesetzt werden zu denjenigen, die im Rahmen der Prozessierung schon berechnet worden sind. *Metadaten* können unabhängig von einem konkreten Bildobjekt berechnet werden und beschreiben die aktuelle Situation im Allgemeinen. Beispiele sind der Mittelwert der Grauwerte eines Bildkanals, die Anzahl der Ebenen in der Objekthierarchie oder die Anzahl der Bildobjekte mit einer gewissen Klassenzugehörigkeit. *Prozessvariablen* gelten innerhalb von Prozessen. Ihnen können berechnete Werte zugewiesen werden, um Merkmale zwischenzuspeichern oder um die Kontrollstrukturen der CNT-Software zu realisieren. Prozessvariablen können ebenso wie andere Merkmale in der Klassifikation eines Objekts zu einem gewissen Zeitpunkt der Programmausführung benutzt und modifiziert werden.

Klassen und Klassenzugehörigkeit
Klassenobjekte beschreiben die im Bild zu erkennenden Sachverhalte. Sie sind Teil eines hierarchischen semantischen Netzes, der *Klassenhierarchie*. Bildobjekte werden durch ein *klassifizierendes Verknüpfungsobjekt* (KVO) einer Klasse zugeordnet. Die Gesamtheit aller KVOs heißt *Klassifikation* und ist ein Bestandteil der Situation. Jedes KVO trägt eine Gewichtung der Zugehörigkeit des Bildobjektes zu der verknüpften Klasse. Ein Bildobjekt kann zu beliebig vielen Klassen mit unterschiedlicher Zugehörigkeit zugeordnet sein. Die Klasse mit der höchsten Zugehörigkeit heißt die *aktuelle Klasse* des Objekts. Die *Objekte der Klasse K* sind alle Bildobjekte, deren aktuelle Klasse die Klasse K ist. Als Klassifikationsverfahren kann die Beschreibung der Objekte durch Fuzzy-Zugehörigkeitsfunktionen über den

Wertebereich der Merkmale und Nearest-Neighbour-Klassifikation eingesetzt werden. Generell kann jedes Klassifikationsverfahren in das System integriert werden.

Prozesse
Modifikationen der Situation werden von Prozessen durchgeführt. Ein Prozess besteht aus einem *Algorithmus* und einer *Bildobjektdomäne*. Prozesse können beliebig viele Unterprozesse besitzen. Der *Algorithmus* beschreibt, *was* der Prozess tun soll. Beispiele für Algorithmen sind die Klassifikation, das Erzeugen von Bildobjekten (Segmentierverfahren) und die Modifikationen von Bildobjekten wie z. B. Fusionieren und Teilen von Bildobjekten oder Umgruppieren von Unterobjekten. Weitere wichtige Algorithmen sind die Modifikation von Attributen und das Exportieren von Resultaten.

Domänen
Die Bildobjektdomäne beschreibt, auf welchen Bildobjekten der Prozess seinen Algorithmus und seine Unterprozesse ausführen soll. Domänen sind beliebige Teilmengen der Bildobjekthierarchie und werden durch eine strukturelle Beschreibung definiert. Beispiele für Domänen sind Bildobjektebenen oder alle Bildobjekte einer Klasse. Alle Bildobjekte einer Domäne werden bei der Ausführung des Prozesses iterativ durchlaufen. Dadurch können Domänen von Unterprozessen auch lokal und relativ zur Domäne des übergeordneten Prozesses definiert werden: z. B. die Unterobjekte oder die benachbarten Objekte des aktuellen Objekts im übergeordneten Prozess. Durch die üblichen mengentheoretischen Operationen lassen sich zusätzlich beliebig komplexe Strukturen der Bildobjekthierarchie beschreiben und mit einem ausgewählten Algorithmus gezielt und selektiv bearbeiten.

52.4 Anwendung der Cognition Network Technology für die Bildanalyse in Medizin und Biologie

Ein grundlegendes Konzept der CNT besteht darin, Bildinhalte auf unterschiedlichen Bildinterpretationsebenen als hierarchisches Bildinterpretationsnetzwerk zu behandeln. Alle Objekte in dieser Objekthierarchie können auf die im vorhergehenden Abschnitt beschriebene Weise miteinander vernetzt sein. Abb. 52.2 zeigt eine schematische Darstellung mit einem Beispiel für ein solches hierarchisches Netzwerk von Bildobjekten. Es wird hier angenommen, dass in dem zu analysierenden Bild Zellen abgebildet sind. Auf der Ebene der kleinsten Bildeinheit sind in diesem Fall die Pixel als Objekte repräsentiert. Auf einer nächst höherer Hierarchieebene werden Pixel zu größeren Einheiten wie Zellkerne, Zellorganellen oder Zytoplasmen, zusammengefasst. Diese Objekte organisieren sich auf der nächst höheren Hierarchieebene zu Objekten, die jeweils eine ganze Zelle bilden. Diese Zellobjekte können sich wiederum auf einer weiteren Hierarchieebene zu Gruppen von Zellen verbinden. Bei Bedarf ließe sich dieses Vorgehen weiter entwickeln, indem diverse Zellverbände zu Organen, Organe zu Organismen und Organismen zu Spezies kom-

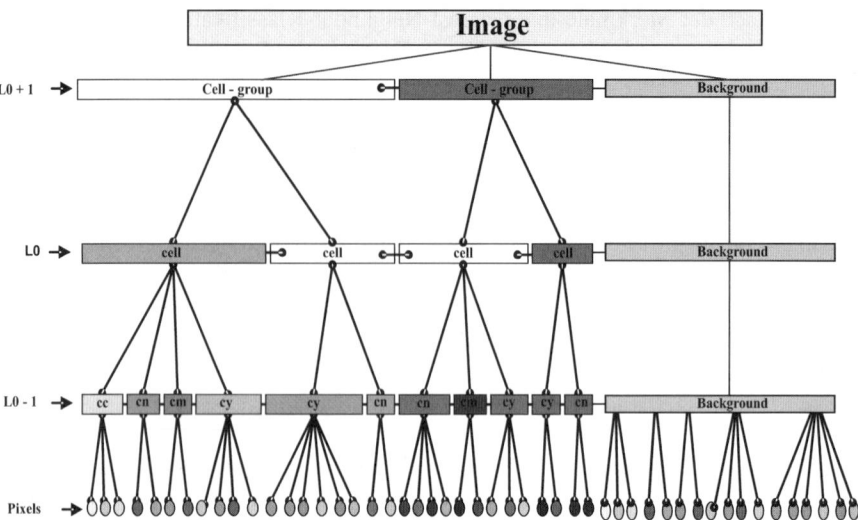

Abb. 52.2 Schematische Illustration der hierarchischen Inhalte eines medizinisch-biologischen Bildes: Die Objekte der Ebene L0-1 repräsentieren hier Bildhintergrund, Zytoplasma (cy), Zellorganellen (cc), Zellmembran (cm) und Zellkerne (cn). Auf Ebene L0 sind Objekte für ganze Zellen enthalten. Jedes Objekt der Ebene L0+1 repräsentiert eine Zellgruppe

binieren. Sind die dafür nötigen Daten nicht in einem einzigen Bild enthalten, so besteht die Möglichkeit, die Inhalte mehrerer Bilder miteinander zu verknüpfen und auch Metadaten, wie Informationen aus Texten oder Tabellen, heranzuziehen.

Beispielanwendungen dieses Ansatzes sind bildanalytische Lösungen im Bereich konfokal-mikroskopischer Aufnahmen, Filmaufnahmen (z. B. Time-Lapse) von lebenden Zellen, Aufnahmen aus bildbasiertem Zellassays, CT- oder MRT-Bildaufnahmen oder -sequenzen. Die Entwicklung einer bildanalytischen Lösung kann sich dabei je nach Zielsetzung nur auf bestimmte Objekte konzentrieren (Objects of Interest), die dann in dem für die Fragestellung erforderlichen Umfang besonders genau herausgearbeitet werden. Somit kann spezifisches Expertenwissen gezielt ein- und umgesetzt werden. Auf diese Weise wurde ein CNT-Regelwerk für die Analyse einer Reihe von Aufnahmen aus der Elektronenmikroskopie entwickelt, welches die Zellkerne mittels eines lokal-adaptiven Vorgehens als Objects of Interest erfasst. Abb. 52.3 zeigt das Ergebnis aus dieser Anwendung am Beispiel einer Aufnahme von Lebergewebe. Die Abbildung stellt das Sinusoid und die umliegenden Leberzellen dar [4, 5, 11]. Die dargestellten Zellkerne gehören zu den Hepatozyten oder zur Endothelzelle (Abb. 52.3b). Auf einer höheren Hierarchieebene (Abb. 52.3a) sind das Sinusoid und Teile der umliegenden Leberzellen segmentiert und klassifiziert. Die in Abb. 52.3b) gezeigten Ergebnisse werden in einem weiteren bildanalytischen Schritt dazu benutzt, die Zellkerne in ihre Bestandteile zu unterteilen und damit für eine detaillierte Analyse zugänglich zu machen. Das Ergebnis davon ist in Abb. 52.3c) dargestellt.

52.4 Anwendung der Cognition Network Technology

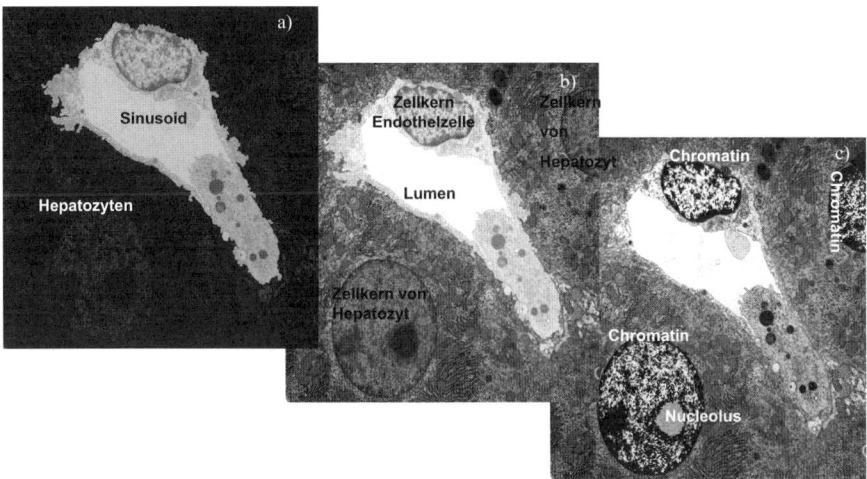

Abb. 52.3 Darstellung der Bildinhalte einer elektronenmikroskopischen Aufnahmen der Leber: *a)* Sinusoid (hellgrau), Hepatozyten (dunkelgrau), *b)* Inhalte des Sinusoid: Lumen (weiss), Endothelzelle mit Zellkern (hellgrau). Dunkle Zellkerne in den Hepatozyten (dunkelgraue ovale Objekte). *c)* Unterteilung der Zellkerne in ihre Bestandteile: Chromatin (dunkelgrau und weiß) und Nukleolus (hellgraues Objekt innerhalb des Zellkerns). Bildmaterial und Auswertung entstammen dem Forschungsprojekt ammoBi2 (Projektträger: Bayerische Forschungsstiftung)

Insbesondere in der Medikamentenforschung und -entwicklung werden in immer größerem Maße sogenannte High Content und High Throughput Arbeitsabläufe eingesetzt, bei denen maschinell und weitgehend automatisiert sehr viele digitale mikroskopische Bilddaten erzeugt werden. Diese tagtäglich anfallenden Tausende von Bilddatensätzen enthalten mitunter Abbildungen von Millionen von Zellen, die idealerweise einzeln quali- und quantitativ untersucht werden sollen, um statistisch gesicherte Informationen über die Auswirkungen von chemischen Substanzen auf die einzelnen Zellen oder Zellinhalten zu gewinnen. Eine detaillierte Einzelzell-Quantifizierung anhand von morphologischen Eigenschaften ist auf der Basis von allein pixelbasierten Ansätzen nur bedingt möglich, da unter anderem die Separierung zweier Zellbereiche, deren Grenzen fließend ineinander übergehen, in der erforderlichen Qualität für viele Fragestellungen nur unzufriedenstellend ermittelt werden kann. Eine manuelle Behandlung erzielt hinsichtlich der Qualität einer Analyse zwar in der Regel nach wie vor die besten Ergebnisse, ist aber in den meisten Fällen völlig unpraktikabel [8, 12, 26].

Abbildung 52.4 zeigt exemplarisch die Ergebnisse aus der Anwendung einer vollautomatischen CNT-basierten Lösung auf ein fluoreszenzmikroskopisches Bild, das einem High Content/High Throughput Screening entnommen wurde. Das Bild besteht aus zwei Bildkanälen, die die Zellkerne (in Kanal K1 hell) und das Zytoplasma (in K2 hell) enthalten. In der CNT-Software können beide Kanäle gemeinsam als separate Grauwertbilder geladen werden, auf die je nach Bedarf auch gemeinsam zugegriffen werden kann.

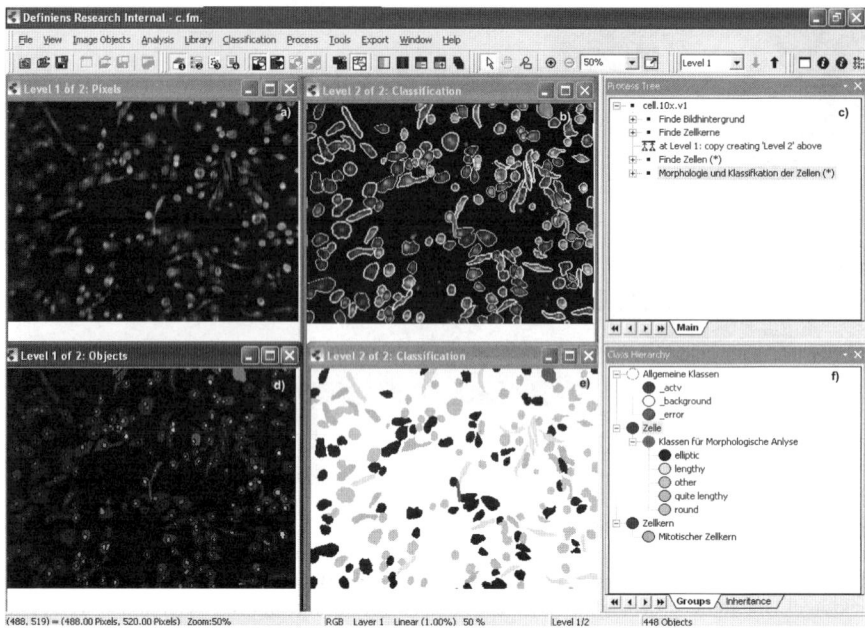

Abb. 52.4 CNT-Regelwerk und Ergebnisse aus der Analyse eines fluoreszenzmikroskopischen Zellbildes: a) Original, b) Zellen sind von dem Bildhintergrund (schwarz) durch weiße Umrisse getrennt. c) Der CNT-Prozessbaum, d) Zellkerne (hell) sind segmentiert und getrennt voneinander. Der Bildhintergrund ist extrahiert (schwarz). Das Zytoplasma ist segmentiert und klassifiziert (hellgrau). Morphologische Klassifikation der Zellen aus b): runde, ovale und lange Zellen (grau). Elliptische Zellen (Schwarz). Bildhintergrund (weiß). f) Klassennetz des CNT-Regelwerkes

Das hier eingesetzte CNT-Regelwerk geht kurz zusammengefasst für die Analyse folgendermaßen vor:

- Segmentierung der beiden Kanäle in quadratische Objekte bestimmter Größe.
- Die Definition der Klasse für den Hintergrund erfolgt im Wesentlichen über die Festlegung von Schwellwerten, die die Kanäle K1 und K2 in dunkle und helle Bereiche unterteilt.
- Klassifikation des Hintergrunds über einen Klassifikationsprozess in der Prozesshierarchie.
- Segmentierung von Zellkernen in K1.
- Klassifikation von Zellkernen in K1.
- Trennung von Zellkernen mit anschließender Klassifikation zu mitotischen Zellkernen und unauffälligen Zellkernen.
- Klassifikation der unklassifizierten Objekte, die sich zwischen Zellkernen und Hintergrund befinden, als Zytoplasma.
- Anfertigen einer Kopie der bestehenden Hierarchieebene.
- In der neuen Hierarchieebene Fusion von einzelnen Zellkernen mit einzelnen Zytoplasmen zu korrespondierenden Objekten. Anschließend Klassifikation dieser Objekte als Zelle.

52.4 Anwendung der Cognition Network Technology

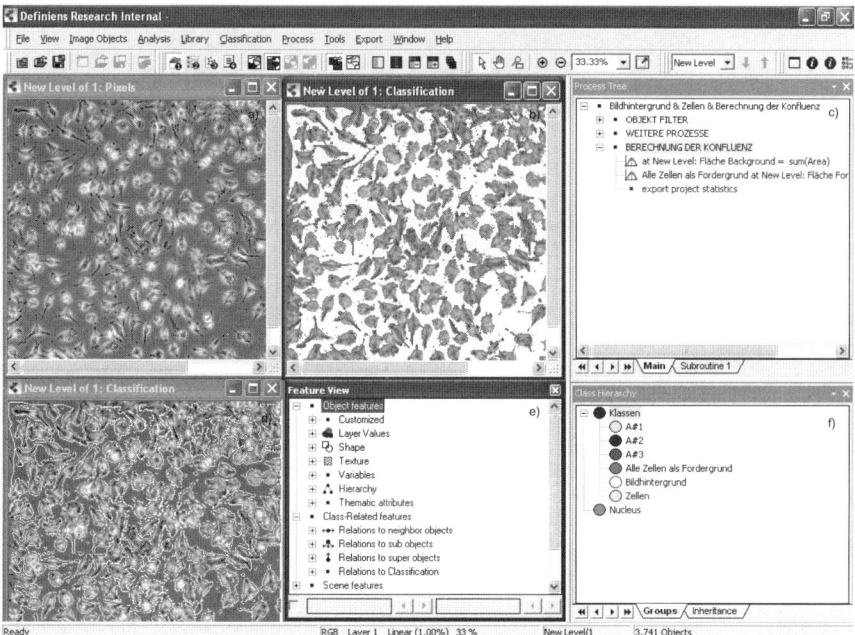

Abb. 52.5 Analyse eines phasenkontrastmikroskopischen Bildes einer Zellzüchtung für therapeutischen Zwecke: a) Original Eingangsbild, b) Illustration der Segmentierung für Bildhintergrund (weiß) und Zellen (grau), c) Prozessbaum des zur Messung der Konfluenz entwickelten CNT-Regelwerks, d) Trennlinien (weiß) zwischen Bildhintergrund und Zellen, e) Merkmalsdialog bzw. CNT-Merkmale, f) Klassen des CNT-Regelwerks. Das Bildmaterial stammt aus dem Forschungsprojekt Cellfingerprinter (Projektträger LGA-Bayern)

- Trennung von Zellen.
- Klassifikation von Zellen anhand ihrer morphologischen Eigenschaften.

Abbildung 52.5 zeigt ein weiteres Beispiel, diesmal aus dem Bereich der Zellzüchtung für therapeutische Zwecke. Die primäre Aufgabe dabei ist die kontinuierliche Quantifizierung der Entwicklung von Zellen in einer Zellkultur. Per Digitalkamera werden die Zellen in den entsprechenden Gefäßen in regelmäßigen Zeitabschnitten abgebildet und die resultierenden Bilddaten gespeichert. Eine erste Aufgabe der Bildanalyse ist es, die Konfluenz von Zellen zu quantifizieren. Für die Konfluenzmessung ist im Wesentlichen eine Trennung zwischen Bildhintergrund und Bildvordergrund, d. h. der Zellbereiche, notwendig. Mittels eines CNT-Regelwerks wird dies adäquat und vollautomatisch geleistet. Da es sich hierbei um die Beobachtung des Zustands von lebenden Zellen handelt, kommt ein Phasenkontrastmikroskop zum Einsatz, dessen Bilder systembedingt vergleichsweise kontrastarm sind. Eine automatische Segmentierung des Bildhintergrunds wäre deswegen mit Hilfe einfachen Schwellwertverfahren nicht ohne weiteres umzusetzen. Mittels der zur Verfügung stehenden Kombination von Pixel- und Objektfiltern ist mit der CNT eine relativ unproblematische und elegante Lösung des Problems möglich.

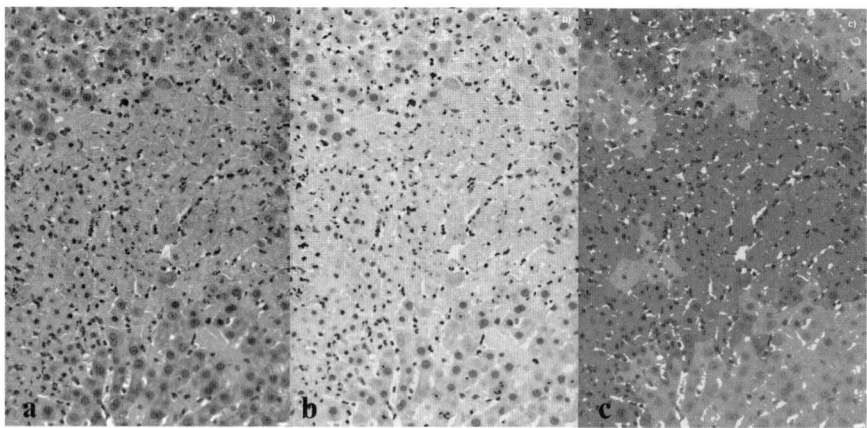

Abb. 52.6 Trennung von unauffälligem und nekrotischem Gewebe der Leber (bei der Maus): *a)* Original: nekrotische Zellkerne sind dunkel, klein und weniger rundlich. Im Gegensatz dazu sind normale Zellkerne heller und rundlicher, *b)* Zellkerne werden segmentiert und klassifiziert, *c)* nekrotische Geweberegionen (dunkelgrau) und normale Geweberegionen (hellgrau).

Im Bereich der Pathologie finden Bilder aus der Lichtmikroskopie eine große Anwendung. Die virtuelle Mikroskopie wird dabei zunehmend auch zur Reihen-Analyse von Gewebeschnitten herangezogen, so dass – z. B. im Rahmen der Zulassung von Medikamenten und Biomarkern – auch große Mengen digitalen Bildmaterials erzeugt werden, die präzise und detailliert zu analysieren sind, um wertvolle statistische Informationen über die Wirkungsweise der untersuchten Substanzen zu gewinnen [6, 7, 9, 10, 13, 25]. Abb. 52.6 bis Abb. 52.9 zeigen exemplarisch Ergebnisse aus der Analyse einer solchen Reihe von Gewebeaufnahmen. In Abb. 52.6 ist die Trennung zwischen abgebildeten normalen („nicht auffälligen") und nekrotischen Geweberegionen dargestellt. Die wesentlichen Leistungen des dafür entwickelten CNT-Regelwerks sind die Segmentierung und Klassifikation einzelner Zellkerne und die Segmentierung und Klassifikation von nekrotischn und normalen Geweberegionen. Auf einer ersten Hierarchieebene werden einzelne Zellkerne segmentiert und anhand ihrer individuellen morphologischen Merkmale, wie z. B. Metriken für „Rundheit", in normale (eher rundliche) oder nichtnormale Objekte klassifiziert. Einzelne helle Bildobjekte, die z. B. Sinusoide, Blutgefäße oder Vakuolen darstellen, werden ebenfalls erfasst und klassifiziert (Abb. 52.6b). Auf einer höheren Hierarchiebene sind Geweberegionen entsprechend den Zellkernen, die sie beinhalten, normalem (hell-grau) bzw. nekrotischem (dunkel-grau) Gewebe zugeordnet und als solche klassifiziert (Abb. 52.6b).

Bei der Diagnose von Brustkrebs spielen Bildauswertungen sowohl bei der mikroskopischen Untersuchung von Biopsien, als auch radiologischen Aufnahmen der ganzen Brust eine wichtige Rolle, um ggf. therapeutische Maßnahmen einzuleiten oder deren Wirkung zu beurteilen. Biopsien werden immunhistologisch unter Verwendung unterschiedlicher Färbemethoden oder auch molekular genetisch, wie

52.4 Anwendung der Cognition Network Technology

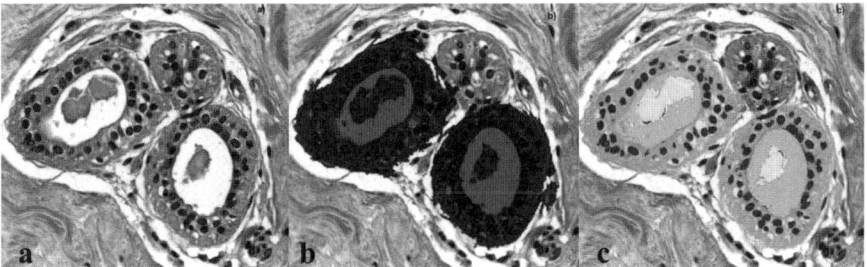

Abb. 52.7 Extraktion von Drüsen aus Abbildungen von histologischen Präparaten der Brust: *a)* Original, *b)* gezielte Segmentierung und Klassifikation von Drüsen, die Lumen beinhalten und vom umliegenden Gewebe getrennt sind (dunkel dargestellt), *c)* In den extrahierten Drüsen wird das Lumen (hell), die Zellkerne in der Drüse (kleine schwarze Objekte) und das Drüsengewebe jeweils separat segmentiert und klassifiziert, so dass morphologische Merkmale und individuelle Nachbarsachaftsbeziehungen berechnet und analysisert werden können

mittels Fluoreszenz in Situ Hybridisierung [25] untersucht. Wichtige Merkmale bei der Auswertung dieser immunhistologischen Präparate sind morphologische Veränderungen am Drüsengewebe der Brust. Dabei sind unter anderem Zellkerne innerhalb der Drüse sowie deren Nachbarbeziehungen von Bedeutung. In Abb. 52.7 sind exemplarisch Drüsen der Brust dargestellt. Bildanalytisch kann hier festgestellt werden, ob die Drüse als unauffällig – also nicht von Krebs befallen – oder als auffällig – d. h. mit hoher Wahrscheinlichkeit von Krebs befallenen – einzustufen ist. Mittels eines CNT-Regelwerks wird die Drüse erkannt und steht innerhalb einer Hierarchieebene als segmentiertes und klassifiziertes Objekt zur Verfügung (Abb. 52.7b). Auf einer weiteren Hierarchieebene sind die Zellkerne der Drüsen, das Lumen und das übrige Drüsengewebe segmentiert und klassifiziert (Abb. 52.7c). All diese Objekte können durch ihre Eigenschaften, wie Maße über Größe, Farbe und Form, sowie ihrer Nachbarschaftsbeziehungen untereinander, wie lokaler Verteilungshäufigkeiten, mit Hilfe der CNT automatisch quantitativ charakterisiert werden. Die sich daraus ergebenden Merkmale dienen als Basis für die Zuordnung, ob die jeweilige Drüse insgesamt als auffällig oder unauffällig befundet wird. [13].

MIB-1 ist ein zellkernspezifischer Marker für Ki-67-Antikörper und dient in der Pathologie als Standardfärbung. Die Färbung wird auch m Rahmen der Diagnose von Brustkrebs stark eingesetzt. Dabei wird die relative Anzahl von bräunlich gefärbten Zellkernen innerhalb eines definierten Bereichs einer Probe (einem Slide oder auch einer Serie von Slides) zur Gesamtzahl der darin befindlichen Zellkerne als der so genannte Ki-67-Index definiert. Dessen Evaluation und Quantifizierung erfolgt bislang vorwiegend visuell. Bei der Anwendung von pixelbasierten Schwellenwertverfahren kommt es oft wegen Färbungs-Inhomogenitäten innerhalb eines Slides zu unzuverlässigen Ergebnissen. Diese müssen zur Erzielung der geforderten Qualität ggf. manuell überprüft und angepasst werden. Gerade bei der Analyse einer großen Anzahl von Proben, wie z. B. bei der Medikamentenentwicklung, bildet dies mitunter einen zu zeit- und kostenintensiven Aufwand. Damit ist eine automatisier-

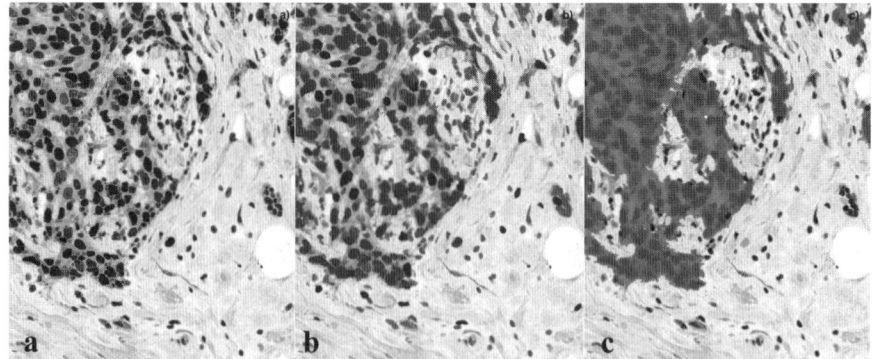

Abb. 52.8 Ki-67-Auswertung für Brustkrebs: *a)* Original. Größere Zellkerne sind hier als auffällig und kleinere Zellkerne als unauffällig einzustufen. *b)* Zellkerne werden segmentiert und in drei Klassen klassifiziert: von Krebs befallene Zellkerne (groß und hell), auffällige (groß und dunkel) und unauffällige (klein und dunkel) Zellkerne. *c)* Die Tumorregion (dunkel – d.h. die Region mit von Krebs befallenen Zellkernen – wird segmentiert, vom umliegenden Gewebe getrennt und entsprechend als Tumorgewebe klassifiziert

te Berechnung des Ki-67-Index gefordert und sinnvoll. Abb. 52.8 zeigt repräsentative Ergebnisse aus der automatischen Analyse und Quantifizierung des Ki-67-Index, auf der Basis CNT-Regelwerks [7]. Zusammengefasst werden bei der Auswertung folgende Analyseschritte durchgeführt:

- Segmentierung einzelner Zellkerne anhand ihrer Morphologie (Abb. 52.8b). Große ovale Zellkerne sind als auffällig und kleine Zellkerne als unauffällig zu betrachten. Bei der Klasse der auffälligen Zellkerne kann zwischen denjenigen, die verstärkt durch Ki-67 gefärbt wurden – und dadurch eindeutig als von Krebs befallen auszumachen sind – und den restlichen morphologisch abweichenden Zellen unterschieden werden.
- Auf einer Hierarchieebene über der der Zellkerne werden sämtliche Tumorregionen segmentiert und klassifiziert und damit von unauffälligen Geweberegionen getrennt (Abb. 52.8c).

Her2/neu ist ein membranständiger Wachstumsfaktor-Rezeptor, der an der Oberfläche von Tumorzellen überexprimiert werden kann. Das Protein wird in vielen Geweben exprimiert – z. B. in der Brustdrüse, in den Ovarien, im Endometrium, im Gastrointestinaltrakt, im Zentralnervensystem und zu einem gewissen Grad auch im Myokard. Beim primären Mammakarzinom ist diese Überexpression mit einer ungünstigen klinischen Prognose assoziiert. Her2/neu stellt allerdings auch ein therapeutisches Zielprotein dar, das mit einem Antikörper gegen Her2/neu überexprimierten Tumorzellen bekämpft werden kann. Das Färbeergebnis einer imunhistologischen Färbung wird standardmäßig auf eine vierstufige Skala mit Werten von "0" bis "3+" beurteilt. Bei diesem Score fließen Aspekte der Färbung, der Färbeintensität, der Anzahl von positiven Zellen und die visuell bzw. qualitativ bewertete örtliche Verteilung mit ein. Ein weiteres Kriterium der Auswertung ist, ob

52.4 Anwendung der Cognition Network Technology

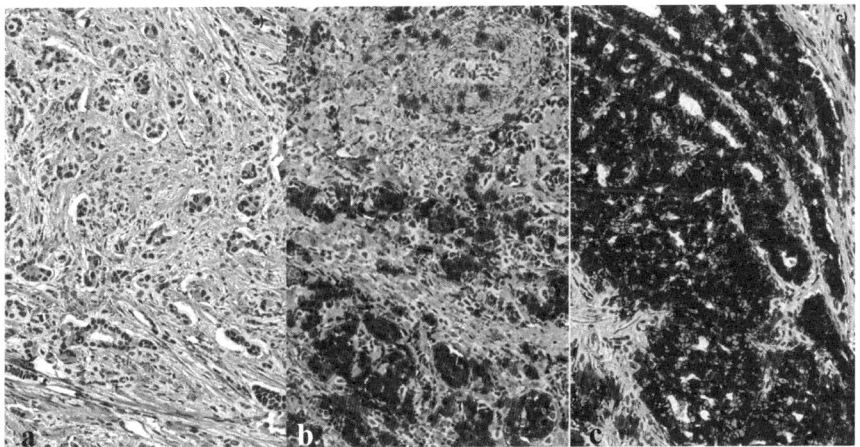

Abb. 52.9 Her2/neu-Auswertung für Brustkrebs. *a)* Klasse 0, *b)* Klasse 2, *c)* Klasse 3. Es sind hier die Zellen segmentiert und klassifiziert, die eine Her2/neu-Überexpression anhand der Färbung ihrer Membran zeigen (dunkel dargestellt)

die Färbung die Zellmembran vollständig markiert oder nur teilweise einfärbt. Die „3+"-Indikation ist ein Indiz dafür, dass die Patientin bzw. der Patient für eine Therapie mit dem Antikörper (Trastuzumab) geeignet ist. Die „2+"-Indikation erfordert den weiteren Nachweis einer Gen-Amplifikation. Bei den Bewertungsstufen „1+" oder „0" ist eine Antikörper-Therapie in der Regel nicht gerechtfertigt (http://www.pathologen- Luebeck.de/Methoden/Immunhistologie/Antikörper/Her2_neu) [24]. Angesichts der Tragweite dieser Auswertung ist es Aufgabe der aktuellen Forschung bildanalytische Lösungen zu entwickeln, die die objektive Ermittlung des Scores unterstützen. In Abb. 52.9 werden die Ergebnisse aus der Anwendung einer CNT-basierten bildanalytischen Lösung zu diesem Zwecke gezeigt. Das zugrundeliegende Regelwerk segmentiert vollautomatisiert selektiv einzelne Zellen, die Her2/neu Überexpression zeigen. Anschließen wird der prozentuale Anteil des Membranumfangs errechnet, welcher bräunlich gefärbt ist. Anhand dieser Berechnungen können Zellen unterschiedlichen Klassen zugeordnet werden, um so weiteren statistische Auswertungen zu dienen. Auf diese Weise stehen dem Pathologen detaillierte quantitative Informationen zur objektiven Ermittlung des geforderten Scores zur Verfügung.

Insbesondere im radiologischen Bereich der Medizin werden intensiv Bilder als diagnostisches Informationsmedium eingesetzt. Wenn die Kontrastverhältnisse für die durchzuführende Auswertung eine ausreichende Qualität besitzen, was ggf. durch die Gabe von Kontrastmitteln unterstützt bzw. erst ermöglicht wird, können pixelbasierte bildanalytische Verfahren mitunter sehr effektive Auswertungen liefern. Ist dies allerdings nicht der Fall, so ist die Aufgabe einer adäquaten Segmentierung, Klassifikation und anschließenden Quantifizierung der Ergebnisse ungleich anspruchsvoller. Der praktische Vorteil einer zuverlässigen automatischen Segmentierung ist unmittelbar einsichtig und wird im Kontext von immer stärker

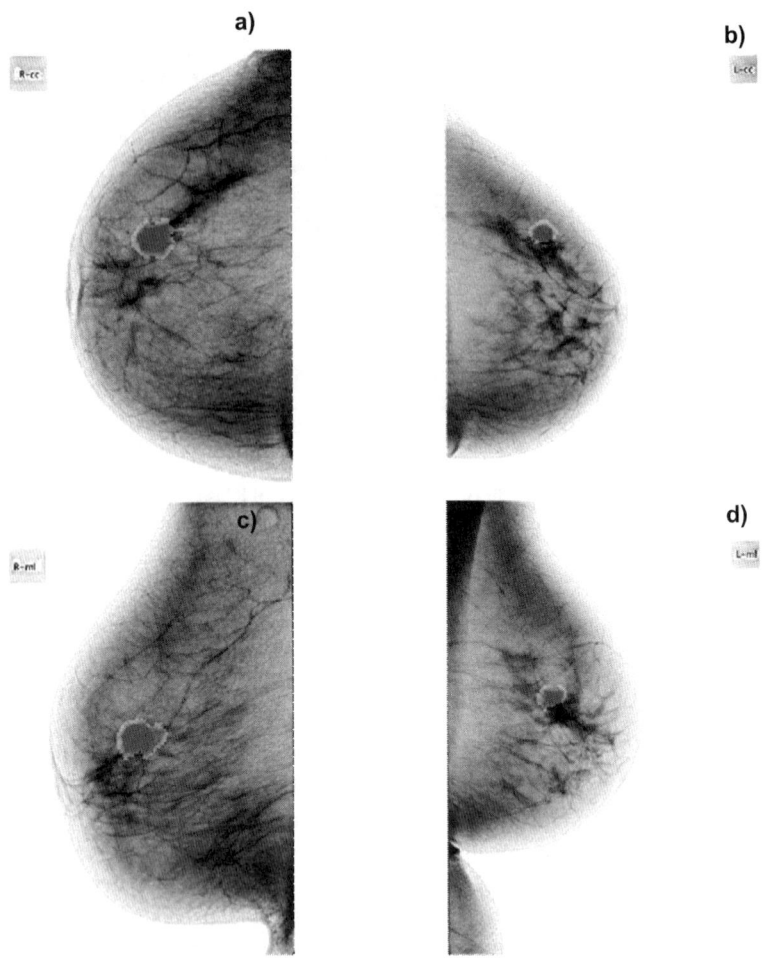

Abb. 52.10 Vier Projektionen der Brust einer Patientin wurden für die gemeinsame Analyse simultan in die CNT-Software geladen: a), und c) Projektionen der Rechten Brust, b) und d) Projektionen der Linken Brust. Bösartige Tumore sind weiß umrandet dargestellt. Bildmaterial und Auswertung stammen aus dem Forschungsprojekt mammo-iCAD (Projektträger: Bayerische Forschugsstiftung)

geforderten Screening-Untersuchungen, wie z. B. der Lunge, des Darms oder der Brust (Abb. 52.10), unabdingbar. In der Regel müssen bislang mindestens zwei Radiologen jeden Datensatz visuell analysieren, um eventuelle Auffälligkeiten festzustellen. Die Genauigkeit solcher Untersuchungen ist von enormer Bedeutung, da das Auffinden von z. B. Tumoren in einem sehr frühen Stadium ihrer Entwicklung bei Einleitung der entsprechenden Maßnahmen mit einer guten Prognose für die Genesung – und damit besseren Überlebenschancen für Patienten – einhergeht [19, 20, 21, 22].

52.4 Anwendung der Cognition Network Technology 1233

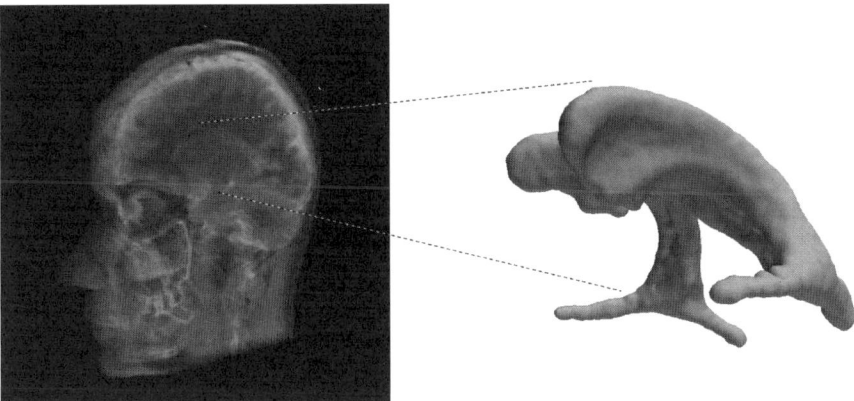

Abb. 52.11 Segmentierung und Extraktion der Seitenventrikeles aus kernspintomographischen Aufnahmen des Kopfs: links im Bild sind einige zentrale Schichten des Datensatzes als 3D-Volumenvisualisierung dargestellt, aus denen mittels eines CNT-Regelwerks automatisch das Volumen der Seitenventrikel extrahiert wurde (3D-Rekonstruktion im rechten Teil des Bildes)

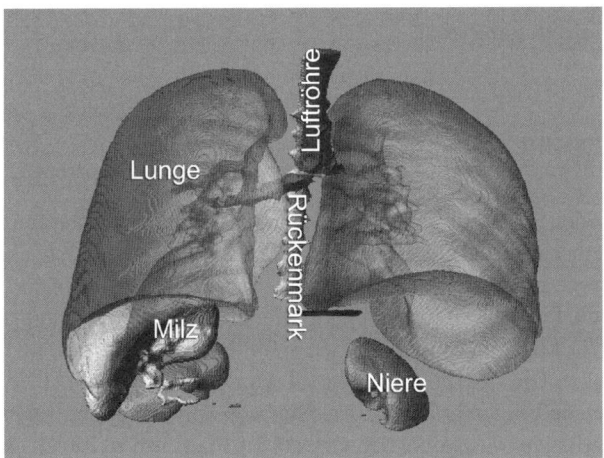

Abb. 52.12 Illustration der Ergebnisse einer Analyse von CT-Bilddaten: die Segmentierung und Klassifikation der Organe erfolgte durch ein CNT-Regelwerk, dessen Ergebnisse hier als 3D-Rekonstruktion (Visualisierung mittels des Softwarepakets Imaris der Firma Bitplane) wiedergegeben sind

Auch in den Neurowissenschaften finden sich zahlreiche Anwendungsszenarien für den Einsatz objektbasierter Verfahren wie der CNT. In Abb. 52.11 ist ein Beispiel für die automatische Segmentierung der Seitenventrikel aus kernspintomographischen Daten des Gehirns gegeben. Eine ausführliche Evaluation der Qualität dieser Resultate zeigt, dass sie mit denen einer manuellen Segmentierung vergleichbar sind [23].

Abbildung 52.12 zeigt das Ergebnis aus einer ersten Anwendung einer CNT-basierten Lösung für computertomographische Datensätze. Es handelt sich hierbei um die Extraktion von einzelnen Organen mittels eines CNT-Regelwerkes. Dieses kann vollautomatisch Organe – wie z. B. die Lunge, Niere und Pankreas – segmentieren, klassifizieren und deren morphologischen Eigenschaften bestimmen und quantifizieren.

Ein weiteres Beispiel für bildanalytische Anwendungen in Biologie und Medizin ist die Untersuchung und quantitative Beschreibung des Zellzyklus aus konfokal- oder phasenkontrastmikroskopischen Bildern. Dabei wird der Zustand einer Zelle nach einer Segmentierung anhand morphologischer Eigenschaften des jeweiligen Zellkerns erkannt und bewertet. Bei genügend großer Auflösung des zur Verfügung stehenden Bildmaterials kann dabei in der mitotischen Phase der Zelle automatisiert zwischen Prophase, Pro-metaphase, Metaphase, Anaphase, Telophase, Zytogenese unterschieden werden. Mitotische Zellen sind ggf. wiederum von normalen, toxischen als auch apoptotischen Zellen getrennt, die jeweils als solche segmentiert und klassifiziert werden. Damit ist es möglich, biologische Phänomene, wie z. B. Translokation und Kolokalisation, zu bewerten. Auch die Analyse von Z-Stacks aus drei- und vierdimensionalen Bilddaten, z. B. aus der Konfokalmikroskopie zur Detektion von bestimmten Partikel oder dem Neuron Tracking, sind als bildanalytische Anwendungen umsetzbar.

52.5 Diskussion

Beim Einsatz der Bildanalyse in Biologie und Medizin herrschen immer noch vorwiegend pixelbasierte Verfahren zur Entwicklung von bildanalytischen Lösungen vor. Dies liegt u. a. daran, dass sich bislang noch kein etablierter und einheitlicher Standard für die Programmierung objektbasierter Anwendungen herausgebildet hat, der auch die für künftige Entwicklungen erforderliche Leistungsfähig- und Zuverlässigkeit besitzt. Die Cognition Network Technology, mit deren Hilfe in den letzen Jahren zahlreiche bildanalytische Lösungen und Anwendungen realisiert wurden, stellt ein Vorschlag und Angebot dar, eine solche Plattform zu bilden, die sowohl die Anforderungen im akademischen, als auch industriellen Bereich erfüllt.

Pixelbasierte und objektbasierte bildanalytische Verfahren besitzen jede für sich spezifische Vor- und Nachteile. Eine Kombination beider Ansätze – im Sinne eines Wechselspiels des jeweils „Besten aus beiden Welten" – verspricht sowohl hinsichtlich der erzielbaren Qualität als auch Durchführungsgeschwindigkeit einer bildanalytischen Lösung ein Optimum. Die objektbasierten Elemente – auch wenn sie nur einen gewissen Prozentsatz der Gesamtanalyse ausmachen – repräsentieren dabei das Herzstück einer kontextgtriebenen und damit einer intelligenten Analyse komplexer Daten. Die heutige Cognition Network Technology stellt einen ersten Schritt in Richtung automatischer Wahrnehmung dar, der bereits zu erstaunlichen Ergebnissen führt. Es kann aber bei dem Thema Wahnehmung keine finale Lösung geben. Man kann nur noch schwierigere und noch komplexere Probleme behandel-

52.5 Diskussion

bar machen. Die aktuelle Weiterentwicklungen der Plattform betrifft die weitere Vereinfachung der Lösungsentwicklung durch das Erstellen generischer Lösungsmodule, die spezifisch abgestimmt und zu Gesamtlösungen kombiniert werden können, um künftig noch effektivere und schnellere bildanalytische Lösungen für den Fortschritt in Biologie und Medizin zu liefern.

52.6 Literatur

1. G. Binnig, G. Schmidt, M. Athelogou, et. al., N-th Order Fractal Network for Handling Complex Structures, German Patent Application Nr. DE10945555.0 of 2. Oct.98 and DE 19908204.9 of 25 Feb. 1999; United States Application 09/806,727 of Sept.24, 1999 and July 9,2001.
2. M. Baatz, A. Schäpe, G. Schmidt: Verfahren zur Verarbeitung von Datenstrukturen, German Patent Application Nr. DE19960372.3 of 14 Sept. 1999.
3. A. Schäpe, M. Athelogou, U. Benz, C. Krug, G. Binnig, Extracting information from input data using a semantic cognition network, Patent number: EP1552437, international: G06F17/30; G06N5/02; G06T5/00, Application number: EP20030808849 20031015 Priority number(s): DE20021048013 20021015; WO2003IB06431 20031015, 2005
4. A. Schäpe, M. Urbani, R. Leiderer, M. Athelogou, Bildverarbeitung in der Medizin, Algorithmen Systeme Anwendungen, Springer 2003.
5. P. Biberthaler, M. Athelogou, S. Langer, B. Luchting, R. Leiderer, K. Messmer: Evaluation of Murine Liver Transmission Electron Micrographs by an Innovative Object-Based Quantitative Image Analysis System (Cellenger). Eur. J. Med. Res (2003) 8: 257–282.
6. M. Baatz, A. Schäpe und M. Athelogou: Automatisierung durch objektorientierte Bildanalyse. Analyse von Strukturen in Zell- und Gewebebildern. Laborwelt 6-2004.
7. M. Athelogou, A. Schaepe, E. von Büren, M. Hummel, H. Stein, G. Binnig: Vollautomatische, detaillierte Quantifizierung des Ki-67 Indizes bei Brustkrebs, in BioSpektrum 6-2004.
8. A. Constans: A brainy twist to image analysis. Definiens' Cellenger offers object-oriented software for the high-content imaging market. The Scientist, 07.06.2004.
9. E. Persohn, M. Baatz: Comparison of Automated and Manual Methods for Counting Cells in Cell Proliferation Studies. Business Briefing: Future Drug Discovery March 2004.
10. K Abraham, P Fritz, M McClellan, P Hauptvogel, M Athelogou, and H Brauch: Prevalence of CD44+/CD24-/low cells in breast cancer may not be associated with CD44+ clinical outcome but may favour distant metastasis. Clinical Cancer Research, Vol. 11, 1154–1159, February 1, 2005.
11. M. Urbani, Computerunterstützte und automatische Analyse von Transmissions-Elektronenmikroskopischen Aufnahmen der Leber, Promotionsarbeit an der Medizinischen Fakultät der Ludwig-Maximilians Universität München, Institute für Chirurgische Forschung, 2004
12. A.-K. Classen, K. I. Anderson, E. Marois and S. Eaton, Hexagonal Packing of Drosophila Wing Epithelial Cells by the Planar Cell Polarity Pathway, Developmental Cell, Vol. 9, 1–13, 2005
13. F. Karatas, Automatische Bestimmung des Differenzierungsgrades von Mammakarzinomen, Diplomarbeit am Institut für Informatik, Lehr- und Forschungseinheit für Programmierung und Softwaretechnik, Ludwig-Maximilians Universität München, 2007.
14. U. Fischer, T. Helbich, G. Pfarl, U. Fischer, Deutsche Ausgabe des Breast Imaging and Reporting Data System (BI-RADS) des American College of Radiology (ACR), Thieme, 2006
15. CURAN'S ATLAS of Histology, Harvey Miller publishers, OXFORD University Press, 2000.
16. M. Wilthgen, Digitale Bildverarbeitung in der Medizin, SHAKER Verlag, 1999
17. T. Lehmann, W. Oberschelp, E. Pelikan, R. Repges, Bildverarbeitung in der Medizin, Springer-Verlag Berlin Heidelberg New York, 1997
18. M. Seul, L. O'Corman, M. J. Sammon, Cambridge University Press, 2007
19. H. Horsch, T.M. Deserno, H. Handels, H.-P. Meinzer, T. Toxdorff (Hrsg), Bildverarbeitung in der Medizin 2007, Algorithmen Systeme Anwendungen, Springer 2007.
20. F. J. Gilbert, H. Lemke, Computer Aided Diagnosis, BJR British Journal of Radiology Volume 78, Special Issue 2005
21. H. U. Lemke, K. Inamura, K. Doi, M. W. Vannier and A.G. Farman, Computer Assisted Radiology and Surgery, 2005, ELSEVIER International Series 1281, 2005.
22. Computer Assisted Radiology and Surgery, Proceedings of the 21th International Congress and Exhibition Berlin, Germany, June 27–30, 2007, Springer.

52.6 Literatur

23. Schönmeyer, R., Prvulovic, D., Rotarska-Jagiela, A., Haenschel, C., & Linden, D. E. J. (2006). Automated segmentation of lateral ventricles from human and primate magnetic resonance images using cognition network technology. Magn Reson Imaging, 24, 1377—1387.
24. G. E. Konecny, M. Pegram, Her2/neu-Überexpression und die Entwicklung einer Therapie mit Herceptin beim Mammkarzinom, Diagnostik und Therapie des Mammakarzinoms, Sate of the Art 2004, herausgegeben von M. Untch, H. Sittek, I. Bauerfeind, M. Reiser, H. Hepp, W. Zuckschwerdt München-Wien-New York 2004
25. M. Athelogou, Automatische Bildanalyse und Quantifizierung für Floureszenz-in situ-Hybridisierung, Patentschrift, US 11/607,557, pending, 2006
26. S. L. Sorte and F. Frischknecht (eds), Imaging Cellular and Molecular Biological Functions, Springer 2007

53 Blutdruckmessung

K. Rädle, W. Welte, N. Jauch

53.1 Einleitung

Erhöhter Blutdruck ist derjenige Risikofaktor für kardiovaskuläre Erkrankungen, der am einfachsten zu bestimmen ist. Und trotzdem sind kardiovaskuläre Erkrankungen immer noch unverändert führend unter den in unserer Gesellschaft vorherrschenden Todesursachen. Ein wesentlicher Grund liegt in der hohen Prävalenz der klassischen kardiovaskulären Risikofaktoren. In diesem Zusammenhang kommt der arteriellen Hypertonie mit einer Häufigkeit von 20–25% in unserer Bevölkerung ein besonderer Stellenwert zu.

Dies unterstreicht die große Bedeutung der Blutdruckmessung, denn das Blutdruckmessgerät ist nach wie vor dasjenige Instrument, das vom Arzt am häufigsten in Klinik und Praxis verwendet wird. Seit Jahren kann man auf mancherlei Ebenen Entwicklungen beobachten: Der Blutdruck wird immer häufiger außerhalb des eigentlichen Tätigkeitsfeldes des Arztes gemessen. Nicht nur Ärzte, sondern auch Schwestern und Pfleger, Arzthelferinnen und Sprechstundenhilfen, angelerntes, nichtmedizinische Fachpersonal und sogar Patienten selbst messen den Blutdruck. Nicht zuletzt ist die Geräteentwicklung in rasantem Tempo vorangetrieben worden und das Angebot ist heute sehr umfangreich.

Für die Blutdruckmessung ist es unerlässlich, bekannten Problemen und Fehlermöglichkeiten vorzubeugen, denn schließlich beruhen viele ärztliche und nichtärztliche Entscheidungen auf deren Ergebnis. Die Blutdruckmessung bestimmt beispielsweise die diagnostische Abklärung erhöhter Blutdruckwerte, die Einleitung oder Änderung antihypertensiver Behandlungen ebenso wie z.B die Risikoprämie beim Abschluss einer Versicherung.

Um den Blutdruck richtig zu ermitteln, müssen zwei Werte gemessen werden:

- Der Systolische (obere) Blutdruck. Er entsteht, wenn das Herz sich zusammenzieht und das Blut in die Blutgefäße gedrückt wird.
- Der diastolische (untere) Blutdruck. Er liegt vor, wenn der Herzmuskel gedehnt ist und sich wieder mit Blut füllt.

Die Messwerte des Blutdrucks werden in mmHg (mm Quecksilbersäule) angegeben.

Die Weltgesundheitsorganisation (WHO) hat folgende Grenzwerte für die Beurteilung der Blutdruckwerte festgelegt:

Blutdruckgrenzwerte der WHO (in mmHg)	Systole	Diastole
■ eindeutig erhöht	ab 140	ab 90
■ noch normal	130-139	85-89
■ normal	120-129	80-84
▫ optimal	bis 119	bis 79

53.2 Die historische Entwicklung der Blutdruckmessung

Riva-Rocci entwickelte 1895 die Staumanschette für den Oberarm und konnte den systolischen Blutdruck palpatorisch bestimmen. 1905 entdeckte Korotkoff die nachfolgend nach ihm benannten Strömungsgeräusche bei Teilkompression einer Arterie und nutzte diese in Kombination mit der Oberarmmanschette zur Bestimmung des systolischen und diastolischen Blutdrucks.

Seit dieser Zeit wird die Blutdruckmessung nach Riva-Rocci und Korotkoff bestimmt. Mit Ausnahme besonderer wissenschaftlicher Studien erfolgt die Messung der Blutdruckwerte seit über 100 Jahren unverändert am Oberarm.

Vor Riva-Rocci und Korotkoff wurden Blutdruckmessungen am Unterarm und am Handgelenk durchgeführt: In Frankreich von Marey und Potain sowie in Wien von Basch. Marey registrierte 1880 pulsatorische Oszillationen mit der nach ihm benannten Marey`schen Kapsel. Er ermittelte als Erster den Blutdruck beim Menschen unblutig und legte so die Basis auf der alle weiteren Entwicklungen der oszillometrischen Blutdruckmessung aufbauten.

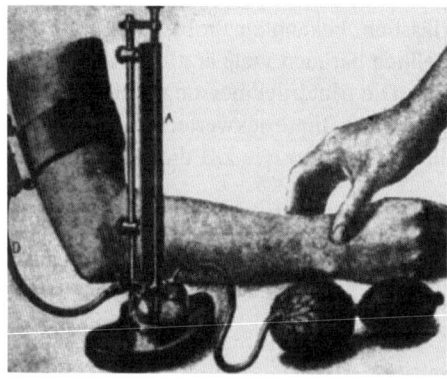

Abb. 53.1 Blutdruckmeßgerät von Riva-Rocci

53.2 Die historische Entwicklung der Blutdruckmessung

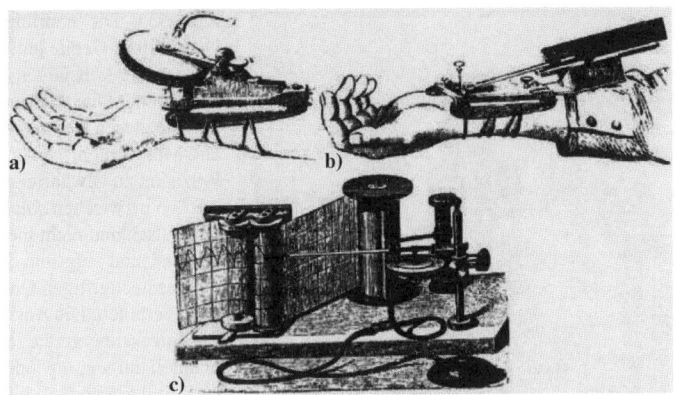

Abb. 53.2 Sphygmograph von E. J. Marey, verschiedene Modelle: die Ableitung der Pulsation erfolgt von der Arteria radialis, das System aus Holz ist am Unterarm fixiert (A, B), Pulsationen werden auf ein Papier zur Darstellung gebracht (C)

Marey kann somit durchaus als der Erfinder der ärztlichen Blutdruckmessung bezeichnet werden. Seine Apparaturen waren aber nicht praxisorientiert. Seine Methode war zu umständlich und nur in Laboreinrichtungen anwendbar, so dass sie sich zunächst nicht durchzusetzen vermochte.

Der Wiener Arzt und Professor Dr. S. v. Basch erkannte die Bedeutung der Blutdruckmessung für die täglichen diagnostischen Aufgaben des Arztes und entwickelte erstmals ein Sphygmomanometer, das der Arzt überall mitnehmen konnte. Die Messung erfolgte am Handgelenk.

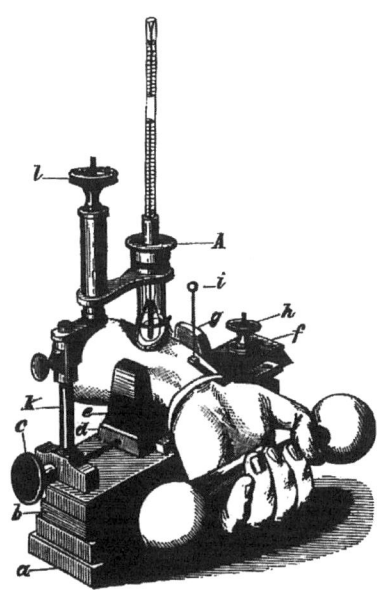

Abb. 53.3 Sphygmomanometer von S. von Basch

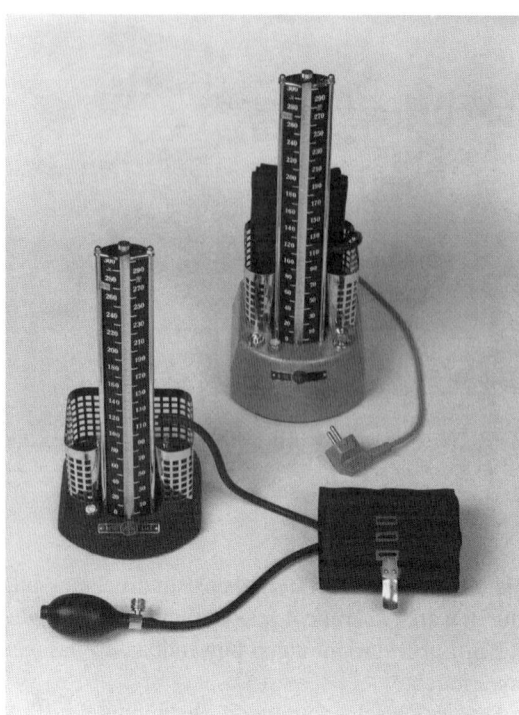

Abb. 53.4 Die ursprünglichen Quecksilber-Geräte hatten den Vorteil der sehr konstanten Druckanzeige in der Quecksilbersäule. Dies brachte diesen Geräten den Ruf ein, Messergebnisse von höchster Präzision zu gewährleisten. Jedoch werden inzwischen solche Geräte in Deutschland nicht mehr vertrieben und sind aufgrund der Gefahren des hochgiftigen Quecksilbers auch verboten. Die Ausstattung der Quecksilbergeräte reichte von manuell aufzupumpenden Geräten (z. B. links boso-stat) bis zu Geräten mit elektrischer Pumpe (z. B. rechts oder boso-fix)

Potain verbesserte das von v. Basch entwickelte Blutdruckmessgerät, in dem er die Flüssigkeitsfüllung der sog. Pelotte durch Luft ersetzte und die Form der Pelotte änderte. In Frankreich fand dieses Blutdruckmessgerät eine positive Aufnahme. Mit dieser Methode wurde über 15 Jahre überwiegend gemessen.

So bestechend die Handhabbarkeit der Pelottenmessung war, ihre Messgenauigkeit war strittig. Je nach Aufsetzen der Pelotte am Handgelenk wurden unterschiedliche Blutdruckwerte ermittelt. Dies führte zur Entwicklung der zirkulären Kompression einer Arterie, wie sie bereits von Marey in Ansätzen angewandt wurde. Riva-Rocci vereinfachte die von Marey entwickelte aufwändige Apparatur zur Kompression der Unterarmarterie, indem er einen Gummischlauch verwendete, den er um den Arm wickelte und aufblies. Eine Lederbahn um den Schlauch verhinderte die Ausdehnung des Schlauches nach außen. Damit war die Manschettenmethode geboren, ermöglicht erst durch den technischen Fortschritt der Zeit.

Als Messgerät zur Druckbestimmung wurde anfangs ausschließlich die Quecksilbersäule verwendet. Die Nachteile waren und sind bei diesen Geräten – neben den hohen Anforderungen an Pflege und Wartung – hauptsächlich die Gefahr des Brechens des Glasrohres und Auslaufen des hochgiftigen Quecksilbers.

Im Jahr 1888 gründeten Franz Josef Bosch und Albert Bosch in Straßburg eine mechanische Werkstätte. Beide stammten aus Jungingen auf der Schwäbischen Alb.

53.2 Die historische Entwicklung der Blutdruckmessung

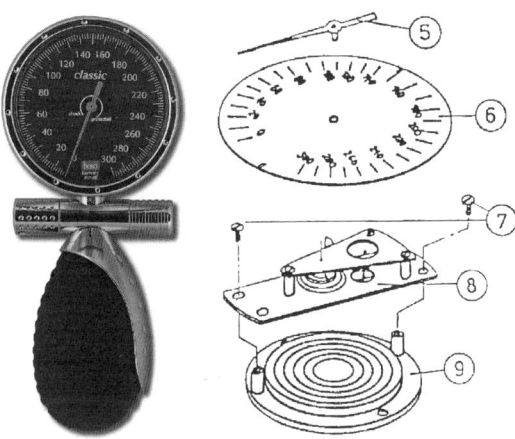

Abb. 53.5 Konventionelles Blutdruckmessgerät: 5 = Zeiger, 6 = Skala, 7 = Befestigung des Werkes, 8 = Werk, 9 = Membrane

Um die Jahrhundertwende entwickelten diese genialen Erfinder das erste Federmanometer zur Messung des Blutdrucks, welches alle Probleme der Quecksilbergeräte löste.

Im Jahr 1921 kehrten beide zurück nach Jungingen und gründeten die erste Fabrik, in der Manometergeräte (Aneroidgeräte) in Serienproduktion hergestellt wurden. Aus dieser Fabrik entwuchs später die Firma boso, BOSCH + SOHN, die heute nach wie vor der führende Anbieter von Blutdruckmessgeräten für die professionelle Messung ist. Laut GfK-Studie bei Allgemeinmedizinern, Internisten und Praktiker im Jahr 2005 arbeiten mittlerweile 75% aller Ärzte mit boso-Blutdruckmessgeräten.

Bis Mitte der 80er Jahre waren Blutdruckmessgeräte primär medizinische Mess- und Diagnosegeräte für den Arzt und die Krankenschwester. Die Blutdruckmessung erforderte medizinisches Wissen oder zumindest eine sehr gute Einweisung.

Dem Hause boso ist auch die Idee zu verdanken, dass die Blutdruckmessung nicht nur dem Arzt überlassen werden sollte, sondern dass eine regelmäßige Überprüfung des Gesundheitsstatus zu Hause gefährlichen Krankheiten vorbeugen könnte:

Das weltweit erste Selbstmessgerät wurde im Hause boso entwickelt und setzte den Grundstein für eine weltweite Idee und den heutigen Markt.

Die Verbreitung der Blutdruckselbstmessung hat in den letzten 20 Jahren zu einer bedeutenden Weiterentwicklung der für die Selbstmessung bestimmten Geräte geführt. Rein mechanische Geräte, die von Hand aufgepumpt werden und bei denen über ein in die Manschette eingebautes Stethoskop die Korotkoff-Geräusche vom Patienten gehört werden, wurden schrittweise abgelöst durch Vollautomaten, bei denen auf Knopfdruck ein bestimmter Manschettendruck erzeugt wird. Nach automatischem Druckablass werden der systolische Druck, der diastolische Druck und die Herzfrequenz digital angezeigt. Bei einzelnen Geräten sind auch Speicherung und Ausdruck der gemessenen Werte möglich.

Zu Beginn der 60er-Jahre erfolgte zudem die Entwicklung der ersten Langzeit-Blutdruckmessgeräte. Hinman berichteten 1962 erstmals über eine derartige Mess-

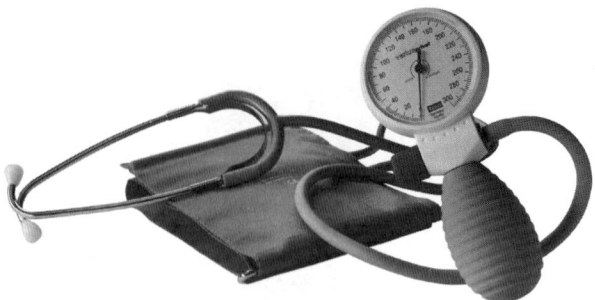

Abb. 53.6 Die ersten Selbstmessgeräte waren mechanische Blutdruckmessgeräte mit einem in die Manschette eingebauten Stethoskop. Diese Geräte werden auch heute noch gerne verwendet – wie beispielsweise boso-varius privat – da man die Korotkoff-Geräusche hören kann. Auch bei Hypertonie-Schulungen wird so dem Patienten gerne verdeutlicht, was die Werte Systole und Diastole eigentlich bedeuten

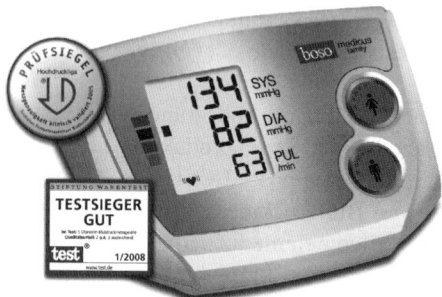

Abb. 53.7 Anwender zu Hause messen heutzutage vorwiegend mit vollautomatische Geräten und achten hier auf Geräte mit hoher Messgenauigkeit, die von Instituten wie Deutsche Hochdruckliga oder Stiftung Warentest bestätigt wird

apparatur. Die ersten tragbaren Messgeräte waren noch halbautomatisch, d. h. die Manschette wurde noch manuell vom Patienten aufgepumpt. Die Korotkoff-Geräusche wurden mittels eines Mikrophons über der Arteria brachialis registriert und auf Magnetbändern gespeichert. Der Recorder von Hinman wog noch ca. 2,5 kg.

Das halbautomatische Verfahren wurde in den folgenden Jahren weiterentwickelt, so dass der Patient nur noch durch Knopfdruck den dann automatisch ablaufenden Messvorgang auslösen musste (z. B. Remmler M 2000). Eine Blutdruckmessung während des Schlafes war damit noch nicht möglich.

Einen bedeutsamen Fortschritt brachte das 1968 von Schneider erstmals eingesetzte vollautomatische Gerät, mit dem der Blutdruck in vorgegebenen Zeitabständen über 24 Stunden zuverlässig ermittelt werden konnte. Mit dieser Methode war erstmals eine automatische Blutdruckmessung unter häuslichen Bedingungen, bei der Arbeit und im Schlaf möglich. Die Abweichung von manuell gemessenen Blutdruckwerten war gering. In den 70er Jahren wurden Geräte mit Digitalspeichersystemen und variabel programmierbaren Messintervallen entwickelt. Hiermit konnten bis zu 200 Blutdruckwerte über 24 Stunden bestimmt und gespeichert werden (Pressurometer Model 1978, del Mar avionics). Zur Datenaufnahme kamen Festspeicher zum Einsatz. Die Anlage von EKG-Elektroden erfolgte ehemals, um

53.2 Die historische Entwicklung der Blutdruckmessung

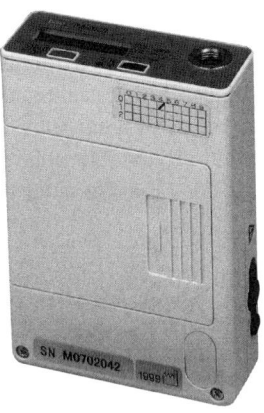

Abb. 53.8 Die modernen 24-Stunden-Blutdruckmessgeräte sind sehr klein und handlich, wie z. B. boso-TM-2430 PC. Die Programmierung und Auswertung erfolgt über den PC

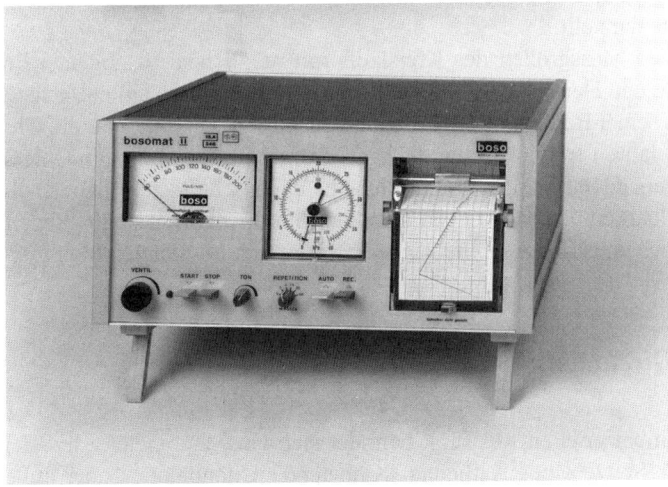

Abb. 53.9 bosomat II – ein ergometrietüchtiges Blutdruckmessgerät. Die elektrische Messung erfolgt mit Mikrophon, die Werte werden anschließend auf Thermopapier aufgezeichnet. Weiteres Ausstattungsmerkmal ist ein Bandpass-Filter für die Messsignale

eine konstante Ablassgeschwindigkeit zwischen zwei Herzaktionen zu gewährleisten, später um durch Registrierung der Korotkoff-Geräusche, Störeinflüsse und andere Faktoren zu reduzieren.

Die weitere technische Entwicklung in den 80er Jahren führte zu einer Verkleinerung und damit zu einer Gewichtsreduzierung der Langzeit-Blutdruckmessgeräte. Weiterhin gelang eine Verminderung der Pumpgeräusche. Diese beiden Fortschritte führten zu einer deutlich verbesserten Akzeptanz der Langzeit-Blutdruckmessung durch die Patienten. Weitere Verbesserungen betrafen die Verbesserung der Mikrophontechnik, insbesondere die automatisierte Unterdrückung von Nebengeräuschen.

Die Anlage von EKG-Elektroden erwies sich bei neueren Geräten als entbehrlich. Bei einigen Langzeit-Blutdruckmessgeräten wurde das auskulatorische Messverfahren durch die oszillometrische Methode zunächst ergänzt, später ersetzt.

Ende der 60er Jahre stellte boso die ersten elektronischen Blutdruckmessgeräte vor, die auch unter Belastung auf dem Fahrrad-Ergometer verlässliche Blutdruckwerte lieferten. Die Registrierung des gesamten Messablaufes auf Thermostreifen legte den Grundstein für das heutige Belastungs-EKG.

53.3 Mess-Methoden und Mess-Techniken

Kaum eine andere Größe bei der körperlichen Befunderhebung unterliegt einer derart starken Variabilität wie der arterielle Blutdruck. Wichtig ist hier auch die Tatsache, dass trotz vieler Versuche zur Standardisierung eine Einzelmessung lediglich eine Momentaufnahme aus dem weiten Spektrum der im Alltag auftretenden Blutdruckwerte darstellt.

Von allen Messgrößen des Kreislaufs mit möglichem pathogenen Einfluss auf Blutgefäße und Herz ist der Blutdruck seit jetzt 100 Jahren am einfachsten zu messen und in seiner Bedeutung am besten dokumentiert. Die Automation, wie sie in den letzten 20 Jahren entwickelt wurde, hat die Blutdruckmessung von Untersucherfehlern weitgehend befreit. Eine wesentliche Errungenschaft ist die nahezu unbegrenzte Wiederholbarkeit von Messungen unter den verschiedensten Bedingungen des täglichen Lebens unter anderem im Nachtschlaf (s. auch 24-Stunden Messung 5.3).

53.3.1 Direkte Messung (Intraarterielle Messung)

Bei der intraarteriellen Messung befindet sich ein Manometer entweder im Körper an der Spitze eines Katheters (Katheter-Tip-Manometer) oder außerhalb des Körpers am Ende eines mit Flüssigkeit gefüllten Kathetersystems. Hydrostatischer Bezugspunkt ist die Aortenwurzel des Patienten. Bei jeder dieser beiden Vorgehens-

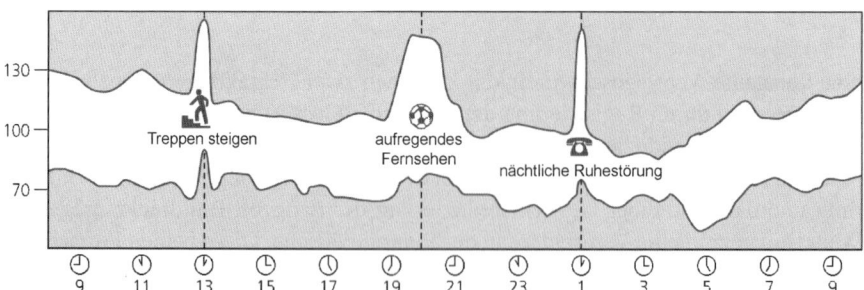

Abb. 53.10 Schwankende Blutdruckwerte (Blutdruckvariabilität) sagen nichts über die Genauigkeit eines Gerätes aus - der Blutdruck kann sich im Laufe des Tages, auch aufgrund verschiedener externer Einflussfaktoren, verändern.

weisen sind statische Eichungen der Manometer mit unterschiedlichen Druckstufen im Referenzsystem notwendig. Bei Systemen mit extrakorporalem Manometer sind zusätzliche dynamische Eichungen erforderlich mit Bestimmung von Eigenfrequenz und Dämpfungsgrad, die unter anderem von Elastizität, Länge und Lumenweite der Katheter abhängen.

Neben den physikalischen Eigenschaften der Messsysteme ist bei der intraarteriellen Messung stets der genaue Messort im Gefäßsystem anzugeben. Während arterieller Mitteldruck und diastolischer Druck bei waagerechter Körperlage mit der Entfernung vom Herzen sinken, wird der systolische Blutdruck durch Wellenreflexion in der Körperperipherie überhöht.

53.3.2 Indirekte Messung

53.3.2.1 Manschetten

Allen bisher zugelassenen indirekten Messverfahren ist das Manschettenprinzip gemeinsam. Dabei wird der Blutstrom durch den Druck in einer aufblasbaren, eine Extremität umschließenden Manschette ganz oder teilweise unterbrochen. Von diesem Riva-Rocci-Prinzip abweichende Methoden z. B. Messungen des Druckes über Änderungen der Pulswellengeschwindigkeit sind bisher nicht ausgereift.

Ort der Messung

Die Blutdruckwerte können an verschiedenen Orten des arteriellen Systems bestimmt werden:
1. Messort Oberarm: Hinsichtlich des Messorts gilt der Oberarm (Arteria brachialis) als Standardmethode. Vor allem Riva-Rocci und Korotokoff ist es zu verdanken, dass die auskultatorische Messung (3.2.2.2) in der Arztpraxis eingeführt wurde. Die heute verfügbaren prognostischen Daten über die Zusammenhänge zwischen Blutdruckwerten und kardiovaskulärem Risiko beruhen immer auf der Messung am Oberarm und meist auf der auskultatorischen Methode. Daher wird dieser Messort auch als Referenz bei der klinischen Validierung von Blutdruckmessgeräten eingesetzt. Gängige Normwerte sind auf die Messung am Oberarm bezogen.
2. Messort Handgelenk: Das Handgelenk bietet sich wegen der einfachen Handhabung der Messung als Messort an. Das Entkleiden des Oberarms entfällt. Alle heute verfügbaren Geräte zur Blutdruckmessung am Handgelenk arbeiten mit dem oszillometrischen Messprinzip (3.2.2.3): Handgelenkgeräte sind für die meisten Menschen geeignet, es sollten aber kritische Punkte und Kontraindikationen beachtet werden. Generell ist initial eine Vergleichsmessung am Oberarm durchzuführen, denn die Messung am Handgelenk birgt viele Fehlerquellen. Diese können in der falschen Anwendung, aber auch am komplizierten und fili-

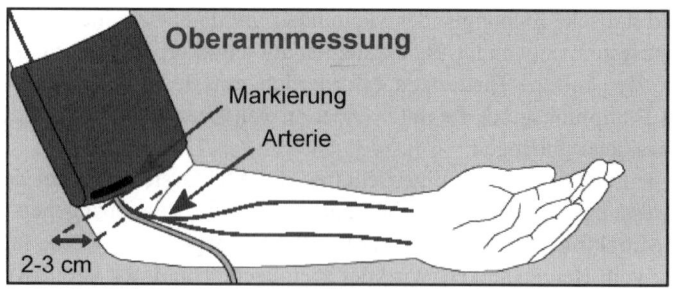

Abb. 53.11 Die richtige Platzierung der Manschette ist wichtig für verlässliche Messergebnisse. Entscheidend ist hier die Höhe der Manschette (in Herzhöhe). Befindet sich der Messpunkt unterhalb der Herzhöhe, so werden fälschlicherweise zu hohe Werte bestimmt, befindet er sich oberhalb der Herzhöhe, dann werden zu niedrige Werte gemessen. (s. auch Literatur: Forum hypertonicum S. 8, Blutdruckselbstmessung S. 61, Lehrbuch der Hypertonie S. 262)

granen arteriellen System am Handgelenk liegen.
3. Messort Finger: Finger-Blutdruckmessgeräte haben in der Forschung eine lange Tradition. Generell werden diese Geräte jedoch nicht zur Diagnose einer Hypertonie oder zur Therapieüberwachung empfohlen. Diese Einschränkungen schließen aber nicht aus, dass Finger-Messgeräte in Zukunft eine Bedeutung zur Diagnose spezifischer Erkrankungen erlangen können. Derzeit ist jedoch festzuhalten, dass die klinische Wertigkeit der Finger-Blutdruckmessung unklar ist und sich aus den am Finger gemessene Werte nicht die Druckverhältnisse am Oberarm ableiten lassen.
4. Messort Bein: Die Blutdruckmessung am Bein hat zum Ziel, Blutdruckdifferenzen zwischen oberen und unteren Extremitäten aufzudecken (s.a. 5.6 ABI-Ermittlung). Wenn der Blutdruck am Arm erhöht, am Bein dagegen deutlich niedriger liegt, kann dies ein wichtiger Hinweis auf eine Aortenisthmusstörung sein. Am Beim kann der Blutdruck mit der herkömmlichen Methode sowohl am Oberschenkel als auch am Unterschenkel gemessen werden.

Manschettengrößen

Ein internationaler Konsens über die Maße der zu verwendenden Manschetten wurde bisher nicht erzielt. Der Ansicht, dass der aufblasbare Teil der Manschette ca. 80% des Oberarmes umschließen und die Breite der Manschette 40% des Oberarmumfanges betragen soll, steht die Meinung gegenüber, dass in jedem Falle der aufblasbare Teil größer sein soll als der Oberarmumfang. Nationale Kommissionen haben sich entweder am ersten Grundsatz orientiert (z.B. USA) oder am zweiten (z.B. Großbritannien). Richtig ist, dass eine nach dem ersten Prinzip zu schmale Manschette durch ungenügende Druckübertragung auf die Arterie zu hohe Blutdruckmesswerte zur Folge hat. Die Gefahr zu niedriger Messwerte ist mit einer zu breiten Manschette geringer.

53.3 Mess-Methoden und Mess-Techniken

Patient	Oberarmumfang (cm)	Gummiteil der Manschette (cm) Länge × Breite *
Kleinkind		5 × 8
Kind		8 × 13
Erwachsener	unter 33 33–41 über 41	12–13 × 24 15 × 30 18 × 36
	* die angegebenen Längen sind Mindestmaße	

Tabelle 53.1 Empfohlene Manschettenmaße für die indirekte Blutdruckmessung am Oberarm

Für die indirekte Messung am Oberarm (und am Oberschenkel) werden in Deutschland die in *Tabelle 1* angegebenen Manschettenmaße empfohlen. Besondere Probleme können bei konischen Oberarmen auftreten. Hierfür wurden trapezförmige Manschetten entwickelt. In eine Manschette integrierte Gummiblasen verschiedener Dimensionen, die in Abhängigkeit von der Größe des Oberarmumfanges aufgepumpt (z. B.: Tricuff®) werden, können den Fehler zu schmaler Manschetten vermeiden helfen. Auch bei der Blutdruckmessung am Handgelenk können falsch dimensionierte Manschetten zu Fehlern führen. Hier sind die Angaben der Gerätehersteller zu beachten.

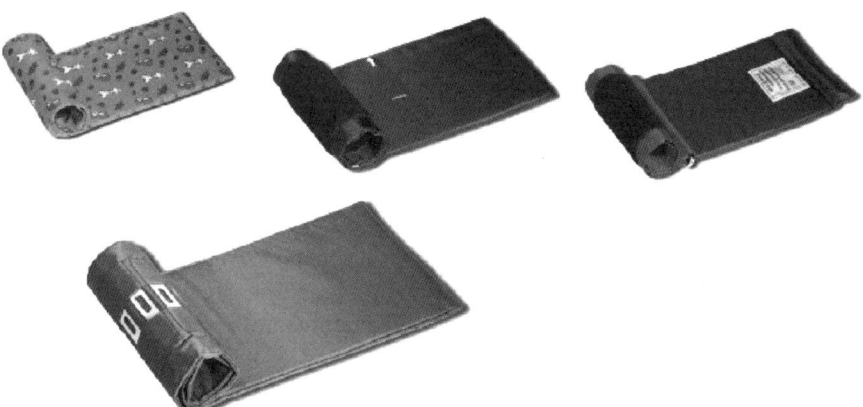

Abb. 53.12 Da die richtige Größe der Manschette unerlässlich für verlässliche Messergebnisse ist, gibt es eine umfangreiche Bandbreite an verschiedenen Manschettengrößen- von der Frühgeborenen- bis hin zur Oberschenkel-Manschette. Eine für die Messung zu schmale Manschette führt zu zu hohen Blutdruckwerten, eine zu breite Manschette führt zu zu niedrigen Blutdruckwerten. Dies bedeutet bei einem Oberarmumfang bis 33 cm eine Blasen-Breite von 12-13 cm und -Länge von 32 cm; bei einem Oberarmumfang zwischen 33 und 41 cm Breite 17 cm x Länge 36 cm; bei einem Oberarmumfang über 41 cm liegt die erforderliche Blasen-Breite bei 18 cm und -Länge bei 36 cm. Diese Maße sind Mindestmaße. (s. auch Literatur: Blutdruckselbstmessung S. 61, Forum hypertonicum S. 8, Empfehlungen zur Blutdruckmessung/ Dt. Hochdruckliga S. 2)

53.3.2.2 Mess-Methoden

Zur Messung des Manschettendruckes werden Quecksilber-, Aneroid- oder Elektromanometer verwendet. Die Fehlergrenzen betragen für Quecksilbermanometer sowie für Aneroid- und Elektromanometer ± 3mmHg. Alle Manometer müssen in mmHg geeicht sein und eine Graduierung in Abständen von 2 mmHg aufweisen.

Bei der konventionellen und bei der automatischen Messung werden die Blutströmungssignale fast ausschließlich bei fallendem Manschettendruck registriert. Bei der Einzelmessung soll der Spitzendruck in der Manschette 30 mmHg höher sein als der zu erwartende systolische Blutdruck. Für die Standardmessung nach Riva-Rocci und Korotkoff wird eine Druckablassgeschwindigkeit von 2-3 mmHg/sec im Bereich des systolischen und des diastolischen Blutdruckes empfohlen. Eine höhere Druckablassgeschwindigkeit kann systolisch zu niedrige und diastolisch zu hohe Werte zur Folge haben. Bei einigen Automaten, die nach dem oszillometrischen Prinzip arbeiten, sind größere Ablassgeschwindigkeiten ohne Beeinträchtigung der Messgenauigkeit möglich.

Palpatorische Blutdruckmessung

Verschwinden und Wiederauftreten des Radialispulses bei Erhöhung und Absenkung des Manschettendruckes geben nach wie vor eine wichtige von den unten genannten Blutströmungskriterien unabhängige Information über die Höhe des systolischen Blutdruckes oder sind als Plausibilitätsprüfung geeignet. Bei der ersten Messung sollte die Manschette um 30 mmHg höher als der so gewonnene Wert aufgepumpt werden.

Korotkoff-Methode

Die korrekt angewandte Korotkoff-Methode mit Auskulation der Geräusche (Mikrophon/ Stethoskop) in der Ellenbeuge stellt nach wie vor den Goldstandard der indirekten Blutdruckmessung auch für die Evaluation moderner Blutdruckmessautomaten dar. Der systolische Blutdruck entspricht dem Manschettendruck beim ersten Korotkoff-Geräusch.

Während das Kriterium für den systolischen Blutdruck unstrittig ist, wurde für den diastolischen Druck in den letzten Jahrzehnten wiederholt in nationalen und internationalen Empfehlungen zwischen dem Leiser- und Dunklerwerden der Geräusche („muffling", Phase IV) und dem Verschwinden der Geräusche (Phase V) gewechselt. Der in Phase V gemessene Druck stimmt in der Regel besser mit dem blutig gemessenen überein als der in Phase IV gemessene. Auch in den meisten epidemiologischen Beobachtungs- und Interventionsstudien wurde Phase V als diastolisches Kriterium verwendet. So wird heute allgemein Phase V zur Messung des diastolischen Blutdrucks empfohlen auch bei Kindern und Schwangeren. Lediglich dann, wenn Korotkoff-Geräusche bis zu einem sehr niedrigen Manschettendruck

53.3 Mess-Methoden und Mess-Techniken 1251

gehört werden (z. B. bei der Ergometrie oder bei hohem Zeitvolumen und niedrigem peripherem Widerstand aus anderer Ursache) ist Phase IV vorzuziehen.

Die Art des verwendeten Stethoskops ist praktisch ohne Bedeutung für das Messergebnis. Die Verwendung der Stethoskopglocke hat den Vorzug eines besseren Luftabschlusses zur Umgebung im Vergleich zur Stethoskopmembran, aber auch die Gefahr einer Kompression der Arterie mit Erzeugung von Strömungsgeräuschen. Bei einer sogenannten auskulatorischen Lücke verschwinden die Korotkoff-Geräusche vorübergehend im Bereich der Blutdruckamplitude. Dieses Phänomen wird bei wenigen Personen spontan beobachtet, es kann aber auch durch langsames Aufpumpen der Manschette provoziert werden.

Oszillometrische Methode

Sinkt der Manschettendruck in den Bereich des systolischen Blutdrucks, erzeugt die gegen die Manschette anprallende Pulsdruckwelle Druckschwankungen zunächst zunehmender, dann abnehmender Amplitude in der Manschette. Das Amplitudenmaximum wird beim arteriellen Mitteldruck erreicht. Erst deutlich unterhalb des

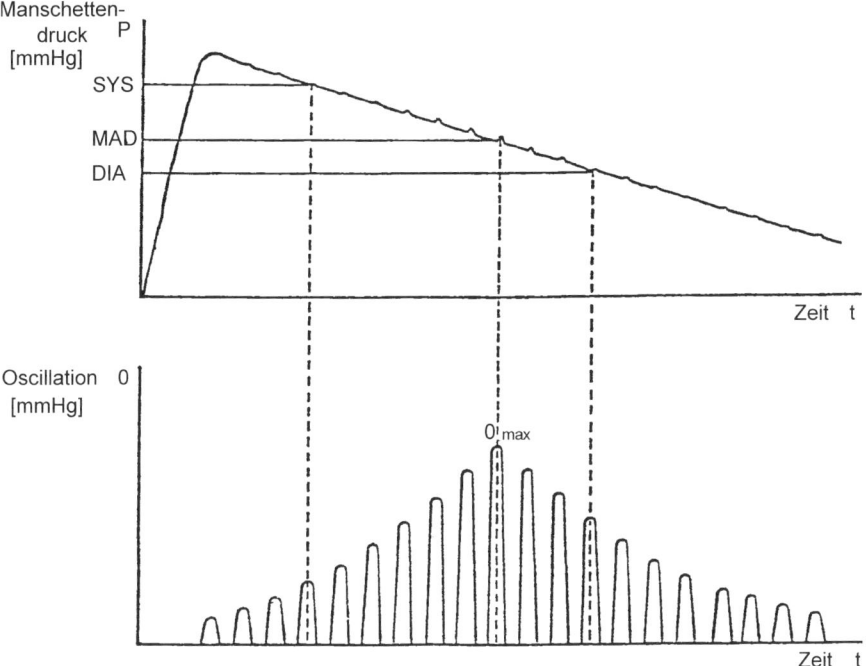

Abb. 53.13 Graphik einer oszillometrischen Blutdruckmessung. Oben dargestellt ist der Druckverlauf während der Messung. Die untere Darstellung zeigt die ansteigenden und abfallenden Oszillationen. Aus dem Maximum der Oszillationen werden Systole und Diastole errechnet

diastolischen Blutdrucks verschwinden die Oszillationen. Für viele Auswertungsverfahren der Druckoszillationen stellt das Oszillationsmaximum die zentrale Information dar. Erreicht die Oszillationsamplitude bestimmte Prozentsätze dieses Maximums, gilt dies als Kriterium für den systolischen, bzw. diastolischen Druck. Auch andere Verfahren, die sich z. B. an der Hüllkurve der Oszillationen orientieren, werden verwendet. Daher hat erst mit der elektronischen Automation der Blutdruckmessung die oszillometrische Methode Anwendungsreife erlangt, obgleich die Phänomene länger bekannt waren als die Korotkoff-Geräusche. Auch bei der Blutdruckmessung am Handgelenk oder am Finger wird überwiegend diese Methode verwendet. Da bei der oszillometrischen Methode der Signalaufnehmer die Manschette selbst ist, entfallen zusätzliche Geräteteile wie z. B. Mikrophon und Mikrophonleitungen. Um eine optimale Signalaufnahme zu gewährleisten, ist darauf zu achten, dass der aufblasbare Bereich der Manschette beim Anlegen am Oberarm möglichst auf die Arteria brachialis zentriert wird.

Ultraschall-Dopplermethode

Unterschreitet der Manschettendruck den systolischen Blutdruck, so sind mittels Ultraschall bei Wiederauftreten der Blutströmung distal der Manschette bei jedem Puls Dopplerphänomene wahrnehmbar durch Bewegungen der Arterienwand bzw. der korpuskulären Blutbestandteile. Beim diastolischen Druck gehen die Signale der Arterienschließung und -öffnung ineinander über. Das Verfahren wird vor allem bei Kindern und besonderen wissenschaftlichen Fragen verwendet. Auch bei der Messung am Unterschenkel war diese Methode weit verbreitet, jedoch wird hier inzwischen auch das oszillometrische Verfahren eingesetzt (s. auch ABI-Ermittlung 5.6).

Für die Automation der Blutdruckmessung zur Selbstmessung oder zur ambulanten 24-h-Blutdruckmessung hat diese Methode keine Bedeutung erlangt.

Indirekte Blutdruckmessung von Schlag zu Schlag (Penaz-Prinzip)

Eine zzt. noch vor allem für wissenschaftliche Fragen bedeutsame Weiterentwicklung des Riva-Rocci-Prinzips ist eine Fingermanschette, deren fortlaufend gemessener Druck dem intraarteriellen Druck augenblicklich angepasst wird. Dies wird durch eine lichtplethysmographische Messung des Fingervolumens ermöglicht. So ist erstmals eine indirekte Blutdruckmessung von Schlag zu Schlag möglich, die bei raschen Änderungen des Blutdrucks z. B. in Orthostase besonders wichtig sein kann.

53.4 Vorbereitung (Ruhephase, Körperhaltung, Manschetten)

Die Blutdruckmessung sollte im Sitzen, kann aber auch im Liegen erfolgen, nach mindesten 3–5 Minuten Ruhe. Blutdruckmessungen im Stehen sind für die Beurteilung der mittleren Höhe des Blutdruckes nicht geeignet, sie sind lediglich eine Ergänzung zur Prüfung der orthostatischen Toleranz.

Unmittelbar vor der Blutdruckmessung sollte sich der zu Untersuchende nicht körperlich schwer belastet oder psychisch erregt haben. Er sollte keine größere Menge Flüssigkeit getrunken und seine Blase weitgehend entleert haben. Der Genuss von Alkohol und Nikotin innerhalb von einer Stunde vor der Blutdruckmessung sollte ebenfalls vermieden werden. Der Zeitpunkt der letzten Einnahme evtl. blutdruckwirksamer Medikamente sollte bekannt sein. Der Arm muss frei sein von einschnürender Kleidung.

Beim Anlegen der luftleeren in ihren Maßen dem Oberarmumfang angepassten Manschette ist darauf zu achten, dass der aufblasbare Gummibeutel bzw. ein eventuell eingebautes Mikrophon/ Stethoskop auf die Arterie an der Innenseite des Oberarmes zentriert wird. Die Manschette muss fest anliegen ohne abzuschnüren. Ihr unterer Rand sollte ungefähr 2,5 cm oberhalb der Ellenbeuge enden. Unabhängig von der Körperlage des Untersuchten sollen sich die Ellenbeuge und der ganz leicht im Ellenbogengelenk gebeugte Oberarm in Herzhöhe befinden.

Bei der ersten Untersuchung sollte der Blutdruck an beiden Armen gemessen werden. Ergeben sich dabei größere Unterschiede, sind weitere Untersuchungen notwendig. Bei Kontrollmessungen ist immer am Arm mit dem höheren Blutdruck zu messen.

Abb. 53.14 Für verlässliche Messergebnisse ist die richtige Platzierung in Herzhöhe entscheidend ist, da ansonsten aufgrund des statischen Druckunterschiedes zu hohe oder zu niedrige Werte ermittelt werden. Bei der Oberarmmessung muss die Blutdruckmanschette so angelegt werden, dass der untere Rand 2,5 cm über der Ellenbeuge platziert ist. Bei auskultatorisch messenden Geräten muss das in der Regel markierte Mikrophon an der Manschetteninnenseite des Oberarm über der Arteria brachialis platziert werden. Bei der oszillometrischen Messung muss je nach Gerät darauf geachtet werden, dass der Manschettenschlauch auf der Innenseite des Oberarms im Bereich der Arterie in Richtung Hand und distal aus der Manschette austritt. Der Metallbügel darf niemals über der Arterie liegen. Auch bei der Messung am Handgelenk gilt die Orientierung an der Herzhöhe, um zu hohe Messwerte zu vermeiden – hier kann die Fehlmessung durchaus bis zu 20 mmHg betragen. (s. auch Literatur: Forum Hyertonicum S. 8, Blutdruckselbstmessung S. 61, Lehrbuch der Hypertonie S. 262)

53.5 Anwendung

53.5.1 Praxismessung

Das Aufpumpen der Blutdruckmanschette erfolgt rasch bis zu einem Druck, der etwa 30 mmHg oberhalb desjenigen Druckes liegt, bei dem der Radialispuls verschwindet. Ist dieser Manschettendruck erreicht, setzt der Untersucher sein Stethoskop auf die vorher palpatorisch bestimmte Auskulationsstelle in der Ellenbeuge.

Anschließend wird durch Öffnen des Druckventils die Luft langsam aus der Manschette abgelassen. Die Ablassgeschwindigkeit des Druckes beträgt im Bereich des systolischen und diastolischen Druckes 2-3 mmHg pro Sekunde bzw. pro Herzschlag. Der systolische und der diastolische Druck sollte so genau wie möglich in mmHg angegeben werden. Ein Auf- oder Abrunden auf 10 oder 5 mmHg-Werte ist abzulehnen. Die Messgenauigkeit ist vor allem im grenzwertigen Blutdruckbereich von großer Bedeutung.

Zwischen aufeinander folgenden Messungen sollte wenigstens eine Minute verstreichen. Dabei muss die Manschette völlig druckentlastet werden, um eine venöse Stauung zu vermeiden. Ein Nachpumpen während des Messvorganges ist zu vermeiden.

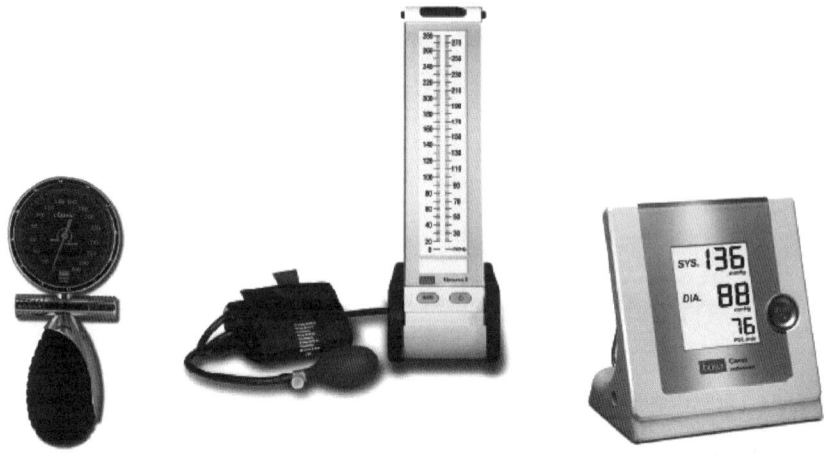

a) boso-classic   b) boso-Mercurius E   c) boso-carat professional

Abb. 53.15 Das Sortiment an Blutdruckmessgeräten für den professionellen Einsatz ist heute sehr umfangreich und deckt alle speziellen Anforderungen ab. **a)** Modernes Aneroid-Blutdruckmessgerät mit einem Messbereich bis 300 mmHg. Das Messwerk ist „shock protected", das heißt es ist geschützt vor starken Schlägen und Stößen. **b)** Modernes Quecksilber-Gerät ohne Quecksilber. Für die auskulatorischer Messung, Markierungsfunktion zur Speicherung von Systole und Diastole, automatisch zusätzliche Angabe des Pulses nach der Messung. **c)** Vollautomatisches Arztgerät mit oszillometrischer Messmethode, intelligentem Aufpumpsystem, elektronisch geregeltem Ablassventil

53.5.2 Selbstmessung

Die Blutdruckselbstmessung wird als sinnvolle Ergänzung zur Arztmessung empfohlen.

Während bei Normotonen die häuslich gemessenen Blutdruckwerte entweder höher sind oder kaum Unterschiede zu den beim Arzt gemessenen Werten aufweisen, finden sich bei Hypertonikern im Mittel niedrigere selbstgemessenen Blutdruckwerte. Wegen der notwendigen Entscheidung über eine weiterführende Diagnostik und über eine Therapie kommt der Selbstmessung im Bereich der milden Hypertonie eine besondere Bedeutung zu. Ein kleiner Anteil von Hypertoniepatienten misst selbst zu Hause und am Arbeitsplatz höhere Werte als beim Arzt.

Der Vorteil der Blutdruckselbstmessung im Vergleich zur Praxismessung liegt in ihrer besseren Reproduzierbarkeit vor allem zu Beginn der Patientenbetreuung. Der bei Hypertonen im Rahmen wiederholter Klinik oder Praxismessungen zu beobachtender Abfall des Blutdruckes als Ausdruck der Gewöhnung an Messvorgang und Umgebung wird bei der Selbstmessung seltener beobachtet.

Auch besteht eine engere Beziehung der unter häuslichen Bedingungen gemessenen Blutdruckwerte zu den Folgen der Hypertonie, z. B. der linksventrikuläre Hypertrophie. Es fehlen jedoch prospektive Untersuchungen zum prognostischen Wert selbstgemessener Blutdruckwerte für die kardiovaskuläre Morbidität und Mortalität. Ebenso fehlt eine gut begründete Definition der Normwerte. Die vorliegenden Vergleichsuntersuchungen sprechen dafür, wie bei den mittleren Tagwerten der ambulanten Blutdruckmessung als Normgrenze für den selbstgemessenen Blutdruck 135/ 85 mmHg zu wählen.

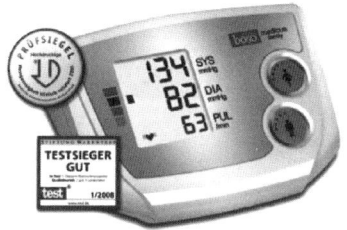

a) Oberarmgerät boso-medicus family   b) Handgelenkgerät boso-medilife S

Abb. 53.16 Zur Selbstmessung werden überwiegend vollautomatische Oberarm- oder Handgelenkgeräte mit oszillometrischem Messprinzip verwendet – diese sind sehr einfach in der Handhabung und verfügen zumeist über eine umfangreiche Ausstattung. **a)** Intelligente Aufpumpautomatik, mit Blutdruck-Bewertungsskala nach WHO, 2-Personen-Speicher, Universal-Manschette für Armumfänge von 22–42 cm, Arrhythmie-Erkennung **b)** Aufpump-Automatik iP-Tec, wodurch die Messung bereits beim Aufpumpen erfolgt, Blutdruck-Bewertungsskala nach WHO, Speicher für 30 Messwerte, Arrhythmie-Erkennung

53.5.3 Ambulante 24-Stunden-Messung (ABDM)

Der beim Arzt gemessene Blutdruck ist häufig nicht repräsentativ für den Blutdruck des Patienten unter Alltagsbedingungen. In über 20% der Fälle wird eine Praxishypertonie gefunden, d. h. erhöhte Blutdruckwerte beim Arzt bei normalen mittleren Werten während des Tages. Jedoch liegt die Häufigkeit der Praxisnormotonie, d. h. von normalen Werten beim Arzt bei erhöhten Mittelwerten während eines Tages nach Schätzungen bei etwa 5%.

Die 24-h-Messung ermöglicht eine sicherere Therapieindikation als die Praxismessung und führt zu einer besseren Beurteilung der Blutdrucksenkung unter Behandlung.

Für die 24-h-Messung ist ein möglichst repräsentativer Tagesablauf erforderlich, d. h. im Regelfall wird sie an einem Werktag vorgenommen. Für die Zuordnung der

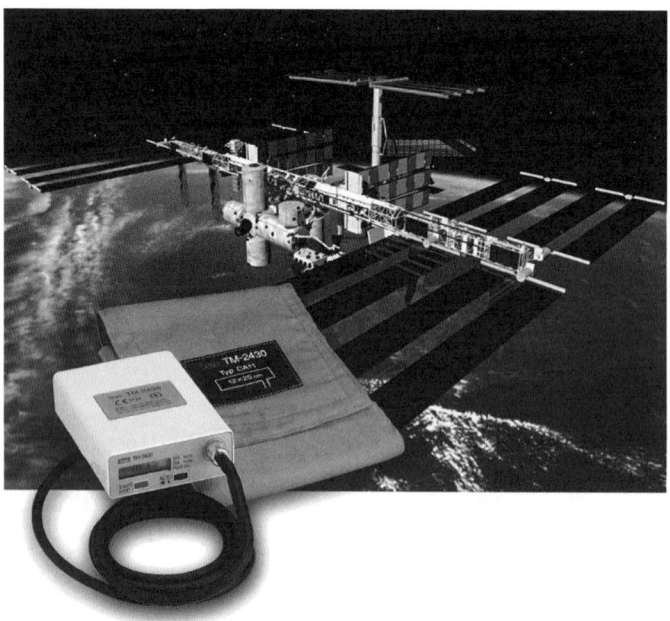

Abb. 53.17 boso-TM-2430 PC – das erste und bisher einzige 24-Stunden-Blutdruckmessgerät im Einsatz auf der internationalen Weltraumstation ISS. Unter Berücksichtigung der sehr schwierigen Bedingungen im Weltraum mussten hierzu unter anderem folgende wichtigen Anforderungen erfüllt werden:
- Verwendung von ungiftigen Materialien, die zudem schwer entflammbar sind
- Extreme Vibrationsfestigkeit
- Spezielle Kletten-Manschetten ohne Abrieb
- Abschirmung gegen Weltraumstrahlung

Messwerte zu verschiedenen Tätigkeiten, Erlebnissen und zur Medikamenteneinnahme ist ein Protokoll notwendig, das während der vorgesehenen 20-minütigen Messintervalle ausgefüllt werden sollte. Aufstehen, zu Bett gehen, Einnahme von Antihypertensiva und andere relevante Ereignisse sollten mit korrekter Uhrzeit notiert werden. Auch die Schlafqualität ist zu protokollieren.

Die Bedienelemente des Gerätes und der Messvorgang werden dem Patienten erläutert. Um eine möglichst vollständige und aussagekräftige Sammlung von Messdaten zu erhalten, sollten darüber hinaus wesentliche Probleme und mögliche Fehler der ABDM erläutert werden. Eine Checkliste kann helfen, den technischen Besonderheiten des jeweils verwendeten Gerätes Rechnung zu tragen.

Gegenwärtig sind Tagesmittelwerte von 135/85 mm Hg die meist verwendeten Grenzen zwischen normalem und erhöhtem Blutdruck. Diese Grenze entspricht statistisch einem Gelegenheitsblutdruck von 140/90 mm Hg.

Bei allen Geräten ist ein Messbereich von ca. 40 bis 280 mmHg gewährleistet, die Messintervalle sollten zwischen 2 und 60 Minuten in mindestens zwei Auswertphasen (Tag/Nacht) frei programmierbar sein. Die graphische Gestaltung der Rohdaten und Mittelwertstatistiken ist bei den meisten Geräten vergleichbar, wenn auch die Übersichtlichkeit zum Teil starke Unterschiede aufweist.

53.5.4 Messung unter körperlicher Belastung (Ergometrie)

Die Blutdruckmessung unter normierter ansteigender leichter bis mittelschwerer dynamischer körperlicher Belastung bietet die Möglichkeit, gut reproduzierbare Werte zu erhalten, die auch unter Alltagsbedingungen auftreten können.

Bei untrainierten Personen wird mit niedrigen Leistungsstufen von 50 bzw. 75 Watt begonnen und die Belastung um 10 Watt pro Minute bzw. 25 Watt pro 2 Minuten bis 100 Watt gesteigert. Bei höheren Leistungsstufen besteht die Gefahr, dass zunehmend isometrische Muskelkontraktionen mit zusätzlicher Wirkung auf den Blutdruck auftreten und der Trainingszustand des Patienten das Ergebnis beeinflusst.

Der systolisch nach Korotkoff gemessene Blutdruck während ergometrischer Belastung weist keine relevanten Unterschiede zu den direkt invasiv ermittelten Werten auf. Bei der automatisierten oszillometrischen Methode wurden dagegen unter ergometrischer Belastung häufiger Probleme bei der Messung beobachtet Der diastolisch nach Korotkoff gemessene Blutdruck wird vor allem bei hoher ergometrischer Belastung im Vergleich zum intraarteriellen Blutdruck zu niedrig gemessen. Erhöhte diastolische Blutdruckwerte unter Belastung sind daher immer als pathologisch zu bewerten. Werden unter der Belastung Korotkoffgeräusche bis zum Manschettendruck nahe null gehört, so sollte versucht werden, den Blutdruck in Phase IV zu messen, auch sollten die Blutdruckwerte in der frühen Erholungsphase zur Beurteilung mit herangezogen werden. Wichtig ist, dass auch bei der Belastung am möglichst entspannt auf Herzhöhe befindlichen Oberarm gemessen wird.

53.5.5 Überwachungsmonitoring

Für die ununterbrochene Beobachtung und Kontrolle der Herz-Kreislauf-Funktionen, dient hauptsächlich ein großer Kontrollmonitor. Rund um die Uhr werden hier Herzschlag, Blutdruck, Anzahl der Atemzüge, Sauerstoffsättigung im Blut und Temperatur registriert. Je nach Erkrankung können noch andere Werte, wie z. B. der ZVD (zentraler venöser Druck) angezeigt werden. Die Erfassung der Werte erfolgt durch eine Oberarmmanschette (oszillometrisch), über im Brustbereich des Patienten angebrachte Elektroden und über einen Lichtsensor am Finger. Die gemessenen Werte werden in Form von Zahlen und Kurven auf dem Monitorbildschirm angezeigt und stündlich (ggf. auch häufiger) von den Pflegekräften in der jeweiligen Patientenkurve dokumentiert. Für alle Messwerte sind eng eingestellte Alarmgrenzen im Überwachungsmonitor hinterlegt, der bei Über- und Unterschreiten dieser Grenzen sofort akustische und optische Signale ausgelöst. So werden schon kleinste Veränderungen am Zustand der Patienten sofort bemerkt und helfen im Ernstfall rechtzeitig zu handeln. Nicht jeder Alarm bedeutet dabei eine akute Situation. Auch Bewegungen des Patienten oder andere äußerlich bedingte Veränderungen der zum Monitor übermittelten Daten (sog. Artefakte) können Alarme auslösen, ohne dass eine tatsächliche Störung am Patienten vorliegt.

53.5.6 ABI

Der ABI gewinnt eine immer größere Wichtigkeit und rückt immer stärker in den Fokus. Dahinter verbirgt sich der sogenannte Knöchel-Arm-Index (ABI = engl. Ankle Brachial Index), welcher eine periphere arterielle Verschluss-Krankheit (PAVK) erkennen lässt, die oft die Vorstufe für kardiovaskuläre Ereignisse mit dramatischen Folgen ist.

Basis für diesen entscheidenden Wert ist die Blutdruckmessung an allen vier Extremitäten. Dazu wird nacheinander eine Blutdruckmanschette weit unten an beiden Unterschenkeln und an beiden Oberarmen angelegt und auf einen Druck aufgepumpt, der über dem systolischen Druck liegen muss. Mit der Dopplersonde wird über einem Gefäß distal der Blutdruckmanschette beim Reduzieren des Drucks bestimmt, ab wann wieder Blut fließt.

Der Knöchel-Arm-Index ist der Quotient aus dem am Unterschenkel und am Oberarm gemessenen systolischen Druckes. Ein Quotient von 0,9 bis 1,2 gilt als normal. Je kleiner der Quotient wird, desto größer ist das Ausmaß der Durchblutungsstörung. Werte unter 0,5 implizieren meist bereits eine klinische Ischämie mit hoher Nekrose- und Ulkusgefahr. Werte von deutlich über 1,3 weisen auf eine besondere Art der Gefäßverkalkung hin (Mediasklerose). Da pro Bein über zwei verschiedenen Gefäßen je ein Wert gemessen wird, ist es derzeit üblich, zur Bildung des Quotienten den höheren der beiden Werte heranzuziehen.

53.5 Anwendung

Bisher wird der ABI lediglich in Verdachtsfällen untersucht – auch aufgrund der aufwändigen Untersuchungsmethode mit dem Ultraschall-Doppler. Dies hat zum Nachteil, dass oft selbst bei Risikogruppen wie Rauchern, Diabetikern und älteren Menschen die PAVK oft zu spät diagnostiziert wird.

Die aktuelleste Entwicklung auf diesem Gebiet stammt aus dem Hause boso, wo eine völlig neue Methode der ABI-Ermittlung entwickelt wurde: Ein Gerät, das diesen entscheidenden Wert schnell, präzise und zuverlässig ermittelt – ohne Doppler. Die einfache Handhabung ermöglicht einen viel breiteren Einsatz dieser Untersuchungsmethode. Dadurch wird die Früherkennung möglich – selbst dann, wenn noch keine Beschwerden beim Patienten aufgetreten sind.

Diese neue Entwicklung „boso-ABI-system 100" ermöglicht eine zeitgleiche Messung des Blutdrucks an allen vier Extremitäten. Die gleichzeitige Messung ermöglicht eine sehr präzise und zuverlässige Berechnung des Knöchel-Arm-Index. Bei der bisherigen Methode mit Ultraschall-Doppler trat stets der Nachteil auf, dass die Messungen nacheinander erfolgten und somit durch Blutdruck-Schwankungen verfälscht werden konnten.

Die Messung mit dem neuen System erfolgt oszillometrisch ohne Dopplersonde oder sonstigem Sensor. Diese Messmethode hat den großen Vorteil, dass die Manschetten sehr einfach platziert werden können. Schwankungen in der individuellen Messdauer werden durch das intelligente Aufpumpsystem und die Regelung der Ablassgeschwindigkeit auf ein Minimum reduziert. Nach der Messung werden die Werte über eine USB-Schnittstelle an einen PC weitergeleitet, wo die Anwendungs-Software automatisch den ABI berechnet.

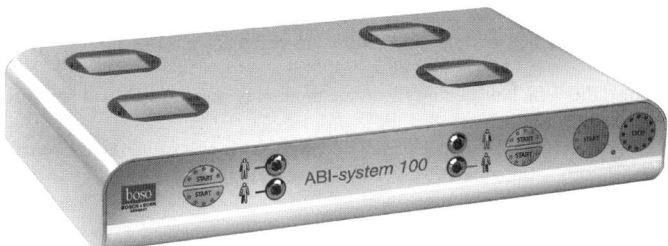

Abb. 53.18 boso-ABI-system 100 ermöglicht eine völlig neue Methode der ABI-Bestimmung und hilft so, die gefährliche und weit verbreitete Krankheit PAVK schnell und einfach zu diagnostizieren – die Messung erfolg oszillometrisch – nicht wie bisher mit der umständlichen Dopplermethode. Neben dem ABI liefert dieses Geräte weitere wichtige Werte zum Gesundheitsstatus wie Systole, Diastole, Puls, Pulsdruck und eventuelle Arrhythmien

53.6 Literatur

1. Heinrich Holzgreve, Forum hypertonicum, MMW Medizin Verlag, 1981, S. 8–50
2. S. Gleichmann/ S. Eckert/ U. Gleichmann/ W. Vetter (Hrsg.), Blutdruckselbstmessung, Steinkopff Dr. Dietrich Verlag, 1994, S. 15-28, S. 53–64
3. Deutsche Liga zur Bekämpfung des hohen Blutdruckes, Empfehlung zur Blutdruckmessung, 1997, S. 2-4, S. 8–11
4. Deutsche Liga zur Bekämpfung des hohen Blutdruckes, Ambulante 24h-Blutdruckmessung (ABDM) Herz/ Kreislauf 27, 1995, S. 3–5
5. Joachim Schrader, Blutdruck-Langzeitmessung, Medikon Verlag, 1997, S. 9–14
6. Ganter/ Ritz, Lehrbuch der Hypertonie, Schattauer-Verlag, 1985, S. 254–264
7. Stephan Mieke, Nichtinvasive Blutdruckmessgeräte: Messtechnische Prüfung von Medizinprodukten mit Messfunktion, Wirtschaftsverlg N.W. Verlag für neue Wissenschaft, 1999
8. M. Anlauf/ F. Weber/ R. Simonides/ K. Bock, Comparative test of electronic and stethoskopic sphygmomanometers for self-control of blood pressure, 7th Scientific Meeting of the International Society Hypertension, New Orleans 1980, Abstracts, S. 6
9. F. Anschütz, Über die Zuverlässigkeit der auskultatorisch ermittelten Blutdruckwerte unter körperlicher Belastung, 1970, S. 1391
10. Meyer-Waarden, Einführung in die biologische und medizinische Meßtechnik, Schattauer-Verlag, 1975, S. 167–178
11. Höfling/ v. Hoyningen-Huene, Die ambulante automatische 24-h-Blutdruckmessung, Steinkopff-Verlag, 1992, S. 9–33
12. Baumgart/ Reinbach/ Akbulut/ Walger/ Thiel/ v. Eiff/ Gerke/ Rahn, Sprechstundenblutdruck, Heimblutdruck, Ergometer-Blutdruck und 24-Stunden-Blutdruck, Dtsch Med Wochenschr, 1990, S. 115–643
13. Meyer-Sabellek/ Ketelhut/ Franz/ Schulte/ Gotzen, 24-Stunden-Blutdruckprofil und Fahrradergometrie in der Beurteilung der sogenannten milden Hypertonie, Therapiewoche, 1984, S. 34-6417
14. Vetter/ Feltkamp, Ambulante kontinuierliche Blutdruckmessung (ABPM) vs. Blutdruckselbstmessung, 1991, S. 49–51
15. Kröing, Entwicklung der direkten und indirekten ambulanten 24-h-Blutdruckmessung, 1991, S. 9–15
16. Littler/ Komsoglu, Which is the most accurate method of measuring blood pressure? Am Heart J 117, 1991, S. 123–128
17. Meyer-Sabellek/ Schulte/ Distler/ Gotzen, Technische Möglichkeiten und Grenzen der ambulanten 24-h-Blutdruckmessung, 1991, Z Kardiol 80 (Suppl 1), S. 17–20

Part VIII
Therapeutische Medizintechnik

54 Stenting und technische Stentumgebung

M. Hoffstetter, S. Pfeifer, T. Schratzenstaller, E. Wintermantel

54.1 Einleitung

In hoch entwickelten Industrieländern stehen laut Weltgesundheitsorganisation (WHO) Herz-Kreislauf-Erkrankungen und speziell die Koronare Herzkrankheit (KHK) an erster Stelle der Todesursachen. In Deutschland betrug die Zahl der erfassten, an KHK erkrankten Personen ohne Berücksichtigung der Dunkelziffer allein im Jahre 2001 über 473.000. Die KHK war im Jahre 2003 mit 92.673 erfassten Todesfällen immer noch die häufigste Todesursache, obgleich in Deutschland die Häufigkeit der Koronarinterventionen zur Behandlung der KHK zwischen 1984 und 2003 um fast das 80fache von 2.809 auf 221.867 Eingriffe pro Jahr gestiegen ist [1]. Neben der hohen Zahl an Todesfällen haben die betroffenen Personen durch chronische Schmerzen und eingeschränkte körperliche Leistungsfähigkeit zusätzlich eine starke Beeinträchtigung der Lebensqualität [2].In Folge dessen wird die erkrankte Person häufig zum Pflegefall was neben den gesundheitlichen Aspekten auch eine sozioökonomische Komponente in Form der fehlenden Arbeitskraft und den auftretenden Pflegekosten nach sich zieht. Die Kosten für die Behandlung der KHK in Deutschland beliefen sich im Jahre 2002 laut Statistischem Bundesamt auf rund 6,9 Mrd. €. Verglichen mit ähnlichen Zahlen der USA dürfte sich der entstandene Schaden für die deutsche Volkswirtschaft im zwei- bis dreistelligen Milliardenbereich bewegen [3].

Arteriosklerotisch bedingte Verengungen der Koronargefäße (Stenosen) sind die Hauptursache einer KHK. In Folge dessen wird der Herzmuskel unzureichend mit Blut und insofern Sauerstoff und Nährstoffen versorgt. Die interventionelle Behandlung einer Gefäßverengung war bis zum Ende der Siebzigerjahre nur durch den höchst invasiven operativen Eingriff der Überbrückung mittels Bypass, durch ein Venenstück oder ein künstliches Ersatzgefäß möglich. Erst 1977 wurde eine minimalinvasive Behandlungsmethode entwickelt. Bei der perkutanen transluminalen Koronarangioplastie (PTCA) wird ein zuvor in der Stenose platzierter Ballonkatheter expandiert und weitet so die Verengung auf. Die wesentlichen Vorteile des Verfahrens sind die niedrigeren Kosten und vor allem die Minderschwere des Eingriffes. Nach der Etablierung zeigte sich, vor allem bei komplexen Verengungen als auch bei Langzeituntersuchungen, gewisse Einschränkungen der PTCA. Die größte postinterventionelle Komplikation stellte mit einer Häufigkeit von bis zu 50% die so genannte Restenose dar. Hierbei kommt es durch elastische Rückstellkräfte und Umgestaltungsprozesse in der Gefäßwand zu einem Wiederverschluss der behandelten Gefäße [4, 5].

Durch die Kombination der PTCA mit der Implantation einer koronaren Gefäßwandstütze (Stent) zeigte sich eine deutliche Senkung der Restenoserate. Ein Stent ist eine zylindrische Drahtstruktur aus Metall, welche auf einem Ballonkatheter montiert in die Verengung eingebracht und dort durch Aufblasen des Ballons geweitet und plastisch verformt wird. Der Stent verbleibt nach dem Entfernen des Katheters und stützt das Gefäß ab, wodurch der ungehinderte Blutstrom wiederhergestellt ist. Diese Therapiemethode hat sich bis heute zu einem Standardverfahren entwickelt und die weiter ansteigende Zahl an implantierten koronaren Stents zeigt einen deutlich positiven Trend. Zudem konnte durch die Verwendung von Stents bei der Aufweitung von koronaren Stenosen die Restenoserate auf etwa 10% gesenkt werden [6].

In den nachfolgenden Kapiteln sollen nun die Technik der koronaren Stent-Implantation, ihre medizinischen Grundlagen und ihre Limitationen und Optimierungsansätze veranschaulicht werden. Hierbei wird vor allem auf koronares Stenting und ballonexpandierbare Stent-Systeme eingegangen. Auf weitere Anwendungsgebiete für Stents wie Interventionen im Bereich des Gehirns, der Carotiden oder renalen Arterien wird nicht näher eingegangen. Dennoch sind die meisten physiologischen Randbedingungen und technischen Problemstellungen übertragbar.

54.2 Medizinische und technische Grundlagen

54.2.1 Arteriosklerose

Eine arteriosklerotische Verengung einer oder mehrerer Koronararterien welche den Herzmuskel mit Sauersoff und Nährstoffen versorgen, stellt die Hauptursache für eine KHK da. Der genaue Ablauf dieser pathologischen Veränderung der Gefäße, die sich über Jahre hinweg zieht, ist noch immer nicht genau geklärt und daher

Risikofaktoren für die Entstehung einer Arteriosklerose	
Nikotinabusus	Adipositas
Hypertonus	Stress
Diabetes Mellitus	Genetische Disposition
Bewegungsmangel	Hypercholesterinämie

Tabelle 54.1 Darstellung der medizinisch anerkannten Risikofaktoren welche die Entstehung und Entwicklung einer Arteriosklerose begünstigen

54.2 Medizinische und technische Grundlagen

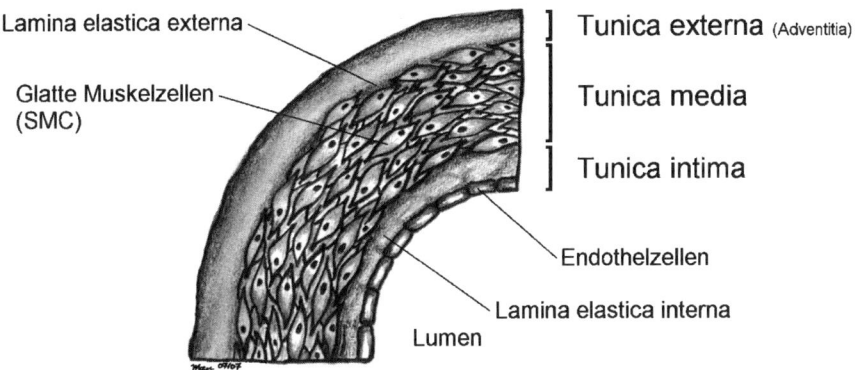

Abb. 54.1 Aufbau einer Koronararterie, von innen nach außen: Gefäßlumen; Tunica intima, bestehend aus einer einlagigen Schicht von Endothelzellen auf der Innenseite sowie der Lamina elastica interna; Tunica media, bestehend aus elastischen und kollagenen Fasern sowie glatten Muskelzellen (smooth muscle cells, SMC); Tunica externa (Adventitia) bestehend aus kollagenen Fasern und Bindegewebszellen

Gegenstand der aktuellen Forschung. Als allgemein anerkannt gilt, dass bestimmte Risikofaktoren (siehe Tabelle 54.1) den Beginn einer Arteriosklerose begünstigen sowie deren Verlauf beschleunigen [7].

Als Ursachen für eine Arteriosklerose werden aktuell eine erhöhte Durchlässigkeit der innersten Gefäßwand (Tunica intima) (siehe Abb. 54.1) sowie deren mechanisch induzierte Verletzung durch Blutdruckspitzen diskutiert. In beiden Fällen kommt es im weiteren Verlauf zu einer Einlagerung von Cholesterin und Blutbestandteilen in die Gefäßwand, wodurch eine Verdickung der Tunica intima verursacht wird. In einer unspezifischen Abwehrreaktion werden Makrophagen (Fresszellen) angelockt und es setzt ein Umbau der Gefäßwand ein. Es bildet sich ein rasch wachsender Plaque, der, geschützt durch die Tunica intima, das Gefäßlumen zunehmend reduziert und so den Blutstrom behindert. Verstärkt sich die Ausprägung wird auch das Gewebe der Gefäßwand im Bereich der Verengung nur noch unzureichend durchblutet. Es kommt zum Absterben einzelner Zellen, in deren Bereich dann Kalksalze abgelagert werden, was wiederum zu einer festen Verkrustung des Plaques führt. Der Verlauf einer Arteriosklerose ist schematisch in Abb. 54.2 dargestellt. Die zunehmende Verengung des Gefäßquerschnittes, welche als Stenose bezeichnet wird, verursacht dabei eine Minderversorgung des Bereichs des Herzmuskels (Myokard), welcher durch diese Arterie versorgt wird. Kommt es zu einem Einriss in der dünnen Schutzkappe, welche die Plaque überzieht, treten deren Bestandteile in direkten Kontakt mit dem Blutstrom und die Gerinnungskaskade wird ausgelöst. Ein sich rasch bildender Thrombus verlegt das Gefäß oft vollständig und blockiert den Blutstrom somit komplett. In beiden Fällen führt die andauernde Mangelversorgung des Myokards mit sauerstoffreichem Blut zum irreversiblen Absterben von Muskelzellen, ein Vorgang der als Mykoard- oder Herzinfarkt bezeichnet wird [8–11].

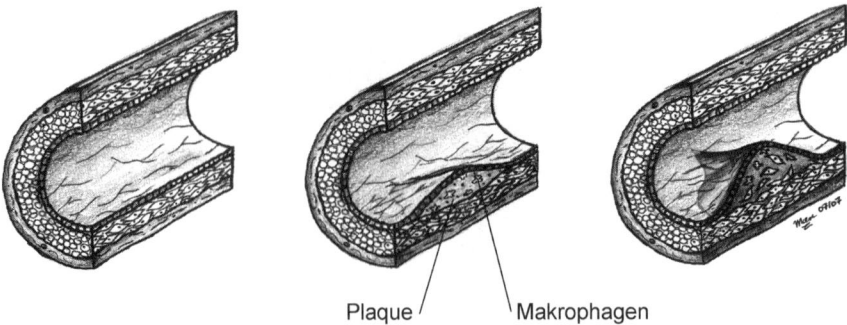

Plaque   Makrophagen

Abb. 54.2 Schematische Darstellung der Entwicklungsphasen einer Arteriosklerose *v.l.n.r:* gesundes Gefäß; Begin der Plaquebildung mit Einlagerung von Cholesterin und Bestandteilen des Blutes, Migration von Makrophagen; Weit fort geschrittene Stenose mit erheblicher Reduktion des freien Gefäßlumens

54.2.2 Behandlungsmethoden

Die Behandlung einer Arteriosklerose hat es zum Ziel, den ungestörten Blutfluss und damit die Versorgung des Myokards wieder sicher zu stellen. Die Bypass-Operation war seit Ihrer ersten erfolgreichen Umsetzung durch René Favaloro im Jahre 1967 über Jahre die Behandlungsform der Wahl. Dabei wird der von einer Stenose betroffene Abschnitt der Koronararterie durch ein Stück Arterie oder Vene, welches an anderer Stelle im Körper entnommen wurde, oder aber auch durch ein künstliches Gefäß überbrückt. Dieser Eingriff ist jedoch mit einem beträchtlichen operativen Aufwand und daher auch mit einem erheblichen Risiko sowie Kosten verbunden [11].

Bereits im Jahre 1929 hatte Werner Forßmann die Idee, pathologische Veränderungen an einer Koronararterie über einen durch eine periphere Arterie der Extremitäten eingeführten Katheter zu behandeln. Für diesen Vorschlag erhielt er aber wenig Beachtung. Erst Ende der 1960er Jahre wurde seine Idee wieder aufgegriffen und weiter entwickelt. Dabei wird ein Katheter mit Stützdraht über eine Arterie der Arme oder Beine bis in die betroffene Koronararterie vorgeschoben. Anschließend wird ein Ballonkatheter appliziert und im Bereich der Gefäßverengung aufgeweitet. Der ursprüngliche Gefäßdurchmesser kann so wieder annähernd vollständig hergestellt werden. Dieses Verfahren wird als Percutane Transluminale Coronare Angioplastie (PTCA) bezeichnet und 1977 durch die Arbeitsgruppe um Grüntzig eingeführt [12]. Für die Erweiterung der Kathetertechniken und die Kontrastmitteldarstellung von Blutgefäßen erhielt Forßmann 1956 den Nobelpreis.

Durch elastische Rückstellkräfte tritt, nach einer erfolgreichen Ballondilatation, jedoch häufig eine Wiederverengung des Gefäßes im Querschnitt auf (recoil). Mitte der 1980er Jahre kam daher die Idee auf, das Gefäß zusätzlich durch ein kleines, als Stent bezeichnetes Drahtgerüst, zusätzlich abzustützen und so eine Verengung durch elastische Rückverformung zu unterbinden. Dazu wird über einen bereits platzierten

54.3 Koronare Stent-Delivery-Systeme (SDS)

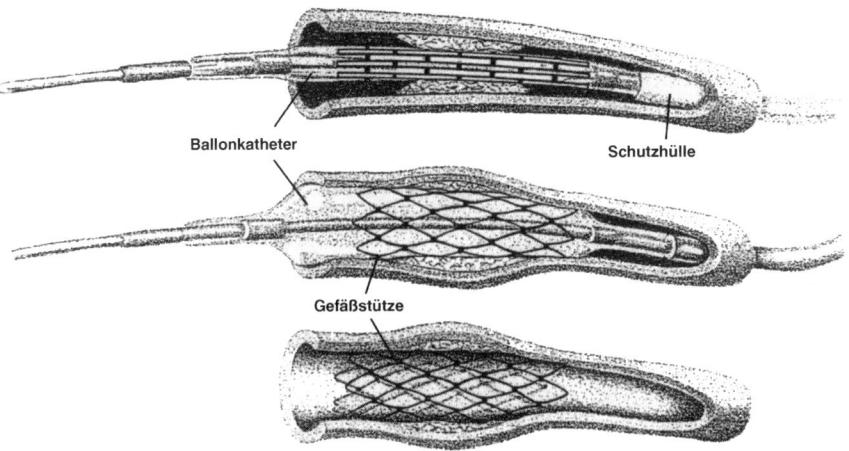

Abb. 54.3 Schematische Darstellung einer Stent-Implantation, v.o.n.u. Das Stent-Ballonkathetersystem wird über den Führungsdraht in die Stenose eingeführt, Röntgenmarker ermöglichen eine genaue Lagekontrolle; Entfernung der Schutzhülle (soweit vorhanden); Dilatation von Ballonkatheter und Stent, Aufweitung des Gefäßes; Das Implantat verbleibt dauerhaft im Gefäß (Hess, Otto M., Herzkatheter, Springer, 2000)

Führungsdraht ein Stent, welcher auf einem Ballonkatheter fixiert ist, in die Stenose eingebracht. Anschließend wird der Ballon dilatiert wodurch das Implantat sowie das Gefäß radial geweitet werden. Der Stent verbleibt im Gefäß und stützt dieses dauerhaft ab. Die Implantation kann nach erfolgreicher Ballondillatation, aber auch direkt in die unbehandelte Stenose erfolgen. Der schematische Ablauf ist in Abb. 54.3 dargestellt. Bei diesem Verfahren wird, im Gegensatz zur reinen PTCA, nicht nur ein besseres Langzeitergebnis erreicht, sondern es stellt sich auch ein größerer Gefäßdurchmesser ein (vergleiche Abb. 54.4). Inzwischen hat sich das koronare Stenting als Therapie der Wahl für die Behandlung einer stenotisierten Koronararterie etabliert [13].

54.3 Koronare Stent-Delivery-Systeme (SDS)

54.3.1 Ballonkatheter

Ein Ballonkatheter ist grundsätzlich aus drei Bestandteilen zusammengesetzt: einem Ansatzstück (Luer-Lock) am proximalen Ende zum Anschluss an die Inflationsspritze, einem ein- oder mehrlumigen Katheterschlauch und der Ballon am distalen Ende für die eigentliche Funktion. Auf Grund der hohen Belastung beim Montieren des Stents, dem so genannten Crimpen, sowie während des Expansionsvorgangs, müssen die Ballone sehr flexibel und deren Oberflächen extrem widerstandsfähig

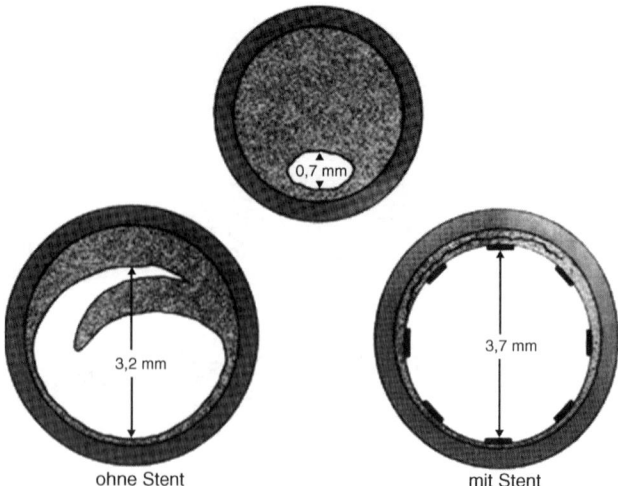

Abb. 54.4 Schematische Darstellung des freien Gefäßquerschnitts vor und nach einer PTCA; Mitte *oben:* ausgeprägte Stenose (0,7 mm); *links:* nach PTCA (3,2 mm): *rechts:* nach Implantation eines Stent (3,7 mm) (Hess, Otto M., Herzkatheter, Springer, 2000)

sein. Heutige Fertigungstechniken ermöglichen trotz eines niedrigen Profils des Katheters das Aufbringen von röntgendichten Markern, welche die exakte Platzierung bei der Implantation erheblich vereinfachen.

Um den Ballonkatheter gezielt durch den Körper navigieren zu können, befindet sich im Inneren ein weiterer Katheter, der so genannte Perfusionskatheter. Durch diesen wird ein Führungsdraht entweder über die gesamte Länge des Katheters (Over-the-wire-Technik) oder nur teilweise geschoben. Der Koronardraht ist im Wesentlichen aus Metall gefertigt, besitzt aber eine weiche, flexible und formbare Spitze, um Verletzungen beim Platzieren zu vermeiden. Durch den Einsatz des Drahtes ist eine Unterstützung des Katheters während des Einführens vorhanden und zudem ein Wechsel des Ballons problemlos möglich. Auch die Monorail-Technik, mit teilweise im Katheter geführtem Koronardraht, birgt diese Vorteile. Die Länge des Koronardrahtes ist in dieser Ausführung wesentlich geringer und wird nur ca. 25 cm am ballontragenden Ende des Katheters geführt. Danach tritt er seitlich aus. Der verkürzte Draht ermöglicht eine deutlich verbesserte Handhabung beim Wechsel des Ballonkatheters, schränkt aber durch die geringere Führungslänge die Richtungsunterstützung beim Vorschub ein. Neben den gängigen Methoden werden bei einfachen Eingriffen auch kleine Führungskatheter mit fest montiertem Draht eingesetzt.

Damit ein gutes Ergebnis hinsichtlich der Aufweitung des Gefäßes erzielt werden kann, muss die Ballongröße und -länge entsprechend gewählt werden. Für die Größe empfiehlt sich ein Ballon/Arterien-Verhältnis von mindestens 1,1, ein idealer Wert kann meist jedoch nicht erreicht werden. Für die Länge gilt, dass der Ballon die gesamte Zielläsion abzudecken hat, um nicht mehrfach dilatieren zu müssen. Hierfür sind bei größeren Herstellern Ballonlängen von bis zu 40 mm erhältlich.

54.3 Koronare Stent-Delivery-Systeme (SDS)

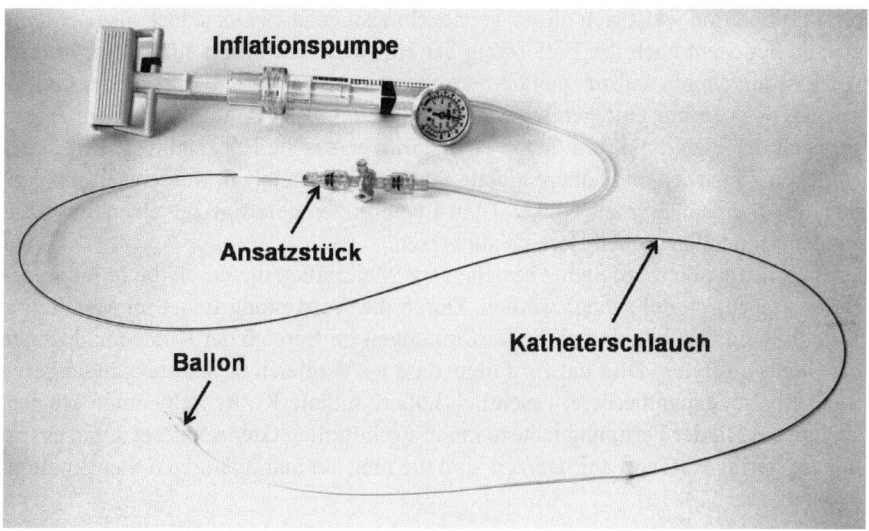

Abb. 54.5 Ballonkatheter bestehend aus Ansatzstück, Katheterschlauch und Ballon. Inflationspumpe ist mit einem Drei-Wege-Hahn am Ansatzstück angeschlossen

Die verschiedenen Ballontypen unterscheiden sich außerdem durch ihre Materialien. Die am meisten verbreiteten Ballonkatheter werden als „semicompliant" bezeichnet, was bedeutet dass der Ballon bei zunehmendem Inflationsdruck ein kontrolliertes Wachstum zeigt und somit einen gewissen Durchmesserbereich abdeckt. Dies soll aber nicht heißen, dass durch die Compliance und dem Ausüben hoher Inflationsdrücke eine zu kleine Ballongrößenwahl kompensiert werden kann. Der limitierende Faktor ist hierbei der maximale Druck den ein Ballon aushält, bevor er platzt, welcher als „related burst pressure" (RPD) bezeichnet wird und vom Hersteller angegeben ist. Entgegen der Ausführung der Ballone mit semicompliance, zeigen „non-compliant" Ballone auch bei sehr hohem Druck kaum eine Änderung des Durchmessers. Deshalb werden non-compliant Ballone vor allem in Kombination mit Stents verwendet, damit sicher gestellt ist, dass diese nicht zu weit dilatiert werden und ihre Materialeigenschaften behalten. Der eigentliche Vorgang der Dilatation dauert maximal 60 Sekunden währenddessen der Ballon mit Drücken bis zu 16 atm (~1,6 kPa) beaufschlagt wird [14].

54.3.2 Stent-Design

Die unterschiedlichen Ausführungen von Stents lassen sich bezüglich ihrer Expansion in zwei Kategorien unterteilen, die selbstexpandierenden und die ballonexpandierenden Stents. Selbstexpandierende Stents werden im bereits expandierten Zustand gefertigt, danach kontrahiert und durch eine Hülse fixiert. Bei der späteren Implantation weist sich dieser Verriegelungsmechanismus jedoch als nachteilig aus, da der Stent nach der Entfernung der Hülse unkontrolliert aufspringt. In ihrer Ausführung ähneln selbstexpandierbare Stents meist einer Schraubenfeder und erreichen deshalb nur eine geringe Stabilität in Umfangsrichtung. Außerdem zeigen sie nach der Platzierung im Gefäß eine starke elastische Rückstellung. Um dieser entgegen zu wirken und höhere radiale Stabilität zu erreichen, werden selbstexpandierende Stents häufig aus Nickel-Titan-Legierungen gefertigt, die einen unterstützenden pseudoelastischen Bereich aufweisen.

Ballonexpandierbare Stents bestehen aus Materialien die durch die Inflation des Ballons plastisch deformiert werden. Durch die Aufweitung findet im Metall eine Kaltverfestigung statt, wobei die Verformungen im Bereich der Knoten und Bögen der Stents auftreten. Dies hat zur Folge, dass im Vergleich zu selbstexpandierbaren Stents, ballonexpandierbare wesentlich höhere radiale Kräfte aufnehmen können. Zudem sind in der Fertigung nahezu keine strukturellen Grenzen gesetzt und es tritt nur ein geringer Recoil auf. Derzeit sind die meisten marktgängigen Stents ballonexpandierbar [14, 15].

54.3.2.1 Struktur und Fertigungsfolge

Neben der Unterscheidung der Stents hinsichtlich ihrer Expansion lassen sie sich zudem in 5 Gruppen nach Struktur und Fertigungsfolge aufteilen [17].

Maschenstent (engl. Mesh-Stent)
Der Maschenstent wird aus gewalztem oder gezogenem Draht gewickelt und seine Oberfläche nach dem Prozess chemisch angepasst. Durch das Ziehen des Werkstoffes wird ein großer elastischer Bereich erreicht, weshalb diese Stents vor allem selbstexpandierbar eingesetzt werden.

Spiralstents (engl. Coil-Stent)
Spiralstents werden wie Maschenstents aus gewalztem oder gezogenem Draht hergestellt und erreichen ihre Form durch Wickeln oder Stricken. Sie sind ballonexpandierbar und können extrem flexibel designed werden.

Röhrchenstents (engl. Tubular-Stent oder Slotted-Tube-Stent)
Die Röhrchenstents werden durch Funkenerosion oder Laserstrahlschneiden aus dünnwandigen, nahtlosen Rohren gefertigt. Auf Grund des Aufschmelzens des Werkstoffes durch das Schneiden oder Erodieren ist eine Nachbehandlung erforderlich. Diese erfolgt in Form einer Wärmebehandlung oder dem elektrolytischen Polieren wodurch eine funktionsgerechte Oberfläche erreicht wird. Röhrchenstents können ballon- oder selbstexpandierend ausgeführt sein.

Ringstent (engl. Ring-Stent oder Corrugated-Ring-Stent)
Die einzelnen ringförmigen Segmente eines Ringstents werden aus gezogenem Draht hergestellt und anschließend nach Bedarf zusammen gelötet oder geschweißt. Ringstents sind ballonexpandierbar.

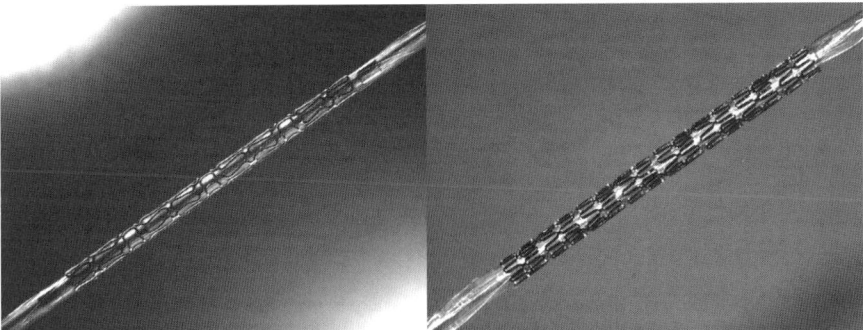

Abb. 54.6 Darstellung zweier ballonexpandierbarer Stents auf einem Ballonkatheter fixiert *links:* Diamond Flex Stent der Firma Phytis*rechts:* Stent-Entwicklung des Lehrstuhls für Medizintechnik [16]

Multidesignstents
Die letzte Gruppe der Stents sind Multidesignstents. Es sind ballonexpandierbare Stents, die auf Grund ihrer Struktur oder Fertigung nicht in Gruppe 1 bis 4 passen. Beispielsweise erreicht ein aus Blech gefertigter Stent auf Grund des Werkstoffes und seiner konstruktiven Ausführung eine hohe Stabilität gegenüber Radialkräften. Neben solchen Spezialfällen gelten auch Stents ohne periodische Struktur, bsp. Stents mit Öffnungen für die Durchlässigkeit von Seitenästen (Bifurkation), zu den Multidesignstents.

54.3.2.2 Open Cell Design – Closed Cell Design

Eine weitere Unterscheidung der Stent-Designs lässt sich hinsichtlich ihrer Zell-Anordnung treffen. So werden bei im Closed Cell Design (CCD) gefertigten Stents sequentielle Ringe axial angeordnet, die an jeder geschlossenen Zelle durch Brücken miteinander verbunden sind (Abb. 54.7A). Frühe CCD-Röhrchenstents erreichten durch starre Verbindungen hohe Festigkeiten, waren somit aber relativ unflexibel. Um dem entgegenzuwirken, wurden die Brücken zwischen den Ringen später flexibler ausgeführt. Der große Vorteil eines CCD-Designs ist ein nahezu optimales Gerüst (Scaffold) mit einer gleichmäßigen Oberfläche, welche sich nur abhängig von der Durchbiegung ändert.

Stents, die im Open Cell Design (OCD) gefertigt sind, weisen dagegen im Ganzen betrachtet eine relativ inhomogene Oberfläche auf, da die offenen Zellen bzw. Ringe unregelmäßig durch Brücken miteinander verbunden werden (Abb. 54.7B). Es besteht die Möglichkeit, die Verbindungen der Ringe an den unterschiedlichsten Punkten zwischen den einzelnen Zellen zu setzen. Die Brücken zwischen den Ringen werden entweder vom Tal oder der Spitze des Zickzack-Musters ausgehend geschlossen und können nach Bedarf beliebig variiert werden. Durch die hohe Anzahl an nicht verbundenen Elementen weisen Stents im OCD-Design eine maximale Flexibilität in Längsrichtung auf und sind im Vergleich zu CCD-Design-Stents besser für Gefäße mit kleinen Radien geeignet [18].

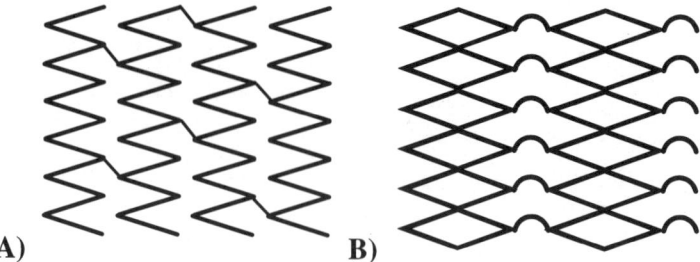

Abb. 54.7 Abwicklungen unterschiedlicher Ausführungen von Stents *A)* Open Cell Design (OCD) mit offenen Segmenten und wenigen Verbindungen. Die Brücken werden hier von Spitze zu Spitze geschlagen. Es wird eine maximale Flexibilität in axialer Richtung erreicht, wodurch die Verwendung für Gefäße mit kleinen Radien gut möglich ist. *B)* Closed Cell Design (CCD) mit geschlossenen Segmenten und Brücken zwischen jeder Zelle. Somit werden sehr hohe Festigkeiten erreich, die Flexibilität ist dadurch stark eingeschränkt. Verbesserung durch konstruktive Optimierung der Verbindungselemente

54.3.3 Werkstoffe

Vergleichbar mit anderen Feldern der Medizintechnik wurden auch im Bereich des Stentings die ersten Implantate aus metallischen Werkstoffen gefertigt, weshalb diese nach wie vor dominant vertreten sind. Der hohe Umformungsgrad bei der Aufweitung im Gefäß sowie die gleichzeitig geforderte mechanische Festigkeit lassen Metalle im hohen Maße geeignet erscheinen. In den letzten Jahren zeigte sich jedoch, dass durch die Verwendung von Kunststoffen völlig neue Funktionalitäten erreicht werden können.

54.3.3.1 Metalle

Chrom-Nickel-Stähle
Rostfreie Stähle auf der Basis von Chrom (Cr) und Nickel (Ni) gemäß der AISI Reihen 316 und 317 bilden den wichtigsten und am häufigsten verwendeten metallischen Werkstoff für Stents. Insbesondere eignen sich diese Legierungen auf Grund ihrer guten Eigenschaften bei Ur- und Umformung sowie bei der Bearbeitung mit Laser oder Funkenerosion. Neben den guten Materialeigenschaf-ten (Festigkeit, Zähigkeit und Korrosionsbeständigkeit) sind Chrom-Nickel-Stähle außerdem verhältnismäßig preiswert. Durch weitere Zusätze wie Kohlenstoff (C), Molybdän (Mo), aber auch Stickstoff (N) lässt sich eine Zugfestigkeit von 280 bis 1240 MPa bei einer Bruchdehnung von 12 bis 65% einstellen. Der E-Modul liegt bei etwa 210 GPa und ist von der chemischen Zusammensetzung weitgehend unabhängig. Problematisch ist der Nickelgehalt in der Legierung, da dieses Metall bei langzeitiger Implantation häufig zu allergischen Reaktionen führt und im Verdacht steht, das Gefäß nach Implantation eines Stent zusätzlich zu reizen. Aus Chrom-Nickel-

54.3 Koronare Stent-Delivery-Systeme (SDS)

Stählen lassen sich sowohl lösungsgeglühte und daher leicht verformbare Stents zur Aufdehnung mit Ballonkathetern, als auch kaltverstreckte Stents zur Selbstexpansion mit hoher Steifigkeit und geringer Duktilität fertigen. Darüber hinaus besitzen Edelstahllegierungen der Reihen 316 und 317 die geringste Thrombogenität aller für Stents verwendeten metallischen Werkstoffe [17, 19–21].

Kobaltlegierungen
Elementares Kobalt (Co) ist wegen seiner starren Gitterstruktur nur sehr schlecht umformbar. Durch die Zugabe von Chrom (Cr) lassen sich jedoch Formbarkeit und Korrosionsbeständigkeit als auch Festigkeit erheblich steigern. Außerdem zeichnen sich Kobalt-Chrom-Legierungen durch eine sehr hohe Kaltverfestigung aus. Die bekanntesten Vertreter für eine Verwendung als Stent-Werkstoff sind das seit 1935 aus der Dentalchirurgie bekannte Vitallium® (CoCr30Mo5) der Firma Howmet Corporation® (Hampton, VA, USA) und Protasul 10® (CoNi35Cr21Mo10Fe) der Firma Sulzer Medical® (Winterthur, ZH, Schweiz). Im Vergleich zu Chrom-Nickel-Stählen zeigen Legierungen aus Kobalt und Chrom eine etwas höhere chemische Beständigkeit sowie eine höhere Kaltverformung und somit Dauerfestigkeit. Die Herstellung sowie Verarbeitung sind dagegen jedoch deutlich teurer. Trotz des hohen Preises bilden Legierungen auf Kobalt-Basis einen der wichtigsten Werkstoffe für selbstexpandierende Stents [22].

Titan und Titanlegierungen
Titan (Ti) sowie dessen Legierungen werden seit etwa 1940 in der Medizintechnik verwendet und besitzen unter allen verwendeten metallischen Implantat-werkstoffen die beste Biokompatibilität. Durch die Zugabe von Sauerstoff (O) und Eisen (Fe) lassen sich Zugfestigkeiten von 220 und 800 MPa einstellen, durch Kaltverfestigung bei der Umformung sogar bis zu 1000 MPa. Bei feiner Korngröße kann die Duktilität dabei bis zu 70% betragen, wodurch ein sehr hoher Umformungsgrad möglich wird. Mit 110 GPa fällt das E-Modul vergleichsweise gering aus, weshalb die Steifigkeit des Implantats konstruktiv eingestellt werden muss. Auf Grund der hohen Herstellungs- und insbesondere der Verarbeitungs-kosten von Titan, werden erst seit etwa 10 Jahren Stents aus diesem Werkstoff gefertigt. Bei gleicher Umformung ergibt sich im Vergleich zu Chrom-Nickel-Stählen eine geringere Verfestigung des Materials und somit lassen sich Titanstents bei besonders niedrigem Druck dilatieren ohne dabei eine größere elastische Rückstellung (recoil) zu zeigen [23].

Titan-Nickel
Titan-Nickel-Legierungen, die zu etwa gleichen Teilen aus Nickel (Ni) und Titan (Ti) bestehen, zeichnen sich durch eine bemerkenswerte Eigenschaft, der Superelastizität bzw. des Formgedächtnisses aus. Diese auch als Shape-Memory-Effekt bezeichnete Erscheinung verleiht Titan-Nickel-Legierungen, oft auch als Nitinol bezeichnet, eine sehr hohe scheinbare Dehnbarkeit welches die elastische Verformbarkeit aller anderen bekannten Legierungen um etwa eine Größenordnung übertrifft und diese zu sehr interessanten Werkstoffen für die Medizintechnik macht. Wird eine solche Legierung nach einer vermeintlichen plastischen Verformung über eine bestimmte

Temperatur erwärmt, nimmt das Metall wieder die ursprüngliche Form an, fast so als ob es sich seiner früheren Form „erinnere". Diese bemerkenswerte Eigenschaft nutzt man zur Umsetzung von, durch die Körpertemperatur beeinflussten, selbstexpandierenden Stents. Wegen des hohen Titangehalts gelten Stents aus Nitinol als im hohen Maße biokompatibel. Kritisch ist jedoch gleichzeitig der ebenfalls hohe Bestandteil an Nickel zu sehen. Ausgeschwemmte Nickel-Ionen können allergische Reaktionen auslösen [24–26].

Platin-Iridium
Reines Platin (Pt) ist für medizinische Anwendungen zu weich und wird daher in der Legierung durch die Zugabe von Kupfer (Cu), Palladium (Pd) oder Iridium (Ir) in seinen mechanischen Eigenschaften eingestellt. Die größte Festigkeit besitzt dabei die Legierung Pt90Ir10 mit einer Zugfestigkeit, abhängig vom Verformungsgrad, von bis zu 620 MPa. Die mit 21,4 g/cm^3 sehr hohe Dichte von Platin (vgl. Gold (Au) 19,3 g/cm^3) verleiht Werkstoffen auf der Basis von Platin eine sehr gute Röntgensichtbarkeit. Zudem lassen sich Platin-Iridium Legierungen besonders gut zu Drähten verarbeiten und kommen daher meist als Werkstoff für ballonexpandierbare Spiralstents zum Einsatz [17].

54.3.3.2 Kunststoffe

Kunststoffe kommen, bedingt durch Ihre vergleichsweise geringe mechanische Festigkeit, bisher nur selten als Werkstoff für koronare Stents zum Einsatz. Meist werden metallische Implantate zur Verbesserung der Biokompatibilität sowie Senkung der Thrombogenität lediglich mit einem geeigneten Polymer überzogen oder anderweitig kombiniert. Die Problematiken von Korrosion an den Korngrenzen oder dem Ausschwemmen von Metall-Ionen können so reduziert werden. Auf Grund deren besseren Prozessierbarkeit kommen dabei ausschließlich thermoplastische Materialien zum Einsatz. Die Umsetzung von Drug-Eluting-Stents sowie die von biodegradierbaren Implantaten bilden das interessanteste Einsatzfeld für Kunststoffe.

Polyurethane (PUR)
Polyurethane sind in der Medizintechnik bereits sehr weit verbreitet. Abhängig von den verwendeten Monomeren sowie dem Vernetzungsgrad lassen sich die Eigenschaften über einen großen Bereich variieren. Polyurethane werden als Werkstoffe für Katheter, aber auch für Langzeitimplantate im kardiovaskulären Bereich als Herzklappen oder künstliche Gefäße verwendet. Wegen Ihrer guten Hämokompatibilität sind Polyurethane auch ein interessanter Werkstoff für Stents. Als problematisch erweisen sich jedoch dabei die Neigung zu einer hydrolytischen Degeneration sowie eine häufige Ausprägung von Spannungsrisskorrosion. Erste klinische Studien mit Stents aus thermoplastischen Polyurethanen sind bereits durchgeführt worden, eine breite Anwendung hat sich indes bisher nicht ergeben [27, 28].

Polymer	Schmelzpunkt (°C)	Degradationszeit (Monate)
Polyglykolsäure	225–230	6–12
Poly (D, L-laktide/glykolid)-Copolymer	–	12–16
Poly-L-Milchsäure	173–178	>24
Polycaprolaktone	58–63	>24

Tabelle 54.2 Degradationsraten von biodegradierbaren Polymeren

Biodegradierbare Kunststoffe
Materialien werden als „biodegradierbar" bezeichnet, wenn durch eine enzymatische oder hydrolytische Spaltung der Makromoleküle eine nahezu vollständige Entfernung des Materials aus dem Körper stattfindet. Der Einsatz biodegradierbarer Stents aus Polylaktiden basiert auf der Annahme, dass diese nur zur Ausheilung von intervenierten Läsionen benötigt werden. Im kardiovaskulären Bereich werden die biodegradierbaren Polymere Poly-L-Milchsäure (PLLA), Polyglykolsäure (PGA), Poly (D, L-laktide/glykolid)-Copolymer (PDLA) und Polycaprolacton (PCL) verwendet, welche Degradationszeiten laut Tabelle 2 aufweisen [29].

Die mechanischen Eigenschaften hängen wesentlich von den Parametern der Polymerisation (Druck, Temperatur, Reaktionsgeschwindigkeit) und der verwendeten Katalysatoren, meist Zinn (Sn) oder Zink (Zn), ab. Der E-Modul lässt sich so über einen weiten Bereich von 2 bis etwa 10 MPa einstellen [30]. Die gegebenen Limitationen hinsichtlich der schlechten mechanischen Eigenschaften im Vergleich zu metallischen Stents, können weitgehend durch Anpassung der Geometrie, z. B. erhöhte Dicke der Stent-Stege, kompensiert werden. Erheblich größere Probleme entstehen jedoch durch den Abbauprozess und einer damit zusammenhängenden Entzündungsreaktion des Körpers. Polymer-Stents aus Polylaktid wurden bisher in einer kleinen Serie erfolgreich implantiert [31].

Kunststoffe mit Formgedächtnis
Im Prinzip zeigen im begrenzten Umfang alle thermoplastischen Kunststoffe ein Formgedächtnis. Bei einer Umformung werden die ursprünglich knäuelförmig angeordneten Kettenmoleküle entlang der Belastungsrichtung gestreckt. Dieser Prozess wird als Recken bezeichnet und ist ein etablierter Prozessschritt zur Veredelung von Kunststoffprodukten. Werden die so behandelten Bauteile über eine gewisse Temperatur erwärmt, kommt es teilweise zu einer Rückverformung. Dieser Effekt lässt sich prinzipiell auch für selbstexpandierbare Stents nutzen, wobei es diese noch nicht zu einer verbreiteten klinischen Anwendung gefunden haben. Erste Experimente wurden an Stents auf Basis von thermoplastischem Polyurethan durchgeführt. Besonders vielversprechend erscheint in diesem Zusammenhang die Idee eines Implantats aus biodegradierbarem Kunststoff mit Formgedächtniseigenschaften [28–32].

54.3.4 Herstellung von Stent-Delivery-Systemen

54.3.4.1 Fertigung der Ballone

In der Ballonherstellung gibt es derzeit unterschiedliche Verfahren. Im Heißluftverfahren werden die Ballone durch Druck und Hitze in einer Glasform ausgeformt. Dabei ist das innere Lumen der Glasform entsprechend als Negativ der gewünschten Ballonform ausgeführt. Bei der Fertigung wird der Katheter so in die Apparatur eingespannt, dass das eine Ende dicht verschlossen ist und am anderen Ende Druck aufgebracht werden kann. Zusätzlich wird ein Dorn in den Katheter eingeführt, um zu verhindern, dass durch die Heizklaue das innere Lumen verändert wird. Die Heizklaue bringt schließlich die nötige Wärme ein und durch entsprechenden Druck wird der Ballon in die Form gepresst.

Neben dem Heißluftverfahren kann das Ausformen der Ballone auch in einem heißen Wasserbad geschehen (Abb. 54.8). Der Katheterschlauch wird wiederum in eine Negativ-Form aus gut wärmeleitendem Metall eingebracht und am distalen Ende luftdicht abgeschlossen. Am proximalen Ende wird kontrolliert Druck aufgebracht und die Form zuerst nur leicht in das Wasserbad getaucht, um sie aufzuheizen. Nach einer ersten Verstreckung bzw. Ausformung des Ballons wird die Form komplett eingetaucht, damit eine homogene Ausrichtung der Polymerketten erfolgen kann. Zur Abkühlung und Aushärtung wird die Form schließlich in ein kaltes Wasserbad getaucht. Die Form kann nun zerlegt und der Ballon entnommen werden. Typische Materialien für dieses Verfahren sind PEBAX®, ein thermoplastisches Elastomer auf Polyamidbasis (PA), oder Polyethylenterephtalat (PET).

Eine weitere Methode, einen Ballon herzustellen, ist das Tauchverfahren. Die Formen können als Positiv an der Drehmaschine aus gängigen Materialien wie poliertem Messing, Aluminium oder Edelstahl gefertigt werden. Für die Abformung der Ballone wird die Form mehrfach in das entsprechende Material eingetaucht, bis die gewünschte Materialstärke erreicht ist. Nach dem Aushärten kann der Ballon von der Form abgestreift werden. Die im Tauchverfahren verwendeten Materialien sind Latex, Polyisopropen, Nitril, Polyurethan und Silikone [33].

54.3.4.2 Herstellung der Katheter

Wie bereits in Kapitel 53.3.1 dargestellt, wird ein Ballonkatheter grundsätzlich aus vier Bestandteilen zusammengesetzt, Ansatzstück, Katheterschlauch, Ballon, und Katheterspitze. Um eine Verbindung zwischen den einzelnen Elementen herzustellen, werden folgende formgebende Verfahren angewendet (Tabelle 3).

Um das distale Ende des Katheterschlauches mit dem Ansatzstück zusammen zu fügen, muss dieses zunächst durch Flaring so verändert werden, dass beide Teile ineinander gesteckt werden können. Die Verbindung zwischen dem Anschlussstück und dem Katheterschlauch wird dann zusätzlich durch einen Schrumpfschlauch (Shrinking) unterstützt, der verhindern soll dass der Katheter am Anschluss ab-

54.3 Koronare Stent-Delivery-Systeme (SDS)

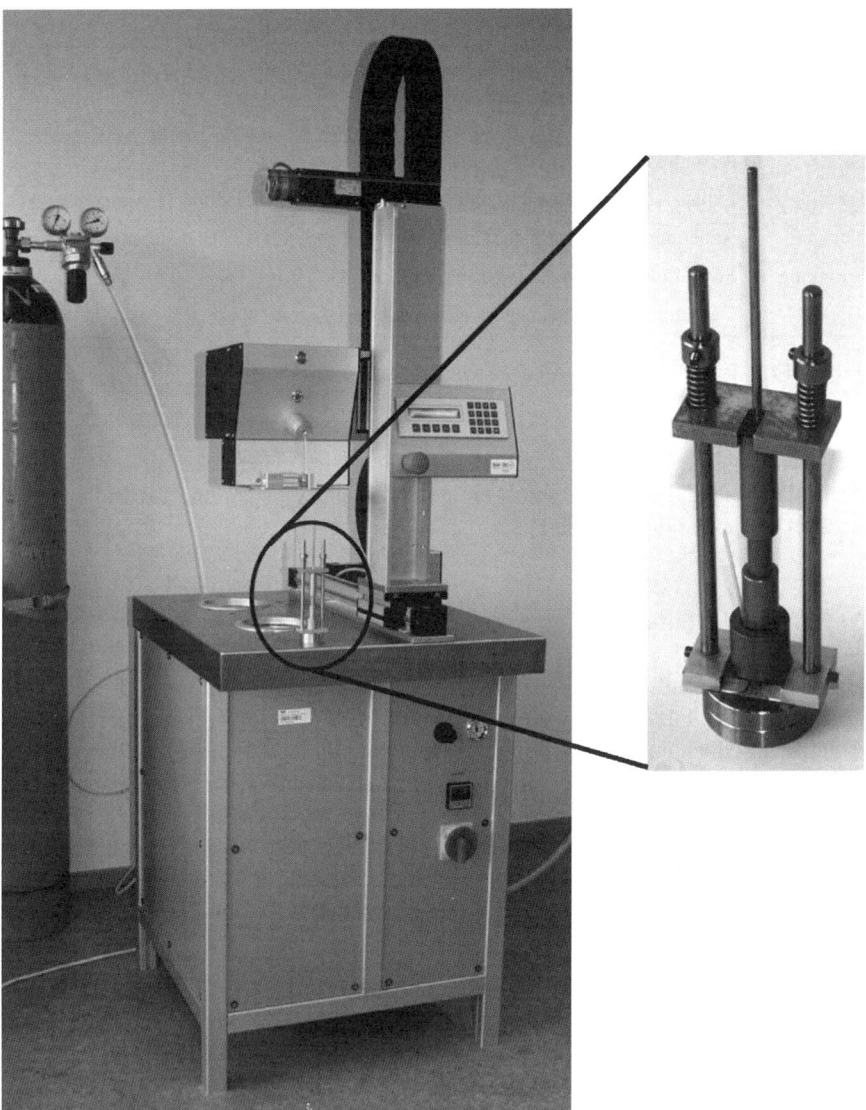

Abb. 54.8 Ballonformmaschine der Firma BW-TEC (Höri, ZH, Schweiz) *Links:* Gesamtansicht der Anlage mit Steuerkonsole, Antriebseinheiten und Gasanschluss *Rechts:* Detailansicht der mehrteiligen Blasform, eingespannt in der Halterung

knickt. Am proximalen Ende des Katheterschlauches wird der Ballon durch kontrolliertes thermisches Verschweißen (Bonding) an den Ballonschultern angebracht. Dies kann mit einem kontrolliert beheizten Greifwerkzeug oder durch einen Laser erfolgen. Die Katheterspitze wird schließlich in eine beheizte Form eingebracht,

Verfahren	Definition
Bonding	Kontrolliertes thermisches Verschweißen zweier kompatibler Polymerschläuche, ohne das innere Lumen zu zerstören
Flaring	Veränderung des Endes des Katheters um einen Flansch für ein mechanisches Anschlussstück zu erhalten
Forming	Expansion eines Schlauchs unter kontrolliertem Luftdruck und Temperaturen
Necking	Änderung des Umfangs des Katheterschlauchs mittels Abziehen durch eine Matrize
Shrinking	Schrumpfen eines Schlauches als Verbindung
Tipping	Gestaltung des Katheterendes als Konus oder Kugel

Tabelle 54.3 Typische Verfahren bei der Katheterherstellung

wodurch das Ende abgerundet und verschlossen wird (Tipping). Durch Anschluss des Inflationsgerätes entsteht somit ein geschlossenes System und der Ballon kann belüftet und expandiert werden [33].

54.3.4.3 Ballonfaltung

Damit ein Stent auf den Ballonkatheter montiert werden kann, muss dieser zuvor gefaltet werden. Für die Umsetzung der Faltung sind diverse Varianten möglich, von denen sich jedoch nur wenige für eine Umsetzung im industriellen Maßstab eignen. Um einen Ballon zu falten, kommt eine Konstruktion ähnlich der eines Spannfutters, mit drei oder mehreren Backen zum Einsatz. Zuerst wird der Ballonkatheter dilatiert und zwischen den Backen eingespannt (Abb. 54.9). Diese werden dann bis auf den Durchmesser des Perfusionskatheters geschlossen und ein Vakuum wird angelegt. Die so entstandenen Falten werden abschließend durch Rotation des Backenfutters um den Perfusionskatheter gewickelt. Je nach Herstellungsverfahren besitzt ein Katheter dabei drei bis fünf, vereinzelt auch mehr, aufgewickelte Falten.

54.3.4.4 Fertigung der Stents

Die Strukturen der Stents werden derzeit in den meisten Fällen aus dünnwandigen Röhrchen mittels Laserstrahlschneiden herausgearbeitet. Der fokussierte Laserstrahl erhitzt dabei das Material und schmilzt es lokal auf, während das Röhrchen linear verschoben und gleichzeitig rotiert wird. So kann ein beliebiges Design des Stents erreicht werden. Durch das Aufschmelzen des Materials entstehen an der Oberfläche Schweißpunkte und Schnittgrate, sowie Oberflächenoxide und Schlacke. Diese müssen durch eine mechanische oder chemische Glättung abgetragen werden. Um weitere Bearbeitungsspuren zu entfernen, Kanten abzurunden und eine optisch glatte Oberfläche zu erzeugen, werden die Rohlinge meist noch elektrolytisch poliert. Der Materialabtrag wird dabei durch Anlegen einer elektrischen

54.3 Koronare Stent-Delivery-Systeme (SDS)

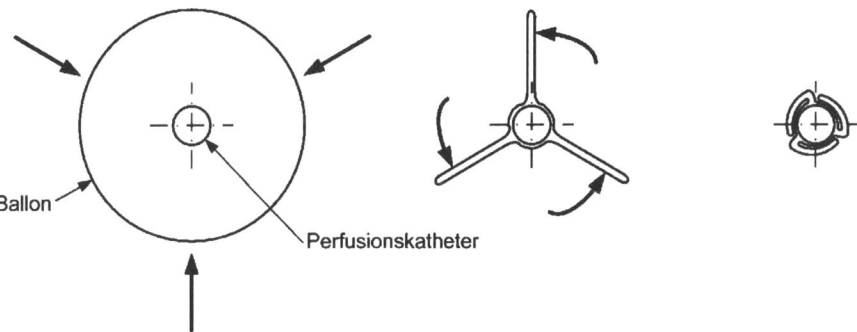

Abb. 54.9 Schematische Schnittdarstellung des Ablaufs der Ballonfaltung *links:* dilatierter Ballon mit Angriffsstellen der Backen *mitte:* Schließen und Rotation der Backen *rechts:* gefalteter Ballon

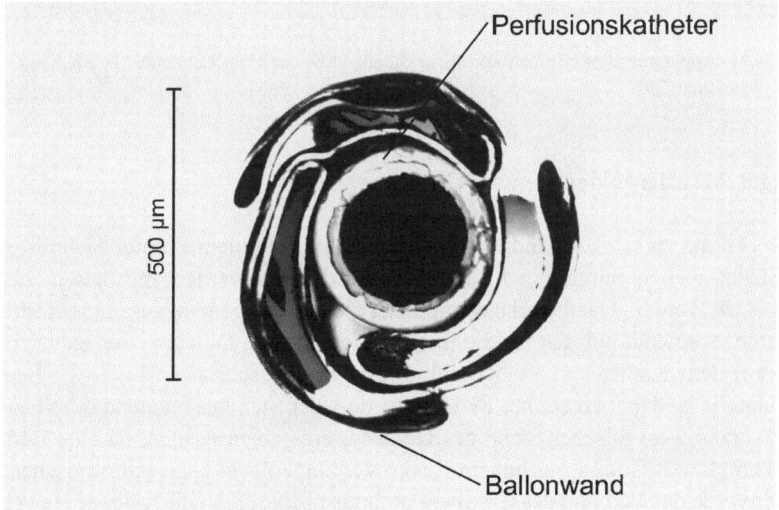

Abb. 54.10 Lichtmikroskopisches Aufnahme des Querschnitts eines Ballonkatheters mit üblicher Faltung. Die einzelnen Falten werden, gleichmäßig um den Umfang verteil, spiralförmig aufgewickelt

Spannung zwischen dem Stent (Anode) und einem Gegenpol (Kathode) in einem elektrolytischen Bad erreicht [17, 34].

Neben der Methode des Laserstrahlschneidens werden Stents auch aus gewalztem und/oder gezogenem Draht gewickelt. Die Materialeigenschaften der so genannten Maschen- oder Spiralstents werden in einer nachfolgenden chemischen Behandlung exakt eingestellt. Als letzte Fertigungstechnik für Stents ist noch das Löten oder Schweißen zu nennen. Ringstents bestehen aus unterschiedlich geformten Ringsegmenten welche thermisch verbunden werden [35].

Abb. 54.11 Apparatur zum crimpen koronarer Stents, entwickelt am Lehrstuhl für Medizintechnik der TU München [39]

54.3.4.5 Montieren der Stents – Crimpen

Im Gegensatz zu selbstexpandierenden oder jenen mit einem Formgedächtnis, müssen Stents, welche durch einen Ballonkatheter dilatiert werden, mit diesem zusammengesetzt werden. Dazu wird das Implantat gleichförmig radial zusammengedrückt, wodurch es sowohl auf den für die Implantation nötigen Durchmesser reduziert, als auch auf dem Katheter montiert wird. Dieser Prozessschritt wird als Crimpen bezeichnet. Es ist dabei von hoher Bedeutung, dass der Stent ausreichend fixiert ist, um nicht vorzeitig an falscher Stelle des Gefäßsystems abzurutschen, da eine Bergung sehr kompliziert ist und mit hohem Risiko verbunden sein kann (chirurgischer Eingriff). Wurde der Vorgang des Crimpens anfangs noch durch eine rollende Bewegung zwischen den Fingern des Operators durchgeführt, wird dies heute durch Maschinen direkt beim Hersteller erledigt. Der Crimpvorgang zeigt dabei Einfluss auf den späteren Enddurchmesser des Stent. Darüber hinaus hat das Crimpen Einfluss auf die Verunreinigung des Implantats und damit auf den Operationserfolg [36–38].

54.4 Limitierende Faktoren

54.4.1 Restenose

Als Restenose bezeichnet man die Wiederverengung einer im Rahmen eines interventionellen Eingriffes bereits aufgeweiteten Stenose, deren Gefäßdurchmesser sich

54.4 Limitierende Faktoren

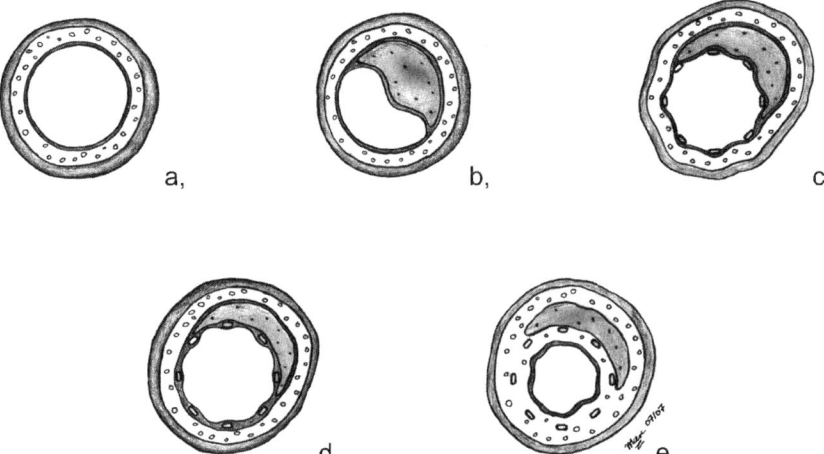

Abb. 54.12 Schematische Darstellung des Gefäßquerschnitts in den einzelnen Stadien der Implantation eines Stent. a, gesundes Gefäß b, weit fortgeschrittene Arteriosklerose mit massiver Stenose des freien Gefäßlumens c, Gefäß kurz nach Implantation des Stents, die Gefäßwand steht unter erheblicher Spannung d, gleichmässig in die Intima eingewachsener Stent, keine überwuchernde Gewebsneubildung e, Ausprägung einer Restenose durch neointimale Hyperplasie, der freie Querschnitt ist erneut weitgehend blockiert

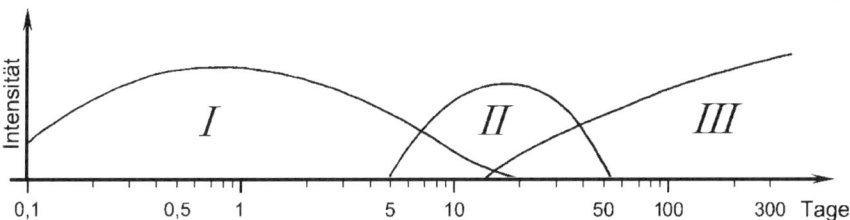

Abb. 54.13 Qualitative Darstellung des zeitlichen Ablaufs einer Restenose. Phase I: Aggregation von Thrombozyten, Migration von Makrophagen; Phase II: Ausschüttung von Wachstumsfaktoren, Migration und Proliferation von glatten Muskelzellen (SMC); Phase III: Ausbildung neuer extrazellulärer Matrix, Zellproliferation und -migration (nach [16])

wieder um mindestens 50% des Ausgangsvolumens des dilatierten Gefäßes verringert hat. Bei etwa 30 % aller Stentimplantationen kommt es innerhalb von 6 Monaten zu einer Restenose [40]. Tritt diese Restenose im Lumen des Stents auf, spricht man von einer In-Stent-Restenose. Die genauen pathologischen Vorgänge sind dabei, analog zur Ursache der Arteriosklerose, bisher nicht endgültig geklärt worden. Die Abläufe in der Gefäßwand nach der Implantation eines Stent sind dabei mit der normalen Wundheilung des menschlichen Körpers vergleichbar. Im Vordergrund stehen dabei die Bildung von Thromben, eine Entzündung der Gefäßwand, sowie Zellproliferation, Zellmigration und Neubildung der extrazellularen Matrix [41–43].

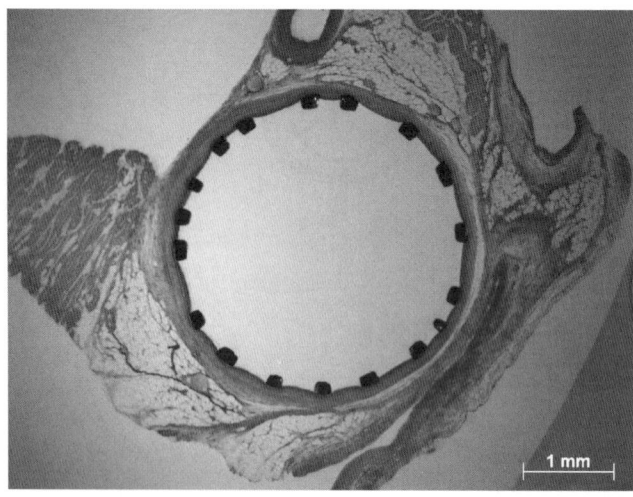

Abb. 54.14 Hartschliffpräparat einer Koronararterie kurz nach der Implantation eines Stent. Deutlich sind die einzelnen Stege des Stent sichtbar [48]

Thromben entstehen nach der Aktivierung des Gerinnungszyklus aus Thrombozyten, Erythrozyten und Fibrin. Der Kontakt zwischen Blutstrom und dem implantierten Stent kann diesen Vorgang bereits triggern. Durch die Gabe von Aggregationshemmern wie Heparin kann die Bildung übermäßig großer Thromben und damit eine erneute rasche Verengung des Gefäßes verhindert werden. Das Risiko einer Thrombenbildung hängt dabei im hohen Maße vom Ausmaß der Verletzung durch die Stentimplantation sowie der Thrombogenität des Implantatmaterials ab [44, 45].

Neben der unmittelbaren Reaktion durch die Thrombogenität des implantierten Stents kommt es auch zu Veränderungen in der Gewebsstruktur des Gefäßes. Dies kann ebenfalls zu einer Restenose führen, wobei diese Vorgänge, im Vergleich zur Thrombenbildung, deutlich langsamer ablaufen und daher mit zeitlicher Verzögerung nach erfolgter Intervention auftreten. Die Verletzung der Gefäßwand löst zunächst eine Entzündungsreaktion aus. Dabei werden Wachstumsfaktoren ausgeschüttet, wodurch glatte Muskelzellen (smooth muscle cells, SMC) aktiviert werden, welche schließlich in den Bereich der Verletzung wandern. Gleichzeitig verändert sich die extrazelluläre Matrix der Gefäßwand und wird für die aktivierten Muskelzellen durchlässig. Durch Zellproliferation, Zellmigration und eine Neubildung von kollagenhaltiger Matrix kommt es so zu einer überwuchernden Gewebsneubildung. Dieser als neointimale Hyperplasie bezeichnete Vorgang verengt das Gefäß und kann es erneut nahezu vollständig verschließen [46, 47].

Um eine Quantifizierung der Gefäßverletzung zu ermöglichen, können histologische Untersuchungen im Hartschliff, mit dem in der experimentellen Kardiologie etablierten Modell des Hausschweins, durchgeführt werden. Gestentete Gefäße werden in Methylmetacrylat (MMA) eingebettet und nach der Polymerisation zu Polymethylmetacrylat (PMMA) in definierte Schnitte unterteilt. Die in der For-

54.4 Limitierende Faktoren

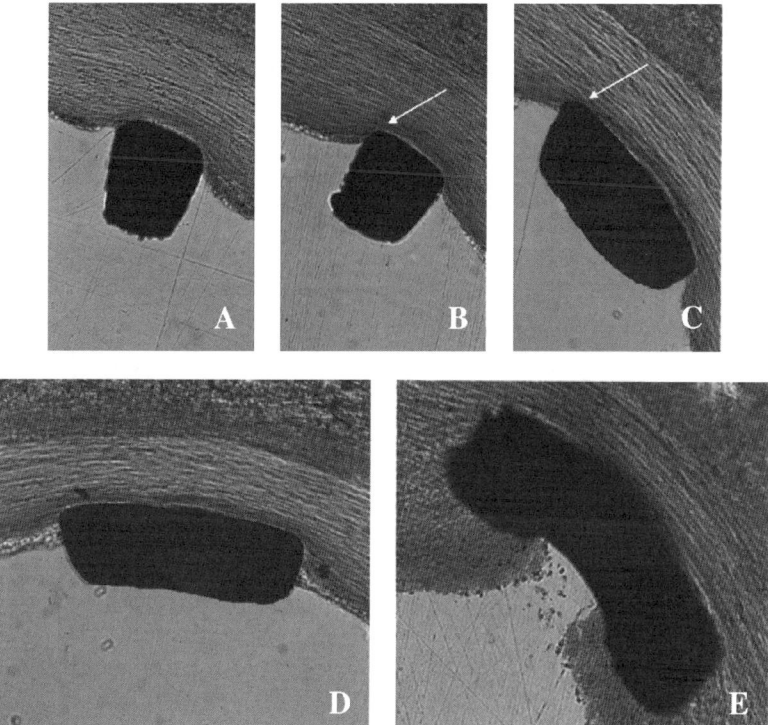

Abb. 54.15 Verschiedene Stentstruts mit unterschiedlichen Eindringtiefen (20x Vergrößerung) [48] *A)* Endothelschicht abgeschabt, Lamina elastica interna (LEI) intakt *B)* LEI eingerissen, Media intakt *C)* LEI vollständig gerissen, Media komprimiert *D)* Media eingerissen, Lamina elastica externa (LEE) *E)* Media vollständig gerissen, LEE komprimiert

schung etablierte Methode der Hartschliffhistologie eignet sich für eine langfristige Konservierung des Gewebes ohne Verlust morphologischer Strukturen und hervorragend zum Quantifizieren der Gefäßverletzungen unter dem Mikroskop [48].

54.4.2 Geometrie des Gefäßes

Bedingt durch die Geometrie des betreffenden Blutgefäßes ist es unter Umständen nur sehr schwer möglich oder gar unmöglich, einen Stent zu implantieren. Kritisch sind unter anderem stark mäandernde Gefäße, da diese bei der Dilatation durch den Ballonkatheter gestreckt werden und so einer besonders hohe Scherbeanspruchung erfahren. Gefäße, mit engen Biegungen führen zu einer gleich gearteten Problematik. Außerdem erfordern Stenosen im Bereich einer Bifurkation, also der Verzweigung eines Gefäßes, neben einem besonderen operativen Geschick häufig spezielle Stents oder lassen sich meist auch gar nicht auf diese Weise therapieren.

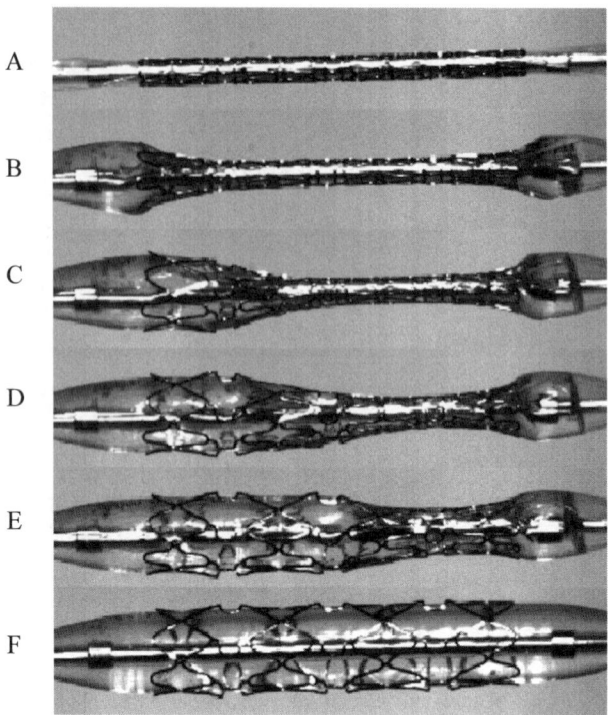

Abb. 54.16 Bildabfolge (A–F) eines Koronar-Stents während der Expansion, aufgenommen mit einer Hochgeschwindigkeitskamera mit jeweils etwa 10 ms zwischen den Bildern. Bei einigen Systemen weiten sich zunächst die Enden, erscheinen so in einer Form, die an einen Hundeknochen erinnert. Diese Erscheinung bezeichnet man als ‚dog-bone'- Effekt (nach [16])

54.4.3 Technische Grenzen

Neben den biologischen Einschränkungen gibt es auch von technischer Seite limitierende Faktoren. So lassen sich, bedingt durch die zu Verfügung stehenden Produktionsverfahren Ballonkatheter nicht beliebig verkleinern. Insbesondere die Montage des formgeblasenen Ballons auf dem Perfusionskatheter als auch die Faltung lassen sich unterhalb eines gewissen Durchmesser nicht sinnvoll umsetzen. Zudem lässt sich ein Stent nicht beliebig verkleinern, da durch die erforderliche Radialfestigkeit eine minimale Stärke der Struts und damit ein minimaler Durchmesser fest vorgegeben sind. Gegenwärtig liegt die Grenze für den minimalen Durchmesser im expandierten Zustand bei knapp über einem Millimeter.

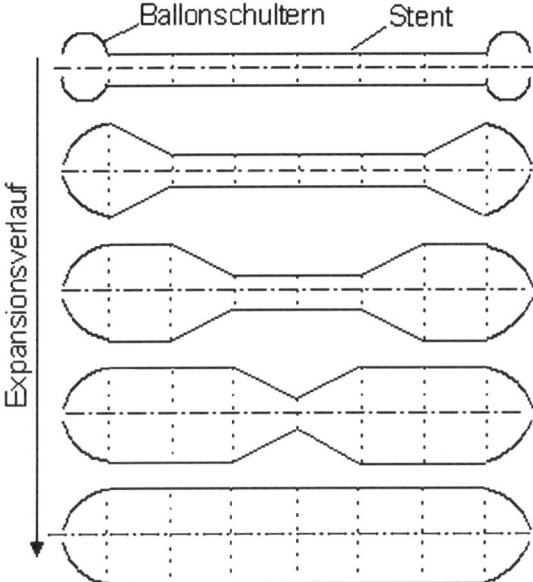

Abb. 54.17 Schemadarstellung des Expansionsverhaltens gängiger in Segmentbauweise ausgeführter Stents. Zu erkennen ist das Überstehen und Vorauseilen der Ballonschultern zu Beginn des Druckaufbaus und das segmentweise Expandieren des Stents. Bild nach Schratzenstaller [16]

54.5 Mechanisches Verhalten der Stents während der Expansion

Die Implantation eines Stents ist immer mit der Verletzung des Gefäßes verbunden. Durch Untersuchungen konnte belegt werden, dass einige der sich auf den Markt befindlichen Stents ein ungünstiges Verhalten während der Expansion zeigen und so zu einer zusätzlichen Verletzung des Gefäßes führen. Diese Stent-Delivery-Systeme weiten sich zunächst an den Enden und springen dann in der Mitte auf. Zu Beginn zeigen sie dabei eine Form die an einen idealisierten Hundeknochen erinnert, weshalb diese Erscheinung als ‚dog-bone' Effekt bezeichnet wird (Abb. 54.16). Ursächlich für dieses Verhalten zeigen sich mehrere Faktoren.

Um eine gleichmäßige Aufweitung des Stents über die gesamte Länge zu gewährleisten, wird der Ballonkatheter in der Regel etwas länger gewählt als das Implantat. Folglich steht der Ballon an beiden Seiten etwas über und weitet sich bei Dilatation zuerst an diesen, als Ballonschultern bezeichneten Stellen, da der Gegendruck durch den Stent fehlt. Die sich aufdehnenden Endstücke wirken dabei wie ein Keil, welcher das Implantat von beiden Seiten aus über dessen axiale Länge aufweitet. Dieser Effekt bei der Expansion, welche nur wenige Millisekunden bis Sekunden dauert, ist schematisch in Abb. 54.16 dargestellt. Zusätzlich hat sich gezeigt, dass Stents bei der Aufweitung zumeist am proximalen Ende, also auf der Seite

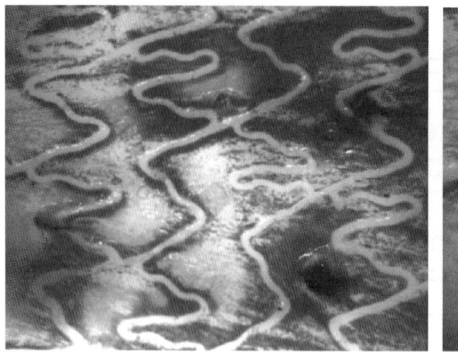 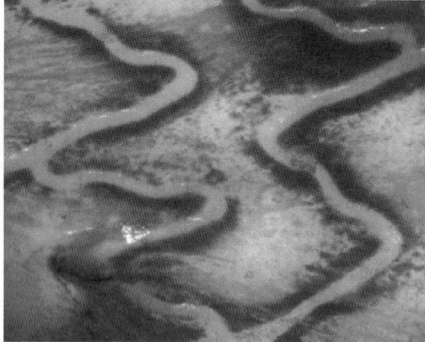

Abb. 54.18 Evan`s Blue-Färbung einer Arterie mit implantiertem Stent. Deutlich zu sehen sind die Endothelabschabungen hervorgerufen durch die Stent-Stege während der Implantation [48]

des Perfusionskatheters zuerst aufspringen. Als Erklärung für dieses Verhalten lässt sich anführen, dass sich der Druck durch die zur Expansion des Ballons eingeleitete Flüssigkeit zuerst in dessen proximalem Schulterbereich aufbaut. Erst wenn der Widerstand durch den gefalteten Katheter sowie den gecrimpten Stent überwunden werden kann, weitete sich das gesamte System. Das Ausmaß der neointimalen Hyperplasie und damit das Risiko einer Restenose korreliert dabei mit der Ausprägung des ‚dog-bone'-Effekts [45, 49, 50].

Eine weitere Einflussgröße auf die Gefäßverletzung während der Expansion des Stents ist die, bezogen auf die Abmessungen des behandelten Gefäßes, enorme Geschwindigkeit der Aufweitung. Durch Untersuchungen konnte die Expansionsgeschwindigkeit auf bis zu 80 mm/s bestimmt werden. Der gesamte Vorgang des Aufdehnens dauert so nur wenige Millisekunden. Beim Auftreffen der Stege des Stents auf die Gefäßwand wird diese daher einer enormen Belastung ausgesetzt und es erfolgt eine teilweise Deendothelialisierung. Gleichzeitig wird der Durchmesser der Arterie in kurzer Zeit erheblich vergrößert, wodurch in das Gewebe erhebliche Schubspannungen induziert werden, wodurch dieses zusätzlich geschädigt wird [5, 49, 51]

Darüber hinaus konnte experimentell belegt werden, dass viele der gegenwärtig auf dem Markt erhältlichen Stent-Katheter-Systeme während der Aufweitung eine Rotation zeigen, deren Drehwinkel bis zu 100° betragen kann [16, 52]. Ursache für dieses Verhalten ist in der nach aktuellem Stand der Technik üblichen Art der Faltung zu suchen, bei der sich bei Ventilation zunächst die aufgewickelten Falten aufstellen und dabei den Stent rotieren (siehe Abb. 54.18). Dies führt zu einer zusätzlichen Verletzung der Gefäßwand und erhöht so das Risiko einer Restenose. Mit einer geeigneten Faltapparatur lässt sich jedoch ein rotationsfrei expandierbares Stent-Katheter-System umsetzen.

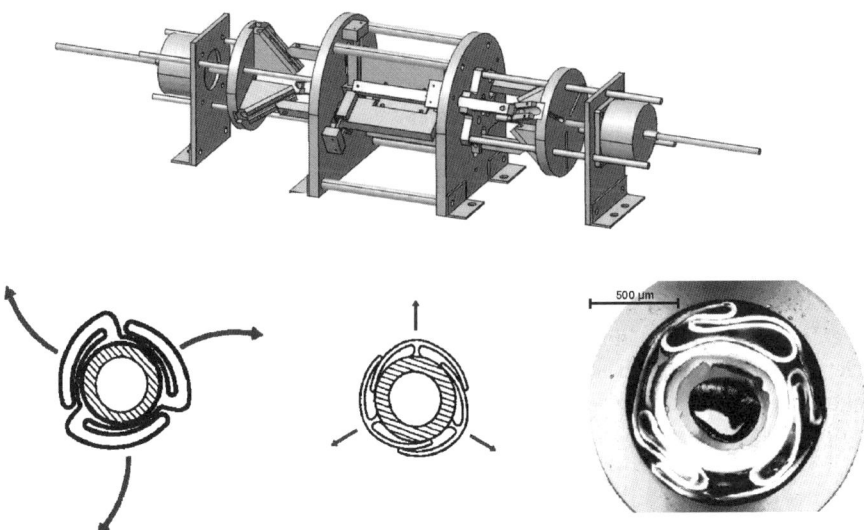

Abb. 54.19 *oben:* CAD –Zeichnung der Faltapparatur zur Umsetzung eines rotationsfrei expandierenden Ballonkatheters; *unten, v.l.n.r:* schematische Darstellung des Querschnitts durch einen Katheter mit klassischer Faltung. Die Pfeile zeigen die Bewegungsrichtung zu Begin der Expansion an, der Katheter rotiert; Schemazeichnung der neuen Faltung; Hartschliffbild eines Katheters mit neuer Faltung

54.6 Optimierungsansätze

Die Weiterentwicklung derzeit verwendeter Stent-Systeme wird durch unterschiedliche Ansätze vorangetrieben. Auf der werkstofftechnischen Seite werden die Senkung der Thrombogenität der Stents und die Optimierung des Stent-Designs verfolgt. Auf der biologischen Seite sollen die Unterdrückung der neointimalen Hyperplasie nach Gefäßverletzung sowie die Verbesserung des Implantationsverfahrens als Ursache der Gefäßverletzung dazu beitragen.

54.6.1 Senkung der Thrombogenität von Stents

Eine Verbesserung der Biokompatibilität wurde durch das Senken der Thrombozytenaktivierung und der damit verbundenen Ausschüttung von Wachstumsfaktoren entscheidend verringert. In Folge dessen sinkt auch die durch stent-induzierte Gefäßverletzung hervorgerufene Zellproliferationsrate wesentlich. Ein für die Biokompatibilität entscheidender Faktor ist der Werkstoff von Stents. Da diese auf Grund der benötigten Festigkeiten hauptsächlich aus Metallen gefertigt sind, können durch den Kontakt des Werkstoffes mit Blut und Gewebe Entzündungen hervorgerufen werden: Diese Reaktionen entstehen durch die Freisetzung toxischer Reaktionsprodukte sowie der Korrosion des Stents. Zudem wirkt sich die Freisetzung von Metall-Ionen, wie z. B. Nickel, besonders nachteilig aus. Nickel ist ein potentielles Allergen (Nickelallergie), aktiviert Thrombozyten und ist ein bekanntes Karzinogen [53–55].

Um der Freisetzung von Metall-Ionen entgegen zu wirken, wird bei Chrom-Nickel-Stählen, wie z. B. 316L (chirurgischer Edelstahl), ein hoher Anteil an Chrom zulegriert, was zur Bildung einer passivierenden Oxidschicht führt [56–58]. Diese kann bei der Herstellung der Stents durch eine Nachbehandlung (Passivieren durch chemisches Elektropolieren) weiter verstärkt werden. Das somit verringerte Energiepotential und die damit verbundene Reaktionsträgheit führen zu einer weiteren Verbesserung der Biokompatibilität. Außerdem wird durch das elektrochemische Polieren die Stent-Oberfläche geglättet und damit die Grenzzonenfläche zwischen umliegendem Gewebe und Stent herab gesetzt. Demzufolge wird eine Reduzierung der Gerinnungsaktivierung und ein reduziertes neointimales Wachstum erreicht [59–62]

In einem weiteren Ansatz werden Metall-Stents mit inerten oder antithrombogenen Werkstoffen beschichtet, wodurch wiederum eine Erhöhung der Passivierung und der Biokompatibilität erreicht werden kann. Hierbei wurde der Fokus auf DLC (Diamond-Like-Carbon), eine chemisch inerte und korrosionsbeständige Form des Kohlenstoffs gesetzt [63]. Es wurde gezeigt, dass bei Metall-Stents mit einer DLC-Beschichtung die Freisetzung von Metall-Ionen verhindert werden konnte und somit auch die Thrombozyten- und Makrophagenaktivierung verringert wurde. Im Tiermodell war eine Abnahme der Hyperplasie der Neointima und der Restenose bei DLC beschichteten Stents sichtbar, eine Signifikanz konnte jedoch bisher nicht nachgewiesen werden [59, 64–67].

54.6.2 Lokale Applikation antiproliferativer Medikamente

Ein verheißungsvoller Ansatz zur Optimierung der Stent-Eigenschaften ist die Beschichtung mit wachstumshemmenden Medikamenten (Drug-Eluting-Stents, DES). Die Medikamente bewirken, dass der Zellzyklus in der G1-Phase (Teilungsphase) unterbrochen wird, was einen Rückgang der Zellwucherung nach sich zieht. In nachfolgender Tabelle sind die Ergebnisse unterschiedlicher Studien hinsichtlich der Restenoserate nach 6 Monaten Implantationsdauer dargestellt.

Die angiographischen Kontrolluntersuchungen der durchgeführten klinischen DES-Studien wurden bisher nach 6 bis 8 Monaten ausgewertet. Darüber hinaus gibt es nur vereinzelt Untersuchungen über einen längeren Zeitraum und systematische Langzeituntersuchungen fehlen derzeit noch gänzlich. Neue Beobachtungen zeigen zudem, dass die Restenosebildung bei medikamentenbeschichteten Stents auch nach 6 Monaten noch auftreten kann, selbst wenn zuvor bei der üblichen Kontrollangiographie sehr gute Ergebnisse vorlagen [74]. Durch die aktuell eingesetzten antiproliferativen Substanzen sowie die Polymerbeschichtungen werden die Reendothelialisierung und somit auch der Heilungsprozess erst verzögert in Gang gesetzt. Die Wirkung medikamentenbeschichteter Stents muss deshalb noch kritisch betrachtet werden bis erste Langzeitergebnisse vorliegen.

54.6 Optimierungsansätze

Studie	Wirkstoff	Patienten	DES – Gruppe Restenoserate	Kontrollgruppe Restenoserate
RAVEL [68]	Rapamycin (Sirolimus®)	238	keine	26,6 %
SIRIUS [69]	Rapamycin (Sirolimus®)	1058	4,1 %	16,6 %
TAXUS I [70]	Paclitaxel	61	0 %	10 %
ELUTES [71]	Paclitaxel	190	3,2 %	20,6 %
ASPECT [72]	Paclitaxel	81	4,0 %	27 %
TAXUS II [73]	Paclitaxel	536	5,5 %	22 %

Tabelle 54.4 Übersicht der Ergebnisse Studien hinsichtlich der Restenoseraten nach 6 Monaten von Beschichteten und DES-Stents. Die unterschiedlichen Studien zeigen einen deutlichen Rückgang der Restenoserate der DES-Gruppe im Vergleich zur Kontollgruppe. Zwischen den beiden Wirkstoffen ist kein signifikanter Unterschied zu erkennen

Eine weit größere Problematik manifestiert sich in Form einer späten Thrombose nach Implantation von medikamentenfreisetzenden Stents. Diese ziehen in der Regel einen unerwarteten Myokardinfarkt nach sich [75]. Es zeigte sich in mehreren Studien dass die MACE-Rate (Major Advanced Cardiologic Events) anstieg und einige Versuchspersonen durch eine späte Thrombose zu Tode kamen [76].

Für eine mögliche Erklärung der verzögert auftretenden Komplikationen wird folgender Ansatz herangezogen:

Auf einem konventionellen Drug-Eluting-Stent wird eine dünne Schicht aus Polymer aufgebracht, welche als Freisetzungsbarriere und Reservoir für das Medikament dient. Hierfür kommen nichtabbaubare Polymere, wie z. B. Polyethylen-co-vinyl-acetat (PEVA) oder Poly-n-butyl-methacrylat (PBMA) zum Einsatz. Durch diese nichtabbaubaren Polymere können lokale Unverträglichkeitsreaktionen hervorgerufen werden, woraus sich eine chronische Entzündungsreaktion ergibt. Die Wundheilung wird verzögert oder sogar ganz verhindert und es entsteht eine thrombogene Gefäßoberfläche. Vorstellbar ist ein Abplatzen der Polymerbeschichtung mit Spätthrombosen [77, 78].

54.6.3 Optimierung des Implantationsverfahrens

Wie bereits dargelegt, korreliert die Gefäßverletzung im hohen Maße mit der Überdehnung und der dabei in das Gefäß induzierten Spannungen während der Aufweitung. Durch ein optimiertes Implantationsverfahren lässt sich die Schädigung der Gefäßwand und damit die Ursache für eine Restenose reduzieren. Die zügige und deutliche Aufweitung des Gefäßes, welche für eine Wiederherstellung des ungestörten Blutflusses erwünscht ist, steht daher im Widerspruch zu dem Ziel, das Gefäß so wenig wie möglich zu verletzen. Außerdem muss der Stent möglichst dicht an der Arterienwand anliegen, da herausstehende Strukturen Verwirbelungen im Blutstrom hervorrufen können, wodurch das Risiko der Thrombenbildung steigt.

Wird der Stent jedoch zu stark aufgedehnt, können einzelne Stege tief in das Gefäß eindringen und erhebliche Verletzungen bis hin zu einer Ruptur verursachen. Ein Schwerpunkt in der Forschung und Entwicklung für neue Stentsysteme liegt daher in der Optimierung des Implantationsverfahrens [79–83]

54.6.4 Optimierung des Stent-Designs

Studien haben gezeigt, dass ein Zusammenhang zwischen der Geometrie des Stents, sowie der Form und Größe der Stege (Struts) und der Restenoserate gibt. Dennoch konnten aus den bisherigen Erkenntnissen keine eindeutigen Eigenschaften für das Design abgeleitet werden. Die optimale Gestaltung eines Stent stellt daher einen Kompromiss zwischen mechanischen und biologischen Anforderungen dar. Das Implantat sollte im hohen Maße umformbar sein um auch eine weit fortgeschrittene Stenose ohne Schwierigkeiten behandeln zu können. Die radiale Ausdehnung des Stents sollte dabei so klein wie möglich ausfallen um einen möglichst geringen Einfluss auf den Blutstrom zu zeigen da sonst das Risiko eine Thrombozytenaggregation steigt. Um möglichst wenig alloplatisches Material in den Körper ein zu bringen sowie ein zügiges Einwachsen zu ermöglichen, sollte das gesamte Implantat zu klein und filigran wie möglich umgesetzt werden. Dabei muss aber dennoch eine ausreichende Radialfestigkeit sicher gestellt werden um die elastischen Rückstellkräfte auf Dauer zu kompensieren.

54.6.5 Alternatives Verfahren der Optimierung

In Anlehnung an den modernen Trend der Naturheilverfahren verschließt sich die Medizintechnik nicht alternativen Verfahren. Dargestellt ist der Phagocrassus Simplex (PS), der einfache Fettabsauger, ein ca. 500 µm langer Vertreter der Familie der Phageiten, Gattung Phagoanimaliae, der beim Fettabbau in biologischen Stufen von Kläranlagen occasionell gefunden wurde. Erste experimentelle Überlegungen gehen dahin, diesem biologischen Fettverdauer innerhalb eines modifizierten Ballonkatheters ein physiologisches aerobes Milieu durch eine sauerstoffgesättigte Nährlösung anzubieten und über Membranporen die Poropedese des animalischen Saugrüssels zu ermöglichen und so die Arrosion der Fettplaques zu gestatten. Die Systemoptimierung schließt ein, eine ausreichende Anzahl an Phageiten derart intravasal zu platzieren, dass während des Anlegens der Ballonwand an die Gefäßwand und unterhalb einer organtypischen Wiederbelebungszeit während der Ischämiephase, eine überkritische Menge an Plaques entfernt werden kann. Eine repetitive Anwendung bei Bedarf ist vorgesehen. Neben dem PS wurde der Phagocrassus Duplex (PD), der doppelte Fettabsauger, sowie erst vor Kurzem der Phagocrassus Triplex (PT) gefunden. Es liegen bisher jedoch keinerlei wissenschaftliche Ergebnisse vor.

54.6 Optimierungsansätze

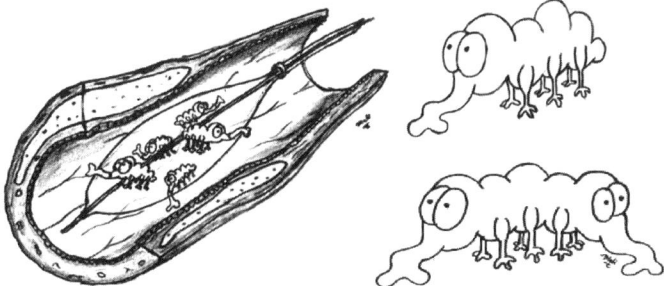

Abb. 54.20 *rechte Bildhälfte oben:* vergrößerte Darstellung des PS. *rechte Bildhälfte unten:* vergrößerte Darstellung des PD. *linke Hälfte:* perspektivische Darstellung einer atheromatösen Arterie vom Kaliber eines Herzkranzgefäßes mit positionierter Ballonkatheterspitze

Abb. 54.21 Dargestellt ist der Phagocrassus Triplex, gefunden in einer das Edelgas Radon abgebenden Gesundheitsgrotte in Transsilvanien. Die wissenschaftliche Verbindung zwischen den Fundstätten des Duplex und des Triplex ist bisher nicht gelungen, jedoch sind erste Schritte eingeleitet um mit diesem nunmehr axial-rotatorisch (A=Rotationsachse hier: Hutnadel, steril für die Aorta) einsetzbaren Kalk-Fresstierchen auch größere Blutgefäße des menschlichen Körpers von über Jahrzehnten entstandenen Kalkablagerungen zu befreien. Ausdrücklich ist zu erwähnen, dass dieses Verfahren noch nicht für den klinischen Einsatz freigegeben wurde

Weiterführende Literatur

- M. Classen, V. Diehl, and K. Kochsiek, Editors. Innere Medizin, Urban und Schwarzenberg, München 1994;
- V. Hombach, Editor, Interventionelle Kardiologie, Angiologie und Kardiovaskularchirugie, FK Schattauer, Stuttgart New York, 2001;
- Vallbracht, C., F.-J. Roth, and A.L. Strauss, Interventionelle Gefäßtherapie., Steinkopff Verlag: Darmstadt, 2002;
- Machraoui, A., P. Grewe, and A. Fischer, Koronarstenting, Steinkopff Verlag: Darmstadt, 2001;
- Serruys, P., Rensing, B., Handbook of coronary stenting, Martin Duntiz Ltd., London, 2002;
- Wintermantel, E., Hoffstetter, M., Technologischer Erkenntnisgewinn im Grenzbereich von Tier- und Fabelwelt. In: Universaliae Confabulatorienses. Atlantis 2008

54.7 Literatur

1. van Buuren, F., H. Mannebach, and D. Horstkotte, 20. Bericht über die Leistungszahlen der Herzkatheterlabore in der Bundesrepublik Deutschland. Zeitschrift für Kardiologie, 2005. 94: p. 212–215.
2. Dietz, R. and B. Rauch, Leitlinie zur Diagnose und Behandlung der chronischen koronaren Herzerkrankung der Deutschen Gesellschaft für Kardiologie – Herz- und Kreislaufforschung (DGK). Zeitschrift für Kardiologie, 2003. 92: p. 501–521.
3. National Heart and Lung and Blood Institute, Background Data, in: Morbidity and Mortality: 2004 chart book of cardiovascular, lung and blood diseases. US Department of health and human services, 5–18. 2004.
4. Grines, C., et al., Coronary Angioplasty with or without Stent Implantation for Acute Myocardial Infarction. New England Journal of Medicine, 1999. 341(26): p. 1949–1956.
5. Schratzenstaller, T., et al. In Vitro Analysis of the Expansion Behaviour of Coronary Stents. in World Congress of Medical Physics and Medical Engineering 2006 „Imaging the Future Medicine". Seoul, Süd-Korea.
6. Shih, C., et al., Growth inhibition of cultured smooth muscle cells by corrosion products of 316L stainless steel wire. Journal of Biomedical Materials Research, 2001. 57: p. 200–200.
7. Badimon, J., et al., Coronary atherosclerosis. A multifactorial disease. Circulation, 1993. 87(3 Suppl): p. II3–16.
8. Stary, H., et al., A definition of initial, fatty streak and intermediate lesions of arteriosclerosis. A report from the committee on Vascular Lesions of the Council on Arteriosclerosis American Heart Association. Circulation, 1994. 89(5): p. 2462–2478.
9. Watanabe, T., S. Haraoka, and T. Shimokama, Inflammatory and immunological nature of atherosclerosis. International Journal of Cardiology, 1996. 54 Suppl: p. 25–34.
10. Kadar, A. and T. Glasz, Development of atherosclerosis and plaque biology. Cardiovascular Surgery, 2001. 9(2): p. 109–121.
11. Schanzenbächer, P. and K. Kochsiek, Koronare Herzkrankheit, in Innere Medizin, M. Classen, V. Diehl, and K. Kochsiek, Editors. 1994, Urban und Schwarzenberg: München. p. 1085–1095.
12. Grüntzig, A., A. Senning, and W. Siegenthaler, Transluminal dilatation of coronary artery stenosis. 1978. The Lancet(i): p. 263.
13. Eberli, F., S. Windecker, and B. Meier, Angioplastieverfahren, in Interventionelle Kardiologie, Angiologie und Kardiovaskularchirugie, V. Hombach, Editor. 2001, FK Schattauer: Stuttgart New York. p. 91–125.
14. Vallbracht, C., F.-J. Roth, and A.L. Strauss, Konventionelle Ballondilatation von Gefäßstenosen, in Interventionelle Gefäßtherapie. 2002, Steinkopff Verlag: Darmstadt. p. 46–66.
15. Hess, O.M. and R.W.R. Simon, Ballon-Dilatation (PTCA), in Herzkatheter – Einsatz in Diagnostik und Therapie, B. Meier, Editor. 2000, Springer Verlag: Berlin Heidelberg. p. 399–423.
16. Schratzenstaller, T., Entwicklung eines traumareduzierten Stent-Delivery-Systems, Lehrstuhl für Medizintechnik. 2006, TU München: München. p. 185.
17. Machraoui, A., P. Grewe, and A. Fischer, Metallische Werkstoffe für koronare Stents, in Koronarstenting, A. Fischer and H. Brauer, Editors. 2001, Steinkopff Verlag: Darmstadt. p. 20–48.
18. Sangiorgi, G., et al., Engineering aspects of stent design and their translation into clinical practice. Annali dell'Istituto Superiore di Sanità, 2007. 43(1): p. 89–100.
19. Palmaz, J., et al., Influence of stent design and material composition on procedure outcome. Journal of Cardiovascular Surgery, 2002. 36: p. 1031–1039.
20. Serruys, P., Rensing, B., Handbook of coronary stenting. 2002, London: Martin Duntiz Ltd.
21. Strupp, G., et al., Bauarten und Eigenschaften koronarer Stents "Stentmanual 2005". 16. Symposium und Seminar für angewandte PTCA 22.–23. September 2005. Vol. Neunte überarbeitete und aktualisierte Auflage. 2005, Fulda.
22. Diseqi, J., A., Kennedy, R., L., Pilliar, R., Cobalt-Base Alloys for Biomedical Applications. 1999: American Society for Testing & Materials.

23. Brunette, D., M., Tengvall, P., Textir, M., Titanium in Medicine. 2001, Berlin: Springer Verlag.
24. O'Brien, B., W. Carroll, and M. Kelly, Passivation of nitinol wire for vascular implants – a demonstration of the benefits. Biomaterials, 2001. 23: p. 1739–1748.
25. Rocher, P., et al., Biocorrosion and cytocompatibility assessment of NiTi shape memory alloys. Scripta Materialia, 2004. 50(2): p. 255–260.
26. Thierry, B., et al., Nitinol versus stainless steel stents: acute thrombogenicity study in a ex vivo porcine model. Biomaterials, 2002. 23: p. 2997–3005.
27. Uhling, K., Polyurethan – Handbuch. 3. ed. 2005, München: Hanser Fachbuchverlag.
28. Wache, H.-M., Optimierung des Memory-Verhaltens von Kunststoffen am Beispiel eines polymeren Stents. Kunststoff – Forschung. Vol. 60. 2004, Berlin: Universitätsbibliothek der Technischen Universität Berlin.
29. Waksman, R., Adjunctive Therapy: Biodegradable Stents: They Do Their Job and Disappear. Journal of Invasive Cardiology, 2006. 18(2): p. 70–74.
30. Grijpma, D., W., Penning, J., P., Pennings, A., J., Chain entanglement, mechanical properties and drawability of poly(lactide). Colloid & Polymer Science, 1994(272): p. 1068–1081.
31. Vallbracht, C., F.-J. Roth, and A.L. Strauss, Indikationen zur koronaren Stentimplantation, in Interventionelle Gefäßtherapie, W. Rutsch, Editor. 2002, Steinkopff Verlag: Darmstadt. p. 260–296.
32. Müller, T., Polymere Implantate mit Formgedächtnis am Beispiel von Stents. Kunststoff – Forschung. Vol. 51. 2000, Berlin: Universitätsbibliothek der Technischen Universität Berlin.
33. Kucklick, T., The Medical Device R&D Handbook. 2006, Oxford, UK: Taylor & Francis Group.
34. Raval, A., et al., Developement and assessment of 316LVM cardiovascular stents. Materials Science and Engineering A, 2004. 386: p. 331–343.
35. Fischer, A., et al., Metallische Biowerkstoffe für koronare Stents. Zeitschrift für Kardiologie, 2001. 90(4): p. 251–262.
36. Schneider, T., Hopp, Hw., Vlaho, D., Randomized comparison of mounted versus unmounted stents: the multicenter COMUS trial. American Heart Journal, 2003. 145(2).
37. Bayes-Genis, A., Camrud, A., R., Jorgenson, M., Donovan, J., Shogren, K., L., Homes, D., R., Schwartz, R., S., Pressure rinsing of coronary stents immediately before implantation reduces inflammation and neointimal hyperblasia. Jornal of the American College of Cardiology, 2001. 38(2): p. 562–568.
38. Jung, F., Bach, R., Franke, R., P., Effect of crimping on the contamination of coronary stents. European Heart Journal, 1999(20): p. 628.
39. Hoffstetter, M., Entwicklung einer Apparatur zum Crimpen koronarer Stents, Lehrstuhl für Medizintechnik. 2006, Technische Universität München: München. p. 95.
40. Machraoui, A., P. Grewe, and A. Fischer, Einführung, in Koronarstenting, M. A, Editor. 2001, Steinkopff Verlag: Darmstadt. p. 20–48.
41. Holmes, D.J., et al., Analysis of 1-year clinical outcomes in the SIRIUS trial: a randomized trial of a sirolimus-eluting stent versus a standard stent in patients at high risk for coronary restenosis. Circulation, 2004. 109(5): p. 634–40.
42. Höfling, B., et al., Das Problem der Restenose nach Angioplastie: Klinische Bedeutung, Pathobiologie, zukünftige Entwicklung zur Suppression der Rezidivstenose. Der Internist, 1997: p. 31–43.
43. Teirstein, P., et al., Three year clinical and angiographic follow-up after intracoronary radiation: Results of a Randomized Clinical Trial. Circulation, 2000. 101: p. 360–365.
44. Iijiama, R., et al., Predictors of Restenosis After Implantation of 2.5 mm Stents in Small Coronary Arteries. Circulation Journal, 2004. 68: p. 236–240.
45. Sullivan, T., et al., Effect of Endovascular Stent Strut Geometry on Vascular Injury, Myontimal Hyperplasia, and Restenosis. Journal of Cardiovascular Surgery, 2002. 36: p. 143–149.
46. Bayes-Genis, A., et al., Macrophages, myofibroblasts and neointimal hyperplasia after coronary artery injury and repair. Atherosclerosis, 2002. 163: p. 89–98.
47. Indolfi, C., et al., Molecular Mechanisms in In-Stent Restenosis and Approach to Therapy with Eluting Stents. Trends in Cardiovascular Medicine, 2003. 13: p. 142–148.

54.7 Literatur

48. Laar, N., Untersuchungen zur Gewebeinteraktion und – verträglichkeit eines neuartigen koronaren Stent-Designs, Lehrstuhl für Medizintechnik. 2005, TU München: München.
49. Stolpmann, J., et al., Practicability and Limitations of Finite Element Simulation of the Dilatation Behaviour of Coronary Stents. Materialwissenschaften und Werkstofftechnik, 2003. 34: p. 736–745.
50. Squire, J., Dynamics of Endovascular Stent Expansion, in Department of Electrical Engineering and Computer Science. 2000, Massachusetts Institute of Technology: Boston.
51. Fung, Y., S. Liu, and J. Zhou, Remodeling of the constitutive equation while a blood vessel remodels itself under stress. Journal of Biomechanical Engineering, 1993. 115: p. 453–459.
52. Ammer, D., Analyse und Optimierung des Expansionsverhaltens koronarer Stents, in Zentralinstitut für Medizintechnik. 2004, Technische Universität München: München.
53. Köster, R., et al., Nickel and molybdenum contact allergies in patients with coronary in-stent restenosis. The Lancet, 2000. 356: p. 1895–1897.
54. Ruygrok, P. and P. Serruys, Intracoronary Stenting: From Concept to Custom. Circulation, 1996. 94: p. 882–890.
55. Zoroddu, M., et al., Molecular Mechanisms in Nickel Carcinogenesis: Modelling Ni(II) Bindings Site in Histone H4. Environmental Health Perspectives, 2002. 110(Suppl 5): p. 719–723.
56. Jennissen, H., Verträglichkeit groß geschrieben – Neue Wege zur Bioverträglichkeit von Materialien durch gezielte Oberflächenmodifikation. Essener Unikate, 2000. 13: p. 79–93.
57. Gotman, I., Characteristics of metals used in implants. Journal of Endourology, 1997. 11(6): p. 383–389.
58. Steinemann, S., Metal implants and surface reactions. Injury, 1996. 27(Suppl.3): p. SC16–SC21.
59. De Scheerder, I., et al., Evaluation of the biocompatibility of two new diamond-like stent coatings (Dylyn) in a porcine coronary stent model. The Journal of Invasive Cardiology, 2000. 12(8): p. 389–394.
60. Buhlert, M., Elektropolieren und Elektrostrukturieren von Edelstahl, Messing und Aluminium. 2000, Universität Bremen: Bremen.
61. Borges, W. and S. Pießinger-Schweiger, Elektropolieren und Polieren nichtrostender Stähle. 1995, Informationstelle Edelstahl Rostfrei: Düsseldorf.
62. Pießinger-Schweiger, S., Elektropolieren in der Medizintechnik: 34. Jahrestagung der Dt. Gesell. für Galvanotechnik und Oberflächentechnik e. V. Abs. 1996: p. 155–157.
63. Grill, A., Diamond-like carbon coatings as biocompatible materials – an overview. Diamond and Related Materials, 2003. 12: p. 166–170.
64. Gutensohn, K., et al., In Vitro Analysis of Diamond-like Carbon Coated Stents: Reduction of Metal Ion Release, Platelet Activation, and Thrombogenicity. Thrombosis Research, 2000. 99: p. 577–585.
65. Hauert, R. and U. Müller, An overview on trailored tribological and biological behaviour of diamond-like carbon. Diamond and Related Materials, 2003. 12: p. 171–177.
66. Linder, S., W. Pinkowski, and M. Aepfelbacher, Adhesion, cytoskeletal architecture and activation status of primary human macropharges on diamond-like carbon coated scurfce. Biomaterials, 2000. 23: p. 767–773.
67. Airoldi, F., et al., Comparison of Diamond-Like Carbon-Coated Stents Versus Uncoated Stainless Steel Stents in Coronary Artery Disease. The American Journal of Cardiology, 2004. 93: p. 474–477.
68. Morice, M., et al., A randomized comparison of sirolimus-eluting stent with a standard stent for coronary revascularization. New England Journal of Medicine, 2002. 346: p. 1773–1780.
69. Moses, J., M. Leon, and J. Popma, et al. on behalf of the SIRIUS Investigators, Sirolimus-eluting stents versus standard stents in patients with stenosis in native coronary arteries. New England Journal of Medicine, 2003. 349(14): p. 1315–1323.
70. Grube, E., et al., TAXUS I: six- and twelve-month results from a randomized, double-blind trial on a slow-release paclitaxel-eluting stent for de novo coronary lesions. Circulation, 2003. 107(1): p. 38–42.

71. Gershlick, A., et al., Inhibition of restenosis with a paclitaxel-eluting, polymer-free coronary stent: the European evaLUation of pacliTaxel Eluting Stents (ELUTES) trial (abstract). Circulation, 2004. 109(4): p. 487–493.
72. Hong, M., et al., Paclitaxel coating reduces in-stent intimal hyperplasia in human coronary arteries: a serial volumetric intravascular ultrasound analysis from the Asian Paclitaxel-Eluting Stent Clinical Trial (ASPECT). Circulation, 2003. 107(4): p. 517–20.
73. Tanabe, K., et al., Chronic arterial responses to polymer-controlled paclitaxel-eluting stents: comparison with bare metal stents by serial intravascular ultrasound analyses: data from the randomized TAXUS-II trial. Circulation, 2004. 109(2): p. 196–200.
74. Wessely, R., A. Kastrati, and A. Schömig, Late restenosis in patients receiving a polymer coated sirolimus-eluting stent. Annals of Internal Medicine, 2005. 143(5): p. 392–394.
75. McFadden, E., et al., Late thrombosis in drug-eluting coronary stents after discontinuation of antiplatelet therapy. Lancet, 2004. 364: p. 1519–1521.
76. Grube, E. and L. Bullesfeld, Initial experience with paclitaxel-coated stents. Journal of Interventional Cardiology, 2002. 15(6): p. 471–475.
77. Guagliumi, G., et al., Sirolimus-Eluting Stent Implanted in Human Coronary Artery for 16 Months: Pathological Findings. Circulation, 2003. 107: p. 701–705.
78. Virmani, R., et al., Localized hypersensitivity and late coronary thrombosis secondary to a sirolimus-eluting stent: should we be cautious? Circulation, 2004. 109(6): p. 701–706.
79. Lau, K., et al., Safety and efficacy of angiography-guided stent placement in small native coronary arteries of < 3.0 mm in diameter. Clinical Cardiology, 1997. 20(8): p. 711–716.
80. Pascual Figal, D., et al., Intracoronary stents in small vessels: short- and long-term clinical results. Revista Espanola de Cardiologia, 2000. 53(8): p. 1040–1046.
81. Rutsch, W., Indikationen zur koronaren Stentimplantation, in Interventionelle Gefäßtherapie, C. Vallbracht, F. Roth, and A. Strauss, Editors. 2002, Steinkopff Verlag Darmstadt. p. 259–276.
82. Serruys, P., et al., Periprocedural Quantitative Coronary Angiography After Palmaz-Schatz Stent Implantation Predicts the Restenosis Rate at Six Months. Journal of the American College of Cardiology, 1999. 34(4): p. 1067–1074.
83. Zamora, C., et al., Effect of Stent Oversizing on In-Stent Stenosis and Lumen Size in Normal Porcine Veins. Journal of Endovascular Therapy, 2005. 12(4): p. 495–502.

55 Kontrollierte therapeutische Systeme (Controlled drug delivery systems)

S. W. Ha., E. Wintermantel

55.1 Einleitung

Es gibt eine grosse Anzahl von Arzneistoffen, die nicht mit der höchsten Effizienz eingesetzt werden können, weil das geeignete therapeutische System (drug delivery system) für die optimale Applikation fehlt. Viele Arzneistoffe setzen eine häufige Anwendung voraus und sind oft mit mehr oder weniger starken Nebenwirkungen oder aber mit Beeinträchtigungen von Arbeits- und Lebensrhythmus der Patienten verbunden. Der therapeutische Erfolg einer medikamentösen Behandlung setzt eine korrekte Diagnose, die Wahl der richtigen Wirksubstanz sowie ihr Vorliegen in geeigneter Darreichungsform voraus. Zudem muss ein genauer Verabreichungsplan erstellt werden, dessen Einhaltung seitens der Patienten eine wesentliche Voraussetzung für die optimale Wirkung des Arzneistoffes ist. Das Mass, mit dem eine Wirksubstanz therapeutisch voll genutzt werden kann, korreliert direkt mit der Darreichungsform, in der sie angewandt wird. Da viele hochwirksame Arzneimittel bereits existieren, hat sich, neben Neuentwicklungen, das Interesse im vergangenen Jahrzehnt der Optimierung von Arzneimittelwirkungen durch neue Darreichungsformen zugewandt.

55.1.1 Definitionen

Arzneistoff/ Wirksubstanz:
Wirkstoff, welcher mit dem Organismus in Wechselwirkung tritt. Der Arzneistoff ist die Substanz, welche weitgehend für den pharmakologischen Effekt verantwortlich ist.

Darreichungsform:
Arzneimittel (Medikament) als fertiges pharmazeutisches Präparat. Sie besteht aus dem Arzneiwirkstoff sowie aus Zusatz- und Hilfsstoffen, die keine eigenen pharmakologischen Wirkungen zeigen sollten (Placebo = Darreichungsform ohne Wirkstoff).

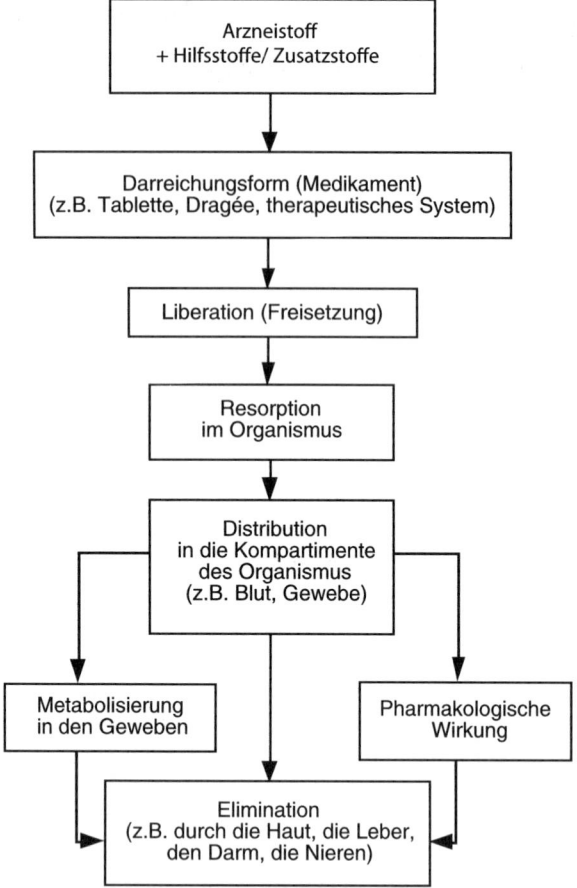

Abb. 55.1 Wege des Arzneistoffes von seiner Darreichungsform bis zu seiner Elimination aus dem Organismus

Liberation (Freisetzung):
Freisetzung des Arzneistoffes aus der Darreichungsform. Die Liberation stellt den eigentlichen pharmazeutischen Parameter dar und ist technologisch beeinflussbar. Sie wird durch die Löslichkeit und die Lösungsgeschwindigkeit charakterisiert und von der lokalen Temperatur und der Durchblutung beeinflusst.

Resorption (Aufnahme):
Aufnahme eines Arzneistoffes von der Körperoberfläche oder von örtlich begrenzten Stellen im Körperinnern in die Blutbahn oder in das Lymphsystem. Die Resorption des Arzneistoffes ist Voraussetzung für seine Wirkung. Dabei müssen Haut-, Schleimhaut- oder andere Barrieren überwunden werden. Die Wirkstoffmenge, die pro Zeit aus der Darreichungsform resorbiert und am Zielort wirksam wird, bezeichnet man als biologische Verfügbarkeit (bioavailability).

55.1 Einleitung

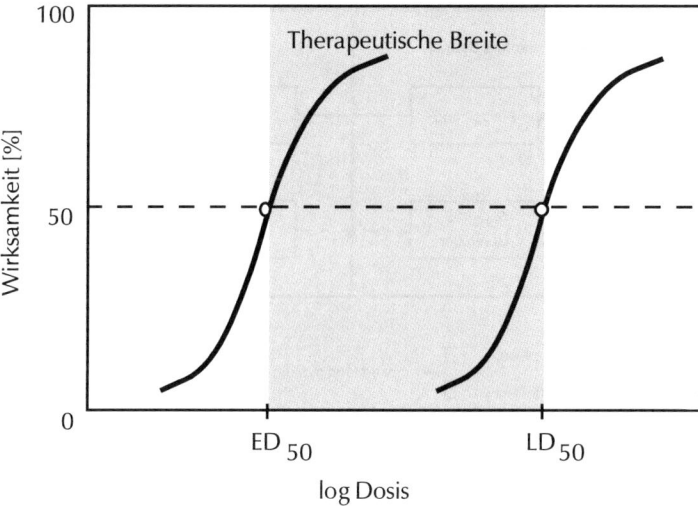

Abb. 55.2 Definition der therapeutischen Breite

Distribution (Verteilung):
Art, in der ein Arzneistoff auf ein oder mehrere Körpergewebe, bzw. -organe verteilt wird. Die wichtigste Voraussetzung für die Verteilung eines Arzneistoffes im Organismus ist eine entsprechende Blutversorgung, ohne die es zu keiner ausreichenden Arzneistoffkonzentration am Zielort kommen kann. Arzneistoffe können auch im Blut selbst wirksam werden.

Elimination (Ausscheidung):
Der Begriff „Elimination" bezeichnet sämtliche Vorgänge, die zum Beenden der Wirkung eines Arzneistoffes beitragen. Dies kann durch eine chemische Umwandlung des Arzneistoffes oder durch Ausscheidung über verschiedene Organe geschehen (Metabolismus). Beim Begriff Metabolismus wird zwischen Katabolismus (Spaltung in einfachere Substanzen) und Anabolismus (Aufbau neuer Verbindungen aus einfacheren Substanzen) unterschieden. Für die meisten Arzneistoffe erfolgt die Ausscheidung über die Nieren, den Darm, die Lunge oder die Haut.

55.1.2 Therapeutischer Index

In der Pharmakologie wird unter dem Begriff „Therapeutischer Index (TI)" das Verhältnis der mittleren letalen Dosis LD_{50} (= Konzentration, bei der 50% der Versuchstiere sterben) zur mittleren effektiven Dosis ED_{50} (= Konzentration, bei der in 50% der Fälle der erwartete Effekt eintritt) verstanden.

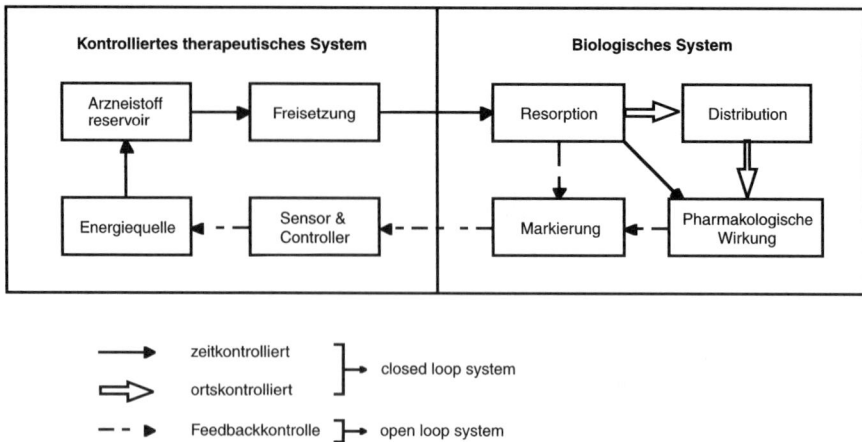

Abb. 55.3 Vergleich zwischen einem offenen und einem geschlossenen therapeutischen System. Therapeutische Systeme mit geschlossenem Regelkreis werden durch einen Sensor mit einem Feedbacksignal aus dem biologischen System gekoppelt, modifiziert nach [3]

Je grösser TI ist, desto grösser ist die therapeutische Breite, was erwünscht ist. Diese wird im Rahmen der Entwicklung eines Medikaments in der Regel durch die Reduktion der effektiven Dosis ED_{50} erreicht. Die Problematik der Grösse von TI liegt darin, dass die Übertragung von tierexperimentellen Grössen auf den Menschen nicht ohne weiteres möglich ist. Zudem stellt diese Grösse einen Mittelwert dar, der bei einem einzelnen Patienten einen unerwünschten Zwischenfall nicht auszuschliessen vermag.

55.1.3 Konzept

Aus einem therapeutischen System soll der Arzneistoff mit zeitlich konstanter Rate abgegeben werden. Diese kontinuierliche, steuerbare Freisetzung ermöglicht es, die Zufuhr des Arzneistoffes seiner Elimination anzugleichen, also möglichst ein Gleichgewicht herzustellen. Die Folge davon sind gleichmässige Plasma- und Gewebespiegel über einen festgelegten Zeitraum. Im Vergleich zu konventionellen Darreichungsformen sind somit signifikant geringere Substanzmengen erforderlich, was für den Patienten eine Verringerung unerwünschter Nebenwirkungen und eine erhöhte Sicherheit der medikamentösen Therapie bedeutet. Ein therapeutisches System besteht aus folgenden Komponenten: Arzneistoff, Trägerelement, Kontrolleinheit, Energiequelle und therapeutischem Programm.

55.2 Konventionelle Arzneimittel

Praktisch alle konventionellen Darreichungsformen besitzen die charakteristische Eigenschaft der Arzneistoffabgabe weitgehend nach einer Kinetik erster Ordnung. Der Arzneistoff wird zunächst sehr schnell, unter Aufbau einer initial hohen Konzentration aus der Darreichungsform an den Anwendungsort und seine Umgebung abgegeben. Diese Konzentration fällt danach bis zur nächsten Verabreichung exponentiell ab. Hohe Konzentrationen wechseln mit niedrigen ab, so dass nur für eine begrenzte Zeit eine optimale therapeutische Konzentration erreicht wird. Durch die Wahl eines engen zeitlichen Abstandes zwischen den einzelnen Anwendungen kann theoretisch eine bessere Kontinuität der Arzneistoffkonzentration im Blutplasma erreicht werden. Die praktische Realisierung dieser Verbesserung hängt jedoch stark von der Disziplin der Patienten sowie von der biologischen Halbwertszeit und der Art des eingesetzten Arzneistoffes ab. Sowohl der pharmakologische als auch der toxische Effekt eines Wirkstoffes korrelieren weniger mit der zugeführten Arzneistoffmenge als vielmehr mit den Konzentrationen im Plasma und in den Geweben. Häufig wird eine Kinetik nullter Ordnung angestrebt. In wenigen Fällen, z. B. bei manchen Hormonapplikationen, sind wechselnd hohe Wirkspiegel erwünscht.

55.2.1 Grenzen der konventionellen Darreichungsformen

Konventionelle Darreichungsformen weisen eine kurze Wirkungsdauer auf, was eine relativ hohe Applikationsfrequenz bedingt und zu einer Schwankung der Konzentrationen im Blut und im Gewebe führt. Ein weiterer, wichtiger Einschränkungsfaktor konventioneller Darreichungsformen für eine gleichmässige Wirkkonzentration stellt die unterschiedliche Zuverlässigkeit der Patienten (patient non-compliance) dar, die je nach Krankheitsbewusstsein, Anfälligkeit auf Fremdeinflüsse, psychologische Verfassung etc. die Einnahme des Arzneistoffes beeinflussen kann (Tabelle 55.1).

Ursache	Spezifikation
Krankheit	Krankheitsbewusstsein Krankheitsdauer Intensität des Krankheitserlebens (Beschwerden)
Medikament	Art der Medikation Zahl der täglich verordneten Präparate Therapieeinsicht
Arzt/ Apotheker	Einfluss des Arztes/ Apothekers auf den Patienten Aufklärung über Krankheit und Therapieerfolg Aufklärung über Medikamentenwirkungen (Beipackzettel)
Andere	Fremdeinflüsse (z. B. Medien, Familie)

Tabelle 55.1 Grenzen und Einflüsse des Erfolgs von konventionellen Darreichungsformen, modifiziert nach [5]

55.3 Kontrollierte therapeutische Systeme

55.3.1 Konzept und Definition

Die bereits erwähnten Grenzen konventioneller Darreichungsformen sowie die damit in Zusammenhang stehende begrenzte Wirkungsdauer und Patientenzuverlässigkeit haben zum Konzept und der Realisierung von kontrollierten therapeutischen Systemen geführt. Diese werden wie folgt definiert [6]: „Ein therapeutisches System ist eine Darreichungsform, die einen oder mehrere Arzneistoffe in vorausbestimmter Rate kontinuierlich über einen festgelegten Zeitraum an einen festgelegten Anwendungsort abgibt". Eine wichtige Aufgabe eines therapeutischen Systems ist zudem die ständige Überwachung einer medikamentösen Therapie über längere Zeiträume.

Therapeutische Systeme sind sowohl für lokale als auch für systemische Behandlungen einsetzbar und müssen dementsprechend unterschiedlich gestaltet sein. Es gibt Systeme, wie beispielsweise Anwendungen auf der Haut oder Schleimhaut sowie orale Anwendungen, die von den Patienten selbst eingesetzt und ausgewechselt werden können. Andere Systeme, die beispielsweise eine chirurgische Implantation erfordern, benötigen ärztliche Hilfe. In Tabelle 55.2 sind einige Beispiele für therapeutische Systeme mit unterschiedlichen Spezifikationen dargestellt.

Aus einem therapeutischen System wird, aufgrund seiner angestrebten Freisetzungskinetik nullter Ordnung, der Arzneistoff mit zeitlich konstanter Rate kontinuierlich abgegeben. Durch das sich einstellende Gleichgewicht von Zufuhr und Elimination des Arzneistoffes wird eine gleichmässige Konzentration im Gewebe über einen festgelegten Zeitraum erreicht. Im Vergleich zu konventionellen Darreichungsformen sind geringere Substanzmengen erforderlich und da die effektive Dosis ($ED50$) reduziert werden kann, wird die therapeutische Breite vergrössert. Diese Faktoren bedeuten für den Patienten eine Verringerung von unerwünschten Nebenwirkungen sowie eine erhöhte Sicherheit der medikamentösen Therapie.

55.4 Anforderungen und Klassifizierung von Polymeren für kontrollierte therapeutische Systeme

Es wurden unterschiedliche Konzepte für die Entwicklung von kontrollierten therapeutischen Systemen entworfen, von denen einige Eingang in die klinische Anwendung gefunden haben. Ein neu entwickeltes kontrolliertes therapeutisches System soll folgenden Anforderungen genügen:

- Biokompatibilität;
- reproduzierbare und über längere Zeit konstante Freisetzungsrate;
- einfache Anwendung;
- Sicherheit gegenüber Überdosierung;

55.4 Anforderungen und Klassifizierung von Polymeren

Krankheit/ Behandlung	Arzneistoff	Polymer	Freisetzungsrate	Wirkungsdauer	Implantationsort	Stand der Technik
Glaukom	Pilokarpin	Ethylen-Vinylacetat (Ocusert ®)	20 µg/h	1 Wo.	Bindehautsack (Auge)	im Handel
Künstliche Tränen	keine	Hydroxylpropylcellulose	40 µg/h	1 d	Bindehautsack (Auge)	im Handel
Geburtenkontrolle	Progesteron	Ethylen-Vinylacetat	65 µg/d	1 Jahr	Uterus	im Handel
	Andere Steroide	PGA/PLA Polyorthoester Poly-ε-Caprolacton Polyurethan Polyaminosäuren	10 – 100 µg/d	6 Mte./ 1 Jahr	subkutan	Tier- und klinische Versuche
Reisekrankheit	Scopolamin	mikroporöse Membran	0.4 µg/h	3 d	Haut	im Handel
Narkosemittel-Antagonisten	Naltrexon	PGA/PLA Polyorthoester Polyaminosäuren	3 µg/h	50 d	subkutan	Tierversuche
Diabetes	Insulin	Ethylen-Vinylacetat	100 µg/d	1 Mt.	subkutan	Tierversuche
Immunisierung	Antigene	Ethylen-Vinylacetat	0.5 µg/d	6 Mte.	subkutan	Tierversuche
Zahnkaries	Fluorid	PHEMA	keine Angabe	6 Mte.	Backenzähne	Klinische Versuche
Koagulationshemmung	Heparin	Methacrylate	variabel	variabel	allgemein, z.B. Beschichtung von Kathetern	in vitro/ im Handel
Menstruationsblutung	Trasylol	PHEMA	70 µg/d	60 d	Uterus	in vitro
Antimikrobiell	Gentamycin	PMMA	400– 600 µg/d	14 d	Knochen	im Handel
Krebs (Prostata)	Testosteron	Polysiloxane	keine Angabe	1 Jahr	subkutan	Klinische Versuche

Tabelle 55.2 Beispiele für therapeutische Systeme [2]. PGA = Polyglykolsäure; PLA = Polymilchsäure; PHEMA = Polyhydroxyethylmethacrylat; PMMA = Polymethylmethacrylat

- wenig Nebeneffekte durch geringere Dosierung;
- geringere Applikationsrate gegenüber anderen Systemen;
- niedriger Preis und einfache Herstellung.

Der Hauptanteil kontrollierter therapeutischer Systeme beinhaltet Polymere. Sie können wie folgt eingeteilt werden:

- *Membransysteme*
  In Membransystemen ist der Arzneistoff von einer inerten Membran umgeben, die eine Diffusionsbarriere darstellt. Die Membranen sind in der Regel semipermeabel. Ein Beispiel für ein Membransystem ist die sogenannte osmotische Pumpe.
- *Matrixsysteme*
  In Matrixsystemen ist der Arzneistoff in der Polymermatrix gelöst oder dispergiert. Für therapeutische Systeme werden mikroporöse oder biodegradable Matrixsysteme verwendet.
- *Trägersysteme*
  In Trägersystemen ist der Arzneistoff chemisch an die Hauptkette gebunden oder stellt einen Bestandteil derselben dar. Es wird daher zwischen „main-chain-" und „side-chain-bound active agents" unterschieden [7].

Polymere als Trägerwerkstoffe für kontrollierte therapeutische System müssen bestimmte Eigenschaften aufweisen und sind demnach folgenden Anforderungen unterworfen [4]:

1. Löslichkeit und einfache Herstellung:
Das Polymer muss eine möglichst hohe Löslichkeit und eine einstellbare, enge Molekulargewichtsverteilung aufweisen.

2. Anbindung von Arzneistoffen:
Das Polymer muss Stellen für die Anbindung und Freisetzung von Arzneistoffen oder die Möglichkeit der Inkorporierung von Polymer-Arzneistoff-Bindungen aufweisen.

3. Zellspezifische Reaktion:
Das Polymer muss für die spezifische Wirkung durch die inhärenten chemisch-physikalischen Eigenschaften oder durch Inkorporierung von spezifischen funktionellen Gruppen an bestimmte Zelltypen herangeführt werden.

4. Biokompatibilität:
Das Polymer darf keine toxische oder antigene Wirkung entfalten.

5. Biodegradabilität:
Das Polymer muss biodegradabel sein oder nach der Funktionsausübung vom Organismus eliminiert werden können.

Bei Anwendung von kontrollierten therapeutischen Systemen, die in Verbindung mit einer polymeren Darreichungsform eingesetzt werden, muss nebst der Wirkung des Arzneistoffes ebenso der Effekt der Darreichungsform auf das Empfängergewebe beachtet werden. Zudem muss gewährleistet sein, dass sich die Eigenschaften der Polymere während der Exposition in der biologischen Umgebung nicht nachteilig verändern. Bei degradablen Polymeren sollten die Degradationsprodukte nicht toxisch oder karzinogen sein. Ausserdem sollten sie nach einer möglichst kurzen Verweilzeit sowie mit möglichst geringer Akkumulation im Gewebe ausgeschieden werden.

Die Diffusionscharakteristik von Polymeren kann durch verschiedene Faktoren beeinflusst werden, was für therapeutische Systeme, die eine diffusionskontrollierte Arzneistoff-Freisetzung aufweisen, von grosser Bedeutung ist (Tabelle 55.3). Bei Polymeren mit relativ steifen Hauptketten, wie beispielsweise Polystyrol, ist die

55.4 Anforderungen und Klassifizierung von Polymeren

Einflussfaktor	Einfluss auf Diffusionskoeffizient
Molekulargewicht des Polymers ↑	↓
Vernetzungsgrad ↑	↓
Steifigkeit der Hauptkette ↑	↓
Wechselwirkung zwischen den Molekülen ↑	↓
Kristallinitätsgrad ↑	↓
Weichmacheranteil ↑	↑
Füllstoffgehalt ↑	↑

Tabelle 55.3 Einflussfaktoren auf die Diffusivität von Polymeren [7]

Darreichungsform	Polymere
Matrixsysteme	PE, PEO, PP, PVA, PUR, Polysiloxan, Hydrogele
Membransysteme	PEO, PVA, PVAC, PUR, Polysiloxan, Cellulose, Hydrogele
Biodegradable Systeme	PGA, PLA, PLA-co-PGA, Polyorthoester

Tabelle 55.4 Polymere und Darreichungsformen, die in kontrollierten therapeutischen Systemen eingesetzt werden [7]

Diffusion aufgrund der erschwerten Beweglichkeit der Kettensegmente geringer als bei Polymeren mit flexiblen Hauptketten, wie z. B. Polyethylen. Die Bildung von Wasserstoffbrücken, wie sie beispielsweise bei Polyamiden auftritt, hat ebenfalls einen negativen Einfluss auf die Diffusivität. Andererseits wird die Diffusion in Polymeren mit einem geringen Molekulargewicht und einem hohen Verzweigungsgrad der Moleküle erleichtert.

Für Membransysteme kommen z. B. Polysiloxane, Hydrogele und Polyvinylacetat zum Einsatz. Diese Polymere sind relativ inert gegen Arzneimittel und degradieren nicht oder nur sehr langsam im Körper. Ein Anwendungsbeispiel für diffusionskontrollierte therapeutische Systeme sind die transdermalen therapeutischen Systeme (TTS). Die TTS bestehen aus einer Deckfolie aus Aluminium oder Polyethylen und einer durchlässigen Membran aus Ethylvinylalkohol. Für die Mikroverkapselung von Arzneistoffen werden Polymilchsäure (PLLA), Polyglykolsäure (PGA), PLA/PGA-Copolymere und Polyvinylalkohol (PVA) als degradierbare, polymere Hülle verwendet [2].

Für chemisch kontrollierte Systeme werden wasserlösliche Polymere sowie hydrolytisch oder enzymatisch abbaubare Polymere eingesetzt. Beispiele hierfür sind Polylactide, Polyglycolide, Poly(ε-caprolacton) oder Poly(β-hydroxybuttersäure). Bei den degradierbaren Systemen werden Mischungen aus dem Polymer und dem Arzneistoff gleichzeitig verarbeitet. Bei hohen Verarbeitungstemperaturen, wie beispielsweise beim Extrusionsprozess sollte der Arzneistoff keine thermisch bedingten chemischen Veränderungen erfahren. Bei eingeschränkter Temperaturstabilität des Arzneistoffes muss ein alternatives Verarbeitungsverfahren (z. B. Verarbeitung aus der Lösung) gewählt werden.

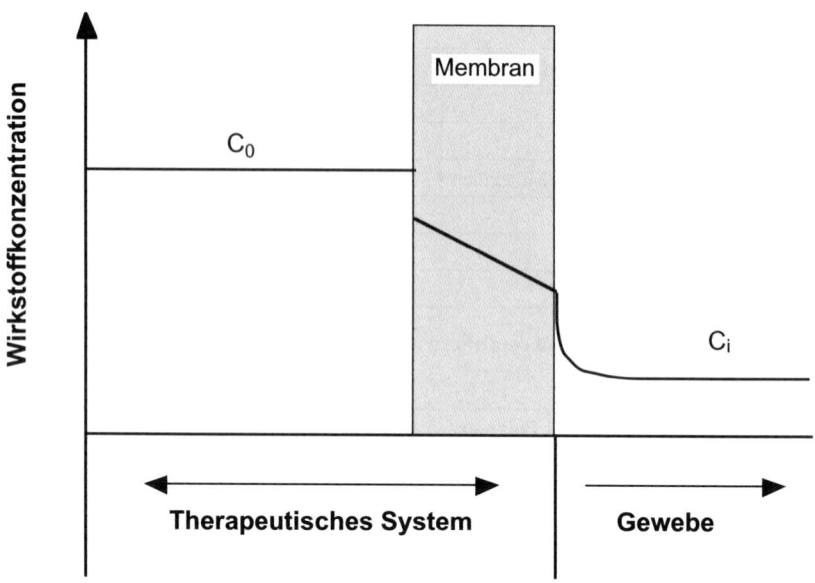

Abb. 55.4 Arzneistoffkonzentration bei Diffusion durch eine Membran, modifiziert nach [8]

55.5 Membransysteme

In Membransystemen wird der Arzneistoff, eingekapselt in einer oder mehreren Membranen, in den Körper appliziert und gelangt durch Diffusion oder Osmose durch die Membranen in den Organismus. Der Arzneistoff innerhalb der Membran liegt in übersättigter Konzentration vor und wird mit einer Kinetik nullter Ordnung freigesetzt, solange ein konstanter Konzentrationsgradient besteht (Abb. 55.4).

Mikroporöse Membranen ermöglichen, je nach Porengrösse eine Diffusion von Arzneistoffen mit höheren Molekulargewichten. Der Stoffdurchgang erfolgt über Konvektion in wassergefüllten Poren der Membran [2]. Bei mikroporösen, degradierbaren Hohlmembranen ist die operative Entfernung des Membransystems nach Verbrauch des Arzneistoffes nicht mehr nötig. Solche Systeme degradieren im Körper durch hydrolytischen oder enzymatischen Abbau [2].

55.5.1 Osmotische Pumpen

Osmotische Pumpen bestehen aus einer festen, wasserpermeablen und einer flexiblen, impermeablen Membran, die nicht durchlässig für den darin eingeschlossenen Arzneistoff ist. Zusätzlich enthält die Membran eine Öffnung, durch die der Arzneistoff freigesetzt werden kann. Wenn das therapeutische System in Kontakt mit der Körperflüssigkeit kommt, diffundiert Wasser durch die feste Membran in den

55.6 Matrixsysteme

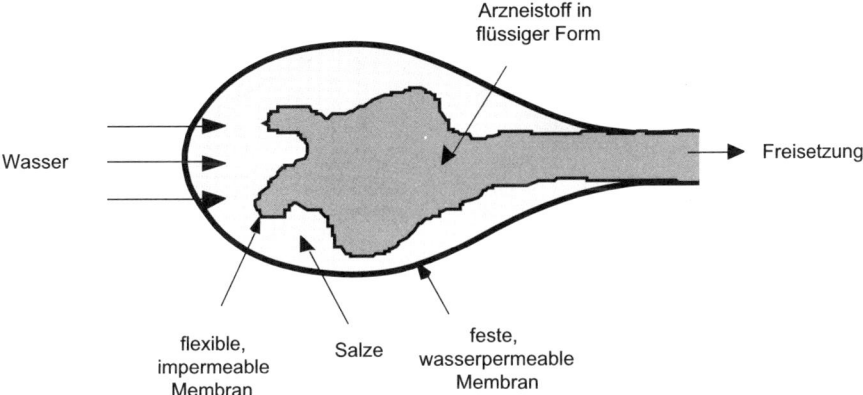

Abb. 55.5 Therapeutisches System mit konstanter Arzneistoffabgabe durch osmotische Wirkung. (Mini-Pump-Einheit); modifiziert nach [5]

Innenraum (Abb. 55.5). Dadurch wird innerhalb des Reservoirs ein hydrostatischer Druck aufgebaut, der die konstante Freisetzung der Arzneistoffe ermöglicht.

55.6 Matrixsysteme

In Matrixsystemen ist der Arzneistoff im Polymer gelöst oder dispers verteilt und diffundiert durch die Polymermatrix in das umliegende Gewebe. Ist der Arzneistoff in einer nicht-porösen Matrix gelöst, so wird angenommen, dass Diffusion entlang oder zwischen den Polymersegmenten erfolgt. Mit den üblichen Matrixgeometrien wird in der Regel keine Freisetzungskinetik nullter Ordnung erreicht. Auf eine relativ rasche Freisetzung des an der Matrixoberfläche lokalisierten Arzneistoffes folgt eine verlangsamte Arzneistoffabgabe vom Festkörperinnern aus. Um eine Freisetzungskinetik nullter Ordnung von Matrixsystemen zu erreichen, wurden jedoch unterschiedliche Konzepte erarbeitet. Beispiele hierfür sind die Entwicklung von biodegradablen oder quellbaren Polymeren.

55.6.1 Degradable Systeme

Bei degradablen therapeutischen Systemen, bei denen der Arzneistoff in der abbaubaren Polymermatrix verteilt oder chemisch gebunden ist, hängt die Freisetzungsrate von der Degradationsrate des Polymers ab. Die Degradation erfolgt je nach Werkstoff hydrolytisch (PGA, PLA, PGA-Copolymere, PVA) oder enzymatisch (PHB). Zudem hängt die Freisetzung von der Geometrie des therapeutischen Systems ab (Abb. 55.6). Quader, Zylinder und Kugeln weisen abnehmende Frei-

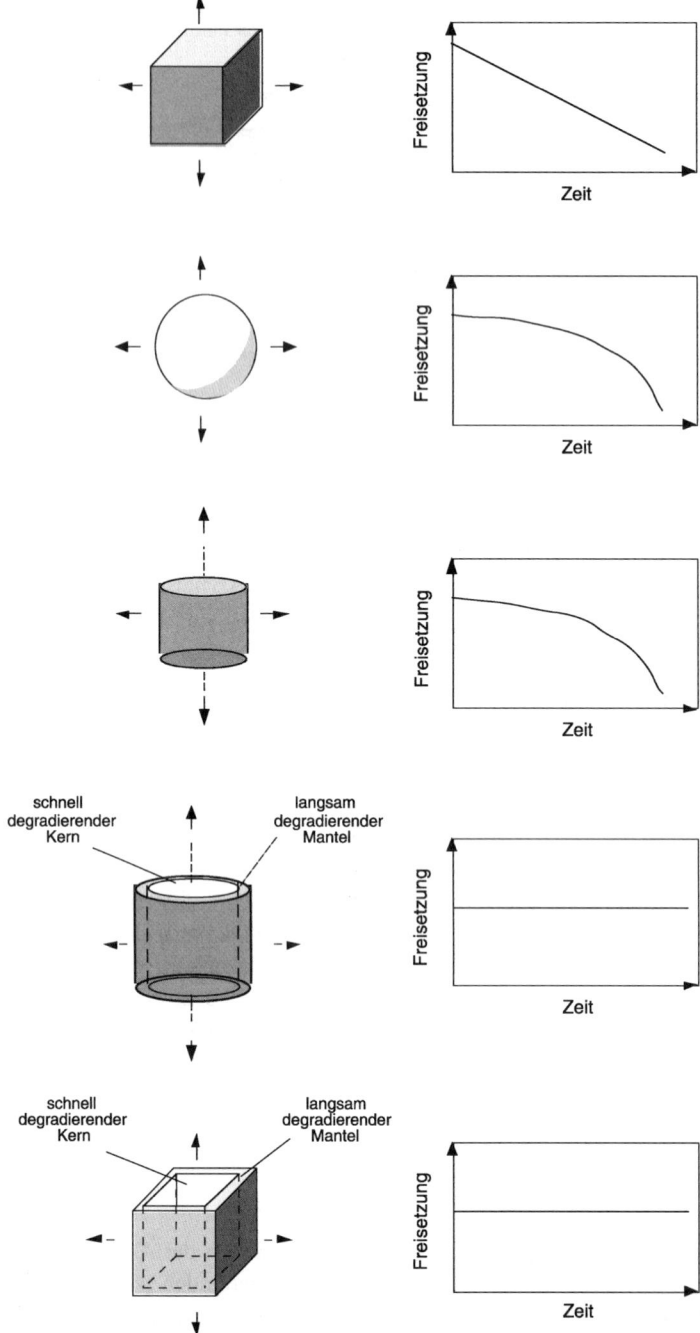

Abb. 55.6 Arzneistoff-Freisetzungraten von chemisch kontrollierten therapeutischen Systemen bei unterschiedlichen Geometrien, nach [2]

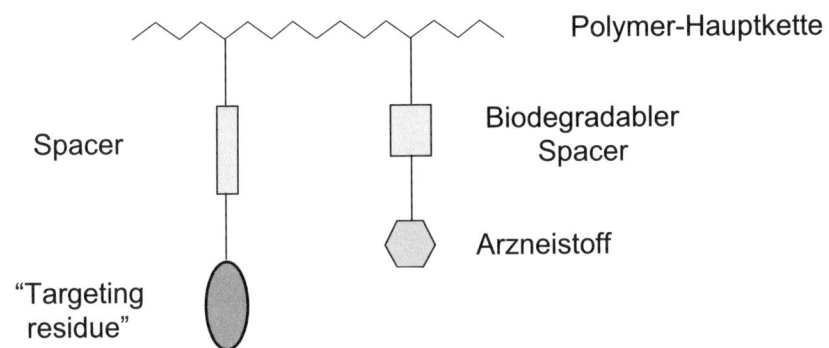

Abb. 55.7 Schematische Darstellung des prinzipiellen Aufbaus eines wasserlöslichen polymeren Trägerwerkstoffes für kontrollierte therapeutische Systeme, nach [9, 11]

setzungsraten auf, da sich die Oberfläche durch den Polymerabbau verringert. Zylinder oder Quader, die durch eine verzögerte Degradation der Mantelfläche die Arzneistoffe vorwiegend über die Stirnfläche abgeben, weisen hingegen in der Regel eine nahezu konstante Freisetzungskinetik auf, sofern die Diffusion des Arzneistoffes vernachlässigt wird [2].

55.7 Trägersysteme

In Trägersystemen für kontrollierte Arzneimittelfreisetzung ist der Arzneistoff chemisch an die Seitenketten einer degradablen oder biologisch inerten Hauptkette gebunden. Vorteile dieser Systeme sind eine höhere Spezifität aufgrund einer höheren Verfügbarkeit des Arzneistoffes am erwünschten Ort, eine grössere Wirkungsdauer sowie ein erhöhter therapeutischer Wirkungsgrad. Zudem weisen Trägersysteme in der Regel einen sehr hohen Arzneistoffgehalt von bis zu 80 Gewichtsprozenten auf [1].

Seit Mitte der 70-er Jahre werden lösliche Polymere als Trägersysteme für kontrollierte therapeutische Systeme untersucht, wobei folgende Voraussetzungen für eine optimale Funktionserfüllung zu erfüllen sind: Der Polymerträger muss hydrophil sein, damit die Löslichkeit in Wasser gewährleistet ist und er sollte die notwendigen funktionellen Gruppen zur kovalenten Anbindung des Arzneistoffes besitzen. Das Konzept der kovalenten Anbindung eines biodegradablen „Platzhalters" (spacer), welcher durch spezifische enzymatische oder hydrolytische Reaktion gespalten werden kann, wurde vorgeschlagen, um den Arzneistoff mit einer bestimmten Freisetzungsrate an einem spezifischen Ort wirksam werden zu lassen [9]. Um eine spezifische Lokalisation zu ermöglichen, wurde zudem vorgeschlagen, dass zusätzlich eine spezifische funktionelle Gruppe („targeting residue") an das Polymer gebunden wird, um eine zellspezifische Aufnahme durch rezeptorvermittelte

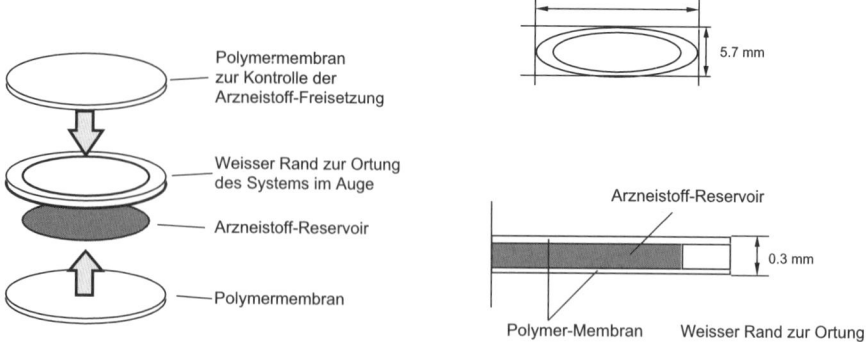

Abb. 55.8 Schematische Darstellung eines kommerziell erhältlichen okularen therapeutischen Systems (Ocusert®), Chemie Grünenthal GmbH, Stolberg); modifiziert nach [5]

Pinozytose zu erreichen [10]. Unter den bisher untersuchten Polymeren haben sich Dextran, Polyethylenglykol, N-(2-hydroxypropyl)methacrylamid (HPMA)-Copolymere und Polyasparaginsäure als nicht-toxische Polymere für die Anwendung als Trägerwerkstoffe etabliert [9].

55.8 Anwendungsbeispiele

55.8.1 Okulares therapeutisches System

In der Ophthalmologie wurden früh therapeutische Systeme klinisch eingesetzt. Das Auge stellt für pharmakokinetische Untersuchungen ein sehr geeignetes „Modellorgan" dar. So können am und im Auge Haupt- und Nebenwirkungen einer Therapie über längere Zeiträume ohne hohen diagnostischen Aufwand verfolgt und beobachtet werden. In Abb. 55.8 ist ein kommerziell erhältliches okulares therapeutisches System (OCUSERT®) schematisch dargestellt, welches für die Behandlung von Glaukom, bakteriellen und viralen Infektionen sowie bei der endemischen Augenkrankheit Trachom eingesetzt wurde. Das Arzneistoff-Reservoir besteht aus zwei Polymer-Membranen aus einem Ethylen-Vinylacetat-Copolymer, das durch eine hohe Biokompatibilität sowie Flexibilität, Transparenz und einer selektiven Permeabilität gekennzeichnet ist. Zur Lokalisierung des therapeutischen Systems wird ein weisser Ring, der Pigmente aus Titandioxid enthält, implementiert. Die Arzneistoff-Freisetzung erfolgt mittels Diffusion durch die Membran mit einer Kinetik nullter Ordnung, solange innerhalb des Reservoirs ein Überschuss an Arzneistoff vorhanden ist.

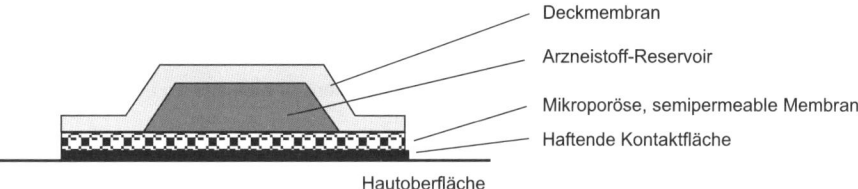

Abb. 55.9 Schematische Darstellung eines transdermalen therapeutischen Systems in Anwendung auf der Haut; modifiziert nach [5]

55.8.2 Transdermales therapeutisches System

Ein transdermales therapeutisches System (TTS) ermöglicht die systemische Anwendung von Arzneistoffen ohne dass diese über eine Nadel oder Kanüle in den Blutkreislauf eingebracht werden müssen. Die Freisetzung der Arzneistoffe aus einem TTS erfolgt diffusionskontrolliert; der Arzneistoff wird durch die intakte Haut zum subkapillaren Plexus transportiert. Die Freisetzungsrate aus dem therapeutischen System bleibt dabei solange konstant, wie der Konzentrationsgradient zwischen dem System und der Haut konstant bleibt. Transdermale therapeutische Systeme werden unter anderem bei der Behandlung von Kinetose (Reisekrankheit), bei der Angina-Pectoris Prophylaxe und zur Behandlung des Menopause-Syndroms (Östrogensubstitution) sowie zur Vorbeugung der Osteoporose klinisch eingesetzt [5].

55.9 Ausblick

Die neuesten Entwicklungen auf dem Gebiet der kontrollierten therapeutischen Systeme ermöglichen nicht nur die Freisetzung von Arzneistoffen mit einer vorprogrammierten Kinetik (rate-preprogrammed drug delivery systems), sondern auch die externe Kontrolle der Freisetzungsdauer sowie des „drug targeting" des Arzneistoffes an das Gewebe. Aufgrund der verschiedenen Konzepte, die in den letzten Jahren erarbeitet wurden und beispielsweise die Steuerung eines therapeutischen Systems innerhalb des Körpers an einen Zielort mit einem externen magnetischen Feld beinhalten, werden kontrollierte Systeme wie folgt klassifiziert:

- Kontrollierte therapeutische Systeme mit vorprogrammierter Freisetzungskinetik *(rate-preprogrammed drug delivery systems)*.
- Kontrollierte therapeutische Systeme, deren Freisetzungsrate durch externe Aktivierung kontrolliert wird *(activation-modulated drug delivery systems)*.
- Kontrollierte therapeutische Systeme, deren Freisetzungsrate durch eine sensorische Rückkopplung reguliert wird *(feedback-regulated drug delivery systems)*.
- Kontrollierte therapeutische Systeme mit an den Seitenketten chemisch gebundenen Arzneistoffen *(site-targeting drug delivery systems)*.

55.10 Literatur

1. Langer R.S., Peppas N.A., Present and future applications of biomaterials in controlled drug delivery systems, *Biomaterials*, 2, 1981, p. 201 ff.
2. Planck H., *Kunststoffe und Elastomere in der Medizin*, Verlag W. Kohlhammer, Stuttgart, 1993.
3. Tanzawa H., Biomedical polymers: Current status and overview, in *Biomedical applications of polymeric materials*, Tsuruta T., Hayashi T., Kataoka K., Ishihara K., Kimura Y. (eds.), CRC Press, Boca Raton, 1993, p. 1–15.
4. Dumitriu S., Dumitriu D., Biocompatibility of polymers, in *Polymeric biomaterials*, Dumitriu S. (ed.), Marcel Dekker, Inc., New York, 1994, p. 99–158.
5. Heilmann K., *Therapeutische Systeme*, 2. Edition, Ferdinand Enke Verlag, Stuttgart, 1982.
6. Zaffaroni A., New approaches to drug administration, Proc. of the 31st International Congress of Pharmaceutical Sciences, Washington, USA, 1971, p. 19–20.
7. Brundstedt M.R., Anderson J.M., Materials for drug delivery, in *Materials Science and Technology, Vol. 14: Medical and dental materials*, Cahn R.W., Haasen P., Kramer E.J. (eds.), VCH Publishers, Weinheim, 1992, p. 373–413.
8. Buckles R., Biomaterials for drug delivery systems, *Journal of biomedical materials research*, 17, 1983, p. 109 ff.
9. Duncan R., Drug-polymer conjugates: Potential for improved chemotherapy, *Anti-Cancer Drugs*, 3, 1992, p. 175–210.
10. Ringsdorf H., Structure and properties of pharmacologically active polymers, *J. Polym. Sci. Polym. Symp.*, 51, 1975, p. 135–153.
11. Dumitriu S., Dumitriu M., Polymeric drug carriers, in *Biocompatibility of polymers*, Dumitriu S. (ed.), Marcel Dekker, Inc., New York, 1994, p. 435–724.

56 Chirurgisches Nahtmaterial und Nahttechniken

W. Götz, R. Lange

56.1 Nahtmaterial

Bei chirurgischem Fadenmaterial wird unterschieden zwischen monofilen und geflochtenen Fäden, sowie resorbierbaren und nichtresorbierbaren Fäden. Monofile und geflochtene Fäden besitzen unterschiedliche Eigenschaften in der Handhabung, Reißkraft, Knotenfestigkeit und Sägewirkung. Geflochtene Fäden lassen sich meist besser knüpfen, besitzen jedoch eine unerwünschte Dochtwirkung, die vor allem im Bereich der Haut vermieden werden sollte. Zudem haben sie eine stärkere Sägewirkung als monofile Fäden und eignen sich aus diesem Grunde nicht für Gewebestrukturen, die konstanter Bewegung ausgesetzt sind. Bei Gefäßen und im Bereich des Herzens, wo eine andauernde rhythmische, pulsatile Bewegung besteht, sollten geflochtenes Nahtmaterial aufgrund ihrer Sägewirkung nicht verwendet werden.

Hauptsächlich werden in der Chirurgie resorbierbare Fadenmaterialien eingesetzt. Dabei werden fast ausschließlich synthetische Polymere verwendet, die durch Hydrolyse nach einem fadenspezifischen Intervall vollständig abgebaut werden. Nichtresorbierbare Fäden werden dann verwendet, wenn wie bei Sehnen und Gefäßen eine über längere Zeit bestehende Fadenfestigkeit garantiert sein muss, oder wenn wie bei der Haut beabsichtigt ist, die Fäden nach einem definierten Zeitraum wieder vollständig zu entfernen [1–5].

Die Fadenstärken werden nach dem nicht metrischen USP-Schema (United States Pharmakopeia) [6] angegeben (Tabelle 56.1).

Das verwendete Nahtmaterial wird nach USP (United States Pharmakopeia) wie in Tabelle 56.2 gezeigt klassifiziert [6].

56.2 Chirurgische Nadeln

In der Chirurgie werden Nadeln mit unterschiedlichen Nadelkörpern und Nadelspitzen verwendet. Öhrnadeln sind Nadeln mit einem Fädelöhr, das wie bei einer Nähnadel oval geformt ist. Daneben gibt es Federöhrnadeln, die ein am Ende der Nadel

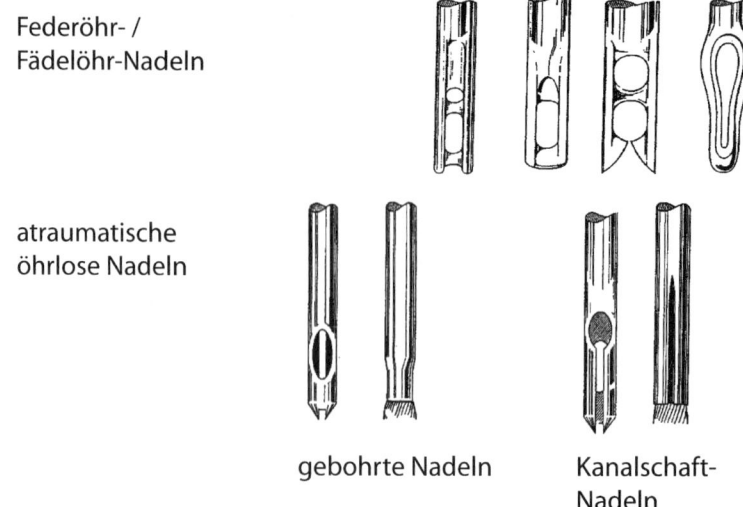

Abb. 56.1 Nadelöhre [7]

Metric	USP	Durchmesserspanne in mm	
0,01	12–0	0,001–0,009	Mikrochirurgie (Ophthalmologie)
0,1	11–0	0,010–0,019	Mikrochirurgie (Ophthalmologie)
0,2	10–0	0,020–0,029	Mikrochirurgie (Ophthalmologie)
0,3	9–0	0,030–0,039	Mikrochirurgie (Ophthalmologie)
0,4	8–0	0,040–0,049	Mirochirurgie (Herzchirurgie, Neurochirurgie, Ophthalmologie)
0,5	7–0	0,050–0,069	Mirochirurgie (Herzchirurgie, Neurochirurgie, Ophthalmologie)
0,7	6–0	0,070–0,099	Herzchirurgie, Gefäßchirurgie
1	5–0	0,100–0,149	Gefäßchirurgie, Herzchirurgie
1,5	4–0	0,150–0,199	Gefäßchirurgie, Abdominalchirurgie, Hautnaht
2	3–0	0,200–0,249	Abdominalchirurgie, Hautnaht
2,5	2–0	0,250–0,299	Abdominalchirurgie
3	2–0	0,300–0,349	Abdominalchirurgie
3,5	0	0,350–0,399	Haltefäden
4	1	0,400–0,499	Faszien
5	2	0,500–0,599	Bauchfaszien
6	3	0,600–0,699	Stark belastete Gewebe
7	5	0,700–0,799	Stark belastete Gewebe

Tabelle 56.1 Fadenstärken nach USP (United States Pharmakopeia), metrisches Maß und Anwendungsbeispiele [7]

56.2 Chirurgische Nadeln

Klasse I	Seide und synthetisches Fadenmaterial, monofil oder geflochten
Klasse II	Baumwolle, Leinen und beschichtete natürliches und synthetisches Fadenmaterial
Klasse III	Metall, monofil oder geflochten

Natürliches nicht resorbierbares Nahtmaterial		
	Reißfestigkeit	Abbau
Seide	Verlust nach einem Jahr	nein

Natürliches resorbierbares Nahtmaterial			
	Material	Reißfestigkeit	Abbau
Catgut	Darm von Rind oder Schaf	Erhalten für 7–10 Tage	enzymatisch
Chromic Catgut	Mit Chromsalz behandelter Darm	Erhalten für 10–14 Tage	enzymatisch

Synthetisches nicht resorbierbares Nahtmaterial		
Material	Reißfestigkeit	Abbau
Polyester	Kein Verlust	nein
Polyamid	20% pro Jahr	nein
Polypropylene	Unverändert für 2 Jahre	nein
Stahl	Kein Verlust	nein

Synthetisches resorbierbares Nahtmaterial		
Material	Reißfestigkeit	Abbau durch
Glycolide	84% nach 2 Wochen, 23% nach 4 Wochen	Hydrolyse
Glycolide, L-lactide	74% nach 2 Wochen, 18% nach 4 Wochen	Hydrolyse
Polydioxanone	80% nach 2 Wochen, 44% nch 8 Wochen	Hydrolyse

Tabelle 56.2 Fadenstärken nach USP (United States Pharmakopeia), metrisches Maß und Anwendungsbeispiele [7]

geöffnetes Öhr besitzen in das der Faden leicht eingespannt werden kann. Öhrnadel bestehen aus wieder-verwendbarem und sterilisierbarem Stahl, in die ein nadelloser Faden eingefädelt wird. Heutzutage wird jedoch meist Nahtmaterial in Form einer Nadel-Faden-Kombination verwendet. Der Nadelschaft hat eine Bohrung, in der der Faden fixiert ist. Es wird dadurch erreicht, dass die Nadel nur wenig dicker als der verwendete Faden ist, keine Doppelung des Fadens existiert und somit das Gewebstrauma vermindert wird.

Erster Buchstabe: Art der Nadelkrümmung [7]

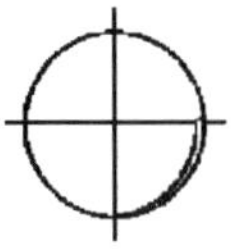	V – 1/4 Kreis	Ophthalmologische und mikrochirurgische Eingriffe
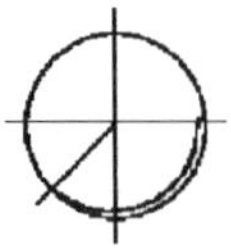	D – 3/8 Kreis	Galletrakt, Nerven, Dura, Fascie, Peritoneum, Augen
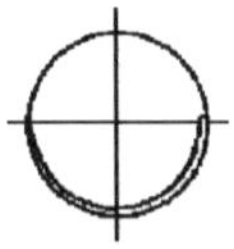	H – 1/2 Kreis	Gastrointestinal-Trakt, Sehnen, Muskeln, Pleura, Myokard, Gefäß, Urogenital-Trakt
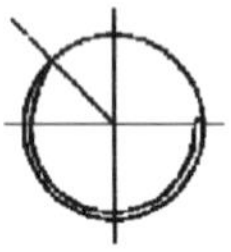	F – 5/8 Kreis	Urogenital-Trakt, primäre Applikation, kardiovaskuläres System, Becken
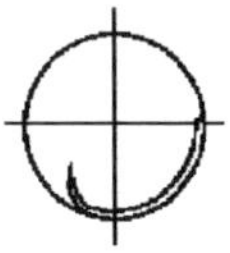	J – Asymptotisch	Ophtalmologie, Eingriffe im Augen-Vorderabschnitt
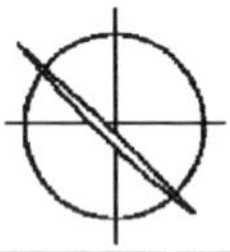	G – Gerade	Gastrointestinal-Trakt, Sehnen, Nerven, Gefäße, Haut

Zweiter Buchstabe: Nadelkörper [7]

R=Rund, S=Scharf, SP=Spatel, L=Lanzette

Dritter Buchstabe: Nadelspitze [7]

M=mikro, N=stumpf, S=schneidend, T=Trokar, SP=Spatel, L=Lanzette

Abb. 56.2 Nadelnomenklatur (Teil 2)

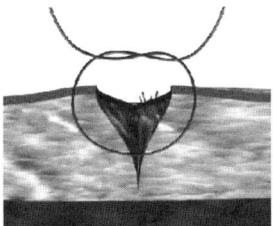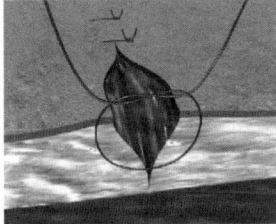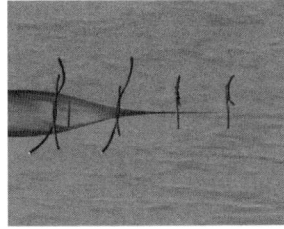

Abb. 56.3 Hautnaht mit einer Einzelknopfnaht [7]. Die Einzelknopfnähte liegen senkrecht zu dem Wundrand

Nadelnomenklatur
- Der erste Buchstabe gibt die Art der Nadelkrümmung an.
- Der zweite Buchstabe beschreibt den Nadelkorpus.
- Der dritte Buchstabe beschreibt die Nadelspitze.
- Die letzte Ziffer benennt die Nadellänge in mm.
- Der letzte Buchstabe hinter der Längenangabe „S" bedeutet dicke Nadel, „SS" bedeutet besonders dicke Nadel.

56.3 Nahttechnik

Die Nahttechniken sind den Eigenschaften der verschiedenen Geweben und Organen angepasst. Jede Naht muss eine ausreichend feste Verbindung zwischen den Geweben herstellen, wobei jedoch eine ungestörte Durchblutung der Gewebe erhalten bleiben soll. Grundsätzlich wird zwischen Einzelnaht und fortlaufender Naht unterschieden.

Einzelknopfnaht

Die Einzelknopfnaht wird durch eine Reihe von Fadenschlaufen gebildet, die an ihrem Ende verknotet sind. Der wesentliche Vorteil einer Einzelnaht ist, dass die Durchblutung zwischen zwei Fadenschlaufen ungestört erhalten bleibt. Zudem ist aufgrund zahlreicher getrennter Fadenschlaufen sichergestellt, dass bei stark belastetem Gewebe die Naht weiter hält, auch wenn eine Schlaufe ausreißen oder ein Knoten aufgehen sollte. Bei einer lokalen Infektion der genähten Wunde bleibt die Infektion eher lokal begrenzt, da die Infektion nicht wie bei einer fortlaufenden Naht entlang des Fadens weitergeleitet wird. Nachteile sind die Gefahr des Einschneidens eines einzelnen Fadens und bei der Hautnaht die durch den Fadendruck entstehende Quernarbe. Die Einzelknopfnaht besitzt eine geringere Festigkeit verglichen mit der fortlaufenden Naht, da die Spannung der Einzelknopfnähte unterschiedlich ist und zu fest geknotete Einzelnähte bei Belastung zuerst einschneiden.

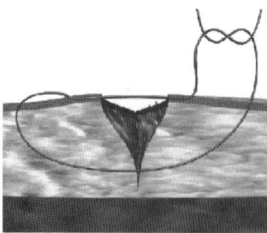 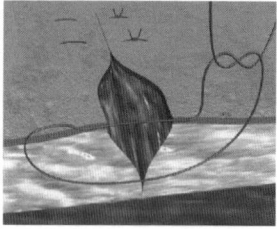 

Abb. 56.4 Hautnaht mit Rückstichnaht nach Donati [7]. Der Wundrand wird gleichzeitig in einer oberflächlichen und einer tiefen Gewebeschicht adaptiert

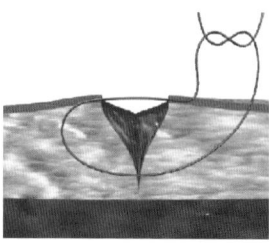 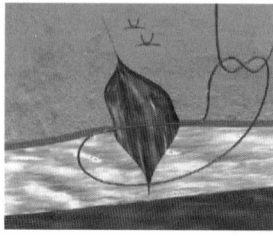 

Abb. 56.5 Hautnaht mit Rückstichnaht nach Allgöwer [7]. Der Wundrand wird gleichzeitig in einer oberflächlichen und einer tiefen Gewebeschicht adaptiert. Da der Faden hauptsächlich intrakutan verläuft, treten nur geringe Fadenimpressionen auf der Haut auf

Einfache Einzelknopfnaht
Die einfache Einzelknopfnaht wird aus einfachen Fadenschlingen gebildet. Der Faden überkreuzt den Wundrand und komprimiert die Haut über eine lange Strecke, was zu ungewünschter Narbenbildung führt.

Rückstichnaht nach Donati
Bei der Rückstichnaht nach Donati ist die Narbenbildung durch Fadendruck geringer. Die Rückstichnaht nach Donati adaptiert den Wundrand gleichzeitig in einer oberflächlichen und einer tieferen Gewebeschicht. Dadurch wird eine stabilere Wundadaptation erreicht.

Rückstichnaht nach Allgöwer
Die Rückstichnaht nach Allgöwer zeigt sehr gute kosmetisch Ergebnisse, da sie die Wundränder ausgezeichnet adaptiert und geringere Fadenimpressionen hat. Ebenso wie die Rückstichnaht nach Donati werden gleichzeitig oberflächliche und tiefe Gewebeschichten adaptiert.

Überlappende U-Naht
Die überlappende U-Naht ist eine Einzelknopfnaht, die zwei Gewebeschichten großflächig adaptiert und wird z. B. bei der Fasziendoppelung verwendet.

56.3 Nahttechnik

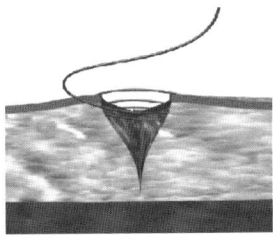

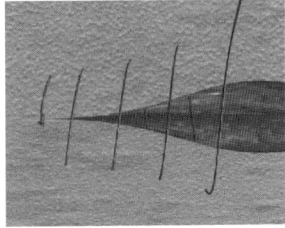

Abb. 56.6 Hautnaht mit fortlaufende Naht [7] Der Faden wird spiralförmig entlang des Wundrandes gestochen

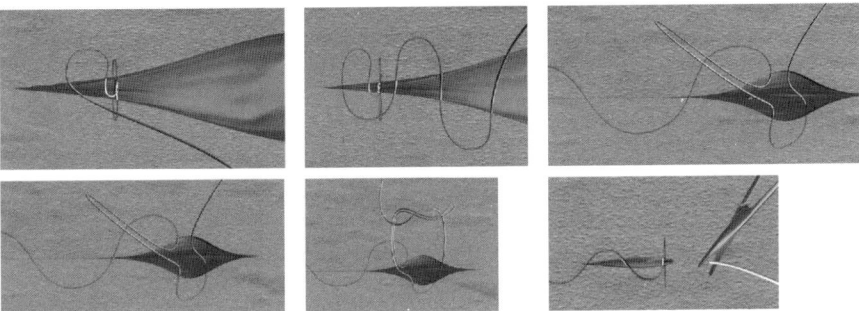

Abb. 56.7 Hautnaht mit Intracutannaht [7]. Da der Faden über der ganzen Länge unter der Hautoberfläche liegt, treten keine Hautkompressionen auf und es kommt zu einer kosmetisch besten Narbenbildung

Evertierende U-Naht
Die evertierende U-Naht findet Verwendung bei der Anastomose, z. B. von Gefäßen, da sie die innen liegende Gewebeschicht (Endothelschicht) nahtlos verbindet und so eine Thrombusbildung im Gefäß vermeidet.

Fortlaufende Naht
Die fortlaufende Naht ist zeitsparend und benötigt weniger Material. Da sich die fortlaufende Naht entlang der genähten Wundränder verschieben kann verteilt sich die Spannung gleichmäßig über alle Schlaufen, was das Einschneiden und Ausreißen einzelner Schlaufen vermeidet. Vor allem in der Herz- und Gefäßchirurgie wird die fortlaufende Naht bevorzugt, da die Stichkanäle weniger einreißen und eine gute Abdichtung der unter Druck stehenden Gefäße erreicht wird. Der Nachteil einer fortlaufenden Naht ist, dass die Durchblutung des Gewebes entlang der gesamten Nahtlänge beeinträchtigt wird. Zudem besteht das Risiko einer vollständig Öffnung der Wunde, wenn der Faden an einer Stelle reißt oder ein Knoten an einem Ende der Naht aufgehen sollte. Falls es bei einer fortlaufenden Naht zu einer lokalen Wundinfektion kommt, kann die Infektion entlang der gesamten Fadenlänge fortgeleitet werden. Dieses Risiko besteht vor allem bei nichtresorbierbaren und geflochtenen Fäden.

Überwendliche fortlaufende Naht
Die überwendliche fortlaufende Naht wird durch einen Faden gebildet, der in einem Spiralmuster quer zum Wundspalt geführt wird.

Intracutannaht
Die Intracutannaht zeigt ausgezeichnete kosmetische Ergebnisse, da keine Narben durch Fadenkompression entstehen. Wenn die Naht mit einem resorbierbaren Faden durchgeführt wird, ist es nicht notwendig, das Fadenmaterial nach Wundheilung zu entfernen.

Matratzennaht
Die Matratzennaht ist eine fortlaufende U-Naht. Diese Naht kann derart angelegt werden, dass sie je nach Stichfolge die Wundränder evertiert oder invertiert.

56.4 Literatur

1. Debus ES, Geiger D, Sailer M, Ederer J, Thiede A. Physical, biological and handling characteristics of surgical suture material: a comparison of four different multifilament absorbable sutures. European surgical research. Europaische chirurgische Forschung. 1997;29(1):52–61.
2. Thiede A, Dietz U, Debus S. [Clinical application-suture materials]. Kongressband / Deutsche Gesellschaft fur Chirurgie. Deutsche Gesellschaft fur Chirurgie. 2002;119:276–282.
3. Siewert JR. Basiswissen Chirurgie. Berlin: Springer; 2007.
4. Der Wundverschluss im OP. Spangenberg: B. Braun-Dexon GmbH.
5. Ermisch J, Richter E, Seifart W. Naht Material Führer. Markneukirchen: Vogtland-Druck & Computersatz GmbH; 2006.
6. United States Pharmokopeia.
7. Mit Freundlicher Genehmigung von Aesculap AG & Co. KG. Am Aesculap-Platz 78532 Tuttlingen.

57 Elektrische Phänomene des Körpers und ihre Detektion

A. Bolz, N. Kikillus, C. Moor

Im menschlichen Körper verfügen sowohl Nerven- als auch Muskelzellen über die Eigenschaft, intra- und extrazelluläre Ionenkonzentrationen zu verschieben und damit die Potenzialverteilung in ihrer Umgebung zu beeinflussen. Über unterschiedliche Synchronisationsverfahren sind makroskopische Zellverbände zusätzlich in der Lage, koordiniert ihre Felder zu verändern und somit auch signifikante, an der Körperoberfläche messbare elektrische Signale zu erzeugen.

Das vorliegende Kapitel beschreibt zunächst die elektrophysiologischen Grundlagen elektrischer Signale des menschlichen Körpers, die Synchronisationsmechanismen und die daraus entstehenden Felder, insbesondere das Elektrokardiogramm (EKG), das Elektroenzephalogramm (EEG) sowie das Elektromyogramm (EMG). Im Anschluss daran werden die wesentlichen Grundlagen der Messtechnik zur Erfassung bioelektrischer Phänomene erläutert. Einige Beispielapplikationen runden diesen Beitrag ab.

57.1 Die Entstehung elektrischer Signale im menschlichen Körper

Zellen grenzen sich durch eine Zellmembran von ihrer Außenwelt ab. Diese Zellmembran ist auf den ersten Blick eine dichte Doppellipidschicht. Bei genauerer Betrachtung enthält sie jedoch eine Vielzahl mikroskopischer Ionenkanäle, die durch externe molekulare Mechanismen oder elektrische Felder ihre Leitfähigkeit ändern können und somit Ionen den Durchtritt durch die Membran ermöglichen. Darüber hinaus existieren auch aktive Ionenpumpen, die mit Hilfe des Stoffwechsels in der Lage sind, aktiv Ionen durch die Membran sogar gegen bestehende Konzentrationsgradienten oder Felder zu transportieren. Dank dieser beiden Membranelemente verfügen bestimmte Zellen – in erster Linie Muskel- und Nervenzellen – über die Fähigkeit, in ihrem Zellinneren eine andere Ionenkonzentration als im umgebenden extrazellulären Milieu aufrecht zu erhalten. Abb. 57.1 fasst die

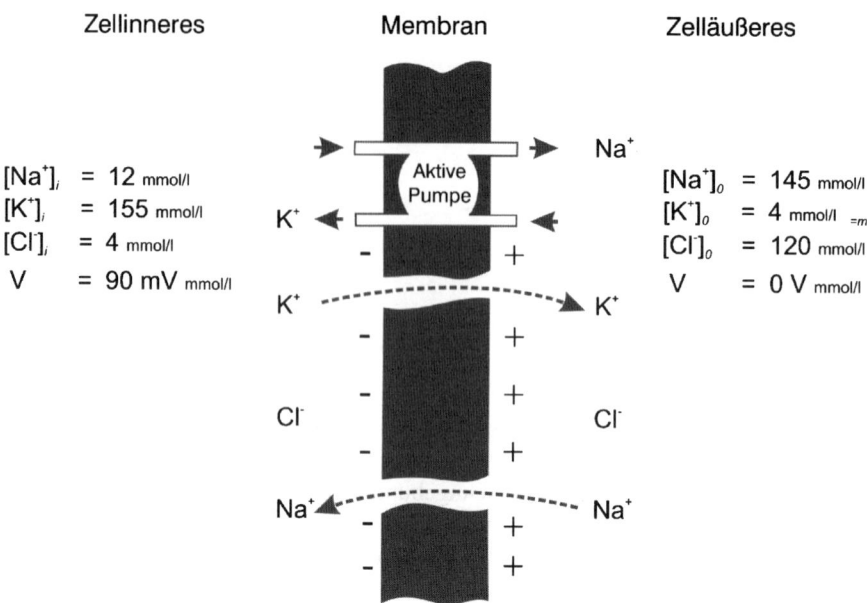

Abb. 57.1 Querschnitt durch eine Zellmembran mit den elektrisch aktiven Na- und K-Kanälen sowie den Na/K-Pumpen. Im Ruhezustand überwiegen im Zellinneren Kaliumionen, im Zelläußeren dagegen Natrium- und Chlorionen

wesentlichen, elektrisch aktiven Membranelemente und die mittleren Ionenkonzentrationen zusammen.

Aufgrund dieser ionischen Konzentrationsunterschiede existiert ein elektrisches Feld, das sich über die Membran hinweg messen lässt. Das damit verbundene elektrische Potenzial wird auch als Transmembranpotenzial bezeichnet (siehe Abb. 57.2).

Im Ruhefall liegt es etwa im Bereich von -90 mV, d. h. die Zelle ist innen negativ geladen. Wird nun durch einen externen molekularen Botenstoff – bspw. das Acetylcholin – ein Na-Ionenkanal aktiviert, so öffnet er sich. Dadurch strömen Na-Ionen in die Zelle ein und verursachen einen schnellen Abfall des Transmembranpotenzials (TMP), der auch als Depolarisation bezeichnet wird. Sobald das TMP den Nullpunkt überschreitet, also hyperpolarisiert, werden die Na-Kanäle wieder deaktiviert und der Na-Einstrom sinkt. Diese Feldänderung nehmen auch die K-Ionenkanäle wahr und verändern dadurch ebenfalls ihre Leitfähigkeit (siehe Abb. 57.3).

Aufgrund der umgekehrten initialen Ionenkonzentrationen führt der dadurch ausgelöste Ionenstrom jedoch zu einem umgekehrten Effekt, d. h. der Abfall des Potenzials wird gestoppt. Je nach Zelltyp kommt es dadurch zu einer mehr oder weniger ausgeprägten Plateauphase, in der sich beide Ionenströme die Waage halten. Allmählich verringert sich jedoch der Na-Einstrom, so dass der K-Ausstrom überwiegt und das ursprüngliche Transmembranpotenzial wieder aufgebaut wird.

57.1 Die Entstehung elektrischer Signale im menschlichen Körper

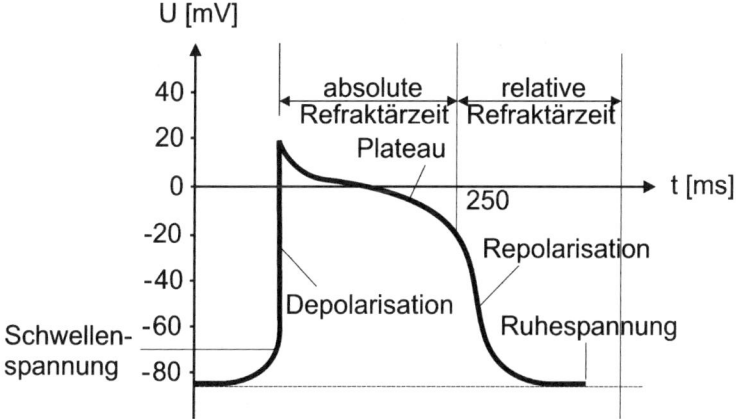

Abb. 57.2 Verlauf des Transmembranpotenzials einer typischen Herzmuskelzelle. Im Ruhezustand ist das Zellinnere auf etwa -90 mV aufgeladen. In der Depolarisationsphase entlädt sich das System sehr schnell auf etwa 0 mV. Nach einer unterschiedlich langen Plateauphase wird der ursprüngliche negative Zustand während der Repolarisationsphase wieder hergestellt

Ein solcher Zyklus bestehend aus Depolarisations-, Plateau- und Repolarisationsphase wird auch als Aktionspotenzial bezeichnet. Neben chemischen Botenstoffen lassen sich derartige Aktionspotenziale auch durch eine von außen erzwungene Anhebung des Transmembranpotenzials auf etwa -70 mV auslösen. Mögliche Ursachen sind bspw. die Erregung einer Nachbarzelle, die über gekoppelte Ionenkanäle

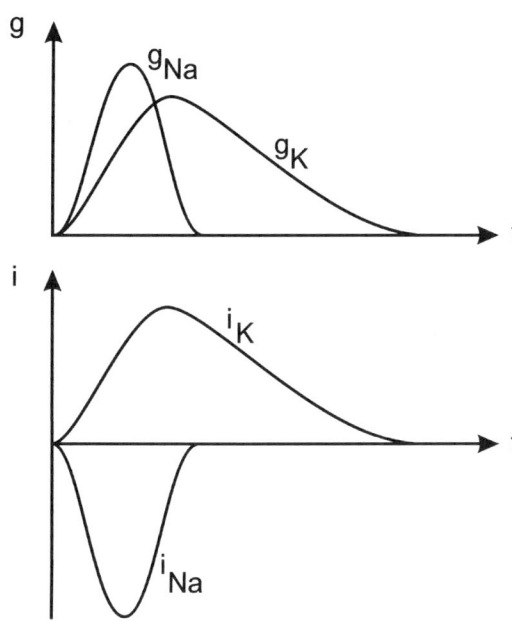

Abb. 57.3 Darstellung des zeitlichen Verlaufes der Leitfähigkeiten g und der Ströme i der an einem Aktionspotenzial beteiligten Ionenkanäle. Die schnellen Na-Kanäle sorgen anfänglich für die Depolarisation der Zelle. Allmählich öffnen jedoch die K-Kanäle, was die Depolarisation verlangsamt und in eine Plateauphase überführt. Sobald der Na-Einstrom versiegt, wird die Zelle repolarisiert

(sog. gap junctions) diese Potenzialänderung verursacht, oder externe künstliche Felder, wie sie zur Elektrostimulation genutzt werden.

Im Anschluss an die beschriebenen Prozesse sind natürlich Ionen „verloren gegangen", d. h. die vor dem Aktionspotenzial bestehenden Ionenkonzentrationen sind verändert worden. Aus diesem Grunde existieren sogenannte Ionenpumpen, die aktiv mit Hilfe des Stoffwechsels die Ionen wieder zurückpumpen und so den Ausgangszustand wieder herstellen. Von besonderer Bedeutung ist dabei die Na-K-Pumpe, die unter Aufwendung von Adenosintriphosphat Na-Ionen nach außen und K-Ionen nach innen pumpt. Eine detaillierte Beschreibung der zellulären Mechanismen findet sich in [9, 10, 11].

Das Zusammenspiel der unterschiedlichen Ionenkanäle führt somit zu der Fähigkeit, unterschiedlichste Aktionspotenziale innerhalb einer Zelle wiederholt ablaufen zu lassen. Abb. 57.4 fasst die wesentlichen bekannten Typen zusammen. Auffallend sind die unterschiedlichen Pulslängen von Muskel- und Nervenzellen. Der Grund hierfür liegt in ihrer unterschiedlichen physiologischen Funktion.

In der Muskelzelle steuert das elektrische Signal über die elektromechanische Kopplung die mechanische Kontraktion des Muskels. Wird in einer Muskelzelle ein Aktionspotenzial ausgelöst, so werden im Zellinneren Ca-Ionen-Speicher geöffnet. Dadurch werden die kontraktilen Elemente der Muskelzelle zur Kontraktion veranlasst. Durch zeitlich enge Folge vieler Aktionspotenziale lässt sich die Kontraktion in ihrer Wirkung summieren, d. h. die Kontraktionskraft steigern. Dies ermöglicht den Skelettmuskeln die feine Abstimmung der Muskelkraft und ihre zeitliche Steuerung. Aus diesem Grunde sind Aktionspotenziale von Skelettmuskelzellen von relativ kurzer Dauer.

Eine besondere Rolle nehmen hierbei Herzmuskelzellen ein, die eine besonders lange Plateauphase von bis zu 300 ms besitzen. Eine Änderung der Kontraktionskraft durch das Zusammenspiel mehrerer dicht aufeinanderfolgender Aktionspotenziale ist im Herzen nicht notwendig [4, 9]. Vielmehr gilt hier das „Alles-oder-Nichts"-Prinzip, wonach das Erregen einer Herzzelle ausreicht, um das gesamte Organ zur Kontraktion zu veranlassen.

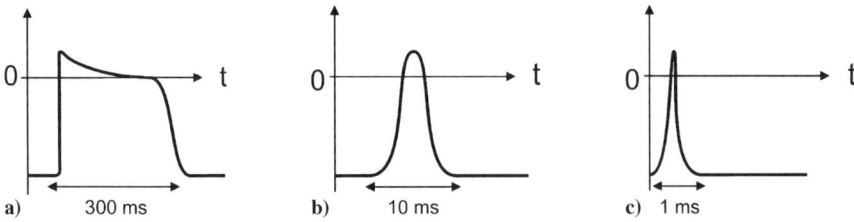

Abb. 57.4 Qualitative Darstellung unterschiedlicher Aktionspotenzialformen. Herzmuskelzellen (a) weisen relativ lange Aktionspotenziale auf, da sie den Herzzyklus steuern und sich an die hämodynamisch benötigten Zeiten anpassen. Skelettmuskel- (b) und vor allem Nervenzellen (c) zeigen dagegen deutlich kürzere Pulslängen, da ihre Aktionspotenziale mit Hilfe einer Pulspausenmodulation eine Signalhöhe modulieren. Kürzere Pulspausen bedeuten dabei in der Regel höhere Signale (bspw. Muskeltoni oder Schmerzreize) und umgekehrt

Im Herzen kommt vielmehr eine andere Eigenschaft der Aktionspotenziale zum Tragen, ihre Refraktärzeit. Solange eine Zelle elektrisch aktiviert ist, lässt sie sich nicht erneut erregen, d. h. sie ist refraktär. Die besonders lange, an die Hämodynamik angepasste Aktionspotenzialdauer von Herzmuskelzellen hat die Aufgabe, die Herzkontraktion zwischen Vorhof und Ventrikel bzw. linker und rechter Herzhälfte zu synchronisieren und so einen geordneten Ablauf zu ermöglichen.

Nervenzellen weisen im Gegensatz zu Muskelzellen deutlich kürzere Aktionspotenziale auf. Die eigentliche Information eines Nervs – insbesondere die Verschlüsselung der Höhe eines sensorischen Reizes oder eines erwünschten aktorischen Erfolges – wird in Form einer Pulspausenmodulation vorgenommen. Je enger die Nervenimpulse aufeinander folgen, desto höher ist das Signal. Um eine ausreichende Auflösung und vor allem eine adäquate Datenrate zu ermöglichen, ist eine geringe Pulsbreite erforderlich. Wären unsere Nervenaktionspotenziale deutlich länger, so würden wir viel langsamer reagieren bzw. uns nur sehr grobmotorisch bewegen können.

Aus messtechnischer Sicht sind einzelne Aktionspotenziale sehr schwierig zu erfassen. Die Messung erfordert eine Elektrode im Zellinneren. Dazu wird meist eine dünne Glaskapillare durch die Zellmembran gestochen, deren Inneres als Ionenleiter dient. Extern lassen sich dann unterschiedliche Elektroden aufsetzen. Häufig wird eine zweite Glaskapillare verwendet, die selektiv auf einen Ionenkanal aufgesetzt wird (sog. patch-clamp-Verfahren) und so grundlegende physiologische Messungen erlaubt [8]. Aus medizintechnischer Sicht sind derartige Verfahren jedoch ohne Bedeutung. Rein extrazellulär lassen sich Aktionspotenziale aufgrund der geringen Amplitude kaum messen. Einzig bei sehr weit ausgedehnten Prozessen einer Zelle, bspw. bei der Messung der Nervenleitgeschwindigkeit einer langen Nervenzelle, findet die Aktionspotenzialmessung entlang eines Axons Anwendung.

Von wesentlich höherer Bedeutung sind Messungen kollektiver Prozesse. Diese sollen am Beispiel des Herzens, des Gehirns und der Muskeln genauer erläutert werden.

57.1.1 Das Elektrokardiogramm

Die sicher bekannteste Aufzeichnung eines bioelektrischen Signals stellt das Elektrokardiogramm (EKG) dar. Der im Vorhof gelegene Sinusknoten dient als autonomer Taktgeber des Herzschlags. Er erzeugt periodische Aktionspotenziale. Über Erregungsleitungsbahnen werden die elektrischen Pulse an die verschiedenen Bereiche des Herzens weitergeleitet. Von dort gehen sie mit Hilfe der gap junctions, spezieller elektrischer Verbindungen der Herzmuskelzellen, von Zelle zu Zelle über. Dieses „Alles-oder-Nichts"-Prinzip des Herzens führt zu einer gleichartigen elektrischen Erregung großer Bereiche, wodurch sich die einzelnen Aktionspotenziale in ihrer elektrischen Wirkung summieren, was extern zu einer Amplitudenerhöhung führt.

Das elektrische Fernfeld des Herzens führt zu einer Potenzialverteilung auf der Körperoberfläche (Abb. 57.5). Eine typische EKG-Ableitung ist in Abb. 57.6 dar-

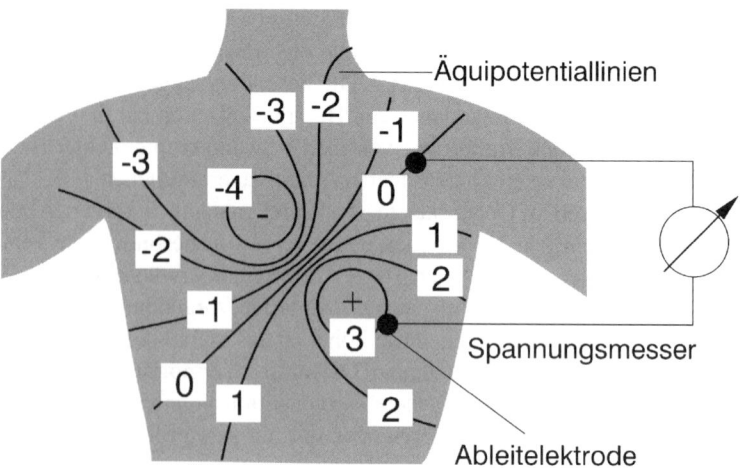

Abb. 57.5 Potenzialfeld des Herzens zur Zeit der R-Zacke. Die Zahlen geben die durchschnittlichen Amplituden in mV an

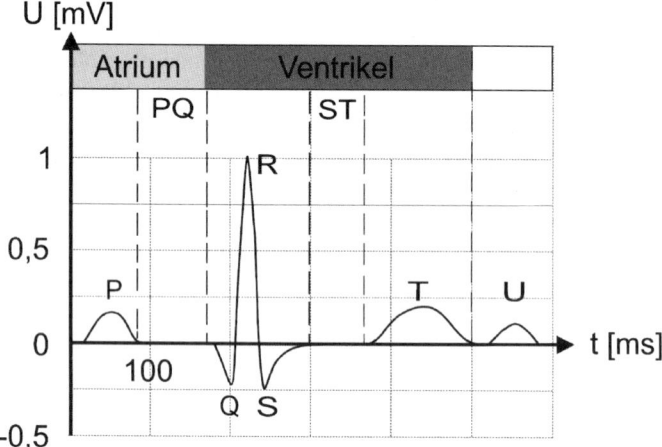

Abb. 57.6 Typischer zeitlicher des Elektrokardiogramms mit den nach Einthoven eingeführten Bezeichnungen. Die P-Welle entspricht der Vorhofaktion, der QRS-Komplex der Depolarisation des Ventrikels und die T-Welle der Repolarisation

gestellt. Sie besteht aus positiven und negativen Ausschlägen, die nach Einthoven als P, Q, R, S, T und U bezeichnet werden. Der zeitliche Ablauf des EKG-Signals sowie die Amplituden der einzelnen Zacken liegen normalerweise in einem physiologischen Bereich, der in Tabelle 57.1 zusammengefasst ist.

Die einzelnen morphologischen Elemente des EKG lassen sich mit der elektrischen Aktivität des Herzens in direkten Zusammenhang bringen. Abb. 57.7 zeigt hierzu exemplarisch eine Projektion des Dipolmomentes auf die Achse zwischen

57.1 Die Entstehung elektrischer Signale im menschlichen Körper

Typische Intensitäten der EKG-Wellen [mV]		
Wellenbezeichnung	Extremitätenableitung	Brustwandableitung
P	< 0,25	< 0,25
PQ	0	0
Q	0,2	0,3
QRS	1	1–3
S	0,4	2
ST	0	0
T	0,4	0,5
Typische Dauer der EKG-Wellen [ms]						
Bez.	P	PQ	Q	QRS	S	QT
t	90	160	< 30	80	< 40	400

Tabelle 57.1 Normalwerte des EKG

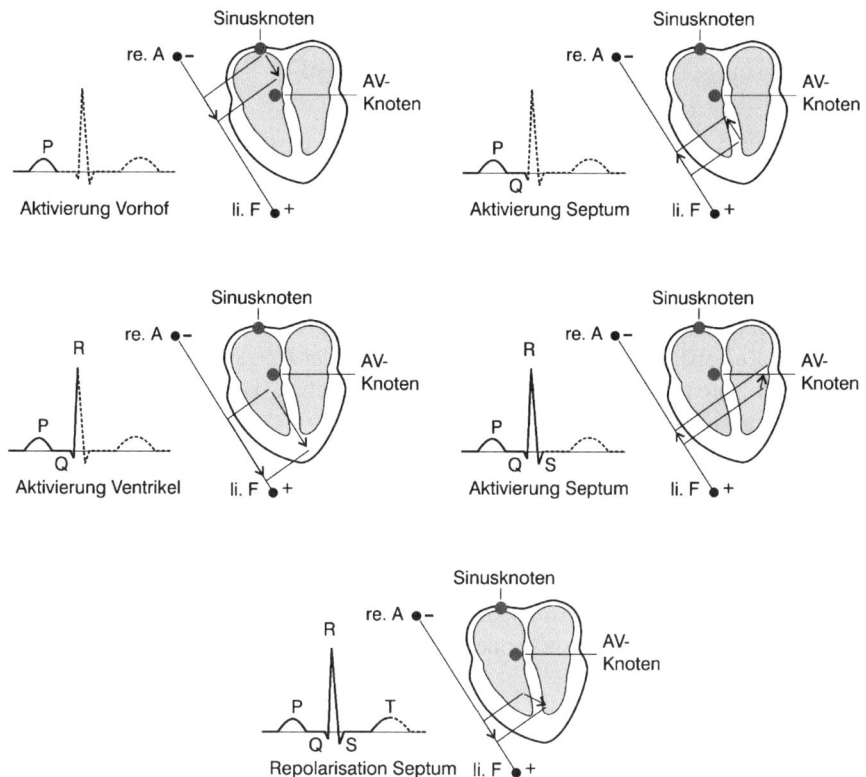

Abb. 57.7 Die Erregungsausbreitung im Herzen. Der synchronisierte Erregungsablauf – im Bild als Herzdipol angedeutet – führt zu einer gleichzeitigen elektrischen Aktivierung großer Herzbereiche und damit zu einem makroskopisch messbaren Signal mit hoher Amplitude. Eine zusammenfassende Darstellung der elektrischen Aktivierung findet sich in [7]

rechtem Arm und linkem Fuß. Je nach Wahl der Ableitlinie ändert sich die Projektion des Herzdipols und folglich auch die Polarität und Morphologie des EKGs.

P-Welle

Die Erregung des Herzens beginnt am Sinusknoten und breitet sich anschließend über die Vorhöfe aus. Während der Vorhoferregung weist der resultierende Feldstärkevektor zur Herzspitze, bedingt durch den Verlauf der Erregung vom oben liegenden Sinusknoten zum basiswärts liegenden AV-Knoten. Die Projektion dieses Vektors auf die Ableitlinie ist betragsmäßig klein und weist in die positive Richtung. Die P-Welle ist somit Ausdruck der Erregungsausbreitung in beiden Vorhöfen.

PQ-Strecke

Nach der Vorhoferregung ist das gesamte Vorhofmyokard außen negativ. Es existiert damit in dem PQ-Zeitintervall kein Dipolmoment und im EKG auch keine Potenzialdifferenz. Die PQ-Strecke stellt die Überleitungszeit vom Vorhof zur Kammer dar. Sie erstreckt sich von P-Ende bis Q-Anfang und wird als Bezugslinie für die Spannungsmessung (isoelektrische Linie) genommen.

QRS-Komplex

Die Ventrikelerregung beginnt an der linken Seite des Kammerseptums. Zwischen diesem Gebiet und dem sich rechtsventrikulär anschließenden unerregten Gewebe entsteht ein nach rechts und basiswärts gerichteter Vektor. Die Projektion dieses Vektors auf die Ableitlinie ist in der Regel negativ, so dass die mit diesem Erregungszeitpunkt verbundene Q-Zacke ebenfalls negativ ist.

Kurze Zeit später ist das Septum einschließlich der Herzspitze erregt. Die resultierende Ausbreitung ist jetzt herzspitzenwärts gerichtet. Damit hat die Projektion des Vektors auf die Ableitlinie zu diesem Zeitpunkt und damit auch die R-Zacke eine positive Polarität.

Die ventrikuläre Erregungsausbreitung endet an der Basis des linken Ventrikels. Die resultierende Feldstärkekomponente zeigt jetzt nach rechts, basiswärts; die S-Zacke ist damit negativ.

Der QRS-Komplex entspricht somit der Erregungsausbreitung in beiden Herzkammern. Er beginnt bei Q-Anfang und reicht bis zum Ende der S-Zacke. Fehlt eine dieser Zacken, gilt der entsprechende Nulldurchgang der R-Zacke als Bezugspunkt der Zeitmessung.

ST-Strecke

Nach Abschluss der Ventrikelerregung ist die gesamte Herzoberfläche negativ. Potenzialdifferenzen sind nicht registrierbar. Diese Phase im Erregungsablauf des Herzens ist im EKG mit einer Null-Linie, der ST-Strecke (gemessen vom S-Ende bis T-Anfang), verbunden.

T-Welle

Die ventrikuläre Repolarisationsphase des Herzens beginnt in den subendokardialen Schichten und schreitet in Richtung Endokard fort. Damit liegt eine Feldstärkekomponente vor, die aus den noch erregten, negativen endokardialen Schichten in die schon unerregt und damit positiv gewordenen Bezirke zeigt. Zur Zeit der T-Welle, die mit der Repolarisationsphase verbunden ist, ist die Projektion des Feldstärkevektors auf die Ableitlinie positiv. Die T-Welle im EKG ist damit positiv.

Eine genaue Zusammenfassung der elektrophysiologischen Zusammenhänge des Elektrokardiogramms und vor allem eine Darstellung pathologischer EKG-Formen und der EKG-Interpretation findet sich in [6].

57.1.2 Das Elektroenzephalogramm

Das Gehirn besteht aus vielen, miteinander verbundenen Neuronen, die mit Hilfe von Aktionspotenzialen Informationen austauschen und verarbeiten. Auf der Schädeloberfläche lassen sich die Fernfelder dieser elektrischen Aktivität in Form von Spannungsschwankungen aufzeichnen, was erstmals Hans Berger 1929 gelang [1]. Abb. 57.8 zeigt einen Patienten, dem mit Hilfe eines Gumminetzes verschiede-

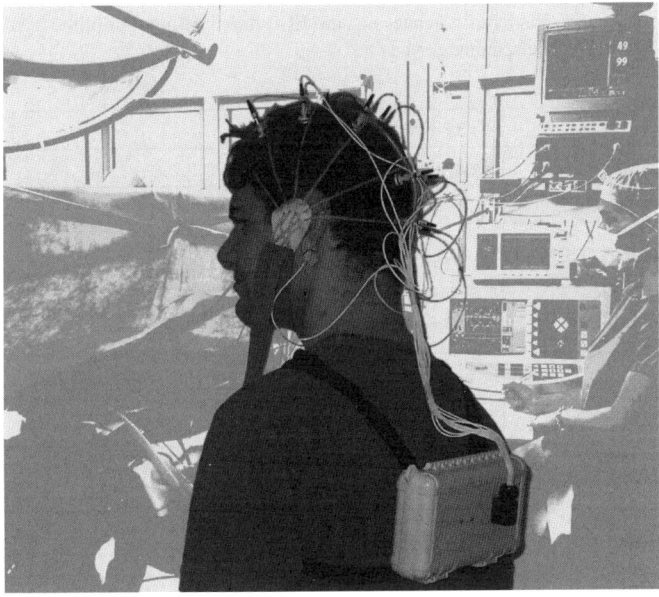

Abb. 57.8 Aufnahme eines Patienten während einer EEG-Messung. Mit einem Gumminetz werden Ableiteelektroden an genormten Punkten auf der Kopfhaut angebracht, welche die elektrischen Signale unterschiedlicher Hirnareale aufnehmen

ne Elektroden auf die Kopfhaut gedrückt werden. Das dadurch ableitbare Elektroenzephalogramm (EEG) ist beispielhaft in Abb. 57.9 gezeigt.

Aufgrund der fehlenden Gleichförmigkeit der elektrischen Aktivität des Gehirns ist das EEG sehr unregelmäßig und vor allem von geringer Amplitude. Zur diagnostischen Auswertung sind unterschiedliche Frequenzbereiche definiert worden. Durch Signalfilterung werden dem EEG zunächst die spezifischen Signalanteile der einzelnen Bänder entnommen und bewertet (siehe Tab. 57.2). Ein hoher Anteil an niederfrequenten Delta-Wellen lässt bspw. auf einen tiefen Schlaf deuten, starke Anteile an hochfrequenten Gamma-Wellen zeugen dagegen von hoher Konzentration. Neben den EEG-Bändern treten noch spezifische Signale auf, die durch immer wiederkehrende Morphologie auffallen. Ein Beispiel hierfür sind die sog. Schlafspindeln, die eine besonders hohe Amplitude aufweisen. Eine Zusammenfassung des aktuellen Standes der klinischen EEG-Diagnostik findet sich in [13].

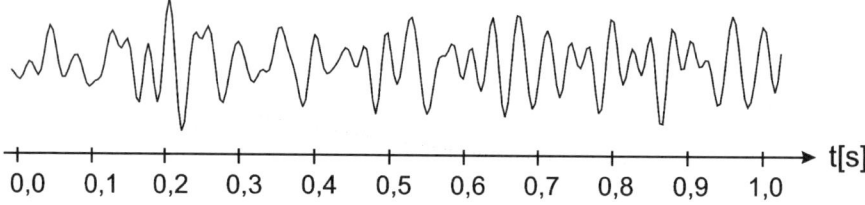

Abb. 57.9 Typisches EEG während einer Wachphase. Da im Gehirn keine makroskopisch synchronisierten Vorgänge existieren, zeichnet sich das EEG durch geringe Amplituden von 5–150 μV und unperiodische Wechselspannungen aus

Frequenzband		EEG-Frequenzbänder	
		Frequenz	Zustand
Delta		0,5–3,5 Hz	Tiefschlaf, Trance
Theta	**Niedrig** (Theta 1)	4–6,5 Hz	Hypnagogisches Bewusstsein (Einschlafen), Hypnose, Wachträumen
	Hoch (Theta 2)	6,5–7 Hz	Tiefe Entspannung, Meditation, Hypnose, Wachträumen
Alpha		8–13 Hz	Leichte Entspannung, Super Learning (Unterbewusstes Lernen), nach innen gerichtete Aufmerksamkeit
Beta	**Niedrig** (SMR)	14–15 Hz	Entspannte nach außen gerichtete Aufmerksamkeit
	Mittel	15–21 Hz	Hellwach, normale bis erhöhte nach außen gerichtete Aufmerksamkeit und Konzentration
	Hoch	21–38 Hz	Hektik, Stress, Angst oder Überaktivierung
Gamma		38–70 Hz	Anspruchsvolle Tätigkeiten mit hohem Informationsfluss

Tabelle 57.2 Zusammenstellung der verschiedenen EEG-Bänder und ihrer jeweiligen Bedeutung

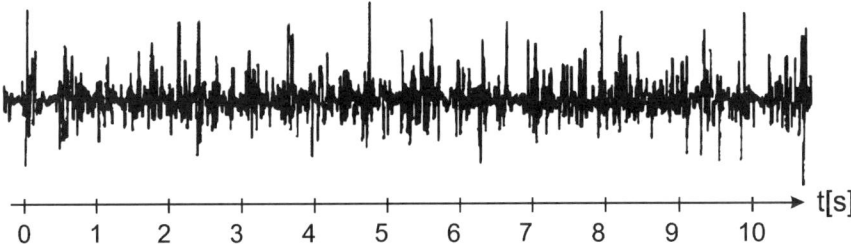

Abb. 57.10 Typisches EMG. Analog zum EEG weist es sehr geringe Amplituden und hohe Frequenzanteile auf

57.1.3 Das Elektromyogramm

In Analogie zum EEG zeigen auch Muskeln ein unkoordiniertes elektrisches Verhalten. Ihr Fernfeld ist daher auch von unperiodischen Wechselspannungen geprägt. Da die Aktionspotenzialdauer nur etwa 10 ms beträgt, haben typische Elektromyogramme (EMG) Frequenzanteile bis in den kHz-Bereich (siehe Abb. 57.10). Diagnostisch wird häufig die Einzelfaserelektromyographie eingesetzt, bei der mit Hilfe kleiner Nadelelektroden einzelne Muskelfasern untersucht werden. Auf diese Weise lassen sich bei motorischen Störungen nervale und muskuläre Ursachen differenzieren. In Spezialfällen wird auch ein größerer Muskelbereich mit Hilfe externer Klebeelektroden summarisch untersucht. Ein Beispiel hierfür ist das Elektrookulogramm (EOG), das die Augenbewegungen zur Erfassung der „rapid eye movements" während des Schlafes erfasst. Eine Zusammenfassung der klinischen Bewertung von EMGs findet sich in [2, 5].

57.2 Die Messung bioelektrischer Signale

Zur Messung von Potenzialdifferenzen an der Körperoberfläche ist zunächst eine elektrische Kopplung zwischen Messgerät und Patient mit Hilfe von Elektroden erforderlich. Elektrische Vorgänge im Körper basieren auf Ionenleitung, in Metallen jedoch auf Elektronenleitung. Elektroden haben somit die Aufgabe, den Übergang zwischen beiden Ladungstransportarten zu ermöglichen.

Nach einer Einführung in die Elektrodentechnologie folgt eine kurze Beschreibung der grundlegenden Verstärkerschaltungen, die für eine zuverlässige Detektion bioelektrischer Signale erforderlich sind.

57.2.1 Ableitelektroden

Die Eigenschaften von Festkörper-Elektrolyt-Systemen werden vorrangig durch die physikalische Struktur der Phasengrenze zwischen den beiden Medien bestimmt.

An dieser Grenzfläche kommt es zur Ausbildung einer Potenzialdifferenz und zur Adsorption von Deckschichten an der Festkörperoberfläche, die der Grenzfläche kapazitive Eigenschaften verleihen. Der isolierende Charakter der Adsorbatschichten führt dazu, dass ein großer Teil des Potenzials über der Grenzfläche abfällt, so dass elektrochemische Reaktionen nur in unmittelbarer Umgebung der Festkörperoberfläche ablaufen können. Damit sind die Struktur und der daraus resultierende Potenzialverlauf entscheidend für die verschiedenen Stromtransportmechanismen.

57.2.1.1 Das thermodynamische Gleichgewicht

An der Grenzfläche zwischen Festkörper und Elektrolyt treffen zwei Systeme mit verschiedenen chemischen Potenzialen µi aufeinander. Aufgrund der unterschiedlichen Austrittsarbeiten von Elektronen und Ionen aus beiden Medien kommt es zu einem Ladungsaustausch zwischen Festkörper und Elektrolyt. Infolge dieser Austauschreaktionen stellt sich ein thermodynamisches Gleichgewicht ein, in dem das chemische Potenzial in jeder der beteiligten Phasen gleich groß ist. Dabei laufen an der Grenzfläche elektrochemische Reaktionen ab, die eine Änderung der Konzentrationen c_i der beteiligten Reaktionspartner bewirken. c_i ist über die Aktivitätskoeffizienten f_i mit der Aktivität der Ionen a_i verknüpft.

$$a_i = f_i \cdot c_i \qquad (Gl.\ 1)$$

a_i berücksichtigt die interionischen Wechselwirkungen im Elektrolyten und ihre Einflüsse auf die energetischen Verhältnisse. Aufgrund der Reaktionen gleichen sich die chemischen Potenziale der einzelnen Phasen nach Gleichung 2 an

$$\mu_i = \mu_i^0 + RT \ln a_i, \qquad (Gl.\ 2)$$

mit μ_i^0 = chemisches Potenzial unter Standardbedingungen,
R = Allg. Gaskonstante,
T = Temperatur.

Der Ladungsaustausch während der Reaktionen führt zur Aufladung der Elektrode, wodurch sich eine Potenzialdifferenz zwischen der Festkörperoberfläche und dem Elektrolytinneren ausbildet, die als Galvanispannung bezeichnet wird. Sie ist einer direkten Messung nicht zugänglich, da ein auf die Potenzialdifferenz ansprechendes Messsystem mit beiden Phasen in Kontakt stehen muss. Folglich kommt mit dem Messsystem eine zweite Phasengrenze hinzu, an der sich wiederum eine für dieses Festkörper-Elektrolyt-System charakteristische Galvanispannung einstellt. Es lassen sich somit nur Differenzen zwischen Galvanispannungen bestimmen. Diese als elektromotorische Kraft bezeichnete Potenzialdifferenz hängt deshalb nicht nur von der zu untersuchenden Elektrode und dem Elektrolyten, sondern in gleichem Maße von dem Messsystem ab. Aus diesem Grund werden die Elektrodenpotenziale E_0 mit Hilfe einer Referenzelektrode unter Standardbedingungen ge-

57.2 Die Messung bioelektrischer Signale

messen und in Form der elektrochemischen Spannungsreihe tabelliert. Tabelle 57.3 vermittelt einen Überblick über die wesentlichen Referenzelektroden, Tabelle 57.4 fasst die wichtigsten Standardelektroden zusammen. Ausgehend von diesen Werten lassen sich die elektromotorischen Kräfte E in Abhängigkeit von der Temperatur und der Aktivität der Elektrolytbestandteile entsprechend der Nernst'schen Gleichung berechnen

$$E = E_0 - \frac{RT}{nF} \sum_i v_i \ln a_i, \qquad \text{(Gl. 3)}$$

mit n = Zahl der in der Reaktion ausgetauschten Elektronen,
F = Faraday-Konstante,
n_i = Stöchiometrischer Faktor der i-ten Komponente.

Referenzelektrode	System	Potenzial gegen NHE
Normalwasserstoff-Elektrode (NHE)	Wasserstoff umspült Platinelektrode unter Standardbedingungen	0,000 V
Kalomel-Elektrode	Hg/Hg_2Cl_2-Elektrode in gesättigter KCl-Lösung	0,241 V
Silber-Silberchlorid-Elektrode	Ag/AgCl-Elektrode in gesättigter KCl-Lösung	0,197 V

Tabelle 57.3 Standardpotenziale wichtiger Referenzelektroden

Metall	Standardpotenzial (V)	Metall	Standardpotenzial (V)
Li	− 3,00	Zn	− 0,763
Rb	− 2,97	Co	− 0,28
K	− 2,92	Ni	− 0,24
Cs	− 2,92	Sn	− 0,14
Ba	− 2,92	Pb	− 0,13
Sr	− 2,89	Fe	− 0,45
Ca	− 2,84	H	0
Na	− 2,71	Cu	+ 0,35
Mg	− 2,38	Hg	+ 0,80
Al	− 1,66	Ag	+ 0,80
Mn	− 1,05	Pd	+ 0,830
Se	− 0,78	Au	+ 1,5

Tabelle 57.4 Standardpotenziale (Standardbedingungen, d. h. Aktivitäten gleich eins, 1 atm, 25° C) einiger Elektroden, gemessen unter Standardbedingungen gegen NHE

57.2.1.2 Die Helmholtz-Doppelschicht

Der Verlauf des elektrischen Potenzials, das sich zwischen Festkörper und Elektrolyt ausbildet, wird durch die Struktur der Phasengrenze geprägt. Infolge des Ausgleichs der chemischen Potenziale kommt es zur Aufladung der Elektrode und damit zu elektrostatischen Wechselwirkungen zwischen der geladenen Festkörperoberfläche und den stark polaren Wassermolekülen. Aufgrund der großen Beweglichkeit und der hohen Konzentration dieser Moleküle bildet sich eine gerichtete Monolage von adsorbierten Wasserdipolen an der Elektrodenoberfläche aus. Zur Ladungskompensation lagern sich im Anschluss daran entgegengesetzt geladene, solvatisierte Ionen aus der Lösung an, so dass an der Grenzfläche eine starre Schicht aus Wassermolekülen und solvatisierten Ionen – die sog. Helmholtz-Doppelschicht – entsteht (Abb. 57.11).

Der Aufbau der Phasengrenze Festkörper-Elektrolyt als geladene, starre Doppelschicht wurde schon 1879 von Helmholtz beschrieben. Er leitete daraus ein Kondensatormodell der Phasengrenze mit entgegengesetzten Ladungsüberschüssen auf der Elektrolyt- bzw. Festkörperseite ab. Die Betrachtungen von Helmholtz wurden

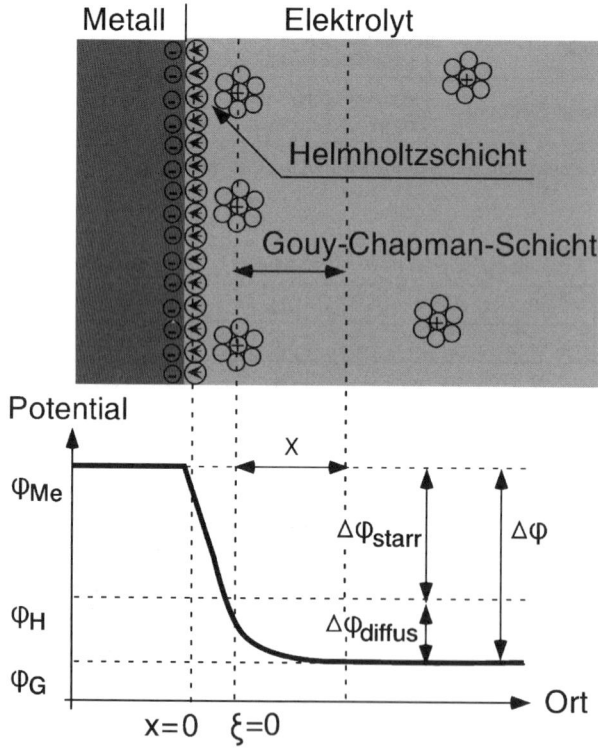

Abb. 57.11 Struktur und Potenzialverlauf der Helmholtz- und der Gouy-Chapman-Schicht an der Grenzfläche zwischen metallischen Festkörpern und Elektrolyten

57.2 Die Messung bioelektrischer Signale

in der Folgezeit vor allem durch Gouy, Chapman und Stern erweitert, die im Anschluss an die starre Doppelschicht eine diffuse ionische Raumladung beschrieben [12]. Dieser Bereich wird allg. als Gouy-Chapman-Schicht bezeichnet, deren Dicke vor allem von der Ionenkonzentration abhängt. Für stark verdünnte Elektrolyte liegt sie im Bereich einiger 10 nm bis mm, für normale Elektrolyte – insbesondere alle Körperelektrolyte – ist diese Größe jedoch zu vernachlässigen.

Zusätzliche Diffusionshemmungen treten auf, wenn die an der Oberfläche ablaufenden elektrochemischen Reaktionen eine anhaftende Deckschicht hervorrufen, z. B. aufgrund einer Oxidation. In diesem Fall führt die deutlich geringere Leitfähigkeit derartiger Schichten zu einer Verschiebung des Potenzialverlaufes und zusätzlichen kapazitiven Effekten. Da dies jedoch im medizintechnischen Bereich eine untergeordnete Rolle spielt, sei an dieser Stelle nur darauf verwiesen. Gute Zusammenfassungen dieser Thematik finden sich in [3, 12].

57.2.1.3 Die Austauschstromdichte

Die Beschreibung der Festkörper-Elektrolyt-Phasengrenze als weitgehend statisches System aus Helmholtz- und Gouy-Chapman-Schicht wird dem dynamischen Charakter des Gleichgewichtes an der Grenzfläche nicht gerecht, da ständig elektrochemische Reaktionen stattfinden, die mit einem Ladungsaustausch zwischen beiden Medien verbunden sind. Im thermodynamischen Gleichgewicht ist der Betrag der kathodischen Stromdichte S_K bzw. der anodischen Stromdichte S_A gleich groß, so dass sich extern kein Strom (Nettostrom) messen lässt. S_K bzw. S_A entsprechen dann der Austauschstromdichte S_O

$$S_O = |S_K| = S_A. \qquad (Gl.\ 4)$$

Die Austauschstromdichte ist materialspezifisch (Tab. 57.5) und gibt über die Schnelligkeit der Gleichgewichtseinstellung einer Elektrode Auskunft. Wird das System durch eine externe Spannung aus dem Gleichgewicht ausgelenkt, so bildet sich eine bevorzugte Reaktionsrichtung aus, die zu einem messbaren Ladungstransfer über die Grenzfläche und einer Veränderung der Potenzialverteilung führt. Je

Elektrode (chem. Abkürzung)	Austauschstromdichte S_0 [A cm^{-2}]
Zn/Zn^{2+}	$1 \cdot 10^2$
Fe/Fe^{2+}	$>10^{-8}$
Ni/Ni^{2+}	$>10^{-8}$
Ag/Ag^{2+}	$4,5 \cdot 10^2$
Au/Au^{2+}	$1 \cdot 10^{-6}$
Pt/Pt^{2+}	$4 \cdot 10^{-6}$

Tabelle 57.5 Austauschstromdichten verschiedener Elektrodenmaterialien

größer die Austauschstromdichte ist, desto schneller wird das Gleichgewicht wieder erreicht. Die Austauschstromdichte beeinflusst somit wesentlich die Registrierung von Biosignalen.

57.2.1.4 Polarisation und Überspannung

Fließt durch eine Elektrode ein Strom I, so nimmt das Elektrodenpotenzial einen von der Stromdichte abhängigen Wert U(I) an. Je nachdem, ob die Elektrode von einem positiven (anodischen) oder negativen (kathodischen) Strom durchflossen wird, tritt eine positive oder negative Abweichung auf. Die Auslenkung der Elektrode aus der Gleichgewichtslage wird als Polarisation bezeichnet. Die Differenz zwischen dem Elektrodenpotenzial U(I) und dem Ruhepotenzial im thermodynamischen Gleichgewicht U(0) nennt man Überspannung η

$$\eta = U(I) - U(0) \qquad \text{(Gl. 5)}$$

Jede Elektrodenreaktion setzt sich aus einer Summe von Teilreaktionen zusammen, die unterschiedlich gehemmt sein können. Wird z. B. ein Metallion an der Kathode abgeschieden, muss es erst aus dem Lösungsinneren an die Grenzfläche zwischen Elektrode und Elektrolyt transportiert werden. Es durchläuft dann einen Resolvationsprozeß, ehe es die Phasengrenze passieren und in das Kristallgitter eingebaut werden kann. Die Überspannung einer Elektrode wird daher durch drei Komponenten bestimmt:

- Durchtrittsüberspannung η_t: Werden Ladungstransportprozesse durch die Phasengrenze gehemmt, so entsteht eine Durchtrittsüberspannung.
- Diffusionsüberspannung η_d: Der Transport von Ladungen an die Phasengrenze bzw. von ihr weg führt zu einem Potenzialgradienten, der Diffusionsüberspannung.
- Chemische Überspannung η_c: Hemmungen chemischer Reaktionen bzw. Kristallisationsreaktionen sind die Ursache für chemische Überspannungen.

57.2.1.5 Elektrodenübergangsimpedanz

Die Strom-Spannungs-Kennlinien ermöglichen zum einen eine Beurteilung der chemischen Elektrodeneigenschaften (Oxidation-Reduktion), zum anderen gestatten sie auch einen Einblick in das elektrische Verhalten der Elektrode. Eine Kennlinie, die bei geringen Überspannungen bereits hohe Stromdichteveränderungen aufzeigt (Abb. 57.12 a), weist auf ein Elektrodenverhalten mit geringen Hemmungen der Oxidations- und Reduktionsvorgänge hin. Elektroden, die einen größeren ungehinderten Ladungstransport durch die Phasengrenze ermöglichen, ohne dass sich die Elektrodenpotenzialdifferenz wesentlich vom Gleichgewichtszustand entfernt, werden als unpolarisierbar bezeichnet. Derartige Elektroden beruhen auf rever-

57.2 Die Messung bioelektrischer Signale

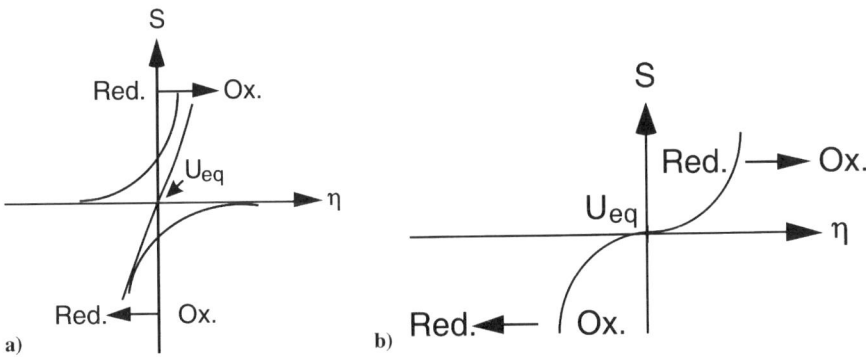

Abb. 57.12 Abhängigkeit der Stromdichte S von der Überspannung η für unpolarisierbare (a) und polarisierbare Elektroden (b). Je linearer die Kennlinie ist, desto unpolarisierbarer ist die Elektrode

siblen chemischen Elektrodenreaktionen. In der Regel handelt es sich dabei um dreiphasige Systeme, bei denen die eigentliche Elektrode und der Elektrolyt noch durch eine unlösliche Zwischenschicht getrennt sind, die die oxidierten bzw. reduzierten Komplexe enthält und somit als Ionenspeicher fungiert. Dadurch findet die eigentliche Durchtrittsreaktion innerhalb der Zwischenschicht statt und ist vom Stromtransport insofern entkoppelt, als die Diffusion der Ionen den begrenzenden Faktor darstellt. Ein gutes Beispiel hierfür ist die Silber-Silberchldorid-Elektrode (vgl. Abschnitt 57.2.1.6)

Ganz andere Eigenschaften weist die Elektrode auf, deren Stromdichte-Spannungs-Kennlinie in Abb. 57.12 b dargestellt ist. Belastet man eine solche Elektrode zusätzlich, so ist schon bei geringen Stromdichten eine Hemmung des Ladungstransportes und damit eine große Abweichung der Elektrodenspannung vom Gleichgewichtswert zu erkennen. Solche Elektroden werden als polarisierbar bezeichnet. Nahezu alle Metallelektroden gehören zu dieser Gruppe. Die Eigenschaften realer Elektroden liegen zwischen diesen beiden Idealfällen.

Das in Abb. 57.12 dargestellte Gleichstromverhalten einer Elektrode wird ausschließlich durch die Durchtrittsreaktionen und eventuelle Diffusions- bzw. Reaktionsbegrenzungen bestimmt. Kapazitive Umladungsprozesse innerhalb der Helmholtzschicht bzw. elektroaktive Mechanismen leisten keinen Beitrag zum Stromfluss, so dass die Butler-Volmer-Gleichung in guter Näherung gilt [12]. Wesentlich komplexer stellt sich jedoch der Stromfluss unter Wechselspannungen dar, was sich primär in einer Hystereseschleife um die Gleichspannungskennlinie herum ausdrückt (Abb. 57.13). Ursache hierfür sind in erster Linie kapazitive Effekte der Helmholtz- und der Gouy-Chapman-Schicht. Sobald durch eine Elektrode ein Strom fließt, lädt sich die Helmholtzkapazität C_H auf. Wird anschließend die externe Spannung zurückgefahren, verbleibt die Ladung auf der Phasengrenze und führt zu einem langsam abklingenden Polarisationsartefakt. Um all diese Effekte elektrotechnisch beschreiben zu können, sind unterschiedliche Ersatzschaltbilder eingeführt worden.

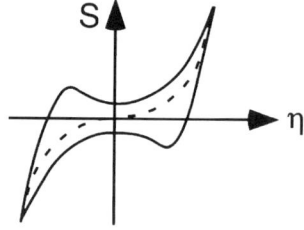

Abb. 57.13 Schematischer Verlauf der Strom-Spannungs-Kennlinie bei Wechselspannungsmessungen. Die Hysterese ist auf die kapazitiven Effekte der Phasengrenze zurückzuführen

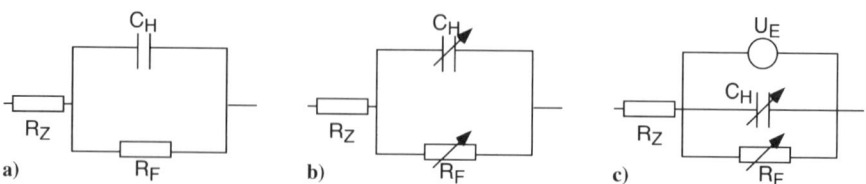

Abb. 57.14 Gegenüberstellung unterschiedlicher Ersatzschaltbilder für Elektroden. Schaltung a), die sogenannte Randles-Zelle, stellt den einfachsten Fall dar. Sie gilt nur für kleine Signale, d. h. solange die lineare Näherung gilt. Schaltung b) bezieht die nichtlinearen Effekte bei größeren Signalen mit ein, in dem sie Faradayimpedanz und Helmholtzkapazität spannungsabhängig macht. Schaltung c) ist noch um die Galvanispannung der einzelnen Elektrode erweitert

Abbildung 57.14 a) zeigt zunächst das einfachste Ersatzschaltbild, das unter dem Namen Randles-Zelle bekannt geworden ist. Hierin wird der eigentliche Ladungstransfer durch die Faradayimpedanz RF dargestellt, die parallel zur Helmholtzkapazität CH angeordnet ist. Hinzu kommt ein in Serie geschalteter Widerstand RZ, der Zuleitungswiderstände repräsentiert. In diesem einfachen Fall sind alle Werte konstant. Das Randles-Modell gilt somit nur bei unpolarisierbaren Elektroden bzw. für den Fall kleiner externer Potenziale.

Wird die von außen angelegte Spannung soweit erhöht, dass die lineare Näherung nicht mehr erlaubt ist, so müssen die Einzelelemente als spannungsabhängige Größen dargestellt werden (Abb. 57.14 b). Zusätzliche Komplexität erreicht das Schaltbild, wenn auch die Elektrodengleichgewichtspotenziale berücksichtigt werden müssen (Abb. 57.14 c). Im Falle stark diffusionsbegrenzter Elektroden tritt zudem eine negative Phasenverschiebung von Strom und Spannung auf, die sich nicht durch Kapazitäten erklären lässt. In diesem Fall wird zusätzlich die sog. Warburgimpedanz eingeführt. Für die weiteren Überlegungen spielt sie jedoch keine Rolle.

57.2.1.6 Gebräuchliche Elektrodentypen

Die Impedanz einer Elektrode ist abhängig von der Stromdichte und damit nichtlinear. Ferner weisen Elektroden stets komplexe Impedanzen auf, die meist von kapazitiven Effekten dominiert werden. Sie zeigen somit erhebliche Polarisationseffekte. Fehlerfreie Messungen erfordern daher stets, dass das elektrochemische Gleichgewicht der Ableitelektroden erhalten bleibt, z. B. indem die Messstromdich-

57.2 Die Messung bioelektrischer Signale

te im Vergleich zur Austauschstromdichte sehr gering gehalten wird oder aber reine Wechselstrommessungen durchgeführt werden.

Aus dieser Perspektive würden sich zwar prinzipiell unedle Elektroden als Messelektroden anbieten, da sie erhebliche Austauschstromdichten aufweisen. In der Praxis ist dies jedoch selten umsetzbar, da Korrosionsfestigkeit und mechanische Stabilität ebenso gewährleistet sein müssen. In größerem Umfang finden derartige Elektroden nur als Einwegelektroden für die Defibrillation Anwendung; hier wird meist Zinn als Grundwerkstoff verwendet. In Einzelfällen werden auch konventionelle, teilweise vergoldete oder verchromte Metallelektroden benutzt. Sie stellen jedoch an die nachfolgende Messtechnik erhebliche Anforderungen, da sie stark polarisierbar sind und teilweise sogar halbleitende Deckschichten ausbilden, die zu weiteren Artefakten (Driften etc.) führen. Am weitesten verbreitet sind daher polarisationsarme Silber-/Silberchlorid- sowie fraktale Elektroden.

Silber/Silberchlorid-Elektroden

Stand der Technik in der externen Oberflächenableitung sind gering polarisierbare Silber/Silberchlorid-Elektroden. Sie bestehen aus einem metallischen Silberkern, der mit dem schwerlöslichen Silberchlorid überzogen ist und sich in einem mit Chlorionen gesättigten Elektrolyten befindet. Grob vereinfacht lässt sich der Ladungstransfer eines solchen Systems gemäß Gl. 6 als Transfer des Chlorions auffassen.

$$AgCl + e^- \leftrightarrow Ag + CL^-. \tag{Gl. 6}$$

Im Falle einer kathodischen Belastung der Elektrode wandern Elektronen aus dem Metallkern in die Silberchloridphase und führen dort zur Dissoziation von Silberchlorid, was schließlich in der Desorption eines Chlorions endet. Entsprechend umgekehrt wird die anodische Reaktion von der Anlagerung eines Chlorions und der damit verbundenen Freisetzung eines Elektrons bestimmt. Da dieser Ad- bzw. Desorptionsprozess ohne große Reaktionsüberspannung erfolgt, werden die Eigenschaften dieser Elektrode vorwiegend von der Diffusion der Chlorionen bestimmt. Sie ist damit in guter Näherung unpolarisierbar.

In der Praxis werden sowohl wiederverwendbare als auch Einwegelektroden verwendet. Beide Varianten lassen sich in Elektroden mit direktem bzw. indirektem Kontakt unterteilen. Erstere weisen starke Bewegungsartefakte auf, da sie nur über einen dünnen Elektrolytfilm (Elektrodenpaste) mit der Hautoberfläche in Verbindung stehen. Sie sind zwar sehr einfach herzustellen, indem z. B. ein einfaches Silberblech chloriert und mit einer Klammer oder einem Gurt aufgedrückt wird, finden jedoch aufgrund ihrer messtechnischen Nachteile kaum Verwendung.

Elektroden mit indirektem Kontakt erweisen sich in dieser Hinsicht als günstiger, da eine dicke Elektrolytbrücke zwischen Haut und Elektrodenoberfläche vorhanden ist und die Elektrode praktisch auf dem Elektrolyten schwimmt. Auf diese Weise fängt die Elektrolytschicht die Bewegung der Elektrode gegenüber der Haut auf.

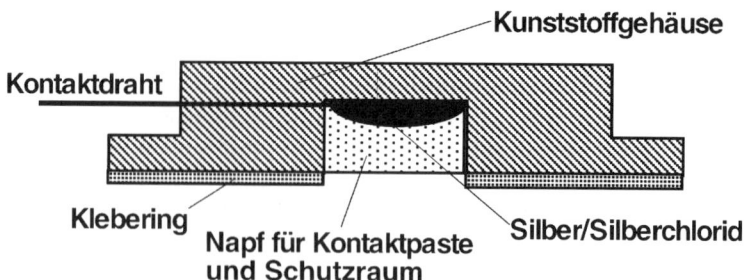

Abb. 57.15 Schematische Darstellung einer selbstklebenden Silber-Silberchloridelektrode, wie sie heutzutage für EKG-Messungen verwendet wird. Das in der Mitte angeordnete Schwämmchen enthält eine sehr leitfähige Paste, die eine hohe Chloridionenkonzentration besitzt und somit die eigentliche Elektrode im Gleichgewicht hält

Den Aufbau einer derartigen Elektrode zeigt Abb. 57.15. Sie besteht aus einer Silber/Silberchlorid-Elektrode, die sich in einem mit Elektrodenpaste gefüllten Napf befindet. Häufig wird darin zusätzlich ein Schwamm eingebracht, um die Elektrodenpaste zu fixieren. Die Befestigung der Elektrode erfolgt über einen selbstklebenden Außenring. Neben den Oberflächenklebeelektroden finden in besonderen Fällen auch Nadelelektroden Anwendung, wenn z. B. punktuelle Messungen mit hoher lokaler Auflösung durchgeführt werden.

Fraktale Elektroden

In Spezialfällen, insbesondere im Bereich implantierbarer Diagnose- oder Therapiegeräte, sind Silber/Silberchloridelektroden ungeeignet, da keine konstante Chloridkonzentration im angrenzenden Elektrolyten sichergestellt ist und sie zudem toxische Eigenschaften besitzen. Lange Zeit musste man sich daher mit metallischen Elektroden aus Edelstahl (vorwiegend Elgiloy) oder Platinlegierungen begnügen, die jedoch hohe Elektrodenübergangsimpedanzen und Polarisationsartefakte aufweisen.

Seit einigen Jahren haben sich sogenannte fraktale Elektroden als Standard in der Implantatindustrie durchgesetzt. Ihr Prinzip beruht auf einer bewussten Maximierung der Phasengrenzkapazität, um auf diese Weise faradaysche Redoxreaktionen zu minimieren und den Stromfluss über den reinen Verschiebungsstrom der Helmholtzkapazität sicherzustellen. Dies lässt sich durch eine besondere Beschichtung der Elektroden erreichen, wodurch die Oberfläche eine fraktale Oberflächenmorphologie in Form eines Blumenkohls erhält (Abb. 57.16). Die Selbstähnlichkeit der Strukturen führt zu einer deutlichen Erhöhung der aktiven Grenzfläche. Stand der Technik sind Oberflächenstrukturen, die eine 1000-fache Vergrößerung ihrer Grenzfläche gegenüber ihrer geometrischen Grundfläche bewirken. Hierdurch lassen sich Helmholtzkapazitäten von einigen Millifarad herstellen, so dass fraktale Elektroden nahezu polarisationsfrei arbeiten [3].

Da ihr Effekt auf der Oberflächenstruktur beruht, lässt sich das Prinzip auf be-

57.2 Die Messung bioelektrischer Signale

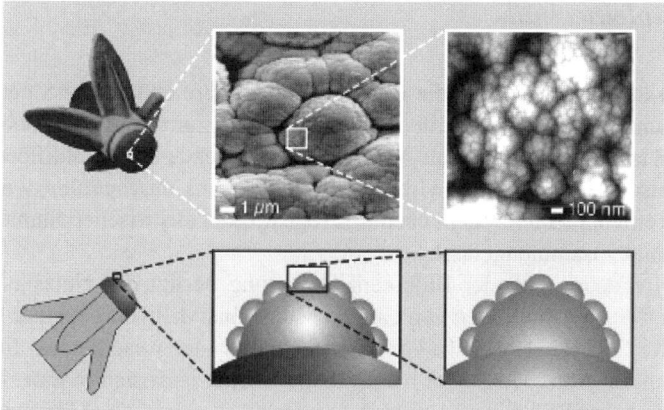

Abb. 57.16 Prinzip der fraktalen Elektrode. Durch eine Wiederholung gleichartiger Oberflächenstrukturelemente – in diesem Falle einer Halbkugel – in unterschiedlichen Dimensionen entstehen selbstähnliche (sog. fraktale) Strukturen. Da jede Halbkugellage die aktive Oberfläche verdoppelt, führt die Fraktalität zu Oberflächenvergrößerungen um den Faktor 1000 und mehr

liebige Materialien anwenden. Aus Gründen der mechanischen und elektrochemischen Stabilität haben sich heutzutage allerdings ausschließlich Titannitrid- bzw. Iridiumbeschichtungen durchgesetzt, die sich beide durch eine extrem hohe Härte auszeichnen. Titannitrid ist der preiswertere Werkstoff, eignet sich jedoch aufgrund seines Oxidationsverhaltens nur für kathodische Anwendungen.

57.2.1.7 Elektrodenpasten

Elektrodenpasten dienen zur Verringerung der Übergangsimpedanz zwischen Ableitort und Registrierapparatur, da der Widerstandswert der Übergangsimpedanz klein gegenüber der Eingangsimpedanz des Verstärkers sein muss. Ferner hat der Elektrolyt bei Verwendung von Silber/Silberchlorid-Elektroden für eine ausreichende Chlorionenkonzentration zu sorgen. Außerdem sollen die elektrischen Eigenschaften der Elektrodenpaste möglichst frequenzunabhängig sein, um den Frequenzgang des Registriersystems nicht zu verändern. Der Ohmsche Widerstand errechnet sich zu

$$R = \rho l/A. \tag{Gl. 7}$$

Der Widerstand der Elektrodenpastenschicht hängt somit von der Elektrodenoberfläche A, der Dicke l der Pastenschicht unter der Elektrode und dem spezifischen Widerstand ρ der eingebrachten Elektrodenpaste ab. Die letzte Größe ist herstellerspezifisch und nimmt je nach Produkt Werte zwischen 9 und 310 Ω cm an. Physiologische Kochsalzlösung besitzt im Vergleich hierzu einen spezifischen Widerstand von 70 Ω cm. Der Widerstandswert der Elektrodenpaste liegt damit um Größenordnungen unter den Werten der Elektrodenübergangsimpedanz und der Haut.

57.2.2 Ableittechnik

Prinzipiell lässt sich das über die Elektroden ableitbare elektrische Signal in zwei qualitativ unterschiedliche Anteile zerlegen, das Nutzsignal und das Störsignal. Das Nutzsignal ist eine bestimmte, am Messobjekt auftretende Potenzialdifferenz, deren messtechnische Erfassung mit Hilfe des Ableitsystems durchgeführt werden soll. Alle anderen vom Ableitsystem ebenfalls registrierten elektrischen Signale werden als Störsignal zusammengefasst.

Im vorliegenden Fall der Biopotenzialmessung besitzt das Nutzsignal an der Körperoberfläche Amplituden von einigen Mikro- bis Millivolt bei einer Bandbreite von etwa 200 Hz. Herkunft, Größe und Qualität der wesentlichen Störsignale veranschaulicht Abb. 57.17. Der menschliche Körper lässt sich in guter Näherung als rein ohmscher Widerstand auffassen, da die Körperelektrolyte über eine ausreichend hohe Leitfähigkeit verfügen. Solange der Körper keinen leitenden Kontakt zu einem Bezugspotenzial besitzt, erfolgen Einkopplungen vorwiegend über Streukapazitäten. Zum einen ist hierbei die über CS angebundene Störquelle US zu nennen. In konventionellen Gebäuden stellt z. B. jede Netzleitung eine derartige Quelle dar. Zum anderen ist der Körper über eine analoge Streukapazität CB an das Bezugspotenzial der Registriereinheit angebunden. Obwohl diese Kapazitäten nur einige pF betragen, stellen sie doch einen annähernd symmetrischen Spannungsteiler dar, so dass ein hoher Teil der Störspannung am Körper anliegt.

Prinzipiell ließe sich der Körper zwar erden (z. B. über den Widerstand RB), um auf diese Weise das Störsignal zu minimieren. Bis in die 90er Jahre hinein wurde

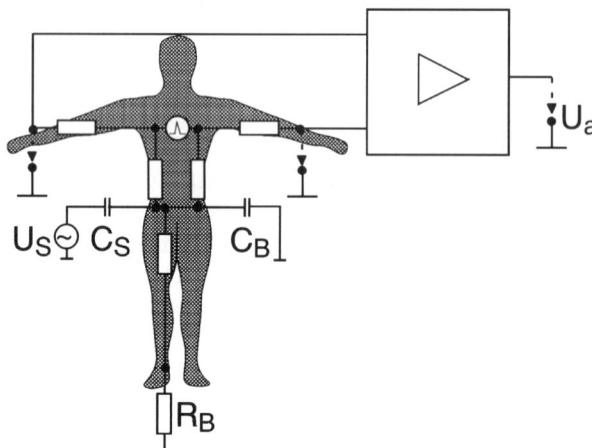

Abb. 57.17 Veranschaulichung der Störeinkopplungen und der Messbedingungen bei der Ableitung eines Elektrokardiogramms. Externe Störspannungen U_s, bspw. durch elektrische Geräte, werden kapazitiv in den Körper eingekoppelt. Da die Körperelektrolyte in erster Näherung ohmsche Widerstände darstellen, liegt die Störspannung an allen Messpunkten gleichartig an. In diesem Fall wird von einem sogenannten Gleichtaktsignal gesprochen. Das eigentlich gesuchte EKG ist in der Amplitude meist deutlich geringer, stellt aber eine Spannungsdifferenz dar

57.2 Die Messung bioelektrischer Signale

dies auch tatsächlich noch praktiziert. Allerdings stellt diese Methode ein erhöhtes Sicherheitsrisiko dar, da im Fehlerfall ein hoher Fehlerstrom direkt durch den Patienten zum Bezugspotenzial fließen würde, was u.U. tödliche Folgen hätte. Die direkte Erdung ist daher heutzutage verboten. Vielmehr ist eine galvanische Trennung vom Bezugspotenzial vorgeschrieben. Es stellt sich damit die Aufgabe, das Nutzsignal aus einem im Normalfall um fünf Größenordnungen höheren Störsignal zu gewinnen.

Zur technischen Lösung wird die Eigenschaft der Gleichphasigkeit der Störsignale ausgenutzt. Die Störungen liegen in der Regel an allen Punkten des Körpers in gleicher Amplitude und Phase an und werden daher als Gleichtaktsignal bezeichnet. Das gesuchte Nutzsignal stellt dagegen ein Differenzsignal dar, so dass sich eine Störeliminierung über Differenzbildung anbietet. Eine derartige Messschaltung wird als Subtrahierer bezeichnet.

57.2.2.1 Der Operationsverstärker als Subtrahierer

Den grundsätzlichen Aufbau eines Subtrahierers zeigt Abb. 57.18. Die an den beiden Eingängen anliegenden Spannungen U_N und U_P sind jeweils aufgeteilt in einen gemeinsamen Gleichtaktanteil U_{Gl}, der die Störspannungen repräsentiert, und das symmetrisierte Differenzsignal U_D.

$$U_N = U_{Gl} + \frac{U_D}{2} \qquad \text{(Gl. 8)}$$

$$U_P = U_{Gl} + \frac{U_D}{2} \qquad \text{(Gl. 9)}$$

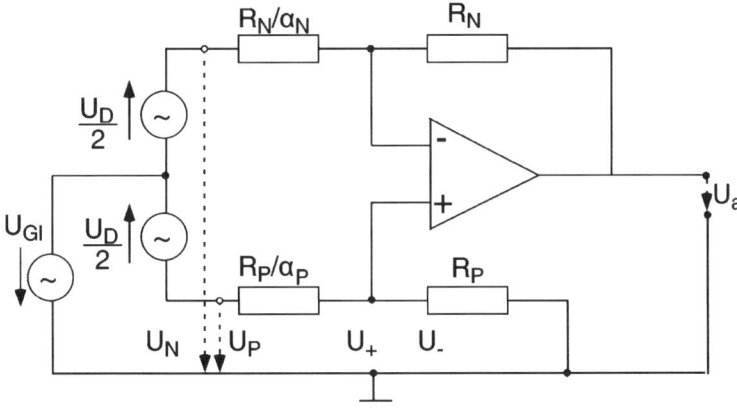

Abb. 57.18 Prinzipieller Aufbau eines Subtrahierers auf der Grundlage eines Operationsverstärkers

Die Gleichtaktspannung entspricht somit dem arithmetischen Mittel aus U_N und U_P, das gesuchte Nutzsignal der Differenz aus beiden Spannungen.

Die Verstärkung einer derartigen Subtrahiererschaltung lässt sich am einfachsten mit Hilfe des Überlagerungssatzes bestimmen. Für den Fall exakt gleicher Spannungsteilerverhältnisse

$$\alpha_N = \alpha_P = \alpha \qquad \text{(Gl. 10)}$$

gilt für die Ausgangsspannung

$$U_a = \alpha(U_P - U_N) = \alpha U_D. \qquad \text{(Gl. 11)}$$

In diesem Fall liegt also eine tatsächliche Differenzbildung vor. Die Schaltung nach Abb. 57.18 hat jedoch den großen Nachteil, dass die Eingangsimpedanz für eine Spannungsanpassung zu niedrig ist, da sie nicht der Eingangsimpedanz des Operationsverstärkers entspricht, sondern vielmehr durch die Spannungsteiler vorgegeben ist. Damit liegt die Eingangsimpedanz in der Regel bei einigen 10 kΩ. Da die Quellenimpedanz, also die Summe aus Gewebewiderstand, Hautimpedanz und Elektrodenübergangsimpedanz deutlich über dieser Größenordnung liegt, treten mit reinen Subtrahierschaltungen deutliche Signaldämpfungen auf. Aus diesem Grund bedarf es einer zusätzlichen vorgeschalteten Impedanzwandlerstufe.

57.2.2.2 Die Impedanzwandlerstufe

Ziel der Impedanzwandlerstufe ist es, die Eingangsimpedanz der Registriereinheit so hoch zu setzen, dass keine Strombelastung der Quelle auftritt. Eine mögliche Realisierungsform zeigt Abb. 57.19. Im gezeigten Beispiel berechnet sich die Signalverstärkung der Eingangsstufe aus dem Verhältnis der anliegenden Spannungen und dem Spannungsteilerverhältnis aus R_1 und R_2.

Es gilt

$$\frac{R_1}{R_1 + 2R_2} = \frac{U_2 - U_1}{U_P - U_N}. \qquad \text{(Gl. 12)}$$

Damit folgt für die Verstärkung des Differenzsignals

$$U_P - U_N = \left(1 + \frac{2R_2}{R_1}\right) U_D. \qquad \text{(Gl. 13)}$$

Durch die vorgeschaltete Impedanzwandlerstufe lässt sich also sowohl eine erste Verstärkung erzielen als auch die geforderte hohe Eingangsimpedanz sicherstellen. Die Gesamtverstärkung ergibt sich aus dem Produkt der beiden Einzelverstärkungen nach Gl. 11 und Gl. 13.

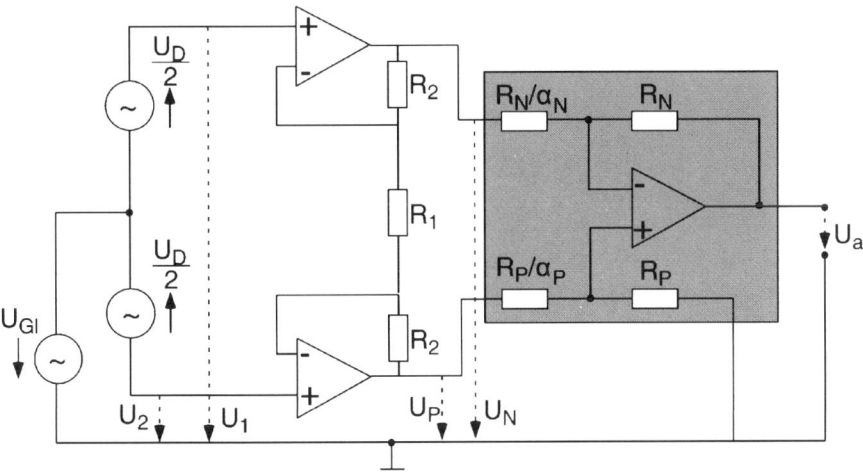

Abb. 57.19 Subtrahierer mit vorgeschalteter Impedanzwandlerstufe

Die Hintereinanderschaltung von Impedanzwandler und Subtrahierer, in der Praxis auch als Instrumentenverstärker bezeichnet, stellt heutzutage den Stand der Technik in der Biosignalmessung dar. Für eine professionelle Schaltung fehlt lediglich ein geeigneter Bandpassfilter, der tieffrequente, meist elektrodenbedingte Störungen sowie hochfrequente Anteile herausfiltert, sowie eine Einrichtung zum Schutz für Überspannungen. Diese soll den Verstärker bei der Applikation von hohen Störspannungen – bspw. von Defibrillationsimpulsen – vor einer Zerstörung bewahren. Eine genauere Zusammenfassung der elektrotechnischen Details findet sich in [4].

57.3 Anwendungsbeispiele

57.3.1 Elektrokardiographie

Die sicher bekannteste Messung bioelektrischer Signale stellt das Elektrokardiogramm dar. Die erste erfolgreiche EKG-Messung erfolgte vor etwas mehr als 100 Jahren durch Einthoven, der Hände und Füße in große Bechergläser stellte und mit Hilfe eines Kapillarelektrometers ein heute als EKG bekanntes Signal erhielt (siehe Abb. 57.20).

Seither hat sich die Messtechnik deutlich verbessert. Als Elektroden werden meist selbstklebende Silber-Silberchloridelektroden verwendet (siehe Abb. 57.15). Alternativ finden auch angefeuchtete Silbersinterelektroden Anwendung. Durch den Sinterprozess sind sie luftdurchlässig, so dass sie sich mit Hilfe einer kleinen Vakuumpumpe an die Körperoberfläche anpressen lassen. Diese auch als Sauganla-

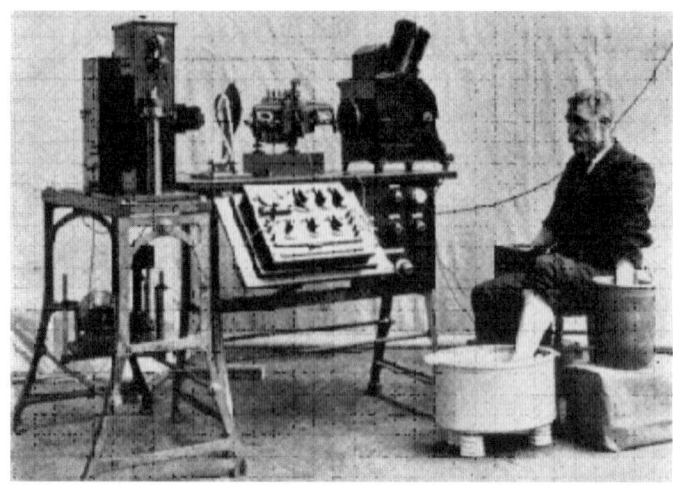

Abb. 57.20 Erstes EKG-Gerät nach Einthoven aus dem Jahre 1911, hergestellt von der Firma Cambridge Scientific Instrument. Auf der rechten Seite ist die Bogenlampe zu erkennen, in der Mitte das Kapillarelektrometer, darunter die Schalttafel für die Elektrodenanschlüsse und auf der linken Seite die Kamera (Abb. leg. Chr. Zywietz †)

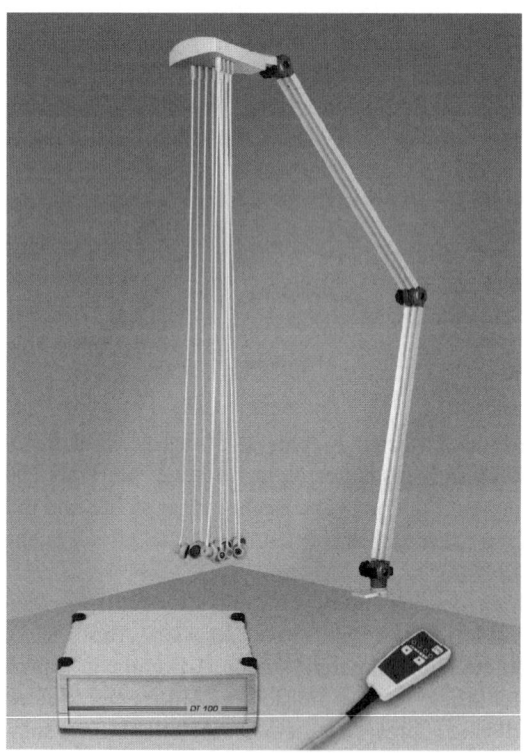

Abb. 57.21 Sauganlage DT 100 (Fa. Strässle). Im zentralen Steuerelement befindet sich die Vakuumpumpe. Über Schläuche wird der erzeugte Unterdruck an die Elektroden weitergeleitet. Eine weiche Kunststofflippe am Rand der Elektroden sorgt für die notwendige Abdichtung

57.3 Anwendungsbeispiele

ge bezeichnete Elektrodenapplikation dient der Verringerung der laufenden Kosten (Abb. 57.21).

Daneben werden immer wieder spezielle Elektrodenlösungen für einzelnen Sonderanwendungen entwickelt. Bei Verwendung geeigneter Verstärker sind einfache, idealerweise angefeuchtete, Metallelemente verwendbar. Besonders im Fitnessbereich finden auch immer mehr leitfähige Kunststoffe Anwendung.

Historisch haben sich zur Ableitung des EKGs drei Elektrodenanordnungen etabliert. Abb. 57.22 zeigt einen Patienten mit einem modernen drahtlosen EKG-Gerät. Die vier in den äußeren Ecken des Oberkörpers angeordneten Elektroden bilden die Basisableitungen nach Einthoven (bipolare Ableitung, I, II und III) bzw. Goldberger (unipolare Ableitung in Bezug auf den Mittelwert der übrigen Elektroden, aVL, aVR, aVF). Historisch bedingt wird dabei das Dreieck „rechte Schulter" – „linke Schulter" – „linker Bauchbereich" als Messort verwendet. Die im rechten Bauchbereich geklebte Elektrode dient als Neutralelektrode zur Verbesserung der Signalqualität. Die unterhalb der Brustwarze liegenden Elektroden werden als Brustwandableitungen nach Wilson bezeichnet (V1 bis V6). Sie werden ebenfalls unipolar mit Bezug zu den übrigen Körperelektroden gemessen.

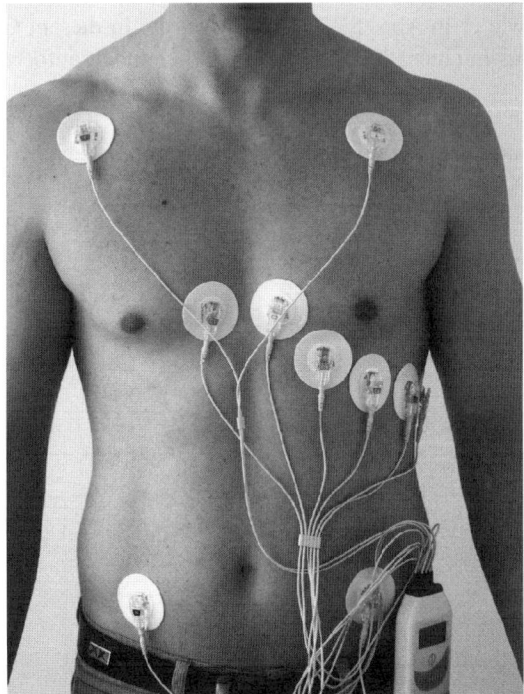

Abb. 57.22 Patient mit einem modernen 12-Kanal-EKG-Gerät (BT12, Fa. Corscience), das die EKG-Daten drahtlos mittels Bluetooth an einen PC überträgt. Zur Ableitung finden klassische Klebeelektroden Anwendung. Gut erkennbar sind die vier Elektroden, die der Ableitung nach Einthoven und Goldberger dienen, sowie die 6 Brustwandableitungen nach Wilson

Die Ausgabe der EKG-Signale erfolgt klassisch als Zeitsignal (siehe Abb. 57.23). Immer mehr setzt sich jedoch eine automatische Interpretation der Signale durch. Hierbei analysieren spezielle Algorithmen 10 Sekunden eines EKG-Signals, filtern Artefakte heraus, mitteln die Signale und vergleichen sie mit Sollwerten. Daraus lassen sich Diagnoseempfehlungen ableiten, die dem Arzt einen Hinweis auf mögliche kardiale Grunderkrankungen geben. Derartige Algorithmen sind heutzutage zwar akzeptiert und weit verbreitet, sie ersetzen jedoch nicht den Kardiologen, der im Zweifelsfall auf jeden Fall das EKG begutachten sollte. Abb. 57.24 zeigt ein Beispiel eines solchen Interpretationsergebnisses.

Die EKG-Technik ist bereits seit langer Zeit ausgereift. Den Stand der Technik stellen heutzutage sogenannte EKG-Schreiber dar, wie sie Abb. 57.25. zeigt. Eine Tastatur erlaubt die Eingabe von Patientendaten. Ein integrierter EKG-Verstärker nimmt die Daten auf und speichert sie. Die Darstellung erfolgt entweder auf einem integrierten Display, meist jedoch auf einem Ausdruck. Abb. 57.26 zeigt einen externen EKG-Verstärker, der sich an einen PC anschliessen lässt und der in den Elektrodenkontakten über eine Leuchtdiode die Kontaktqualität anzeigt. Dies erleichtert dem Benutzer die Handhabung, da er im Fall schlechten Elektrodenkontaktes sofort die Fehlerursache lokalisieren kann.

Die letzte signifikante Innovation stellt die Entwicklung eines drahtlosen EKG-Verstärkers dar, wie er in Abb. 57.22 gezeigt wurde. In diesem Gerät werden die EKG-Daten bereits in einer körpernahen Verstärkereinheit aufbereitet, digitalisiert

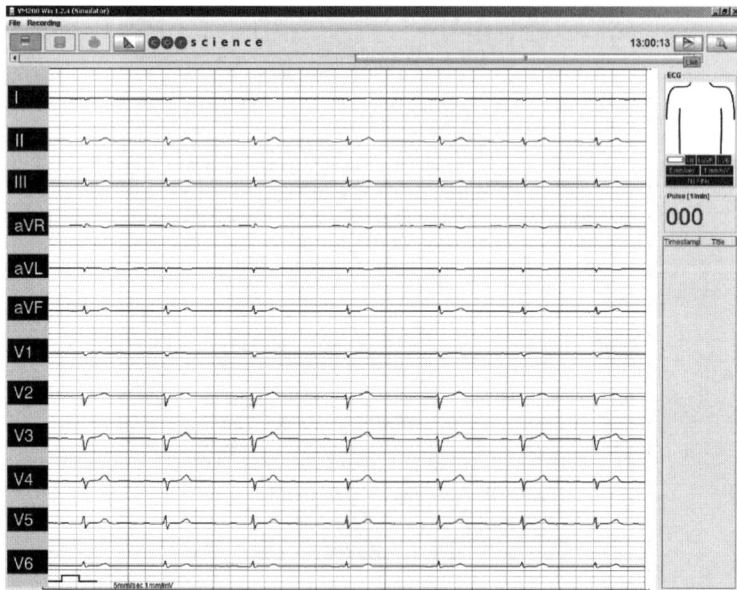

Abb. 57.23 Darstellung aller 12 Ableitungen nach Einthoven (I, II, und III), Goldberger (aVL, aVR und aVF) sowie nach Wilson (V1 bis V6) als Zeitsignal (Software VM 200 der Fa. Corscience)

57.3 Anwendungsbeispiele

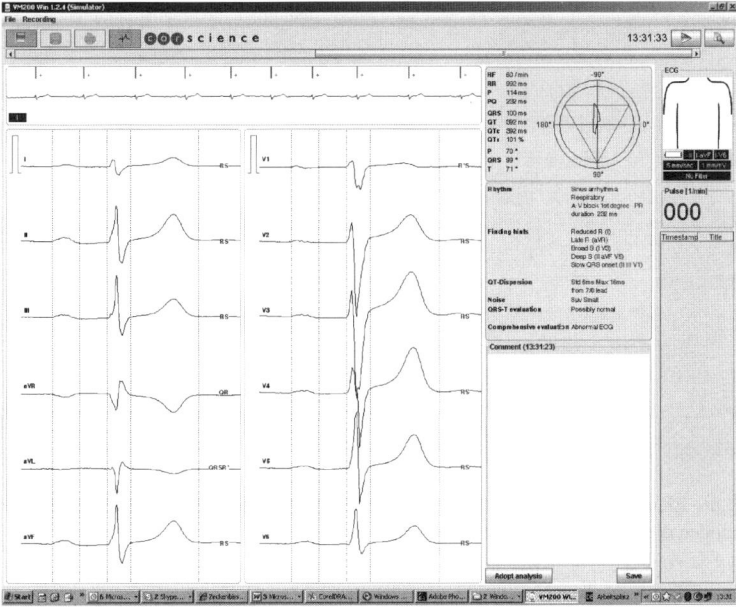

Abb. 57.24 Beispiel eines Interpretationsergebnisses einer automatischen EKG-Analyse (Software VM 200 der Fa. Corscience, Interpretationsalgorithmus HES der Fa. Biosigna)

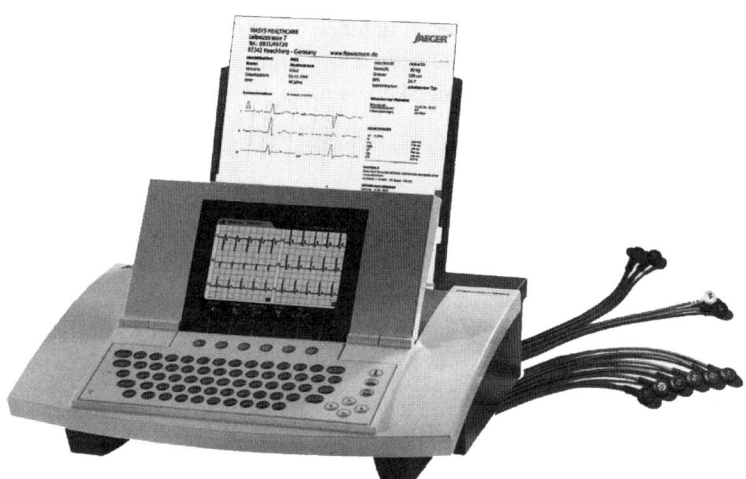

Abb. 57.25 Klassischer EKG-Schreiber (CorScreen, Fa. Viasys). Das Basisgerät dient der Dateneingabe, der Speicherung und der EKG-Darstellung. Ein integrierter Drucker erlaubt eine Archivierung der EKG-Ergebnisse. Diverse Schnittstellen ermöglichen zudem eine Einbindung in Kliniknetzwerke

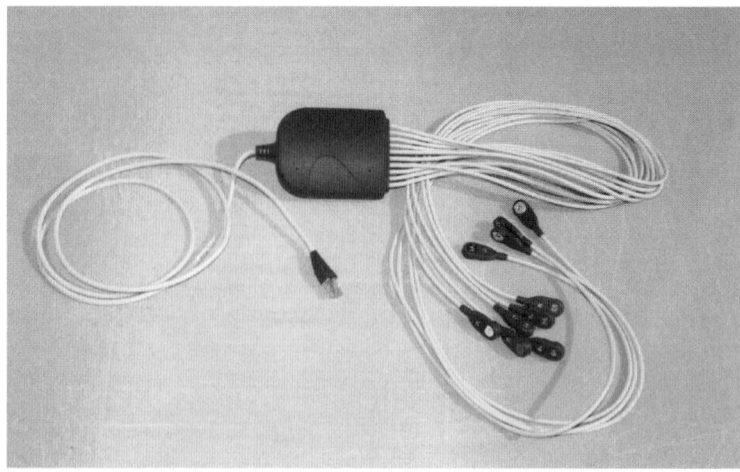

Abb. 57.26 EKG-Verstärker (CorScreen, Fa. Corscience). In den kleinen EKG-Kontakten zeigen Leuchtdioden die Güte des Elektrodenkontaktes an

und anschließend drahtlos an einen Empfänger, meist einen PC, übermittelt. Dadurch wird das Kabel zwischen Patient und EKG-Schreiber überflüssig, was die Patientensicherheit erhöht, Artefakte reduziert und dem Anwender einen größeren Freiraum gewährt. Selbst in der Sportmedizin hat dieses System mittlerweile Anklang gefunden. Die logische Fortentwicklung dieses drahtlosen Ansatzes ist ein drahtloser Event-Recorder, der in Abb. 57.27 gezeigt wird. Er misst kontinuierlich ein einkanaliges EKG und wertet es in Echtzeit aus. Sobald ein lebensbedrohliches Ereignis (Event) erkannt wird, alarmiert das Gerät per Funk die angeschlossene Notzentrale und leitet die Rettungskaskade ein.

Abb. 57.27 Drahtloser Event-Recorder (CorBelt, Fa. Corscience). Dieses Gerät nimmt nicht nur das EKG auf, sondern interpretiert es sogar. Wird ein lebensbedrohlicher Zustand erkannt, beispielsweise eine Tachykardie, so sendet das Gerät unmittelbar einen Notruf über ein als Zubehör erhältliches Handy an eine Zentrale. Von dort werden alle notwendigen Rettungsmaßnahmen ausgelöst

57.3.2 Elektroenzephalo- und -myographie

Messtechnisch sind EEG und EMG artverwandt, da sie beide mit deutlich geringeren Amplituden auskommen müssen. Die EEG-Diagnose wird heutzutage routinemäßig in der Neurologie, der Epilepsieforschung sowie in großem Umfang in der Schlafmedizin zur Bestimmung des Schlafverlaufes genutzt. Die EMG-Messung ist besonders in der Grundlagenforschung sowie der Schlafmedizin von Bedeutung. Abb. 57.27 zeigt ein Messverstärker für die sogenannte Polysomnographie. Er erlaubt das Messen des EKG-Signals, mehrerer EEG-Signale sowie unterschiedlicher EMG-Signale. Meist wird hierbei das Elektrookulogramm abgeleitet, mit dessen Hilfe sich Augenbewegungen erfassen lassen. In einigen Fällen werden auch die Muskeltoni der Kiefer- und Mundmuskulatur erfasst.

Innovative Anwendungsgebiete sind das Brain-Computer-Interface, mit dessen Hilfe Behinderte mittels Ihres EEGs durch Konzentration einen Cursor auf einem Computer bewegen können. Besonders interessant sind auch Arbeiten zum Neurofeedback (siehe Abb. 57.28). Hierbei werden EEG-Signale aufgezeichnet, nach Frequenzanteilen analysiert und zur Steuerung eines Videospiels genutzt. Ein steigender Anteil an Gamma-Wellen führt bspw. zu einem Anheben eines Balls und umgekehrt. Diese Rückkopplung der elektrischen Hirnaktivität über die visuelle Wahrnehmung des Patienten führt zu einer Therapie neurologischer Störungen. Erste Ergebnisse zeigen, dass sich hierdurch bspw. Migräneanfälle oder das Aufmerksamkeits-Defizit-Syndrom bekämpfen lassen.

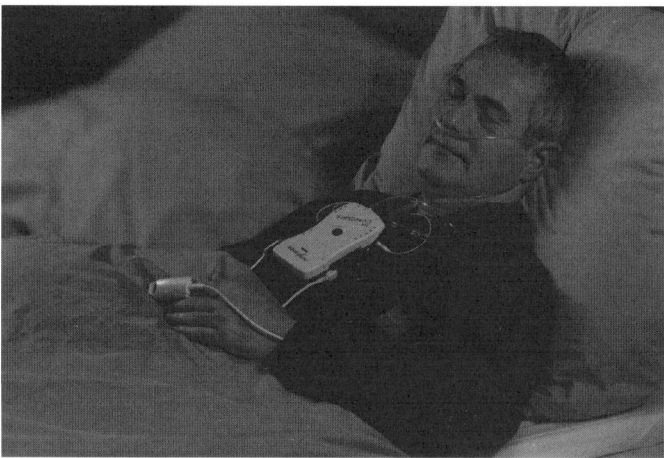

Abb. 57.28 Verstärker eines Polysomnographiemessplatzes (Somnocheck 2, Fa. Weinmann). Das Messen vieler elektrischer Biosignale (EKG, EEG, EMG, Pulsoximetrie, Atemsignal) erlaubt die Analyse des Schlafverlaufs, was die Voraussetzung für eine erfolgreiche Schlaftherapie darstellt

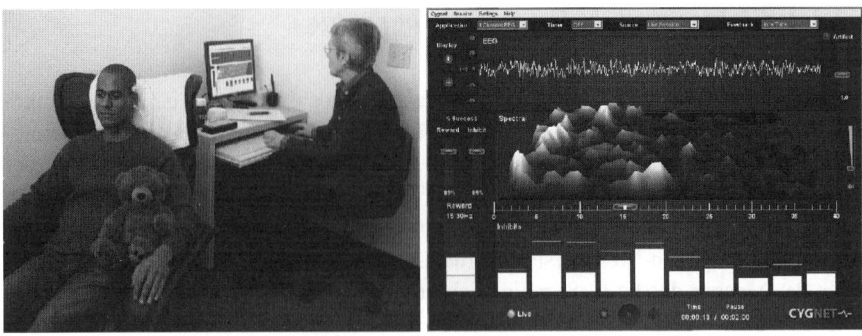

Abb. 57.29 Verstärker und Interpretationssoftware für das Neurofeedback (NeuroAmp, Hersteller Fa. Corscience, Vertrieb Fa. BeeSystems). Auf dem Bildschirm sind die EEG-Rohsignale sowie die unterschiedlichen Frequenzanteile dargestellt. Der Therapeut hat die Möglichkeit, mit Hilfe der Schieberegler die Rückkopplung auf den Patienten zu variieren, um das Therapieergebnis zu optimieren

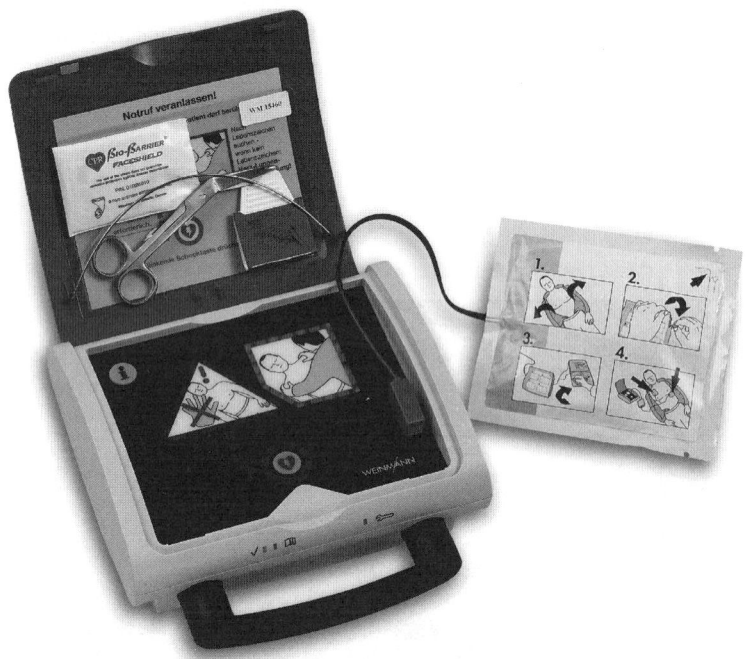

Abb. 57.30 Automatischer externer Defibrillator für den semiprofessionellen Einsatz (Meducore Easy, Fa. Weinmann). Rot und grün leuchtende Signalfelder zeigen an, was der Ersthelfer tun muss. Zusätzlich unterstützen deutliche Sprachbefehle den Reanimationsablauf. Schere (zum Aufschneiden der Kleidung) und Rasierer (zum Entfernen der Körperbehaarung) helfen, die in der Einwegverpackung (rechts im Bild) enthaltenen Klebeelektroden schnell und sicher auf dem Patienten zu platzieren

57.3.3 Therapieverfahren

Das letzte Beispiel zeigte bereits, wie eng verwoben Diagnose und Therapie im Bereich der elektrischen Signale ist. Im Falle des Neurofeedbacks wird das EEG vermessen. Das Ergebnis steuert eine optische Anzeige, die wiederum vom Patienten beobachtet wird. Diese Rückkopplung auf sein Gehirn führt zu einer Veränderung seines EEGs und damit zu einer Therapie bestimmter neurologischer Erkrankungen.

Ein weiteres Beispiel ist der automatische externe Defibrillator (AED). In diesem Gerät sorgt ein qualitativ hochwertiger EKG-Verstärker für die Aufnahme eines EKG-Signals. Aufwendige Interpretationsalgorithmen untersuchen das Signal. Sobald sie lebensbedrohliche ventrikuläre Tachykardien detektieren, empfehlen sie durch optische Signale und Sprachbefehle dem Anwender, den Patienten zu defibrillieren. Durch diese automatischen Defibrillatoren ist die Reanimation von Patienten mit Herzstillstand deutlich einfacher und sicherer geworden. Abb. 57.27 zeigt ein Beispiel eines solchen Gerätes für den semiprofessionellen Einsatz. Heutzutage sind AEDs bereits in vielen öffentlichen Gebäuden, Büros oder an Flughäfen weit verbreitet. Mittlerweile halten diese Geräte sogar bereits Einzug in die Supermärkte. In Analogie zum Blutdruckmessgerät werden damit Privatpersonen in die Lage versetzt, sich einen AED für den Privatgebrauch zuzulegen.

57.4 Literatur

1. Berger H (1929) Über das Elektrenkephalogramm des Menschen; Arch f Psychiatr 87: 527–570
2. Bischoff C et al. (2005) Das EMG-Buch. EMG und periphere Neurologie in Frage und Antwort; Thieme, Stuttgart
3. Bolz A (1995) Die Bedeutung der Phasengrenze zwischen alloplastischen Festkörpern und biologischen Geweben für die Elektrostimulation; Schiele und Schön, Berlin
4. Bolz A, Urbaszek W (2002) Technik in der Kardiologie; Springer, Berlin
5. Hopf HC et al. (1996) Elektromyographie-Atlas; Thieme, Stuttgart
6. Horacek T (2007) Der EKG Trainer; Thieme, Stuttgart (2. Auflage)
7. Netter FH (1981) The Ciba collection of medical illustration, Vol. 5, Heart, Ciba Corp. (5. Auflage)
8. Sakmann B, Neher E (1995) Single-Channel Recording; Springer, Berlin
9. Schmidt RF, Thews G (1980) Physiologie des Menschen; Springer, Berlin (20. Auflage)
10. Sengbusch P (1979) Molekular- und Zellbiologie; Springer, Berlin
11. Ude J, Koch M (2002) Die Zelle – Atlas der Ultrastruktur; Spektrum Verlag, Frankfurt (3. Auflage)
12. Vetter KJ (1961) Elektrochemische Kinetik; Springer, Berlin
13. Zschocke S (2002) Klinische Elektroenzephalographie; Springer, Berlin (2. Aufl.)

58 Technische Systeme für den Herzersatz und die Herzunterstützung

R. Schöb, H. M. Loree II

58.1 Einleitung

Herzkrankheiten verursachen allein in den Vereinigten Staaten jährlich mehr als 700'000 Todesfälle. Ungefähr 3 Millionen Patienten in den U.S.A. leiden gemäss der American Heart Association (AHA) und dem National Heart, Lung and Blood Institute (NHLBI) an kongestivem Herzversagen (Congestive Heart Failure, CHF), welches eine chronische, sehr entkräftende und degenerative Krankheit ist: Das Herz ist dabei unfähig, hinreichend Blut zu den Organen des Körpers zu pumpen. Über 400'000 Fälle von CHF werden jedes Jahr diagnostiziert. Ähnliche Zahlen werden für Europa und Japan zusammen geschätzt. Basierend auf Daten vom AHA und NHLBI beträgt die fünfjährige Überlebensrate für CHF-Patienten lediglich etwa 50% [1]. 70'000–120'000 dieser Patienten könnten von einer Herzverpflanzung profitieren. 1999 wurden in den USA aber nur 2185 Herztransplantationen durchgeführt während die Warteliste über 4000 Patienten beträgt [2]. Ein akuter Mangel an Spenderherzen und die enormen Kosten (250'000–400'000 USD pro Patient) sind die begrenzenden Faktoren für Herztransplantationen [3]. Dies bedeutet, dass eine riesige Anzahl von Patienten durch ein zuverlässiges und verschleissfreies, nicht-thrombotisches, total implantierbares, künstliches Herz gerettet werden könnten. Bis heute jedoch kein derartiges Implantat kommerziell verfügbar.

Das einzige "total artificial heart" (TAH), das klinische Anwendung findet, ist das Kunstherz der Firma CardioWest. Dieses System ist die aktuelle Version des Jarvik-7-Herzens, welches erstmals im Jahre 1982 eingepflanzt wurde. Es ist ein pneumatisches, implantierbares System mit einer externen Konsole, welche den Patienten an das Krankenhaus bindet. Nur etwa 100 Patienten haben bisher ein CardioWest TAH erhalten [4]. Total-implantierbare Systeme befinden sich zur Zeit in der Entwicklung.

Da die linke Herzkammer für 80% von allen Herzstörungen verantwortlich ist, werden implantierbare Geräte zur Unterstützung des linken Ventrikels (Left Ventricular Assist Devices, LVADs) jedoch als eine aussichtsreiche Alternative zu vielen Herzverpflanzungen gesehen. LVADs auf der Basis von Membranpumpen werden bereits routinemässig als „Überbrückung bis zur Verpflanzung" (bridge to transplant) in mehr als 160 klinischen Zentren in der ganzen Welt angewandt. Bis heute wurden mehr als 3700 LVADs weltweit eingepflanzt [5–7], die Mehrheit davon als "bridge to transplant". Das Model "HeartMate® I" von Thermo Cardiosystems-Inc. (TCI) ist allein für etwa 2'400 dieser Implantate verantwortlich. Bei vielen "Überbrückungs-" Patienten, wurde entdeckt, dass eine langfristige LVAD-Unterstützung zur Erholung des Herzmuskels führen kann [8, 9]. Dies hat zur erfolgreichen Entfernung von LVADs geführt, welche von einem langfristigen Überleben des Patienten gefolgt waren: Eine Erfahrung, welche „Überbrückung zur Erholung" (bridge to recovery) genannt wird. Klinische Versuche, welche zeigen sollen, dass LVADs auch eine „Alternative zur Transplantation" (alternative to transplant) sein könnten, sind zur Zeit im Gange [10]. Kleine rotierende Pumpen für eine langfristige Anwendung werden zur Zeit von mehreren Gruppen entwickelt.

58.2 Historische Entwicklung

Die Technologie der heutigen, klinisch angewendeten Kunstherzen und Ventricular Assist Devices (VADs) hat seinen Ursprung in den Kunstherz-Forschungsprogrammen, welche auf der ganzen Welt in den späten Fünfzigern und frühen Sechzigern gestartet wurden. In den Vereinigten Staaten wurde die Entwicklung durch das nationale Herzinstitut (NHI), welches später das NHLBI wurde, gefördert. Das künstliche Herz-Programm des NHI startete im Jahre 1964 mit Bundesfinanzierung für mehrere Unternehmen und Forschungsinstitutionen. Thermo Electron, die Muttergesellschaft vom TCI, dem heutigen Marktführer für LVADs, war unter den ersten Vertragsunternehmer. Seither flossen ungefähr 400 Mio USD in das Kunstherz-Programm in Form von Forschungsverträgen und Zuschüssen. Im Jahre 1969 wurde das erste künstliche Herz von Liotta durch Cooley am Texas-Herzinstitut einem Menschen eingepflanzt. Der Patienten wurde während 64 Stunden vom mechanischen Herzen am Leben erhalten, während er auf die Herztransplantation wartete. Er starb 32 Stunden nach der Operation. Es wurde klar, dass es bis zum Ziel, ein künstliches Herz zu produzieren, noch ein weiter Weg war. Intensive Forschung und unzählige Tierstudien waren notwendig um näher an dieses Ziel zu gelangen. Bis 1973 war es keiner Forschungsgruppe jemals gelungen, ein Tier mit einem Kunstherzen mehr als 2 Wochen lang am Leben zu erhalten. Es ging mehr als ein Jahrzehnt bis die zweite TAH-Implantation erfolgte. Der Empfänger, ein 36-jähriger Mann, wurde während 39 Stunden vom „Akutsu-III-Herz" am Leben erhalten, bis ein Spenderherz gefunden wurde. Er starb ungefähr eine Woche nach der Transplantation. Ein gewisser Durchbruch erfolgte im Jahre 1982 mit dem Jarvik-7-TAH von Kloff und Jarvik. Der erste Patient überlebte 112 Tage mit diesem Gerät, ein zweiter Patient überlebte sogar 620 Tage. Das Jarvik-7 (gebaut von Symbion) wurde bei 113 Patienten eingepflanzt, bis das FDA im Jahre 1990 seine Genehmigung zurückzog. Seit diesem Datum hat sich die Anzahl von TAH-Implantationen drastisch auf wenige Fälle pro Jahr reduziert. Die meisten davon sind CardioWest TAH, ein Derivat des Jarvik-7.

58.2 Historische Entwicklung

Die Entwicklung geht heute in Richtung total implantierbarer Systeme mit direktem elektrischen Antrieb und transkutaner Energieübertragung. In den U.S.A. werden zwei Projekte vom NHLBI unterstützt: das Penn-State/BeneCore System und das Texas Heart Institut/Abiomed-Herz. Weitere Prototypgeräte werden zur Zeit in Europa, beispielsweise an den Universitäten von Berlin und Wien, entwikkelt.

Die Idee der links ventrikulären Herzunterstützung mittels LVAD, geht auf die kurzzeitige mechanische Kreislaufunterstützung mittels kardiopulmonalem Bypass (Herz-Lunge-Maschine) während Herzeingriffen zurück. Dieser wurde im Jahre 1953 zum erstem mal erfolgreich angewendet und wurde in den Sechzigern zu einem routinemässigen Verfahren entwickelt. Heute werden weltweit jedes Jahr über eine Million Herzoperationen mit Hilfe von Herz-Lunge-Maschinen durchgeführt. Die Anfangsidee war, ein Gerät zur Erholung von akutem, postkardiotomischem Herzversagen zur Verfügung zu stellen. 1963 wurde das erste, von Hall und seinen Kollegen entwickelte LVAD einem Menschen eingesetzt. Der Patient, welcher an einer neurologischen Verletzung litt, erholte sich nicht, obwohl die Pumpe gut funktionierte. Die mechanische Unterstützung wurde nach vier Tagen eingestellt. Drei Jahre später wurde der erste Patient 10 Tage lang von einem DeBakey LVAD mit Erfolg unterstützt und erholte sich. Wegen den bei einem vollständigen Ersatz des Herzens anzutreffenden, massiven Komplikationen wurde die Pumpentechnologie, welche für das künstliche Herz entwickelt wurde, zunehmend für extrakorporale, und später auch für intrakorporale ventrikulare Unterstützung eingesetzt.

In den frühen Siebzigern startete das NHLBI ein Forschungsprogramm zur Entwicklung eines implantierbaren LVAD. Die Thermo Electron Mannschaft war nochmals unter den ersten Gruppen innerhalb dieses Programms. Im Jahre 1972 setzte sie ihren Fokus völlig auf das LVAD und gab die TAH-Entwicklung auf. Zwischen 1975 und 1982 wurden am Children's Hospital in Boston und am Texas Heart Institute 42 pneumatisch angetriebene LVADs (Model 7, 10 und 11 von Thermo Electron) eingepflanzt. Alle diese LVADs wurden für Postkardiotomie-Patienten benutzt, und die mittlere Dauer der Kreislaufunterstützung war nur 125 Tage. Die Mehrheit der Patienten zeigte keine hämodynamische Verbesserung und starb schliesslich; etwa ein Drittel konnte von der Pumpe entwöhnt werden, und einige von ihnen überlebten mehr als fünf Jahre nach der Explantation. Eines der Hauptergebnisse dieser frühen klinischen Studien war ein besseres Verständnis der klinischen Parameter, welche auf das Ergebnis der Ventrikularunterstützung Einfluss haben. 1978 wurde ein LVAD erstmals als eine „Überbrückung bis zur Transplantation" benutzt. Das Gerät unterstützte den Kreislauf des Patienten während fünf Tagen, bis ein geeignetes Spenderherz für eine Herzverpflanzung gefunden wurde. Während den Achtzigern wurden enorme Fortschritte im Bereich biokompatibler Werkstoffe und Oberflächen für den Kontakt mit Blut wie auch im mechanischen Design von Blutpumpen gemacht. In den U.S.A. überschritt 1990 die kumulative Anzahl von LVAD Implantationen 1'000 Fälle. Die klinischen Studien zeigten, dass LVADs die wirksameren Überbrückungsgeräte (bridge to transplant device) als die TAHs waren [11]. Es wurde auch klar, dass Herztransplantationspatienten, die vor der Transplantation mechanische Kreislaufunterstützung erhielten, eine bessere Überlebenschance als andere hatten [10].

In den neunziger Jahren entwickelten sich die LVADs zu kommerziellen Produkten mit breiter klinischer Anwendung. Das HeartMate® I von TCI mit pneumatischem Antrieb war das erste LVAD, das 1994 vom FDA für kommerzielle Nutzung freigegeben wurde. Im Jahre 1998 folgten zwei elektrisch angetriebene, komplett implantierbare LVADs, das HeartMate® VE von TCI und das Novacor® N100PC von Baxter-Novacor® (heute im Besitz der World Heart Corporation). Die kommerzielle Verfügbarkeit dieser Geräte förderte die Implantation von LVADs stark. Heute gibt es auf der ganzen Welt mehr als 160 klinische Zentren, welche routinemässig LVADs einpflanzen. Es wird geschätzt, dass im Jahre 2000 beinahe 1'000-LVADs weltweit implantiert werden und die Zahlen steigen mit einer hohen Wachstumsrate. Die gegenwärtige Überlebensrate beträgt 70–90% je nach der Dauer der Unterstützung der linken Herzkammer. Einige Patienten lebten mehr als drei Jahre mit einem HeartMate® oder Novacor® LVAD.

58.3 Ventrikularunterstützung contra Herzersatz

Die klinische Verwendung von TAH ist heute im Vergleich zur Verwendung von LVAD sehr selten. Dies war nicht immer der Fall. Noch wurden 1988 mehr TAH als LVAD für die „Überbrückung bis zur Transplantation" (bridge to transplant) benutzt. Es gibt viele Gründe, warum sich die Situation während der letzten 12 Jahren so dramatisch verändert hat. Der wichtigste ist sicher, dass der TAH Eingriff den Ersatz des Herzens erfordert, während bei der Ventrikularunterstützung, das natürliche Herz immer noch vorhanden ist. Das eigene Herz kann immer noch mehrere wichtige Funktionen übernehmen:

- In den meisten Fällen kann der rechte Ventrikel seine Aufgabe noch erfüllen, da der Förderdruck der rechten Herzhälfte nur ungefähr 20 mm Hg beträgt.
- Das Herz behält seine regulierende Funktionen. Das bedeutet, dass die physiologische Kontrolle des LVAD auf eine einfache Art realisiert werden kann. Die Bypass-Pumpe übernimmt einfach das Blut, das in den linken Ventrikel fliesst und pumpt es in den Körper.
- Obwohl das Herz beschädigt ist, kann es noch als Reservepumpe dienen, falls das VAD versagen sollte.
- Es besteht eine gewisse Chance, dass sich das Herz während einer langfristigen mechanischen Kreislaufunterstützung erholt (bridge to recovery).

Abgesehen von diesen Punkten ist ein LVAD einfacher und somit zuverlässiger als ein TAH. Aber für einen bestimmten Anteil von Patienten, welche unter einer schweren Herzkrankheit leiden, ist es unwahrscheinlich, dass sie von einer univentrikularen mechanischen Kreislaufunterstützung profitieren. Zustände wie biventrikulares Herzversagen, grosse Herzwand-Thrombosen, Herzkarzinome oder Herzversagen nach vorangehender Herztransplantation verlangen eine biventrikulare Kreislaufunterstützung oder einen Herzersatz. Über die genaue Anzahl von Patienten, die ein TAH benötigen wird spekuliert. Es wird geschätzt, dass 10–20% der

Patienten mit kongestivem Herzversagen im Endstadium von einem zuverlässigen, vollständig implantierbarem THA profitierten könnten.

58.4 Ein modernes, elektrisch angetriebenes LVAD

Heute gibt es zwei kommerziell verfügbare, elektrisch angetriebene, implantierbare LVADs: das HeartMate® VE von TCI und das Novacor® N100PC [12]. Diese Geräte ermöglichen den Patienten mit schwerer Herzinsuffizienz, wieder ein einigermassen beschwerdenfreies und unabhängiges Leben zu führen.

Von aussen sichtbar, benötigen sie lediglich ein kleines, leichtes Steuergerät (260 g für das HeartMate® VE) und ein Paar wiederaufladbarer Batterien (jeweils 650 g), welche in einem Halfter getragen werden um sich 5–8 Stunden frei bewegen zu können. Abb. 58.1 links zeigt ein Bild des HeartMate® VE. Dieses hat einen Durchmesser von 112 mm, eine Höhe von 40 mm und ein Gewicht von 1193 g und kann Patienten mit einem Gewicht über 40 kg eingepflanzt werden. Die maximale Flussrate beträgt 10 l/min.

Wie bei allen klinisch eingesetzten LVADs handelte es sich um eine Membranpumpe. Alle Teile welche Blutkontakt haben, sind mit einer strukturierten Oberfläche versehen. Diese besondere Oberflächenbeschaffenheit fördert die Bildung eines natürlichen Belags aus Zellbestandteilen und Eiweissablagerungen, welches der natürlichen Struktur von Adern und Arterien ähnlich ist [13]. Dies hilft, thromboembolische Zwischenfälle zu verhindern und hilft ständige Anti-Koagulationsmass-

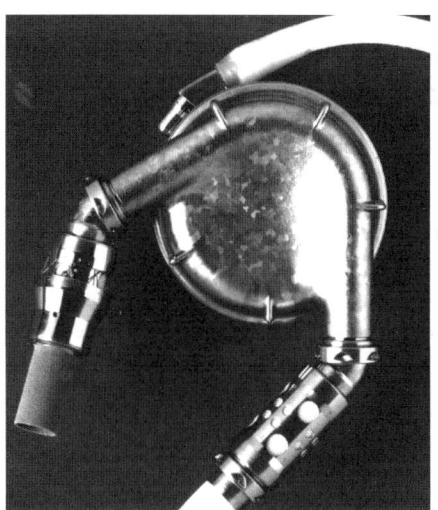 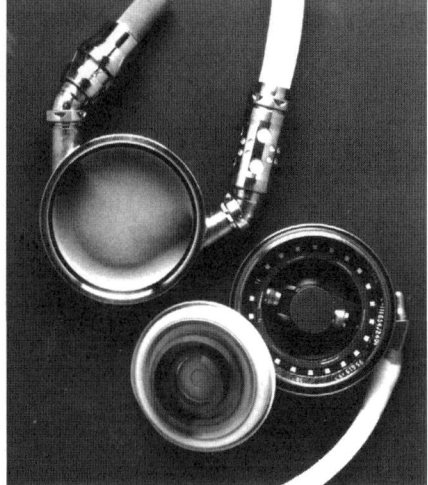

Abb. 58.1 Elektrisch betriebenes LVAD HeartMate® VE von Thermo Cardiosystems Inc *(links)*. Elektromagnetischer Aktuator mit Pumpmembran und zylindrischen Kurvenscheiben des HeartMate® VE LVADs *(rechts)* (Thermo Cardiosystems Inc.)

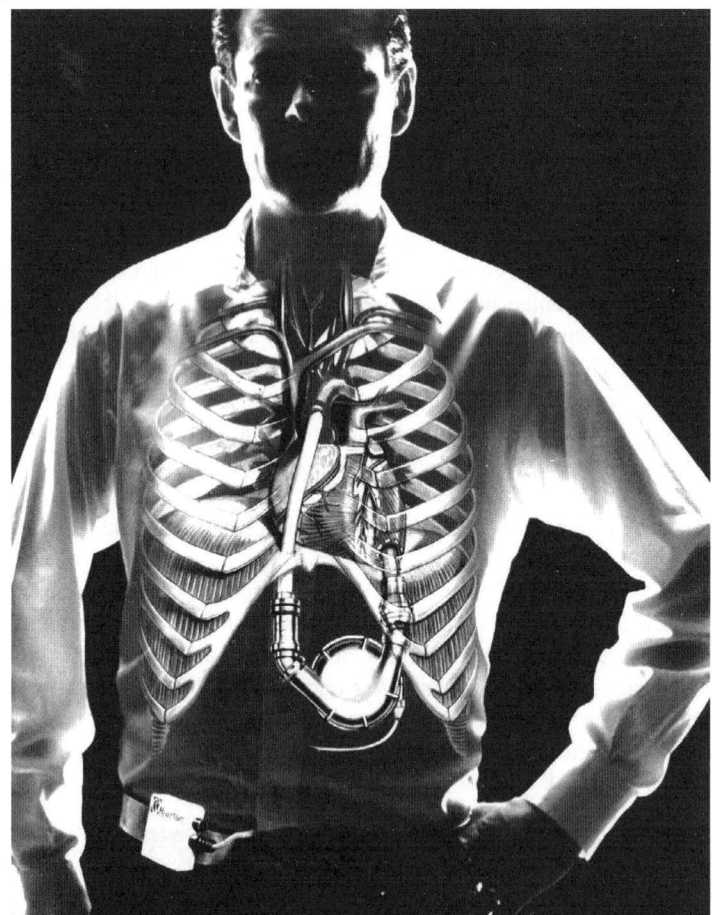

Abb. 58.2 Plazierung eines LVADs im Körper (Thermo Cardiosystems Inc.)

nahnen zu vermeiden [14]. Die Membran wird direkt von einem elektromechanischen Stellantrieb angetrieben (Abb. 58.1 rechts). Es besteht aus einem bürstenlosen Drehmomentmotor, der einmal pro Pumpenzyklus rotiert. Ein Rollenpaar und zwei konzentrische, zylindrische Kurvenscheiben wandeln die rotierende Bewegung in einen linearen Membranhub um.

Abbildung 58.2 zeigt die Plazierung eines HeartMate® VE LVAD im Körper und seine Verbindungen zum Herzen und zum Steuergerät. Die Pumpe mit ihrem integrierten Elektroantrieb ist im Unterleib plaziert, so dass sie die Lungen nicht einschnürt. Bei einer Konfiguration als LVAD wird der Pumpeneinlass mit der Spitze der linken Herzkammer und der Auslass mit der aufsteigenden Hauptschlagader verbunden. Die Verbindungsstücke besitzen flexible Abschnitte, um die Bewegungen des Herzens auszugleichen. Ein flexibler Schlauch führt durch die Haut aus dem Körper hinaus. Es enthält das Elektrokabel für das Steuergerät und ermöglicht einen Druckausgleich zwischen der Rückseite der Pumpenmembran und dem Aussendruck. Die Lüftung der Rückseite der Membran ist ein inhärentes Problem einer Membranpumpe. Wenn es keine Verbindung mit der Umgebung gäbe, würde sich ein hoher Gegendruck entwickeln und die Pumpe könnte sich nicht mit Blut füllen.

Völlig geschlossene Systeme mit implantierbaren Ausgleichskammern und drahtloser Stromübertragung, so genannte Transkutan-Energieübertragungssysteme (Transcutaneous Energy Transfer Systems, TETS), sind von mehreren Unternehmen entwickelt worden. Wie bei einem elektrischen Transformator, wird hochfrequenter Wechselstrom über zwei Spulen übertragen. Eine der Spulen ist innerhalb des Körpers unter der Haut angebracht und eine ist extern montiert. Infolge von Problemen mit der implantierten Ausgleichskammer werden solche Systeme allerdings noch nicht klinisch eingesetzt. Dies wird sich sicherlich mit der nächsten Generation von rotierenden Blutpumpen, die keine Ausgleichskammer erfordern, ändern.

58.5 Ein modernes TAH System

Es gibt mehrere Forschungsteams, die an der nächsten Generation von TAH arbeiten. Eines der fortschrittlichsten Systeme wird von einer Team an der Pennsylvania-Staatsuniversität und dem Unternehmen BeneCore entwickelt (gehört heute zu Abiomed) [15].

Die Pumpe selbst besteht aus einem starren Titangehäuse, welches zwei Polyurethan-Blutsäcke und einen elektromechanischen Energiewandler einschliesst. Abb. 58.3 links zeigt das Grundprinzip der Pumpe. Ein Hohlspindel-Elektromotor treibt eine Rollschraube an, an welcher auf jeder Seite zwei Schubplatten befestigt sind. Diese Schubplatten drücken die Blutsäcke, welche die zwei Pumpenkammern bilden, zusammen, wie in Abb. 58.3 rechts im Detail gezeigt wird. Der Blutdurchfluss wird durch Ventile am Ein- und Auslass gesteuert. Das Hubvolumen beträgt 64 ml und der grösstmögliche Herzdurchsatz beträgt 8 l/min.

Da beide Pumpenkammern von parallel bewegten Schubplatten betätigt werden, sollte der Druck im Pumpengehäuse idealerweise nicht von der Schubtellerposition beeinflusst werden. Dies ist im Prinzip ein grosser Vorteil einer "Zweikammer-Pumpe" nach deren Prinzip ein TAH arbeitet. Um Volumenänderungen auszugleichen, die sich durch Gasdiffusion in den Blutsäcken und Änderungen des Aussenluftdrucks ergeben, wird jedoch eine kleine Ausgleichskammer am versiegelten Motorgehäuse angeschlossen. Die Überwachung der Systemdrücke, sowie der Ausgleich von Systemverlusten und Änderungen des atmosphärischen Druckes erfolgt über einen subkutanen Zugang.

Eine Seite der implantierbaren Treiberelektronik ist mit dem Motor und die andere Seite mit der eingepflanzten Sekundärspule des TETS verbunden. Die Primärspule und der HF-Generator sind nicht eingepflanzt. Das Penn-State/BeneCore Heart wurde bereits in einer grossen Serie von Tierversuchen an Kälbern getestet. Das am längsten überlebende Tier lebte während 388 Tagen mit dem Kunstherz.

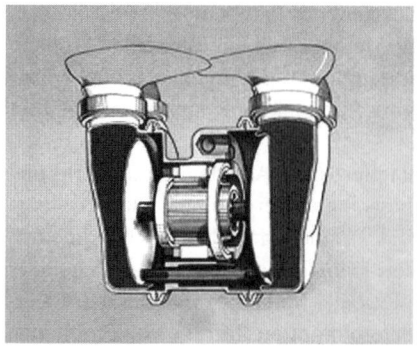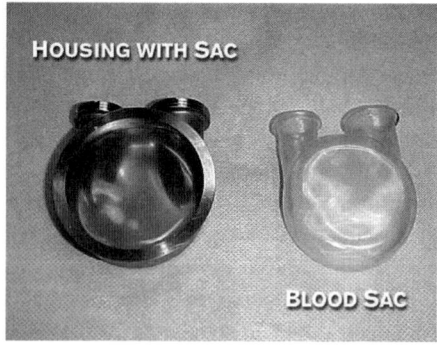

Abb. 58.3 Funktionsprinzip des Penn State/ BeneCore TAH *(links)*. Gehäuse und Blutsack des Penn State/ BeneCore TAH *(rechts)* (BeneCore Inc.)

Längere Studien mit Kälbern sind nicht durchführbar, da das Kunstherz nicht mitwächst und bald einmal zu klein wird. Es ist geplant, klinische Versuche innerhalb des nächsten Jahres zu starten.

Nach mehr als 30 Jahren Entwicklung scheint es, dass viele technische Probleme rund um das künstliche Herz gelöst worden sind. Klinische Tests von modernen TAH Systemen sind in den USA für Ende 2000 geplant. Das kurzfristige Ziel ist eine hohe Zuverlässigkeit über mindestens ein Jahr zu zeigen. Langfristig werden Implantierungszeiten von fünf Jahren angestrebt. Die Geräte werden etwa 75'000–100'000 USD kosten, im Vergleich zu ca. 50'000 USD für ein elektrisch betriebenes, implantierbares LVAD. Aufgrund der hohen technischen Hürden und der höheren Kosten werden TAHs kaum die Verbreitung von LVADs erreichen.

58.6 Blutpumpen der nächsten Generation

Zwei Hauptprobleme bleiben beim Membran-Typ LVAD ungelöst: Die Grösse und der unvermeidliche mechanische Verschleiss. Die Grösse der heutigen Geräten ist in der Anwendung auf Patienten, deren Gewicht 40 kg überschreitet, limitiert und mechanischer Verschleiss beschränkt deren Lebensdauer auf 2–3 Jahre. Das Grössenproblem wird aktuell mit Zweitgenerations-Blutpumpen, welche auf dem Prinzip von kleinen Axialflusspumpen basieren, angegangen. Mehrere Axialfluss-Blutpumpen (HeartMate® II, DeBakey-VAD und Jarvik 2000) werden zur Zeit klinisch getestet [16–20]. Sie werden für jugendliche und pädiatrische Patienten, aber auch für Erwachsene geeignet sein.

Ein Beispiel einer Axialfluss-Pumpe ist das HeartMate® II von Thermo-Cardiosystems. Abb. 58.4 links zeigt die Pumpe mit den hydrodynamischen Komponenten (Pumpenrotor und Pumpenstator) und dem Motor. Der Pumpenrotor ist mit blutgeschmierten Keramiklagern gelagert und wird vom bürstenlosen Gleichstrommotor

58.6 Blutpumpen der nächsten Generation

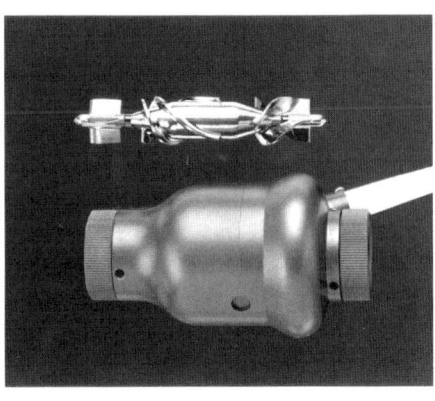 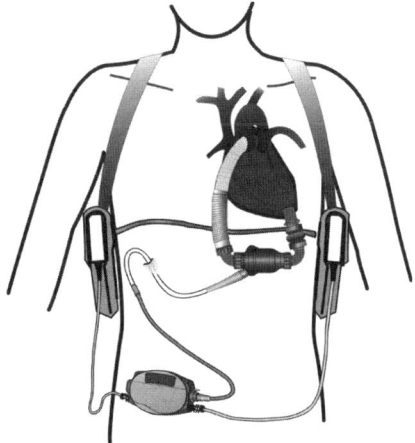

Abb. 58.4 *Links:* Axialflusspumpe HeartMate® II von TCI mit Pumpenrotor und Stator (oben) und Motor mit Gehäuse (unten). *Rechts:* Plazierung der HeartMate® II Komponenten innerhalb und ausserhalb des Körpers (Thermo Cardiosystems Inc.)

mit Drehzahlen von bis zu 12'000 Umdrehungen pro Minute angetrieben. Abb. 58.4 rechts zeigt die Plazierung dieses LVADs im Körper sowie die Anschlüsse zur linken Herzkammer und zur aufsteigenden Aorta. Das externe Motorsteuergerät und das Motorkabel, das durch die Haut führt, werden in einer künftigen Version von einer implantierbaren Motorsteuerung und einem TETS ersetzt werden. Da bei rotierenden Pumpen keine Ausgleichskammer benötigt wird, sind sie für völlig geschlossene Systeme ideal geeignet.

Aufgrund ihrer geringen Grösse können die Axialflusspumpen nahe beim Herzen plaziert werden und erfordern nur kurze Zustrom- und Ausflusskanülen. In Zukunft werden Axialfluss-Blutpumpen wegen ihren kleinen Dimensionen auch eine biventrikulare Herzunterstützung ermöglichen. Die physiologische Steuerung der beiden Pumpen ist allerdings eine komplizierte Aufgabe, welche zuerst gelöst werden muss. Axialflusspumpen sind nicht nur viel kleiner als Membranpumpen, sie sind auch viel einfacher, da sie ein einziges bewegliches Teil haben und keine Ventile benötigen. Dies wird schliesslich auf die Preise für LVADs drücken und sie für mehr Patienten erschwinglich machen. Diese Pumpen werden auf Grund ihrer mechanischen Lager dennoch verschleissen. Deswegen werden Herzunterstützungssysteme der dritten Generation entwickelt, welche auf Magnetlagern basieren. Ein Beispiel eines implantierbaren LVADs mit einem magnetisch gelagerten Rotor (HeartMate® III) wird im folgenden Kapitel beschrieben.

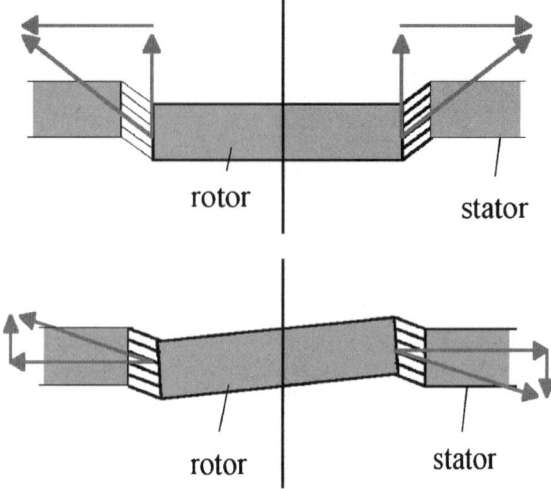

Abb. 58.5 Passive Stabilisierung durch axiale Auslenkung (oben) und durch Verkippung (unten) des Rotors im HeartMate® III LVAD (Levitronix LLC)

58.7 Implantierbares LVAD mit magnetisch gelagertem Rotor für permanenten Einsatz

Das ultimative Langzeitziel für LVADs, welche für eine dauerhafte Implantation geeignet sind, beträgt mehr als 10 Jahre. Dies wird mit mechanischen, blutgeschmierten Gleitlagern wie sie bei den heutigen Axialflusspumpen zum Einsatz kommen nicht erreichbar sein. Rotierende mechanische Dichtungen sind für die langfristige Anwendung ebenfalls nicht machbar. Verschiedene Forschungsteams arbeiten deswegen an dichtungsfreien rotierenden Blutpumpen mit magnetisch gelagerten Rotoren [21–25]. Ein Projekt, das HeartMate® III von TCI wird nachfolgend beschrieben.

Das HeartMate® III-LVAD basiert auf der Technologie des sogenannten lagerlosen Motors und verbindet Antrieb, magnetische Lagerung und Pumpenrotor-Funktionen in einer einzigen Einheit [24, 25]. Drei der räumlichen Freiheitsgrade werden passiv, die anderen drei durch aktive Steuerung stabilisiert. Abb. 58.5 zeigt das Funktionsprinzip eines solchen lagerlosen Scheibenmotors. Die aktive Regelung der rotativen und der radialen Lage des Rotors ist durch das Prinzip des lagerlosen Motors sichergestellt. Abb. 58.5 oben zeigt eine axiale Verschiebung des Rotors. Diese resultiert in anziehenden magnetischen Kräften, welche der Auslenkung entgegen wirken und somit die axiale Lage des Rotors stabilisieren. Abb. 58.5 unten zeigt ein Verkippen des Rotors. Dies führt ebenso zu stabilisierenden magnetischen Kräften. Mit diesem Konzept wird eine einfache und kompakte Lösung für eine Kreiselpumpe ohne mechanische Lager möglich. Abb. 58.6 zeigt die grundlegende Anordnung einer solchen lagerlosen Scheibenmotor-Pumpe. Die Rotorscheibe

58.7 Implantierbares LVAD mit magnetisch gelagertem Rotor

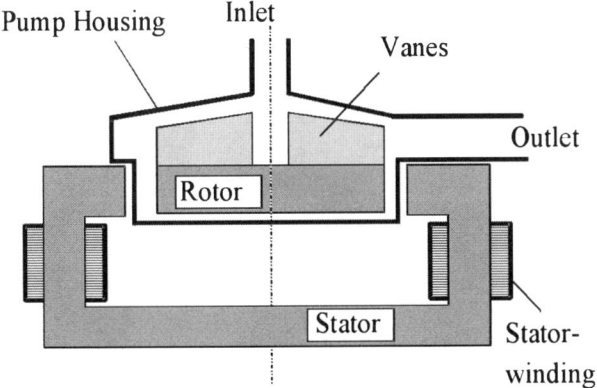

Abb. 58.6 Grundprinzip der lagerlosen Pumpe im HeartMate® III LVAD (Levitronix LLC)

kann direkt ins Pumpenrad integriert werden. Die Pumpe besteht aus sehr wenigen Teilen: Dem Pumpenrad mit dem integrierten Motorrotor und einer äusseren Schale aus zwei Teilen. Um die Freiheit beim Pumpendesign zu maximieren, wurde eine sogenannte Temple-Motor-Anordnung gewählt. Diese besondere Art von Motor hat keine Wickelköpfe. Die Pumpe kann deshalb direkt auf dem Motor montiert werden. Das grundlegende Prinzip dieses Motortyps ist ausführlich in [26] beschrieben. Aufgrund der passiven Stabilisierung von drei der räumlichen Freiheitsgraden, werden als Mindestanforderung nur eine Motorphase und zwei Steuerphasen (die zusammengerechnet drei Leistungsverstärker erfordern) für den Betrieb eines lagerlosen Scheibenmotors benötigt. Mit einer zusätzlichen Motorphase wird eine feldorientierte Regelung des Antriebs möglich. Dies ermöglicht eine sehr schnelle Beschleunigung des Motors, was den Betrieb der Pumpe in einem pulsierenden Modus erlaubt. Ferner werden nur zwei Lagesensoren benötigt. Dies führt zu einem einfachen elektronischen Regelsystem und zu einer einfachen Motorkonstruktion. Als Folge dieser Einfachheit ist es möglich, ein fehlertolerantes System zu bauen, ohne die Grösse des Motors und den Umfang der Steuerelektronik vergrössern zu müssen.

Über mehrere Schritte wurde ein sehr effizienter und sehr kompakter lagerloser Motor entwickelt, um mittels in vivo-Studien die Machbarkeit eines lagerlosen LVADs zu zeigen. Abb. 58.7 links zeigt ein Beispiel dieses Motors mit einem Titaneinsatz. Der Motor hat einen Durchmesser von nur 65 mm und ist nur 20 mm hoch. Ein verhältnismässig grosser magnetischer Luftspalt von 1.5 mm führt zu einer hohen Freiheit im Pumpendesign. Die grossen Spalte helfen die auf die Blutzellen wirkenden Scherkräfte klein zu halten und erlauben die Anwendung einer einzigartigen, strukturierten Blutkontaktoberfläche aus Titan. Die besondere Oberflächenbeschaffenheit fördert die Bildung eines natürlichen Belags aus Zellbestandteilen und Eiweissablagerungen, welches der natürlichen Struktur von Adern und Arterien ähnlich ist. Dies hilft, thromboembolische Zwischenfälle zu verhindern und macht ständige Anti-Koagulationsmassnahmen überflüssig. Abb. 58.7 rechts

Abb. 58.7 Prototyp eines lagerloser Motor im HeartMate® III LVAD *(links)*. Explosionszeichnung der Pumpe im HeartMate® III LVAD *(rechts)* (Levitronix LLC)

zeigt eine Explosionszeichnung der Pumpe. Das einfache Kreiselpumpengehäuse besteht aus zwei Teilen: einem oberen Gehäuse mit Einlass- und Ausflusskanälen und einem unteren Gehäuse, das den Motor enthält. Der Rotors umfasst einen hermetisch eingekapselten Magneten sowie ein Titan-Pumpenrad mit Schaufeln, deren Anzahl, Grösse und Form hydrodynamisch auf höchste Effizienz in der Nähe des Arbeitspunkts ausgelegt sind. Ein flexibles Segment wurde in der Durchflussrichtung vor dem Einlass der Pumpe eingebaut, um die anatomische Einpassung zu verbessern, die Pumpe von der Herzbewegung zu entkoppeln und einen Abklemmbereich für die Pumpen-Explantation zu erhalten. Die Gesamtabmessungen des Motors und der Pumpe betragen 69 mm im Durchmesser und 30 mm in der Höhe. In vitro Versuche haben demonstriert, dass der erwünschte Durchfluss- und Druck (7 l/min bei 135 mm Hg, bei 4'800 U/min) und die hydrodynamische Effizienz (30% beim Auslegungspunkt in Wasser) erreicht werden. Der Gesamtstromverbrauch des Motors und des Lagers für diesen Arbeitspunkt betrug durchschnittlich 8.1 W. Die Magnetlager können die Lagerkräfte von bis zu 10.8 N radial und 7.9 N in Achsrichtung aufnehmen. Mit einem Rotorgewicht von nur 34.9 g ergibt dies ein sehr robustes System.

Bisher wurden acht Prototypen in Tierversuchen mit Kälbern getestet. Die Prüfdauer lag zwischen 27 und 183 Tagen. Alle Versuche waren erfolgreich und wurden wie geplant beendet. Die Werte für freies Hämoglobin im Blut (PFH) welche einen Indikator für die Blutschädigung darstellen bewegten sich im Bereich von 4–10 mg/dl. Die Pumpentemperatur und alle gemessenen biochemischen Werte blieben innerhalb des normalen Bereiches. Der mittlere Blutfluss durch die Pumpe lag zwischen 3 und 10 l/min.

Wie vorgängig erwähnt besteht der Vorteil der magnetisch gelagerten Pumpe darin, dass diese keinem mechanischen Verschleiss unterworfen ist. Die Steuerelektronik ist allerdings im Vergleich mit derjenigen einer Pumpe mit mechanischem Lager aufwändiger. Eine höhere Komplexität bedeutet in der Regel zusätzliche mögliche Fehlerquellen und eine höhere Ausfallwahrscheinlichkeit. Um dies zu kompensieren, ist das Motor-/Lagersystem fehlertolerant aufgebaut. Es kombiniert vier Steuerphasen und zwei Antriebsphasen in ein 6-Phasen-System. Dies ist die gleiche Anzahl, wie es konkurrierende Systeme für die magnetischen Lager allein, ohne Fehlertoleranz, erfordern [21]. Für den Antrieb wurde eine einfache 2-Phasen-Wicklung mit nur zwei Spulen pro Phase gewählt. Würde eine Phase ausfallen, kann der Motor als ein einphasiger Motor weiter funktionieren. Zwei Betriebsphasen sind die Mindestanforderung an die Steuerwicklung. Um mit der Zweiphasen-Motorwicklung kompatibel zu sein, wurde eine 4-Phasen-Steuerwicklung gewählt. Mit dieser Konfiguration können einzelne Steuerphasen oder zwei nicht von einander abhängige Steuerphasen versagen.

Die Steuerelektronik für diesen Motor muss auch fehlertolerant sein. Sie besteht aus zwei identischen Subsystemen, welche während dem Normalbetrieb zusammen im „heissen Redundanz"-Modus funktionieren. Dies heisst, dass alle 6 Motorphasen kontinuierlich Strom führen. Der Ausnutzungsfaktor des Motors ist deshalb gleich wie bei einem nicht fehlertoleranten Typ. Allerdings ist es unabdingbar, dass beide Teilsysteme genau synchronisiert werden, um Kopplungseffekte in den Spulen zu vermeiden. Im Fall eines Motor- oder Elektronikschadens fallen die Sensor-, Steuerungs- und Antriebfunktionen ohne Unterbrechung auf das intakte Teilsystem zurück. Um das System zu überwachen und Fehlermodi zu behandeln, werden mehrere Überwachungsmodule verwendet.

Die Kabel sind die kritischsten Teile des implantierten Geräts. Das Magnetlager, mit seinen Sensoren und Steuerphasen erfordert viele Verbindungen zur Steuerelektronik; besonders, wenn das System fehlertolerant ist. Um allzu viele elektrische Verbindungen zu vermeiden, ist das Elektroniksystem im Motor voll integriert. Die relativ schnelle und bisher erfolgreiche Entwicklung des HeartMate® III-LVADs ist vielversprechend. Zur Zeit laufen verschiedene Verbesserungsschritte und Weiterentwicklungen wie beispielsweise die Integration der Elektronik und eines TETS um eine Kabelführung durch die Haut hindurch zu vermeiden.

58.8 Zusammenfassung

Während künstliche Herzen (Total Artificial Hearts, TAH) bis heute keine klinische Relevanz erlangt haben, werden Blutpumpen zur Unterstützung des linken Ventrikels (Left Ventricular Assist Devices LVAD) weltweit bereits in mehr als 160 Herzzentren routinemässig eingesetzt. Die LVAD-Implantationsrate beträgt bereits annähernd 1000 Fälle pro Jahr und die Anzahl wächst schnell. Kleine und verhältnismässig einfache, rotierende Pumpen befinden sich zur Zeit im klinischen Versuch. Diese werden neue klinische Anwendungsmöglichkeiten eröffnen. Vollkommen verschleissfreie, magnetisch gelagerte Pumpen, sind in Entwicklung und könnten schliesslich für Patienten mit kongestivem Herzversagen im Endstadium eine wirkliche Alternative zur Transplantation sein.

58.9 Literatur

1. Data Fact Sheet, National Heart, Lung and Blood Institute - National Institutes of Health (NHLBI-NIH), September, 1996.
2. Critical Data: U.S. Facts about Transplantation, United Network For Organ Sharing (UNOS), *United Network For Organ Sharing, June*, 2000.
3. Hosenpud J.D., Bennett L.E., Keck B.M., Fiol B., Boucek M.M., Novick R.J., The registry of the International Society for Heart and Lung Transplantation: fifteenth official report, *J. Heart Lung. Transplant.*, 17, 1998, p. 656-668.
4. Copeland J.G., Arabia F.A., Smith R.G., Sethi G.K., Nolan P.E., Banchy M.E., Arizona experience with CardioWest total artificial heart bridge to transplantation, *Ann. Thorac. Surg.*, 68, 2, 1999, p. 756-760.
5. Over 2400 Thermo Cardiosystems implants, *Unpublished data from Thermo Cardiosystems Worldwide Registry, September*, 2000.
6. More than 1100 Novacor LVAD implants, http://www.edwards.com/, medical professionals, September, 2000.
7. The (Thoratec) VAD System had been used in more than 1200 patients, http://www.thoratec.com/product/fr_vad.htm, December, 1999.
8. Levin H.R., Oz M.C., Chen J.M., Packer M., Rose E.A., Burkhoff D., Reversal of chronic ventricular dilation in patients with end-stage cardiomyopathy by prolonged mechanical unloading, *Circulation*, 91, 11, 1995, p. 2717-2720.
9. Zafeiridis A., Jeevanandam V., Houser S.R., Margulies K.B., Regression of cellular hypertrophy after left ventricular assist device support, *Circulation*, 98, 7, 1998, p. 656-662.
10. Rose E.A., Moskowitz A.J., Packer M., Sollano J.A., Williams D.L., Tierney A.R., Heitjan D.F., Meier P., Ascheim D.D., Levitan R.G., Weinberg A.D., Stevenson L.W., Shapiro P.A., Lazar R.M., Watson J.T., Goldstein D.J.,Gelijns A.C., REMATCH (Randomized Evaluation of Mechanical Assistance for the Treatment of Congestive Heart Failure): The REMATCH trial: rationale, design and end points, *Ann. Thorac. Surg.*, 67, 3, 1999, p. 723-730.
11. Pantalos G.M., A selective history of mechanical circulatory support, in *Mechanical Circulatory Support*, Lewis T., Graham T.R. (eds.), Edward Arnold, London, 1995, p. 3-12.
12. Goldstein D.J., Oz M.C., Rose E.A., Implantable left ventricular assist devices, *N. Engl. J. Med.*, 339, 21, 1998, p. 1522-1533.
13. Menconi M.J., Pockwinse S., Owen T.A., Dasse K.A., Stein G.S., Lian J.B., Properties of blood-contacting surfaces of clinically implanted cardiac assist devices: gene expression, matrix composition and ultrastructural characterization of cellular linings, *J. Cell Biochem.*, 57, 3, 1995, p. 557-573.
14. Morales D.L., Catanese K.A., Helman D.N., Williams M.R., Weinberg A., Goldstein D.J., Rose E.A., Oz M.C., Six-year experience of caring for forty-four patients with a left ventricular assist device at home: safe, economical, necessary, *J. Thorac. Cardiovasc. Surg.*, 119, 2, 2000, p. 251-259.
15. Weiss W.J., Rosenberg G., Snyder A.J., Pierce W.S., Pae W.E., Kuroda H., Rawhouser M.A., Felder G., Reibson J.D., Cleary T.J., Ford S.K., Marlotte J.A., Nazarian R.A.,Hicks D.L., Steady state hemodynamic and energetic characterization of the Penn State/3M Health Care Total Artificial Heart, *Asaio J.*, 45, 3, 1999, p. 189-193.
16. Butler K.C., Dow J.J., Litwak P., Kormos R.L., Borovetz H.S., Development of the Nimbus/University of Pittsburgh innovative ventricular assist system, *Ann. Thorac. Surg.*, 68, 2, 1999, p. 790-794.
17. Siegel-Itzkovich J., Israeli surgeons implant first permanent artificial ventricle, *Bmj.*, 321, 7258, 2000, p. 399.
18. Wieselthaler G.M., Schima H., Hiesmayr M., Pacher R., Laufer G., Noon G.P., DeBakey M., Wolner E., First clinical experience with the DeBakey VAD continuous-axial-flow pump for bridge to transplantation, *Circulation*, 101, 4, 2000, p. 356-359.

58.9 Literatur

19. Jarvik R., Scott V., Morrow M., Takecuhi E., Belt worn control system and battery for the percutaneous model of the Jarvik 2000 heart, *Artif. Organs*, 23, 6, 1999, p. 487-489.
20. Jarvik R. et al., Initiation of clinical use of the Jarvik Heart, 46th Annual Conference of the American Society for Artificial Organs (ASAIO), New York, 2000.
21. Bearnson G.B., Olsen D.B., Khanwilkar P.S., Long J.W., Sinnott M., Kumar A., Allaire P.E., Baloh M., Decker J., Implantable centrifugal pump with hybrid magnetic bearings, *Asaio J.*, 44, 5, 1998, p. M733-M736.
22. Paden B. et al., Animal trials of a magnetically levitated left ventricular assist device, 5th Int. Symp. on Magnetic Suspension Technology, Santa Barbara, 1999.
23. Nojiri C., Kijima T., Maekawa J., Horiuchi K., Kido T., Sugiyama T., Mori T., Sugiura N., Asada T., Ozaki T., Suzuki M., Akamatsu T.,Akutsu T., Terumo implantable left ventricular assist system: results of long-term animal study, *Asaio J.*, 46, 1, 2000, p. 117-122.
24. Bourque K., Gernes D.B., Loree H.M., Richardson J.S., Poirier L., Barletta N., Fleischli A., Foiera G., Gempp T.M., Schoeb R., Litwak K.N., Akimoto T., Watach M.J.,Litwak P., Heart-Mate III: Pump design for a centrifugal LVAD with a magnetically-levitated rotor, *ASAIO J.*, 2000.
25. Barletta N., Fleischli A., Foiera G., Gempp T.M., Schoeb R., Reiter H.G., Bourque K., Gernes D.B., Loree H.M., Richardson J.S.,Poirier L., HeartMate III: Design of a bearingless motor and electronics for a maglev centrifugal LVAD, *Artif Organs*, 2000.
26. Schöb R., Barletta N., Principle and application of a bearingless slice motor, *JSME Int. Journal Series C.*, 40, 4, 1997, p. 593-598.

59 Die Herz-Lungen-Maschine

M. Krane, R. Bauernschmitt, R. Lange

59.1 Geschichtlicher Rückblick

Das Kapitel der modernen Herzchirurgie mit Einsatz der Herz-Lungen-Maschine am Menschen beginnt am 6. Mai 1953, als J. Gibbon bei einer 18-jährigen Patientin einen angeborenen Defekt in der Vorhofscheidewand verschließt [1]. Mit ersten experimentellen Versuchen zur extrakorporalen Zirkulation begann Gibbon bereits in den 30er Jahren des 20. Jahrhunderts. Die Grundlage für die heute gebräuchliche Rollerpumpe schufen Porter und Bradley mit ihrer „rotary pump", welche sie 1855 zum Patent anmeldeten. Diese Pumpe wurde von DeBakey und Schmidt modifiziert und entspricht im Wesentlichen noch der heute sich im Routinebetrieb befindlichen Rollerpumpe [2].

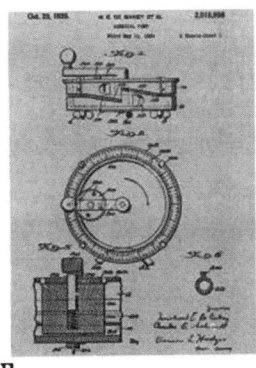
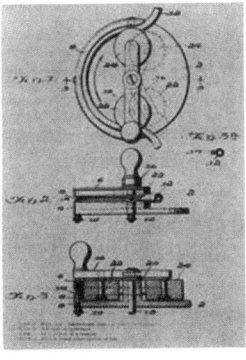

A   **B**

Abb. 59.1 Abbildung *A* zeigt den experimentellen Aufbau von J. Gibbon während der frühen experimentellen Phase. Abbildung *B* zeigt Patentbeschreibungen von DeBakey und Schmidt zur Modifizierung der Rollerpumpe von 1935. Der grundlegende Aufbau entspricht immer noch der heute im klinischen Alltag eingesetzten Rollerpumpe (Mit freundlicher Genehmigung des Texas Heart Institute Journal [2])

59.2 Komponenten und Funktionsprinzip der Herz-Lungen-Maschine

Die Herz-Lungen-Maschine übernimmt während eines herzchirurgischen Eingriffs die Pumpfunktion des künstlich stillgelegten Herzens, sowie den Gasaustausch der Lunge. Zu den grundlegenden Komponenten einer Herz-Lungen-Maschine gehören:

- Blutpumpe
- Oxygenator
- Wärmetauscher
- venöses Reservoir/Kardiotomiereservoir
- Schlauchsystem
- Filter
- arterielle und venöse Kanülen
- Sauger

Das sauerstoffarme Blut wird über die venöse Kanüle in das venöse Reservoir der Herz-Lungen-Maschine drainiert. Diese Drainage erfolgt in der Regel passiv, da sich das venöse Reservoir unterhalb des Patientenniveaus befindet. Vom venösen Reservoir wird das Blut nun aktiv durch eine Blutpumpe über einen Oxygenator mit integriertem Wärmetauscher (jetzt sauerstoffreiches Blut) und einem zwischengeschaltetem arteriellen Filter wieder dem Patienten zugeführt. Wird nicht das gesamte Blut über die venöse Drainage entleert spricht man von einem partiellen kardipulmonalen Bypass wogegen beim totalen kardiopulmonalen Bypass das gesamte Blut in die Herz-Lungen-Maschine drainiert wird.

59.2.1 Blutpumpen

Bei den Blutpumpen der Herz-Lungen-Maschine unterscheidet man Verdrängungspumpen (Rollerpumpe, Kolbenpumpe) und Zentrifugalpumpen. Eine in die Herz-Lungen-Maschine integrierte Pumpe muss die folgenden Kriterien erfüllen:

- ein ausreichendes Fördervolumen
- exakte Pumpleistung auch bei kleinen Fördermengen
- extrem hohe Zuverlässigkeit

Rollerpumpen

Die Rollerpumpe ist die am häufigsten in eine Herz-Lungen-Maschine integrierte Pumpe. Die Rollerpumpe besteht aus 2 gegenüberliegenden Rollen die über einen Pumpenarm verbunden sind. Das Gehäuse einer Rollerpumpe ist halbkreisförmig angeordnet. Durch Kompression des sich in dem halbkreisförmigen Gehäuse befindlichen elastischen Schlauchs wird das Blut zwischen Roller und Pumpengehäuse ausgestrichen und damit in Flussrichtung gepumpt. Aufgrund ihres Funktionsprinzips handelt es sich bei der Rollerpumpe um ein okklusives Pumpsystem. Das be-

59.2 Komponenten und Funktionsprinzip der Herz-Lungen-Maschine

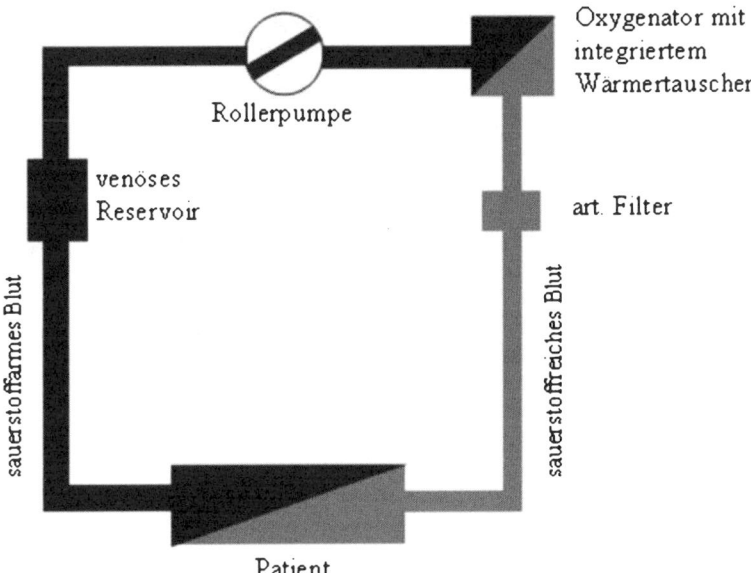

Abb. 59.2 Schematischer Aufbau des Kreislaufs der Herz-Lungen-Maschine mit seinen grundlegenden Komponenten

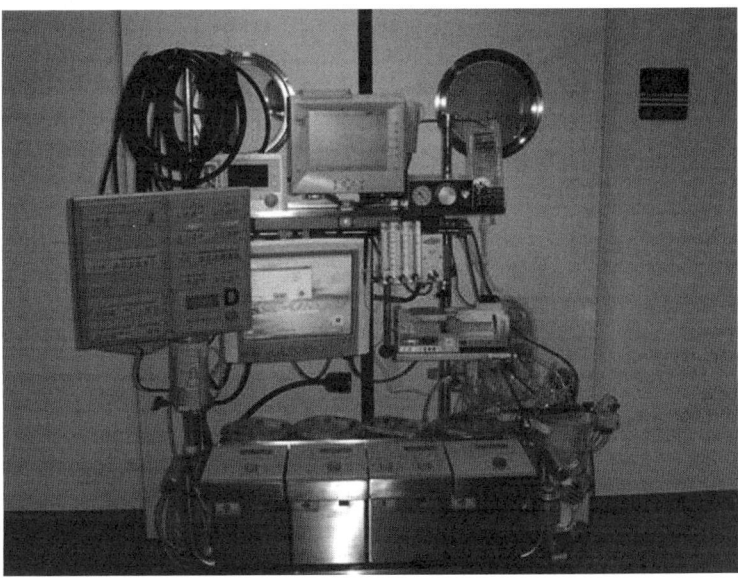

Abb. 59.3 Aufbau einer modernen Herz-Lungen-Maschine, wie sie derzeit in der Herzchirurgie eingesetzt wird

Abb. 59.4 Pumpenkopf einer Rollerpumpe bestehend aus einem Pumpenarm und zwei gegenüberliegenden Rollern (linke Abbildung) Die rechte Abbildung zeigt eine Zentrifugalpumpe mit ihrem Blutzufluss an der Spitze des Pumpengehäuses und dem Blutausfluss am Rand des Gehäuses

deutet, dass ein Blutfluss entgegengesetzt der Pumprichtung nicht möglich ist. Der generierte Blutfluss einer Rollerpumpe zeigt ein kontinuierliches Flussprofil. Durch intermittierende Beschleunigung der Rollerpumpe kann das kontinuierliche Perfusionsprofil in ein pulsatiles Flussprofil umgewandelt werden. Einen Vorteil der pulsatilen Perfusion unter Herz-Lungen-Maschine konnte bislang nicht belegt werden [3].

Zentrifugalpumpen
Im Gegensatz zur Rollerpumpe handelt es sich bei einer Zentrifugalpumpe um ein nicht-okklusives Pumpsystem. Das Blut wird bei einer Zentrifugalpumpe mithilfe eines Rotors beschleunigt und aus dem seitlich, in Bodennähe angebrachten Auslass ausgeworfen. Der Bluteinlass liegt in der Spitze des Pumpengehäuses. Aufgrund ihres Funktionsprinzips führt die Zentrifugalpumpe im Vergleich zur Rollerpumpe auch bei längeren Einsätzen zu einer geringeren Traumatisierung des Blutes [4]. Ein weiterer Vorteil der Zentrifugalpumpe liegt darin, dass sie keine Luft fördern kann. Aufgrund der geringeren Dicht von Luft im Vergleich zu Blut wandern die Luftbläschen in das Zentrum des Pumpengehäuses.

59.2.2 Oxygenatoren

Der Oxygenator übernimmt während des Einsatzes der Herz-Lungen-Maschine die Funktion der Lunge.

Bubbleoxygenatoren
Ein Bubbleoxygenator besteht aus einer Oxygenierungssäule und einem Entschäumer. Das venöse (sauerstoffarme) Blut wird in die Oxygenierungssäule gepumpt. Zeitgleich werden Gasblasen des Ventilationsgemisches in die Oxygenierungssäule eingeleitet. Der Gasaustausch findet jetzt an der Oberfläche der Blasen statt. Im anschließenden Schritt wird das Blut im Entschäumer wieder von den Gasblasen

59.2 Komponenten und Funktionsprinzip der Herz-Lungen-Maschine

Merkmal	Rollerpumpe	Zentrifugalpumpe
Bluttraumatisierung	↑	↓
Spallation*	↑	↓
Kosten	↓	↑
Transport von Luftblasen	ungehindert	nicht möglich
Flussprofil	pulsatil und kontinuierlich	kontinuierlich

* Spallation = Abschilferung von Plastikpartikeln aus dem Schlauchsystem

Tabelle 59.1 Vergleich zwischen Rollerpumpe und Zentrifugalpumpe

getrennt. Bubbleoxygenatoren führen aufgrund des direkten Blutkontaktes mit dem Ventilationsgas zu einer deutlichen Bluttraumatisierung. Ein weiterer Nachteil liegt in der fehlenden Möglichkeit den pO_2 und pCO_2 unabhängig voneinander zu regulieren, da es lediglich möglich ist, den Gasfluss in der Oxygenierungssäule einzustellen.

Membranoxygenatoren
Bei den heute im klinischen Routinebetrieb gebräuchlichen Oxygenatoren handelt es sich um Membranoxygenatoren [5]. Bei diesen Oxygenatoren findet die Oxygenierung des Blutes über eine semipermeable Membran statt. An der Membran zwischen Blut und Gas kommt es aufgrund eines Konzentrationsgefälles zum Aus-

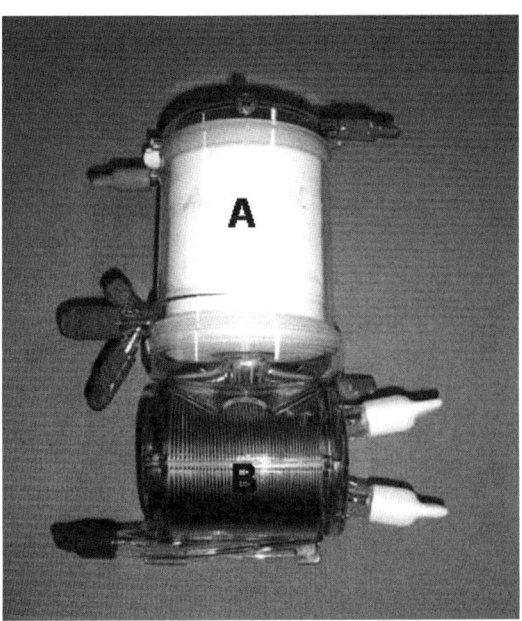

Abb. 59.5 Im klinischen Routinebetrieb eingesetzter Membranoxygenator *(A)* mit integriertem Wärmetauscher *(B)*

tausch von Sauerstoff und Kohlendioxid. Durch den Einsatz einer semipermeablen Membran kann ein direkter Blutkontakt vermieden werden, wodurch der bluttraumatisierende Effekt reduziert wird. Als semipermeable Membran werden mikroporöse Polypropylenhohlfasern verwendet.

59.2.3 Wärmetauscher

Während des Einsatzes der Herz-Lungen-Maschine wird die Körpertemperatur des Patienten über die Bluttemperatur mithilfe eines Wärmetauschers reguliert. Bei Eingriffen in Normothermie kann über den Wärmetauscher die Bluttemperatur des Patienten und damit seine Körpertemperatur aufrechterhalten werden, so dass ein Abkühlen des Patienten auf Umgebungstemperatur verhindert werden kann. Soll ein Eingriff in Hypothermie durchgeführt werden, kann durch das Absenken der Bluttemperatur eine verringerte Körpertemperatur erzielt werden. Der Wärmetauscher ist in der Regel in den Oxygenator integriert und diesem in der Flussrichtung vorgeschaltet. Dadurch kann die Entstehung von Microbubbles im bereits oxygenierten Blut während der Wiedererwärmungsphase des Blutes verhindert werden. Der Wärmetauscher funktioniert nach einem Röhrenprinzip, wobei das Blut innerhalb der Röhren (Edelstahl, Kunststoffkapillaren) fließt und das Kühlmedium (Wasser) außen an den Röhren vorbeiströmt. Der Wasserstrom im Wärmetauscher fließt zur Effizienzsteigerung entweder entgegengesetzt oder quer zur Blutflussrichtung.

59.2.4 Venöses Reservoir/Kardiotomiereservoir

Das Reservoir dient als venöses Sammelbecken der venösen Drainage des Patienten. Zusätzlich wird das aus dem Operationsgebiet abgesaugte Blut und das durch den Entlastungssauger (Vent) anfallende Blut dem zirkulierenden Blutvolumen des Patienten wieder zugeführt. Um mögliche Embolien durch Gewebepartikel und Luftbläschen, welche sich im abgesaugten Blut befinden zu verhindern, passiert das Blut im Kardiotomiereservoir eine Filtereinheit. Bei dem verwendeten Filter handelt es sich in der Regel um einen Tiefenfilter. Über das Reservoir kann dem Kreislauf bei Bedarf Flüssigkeit in Form von Erythrozytenkonzentraten oder Volumenersatzmitteln zugeführt werden. Bei der Herz-Lungen-Maschine unterscheidet man ein offenes von einem geschlossenen System. Bei einem offenen System besteht das Reservoir aus einer Hartschale. Über das Hartschalenreservoir besteht eine Verbindung zur Atmosphäre. Bei einem geschlossenen System gibt es keine Verbindung zur Atmosphäre. Es wird in diesem Fall ein Weichbeutelreservoir benutzt. Der Vorteil des offenen Systems liegt in der besseren Luftelimination über die Verbindung zur Atmosphäre. Bei einem geschlossenen System kann das venöse Reservoir nicht leer laufen. Eine aus diesem Grund hervorgerufene Luftembolie ist dementsprechend nicht möglich.

59.2.5 Schlauchsysteme

Die einzelnen Komponenten der Herz-Lungen-Maschine werden mit blutführenden Schläuchen verbunden. Diese bestehen aus Silikon oder Silikonkautschuk oder no-DOP-PVC. Die Konnektoren der Schläuche bestehen aus Polyvinylchlorid (PVC). Zu berücksichtigen bei der Wahl des Schlauchsystems ist, das der Blutfluss mit der 4. Potenz des Schlauchradius zunimmt und mit zunehmender Länge der Schläuche abnimmt. Dies unterstreicht die Forderung nach möglichst kurzen blutführenden Schläuchen. Ein weiterer Grund für die Forderung nach möglichst kurzen Schlauchverbindungen ist die damit verbundene Reduktion des Füllungsvolumens (Primingvolumen). Bei den Schlauchsystemen unterscheidet man heparinbeschichtete Systeme von unbeschichteten Systemen.

59.2.6 Arterieller Filter

Die in die Herz-Lungen-Maschine integrierten Filter dienen der Eliminierung von Luftblasen, Partikeln aus dem Kreislauf der HLM und Mikrothromben. Bei den in der Herz-Lungen-Maschine eingesetzten Filtern handelt es sich um Netzfilter oder Tiefenfilter. Bei den Tiefenfiltern handelt es sich um bündelweise gepackte Kunststofffasern (Polyurethanschaumstoff) durch die das zu filternde Blut durchläuft. Große Partikel werden direkt auf der Oberfläche zurückgehalten, kleinere Partikel werden durch Adsorption während der Passage gebunden.

Der Netzfilter besteht aus einem aus Polyesterfäden gewobenen Netz und funktioniert wie ein Sieb in dem die zu großen Blutbestandteile zurückgehalten werden. Die Porengröße des Netzes ist definiert. Bei den arteriellen Filtern handelt es sich in der Regel um Netzfilter [6] mit einer Porengröße von ca. 40 μm. Bei einer zu gering gewählten Porengröße des Filters wird ein zu hoher Widerstand erzeugt und damit verbunden ein hoher Druck vor dem Filter aufgebaut wodurch es zeitgleich zu einer Verringerung der Flussrate durch den Filter kommt. Der arterielle Filter befindet sich zwischen dem Oxygenator und der arteriellen Kanüle.

59.2.7 Arterielle Kanülierung

Die arterielle Kanülierung, für die Rückführung des sauerstoffreichen Blutes in den Körperkreislauf des Patienten, erfolgt entweder über die Aorta ascendens (Hauptschlagader) oder über die A. femoralis com. (Beinarterie in der Leiste). Die Wahl der Größe der arteriellen Kanüle ist abhängig vom benötigten Herz-Zeit-Volumen des Patienten. Das Herz-Zeit-Volumen (unter Einsatz der HLM dann das benötigte Pumpenvolumen) liegt in den meisten Fällen bei Erwachsenen zwischen 3,5 und 6 l/min. Für diese Förderleistung wird eine arterielle Kanüle mit einem Durchmesser zwischen 5 und 7 mm benötigt.

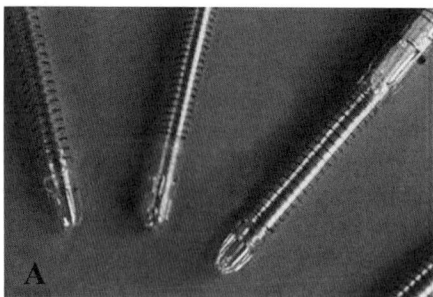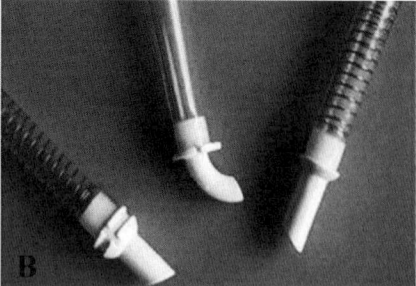

Abb. 59.6 Unterschiedliche venöse (A) und arterielle (B) Kanülen wie sie derzeit im Routinebetrieb eingesetzt werden.

59.3 Venöse Kanülierung

Die venöse Kanülierung, zur Drainage des Patientenblutes entlang der Schwerkraft (passiv) in die Herz-Lungen-Maschine, erfolgt in der Regel über die untere und obere Hohlvene oder über den rechten Vorhof. Ebenfalls ist eine Kanülierung der V. femoralis möglich. Die venösen Kanülen sind, da es sich um eine passive Drainage handelt zwangsläufig größer als die arteriellen Kanülen (Abb. 59.6). Die derzeit am meisten verwendete venöse Kanüle ist eine Zwei-Stufen-Kanüle (für die Kanülierung des rechten Vorhofs).

59.4 Ventkatheter und Maschinensauger

Zur Entlastung des stillgelegten Herzens wird ein Entlastungssauger (sog. Vent) meist über die rechte obere Lungenvene in den linken Ventrikel eingebracht. Über diesen Sauger kann nun das Blut der Bronchialzirkulation, welches über die Lungenvenen zum linken Herzen zurückgelangt, abgesaugt werden um so eine Dilatation des Herzens zu verhindern. Die Ventsaugung wird über eine isoliert betriebene Rollerpumpe der Herz-Lungen-Maschine durchgeführt. Für das Absaugen von großen Blutmengen aus dem Operationsfeld steht während des Einsatzes der Herz-Lungen-Maschine ein Maschinensauger zur Verfügung. Dieser wird ebenfalls über eine separate Rollerpumpe betrieben. Generell sollte versucht werden den Einsatz der Saugung auf ein Minimum zu beschränken, da das Saugen von Blut zu einer nicht unerheblichen Hämolyse führt.

59.5 Priming der Herz-Lungen-Maschine

Unter dem Priming der Herz-Lungen-Maschine versteht man die Vorfüllung der Maschine mit Volumen. Ziel ist es die gesamte Luft aus den einzelnen Komponenten zu eliminieren. Je nach Zusammensetzung der Herz-Lungen-Maschine wird für die Primärfüllung ein Volumen von insgesamt 1,5 bis 2,5 Liter benötigt. Zu Beginn der Einführung der Herz-Lungen-Maschine wurde das System mit Blut (heute nur noch bei speziellen Eingriffen üblich) gefüllt. Für das Priming benötigte man damals ca. 4–5 Liter Spenderblut. Heute wird für die Primärfüllung in den meisten Fällen ein Mischperfusat aus den unterschiedlichsten Volumenersatzmitteln (kristalloide Lösungen, Humanalbumin, Hydroxyäthylstärke) benutzt. Durch den Beginn der extrakorporalen Zirkulation kommt es durch die Füllung der HLM mit einem Mischperfusat zu einer starken Verdünnung (sog. Hämodilution) des Blutes mit einem deutlichen Absinken des Hämatokritwertes [7]. Um den Grad der Hämodilution so gering wie möglich zu halten wird ein möglichst geringes Primingvolumen angestrebt.

59.6 Myokardprotektion

Das Ziel der Myokardprotektion liegt in dem Erreichen eines Herzstillstandes ohne das Auftreten eines Myokardschadens. Bei einem ischämischen Herzstillstand ist die Blutversorgung des Herzens mit Sauerstoff und Stoffwechselprodukten aufgrund des Verschlusses von einem oder mehreren Herzkranzgefäßen unterbrochen. Es folgen eine Gewebsazidose und der Untergang von Herzmuskelzellen. Nach ca. 15–20 Minuten eines normothermen ischämischen Herzstillstandes ist eine Wiederbelebung des Herzens nicht mehr möglich. Im Gegensatz zum ischämischen Herzstillstand wird während des Einsatzes der Herz-Lungen-Maschine ein Herzstillstand durch Depolarisierung der Zellmembran mithilfe von kaliumreichen kardioplegen Lösungen erzielt. Durch die Stilllegung des Herzens mittels einer kardioplegen Lösung können je nach Grad der Vorschädigung des Herzens Stillstandzeiten (Aortenabklemmzeiten) von bis zu 4 Stunden erzielt werden.

Bei der Myokardprotektion unterscheidet man zwischen kristalloider Kardioplegie-Lösung und Blutkardioplegie [8]. Die Kardioplegie kann antegrad (über Koronararterien) oder retrograd (über Koronarsinus) und kontinuierlich oder intermittierend appliziert werden. Ferner kann die Gabe der Kardioplegie in Form einer normothermen oder hypothermen Lösung erfolgen.

59.7 Hypothermie

Der menschliche Organismus ist homoiotherm. Dies bedeutet, dass die Körpertemperatur des Menschen bei 36,5–37 °C konstant gehalten wird. Die Grundlage für die autonome Temperaturregelung ist die Regelung der Wärmeabgabe an die Umgebung bzw. die Wärmebildung durch metabolische Prozesse. Bei homoiothermen Organismen führt die Abnahme der Körpertemperatur zur deutlichen Abnahme des Energieumsatzes aufgrund der Reduzierung von Stoffwechselprozessen. Beim Menschen bedeutet ein Absinken der Körpertemperatur um 10 °C eine Reduktion des Sauerstoffverbrauchs aufgrund der Abnahme von Stoffwechselprozessen um 50%.

Die Hypothermie kann durch Oberflächenkühlung oder durch Absenken der Bluttemperatur mittels der Herz-Lungen-Maschine über den Wärmetauscher erzielt werden [9]. Man unterscheidet folgende Hypothermiegrade:

- 36–32 °C   leichte/milde Hypothermie
- 32–28 °C   mäßige/moderate Hypothermie
- 28–18 °C   tiefe Hypothermie

Die Hypothermie führt unter anderem zur:

- Zunahme der Blutviskosität
- Abnahme der Gerinnungsaktivität
- Prädisposition für Arrhythmien und Kammerflimmern
- Erhöhte Urinausscheidung bei milder bis mäßiger Hypothermie
- Änderung der Löslichkeit von Blutgasen

Die Phase der Abkühlung des Patienten kann in der Regel so schnell wie möglich erfolgen, wogegen die Wiedererwärmung schrittweise erfolgen muss, da während dieser Phase die Gaslöslichkeit im Blut abnimmt und somit die Gefahr der Bildung von Mikrobläschen zunimmt. Während der Phase der Wiedererwärmung sollten keine Temperaturdifferenzen von mehr als 10 °C zwischen Wasser und Blut bestehen. Eine Wassertemperatur von mehr als 42 °C sollte verhindert werden, um eine mögliche Denaturierung von Proteinen im Blut zu verhindern.

59.8 Blutgerinnung

Die extrakorporale Zirkulation von Blut ist erst durch die Aufhebung der Blutgerinnung mittels Heparin möglich geworden. Die Entdeckung des Heparins gelang im Jahre 1916 durch Jay McLean. Die gerinnungshemmende Wirkung von Heparin liegt in einer vielfachen Verstärkung der gerinnungshemmenden Wirkung von Antithrombin III (AT III). Die intraoperative Gabe von Heparin muss vor der Insertion der Kanülen für die Herz-Lungen-Maschine erfolgen. Für den Einsatz der HLM sind Dosen von 200–500 IE/kg Körpergewicht Heparin notwendig. Das Monitoring der gerinnungshemmenden Wirkung von Heparin erfolgt über die „activated clotting time" (ACT), welche für den Beginn und auch während der extrakorporalen Zirkulation über 400 sec (Normalwert: 105–167 sec) liegen sollte. Am Ende der extrakorporalen Zirkulation wird die Wirkung von Heparin im Verhältnis von 1:1 mittels intravenöser Gabe von Protamin antagonisiert.

59.9 Hämodynamik

Der wichtigste Parameter zur Überwachung der Hämodynamik des Patienten ist der mittlere arterielle Druck (MAP). Dieser ist abhängig vom Pumpenminutenvolumen (PMV) der Herz-Lungen-Maschine und vom peripheren Widerstand des Patienten. Wird das PMV der HLM reduziert, sinkt auch unweigerlich der MAD. Zur Steigerung des MAD kann entweder der periphere Widerstand medikamentös erhöht werden oder das PMV angehoben werden. Bei einer nicht-pulsatilen Perfusionstechnik (Zentrifugalpumpe, herkömmliche Rollerpumpe) wird lediglich ein mittlerer arterieller Druck registriert, wogegen es bei einer pulsatilen Perfusionstechnik zu „systolischen" und „diastolisch" Blutdruckwerten kommt. Hieraus kann dann der MAD berechnet werden. Eine Überlegenheit eines pulsatilen (eher physiologischen) Perfusionsprofils gegenüber eines kontinuierlichen Perfusionsprofils ist während der normalen Laufzeit (2–4 Stunden) der Herz-Lungen-Maschine nicht gegeben [10].

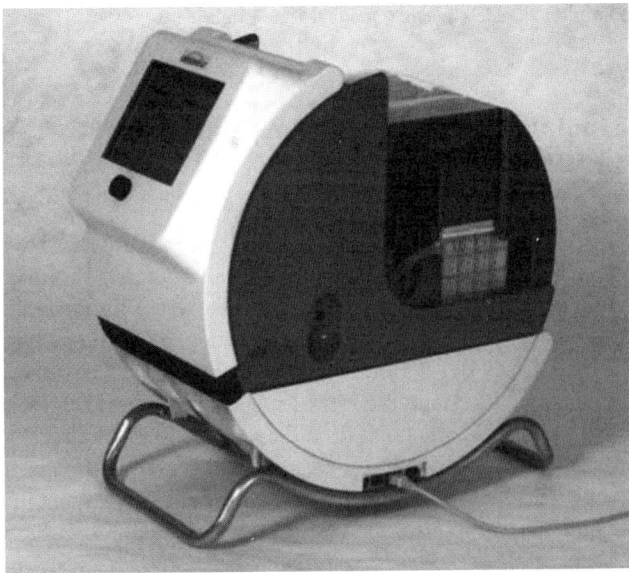

Abb. 59.7 Die tragbare Herz-Lungen-Maschine LIFEBRIDGE $B_2T^®$. Sie besteht aus einem Basismodul, einem Einsatzmodul und einem Patientenmodul. Die $B_2T^®$ hat eine Größe von 61 cm x 45 cm x 37 cm. Das Einsatzmodul inkl. Patientenmodul hat ein Gewicht von ca. 15 kg. (Quelle Firma Lifebridge)

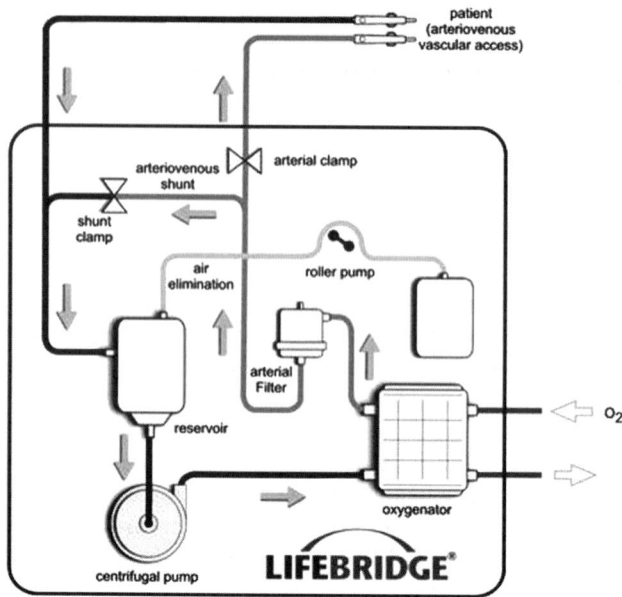

Abb. 59.8 Schematischer Kreislauf der B$_2$T®. Dieser unterscheidet sich zum Basiskreislauf einer herkömmlichen Herz-Lungen-Maschine durch die Integration einer weiteren Rollerpumpe für die Luftelimination und durch die Integration eines Shunts zwischen arterieller und venöser Linie für den Fall, dass Luftblasen in die arterielle Linie gelangen und dann entsprechend vollautomatisch vom System eliminiert werden können. (Quelle: Firma Lifebridge)

59.10 Die mobile Herz-Lungen-Maschine LIFEBRIDGE B$_2$T®

Nach der Etablierung der Herz-Lungen-Maschine in den klinischen Routinebetrieb, ist es zu einer vielfachen Modifizierung der extrakorporalen Zirkulation (MECC System, ECMO, intra- und extrakorporale Assist Devices) für unterschiedliche Indikationen gekommen. Eine dieser Weiterentwicklungen der Herz-Lungen-Maschine ist die LIFEBRIDGE B$_2$T®. Bei der LIFEBRIDGE B$_2$T® (Bridge to Therapy) handelt es sich um eine transportable Herz-Lungen-Maschine [11], welche bei Notfallpatienten im kardiogenen Schock über die Gefäße in der Leiste angeschlossen werden kann, um ein drohendes Multi-Organ-Versagen zu verhindern. Unter Einsatz dieser Mini-HLM kann der hämodynamisch stabilisierte Patient in ein entsprechendes Krankenhaus transportiert und der weiteren Therapie zugeführt werden.

Die B$_2$T® ist ein miniaturisiertes Herz-Lungen-Unterstützungssystem, welches aus einer Zentrifugalpumpe (IBC, Biomedicus Design), einem Membranoxygenator mit integriertem Wärmetauscher (BioCor 200), einem venösen Reservoir, einem arterielleren Filter (Pall AL8) und Level – sowie Bubblesensoren besteht. Neuartig an dem Konzept der B$_2$T® ist das automatische Entlüftungssystem, welches dem Benutzer ein vollautomatisches Priming der HLM innerhalb von 5 Minuten (herkömmliche Systeme 15–25 Minuten) ermöglicht. Um ein größtmögliches Potenzial an Sicherheit während des Transportes eines Patienten unter Einsatz der $B_2T^®$ zu gewähren, verfügt das System über einen vollautomatischen Mechanismus zur Luftelimination.

Weiterführende Literatur

- Feindt P, Harig F, Weyand M (2006) Empfehlungen zum Einsatz und zur Verwendung der Herz-Lungen-Maschine. Steinkopff, Darmstadt
- Gravlee GP, Davis RF, Kurusz M, Utley JR (2000) Cardiopulmonary bypass: Principles and Practice. Lippincott Williams & Wilkins, Philadelphia
- Lauterbach G (Hrsg.) (2002) Handbuch der Kardiotechnik. Urban und Fischer, München Jena
- Mora CT, Guyton RA, Finlayson DT (1995) Principles and techniques of extracorporeal circulation. Springer, Berlin
- Taylor KM (1988) Cardiopulmonary bypass. Chapman & Hall, London
- Tschaut RJ (Hrsg.) (2005) Extrakorporale Zirkulation in Theorie und Praxis. Pabst Science, Berlin Düsseldorf Leipzig

59.11 Literatur

1. Böttcher W, Woysch H. Die erste erfolgreiche herzchirurgische Operation mit Hilfe der Herz-Lungen-Maschine. Z Herz- Thorax- Gefäßchir 2006; 20: 248–260
2. Cooley DA. Development of the roller pump for use in the cardiopulmonary bypass circut. Tex Heart Inst J 1987; 14: 112–118
3. Voss B, Krane M, Jung C, Schad H, Heimisch W, Lange R, Bauernschmitt R. Does "Physiological" Pulsatile Perfusion Improve Intestinal Blood Flow During ECC? Biomed Tech 2005; 50: 1519–1520
4. Jakob HG, Hafner G, Thelemann C, Stürer A, Prellwitz W, Oelert H. Routine extracorporeal circulation with a centrifugal or roller pump. ASAIO Trans 1991; 37: M487–M489
5. Iwahashi H, Yuri K, Nosé Y. Development of the oxygenator: past, present, and future. J Artif Organs 2004; 7: 111–120
6. Whitaker DC, Stygall JA, Newman SP, Harrison MJ. The use of leucocyte-depleting and conventional arterial line filters in cardiac surgery: a systematic review of clinical studies. Perfusion 2001; 16: 433–446
7. Boldt J, Zickmann B, Ballesteros BM, Stertmann F, Hempelmann G. Influence of five different priming solutions on platelet function in patients undergoing cardiac surgery. Anesth Analg 1992; 74: 219–225
8. Nicolini F, Beghi C, Muscari C, Agostinelli A, Maria Budillon A, Spaggiari I, Gherli T. Myocardial protection in adult cardiac surgery: current options and future challenges. Eur J Cardiothorac Surg 2003; 24: 986–993
9. Christenson JT, Maurice J, Simonet F, Velebit V, Schmuziger M. Normothermic versus hypothermic perfusion during primary coronary artery bypass grafting. Cardiovasc Surg 1995; 3; 519–524
10. Krane M, Voss B, Braun SL, Schad H, Heimisch W, Lange R, Bauernschmitt R. A computer-controlled pulsatile pump system for cardiopulmonary bypass and its effects on regional blood flow, haemolysis and inflammatory response. Computers in Cardiology 2006; 33: 309–312
11. Mehlhorn U, Brieske M, Fischer UM, Ferrari M, Brass P, Fischer JH, Zerkowski HR. LIFE-BRIDGE: a portable, modular, rapidly available „plug-and-play" mechanical circulatory support system. Ann Thorac Surg 2005; 80: 1887–1892

60 Herzklappenchirurgie

D. Ruzicka, I. Hettich, E. Eichinger, R. Lange

60.1 Grundlagen

Die Fähigkeit des Herzens, Blut zu pumpen, ist von der uneingeschränkten Funktion der Herzklappen abhängig. Die Atrioventrikular- und die Semilunarklappen, die als Ventile die Druck- und Flussbeziehung zwischen Vorhof und Ventrikel einerseits und zwischen Ventrikel und den Kreisläufen andererseits steuern, sind für die jeweilige Aufgabe optimal angelegt. Jede Klappe durchläuft während eines menschlichen Lebens etwa 2,6 Billionen Schluss- und Öffnungszyklen [1].

60.1.1 Anatomie

60.1.1.1 Segelklappen

Die Trikuspidalklappe besitzt ein anteriores, ein posteriores und ein septales Segel und die Mitralklappe ein großes anteriores (aortales) und ein kleineres posteriores (murales) Segel. Die Segel setzen an dem jeweiligen Anulus fibrosus an der Herzbasis an und treffen an den Kommissuren zusammen. Über die Chordae tendineae ist der freie Rand der Segel mit dem Segel mit den Papillarmuskeln verbunden, wodurch ein Zurückschlagen der Segel in den Vorhof während der Ventrikelkontraktion verhindert wird. Verschiedene Erkrankungen führen zu charakteristischen, pathomorphologischen Veränderungen des Mitralklappenapparates mit der Folge einer Funktionsstörung der Klappe [1].

60.1.1.2 Taschenklappen

Die Aorten- und Pulmonalklappe sind sogenannte „Taschenklappen" und zeichnen sich durch den halbmondförmigen Ansatz der 3 Klappensegel an der Basis des Klappenrings aus. Die dünnen, freien Ränder der Segel besitzen in der Mitte

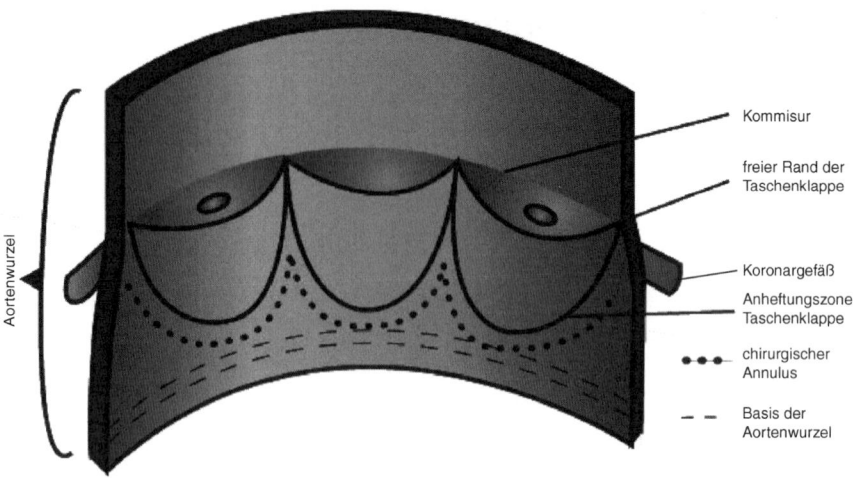

Abb. 60.1 Schema einer aufgeschnittenen Aortenwurzel

Verdickungen (Noduli Arantii), die sich in der Diastole aneinander legen, um die zentrale Öffnung der Klappe abzudichten. Distal der eigentlichen Klappe befinden sich leichte Ausbuchtungen der Aorten- und Pulmonaliswurzel, Sinus valsalvae, die für die Minimierung von Turbulenzen von Bedeutung sind. Von der Aortenwurzel entspringen die linke und rechte Koronararterie oberhalb der Basis des jeweiligen Klappensegels [1].

60.2 Herzklappenerkrankungen

60.2.1 Aortenklappe

Erworbene Aortenklappenstenose
Ursache einer Aortenklappenstenose ist in etwa 60% eine angeborene Fehlbildung der Klappe in Form einer Kommissurenverschmelzung, einer Segelasymmetrie oder einer bikuspiden Klappenanlage. Durch die abnormen Strömungsbedingungen an dieser fehlgebildeten Klappe kommt es konsekutiv zur Fibrose und im späteren Lebensalter (nach dem 30. Lebensjahr) zur Verkalkung. Bei etwa 15% der Patienten ist eine rheumatische Entzündung dem Erkrankungsprozess vorangegangen. Der abgeheilte Entzündungsprozess hinterlässt eine Fibrose, Schrumpfung und Verklebung der Segel, welche dann sekundär verkalken. Etwa 25% der Aortenstenosen sind durch degenerative, arteriosklerotische Prozesse an den Klappen verursacht. Ein kombiniertes Aortenvitium (Aortenstenose und -insuffizienz) entsteht häufig auf dem Boden einer Aortenstenose, wobei die Segel durch Dilatation der Aortenwurzel oder durch fibrotische Schrumpfung oder Verkalkung schließunfähig wer-

60.2 Herzklappenerkrankungen

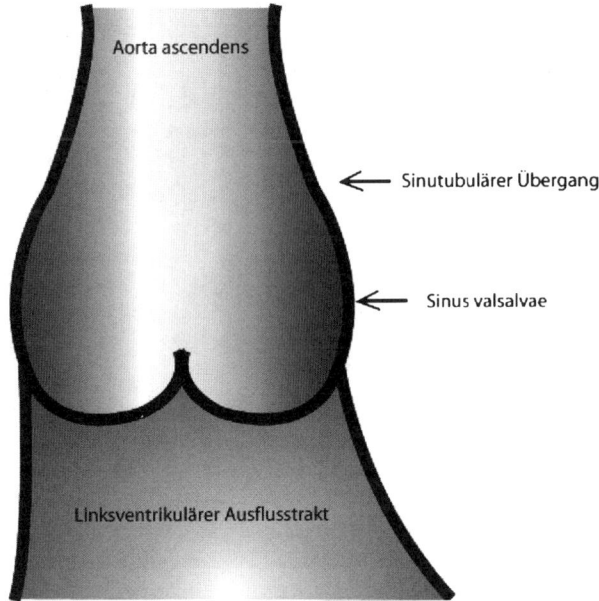

Abb. 60.2 Anatomie der Aortenwurzel: Der Anfangsteil der Aorta ist leicht bauchig erweitert und wird Bulbus aortae genannt. Er besteht aus drei Sinus valsalvae, die vom Schließungsrand des jeweiligen Aortenklappensegels und der Aortenwand begrenzt sind

den. In einigen Fällen führt auch eine Klappenentzündung (Endokarditis) bei bereits bestehender Aortenstenose zur Insuffizienz. Die häufigsten Erreger einer Endokarditis sind Streptokokken, Staphylokokken und Enterokokken [2, 3].

Erworbene Aortenklappeninsuffizienz
Eine Ursache für die Aortenklappeninsuffizienz ist die Dilatation des Aortenklappenringes bei angeborenen Aortenwandanomalien wie der zystischen Medianekrose und dem Marfan-Syndrom. Darüber hinaus kann eine Klappenendokarditis durch Zerstörung der Klappensegel zu einer Aorteninsuffizienz führen. Die reine Aorteninsuffizienz ist häufig durch einen rheumatischen Entzündungsprozess verursacht. Dabei führt die Entzündung jedoch weniger zur Verkalkung, als zur Fibrose und Schrumpfung der Klappensegel, die dann schließunfähig werden. Weitere Ursachen sind eine Dilatation der Aortenwurzel oder eine Aortendissektion [2, 4].

60.2.1.1 Operative Therapie von Aortenvitien

Klappenrekonstruktion
In den letzten 20 Jahren wurden verschiedene Techniken der Aortenklappenrekonstruktion entwickelt, deren gemeinsames Ziel der Erhalt der Taschenklappen ist, wobei die erkrankten Anteile der Aortenwurzel (Aortenannulus, Sinus valsalva,

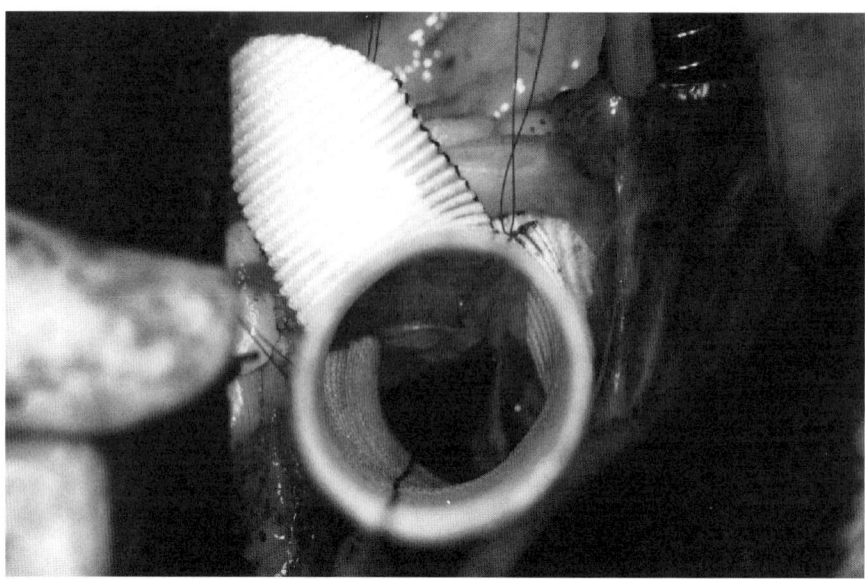

Abb. 60.3 Rekonstruktion der Sinus valsalvae durch die Dacronprothese nach Yacoub. Durch diese Operationstechnik wird eine möglichst physiologische Aortenanatomie nachgeahmt

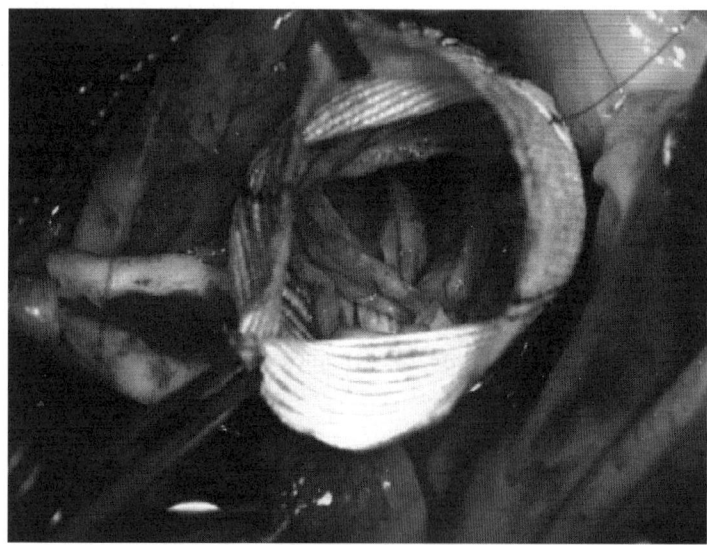

Abb. 60.4 Blick in die rekonstruierte Aortenwurzel nach David III Rekonstruktion. Diese Technik stabilisiert zusätzlich den Aortenannulus und wirkt einer erneuten Dilatation entgegen

60.2 Herzklappenerkrankungen

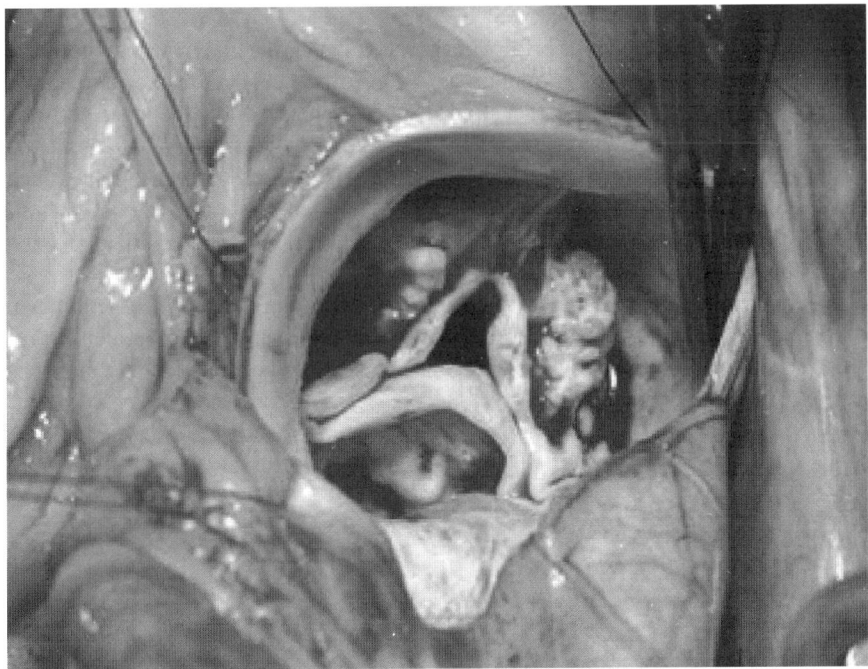

Abb. 60.5 Typischer intraoperativer Befund einer schwer verkalkten Aortenklappe: Eine Rekonstruktion ist in solchen Fällen nicht möglich. Hier kann nur ein prothetischer Aortenklappenersatz durchgeführt werden

sinutubulärer Übergang und aszendierende Aorta) entweder repariert, ersetzt oder stabilisiert werden. Darüber hinaus existieren verschiedene Prozeduren zur direkten Korrektur von Anomalien oder Defekten an den Taschenklappen selbst [5].

Vorteile einer klappenerhaltenden Operation

1. Haltbarkeit und hämodynamische Funktion, die der einer nativen Klappe nahe kommt.
2. Keine lebenslange Antikoagulation [6]

Welche Patienten sind geeignet für eine klappenerhaltende Operation?
Klappenerhaltende Eingriffe sind überwiegend bei Patienten mit reiner Aorteninsuffizienz bei weitgehend normaler Anatomie und Funktion der Taschenklappen möglich. Im Gegensatz dazu gibt es bei Patienten mit rheumatischen oder degenerativen Veränderungen an den Taschenklappen, die mit schweren Verkalkungen einhergehen und meist als reine Aortenklappenstenosen oder kombinierte Vitien mit führender Stenose imponieren, nach wie vor keine sinnvollen Alternativen zum prothetischen Herzklappenersatz. Ein Beispiel für eine schwer verkalkte Aortenklappe mit völligem Verlust der Funktionalität der Taschenklappen ist in Abb. 60.5 gezeigt [5].

Prothetischer Aortenklappenersatz
Der Zugang zur Aortenklappe erfolgt über eine vollständige oder partielle Sternotomie. Unter extrakorporaler Zirkulation wird die Aorta ascendens am kardioplegisch stillgelegten Herzen quer geöffnet. Beim prothetischen Aortenklappenersatz werden die Segel der Aortenklappe vom Ring abgetrennt. In den meisten Fällen müssen ausgedehnte Verkalkungen entfernt werden, die sich in den Klappenring oder auch auf das anteriore Mitralklappensegel erstrecken können. Erst nach dem vollständigen Debridement kann eine Klappenprothese mit einzelnen, filzverstärkten Nähten am Klappenring fixiert werden [2, 7].

Neue Techniken erlauben den Ersatz einer Aortenklappe über einen perkutanen oder einen apikalen Zugang ohne der Notwendigkeit einer extrakorporalen Zirkulation. Hierzu sind besondere Herzklappenprothesen notwendig, wobei Langzeitergebnisse noch aus stehen [8, 9].

60.2.2 Mitralklappe

Mitralklappenstenosen
Die häufigste Ursache einer Mitralstenose ist das rheumatische Fieber und die damit verbundene rheumatische Endokarditis. Seltener treten als Ursachen bakterielle Endokarditis, systemischer Lupus eryhtemados, andere Autoimmunerkrankungen, sowie angeborene Mitralstenosen auf [2].

Mitralklappeninsuffizienzen
Meist durch rheumatische und/oder bakterielle Endokarditis, Mitralklappenprolaps, Linksherzinsuffizienz mit linksventrikulärer Dilatation, Herzinfarkt mit Papillarmuskelnekrose, sowie nach Mitralklappensprengung hervorgerufen. Selten kann eine Mitralinsuffizienz auch angeboren sein [2].

60.2.2.1 Operative Therapie der Mitralklappe

Primär wird immer eine Rekonstruktion der pathologisch veränderten Klappe, also eine klappenerhaltende Operation angestrebt. Einerseits können dadurch die Nachteile mechanischer Prothesen vermieden werden und andererseits bleibt der subvalvuläre Halteapparat (Papillarmuskeln und Chordae) erhalten, der für die Geometrie und Funktion des linken Ventrikels von entscheidender Bedeutung ist [10, 11].

Unter extrakorporaler Zirkulation erfolgt am kardioplegisch stillgestellten Herzen der Zugang zur Mitralklappe entweder über eine Inzision des linken Vorhofs oder des Vorhofseptums nach Öffnung des rechten Vorhofs. Mit Hilfe einer in den Thorax eingeführten Kamera kann die rechtslaterale Inzision auf eine minimale Größe verkleinert werden. Der Operateur arbeitet dann nicht mehr unter direkter, sondern indirekter Sicht über den Bildschirm. Duch die Kameraoptik wird die Klappe und der subvalvuläre Bereich vergrößert dargestellt, und Rekonstruktionsmaßnahmen können

60.2 Herzklappenerkrankungen

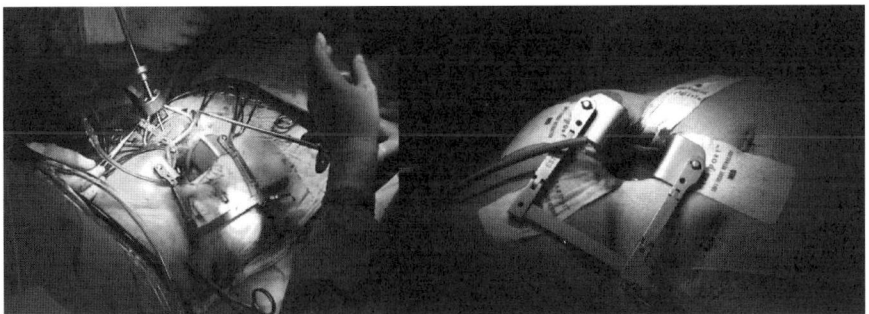

Abb. 60.6 Minimal invasiver OP-Zugang bei Mitralklappenoperation. Operationen an der Mitralklappe werden über eine mediane Sternotomie oder über eine rechts-anterolaterale Thorakotomie (siehe Abbildung) durchgeführt

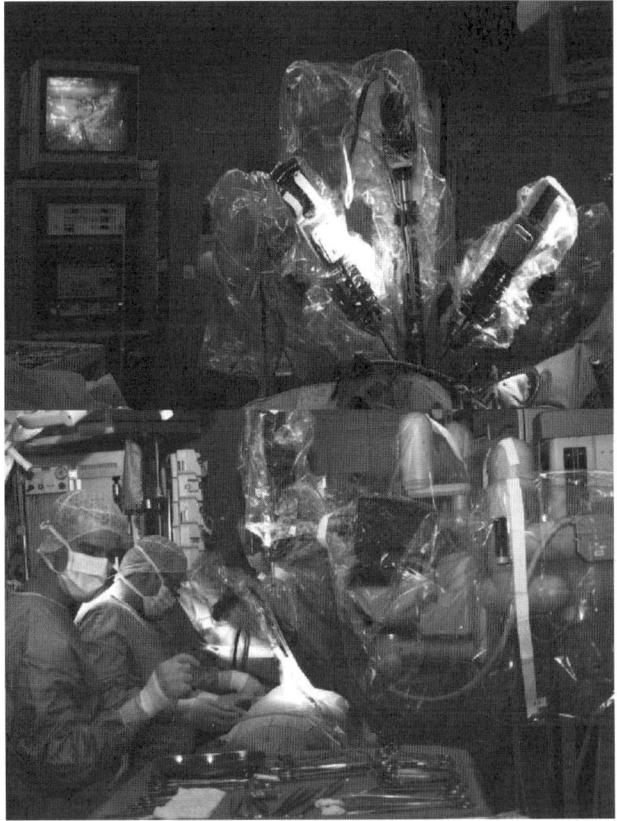

Abb. 60.7 Durch die Verwendung eines computerisierten Telemanipulators, wie er bei den TECAB-Operationen („total endoscopic coronary artery bypass") bereits zum Einsatz kommt, kann die Invasivität des Eingriffs weiter minimiert werden. Die weltweit erste, totalendoskopische Mitralklappenrekonstruktion wurde im März 2000 im Deutschen Herzzentrum München durchgeführt [12]

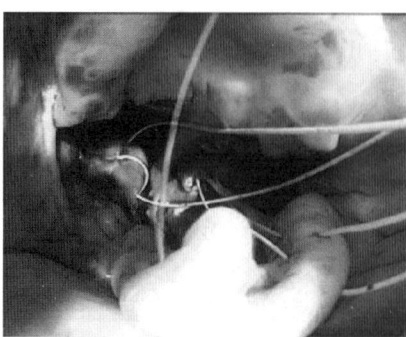

Abb. 60.8 Mitralklappenrekonstruktion mit Sehnenfadenersatz: Ist die Insuffizienz durch ein Zurückschlagen (Prolaps) der Segel in den Vorhof verursacht, so ist häufig eine Elongation oder eine Ruptur von Sehnenfäden (Chordae) verantwortlich. In diesen Fällen werden einzelne, elongierte Chordae durch Plikatur verkürzt oder durch prothetisches Material, z. B. mit Goretex Sehnenfäden (siehe Abbildung) ersetzt

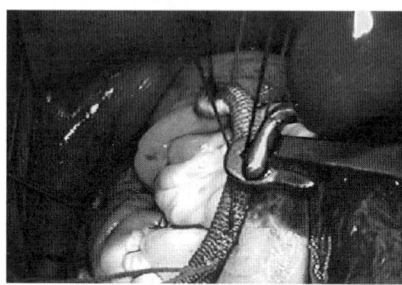

Abb. 60.9 Bei allen Rekonstruktionsmaßnahmen sollte immer eine Ringprothese implantiert werden, um damit die Druck und Zugbelastung des Klappenringes und der Segel zu reduzieren und einer Degeneration der rekonstruierten Klappe vorzubeugen

mit noch höherer Präzision durchgeführt werden. Der nächste Schritt wird hier möglicherweise die Verwendung eines computerisierten Telemanipulators sein, wie er bei den TECAB-Operartionen („total endoscopic coronary artery bypass") bereits zum Einsatz kommt. Die weltweit erste, totalendoskopische Mitralklappenrekonstruktion wurde im März 2000 im Deutschen Herzzentrum München durchgeführt [12].

Bei einer Mitralinsuffizienz kommt je nach der Pathologie der Klappe eine Vielzahl von Rekonstruktionsmaßnahmen zur Anwendung:

Ist die Insuffizienz überwiegend durch eine Dilatation des Klappenrings mit einer zentralen Schließunfähigkeit der Segel verursacht, so kann der Ring durch die Implantation einer Ringprothese verkleinert werden (Anuloplastie).

Ein rupturierter Papillarmuskel kann prinzipiell genäht werden, jedoch ist nach akutem Infarkt das Myokardgewebe so brüchig, dass die Nähte häufig wieder ausreißen und ein Klappenersatz durchgeführt werden muss. Bei Elongation eines Segels aufgrund übermäßig vorhandenen Gewebes und/oder abgerissener Sehnenfäden, wird das Segel durch Resektion des prolabierenden Anteils verkürzt.

Sind dagegen Klappensegel bei einem postrheumatischen Vitium geschrumpft und durch narbig verklebte Chordae in ihrer Beweglichkeit eingeschränkt, entsteht die Schließunfähigkeit der Klappe durch den mangelhaften Kontakt der Segel in der Klappenebene. In diesen Fällen werden die Segel durch Lösen von verklebten und verkürzten Chordae mobilisiert und an den Kommissuren gespalten. Auch durch eine „Segelvergrößerung" mit einem Flicken aus autologem Perikard kann die eingeschränkte Mobilität des Segels verbessert werden.

60.2 Herzklappenerkrankungen

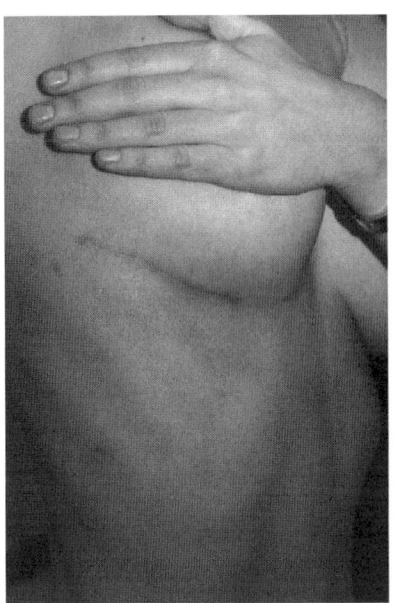

Abb. 60.10 Kosmetisches Ergebnis nach minimal invasiver Mitralklappenrekonstruktion: Zur operativen Therapie der Mitralklappe kommen zunehmend auch minimal-invasive Operationsverfahren zur Anwendung. Als Zugang dient entweder eine partielle mediane Sternotomie oder eine kleine rechtslaterale Thorakotomie. Die Herz-Lungen-Maschine wird über die Femoralgefäße angeschlossen. Die Aorta wird entweder direkt abgeklemmt oder mit einem intraluminalen Ballonkatheter verschlossen, über dessen distale Öffnung kardioplegische Lösung infundiert werden kann. Bei rekonstruktiven Maßnahmen kann mit Hilfe einer in das Perikard eingeführten Mikrokamera die Sicht entscheidend verbessert werden, so dass Inzisionen und Resektionen äußerst präzise durchgeführt werden können.

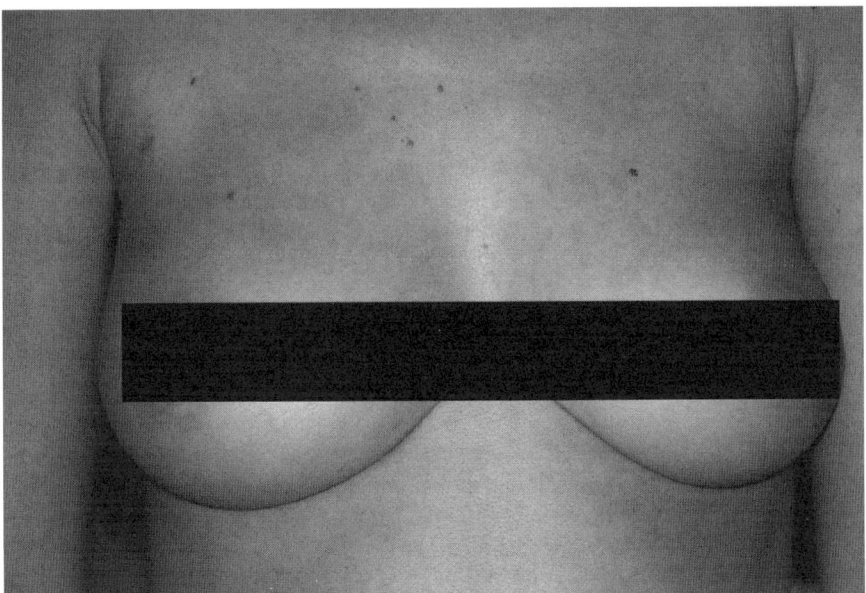

Bei einer akuten Endokarditis ist häufig die Klappe hochgradig zerstört, so dass rekonstruktive Maßnahmen nicht mehr möglich sind. In seltenen Fällen können aber bei lokalisierten Entzündungen die Segelanteile, die Vegetationen tragen, reseziert und durch autologes Perikard ersetzt werden.

60.2.3 Trikuspidalklappe

Trikuspidalklappenfehler
Eine Funktionsstörung der Trikuspidalklappe tritt selten isoliert auf, sondern meistens in Verbindung mit einer Mitralklappenerkrankung. Eine Trikuspidalklappenstenose entsteht auf dem Boden einer rheumatischen Klappenentzündung. Die häufigste Ursache einer Trikuspidalklappeninsuffizienz ist dagegen eine Dilatation des Klappenrings als Folge einer Vergrößerung des rechten Ventrikels bei pulmonaler Druckerhöhrung. Wie bei der Mitralklappe sieht man aber auch prolabierende Segel und abgerissene Sehenfäden. Eine akute Endokaridits der Trikuspidalklappe war früher eine seltene Erkrankung, hat aber mit zunehmenden intravenösen Drogenabusus deutlich zugenommen. In seltenen Fällen kann auch ein schweres, stumpfes Thoraxtrauma die Ursache einer Papillarmuskel- oder einer Sehenfadenruptur sein [2].

60.2.3.1 Operative Therapie der Trikuspidalklappe

Die Trikuspidalklappe kann fast immer rekonstruiert werden und ein Klappenersatz ist die Ultima Ratio. Für die Rekonstruktion gelten die gleichen Prinzipien wie für die Mitralklappe [13].

Chirurgische Maßnahmen sind auf eine Verkleinerung des Klappenrings gerichtet. Diese erfolgt auf 2 Arten:

- Bei der Anuloraphie nach De Vega wird eine zweifache Nahtreihe entlang des Anulus des anterioren und posterioren Segels platziert und der Klappenring wird durch Anziehen der Nähte, wie bei einem „doppelten Tabaksbeutel", gerafft [14].
- Eine andere Methode zur Verkleinerung des Trikuspidalklappenringes ist die Implantation einer Ringprothese.

60.3 Herzklappenprothesen

Die ideale Herzklappenprothese sollte unbegrenzt haltbar, nicht thrombogen, unanfällig für Infektionen, technisch einfach zu implantieren, hämodynamisch optimal und subjektiv für den Patienten akzeptierbar sein. Diese ideale Herzklappenprothese ist bis heute noch nicht entwickelt worden.

60.3.1 Biologische Prothesen

Bioprothesen werden aus chemisch vorbehandeltem, biologischem Gewebe hergestellt. Dabei verwendet man allogene (vom Menschen) und xenogene (vom Tier) Aortenklappen oder Perikard. Ein wesentlicher Vorteil der Bioprothesen ist die feh-

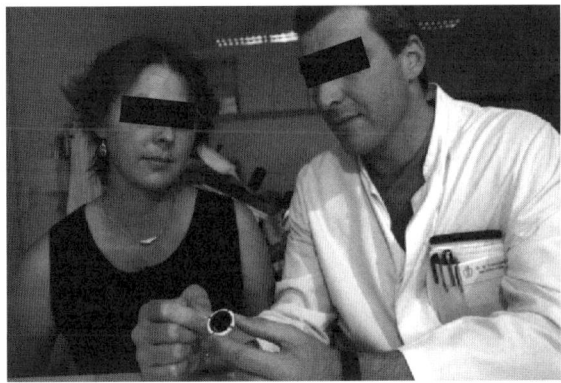

Abb. 60.11 Die Wahl der individuell richtigen Herzklappenprothese erfolgt im Gespräch mit dem Patienten [15]

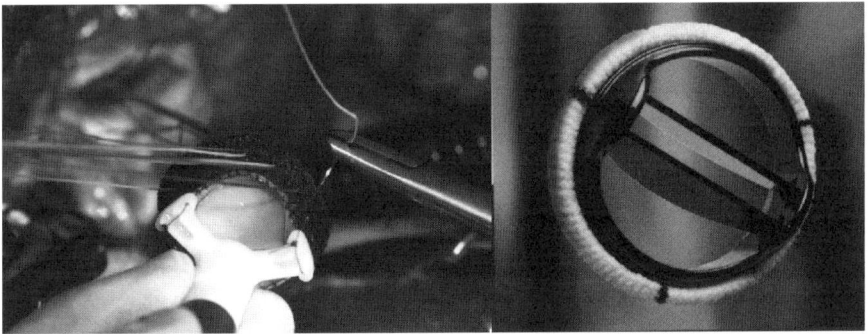

Abb. 60.12 Aortenklappenersatz mit biologischer Prothese *(links)* und mit mechanischer Prothese *(rechts)*

lende Notwendigkeit einer Antikoagulation. Der Nachteil ist ihre begrenzte Haltbarkeit [16].

Xenogene Herzklappen
Aktuell sind biologische Klappenprothesen in zwei Bauarten erhältlich:

Gestentete Bioprothesen sind auf einem Rahmen (Stent) aufgezogen; das eigentliche Klappenmaterial besteht entweder aus Perikard (Herzbeutel) vom Rind oder aus natürlichen Aortenklappen des Schweins. Das gesamte biologische Material wird mit Glutaraldehyd fixiert, um die antigene Potenz des xenogenen Gewebes zu vermindern. Gleichzeitig wird dadurch das kollagene Fasergerüst durch eine intermolekulare Quervernetzung der kollagenen Fibrillen stabilisiert. Da das Gewebe nach der Behandlung nicht mehr vital ist, sind immunologisch Prozesse ausgeschlossen.

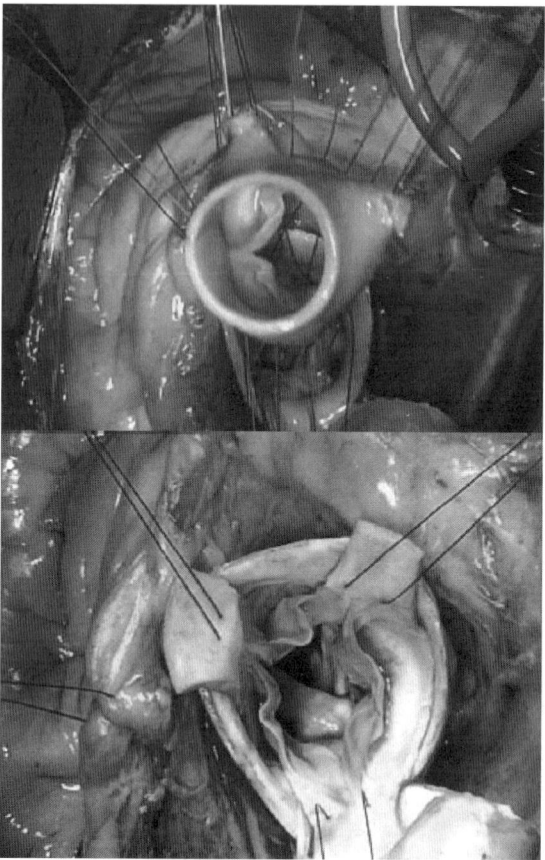

Abb. 60.13 Aortenklappenersatz mit Stentless-Prothese: Diese werden ohne Gerüst direkt in die Aorta eingenäht und haben den Vorteil, dass für den gegebenen Durchmesser eine größere Prothese eingesetzt werden kann, da der Durchmesser des Rahmens wegfällt

Stentlose Bioprothesen werden ohne Gerüst direkt in die Aorta eingenäht. Dies hat den Vorteil, dass für den gegebenen Durchmesser eine größere Prothese eingesetzt werden kann, da der Durchmesser des Rahmens wegfällt [17].

Degeneration und Verkalkung führen bei Bioprothesen mit zunehmender Implantationsdauer zur Zerstörung des kollagenen Grundgerüsts. Die mittlere Lebensdauer biologischer Herzklappen liegt heute zwischen 10–15 Jahren. Die Haltbarkeit ist jedoch wesentlich vom Alter des Patienten abhängig, so dass Bioprothesen vorzugsweise bei älteren Patienten (> 65 Jahre) eingesetzt werden. Bei bestehendem Kinderwunsch kann in einigen Fällen eine biologische Prothese vorübergehend implantiert werden, bis die Familienplanung abgeschlossen ist. Kumarinderivate können während der Schwangerschaft wegen der Blutungsgefahr und teratogener Nebenwirkungen nicht gegeben werden und die Umstellung auf Heparin birgt das Risiko einer Klappenthrombose oder thromboembolischer Komplikationen [18].

60.3 Herzklappenprothesen

Allogene Herzklappen (Homografts)
Diese stammen entweder von Leichen, denen sie bis zu 48 h nach dem Tod entnommen wurden oder von Organspendern, bei denen das Herz aus bestimmten Gründen nicht für eine Transplantation verwendet werden konnte. Die Klappen sollen so konserviert werden, dass die Endothelzellen vital bleiben, um eine frühzeitige Klappendegeneration zu verhindern. Das verbreitetste Konservierungsverfahren ist die Kryokonservierung, eine fraktionierte Kühlung der steril entnommenen Klappen mit flüssigem Stickstoff auf Temperaturen zwischen −40 °C bis −196 °C. Die Klappen werden dann in flüssigem Stickstoff gelagert (Homograft-Bank). Alternativ zur Kryokonservierung können die Klappen auch nach unsteriler Entnahme mit Antiobiotika „sterilisiert" und in Antibiotikanährlösungsgemischen bei 4 °C verwahrt werden (bis zu 4 Wochen). Im Gegensatz zu den mit Glutaraldehyd vorbehandelten Schweineklappen sind allogene Herzklappen antigen, so dass auch immunologische Reaktionen möglich sind. Sie unterliegen wie alle biologischen Klappen einer Gewebedegeneration, die vom Ort (Aorten- oder Pulmonalklappe) und der Dauer der Implantation, sowie vom Alter des Patienten abhängt. Die Verwendung von Homografts ist ein unverzichtbarer Bestandteil vieler Korrekturverfahren für angeborene Herzfehlbildungen [16, 19].

60.3.2 Mechanische Prothesen

Zur Zeit werden Herzklappenprothesen implantiert, die nach 2 unterschiedlichen Prinzipien konstruiert sind [20]: Bei Kippscheibenprothesen ist eine Scheibe aus pyrolytischem Kohlenstoff in ein Titangerüst montiert. Bei Zweiflügelklappen, die weitgehend aus pyrolytischem Kohlenstoff bestehen, sind zwei kleine, halbmondförmige Deckel in Gelenkmulden des Klappenrings gelagert. [21] Öffnen und Schließen der Klappen erfolgt aufgrund der systolisch/diastolischen Druckunterschiede (Öffnungswinkel 85°). Beide Klappenkonstruktionen gewährleisten einen mehr oder weniger zentralen, laminaren Fluss bei einer großen, effektiven Öffnungsfläche. Die Beurteilung der Klappenprothesen orientiert sich an konstruktionsabhängigen Kriterien (hämodynamische Leistungsfähigkeit wie Druckgradient, Rückflussvolumen, Energieverlust, Strömungsprofil, Blutschädigung durch Wandschubspannungen, Geräuschentwicklung) und materialabhängigen Kriterien (Toxizität, Blutschädigung durch die verwendeten Oberflächen, Thrombogenität, Verschleiß). Seit Verwendung des pyrolytischen Kohlenstoffs wurden kaum noch Verschleißerscheinungen an mechanischen Klappenprothesen beobachtet, d. h., die Haltbarkeit ist praktisch unbegrenzt. Auch die Hämolyse ist bei den heute verwendeten Prothesen sehr gering. Allerdings wirken alle mechanischen Klappenprothesen thrombogen. Aus diesem Grund ist nach mechanischem Klappenersatz eine lebenslange Behandlung mit Antikoagulantien erforderlich, die mit oral applizierten Vitamin-K-Antagonisten (Kumarinderivate = Marcumar) durchgeführt wird. Die individuelle Erhaltungsdosis wird in Abhängigkeit von der Prothrombinzeit eingestellt (früher Quickwert um 20–30%, heute INR = International Normalized Ratio" von 2,0–3,0). Allerdings werden auch unter optimaler Antikoagulation Thromboembolien nach Klappenersatz beobachtet. Dabei ist die Thromboembolierate bei Prothesen in Mitralposition etwas häufiger als in Aortenposition. Die linearisierte Thromboembolierate liegt für die z. Z. implantierten mechanischen Prothesen zwischen 0,8–2% pro Patient und Jahr. Wird die Antikoagulation beispielsweise im Rahmen von anderen chirurgischen Eingriffen oder einer Schwangerschaft unterbrochen, kann es zur Thrombosierung der Klappenprothese kommen. Die Patienten sind dann akut lebensbedroht und die Klappe muss sofort ausgetauscht werden. Blutungskomplikationen treten unter der Antikoagulation in einer Häufigkeit von etwa 0,1–1,8% pro Patient und Jahr auf. Die Inzidenz von Blutungen ist unabhängig von der Prothesenposition, korreliert aber mit dem Alter des Patienten [2, 21]

60.4 Literatur

1. Lippert H. Lehrbuch Anatomie. 2006:226–254.
2. Bonow RO, Carabello BA, Kanu C, et al. ACC/AHA 2006 guidelines for the management of patients with valvular heart disease: a report of the American College of Cardiology/American Heart Association Task Force on Practice Guidelines (writing committee to revise the 1998 Guidelines for the Management of Patients With Valvular Heart Disease): developed in collaboration with the Society of Cardiovascular Anesthesiologists: endorsed by the Society for Cardiovascular Angiography and Interventions and the Society of Thoracic Surgeons. Circulation 2006;114:e84–231.
3. Rajamannan NM, Bonow RO, Rahimtoola SH. Calcific aortic stenosis: an update. Nat Clin Pract Cardiovasc Med 2007;4:254–62.
4. Naumann UK, Kaser L, Vetter W. [Aortic valve insufficiency]. Schweiz Rundsch Med Prax 2006;95:1861–7; quiz 1868.
5. Eichinger WBH, I.; Ruzicka, D. J.; Lange, R. Neue Methoden der Aortenklappenchirurgie: Wo steht die Klappenrekonstruktion? Kardiologie up2date 2005;04:307–315.
6. Kouchoukos NT, Wareing TH, Murphy SF, Perrillo JB. Sixteen-year experience with aortic root replacement. Results of 172 operations. Ann Surg 1991;214:308–18; discussion 318–20.
7. Vogt PR, Turina MI. [Aortic valve replacement: technique and outcome with artificial heart valves and allografts]. Ther Umsch 1998;55:737–45.
8. Webb JG, Pasupati S, Humphries K, et al. Percutaneous Transarterial Aortic Valve Replacement in Selected High-Risk Patients With Aortic Stenosis. Circulation 2007.
9. Lamarche Y, Cartier R, Denault AY, et al. Implantation of the CoreValve percutaneous aortic valve. Ann Thorac Surg 2007;83:284–7.
10. Winters M, Obriot P. Mitral valve repair. Aorn J 2007;85:152–66; quiz 167–70.
11. Tsuneyoshi H, Komeda M. Update on mitral valve surgery. J Artif Organs 2005;8:222–7.
12. Mehmanesh H, Henze R, Lange R. Totally endoscopic mitral valve repair. J Thorac Cardiovasc Surg 2002;123:96–7.
13. Antunes MJ, Barlow JB. Management of tricuspid valve regurgitation. Heart 2007;93:271–6.
14. Hejnal J, Malek I, Fridl P, Formanek P, Zelizko M. Long-term results of tricuspid annuloplasty according to DeVega. Cor Vasa 1992;34:293–9.
15. Rahimtoola SH. Choice of prosthetic heart valve for adult patients. J Am Coll Cardiol 2003;41:893–904.
16. Luciani GB, Santini F, Mazzucco A. Autografts, homografts, and xenografts: overview on stentless aortic valve surgery. J Cardiovasc Med (Hagerstown) 2007;8:91–6.
17. Bleiziffer S, Eichinger WB, Wagner I, Guenzinger R, Bauernschmitt R, Lange R. The Toronto root stentless valve in the subcoronary position is hemodynamically superior to the mosaic stented completely supra-annular bioprosthesis. J Heart Valve Dis 2005;14:814–21; discussion 821.
18. Jamieson WR, Burr LH, Miyagishima RT, et al. Carpentier-Edwards supra-annular aortic porcine bioprosthesis: clinical performance over 20 years. J Thorac Cardiovasc Surg 2005; 130: 994–1000.
19. Gulbins H, Kreuzer E, Reichart B. Homografts: a review. Expert Rev Cardiovasc Ther 2003; 1:533–9.
20. Vitale N, De Feo M, De Siena P, et al. Tilting-disc versus bileaflet mechanical prostheses in the aortic position: a multicenter evaluation. J Heart Valve Dis 2004;13 Suppl 1:S27–34.
21. Bryan AJ, Rogers CA, Bayliss K, Wild J, Angelini GD. Prospective randomized comparison of CarboMedics and St. Jude Medical bileaflet mechanical heart valve prostheses: ten-year follow-up. J Thorac Cardiovasc Surg 2007;133:614–22.

61 Innovative Aortenklappenimplantation

P. Libera, W. Götz, C. Schreiber, R. Bauernschmitt, R. Lange

61.1 Einführung

Die Versorgung von degenerierten Herzklappen erlebt zurzeit in mehrfacher Hinsicht einen Wandel: Einerseits lässt die wachsende Zahl von kardiovaskulären Erkrankungen, verbunden mit dem Altern der Bevölkerung, die Zahl der erkrankten Herzklappen ansteigen. Andererseits erwächst mit der neuen Aufsehen erregenden Methode der Katheter gestützten Klappenimplantation am schlagenden Herzen, deren vielversprechender Einsatz im Rahmen verschiedener klinischen Studien zur Zeit untersucht wird, eine Alternative zur traditionellen offenen Herzklappenchirurgie. Offensichtlich stehen wir ganz am Anfang dieser grundlegenden Veränderungen. Das vorliegende Kapitel will die Entwicklung der Katheter gestützten Aortenklappenimplantation bis zum heutigen Tag skizzieren, eine Momentaufnahme aktueller Bestrebungen vermitteln und einen Ausblick wagen, durchaus im Bewusstsein, dass alle diesbezüglichen Ideen, Meinungen und Entwicklungen gegenwärtig im Fluss sind.

Die kalzifizierte Aortenklappenstenose ist der häufigste Herzklappenfehler. Der operative Aortenklappenersatz am offenen Herzen ist längst die Standardtherapie der schweren symptomatischen Aortenklappenstenose. Eine Operation kann die Symptome reduzieren, die Lebensqualität erhöhen und ein längeres Überleben sichern. Symptomatische Patienten, die lediglich medikamentös behandelt werden, haben eine schlechte Prognose.

Unglücklicherweise haben viele dieser immer älter werdenden, potentiell chirurgischen Kandidaten, zunehmend schwere Begleiterkrankungen, und die offene Herzchirurgie mit Herz-Lungen-Maschine beinhaltet Risiken, die einen derartigen Eingriff bei diesen Hochrisikopatienten nicht vertretbar erscheinen lassen. Der Erfolg des Aortenklappenersatzes hängt also – nicht zuletzt aufgrund seiner Invasivität – in erheblichem Maße von einer Reihe patienten- und situationsspezifischer Risikofaktoren ab: Begleiterkrankungen wie Herzinsuffizienz, pulmonale Hypertonie, vorausgehende Herzoperationen, zumal verbunden mit einem hohen Patientenalter, sind mit einem deutlich erhöhten operativen Risiko vergesellschaftet [1].

Schon lange hatte man versucht, ein weniger invasives und risikoärmeres Verfahren zu entwickeln. Dabei verfolgte man zunächst ein Verfahren, welches schon relativ erfolgreich bei der neonatalen Aortenklappenstenose, einem angeborenen Herzfehler, angewandt wurde, die so genannte Ballonvalvuloplastie. Dieses Verfahren kann durch Aufdehnen einer Aortenklappenstenose mittels Ballonkatheter die meisten klinischen Symptome vorübergehend verringern. Es handelt sich jedoch bei dieser interventionellen Alternative eher um einen palliativen Eingriff mit nur unzureichender Langzeitwirkung und passagerem Nutzen [2]. Die Resultate verschiedener Zentren zeigten eine nur mäßige spontane klinische Verbesserung, eine 30-Tage-Letalität über 10 % und eine hohe Restenoserate innerhalb von 6 Monaten.

Die Weiterentwicklung der Ballonvalvuloplastie führte dann zum „perkutanen Herzklappenersatz", der zurzeit in verschiedenen Zentren weltweit in klinischen Studien angewandt wird [3]. Hierbei wird eine Herzklappenprothese zusammengefaltet in einem Katheter an den Zielort der Klappe vorgeschoben, die Prothese dort freigegeben und entfaltet. Der Vorteil gegenüber der operativen Methode: Die Klappenimplantation ist am schlagenden Herzen ohne Herz-Lungen-Maschine möglich. Dies schont den Patienten und bietet mehrere Vorteile: Die OP-Zeit ist wesentlich kürzer, die Komplikationsrate bei Hoch-Risiko-Patienten ist wesentlich geringer und der Patient erholt sich schneller. Seit 2002 wird mit gutem Erfolg der Einsatz einer ballonexpandierbaren Klappenprothese bei kritisch kranken Patienten mit hochgradiger Aortenstenose klinisch erprobt. Durch Modifikationen der Technik und der Prothese werden inzwischen hohe Erfolgsraten in dieser Hochrisikogruppe erzielt. Eine neue Alternative zur Ballon expandierbaren Klappenprothese stellt die selbst expandierbare Klappenprothese dar. Auch diese zeigte in ersten klinischen Anwendungen gute Ergebnisse.

61.2 Entwicklung

Das Konzept eines nicht-chirurgischen interventionellen Klappenimplantationverfahrens hat sich stufenweise entwickelt [4]. Zunächst wurde das Verfahren bei der Pulmonalklappe angewandt, da man diese Klappe einfacher erreichte und die Pulmonalkappe suboptimale Ergebnisse postinterventionell besser als die Aortenklappe tolerierte. Nach einer kurzen Phase der tierexperimentellen Untersuchungen [5] gelang Bonhoeffer die ersten Implantationen eines klappentragenden Stents in Pulmonalposition bei Patienten mit angeborenem Herzfehler [6]. Bis heute wurden über 100 Patienten auf diese Art und Weise behandelt, mit guten Resultaten bei pädiatrischen Patienten mit kongenitalen Herzfehlern, die ansonsten einen wiederholten offenen chirurgischen Eingriff erduldet hätten müssen [7]. Bis jetzt ist diese Methode nur für ausgewählte Patienten anwendbar. Diese Entwicklung von Bonhoeffer in Zusammenarbeit mit der Firma Medtronic führte letztlich zur Marktreife einer expandierbaren Rinderherzklappenprothese in Pulmonalklappenposition, der Medtronic Melody ™ -Klappe.

Demgegenüber wurde die interventionelle Implantation einer Aortenklappenprothese seit Anfang der 1990er Jahre in mehreren Tiermodellen erprobt [8]. Frühe experimentelle Arbeiten zur Aortenklappe bei Tieren unter Andersen [9], Luther

61.2 Entwicklung

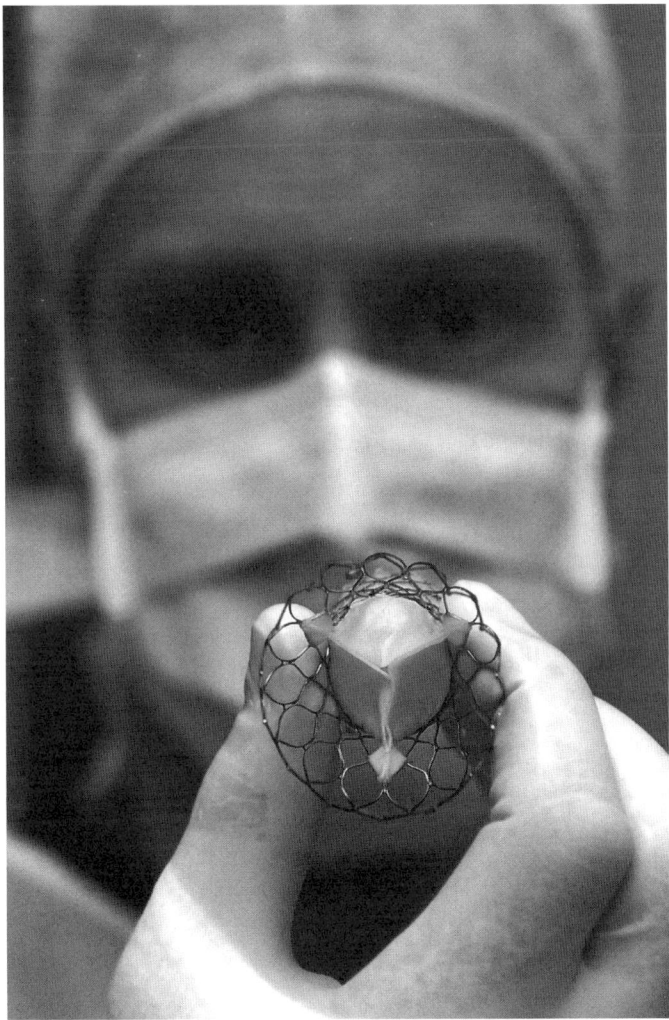

Abb. 61.1 Neues innovatives Verfahren: Trans-Katheter-Implantation eines Aortenklappenstents ohne Herz-Lungen-Maschine. Im Bild der trichterförmige Stent aus Nitinol, in dem eine dreizipflige Herzklappe aus Schweineperikard befestigt ist. (Photo: Agentur M. Timm)

[10], Bonhoeffer und Boudjemline [11] und anderen ebneten dann den Weg zum Einsatz einer expandierbaren Klappenprothese beim Menschen in Aortenklappenposition: Anderson beschrieb 1992 als erster erfolgreiche tierexperimentelle Untersuchungen mit einer expandierbaren Aortenklappe, die mittels Kathetertechnik bei Schweinen durchgeführt wurden [9]. Lutter beschrieb im Jahr 2002 Studien mit einer Schweineaortenklappe, die in einen selbstexandierbaren Nitinol-Stent montiert wurde. Sechs dieser Klappen wurden in die deszendierende und acht in die aszendierende Aorta von anästhesierten Schweinen implantiert. Das Kathetersystem

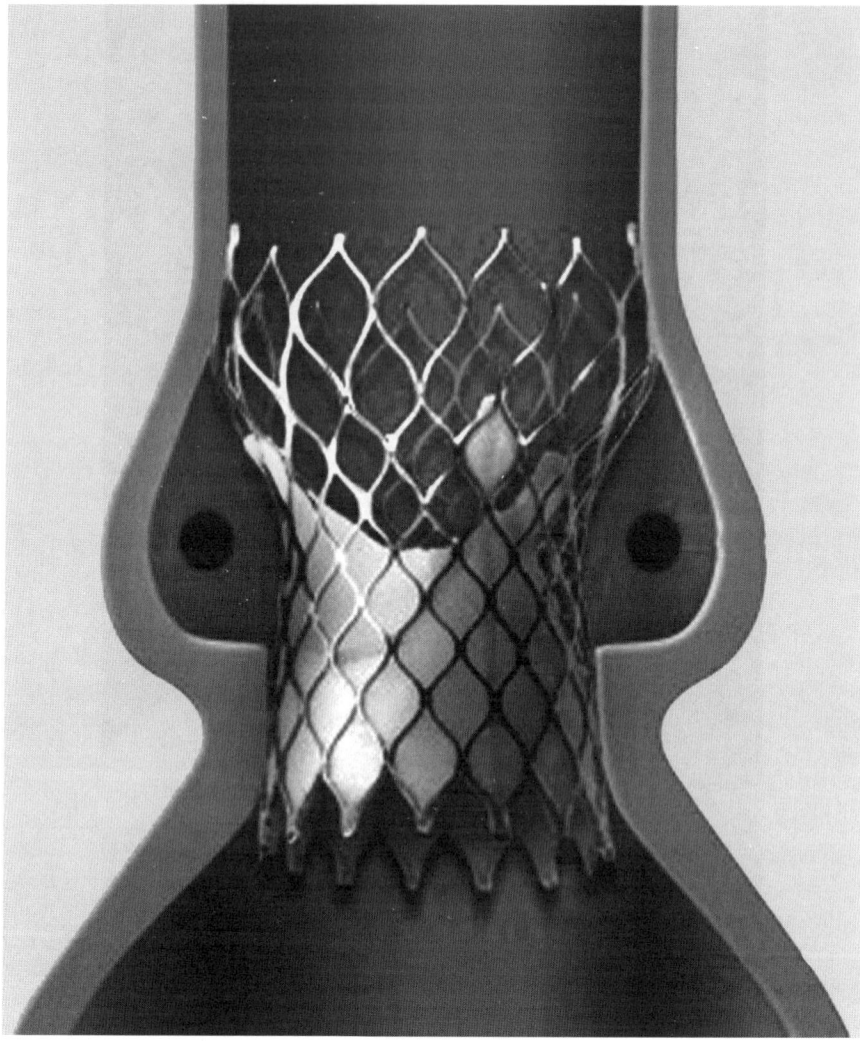

Abb. 61.2 Der Klappen tragende Stent wird zwischen Herz und Aorta an der Stelle der alten nativen, sklerosierten Aortenklappe positioniert. (Photo: Fa. CoreValve)

(22F) wurde durch die linke Iliakalarterie oder die infrarenale Aorta eingeführt. Die Resultate zeigten bei 11 von 14 Schweinen erfolgreich implantierte Klappenstents mit geringen transvalvulären Gradienten. Die Echokardiographie zeigte, dass Klappenschluss und Öffnung vollständig waren [10]. Anfängliche Schwierigkeiten, wie Verrutschen der Prothese, Verlegung der Koronarostien oder Verletzung der Mitalklappe beim Einführen des Katheters wurden untersucht, ebenso postinterventionelle Endokarditis und anfängliche Stent-Brüche [12] und Schritt für Schritt überwunden [13].

Alan Cribier gelang es dann als Ersten im Jahr 2002 eine Aortklappe perkutan beim Menschen zu implantieren [14]. Nachfolgend sprangen viele Operateure und Teams, sowohl Kardiologen als auch Chirurgen, überall auf der Welt enthusiastisch auf diesen Zug auf. Verschiedene Modelle einer stentgetragenen Klappe wurden entwickelt. Investitionen und Forschungen von Medizintechnikfirmen werden diese Technologie schnell vorantreiben. In den ersten Anwendungen wurde der Katheter in die Leistenvene eingeführt, also ein antegrader Zugang gewählt. Der Weg des Katheters führte über die Leistengefäße, die untere Hohlvene, den rechten Vorhof, über eine durch den Katheter hergestellte Öffnung im Vorhofseptum, den linken Vorhof und die Mitralklappe in den linken Ventrikel bis zur Aortklappe. Diese Methode aber war technisch schwierig zu meistern, speziell unter dem Aspekt der präzisen Klappenpositionierung und wurde bald zugunsten einer retrograden, arteriellen Methode verlassen. Hierbei führt der Weg des Katheters über die Leistenarterie, die abdominelle und thorakale Aorta bis zur Aortklappe.

Es soll an dieser Stelle nicht unerwähnt bleiben, dass sich die Studien mittlerweile auch auf die Mitralklappe ausgedehnt haben [15]. Die perkutane Reparatur der Mitralkalppe erlangt zurzeit das klinische Stadium. Verschiedene Devices zur perkutanen Mitralklappenreparatur sind bekannt worden, etwa Devices, die den Klappenring durch den Koronarsinus stützen. Das Device der Firma Edwards zur perkutanen Koronarsinus-Annuloplastie ist ein Koronarsinusimplantat zur Behandlung der funktionalen Mitralinsuffizienz. Er wurde zur Wiederherstellung und Verstärkung des Mitralringes konzipiert. Er wird direkt in den Koronarsinus eingeführt. Momentan ist es ausschließlich innerhalb klinischer Studien qualifizierten Prüfärzten vorbehalten.

Mittlerweile hat sich für das Verfahren die Bezeichnung „**P**ercutaneous **V**alve **T**herapies, PVT" eingebürgert. Einige Anwender sprechen präzise von einer perkutanen *Klappenimplantation*, nicht von einem *Klappenersatz*, da (zumindest bisher) bei allen Verfahren, die gegenwärtig im klinischen Einsatz sind, die native, kalzifizierte Aortenklappe in situ belassen wird.

61.3 Cribier-Edwards™ Klappenprothese

Die weltweit erste katheterbasierte Aortenklappenprothese am Menschen implantierte im Jahr 2002 Alan Cribier, der den Eingriff folgendermaßen schildert:

„Einem 57 jährigen Mann mit kalzifizierter Aortenstenose, kardiogenem Schock, subakuter Beinischämie und anderer nichtkardiogener Begleiterkrankungen wurde eine perkutan implantierbare Herzklappe, die aus drei Klappensegeln aus Rinderperikard besteht und auf einem ballonexpandierbaren Stent befestigt ist, implantiert. Mithilfe eines antegraden, transseptalen Zugangs wurde die perkutane Herzklappe erfolgreich in einer präzisen und stabilen Position – ohne Beeinträchtigung des koronaren Blutflusses oder der Mitralklappenfunktion – über die erkrankte, native Aortenklappe implantiert, bei mildem paravalvulärem aortalen Rückfluss.

Sofort und 48 Stunden nach Implantation war die Klappenfunktion, die mittels transösophagealer Echokardiographie kontrolliert wurde, exzellent und bleibt über einer Follow-up Periode von 4 Monaten zufriedenstellend. Eine Herzinsuffizienz zeigte sich nicht mehr. Dennoch traten schwere nichtkardiale Komplikationen auf, insbesondere eine zunehmende Verschlechterung der Beinischämie, die zur Beinamputation führte, sowie Infektionen. Der Tod trat 17 Wochen nach der Herzklappenimplantation auf. Nach weiteren Modifikationen, zusätzlichen Härtetests und klinischen Anwendungen könnte diese Methode eine wichtige Alternative in der Behandlung ausgewählter Patienten, bei denen die Aortenstenose nicht chirurgisch versorgt werden kann, sein" [14].

In Folge wurde das Cribier-Verfahren bei einer Gruppe von inoperablen Hochrisikopatienten, welche sich überwiegend im Stadium der terminalen Dekompensation befanden, angewandt. Die Cribier-Edwards ™ -Klappenprothese besteht aus einem Stahlstent, der zunächst mit einem Durchmesser von 23 mm und einer Höhe von 14,5 mm mit einer eingenähten Perikardklappe zur Verfügung stand. Cribier präsentierte 2004 detaillierte Ergebnisse seiner ersten sechs Patienten: *„Alle Patienten waren in der New York Heart Association (NYHA) Klasse IV. Die perkutane Aortenklappenimplantation glückte bei fünf Patienten. Bei einem Patienten trat eine frühe Abwanderung der Klappe mit Todesfolge auf"* [16]. Die berichteten hämodynamischen Ergebnisse belegten die Machbarkeit dieses neuartigen Eingriffs am Menschen, es zeigten sich jedoch auch Limitationen. So erforderte die schmale Klappenprothese Cribiers eine sehr exakte Positionierung im nativen Klappenring zur ausreichenden Fixierung. Diese konnte jedoch in einigen Fällen nicht erreicht werden, was zum Verlust der Prothese (Embolisation) führte. Untersuchungen zu Komplikationen zeigten weiterhin, dass Undichtigkeiten außerhalb der Prothese – paravalvuläre Lecks zwischen Prothese und nativer Klappe – bei der Mehrzahl der Patienten zu einer bedeutsamen paravalvulären Aorteninsuffizienz führten [17].

Weitere Verbesserungen dieser Technik waren daher notwendig. Inzwischen sammelte man auch in anderen Zentren (St. Paul`s Hospital University of British Columbia und in den USA (Royal Oak, Michigan und Cleavland Clinic) erste Erfahrungen mit verbesserten Cribier-Edwards™-Klappen. Mittlerweile sind Klappen und Katheter in zwei verschiedenen Größen erhältlich: 23 mm und 26 mm, bzw. 22 Fr und 24 Fr.

Im Jahr 2005 gelang Paniagua nach ersten tierexperimentellen Untersuchungen [18] die erste retrograde Implantation einer ballonexpandierbaren Aortenklappenprothese (The Paniagua Heart Valve; Endoluminal Technology Research, Miami) bei einem 62 jährigen inoperablen Mann mit schweren Begleiterkrankungen [19,20].

Inzwischen sind einige weitere Katheter gestützte Aortenklappenprothesen entwickelt worden, so etwa die Sapien™ Transkatheter-Herzklappe der Firma Edwards, die Entrata™ Bioprothese der Firma 3 F Therapeutics [21] oder die Lotus™ Klappenprothese von Sadra Medical. Neueste Entwicklungen zeigen selbstexpandierende Klappenprothesen, die über den Katheter vor Ort geschoben werden und sich dort selbstständig entfalten können, d. h. selbst bis zur technisch vorgegebenen Form ausdehnen, so etwa die Aortenklappenprothese der Firma CoreValve [22].

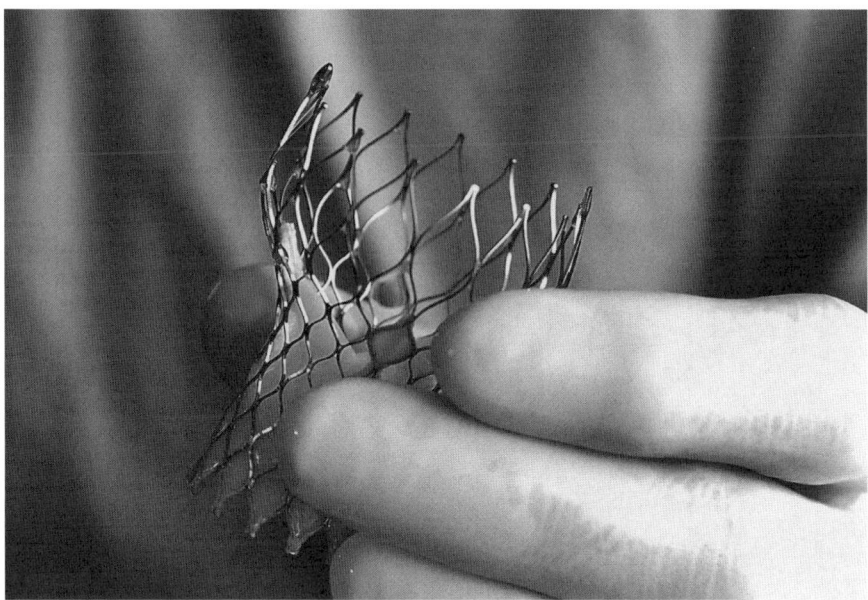

Abb. 61.3 Die künstliche Klappe ist in einem trichterförmigen Nitinol-Stent befestigt. (Photo: Agentur M. Timm)

61.4 CoreValve-Klappenprothese (CoreValve Revalving™ System)

Auch die selbstentfaltende Aortenklappenprothese CoreValve wurde entwickelt, um die native Aortenklappe ohne Eingriff am offenen Herzen zu ersetzen. Wie bei den bereits oben beschriebenen Stentklappen verbleibt die funktionsunfähige native Klappe an den Rand gedrängt in situ. Die Prothese besteht aus einem circa fünf Zentimeter langen *selbstexpandierbaren Nitinolstent*, welcher in seinem unteren Teil eine Bioklappe aus Schweineperikard trägt. Die Implantation dieser Prothese erfolgt retrograd über die Arteria femoralis oder transapikal durch die Ventrikelspitze des linken Ventrikels. Die selbstexpandierbaren Eigenschaften dieser Prothese ermöglichen eine verbesserte Entfaltung, mit der paravalvuläre Lecks reduziert werden [22].

Die erste Generation des ReValving ™ Systems bestand aus einer kommerziellen Bioprothesenklappe aus Rinderperikardgewebe, die auf einen selbstexpandierenden Nitinolstent genäht wurde. Die Prothese wurde in einen 25F Führungskatheter eingebracht. Die kontinuierliche Weiterentwicklung der Prothese führte schließlich zum Wechsel von Rinderperikard- auf Schweineperikardgewebe und ermöglichte so dünnere Kathetereinführsysteme (zurzeit in der 3. Generation 18 Fr statt ursprünglich 25 Fr).

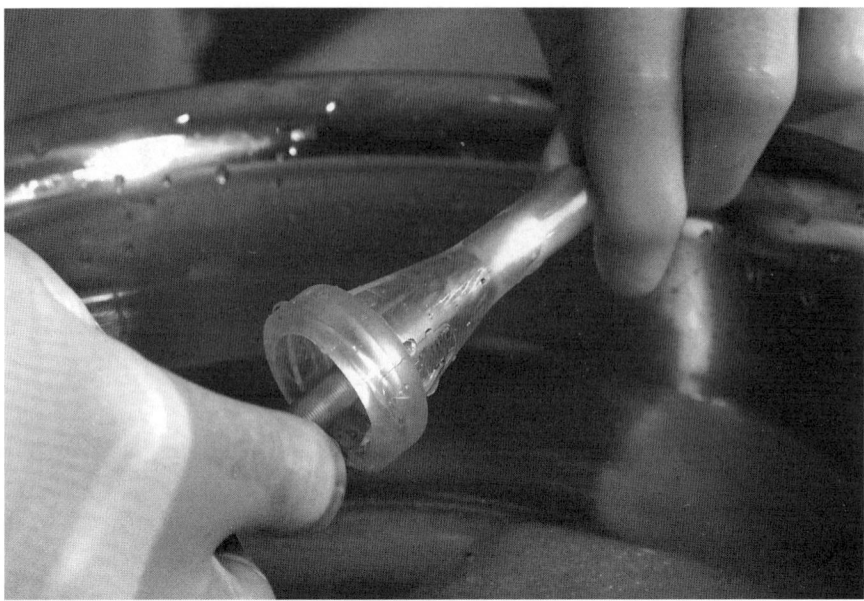

Abb. 61.4 Im Eiswasserbad wird der Nitinol-Stent verformbar, sodass der Klappen tragende Stent in den engen Katheter vorgeschoben werden kann. (Photo: Agentur M. Timm)

Das komplette CoreValve Revalving™ System besteht aus den folgenden Komponenten:

- Mehrstufig selbstexpandierender Rahmen aus Nitinol, der drei Abschnitte mit unterschiedlicher Radialkraft beinhaltet, in den
- eine Klappe mit drei Klappensegeln aus Schweineperikard eingenäht ist.
- Intravaskulärer Einführkatheter, der den gefalteten Klappenstent aufnimmt und an seine Position bringt
- Katheter-Ladesystem, um den zusammengefalteten Klappenstent im engen Einführkather platzieren zu können.

Das Stentgerüst der CoreValve Klappe besteht aus Nitinol. Den besonderen Eigenschaften dieses Werkstoffes ist es zu verdanken, dass sich der bei niedrigen Temperaturen zusammengefaltete Stent bei Körpertemperatur entfaltet. Während der Stententfaltung wird die native Aortenklappe gegen den Rand gedrückt. Nach intensiven in vitro- und tierexperimentellen Untersuchungen [23] erfolgt die klinische Erprobung dieser Prothese seit dem Jahr 2005. (Mit freundlicher Genehmigung der Fa. CoreValve)

Erste kurzfristige Ergebnisse nach Implantation zeigten in einer „First in Man" Studie [24] eine sofortige und anhaltenden Verbesserung der Klappentätigkeit. Postinterventionelle Klappendislokationen sind bei dieser Prothese nicht auffällig worden [22].

61.4 CoreValve-Klappenprothese (CoreValve Revalving™ System)

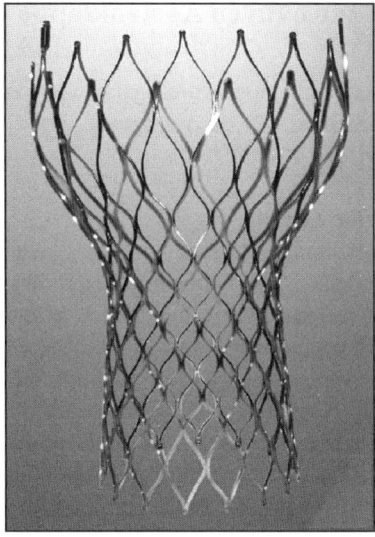

Oben: Geringe Radialkraft

Mitte: Konstanter Durchmesser Konstante Form

Unten: Große Radialkraft

Oben: Richtet das System aus und optimiert die Verankerung

Mitte: Design spart Koronarien aus (konvex-konkav mit dem Sinus); enthält die drei Klappensegel

Unten: Komprimiert die native Klappe in den nativen Annulus für eine sichere Verankerung und zur Minimierung paravalvularer Lecks

Abb. 61.5 Der Werkstoff Nitinol erlaubt es, dass sich der bei niedrigen Temperaturen zusammengefaltete Stent bei Körpertemperatur entfaltet und an die Aortenwand legt. Dieses Modell besitzt drei Zonen mit unterschiedlichem Expansionsverhalten. (Photo: Fa. CoreValve)

Die derzeit laufenden Studien, die nur Hochrisikopatienten einschließen, werden in naher Zukunft weitere wichtige Erkenntnisse zur Effizienz dieser viel versprechenden Technik insbesondere auch im Langzeitverlauf liefern. Die engen Einschlusskriterien für die Studien zur dritten CoreValve Generation, die im September 2006 begonnen wurden, sind:

- Aortenstenose, Klappenfläche unter 1 cm^2
- Aortenring zwischen 20 und 27 mm
- Durchmesser der Aorta ascendens unter 40 mm
- Alter über 75 Jahre oder logistic EuroSCORE ≥ 15 % oder Alter über 65 Jahre und Erfüllung eines oder maximal zwei der folgenden Kriterien:

  – Leberzirrhose
  – Pulmonalinsuffizienz
  – früherer herzchirurgischer Eingriff,
  – pulmonaler Hypertonie (> 60 mmHg)
  – Porzellanaorta
  – rezidivierende Lungenembolien
  – Rechtsherzinsuffizienz
  – Kachexie

61.5 Zugangswege zur nativen Aortenklappe

Drei Wege entwickelten sich als mögliche Zugangswege zur Aortenklappe. (1) Der antegrade, transseptale Zugang, (2) der retrograde, arterielle Zugang und (3) der transapikale Zugang [49].

Antegrader, transseptaler Zugang
   Beim antegraden, transseptalen Zugang wird die Leistenvene punktiert und von dort der Katheter vorgeschoben. Der Katheter passiert den rechten Vorhof, das Vorhofseptum (das eröffnet werden muss), den linken Vorhof und die Mitralklappe. Dieser Zugang hat den Vorteil, dass er einen großkalibrigen klappentragenden Stent erlaubt und die Aortenklappe antegrad, also in Flussrichtung, passiert. Dennoch überwiegen die schweren Nachteile, insbesondere der lange Weg von der Femoralvene zur Aortenklappe, die Notwendigkeit das Septum zu durchstoßen und die Notwendigkeit, die Mitralklappe zu passieren mit der Gefahr, dass das anteriore Miralklappensegel verletzt wird und eine akute Miralklappeninsuffizienz resultiert.

Retrograder, arterieller Zugang
Beim retrograden, arteriellen Zugang wird die Leistenarterie punktiert und von dort der Katheter gegen den Blutstrom „retrograd" bis zur Aortenklappe vorgeschoben. Das präzise Positionieren des Klappenstents ist schon wegen der Entfernung (Leistengefäß-Aortenklappe) sehr anspruchsvoll. Die stenosierte Aortenklappe muss retrograd gegen die Schlagrichtung passiert werden. Darüber hinaus müssen die Durchmesser der Femoralarterien größer als 7 mm sein, um den Katheter aufnehmen zu können [25]. Bei kleinkalibrigen Gefäßen besteht die Gefahr von Gefäßtraumen, insbesondere bei älteren Patienten mit atherosklerotischen Gefäßerkrankungen in der thorakalen und abdominellen Aorta. Dort können atherosklerotische Plaques abreißen und embolisieren. Der perkutane Zugang über die Leistengefäße ist demzufolge nicht bei jedem Patienten durchführbar.

Transapikaler Zugang
Obwohl der retrograde arterielle Zugang mittels Gefäßkatheter oft erfolgreich gewählt werden kann, sind einige Patienten wegen der zu geringen Größe ihrer femoralen, iliakalen oder aortalen Gefäße oder massiver Gefäßatherome von diesem Verfahren ausgeschlossen [26]. Da die senile Aortenklappenstenose häufig mit einer arteriosklerotischen Veränderung der Aorta und der Leistengefäße einhergeht, ist die A. femoralis bei diesen Patienten von Sklerose und Gefäßverengung betroffen. Aus diesem Grunde ist bei vielen dieser Patienten der antegrade, transfemorale Zugang, bei dem der Aortenklappenstent über die Leistenarterie vorgeschoben wird, nicht möglich. Eine Alternative bietet sich hier über den transapikalen Zugang an. Hierbei wird der Brustkorb auf der linken Seite im Bereich der Herzspitze eröffnet und die Herzklappenprothese über die Spitze der linken Herzkammer eingebracht. Über diese so genannte anterolaterale Minithorakotomie ist die Herzspitze leicht erreichbar, die Klappe kann dann weitgehend ohne Umfangbegrenzung der zufüh-

renden Instrumente eingebracht werden, und zwar ebenfalls am schlagenden Herzen. Der direkte, transapikale Zugang, der für die Insertion von klappentragenden Stents in pulmonaler Position schon länger genutzt wird [27], steht nun auch für die Aortenposition zur Verfügung. Während sich der Stent entfaltet, stimuliert man den Ventrikel mit schnellen Schrittmacherreizen, um das Herzauswurfvolumen vorübergehend zu reduzieren und den Ventrikel weitgehend still zu stellen [28]. Der Zugang im linken Ventrikel muss anschließend verschlossen werden [29]. Der direkter Zugang zum Herzen hat eine ganze Reihe von Vorteilen gegenüber dem entfernten, transfemoralen Zugang, insbesondere durch die kürzeren Wege, die handlicheren Platzierungssysteme, die auch größere Stent-Durchmesser akzeptieren, und durch eine präzisere Lagekontrolle des Stents. Probleme mit zu kleinen oder atherosklerotisch veränderten femoralen, iliakalen oder aortalen Gefäßen können umgangen werden [30].

61.6 Ergebnisse bei transapikalem Zugang

In führenden Zentren in den USA, Kanada und Europa werden zurzeit die Ergebnisse bei transapikalem Zugang in klinische Studien überprüft [31]. Tierexperimentelle Untersuchungen wurden im Jahr 2006 veröffentlicht [32]. An 15 Schweinen, bei denen eine Cribier-Edwards Aortenprothese implantiert wurde, zeigte sich ein sicherer transapikaler Zugangsweg und eine korrekte Platzierung, wenngleich es die Stabilität des Implantats zu verbessern galt und das Risiko eines paravalvulären Lecks minimiert werden musste. Wenig später wurde im Jahr 2006 von der erstmalig erfolgreichen Anwendung des transapikalen Zugangs mit einer 26 mm Cribier-Edwards™ Klappe beim Menschen berichtet [33]. Ein 6-Monate-Follow-Up mit sieben Hochrisiko-Patienten, bei denen keine Klappen bezogenen Komplikationen, weder während des Eingriffs noch später, auftraten, wurde 2007 veröffentlicht [34]. Eine weitere 2007 veröffentliche Studie zeigt die Anwendung bei 30 Hochrisiko-Patienten: Die verwendeten Klappenstents (Cribier-Edwards™ Klappe) konnten in korrekter Position am Klappenring ohne größere Undichtigkeiten und Lecks platziert werden [35].

Die weltweit erste erfolgreiche transapikale Platzierung einer CoreValve Aortenklappe gelang im Juli 2007 am Deutschen Herzzentrum München. Bis zur Drucklegung des vorliegenden Buches wurden hier drei Patienten eine CoreValve Aortenklappe über einen transapikalen Zugang implantiert, weitere sind für diesen Eingriff vorgemerkt. Alle drei Patienten wiesen ein gutes hämodynamisches Ergebnis, eine korrekte Lage der Prothese und die komplette Dichtigkeit der Klappe ohne paravalvuläre Lecks auf [42].

61.7 Ausblick

Die engen Einschlusskriterien hinsichtlich der Patientencharakteristika sowie morphologische Gegebenheiten begrenzen zurzeit noch die Zahl geeigneter Patienten, die dieser interventionellen Therapieoption zugeführt werden können. Neue Prothesengenerationen sind bereits in Entwicklung, sodass eine Ausweitung des Einsatzes dieser interventionellen Klappentherapie in naher Zukunft prinzipiell möglich sein wird. Ein wichtiger Schritt wird die Entwicklung repositionierbarer neuer Prothesen sein, die die Sicherheit und Effizienz dieses Eingriffes voraussichtlich noch weiter erhöhen werden [1]. Kürzlich implantierte Eberhard Grube, Helios Klinikum Siegburg, erstmalig eine neuartige repositionierbare – und im Bedarfsfall auch wieder entnehmbare – Klappe, die Lotus ™ Klappe der Firma Sadra Medical.

Die aktuellen Methoden haben noch Verbesserungspotential: Noch ist Antikoagulation notwendig, ein Mitwachsen oder Autoreparaturvorgänge, wie bei der nativen Herzklappe, sind nicht möglich. Eine Reihe von Strategien sind versucht worden, um eine ideale Gewebeklappe zu entwickeln. Eine der interessantesten zukünftigen Entwicklungen wird hierbei das „Tissue engineering" sein. So könnten biodegenerierbare Klappenträgergewebe mit Stammzellen besiedelt werden. Diese Zellen proliferieren, organisieren sich und produzieren zelluläre und extrazelluläre Matrix, während das biodegenerierbare Trägergewebe resorbiert wird.

Ein neuer Weg bestünde in der Entfernung der alten, nativen Aortenklappe mithilfe transluminaler Techniken. Dies würde ein Abtragen der erkrankten Klappe bedeuten, bevor diese mit dem klappentragenden Stent ersetzt wird [36]. Solch ein System würde einen gewissen Raum für eine Resektionskammer beanspruchen, in welcher die native Klappe nach Abtragen verstaut werden kann, und ein Filtersystem, mit dem man eine Embolisierung von losgerissenen Partikeln verhindert. In vitro Studien zeigen bereits die Möglichkeit der Abtragung von menschlichen kalzifizierten Aortenklappen mit verschiedenen Typen von Lasern. Der Gebrauch eines Hochdruckwasserstrahl-Skalpells als eine neue chirurgische Methode zur endovaskulären Resektion von kalzifizierten Klappen wurde bereits tierexperimentell evaluiert. So glauben einige Autoren, dass die Zukunft der Katheter gestützten Implantation von Aortenklappen bei Menschen von der Entwicklung einer transluminalen Resezierungstechnik abhängen wird [37].

Darüber hinaus werden medizintechnische Apparaturen entwickelt werden müssen, die anatomisch und physiologisch korrekt, bereits vorklinisch die Trans-Katheter-Herzklappentechnologie testen können [38].

Zweifellos werden prospektive randomisierte klinische Studien benötigt, um Sicherheit und Effektivität des Verfahrens zu belegen. „Unser kollektiver Enthusiasmus für neue, wenig-invasive kardiovaskuläre Zugänge darf uns nicht abhalten, diese Devices im Kontext einer kontrollierten klinischen Studienumgebung zu evaluieren" proklamieren in einer gemeinsamen Erklärung die drei amerikanischen Fachgesellschaften „The Society of Thoracic Surgeons (STS)", die „American Association for Thoracic Surgery (AATS)" und die „Society for Cardiovascular Angiography and Interventions (SCAI)" [39]. Dass hier eine Lernkurve durchge-

61.7 Ausblick

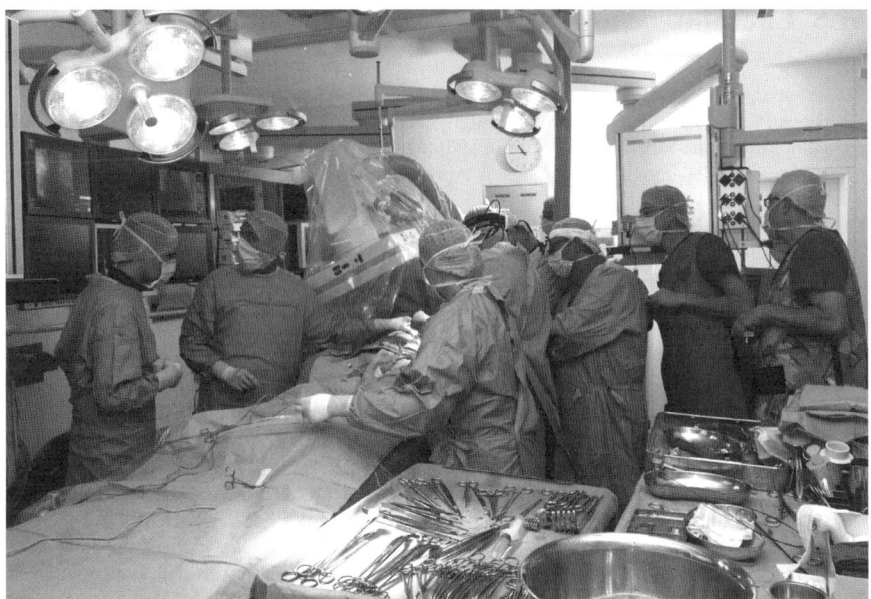

Abb. 61.6 Hybrid-OP: Durchleuchtungseinrichtung in einem herzchirurgischen Operationsaal bei der Implantation einer Trans-Katheter-Aortenklappe (Deutsches Herzzentrum München)

standen werden muss, liegt auf der Hand. Selbst in erfahrenen Händen sind die Kathetereingriffe außerordentlich anspruchsvoll. Für die meisten Patienten stellen zurzeit die offenen chirurgischen Verfahren eine etablierte Form der Therapie mit berechenbaren Risiken und guten Langzeitresultaten dar. Die Trans-Katheter-Herzklappenimplantation erscheint hoch interessant, aber wir befinden uns klar in einem frühen Stadium der Entwicklung. Viele Fragen betreffend Sicherheit, Effizienz und Haltbarkeit sind noch unbeantwortet [40].

Weitere Entwicklungen, wie die perkutane Versorgung der Mitral- und Trikuspidalklappe, werden kommen und Herzchirurgen mit all ihrer Erfahrung in der Behandlung von Herzklappenerkrankungen müssen daran teilhaben [41]. Ein chirurgischer Operationssaal der Zukunft sollte eine hoch qualitative Durchleuchtungseinrichtung, wie wir sie aus den kardiologischen Katheterlaboren kennen, bieten. Dieses duale Konzept eines so genannten Hybrid-OPs, den bisher nur einige wenige Kliniken, wie etwa das Deutsche Herzzentrum München [42], verwirklicht haben, muss weiter verfolgt werden.

Katheter gestützte Klappenprothesen-Implantation ist dabei, einer der interessantesten Forschungsgebiete und Entwicklungsbereiche der kardiovaskulären Medizintechnik-Industrie zu werden. Auch wenn Langzeitergebnisse noch ausstehen und die Prozeduren technische Verbesserungen bedürfen, insbesondere eine Minimierung der notwendigen Kathetergrößen, ist mit der Trans-Katheter-Klappenimplantation ein neues spannendes Kapitel in der Therapie der kalzifizierten Aortenklappenstenose aufgeschlagen worden.

61.8 Literatur

1. Grube E, Gerckens U, Buellesfeld L. Perkutaner Aortenklappenersatz. Herz 2006; 31: 694–7
2. Block PC, Palacios IF. Clinical and Hemodynamic Follow-Up After Percutaneous Aortic Valvuloplasty in the Elderly. Am J Cardiol 1966;62:760–3
3. Vahanian A, Palacios IF. Percutaneous Approaches to Valvular Disease. Circulation 2004; 109;1572–9
4. Antunes MJ. Off-pump aortic valve replacement with catheter-mounted valved stents: Is the future already here? Eur J Cardiothorac Surg 2007;31:1–3
5. Bonhoeffer P, Boudjemline Y, Z Saliba, HausseAO, Aggoun Y, Bonnet D, Sidi D, Kachaner J. Transcatheter Implantation of a Bovine Valve in Pulmonary Position. A Lamb Study. Circulation 2000;102:813–6
6. Bonhoeffer P, Boudjemline Y, Saliba Z, Merckx J, Aggoun Y, Bonnet D, Acar P, Le Bidois J, Sidi D, Kachaner J. Percutaneous replacement of pulmonary valve in a right-ventricle to pulmonary-artery prosthetic conduit with valve dysfunction. Lancet 2000; 356:1403–5
7. Bonhoeffer P, Boudjemline Y, Qureshi SA, Le Bidois J, Iserin L, Acar P, Merckx J, Kachaner J, Sidi D. Percutaneous insertion of the pulmonary valve. J Am Coll Cardiol. 2002;39:1664–9.
8. Pavenic D, Wright KC, Wallace S. Development and Initial Experimental Evaluation of a Prosthetic Aortic Valve for Transcatheter Placement. Radiology 1992;183:151–4
9. Andersen HR, Knudsen LL, Hasenkam JM. Transluminal implantation of artificial heart valves. Description of a new expandable aortic valve and initial results with implantation by catheter technique in closed chest pigs. European Heart Journal 1992;13:704–8
10. Lutter G, Kuklinski D, Berg G, von Samson P, Martin J, Handke M, Uhrmeister P, Beyersdorf F. Percutaneous aortic valve replacement: An experimental study. I. Studies on implantation. J Thorac Cardiovasc Surg 2002;123:768–76
11. Boudjemline Y, Bonhoeffer P. Steps Toward Percutaneous Aortic Valve Replacement. Circulation 2002;105:775–8
12. Khambadkone S, Bonhoefer P. Pulmonary valve implantation: prevention and treatment of complications. EuroIntervention Supplements 2006 1 Supp A:A29–A31
13. Khambadkone S, Bolger A, Bonhoeffer P. Percutaneous Pulmonary Valve Implantation: 83 patients. EuroIntervention Supplements 2006 1; Supp A: A26–A28
14. Cribier A, Eltchaninoff H, Bash A, Borenstein N, Tron C, Bauer F, Derumeaux G, Anselme F, Laborde F, Leon MB. Percutaneous Transcatheter Implantation of an Aortic Valve Prosthesis for Calcific Aortic Stenosis. First Human Case Description. Circulation 2002;106:3006–8
15. Khambadkone S, Bonhoeffer P. Percutaneous implantation of atrioventricular valves: concept and early animal experience. EuroIntervention Supplements 2006 1; Supp A: A24–A25
16. Cribier A, Eltchaninoff H, Tron C, Bauer F, Agatiello C, Sebagh L, Bash A, Nusimovici D, Litzler PJ, Bessou J-P, Leon MB. Experience With Percutaneous Transcatheter Implantation of Heart Valve Prosthesis for the Treatment of End-Stage Inoperable Patients With Calcific Aortic Stenosis. JACC 2004;43,4:698–703
17. Hanzel GS, O´Neill WW. Complications of percutaneous aortic valve replacement: experience with the Cribier-Edwards percutaneous heart valve. EuroIntervention Supplements 2006; 1 Supp A:A3–A8
18. Paniagua D, Induni E, Ortiz C, Mejia C, Lopez-Jimenez F, Fish RD. Percutaneous Heart Valve in the Chronic In Vitro Testing Model. Circulation 2002;106;51–2
19. Paniagua D, Condado JA, Besso J, Vélez M, Burger B, Bibbo S, Cedeno D, Acquatella H, Mejia C, Induni E, Fish RD. First Human Case of Retrograde Transcatheter Implantation of an Aortic Valve Prosthesis. Tex Heart Inst J 2005;32:393–8
20. Paniagua D, Condada J, Mejia C, Induni E, Fish RD. Paniagua heart valve preclinical testing and transcatheter implantation of an aortic valve prosthesis. EuroIntervention Supplements 2006 1; Supp A: A9–A13

21. Jamieson WRE, Zhang J, Quijano RC. Antegrade placement of the aortic valve stent: transventricular delivery with the Entrata system. EuroIntervention Supplements 2006 1 Supp A:A14–A18
22. Laborde JC, Borensrein N, Behr L, Farah B, Fajadet J. Percutaneous implantation of the corevalve aortic valve prosthesis for patients presenting high risk for surgical valve replacement. EuroIntervention 2006;1:472–4
23. Ferrari M, Figulla R, Schlosser M, Tenner I, Frerichs I, Damm C, Guyenot V, Werner GS, Hellige G. Transarterial aortic valve replacement with a self expanding stent in pigs. Heart 2004;90:1326–31
24. Grube E, Laborde JC, Gerckens U, Felderhoff T, B Sauren, Buellesfeld L, Mueller R, Menichelli M, Schmidt T, Zickmann B, Iversen S, Stone GW. Percutaneous Implantation of the CoreValve Self-Expanding Valve Prosthesis in High-Risk Patients With Aortic Valve Disease: The Siegburg First-in-Man Study. Circulation 2006;114:1616–24
25. Lamarche Y, Cartier R, Denault AY, Basmadjian A, Berry C, Laborde J-C, Bonan R. Implantation of the CoreValve Percutaneous Aortic Valve. Ann Thorac Surg 2007;83:284–7
26. Beyersdorf F. Transapical transcatheter aortic valve implantation. Eur J Cardiothorac Surg 2007;31:7–8
27. a) Schreiber C. Self Expanding Pulmonary valve. Valve Eur J Cardiothora
27. b) Schreiber C, Hörer J, Vogt M, Fratz S, Kunze M, Galm C, Eicken A, Lange R. A new treatment option for pulmonary valvar insufficiency: first experiences with implantation of a self-expanding stented valve without use of cardiopulmonary bypass. Eur J Cardiothorac Surg. 2007; 31:26–30
28. Lichtenstein SV, Cheung A, Ye J, Thompson CR, Carere RG, Pasupati, Webb JG. Transapical Transcatheter Aortic Valve Implantation in Humans: Initial Clinical Experience. Circulation 2006;114;591–6
29. Tozzi P, Pawelec-Wojtalic M, Bukowska D, Argitis V, von Segesser LK. Endoscopic off-pump aortic valve replacement: does the pericardial cuff improve the sutureless closure of left ventricular access? Eur J Cardiothorac Surg 2007;31:22–5
30. Segesser v LK. Direct percutaneous valve replacement: the next step? European Journal of Cardio-thoracic Surgery 2004;26:873–4
31. Lichtenstein SV: Closed heart surgery: Back to the future. J Thorac Cardiovasc Surg 2006; 131: 941–3
32. Walther T, Dewey T, Wimmer-Greinecker G, Doss M, Hambrecht R,Schuler G, Mohr FW, Mack M. Transapical approach for sutureless stent-fixed aortic valve implantation: experimental results. European Journal of Cardio-thoracic Surgery 2006;29:703–8
33. Ye J, Cheung A, Lichtenstein SV, Carere RG,Thompson CR, Pasupati S, MD, Webb JG. Transapical aortic valve implantation in humans. J Thorac Cardiovasc Surg 2006;131:1194–6
34. Ye J, Cheung A, Lichtenstein SV, Pasupati S, Carere RC, Thompson CR, Sinhal A, Webb JG. Six-month outcome of transapical transcatheter aortic valve implantation in the initial seven patients. Eur J Cardiothorac Surg 2007;31:16–21
35. Walther T, Falk V, Borger MA, Dewey T, Wimmer-Greinecker G, Schuler G, Mack M, Mohr FW. Minimally invasive transapical beating heart aortic valve implantation -proof of concept. Eur J Cardiothorac Surg 2007;31:9–15
36. Lutter G, Ardehali R, Cremer J, Bonhoeffer P. Percutaneous Valve Replacement: Current State and Future Prospects. Ann Thorac Surg 2004;78:2199 –206
37. Quaden R, Attmann T, Boening A, Cremer J, Lutter G. Percutaneous aortic valve replacement: resection before implantation. European Journal of Cardio-thoracic Surgery 2005;27:836–40
38. White JK, Sun A, Killien L, Evangelista D. Percutaneous aortic valve replacement in a reanimated postmortem heart. EuroIntervention Supplements 2006 1; Supp A: A19–A23
39. Vassiliades TA Jr, Block PC, Cohn LH, Adams DH, Borer JS, Feldman T, Holmes DR, Laskey WK, Lytle BW, Mack MJ, MD, Williams DO. The Clinical Development of Percutaneous Heart Valve Technology. A Position Statement of The Society of Thoracic Surgeons (STS), the American Association for Thoracic Surgery (AATS), and the Society for Cardiovascular Angiography and Interventions (SCAI). Ann Thorac Surg 2005;79:1812–8

40. Fish RD. Percutaneous Heart Valve Replacement: Enthusiasm Tempered. Circulation 2004;110;1876–1878
41. Walther T, Mohr FW. Aortic valve surgery: time to be open-minded and to rethink. Eur J Cardiothorac Surg 2007;31:4–6
42. Lange R, Schreiber C, Götz W, Hettich I, Will A, Libera P, Laborde JC, Bauernschmitt R. First successful transapical aortic valve implantation with the CoreValve ReValving™ System: a case report. Heart Surg Forum 2007 (in press)

62 Minimalinvasive endovaskuläre Stent-Therapie bei Erkrankungen in der thorakalen Aorta

B. Voss, R. Bauernschmitt, G. Brockmann, R. Lange

62.1 Einführung

Die Inzidenz der Aortenerkrankungen nimmt aufgrund der Überalterung der Bevölkerung stetig zu und hat sich innerhalb der letzten 20 Jahre von 2,9 auf 10,9 pro 100.000 Einwohner mehr als verdreifacht [1]. Bei Aortenerkrankungen muss zwischen Aneurysmen und Dissektionen unterschieden werden. Der Begriff **Aneurysma** (Abb. 62.1) bezeichnet die Ausweitung eines arteriellen Blutgefäßes. Sind dabei alle Wandschichten, also innere Schicht (Intima), mittlere Schicht (Media) und äußere Schicht (Adventitia) betroffen, so spricht man von einem echten Aneurysma (Aneurysma verum). Besteht die Aneurysmawand nur aus adventitiellem Gewebe, spricht man von einem falschen Aneurysma. Ursache für ein Aneurysma ist eine Schwächung der elastischen Kräfte der Media, die dann dem intravaskulären Druck nicht mehr standhalten kann.

Im Gegensatz dazu entsteht eine Dissektion (Abb. 62.1) der Aorta, wenn die Gefäßintima einreißt und Blut in die Gefäßmedia eintritt. Da das Blut unter hohem Druck steht, kommt es über weite Strecken zu einer longitudinalen Aufspaltung der Media. Bei der Dissektion entstehen funktionell zwei Gefäßlumina, ein „wahres" Lumen, das von der normalen Gefäßintima begrenzt wird, und ein „falsches" Lumen, das von der Media und der Adventitia begrenzt wird. Die Stelle, an der die Intima ursprünglich eingerissen ist, bezeichnet man als „Entry". Über dieses Entry strömt das Blut zunächst in das falsche Lumen ein und kann zur Verdrängung oder vollständigen Verlegung des wahren Lumens führen. Meistens hält der Intimaschlauch dem Druck im falschen Lumen nicht stand, und es kommt weiter distal zu weiteren Einrissen. Über diese so genannten „Re-Entries" fließt das Blut aus dem falschen Lumen wieder zurück in das wahre Lumen. Meist entwickeln sich aus Dissektionen langfristig Aneurysmen. Für beide Erkrankungsformen der Aorta können degenerative Erkrankungen der Gefäßmedia, fortgeschrittene arteriosklerotische Veränderungen oder das Vorliegen einer arteriellen Hypertonie ursächlich sein. Bei bereits bestehendem Aneurysma verum der Aorta steht die Gefäßintima unter hoher Wandspannung, was zu einem Einriss mit konsekutiver Dissektion führen kann. In diesem Fall spricht man von einem dissezierenden Aortenaneurysma. Entsprechend

Aortenaneurysma

Durchmesser > 5,0 cm: Rupturgefahr!

Gesetz von La Place:

$$K = P \frac{r}{2d}$$

K = Wandspannung
P = Innendruck
r = Radius
d = Wanddicke

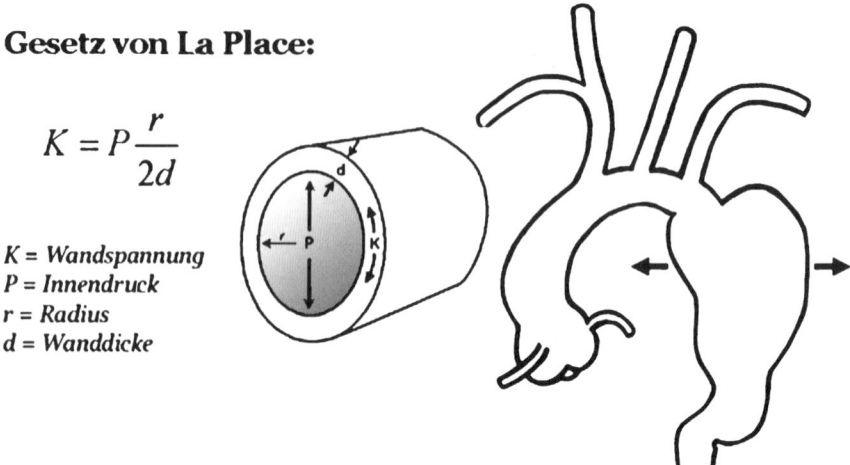

Abb. 62.1 Im rechten Teil der Abbildung ist schematisch ein Aneurysma der Aorta descendens dargestellt. Aus dem Laplace'schen Gesetz geht hervor, dass bei steigendem Radius die Wanddicke abnimmt und die Wandspannung zunimmt. Ab einem Aortendurchmesser von 5 cm besteht erhöhte Rupturgefahr und daher die Indikation zur Operation!

dem La-Place'schen-Gesetz (Abb. 62.1) steigt die Gefahr einer Aortenruptur mit zunehmendem Aortendurchmesser. Ein therapeutischer Handlungsbedarf besteht ab einem Aortendurchmesser von 5 cm, unabhängig davon, ob der Patient Beschwerden hat oder nicht. Im Rahmen eines thorakalen Traumas, z. B. bei einem Autounfall, können so hohe lokale mechanische Kräfte auftreten, dass auch eine gesunde Gefäßmedia zerreißt, und es zu einer traumatischen Aortenruptur kommt.

Die traditionelle Behandlung von thorakalen Aortenaneurysmen oder –dissektionen umfasst die offene Operation mit Resektion und prothetischem Ersatz des betroffenen Aortenabschnittes. Diese Eingriffe sind umfangreich und erfordern eine Eröffnung des Brustkorbes mittels Thorakotomie. Trotz bedeutender Fortschritte in der Operationstechnik sind Mortalität und Morbidität solcher Eingriffe weiterhin hoch [2]. Mit Einführung großlumiger Stentgrafts hat sich in den letzten 10 Jahren für bestimmte Fälle die „endovaskuläre Therapie" von Aortenläsionen als minimal invasive Alternative zum konventionellen chirurgischen Vorgehen etabliert. Dabei wird ein Stent mit Kathetern über die Leistengefäße retrograd in die Aorta vorgeschoben und unter Röntgenkontrolle zielgenau im Bereich der Aortenläsion platziert. Bei Aneurysmen besteht das Ziel der Stentimplantation darin, die Wandspannung zu senken, indem das Aneurysma aus der Zirkulation ausgeschaltet wird,

62.1 Einführung

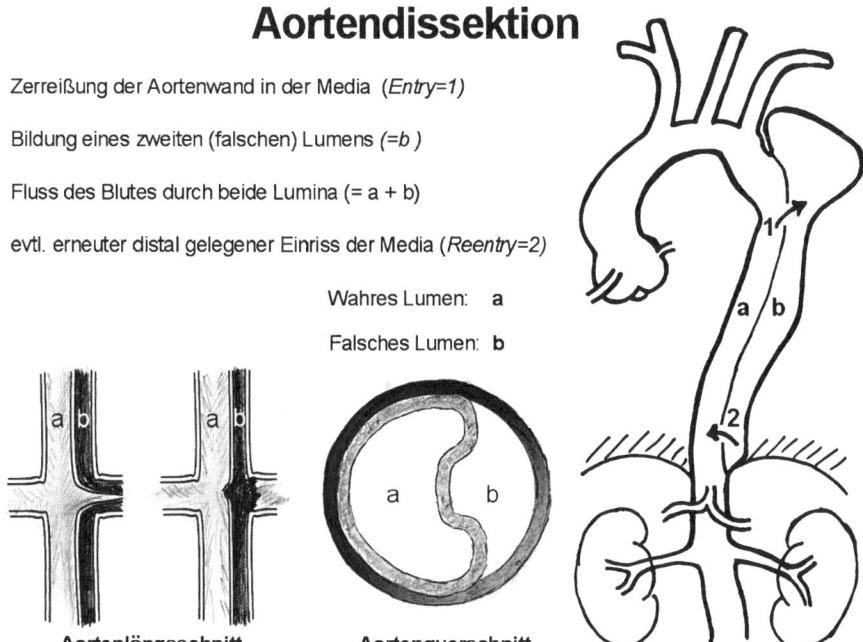

Abb. 62.2 Im rechten Teil der Abbildung ist schematisch eine Dissektion der Aorta descendens dargestellt. Die Dissektion entsteht durch einen Einriss der Gefäßintima (Entry=1), über den Blut in die Gefäßwände eindringt und ein falsches Lumen (=b) bildet. Der Druck im falschen Lumen kann Seitenäste komprimieren oder abreißen (Schema links), was eine Minderperfusion der entsprechenden Organe zur Folge hat

um damit der Gefahr einer weiteren Dilatation und Ruptur vorzubeugen. Bei der Aortendissektion besteht das primäre Ziel darin, den proximalen Intima-Einriss der thorakalen Aorta durch den Stent abzudecken, um den Fluss im falschen Lumen der Aorta zu unterbinden. Dies induziert in der Regel eine Thrombose im falschen Lumen mit konsekutiver Schrumpfung des aortalen Außendurchmessers („aortales Remodelling"). Bisher ist das minimal invasiv durchgeführte Stent-Verfahren allerdings nur zur Behandlung von Erkrankungen an der Aorta descendens geeignet. Im Bereich des Aortenbogens können Stents wegen der dort abgehenden Kopf-Hals-Gefäße nur in Kombination mit einem offenen chirurgischen Vorgehen (Hybridverfahren) implantiert werden. Erkrankungen im Bereich der Aorta ascendens können aufgrund der dort abgehenden Koronargefäße ausschließlich offen chirurgisch versorgt werden (siehe Kapitel „Prothetischer Ersatz der thorakalen Aorta").

62.2 Stent Grafts

Die Implantation von Stents im Bereich der thorakalen Aorta stellt besondere Anforderungen an die mechanischen Eigenschaften der verwendeten Stent-Materialien und deren Einführungsbesteck: Prinzipiell müssen die Materialien biokompatibel, sterilisierbar, nicht thrombogen und ermüdungsresistent sein. Zur Einführung des Stents muss dieser möglichst klein zu falten sein. Im entfalteten Zustand muss der Stent unter den Bedingungen des arteriellen Blutdruckes das Aortenlumen sicher abdichten und gegen Dislokationen gesichert sein. Andererseits darf der Stent die Aortenwand nicht durch zu große Druckentwicklung oder scharfe Kanten schädigen.

Die ersten Erfahrungen bei der endovaskulären Reparatur von aortalen Erkrankungen wurden bereits 1991 an der Stanford University mit nicht industriell gefertigten Stents gesammelt [3]. Die Stents wurden für jeden Patienten individuell angefertigt, indem selbstexpandierende Z-förmige Edelstahl-Federspangen in Serie miteinander konnektiert und mit gewebtem Dacron überzogen wurden. Diese Stents wurden in eine 24 bis 28 French große Einführungshülle gesteckt, die über die Femoralgefäße in die Aorta eingeführt werden konnte. Diese „home-made" Stents waren jedoch sehr rigide, schwierig zu entfalten und nicht sehr zielgenau zu platzieren. Angeregt durch das wachsende Interesse an diesem Verfahren wurde ab 1995 von verschiedenen Firmen die Entwicklung der ersten Generation industriell gefertigter thorakaler Aortenstents eingeleitet. Abb. 62.3 zeigt eine Auswahl der zurzeit am häufigsten verwendeten Stents. Das Konstruktionsprinzip mit Z-förmiger Spangen als Stentgerüst blieb dabei unverändert.

Einige Firmen verwendeten hierzu weiterhin Edelstahl (zum Beispiel Zenith® TX 1, Cook Inc. Danemark). Selten wurden Kobalt-Chrom-Legierungen (Eligiloy) als Stentgerüst verwendet. Weitaus am häufigsten kommen in industriell gefertigten Aortenstents Nickel-Titan-Legierungen (Nitinol) zum Einsatz (z. B.: Talent®/Valiant®, Medtronic, USA; E-vita® JOTEC, Deutschland; Gore TAG®, USA siehe Abb. 62.3). Der Anteil an Nickel beträgt bei dieser Legierung circa 55 %. Das Material ist korrosionsbeständig, hochfest und dabei bis 8% pseudoelastisch. Die Superelastizität der Nickel-Titan-Federspangen gewährleistet eine gleichmäßige Verteilung der Kraft auf die Gefäßwand, was eine gute Abdichtung begünstigt. Die Nickel-Titan-Komponenten werden zur Erhöhung der Ermüdungsresistenz durch chemische Ätzung geglättet (Abb. 62.4).

Zur Bildung einer einzelnen Stent-Feder werden die Z-förmigen Nickel-Titan-Drähte kreisförmig gebogen und die Drahtenden durch Crimpen miteinander verbundenen (Abb. 62.5).

Die Stenthülle, das so genannte Graft, hat die Funktion, den aortalen Blutfluss vom Aneurysma-Sack, beziehungsweise der Dissektion, mechanisch zu trennen. Diese wird aus gewebtem Polyethylenterephtalat (=PET, Polyester, Dacron®, siehe Abb. 62.6) oder expandiertem Polytetrafluoroethylen (=ePTFE, Goretex®) hergestellt.

Die Verbindung des Grafts mit dem Stentgerüst erfolgt meist durch Vernähen (Abb. 62.6). Das Stentgerüst kann aber auch durch Verkleben, Laminieren, Verflechten oder Einschweißen mit dem Graft verbunden werden. An spezifischen Stellen

62.2 Stent Grafts

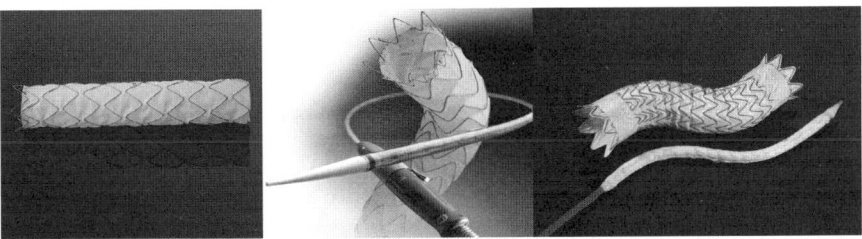

Abb. 62.3 Häufig verwendete Stentgrafts: JOTEC E®-vita *(links)*, Medtronic Valiant® *(Mitte)*, GORE TAG® *(rechts)*. Die Stents sind alle im entfalteten Zustand gezeigt. Der Medtronic Valiant® und der GORE TAG Stent sind zusätzlich in zusammengefalteten Zustand im jeweiligen Einführungsbesteck dargestellt (mit freundlicher Genehmigung der Firmen GORE, JOTEC und Medtronic)

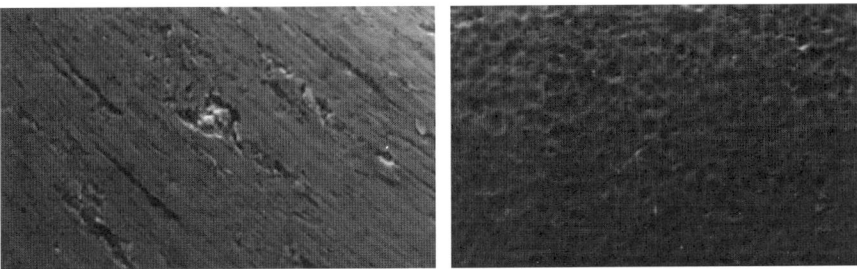

Abb. 62.4 Elektronenmikroskopische Darstellung der Oberfläche einer Nickel-Titan Stentspange (Medtronic Valiant®) vor *(links)* und nach *(rechts)* chemischer Oberflächenbehandlung. Die Oberflächenbehandlung erhöht die Ermüdungsresistenz des Stents (mit freundlicher Genehmigung der Firma Medtronic)

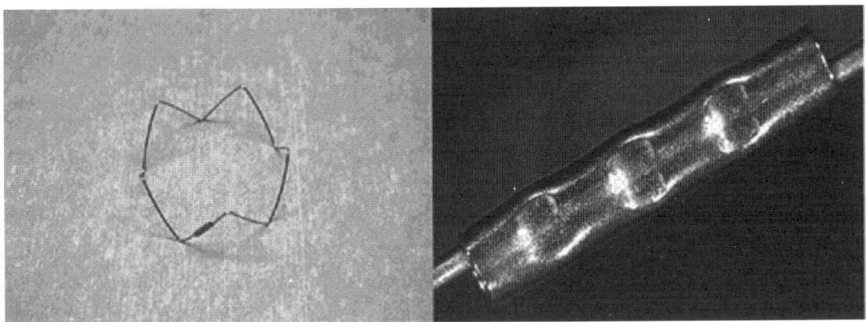

Abb. 62.5 Die Elastizität der einzelnen Nickel-Titan Stentspange *(links)* gewährleistet einen gleichmäßigen Anpressdruck des Stentgrafts an die Aortenwand. Die Drahtenden einer einzelnen Stentspange sind durch Crimpen miteinander verbunden sind *(rechts)* (mit freundlicher Genehmigung der Firma Medtronic)

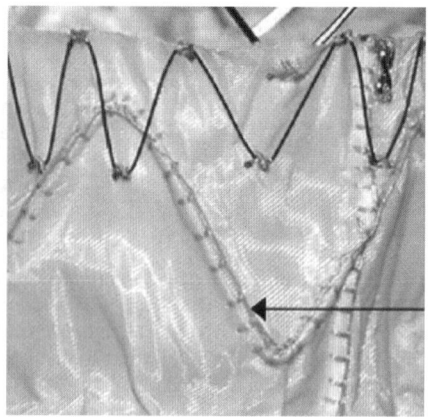

Abb. 62.6 Das Graftmaterial bildet die mechanische Barriere, durch die das aortale Blut von der aneurysmatischen Erweiterung bzw. dem dissezierten Gefäßabschnitt getrennt wird. Die linke Abbildung zeigt die mikroskopische Aufnahme eines Grafts (Metronic Valiant®) aus gewebtem Polyester. Das Graft und die Stentspangen sind durch chirurgisches Polyester – Nahtmaterial miteinander verbunden (Pfeil Abbildung rechts) (mit freundlicher Genehmigung der Firma Medtronic)

des Stentgrafts werden röntgendichte Marker oder Bänder (Abb. 62.7) angebracht, um bei der Implantation unter Röntgenkontrolle wichtige Strukturen, insbesondere die Stentenden, zu identifizieren. Funktionell hat das proximale und distale Stentende eine besondere Bedeutung bezüglich der Verankerung an der Gefäßwand. Hierzu sind die Stents an den Enden nach außen gekippt, um eine Verankerung an der Aortenwand zu gewährleisten. Diese Verankerungsstents können entweder mit Graftmaterial abgedeckt sein oder ohne Graftüberzug als so genannte „bare springs" konstruiert sein. Die Bare Springs haben den Vorteil, dass auch Aortenabschnitte mit wichtigen Gefäßabgängen in die Landungszone des Stents miteinbezogen werden können, ohne den Blutfluss in den abgehenden Gefäßen zu beeinträchtigen. Bei manchen Stents wurden zusätzlich Widerhaken an die Verankerungsstents angebracht. Der Vorteil einer besseren Fixation war jedoch mit einer erheblichen vergrößerten Verletzungsgefahr der Aorta assoziiert, so dass dieses Konzept insbesondere bei der Behandlung von Aortendissektionen wieder verlassen wurde.

Die Stents werden mit Hilfe von Einführsystemen retrograd über die Arteria femoralis in den krankhaft veränderten Abschnitt der thorakalen Aorta vorgeschoben. Hierzu werden die Stents zusammengefaltet in Kunststoffhülsen eingebracht, die als Einführungssystem dienen. Der Stent wird an der gewünschten Position durch Zurückziehen der Hülse bei gleichzeitiger Fixation des Stents durch einen in der Führungshülse gelegenen Stempel zur Entfaltung gebracht. Das Entfalten der ersten Stent-Generation erforderte zum Teil einen sehr hohen Kraftaufwand, weil die Reibung zwischen eingefaltetem Stent und Außenhülle sehr groß war. Dies hatte den Nachteil, dass durch die dazu erforderlichen hohen Muskelkräfte ein zielgenaues Absetzen des Stents erschwert war, und zudem die verwendeten Stents, um übergroße Reibungskräfte zu vermeiden, in ihrer Länge auf circa 15 cm limitiert wa-

62.2 Stent Grafts

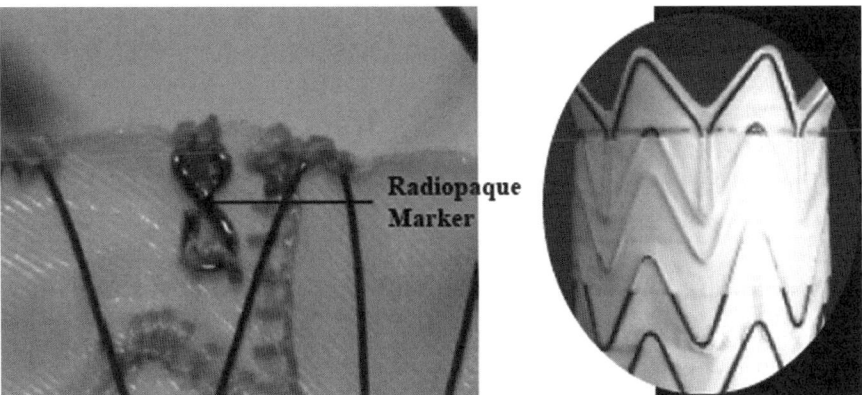

Abb. 62.7 Die Platzierung der Stents erfolgt unter Röntgendurchleuchtung. Durch röntgendichte Marker an spezifischen Lokalisationen am Stent kann dessen Lage während der Implantation genau identifiziert werden. Als Markierungen kommen entweder Ösen (z. B. Medtronic® Stent, links) oder röntgendichte Bänder (z. B. TAG® Stents, rechts) zum Einsatz (mit freundlicher Genehmigung der Firmen Gore und Medtronic)

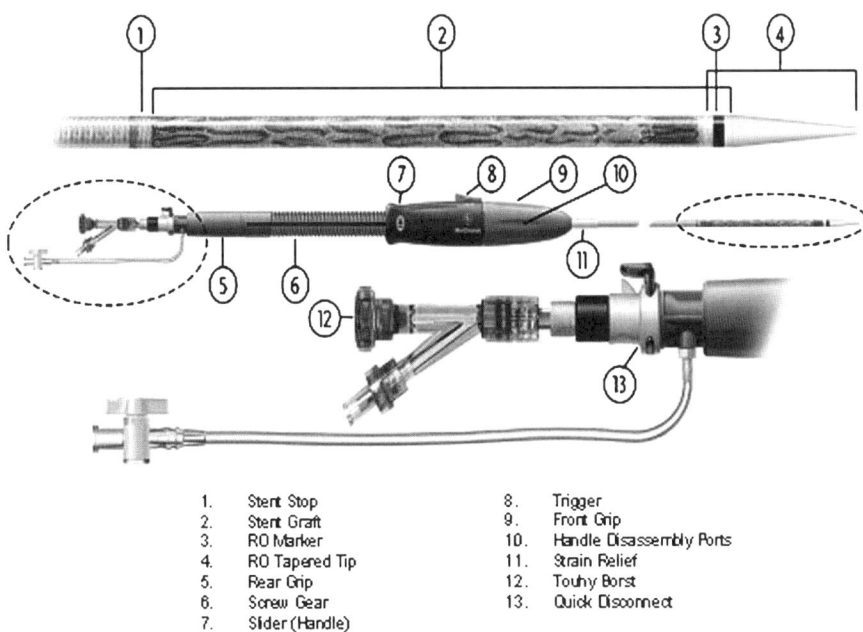

1. Stent Stop
2. Stent Graft
3. RO Marker
4. RO Tapered Tip
5. Rear Grip
6. Screw Gear
7. Slider (Handle)
8. Trigger
9. Front Grip
10. Handle Disassembly Ports
11. Strain Relief
12. Touhy Borst
13. Quick Disconnect

Medtronic Xcelerant Delivery System®

Abb. 62.8 Darstellung eines Stent-Platzierungssystems (Medtronic Valiant®): Das Stentgraft ist in einer Kunststoffhülle mit Spitze eingefasst *(oben)*. Die Freisetzung des Stents erfolgt mit Hilfe eines Schraubsystems, das Drehbewegungen am Handgriff wahlweise in eine langsame oder schnelle Schubbewegung Richtung Stent umsetzt *(Mitte)*. Am Ende des Handgriffs besteht über Dreiwegehähne die Möglichkeit zur Entlüftung des Einführungssystems *(unten)*

ren. Daher wurden moderne Stents zur Vereinfachung der Entfaltung entweder mit mechanischen Hilfssystemen – zum Beispiel durch Schraubsysteme (z. B. Xcelerant Delivery System, Medtronic Valiant®, Abb. 62.8) – ergänzt, oder dahingehend geändert, dass die Reibung durch die Verwendung von textilen Stenthüllen (z. B. E-vita®, JOTEC) verringert wurde. Dadurch können heutzutage auch Prothesen mit einer Länge von bis zu 23 cm eingesetzt werden.

62.3 Planung und Durchführung des endovaskulären Eingriffs

Voraussetzung für die Planung eines endovaskulären Eingriffes ist eine bildgebende Diagnostik des krankhaften Aortenabschnittes, anhand derer die Pathologie, die Gefäßdurchmesser und die Position der abgehenden aortalen Gefäße abgeschätzt werden können. Neben dem transösophagealen Echokardiogramm (TEE) und der Magnetresonanztomographie (MRT) ist hierfür vor allem die Computertomographie (CT) mit Kontrastmittelinjektion geeignet. Aus den ermittelten Daten können die Länge und der Durchmesser der Prothese bestimmt werden. Außerdem muss sichergestellt sein, dass die proximale und distale Landungszone ausreichend lang ist, und voraussichtlich keine relevanten Gefäßabgänge durch die Implantation verschlossen werden (Abb. 62.9).

Die Prothese sollte im Bereich der Landungszonen circa 10 bis 15 Prozent größer sein als der Aortendurchmesser, um durch die Radialkräfte des Stents eine ausreichende Fixation an der Aortenwand zu gewährleisten. Der maximale Durchmesser derzeit verfügbarer Stents beträgt 46 mm. Die Landungszone sollte mindestens 2 cm lang sein. Reicht ein einzelner Stent von der Länge her nicht aus, um den aortalen Defekt zu überdecken, so können auch mehrere Stents überlappend implantiert werden. Die Überlappungszone sollte dabei ca. 5–6,5 cm betragen. Bei unterschiedlichem Durchmesser von proximaler und distaler Landungszone ist es möglich, konische geformte Sonderanfertigungen des Stentgrafts herstellen zu lassen.

Zur Implantation wird zunächst die Arteria femoralis im Bereich der rechten oder linken Leiste freigelegt. Anschließend wird über eine Schleuse ein vorne abgerundeter Pigtail-Katheter in die thorakale Aorta vorgeschoben. Zur Bestimmung der optimalen Landungszone des Stents wird über diesen eine Kontrastmittelinjektion zur Darstellung der thorakalen Aorta appliziert. Anschließend wird ein ultrasteifer Führungsdraht (Back-UP Meier Draht, Boston Sientific®) durch den Pigtail Katheter eingeführt, und der Pigtail Katheter und die Einführungsschleuse durch das Einführungssystem ersetzt. Das Stent Graft wird unter Röntgenenkontrolle in die thorakale Aorta vorgeschoben (Abb. 62.10). Unmittelbar vor Entfaltung des Stents sollte der systolische Blutdruck, medikamentös oder durch Hochfrequenz-Stimulation des Herzens, auf circa 60 mm Hg gesenkt werden. Der Stent wird dann im Bereich der geplanten Landungszone zur Entfaltung gebracht, wobei keine relevanten Gefäßabgänge überdeckt werden sollten. Die Stent Lage wird durch eine erneute Kontrastmittelinjektion geprüft. Bei noch bestehenden Endoleaks kann das Stent-Graft durch Verwendung eines intraluminalen Ballonkatheters an die Aorten-

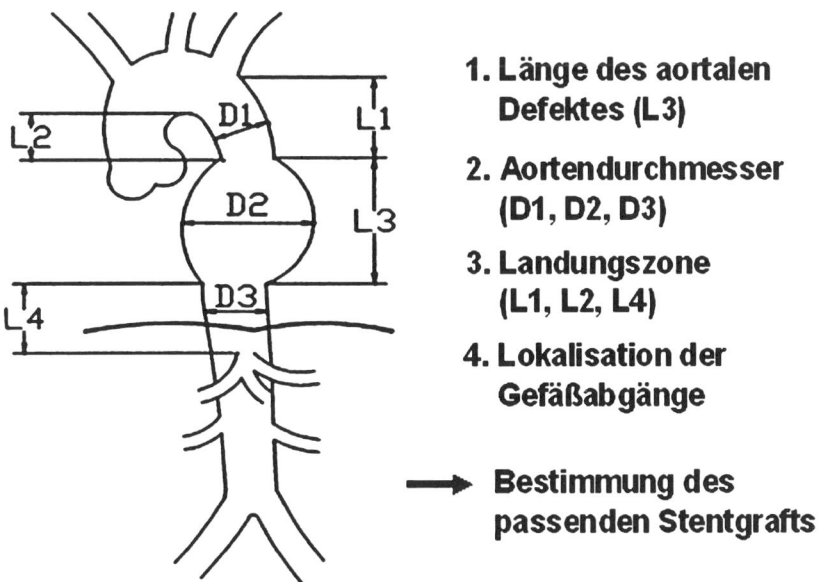

Abb. 62.9 Die Ermittlung der passenden Stentgröße erfolgt anhand der präoperativen Diagnostik (z. B. Angio-CT). Die benötigte Gesamtlänge des Stents errechnet sich aus der Addition von der Länge der Landungszonen und der Länge des zu überbrückenden Defektes. Zurzeit sind Stent-Durchmesser von maximal 46 mm erhältlich. Für eine aortale Stent-Implantation ist eine proximale und distale „Landungszone" von mindestens 2 cm Länge Grundvoraussetzung

wand anmodelliert werden (Abb. 62.10). Auch bei diesem Manöver sollte zur Vermeidung einer stromabwärts gerichteten Stent-Dislokation unbedingt der Blutdruck gesenkt werden.

62.4 Diskussion

In den letzten 10 Jahren hat sich die endovaskuläre Therapie von Läsionen der descendierenden thorakalen Aorta als Alternative zum offenen chirurgischen Vorgehen etabliert. Durch den minimal invasiven Charakter des Verfahrens wurde es möglich, auch schwerkranke Patienten zu therapieren, die aufgrund ihres Risikoprofils für einen offenen chirurgischen Eingriff nicht geeignet sind. Sowohl bei elektiven Eingriffen, als auch bei Notfalleingriffen an der thorakalen Aorta descendens führte die endovaskuläre Therapie zu einem deutlichen Rückgang der operativen Mortalität und Morbidität [4]. Auch perioperative Ergebnisse und 1-Jahres-Ergebnisse sind ermutigend [5]. Die Frage der Langzeithaltbarkeit endovaskulärer Prothesen ist allerdings bisher ungeklärt. Während Patienten nach einer konventionellen of-

Stentgraft-Implantation

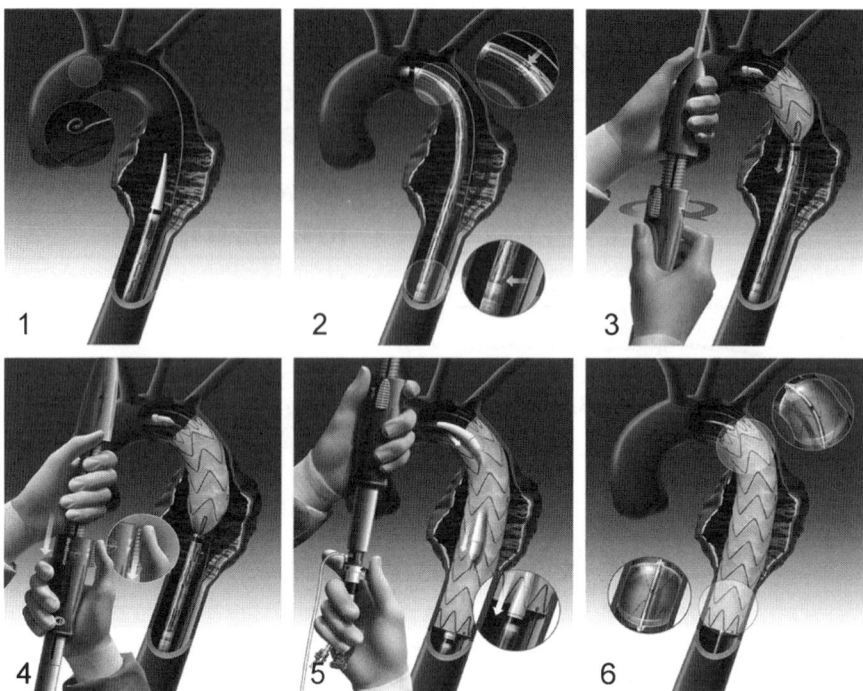

Abb. 62.10 Der Stent wird mit einem Einführunssystem in die thorakale Aorta vorgeschoben *(1)*. Röntgendichte Marker am Stent ermöglichen es, den Stent unter Röntgenkontrolle an die gewünschte aortale Position zu plazieren *(2)*. Durch Drehbewegungen am Handriff wird der Stent zunächst langsam aus der Kunststoffhülle herausgeschoben und entfaltet sich *(3)*. Sobald sich der Stent an der proximalen Landungszone sicher angelegt hat, kann der restliche Anteil des Stents, nach Umschaltung des Freisetzungsmechanismus, rasch durch Zug freigesetzt werden *(4)*. Die Spitze des Einführungsbesteckes kann durch den entfalteten Stent zurückgezogen werden *(5)*. Bei Bedarf kann der Stent mit Hilfe eines Ballon-Katheters an die Aortenwand „anmodelliert" werden, um restliche Endoleaks zu beseitigen *(6)*

fenen chirurgischen Therapie kaum mit späteren Komplikationen rechnen müssen, wurde in der Literatur von Stentgraft-Komplikationen im späteren Verlauf berichtet. So wurden Endoleaks und proximale Stentgraftmigrationen bei bis zu 25 % der Patienten gefunden. Langzeitstudien berichten auch über eine erhöhte Inzidenz späterer Aortenrupturen von 9 % nach 5 Jahren und sogar von 20 % nach acht Jahren [6]. Bei der Interpretation dieser Ergebnisse ist jedoch zu berücksichtigen, dass bisherige Langzeitstudien sich ausschließlich auf Erfahrungen mit Stentgrafts der 1. Generation beziehen. Mittlerweile wurden die Stentgrafts durch technische Modifikationen kontinuierlich verbessert. Künftige Studien werden zeigen, ob diese technischen Verbesserungen auch zu entsprechend besseren Langzeitergebnissen führen werden.

62.5 Literatur

1. Clouse WD, Hallett JW Jr, Schraff HV et al. Improved prognosis of thoracic aortic aneurysms. A population-based study. JAMA 1998;280:1926–9
2. Brandt M, Hussel K, Walluscheck KP, Müller-Hülsbeck S, Jahnke T, Rahimi A, Cremer J. Stent-graft repair versus open surgery for the descending aorta: a case-control study.J Endovasc Ther. 2004 Oct;11(5):535–8.
3. Dake MD, Miller DC, Semba CP, Mitchell RS, Walker PJ, Liddell RP. Transluminal placement of endovascular stent-grafts for the treatment of descending thoracic aortic aneurysms. N Engl J Med. 1994 Dec 29;331(26):1729–34.
4. Nienaber CA, Fattori R, Lund G, Dieckmann C, Wolf W, von Kodolitsch Y, Nicolas V, Pierangeli A. Nonsurgical reconstruction of thoracic aortic dissection by stent-graft placement. N Engl J Med. 1999 May 20;340(20):1539–45.
5. Bavaria JE, Appoo JJ, Makaroun MS, Verter J, Yu ZF, Mitchell RS; Gore TAG Investigators. Endovascular stent grafting versus open surgical repair of descending thoracic aortic aneurysms in low-risk patients: a multicenter comparative trial. J Thorac Cardiovasc Surg. 2007 Feb;133(2):369–77
6. Demers P, Miller DC, Mitchell RS, Kee ST, Sze D, Razavi MK, Dake MD. Midterm results of endovascular repair of descending thoracic aortic aneurysms with first-generation stent grafts.J Thorac Cardiovasc Surg. 2004 Mar;127(3):664–73.

Bildnachweis:
Abb. 62.1 und 62.2 Zeichnungen von Frau S. Dorn, Deutsches Herzzentrum München
Abb. 62.3 (Mitte), 62.4, 62.5, 62.6, 62.7 (links), 62.8 und 62.10 mit freundlicher Genehmigung der Firma Medtronic.
Abb. 62.3 (links) mit freundlicher Genehmigung der Firma JOTEC
Abb. 62.3 (rechts), 62.7 (rechts) mit freundlicher Genehmigung der Firma Gore

63 Prothetischer Ersatz der thorakalen Aorta

B. Voss, R. Bauernschmitt, G. Brockmann, R. Lange

63.1 Einführung

Die Aorta ist das Stammgefäß des arteriellen Körperkreislaufs, von dem aus alle Organe mit Blut versorgt werden. Die Aorta entspringt der linken Herzkammer, beginnend mit dem aufsteigenden Teil (Aorta ascendens). Der Anfangsteil der Aorta ascendens ist natürlicherweise etwas erweitert und wird als Aortenbulbus oder nach seinem Erstbeschreiber als Sinus valsalvae bezeichnet. An dessen Basis liegt die Aortenklappe, die einen Rückfluss von Blut in den linken Ventrikel verhindert. Etwa 1 cm oberhalb der Aortenklappe entspringen die Herzkranzgefäße, die den Herzmuskel mit Blut versorgen. Die Aorta ascendens endet mit Beginn des Aortenbogens, aus dem die 3 Kopfhalsgefäße (Truncus bracheocephalicus, linke Arteria carotis und linke Arteria subclavia) abgehen. Nach Abgang der linken Arteria subclavia zieht die Aorta nach unten. Dieser Abschnitt wird als „Aorta descendens" bezeichnet, wobei der thorakale Anteil bis zum Zwerchfelldurchtritt reicht.

Prinzipiell muss bei Erkrankungen der Aorta zwischen Aneurysmen und Dissektionen unterschieden werden. Aneurysmen sind Gefäßerweiterungen, bei deren Entstehung vor allem die arterielle Hypertonie, krankhafte Texturveränderungen der Gefäßwand (z. B. Marfan-Syndrom) oder altersbedingte Degenerationen ursächlich sind. Eine Dissektion entsteht durch einen Einriss der inneren Wandschichten (Intima). Durch den hohen arteriellen Blutdruck kommt es zu einer Längsspaltung der mittleren Aortenwandschicht (Media) mit Ausbildung eines „falschen Lumens". Weiter distal des ursprünglichen Einrisses bekommt das falsche Lumen meist durch die Ausbildung von Re-Entries wieder Anschluss an das wahre Lumen. Aus der Lage des Entries ergibt sich die Klassifikation der Aortendissektion (Abb. 63.1) nach De Bakey:

Typ 1: Das Entry liegt im Bereich der Aorta ascendens, die Ausdehnung der Dissektion reicht aber in den Aortenbogen und weiter in die Aorta descenends hinein.

Typ 2: Das Entry liegt ebenfalls im Bereich der Aorta ascendens, die Dissektion ist jedoch auf die ascendierende Aorta begrenzt.

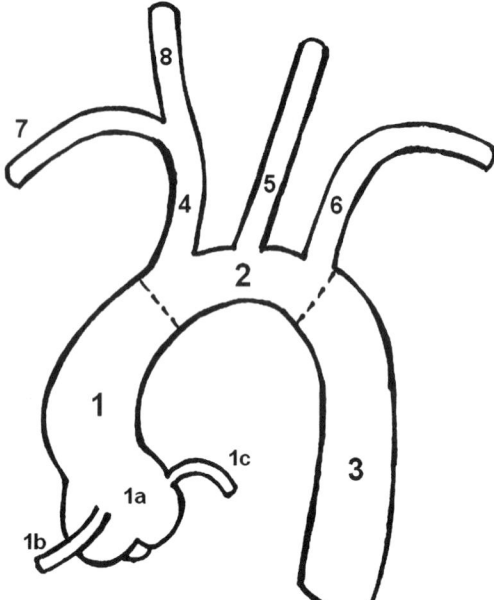

1 Aorta ascendens
1a Aortenbulbus
1b Rechte Herzkranzarterie
1c Linke Herzkranzarterie
2 Aortenbogen
3 Aorta descendens
4 Truncus bracheocephalicus
5 Linke Arteria carotis
6 Aorta ascendens
7 Linke Arteria subclavia
8 Rechte Arteria carotis

Abb. 63.1 Schematische Darstellung der thorakalen Aorta: Der Anfangsteil der Aorta wird als Aorta ascendens (1) bezeichnet. Hier haben die Herzkranzgefäße (1b+c) im Bereich des Aortenbulbus (1a) ihren Ursprung. Es schließt sich der Aortenbogen (2) an, aus dessen konvexer Seite 3 Hauptgefäße (4,5,6) entspringen, die den Kopf bzw. das Gehirn (8+5) und die oberen Extremitäten (6+7) perfundieren. Der absteigende Schenkel der Aorta wird durch die Aorta descenends (3) gebildet

Typ 3: Das Entry liegt im Bereich der descendierenden Aorta, die Dissektion ist auf diesen Bereich beschränkt.

Im Gegensatz hierzu basiert die Stanford-Kassifikation auf der anatomischen Ausdehnung der Dissektion, unabhängig von der Lokalisation des Entry: Bei Einbeziehung der Aorta ascendens handelt es sich um eine **Typ A Dissektion** und bei ihrer Aussparung um eine **Typ B Dissektion.**

Eine besondere Problematik der Aortendissektion besteht darin, dass Gefäßabgänge aus dem wahren Lumen durch den Druck im falschen Lumen verlegt werden können. Dadurch kann es zur Minderperfusion wichtiger Organsysteme kommen. Für das Auftreten einer Dissektion gelten im Wesentlichen die gleichen Risikofaktoren, wie für die Ausbildung eines Aneurysmas. Darüber hinaus kann es durch ein traumatisches Ereignis, auch an einer gesunden Aorta zu einer Dissektion kommen. Im Langzeitverlauf kann sich das falsche Lumen aneurysmatisch erweitern. Umgekehrt kann ein vorbestehendes Aortenaneurysma prädisponierend für die Ausbildung einer Dissektion sein. Im Bereich der Aorta ascendens führen sowohl Aneurysmen, als auch Dissektionen häufig zu einer höhergradigen Insuffizienz der Aortenklappe.

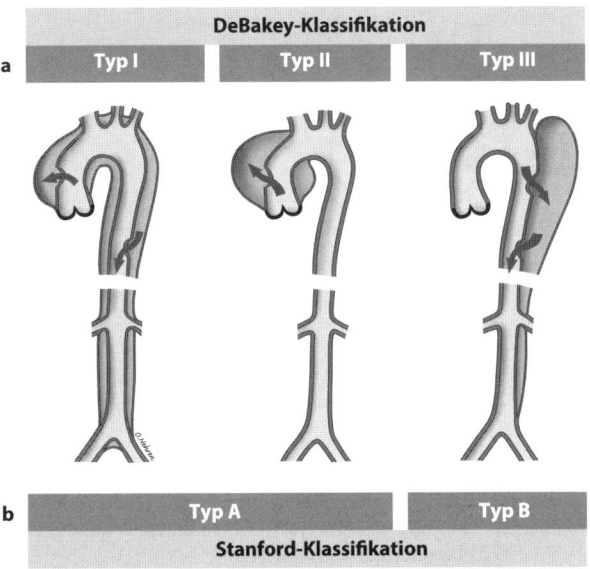

Abb. 63.2 Schematische Darstellung der Dissektionstypen: Nach DeBakey (a) können – in Abhängigkeit von ihrer Lokalisation – drei Typen unterschieden werden: Als Typ I bezeichnet eine Dissektion der Aorta ascendens und descendens, Typ II ist beschränkt auf die ascendierende Aorta und den Aortenbogen und Typ III beschreibt die Dissektion der Aorta descendens alleine. Die Stanford Klassifikation (b) orientiert sich am Therapieansatz und umfasst nur noch 2 Arten von Aortendissektion: Bei Einbeziehung der Aorta ascendens handelt es sich um eine Typ A und bei ihrer Aussparung um eine Typ B Dissektion

Patienten mit einem (chronischen) Aortenaneurysma haben in der Regel lange Zeit keine Beschwerden. Mit steigendem Durchmesser des Aneurysmas erhöht sich jedoch die Gefahr der Aortenruptur, die meist tödlich endet. Die Indikation zur Operation besteht ab einem Durchmesser von 5 bis 6 cm. Im Gegensatz hierzu ist die (akute) Aortendissektion meist mit einem plötzlich auftretenden, heftigen Schmerzereignis assoziiert. Die akute Aortendissektion ist eine lebensbedrohliche Erkrankung mit einer Mortalitätsrate von 50 % innerhalb der ersten 48 Stunden. Ziel der chirurgischen Therapie ist die Abwendung der Aortenruptur und gegebenenfalls die Beseitigung einer Aortenklappeninsuffizienz, sowie die Behebung ischämischer Komplikationen am Herzen und an peripheren Organen.

63.2 Chirurgische Therapie mit Gefäßprothesen (allgemeiner Teil)

Die chirurgische Therapie bei Aneurysmen zielt darauf ab, den gefährlich erweiterten Abschnitt zu entfernen und durch eine Gefäßprothese zu ersetzen. Bei der Aortendissektion werden Abschnitte mit einem Entry ebenfalls durch eine Gefäßprothe-

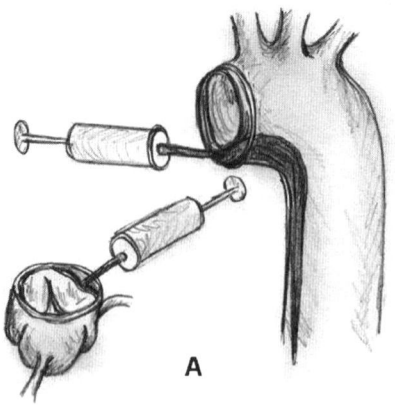 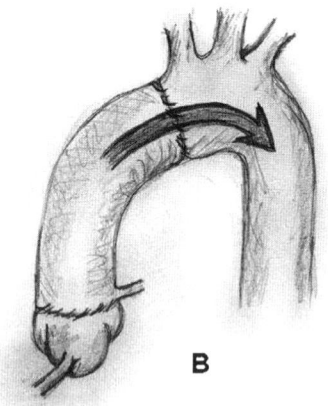

Abb. 63.3 Typische Reparatur einer Typ A-Dissektion mit Resektion der Aorta ascendens und Verklebung proximal und distal gelegener dissezierter Aortenwandschichten *(A)*. Anschließend wird die Gefäßkontinuität durch Interposition einer Gefäßprothese wiederhergestellt und der Blutfluss ausschließlich durch das wahre Lumen geleitet *(B)*

se ersetzt, mit dem Ziel das Blut wieder durch das wahre Lumen fließen zu lassen. Darüber hinaus muss eine weitere Ausbreitung der Dissektion, zum Beispiel durch Verklebungen disseziierter Anteile, verhindert werden (Abb. 63.3).

Die Entwicklung synthetischer Gefäßprothesen geht auf die Arbeiten von Voorhees und Mitarbeitern [1] im Jahre 1952 zurück. Bei tierexperimentellen Arbeiten zum Herzklappenersatz beobachteten sie die Beschichtung von chirurgischen Seidennähten mit einem glänzenden thrombusfreien Film. Diese Beobachtung führte zu dem Konzept der Biokompatibilität, der Tatsache, dass Materialen in die kardiovaskuläre Zirkulation eingebracht werden können, ohne eine nennenswerte Abstoßung oder Thrombosierung auszulösen. Auf dieser Grundlage erfolgte die Entwicklung von synthetischen Gefäßprothesen. Die ersten röhrenförmigen arteriellen Gefäßprothesen wurden aus Vinyon „N" gefertigt und in die Aorta von Hunden implantiert. Spätere Untersuchungen der explantierten Prothesen zeigten die Bildung einer Neointima aus Fibrin und Kollagenfasern. Den Chirurgen DeBakey und Cooley ist es Mitte der 50er Jahren als Erste gelungen, Teilstücke der Aorta erfolgreich am Menschen zu ersetzen [2]. Sie implantierten zunächst von Leichen gewonnene Aortenstücke (Homografts). Dann haben Sie selbst genähte Prothesen aus Polyester (Dacron) eingeführt, die DeBakey mit der Nähmaschine seiner Frau selbst hergestellt hat. Später wurde die Forschung nach dem „idealen" Gefäßsubstitut eingeleitet, wobei folgende Eigenschaften gesucht wurden: Biokompatibel, nicht thrombogen, dauerfest, infektionsunempfindlich, knickstabil, reißfest und technisch einfach herzustellen [3]. Die Entwicklung schloss verschiedene Textilverbindungen, wie Teflon, Orlon, Seide, Ivalon, Marlex oder Dacron ein. Neben der Variation der Materialien wurden verschiede Konstruktionstechniken erprobt: Weben, Stricken, Plissierung oder Velours (Abb. 63.4) [4]. Als ideales Material für

63.2 Chirurgische Therapie mit Gefäßprothesen (allgemeiner Teil)

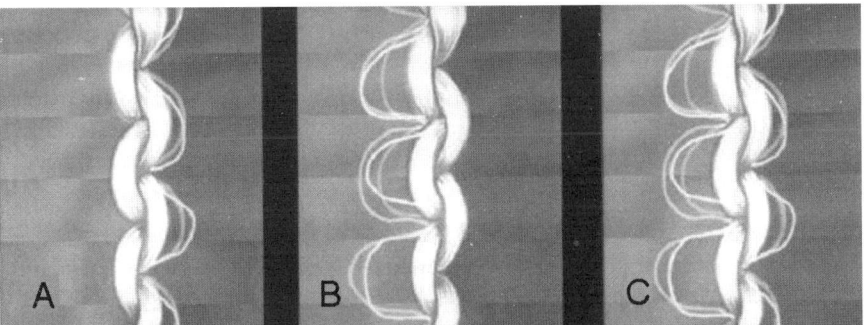

Abb. 63.4 PTFE–Prothesenwand (Innenschicht, jeweils rechts abgebildet) mit Velours innen *(A)*, außen *(B)* oder beidseits *(C)*. Das Velours erleichtert das Einsprossen von körpereigenem Gewebe in das Prothesematerial. Dadurch vermindert sich an der Innenschicht die Thrombogenität und an der Außenschicht wird die Infektresistenz erhöht (mit freundlicher Genehmigung der Firma Boston Scientific)

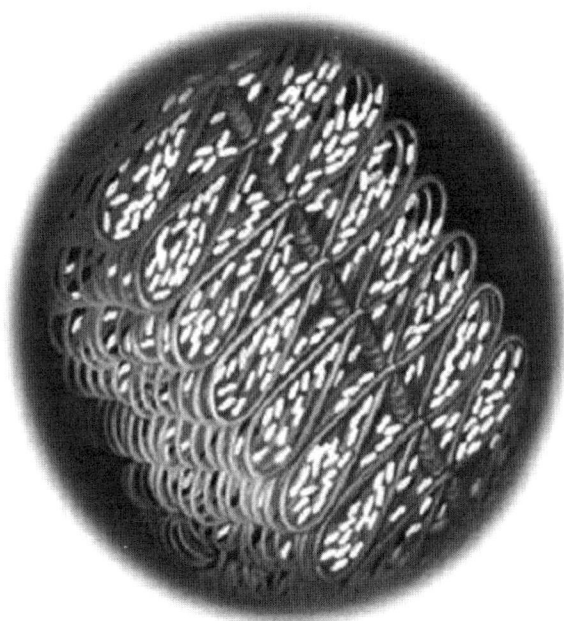

Abb. 63.5 Beispiel einer „Bio-Hybrid-Prothese" (Hemashield® Prothese, Boston Scientific). Durch die Kollagenbeschichtung des Doppelvelours sind diese Prothesen nach der Implantation primär blutdicht und noch vor Ausbildung einer körpereigenen Beschichtung nur gering thrombogen (mit freundlicher Genehmigung der Firma Boston Scientific)

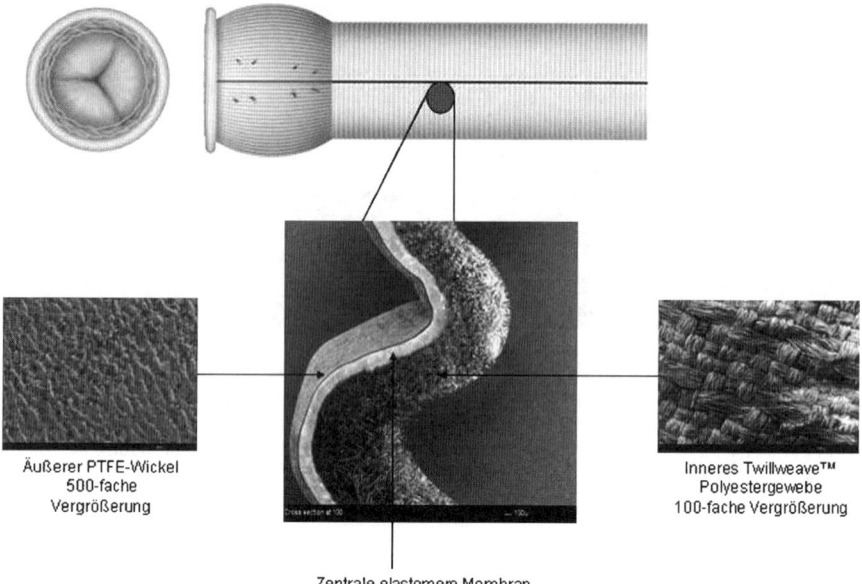

Abb. 63.6 Oben dargestellt ist ein Bioklappentragendes Aortenconduit (Biovalsava®, Vascutec) mit porciner Klappe (rechts,oben) und nachgebildetem Aortenbulbus. In der unteren Reihe sieht man den dreischichtigen Wandaufbau (Triplex®) mit einer inneren gewebten Polyesterschicht, einer mittleren Elastomermembran und einer äußeren PTFE Schicht. (mit freundlicher Genehmigung der Firma Vasutek)

Aortenprothesen haben sich letztlich Polyethylenterephtalat (=PET, Polyester, Dacron®) und Polytetrafluoroethylen (=PTFE, Teflon) bzw. expandiertes Polytetrafluoroethylen (= ePTFE, Goretex®) herausgestellt.

Die nächste Generation synthetischer Gefäßprothesen wurde als so genannte „Biohybride" mit biologischen Komponenten beschichtet. Als Proteine wurden Albumin, Gelatine und Kollagen (Abb. 63.5) eingesetzt. Diese Beschichtungen vermindern die Porosität und Koagulabilität, womit Gefäßprothesen heute primär blutdicht sind, während sie früher vor der Implantation noch durch ein „Preclotting" mit frischem Blut abgedichtet werden mussten. Außerdem erleichtert die biosynthetische Beschichtung der Prothesen das Einwachsen einer Neointima, also einer körpereigenen Beschichtung, die einer Thrombosierung der Gefäßprothese entgegenwirkt. Im Rahmen der Weiterentwicklung wurden auch mehrschichtige Prothesen konstruiert, bei denen verschiedene Kunstmaterialien miteinander kombiniert wurden (Abb. 63.6). Zum Teil wurden die Prothesen der anatomischen Aortenform angeglichen. So wurden z. B. für den Aorta ascendens Ersatz Prothesen mit einem erweiterten Anfangsteil (Abb. 63.6 + 7) konstruiert, der der natürlichen Form des Aortenbulbus nachempfunden ist. Dadurch soll ein möglichst physiologisches Strömungsprofil erzeugt werden (Abb. 63.10 rechts).

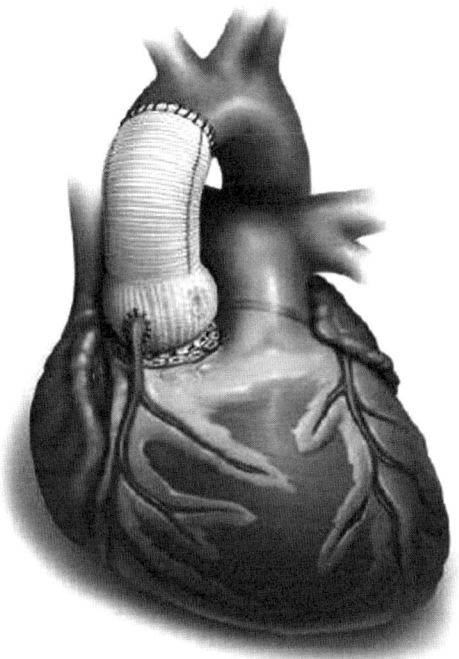

Abb. 63.7 Kompletter Ersatz der Aorta ascendens. Hierzu müssen die Koronararterien aus der nativen Aorta ausgeschnitten werden und in die Prothese reimplantiert werden. Bei dieser Prothese (Carbo-Seal® Valsalva, Sorin) ist die natürliche Form des Aortenbulbus durch eine Ausweitung im proximalen Abschnitt nachgebildet. Die körpereigene Aortenklappe wird bei diesem Eingriff erhalten (mit freundlicher Genehmigung der Firma Sorin)

63.3 Spezielle chirurgische Techniken

Für das spezielle chirurgische Vorgehen ist die Stanford Klassifikation von klinischer Relevanz: Alle Typ-A-Dissektionen werden über eine mediane Sternotomie operiert und alle Typ-B-Dissektionen über eine linkslaterale Thorakotomie. Typ-A-Dissektionen sind ein chirurgischer Notfall mit sofortiger OP Indikation. Bei der Typ-B-Dissektion sind die Ergebnisse der chirurgischen Behandlung im akuten Stadium nicht besser als mit konservativer, medikamentöser Therapie. Daher besteht bei Typ-B-Dissektionen nur dann eine primäre OP Indikation, wenn persistierende thorakale Schmerzen auf eine progrediente Expansion in der Aorta hinweisen, der Nachweis einer gedeckten Ruptur besteht oder Abgänge lebenswichtiger Äste der abdominellen Aorta verlegt sind. Eingriffe an der thorakalen Aorta werden in der Regel mit Herz-Lungen-Maschine durchgeführt. Grundlage für Operationen von Aortenaneurysmen oder Dissektionen, die den Aortenbogen ganz oder teilweise mit einschließen, ist in die Technik der tiefen Hyperthermie und des Kreislaufstillstan-

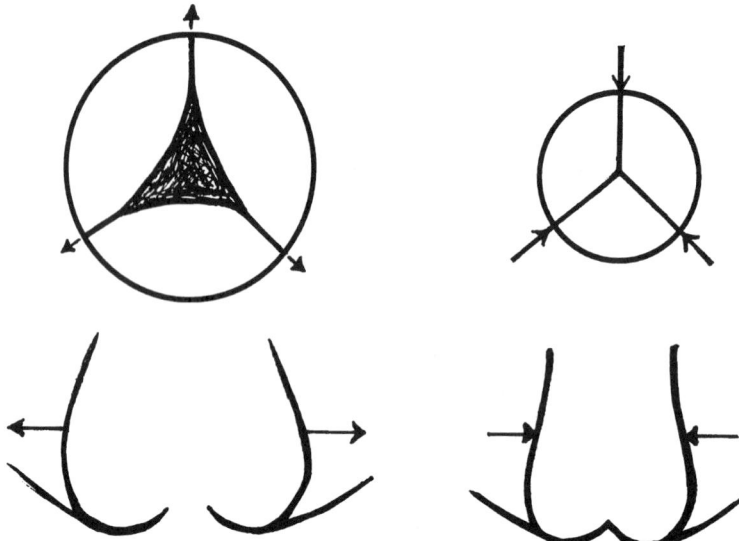

Abb. 63.8 Schematische Darstellung einer zentralen Schlussunfähigkeit der Aortenklappe durch Erweiterung des Aortenbulbus *(links)*. Die Schlussfähigkeit der Aortenklappe wird durch Verkleinerung des Aortenbulbus, z. B. durch Rekonstruktion des Aortenbulbus nach der Technik von David oder Yacoub, wiederhergestellt *(rechts)*

des. Das Prinzip besteht darin, dass Patienten an der Herz-Lungen-Maschine bis auf eine Temperatur von circa 18 Grad Celsius abgekühlt werden und danach ein Kreislaufstillstand toleriert werden kann. Durch die Hypothermie sinkt der Sauerstoffverbrauch des nervalen Gewebes um etwa 5 % pro Grad Temperatur ab, so dass bei oben angegebener Temperatur Ischemiezeiten des Gehirns und des Rückenmarks von bis zu 60 Minuten toleriert werden. In der Phase des Kreislaufstillstandes wird das Blut des Patienten im Reservoir der Herz-Lungen-Maschine gesammelt, wodurch ein trockenes Operationsfeld entsteht und eine genaue Inspektion sowie ein eventueller Prothesenersatz möglich wird. Durch die Installation einer selektiven Kopfperfusion über den Truncus bracheocephalicus bzw. die linke A. carotis communis kann das Risiko einer Hirnschädigung während der Stillstandsphase weiter gesenkt werden.

63.3.1 Aorta ascendens Ersatz

Das operative Vorgehen bei Eingriffen an der Aorta ascendens ist entscheidend vom Zustand der Aortenklappe beziehungsweise des Aortenbulbus abhängig. Im einfachsten Fall ist nur die Strecke oberhalb des Aortenbulbus krankhaft erweitert oder disseziiert. In diesem Fall kann der betroffene Abschnitt unter normothermer extrakorporaler Zirkulation durch eine Gefäßprothese ersetzt werden. Wenn der

63.3 Spezielle chirurgische Techniken

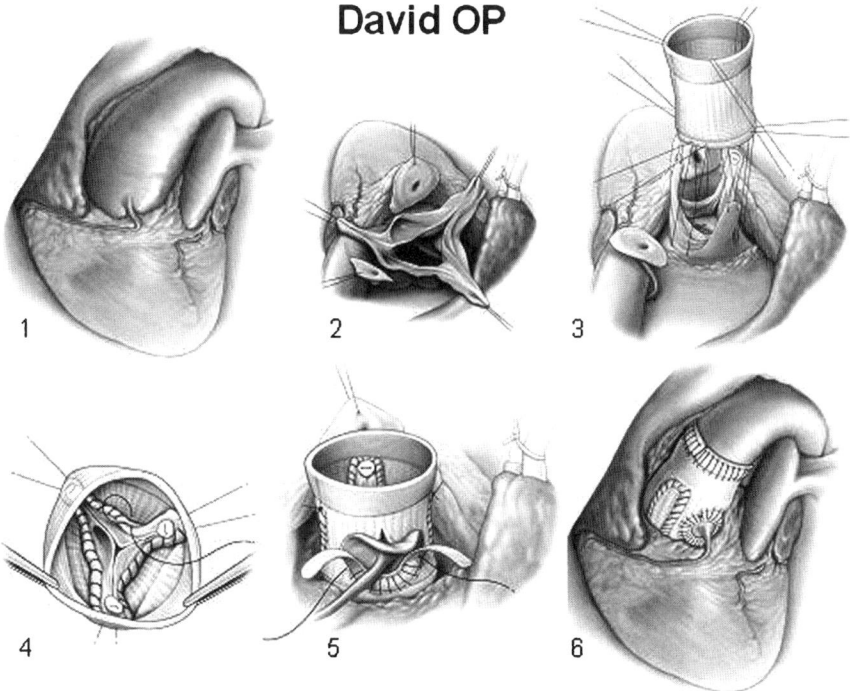

Abb. 63.9 Die OP nach David ist ein „klappenerhaltender" Eingriff, der bei Erweiterung der Aorta ascendens *(1)* mit Aortenklappeninsuffizienz, wie folgt angewandt wird: Exzision der erweiterten Aorta unter Umschneidung der Koronargefäße und Belassung der Aortenklappe *(2)*. Aufstülpen einer Gefäßprothese über die erweiterte Aortenklappe *(3)* und proximales Einnähen der Gefäßprothese *(4)*. Reimplantation der Koronararterien *(5)* und distale Verbindung der Prothese mit der Aorta *(6)* (mit freundlicher Genehmigung der Firma Vasutek)

Aortenbulbus ebenfalls krankhaft verändert ist, muss auch dieser Teil durch eine Prothese ersetzt werden, wobei die Koronararterien als Inseln ausgeschnitten und in die Prothese reimplantiert werden müssen (Abb. 63.7)

Ein pathologisch erweiterter oder disseziierter Aortenbulbus ist häufig mit dem Auftreten einer Aortenklappeninsuffizienz verbunden (Abb. 63.8). Für diese besondere Situation wurden von den Chirurgen Sir Maghdi Yacoub und Tirone David vor über 25 bzw. 15 Jahren Operationstechniken entwickelt, die eine Rekonstruktion der undichten Aortenklappe ermöglichen. Prinzip beider Techniken ist ein Ersatz der erweiterten Aorta durch eine Gefäßprothese, die so angenäht wird, dass die passive Erweiterung des Klappenapparates korrigiert wird. Bei der Yacoub-Technik wird eine Gefäßprothese aus Kunststoff den gewünschten anatomischen Verhältnissen angepasst und direkt mit dem Ansatz der Klappentaschen vernäht. Bei der David-Technik wird die Gefäßprothese über die Klappe gestülpt und diese in der Gefäßprothese angenäht (Abb. 63.9). Für diese chirurgisch anspruchsvollen Operationstechniken konnten sehr gute Langzeitergebnisse dokumentiert werden. Al-

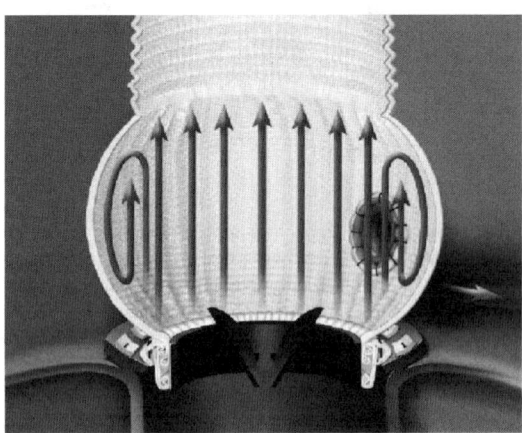

Abb. 63.10 Klappentragende Conduits mit mechanischer Klappe (Carbomedics Carbo-Seal® rechts mit geradem Prothesenprofil, links mit „Sinus Valsalva Profil"). Die vorgefertigte Einheit von Aortenklappe und Aorta ascendens Prothese verkürzt die Implantationszeit erheblich. Die Nachbildung eines Aortenbulbus soll die Strömungseigenschaften der Prothesen verbessern (mit freundlicher Genehmigung der Firma Sorin)

lerdings ist eine Rekonstruktion der Klappe in vielen Fällen unmöglich, so dass ein mechanischer oder biologischer Aortenklappenersatz unumgänglich ist. Hierzu werden in der Regel „Conduits", d. h. Gefäßprothesen mit integrierter Aortenklappe (Abb. 63.6 und 10), verwendet. Es stehen auch „Bio-Conduits" vom Schwein zur Verfügung, die vollständig aus biologischem Material bestehen (Abb. 63.11). Da die Schweineaorta relativ kurz ist, reichen diese Prothesen jedoch meist nur dazu aus, den Aortenbulbus zu ersetzen.

63.3 Spezielle chirurgische Techniken

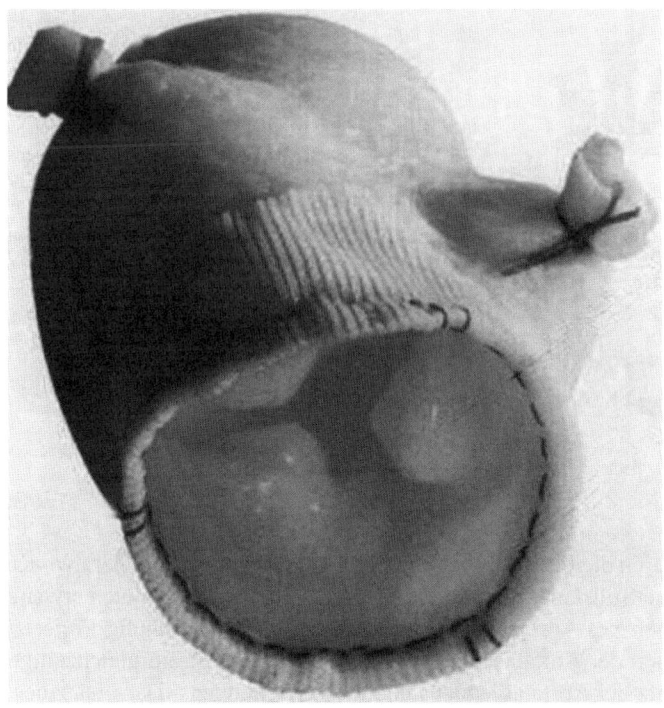

Abb. 63.11 Biologisches Aortenconduit vom Schwein (Medtronic Freestyle®). Die Klappe ist weitgehend frei von einem Klappengerüst, was die effektive Öffnungsfläche der Klappe vergrößert und somit die Hämodynamik verbessert. Da die Aorta ascendens beim Schwein relativ kurz ist, reichen diese „Bio-Conduits" beim Menschen meist nur dazu aus, die Aortenwurzel zu ersetzen (mit freundlicher Genehmigung der Firma Medtronic)

63.3.2 Aortenbogenersatz

Die Besonderheit eines Eingriffes am Aortenbogen liegt in der Problematik der zerebralen Minderdurchblutung bei Unterbrechung des Blutflusses in die abgehenden Kopfgefäße. Daher muss bei Operationen des Aortenbogens die Blutversorgung des Gehirns sichergestellt werden. Dies kann durch selektive antegrade Perfusion der Kopf-/Hals-Gefäße oder durch retrograde Perfusion der oberen Hohlvene erfolgen. Bei der antegraden Perfusion müssen die rechte und linke Arteria carotis kanüliert werden. Bei der retrograden Perfusion fließt das Blut in „umgekehrter" Richtung über die obere Hohlvene in das Gehirn und über die beiden Karotisarterien wieder zurück. Dadurch kann man die Kanülierung der oft stark verkalkten Arterien vermeiden. Eine Alternative ist der Eingriff im hypothermen Kreislaufstillstand, wobei der Patient mit der Herz-Lungen-Maschine auf eine Körpertemperatur von 18° gekühlt wird. Bei dieser Temperatur steht eine Zeit von circa 30 bis 45 Minuten zur Verfügung, um die Operation ohne bleibende Schädigungen des Gehirns durchzu-

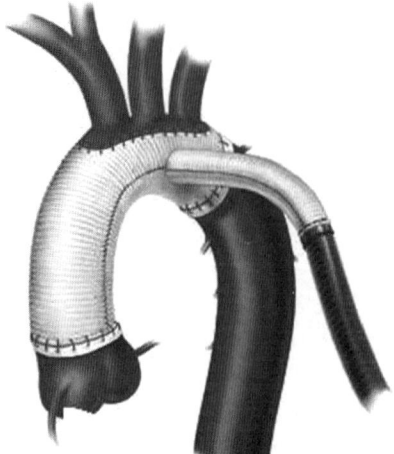

Abb. 63.12 Prothetischer Ersatz der Aorta ascendens und des Aortenbogens. Die Kopf-/Halsgefäße sind im Bogenteil der Prothese als „Insel" reimplantiert. An der hier gezeigten Aortenprothese (Hemashield®, Boston Scientific) ist ein Prothesenseitenast angebracht, der den Anschluss an die Herz-Lungen-Maschine erleichtert (mit freundlicher Genehmigung der Firma Boston Scientific)

führen. Durch die Kombination von tiefer Hypothermie und selektiver Kopfperfusion kann die Stillstandszeit relativ gefahrlos auf circa 60 Minuten erweitert werden. Aneurysmen des Aortenbogens sind selten isoliert und häufig Fortsetzungen von Aneurysmen der Aorta ascendens. Daher erfolgt meist ein gleichzeitiger prothetischer Ersatz der Aorta ascendens und des Aortenbogens. Der Ersatz des Aortenbogens sollte sich auf Teilbereiche beschränken, um das operative Ausmaß möglichst gering zu halten. Disseziierte Wandabschnitte können mit Gewebekleber rekonstruiert werden. Die drei Abgänge der Kopf-Hals-Gefäße sollten in ihrer Kontinuität belassen werden und in Form einer „Insel" in die Gefäßprothese reimplantiert werden (Abb. 63.12).

Falls sich die Insel-Reimplantation aufgrund starker Verkalkungen nicht realisieren lässt, müssen die Kopf-Hals-Gefäße einzelnen in die Prothese implantiert werden. Da dies sehr zeitaufwändig ist, wurden Bogenprothesen mit vorgefertigten Abgängen der Kopf-Hals-Gefäße entwickelt. Durch Umsetzen der Prothesenklemme können Teile der Kopfperfusion bereits während des Bogenersatzes freigegeben werden (Abb. 63.13). Diese Prothesen besitzen einen extra Seitenast zum Anschluss an die Herz-Lungen-Maschine, der nach Entwöhnung von der extrakorporalen Zirkulation abgeschnitten und zugenäht wird.

63.3.3 Aorta descendens-Ersatz

Der Ersatz eines kleinen Abschnittes in der Aorta descendens kann unter einfachen Ausklemmen des betroffenen Abschnittes durchgeführt werden. Die Versorgung der unteren Körperhälfte wird dabei entweder durch Anlage eines Shuntes oder durch die Anlage eines Links-Herz-Bypasses sichergestellt. Ist die gesamte Aorta descendens oder auch der Aortenbogen pathologisch verändert, so muss der Eingriff wie

63.3 Spezielle chirurgische Techniken

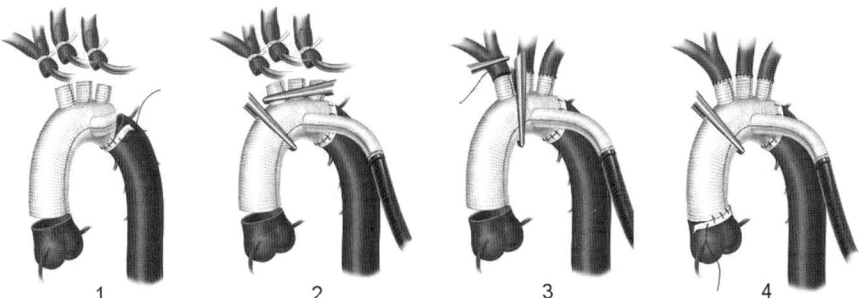

Abb. 63.13 Bogenprothese (Hemashield®, Boston Scientific) mit vorgefertigten Gefäßabgängen für die Kopfgefäße. Nach Fertigstellung der proximalen Anastomose *(1)* kann nach Klemmen der Seitenabgänge und der proximalen Prothese *(2)* die extrakorporale Zirkulation wieder angefahren werden. Die Kopfperfusion kann nach Anfertigung der Gefäßabgänge *(3)* schrittweise freigegeben werden bevor die proximale Anastomose fertig gestellt wird *(4)* (mit freundlicher Genehmigung der Firma Boston Scientific)

unter 63.3.2. beschrieben durchgeführt werden. Größere Interkostalgefäße werden in der Kontinuität belassen und in Form einer Insel mit der Rohrprothese anastomosiert. Bei Operationen an der thorakalen Aorta descendens besteht immer das Risiko einer postoperativen Querschnittslähmung. Aus diesem Grund werden in neuester Zeit die operativen Methoden an der Aorta descendens zunehmend durch interventionelle, endoluminale Platzierung von Stent-Prothesen ersetzt. Diese Verfahren sind im Kapitel „Minimalinvasive endovaskuläre Stent-Therapie bei Erkrankungen der thorakalen Aorta" ausführlich beschrieben.

63.3.4 Hybridtechniken

Offene chirurgische Verfahren zur Behandlung aortaler Erkrankungen ermöglichen es, den erkrankter Teil der Aorta durch eine Prothese zu ersetzen. Bei älteren und multimorbiden Patienten ist dies aber mit einem erheblichen operativen und perioperativen Risiko verbunden. Endovaskuläre Verfahren können hingegen auch bei dieser Patientengruppe mit einem geringeren und kalkulierbaren Risiko durchgeführt werden. Das endovaskuläre Verfahren hat jedoch seine Grenzen bei fehlender „Landungszone" (Verankerung des distalen und proximalen Stentendes in der Aorta), verengten oder verschlossenen Zugangsgefäßen, Mitbeteiligung des Aortenbogens oder gleichzeitig bestehender Typ A Dissektion. „Hybrid" bedeutet, dass verschiedene Prozesse, die für sich allein genommen eine bestimmte Lösung hervorbringen, in Kombination zu einer neuen Lösung führen. In Bezug auf die Behandlung von Aortenerkrankungen bedeutet dies, dass eine offene Operation die Stentimplantation erst ermöglicht, und andererseits die Stentimplantation das Ausmaß des operativen Eingriffs deutlich verringert. Hierzu einige Beispiele:

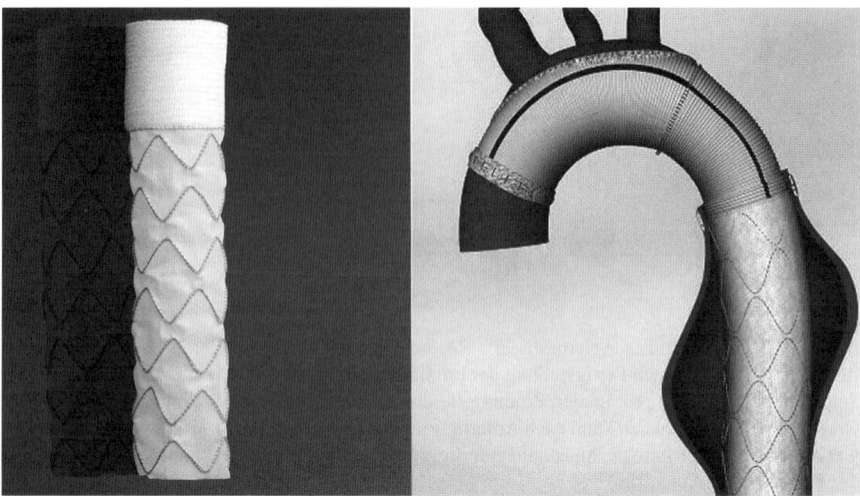

Abb. 63.14 Stentgraft (E®-vita open, JOTEC) mit anhängender Gefäßprothese *(links)* zur Durchführung von „Hybrid-Verfahren". Dabei wird zunächst die Aorta descendens antegrad gestentet. Anschließend wird der anhängende Prothesenteil aus dem Stent herausgezogen und kann dann relativ einfach mit weiteren Aorten- oder Prothesenabschnitten verbunden werden *(rechts)*. Hybridverfahren minimieren das Operationstrauma und ermöglichen ein einzeitiges operatives Vorgehen bei der Behandlung ausgedehnter Aortenerkrankungen (mit freundlicher Genehmigung der Firma JOTEC)

1. Problem: Retrograde Stentimplantation wegen fehlender Landungszone im Bereich der Aorta descendens nicht möglich. Lösung: Mediane Sternotomie, kurzer hypothermer Kreislaufstillstand, antegrade Aorta descendens Stentimplantation über den eröffneten Aortenbogen und chirurgische Stentfixation unter Sicht.
2. Problem: Retrogrades Stenting der Aorta descendens aufgrund verschlossener Femoralgefäße unmöglich. Lösung: Wie unter Nr. 1 beschrieben.
3. Problem: Aortenbogen und Aorta descendens müssen ersetzt werden. Lösung: Zunächst wie unter Nr. 1 beschrieben, dann prothetischer Aortenbogenersatz. Für diesen speziellen Fall gibt es Stentprothesen, die bereits mit einer Bogenprothese kombiniert sind (Abb. 63.14).

63.4 Diskussion

Krankhafte Veränderungen an der thorakalen Aorta sind lebensbedrohliche Erkrankungen, die unbehandelt mit einer hohen Morbidität und Mortalität behaftet sind. Mit der Einführung aortaler Gefäßprothesen wurde die chirurgische Behandlung aller Aortenabschnitte möglich. Spezielle Beschichtungsverfahren haben dazu beigetragen, die Biokompatibilität der Prothesen zu verbessern. Aktuell werden Ver-

63.4 Diskussion

fahren entwickelt, Gefäßprothesen mit körpereigenen Gewebezellen zu beschichten, um zukünftig die Biokompatibilität weiter zu optimieren. Modifikationen in der Formgebung der Prothesen haben dazu beigetragen, die Flussbedingungen für das Blut zu verbessern. Allerdings ist es bisher noch nicht gelungen, Prothesen mit dauerhaft elastischen Materialeigenschaften herzustellen. Dadurch führt die Implantation einer aortalen Gefäßprothese zu einem teilweisen Verlust der aortalen Windkesselfunktion, mit der Folge einer erhöhten Nachlast für den linken Ventrikel [5]. Das erhebliche Operationsrisiko der Aortenchirurgie konnte mit der Einführung und Verbesserung protektiver Maßnahmen, wie z. B. der antegraden Gehirnperfusion, deutlich reduziert werden. Dennoch sind offene chirurgische Eingriffe an der thorakalen Aorta auch heute noch eine große chirurgische Herausforderung, die mit einer beträchtlichen Morbiditäts- und Letalitätsrate verbunden sind. Mit der Einführung endovaskulärer Stentprothesen haben sich in der Behandlung aortaler Erkrankungen vielversprechende Perspektiven ergeben, um das Ausmaß und somit auch das Risiko chirurgischer Eingriffe an der thorakalen Aorta zu reduzieren.

63.5 Literatur

1. Voorhees AB Jr, Janetzky A III, Blakemore AH: The use of tubes constructed from Vinyon "N" cloth in bridging defects. Ann Surg 1952; 135: 332.
2. DeBakey ME, Cooley DA, Creech O Jr: Surgical consideration of dissecting aneurysm of the aorta. Ann Surg 1955; 142: 586.
3. Callow AD. Current status of vascular grafts. Surg Clin North Am. 1982 Jun;62(3):501–13.
4. Edwards WS, Tapp JS: Chemically treated nylon tubes as arterial grafts. Surgery 1995; 38: 61.
5. Bauernschmitt R, Schulz S, Schwarzhaupt A, Kiencke U, Vahl CF, Lange R, Hagl S. Simulation of arterial hemodynamics after partial prosthetic replacement of the aorta.
6. Ann Thorac Surg. 1999 Mar;67(3):676–82.

Bildnachweis:
Abb. 63.1, 63.3 und 63.8 Zeichnungen Frau Sofie Dorn, Deutsches Herzzentrum München
Abb. 63.2 Springer Verlag
Abb. 63.4, 63.5, 63.12 und 63.13 mit freundlicher Genehmigung der Firma Boston Scientific
Abb. 63.6 und 63.9 mit freundlicher Genehmigung der Firma Vascutek
Abb. 63.7 und 63.10 mit freundlicher Genehmigung der Firma Sorin
Abb. 63.11 mit freundlicher Genehmigung der Firma Medtronic.
Abb. 63.14 mit freundlicher Genehmigung der Firma JOTEC

64 Chirurgie angeborener Herzfehler

C. Schreiber, P. Libera, R. Lange

64.1 Einführung

Störungen der embryonalen Entwicklung in der frühen Phase der Schwangerschaft können zu Fehlbildungen am Herz- und Gefäßsystem führen. Die Häufigkeit liegt bei 0.8–1 % aller lebend geborenen Kinder. In Deutschland werden jedes Jahr etwa 6.000 Kinder mit einem Herzfehler geboren (Quelle: http://www.kompetenznetz-ahf.de). Das Spektrum reicht von einfachen Fehlern, die das Herz-Kreislauf-System wenig beeinträchtigen, bis zu sehr schweren Herzerkrankungen, die unbehandelt zum Tode führen. Fortschritte der Kinderkardiologie, Herzchirurgie und Anästhesie ermöglichen heute ein Überleben bei über 90 % der Patienten. Auch die spezialisierte Pränataldiagnostik (vorgeburtliche Diagnostik) ermöglicht schon die frühe Weichenstellung für mögliche Therapieoptionen. Bei der chirurgischen Therapie ist jedoch festzuhalten, dass ein Herzfehler entweder korrigierend behandelt wird oder nur „palliiert" werden kann. Bei letzterer Therapie wird bei einem Patienten eine medizinische Maßnahme durchgeführt, die nicht die Herstellung normaler Körperfunktionen zum Ziel hat, sondern in Anpassung an die physiologischen Besonderheiten des Patienten dessen Zustand lediglich stabilisiert und optimiert. Dies kann beispielsweise bei einer nicht korrigierbaren angeborenen Fehlbildung notwendig sein, bei der lediglich eine funktionelle Herzkammer vorhanden ist (z. B. hypoplastisches Linksherz). Hierbei muss eine prothetische Verbindung zur Lungenstrombahn in der Folgezeit entfernt werden. Weitere Operationsstufen folgen, wobei letztlich über eine weitere Prothese die Umleitung des venösen (ungesättigten) Blutes direkt in die Lungenstrombahn ermöglicht wird. Das funktionell singuläre Herz leistet dann nur noch die Pumpfunktion für das arterielle (mit O_2 gesättigte) Blut [1]. Selbst eine primär erfolgreiche Korrekturoperation bedarf aber unter Umständen weiterer Maßnahmen. Beispielsweise kann die Erstoperation die Implantation einer biologischen Klappenprothese bedingen. Diese muss dann, aufgrund von Degeneration und fehlendem Wachstumspotential, explantiert und ersetzt werden [2]. In einigen Fällen sind die Patienten jedoch lebenslang chronisch krank. Nach Operationen stellen sich häufig Folgeerkrankungen ein, die zu Einschränkungen der Lebensqualität, Leistungs- und Arbeitsfähigkeit führen und sogar lebensbedrohlich sein können. Die

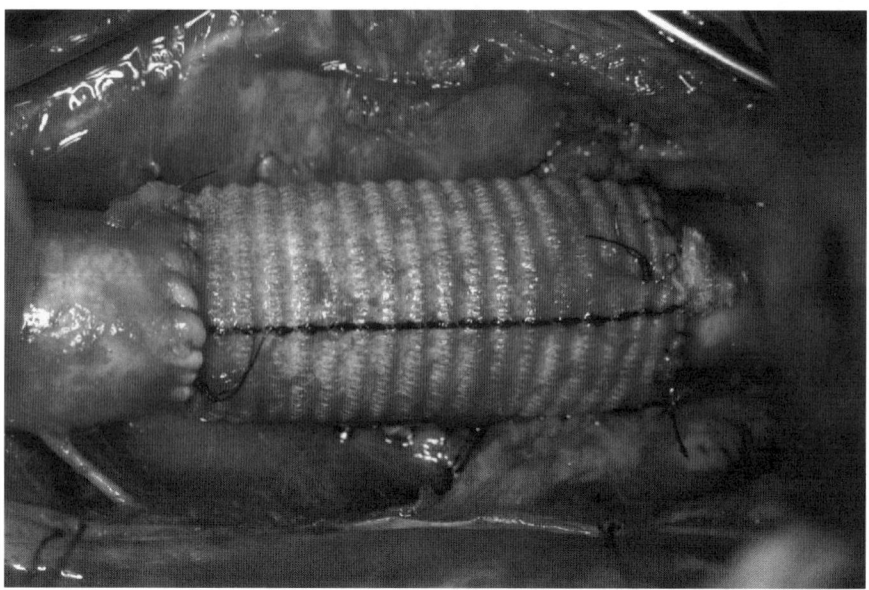

Abb. 64.1 Polyethylenterephtalatprothese als Interponat in der Aorta (Photo: Deutsches Herzzentrum München)

Anzahl der betroffenen Kinder, Jugendlichen und Erwachsenen, derzeit sind es circa 300.000 in Deutschland, nimmt ständig zu. Auch dieses Patientenkollektiv bedarf der Betreuung durch spezialisierte Zentren um mögliche Behandlungsstrategien interventionell, operativ oder als Hybridverfahren festzulegen [3].

64.2 Implantate

Flicken (engl.: „patch"), Gefäßprothesen, Klappenringprothesen, Klappenprothesen, Schrittmacher, Adhäsionsbarrieren – alle diese verwendet man in Abhängigkeit von dem jeweiligen Herzfehler und dem Alter des Patienten. Das überwiegend eingesetzte Patchmaterial besteht aus Polytetrafluorethylen oder Polyethylenterephalat. Bei vielen interatrialen (Vorhofebene) und interventrikulären (Herzkammerebene) Verbindungen kann man entsprechend Patches einnähen.

Auch Engen, beispielsweise der Aorta, können durch Patchmaterial oder Prothesen aus denselben Materialien überbrückt werden.

Die eingangs erwähnte Behandlung von Patienten mit funktionell singulärem Herz erfordert im ersten Schritt der Palliativtherapie die künstliche Anlage einer Verbindung (engl.: „shunt") vom Herzen zur Lungenstrombahn. Hier kann auch ein beringtes Polytetrafluorethylenröhrchen zur Verwendung kommen [4]. Polytetrafluorethylenverbindungen ermöglichen auch die abschließende Stufenbehandlung

64.2 Implantate

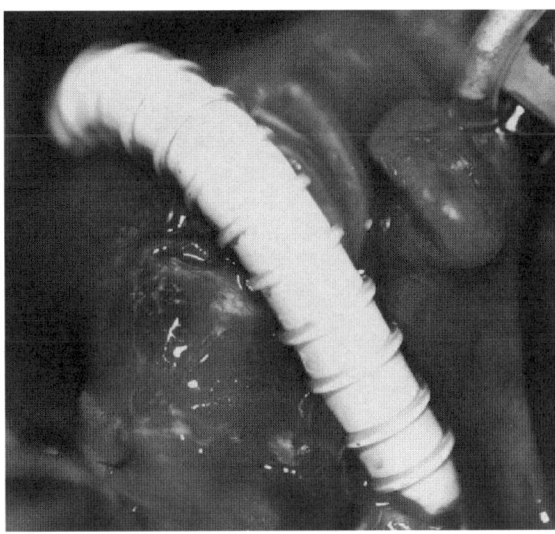

Abb. 64.2 Beringte Polytetrafluorethylenprothese als Verbindung vom Herz zur Lungenstrombahn (Photo: Deutsches Herzzentrum München)

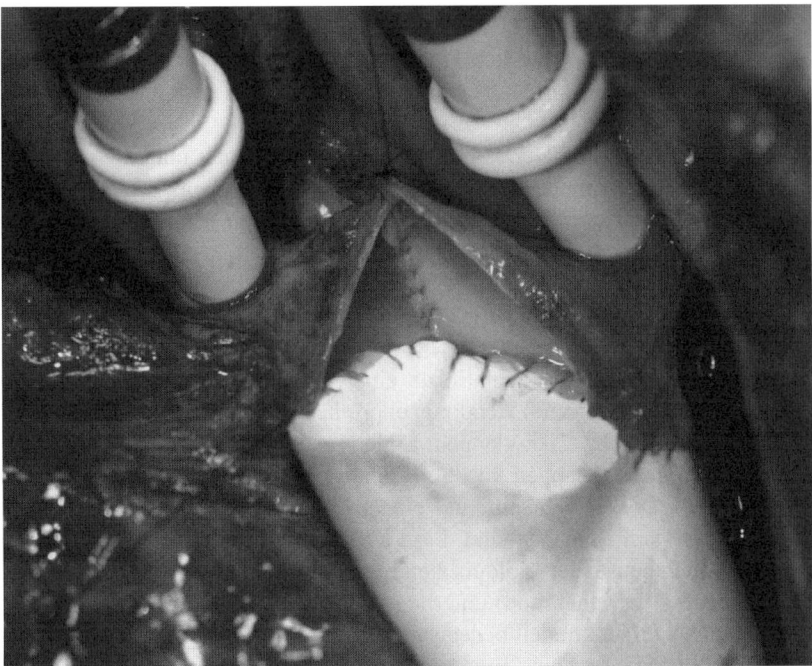

Abb. 64.3 Polytetrafluorethylenprothese als Verbindung von der unteren Hohlvene zur oberen Hohlvene / Lungenstrombahn (Photo: Deutsches Herzzentrum München)

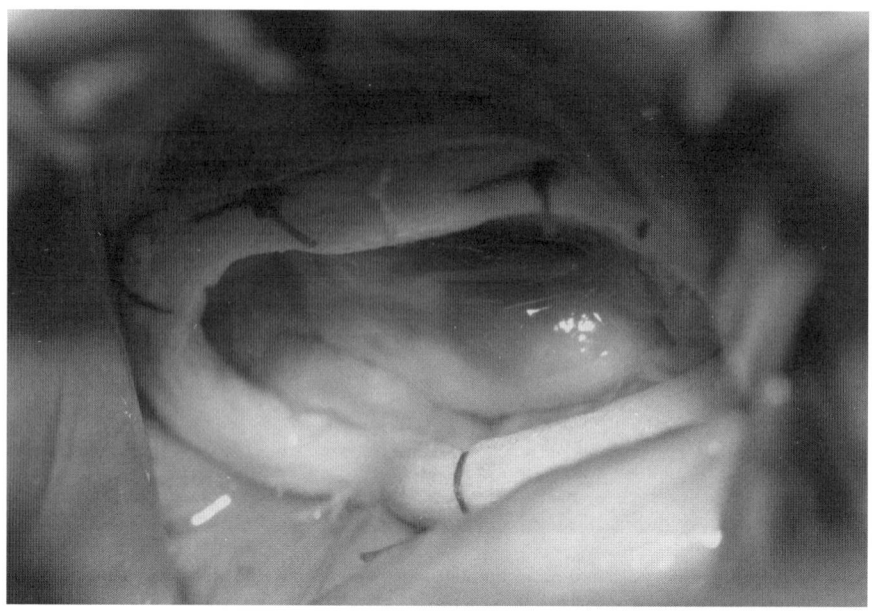

Abb. 64.4 Klappenringprothese zur Verkleinerung und Stabilisierung des Klappenapparates (Edwards GeoformTM Prothese; Photo: Deutsches Herzzentrum München)

in der chirurgischen Therapie des funktionell singulären Herzens. Das Material kommt also nicht nur in arteriellen Gefäßsystemen, sondern auch im venösen Kreislauf zum Einsatz [5, 6].

In der Behandlung von Herzklappenfehlern unterscheidet man zwischen einer Reparatur, einer sogenannten Klappenplastik oder einem Klappenersatz. Klappenringprothesen helfen unter Umständen, die Konfiguration des oftmals vergrößerten (dilatierten) nativen Klappenringes zu verbessern, d. h. einen ausreichenden Klappenschluss der Segelanteile zu erzielen. Zusätzlich kommen unter Umständen Polytetrafluorethylenfäden zur Verkürzung von Anteilen des Klappenapparates zur Verwendung.

Demgegenüber kommen beim Ersatz einer Herzklappe entweder biologische oder künstliche (mechanische) Herzklappenprothesen zum Einsatz.

Zu den biologischen Herzklappen zählen entweder Homografts (menschliche Spenderklappen), Klappen von Schweinen oder Klappen aus dem Herzbeutel von Rindern. Die Gewebe sind auf einem Kunststoffgerüst („Stent") befestigt oder gerüstfrei. Zum Einnähen sind diese Klappen mit einer Polyestermanschette umgeben. Die Lebensdauer biologischer Herzklappen ist begrenzt, da sie einem Alterungsprozess (Degeneration) unterliegen. Dieser kann nach einigen Jahren zu sichtbaren und auch funktionell bedeutsamen Funktionsstörungen führen, die einen Austausch notwendig machen. Einen entscheidenden Einfluss auf die Haltbarkeit scheint in diesem Zusammenhang die Präparation und Aufbewahrung zu sein, da auch Berichte zu relativ raschem Versagen einiger Implantate vorliegen [7]. Hinzu

64.2 Implantate

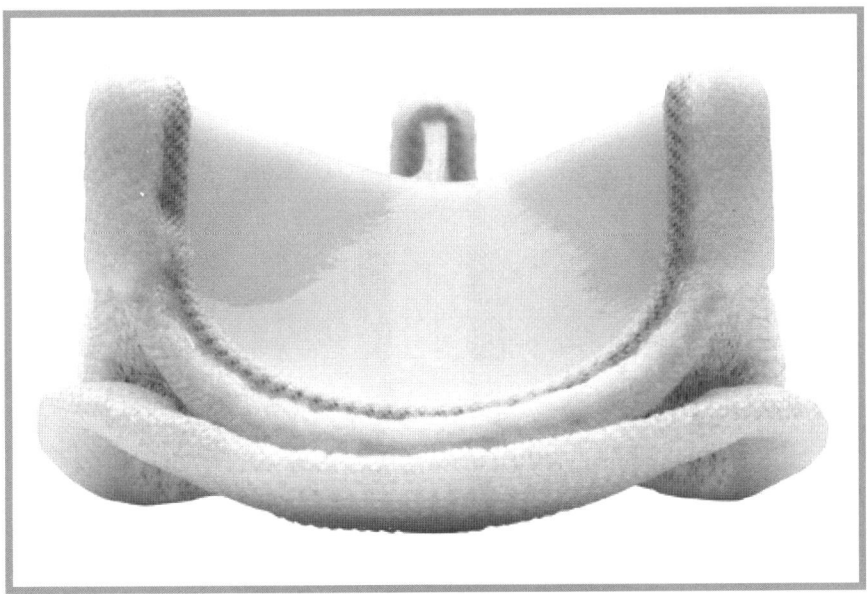

Abb. 64.5 Biologische Herzklappenprothese (Carpentier-Edwards Perimount Magna™)

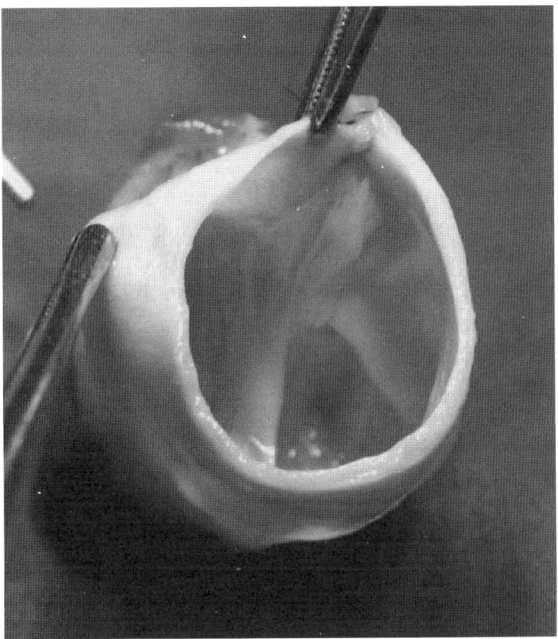

Abb. 64.6 Homograft (Photo: Deutsches Herzzentrum München)

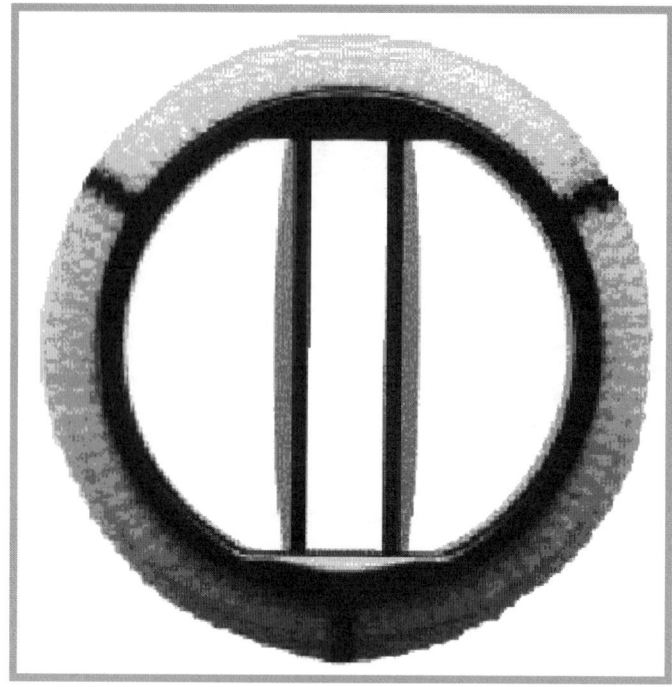

Abb. 64.7 Mechanische Herzklappenprothese (Medtronic Advantage™)

kommt auch, dass bei fehlendem Wachstumspotential der Prothesen besonders die kleinen Patienten im Verlauf auch einem mehrfachen Klappenaustausch unterzogen werden müssen [8].

Als künstliche Herzklappe bezeichnet man einen aus technischem Material gefertigten Ersatz für eine natürlichen Herzklappe. Diese mechanischen Herzklappen bestehen aus einem Klappenring und ein oder zwei Klappenflügeln, beispielsweise aus Graphit, der mit pyrolytischem Kohlenstoff beschichtet sein kann. Auch dieser Klappenring muss zum Einnähen mit einer Manschette umgeben sein. Um die Bildung von Thromben an den künstlichen Klappenoberflächen zu vermeiden, ist in der Regel eine dauerhafte Antikoagulation (Hemmung der Blutgerinnung) erforderlich.

Innovative Verfahren zum Ersatz einer Herzklappe ermöglichen heute bereits weniger invasive Vorgehensweisen. Am Deutschen Herzzentrum München wurde bei mehrfach voroperierten Patienten am schlagenden Herz, ohne Einsatz der sonst üblichen Herz-Lungen Maschine (und damit der extrakorporalen Zirkulation) auch schon eine sich selbst entfaltende Klappenprothese implantiert [9]. Ein komplett Katheter gestütztes Verfahren, ähnlich der Applikation in dem Buchkapitel „Innovative Aortenklappenimplantation", gibt es auch bereits für den Ersatz der Pulmonalklappe [10].

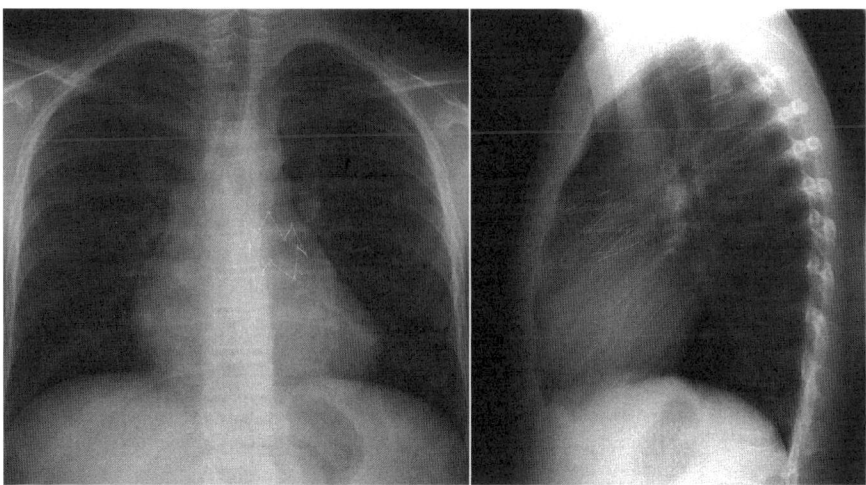

Abb. 64.8 Stent gestützte, sich selbst entfaltende, biologische Herzklappe in Pulmonalposition (Röntgenbild Deutsches Herzzentrum München)

Angeborene oder erworbene Rhythmusstörungen bedürfen z.T. auch chirurgischer Therapie. Die Platzierung der Schrittmachersonden kann nur ab einer bestimmten Größe der Gefäß- und Herzstrukturen über den üblichen venösen Zugang erfolgen. Ansonsten wählt man den Zugang auf die Herzstrukturen über eine Eröffnung des Brustkorbes und damit die direkte Fixierung der Sonden. Selbst die Anlage eines Spannungsfeldes zur Therapie von lebensbedrohlichen Rhythmusstörungen kann schon bei sehr kleinen Patienten erfolgen [11, 12].

Verwachsungen (Adhäsionen) bilden sich zwischen Organen oder Gewebeoberflächen, die normalerweise nicht miteinander verbunden sind. Im Wesentlichen bestehen sie aus Bindegewebe und sind teilweise mit Blutgefäßen durchzogen. Hierbei handelt es sich üblicherweise um Gefäße, die zwar von Endothel ausgekleidet sind, jedoch keine Intima besitzen. Auf Grund ihrer hohen Prävalenz und weitreichender, möglicherweise noch nach Jahrzehnten auftretender Konsequenzen, stellen sie eine erhebliche Belastung für Patienten, für Chirurgen und letztlich für das Gesundheitswesen dar. Darüber hinaus ist mit zunehmendem Alter der Bevölkerung und der Weiterentwicklung der chirurgischen Techniken eine größere Zahl von Re-Operationen und eine erhöhte Inzidenz adhäsionsbedingter Beschwerden zu erwarten. Die üblicherweise eingesetzte Polytetrafluorethylenfolie nach einer Herzoperation als Ersatz des eröffneten Herzbeutels kann beim wiederholten Eröffnen des Brustkorbes oftmals nur begrenzt die akzidentielle Verletzung von Herzstrukturen verhindern. Erste Ansätze beschreiben die erfolgreiche Verwendung resorbierbarer Produkte zur Umhüllung bzw. Abdeckung von Herzstrukturen [13].

64.3 Literatur

1. Kostolny M, Hoerer J, Eicken A, Dietrich C, Schreiber C, Lange R. Impact of placing a conduit from the right ventricle to the pulmonary arteries as the first stage of further palliation in the Norwood sequence for hypoplasia of the left heart. Cardiol Young 2007; 18: 1–6
2. Lange R, Schreiber C, Gunther T, Wottke M, Haas F, Meisner F, Hess J, Holper K. Results of biventricular repair of congenital cardiac malformations: definitive corrective surgery? Eur J Cardiothorac Surg 2001; 20: 1207–13
3. Chessa M, Cullen S, Deanfield J, Frigiola A, Negura DG, Butera G, Giamberti A, Bossone E, Carminati M. The care of adult patients with congenital heart defects: a new challenge. Ital Heart J 2004; 5: 178–82
4. Schreiber C, Prodan Z, Eicken A, Lange R. Novel modification of right ventricle to pulmonary artery shunt in palliation of hypoplastic left heart syndrome. Ann Thorac Surg 2007; 83: 1231
5. Schreiber C, Horer J, Kostolny M, Holper K, Eicken A, Lange R. Surgical management o urgical management of an extracardiac total cavopulmonary connection in heterotaxy syndrome with isolated hepatic drainage. Herz 2005; 30: 141–3
6. Schreiber C, Kostolny M, Horer J, Cleuziou J, Holper K, Tassani-Prell P, Eicken A, Lange R. Can we do without routine fenestration in extracardiac total cavopulmonary connections? Report on 84 consecutive patients. Cardiol Young 2006; 16: 54–60
7. Schreiber C, Sassen S, Kostolny M, Horer J, Cleuziou J, Wottke M, Holper K, Fend F, Eicken A, Lange R. Early graft failure of small-sized porcine valved conduits in reconstruction of the right ventricular outflow tract. Ann Thorac Surg 2006; 82: 179–85
8. Lange R, Weipert J, Homann M, Mendler N, Paek SU, Holper K, Meisner H. Performance of allografts and xenografts for right ventricular outflow tract reconstruction. Ann Thorac Surg 2001; 71: S365–7
9. Schreiber C, Horer J, Vogt M, Fratz S, Kunze M, Galm C, Eicken A, Lange R. A new treatment option for pulmonary valvar insufficiency: first experiences with implantation of a self-expanding stented valve without use of cardiopulmonary bypass. Eur J Cardiothorac Surg 2007; 31: 26–30
10. Khambadkone S, Coats L, Taylor A, Boudjemline Y, Derrick G, Tsang V, Cooper J, Muthurangu V, Hegde SR, Razavi RS, Pellerin D, Deanfield J, Bonhoeffer P. Percutaneous pulmonary valve implantation in humans: results in 59 consecutive patients. Circulation 2005; 112: 1189–97
11. Eicken A, Kolb C, Lange S, Brodherr-Heberlein S, Zrenner B, Schreiber C, Hess J. Implantable cardioverter defibrillator (ICD) in children. Int J Cardiol 2006; 107: 30–5
12. Schreiber C, Kostolny M, Eicken A, Lange R. Nonthoracotomy cardioverter defibrillator implantation in a 2-year-old infant with long QT syndrome. Ann Thorac Surg 2006; 81: e27–8
13. Schreiber C, Boening A, Kostolny M, Pines E, Cremer J, Lange R, Scheewe J. European clinical experience with REPEL-CV. Expert Rev Med Devices 2007; 4: 291–5

65 Endoskopische Entnahme der Bypassgefäße

S. Bleiziffer, R. Lange

65.1 Allgemeines

Eine Bypassoperation am Herzen ist erforderlich, wenn es im Rahmen einer „koronaren Herzkrankheit" zu hochgradigen Verengungen (Stenosen) der Herzkranzarterien kommt. Dabei werden Blutfette, Thromben, Bindegewebe und Kalk in den Gefäßen abgelagert, und der Herzmuskel kann durch die Engstellen nicht mehr ausreichend mit Blut versorgt werden. Bei der Bypassoperation werden die stenosierten Herzkranzarterien überbrückt. Somit wird ein Umgehungskreislauf geschaffen, worüber der Herzmuskel mit Blut versorgt werden kann.

Als Material für die Bypässe werden körpereigene Gefäße des Patienten verwendet. Es gibt Bestrebungen, künstliches Material hierfür herzustellen (der „Bypass von der Rolle"), oder künstliches Material mit körpereigenen Endothelzellen zu besiedeln, jedoch wurden diese Methoden aufgrund unzureichender klinischer Ergebnisse bisher nicht in den Klinikalltag integriert [1]. Die erste Bypassoperation wurde 1967 von René Favoloro an der Cleveland Clinic in Ohio durchgeführt. Dafür verwendete er eine Beinvene, die Vena saphena magna, die bis heute das am häufigsten verwendete Graft für die koronare Bypassoperation darstellt [2].

Aufgrund hervorragender Langzeitoffenheitsraten wird heute die innere Brustwandarterie (Arteria mammaria interna) als Graft der ersten Wahl zur Versorgung der vorderen Herzkranzarterie verwendet. Da arterielle Bypassgrafts verbesserte Langzeitoffenheitsraten zeigen, hat sich auch die Verwendung der Armarterie, der A. radialis etabliert. Diese wurde erstmals 1971 von Carpentier als Bypassgraft verwendet.

Die Entnahme der Beinvenen und Armarterien wurde zunächst mit konventionellen Verfahren, d.h. langen chirurgischen Schnitten durchgeführt.

Seit Mitte der 1990er Jahre gibt es Bestrebungen, diese Schnitte zu verkürzen, und die Gefäße minimal invasiv zu entnehmen [3–6]. Hauptziel dieser Verfahren ist die Reduktion der hohen Rate von Wundkomplikationen am Bein. Am Arm stehen kosmetische Gründe eher im Vordergrund. Weiterhin ist die Wundheilung beschleunigt, und die Patienten haben weniger Schmerzen.

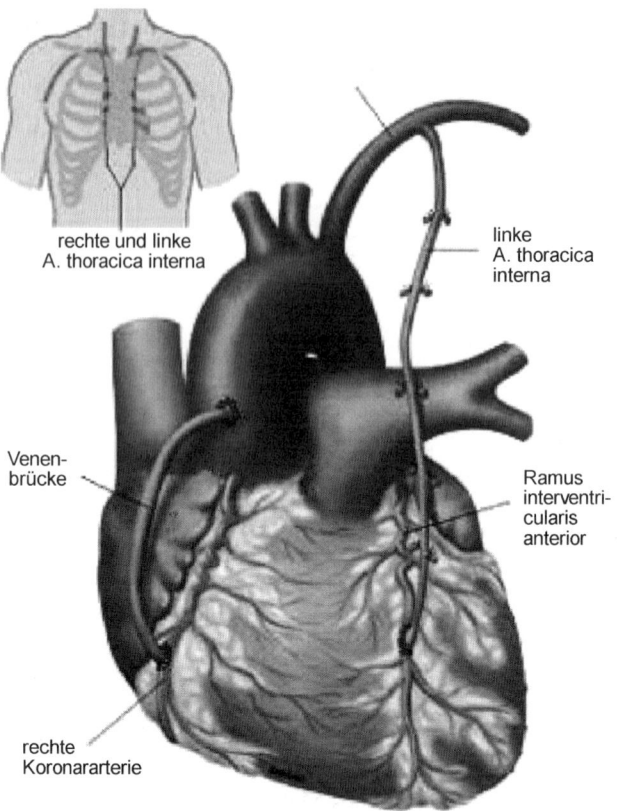

Abb. 65.1 Aortokoronare Bypassoperation: Überbrückung von Engstellen an den Herzkranzarterien, hier mit einer inneren Brustwandarterie (A. thoracics interna, rechts im Bild) und einer Beinvene (links im Bild). (www.dhm.mhn.de)

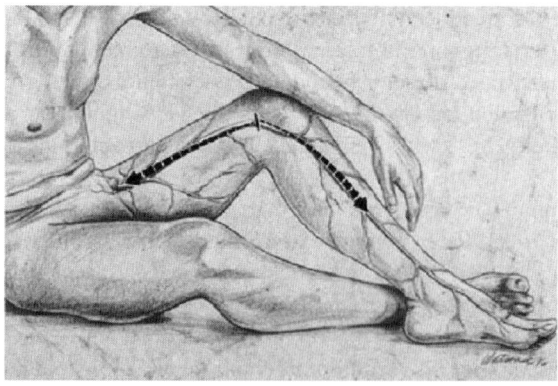

Abb. 65.2 Verlauf der Vena saphena magna, von der Innenseite des Beins gesehen (mit freundlicher Genehmigung der Firma Datascope)

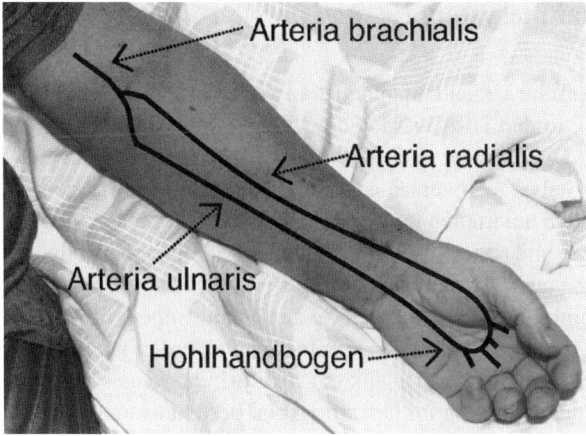

Abb. 65.3 Anatomie der Armarterien

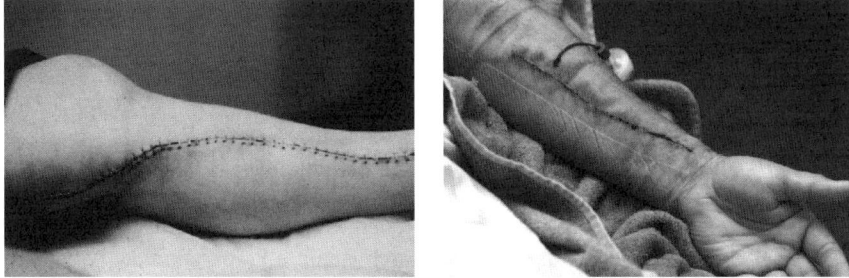

Abb. 65.4 Chirurgische Schnitte nach konventioneller Beinvenenentnahme *(links)* und konventioneller Armarterienentnahme *(rechts)*

65.2 Generelle Überlegungen

Zur Etablierung minimal invasiver Methoden der Graftentnahme mussten zunächst einige technische Schwierigkeiten gelöst werden. Das Arbeiten durch ein „Schlüsselloch" erfordert eine ausreichende Beleuchtung des Arbeitskanals. Zur entsprechenden Visualisierung der Strukturen ist ein Retraktor erforderlich. Weiterhin mussten endoskopische Instrumente zur Freipräparation der Vene oder Arterie entwickelt werden, sowie Instrumente, mit denen Seitenäste abgesetzt und Blutungen kontrolliert werden können. Und letztlich muss auch für das Absetzen des Bypassgrafts „am Ende des Tunnels" eine Lösung gefunden werden.

65.3 Entnahmesysteme

Die endoskopische Venenentnahme ist an vielen Kliniken inzwischen ein etabliertes Verfahren, in den USA werden ca. 35% der Venenentnahmen minimal invasiv durchgeführt. Die Rate der endoskopischen Radialisentnahmen wird auf unter 10% geschätzt. Es haben sich verschiedene Entnahmesysteme auf dem Markt etabliert. Diese lassen sich unterteilen in offene, halboffene und geschlossene Systeme, sowie Einmalsysteme und resterilisierbare Systeme. Im Folgenden sollen die unterschiedlichen Systeme und Entnahmearten vorgestellt werden. Allen Systemen ist gemeinsam, dass durch einen ca. 2–2,5cm langen Schnitt oberhalb des Kniegelenks ein Venenstück von bis zu 50cm Länge entnommen werden kann, bzw. über einen ca. 3cm langen Schnitt am Handgelenk ein ca. 20–25cm langes Stück der Arteria radialis. Die Grundausstattung im Operationssaal besteht aus einer Endoskop-Kamera, dem Endoskop, einer Lichtquelle, einer Energiequelle und einem Monitor.

65.4 Endoskopische Venenentnahme

65.4.1 Offenes System

Beim offenen Entnahmesystem wird der Arbeitskanal nicht aufgeblasen und muss somit durch einen Retraktor offengehalten werden. Bei dem Einmalsystem „ClearGlide" von Datascope steht für einen intitialen Präparationsschritt ein „optischer Gefäßdissektor" zur Verfügung, mit dem durch stumpfe Präparation der Arbeitskanal geschaffen wird und das umliegende Gewebe der Vene freigelegt werden kann.

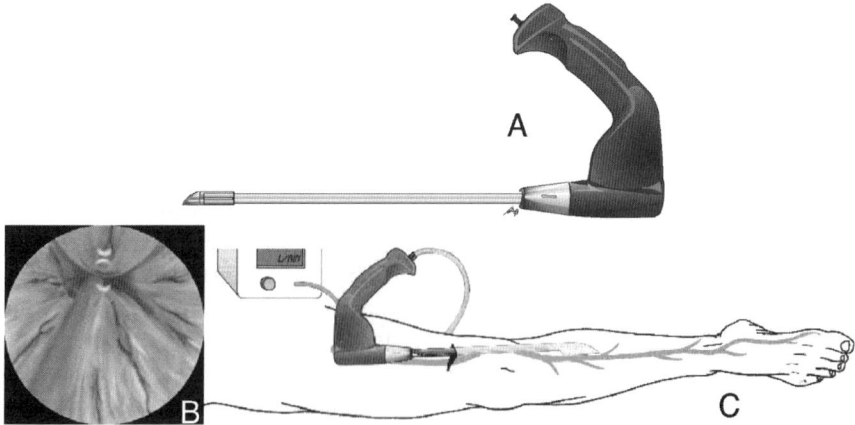

Abb. 65.5 *A* optischer Gefäßdissektor, der an der Spitze geschlossen und abgerundet ist; *B* Sicht auf dem Monitor während der stumpfen Präparation; *C* Position des Instruments bei der Venenentnahme (mit freundlicher Genehmigung der Firma Datascope)

65.4 Endoskopische Venenentnahme

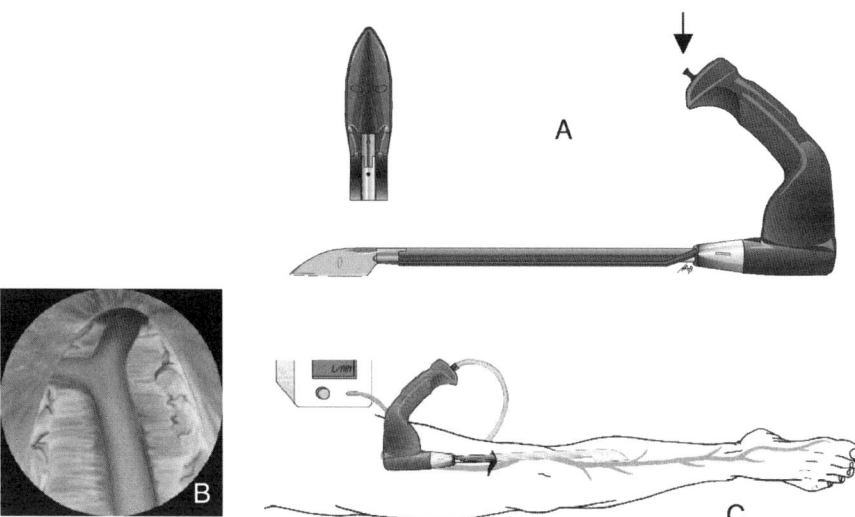

Abb. 65.6 *A* Ultra-Retraktor mit transparenter Kuppel an der Spitze, ↓: Anschlussmöglichkeit für CO_2; *B* Sicht auf den Monitor während der scharfen Präparation; *C* Position des Instruments bei der Venenentnahme (mit freundlicher Genehmigung der Firma Datascope)

Im nächsten Arbeitsschritt wird ein Retraktor eingeführt, mit dem der Arbeitskanal offengehalten wird. An der Spitze strömen 8–10 l CO_2 aus, womit Rauch und Blut aus dem Blickfeld entfernt werden. CO_2 ist schwerer als Luft und in Blut leichter löslich als Sauerstoff, der zu Embolien führen kann. Zur Präparation der Vene steht ein spezielles endoskopisches Instrument, das „ClearGlide" Instrument zur Verfügung, das das Klemmen, Koagulieren und Absetzen der Seitenäste in einem Arbeitsschritt erlaubt, ohne dass ein Wechsel des Instrumentes nötig wird. Für die Koagulation wird bipolarer Strom verwendet. Die Spitze des Instrumentes ist so konstruiert, dass die Hitzeentwicklung nur innerhalb der Branchen entsteht, und umliegendes Gewebe nicht verletzt wird. Mit dem ClearGlide Instrument können außerdem noch restliche Adhäsionen der Vene mit dem umgebenden Gewebe gelöst werden.

Ist die Vene durch die Inzision oberhalb des Knies über die gesamte Länge freipräpariert, muss geprüft werden, ob sie über die gesamte Länge frei ist. Dazu verwendet man einen Gefäßdissektor mit einem offenen Ring, der um die Vene gelegt wird. Damit zum distalen und proximalen Absetzen der Vene keine weiteren Hautschnitte nötig werden, wird eine endoskopische Clip-Zange verwendet.

Dem Anwender steht auf dem Markt ein weiteres offenes System zur Verfügung (Firma Karl Storz), bei dem alle Komponenten resterilisierbar sind. Der Vorteil ist, dass damit Kosten gesenkt werden können. Bei diesem System fehlt ein optischer Dissektor, und die Tunnelpräparation wird direkt mit dem Retraktor durchgeführt. Ebenfalls kann an diesem System kein CO_2 angeschlossen und in den Kanal insuffliert werden. Die Präparation der Seitenäste erfolgt durch Koagulation mit bipolarem Strom mit einem entsprechenden endoskopischen Instrument und durch Absetzen der Äste mit einer endoskopischen Schere.

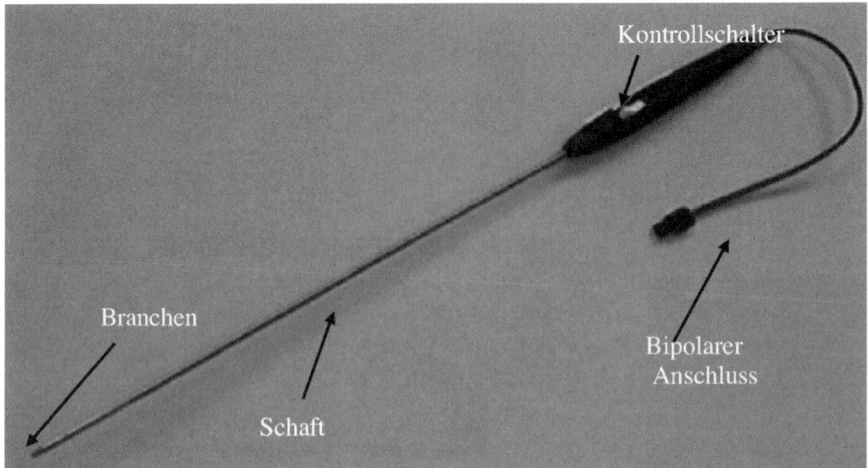

Abb. 65.7 Clearglide-Instrument zur Versorgung der Seitenäste. Das Klemmen, Koagulieren und Absetzen der Seitenäste kann in einem Arbeitsschritt erfolgen (mit freundlicher Genehmigung der Firma Datascope)

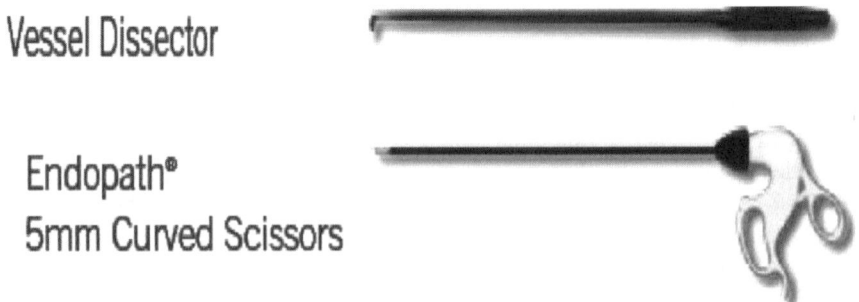

Abb. 65.8 Weitere endoskopische Instrumente: Gefäßdissektor *(oben)* zur Prüfung, ob die Vene über die gesamte Länge freipräpariert ist und endoskopische Schere *(unten)* zum Absetzen der Vene (mit freundlicher Genehmigung der Firma Datascope)

65.4.2 *Geschlossenes System*

Bei einem geschlossenen System, wie es z. B. von der Firma Guidant angeboten wird, wird über eine sehr kurze Inzision von ca. 1,5–2 cm ein Port eingeführt, über den 3–5 l CO_2/min mit einem Druck von 10–12 mm Hg in den Arbeitskanal insuffliert werden. Dadurch wird der Arbeitskanal aufgeblasen und offengehalten. Beim geschlossenen System ist die Eigenschaft des CO_2, sich in Blut schnell zu lösen, von besonderer Bedeutung, da die Emboliegefahr hier größer ist, weil das CO_2 nicht durch die Hautinzision entweichen kann [7]. Die Präparation der Vene

65.5 Endoskopische Radialisentnahme

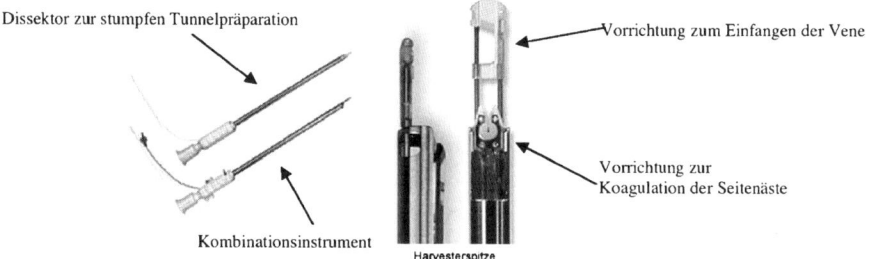

Abb. 65.9 Instrumentarium eines halboffenen Venenentnahmesystems (mit freundlicher Genehmigung der Firma Terumo Vascutek)

erfolgt ebenfalls über eine initiale stumpfe Präparation mit einem Dissektor. Für die eigentliche Präparation der Vene steht ein Kombinationsinstrument zur Verfügung, in dem die Vene eingefangen wird. Da der Arbeitskanal aufgeblasen ist, „hängt" die Vena saphena im Zentrum des Tunnels an ihren Ästen, was die Visualisierung der Seitenäste optimiert. Die Seitenäste werden mit einem integrierten Koagulationsinstrument verödet und abgesetzt. Es wird ebenfalls mit bipolarem Strom gearbeitet. Zum Absetzen der Vena saphena müssen kleine Stichinzisionen gemacht werden. Da nur ein einziges Instrument in den Arbeitskanal eingeführt wird, kann man sozusagen „einhändig" arbeiten. Durch das Einfangen der Vene befindet sich diese stets im Blickfeld der Endoskopkamera. Ein Nachteil des Systems kann sein, dass keine Hilfsinzisionen gemacht werden können, falls die Anatomie schwierig ist, da dadurch das geschlossene System geöffnet würde.

65.4.3 Halboffenes System

Beim halboffenen System der Firma Terumo Vascutek wird die Haut oberhalb des Kniegelenkes inzidiert und nach der stumpfen Tunnelpräparation ein Kombinationsinstrument ähnlich dem geschlossenen System eingeführt. Die CO_2-Insufflation erfolgt jedoch von der Spitze des Instrumentes ausgehend, und nicht von der Inzision ausgehend über einen Port. Damit wird ein gewisses Offenhalten des Kanals gewährleistet, jedoch kann das CO_2 über den Hautschnitt entweichen, und die Gefahr einer Embolisation ist minimiert.

65.5 Endoskopische Radialisentnahme

Das Vorgehen bei der Radialisentnahme unterscheidet sich erheblich von der Venenentnahme. Die Vena saphena magna liegt oberhalb der Muskelfaszien locker in Fettgewebe eingebettet unter der Haut, während die Arteria radialis zusammen mit

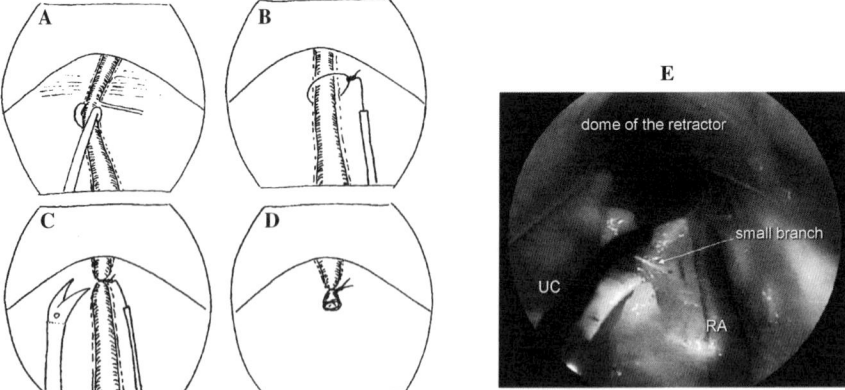

Abb. 65.10 *A:* Mit dem Gefäßdissektor kann die Arterie vorsichtig zur Seite gezogen werden, um arterielle Seitenäste besser zu visualisieren. *B:* Zum Verschließen der Arterie in der Ellenbeuge wird eine vorgeknotete Schlinge vorgeschoben. *C:* Die Schlinge wird von außen zugezogen, und der Pedikel kann mit einer endoskopischen Schere abgetrennt werden. *D:* Ergebnis nach erfolgreichem Absetzen der Arteria radialis. *E:* Endoskopische Sicht des Chirurgen (UC = Ultraschallschere, RA = Arteria radialis) [10]

Begleitvenen und Nerven in einer Muskelloge tief im Unterarm verläuft. Daher ist die Gefahr, umgebende Strukturen zu verletzen, sehr viel größer. Die Arteria radialis hat eine Neigung zu Spasmen, so dass eine sehr vorsichtige Präparation ohne Zug am Gefäß und ohne direktes Anfassen mit der Pinzette oder anderen Instrumenten unbedingt erforderlich ist. Deshalb wird die Arterie als Pedikel zusammen mit den Begleitvenen präpariert. Bei der endoskopischen Radialisentnahme wird auf die initiale stumpfe Tunnelpräparation, wie sie bei der endoskopischen Venenentnahme durchgeführt wird, verzichtet. Die arteriellen Seitenäste müssen sehr sicher verödet werden, da eine arterielle Blutung im Arbeitskanal schnell zum völligen Verlust der Sicht und zu einem relevanten Blutverlust des Patienten führen kann. Im Folgenden wird die endoskopische Radialisentnahme mit einem offenen System erläutert.

65.5.1 Offenes System

Auf Höhe des Handgelenks wird eine 2,5–3 cm lange Inzision gemacht, und die Arteria radialis dargestellt. Ein Retraktor wird vorsichtig in die Inzision eingeführt. Unter endoskopischer Sicht wird das Gewebe oberhalb der Arterie durchtrennt und somit ein Tunnel geschaffen. Der Retraktor gelangt dabei unter die Muskeln, die die Loge bilden, in der die Arteria radialis verläuft. Als Energiequelle für das Schneiden des Gewebes wird hier Ultraschall verwendet.

Die Ultraschallschere (Harmonic scalpel) schneidet und koaguliert bei niedrigeren Temperaturen als bei der Elektrochirurgie [8]. Die Ultraschall Technologie

65.6 Vor- und Nachteile der endoskopischen Graftentnahme

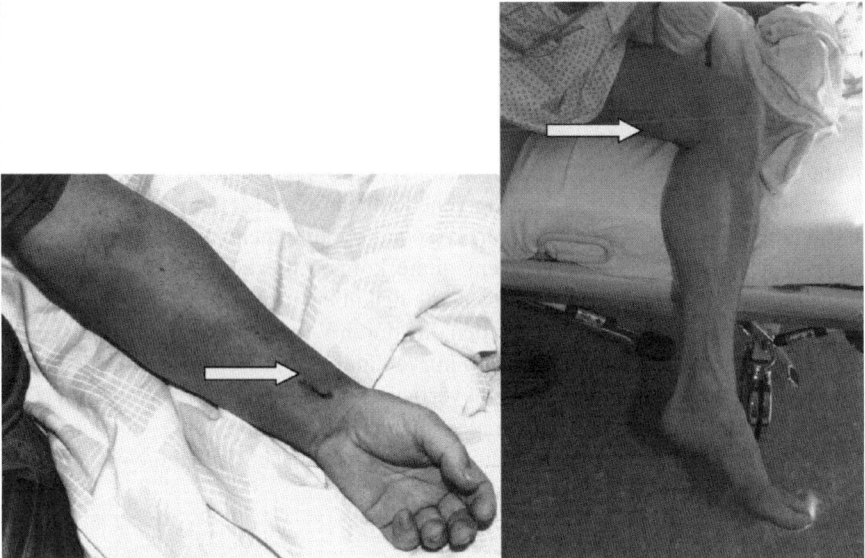

Abb. 65.11 Kosmetisches Ergebnis nach endoskopischer Radialisentnahme *(links)* und endoskopischer Venenentnahme *(rechts)*

kontrolliert Blutungen durch eine verschließende Koagulation bei niedrigen Temperaturen zwischen 50°C und 100°C. Gefäße werden mit einem Protein-Koagulum verschlossen und versiegelt. Die Koagulation wird wie folgt erreicht: Wenn die bei 55.500 Hz schwingende Klinge Proteine berührt, werden diese denaturiert und bilden ein Koagulum, das kleine verschlossene Gefäße versiegelt. Im Gegensatz dazu koaguliert Elektrochirurgie bei höheren Temperaturen. Der Einsatz der Ultraschallschere konnte auch bei der konventionellen Radialisentnahme die Präparationszeiten verkürzen, ebenfalls ist eine Schonung der Integrität des Endothels nachgewiesen bei gleichzeitig sicherem Verschluss der Seitenäste [9].

Ist die Arterie auf der Oberseite über die gesamte Länge freigelegt, werden die Seiten und die Unterseite inklusive arterieller Äste mit der Ultraschallschere durchtrennt. Nach Absetzen der proximalen Arteria radialis wird das distale Ende mit einem endoskopischen Clip oder einer vorgeknoteten Schlinge verschlossen. Die Arterie kann dann mit einer endoskopischen Schere durchtrennt werden.

65.6 Vor- und Nachteile der endoskopischen Graftentnahme

Für viele Patienten spielt das kosmetisch bessere Ergebnis nach endoskopischer Präparation der Bypassgefäße eine große Rolle. Bedingt durch die Eröffnung des Brustkorbes über eine Durchtrennung des Brustbeins („mediane Sternotomie") kommt es hier schon zu einem Hautschnitt von ca. 25–30 cm. Somit begrüßen es die

Patienten, wenn die Extremitäten von langen Inzisionen verschont werden können. Die Schnitte nach endoskopischer Entnahme der Armarterie oder der Beinvene sind im Alltag kaum mehr sichtbar.

Bedingt durch das kleinere Operationstrauma ist die Wundheilung beschleunigt, so dass weniger Schmerzen auftreten. Die Rate an Wundkomplikationen, wie Wundheilungsstörungen oder Infektionen, ist signifikant reduziert [11], so dass es Bestrebungen gibt, die endoskopische Venenentnahme als Methode der ersten Wahl in die Guidelines der American Heart Association aufzunehmen. Als Nachteil der Technik der endoskopischen Graftentnahme können die höheren Kosten für die Ausstattung im OP und die Einmalsysteme diskutiert werden, jedoch gibt es Hinweise, dass auch Kosten gesenkt werden, die durch Wundkomplikationen entstehen [12]. Weiterhin muss eine gewisse Lernkurve durchlaufen werden, bevor die endoskopische Graftentnahme zum Routineverfahren in einer Klinik etabliert wird. Die Entnahmezeiten gleichen sich nach ausreichender Erfahrung den konventionellen Techniken an. Die Graftqualität ist durch die endoskopische Entnahme nicht beeinträchtigt [13, 14].

65.7 Literatur

1. Vara DS, Salacinski HJ, Kannan RY, Bordenave L, Hamilton G, Seifalian AM. Cardiovascular tissue engineering: state of the art. Pathol Biol (Paris). 2005;53:599–612.
2. Favaloro RG. Saphenous vein autograft replacement of severe segmental coronary artery occlusion: operative technique. Ann Thorac Surg. 1968;5:334–9.
3. Lumsden AB, Eaves FF, 3rd, Ofenloch JC, Jordan WD. Subcutaneous, video-assisted saphenous vein harvest: report of the first 30 cases. Cardiovasc Surg. 1996;4:771–6.
4. Tevaearai HT, Mueller XM, von Segesser LK. Minimally invasive harvest of the saphenous vein for coronary artery bypass grafting. Ann Thorac Surg. 1997;63:S119–21.
5. Allen KB, Shaar CJ. Endoscopic saphenous vein harvesting. Ann Thorac Surg. 1997; 64: 265–6.
6. Jordan WD, Jr., Voellinger DC, Schroeder PT, McDowell HA. Video-assisted saphenous vein harvest: the evolution of a new technique. J Vasc Surg. 1997;26:405–12; discussion 413–4.
7. Chiu KM, Lin TY, Wang MJ, Chu SH. Reduction of carbon dioxide embolism for endoscopic saphenous vein harvesting. Ann Thorac Surg. 2006;81:1697–9.
8. Royse AG. Radial artery harvest using the harmonic scalpel. Ann Thorac Surg. 1999; 67: 894–6.
9. Cikirikcioglu M, Yasa M, Kerry Z, Posacioglu H, Boga M, Yagdi T, Topcuoglu N, Buket S, Hamulu A. The effects of the Harmonic Scalpel on the vasoreactivity and endothelial integrity of the radial artery: a comparison of two different techniques. J Thorac Cardiovasc Surg. 2001;122:624–6.
10. Bleiziffer S, Libera P, Lange R. Endoscopic radial artery harvesting through a single incision. Thorac Cardiovasc Surg. 2006;54:208–209.
11. Yun KL, Wu Y, Aharonian V, Mansukhani P, Pfeffer TA, Sintek CF, Kochamba GS, Grunkemeier G, Khonsari S. Randomized trial of endoscopic versus open vein harvest for coronary artery bypass grafting: six-month patency rates. J Thorac Cardiovasc Surg. 2005;129:496–503.
12. Illig KA, Rhodes JM, Sternbach Y, Green RM. Financial impact of endoscopic vein harvest for infrainguinal bypass. J Vasc Surg. 2003;37:323–30.
13. Bleiziffer S, Hettich I, Eisenhauer B, Ruzicka D, Wottke M, Hausleiter J, Martinoff S, Morgenstern M, Lange R. Patency rates of endoscopically harvested radial arteries one year after coronary artery bypass grafting. J Thorac Cardiovasc Surg. 2007. in press
14. Allen KB, Heimansohn DA, Robison RJ, Schier JJ, Griffith GL, Fitzgerald EB. Influence of endoscopic versus traditional saphenectomy on event-free survival: five-year follow-up of a prospective randomized trial. Heart Surg Forum. 2003;6:E143-5.

66 Homograft Bank in der Herzchirurgie

W. Götz, N. Mendler, R. Lange

66.1 Begriffsbestimmung

Der Begriff Homograft setzt sich aus zwei Teilen zusammen. „Homo" bedeutet „gleichartig" und kann mit dem Synonym „Allo" ersetzt werden. Graft ist ein englischer Begriff, der ein Transplantat (= Implantation von Zellen, ganzen Organen oder Gliedmaßen) bezeichnet. Ein Homograft ist ein Gewebe, das von einem Individuum einer Art in ein Individuum derselben Art implantiert wird (Mensch zu Mensch). Im Gegensatz dazu wird der Begriff Xenograft für Gewebe verwendet, das von einer Art stammt und in ein Individuum einer anderen Art implantiert wird (Schwein, Rind zu Mensch). In der Herzchirurgie wird der Begriff Homograft im engeren Sinne für einen Pulmonalklappen- oder Aortenklappenhomograft verwendet. Ein Pulmonalishomograft ist eine von der rechten Herzkammer entspringende Lungenschlagader mit Herzklappe. Ein Aortenhomograft ist eine von der linken Herzkammer entspringende Aortenwurzel mit Aortenklappe inklusive des Aortenbulbus und der Aorta ascendens.

66.2 Geschichtliche Entwicklung

Die ersten Berichte über die Verwendung frischer Aortenhomografts zur Behandlung von Aorteninsuffizienz gehen zurück auf Gordon Murray im Jahre 1956. Dabei wurden erstmals frische Aortenhomografts in die deszendierende thorakale Aorta implantiert [1, 2]. Der erste orthotope Aortenklappenersatz mit einer allogenen Herzklappe wurde im Jahre 1962 durch D. Ross [3] in England und durch B.G. Barrett-Boyes in Australien durchgeführt. Die verwendeten Klappen wurden unter sterilen Bedingungen entnommen und innerhalb weniger Stunden bei dem Empfänger implantiert. Aufgrund des Infektionsrisikos, und um die entnommenen frischen Herzklappen länger lagern zu können, wurde eine Konservierungstechnik entwickelt, bei der der Homograft in einer antibiotischen Lösung steril aufbewahrt wurde [4]. Der Herzklappenkonduit konnte auf diese Weise bis zu maximal 50 Tage gelagert werden. Mit Hilfe der kurze Zeit später entwickelten Cryokonservierung, bei der die Aortenklappe nach entsprechender Antibiotikabehandlung bei –185 °C und –170 °C in flüssigem Stickstoff gelagert wird, konnte eine unbegrenzte Lagerungsdauer erreicht werden [5].

66.3 Gewinnung der Homografts

Die verwendbaren Aorten- und Pulmonalis-Homografts stammen aus unterschiedlichen Spendergruppen:

1. Multiorgan Spender (Heart Beating Donors)
   Organe, die zur Transplantation angeboten wurden, sich aber aufgrund von Erkrankungen (Koronarsklerose, Herzinsuffizienz) nicht für eine Herztransplantation eignen, können zur Gewinnung von Homografts benutzt werden.
2. Lebendspender (Heart Beating Donors, Dominotransplantate)
   Lebendspender sind Empfänger von Herztransplantaten, bei denen trotz des Funktionsverlustes des explantierten Herzens, die Herzklappen zur Herstellung des Homografts geeignet sind.
3. Leichenspender (Non Heart Beating Donors)
   Dies sind Organspender, bei denen anlässlich einer forensischen oder pathologisch-anatomischen Sektion das Herz entnommen wird. Diese Homografts müssen innerhalb von 24 Stunden nach dem Tod des Spenders steril entnommen werden.

66.4 Auswahlkriterien für Gewebespender (Einschlusskriterien)

Die Gewebespender unterliegen strengen Auswahlkriterien, die durch die Richtlinie 2004/23/EG der Europäischen Union, dem deutschen Arzneimittel- und Gewebegesetz, sowie den Standards der European Association of Tissue Banks vorgegeben sind.

1. Spendenalter < 65 Jahre
2. Warme Ischämiezeit < 24 h
3. Einverständniserklärung des Verstorbenen oder der Angehörigen

66.5 Ausschlusskritieren für Gewebespender

1. Ungeklärte Todesursache
2. Bestehende oder abgelaufene Syphilis
3. Infektionserkrankungen (HIV, Hepatitis B und C, Tuberkulose, Malaria und andere Tropenerkrankungen, Creutzfeld Jacob Erkrankung, HTLV1 u. 2)

4. Nach Erhalt von humanen Hypophysenhormonen
5. Nach Transplantation von Dura mater
6. Neurologische Erkrankung (z. B. Creuzfeld Jakob)
7. Autoimmunerkrankungen
8. Kollagenerkrankungen (z. B. Marfan-Syndrom)
9. Bestehende oder abgelaufene Endokarditis
10. Infektiöse Herzerkrankungen
11. Rheumatische Herzerkrankung
12. Tumorerkrankungen
13. Schweres Thoraxtrauma
14. Offene Verletzungen im Bereich des Herzens
15. Offene Herzmassage
16. Herzklappenerkrankung
17. Gefäßsklerose
18. Vorausgegangene Herzoperation

66.6 Verarbeitung der Homografts

1. **Transport**
   Die Homografts werden steril explantiert und in 4 °C kalter Ringerlösung zur Homograft-Bank transportiert und dort präpariert.

2. **Präparation**
   Die Homografts werden sofort in einer Reinraumumgebung Klasse A (3500 Partikel ≥ 0,5 µm) mit steriler laminarer Luftströmung eingeschleust und dort präpariert.

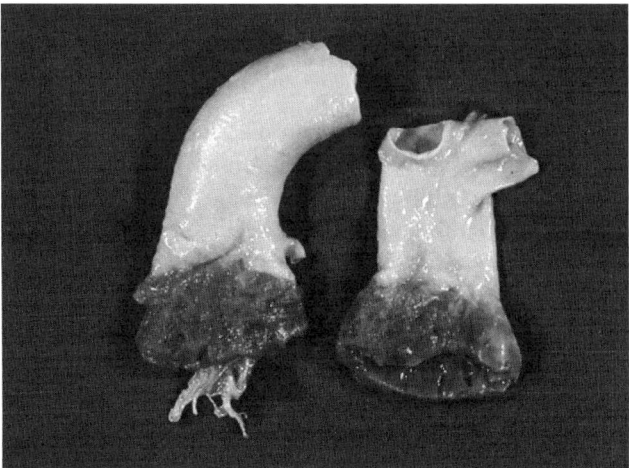

Abb. 66.1 Präparierte Homografts: *Links* Aortenhomograft, *rechts* Pulmonalishomograft

Medium 199 mit Earle´s Salzen:	
HEPES Puffer	0,2 mM
Cephalotin	0.4 mg/ml
Piperacillin	10 mg/ml
Polymyxin B	0.5 mg/ml
Metronidazol	1.0 mg/ml
Neomycinsulfat	1.0 mg/ml
Nystatin	0.6 mg/ml
Albumin	10.0 mg/ml

Tabelle 66.1 Zusammensetzung einer Antibiotikalösung zur Behandlung der Homografts

Bei der Präparation werden die Aorta ascendens und der Truncus pulmonalis voneinander getrennt und das umgebende Fett- und Bindegewebe entfernt. An der Einflussöffnung verbleibt ein ca. 5 mm breiter Myokardring und am aortalen Homograft verbleibt das anteriore Mitralklappensegel. Es wird die Länge der Homgrafts gemessen und mit Hilfe von Hegar-Stiften der exakte Durchmesser der Homografts bestimmt. Die Klappentaschen werden hinsichtlich ihrer Integrität, und Funktion sowie auf Fibrosierung und Verkalkung untersucht.

Direkt anschließend an die Präparation werden alle Homografts einer Antibiotika-Sterilisierung unterzogen. Die Homografts werden hierzu in einer antibiotischen Lösung über 12 Stunden bei 4 °C gelagert. Dies ist insbesondere bei den Homografts aus Leichenherzen unumgänglich, da von einer möglichen Keimbelastung ausgegangen werden muss[6].

66.7 Verpackung der Homografts

Nach der Antibiotika-Sterilisierung werden die Homografts in mindestens zwei sterilen Beutel aus kälteresisteneter Kunststofffolie (Polyimid, PTFE, Kapton®) verschweißt. In dem innersten Beutel ist der Homograft luftfrei in eine Gefrierlösung eingelegt. Die Gefrierlösung enthält 10% Dimethylsulphoxid (DMSO), eine cryoprotektive Substanz, die eine Zellschädigung während des Eingefriervorganges weitgehend verhindert.

100 ml Einfrierlösung pH 7,4 enthalten:

Medium 199 mit Earle´s Salzen	85 ml
Dimethylsulphoxid	10 ml
Humanalbumin 20%	5 ml
HEPES Puffer	0,2 mM

Tabelle 66.2 Zusammensetzung der Gefrierlösung

66.8 Der Gefriervorgang

Cryobiologische Verfahren machen es möglich, Zellsuspensionen (z. B. Blut, Sperma) auf längere Dauer zu konservieren und die Funktions- bzw. Lebensfähigkeit der Zellen nach dem Auftauen zu erhalten. Da sich die Zellen in Geweben jedoch in einem komplizierten osmotischen Gleichgewicht mit der Interzellularmatrix befinden, muss der Tiefgefrierungsprozess von Geweben anders als bei Zellsuspensionen verlaufen. Eine entscheidende Rolle spielt dabei die Abkühlrate, d. h. die Temperatur, um welche das Gewebe bzw. die Herzklappe pro Zeiteinheit heruntergekühlt wird. Wenn die Kühlrate zu langsam ist, beginnt die Eisbildung außerhalb der Zellen. Dadurch steigt die extrazelluläre Lösungskonzentration an und die Zellen schrumpfen, da aufgrund des osmotischen Ungleichgewichts intrazelluläres Wasser in den Extrazellulärraum strömt. Durch die Volumenzunahme erweitern sich die Radien kleiner Gefäße um bis zu 200%. Zugleich entstehen hohe intrazelluläre Salzkonzentrationen, die zu Schäden an Zellmembranen und Proteinstrukturen führen. Wenn das Gewebe jedoch so schnell gefroren wird, dass es zu keiner Zellschrumpfung infolge entstehender osmotischer Ungleichgewichte kommt, bilden sich gleichzeitig intra- und extrazelluläre Eiskristalle. Die kleinen intrazellulären Eiskristalle haben jedoch eine hohe Oberflächenenergie und neigen während des Gefriervorganges, aber auch beim Auftauen dazu, sich zu größeren und thermodynamisch stabileren Eiskristallen umzuformen. Dieses so genannte Rekristallisierungsphänomen ist für die mechanische Zerstörung von Mikrostrukturen verantwortlich. Eine extrem schnelle Gefrierrate bewirkt eine so genannte Vitrifikation des Gewebes, wobei das Wasser im Gewebe noch vor der Entstehung von Eiskristallen zu einer amorphen Masse erstarrt. Dieses Verfahren wäre theoretisch ideal, da weder osmotische Verschiebungen noch mechanische Traumen zu erwarten sind. Aufgrund der im Gewebe gegebenen Schichtdicken und den daraus resultierenden Temperaturgradienten ist die sehr schnelle Abkühlgeschwindigkeit technisch nicht realisierbar. Um die Lebensfähigkeit der Zellen optimal zu erhalten, wurde die Gefrierrate empirisch angepasst. Dabei zeigte sich, dass der Gefrierprozess von den Zellen in einem Homograft am besten überlebt wird, wenn sich die Herzklappe in einem Beutel mit Gefrierlösung befindet und mit einer Geschwindigkeit von 1 °C pro Minute abgekühlt wird [7, 5, 8]. Die Gefrierlösungen (z. B. Dimethylsulfoxid, Glycerin) besitzen eine hohe Wasserlöslichkeit und diffundieren innerhalb weniger Minuten in das Gewebe und gehen dort in die Summe der Lösungskonzentrationen

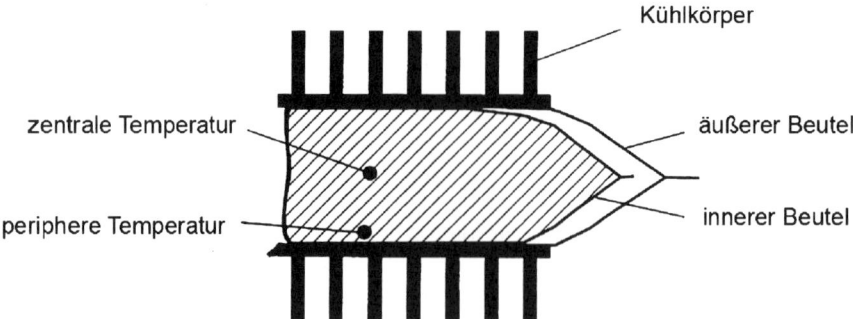

Abb. 66.2 Das in zwei Gefrierbeutel verpackte Gefriergut ist zwischen zwei Kühlkörpern eingespannt

ein. Je höher das Gefrierschutzmittel/Salz-Verhältnis ist, umso niedriger sind die beim Gefrieren entstehenden Salzkonzentrationen. Auf diese Weise werden hohe membran- und proteinschädigende Salzkonzentrationen vermieden und das Ausmaß der Zellschrumpfung reduziert. Dabei zeigte sich, dass eine 10%ige Verdünnung von Dimethylsulfoxid von den Zellen am besten vertragen wird.

Bei einer konstanten Absenkung der Umgebungstemperatur kühlt der Inhalt des Gefrierbeutels zunächst unter den Gefrierpunkt der Lösung ab. Bei einer nicht definierten Temperatur, die über 10 °C unter dem Gefrierpunkt liegen kann, setzt dann schlagartig die Eisbildung ein. Dabei wird die Kristallisationswärme des Wassers (334 J/g) freigesetzt und die Temperatur steigt sprunghaft wieder auf den Gefrierpunkt an. Obwohl die Umgebungstemperatur weiter abgesenkt wird, verharrt die Temperatur des Gefriergutes auf dem Gefrierpunkt, bis die gesamte Kristallisationswärme abgeführt ist. In dieser Phase langsamer Abkühlung entfalten die osmotischen Salz und Wasserversiebungen ihre schädigende Wirkung. Um im Bereich des Gefrierpunktes eine konstante Kühlrate der Flüssigkeit zu erreichen, bzw. das Wiedererwärmen des Gefriergutes durch die freiwerdende Kristallisationswärme zu verhindern, muss die Kristallisationswärme möglichst schnell abgeführt werden. Dies kann durch eine schnelle, massive Temperaturerniedrigung der Gefrierkammer kurz vor dem Erreichen des Gefrierpunktes erreicht werden. Zudem werden gerippte Kühlkörper aus Aluminium verwendet, in die das Gefriergut eingelegt wird, um eine konstante Schichtdicke des Gefriergutes und somit eine gleichmäßigen Temperaturgradienten im Gefriergut zu erhalten und um eine optimierte Abfuhr der Kristallisationswärme zu ermöglichen [9].

Um eine konstante Abkühlrate des Gefriergutes von 1 °C/min während des gesamten Gefrierprozesses zu erreichen, wird die Temperatur in der Gefrierkammer programmgesteuert sehr schnell abgesenkt bis eine Temperatur von –20 °C im Gefriergut erreicht ist. Darunter erfolgt eine konstante und schnelle Abkühlung bis mindestens –130 °C.

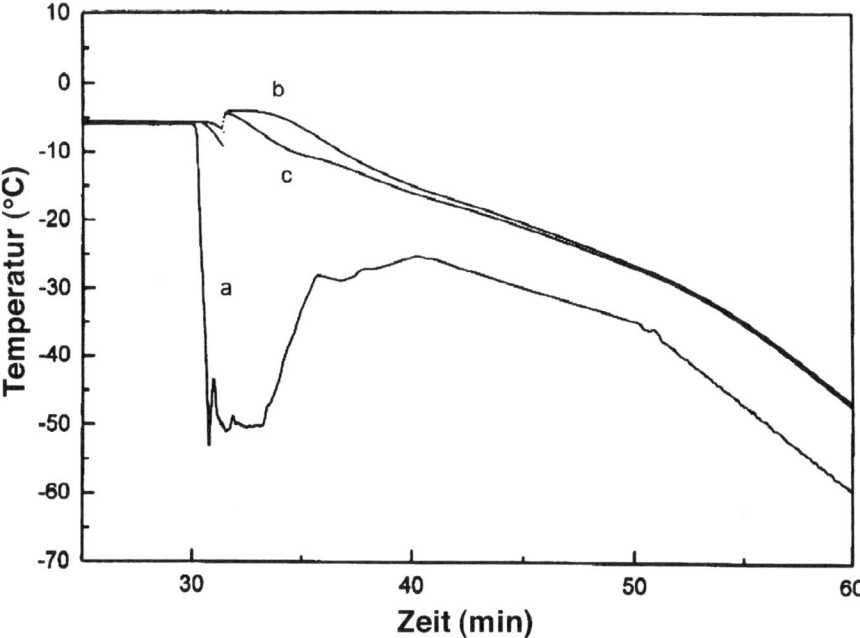

Abb. 66.3 Registrierung von programmierter Kammertemperatur (a) und Temperatur im Gefriergut (b/c) bei kontrolliertem Gefriervorgang. Durch schnelles Abkühlen der Kammer (a) wird die entstehende Kristallisationswärme abgeführt, wodurch eine konstante Absenkung der Temperatur im Gefriergut (b: zentrale Temperatur, c: periphere Temperatur) erreicht wird

66.9 Lagerung der Homografts

Allgemein anerkannt ist, dass bei Temperaturen unter −130 °C, jede biochemische Reaktion in wässriger Phase zum Stillstand kommt. Dies bedeutet eine theoretisch unbegrenzte Haltbarkeit biologischen Materials unterhalb dieser Temperatur. Die Haltbarkeit des dabei verwendeten Verpackungsmaterials (Polyimid, PTFE und Kapton®) wurde bei Anwendung in der Raumfahrt hinlänglich belegt. Die Haltbarkeit eines cryokonservierten Homografts ist demnach nur abhängig von der Zuverlässigkeit, mit der die Lagertemperatur unter −130 °C gehalten werden kann. Die Lagerung eines cryokonservierten Homografts erfolgt in speziellen Stickstofftanks in der Gasphase über flüssigem Stickstoff bei einer Temperatur zwischen −185 °C und −170 °C. Unter den genannten Lagerbedingungen wird eine Haltbarkeit des Gewebes von mehr als 10 Jahren angenommen.

Medium 199 mit Earle´s Salzen	85ml/l
Humanalbumin 20%	10g/l
HEPES Puffer	0,2mM

Tabelle 66.3 Zusammensetzung der Spüllösung

66.10 Auftauen der Homografts

Entsprechend den Anforderungen des Empfängers wird ein hinsichtlich Durchmesser und Länge passender Homograft ausgewählt und aufgetaut. Der gewünschte Homograft wird aus dem Stickstoffvorratsbehälter entnommen und unter Bewegen in +40 °C warmen Wasser aufgetaut, bis das Eis im Beutel zu schmelzen beginnt. Dabei ist darauf zu achten, dass der Homograft nicht geknetet oder geknickt wird, wodurch noch gefrorene Gewebestrukturen geschädigt würden. Bei diesem Auftauverfahren wird eine Rekristallisation verhindert und die Zellen bleiben lebensfähig [10] Der Allograft wird bei 4 °C in den Operationssaal transportiert und dort steril ausgepackt.

Zur Vermeidung zellschädigender osmotischer Gradienten muss das Auswaschen der DMSO-Lösung durch schrittweise Verdünnung innerhalb von 3 Stunden nach dem Auftauen erfolgen. Das Gewebe soll dabei nie über 8 °C erwärmt werden, da die Gefrierschutzmittel in der Wärme zelltoxisch wirken. Auf diese Weise diffundiert das Gefrierschutzmittel entlang des Konzentrationsgradienten aus den Zellen bzw. dem Interzellulär-Raum in die Lösung. Durch 3maliges Spülen wird die Konzentration von DMSO auf 2.5% verdünnt [11]. Gleichzeitig werden die Zellen bei diesem Prozess schrittweise rehydriert und erlangen ihr ursprüngliches osmotisches Gleichgewicht wieder. Es gibt keinerlei Hinweise auf toxische oder allergene Wirkung der noch im Gewebe vorhandenen Reste an Antibiotika oder Gefrierschutzmittel [12].

66.11 Implantation des Homografts (Indikation)

Die Verwendung von cryokonservierten Homografts führt zu ausgezeichneten klinischen Ergebnissen und die Langzeitbeobachtungen zeigen eine wesentlich bessere Haltbarkeit als bei Xenografts [13, 14]. Für den biologischen Ersatz der Aorta und der Pulmonalklappe im Erwachsenenalter und für die Rekonstruktion angeborener Missbildungen des rechtsventrikulären Ausflusstraktes stellt der Homograft die beste Alternative dar. Während die klinische Überlegenheit allogener, antibiotisch behandelter und cryokonservierter Homografts demonstriert wurde, steht der weiteren Verbreitung ihres Einsatzes die limitierte Verfügbarkeit entgegen. Aufgrund dieses existierenden Mangels beschränkt sich die Verwendung von Homografts auf drei wesentliche Indikationen:

66.11 Implantation des Homografts (Indikation)

Indikation 1: Endokarditis
Ein wesentlicher Vorteil allogener Herzklappentransplantate gegenüber xenogenen Konduits und mechanischen Prothesen besteht in der Abwesenheit jeglichen Fremdmaterials (Nahtringe, Stents), sowie in ihrer mechanischen Eigenschaft. Bei der chirurgischen Implantation passt sich das Transplantat den anatomischen Strukturen daher individuell sehr viel besser an [15].

Insbesondere bei Klappenersatz wegen bakterieller Endokarditis ist das Homograft-Transplantat die Indikation der ersten Wahl, da Fremdmaterial (Kunststoff und Metall), welches in allen anderen Klappenprothesen vorhanden ist, die Ausheilung der bakteriellen Entzündung erschwert. Aus diesem Grund wird ein Aortenklappenre-ersatz aufgrund von Klappenprothesenendokarditis bevorzugt mit einem Homograft durchgeführt [16]. Zudem ist die Inzidenz einer Prothesenendokarditis bei Verwendung von Homograft-Transplantaten niedriger als bei allen anderen Herzklappensubstituten [17–20].

Indikation 2: Rekonstruktion des rechtsventrikulären Ausflusstraktes bei angeborenen Herzfehlern
Es gibt eine Vielzahl angeborener Fehlbildungen des Herzens, die eine Aorten- bzw. Pulmonalstenose oder -insuffizienz bewirken. Die Fehlbildungen können oftmals durch eine operative Rekonstruktion des jeweiligen Ausflusstraktes behoben werden. Bei der Fehlbildung des rechtsventrikulären Ausflusstraktes und der Pulmonalklappe wird der rechsventrikuläre Ausflusstrakt mit einem Homograft ersetzt [21].

Indikation 3: Rekonstruktion des linksventrikulären Ausflusstraktes bei angeborenen Herzfehlern (Ross Operation)
Bei der Fehlbildung des linksventrikulären Ausflusstraktes und der Aortenklappe bietet sich der Aortenersatz mit dem patienteneigenen pulmonalen „Autograft" [22] an. Donald Ross entwickelte 1967 das nach ihm benannten Operationsverfahren, bei dem die Aortenwurzel und die Aortenklappe durch die patienteneigene klappentragende Pulmonalarterie (Truncus pulmonalis) ersetzt wird. Die transplantierte Pulmonalarterie wird mit einem Homograft ersetzt. Das Verfahren bewährt sich vor allem bei jungen Patienten, da die noch lebende patienteneigene Pulmonalisklappe in Aortenposition mit dem Patienten mitwächst und an Größe zunimmt. Der Homograft in Pulmonalisposition ist den deutlich geringeren Drucken des rechten Kreislaufes ausgesetzt und aus diesem Grund wesentlich haltbarer als in Aortenposition. In dem Falle einer nach Jahren zu erwartenden strukturellen Erkrankung des Homografts kann dieser wesentlich leichter ersetzt oder perkutan dilatiert werden. In letzter Zeit hat sich die perkutane Dilatation und perkutane Implantation eines klappentragenden Stents in den degenerierten Homograft als ein erfolgversprechendes Verfahren erwiesen [23].

66.12 Langzeitüberleben des Homografts

Retrospektive Analysen zeigten, dass die Funktionsdauer des Homografts, bei sonst ähnlicher Technik der Gewinnung und Konservierung, von der Dauer der Lagerung und der antibiotischen Behandlung abhängig ist [15, 24]. Die Konservierungsmethode mit der besten Erhaltung der zellulären und strukturellen Integrität des Transplantates führt zu besseren Langzeitergebnissen. Im Vordergrund steht dabei weniger die Erhaltung des Gefäßendothels als vielmehr das Überleben der Fibroblasten und der bindegewebigen Klappenmatrix [25]. Das Überleben der Spenderfibroblasten gilt als ein wichtiger Faktor für die Haltbarkeit der Klappe. Die besten Ergebnisse werden erzielt, wenn das Klappengewebe so schnell wie möglich nach der Gewinnung und antibiotischer Sterilisation in einer Lösung mit 10% DMSO unter kontrollierter Abkühlung eingefroren und bei −130 °C gelagert wird [8]. Die Überlebensfähigkeit derartigen Gewebes bzw. der Fibroblasten konnte eindeutig nachgewiesen werden [26, 27]. Es gelang sogar neun Jahre nach Implantation eines Homografts lebende Spenderfibroblasten in dem Transplantat nachzuweisen [8].

Der cryokonservierte Homograft muss als lebendes Gewebe betrachtet werden. Folglich ist bei dem Empfänger auch eine Immunantwort zu erwarten. Es ist gesichert, dass allogene Klappentransplantate immunogen sind, und es konnte eine transiente immunologische Reaktion auf cryokonservierte Homografts in Menschen nachgewiesen werden [28]. In wieweit diese Immunreaktion für das Schicksal des Transplantates von Bedeutung sein kann, ist wissenschaftlich nicht geklärt. Aufgrund des Gewebemangels kann das ABO oder sogar das HLA-DR (Transplantationsantigen) System nicht berücksichtigt werden. Die exzellenten Ergebnisse deuten jedoch darauf hin, dass eine immunologische Diskordanz zumindest keinen schwerwiegenden Einfluss auf die Funktion des Homografts hat.

66.13 Literatur

1. Murray G. Homologous aortic-valve-segment transplants as surgical treatment for aortic and mitral insufficiency. Angiology. 1956 Oct;7(5):466–71.
2. Murray G. Aortic valve transplants. Angiology. 1960 Apr;11:99–102.
3. Ross DN. Homograft replacement of the aortic valve. Lancet. 1962 Sep 8;2:487.
4. Barratt-Boyes BG, Roche AH, Subramanyan R, Pemberton JR, Whitlock RM. Long-term follow-up of patients with the antibiotic-sterilized aortic homograft valve inserted freehand in the aortic position. Circulation. 1987 Apr;75(4):768–77.
5. O'Brien MF, Stafford G, Gardner M, Pohlner P, McGiffin D, Johnston N, et al. The viable cryopreserved allograft aortic valve. Journal of cardiac surgery. 1987 Mar;2(1 Suppl):153–67.
6. Yacoub M, Kittle CF. Sterilization of valve homografts by antibiotic solutions. Circulation. 1970 May;41(5 Suppl):II29–32.
7. van der Kamp AW, Visser WJ, van Dongen JM, Nauta J, Galjaard H. Preservation of aortic heart valves with maintenance of cell viability. The Journal of surgical research. 1981 Feb;30(1):47–56.
8. O'Brien MF, Stafford EG, Gardner MA, Pohlner PG, McGiffin DC. A comparison of aortic valve replacement with viable cryopreserved and fresh allograft valves, with a note on chromosomal studies. J Thorac Cardiovasc Surg. 1987 Dec;94(6):812–23.
9. Weers C. Die Entwicklung eines Standardisierten Programms zur kontrollierten Cryokonservierung von Allografts und der Einfluss des Konservierungsverfahrens auf die biomechanischen Eigenschaften des Gewebes. München: Ludwig Maximilians Universität; 1995.
10. Bank HL, Brockbank KG. Basic principles of cryobiology. Journal of cardiac surgery. 1987 Mar;2(1 Suppl):137–43.
11. Pegg PE. Principles of Cryopreservation. In: Phillips GO, ed. Advances in Tissue Banking. Singapore, New Jersey, London, Hong Kong: World Scientific 1997:215–26.
12. Fiedler H. Lexikon der Hilfsstoffe für Pharmazie, Kosmetik und angrenzende Gebiete. Aulendorf: Editio Cantor Verlag 2002.
13. Lange R, Weipert J, Homann M, Mendler N, Paek SU, Holper K, et al. Performance of allografts and xenografts for right ventricular outflow tract reconstruction. The Annals of thoracic surgery. 2001 May;71(5 Suppl):S365–7.
14. Homann M, Haehnel JC, Mendler N, Paek SU, Holper K, Meisner H, et al. Reconstruction of the RVOT with valved biological conduits: 25 years experience with allografts and xenografts. Eur J Cardiothorac Surg. 2000 Jun;17(6):624–30.
15. Hopkins RA. Cardiac Reconstructions with Allograft Valves. New York, Berlin, Heidelberg, London, Paris, Tokyo: Spinger Verlag 1998.
16. Bonow RO, Carabello BA, Kanu C, de Leon AC, Jr., Faxon DP, Freed MD, et al. ACC/AHA 2006 guidelines for the management of patients with valvular heart disease: a report of the American College of Cardiology/American Heart Association Task Force on Practice Guidelines (writing committee to revise the 1998 Guidelines for the Management of Patients With Valvular Heart Disease): developed in collaboration with the Society of Cardiovascular Anesthesiologists: endorsed by the Society for Cardiovascular Angiography and Interventions and the Society of Thoracic Surgeons. Circulation. 2006 Aug 1;114(5):e84–231.
17. Vogt PR, von Segesser LK, Goffin Y, Niederhauser U, Genoni M, Kunzli A, et al. Eradication of aortic infections with the use of cryopreserved arterial homografts. The Annals of thoracic surgery. 1996 Sep;62(3):640–5.
18. Zwischenberger JB, Shalaby TZ, Conti VR. Viable cryopreserved aortic homograft for aortic valve endocarditis and annular abscesses. The Annals of thoracic surgery. 1989 Sep;48(3):365–9; discussion 9–70.
19. Kirklin JK, Barratt-Boyes BG. Cardiac Surgery Volume 1: Morphology, Diagnostic Criteria, Natural History, Techniques, Results, Indications. 2nd ed. Philadelphia: W.B. Saunders 1993.

20. O'Brien MF, Harrocks S, Stafford EG, Gardner MA, Pohlner PG, Tesar PJ, et al. The homograft aortic valve: a 29-year, 99.3% follow up of 1,022 valve replacements. J Heart Valve Dis. 2001 May;10(3):334-44; discussion 5.
21. Weipert J, Meisner H, Mendler N, Haehnel JC, Homann M, Paek SU, et al. Allograft implantation in pediatric cardiac surgery: surgical experience from 1982 to 1994. The Annals of thoracic surgery. 1995 Aug;60(2 Suppl):S101-4.
22. Ross DN. Replacement of aortic and mitral valves with a pulmonary autograft. Lancet. 1967 Nov 4;2(7523):956-8.
23. Bonhoeffer P, Boudjemline Y, Saliba Z, Merckx J, Aggoun Y, Bonnet D, et al. Percutaneous replacement of pulmonary valve in a right-ventricle to pulmonary-artery prosthetic conduit with valve dysfunction. Lancet. 2000 Oct 21;356(9239):1403-5.
24. Yacoub M, Rasmi NR, Sundt TM, Lund O, Boyland E, Radley-Smith R, et al. Fourteen-year experience with homovital homografts for aortic valve replacement. J Thorac Cardiovasc Surg. 1995 Jul;110(1):186-93; discussion 93-4.
25. Angell WW, Angell JD, Oury JH, Lamberti JJ, Grehl TM. Long-term follow-up of viable frozen aortic homografts. A viable homograft valve bank. J Thorac Cardiovasc Surg. 1987 Jun;93(6):815-22.
26. al-Janabi N, Ross DN. Long-term preservation of fresh viable aortic valve homografts by freezing. The British journal of surgery. 1974 Mar;61(3):229-32.
27. al-Janabi N, Gonzalez-Lavin L, Neirotti R, Ross DN. Viability of fresh aortic valve homografts: a quantitative assessment. Thorax. 1972 Jan;27(1):83-6.
28. Fischlein T, Schutz A, Haushofer M, Frey R, Uhlig A, Detter C, et al. Immunologic reaction and viability of cryopreserved homografts. The Annals of thoracic surgery. 1995 Aug;60(2 Suppl):S122-5; discussion S5-6.

67 Kalzifizierung
biologischer Herzklappenprothesen

B. Glasmacher, M. Deiwick

67.1 Grundlagen der Herzklappenprothetik

67.1.1 Einführung

Die natürlichen menschlichen Herzklappen wirken in einem komplexen, dynamischen Zusammenspiel von anatomisch-strukturellen Eigenschaften mit Umgebungsbedingungen, die sowohl durch die anatomische Lage der Klappe als auch durch die Pumpfunktion des Herzens gegeben sind [1]. Das Herz ist ein Hohlmuskel und wird der Länge nach durch das Septum in eine rechte und linke Hälfte geteilt (Abb. 67.1). Jede Herzhälfte besteht aus einem kleineren Vorhof (Atrium) und einer grösseren Kammer (Ventrikel). Vorhof und Kammer werden auf beiden Seiten durch eine Segelklappe (Tricuspidal- und Mitralklappe) getrennt. Die beiden Auslassklappen sind Taschenklappen (Pulmonal- und Aortaklappe). Die Klappen führen pro Jahr etwa 40 Mio Öffnungs- und Schliessvorgänge aus. Ihre Funktion beeinflusst dabei den hydraulischen Wirkungsgrad des Herzens in entscheidendem Masse. Angeborene oder erworbene Herzklappenfehler führen zu einer geringeren Belastbarkeit oder gar zu einer geringeren Lebenserwartung [2] und machen meist den operativen Ersatz des erkrankten Klappenventils notwendig.

Die Deutsche Gesellschaft für Thorax-, Herz- und Gefässchirurgie geht heute von einem Bedarf an Herzklappenoperationen allein für die Behandlung erworbener Herzklappenfehler von 160 Operationen pro 1 Million Einwohner pro Jahr aus. Hinzukommen Säuglinge und Kinder mit angeborenen Herzfehlern. Im Jahr 1997 wurden in den deutschen Herzzentren insgesamt 13'482 Herzoperationen allein bei erworbenen Herzklappenerkrankungen durchgeführt [3]. Eine optimale Herzklappenprothese sollte in ihren hämodynamischen Eigenschaften einer Originalklappe möglichst nahe kommen, die Lebensqualität nicht negativ beeinflussen und eine Lebensdauer haben, die der Lebenserwartung des Empfängers entspricht [4, 5]. Bei den heute klinisch eingesetzten Herzklappenprothesen handelt es sich sowohl um sogenannte mechanische als auch biologische Prothesen (Abb. 67.2 und 67.4). In

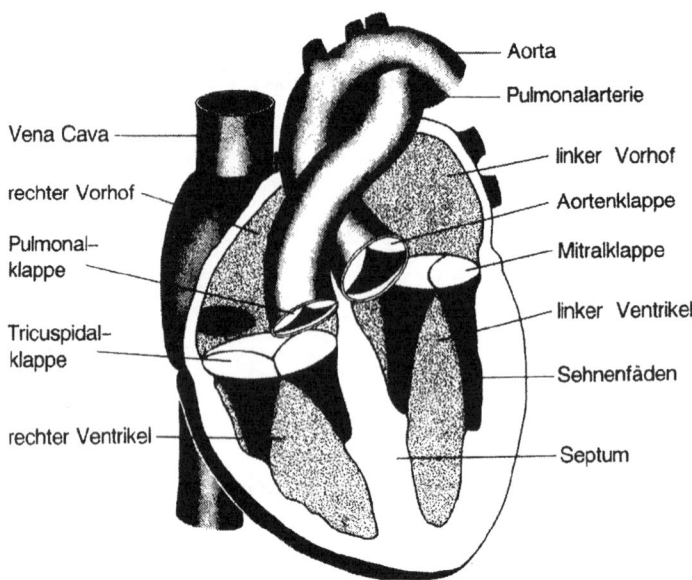

Abb. 67.1 Schematisierte Darstellung des natürlichen Herzens mit Lage der vier Herzklappen [6].

der Entwicklung befinden sich „biomechanische" Prothesen, denen das Konstruktionsprinzip der menschlichen Aortenklappe zugrundeliegt; die drei Klappensegel jedoch bestehen dabei aus Polymerwerkstoffen oder pyrolitischem Kohlenstoff [6–8]. Herzklappenprothesen werden in Anpassung an die verschiedenen anatomischen Verhältnisse der Patienten üblicherweise in acht Nenngrössen, bezogen auf den charakteristischen Nahtringdurchmesser (Gewebeannulusdurchmesser oder „Tissue Annulus Diameter" (TAD)) (Abb. 67.3) – zwischen 19 und 33 mm vertrieben. Für Mitralklappenersatz werden im allgemeinen grössere Prothesen (27–33 mm) als für den Aortenklappenersatz (19–27 mm) benötigt [7].

67.1.2 Mechanische Herzklappenprothesen

Seit dem ersten Ersatz einer menschlichen Herzklappe durch eine mechanische Prothese 1960 durch Harken und Starr sind weltweit mehr als eine Million solcher Eingriffe durchgeführt worden [9–11]. Mechanische Herzklappen sind auch heute noch relativ einfache Ventile, die vor allem durch ihre rigide Struktur und künstliche Oberfläche (Titan, pyrolytischer Kohlenstoff u. a.) längst nicht alle Eigenschaften einer natürlichen Herzklappe aufweisen können. Sie besitzen starre Schliesskörper (früher Kugeln, heute Scheiben oder Flügel) in einem Klappenring, die die Strömung im zentralen Öffnungsquerschnitt mehr oder minder stark behindern. Man

67.1 Grundlagen der Herzklappenprothetik

Abb. 67.2 Beispiele mechanischer Herzklappenprothesen *(links)*. Mechanische Herzklappen im Herzen *(rechts)* [7]. Neu entwickelte dreiseglige Herzklappenprothese [8]

unterscheidet Kugel-, Hubscheiben-, und Kippscheibenklappen sowie 2-Flügel-Klappen (Abb. 67.2). Eine in Zusammenarbeit mit dem Helmholtz-Institut Aachen neu entwickelte dreiseglige mechanische Herzklappenprothese ist in Abb. 67.2 unten dargestellt. Die Vor- und Nachteile mechanischer Klappen und Bioprothesen sind in Tabelle 67.1 zusammengefasst.

Klappentyp	Vorteile	Nachteile
Mechanische Herzklappenprothesen	• Hohe Dauerfestigkeit • Reproduzierbare Fertigung	• Gewöhnlich lebenslange Antikoagulationstherapie mit Blutungsrisiko • Psychische Belastung durch Geräuschbildung • Kavitationsneigung
Bioprothesen	• Natürliche Gestalt und Funktion • Antikoagulationstherapie i.d.R. nur unmittelbar nach der Operation notwendig • Geräuschlose Funktion	• Strukturelles Gewebeversagen • Ungewisse Dauerfestigkeit • Kalzifizierung • Fertigung schlecht reproduzierbar

Tabelle 67.1 Vor- und Nachteile mechanischer und biologischer Herzklappenprothesen

67.1.3 Biologische Herzklappenprothesen

Der Versuch, Nachteile mechanischer Prothesen wie die lebenslange gerinnungshemmende Therapie (Tabelle 67.1) zu vermeiden, führte zum Einsatz biologischer Implantate in der Herzklappenchirurgie. Herausragend waren erste klinische Erfolge 1962 von Ross und Barrat-Boyes, die menschliche Leichenaortenklappen (Homografts) implantierten [12]. Dieses Verfahren wird heute, nachdem durch die Technik der Kryokonservierung eine theoretisch unbegrenzte Lagerung der menschlichen Klappen ermöglicht wurde, mit zunehmender Tendenz eingesetzt. Einschränkungen sind allerdings durch die begrenzte Verfügbarkeit und im Langzeitverlauf durch die Auslösung einer Immunreaktion auf das fremde Gewebe gegeben [13–15]. 1966 wurde die erste vom Schwein stammende, gerüstmontierte, biologische Herzklappe (porcine Bioprothese) beim Menschen eingepflanzt [16]. Hierbei wurden die drei Klappensegel zunächst in einen steifen Unterstützungsrahmen eingenäht („gerüstmontiert", „stented"). Bei den heutigen Klappen bestehen die sogenannten Stents aus einem Ring und flexiblen Pfosten (Abb. 67.3). Dieser Klappen- und Nahtring ist mit einem Bezug (aus Dacron, (PET)-Gewebe oder PTFE) versehen, an dem die Klappe eingenäht wird (Abb. 67.3 und 67.4). Neben diversen anderen biologischen Geweben, die im Laufe der Entwicklung eingesetzt wurden, wie z.B. Fascia lata [17, 18] oder Dura mater [19] werden heute bevorzugt auch Bioprothesen aus vom Rind stammendem Perikardgewebe (bovine Bioprothesen) hergestellt, die nach Montage auf einen Stent in ihrer Form einer tricuspiden (dreiseglign) Aortenklappe entsprechen. Hierbei können die Segel reproduzierbar geformt werden, während die reproduzierbare Fertigung bei den porcinen Klappen ein Problem darstellt (Tabelle 67.1). Alle verwendeten Gewebe tierischem Ursprungs (Xenografts) werden mit herstellerspezifischen Techniken zumeist mit Glutaraldehyd (1,5-Pentan-Dialdehyd) chemisch konserviert (fixiert). Diese Methode hat ihren Ursprung bei der Gerbung von Leder. Die Gewebefixation bewirkt eine Reduktion der Antigenität, Desinfektion des Gewebes und Resistenz gegenüber Biodegradation durch hydro-

67.1 Grundlagen der Herzklappenprothetik

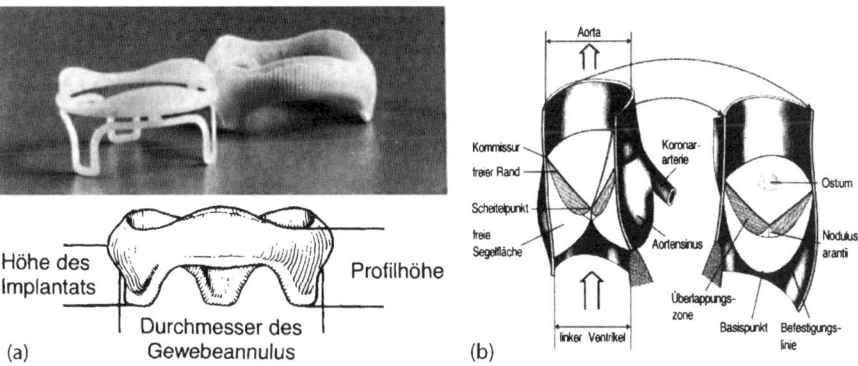

Abb. 67.3 *(a)* Aufbau einer biologischen Herzklappenprothese: Klappenring und Bezug (oben), Klappenabmessungen (unten) [24, 25]; *(b)* Bezeichnung der Klappenbereiche einer natürlichen Aortenklappe [6]

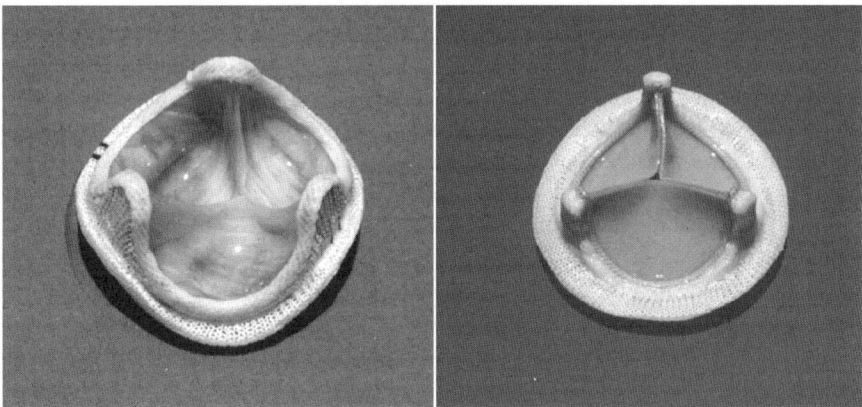

Abb. 67.4 Porcine *(links)* und bovine *(rechts)* Bioprothese

lysierende Enzyme. Charakteristische Details herkömmlicher Bioprothesen können Abb. 67.3 entnommen werden. In Abb. 67.4 sind Beispiele für porcine und bovine Bioprothesen dargestellt.

Die Vielzahl der Klappenprothesen, die derzeit klinisch eingesetzt werden, ist ein Indiz dafür, dass eine ideale Prothese bis heute nicht gefunden werden konnte. Reoperationen stellen bei einer Mortalitätsrate von etwa 4–6% [20] ein hohes Risiko dar. Ein regelrechter „Wetteifer" herrschte daher besonders zwischen der hohen Dauerfestigkeit erprobter mechanischer Prothesen mit dem Nachteil lebenslanger Antikoagulation und der höheren Lebensqualität mit einer Bioprothese [21]. Sie sorgte gegen Ende der 70er Jahre für einen Anstieg des Prozentsatzes implantierter Bioprothesen auf über 60%. Der Optimismus wurde jedoch durch klinische Berichte gedämpft, die das Risiko einer Reoperation innerhalb der ersten 10 Jahre nach

Implantation aufgrund ungewisser Dauerfestigkeit mit 20–40% bezifferten [8]. Dies führte zu einem stark rückläufigen Anteil, der 1992 nur noch 21% gegenüber 79% implantierter mechanischer Klappen betrug [22]. Das UK Heart Valve Registry gibt für 1999 den Anteil biologischer Herzklappen mit 33.3% zu 66.7% mechanischer Klappen an [23]. In den folgenden Abschnitten wird auf diese Problematik der Bioprothesen eingegangen.

67.2 Kalzifizierung biologischer Herzklappenprothesen

67.2.1 Einführung

Die Lebensdauer biologischer Herzklappenprothesen (Bioprothesen) wird durch primäres Gewebeversagen und Kalzifizierung der Klappensegel limitiert. Reduktion des Drucks während des Gewebefixationsprozesses [26], flexible Stents (Abb. 67.3) und verschiedene Antikalzifizierungsbehandlungen (z. B. mit Vitamin K-Antagonisten wie Warfarin, Diphosphonaten, trivalenten Metallionen u.a.) stellen zwar Verbesserungen der Klappenfertigung dar, dennoch leiden auch heutige Bioprothesen unter Kalzifizierung. Unter Kalzifizierung versteht man die Ablagerung unlöslicher Calciumphosphate, hauptsächlich in der Mineralform Hydroxylapatit. Einige Bioprothesen verkalken sehr schnell nach einigen Monaten, während andere 15 Jahre und länger halten. Vergleicht man die Lokalisation hoher Dehnungsbeanspruchungen in Klappen mit den Befunden explantierter Bioprothesen, so findet sich ein augenscheinlicher Zusammenhang mit den bevorzugten Orten der Kalzifizierung. Möglicherweise liegt daher die Ursache in unerwünschten Spannungskonzentrationen und/oder bereits vor der Implantation vorhandenen Anomalien im Gewebe [27, 28]. Die hier betrachtete Kalzifizierung von Bioprothesen stellt ebenfalls eine Komplikation bei synthetischen Blutkontaktflächen dar. Nosé et al. beschreiben 1977 als erste Kalzifizierungen in Blutpumpen an polymeren Werkstoffen [29]. Auch hier wurde – ausgehend von klinischen Befunden – eine Abhängigkeit der Kalzifizierungsorte vom Grad der mechanischen Belastung vermutet und *in vitro* nachgewiesen [30, 31].

Diese unerwünschte Kalzifizierung kardiovaskulärer Implantate muss man zur gewünschten Kalzifizierung im Skelettsystem bei Knochenimplantaten abgrenzen. Hierunter versteht man die gezielte, möglichst kontrollierte Mineralisierung des Implantates; sei es, dass durch Osteogenese Knochengewebe an das Implantat mit strukturierter Oberfläche anwächst, es also mit ortsständigem Gewebe umschlossen wird oder bei porösen Implantaten ein Knocheneinwuchs stattfindet. In beiden Fällen wird eine feste Verankerung des Implantates im Knochen angestrebt. Daneben finden bei Knochenimplantaten auch bioaktive Werkstoffe Verwendung, bei denen eine stoffschlüssige, chemische Verbindung zwischen Knochengewebe und Implantatoberfläche gebildet werden soll. Biodegradable Werkstoffe mit dem Ziel des „naturgetreuen" Ersatzes des Implantates durch ortsständiges Gewebe nach zeitabhängiger Resorption des „Platzhalters" stellen eine weitere Alternative orthopädischer Werkstoffe dar [30].

Die Unvorhersagbarkeit des Klappenversagens wird zu einem Hauptargument gegen die Verwendung von Bioprothesen. Obwohl gerade bei jüngeren Patienten und insbesondere bei Kindern ein erheblicher Bedarf für die Implantation einer biologischen Klappe besteht, gibt es bislang keine Prothese, die für diese Patientengruppe ausreichend gute Ergebnisse im Langzeitverlauf ermöglicht. Die Analyse von Ursachen der Prothesenverkalkung zur Verbesserung des Langzeitverhaltens ist daher von grosser Bedeutung.

Kalzifizierung und mechanische Belastung
Befunde explantierter Klappen zeigen, dass die Prothesensegel keinesfalls diffus oder gleichmässig verkalken, sondern in bevorzugten Bereichen hoher mechanischer Beanspruchung. Bei porcinen Klappen sind in über 90% die Kommissuren und deren benachbarte Segelabschnitte betroffen, zudem die zentralen Segelbereiche und der Übergangsbereich in die Aortenwand (Abb. 67.3) [32–36]. Die Perikardklappen verhalten sich ähnlich [37]. Hieraus ergab sich die Hypothese, dass mechanisch hoch belastete Klappenbereiche die späteren Orte der Kalzifizierung darstellen. Die Ursachen können z.B. fertigungsbedingt sein (Montage im Stent) oder infolge des Fixationsprozesses [38] entstehen. Mit der holographischen Interferometrie stand eine Technik zur Verfügung, mit der diese Bereiche in Bioprothesen zerstörungsfrei detektiert werden konnten [39–41]. Weiterhin war es möglich, derart charakterisierte Bioprothesen anschliessend *in vitro* bei pulsatiler Durchströmung zu kalzifizieren [42]. Die holographisch detektierten auffälligen Bereiche (Abb. 67.6) wurden dann mit denen der Kalzifizierungsablagerungen überlagert, um so die aufgestellte Hypothese zu verifizieren [27, 28]. Durch Quantifizierung und computergestützter Auswertung von holographischer Interferometrie und *in vitro* Kalzifizierung konnte ein direkter Zusammenhang zwischen mechanischer Belastung und Verkalkung nachgewiesen werden. Das verwendete Testmodell ist in Kapitel 67.3 beschrieben.

Weitere Einflussfaktoren auf die Kalzifizierung
Neben der mechanischen Belastung können Gewebeanomalien eine Rolle im Kalzifizierungsprozess spielen. Mittels hochauflösender Rasterelektronenmikroskopie und histologischer Untersuchungen an holographisch „auffälligen" Klappenbereichen wurden pathologische Veränderungen, die mit einer verstärkten Verkalkungsneigung vereinbar sind, festgestellt [3]. Daneben sind weitere Faktoren wie beispielsweise Auswirkung der Gewebefixierung [26, 43] sowie der Gewebeherkunft (Schwein/Rind) [26] anzunehmen. So verkalkten im Vergleich innerhalb einer in vitro Studie porcine Klappen stärker als bovine Klappen [44]. Subkutane Implantate zeigten auch bei Carpentier et al. eine stärkere Kalzifizierung des porcinen Gewebes im Vergleich zu Rinderperikard, während Schoen et al. keine Unterschiede fanden [44, 46]. Die Akkumulation von Lipiden kommt als weiterer pathogener Faktor der Kalzifizierung in Betracht – sie sind z. B. bei der Verkalkung atheromatöser Plaques beteiligt – [47–49]: Die Übereinstimmung von Lipid- und Kalzifizierungsablagerungen betrug bei der Untersuchung porciner Aortenklappen 62.4% ± 3.3% (n=4) [50, 51]. Zusätzlich gibt es empfängerspezifische Faktoren wie Alter der Patienten [30]. Ob die Degeneration von Bioprothesen auch durch

immunologische Prozesse beeinflusst wird, kann derzeit noch nicht abschliessend beurteilt werden, wird für porcine Klappen aber als wenig wahrscheinlich angesehen [52–54]. Bei bovinem Perikard ist nach Glutaraldehydfixierung eine restliche Antigenität festgestellt worden [55–57].

67.3 In vitro Kalzifizierung biologischer Herzklappenprothesen

67.3.1 Einführung

Bislang stand kein Testverfahren zur Verfügung, mit dem biologische Herzklappenprothesen unter möglichst physiologischen Verhältnissen *in vitro* auf ihr Kalzifizierungsverhalten untersucht werden können. Im Hinblick auf Kalzifizierung erfolgte die Testung von Klappen bisher im Tierversuch oder durch subkutane Gewebeimplantation in Versuchstiere [30]. Die in der Literatur (ISO 5840) beschriebenen *in vitro* Testmethoden dienen der Analyse von Funktion, Druckgradienten, Strömungsprofilen und Dauerfestigkeit von Herzklappenprothesen [58]. In der heutigen Fassung dieser Norm ist kein Verfahren zur Kalzifizierungsuntersuchung aufgeführt. Statische Inkubationstests können Aufschluss über erfolgte Kalzifizierung geben, lassen aber den Einfluss mechanischer Belastung unberücksichtigt, ebenso wie die subkutane Implantation. Aus diesen Gründen wurde ein Testverfahren zur beschleunigten *in vitro*-Klappenkalzifizierung entwickelt, das die Konstruktion eines Testgerätes sowie die Bestimmung eines geeigneten Kalzifizierungsfluids und eines definierten Testprotokolls einschloss. Mit der holographischen Interferometrie stand eine Technik zur Verfügung, mit der Herzklappen zerstörungsfrei auf bereits vorhandene Gewebedeformationen untersucht werden können: Durch die bei hydrodynamischer Druckbelastung erzeugten Interferenzmuster können Oberflächenverformungen und die damit verbundenen Spannungen entdeckt werden (Abb. 67.6 und 67.7) [39–41].

67.3.2 Pulsatiles Herzklappentestgerät

Ziel war die Entwicklung eines pulsatilen Testgeräts, mit dem zehn Bioprothesen unterschiedlicher Grösse parallel unter möglichst physiologischen Bedingungen (Druck, Temperatur) in beschleunigter Zeitdauer auf ihr Kalzifizierungsverhalten untersucht werden können. Dazu wurde das Funktionsprinzip einer Kolbenpumpe ausgewählt. Das entwickelte Testgerät ist in Abb. 67.5 dargestellt. Jede Klappe wird in einem separaten, EtO-sterilisierten Kompartiment auf Kolbenstangen montiert. Die identische Kolbenbewegung für alle Klappen wird durch eine Taumelscheibe, die durch einen Elektromotor mit einstellbarer Geschwindigkeit bis zu 800 Zyklen/min angetrieben wird, erzeugt. Die Klappen schliessen während der Aufwärtsbe-

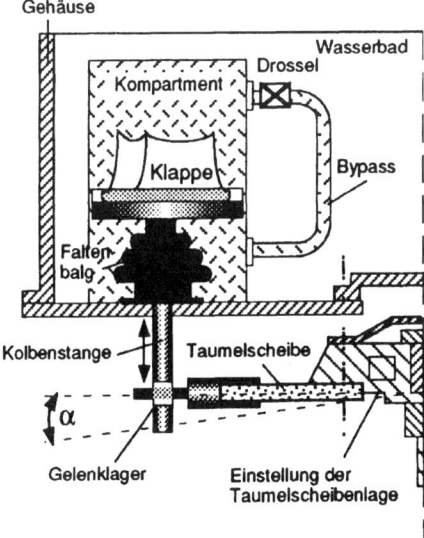

Abb. 67.5 Schematische Darstellung des Kalzifizierungstestgerätes (α: Schräglage der Taumelscheibe). Insgesamt befinden sich 10 Kompartiment in dem temperierbaren Testgerät, so dass jeweils 10 Bioprothesen parallel untersucht werden können

wegung der Kolben unter einer sinusförmigen Druckdifferenz [42]. Diese Druckdifferenz Δp, ermittelt durch Messung der Drücke p_1 und p_2 ober- und unterhalb der Klappen ($\Delta p = p_1 - p_2$), kann durch die Drossel im Bypass auf gewünschte physiologische Werte (Tabelle 67.2) eingestellt werden. Das gesamte Testgerät kann temperiert werden.

67.3.3 In vitro *Kalzifizierungstestprotokoll*

Das entwickelte Testprotokoll (Tabelle 67.2) sieht die Untersuchung der Bioprothesen nach möglichst physiologischen und standardisierten Bedingungen vor [27, 28]. Es beinhaltet die Verwendung einer synthetischen Kalzifizierungslösung [42] mit definierten Calcium- und Phosphatkonzentrationen sowie wöchentlichem Fluidwechsel, physiologische Temperatur und Druckdifferenz. Um in einem sinnvollen Zeitrahmen Ergebnisse zu erzielen, wurde eine fünffach beschleunigte Testfrequenz gewählt. Keine der untersuchten Klappen versagte bei dieser Belastungsart innerhalb der sechswöchigen Versuchsdauer (19 Mio Zyklen) aus mechanischen Gründen. Es wurden über 40 porcine und bovine Bioprothesen unterschiedlicher Grösse (TAD von 19 bis 32 mm) untersucht. Hauptsächlich handelte es sich um handelsübliche, gerüstmontierte („stented"), glutaraldehydfixierte Aorten- und Mitralklappen. Die Klappen wurden vor dem zyklischen Kalzifizierungstest zer-

Kalzifizierungsfluid	Löslichkeitsprodukt CaxP = 130 (mg/dl)^2 Wöchentlicher Fluidwechsel
Versuchstemperatur	37 °C
Versuchsdauer	6 Wochen
Testfrequenz	300 Zyklen/min
Druckdifferenz nach FDA-Richtlinien [25]	120 mmHg (Mitralklappen) 100 mgHg (Aortenklappen)
Detektion der Gewebedeformationen	Holographische Interferometrie vor Test
Detektion der Kalzifizierung	Mikroradiographie nach 4 und 6 Wochen

Tabelle 67.2 Testprotokoll der Kalzifizierungsuntersuchung

störungsfrei holographisch auf Deformationen im Klappengewebe untersucht [28]. Die Verkalkungen wurden zerstörungsfrei mittels Mikroradiographie nach vier und sechs Wochen Versuchsdauer (entsprechend 12 und 19 Mio Zyklen) dokumentiert.

67.3.4 Korrelation von in vitro *Kalzifizierung und mechanischer Belastung*

Die aufgestellte Hypothese, dass mechanisch hoch belastete Klappenbereiche die späteren Orte der Kalzifizierung darstellen, wurde folgendermassen bestätigt:

1. Im Gegensatz zu ebenfalls untersuchten Homografts wiesen 95% der untersuchten Bioprothesen bei der holographischen Analyse Bereiche mit irregulär erhöhter mechanischer Belastung auf (Abb. 67.6).
2. Bei der anschliessenden *in vitro* Kalzifizierung begann die Verkalkung in Bereichen, die einer erhöhten mechanischen Beanspruchung ausgesetzt waren, und führte zu einer deutlichen und variablen Verkalkung sämtlicher Bioprothesen. Erste Ablagerungen waren bereits nach zwei Wochen detektierbar, und resultierten nach sechs Wochen individuell in sogar makroskopisch sichtbaren Kalzifizierungen (Abb. 67.8).
3. Sowohl zwischen den einzelnen Klappen als auch zwischen den Segeln individueller Klappen traten starke Unterschiede im Verkalkungsverhalten auf.
4. Nach vier Wochen Testdauer lagen 74.2% ± 8.8% der verkalkten Klappenbereiche innerhalb der holographisch detektierten Anomalien.
5. Die Kalzifizierungsbereiche korrelieren deutlich mit den holographisch auffälligen Bereichen (r=0.72). Dieser Zusammenhang ist in Abb. 67.7 dargestellt.

Dass dieses Testmodell tatsächlich zu vergleichbaren Kalzifizierungen führt, wurde zunächst durch von Kossa-Anfärbungen an histologischen Gewebeschnitten nachgewiesen, einer in der Histologie üblichen Färbemethode für mineralisiertes Gewebe. Mit dieser Methode färben sich Calciumphosphat, -carbonat, -chlorid und

67.3 In vitro Kalzifizierung biologischer Herzklappenprothesen

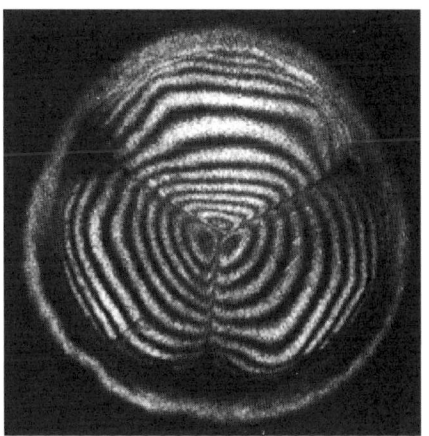
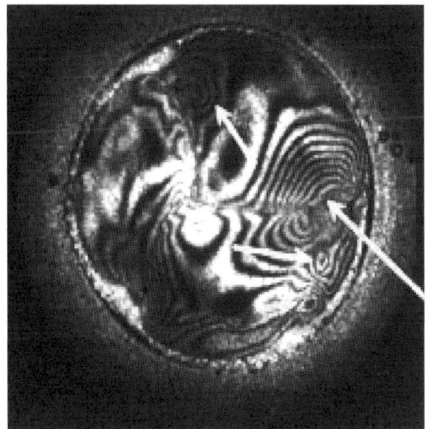

Abb. 67.6 Holographische Untersuchung: Reguläres *(links)* und irreguläres *(rechts)* Interferenzmuster. Anomalien sind durch Pfeile markiert

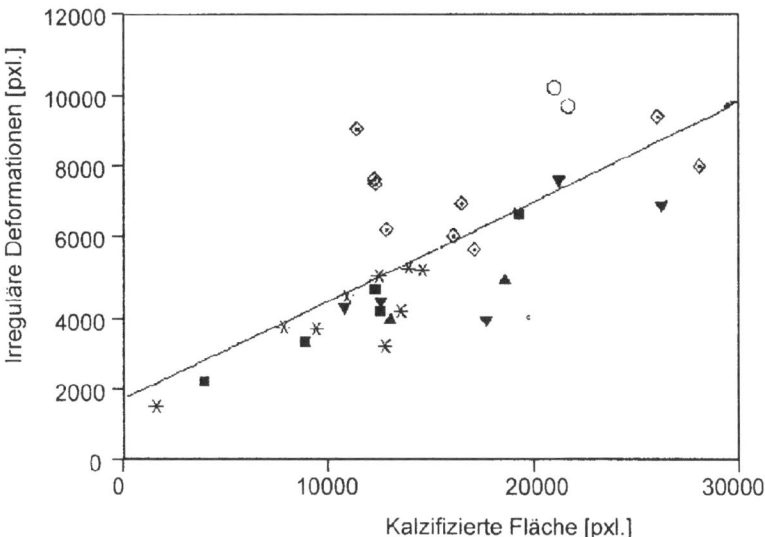

Abb. 67.7 Einfluss der mechanischen Belastung (Pixelzahl der irregulären Bereiche im Hologramm) auf die in vitro Kalzifizierung (Pixelzahl der verkalkten Bereiche aus der Mikroradiographie nach 19 Mio Zyklen). Lineare Regression und bivariante Korrelationsanalyse (r=0.72, p=0.001, n=34). Die Symbole stehen für die untersuchten Prothesentypen

-oxalat schwarz an. Der Nachweis phosphathaltiger Ablagerungen erfolgte mittels EDX-Analyse im Rasterelektronenmikroskop. Weitere histologische Untersuchungen zeigten, dass es sich bei der *in vitro* Kalzifizierung um intrinsische (im Gewebe liegende) Verkalkungen handelt, wie sie auch in explantierten Herzklap-

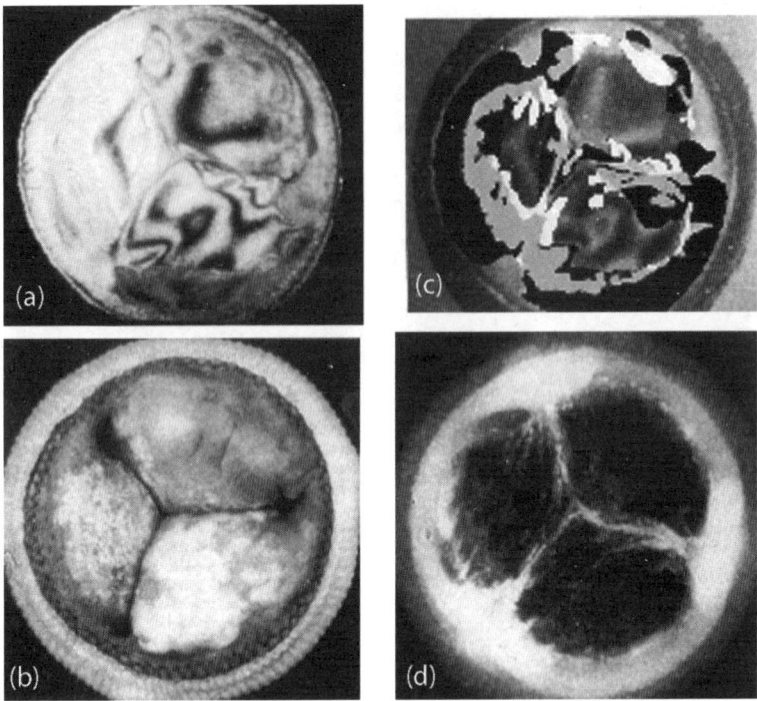

Abb. 67.8 Ergebnisse von Klappe Nr. 7 (porcine Bioprothese) nach 19 Mio Zyklen pulsatiler in vitro Kalzifizierung: *a:* Repräsentatives Interferogramm mit Auffälligkeiten im Interferenzmuster; *b:* Makroskopische Aufnahme. Das unterschiedliche Ausmass der Kalzifizierung (weisse Stellen) ist erkennbar; *c:* Überlagerung von Interferogramm *(a)* und Röntgenanalyse *(d)*. Die entsprechenden Flächen sind berechnet und farbkodiert (78.1% Übereinstimmung): schwarz: Holographisch detektierte irreguläre Flächen, schraffiert: Kalzifizierung innerhalb der Anomalien, weiss: Kalzifizierung ausserhalb der Anomalien; *d:* Röntgenanalyse von *(b)*. Die kalzifizierten Bereiche entsprechen den holographischen Anomalien in *(a)*

penprothesen vorliegen [59, 60]. Die Analyse der Calcium- und Phosphatkonzentrationen im Testgerät liess ebenfalls auf die Ablagerung von Hydroxylapatit ($Ca/P=1.67$) bzw. Tricalciumphosphat ($Ca/P=1.5$), der Vorstufe, schliessen. Die aus den Konzentrationsabnahmen ermittelten Quotienten ($\Delta Ca/\Delta P$) lagen im Mittel nach 4 bzw. 6 Wochen bei 1.6 bzw. 1.5.

Das vorgestellte *in vitro* Testmodell kann weiterhin ermöglichen, die Pathogenese der Implantatverkalkung im Detail zu analysieren [61–63]. Es erlaubt Entwicklung und Prüfung biologischer Herzklappenprothesen, wobei mit einer Einsparung von Tierexperimenten zu rechnen ist. Bisher gab es kein Verfahren, das eine individuelle Prüfung jeder Herzklappenprothese vor der Implantation beim Menschen möglich gemacht hätte. Mit der holographischen Interferometrie steht nun ein Verfahren zur Verfügung, das die Entwicklung einer zerstörungsfreien Qualitätskontrolle biologischer Herzklappenprothesen erlaubt. Hierzu müssen nun Qualitätskriterien erarbeitet werden, so dass durch entsprechende Auswahl von Herzklappenprothesen eine Prognoseverbesserung für Patienten erreicht werden kann. Ob dieses Verfahren später eingang in die o.g. ISO-Norm findet, kann zum jetzigen Zeitpunkt noch nicht beantwortet werden.

67.4 Literatur

1. Antunes M.J., Functional anatomy of the cardiac valves, in *Textbook of Acquired Heart Valve Disease*, 1, Acar J., Bodnar E. (eds.), 1st Edition, ICR Publishers, London, 1995, p. 1–36.
2. Horstkotte D., Loogen F., *Erworbene Herzklappenfehler*, Urban und Schwarzenberg, München, Wien, Baltimore, 1987.
3. Bruckenberger E., *Herzbericht 1997 mit Transplantationschirurgie, 10. Bericht des Krankenhausausschusses der AOLG (ehem. AGLMB)*, 1997.
4. Philips R.C., Lansky D.J., Outcomes management in value surgery: 100 consecutive cases, *Journal of Heart Valve Disease*, 1, 1992, p. 42–50.
5. Walter P.J., Mohan R., Amsel B.J., Quality of life after heart valve replacement, *Journal of Heart Valve Disease*, 1, 1992, p. 34–41.
6. Jansen J., Konstruktive Entwicklung und technische Validierung einer flexiblen, drei-segligen Herzklappenprothese aus Kunststoff, RWTH Aachen, 1990.
7. Steinseifer U., Physiologische und ingenieurwissenschaftliche Grundlagen zur Entwicklung, Fertigung und Validierung einer einflügeligen mechanischen Herzklappenprothese, RWTH Aachen, 1995.
8. N. N., Produkt Information, Fa. Triflo Medical GmbH, Aachen, Germany, http://www.triflomed.de.
9. Akins C.W., Mechanical cardiac valvular prostheses, *Ann Thorac Surg*, 52, 1991, p. 161–172.
10. Harken D.E., Soroff H.S., Taylor W.J., Lefemine A.A., Gupta S.K., Lunzer S., Partial and complete prosthesis in aortic insufficiency, *J Thorac Cardiovasc Surg*, 40, 1960, p. 744–762.
11. Starr A., Edwards M.L., Mitral replacement: a clinical experience with the ball valve prosthesis, *Ann Surg*, 154, 1961, p. 726–740.
12. Ross D., Homograft replacement of the aortic valve, *Lancet*, 2, 1962, p. 487.
13. Fischlein T., Schütz A., Haushofer M. et al., Immunologic reaction and viability of cryopreserved homografts, *Ann Thorac Surg*, 60, 2 Suppl, 1995, p. 122–126.
14. Lupinetti F.M., Cobb S., Kioschos H.C., Thomson S.A., Walters K.S., Moore K.C., Effect of immunological differences on rat aortic valve allograft calcification, *J Cardiac Surg*, 7, 1992, p. 65–70.
15. Schoen F.J., Mitchell R.N., Jonas R.A., Pathological considerations in cryopre-served allograft heart valves, *J Heart Valve Dis*, 4, 1, 1995, p. 75–76.
16. Kaiser G.A., Hancock W.D., Lukban S.B., Litwak R.S., Clinical use of a new design stented xenograft heart valve prosthesis, *Surg Forum*, 20, 1969, p. 137–138.
17. Senning A., Fascia lata replacement of aortic valves, *J Thorac Cardiovasc Surg*, 54, 1967, p. 465.
18. Senning A., Ergebnisse nach Ersatz der Aortenklappe mit autologer Fascia lata, *Thoraxchir Vasc Chir*, 19, 4, 1971, p. 304–308.
19. Woodward S.C., Mineralization of connective tissue surrounding implanted devices, *Transactions of the American Society of Artificial Internal Organs*, 27, 1981, p. 697.
20. Treasure T., Which heart valve should we use, *Lancet*, 336, 8723, 1990, p. 1115–1117.
21. Lancet, Which heart valve prosthesis, *Lancet*, 5, 2, 1985, p. 756–758.
22. N. N., Cardiovascular implants market in Europe, Canada, Latin America, and Asia, Frost & Sullivan Inc. W1520, 1992, p. 80–117.
23. Edwards M., Taylor K.M., A profile of valve replacement surgery in the UK (1986–1997): A study from the UK heart valve registry, *J Heart Valve Dis*, 8, 1999, p. 697–701.
24. N. N., *BioImplant Heart Valve, Physicians Manual*, St. Jude Medical, Ltd. U.S.A.
25. FDA, *Heart Valve Guidance: replacement heart valve guide (4th edition)*, Rockville, 1993.
26. Hilbert S.L., Barrick M.K., Ferrans V.J., Porcine aortic valve bioprostheses: a morphologic comparison of the effects of fixation pressure, *J Biomed Mater Res*, 24, 6, 1990, p. 773–787.
27. Glasmacher B., Deiwic k.M., *Kalzifizierung porciner Bioprothesen: Korrelation von holographischer Interferometrie und dynamischer in vitro Kalzifizierung*, 10, 1997.

28. Deiwick M., Glasmacher B., Zarubin A.M., Reul H., Geiger A., von Bally G., Stargardt A., Rau G., Scheld H.H., Quality Control of Bioprosthetic Heart Valves by Means of Holographic Interferometry, *J Heart Valve Dis*, 5, 1996, p. 441–447.
29. Nosé Y., Kiraly R., Harasaki H., Studies on prosthetic total heart replacement, *Proc. Contractors Conf. Dev. And Techn. Branch NIH*, 1977, p. 63.
30. Glasmacher B., Zur Kalzifizierung von Polyurethan-Biowerkstoffen im kardiovaskulären System, RWTH Aachen, 1991.
31. Glasmacher B., Reul H., Rau G., In vitro Evaluation of the Calcification Behavior of Polyurethane Biomaterials for Cardiovascular Applications, *J Long-Term Effects of Medical Implants*, 2, 1992, p. 113–126.
32. Camilleri J.P., Pornin B., Carpentier A., Structural changes of glutaraldehyde-treated porcine bioprosthetic valves, *Arch Pathol Lab Med*, 106, 10, 1982, p. 490–496.
33. Ferrans V.J., Spray T.L., Billingham M.E., Roberts W.C., Structural changes in glutaraldehyde-treated porcine heterografts used as substitute cardiac valves. Transmission and scanning electron microscopic observations in 12 patients, *Am J Cardiol*, 41, 7, 1978, p. 1159–1184.
34. Ishihara T., Ferrans V., Jones M., Boyce S.W., Roberts W.C., Structure and classification of cuspal tears and perforations in porcine bioprosthetic cardiac valves implanted in patients, *Am J Cardiol*, 48, 1981, p. 665–678.
35. Stein P.D., Kemp S.R., Riddle J.M., Lee M.W., Lewis J.W., Magilligan D.J., Relation of calcification to torn leaflets of spontaneously degenerated porcine bio-prosthetic valves, *Chest*, 102, Suppl. 4, 1992, p. 445–455.
36. Valente M., Minarini M., Lus P., Talenti E., Bortolotti U., Milano A., Thiene G., Durability of glutaraldehyde-fixed pericardial valves prostheses: clinical and animal experimental studies, *J Heart Valve Dis*, 1, 2, 1992, p. 216–224.
37. Trowbridge E.A., Lawford P.V., Crofts C.E., Roberts K.M., Pericardial heterografts: why do these valves fail?, *J Thorac Cardiovasc Surg*, 95, 4, 1988, p. 577–585.
38. Schoen F.J., Levy R.J., Bioprosthetic heart valve failure: pathology and pathogenesis, *Cardiology Clinics*, 2, 1984, p. 717 ff.
39. Zarubin A.M., Geiger A.W., von Bally G., Scheld H.H., Nondestructive evaluation techniques for prosthetic heart valves based on hologram interferometry. Part I, *J Heart Valve Dis*, 2, 1993, p. 440–447.
40. Geiger A.W., Zarubin A.M., Fahrenkamp A. et al., Nondestructive evaluation techniques for prosthetic heart valves based on hologram interferometry. Part II: Ex-perimental results and clinical implications, *J Heart Valve Dis*, 2, 1993, p. 448–453.
41. Geiger A.W., Zarubin A.M., Hertel M. et al., Holographic interferometry for in vitro investigations of bioprosthetic valves, *Int J Angiol*, 4, 1995, p. 46–50.
42. Glasmacher B., Deiwick M., Reul H., Knesch H., Keus D., Rau G., A new in vitro test method for calcification of bioprosthetic heart valves, *The International Journal of Artificial Organs*, 20, 1997, p. 267–271.
43. Goffin Y.A., Bartik M.A., Porcine aortic versus bovine pericardial valves: a comparative study of unimplanted and from patient explanted bioprostheses, *Life Support Syst*, 5, 2, 1987, p. 127–143.
44. Glasmacher B., Reul H., Rau G., In Vitro Kalzifizierung biologischer Herzklappenprothesen: Computergestützte Bestimmung des Kalzifizierungsgrades aus Mikroradiographien, in *Bildverarbeitung für die Medizin*, Lehman T. et al. (eds.), Springer-Verlag, Berlin, 1998, p. 391–395.
45. Carpentier A., Nashef A., Carpentier S. et al., Techniques for prevention of calcification of valvular bioprostheses, *Circulation*, 70, Suppl. I, 1984, p. I–165.
46. Schoen F.J., Pathology of cardiac valve replacement, in *Guide to Prosthetic Cardiac Valves*, Morse D. et al. (eds.), Springer-Verlag, New York, 1985, p. 209.
47. Boskey A.L., Condition favoring lipid induced calcification: in vitro and in vivo studies, *Calcif Tissue Int*, 34, Suppl. 1, 1982, p. 24.
48. Vogel J.J., Boyan-Salyers B.D., Acidic lipids associated with the local mechanism of calcification, *Clin. Orthop.*, 118, 1985, p. 230.

49. Schoen F.J., Harasaki H., Kim K.M., Anderson H.C., Levy R.J., Biomaterial-associated calcification: pathology, mechanisms, and strategies for prevention, *J Biomed Mater Res*, 22, 1988, p. 11.
50. Deiwick M., Glasmacher B., Geiger A., Zarubin A.M., Baba H.A., Reul H., von Bally G., Scheld H.H., In vitro testing of bioprostheses: Influence of mechanical stresses and lipids, *Ann Thorac Surg*, 66, Suppl. 6, 1998, p. 206–11.
51. Glasmacher B., Deiwick M., Reul H. et al., In vitro calcification of bioprostheses: Influence of mechanical stress, *The international Journal of Artificial Organs*, 20, 1997, p. 517.
52. Gong G., Seifter E., Lyman W.D., Factor S.M., Blau S., Frater R.W., Bioprosthetic cardiac valve degeneration: role of inflammatory and immune reactions, *J Heart Valve Dis*, 2, 6, 1993, p. 684–693.
53. Levy R.J., Schoen F.J., Howard S.L., Mechanism of calcification of porcine bioprosthetic aortic valve cusps: role of T-lymphocytes, *Am J Cardiol*, 52, 5, 1983, p. 629–631.
54. Roccini A.P., Weesner K.M., Heidelberger K., Keren D., Behrendt D., Rosenthal A., Porcine xenograft valve failure in children: an immunologic response, *Circulation*, 64, 2Pt2, 1981, p. II162–171.
55. Noera G., Fattori G., Gatti M., Early alterations of bioprosthetic cardiac valves in sheep: influence of the immunological status, *Thorac Cardiovasc Surg*, 37, 4, 1989, p. 207–212.
56. Dahm M., Husmann M., Eckhard M., Prufer D., Groth E., Oelert H., Relevance of immunologic reactions for tissue failure of bioprosthetic heart valves, *Ann Thorac Surg*, 60, Suppl. 2, 1995, p. 348–352.
57. Dahm M., Lyman W.D., Schwell A.B., Factor S.M., Frater R.W.M., Immunogenicity of glutaraldehyde-tanned bovine pericardium, *J Thorac Cardiovasc Surg*, 99, 1990, p. 1082–1090.
58. N. N., ISO/DIS 5840, Cardiovascular implants – Cardiac valve prostheses, 3rd Edition, 1996.
59. Deiwick M., Glasmacher B., Pettenazzo E., Hammel D., Castellón W., Thiene G., Reul H., Berendes E., Scheld H., Primary tissue failure of bioprostheses: new evidence from in vitro tests, *Thorac Cardiovasc Surgeon*, 48, 2000, in press.
60. Pettenazzo E., Deiwick M., Molin G., Glasmacher B., Martignago F., Reul H., Tiene G., Valente M., Dynamic in Vitro Calcification of Bioprostetic Porcine Valves: Evidence of Apatite, *Thorac Cardiovasc Surg*, 121, 3, 2001, p. 500–509.
61. Baba H.A., Deiwick M., Breukelmann D., Glasmacher B., Scheld H.H., Böcker W., Einfluß präexistenter Lipide auf die Verkalkung von Schweinebioklappenprothesen: Eine Untersuchung am dynamischen In-Vitro-Modell, *Pathologe*, 19, 1998, p. 425–429.
62. Rothenburger M., Vischer P., Völker W., Glasmacher B., Schoof H., Baba H.A., Berendes E., Bruckner P., Scheld H.H., Deiwick M., Heart valve tissue engineering using smooth muscle cells and endothelial cells on pure collagen matrix: Preliminary studies, *European J. Cardiovascular Surgery*, 2001, submitted.
63. Glasmacher B., Reul H., Schneppershoff S., Schreck S., Rau G., In vitro calcification of pericardial bioprostheses, *Journal of Heart Valve Disease*, 7, 1998, p. 415–418.

68 Plastische und rekonstruktive Mund-, Kiefer- und Gesichtschirurgie – Technische Aspekte

K.-D. Wolff, T. Mücke

68.1 Aufbau der Haut

Jede plastisch-rekonstruktive Maßnahme, die mit einer lokalen Verschiebung oder freien Verpflanzung von Haut verbunden ist, erfordert genaue Kenntnisse über ihren Aufbau und ihre Blutversorgung, die bereits 1893 durch Spateholz beschrieben wurde [56]. Man kann die Haut als ein zweilagiges Organ auffassen, wobei die äußere Lage von der Epidermis, die innere von der Dermis gebildet wird. Die Dicke der Epidermis ist vom Alter und der Körperregion abhängig und variiert zwischen 0,1 und 0,15 mm [19]. Die unterste Zellschicht der Epidermis bildet die Basalmembran, die einen festen mechanischen Verbund mit der Dermis ermöglicht und zugleich eine Barriere für chemische und andere Substanzen darstellt. Die Dermis, in der Hautanhangsgebilde wie Haarfollikel, Schweißdrüsen, Talgdrüsen, aber auch immunkompetente Zellen enthalten sind, ist mit dem subkutanen Fettgewebe und der darunter liegenden Muskulatur durch unterschiedlich straffe Bindegewebszüge verbunden. Man unterscheidet die dünne, oberflächliche papilläre von der dicken, tiefer gelegenen retikulären Dermis. Spalthauttransplantate können in unterschiedlichen Dicken aus Epidermis und Dermis entnommen werden, wobei das dünnste Transplantat, der sog. Thiersch-Lappen, der gesamten Dicke der Epidermis entspricht. Vollhauttransplantate reichen dagegen bis in die Übergangszone zum subkutanen Fettgewebe und beinhalten die gesamte Dermis, so dass es hier erneut zu Haarwuchs kommen kann.

Auch die Dicke der Dermis ist regionalen Unterschieden unterworfen; während sie am Unterlid weniger als 1 mm beträgt, erreicht sie an der Kopfhaut bereits 2,5 und am Rücken sogar mehr als 4 mm. Die Dermis enthält ein dichtes Netz von Blutgefäßen, die einen oberflächlichen, direkt unter der Basalmambran liegenden und einen tiefen Gefäßplexus bilden, der am Übergang zum subkutanen Fettgewebe

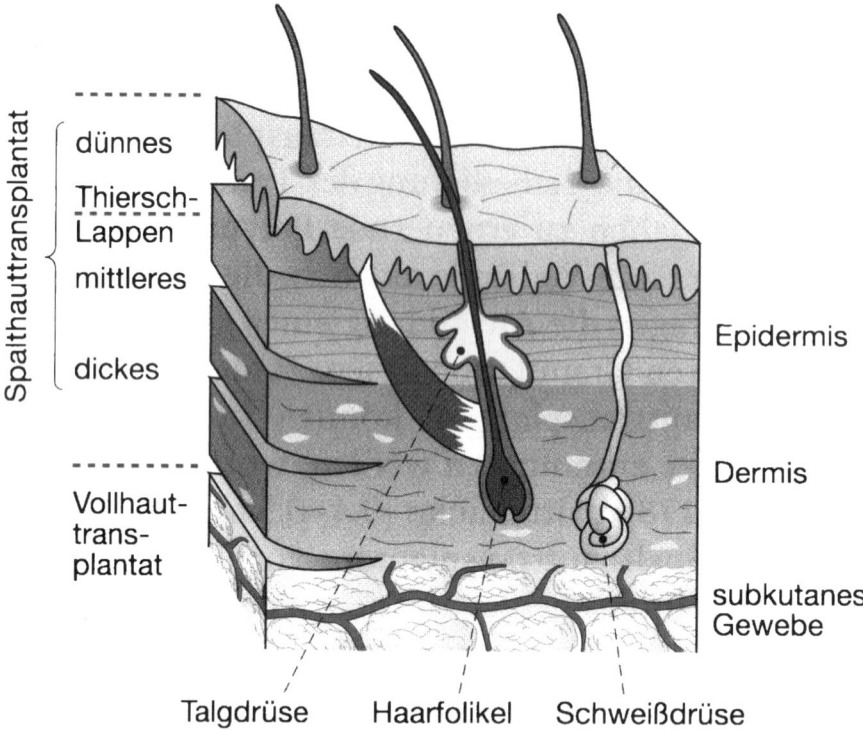

Abb. 68.1 Aufbau der Haut und Dicke von Hauttransplantaten

liegt. Das oberflächliche, sehr dicht aufgebaute kapilläre Gefäßnetz gewährleistet die Versorgung der gefäßfreien Epidermis durch Diffusion. Der tiefe retikuläre Gefäßplexus wiederum erhält seine Blutversorgung durch Perforansgefäße aus dem tiefen subkutanen Gefäßnetz [22].

68.2 Freie Hauttransplantate

Eine technisch relativ einfache Möglichkeit zur Abdeckung größerer, jedoch flacher Hautdefekte besteht in der freien Hauttransplantation. Sie kommt zur Anwendung, wenn lokale oder regionale Lappenplastiken, etwa wegen der Größe des Defektes oder aufgrund von Voroperationen nicht mehr möglich sind. Da diese dünnen Transplantate über keine eigene Gefäßversorgung verfügen, müssen sie bis zum Zeitpunkt ihrer Revaskularisation durch Diffusion von Wundsekreten ernährt werden, die aus dem Transplantatlager stammen. Etwa nach 48 Stunden beginnen feinste Kapillaren in das Hauttransplantat einzusprossen, und die Vaskularisation der Haut ist nach 5–6 Tagen abgeschlossen [43]. Die Indikation zu einer freien Hauttrans-

68.3 Lokale Lappenplastiken

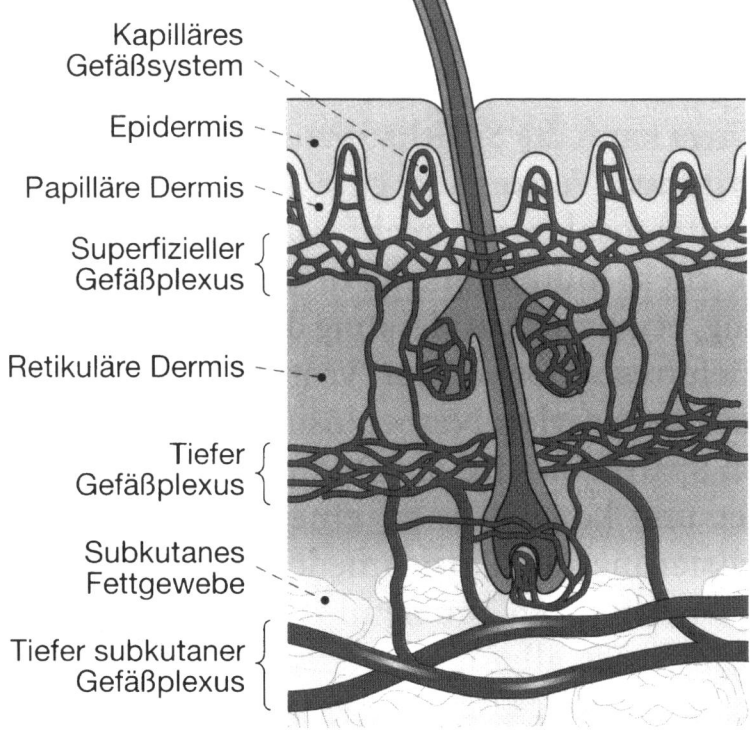

Abb. 68.2 Gefäßversorgung der Haut

plantation kann deshalb nur dann gestellt werden, wenn sowohl eine gute Durchblutung des Empfängerbettes als auch eine sichere Fixierung des Hauttransplantates gewährleistet sind. Eine Verbesserung des Transplantatlagers ist durch täglich zu erneuernde Polyuretanschaum-Folien oder Gaze-Verbände möglich, die innerhalb von 10–12 Tagen die Ausbildung eines gleichmäßigen und sauberen Granulationsrasens fördern [42].

68.3 Lokale Lappenplastiken

Im Gegensatz zu den freien Hauttransplantaten, die von ihrem Prinzip her den Fernlappenplastiken zuzuordnen sind, werden lokale Lappenplastiken aus der direkten Umgebung des Defektes gebildet und deshalb auch als Nah- oder Regionallappenplastiken bezeichnet. Vom ästhetischen Ergebnis sind sie den freien Hauttransplantaten nahezu immer überlegen, da sie in Farbe, Textur, Dicke und Behaarungstyp der ursprünglichen Haut entsprechen oder stark ähneln, wenig kontrahieren und aufgrund der erhaltenen Durchblutung sicher einheilen. Da regionale Haut zur An-

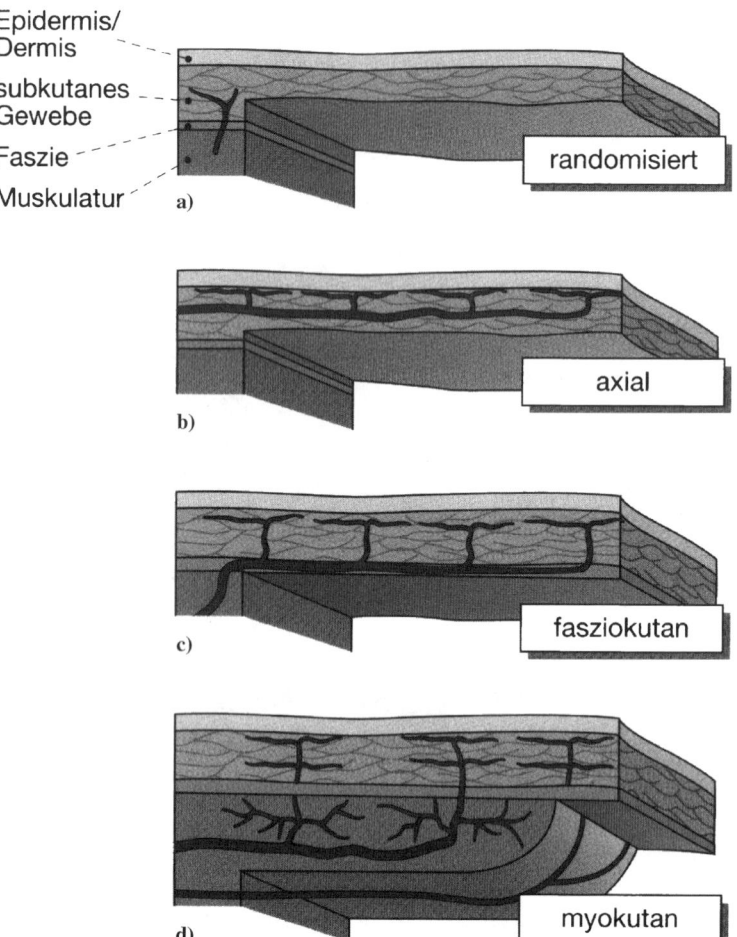

Abb. 68.3 Darstellung der unterschiedlichen Möglichkeiten der Blutversorgung von lokalen Hautplastiken: a) randomisiert, hierbei wird keine anatomische Gefäßstruktur berücksichtigt, die Versorgung erfolgt hauptsächlich per Diffusion aus der Umgebung. b) axial, hier wird die Durchblutung aus den Gefäßen der subkutanen Schicht gewährleistet. c) fasziokutan, die Gefäßäste der Hautplastik stammen aus einen Gefäßstamm, der die darunterliegende Faszie versorgt. d) myokutan, hier dringen kleine Gefäßverästelungen von dem hauptversorgenden Gefäß für die Muskulatur durch die muskeleigene Faszie und versogen die Schichten der Haut

wendung kommt, sollte die Defektdeckung erst nach histologisch gesicherter Tumorfreiheit und ausschließlich unter Verwendung solcher Hautlappen durchgeführt werden, die aus einer vom Tumorgeschehen sicher nicht betroffenen Randregion gebildet werden.

Grundsätzlich sollte bei der Planung lokaler Hautlappen neben dem schon erwähnten Verlauf der Hautspannungslinien und der ästhetischen Einheiten die Art ihrer Blutversorgung und der Gefäßverlauf im Lappen berücksichtigt werden. Man unterscheidet randomisierte Hautlappen („random pattern flaps"), in denen sich das Blut im wesentlichen über den subpapillären kapillären Gefäßplexus ausbreitet, der von nur wenigen, peripher liegenden muskulokutanen Gefäßen gespeist wird von axial durchbluteten Lappen („axial pattern flaps", arterialisierte Hautlappen), die von einer definierten kutanen oder septokutanen Arterie durchzogen werden [53]. Entsprechend ihrer unterschiedlichen Durchblutungsmuster darf die Länge eines randomisierten Lappens das 2–3 -fache der Lappenbasis nicht überschreiten, während arterialisierte Hautlappen in ihrem Design sehr variabel gebildet werden können [9, 10]. Zusätzlich können Hautlappen auch eine faszio- oder muskulokutane Vaskularisation aufweisen, bei der die Blutgefäße von einer Hauptarterie über die Faszie oder Muskulatur auf zahlreiche kleine Gefäße (Perforatoren) verteilt werden, die dann schließlich in die Haut eintreten [38].

68.4 Mikrovaskulärer Gewebetransfer

Während die Blutversorgung aller bisher dargestellter Lappenplastiken durch den Verbleib der Lappenbasis, des Muskelstiels oder des Gefäßstiels an der Entnahmeregion gewährleistet wird (lokale Lappenplastiken, muskelgestielte Transplantate, arterialisierte Hautlappen), ist der mikrovaskuläre Gewebetransfer durch die vollständige Ablösung des Transplantates von seiner Entnahmeregion und die Wiederherstellung der Durchblutung durch Anschluss der Transplantatgefäße (Arterie, Vene) an entsprechende Gefäße der Empfängerregion gekennzeichnet. Die hiermit geschaffene Unabhängigkeit von der Defektregion bei der Transplantatauswahl ermöglicht eine nicht nur in quantitativer, sondern besonders auch in qualitativer Hinsicht eine erhebliche Erweiterung der rekonstruktiven Möglichkeiten. Darüber hinaus erlaubt die Technik der mikrovaskulären Anastomosierung auch eine Replantation nach traumatischer Amputation.

68.4.1 Entwicklung

Mit seinen Beiträgen zur Technik der Nervennaht und seiner Arbeit zur zirkulären Vereinigung von Blutgefäßen setzten Payr und etwa zeitgleich mit ihm Murphy, Carrel und Guthrie [37, 7, 14] schon zur Jahrhundertwende eine Entwicklung in Gang, die nach der Einführung des Operationsmikroskopes (Nylen, 1921) [39] den Weg zur mikrovaskulären Chirurgie öffnete. Murphy legte 1897 erstmals eine End-zu-End-Anastomose am Menschen an [37], während Carrel und Guthrie (1906) experimentell an der Gewebetransplantation bei Hunden arbeiteten [7, 14]. Dennoch war es aber bis zu Beginn der sechziger Jahre des vergangenen Jahrhunderts noch unmöglich, Blutgefäße mit einem Durchmesser unter 2 mm sicher zu vereinigen. Nach experimentellen Vorarbeiten an Coronararterien von Hunden gelang es Sei-

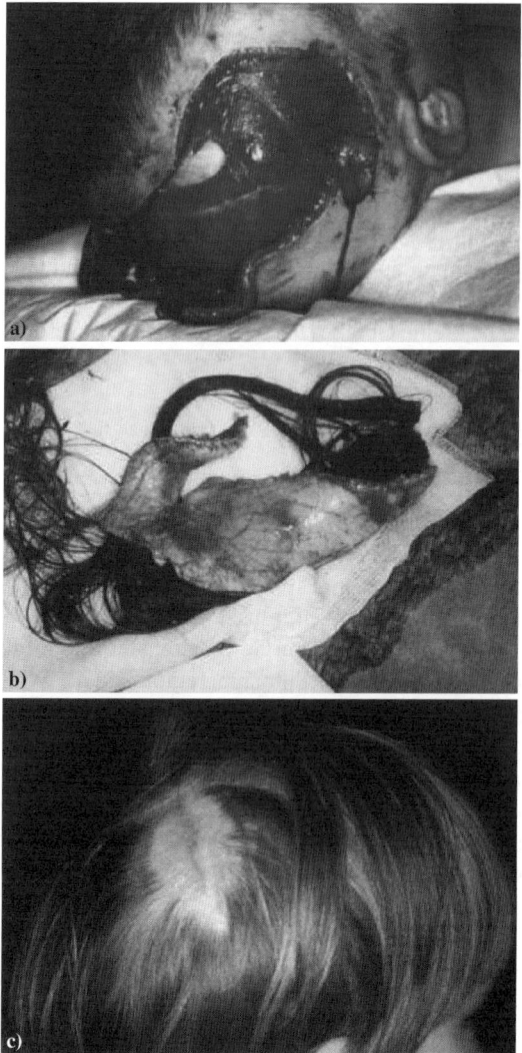

Abb. 68.4 Skalpreplantation bei einem Kind a) Defekt der behaarten Kopfhaut nach Skalpamputation b) Amputat mit erhaltenen Ästen der A. und V. temporalis superficialis c) Ergebnis der Replantation nach 12 Monaten mit weitgehend wiederhergestelltem Haarwuchs

denberg erstmals im Jahre 1959, einen karzinombefallenen Teil einer Speiseröhre durch ein mikrovaskulär anastomosiertes Jejunumtransplantat zu ersetzen [51]. Mit Verbesserung der Operationsmikroskope, einem verfeinerten Nahtmaterial und speziell angefertigtem Instrumentarium waren es Jakobson und Suarez [23], die 1960 Gefäße von einem Millimeter Durchmesser sicher anastomosieren konnten. Eine Reihe von Veröffentlichungen aus dieser Zeit demonstrierten die Möglichkeiten, die die Mikrochirurgie auf klinischen und experimentellen Gebieten eröffnete. Hierzu zählten die Fingerreplantation durch Kleinert und Kasdan 1963 [27], die erste erfolgreiche Replantation einer amputierten Extremität am Menschen durch Malt und McKhann 1964 [30] oder die erste experimentelle Lappentransplantation zur Defektdeckung durch Krizek und Mitarbeiter 1965 [28]. Anita und Buch [4] nahmen 1971 einen mikrochirurgischen Transfer eines Dermis-Fettlappens mit der A. und V. epigastrica inferior als Gefäßstiel zur Weichgewebsrekonstruktion des Gesichtes vor. Ebenfalls in das Jahr 1971 fällt eine Publikation von Black [6] et al., die einen Gaumendefekt mit einem Jejunum-Lappen verschlossen hatten. Über eine Defektdeckung an der äußeren Haut wurde durch McLean und Buncke (1972) berichtet, die ein revaskularisiertes Omentum zum Verschluss eines Skalpdefektes benutzten [32]. In demselben Jahr lieferten McGregor und Jackson die Beschreibung des ersten bekannten Hautlappens, welcher aus der Leistenregion entnommen und als Leistenlappen oder „groin flap" bezeichnet wurde [32]. Ein Jahr darauf beschrieben Daniel und Taylor [11, 12] sowie O'Brien [40] die ersten Defektdeckungen an Extremitäten mit diesem mikrovaskulär reanastomosierten Transplantat. Die Verfeinerung des Instrumentariums und Nahtmaterials ist besonders Acland zu verdanken, der in Zusammenarbeit mit der Industrie feine Nadeln und Gefäßklemmen entwickelte [1, 2].

Seit diesen ersten Berichten hat sich ein enormer Fortschritt auf dem Gebiet des mikrovaskulären Lappentransfers vollzogen, der vor allem durch die Suche nach neuen Spenderregionen und neuen Transplantattypen zustande kam [59]. Nicht nur Hautlappen wurden zur Defektdeckung eingesetzt, sondern es wurden auch bald Rekonstruktionen bei Knochenverlusten [41, 60, 52] und funktionelle Muskeltransplantationen vorgenommen [15, 21]. Die Beschreibung myokutaner Lappen durch Harii (1976) und Maxwell (1978) hat weitere Möglichkeiten der Defektdeckung eröffnet [15, 49]. In Deutschland wurde der mikrovaskuläre Lappentransfer in das Fach der Mund-Kiefer-Gesichtschirurgie von Höltje (1978), Reuther (1980), Hausamen, der 1976 zusammen mit Samii den ersten internationalen Mikrochirurgiekurs veranstaltete, sowie Riediger (1980) und Bitter (1980) eingeführt [5, 16, 20, 44, 47].

Die Technik des mikrovaskulären Gewebetransfers ist durch folgende Begriffe gekennzeichnet:

68.4.2 Entnahmeregion

Die Hebung eines mikrovaskulären Transplantates („Lappens") kommt nur an solchen Körperregionen infrage, an denen dies ohne funktionelle oder nennenswerte ästhetische Defizite möglich ist. Voraussetzung hierfür ist, dass dieses Gewebe im definierten Stromgebiet einer ebenfalls verzichtbaren, aber zuverlässig anastomosierbaren Arterie bzw. Vene liegt. Von den zahlreichen Entnahmeregionen, die seit dem Aufkommen des mikrochirurgischen Gewebetransfers durch anatomische Studien beschrieben worden sind, haben sich im Fachgebiet der Mund-Kiefer-Gesichtschirurgie besonders solche bewährt, an denen konstante anatomische Verhältnisse für eine technisch einfache Lappenhebung gegeben sind.

Entnahmeregionen, an denen zeitgleich zu einem parallel laufenden Eingriff im Kopf-Halsbereich gearbeitet werden kann, tragen wesentlich zur Verkürzung der Operationszeiten bei. Obwohl die vaskulären Territorien des menschlichen Körpers

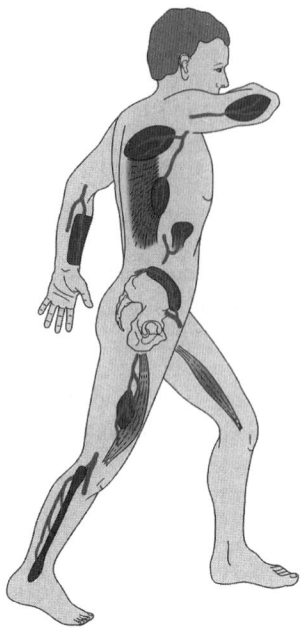

Abb. 68.5 Beispiele für Entnahmeregionen mikrovaskulärer Transplantate zur Anwendung im Kiefer-Gesichtsbereich von kranial nach kaudal: Lateraler Oberarmlappen, Skapulalappen, Latissimus dorsi – Lappen, Unterarmlappen, Dünndarmtransplantat, Beckenkammtransplantat, Grazilislappen, anterolateraler Oberschenkel / Vastus lateralis-Lappen, Fibulatransplantat

systematisch untersucht wurden und seit einigen Jahren vollständig bekannt sind, werden, mit dem Ziel einer weiteren Qualitätsverbesserung der Rekonstruktion oder einer Minimierung der Entnahmemorbidität, immer wieder neue Möglichkeiten der Defektdeckung erprobt und etabliert. Hierzu gehören verschiedene Variationen des Transplantatdesigns, innovative Techniken der Lappenpräfabrikation oder die Nutzung von Lappen mit sehr feinen Anschlussgefäßen („Perforanslappen").

68.4.3 Lappen

Das zum Zwecke des mikrochirurgischen Transfers entnommene Gewebe wird zusammen mit dem zugeordneten Gefäßstiel als Lappen bezeichnet. Unabhängig von der Entnahmeregion kann eine Einteilung der Lappen entweder nach ihrer Gewebezusammensetzung oder dem Typ des Gefäßverlaufes im Lappen vorgenommen werden. Nach ihren Hauptkomponenten ergibt sich eine Einteilung in kutane, myokutane und osteomyokutane Lappen sowie solche, die ausschließlich aus Muskulatur, Fettgewebe oder Mukosa (Jejunumlappen) bzw. vorwiegend aus Knochengewebe aufgebaut sind. Legt man die Art des Gefäßverlaufes zur Hautoberfläche zugrunde, so unterscheidet man direkt kutane, fasziokutane, septokutane und myokutane Lappen. Je nachdem, welche Gefäßarchitektur im Lappen vorliegt, müssen demnach für die sichere Durchblutung der Haut die gefäßführenden Strukturen wie Faszie, Muskulatur oder das Muskelseptum in das Transplantat einbezogen werden.

Hieraus ergibt sich, dass myokutane Lappen meist über ein erhebliches Volumen verfügen, während septo-, besonders aber fasziokutane Lappen überwiegend dünn und flexibel sind, sofern es sich nicht um adipöse Patienten handelt.

68.4.4 Gefäßanastomose

Zur Wiederherstellung der Durchblutung muss der aus einer Arterie und einer bzw. zwei Venen bestehende Gefäßstiel spannungsfrei an möglichst kalibergleiche Gefäße, die bei Rekonstruktionen im Kiefer-Gesichtsbereich meist an der Halsregion aufzusuchen sind, herangeführt und dort sicher angeschlossen (anastomosiert) werden.

Da die meisten Rekonstruktionen im Rahmen von Tumorresektionen stattfinden, ergibt sich die Darstellung der Anschlussgefäße während der Halslymphknotenausräumung, die fast immer Bestandteil der Tumorresektion ist. Bei sekundären Rekonstruktionen kann das Aufsuchen von Anschlussgefäßen problematisch sein, wenn zuvor eine radikale Neck-dissection oder Bestrahlung durchgeführt wurde. Die Anastomosierung sollte nur mit ausreichender Übung, wenn möglich in End-zu-End Technik und unter Verwendung eines Operationsmikroskopes erfolgen. Die End-zu-Seit-Anastomosierung, die ebenfalls eine sichere Durchblutung des Lappens gewährleistet, kommt vorwiegend für Venen in Betracht, wenn ein großer Kaliberunterschied zwischen Arterien und Venen vorliegt. Da eine Gefäßokklusion innerhalb weniger Stunden zum Lappenverlust führt, ist postoperativ eine regelmäßige Lappenkontrolle erforderlich, bei der Farbe, Kapillarisierung und Wärme des Transplantates geprüft werden muss. Von erfahrenen Operateuren wird die Erfolgsrate für den mikrovaskulären Gewebetransfer heute mit 90-95% angegeben [25, 29, 45, 62].

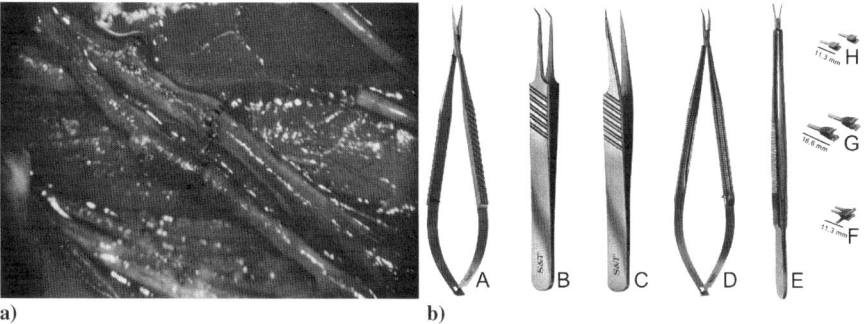

Abb. 68.6 a) Mikrochirurgische Gefäßnaht an Vene (oben) und Arterie mit Durchmessern von 1–1,5 mm. b) Dargestellt werden unterschiedliche mikrochirurgische Instrumente von Spingler und Tritt, S&T (Neuhausen, Schweiz): A. Mikroschere SAS-15, B. Abgewinkelte Mikropinzette JFA-5b, C. Gefässdilatator D-5a, D. Nadelhalter B-13-8, E. Klemmenanlegepinzette CAF-4, F. Approximatorklemme ABB-22, G. Einzellklemmen B-3, H. Einzellklemmen B-2

68.5 Heutiger Stand des mikrovaskulären Lappentransfers

Für die Defektdeckung im Mund-Kiefer-Gesichtsbereich stehen verschiedene Transplantate mit unterschiedlichen Eigenschaften zur Verfügung. Jedes von ihnen besitzt ein mehr oder weniger breites Indikationsspektrum, so dass für einen speziellen Defekt mehrere Transplantate zur Anwendung kommen können. Die Fragen nach dem am besten geeigneten Gewebe, nach der günstigsten Spenderregion und nach der geringsten Belastung für den Patienten stehen im Mittelpunkt bei der Suche nach der optimalen Lösung für ein bestimmtes rekonstruktives Problem [58]. Die Hauptindikationen für die heute gebräuchlichen mikrovaskulären Transplantate sind in Tabelle 68.1 zusammengefasst.

ENTNAHMEREGION	INDIKATION	NACHTEIL	DEFEKT
INTESTINUM			
Jejunumtransplantat	ausgedehnte, flache Schleimhautdefekte	geringe mechanische Belastbarkeit	1–6
UNTERARM			
Radialislappen Ulnarislappen	flache, intraorale Schleimhautdefekte	auffällige Entnahmeregion	1–6 (7–11)
OBERARM			
Lat. Oberarmlappen	intraorale Weichteil-Defekte (voluminös)	anspruchsvolle Anastomosierung	8 (2–7)
SCHULTER			
Skapulalappen Paraskapulalappen	ausgedehnte, tiefe Gesichtshautdefekte	intraoperative Umlagerung	9,10,17 (8)
RÜCKEN			
Latissimus dorsi-Lappen	volumenfordernde (perforierende) Defekte	Lagerung	8–11
LEISTE			
Leistenlappen	ausgedehnte subkutane Fettgewebsdefizite	variable, feine Gefäße	7

Tabelle 68.1 Indikationen mikrochirurgisch anastomosierter Transplantate in der Mund-, Kiefer-Gesichtschirurgie. 1 = Velum, 2 = planum buccale, 3 = lat. Mundboden, 4 = ant. Mundboden, 5 = Hemigloss-ektomie-Defekt, 6 = lat. Pharynxwand, 7 = Defekt harter Gaumen, 8 = subtotale/totale Glossektomie, 9 = perf. Defekt, 10 = Gesichtshaut/Hals, 11 = Kopfhaut, 12 = Oberkieferdefekt, 13 = Unterkieferdefekt (Hemimandibel), 14 = Unterkieferdefekt (subtotal/total), 15 = komb. Knochen-Weichteildefekt, 16 = perf. Knochen-Weichteildefekt, 17 = Fettgewebsersatz mit primärer Ausdünnung

68.5 Heutiger Stand des mikrovaskulären Lappentransfers

ENTNAHMEREGION	INDIKATION	NACHTEIL	DEFEKT
BAUCH			
Rectus abdominis-Lappen	volumenfordernde große Defekte	Volumen, ggf. Hernienbildung	9–11 (8)
OBERSCHENKEL			
Anterolateraler Oberschenkel Vastus lateralis-Lappen	volumenfordernde, ggf. flache Weichteildefekte	Variationen der Gefäßanatomie (Hautast)	8–11 (1–6*)
UNTERSCHENKEL			
Peroneus-Lappen	flache intraorale Weichteildefekte	anspruchsvolle Hebung Angiographie erforderlich	1–6
FUSS			
Dorsalis pedis-Lappen	flache intraorale Weichteildefekte	funktionell belastete Entnahmeregion	1–6
BECKEN			
Beckenkammtransplantat	reine Knochendefekte am bezahnten Unterkiefer	längere Beschwerden an Entnahmeregion möglich Hautinsel voluminös	13 (15,16)
SCHULTER			
Skapulatransplantat	ausgedehnte Knochen-Weich-Teildefekte des Oberkiefers	intraoperative Umlagerung Knochenhöhe limitiert	12 (15,16)
UNTERSCHENKEL			
Fibulatransplantat	langstreckige knöcherne UK-Defekte, kombinierte Knochen-Weichteildefekte	eingeschränkte Knochenhöhe Angiographie notwendig	14–16 (12,13)

Tabelle 68.1 (*Fortsetzung*) Indikationen mikrochirurgisch anastomosierter Transplantate in der Mund-, Kiefer- Gesichtschirurgie. 1 = Velum, 2 = planum buccale, 3 = lat. Mundboden, 4 = ant. Mundboden, 5 = Hemigloss-ektomie-Defekt, 6 = lat. Pharynxwand, 7 = Defekt harter Gaumen, 8 = subtotale/totale Glossektomie, 9 = perf. Defekt, 10 = Gesichtshaut/Hals, 11 = Kopfhaut, 12 = Oberkieferdefekt, 13 = Unterkieferdefekt (Hemimandibel), 14 = Unterkieferdefekt (subtotal/total), 15 = komb. Knochen-Weichteildefekt, 16 = perf. Knochen-Weichteildefekt, 17 = Fettgewebsersatz mit primärer Ausdünnung

68.6 Auswahl wichtiger Transplantate

68.6.1 Unterarmlappen

In der Volksrepublik China wurde 1978 erstmalig ein fasciokutaner Lappen aus der volaren Unterarmfläche mit der A. radialis als Gefäßstiel verwendet. Die 1981 von Yang [72] und 1982 von Song und Gao [54] angegebene Technik wurde hierzulande bereits 1981 von Mühlbauer eingeführt [36]. Aufgrund seiner hervorragenden Modellierbarkeit, der geringen Dicke, der technisch einfachen Lappenhebung sowie des langen und kaliberstarken Gefäßstiels ist das auch als Radiadialislappen bezeichnete Transplantat besonders zu Defektdeckungen im Kopf-Hals-Bereich und zum Mundschleimhautersatz schnell favorisiert worden.

Die relativ großkalibrigen Gefäße (Arterie 2–3 mm, Venen 3–4 mm) und der lange Gefäßstiel erleichtern das Anlegen der Mikroanastomosen wesentlich. Das Transplantat kann problemlos simultan zu Eingriffen im Kopf-Hals-Bereich gehoben werden.

68.6.2 Dünndarmtransplantat

Am 30.7.1959 wurde durch SEIDENBERG erstmals ein Dünndarmtransplantat zum Ersatz eines karzinombefallenen Ösophagussegmentes eingesetzt, was zugleich den ersten erfolgreichen mikrovaskulären Gewebetransfer am Menschen bedeutete [51]. Die experimentellen Grundlagen zur freien Dünndarmtransplantation wurden bereits 1907 von CARELL erarbeitet, der auch die Verwendbarkeit des Darmes zur Defektdeckung in der Mundhöhle erkannte [7]. Die Eröffnung des röhrenförmigen Darmsegmentes entlang seiner antimesenterialen Längsachse zu einem rechteckigen, beliebig modellierbaren Lappen erschloss dieses Rekonstruktionsverfahren auch für Defekte der Mundhöhle und des Oropharynx.

68.6.3 Lateraler Oberarmlappen

Dieses septokutane Transplantat [24, 55] wird an der lateralen Seite des Oberarmes gehoben und ist an den Endästen der A. profunda brachii gestielt. Bereits in den ersten klinischen Fallberichten wurde die Eignung dieses in Textur und Farbe der Gesichtshaut sehr ähnlichen Transplantates für Defektdeckungen im Kopf-Halsbereich, aber auch für intraorale Defektdeckungen herausgestellt [55]. Anwendungsgebiete sind besonders die Zungenrekonstruktion oder Defektdeckungen auch an anderen Regionen der Mundhöhle, wenn tiefgreifende, ausgedehnte Resektionen vorgenommen wurden [31, 64].

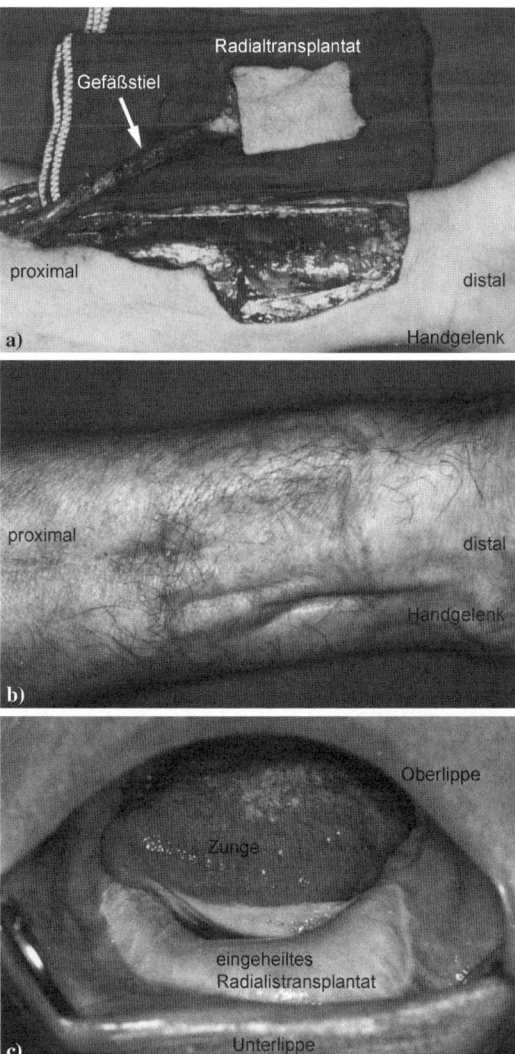

Abb. 68.7 Unterarmlappen a) An A. und V. radialis gestielter Unterarmlappen. Übernähen der Beugesehnen am Entnahmedefekt mit Fasern des M. flexor digitorum zur besseren Einheilung des erforderlichen Spalthauttransplantates b) Resultat an der Entnahmestelle nach 12 Monaten c) Resultat der Defektdeckung am vorderen Mundboden und Alveolarfortsatz

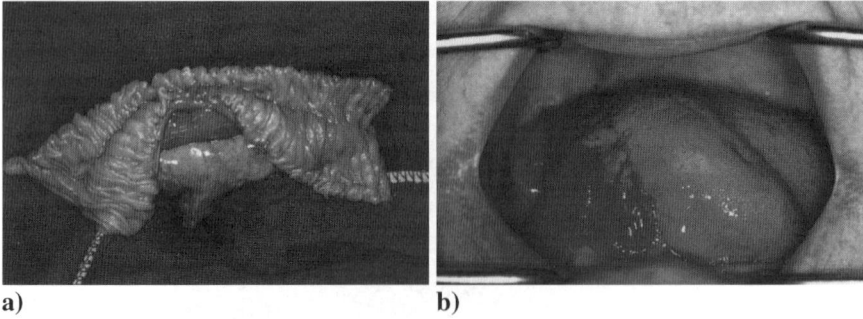

a) b)

Abb. 68.8 Dünndarmtransplantat a) Eröffnung des Jejunumsegmentes auf der gegenüberliegenden Seite des gefäßführenden Mesenteriums b) Ergebnis einer Zungen- und Mundbodenrekonstruktion mit voll erhaltener Zungenbeweglichkeit

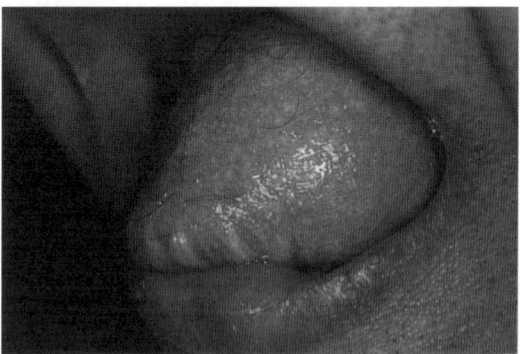

Abb. 68.9 Ergebnis einer subtotalen Zungenrekonstruktion mit lateralem Oberarmlappen. Das Lappentransplantat ist durch die eigene Blutversorgung autonom und gegen die Einflußfaktoren der Mundhöhle (Speichel, Nahrungsbestandteile) resistent. Die Hautanhangsgebilde bestehen und erhalten Ihre Eigenschaften weiter (hier: Wachstum und Persistenz der Haare auf dem Zungenrücken)

68.6.4 Anterolateraler Oberschenkel/Vastus lateralis-Lappen

Zunächst ausschließlich als Schwenklappen zur lokalen Defektdeckung wurde der M. vastus lateralis benutzt [35]. Hauptindikation war in der Mehrzahl die Versorgung chronischer Druckgeschwüre in der Gegend des Trochanter major und des Tuber ischiadicum. Mikrovaskulär kann der M. vastus lateralis ebenso wie der anterolaterale Oberschenkellappen am R. descendens der A. circumflexa femoris transplantiert und zur Defektdeckung im Kiefer-Gesichtsbereich angewendet werden. Durch Modifikationen des Lappendesigns können sowohl voluminöse, myokutane Lappen als auch reine Muskeltransplantate oder, bei septokutanem Verlauf des Perforansgefäßes, Haut-Fettlappen ohne Anteile des Vastus lateralis-Muskels gebildet werden [35, 68–70]. Da jedoch in den meisten Fällen ein myokutaner

Abb. 68.10 Lappenhebung am anterolateralen Oberschenkel: a) Möglichkeiten der Lappenhebung am R. descendens der A. circumflexa femoris lateralis. b) Ergebnis einer Zungenrekonstruktion mit dem myokutanen Vastus lateralis-Lappen nach 12 Monaten

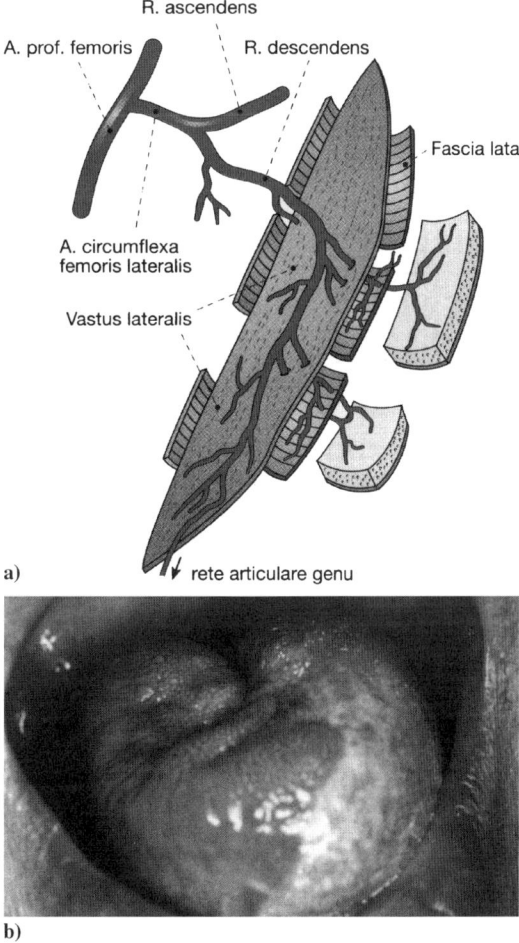

Verlauf der die Haut des Oberschenkels versorgenden Perforansgefäße vorliegt, müssen nahezu immer Anteile des Vastus lateralis Muskels in das Transplantat einbezogen werden.

Durch primäre Ausdünnungstechniken ist es möglich, unter Schonung des Perforansgefäßes das Fettgewebe weitgehend aus dem Transplantat zu entfernen, so dass dünne, flexible Hautlappen entstehen, die sich ebenfalls gut für die intraorale Defektdeckung eignen [70].

Umgekehrt ist es möglich, lediglich das Fettgewebe des lateralen Oberschenkels zur Konturauffüllung zu benutzen, wobei die Dermis als stabilisierendes Element für die Fixierung der Nähte auf dem Fettgewebe belassen wird. Die Entnahmeregion des lateralen Oberschenkels lässt sich demnach für nahezu jede Weichteilrekonstruktion im Kiefer-Gesichtsbereich nutzen, wobei die Breite des Lappens allerdings 8 cm nicht überschreiten sollte, da andernfalls ein direkter Verschluss der Entnahmestelle nicht mehr möglich ist [68].

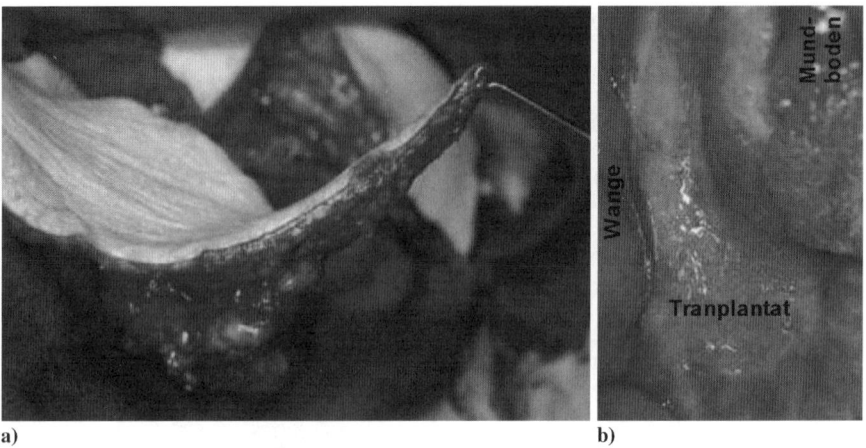

a) b)

Abb. 68.11 a) Dünner Lappen vom Oberschenkel nach Entfernung von Fettgewebe und Muskulatur. Erkennbar ist unterhalb des Hautanteils die subkutane Schicht. Der Haken hält den distalen Anteil des Gewebetransplantates, entsprechend der Richtung des Rete articulare genu aus Abb. 68.10a. b) Rekonstruktionsergebnis mit primär ausgedünntem Lappen in einer Defektregion der seitlichen Mundhöhle. Das primär ausgedünnte Transplantat zeigt eine gute Einpassung in den Bereich zwischen Wange und Mundboden formt so die Defektregion aus

68.6.5 Defekte mit Beteiligung des Kieferknochens

Die erste Publikation eines mikrovaskulären Knochentransfers stammt von Oestrup und Frederickson, die 1974 experimentell ein Rippentransplantat zum Unterkieferersatz verwendeten [41]. Taylor et al. publizierten dann 1975 den ersten mikrochirurgischen Knochentransfer am Menschen, wobei sie die Rekonstruktion einer Tibia durch ein Fibulatransplantat vornahmen [60]. In den folgenden Jahren wurden Rippe [52], Beckenkamm [48, 60, 62], das Os metatarsale II [34], Teile der Scapula [57] und Teile des Radius [110], der Ulna [81] und sogar des Humerus [34] mikrovaskulär transplantiert. Auf dem Gebiet der Mund-Kiefer-Gesichtschirurgie werden heute zur Unterkieferrekonstruktion bevorzugt das Beckenkammtransplantat, die Skapula sowie das Fibulatransplantat verwendet.

68.6.6 Beckenkammtransplantat

Seit der Erstbeschreibung der mikrovaskulären Beckenkammtransplantation an der A. circumflexa ilium profunda [60] hat sich diese Methode besonders zur Rekonstruktion bei Defekten bewährt, die sich bis zur Hälfte des Unterkiefers ausdehnen können [46, 62, 63].

Das Beckenkammtransplantat stellt wegen seines großzügigen Knochenangebotes und seiner individuellen Modellierbarkeit ein ideales Material für die Rekons-

68.6 Auswahl wichtiger Transplantate

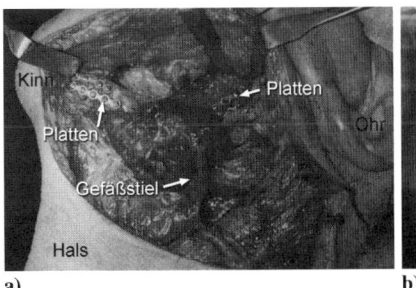 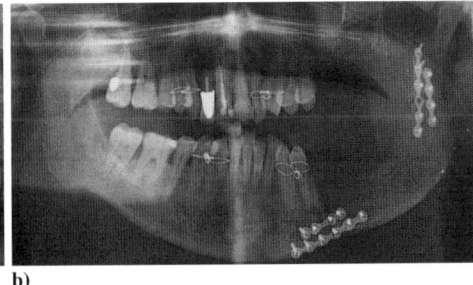

Abb. 68.12 Beckenkammtransplantat links: Versorgung eines Kontinuitätsdefektes am linken Unterkiefer mit mikrovaskulär anastomosiertem Beckenkamm und anhängender gefäßführender Muskelmanschette. rechts: Eingeheiltes Transplantat 12 Monate postoperativ im Röntgenbild; die Miniplatten wurden belassen

truktion des Unterkiefers dar, eignet sich aber auch für Auflagerungsplastiken bei extremer Atrophie [46].

68.6.7 Fibulatransplantat

Der erste mikrochirurgische Fibulatransfer wurde von Taylor zur Rekonstruktion einer Tibia vorgenommen und stellte den ersten vaskularisierten Knochenersatz überhaupt dar [62]. Für den Ersatz des Unterkiefers erfolgte die Anwendung der Fibula erstmals durch Hidalgo, der bereits sehr früh auf darauf hinwies, die gesamte Mandibula mit diesem Transplantat ersetzen zu können. Da bei der Lappenhebung lediglich das distale Fibulasegment zur Stabilisierung des Sprunggelenkes erhalten bleiben muss, kann nahezu der gesamte Knochen ohne nennenswerte funktionelle Beeinträchtigungen entfernt werden [8, 17, 18, 50, 67]. Die Blutversorgung des Lappens erfolgt über die A. peronea, von der periostale und medulläre Äste an den Knochen abzweigen. Aufgrund der sicheren Blutversorgung kann der Knochen mehrfach osteotomiert werden, was die Ausformung eines gesamten Unterkiefers ermöglicht.

Weitere Abgänge der A. peronea bilden kutane Perforansgefäße, die im Septum intermuskulare posterior aufsteigen und die Haut des lateralen Unterschenkels perfundieren [50, 67]. Die Einbeziehung dieser Gefäße ermöglicht die Mitnahme eines Hautlappens, der sich in ähnlicher Weise zum Ersatz der Mundschleimhaut eignet wie der Radialislappen.

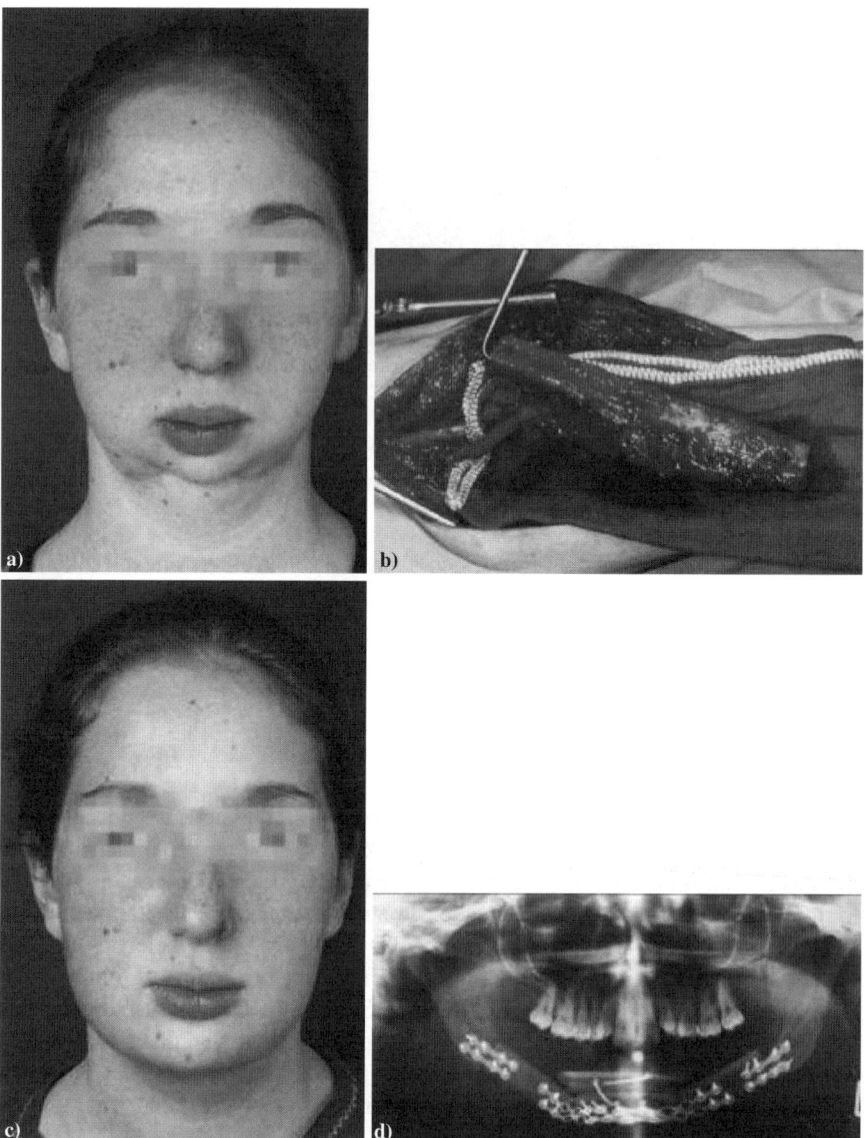

Abb. 68.13 Fibulatransplantat: a) Knöcherner Untergesichtsdefekt nach subtotaler Unterkieferresektion in der Kindheit. b) an der A. und V. peronea gestieltes Fibulatransplantat. c) Ergebnis der Unterkieferrekonstruktion 10 Tage postoperativ. d) Fixation des Transplantates mit Miniplatten; Auflagerung eines zusätzlichen Spanes im Mittelstück zur späteren Implantation

68.7 Prothetische und epithetische Defektversorgung

68.7.1 Indikation

Neben den verschiedenen Rekonstruktionsmöglichkeiten, die sich mit körpereigenen Transplantaten ergeben, bestehen auch weiterhin Indikationen für eine primäre oder sekundäre Defektversorgung durch Prothesen. Diese werden im Falle intraoraler Versorgungen als Obturatoren, im Falle extraoraler Anwendungen als Epithesen bezeichnet.

68.7.2 Implantation

Entscheidende Verankerungselemente der prothetischen und epithetischen Versorgung sind enossale Implantate, die entweder primär, d.h. gleichzeitig mit der Tumorresektion oder knöchernen Rekonstruktion oder sekundär, also erst nach Einheilung der Knochentransplantate eingebracht werden können. Da eine primäre Implantation, die nur in durchbluteten Knochen möglich ist, mit einem erhöhten Risiko für Fehlpositionierungen sowie im Falle einer Anastomoseninsuffizienz dem vollständigen Implantatverlust verbunden ist, erfolgt das Einbringen der Implantate sekundär. Den geeignetsten Zeitpunkt hierzu bietet die Entfernung des zur Fixierung des Knochenspans eingebrachten Osteosynthesematerials etwa nach sechs Monaten. Mit Hilfe individuell hergestellter Schablonen ist dann eine exakte, achsengerechte Implantatpositionierung, die zuvor gemeinsam mit dem Prothetiker festgelegt wurde, zuverlässig erreichbar [71]. Bei Implantation in vorwiegend spongiös aufgebaute Transplantate, z.B. das Beckenkammtransplantat, kann oftmals auf das Vorschneiden eines Gewindes verzichtet werden. Die Einheilphase

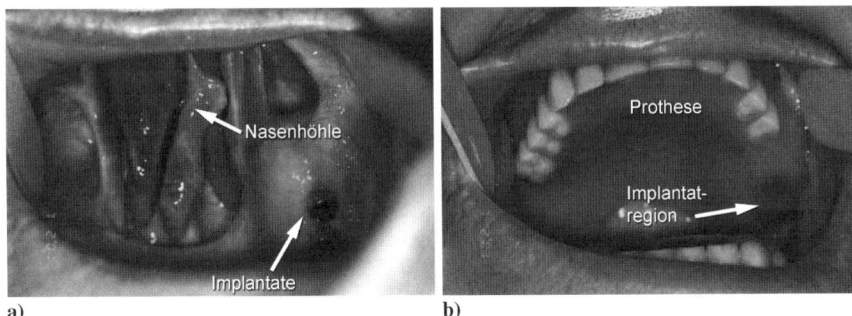

Abb. 68.14 Stabilisierung einer Obturatorprothese durch enossale Implantate. a) Resektionsdefekt des Oberkiefers mit am Tuber maxillae eingebrachten Schraubenimplantaten. b) ausreichende Retention der Obturatorprothese durch Magnetfixation zum Verschluss des Defektes mit bestehender Verbindung zwischen Mund- und Nasenhöhle

der Implantate, deren Dauer im wesentlichen von der Dichte der Spongiosastruktur abhängig ist, beträgt bei kompaktem Knochenlager mindestens drei, bei spongiösem Aufbau der Transplantate mindestens sechs Monate. Die Implantation in den bestrahlten Knochen ist aufgrund seiner reduzierten Vitalität und Infektresistenz grundsätzlich mit einem erhöhten Risiko verbunden, jedoch auch mit kalkulierbarem Erfolg möglich [13].

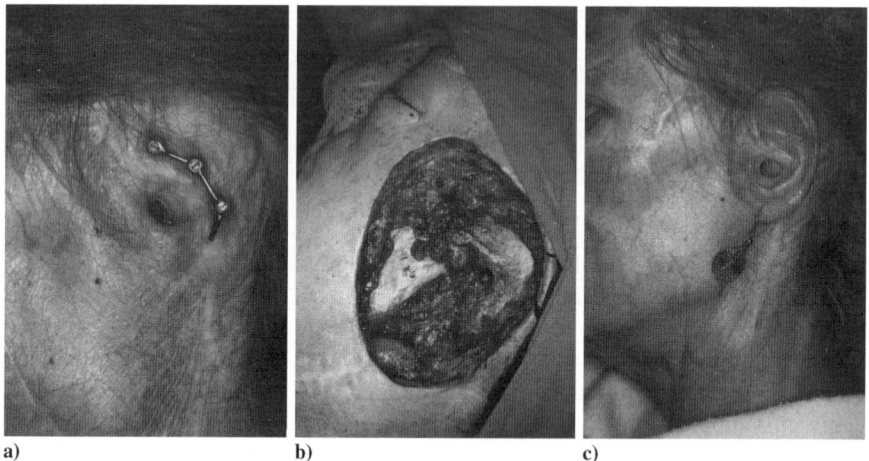

a) b) c)

Abb. 68.15 Kombinierte Rekonstruktion durch mikrovaskuläres Transplantat und Ohrepithese a) Defekt der Wange mit Ablatio otis nach Basaliomresektion. b) Weichteilrekonstruktion mit mikrovaskulärem myokutanen Vastus lateralis-Lappen, Öffnung des Gehörganges durch Spalthauttransplantat, Implantat-Steg-Konstruktion als Retentionselement für die Ohrepithese. c) Rekonstruktionsergebnis mit angepasster Ohrepithese nach 12 Monaten

68.8 Literatur

1. Acland, R.D.: Microvascular anastomosis: A device for holding stay sutures and a new vascular clamp. Surgery 75, 185 (1974).
2. Acland, R.D.: A new needle for microvascular surgery. Surgery 71, 130 (1972).
3. Antia, N. H., Buch, V. J.: Transfer of an abdominal dermograft by direct anastomosis of blood vessels. Br J Plast Surg 24, 15 (1971).
4. Bitter, K.: Bone transplants from the iliac crest to the maxillo-facial region by the microsurgical technique. J Maxillofac Surg 8, 210 (1980).
5. Black, P. W., Bevin, A. G., Arnold, P. G.: One-stage palate reconstruction with a free neovascularized jejunal graft. Plast Reconstr Surg 47, 316 (1971).
6. Carrel, A.: The surgery of blood vessels etc. Johns Hopkins Hosp Bull 18, 18 (1906).
7. Chen, Z.-W., Yan, W.: The study and clinical application of the osteocutaneous flap of fibula. Microsurgery 4, 11 (1983).
8. Conley, J. J.: The use of vitallium prostheses and implants in the reconstruction of the mandibular. Arch Plast Rec Surg 8, 150 (1951).
9. Conley, J. J.: Flaps in head and neck surgery. Thieme, Stuttgart 1989.
10. Daniel, R. K., Taylor, G. I.: Distant transfer of an island flap by microvascular anastomosis. Plast Reconstr Surg 52, 111 (1973).
11. Daniel, R. K., Williams, H. B.: The free transfer of skin flaps by microvascular anastomosis. Plast Reconstr Surg 52, 16 (1973).
12. Ehrenfeld, M., Weber, H.: Defektprothetik und Epithetik. In: Koeck, B., Wagner, W. (Hrsg.): Implantologie, Praxis der Zahnheilkunde, Band 13. Urban und Schwarzenberg, München 1996.
13. Guthrie, C.C.: Some physiologic aspects of blood vessel surgery. JAMA 51, 1658 (1908).
14. Harii, K., Ohmori, K. I., Torii, S.: Free gracilis muscle transplantation with microneurovascular anastomoses for the treatment of facial paralysis. Plast Reconstr Surg 57, 133 (1976).
15. Hausamen, J.-E., Samii, M., Schmidseder, R.: Tierexperimentelle Untersuchungen über die Regenerationsfähigkeit des Nervus alveolaris inferior nach traumatischer Schädigung bei Unterkieferosteotomien und mikrochirurgischer Versorgung. In: Schuchardt, K.; Stellmach, R.: Fortschritte der Kiefer- und Gesichtschirurgie, Bd. XVIII Thieme, Stuttgart 94, 1974.
16. Hidalgo, D.A.: Fibula free flap: A new method of mandible reconstruction. Plast. Reconstr. Surg. 84, 71 (1989).
17. Hidalgo, D.A. 2002
18. Hill, T.G.: Skin grafts. In: Wheeland, R.G. (ed): Cutaneous surgery. Saunders, Philadelphia 318, 1994.
19. Höltje, W.: Die freie Fettgewebstransplantation mit mikrochirurgischer Gefäßanastomose im Tierexperiment. Med Habil, Hamburg 1977.
20. Ikuta, Y., Kubo, T., Tsuge, K.: Free muscle transplantation by microsurgical technique to treat severe Volkmann's contracture. Plast Reconstr Surg 58, 407 (1976).
21. Jackson, I.T.: Local flaps in head and neck reconstruction. Mosby, St. Louis 1985.
22. Jacobson, H. T., Suarez, E. L.: Microsurgery in anastomosis of small vessels. Surgical Forum 11, 242 (1960).
23. Katsaros, J., Schusterman, M.A., Beppu, M., Banis, J.C., Acland, E.D.: The lateral upper arm flap: Anatomy and clinical applications. Ann Plast Surg 12, 489 (1984).
24. Khouri, R.K., Shaw, W.W.: Reconstruction of the lower extremity with microvascular free flaps: A 10-year experience with 304 consecutive cases. J Trauma 29, 1086 (1989).
25. Kimura, N., Satoh, K. Consideration of a thin flap as an entity and clinical applications of the thin anterolateral thigh flap. Plast Reconstr Surg 97, 985 (1996).
26. Kleinert, H.E., Kasdan, M.L.: Salvage of devascularized upper extremities including studies of small vessel anastomosis. Clin. Orthop. 29, 29 (1963).
27. Krizek, T.J., Tani, T., DesPrez, J.D., Kiehn, C.L.: Experimental transplantation of com-posite grafts by microsurgical vascular anastomoses. Plast Reconstr Surg 36, 538 (1965).

28. Kroll, S., Schustermann, M.A., Reece, G.P., Miller, M.J., Evans, G.R.D., Robb, G.L., and Baldwin, B.J. Choice of flap and incidence of free flap success. Plast Reconstr Surg 98, 459 (1996).
29. Malt, R.A., McKhann, C.F.: Replantation of severed arms. JAMA 189, 716 (1964).
30. Matloub, H.S. Larson, D.L. Kuhn, J.C. Yousif, N.J. Sanger, J.R.: Lateral arm free flap in oral cavity reconstruction: A functional evaluation. Head & Neck 11, 205 (1989).
31. McGregor, I. A., Morgan, G.: Axial and random pattern flaps. Br J Plast Surg 26, 202 (1973).
32. McLean, D.h., Buncke, H. J.: Autotransplant of omentum to large scalp defect with microsurgical revascularization. Plast Reconstr Surg 49, 268 (1972).
33. McLeod, A.M., Robinson, D.W.: Reconstruction of defects involving the mandible and the floor of the mouth by free osteocutaneous flaps derived from the foot. Br J Plast Surg 35, 239 (1982).
34. Minami, R.T., Hentz, V.R., Vistnes, L.M.: Use of vastus lateralis muscle flap for repair of trochanteric pressure sores. Plast Reconstr Surg 60, 367 (1977).
35. Mühlbauer, W., Herndl, E., Stock, W.: The forearm flap. Plast Reconstr Surg 70, 336 (1982).
36. Murphy, J.B.: Resection of arteries and veins injured in continuity-end-to-end suture: Experimental and clinical research. Med Rec 51, 73 (1897).
37. Nakajima, H., Fujino, T., Adachi, S.: A new concept of vascular supply to the skin and classification of skin flaps according to their vascularization. Ann Plast Surg 16, 1 (1986).
38. Nylen, C. D.: An oto-microscope. Acta Otolaryngol 5, 414 (1924).
39. O'Brien, B. M., McLeod, A. M., Hayhurst, J. W., Morrison, W. A.: Successful transfer of a large island flap from the groin to the foot by microvascular anastomosis. Plast Reconstr Surg 52, 271 (1973).
40. Oestrup, L. T., Frederickson, J. M.: Distant transfer of a free living bone graft by microvascular anastomoses. Plast Reconstr Surg 54, 274 (1974).
41. Petres, J., Rompel, R.: Künstliche Wundkonditionierung. In: Braun-Falco, O., Plewig, G., Meurer, M. (Hrsg.): Fortschritte der praktischen Dermatologie und Venerologie, Springer, Berlin 384, 1993.
42. Petruzzelli, G.., Johnson, J.T.: Skin grafts. Otolaryngol Clin North Am 27, 25 (1994).
43. Reuther, J., Steinau, U.: Mikrochirurgische Dünndarmtransplantation zur Rekonstruktion großer Tumordefekte der Mundhöhle. Z Mund Kiefer Gesichts Chir 4, 131 (1980).
44. Reuther, J. F., Meier, J. L.: Microvascular surgical tissue transfer for reconstruction in the head and neck area. Oral Maxillofac Surg Clin North Am 5, 687 (1993).
45. Riediger, D.: Restoration of masticatory function by microsurgically revascularized iliac crest bone grafts using enosseous implants. Plast Reconstr Surg 81, 861 (1988).
46. Riediger, D., Schwenzer, N.: Die Transplantation eines Haut-Fett-Lappens aus der Lei-ste mit mikrochirurgischem Gefäßanschluss im vorbestrahlten Wangenbereich. Dtsch Z Mund-Kiefer-Gesichts-Chir 4, 233 (1980).
47. Sanders, R., Mayou, B.J.: A new vascularized bone graft transfered by microvascular anastomoses as a free flap. Br J Plast Surg 36, 787 (1979).
48. Schenk, R.: Free muscle and composite skin transplantation by microneurovascular anastomoses. Orthop Clin North Am 8, 367 (1977).
49. Schusterman, M.A., Reece, G.P., Miller, M.J., Harris, S.: The osteocutaneous free fibula flap: Is the skin paddle reliable? Plast Reconstr Surg 90, 787 (1992).
50. Seidenberg, B. Rosenak, S.S. Hurwitt, E.S. Som, M.L.: Immediate reconstruction of the cervical esophagus by a revascularized isolated jejunal segment. Ann Surg 149, 162 (1959).
51. Serafin, D.: A rib-containing free flap to reconstruct mandibular defects. Br J Plast Surg 30, 36 (1977).
52. Smith, P. J.: The vascular basis of axial pattern flaps. Br J Plast Surg 26, 150 (1973).
53. Song, R., Gao, Y.: The forearm flap. Clin Plast Surg 9, 21 (1982).
54. Song, R.S., Song, Y., Yu, Y., Song, Y.: The upper arm free flap. Clin Plast Surg 9, 27 (1982).
55. Spatelholz, W.: Die Verheilung der Blutgefässe in der Haut. Arch Anat Physiol I, 1 (1893).

68.8 Literatur

56. Swartz, W. M., Banis, J. C., Newton, E. J., Ramasastry, S. S., Jones, N. F., Acland, R.: The osteocutaneous scapular flap for mandibular and maxillary reconstruction. Plast Reconstr Surg 77, 530 (1986).
57. Taylor, G.I.: Zit. in: Manktelow, R.T.: Microvascular Reconstruction Springer Verlag 1986.
58. Taylor, G. I., Daniel, E. K.: The anatomy of several free flap donor sites. Plast Reconstr Surg 56, 243 (1975).
59. Taylor, G. I., Miller, G. D. h., Ham, F. J.: The free vascularized bone graft: clinical extension of microvascular techniques. Plast Reconstr Surg 55, 55 (1975).
60. Taylor, G. I., Watson, N.: One stage repair of compound leg defects with free, revascularized flaps of groin skin and iliac bone. Plast Reconstr Surg 61, 494 (1978).
61. Urken, M.L, Weinberg, H, Buchbinder, D, Moscoso, J.F, Lawson, W, Catalano, P.J, Biller, H.F.: Microvascular free flaps in head and neck reconstruction - Report of 200 cases and review of complications. Arch. Otolaryngol Head Neck Surg 120, 633 (1994).
62. Urken, M.L., Vickery, C., Weinberg, H., Buchbinder, D.: The internal oblique-iliac crest osseomyocutaneous free flap in oromandibular reconstruction. Arch Otolaryngol Head Neck Surg 115, 339 (1989).
63. Waterhouse, N., Healy, C.: The versatility of the lateral arm flap. Br J Plast Surg 43, 398 (1990).
64. Wei, F.C., Jain, V., Celik, N., Chen, H.C., Chuang, D.C., Lin, C.H.: Have we found the ideal soft-tissue flap? An experience with 672 anterolateral thigh flaps. Plast Reconstr Surg 109, 2219 (2002).
65. Wolff, K.D., Plath, T., Hoffmeister, B.: Primary thinning of the myocutaneous vastus lateralis flap. Int J Oral Maxillofac Surg 29, 272 (2000).
66. Wolff, K.-D., Herzog, K., Ervens, J., Hoffmeister, B.: Experience with the osteocutaneous fibula flap: An analysis of 24 consecutive reconstructions of composite mandibular defects. J Cranio Maxillofac Surg 24, 330 (1996).
67. Wolff, K.D., Grundmann A.: The free vastus lateralis flap: An anatomic study with case reports. Plast Reconstr Surg 89, 469 (1992).
68. Wolff, K.D.: Indications for the vastus lateralis flap in oral and maxillofacial surgery. Br J Oral Maxillofac Surg 36, 358 (1998).
69. Wolff, K.D., Howaldt, H.P.: Three years of experience with the free vastus lateralis-flap: An analysis of 27 consecutive reconstructions in Maxillofacial Surgery. Ann Plast Surg 34, 35 (1995).
70. Worthington, P., Branemark, P.I.: Advanced osseointegration surgery – Application in the maxillofacial region. Quintessence, Chicago 1992.
71. Yang, G., Chen, B., Gao, Y., Liu, X., Li, J., Jiang, S., He, S.: Forearm free skin trans-plantation. Nat Med J China 61, 139 (1981).

69 Grundlagen der Nieren- und Leberdialyse

C. Schreiber, A. Al-Chalabi, O. Tanase, B. Kreymann

Die Dialyse ist ein künstliches Blutreinigungsverfahren, das sowohl mit der Nachahmung physiologischer Vorgänge als auch mit der Benutzung bestimmter physikalisch-chemischer Gesetze arbeitet. Ihre technische Umsetzung in einer Dialysemaschine sowie chirurgische und internistische Interventionen gehören zu dem Zusammenspiel unterschiedlicher Disziplinen, die eine Dialyse ermöglichen. Die Grundlagen des Dialyseverfahrens, die Maschine und die Unterschiede von Nieren- und Leberdialyse sollen im Folgenden erklärt werden. Heute besteht in der Bundesrepublik Deutschland bei ca. 55.000 Patienten ein chronisch dialysepflichtiges Nierenversagen (Stand 2005). Das Leben dieser Patienten kann mit der Dialyse um Jahrzehnte verlängert werden. Damit ist die Nierendialyse eines der erfolgreichsten medizintechnischen Verfahren. Bei der Leberdialyse sind ebenbürtige Erfolge noch nicht erzielt worden. Umso wichtiger ist es, hier neue Wege zu finden, um auch für Leberpatienten ein effizientes Dialyseverfahren zu etablieren.

69.1 Entgiftungsorgane des Körpers

Um zu überleben, muss ein biologischer Organismus, wie der menschliche Körper, Stoffe wie Nahrungsmittel oder Wasser aus der Umwelt aufnehmen, im Blut transportieren, umwandeln und weiterverarbeiten. Im Gegenzug müssen Stoffwechselendprodukte und Toxine, die dem Körper Schaden zufügen können, wieder ausgeschieden werden. Diese biochemischen Vorgänge werden unter dem Begriff Stoffwechsel oder Metabolismus zusammengefasst. Die Aufnahme von lebensnotwendigen, aber auch schädlichen Stoffen erfolgt über die Lunge, den Gastrointestinaltrakt und die Haut. Die Organe, durch die nützliche und giftige Stoffe identifiziert, gefiltert, umgewandelt und schließlich absorbiert oder wieder aus dem Körper entfernt werden, die also den Stoffwechsel durchführen, sind die Lunge, die Niere, die Leber, der Darm und die Haut (siehe Abb. 69.1). Die zentrale Bedeutung die hierbei insbesondere der Leber und der Niere zukommt wird auch daran deutlich, dass mehr als 40% des Herzminutenvolumens in diese beiden Organe fließen können (siehe Abb. 69.2).

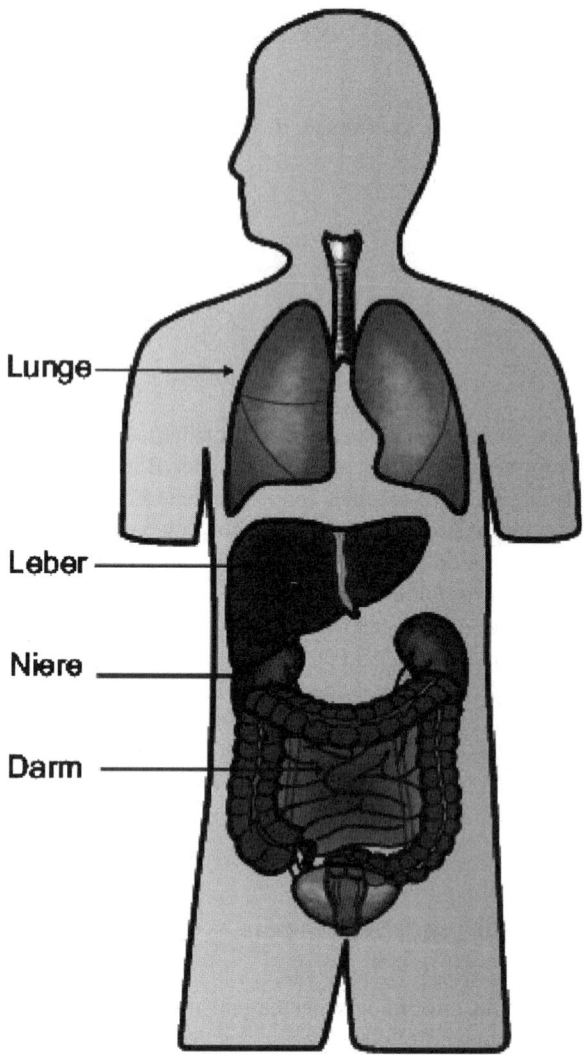

Abb. 69.1 Lage der wichtigsten Stoffwechselorgane

Beispiele für die auszuscheidenden Stoffe sind etwa wasserlösliche Substanzen wie Elektrolyte, Gase wie Kohlendioxid oder eiweißgebundene Substanzen wie Kupfer.

In niedrigen Konzentrationen sind viele dieser Stoffe lebensnotwendig für den Organismus, in höheren Konzentrationen können sie aber hochtoxisch wirken, wie z. B. Kupfer und Eisen. Schon Paracelsus hat darauf hingewiesen, dass viele Stoffe erst in höheren Konzentrationen als Gift wirken: *„alle ding sind gift und nichts ist on gift; alein die dosis macht das ein ding kein gift ist"* (Paracelsus, Septem Defensiones). Wie unterschiedlich Gifte auch in der Struktur, den physikalisch-

69.1 Entgiftungsorgane des Körpers

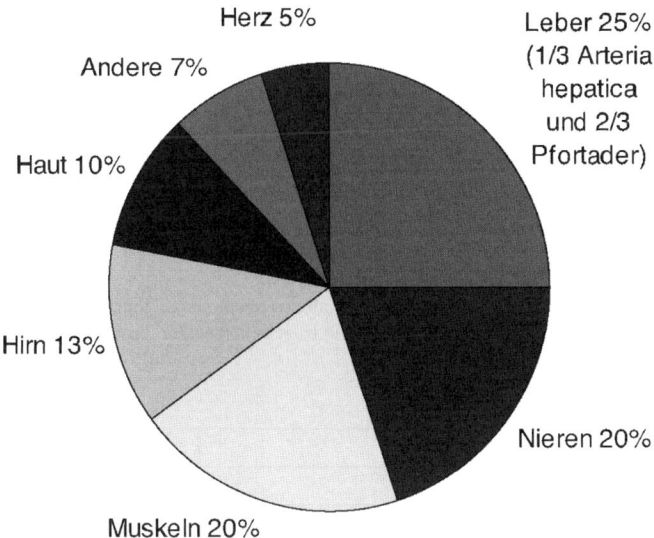

Abb. 69.2 Verteilung des Herzminutenvolumens auf die einzelnen Organe

chemischen Eigenschaften oder der Größe sein können, zeigen die Beispiele in Tabelle 69.1. Neben Gasen kommen Metalle, Hormone, Aminosäuren, Medikamente und Elektrolyte vor. Das Molekulargewicht beginnt bei 14 und kann bis zu 40.000 betragen, da sich Endotoxine zusammenlagern können.

Die Verteilung der zu entfernenden Substanzen auf die unterschiedlichen Körperkompartimente ist ebenfalls von entscheidender Bedeutung für die Entgiftung. Eine Einteilung der einzelnen Kompartimente ist in Tabelle 69.2 dargestellt. Am einfachsten ist die Entfernung eines Toxins, wenn es nur im Blut vorhanden ist. Eine intrazellulär gelegene Substanz zu entfernen dauert länger, da zwar die Kompartimente im dauernden Austausch stehen, aber bis eine Substanz aus dem Intrazellulärraum in das Lumen eines Gefäßes gelangt ist, kann eine erhebliche Zeit vergehen.

Bestes Beispiel hierfür ist der Harnstoff. Das Blut kann innerhalb von zwei Stunden durch Dialyse vom Harnstoff gereinigt werden. Danach jedoch steigt die Harnstoffkonzentration im Blut aufgrund der dann erfolgenden Umverteilung von intrazellulär nach intravaskulär unmittelbar wieder deutlich an. Entsprechend lang müssen daher die Zeiten für die Behandlung gewählt werden, damit eine ausreichende Entfernung der Substanzen aus allen Kompartimenten erfolgt.

Eine genau auf die Bedürfnisse des jeweiligen Organismus abgestimmte Aufnahme, Umwandlung und Ausscheidung von nützlichen und schädlichen Substanzen ist also entscheidend für sein Gedeihen. Kann der Körper aufgrund einer Erkrankung die Ausscheidung von schädlichen Stoffen nicht mehr genügend oder überhaupt nicht mehr leisten, gibt es für Lunge, Niere und Leber extrakorporale maschinelle Organersatztherapien, treffender Organunterstützungstherapien, die eine künstliche Ausleitung toxischer Substanzen bewerkstelligen. Die Lungenfunktion kann über

Wasserlösliche Substanzen	Albumingebundene Substanzen
Kalium	Mangan
Antibiotika	Stickstoff
Ammoniak	Endotoxin
Aminosäuren	Tryptophan
Laktat	Indole
Prolaktin	Aldosteron

Tabelle 69.1 Beispiele für wasserlösliche und albumingebundene Substanzen. Albumin ist das hauptsächliche (50–60%) Protein des Blutes und trägt neben seiner Transportfunktion zum kolloidosmotischen Druck des Blutes bei

Körperkompartiment			Massenverteilung
Körpergewicht			68 kg
Fettmasse			8 kg
Magermasse			60 kg
	Körperzellmasse		17 kg
	Intrazelluläres Wasser		28 kg
	Extrazelluläres Wasser		
		Intravaskuläres Wasser	5 kg
		Interstitielles Wasser	10 kg

Tabelle 69.2 Die unterschiedlichen Kompartimente des menschlichen Körpers und ihre Massenverteilung [1]

Beatmungsgeräte oder Oxygenatoren unterstützt werden. Bei einem Nieren- oder Leberversagen kommt die Dialyse, ein Blutreinigungsverfahren, zum Einsatz. Die in den 40er Jahren erfundene Nierendialyse ist heute als Routineverfahren etabliert, die parallel dazu betriebene Leberdialyse zeigt bis jetzt noch keine vergleichbar erfolgreichen Ergebnisse. Im Gegensatz zur Nierendialyse, bei der wasserlösliche Toxine aus dem Blut ausgewaschen werden, sollen bei der Leberdialyse zusätzlich eiweißgebundene Stoffe entfernt werden. Für die Nierendialyse reicht zur Entgiftung eine Elektrolytlösung, während bei der Leberentgiftung Adsorber benutzt werden müssen.

Welche Nieren- und Leberfunktionen von Bedeutung sind und welche Konsequenzen eine Beeinträchtigung oder der Ausfall eines Organs zur Folge haben, wird im Folgenden besprochen.

69.1.1 Niere

Die Nieren sind ein links und rechts der unteren Wirbelsäule gelegenes paariges Organ. Jede Einzelniere besitzt ca. eine Million Nephrone, die eigentliche Funktionseinheit der Niere (siehe Abb. 69.3). Ein Nephron setzt sich zusammen aus einem Glomerulum, der Blutfiltereinheit, dessen Resultat der Primärharn ist und einem angeschlossenen Tubulussystem, in dem die Zusammensetzung des Primärharnes u. a. so verändert wird, dass nützliche Stoffe vom Körper aufgenommen und toxische Substanzen mit dem Endharn ausgeschieden werden.

Einfach formuliert besteht die Niere also aus einem Filtersystem und einem dahinterliegenden Röhrensystem. Beide Nieren werden mit ca. 1.500 Liter Blut pro Tag durchblutet, was ca. 15% – 20% des Herzminutenvolumens entspricht. Die Menge des Primärharns, also der Flüssigkeit, die durch die Membranen der Glomeruli tritt, beträgt ca. 180 Liter pro Tag, in denen unterschiedslos ob nützlich oder nicht, alle wasserlöslichen niedermolekularen Substanzen aus dem Blut enthalten sind. Die Membran des Glomerulums selektiert die Substanzen zunächst nur nach dem Molekulargewicht (MG). Deshalb wird z. B. Insulin (MG 5.500) komplett filtriert, von Myoglobin (MG 17.000) werden ca. 75% und von Albumin oder Hämoglobin (MG 68.000) weniger als ein Promille filtriert. Ein Vergleich des Glomerulums mit den in der Dialyse am häufigsten verwendeten Membranen findet sich in Tabelle 69.3. Die ca. 180 Liter Primärharn werden erst während der Passage des Tubulussystems auf die bei einem Erwachsenen durchschnittlich anfallenden 1,5 Liter Endharn reduziert, was bedeutet, dass im Tubulussystem zwischen brauchbaren und schädlichen Stoffen unterschieden wird und schließlich ca. 99% des Filtrats als nützliche Substanzen für den Körper über die Kapillaren rückresorbiert werden, und nur ein geringer Rest mit den dann in hoher Konzentration enthaltenen Toxinen ausgeschieden wird. Die Zellen im Tubulussystem besitzen also die Fähigkeit, zwischen zu entfernenden und lebensnotwendigen Substanzen zu unterscheiden und

	Lowflux-Membran	Highflux-Membran	Glomerulum-Membran (Blut-Harn-Schranke)	Plasmapherese-Membran	Sinusoidal-Membran
max. Molekulargewicht für vollständige Durchlässigkeit (Siebkoeffizient 1)	100	600	5.500	1.000.000	1.300.000
Grenz-Molekulargewicht der Durchlässigkeit (Siebkoeffizient 0)	5.000	50.000	68.000	3.000.000	3.000.000

Tabelle 69.3 Vergleich der Permeabilität der verschiedenen Membranen. Der Siebkoeffizient gibt den Grad der Durchlässigkeit einer Membran bzgl. einer bestimmten Substanz an (wobei der Wert 1,0 für absolute Durchlässigkeit und der Wert 0 für komplette Undurchlässigkeit stehen)

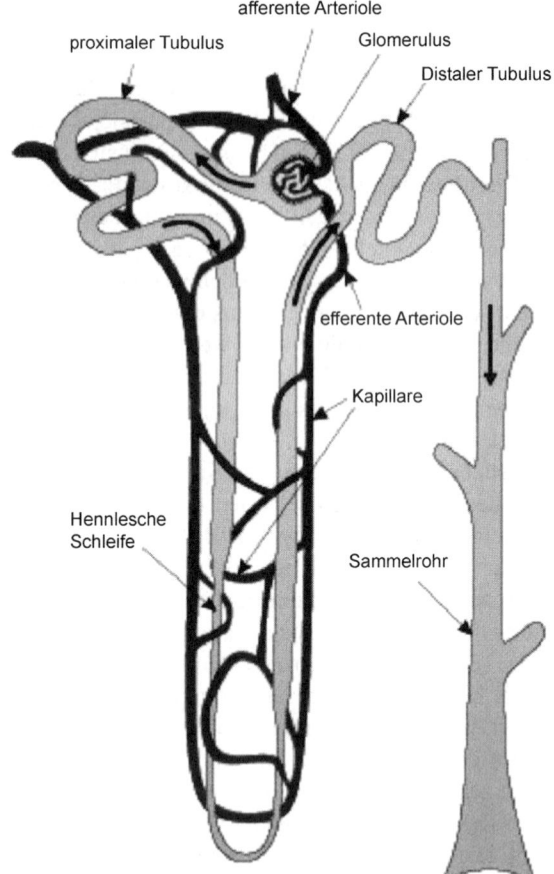

Abb. 69.3 Aufbau des Nephrons und begleitender Blutgefäße

die lebensnotwendigen Stoffe durch Rückfiltration, Osmose, Diffusion oder aktiven Transport wieder ins Blut aufzunehmen. Diese Unterscheidungsfähigkeit, die Umwandlung der Stoffe und ihre selektive Wiederaufnahme in den Organismus ist eine Stoffwechselleistung der Niere, die durch Nierenunterstützungssysteme nicht nachgeahmt werden kann (siehe Abb. 69.4).

Neben ihrer Entgiftungsfunktion ist die Niere auch das zentrale Organ für die Steuerung des Wasserhaushaltes. Die Regulierung der Wasserausscheidung ist bedeutsam für die Größe des Blutvolumens und damit für den Blutdruck und für die Blutzusammensetzung, besonders für die Konzentration der Elektrolyte. Durch die Harnausscheidung wird auch der Säure-Basen-Haushalt im Blut reguliert. Außerdem gibt es so genannte harnpflichtige Substanzen, die ausgeschieden werden müssen, um eine zu hohe Konzentration im Organismus zu vermeiden. Zu diesen Substanzen gehören Harnstoff und Kreatinin, die neben der Eiweißausscheidung auch wichtige Marker für die Nierendiagnostik sind.

69.1 Entgiftungsorgane des Körpers

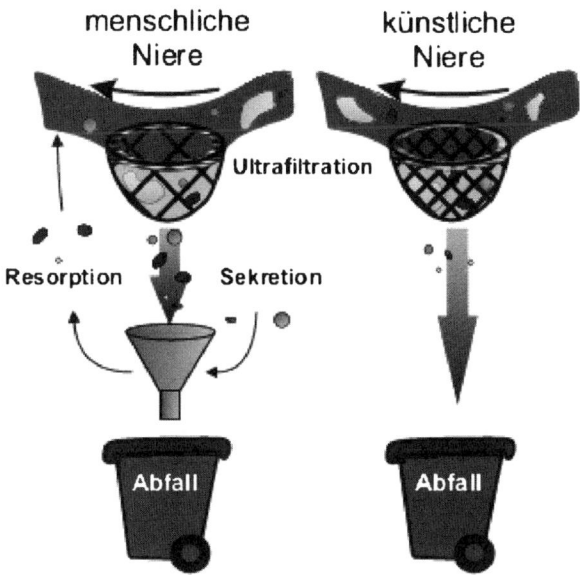

Abb. 69.4 Vergleich der Funktionen einer menschlichen und einer künstlichen Niere

Wenn die Nieren nicht mehr in der Lage sind, Toxine ausreichend aus dem Körper zu entfernen, den Wasser- und den Säuren- und Basen-Haushalt zu regulieren, spricht man von Nierenversagen. Dabei werden das chronische und das akute Nierenversagen unterschieden. Beim chronischen Nierenversagen kommt es über Jahre oder Jahrzehnte zu einer zunehmenden Schädigung der Niere. Hauptursachen sind Immunerkrankungen, Diabetes mellitus, Abusus von Schmerzmitteln, arterieller Hypertonus oder erbliche Erkrankungen. Das akute Nierenversagen ist meist eine Begleiterkrankung bei Patienten mit schwerer Allgemeinerkrankung wie Sepsis oder bei starkem Blutdruckabfall, hervorgerufen durch eine akute Blutung oder das Aussetzen der Herzfunktion. Je nach Ursachen und Ausmaß der Schädigung, kann das akute Nierenversagen nach einer Dauer von einigen Stunden bis zu zwei Wochen auftreten und im günstigsten Fall komplett reversibel, im ungünstigsten Fall irreversibel sein. In jedem Fall ist aber auch ein nicht zu endgültigem Nierenversagen führendes akutes Nierenversagen ein die Sterblichkeit der Patienten deutlich erhöhender Risikofaktor.

Die meisten der zum Nierenversagen führenden Erkrankungen können, wie z. B. der Diabetes mellitus, gut behandelt werden. Das grundlegende Problem beim chronischen Nierenversagen ist vielmehr, dass die Haupterkrankungen oft zu spät bemerkt werden und die begleitende Schädigung der Nieren erst im vorangeschrittenen Zustand entdeckt wird. Bei optimaler Behandlung, kann die Verschlechterung der Nierenerkrankung verzögert, aber nicht vollständig verhindert werden. Zur Therapie gehört eine optimale Einstellung des Blutdrucks. Damit kann die Zeit bis zur Dialysepflichtigkeit verdoppelt werden.

Durch den vollständigen Ausfall der Nierenfunktion wird ein Krankheitsbild ausgelöst, das nahezu jedes Organ des Körpers schädigt (Vergleich bei einem Ausfall der Leber siehe Tab.69.4). Entsprechend wichtig war es, dass es durch die Dialyse als Nierenunterstützungstherapie von Beginn an möglich war, die einzelnen Organdysfunktionen deutlich zu bessern.

69.1.2 Leber

Die Leber, eine im rechten oberen Bauchraum gelegene Verdauungsdrüse, ist von zentraler Bedeutung für den Glukose-, Fett- und Aminosäurenstoffwechsel. Sie ist ein stark durchblutetes Organ (1.500 ml/min), dessen Blutzufuhr zu einem Drittel aus der Leberarterie und zu etwa zwei Dritteln aus der Pfortader, einem leberspezifischen Gefäßsystem, kommt. In der Pfortader wird das gesamte Blut des Verdauungstraktes gesammelt. Das Blut aus dem Magen, dem Darm und der Milz fließt also zuerst durch die Leber, bevor es über die Lebervene in den Kreislauf gelangt. Die zentralen Einheiten der Leber sind die Leberläppchen, die aus Sinusoiden bestehen. In diesen finden die Stoffwechselschritte statt (siehe Abb. 69.5).

Die Leber kann ca. 3.000 Stoffe metabolisieren, die sie an den Blutkreislauf abgibt, in die Galle ausscheidet oder für den Bedarfsfall speichert. Hauptsächlich zwei Zelltypen sind für die Umwandlung der zugeführten chemischen Substanzen und den Abbau von schädlichen Stoffen verantwortlich. Die Hepatozyten (ca. 60% der Leberzellen) sind auf die Verarbeitung von Eiweißen, Kohlenhydraten und Fetten spezialisiert, damit sie im Blut transportiert und durch die übrigen Organe benutzt werden können. Die Kupfferschen Sternzellen (Makrophagen/Immunzellen der Leber ca. 20% der Leberzellen) reinigen das Blut von Bakterien und Stoffwechselabbauprodukten. Bei der Entgiftung werden wasserunlösliche Stoffe entweder in die Galle ausgeschieden oder wasserlöslich gemacht, so dass sie durch die Niere ausgeschieden werden können. Die Umwandlung zu wasserlöslichen Stoffen geschieht in der so genannten Phase II des Metabolismus durch Glukuronidierung, Amidierung oder Sulfatierung.

Nicht alle bemerkenswerten Eigenschaften der Leber können hier erwähnt werden. Wichtig ist jedoch in diesem Zusammenhang ihre große Regenerationsfähigkeit. Ähnlich wie ein Mensch mit nur einer intakten Niere überleben kann, wird auch bei der Leber der Ausfall großer Teile kompensiert. Eine gesunde Leber wiegt 1,4 bis 1,8 Kilogramm. Ein Überleben ist mit einem Lebergewebe von nur 500 Gramm noch möglich.

Ein Leberversagen wird aufgrund unterschiedlicher Pathogenese in das akute (ALF = acute liver failure) und das chronische Leberversagen eingeteilt. Das akute Leberversagen wird z. B. durch Intoxikationen oder Medikamente sofort induziert und kann innerhalb weniger Tage zum Tode führen. Das chronische Leberversagen ist ein über Jahre manchmal sogar über Jahrzehnte fortschreitender Abbau der Leberfunktionen. Diese Funktionsminderung kann kontinuierlich oder in Schüben verlaufen. Die Schübe können durch die auslösende Faktoren (z. B. Alkoholexzess)

69.1 Entgiftungsorgane des Körpers 1527

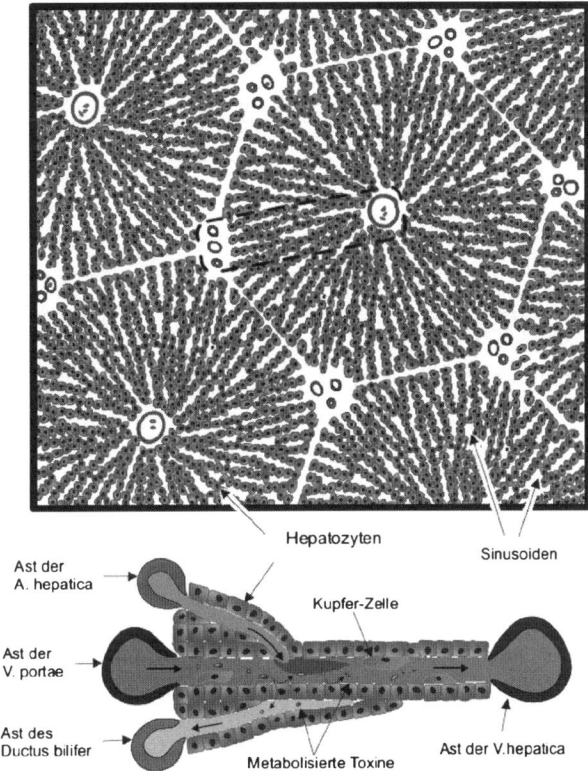

Abb. 69.5 Feinstruktur der Leber: *Obere Abb.*: Leberläppchen (sechseckige Struktur) mit zentraler Lebervene, den am Rand gelegenen zuführenden Blutgefäßen (Leberarteriolen und Pfortaderäste) und dem abführenden Gallengang. *Untere Abb.*: Vergrößerte Darstellung eines Sinusoides

oder aber eine allgemeine Infektion (z. B. Lungenentzündung) oder andere Intoxikationen (z. B. Diätfehler) zu einer deutlichen, nicht mehr reversiblen Verschlechterung des chronischen Leberversagens führen.

Die Patientengruppe mit einem acute-on-chronic Leberversagen ist wesentlich größer als die mit einem akuten Leberversagen. Ca. 10% der Patienten werden wegen eines akuten Leberversagens transplantiert (ca. 100), ca. 90% wegen eines chronischen Leberversagens. Ca. 100 Patienten versterben in Deutschland an akutem Leberversagen, aber 29.900 Patienten mit einem acute-on-chronic Leberversagen. Die Haupttodesursachen der Leberpatienten sind jedoch nicht das Leberversagen, sondern die Begleiterkrankungen (siehe Tab. 69.4). Im Vordergrund stehen hier Sepsis und nicht stillbare Blutungen des Gastrointestinaltraktes. In der Statistik der Todesursachen ist die chronische Lebererkrankung und -zirrhose daher unterrepräsentiert ist. Die Zahl der Patienten, bei der die Leberkrankheit entscheidender Wegbereiter für den Tod war, dürfte daher in Wahrheit deutlich höher liegen. In den letzten Jahrzehnten bestand der wichtigste therapeutische Durchbruch zur Behand-

Auswirkung	Leber	Niere
Enzephalopathie	***	*
Sepsis oder allgemein: Störungen der Immunfunktion	***	**
Herz-Kreislaufstörungen	*	***
Pulmonales Syndrom	*	*
Gerinnungsstörungen	***	*
Akute Blutungen	***	*
Störungen des Wasserhaushaltes	**	***
Störungen des Säure-Basenhaushaltes	*	***
Störungen der Elektrolyte	*	***
Metabolische Störungen	**	*
Kachexie	***	**
Juckreiz	***	*

Tabelle 69.4 Auswirkungen des Leber- bzw. Nierenversagens auf andere Körperfunktionen (* = gering, ** = mittel, *** = hoch)

lung des Leberversagens in der Etablierung der Lebertransplantation [2, 3]. Diese ist jedoch nur eine Therapie für eine Minderheit (Beispiel Deutschland: ca. 30.000 Tote durch Lebererkrankungen, aber nur 1.000 Lebertransplantationen [4]). Hinzu kommt, dass 50% der für eine Transplantation in Frage kommenden Patienten sterben, während sie auf eine Transplantation warten. Und selbst 3–5 Jahre nach Transplantation besteht ein noch immer deutlich erhöhtes Risiko, aufgrund einer Leberkomplikation zu versterben. Ein auf die Transplantationsliste kommender Patient hat damit letztlich nur eine 30%ige Chance, die nächsten fünf Jahre zu überleben. Im Vergleich dazu kann bei nierenkranken Patienten durch die Dialyse oder die Transplantation die Lebenserwartung deutlich verlängert werden. In den meisten Fällen besteht die Therapie des Leberversagens derzeit in einer symptomatischen Behandlung der miterkrankten Organe (siehe Tab. 69.4) mit der Hoffnung, dass die Lebererkrankung zurückgeht oder der Patient transplantiert werden kann.

69.1.3 Vergleich der Funktion von Niere und Leber

Die Niere gilt gewöhnlich als ein Filtrationsorgan, verantwortlich für die Ausscheidung von Wasser, und die Leber als ein Entgiftungsorgan, beispielsweise zum Abbau von Alkohol oder Medikamenten. Tab. 69.5 zeigt hingegen, dass beide Organe im Prinzip sehr ähnliche Funktionen ausüben, aber jeweils besondere Schwerpunkte haben.

Die einzelnen Funktionen von Niere und Leber sind aber auch voneinander abhängig. So bewirkt zum Beispiel eine schlechtere Entgiftung der Niere oder Leber

Funktion	Leber	Niere
Syntheseleistungen	Gluconeogenese,	Gluconeogenese
	Eiweiße (z. B. Albumin, Gerinnungsfaktoren)	Bikarbonat (Steuerung Säure-Basen-Haushalt)
	Cholesterine	Erythropoetin
	Wachstumshormon	Renin (Steuerung Blutdruck)
Speicherung	Glykogen	Vitamin D
	Lipoproteine	
	Vitamin A	
	Spurenelemente	
Entgiftung	Glukuronidierung	Glukuronidierung
	Sulfatierung	Sulfatierung
	Amidierung	Amidierung
	eiweißgebundene Schadstoffe (Galle)	wasserlösliche Schadstoffe (Urin)
Immunregulation	Kupffersche Sternzellen (Makrophagen)	Cytokinregulation

Tabelle 69.5 Beispiele für Funktionen von Leber und Niere

eine verminderte Funktion der Enzyme des Phase II Metabolismus. Damit kann ein Circulus vitiosus in Gang gesetzt werden, der bei zunehmender Dysfunktion einer der Teilaufgaben von Niere oder Leber, zugleich zu einer immer schneller ablaufenden Gesamtorgandysfunktion führt. Dieser Kreislauf kann jedoch, zumindest im Falle des Nierenversagens zum Beispiel durch eine Entgiftungstherapie, unterbrochen werden. Die Störungen, die durch Dysfunktion von Niere oder Leber ausgelöst werden, können aufgrund der wechselseitigen Abhängigkeiten sehr ähnlich aussehen. Dadurch, dass beide Organe Schlüsselpositionen des Stoffwechsels innehaben, sind bei ihrem Ausfall auch immer andere Organe mitbetroffen (siehe Tab. 69.4 und 69.5). Die Auswirkungen sind jedoch graduell unterschiedlich.

69.2 Grundlagen der extrakorporalen Blutreinigungsverfahren für Niere und Leber

Bei der ersten, von Willem J. Kolff in den 40er Jahren erfolgreich durchgeführten Dialyse kam die von ihm erfundene, so genannte Trommelniere zum Einsatz [5]. Diese Dialysemaschine war eine rotierende, mit Cellophanschläuchen umwickelte Holztrommel in einer mit 50 Litern physiologischer Lösung gefüllten Wanne. Die Cellophanschläuche, die das Blut des extrakorporalen Kreislaufes aufnahmen, fungierten als semipermeable Membran. Durch die Rotation der Holztrommel wurde das Blut zum Fließen gebracht und immer wieder durch die Waschflüssigkeit geführt. Die Patienten wurden 4–8 Stunden behandelt und die Dialysierflüssigkeit während einer 8-Stunden-Behandlung dreimal gewechselt. Die in dem extrakorporalen Blutreinigungskreislauf entzogene Blutmenge betrug ca. 1 Liter. Dem Patienten mussten deshalb bei jeder Behandlung ca. 500 ml Blut verabreicht werden, um einen extremen Blutdruckabfall zu verhindern. Wie der Behandlungserfolg zeigte, waren die entscheidenden Parameter Zeit, Oberfläche der Membran und Dialysatmenge bereits von Beginn der Dialysetherapie an im notwendigen Bereich, um eine ausreichende Entgiftung erzielen zu können. Ohne einen künstlichen Gefäßzugang, wie er heute üblich ist, musste Kolff in den vierziger Jahren die Behandlung nach maximal 12 Dialysen jedoch einstellen, weil sich die punktierten Venen und Arterien nicht regenerieren konnten und unbenutzbar wurden.

Noch heute wird die Dialyse (griech. dialusis „Auflösung, Abtrennung") nach dem bereits von Kolff verwendeten Verfahren durchgeführt. Verschiedene mechanische, elektronische und sensorische Teile werden in die modernen Dialysemaschinen zusätzlich eingebaut, um die Sicherheit der Patienten zu gewährleisten. Zudem wurde der Gefäßzugang deutlich verbessert, um eine Langzeitbehandlung durchführen zu können. Das Dialyseprinzip ist jedoch das gleiche: Das Patientenblut wird in einen extrakorporalen Kreislauf gebracht und mittels einer Dialysierflüssigkeit gereinigt.

Die wichtigsten Ziele der extrakorporalen Therapie bei Nieren- und Leberversagen sind:

1. Elimination der im Blut enthaltenen Toxine
2. Ausgleich der Flüssigkeitsbilanz
3. Ausgleich der Elektrolytbilanz
4. Korrektur des Säuren-Basen-Haushalts

Im Folgenden werden die physikalisch-chemischen Grundlagen, Maßnahmen und technischen Geräte beschrieben, die für die Nieren- und die Leberdialyse gleichermaßen benutzt werden. Das sind zum Beispiel die Ausnutzung bestimmter physikalisch-chemischer Gesetzmäßigkeiten und die Etablierung eines vaskulären Zugangs, die Entgiftungseinheiten Dialysator und Adsorber, unterschiedliche Membranen, Biokompatibilität und Antikoagulation.

69.2.1 Physikalisch-chemische Gesetzmäßigkeiten

Je nach den Eigenschaften (hydrophil, hydrophob, Molekulargewicht oder Ladung) der Toxine werden unterschiedliche Methoden zu ihrer Entfernung aus dem Blut benutzt: Adsorption, Diffusion, Osmose, Ultrafiltration und Konvektion.

69.2.1.1 Adsorption – Entgiftung durch Stoffbindung

Die Bindung eines Stoffes an die feste Oberfläche eines Adsorbers ist eine Möglichkeit der Stoffentfernung. Der Stoffübergang durch Adsorption hängt von der chemischen Affinität zwischen gelöstem Stoff und Adsorber und von der Bindungskapazität des Adsorbers ab. Die Bindung erfolgt durch hydrophobe Interaktionen, durch die elektrostatische Reaktionen zwischen Zonen mit unterschiedlichen Polaritäten (van der Waals) oder durch Ionenaustausch stattfinden. Dieses so genannte Hämoadsorptionsverfahren spielt vor allem eine Rolle bei den Hämoperfusionsverfahren (Entfernung von Barbituraten) oder der Entfernung von Immunglobulinen.

69.2.1.2 Diffusion – Entgiftung durch Konzentrationsausgleich

Die Diffusion beschreibt den Vorgang des Konzentrationsausgleichs von Molekülen innerhalb eines Lösungsmittels. Der Konzentrationsausgleich erfolgt, indem die Teilchen so lange vom Ort mit höherer Konzentration zum Ort mit niedrigerer Konzentration wandern, bis überall die gleiche Konzentration vorliegt. Grundlage für diesen Vorgang ist die Braun'sche Molekularbewegung, der alle Moleküle bei Temperaturen über dem absoluten Nullpunkt unterliegen und die mit steigender Temperatur wächst. Wenn zwei Lösungsmittel durch eine semipermeable Membran getrennt sind, können nur Moleküle diffundieren, die kleiner als die Porengröße der Membran sind. Bei der Dialyse fließt das Patientenblut auf der einen und die Dialysierflüssigkeit auf der anderen Seite der semipermeablen Membran. Substanzen wie Harnstoff (60 Da = Dalton), Kreatinin (110 Da) oder Bikarbonat und mittelmolekulare Stoffe, wie z. B. Insulin (3.500 Da), können die Membran passieren und wandern vom Blut ins Dialysat. Stoffe, die nicht in der Dialysierflüssigkeit enthalten sind, werden so aus dem Blut eliminiert, während sich die (blutseitige) Konzentration von Stoffen, wie z. B. Natrium, die sich in der Dialysierflüssigkeit befinden, der Konzentration in der Dialysierflüssigkeit annähert.

69.2.1.3 Osmose – Wasserentzug durch Konzentrationsausgleich

Auch bei der Osmose ist das Konzentrationsgefälle zwischen zwei durch eine semipermeable Membran getrennten Substanzen in einem Lösungsmittel die treibende Kraft. Da die gelösten Substanzen (z. B. Glucose, Elektrolyte oder Albumin) allerdings zu groß sind, um durch die Membran diffundieren zu können, erfolgt der Konzentrationsausgleich hier durch das Wandern der Lösungsmittelmoleküle (meist Wasser). Das bedeutet, die Flüssigkeitsmoleküle werden aufgrund des so genannten osmotischen Drucks, der sich wegen des Konzentrationsunterschiedes aufbaut, durch die Membran vom Ort der niedrigen Konzentration zum Ort der höher konzentrierten Lösung gedrückt.

Der osmotische Effekt wird vor allem für die intrakorporale Peritonealdialyse verwendet, um dem Patientenblut überschüssiges Wasser zu entziehen. Der Peritonealdialyseflüssigkeit wird als osmotische Substanz beispielsweise Glucose zugegeben.

69.2.1.4 Ultrafiltration – Wasserentzug durch Druckunterschiede

Als Ultrafiltration wird ein Vorgang bezeichnet, bei dem Flüssigkeit aufgrund eines Druckunterschiedes vom Ort mit hohem Druck durch die semipermeable Membran zum Ort mit niedrigem Druck gepresst wird. Dies entspricht dem Prozess im Glomerulum. Die Ultrafiltration macht man sich bei der Dialyse für den Wasserentzug zunutze, indem die Blutseite einem hohen Druck und die Dialysatseite einem niedrigen Druck oder Unterdruck unterliegt. Im engeren Sinn bezeichnet Ultrafiltration die Nettogewichtsabnahme eines Patienten während der Hämodialyse.

69.2.1.5 Konvektion – Toxinelimination durch Massestrom

Die Konvektion ist untrennbar mit den vorher genannten physikalischen Mechanismen verbunden: Aufgrund des Massestroms, der durch Osmose oder Ultrafiltration entsteht, werden weitere in der Flüssigkeit gelöste Substanzen mitgerissen und durch die Membran transportiert, z. B. β_2-Mikroglobulin. Dieser Prozess ist insbesondere für die Elimination größerer Moleküle wichtig, da die Diffusionsgeschwindigkeit eines Moleküls mit zunehmendem Molekulargewicht stark abnimmt und größere Moleküle deshalb nur schlecht diffusiv entfernt werden können.

69.2.2 Vaskuläre Zugänge

Über den Gefäßzugang wird die Verbindung zwischen dem intrakorporalen und dem extrakorporalen Blutkreislauf hergestellt. Ein adäquater Blutfluss im extrakorporalen Kreislauf ist eine wesentliche Bedingung für die optimale Entfernung der im Blut enthaltenen Toxine. Je nach extrakorporalem Verfahren werden sehr unterschiedliche Flüsse benötigt. Sie reichen von ca. 100 ml/min bei der Behandlung von Patienten auf Intensivstationen mit Nierenersatztherapien bis zu 6.000 ml/min bei Patienten an einer Herzlungenmaschine. Bei der Hämodialyse reicht ein Fluss bis maximal 400 ml/min aus. Der Fluss des Zuganges folgt dem Hagen-Poiseuille'schen Gesetz: Die Länge des Katheters, die Viskosität des Blutes, der Druck und vor allem der Durchmesser sind die bestimmenden Faktoren für die Flüsse. Die Außendurchmesser der Katheter werden in French oder Charriere angegeben: 1 French oder 1 Charriere = 1/3 mm. Die kleinsten Dialysekatheter haben 8 French, die größten 14,5 French. Eine andere Größeneinheit ist Gauge. Gauge steht eigentlich für den Außendurchmesser von Drähten. Da Gauge die Anzahl der Durchgänge des Drahtziehens war und der Draht bei jedem Durchgang dünner wird, wird entsprechend mit zunehmendem Gauge der Durchmesser der Katheter immer geringer. Üblich sind Dialysenadeln mit 14–16 Gauge (1,63–1,29 mm).

Patienten mit chronischem Nierenversagen bekommen in der Regel eine am Arm chirurgisch geschaffene, dauerhafte arterio-venöse Fistel, die als Gefäßzugang dient. Eine Vene hat sehr dünne Wände und einen zu geringen Blutdurchfluss. Die

Venen können aber einen Durchmesser bekommen, der für häufige Punktionen geeignet ist. Arterien haben ein zu geringes Lumen und liegen für Punktionen sehr ungeeignet, haben aber den adäquaten Blutfluß. Der Shunt ist eine arterialisierte Vene (durch Kurzschluss mit einer Arterie hohes Blutvolumen), und aufgrund der Zunahme der Wanddicke für die häufigen Venenpunktionen ein geeignetes Blutgefäß, mit dem der Patient mehrmals pro Woche behandelt und mit Dialysekanülen punktiert werden kann. Diese so genannte Cimino-Fistel oder der Shunt bietet eine Fläche für ca. 10 Punktionen, die abwechselnd an verschiedenen Stellen durchgeführt werden, so dass die Punktionsmöglichkeit über Jahre hin erhalten werden kann. Darüber hinaus ermöglicht der Shunt auch die für die Dialyse nötigen hohen Blutflussraten. Interventionell radiologische Techniken stehen neben den gefäßchirurgischen Methoden zur Verfügung, um eine längere Überlebenszeit des Shunts zu ermöglichen. Nicht vorhanden sind diese Shunts, wenn ein Patient sofort dialysiert werden muss, wie bei einem akuten Nierenversagen. Bei einer ausgeprägten Herzinsuffizienz oder wenn der Patient voraussichtlich nur vorübergehend dialysiert werden wird, sind sie auch nicht sinnvoll. In diesen Fällen werden zentralvenöse Katheter verwendet, die temporär oder permanent gelegt werden.

Alternativ wird je nach Bedarf ein Ein-, Doppel- oder Dreilumenkatheter per Seldingertechnik in die obere oder untere Hohlvene platziert. Falls mehrere Lumina vorhanden sind, liegen diese in einem alle Lumina umfassenden Katheter. Beim Zweilumenkatheter wird das Blut dem Patienten kontinuierlich am „arteriellen" Schenkel entzogen, durch den extrakorporalen Kreislauf geleitet und durch den „venösen" Zugang wieder zugeführt. In der Dialyse haben die Bezeichnungen „arteriell" und „venös" nichts mit arteriellem oder venösen Blut zu tun, sondern stehen für „bluteinströmend" bzw. „blutrückführend". Bei einem Dreilumenkatheter kann der dritte Zugang für Infusionen genutzt werden. Bei einem Einlumenkatheter gibt es nur einen einzigen Gefäßzugang. Wegen des kleineren Umfangs ist beim Legen die Gewebetraumatisierung geringer und der Katheter hat auch innerhalb des Gefäßes ein kleineres Lumen. Ob sich dies positiv auf die Komplikationsrate auswirkt, ist bisher nicht untersucht worden. Da es nur einen Gefäßzugang gibt, müssen Blutentzug und Blutrückgabe intermittierend, also abwechselnd erfolgen. Dafür ist eine spezielle apparative Ausstattung des Dialysegeräts nötig: Beim Ansaugen des Blutes muss der venöse Blutschlauch automatisch abgedrückt und somit das Blut am Zurückströmen gehindert werden. Das einströmende Blut wird in einer Sammelkammer aufgefangen. Anschließend wird der arterielle Blutschlauch automatisch abgedrückt und das Blut zurückgegeben. Ein spezieller Steuermechanismus muss die Einlauf- und Rücklaufphase regeln.

Um Katheter nicht nur über Wochen sondern über Monate benutzen zu können, gibt es zusätzlich subkutan getunnelte und dann in das Gefäß geführte Katheter oder direkt in das venöse Gefäß gelegte Zugänge. Sie sollen mit einer geringeren Komplikationsrate behaftet sein. Die direkt in das Gefäß gelegten Katheter bestehen aus rigidem Polyurethan oder PVC, damit sie leichter gelegt werden können. Bei Erwärmung auf Körpertemperatur wird dieses Material wieder weicher, so dass geringere Komplikationen der Gefäße auftreten. Eine andere Möglichkeit sind Katheter aus Silikon. Diese müssen wegen ihrer Flexibilität mit einem Trokar gelegt werden. Getunnelte Katheter gibt es nur aus Silikon oder einem Silikonelastomer. Das Hauptproblem der Katheter ist ihre hohe Infektionsrate. Um diese Rate zu vermindern, sind neue „Locklösungen" [6] (Lösungen zum Verschließen des Katheters, wenn er nicht benutzt wird) wie Zitrat im Einsatz. Zusätzlich werden auch neue Materialien für die Katheter getestet, wie zum Beispiel Polymere, die bakterizide Wirkungen haben. Verbesserungen werden aber auch auf dem Gebiet der Abdeckung bzw. dem Verband des Katheters oder bei der Endform der Katheter versucht. So sind zum Beispiel U-förmige Katheter am proximalen Ende mit einer geringeren Infektionsrate verbunden.

69.2.3 Die Entgiftungseinheiten: Dialysatoren und Adsorber

69.2.3.1 Dialysator

Der Dialysator ist das Verbindungsstück zwischen extrakorporalem Blutkreislauf und Dialysatkreislauf. In ihm befindet sich die semipermeable Membran, über die der Stoffaustausch zwischen Blut und Dialysierflüssigkeit, also die tatsächliche Blutreinigung, erfolgt. Es gibt ca. 500 unterschiedliche Arten von verwendeten Dialysatoren.

Davon sind etwa 460 Kapillardialysatoren und etwa 40 Plattendialysatoren. In Europa werden die Patienten fast nur noch mit Kapillardialysatoren behandelt.

Der optimale Hämodialysator sollte folgende Eigenschaften besitzen:

- guter Stoffaustausch ohne Verlust lebenswichtiger Stoffe
- flexible Einstellung der Ultrafiltration
- gute Biokompatibilität
- leichte Sterilisierbarkeit, ohne Änderung der Eigenschaften

Da der Anteil der Plattendialysatoren, die früher ausschließlich eingesetzt wurden, kontinuierlich abgenommen hat, ist im Folgenden lediglich ein typischer Kapillardialysator beschrieben. Ein Dialysator besteht aus einem 30 – 40 cm langen röhrenförmigen Gehäuse aus Polycarbonat, in dem sich ein Bündel aus Kapillarfasern, die Membran, befindet, das von der Dialysierflüssigkeit (Spülflüssigkeit) durchströmt wird. Die Kapillarzwischenräume der Membran sind an beiden Enden des Dialysators durch Polyurethan abgedichtet. Damit wird eine Trennung des Dialysatraumes und des Blutraumes erzielt (siehe Abb. 69.6). Die innere Oberfläche der Kapillaren (Membranoberfläche) beträgt ca. 1 bis 2,5 m². Dafür werden mehrere tausend bis über zehntausend kleine Hohlfasern (Innendurchmesser 0,2 mm) benötigt. Während durch die inneren Lumina das Patientenblut fließt, strömt an der Außenseite der Hohlfasern die Dialysierflüssigkeit im Gegenstrom entlang. Die Wände der Fasern bestehen aus porösem Material, so dass ein Übertritt von Stoffen aus dem Blut in die Dialysierflüssigkeit und umgekehrt stattfinden kann.

Die Leistungsfähigkeit einer Membran beim Wasserentzug wird in K_{UF} gemessen. Hauptursache der Ultrafiltration ist der Transmembrandruck (TMP_m). Der K_{UF}

69.2 Grundlagen der extrakorporalen Blutreinigungsverfahren für Niere und Leber 1535

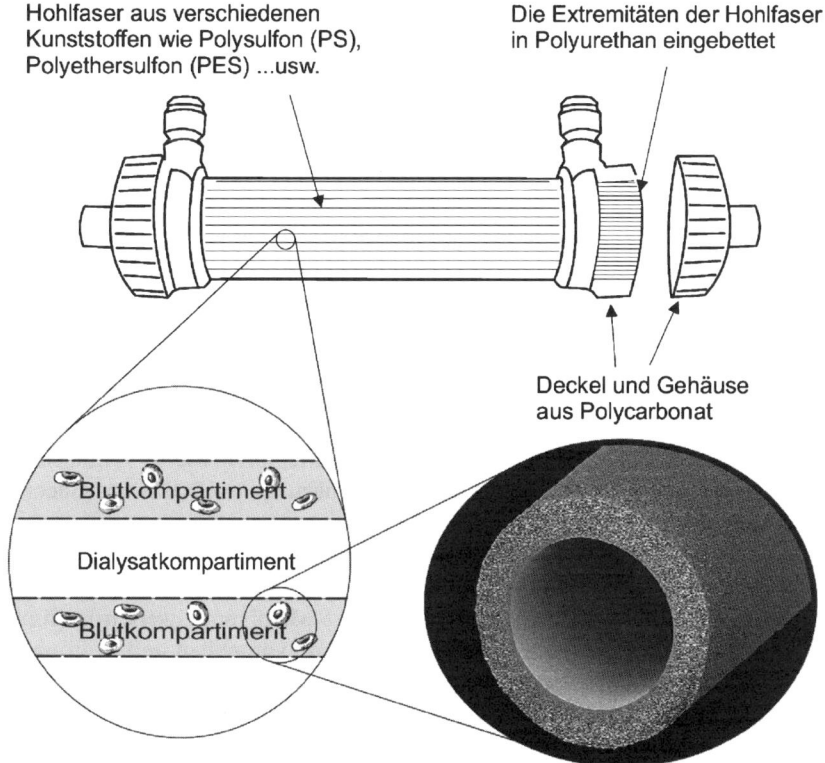

Abb. 69.6 Schematische Darstellung eines Dialysators

gibt an, wie viele Milliliter Flüssigkeit pro Stunde und mmHg Druckdifferenz durch die Membran gepresst werden. Die Membranen werden je nach Porengröße in drei Klassen unterteilt (siehe auch Tab. 69.3):

- Low-Flux-Membranen mit einer Permeabilität bis ca. 5.000 Dalton.
  Sie haben eine geringe Porengröße und sind durch einen spezifischen Ultrafiltrationskoeffizienten K_{UF} von weniger als 15 ml/h/mmHg definiert. Low-Flux-Membranen sind für die Entfernung mittelmolekularer Substanzen nicht geeignet.
- High-Flux-Membranen mit einer Permeabilität bis ca. 50.000 Dalton.
  Mit den größeren Poren und einem K_{UF} von >15 ml/h/mmHg lässt sich mit diesen Membranen die Elimination von Mittelmolekülen wie dem β_2-Mikroglobulin (Molekulargewicht 11.800 Dalton) erreichen. Moleküle wie Albumin werden nahezu vollständig zurückgehalten.
- Plasmapheresemembranen halten lediglich die zellulären Bestandteile des Blutes zurück und haben eine Permeabilität bis ca. 3.000.000 Dalton.
  Je nach zu entfernenden Substanzklassen sind auch andere Porengrößen möglich.

Weitere Charakteristika der Membran sind im Folgenden ausgeführt (siehe auch Tab. 55.6).

Symmetrische Membranen zeigen einen homogenen (gleichförmigen) Aufbau der Kapillarwand. Die Größe der Poren innen und außen ist identisch. Sie haben trotz ihrer dünnen Wände (ca. 8–10 µm) eine sehr gute mechanische Stabilität und hohe Permeabilität für kleinmolekulare Substanzen. Da ihre Wandstärke aber immer noch um mehr als den Faktor 100 größer ist als die zu entfernenden Moleküle wirken sie als Tiefenfilter. Die Permeabilität für mittelmolekulare Substanzen um die tausend Dalton und die hydraulische Permeabilität sind daher ziemlich klein.

Asymmetrische Membranen haben eine höhere Wandstärke und zeigen einen nicht homogenen Aufbau der Kapillarwand. Eine im Vergleich zu den symmetrischen Membranen sehr dünne blutseitige innere Schicht ermöglicht einen deutlich verbesserten Substanztransport sowie eine schärfere, mehr in den größermolekularen Bereich verschobene Trenngrenze. Die äußere Schicht der Membran dient nur noch der mechanischen Stabilität der inneren Membran. Sie ist vergleichsweise dick (ca. 40 µm), aber hochporös und zeigt nahezu keinen Diffusionswiderstand (siehe Abb. 69.6).

Die synthetischen polymeren Materialien, die für die Herstellung der Membranen benutzt werden, werden im Wesentlichen eingeteilt in hydrophob (wasserabstossend) oder hydrophil (wasserliebend). Einige Membranen weisen hydrophile und hydrophobe Domänen auf. Die Mischung von hydrophilen und hydrophoben Domänen ermöglicht es, dass auch eiweißgebundene hydrophobe Substanzen (Bilirubin) eine Membran bei einem entsprechenden Bindungspartner auf der Dialysatseite passieren können.

Als Maß für die Reinigungsleistung von Dialysatoren werden die Clearances von Harnstoff, Kreatinin, Phosphat, Vitamin B 12, Insulin und β_2-Mikroglobulin benutzt. Die Durchlässigkeit für die unterschiedlichen Stoffe wird mit dem so genannten Siebkoeffizienten beschrieben. Dieser beträgt z. B. für Harnstoff 1 (100%ige Durchlässigkeit) und für Albumin 0 (keine Durchlässigkeit).

69.2.3.2 Sterilisation der Dialysemembranen

Ein Dialysator muss vor Gebrauch entkeimt werden, da er wegen des Blutkontaktes steril sein muss. Da der Sterilisationsprozess die chemische Struktur des Membranmaterials ändern und auch generell die Membraneigenschaften in Bezug auf Leistung und Biokompatibilität negativ beeinflussen kann, muss das Sterilisationsverfahren auf das jeweilige Produkt abgestimmt sein. Die folgenden drei Sterilisationsverfahren sind die gegenwärtigen europäischen Standards: Bestrahlungssterilisation (γ, β), Sterilisation durch Dampf (feuchte Hitze) und Sterilisation durch Äthylenoxid (ETO). Genauso wie das Blutschlauchsystem gehört auch der Dialysator zu den Verbrauchsmaterialien und wird in Deutschland nach einmaliger Verwendung entsorgt. In einigen anderen Ländern wird aus ökonomischen Gründen derselbe Filter nach einer entsprechenden Aufbereitung wieder verwendet.

69.2 Grundlagen der extrakorporalen Blutreinigungsverfahren für Niere und Leber

Polymere der Dialysemembranen	Diffusive Permeabilität aufgelöster Stoffe pro Maßeinheit Bereich (K_o)	Wandstruktur	Oberflächenladung	Ultrafiltrationskoeffizient (K_{UF})	Sterilisation
Cuprophan	low-flux	symmetrisch	Hydrophil	<20	ETO/ Dampf/ Bestrahlung
Hemophan	low-flux	symmetrisch	hydrophil	<20	ETO/ Dampf/ Bestrahlung
Synthetically modified cellulose (SMC)	low/ high-flux	symmetrisch	hydrophil mit hydrophoben Zonen	<9	ETO/ Dampf/ Bestrahlung
Bioflux	low-flux	symmetrisch	hydrophil	<18	ETO/ Dampf/ Bestrahlung
Cellulose acetate/ diacetate	low-flux	symmetrisch	hydrophob	<30	ETO/ Bestrahlung
Cellulose triacetate	low/ high-flux	symmetrisch	hydrophob	<15	ETO/ Dampf/ Bestrahlung
Cuprammoniumrayon polyethylene glycol	low/ high-flux	asymmetrisch	hydrophob	<26	Bestrahlung
Polyacrylonitrile (PAN)	low/ high-flux	symmetrisch oder asymmetrisch	hydrophil mit hydrophoben Zonen	<55	ETO/ Bestrahlung
Polysulfone (PSU)	low/ high-flux	asymmetrisch	hydrophil mit hydrophoben Zonen	<104	ETO/ Bestrahlung
Polymethylmethacrylate (PMMA)	low/ high-flux	asymmetrisch	hydrophob	<40	Bestrahlung
Polyamide (PA)	low/ high-flux	asymmetrisch	hydrophob	<63	ETO
Polycarbonate polyether copolymer (PPC)	low-flux	asymmetrisch	hydrophil mit hydrophoben Zonen	<60	ETO/ Bestrahlung
Ethylene vinylalcohol (EVAL)	low-flux	symmetrisch		<32	ETO/ Bestrahlung

Tabelle 69.6 Derzeit für die Dialyse verwendete Membranen und ihre Eigenschaften

69.2.3.3 Adsorber

Eine alternative bzw. je nach zu entfernendem Toxin auch die einzige Methode zur Entgiftung von Blut, Plasma oder Dialysierflüssigkeit ist der Einsatz von Adsorbermaterialien wie Adsorberpolymeren oder Aktivkohle. Der Adsorber ersetzt die Dialysatormembran. Die zu entgiftende Flüssigkeit fließt in den Adsorber, wo die Schadstoffe durch hydrophobe oder ionische Anziehungskräfte an der Oberfläche des Adsorbers festgehalten werden [7]. Danach fließt die gereinigte Flüssigkeit aus dem Adsorber zurück in den Patientenkreislauf. Wenn Vollblut in direkten Kontakt mit dem Adsorber kommt, nennt man das Verfahren „Hämoperfusion" oder „Hämoadsorption". Um die Nachteile dieses Verfahrens (Leukopenie oder Thrombozytopenie) zu vermeiden, kann das Blut auch in seine Komponenten getrennt und nur das Plasma am Adsorber vorbeigeführt werden. Dieses Verfahren, z. B. „Fractionated Plasma Separation and Adsorption" (FPSA) oder Hämoadsorption, kann mit anderen extrakorporalen Verfahren bzw. Systemen wie Hämodialyse kombiniert werden (BioLogic-DTFP bzw. BioLogic-DT) [8], um eine effektive Entfernung aller Toxinarten zu erzielen.

Als weiterführende Entwicklung wurden bei verschiedenen Autoimmunerkrankungen, bei denen das Immunsystem eine Abwehrreaktion gegen körpereigenes Gewebe in Gang setzt, bzw. bei Abstoßungsgefahr eines Transplantats, erfolgreich Immunadsorptionsverfahren eingesetzt. Ein großer Vorteil der Immunadsorption gegenüber den anderen Adsorptionsverfahren ist in der selektiven Elimination pathogener Substanzen zu sehen. Protein A bindet beispielsweise vorzüglich an den Fc-Teil des Antikörpers und kann deswegen die unterschiedlichen Immunkomplexe adsorbieren. In einer anderen Weise verwendet man spezifische Antikörper, welche auf einem Trägermaterial (z. B. Polyvinylalkohol) befestigt werden, gegen Lipide (z. B. LDL-Cholesterol), um Lipidadsorption durchzuführen.

69.2.4 Biokompatibilität und Antikoagulation

69.2.4.1 Biokompatibilität

Biokompatibel ist ein System, wenn von ihm keine Schädigung des Patienten ausgeht. Hierzu gehören selbstverständlich sämtliche Komponenten des Dialysesystems: Schlauchsystem, Dialysatoren und Kanülen oder Katheter. Die Hauptfragestellung der letzten zwei Jahrzehnte war es, biokompatible Membranen für die Dialyse zu schaffen. Fremde Oberflächen können Plasmaproteine, Thrombocyten, Leukozyten und die enzymatischen Kaskaden des Koagulationssystems aktivieren. Deshalb sind dies auch die Parameter, die für die Evaluierung der Biokompatibilität extrakorporaler Verfahren benutzt werden. Auch die Wiederverwendung von Dialysemembranen, deren Eigenschaften sich durch die Aufnahme von Proteinen während der Dialyse verändern, hat Auswirkungen auf die Biokompatibilität. Allgemein gelten synthetische Membranen als biokompatibler als die Abkömmlinge der Cellulosemembranen. Bisher stehen aber die Daten aus, ob tatsächlich Auswirkungen auf die Mortalität oder die Morbidität der Patienten bestehen. Dies gilt auch für die unterschiedlichen Arten von Cellulosemembranen.

69.2.4.2 Antikoagulation

Die Antikoagulation, also die Verzögerung der Blutgerinnung, war einer der entscheidenden Schritte, der die Behandlung von Dialysepatienten ermöglichte. Ohne Antikoagulation kann eine Dialyse meist nur für 1–2 Stunden durchgeführt werden. Damit das Blut durch den extrakorporalen Blutkreislauf fließen kann und nicht gerinnt, muss die Aktivierung der Thrombozyten und der Gerinnungskaskade, die durch Kontakt mit den großen Austauschoberflächen des Dialysators sowie des Blutschlauchsystems zustande kommt, mit einer Antikoagulation gehemmt werden [9]. Die Vorbereitung des Blutkreislaufes mit einer Lösung, die bereits Heparin enthält, steigert die Verträglichkeit zwischen den fremden Oberflächen und dem Blut des Patienten.

Zur Antikoagulation stehen mehrere Methoden zur Verfügung:

Zugelassen für die Behandlung der Patienten sind unfraktioniertes Heparin, niedermolekulares Heparin, Hirudin und Heparinoide. Unfraktioniertes Heparin (UFH) ist das klassische und bei weitem am häufigsten verwendete Antikoagulans, welches die Wirkung des Antithrombin III erheblich steigert und dabei die Inaktivierung der Gerinnungsfaktoren um das 1000-fache bewirkt. Der gerinnungshemmende Stoff wird in Bolusinjektion und/oder kontinuierlich je nach Patient oder Medikament verabreicht. Durch die Applikation in die Blutbahn, wirken diese Stoffe im Patienten systemisch. Um zu hohe Dosen zu vermeiden, ist eine maschinelle Überwachung der Antikoagulation optimal. Ein kostengünstiges und sicher einsetzbares Verfahren existiert aber nur für unfraktioniertes Heparin. Dennoch kann es zu gefährlichen Blutungen kommen, besonders bei blutungsgefährdeten Patienten zum Beispiel nach Operationen. Alternativ werden deshalb auch so genannte regionale Antikoagulantien benutzt, die nur im extrakorporalen Blutkreislauf wirksam sind. Die Auswirkung des Heparin kann begrenzt werden durch die Zugabe eines Gegenmittels (Protamin) in den venösen Teil des extrakorporalen Blutkreislaufs. Eine andere Alternative ist die Citratantikoagulation. Sie ist aber nicht als Behandlungsmethode zugelassen. Die Verantwortung für die Therapie übernimmt in diesen Fällen der behandelnde Arzt.

69.2.5 *Dialysatzusammensetzung*

In den meisten Fällen haben die Patienten, die mit dem Dialyseverfahren behandelt werden müssen, Elektrolytmangel oder -überschuss. Diese Störungen sollen während des Dialyseverfahrens wieder behoben werden, indem die fehlenden Elektrolyte ersetzt und die überflüssigen entfernt werden. Dies wird dadurch erreicht, dass ein Konzentrationsgefälle zwischen Blut und Dialysat sowie die Ultrafiltration für die Korrektur der Elektrolyt- und Wasserhaushalte der dialysierten Patienten genutzt werden [10, 11].

Das Dialysat ist eine gepufferte Elektrolytlösung, d. h. sie enthält Elektrolyte wie Na^+, K^+, Ca^{2+}, Mg^{2+}, Cl^-, ein Bikarbonat-Puffersystem und eventuell Glucose (siehe Tab. 69.7). Die richtige Zusammensetzung und die Sterilität des Dialysats spielt eine bedeutende Rolle in der Behandlung. Bei der heute als Standard geltenden Bikarbonat-Dialyse wird das Dialysat innerhalb des Dialysegeräts aus Permeat, Elektrolytkonzentrat und Natriumbikarbonat angemischt. Die Mischung vor Ort ist aus der Notwendigkeit entstanden, dass das Dialysat steril sein muss. Die Verwendung von zwei Konzentraten erfolgt aus Stabilitätsgründen: Wenn man Natriumbikarbonat zusammen mit Kalzium und Magnesium in derselben Flüssigkeit lagert, bilden sich unlösliche Salze, die ausfällen. Obwohl alle anderen Substanzen in beiden Konzentraten integriert sein können, ist es üblich, dass im basischen Konzentrat nur Natriumbikarbonat und Natriumchlorid enthalten sind und das saure Elektrolytkonzentrat aus den restlichen Substanzen besteht.

Natrium (Na^+)

Natrium ist reichlich im extrazellulären Kompartiment des Körpers vorhanden. Ungefähr die Hälfte der Osmolarität des Plasmas (Normwert 280–300 mosmol/l) wird durch Natrium (Normwert 135–150 mmol/l) verursacht. Die Wasserwanderung zwischen den unterschiedlichen Körperkompartimenten ist mit der Veränderung der Natriumkonzentration eng verbunden. Es ist deswegen sehr wichtig, dass die Dialysierflüssigkeit Natrium in physiologischen und kontrollierten Konzentrationen enthält. Eine hyponaträmische Konzentration im Dialysat (weniger als die im Plasma) kann dazu führen, dass ein starker Abfall der Serumosmolarität zustande kommt. Dies kann ebenso wie eine schnelle Ultrafiltrationsrate Blutdrucksenkung veranlassen. Umgekehrt kann eine hypernaträmische Konzentration zur Korrektur von niedrigem Natrium im Plasma ein so genanntes „Disäquilibriumsyndrom" verursachen [12], welches durch Gehirnfunktionsstörungen charakterisiert ist, besonders wenn eine rasche Absenkung der harnpflichtigen Substanzen stattfindet. Obwohl dessen Effektivität umstritten ist, wird in manchen Zentren Natriumprofiling eingesetzt, um durch die variable Einstellung der Natriumkonzentration im Dialysat Hypertonie und Flüssigkeitsverschiebungen innerhalb des Körpers zu vermeiden. Natrium ist das einzige Ion, das manuell während der Dialyse mit der online-Produktion des Dialysats eingestellt werden kann, ohne dass die Konzentrate gewechselt werden müssen. Die routinemäßig eingesetzte Natriumkonzentration beträgt zwischen 135 – 145 mmol/l.

Kalium (Ka^+)

Kaliumüberschuss ist eine der klassischen Komplikationen des Nierenversagens. Während der Dialyse soll Kalium aus den extrazellulären sowie intrazellulären Kompartimenten entfernt werden. Zu diesem Zweck wird eine Dialysatkonzentration zwischen 0–4 mmol/l, abhängig von der Ausgangskonzentration im Plasma gewählt. Nur das Kalium in extrazellulären Kompartimenten steht frei zur Diffusion zur Verfügung. Ein erhöhter Quotient (intrazelluläres Kalium/extrazelluläres Kalium) kann beim Patienten mit Herzkrankheiten zu lebensbedrohlichen Rhythmusstörungen führen, was eine höhere Dialysatkonzentration notwendig macht, da der Gradient intrazelluläres Kalium/extrazellulärem Kalium entscheidend für die Herzmuskelbewegung und die Auslösung der Herzerregung der Muskeln ist.

69.2 Grundlagen der extrakorporalen Blutreinigungsverfahren für Niere und Leber

Kalzium (Ca^{2+})

Kalzium ist im Blutplasma in drei Formen vorhanden: Ionisiertes (1,1 – 1,5 mmol/l), komplex-förmiges, und proteingebundenes. Die ersten beiden Formen diffundieren durch die semipermeable Membran und können deshalb mit ultrafiltrierter Flüssigkeit verlorengehen. Aus diesem Grunde soll die Kalziumkonzentration im Dialysat, welche normalerweise zwischen 1,25 – 1,75 eingestellt wird, zur Kompensierung der Verluste entsprechend erhöht werden. Kalzium spielt eine wichtige Rolle bei der Regulation von Parathormon (ein Hormon der Nebenschilddrüse) sowie der Regulation des Blutdrucks.

Ein häufiges Problem bei der Zugabe von Kalzium in das mit Bikarbonat versetzte Dialysat ist die Entstehung von wasserunlöslichem Kalziumkarbonat. Ausfällung tritt häufiger auf, wenn Beuteldialysat verwendet wird und nimmt mit der Zeit zu.

Magnesium (Mg^{2+})

Magnesium hat eine Plasmakonzentration von 0,8 – 0,9 mmol/l. Davon sind 30% an Protein – hauptsächlich Albumin – gebunden. Eine Dialyse kann zwar mit einem magnesiumfreien Dialysat durchgeführt werden, aber dadurch können schwere Muskelkrämpfe entstehen. In der Praxis wird deshalb häufig eine Magnesiumkonzentration von 0,375 – 0,5 mmol/l in der Dialysierflüssigkeit benutzt. Manche Patienten bekommen Magnesium enthaltenden Phosphorbinder, welcher zum Magnesiumüberschuss führen kann, besonders wenn er mit Magnesium im Dialysat kombiniert wird. Magnesium, wie Kalzium, kann die Parathormonproduktion beeinflussen.

Glucose

Als einer der essentiellen Nährstoffe wird Glucose dem Dialysat zur Vermeidung von Hypoglykämie hinzugefügt (100–200 mg/dl), da sie durch die semipermeable Membran diffundieren kann.

Chlorid (Cl^-)

Die oben genannten Kationen (Na^+, K^+) werden hauptsächlich als Salze des Chloridions benutzt. Die Chloridkonzentration in der endgültigen Dialysatlösung beträgt zwischen 98 und 124 mmol/l.

Acetat (CH_3COO^-), Bikarbonat (HCO_3^-) und Laktat (CH_3-$HCOH$-COO^-)

Damit das Säure-Basen-Gleichgewicht bei der Dialyse wieder normalisiert werden kann, ist eine Art Puffer im Dialysat notwendig. Patienten mit Nierenversagen leiden typischerweise an metabolischer Azidose, welche mit einem Alkali ausgeglichen werden soll. Acetat, eine billige Chemikalie mit bakteriostatischen Eigenschaften, hat am Anfang Bikarbonat (wegen Inkompatibilitätsproblemen mit Kalzium und Magnesium) ersetzt, da es bereits in der Leber und in den Muskeln in Bikarbonat verwandelt wurde. Die Verträglichkeit von Acetat bei den behandelten Patienten

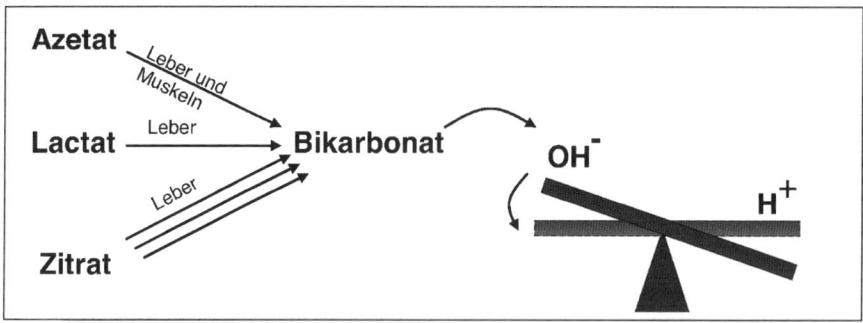

Abb. 69.7 Korrektur der metabolischen Azidose mit verschiedenen Pufferionen

war schlecht. Als unerwünschte Nebenwirkungen traten Vasodilation (Erweiterung der Blutgefäße), Hypoxie (Sauerstoffmangel im arteriellen Blut oder Gewebe) und Senkung der Funktionalität des Herzmuskels auf. Laktat wird auch in der Leber verstoffwechselt und darf als eine Quelle von Bikarbonat benutzt werden, hat aber den Nachteil, dass bei Störungen der Leberfunktion (z. B. Leberversagen) oder bei Laktatazidose hohe Konzentrationen im Blut akkumulieren können. Heutzutage kommt beim Dialysieren hauptsächlich Bikarbonat-gepuffertes Dialysat zum Einsatz, das online aus Bikarbonat- und Säure-Konzentrat hergestellt wird. Die Ausfällung der Kalziumkarbonatkristalle wird dadurch minimiert und große Mengen Flüssigkeit können als Dialysat sowie als Prä- oder Postdilution verwendet werden [13].

Andere Bestandteile

Phosphor in den Formen HPO_4^{2-} und $H_2PO_4^-$ wurde dem Dialysat selten zur Bekämpfung der Hypophosphatemie, einer Überdosiserscheinung, zugesetzt. Zitronensäure wird in der Leber in drei Bikarbonat-Moleküle verwandelt, hat eine bessere Biokompatibilität als Heparin und verschont die Poren des Dialysators. Sie kann deshalb Bikarbonat im Dialysat mit der Beachtung der Leberfunktion ersetzen. Harnstoff, eine zu entfernende Substanz, darf dem Dialysat zugesetzt werden, wenn eine langsame Reduzierung zur Vermeidung des Disäquilibriumsyndroms erzielt werden soll. Äthanol im Dialysat wurde zur Behandlung von Methanolvergiftung eingeführt. Des Weiteren darf Eisenmangel, eine häufige Erscheinung bei dialysierten Patienten, durch Eisen enthaltendes Dialysat korrigiert werden.

In Tab. 69.7 sind die Bestandteile und deren Konzentrationen im menschlichen Intrazellulärraum, im Plasma vom gesunden, im Plasma von Dialysepatienten und in der Dialysierflüssigkeit zum Vergleich aufgelistet. Anhand dieser Tabelle wird ersichtlich, warum Kalium und Phosphat so schwer zu entfernen sind: sie sind hauptsächlich intrazellulär.

69.2 Grundlagen der extrakorporalen Blutreinigungsverfahren für Niere und Leber

Bestandteile	Normale Konzentrationen im Intrazellulärraum [mmol/l]	Normale Plasmakonzentrationen im Menschen [mmol/l]	Plasmakonzentrationen bei Dialysepatienten [mmol/l]	Konzentrationen in der Dialysierflüssigkeit [mmol/l]
Na^+	14	135–150	120–150	133–145
K^+	140	3,5–5	2–10	0–4
Ca^{2+}	0	2,2–2,5	1,5–5	1,25–1,75
Mg^{2+}	20	0,7–1,0	0,5–1,5	0,25–0,5
Cl^-	10	98–108	85–130	98–124
HCO_3^-	10	22–28	5–38	30–40
HPO_4^{2-}, $H_2PO_4^-$	11	2		0
SO_4^-	1	0,5		0
Phosphorkreatin	45			0
Carnosin	14			0
Aminosäuren	8	2		0
Kreatin	9	0,2		0
Laktat	1,5	1,2		0
Adenosintriphosphat	5			0
Hexose Monophosphat	3,7			0
Glucose		5,6		5,6
Protein	4	1,2		
Urea / Harnstoff	4	4		
Sonstiges	11	4,8		

Tabelle 69.7 Konzentrationen verschiedener Bestandteile im menschlichen Intrazellulärraum, Plasma und in der Dialysierflüssigkeit

69.2.6 Normen und Leitlinien

Die Zertifizierungs- und die Zulassungsprozesse, die in den letzten zehn Jahren implementiert wurden, haben inzwischen den Aufwand für die Entwicklung und Produktion neuer Medizinprodukte deutlich ansteigen lassen. Bei einer Neuentwicklung fallen derzeit mehr als 40% des Aufwandes für Dokumentation und Erfüllung der in den Normen aufgeführten Anforderungen an. Dies ist umso mehr der Fall, wenn ein Produkt, wie es bei den Maschinen für extrakorporale Therapieverfahren der Fall ist, für den Weltmarkt produziert wird. Für jeden Schritt, angefangen von der Entwicklung bis zur Produktion oder der so genannten postmarket surveillance, gibt es, häufig länderspezifische, Standards. Eine Übersicht über die wichtigsten derzeit zu beachteten Normen für die Hämodialyse zeigt Tab. 69.8. Für die Leber-

Publizierte Standards	Neue Version (in Bearbeitung)	Beschreibung
EN IEC 60601-2-16:1998	IEC 62D/556/CDV	Medizinische elektrische Geräte – Teil 2–16: Besondere Festlegungen für die Sicherheit von Hämodialyse-, Hämodiafiltrations- und Hämofiltrationsgeräten
EN IEC 60601-2-39:1999	IEC 62D/555/CDV	Medizinische elektrische Geräte – Teil 2–39: Besondere Festlegungen für die Sicherheit von Peritoneal-Dialyse-Geräten
EN 13867:2003		Konzentrate für die Hämodialyse und verwandte Therapien
EN 1283:1996		Hämodialysatoren, Hämodiafilter, Hämofilter, Hämokonzentrationen und dazugehörige Blutschlauchsysteme
DIN VDE 0753-4:2004-10	DIN VDE 0753-4 / 02218842	Anwendungsregeln für Verfahren zur chronischen extrakorporalen Nierenersatztherapie – Qualitätsmanagement in Dialyseeinrichtungen
ISO 8637:2004		Kardiovaskuläre Implantate und künstliche Organe – Hämodialysatoren, Hämodiafilter, Hämofilter und Hämokonzentratoren
ISO 8638:2004		Kardiovaskuläre Implantate und künstliche Organe – Extrakorporaler Blutkreislauf bei Hämodialysatoren, Hämodiafiltern und Hämofiltern
ISO 13958:2002	ISO/CD-V-2 13958	Konzentrate für die Hämodialyse und verwandte Therapien
ISO 13959:2002	ISO/CD-V-2 13959	Wasser für die Hämodialyse und verwandte Therapien
ISO 13960:2003		Plasmafilter
	ISO/CD-V-2 26722	Wasseraufbereitungsanlagen für Hämodialyse
ANSI/AAMI RD5:2003		Hämodialysesysteme
ANSI/AAMI RD16:2007		Kardiovaskuläre Implantate und künstliche Organe – Hämodialysatoren, Hämodiafilter, Hämofilter und Hämokonzentratoren
ANSI/AAMI RD47:2002	AAMI/CDV-1 RD47	Wiederverwertung von Dialysatoren
ANSI/AAMI RD47:2002/ A1:2003		Änderung 1 – Wiederverwertung von Dialysatoren
ANSI/AAMI RD61:2006		Konzentrate für Hämodialyse
ANSI/AAMI RD62:2006		Wasseraufbereitungsanlagen für Hämodialyse

Tabelle 69.8 Übersicht der wichtigen europäischen und US-amerikanischen Normen für Dialyseprodukte. (EN = Europäische Norm; IEC = International Electrotechnical Commission; DIN = Deutsches Institut für Normung e.V.; VDE = Verband der Elektrotechnik, Elektronik und Informationstechnik; ANSI = American National Standards Institute; AAMI = Association for the Advancement of Medical Instrumentation; RD = Renal Desease and Detoxifikation Committee)

unterstützungstherapie gibt es derzeit (2007) noch keine Normen. Im Unterschied zu den Normen haben Leitlinien keinen bindenden Charakter. Bei ihnen handelt es sich um ärztliche Empfehlungen, wie Patienten am sichersten und effektivsten behandelt werden können.

69.3 Dialysetechnik

69.3.1 Extrakorporale Nierenunterstützungssysteme

Die Dialysebehandlung mittels extrakorporalem Blutkreislauf wird allgemein als Hämodialyse bezeichnet und ist die am häufigsten angewandte Form der Nierenunterstützungstherapie. Sie kann als vollassistierte Klinikdialyse, als ambulante Dialyse in darauf spezialisierten Behandlungszentren oder als Heimhämodialyse (also beim und vom Patienten zu Hause) durchgeführt werden. Bei der extrakorporalen Dialyse unterscheidet man zwischen den vier Therapieformen Hämodialyse, Hämofiltration, Hämodiafiltration und Hämoperfusion, und verschiedenen Behandlungsdauern.

69.3.1.1 Hämodialyse

Das Prinzip der Hämodialyse ist wie folgt: Chronischen Dialysepatienten wird das Blut über einen chirurgisch angelegten Gefäßzugang entzogen und in einen Dialysator geleitet. Im – umgangssprachlich auch als Hämofilter bezeichneten – Dialysator strömt das Blut an einer semipermeablen Membran entlang, auf deren anderer Seite eine physiologische Elektrolytlösung (Dialysat oder Dialysierflüssigkeit) in entgegen gesetzter Richtung fließt. Das so genannte Gegenstromprinzip bewirkt, dass über die gesamte Strecke des Dialysators ein Konzentrationsgefälle zwischen Blut und Dialysat existiert. Gemäß dem Prinzip des Konzentrationsausgleichs durch selektive Diffusion wandern nicht nur die harnpflichtigen und pathogenen Substanzen wie Harnstoff, Kreatinin und Phosphat aus dem Patientenblut in die toxinfreie Dialysierflüssigkeit, sondern es gleichen sich auch die Konzentrationen der Elektrolyte wie Natrium, Kalium und Kalzium im Dialysat und Blut an. Die korpuskulären und hochmolekularen Blutbestandteile (Proteine und Blutzellen) können die Membran nicht passieren und verbleiben somit im Blut. Der Wasserentzug erfolgt größtenteils mittels Ultrafiltration, die über den Transmembrandruck gesteuert wird. Das gereinigte Blut wird dem Patienten wieder über einen speziellen Gefäßzugang zugeführt. Das mit Toxinen angereicherte, „verbrauchte" Dialysat wird nach einmaligem Passieren des Dialysators entsorgt (single-pass-System). Um eine Hämodialyse durchführen zu können, benötigt man also (siehe auch Abb. 69.8):

- einen extrakorporalen Blutkreislauf (Blutschlauchsystem) mit Gefäßzugang (Primärkreislauf)
- einen Dialysator

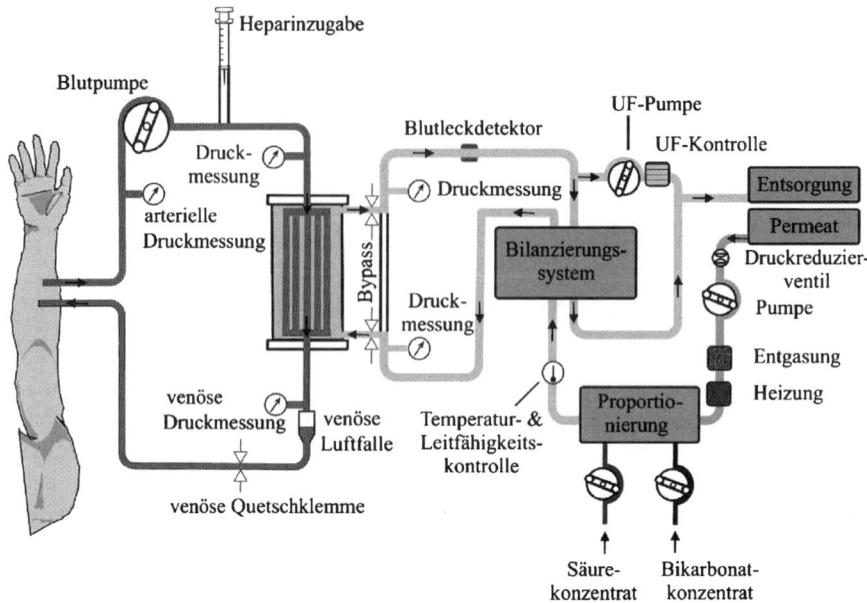

Abb. 69.8 Schematische Darstellung der Hämodialyse

- einen Dialysatkreislauf (Sekundärkreislauf) mit Dialysataufbereitung und Dialysatentsorgung inklusive den entsprechenden Sicherheits- und Regelungsfunktionen
- ein Dialysegerät mit Blutpumpe und Sicherheitsfunktionen

Da während der Dialysebehandlung große Mengen an reinem Wasser für die Dialysataufbereitung benötigt werden, muss die nötige Infrastruktur für die Wasserversorgung und Abwasserentsorgung, entweder in Form eines Anschlusses an eine Reinstwasseranlage oder durch eine geräteinterne Umkehr-Osmoseanlage, gegeben sein.

69.3.1.2 Hämofiltration

Bei der Hämofiltration werden die Toxine mittels Ultrafiltration und Konvektion über eine hochpermeable Membran aus dem Blut abfiltriert und die abfiltrierte Flüssigkeitsmenge durch eine physiologischen Substitutionslösung – auch Substitut genannt – ersetzt. Der nötige Filtratfluss wird üblicherweise durch eine Filtratpumpe erzeugt. Die abfiltrierte Flüssigkeit wird Ultrafiltrat genannt und enthält dieselben Toxinkonzentrationen wie das Patientenblut. Die hohen Filtratmengen von 6 Liter pro Stunde bzw. 20 bis 80 Liter pro Behandlung, die dann allerdings bis zu 24 Stunden dauern kann, sind nötig, um eine ausreichende Entgiftung des Körpers zu gewährleisten. Das Substituat wird über eine Heizung erwärmt und mittels einer

Pumpe in den extrakorporalen Blutkreislauf befördert. Da das Substituat in seiner Zusammensetzung dem Extrazellulärraum entspricht, kann über die Art der Zusammensetzung der Elektrolyte und Puffersubstanzen auch auf den Elektrolythaushalt des Patienten eingewirkt werden. Wird die Substitutionslösung vor dem Hämofilter zugegeben, bezeichnet man das Verfahren als Prädilution. Üblicher ist allerdings die Zugabe nach dem Hämofilter, die so genannte Postdilution. Wegen der Gefahr der zu starken Eindickung des Blutes darf der Filtratfluss bei der Hämofiltration mit Postdilution nicht höher als ca. ein Viertel des extrakorporalen Blutflusses sein. Im Allgemeinen dient die Hämofiltration der effektiveren Elimination mittelmolekularer Urämietoxine im Vergleich zur Hämodialyse.

Die Bereitstellung der Substitutionslösung kann heutzutage auf zwei unterschiedliche Arten erfolgen: In Beutelform oder durch die Aufbereitung der Dialysierflüssigkeit einer Hämodialysemaschine, im letzteren Fall nur als Hämodiafiltration. Wird das Substituat in Beuteln bereitgestellt, so entfallen ein Großteil der bei der Hämodialyse notwendigen Hydraulik, sowie die Notwendigkeit der Anbindung an die Wasserversorgung und der Abwasserentsorgung. Für die Hämofiltration benötigt man also:

- einen extrakorporalen Blutkreislauf (Blutschlauchsystem) ähnlich dem der Hämodialyse
- einen Hämofilter
- ein Hämofiltrationsgerät mit Blut-, Filtrat- und Substitutatpumpe und Sicherheitsfunktionen
- eine Substituatzuführung und -erwärmung inklusive Sicherheits- und Regelungsfunktionen
- einer Vorrichtung zur exakten Flüssigkeitsbilanzierung

Solche Bedside-Dialysegeräte werden hauptsächlich auf Intensivstationen verwendet.

Wird die Substitutionslösung direkt im Dialysegerät produziert, spricht man von der Online Hämofiltration. Hier wird das Substituat vom Dialysegerät aus dem Dialysekonzentrat und dem Permeat der Umkehrosmoseanlage produziert, über Ultrafilter gereinigt und mittels Heizung erwärmt, bevor es dem Patientenblut zugeführt wird. Die Online Hämofiltration erfordert also die gleiche Apparatur wie eine Hämodialysemaschine.

69.3.1.3 Hämodiafiltration

Die Hämodiafiltration stellt eine Kombination der beiden bereits erwähnten Verfahren dar, d.h. gleichzeitig mit der stattfindenden Hämodialyse wird eine Hämofiltration durchgeführt. Dadurch sollen sowohl die Vorteile der Hämodialyse (sehr effektiver diffusiver Transport niedermolekularer Substanzen) als auch die der Hämofiltration (effektiver konvektiver Transport mittelmolekularer Stoffe) genutzt werden. Dabei ist das Ziel, eine höhere Eliminationsrate von klein- und mittelmolekularen Substanzen zu erreichen als beim Einsatz eines Einzelverfahrens. Auch bei

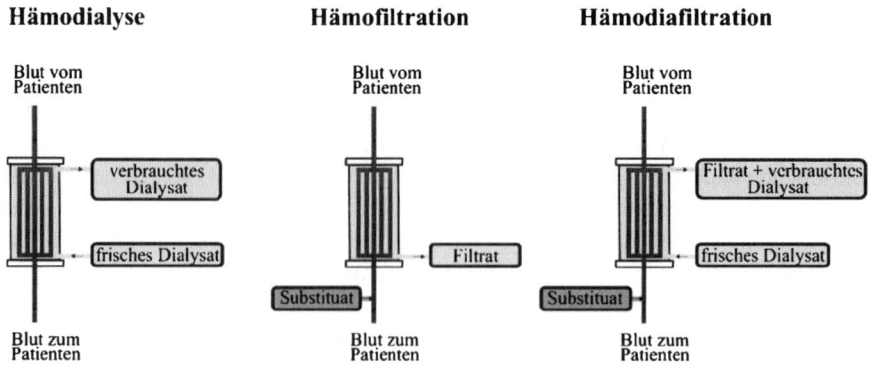

Abb. 69.9 Hämodialyse, Hämofiltration und Hämodiafiltration im Vergleich

der Hämodiafiltration werden dem Patientenblut bis zu 60 Liter Substitutionslösung pro Behandlung zugeführt. Das ist beim Einsatz steriler Substituationslösungen in Beuteln mit einem hohen finanziellen Aufwand verbunden. Günstiger ist deshalb die so genannte Online Hämodiafiltration, bei der ähnlich der Online Hämofiltration die Substitutionslösung aus vorhandener Dialysierflüssigkeit hergestellt wird.

69.3.1.4 Hämoperfusion

Die Hämoperfusion ist eine Modifikation der Hämodialyse, die heutzutage zur Dialyse praktisch nicht mehr angewandt wird und nur in Form der Ready-Niere existiert. Hier wird das Blut im extrakorporalen Kreislauf nicht durch einen Dialysator mit semipermeabler Membran geleitet, sondern durch einen mit Adsorbenzien (z. B. Aktivkohle oder Harz) gefüllten Filter. Da die Giftstoffe an die Adsorbenzien gebunden werden, können auch lipophile, nicht dialysierbare Toxine entfernt werden, so z. B. organische Lösungsmittel, Insektizide und Pilzgifte. Allerdings werden bei jeder Hämoperfusion bis zu 60% der Thrombozyten adsorbiert. Darüber hinaus wird der Hämoperfusion durch Aktivkohle die substantielle Schädigung von Blutbestandteilen, wie z. B. den Blutplättchen (Thrombozyten), den Leukozyten und den Erythrozyten unterstellt. Die Biokompatibilität ist schlechter im Vergleich zur Hämodialyse. Es werden Blutbestandteile wie Gerinnungsfaktoren oder zelluläre Bestandteile wie Blutplättchen von der Kohle gebunden. Die Effektivität dieses Verfahrens ist sehr gering. Deshalb wird es heutzutage nur noch für ganz seltene Intoxikationen und nicht als Nierenunterstützungssystem verwendet.

69.3.2 Intrakorporales Nierenunterstützungssystem: Peritonealdialyse

Als einziges intrakorporales Nierenunterstützungssystem existiert die Peritonealdialyse zur Anwendung innerhalb des Körpers. Diese soll hier nur kurz der Vollständigkeit halber vorgestellt werden. Als natürliche Filtermembran wird bei der Peritonealdialyse das gut durchblutete Bauchfell (Peritoneum) des Patienten genutzt. Über einen Katheter werden mehrmals am Tag 2 bis 3 Liter einer speziellen physiologischen Peritonealdialysierflüssigkeit in den Peritonealraum geleitet. Aufgrund der Konzentrationsunterschiede diffundieren die Toxine aus den unter der peritonealen Membran liegenden Kapillaren in die Lösung und die Elektrolytkonzentrationen gleichen sich an. Die Entwässerung des Patienten wird über Osmose realisiert, indem die Dialysierflüssigkeit mit Glucose angereichert wird. In der Regel wird die Dialysierlösung nach 4 – 5 Stunden wieder aus der Bauchhöhle ausgelassen und durch eine neue Lösung ersetzt. Wechselt der Patient die Dialysierflüssigkeit selbst, wird von der kontinuierlichen ambulanten Peritonealdialyse (CAPD) gesprochen, übernimmt ein Dialysegerät (Cycler) den Wechsel, handelt es sich um die automatische Peritonealdialyse (APD).

Der Vorteil der Peritonealdialyse liegt darin, dass der Patient diese selbständig zu Hause durchführen kann. Allerdings besteht das Risiko, dass sich die Austrittsstelle des permanent in der Bauchhöhle positionierten Katheters infizieren und zu einer Peritonitis führen kann.

69.3.3 Unterschiedliche Behandlungsdauern

Die Nierenunterstützungssysteme lassen sich nicht nur nach dem genutzten physikalischen Effekt einteilen, sondern auch nach der unterschiedlichen Behandlungsdauer. Bei Patienten mit chronischem Nierenversagen wird eine der erwähnten Behandlungsformen (die Hämofiltration spielt hier keine Rolle) üblicherweise intermittierend dreimal die Woche für 4 – 8 Stunden angewandt. Patienten mit akutem Nierenversagen werden auf der Intensivstation kontinuierlich (Tage bis Wochen) dialysiert. Dabei werden die bereits vorgestellten Verfahren Hämodialyse, Hämofiltration und Hämodiafiltration in etwas abgewandelter Form eingesetzt. Darüber hinaus lassen sich die kontinuierlichen Verfahren in arterio-venöse und veno-venöse Verfahren unterteilen. Bei den arterio-venösen nutzt man das natürliche Druckgefälle zwischen dem arteriellen und dem venösen Gefäßsystem für die Durchströmung des Dialysators. Diese Technik kommt aufgrund der Schädigung der Arterie und der dadurch verursachten häufigen Komplikationen nicht mehr zum Einsatz. Bei den veno-venösen Verfahren wird das Blut durch eine Pumpe in den extrakorporalen Kreislauf befördert. In Tab. 69.9 sind die unterschiedlichen zeitlichen Behandlungsformen aufgelistet.

Dialyseverfahren	Erklärung	Dauer
CVVH	kontinuierliche veno-venöse Hämofiltration	kontinuierlich
CVVHD	kontinuierliche veno-venöse Hämodialyse	kontinuierlich
CVVHDF	kontinuierliche veno-venöse Hämodiafiltration	kontinuierlich
SCUF	langsame kontinuierliche Ultrafiltration	kontinuierlich bis intermittierend
iHD	intermittierende Hämodialyse	2 bis 12 Std.
SLEDD	langsame verlängerte tägliche Dialyse	12 Std.
CAPD	kontinuierliche ambulante Peritonealdialyse	kontinuierlich / Wechsel der Flüssigkeit 4 bis 5-mal
APD	ambulante Tages-Peritonealdialyse	wie CAPD, nur nachts bleibt die Bauchhöhle leer
CCPD	kontinuierliche cyclervermittelte Peritonealdialyse	kontinuierlich / über Nacht übernimmt ein Cycler den Beutelwechsel, über Tag bleibt eine Beutelfüllung des Dialysats im Peritoneum
NPD	nächtliche Peritonealdialyse	wie CCPD, nur bleibt die Bauchhöhle tagsüber leer
IPD	intermittierende Peritonealdialyse	intermittierend
NIPD	nächtliche intermittierende Peritonealdialyse	intermittierend
TPD	Tidal-Peritonealdialyse	

Tabelle 69.9 Die Behandlungsformen mit den Nierenunterstützungssystemen lassen sich nach der Dauer der Sitzung unterscheiden

69.3.4 *Aufbau einer Dialysemaschine mit integrierter Dialysataufbereitung*

Wie bereits erwähnt, unterscheiden sich die verschiedenen Dialysegeräte je nach Therapieform in Gestaltung und Funktion. Nachfolgend wird der Aufbau eines Dialysegeräts zur Online Hämodiafiltration mit integrierter Dialysataufbereitung erläutert.

69.3.4.1 Anforderungen an Dialysegeräte

Nach den Vorgaben der Deutschen Arbeitsgemeinschaft für Klinische Nephrologie e.V. muss ein Dialysegerät folgende Funktionen erfüllen:

69.3 Dialysetechnik

- Herstellung der Dialysierflüssigkeit aus einem flüssigen oder pulverförmigen Konzentrat und aufbereitetem Leitungswasser
- Temperierung und Entgasung der Dialysierflüssigkeit sowie Kontrolle der Leitfähigkeit
- Kontinuierliche Messung und Möglichkeit der Steuerung der Ultrafiltration
- Verwendung von Bikarbonatpuffern
- Monitorisierung des extrakorporalen Kreislaufs
- Möglichkeiten der chemischen und/oder thermischen Desinfektion der mit Dialysierflüssigkeit in Kontakt kommenden Oberflächen [14].

Dabei muss in ganz besonderem Maße die Patientensicherheit gewährleistet sein, da die Behandlung aufgrund des hohen Blutvolumens, das entnommen, außerhalb des Körpers gereinigt wird und reinfundiert wird, mit erheblichen Risiken für den Patienten verbunden ist. Als Risiken lassen sich beispielsweise nennen: falsche Ultrafiltrationsrate durch Bilanzierungsfehler, falsche Zusammensetzung oder zu hohe Temperatur der Dialysierflüssigkeit, Blutverlust durch Lecks im Schlauchsystem oder in der Dialysatormembran, Luftinfusion ins Patientenblut.

Da das Eintreten dieser Risiken zum Teil lebensgefährlich für die Patienten sein kann, muss die Gefährdung auf ein Minimum reduziert werden, indem „in hohem Maße zuverlässige, redundant sichere und intuitiv bedienbare Technik zur Durchführung, Steuerung und Überwachung der Therapie" [15] eingesetzt wird. Aus diesem Grund sind in die Maschine einige Sensoren integriert, die die wichtigsten Behandlungs- und Sicherheitsparameter kontrollieren. Darüber hinaus müssen die Dialysegeräte – wie grundsätzlich alle Maschinen – auch den Anforderungen an die elektrische Sicherheit genügen. Da der Patient über die elektrisch leitfähigen Medien Blut und Dialysat direkt mit der Maschine in Kontakt steht, muss das Gerät bezüglich der auftretenden Leckströme die Anforderungen der höchsten Schutzklasse „CF" (Cardiac Floating) der Norm IEC 60601-1 erfüllen.

69.3.4.2 Grundsätzlicher Aufbau eines Dialysegerätes

Grundsätzlich kann man ein Dialysegerät in folgende Module einteilen:

- Extrakorporaler Blutkreislauf
- Dialysatkreislauf (inkl. Dialysataufbereitung)
- Desinfektionseinheit
- Bedienteil
- Netzteil.

Darüber hinaus kommen Verbrauchsmaterialien – so genannte Disposables – während der Behandlung zum Einsatz. Diese sind z. B. Dialysekanülen, Blutschlauchsysteme, Dialysatoren, Dialysekonzentrate etc.

In Abb. 69.10 ist beispielhaft eine Dialysemaschine 4008H von Fresenius Medical Care in Vorder- und Rückansicht abgebildet. Die wichtigsten Komponenten sind beschriftet.

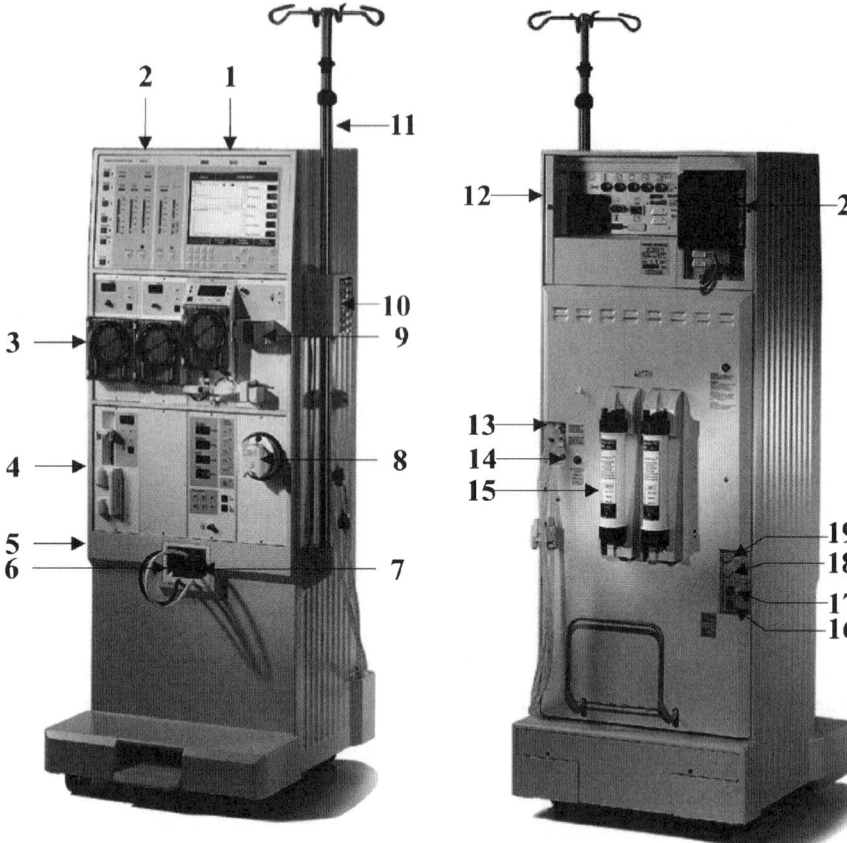

1 Touch Screen	12 Monitor-Rückseite
2 Alarm-Anzeige	13 Zu- und Ablaufschläuche für den Dialysator
3 Blutpumpenmodul	14 Desinfektionsanschluss
4 Heparinspritzenpumpe	15 Filter für reines Dialysat
5 Spülbereich (Hydraulik)	Zentralversorgung Bikarbonatanschluss
6 Bikarbonatansaugrohr (blau)	16 (blau)
7 Konzentratansaugrohr (rot)	17 Zentralversorgung Konzentratanschluss (rot)
8 Bikarbonat-Kartuschenkonnektor	18 Abfluss
9 Luftdetektor	19 Wasseranschluss (Permeat)
Kurzschlussteil für die	20 Netzteil
10 Dialysatoranschlussschläuche	
11 Infusionsstange	

Abb. 69.10 Foto einer Dialysemaschine 4008H von Fresenius Medical Care

69.3.4.3 Extrakorporaler Blutkreislauf

Das Blut des Patienten wird durch den extrakorporalen Blutkreislauf geleitet, somit stellt dieses Schlauchsystem die direkte Verbindung zwischen dem Patienten und der Maschine dar. Aus diesem Grund ist hier ein Großteil der Sensorik zur Gewährleis-

69.3 Dialysetechnik

tung der Patientensicherheit integriert. Bevor allerdings detaillierter auf die einzelnen Bestandteile des extrakorporalen Blutkreislaufs eingegangen wird, sollen diese kurz in ihrer Gesamtheit vorgestellt werden. Über einen speziell gelegten Gefäßzugang wird dem Patienten das urämische Blut mittels Schlauchrollenpumpe kontinuierlich entnommen („arterieller" Teil). Über Drucksensoren wird der arterielle Druck im Schlauchsystem sowohl vor als auch nach der peristaltischen Blutpumpe gemessen. Zur Antikoagulation wird dem Blut nach der Pumpe und vor dem Dialysator über eine Spritzenpumpe Heparin zugegeben. Eventuell wird zusätzlich die Prädilution über eine Pumpe in das Blut geleitet. Im Dialysator fließt das Blut an einer semipermeablen Membran vorbei und wird entgiftet. Nach dem Dialysator verhindert ein Blasenfänger, dass Luft mit dem Blut weitergeleitet und in den Patienten infundiert wird. Der Blasenfänger wird auch Mischkammer genannt, weil hier die Postdilution zugegeben werden kann. In der Mischkammer wird auch der venöse Rücklaufdruck gemessen, der zur Bestimmung des Transmembrandrucks nötig ist. Bevor das Blut schließlich zum Patienten zurückgeführt wird, durchläuft es noch den optischen Farbsensor, der sicherstellt, dass ausschließlich Blut, also weder klare Spüllösung noch Luft zum venösen Gefäßzugang des Patienten transportiert wird (vgl. Abb. 69.8).

Gefäßzugang

Über den Gefäßzugang wird die Verbindung zwischen dem intrakorporalen und dem extrakorporalen Blutkreislauf hergestellt. Da chronische Patienten meistens drei Mal wöchentlich dialysiert und somit auch mit Dialysekanülen punktiert werden, legt man ihnen am Arm operativ dauerhafte Gefäßzugänge an. Diese so genannten Cimino-Fisteln oder Shunts bieten nicht nur eine ausreichend große Punktionsfläche, sondern ermöglichen auch die für die Dialyse nötigen hohen Blutflussraten.

Blutschlauchsystem

Da das Schlauchsystem direkt mit dem Blut in Kontakt kommt, muss es aus biokompatiblem Material produziert und vor der Verwendung sterilisiert werden. Zur besseren Sichtkontrolle während der Behandlung müssen die Schläuche außerdem durchsichtig sein. Üblich sind Schläuche aus PVC (Polyvinylchlorid) mit einem Innendurchmesser von 4,5 bis 4,8 mm und einem Gesamtvolumen von 200 bis 300 ml. Schläuche aus PVC haben den Vorteil der einfachen Herstellung und Sterilisation. Allerdings besteht die Gefahr, dass Weichmacher wie Phthalate-di-(2-ethylhexyl)phthalate (DEHP) ausgewaschen werden, in das Blut gelangen und zu Schäden in der Leber, zu Krebs und Asthma führen [16, 17]. Daher wird nach alternativen Weichmachern bzw. Maßnahmen gesucht, die das Auswaschen des DEHP verhindern (z. B. Beschichten der inneren Lumina des Schlauchsets) [18-20]. Das Blutschlauchset ist ein Verbrauchsmaterial und wird – wie jedes direkt mit Blut in Kontakt kommende Element der Dialysegeräte – nur für jeweils eine Behandlung verwendet und danach entsorgt.

Drucksensoren

Im Blutschlauchsystem werden folgende Drücke über elektrische Druckaufnehmer kontinuierlich gemessen und kontrolliert:

- Der arterielle Einlaufdruck zwischen Gefäßzugang und Blutpumpe:
  Dieser Druck ist ein Ansaugdruck und somit negativ. Gründe für einen hohen Sogwert können beispielsweise ein Knick oder ein Blutgerinsel im Schlauchsystem vor der Blutpumpe sein oder Blutdruckabfall beim Patienten. Steigt der Blutdruck des Patienten oder ist das Schlauchsegment beschädigt, zeigt sich das in einem geringen Sogwert.
- Der venöse Rücklaufdruck zwischen dem Dialysator und dem venösen Gefäßzugang:
  Hierbei handelt es sich normalerweise um einen positiven Druck. Ein hoher Druckwert wird z. B. durch einen Knick im Schlauchsystem, Blutgerinsel im Blasenfänger oder Probleme am Gefäßzugang verursacht. Ein niedriger Druckwert entsteht beispielsweise bei einer Schlauchruptur.
- Der Druck zwischen Blutpumpe und Dialysator:
  Dieser Druck ist ebenfalls normalerweise positiv. Hohe Druckwerte entstehen z. B. durch Clotting des Dialysators oder ein abgeknicktes Schlauchsegment. Auch hier kann ein beschädigtes Schlauchsegement zu niedrigen Druckwerten führen.

Wie bereits erwähnt wird aus den Druckwerten im Blut und im Dialysat jeweils vor und nach dem Dialysator der so genannte Transmembrandruck (*TMP*) berechnet, der zur Einstellung der Ultrafiltration sowie als Kontrollparameter dient. Um eine sichere Trennung zwischen sterilem Blutschlauchsystem und unsterilem elektrischen Druckaufnehmer zu gewährleisten, ist der Druckaufnehmer über einen Filter mit hydrophober Membran mit der so genannten Druckmesslinie (dünner Schlauch) des Blutschlauchsets verbunden. Die Membran ist wegen der Hydrophobie zwar für Luft aber nicht für Flüssigkeiten durchlässig und garantiert damit den Schutz vor Kreuzkontamination [21]. Der Drucksensor wandelt den in Form von komprimierter Luft anliegenden Druck p in ein elektrisches Signal U um, das innerhalb der Steuerung des Dialysegeräts dann weiterverarbeitet werden kann.

Sollten die Druckwerte außerhalb der definierten Grenzen liegen, wird visueller und akustischer Alarm ausgelöst und die Maschine geht in den patientensicheren Zustand, d.h. der Blutschlauch wird mittels einer automatischen Klemme abgedrückt und die Blutpumpe wird umgehend gestoppt.

Blutpumpe

Bei der Blutpumpe handelt es sich um eine Schlauchpumpe, die das Blut mit einer Rate von bis zu 600 ml/min in den extrakorporalen Kreislauf befördert – sofern der Gefäßzugang für solch hohe Blutflüsse ausgelegt ist. Die Pumpe hat üblicherweise einen rotierenden Rollenläufer mit zwei Rollen, durch die der Pumpenschlauch im Rundlauf okklusiv gegen die Wand des Pumpengehäuses gepresst wird. Dadurch entsteht vor der Pumpe ein Sog und hinter der Pumpe ein Druck, der das Blut durch das Schlauchsystem zwingt. Bei modernen Dialysemaschinen wird nicht nur die

69.3 Dialysetechnik

Förderrate auf dem Bildschirm angezeigt, sondern es lassen sich auch Sonderfunktionen wie z. B. eine langsame, schonende Förderratensteigerung nach dem Einschalten realisieren. Die Geräteanzeige der Blutflussrate basiert allerdings nicht auf einem tatsächlich gemessenen Volumenstrom, sondern sie wird vielmehr durch die Multiplikation der Pumpendrehzahl mit dem durch den Pumpenschlauch bedingten Füllvolumen berechnet:

$$Q_b = 2 * rpm * \text{Schlauchvolumen}(\pi * r^2 * l)$$

mit dem Blutfluss Q_b, der Pumpendrehzahl rpm, dem Schlauchinnendurchmesser r und der Länge l des Schlauchs, der zwischen den beiden Rollen zusammengedrückt wird.

Da die Förderrate anhand dieser Berechnung jedoch nur annähernd ermittelt werden kann, muss die Pumpe regelmäßig überprüft werden. Die Berechnung berücksichtigt nämlich nicht, dass die Förderrate auch beeinflusst wird von den Druckverhältnissen im Shunt, den verwendeten Kanülengrößen und der Okklusion [22]. Aber selbst kalibrierte Pumpen laufen nicht exakt (eine Fördergenauigkeit von 10% gilt als ausreichend [22, 23]), da viele Einflussparameter nicht konstant bleiben. So geht z. B. die Querschnittsfläche des Schlauchs fälschlicher Weise als konstanter Wert in die Gleichung ein. Allerdings ist diese nur bei unveränderten Druckverhältnissen konstant, im Falle eines Druckanstiegs dehnt sich der Schlauch in Abhängigkeit der Materialfestigkeit minimal aus, bei Druckabfall zieht er sich zusammen. Das führt dazu, dass bei negativem Druck im Schlauch weniger Flüssigkeit befördert wird, als es gemäß der Kalibrierung sein sollte [24–26]. Dies führt bei einem PVC-Schlauch und –200 mm/Hg zu einer 7 bis 14-prozentigen Reduzierung des Blutflusses. Um diese Ungenauigkeit auszugleichen, korrigieren moderne Dialysemaschinen die berechnete Förderrate mittels eines Software-Algorithmus mit dem gemessenen arteriellen Einlaufdruck vor der Blutpumpe. Dies bewirkt eine Genauigkeit von 5%, was der Genauigkeit einer Ultraschall-Flussmessung entspricht.

Auch die Okklusion spielt für die Fördergenauigkeit eine wichtige Rolle. Der Rollenläufer muss so eingestellt sein, dass der Pumpenschlauch durch die Rollen vollständig zugedrückt und das komplette Füllvolumen zwischen den Rollen gefördert wird. Sowohl Unter- als auch Überokklusion sind unerwünscht, das erst Genannte führt zu einer reduzierten Förderrate und das zweit Genannte zu einer erhöhten Abnutzung (Walken) des Pumpenschlauchs. Zur Vermeidung einer Unter- bzw. Überokklusion des Blutschlauchs und einer übermäßigen Pulsation – eine hohe Pulsation verursacht Hämolyse – werden gefederte Rollen verwendet. Des Weiteren ist das Pumpensegment des Schlauchsets aus dickerem und widerstandsfähigerem Material und die Pumpe kann an verschiedene Schlauchgrößen und -wandstärken angepasst werden. Um das elektrische Gefahrenpotenzial zu verringern, werden die Pumpen über einen Niederspannungsmotor angetrieben. Außerdem sind sie für den Fall eines Stromausfalls auch manuell bedienbar. Aus sicherheitstechnischen Gründen können die Blutpumpen nur in Vorwärtsrichtung betrieben werden, da bei entgegen gesetzter Förderrichtung wegen der Luft in der Blasenkammer die Gefahr der Luftinfusion besteht. Für eine ausreichende Hygiene sollte eine problemlose Reinigung möglich sein, d.h. der Rollenläufer sollte einfach zu entnehmen und das Innere des Pumpenkopfes glatt und ohne Kanten sein.

Heparinpumpe

Um die Gerinnungsprozesse zu kompensieren, die durch den Kontakt des Blutes mit dem körperfremden Schlauchsystem ausgelöst werden, gibt man dem Blut im arteriellen Teil des Blutschlauchsystems das Antikoagulationsmittel Heparin zu. Dabei sind folgende Punkte zu beachten:

- Die Ansprechbarkeit auf Heparin ist bei jedem Patienten unterschiedlich, so dass für jeden Patienten eine individuelle Dosierung gefunden werden muss.
- Die durchschnittliche Zugabe von 500 bis 2.500 IE erfolgt meist kontinuierlich nachdem eine Initialdosis von 2.500 bis 5.000 IE als Bolus gegeben wurde. Heparinpumpen sind üblicherweise Spritzenpumpen.
- Die Wirksamkeit des Heparins ist vom pH-Wert abhängig. Da das Patientenblut im Verlauf der Dialysebehandlung etwas saurer wird, wirkt die gleiche, gegen Ende der Dialyse verabreichte, Heparinmenge stärker gerinnungshemmend, als zu Behandlungsbeginn.

Dialysator

Das Blut wird durch den Dialysator geleitet (Details hierzu siehe oben).

Blasenfänger mit Luftdetektor und Farbsensor

Der Blasenfänger ist eine kleine Sammelkammer, die sich hinter dem Dialysator im Blutschlauchsystem befindet. Hier erfolgen auch die Messung des venösen Rücklaufdrucks und bei Bedarf die Zugabe der Postdilution. Das Blut tropft von oben in die Kammer hinein und fließt unten wieder ab. Ein Feinfilter (Maschenweite 120–200 µm) am unteren Ausgang der Kammer verhindert den Durchtritt kleiner Blutkoagel und Partikel, die sich während der Dialyse gebildet haben bzw. von der Dialysatormembran oder dem Pumpenschlauchsegment (Abrieb) stammen. Allerdings haben einige Studien gezeigt, dass gerade der Blasenfänger für die Bildung von Blutgerinseln verantwortlich ist, da es hier zu einer Stagnation des Blutflusses und zu Luftkontakt kommt [27].

Am Blasenfänger ist zusätzlich ein Luftdetektor angebracht. Dieser stellt eine der wichtigsten Sicherheitskomponenten einer Dialysemaschine dar, da die Detektion von Blutschaum und Mikrobläschen lebensbedrohliche Luftembolien im Patientenblut verhindern soll. Eine schwere Luftembolie kann ab einem Luftvolumen im Blut von ca. 50 ml auftreten. Ursachen für Luftinfusion ins Blutschlauchsystem liegen in schlechtem Handling (z. B. Herausrutschen der arteriellen Nadel oder leere Infusionsflaschen aus Glas) oder technischen Defekten (z. B. Schlauchruptur). Die Luftdetektoren basieren auf dem Ultraschall-Prinzip. Das heißt, ein Sender schickt Ultraschallwellen quer zur Flussrichtung durch die Flüssigkeit zu einem Empfänger auf der anderen Seite. Hier macht man sich die Tatsache zunutze, dass die Schallwellen in unterschiedlichen Medien unterschiedlich effektiv übertragen werden und somit die am Empfänger ankommenden Impulse unterschiedlich stark sind (Flüssigkeiten übertragen den Schall effektiver als Luft). Der Empfänger detektiert die unterschiedlichen Amplituden und löst Alarm aus, falls diese nicht innerhalb der definierten Grenzen liegen. Da die Gefahr besteht, dass der Luftdetektor vom Anwender unbemerkt durch Blutkoagel überbrückt wird, ist nach dem Ultraschall-Sensor ein optischer Sensor positioniert, der einen möglichen Farbwechsel erkennen soll. Im Falle eines Farbwechsels von rot (Blut) auf weiß (Luft oder zur Spülung benutzte Kochsalzlösung) wird sofort visueller und akustischer Alarm ausgelöst und die Maschine in den patientensicheren Zustand versetzt, indem die Blutpumpe gestoppt und die Blutschlauchklemmen geschlossen werden.

Blutschlauchklemmen

Die Blutschlauchklemmen dienen dazu, die Verbindung zwischen Blutschlauchsystem und Gefäßzugang im Gefahrenfall zu unterbinden. Die Klemmen müssen Drücken bis zu 800 mm/Hg standhalten, da sonst die Gefahr besteht, dass durch die Dialysatoren Flüssigkeit in den intrakorporalen Blutkreislauf gepresst wird, obwohl die Blutpumpe stillsteht. Zudem müssen die Blutschlauchklemmen automatisch schließen, falls der Kreislauf beschädigt ist oder die Energiezufuhr unterbrochen wurde. Jedoch sollte es im Falle eines Stromausfalls möglich sein, die Klemmen mit der Hand zu öffnen.

69.3.4.4 Dialysatkreislauf

Im Dialysatkreislauf (auch Hydraulik genannt) wird die Dialysierflüssigkeit aufbereitet, durch den Dialysator am Blut vorbeigeführt und anschließend entsorgt (single-pass System). Die Förderung der Flüssigkeiten erfolgt mittels Zahnradpumpen. Außerdem wird hier kein zu entsorgendes Schlauchsystem verwendet, sondern die Flüssigkeitsleitungen sind permanent im Gerät integriert und müssen vor bzw. nach jeder Dialysesitzung gereinigt und desinfiziert werden. Vor der genaueren Betrachtung der einzelnen Funktionselemente, wird auch hier der Aufbau des Dialysatkreislaufs einer üblichen Single-Pass-Dialysemaschine kurz in seiner Gesamtheit erläutert. Üblicherweise wird Dialysekonzentrat verwendet, das erst aufbereitet werden muss, bevor es im Hämofilter am Blut vorbeigeleitet werden kann. Um aus dem Konzentrat eine gepufferte Elektrolytlösung mit physiologischer Zusammensetzung und Temperatur zu generieren, wird im Hydraulikteil aufgereinigtes, entionisiertes Wasser aus einer Umkehrosmoseanlage entgast, erwärmt und mit dem Konzentrat durch Pumpen vermischt. Zur Gewährleistung der biologischen Verträglichkeit der Dialysierflüssigkeit sind in modernen Dialysegeräten zahlreiche Sicherheitssysteme integriert. So kontrolliert eine Leitfähigkeitssonde die Temperatur und die Elektrolytzusammensetzung des Dialysats, Drucksensoren vor und nach dem Dialysator dienen zur Ermittlung des Transmenbrandrucks, und ein Blutleckdetektor nach dem Dialysator überprüft, ob Blut durch eine beschädigte Mem-

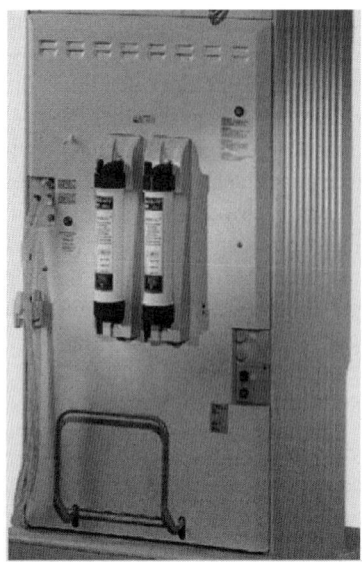 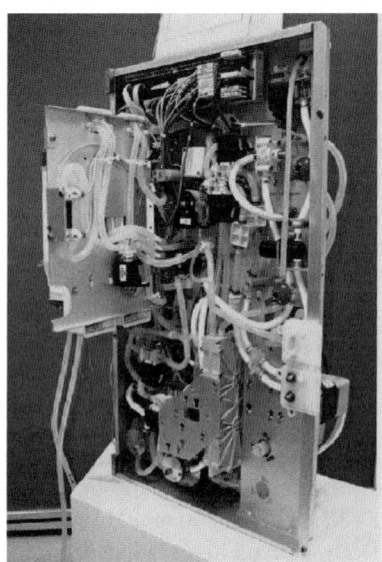

Abb. 69.11 Außen- und Innenansicht der Hydraulik einer Dialysemaschine (4008H von Fresenius Medical Care)

bran ins Dialysat gelangt. Außerdem muss der Flüssigkeitsentzug des Patienten in Form einer Flüssigkeitsbilanzierung zuverlässig überwacht werden, da gerade ein überhöhter Entzug lebensgefährlich für den Patienten sein kann. Das mit Toxinen angereicherte Dialysat wird zur Wärmerückgewinnung durch einen Wärmetauscher geleitet und anschließend als Brauchwasser entsorgt (vgl. Abb. 69.8).

Damit es nicht zu Verwechslungen zwischen saurem und basischem Konzentrat kommt, sind die Aufbewahrungsbehälter und deren Anschlüsse farblich gekennzeichnet (rot – sauer, blau – basisch). Durch die Bikarbonat-Dialyse wurde die früher verwendete acetatgepufferte Dialysierflüssigkeit abgelöst, welche zum Transfer von Acetat ins Blut und damit zu Kreislaufinstabilitäten führen konnte. Außerdem wurde dazu übergegangen, das Natriumbikarbonat nicht als flüssiges Konzentrat sondern als trockenes Pulver in Kartuschen bereitzustellen, da es sonst bei längerer Lagerzeit zur Freisetzung von CO_2 und Wasserkeimbildung kommt.

Herstellung des Permeats durch eine Umkehrosmoseanlage

Um das Dialysatkonzentrat zu einer physiologischen Zusammensetzung zu verdünnen, wird Permeat verwendet. Permeat ist reines Wasser, das mittels einer Umkehrosmoseanlage aus Leitungswasser gewonnen wird. Das Wasser muss rein und keimfrei sein, um eine Kontamination des Patienten zu vermeiden. Aus diesem Grund werden der Umkehrosmose Adsorptions- und Feinschmutzfilter zur Partikelentfernung, sowie Enthärter zur Entionisierung vorgeschaltet [28]. In der Umkehrosmoseanlage wird das filtrierte Leitungswasser mit einem Druck von 15 bis 70 bar durch eine semipermeable Membran gepresst. Der hohe Druck ist nötig, um den

69.3 Dialysetechnik

osmotischen Druck (bei Wasser ca. 2 bar) zu überwinden und so das Lösungsmittel Wasser entgegen dem osmotischen Effekt zum Ort der niedrigeren Ionenkonzentration zu befördern. Das auf diese Weise fast völlig entionisierte und sterile Reinwasser kann dann zur Dialysataufbereitung genutzt werden. Das auf der anderen Seite der Umkehrosmosemembran entstehende Konzentrat wird abgeleitet, um den Konzentrationsunterschied und damit den osmotischen Druck möglichst gering zu halten. In Dialysezentren wird das Permeat gebäudezentral hergestellt und die Dialysegeräte werden an eine Ringleitung angeschlossen, in der das Permeat fließt. Um die Dialysebehandlung auch ohne Anschluss an eine große Umkehrosmoseanlage durchführen zu können, wurden Kleinosmoseanlagen für einzelne Dialysemaschinen (z. B. für die Heimdialyse oder die Intensivstation) entwickelt.

Entgasung des Permeats

Da das Permeat mit Drücken bis zu 10 bar an das Dialysegerät befördert wird, muss der Wasserdruck verringert werden, bevor das Permeat dem Dialysekonzentrat zugemischt werden kann. Das bereitgestellte Wasser hat allerdings nicht nur einen erhöhten Druck, sondern auch gelöste Gase, die im Dialysatkreislauf schwerwiegende Probleme verursachen können: Zum einen besteht die Gefahr, dass Luft aus dem Dialysat über den Hämofilter ins Blut gelangt, zum anderen können die aktiven Membranoberflächen im Dialysator durch die Gase blockiert werden. Dies behindert nicht nur den Dialysatfluss, sondern verändert auch den Transmembrandruck im Dialysator, der zur Regelung der Ultrafiltration dient. Zudem können Luftblasen einige Kontrollgeräte (insbesondere die Ultraschall-basierten Sensoren) beeinträchtigen. Deshalb muss das Permeat entgast werden. Dies kann auf verschiedene Art und Weise geschehen [22, 29]:

- Entgasung durch Unterdruck mittels Zahnradpumpe und Drossel:
  Eine Zahnradpumpe saugt das Permeat mit konstanter Drehzahl an einer Drossel vorbei. Da die Drossel den Rohrquerschnitt verringert, wird der Ansaugdruck verstärkt. Der so entstandene Unterdruck bewirkt, dass die gelöste Luft in Form von Gasbläschen aus dem Wasser freigesetzt wird.
- Entgasung durch Erhitzung:
  Bei der so genannten thermischen Entgasung wird das gelöste Gas durch schnelles Erhitzen auf über 85 °C und anschließendes Abkühlen freigesetzt. Die Erhitzung hat darüber hinaus auch noch eine keimreduzierende Wirkung.

Die entstandenen Gasbläschen werden in einem Blasenfänger gesammelt und von dort über eine Zahnradpumpe abtransportiert.

Temperierung

Da sich die Temperatur der Dialysierflüssigkeit über die Membran des Hämofilters auf die Temperatur des Patientenblutes auswirkt, muss die Dialysattemperatur innerhalb bestimmter Grenzen liegen (zwischen 33°C und 39°C). In den meisten Dialysemaschinen wird das Permeat und nicht das Dialysat durch ein Heizelement erhitzt, da die Erwärmung des Permeats eine bessere Durchmischung des Wassers mit dem Dialysatkonzentrat bewirkt. Ein Temperatursensor vor dem Hämofilter überwacht die Dialysattemperatur, so dass die Erwärmung des Permeats über die geräteinterne Steuerung exakt geregelt werden kann.

Proportionierung der Dialysierflüssigkeit

Das aufbereitete und erwärmte Permeat wird nun mit dem Dialysatkonzentrat vermischt. Die richtige Zusammensetzung des Dialysats wird durch eine redundante temperaturkompensierte Leitfähigkeitsmessung überwacht. Die Messung der Leitfähigkeit im Dialysat eignet sich zur Überprüfung des richtigen Verhältnisses von Wasser und Konzentrat, weil sie von der Menge der im Dialysat vorhandenen Ionen, also Elektrolyten, abhängig ist. Mit steigendem Elektrolytgehalt steigt auch die Leitfähigkeit, allerdings nicht linear, da die Leitfähigkeit auch von der Temperatur und dem Acetat-Chlorid-Verhältnis, sowie dem Acetat-Bikarbonat-Verhältnis abhängt. Der Normalbereich der Dialysatleitfähigkeit liegt bei 12 bis 16 mS/cm. Dabei sollten die Grenzwerte für den Alarm bei ±5% der Sensitivitätseinstellungen liegen [30]. Das Regelprinzip bei der Leitfähigkeit basiert auf dem Vergleich zwischen Soll- und Ist-Wert. Besteht eine Abweichung zwischen beiden Werten, so ändert der Regler die Drehzahl der Konzentratpumpe, um die Differenz auszugleichen und den gewünschten Elektrolytgehalt im Dialysat herzustellen. Es gibt zwei in Reihe geschaltete Leitfähigkeitsmesszellen. Wenn diese unterschiedliche Werte anzeigen, wird in den patientensicheren Zustand geschaltet, indem das Dialysat in den Bypass geht, d. h. es wird das Bypassventil geschlossen und die Dialysierflüssigkeit am Hämofilter vorbeigeleitet.

Temperaturkontrolle

Bevor die Dialysierflüssigkeit in den Hämofilter geleitet werden kann, muss die Temperatur überprüft werden. Die Temperaturkontrolle im Dialysatkreislauf erfolgt über einen Wärmesensor kurz vor dem Dialysator. Während geringere Temperaturen lediglich unangenehm für den Patienten sind (Unterkühlung), können höhere Temperaturen sogar gefährlich werden (Eiweißdenaturierung und Hämolyse bei über 45 °C). Aus diesem Grund weisen IEC 41 °C [31] und AAMI 42 °C [32] als Obergrenze der Dialysattemperatur aus. Um eine möglichst schnelle Anpassung (±0,5°C) zu gewährleisten, sollte die Rückkopplung zum Heizelement möglichst kurz sein. Wenn das Kontrollgerät Alarm gibt, geht die Hydraulik automatisch in die Bypassschaltung.

Dialysatreinigung

Um Kontaminationen mit Bakterien zu verhindern, wird die aufbereitete Dialysierflüssigkeit vor dem Dialysator durch einen Flüssigkeitsfilter geleitet.

Drucksensoren

Vor und nach dem Dialysator ist jeweils ein Drucksensor integriert, damit der Druck im System kontrolliert, der Transmembrandruck im Dialysator ermittelt und eventuelle Lecks im System detektiert werden können.

69.3 Dialysetechnik

Dialysator

Ist das Dialysat an allen Kontrollgeräten vorbeigeflossen, kann es im Dialysator am Blut vorbeigeleitet werden.

Blasenfänger

Der Blasenfänger ist ähnlich gestaltet wie der im Blutkreislauf und dient dazu, Luft, die möglicherweise in das System gelangt ist (z. B. beim Befüllen eines neuen Dialysators), aus dem System zu entfernen.

Blutleckdetektor

Der Blutleckdetektor ist im Dialysatkreislauf hinter dem Dialysator positioniert und dient zur Überwachung, ob Blut in das Dialysat übertritt. Auch wenn Rupturen an Dialysatormembranen mittlerweile selten sind, ist diese Schutzfunktion immer noch berechtigt. Der Blutleckdetektor ist ein Trübungsmesser (in Form eines Infrarot-Sensors oder Fotoelements): Wenn ungetrübtes Dialysat durchfließt, erreicht der ausgesendete Lichtstrahl das gegenüberliegende Fotoelement mit einer bestimmten Intensität. Gelangt Blut durch eine Membranruptur in die Dialysierflüssigkeit, wird diese eingetrübt und dadurch der Lichtstrahl abgeschwächt. Bereits minimale Mengen (0,25 bis 0,35 ml Blut pro Liter Dialysat) detektiert der Sensor, gibt audiovisuellen Alarm und stoppt die Blutpumpe. Allerdings ist die Überwachung von Patienten mit Hämolyse oder Leberversagen nicht ausreichend gelöst, da Bilirubin eine Detektion des Sensors auslösen kann.

Dialysatentsorgung

Das mit Toxinen angereicherte, verbrauchte Dialysat wird in die Abwasserleitung entsorgt.

Kontrolle der Ultrafiltrationsrate

Durch die Ultrafiltration von Plasmawasser aus dem Blut über die Dialysemembran ins Dialysat wird dem Patienten die überschüssige Flüssigkeit entzogen. Die Ultrafiltrationsrate ist die Flüssigkeitsmenge, die pro Minute entfernt wird. Damit der Flüssigkeitsentzug weder zu niedrig noch zu hoch ausfällt, muss er zuverlässig kontrolliert werden. Die Ultrafiltratmenge hängt von der Ultrafiltrationscharakteristik der Membran und dem Transmembrandruck im Hämofilter ab. Der Transmembrandruck bezeichnet die Differenz zwischen mittlerem Blutdruck im Filter und mittlerem Dialysatdruck und lässt sich durch zwei kalibrierte Pumpen im Dialysatkreislauf einstellen. Indem die Dialysatpumpe hinter dem Hämofilter schneller läuft als die Dialysateinlaufpumpe vor dem Filter wird der für die Ultrafiltration aus dem Blut in das Dialysat nötige Unterdruck erzeugt.

Früher berechnete der Anwender den *TMP*, der bei einem Dialysator mit gegebener Ultrafiltrationscharakteristik K_{UF} nötig ist, um die gewünschte Flüssigkeitsmenge zu entziehen. Allerdings war dieses Verfahren aus folgenden Gründen ungenau [10]:

- Die von den Herstellern angegebenen Werte, der K_{UF} der Dialysatoren, beziehen sich normaler Weise auf in-vitro Tests. Tatsächlich sind in-vivo die K_{UF}-Werte um 5% – 30% niedriger [33].
- Der Wert des K_{UF} wird reduziert, wenn die Membranoberfläche durch das Zugehen von Hohlfasern im Dialysator verringert wird.
- Eine Änderung der Blutflussrate führt zur Änderung des venösen Rücklaufdrucks.
- Änderungen im Dialysatfluss verändern den Dialysatdruck.

Außerdem sind die Pumpen mit einer Fördergenauigkeit von 5% zu ungenau, um ausschließlich über die Pumpen eine exakte Flüssigkeitsbilanzierung zu erreichen. Da der Flüssigkeitsentzug aber einer der kritischsten Prozesse der Dialysebehandlung ist, muss dieser redundant kontrolliert werden. Dafür gibt es verschiedene Methoden. Die Wägemethode und die volumetrische Kontrolle über Bilanzkammern kommen am häufigsten zum Einsatz.

Ultrafiltrationskontrolle mittels Waage

Wird das Hämofiltrations-Verfahren als Behandlungsform eingesetzt, ist die Bilanzierung des Flüssigkeitsentzugs über Waagen die verbreitetste Methode: Das Ultrafiltrat wird in einem Behälter gesammelt, der an einer Waage befestigt ist. An derselben Waage ist auch der Behälter für die Substitutionslösung montiert, die dem Patientenblut entweder vor oder nach dem Dialysat zugemischt wird. Soll kein überschüssiges Plasmawasser entfernt werden, so müssen sich der Volumenstrom des einfließenden Ultrafiltrats und des abfließenden Substituats genau die Waage halten. Der Flüssigkeitsentzug von überschüssigem Wasser wird entweder über eine zusätzliche Ultrafiltrationspumpe realisiert oder über einen Kontrollmechanismus, der dafür sorgt, dass die Substituatpumpe weniger Flüssigkeit befördert als die Filtrationspumpe. Problematisch bei dieser Lösung ist jedoch, dass es sich beim Filtrat um Mengen von 20 bis 30 Liter pro Behandlung handelt, die an der Waage befestigt sind [34].

Ultrafiltrationskontrolle mittels Bilanzkammern

Eine weit verbreitete Lösung ist, mittels Bilanzkammern den Volumenfluss des Dialysats zum und vom Dialysator im gleichen Verhältnis zu bilanzieren [35–37]. Das Funktionsprinzip ist folgendermaßen: Es gibt zwei identische Bilanzkammern. Jede dieser Kammern ist durch eine flexible Membran halbiert; eine Hälfte ist jeweils für das frische Dialysat, die andere für das gebrauchte Dialysat bestimmt. Für jede Kammerhälfte gibt es einen Flüssigkeitsein- und ausgang mit Ventilen. Die Ventile sind synchronisiert und derart aufeinander abgestimmt, dass die Flüssigkeit, die in die eine Hälfte der Kammer eindringt, die Flüssigkeit der anderen Hälfte über die Membran aus der Kammer drückt. Auf diese Art füllt sich die eine Kammer mit gebrauchtem Dialysat und drückt gleichzeitig frische Dialysierflüssigkeit in den Hämofilter, während sich zur selben Zeit die andere Kammer mit frischem Dialysat füllt und das gebrauchte Dialysat in die Entsorgungsleitung presst. Um einen konstanten Fluss im Dialysatkreislauf zu erzeugen, gibt es zwei Pumpen: Die erste befördert

69.3 Dialysetechnik

das frisch hergestellte Dialysat zu den Bilanzkammern, die zweite ist hinter dem Dialysator angebracht und zieht die Flüssigkeit aus dem Hämofilter und drückt das gebrauchte Dialysat in die Bilanzkammern. Über die Pumpen und die Bilanzkammern ist somit gewährleistet, dass das Flüssigkeitsvolumen, das in den Dialysator hinein- und auch wieder herausfließt, gleich ist. Um dem Patienten überschüssige Flüssigkeit zu entziehen, ist in den Kreislauf hinter dem Dialysator zusätzlich eine so genannte Ultrafiltrationspumpe (meist Membran- oder Kolbenpumpe) integriert, die aus dem geschlossenen Kreislauf Flüssigkeit entzieht. Dies führt zu einem negativen Druck im Dialysat im Verhältnis zum Blutdruck im Dialysator. Der dadurch entstandene Druckgradient bewirkt, dass genau die Menge an Flüssigkeit aus dem Blut ultrafiltriert wird, die auch durch die Ultrafiltrationspumpe aus dem Dialysatkreislauf entnommen wird. Die Verwendung der Ultrafiltrationspumpe erhöht den Behandlungskomfort im Vergleich zur transmembrandruckgesteuerten Lösung.

Gerätedesinfektion

Da der Dialysatkreislauf als permanente Einheit und nicht als Disposable gestaltet ist, muss das Gerät vor und nach jeder Dialysebehandlung desinfiziert werden. Dabei kommen chemische und thermische Desinfektionsverfahren zur Anwendung:

- Chemische Desinfektionsmittel:
  Hier erfolgt die Desinfektion in folgenden vier Phasen: Freispülphase, Ansaugphase, Verweilphase, Freispülphase, Prüfung auf Rückstände. Die Mittel sind entweder säurehaltige oder basische Produkte, wobei die säurehaltigen aufgrund der großen Verbreitung der Bikarbonat-Dialyse mehr Anwendung finden. Sie haben dabei den Vorteil, dass sie in einem Schritt entkalken und desinfizieren, was bei basehaltigen Mitteln nicht der Fall ist und dort zu vergrößertem Zeitaufwand führt.
- Thermische Desinfektionsverfahren:
  Bei diesen Verfahren ist der Ablauf folgender: Freispülphase, Aufheizphase, Desinfektionsphase, Abkühlphase. Hier wird zwischen der Heißreinigung, der zitrothermischen Desinfektion sowie der Autoklavierung unterschieden. Nur beim zitrothermischen Verfahren kann die Entkalkung und Desinfektion in einem Arbeitsgang erfolgen.

Während der Desinfektion muss durch das Gerät sichergestellt sein, dass sich weder Blut im extrakorporalen Blutkreislauf befindet, noch dass der Dialysatkreislauf an den Dialysator angeschlossen ist. Der Reinigungsprozess läuft deshalb nur, wenn sich der Dialysatkreislauf im Bypassmodus bei abgeschalteter Blutpumpe befindet.

69.3.4.5 Bedienteil und Stromversorgung

Das Bedienteil ist die Schnittstelle zwischen Anwender und Maschine, besteht meist aus Monitor und Tastatur und dient zur Steuerung und kontinuierlichen Überwachung der Behandlung. Über das Bedienteil können die Behandlungsparameter eingestellt und Informationen über den Patienten- und Behandlungsstatus sowie Werte wichtiger Systemparameter und Alarme abgelesen werden. Um die Übersichtlichkeit und somit den Anwendungskomfort zu erhöhen, wird der Bildschirm in die drei Bereiche Blut-, Dialysierflüssigkeits- und Ultrafiltrationsmonitor unterteilt (siehe Abb. 69.12):

- Blutmonitor:
  Hier werden die Blutflussrate, der arterielle und der venöse Druck im extrakorporalen Blutkreislauf, der Transmembrandruck im Dialysator sowie die Alarmzustände der Luft- und Blutleckdetektoren angezeigt.
- Dialysierflüssigkeitsmonitor:
  In diesem Teil können wichtige Parameter der Dialysierflüssigkeit wie Temperatur, Konzentratzumischung, Flussrate, Leitfähigkeit und pH-Wert eingestellt und abgelesen werden.
- Ultrafiltrationsmonitor:
  Hier werden die eigentlichen Therapieparameter wie Dauer, Gewichtsentzug (Ultrafiltrationsziel) und aktuelle Ultrafiltrationsrate der Dialysebehandlung festgelegt und angezeigt.

Die Alarme müssen sowohl visuell als auch akustisch sein, damit garantiert ist, dass der Anwender darauf aufmerksam gemacht wird. Um eine möglichst unkomplizierte Bedienung des Geräts sowohl in Routine- als auch in Stresssituationen zu gewährleisten, kommt der Übersichtlichkeit der Anzeigen, die Möglichkeit der schnellen und fehlerfreien Dateneingabe und Programmierung eine hohe Bedeutung zu. Die neueren Maschinen sind mit einem Touch-Screen ausgestattet, muss bei fehlerhaftem Verhalten des Screens, eine Bedienung mit Tastatur möglich ist.

69.3.4.6 Feedback-Kontrollmechanismen aufgrund von kontinuierlich gemessenen Systemparametern

Wie bereits erwähnt, muss ein Dialysegerät unbedingt die Ultrafiltration redundant kontrollieren. Darüber hinaus gibt es noch weitere optionale Kontrollmöglichkeiten. Hier soll beispielhaft auf die folgenden eingegangen werden: Blutvolumen-Monitoring, Online-Clearance-Messung (Kt/V), Bluttemperatur-Monitoring und Rezirkulationsmessung. All diese Kontrollmodule dienen dazu, die Systemparameter während der Behandlung kontinuierlich optimal einzustellen, um dadurch die Dialyse physiologischer und angenehmer für den Patienten zu machen. Denn die Patienten leiden unter einigen Nebenwirkungen wie Kreislaufinstabilitäten und eventuell auftretenden Komplikationen wie z. B. „intra-Hämodialyse-Hypotension" [38]. Zwar wurde schon versucht, die Behandlung mit Profileinstellungen bzgl. Ultrafiltrationsrate, Natrium- und Bikarbonatkonzentrationen im Dialysat physiologischer zu machen, allerdings belegen keine Studien eine tatsächliche Verbesserung. Bei der Profildialyse sind die genannten Systemparameter nicht konstant, sondern werden linear, exponentiell oder schrittweise verändert. Das Problem dabei ist, dass die Profile vor Beginn der Behandlung eingestellt werden und sich nicht auf den aktuellen

69.3 Dialysetechnik 1565

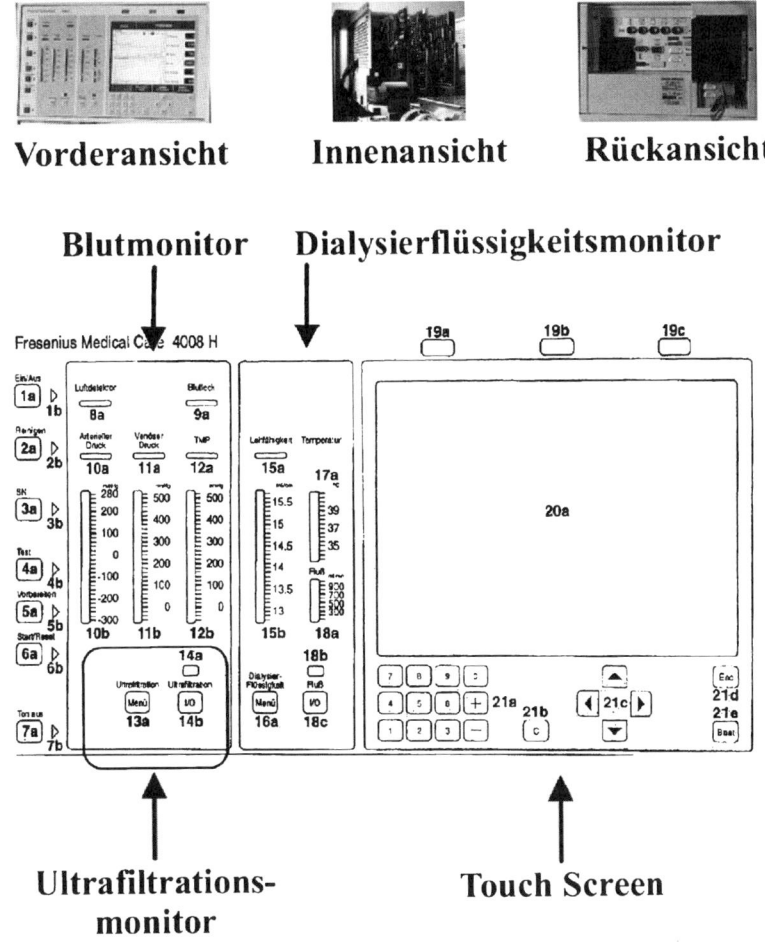

Abb. 69.12 Aufbau des Monitors einer Dialysemaschine (4008H von Fresenius Medical Care)

Zustand des Patienten, sondern auf vorangegangene Untersuchungen stützen [39]. Deshalb versucht man, mit verschiedenen chemischen und physikalischen Verfahren den Zustand des Patienten kontinuierlich zu ermitteln und die Systemparameter der Dialysemaschine für den jeweils aktuellen Zeitpunkt optimal einzustellen. Derzeit ist die Überwachung der folgenden Parameter möglich: die Veränderungen des Blutvolumens, die Leitfähigkeit des Dialysats, die Harnstoffkonzentration und die thermische Energiebilanz. Prinzipiell erfolgt auch hier die Einstellung nach dem üblichen Regelungsprozess: Der Parameter wird gemessen und die erfassten Daten werden analysiert und evaluiert. Wenn der Wert nicht in den definierten Grenzen liegt, werden die entsprechenden Systemparameter von der Maschine sofort und automatisch angepasst.

Blutvolumen-Monitor

Durch die während der Dialyse zur Entwässerung des Patienten durchgeführte Ultrafiltration reduziert sich das Blutvolumen des Patienten. Eine starke oder sehr schnell verlaufende Blutvolumenreduktion stellt eine hohe Belastung für den Patienten dar und wird als Ursache für die Auslösung einer symptomatischen Hypotonie beim Patienten angesehen. Da bei etwa 30% aller Dialysebehandlungen ein starker Blutdruckabfall auftritt [40], sind die Bestrebungen stark, diese Nebenwirkung der Dialysebehandlung zu mindern. Die Stärke und Geschwindigkeit der Blutvolumenreduktion hängt allerdings von weit mehr Faktoren als lediglich der Ultrafiltrationsrate und dem Überwässerungsgrad des Patienten ab. Daher verläuft die Blutvolumenänderung nicht nur bei jedem Patienten unterschiedlich, sondern auch bei jeder Behandlungssitzung. Um kritisch niedrige Blutvolumina zu verhindern, muss deshalb kontinuierlich das Blutvolumen des Patienten überwacht und die Ultrafiltrationsrate durch einen automatischen Regler immer wieder entsprechend eingestellt werden. Da die Messung nichtinvasiv am extrakorporalen Schlauchsystem erfolgt, kann nur das relative Blutvolumen RBV erfasst werden. Mittels Messmethoden, die auf optischen Grundlagen oder dem Ultraschallprinzip basieren, wird die Konzentration nichtultrafiltrierter Blutbestandteile, wie z. B. Zellen, Hämoglobin oder Plasmaprotein ermittelt, da sich deren Konzentrationen im Blut aufgrund des Flüssigkeitsentzugs durch Ultrafiltration automatisch erhöhen. Aus der Konzentrationsänderung wird die Blutvolumenänderung dann mit Massenbilanzgleichungen berechnet. Der ermittelte Wert dient der automatischen maschineninternen Regelung der geeigneten Ultrafiltrationsrate. Durch Einsatz der Blutvolumenmonitore wurde die Gefahr der Hypotonie verringert [41–44].

Dialysat-Urea-Sensor (Kt/V) und Online-Clearance-Monitor

Für jede Dialysesitzung verordnet der behandelnde Arzt die an dem Dialysegerät einzustellende Dialysedosis. Als Marker der Dialysedosis gilt die Entfernung des Harnstoffmoleküls (Urea), die als Urea-Clearance K bezeichnet und in ml/min angegeben wird. Die Dialysedosis ist definiert als die effektive Harnstoff-Clearance K über die gesamte Behandlungszeit t bezogen auf das Harnstoffverteilungsvolumen V und lässt sich als Quotient Kt/V ausdrücken. Da die tatsächlich realisierte Dialysedosis aufgrund verschiedener behandlungsspezifischer Faktoren erheblich von der verordneten abweichen kann, stellt eine regelmäßige Kontrolle des Kt/V eine wichtige Verbesserung dar. Die Harnstoff-Clearance kann über enzymbasierte (Urease-) Systeme direkt ermittelt werden. Da diese Systeme allerdings sehr kostenintensiv sind, ist die indirekte Harnstoffmessung z. B. mit dem Online-Clearance-Monitor von FMC (Fresenius Medical Care AG, Bad Homburg, Deutschland) weiter verbreitet. Bei der indirekten Harnstoffmessung wird die Urea-Clearance von der, über die geräteinternen Leitfähigkeitssonden ermittelten, Natrium-Ionen-Clearance abgeleitet. Dies ist möglich, da Natriumionen und Harnstoffmoleküle ein fast identisches Diffusionsverhalten zeigen. Durch die Verwendung der bereits im Gerät integrierten Leitfähigkeitssonden, ist diese Zusatzfunktion einfach und kostengünstig zu realisieren, trägt aber viel bei zur Qualitätssicherung und Qualitätsdokumentation [15].

69.3 Dialysetechnik

Bluttemperatur-Monitor (BTM)

Seit Beginn der 1980er Jahre ist bekannt, dass sich thermische Prozesse in der Dialyse auf die Kreislaufstabilität auswirken. So führt beispielsweise folgender Prozess zu einem signifikanten Abfall des Blutdrucks: Aufgrund der Blutvolumenreduktion durch die Ultrafiltration ziehen sich die Gefäße im Körper zusammen, um den Blutdruck konstant zu halten. Allerdings kann dadurch der Körper des Patienten weniger Wärme an die Umwelt abgeben mit der Folge, dass sich die Körpertemperatur erhöht (z. B. auch noch verstärkt dadurch, dass das Blut an einem warmen Dialysat vorbeifließt). Hat der Körper eine bestimmte Temperatur erreicht, weiten sich die Gefäße, damit mehr Wärme abgegeben werden kann. Dies führt zu einem starken Blutdruckabfall, der nicht erwünscht ist. Aus diesem Grund versucht man, über den Bluttemperatur-Monitor kontinuierlich die Körpertemperatur zu ermitteln, und über die Veränderung der Dialysattemperatur zu beeinflussen. Die Körpertemperatur wird unter Berücksichtigung der Rezirkulation berechnet aus den Bluttemperaturwerten im arteriellen und im venösen Schlauchsegment. Über den Bluttemperaturmonitor kann darüber hinaus auch der Grad der Zugangsrezirkulation und damit die Güte der Fistel ermittelt werden.

Modelle zur Messung der Zugangsrezirkulation

Die Effektivität der Behandlung wird negativ beeinflusst durch die so genannte Rezirkulation. Die Rezirkulation wird definiert als der Anteil R des Flusses Q_B gereinigten Bluts, welcher vom Auslass des Dialysators wieder zum Einlass des Dialysators gelangt (rezirkuliert), ohne dabei Toxine aufzunehmen. Dabei gibt es zwei Arten der Rezirkulation: Die kardiopulmonäre Rezirkulation (CPR) tritt auf, wenn das Blut nicht durch die Organe sondern allein durch Herz und Lunge fließt. Da sich dies nicht gänzlich vermeiden lässt, ist der Anteil R_{CP} immer größer als Null (i.d.R. 3–10%). Die ACR (access recirculation) findet statt, wenn bei Doppel-Nadel-Systemen das Blut vom venösen Gefäßanschluss direkt zum arteriellen fließt, ohne vorher durch den Körper gepumpt worden zu sein. „Unter normalen Behandlungsbedingungen, bei denen der extrakorporale Blutfluss Q_B kleiner als der [intrakorporale Blutfluss] zum Gefäßzugang Q_{AF} ist, ist dieser Rezirkulationsanteil R_{AC} = 0" [45].

Allerdings kann der intrakorporale Blutfluss Q_{AF} durch Stenosen (Gefäßverengungen durch Wandverdickungen oder Ablagerungen) vor dem Gefäßzugang so stark reduziert werden, dass es zu einem erheblichen Anstieg der ACR kommt ($R_{AC} = Q_R/Q_B$), der meist unbemerkt bleibt. Die ACR kann auch dadurch entstehen, dass die Schlauchanschlüsse unbeabsichtigt vertauscht werden, also der arterielle Anschluss blutflussabwärts vom venösen Anschluss liegt ($R_{AC, inv} = Q_B/(Q_B + Q_{AF})$). Die resultierende Gesamtrezirkulation R ($R = R_{AC} + R_{CP}$) führt in jedem Fall zu einer (teils erheblichen) Reduktion der Massenentzugsrate der Toxine aus dem Blut auf den Anteil κ [45]:

$$T_B = (T_{art} - R * T_{ven}) / (1 - R)$$

Da eine unbemerkte starke Rezirkulation über mehrere Dialysebehandlungen aufgrund des stark verminderten Toxinentzugs für den Patienten lebensbedrohlich sein kann, ist man bestrebt, sie zu vermeiden (z. B. der gestörte Kaliumentzug). Für die Detektion der Rezirkulation wurden verschiedene Messsysteme (optisch, thermisch oder ultraschallbasiert) realisiert, wobei allen Detektionsverfahren gemein ist, dass es sich um eine Indikatormethode handelt: Ein Indikator wird in den venösen Teil des Blutschlauchsystems injiziert, je größer die Rezirkulation, desto stärker ist der Ausschlag wenige Sekunden später im entsprechenden Messsystem, das im arteriellen Bereich des Blutschlauchsystems angebracht ist. Als Indikator kann z. B. eine Temperaturerhöhung (über die Dialysierflüssigkeit) dienen, oder ein Bolus einer sterilen Kochsalzlösung (mittels Spritze), durch den die optische Dichte des Blutes kurzzeitig verringert wird.

69.3.4.7 Gerätevarianten

Batchgeräte

Um die Dialysegeräte für die Anwendung auf Intensivstationen mobiler und vor allem unabhängig von entsprechenden Wasser- und Abwasseranschlüssen zu machen, wurden die so genannten Single Pass Batch Systeme entwickelt, bei denen das fertig produzierte Dialysat in einem geräteinternen Tank gelagert wird. Da die aufwändige und sicherheitskritische Dialysataufbereitung inklusive Entgasung, Temperierung und Dialysatreinigung entfällt, kann die Hydraulik der Single Pass Batch Systeme technisch sehr viel einfacher gestaltet werden. Es waren zwar bereits die allerersten Dialysemaschinen Batchsysteme mit einem Dialysattank, allerdings bekam man Probleme, wie z. B. die bakterielle Kontamination und die Vermischung von frischem und verbrauchten Dialysat, nicht in den Griff [46].

Das am meisten verbreitete Single Pass Batch System ist das Genius®-System von Fresenius Medical Care (FMC-Deutschland GmbH, Bad Homburg, Deutschland). Bei diesen Maschinen wird das Dialysat von einem externen Apparat nach ärztlichem Rezept produziert, erwärmt und automatisch in den wärmeisolierten Glastank der Genius®-Maschine gefüllt [47]. In diesem externen Apparat erfolgt auch die Überprüfung der richtigen Temperatur und Zusammensetzung des Dialysats. Zur Desinfektion wird ein UV-Strahler benutzt, der im Zentrum des zylindrischen Genius®-Tanks positioniert ist [48]. Während der Behandlung wird das frische, warme Dialysat aus dem oberen Bereich des 75 Liter-Reservoirs entzogen, und das verbrauchte, 1° C kühlere Dialysat am Tankboden wieder zugeführt. Aufgrund der Temperatur- und Dichteunterschiede der beiden Flüssigkeiten erfolgt keine Vermischung des Dialysats für die Dauer der Behandlung [49, 50].

Darüber hinaus ist die exakte Flüssigkeitsbilanzierung unproblematisch, da es sich bei diesen Geräten um geschlossene Systeme handelt. Der Dialysattank ist komplett voll und konstant unter positivem Druck, um im Falle eines Lecks zu verhindern, dass kontaminierte Luft in den Tank gelangt. Somit ist die Ultrafiltrationskontrolle simpel: Die Differenz zwischen zurückgeführtem Dialysat und dem

69.3 Dialysetechnik

entzogenen Dialysat wird in einem extra Ultrafiltrationsmessbecher gesammelt, an dem auch der Flüssigkeitsentzug des Patienten direkt abgelesen werden kann. Bei Bedarf kann auch eine volumetrisch kontrollierte Ultrafiltration realisiert werden, indem eine zusätzliche Ultrafiltrationspumpe integriert wird. Außer der optionalen Ultrafiltrationspumpe gibt es nur eine einzige weitere Pumpe. In diese Doppelschlauchpumpe werden die Schlauchsets sowohl für das Blut, als auch das Dialysat eingelegt. Die Pumpe fördert das Blut und das Dialysat im Gegenstromprinzip im Verhältnis 1:1 oder 2:1, je nach Durchmesser der Blut- und Dialysatschläuche [51]. Des Weiteren ist nur ein einziger Drucksensor im Ultrafiltrationsschlauch des Geräts nötig, über den der venöse Blutdruck ermittelt werden kann. Da der elektrische Verbrauch minimal ist, kann das Gerät auch im 24-V-Batteriebetrieb für mehrere Stunden eingesetzt werden. Folglich ist das Gerät sehr mobil einsetzbar, da es weder an eine Stromquelle noch an eine Wasserleitung angeschlossen werden muss. Dies ist vor allem für die Therapie von Patienten mit akutem Nierenversagen auf der Intensivstation von Vorteil, da in solchen Stationen oft keine Anschlüsse an eine Reinstwasseranlage existieren. Das Genius®-System ist so ausgelegt, dass sich nicht nur die gängigen Therapien für das chronische Nierenversagen, sondern auch die CVVH oder die SLEDD durchführen lassen. Das Genius®-System erfreut sich aber auch deshalb gerade bei Intensivstationen immer größerer Beliebtheit, weil es bei geringen Betriebskosten und beliebigen Einsatzorten nicht nur leicht bedienbar ist, sondern auch ultrareines Dialysat sowie eine hohe Flexibiltät bzgl. Dialysatzusammensetzung und Flussraten gewährleistet [53–55].

Heimhämodialysegeräte

Mit Heimhämodialysegeräten können Patienten mit der Hilfe eines Partners eigenständig zu Hause die Dialysebehandlung durchführen. Dazu muss üblicherweise sowohl eine Elektroinstallation als auch eine wasserseitige Installation des Geräts durchgeführt werden. Für die Herstellung des Permeats werden spezielle Kleinosmoseanlagen angeboten. Allerdings gibt es Vorstöße, auch die Heimhämodialysegeräte ähnlich wie die Batchgeräte zu gestalten, die ohne Wasser- und Abwasseranschlüsse, zentrale Konzentratversorgung und aufwändige Elektroinstallationen auskommen. Dafür ist das NxStage-System one (NxStage Medical, Inc., Lawrence, MA, USA) das aktuellste Beispiel, das sich zusätzlich auch durch seine sehr kompakte Bauweise auszeichnet.

Dialysegeräte mit Kassettensystemen

Derzeitige Dialysemaschinen sind in der Bedienung sehr zeitaufwändig und damit personalintensiv und teuer, da zur Vorbereitung der Dialysesitzung das Blutschlauchsystem und der Dialysator eingelegt und angeschlossen werden müssen. Um diesen Aufwand zu verringern, werden die neueren Dialysegeräte mit so genannten Kassettensystemen ausgestattet. In diesen Kassettensystemen sind der extrakorporale Blutkreislauf und der Dialysatkreislauf bereits mit dem Dialysator konnektiert, so dass der Bediener hier lediglich das Kassettensystem auswechseln muss. Beispiele für solche Geräte sind die Multifiltrate von FMC (Fresenius Medical Care AG, Bad

Homburg, Deutschland) und das bereits erwähnte NxStage-System one (NxStage Medical, Inc., Lawrence, MA, USA).

69.3.4.8 Die Abhängigkeit der Substanzelimination von verschiedenen Verfahrensparametern

Bei der Elimination der Toxine spielt eine Vielzahl von Faktoren eine bedeutende Rolle.

Beispiele hierfür sind: Bluttemperatur, Membran, Dialysattemperatur, Druckdifferenz, Antikoagulation etc.. Die wichtigsten Faktoren sind aber Blutfluss, Dialysatfluss, Oberfläche des Filters und Substitutionsmenge für die Prä- oder Postdilution. Diese Faktoren haben jedoch eine komplett unterschiedliche Auswirkung auf die Elimination von klein- bzw. großmolekularen Substanzen. Bei der folgenden Darstellung wurde nicht berücksichtigt, dass natürlich, wie weiter oben beschrieben wurde, der Körper und nicht nur das Blut entgiftet werden muss. Dies bedeutet, dass nach Entgiftung des Blutes der Nachstrom aus den übrigen Körperkompartimenten die mögliche Entgiftungsrate vorgibt. In dieser Phase der Behandlung macht es wenig Sinn, eine extrakorporale Entgiftung als Ziel zu haben, die deutlich über diesem Nachstrom liegt. Deshalb ist es wichtiger die entsprechende Behandlungszeit zu erzielen, um auch die Kompartimente zu entgiften. Die folgenden Angaben zeigen deshalb keine optimalen Einstellung für die Behandlung, sondern versuchen, die Auswirkungen der Parameter darzustellen.

Als kleinmolekulare Substanz wurde Harnstoff gewählt mit einem Molukulargewicht von 60. Als Marker für hochmolekulare Substanzen wurde β_2-Mikroglobulin mit einem Molekulargewicht von 11.600 berücksichtigt.

Für β_2-Mikroglobulin wirkt sich sowohl eine Erhöhung des Blutflusses, als auch eine Erhöhung des Dialysatflusses gering aus, wie in den beiden oberen Grafiken von Abb. 69.13 zu sehen ist. Die untere Grafik zeigt aber, dass bei Erhöhung der Filtergröße und einer zusätzlichen Erhöhung der Flüssigkeit für konvektiven Transport, wie es bei der Hämodiafiltration möglich ist, die Clearance-Raten deutlich gesteigert werden können. Für Harnstoff sieht dies ganz anders aus: Eine Erhöhung des Dialysatflusses wirkt sich nur dann aus, wenn der Blutfluss entsprechend hoch ist. Die Faustregel lautet, dass ein optimales Verhältnis Dialysatfluss/Blutfluss erreicht ist, wenn das Verhältnis 1 ist, also beide Flussraten gleich hoch sind. Eine Hämodiafiltration mit großem Filter und zusätzlicher Filtration hat für die kleinmolekularen Substanzen hingegen überhaupt keine Auswirkung.

69.4 Leberunterstützungstherapien

Parallel zur Nierenunterstützungstherapie wird auch versucht, eine effektive Leberunterstützungstherapie zu entwickeln (erste Publikationen dazu sind bereits 1956 erschienen [56]). Die zuvor dargestellten Analogien zwischen Leber- und Nieren-

69.4 Leberunterstützungstherapien

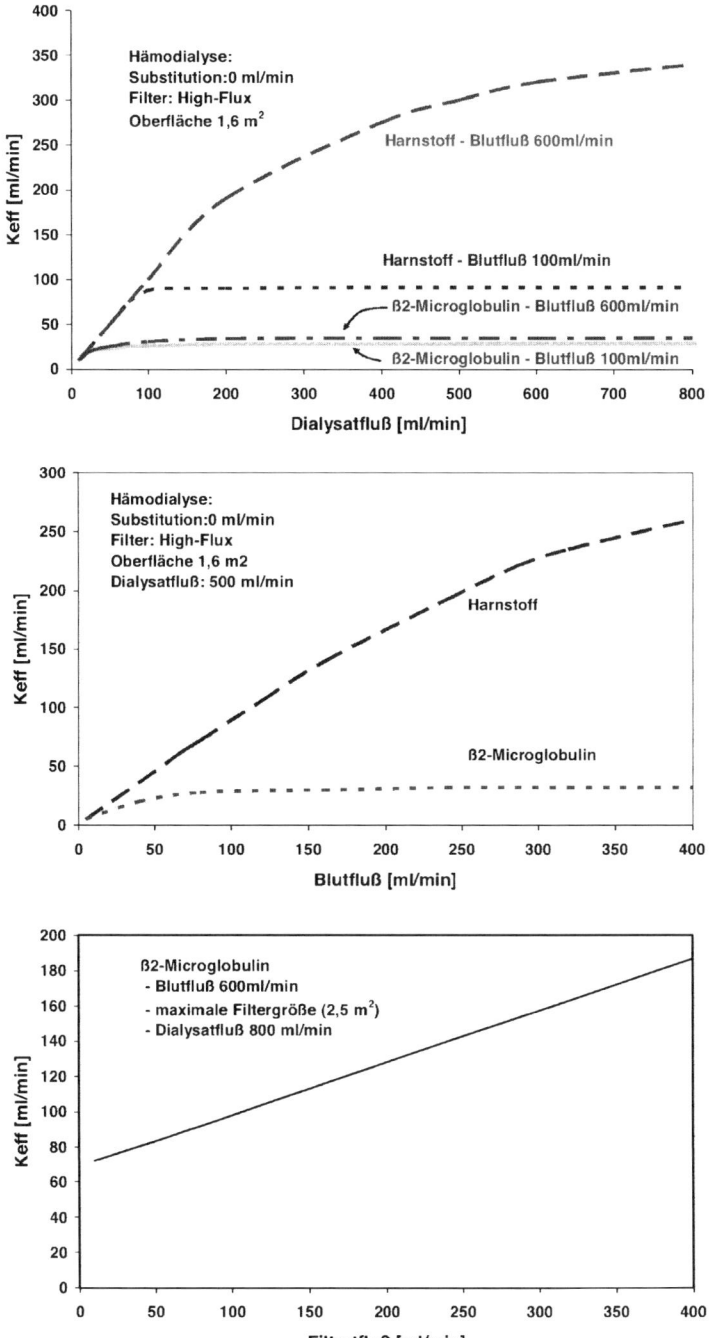

Abb. 69.13 Unterschiedliche Elimination von klein- bzw. großmolekularen Substanzen aufgrund von unterschiedlichen Flussraten.

Methode		
Artifizielle Systeme		Hämodialyse
		Hämofiltration
		Plasmapherese mit Filtern unterschiedlicher Trenngrößen
		Hämoperfusion mit unterschiedlichen Adsorbern
		Peritonealdialyse
		Albumindialyse
		Fractionated Plasma Separation and Adsorption (FPSA)
Bioartifizielle Systeme		Zelllinien
		Porcine Hepatozyten
		Humane Hepatozyten

Tabelle 69.10 Bei der Leberunterstützungstherapie als Entgiftungssysteme versuchte Verfahren

funktion ebenso wie die Symptome bzw. Ergebnisse ihres Versagens (das Entstehen zahlreicher, verschiedener Toxine, die bislang nur partiell als solche identifiziert sind) lassen es sinnvoll erscheinen, Patienten mit Leberversagen nach dem gleichen Prinzip zu behandeln wie Patienten mit Nierenversagen: d.h. durch die unspezifische Entfernung aller potentiell schädlichen Substanzen mittels Dialyse. Nur mit dem Unterschied, dass im Falle des Leberversagens v.a. an Albumin gebundene und nicht freie, wasserlösliche Substanzen aus dem Blut entfernt werden müssen. Die Grundlage der Leberunterstützungssysteme ist also die bereits im Kapitel über Nierenunterstützungssysteme ausführlich vorgestellte Dialysetechnologie. Im Gegensatz zur Nierenersatztherapie ist der große Durchbruch bei der Entwicklung einer Leberunterstützungstherapie bislang allerdings ausgeblieben. Keines der derzeitigen Verfahren (vgl. Tab. 69.10) verfügt allein oder in Kombination mit anderen über eine Entgiftungskapazität die auch nur ansatzweise der der ersten Nierendialyse entspricht und keines der derzeit am Markt vorhandenen oder benutzten Systeme konnte bisher eindeutig nachweisen, dass die Mortalität der Patienten durch die Behandlung mit dem Verfahren gesenkt wird.

Für die Entwicklung der Dialyse für Nierenkranke musste Kolff für viele Komponenten die adäquate Lösung finden: die richtige Membran, die richtige Zusammensetzung des Dialysats und die richtige Behandlungszeit. Diese Parameter sind aber für keines der existierenden Leberunterstützungsverfahren bekannt. Derzeit können nicht einmal folgende grundlegenden Fragen vollständig und mit Sicherheit beantwortet werden:

1. Welche Stoffklassen müssen entgiftet werden?
2. Wann ist eine ausreichende Entgiftung erzielt?
3. Welche in-vitro Modelle und in-vivo Modelle können zur Simulation des menschlichen Leberversagens benutzt werden, um neue Verfahren zu erproben?

69.4 Leberunterstützungstherapien

Wie Tab. 69.10 zeigt, wird bei der Suche nach einer effizienten Leberunterstützungstherapie inzwischen auch verstärkt auf zelluläre Systeme, so genannte „bioartifizielle" Systeme oder „Bioreaktoren" gesetzt, in denen Leberzellen theoretisch sämtliche Leberfunktionen übernehmen sollen. Dieser Ansatz basiert wesentlich auf der Forderung, dass ein ideales Leberunterstützungssystem nicht nur die Entgiftungsfunktion, sondern möglichst auch alle anderen Funktionen der Leber, wie z. B. Synthese und Stoffwechsel, übernehmen sollte. In der Praxis bleiben diese Systeme bislang allerdings weit hinter ihren Ansprüchen zurück. Hätte man allerdings diese Forderung von Anfang an in gleichem Maße an die Nierendialyse gestellt, wären Millionen Menschen nie behandelt worden, da die Dialyse, außer der Entgiftung, ebenfalls keine andere Nierenfunktion übernimmt. Die Nierendialyse zeigt aber, dass auch die alleinige Entgiftung sehr wohl in entscheidendem Maße lebensverlängernd wirken kann. Nach Meinung der Autoren wäre daher ein System, das zumindest eine ausreichende Detoxifikation bewerkstelligen kann, schon ein großer Fortschritt.

Im Folgenden werden die derzeit (2007) aktuell auf dem Markt befindlichen Therapien vorgestellt. Dabei steht die Darstellung der technischen Aspekte der Therapien im Vordergrund. Zusätzlich wird der Preis der jeweiligen Verfahren angeführt, da dies ein relevanter Parameter ist, damit ein Verfahren auch gesundheitsökonomisch akzeptiert wird und sich im Markt behaupten kann.

69.4.1 Plasmaaustausch: Das Prinzip der Plasmapherese

Plasmapherese (Plasma + griech. pherein = herbeibringen) ist ein extrakorporales Verfahren, bei dem das Blutplasma aus dem Blut entfernt und durch eine Substitutionslösung ersetzt wird, die Albumin, Plasmaproteine oder gefrorenes Frischplasma enthält. Bei der Verwendung von gefrorenem Frischplasma, wird das Verfahren als „Plasmaaustausch" bezeichnet. Frischplasma wird aus Spenderblut mittels einer Zentrifuge oder über einen spezieller Filter, der die Blutkörperchen zurückhält, gewonnen. Häufigstes Ziel der Plasmapherese ist die Entfernung hochmolekularer Substanzen wie Immunglobuline (IgG ~ 180 kD, IgM ~ 900 kD), Immunkomplexe (z. B. bei Autoimmunerkrankungen) und proteingebundener Toxine wie Digitalis aus dem Plasma. Da die Entfernung allerdings unselektiv ist, werden auch die im Plasma gelösten Proteine abfiltriert, was von Nachteil sein kann. Des Weiteren muss immer mit einem verbleibenden Risiko der Übertragung von Virusinfektionen (HIV, HBV oder HCV) gerechnet werden, insbesondere dann, wenn das bei $-30\,°C$ gefrorene und für 4 bis 6 Monate in Quarantäne gelagerte Einzelspenderplasma verwendet wird. Zusätzlich können bei der Behandlung Komplikationen auftreten wie Elektrolytstörungen, Zitrattoxizität, Blutdrucksenkungen, Blutungen und selten lebensbedrohliche allergische Reaktionen [57, 58]. Um die Effektivität des Verfahrens für leberkranke Patienten zu verbessern, werden bei einer Sitzung bis zu zwei Plasmavolumina des Patienten ausgetauscht, was ca. 3 Litern entspricht. Zur Unterstützung von Patienten mit Leberversagen wird in Dänemark auch der

Abb. 69.14 Albumin-Toxin Komplexe

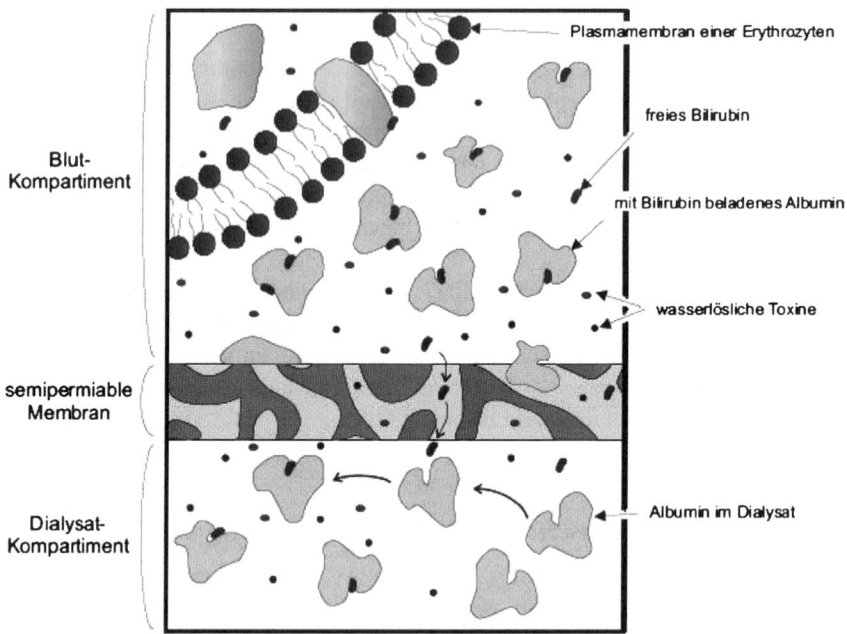

Abb. 69.15 Schematische Darstellung der Austauschprozesse bei der Albumindialyse

„Hochvolumen-Plasmaaustausch" angewendet [59, 60]. Hierbei werden pro Sitzung 10 Liter Plasma ausgetauscht, was der Plasmamenge von ca. 40 Blutspenden entspricht. Entsprechend selten kann diese Therapie, allein um das notwendige Plasma zur Verfügung zu haben, angewandt werden, aber auch die Kosten verhindern eine Anwendung im großen Stil. Eine weitere Möglichkeit ist die serielle oder parallele Kombination von Plasmaaustausch mit Hochvolumen-Hämodiafiltration. Auch deren Ergebnisse sind aber bisher nicht durch eine überzeugende Studie gestützt [61].

69.4.2 Albumindialyse

Herkömmliche Nierenersatztherapien wie Hämodialyse oder Hämodiafiltration sind beim Patienten mit Leberversagen nur dann von Bedeutung, wenn bei den Patienten ein zusätzliches Nierenversagen besteht. Denn diese Verfahren eliminieren zwar einen Großteil der wasserlöslichen Toxine, sind aber minimal effektiv für die Entfernung proteingebundener Toxine, die beim Leberversagen vermehrt im Blut akkumuliert sind. Um die herkömmlichen Dialyse-Verfahren für die Leberunterstützungstherapie effektiver zu machen, wird deshalb ein Dialysat verwendet, das das Transportprotein Albumin enthält. Jedes eiweißgebundene Toxin liegt auch zu einem minimalen Teil ungebunden vor (siehe Abb.69.15). Erst wenn dem Dialysat ein Adsorber (Albumin) mit freien Bindungsstellen zugegeben wird, können die wenigen freien Toxine von der Blutseite durch die semipermeable Membran zur Dialysatseite diffundieren, um dort an den Adsorber zu binden. Dadurch wird das Gleichgewicht zwischen gebundenen und ungebundenen Toxinen im Blut kontinuierlich in Richtung des ungebundenen Toxins verschoben und es kann eine effektive Elimination erfolgen. Sowohl die Single-Pass-Albumindialyse (SPAD) nach Kreymann als auch das MARS®-Verfahren basieren auf diesem Prinzip.

69.4.3 Single-Pass-Albumindialyse (SPAD)

Die Single-Pass-Albumindialyse (SPAD) kann vom behandelnden Arzt aufgrund ihrer Einfachheit in Eigenregie an einer marktüblichen CVVHDF-Maschine durchgeführt werden, indem man das Bikarbonat-gepufferte Dialysat mit Albumin zu einer 4,4%igen Albuminlösung vermischt und einen langsamen Dialysatfluss (1–2 Liter pro Stunde) einstellt [62, 63]. Durch die Zugabe einer Prädilutionslösung wird die Toxinelimination durch Ultrafiltration (konvektiver Stofftransport) weiter verbessert. Das albuminhaltige Dialysat wird einmal im Dialysator im Gegenstromprinzip am Patientenblut vorbeigeleitet und anschließend entsorgt (Single-Pass-System). Ein Gramm Albumin kostet zwischen 1,80 € und 5,00 €. Dies bedeutet, dass die Tagestherapiekosten bei einer Behandlung mit der Single-Pass-Albumindialyse insgesamt 1.000–5.300 € betragen können.

69.4.4 Molecular Adsorbent Recirculating System (MARS®)

1993 wurde das MARS®-Verfahren von Stange et al. für die Entgiftung von Patienten mit Leberversagen als ein Zusatzgerät für Hämodialysegeräte entwickelt [2, 11]. Auch hier erfolgt zur Blutreinigung eine Hämodialyse mit albuminhaltigem Dialysat im Gegenstromverfahren. Allerdings wird das Dialysat beim MARS®-Verfahren nach Durchlaufen des Dialysators recycelt und erneut dem Blutreinigungskreislauf (Sekundärseite) zugeführt, um den Albuminbedarf des Verfahrens möglichst gering zu halten. Die Regeneration des Dialysats erfolgt anhand einer Lowflux-Hämodialyse (zur Elimination der wasserlöslichen Toxine) und zwei Adsorbern (ein Anionaustauscher zur Elimination von z. B. Bilirubin und eine Aktivkohleeinheit zur Elimination lipophiler Substanzen). Diese Adsorber tragen hauptsächlich zu den hohen Kosten des Verfahrens bei. Das Dialysat besteht aus 20%iger Albuminlösung. We-

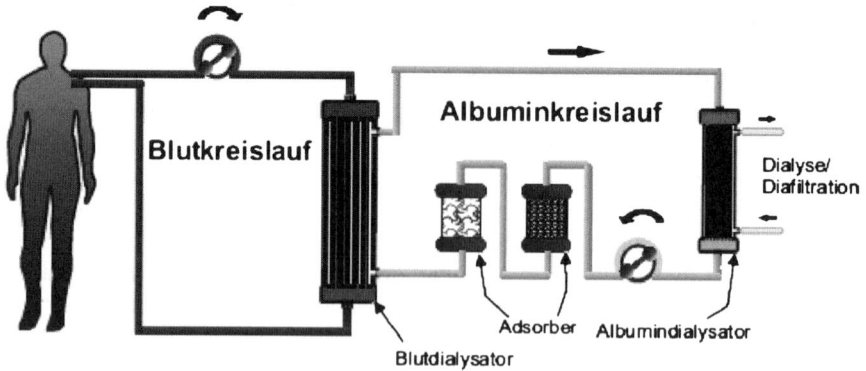

Abb. 69.16 Das MARS®-Verfahren

gen der Rezirkulation des Albumins werden nur 600 ml 20%iges Humanalbumin benötigt. Eines der Probleme beim MARS®-System ist allerdings die bereits nach einer Stunde deutlich nachlassende Effektivität aufgrund der Sättigung der Adsorber, die das mit Toxinen aus dem Patientenblut beladene Albumin wieder regenerieren sollen [64]. Das MARS®-Verfahren wird derzeit von der Firma Gambro weiterentwickelt. Es wird in den neuen bedside-Monitor als Zusatzmodul integriert sein.

69.4.5 Prometheus®

Das zur Entgiftung der Lebererkrankten entwickelte Prometheus®-System beruht auf dem so genannten FPSA-Verfahren (Fractionated Plasma Separation and Adsorption) [65, 66]. Dabei wird das Plasma durch einen albumindurchlässigen Filter (Albuflow® – Molekulargewicht cutoff von 250 kDa) vom Blut separiert und in einem Sekundärkreislauf über zwei Adsorber, ein Neutralresin-Adsorber aus Styrenedivinylbenzene-Kopolymer und einen Ionenaustauscher, der Chlorid als Gegenion benutzt, gereinigt. Anschließend wird das Plasma wieder dem Blut zugeführt und eine konventionelle Highflux-Hämodialyse zur Elimination der wasserlöslichen Toxine durchgeführt. Im Gegensatz zu MARS® findet ein direkter Kontakt zwischen dem albuminhaltigen Plasma und dem Adsorber statt, was eine verbesserte Detoxifikation bewirkt [3]. Allerdings bestehen Bedenken, dass die unselektive Filtration der Plasmaproteine dazu führen kann, die Konzentration der für die Gerinnung wichtigen Substanzen sowie des Albumins im Blut zu stark zu reduzieren. Die Kosten für dieses System bewegen sich im gleichen Bereich wie beim MARS®-Verfahren. Das Prometheus®-Verfahren ist in eine herkömmliche Dialysemaschine der Firma Fresenius integriert worden.

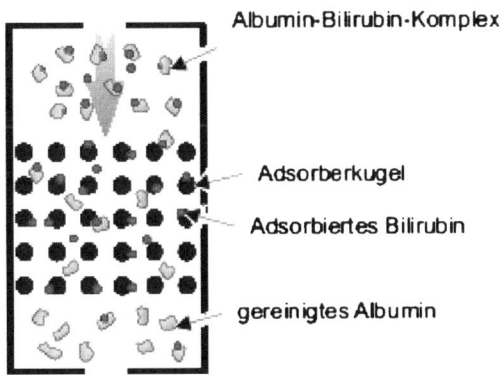

Abb. 69.17 Reinigungsprozess des Albumins durch einen Adsorber

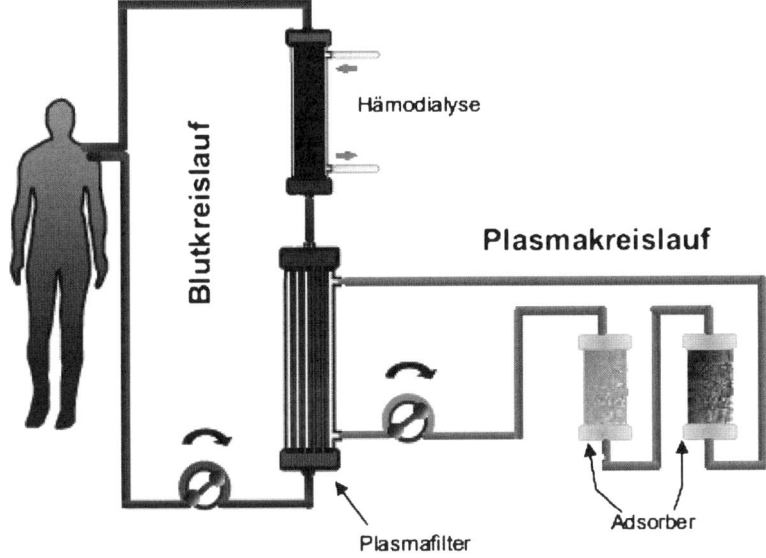

Abb. 69.18 Das Prometheus-Verfahren

69.4.6 Bioartifizielle Leberunterstützungssysteme

Derzeit ist kein bioartifizielles Leberunterstützungssystem käuflich erhältlich. Im Gegensatz zu den artifiziellen Leberunterstützungssystemen sollen durch bioartifizielle Systeme neben der Elimination schädlicher Stoffe aus dem Blut auch andere Funktionen der Leber ersetzt werden. Zu diesem Zweck wird ein Bioreaktor zur Reinigung des durchfließenden Bluts oder Plasmas eingesetzt. In dem Bioreaktor

Zusammenfassung: Anforderung an einen optimalen Hepatozytenbioreaktor
• Ausreichende Zellmasse • Kein Risiko von Zoonosen, Immunreaktionen oder Neoplasien • Optimale haftungsfördernde strukturierte Zellträger (Matrix) • Adäquate Ernährungszufuhr • Adäquate Sauerstoffversorgung • Abfluss der aus zellulärem Metabolismus entstehenden Abfallprodukte • Maximale Austauschoberflächen zwischen Hepatozyten und Blut oder Plasma • Sichere Barriere zwischen Hepatozyten und Patientenplasma

Tabelle 69.11 Anforderungen an einen optimalen Hepatozytenbioreaktor

sind porcine oder humane Hepatozyten (Hepato = Leber, -zyten = Zellen) in einer speziellen Matrix integriert. Die Idee, die synthetischen und metabolischen Funktionen der Leber durch kultivierte Hepatozyten zu ersetzen, sah vielversprechend aus, konnte aber den Anforderungen bisher nicht gerecht werden.

Die grundsätzlichen Schwierigkeiten eines solchen Systems gehen auch aus den Überlegungen von Iwata deutlich hervor [67]:

1. Blutfluss in der Leber: 1.500 ml/min
2. Blutfluss im Bioreaktor: 200 ml/min
3. Mindestgröße der Leber für das Überleben: ca. 500 g, aber mit 100% funktionierenden Leberzellen
4. Maximal mögliche Menge im Bioreaktor: 500 g Leberzellen, aber max. 10%ige Funktion verglichen mit normalen Leberzellen
5. Leberzellen funktionieren in toxischer Umgebung, wie dies beim Leberversagen der Fall ist, schlechter.

Unter vergleichbaren Veränderungen des Blutflusses funktioniert zwar eine Dialyse, wichtiger erscheint, dass eine adequate Zellmasse vorhanden ist. Dies würde bedeuten, dass mindestens 20 kg Leberzellen notwendig sind, um die Funktion einer 500 g schweren Leber zu erreichen. Selbst wenn das Bereitstellen einer solch großen Zellmasse unproblematisch wäre, erscheint eine extrakorporale Durchblutung einer annähernd ausreichenden Zellmenge schwer vorstellbar.

HepatAssist™

HepatAssist soll die fehlenden Leberfunktionen bei Patienten mit akutem sowie akut-deterioriertem chronischem Leberversagen ersetzen. Hierbei wird zunächst das Plasma vom Patientenblut getrennt und zur Elimination kleinmolekularer Toxine durch einen Aktivkohleadsorber geleitet [68]. Danach passiert das Plasma einen Oxygenator, um Sauerstoff für die Zellen in die Lösung zu bringen, bevor es in eine Hohlfaserkartusche weitergeleitet wird. Dort fließt es durch das Kapillarlumen während sich auf der Außenseite der Kapillaren kultivierte Hepatozyten vom Schwein befinden. Die porcinen Hepatozyten sind immobilisiert, damit sie nicht

69.4 Leberunterstützungstherapien

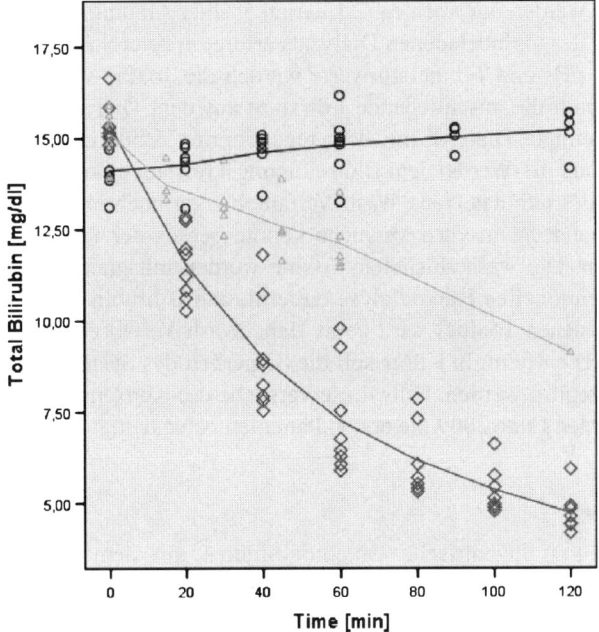

Abb. 69.19 Elimination von Bilirubin durch das Hepa Wash-Verfahren (Rauten) im Vergleich zur SPAD (Dreiecke) und zur normalen Dialyse (Kreise).

über das Blutplasma in den Patienten gelangen können. Das gereinigte Plasma und das restliche Patientenblut werden wieder zusammengebracht und dem Patienten zugeführt. Diese Hepatozyten sollen die gleiche Funktionen erfüllen wie normale Leberzellen in der Leber.

Die Sicherheit des Systems wurde in mehreren klinischen Studien am Menschen erfolgreich nachgewiesen. Jedoch erbrachte eine große multizentrische Studie keinen Nachweis einer klinischen Effektivität, vermutlich wegen einer viel zu geringen Zellmasse.

69.4.7 Hepa Wash

Es wird derzeit bei jedem der vorgestellten Verfahren eine weitere Optimierung versucht. Ein Beispiel dafür ist das Hepa Wash-Verfahren, an dessen Entwicklung auch Autoren dieses Artikels beteiligt sind. Das Hepa Wash-Verfahren basiert auf dem SPAD-Verfahren. Um allerdings eine bessere Kosten-Nutzen-Relation als beim SPAD zu erreichen, wurden nicht nur die Systemparameter für die Blutreinigung optimiert, sondern auch der Bedarf an albuminhaltigem Dialysat durch Wiederaufbereitung und Rezirkulation drastisch reduziert. Durch die Rezirkulation des Dialysats werden nur noch ca. 2 Liter an 5%iger Albuminlösung benötigt. Die Aufreinigung des toxinbeladenen Dialysats erfolgt in zwei Schritten. Durch Veränderungen der pH- und Temperaturwerte werden die Toxine vom Dialysatalbumin gelöst und durch die anschließende Filtration aus dem Dialysat entfernt. Danach kann das gereinigte Dialysat mit dem regenerierten Albumin in physiologischen Temperatur- und pH-Werten dem Blutreinigungskreislauf erneut zugeführt werden. Derzeit befindet sich das Hepa Wash-Verfahren zwar noch im Entwicklungsstadium, aber anhand der in-vitro Versuche konnte bereits der Proof of Principle erbracht werden. Die wasserlöslichen Toxine werden mit gleicher Effektivität wie bei der konventionellen Hämodialyse entfernt, und Bilirubin (Surrogatmarker der protein-gebundenen Toxine) wird beim Hepa Wash-Verfahren 2 bis 3-mal besser als beim SPAD entfernt. In Kürze soll die Sicherheit des Systems in-vivo, im Tierexperiment, geprüft werden. Falls diese Versuche das Konzept bestätigen (Proof of Concept) werden Ende 2009 die ersten Patienten behandelt.

Perspektive

Derzeit laufen multizentrische Outcome-Studien mit dem MARS®- und dem Prometheus®-System. Die in diesen Studien gewonnenen Daten, wie auch die von verschiedensten Gruppen unternommenen Anstrengungen zur Analyse, Verbesserung und Entwicklung neuartiger Verfahren könnten dazu beitragen, dass künftig auch die grundsätzlichen Anforderungen an ein Leberunterstützungssystem besser definiert werden können. Es ist daher zu hoffen, dass nicht weitere 50 Jahre vergehen müssen, bevor ein erfolgreiches Leberunterstützungssystem etabliert werden kann.

69.5 Literatur

1. Cooney, D.O., Biomedical engineering principles: an introduction to fluid, heat, and mass transport processes. 2, Dekker, New York [u. a.], 1976, S. 458
2. (DSO), Bundesweiter Jahresbericht der Deutschen Stiftung Organtransplantation www.dso.de, 2006,
3. Kolff, W.J., The invention of the artificial kidney. Int J Artif Organs, 13 (6), 1990, http://www.ncbi.nlm.nih.gov/entrez/query.fcgi?cmd=Retrieve&db=PubMed&dopt=Citation&list_uids=2199377 S. 337–43
4. Feely, T., Copley, A., Bleyer, A.J., Catheter lock solutions to prevent bloodstream infections in high-risk hemodialysis patients. Am J Nephrol, 27 (1), 2007, http://www.ncbi.nlm.nih.gov/entrez/query.fcgi?cmd=Retrieve&db=PubMed&dopt=Citation&list_uids=17215571 S. 24–9
5. Stegmayr, B.G., A survey of blood purification techniques. Transfus Apher Sci, 32 (2), 2005, http://www.ncbi.nlm.nih.gov/entrez/query.fcgi?cmd=Retrieve&db=PubMed&dopt=Citation&list_uids=15784456 S. 209–20
6. Hughes, R.D., Pucknell, A., Routley, D., et al., Evaluation of the BioLogic-DT sorbent-suspension dialyser in patients with fulminant hepatic failure. Int J Artif Organs, 17 (12), 1994, http://www.ncbi.nlm.nih.gov/entrez/query.fcgi?cmd=Retrieve&db=PubMed&dopt=Citation&list_uids=7759146 S. 657–62
7. Fischer, K.G., Essentials of anticoagulation in hemodialysis. Hemodial Int, 11 (2), 2007, http://www.ncbi.nlm.nih.gov/entrez/query.fcgi?cmd=Retrieve&db=PubMed&dopt=Citation&list_uids=17403168 S. 178–89
8. Oo, T.N., Smith, C.L., Swan, S.K., Does uremia protect against the demyelination associated with correction of hyponatremia during hemodialysis? A case report and literature review. Semin Dial, 16 (1), 2003, http://www.ncbi.nlm.nih.gov/entrez/query.fcgi?cmd=PubMed&dopt=Citation&list_uids=12535304 S. 68–71
9. Pedrini, L.A., On-line hemodiafiltration: technique and efficiency. J Nephrol, 16 Suppl 7, 2003, http://www.ncbi.nlm.nih.gov/entrez/query.fcgi?cmd=Retrieve&db=PubMed&dopt=Citation&list_uids=14733302 S. S57–63
10. Deutsche Arbeitsgemeinschaft für Klinische Nephrologie e.V., Band XXXV/2006, Vandenhoeck & Ruprecht, Göttingen, 2006
11. Busse, C., Blutreinigungssysteme. In: Medizintechnik – Verfahren, Systeme, Informationsverarbeitung, Kramme R. (Hrsg.), Springer Berlin, 2007, S. 443–458
12. Hoenich, N., Thompson, J., Varini, E., et al., Particle spallation and plasticizer (DEHP) release from extracorporeal circuit tubing materials. International Journal for Artificial Organs, 13, 1990, S. 55–62
13. Ljunggren, L., Plasticizer migration from blood lines in hemodialysis. Artificial Organs, 8, 1984, S. 99–102
14. Flaminio, L.M., De Angelis, L., Ferazza, M., et al., Leachability of a new plasticizer tri-(2-ethylhexyl)-trimellitate from haemodialysis tubing. International Journal for Artificial Organs, 11, 1988, S. 435–439
15. Hildenbrand, S.L., Lehmann, H.D., Wodarz, R., et al., PVC-plasticizer DEHP in medical products: Do thin coatings really reduce DEHP leaching into blood? Perfusion, 20, 2005, S. 351–357
16. Balakrishnan, B., Kumar, D.S., Yoshida, Y., et al., Chemical modification of poly(vinyl chloride) resin using poly(ethylene glycol) to improve blood compatibility. Biomaterials, 26, 2005, S. 3495–3502
17. Hoenich, N., The extracorporeal circuit: Materials, problems, and solutions. Hemodialysis INternational, 11, 2007, S. 26–31
18. Meyer, G., Hämodialyse: Technik und Anwendung; ein Kompendium für Ärzte, Pflegepersonal und Techniker. 1. Auflage ed, Pabst, Berline, 1994
19. Ricci, Z., Salvatori, G., Bonello, M., et al., A new machine for continuous renal replacement therapy: from development to clinical testing. Expert Rev.Med.Devices, 2 (1), 2005, S. 47–55

20. Roberts, M., Winney, R.J., Errors in fluid balance with pump control of continuous hemodialysis. The International Journal of Artificial Organs, 15 (2), 1992, S. 99–102
21. Depner, T.A., Rizwan, S., Stasi, T.A., Pressure effects on roller pump blood flow during hemodialysis. ASAIO Trans, 36 (3), 1990, S. M456–9
22. Sands, J., Glidden, D., Jacavage, W., et al., Difference between delivered and prescribed blood flow in hemodialysis. ASAIO Journal, 42 (5), 1996, http://www.scopus.com/scopus/inward/record.url?eid=2-s2.0-0030250793&partnerID=40&rel=R5.6.0
23. Polaschegg, H.D., Levin, N.W., Hemodialysis machines and monitors. In: Replacement of Renal Funcion by Dialysis, Winchester J.F.H.; W.H.; Koch, K.M.; Lindsay, R.M.; Ronco, C (Hrsg.), Kluwer Academic Publishers, Dordrecht, 2004, S. 325–449
24. Breuch, G., Fachpflege Nephrologie und Dialyse, 3. Auflage, Urban & Fischer Verlag, München, 2003
25. Misra, M., The basics of hemodialysis equipment. Hemodialysis INternational, (9), 2005, S. 30–36
26. Polaschegg, H.D., Machines for hemodialysis. Contrib Nephrol, 149, 2005, S. 18–26
27. EC 60601-2-16:1998. Medical electrical equipment. Part 2:Particular requirements for safety of haemodialysis equipment, 1998
28. ANSI/AAMI, American National Standard. Hemodialysis Systems, 2007
29. Curtis, J., Delaney, K., O'Kane, P., et al., Hemodialysis devices. In: Core Curriculum for the Dialysis Technician: A Comprehensive Review of Hemodialysis, (Hrsg.), Medical Education Institute, Inc., Medison, WI, 2006, S. 89–117
30. Daugirdas, J.T., Van Stone, J.C., Boag, J.T., Hemodialysis apparatus. In: Handbook of Dialysis, Daugirdas J.T.B., P.G.; Ing, T.S. (Hrsg.), Lippincott Williams & Wilkins, Philadelphia, PA, 2001, S. 48
31. Kramer, P., Wigger, W., Matthaei, D., et al., Clinical experience with continuously monitored fluid balance in automatic hemofiltration. Artif Organs, 2 (2), 1978, S. 147–9
32. Streicher, E., Vorrichtung zur Substitution identischer Volumina bei Dialyse und Blutdiafiltration. Berghof GmbH, Deutschland, 1978
33. Beden, J., Flaig, J.J., Polaschegg, J.D., et al., Volumetric fluid balancing for hemo- and plasmafiltration. 2nd European Conference on Engineering and MEdicine, Stuttgart, 25–29 April, 1993
34. Gambro, Centrosystem 3 Dialysis Control Unit, Maintenance and Troubleshooting Service Manual, Gambro, Inc., Lakewood, CO, 1991–2001
35. Locatelli, F., Buoncristiani, U., Canaud, B., et al., Haemodialysis with on-line monitoring equipment: tools or toys? Nephrology Dialysis Transplantation, 20, 2005, S. 22–33
36. Locatelli, F., Di Filippo, S., Manzoni, C., et al., Monitoring soidum removal and delivered dialysis by conductivity. International Journal for Artificial Organs, 18, 1995, S. 716–721
37. Johner, C., Chamney, P.W., Schneditz, D., et al., Evaluation of an ultrasonic blood volume monitor. Nephrology Dialysis Transplantation, 13, 1998, S. 2098–2103
38. Andrulli, S., Colzani, S., Mascia, F.e.a., The role of blood volume reduction in the genesis of intradialytic hypotension. American Journal for Kidney Dialysis, 40, 2002, S. 1244–1254
39. Basile, C.G., R.; Vernaglione, L. et al, Efficacy and safety of haemodialysis treatment with the Hemocontrol biofeedback system: a prospective medium-term study. Nephrology Dialysis Transplantation, 16, 2001, S. 328–334
40. Ronco, C., Brendolan, A., Milan, M., et al., Impact of biofeedback-induced cardiovascular stability on hemodialysis tolerance and efficiency. Kidney International, 58, 2000, S. 800–808
41. Santoro, A., Mancini, E., Basile, C., et al., Blood volume controlled hemodialysis in hypotension-prone patients: a randomized, multicenter controlled trial. Kidney International, 62, 2002, S. 1034–1045
42. Krämer, M., Wiederherstellung von Nierenfunktionen. In: Kooperative und autonome Systeme in der Medizintechnik, Werner J. (Hrsg.), Oldenbourg Verlag, München, 2005, S. 277–348
43. Kapoor, D., Molecular adsorbent recirculating system: Albumin dialysis-based extracorporeal liver assist device. Journal of Gastroenterology and Hepatology, 17 (3), 2002, S. 280–286

44. Tersteegen, B., Endert, G., Verfahren zur Herstellung von Dialysierflüssigkeit zur Verwendung in Haemodialysegeräten sowie Vorrichtung zur Durchfuehrung des Verfahrens. Tersteegen, B., Deutschland, 1983
45. Fassbinder, W., Experience with the GENIUS® Hemodialysis System. Kidney & Blood Pressure Research, 26, 2003, S. 96–99
46. Dhondt, A., Eloot, S., Wachter, D.D., et al., Dialysate partitioning in the Genius batch hemodialysis system: effect of temperature and solute concentration. Kidney Int, 67 (6), 2005, http://www.ncbi.nlm.nih.gov/entrez/query.fcgi?cmd=Retrieve&db=PubMed&dopt=Citation&list_uids=15882294 S. 2470–6
47. Eloot, S., Dhondt, A., Vierendeels, J., et al., Temperature and concentration distribution within the Genius(R) dialysate container. Nephrol Dial Transplant, 2007, http://www.ncbi.nlm.nih.gov/entrez/query.fcgi?cmd=Retrieve&db=PubMed&dopt=Citation&list_uids=17567650
48. Kielstein, J.T., Linnenweber, S., Schoepke, T., et al., One for all – a multi-use dialysis system for effective treatment of severe thallium intoxication. Kidney Blood Press Res, 27 (3), 2004, http://www.ncbi.nlm.nih.gov/entrez/query.fcgi?cmd=Retrieve&db=PubMed&dopt=Citation&list_uids=15256818 S. 197–9
49. Kleophas, W., Backus, G., A simplified method for adequate hemodialysis. Blood Purif, 19 (2), 2001, http://www.ncbi.nlm.nih.gov/entrez/query.fcgi?cmd=Retrieve&db=PubMed&dopt=Citation&list_uids=11150808 S. 189–94
50. Lonnemann, G., Floege, J., Kliem, V., et al., Extended daily veno-venous high-flux haemodialysis in patients with acute renal failure and multiple organ dysfunction syndrome using a single path batch dialysis system. Nephrol Dial Transplant, 15 (8), 2000, http://www.ncbi.nlm.nih.gov/entrez/query.fcgi?cmd=Retrieve&db=PubMed&dopt=Citation&list_uids=10910443 S. 1189–93
51. Fliser, D., Kielstein, J.T., A single-pass batch dialysis system: an ideal dialysis method for the patient in intensive care with acute renal failure. Curr Opin Crit Care, 10 (6), 2004, http://www.ncbi.nlm.nih.gov/entrez/query.fcgi?cmd=Retrieve&db=PubMed&dopt=Citation&list_uids=15616390 S. 483–8
52. Kielstein, J.T., Hafer, C., „Extended dialysis" auf der Intensivstation. Der Nephrologe – Zeitschrift für Nephrologie und Hypertensiologie, 1 (2), 2006, S. 97–102
53. Kiley, J., Welch, H.F., Pender, J.C., Removal of blood ammonia by haemodialysis. Proc. Soc. Exp. Biol. Medical, 91, 1956, S. 489–90
54. Kramer, L., Indikationen und KOmplikationen der Plasmapherese im Rahmen der Intensivmedizin. Intensivmedizin + Notfallmedizin, 35 (5), 1998, S. 349–355
55. Tan, H.K., Hart, G., Plasma filtration. Ann Acad Med Singapore, 34 (10), 2005, http://www.ncbi.nlm.nih.gov/entrez/query.fcgi?cmd=Retrieve&db=PubMed&dopt=Citation&list_uids=16382247 S. 615–24
56. Clemmesen, J.O., Kondrup, J., Nielsen, L.B., et al., Effects of high-volume plasmapheresis on ammonia, urea, and amino acids in patients with acute liver failure. Am J Gastroenterol, 96 (4), 2001, http://www.ncbi.nlm.nih.gov/entrez/query.fcgi?cmd=Retrieve&db=PubMed&dopt=Citation&list_uids=11316173 S. 1217–23
57. Kondrup, J., Almdal, T., Vilstrup, H., et al., High volume plasma exchange in fulminant hepatic failure. Int J Artif Organs, 15 (11), 1992, http://www.ncbi.nlm.nih.gov/entrez/query.fcgi?cmd=Retrieve&db=PubMed&dopt=Citation&list_uids=1490760 S. 669–76
58. Sadamori, H., Yagi, T., Inagaki, M., et al., High-flow-rate haemodiafiltration as a brain-support therapy proceeding to liver transplantation for hyperacute fulminant hepatic failure. Eur J Gastroenterol Hepatol, 14 (4), 2002, http://www.ncbi.nlm.nih.gov/entrez/query.fcgi?cmd=Retrieve&db=PubMed&dopt=Citation&list_uids=11943960 S. 435–9
59. Seige, M., Kreymann, B., Jeschke, B., Schweigart, U., Kopp, K., Classen, M.,, Long-term treatment of patients with acute exacuberation of chronic liver failure by albumin dialysis. Transplantation Proceedings, 31 (1–2), 1999, S. 1371–1375
60. Kreymann, B., Seige, M., Schweigart, U., Kopp, K., Classen, M., Albumin dialysis: effective removal of copper in a patient with fulminant Wilson disease and successful bridging to liver transplantation: a new possibility for the elimination of protein-bound toxins. Journal of Hepatology, 31 (6), 1999, S. 1080–1085

61. Stange, J., Mitzner, S., Ramlow, W., et al., A new procedure for the removal of protein bound drugs and toxins. Asaio J, 39 (3), 1993, http://www.ncbi.nlm.nih.gov/entrez/query.fcgi?cmd=Retrieve&db=PubMed&dopt=Citation&list_uids=8268613 S. M621–5
62. Stange, J., Ramlow, W., Mitzner, S., et al., Dialysis against a recycled albumin solution enables the removal of albumin-bound toxins. Artif Organs, 17 (9), 1993, http://www.ncbi.nlm.nih.gov/entrez/query.fcgi?cmd=Retrieve&db=PubMed&dopt=Citation&list_uids=8240075 S. 809–13
63. Evenepoel, P., Maes, B., Wilmer, A., et al., Detoxifying capacity and kinetics of the molecular adsorbent recycling system. Contribution of the different inbuilt filters. Blood Purif, 21 (3), 2003, http://www.ncbi.nlm.nih.gov/entrez/query.fcgi?cmd=Retrieve&db=PubMed&dopt=Citation&list_uids=12784051 S. 244–52
64. Falkenhagen, D., Strobl, W., Vogt, G., et al., Fractionated plasma separation and adsorption system: a novel system for blood purification to remove albumin bound substances. Artif Organs, 23 (1), 1999, http://www.ncbi.nlm.nih.gov/entrez/query.fcgi?cmd=Retrieve&db=PubMed&dopt=Citation&list_uids=9950184 S. 81–6
65. Rifai, K., Ernst, T., Kretschmer, U., et al., Prometheus – a new extracorporeal system for the treatment of liver failure. J Hepatol, 39 (6), 2003, http://www.ncbi.nlm.nih.gov/entrez/query.fcgi?cmd=Retrieve&db=PubMed&dopt=Citation&list_uids=14642616 S. 984–90
66. Krisper, P., Haditsch, B., Stauber, R., et al., In vivo quantification of liver dialysis: comparison of albumin dialysis and fractionated plasma separation. J Hepatol, 43 (3), 2005, http://www.ncbi.nlm.nih.gov/entrez/query.fcgi?cmd=Retrieve&db=PubMed&dopt=Citation&list_uids=16023249 S. 451–7
67. Iwata, H., Ueda, Y., Pharmacokinetic considerations in development of a bioartificial liver. Clin Pharmacokinet, 43 (4), 2004, http://www.ncbi.nlm.nih.gov/entrez/query.fcgi?cmd=Retrieve&db=PubMed&dopt=Citation&list_uids=15005636 S. 211–25
68. Rozga, J., Podesta, L., LePage, E., et al., A bioartificial liver to treat severe acute liver failure. Ann Surg, 219 (5), 1994, http://www.ncbi.nlm.nih.gov/entrez/query.fcgi?cmd=Retrieve&db=PubMed&dopt=Citation&list_uids=8185403 S. 538–44; discussion 544–6

70 Degradable Implantate: Entwicklungsbeispiele

K. Ruffieux, E. Wintermantel

70.1 Einleitung

Resorbierbare Implantate werden seit mehreren Jahrzehnten in der Implantologie eingesetzt. Bekannt wurden diese Biomaterialien mit dem Aufkommen von sich selbst auflösenden Nahtfäden auf der Basis von synthetisch hergestellten Polylactiden und Polyglycoliden in den 70er Jahren. In einem nächsten Schritt wurden Implantate wie Platten und Schrauben zur Gewebefixation aus den gleichen Biomaterialien hergestellt.

Im Vergleich zu Titan weisen die aus Polymeren bestehenden Implantate deutlich niedrige mechanische Eigenschaften auf. Deshalb war initial die Skepsis gross, dass sich Knochenfragmente mittels resorbierbaren Implantaten genügend stabilisieren lassen würden. Erste Studien zeigten, ob bei geeigneter Operationstechnik die Festigkeit der verwendeten hoch kristallinen Polymere ausreichend war. Jedoch waren die Degradationsprodukte meist nicht biokompatibel und führten zu klinischen Problemen [1, 2, 3, 4]. Mit zunehmender Kenntnis über Materialeigenschaften, Degradationsverhalten und Machbarkeit verschiedener klinischer Indikationen gelang es, in den 90er Jahren erste resorbierbare Implantate zu entwickeln, welche erfolgreich in der Klinik eingesetzt werden konnten. Seither hat sich die Anzahl der Produkte vervielfacht und es werden laufend neue resorbierbare Implantate im Markt eingeführt.

Der vorliegende Beitrag will aufzeigen, in welchen Bereichen bereits heute erfolgreich resorbierbare Implantate eingesetzt werden, aber auch auf die nach wie vor bestehenden Einschränkungen bei deren Einsatz hinweisen.

Kristallite
Die amorphen Bereiche von teilkristallinem PLA degradieren schneller als die kristallinen Bereiche [4] d. h. nach der Desintegration des Implantates befinden sich Kristallite im umliegenden Gewebe. Die Morphologie der Kristallite könnte das Gewebe irritieren und so zu Entzündungen führen. Pistner et al. [3], konnten noch nach 5 Jahren kristallines PLA in der Implantationsnähe nachweisen.

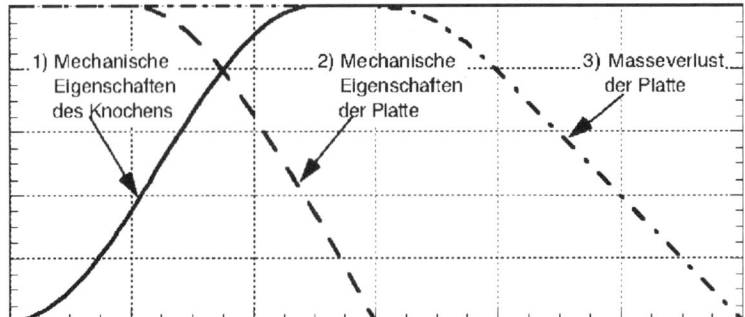

Abb. 70.1 Angestrebtes Degradationsverhalten einer abbaubaren Knochenplatte: während der anfänglich stabilen Fixation heilt der Knochenbruch (1). Durch die Abnahme der mechanischen Eigenschaften der Platte (2) werden die vorhandenen Belastungen graduell auf den Knochen übertragen. Anschliessend beginnt der Massenverlust der Platte (3), welcher nach ca. einem Jahr abgeschlossen sein sollte

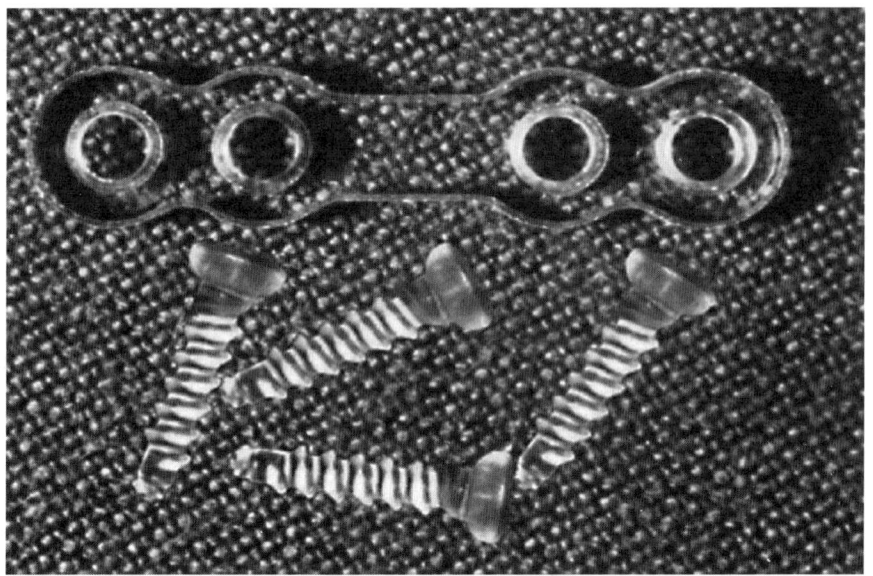

Abb. 70.2 Degradables System aus Polylactid für die Stabilisation von Knochenfragmenten im Gesichtsbereich [5]

pH-Profil
Polylactide degradieren durch hydrolytische Kettenspaltung. Dabei wirken die entstehenden Carboxylendgruppen als Katalysatoren für weitere Kettenspaltungen, was zu einer schnelleren Degradation im Innern des Bauteiles führt. Verglichen mit oberflächenerodierenden Polymeren, die ihre Degradationsprodukte kontinuierlich an die Umgebung abgeben, kann die äussere Schicht von PLA-Implantaten diese

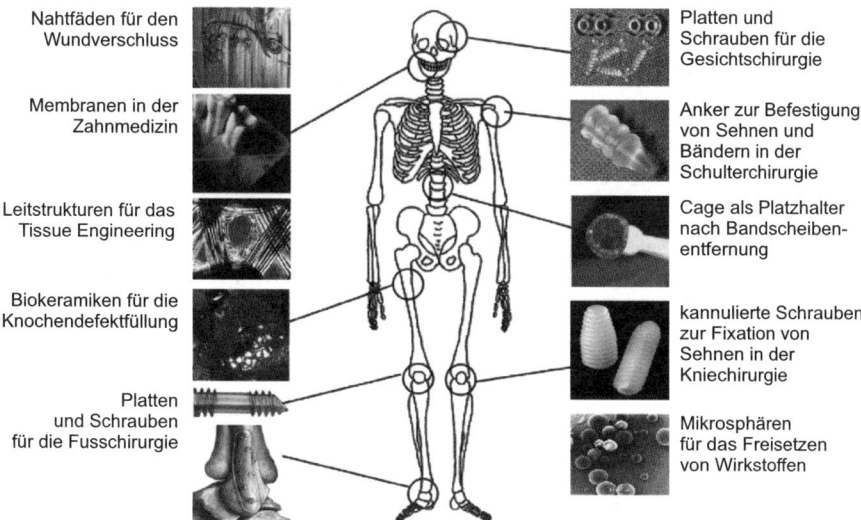

Abb. 70.3 Einsatz von resorbierbaren Implantaten in der Chirurgie

zurückhalten und sie später beim Bersten der äusseren Schicht schlagartig abgeben. Diese konzentrierte Abgabe von sauren Degradationsprodukten könnte zu den beobachteten Entzündungsreaktionen führen.

70.2 Anwendungsgebiete und -beispiele

Resorbierbare Implantate finden Anwendungen in allen Bereichen der Chirurgie, meist in der Orthopädie. Grundsätzlich finden sie Anwendungen zur Fixation von Geweben, meist Knochenstücken, welche keine grosse Last zu tragen haben. Eine wichtige Rolle neben den Fixationsimplantaten spielen auch Knochenersatzwerkstoffe, welche sich mit der Zeit im Körper auflösen. Von einer breiteren Öffentlichkeit unbemerkt werden immer mehr Wirkstofffreisetzungssysteme entwickelt. Diese setzen während der Degradation des als Trägermaterial verwendeten resorbierbaren Polymers über einen definierten Zeitraum ein Medikament in einer bestimmtes Konzentration im Körper frei.

70.2.1 Zahnmedizin

Resorbierbare Membranen werden zum Abdecken von Knochenwunden eingesetzt und zum Teil mit resorbierbaren Nägeln fixiert. Knochenwunden oder -defekte entstehen durch Infektionskrankheiten, wie der Parodontitis, bei welcher der Zahn-

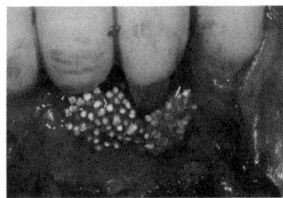 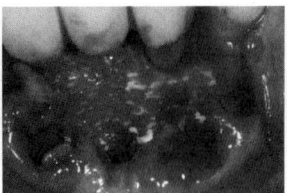 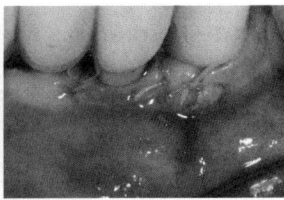

Abb. 70.4 Guided Tissue Regeneration in der Zahnmedizin: *Links:* Knochendefekt nach Entfernen des infizierten parodontalen Gewebes und Auffüllen mit Calciumphosphatgranulaten, *Mitte:* Abdecken des Defekts mit einer resorbierbaren Membran, *Rechts:* Zunähen des Zahnfleisches über dem Defekt (Die Bilder wurden freundlicherweise von Dr. Neumeyer, Eschlkam, zur Verfügung gestellt)

halteapparat und der Knochen um die Zähne geschädigt werden, durch Ziehen der Zähne entstehende Extraktionsalveolen, durch Trauma oder durch eine Atrophie wenn der Knochen nicht belastet wird.

Defekte werden meist mit Knochenersatzwerkstoffen aufgefüllt, wie z. B. Calciumphosphat-Granulate. Das Abdecken der Knochenwunde mit einer Membrane ist in vielen Fällen, meist bei grösseren Defekten, notwendig um das Einwachsen von Zahnfleisch zu verhindern. Das Zahnfleisch (Gingiva) weist eine ca. doppelte bis dreifache Wachstumsgeschwindigkeit auf wie der Knochen. Nach ca. 4 Wochen ist der Defekt mit einem Gewebe gefüllt, aus welchem später Knochen entsteht. Die Membran weist somit eine temporäre Funktion auf: sie verschafft dem im Defekt gewünschten Gewebe einen Vorsprung. Typische Membranen sind für Zellen während 6–10 Wochen undurchlässig und resorbieren danach innert ca. 2–3 Monate. Diese Anwendungen werden unter dem Begriff „Guided Bone Regeneration" oder „Guided Tissue Regeneration" zusammengefasst.

70.2.2 Gesichts- und Schädelchirurgie

Osteosynthesesysteme aus Platten und Schrauben zur Fixation von Knochenfragmenten im Gesichts- und Schädelbereich werden bereits seit etwa 10 Jahren erfolgreich eingesetzt. Dieser Bereich war eine wichtige Triebfeder in der Entwicklung von resorbierbaren Implantaten und wurde nach den chirurgischen Nahtfäden das wichtigste Anwendungsgebiet. Grund hierfür war sicher, dass meist nur Knochenfragmente an einer bestimmten Stelle positioniert werden müssen, bis diese Fragmente zusammen gewachsen sind.

Resorbierbare Implantate haben sich vor allem in der Kinderchirurgie durchgesetzt, da bei Kindern das Entfernen von Metallimplantaten aufgrund des laufenden Wachstums des Schädels zwingend notwendig ist. Eine Zweitoperation zur Entfernung der Metallimplantate ist kostspielig und bringt ein Zusatzrisiko für den Patienten mit sich.

70.2 Anwendungsgebiete und -beispiele

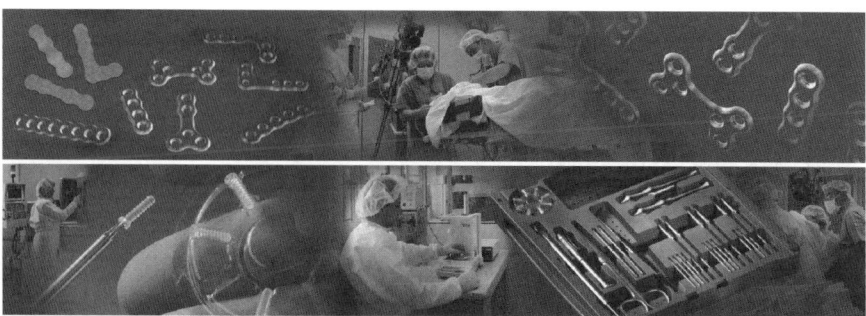

Abb. 70.5 System aus Platten und Schrauben zur Fixation von Knochenfragmenten für die Gesichtschirurgie (Produkt Resorb X, Bilder mit freundlicher Genehmigung der Firma KLS-Martin, Tuttlingen)

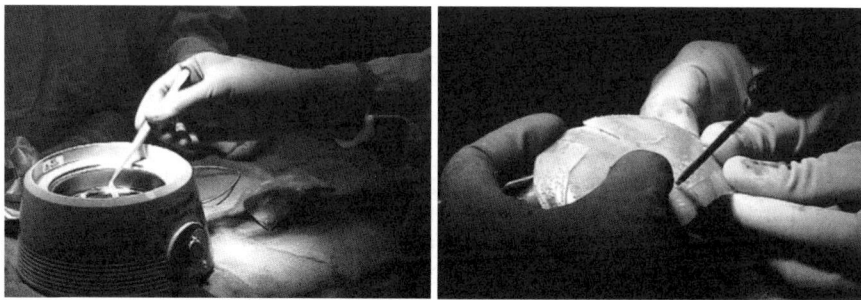

Abb. 70.6 Einsatz des resorbierbaren Fixationssystems in der Schädelchirurgie: Unter Wärme werden die Platten biegbar und lassen sich an die zu fixierenden Knochenfragmente anpassen. Mittels Schrauben werden die Platten dann an den Knochen befestigt (Produkt Resorb X, Bilder mit freundlicher Genehmigung der Firma KLS-Martin, Tuttlingen)

70.2.3 Sportmedizin

Die Sportmedizin hat sich in letzter Zeit als eines der Haupteinsatzgebiete von resorbierbaren Implantaten entwickelt und weist hohe Wachstumsraten auf. Die Implantate werden in vielen verschiedenen Indikationen eingesetzt. Mittels Nahtankern oder Schrauben werden abgerissene Sehnen und Bänder wieder an den Knochen fixiert. Nahtanker existieren in vielen verschiedenen Grössen und Ausführungen. Bereits heute sind von 10 implantierten Nahtankern 4 aus resorbierbarem Polymer (siehe Abb. 70.7).

Bei Rupturen des Kreuzbandes im Knie werden sogenannte Interferenzschrauben eingesetzt um ein transplantiertes Band anstelle des Kreuzbandes zu fixieren, bis dieses mit dem Knochen fest verwachsen ist.

Resorbierbare Fixationsschrauben und -elemente finden auch bei Meniskusoperationen Eingang, haben sich jedoch noch nicht durchgesetzt.

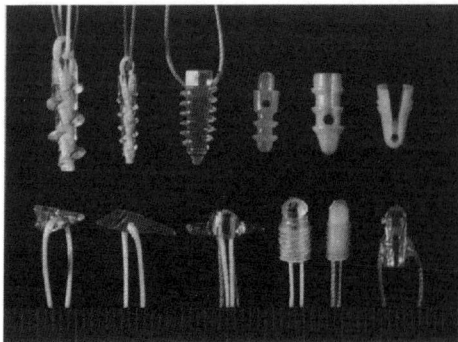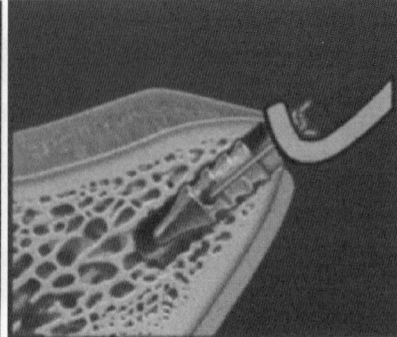

Abb. 70.7 Nahtanker in verschiedenen Geometrien zur Fixation von Sehnen und Bändern in der Sportmedizin. In der in den Implantaten erkennbaren Öse wird ein Nahtfaden befestigt, mittels dem das abgerissene Band oder die Sehne wieder fixiert wird. Die Sehne oder das Band verwächst wieder mit dem Knochen; der Anker wird überflüssig (Bilder aus Lajtai, et al., Shoulder Arthroscopy and MRI Techniques, Springer Verlag, ISBN 3-540-43112-8)

70.2.4 Traumatologie

Aufgrund der geringen mechanischen Eigenschaften der resorbierbaren Polymere werden erst wenige resorbierbare Implantate eingesetzt. So werden kleinere Frakturen oder abgeplatzte Knochenstücke mittels dünnen Stiften (Pins) von 1.5mm bis 3mm Durchmesser fixiert. Meist werden 2 Pins über Kreuz eingesetzt und halten so das Knochenstück in Position, bis dieses wieder im Kochen integriert ist.

70.2.5 Fusschirurgie

In der Fusschirurgie werden oft Pins oder auch Schrauben bei der operativen Behandlung von Hallux Valgus, einer Deformation der Gross Zehe, eingesetzt. Während der Operation wird ein Knochenstück mit keilartiger Geometrie entfernt und die übrigbleibenden Knochenstücke werden mittels den resorbierbaren Implantaten fixiert bis diese zusammen gewachsen sind. Nach der Operation ist die Zehe wieder gerade und der Patient sollte schmerzfrei sein.

70.2.6 Wirbelsäulenchirurgie

Erst seit kurzem sind erste sogenannte Cages aus resorbierbarem Polymer auf dem Markt. Diese Cages, oder Käfige, werden eingesetzt um den nach dem Entfernen der Bandscheibe entstehenden Zwischenraum auszufüllen und die beiden anliegenden Wirbelkörper in ihrem natürlichen Abstand zu halten, bis ein knöchernes

70.2 Anwendungsgebiete und -beispiele

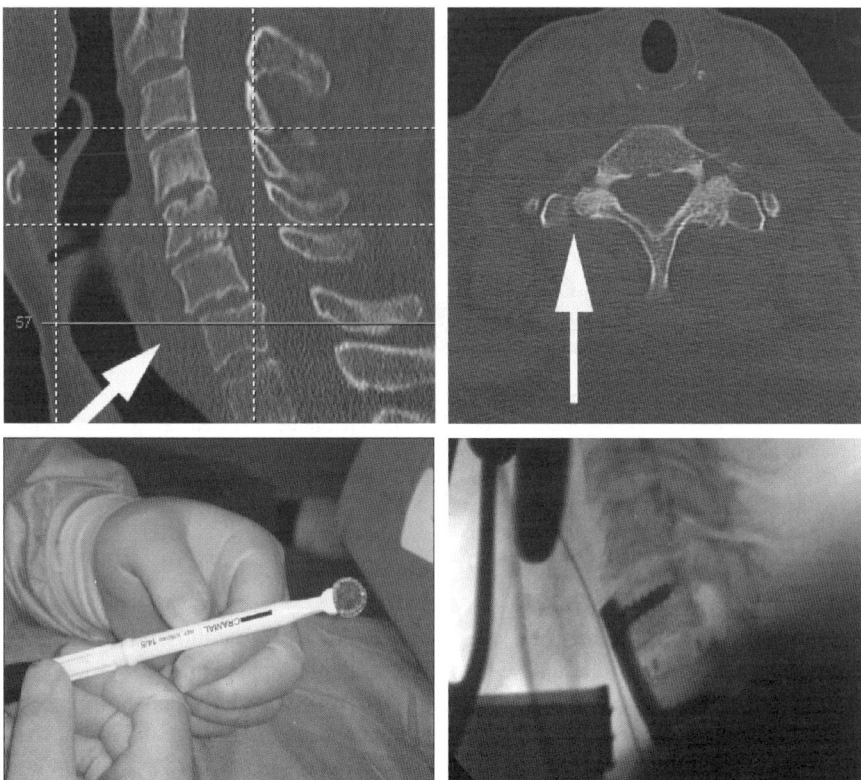

Abb. 70.8 Beispiel einer Wirbelsäulenoperation bei einem 64–jährigen Patienten. *Oben links:* Verschiebung des Wirbels C6 gegenüber C7 (Pfeil) *Oben rechts:* Fraktur im Wirbel C7. Eine operative Entfernung der Bandscheibe und eine Fixation der Wirbel wurde unumgänglich. *Unten links:* Ein mit autologem Knochen gefüllter resorbierbarer Cage (SolisRS, Degradable Solutions AG) wurde eingesetzt um die Distanz zwischen den beiden benachbarten Wirbeln konstant zu halten. *Unten rechts:* Mittels einer Titan-Platte und 4 Schrauben werden die Wirbel fixiert. Innert 6 Monaten wächst Knochen von beiden Seiten her in die zentrale Öffnung des Cage und führt so zu einer Fusion der benachbarten Wirbel. Der Cage wird unnötig und resorbiert in den folgenden Jahren. Im Bild gut zu erkennen sind die resorbierbaren Röntgenmarker zur Kontrolle der Position des Cages. (Bilder mit freundlicher Genehmigung von Dr. Wuisman, Universitätsklinik Amsterdam)

Durchwachsen dieser Käfige stattgefunden hat und diese anschliessend überflüssig werden. Cages sind heutzutage sicher diejenigen resorbierbaren Implantate, welche die grössten mechanischen Belastungen aushalten müssen. Die Entwicklung eines neuen resorbierbaren Cages für die Halswirbelsäule hat gezeigt, dass sich Implantate herstellen lassen, welche den Anforderungen an die mechanische Belastung gerecht werden. Die maximale Last welche ein Cage aushalten muss ist definiert durch die Bruchlast der benachbarten Wirbelkörper. Diese beträgt ca. 1.2 kN. Das unten vorgestellt Produktes Solis™RS versagt bei 37 °C erst bei einer Druckkraft von 6 kN und verfügt somit über eine 5-fache Sicherheit.

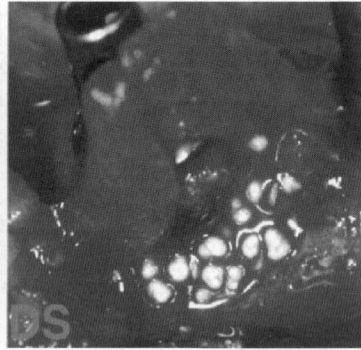

Abb. 70.9 β-Tri-Calciumphosphat-Granulate (calc-i-oss™) mit einer Granulatgrösse von 500 – 1000 µm füllen einen Knochendefekt um ein Titanimplantat in der Zahmedizin. (Quelle: Degradable Solutions AG)

70.2.7 Knochenersatzwerkstoffe

Als resorbierbare Implantate sind ebenfalls sich im Körper auflösenden Biokeramiken zu betrachten. Biokeramiken, meist aus Calciumphosphaten, werden zum Auffüllen von Knochendefekten verwendet. Diese in verschiedenen Formen und Geometrien vorliegenden Implantate, meist jedoch granulären Biomaterialien, werden in einem ersten Schritt vom Knochen umwachsen und mit der Zeit vollständig von Knochen ersetzt.

Knochenersatzwerkstoffe werden z. B. in der Zahnmedizin zum Aufbauen von Kieferkämmen vor oder während dem Einbringen von Zahnimplantaten verwendet. In der Wirbelsäulenchirurgie werden Biokeramiken bei der Fusion von Wirbelkörpern, meist in Kombination mit Eigenknochen oder aus Eigenblut gewonnenen Wachstumsfaktoren verwendet. Zum Einsatz kommen auch sogenannte Hydroxylapatit-Zemente, welche in den Defekt eingespritzt werden und vor Ort aushärten.

70.3 Restriktionen beim Einsatz von resorbierbaren Implantaten

70.3.1 Eigenschaften

Die Eigenschaften von Polylactidimplantaten werden von vielen verschiedenen Faktoren bestimmt, wie der chemischen Struktur, des Molekulargewichts, der Kristallinität, eventuell vorhandenen Weichmachern, wie Restmonomere, aber auch von der Verarbeitung. So können z. B. im Spritzgussprozess eingebrachte Eigenspannung zu einer unerwünschten Deformation des Implantates kurz nach der Implantation führen.

70.3 Restriktionen beim Einsatz von resorbierbaren Implantaten

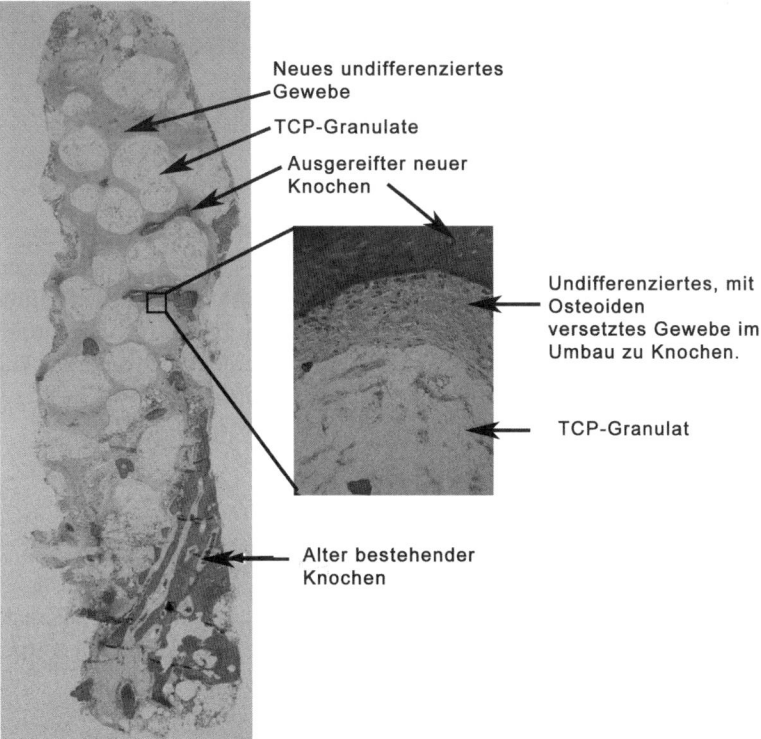

Abb. 70.10 Histologie des entnommenen Gewebezapfens aus der Stelle wo 6 Monate früher ein Zahn gezogen und der Defekt mit TCP-Granulaten der Grösse 500 – 1000μm gefüllt wurde. Im Bild unten rechts erkennt man den dunkel eingefärbten bestehenden Knochen. Verteilt im Bild sind die von undifferenziertem Gewebe (hellgrau eingefärbten) umwachsenen weissen TCP-Granulate zu erkennen. Bild rechts: Das TCP-Granulat ist bereits teilweise aufgelöst und mit undifferenziertem Gewebe wie auch mit Osteoiden versetzt und umgeben. Das undifferenzierte Gewebe wandelt sich in ausgereiften Knochen um. Das TCP-Granulat wird so kontinuierlich in Knochen „umgebaut" (Quelle: Degradable Solutions AG)

Die Festigkeit und Steifigkeit kann nur in einem breiten Spektrum angegeben werden: Festigkeit: 30 – 100 MPa; Steifigkeit: 2000 – 5000 MPa. Die unterschiedlichen Materialeigenschaften erlauben auf der anderen Seite jedoch auch das Kreieren von optimal auf die Bedürfnisse abgestimmten Implantateigenschaften.

70.3.2 Kriechbeständigkeit

Die eingesetzen amorphen Polylactide sind nicht kriechbeständig. So stellte Bauer [6] fest, dass unter einer Biegebeanspruchung Testkörper bei 37 °C unter einer Last von ca. 1/3 der Biegefestigkeit bereits nach 25 Minuten eine Biegekriechdehnung von 5% aufwiesen. Ein Einsatz von amorphen resorbierbaren Polymeren zur Übertragung einer statischen Dauerlast kann deshalb nicht empfohlen werden.

70.3.3 Kristallinität

Zur Festigkeitssteigerung und Steigerung der Kriechbeständigkeit wurden in der Anfangsphase möglichst hochkristalline Polymere eingesetzt. Diese erwiesen sich jedoch als nicht oder nur bedingt biokompatibel, wenn solche Implantate im Weichgewebe eingesetzt werden. Die Degradationsprodukte blieben als feinpartikuläres Pulver liegen und führten zu Entzündungen. Heute werden meist amorphe Polylactide eingesetzt, mit dem Nachteil einer geringen mechanischen Festigkeit.

70.3.4 Degradation

Die entsprechende Materialwahl erlaubt das Einstellen der Degradationsdauer von wenigen Wochen bis zu mehreren Jahren. So degradieren Nahtfäden innerhalb von etwa 5–30 Tagen, während Osteosynthese-Implantate für 2–4 Jahre im Körper verbleiben.

70.3.5 pH-Veränderung

Polylactide bestehen aus polymerisierter Milchsäure. Die Degradationsprodukte sind somit sauer und können in konzentrierter Form einen pH von 2.5 erreichen. Obwohl Heidemann et al. [7] gezeigt habt, dass selbst bei verhältnismässig grossen Implantaten in der Ratte die Degradationsprodukte zu keiner Reduktion des pH im Umgebungsgewebe und im Blut geführt haben, sollte trotzdem die implantierte Masse so gering wie nötig gehalten werden.

70.3.6 Quellen des Polymers

Die Degradation von Polylactid erfolgt durch eine Hydrolyse. Das Implantat nimmt Wasser auf, welches die Molekülketten spaltet. Mit der Zeit werden die Implantate weich, was eine vermehrte Wasseraufnahme ermöglicht. In diesem Stadium können die Implantate ein Mehrfaches ihres Volumens zunehmen. Diese Phase tritt meist viele Monate nach der Implantation auf, kurz vor dem Masseabbau des Implantates.

Es gilt, die vorgenannten technologischen Hürden mittels gezielter Weiterentwicklung der Biomaterialien zu überschreiten. Hierfür können neben der Entwick-

70.4 Beispiele neuer Technologien

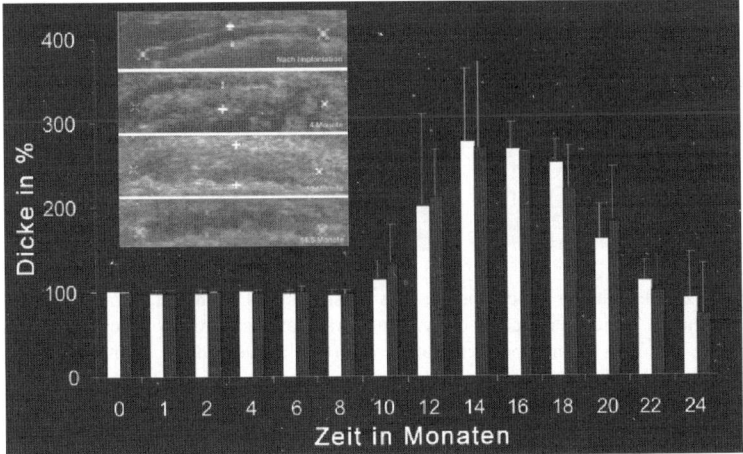

Abb. 70.11 Sonografische Messung der Volumenzunahme einer Osteosyntheseplatte in der Gesichtschirurgie. Durch die Degradation ist nach 8 Monaten das Molekulargewicht der Platte derart reduziert, dass es einen plastischen Zustand aufweist. Das Eindiffundieren von Wasser in die Platte erhöht den Druck im Innern und führt zu einem Quellen derselben. Nach 14–18 Monaten beginnt der Massenverlust der Platte und die Dicke nimmt wieder ab (Bilder mit freundlicher Genehmigung Dr. W. Heidemann, Stendal)

lung neuer Biopolymere, welche zum Beispiel während dem Abbau nicht Quellen, oder einer Verbesserung der mechanischen Eigenschaften durch Einarbeiten von keramischen Füllstoffen oder Fasern in Frage kommen.

70.4 Beispiele neuer Technologien

70.4.1 Biocomposite

Das Befüllen von Knochendefekten mit granulatförmigen Füllmaterialien weist folgende wesentliche Nachteile auf: Das Einbringen in den Defekt ist mühsam, die Granulate „kullern" weg und der Defekt muss mit einer Membrane abgedeckt werden um das Füllmaterial nicht zu verlieren.

Die Firma Degradable Solutions AG hat aus den beiden bekannten Biomaterial-Plattformen Polylactid und Biokeramik eine neue Technologie entwickelt: einen Komposit zum Auffüllen von Knochendefekten Der Biokomposit besteht aus runden Granulaten aus Tri-Calciumphosphat, welche mit einer Mikrometer dünnen Schicht aus Polylactid überzogen sind. Dadurch können die einzelnen Granulate mittels Wärme verklebt und geformt werden.

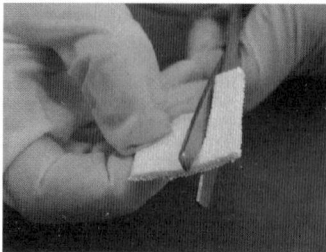 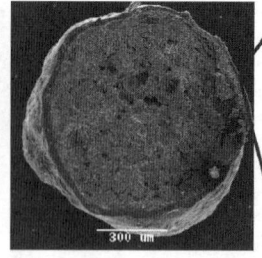 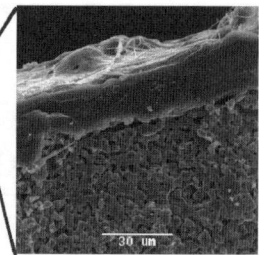

Abb. 70.12 Zuschneidbarer Biocomposite zum passgenauen Füllen von Knochendefekten. Das mit einer dünnen Schicht Polylactid überzogene Granulat aus porösem Calciumphosphat kann unter Wärme zu einem Formkörper verklebt werden (Quelle: Degradable Solutions AG)

Gegenüber dem „State of the Art" weist der Biokomposit folgende Vorteile auf:
- formbar und zuschneidbar
- interkonnektierend porös
- fixierbar mittels Schrauben
- Degradationsrate einstellbar
- Freisetzen von Medikamenten möglich

Aus diesem Biokomposit wurde ein erstes Produkt entwickelt: das RootReplica™. Es handelt sich um eine neuartige Therapie um nach einer Zahnextraktion die dabei entstehende Knochenwunde zu schliessen. Ohne diese Therapie droht ein schneller Abbau des vorhandenen Knochens und Komplikationen beim späteren Einsatz eines Zahnimplantates.

Der Zahnarzt stellt unmittelbar nach der Extraktion eine passgenaue Kopie mittels eines Duplizierverfahrens innerhalb von 5 – 10 Minuten her. Diese Kopie wird dann in die Knochenwunde eingesetzt und verschliesst diese. Der geschickte Aufbau des Implantates verhindert das Einwachsen von Zahnfleisch, sowie den Eintrag von Bakterien oder Speiseresten. Der mechanisch stabile, aber poröse Formkörper stützt die Knochenwände und erlaubt das Einwachsen von Gewebe in das Implantat. Nach und nach löst sich das Implantat auf und wird durch körpereigenen Knochen ersetzt.

RootReplica™ schafft damit optimale Knochenvoraussetzungen um später einen Titanstift als Träger für einen Kunstzahn in ein gutes Knochenbett implantieren zu können. Diese Technologie wurde kürzlich mit einem SwissTechnology Award 2004 ausgezeichnet.

70.4.2 Sonic Fusion

Ein grosser Fortschritt für die Fixation von Knochenfragmenten stellt die sogenannte SonicFusion™ dar. Bei SonicFusion™ werden Stifte in den Knochen eingeschweisst, statt wie bisher Schrauben einzudrehen. Dies führt zu einer wesentlichen

70.4 Beispiele neuer Technologien

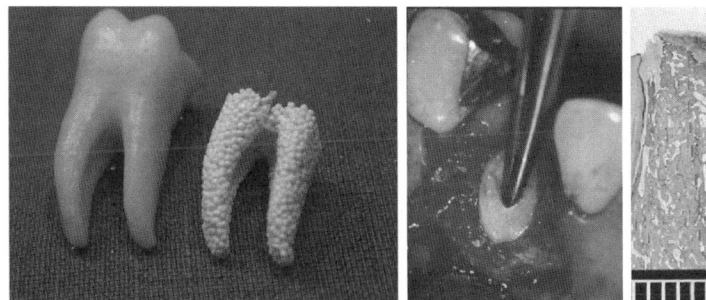

Abb. 70.13 Vom extrahierten Zahn wird aus dem verklebbaren Granulat durch den Zahnarzt eine exakte Kopie gefertigt, welche anschliessend die Knochenwunde nach der Zahnextraktion auffüllt. Im Bild rechts ist das Einwachsen von Knochen in den Defekt erkennbar (gestrichelte Linie markiert Knochendefekt nach Zahnextraktion) (Quelle: Degradable Solutions AG)

Verkürzung der Operationszeit und zu einer besseren Fixierung der Knochenfragmente. Das Prinzip dieser neuen Technologie ist in einem separaten Kapitel in diesem Buch vorgestellt.

70.4.3 Shape Memory Implantate

Die Firma mNemoscience™ entwickelt Implantate auf Basis ihrer biologisch abbaubaren und biokompatiblen Shape Memory Polymere (BIO-SMP™). Solche Implantate können durch verschiedene Trigger, z. B. Temperaturerhöhung, ausgelöst, sowohl ihre Geometrie zu einer exakt vorprogrammierten Form als auch ihre Härte verändern. So können z. B. Implantate unter Wärmeeinfluss ihre Länge um ein

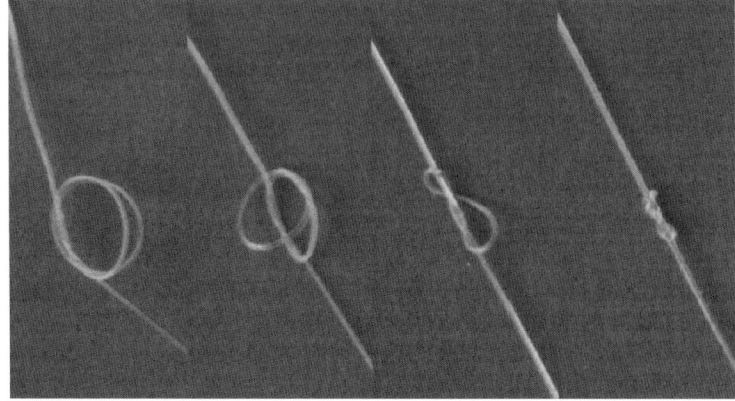

Abb. 70.14 Resorbierbarer Faden aus BIO-SMP™, welcher sich bei einer Erhöhung der Temperatur von selbst zusammenzieht (Quelle: mNemoscience GmbH, Übach-Palenberg, Deutschland)

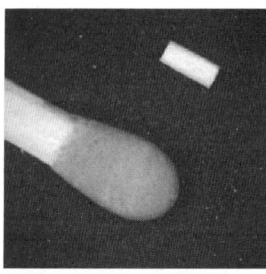 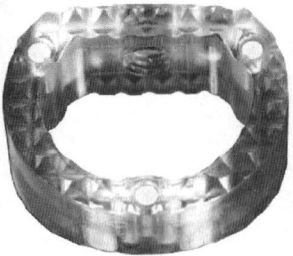 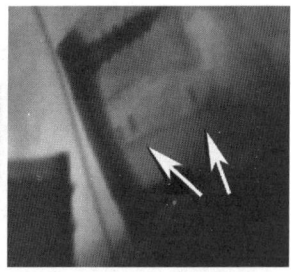

Abb. 70.15 Beispiel des Einsatzes eines resorbierbbaren Röntgenmarkers *Links:* Grössenvergleich eines resorbierbaren Röntgenmarkers. *Mitte:* Cervikaler Wirbelsäulencage mit eingesetzten Röntgenmarkern. *Rechts:* Röntgenkontrolle nach Einsetzen eines Cages. (Quelle Degradable Solutions AG)

vielfaches ändern, weicher oder härter werden oder komplexe Formumwandlungen eingehen (s. Abb. 70.14: sich selbst zuziehender Knoten).

Anwendungen für die BIO-SMP™ werden aber nicht nur als Nahtmaterial gesehen, sondern für eine Vielzahl von Implantaten, wie z. B. Stents oder als Material zum Füllen von Aneurysmen.

70.4.4 Resorbierbarer Röntgenmarker

Resorbierbare Implantate auf der Basis von Polymeren sind im Röntgenbild typischerweise nicht sichtbar. Dies stellt einen wesentlichen Nachteil für den Chirurgen dar: er ist es gewohnt, nach dem Abschluss des chirurgischen Eingriffs mittels eines Röntgenbilds die Position der gesetzten Implantate zu überprüfen.

Neu wurde nun ein resorbierbarer Röntgenmarker entwickelt. Dieser besteht aus einem Komposit aus Bariumsulphat-Partikeln und Polylactid. Mittels Compoundieren und anschließendem Spritzgiessen werden zylindrische Stäbchen (Ø 1 mm, Länge 1.3 mm) hergestellt und in das sonst röntgendurchlässige Implantat eingedrückt.

70.5 Ausblick

Trotz vieler Restriktionen, wie limitierten mechanischen Eigenschaften, lassen sich bereits heute viele Implantate aus resorbierbaren Biomaterialien fertigen. Mittels geschickter Kombination von vorhandenen resorbierbaren Polymeren und Biokeramiken, aber auch der Entwicklung von neuen Biomaterialien lassen sich neue Anwendungsgebiete eröffnen. Es ist zu erwarten, dass resorbierbare Implantate in fast allen Bereichen der Chirurgie Eingang finden werden.

70.6 Literatur

1. Bergsma, J.E., Rozema, F.R., et al., Late degradation tissue reponse to poly(L-lactide) bone plates and screws, Biomaterials, 1995, Vol. 16 (1), pp. 25–31.
2. Bergsma, E., Rozema, F., et al., Foreign body reaction to resorbable poly(L-lactide) bone plates and screws used for the fixation of unstable zygomatic fractures, J. of Oral and Maxillofacial Surgery, 1993, Vol. 51 (6), pp. 666–670.
3. Pistner, H., Gutwald, R., et al., Poly(L-lactide): a long-term degradation study in vivo. Part I: Biological results, Biomaterials, 1993, Vol. 14 (9), pp. 671–677
4. Vert, M., Li, S., Garreau, H., New insights on the degradation of bioresorbable polymeric devices based on lactic and glycolic acids, Clinical Materials, 1992, Vol. 10 , pp. 3–8.
5. Ruffieux, K., Degradables Osteosynthesesystem aus Polylactid für die maxillofaciale Chirurgie. Ein Beitrag zur Werkstoff- und Prozessentwicklung, Dissertation, ETH Zürich, 1997, ISBN 3-89649-151-2,
6. Bauer, Jochen, Eigenschaften ungefüllter und gefüllter Polylactide im Hinblick auf ihr Potenzial für resorbierbare Implantatwerkstoffe, Dissertation, Universität Erlangen, 2003, ISBN 3-8322-2129-8
7. Heidemann et al., Biomaterials, 2001, Vol. 22, 2371–2381

71 Biokeramik für Anwendungen in der Orthopädie

G. Willmann

71.1 Keramische Implantate

Wie in den vorhergehenden Kapiteln beschrieben wird Biokeramik seit den 70er Jahren erfolgreich in der Orthopädie eingesetzt [1–3]. Die bioinerten Keramiken Aluminiumoxid und Zirkonoxid, die sich für lasttragende bzw. tribologische Anwendungen bewährt haben, bieten kaum ein Potential für gute Osseointegration wie die bioaktiven Calciumphosphat – Keramiken mit Hydroxylapatit (HA) und Tricalciumphosphat (TCP) als den wichtigsten Vertretern. HA und TCP sind wegen ihrer mässigen Festigkeit für lastaufnehmende Anwendungen ungeeignet.

71.2 Herstellung von Keramik

Wesentlichen Schritte für die Herstellung von Kugelköpfen und Pfanneneinsätzen aus bioinerter Keramik [4] sind die Bereitstellung einer pressfähigen Masse aus hochreinen Pulvern, heute in Reinraumtechnik [5]. Es wird ein Zylinder gepresst, aus dem durch Bearbeitung im grünen Zustand (also vor dem Sintern) das Bauteil herausgearbeitet wird. Das Bauteil wird (vor-)gesintert, und zwar so, dass keine offene Porosität mehr vorhanden ist. Danach wird das Teil durch heiss isostatisches Pressen nachverdichtet, gehipt [6]. So wird eine hohe Dichte bei gleichzeitig feinkörnigem Gefüge erzielt, beides wichtige Voraussetzungen zu hoher Festigkeit und Sicherheit. Nach dem Hippen hat das Bauteil seine Gebrauchseigenschaften erreicht. Danach wird das Bauteil mit Diamantwerkzeugen auf Mass geschliffen und poliert werden. Anschliessend wird eine Identifikationsnummer mit dem Laser angebracht und zusätzlich zur 100% Kontrolle aller relevanten Merkmale ein Proof-Test durchgeführt. Durch den Proof-Test werden Teile mit ungenügender Bauteilfestigkeit durch Zerstörung während des Test ausgesondert. Die Massnahme des Hippens und Proof-Testes haben die Ausfallrate bei Kugelköpfen für Hüftprothesen von 0,026% bei der Aluminiumoxidkeramik aus den 70er Jahren auf heute 0,004% gesenkt [6, 7]. Poröse HA-Keramik wird ähnlich hergestellt. Es entfällt der

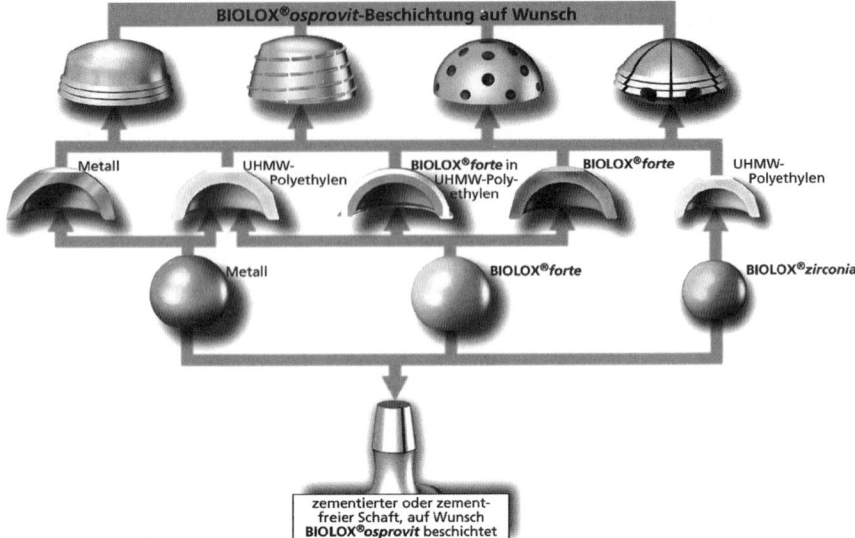

Abb. 71.1 Modularer Aufbau der Hüftendoprothese: Verwendung von Kugelköpfen aus Aluminiumoxid- oder Zirkonoxidkeramik oder Metall in Kombination mit Pfanneneinsätzen aus Metall, Keramik oder Polyethylen

HIP-Prozess. Die Anforderungen an Oberflächengüte und Masshaltigkeit sind i.a. geringer. Die Beschichtung von metallischen Implantaten mit HA erfolgt mit der üblichen Technologie des Plasmaspritzens [8].

71.3 Das Prinzip der Trennung von Funktionen

Bei Keramik müssen aufgrund ihrer Sprödigkeit gewisse Randbedingungen beachtet werden. Das Prinzip der Trennung von Funktionen stellt daher ein wichtiges Designkonzept dar, um die attraktiven Eigenschaften optimal einsetzen zu können. Diesem Prinzip folgend, ist heute Hüftgelenkersatz modular aufgebaut (Abb. 71.1). Die Pfanne besteht i.a. aus einem metallischen Gehäuse und einem Einsatz aus Aluminiumoxidkeramik, Metall oder Polyethylen (PE). Schaft oder Pfanne können mit Knochenzement oder zementfrei fixiert sein oder mit bioaktivem HA beschichtet sein, um die Osseointegration zu verbessern. Je nach Indikation und Kostenaspekt kann der Chirurg die geeignete Kombination wählen.

Das Insert aus Aluminiumoxid hat tribologische Funktionen zu erfüllen. Hierzu ist Aluminiumoxid gut geeignet, weil es eine hohe Härte aufweist und verschleissfest und synoviaphil ist, wodurch die Reibung stark reduziert wird und somit die Voraussetzung für geringe Abriebraten gegeben ist. Je nach Indikation, Lebenserwartung des Patienten, Situation im OP und Kosten kann der Chirurg zwischen den diversen Komponenten und zwischen Einsätzen aus Keramik oder Polyethylen [9] wählen.

71.4 Bioinerte Keramik für die Orthopädie

In den 70er Jahren wurde eine Lösung gesucht, die durch Partikel induzierte Osteolyse bei der Gleitpaarung eines künstlichen Hüftgelenkes zu bekämpfen. Von Anfang bestand eine enge Kooperation zwischen Technikern und Chirurgen. Die Entwicklung in den 70er Jahren konzentrierte sich auf hochreine Aluminiumoxidkeramik (Al_2O_3).

Mitte der 80er Jahre wurde Zirkonoxid (ZrO_2) wegen seiner attraktiven mechanischen Eigenschaften für Kugelköpfe qualifiziert, die gegen Pfannen aus Polyethylen artikulieren. Anfangs wurde das mit Magnesiumoxid teilstabilisierte Zirkonoxid (Mg-PSZ) für Kugelköpfe eingesetzt. Heute wird fast nur noch gehiptes Y-TZP Zirkonoxid für Kugelköpfe, die gegen Pfannen aus Polyethylen artikulieren, verwendet. Ein ausführliches Review hat C. Piconi [10] erarbeitet.

Zu den wesentliche Anforderungen an Implantate gehört ihre Sterilisierbarkeit. Üblich sind die Sterilisierung mit Gammabestrahlung, die bei Aluminium- und Zirkonoxid eine Veränderung ihrer Farbe, aber keine Veränderung relevanter Eigenschaften bewirkt [11, 12]. Oft wird im Krankenhaus Autoklaven resterilisiert. Hier kommt es bei einigen Zirkonoxidqualitäten wegen mangelnder hydrothermaler Beständigkeit zu Spannungsrisskorrosion und Festigkeitsabfall [13]. Alle Hartstoffbeschichtungen – oft keramische Beschichtung genannt – haben sich klinisch nicht bewährt.

Keramik ist heute weltweit ein fester Bestandteil bei Implantaten für Gelenkersatz. Es sei auf aktuelle Reviews verwiesen [1–3, 14–16] verwiesen. Die Entwicklung begann in Frankreich und in Deutschland in den 70er Jahren [17–19]. Die klinische Erfahrung zeigt, dass die Gleitpaarung Keramik (A/A) den Abrieb und damit die durch Partikel induzierte Osteolyse und die dadurch folgende Revisionsoperation deutlich minimieren kann.

71.5 Konstruktive Konzepte für Keramik bei Hüftgelenkersatz

Eine der erfolgreichsten Anwendungen von Keramik in der Orthopädie sind der Kugelkopf und die Pfannen bzw. der Pfanneneinsatz beim Hüftgelenkersatz. Es hat sich die harte und damit verschleissfeste Aluminiumoxidkeramik klinisch bewährt. Sie ist extrem korrosionsbeständig und damit bioinert. Keramik bei totalem Hüftgelenkersatz für die Gleitpaarung einzusetzen, wurde 1969 von Boutin vorgeschlagen. In Frankreich wurde die Gleitpaarung Keramik / Keramik (A/A) 1970 und in Deutschland erstmals 1974 von Prof. H. Mittelmeier eingesetzt.

In der Pionierzeit musste erst der Beweis geführt werden, dass Aluminiumoxidkeramik biokompatibel ist. Diese Forderung muss sowohl für das Vollmaterial, als auch für die auftretenden Abriebpartikel gelten. Hier sind grundlegende Arbeiten von [24, 25] durchgeführt worden. Vollmaterial und Partikel sind bioinert [1, 3].

Die sog. Gleitpaarung Keramik / Keramik (Al_2O_3/Al_2O_3) bietet wegen des sehr geringen in vivo Abriebs von unter 0,005 mm pro Jahr nachweislich die Option, das

Abb. 71.2 Erste deutsche, zementfrei zu implantierende keramische Schraubpfanne nach H. Mittelmeier. Der keramische Kugelkopf hatte damals einen Durchmesser von 38 mm und die Form der sog. Halskugel

Kugelkopf aus	Pfanne aus	Abrieb	Referenz / Bemerkung
Metall	Polyethylen	grösser 0,2 mm/Jahr	[14, 20, 21]
Aluminiumoxid	Polyethylen	kleiner 0,1mm/Jahr	wie oben
Zirkonoxid	Polyethylen	ca. 0,1mm/Jahr	Kaum klinische Fälle [14])
Aluminiumoxid	Aluminiumoxid	0,005 mm/ Jahr*)	[22]
Aluminiumoxid	Aluminiumoxid	0,001 mm/Jahr**)	[23]

*) Die Untersuchungsergebnisse gelten für BIOLOX®
**) Die Untersuchungsergebnisse gelten für BIOLOX® forte

Tabelle 71.1 In vivo – Abriebrate bei totalem Hüftgelenkersatz

Problem der durch Partikel induzierten Osteolyse zu lösen (Tabelle 71.1). Bis Ende 2000 sind weit mehr als 3 Millionen Kugelköpfe und seit Mitte der 80er Jahre mehr als 200'000 Pfanneneinsätze aus Keramik klinisch erfolgreich eingesetzt worden. Im Laufe der Jahre haben sich die Konzepte von Kugelkopf und Pfanne geändert. Die Entwicklung ist als eine Art Evolution zu verstehen, man hat durch die Analyse von Explantaten gelernt und Verbesserungen technischer Art, der OP-Technik und Handhabung eingeführt. Im folgenden eine kurze Übersicht, welche konzeptionellen Fehler gemacht worden sind, wie die Konzepte bei Kugelköpfen und Pfannen verbessert worden sind und auf klinische Erfahrungen reagiert worden ist.

Anfangs wurden nur monolithische Hüftgelenkskugeln mit grossen Durchmessern (Ø 38mm) eingesetzt (Abb. 71.2). Die Erfahrung hat gezeigt, dass mono-

71.5 Konstruktive Konzepte für Keramik bei Hüftgelenkersatz

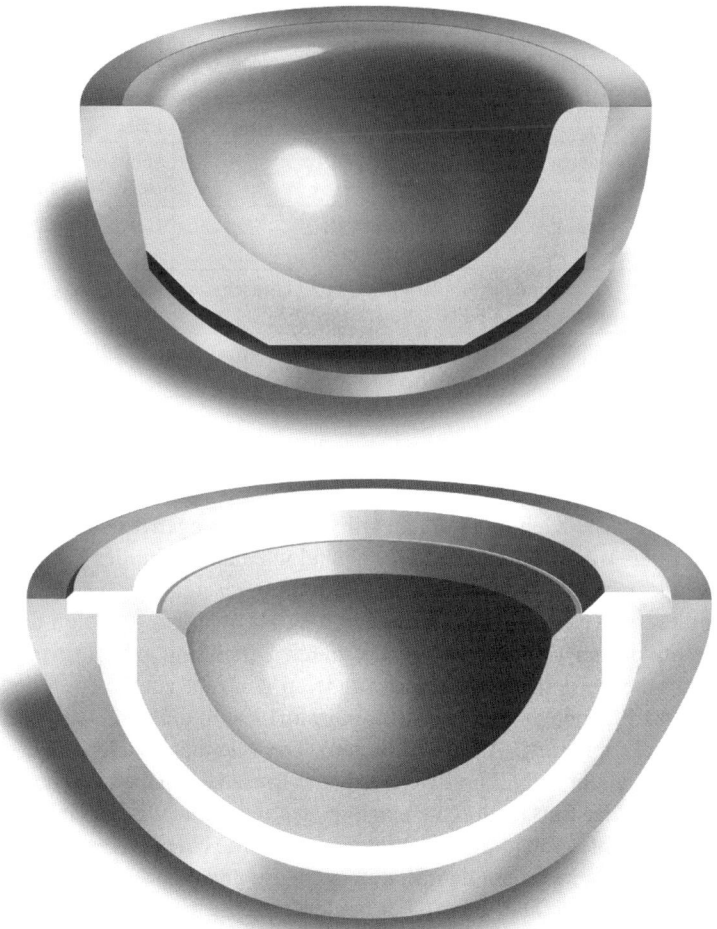

Abb. 71.3 Schematische Darstellung der seit Mitte der 90er Jahre klinisch verwendeten Konzepte für Pfanneneinsätze aus Aluminiumoxidkeramik (BIOLOX®forte). *oben:* Direkte Verklemmung (CeraLock®); *unten:* sog. „Sandwich" Konzept mit Polyethylen – Zwischenlage (PolyLock®)

lithische Pfannen aus Aluminiumoxidkeramik wegen des schlechten Potentials der Osseointegration nicht eingesetzt werden sollten. Monolithische Pfannen werden heute weder zementfrei, noch zementiert angeboten und eingesetzt.

Im Jahre 1986 wurde das Konzept der modular aufgebauten Pfanne (Abb. 71.1) auch mit Einsätzen aus Keramik, also aus BIOLOX® eingeführt. Sind die Pfannen optimal ausgelegt, dann kann der Chirurg, der Indikation, OP-Planung und aktuellen Situation im OP angepasst, entweder einen Einsatz aus Polyethylen oder Keramik verwenden.

Zur Zeit werden zwei Typen von Pfanneneinsätzen klinisch eingesetzt: Bei dem ersten Typ, bereits in den 80er Jahren entwickelt, wird der Einsatz (Insert) direkt

Kopf / Pfanne	Ergebnisse	Bemerkung
Metall / Polyethylen (Me/PE)	befriedigende Langzeitergebnisse	Kostengünstig
Aluminiumoxid / Polyethylen (A/PE)	seit Anfang der 70er Jahre, gute klinische Langzeitergebnisse	mehr als 3 Millionen Fälle
Zirkonoxid / Polyethylen (Z/PE)	seit ca. 10 Jahren	kein Vorteil beim Abrieb ca. 300.000 Fälle
Zirkonoxid / Zirkonoxid (Z/Z)	nur Simulatortests	Gefahr von sehr hohem Abrieb [27]
Aluminiumoxid / Zirkonoxid (A/Z)	Simulatortests, kaum klinische Fälle	Gefahr von sehr hohem Abrieb [27]
Aluminiumoxid / CFRP (A/CFRP)	wenige Fälle, befriedigende Ergebnisse	[28, 29]

Tabelle 71.2 Gleitpaarungen für Hüftgelenkersatz

durch eine konische Klemmung im metallischen Pfannengehäuse fixiert (Abb. 71.3 oben). Anfangs wurde derselbe Klemmwinkel wie bei Zapfen des Prothesenschaftes verwendet (5° 43'). Die klinische Erfahrung hat gezeigt, dass bei einem fixierten Einsatz dieser Art sowohl bei Primäroperation, als auch bei Revision der keramische Einsatz oft nur sehr schwer, oft nur durch Zerstörung entfernt werden konnte. Deshalb die Forderung nach einem anderen Konzept zur Fixation des Einsatzes [26]. Das Pfannenkonzept wurde daraufhin 1994 in einigen Details, u. a. dem Klemmwinkel, optimiert (Abb. 71.3 unten). Der Klemmwinkel beträgt heute ca. 18°. Dies ermöglicht eine sichere Fixierung des Einsatzes im metallischen Gehäuse, zusätzlich kann der Einsatz durch einen Schlag auf das metallische Gehäuse wieder gelöst und entfernt werden. Mitte der 90er Jahre wurde ein weiteres Konzept entwickelt, bei dem sich zwischen dem Pfannengehäuse und dem Keramikeinsatz Polyethylen befindet (Abb. 71.3 unten). Für beide Konzepte liegen bisher gute klinische Ergebnisse vor. Es kann jedoch zur Zeit noch keine statistisch abgesicherte Aussage gemacht werden, welches System besser ist.

71.6 Bewertung von Gleitpaarungen

Die klinischen Erfolge in der Hüftendoprothetik konnten nur durch interdisziplinäre Zusammenarbeit zwischen Ingenieuren, Materialwissenschaftlern und Medizinern erreicht werden. Trotz einer erfolgreichen Entwicklung von über 3 Jahrzehnten werden immer wieder neue Gleitpaarungen entwickelt und getestet, weil heute Patienten viel früher mit Implantaten versorgt werden und die Kunstgelenke deutlich mehr als 10 Jahre ihre Funktion sicher erfüllen sollen. Tabelle 71.2 zeigt eine Übersicht über mögliche Gleitpaarungen.

Zu den Gleitpaarungen „hart/weich" gehören die seit rund drei Jahrzehnten eingesetzte Gleitpaarung Metall/Polyethylen und Aluminiumoxidkeramik/Polyethylen.

Geringere Abriebraten weisen die Gleitpaarungen „hart/hart", also Metall/Metall [30] und Keramik/Keramik auf. Untersuchungen haben gezeigt, dass die Abriebraten für diese Gleitpaarungen im Bereich von wenigen 0,001 mm pro Jahr liegen [21].

Seit rund 10 Jahren wird Zirkonoxid Y-TZP (ZrO_2) mit einem Zusatz von Yttriumoxid (Y_2O_3) eingesetzt. Die klinische Erfahrung hat jedoch gezeigt, dass lediglich die Paarung Zirkonoxid/Polyethylen sinnvoll ist, wobei die Abriebraten mit den Werten der Paarung Aluminiumoxid/Polyethylen vergleichbar sind.

71.7 Zulassung

Implantate, die in den Verkehr gebracht werden, müssen in Europa das CE-Zeichen führen. Die hier diskutierten Implantate werden als Klasse IIb-Produkte klassifiziert. Das CE-Zeichen dokumentiert, dass die Implantate gemäss allen zur Zeit gültigen Normen und Gesetzen hergestellt, geprüft und klinische bewertet worden sind. Die amerikanische Food and Drug Administration (FDA) ist die Zulassungsbehörde mit den strengsten Bestimmungen. Kugelköpfe aus Aluminium- und Zirkonoxidkeramik, wenn sie gegen Polyethylen (PE-UHMW) artikulieren, fallen unter die „Class II", unter „Class III" fallen die Gleitpaarungen gegen eine keramischen Pfanne. Für eine Zulassung in den USA sind für Class III-Produkte von der FDA genehmigte klinische Studien (sog. IDE = Investigational Device Exemption) vorgeschrieben. Zur Zeit werden sechs derartige Studien durchgeführt [31]. In Tabelle 71.3 ist der heutige Stand der für Hüftendoprothetik zugelassenen Gleitpaarungen zusammengestellt.

Da Prothesensysteme heute modular aufgebaut sind, gibt es vielfältige Kombinationen von einzelnen Komponenten. Für den Chirurgen ist es wichtig zu wissen, dass Kombinationen von Implantaten nur zulässig sind, wenn diese vom Hersteller und der Zulassungsbehörde freigegeben sind.

Kugelkopf	Pfanne	Erfahrung	Zulassung
Aluminiumoxid	PE-UHMW	klinische Langzeiterfahrung seit den 70er Jahren	Zugelassen in der EU. In USA durch die FDA als Class II-Produkt
Zirkonoxid	PE-UHMW	klinisch im Einsatz seit ca. 10 Jahren	Zugelassen in der EU. In USA durch die FDA als Class II-Produkt
Zirkonoxid	Aluminiumoxid	kaum klinische Erfahrung	keine Zulassung; nicht genormt
Zirkonoxid	Zirkonoxid	keine klinische Erfahrung	keine Zulassung; nicht genormt

Tabelle 71.3 Zulassung von Gleitpaarungen mit Keramik.

71.8 Zukünftige Entwicklungen

Aluminiumoxid oder Y-TZP Zirkonoxid sind Biokeramiken, die einphasig sind, attraktive Eigenschaften haben, aber auch ungünstige Eigenschaften aufweisen: bei Aluminiumoxid eine geringe Bruchzähigkeit und bei Zirkonoxid Mängel bei der Phasenstabilität und hydrothermalen Stabilität. Durch den modularen Aufbau eines Implanatsystems können die gewünschten Eigenschaften kombiniert und die ungünstigen Eigenschaften umgangen werden.

Die Beschichtung von Metallimplantaten ist ein Beispiel für einen Lagenverbund. Ein gelungenes Beispiel ist die HA-Beschichtung von Implantaten. Dagegen konnten alle Entwicklungen mit Kugelköpfen, die mit Hartstoffen wie Titannitrid (TiN) oder Diamant (DLC = diamond like carbon) beschichtet sind, in vivo nicht zum Erfolg geführt werden.

Kompositwerkstoffe sind ein bekannter Ansatz, z.B. sind Pfannen aus mit Kohlefasern verstärktem Kunststoff (CFRP) entwickelt und mit gutem Ergebnis [28] getestet worden und für die Kombination mit Kugelköpfen aus BIOLOX®forte zugelassen. Es werden sehr geringe Abriebraten erzielt. Trotzdem hat sich diese Paarung bisher nicht durchgesetzt.

Als keramische Kompositwerkstoffe bekannt geworden zirconia toughened alumina (ZTA) [32] und Alumina Matrix Composite (AMC) [33–37]. Die Idee ist es, die Härte von Aluminiumoxid mit der hohen Bruchzähigkeit von Zirkonoxid zu kombinieren. Es konnte gezeigt werden, AMC-Vollmaterial und AMC-Partikel bioinert sind. Es liegen jedoch zur Zeit keine klinischen Ergebnisse, jedoch vielversprechende in vitro Ergebnisse vor.

71.9 Literatur

1. Clarke I.C., Willmann G., Structural Ceramics in Orthopedics, in Bone Implant Interface, Cameron H.U. (ed.), Mosby, Baltimore, Boston, Chicago, London, 1994, p. 203–252.
2. Heros R., Willmann G., Ceramics in Total Hip Arthroplasty: History, Mechanical Properties, Clinical results and Current Manufacturing State of the Art, Seminars of Arthroplasty, 9, 1998, p. 114–122.
3. Heimke G., Willmann G., Follow-up-Study-Based Wear Debris Reduction with Ceramic-metal-modular Hip Replacement, in Biomaterials Engineering and Devices: Human Applications, 2, Wise D.L. (ed.), Humana Press Inc., Totowa, NJ, USA, 2000, p. 223–251.
4. Willmann G., Production of medical grade alumina, Brit. Ceram. Trans., 94, 1995, p. 38–41.
5. Nagel A., Jaschinski W., Richter H.G., Willmann G., Reinraum Masseaufbereitung für Biokeramik, Keram. Z., 46, 1994, p. 618–623.
6. Willmann G., Richter H.G., Pfaff H.G., Steigerung der Sicherheit von keramischen Kugelköpfen für Hüftendoprothese, Biomed. Technik, 40, 1995, p. 342–346.
7. Richter H.G., Willmann G., Reliability of Ceramic Components for Total Hip Prostheses, Brit. Ceram. Trans., 98, 1999, p. 29–34.
8. Epinette J.A., Geesink R.G.T., Hydroxyapatite Coated Hip and Knee Arthroplasty, Expansion Sientifique Francaise, Paris, 1995.
9. Willmann G., Keramische Pfannen für Hüftendoprothesen, Teil 4: Never mix and match, Biomed. Technik, 43, 1998, p. 184–186.
10. Piconi C., Maccauro G., Zirconia as a biomaterial, Biomaterials, 20, 1999, p. 1–25.
11. Willmann G., The Colour of Alumium Oxide Ceramic Implants, in Bioceramic and the Human Body, Ravaglioli A., Krajewski A. (eds.), Elsevier Appl. Sci., London, New York, 1992, p. 250–255.
12. Dietrich A., Heimann R.B., Willmann G., The Colour of Medical Grade Zirconia, J. Material Sci., Materials in Medicine, 7, 1996, p. 559–565.
13. Weber B.G., Fiechter T.H., Polyäthylen Verschleiß und Spätlockerung der Totalprothese des Hüftgelenkes, Orthopädie, 18, 1989, p. 370–376.
14. Sauer W.L., Anthony M.E., Predicting the Clinical Wear Performance of Orthopaedic Bearing Surfaces, in Alternative Bearing Surfaces in Total Joint Replacement, STP 1346, Jacobs J.J., Craig T.L. (eds.), ASTM, 1998, p. 1–29.
15. Sedel L., Cabanela M.E., Hip Surgery – Materials and Developments, Martin Dunitz, London, 1998.
16. Sedel L., Willmann G., Reliability and Long-term Results of Ceramics in Orthopaedics, Georg Thieme Verlag, Stuttgart, New York, 1999.
17. Boutin P.M., Arthroplastic totale de hanche par prothese en alumine fritte, Rev. Chi. Orthop., 58, 1972, p. 229–246.
18. Mittelmeier H., Heisel J., 10 Jahre Erfahrungen mit Keramik - Hüftendoprothesen, Medizische Literarische Verlagsges. GmbH, Uelzen, 1986.
19. Salzer M., Zweymüller K., Locke H., Plenk jr. H., Punzet G., Erste Erfahrungen mit einer Hüfttotalendoprothese aus Biokeramik, Med. Orthop. Technik, 95, 1975, p. 162–164.
20. Zichner L., Lindenfeld T.H., In vivo Verschleiß der Gleitpaarungen Keramik Polyethylen gegen Metall Polyethylen, Orthopäde, 26, 1997, p. 129–134.
21. Bos I., Meeuwssen E., Henssge E.J., Löhrs U., Unterschiede des Polyäthylenabriebs bei Hüftgelenkendoprothesen mit Keramik und Metall Polyäthylenpaarung der Gleitflächen, 129, 1991, p. 507–515.
22. Henssge E.J., Bos I., Willmann G., Al2O3 against Al2O3 combination in hip endoprotheses, Histologic investigations with semiquantitave grading of revision and autopsy cases and abrasion measures, J. Materials Science Materials in Medicine, 5, 1994, p. 657–661.
23. Saikko V., Pfaff H.G., Low wear and Friction in Alumina / alumina Total Hip Joints – A Hip Simulator Study, Acta Orthop. Scand., 69, 1998, p. 443–448.

24. Harms J., Mäusle E., Tissue Reaction to Ceramic Implant Material, J. Biomedical Materials Research, 13, 1979, p. 67–87.
25. Griss P., Heimke G., Biocompatibilty of High Density Alumina and its Applications in Orthopedic Surgery, in Biocompatibility of Clinical Implant Materials, 1, Williams D.F. (ed.), CRC Press Inc., Boca Raton, Florida, 1981, p. 155–198.
26. Willmann G., Kälberer H., Pfaff H.G., Keramische Pfanneneinsätze für Hüftendoprothesen, Biomed. Technik, 41, 1998, p. 98–105.
27. Früh H.J., Willmann G., Pfaff H.G., Wear Characteristic of Ceramic on ceramic for Hip Endoprotheses, Biomaterials, 18, 1997, p. 873–876.
28. Früh H.J., Ascherl R., Kaddick C., Siebels W., Blümel G., A Retrieval Study of Al2O3 Heads Running against UHMWPE and CFRP Cups, Bioceramics, 7, 1994, p. 371–376.
29. Früh H.J., Willmann G., Tribological Investigations of the Wear Couple Alumina and CFRP for Total Hip Replocement, Biomaterials, 19, 1998, p. 1145–1150.
30. Rieker C., Windler M., Wyss U., Metasul: A Metal-on-Metal Bearing, Hans Huber, Bern, Göttingen, 1999.
31. Garino J., The Status and Early Results of Modern Ceramic-ceramic Total Hip Replacement in the United States, in Bioceramics in Hip Joint Replacement, Willmann G., Zweymüller K. (eds.), Georg Thieme Verlag, Stuttgart, New York, 2000, p. 81–87.
32. Affatato S., Testoni M., Cacciari G.L., Toni A., Mixed oxides prosthetic ceramic ball heads, Biomaterials, 20, 1999, p. 971–975; 1925–1929.
33. Burger W., Umwandlungs und plateletverstärkte Aluminiumoxidmatrixwerkstoffe, Keram. Z., 50, 1998, p. 18–22.
34. Rack R., Pfaff H.G., A New Ceramic Material for Orthopaedics, in Bioceramics in Hip Joint Replacement, Willmann G., Zweymüller K. (eds.), Georg Thieme Verlag, Stuttgart, New York, 2000, p. 141–145.
35. Kaddick C., Pfaff H.G., Wear Study in the Alumina-zirconia system, in Bioceramics in Hip Joint Replacement, Willmann G., Zweymüller K. (eds.), Georg Thieme Verlag, Stuttgart, New York, 2000, p. 146–150.
36. Kaddick C., Pfaff H.G., Wear study on the alumina-zirconia system, Sedel L., Willmann G. (eds.), Georg Thieme Verlag, Stuttgart, New York, 1999, p. 96–101.
37. Willmann G., von Chamier W., Pfaff H.G., Rack R., Biocompatibility of a New Alumina Matrix Biocomposite AMC, Bioceramics, 13, 2000.

72 Hüftgelenks-Endoprothesen

M. Widmer, U. Von Felten-Rösler, E. Wintermantel

Die Hüftgelenk-Endoprothese wird im vorliegenden Buch als herausragendes Beispiel eines lasttragenden orthopädischen Implantates aufgeführt. Lasttragende Implantate werden in dieser Monographie den metabolisch induktiven Implantaten gegenübergestellt, bei denen Kräfte eine untergeordnete Rolle sowohl in der Werkstoffentwicklung als auch beim späteren Einsatz im Empfängerorganismus darstellen. Zu den metabolisch induktiven Implantaten werden beispielsweise Zellträger und "drug-release"-Systeme gerechnet.

Lasttragende Implantate sind dadurch gekennzeichnet, dass relativ hohe statische oder dynamisch aufgebrachte Kräfte übertragen werden. Die meisten lasttragenden Implantate stehen im Körper unter zyklischer Belastung. Dies ist bei der Dimensionierung und späteren Testung zu berücksichtigen. Es muss klar ausgesprochen werden, dass für die Qualifizierung von lasttragenden Implantaten zur Anwendung im Körper allein der Bauteilversuch und nicht der Versuch mit Probenkörpern ausschlaggebend ist. Es ist derzeit nicht möglich, mit Computersimulationen, FE-Berechnungen oder analytischen Werkstoffprüfungen im Labor eine hinreichende Sicherheit für ein gefertigtes Bauteil bezüglich des Versagens im Empfängerorganismus zu erzielen. Am Beispiel der Hüftprothese kann aus der Geschichte der Entwicklung zugehöriger Werkstoffe, darunter Guss- und Schmiedelegierungen, klar gezeigt werden, dass die Bauteilprüfung, nämlich die Testung von Hüftprothesen im Pulsator dazu geführt hat, dass heute versagenssichere Hüftprothesenschäfte angeboten werden können. Diese Erkenntnisse sollten auf alle anderen lasttragende Implantate übertragen werden und in jedem Fall Tests mit dem neuen Bauteil in empfängersimulierter Umgebung (z. B. Ringerlösung bei 37 °C) durchgeführt werden.

Die Hüftprothese ist ausserdem ein gutes Beispiel, um Konstruktionsvarianten, die im Laufe ihrer Geschichte, vor allem in der Patentliteratur, aufgetreten sind, darzustellen. Die ungeheure Vielfalt an verschiedenen Hüftprothesenmodellen, die derzeit auf dem Markt verfügbar sind, zeigt, dass es einen einzigen optimalen Hüftprothesenschaft nicht gibt. Diese Variation von verschiedenen Designs muss bei allen lasttragenden Implantaten in Erwägung gezogen werden. Der klinische Einsatz dieser Vielzahl von Implantaten folgt chirurgischen Vorgaben. Die Entwicklung von Hüftgelenks-Endoprothesen wird auch in der Zukunft für Innovationen sorgen.

Darunter sind beispielsweise anisotrope und zyklisch hoch belastbare Werkstoffe zu verstehen, die in der aggressiven Umgebung der Körpergewebe weitgehend stabil bleiben und die durch optimale Auslegung ihrer Anisotropie eine erheblich höhere Strukturkompatibilität aufweisen als bisherige metallische Implantate. Ausserdem wird der Grad der Röntgentransparenz (einerseits Identifikation im Röntgenbild, andererseits Beurteilung der ringsumgebenden Knochenstrukturen) sowie die vollständige Verträglichkeit in Comutertomographie und Kernspintomographie (Artefaktfreiheit) von Bedeutung sein. Man strebt Implantate an, die nicht nur bruchsicher sind, sondern auch solche, bei denen die Biofunktionalität über eine möglichst lange Zeit erhalten bleibt. Dies sollte bei Hüftimplantaten Revisionsoperationen wegen gelockertem Prothesenschaft entbehrlich machen. Auch sollte beachtet werden, dass bei der Neuentwicklung von Werkstoffen für lasttragende Implantate die kostengünstige Fertigung von vorrangiger Bedeutung ist. Es wird sich am Ende um einen Verdrängungswettbewerb bestehender Prothesendesigns und -werkstoffe handeln, der nur stattfindet, wenn durch das neue Implantat auch ein Preisvorteil für die herstellende Industrie zu erzielen ist.

Der Einsatz von Hüftgelenksprothesen erfährt ein anhaltendes Wachstum und eine stetig zunehmende Verbreitung [1]. Der Anteil an unzementierten Prothesen ist in Mitteleuropa stark steigend. In der Schweiz werden jährlich rund 60% der Hüftoperationen mit zementfreien Prothesen durchgeführt (Stand: 1995) [2].

Prinzipiell können beide Komponenten, d.h. Pfanne und Schaft, zementiert oder zementfrei eingesetzt werden. Wird jedoch nur eine der beiden Komponenten mit Knochenzement und die andere zementfrei implantiert, spricht man von einem sogenannten *Hybridsystem*. Um sich den individuellen Massen der Knochen der einzelnen Patienten besser anpassen zu können, wurden *modulare Systeme* entwikkelt, die aus einem Schaft, einer Kugel sowie einer Pfanne bestehen. Die Hüftpfannen können dabei aus einer äusseren Metallschale und einem Inlay, z.B. UHMWPE zusammengesetzt sein.

72.1 Der Hüftprothesenschaft

72.1.1 Design des Prothesenschaftes

Bei den Prothesenschäften unterscheidet man Geradschäfte von Bogenschaftprothesen (Abb. 72.1). Die Entscheidung für ein bestimmtes Design orientiert sich einerseits an der individuellen Erfahrung mit einem bestimmten Prothesentyp und andererseits an den geometrischen Gegebenheiten des Empfängerfemurs. Dabei ist der Erfahrungsfaktor im Umgang mit verschiedenen Prothesensystemen von besonderer Bedeutung. Unterschiedliche Prothesensysteme verlangen häufig auch eine unterschiedliche Operationstechnik, die individuellen Bedürfnissen der Chirurgen entgegenkommen. Ebenso erfolgt die Entscheidung, ob zementiert oder nicht zementiert implantiert wird, individuell durch den Chirurgen. Wiederum lässt er sich dabei von

72.1 Der Hüftprothesenschaft

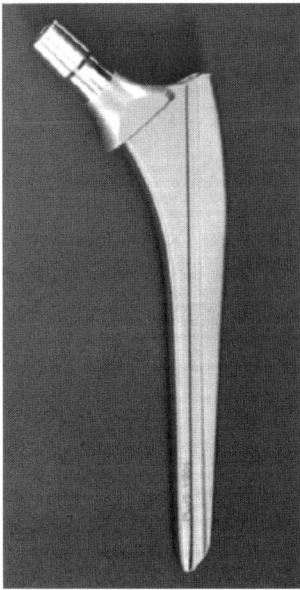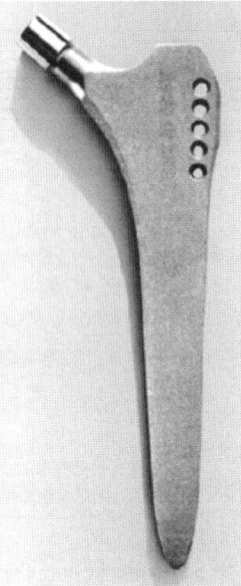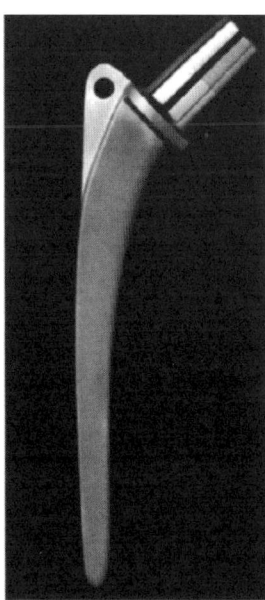

Abb. 72.1 *Links:* Geradschaft- PLUS aus rostfreiem Stahl (geschmiedet) für Implantation mit Knochenzement, nach Holz und Zacher (PLUS Endoprothetik AG, CH-Rotkreuz) Mitte: SL-PLUS Geradschaft aus TiAl6Nb7-Schmiedelegierung für zementfreie Implantation, Zweymüller (PLUS Endoprothetik AG, CH-Rotkreuz) *Rechts:* Weber-Stühmer Fix Bogenschaftprothese aus CoNiCrMo-Schmiedelegierung (Allopro, CH-Baar)

seiner eigenen Erfahrung mit beiden Verankerungssystemen leiten. Im Schaftquerschnitt unterscheidet man eckige und runde/ovale Querschnitte (Abb. 72.1).

Die Länge der Prothesenschäfte variiert etwa zwischen 135 bis 185 mm für den europäischen und amerikanischen Markt. Reoperationsschäfte weisen eine Länge von 180 bis zu 230 mm auf, da das ursprüngliche Prothesenbett verlängert werden muss und eine längere Prothese für eine distale Verankerung benötigt wird. Die Längenangaben verstehen sich als ungefähre Werte und können abhängig vom Hersteller variieren. Neben den Designvarianten und der Verankerungstechnik (zementiert oder nicht zementiert) wird auch nach Verankerungsort des Prothesenschaftes unterschieden. Man unterscheidet beispielsweise proximale (im oberen, spongiösen Abschnitt des Femurs) von distalen (im unteren Teil der Prothese) Verankerungen. Frühere Prothesenschäfte waren eher für die distale Verankerung vorgesehen. Die Entwicklung der neueren Prothesen zielt eher auf die proximale Verankerung. Die Schäfte sind in der Nähe des Halses mit einem Auszugsloch oder Gewinde ausgestattet, welches das leichtere Entfernen bei einer Reoperation ermöglicht.

Besondere Varianten dieser Hüftprothesenschäfte sind sogenannte „custom-made"-Prothesen, die nach den individuellen Geometriedaten des Markraums des Empfängerknochens eines Patienten angefertigt werden. Wie aus Abb. 72.2 ersichtlich, hat ein menschlicher Femur in der Regel eine C- und eine S-förmige

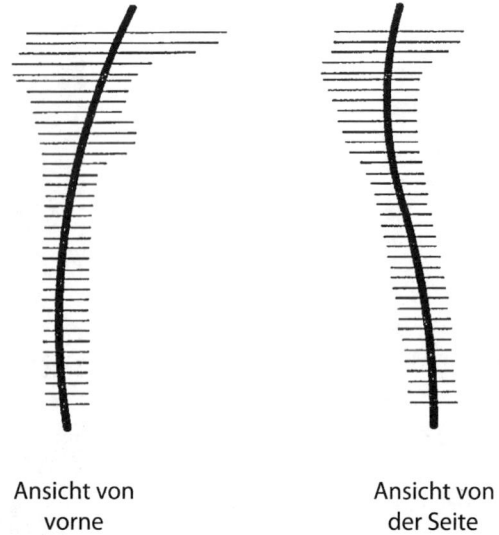

Ansicht von vorne   Ansicht von der Seite

Abb. 72.2 Näherungsweise kann die Schwerpunktslinie eines Femurs in der Vorder- und Lateralansicht auf eine C-förmige und auf eine S-förmige Krümmung, nach klinischer Terminologie „C-" und „S-Schwingung", reduziert werden

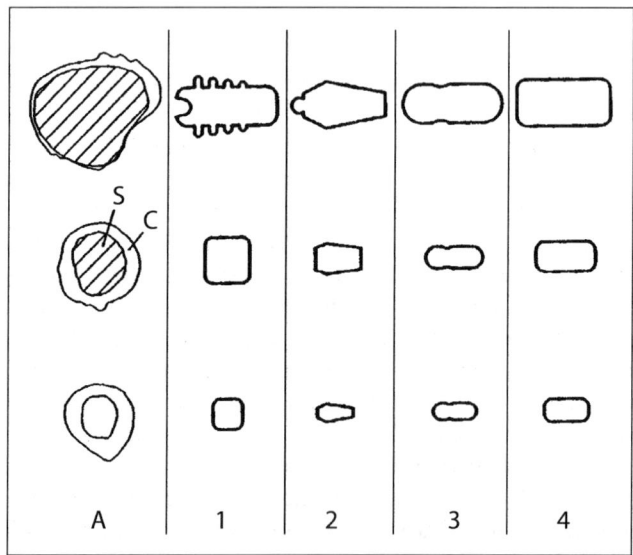

Abb. 72.3 Skalierte Querschnitte eines natürlichen Femurs (A) und korrespondierende Querschnitte (1–4) von vier verschiedenen, kommerziell erhältlichen, Prothesenschafttypen (S = Spongiosa, C = Kortikalis)

Krümmung, die nahezu senkrecht aufeinander stehen. Derselben Geometrie folgt auch die Markraumhöhle. Damit ist es offensichtlich, dass auch eine mit individuellen Daten hergestellte Hüftgelenk-Endoprothese nicht implantiert werden kann, sofern vollständiger Formschluss über die gesamte Oberfläche des Implantates angestrebt wird. Daher stellen auch Individualprothesen nur eine Annäherung an die individuelle Geometrie dar, jedoch nicht eine vollkommene Deckungsgleichheit mit der Empfängerstruktur. Weitere Spezialfälle sind Tumorprothesen oder sog. Langschaftprothesen, die bei weitgehender Zerstörung des proximalen Femuranteils, z.B. durch Tumor notwendig werden. Auch sind Prothesentypen bekannt, bei denen ein gesamter Femur mit Knie- und Hüftgelenksanteilen ersetzt werden kann. Diese Spezialfälle stellen jedoch ausgesprochene Raritäten dar. Weitere Variationsmöglichkeiten der Gestaltung von Hüftgelenk-Endoprothesenschäften liegen in der Oberflächenmorphologie, die glatt oder z.B. durch Sandstrahlen aufgerauht sein kann oder mit Stukturierungen versehen sind. Alle diese Varianten sind in der Regel erst nach mehreren Jahren der postoperativen Beobachtungszeit auf ihre Biokompatibilität hin zu beurteilen [3].

72.2 Die Hüftpfanne

Neben Reintitan werden Titan-, CoCrMo-Legierungen sowie ultrahochmolekulares Polyethylen (UHMWPE) als Werkstoffe für Hüftpfannen eingesetzt. Die Metall-Legierungen können knochenseitig mit Hydroxylapatit beschichtet werden, um, ähnlich den Annahmen bei den Schäften, eine frühe Osseointegration zu erreichen. Zudem sind auch Aluminiumoxidpfannen (Abb. 72.4 oben), welche direkt in den Knochen eingeschraubt werden oder als Inlay zur Verfügung stehen, in Kombination mit Al_2O_3-Kugeln im Einsatz.

72.2.1 Design der Hüftpfanne

Beim Hüftpfannen-Design unterscheidet man konische, bikonische und sphärische Pfannen (Abb. 72.4 oben). Bei den Schraubpfannen unterscheidet man zwischen der Standard- und der Porose-Ausführung (Abb. 72.4 mitte). Durch unterschiedliche Gestaltung des Designs und der Oberfläche dieser Pfannen werden die Annäherung an die Empfängerstruktur und ein optimales intraoperatives Handling angestrebt.

Pfannen können entweder mit Hilfe von Knochenzement oder zementfrei durch Press-Sitz oder mittels selbstschneidendem Gewinde implantiert werden. Sphärische Pfannen, die nicht zementiert werden, werden oft zusätzlich mit Schrauben im Acetabulum befestigt. Schraubpfannen werden zementfrei eingesetzt. UHMWPE-Pfannen werden in der Regel mit einer Aussenschale aus Titan- oder CoCrMo-Legierungen implantiert. Grobmaschige Titannetze an der knochenseitigen Oberfläche (Abb. 72.5 oben links) oder aufgesinterte Kugeln sind in klinischem Einsatz. An-

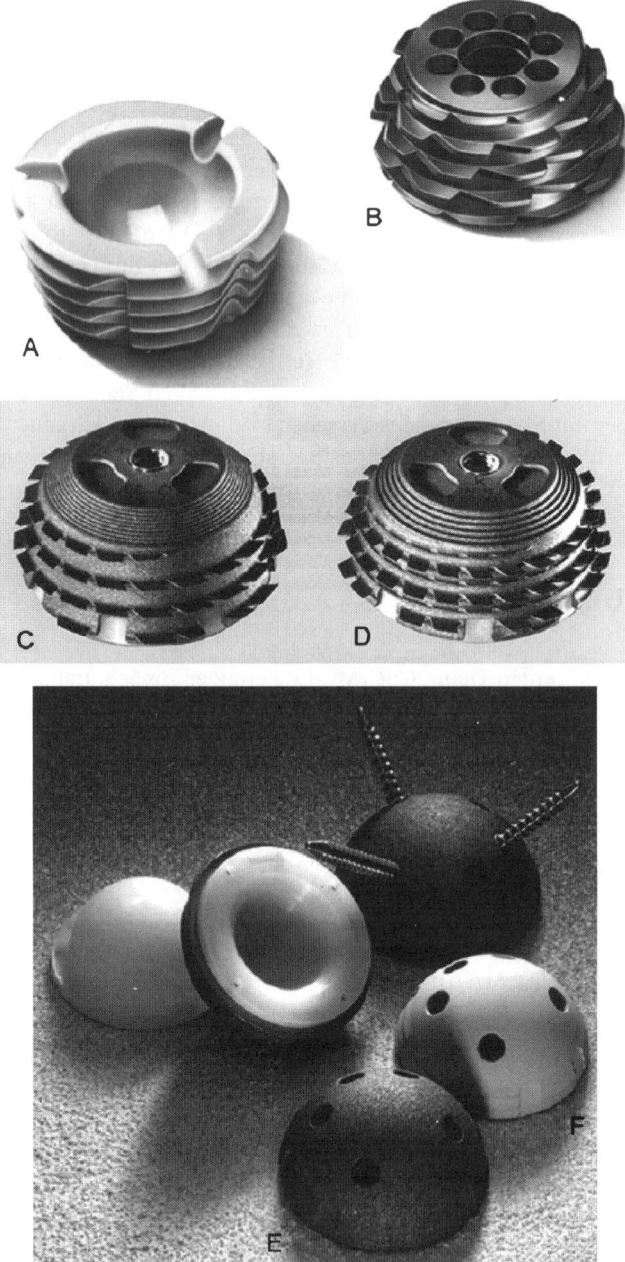

Abb. 72.4 *Oben:* Hüftpfannen aus Aluminiumoxidkeramik mit konischem Schraubgewinde (A) und Pfannen-Aussenmantel aus Titan mit selbstschneidendem Gewinde (B) (Osteo AG, CH-Selzach) *Mitte:* Bicon-Pfanne, Standard (C) und Porose (D) (PLUS Endoprothetik AG, CH-Rotkreuz) *Unten:* Sphärische Pfannen aus Titan mit mikrostrukturierter Oberfläche (E) oder mit Hydroxylapatitbeschichtung (F) (Waldemar Link, D-Hamburg)

72.3 Die Hüftgelenkskugel

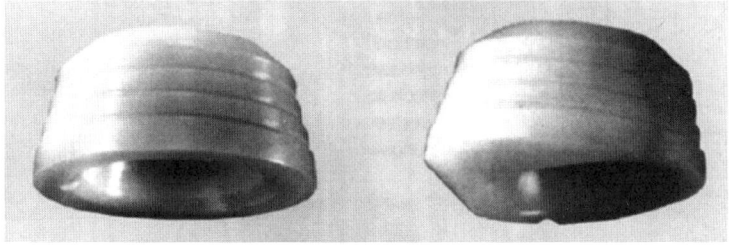

Abb. 72.5 *Oben:* Marburger (Griss) Hüftprothesen-System, mit Sulmesh-Titannetz (Allopro, CH-Baar) *Unten:* Antiluxationseinsatz (rechts) im Vergleich zu einem normalen Pfannen-Inlay (links) (PLUS Endoprothetik AG, CH-Rotkreuz)

tiluxationseinsätze (Abb. 72.5 unten) für Hüftpfannen haben einen erhöhten Rand und sind Spezialausführungen.

72.3 Die Hüftgelenkskugel

Für die Herstellung von Hüftgelenkskugeln werden am häufigsten Aluminiumoxid und CoCrMo-Legierungen verwendet. Zudem ist Zirkonoxid ebenfalls im klinischen Einsatz. Durch eine Strukturierung des Schaftkonus, der die Kugel über eine Steckverbindung aufnimmt, können Spannungskonzentrationen reduziert und die Verdrehsicherheit erhöht werden [4]. Der Durchmesser von Standardkugelköpfen liegt bei 22, 28 und 32 mm.

Sogenannte Frakturköpfe (Abb. 72.6 links) finden ihre Anwendung ohne künstliche Pfannen. Sie artikulieren direkt mit der Knorpelschicht des nicht behandelten Acetabulums. Sogenannte Bipolarköpfe (Abb. 72.6 rechts) haben zwei Gleitflächen. Die erste Artikulationsfläche befindet sich zwischen dem unbehandelten Acetabulum und der Kugel. Die zweite Artikulationsfläche liegt zwischen der Bipolarprothese und der Kugel. Die Durchmesser der Bipolarköpfe und der Frakturköpfe liegen, je nach Hersteller, zwischen 40 und 60 mm.

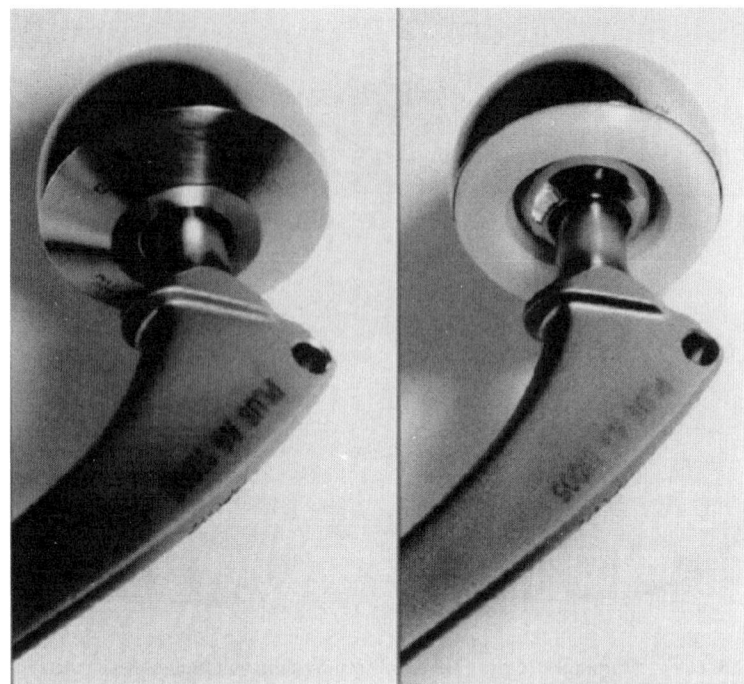

Abb. 72.6 *Links:* Frakturkopfprothese *Rechts:* Bipolarprothese (beide: PLUS Endoprothetik AG, CH-Rotkreuz)

72.4 Die zementierte Prothese

Bei zementierten Prothesen wird das Implantat mittels modifiziertem PMMA (Knochenzement) im vorbereiteten Markraum des Femurs fixiert [5]. Die Zementierungstechnik setzt ein hohes Mass an handwerklichem Geschick des Operateurs voraus, um einen gleichmässigen und fehlerfreien Zementköcher zu erreichen [6]. Gewebe- und Blutreste, die beim Zementieren in den Femurkanal gelangen, Lunker in der Zementfüllung oder Zementschichtdicken von weniger als 2 mm können zu ungenügender Verankerung des Zementes im knöchernen Lager, zu geringer Unterstützung des Implantates und zu frühzeitigem Zementversagen und möglicher Lockerung der Prothese führen [7–11].

72.5 Die zementlos implantierte Prothese

Bei der zementfreien Implantation werden Prothesen bei möglichst geringer Verletzung der Kortikalis direkt in die Spongiosa des vorbereiteten Markraums eingesetzt. Die Verankerung dieser Implantate kann durch Aufrauhen der Oberflächen oder

Beschichten mit porösen Metallstrukturen oder Hydroxylapatit verbessert werden. Angestrebt wird ein Anwachsen des Knochens an die Prothese, wofür ein in seiner Lage im Knochen bereits unmittelbar nach der Operation stabilisiertes Implantat notwendig ist [12, 13].

Zur Torsionsstabilisierung der Prothese im knöchernen Markraum werden die zementfreien Prothesen meist aus einem vieleckigen Querschnitt mit ungleichen Kantenlängen aufgebaut. Zusätzlich werden bei einigen Prothesentypen seitliche Rippen oder verzahnte Kragenpartien zur verbesserten Rotationsstabilisierung verwendet [14, 15]

72.6 Entwicklung eines neuen Hüftprothesenschaftes aus einem anisotropen Werkstoff

Alle lasttragenden Strukturen des menschlichen Körpers sind anisotrop strukturiert. Röhrenknochen stellen ein gut in der Literatur dokumentiertes natürliches lasttragendes System dar, ebenso hat man in der Entwicklung von Hüftprothesen in den vergangenen Jahrzehnten ausführliche Erfahrungen sammeln können. Will man dem Prinzip des Werkstoff-Mimikrys für die Erzielung einer möglichst guten Biokompatibilität folgen, so sind auch Prothesenschäfte aus einem anisotropen Werkstoff zu entwickeln, da isotrope Schäfte lediglich durch die Veränderung der Geometrie (Design) an die Empfängerstruktur anpassbar sind, jedoch nicht durch ihren inneren Aufbau, also ihre Struktur. Weitere Unterstützung erfährt die Entwicklung eines anisotropen nicht metallischen Prothesenschaftes durch den Druck, der von der Anwendung modernster radiologischer und bildgebender Verfahren der Diagnostik herrührt, nämlich dem Streben nach völliger Artefaktfreiheit in der Computer- und Kernspintomographie sowie dem Wunsch, Prothesenschäfte im konventionellen Röntgenbild zwar zu identifizieren, um ihre Position im Knochen festzulegen, jedoch auch die davor und dahinter gelegene Knochenstruktur hinreichend genau beurteilen zu können. Schliesslich ist die Anforderung an die Abwesenheit von Metallionen (Allergierisiko) gegeben.

Mit nachfolgenden Ausführungen wird am Beispiel eines kohlenstofffaserverstärkten Thermoplastschaftes für eine Schafsprothese dargestellt, welche wesentlichen Entwicklungsschritte für die Begründung eines neuen Prothesenwerkstoffes und damit einer neuen Prothesengeneration erforderlich sind.

Bei Verwendung eines isotropen, hier metallischen, Werkstoffes kann man nicht zugleich eine Spannungsreduktion im Femur einerseits (nur geringe Dehnungen im äusseren, lateralen Bereich der Prothese bei relativ hohem E-Modul) und eine Vermeidung von Relativbewegungen im Interface zwischen Implantat und Knochen andererseits erreichen. Eine Möglichkeit, diese sich als gegenläufig darstellende Beziehung eines biegeweichen Implantates mit geringer Randfaserdehnung zu umgehen, ist ein Aufbau einer Prothese mit gradueller Faserorientierungsverteilung. Die nahe der Oberfläche liegende Schicht sollte dabei eine grosse Steifigkeit entlang der Oberflächen sowie der Beanspruchungsrichtung aufweisen, um bei einer

Belastung des Implantats nur gering gedehnt oder gestaucht zu werden. Der Kernbereich der Prothese hingegen sollte einer Beanspruchung eine geringe Steifigkeit entgegensetzen. Damit werden die Dehnungen in die Prothese hinein und weg vom Prothesen-Knochen-Interface verlagert. Bei einer Durchbiegung des Implantats infolge einer Biegebeanspruchung kann sich der Randbereich der Prothese biegen, ohne dass seine Länge sich stark ändert, da die vom Kernbereich an die Randzone übertragende Schubbeanspruchung infolge der geringen Biegesteifigkeit im Kernbereich sehr klein ist. Durch die Anwesenheit eines biegeweichen Kernes wird zudem eine Formänderung des Prothesenquerschnittes quer zur Beanspruchungsrichtung weitgehend unterbunden.

Eine graduelle Faserorientierungsverteilung lässt sich durch Spritzgiessen von faserverstärkten Formmassen bei geeigneter Parameterwahl erreichen. Die Fasern in der Randzone werden dabei parallel zur Bauteiloberfläche und zur Fliessrichtung der Schmelze im Spritzgusswerkzeug ausgerichtet. Im Kernbereich werden die Fasern quer zu Fliessrichtung ausgerichtet (cf. Kapitel 14).

72.6.1 Material

Die Abklärungen der Eigenschaften einer durch Spritzgiessen oder einem verwandten Verfahren zu entwickelnden Prothese wurden an einem Schafsmodell in Vorbereitung einer Humanprothese durchgeführt. Um die geforderten Eigenschaften des geplanten Schafshüftprothesenschaftes zu erreichen, wurde als Matrixwerkstoff PEEK und Kohlenstoffasern unterschiedlicher Länge und Füllgrade gewählt.

72.6.2 Generierung eines 3D-CAD-Modells

Zur Generierung eines Schaffemurs in einem 3D-CAD-System (UNIGRAPHICS, EDS) wurden die Geometriedaten an einem Femur eines rund 100 kg schweren, männlichen Schafs bestimmt. Dazu wurde der Schaffemurs computertomographisch (CT), in 2 mm Schichten senkrecht zur Längsachse dargestellt. Im 3D-CAD-Programm wurden Splines mit definiertem Startpunkt für die anschliessende Definition der Freiformflächen dienen. Durch Verbinden der Flächen liess sich ein Volumen (Solid) erzeugen.

Der als 3D-Solid aus den CT-Daten modellierte Knochen wurde am Bildschirm, 65° zur Sagittalebene, aufgetrennt (Abb. 72.7 rechts). Die Schnittebene wurde so gewählt, dass einerseits der Sehnenansätze der Oberschenkelmuskulatur nicht verletzt wurden und andererseits genügend Raum für die Ausbildung eines Prothesenkragens mit Steckkonusverbindung zur Verfügung stand. Die Geometrie der Prothese wurde so in die Kortikalis eingepasst, dass sie diese an möglichst wenig Stellen berührt. Anschliessend wurde zur besseren Übersicht die Spongiosa eingefügt und das Prothesenvolumen davon subtrahiert.

72.6 Entwicklung eines neuen Hüftprothesenschaftes aus einem anisotropen Werkstoff

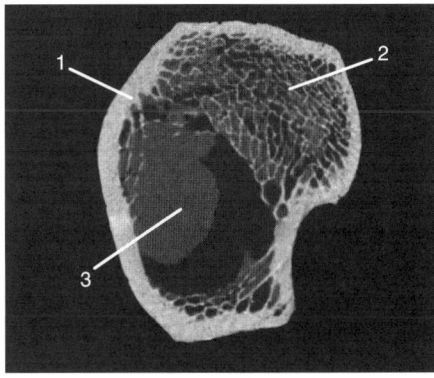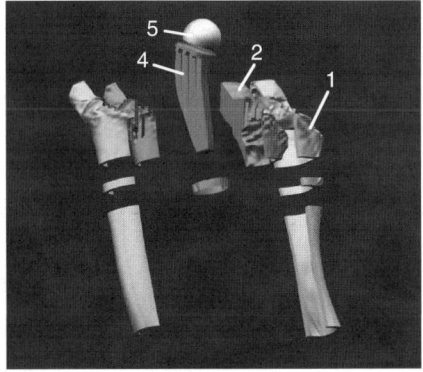

Abb. 72.7 Entwicklung eines Schafshüftprothesendesigns. *Links:* CT-Schnitt eines Schaffemurs. *Rechts:* Prothese, in den Knochen integriert und zur besseren Ansicht aufgeteilt. 1: Kortikalis 4: Schafhüftprothesenschaft 2: Spongiosa 5: Gelenkkugel 3: Knochenmark

Der Grundquerschnitt der entwickelten Schafsprothese besteht aus einem Viereck mit in proximaler Richtung linear zunehmender Breite. Damit kann eine gute Primärverankerung des Implantates in seinem knöchernen Lager erwartet werden. Gegen das distale Ende der Prothese hin verringert sich der Querschnitt in medialer und lateraler Richtung. Damit soll verhindert werden, dass eine Druckerzeugung am distalen Ende der Prothese auf die Kortikalis und damit eine unerwünschte Knochenrückbildung entsteht. Die von distal nach proximal verlaufenden Kanten des Prothesenschaftes wurden mit Radien von 3 mm (medial) und 2 mm (lateral) versehen, um übermässige Beanspruchungen an der Faserverbundprothese und Kontakt mit der Kortikalis bei maximalem Prothesenquerschnitt zu vermeiden.

Um den auf die Torsionsstabilität negativ wirkenden Einfluss der gerundeten Kanten zu vermindern, wurden seitlich an der Prothese Rippen angebracht. Sie beginnen in der Mitte des im Knochen gelagerten Teils der Prothese und verlaufen keilförmig mit zunehmender Höhe bis zur Resektionsebene des Femurs. Dort werden sie in der Resektionsebene am Prothesenkragen weitergeführt. Bei der Implantation müssen die Längs- wie auch die Querrippen der Prothese in den Knochen eingeraspelt werden. Der Kragen selbst wurde so ausgelegt, dass er vor allem an der medialen Seite der Resektionsebene aufliegt, um einen möglichst grossen Anteil der Prothesenbeanspruchung direkt in die Kortikalis einleiten zu können. Dazu wurde er medial, in distaler Richtung, aufgedickt.

Da die anatomischen Verhältnisse des Femurs beim Schaf von denjenigen des Menschen stark verschieden sind, fiel der von den Humanprothesen bekannte Halsbereich an der Prothese weg. Der genormte Steckkonus für die Prothesenkugel wurde direkt auf den Kragen der Prothese aufgesetzt. Die aufgesteckte Gelenkkugel entspricht einer aus Aluminiumoxid hergestellten Standardkugel mit 28 mm Durchmesser, die konusseitig abgeschnitten wurde. Auf eine Hüftpfanne wurde bei diesem Implantatkonzept verzichtet.

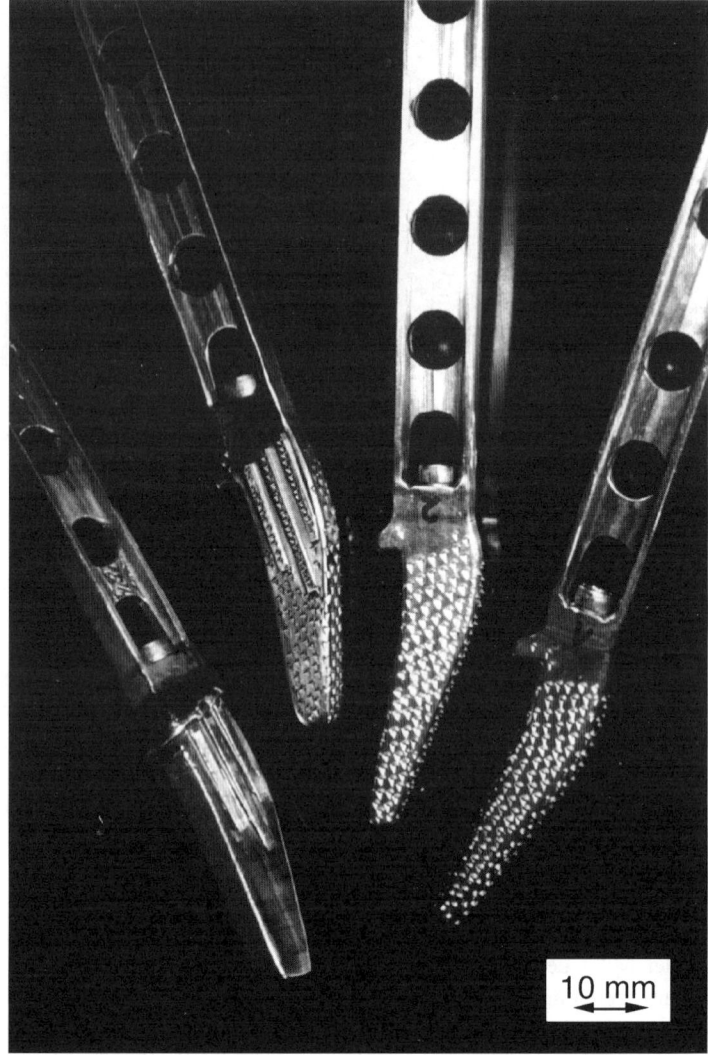

Abb. 72.8 Instrumentarium zur Implantation der Schafsprothese Probierprothese *(links)* und Raspeln *(rechts)*

72.6.3 Entwickeln des zugehörigen Instrumentariums

Zur Implantation der Prothesen wurde ein Set entwickelt, das aus drei Raspeln und einer Probierprothese besteht. Als Werkstoff für das Instrumentarium wurde ein rostfreier Stahl, X90CrMoV18, verwendet. Die Raspeln wurden bezüglich der Prothesengeometrie stufenweise derart verkleinert, dass beim Erweitern des Markraumes unter Anwendung aller Raspeln keine Risse in der Kortikalis vorkommen sollten. Um eine gute Führbarkeit der Raspeln bei der Implantation zu ermöglichen, wurden 200 mm lange Haltegriffe an das Instrumentarium angebracht (Abb. 72.8). Die Löcher in den Griffen ermöglichen es, neben einer Gewichtsreduktion, die Raspeln bei einem Verklemmen im Knochen mittels eines üblichen Ausschlaggerätes zu entfernen.

72.7 Fertigung der Schafhüftprothesen

72.7.1 Das Spritzgusswerkzeug

Aus dem im 3D-CAD-Programm modellierten Design der Schafsprothese wurden die Daten für die Ansteuerung einer CNC-Fräsmaschine abgeleitet, Elektroden für das Funkenerosionsverfahren gefräst und die Kavität durch Erodieren in die Formplatte eines Spritzgusswerkzeuges eingebracht. Es wurde ein Angusskanalsystem eingefräst und elektrische Heizelemente zur Temperierung in das Werkzeug eingesetzt. Kühlkanäle wurden nicht vorgesehen, da hier die Kühlung durch freie Konvektion und Wärmeleitung für eine minimale Werkzeugtemperatur von 160 °C ausreichend ist [16–21].

72.7.2 Spritzgiessen von kurzfaserverstärkten Schafhüftprothesen

Die Spritzgussversuche wurden mit einer Maschine des Typs NETSTAL HP1000 durchgeführt. Die verwendete Plastifiziereinheit bestand aus einer Niederkompressionsschnecke mit 32 mm Durchmesser. Die Temperatur der Spritzgussmasse konnte am Zylinder, kurz vor der Düse, an einem Thermoelement in Schmelzenähe gemessen werden. Für die Herstellung der Prothesen wurden kohlenstofffaserverstärkte Kurz- und Langfasergranulate mit unterschiedlichen Füllgraden verwendet, die vor dem Verarbeiten mindestens 4 Stunden bei 140 °C unter Vakuum getrocknet wurden.

Die anschliessend durchgeführten Spritzgussversuche mit einem 30 Gew.% kohlenstoffkurzfaserverstärkten PEEK450CA30 ergaben, dass der Querschnitt des am Werkzeug verwendeten Angusssystems zunächst zu klein war. Trotz Parameteroptimierung (Tabelle 72.1) konnten lunkerfreie Teile erst nach mehrfacher Aufweitung des Angusskanals hergestellt werden. Die Schafsprothesen wurden zur Analyse der Lunkerverteilung in ihrer Symmetrieebene getrennt, geschliffen und vermessen. Dabei wurde festgestellt, dass die Lunkerfläche sich mit zunehmendem Angussquerschnitt verringerte. Ab einer Querschnittsfläche des Angusses von 110 mm^2 und einer Halbierung der Länge der konischen Angusskanals konnten durch Schliffuntersuchungen keine Fehlstellen mehr festgestellt werden. Mit einer Schnittbreite von 0.5 mm in der Symmetrieebene der Prothesen wurden

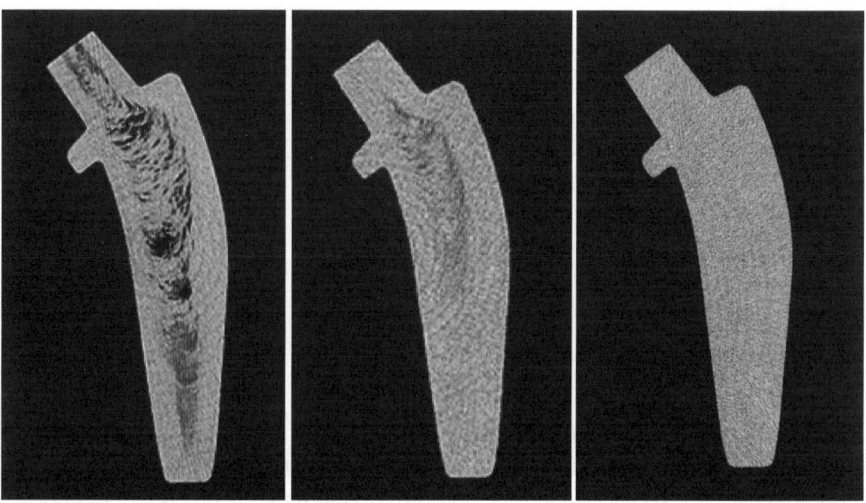

Abb. 72.9 T-Schnitte der Prothesen entlang der Ebene der Prothesensymmetrie. Mit zunehmendem Angussquerschnitt verringerten sich die Bereiche der Prothesen mit Dichteinhomogenitäten. *Links:* Angussquerschnitt 40 mm². Fehlerhafte Stellen nahezu über den gesamten Kernbereich der Prothese verteilt. *Mitte:* Angussquerschnitt 110 mm². Inhomogene Dichteverteilung im Bereich des grössten Querschnitts. *Rechts:* Angussquerschnitt 170 mm². Frei von Inhomogenitäten

Parameter	Einstellwert
Massetemperatur	415 °C
Einspritzgeschwindigkeit	150 mm/s
Schneckendrehzahl	25 min^{-1}
Werkzeugtemperatur	250 °C
Nachdruck	900 bar
Nachdruckzeit	60 s
Zykluszeit	300 s

Tabelle 72.1 Spritzgussparameter nach der Optimierung.

Computertomogramme (CT) der Prothesen, mit einer Pixelgrösse von 0.08 mm, aufgenommen. Sie zeigten weiterhin Regionen mit inhomogener Dichteverteilung (Abb. 72.9). Diese Dichteunterschiede liessen sich durch eine zusätzliche Aufweitung des Angusses auf 170 mm² eliminieren.

Für die Optimierung des Spritzgussprozesses wurde der Einfluss der Fertigungsparameter auf die Faserorientierungsverteilung und somit auf die Bauteilfestigkeit untersucht. Als wichtigste Parameter wurden dazu die Massetemperatur, die Einspritzgeschwindigkeit und der Nachdruck variiert. Als optimaler Parametersatz erwies sich der in Tabelle 72.1 dargestellte.

72.7 Fertigung der Schafhüftprothesen

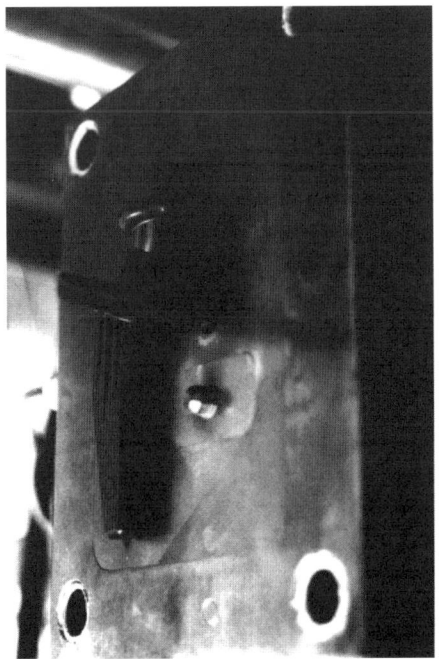
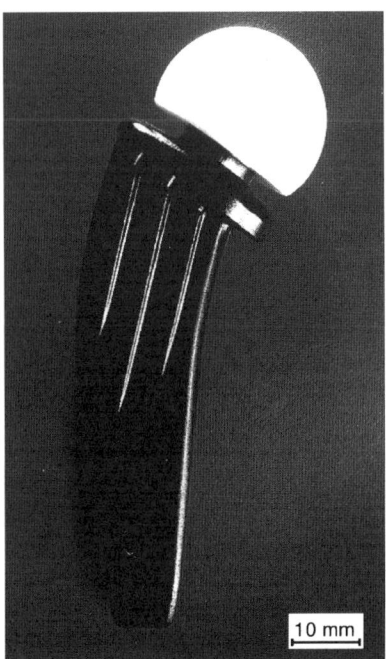

Abb. 72.10 *Links:* Spritzgusswerkzeug mit Schafhüftprothese aus kohlenstoffkurzfaserverstärktem Polyetheretherketon kurz vor dem Entformen aus der Kavität. *Rechts:* Spritzgegossene Schafhüftprothese mit Keramikkugel

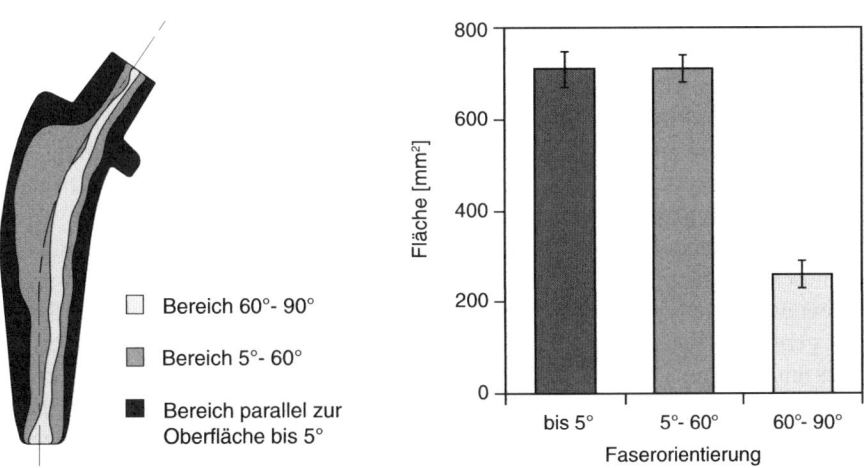

Abb. 72.11 Faserorientierungsverteilung der spritzgegossenen und kurzfaserverstärkten Schafshüftprothesenschäfte, gemessen in der Symmetrieebene. Die Messwerte basieren auf 5 ausgemessenen Prothesen

72.8 Faserorientierungsverteilung in Abhängigkeit der Fertigungsparameter

Zur Analyse der Faserorientierung wurden die unterschiedlichen Prothesen in ihrer Symmetrieebene aufgetrennt und geschliffen. Über die zu messenden Stellen wurde ein Raster gelegt und die Fasern relativ dazu ausgemessen. Diese wurden in Gruppen bis 5°, von 5° bis 60° und über 60° Abweichung ihrer Orientierung von der Mittellinie aufgeteilt.

Die Auswertung der vermessenen Bereiche ergab für die nach dem Standardzyklus (Tabelle 72.1) aus PEEK450CA30 hergestellten kurzfaserverstärkten Prothesen die in Abb. 72.11 dargestellte Faserorientierungsverteilung.

72.9 Mechanische Eigenschaften der Schafhüftprothesen

72.9.1 Statische Prüfung

Für die mechanische Prüfung von Hüftprothesen schreibt die Norm ISO7206/4:1989 vor, dass die Implantate in PMMA-Knochenzement oder ähnlichen Medien fixiert werden. Die freie Länge vom Zentrum der Prothesenkugel zum Rand der Einbettung soll dabei 80 mm betragen. Da die spritzgegossenen Schafhüftprothesen lediglich über eine Gesamtlänge von 80 mm, gemessen vom Zentrum der Prothesenkugel bis zum distalen Ende, verfügen, wurde eine modifizierte Fixierung in Anlehnung an die ISO-Norm definiert. Dazu wurde 1/3 der Prothesenlänge, inklusive der Kugel gemessen, in Knochenzement (SULFIX-6, SULZER AG) ähnlich der ISO-Norm fixiert (Abb. 72.12 links). Für die statischen Untersuchungen wurde eine Universalprüfmaschine des Typs ZWICK 1456 verwendet. Die Versuche wurden bei einer Prüfgeschwindigkeit von 5 mm min und Raumtemperatur durchgeführt

Die Resultate ergaben (Abb. 72.12 links), dass die maximale statische Festigkeit bei der Verarbeitung des Faserverbundwerkstoffs mit einer Massetemperatur von 425°C erreicht wird. Eine weitere Temperaturzunahme führte zu einem Absinken der Bauteilfestigkeit. Diese Beobachtung deckt sich mit der beobachteten Verringerung der Randschichtbreite an den Prothesen. Durch eine Verkleinerung der Randschicht, die mit einem hohen Grad an Fasern in Beanspruchungsrichtung vor allem die Biege- und Torsionsbeanspruchungen überträgt, versagten die Prothesen bei geringerer Beanspruchung. Im weiteren wurden durch CT-Untersuchungen bei den mit höheren Massetemperaturen verarbeiteten Prothesen vermehrt Lunker in der hochbeanspruchten Randschicht entdeckt, die ein verfrühtes Versagen fördern.

Durch eine Vergrösserung der Einspritzgeschwindigkeit konnten erhöhte Festigkeiten erzielt werden (Abb. 72.12 Mitte). Dies deckt sich nicht mit den Messungen der Faserorientierungsverteilungen, bei denen mit zunehmender Einspritzgeschwindigkeit eine Verringerung der Randschicht festgestellt wurde. Da weder Fehlstellen infolge Lunker noch ein verändertes Bruchversagen der Prothesen festgestellt wurde,

72.9 Mechanische Eigenschaften der Schafhüftprothesen

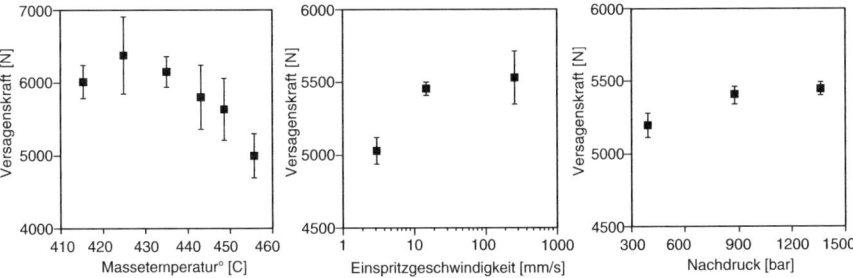

Abb. 72.12 Festigkeit der aus PEEK450CA30 spritzgegossenen Schafhüftprothesen. Die Messwerte basieren auf 5 Einzelmessungen. *Links:* in Funktion der Massetemperatur *Mitte:* in Funktion der Einspritzgeschwindigkeit. *Rechts:* in Funktion des Nachdrucks

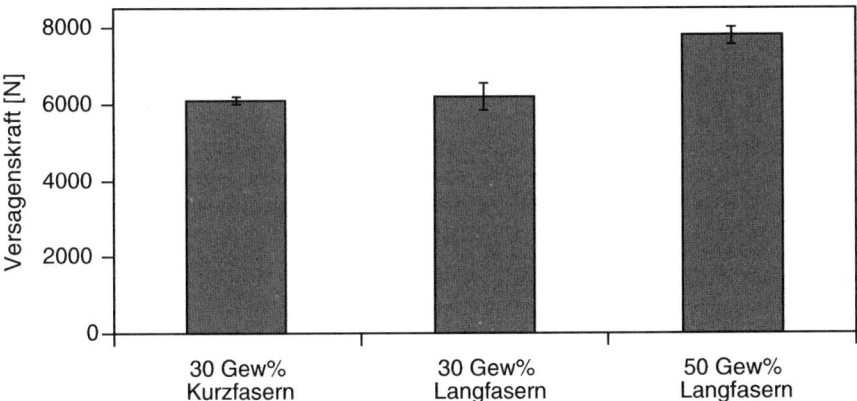

Abb. 72.13 Festigkeit der spritzgegossenen Schafhüftprothesen in Funktion der Faserverstärkung. Der Nachdruck betrug 1100 bar. Die Messwerte basieren auf 4 bis 6 Einzelmessungen

wird vermutet, dass die festgestellte Erhöhung der Festigkeit auf eine bezüglich der Torsionsbeanspruchung günstigere Faserorientierungsverteilung in der Prothese zurückgeführt werden kann.

Durch einen zunehmenden Nachdruck bei der Verdichtung der Prothese wurde eine Festigkeitserhöhung der Prothesen festgestellt. Dies korreliert mit einer zunehmenden Randschichtbreite. Im weiteren wurde bei den mit 400 bar verdichteten Teilen Lunker im Kernbereich der Prothese entdeckt.

Die mit 30 Gew.% Langfaserverstärkung spritzgegossenen Schafsprothesen wiesen gegenüber den kurzfaserverstärkten Teilen eine minimale Festigkeitserhöhung auf (Abb. 72.13). Dieser geringe Anstieg der Bauteilfestigkeit ist einerseits darauf zurückzuführen, dass das Langfasergranulat aus Prepregs mit AS4-Fasern hergestellt wurde. Die Festigkeit der AS4-Fasern ist gegenüber den Fasern des PEEK450CA30 um 5% geringer. Bei den mit gleichem Anteil Langfasern spritzgegossenen Prothesen bildete sich eine Randschicht aus, die rund 30% kleiner war als bei den kurzfaserverstärkten Prothesen. Die für hohe Biegefestigkeiten massgebende Schicht wurde somit verringert. Eine vergleichbar breite Randschicht wurde auch bei den mit 50 Gew.% AS4-Langfasern spritzgegossenen Prothesen festgestellt. Jedoch wurde durch die höhere Dichte der Fasern in der Matrix gegenüber den kurzfaserverstärkten Prothesen eine um 27% höhere Festigkeit erreicht Abb. 72.13). Unter Berücksichtigung der unterschiedlichen Verstärkungsfasern wurden somit durch die Verwendung von langen gegenüber kurzen Verstärkungsfasern Festigkeitswerte erreicht, die sich mit den Beobachtungen in der Literatur decken [22].

72.9.2 Thermische Nachbehandlung

Tempern der Prothesen nach dem Entformen (250 °C, bis max. 500 Stunden) hatte keinen messbaren Einfluss auf die Festigkeitseigenschaften der Prothesen. Die folgenden Faktoren sprechen dafür, dass das Eigenspannungsniveau gering ist: die im Bereich der Relaxationstemperatur von 250°C (ca. 120 °C über T_g) liegende Werkzeugtemperatur und der rund 300 Sekunden dauernde Abkühlprozess und die damit verbundene geringe Abkühlrate der Prothesen im Werkzeug.

Die mechanische Prüfung von bei 305 °C getemperten Prothesen ergab gegenüber den unbehandelten Teilen eine Festigkeitssteigerung um mehr als 15%. Daraus lässt sich schliessen, dass die bei der Abkühlung der Prothesen in der Spritzgussform entstehenden Sphärolitstrukturen durch Tempern im Rekristallisationsbereich für verbesserte Festigkeiten optimiert werden können.

72.9.3 Ermüdungsprüfung

Die zyklischen Untersuchungen wurden mit einer hydraulischen Prüfmaschine des Typs REL 2110 durchgeführt. Analog zu den statischen Versuchen wurden die Prothesen nach Abb. 72.12 in 1/3 ihrer Gesamtlänge fixiert. Die Prüffrequenz betrug 5 Hz, und die Unterlast wurde bei 300 N festgelegt, wie dies in der Prüfnorm für Humanendoprothesen (ISO7206/4:1989) empfohlen wird. Die Versuche wurden bei Raumtemperatur durchgeführt.

Bei der Ermüdungsprüfung der Prothesen wurde nach mehr als 13 Millionen Lastwechseln bei 75% der statischen Bruchlast, Oberlast von 4500 N, kein Versagen der Prothesen beobachtet (Abb. 72.14).

72.10 Folgerungen aus den mechanischen Untersuchungen

Die mechanischen Untersuchungen ergaben ein Maximum der Bauteilfestigkeit der spritzgegossenen Schafhüftprothesen bei der Verarbeitung des PEEK450CA30-

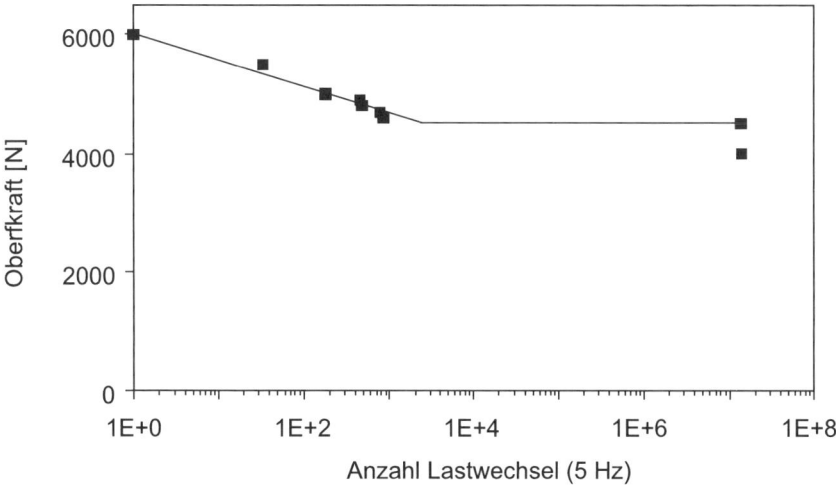

Abb. 72.14 Ermüdungsverhalten der Schafhüftprothesen bei einer Fixierung in 1/3 ihrer Länge. Die Versuche wurden bei Raumtemperatur in Luft durchgeführt

Granulats mit einer Massetemperatur von 425 °C, einer hohen Einspritzgeschwindigkeit von 250 mm/s und hohem Nachdruck von 1390 bar. Eine zusätzliche Erhöhung der Bauteilfestigkeit liess sich durch nachfolgendes Tempern bei 305 °C erreichen. Durch die Verwendung von Langfasergranulaten mit gleichem sowie erhöhtem Füllgrad konnte die Bauteilfestigkeit weiter vergrössert werden. In Tabelle 72.2 wurden die Einflüsse der Parametervariationen auf das Bauteil zusammengefasst.

Weitere Festigkeitserhöhungen könnten erreicht werden durch: eine Vergrösserung des Fasergehalts und der Faserlänge, eine verstärkte Ausrichtung der Verstärkungsfasern parallel zur Prothesenoberfläche, die Anwendung eines Gegentakt- oder ähnlichen Verfahrens sowie die Verringerung der Faserschädigungen durch eine faserschonendere Verarbeitung des Langfasergranulats.

72.11 Relativbewegung der Schafshüftprothesenschäfte im knöchernen Lager durch Randfaserdehnung

Um die Auswirkungen der Verstärkung in der Randschicht auf die Randfaserdehnung zu untersuchen, wurden die Implantate an ihrer medialen und lateralen Seite mit Dehnmessstreifen (DMS) bestückt und mittels Knochenzement (SULFIX-6, SULZER AG) in einer Haltevorrichtung fixiert (Abb. 72.16). Getestet wurden je ein isotropes Implantat aus Aluminium (E = 69000 N/mm^2) und aus unverstärktem Polyetheretherketon (E = 3600 N/mm^2) sowie eine mit kurzfaserverstärktem Polyetheretherketon (PEEK450CA30) nach dem in Tabelle 72.1 beschriebenen

Massnahme	Bauteil-festigkeit	Begründung
Erhöhung der Massetemperatur bis 425 °C	↑	Verringerung der Schmelzeviskosität und damit erleichterte Formfüllung.
Erhöhung der Massetemperatur über 425 °C	↓	Verstärkung der Materialschwindung und damit Bildung von Lunkern. Verringerung der Randschichtbreite.
Erhöhung der Einspritzgeschwindigkeit	↑↑	Für die Torsionsbeanspruchung günstigere Faserorientierungsverteilung
Erhöhung des Nachdrucks	↑	Erhöhte Formfüllung und verstärkter Ausgleich von Schwindungseffekten. Vergrösserung der Randschichtbreite.
Verlängerung der Verstärkungsfasern	↑	Erhöhung der kritischen Faserlänge
Erhöhung des Gehalts an Langfasern	↑↑	Vergrösserung des Anteils der Verstärkungsphase im Verbund
Tempern bei 250 °C	↑	Verringern der Eigenspannungen
Tempern bei 305 °C	↑	Rekristallisation

Tabelle 72.2 Zusammenfassung der Einflüsse der Parametervariationen auf die spritzgegossenen Schafshüftprothesenschäfte

Standardzyklus spritzgegossenen und somit anisotropen Prothese. Die Prothesen wurden mit einer Kraft von 500 N belastet, und die Verschiebung der Keramikkugel in Beanspruchungsrichtung wurde als Mass für die Biegesteifigkeit des Implantats gemessen. Die Beanspruchung wurde durch eine Universalprüfmaschine des Typs ZWICK 1456 aufgebracht. Gleichzeitig wurden die Werte der Randfaserdehnung an den Dehnmessstreifen ermittelt.

Um den zu erwartenden Verlauf der Absenkung einer Prothesenkugel unter Last und somit die Biegesteifigkeit einer isotropen Prothese in Abhängigkeit des Elastizitätsmodules abschätzen zu können, wurden vergleichende Finite-Elemente-Berechnungen (FE) mit dem Programmpaket PATRAN P3 durchgeführt. Das aus Tetraeder-Elementen bestehende FE-Modell ist im linken Bild der Abb. 72.15 dargestellt. Um die Einspannung analog dem mechanischen Modell zu simulieren, wurden sämtliche Freiheitsgrade der Knoten an der Prothesenoberfläche im distalen Bereich der Prothese gesperrt. Die Beanspruchung wurde über zwei Knoten auf die als Keramik modellierte Kugel (E = 400000 N/mm^2) eingeleitet.

72.11.1 Resultate

Die in Abb. 72.16 aufgetragenen Werte der FE-Rechnung ergaben einen linearen Zusammenhang von Biegesteifigkeit und Randfaserdehnung für isotrope Implantate bei der Variation des Elastizitätsmoduls. Die an den isoelastischen Prothesen

72.11 Relativbewegung der Schafhüftprothesenschäfte

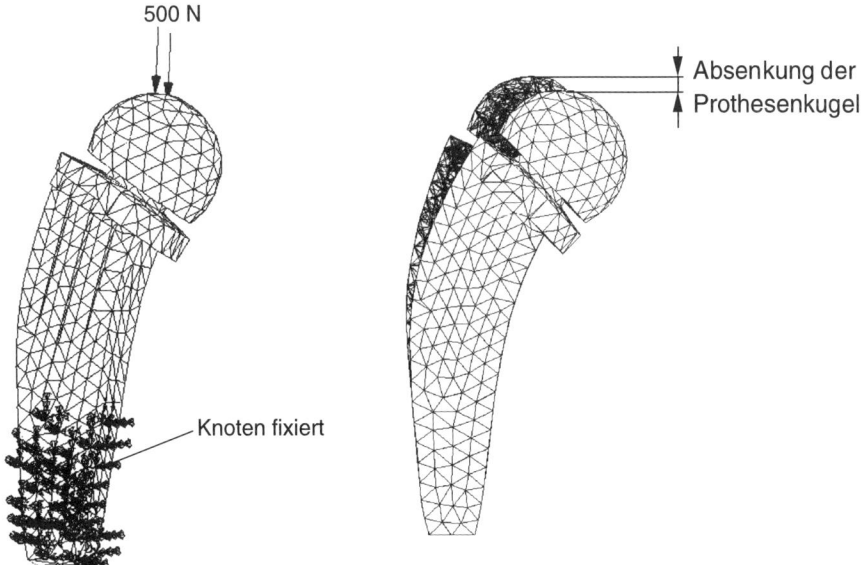

Abb. 72.15 FE-Modell der Schafhüftprothese. *Links:* Randbedingungen der FE-Analyse an der Schafhüftprothese. *Rechts:* Berechnete Absenkung der Schafhüftprothesenkugel unter der Last von 500 N

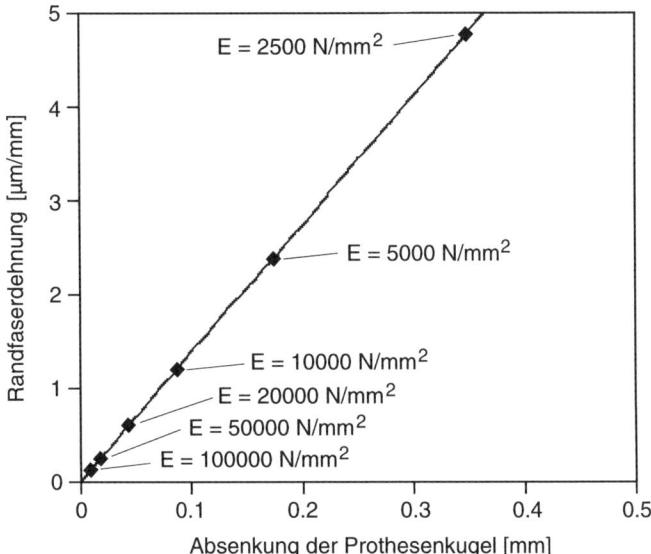

Abb. 72.16 Mit der FE-Methode berechnete Randfaserdehnung an der Stelle des DMS 5 (nach Abb. 59.17) in Funktion der Absenkung der Prothesenkugel für isotrope Prothesen mit unterschiedlichen Elastizitätsmoduli

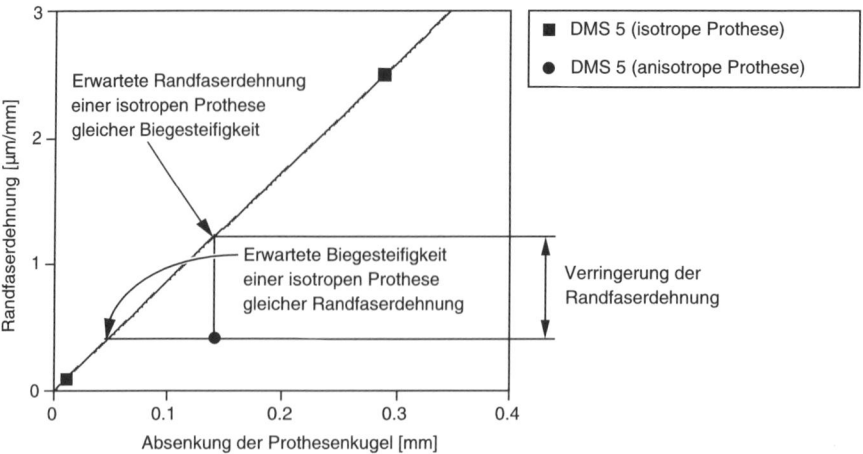

Abb. 72.17 Einfluss der anisotropen Struktur einer spritzgegossenen Prothese gegenüber isotropen Implantaten auf Steifigkeit und Randfaserdehnung

gemessenen und mit der Berechnung verglichenen Werte bestätigten die Annahme, dass ein Teil der bei 500 N Beanspruchung gemessenen Absenkung der Prothesenkugel auf Deformationen der Haltevorrichtung zurückzuführen waren. Dieser Anteil nahm, verglichen mit der FE-Analyse, von der steiferen Aluminiumprothese mit rund 0.2 mm zur biegeweicheren Polyetheretherketonprothese mit 0.25 mm zu, was auf eine Verstärkung der Zementdeformationen nahe der Einspannstelle durch das weichere Implantat zurückgeführt wurde. Die berechneten Dehnungen lagen über den gemessenen Werten.

Da der lineare Zusammenhang zwischen der Absenkung der Prothesenkugel unter Beanspruchung und den Randfaserdehnungen an der medialen und lateralen Prothesenseite anhand der FE-Analyse gezeigt werden konnte (Abb. 72.16), wurde auch zwischen den gemessenen Werten der isotropen Implantate ein linearer Zusammenhang angenommen (Abb. 72.17). Die gemessenen Randfaserdehnungen der anisotropen Faserverbundprothese hingegen lagen unter dieser Geraden. Falls vom gemessenen Punkt der anisotropen Prothese eine Senkrechte zu dieser Verbindungsgeraden gezogen wird, kann die Randfaserdehnung eines isotropen im Vergleich zu einem anisotropen Implantats bei gleicher Biegesteifigkeit bestimmt werden.

Der zu erwartende Elastizitätsmodul eines isoelastischen Implantats mit identischer Biegesteifigkeit im Vergleich zur anisotropen Prothese kann ebenfalls aus Abb. 72.17 herausgelesen werden, dies durch eine horizontale Verbindung vom aufgetragenen Wert der gemessenen Faserverbundprothese zur Geraden der isotropen Implantate. Durch Interpolation kann der gesuchte Elastizitätsmodul auf der Geraden ermittelt werden. Es zeigt sich, dass ein isotropes Implantat gleicher Randfaserdehnung gegenüber der anisotropen Prothese eine um den Faktor drei grössere Steifigkeit aufweisen müsste.

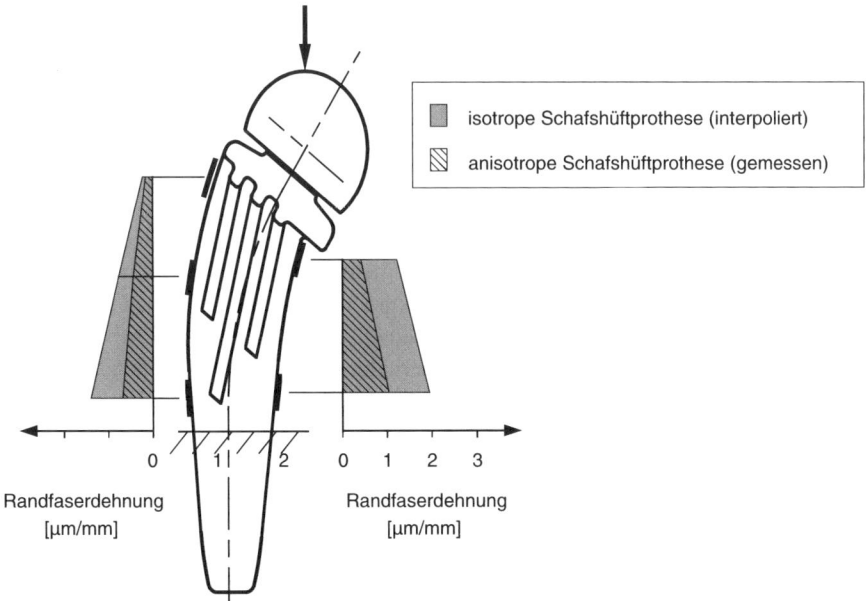

Abb. 72.18 Vergleich der gemessenen Randfaserdehnung der anisotropen Schafhüftprothese und der zu erwartenden Dehnungen eines isotropen Implantats gleicher Biegesteifigkeit. Zwischen den Messpunkten wurde linear interpoliert.

Die Randfaserdehnungen der gemessenen anisotropen Prothese sowie die interpolierten Werte einer isotropen Prothese gleicher Biegesteifigkeit sind in Abb. 72.18 gegeneinander aufgetragen. Zu erkennen ist bei gleicher Biegesteifigkeit der Faserverbundprothese gegenüber dem isotropen Implantat eine um rund 50% verringerte Randfaserdehnung.

72.12 Diskussion

Durch die Verwendung von spritzgegossenen Faserverbundwerkstoffen lassen sich graduelle Faserorientierungsverteilungen erreichen. Bei der vorliegenden Schafhüftprothese führt diese graduelle Faserorientierungsverteilung zu einer Versteifung der Randschicht in Richtung der Bauteilbeanspruchung. Der Kernbereich der Prothese wird nicht in Beanspruchungsrichtung ausgerichtet, was zu einer Verringerung der Randfaserdehnungen an der Prothese im Vergleich zu einem isotropen Implantat gleicher Biegesteifigkeit führt. Somit lässt sich die hohe Randfaserdehnung als eine der Hauptproblematiken von sogenannten isoelastischen und biegeweichen Hüftprothesen durch die Faserverbundtechnologie in Verbindung mit dem Spritzgussverfahren verringern.

Durch optimierte Prozesszyklen, z. B. eine momentane Aufheizung der Spritzgusskavität-Innenfläche, ist vorstellbar, dass sich geringere Taktzeiten erzielen lassen. Schliesslich ist durch Einsatz des Fliesspressverfahrens zu klären, ob sich noch höhere Bauteilfestigkeiten als die hier erreichten erzielen lassen. Untersuchungspunkte in der Durchführung eines Tierversuches sind das Verhalten der vorliegenden spritzgegossenen Hüftprothese unter Fixation im Knochenzement sowie nach Aufbringen einer osseoinduktiven Beschichtung im proximalen Anteil bezüglich des Einwachsverhaltens von Knochen. Die hier vorgestellten Prothesenentwicklungen sollen es ermöglichen, mit einem kostengünstigen Fertigungsverfahren eine grosse Anzahl von Prothesen in kurzer Zeit herzustellen und durch zwei Versionen, eine nicht beschichtete für die Zementimplantation und eine beschichtete für die zementfreie Implantation die Lagerhaltungskosten der Spitäler zu reduzieren. In der Regel werden in den Krankenhäusern für beide Verankerungsverfahren verschiedene Modelle an Lager gehalten.

72.13 Literatur

1. World orthopedics and prosthetics product markets. Impact of lifestyles, demographics and biomaterials, Market Intelligence, USA, 1992.
2. Schneider N.N., PLUS Endoprothetik AG, CH-Rotkreuz, Persönliche Mitteilung, 1995, personal communication.
3. Maaz B., Menge M., Aktueller Stand der zementfreien Hüftendoprothetik, Georg Thieme Verlag, Stuttgart, 1985.
4. Willmann G., Das Prinzip der Konus-Steckverbindung für keramische Kugelköpfe bei Hüftendoprothesen, Mat.-wiss. u. Werkstofftech., 24, 1993, p. 315–319.
5. Kerschbaumer A. et al., Histologische Langzeitergebnisse bei zementlosen Acrylharzprothesen vom Typ RETTIG und JUDET, in Die zementlose Hüftprothese, Demeter Verlag, Gräfelfing, 1992, p. 59.
6. Richard H., Cohen J.C., Cemented Versus Cementless Total Hip Arthroplasty, Clinical Orthopaedics and Related Research, 254, 5, 1990, p. 153–169.
7. Kranz C., Beitrag zur Entwicklung eines elastisch angepassten Hüftendoprothesenschaftes, Schiele und Schön, Berlin, 1988.
8. Mjöberg B., Fixation and Loosening of Hip Prostheses, Acta Orthopedica Scandinavia, 62, 5, 1991, p. 500–508.
9. Kahl S. et al., Einfluss von Zementierungsfehlern auf die Knochenzement-Beanspruchung, Biomedizinische Technik, 38, 12, 1993, p. 298–302.
10. Lee I.Y. et al., Effects of Variation of Prosthesis Size on Cement Stress at the Tip of a Femoral Implant, Journal of Biomedical Material Research, 28, 1994, p. 1055–1060.
11. Culleton T.P. et al., Fatigue Failure in the Cement Mantle of an Artificial Hip Joint, Clinical Materials, 12, 1993, p. 95–102.
12. Geesink R.G.T., Hydroxyapatite-Coated Total Hip Prostheses, Clinical Orthopaedics and Related Research, 261, 1990, p. 39–58.
13. Kohn D.H. et al., Predicted Differences in Ingrowth and Damage Between Fully and Partially Porous Coated Total Hip Replacements, The 21st Annual Meeting of the Society for Biomaterials, San Francisco, 1995, p. 388.
14. Sloten J.V. et al., The Development of a Physiological Hip Prosthesis: The Influence of Design and Materials, Material in Medicine, 4, 1993, p. 407–414.
15. Sloten J.V. et al., The Development of a Physiological Hip Prosthesis, Bio-Medical Materials and Engineering, 3, 1993, p. 1–13.
16. ICI, Victrex PEEK Propertes and Processing, ICI, 1992.
17. Menges G., Mohren P., Spritzgiesswerkzeuge, Carl Hanser Verlag, München, 1991.
18. Grastrow H., Der Spritzgusswerkzeugbau, Carl Hanser Verlag, München, 1982.
19. Schmidt L., Auslegung von Spritzgiesswerkzeugen unter fliesstechnischen Gesichtspunkten, Dissertation an der Technischen Hochschule Aachen, Aachen, 1981.
20. Dym J.B., Injection Molds and Molding, Van Nostrand Reinhold Company, New York, 1987.
21. VDI, Das Spritzgusswerkzeug, VDI-Verlag, Düsseldorf, 1983.
22. Crosby J.M., Long-Fiber Molding Materials, in Thermoplastic Composite Materials, Elsever, Amsterdam, 1991, p. 139–165.

73 Aktuelle Entwicklungen – Orthopädische Implantate

M. Riner

73.1 Aktuelle Trends in der Hüftendoprothetik

Die guten Resultate und langen Standzeiten von bis zu 15 und 20 Jahren von implantierten Hüftendoprothesen führen dazu, immer jüngere Patienten mit einem Hüftgelenkersatz zu behandeln. Die Versorgung von jungen aktiven Patienten mit einer Hüftendoprothese stellt jedoch eine besondere Herausforderung dar [1]. Trotz umfangreicher Materialentwicklungen, Designoptimierungen und Verbesserungen der Operationstechnik, haben sich die Standzeiten der Prothesen zwar wesentlich verbessert, ist jedoch bei jungen Patienten verglichen mit denen von älteren Patienten deutlich verkürzt [2, 3].

Zudem kann die Hüftprothesenverankerung durch Knochenresektion im Rahmen der Erstimplantation, Adaptionsvorgängen im Knochen (stress shielding) aufgrund unphysiologischer Krafteinleitung, abriebbedingte Osteolyse und während der Implantat- bzw. Knochenzemententfernung auftretende knöcherne Defekte zu unbefriedigende Reimplantationsbedingungen im Fall einer Revision führen [4]. Dies hat in jüngerer Zeit zur Entwicklung von verschiedenen Endoprothesensystemen mit einem möglichst geringen Knochenverlust und damit einhergehenden verbesserten Rückzugsmöglichkeit im Revisionsfall geführt. Bei den knochensparend verankerten Hüftprothesen werden allgemein zwei Typen, die Schenkelhalsprothese und der Oberflächenersatz, unterschieden.

73.1.1 Schenkelhalsprothesen

Ziel der Schenkelhalsprothesen ist die stabile Fixation des Implantates bei minimaler Knochenresektion und eine hüftgelenksnahe Krafteinleitung. Die Verankerung der Prothese erfolgt im lateralen Schenkelhals. Durch die schonende und zurückhaltende Präparation des Implantatlagers ist der intraoperative und postoperative Blutverlust geringer als bei konventionellen Hüftgelenksprothesen. Aufgrund des geringen Platzbedarfes der Schenkelhalsprothesen, wird der Trochanter major ge-

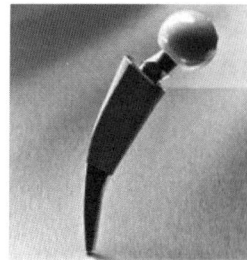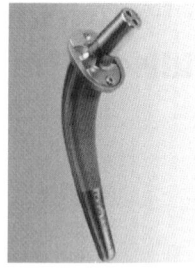

Abb. 73.1 Beispiele von Femurhalsprothesen, *von links nach rechts:* Nanos (Plusorthopedics GmbH, Marl, Deutschland), Metha (Aesculap GmbH, Tuttlingen, Deutschland), CFP (Link GmbH, Hamburg, Deutschland), Cut (ESKA GmbH, Lübeck, Deutschland). Die Schenkelhalsprothesen werden im Schenkelhals des Femurs verankert. Dadurch kann eine knochensparende Implantatlagerpräperation durchgeführt werden und es steht für eine allfällige Revisionsoperation noch genügend Knochen zur Verfügung, so dass eine Standardprothese implantiert werden kann

schont, wie auch der Ansatz der pelvitrochantären Muskulatur und damit bessere frühfunktionelle Ergebnisse erzielt. Damit können jüngere Patienten schneller in den Berufsalltag zurückkehren, bei älteren Patienten verkürzt sich die Rehabilitationszeit.

73.1.2 Oberflächenersatz

Der Oberflächenersatz des Femurkopfes, mit dem Ziel lediglich die beschädigte Knorpelzone abzutragen und zu ersetzen wurde schon in den 70er Jahre durchgeführt. Die ersten Versuche von Wagner und Amstutz führten hauptsächlich aufgrund von hohen Abriebsraten zu Versagensfällen und der Oberflächenersatz wurde für lange Zeit für nicht durchführbar gehalten. In den Anfängen des Oberflächenersatzes an der Hüfte wurden Gleitpaarungen aus Keramik oder Metall mit Polyethylen eingesetzt. Ein grosser Teil der entstanden Abriebpartikel stammte aus der Grenzschicht PE-Pfanne und Zement.

Erst die modernen Fertigungstechnologien der 90er Jahre erlaubten die Herstellung hochpräziser Metallpfannen und Metallkugelköpfe. McMinn aus Birmingham griff die Idee des femurseitigen Oberflächenersatzes im Jahre 1989 wieder auf und entwickelte den sogenannten Birmingham Cup in einer Metal-Metal-Ausführung. 1991 wurde die erste Kappenprothese der neuen Generation durch McMinn implantiert. Die heutigen verschleissarmen high carbon Metalllegierungen erlauben eine hochpräzise, abriebarme Gleitpaarung und begründen den Erfolg der in der Zwischenzeit häufig eingesetzten Oberflächenprothesen. Häufigste Komplikation der aktuellen Oberflächenimplantate sind Femurhalsfrakturen aufgrund ungenügender Knochenqualität und/oder falscher Implantationstechnik. Weltweit wurden in der Zwischenzeit über 50'000 Patienten mit einem Oberflächenersatz à la McMinn versorgt. Die Überlebensrate liegt bei ca. 97% nach 7 Jahren.

Abb. 73.2 Explantierter Oberflächenersatz des Typs Wagner. Der grösste Teil der Abriebpartikel stammte bei dem System aus dem Interface PE-Schale Knochenzement. Dies führte zu Osteolysen und frühzeitigen Lockerungen

Abb. 73.3 Beispiele moderner Oberflächenersatzsysteme, von links nach rechts: Birmingham (Smith&Nephew, Memphis, USA), Durom (Zimmer, Winterthur, Schweiz), ReCap (Biomet, Kerzers, Schweiz). Diese Systeme werden acetabulumseitig zementfrei, femurseitig sowohl zementiert wie zementfrei eingesetzt

73.2 Kleingelenke

Nebst der Behandlung der grossen Gelenke wie Hüfte, Knie und Schulter werden zunehmend auch arthrotisch oder rheumatoid erkrankte kleine Gelenke wie Finger-, Zehen- und Sprunggelenke prothetisch behandelt. Das Leitsymptom der Degeneration und der sekundären Veränderung an Weichteilen, Knorpel und Knochen ist der Schmerz. Können mittels medikamentöser Behandlung keine zufriedenstellenden Zustände mehr erreicht werden, kommen auch bei Kleingelenken oft bewegungserhaltende Implantate zum Einsatz.

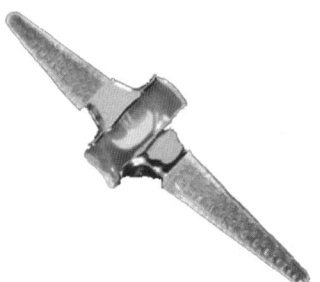

Abb. 73.4 Swanson Silikonprothese zur Behandlung von rheumatoider Arthritis und Arthrose der Fingergelenke (Wright Medical, Arlington US)

73.2.1 Fingergelenksimplantate

Entscheidend für die Gebrauchsfähigkeit der Hand ist die sensorische und motorische Funktion der einzelnen Finger. Letztgenannte lässt sich dabei in Kraft und Beweglichkeit untergliedern. An Zeige-, Mittel-, Ring- und Kleinfinger findet die Bewegung in den Grund-, Mittel- und Endgelenken statt. Auch wenn die Fingermittelgelenke die Bedeutung der Grundgelenke nicht erreichen, haben sie dennoch eine entscheidende Funktion beim Greifen und Umfassen von Gegenständen [6]. Zu dem Bogen, den die Finger von voller Extension bis zur vollen Flexion beschreiben, trägt das Mittelgelenk zu 34 Prozent bei. Arthrose und rheumatische Arthritis sind die Hauptindikationen für die Implantation bewegungserhaltende Gelenksprothesen am Finger. Die konservative Behandlung mit antiinflammatorischen, analgetischen Medikamenten, Gelenkruhigstellung und physiotherapeutischen Massnahmen kann vorübergehend zu einer Symptomlinderung führen. Langfristig ist der Erfolg jedoch häufig limitiert, so dass eine chirurgische Behandlung notwendig wird. Die chirurgischen Optionen sind ausgesprochen vielfältig. Sie reichen von kleinen Eingriffen wie Synovektomie oder Denervation über die Arthrodese, die Resektionsarthroplastik, die Arthroplastik mit Eigengewebe und die Gelenktransplantation bis zum Kunstgelenkersatz in den verschiedensten Variationen.

Seit Jahren hat sich hier die von Swanson eingeführte Resektionsarthroplastik mit Interposition eines Silikon-Platzhalters bewährt. Die verwendeten Silikonimplantate führen weitgehend zu einer Schmerzreduktion mit einer weitgehend zufriedenstellender Beweglichkeit [5]. Der Silikonplatzhalter umgeht, gerade wegen seiner Einfachheit, Probleme der Mechanik eines echten Kunstgelenkes und bietet Anpassungsmöglichkeiten, die andere Modelle nicht vorweisen können. Die Überlebensdauer dieser Silikon-Implantate ist jedoch bei weitem nicht nicht mit den Standzeiten von Hüft- und Kniegelenksprothesen vergleichbar. Lange Verweildauern können zu einer Versprödung und damit einhergehend einem Brechen der Implantate führen, Abriebosteolysen führen zu frühzeitigen Lockerungen [7–9].

An weiteren Konzepten reicht die Bandbreite vom vollständigen Gelenkersatz – gekoppelt, teilgekoppelt oder ungekoppelt – bis zum reinen Oberflächenersatz. Scharniergelenke, d. h. gekoppelte Systeme haben den Vorteil einer guten seitlichen Stabilität und Führung, ziehen jedoch durch die ungedämpfte Krafteinleitung oft

73.2 Kleingelenke

Abb. 73.5 Die wichtigsten Vertreter moderner Werkstoffe bei Fingergelenksimplantaten 1: PIP Gelenk aus Pyrocarbon. Pyrocarbon oder pyrolytischer Kohlenstoff ist eine feste Form des Kohlenstoffs, die bei der Pyrolyse eines gasförmigen oder flüssigen Kohlenwasserstoffs bei einer Temperatur von typischerweise 700 °C bis 2000 °C auf einer Oberfläche abgeschieden wird [10]. Aufgrund der guten Biokompatibilität findet Pyrocarbon als Beschichtung von Herzklappen oder Stents Verwendung in der Medizintechnik. Durch seine guten Abriebeigenschaften wird Pyrocarbon als Gleitpartner kleiner Gelenksimplantate eingesetzt

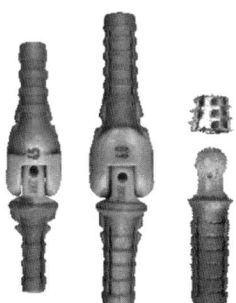

Abb. 73.6 Die wichtigsten Vertreter moderner Werkstoffe bei Fingergelenksimplantaten 2: Die RM-Fingerprothese (Mathys Medical, Bettlach, Schweiz) aus PEEK (Polyetheretherketon) ist seit über 30 Jahren eingesetzt. Sie hat ein achsgeführtes Gelenk mit einem distal/proximal Spiel von 0.7 mm, einer lateralen Beweglichkeit von 10° und einer Rotation von 6°. Die distalen und proximalen Verankerungszapfen sind zur bessern knöchernen Integration mit einer Titanbeschichtung versehen. Rechts im Bild ist die Ausführung für das Daumensattelgelenk mit Spreizhülse aus Titan zu sehen

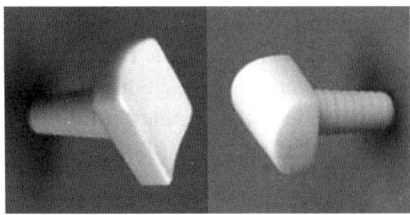

Abb. 73.7 Die wichtigsten Vertreter moderner Werkstoffe bei Fingergelenksimplantaten 3: Das Acamo PIP Implantat (Moje, Petersberg, Deutschland) wird aus Zirkonkeramik hergestellt. Das Design erlaubt eine Rollgleitbewegung

Knochenosteolysen und Implantatlockerungen nach sich. Von aussen einwirkende Biegungs-, Torsions-, und Zugkräfte werden hier nicht über den Kollateralbandapparat, sondern grösstenteils vom Implantat direkt auf den angrenzenden Knochen übertragen [4]. Das Fingermittelgelenk ähnelt in seiner anatomischen Ausbildung dem Kniegelenk. Daher ist es nicht verwunderlich, dass die anatomisch konstruierten Fingerimplantate denen der Kniegelenksprothetik ähneln, deren Vor- und Nachteile sowie deren Weichteilvoraussetzungen wie z. B. intakte Bandapparate vorweisen.

Die Nachteile der Silikon-Prothese nach Swanson haben dazu geführt, dass ständig nach neuen Designmerkmalen und neuen Materialkombinationen (Keramik, Pyrocarbon, Titan, CoCr-PE-Kombinationen, Thermoplaste) geforscht wird, ohne jedoch den „Goldenen Standard" der Silikonprothese signifikant zu übertreffen [5]. Vollständigkeitshalber seien untenstehende die werkstofftechnisch interessantesten auf dem Markt erhältlichen Fingerimplantate aufgeführt.

73.3 Knieendoprothetik

73.3.1 Einleitung

Bei der Behandlung der Arthrose oder der rheumatoiden Arthritis des Kniegelenkes, steht heute nach ausgeschöpfter konservativer Behandlung der endoprothetische Ersatzder durch den Arthrose- oder chronisch entzündlichen Prozess in unterschiedlicher Weise betroffenen Kompartimente im Vordergrund und stellt ein etabliertes Behandlungsverfahren dar. Die Patienten sind nach entsprechender postoperativer Rehabilitation mit muskulärer Kräftigung meist in der Lage ohne Schmerzen längere Strecken zu laufen und sich im Alltag wieder selbständig zu versorgen [11]. Trotz überwiegend guter Langzeitergebnisse sind ca. 10% der operierten Patienten wegen Schmerzen, Reizzuständen, Bewegungseinschränkungen und Gehstreckenverkürzungen längerfristig unzufrieden. Die aktuelle Problematik liegt in den komplizierten biomechanischen Verhältnissen des natürlichen Kniegelenkes durch vorwiegenden Formschluss und den damit in Verbindung stehenden hohen Anforderungen an die Kinematik. Mit der Nachbildung dieser komplexen Bewegungsabläufe wird die Endoprothetik vor eine schwierige Aufgabe gestellt [12–15].

Einen Aspekt bildet das Roll-Gleitverhalten in der Sagittal-Ebene. Bei der Beugung des Kniegelenkes wandert die momentane Kniegelenksachse auf einer Ellipse von ventral nach dorsal. Dieses Verhalten beschäftigt die Kniegelenksendoprothetik in der Diskussion um ein angemessenes Prothesen-Design und die patientenbezogene Indikation der verschiedenen, auf dem Markt verfügbaren Prothesenmodelle [16–20].

Die femorotibiale Artikulation stellt das Kniegelenk im eigentlichen Sinne dar. Sie ist zuständig für Flexion, Extension und auch die Rotation, wobei Streckung wie Beugung in Form einer Roll-Gleit-Bewegung ablaufen. Das femorotibiale Gelenk verfügt durch Rotationsmöglichkeiten um drei Achsen sowie Translation

73.3 Knieendoprothetik

in drei Ebenen über insgesamt sechs Freiheitsgrade. Das femoropatellare Gelenk erhält seine Funktion in Beugestellung, indem die Kniescheibe den virtuellen Hebelarm der Streckmuskulatur verbessert, um so die Wirkung der zu übertragenden Kräfte zu erhöhen. Durch die biomechanisch relativ komplizierte Krafteinleitung wird beim Kniegelenk ein spezielles Stabilisationssystem notwendig. Im Zuge der Flexion, Extension, Rotation, Varus- und Valgusbewegung wird dies gewährleistet durch die passiven Strukturen der Ligamente (mediales und laterales Seitenband, Kreuzbänder), die Gelenkkapsel, den knöchernen Gelenkkontakt, die Muskulatur sowie Propriozeptoren in den Menisken, Kreuz- und Kollateralbändern.

73.3.2 Unikondylärer Oberflächenersatz

Die heutige Technik des unikompartimentalen Oberflächenersatzes geht zurück auf die Erfahrungen mit den tibialen Oberflächenprothesen McKeevers, Elliots und McIntoshs [21]. Als erster auf einen Gelenkanteil beschränkter künstlicher Ersatz wurde die von Gunston im Jahre 1966 entwickelte Totalendoprothese verwendet, wobei nur jeweils eine Femur- und Tibiakomponente dieses eigentlich aus jeweils 2 Femur und Tibiaanteilen bestehenden Kunstgelenkes zum Einsatz kamen. Der Vorläufer der heutigen unikompartimentalen Prothesen, das „Modularknie" kam im Jahre 1972 auf den Markt. Seine Tibiakomponenten waren in Anlehnung an die Oberflächenprothesen von McIntosh in unterschiedlichen Dicken und Breiten erhältlich, um Varus- oder Valgusdeformitäten adäquat ausgleichen zu können.

Heute sind eine Vielzahl von Prothesen für den unikompartimentalen Oberflächenersatz erhältlich. Die meisten bestehen aus einer metallischen Femurkomponente und einer (meistens metal backed) Polyethylen-Tibiakomponente. Der Eingriff bei dem unikompartimentalem Ersatz ist weniger invasiv als bei Standardknieimplanteten. Der intraoperative Blutverlust geringer und die Weichteilschädigung weniger ausgedehnt. Es wäre jedoch falsch, zu glauben, dass ähnlich wie beim

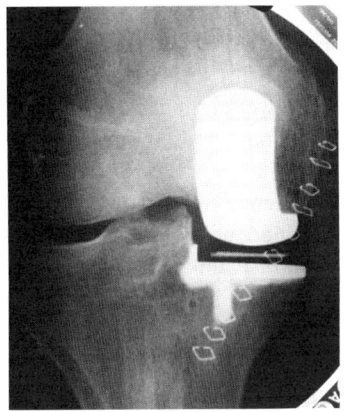

Abb. 73.8 Unikompartimentaler Oberflächenersatz am Knie. Dargestellt die Versorgung eines Kniegelenks mit einem unicondylären Implantat (Oxford, Biomet GmbH, Kerzers, Schweiz)

Abb. 73.9 Beispiele unicondylärer Implantate für den unikompartimentalen Oberflächenersatz am Knie, *von links nach rechts:* Balan_Sys Uni (Mathys Medical AG, Bettlach, Schweiz), Oxford (Biomet GmbH, Kerzers, Schweiz), Vanguard (Biomet GmbH, Kerzers, Schweiz), Natural Knee II (Zimmer GmbH, Winterthur, Schweiz)

Abb. 73.10 Sonderformen von Knieoberflächenimplantaten, *links:* Journey Duce Knee (Smith & Nephew, Memphis, USA), ein System welches femurseitig lediglich die mediale Kondyle sowie die Patellarlauffläche ersetzt, tibiaseitig einen vollständigen Ersatz bedingt. *Mitte und rechts:* Vanguard PFR (Biomet GmbH, Kerzers, Schweiz), ein Knieoberflächenersatzt zu Behandlung von arthrotischen defekten der Patellargelenkes

femoralen Oberflächenersatz, die Rückzugmöglichkeiten und die Revisionsvoraussetzungen viel besser wären als bei einer Totalprothese. Der unikompartimentale Oberflächenersatz des partiell degenerierten Knies stellt keine „second line of defense" dar. Einerseits erfolgt eine nachträgliche Abnützung des zunächst erhaltenen Kompartiments, was früher oder später einen Wechsel auf eine Vollprothese notwendig macht. Andererseits hinterlassen viele Modelle beim Ausbau für die Revision vor allem im tibialen Lager tiefgreifende Defekte, welche nicht selten mit aufwendigen rekonstruktiven knöchernen Aufbaumassnahmen oder voluminösen, metallenen Spacer ausgeglichen werden müssen.

Eine Zwischenlösung stellt das unten dargestellte bikompartimentale Kniesystem mit Patellalauffläche und partiellem Tibiaersatz dar. Dieses System soll weniger invasiv sein als Totalprothesensysteme und doch deren Vorteile bieten. Daneben existiert als Zwischenform ein Patellarlaufflächenersatz. Hierfür müssen jedoch die restlichen Knorpelzonen des Gelenkes und der gesamte Bandapparat intakt sein. Zudem dürfen keine Meniskusschäden vorhanden sein.

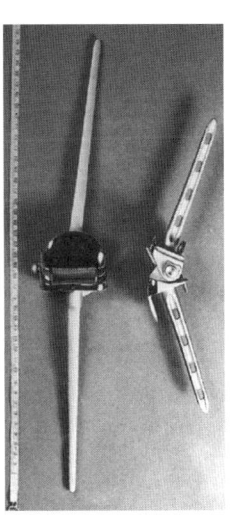

Abb. 73.11 Beispiel einer achsgeführten Knieprothese nach Walldius. Sie besteht aus einer Tibia- und einer Femurkomponente sowie einer Patellagleitrinne [21]

73.3.3 Bikondylärer Oberflächenersatz

Trotz des biomechanisch komplizierten Bewegunsverlaufes im Kniegelenk, waren die ersten Bemühungen um einen Oberflächenersatz einfach gestaltete Scharniergelenke. Diese wurden seit den 40er Jahre eingesetzt und bis in die 70er Jahre mit unterschiedlichem Erfolg weiter verwendet. Die anfänglich guten Erfolge konnten auf die Dauer jedoch nicht bestätigt werden [21], es kam vielmehr zu hohen Komplikationsraten durch aseptische Lockerungen, tiefe Infektionen oder Materialverschleiss. Erste nicht achsgeführte, sogenannte „non-constraint-Scharnierprothesen" Implantate wurden von Attenborough (1978) und der GSB-Gruppe (Gschwen, Scheier, Bähler, 1975) entwickelt. Dabei handelte es sich um Implantate, welche bei Flexion und Extension ein gewisses Gleiten zuliessen. In den USA wurde relativ früh mit dem bicondylären Oberflächen-Ersatz begonnen, in der Regel mit einer zementierten Vollpolyethylen-Tibia-Komponente. Allen Konzepten aus dieser Zeit war eines gemeinsam: Sie schränkten einzelne oder mehrere Freiheitsgrade des Kniegelenkes zum Teil drastisch ein, mit Folgen für die Implantatverankerung [11]. Die Scharnier- und achsgekoppelten Prothesen unterdrücken zum Teil die axiale Tibia-Rotation, das „Rollback" sowie Varus-/Valgus-Bewegungen. Es entstehen hohe Torsions- und Scherkräfte an der Implantatverankerung, die durch langstielige Prothesenkomponenten abgefangen werden. Revisionen gestalten sich bei solchen Designs als äusserst problematisch auf Grund des umfassenden Knochensubstanzverlustes.

Die Designentwicklung des bicondylären, nicht rotationsachsgeführten Oberflächenersatzes begann mit der ICLHProthese (Imperial College London-Hospital) von Freemann und Swanson. Es handelte sich dabei um einen verbundenen metallischen Doppelschlitten, der wie eine Walze in einer trogförmigen Tibiabasisplatte aus Polyethylen artikulierte. Die zementierte Vollpolyethylen-Tibia-Komponenten und nachfolgend modularen Polyethyleneinsätze auf Metall-Tibiaimplantaten wa-

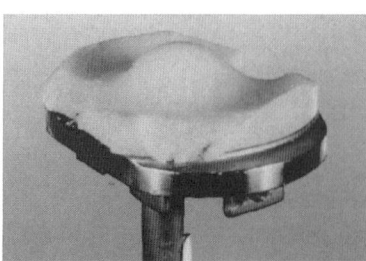

Abb. 73.12 Zerstörtes tibiaseitiges PE-Inlay. Nicht kongruente Laufflächen bewirken hohe lokale Kontaktspannungen, was zu Kaltfluss, Mikrorissen und frühzeitigem Versagen der PE-Komponente führt [11]

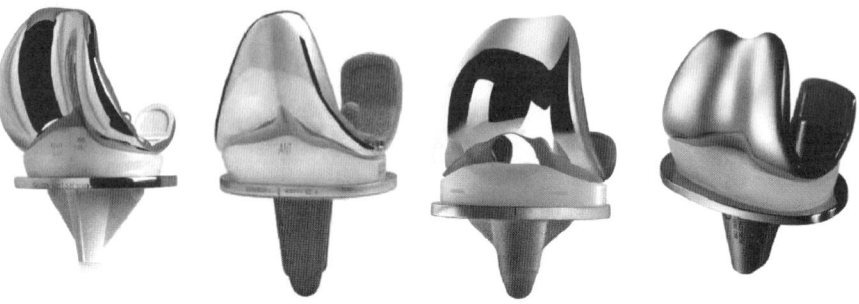

Abb. 73.13 Beispiele moderner Kniegelenksimplantate. Alle sind als reiner Oberflächenersatz ausgeführt, haben kondylenseitig weder eine intramedulläre Verankerung noch weisen sie eine posterior stabilisierende Komponente auf. Zudem haben alle eine um die Vertikalachse rotationsfähiges Tibia-Polyethyleninlay. Von links nach rechts : ROCC Knie (Biomet GmbH, Kerzers, Schweiz), LCS Knie (DePuy GmbH, Spreitenbach, Schweiz), PFC Sigma Rotating Platform (DePuy GmbH, Spreitenbach, Schweiz), TC-Plus SB (Plusorthopedics AG, Rotkreuz, Schweiz).

ren bei kongruenten Designs formschlüssig zum Femurimplantat gestaltet. Die Folge von kongruenten Designs waren zum Teil schwere Deformationen der Polyethylenkomponente, wobei sich das Femurimplantat seinen Weg durch das Polyethylen „bahnte". Weit häufiger waren jedoch hohe Tibia-Lockerungsraten schon nach relativ kurzer Implantationszeit zu beobachten.

Die Ergebnisse der 60 er und frühen 70 er Jahre führten schnell zu der Entwicklung von Kniegelenkendoprothesen mit Reduktion der Kongruenz zwischen Femur-Implantat und Polyethylen, um alle Freiheitsgrade des natürlichen Kniegelenkes zu erlauben. Die gesteigerten biomechanischen Anforderungen an den Werkstoff bringen UHMWPolyethylen damit in eine Schlüsselposition als offenbar das schwächste Glied in der Werkstoff-Paarung. Die Belastungsgrenze von UHMW-Polyethylen liegt bei ca.10–15 Mega-Pascal. Diese Druckbelastung wird von nichtkongruenten Designs um das 2–3 fache bei Alltagsbelastung überschritten durch Reduktion der Kontaktfläche infolge des vorwiegend bestehenden Punkt-Punkt- oder Punkt-Linienkontaktes der korrespondierenden Femur- und Tibia-Komponenten. Wiederholtes überschreiten dieses Wertes führt auf Dauer zur irreversiblen plastischen Verformung und damit zur Zerstörung von UHMW-Polyethylen.

73.3 Knieendoprothetik

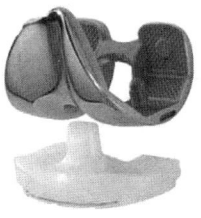 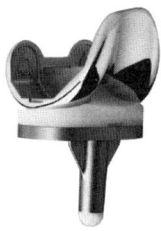 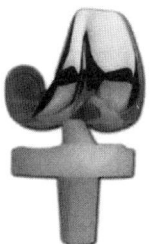 

Abb. 73.14 Beispieler moderner Kniegelenksimplantate. Alle sind als reiner Oberflächenersatz ausgeführt und haben kondylenseitig keine intramedulläre Verankerung. Sie besitzen jedoch alle eine (durch eine zapfenförmige Ausbuchtung der Polyethylenkomponeten eine dazu passende kastenförmige Einbuchtung oder einem passenden Schlitz mit Stopprand) posterior stabilisierende Komponenten, um bei fehlenden Kreuzbändern eine Instabilität in A-P Richtung zu verhindern. Von links nach rechts: Scorpio Flex PS (Stryker Osteonics SA, Grand-lancy, Schweiz) PFC-Sigma PS (DePuy, Spreitenbach, Schweiz), Advanced PS (Wright Medical, Arlington US), Nexgen PS (Zimmer GmbH, Winterthur, Schweiz)

  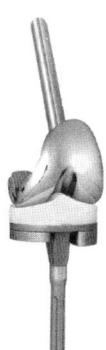

Abb. 73.15 Achsgeführte Revisionssysteme: *links:* RT-Plus (Plusorthopedics AG, Rotkreuz, Schweiz), Natural Knee Revision (Zimmer GmbH, Winterthur, Schweiz), HLS Revision Knee (Tornier Inc., Stafford, US)

Die Polyethylenabrieb-Partikel verursachen Granulome, Osteolysen, aseptische Implantat-Lockerung und die Möglichkeit einer Sekundär-Infektion. Polyethylen-Verschleiss ist eine häufige Komplikation der modernen Knie-Endoprothetik mit gravierendem Einfluss auf die Langzeitergebnisse und der Notwendigkeit eines vorzeitigen Prothesen-Wechsels. Polyethylenverschleiss manifestiert sich klinisch je nach Design in der Regel erst zwischen dem 5. und 10. Jahr postoperativ.

Kongruenz der artikulierenden Flächen ist die einzige Möglichkeit, Kontaktstress wirkungsvoll zu reduzieren. Formschluss in den wesentlichen Belastungszonen minimiert Polyethylenverschleiss und erlaubt eine normale Kraftverteilung. Um diese Vorstellungen wirkungsvoll zu realisieren, sind bewegliche Gleitlager aus Polyethylen, ähnlich der beweglichen Menisci beim menschlichen Kniegelenk erforderlich, die in der Lage sind, die erhöhten Scherkräfte auch auf die Implantatverankerung zu

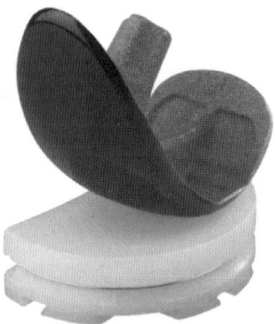

Abb. 73.16 Knieimplantate aus Oxinium, links ein totaler Oberflächenersatz, rechts ein unikompartimentaler Ersatz. Die Oxidation der Oberfläche der Zirkonium-Niob-Schmiedelegierung bewirkt eine keramische Zirkoniumoxid Randschicht, welche sehr hart und hydrophil ist, was zu geringerem PE-Abrieb führt (Smith&Nephew Inc. Memphis, US).

kompensieren. Dieses Prinzip wurde von Goodfellow, Buechel und Pappas bereits 1977 erkannt und umgesetzt. Voraussetzungen für den erfolgreichen Einsatz dieser anteriorposterior beweglichen Meniskallager sind funktionierende Kreuzbänder, bzw. ein intaktes hinteres Kreuzband sowie eine physiologische Bandspannung bei in korrekter Position implantierten Prothesen-Komponenten.

Diese erforderlichen Ausgangsbedingungen sind unter klinischer Anwendung jedoch oftmals nicht in ihrer Gesamtheit vorhanden, so dass im Ergebnis nicht immer zufriedenstellende, reproduzierbare Resultate erzielt werden. So kommen gleichzeitig auch immer häufiger in anterior-posteriorer Richtung stabilisierte, axial mehr oder weniger bewegliche rotierende Plattformen aus PE zum Einsatz, die dem meist insuffizientem oder absentem hinteren Kreuzband Rechnung tragen. Die axiale Tibiarotation wird jedoch voll unterstützt, um Torsionskräfte zu minimieren.

Bei zusätzlicher ligamentärer Instabilität, insbesondere der Seitenbänder und gröberer Achsfehlstellung sowie Kontrakturen, die sich nicht durch ein adäquates Weichteilrelease und entsprechende Achskorrektur ausgleichen lassen, finden weiterhin posterior stabilisierte oder teilgekoppelte, in schweren Fällen auch achsgeführte Knieendoprothesen Anwendung.

Neue Trends zur weiteren Abriebreduzierung beschäftigen sich hauptsächlich mit der Materialoptimierung. Die aus der Hüftprothetik lange bekannten Keramiken sollen auch im Kniesatz Anwendung finden. Zudem gelang es, eine Zirkonium-Niob Legierung welche in einem aufwendigen Oxidationsverfahren eine rein keramische Oberfläche erhält, zu entwickeln. Als Ausgangsmaterial wird eine Schmiedelegierung aus Zirkon mit einem 2.5%igem Niobanteil verwendet. Die Schmiederohlinge werden unter Sauerstoffzufuhr bei ca. 500 °C wärmebehandelt. Daraus resultiert eine mindestens 5μm dicke Zirkoniumoxid Oberfläche welche im Vergleich zu herkömmlichen CoCr im Kniesimulator um bis zu 85% weniger Abrieb bewirkt [22]. Der geringere Abrieb wird auf die bessere Benetzbarkeit der keramischen Oberfläche zurückgeführt. Die polare Oberfläche zeigt einen hydrophilen Charakter und soll verantwortlich für die verbesserte Oberflächenschmierung sein.

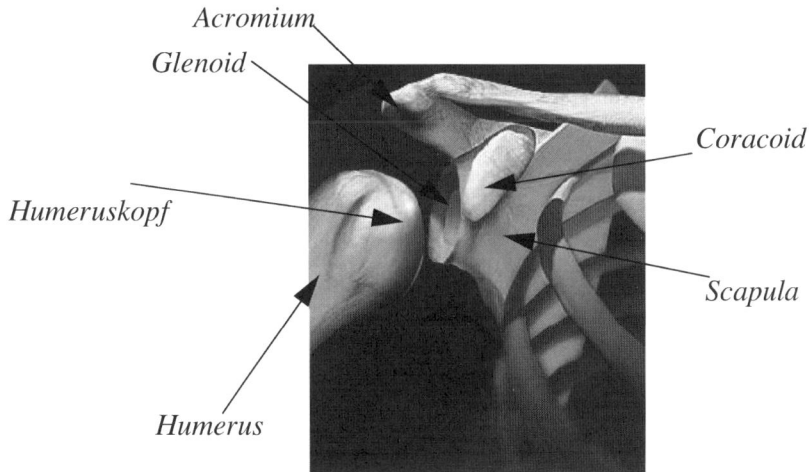

Abb. 73.17 Am glenohumeralen Gelenk beteiligte knöcherne Strukturen [28]

73.4 Schulterendoprothetik

Nebst der Hüft- und Kniegelenksendoprothetik ist der totale oder teilweise Ersatz des degenrierten oder traumatisierten Schulterglenkes das bedeutenste Einsatzgebiet der Endoprothetik. Die Schulterendoprothetik kann heute auf eine mehr als 100 Jahre lange Geschichte zurückblicken [23]. Bereits im Jahre 1893 implantierte der französische Chrirurg J.:P. Pean ein künstliches Schultergelenk aus Titan und Hartgummi bei einem Patienten mit einer durch Tuberkulose zerstörten Schulter. Dieses Implantat musste jedoch aufgrund eines unkontrollierbaren Infekts wieder entfernt werden. Seit diesem Anfang war es jedoch ein langer Weg zu heutigen modernen Schulterendoprothetik.

73.4.1 Anatomie

Das Glenohumeralgelenk besteht aus dem Oberarmkopf des Oberarmknochen (Humerus) und der Gelenkpfanne (Glenoid) des Schulterblattes (Clavicula). Der Oberarmkopf liegt in der Gelenkpfanne lediglich an und hat keine feste, formschlüssige Verbindung. Der Radius der Gelenkpfanne ist grösser als der Radius des Oberarmkopfes. Dieser sogeannten Missmatch erlaubt nebst den Bewegungen, die ein Kugelgelenk zulässt zusätzlich Translationsbewegungen und führt damit zu dem grössten Bewegungsumfang aller Gelenke des Menschen. Das Schultergelenk ist ein reines weichteil-, also muskulär und kapsulär, geführtes Gelenk. Diesem Aspekt muss vor allem bei der gelenkerhaltenden Rekonstruktion mit Implantaten Rechnung getragen werden.

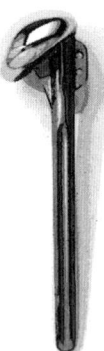

Abb. 73.18 Modell der Neer Mark II Prothese, wie sie bis in die heutige Zeit als günstiges, einfaches Implantat weiter verwendet wird und seit den Siebziger Jahren von Charles Neer eingeführt wurde

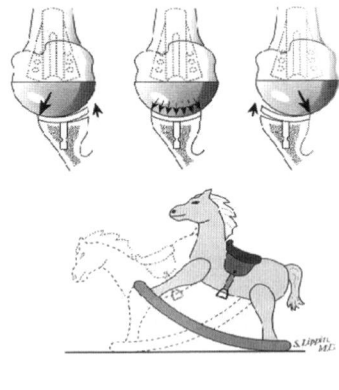

Abb. 73.19 Modulare Schulterprothese der zweiten Generation (*links*, Plusendoprothetik GmbH, Marl, D) mit einem gewollten Radius-Missmatch zwischen Kugelkopf und Glenoidkomponenten zur Vermeidung des Rokking-Horse Effektes [25] *(rechts)* und damit zur Reduzierung von Glenoidlockerungen

73.4.2 Humerusschaftimplantate

Erst in den frühen 1950er Jahren begann Charls Neer mit der Enwicklung seiner Humeruskopfprothese zur Behandlung komplizierter Humerusfrakturen. Es handelte sich dabei um eine eine Monoblockprothese mit festem Kopf und lateral angebrachter Finne mit Durchbrüchen für Nahtmaterial zur Tuberkulafixation. Damit läutete er die Ära Erstgeneration-Implantate ein.

Bald darauf wurde von Charles Neer auch eine Version entwickelt, welche in Kombination mit einer Polyethylenkomponente auch die Glenoidseite (also die schulterblattseitige Pfanne) ersetzte und als sogenannte Total-(im Gegensatz zur

73.4 Schulterendoprothetik

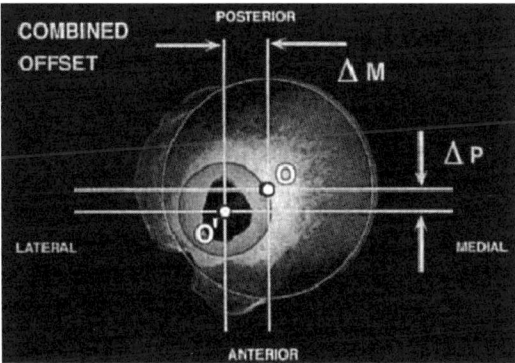

Abb. 73.20 Darstellung des posterioren und medialen Offsets des Roationszentrums gegenüber der Humersschaftachse [24]

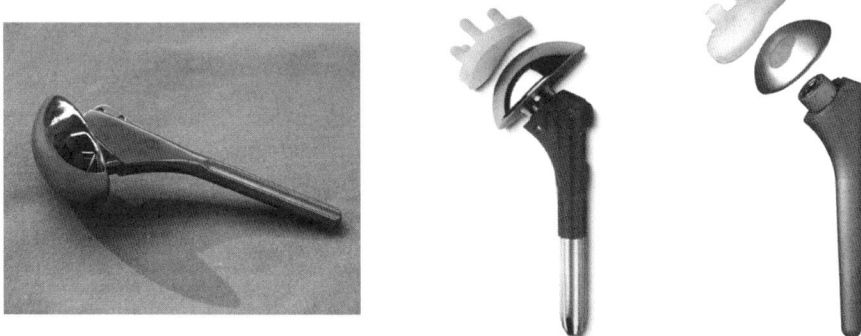

Abb. 73.21 Beispiele moderner (3.-Generations-) Schultergelenksprothesen: *Links:* Aequalis Shoulder Prosthesis basierend auf den Erkenntnissen von Walch und Boileau (Fa. Tornier SA, France), *Mitte:* Anatomical Shoulder Prosthesis (Fa. Zimmer GmbH, Winterthur, CH) mit frei einstellbarer Inklination und exzentrischem Kugelkopf, *rechts:* Affinis Shoulder Prosthesis (Mathys Medical AG, Bettlach, CH) mit einem exzentrischen Kugelkopf und in medial-caudal nach lateral-cranial verschiebbarem Konus

Hemi-)Versorgung Verwendung findet. Die Implantate der zweiten Generation waren soweit modular aufgebaut, dass der Kugelkopf nicht fix mit dem Schaft verbunden war und somit die Kugelkopfgrösse und der Schaftdurchmesser unabhängig voneinander an die Anatomie des Patienten angepasst werden konnte. Zudem wurde ab dieser Generation ein Missmatch zwischen der Glenoid-Komponente und dem Kugelkopf eingeführt, um dem bekannten Rocking-horse Effekt, welcher als Hauptursache für Glenoidlockerungen disskutiert wird, entgegen zu wirken.

Die Ära der Drittgeneration-Schulterprothesen wurde massgeblich durch die anatomischen Untersuchungen von P. Boileau und G. Walch (1997) eingeläutet. Sie

Abb. 73.22 Beispiel einer modernen modularen Schultergelenksprothese: Promos Shoulder System (Plus Orthopedics AG, Rotkreuz, CH) mit rechteckigem, Zweymüller-typischen Schaftdesign, modular aufgebaut mit unterschiedlichen Korpushöhen und einem Inklinationsset zur optimalen Anpassung an die Anatomie

zeigten in ihrer Arbeit auf, dass ein Zusammenhang zwischen Kugelkopfdurchmesser und Kalottenhöhe besteht. Diese Erkenntnis wird durch die Arbeit von R. Hertel unterstützt. Das Verhältnis von Radius und Höhe scheint recht konstant zwischen 0.7 und 0.9 zu liegen [26].

Zudem wird bei den 3. Generationsprothesen dank unterschiedlichen technischen Lösungen eine Einstellung der Exzentrizität und der Inklination (Winkel unter welcher die Resektionsebene zur Humerusachse anatomisch zu liegen kommt) an die Anatomie des Patienten erreicht. Die ist darum wichtig, weil das Kugelkopfzentrum nicht im Zentrum der Schaftachse liegt und nur eine anatomisch optimal adaptierbare Schulterprothese gute Langzeitresultate erwarten lässt.

Aktuelle Trends gehen bei den Schaftprothesen eindeutig hin zu modularen Systemen, um das Implantat noch besser und wenn möglich, in situ, an die Anatomie des Patienten anpassen zu können. Solche System bieten auch bei Wechseloperationen oder Revisionen grosse Vorteile, können in diesen Fällen einzelne, festverankerte Komponenten belassen werden und aufwändige, knochenschädigende Operationen vermieden werden.

73.4.3 Glenoidimplantate

Ähnlich der Hüftpfanne bei der Versorgung des arthrotischen Hüftgelenkes kommen auch bei dem glenohumeralen Gelenkersatz scapulaseitig künstliche Glenoidkomponenten zum Einsatz. Grundsätzlich wird auch hier zwischen zementierten und zementfreien Implantaten unterschieden. Aufgrund der äussert eingeschränkten Platzverhältnisse und der oft sehr geringen Knochensubstanz ist der Einsatz zementfreier, sogenannter metal back Implantate nicht immer möglich. Bei diesen Implantaten wird vorerst eine metallene, häufig Titan- und/oder Hydroxylapatit beschichtete Basisträgerplatte implantiert, in welcher der Artikulationspartner aus Polyethylen fixiert wird. Die Fixation dieser Basisträgerplatte geschieht meistens über einen zentralen Zapfen und zwei bis vier winkelstabile Knochenschrauben.

Bei den zementierten Versionen, welche allesamt aus hochmolekularem Polyethylen gefertigt werden, wird grundsätzlich zwischen sogenannten keeled und pegged Implantaten unterschieden. Keeled Glenoide weisen einen zentral angeordneten Kiel auf, welcher mittels Knochenzement in eine dafür geraspelte Kavität in dem nativen Knochen verankert werden. Pegged Glenoide haben zur Verankerung drei bis fünf ca. 2–3 mm dicke Zapfen die mit Knochenzement in dafür vorgesehene Bohren fixiert werden.

Frühere Generationen weissten oft eine plane, zum Knochen hin weisende Rückfläche auf. Neuere Implantate hingegen haben konvex gekrümmte Rückflächen um den für die Implantation notwendigen Knochenabtrag so gering wie möglich zu halten. Zudem weisen gemäss den ausführlichen Studien von C. Anglin [27] die konvexen Rückflächen gegenüber den planen und die pegged Glenoide gegenüber den keeled eine geringere Lockerungstendez auf. Daher werden modern Glenoidimplantate hauptsächlich mit konvexer Rückfläche und als pegged Varianten angeboten. Im Gegensatz zu der Versorgung des proximalen Femurs wird in der Schulterendeoprothetik häufig, vor allem im amerikanischen Raum, lediglich die Humerusseite mit einem Implantat versorgt und glenoidseitig die Gelenkspfanne belassen. In diesem Fall spricht man von einer Hemi- im Gegensatz zu einer Totalversorgung.

73.4.4 Inverse Systeme

Als Sonderform der humeralen Gelenksversorgung ist der Einsatz von sogenannten inversen Systemen zu betrachten. Da das glenohumerale Gelenk rein weichteilgeführt ist, führen Weichteildegenerationen zu Instabilitäten und Bewegungs- und Kraftverlust. Eine häufig, auftretendes Krankheitsbild ist die Rotatorenmanschetteninsuffizienz aufgrund einer Rotatorenmanschettenarthropathie. Darunter versteht man einen ausgedehnten, irreparablen Defekt der Rotatorenmanschette. Die Rotatorenmanschette ist ein Komplex von vier Muskeln (Supraspinatus, Subscapularis, Infraspinatus, Teres minor) welcher sowohl für die aktive Bewegung des Humerus zuständig ist, aber auch dafür verantwortlich zeichnet, dass der Humeruskopf in der Glenoidpfanne gehalten wird. Versagen diese Muskeln ihren Dienst, wandert der Humeruskopf bei versuchter Abduktion Richtung kranial. Schmerzen und eingeschränkte Mobilität sind die Folgen.

Hiermit ist die Indikation für eine inverse Prothese gegeben. Diese Implantattypen heissen deshalb so, weil bei ihnen die ursprüngliche Biomechanik umgekehrt wird. Das heisst, dass der Kugelkopf glenoidseitig verankert und die Pfanne im Humerus implantiert wird. Die führt zu zwei unterschiedlichen Effekten. Erstens verhindert diese Anordnung von Pfanne und Kugel (im Gegensatz zu anatomischen Implantaten ohne miss match) ein Hochsteigen des Oberarms Richtung kranial und zweitens erfährt der verbleibende Deltamuskel aufgrund einer Medialisierung des

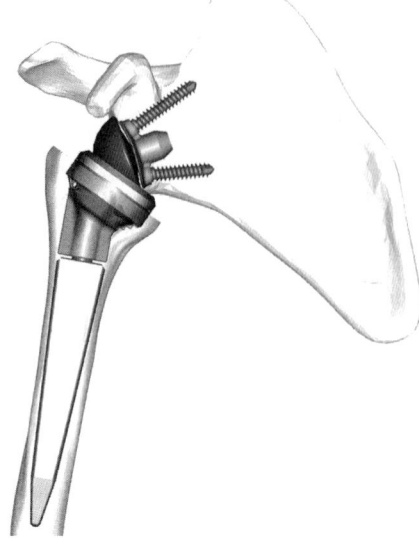

Abb. 73.23 Funktionsprinzip der inversen Prothese (PlusOrthopedics AG, Rotkreuz, Schweiz). Der glenoidseitig angebrachte Kugelkopf verhindert bei einer Kontraktion des Deltamuskels ein nach kranial Wandern des Humerus. Zudem wird durch die Medialisierung des Drehzentrums der Hebelarm für den Deltamuskel positiv beeinflusst

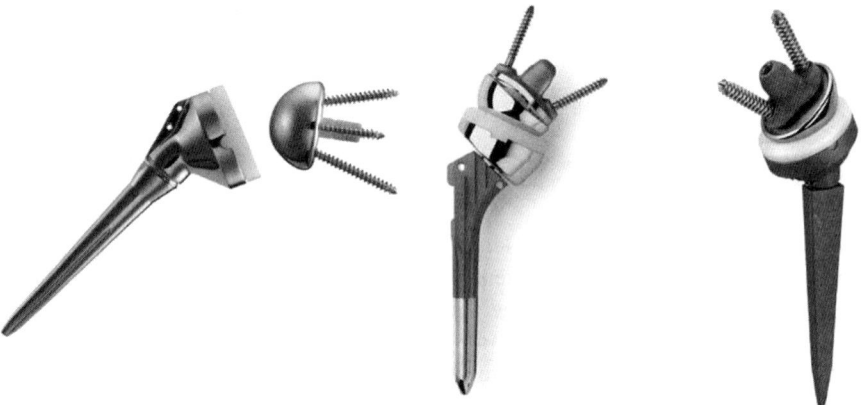

Abb. 73.24 Inverse Humerusimplantate: *links* die erste funktionierende inverse Prothese basierend auf den Vorgaben von Grammont (DePuy), *Mitte:* Anatomical Shoulder Reverse (Zimmer GmbH, Winterthur, Schweiz), *rechts:* Promos Reverse (Plus Orthopedics AG, Rotkreuz, Schweiz). Inverse Systeme verhindern einerseits das nach kranial Wandern des Humerus bei Rotatorenmanschetteninsuffizienz und bewirken andererseits durch eine Medialisierung des Rotationszentrums eine verbesserte Effizienz des Deltamuskels

Rotationszentrums eine Hebelarmverlängerung, was dazu führt, dass mit geringerem Kraftaufwand eine grössere Beweglichkeit erreicht wird.

Interessant sind in diesem Zusammenhang ebenfalls modulare Systeme, welche zu einem späteren Zeitpunkt ohne Explantation der Hauptkomponenten von Standard (anatomisch) auf invers gewechselt werden können. Der Trend der neu auf den Markt kommenden Schulterimplantate geht deutlich in diese Richtung.

73.4 Schulterendoprothetik

Abb. 73.25 Frakturschulterprothesen: Je nach Knochenqualität und Fragmentgrösse werden unterschiedliche Designs bevorzugt. Schlanke Implantate (*erstes von Links:* Fracture prosthesis, Exatch Inc, USA, *zweites von Links:* Aequalis Fracture, Tornier SA, France) werden bei fester Knochensubstanz favorisiert, voluminöse Implantate (*drittes von Links:* Articula, Mathys Medical AG, Bettlach, Schweiz), *drittes von Rechts* Ortra Fracture Prosthesis, *zweites von Rechts* Fraktur Schulter AAP Implantate, Berlin, Deutschland, *erstes von Rechts:* Anatomical Fracture, beide Zimmer GmbH, Winterthur, Schweiz) kommen bei schlechter Knochenqualität und der Gefahr von kollabierenden Tuberculi zum Einsatz

73.4.5 Frakturprothesen

Die proximale Humerusfraktur gehört zu den häufigsten Frakturtypen überhaupt. Diese werden nach Neer in one, two, three und four part fracture klassiziert. Hierbei wird der Schaft, das Tuberculum major, das Tuberculum minor und der Humeruskopf als part bezeichnet. Die Klassifizierung besagt, wieviele dislozierte Fragmente vorhanden sind. Allgemein wird soweit wie möglich versucht, Humerusfrakturen mittels intramedullären Nägeln, winkelstabilen Plattensystemen oder bei einfachen Frakturen mit Kirschnerdrähten zu reponieren und zu fixieren. Einige Frakturtpyen, vorallem dislozierte four part fracture mit avaskulärem Kopf sind nicht mehr für eine Reposition geeignet und es kommen spezielle Frakturprothesen zum Einsatz.

Hauptaugenmerk bei diesen Operationen wird einerseits auf die Wiederherstellung des anatomischen Drehzentrums, der korrekten Humeruslänge und der stabilen Fixation der Tuberculi gelegt. Da der Hauptkraftfluss über die Tuberculi in den Humerusschaft eingeleitet wird, kommt deren rigiden Fixation eine grosse Bedeutung zu. Hierfür gibt es unterschiedliche Konzepte. Häufig wird davon ausgegangen, dass die schweren Humerusfrakturen vorallem bei älteren weiblichen Patienten mit schlechter Knochenqualität und ausgedehnter Osteoporose auftreten. In solchen Fällen wird versucht, mit voluminösen Implantaten die fehlende Knochensubstanz zu ersetzten und ein Kollabieren der Tuberculi zu verhindern. Ist hingegen der Knochen noch relativ stark, so tendiert man zu möglichst schlanken Implantaten um nicht unnötig viel Knochen resezieren zu müssen.

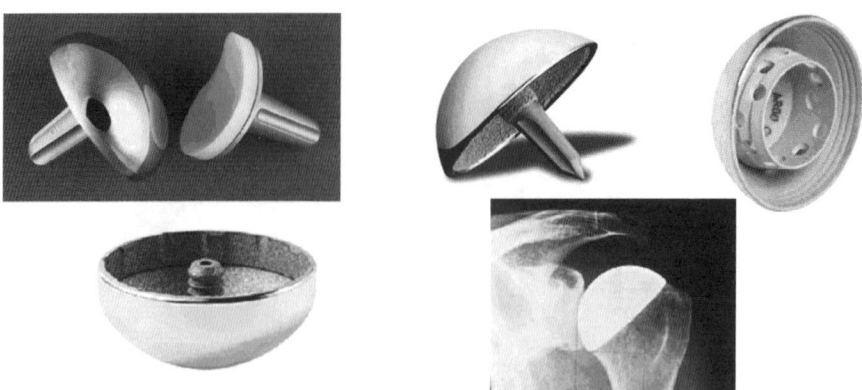

Abb. 73.26 Beispiele verschiedener Oberflächenersatzimplantate für das Schultergelenk: *Oben links:* Copeland Mark II (Biomet) mit der Möglichkeit zum gleichzeitigen Glenoideratz, *oben Mitte:* Global Cup mit deutlich erkennbaren porösen Beschichtung für die zementfreie Implantation (DePuy), *oben rechts:* Epoca (Synthes) mit einer vom allgemein gebräuchlichen zentralen Zapfen abweichender Verrankerungsform. *Unten links:* Durom (Zimmer GmbH, Winterthur) für den zementierten Einsatz, *unten rechts:* postoperatives Röntgenbild einer implantierten Durom-Prothese

73.5 Oberflächenersatz

Länger schon als bei den Hüftimplantaten ist bei der Behandlung der Arthrose des Schultergelenks ein starker Trend zum humerusseitigen Oberflächenersatz feststellbar. Der Anteil an der Gesamtzahl implantierter Humerusprothesen ist geographisch unterschiedlich und variiert von Land zu Land. Am weitaus meisten der sogenannten Cup Prothesen werden in England implantiert. Hier werden bis zu einem Drittel der Omarthrosefällen (Arthrose des glenohumeralen Gelenks) mittels Cup Prothesen behandelt. Der grosse Vorteil dieser Implantate wird einerseits in der relativ einfachen Operationstechnik und der damit verbundenen kurzen OP-Dauer gesehen, andererseits steht bei Revisionen noch relativ viel Knochensubstanz zur Verankerung der neuen Prothese zur Verfügung, da lediglich ein kleiner Teil des Humerus für die Aufnahme des Cup Implantates geopfert werden musst. Daher kommen diese Implantate auch vor allem in relativ jungen Patienten zur Anwendung. Wie bei allen anderen humerusseitig implantierten Prothesen kommen auch beim Oberflächenersatz zementierte und zementfreie Systeme zur Anwendung. Meistens wird auch hier individuell aufgrund der Knochenqualität entschieden, welche Variante zur Anwendung kommt. Der grösste Teil der Cup Prothesen werden als Hemi-Prothesen implantiert. Gleichzeitiger Ersatz der glenoidseitigen Gelenkfläche ist eher die Ausnahme. Die meisten dieser Implantate werden aus CoCr-Gusslegierungen hergestellt und für den zementfreien Einsatz inwändig mittels VPS mit Titan oder kombinierten Titan-Hydroxylapatit beschichtet.

73.6 Bandscheibenersatz

73.6.1 Wirbelkörper verblockende Implantate

PLIF-Implantate (Posterior lumbar interbody fusion)

Die sogenannten PLIF-Behandlung geht auf Cloward [29] zurück und wurde nachfolgende auch von Steffee beschrieben [30]. Der operative Zugang erfolgt bei der PLIF-Technik ausschliesslich von dorsal. Grosse Teile des Wirbelbogens oder der gesamte Wirbelbogen werden entfernt [31]. Das Einbringen von Knochenspänen oder Cages erfolgt nach der bilateralen Teilausräumung der Bandscheibe. Ein Vorteil der PLIF-Technik ist, dass Risiken die durch den langen Zugansweg beim ventralen Zugang entstehen können, vermieden werden.

ALIF-Implantate (Anterior lumbar interbody fusion)

Die ALIF-Technik wurde erstmals 1933 von Burns [33] zur Behandlung von Spondylolisthesen beschrieben. Der operative Zugang erfolgt von ventral oder ventrolateral. Dies ermöglicht eine direkte und damit vollständigere Ausräumung des vetral liegenden Bandscheibenfachs [31]. Zudem ist eine primär stabile Verblockung auch ohne Implantate mittels solider Knochenspäne möglich. Nachteil des Verfahrens ist, dass ein Grossteil des Ligamentums longitudinale anterius entfernt werden muss. Ebenso besteht eine Verletzungsgefahr der grossen Blutgefässe und des präsakralen Nervengeflechts. Zudem ist, da heute in der Regel eine dorsale Instrumentation erfolgt, ein zweiter Zugang notwendig.

Eine Weiterentwicklung der anterioren lumbalen interkorporellen Fusion stellt die Mini-ALIF dar. Durch Anwendung von Operationsmikroskopen und speziellen Wundspreizern kann der ventrale Zugang weniger invasiv gestaltet werden.

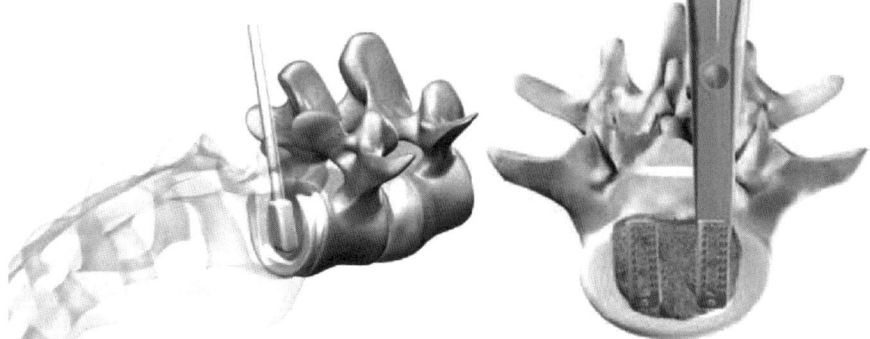

Abb. 73.27 Posteriorer Zugang für die Wirbelkörperverblockung. Links: Implantation eines Probeimplantates zur Beurteilung des korrekten Sitzes, rechts korrekt positionierte PLIF-Implantate aus PEEK (OP-Technik 016.000.850, Synthes GmbH, Oberdorf, Schweiz)

Abb. 73.28 Verschiedene Vertreter der PLIF Implantate, von links nach rechts: Titancages verschiedener Ausgestalltungen zur bestmöglichen Druckverteilung und gleichzeitiger optimaler knöchernen Durchbauung (Biomet Europe GmbH, Kerzers, Schweiz). Lumbaler PLIF-Cage aus trabecular metal für eine gute knöcherne Integration (Zimmer GmbH, Winterthur, Schweiz) und ein PLIF-Cage aus PEEK Optima® um einerseits ähnliche mechanische Werte wie das knöcherne Umfeld aufzuzeigen und andererseits eine komplette MRI-Kompatibilität zu gewährleisten (Signus Medizintechnik GmbH, Alzenau, Deutschland)

Abb. 73.29 Vertreter der ALIF-Implantate, von links nach rechts: GEO structure rectangle aus Titan optimiert für eine maximale knöcherne Durchbauung sowie ein Titan-cage mit zusätzlicher Schraubenfixierung für eine verbesserte Primärstabilität (Biomet Europe, Kerzers, Schweiz), TM-400 aus trabecular metal für eine bestmögliche knöcherne Einbindung (Zimmer GmbH, Winterthur, Schweiz), Semial alif-Implantat aus PEEK-Optima für komplette MRI-Kompatibilität (Signus Medizintechnik, Alzenau, Deutschland)

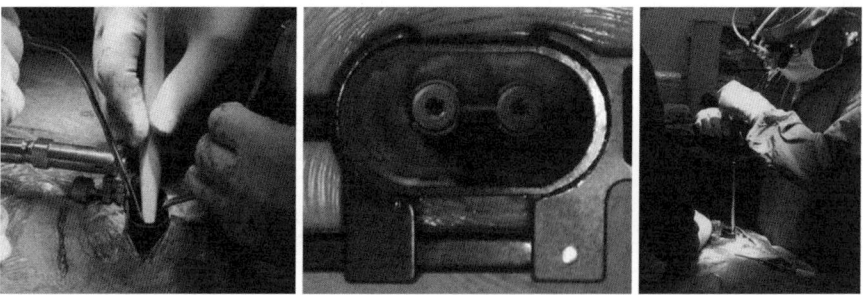

Abb. 73.30 Über spezielle Wundspreizer kann ein mininalinvasiver, ventraler Zugang erreicht werden. Hier kommen spezielle Instrumente und Instrumentenführungen zum Einsatz (Biomet GmbH, Kerzers, Schweiz). Um trotz den beschränkten Platz- und Sichtverhältnissen sicher operieren zu können, trägt der Chirurg spezielle Lupenbrillen (rechts)

73.6 Bandscheibenersatz

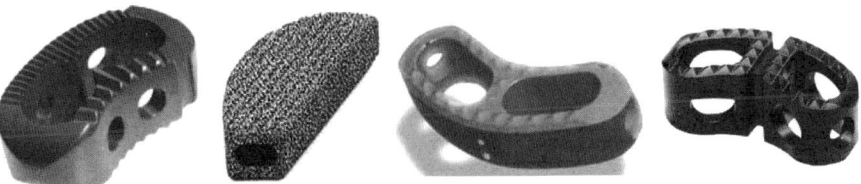

Abb. 73.31 Vertreter der TLIF-Implantate, von links nach rechts: Traxis, Titan-TLIF-Cage (Plus Orthopedics GmbH, Marl, Deutschland), TM-300 trabecular metal TLIF-Cage (Zimmer GmbH, Winterthur), MOBIS TLIF-Cage aus PEEK-Optima (Signus Medizintechnik, Alzenau, Deutschland), Leopard TLIF-Cage aus CF/PEEK (DePuy Spine, Kirkel-Limbach, Deutschland). Alle Designvarianten haben die für die TLIF-Technik typische Bananenform für eine dem Zugang entsprechend optimale Einbringung des Implantates

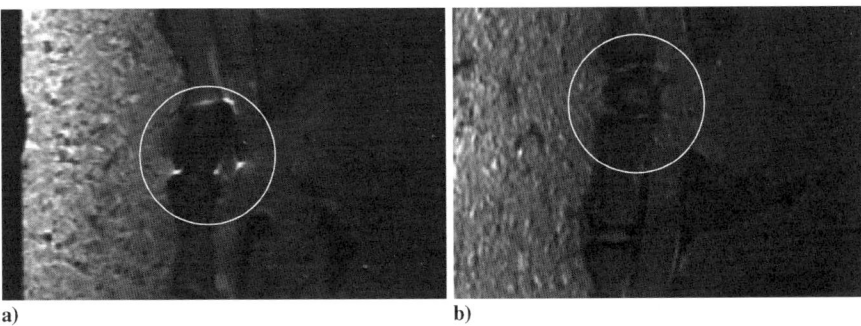

a) b)

Abb. 73.32 Vergleich von Titan- und CF/PEEK Implantaten, implantiert nach erfolgter Spondolyse in der Wirbelsäule eines Minipig. a) Implantat aus Titan mit deutlichen Artefakten, welche das umliegende Gewebe überstrahlen, b) Implantat aus CF/PEEK welches eine komplett artefaktfreie Darstellung erlaubt (Buchhorn G.H. Ernstberger Th., Universitätsklinik Göttingen, Deutschland, Riner M., MedTech Composites GmbH, Aristau, Schweiz)

TLIF-Implantate (Transforaminal lumbar interbody fusion)

Bei der transforaminalen lumbalen interkorporellen Fusion handelt es sich um eine von Harm und Jeszensky 1998 beschriebene Operationstechnik zur Spondylodese lumbaler Bewegungssegmente [35], die wie die PLIF bei Spondylolisthesen und degenerativen Erkrankungen eingesetzt wird. Die TLIF ist eine Weiterentwicklung der PLIF. Sie ermöglicht ebenfalls eine Stabilisierung von Wirbelsäuleninstabilitäten und Dekompression der nervalen Strukturen ohne ventralen Zugang. Das Grundprinzip ist hierbei eine einseitige Öffnung des Foramen intervertebrale anstelle der Laminektomie und eine damit verbundene geringere Traumatisierung als bei einer anterioren oder posterioren lumbalen interkorporellen Fusion. Eine Ausräumung des Bandscheibenfaches und das Einbringen von Knochenspänen oder Cages erfolgt transforaminal anstelle transspinal.

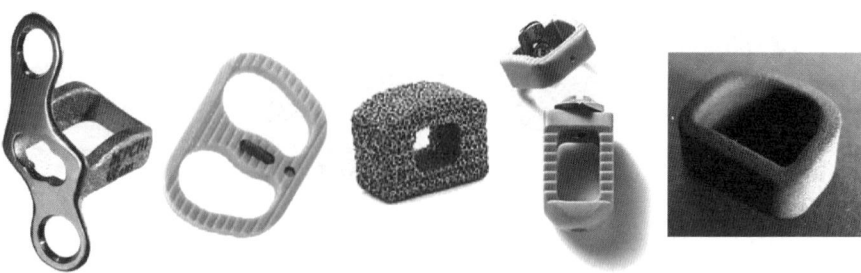

Abb. 73.33 Vertreter der cervicalen Cages, von links nach rechts: Kombiniertes Cage-Knochenplatten System zur sicheren Fixation des Cages bis zur knöchernen Durchbauung (Plus Orthopedics GmbH, Marl, Deutschland), cervicaler PEEK-Cage mit zentral eingebrachter Titan-Klinge zu besseren Fixation bis zur knöcherenen Durchbauung (Plus Orthopedics GmbH, Marl, Deutschland), cervicaler Cage aus trabecular bone für eine gute knöcherne Integration (Zimmer, Winterthur, Schweiz), cervicale PEEK-Cages mit integrierter Titanklinge die nach erfolgter Implantation aufgerichtet werden kann und somit den Cage vor Ort hält (Zimmer, Winterthur, Schweiz), cervicaler CF/PEEK-Cage mit einer kombinierten Ti-HA-Beschichtung für eine verbesserte knöcherne Integration (MedTech Composites GmbH, Aristau, Schweiz)

ALIF, TLIF und PLIF-Implantate werden heute vorzugsweise aus Titan, PEEK und PEEK-Composites hergestellt. PEEK-Implantate haben den grossen Vorteil der vollkommenen Artefaktfreiheit in CT- und MRI-Diagnosen. Für die postoperative Verlaufskontrolle wird vorallem Magnetresonanztomographie eingesetzt, da eine kombinierte Beurteilung von knöchernen und Weichteilstrukturen erfolgen muss [34].

Um ein knöchernes Ein- und Durchwachsen zu ermöglichen und zu fördern, werden unterschiedlichste Designformen entwickelt und angeboten. Grundsätzlich sollen alle eine Durchbauung ermöglichen, druckstabil sein bis zur kompletten Fusion und die Möglichkeit bieten, Allografts zu verwenden um die Heilung zu beschleunigen. Ein grosses Augenmerk ist bei diesen Implantaten auch auf die gute Primärfixierung zu legen. Hierfür werden Oberflächenstrukturen optimiert und auch die Möglichkeiten geboten, die Cages mit anderen Fixationsbausteinen, wie zum Beispiel Knochenschrauben und Knochenplatten, vor Ort zu halten.

Nebst dem lumbalen Bereich werden auch im Halsbereich, also dem cervicalen Abschnitt der Wirbelsäule, Verblockungen vorgenommen. Die hier zum Einsatz kommenden Zugänge und Implantattypen unterscheiden sich nicht wesentlich von ihren grossen Brüdern im lumbalen Bereich. Der anteriore Zugang wird hier jedoch aufgrund der geringeren Weichteilschädigung häufiger gewählt. Zudem ist es üblich, dass die Implantate zusätzliche Verankerungsmerkmale wie kleine Klingen, Zähne oder kombinierte Platten-Schrauben Systeme aufweisen.

73.6 Bandscheibenersatz

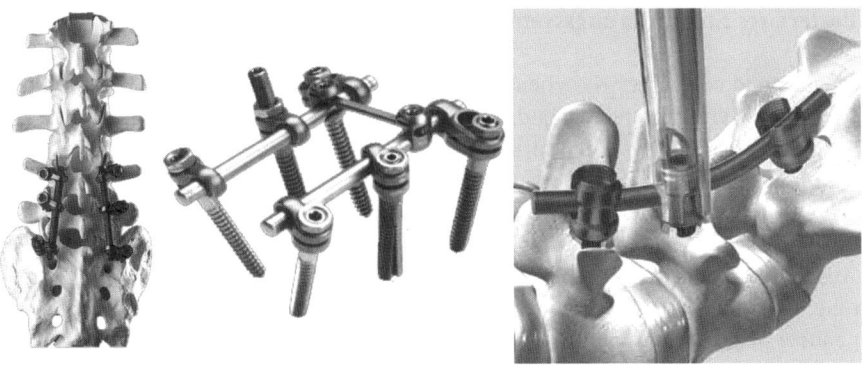

Abb. 73.34 Posteriore Fixationssysteme kommen dann zum Einsatz, wenn entweder aufgrund schlechter Knochenqualität (Osteoporose) die Verwendung eines Cages alleine nicht ausreichend ist, um langfristig den Abstand zweier Wirbelkörper aufrecht zu erhalten oder wenn aufgrund eines Traumas grössere Distanzen überbrückt werden müssen. Die Abbildung links zeigt modellhaft den Einsatz eines posterioeren Fixationssystems (Biomet Europe, Kerzers, Schweiz), das Bild in der Mitte zeigt die vielen Freiheitsgrade eines solchen Systems zu optimalen Anpassung an die Anatomie des einzelnen Patienten (Biomet Europe, Kerzers, Schweiz). Rechts schematisch der OP-Ablauf. Erst werden die Knochenschrauben gesetzt, danach die Längsträger an den Patienten angepasst und mittels Klemmhülsen auf den Knochenschrauben fixiert (OP-Technik 016.000.070, Synthes GmbH, Oberdorf, Schweiz)

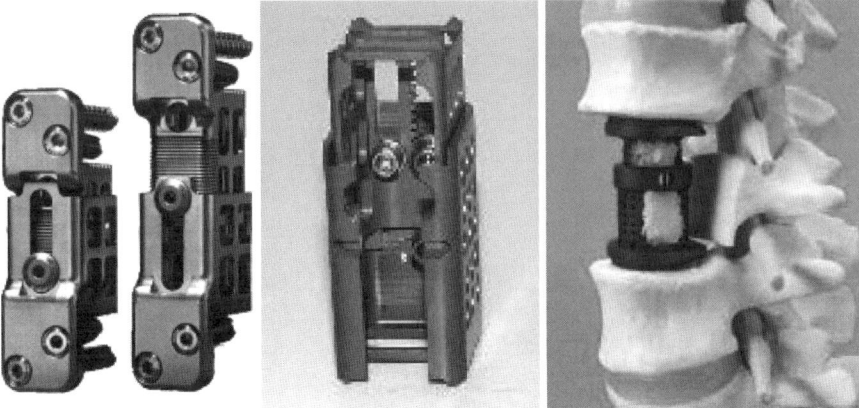

Abb. 73.35 Expandierbare Cages-Systeme erlauben die Überbückung grosser Knochendefekte bei Tumorpatienten und schweren Traumen der Wirbelsäule. Links ein expandierbares System welches zusätzlich mit Knochenschrauben an den benachbarten Wirbelkörpern fixiert wird (Biomet Europe, Kerzers, Schweiz), in der Mitte in expandierbares Cage-System aus Titan gefertigt (DePuy Spine, Kirkel-Limbach, Deutschland). Rechts modellhafte Darstellung der richtigen Platzierung eines expandierbaren Cages, aufgefüllt mit Knochenersatzwerkstoff (OP-Technik SPTGSynexJ3704C, Synthes GmbH, Oberdorf, Schweiz)

Posteriores Stabilisierungssystem

Ist aufgrund schlechter Knochenqualität (Osteoporose) der alleinige Einsatz eines Cages nicht erfolgsversprechend, oder müssen aufgrund von Traumen längere Distanzen überbrückt werden, so kommen posteriore Wirbelsäulenfixationssysteme zum Einsatz. Diese beruhen auf dem Prinzip des fixateur interne, wobei Knochenschrauben die Verbindung hin zu den Wirbelkörper übernehmen und an die Anatomie anpassbare Längsträger die Lasten auf die benachbarten Segmente übertragen. Aufgrund der anatomisch schwierigen Platzverhältnisse ist es von grosser Bedeutung, dass die Knochenschrauben nicht in einem fixen Winkel den Längsträger gegenüber platziert werden müssen.

Allgemein werden erst die Knochenschrauben optimal in den einzelnen Wirbelkörpern platziert und erst dann, die Längsträger dem Patienten angepasst und solange gebogen und geformt, bis sie bestmöglich mit dem Verlauf der Wirbelsäule übereinstimmen.

Spezielle Formen von distanzhaltenden Wirbelsäulenimplantaten

Bei schwerer Osteoporose und bei grossem Knochenverlust aufgrund von Tumorerkrankungen, kommen spezielle Fixationssysteme zum Einsatz, welche den stark veränderten Umgebung Rechnung tragen. Mit solchen Systemen ist es möglich, durch spezielle Expandiervorrichtungen die Höhe des Implantates an die vorhandenen Bedürfnisse anzupassen. Damit können auch grosse knöcherne Defekte ausgeglichen und ganze Wirbelkörper überbrückt werden.

Abb. 73.36 Bandscheibenprothese des Typ A: Die SB-Charité Prothese (DePuy Spine, Kirkel-Limbach, Deutschland) wurde in den 80er Jahre entwickelt und ist heute schon in ihrer dritten Generation auf dem Markt. In den vergangenen mehr als zwanzig Jahren wurden über 10'000 Prothesen mit guten Ergebnissen implantiert

73.6 Bandscheibenersatz

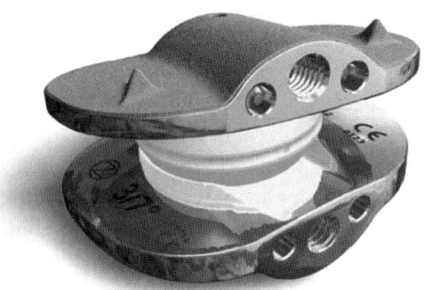

Abb. 73.37 Bandscheibenprothese des Typ A. Die Bandscheibenprothese Dynardi (Zimmer, Winterthur, Schweiz) hat wie die Charité-Prothese zwei titanbeschichtete Grundplatten aus CoCrMo und dazwischen ein nicht fixiertes Polyethyleninlay als Gleitpartner

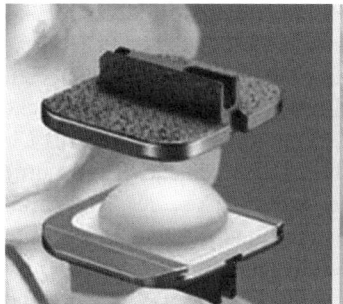 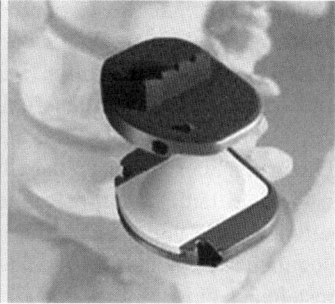

Abb. 73.38 Bandscheibenprothese des Typ A: Im Gegensatz zu der Charité-Prothese und der Dynardi-Prothese, hat das Prodisc-Implantat (Synthes, Oberdorf, Schweiz) ein in der unteren Grundplatte fest fixiertes Polyethylen-Inlay. Die Abbildung links zeigt die Prodisc-C für die cervicale Wirbelsäule, die Abbildung rechts zeigt die Prodisc-L für die lumbale Wirbelsäule

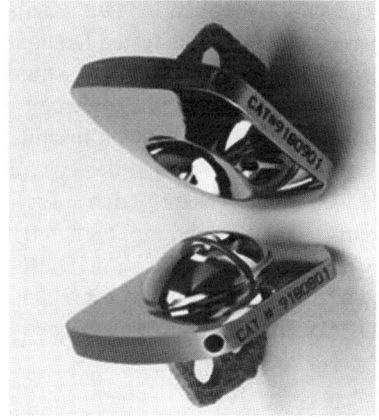

Abb. 73.39 Bandscheibenprothese des Typ A: Die Maverick-Prothese (Medtronic Inc, Memphis, USA) hat im Gegensatz zu den oben aufgeführten Varianten kein Polyethylen-Inlay sondern eine reine Metall-Metall-Paarung. Das System ist in einer zweiten Generation seit 2005 in Europa im Einsatz

73.6.2 Neuste Entwicklungen und Resultate

In den letzten vierzig Jahren wurde eine grosse Anzahl verschiedener Konzepte zur beweglichkeiterhaltenden Wirbelsäulenchirurgie vorgestellt. Die wenigsten Bandscheibenprothesen kam zum klinischen Einsatz, sondern existieren bloss als Patentschriften. Noch viel weniger konnten gute klinische Ergebnisse aufweisen, weshalb über lange Zeit der prothetischen Bandscheibenersatz nicht die Behandlung der Wahl war [36]. Dank der Entwicklung neuer Werkstoffe und Designs sowie einem besseren Verständnis der Wirbelsäulenbiomechanik kommen neue Implantate zum klinischen Einsatz und zeigen zumindest kurzfristig ermutigende Ergebnisse.

Allgemein können die Bandscheibenimplantate in zwei Kategorien unterteilt werden: Typ A dient dem Ersatz der gesamten Bandscheibe, Typ B ersetzt lediglich den Nucleus pulposus. Implantate des Typ B haben aktuell eine geringe Bedeutung und wurden nur der Vollständigkeit halber aufgeführt. Im Folgenden sollen lediglich Implantate des Typ A betrachtet werden.

Der Typn A ist aufgrund der Anforderung die gesamte Bandscheibe zu ersetzten entsprechend voluminös und wird ausschliesslich von ventral eingebracht. Bekanntester Vertreter dieser Form von Bandscheibenimplantaten ist die SB Charité-Prothese, welche in den 80er Jahren an der Charité in Berlin entwickelt wurde und heute schon in ihrer dritten Generation eingesetzt wird. Von der SB Charité-Prothese wurden weltweit über 10.000 Stück implantiert und die ersten Langzeitergebnisse seit dem Beginn der Implantation vor über 20 Jahren liegen vor [37]. Die Charité-Prothese besteht aus einer Grund- und einer Deckplatte aus CoCr, welche auf ihren Aussseiten eine VPS-Titanbeschichtung aufweisen. Dazwischen ist ein Polyethylen-Inlay frei gelagert und erlaubt einen hohen Bewegungsumfang.

Ein ähnliches Design, ein nicht fixiertes Polyethylen-Inlay zwischen zwei Metallplatten zeigt auch die Dynardi-Prothese, welche ebenfalls zwei Grundplatten aus CoCrMo aufweisst und dazwischen ein nicht fixiertes Polyethylen als Gleitpartner verwendet. Dieses Implantat ist seit dem Jahre 2006 im klinischen Einsatz.

Einen etwas anderen Weg geht das Prodisc-Implantat, welches ein fix in der unteren Grundplatte eingeschnapptes Polyethylen-Inlay aufweist, so dass keine Translation möglich ist. Die Extensions-, Flexions- und Sidebending-Bewegungen verlaufen über einen festen Drehpunkt, der auf der Höhe der Deckplatte des unteren Wirbelkörpers liegt (semi-constrained). Die Prodisc-Prothese wurde weltweit über 7'000 mal implantiert. Entwickelt wurde das Implantat von Marnay im Jahre 1989 und ist in der Zwischenzeit in seiner zweiten Generation im Einsatz [37].

Ein weiterer Vertreter der Typ A Prothesen ist das Maverick-System. Hier kommt jedoch im Gegensatz zu den aufgeführten Designs kein Polyethylen-Inlay als Gleitpartner zur Anwendung. Es handelt sich bei der Maverick-Prothese um eine reine Metall-Metall Kombination. Dieses Implantat wurde in Europa erstmals im Januar 2002 implantiert und wurde 2005 in einer zweiten Generation unter dem Namen O-Mav lanciert.

73.7 Literatur

1. Stukenborg-Colsman C., Schenkelhalsprothesen, Orthopäde 2007, 36:347–352
2. Joshi AB, Porter ML, Trail IA, Hunt LP, Long term results of charneley low friction arthroplasty in young patients. J Bone Joint Surg Br 1993, 75:616–623,
3. Malchau H, Herberts P, Eisler T et al. The swedish total hip replacement register. J Bone Joint Surg 2002, (Supl 2), Am 84:2–20
4. Witzleb WB, Knecht A, Beichler T et al. Hüftgelenk-Oberflächenersatzprothesen, Orthopäde 2004, 33:1236–1242
5. Mai S., Mai B-, Ein- bis Zwei-Jahreserfolge mit einem neuen biodegradierbaren Implantat für kleine Gelenke. Orthop Praxis, H3765, 4/2007, 159–167
6. Eder D.M., Die Behandlung der Fingermittelgelenksarthrose durch den prothetischen Gelenkersatz mit der Digitos-Endoprothese, Dissertation Universität Ulm, 2005
7. Flatt AE, Ellison MR: Restoration of rheumatoid finger joint function. 3. A followup note after fourteen years of experience with a metallic-hinge prosthesis. J Bone Joint Surg Am 54: 1317–1322 (1972)
8. Gschwend N: The rheumatic hand. Orthopade 27: 167–174 (1998)
9. Lang E, Schmidt A, Ishida A, Baumgartler H: Experiences with the alloplastic joint prosthesis of the interphalangeal joint. Handchir Mikrochir Plast Chir 32: 44–49 (2000)
10. Pfrang A., Von den Frühstadien der Pyrokohlenstoffabscheidung bis zum Kompositwerkstoff-Untersuchungen mit Rastersondenverfahren, Dissertation Universität Karlsruhe, 2004
11. Rödiger Uwe, Kinematische Aspekte beweglicher Lager nach Knieprothesenimplantation-Erfahrung mit der LCS-Prothese, Dissertation, Universität Jena, 2002
12. Bähler, A. Die biomechanischen Grundlagen der Orthesenversorgung des Knies Orthop. Technik 2 (1989), 51–59
13. Keblish, P. A. Results of the LCS Mobile Bearing Knee System The Am. J of Knee Surg Vol. 10, No. 4 (1997)
14. Mittelmeier, W., Hauschild, M., Gradinger, R. Knieendoprothesen-Fortschritte und Fragen Fortschritte der Medizin 117. Jg. Nr.14(1999), 22–26
15. O`Connor, J. J. et al Theory and practice of meniscal knee replacement: designing against wear Proc Instn Mech Engrs Vol. 210 (1996), 217–223
16. Andriacchi, Th. et al Gait Biomechanics and Total Knee Arthroplasty Am J of Knee Surg Vol. 10, No. 4 (1997), 255–260
17. Andriacchi, Th. P. et al Clinical Implications of Functional Adaptations in Patients with ACL Deficient Knees Sportorthop.-Sporttraumat. 13, Nr. 3 (1997), 153–160
18. Schroeder-Boersch, H. Gelenkmechanik und das Design moderner Knieprothesen-Zeit zum Umdenken Z Orthop 139 (2001); 3–7, Georg Thieme-Verlag Stuttgart New York
19. Scott, A. et al In Vivo Kinematics of Cruciate retaining and substituting Knee Arthroplasties J. of Arthroplasty Vol. 12, No. 3 (1997), 297–304
20. Stiehl, J. B. et al Fluoroscopic Analysis of Kinematics after Posterior. Cruciate-Retaining Knee Arthroplasty J of Bone and Joint Surg 77-B (1995), 884–889
21. Jeroch J, Heisel J, Knieendoprothetik, Springer, Berlin, Heidelber, New York, 1999
22. Smith&Nephew Inc. Memphis, Materialbroschüre, www.smithnephew.com/downloads
23. Klinische Ergebnisse einer Schulterendoprothese der dritten Generation Dissertation zum Erwerb des Doktorgrades der Medizin an der Medizinischen Fakultät der Ludwig-Maximilians-Universität zu München vorgelegt von Florian Helmut Jena aus Rosenheim2006
24. Boileau P. Walch G.The three-dimensional geometry of the proximal humerus J Bone Joint Surg Br. 1997 Sep; 79(5): 857–865
25. Matsen F., Lippitt S., Shoulder Surgery, Principles and Procedures, Elsevier, 2004
26. Hertel R, et al, Geometry of the proximal humerus and implications for prosthetic design, J Shoulder Elbow Surg. 2002 Jul-Aug;11(4):331–8
27. Anglin C., Shoulder prosthesis testing, PhD Thesis, Queens University, Canada, 1999
28. Die Abbildung stammt von der Homepage der Firma Smith&Nephew, Memphis, US. Der exakte Link lautet: http://ortho.smith-nephew.com/us/node.asp?NodeId=3235

29. Cloward RB. Posterior lumbar interbody fusion updated. Clin. Orthop. 1985;193:
30. Steffee AD, Sitkowski DJ. Posterior Lumbar Intebody Fusion and Plates. Clin. Orthop. 1988; 277:99–102
31. Jetten C. Klinische Ergebnisse der transforaminalen, lumbalen, interkorporellen Fusion (TLIF) als neue Operationstechnik zur lumbalen Spondolyse, Inaugural Dissertation, Universität Münster, 2004
32. OP-Technik zu Plivios Revolution PEEK-Cage, Ed. 016.000.850, 2005, Stratec Medical, Eimattstrasse, 4436 Oberdorf
33. Burns BH. An operation for spondylolisthesis. Lancet 1933;1:1233
34. Greenough CG, Taylor LJ, Fraser RD. Anterior lumbar fusion. A comparison of noncompensation patients with compensation patiens. Clin Orthop 1994; 300:30–7
35. Harms JG, Jeszensky D. die posteriore, lumbale, interkorporelle Fusio in unlateraler transforaminaler Technik. Operative Orthopädie und Traumatologie 1998; 10: 90–102
36. Eysel P., Zöllner J., Heine J., Die künstliche Bandscheibe, Deutsches Ärzteblatt, 1997; 46
37. Schneider Ch., Mayer H._M., Lumbale Bandscheibenprothetik, Orthoprof. 2005, 24.

74 Entwicklung und aktueller Stand der Hüftendoprothetik

E. Winter

74.1 Einleitung

Der künstliche Hüftgelenkersatz stellt einen der bedeutendsten medizinischen Fortschritte des vergangenen Jahrhunderts dar. Eine Hüftendoprothese (endo griech. = innen, Prothese griech. = künstlicher Ersatz eines fehlenden Körperteiles) ist dann indiziert (lat. = angezeigt), wenn bei einer hochgradigen Hüft-Arthrose konservative (= nicht-operative) Therapiemaßnahmen wie z. B. Medikamenteneinnahme, Krankengymnastik u. a. nichts mehr helfen und der betroffene Mensch sich in seiner Lebensqualität massiv beeinträchtigt fühlt. Die Implantation einer Hüftendoprothese zählt zu den 10 häufigsten Operationen in Deutschland [1]. Das Wort Arthrose leitet sich aus dem Altgriechischen ab: ἄρθρον = arthros = Gelenk. Im deutschsprachigen Raum ist der Begriff Arthrose klar definiert. Mit der Endung ...ose ist eine degenerative (= verschleißbedingte) Erkrankung des Gelenkes gemeint. Statt dieser mechanischen Abnutzung kann aber auch eine entzündliche Erkrankung Ursache für die Gelenkzerstörung sein. Diese Entzündung eines Gelenkes nennt man im deutschsprachigen Raum Arthritis, wobei die Endung ...itis auf die entzündliche Ursache hinweist (Beispiel: chronische Polyarthritis = c.P.). Im englischsprachigen Raum ist es üblich, alle Arten von Gelenkerkrankungen mit dem Wort arthritis zu beschreiben, auch die nicht entzündlichen. Arthrose und Arthritis können alle Gelenke der Körpers befallen. Zahlenmäßig steht die Arthrose im Vergleich zur Arthritis sehr weit im Vordergrund. In Deutschland leiden etwa 8 Millionen Menschen an Arthrose. Bis 2020 rechnet man mit einer Verdoppelung dieser Zahl [2]. Die wirtschaftlichen Konsequenzen der Arthrose sind enorm. In Deutschland verursacht Arthrose laut Statistischem Bundesamt derzeit sozioökonomische Kosten von etwa 10 Milliarden € pro Jahr. Hinzu kommt, dass diese degenerative Gelenkerkrankung einen erheblichen Anteil aller Arbeitsunfähigkeitstage, Frühberentungen und Rehabilitationsmaßnahmen bedingt. Etwa 5% der Deutschen (ca. 4 Mio Bundesbürger) leiden an einer schmerzhaften Coxarthrose (coxa lat. = Hüfte) [3].

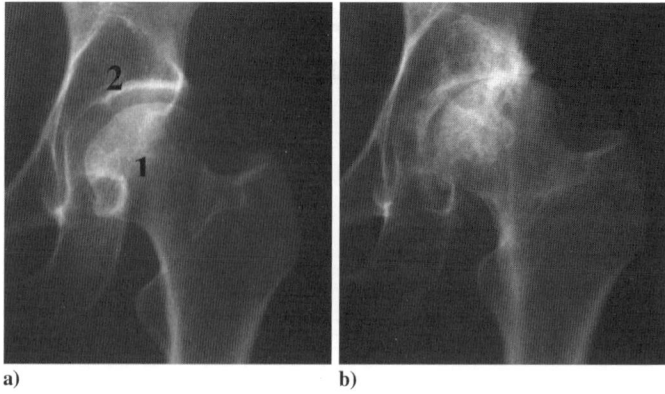

Abb. 74.1 a) Reguläre röntgenologische Situation eines Hüftgelenkes mit ca. 8mm weitem Gelenkspalt zwischen dem Hüftkopf (1) und der Hüftpfanne (2) b) nach ca. 10 Jahren hat sich eine schwerste Hüftarthrose ausgebildet mit den typischen Zeichen: fast völliger Aufbrauch des Hüftgelenkspaltes, der Hüftkopf ist entrundet, es zeigen sich starke Sklerosierungen (griech. = Verkalkungen) in der Pfanne und im Hüftkopf, es haben sich Exophyten (griech. = Knochensporne) an der Pfanne und am Hüftkopf entwickelt

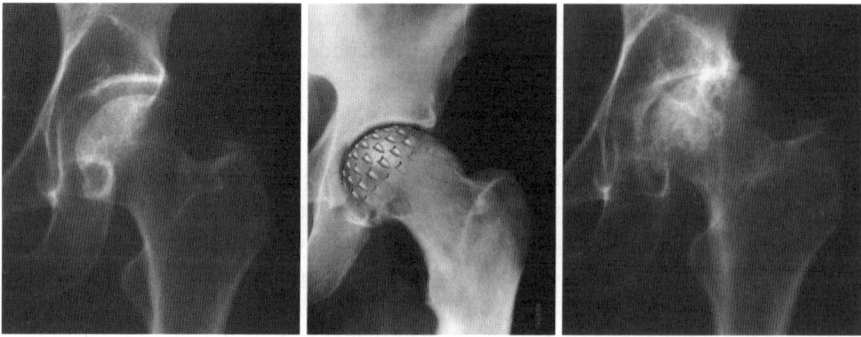

Abb. 74.2 Bei der Coxarthrose ist zunächst der Knorpel vom Verschleiß betroffen. Wenn der Knorpel erst einmal angeraut ist, wirken die angegriffenen Knorpelflächen wie ein Reibeisen

Was geschieht bei der Coxarthrose? Am gesunden Hüftgelenk besteht ein jeweils ca. 4 mm dicker glatter Knorpelbelag des Hüftkopfes und der Hüftpfanne. Diese Knorpelflächen zusammen mit der Gelenkflüssigkeit verleihen dem intakten Hüftgelenk hervorragende Gleiteigenschaften. Obwohl es eine Vielzahl von Ursachen für die Coxarthrose gibt, kommt es im Endeffekt immer zu einer Zerstörung der Knorpelschichten. Die Arthrose beginnt mit einer Fehlernährung des Knorpels. Durch Alterung verliert der Knorpel u. a. an Wasser, er wird weniger belastbar. In jungen Jahren kann der Knorpel durch z. B. durch vermehrte Inspruchnahme des Hüftgelenkes oder durch eine Fehlstellung des Gelenkes oder durch eine Verletzung des Gelenkes geschädigt werden. Durch die Knorpelschädigung verschlechtern sich die Gleiteigenschaften des Gelenks, ein Verschleiß kann bei rauerer Oberfläche wiederum schneller vonstatten gehen. Die raue Oberfläche wirkt wie ein Reibeisen.

Von dem Verschleiß ist zunächst der Knorpel betroffen. Später folgen Veränderungen am Knochen (Verformung, skleros = griech. = Verkalkungen, Exophyten = griech. = Knochensporne und Zysten = griech. = mit Flüssigkeit gefüllte Hohlräume), an der Hüftgelenkskapsel und anderen Gelenkanteilen.

Ist Knorpel erst einmal geschädigt, so kann er nicht heilen. Es bildet sich allenfalls Reparaturknorpel, der weniger belastbar als gesunder Knorpel ist. Diese Erkenntnis ist nach wie vor eine der größten Herausforderungen in der orthopädisch-unfallchirurgischen Forschung. Die führenden Symptome einer dekompensierten Hüftarthrose sind: Ruheschmerzen, Bewegung verschlechtert die Beschwerden, Schonhaltung, Hinken, erhebliche Bewegungseinschränkung.

In allererster Linie werden zur Therapie die so genannten konservativen Maßnahmen angewendet wie Medikamentengabe, Krankengymnastik, orthopädische Hilfsmittel etc.). Wenn entsprechende anatomische Abweichungen des Hüftgelenkes vorliegen, muss man ggf. operative Maßnahmen in Erwägung ziehen. Dabei haben die gelenkerhaltenden Maßnahmen immer den Vorrang, wie z. B. ein arthroskopischer Eingriff (Arthroskopie = griech. = Gelenkspiegelung) oder die Korrektur der Gelenkachsen, wenn Gelenkdeformitäten vorliegen. Allerdings sind diese Eingriffe nur selten angezeigt. Die Implantation eines künstlichen Hüftgelenkes (Hüftendoprothese) stellt immer die ultima ratio (lat. = letzter Ratschluss) dar, wenn konservative Therapiemaßnahmen bzw. die gelenkerhaltenden operativen Eingriffe nicht mehr helfen. Heutzutage wird in den allermeisten Fällen eine Hüft-TEP (= Hüft*total*endoprothese) implantiert.

Im Jahr 2004 wurden in Deutschland in 137.000 Fällen und im Jahr 2006 in 147.000 Fällen eine Hüftendoprothesenimplantation (jeweils nicht frakturbedingte Erstimplantationen) durchgeführt. Den größten Anteil hat dabei die Altersgruppe zwischen 60–79 Jahren [4].

Die wachsende Zahl dieser Operation steht einerseits in Zusammenhang mit demographischen Veränderungen, d. h. der höheren Lebenserwartung. Ältere Menschen stellen heutzutage aber auch höhere Anforderungen an Mobilität, Lebensqualität und Sportfähigkeit. Andererseits erkranken durch veränderte Lebensverhältnisse immer häufiger junge Patienten an Arthrose. Hierbei spielen eine stark steigende Zahl an Sportunfällen und an sportlicher Überlastung eine große Rolle [5].

74.2 Geschichtliche Entwicklung der Hüftendoprothetik

Begonnen hat die Geschichte der Hüftendoprothetik (Endoprothetik = Lehre der in den Körper implantierten (= eingepflanzten) Kunstgelenke) Ende des 19. Jahrhunderts mit den zwei wichtigen und auch heute noch gültigen Ansätzen: a) mit dem Konzept des Ersatzes des gesamten Hüftkopfes samt Schenkelhals und b) mit dem Konzept des Ersatzes der zerstörten Oberfläche des Hüftgelenkes (Oberflächenersatz).

Als Vater des Hüftgelenkersatzes darf der Deutsche T. Gluck gelten. In seiner Arbeit Autoplastik-Transplantation-Implantation von Fremdkörpern aus dem Jahre 1890 [6] beschreibt er die erste Form eines künstlichen Hüftgelenkersatzes: Er ersetzte einen zerstörten Hüftkopf durch einen künstlichen Hüftkopf und Schenkelhals aus Elfenbein. Diesen künstlichen Hüftkopf und Schenkelhals fixierte er mit Schrauben und einer Art von Knochenzement aus Kolophonium, Bimsstein und Gips am körpernahen Oberschenkel-knochen (siehe Abbildung 74.3). Die Zeit war aber damals für diese Schritte noch nicht reif. Diese ersten Hüftendoprothesen versagten bereits nach kurzer Zeit.

Um dieselbe Zeit wurden verschiedene sogenannte Interpositionsarthroplastiken des Hüftgelenkes (interponere, lat. = dazwischenlegen, arthoplastik = Gelenkersatz) entwickelt. So wurde z. B. Silber, Zelluloid, Goldfolie und anderes zwischen die teilresezierten Gelenkflächen eingebracht. Nahezu zeitgleich zu diesen anorganischen Interponaten wurden autogene (= körpereigene) Interponate wie Muskellappen, Fettgewebe, Kapselanteile und Haut verwendet. Die Ergebnisse waren ebenfalls sehr unbefriedigend.

Der Amerikaner Smith-Petersen forschte ebenfalls auf dem Gebiet der Interpositions-arthroplastiken und führte in den 1920er Jahren eine Kappenprothese aus Glas

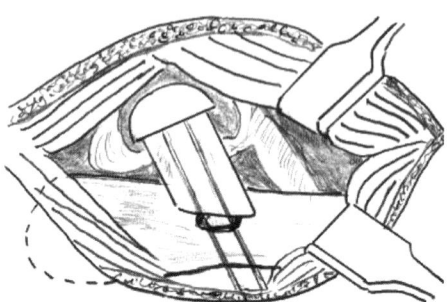

Abb. 74.3 Erster dokumentierter Ersatz eines durch Arthrose zerstörten Hüftkopfes samt Schenkelhals durch T. Gluck (historische Abbildung) [6]

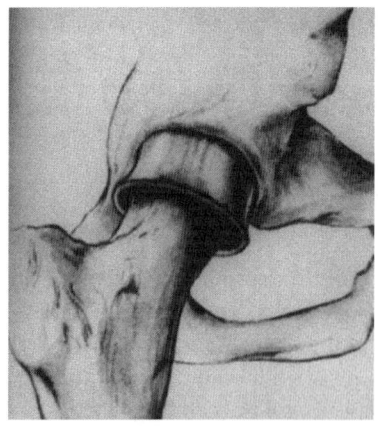

Abb. 74.4 Historische Abbildung der Hüftkopfkappe nach M. N. Smith-Petersen [7]. Zunächst verwendete er Glas, später rostfreies Vitallium für die Kappe

74.2 Geschichtliche Entwicklung der Hüftendoprothetik

ein. Rostfreies Metall gab es damals noch nicht. Diese Prothese war ein Interponat, das auf die geglätteten Gelenkflächen des Hüftkopfes nach dem Prinzip des ball-on-stick eingebracht wurde [7].

Im Jahr 1938 führte er die Hüftkappe aus rostfreiem Vitallium (Kobalt-Chrom-Molybdän-Legierung) ein. Es gibt einzelne Fälle mit erstaunlich guten Ergebnissen (Abbildung 74.5) auch Jahrzehnte nach Implantation [8].

Insgesamt aber waren die Resultate der Interpositionsarthroplastiken unbefriedigend, so dass man sich vermehrt der Resektionsarthroplastik (resecare lat. = abschneiden, arthros griech. = Gelenk, plastik = lat. = Geformtes) zuwandte. Damit ist die Entfernung des Hüftkopfes / Schenkelhalses gemeint, um in den Schaft des Oberschenkelknochens einen Prothesenstiel mit aufgesetztem Hüftkopf zu implantieren. Dieser künstliche Hüft-Kopf bewegt sich dann entweder in der originalen Hüftpfanne oder in einer künstlichen Pfanne, welche in den Beckenknochen implantiert wird.

Die erste Totalendoprothese eines Hüftgelenkes mit femuraler (femur = lat. = Oberschenkelknochen) und azetabulärer (acetabulum = lat. = Hüftpfanne) Komponente wurde in den späten 1930er Jahren von Wiles [9] in London implantiert (Abbildung 74.6). Die Verankerung erfolgte zementfrei. Wiles fixierte eine metallische Hüftpfanne mit Stiften im Azetabulum. In dieser Pfanne bewegte sich ein metallischer Hüftkopf, der mittels eines durch den Schenkelhals geführten Bolzens verankert wurde. Insgesamt ergaben sich unbefriedigende Resultate.

Einen deutlichen Fortschritt brachten in den 1940er Jahren die Femurteilprothese aus Vitallium von Moore [10] (Abbildung 74.7) und von Thompson [11], die jeweils ohne Knochenzement im innen hohlen Oberschenkelknochen verankert wurden. Der metallische Hüftkopf bewegt sich dabei in der originären Hüftpfanne. Diese Prothesen sind bis zum heutigen Tag in der klinischen Anwendung, z.B. zur Versorgung eines Schenkelhalsbruches bei sehr alten, wenig mobilen Patienten. Bei

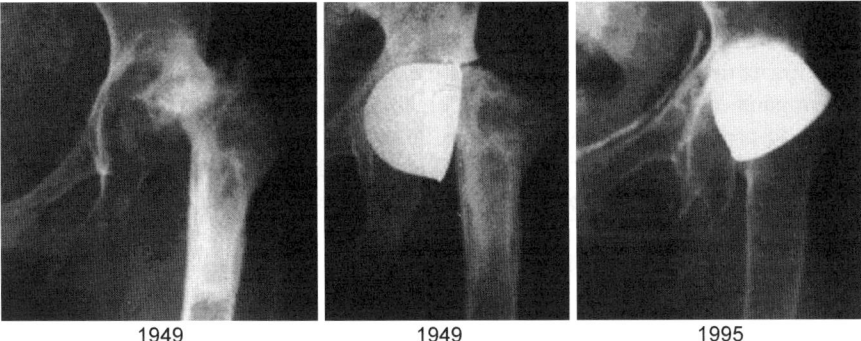

1949   1949   1995

Abb. 74.5 Arthroplastik nach Smith-Petersen mit einer Vitallium-Kappe. Diese war biomechanisch zunächst ungünstig in sogenannnter Varus-Stellung positioniert. Im Verlauf der Jahre danach richtete sich die Kappe in eine biomechanisch günstige Position auf, was der Patientin für über 40 Jahre ein gutes Behandlungsresultat brachte (keine Schmerzen in der Hüfte, keine Gehhilfe, Verkürzungshinken wegen 6 cm Beinverkürzung links)

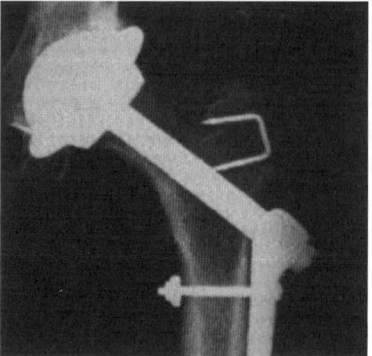

Abb. 74.6 Erste Hüft*total*endoprothese (Ersatz von Pfanne und Hüftkopf) von Wiles [9] im Jahr 1938

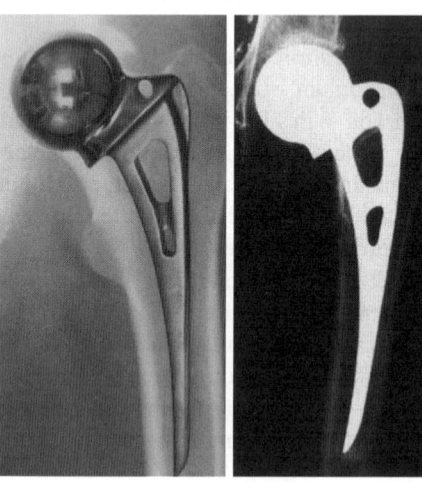

Abb. 74.7 Bis heute sind zementfrei im Oberschenkelknochen verankerten Femurteilprothesen (hier das Beispiel einer Moore-Prothese [10]) bei besonderer Indikation in der klinischen Anwendung. Dabei bewegt sich der metallische Hüftkopf in der originären Hüftpfanne (1940er Jahre)

jüngeren Patienten sollte diese Prothese nicht verwendet werden, da der Metallkopf ohne Ersatz der Hüftpfanne zu großen Defekten im Beckenknochen führen kann.

Ein ganz entscheidender Fortschritt ergab sich durch die Einführung der Hüfttotalendo-prothese mit Verankerung des Prothesenstieles im Markraum des Oberschenkelknochens. In den 1950er Jahren ersetzten McKee und Farrar sowohl den Hüftkopf als auch die Hüftpfanne, wobei der Prothesen-Stiel im Femur-Markraum verankert wurde [12,13,14]. Sowohl der künstliche Hüftkopf als auch die künstliche Hüftpfanne waren aus Metall (d. h. Metall-Metall-Gleitpaarung). Diese McKee/Farrar Gleitpaarung wird im weiteren Verlauf der Geschichte der Hüftendoprothetik noch eine sehr große Rolle spielen.

Ein weiterer sehr wichtiger Meilenstein für die Hüft-Endoprothetik war, als 1953 Haboush [15] zur Fixierung der Endoprothesenkomponenten Polymethylmetacrylat (PMMA) einsetzte. PMMA war zu dieser Zeit schon verbreitet in Gebrauch bei der Fixation von Zahnimplantaten. Charnley kommt das Verdienst zu, dass er die Gleitpaarung einer künstlichen Hüftpfanne aus Polyethylen (PE) zusammen mit

74.2 Geschichtliche Entwicklung der Hüftendoprothetik

Abb. 74.8 Die erste auch langfristig erfolgreiche Hüft*total*endoprothese mit Hüftpfannen- und Femurschaft-Komponente ist die nach McKee-Farrar mit Metall-Metall-Gleitpaarung [12,13,14] (1950er Jahre)

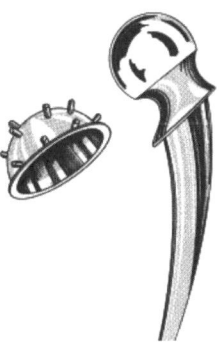

Abb. 74.9 Schemazeichnung und Originalabbildung der low friction arthroplasty – Hüftendoprothese nach Charnley [17]: PE-Pfanne, in der sich ein Metallkopf bewegt

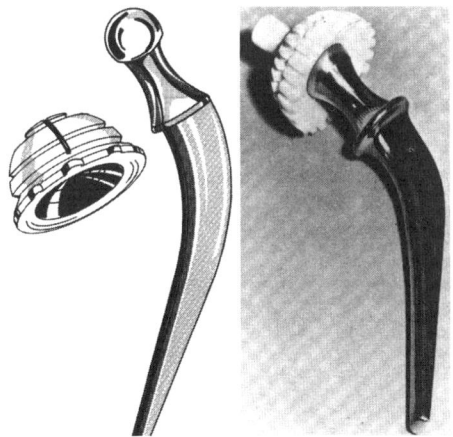

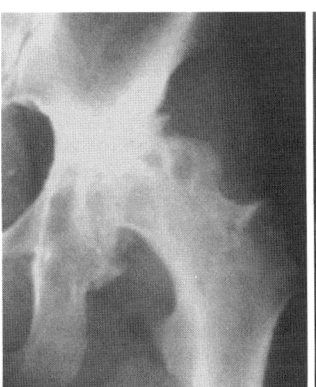 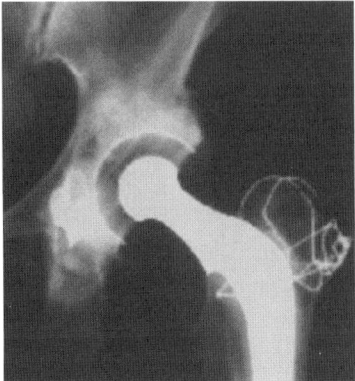

Abb. 74.10 Röntgenbilder vor und nach der Implantation der low friction arthroplasty-Hüftendoprothese nach Charnley

einer Oberschenkelschaftprothese mit Hüftkopf aus Stahl einführte. Diese nannte er low friction arthroplasty. Die Prothesen-Komponenten verankerte er mit PMMA im Beckenknochen und im Oberschenkelknochen. Hierdurch konnten sehr gute mittel- bis langfristige Resultate erzielt werden [16,17,18,19].

Die klinischen Resultate der McKee-Farrar-Prothese und der Charnley-Prothese sind retrospektiv betrachtet als ebenbürtig zu bezeichnen. Es setzte sich die Charnley-Prothese deutlich durch. In den 70er Jahren ergab sich eine fast euphorische Verbreitung der Charnley-Prothese weltweit. Die zunächst sehr guten Ergebnisse dieser Technik wurden im Laufe der Zeit durch Lockerungen der zementierten Hüftpfannen und der zementierten Schäfte im Oberschenkelknochen mit der Folge von großen Knochendefekten getrübt (Abbildung 74.11 und 74.12).

Heute weiß man, dass diese Lockerungen durch polyethylenabriebbedingte Osteolysen (lat. = Knochenauflösungen) bedingt sind [20]. Die abgeriebenen PE Partikel gelangen in die Grenzschicht zwischen den Verbund Implantat/Knochenzement und das Knochenlager sowohl im Bereich des Azetabulums als auch im Bereich des Oberschenkelknochens.

Die PE-Partikel lösen eine Fremdkörperreaktion aus. Sie werden von körpereigenen Abwehrzellen umwuchert. Diese riesigen Zellumwucherungen verdrängen den originären Knochen und es kommt zu den besagten Osteolysen.

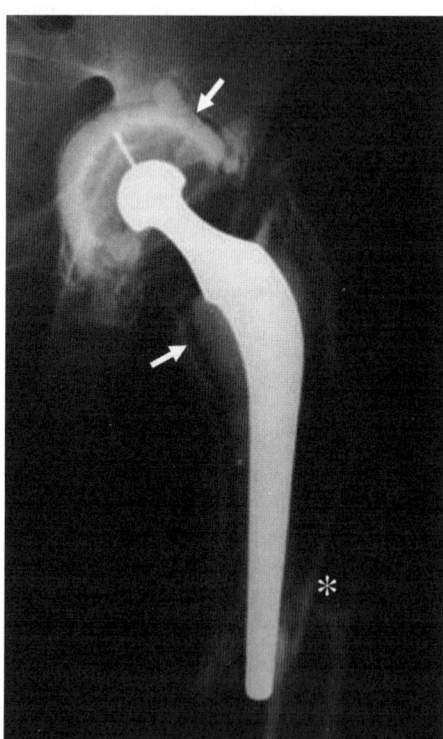

Abb. 74.11 Gelockerte zementierte Charnley-Prothese. Zwischen der PE-Hüftpfanne und dem Becken-knochen hat sich ein Lockerungssaum gebildet (weißer Pfeil). Im Vergleich zu den Vor-Röntgenaufnahmen ist die Pfanne nach mediakranial (lat. = innen/oben) gewandert. Am Femurschaft ist ebenfalls ein Lockerungssaum zu erkennen (weißer Pfeil). Aufgrund der Prothesenlockerung mit erheblicher Minderung der Knochenqualität kam es auch zu einem Bruch des Oberschenkelknochens (*)

74.2 Geschichtliche Entwicklung der Hüftendoprothetik

Insgesamt gesehen zeigen sowohl die Charnley-Prothese wie auch die McKee-Farrar- Prothese äußerst gute Langzeitresultate.

In den 1950er bis1970er Jahren fanden u. a. folgende 2 Entwicklungen betreffend den Oberflächenersatz des Hüftgelenkes statt:

1. Die Gebrüder Judet entwickelten 1946 einen pilzförmigen Stift aus Plexiglas (PMMA = Polymethylmetacrylat). Zur Implantation wurde der Hüftkopf reseziert, eine Bohrung im Schenkelhals angebracht und die Prothese hier verankert. Zunächst fand die Judet-Prothese aufgrund der guten Kurzzeiterfolge und einfachen Implantation eine breite Anwendung [in: 21]. Der Erfolg der Prothese wurde aber durch Materialschwächen, was die Bruchfestigkeit angeht, sowie durch einen starken Abrieb des PMMA (Acrylose) im Azetabulum geschmälert. Es zeigte sich für die Judet-Prothese wie auch für fast alle reinen Hüftkopfprothesen, dass es ohne künstliche Pfanne zu einem erheblichen Knochenabbau des Azetabulum kam. Als Ursache hierfür wird ein zu unterschiedlicher Elastizitätsmodul der Hüftkopfprothese und des Beckenknochens angesehen.
2. In Anlehnung an die Charnley-Prothese mit ihrer PE-Komponente pfannenseits und ihrem metallischen Kopf entwickelte Wagner in den 1970er Jahren die Schalenprothese für das Hüftgelenk nach Wagner [22].

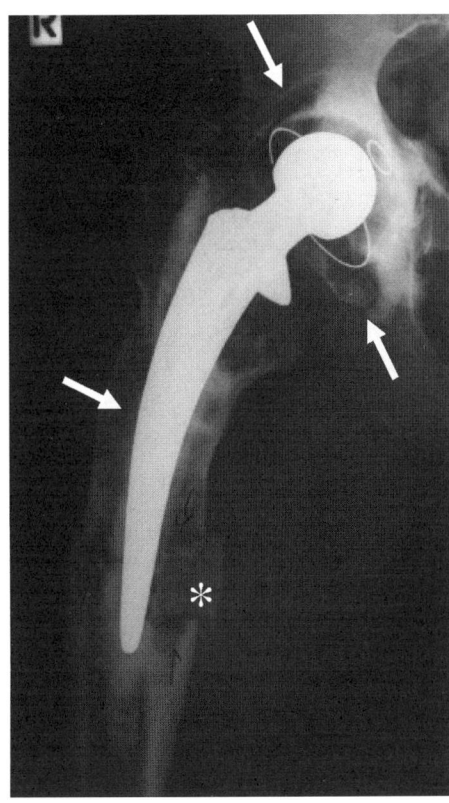

Abb. 74.12 Gelockerte zementierte PE-Pfanne mit erheblichem PE-Abrieb. Der Kopf steht nicht mehr zentral in der Pfanne (siehe Markierungsdraht der Pfanne). Lockerung auch des zementierten Prothesenschaftes. Es haben sich große Knochendefekte im Beckenknochen und am Oberschenkelknochen gebildet (weiße Pfeile). Auch hier es zu einem Knochenbruch gekommen (*)

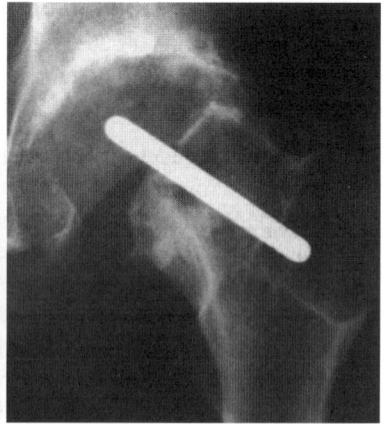

Abb. 74.13 Fotografie der aus PMMA bestehenden Judet-Prothese und Rö.-Bild einer Judet-Prothese, auf dem Rö-Bild ist nur der röntgendichte Metallstift der Prothese zu erkennen (um 1950).

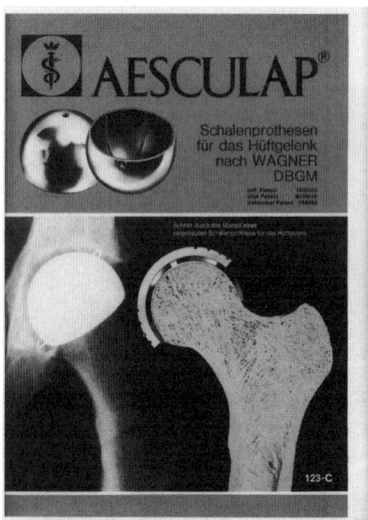

Abb. 74.14 Titelblatt der OP-Instruktion für die Schalenprothese für das Hüftgelenk nach Wagner [22], bei welcher die Pfanne aus PE und die Kappe aus Metall bestand.

Schalenprothesen bestehen aus zwei miteinander artikulierenden Flächen (Kappe und Pfanne) und sind eine Weiterentwicklung der reinen Kappenprothesen. Das verwendete Material der Wagner Kappe war zunächst eine sphärische femorale Komponente aus Metall mit einer Pfanne aus Polyethylen. Zunächst fand die Wagner Kappe aufgrund der guten Kurzzeiterfolge eine breite Anwendung. Der Abrieb der Polyethylen-Pfanne verursachte eine große Anzahl von Lockerungen durch Osteolysen aufgrund von PE-Abrieb bedingten Fremdkörpergranulomen (Granulom lat. = Geschwulst) Durchschnittlich 7 Jahre nach Implantation mussten 50% der Implantate wegen Lockerungen revidiert werden [23].

74.2 Geschichtliche Entwicklung der Hüftendoprothetik

Abb. 74.15 Oberer Teil: Fast völlig abgebriebene PE-Pfanne der Wagner-Cup. Unterer Teil: in der Mitte geteilter Hüftkopf mit aufzementierter Metallpfanne, im Hüftkopf haben sich große PE-Fremdkörpergranulome gebildet

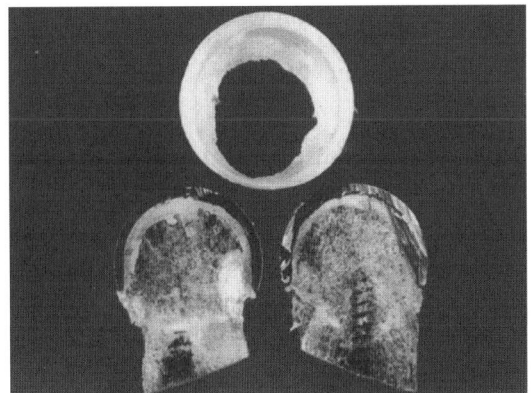

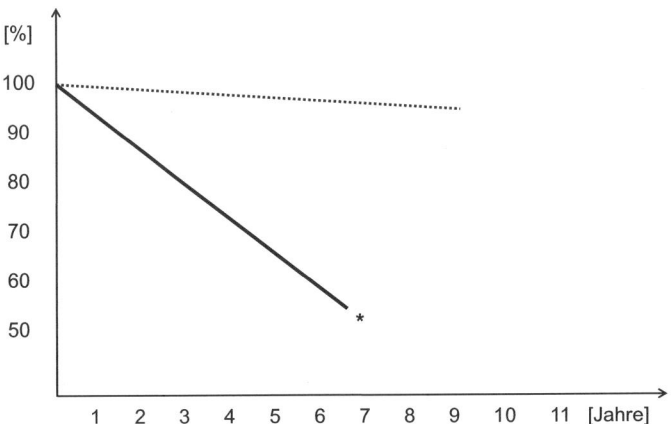

Abb. 74.16 * Überlebenskurve der Wagner-Schalenprothese mit PE-Metall-Gleitpaarung nach Kabo 1993 [23]. Wünschenswert wäre eine Überlebenskurve, wie sie die gepunktete Linie darstellt

Zahlreiche Autoren kamen aufgrund dieser unbefriedigenden Resultate zu der Auffassung, dass das Prinzip des Oberflächenersatzes an der Hüfte fragwürdig sei.

In den 1970er und 1980er Jahren wurden u. a. folgende zwei wichtige Aspekte auf dem Gebiet der Hüfttotalendoprothese weiterverfolgt:

- Alternativen zur zementierten Hüftprothesenverankerung
- Alternativen zur PE-Metall-Gleitpaarung.

Mit der Entwicklung der zementfreien Implantationstechnik wurde in dieser Zeit eine weitere Ära in der Hüftgelenk-Endoprothetik eingeleitet. Vorreiter bei den zementfreien Prothesen waren u. a. Sivash [24], Zweymüller [25] und Lintner [in: 25]. Letzterer konnte das Einwachsen von Knochen in aufgeraute Titanoberflächen nachweisen, was den zementfreien Prothesen, die heute verwendet werden, den

Weg gebahnt hat. Als Alternative zur Metall-PE-Gleitpaarung führte 1969 Boutin [26] Keramik als Werkstoff für den Hüftkopf und die Hüftpfanne ein.

74.3 Aktuelles Prinzip der Hüfttotalendoprothese

Um eine Hüfttotalendoprothese zu implantieren, müssen der Hüftkopf und auch der Schenkelhals entfernt werden. In den Beckenknochen wird dann die künstliche Hüftpfanne eingebracht (zementiert oder zementfrei). Die gängigen Pfannenmodelle und deren Verankerungstechnik werden in Kapitel 5 beschrieben. Der proximale Femur (= der körpernahe Oberschenkelknochen) ist von weichem Knochenmark ausgefüllt. Dieser Markraum wird für die Verankerung des Hüftprothesenschaftes vorbereitet. In den Oberschenkelknochen wird die Schaftprothese implantiert (zementiert oder zementfrei).

Die Frage, wie eine Hüftendoprothese verankert werden soll, lässt sich nicht mit einem klaren nur zementiert oder nur zementfrei beantworten. Zahlreiche Studien belegen sehr gute Langzeitresultate bei beiden Verankerungstechniken. Es gibt Länder wie z.B. Großbritannien oder die Skandinavischen Länder, in denen die zementierte Verankerung ungeachtet des Alters des Patienten einen sehr hohen Stellenwert hat. In den deutschsprachigen Ländern Europas herrscht die Meinung vor, dass eine zementierte Hüfttotalendoprothese eine gute Lösung für ältere Patienten und die zementfreie Verankerungstechnik die bessere Lösung für jüngere Patienten ist. Als Gründe hierfür werden angeführt: Eine zementierte Prothese kann der ältere Patient gleich voll belasten, die Prothese kann bei der Zementiertechnik nicht in ggf. weichen Knochen einsinken, wie dies bei den zementfreien Prothesen beobachtet werden kann. Demgegenüber kann man jedoch aufführen, dass es zu sog. Zementreaktionen = Unverträglichkeitsreaktionen kommen kann, die sogar tödlich verlaufen können. Ist eine Prothese zementiert, kann die Revisionsoperation sehr aufwendig werden, da man vor der Neuverankerung einer Revisionsprothese den ganzen Zement entfernen muss. Das kann sehr schwierig und langwierig sein. Bei

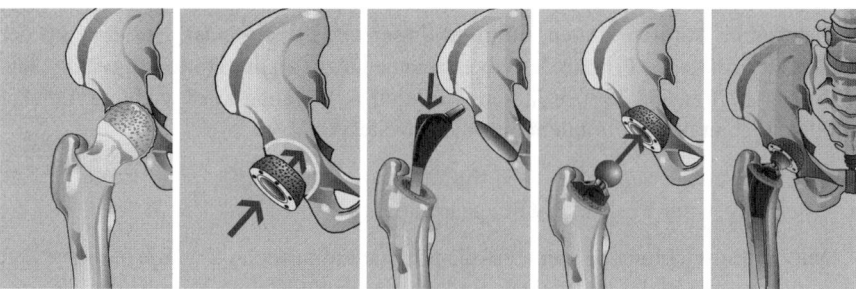

Abb. 74.17 Schritte der Implantation einer Hüft-TEP (= Hüft*total*endoprothese) mit Resektion des Hüftkopfes, Implantation einer künstlichen Gelenkpfanne und eines Prothesenschaftes mit künstlichem Hüftkopf.

74.3 Aktuelles Prinzip der Hüfttotalendoprothese

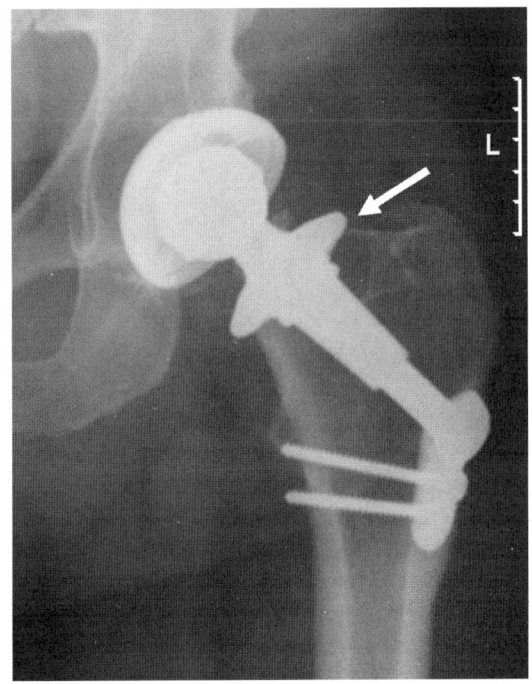

Abb. 74.18 Sog. Druckscheibenprothese: Der Hüftkopf wird entfernt, der Schenkelhals (weißer Pfeil) bleibt erhalten. Die Hüftpfanne wird durch eine künstliche Pfanne ersetzt. Im körpernahen Oberschenkelknochen wird eine Bohrung durchgeführt, in diese wird ein stiftartiger Bolzen eingebracht, welcher mittels einer Lasche mit 2 Schrauben im Oberschenkelknochen fixiert wird.

der Wechseloperation einer zementfreien Prothese ist die Explantation (lat. = Ausbau) der gelockerten Prothese meist deutlich einfacher. Bei allen vermeintlich objektiven Daten scheinen aber auch Traditionen und Emotionen eine Rolle zu spielen. In Deutschland gibt es eine Art Nord-Süd-Gefälle, wobei die Zementiertechnik im Norden eher verbreitet ist als im Süden. Für die etablierten zementierten und zementfreien Prothesensysteme liegen jeweils seriöse, gute Langzeitresultate (teils bis 40-Jahresresultate z. B. bei der Charnley-Prothese) vor.

Kommen wir zurück auf den Prothesenschaft: Nahezu alle modernen Prothesenschäfte haben am oberen Ende einen Konus, auf welchen ein künstlicher Hüftkopf aufgesteckt wird. Größe und Material dieses Kopfes sind unterschiedlich. Eine feste Verbindung des Kunst-Kopfes mit dem Prothesenschaft ist heute die Ausnahme (Beispiel: die Moore-Prothese, siehe Abbildung 74.7). Schließlich bewegt sich der künstliche Hüftkopf in der künstlichen Hüftgelenkspfanne.

Um den Schenkelhals oder zumindest Teile davon erhalten zu können wurden in den letzten Jahren die so genannte Druckscheibenprothese (Abbildung 74.18) und die Kurzschaftprothesen entwickelt (Abbildung 74.19).

Als Vorteil dieser Prothesenarten wir angegeben, dass man den Schenkelhals erhalten kann.

Bezüglich beider Verfahren (Druckscheibenprothese und Kurzschaftprothese) liegen keine Erfahrungsberichte vor, wie es sie für die Hüfttotalendoprothesen gibt, da sie im Vergleich zu diesen weit weniger häufig und erst seit jüngerer Zeit angewendet werden.

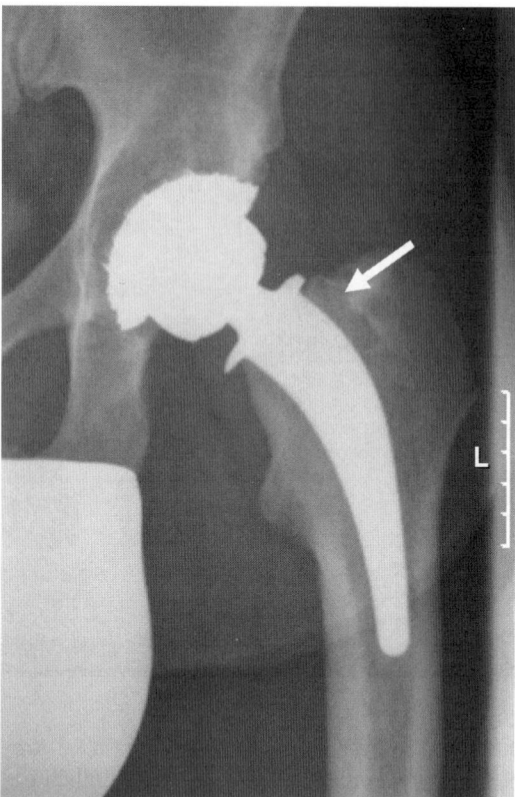

Abb. 74.19 Sog. Kurzschaftprothese: Der Hüftkopf wird entfernt, der Schenkelhals (weißer Pfeil) bleibt erhalten. Die Hüftpfanne wird durch eine künstliche Pfanne ersetzt. Im körpernahen Oberschenkelknochen wird ein im Vergleich zum Bicontact-Schaft kürzerer Schaft eingebracht.

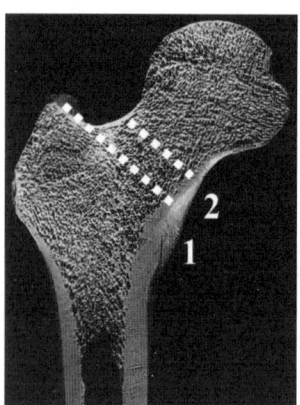

Abb. 74.20 Als Vorteil der Druckscheiben- und der Kurzschaftprothesen wird angegeben, dass der Schenkelhals erhalten werden kann.

1 = Resektionslinie bei der Implantation eines Hüfttotalendoprothesen-Schaftes
2 = Resektionslinie bei der Implantation einer Druckscheiben- oder Kurzschaftprothese

74.4 Aktueller Stand / Schaft-Komponente der Hüfttotalendoprothese

In Europa wurden im Jahr 2006 über 600.000 Hüftendoprothesen implantiert [1]. Etwa die Hälfte davon erfolgte schaftseitig in zementfreier Technik. Sowohl die zementierten wie auch die zementfrei verankerten etablierten Hüftendoprothesenschäfte zeigen eine sehr gute, über einen Zeitraum von 20 und mehr Jahren dokumentierte Standzeit (= Haltbarkeit) [27].

Exemplarisch sollen hier die Erfahrungen mit dem Bicontact-Schaftprothesen -System (Fa. Aesculap) dargestellt werden. Dabei sei unbestritten, dass auch andere etablierte Prothesensysteme ganz hervorragende Resultate aufweisen können.

Mit der Variation an Hüftprothesenschäften, wie sie in Abbildung 74.22 dargestellt sind, kann man nahezu allen individuellen Gegebenheiten der Patienten gerecht werden. Das System lässt dem Operateur auch die Option offen, bei reduzierter Knochenqualität des Oberschenkelknochens die Schaftprothese ggf. auch zementiert zu verankern. Die Schaftvorbereitung ist für die zementfreie und zementierte Prothesenverankerung gleich. Die sehr guten langfristigen Resultate dieser Schaftfamilie sind ausführlich dokumentiert (siehe Abbildung 74.23).

Am Beispiel der Bicontact-Schäfte (was vom Prinzip her auch für die anderen etablierten Prothesensysteme gilt) soll die heutige Implantationstechnik dargestellt werden. Mit Osteo-Profilern wird die die Spongiosa (lat. = Schwammknochen) im Oberschenkelknochen in Richtung des Kochenrohres weggedrängt, verdichtet. In diesen verdichteten Knochen wird das Schaftlager geschnitten (Abbildungen 74.24 und 74.25). Die Bicontact-Schaftprothesen können zementfrei und zementiert im

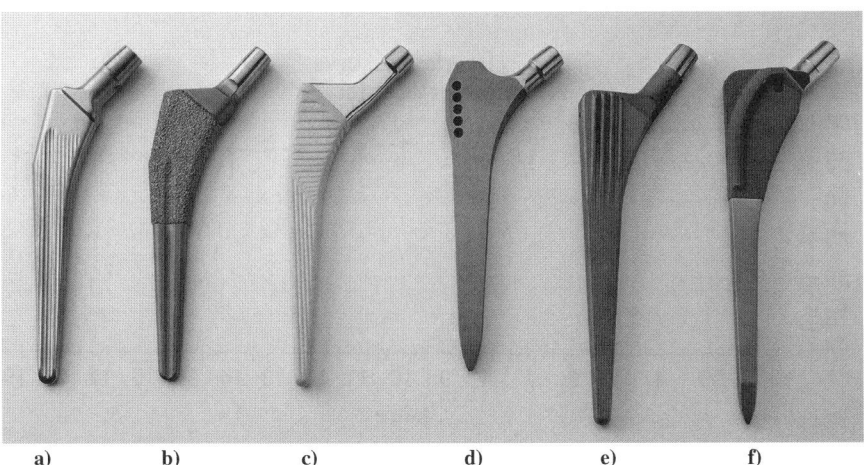

Abb. 74.21 Bewährte Schaftprothesen der Jahre 1987–2007: a) zementierter Müller–Schaft (Fa. Zimmer). b) zementfreier Taperloc–Schaft (Fa. Biomet). c) zementfreier Corail–Schaft (Fa. DePuy). d) zementfreier Zweymüller SL–Schaft (Fa. Endoplus). e) zementfreier Spotorno–Schaft CLS (Fa. Zimmer). f) zementfreier Bicontact–Schaft (Fa. Aesculap)

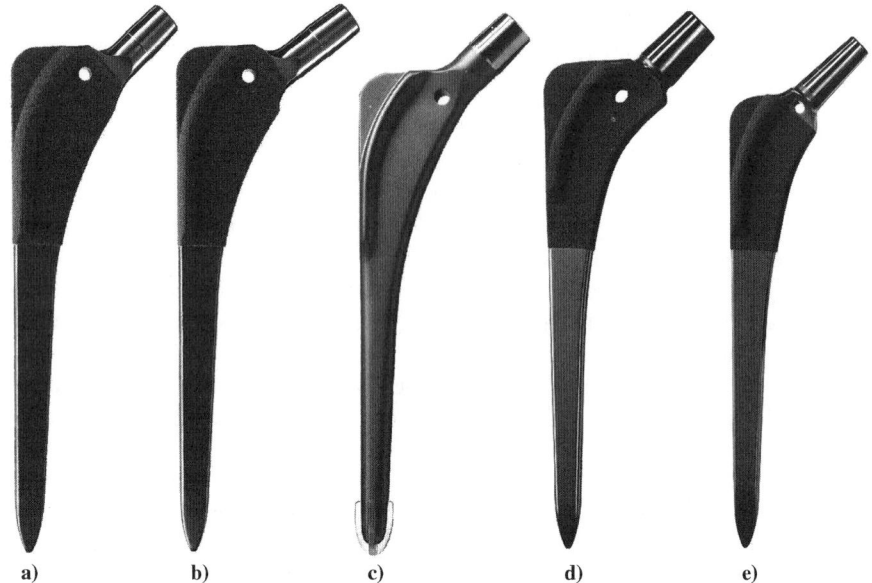

Abb. 74.22 Bicontact-Schäfte zur Primärimplantation (Fa. Aesculap) Stand 2007. Mit dieser Schaftfamilie kann man nahezu jeder individuellen anatomischen Situation gerecht werden. a) zementfreier Bicontact S – Schaft. b) zementfreier Bicontact H – Schaft. c) zementierter Bicontact Schaft. d) zementfreier Bicontact Dysplasie-Schaft. e) zementfreier Bicontact N – Schaft (auch zementiert verfügbar)

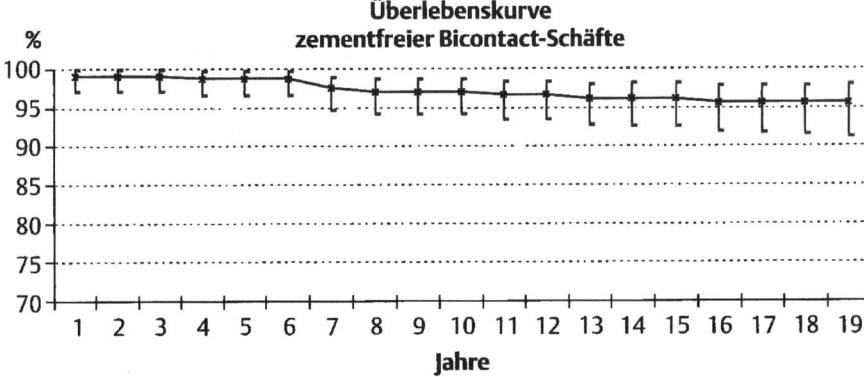

Abb. 74.23 Überlebenskurve (=Haltbarkeit) des zementfreien Bicontact-Schaftes Typ A/Abbildung 74.22) nach 19 Jahren [27]

74.4 Aktueller Stand / Schaft-Komponente der Hüfttotalendoprothese

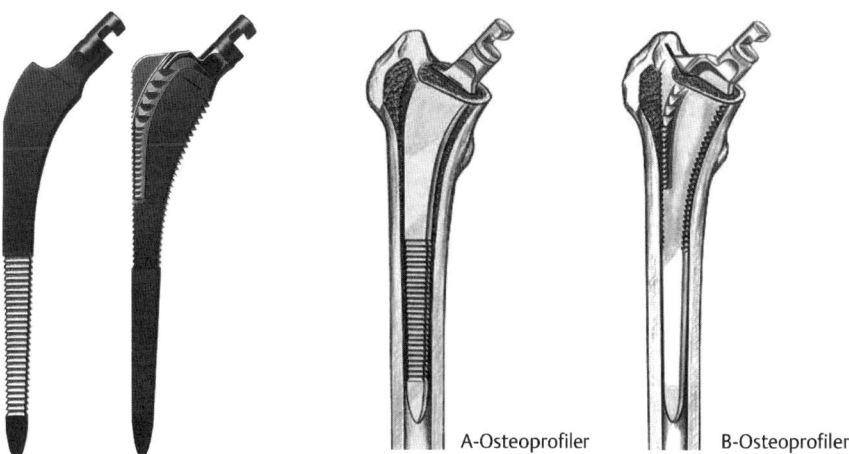

Abb. 74.24 Mit A-Profilern wird der Knochen im Oberschenkelknochen verdichtet. Mit B-Profilern wird in den verdichteten Knochen das Schaftlager geschnitten.

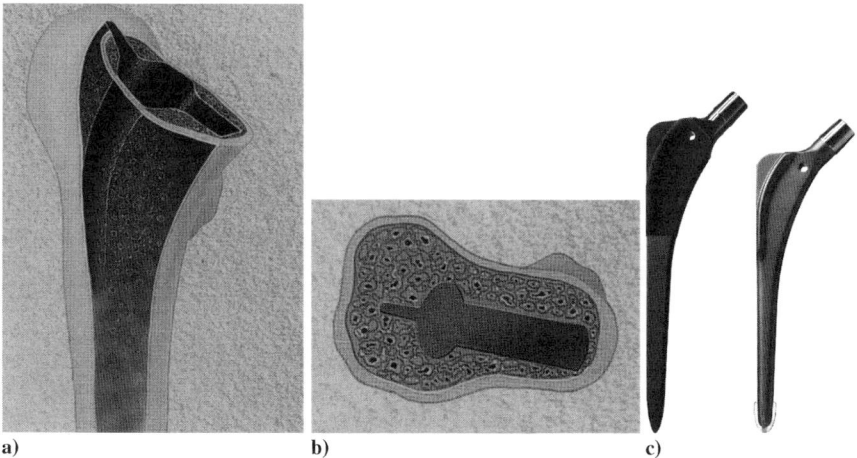

Abb. 74.25 Durch die A-profiler und die B-Profiler exakt vorbereitetes Schaftlager (a und b) im Oberschenkelknochen. Die Bicontact-Schaftprothesen können zementfrei und zementiert im Knochen verankert werden.

Oberschenkelknochen verankert werden. Bei der zementfreien Verankerung hält die Prothese zunächst durch Verklemmung / Press-Sitz / press-fit. Es kommt dann zur sekundären Fixation durch Einwachsen von Knochen in die raue Oberfläche der Schaftprothese, man spricht dann auch von einer biologischen Prothesenverankerung. Bei der zementierten Verankerung wird der Schaft im Knochenrohr festgeklebt, wobei das verwendete PMMA einige Millimeter in die Knochenbälkchen eindringen soll (Abbildungen 74.26 und 74.27).

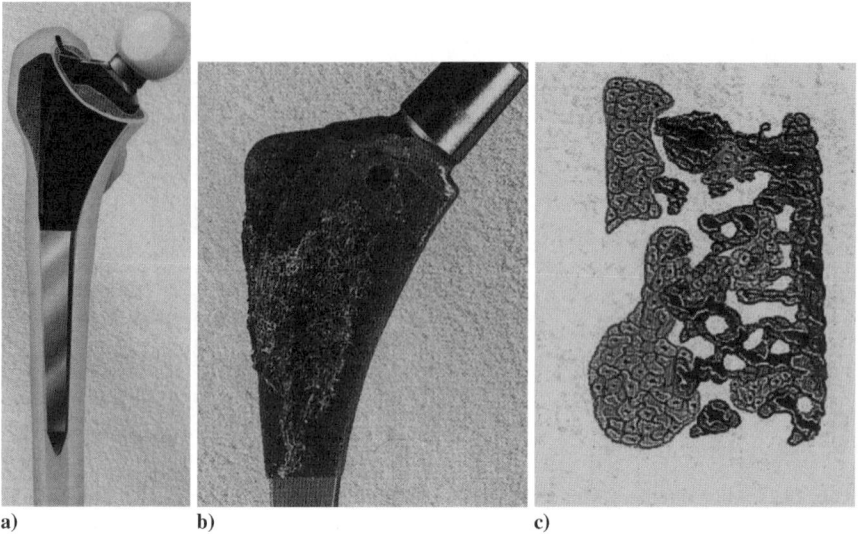

Abb. 74.26 a) Zementfrei im Oberschenkelknochen implantierte Bicontact-Schaftprothese, der Prothesenschaft hält im Knochen zunächst durch Verklemmung = Press-Sitz = pressfit. b) Sekundäre Fixation der Schaftprothese: in die raue Titanoberfläche (dunkle Zone des Schaftes) wächst Knochen ein, man kann auch von einer biologischen Verankerung sprechen. c) Starke Vergrößerung des Bereiches, in dem Knochen (links) in die raue Titanoberfläche (rechts) einwächst

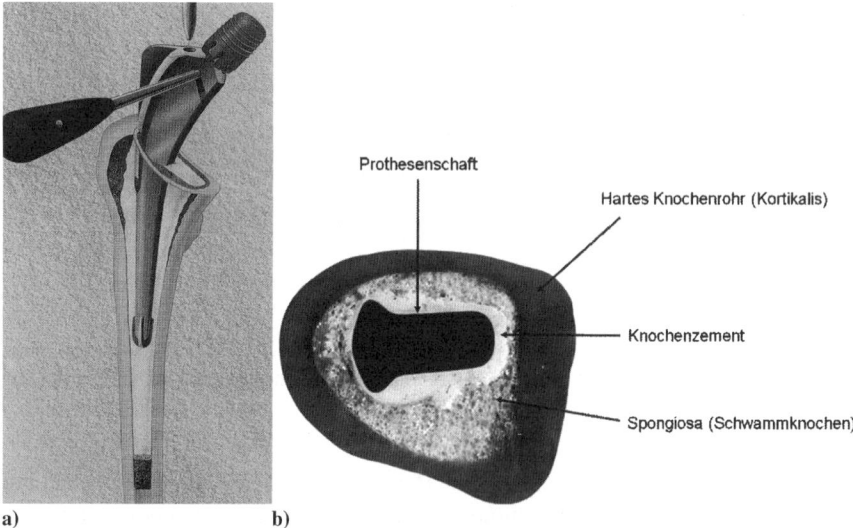

Abb. 74.27 a) Zementierte Verankerung der Bicontact-Schaftprothese nach vorheriger Druckreinigung des Knochenrohres und Einbringen von Knochenzement (Vakuumzementiertechnik). Eine Markraumsperre sorgt dafür, dass der Zement gut in den Schwammknochen eindringt. b) Querschnitt durch den körpernahen Oberschenkelknochen: gut zwischen die Knochenbälkchen eingedrungener Knochenzement

74.5 Aktueller Stand / Pfannen-Komponente der Hüfttotalendoprothese

Wie schon erwähnt war ein Meilenstein für die moderne Hüftendoprothetik die Einführung einer künstlichen Hüftpfanne aus PE (Polyethylen) durch Charnley (siehe Abbildung 74.9) und deren Fixation im Beckenknochen mit PMMA. Die Kombination dieser Pfanne mit dem metallischen Hüftkopf führte erstmals zu sehr guten Resultaten.

In den Jahren nach Einführung der Charnley-Prothese musste man erkennen, dass es zu Lockerungen der Kunstgelenke kommen kann (siehe Abbildungen 74.11 + 74.12). Dabei spielt der PE-Abrieb eine große Rolle wie auch die Alterung des Knochenzementes (PMMA) mit Zerrüttung dieses Materials. So kam es zur Entwicklung von Alternativen betreffend die Gleitpaarung / Metall-PE und zur Fixations-Technik des künstlichen Hüftgelenkes mit PMMA.

Einen wichtigen Fortschritt stellte die Entwicklung von metallischen Hüftpfannen dar, die direkt im Beckenknochen ohne Knochenzement verankert werden können. Zunächst versprach man sich viel von den so genannten zementfreien Schraubpfannen, die in den Beckenknochen hineingedreht wurden und einen sehr guten primären Halt zeigten.

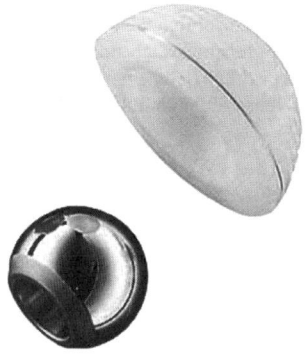

Abb. 74.28 Klassische low friction arthroplasty nach Charnley mit zementverankerter PE-Hüft-Pfanne, in der sich ein metallischer künstlicher Hüftkopf bewegt

Abb. 74.29 Zementfrei im Beckenkochen zu verankernde Schraubpfanne, in die ein Inlay entweder aus PE, aus Keramik oder aus Metall eingebracht wird

Heute sind nur noch ganz wenige Schraubpfannen auf dem Markt (z. B. die Zweymüller-Schraubpfanne). Mit den allermeisten dieser Pfannen musste man die Erfahrung machen, dass sie in einem nicht zu geringen Anteil rasch auslockerten (Abbildungen 74.26 und 74.27).

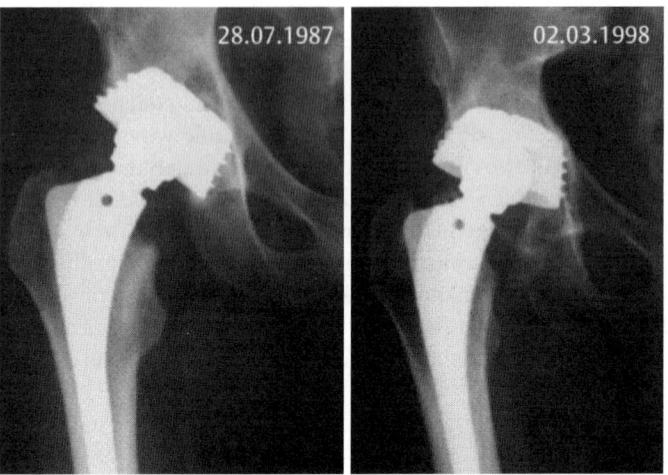

Abb. 74.30 Primär korrekt sitzende Schraubpfanne Schraubring München im Beckenknochen. Mit den Jahren zeigt sich eine eindeutige Migration (lat. = Wanderung) der künstlichen Pfanne mit großem Knochendefekt im Beckenknochen. Der Bicontact-Prothesenschaft sitzt fest. Wegen der starken Schmerzen aufgrund der Pfannenlockerung musste man bei dem Patient eine Pfannenwechsel-OP durchführen

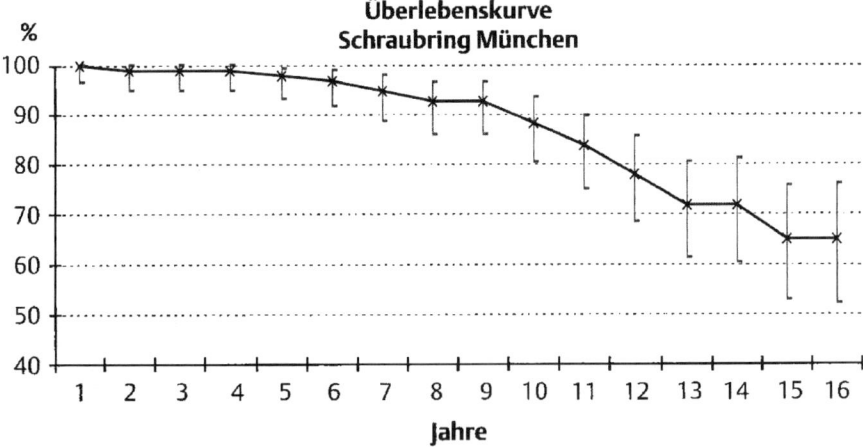

Abb. 74.31 Im Vergleich zur Überlebenskurve des zementfreien Bicontact-Schaftes nach 19 Jahren (Abbildung 74.18) zeigt sich eine deutlich geringere Haltbarkeit des Schraubring München [27]

74.5 Aktueller Stand / Pfannen-Komponente der Hüfttotalendoprothese

Zeitgleich zu den Schraubpfannen wurden die sog. pressfit-Pfannen entwickelt, denen ein deutlich besserer langfristiger Erfolg beschieden war. Unter einer pressfit-Pfanne verstehen wir Folgendes: In den Beckenknochen wird eine Fräsung mit einer Rundfräse vorgenommen, bis die durch die Arthrose zerstörten Knorpel- und Knochenflächen entfernt sind und man gut durchbluteten spongiösen Knochen (lat. = Schwammknochen) freigelegt hat. Man sollte so viel wie nötig – so wenig wie möglich von dem Beckenknochen entfernen. Um eine pressfit-Pfanne sicher verankern zu können, muss man 0–3 mm (je nach Knochenhärte) zur passenden pressfit-Pfanne weniger auffräsen. In diesem solchermaßen vorbereiteten Implantatlager wird dann die künstliche metallische Pfanne durch Verklemmung / Press-Sitz / press-fit eingebracht (Abbildungen 74.32 und 74.33 a). Hier spricht man von der primären Stabilität Innerhalb von ca. 12 Wochen kommt es dann zum Einwachsen in die raue Oberfläche, so wie es schon am Prothesenschaft beschrieben wurde (Abbildung 74.32 b).

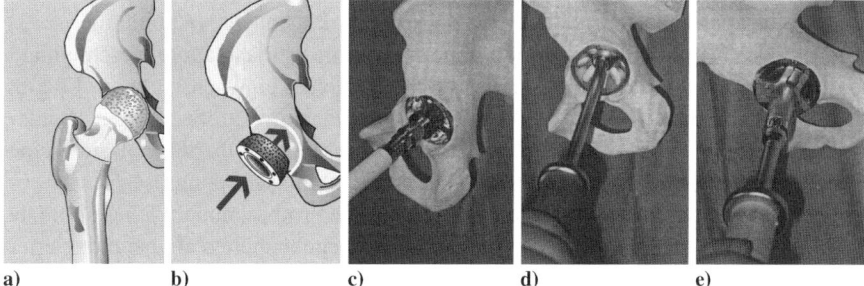

a)   b)   c)   d)   e)

Abb. 74.32 Nach Resektion des Hüftkopfes und des Schenkelhalses (a) wird im Beckenknochen der Sitz für die künstliche Hüftpfanne (b) vorbereitet. Hierzu wird der Beckenknochen mit einer Rundfräse vorbereitet (c). Dann wird eine Probepfanne eingebracht, um deren Sitz zu überprüfen (d). Schließlich wird das Pfannenimplantat in achsengerechter Position im Beckenknochen verankert (e). Die Pfanne kann entweder zementiert oder zementfrei verankert werden

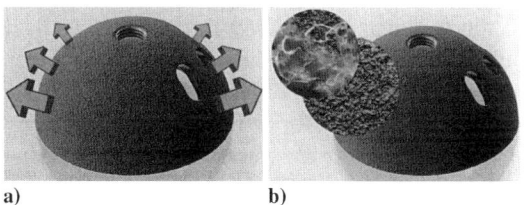

a)   b)

Abb. 74.33 a) Eine pressfit-Pfanne hat bezüglich der Fräsung in der knöchernen Hüftpfanne einen Überstand von wenigen Millimetern. Sie hat somit durch Verklemmung einen primären festen Halt im Beckenknochen für mindestens die Zeit, bis Knochen in die Oberfläche der Pfanne eingewachsen ist (ca. 12 Wochen). b) Im Laufe von ca. 12 Wochen kommt es zum Einwachsen von Knochen in die raue Oberfläche der künstlichen Hüftpfanne nach demselben Prinzip, wie es in Abbildung 74.27 dargestellt ist

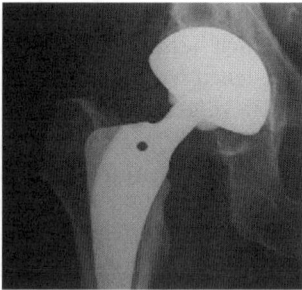

Abb. 74.34 Plasmacup mit Keramik-Inlay (Fa. Aesculap) = Beispiel einer der erfolgreichen, auch langfristig gut haltbaren pressfit-Pfannen

Die rauen Oberflächen der künstlichen Hüftpfanne und des Prothesenschaftes können durch unterschiedliche Techniken erzielt werden. Bei der zementfreien Bicontactschaftprothese (Abbildung 74.26) und der Plasmacup (Abbildung 74.33) wird auf die Prothesenkomponenten eine mikroporöse Plasmapore-Beschichtung [27] aus Reintitan aufgebracht, in welche der Knochen einwachsen kann. Es gibt auch andere mikrotechnische Verfahren zur Oberflächenvergrößerung der Prothesenkomponenten. Des Weiteren kann man auf diese raue Oberfläche auch eine Knochenkeramik aufbringen, die ebenfalls die Struktur der spongiösen Knochens imitiert und so zum Einwachsen von Knochen in die Prothesenoberfläche führt. Die Auswahl der Pfanne hängt von den individuellen Gegebenheiten ab: bei reduzierter Knochenqualität sollte man eine zementierte Verankerung vornehmen, hierzu muss man eine PE-Pfanne verwenden. Bei der zementfreien Pfanne hat sich die pressfit-Pfanne als Goldener Standard etabliert.

74.6 Gleitpaarung

Nachdem erkannt wurde, dass die Gleitpaarung Metall-PE zu als schädlich erkanntem PE-Verschleiß führen kann, wurde 1969 Keramik als Werkstoff für die Gleitpaarung durch Boutin [26] vorgestellt und eingeführt. Auch andere Autoren konnten bestätigen: Eine Keramikpfanne, in welcher sich ein Keramikkopf bewegt zeigt einen um ein Vielfaches reduzierten Abrieb im Vergleich zu einer Polyethylenpfanne, wenn diese mit einem Stahlkopf verwendet wurde [20]. Man stellte aber auch fest, dass die Gleitpaarung Pfanne = PE und Kopf = Keramik gleich gute Resultate wie die Keramik-Keramik-Gleitpaarung erbringt. Die Gleitpaarung Metall-PE (d. h.: Metallkopf, PE-Pfanne) sollte bei jüngeren Patienten nur sehr zurückhaltend angewendet werden. Zwar gibt es neuerdings sog. crosslinking Polyethylen. Druch Quervernetzung der Molekülstrukturen im PE wird eine dreidimensionale Struktur erreicht, die gegen Abrieb widerstandsfähiger ist. Hierüber liegen jedoch noch keine langfristigen Resultate vor. Sehr gute Gleitpaarungen sind unter Anwendung der aktuellsten Keramiken die Gleitpaarungen Keramik-Keramik (d. h. Keramikpfanne, Keramikkopf,) und PE-Keramik (d. h. PE-Pfanne, Keramikkopf). Des Weiteren hat die seit nunmehr über 60 Jahren eingeführte Metall-Metall-Gleitpaarung von McKee / Farrar [12–14] einen hohen Stellenwert. Die Diskussionen über Nebenwirkungen von metallischen Abriebpartikeln dauern zwar seit Jahrzehnten an, es gibt aber keine sicheren Nachweise, dass die teils erhöhten Metallionenwerte im Körper zu relevanten Erkrankungen führen können. Zusammenfassend kann man bezüglich der Pfannen-Kopf-Gleitpaarung festhalten: Die PE-Metallgleitpaarung sollte nur bei älteren Patienten angewendet werden. Bei jüngeren Patienten sollte entweder eine Keramik-Keramik, eine PE-Keramik oder eine Metall-Metall-Gleitpaarung angewendet werden. Alle diese Gleitpaarungen haben gleichermaßen hervorragende Gleiteigenschaften, der Abrieb ist extrem gering und nach dem heutigen Wissenstand unschädlich. Die Bruchsicherheit der modernen Keramiken ist äußerst hoch.

74.7 Hüftkappenprothese – Alternative für TEP

Zwar sind die Langzeitresultate der etablierten Hüfttotalendoprothesensysteme mit Standzeiten von über 90% nach 20 Jahren hervorragend. Trotzdem gibt es 2 wichtige Gründe, eine knochenschonende Alternative zur Hüfttotalendoprothese zu suchen.

1. Grund: Eingangs wurde erwähnt, dass in Deutschland 147.000 Hüft-Endoprothesen im Jahr 2006 bei Coxarthrose implantiert wurden [4].

Dabei handelte es sich größtenteils um Hüfttotalendoprothesen. Im Jahr 2006 wurden aber auch 19.600 Hüft-Endoprothesen – Wechsel-Operationen durchgeführt [4]. Das sind weit über 10% Revisionsoperationen bezogen auf die primären Operationen. Bei den Revisionsoperationen hat man es dann oft mit großen Knochendefekten am Beckenknochen und am körpernahen Oberschenkelknochen zu tun (Abbildungen 74.35 und 74.36).

Hat man bei der Primärimplantation einer Hüfttotalendoprothese schon viel Knochen am Oberschenkel geopfert (Hüftkopf und Schenkelhals) und in den Oberschen-

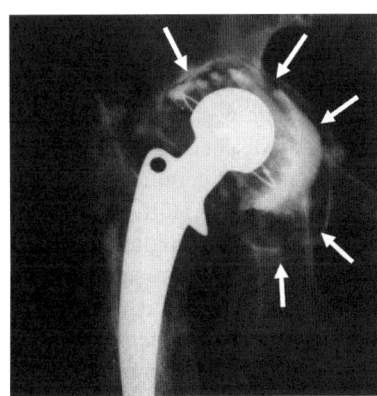

Abb. 74.35 Höchstgradiger Defekt des Beckenknochens durch Lockerung der zementierten PE-Pfanne

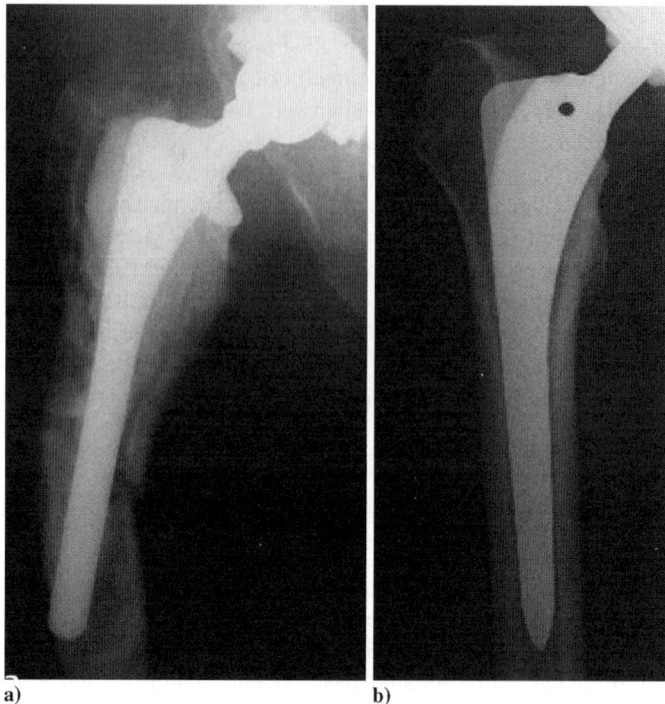

Abb. 74.36 a) Höchstgradiger Defekt des Oberschenkelknochens durch Lockerung der zementierten Schaftprothese. Vom intakten Knochenrohr des Oberschenkelknochens ist nur noch eine Ruine übrig. b) So sollte ein intakter Oberschenkelknochen auch viele Jahre nach der Schaft-Implantation aussehen

kelknochen einen Prothesenschaft implantiert, so hat man bei einer Revisionsoperation viel schlechtere Aussichten für die Verankerung eines Revsionsimplantates. Gleiches gilt weitestgehend auch für die Druckscheibenprothese (Abbildung 74.18) und die Kurzschaftprothese (Abbildung 74.19). Bei beiden bleibt lediglich ein Teil des Schenkelhalses erhalten (Abbildung 74.20).

2. Grund: Standzeiten der Hüfttotalendoprothesen von weit über 90% nach über 19 Jahren sind die Regel beim älteren Patienten [27]. Erhalten jüngere Patienten unter 55 Jahren eine Hüfttotalendoprothese, sinkt die Überlebensrate der Implantate laut schwedischem Endoprothesen-Register auf unter 80% nach 10 Jahren [28]. Es gibt sogar noch deutlich schlechtere Resultate mit einer fast 60%igen Lockerungsrate zementierter Hüft-Total-Endoprothesen bei Patienten unter 30 Jahren nach 5 Jahren [29]. Als mögliche Ursache für dieses frühe Versagen wird v. a. die hohe Aktivität jüngerer Patienten diskutiert. So ist es sinnvoll, einen Gelenkersatz als Alternative zur etablierten Hüfttotalendoprothese zu entwickeln, der mit einem möglichst geringen Knochensubstanzverlust einhergeht, damit man für Revsionseingriffe bestmöglich gewappnet ist. Je mehr Knochen bei der Primärversorgung erhalten werden kann, umso besser lässt sich ein Revisionsimplantat verankern. Eine solche

74.7 Hüftkappenprothese – Alternative für TEP

knochensparende Hüftendoprothese stellt die Oberflächen-ersatzprothese dar, wie sie u. a. von Smith-Petersen [7], Judet [in: 21] und Wagner [22] entwickelt wurde. Der Idee eines endoprothetischen Oberflächenersatzes des Hüftgelenkes blieb aber bis in die 1990er Jahre der Erfolg versagt.

Zu dieser Zeit beschrieb u. a. Howie [Howie 30,31], dass es doch zu einer langfristigen Haltbarkeit der Wagner-Cup kommen kann, nämlich dann, wenn man statt der metallischen Kappe eine Keramik-Kappe verwendet. Bewegte sich eine Keramik-Kappe in der PE-Pfanne von Wagner, so kam es zu keinem massiven PE-Abrieb mit der Folge sehr rascher Lockerungen der Prothese. Diese Beobachtung veranlasste Howie [30,31] zu der Aussage, dass der Fehler der Wagner-Cup nicht beim Konzept, sondern in den verwendeten Materialien liegt.

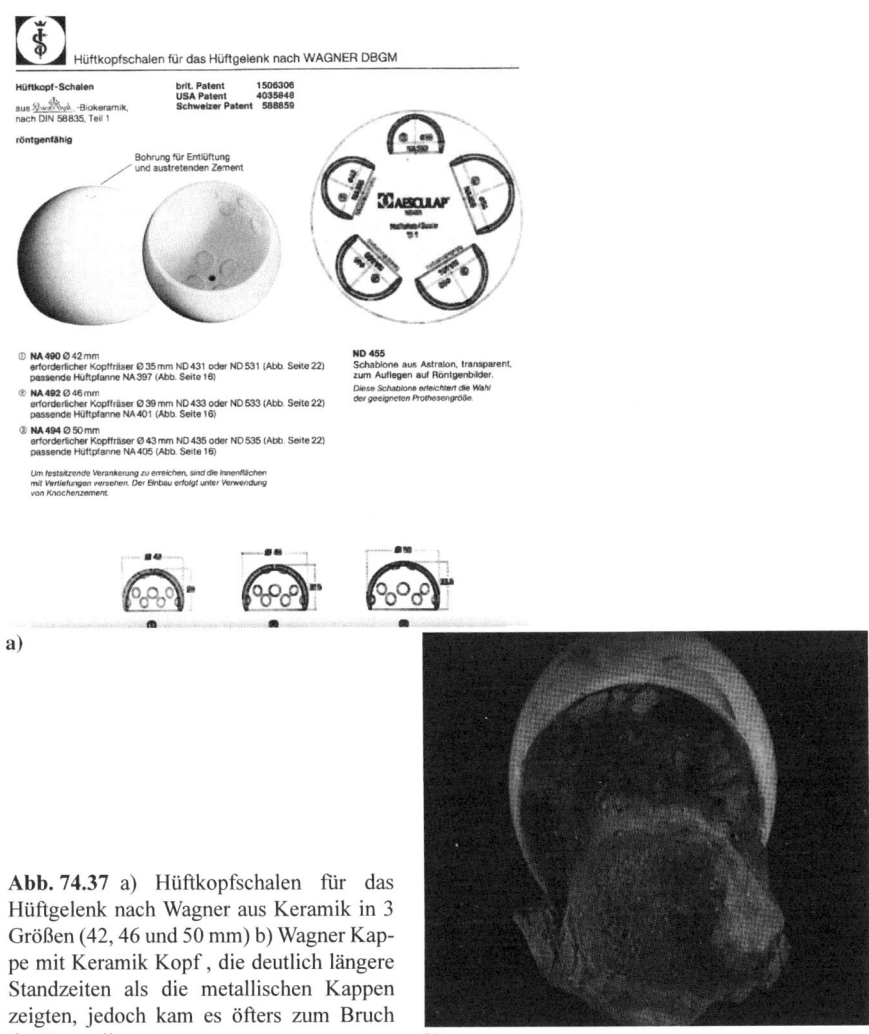

Abb. 74.37 a) Hüftkopfschalen für das Hüftgelenk nach Wagner aus Keramik in 3 Größen (42, 46 und 50 mm) b) Wagner Kappe mit Keramik Kopf, die deutlich längere Standzeiten als die metallischen Kappen zeigten, jedoch kam es öfters zum Bruch der Keramik

Abb. 74.38 Intakte Metall-Metall-Gleitpaarung nach 38 Jahren Standzeit. Die Hüftendoprothese musste wegen Lockerung der Hüftpfanne ausgebaut werden [36]

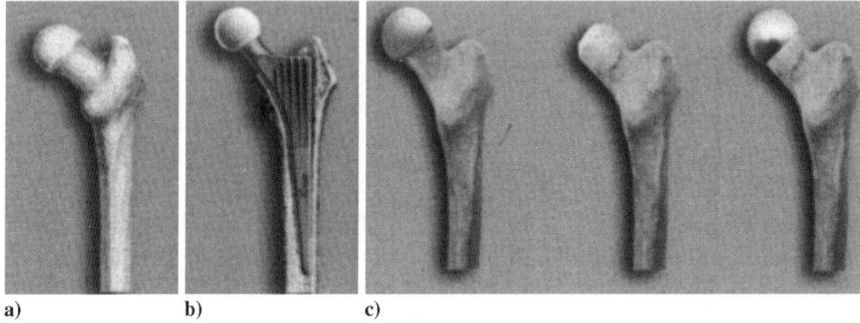

a)　　　　　　b)　　　　　c)

Abb. 74.39 a,b): Prinzip der Implantation eines Hüftendoprothesenschaftes mit Resektion des Hüftkopfes und des Schenkelhalses. c) Bei der Mc.Minn-Prothese werden der Schenkelhals und der Hüftkopf erhalten, es werden nur die zerstörten Knorpel- und Knochenflächen sparsam entfernt [36]

McMinn kommt das Verdienst zu, dass er diese Erkenntnis betreffend der Gleitpaarung des Oberflächenersatzes mit der Erkenntnis kombinierte, dass die bereits in den 1950er Jahren von McKee / Farrar [12–14] eingeführte Metall-Metall-Gleitpparung hervorragende Langzeitresultate aufweisen konnte.

So kam es, dass 1990 McMinn die erfolgreiche metallische McKee/Farrar-Metall-Metall-Gleitpaarung beim Prinzip des Hüft-Oberflächenersatzes einführte [32].

Als Vorteile der McMinn-Prothese gegenüber der Hüfttotalendoprothese können aufgeführt werden:

- geringer Knochenverlust
- weniger Blutverlust
- physiologische Krafteinleitung in den Knochen
- Beibehaltung der normalen Biomechanik
- geringes Luxationsrisiko
- identische Beinlänge
- über 18 Jahre klinische Erfahrung
- sichere Revisionsmöglichkeit

74.7 Hüftkappenprothese – Alternative für TEP

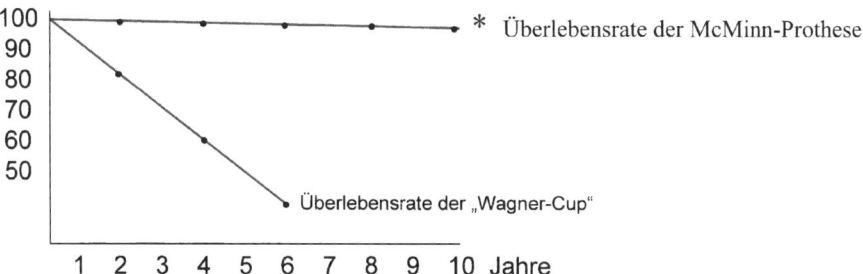

Abb. 74.40 *Überlebensrate der McMinn-Oberflächenersatzprothese im Vergleich zur Wagner-Cup

Nunmehr liegen sehr gute Langzeitresultate mit 10-jährigen Standzeiten der McMinn-Prothese von über 90% gerade bei jüngeren Patienten vor [33,34,35,36] (Abbildung 74.40).

In den Abbildungen 41–45 sind die OP-Schritte zurImplantation der McMinn–Oberflächenersatz–Prothese der Hüfte dargestellt.

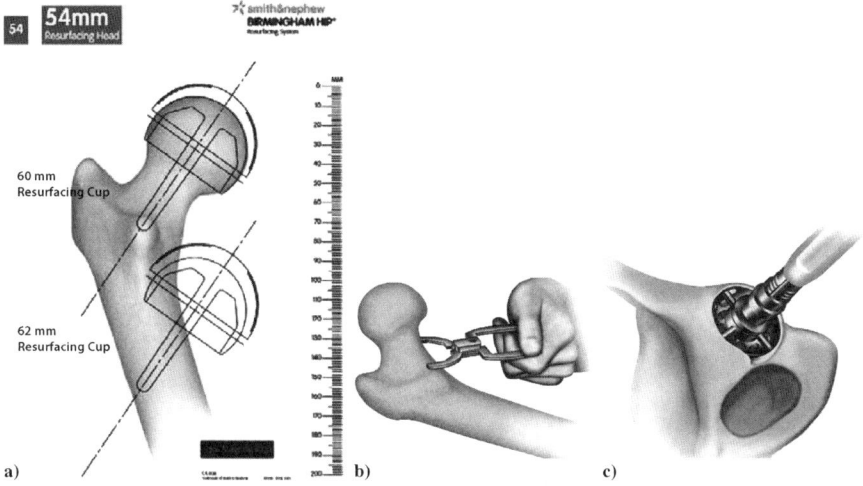

Abb. 74.41 a) Planung der Operation / McMinn-Prothese: Bestimmung der voraussichtlichen Endoprothesenkomponenten mit Rö-Schablonen oder computergestützte OP-Planung. b) Intraop. Größenbestimmung des Schenkelhalsdurchmessers und des Hüftkopfes. c) Auffräsen des Beckenknochens so, dass die zerstörten Knorpel- und Knochenflächen entfernt sind und ein gut durchblutetes Implantatlager für die künstliche Hüftpfanne vorliegt. Zementfreie Implantation der Hüftpfannenprothese unter press-fit-Bedingungen

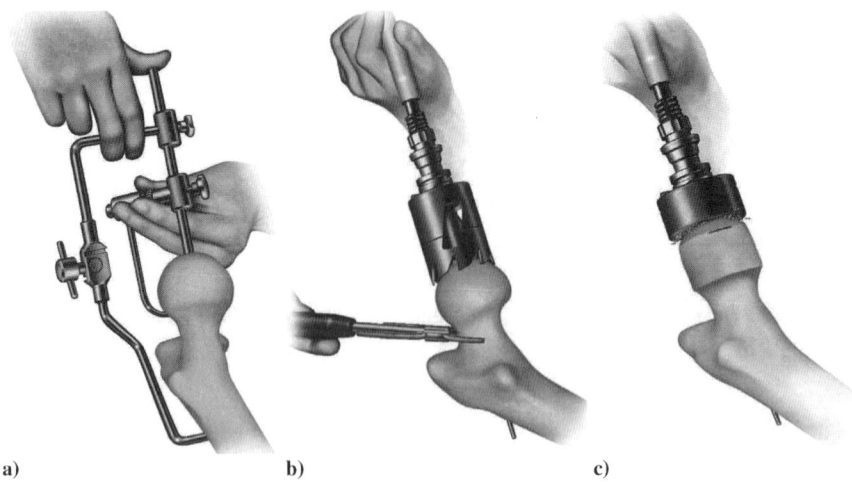

Abb. 74.42 a) Platzierung des zentral im Schenkelhals liegenden Führungsstiftes mit einem Zielgerät. b) Zurechtfräsen des Hüftkopfes mit einer sog. Trommelfräse. c) Planfräsung des Hüftkopfes

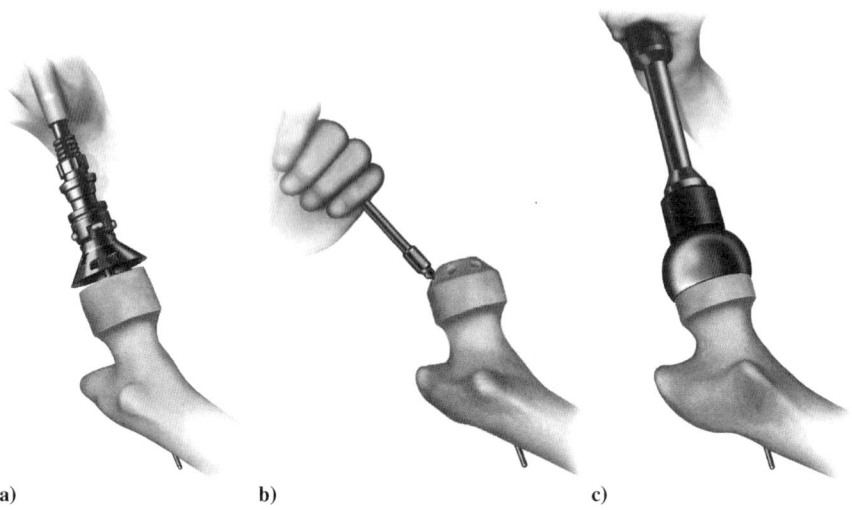

Abb. 74.43 a) Abkantfräsung des Hüftkopfes. b) Bohren von Verankerungslöchern im Hüftkopf. c) Aufbringen der Hüftkopfkappe auf den nahezu vollständig erhaltenen Hüftkopf mit einer dünnen Schicht Knochenzement (PMMA)

74.7 Hüftkappenprothese – Alternative für TEP

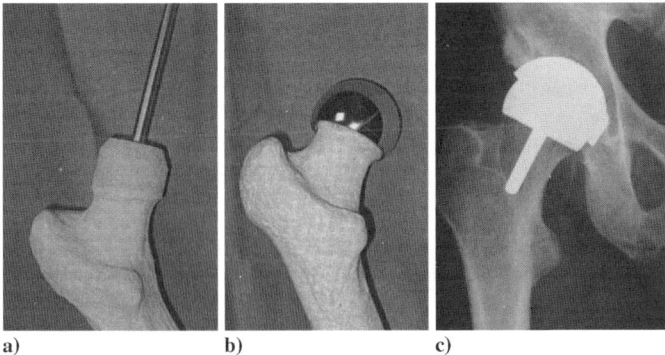

Abb. 74.44 a) Nach der Fräsung des Hüftkopfes ist so gut wie alles vom Hüftkopf erhalten. b) Auf diesen Hüftkopf wird die metallische McMinn-Kappe mit PMMA fixiert. c) Rö-Bild eines Hüftgelenkes mit einliegender McMinn-Prothese

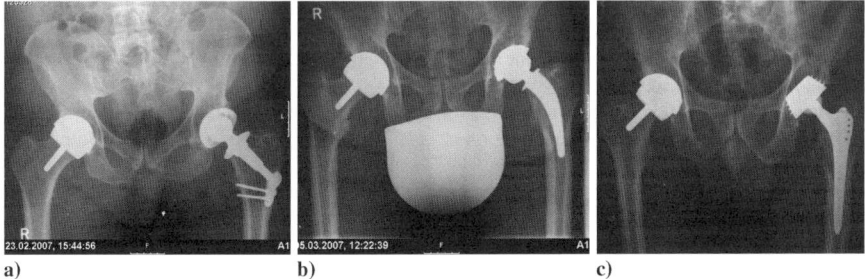

Abb. 74.45 Diese 3 Röntgenbilder veranschaulichen, wie viel Knochen bei der McMinn-Prothese im Vergleich zu den anderen Formen der Hüftendoprothese erhalten werden kann: a) Vergleich McMinn-Prothese (li.) zur Druckscheibenprothese (re). b) Vergleich McMinn-Prothese (li.) zur Kurzschaftprothese (re). c) Vergleich McMinn-Prothese (li.) zur Hüft*total*endoprothese (re)

74.8 Literaturverzeichnis

1. Tschauner, C. (Hrsg.) (2004): Orthopädie und Orthopädische Chirurgie. Becken, Hüfte. Thieme, Stuttgart
2. Statistisches Bundesamt (2003): Bevölkerung Deutschlands bis 2030
3. Günther, K.P., Ziegler, J. (2006): Hüftgelenk-Arthrose und Arthritis. up2date 1: 57–76
4. Richter-Kuhlmann, E. (2008) Endoprothesenregister. Dt. Ärzteblatt 105: 16–17
5. Horstmann, T. et al. (2001) Möglichkeiten und Grenzen der Sporttherapie bei Coxarthrose- und Hüftendoprothesen-Patienten. Dt. Zeitschrift für Sportmedizin, 52: 274–278
6. Gluck, T. (1890) Autoplastik-Transplantation-Implantation von Fremdkörpern. Berl. Klein. Wschr. 19: 421–427
7. Smith-Petersen, M. N. (1939) Arthroplasty of the hip. A new method. J.Bone Joint Surg. 21: 269–288
8. Mahalingam, K., Reidy, D. (1996) Smith-Petersen vitallium mould arthroplasty: a 45-year follow-up. J.Bone Joint Surg. B 78: 496–497
9. Wiles, P. (1958) The surgery of the osteoarthritic hip. Brit.J.Surg. 45: 488–497
10. Moore, A.T. (1957) The self-locking metal hip prosthesis. J.Bone Joint Surg. A 39: 811–827
11. Thompson, F.R. (1954) Two and a half years experience with a vitallium intramedullary hip prosthesis. J.Bone Joint Surg. A 486
12. McKee, G.K. (1951): Artificial hip joint. J.Bone Joint Surg. B 33: 465 f
13. McKee, G.K., Watson-Farrar, J. (1966) Replacement of the arthritic hip by the McKee-Farrar prosthesis. J.Bone Joint Surg. B 48: 245 f
14. McKee, G.K. (1970) Developement of total prosthetic replacement of the hip. Clin.Orthop. Relat.Res. 72: 85–103
15. Haboush, E. J. (1953) A new operation for arthroplasty of the hip based on biomechanics, photoelasticity, fast-setting dental acrylic, and other considerations.Bull.Hosp.Joint Dis. 14: 242–277
16. Charnley, J. (1960) Anchorage of the femoral head prosthesis to the shaft of the femur.J.Bone Joint Surg. B. 42: 28–30
17. Charnley, J. (1961) Arthroplasty of the hip. A new operation. Lancet 1: 1129–1132
18. Charnley, J. (1964) The bonding of prostheses to bone by cement.J.Bone Joint Surg. B 46: 518–529
19. Charnley, J. (1979) Low friction arthroplasty of the hip.Theory and practice.Springer, Berlin
20. Willert, H.G., Buchhorn, G.H., Hess., T. (1989) Die Bedeutung von Abrieb und Materialermüdung bei der Prothesenlockerung an der Hüfte. Orthopäde 18: 350–369
21. Fischer, L. P. et al. (2000) The first total hip prosthesis in man. Hist.Sci.Med. 34: 57–70
22. Wagner, H. (1978) Surface replacement arthroplasty of the hip. Clin.Orthop.Relat.Res. 134: 102–130
23. Kabo, J. M. et al. (1993) In vivo wear of polyethylene acetabular components. J.Bone Joint Surg. B. 75: 254–258
24. Sivash, K. M. (1969) The development of a total metal prosthesis for the hip joint from a partial joint replacement Reconstr.Surg.Traumatol. 11: 53–62
25. Zweymüller, K., Zhuber, K., Locke, H. (1977) A metal-ceramic composite endoprosthesis for total hip replacement Wien.Klin.Wochenschr. 89: 548–551
26. Boutin, P. (2000) Total hip arthroplasty using a ceramic prosthesis. Pierre Boutin (1924–1989) Clin.Orthop.Relat Res. 379: 3–11
27. Weller, S. et al. (2007) Das Bicontact Hüftendoprothesensystem 1987 – 2007 Thieme, Stuttgart
28. Malchau, H. et al. (2002) The Swedish Total Hip Replacement Register J.Bone Joint Surg. A .84 Suppl 2: 2–20
29. Chandler, H.P. et al. (1981) THA in patients jounger than 30 years old. J.Bone Joint Surg. A .63: 1426–1434

74.8 Literaturverzeichnis

30. Howie, D. W., Cornish, B. L., Vernon-Roberts, B. (1990) Resurfacing hip arthroplasty. Classification of loosening and the role of prosthesis wear particlesClin.Orthop.Relat.Res. 255: 144–159
31. Howie, D. W., Cornish, B. L., Vernon-Roberts, B. (1993) The viability of the femoral head after resurfacing hip arthroplasty in humans. Clin.Orthop.Relat.Res. 291: 171–184
32. McMinn, D.J. (2003) Development of Metal/Metal Hip Resurfacing. Hip International 13: 41–53
33. Australian Orthopaedic Association. (2007) National Joint Replacement Registry. http://www.aoa.org.au/docs/njar07.pdf
34. FDA (US Food and Drug Administration) (2006) Summary of Safety and Effectiveness Data (Birmingham Hip Resurfacing). http://www.fda.gov/cdrh/pdf4/p040033b.pdf
35. NICE - National Institute for Health and Clinical Excellence. The clinical effectiveness and cost effectiveness of metal on metal hip resurfacing. http://www.nice.org.uk/guidance/index.jsp?action=byID&r=true&o=11462
36. Suntheim, P. (2008) Resultate nach Implantation der epiphysären Hüftendoprothese nach McMinn. Inaugural-Dissertation / Medizinische Fakultät Universität Tübingen

75 Medizintechnik in der Tumororthopädie

R. Burgkart, H. Gollwitzer, B. Holzapfel,
M. Rudert, H. Rechl, R. Gradinger

Der Buchbeitrag ist Prof. Dr. Erwin Hipp, Emeritus und Gründer des Lehrstuhles für Orthopädie der TUM zu seinem 80. Geburtstag in größtem Respekt vor seinem Lebenswerk gewidmet.

75.1 Einleitung

Die Behandlung der Knochentumoren unterlag in den letzten 20 Jahren einem raschen und stetigen Wandel, was zum einen auf die verbesserten Therapieerfolge durch den Einsatz von neoadjuvanten Therapieformen zurückzuführen ist, und andererseits von medizintechnischen Entwicklungen bezüglich moderner Schnittbilddiagnostik, neuer 3D Operationsplanungsverfahren wie das Rapid Prototyping und adaptiv modularer Tumorendoprothesensystemen u. a. begleitet wurde. Gerade die technischen Entwicklungen haben dazu geführt, daß im Bereich der Extremitäten und der Wirbelsäule radikalere Eingriffe durchgeführt werden können, was die lokale Tumorkontrolle wesentlich verbessert hat. In zunehmenden Maße werden deshalb nicht nur Kurzzeiterfolge sondern auch mittel- und langfristige Fortschritte bei der Behandlung der malignen Knochentumoren einschließlich der Metastasenbehandlung erreicht. Grundlage der Therapie ist dabei immer primär die Sicherung der Diagnose mittels Biopsie und die bildgebende sowie histologische Stadieneinteilung des malignen Tumors. Nach der Tumorresektion kann die Rekonstruktion biologisch oder mit Endoprothesensystemen erfolgen. Gerade die weiterentwickelten modularen Systeme führen zu guten funktionellen Ergebnissen mit langen Standzeiten und einer reduzierten Komplikationsrate. Individuell angefertigte Implantate sind vor allem im Bereich der Rekonstruktion komplexer Beckentumoren von großer klinischer Bedeutung.

75.2 Epidemiologie

Das Alter des Patienten ist eine der wichtigsten klinischen Informationen bei der Beurteilung von Knochentumoren. Die meisten primären Knochengeschwülste entwickeln sich jeweils in einem typischen Zeitintervall von ca. 2 Jahrzehnten (Abb. 75.1). Eine Ausnahme stellt das Chondrosarkom dar mit einer 2-gipfligen Häufigkeitsverteilung und die Knochenmetastasen, die ab dem 40. Lebensjahr nahezu exponentiell ansteigen. Stellt sich beispielsweise ein Patient, jünger als 10 Jahre mit einer glattbegrenzten sklerosierten Knochenläsion vor, handelt es sich bereits altersbedingt mit großer Wahrscheinlichkeit um eine Knochenzyste bzw. ein Osteofibrom. Andererseits spricht eine destruierende Osteolyse eines über 40-jährigen Patienten auch ohne Kenntnis eines Primärherdes für eine Metastase.

Für einige Tumoren gibt es eine gewisse Geschlechtsprädilektion, die aber diagnostisch keine Bedeutung hat. Wichtige diagnostische Informationen erhält man dagegen durch die anatomische Lage des Tumors, da für die meisten Knochenläsionen bezüglich der Lokalisation im Gesamtskelett sowie der Lokalisation im jeweiligen Knochen eine typische Häufigkeitsverteilung besteht.

So ist beispielsweise das Osteosarkom im Gesamtskelett überwiegend kniegelenksnah und das Chondrosarkom im Bereich des Beckens sowie des proximalen Femurs lokalisiert. Für Metastasen bzw. das multiple Myelom ist der Befall der Wirbelsäule sowie der Rippen und der Beckenschaufeln typisch.

Weitere wichtige diagnostische Hinweise erhält man schließlich durch die Lokalisation der Läsion innerhalb des Knochens. Bei einem Tumor der überwiegend in der Epiphyse lokalisiert ist, handelt es sich beispielsweise mit großer Wahrscheinlichkeit um einen Riesenzelltumor sofern die Epiphysenfuge geschlossen ist und aller Wahrscheinlichkeit nach um ein Chondroblastom sofern die Wachstumsfuge noch offen ist (Abb. 75.2). Diaphysär finden sich im Kinder- und Jugendlichenalter

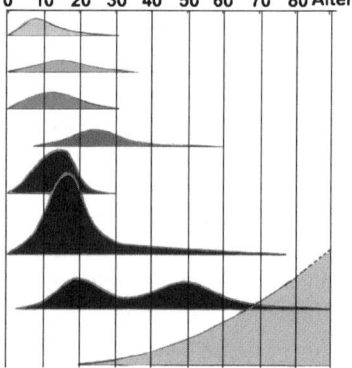

Abb. 75.1 Altershäufigkeitsverteilung von primären und sekundären Knochentumoren und „Tumor-Like-Lesions". Da die sekundären Knochentumore, sog. Metastasen, ab dem 40. Lebensjahr die häufigsten Knochentumoren sind, ist jede unklare Knochendestruktion eines über 40-Jährigen bis zum Nachweis des Gegenteils äußerst metastasenverdächtig [1]

75.2 Epidemiologie

insbesondere Ewingsarkome sowie fibröse Dysplasieherde und eosinophile Granulome, während Erwachsene in diesem Bereich Metastasen und Myelome entwickeln. Eine metaphysäre Lage läßt dagegen weniger diagnostische Rückschlüsse zu, da in diesem Bereich viele knöcherne Läsionen lokalisiert sind. In Abbildung 75.3 ist schließlich eine typische Verteilung der Knochengeschwülste im Bereich der Wirbelsäule dargestellt: während sich überwiegend benigne Läsionen in Bereichen der posterioren Anteile in Form des Osteoidosteoms, des Osteoblastoms sowie der aneurysmatischen Knochenzyste entwickeln, findet man im anterioren Anteil – mit Ausnahme des Hämangioms und des eosinophilen Granuloms – vorwiegend Malignome wie Metastasen, Myelome und Lymphome.

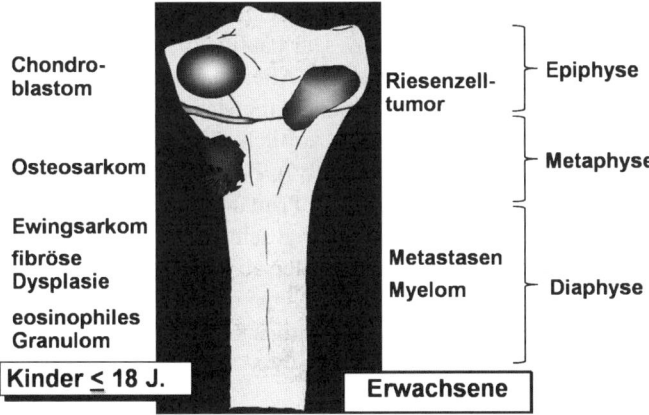

Abb. 75.2 Prädilektionsorte von primären und sekundären Knochentumoren und „Tumor-Like-Lesions" in Bezug auf epi-, meta- bzw. diaphysäre Lokalisation in langen Röhrenknochen, die bereits wichtige Hinweise für die Art des Tumors geben können [1]

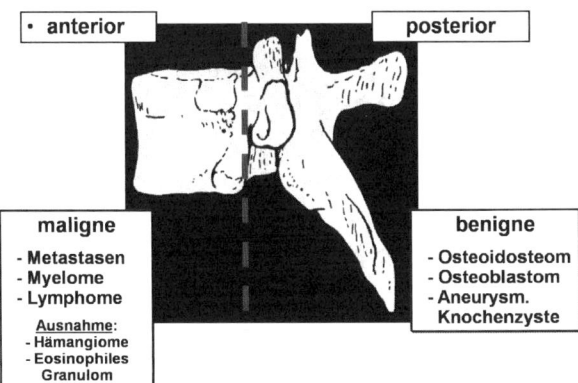

Abb. 75.3 Prädilektionsorte von primären und sekundären Knochentumoren und „Tumor-Like-Lesions" im Bereich der Wirbelsäule. Durch die Tumorlokalisation können bereits etliche diagnostische Eingrenzungen vorgenommen werden [1]

75.3 Diagnostik

Die Patienten stellen sich häufig mit unspezifischen, schmerzhaften Beschwerden vor, die nicht selten mit Bagatelltraumen in Verbindung gebracht werden. Beim Erstbehandler besteht die Gefahr der Fehleinschätzung und onkologisch fataler, verzögerter Diagnostik.

Verglichen mit anderen Gewebsneubildungen sind primäre Knochentumoren mit einer Inzidenz von 1:200.000 pro Jahr relativ selten. Maligne primäre Knochentumoren stellen nur ca. 1% aller primären Malignome dar [2]. Entsprechend dieser geringen Häufigkeit verfügen nur wenige spezialisierte Tumorzentren über profunde Erfahrungen mit diesen Tumoren.

Dagegen sind sekundäre maligne Knochentumoren, die als Metastasen eines anderen Primärtumors bezeichnet werden, sehr häufig. 20% aller Karzinompatienten erleben Metastasen des Skelettsystems. Das Altersmaximum für Skelettmetastasen liegt zwischen dem 50. und 70. Lebensjahr. An erster Stelle sind Mammakarzinome für eine Skelettmetastasierung verantwortlich (70%), gefolgt von Prostatakarzinomen (50%), Bronchialkarzinomen (30%), Nierenzellkarzinomen (25%), u.a. Hierbei ist eine exakte Diagnostik bzgl. des Primärtumors für die Einschätzung der Überlebensprognose relevant und davon hängt schließlich wesentlich die Entscheidung über das weitere therapeutische Vorgehen ab (radikal vs. palliativ).

Die dargestellten Probleme machen die Notwendigkeit eines gezielten diagnostischen Algorithmus (Abb. 75. 4) mit frühzeitiger Überweisung des Patienten in ein entsprechendes Tumorzentrum deutlich.

75.3.1 Bildgebende Verfahren

Das Nativröntgenbild in zwei Ebenen stellt im Rahmen der Basisdiagnostik das wichtigste diagnostische Hilfsmittel für den orthopädischen Onkologen dar. Bei der Bildanfertigung ist die Verwendung eines ausreichend großen Formats mit sicherem Einschluß der symptomatischen Knochenanteile notwendig.

Bei der Auswertung der Nativröntgenbilder sollte besonderes Augenmerk gerichtet werden auf:

1. die anatomische Lokalisation (siehe Prädilektionsorte),
2. die Übergangzone zwischen der Läsion und dem gesunden Knochengewebe,
3. die radiologische Charakteristika der Tumormatrix und
4. das periostale Reaktionsmuster mit möglichem Hinweis auf eine Weichteilinfiltration.

Die Übergangszone zwischen Läsion und umgebendem gesundem Knochengewebe gibt den entscheidenden Aufschluß über das biologische Verhalten der Läsion. Wenn die Tumorgrenze scharf begrenzt ist und der umgebende Knochen genug Zeit hatte, um mit einer Knochenneubildung im Sinne eines reaktiven Sklerosesaumes zu

75.3 Diagnostik

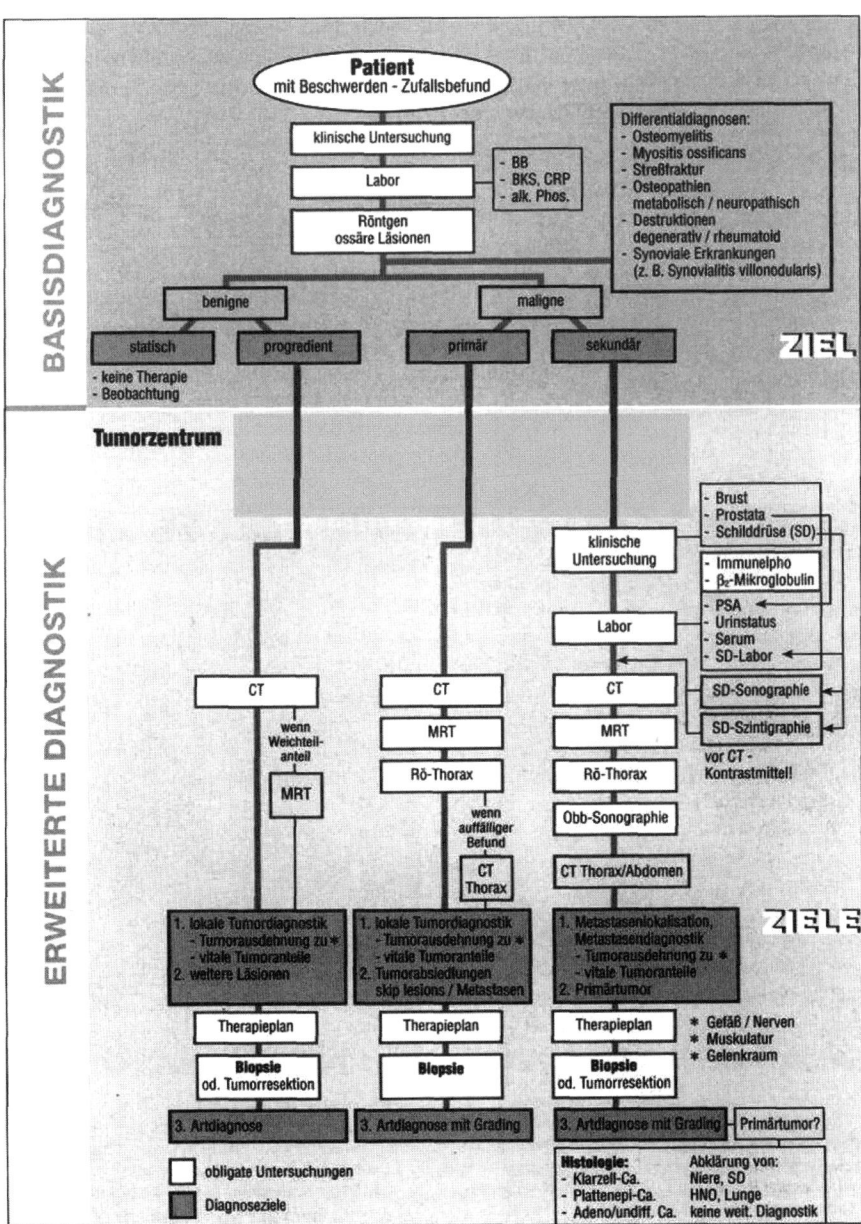

Abb. 75.4 Diagnostischer Algorithmus i.S. einer Stufendiagnostik bei der Abklärung von primären und sekundären Knochentumoren und tumorähnlichen Läsionen. Wichtigster Schritt ist nach Ende der Basisdiagnostik im Zweifelsfall die zeitnahe Überweisung in ein ausgewiesenes Tumorkompetenzzentrum [1]

reagieren, handelt es sich mit großer Wahrscheinlichkeit um einen langsam wachsenden, benignen Prozeß (Abb. 75.5). Dagegen spricht eine weite, unscharf begrenzte Läsion ohne sichtbare Reaktion des umgebenden Knochen für einen schnell wachsenden aggressiven Prozeß (Abb. 75.6) [3]. Dabei kann es sich um einen malignen Tumor, einen lokal aggressiven benignen Tumor oder eine Infektion handeln.

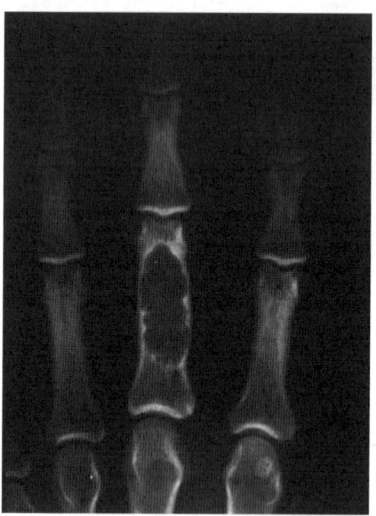

Abb. 75.5 Typisches Erscheinungsbild eines gutartigen Enchondroms in der Grundphalanx D III links bei einem 26-jährigen Patienten. Die rundovale, girlandenförmig begrenzte, Z.T. traubenartig gestaltete, radioluzente Region mit teilweiser Ausdünnung und Ballonierung der Kortikalis entspricht dem typischen Rö-Befund dieser cartilaginären Läsion. Die umgebende, scharf begrenzte Sklerosierungszone entspricht dem Bild eines langsamwachsenden, gutartigen Knochentumors [1]

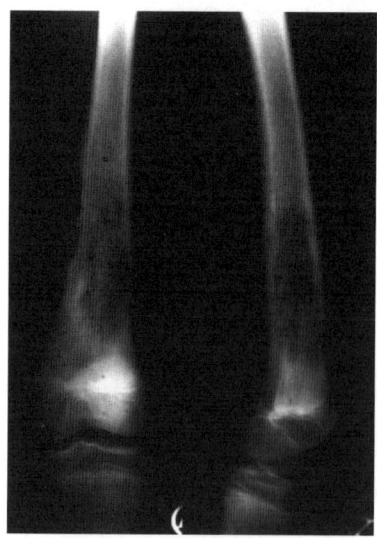

Abb. 75.6 Im Gegensatz zur Abbildung 5 erkennt man eine unscharf begrenzte mottenfraßähnliche osteolytische Läsion im Bereich des distalen linken Femurs dieses 14-jährigen Patienten. Neben dem Osteolysemuster spricht die mediale Kortikalisunterbrechung mit unscharf begrenzter Periostreaktion für eine schnell-wachsende, aggressiv destruierende, maligne Knochenläsion. Es handelte sich um ein hochmalignes Osteosarkom G3 [1]

75.3 Diagnostik

Entsprechend dem diagnostischen Stufenschema sollte zu diesem Zeitpunkt der Abklärung der behandelnde Orthopäde festlegen, ob es sich um einen

1. statischen benignen Knochentumor ohne wesentliche Wachstumstendenz oder aber um einen
2. progredient lokal agressiven benignen Tumor, einen
3. primär malignen Tumor oder um einen
4. sekundär malignen Tumor (Metastase) handelt.

75.3.2 Erweiterte Diagnostik und Staging bei Knochentumoren

Ziel der erweiterten Diagnostik ist eine möglichst **präzise Diagnoseeingrenzung** zur Erstellung eines vorläufigen Therapieplans und eines daran angepaßten Vorgehens bezüglich der Biopsie. Zum andern sollte die biologische Aktivität bzw. die lokale Ausdehnung des Tumors mit Hilfe der Magnetresonanztomographie (MRT) vor der Biopsie erfaßt werden, um die Ergebnisse nicht durch operationsbedingte Veränderungen zu verfälschen.

Im Rahmen des weiteren diagnostischen Vorgehens müssen also:
1. die Tumorbeschaffenheit
   a. lokale Tumorausdehnung
   b. vitale versus nekrotische Knochenanteile
2. Tumorabsiedlungen (Skip lesions und Metastasen) und nach durchgeführter Biopsie die
3. pathohistologische Artdiagnose mit Grading geklärt werden (Abb. 75.4).

Zur Eingrenzung der Tumorausdehnung sind moderne Schnittbildverfahren, wie das MRT und die Computertomographie (CT), die entscheidenden diagnostischen Hilfsmittel.

Für die Festlegung der Tumorgrenzen im Bereich der Weichteile insbesondere gegenüber den Gefäßen und Nerven, sowie die intramedulläre Ausdehnung und die Erfassung von „Skip Lesions" stellt heutzutage die **Magnetresonanztomographie** (MRT) das Verfahren der Wahl dar [4] (Abb. 75.7). Beim wachsenden Skelett besteht durch die multiplanaren Darstellungsmöglichkeiten zusätzlich der Vorteil ein Tumorüberschreiten der Epiphysenfuge exakt zu erfassen. Außerdem besteht gegenüber dem CT eine bessere Gewebedifferenzierung und schließlich nach Kontrastmittelgabe eine sehr präzise Lokalisierung von vitalen und nekrotischen Tumoranteilen, die bei der Biopsieplanung von größter Bedeutung sind (da man unbedingt „lebendes" Tumorgewebe für den Pathologen gewinnen sollte, damit dieser überhaupt eine aussagekräftige Diagnose stellen kann).

Standardmäßig wird im MRT eine axiale Schichtführung in T1-, T1- mit Gadolinium und T2-Wichtung mit Abbildung eines angrenzenden Gelenkspalts zur anatomischen Orientierung angefertigt. Zur sicheren Erfassung von „Skip Lesions" ist außerdem eine koronare Schichtführung in T1-Wichtung mit dem gesamten betroffenen Knochenkompartiment zu fordern.

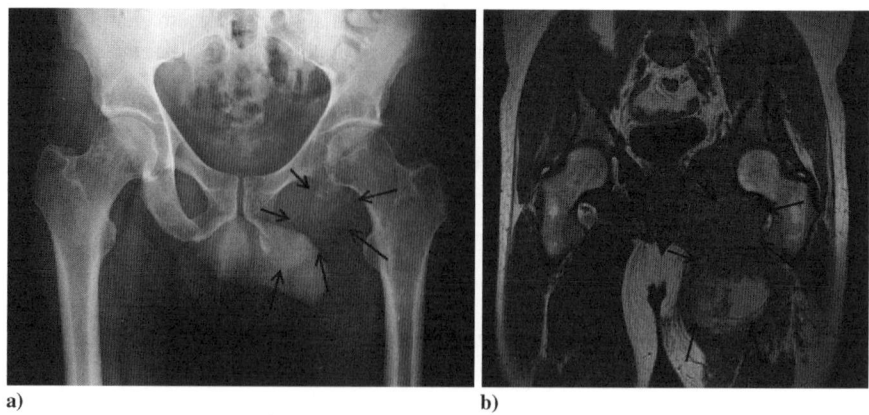

Abb. 75.7 Zwar erkennt man bereits auf dem Röntgenübersichtsbild (links) dieses 46-jährigen Patienten eine große knöcherne Destruktion im Bereich des Os ischii und des unteren Schambeinastes links ((a) siehe schwarze Pfeile), aber das eigentliche Ausmaß der Läsion, die erheblich größer ist auf Grund der großen Weichteilausdehnung, wird erst im MRT (rechts) offensichtlich und beurteilbar ((b) die schwarzen Pfeile zeigen die Tumorgrenze dieses hochmalignen teleangiektastischen Osteosarkoms (G4))

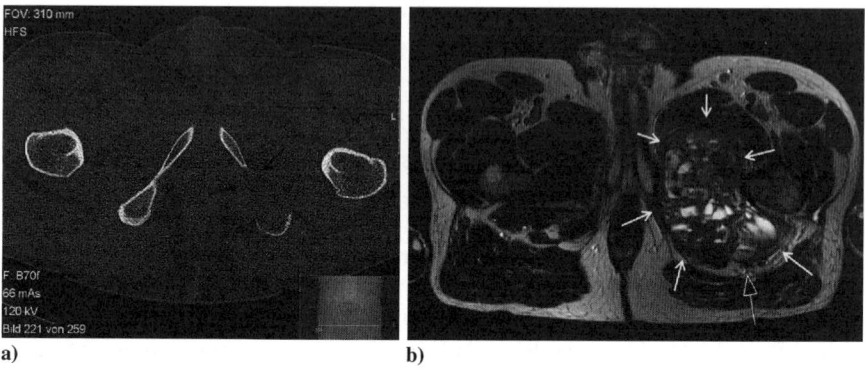

Abb. 75.8 Zur Festlegung der Tumorausdehnung im Bereich des Markraums und der Weichteile, insbesondere der Abgrenzung gegenüber den Gefäß-/Nervenstrukturen ist das MRT das Verfahren der Wahl. Das vorliegende teleangiektastische Osteosarkom (gleicher Patient wie Abb.7) im Bereich des linken Sitz- und Schambeines mit ausgedehntem Weichteilanteil (solide weisse Pfeile zeigen die Tumorgrenze) läßt sich im MRT (rechtes Bild) deutlich gegenüber der Beckenmuskulatur und dem Ischiasnerv (weißer Pfeil nicht gefüllt) abgrenzen. Das CT auf gleicher Höhe zeigt zwar sehr deutlich tumorbedingte knöcherne Destruktion (linkes Bild; schwarze Pfeile), aber das Ausmass der Weichteilinfiltration kann man auf Grund der CT-technikimmanenten schlechteren Weichteilkontrastierung nicht ausreichend beurteilen

Die MRT kann außerdem auch bei der differentialdiagnostischen Abgrenzung maligner Läsionen von entzündlichen Veränderungen wichtige Hinweise liefern [5]. Eine exakte Artdiagnose im Sinne der Tumorentität ist allerdings auch im MRT meist nicht möglich, sondern nur durch eine Biopsie möglich. Methodische Probleme können außerdem bei der exakten Bestimmung der Tumorgrenzen bestehen, wenn in den T2 gewichteten MR-Schichten das perifokale Tumorödem nicht vom eigentlichen Gewebe der Neubildung unterscheidbar ist [6].

Die **Computertomographie** (CT) ist insbesondere bei der Beurteilung kortikaler Veränderungen, z. B. ob ein Tumor in einen Gelenkbinnenraum eingebrochen ist oder bei der Analyse von intratumoraler Matrixkalzifikation bzw. Ossifikation das Verfahren der Wahl. Außerdem stellt das CT eine kostengünstige und sehr sensitive Möglichkeit der Abklärung von Tumorabsiedelungen in Lymphknoten und Organen des Abdomens sowie des Thorax dar. Dabei ist das Staging der Lunge als häufigster Metastasierungsort bei malignen Tumoren von allergrößter Bedeutung.

Neue diagnostische, bildgebende Verfahren, die auch bei der Abklärung von Knochentumoren Vorteile bringen können, befinden sich in der klinischen Erprobung. Eine besondere Bedeutung in der Diagnostik von malignen Knochentumoren hat heute die Positronen-Emissions-Tomographie (PET), mit der einerseits Metastasierungen von stoffwechselaktiven Tumoren, andererseits die Unterscheidung von vitalen und nicht-vitalen Knochentumorarealen gelingt und auch eine Rezidivdiagnostik vor allem bei liegenden Metallimplantaten [7] möglich ist. PET und Ganzkörper-MRT haben die Szintigraphie als Screeninguntersuchung nach Metastasen weitgehend abgelöst.

Schließlich sind Tumorgefäßdarstellungen mit Hilfe der Magnetresonanzangiographie zumindest bei mittleren bis großen Gefäßdurchmessern möglich und werden in Zukunft die Indikation zur Angiographie gegebenenfalls noch weiter einschränken.

Im Rahmen einer nichtinvasiven spezifischen Tumorklassifikation sind Versuche mit MR-spektroskopischen Methoden bei primären Knochentumoren durchgeführt worden [8]. Bisher konnte das Signalmuster in den Spektren aber nicht spezifisch für die histologische Tumoreinteilung verwendet werden. Verfeinerte technische Möglichkeiten könnten dabei allerdings zukünftige, neue Möglichkeiten ergeben.

Derzeit – für Knochentumoren noch weniger greifbar – aber zukünftig sicher von Bedeutung sind molekularbiologische Diagnostikverfahren. Möglicherweise ergeben sich insbesondere bei der onkologischen Frühdiagnostik, aber auch bei der Tumornachsorge, durch diese molekularbiologischen Analysen neue, klinisch bedeutende Ansätze.

75.3.3 Biopsie

Entscheidend für jede onkologische Therapie ist eine exakte Diagnose. Trotz der dargestellten modernen Bildgebung ist dabei nach wie vor die gezielte Gewebeentnahme von repräsentativen, vitalen Tumoranteilen im Sinne der Biopsie – sei sie offen oder geschlossen unter CT-Kontrolle – essentiell. Bei jeder Biopsie muss die potenziell nachfolgende Operation berücksichtigt werden, d. h. dass der Biopsie-Weg im späteren operativen Zugangsbereich liegen muss, da dieser bei der definitiven Operation mit entfernt werden muss. Die Tumorbiopsie sollte deswegen in der Regel bereits im endgültig versorgenden Tumorzentrum erfolgen, insbesondere da es sich gezeigt hat, dass bei etwa 20% der Patienten biopsiebezogene Komplikationen mit negativer Auswirkung auf das Ergebnis und die Überlebensprognose auftreten können [9].

Systematisch werden die Knochentumoren histologisch unterteilt in 3 Gruppen: hoch-differenziert (G1), mittelgradig differenziert (G2) und gering differenziert (G3/4). Die bildgebenden wie die histologischen Befunde führen zu einem Tumorstaging bzw. zu einer Stadiengruppierung bei malignen Tumoren, bei dem neben dem histologischen Befund auch die Tumorausdehnung sowie die Metastasierung berücksichtigt wird (Tab. 75.1).

Nachdem die endgültige Tumorentfernung vorgenommen worden ist, ist schließlich die Beurteilung des gesamten gewonnenen Präparates durch den Pathologen von größter Bedeutung für die Prognose des Patienten und für evtl. notwendige zusätzliche therapeutische Intervention wie z. B. einer Nachbestrahlung.

Dabei ist zum Einen die Radikalität der Operation zu beurteilen:

- R 0: Tumor im Gesunden entfernt, kein Residualtumor,
- R 1: Residualtumor nur mikroskopisch erkennbar,
- R 2: Residualtumor makroskopisch nachweisbar.

Handelt es sich um einen Tumor der eine präoperative, neoadjuvante Chemo- und/oder Strahlentherapie erhielt (z. B. Ewing-Sarkome), so ist die Ansprechrate des Tumors auf diese Therapiemaßnahme von großer Bedeutung für die Prognose (Tab. 75.2). Und diese Beurteilung ist schließlich für das weitere Vorgehen der postoperativen adjuvanten Therapie ausschlaggebend (z. B. zusätzliche Strahlentherapie, Änderung der Chemotherapeutika).

Auf Grund der verbesserten adjuvanten Maßnahmen und der neuen medizintechnischen Errungenschaften sind die Ergebnisse nach Behandlung von primären malignen Knochentumoren in den letzten Jahrzehnten deutlich verbessert worden.

Stadium	Histologisches Grading	Tumorausdehnung	Metastasierung
I A	Niedrig maligne (G1, G2)	Intrakompartimentär (T1)	M 0
I B	Niedrig maligne (G1, G2)	Extrakompartimentär (T2)	M 0
II A	Hochmaligne (G3, G4)	Intrakompartimentär (T1)	M 0
II B	Hochmaligne (G3, G4)	Extrakompartimentär (T2)	M 0
III A	Niedrig-/hochmaligne (G1-4)	Intrakompartimentär (T1)	M 1
III B	Niedrig-/hochmaligne (G1-4)	Extrakompartimentär (T2)	M 1

Tabelle 75.1 Stadieneinteilung maligner Knochen- und Weichteiltumoren nach Enneking (1993) [10]

Regressionsgrad	Verbliebenes Tumorgewebe
I	Keine vitalen Tumorzellen
II	Vereinzelt nachweisbare Tumorzellen, oder eine vitale Tumorinsel < 0,5cm Durchmesser
III	Weniger als 10% vitales Tumorgewebe
IV	10-50% vitales Tumorgewebe
V	> 50% vitales Tumorgewebe
VI	Kein Effekt der Strahlen-/Chemotherapie erkennbar

Tabelle 75.2 Regressionsgrade nach Salzer-Kuntschik für maligne Knochentumoren [11]

Score	1	2	3
Lokalisation	obere Extremität	untere Extremität	peritrochantär
Metastasentyp	osteoblastisch	gemischt	osteolytisch
Größe	< 1/3 Kortikalis	1/3-2/3 Kortikalis	> 2/3 Kortikalis
Schmerzen	gering	mäßig	belastungsabhängig

Tabelle 75.3 Bewertungsschema nach Mirels zur Abschätzung des Frakturrisikos bei knöchernen Metastasen [12]. Von einem deutlich erhöhten Frakturrisiko ist bei einem Score von > 7 Punkten auszugehen („drohende pathologische Fraktur")

Je nach Tumorentität liegt die 5-Jahresüberlebensrate heute bei Ewing-Sarkomen > 50% und bei Osteosarkomen über 70%.

Bei Metastasen des Knochens besteht bei drohender pathologischer Fraktur die Indikation zur operativen Stabilisierung bzw. Endoprothesenimplantation. Das Risiko pathologischer Frakturen kann nach Mirels et al. abgeschätzt werden [12], von einem deutlich erhöhten Risiko („drohende pathologische Fraktur") ist bei einem Score von >7 Punkten auszugehen (Tab. 75.3). Generell ist jedoch zu beachten, dass deutliche radiologische Veränderungen durch Metastasen meist erst ab einem Befall von mindestens 50% des Knochenvolumens auftreten und somit automatisch eine gewisse Erhöhung des Frakturrisiko beinhalten.

75.4 Grundsätze für das operative therapeutische Vorgehen

Nach Rekonstruktion einer Extremität mittels endoprothetischem Ersatz ist eine lokale Rezidivrate zwischen 5 und 10% zu erwarten, wobei die häufigsten Lokalrezidive erwartungsgemäß bei Resektionen ohne großen Sicherheitsabstand zum Tumor gefunden werden. Dies bedeutet für das operative Vorgehen, dass Kompromisse bzgl. der Radikalität des operativen Eingriffes nur dann zu rechtfertigen sind, wenn die Prognose im individuellen Fall bereits schlecht ist. Die schlechteste Prognose haben v. a. die Patienten, bei denen mehrere anatomische Kompartimente durch den Tumor bereits befallen sind. Hier liegt die 5-Jahres-Überlebenswahrscheinlichkeit in der Regel unter 20%.

Natürlich ist die Prognose auch für die Patienten besonders ungünstig, bei denen bereits Metastasen vorliegen. Bemerkenswert ist, dass auch bei diesen Patienten eine Überlebenszeit zwischen vier und acht Jahren erreichbar ist, wenn durch die multimodale Therapie zumindest vorübergehend eine sog. „Tumorfreiheit" erreicht werden kann. Für die Behandlung von primären malignen Knochentumoren gilt der Grundsatz „Radikalität vor Funktionalität". Die jeweilige Entscheidung, wie vorgegangen werden sollte, hängt natürlich von der individuellen Situation des Patienten selbst ab.

Bei der Behandlung von Knochenmetastasen ist ebenfalls eine individuelle Entscheidung über die zu wählenden Therapieverfahren, welche in der Regel in einem interdisziplinären Konsens zu fällen ist, notwendig. Hier gilt der Grundsatz „Funktionalität vor Radikalität". Da die Patienten mit Knochenmetastasen aufgrund der verbesserten Therapiemöglichkeiten heute wesentlich längere Überlebenszeiten zu erwarten haben, ist bei der Wahl des Operationsverfahrens immer zu berücksichtigen, dass nach Möglichkeit ein lokales Rezidiv im Skelettsystem vermieden werden sollte. Die zu erwartende Lebenszeit hängt in hohem Maße von der Wachstumsgeschwindigkeit des Primärtumors ab. Die Einschätzung der Überlebenszeit kann nur individuell interdisziplinär annähernd vorausgesagt werden und hängt dabei auch von den noch verbleibenden adjuvanten Therapiemöglichkeiten ab. In der Regel sollten auch bei Knochenmetastasen mit drohenden oder eingetretenen Frakturen Tumorresektionen mit nachfolgendem, entsprechenden endoprothetischen Ersatz vorgenommen werden. Verbundosteosynthesen mit Knochenzement sind allenfalls kurzfristige Lösungen. Intramedulläre Osteosynthesen sollte man grundsätzlich nicht durchführen, da bei diesen Verfahren operationstechnisch-bedingt unweigerlich Tumoranteile über das gesamte Knochenkompartiment verteilt werden und so Lokalrezidive vorprogrammiert sind.

75.4.1 *Auswahl der Operationsverfahren*

Grundsätzlich wird man immer versuchen ein Operationsverfahren zu wählen, das ein „Limb Salvage", dh. den Extremitätenerhalt, möglich macht und idealerweise mit einer biologischen Rekonstruktion kombinierbar ist, um so einen künstlichen, d. h. endoprothetischen Knochenersatz, der oft in der weiteren Folge durch Materialermüdung zu Komplikationen führen kann, zu vermeiden. Tabelle 75.4 zeigt die meisten, heute eingesetzten operativen Verfahren:

Bei Patienten mit einem solitären primären Knochentumor wird dabei aber die Radikalität der Tumorresektion als höchstes Ziel gelten. In der Regel ist eine extremitätenerhaltende Operation dabei nur dann sinnvoll, wenn gleichzeitig eine entsprechende Funktion der Extremität erreichbar ist.

75.4 Grundsätze für das operative therapeutische Vorgehen

- **biologische Rekonstruktion**
  - Fibula/Clavicula
- **Verbundosteosynthesen**
- **Endoprothesen** ⟶
- **Segmentresektion**
  - Umkehrplastik
  - Arthrodese
- **Amputation**

- Spaceholder
- Standardprothesen
- Maßangefertigte Spezialprothesen
- modulare Prothesen

Tabelle 75.4 Übersicht über die verschiedenen operativen Verfahren zur Tumorresektion und nachfolgenden Extremitäten-/ Wirbelsäulenrekonstruktion. Grundsätzliches Ziel ist dabei soviel Radikalität wie nötig und so wenig Funktionsverlust, dh. möglichst Extremitätenerhalt, wie möglich

Am Beispiel des Kniegelenkes lässt sich ein derartiger Entscheidungsalgorithmus sehr anschaulich aufzeigen

- Befindet sich zwischen dem malignen Tumor und der A./V. poplitea sowie der N. ischiadicus eine deutliche Verschiebeschicht, kann eine sog. Limb-salvage (extremitätenerhaltende Operation) durchgeführt werden
- Liegt eine Infiltration der A./V. poplitea bei nicht-kontaminiertem N. ischiadicus vor, ist beispielsweise eine Segmentresektion im Sinne einer Umkehrplastik nach Borggreve die Therapie der Wahl
- Infiltriert aber der maligne Tumor die A./V. poplitea sowie dem N. ischiadicus, ist eine Amputation indiziert.

Liegt der Tumor in der Diaphyse eines langen Röhrenknochens (z. B. Ewing-Sarkom) kann die Segmentresektion mit anschließender autologer Rekonstruktion (vaskularisiertes Fibulatransplantat oder Kallusdistraktion) sinnvoll sein. Allografts haben sich insbesondere als lasttragende Rekonstruktionen weder für eine diaphysäre, noch für eine epi-metaphysäre Rekonstruktion bewährt, weshalb Allografts lediglich als additive Rekonstruktionsverfahren im Sinne einer Abstützung bei erhaltenen Gelenkflächen in unserer Klinik eingesetzt werden. Die operative Therapie von Knochenmetastasen hat neben der möglichst vollständigen Entfernung des befallenen Knochenareals v. a. die Wiederherstellung der Funktion in kurzer Zeit zum Ziel. So wird man beispielsweise bei einer Metastase im Bereich der Diaphyse eines langen Röhrenknochens statt einer autologen Rekonstruktion einen zementierten endoprothetischen Spaceholder implantieren, der eine sofortige Belastung der Extremität erlaubt [13]. Allerdings sind sämtliche Indikationen zum operativen Vorgehen und der Auswahl des Verfahrens individuell in enger Absprache mit dem Patienten und dem gesamten onkologischen Therapieteam (Radiotherapeut, Onkologe, Pathologe, Radiologe u. a.) zu stellen.

75.4.2 Operationsplanung

Eine wesentliche Verbesserung der operativen Versorgung der Patienten wurde durch neue medizintechnische Errungenschaften – allen voran die modernen 3D Schnittbildverfahren wie CT und MRT – ermöglicht. Auf Grund dieser Verfahren ist man in der Lage bereits präoperativ sehr detailliert die dreidimensionale Tumorausdehnung gegenüber den umgebenden anatomischen Strukturen zu erfassen. Auf dieser Wissensgrundlage kann der Operateur – vorausgesetzt er verfügt über ein gutes dreidimensionales Vorstellungsvermögen – sehr präzise den optimalen operativen Zugangsweg planen, der möglichst direkt die Tumorresektion ermöglicht und dabei wenig gesunde Gewebeareale kontaminiert sowie unter Schonung der relevanten Gefäß-/Nervenstrukturen. Neben der Tumorentfernung sind diese Bilddaten aber auch von erheblicher klinischer Bedeutung für die Planung von komplexen Rekonstruktionen, z. B. einer Beckenrekonstruktion mit Beckenteilersatz durch eine für den jeweiligen Patienten maßgefertigten Endoprothese.

Dazu sind moderne Verfahren der Bilddaten-Nachverarbeitung (sog. Postprocessing) notwendig und als erster Schritt ist die Bildsegmentation zu erwähnen. In der Tumororthopädie werden dabei als bildgebendes Verfahren derzeit in der Regel CT-Daten verwendet, da im CT eine hochaufgelöste, verzerrungsfreie Darstellung der Strukturen gewährleistet ist und anderseits der hohe Kontrast zwischen Knochengewebe und den Weichteilen eine automatische bzw. zumindest semiautomatische, schwellwertbasierte Segmentation des Knochens ermöglicht (Abb. 75.9). Diese segmentierten Knochenanteile können dann sowohl für virtuelle 3D Darstellungen als auch für die eigentliche Planung des Eingriffes mit Darstellung der Lage und Orientierung der Resektionslinien, Positionierung und Form der Verankerungsstiele, die räumliche Rekonstruktion des physiologischen Hüftrotationszentrums, aber auch für den Entwurf von Instrumenten sowie z. B. das Anfertigen von 3D Modellen im Sinne des „Rapid Prototyping" verwendet werden (Abb. 75.11) [14].

Zwar ist – wie oben ausgeführt – die Computertomographie die dominierende Bildgebungsmodalität für computerbasierte Verfahren wie Segmentation bis hin zur operativen Navigation. Nachteilig am CT ist aber die Belastung mit ionisierender Strahlung, der der Patient während der Aufnahme der Datensätze ausgesetzt ist und der geringe Weichteilkontrast. Eine in diesen Punkten bessere Bildgebungsmodalität ist das MRT. Sie gilt als gesundheitlich unschädlich und bietet einen hohen ausgezeichneten Weichteilkontrast. Problematisch dabei ist, daß MR-Daten geometrisch z. T. erheblich verzerrt sind. Die Verzerrungen entstehen durch das unterschiedliche magnetische Verhalten des menschlichen Körpers und der Luft im MR-Scanner. Sie sind individuell vom Patienten abhängig. Der Einsatz von MR-Daten für eine maßstabsgetreue Planung erfordert daher zunächst eine geometrische Korrektur der Daten.

Um aber auch Läsionen, die sich im Röntgenbild und CT nicht gut abgrenzen lassen, für die präoperative Planung und intraoperative Navigation „visualisieren" zu können, haben wir einen Weg gesucht, MRT-Daten zukünftig für combuterbasierte Verfahren nutzbar zu machen. So konnten wir neue Ansätze entwickeln die

75.4 Grundsätze für das operative therapeutische Vorgehen

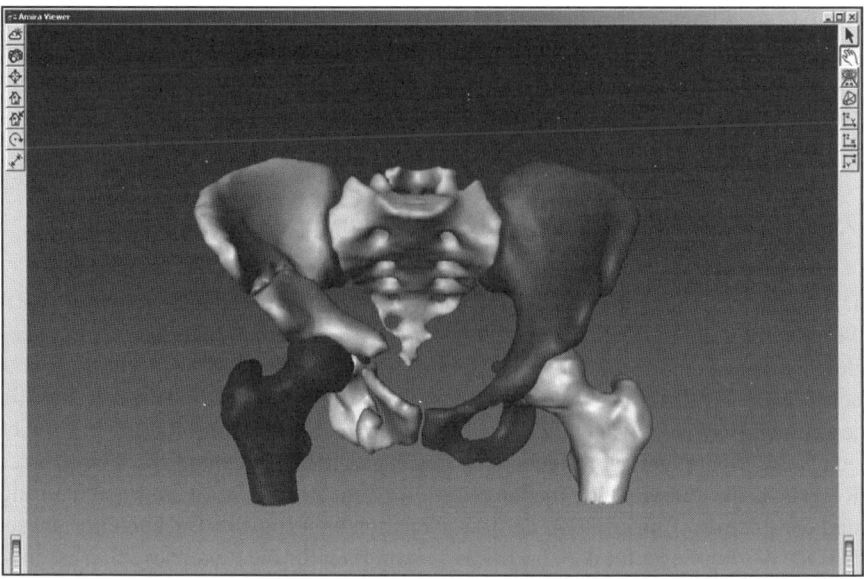

Abb. 75.9 Beispiel für die hochgenaue Darstellung der knöchernen Beckenkonturen eines Patientens mit Knochendeformationen im Bereich des rechten Acetabulums. Die Segmentation wurde semiautomatisch an einem Planungs-CT mit einer Schichtdicke von 4 mm mittels einer Segmentations- und Visualisierungssoftware durchgeführt (Amira 3.0, Fa. Mercury/USA)

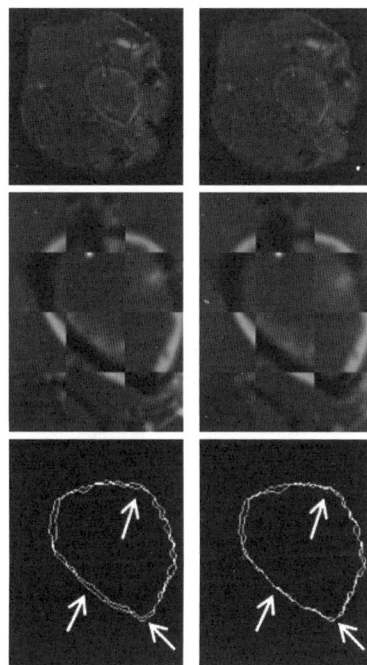

Abb. 75.10 MR/CT-Registrierung vor (linke Spalte) und nach der geometrischen Korrektur der MRT Daten (rechte Spalte). Die Pfeile kennzeichnen Stellen, an denen der Unterschied zwischen dem originalen und dem korrigierten MR-Datensatz sehr deutlich zu erkennen ist (aus [15])

MRT-Distorsionen rechnerbasiert zu korrigieren (Abb. 75.10) [15, 16, 17]. Dies stellt nun eine erfolgversprechende Basis dar, zukünftig dieses in vielen Bereichen vorteilhafte, nichtinvasive 3D Schnittbildverfahren schließlich auch für die präoperative Planung und die nachfolgende Navigation nützen zu können.

75.4.3 „Rapid Prototyping" von anatomischen Strukturen

Die Nutzbarmachung der von der Industrie entwickelten „Rapid Prototyping"(RP)-Verfahren für die Medizin hat vor allem für die Rekonstruktion komplexer Beckendefekte nach Tumorresektion oder Mehrfachwechseln bei Hüftendoprothesen entscheidende Verbesserungen für die Patientenversorgung gebracht. Dabei dienen die jeweiligen Beckenknochenmodelle, die heutzutage in der Tumororthopädie vorwiegend aus Polyurethan in Frästechnik hergestellt werden, der exakten 3D Planung der Resektion, der Entwicklung maßangefertigter Schablonen für die Instrumentierung und der präzisen Konstruktion der jeweils patientenbezogenen Beckenteilprothese. Das RP-Verfahren ist für die nötige Passgenauigkeit für die Rekonstruktion essentiell, aber andererseits zeitlich aufwendig und mit erheblichen Kosten verbunden.

Grundsätzlich werden bei allen RP-Verfahren entsprechend den 3D Basisdaten stufenförmig Lagen unterschiedlichster Materialien auf Modellen aufgebracht bzw. von Grundkörpern abgetragen.

Tabelle 75.5 zeigt eine Übersicht von gebräuchlichen RP-Verfahren. In der rekonstruktiven Medizin hat sich dabei im Bereich der Mund-Kiefer-Gesichtschirurgie vorallem die Stereolithographie durchgesetzt, da bei diesem laserbasierten Verfahren neben einer sehr hohen Genauigkeit vorallem der Vorteil der exakten 3D Abbildbarkeit von Hohlräumen und Hinterschneidungen im Gegensatz zu CNC-Frästechniken möglich ist [18].

Verfahren	Abkürzung	Werkzeug	Beschreibung
CNC-Fräsen		Fräse	Mit einer computergesteuerten Fräsmaschine wird das Modell aus dem Vollen gearbeitet (»subtractive machining«)
Stereolithographie	STL SL SLA	Laser	Aushärten eines flüssigen Photopolymers (Epoxidharz) durch (UV-)Laser
Selektives Lasersintern	SLS	Laser	Verschmelzen oder Versintern von Kunststoffpulver oder Gießsand mittels Laser
Laminated Object Modelling	LOM	Laser	Aufbau der Form aus Folien (Papier, Keramik, Kunststoff, Aluminium) deren Kontur durch einen Laser ausgeschnitten wird
Liquid Metal Jet Printing	LMJP	"Drucker"	Geschmolzenes Metall wird an die entsprechenden Bezugspunkte schichtweise aufgetragen
Fused Deposition Modelling	FDM	"Drucker"	Verflüssigung von drahtförmigen Kunststoffmaterialien (Polyethylen, Polyamid, Wachs), die mit einer Düse schichtweise aufgebaut werden
3D-Printing	3-DP	"Drucker"	Spritzen von Bindemittel (Epoxidharz) auf ein Pulverbett (Keramik, Stahl, Gips, Stärke)
Multiphase Jet Solidification	MJS	"Drucker"	Formenaufbau durch schichtweißes Spritzen von flüssigen, wachsähnlichen Substanzen

Tabelle 75.5 Übersicht von häufig verwendeten Rapid Prototyping Verfahren [19]. In der Tumororthopädie wird dabei das CNC-Fräsen aus Polyurethanblöcken z. B. zur Herstellung von maßstabsgetreuen Beckenknochenmodellen vorallem auf Grund der leichten Bearbeitbarkeit des Materials, die problemlos ohne Spezialwerkzeuge die Simulation der Tumorresektion u. a. erlaubt, bevorzugt

75.4 Grundsätze für das operative therapeutische Vorgehen

In die Tumororthopädie wird dagegen in der Regel das CNC-Fräsen aus entsprechenden Polyurethanblöcken favorisiert (Abb. 75.11). Der Vorteil des Polyurethan gegenüber den Photopolymeren liegt neben niedrigeren Kosten für das Ausgangsmaterial vor allem in seiner guten Bearbeitbarkeit mit Standardinstrumenten. So lassen sich Knochenresektionen, Fräsungen, aber auch Implantateinbringungen einfach und dreidimensional simulieren und umsetzen [20, 21].

Im nachfolgenden Abschnitt sollen anhand eines konkreten Patienten mit einem ausgedehntem hochmalignen teleangiektastischen Osteosarkom im Bereich des linken Sitz- und Schambeines, der bzgl. der diagnostischen Bildgebung bereits detailliert in den Abbildungen 75.7 und 75.8 dargestellt worden ist, die einzelnen Planungsschritte eines komplexen maßangefertigten Beckenteilersatzes demonstriert werden. Abbildung 75.13 zeigt dabei eine Übersicht der Einzelelemente mit dem anatomischen Beckenmodell (a+b) aus Polyurethan im 1:1 Maßstab, den verschiedenen 3D Instrumenten (c-e) und schließlich die Spezialprothesenteile (f+g).

In Abbildung 75.13 und 75.14 werden schließlich die relevanten Einzelschritte, die in der Operation durchgeführt werden müssen ‚an Hand des 3D Knochenmodells detailliert dargestellt. Dabei erfolgt nach Anlage der 3D-Sägelehre (Abb. 75.13c), die von dorsal an die freipräparierte Beckenschaufel appliziert wird (Abb. 75.13d), die Durchführung der proximalen Osteotomie. Die beiden Osteotomien im Bereich des linken oberen und unteren Schambeinastes werden entsprechend der Planung mittels anatomischer Landmarken umgesetzt. Als nächster Schritt wird auf die proximal entstandene Resektionsfläche des Os ilium die 3D Bohrlehre von caudal her aufgesetzt (Abb. 75.13e+f, Abb. 75.14a) und dient als Führung für 3 Bohrung in das Restilium von caudo-lateral nach cranio-medial. Die dazwischen verbleibenden kleinen Knochenstege werden mit Standardinstrumenten zur Knochenbearbeitung entfernt. Nun ist das Knochenlager für die Aufnahme des Verankerungsstieles der proximalen Teilprothese vorbereitet (Abb. 75.14b, siehe schwarzer Pfeil) und kann eingeschlagen werden (Abb. 75.14c). Zusätzlich kann diese Komponente durch

a)   b)   c)

Abb. 75.11 Übersicht über die Herstellung von Beckenknochenmodellen mittels CNC-Frässystemen. (a) Planungsstation für die Datensegmentation und Vorbereitung der Datensätze für den Fräsvorgang (Fa. ESKA/Lübeck). (b) CNC-Fräsmaschine bei der ersten Grobfräsung eines Beckenmodells aus Polyurethan (Fa. ESKA Implants/Lübeck). (c) Detailansicht eines Polyurethanmodells mit sichtbaren „Höhenlinien" entsprechend den zugrundegelegten CT Daten mit einer Schichtdicke von jeweils 2 mm

Knochenschrauben von dorsal in das Os ilium fixiert werden (Abb. 75.14d). Nach Einsetzen der distalen Teilprothese kann die physiologisch notwendige Pfannenkippung durch die vorbereiteten Variationsmöglichkeiten entsprechend dem aktuellen OP-Situs mit der Stift-Bohrarretierung (Abb. 75.14f+g, siehe weiße Pfeile) eingestellt werden. Damit ist die sog. „Innere Hemipelvektomie" mit Beckenrekonstruktion zur extremitätenerhaltenden Versorgung des Patient umgesetzt (Abb. 75.14e) und es folgt das Einsetzen eines Standardhüftstiels in den proximalen Femur.

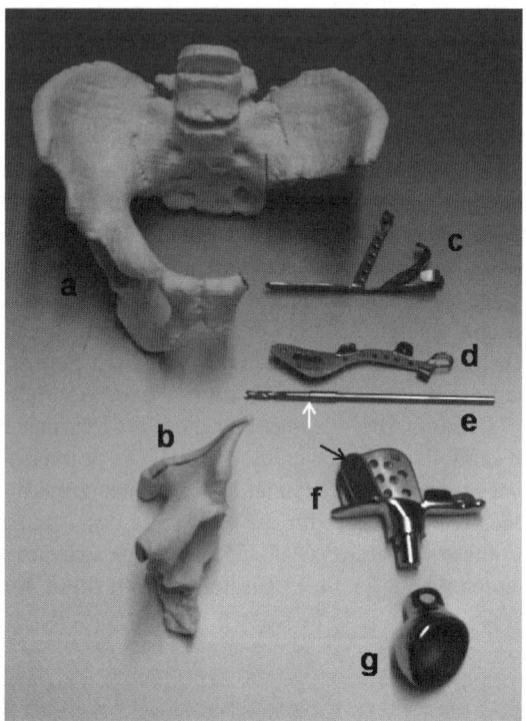

Abb. 75.12 Übersicht der notwendigen Einzelelemente für die Konstruktion und Implantation einer maßangefertigten Tumorspezialprothese. (a) Anatomisches Beckenmodell aus Polyurethan im 1:1 Maßstab nach Resektion des tumortragenden Knochenanteiles (b). (c) Sägelehre für die proximale Osteotomie. (d) Bohrlehre für die Präparation des Verankerungsstiels im Os ilium mit Bohrer (e), der mit einem Tiefenanschlag versehen ist (siehe weißer Pfeil). (f) Proximale Teilprothese mit Verankerungsstiel (siehe schwarzer Pfeil), der ins Os ilium eingebracht wird, und extraossärer Metalllasche zur zusätzlichen Fixation mittels Schrauben von dorsal. (g) Distale Teilprothese mit Acetabulumanteil zur Aufnahme eines Standard-Polyethyleninlays. Beide Teilprothesen werden mittels einer Konus-Steckverbindung mit Sicherungsvorrichtung zusammengefügt

75.4 Grundsätze für das operative therapeutische Vorgehen

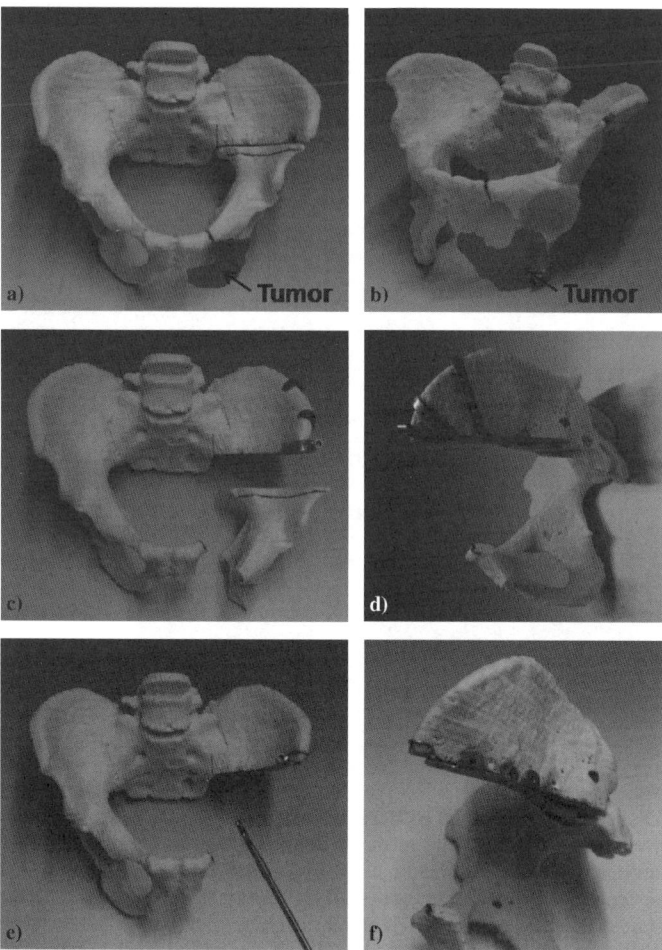

Abb. 75.13 Darstellung der relevanten Einzelschritte zur Durchführung der inneren Hemipelvektomie. Nach Anlage der 3D Sägelehre (c), die von dorsal an die freipräparierte Beckenschaufel appliziert wird (d), erfolgt die proximale Osteotomie. Die beiden Osteotomien im Bereich des linken oberen und unteren Schambeinastes werden entsprechend der Planung mittels anatomischer Landmarken umgesetzt. Als nächster Schritt wird auf die proximal entstandene Resektionsfläche des Os ilium die 3D Bohrlehre von caudal her aufgesetzt (e+f)

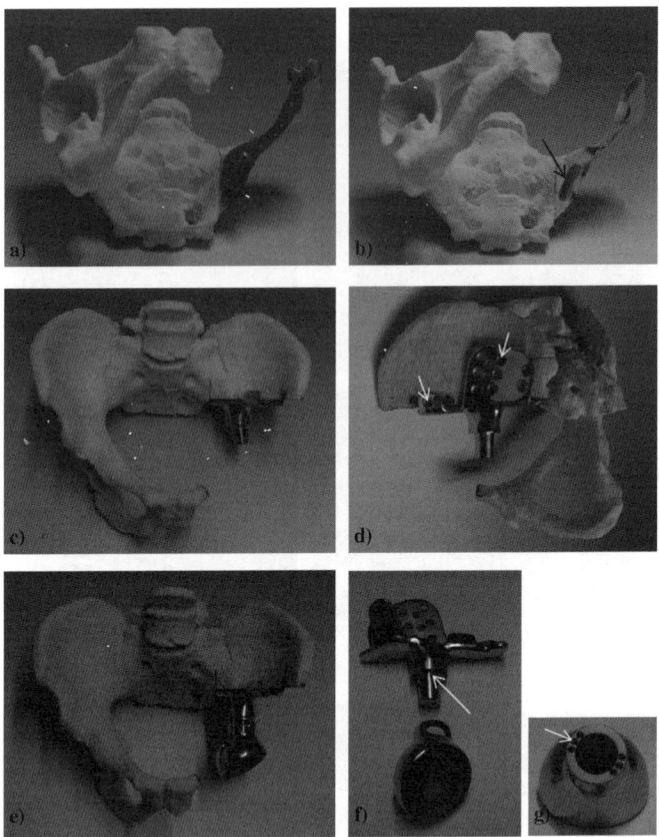

Abb. 75.14 Fortsetzung der Darstellung der relevanten Einzelschritte zur Durchführung der inneren Hemipelvektomie von Abbildung 13. Die 3D Bohrlehre dient als Führung für 3 Bohrung in das Restilium von caudo-lateral nach cranio-medial (a). Die dazwischen verbleibenden kleinen Knochenstege werden mit Standardinstrumenten entfernt. Nun ist das Knochenlager für die Aufnahme des Verankerungsstieles der proximalen Teilprothese vorbereitet ((b), siehe schwarzer Pfeil) und kann eingeschlagen werden (c). Zusätzlich kann diese Komponente durch Knochenschrauben von dorsal in das Os ilium fixiert werden (d). Nach Einsetzen der distalen Teilprothese kann die physiologisch notwendige Pfannenanteversion durch die verschiedenen Stift-Bohrarretierungsmöglichkeiten (f+g, siehe weiße Pfeile) eingestellt werden. Damit ist die sog. „Innere Hemipelvektomie" mit Beckenrekonstruktion umgesetzt (e) und es folgt nur noch das Einsetzen eines Standardhüftstiels in den proximalen Femur

75.4.4 Virtuelle 3D Planung

Die Fertigung von RP-Modellen ist sowohl zeitaufwendig als auch kostenintensiv. Ein weiterer Nachteil ist die eingeschränkte Reversibiltät, d. h. wenn man eine Resektionsosteotomie am Modell ausgeführt hat, aber die Lage inkorrekt ist und man den Vorgang korrigieren will ist dies nur sehr begrenzt möglich und macht im unumgänglichsten Fall eine erneute Fräsung des Modells notwendig. Alle die

75.4 Grundsätze für das operative therapeutische Vorgehen

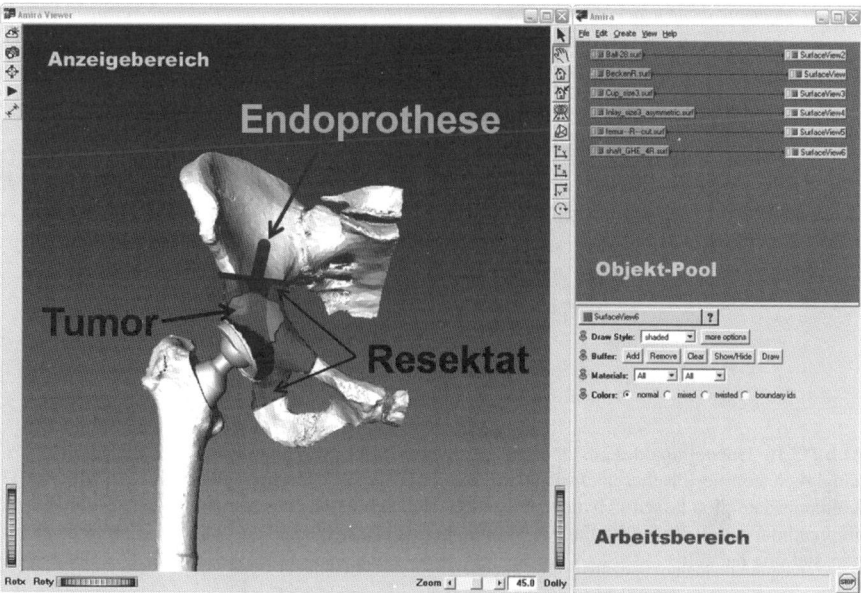

Abb. 75.15 Virtuelle Plattform zur präoperativen Operationsplanung. Angefangen von der 3D-Segmentation des Tumors bis hin zur räumlichen Festlegung der Resektionsebenen lassen sich schließlich entsprechend diesen Planungsvorgaben maßangefertigte Prothesenkonstruktionen durchführen

genannten Nachteile könnten einfach umgangen werden, indem man die gesamte Planung in einer virtuellen Umgebung vornehmen kann.

Ein weiterer Vorteil einer präoperativen, klinikinternen, virtuellen Planung ist schließlich die Nutzbarmachung der 3D Informationen für den operativen Eingriff selbst, da diese Daten gleichzeitig als Grundlage für eine computerbasierte Navigation zukünftig genutzt werden können.

Gerade die intraoperative Umsetzung exakter Knochensägeschnitte unter Berücksichtigung der Resektionshöhe und der Schnittebene entsprechend der präoperativen Planung stellt weiterhin eine erhebliche technische Herausforderung auch für den erfahrenen Operateur dar. Neben näherungsweisen Längenmessungen von Z.T. sehr groben anatomischen Referenzpunkten sind derzeit vor allem Osteotomielehren i.S. von Schablonen Hilfsmittel in diesem Zusammenhang. Dabei sind die Lehren aber manchmal nicht eineindeutig positionierbar bzw. größerflächige Freilegung des Knochens sind erforderlich.

Deshalb arbeiten wir an einer Implementierung eines spezifischen präoperativen Planungssystemes für Tumorpatienten zur flexiblen schnellen und präzisen Festlegung onkologisch korrekter Resektionsebenen (Abb. 75.15). Als weiterer Schritt sollen schließlich computergestützt virtuell für den jeweiligen Patienten maßgeschneiderte Prothesenentwürfe unter Umgehung der bisher notwendigen zeit- und kostenaufwendigen 3-D-Modellherstellung erfolgen. Für die Prothesen-

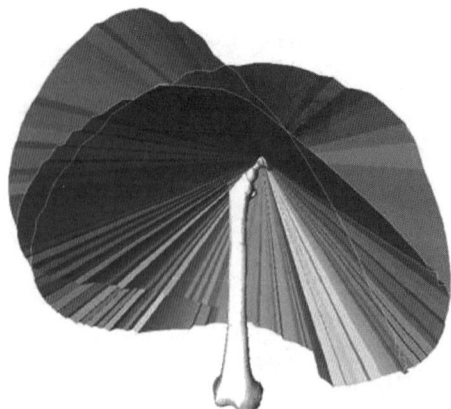

Abb. 75.16 Darstellung des postoperativ zu erwartenden Bewegungsausmaß des Patienten in Abhängigkeit von der Prothesenkonstruktion und deren Positionierung (siehe Abb. 15). Mittels 3D Kollisionsdetektion lassen sich die dargestellten sog. Schmetterlingsfiguren berechnen, die jeweils die maximal mögliche Kreisbahn des Femurs gegenüber dem Becken in einer bestimmten Rotationsstellung darstellt

planung können dabei zusätzliche wichtige biomechanische Einflußgrößen wie a) hohe Primärstabilität, b) optimierte, möglichst physiologische Lastübertragung Knochen-Implantat, c) exakte Rekonstruktion der physiologischen Gelenkachsen (bzw. Rotationszentren z. B. am Hüftgelenk) sowie d) prädizierbare postoperative Bewegungsausmaße (Abb. 75.16) etc. berücksichtigt werden.

75.4.5 Navigation/Robotik

Ein wesentliches Kriterium erfolgreicher Tumorchirurgie ist präzises Arbeiten. D. h. sowohl das präzise Treffen einer relevanten Tumorregion mit vitalen Tumoranteilen bei der Biopsie als auch die exakte und vollständige Entfernung des malignen Tumors bei der nachgeschalteten endgültigen operativen Versorgung ist essentiell. Daher beginnt man nun die im Bereich der Endoprothetik bereits seit einigen Jahren eingesetzte computerassistierte Navigation auch für die Tumorchirurgie zu verwenden. Dabei ist beispielsweise ein sehr flexibler und ubiquitär einsetzbarer Ansatz die moderne, intraoperative 3D Bilddatenakquisition mit Hilfe eines 3D C-Bogenröntgengerätes. Kombiniert man diese neu entwickelten medizintechnischen High-Tech-Geräte mit bestehenden Navigationssystemen indem die relevanten Koordinatensysteme abgestimmt sind (Abb. 75.17a) hat man gleichzeitig den Vorteil, dass man die intraoperativ gewonnen, CT-ähnlichen Bilddaten für die echtzeitfähige Visualisierung von navigierten Werkzeugen (z. B. Biopsiezylinderbohrer) nutzen kann und so kontinuierlich direkt die Position des virtuell eingeblendeten Werkzeugs im Patienten kontrollieren kann (Abb. 75.17 b-g).

75.4 Grundsätze für das operative therapeutische Vorgehen

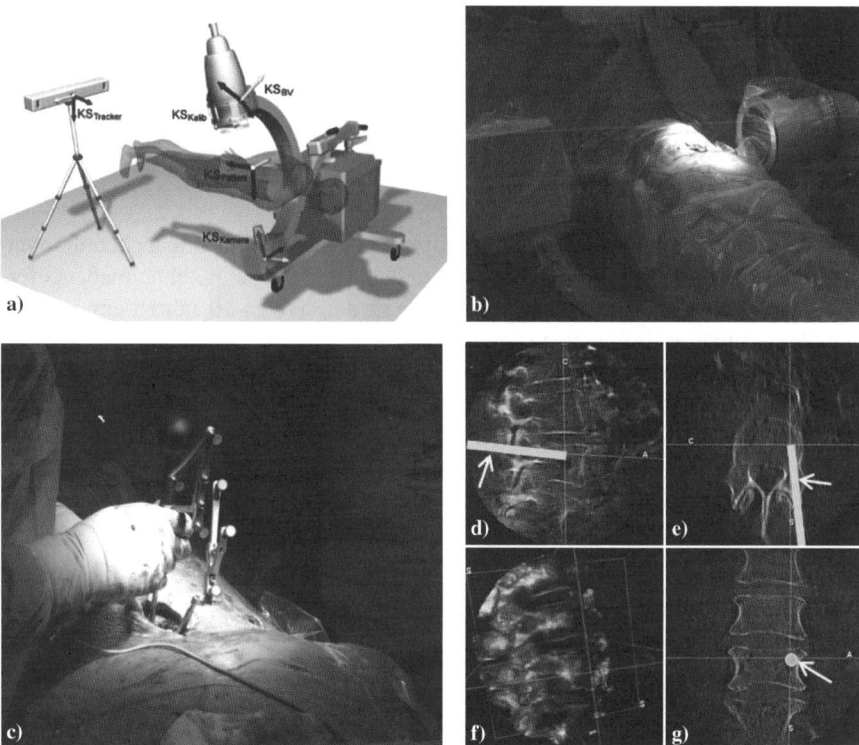

Abb. 75.17 Kombination von modernen 3D C-Bogenröntgengeräten mit Navigationssystemen zur Verwendung in der Tumorchirurgie. (a) Übersicht der relevanten Koordinatensysteme (KS), die für die räumlich präzise Zuordnung der Bilddaten gegenüber der jeweiligen navigierten Werkzeugorientierung und Position notwendig ist [22]. (b) Durchführung des intraoperativen Röntgenscanvorganges unter sterilen Kautelen. Dabei schwenkt der C-Bogen (Vario 3D, Fa. Ziehm) motorisiert 135° kreisförmig um den Patienten und erstellt 100 gepulste Bilder, aus denen mittels eines Postprocessing-Algorithmus die 3D Rekonstruktion der Bilddaten erfolgt (d-g). (c) Intraoperativer Situs mit Fixation eines Referenzmarkers an dem zu operierenden Lendenwirbelkörper (LWK) 4 und Einsatz eines navigierten Werkzeugs. (d-g) Visualisierung der intraoperativ gewonnenen Bilddaten mit virtuell eingeblendetem navigierten Werkzeug (z. B. Biopsiezylinderbohrer, markiert durch weißen Pfeile) in allen 3 orthogonalen Ebenen ((d) sagittale, (e) axiale und (g) koronare Ebene sowie 3D Übersicht (f))

75.5 Implantate in der Tumororthopädie

75.5.1 Untere Extremität

75.5.1.1 Femur und Tibia

Um möglichst flexibel einen großen Teil der typischen malignen Knochentumoren, die vorrangig an Femur und an der proximalen Tibia auftreten, ohne maßangefertigte Prothesen versorgen zu können, wurde in den letzten 10 Jahren ein entsprechendes modulares Prothesensystem mit der Fa. ESKA Implants/Lübeck entwickelt (Abb. 75.18). Aufgebaut ist dieses System aus einem Trochanterteil (Länge 80 mm) in Rechts-/Linksversion mit Konusadaptern in 0°, 10° und 20° bei einer Konusdefinition von 12/14 mm Durchmesser. Aufgrund der verschiedenen Konusadapter ergibt sich eine sehr breite Variabilität des CCD-Winkels und der lateralen und distalen Offset-Einstellung. Alternativ und einfacher zu handhaben ist die Versorgung

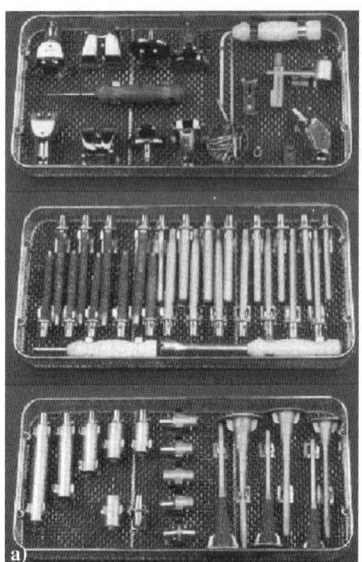
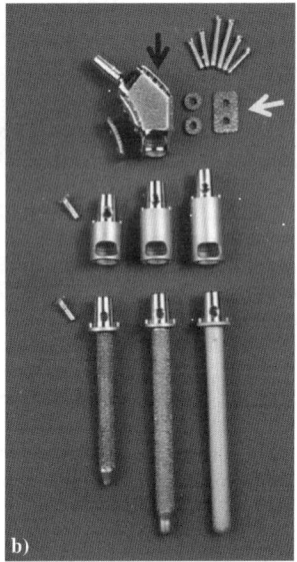

Abb. 75.18 (a) Modulares Prothesensystem „ESKA MML-System" (Fa. ESKA Implants/Lübeck). Da die meisten malignen Knochentumoren im Bereich des Femur und der proximalen Tibia auftreten, kann man mit Hilfe dieses modular aufgebauten Systems, deren Komponenten einfach über Konusverbindungen beliebig koppelbar sind, je nach Resektionsausmaß für den Patienten intraoperativ die passende Prothese „herstellen". (b) Beispiele für Kombinationsmöglichkeiten beim Ersatz des proximalen Femur. Ein wichtiger Aspekt bei Tumorprothesen ist die Möglichkeit Weichteil – vorallem Sehnenansätze – stabil mit dem Implantat zu verankern. Entsprechend sind z. B. Metallösen für Nahtfixationen vorgesehen (schwarzer Pfeil) bzw. können Knochenschuppen oder Sehnenplatten wie im Bereich des Trochanter major auch mit Metallplatten direkt an den Prothesenkörper adaptiert werden (weißer Pfeil)

75.5 Implantate in der Tumororthopädie

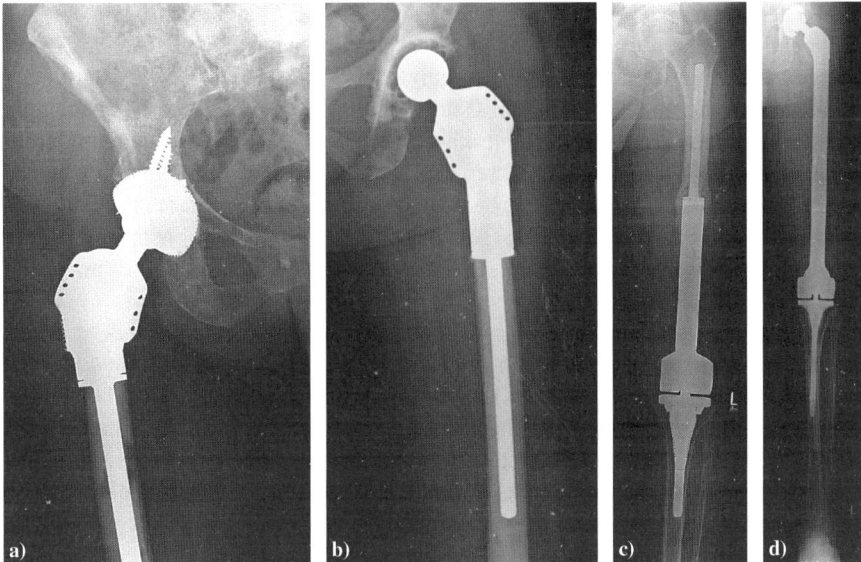

Abb. 75.19 Klinische Beispiele verschiedener Versorgungsmöglichkeiten am Femur (a+b), Kniegelenk (c) und proximaler Tibia bis zum totalen Femurersatz (d). Das modulare ESKA MML-System ermöglicht eine individuell angepasste Rekonstruktion (aus [23])

mit einem einfachen Konus, wobei hier eine Variabilität über die Kopflänge bzw. extrazentrische Konusbohrung im Bereich des Kopfes mit möglicher Einstellung der Ante- und Retroversion möglich ist. Das Trochanterteil eröffnet die Möglichkeit, weichteilige und knöcherne Fixationen über sog. Krallenplatten, einfache CL-Platten oder auch lediglich mit Schrauben mit Unterlegscheibe am Trochanter major vorzunehmen.

Die für den Femurschaft vorgesehenen Verlängerungsmodule umfassen folgende Längen: 30 mm, 40 mm, 50 mm, 60 mm, 80 mm, 120 mm und 160 mm. Damit sind in verschiedenen Kombinationen Verlängerungen in 10 mm-Schritten möglich. Die verbleibende Adaptationsmöglichkeit der Länge („Feineinstellung") ist durch die Kopflängenunterschiede gegeben.

Da das Trochanterimplantat ebenso wie das distale Femurteil mit einem Innenkonus ausgestattet ist, wird bei dem kompletten Ersatz des Femurs ein Zwischenadapter mit doppelseitigem Außenkonus notwendig. Wird lediglich ein diaphysäres Segment reseziert, ist umgekehrt ein Adapterteil mit beidseitigem. Innenkonus notwendig.

75.5.1.2 Kniegelenk

Für den Ersatz des Kniegelenkes wird femoral- und tibialseitig ein sog. Tumor-/Revisionsknie verwendet, welches eine starre Querachsverbindung aufweist und in zwei Größen (small, medium) zur Verfügung steht. Biomechanische Tests zu diesem Gelenksystem zeigten deutlich verbesserte tribologische Eigenschaften sowie eine deutliche Verbesserung der Achsstabilität. Die bei uns durchgeführten Labortests ergaben eine Reduktion des Polyethylenabriebs um den Faktor 10, sowohl im medialen wie auch im lateralen Gelenkabschnitt. Die klinische Untersuchung von 60 Patienten (Einbau der Endoprothese 1976 bis 1996) ergab bei einem durchschnittlichen Follow-up von 4,9 Jahren die Notwendigkeit einer Reoperation wegen Weichteilkomplikationen bei 34%, aufgrund mechanischer Probleme der Endoprothese selbst sogar bei nahezu 60%. Trotz dieser hohen Komplikationsrate betrug die Erfolgsrate des Beinerhaltes bei diesen Patienten nach 10 Jahren Laufzeit immerhin 95% [24].

Die hier dargestellten Ergebnisse decken sich mit den Resultaten anderer Autoren nach etwa 10 Jahren Nachbeobachtungszeit. Zwischen 1997 und 2004 wurden in der Orthopädischen Klinik des Klinikums rechts der Isar der TU München 89 Patienten mit dem sog. Tumor-/Revisionsknie-System versorgt. 58 Patienten wiesen einen Tumor im Bereich des Kniegelenkes und 31 Patienten erhebliche Destruktionen bei Kniegelenksprothesenlockerungen auf. An erster Stelle standen hier die Patienten mit Osteosarkomen (n = 24). In keinem Fall kam es zu einem Versagen im Bereich des Implantates selbst. Reoperationen waren bei 11 Patienten wegen aseptischer Lockerung, Infekt oder Arthrofibrose notwendig. Dies bedeutet, dass das neue Kniegelenksendoprothesensystem (Tumor-/Revisionsknie) den biomechanischen Ansprüchen nicht nur genügt, sondern gegenüber den früher eingesetzten Endoprothesensystemen einen echten Fortschritt darstellt.

Eine besondere Herausforderung stellt die Rekonstruktion des Streckapparates nach proximaler Tibiaresektion dar. Die alleinige Fixierung des abgelösten Lig. patellae an der Prothese selbst ist zum Scheitern verurteilt. Daher wurden in der Vergangenheit aufwendige Rekonstruktionen, z.B. durch Verlagerung der Fibula nach ventral oder Muskelschwenklappenplastiken mit dem medialen Gastrocnemiuskopf durchgeführt, um eine biologische Verankerung des Lig. patellae zu errei-

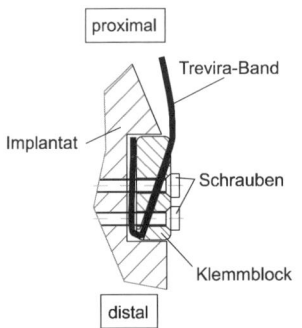
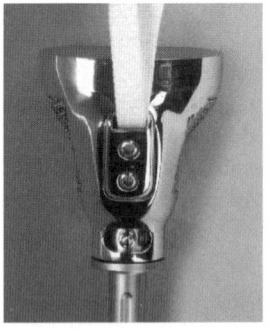
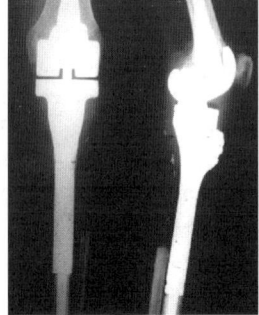

Abb. 75.20 Schemazeichnung und Abbildung des proximalen MML-Tibiaersatzimplantates (ESKA Implants) mit der Möglichkeit der Refixation des Streckapparates mittels eines Kunstbandes aus Trevira. Postoperative Rontgenkontrolle (aus [23])

chen. Diese Verfahren waren nur teilweise erfolgreich und von einer relativ hohen Komplikationsrate (N. peronaeus-Läsionen u. a.) behaftet. Es wurde deshalb eine spezielle Verankerungsmöglichkeit in der proximalen Tibiakopfprothese entwickelt, ein sog. Trevira-Band, welches um die Patella herumgeführt und primär stabil am proximalen Tibiaersatz verankert werden kann (Abb. 75.20). Durch zusätzliche biologische Rekonstruktionsmaßnahmen ließ sich dadurch auch eine bleibende stabile Verankerung des Lig. patellae mit korrekter Spannungsvorgabe erreichen [25]. 12 Patienten, die derartig versorgt worden waren, zeigten ein exzellentes Ergebnis bzgl. der aktiven Streckfunktion des Kniegelenkes, nur 3 Patienten zeigten ein aktives Streckdefizit von >10°.

Die 5-Jahres-Überlebensrate bei kniegelenksnahen, primär malignen Knochentumoren lag bei unserem Patientengut bei 78.5%, was über dem in der Literatur angegebenen Durchschnitt liegt. Auch die Infektionsrate ist mit 3,3% im eigenen Krankengut unterhalb der Infektraten aus vergleichbaren Studien [26]. Lokale Rezidive traten im eigenen Krankengut lediglich bei 4% auf, dies liegt im Bereich der Literaturangaben (4,2–6%) [27, 28, 29, 30].

Vor 1991 stellte der Ermüdungsbruch der Verankerungsstiele mit einer Rate von 18% noch ein großes Problem dar, was auf die geringe Kerndichte der verwendeten Stiele zurückzuführen war. Nach 1991 kam es in keinem Fall zu einem Stielbruch. Zur Verfügung stehen derzeit Adapterstiele in zementloser oder zementierter Ausführung mit Außendurchmessern von 10 bis 16 mm (zementiert) und 13 bis 16 mm (zementlos). Die Länge der Stiele beträgt 120 oder 160 mm. Femoralseitig sollten grundsätzlich der Antekurvation angepasste, d. h. gebogene Stiele mit einem Radius von etwa 2 m benutzt werden. Tibialseitig bevorzugen wir gerade Stiele.

Die Hauptproblematik beim proximalen Femurersatz ist die relativ hohe Komplikationsrate (etwa 10%) sowie die stabile Verankerung der Glutealmuskulatur, was im Bereich der Trochanterprothese heute durch entsprechende Krallenplatten oder nicht-resorbierbare reißfeste Nähte (z. B. Fiberwire) umgesetzt wird (Abb. 75.18b – siehe weißer und schwarzer Pfeil). Immer ist die zusätzliche anatomische Verankerung über sog. Muskeladaptationsnähte für die dauerhafte Fixation notwendig. Diese Verfahren stellen aber weiterhin eine operationstechnische und rehabilitative Herausforderung dar.

75.5.2 Endo-/Exoprothesen

Eine Sonderform der endoprothetischen Versorgung stellt die Verbindung einer Exoprothese, die eine amputierte Extremität ersetzt, mit einem Endoprothesenanteil der im knöchernen Amputatstumpf verankert ist dar. Damit ist in dieser neuen Sonderform einer Exoprothesenversorgung erstmals die Exoprothese direkt kraftschlüssig mit dem Knochen im Amputatstumpf verbunden. Bisher bestand die Koppelung immer in einem Exoprothesenkorb der nur die Weichteile des Amputatstumpfes umfaßt hat und damit das Problem einer relativen Verschieblichkeit auf Grund des Weichteilmantels mit sich bringt. Nachteil der neuen Exo-/Endoprothese ist aller-

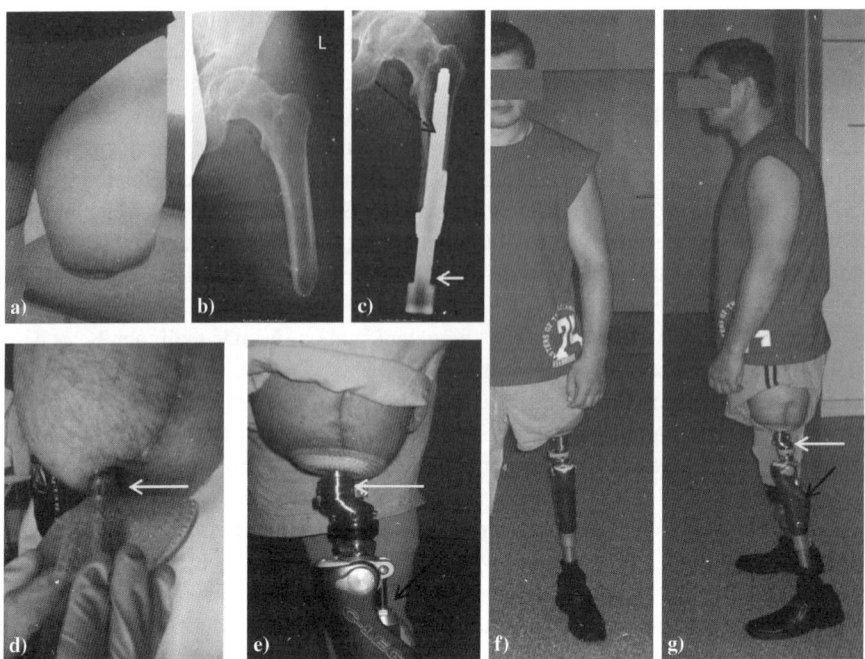

Abb. 75.21 Versorgung mit einer Spezial-Endo-/Exoprothese. (a) Amputatstumpf linker Oberschenkel vor der Versorgung. (b) Präoperatives ap Röntgenbild des linken Femurstumpfes. Postoperatives Bild (c) nach Implantation des knöchernen Verankerungsstieles (gestrichelter schwarzer Pfeil) und Interfaceelement ((c, d, e, g) weißer Pfeil), das durch die Haut an die Exoprothese (e, g) koppelbar ist. Damit ist in dieser neuen Sonderform einer Exoprothesenversorgung erstmals die Exoprothese direkt kraftschlüssig mit dem Knochen im Amputatstumpf verbunden. Bisher bestand die Koppelung immer in einem Exoprothesenkorb der nur die Weichteile des Amputatstumpfes umfaßt hat und damit das Problem einer relativen Verschieblichkeit mit sich bringt. Nachteil der neuen Exo-/Endoprothese ist allerdings das erhöhte Infektionsrisiko durch aufsteigende Keime entlang der transkutanen Prothesenverbindung bis in den Knochen. (f+g) klinisches Bild des 33-jährigen Patienten mit der Komplettversorgung

dings das erhöhte Infektionsrisiko durch aufsteigende Keime entlang der transkutanen Prothesenverbindung bis in den Knochen (Abb. 75.21d). Medizintechnisch besteht bei dieser Prothesenkombination eine besondere Herausforderung, dass äußerst unterschiedliche Anforderungsprofile gleichzeitig erfüllt werden müssen. So muss der enossale Anteil (Abb. 75.21c, siehe gestrichelter schwarzer Pfeil) über eine rauhe poröse Oberfläche verfügen, die eine sichere knöcherne Integration gewährleistet, während der distal davon gelegene, transkutane Prothesenanteil äußerst glatt bearbeitet sein muss, um ein Anheften von Keimen möglichst effektiv zu verhindern bzw. zu reduzieren. Die bisherigen klinischen Ergebnisse sind auf Grund der hohen Funktionalität für die betroffenen Patienten sehr erfolgversprechend [31]. Allerdings sind noch deutliche Verbesserungen durch die Weiterentwicklung spezifischer, antiinfektiös modifizierter Implantatoberflächen zu erwarten.

75.5.3 Becken

Bei Tumorbefall des Beckens bevorzugen wir nach Möglichkeit die sog. innere Hemipelvektomie. Demgegenüber zeigt in der Regel die externe Hemipelvektomie i.S. einer verstümmelnden Beckenteilamputation keine Vorteile hinsichtlich der Radikalität und Überlebensraten und wurde weitgehend verlassen. Nach ersten Erfahrungen mit „custom made"-Beckenprothesen wurden zur Rekonstruktion zunehmend Endoprothesensysteme entwickelt, die semimodular aufgebaut sind. So wird der Verankerungsteil im Os ilium bzw. im Os sacrum nach Anfertigung eines „rapid prototyping"-Beckenmodells auf der Basis von vorgefertigten Verankerungsteilen individuell hergestellt (Abb. 75.11–14 und 75.22) [20].

Die Auswertung von 47 Patienten ergab in 32% gute und in 48% befriedigende Ergebnisse. Der Rest war als schlecht einzustufen, was v. a. auf Lokalrezidive sowie Infektionen zurückzuführen war. Insgesamt mussten bei 7 Patienten sekundäre externe Hemipelvektomien durchgeführt werden. Eine der Hauptkomplikationen ist die postoperative Luxation, welche durch den Einsatz eines Trevirastrumpfes (nach Winkelmann) mittlerweile deutlich verbessert werden konnte.

Gerade im Bereich des Beckens kommt der Einsatz von Individualprothesen und Sonderanfertigungen zum Einsatz. Dies trifft insbesondere für die Fälle zu, bei denen eine Erhaltung des Acetabulums möglich ist und gleichzeitig ein Großteil des Os iliums meist mit Durchtrennung der Linea terminalis wegen eines Tumorbefalls notwendig geworden ist (Abb. 75.23 + 75.24). Hier haben sich Abstützrekonstruktionen, welche im Os sacrum verankert werden und zusätzlich mit einer Platte das Os ilium an richtiger Position halten, bewährt. Vor allem die Kombination mit autologer Rekonstruktion – in der Regel mit einem Fibulatransplantat – zur Wiederherstellung der Linea terminalis lässt ein dauerhaft gutes Ergebnis erwarten (Abb. 75.23). Ist ein Erhalt der Linea terminalis möglich erübrigt sich ein Transplantat (Abb. 75.24).

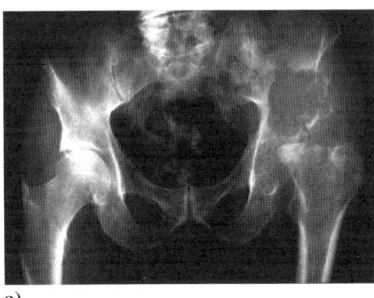
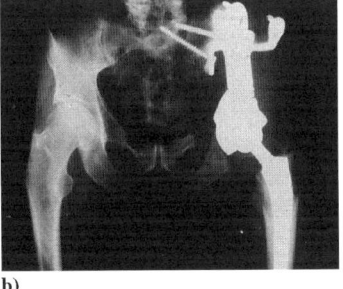

a)   b)   c)

Abb. 75.22 (a) Röntgenbild eines Patienten mit Destruktion des linken Hüftgelenkes und des Os iliums durch eine Hypernephrommetastase. (b) Resektion und Rekonstruktion mittels individuell gefertigtem Beckenteilersatz und Hüftgelenksendoprothese unter exakter Wiederherstellung des ursprünglichen Drehzentrums. (c) Klinisches Ergebnis (aus [23])

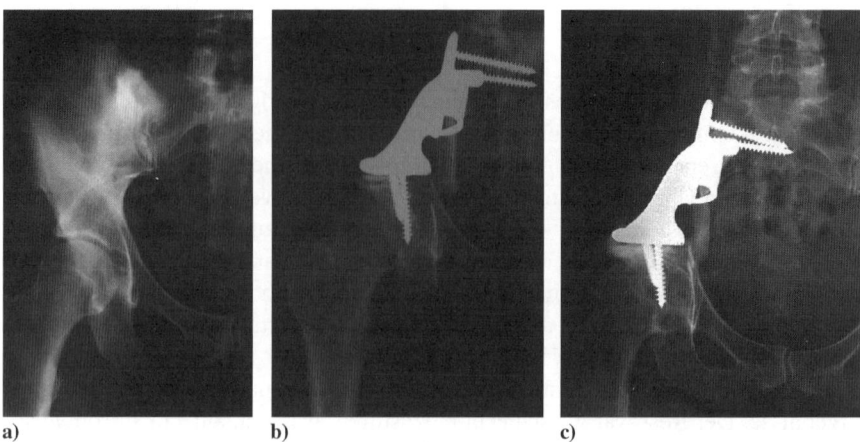

a) b) c)

Abb. 75.23 (a) Präoperatives Röntgen einer 44-jährigen Patienten mit Ewing-Sarkom und Destruktion des rechten Os iliums (links) nach neoadjuvanter Chemotherapie. (b) Postoperative Röntgenkontrolle nach Tumorresektion und Rekonstruktion mittels individuell gefertigtem Beckenteilersatz und Fibulainterponat. (c) 3 Jahre postoperativ zeigt sich ein stabiles Implantat mit integriertem Fibulainterponat (aus [26])

75.5 Implantate in der Tumororthopädie

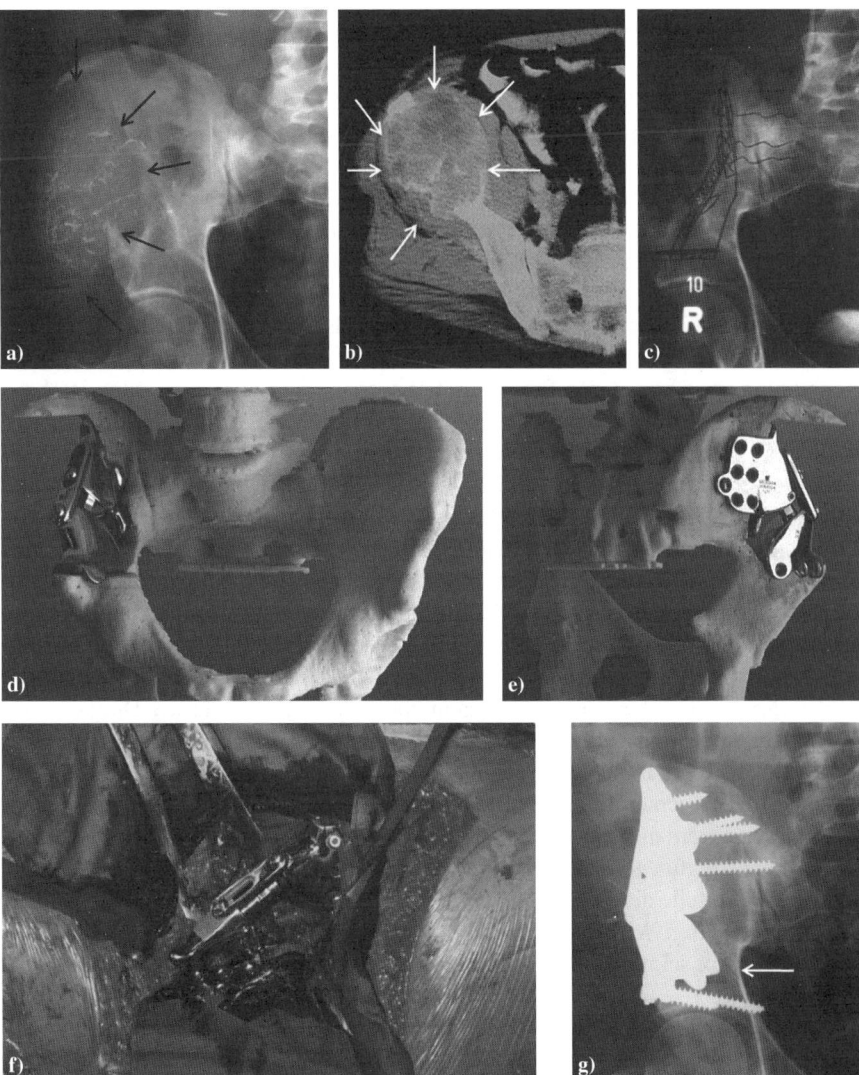

Abb. 75.24 Beckenspezialimplantatversorgung bei Beckenteilresektion unter Erhalt der Linea terminalis. (a) Präoperatives Röntgenbild eines 44-jährigen Patienten mit ausgedehnter Knochendestruktion im Bereich des rechten Darmbeines durch eine Hypernephrommetastase (Tumorgrenzen durch schwarze Pfeile gekennzeichnet). (b) CT-Schnitt im Bereich des Tumor im rechten Os ilium (Tumorgrenzen durch weiße Pfeile gekennzeichnet). (c) Primäre 2D Planung des Versorgung auf dem Röntgenbild. (d + e) maßanfertigtes Spezialimplantat konstruiert mittels RP-Modell mit translatorisch einstellbarer Verlängerung in cranio-caudaler Richtung, um die Implantation der beiden Verankerungsstiele bei Erhalt der Linea terminalis (siehe weißer Pfeil in (g)) unabhängig zu gewährleisten und abschließend die korrekte Distanz des Interponates einstellen zu können. (f) Operationssitus beim Einbringen des Spezialimplantates. (g) postoperatives Röntgenbild mit stabil fixiertem Implantat und erhaltenem Beckenring (Linea terminalis markiert mit weißem Pfeil)

75.5.4 Wirbelsäule

Die Indikationen für operative Interventionen bei Wirbelsäulentumoren reichen von der Probeentnahme zur histologischen Diagnosesicherung bis hin zur kurativen bzw. palliativen Tumorresektion. Neben meist langsam progredient einsetzenden Kompressionen im Bereich der Nervenwurzeln, die meist noch eine erweiterte Diagnostik erlauben, stellen akute Myelonkompressionen mit entsprechender Querschnittssymptomatik spinale Notfälle dar, die schnellstmöglich behandelt werden müssen.

Für Tumoren im Bereich des Processus spinosus, des Processus articularis inferior und des Wirbelbogens ist der posteriore Zugang zu wählen. Befindet sich die Neubildung im Bereich des Processus transversus oder articularis superior bzw. im Pediculus arcus vertebrae kann je nach zusätzlicher Weichteilausdehnung anstelle des posterioren ein posterolateraler Zugang von Vorteil sein. Die Notwendigkeit einer anschließenden Stabilisierung hängt vom Ausmaß der Resektion und von dem betroffenen Wirbelsäulenabschnitt ab. Ausgedehnte oder mehrsegmentale Laminektomien im Bereich der Hals- und Brustwirbelsäule führen grundsätzlich zu progredienten, schweren Kyphosen und entsprechend sollte eine posteriore Instrumentation zur Vermeidung dieser Deformitäten verwendet werden. Bei Tumoren im Bereich des Wirbelkörpers ist in der Regel ein anteriorer Zugangsweg zu wählen. Bei den meist malignen, vorwiegend metastatischen Läsionen im Bereich des Wirbelkörpers sind diese nur in Ausnahmefällen zum Zeitpunkt der Diagnose auf das knöcherne Kompartiment begrenzt, was günstigstenfalls eine onkologisch weite Resektion möglich macht. Wir selbst bevorzugen die Implantation einer in situ extendierbaren, zementfreien Wirbelkörperprothese, welche auch mehrsegmental eingesetzt werden kann (Abb. 75.25f). Über die dreidimensionale offenzellige Oberflächenstruktur gelingt meist die sekundäre knöcherne Integration [32]. Die besonderen Vorteile dieses Systems bestehen in einer äußerst hohen Primärstabilität des rekonstruierten Wirbelsäulenabschnittes mit möglicher Frühmobilisation ohne Orthese und konsekutiver Dauerstabilität bei entsprechender Osteointegration des Implantates [33].

Auch bei Anwendung der Wirbelkörperendoprothese wird in der Regel ein stabilisierendes Zuggurtungssystem (z. B. VDS- oder USIS-System oder Drittelrohrplatte mit Spongiosaschrauben etc.) von lateral bzw. ventral in die benachbarten, tumorfreien Wirbelkörper eingebracht (Abb. 75.25). Ist eine zusätzliche dorsale Stabilisierung notwendig, empfiehlt sich heutzutage ein transpedikuläres, winkelstabiles Fixationssystem (z. B. Steffee-System) (Abb. 75.25 e). Bei kombinierter ventraler und dorsaler Stabilisierung ist durch die anteriore Instrumentation vorwiegend die axiale Wiederbelastbarkeit gewährleistet, während die dorsale Fixation die Rotations- und Winkelstabilität in allen Raumachsen sicherstellt.

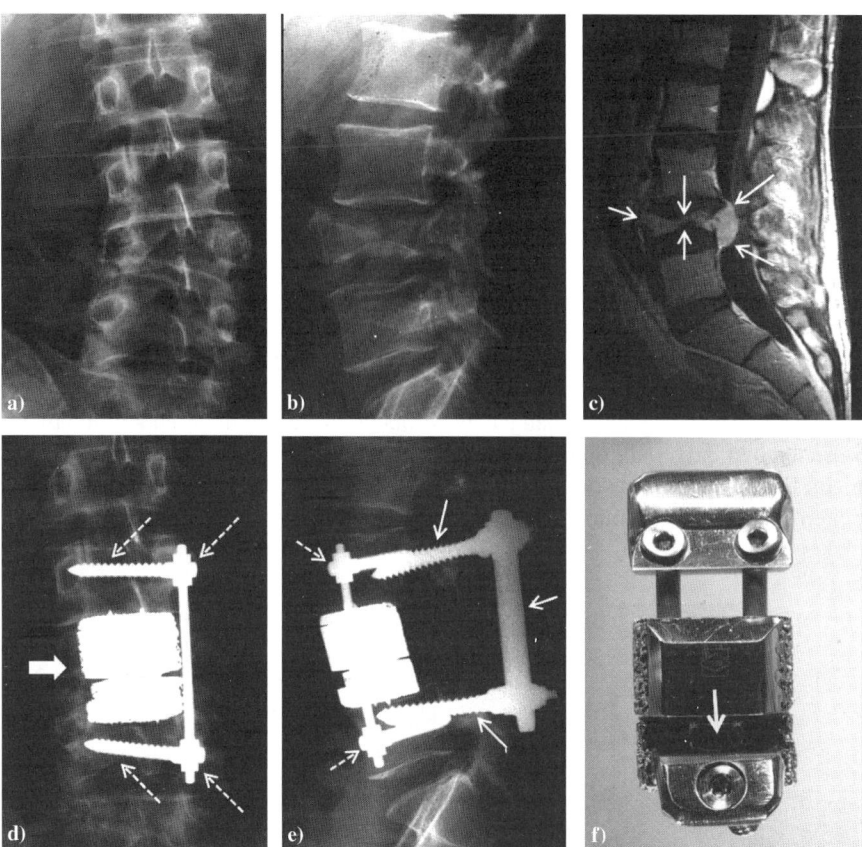

Abb. 75.25 Wirbelkörperersatz bei einem 33-jährigen Patienten mit ausgedehnter Knochendestruktion des Lendenwirbelkörper (LWK) 4 bei Rhabdomyosarkommetastase. (a+b) Röntgenbilder der Lendenwirbelsäule mit destruiertem LWK4. (c) Sagittaler MRT-Schnitt mit Abbildung der Metastase in LWK 4 (Tumorgrenzen durch weiße Pfeile markiert) und deutlicher Weichteilprotrusion in den Spinalkanal mit akuter Querschnittssymptomatik. (d + e) postoperativen Röntgenbilder nach Wirbelkörperersatz von LWK4 nach dessen kompletten Resektion mit einer in situ extendierbaren, zementfreien Wirbelkörperprothese (dicker weißer Pfeil in (d)) und zusätzlichem stabilisierenden Zuggurtungssystem (VDS-System, gestrichelte weiße Pfeile in (d+e)), das von lateral in die benachbarten, tumorfreien Wirbelkörper eingebracht wurde. Außerdem wurde eine dorsale Stabilisierung mit einem transpedikulären, winkelstabilen Fixationssystem (Steffee-System, solide weiße Pfeile in (e)) durchgeführt. (f) GHG Wirbelkörperprothese (Fa. ESKA Implants/Lübeck), die über ein Stellrad (weißer Pfeil) in situ extendierbar in cranio-caudaler Richtung ist

75.5.5 Obere Extremität

Im Bereich der oberen Extremität kommen modulare Rekonstruktionssysteme nach Resektionen des proximalen Humerus unterschiedlicher Ausdehnung zum Einsatz. Die Verankerungsstiele der Schultersysteme weisen eine Länge von 90 bis 130 mm (zementiert) bzw. 100 bis 130 mm (zementfrei) auf und einen Durchmesser von 8 bis 12 mm (zementiert) bzw. 8 bis 13 mm (zementfrei). Ähnlich wie im Bereich der unteren Extremität können über modulare Stecksysteme entsprechende Defektlängen ausgeglichen werden. Auf das proximale Segment können i.s. einer Hemiarthroplastik entsprechende Kopfgrößen eingepasst werden (Abb. 75.26 a). Alternativ dazu kann ein individuell angefertigtes Verankerungsteil für die sog. Reversed-Schulter-Endoprothese zum Einsatz kommen (Abb. 75.26 b).

Die klinischen Ergebnisse hängen insbesondere bei der Schulterendoprothetik im wesentlichen davon ab, ob der Abduktormechanismus erhalten werden kann oder nicht. Durch den Einsatz der Reversed-Schulter-Endoprothese konnten die funktionellen Ergebnisse gegenüber früheren Resultaten deutlich verbessert werden [34].

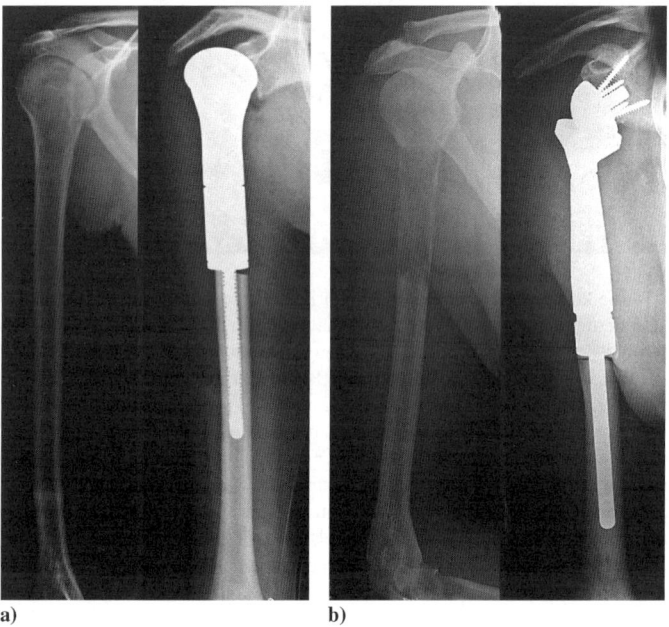

Abb. 75.26 (a) Modulare Schulterhemiarthroplastik zum Ersatz des proximalen Humerus bei Metastasierung. (b) Ersatz des pathologisch frakturierten proximalen Humerus durch eine modulare reversed Totalendoprothese der Schulter (aus [23])

75.6 Literatur

1. Burgkart R (1998) Epidemiologie und diagnostische Strategie. In: Hipp E, Plötz W, Burgkart R, Schelter R (eds) Limb Salvage. Zuckschwerdt Verlag, München, S 10-22
2. Campanacci M. (1990) Bone and soft tissue tumors. Springer Verlag, Wien, New York
3. Lodwick G.S., Wilson A.J., Farrel C., (1980) Determing growth rates of focal lesions of bone from radiographs. Estimating rate of growth in bone lesions: observer performance and error. Radiology 134: 577-590.
4. Holland B.R., Freyschmidt J. (1994) MR-Diagnostik von Knochentumoren. Orthopäde 23: 355-365.
5. Lehner K., Rechl H., Daschner H., Kutschker Ch. (1993) MRT-Kriterien zur Differenzierung „pseudotumoröser" Läsionen von Knochensarkomen der Extremitäten. Fortschr. Röntgenstr. 158: 416-422.
6. Kroon H.M., Bloem J.L., Holscher H.C., van der Woude H.-J., Reijnierse M., Taminiau A.H.M. (1994) MR imaging of edema accompanying benign and malignant bone tumors. Skeletal Radiol 23: 261-269.
7. Strauss L.G., Conti, P.S. (1991) The applications of PET in clinical oncology. J. Nuclear Med. 32 : 623-648.
8. Schick F. von, Duda S., Laniado M., Jung W.-I., Claussen C.D., Lutz O. (1993) Spezielle MR-Methoden bei primären Knochentumoren: II. Volumenselektive 1H-Spektroskopie. Fortschr. Röntgenstr. 159(4): 325-330.
9. Mankin HJ et al. (1996): The hazards of biopsy, revisited. Members of the Musculoskeletal Tumor Society. J Bone Joint Surg Am 78-A:656-663
10. Enneking WF, Dunham W, Gebhardt MC, Malawar M, Pritchard DJ. (1993) A system for the functional evaluation of reconstructive procedures after surgical treatment of tumors of the musculoskeletal system. Clin Orthop Relat Res. 1993 Jan;(286):241-6
11. Salzer-Kuntschik M et al. (1983): Morphological grades of regression in osteosarcoma after polychemotherapystudy COSS 80. J Cancer Res Clin Oncol 106 Suppl.:21-24
12. Mirels H (2003): Metastatic disease in long bones: A proposed scoring system for diagnosing impending pathologic fractures. Clin Orthop 415 Suppl:S4-13
13. Plötz W., Burgkart R., Schelter R., Sigel A., Hipp E.: Spaceholder. In: Hipp E., Plötz W., Burgkart R., Schelter R. (eds.): Limb Salvage. Zuckschwerdt Verlag, München 1998, S. 107-112
14. Handels H, Ehrhardt J, Plötz W, Pöppl SJ. (2001) Three-dimensional planning and simulation of hip operations and computer-assisted construction of endoprostheses in bone tumor surgery. Comput Aided Surg. 2001;6(2):65-76
15. Burkhardt S, Roth M, Schweikard A, Burgkart R (2002): Korrektur von geometrischen Verzeichnungen bei MR-Aufnahmen vom Femur in: Bildverarbeitung für die Medizin 2002. Springer-Verlag, Berlin, 107-110
16. Burkhardt S (2003a): Orthopädische Navigation auf der Basis von Kernspin-Datensätzen. Dissertationsschrift, Institut für Informatik, Technische Universität München
17. Burkhardt S, Schweikard A, Burgkart R (2003b): Numerical determination of the susceptibility caused geometric distortions in magnetic resonance imaging. Med Image Anal. 7(3):221-236
18. Zeilhofer HF, Sader R, Kliegis U, Neff A, Horch HH.(1997) Accuracy of stereolithographic models for surgery planning. Biomed Tech (Berl). 1997;42 Suppl:349-51
19. Zeilhofer HF (1998) Innovative 3D Techniken – Medizinisches Rapid Prototyping-Modelle für die Operationsplanung in der Mund-Kiefer-Gesichtschirurgie. Habilschrift, TUM München
20. Gradinger R, Rechl H, Hipp E. (1991) Pelvic osteosarcoma. Resection, reconstruction, local control, and survival statistics. Clin Orthop Relat Res. 1991 Sep;(270):149-58
21. Mittelmeier W, Peters P, Ascherl R, Gradinger R. (1997) Rapid prototyping. Construction of a model in the preoperative planning of reconstructive pelvic interventions. Orthopäde. 1997 Mar;26(3):273-9

22. Dötter M (2004): Fluoroskopiebasierte Navigation zur intraoperativen Unterstützung orthopädischer Eingriffe. Dissertationsschrift, Institut für Informatik, Technische Universität München
23. Gradinger R, Gollwitzer H (2006) Spezialimplantate – Tumorendoprothetik. In: Gradinger R, Gollwitzer H (eds): Ossäre Integration. Springer Verlag Heidelberg. S. 180-189.
24. Plötz W., Rechl H., Burgkart R., Messmer C., Schelter R., Hipp E., Gradinger R.: Limb salvage with tumor endoprostheses for malignant tumors of the knee. Clin Orthop Relat Res. 405 (2002) 207-215
25. Gerdesmeyer L, Gollwitzer H, Diehl P, Burgkart R, Steinhauser E. (2006) Rekonstruktion der Strecksehneninsertion im Rahmen von Knieendoprothesenwechsel und Tumorendoprothetik. Orthopäde Feb;35(2):169-75
26. Ritschl P, Capanna R, Helwig U, Campanacci M, Kotz R. (1992) KMFTR (Kotz Modular Femur Tibia Reconstruction System) modular tumor endoprosthesis system for the lower extremity. Z Orthop Ihre Grenzgeb 130:290-293
27. Capanna et al. (1994): Modular uncemented prosthetic reconstruction after resection of tumours of the distal femur. J Bone Joint Surg Br 76-B:178-186
28. Malawer et al. (1995): Prosthetic survival and clinical results with use of large-segment replacements in the treatment of high-grade bone sarcomas. J Bone Joint Surg Am. 77(8):1154-65
29. Frassica FJ, Sim FH, Chao EY. (1987) Primary malignant bone tumors of the shoulder girdle: surgical technique of resection and reconstruction. Am Surg. 53(5):264-9
30. Kotz R. (1993)Tumorendoprothesen bei malignen Knochentumoren. Orthopäde 22(3):160-6
31. Staubach KH, Grundei H, Aschoff H (2006) Spezialimplantate – Endo-/Exoprothese. In: Gradinger R, Gollwitzer H (eds): Ossäre Integration. Springer Verlag Heidelberg. S. 190- 194.
32. Gradinger R, Mittelmeier W, Plötz W (1999) Endoprothetischer Wirbelkörperersatz bei Metastasen der Lendenwirbelkörper. Operat Orthop Traumatol 11:70-8
33. Mittelmeier W, Grunwald I, Schäfer R et al (1997) Zementlose Endoprothesenverankerung mittels trabekulären, dreidimensional interkonnektierenden Oberflächenstrukturen. Orthopäde 26:117-24
34. Rechl H et al. (2001) Endoprothetic shoulder replacement following tumor resection. Proceedings from the 11th International Symposium on Limb Salvage, Birmingham, UK, 167-168

75.7 Glossar

Altersprädilektion – Häufigkeitsverteilung in Abhängigkeit vom Alter

computerassistierte Navigation – rechnergestützte Detektion von Position und Orientierung von intraoperativen Werkzeugen in Bezug zu anatomischen Strukturen des Patienten meist mittels optischer Kamerasysteme

diagnostischen Algorithmus – systematische, so weit medizinisch möglich, standardisierte Handlungsvorschrift für die Abfolge der einzelnen diagnostischen Maßnahmen

Epiphysenfuge – knorpelige Wachstumszone für das Längenwachstum des Knochens beim Kind und Jugendlichen

Ewingsarkom – bösartiger Knochentumor

Exo-/Endoprothese – Kombination aus einer künstlichen Extremitätennachbildung (= Exoprothese: z. B. Silikon/Plastiknachbildung eines Unterschenkels mit Fuß nach einem Verlust dieser Körperglieder), die außerhalb des Körpers eingesetzt wird mit einer innerhalb des Patientenkörpers eingebrachten Prothese (= Endoprothese)

Exoprothese – siehe Endo/Exoprothese

Fibulatransplantat – Bezeichnung der operativen Entnahme eines Wadenbeines (meist vom selben Patienten) und Versetzung (= Transplantation) dieses Knochen an eine andere anatomische Position (z. B. um einen wegen einem Knochentumor entfernten Oberarmknochen zu ersetzen)

GHG Wirbelkörperprothese – spezielle Endoprothese der Fa. ESKA Implants/ Lübeck für die künstliche Rekonstruktion eines Wirbelkörpers nach dessen – z. B. tumorbedingten – Resektion

Hemipelvektomie – ausgedehnte Knochenresektion mit Entfernung einer Beckenhälfte z. B. bei Tumorbefall und in der Regel anschließender Rekonstruktion durch spezielle Endoprothesen

Kallusdistraktion – spezielles Verfahren mit dem patienteneigener Knochen schrittweise (häufig 1 mm/ Tag) verlängert werden kann

Knochenzyste – Flüssigkeitsgefüllter Hohlraum in einem Knochen

Linea terminalis – Teil des inneren knöchernen Beckenringes

Lymphome – Tumoren des lymphathischen Gewebes

Myelom – maligner Tumor des Knochenmarkes

neoadjuvante Chemo- und/oder Strahlentherapie – eine Chemo- oder Strahlentherapie, die vor einer operativen Tumorentfernung z. B. zur Reduktion der Tumormasse bzw. der Beseitigung von potenziellen Tumortochtergeschwülsten anderer Lokalisationen angewandt wird.

neoadjuvanten Therapieformen – siehe neoadjuvante Chemo- und/oder Strahlentherapie

Os ischii – Sitzbein (Teil des Beckenknochens)

Os sacrum – Kreuzbein (Teil des Beckenringes)

Osteoblastoms – gutartiger Knochentumor

Osteofibrom – gutartiger Knochentumor

Osteoidosteoms – gutartiger Knochentumor

Osteosarkom – bösartiger Knochentumor

pathologische Fraktur – Knochenbruch der bereits bei normaler Belastung auf Grund einer Schwächung des Knochens (z. B. Knochentumor) auftritt

Pediculus arcus vertebrae – Ansatzbereich des Wirbelbogens am Wirbelkörper

Peritrochantär – Region im Bereich des großen und kleinen Rollhügels am stammnahen Ende des Oberschenkelknochens

Processus articularis – Knochenanteil der gelenkbildend zwischen den Wirbelkörpern fungiert

Processus spinosus – Knochenausziehung dorsal vom Wirbelbogen ausgehend

Processus transversus – Knochenausziehung seitlich vom Wirbelbogen ausgehend

proximalen Humerus – stammnaher Anteil des Oberarmknochens

reaktiven Sklerosesaumes – röntgenologisches Zeichen für eine Knochenverdichtung um eine Knochenläsion (z. B. einen gutartigen Knochentumor)

Reversed-Schulter-Endoprothese – spezielle Schulterendoprothesen, die statt einem künstlichen Oberarmkopf in diesem Bereich eine pfannenähnliche Konfiguration aufweist und entspechend die ursprüngliche Schulterblattpfanne kopfförmig ausgebildet ist

Skip Lesions – kleine Knochentumorinseln, die entfernt vom Ausgangstumor und ohne direkte Verbindung mit diesem auftreten, aber sich im gleichen Knochen wie der Ausgangstumor befinden

Staging – diagnostisches Vorgehen, das der Feststellung des Ausbreitungsgrades eines Tumors dient

teleangiektatisches Osteosarkom – bösartiger Knochentumor, der ausgedehnte, spezielle Gefäßneubildungen aufweist

Tumor-/Revisionsknie – Knieendoprothesensysteme, die sowohl für Wechseloperationen nach Endoprothesenlockerung als auch für die Rekonstruktion nach Tumorresektion eingesetzt werden können

Tumor-Like-Lesions – Knochenveränderungen, die tumorähnliche Charakteristika haben

Umkehrplastik nach Borggreve – spezielles Operationsverfahren zur Rekonstruktion des Kniegelenkes (z. B. nach Resektion eines ausgedehnten Knochentumors) durch Versetzung und 180° Drehung des Sprunggelenkes der selben Extremitätenseite. Der „Verlust" des Unterschenkels wird dabei durch eine künstliche Unterschenkel-Exoprothese ersetzt

76 Implantate für den Bandscheibenersatz (Stand 1993)

M. Mathey, E. Wintermantel

76.1 Einleitung

Die Bandscheiben sind besonders betroffen von Fehlhaltungen und -stellungen der Wirbelsäule. Sie unterliegen als grösstes zusammenhängendes, nicht vaskularisiertes Gewebe im Menschen, statisch und dynamisch extrem belastet, besonders der Alterung. Um die teilweise sehr starken Schmerzen bei Bandscheibenschädigungen zu lindern, ist eine Operation vielfach die einzige Hilfe. Bei dieser Operation (Nukleotomie) entfernt man das aus der Bandscheibe ausgetretene Gewebe des Gallertkerns (nucleus pulposus), welches durch Druck auf die Nervenstränge im Bereich der Wirbelsäule die Beschwerden (Ischias-Schmerz) verursacht hat. Nach der Entfernung des Gallertkerns werden die auftretenden Kräfte bei veränderter Biomechanik übertragen. Dabei erhalten die Zwischenwirbelgelenke (Facettengelenke) eine erheblich grössere Flächenpressung als dies bei intakter Bandscheibe der Fall war. Die höhere Flächenpressung kommt durch die Verringerung des Abstandes zwischen den oberen und unteren Deckplatten der benachbarten Wirbelkörper zustande, zwischen denen sich der Gallertkern befand. Durch geeignetes Training der Rückenmuskulatur kann eine Stabilisierung des operierten Bandscheibensegmentes erreicht werden, jedoch ist es eine klinische Erfahrung, dass die meisten Patienten, die momentan durch die Operation schmerzfrei geworden sind, keine adäquate zusätzliche sportliche Betätigung auf sich nehmen.

Es wird deswegen vorgeschlagen, den ursprünglichen Wirbelkörperabstand zu erhalten, indem ein Bandscheibenersatzwerkstoff zur Fixierung und Fusionierung des Segmentes in den Zwischenwirbelraum eingebracht wird. Hierfür gibt es unterschiedliche Konzepte. Neben der Biokompatibilität der Implantatwerkstoffe sind die biomechanischen Anforderungen und die intraoperative Anwendbarkeit entwicklungsbestimmende Grössen. Klinischer Standard bei Nukleotomien im Bereich der Halswirbelsäulenbandscheiben ist das Einsetzen eines autologen Knochendübels aus dem Beckenkamm, oft mit nachfolgender Verplattung zur Sicherung der Dübellage. Im Bereich der Lendenwirbelsäule wird in der Regel lediglich der Gallertkern entfernt ohne weitere Massnahmen.

76.2 Die Wirbelsäule

76.2.1 Anatomie der Wirbelsäule

Die Wirbelsäule als zentrales, lastübertragendes Element des menschlichen Skelettes trägt den Kopf, stützt den Rumpf, umschliesst das Rückenmark und ist Ansatz für Teile der Skelettmuskulatur. Die Wirbelsäule besteht aus 7 Hals-, 12 Brust- und 5 Lendenwirbeln sowie dem Kreuzbein und dem Steissbein. Das zugehörige Bewegungssegment, als Funktionseinheit für die Bewegungen der Wirbelsäule, besteht aus einer Bandscheibe (Zwischenwirbelscheibe), den oben und unten an diese Bandscheibe angrenzenden Wirbelkörpern mit den zugehörigen Boden- und Deckplatten, Wirbelbögen und Wirbelgelenken sowie deren Bandverbindungen. Ebenfalls dazu gezählt werden die Nerven, Blutgefässe und Rückenmuskelanteile, die das Bewegungssegment versorgen (Abb. 76.1). Zusammen mit den kleinen Wirbelgelenken ist die Bandscheibe an den Bewegungsausschlägen der Wirbelsäule beteiligt [1].

76.2.2 Die Bandscheibe

Die Bandscheibe besteht aus einem Gallertkern (nucleus pulposus), einem Faserring (anulus fibrosus) und den Knorpelplatten (Abb. 76.2). Die Knorpelplatten bilden die Abgrenzung der Bandscheibe zu den Wirbelkörpern hin. Der Faserring umgibt den Gallertkern und schliesst die Bandscheibe zirkulär ab. Die Struktur des Faserrings besteht aus mehreren faserigen Schichten, wobei die Fasern im Sinne eines Faserverbundes alternierend in $+45°$ resp. $-45°$ orientiert sind. Der Gallertkern der Bandscheibe besteht aus einem Proteoglykan-Gel, welches lose zusammengehalten wird von einem feinen Netzwerk aus Kollagenfasern. Faserring und Gallertkern sind hochanisotrope Strukturen.

Der Gallertkern und der umgebende Faserring ermöglichen durch ihre elastische Verformbarkeit die Bewegungen der Wirbelkörper und dämpfen Erschütterungen der Wirbelsäule. Die Versorgung der Bandscheiben mit Nährstoffen erfolgt durch Diffusion. Es besteht ein Volumenunterschied infolge der Belastungen bei Tag (geringeres Volumen) und der Entlastung bei Nacht (grösseres Volumen).

76.3 Biomechanik der Bandscheibe

76.3.1 Die mechanische Funktion der Bandscheibe

Die Aufgabe der Bandscheibe besteht darin, Kräfte von einem Wirbel auf den nächsten zu übertragen und zusammen mit den Wirbelgelenken die Bewegungen

76.3 Biomechanik der Bandscheibe

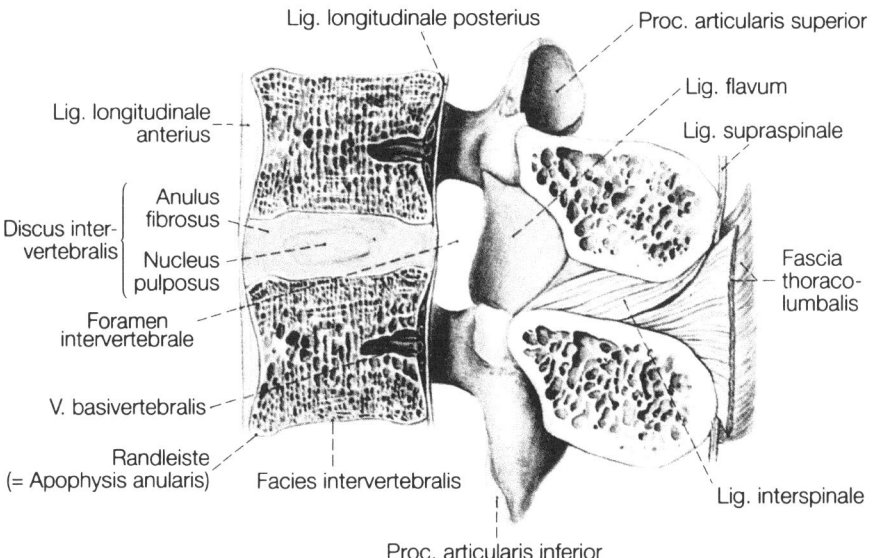

Abb. 76.1 Sagittalschnitt eines Bewegungssegmentes [16]

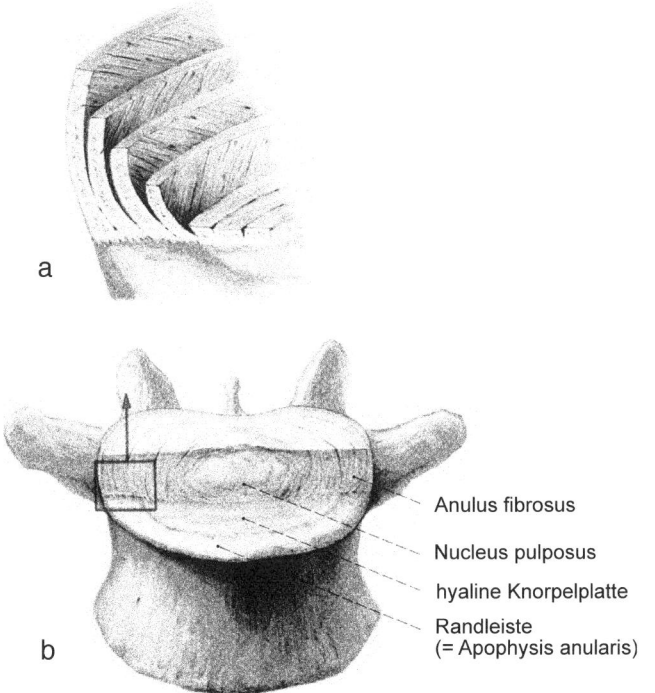

Abb. 76.2 Aufbau der Bandscheibe: a: Ausschnitt aus b mit dem schichtweisen Aufbau in ± 45° Lagen, b: 3. Lendenwirbel mit angeschnittener Bandscheibe (Ansicht von vorne) [16]

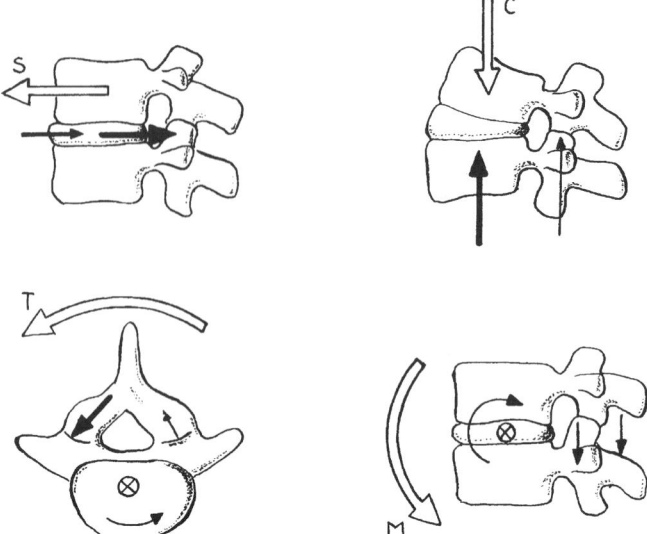

Abb. 76.3 Die Wirbelgelenke und Bänder des Wirbelbogens bewirken in Verbindung mit der Bandscheibe Widerstand gegen a: Scherung S, b: Kompression C, c: Torsion T und d: Flexion M. Die Längen der ausgezogenen Pfeile geben den proportionalen Widerstand der Bandscheibe oder von Wirbelgelenken und Bändern des Wirbelbogens wieder [2]

der Wirbelsäule zu führen. Die Wirbelgelenke schützen dabei vor übermässiger Scher-, Torsions- und Extensionsbelastung und die Bänder der Wirbelbögen vor übermässiger Vorwärts- und Seitwärtsbeugung (Abb. 76.3).

76.3.2 Kennwerte von lumbalen Bandscheiben

Die Querschnittsflächen von lumbalen Bandscheiben betragen zwischen 14 und 24 cm^2 bei einem Mittelwert von 17 cm^2 [3]. Der prozentuale Flächenanteil des Nucleus an der Bandscheibenquerschnittsfläche liegt dabei zwischen 30–50% und er weist ein Volumen von durchschnittlich 3 cm^3 auf [4]. Werte für die im Alltag auftretenden Druckbelastungen von lumbalen Bandscheiben sind in Tabelle 76.1 aufgeführt.

76.4 Krankhafte Bandscheibenveränderungen

Bei jungen Menschen mit gesunden Bandscheiben ist der Gallertkern weisslich, weich und zeigt inhomogene Bereiche mit Kohäsion untereinander. Es beginnen

76.4 Krankhafte Bandscheibenveränderungen

	Belastetes Gewebe	Belastung	Ref.
Druckkräfte in der lumbalen Bandscheibe:	liegend:	250 N	[5]
	stehend:	500 N	[5]
	aufrecht sitzend:	700 N	[5]
	gebückt 10 kg hebend:	1900 N	[5]
	gebückt >50 kg hebend, maximal:	9000 N	[6, 7]
Bandscheibeninnendruck im Alltag max.:		2 MPa	[5]
Symmetrisch komprimierte Bandscheiben kollabieren bei:		11 MPa	[8]
Druckfestigkeit des isolierten Wirbelkörpers	Durchschnittswert:	4.6 Mpa	[7, 8]
	Maximalwert:	10 MPa	

Tabelle 76.1 Druckkräfte und mechanische Festigkeit von lumbalen Wirbelkörpern und Bandscheiben.Krankhafte Bandscheibenveränderungen

bereits vor dem 20. Lebensjahr Umwandlungsprozesse. Es handelt sich dabei um physiologische Rückbildungsvorgänge, die durch zunehmenden Flüssigkeitsverlust des Bandscheibengewebes, insbesondere des Gallertkerns, charakterisiert sind.

Unter besonderen Umständen kann es aber zu einer frühzeitigen Riss- und Spaltbildung und zu einer Volumenverminderung der Bandscheibe kommen. Eine solche degenerierte Bandscheibe wird unelastisch und ist funktionell eingeschränkt. Die Riss- und Spaltbildung ist die Voraussetzung dafür, dass sich der Gallertkern mit oder ohne Faserringanteile krankhaft verlagern kann. Diese Verlagerungen unterscheiden sich von elastischen Verschiebungen der gesunden Bandscheibe durch ihre Unabhängigkeit gegenüber Bewegungen des Segmentes.

Eine Verlagerung des Bandscheibengewebes (Protrusion, Faserring noch intakt) kann zu direktem Druck auf eine benachbarte Nervenwurzel führen. In der von der betroffenen Nervenwurzel versorgten Körperregion sind starke Schmerzen zu spüren (z. B. Ischias-Schmerz). Bei sehr starken Verlagerungen mit einem Reissen des Faserringes kann der Gallertkern austreten (Prolaps) und dabei Lähmungserscheinungen und Gefühlsstörungen durch massive Kompression der Nervenwurzel auslösen. Ein Prolaps ist nicht mehr rückbildungsfähig und soll operativ entfernt werden. Die Ursachen der Bandscheibendegeneration sind bis heute nicht eindeutig geklärt. Ein Unfallgeschehen ist nur selten Ursache für einen Bandscheibenvorfall.

76.4.1 Behandlungsmöglichkeiten bei Bandscheibenschäden

Konservative Therapie
Die konservativen (d. h. nicht operativen) Behandlungsmassnahmen sind vielfältig. Im wesentlichen handelt es sich dabei um Kombinationen von physikalischen und medikamentösen Behandlungen, gefolgt von krankengymnastischer Therapie [9].

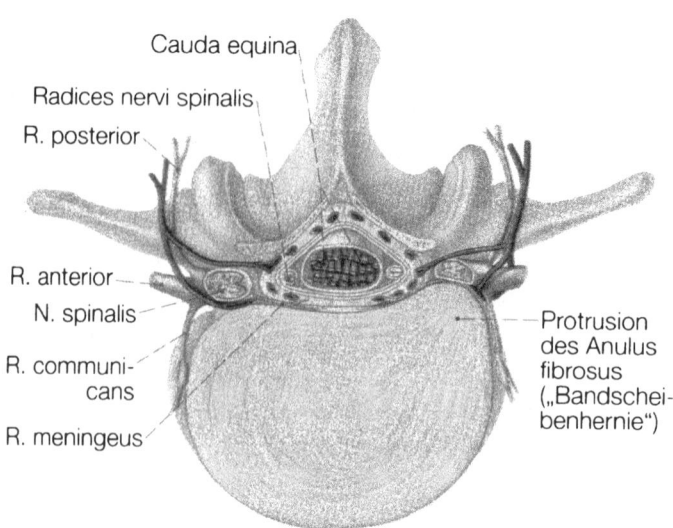

Abb. 76.4 Laterale Bandscheibenprotrusion zwischen dem 3. und 4. Lendenwirbelkörper. Die austretende Nervenwurzel wird dabei einem starken Druck ausgesetzt. Dies verursacht in der von diesem Nervenstrang versorgten Körperregion starke Schmerzen und Lähmungen [16].

Chemonukleolyse/ minimal invasive Operationstechnik
Bei der Chemonukleolyse wird der Gallertkern der erkrankten Bandscheibe durch Einspritzen von Chymopapain (Enzym der Papaya-Frucht) oder Kollagenase teilweise aufgelöst. Das Auflösen führt zu einer Druckentlastung der betroffenen Nervenwurzel [1]. Die Chemonukleolyse wird nur für eine streng auszuwählende Gruppe von Patienten empfohlen. Minimal invasive Operationstechniken werden ebenfalls zur Beseitigung eines Bandscheibenvorfalls angewendet, dazu zählen die Anwendung von Ultraschall und nachfolgendes Absaugen des Bandscheibengewebes.

Konventionelle operative Behandlung
Moderne operative Behandlungstechniken schliessen die sogenannte mikrochirurgische Operationstechnik, unter Verwendung eines Operationsmikroskopes, der Lupenbrille oder ohne optische Vergrösserungshilfen ein. Bei diesem Standardeingriff wird auf der betroffenen Seite in Höhe des Bandscheibensegmentes nach vorgängiger Markierung mit einer durch die Haut eingestochenen Kanüle ein kleiner ca. 2–3 cm langer paravertebraler Schnitt durchgeführt, die Subcutis und Muskulatur präpariert und der Bereich der vorgefallenen Bandscheibe freigelegt. Dazu werden Nervenhäkchen eingesetzt, welche die betroffene Nervenwurzel zur Seite halten. Bei teilweise ausgestossenem Bandscheibengewebe, das weit verlagert ist (Sequestierung) kann die operative Bergung des Sequesters schwierig sein. Bei nicht sequestrierten Bandscheibenvorfällen erfolgt ein Einschnitt in den anulus fibrosus mit nachfolgender Ausräumung des gesamten Zwischenwirbelraumes. Es wird darauf geachtet, dass kein nucleus pulposus-Gewebe zurückbleibt, um mögli-

chen Rezidiv-Vorfällen vorzubeugen. Dies erfordert sorgfältiges Ausräumen des Faches in sämtliche Richtungen. Nach Entfernung des Bandscheibenkerns erfolgt ein schichtiger Wundverschluss. Der während der Operation in Knie-Ellenbogenlage auf dem Operationstisch fixierte Patient kann in der Regel bereits am ersten postoperativen Tag aufstehen und seine Wirbelsäule vorsichtig belasten.

76.4.2 Postdiskotomiesyndrom

Die Verminderung des Wirbelkörperabstandes, hervorgerufen durch die teilweise oder vollständige Entfernung des Gallertkerns, kann eine Einengung der aus den Zwischenwirbelkanälen austretenden Nervenwurzeln zur Folge haben. Die Wirbelgelenke des betroffenen Bewegungssegmentes werden zudem einer höheren Belastung ausgesetzt. Kommen durch diese Überbelastung entzündliche Schwellungen und Osteophyten (reaktive Knochenanlagerung) der Gelenkfacetten und/oder der Wirbelkörperrandleisten dazu, so wird der Zwischenwirbelkanal weiter eingeschränkt. Narbengewebe im Operationsgebiet kann eine zusätzliche Bedrängung und dadurch Reizung der Nervenwurzeln verursachen. Die gereizten Nervenwurzeln reagieren ihrerseits mit Schwellungen und engen den verbleibenden Raum nochmals ein. Diese fortlaufende Einengung erzeugt zunehmenden Druck auf die empfindlichen Nerven. Der betroffene Patient erleidet damit starke Schmerzen [10]. Diese Symptomatik wird als Postdiskotomiesyndrom bezeichnet. Zur Vermeidung dieses Syndroms wird vorgeschlagen, nach der Diskotomie den ursprünglichen Abstand der betroffenen Wirbelkörper durch ein Implantat zu erhalten.

76.5 Implantate für den Bandscheibenersatz

Bei den Implantaten für den Bandscheibenersatz sind zwei Konzepte unterscheidbar:

Wirbelkörperverblockung
Die Implantate erfüllen nur die Funktion des Abstandhalters zwischen den Wirbelkörpern und haben die Versteifung des betroffenen Bewegungssegmentes zur Folge.

Weitgehende Erhaltung der Segmentbeweglichkeit
Implantate, welche neben der Abstandhalterfunktion die Segmentbeweglichkeit ganz oder teilweise beibehalten und damit die natürliche Bandscheibe nachahmen.

Beide Implantatgruppen sollen durch die Wahrung des Wirbelkörperabstandes das Postdiskotomiesyndrom verhindern. Bei der Entwicklung von Implantatsystemen für den Bandscheibenersatz kommen zudem der für den Chirurgen beschränkte Zugang von dorsal bei einer minimalinvasiven oder konventionell mikrochirurgi-

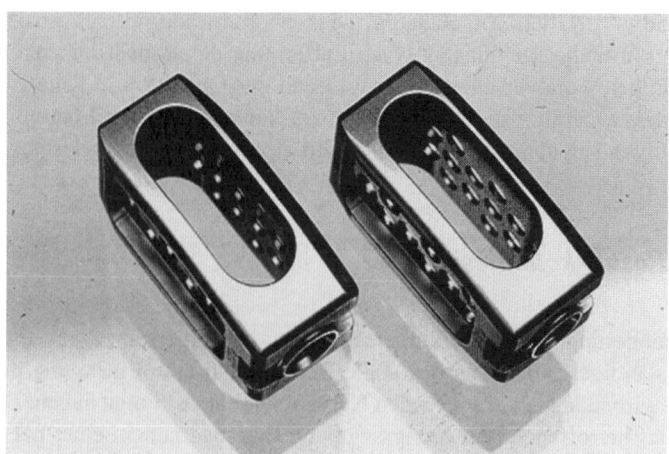

Abb. 76.5 Bei diesen PLIF-Implantaten sind die unteren und oberen Endflächen gewölbt, um eine feste Verankerung an den konkaven Wirbelendplatten zu erreichen. (Bild: STRATEC Medical, Waldenburg, Schweiz)

schen Operation als erschwerende Randbedingung hinzu. Für die Entwicklung eines neuen Implantates sollte der Stand der chirurgischen Technik als Randbedingung akzeptiert werden. Damit ist der ventrale Zugang (also die Operation über den Bauch) und die Behandlung der Wirbelsäule von vorne obsolet. Bei der normalen Bandscheibenoperation hat sich der dorsale Zugang durchgesetzt. Lediglich bei umfangreichen orthopädischen Eingriffen oder nach Unfällen sowie bei Tumorerkrankungen erfolgt ein Zugang zur Lendenwirbelsäule von der Bauchseite her.

76.5.1 Wirbelkörperverblockende Implantate

Das Konzept der wirbelkörperverblockenden Implantate soll das Postdiskotomiesyndrom sowie eine exzessive Narbenbildung verhindern. Diese Narbenbildung kann beim beweglichen Implantat dadurch entstehen, dass das Operationsgebiet nicht in Ruhe (ohne mechanische Bewegungseinflüsse) ausheilen kann. Man nimmt an, dass die geringfügig verminderte Beweglichkeit der mit wirbelkörperverblockenden Implantaten operierten Wirbelsäule für den Patienten keine spürbare Einschränkung ergibt. Diese Aussage trifft für die Lendenwirbelsäule zu. Verblockungen im Bereich der Halswirbelsäule sind mit einer höheren Einschränkung der Beweglichkeit verbunden.

Spondylodese
Als klassische wirbelkörperverblockende Operationsmethode kann die Spondylodese angesehen werden, bei der ein autologes Knochenimplantat aus dem Beckenkamm in Form eines Dübels oder von Spänen im Wirbelzwischenraum eingesetzt

76.5 Implantate für den Bandscheibenersatz

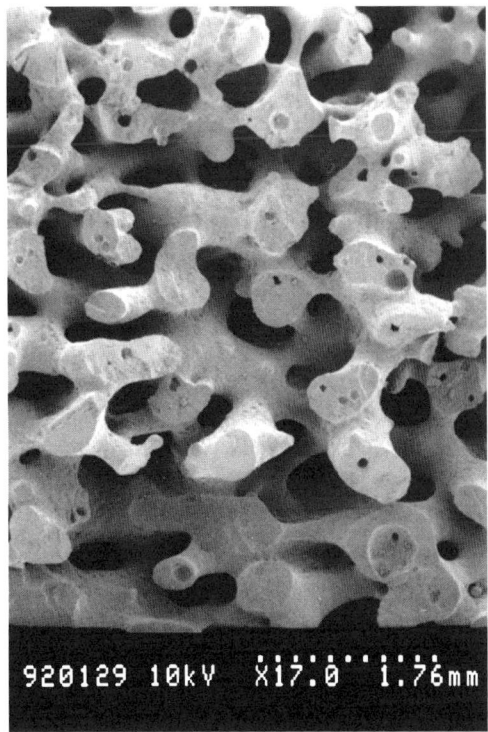

Abb. 76.6 REM-Aufnahme eines Interbody-Fusion-Elementes aus PMMA mit 49 Vol.% Porosität. Die Phasenentmischung des injizierbaren Werkstoffes führt zu dieser regelmässigen Struktur mit einer relativ glatten Phasengrenzfläche. Die Probe wurde nach der Polymerisation gebrochen und die wässrige Phase entfernt

wird und damit zu einer Abstützung der Wirbelkörper führt. Als Nachteile der autologen Knochenentnahme sind der zweite Eingriff mit den damit verbundenen möglichen Komplikationen, wie Infektionen, Blutungen, Verletzungen von Hautnerven und länger anhaltende Schmerzen im Wundbereich, sowie die beschränkte Verfügbarkeit zu nennen. Diese Komplikationen könnten vermieden werden durch die Verwendung eines synthetischen Implantates. Dabei kann unterschieden werden nach Implantaten mit gegebener Gestalt und solchen, die ihre Gestalt erst im Zwischenwirbelraum erhalten.

PLIF-Implantate (posterior lumbar interbody fusion)
Implantate, die als Festkörper implantiert werden, bestehen zumeist aus Metallen (Titan, rostfreie Stähle). Diese Implantate werden aufgrund des Implantationsweges von dorsal PLIF-Elemente (posterior lumbar interbody fusion) genannt und kommen in verschiedensten Formvarianten zum Einsatz. Um das Anwachsverhalten der Implantate zu verbessern, weisen sie häufig eine käfigartige Struktur auf, welche im Innern mit autologer Knochenspongiosa gefüllt werden kann (Abb. 76.5). Es kommen aber auch analoge Implantate aus faserverstärkten Polymeren zum Einsatz, die sich durch ihre Röntgentransparenz und die artefaktfreie Beurteilbarkeit bei Magnetresonanzuntersuchungen von den Metallimplantaten unterscheiden.

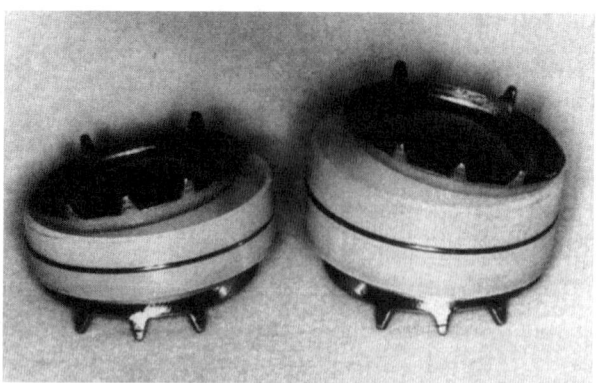

Abb. 76.7 Konzept einer künstlichen Bandscheibe aus zwei Metallplatten (rostfreier Stahl oder Cobalt-Chrom-Legierung) mit Verankerungsstiften und einem hochverdichteten Polyethylenkern, dargestellt in verschiedenen Grössen [15]

Implantate aus PMMA

Bereits 1955 wurde ein leichtfliessendes, selbstpolymerisierendes Polymethylmethacrylat (PMMA) benützt, um den Wirbelzwischenraum zu füllen [11, 12]. Aufgrund der hohen Temperatur während der Polymerisation, des schlechten Anwachsverhaltens des Knochens und der ungenügenden mechanischen Verankerung war diese Methode nicht erfolgreich. Durch das Zufügen von porenbildenden Stoffen zum PMMA kann die Temperatur während der Polymerisation gesenkt und durch die Bildung eines offenporigen Systems die mechanische Verankerung verbessert werden [13, 14]. Bei diesem Implantat wird dem flüssigen PMMA eine wässerige Polysaccharidlösung (Dextran) zugegeben und homogen vermischt. Das flüssige Phasengemisch ermöglicht die Applikation des Implantates mittels Injektion von dorsal in den Wirbelzwischenraum. Das flüssige Gemisch trennt sich vor der Polymerisierung des PMMA aufgrund der unterschiedlichen Dipolarität der Phasen (Abb. 76.6). Bei einer Zugabemenge der Polysaccharidlösung von 35 bis 55 Vol% entsteht dabei ein offenes, zusammenhängendes Porensystem, das mit der wässerigen Polysaccharidlösung gefüllt ist. Die Druckfestigkeiten dieses porösen PMMA-Implantates liegen zwischen 24 MPa bei 35% und 4 MPa bei 49% Porosität. Der E-Modul liegt bei gleichen Porositäten zwischen 460 MPa und 100 MPa. Dieses Implantat befindet sich in der Entwicklung zur klinischen Applikation.

76.5.2 Implantate mit Erhaltung der Segmentbeweglichkeit

Bei diesen Implantaten wurde eine Vielfalt von verschiedenen Modellen und Konzepten entwickelt. So wurden bereits rostfreie Stahlkugeln, starre linsenähnliche Körper aus Kunststoff oder Metall mit und ohne Gelenk, Silikonkautschukteller, -sterne, -kugeln, -stäbchen oder Plombierungen des Bandscheibenraumes mit Sili-

76.5 Implantate für den Bandscheibenersatz

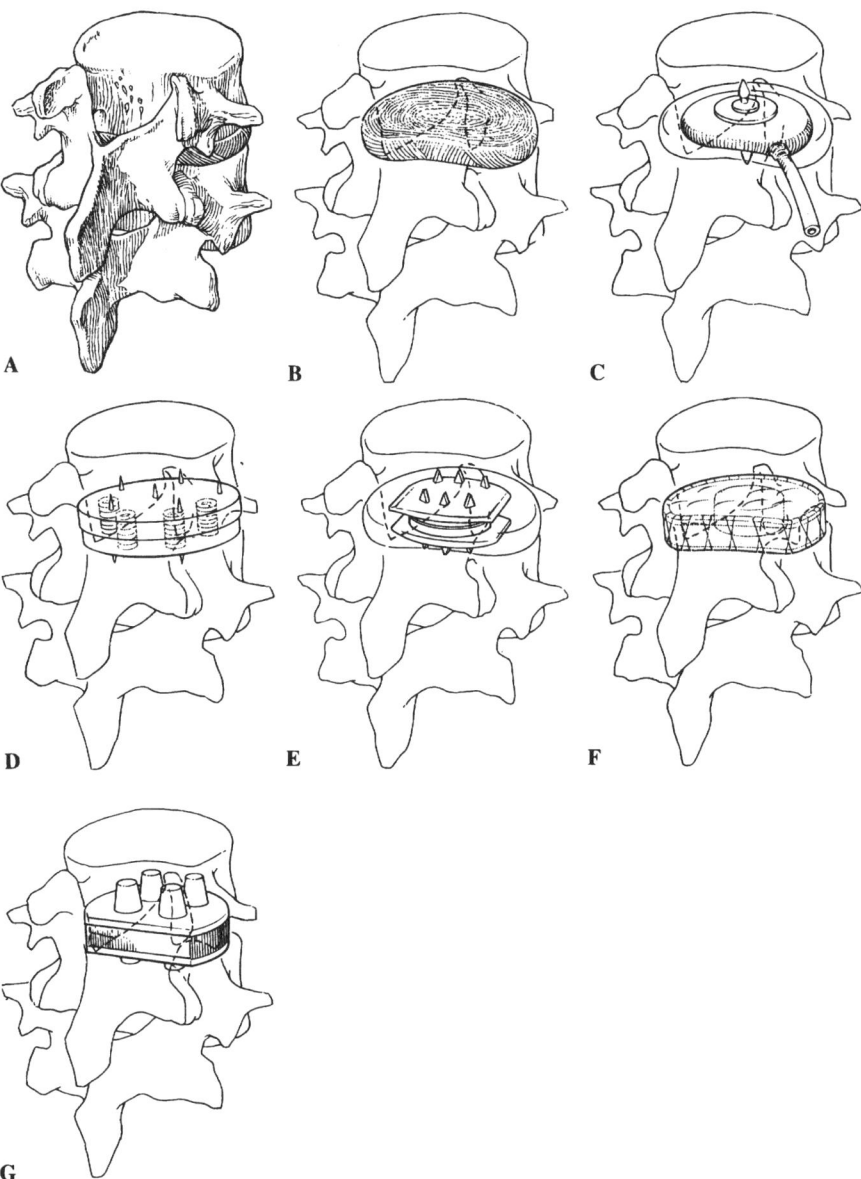

Abb. 76.8 Unterschiedliche Konzepte von künstlichen Bandscheibenprothesen. *A:* Rechte, posterolaterale Ansicht der Lendenwirbelsegmente L4 und L5 im Normalzustand. *B:* Normalzustand der Bandscheibe im Lendenwirbelsegment L4–L5. *C:* Flexible, wassergefüllte Blase, die mit Haken an den Wirbelsegmenten befestigt ist. *D:* Zwei mit Federn verbundene Metallplatten, die mit Verankerungsstiften versehen sind. *E:* Metallplatten mit Verankerungsstiften, zwischen die eine Kunststoffgelenkkugel gelagert ist. *F:* Mehrschichtige, faserverstärkte Platte mit einer elastomeren Matrix; die Faserorientierungen entsprechen den Orientierungen in einem gesunden Anulus. *G.:* Poröse Metallplatte mit Verankerungsstiften, die durch ein elastomeres Kissen getrennt sind [15]

konkautschuk eingesetzt. Keines dieser Implantate hat sich aber bis heute klinisch durchsetzen können. Dies zum Teil durch den teilweise notwendigen ventralen Zugang zum Wirbelzwischenraum. Ein weiteres Problem dieser beweglichen Implantate ist die mögliche bindegewebige Abkapselung, welche die Implantatbeweglichkeit einschränkt und unter Umständen zu einem erneuten Druck auf die Nervenwurzeln führen kann sowie die mangelnde Osseointegration. Unterschiedliche Konzepte sind in den Abb. 76.7 und 76.7 dargestellt. Eine umfassende Darstellung zu neueren Ergebnissen der Wirbelsäulenimplantate findet sich in [17].

76.6 Literatur

1. Oldenkott P., Bandscheibenschäden, 1988.
2. Gosh P., The biology of the intervertebral disc, I & II, CRC Press, Boca Raton, 1988.
3. Reuber M., Schultz A., Denis F., Spencer D., Bulging of lumbar intervetebral disc, Journal of Biomech. Engineering, 104, 1982, p. 187–192.
4. Farfan H.F., The effects of torsion on the lumbar intervertebral joints: the role of torsion in the production of disc degeneration, Journal of Bone Jt. Surg., 52-A, 1970, p. 468.
5. Nachemson A.L., Disc pressure measurements, Spine, 6, 1981, p. 93.
6. Adams M.A., Hutton W.C., Prolapsed intervertebral disc. A hyperflexion injury, Spine, 7, 1982, p. 184.
7. Zak K., Spannungsoptische Untersuchungen an menschlichen Wirbelkörpern im Vergleich zur FEM, Berlin, 1979.
8. Yamada I., Strength of Biological Materials, New York, 1973.
9. Wenker H., Schirmer M., Lumbaler Bandscheibenvorfall und Lumboischialgie: Grundlagen, Diagnostik u. Therapie, Hans Huber, Bern, 1979.
10. Kraemer J., Bandscheibenbedingte Erkrankungen, 2, Thieme, Stuttgart, 1986.
11. Idelberger K., Palavit in der operativen Orthopaedie, 86, Verh. dtsch. Orthop. Ges., 1955.
12. Hampy W.B., Glaser H.T., Replacement of Spinal Intervertebral disc with Locally Polymerizing Metyl Methacrylate, Journal Neurosurg., 16, 1959, p. 311–313.
13. Mathey M., Meier C., Hottenstein F., Pfaffinger M., Mayer J., Wintermantel E., A new intervertebral disc respacing biomaterial: open porous bone cement, Proceedings of the Monte Verità Conference on Biocompatible Materials Systems, Ascona, Switzerland, 1993, p. I-9.
14. Mathey M., Meier C., Lüscher P., Mayer J., Wintermantel E., Koch B., A new intervertebral disc respacing biomaterial: open porous, hydroxyapatite filled polymethylmethacrylate, Biomedical Engineering - Application, Basis, Communication, 5, 1993, p. 334–339.
15. Brock M., Mayer H.M., Weigel K., The artificial disc, Springer-Verlag, Berlin, 1991.
16. Drenckhahn D., Zenker W., Benninghoff Anatomie, 1, 15. Edition, Urban & Schwarzenberg, München, 1994.
17. Kim, D.H., Cammisa, F.P., Fessler, R.G., Dynamic Reconstruction of The Spine, Thieme, New York, 2006

77 Exoprothetik

S. Blumentritt, L. Milde

77.1 Einleitung

Exoprothesen sind orthopädische Hilfsmittel, die als Körperersatzstücke dem funktionellen und ästhetisch-kosmetischen Ausgleich von amputierten oder von Geburt an fehlenden Gliedmaßenabschnitten dienen.

Durch die Amputation wird ein Teil einer Gliedmaße im knöchernen Bereich oder im Gelenk abgetrennt. Die Indikationsstellung zur Amputation ist eine höchst verantwortungsvolle und schwierige ärztliche Entscheidung, weil sie die körperliche, seelische und soziale Integrität des betroffenen Menschen unwiderruflich nachhaltig beeinträchtigt. Unmittelbar mit der Indikationsstellung ist die individuell bedingte Festlegung der Amputationshöhe verbunden. Die Indikation und die Wahl der Amputationshöhe determinieren bereits wesentlich den Rehabilitationsverlauf. Die Rehabilitation Amputierter gelingt am besten im erfahrenen interdisziplinären Rehabilitationsteam, dessen Handeln letztlich auf die eigenbestimmte und gleichberechtigte Teilhabe der so behinderten Menschen am gesellschaftlichen Leben gerichtet ist. Dies schließt die ganzheitliche Betrachtung der Patientensituation durch das interdisziplinäre Rehabilitationsteam zur individuellen Prothesenversorgung ein, mit der die technischen Möglichkeiten für das angestrebte Therapieziel geklärt werden.

Die Indikation zur Amputation wird in der Regel gestellt, wenn schwerwiegende Krankheiten vorliegen, oder weit seltener bei zu entfernenden funktionell störenden Gliedmaßenteilen. Die epidemiologischen Statistiken zu Amputationsursachen weisen fünf hauptsächliche Krankheitsbilder beziehungsweise Verletzungen aus:

- Gefäßerkrankungen
- Das Trauma
- Die Infektion
- Tumoren
- Die angeborene Fehlbildung.

Die prozentualen Anteile dieser Ursachen unterscheiden sich erheblich voneinander in den Regionen der Erde. In Deutschland werden Schätzungen zufolge etwa 50000 Amputationen pro Jahr vorgenommen [1], wobei die Gefäßerkrankungen (periphere arterielle Verschlusskrankheit, mit und ohne Diabetes mellitus) mit 87% die weitaus häufigsten Ursachen sind, gefolgt von Trauma (4%), Tumoren (2%), Infektionen (2%) und den angeborenen Fehlbildungen (0,2%). Das Verhältnis von Amputationen an der oberen Extremität zu denen an der unteren Extremität ist etwa 1:20. Die Verschlusskrankheiten finden sich vorwiegend beim älteren Menschen. Sie führen hauptsächlich zur Amputation am Unter- und Oberschenkel. Dagegen verursachen periphere arterielle Verschlusskrankheiten nahezu keine Amputation an der oberen Extremität. Das Trauma ist die Hauptursache bei Kindern und in jüngeren Lebensjahren. Häufig betroffen sind dadurch die obere Extremität und der Fuß [1, 2].

Mit der Amputation beginnt für den Patienten die Rehabilitation. Die Rehabilitation umfasst

- die operative Behandlung inklusive der Nachsorge
- die prothetische Versorgung
- die Physiotherapie sowie die Ergotherapie
- die psychische Führung, gegebenenfalls die Behandlung und
- die soziale Betreuung.

Durch die Operation und eine adäquate Nachsorge sollte ein möglichst schmerzfreier und zur Kraftübertragung geeigneter Stumpf entstehen. Hier gilt: Je kürzer ein Stumpf und je höher das Amputationsniveau, desto begrenzter sind die Rehabilitationsmöglichkeiten [3]. Dieser Grundsatz wird plausibel durch das immer weiter limitierte muskuläre Potential, das durch das proximalere Amputationsniveau entsteht und somit zur Prothesensteuerung zur Verfügung steht.

Die prothetische Versorgung, die der Orthopädie-Techniker vornimmt, sollte möglichst frühzeitig angestrebt werden. Entscheidend für die Versorgungsqualität ist eine gute Stumpfbettung, über die der Anschluss der Prothese an den Körper erfolgt. Die Auswahl industriell gefertigter Komponenten zur Herstellung einer Prothese, so genannter Passteile, orientiert sich an der Stumpfleistungsfähigkeit, den Umfeldbedingungen wie Lebens- und Arbeitsituation und prognostischen Faktoren zur Rehabilitation. Häufig erlangt zusätzlich zu den funktionellen Aspekten der Prothese die Herstellung eines natürlichen Erscheinungsbildes Bedeutung. Viele Amputierte wünschen auch wegen möglicher Stigmatisierung unauffällig zu erscheinen. Die Funktionalität einer Beinprothese wird darüber hinaus maßgeblich von der relativen Positionierung von Schaft und den Passteilen zueinander, dem statischen Prothesenaufbau, mitbestimmt.

Die exoprothetischen Versorgungsmöglichkeiten des amputierten Patienten haben sich in den vergangenen zwei Jahrzehnten deutlich verbessert. Sowohl die biomechanische Funktionalität prothetischer Komponenten wie auch die Anzahl verfügbarer Konstruktionen erweiterten sich erheblich. Myoelektrisch gesteuerte Hände mit hoher Greifgeschwindigkeit und Griffkraft, Prothesenfüße aus hochbelastungsfähigen Leichtbaustrukturen, wie kohlenstofffaserverstärktem Kunststoff, bis zum mikroprozessor gesteuerten Prothesenkniegelenk stehen heute als Rehabilitationstechnik zur Verfügung. Lasergestützte Systeme erlauben, die individuelle Beinprothese präzise und biofunktionsgerecht in den Stütz- und Bewegungsapparat zu integrieren. Mit Ganganalysetechnik kann die Bewegung objektiviert werden.

Die scheinbar einfache Forderung nach einem funktionellen und optisch ansprechenden Gliedmaßenersatz bleibt auch bei aller modernen Technik eine sehr anspruchsvolle Aufgabe, deren Vielschichtigkeit häufig unterschätzt wird. Die alte und immer aktuelle Frage von betroffenen Menschen: „Wie geht es nach meiner Beinamputation weiter und welche Möglichkeiten bietet die moderne Prothesentechnik?" bedarf auch zu Beginn des 21. Jahrhunderts einer differenzierten Betrachtungsweise [4]. Im Zeitalter der Stammzellenforschung, routinemäßigen Organtransplantation, Replantationen von Gliedmaßenabschnitten einerseits sowie Hightech-Computern und Robotertechnik andererseits sind die Wünsche der Amputierten und deren Angehörigen nicht immer realistisch. Es gilt, den fehlenden Gliedmaßenabschnitt möglichst naturgetreu zu ersetzen, dabei ist die Wiederherstellung der äußeren Form einfacher als der funktionelle Ersatz. Die Unterschiede der prothetischen Versorgung der oberen und unteren Extremität resultieren aus dem biologischen Vorbild, wobei die menschliche Hand eine Sonderstellung einnimmt.

77.2 Historie der Gliedmaßenprothetik

Die orthopädische Exoprothetik blickt auf eine über zweitausendjährige Geschichte zurück, und der Bogen spannt sich von der Schmuckhand eines ägyptischen Tempelpriesters über die Eiserne Hand des Götz von Berlichingen bis zu den modernen mikroprozessorgesteuerten Arm- und Beinprothesensystemen der Gegenwart.

Über die Jahrhunderte prägten Kriege und Verletzungen die Amputationen, die oft als einzige Maßnahme zur Lebenserhaltung möglich waren. Historische Betrachtungen zur Gliedmaßenprothetik betreffen medizinische, kulturelle, soziale und technologische Aspekte der einzelnen Zeitabschnitte. Der medizinische Fortschritt von der Blutstillung über die Beherrschung der Wundinfektion bis zur funktionellen Stumpfbildung als neues Erfolgsorgan beeinflusst direkt die Prothesentechnik. Ein Beispiel ist die Neuentdeckung der Gefäßligatur durch Ambroise Paré 1564 [5], auf den auch die Beinprothese des Kleinen Lothringers zurückgeht (Abb. 77.1). Diese beeindruckende Konstruktion ist vom technologischen Stand vergleichbar mit der berühmten Eisernen Hand des Götz von Berlichingen aus dem 16. Jahrhundert und lässt vergessen, wie technisch primitiv die Prothetik für den Normalamputierten war, falls er den Eingriff überhaupt überlebt hatte.

Neben dem mechanischen Ersatz des amputierten Arm- oder Beinabschnittes kam und kommt der Befestigung der Prothese am Körper besondere Bedeutung zu. Die seit Jahrhunderten angestrebte innige Verbindung zwischen Stumpf und Prothesenschaft ist mitentscheidend für die Funktion und Akzeptanz. Die Forderungen nach einfacher Adaption, sicherer Führung, biomechanischer Wirkung bei möglichst geringer Bewegungseinschränkung und gutem Tragekomfort konnten in den letzten

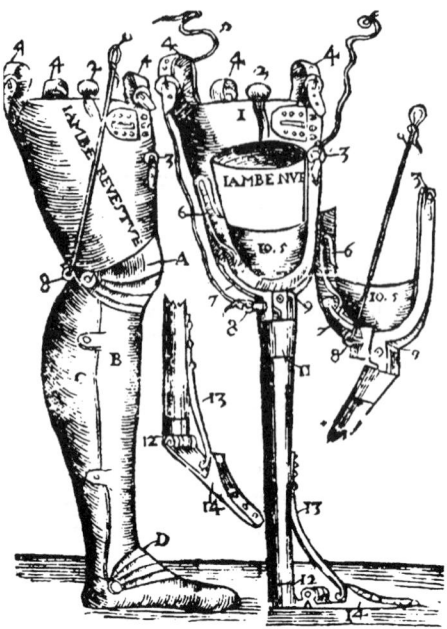

Abb. 77.1 Die Oberschenkelprothese des kleinen Lothringers (nach Ambroise Paré, 1552) zeigt eine technische Spitzenleistung des Mittelalters. Die tragende Rohrkonstruktion mit Blattfederfuß und sperrbarem Kniegelenk ist durch eine ritterrüstungsähnliche Schale verkleidet [4]

Jahren durch neue Werkstoffe, mechatronische Lösungen, veränderte Schaftsysteme und objektive Herstellungsmethoden weitgehend erfüllt werden. Auf sie wird in den nachfolgenden Abschnitten bei den Amputationshöhen eingegangen.

77.2.1 Historie der Armprothesen

Als älteste Prothesenhand gilt die Schmuckhand einer ägyptischen Mumie aus der Zeit 300 Jahre vor Christus [6]. Als passiver Ersatz aus harzgetränktem Baumwollgewebe findet sie in den faserverstärkten Hochleistungskunststoffen eine moderne Analogie. Über die Jahrhunderte wurden die passiven Kunsthände aus Leder, Holz oder Filz hergestellt und meist mit einem Lederhandschuh verkleidet. Ihre Verwendung in den sogenannten Schmuckarmen – heute kosmetische Armprothese – ist rückläufig, da moderne Versionen aus PVC-Kunststoff oder HTV-Silikonen dem natürlichen Aussehen wesentlich besser entsprechen.

Die passiven Arbeitsarme und deren Bauteile, deren Ideen meist aus der Zeit des Ersten Weltkrieges stammen, verlieren zunehmend an Bedeutung. Ihre Funktion übernehmen bewegliche Prothesenhände, deren Anfänge in das 16. Jahrhundert zurückgehen. Die vielen interessanten Konstruktionen und technischen Meisterleistungen mit zahlreichen Patenten [6] anzuführen, würden den Rahmen sprengen. Wichtiger erscheint die Unterteilung in Eigenkraft- und Fremdkraftprothesen (Abb. 77.15).

77.2 Historie der Gliedmaßenprothetik

Sauerbruch hat im Ersten Weltkrieg die Kineplastik mit Muskelkanälen entwickelt. Über einen durch den Muskelkanal geführten Elfenbeinstift und einer entsprechenden drahtartigen Verbindung zur Prothesenhand konnte der Amputierte seine Prothesenhand willkürlich bewegen. Versorgungen nach Sauerbruch werden auch heute noch vereinzelt durchgeführt.

Die 1949 von Häfner vorgestellten pneumatischen Kunstarme verwenden als Kraftquelle komprimiertes Kohlendioxyd [7]. Eine Bedeutung erhielt dieses Fremdkraftsystem in den 60er Jahren bei der Versorgung der sogenannten Contergankinder [8]. Durch die heutigen leistungsfähigen elektromechanischen Konstruktionen mit myoelektrischer Steuerung haben pneumatische Prothesen keine Bedeutung mehr.

Mit der Einführung der Gießharztechnik im Unterdruckverfahren war es in den 50er Jahren erstmals möglich, formstabile und leichte Prothesenschäfte herzustellen, die den aktiven Greifarmen zum Durchbruch verhalfen [9]. Bei diesen Eigenkraftprothesen mit indirekter Kraftquelle betätigte der Amputierte das Greiforgan über eine Kraftzugbandage (Abb. 77.2). Der aus den USA bekannte Hook hat sich als funktionelles Greiforgan seit Jahrzehnten bewährt und lässt sich gegen eine Systemhand austauschen. Mit der Systemhand gelang der Firma Otto Bock 1962 ein entscheidender Entwicklungsschritt für die moderne Armprothetik. Die Dreiteilung in Handskelett mit Zugmechanik, formgebende Innenhand aus Weichplastik und kosmetischen Handschuh (Abb. 77.3) ist noch heute aktuell [10].

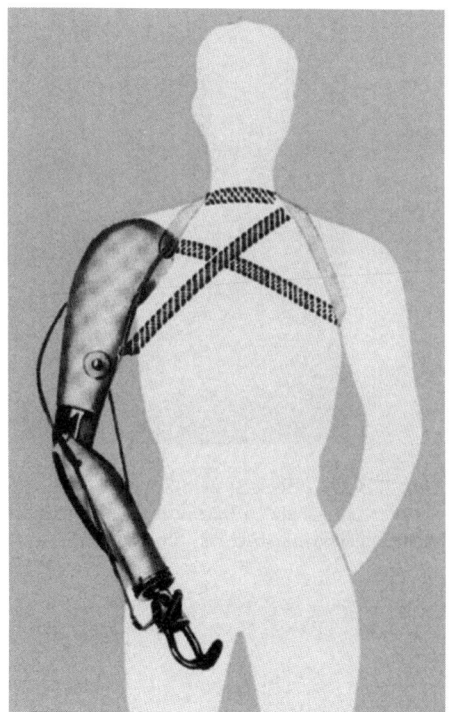

Abb. 77.2 Aktiver Greifarm für Oberarmamputation aus den 60er Jahren. Oberarm- und Unterarmschaft sind aus Gießharzlaminat gefertigt und durch das Ellbogengelenk verbunden. Mit der Dreizugbandage bedient der Prothesenträger durch Schulterbewegungen das Ellbogengelenk und den Kraftzughook (aktives Greiforgan)

Das gleiche Prinzip wurde für die System-Elektrohand übernommen, die durch myoelektrische Signale gesteuert wird. Auch wenn die erste elektromagnetische Hand schon 1919 von Schlesinger konstruiert wurde, können sich die elektromechanischen Fremdkraftprothesen erst Anfang der 70er Jahre durchsetzen als mit dem Myobock-System eine praxisgerechte Lösung von der Elektrode über die Steuerelektronik bis hin zur austauschbaren System-Elektrohand zur Verfügung stand.

Die ersten Anfänge der myoelektrischen Prothesensteuerung gehen auf Reiter zurück, der 1948 seine Vorstellungen über die Nutzung von Muskelaktionspotentialen zur Steuerung einer Elektrohand veröffentlichte [11]. In den 50er Jahren folgen Entwicklungen in den USA, Großbritannien und der UdSSR. Auf der Weltausstellung 1959 in Brüssel stellt eine sowjetische Forschungsgruppe eine gebrauchsfähige myoelektrische Hand vor. Zur gleichen Zeit werden in Österreich und Italien myoelektrische Systeme entwickelt, die herkömmliche Holzhände verwenden. In Zusammenarbeit mit der Firma Otto Bock entstand eine neue Generation von Elektrohänden mit myoelektrischer Steuerung. Nach der staatlichen Zulassung 1971 setzte sich das praxisgerechte Myobock-System durch und prägt seitdem weltweit den Versorgungsstandard [12].

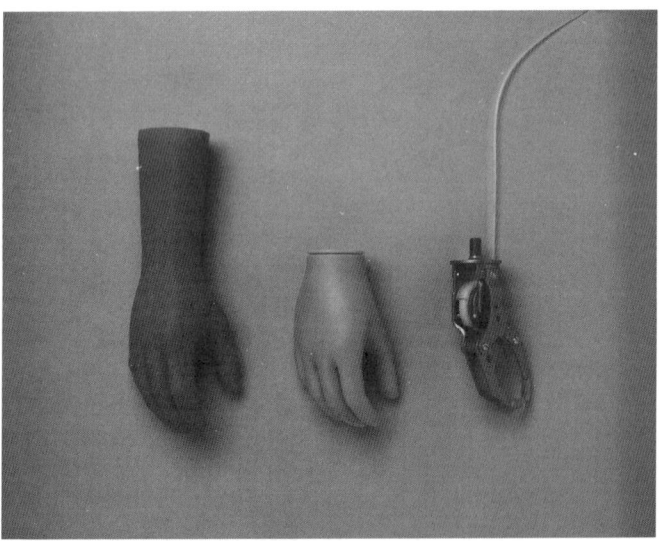

Abb. 77.3 Otto Bock-System-Zughand für Greifarme. Das Handskelett mit Zugmechanik wird von der formgebenden Innenhand aus Kunststoff verkleidet. Der kosmetische PVC-Handschuh bildet den äußeren Abschluss für ein natürliches Aussehen

77.2.2 Historie der Beinprothesen

Die Versorgung von Amputationen an der unteren Extremität ist seit Jahrhunderten medizinisch notwendig und bekannt. So zeigt eine Vase aus dem 4. Jahrhundert vor Christus eine Unterschenkelstelze (Abb. 77.4). Die Angaben in der Literatur über Kunstbeine spiegeln den allgemeinen Stand der Technik wider [5]. Das Stelzbein war der normale gelenklose Gliedmaßenersatz und blieb es bis ins letzte Jahrhundert hinein. Eine Ausnahme stellt die bereits erwähnte Konstruktion von Paré dar. Von Fortschritten im Prothesenbau nach den Kriegen im 18. und 19. Jahrhundert wird berichtet [13] und in der orthopädischen Fachliteratur des beginnenden 20. Jahrhundert setzen sich bekannte Ärzte mit der Gliedmaßenprothetik auseinander [14].

Der systematische Prothesenbau begann nach dem Ersten Weltkrieg. Die von Schede 1919 verfassten „Theoretischen Grundlagen für den Bau von Kunstbeinen" [15] haben noch heute Gültigkeit. Zusammen mit Habermann entwickelte er ein physiologisches Kniegelenk und einen mehrachsigen Prothesenfuß. In die gleiche Zeit fällt die Gründung der Orthopädischen Industrie 1919 durch den Thüringer Orthopädiemechaniker Otto Bock. Damit beginnt eine neue Ära des Prothesenbaus, da nun serienmäßig gefertigte Bauelemente, so genannte Passteile, für die handwerkliche Versorgung der Amputierten eingesetzt werden konnten [10].

Abb. 77.4 Historische Beinprothese auf einer Vase aus dem 4. Jahrhundert v. Chr. Das Unterschenkel-Stelzbein hat reine Abstützfunktion beim Stehen und Gehen [4]

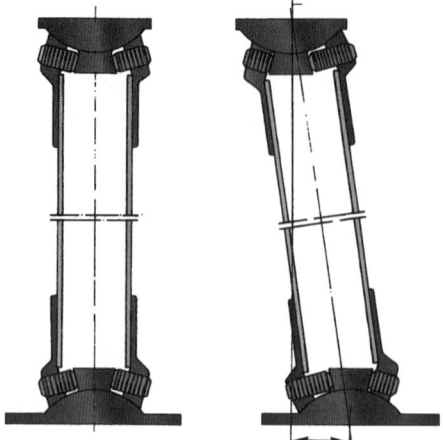

Abb. 77.5 Justieradapter der Otto Bock-Modular-Beinprothesen (Patent von 1969). Über die Justiersschrauben lassen sich Winkel verändern und damit die Aufbauposition der Prothesenkomponenten einstellen

Es werden Grundlagen für den dreidimensionalen Prothesenaufbau mit entsprechenden Hilfsgeräten für den Orthopädiemechaniker entwickelt. Eine Vielzahl unterschiedlicher Knie-Waden-Passteile aus Holz und Prothesenfüße kommen zum Einsatz. Die Prothesenschäfte aus Leder werden zunehmend durch Holz ersetzt. Mit der Einführung von Polyurethan (PU) für Prothesenfüße eröffnen sich neue Möglichkeiten und ebenso wird die Gießharztechnik in Verbindung mit den PU-Formteilen auch für Beinprothesen in Schalenbauweise eingesetzt [10].

Von dieser exoskelettalen Schalenbauweise unterscheidet sich grundsätzlich die endoskelettale Konstruktion, bei der tragende Rohre die Gelenkelemente miteinander verbinden. Dieses althergebrachte Konstruktionsprinzip, siehe Stelzbein und Paré, erhält durch die postoperative Sofortversorgung in den 60er Jahren neuen Auftrieb als Interimsprothese.

Die Erfindung des justierbaren Verbindungselementes für Prothesenteile von Glabiszewski 1969 ist als Meilenstein für die moderne Beinprothetik zu bewerten. Otto Bock führte darauf basierend die Modular-Beinprothese ein [16]. Durch den Adapter mit Justierschrauben, der den pyramidenförmigen Justierkern umgreift, können Justierungen in den drei Raumebenen unabhängig und reproduzierbar durchgeführt werden (Abb. 77.5). Statische Korrekturen während der Montage, der Anprobe und auch nach der Fertigstellung sind jederzeit möglich. Ebenso lassen sich einzelne Module austauschen, ohne die zuvor gefundene Aufbauposition zu gefährden [4].

Mit der Entwicklung der Modular-Beinprothesentechnik, die für alle Amputationshöhen geeignet ist, wurde der Versorgungsstandard verändert und schließlich weltweit geprägt. Die mechanischen Bauteile oder Module sind so dimensioniert, dass sie innerhalb der kosmetischen Schaumstoff-Verkleidung untergebracht werden können. Durch eine breite Palette von Hüft-, Kniegelenk- und Fußkonstruktionen sind die Modular-Beinprothesen den konventionellen Beinprothesen in Schalenbauweise funktionell und kosmetisch überlegen und repräsentieren auch gegenwärtig den aktuellen Stand der Technik. Neue Werkstoffe, von Titan bis kohlenstofffaserverstärkte Kunststoffe für Prothesenfüße oder Gelenkrahmen, sichern das ausgewogene Verhältnis von Gewicht, Elastizität und Stabilität bei anspruchsvoller Funktion. Bionische Lösungen und mechatronische Prinzipien bestimmen zunehmend die Passteilentwicklung. Ein herausragendes Beispiel ist das elektronische Beinprothesensystem C-Leg® (Computerized Leg), das 1997 als erstes vollständig mikroprozessorgesteuertes Kniegelenk mit hydraulischer Stand- und Schwungphasensteuerung vorgestellt wurde.

77.3 Biomechanische Aspekte

Die Stütz- und Bewegungsorgane repräsentieren das größte Organsystem des menschlichen Organismus. Diese Organe erfüllen primär mechanische Aufgaben, sie sorgen für Haltung und Bewegung. Sie sind aber auch Sinnesorgane, die beispielsweise propriozeptiv Gelenkwinkel, einwirkende Kräfte oder die Gelenkbewegungsgeschwindigkeit detektieren. Die Temperatur wird von ihnen wahrgenommen. Hochgradig empfindsame Sinnesorgane sind die distalen Ausführungsorgane der Extremitäten, der Fuß und insbesondere die Hand mit dem Tastsinn. Hinzu kommen noch die Blutbildung, die Speicherfunktion für Mineralien und verschiedentlich eine Schutzfunktion für weitere Organe. Erkrankungen, Verletzungen, Fehlbildungen oder Amputationen der Bewegungsorgane wirken sich so auf die Gesamtpersönlichkeit aus. Hier werden hauptsächlich die Haltung und die Bewegung beeinflussende Aspekte betrachtet, wobei sich die obere Extremität (Greifen) deutlich von der unteren Extremität (Mobilität) unterscheidet.

77.3.1 Obere Extremität

Der Schultergürtel, der Arm und die Hand bilden eine funktionelle Einheit. Es ist eine offene Gliederkette mit einer frei im Raum zu bewegenden Hand, einem wunderbaren Werkzeug für uns Menschen. Die Hand ist Greiforgan, mit dem vielfältige Aufgaben ausführbar sind. Sie ist Sinnesorgan zur begreifenden Wahrnehmung der Umgebung, der Möglichkeit zur Feinmotorik, Kraftentwicklung, Vermittlung von Empfindungen bis zum Gestikulieren. Die Hand ist funktionell eng mit dem Gehirn verbunden. Die komplexen Wechselwirkungen zwischen beiden Organen erlauben die menschentypische Wahrnehmung und Gestaltung der Umwelt [17, 18].

77.3.1.1 Positionierung der Hand

Über den Schultergürtel und den Arm wird die Hand im Arbeitraum positioniert. Die Hand kann nahezu unbeschränkt alle Positionen erreichen, die mit den Augen beobachtet werden können und sich innerhalb des Radius der Armlänge um das Schultergelenk befinden. Darüber hinaus werden der Sichtkontrolle entzogene Bereiche hinter dem Kopf oder Rücken zugänglich, die im Alltag von Bedeutung sind, wie für das Kämmen oder das Anziehen einer Jacke.

Der große Arbeitsraum wird möglich, weil das Schultergelenk (Articulatio humeri) nicht knöchern am Brustkorb fixiert ist. Lediglich über das Schlüsselbein besteht, mittels zweier Kugelgelenke an seinen beiden Enden (Articulatio sternoclavicularis und acromioclavicularis), eine abstandhaltende knöcherne Verbindung zwischen Brustkorb und Schultergelenk. Der Schultergürtel mit der Pfanne des Schultergelenks am Schulterblatt ist über flächig ausgebreitete Muskeln am Rumpf befestigt. Hierauf basiert die hohe Beweglichkeit der gesamten oberen Extremität [19].

Die muskuläre Sicherung des Schulterblattes erlaubt seine Verschiebung über dem hinteren Rücken und die Drehung um eine zur Schulterblattebene senkrecht ausgerichtete Achse. Gleichwohl ist ein geringes Abkippen des Schulterblattes vom Rumpf möglich. Der Bewegungsbereich beim vertikalen Verschieben beträgt etwa 12 cm, bei horizontaler Bewegung etwa 15 cm. Die Verschiebungen auf dem Thorax führen gleichzeitig zu einer Rotation des Schulterblatts, dessen Umfang bis zu 60 Grad annehmen kann [17]. Das Schultergelenk selbst kann in guter Näherung als Kugelgelenk angesehen werden. Damit ergeben sich für den Schulterkomplex sieben Freiheitsgrade der Bewegung, für den Schultergürtel vier Freiheitsgrade und für das Schultergelenk drei Freiheitsgrade (Abb. 77.6).

Das Ellenbogengelenk ist in der Mitte der oberen Extremität lokalisiert. Es erlaubt, die Hand an den Körper heran und von ihm weg zu führen, was beispielsweise für die eigenständige Nahrungsaufnahme unumgänglich ist. Das Ellenbogengelenk besteht aus zwei Gelenken. Das für die Beugung wesentliche Gelenk (Humeroulnargelenk) ist als Scharniergelenk ausgebildet. In der Streckbewegung wird es durch einen knöchernen Anschlag (Olekranon) begrenzt. Die Beugung erfolgt etwa über 150 Grad von der physiologischen Stellung des Gelenkes aus. Die Streckung beträgt etwa 10 Grad. Das zweite Gelenk ist das Humeroradialgelenk, das zusammen

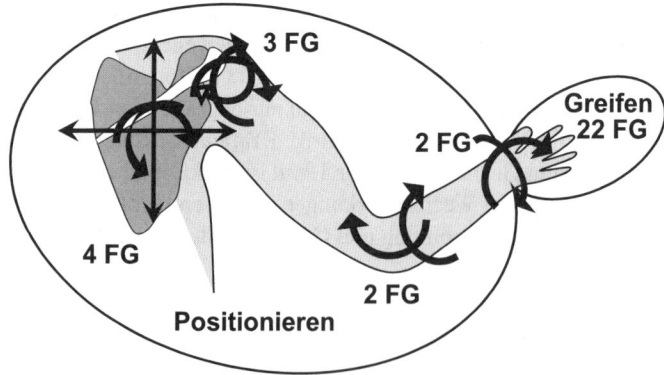

Abb. 77.6 Freiheitsgrade der Bewegung an der oberen Extremität. Schultergürtel, Arm und Hand bilden eine funktionelle Einheit. Die obere Extremität ist eine offene Gliederkette mit einer frei im Raum zu bewegenden Hand. Eine Handlung setzt sich aus dem effektiv koordinierten Positionieren der Hand (11 Freiheitsgrade) und dem Greifen mit der Hand (22 Freiheitsgrade) zusammen

mit dem proximalen Radioulnargelenk die Drehung des Radius gegenüber der Ulna erlaubt. In Kombination mit dem distalen Radioulnargelenk wird die Längsdrehung des Unterarms, die Pro- und Supination, möglich. Der Bewegungsumfang beträgt nahezu 180°. Viele Tätigkeiten erfordern die koordinierte Flexion mit der Pro- und Supination. Das Ellenbogengelenk hat zwei Freiheitsgrade.

Das distale Gelenk der oberen Extremität, das Handgelenk, hat zwei Freiheitsgrade. Es ist ein Ellipsoidgelenk. Von der Neutralstellung der Hand ausgehend abduziert die Hand radial maximal 15° und ulnar etwa 45°. Die Palmarflexion und Dorsalflexion betragen jeweils bis zu 60°. Zusammen mit der Pro-Supinationsbewegung sorgen diese drei Freiheitsgrade für die Feinpositionierung der Hand zum Greifen.

77.3.1.2 Greifbewegung der Hand

Um die vielfältig geformten Gegenstände unterschiedlichsten Gewichts fassen, heben oder tragen zu können, verformt sich der Handteller, flektieren die Finger und der Daumen. Die Änderung der palmaren Wölbung gelingt in Querrichtung geringgradig. Dagegen adaptiert die Handform in Längsrichtung durch eine Dreisäulenstruktur deutlich. Die Bewegungsamplitude nimmt vom zweiten bis zum fünften Mittelhandknochen zu. Entscheidend scheint die gleichzeitige palmare und radiale Bewegung des fünften Strahls zu sein.

Die Fingergrundgelenke sind Kugelgelenke, an denen allerdings die aktive Rotation nicht vorkommt. Der Beugeumfang beträgt etwa 90°. Das Abspreizen einzelner Finger gelingt individuell in unterschiedlichem Grade. Meist werden die Finger gemeinsam gespreizt und geschlossen. Die Fingergelenke sind Scharniergelenke mit einem Freiheitsgrad. Der Beugeumfang beträgt bis zu 90°, so dass ein Faustgriff möglich ist.

Der Daumen spielt eine außerordentliche Rolle für das Greifen. Er entwickelt als Opponat die Gegenkraft zu den Fingern und kann ihnen gegenübergestellt werden. Der Daumen besitzt fünf Freiheitsgrade. Das Daumensattelgelenk (Karpometakarpalgelenk) ist zur Handgrundfläche um 45° gedreht. Der Strahl kann ab- und adduziert sowie gebeugt und gestreckt werden. Die nicht allzu straffe Kapsel erlaubt eine geringe Rotation. Das Daumengrundgelenk und das Endgelenk sind Scharniergelenke.

Das Greifen erfolgt mit einer großen Vielfalt von Griffarten je nach Aufgabenstellung [17]. Die Griffarten lassen sich prinzipiell in zwei Gruppen teilen: statisches Greifen und dynamisches Greifen. Beim statischen Greifen wird der Gegenstand gefasst und in der Regel mit konstanter Kraft gehalten. Das dynamische Greifen zeichnet sich durch zusätzliche Bewegung meist der Finger und des Daumens aus wie beispielsweise das Schneiden mit einer Schere oder das Essen mit Stäbchen. Von der Art des Fassens von Gegenständen werden Fingergriffe und Handflächengriffe unterschieden. Die Fingergriffe können bidigital (ein Finger gegen Daumen – Spitzengriff-, zwischen zwei Fingern – Interdigitalgriff-) oder multidigital sein. Mit Handflächengriffen werden schwere und relativ große Gegenstände erfasst. Dabei legt sich die Handfläche oder die gesamte Hand um das zu erfassende Objekt.

77.3.1.3 Biomechanische Anforderungen an die Armprothese

Die Problematik des prothetischen Ersatzes eines Arms wird augenscheinlich, wenn man sich die oben beschriebenen komplexen Funktionen der menschlichen Hand verdeutlicht. Die neuromuskulär gesteuerte Hand und auch die afferenten Verbindungen zum Gehirn sind nach der Amputation nicht mehr existent. Das geniale unbewusste Beherrschen der mehr als 30 Freiheitsgrade während der Handlung „Greifen" (Abb. 77.6) kann prothetisch nicht annähernd ersetzt werden.

Der Amputierte wird die Prothese bewusst ansteuern müssen. Er kann auf die ehemals erlernten motorischen Programme im Kortex nicht mehr zurückgreifen, er wird nur unter Sichtkontrolle die Prothesenhand nutzen können. Die Erfahrungen zeigen, mehr als zwei Freiheitsgrade werden simultan vom Amputierten nicht beherrscht. An dieser physiologischen Barriere scheiterten alle bisher bekannt gewordenen technisch anspruchsvolleren, also mit mehr Freiheitsgraden versehenen Handkonstruktionen. Der konstruktive Ausweg findet sich heute dadurch, dass verschiedene Griffarten durch den Austausch von Händen und Greifgeräten unterschiedlicher Funktionen realisiert werden. Der künstlichen Hand liegt meist das Prinzip des Zangengriffs zu Grunde. Medizintechnische Lösungen für eine deutlich natürlichere Substitution sind sicher auch noch für längere Zeit Illusionen, beispielsweise ein Nervenstecker. Die operative Nervenverschaltung befindet sich gegenwärtig im frühen Forschungsstadium.

Mit der Amputation verliert der Betroffene weiterhin kraftübertragende und krafterzeugende Körperstrukturen. Zum Greifen werden Aktuatoren benötigt. Für die Krafterzeugung bleiben prinzipiell zwei Ansätze: noch am Körper vorhandene eigene Muskeln zu nutzen oder technische Krafterzeuger zu implementieren, also auf Fremdkraft auszuweichen. Beim Halten, Heben oder Tragen von Gegenständen muss zugleich dafür gesorgt werden, dass die am Stumpf befestigte Prothese genügend Zugkraft toleriert, damit sie nicht durch die zu tragende Last vom Stumpf abgezogen wird.

Die prothetische Versorgung verbessert darüber hinaus das Gangbild, da das Mitschwingen der Arme das Gehen effizienter machen. Es ist auch bekannt, dass einseitige Amputationen zu einem Rumpfüberhang führen. Dieser Schiefhaltung wirkt die Prothese durch die symmetrischere Massenverteilung entgegen [20].

Der Arzt versucht daher die Amputation so weit wie möglich nach distal zu legen, die Sensibilität und Knochenvorsprünge zu erhalten, die zum Beispiel bei der Handexartikulation eine rotationsstabile Adaption der Prothese verbessern. Mit der indizierten prothetischen Versorgung sollen ein akzeptables äußeres Erscheinungsbild und eine dem Amputierten helfende Greiffunktion hergestellt werden.

77.3.2 Untere Extremität

Die Haltungs- und Bewegungsorgane sind für das Gehen auf der Erde optimal hinsichtlich Form und Funktion angepasst. Die Fortbewegung beim Gehen auf einer

77.3 Biomechanische Aspekte

horizontalen Strecke mit minimalem metabolischen Energieaufwand bei Gehgeschwindigkeiten zwischen 4 und 4.5 km/h ist sicher ein einleuchtender Hinweis darauf. Während des Gehens wechselt die komplizierte Gliederkette der unteren Extremität im Gangzyklus rhythmisch zwischen einer geschlossenen und offenen Gliederkette. Mit einbezogen in die Bewegung sind der sich bei jedem Schritt verwringende Rumpf und die pendelnden Arme. Dennoch ist im Vergleich zur oberen Extremität die Bewegungsvielfalt der unteren Extremität deutlich reduziert. Die untere Extremität realisiert die Fortbewegung und ist die Basis unserer Haltung.

77.3.2.1 Stehen

Die Grundvoraussetzung für die eigenständige Mobilität ist, stehen zu können. Während des beidbeinigen Stehens wird die Körpermasse über den Füßen balanciert. Das labile Gleichgewicht wird sagittal mit den Sprunggelenken und frontal mit den Hüftgelenken gehalten. Das Sprunggelenk befindet sich dabei im mittleren Bewegungsbereich, das Kniegelenk ist vollständig gestreckt und das Hüftgelenk ist sagittal nahezu gestreckt, frontal ist es nicht am Gelenkanschlag. Die Stützkraft eines Beines verläuft in der Sagittalebene vertikal, dagegen in der Frontalebene schräg (Abb. 77.7).

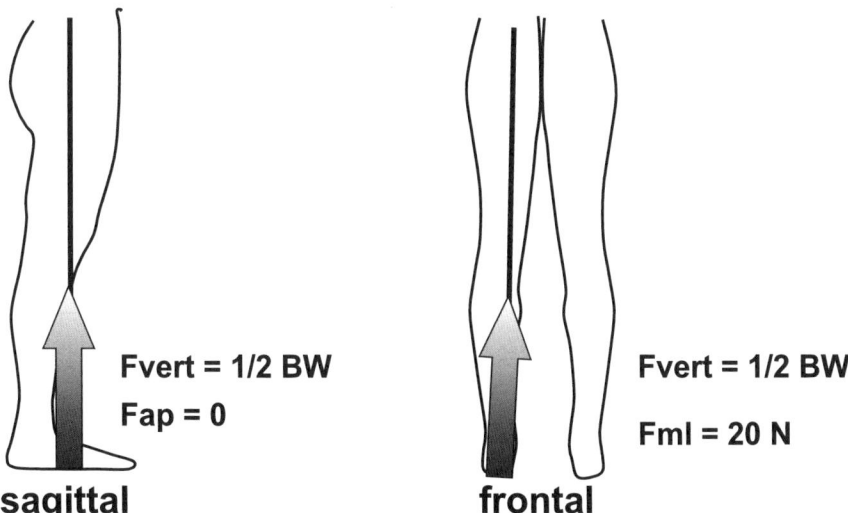

Fvert = 1/2 BW
Fap = 0
sagittal

Fvert = 1/2 BW
Fml = 20 N
frontal

Abb. 77.7 Komponenten der Bodenreaktionskraft beim Stehen. Während des beidbeinigen Stehens wird der Körper über den Füßen balanciert. Das Gleichgewicht wird muskulär sagittal über die Sprunggelenke und frontal über die Hüftgelenke gehalten. Die Bodenreaktionskraft verläuft in der Sagittalebene vertikal, in der Frontalebene schräg. Die Vertikalkomponente (F_{vert}) beträgt unter einem Bein die Hälfte des Köpergewichts (BW), die sagittale Komponente (F_{ap}) ist Null und die mediolaterale Komponente (F_{ml}) misst etwa 20 Newton

Die Achse des oberen Sprunggelenks liegt beim Stehen horizontal in der Frontalebene. Die Stützkraft wirkt in der Sagittalebene vor dem Sprunggelenk mit einem Abstand von durchschnittlich 6 cm, etwa 1,5 cm vor der Knieachse und verläuft weiter proximal etwa am Trochanter major entlang. Das dorsalflektierende Moment der Bodenreaktionskraft wird durch ein Moment des M. triceps surae kompensiert. Gleichwohl erfolgt die Gleichgewichtsregulation in der Sagittalebene wesentlich über diesen Muskel unter Einschluss des M. tibialis anterior. Das Kniegelenk wird passiv durch das externe Streckmoment stabilisiert. In der Frontalebene wirkt bereits im Stehen ein Varusmoment am Knie. Es wird verursacht durch die medial des Kniezentrums vorbeiführende Bodenreaktionskraft.

77.3.2.2 Gehen

Das Gehen ist die typische und häufigste Art der menschlichen Fortbewegung. Eine Periode des als zyklischer Prozess ablaufenden Gehens wird als Gangzyklus bezeichnet. Jeder Gangzyklus untergliedert sich in zwei Phasen, die Standphase und die Schwungphase.

Während der Standphase bewegen sich die Gelenke der unteren Extremität unter Last. Das obere Sprunggelenk wird nach Fersenkontakt plantar flektiert, das Kniegelenk wird gebeugt und das Hüftgelenk beginnt sich zu strecken. In der mittleren Standphase hat der Fuß vollen Bodenkontakt, das Kniegelenk streckt sich aus der Beugung heraus wieder, die Hüftstreckung setzt sich fort. Am Ende der Standphase beginnt die Einleitung der Schwungphase, das Hüftgelenk hat die maximale Streckung erreicht und wird nun flektiert, das Knie beugt sich erneut, der Fuß erzeugt durch aktive Plantarflexion einen Abstoß [21, 22].

Die Bodenreaktionskraft ruft in der Standphase extern an den Gelenken wirkende Drehmomente hervor. Die Funktionalität und Stabilität der Gelenke wird durch Muskelaktivitäten sicher gestellt, die zu etwa gleich großen entgegenwirkenden inneren Drehmomenten führen. Dieses Wechselspiel zwischen den beim Gehen sehr systematisch auftretenden äußeren Beuge- und Streckmomenten, die von der Bodenreaktionskraft und den Trägheitskräften verursacht werden, und den von den Muskeln erzeugten inneren Momenten begründet letztlich die gesamte Fortbewegung (Abb. 77.8).

Besondere Bedeutung kommt dem Kniegelenk zu. Seine Hauptbewegung findet in der Sagittalebene statt. Der Bewegungsumfang des Kniegelenkes beträgt bis zu 160 Grad. Durch die Bewegung des Kniegelenkes unter Last werden so selbstverständlich erscheinende Aktivitäten wie das Setzen oder Aufstehen, das Hinauf- wie auch das Hinabgehen von Schrägen oder Stufen, auch das normale Gehen auf ebenem wie auch auf unebenem Untergrund oder die sportlichen Aktivitäten überhaupt erst möglich.

Selbst beim natürlichen Gehen auf ebenem Untergrund ist die Kniebewegung unter Last wichtig. Bereits zu Beginn der Standphase beim Aufsetzen der Ferse ist das Kniegelenk zwischen 5 und 10 Grad gebeugt. Unmittelbar nach dem Fersenkontakt beugt sich das Kniegelenk weiter und erreicht nach etwa 15% des Gangzy-

77.3 Biomechanische Aspekte

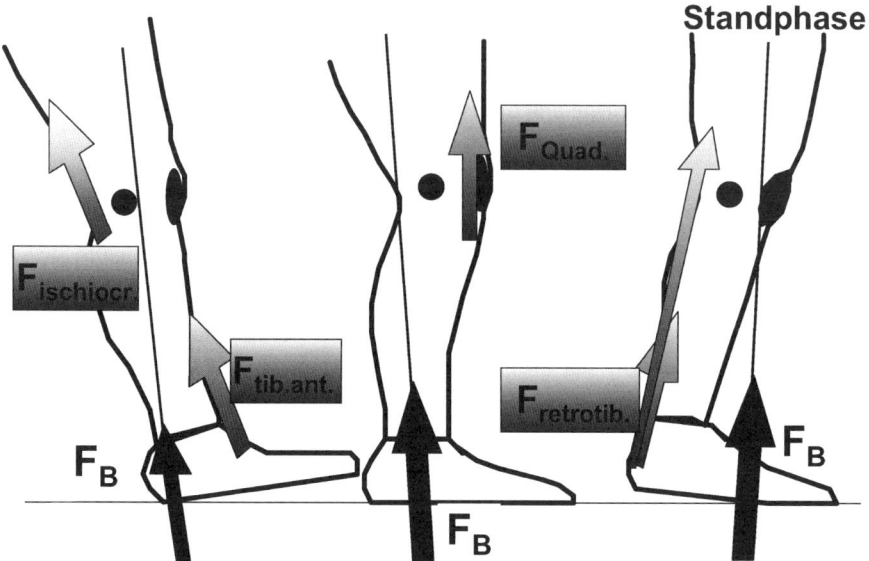

Abb. 77.8 Funktionalität und Stabilität der unteren Extremität beim Gehen. Während der Standphase verursacht die Bodenreaktionskraft externe Gelenkmomente. Diese externen Momente werden durch interne Momente kompensiert. Diese quasistatische Betrachtung zum Kräfte- und Momentengleichgewicht liefert meist akzeptable Resultate in der Praxis hinsichtlich der Muskel- und Gelenkkräfte

klus die maximale Standphasenbeugung, die beim zügigen Gehen zwischen 20 und 30 Grad beträgt. Das Kniegelenk trägt in dieser Phase des Gangzyklus nahezu das gesamte Körpergewicht. Diese physiologische Bewegungsausführung

- erlaubt nicht stoßartig, sondern gedämpft das Körpergewicht auf das Standbein zu übernehmen,
- trägt über die Verspannung des M.rectus femoris zum frontalen Beckengleichgewicht bei und
- stabilisiert wesentlich frontal das einem varischen Moment unterliegende Kniegelenk.

Bereits am Ende der Standphase beugt sich wiederum das Kniegelenk. Mit einem Beugewinkel von circa 50 Grad beginnt die Schwungphase. Das Kniegelenk wird nun unabhängig von der Gehgeschwindigkeit zum Maximum mit etwa 65 Grad gebeugt. Die Vorwärtsbewegung des Unterschenkels wird durch die kniestreckende Muskulatur unterstützt, während das Abbremsen der Streckbewegung am Ende der Schwungphase durch die ischiocrurale Muskelgruppe erfolgt.

Während des Hinsetzens oder beim natürlichen Bewegen auf Schrägen oder Stufen wird das Kniegelenk unter Last noch weiter gebeugt, als es für das ebene Gehen mit Werten zwischen 20 bis 30 Grad Beugung erforderlich ist. So bedarf beispielsweise das Abwärtsgehen auf Stufen eine Kniebeugung von mindestens 80 Grad bei gleichzeitiger Belastung durch das Körpergewicht.

Insgesamt haben die Gelenke der unteren Extremität sechs Freiheitsgrade: das Hüftgelenk drei, das Kniegelenk einen, das obere Sprunggelenk einen und das untere Sprunggelenk einen.

77.3.2.3 Biomechanische Anforderungen an die Beinprothese

Durch die Versorgung eines Amputierten mit einer funktionellen Beinprothese soll eine möglichst gute Wiederherstellung der Steh- und Gehfunktion erreicht werden. Der Amputierte muss mit der Prothese auch komfortabel sitzen können. Speziellen Einzelwünschen, wie Rad fahren zu wollen, sollte ebenso Beachtung geschenkt werden. Das äußere Erscheinungsbild, die Kosmetik, ist nicht zu unterschätzen [16].

Für jede prothetische Versorgung ist eine qualitativ hochwertige Stumpfbettung wichtig, die das Volumen des Stumpfes korrekt fasst und eine adäquate Kraftübertragung zwischen Prothesenschaft und dem Körper zulässt.

Bei allen Beinamputierten, bei denen das natürliche Kniegelenk noch erhalten ist, wird als primäres biomechanisches Kriterium die *physiologische Belastung des Kniegelenkes* angestrebt, im Stehen und beim Gehen. Hierzu sind zwei Maßnah-

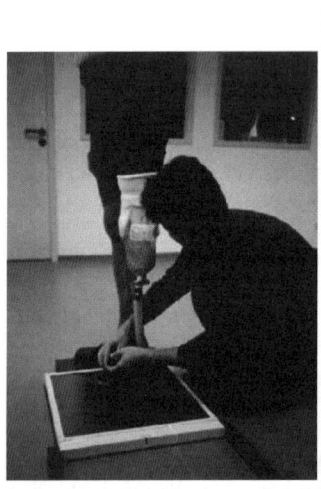 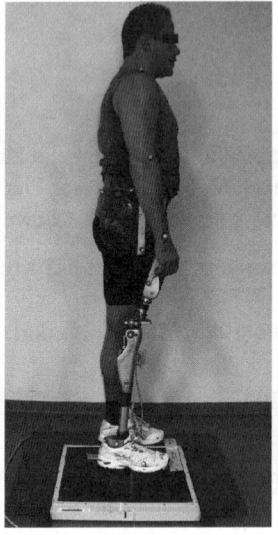 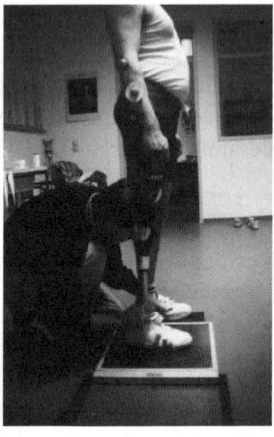

Abb. 77.9 Statischer Prothesenaufbau mit dem lasergestützten Aufbaumesssystem „L.A.S.A.R. Posture" für Amputierte mit verschiedenen Amputationsniveaus. Das L.A.S.A.R. Posture bestimmt den Kraftangriffspunkt und projiziert den Verlauf der Vertikalkomponente der Bodenreaktionskraft als Laserlinie auf die zu vermessende Person. Dadurch wird deren Statik, für die Versorgungspraxis geeignet, visualisiert. Links die biomechanisch korrekte Einstellung der Plantarflexion beim Unterschenkelamputierten, in der Mitte die Statik eines hüftexartikulierten Amputierten und rechts die Justierung der Prothese eines Oberschenkelamputierten

77.3 Biomechanische Aspekte

men entscheidend: die Auswahl eines geeigneten Prothesenfußes und der korrekte Prothesenaufbau. Es gilt, die durch die Amputation veränderte Anatomie und neuromuskuläre Situation zu berücksichtigen [23].

Bei den Amputierten mit einem höheren Amputationsniveau, die ein Prothesenkniegelenk benötigen, stellt die sichere Kniefunktion das entscheidende Kriterium dar. Die *sichere Kniefunktion* wird beeinflusst durch: die Eigenschaften der Passteile, den Prothesenaufbau und die Stumpfleistungsfähigkeit des Amputierten. Das bedeutet zum Beispiel, je geringer die Fertigkeit eines Amputierten zur Steuerung der Prothese ausgeprägt oder durch ein hohes Amputationsniveau vorgegeben ist, desto sicherer müsste die Prothese aufgebaut werden, oder ein Kniegelenk mit sichernden konstruktiven Elementen wäre zu wählen. Letzteres gilt uneingeschränkt für Hüftexartikulierte und Patienten nach Hemipelvektomie.

Der Prothesenaufbau beeinflusst die Versorgungsqualität der Amputierten maßgeblich, unabhängig vom Amputationsniveau. Das sichere und bequeme Stehen wird mit dem Prothesenaufbau justiert. Der Prothesenaufbau wirkt weiterhin auch beim Gehen beispielsweise auf die Belastung benachbarter Gelenke ein und verändert den metabolischen Energiebedarf. Der biomechanisch optimale Prothesenaufbau liegt in einem engen Toleranzbereich. Deshalb eignen sich entsprechend sensible moderne Techniken zur Statikanalyse in der Versorgungspraxis [23, 24, 25]. Die Abbildung 77.9 zeigt das lasergestützte Aufbaumesssystem L.A.S.A.R Posture im praktischen Einsatz.

Bei Bewegungen können die Muskelkräfte technisch gut nachempfunden werden, die bei exzentrisch arbeitender Muskulatur entstehen. Hierfür eignen sich Dämpfer. Autonom in der Stützphase arbeitende Aktuatoren, also die konzentrische Muskelkontraktion nachempfindende Konstruktionen, existieren gegenwärtig nicht. Die natürliche Kniefunktion kann damit noch längst nicht im vollen Umfang substituiert werden. Unstrittig ist, dass der Amputierte in der Standphase einen hohen Widerstand im Kniegelenk benötigt (Stanphasensicherheit) und es in der Schwungphase eines deutlich geringeren Widerstandes zur Steuerung der Unterschenkelbewegung bedarf (Schwungphasensteuerung). Biomechanische Bewertungskriterien für exoprothetische Kniegelenke sind [26]:

- die Sicherheit bei Lastübernahme
- Kniebeugung unter Belastung
- Schaltung zwischen Stand- und Schwungphasenmodus
- Effektivität der Schwungphasensteuerung und
- funktionelle Länge in der mittleren Schwungphase.

Die Abbildung 77.10 veranschaulicht die Prinzipien der Standphasensicherung und ihren Wert für die Versorgung des Amputierten.

An Bedeutung gewinnt die Objektivierung der Statik und des Gangbildes. Diese Methoden haben ihre Berechtigung in der Forschung, zur Vermittlung von Kenntnissen in der Lehre und insbesondere die Statik in der klinischen Diagnostik und Therapiekontrolle. In der Beinprothetik finden sich verschiedene Ansätze zur Ganganalyse, die prinzipiell in beobachtende und messende Verfahren unterteilt werden können (Abb. 77.11). Die geeignete Methode ergibt sich aus der Aufgabenstellung.

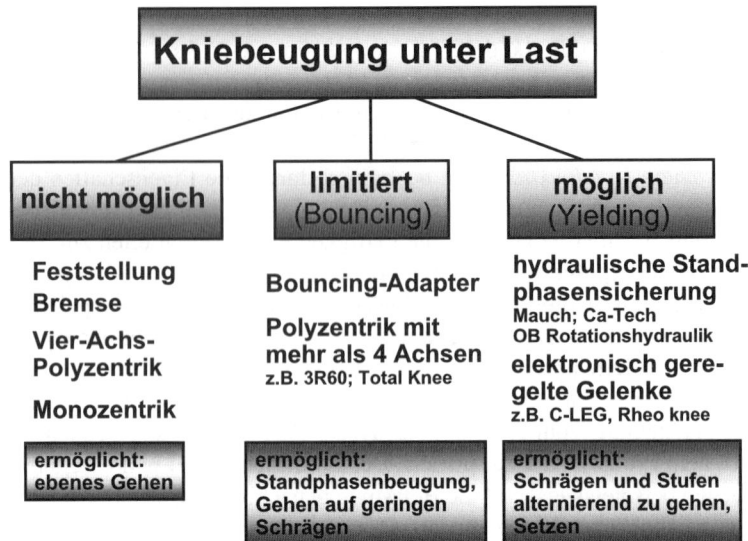

Abb. 77.10 Konstruktionsprinzipien der Standphasensicherung von Prothesenkniegelenken und das Rehabilitationspotential. Die Prinzipien sind geordnet nach der Möglichkeit, eine Kniebeugung unter Belastung zu zulassen. Für den Amputierten werden mit der Auswahl des Funktionsprinzips und schließlich der Verordnung des Kniegelenks die technischen Möglichkeiten für die Rehabilitation festgelegt. Es wird dadurch entschieden, ob der Amputierte optimal versorgt wird für das Gehen auf ebenem Untergrund, ob er die Vorteile des sicheren, stoßgedämpften Auftritts mit zweckmäßiger Kniefunktion auf geringen Schrägen (Bouncing-System) bekommt oder ob ihm die mehr natürliche Fortbewegung im unebenen Gelände und auf Stufen (Yielding-System) technisch ermöglicht wird

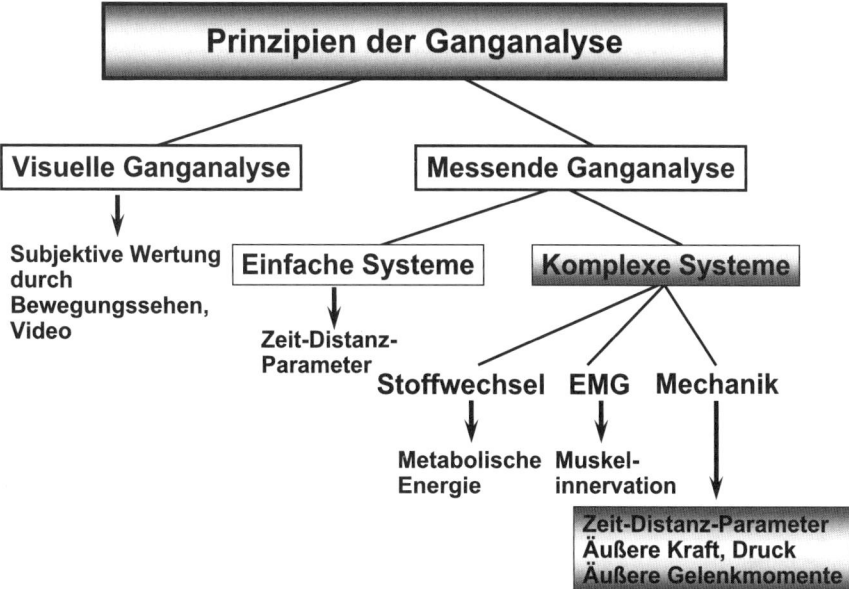

Abb. 77.11 Systematik der Methoden der Ganganalyse. Die ganganalytischen Methoden lassen sich in beobachtende und messende Verfahren unterteilen. Die jeweils geeignete Methode mit den zugehörigen Analyseparametern hängt von der Fragestellung ab. Die Statikanalyse und die visuelle Gangbeurteilung dominieren in der orthopädischen Versorgungspraxis. Für das detailliertere Erkennen der Funktion von Prothesen sind die apparativ aufwendigen mechanischen Messverfahren besonders wertvoll, weil sie die biomechanische Wirkung mit dem Bewegungsorgan am sensitivsten erfassen

In der Versorgungspraxis bestimmt die visuelle Ganganalyse den Alltag. Während der Gehprobe beobachtet der Orthopädietechniker oder Physiotherapeut den Amputierten und nimmt nach seinen Erfahrungen und den Patientenhinweisen Korrekturen vor, zum Beispiel das Einstellen der Plantarflexion des Fußes. Dennoch zeigt sich, dass mit diesem subjektiven Vorgehen die mögliche Versorgungsqualität mehr zufällig, auch nicht immer, erreicht wird und nicht reproduzierbar ist.

Für die Bewertung und das Detailverständnis von Passteilfunktionen kommen die Methoden der messenden Ganganalyse zum Einsatz. Als besonders wertvoll erweisen sich die Messverfahren, die die mechanische Wirkungsweise von Prothesen beziehungsweise ihrer Bestandteile präzise erfassen (Abb. 77.12). Zusätzlich zu der elementaren Bewegung auf ebenem Untergrund wird die Funktion des Kniegelenkes auch auf Schrägen und Treppen gemessen. Spezielle Tests dienen dem Prüfen der sicheren Funktion der Konstruktion, wie sie in sturzkritischen Alltagssituationen auftreten (Abb. 77.13). Dagegen stellt der metabolische Energieverbrauch meist nur einen wenig sensitiven Indikator dar.

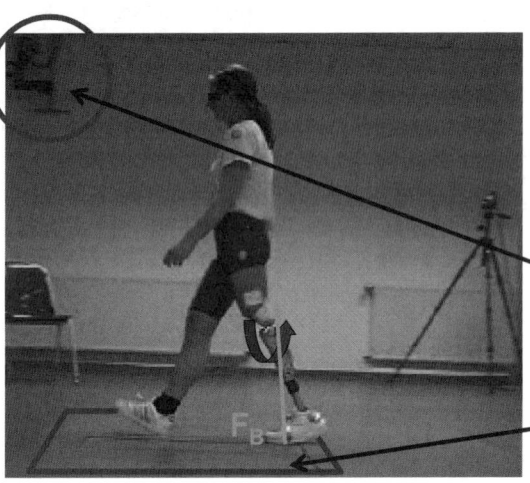

Ganganalyse ==> ebenes Gehen

Kinematik
VICON 460, 6 Kameras
OXFORD METRIX, UK

Kinetik
2 Kraftmessplatten
KISTLER AG, CH

Abb. 77.12 Oberschenkelamputierte Patientin während der ganganalytischen Messung. Hier dient das VICON-System (Oxford metrics, UK) zur Messung der Kinematik markierter Körperpunkte mittels optoelektronischer Kameras. Kraftmessplatten (Kistler AG, CH) erfassen die Bodenreaktionskraft. Durch präzises Kalibrieren und Synchronisieren beider Messsysteme gelingen die Bestimmung der Kinetik des kompletten Körpers wie auch von Einzelsegmenten und die genügend genaue Berechnung der Gelenkbeanspruchung

Abb. 77.13 Beispiele von Messsituationen im Bewegungsanalyselabor. Zur Ermittlung des Sicherheitspotentials von Prothesenkniekomponenten (links oben) wird die Testperson überraschend in eine kritische, möglicherweise sturzprovozierende Situation versetzt. Mit der Atemgasanalyse (Mitte oben) können Effekte von Passteilen auf den metabolischen Energiebedarf beurteilt werden. Für die Alltagstauglichkeit von Prothesen ist insbesondere für Amputierte höherer Leistungsfähigkeit das Funktionieren der Passteile beim Bewegen auf der Schräge (rechts unten) und der Treppe (Mitte unten) von Interesse

77.4 Versorgung mit Prothesen für die obere Extremität

77.4.1 Amputationshöhen

An der oberen Extremität lassen sich nach Baumgartner [27] die nachfolgend dargestellten Amputationshöhen unterscheiden (Abb. 77.14). Von Bedeutung für den Rehabilitationsablauf ist, dass alle Maßnahmen postoperativ so früh wie möglich beginnen und Perspektiven aufzeichnen. Die individuelle Prothesenversorgung hängt weitgehend vom Patientenbefund ab und hat unterschiedliche Schwierigkeitsgrade. Verständlicherweise ist die Anpassung einer myoelektrisch gesteuerten Oberarmprothese aufwendiger, als die eines Kosmetikfingers, doch sollte auch dessen erforderliche Präzision nicht unterschätzt werden.

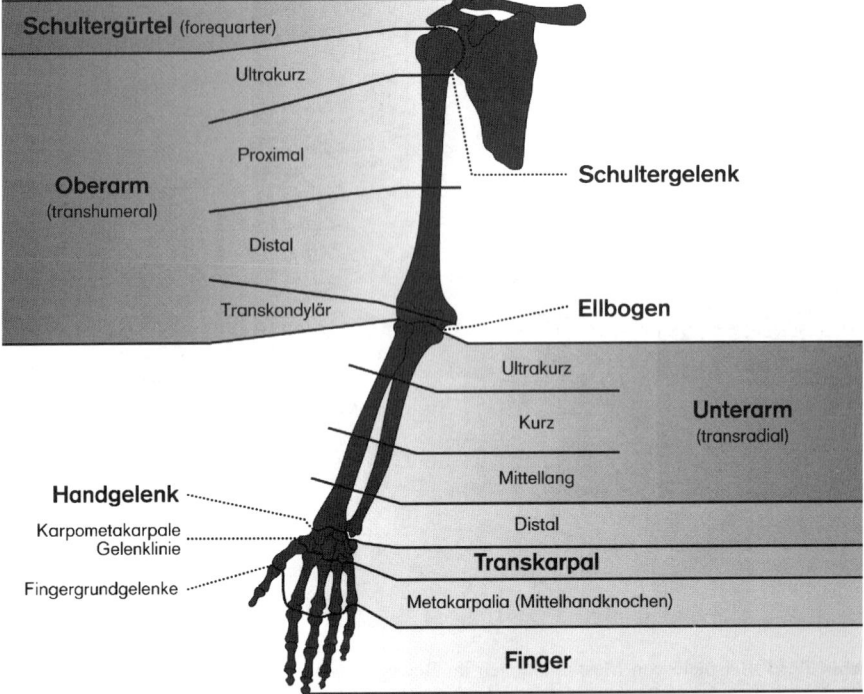

Abb. 77.14 Schematische Darstellung möglicher Amputationshöhen an der oberen Extremität anhand der skelettalen Anatomie [modifiziert nach 2]. Im Finger-Hand-Bereich ist die Amputationsdifferenzierung sehr vielschichtig und reicht vom Verlust einzelner Fingerglieder bis zur Handgelenksexartikulation. Die häufigsten Amputationen erfolgen im Unterarm (transradial). Die Amputation am Oberarm (transhumeral) ist orthopädietechnisch eine Herausforderung. Die selten vorkommende Absetzung im Schulterbereich ist noch komplizierter zu versorgen

77.4.2 Prothesensysteme

In der Praxis hat sich die Unterteilung in kosmetische, zugbetätigte und myoelektrische Armprothesen durchgesetzt, so wie es in der Grafik (Abb. 77.15) dargestellt ist. Bei diesen Prothesensystemen haben die Anforderungen an Form und Funktion unterschiedliche Prioritäten und bestimmen damit auch die Indikationsstellung. Die Amputationshöhe bestimmt ebenso wie die Stumpfbeschaffenheit und das individuelle Patientenprofil, ob eine Versorgung mit Fremd- oder Eigenkraft möglich ist oder ein kosmetischer Ersatz sinnvoller erscheint.

77.4 Versorgung mit Prothesen für die obere Extremität

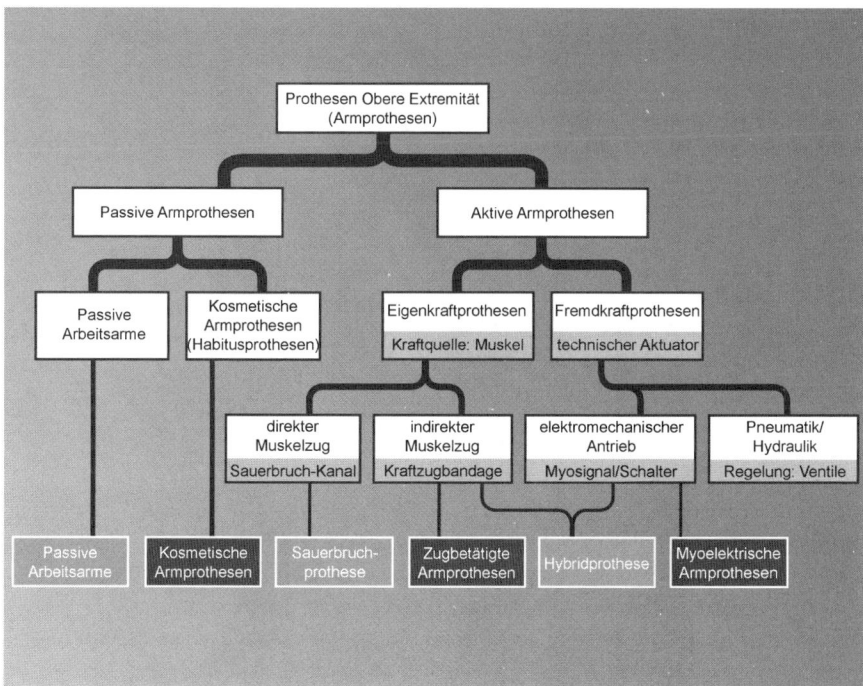

Abb. 77.15 Aktuelle Einteilung der Armprothesen nach technischen Merkmalen (Blumentritt/ Milde 2008). Grundsätzlich werden passive und aktive Armprothesen unterschieden. Bei den aktiven Armprothesen steht die Funktion im Vordergrund. Dabei kann die Krafterzeugung muskulär (Eigenkraft) oder durch technische Aktuatoren (Fremdkraft) erfolgen. Für die Versorgungspraxis bewährt sich die Differenzierung in kosmetische, zugbetätigte und myoelektrische Armprothesen

77.4.2.1 Kosmetische Armprothesen

Durch ihr weitgehend natürliches Aussehen gleichen die kosmetischen Armprothesen den fehlenden Gliedmaßenabschnitt aus. Sie können bei allen Amputationshöhen eingesetzt werden und stellen bei Finger- und Teilhandamputationen die einzige prothetische Möglichkeit dar. Bei hohen Amputationen im Schulterbereich, wenn die Führung und Steuerung einer aktiven Prothese schwierig ist, verzichten manche Patienten bewusst auf Funktion und bevorzugen das geringe Gewicht, das natürliche Erscheinungsbild und die unkomplizierte Handhabung (Abb. 77.16).

Kosmetische Armprothesen können in Schalenbauweise und als endoskelettale Modularprothese hergestellt werden. Gerade bei proximalen Amputationen hat die Modularbauweise mit Schaumstoff-Verkleidung besondere Vorteile. Den naturgetreuen Abschluss bildet bei allen kosmetischen Prothesen der Kosmetikhandschuh.

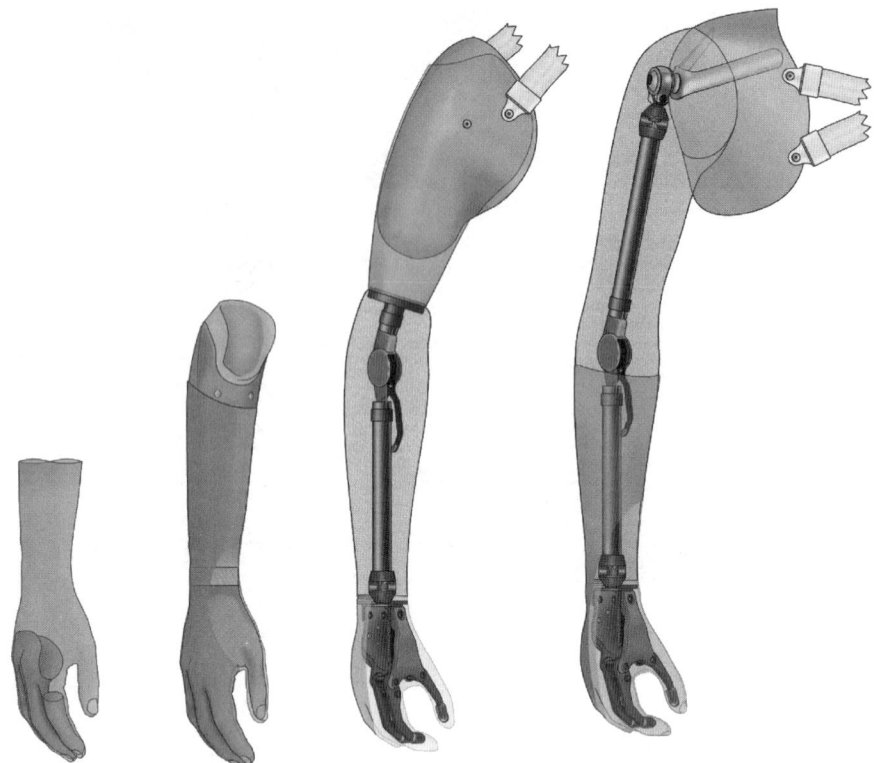

Abb. 77.16 Grafische Darstellung der kosmetischen Armprothesen für die wichtigsten Amputationshöhen. Von links nach rechts: Teilhandersatz und Unterarmprothese in Schalenbauweise, Oberarmprothese und Schulterexartikulationsprothese aus Rohrskelettbauteilen mit kosmetischer Schaumstoffverkleidung (Modularprothese). Den distalen Abschluss bildet jeweils ein Kosmetikhandschuh

Die nachfolgenden Versorgungsbeispiele am Patienten von distal nach proximal ermitteln einen Einblick in die Anwendungstechnik und rehabilitativen Aspekte.

Finger-, und Teilhandersatz

Gerade in Finger- und Handbereich empfinden Betroffene die häufig durch Verletzungen verursachten relativ kleinen Amputationen sehr oft stigmatisierend und wünschen eine weitgehende Unauffälligkeit durch natürliches Aussehen. Für den prothetischen Ersatz in dieser Region setzt sich zunehmend HTV-Silikon durch, das durch gute Hautverträglichkeit, individuelle Form- und Farbgebung, einfache Handhabung und Pflege sowie durch optimale Fixierung am Stumpf überzeugt. Die versorgungstechnischen Möglichkeiten reichen vom Aufsteckfinger bei fehlendem Fingerglied bis zur Teilhandprothese. Neben dem natürlichen Aussehen spielt die passive Funktion beim Halten von Gegenständen eine wichtige Rolle. Das gilt auch

77.4 Versorgung mit Prothesen für die obere Extremität

für die kosmetischen Prothesen im Handgelenk- Unterarmbereich, wenn der Amputierte die Prothese als Gegenhalt zur kontralateralen Seite benutzt, sogenannte Beihandfunktion.

Kosmetische Unterarmprothesen (transradial) werden in den meisten Fällen in Schalenbauweise mit kondylenumfassendem Thermoplast-Innenschaft und formgebenden Außenschaft aus Gießharz gefertigt. Durch den Einsatz von Silikonlinern mit distaler Verriegelung kann auf eine Ellenbogengelenk-Umfassung verzichtet und trotzdem eine zuverlässige Prothesenhaftung erreicht werden.

Bei einer Absetzung im Gelenkspalt des Ellenbogens spricht man von einer *Ellenbogenexartikulation*, die sich heute durch Silikonliner gut versorgen lässt. Der Patient rollt den Liner auf seinen Stumpf (Abb. 77.17) und gleitet damit in den Prothesenschaft, der bis in das obere Drittel des Oberarmes reicht. Der natürliche Bewegungsablauf wird nicht gestört und die Prothese in das Körperschema integriert.

Bei der *Oberarmamputation* (transhumeral) spielt die Stumpflänge für die Schaftgestaltung eine Rolle, denn wenn immer möglich versucht der Orthopädie-Techniker die Bewegung des Schultergelenkes nicht einzuschränken. Die Oberarmprothese kann als Modularprothese oder in Schalenbauweise gefertigt werden. Durch einen individuellen Silikon-Überzug erhält man eine besonders natürliche Optik.

Amputationen im Schulterbereich von Schulterexartikulation bis Schultergürtelamputation (forequarter amputation), die durch Trauma oder Tumor bedingt sind, stellen einen äußerst verstümmelnden Eingriff dar, der nur dann vorgenommen wird, wenn gliedmaßenerhaltende Eingriffe keinen Erfolg haben [2]. Durch die ungünstigen Hebelverhältnisse mit wenig Abstützpunkten und Haftungsflächen ist eine schulterumfassende Stumpfkappe mit Haltebandage erforderlich. Bei Schultergürtelamputation werden dabei Teile des Thorax mit einbezogen. Die für die Ver-

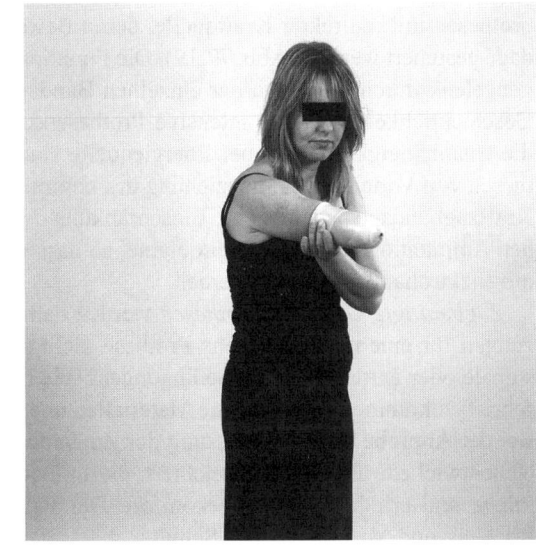

Abb. 77.17 Bei der Ellbogenexartikulation entsteht ein langer Oberarmstumpf mit distaler Verbreiterung. Diese Kondylenform eignet sich gut zur Suspension der Prothese. Zum Anziehen rollt der Patient den auf links gewendeten Silikon-Liner auf den Exartikulationsstumpf und gleitet damit in den Prothesenschaft

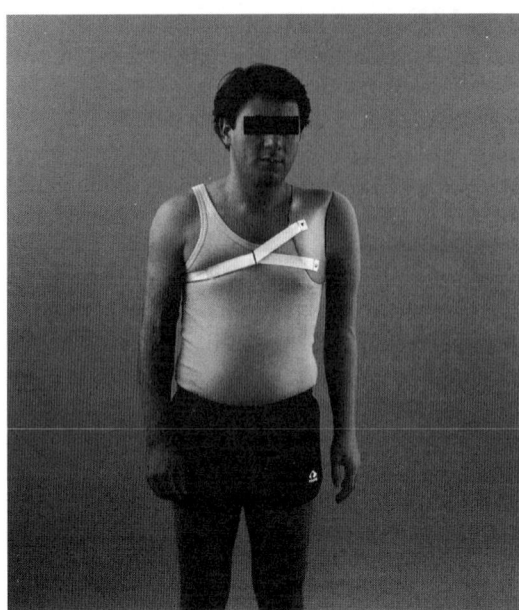

Abb. 77.18 Die kosmetische Modularprothese für Schulterexartikulation ist über eine formschlüssige Schulterkappe mit Haltebandage am Körper befestigt. Die mechanischen Prothesenkomponenten sind durch einen individuell geformten Schaumstoffüberzug verkleidet

sorgung benötigten Bauteile sind weitgehend identisch mit denen einer Oberarm-Modularprothese, hinzu kommt das Schultergelenk (Abb. 77.18).

77.4.2.2 Zugbetätigte Armprothesen

Zugbetätigte Armprothesen, früher ‚aktive Greifarme' genannt [9], sind Eigenkraftprothesen mit indirekter Kraftquelle, deren Bewegungen durch eine Kraftzugbandage gesteuert werden (Abb. 77.19). Die Funktionen von Prothesenhand und Ellbogengelenk durch Betätigen der einzelnen Bandageelemente erfordert motorische Geschicklichkeit und eine intensive Prothesenschulung. Geringeres Gewicht und die Unabhängigkeit von einer Energiequelle sind im Vergleich zu Fremdkraftprothesen von Vorteil. Die Einbeziehung des kontralateralen Armes in die notwendige Kraftzugbandage bedeutet eine Einschränkung des Tragekomfort und bringt bei hohen Amputationen Akzeptanzprobleme, so dass dafür heute eher Hybridprothesen mit Elektrohand eingesetzt werden.

Zugbetätigte Unterarmprothesen werden dann eingesetzt, wenn die Voraussetzungen für eine myoelektrische Prothese nicht gegeben sind, wie fehlende Myosignale oder extreme Umfeldbedingungen. Wie bei der kosmetischen Prothese beschrieben kommen verschiedene Materialien und Schaftausführungen zum Einsatz. Bei der Anprobe ist die Anpassung der Zugbandage von funktioneller Bedeutung. Neuentwickelte Bandagen erleichtern die individuelle Anpassung, erleichtern die Pflege und erhöhen den Tragekomfort. Der Patient spannt durch Krümmen des Rückens und Vorbringen der Schulter die Unterarmbandage und betätigt so den

77.4 Versorgung mit Prothesen für die obere Extremität

Abb. 77.19 Grafische Darstellung der zugbetätigten Armprothesen für Unterarm- und Oberarmamputationen. Die Bedienung von Hook (links) oder Systemzughand (rechts) und Ellbogengelenk erfolgt über eine Zugbandage, die über die kontralaterale Schulter verläuft

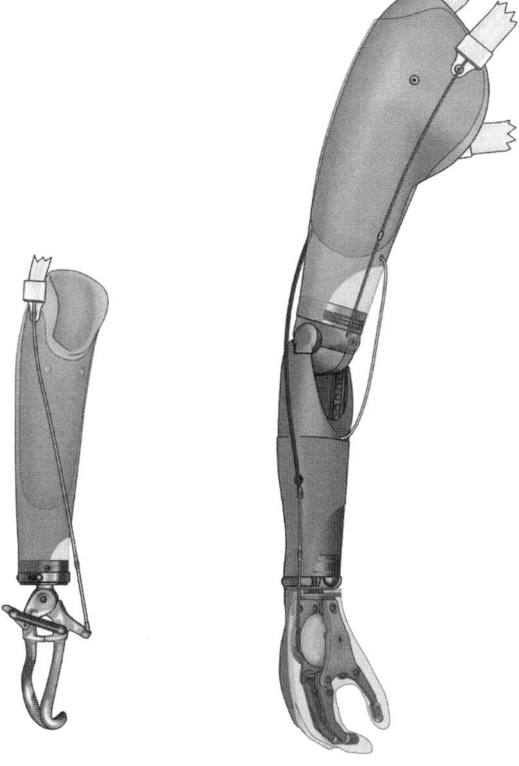

Abb. 77.20 Zugbetätigte Oberarmprothese am Patienten. Durch gezielte Bewegungen der Schultern spannt der Prothesenträger die Zugbandage zur Ellbogenbeugung und zum Öffnen des Hooks

Greifzug. Er kann so gezielt den Hook oder die Zughand öffnen und eine gewisse sensorische Rückmeldung erreichen.

Bei den *zugbetätigten Oberarmprothesen* ist eine Dreizugbandage erforderlich, mit welcher der Patient den Greifzug (Abb. 77.20) und die Züge für die Ellenbogenbeugung und die Ellenbogensperre bedient. Bei neueren Bandagenkonstruktionen laufen die Züge über einen Ring zusammen und lassen sich ohne Näharbeiten am Patienten einstellen.

77.4.2.3 Myoelektrisch gesteuerte Armprothesen

Myoelektrisch gesteuerte Armprothesen (Abb. 77.21) sind Fremdkraftprothesen, deren elektromechanische Komponente durch elektrische Energie bewegt wird. Ihre Steuerung erfolgt über Muskelaktionspotentiale, die bei Kontraktion der Stumpfmuskeln im Mikrovoltbereich zu messen sind. Diese körpereigenen Potentiale werden von Oberflächenelektroden abgenommen, verstärkt und verarbeitet als Schaltimpulse an den Elektromotor der Hand oder des Ellbogenpassteil weitergeleitet.

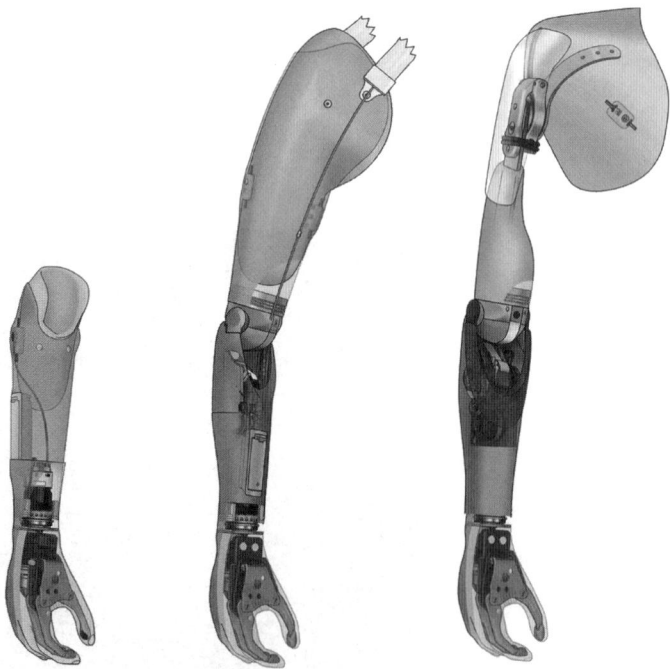

Abb. 77.21 Grafische Darstellung der myolektrischen Armprothesen für Unterarm- und Oberarmamputation und für Schulterexartikulation. Bei allen Amputationshöhen wird die Elektrohand über Muskelaktionspotentiale gesteuert. Bei der dargestellten Oberarmprothese betätigt eine Kraftzugbandage das Ellbogengelenk (Hybrid-Version). In der Schulterexartikulationsprothese ist ein elektronisches Ellbogengelenk (Dynamic Arm®) und ein mechanisches Schultergelenk eingebaut

77.4 Versorgung mit Prothesen für die obere Extremität

Als Energiequelle dient ein Akku, den der Patient selbst aufladen kann. Myoelektrische Armprothesen sind heute für alle Amputationshöhen des Armes einsetzbar und stellen den aktuellen Stand der Technik dar.

Für das Versorgungsresultat und damit für den Rehabilitationserfolg ist nicht nur die technische Ausführung einer Armprothese entscheidend, sondern insbesondere die indikationsgerechte Adaption der geeigneten Bauteile. Zur Auswahl der geeigneten Myobock-Komponenten stehen dem versorgenden Orthopädie-Techniker Test- und Übungsgeräte auf Computerbasis zur Verfügung. Damit werden die EMG-Messungen unter weitgehend realistischer Simulation für die einzelnen Steuerungen getestet, dokumentiert und auch die gezielte Kontraktion der Muskelgruppen trainiert.

Myoelektrische Unterarmprothesen

Seit den ersten Entwicklungen der Myoelektrik in den 60er Jahren war die Unterarmamputation die ideale Amputationshöhe für dieses Prothesensystem. Über die Kontraktion der Extensoren auf der Oberseite des Unterarmes lässt sich die Elektrohand öffnen und über Flexoren schließen. Durch diese quasi physiologische Steuerung mit Schaltsignalen für den Elektromotor war die Bedienung der Prothesenhand mit digitaler Steuerung einfach zu erlernen. Die heute meist eingesetzten proportionalen Steuerungen erweitern die funktionellen Möglichkeiten. Durch eine verringerte Bauhöhe ist seit einigen Jahren auch die Versorgung von transkarpalen Handwurzelstümpfen möglich.

Bei der Schafttechnik setzt der Orthopädie-Techniker auf den bewährten kondylenumgreifenden Innenschaft. Das geeignete Material reicht vom Gießharzlaminat über tiefgezogenes Thermoplast bis zum individuellen Silikonliner. Der Gießharz-Außenschaft stellt über das Systemhandgelenk die Verbindung zur Elektrohand her, verkleidet die Elektroden und Funktionselemente und nimmt den Akku auf. Durch den äußeren Abschluss mit dem Kosmetikhandschuh erhält die Unterarmprothese ein natürliches Aussehen.

Besonders bei doppelseitigen transradialen Amputationen wird der funktionelle Wert von myoelektrischen Unterarmprothesen sehr eindrucksvoll deutlich (Abb. 77.22).

Bei Exartikulationen im Handgelenk und Ellbogen gelten die Kriterien der benachbarten Amputationshöhe d.h. Unterarm- bzw. Oberarmprothese mit abgewandelter Schafttechnik.

Die *Versorgung im transhumeralen* Bereich haben in den letzten Jahren durch neue Ellbogenkonstruktion wichtige funktionelle Fortschritte erfahren. Dabei nimmt der elektromotorisch angetriebene und mikroprozessorgesteuerte DynamicArm® als wichtige Innovation eine Sonderstellung ein.

Die Bewegungen des Ellenbogengelenkes und der Elektrohand werden myoelektrisch über die im Oberarmschaft platzierten Elektroden angesteuert. Bei fehlenden oder sehr schwachen Myo-Signalen ist auch der Einsatz von elektronischen Steuerungselementen möglich, die zum Beispiel als Zugschalter in der Bandage auf geringe Bewegungen reagieren.

Abb. 77.22 Ein überzeugendes Rehabilitationsergebnis mit zwei myolektrischen Unterarmprothesen bei einer doppelseitigen transradialen Amputation. Die Prothesenträgerin steuert über die Hautelektroden das Öffnen und Schließen der Elektrohände und deren Rotationsstellung

Grundsätzlich gelten für die Schafttechnik die bereits beschriebenen Kriterien, die von Stumpflänge, Weichteildeckung und Beweglichkeit abhängen. Für die störungsfreie Funktion hat die exakte Platzierung der Elektroden mit Computerunterstützung und Testschaft besondere Bedeutung.

Bei doppelseitig Amputierten lässt sich der funktionelle Wert der Armprothesen für Unabhängigkeit und Integration sehr eindrucksvoll darstellen. Mit myolektrischen Unterarm- und Oberarmprothesen ist es dem Patienten möglich gezielte Greifbewegungen durchzuführen (Abb. 77.23).

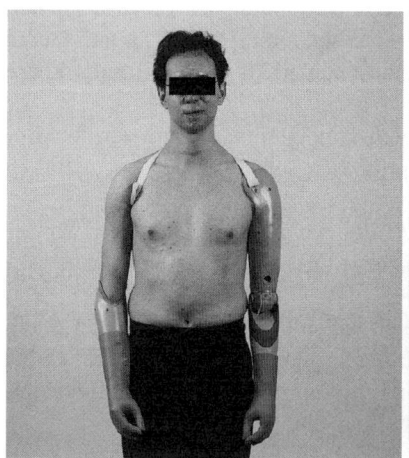 

Abb. 77.23 Doppelseitige Versorgung mit myolektrischen Armprothesen. a) Rechtsseitige Unterarmprothese und linksseitige Oberarmprothese mit Dynamic Arm® Ellbogen. b) Das gezielte Ergreifen von zerbrechlichen Gegenständen gehört zum Übungsprogramm in der Ergotherapie, um eine möglichst große Selbstständigkeit des Prothesenträgers zu erreichen

77.4 Versorgung mit Prothesen für die obere Extremität

Eine besondere Herausforderung stellt die Versorgung einer *Schulterexartikulation* mit einer myoelektrischen Prothese dar, da neben der schwierigen Stumpfeinbettung die erforderlichen EMG-Signale von der Brust- und Schultermuskulatur abgenommen werden müssen. Bei Armverlust durch Starkstromverletzungen kommen schwierige Nabenverhältnisse hinzu. Die Prothesenversorgung sollte nur von darauf spezialisierten Teams durchgeführt werden, dann sind bemerkenswerte Erfolge zu erzielen.

77.4.3 Anfertigung einer Armprothese

Bei allen beschriebenen Armprothesensystemen hat die individuelle Anfertigung einen hohen Anteil am Versorgungserfolg, denn im Vordergrund steht die Adaption am Körper des Patienten durch eine exakte Stumpfbettung. Basis dafür sind die ermittelten Körpermaße und ein funktioneller Gipsabdruck, der im Finger-Handbereich auch mit Alginat erfolgen kann.

Für myoelektrische Prothesen werden die Muskelaktionspotentiale ermittelt und die Position der Elektrode festgelegt (Abb. 77.24). Aus einem exakten Gipsnegativ (Abb. 77.25) entsteht ein modelliertes Gipspositiv, das als Arbeitsform für die weitere Fertigung genutzt wird, zum Beispiel für das Tiefziehen des Innenschaftes (Abb. 77.26) und das Gießen des Außenschaftes. Bei der Anprobe werden die Passform des Innenschaftes oder des Testschaftes mit Elektroden überprüft, die Länge und Position der Bauteile festgelegt und die Bandage angepasst (Abb. 77.27).

Die einzelnen Arbeitsschritte zur Fertigstellung der Armprothese sind je nach Amputationshöhe und Konstruktion unterschiedlich aufwendig und schließen bei der Modularprothese mit der individuellen Formgebung der Schaumkosmetik ab (Abb. 77.28).

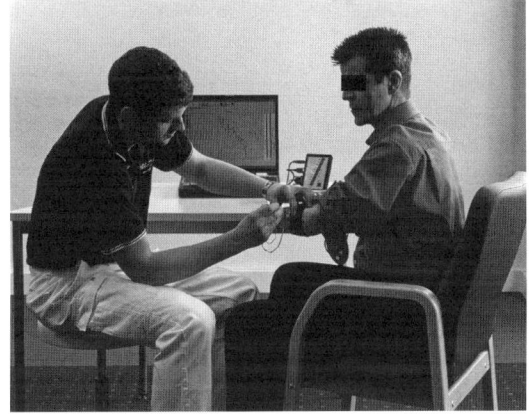

Abb. 77.24 Einsatz von Testgeräten zur Ermittlung der Muskelaktionspotentiale, mit denen die myoelektrischen Armprothesen gesteuert werden. Mit Hilfe des Myo Boy Gerätes findet der Orthopädietechniker die optimale Position der Elektroden (hier am Unterarmstumpf)

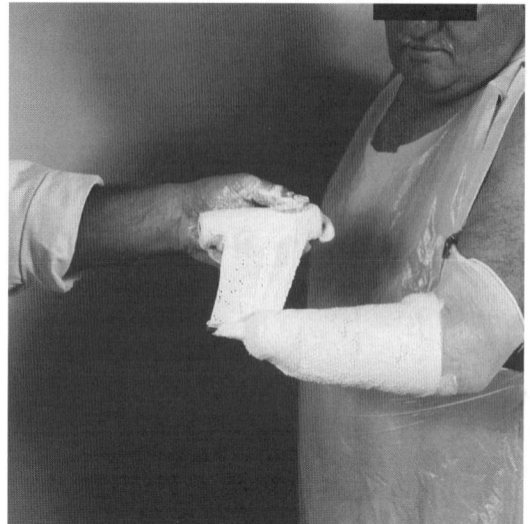

Abb. 77.25 Gipsnegativabnahme am Unterarmstumpf zur Herstellung eines Formmodells, über das der Prothesenschaft gefertigt wird

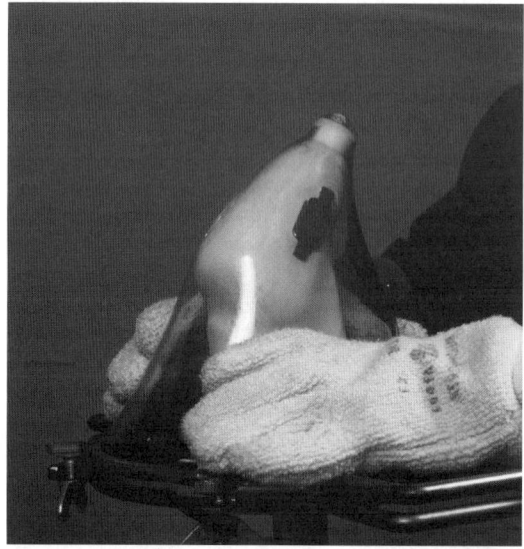

Abb. 77.26 Thermoplastisches Tiefziehen von Kunststoffplatten-Material über ein Unterarm-Gipspositivmodell für einen transparenten Testschaft. Die dunkle Erhebung ist ein Platzhalter für die Elektrode

77.4 Versorgung mit Prothesen für die obere Extremität

Abb. 77.27 Anprobe eines Oberarm-Testschaftes aus transparentem Thermoplast. Überprüft werden Passform, z. B. Druckstellen und Randverlauf, die Proportionen und Positionen der Prothesenkomponenten sowie die Funktion der Elektroden

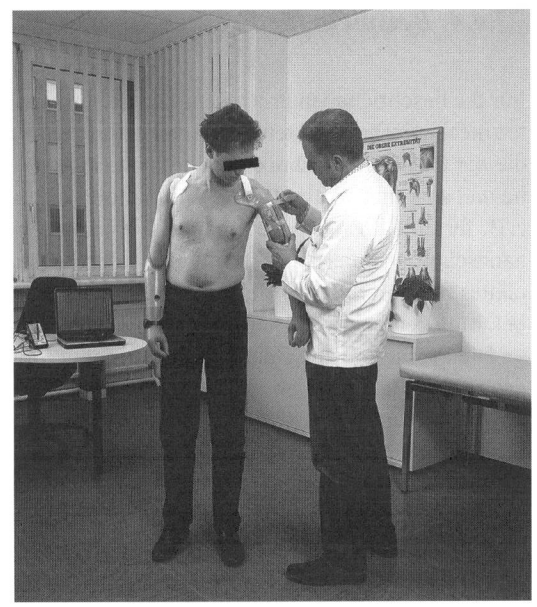

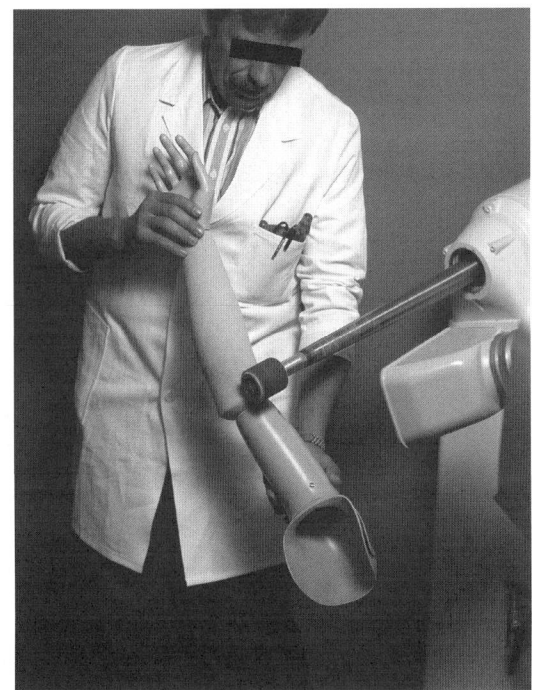

Abb. 77.28 Zur Fertigstellung einer Modular-Oberarmprothese schleift der Orthopädietechniker die individuelle Form des Schaumstoffüberzuges nach dem Vorbild des erhaltenen Arms

77.4.4 Beispiele für Prothesenkomponenten

Für die beschriebenen Prothesensysteme steht eine Vielzahl von industriell gefertigten mechanischen Passteilen und elektronischen Systemkomponenten zur Verfügung, die der Orthopädietechniker individuell einsetzt. Mit zunehmender Amputationshöhe und anspruchsvoller Prothesenfunktion steigt auch der Anteil der Passteile, so ist z. B. für eine kosmetische Teilhand-Versorgung nur eine Innenhand mit Kosmetikhandschuh erforderlich. Für eine myoelektrische Unterarmprothese wird ein komplettes Set von System-Elektrohand mit Steuerung, Elektroden mit Verbindungskabel, Motoreinheit für Rotation bis hin zum Akku mit Ladegerät erforderlich.

Die Prothesenhand steht bei allen Amputationshöhen im Vordergrund und ist für das natürliche Aussehen mit einem Kosmetikhandschuh verkleidet. Das trifft auch für die System-Elektrohand zu, deren formgebende Innenhand die Handmechanik mit Motor-Getriebe-Einheit und Steuerung aufnimmt. Der Patient kann über einen speziellen Handgelenk-verschluss die Elektrohand gegen einen Elektrogreifer – für präzises Zugreifen im Spitzgriff oder robuste Arbeiten – austauschen (Abb. 77.29). Durch eine besonders niedrige Bauhöhe überzeugt die Transcarpalhand, mit der die myoelektrische Versorgung von Handwurzelstümpfen erstmals möglich ist.

Für Amputationen proximal des Ellenbogengelenkspaltes kommen bei der kosmetischen Prothese meist Modular-Armpassteile zum Einsatz, während die Ellenbogen-Passteile für alle Prothesensysteme möglich sind (Abb. 77.30). Sie gleichen

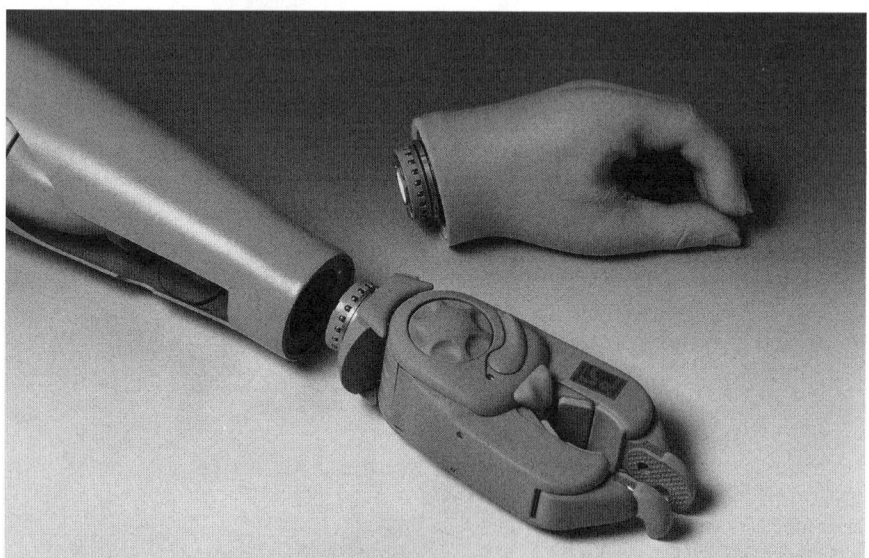

Abb. 77.29 Prothesen-Unterarm mit eingebautem Systemhandgelenk, das den einfachen Austausch einer Elektrohand gegen einen Elektrogreifer durch den Patienten selbst ermöglicht. Die mechanische und elektrische Verbindung erfolgt über einen Verschlussautomaten mit Koaxial-Stecker

77.4 Versorgung mit Prothesen für die obere Extremität

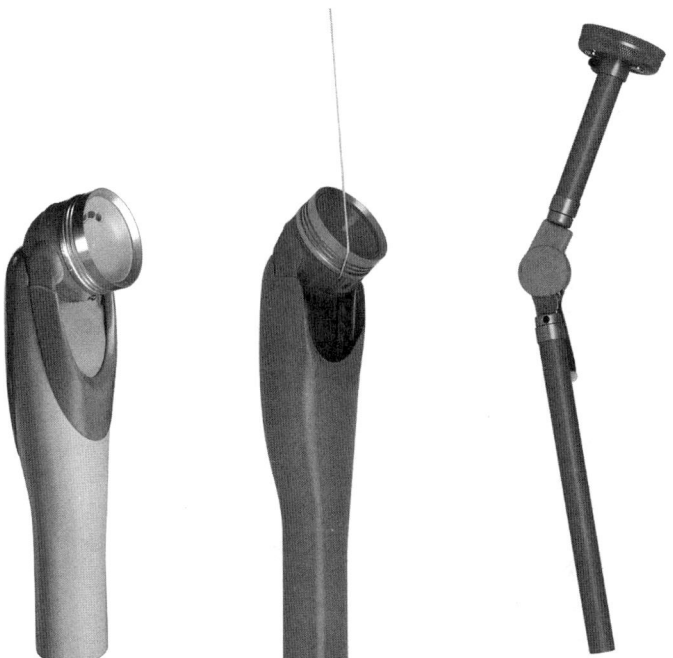

Abb. 77.30 Beispielhafte Ellbogenpassteile für verschiedene Armprothesensysteme. Von links nach rechts: myolektrischer Dynamic Arm®, Ellbogenpassteil für zugbetätigte Prothese, Modular-Armpassteil für kosmetische Prothesen

sich in ihrer äußeren Form und sind mechanisch jeweils auf Zugbetätigung oder myoelektrische Ansteuerung ausgelegt. Für Hybridprothesen, der Kombination von Zugbetätigung und Myoelektrik, sind Konstruktionen der ErgoArm-Familie geeignet. Sie stellen das Verbindungsglied zum bereits beschriebenen elektronischen Highend-System DynamicArm® dar.

77.4.5 Armprothesen für Kinder

Armamputationen im Kindesalter sind häufig verletzungsbedingt und sie traumatisieren Körper und Seele. Diese Situation belastet vor allem die betroffenen Eltern, die verantwortungsvoll über die technischen Möglichkeiten der heutigen Prothetik aufzuklären sind. Das gilt insbesondere für die angeborenen Gliedmaßen-Fehlbildungen – früher als Dysmelie bezeichnet und durch die so genannten Contergan-Kinder bekannt geworden –, die sich von traumatischen Amputationen durch fehlende Operationsnarben, Knochen- und Nervenstümpfe unterscheiden, so dass keine Probleme mit Stumpf- und Phantomschmerz vorliegen. Die betroffenen Kin-

Abb. 77.31 Kosmetische Unterarmprothese bei einem zweijährigen Kind. Die Physolino-Babyhand aus Silikon ist für unkomplizierte Handhabung und spielerischen Einsatz konzipiert

der haben ein intaktes Körpergefühl, denn die Extremität war ja nie vollständig entwickelt, daher steht die soziale und familiäre Situation für die Entwicklung im Vordergrund und nicht die Prothesentechnik [2].

Unabhängig davon, ob es sich um eine Amputation oder eine angeborene Fehlbildung handelt, ist immer eine frühzeitige Prothesenversorgung mit altersgerechter Konstruktion angestrebt, die der sensomotorischen Entwicklung entspricht. Ab dem 6. Lebensmonat kann zum Ausgleichen der Körpersymmetrie eine Babyhand aus Silikon eingesetzt werden, die die althergebrachte Patschhand abgelöst hat. Beim Krabbeln kann sich das Kleinkind damit abstützen und lernt spielerisch die Prothese in den Bewegungsablauf zu integrieren (Abb. 77.31).

Erfahrungen aus Langzeituntersuchungen, u. a. aus den Niederlanden, zeigen dass myoelektrische Armprothesen für Kinder gut geeignet sind und die kleinen Patienten geschickt damit umgehen. Die Elektrohand 2000 wurde speziell für 1 ½ bis 13 jährige Kinder entwickelt. Sie besteht aus einer Leichtmetall-Konstruktion mit integrierter Antriebseinheit für eine optimierte Griffkinematik, ausgewogenen Handproportionen und geringem Gewicht. Die verschiedenen Steuerungsvarianten lassen sich über Kodierstecker altersgerecht abstimmen und ermöglichen gute Greiffunktionen (Abb. 77.32).

Abb. 77.32 Myolektrische Unterarmprothese mit Elektro-Kinderhand. Durch die einfache Ansteuerung für ein unkompliziertes Zugreifen wird die Prothese schnell in das Körperschema integriert

Für den handwerklichen Prothesenbau gelten die bereits angesprochenen Kriterien, wobei die Kinderversorgung zu den schwierigsten Aufgaben der Orthopädie-Technik gehört.

77.5 Versorgung mit Prothesen für die untere Extremität

77.5.1 Amputationshöhen

In den letzten 100 Jahren haben sich die Indikationsstellung zur Beinamputation und Prothesenversorgung erheblich gewandelt: vom verletzungsbedingten, lebensrettenden Eingriff mit hoher postoperativer Sterblichkeit zum plastisch-mikrochirurgischen Eingriff mit funktioneller Stumpfbildung [28]. Angestrebt werden periphere Amputationen mit endbelastbaren Stümpfen, d.h. die Absetzung erfolgt möglichst weit distal und berücksichtigt die anatomischen Gegebenheiten, zum Beispiel die Übernahme des Körpergewichtes bei Fußstümpfen oder Knieexartikulation.

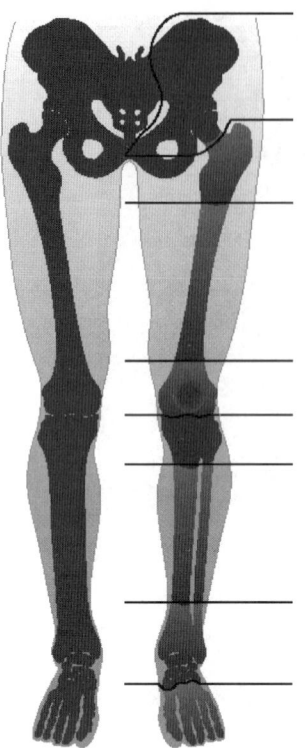

Abb. 77.33 Schematische Darstellung der möglichen Amputationshöhen an der unteren Extremität anhand der skelettalen Anatomie [29]. In der Fußregion reichen die Amputationen von der Zehenamputation bis zur Absetzung im Sprunggelenk. Die häufigsten Beinamputationen betreffen den Unterschenkel (transtibial). Gute Versorgungsvoraussetzungen bietet wegen der Endbelastbarkeit des Stumpfes die Knieexartikulation. Oberschenkelamputationen (transfemoral) mit einem kurzen Stumpf, Hüftexartikulationen und Hemipelvektomie sind orthopädietechnisch anspruchsvolle Versorgungen

Die früher üblichen Amputationsschemen mit der Angabe von wichtigen und wertlosen Skelettanteilen sind einer funktionellen Betrachtung gewichen, bei der auch gelenknahe Knochensubstanz erhalten bleibt, zum Beispiel Knieexartikulation. Die nachfolgende Darstellung der Amputationshöhen (Abb. 77.33) gibt einen Überblick, an dem sich die anschließend beschriebenen Prothesenversorgungen orientieren [29]. Die Vielfalt der Möglichkeiten im Fuß- Sprunggelenkbereich ist nur sehr komprimiert dargestellt.

77.5.2 Prothesensysteme

Zu unterscheiden sind wie bei der oberen Extremität die Prothesen in Schalenbauweise von den Modularprothesen.

Bei den eher robusten Prothesen in Schalenbauweise übernimmt die Wandung aus Holz oder Kunststoff sowohl tragende als auch formgebende Funktion. Man spricht auch von exoskeletaler Bauweise oder konventionellen Prothesen. Sie werden aus industriell gefertigen Komponenten, den Fuß- und Knie-Wadenpassteilen, gefertigt. Ihre Bedeutung ist in den letzten Jahrzehnten vor allem in den Industrie-

77.5 Versorgung mit Prothesen für die untere Extremität

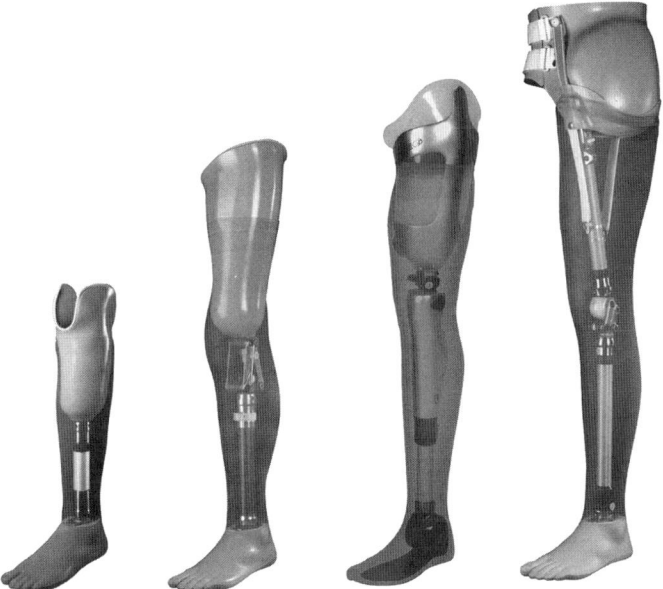

Abb. 77.34 Grafische Darstellung von Modular-Beinprothesen nach Amputationshöhen geordnet. Von links nach rechts: Unterschenkel-, Knieexartikulations-, Oberschenkel- und Hüftexartikulationsprothese. Die Verbindung zwischen Prothesenschaft und den Passteilen erfolgt über justierbare Rohradapter

ländern zurückgegangen, so dass Neuversorgungen heute fast immer mit Modular-Beinprothesen durchgeführt werden [4].

Bei Modular-Beinprothesen übernimmt ein Rohrskelett die tragende Funktion und die äußere Form bildet eine flexible Ummantelung aus Schaumstoff. Diese endoskelettalen Beinprothesen, deren Funktionselemente oder Module zum Justieradapter verbunden sind, stellen aufgrund der funktionellen und optischen Vorteile heute den aktuellen Stand der Orthopädietechnik dar. Sie sind für alle Amputationshöhen des Beines von Unterschenkel bis Hemipelvektomie geeignet (Abb. 77.34).

77.5.2.1 Zehenersatz und Fußprothesen

In der Fußregion reichen die Möglichkeiten von der Entfernung einzelner Zehenglieder und Exartikulationen im Zehengrundgelenk über metatarsale Amputationen bis hin zu Absetzungen in Lisfranc- und Chopartgelenk, Die transmalleoläre Amputation nach Syme stellt der Übergang zur Unterschenkelamputation dar. Die Amputationstechniken am Fuß versuchen, die Fußsohle zu erhalten, um deren Belastungsfähigkeit und Propriozeption nutzen zu können. Mit zunehmender Verlagerung der Amputationslinie in Richtung Rückfuß verkleinert sich die Standfläche und der

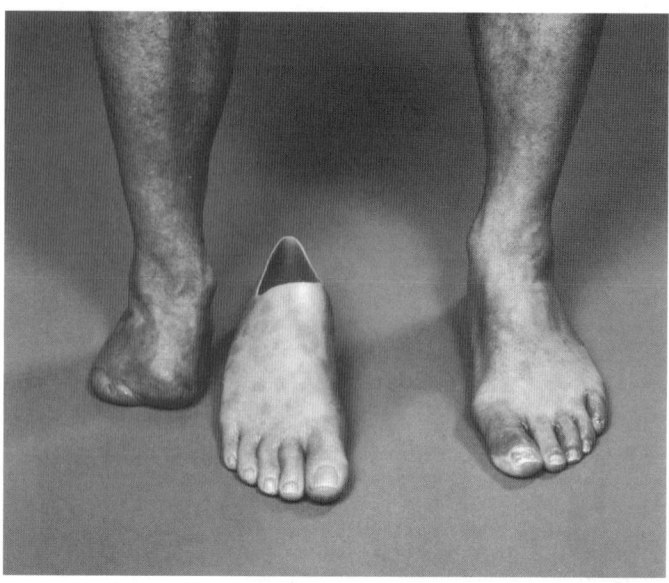

Abb. 77.35 Fußstumpf nach Lisfranc-Amputation mit Fußprothese aus HTV-Silikon

mechanische Vorfußhebel geht verloren [27]. Eine adäquate Versorgung erlauben HTV-Silikon-Prothesen. Sie zeichnen sich durch natürliches Aussehen, unkomplizierte Handhabung und eine gute Steh- und Gehfähigkeit aus (Abb. 77.35).

Die Basis für die Fertigung einer Probeprothese ist ein Gipsnegativ unter Belastung. Die Herstellung der definitiven Silkonprothese bedarf speziellen Know-Hows. In den meisten Fällen können die Silikonprothesen in Konfektionsschuhen getragen werden und auch Barfußgehen ist möglich.

Bei der Amputation im oberen Sprunggelenk nach Syme entsteht ein etwas kolbenförmiger Stumpf, dessen scheinbar nachteilige Form zur Suspension der Prothese gut geeignet ist. Der Unterschenkel muss in den Prothesenschaft eingezogen werden. Durch die geringe amputationsbedingte Verkürzung von circa 6 cm wird ein spezieller Prothesenfuß mit niedriger Bauhöhe nötig. Für aktive Patienten sind diese Fußpassteile aus karbonfaserverstärktem Kunststoff gefertigt.

77.5.2.2 Unterschenkelprothesen

Bei Unterschenkelprothesen unterscheidet man die althergebrachten Prothesen mit Oberhülse und seitlichen Gelenkschienen von den Kurzprothesen, die gelenkübergreifend die Form der Kniekondylen nutzen (Abb. 77.36). An die Passform und Funktion der Unterschenkelprothesen werden, bedingt durch die geringe Weichteildeckung und abhängig von der Stumpflänge, hohe Anforderungen gestellt. Der Orthopädie-Techniker nutzt verschiedene Anwendungstechniken und Materialien.

77.5 Versorgung mit Prothesen für die untere Extremität

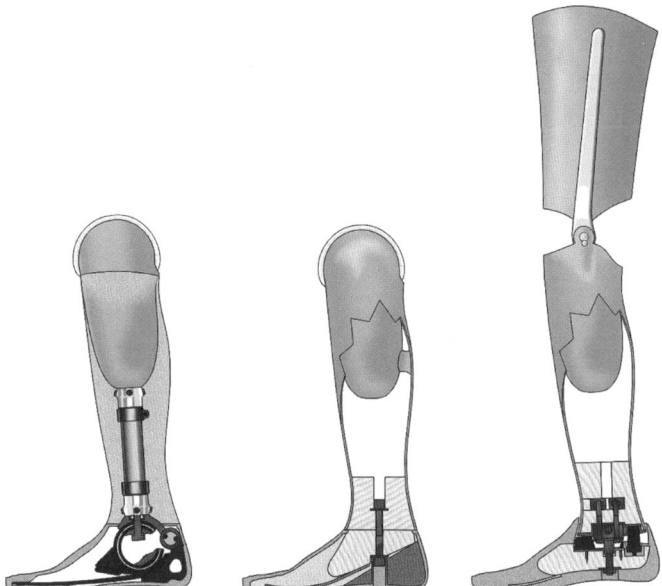

Abb. 77.36 Grafische Darstellung verschiedener Unterschenkelprothesen-Konstruktionen. Von links nach rechts: Aktuelle Modularprothese (Rohrskelett mit Karbonfederfuß), Gießharzprothese in Schalenbauweise, konventionelle Ausführung mit Oberschenkelschaft und seitlichen Gelenkschienen

Verbreitet sind zweckgeformte Weichwand-Bettungen aus PE-Schaum, die mit einem Schaft aus Gießharz-Laminat kombiniert werden. Silikon-Haftsysteme mit distaler Verriegelung, so genannte Liner mit Shuttle Lock, erweitern die Versorgungspalette.

Für eine besonders intensive Haftung mit positivem Einfluss auf das Stumpfvolumen sorgt das Harmony®-System. Bei jedem Schritt wird über eine Dämpf- und Pumpeinheit ein Vakuum zwischen Stumpf und Schaft erreicht (Abb. 77.37). Die Unterschenkelprothesen werden heute in den meisten Fällen als Modularprothesen gefertigt. Ausnahmen sind Bade- und Sportprothesen.

Über die Funktion der Unterschenkelprothese entscheidet neben dem statischen Aufbau, der Qualität der Stumpfeinbettung vor allem der Prothesenfuß. Seine Eigenschaften reichen vom gedämpften Fersenauftritt bei eher inaktiven Patienten bis zu hochelastischen Konstruktionen für höhere Mobilitätsgrade. Die so genannten Sportfüße für Hochleistungsathleten sind interessante Sonderkonstruktionen.

77.5.2.3 Knieexartikulationsprothesen

Bei der Knieexartikulation erfolgt die Absetzung der Unterschenkel im Kniegelenkspalt, so dass keine Knochen und wenig Weichteile durchtrennt werden müs-

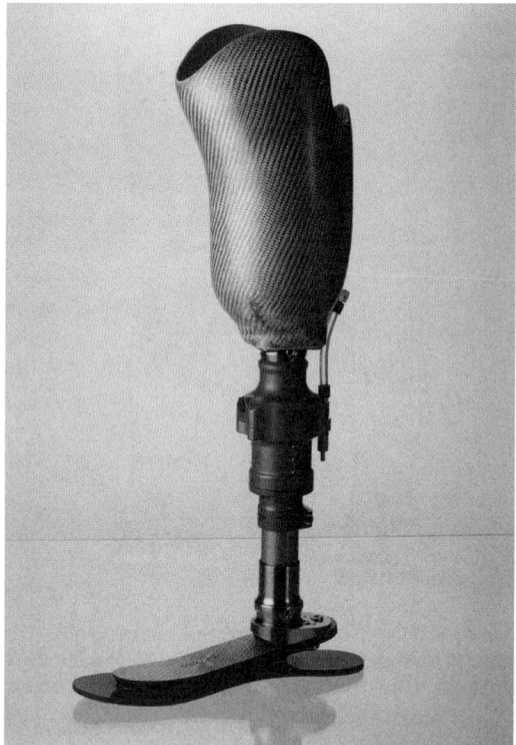

Abb. 77.37 Unterschenkelprothese mit Karbonfederfuß und dem Harmony®-System. Zwischen dem Fuß und dem Schaft befindet sich die Pumpe des Systems zur Unterdruckerzeugung zwischen Prothesenschaft und dem Stumpf

sen. Neben diesem geringen Amputationstrauma kommen funktionelle Vorteile für die Prothesenversorgung hinzu. Durch das Muskelgleichgewicht steht dieser lange Oberschenkelstumpf etwa in physiologischer Stellung. Er ist über die Femurkondylen voll endbelastbar und lässt sich durch die birnenförmige Kontur mit einer Schafttechnik ohne Tubersitz rotationsstabil versorgen.

Die in älterer Literatur aufgeführten Nachteile wie ungünstige Passteilsituation und Prothesendisproportion sind durch spezielle Kniegelenkkonstruktionen längst gegenstandslos [2]. Das einfache Anziehen der Prothese im Sitzen und der lange Hebelarm des Stumpfes sind weitere Vorteile im Vergleich zur Oberschenkelamputation (Abb. 77.38). Das zeigt auch der Behindertensport, bei dem Knieexartikulierte ihre Prothese mit Gelenk wesentlich sicherer und dynamischer einsetzen.

77.5.2.4 Oberschenkelprothesen

Im Gegensatz zur Knieexartikulation kann der Oberschenkelstumpf nicht die gesamte Körperlast tragen, sondern es bedarf der Abstützung am knöchernen Becken am Sitzbein. Die anatomisch funktionelle Einbettung in diese Prothesenschäfte ge-

Abb. 77.38 Modular-Prothese für Knieexartikulation am Patienten bei der letzten Anprobe. Zur Fertigstellung werden die mechanischen Komponenten mit einem individuell geformten Schaumstoffüberzug verkleidet

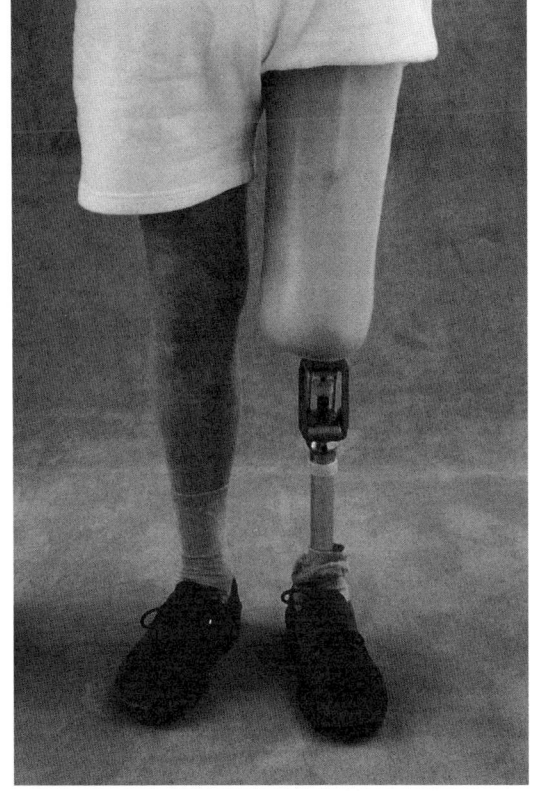

hört zu den schwierigsten Aufgaben in der Orthopädie-Technik, da eine zuverlässige Haftung, günstige Kraftübertragung und sicherer Führung der Prothese sicher zu stellen sind. Die korrekte Aufnahme der Stumpfvolumen mit einer erforderlichen Kompression für den exakten Sitz steht eigentlich im Widerspruch zu Tragekomfort und bequemer Sitzhaltung. Der heute übliche Haft-Kontakt-Schaft nutzt die gesamte Oberfläche des Stumpfes und bezieht als Anlage auch den distalen Bereich als Stumpfendfassung mit ein. In der Horizontalebene haben sich für die Stumpfeintrittsebene unterschiedliche Schaftformen entwickelt, die sich an den anatomischen Strukturen orientieren (Abb. 77.39).

Die tuberunterstützende querovale Schaftform ist in den letzten Jahrzehnten zunehmend von der tuberumgreifenden längsovalen Schaftform verdrängt worden. Auch bei dieser gibt es neuere Entwicklungen beziehungsweise Modifikationen, die noch mehr funktionelle Haftung in Kombination mit Bewegungsfreiheit vereinen sollen. Voraussetzung bei allen Oberschenkelschäften ist die exakte Maß- und Abformtechnik als Gipsnegativ, ob ohne oder mit Computerunterstützung, sowie die große Erfahrung und handwerkliche Geschicklichkeit des Orthopädietechnikers. Als Schaftmaterial kommt die ganze Palette von Thermoplast über Gießharzlaminat und Silikonliner zum Einsatz. Beim Anziehen der Prothese muss der Stumpf

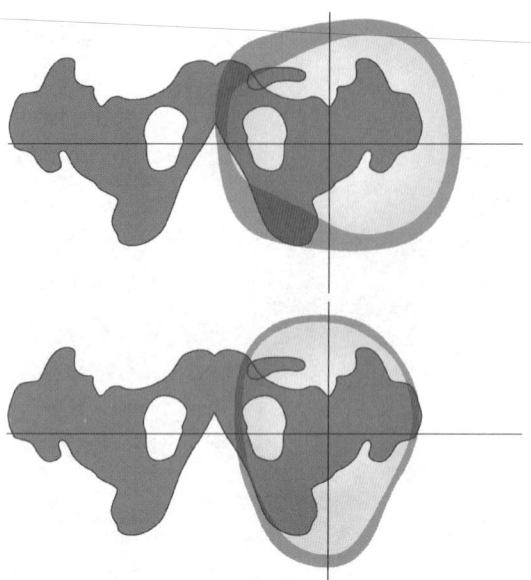

Abb. 77.39 Schematische Darstellung von Oberschenkelschaftquerschnitten. Der Horizontalschnitt zeigt den Bezug zum Beckenskelett. Oben die querovale und unter die längsovale Schaftform

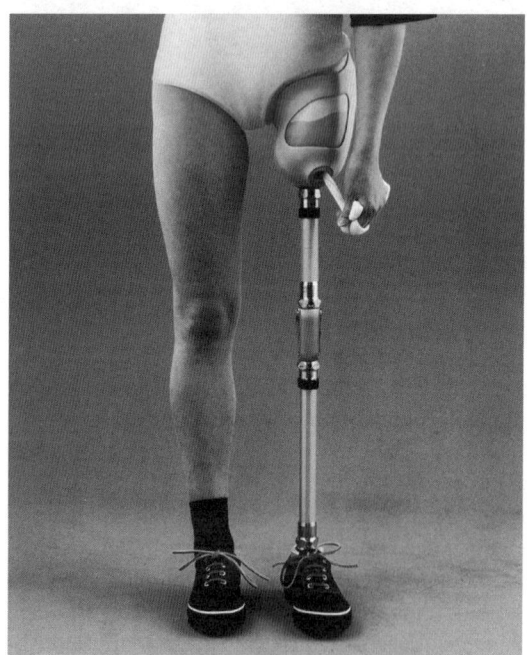

Abb. 77.40 Zum Anziehen der Prothese zieht der Oberschenkelamputierte seinen Stumpf mit Hilfe eines Trikotschlauches durch die Ventilöffnung in den Prothesenschaft

77.5 Versorgung mit Prothesen für die untere Extremität

exakt in den Prothesenschaft gezogen werden, zum Beispiel mit Hilfe eines Trikotschlauchs durch die Ventilöffnung (Abb. 77.40).

Wie mehrfach betont ist die Länge und Stellung des Stumpfes, seine Weichteil- und Narbensituation für die Prothesenadaption erfolgsentscheidend. Bei der Auswahl der Prothesenkonstruktion geht diese Stumpfleistungsfähigkeit neben dem Patientenprofil als wichtiger Parameter in die Entscheidung ein. Prothesenaufbau, Kniegelenkskonstruktion in Kombination mit dem Prothesenfuß bestimmen weitgehend den Erfolg der Versorgung: Verständlicherweise stehen bei geriatrischen Amputierten Sicherheit und Tragekomfort und einfache Handhabung an erster Stellung, so dass ein gesperrtes Kniegelenk manchmal nicht zu vermeiden ist.

Für die meisten Oberschenkelamputierten ist die sichere, der Natur nachempfundene Kniefunktion wünschenswert. Diesem Wunsch kommen die mechatronischen Gelenke am besten nach, die den Gelenkwiderstand elektronisch mindestens mit einer Frequenz regeln, wie sie am Bewegungsorgan vorliegt (Abb. 77.41).

Abb. 77.41 Oberschenkelamputierter beim Hinabgehen einer Rampe. Mechatronische Kniegelenke erfüllen die Wünsche der Amputierten nach möglichst natürlicher Bewegung mit der Prothese am besten. Das Kniegelenk (C-Leg®) ist gebeugt und trägt gleichwohl sicher das Körpergewicht

77.5.2.5 Hüftexartikulationsprothesen

Im Hüftbereich kommen verschiedene Amputationen vor, von der intertrochantären Absetzung im Oberschenkel über die einheitliche Hüftexartikulation und hin zur inkompletten oder kompletten Hemipelvektomie, die mit Beckenkorbprothesen versorgt werden [29].

Diese eher seltenen Indikationen betreffen schwere Unfälle oder Tumore. Gerade bei der Hemipelvektomie sind die Abstützungsverhältnisse schwierig, so dass ein funktionsfähiger Beckenkorb meist nur mit Einbeziehung des unteren Thorax gelingt. Erschwerend kommt manchmal die Anlage eines künstlichen Blasen- oder Darmausganges hinzu. Die bisher aufgeführten Abläufe und Kriterien gelten bei den Beckenkorbprothesen gleichermaßen. Das betrifft die Einbettung des Stumpfes unter Belastung (Abb. 77.42) und die Auswahl der Passteile.

Mit einer neuen Vierachspolyzentrik mit hydraulischer Kontrolle der Bewegung des Beckens in der Standphase und der Prothesenbewegung in der Schwungphase eröffnen sich in Kombination mit dem elektronischen Beinprothesensystem bessere Rehabilitationsresultate. Dieses patentierte Konstruktionsprinzip koppelt die Flexions- und Extensionsbewegung des Hüftgelenkes mit der horizontalen Rotation des Beckens ähnlich der natürlichen gut koordinierten dreidimensionalen Bewegung. (Abb. 77.43).

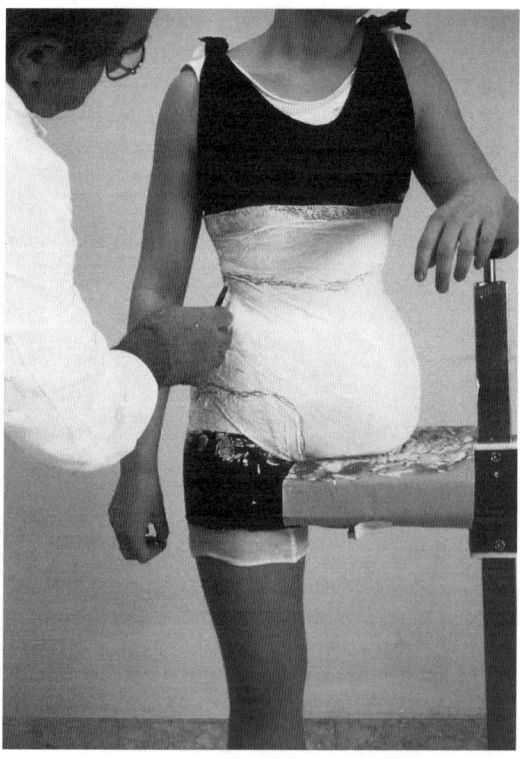

Abb. 77.42 Für das Gipsmodell einer Hüftexartikulationsprothese wird das gesamte Becken abgeformt. Nach dem Umwickeln der Gipsbinden belastet der Patient die betroffene Seite auf dem Gipsgerät, um die spätere Position der Prothese zu erreichen

77.5 Versorgung mit Prothesen für die untere Extremität 1799

Abb. 77.43 Hüftexartikulierter Patient mit dem hydraulischen Hüftgelenksystem Helix^{3D} in Kombination mit dem elektronischen Kniegelenksystem C-Leg® beim Hinabgehen einer Schräge. Der prothetische Ersatz der gesamten unteren Extremität stellt eine besondere Herausforderung dar, weil die auch an der natürlichen Extremität vorhandene muskulär gekoppelte Bewegung der Gelenke sicher nachvollzogen werden sollte. Zur sicheren Kniefunktion tritt hier noch die Führung des Beckens durch das Hüftgelenk in der Standphase und die Steuerung der Prothese beim Vorschwingen hinzu

77.5.3 Beispiele für Prothesenkomponenten

Die von der Industrie angebotenen Komponenten für den Bau von Beinprothesen betreffen Fuß- und Knie-Wadenpassteile für die Schalenbauweise und die Passteile für den Fuß, das Knie und das Hüftgelenk für Modularprothesen. Hier sollen nur kurz einige grundsätzliche Aussagen zu Modular-Prothesenfüßen und -kniegelenken erfolgen, die in einer Prothese als funktionelle Einheit zu betrachten sind. Ihre Auswahl richtet sich vor allem nach dem Mobilitätsgrad des Patienten.

Das Angebot an prothetischen Füßen ist inzwischen sehr groß geworden und dürfte mit einer Anzahl von weit mehr als einhundert zu beziffern sein. Die Konstruktionsprinzipien sind durchaus einfach mit einem aus Kunststoffen umschäumten Holzkern, aber auch komplizierter mit gekoppelten Federn aus Karbonfaserverbundmaterial unter Einschluss von Pneumatiken (Abb. 77.44). Der erste Fuß, der elektronische Bestandteile ausschließlich zur Adaptation der Plantarflexion aufweist, wird seit kurzem angeboten.

Weltweit existieren mehr als 250 verschiedene Prothesenkniegelenke [26]. Funktionell lassen sie sich gut nach ihren biomechanischen Eigenschaften der Standphasensicherung einteilen (Abb. 77.10). Die Schwungphasensteuerungen werden pas-

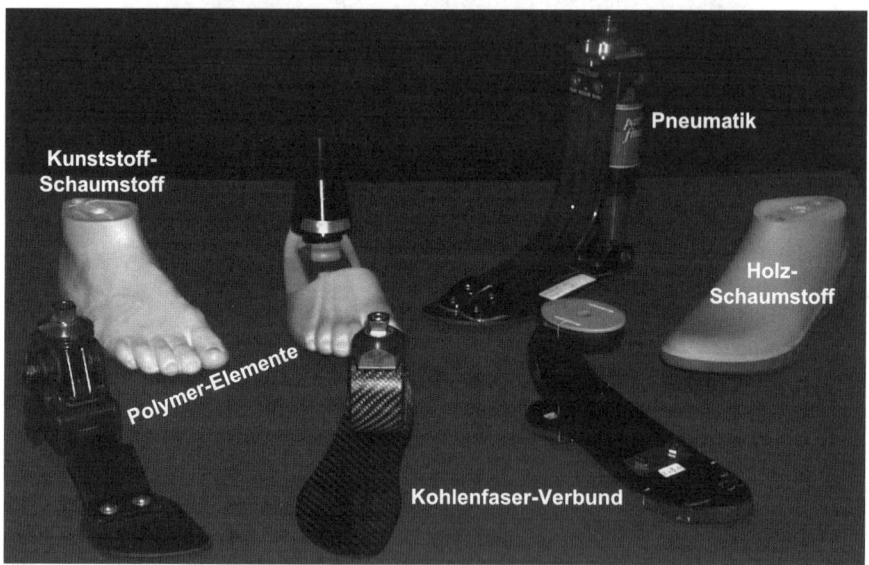

Abb. 77.44 Beispiele für Prothesenfüße unterschiedlicher Designs und Materials. Die Vielfalt der natürlichen neuromuskulär geregelten Fußfunktionen kann nicht durch ein Prothesenfußdesign ersetzt werden. Das Angebot an prothetischen Füßen ist deshalb groß. Die Ausführungen reichen vom einfachen mit Schaumstoff ummantelten Holzkern über den Karbonfederfuß bis zum mechatronischen Fuß. Die Füße besitzen für den Amputierten deutlich spürbare unterschiedliche Eigenschaften und erfüllen dadurch die individuellen Wünsche der Amputierten

77.5 Versorgung mit Prothesen für die untere Extremität

send zum vorgesehenen Mobilitätsgrad kombiniert. Federn, die Gleitreibung und fluide Medien sind dafür bekannte Standardlösungen.

Im Jahre 1991 wurden die ersten Kniegelenke mit elektronischen Steuerungen von industriellen Herstellern (Nabco/Japan und Blatchford/UK) angeboten. Der Widerstand einer Schwungphasen-Pneumatik wurde durch die Veränderung der Drosselweite einmal pro Schritt an die Gehgeschwindigkeit des Amputierten angepasst. Von diesen nur einmal pro Schritt den Schwungphasenwiderstand regelnden Gelenken sind die elektronischen Kniegelenke zu unterscheiden, die im gesamten Gangzyklus den Gelenkwiderstand entsprechend den Bewegungsphasen anpassen, also die elektronischen Kniegelenke mit elektronischer Stand- und Schwungphasenregelung.

Das 1997 vorgestellte Kniegelenksystem C-Leg® der Firma Otto Bock regelt erstmals den Stand- und Schwungphasenwiderstand elektronisch [30]. Mit seiner funktionellen Kapazität und der Sicherheit bei Bewegungen, die das Gelenk dem Versorgten bietet, ist es zum hohen Versorgungsstandard geworden. Das C-Leg® ist ein monozentrisches Kniegelenk, dessen Gelenkwiderstände eine Hydraulik erzeugt. Servomotoren stellen dazu die Ventile so ein, dass situationsangepasste Widerstände entstehen. Ein Goniometer im Knie und Dehnmessstreifen im Unterschenkelrohr geben kontinuierlich Signale an einen Mikrocontroller. Mit einer Frequenz von 50 Hz wird die Bewegungsphase des Amputierten erkannt und der zugehörige Gelenkwiderstand eingestellt (Abb. 77.45). Für die Energieversorgung ist ein Lithium-Ionen-Akku in die Knieachse integriert, dessen Kapazität etwa für zwei Tage ausreicht.

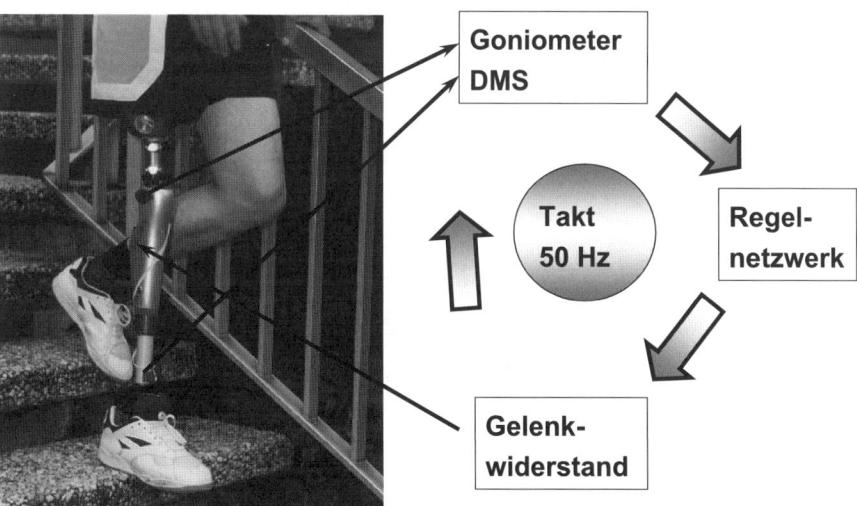

Abb. 77.45 Regelkreis des Kniegelenksystems C-Leg®. Das C-Leg ist ein monozentrisches Kniegelenk mit einer Linearhydraulik, deren Widerstand gangphasenabhängig eingestellt wird. Die Hauptbestandteile sind Sensoren (Goniometer, Dehnmessstreifen), eine Linearhydraulik und Mikrocontroller. Der Gelenkwiderstand, eingestellt über die Drosselweite, wird alle 0,02 Sekunden auf Basis durch ein Regelnetzwerk bewerteter sensorischer Informationen aktualisiert

77.6 Qualitätssicherung und technische Prüfung

Die hohe Qualität und zuverlässige Funktion der Prothesenkomponenten findet bei Otto Bock auf der Grundlage der ISO Zertifizierung statt. Die Anwendung aktueller Methoden zur Qualitätssicherung ist ein integraler Bestandteil des gesamten Entwicklungsprozesses, der mit der Produktdefinition und dem damit verbundenen Rehabilitationsziel beginnt. So gibt z. B. die Bewertung des Bewegungsablaufes in der Ganganalyse und dort gemessene Kräfte und Momente wichtige Aufschlüsse für die Charakteristik eines Prothesenfußes.

Bei der Konstruktion und Umsetzung kommen Computer Aided Design (CAD) und Finite Element Methode (FEM) ebenso zum Einsatz wie verschiedene Prüfmethoden. Bei der Materialprüfung werden funktionstypische Belastungen mit hohem Sicherheitsfaktor nachvollzogen. Dynamische und statische Prüfungen testen die Strukturfestigkeit der einzelnen Bauteile. So werden nach dem ISO-Standard 10328 z. B. mehrere baugleiche Modular-Kniegelenke mit drei Millionen Lastzyklen beansprucht (Abb. 77.46).

In den entwicklungsbegleitenden Lebensdauer-Untersuchungen erhöht man bewusst die Lastzyklen und erhält zusätzliche Daten, die zusammen mit statischen

Abb. 77.46 Dynamische Prüfung von Modular-Kniegelenken in servohydraulischen Prüfständen im Prüffeld bei Otto Bock. Die technische Prüfung der Prothesenpassteile gehört zum Entwicklungsprozess und ist Voraussetzung für die CE-Zertifizierung der Produkte

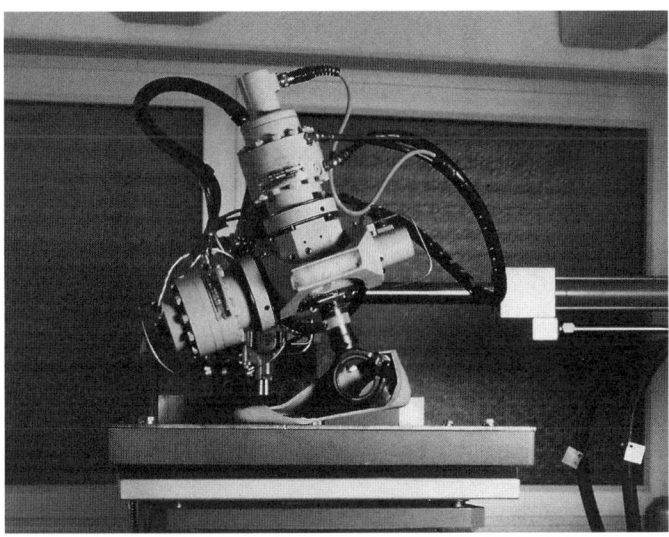

Abb. 77.47 Spezieller mehrachsiger Gehsimulator für die Funktionsprüfung von Prothesenfüßen

Strukturfestigkeitsprüfungen hohe Produktsicherheit garantieren. Neben servohydraulischen Universalprüfmaschinen werden für den Funktionstest von Prothesenfüßen auch Simulationen eingesetzt. Ein spezieller mehrachsiger Gehsimulator vollzieht die Abrollphase zur Erfassung der elastischen Materialeigeschaften unter praxisorientierten Bedingungen (Abb. 77.47). Patiententests im Ganglabor geben dazu parallel wichtige Rückmeldungen über Wirkungsweise und Verhalten innerhalb der Prothese. Vor einer Markteinführung schließen Feldtest als externe Überprüfung den letzten Schritt der Produktentwicklung zur Übergabe in die Serienfertigung ab [29].

77.7 Beinprothesen im Behindertensport

Obwohl die ersten Olympischen Spiele für Behinderte schon fast 5 Jahrzehnte zurück liegen (Rom, 1960), hat eine breite Öffentlichkeit erst in den letzten 20 Jahren davon Kenntnis genommen. Die Paralympics 1988 in Seoul waren erstmals ein Medienereignis mit internationaler Berichterstattung. Seit dem ist das Interesse ständig gestiegen und nicht zuletzt hat eine gewisse Professionalisierung zur Leistungssteigerung geführt.

Menschen mit körperlichem Handicap vollbringen heute sportliche Höchstleistungen, von denen man in den Anfängen des Versehrtensports kaum zu träumen gewagt hätte. Beinbehinderte Athleten benötigen neben einem gut strukturierten Training mit einem entsprechenden sozialen Umfeld zur Ausübung ihres Sports auch Prothesen. Die Sportprothesen wurden im Laufe der Zeit immer besser auf die Anforderungen der einzelnen Disziplinen abgestimmt. Hakenförmige Karbonfedern als Fußersatz sind gegenwärtig üblich im Sprint, wobei die Parallelen zum Vorfußlauf der nichtbehinderten Athleten offensichtlich sind. Über angepasste Kniesteuerung bis hin zum statischen Aufbau ist alles auf die sportliche Dynamik ausgelegt (Abb. 77.48).

Über den Sport stehen behinderte Menschen im Licht der Öffentlichkeit und stellen auch die Möglichkeiten der Orthopädietechnik positiv dar. Es bleibt jedoch auch zu bedenken, dass bei älteren „normalen" Patienten Erwartungen geweckt werden können, die von der Prothesentechnik nicht zu erfüllen sind. Obwohl die Technik ganz sicher ein leistungsbestimmender Faktor ist, dominiert für die Wettkampfleistung die körperliche und mentale Leistungsfähigkeit des Sportlers.

Abb. 77.48 Paralympics-Teilnehmer Heinrich Popow beim Start. Der wegen eines Tumors knieexamputierte Leichtathlet erreicht seine Leistung durch professionelles Training und gut angepasste Prothesentechnik. Der hochelastische Sprintfuß wird aus karbonfaserverstärktem Kunststoff hergestellt. Die dynamischen Eigenschaften des hydraulischen Kniegelenks wurden speziell auf sein Leistungspotential abgestimmt

77.8 Literatur

1. Greitemann B, Bork H und Brückner L: Rehabilitation Amputierter, Gentner Verlag, Stuttgart 2002
2. Baumgartner R und Botta P: Amputation und Prothesenversorgung, 3. Auflage, Thieme Verlag, Stuttgart 2007
3. Baumgartner R, Greitemann B: Grundkurs Technische Orthopädie. 2. Auflage, Thieme Verlag, Stuttgart 2007
4. Milde L: Die Otto Bock Modular-Beinprothese, Med. Orth. Tech., 126, 2006, 19-28
5. Dederich R: Amputationen der unteren Extremität. Thieme Verlag, Stuttgart 1970
6. Löffler L: Der Ersatz für die obere Extremität, Enke Verlag, Stuttgart 1984
7. Boenick U: Passteile für Armprothesen und ihre Technologie, In: M. Näder (Hrsg.): Prothesen der oberen Extremität, Mecke Druck und Verlag, Duderstadt 1988
8. Niethard FU, Marquardt E, Eltze J (Hrsg): Contergan – 30 Jahre danach, Enke Verlag, Stuttgart 1994
9. Kuhn GG: Kunstarmbau in Gießharztechnik, Thieme Verlag, Stuttgart 1968
10. Näder M: Industrielle Fertigung und Forschung, Med Orth Tech, 107, 1987, 111-115
11. Fitzlaff G: Magische Hände für Amputierte, In: W. Winkler, R. Baumgartner (Hrsg): Myoelektrische Armprothesen, Enke Verlag, Stuttgart 1981
12. Blohmke F: Stand der Entwicklung von Armprothesen, In: M. Näder (Hrsg.): Prothesen der oberen Extremität, Thieme Verlag, Stuttgart 1970
13. Wetz HH und Gisbertz D: Geschichte der Exoprothetik an der unteren Extremität, Orthopäde, 29, 2000, 1018-1032
14. Knoche W: Prothesen der unteren Extremität. Die Entwicklung vom Altertum bis 1930, Bundesfachschule für Orthopädie-Technik, Dortmund 2005
15. Schede F: Theoretische Grundlagen für den Bau von Kunstbeinen, Enke Verlag, Stuttgart 1919
16. Näder M: Die Rohrskelett-Prothese als kosmetische Beinprothese, Medizinische Technik, 89, 1969, 182-185
17. Kapandji IA: Funktionelle Anatomie der Gelenke, 4. Auflage, Thieme Verlag, Stuttgart 2006
18. Kummer B: Biomechanik, Deutscher Ärzte-Verlag, Köln 2005
19. Brinckmann P, Frobin W und Leivseth G: Orthopädische Biomechanik, Thieme Verlag, Stuttgart 2000
20. Greitemann B: Armamputation und Haltungssymmetrie, Enke Verlag, Stuttgart 1997
21. Perry J: Gait analysis, SLACK INCOPORATED; Thorofare NJ 1992
22. Klein P und Sommerfeld P: Biomechanik der menschlichen Gelenke, Urban und Fischer, München 2004
23. Blumentritt S, Schmalz T und Jarasch R: Die Bedeutung des statischen Aufbaus für das Stehen und Gehen des Unterschenkelamputierten, Orthopäde, 30, 2001, 161-168
24. Blumentritt S: A new biomechanical method for determination of static prosthetic alignment, Prosthet Orthot Int, 21, 1997, 107-113
25. Blumentritt S: Aufbau von Unterschenkelprothesen mittels „LASAR Posture", Orthopädie-Technik 49, 1998, 938-945
26. Blumentritt S: Biomechanische Aspekte zur Indikation von Prothesenkniegelenken, Orthopädie-Technik, 55, 2004, 508-521
27. Baumgartner R und Botta P: Amputation und Prothesenversorgung der oberen Extremität, Thieme Verlag, Stuttgart 1997
28. Baumgartner R, und Botta P: Amputation und Prothesenversorgung der unteren Extremität, Enke Verlag, Stuttgart 1989
29. Näder M und Näder HG (Hrsg.): Otto Bock Prothesen-Kompdendium – Prothesen der unteren Extremität, 3. überarbeitete und erweiterte Auflage, Schiele und Schön, Berlin 2000
30. Dietl H, Kaitan R, Pawlik R und Ferrara P: C-Leg – Ein neues System zur Versorgung von Oberschenkelamputationen, Orthopädie-Technik 49, 1998, 197-211

78 Neue Techniken in der Neurorehabilitation

R. Riener

78.1 Einleitung

Zentralmotorische Lähmungen durch Schädigungen im Hirn oder Rückenmark stellen weltweit ein großes sozialmedizinisches Problem dar. In Deutschland treten mehr als 250.000 neue Schlaganfälle pro Jahr auf. Zudem leben in Deutschland mehr als 40.000 Menschen mit Querschnittlähmung. Dazu kommen Patienten mit Schädel-Hirn-Trauma, Zerebralparesen, Multipler Sklerose, Parkinson oder Entzündungen und Tumoren des zentralen Nervensystems.

Solche zentralmotorische Pathologien können durch manuelle oder automatisierte Bewegungstherapien erfolgreich behandelt werden. Dabei wird durch ein häufiges, repetitives Bewegen von Körpersegmenten die Lern- und Anpassungsfähigkeit des Gehirns und Rückenmarks genutzt. Ist eine Heilung oder Behandlung nicht mehr möglich, so können zahlreiche Techniken dazu beitragen, Bewegungsfunktionen zu unterstützen, so dass die Patienten alltägliche Aktivitäten normal ausführen können und in die Gesellschaft reintegriert werden.

Sowohl in der Bewegungstherapie als auch bei der Unterstützung im Alltag kommen heutzutage vor allem neue Verfahren der Robotik, Display- und Interfacetechnik, und Neuroprothetik zum Einsatz. Die verwendeten Geräte und Systeme müssen sich dabei kooperativ verhalten und auf die Bedürfnisse und Intentionen des Patienten eingehen können. Der Patient darf also nicht der Sklave der Maschine sein, sondern die Maschine muss zum Wohle und Wohlwollen des Patienten arbeiten. Gleichzeitig muss die Maschine bzw. das technische Verfahren eine hinreichende Autonomie besitzen, um den Patienten von den komplexen Aufgaben der Bedienung, Situationserkennung und Situationsreaktion zu entlasten.

Dieser Beitrag soll einen kleinen Einblick in die technischen Herausforderungen und Lösungsmöglichkeiten im Bereich der modernen Neurorehabilitation erlauben. Neben der gewichtsunterstützten Laufbandtherapie wird auf verschiedene Ansätze der Robotik für die Gang- und Armtherapie eingegangen. Abschließend wird noch auf Technik und Herausforderungen von Neuroprothesen eingegangen.

78.2 Manuelles Laufbandtraining

78.2.1 Motivation der Gangtherapie

Das Lokomotionstraining auf dem Laufband wird seit mehr als 15 Jahren als Therapie bei der Rehabilitation von gehbehinderten Patienten eingesetzt. Dabei wird der Patient mittels einer speziellen Aufhängevorrichtung von seinem Körpergewicht entlastet. Zwei Physiotherapeuten führen die Beine auf dem Laufband, so dass der Patient Gehbewegungen auf dem Laufband ausübt (Bild 78.1).

Diese Art der Bewegungstherapie hat sich speziell bei halbseitig gelähmten (z. B. nach einem Schlaganfall oder Schädel-Hirn-Trauma) und inkomplett querschnittgelähmten Patienten als sehr effektiv erwiesen [4,3]. Bei der Therapie der halbseitig Gelähmten ist es die so genannte Plastizität des Gehirns, die eine Neu-

Abb. 78.1 Manuell geführtes Laufbandtraining mit Gewichtsentlastung (Foto: Hocoma AG, Volketswil, Schweiz). Die Bein- und Hüftbewegung wird durch zwei bis drei Therapeuten unterstützt. Die Gewichtsentlastung erfolgt über Gegengewichte, die den Patienten mittels eines Gurtzeugs entlasten

organisation der neuronalen Vernetzungen und somit eine Verbesserung des Gangmusters ermöglicht. Dabei übernehmen neue Hirnareale die motorischen Aufgaben der beschädigten Bereiche. Bei den Querschnittgelähmten werden dagegen vor allem spinale Vorgänge im Rückenmark reaktiviert und verstärkt (z. B. der „Central Pattern Generator"). Dabei wird die Tatsache genutzt, dass ein relevanter Anteil der Bewegungskontrolle ausschließlich über das Rückenmark abläuft. Wenn, wie bei der Querschnittlähmung, die Verbindung zwischen zentralem Nervensystem und Peripherie unterbrochen ist, kann immer noch ein beträchtlicher Teil der Bewegungsfunktion über die erhaltenen Nerven im Rückenmark trainiert werden. Grundlage der Therapie ist in beiden Fällen, dass periodisch wiederkehrende Bewegungsabläufe über taktile und propriozeptive Rezeptoren des Bewegungsapparats (in Fußsohle, Muskeln, Sehnen, Gelenken) registriert werden, als afferente Signale ins zentrale Nervensystem geleitet werden und so die neuronalen Reorganisationsprozesse in Gang setzen.

Laufbandtraining kann auch bei Patienten angewendet werden, die unter einem Parkinson-Syndrom, Multipler Sklerose oder einer Cerebralparese leiden. Wie groß dabei der therapeutische Effekt ist, wurde noch nicht näher untersucht. Die durch das Laufbandtraining verursachten spinalen und kortikalen Veränderungen führen zu neuen Bewegungsstrategien und verbesserten Bewegungsabläufen. Ferner kommt es auch zu einem Training und Aufbau der Muskulatur, einer Stabilisierung des Herz-Kreislaufsystems, einer Reduktion von Spastik, einer Verbesserung der Verdauung sowie einer Vorbeugung von Osteoporose.

78.2.2 Einschränkungen der manuellen Laufbandtherapie

Die manuelle Laufbandtherapie weist aber auch eine Reihe von Problemen auf. Zum einen ist das Training sehr personalintensiv und anstrengend, da mindestens zwei Therapeuten die Beine eines Patienten heben und führen müssen. Häufig ist noch ein dritter Therapeut zur Stabilisierung des Beckens erforderlich. Da sich die Therapeuten zudem in einer unangenehmen, schrägen Sitzposition befinden, ermüden sie schnell. Viele klagen sogar über Rückenschmerzen. Daher ist die Dauer einer Therapieeinheit auf nur 15 bis 20 Minuten beschränkt, obwohl dem Patienten ein längeres Training zugute kommen würde. Ein weiteres Problem ist, dass jeder Therapeut die Beine des Patienten verschieden führt. So ergibt sich nicht nur ein unterschiedliches Gangmuster für rechtes und linkes Bein, sondern die aufgeprägte Bewegung variiert auch von Tag zu Tag. Speziell zu Beginn der Therapie wäre aber ein langes, reproduzierbares, symmetrisches und physiologisch korrektes Gangmuster für einen maximalen Therapieerfolg wichtig. Abhilfe schafft hier eine automatisierte, roboterunterstützte Bewegungstherapie.

78.3 Roboterunterstütztes Gangtraining

78.3.1 Vorteile und Anwendungsbeispiele roboterunterstützter Systeme

Weltweit arbeiten mehrere Forschungsgruppen an der Entwicklung, Anwendung und Evaluierung von automatisierten Lösungsvorschlägen des Gangtrainings. Dabei werden die Bewegungen in Hüfte, Knie und/oder Fuß von einer Bewegungsaktorik aus veranlasst, ebenfalls unter Gewichtsentlastung des Patienten. Die Vorteile sind vielfältig: Die Bewegungen sind exakter, da man sie standardisieren kann. Die Patienten können damit systematischer und außerdem länger üben. Die Physiotherapeuten werden entlastet und können sich um andere Belange, wie zum Beispiel die Therapieüberwachung mehrerer Patienten kümmern. Insgesamt wird das Bewegungstraining dadurch effizienter und der Therapieverlauf protokollierbar.

Die beiden bekanntesten Geräte sind der Lokomat® von der Hocoma AG, Volketswil, Schweiz, (Bild 78.2) und der Gangtrainer® der Firma Reha-Stim, Berlin (Bild 78.3). In beiden, kommerziell erhältlichen Geräten werden die Beine des Patienten durch motorisierte Komponenten künstlich bewegt. Der wesentliche Unterschied liegt jedoch darin, dass beim Lokomat ein Exoskelett verwendet wird, wodurch die Bewegung direkt in die Beingelenke eingeprägt wird [1,2], während beim Gangtrainer mittels zweier aktuierter Plattformen das Gangmuster in die Patientenfüsse eingeleitet wird [5]. Ein Laufband wird demnach nur beim Lokomat®

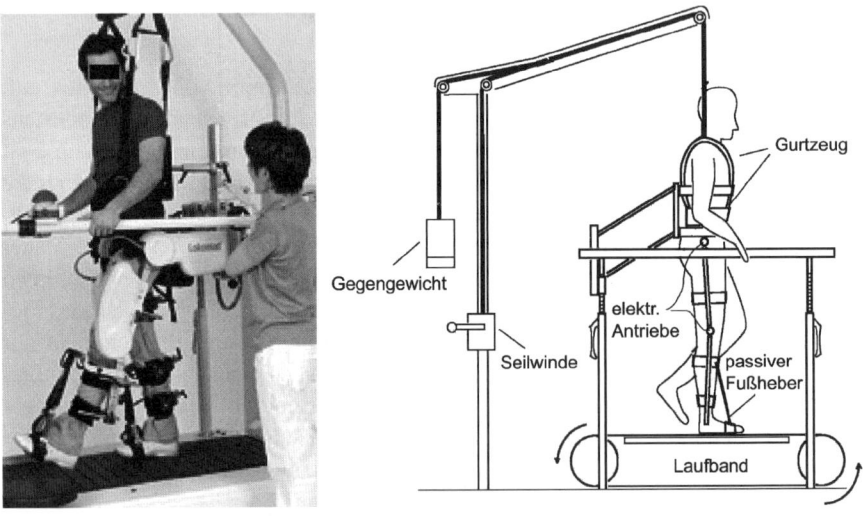

Abb. 78.2 Lokomat® von Hocoma AG bestehend aus aktuierter Gangorthese, Laufband und Gewichtsentlastungssystem (Foto: Hocoma AG, Volketswil, Schweiz). Das Gerät erzeugt Hüft- und Kniebewegungen in der Sagittalebene. Passive Gummibänder sorgen für eine ausreichende Dorsiflexion im Fuss und Sprunggelenk während der Schwungphase

78.3 Roboterunterstütztes Gangtraining

verwendet. Ein weiteres Gerät, das jedoch nicht kommerziell erhältlich ist, ist der Pelvic Assist Manipulator (PAM) und die Pneumatically Operated Gait Orthosis (POGO) einer Forschungsgruppe in Californien (Bild 78.4). Hierbei wird ebenso ein Laufband eingesetzt, wie beim Lokomat, jedoch werden die Kräfte nicht über ein Exoskelett, sondern über verteilte, pneumatische Linearantriebe einprägt [10,11].

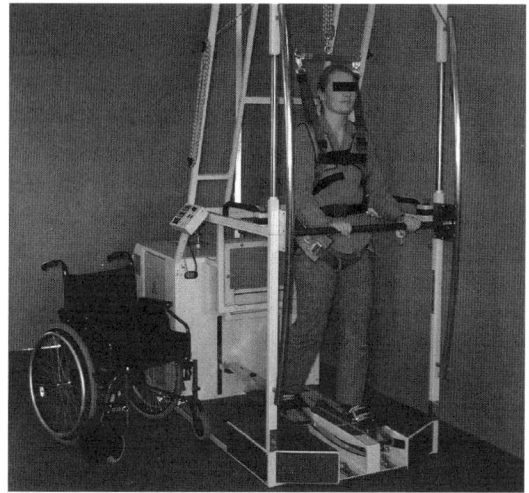

Abb. 78.3 Gangtrainer der Firma Reha-Stim (Foto: Reha-Stim GmbH, Berlin). Hier werden die Beine durch zwei aktuierte Trittbretter bewegt. Die Position der Kniegelenke muss häufig durch einen Therapeuten kontrolliert oder geführt werden.

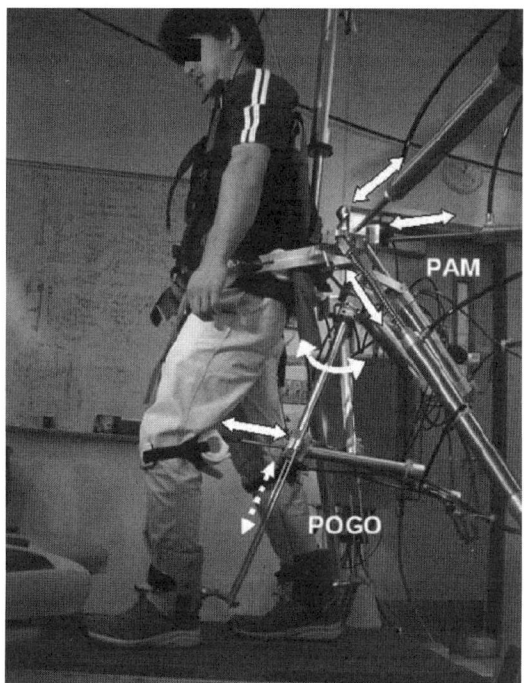

Abb. 78.4 Pneumatisch aktuierter Laufbandroboter PAM (Pelvic Assist Manipulator) und POGO (Pneumatically Operated Gait Orthosis) (Foto: Los Amigos Research and Education Institute, Downey, CA, USA, und University of California Irvine, CA, USA)

78.3.2 Funktion des Lokomat

Der Lokomat ist eine aktuierte Lauforthose, welcher zusammen mit einem Gewichtsentlastungssystem in der Lage ist, Beinbewegungen der Patienten in der Sagittalebene zu kontrollieren. Hüft- und Kniegelenk des Gerätes sind mit Linearantrieben aktuiert (Bild 78.5). Zur Unterstützung der Fussdorsiflexion, insbesondere bei Patienten mit Fallfuss, wird die Fussspitze mittels Gummibändern angehoben (Bild 78.6). Zur Ermöglichung vertikaler Verschiebungen des Beckens ist die aktuierte Orthese mittels einer Parallelogrammkonstruktion am äußeren Rahmen befestigt (Bild 78.2). Der Patient wird durch Klettbänder an den Oberschenkeln, den Unterschenkeln sowie dem Becken befestigt (Bild 78.6).

In der Standardversion werden die Beine des Patienten mit einer Positionsregelung entlang einer Referenztrajektorie bewegt. Die Referenztrajektorien können an die individuelle Körpergröße bezüglich Schrittlänge, Schritthöhe und Periodendauer angepasst werden. Die Ganggeschwindigkeit kann dabei individuell bis etwa 3 km/h eingestellt werden. Das Feedbacksignal liefern Potentiometer an den Hüft- und Kniegelenken. Zusätzlich werden auch die Interaktionsmomente aufgezeichnet, die zwischen Orthese und Patientenbein an den Knien und Hüften auftreten. Aus den gemessenen Interaktionsmomenten können die vom Patienten willkürlich erzeugten Gelenkmomente abgeschätzt werden und für eine angepasste, patientenkooperative Regelung verwendet werden. Die gemessenen Interaktionsmomente können aber auch dem Probanden oder Therapeuten audiovisuell dargestellt werden und somit als Biofeedbacksignal bzw. zur Beurteilung des Therapiestatus verwendet werden.

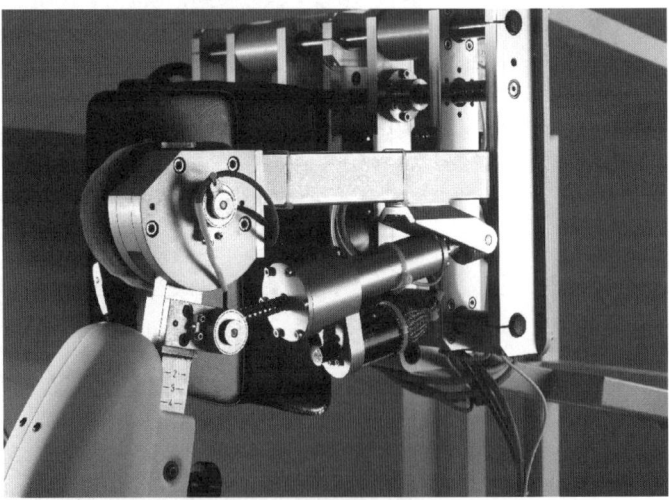

Abb. 78.5 Innenansicht des Lokomat Hüftantriebs: Ein Hochleistungsmotor (Maxon) treibt die Spindel an, die wiederum ein Drehmoment am Lokomat-Hüftgelenk einleitet (Foto: Hocoma AG, Volketswil, Schweiz)

78.3 Roboterunterstütztes Gangtraining

Der Lokomat kann problemlos an verschiedene Körpergrößen und Staturen angepasst werden. Die Längen der Oberschenkel- und Unterschenkelsegmente sind stufenlos verstellbar, so dass Probanden mit Körpergrößen von bis zu 1,95 m eingespannt werden können. Die Hüftbreite kann mittels einer manuell verstellbaren Spindel angepasst werden. Die Länge der Klettbänder (samt Halbschalen) ist ebenso an die unterschiedlichen Beindicken einstellbar.

Die Antriebe des Lokomat müssen stark genug sein, damit ein physiologisch korrektes Gangmuster auch gegen einschiessende Spasmen sowie mit entsprechend hoher Laufgeschwindigkeit erzeugt werden kann. Gleichzeitig sollten die Antriebe klein und leicht gebaut sein, damit das Gerät insgesamt nicht zu baugroß und schwerfällig wird und trägheitsbedingte Vibrationseffekte möglichst unterdrückt werden können.

Gemäß Ruthenberg et al. [16] sollten die Antriebe in der Lage sein, maximal etwa 1 Nm pro kg Körpergewicht aufzubringen. Das mittlere Drehmoment beträgt demnach etwa 35 Nm. Bei den im Lokomat verwirklichten Antrieben handelt es sich um kommerziell erhältliche Spindelantriebe, die mittels Gleichstrommotor in Bewegung gesetzt werden und so die Motorrotationsbewegung in eine translatorische Spindelbewegung umsetzen. Die Spindel wirkt schließlich mittels eines gelenkwinkelabhängigen Hebelarms an Knie- und Hüftachse des Lokomat. Bei einer nominalen Leistung von 150 W erreicht man somit im Dauerbetrieb Drehmomente von 30 Nm am Knie und 50 Nm an der Hüfte sowie Spitzenmomente von bis zu 160 Nm (Knie) und 280 Nm (Hüfte). Damit können physiologisch korrekte Gangmuster, selbst gegen Widerstand, und Ganggeschwindigkeiten von mehr als 3 km/h erzielt werden.

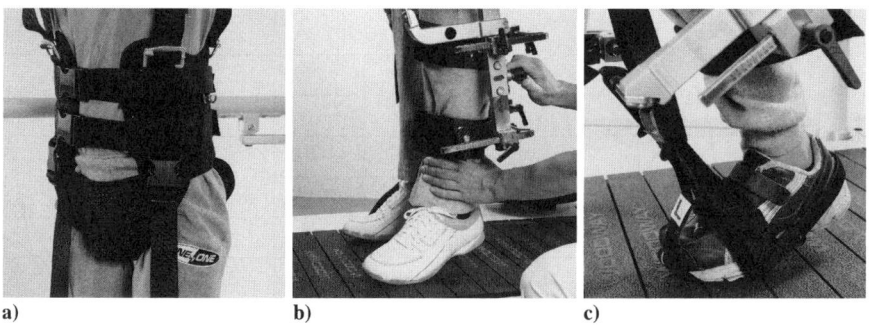

a) b) c)

Abb. 78.6 Mechanisches Interface Lokomat-Patient. a) Befestigung des Patienten in einem Gurtzeug. b) Befestigung des Unterschenkels mittels angepasster Manschetten. c) Elastische Bänder zur Verbesserung der Dorsiflexion (Foto: Hocoma AG, Volketswil, Schweiz)

78.3.3 Regelungstechnik

Zur Erzeugung der gewünschten Bewegung können verschiedene Regelungsstrategien zum Einsatz kommen. Die einfachste Art der Bewegungsregelung ist eine Positionsregelung, bei welcher ein einfaches Regelgesetz dafür sorgt, dass die Bewegung der technischen Komponenten einer vorgegebenen Referenztrajektorie möglichst exakt folgt. Diese lässt sich bei den erwähnten Systemen prinzipiell gut umsetzen (Bild 78.7).

Das Problem ist jedoch, dass jeder Patient seine individuelle, ja sogar zeitlich variable Optimalbewegung besitzt. Diese hängt nicht nur von der Art und Schwere der Läsion, sondern auch von Körpergröße, Körpergewicht, Tagesform und Ermüdungszustand ab. Außerdem sollte der Patient möglichst aktiv zur Bewegung beitragen und nicht durch eine monoton vorgegebenen Bewegung „versklavt" werden. Ziel ist es daher, so genannte „patientenkooperative Strategien" zu entwickeln, bei denen der Roboter die Intention und Willkürmotorik des Patienten erkennt und dann nur so viel nötig unterstützend zur Bewegung beiträgt. Der Patient soll der „Master", der Roboter der „Slave" sein.

Eine Idee ist daher, mittels adaptiver Strategien die Referenztrajektorie individuell anzupassen [2]. Eine aussichtsreiche Erweiterung stellt die Implementierung so genannter Impedanzregelungsstrategien dar [14]. Die Kernidee besteht darin, dass eine variable Abweichung von der gegebenen Referenztrajektorie zulässig wird. Die Abweichung hängt zum einen vom Verhalten und den muskulären Beiträgen des Patienten ab und zum anderen vom eingestellten Betrag einer künstlichen Kraft, die versucht das Bein des Patienten auf der Referenztrajektorie zu halten.

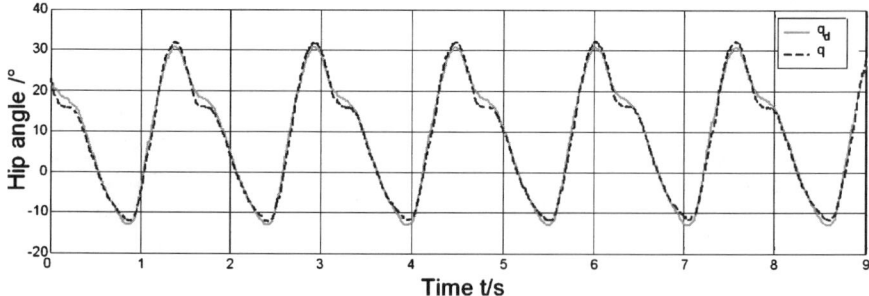

Abb. 78.7 Umsetzung der Positionsregelung beim Lokomat. Die Graphik zeigt den gewünschten Sollwinkelverlauf (durchgehende Linie) sowie den Istwinkelverlauf (gestrichelte Linie) des Hüftwinkels während eines Laufbandtrainings mit einem querschnittgelähmten Patienten

78.3.4 Virtuelle Realität zur Unterstützung der Bewegungstherapie

Roboterunterstützte Bewegungstherapien können durch Techniken der Virtuellen Realität erweitert werden. Mittels geeigneter visueller, akustischer und unter Umständen auch haptischer Interaktion kann ein gelähmter oder bettlägeriger Patient in eine virtuelle Umgebung eintauchen und darin bestimmte Bewegungsaufgaben erfüllen (Bild 78.8 links). Auf diese Weise werden die Patienten auf anschauliche Weise instruiert und zur Durchführung verschiedener Bewegungsaufgaben gebracht. Dadurch kann die Motivation der Patienten deutlich gesteigert werden, d.h. die Häufigkeit und Intensität des Trainings kann erhöht werden. Dies kann die Therapie von Bewegungsstörungen deutlich unterstützen und den Heilungsprozess beschleunigen. Gleichzeitig lassen sich die Bewegungen aufzeichnen und somit der Heilungsprozess und Therapieerfolg quantitativ beurteilen.

Beispielsweise kann ein Patient mit Lokomatunterstützung virtuelle Hindernisse übersteigen. Die Hindernisse werden mittels einer 3D Leinwand oder eines einfachen Monitors graphisch dargestellt (Bild 78.8 rechts). Berührt der Patient das Hindernis, so kann er dies nicht nur sehen, sondern auch hören und – dank Krafteinleitung am Lokomat – sogar fühlen. Zusätzlich ertönen motivierende Hintergrundgeräusche (z.B. Vogelgezwitscher, Meeresbrandung, Musik) und ein leichter, geschwindigkeitsabhängiger Gegenwind sorgt für ein realistisches Gehgefühl. Unterschiedliche Bewegungsaufgaben, wie z.B. Hindernisse übersteigen, Ball schießen, über Gräben springen, können auf diese Weise implementiert werden und den Patienten zum Mitmachen animieren.

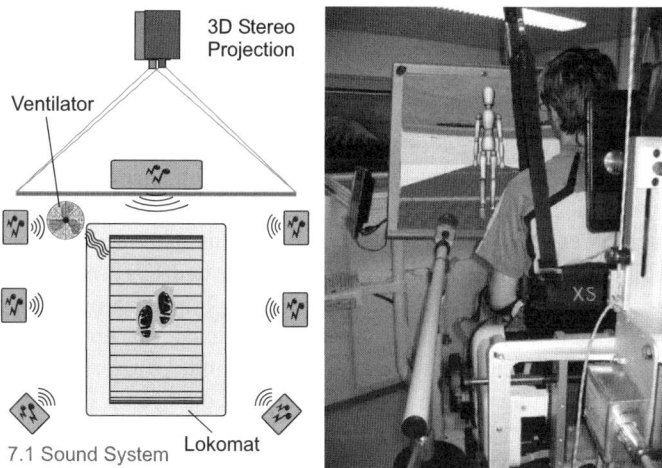

Abb. 78.8 Lokomat mit Techniken der Virtuellen Realität erweitert. Dolby Surround Sound, 3D Stereoprojektion, Ventilator und der Lokomat als haptisches Display sorgen für ein eindrückliches multimodales Erlebnis und erlauben es dem Patienten in eine virtuelle Welt einzutauchen. Darin kann er verschiedene Bewegungsaufgaben durchführen, wie z.B. das Übersteigen von Hindernissen

78.4 Roboterunterstützte Therapie der oberen Extremitäten

78.4.1 Anwendungsbeispiele

Ähnlich wie bei der Behandlung der unteren Extremitäten können Ansätze aus der Robotik auch für die Therapie der oberen Extremitäten, insbesondere bei halbseitengelähmten Personen nach Schlaganfall, verwendet werden. Um die oberen Extremitäten eines Patienten zu bewegen, können endeffektorbasierte Roboter oder Exoskelettroboter verwendet werden. Erstere sind am Boden, an der Wand oder an der Decke fixiert und werden mit dem Unterarm oder der Hand des Patienten verbunden (Bild 78.9, links). Damit kann, je nach Anzahl der Freiheitsgrade des Roboters, die Position und/oder die Orientierung der Hand im Raum kontrolliert werden. Da die Kinematik dieser Roboter derjenigen von Industrierobotern ähnelt, sind endeffektorbasierte Roboter technisch einfacher zu realisieren. Zahlreiche Gruppen arbeiten mit solchen Geräten [7,14]. Allerdings haben diese Roboter Nachteile. Denn obschon der Arm und die Schulter des Patienten viele Freiheitsgrade besitzen, kann ein endeffektorbasierter Roboter nur sechs Bindungen vorgeben. Dadurch ist der Arm des Patienten statisch unterbestimmt und die Steuerbarkeit ist eingeschränkt. Weiterer Nachteil ist, dass der Roboter die Drehmomente, welche auf die Gelenke des Patienten wirken, nicht unabhängig voneinander aufbringen kann, da der Roboter nur an einer Stelle mit dem Patientenarm verbunden ist. Dies ist vor allem bei Patienten mit Spastik oder Kontrakturen ungünstig und bedeutet sogar ein Sicherheitsrisiko.

Bei Exoskelettrobotern (Bild 78.9, rechts) stimmen die Rotationsachsen des Roboters mit denjenigen des Patienten überein. Deshalb kann der Roboter mit dem Unterarm und dem Oberarm des Patienten verbunden werden. Dadurch kann das Drehmoment des Ellenbogens unabhängig von den Drehmomenten in der Schulter aufgebracht werden. Allerdings müssen dazu die Segmentlängen des Roboters an die Armsegmentlängen der verschiedenen Patienten exakt angepasst werden können.

Eines der bekanntesten endeffektorbasierten Systeme ist der MIT Manus (Bild 78.10) (7). Hierbei handelt es sich im Wesentlichen um einen SCARA Roboter, der die Hand des Patienten in der horizontalen Ebene bewegt. Ein graphisches Display wird verwendet, um dem Patienten visuelle Instruktionen darzubieten. Wie im Lokomat® ist auch im MIT Manus Bewegungs- und Kraftsensorik integriert. So wird die Umsetzung von patientenfreundlichen Impedanzregelungsstrategien ermöglicht. Mit dem MIT Manus konnte bereits anhand von über 200 Schlaganfallpatienten nachgewiesen werden, dass die roboterunterstützte Therapie zu einer signifikanen Verbesserung der Funktion und Motorik der oberen Extremität führt.

Der Exoskelettroboter ARMin befindet sich zurzeit an der ETH Zürich und der Universitätsklinik Balgrist in Entwicklung (Bild 78.11). Auch ARMin ist in der Lage patientenkooperative Regelungsstrategien umzusetzen (Nef et al. 2007). Gegenüber dem MIT Manus zeichnet er sich vor allem dadurch aus, dass er mehrere Bewegungsfreiheitsgrade besitzt und die Momente über eine Exoskelettstruktur direkt in die Gelenke eingeleitet werden. Dadurch lassen sich auch komplexere Bewegungen

78.4 Roboterunterstützte Therapie der oberen Extremitäten

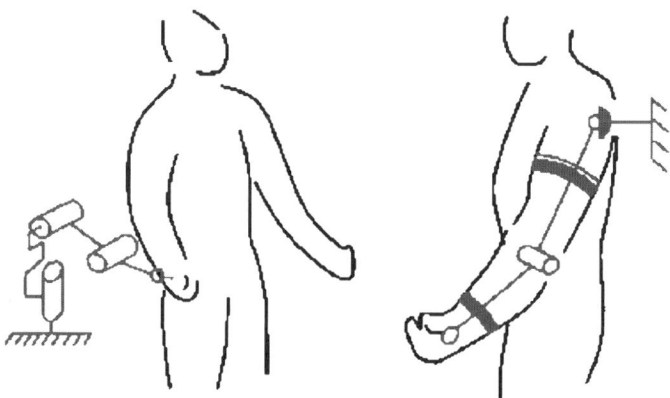

Abb. 78.9 Bei einem endeffektorbasierter Roboter (links) ist nur der Endeffektor des Geräts mit einem Körpersegment (z. B. Hand, Handgelenk oder Unterarm) mit dem Gerät verbunden. Bei einem Exoskelettroboter (rechts) umgibt das Gerät die gesamte Extremität. Die technischen Achsen des Roboters müssen dabei mit den anatomischen Achsen des Patienten so gut wie möglich übereinstimmen

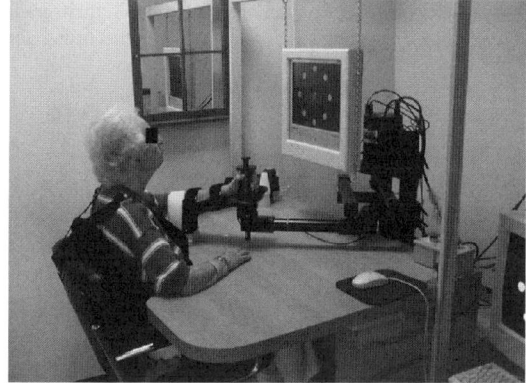

Abb. 78.10 MIT Manus zur Therapie halbseitengelähmter Patienten nach Schlaganfall (mit Genehmigung von I. Krebs und N. Hogan). Bei dieser Version ist der Arm auf Bewegungen in der Horizontalebene eingeschränkt

und Aufgaben des täglichen Lebens sehr gut trainieren. ARMin soll damit die Therapie von Patienten mit Hemiplegie, Tetraplegie und Muskel-Skelett-Läsionen der oberen Extremitäten verbessern.

Es gibt eine ganze Reihe von weiteren, einfacheren technischen Systemen, welche in der Lage sind Arm- und Handbewegungen zu unterstützen. Eines davon ist der Bi-Manu-Track von Reha-Stim (Bild 78.12). Dabei werden die Hände eines Schlaganfallpatienten an einem aktuierten Griff befestigt, welcher schließlich Flexions-Extensionsbewegungen oder – je nach Einstellung – Pronations-Supinationsbewegungen ausführt. Das Gerät kann in einem aktiven und passiven Modus betrieben werden, was es erlaubt den Patienten je nach Behandlungsstatus und Lähmungsintensität unterschiedlich stark einzubinden.

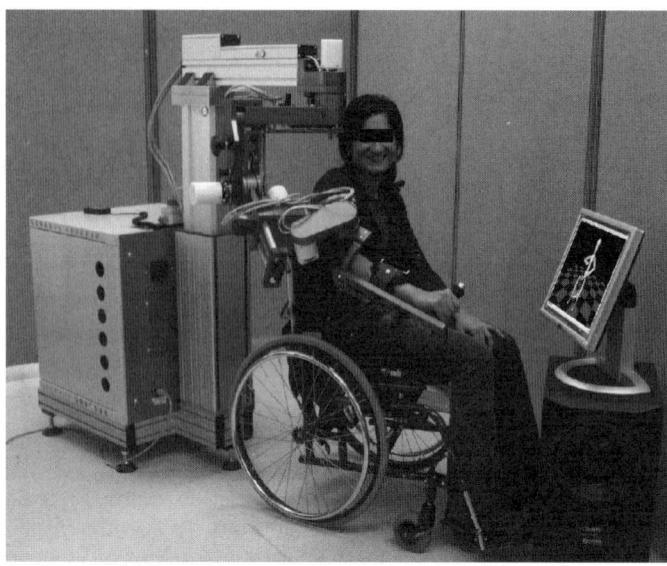

Abb. 78.11 Armtherapieroboter ARMin III, der an der ETH Zürich und Universitätsklinik Balgrist entwickelt wird. Der Roboter besitzt sieben Freiheitsgrade und ermöglicht so die Ausführung von räumlichen Bewegungen des Arms und Durchführung von Aktivitäten des täglichen Lebens

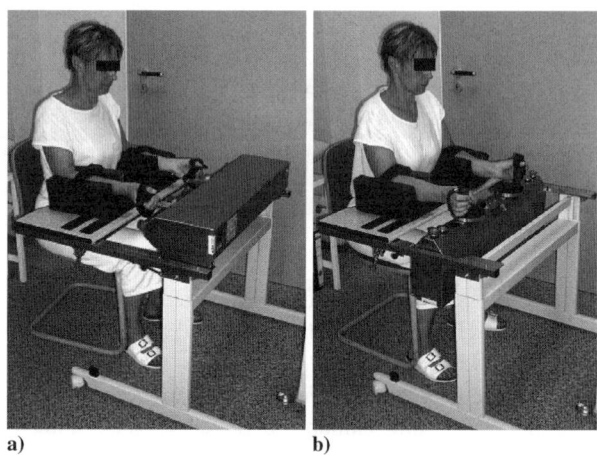

Abb. 78.12 Bi-Manu-Track in zwei verschiedenen Settings. a) Training der Handgelenkflexion/-extension. b) Training der Unterarm Pronation/Supination (Hesse 2003)

78.4.2 Funktion und Einsatz des ARMin

ARMin ermöglicht drei Therapieformen: *Passive Mobilisierung, Spielemodus* und *Training von ADL* (Activities of Daily Living). Die passive Mobilisierung wird durchgeführt, um der Versteifung der Gelenke vorzubeugen sowie Muskelaufbau und Durchblutung zu fördern. Dabei werden die Gelenke von einer Extremposition in die andere bewegt. Die Extrempositionen werden vom Therapeuten durch eine „Teaching-Bewegung" vorgegeben. Das so vorgegebene Bewegungsmuster wird dann schließlich beliebig oft wiederholt.

Im Spielemodus wird der Roboter nicht nur als Eingabegerät zur Bewegung virtueller Objekte, sondern auch zur Unterstützung der Patientenbewegung verwendet. Der Patient beobachtet dabei seine Aktionen auf einem graphischen Display (Monitor oder Stereoprojektion), währenddessen er seinen Arm zusammen mit dem Roboterarm bewegt. Im virtuellen Ballspiel besteht die Aufgabe für den Patienten darin, durch Bewegen eines graphisch dargestellten Schlägers einen animierten Ball zu fangen, der entlang einer simulierten schiefen Ebene herabrollt. Neigung der Ebene und somit Ballgeschwindigkeit können vom Therapeuten individuell eingestellt werden. Ebenso kann entschieden werden, ob alle Gelenkachsen oder nur ausgewählte Achsen zur Bewegung des Schlägers herangezogen werden. Der Schläger lässt sich dann in 3D, 2D oder nur entlang einer horizontalen Linie bewegen. Ist der Patient so schwach, dass er seinen Arm nicht rechtzeitig dem herabrollenden Ball nähern kann, so unterstützt der Roboter den Patienten mit einer definierten Kraft, die vom Abstand zwischen Ball und Schläger abhängt.

Beim Training von ADL's soll der Patient alltagsrelevante Bewegungen, wie Essen, Trinken, Zähneputzen, Haare Kämmen usw. wiedererlernen. Diese Bewegungen verlangen das Hinführen der Hand zu einem Punkt im Raum oder am Körper sowie das Greifen von Objekten. Deshalb sollte der Roboter möglichst die Schulter des Patienten (dargestellt durch drei Freiheitsgrade), den Ellenbogen des Patienten (ein Freiheitsgrad), Pro-/Supination des Unterarms (ein Freiheitsgrad) und das Öffnen und Schliessen der Hand durchführen können. Der Roboter benötigt demnach mindestens 6 Freiheitsgrade.

Für die Bewegungstherapie ist es wichtig, dass der Bewegungsraum sowie die erzielbaren Gelenkmomente des Roboters möglichst mit den Werten des menschlichen Arms übereinstimmen. Damit modellbasierte, patientenkooperative Regelungsstrategien basierend auf Impedanz- und Admittanzregelungen realisiert werden können, besitzt der Roboter eine möglichst kleine Trägheit, wenig Reibung und geringes Spiel. Um eine gute Performanz bei der Impedanzregelung zu erreichen, müssen zudem die Motoren und Getriebe möglichst gut rücktreibbar sein. Der Roboter kann durch einfache Umstellungen sowohl am linken als auch am rechten Arm angewendet werden und ist für Körpergrößen zwischen 150-190cm anpassbar. Damit die Verletzungsrisiken für Patienten und den Therapeuten gering sind, wurden zahlreiche aktive und passive Sicherheitsmechanismen integriert.

Die Anpassung von ARMin an verschiedene Körpergrößen und Segmentlängen erfolgt anhand zahlreicher Verstellmöglichkeiten. Das gesamte Gerät kann in seiner

Höhe durch eine motorisierte Befestigungssäule verstellt und so an unterschiedliche Schulterhöhen angepasst werden (Bild 78.13 a). Durch Drehung einer Spindel kann ARMin schließlich auch an die Länge des Oberarms angepasst werden (Bild 78.13 b). Die Manschette des Unterarms kann entlang einer Schiene verschoben werden (Bild 78.13 c, d). Dabei sollte die Befestigung in der Nähe des Handgelenks angebracht werden, so dass die Bewegungsfreiheit der Hand eingeschränkt ist. Ebenfalls auf dieser Schiene positionierbar ist der Handgriff.

Der Humeruskopf bewegt sich bei einer Elevation (Heben) des Arms translatorisch nach oben. Um diese Bewegung mit ARMin nachzubilden, wurde die horizontale Rotationsachse des betreffenden Motors gegenüber der Lage des Humeruskopfes zurückgesetzt (Bild 78.14 a,b). Dadurch bewegt sich der Humeruskopf

Abb. 78.13 Verstellmöglichkeiten von ARMin zur Anpassung an verschiedene Körper- und Segmentgrößen. a) Taster und Befestigungssäule zur Höhenverstellung. b) Verstellkurbel und Halteknauf (Bildmitte) zur Anpassung an die Oberarmlänge. c) Verschiebbare Unterarmmanschette und Haltegriff zur Anpassung an die Unterarmlänge. d) Unterarmmodul mit Arm eines Probanden

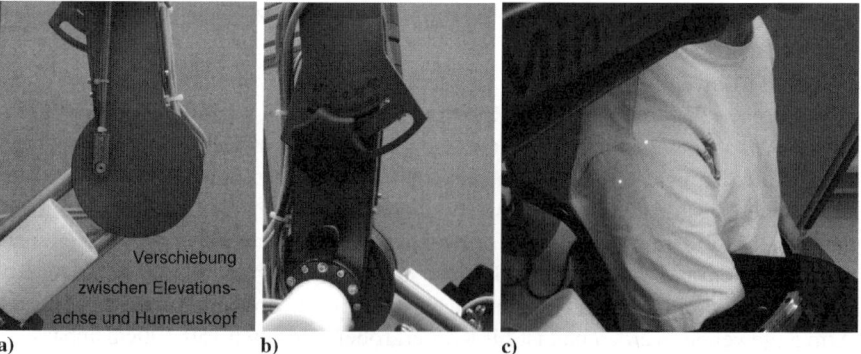

Abb. 78.14 Schultermechanismus. a) Versatz der Elevationsrotationsachse von der Humeruskopfposition zur Berücksichtigung der vertikalen Verschiebung des Humeruskopfes beim Armheben. b) Verstellmechanismus mit Gradanzeige und Verstellschraube. c) Projektion der beiden Laserstrahlen zur optimalen Positionierung der Schulter (bzw. des Humeruskopfes)

näherungsweise auf einer Kreisbahn nach oben wenn der Arm gehoben wird. Die Positionierung der Patientenschulter erfolgt mittels zweier senkrecht zueinander ausgerichteter Laserstrahlen, die die korrekte Lage des Humeruskopfes anzeigen, d. h. der Schnittpunkt der beiden Laser soll das Zentrum des Humeruskopfes anvisieren (Bild 78.14 c).

78.5 Neuroprothetik

78.5.1 Anwendungsbereich motorischer Neuroprothesen

Neuroprothesen auf der Basis von Funktioneller Elektrostimulation (FES) ermöglichen die Wiederherstellung motorischer, sensorischer und vegetativer Funktionen bei Schädigungen im zentralen Nervensystem und in Sinnesorganen. In diesem Abschnitt wird ausschließlich auf motorische Neuroprothesen eingegangen (Bild 78.15). Durch motorische Neuroprothesen erlangen die Patienten nicht nur ein erhöhtes Maß an Selbständigkeit. Der Einsatz von Neuroprothesen wirkt auch Sekundärkomplikationen von Lähmungen wie Druckgeschwüren, Knochenentkalkung, Gelenkversteifungen und Harnwegsinfekten entgegen (9). Die Lebensqualität kann dadurch deutlich erhöht werden.

Neuroprothesen bewirken keine Heilung, sondern sind Hilfsmittel, mit denen intakt gebliebene Teile des Nervensystems besser genutzt werden können. Motorische Neuroprothesen werden in der Regel bei Patienten mit zentralmotorischen Lähmungen im Gehirn oder Rückenmark angewendet. Am meisten können querschnittgelähmte und halbseitengelähmte Patienten profitieren. Bei der Auswahl und

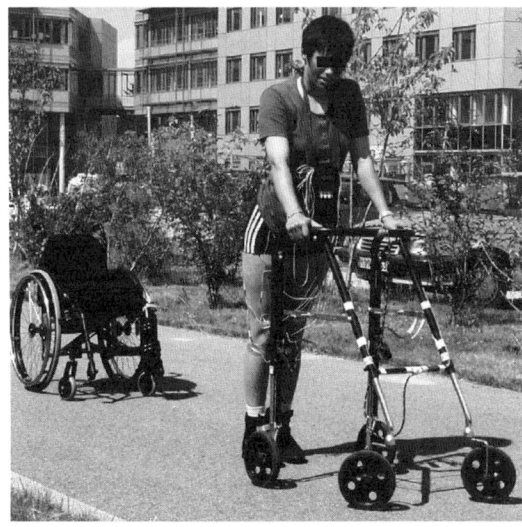

Abb. 78.15 Komplett querschnittgelähmte Patientin mit kommerziell erhältlicher Neuroprothese, basierend auf open-loop Stimulator mit Oberflächenelektroden. Der Stimulator besitzt acht Kanäle und muss vor dem Einsatz programmiert und an den individuellen Patienten angepasst werden

Anpassung einer Neuroprothese sollte nicht nur der neurologische und internistische Status betrachtet werden, sondern es müssen auch die kognitiven Fähigkeiten, die zu erwartende Compliance und die soziale Situation des Patienten berücksichtigt werden. Wenn ein Patient mit einem System versorgt wird, muss sich eine Phase kontrollierten Trainings mit der Neuroprothese anschließen.

Motorische Neuroprothesen haben bisher jedoch nur in wenigen Spezialanwendungen eine klinische Bedeutung erlangt. Grund für die geringe Akzeptanz bei Patienten und Medizinern waren bisher vor allem der unzureichende Funktionsgewinn, die unbefriedigende Kosmetik und die Unzuverlässigkeit bisheriger Systeme. Daher sind Neuroprothesen derzeit noch kein Ersatz für konventionelle Rehabilitationsmaßnahmen oder für Krankengymnasik, sondern eine wertvolle Ergänzung in der Rehabilitation einer ausgewählten Gruppe von Patienten. Neue Entwicklungen in den Bereichen Bewegungsregelung, Datenverarbeitung, Miniaturisierung, und Implantationstechnik verbessern die Funktionalität von Neuroprothesen deutlich und schaffen die Basis für eine breitere klinische Anwendung in der Zukunft.

78.5.2 Funktionsprinzip der Elektrostimulation

Nach einer vollständigen Läsion des Rückenmarks, z.B. bei einer Querschnittlähmung, können die Bewegungskommandos des zentralen Nervensystems nicht mehr zu der Zielmuskulatur weitergeleitet werden – die betroffenen Extremitäten sind gelähmt. Ist eine ausreichende Zahl unterer motorischer Neuronen, welche den Zielmuskel innervieren, noch intakt, so können die verlorengegangenen Bewegungsfunktionen mit Hilfe künstlicher, elektrischer Reize teilweise wiederhergestellt werden [9].

Bei der klinischen Durchführung der FES kann man grundsätzlich zwischen Systemen mit Oberflächenelektroden und solchen mit implantierten Elektroden unterscheiden (Bild 78.16). Implantierbare Systeme lassen sich in drei Gruppen einteilen. Die erste Gruppe sind Systeme mit perkutanen Drahtelektroden, die von außen in den Muskel eingestochen werden. Die zweite Gruppe sind Systeme mit einem oder zwei großen, implantierten, zentralen Empfänger-Stimulator-Einheiten, die über zahlreiche Drahtverbindungen mit Manschettenelektroden oder Drahtschleifenelektroden an peripheren Nerven oder Nervenwurzeln (epineurale Elektroden) oder mit Flächenelektroden an den zu stimulierenden Muskeln (epimysiale Elektroden) verbunden sind. Ein dritter, neuerer Ansatz sind intramuskuläre Mikrostimulatoren mit integrierten Elektroden, von denen eine größere Zahl in den Muskel eingeführt wird (Bild 78.17).

Sowohl Oberflächenelektroden als auch implantierbare Systeme arbeiten nach demselben Prinzip: durch eine elektrische Pulsfolge, beschreibbar durch Pulsbreite, Pulsamplitude (Stromstärke) und Frequenz, wird zwischen Anode und Kathode ein elektrisches Feld aufgebaut, das viele der Nervenzellen in der Nähe der Elektroden durchdringt. Aufgrund des abschirmenden Membranwiderstands folgt dabei das Innere einer Nervenzelle in Elektrodennähe der Potentialverschiebung in geringerem

78.5 Neuroprothetik

Maße als das Äußere. Die Ruhespannung über die Nervenzellmembran (innen negativ gegenüber außen) wird daher in Kathodennähe verringert (Depolarisation), in Anodennähe vergrößert (Hyperpolarisation). Wenn die Depolarisation das Schwellenpotential des Neurons unterschreitet, kommt es zur Auslösung eines Aktionspotentials, vorausgesetzt das untere motorische Neuron ist intakt (Bild 78.18). Da diese Erregung stets bei der Kathode stattfindet, wird diese die aktive Elektrode genannt.

Ähnlich wie bei der natürlichen Nervaktivierung kann bei der FES die Muskelkraft über zwei Mechanismen gesteuert werden: durch Variation der Ladung je Impuls – also Stromstärke oder Pulsbreite – wird die Anzahl der rekrutierten Einheiten verändert (Prinzip der räumlichen Summation der Muskelkraft), durch Variation

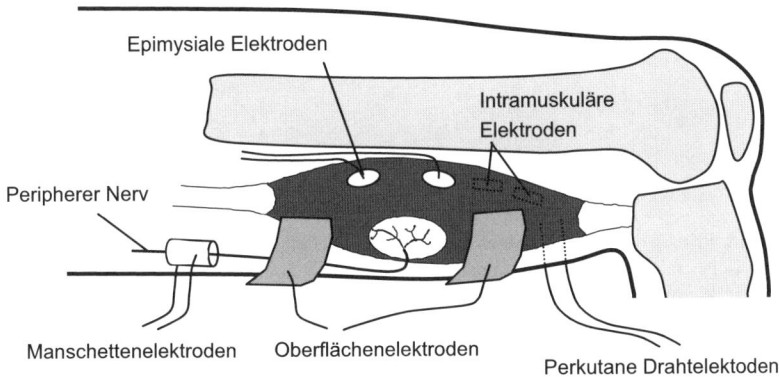

Abb. 78.16 Darstellung verschiedener Elektrodenarten. Gundsätzlich können drei Hauptgruppen unterschieden werden: Oberflächenelektroden, perkutane Drahtelektroden undverschiedenen Arten implantierter Elektroden (z. B. Manschetten-, intramuskuläre oder epimysiale Elektroden)

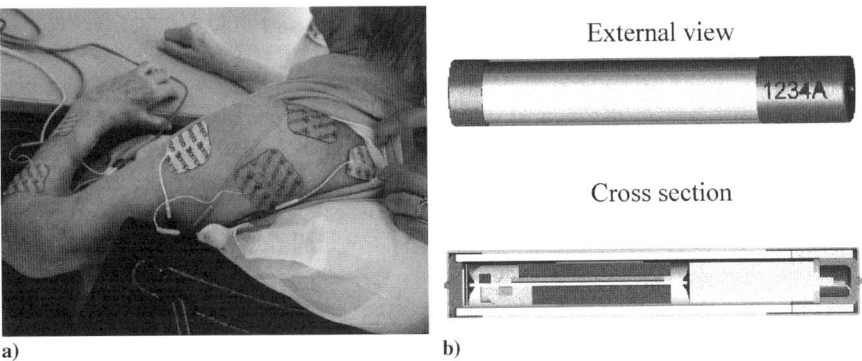

Abb. 78.17 Beispiel zweier Elektrodenarten: Oberflächenelektroden (links, T. Keller, ETH Zurich) und intramuskuläre, kabellose Mikroelektrode „BION" (rechts, © USC, Advanced Bionics, Alfred E. Mann Foundation)

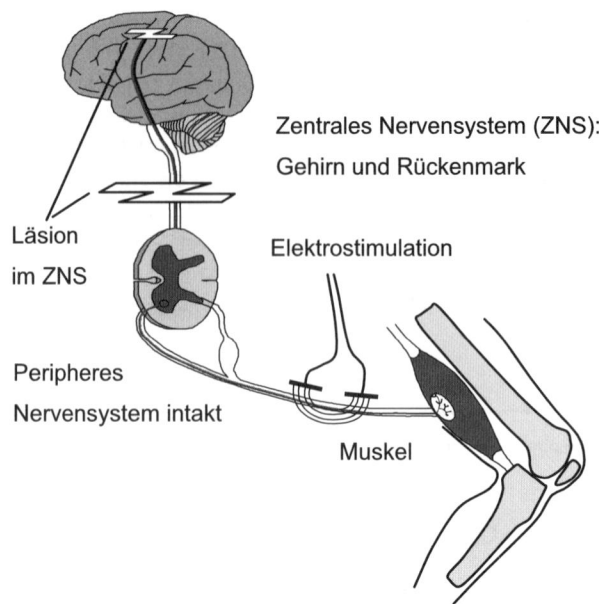

Abb. 78.18 Prinzip von Neuroprothesen zur Wiederherstellung motorischer Funktionen: Wenn die motorische Bahn im Bereich des oberen motorischen Neurons (Gehirn oder Rückenmark) geschädigt ist, kommt es zu einer Lähmung, weil keine motorischen Kommandos mehr weitergeleitet werden. Ist das untere motorische Neuron noch intakt, so können mit der FES Aktionspotentiale ausgelöst werden, welche eine Kontraktion des Zielmuskels bewirken

der Reizfrequenz wird die von den einzelnen motorischen Einheiten erzeugte Kraft durch die zeitliche Abfolge der erzeugten Aktionspotentiale verändert (Prinzip der zeitlichen Summation der Muskelkraft). Je nach Mechanismus spricht man daher von *Rekrutierungs-* oder *Frequenzmodulation*.

Die ausgelösten Aktionspotentiale breiten sich bis zur Zielmuskulatur aus und veranlassen diese zur Kontraktion, um Bewegungen der betreffenden Extremität herbeizuführen. Neben dieser Art der efferenten Nervreizung können aber auch durch afferente Reize spinale Reflexe ausgelöst werden und so gelähmte Skelettmuskeln zur Kontraktion gebracht werden. So wird beispielsweise der Flexorreflex durch elektrische Stimulation der Fußunterseite oder des Nervus Pereoneus im Bereich des Kniegelenks künstlich aktiviert, um das Bein reflexartig anzuheben und damit die Schwungphase einzuleiten. Sowohl bei afferenter als auch bei efferenter Reizung liegt die Herausforderung vor allem darin, funktionell sinnvolle Bewegungen zu erzielen.

Zahlreiche Prothesen wurden bereits realisiert, die Stehen und Gehen bei Patienten mit kompletter und inkompletter Querschnittlähmung ermöglichen oder das Gangbild von Patienten mit Halbseitenlähmung verbessern (9). Ebenso existieren eine Reihe von Ansätzen zur Verbesserung der Armbewegung und Erhöhung der Greifkraft bei Tetraplegikern (Bild 78.15, Bild 78.19).

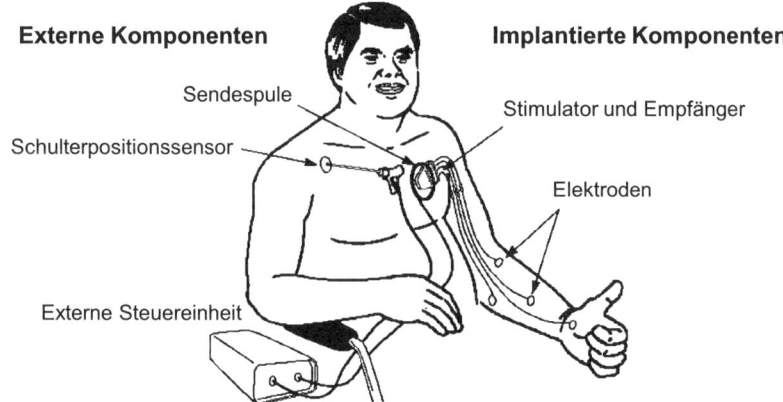

Abb. 78.19 Implantierte Neuroprothese „Freehand" für die Versorgung tetraplegischer Patienten (NeuroControl Corp.). Die Stimulation wird durch Bewegung der kontralateralen Schulter gesteuert. Als Elektroden werden Manschettenelektroden verwendet

78.5.3 Physiologiebedingte Herausforderungen

Trotz der zahlreichen Anwendungen haben sich Neuroprothesen bisher nicht als Standard-Behandlungsverfahren durchsetzen können. Der Mobilitätsgewinn für den Patienten ist mit bisherigen Systemen meist nur gering. Zum Beispiel ist die erzielbare Gehstrecke und Gehgeschwindigkeit mit Neuroprothesen begrenzt, das Treppensteigen ist mit den derzeit verfügbaren Systemen nicht möglich.

In bisheriger Neuroprothesenanwendungen zum Stehen und Gehen bereitete eine ungenügende Koordination der Bewegungen von Oberkörper (Willkürmotorik) und Beinen (Neuroprothese) häufig Schwierigkeiten. Vor allem Bewegungen mit hohen koordinativen Anforderungen, wie z. B. das Treppabsteigen, können daher mit bisherigen Systemen nicht zufriedenstellend durchgeführt werden.

Die Erzeugung kontrollierter Körperbewegungen ist schwierig, weil das stimulierte Muskel-Skelett-System eine Vielzahl von Freiheitsgraden besitzt und das biologische Systemverhalten stark nichtlinear und zeitvariabel ist. Erschwerend kommt hinzu, dass jeder Patient individuell unterschiedliche Körpereigenschaften besitzt und daher entsprechend verschieden auf die Muskelstimulation reagiert.

Eines der größten Probleme bei der FES ist die rasche Muskelermüdung, welche vor allem auf drei wesentliche Unterschiede zwischen der FES und der physiologischen Nervaktivierung zurückzuführen ist. Erstens ist bei der FES die Reihenfolge der Rekrutierung von Nervenfasern umgekehrt (Prinzip der inversen Rekrutierung) wie im physiologischen Fall, da die Nervenfasern mit dem größten Durchmesser die niedrigste Reizschwelle haben. Deshalb werden bei niedrigen Reizintensitäten zuerst die rasch ermüdenden, großen motorischen Einheiten erregt. Zweitens werden bei den meisten Neuroprothesen die Aktionspotentiale in allen gereizten Nervenfasern gleichzeitig ausgelöst, weshalb eine Reizfrequenz von ca. 20 Hz oder mehr benötigt wird, um eine glatte Muskelkontraktion im Sinne eines verschmolzenen Tetanus zu erzielen; die für einen verschmolzenen Tetanus benötigte erhöhte Frequenz führt wiederum zu verstärkter Muskelermüdung. Drittens werden mit der gleichen Elektrodenposition und der gleichen Reizintensität immer die gleichen motorischen Einheiten aktiviert, welche dann rasch ermüden. Abhilfe können hier spezielle Lösungsansätze mit implantierten Elektroden bieten (z. B. Karusellstimulation oder die Methode des Anodenblocks bei der Verwendung von epineuralen oder Manschettenelektroden).

Ein weiteres Problem ist die Spastik, die bei querschnittgelähmten Patienten vermehrt auftritt. Plötzlich „einschießende" Spasmen führen zu starken Abweichungen von den gewünschten Bewegungstrajektorien, wodurch Funktionalität und Sicherheit einer Neuroprothese nicht mehr einwandfrei gewährleistet sind. Solche Spasmen werden vor allem in den ersten Sekunden der Stimulation beobachtet. Ihre Stärke nimmt häufig nach wenigen Monaten regelmäßiger Stimulation ab.

78.5.4 Regelungstechnische Herausforderungen

Neben den physiologischen Problemen gibt es auch eine regelungstechnische Herausforderung. Die meisten kommerziell erhältlichen und alle klinisch angewandten Neuroprothesen sind derzeit gesteuerte (open-loop) Systeme, bei denen ein fest vorgegebenes, empirisch gewonnenes Reizprogramm abläuft. Dabei werden weder externe Einflüsse, wie z. B. unterschiedliche Stufenhöhen beim Treppensteigen, noch interne Veränderungen, wie etwa Muskelermüdung, berücksichtigt. Bewegungen mit exzentrischen Muskelkontraktionen, bei denen Muskelkraft erzeugt wird, während sich der Muskel dehnt (z. B. beim Treppenabsteigen oder Hinsetzen), lassen sich mit den derzeitigen open-loop Systemen nicht kontrolliert durchführen.

Ein besonderes Problem bei der Regelung von Neuroprothesen ist das Vorhandensein von drei konkurrierenden Regelungssystemen. Zum einen werden gelähmte Muskeln künstlich durch die Neuroprothese stimuliert. Zum anderen bewegt die Willkürmotorik intakte Körperbereiche des Patienten, wie z. B. die Arme bei Paraplegikern sowie diverse Muskeln bei inkompletten Querschnittgelähmten. Ferner kann es in der gelähmten Muskulatur zur Auslösung von Reflexen und Spastik kommen. Willkürbewegungen, Reflexe und Spastik beeinflussen den durch die Neuroprothese erzeugten Bewegungsablauf. Die Herausforderung für die Regelung einer Neuroprothese liegt darin, die Muskelstimulation mit der Willkürmotorik des Patienten zu koordinieren und dabei bestimmte Reflexe für die Bewegung auszunutzen (z. B. Flexorreflex zur Einleitung der Schwungphase), während andere Reflexe (z. B. Dehnungsreflexe) und Spastik möglichst unterdrückt werden sollen.

Durch die Implementierung angepasster Regelungsstrategien lassen sich auch Bewegungen mit hohen koordinativen Anforderungen durchführen. Störgrößen wie Spastik und Muskelermüdung können erkannt und teilweise kompensiert werden,

78.5 Neuroprothetik

wodurch die Funktionalität gegenüber einer rein gesteuerten (open-loop) Neuroprothese erheblich verbessert werden kann.

Eine geregelte (closed-loop) Neuroprothese besteht aus den drei Komponenten Aktuator, Sensor und Regler. Der Aktuator umfasst Stimulator, Elektroden und stimulierte Muskeln und veranlasst die Bewegung der gelähmten Gliedmaßen. Diese wird von geeigneten Sensoren gemessen. Der Regler verarbeitet die gewonnene Sensorinformation, berechnet das notwendige Stimulationsmuster und sendet dieses zum Aktuator. Als Sensoren kommen insbesondere resistive Elektrogoniometer zum Einsatz. Sie ermöglichen die Erfassung von Gelenkwinkeln sowie durch einfache Differentiation die Bestimmung von Gelenkwinkelgeschwindigkeiten. Daneben können auch Gyroskope und Accelerometer zur Bestimmung von Geschwindigkeiten bzw. Beschleunigungen verwendet werden. Zudem werden häufig Kraftmesssohlen zur Detektion von Gangphasen und Ermittlung von Bodenreaktionskräften eingesetzt. Kraftreaktionen der oberen Extremitäten können durch instrumentierte Krücken bestimmt werden.

Bild 78.20 zeigt eine Blockbilddarstellung einer möglichen, aufwändigeren Regelungsstruktur. Bei der künstlichen Bewegungsregelung durch FES haben sich ähnliche Prinzipien wie bei der natürlichen Bewegungsregelung als sehr nützlich erwiesen. Dabei kann die Qualität einer herkömmlichen Feedbackregelung durch Hinzunehmen eines Feedforward-Reglers deutlich verbessert werden. Ein zusätzlicher Adaptionsalgorithmus kann dabei Regelparameter und/oder Bewegungsreferenzen an langfristige Veränderungen der biomechanischen und elektrischen Eigenschaften anpassen.

Zahlreiche closed-loop Systeme wurden zur Regelung von Kraft und Position am Einzelgelenk, Aufstehen und Hinsetzen sowie Gehen entwickelt [12,13]. Neu-

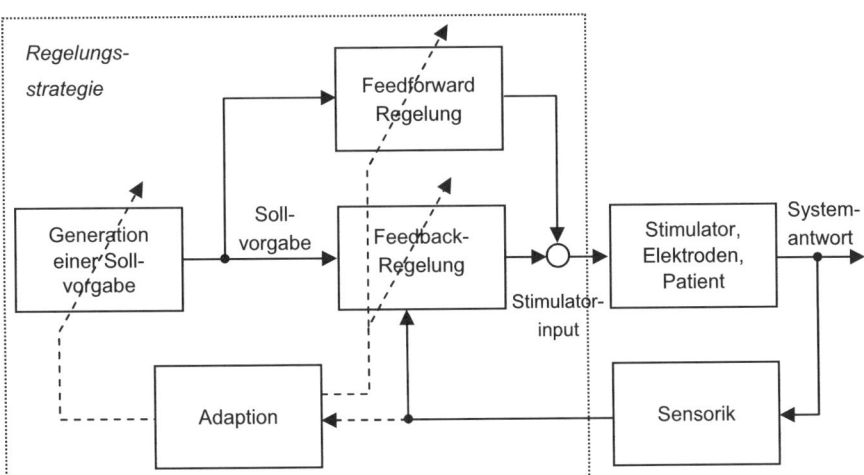

Abb. 78.20 Mögliche Komponenten zur Regelung einer Neuroprothese. Die Bewegungen werden im einfachsten Fall mittels Feedbackregelung erzeugt. Bei komplexeren Ansätzen werden modellbasierte Feedforwardkomponenten oder sogar adaptive Verfahren ergänzt

este Untersuchungen zum Gehen anhand einer Mehrkanalstimulation und angepasster Sensorik haben gezeigt, dass gegenüber einer Steuerung die Regelung der Gehbewegung zu einer erheblichen Verbesserung des Gangmusters, einer erhöhten Sicherheit und zu deutlich geringerer Muskelermüdung führen. Dadurch lassen sich auch koordinativ anspruchsvolle Bewegungsarten, wie z. B. Treppensteigen, umsetzen (Bild 78.21).

Neue Regelungskonzepte bieten auch die Möglichkeit die Willkürmotorik des Patienten zu berücksichtigen. Bei vielen Patienten ist die durch die künstliche Reizung erzeugte Muskelkraft zu gering, um den Körper ausschließlich mit den Beinen zu stützen. Ferner beeinträchtigen körperinterne und -externe Störungen die zu bewerkstelligende Regelaufgabe. Aus diesem Grund ist der Patient auf den Einsatz seiner Arme angewiesen. Dabei übernimmt die intakte Willkürmuskulatur der Arme und des Oberkörpers die Feinregulierung zur Bewahrung des Gleichgewichts.

Die Konkurrenz zwischen Neuroprothese und Willkürmotorik muss beim Reglerentwurf unbedingt berücksichtigt werden. Andernfalls besteht die Gefahr, dass sich künstlicher und natürlicher Regler, d. h. Neuroprothese und Willkürmotorik gegenseitig behindern. Dies kann dazu führen, dass der Patient erheblich mehr Armkraft aufbringen muss als notwendig, oder im Extremfall unerwünschte oder gar gefährliche Bewegungen resultieren.

Neue Ansätze wurden entwickelt, bei denen die künstliche Regelung der Neuroprothese mit der Willkürmotorik des Patienten koordiniert wird und die Stimulationsmuster an die geschätzten oder gemessenen Oberkörperaktionen des Patienten angepasst werden [12]. Diese Ansätze ermöglichen es dem Patienten die Stimulation der gelähmten Gliedmaßen durch seine Willkürmotorik zu beeinflussen. Dem Patienten wird der Bewegungsablauf also nicht vom Regler aufgezwungen, wie in den meisten klassischen Ansätzen, sondern der Patient übernimmt hier selbst einen Teil der komplizierten Regelaufgabe.

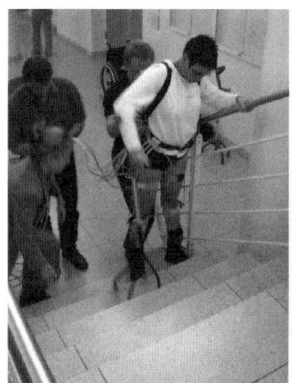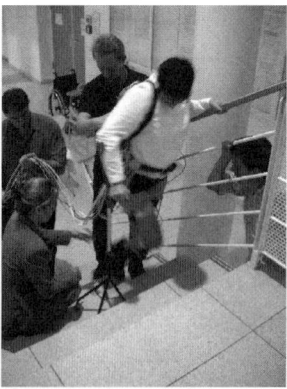

Abb. 78.21 Komplett querschnittgelähmte Patientin mit geregelter Neuroprothese zum Treppensteigen. Das System besteht aus acht Kanälen und Oberflächenelektroden (J. Quintern, Klinikum Großhadern; T. Fuhr, TU München)

Vergleichbare Ansätze sind möglich, bei denen die Restmotorik innerhalb inkomplett gelähmter Körpersegmente berücksichtigt wird. Wie bei einer Servolenkung werden auf diese Weise mit geringer Kraft umgesetzte Bewegungsintentionen durch die Neuroprothese verstärkt. Die Neuroprothese verhält sich demnach kooperativ mit dem Patienten.

Voraussetzung für die Erzielung eines kooperativen Neuroprothesenverhaltens ist die Verarbeitung sensorischer Informationen, die Aufschluss über Bewegungssituation und Patientenintention geben können. Mit Kraft- und Bewegungssensoren können nicht nur einzelne Bewegungsphasen erkannt werden, sondern es kann auch indirekt auf die Bewegungsintention geschlossen werden. So kann die Absicht aus einer Sitzposition aufstehen zu wollen dadurch erkannt werden, dass die Krückenkraft plötzlich ansteigt, während der Oberkörper nach vorne rotiert. Elektromyographische (EMG-) Aufzeichnungen können die Detektion von Bewegungsabsichten dabei noch verbessern. Es gibt aber auch Ansätze Patientenintentionen direkt aus elektroenzephalographischen (EEG-) Ableitungen zu erkennen. In diesem Zusammenhang spricht man auch von so genannten Brain-Computer-Interfaces (BCI).

78.5.5 Elektrodentechnische Herausforderungen

Probleme bei der Benutzung von Oberflächenelektroden sind das zeitraubende Anlegen der Elektroden und Kabeln, die unbefriedigende Kosmetik sowie die Unzuverlässigkeit heutiger Systeme bedingt durch Elektrodenverschiebungen oder Kabelbruch. Außerdem ist die Selektivität nicht zufrieden stellend, da nur größere, oberflächlich gelegene Muskeln stimuliert werden können. Ziel implantierter Systeme ist eine selektive Rekrutierung einzelner Nervfaszikel, die für eine Stimulation bestimmter Muskeln und Muskelpartien wünschenswert ist. Dies kann erreicht werden, indem die Elektroden sehr weit distal, also in der Nähe der zu stimulierenden Muskeln implantiert werden. Zur Stimulation der Muskulatur der oberen oder unteren Extremitäten sind dazu jedoch lange Kabelverbindungen und ausgedehnte, hoch invasive Operationen notwendig. Eine selektive Rekrutierung ist theoretisch auch weiter proximal möglich, z. B. durch gezielte Stimulation bestimmter Rückenmarksregionen oder der Nervenwurzeln (z. B. mittels eingestochener Mikroelektroden). Diese Verfahren waren bisher wegen der zu großen Bauweisen von Stimulatoren und Elektrodeneinheiten sowie fehlenden chirurgischen Erfahrungen nur beschränkt möglich.

Bisherige implantierbare Systeme sind zum Großteil problematisch. Perkutane Drahtelektroden führen häufig zu Elektrodenbruch und Infektionen. Diese Elektrodenarten werden in den USA und Europa nicht mehr als sicher genug für die klinische Anwendung angesehen. Bei den übrigen Elektrodenarten sind bisher nur wenige oder schlechte Langzeitergebnis verfügbare, insbesondere bei Anwendungen an den unteren Extremitäten. Die bisher verwendeten Manschettenelektroden erschweren zudem eine selektive Rekrutierung einzelner Nervfaszikel.

Implantierte Neuroprothesen, die eine hohe Biokompatibilität und Langzeitstabilität aufweisen, minimalinvasiv implantiert werden können und selektiv eine ausreichende Anzahl von Zielorganen aktivieren, könnten der Neuroprothetik zum Fortschritt verhelfen. Ein erster Schritt in diese Richtung sind *intramuskuläre Mikrostimulatoren* mit integrierten Elektroden an beiden Enden (Bild 78.17). Wegen ihrer kleinen Bauart (Länge ca. 16 mm, Durchmesser 2,5 mm) kann eine sehr große Zahl mit dicken Kanülen minimalinvasiv in den Muskel eingeführt werden.

Durch die rasche Entwicklung in den Gebieten der Mikroelektronik, Mikrosystemtechnik, biokompatiblen Materialien und minimal-invasiven Chirurgie sind bedeutende Fortschritte bei implantierten Systemen zu erwarten. Dabei spielen implantierbare Mikrochips mit den technischen Möglichkeiten zum Messen, Steuern und Regeln eine zentrale Rolle.

78.6 Literaturverzeichnis

1. Colombo, G., Jörg, M., Schreier, R., Dietz, V. (2000) Treadmill training of paraplegic patients using a robotic orthosis. Journal of Rehabilitation Research and Development 37, S. 693-700.
2. Colombo, G., Jörg, M., Jezernik, S. (2002) Automatisiertes Lokomotionstraining auf dem Laufband. Automatisierungstechnik at 50, S. 287−295.
3. Dietz, V., Colombo, G., Jensen, L., Baumgartner, L. (1995) Locomotor capacity of spinal cord paraplegic patients. Annals of Neurology 37, S. 574−582.
4. Hesse, S., Bertelt, C., Schaffrin, A., Malezic, M., Mauritz, K.H. (1994) Restoration of gait in nonamulatory hemiparetic patients by treadmill training with partial body-weight support. Arch. Phys. Med. Rehabil. 75, S. 1087−1093.
5. Hesse S, Uhlenbrock D (2000) A mechanized gait trainer for restoration of gait. *J Rehab Res Dev* 37, S. 701-708.
6. Hesse, S., Schulte-Tigges, G., Konrad, M., Bardeleben, A., Werner, C. (2003) Robot-assisted arm trainer for the passive and active practice of bilateral forearm and wrist movements in hemiparetic subjects. Arch. Phys. Med. Rehabil. 84, S. 915−920.
7. Krebs, H.I., Hogan, N., Aisen, M.L., Volpe, B.T. (1998) Robot-aided neurorehabilitation. IEEE Trans. Rehab. Eng. 6, S. 75−87.
8. Nef. T., Mihelj, M., Riener, R. (2007) Arm therapy robot ARMin. Medical & Biological Engineering & Computing, 45, S. 887-900.
9. Quintern, J. (1998) Application of functional electrical stimulation in paraplegic patients, NeuroRehabilitation 10, S. 205−250.
10. Reinkensmeyer, D.J., Hogan, N., Krebs, H., Lehman, S.L., Lum, P.S. (2000) Rehabilitators, robots, and guides: new tools for neurological rehabilitation. In: Biomechanics and Neural Control of Posture and Movement. Ed. J. Winters and P. Crago, Springer-Verlag New York, S. 516-534.
11. Reinkensmeyer D, Aoyagi D, Emken J, Galvez J, Ichinose W, Kerdanyan G, Nessler J, Maneekobkunwong S, et al. (2004) Robotic Gait Training: Toward More Natural Movements and Optimal Training Algorithms. Proc. IEEE EMBS Conference, San Francisco, Sept. 2005, S. 4818-4821.
12. Riener, R., Fuhr, T. (1998) Patient-driven control of FES-supported standing-up: A simulation study. IEEE Transactions on Rehabilitation Engineering 6, S. 113−124.
13. Riener, R. (1999) Model-based development of neuroprostheses for paraplegic patients. Royal Philosophical Transactions: Biological Sciences 354, S. 877−894.
14. Riener, R., Nef, T., Colombo, G. (2005) Robot-aided neurorehabilitation for the upper extremities. Medical & Biological Engineering & Computing 43, S. 2-10.
15. Riener, R., Lünenburger, L., Jezernik, S., Anderschitz, M., Colombo, G., Dietz, V. (2005) Co-operative subject-centered strategies for robot-aided treadmill training: first experimental results. IEEE Transactions on Neural Systems and Rehabilitation Engineering 13, p. 380-393.
16. Ruthenberg B.J., Wasylewski N.A., Bear J.E. (1997) An experimental device for investigating the force and power requirements of a powered gait orthosis. J. Rehab. Res. Develop. 34, S. 203−213.

79 Sportorthopädische Medizintechnik

P. Ahrens, A. B. Imhoff

79.1 Einleitung

In den chirurgischen Fachrichtungen ist die Sportorthopädie ein sehr dynamischer und von Wandel geprägter Bereich. Da sich in der Sportorthopädie ein Patientenklientel findet, das meist körperlich sehr aktiv ist und sich zudem in den letzten 20 Jahren eine deutliche Verschiebung der sportlich aktiven Altersgrenzen ergeben hat, wird nicht nur der klassischerweise junge Mensch sondern es werden auch immer häufiger Menschen fortgeschrittenen Alters als Patienten in diesem Fach betreut. Allen gemeinsam ist der Anspruch auf eine optimal funktionelle Wiederherstellung mit möglichst kurz dauernder Rekonvaleszenz sowie guten langfristigen Versorgungsergebnissen. Ebenso wie sich die Klientel verändert hat, wurde die Operationstechnik in den vergangenen zwanzig Jahren von zumeist offenen OP-Techniken hin zu arthroskopischen, minimalinvasiven Verfahren weiter entwickelt. Die Vorteile der minimalinvasiven Technik liegen in deutlich geringeren Operationstraumen, schnellerer Heilung, weniger Schmerzen und unter sozioökonomischer Sicht deutlich verkürzten Hospitalisierungszeiten.

In der sportorthopädischen Praxis finden sich viele sportartspezifische Verletzungen wie beispielsweise die Luxation des Acromioklavikulargelenks (ACG) nach Sturz, die vordere Kreuzbandruptur nach Verdrehtrauma oder die traumatische Läsion des Bizepsankers der langen Bizepssehne am Glenoidoberrand in der sogenannten Werferschulter. In vielen Fällen ist unter Berücksichtigung des sportlichen Anspruchs die operative Versorgung notwendig und erfordert die adäquate chirurgische Behandlung. Dieses Kapitel soll einen kurzen Ein- und Überblick über die aktuellen chirurgischen Verfahren aufzeigen, die zur Behandlung häufiger sportassoziierter Verletzungen angewendet werden. Die Beschreibungen erheben keinerlei Anspruch auf Vollständigkeit. Da es in vielen Operationen zu geringfügigen Änderungen in der Anwendung und in der Verwendung der Materialien kommt, kann dieses Kapitel nicht als Operationsanleitung gesehen werden, sondern soll vor allem einen Einblick in den intraoperativen Workflow vermitteln.

79.2 Tight Rope Versorgung bei Akromioklavikular Luxation

Die akute Luxation des ACG ist eine Verletzung des sportlich aktiven Menschen. Zumeist kommt es durch Sturz auf den ausgestreckten oder angelegten Arm zu einer traumatischen Ruptur der ACG-stabilisierenden Strukturen und in Folge zur Luxation. Der anatomische Halt der Klavikula wird durch aktive wie passive Stabilisatoren gewährleistet. Die gelenkseitige Stabilisierung erfolgt über die Kapsel und das Lig. akromiklavikulare superior sowie das weniger stark ausgebildete Lig. akromioklavikulare inferior. Die Klavicula selbst wird durch die zwei korakoklavikulären Bänder, Ligamentum trapezoideum und Ligamentum konoideum stabilisiert, welche die anteriore-posteriore Translation einschränken. Kommt es beim Sturz zur Zerreißung eines oder mehrer Bänder, findet sich klinisch das Bild des Klaviertastenphänomens und radiologisch das Bild der Gelenkluxation. Je nach Schweregrad ist eine konservative Therapie (bis Rockwood II) bzw. bei höhergradigem Schweregrad (Rockwood III–VI, Zerreißung aller Stabilisatoren) eine operative Versorgung indiziert, um die Kongruenz zwischen den Gelenkpartnern wieder herzustellen.

Zur operativen Versorgung der ACG Luxationen wurden mehr als 150 Verfahren beschrieben. Die Verfahren reichen von Schraubenversorgung bis zur Drahtcerclage und Hakenplattenversorgung. Die traditionellen operativen Techniken zur Behebung der ACG Luxation weisen jedoch eine Z.T. hohe Komplikations- und Reluxationsrate auf [2]. Weiterhin stellt die Invasivität mancher Verfahren ein weiteres Problem dar. Im Wandel der operativen Techniken hat auch hier eine Hinwendung zur arthroskopischen Versorgung stattgefunden [3]. Aufgrund aktueller Untersuchungen über den Verlauf der Klavikulastabilisatoren [3] führen wir die Rekonstruktion arthoskopisch assistiert durch und repositionieren die Klavikula durch zwei Flaschenzugsysteme (Tight-Rope), deren Haltefäden die korakoklavikulären Bänder ersetzen. Nach der Reposition kann sich eine Narbenplatte im Bereich der voran gegangenen kapsulären Bandzerreissung ausbilden und für weitere Stabilität sorgen. Die operative Versorgung verläuft in Beachchairlagerung. Durch ein posteriores Portal wird das Arthroskop in den subacromialen Raum gebracht und die Dorsalseite des Korakoids dargestellt. Ein anterolaterales Portal wird vor und lateral der Bizepssehne angelegt. Das Arthroskop wird nun in das anterolaterale Portal umgesetzt wodurch die Sicht auf die Korakoidunterfläche und das Korakoid gelingt. Über ein weiteres anterosuperiore Portal wird das Zielgerät so platziert, dass der Bohrkanal direkt zentral im Korakoidknie zu liegen kommt. Unter arthoskopischer Sicht erfolgt die erste Bohrung durch einen Kirschnerdraht, der bei korrekter Lage mit einem Hohlbohrer überbohrt wird. Die zweite Tunnelplatzierung wird in gleicher Weise durchgeführt. Zwischen den beiden Tight-Rope Insertionsstellen (Bohrkanälen) soll mindestens ein Abstand von 10 mm liegen um ausreichende Stabilität zu gewährleisten. Nach Entfernen der Kirschnerdrähte wird durch die kanülierten Bohrer ein Draht mit Öse vorgeschoben, der mit einer Fasszange unter dem Korakoid aufgegriffen und über das anteriorsuperiore Portal nach außen geleitet wird. Über diesen Draht kann nun ein Shuttlefaden vorgelegt werden. Über den Shuttlefaden erfolgt das Einziehen des Tight Rope Zugfadens an dem das längliche

Titanplättchen eingezogen wird, bis es unter dem Korakoid zu liegen kommt. Ist das längliche Plättchen auf der Unterseite des Korakoids sichtbar, wird es verkippt und mit einer arthroskopischen Zange richtig positioniert. Der Zugfaden wird entfernt. Die Klavikula wird unter arthroskopischer Kontrolle reponiert bis die Gelenkkongruenz wieder hergestellt ist. Das runde Titanplättchen wird auf der Klavikulaoberseite zum liegen gebracht, die Fäden gespannt und über dem Plättchen durch Halteknoten fixiert [1], sind die beiden Tight-Ropes eingezogen, erfolgt die radiologische Kontrolle und der Wundverschluss.

Während der Nachbehandlung besteht ein rigides Bewegungsausmaß unter physiotherapeutischer Kontrolle für 7 Wochen. Die Beweglichkeit wird nach Schmerzfreiheit freigegeben. Kontaktsportarten sind nach einer Dauer von mindestens 6 Monaten möglich. Die bisherigen mittelfristigen Ergebnisse zeigen sehr gute Erfolge mit hoher Patientenzufriedenheit.

79.3 Operative Therapieoptionen

Einige weitere weit verbreitete Verfahren im Überblick [4].

79.3.1 Korakoklavikuläre Fesselung

Hierbei wird ein zumeist resorbierbares Material, z. B. 5 mm PDS-Band oder mehrere PDS-Kordeln, verwendet. Die Fäden werden um das Korakoid geschlungen und durch ein oder mehrere Löcher durch die Klavikula gezogen. Der Knoten soll, um Irritationen und Wundheilungsstörungen zu vermeiden, unter der Klavikula zu liegen kommen.

79.3.2 Bosworth Schraube

Prinzip der Verwendung einer Bosworthschraube ist die Schaffung einer vorübergehenden Arthrodese im AC-Gelenk. Operativ wird eine Schraube transklavikulär im Korakoid verschraubt und die Klavikula durch den Schraubenzug in der reponierten Stellung fixiert und die gerissenen Bandstrukturen im Bereich des Gelenks genäht.

79.3.3 Akromioklavikuläre Stabilisierung

Bei dieser Refixationsmethode ist als größter Vorteil die hohe Stabilität des Konstrukts zu nennen. Diese wird erreicht durch eine vorübergehende Fixation durch

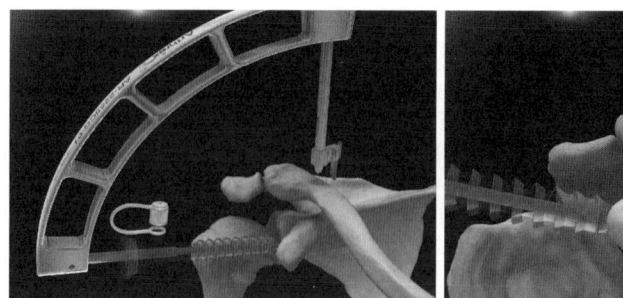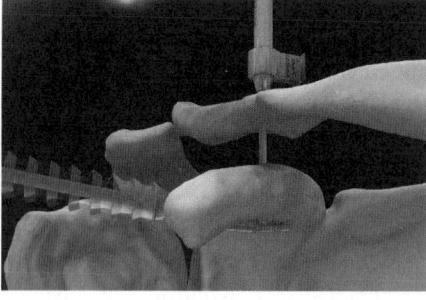

Abb. 79.1 Die Versorgung der Akromioklavikularluxation kann durch Rekonstruktion der beiden hauptstabilisatoren Lig. Conoideum und Lig. Trapezoideum erreicht werden. Damit die Gelenkkongruenz wieder hergestellt ist werden zwei Tight- Ropes als Ersatz der Bänder eingezogen. Mit dem Zielgerät werden die transossären Kanäle für die Tight- Ropes unter arthroskopischer Sicht gebort

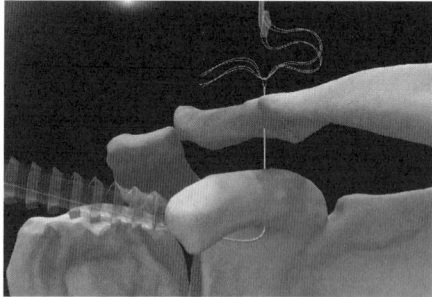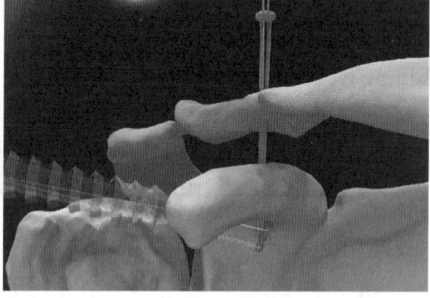

Abb. 79.2 Nachdem die transossären Tunnel gebohrt sind, wird der Führungsfaden des Tight-Rope Flaschenzugssystems eingeführt. Auf der Korakoid Unterseite werden die längsovalen Titanplättchen verkippt und so ausgerichtet das eine große Auflagefläche entsteht. Bei Einzug von zwei Tight- Ropes liegt das eine Plättchen im Korakoidknie (Basisnah) das andere Plättchen weiter lateral am Korakoid

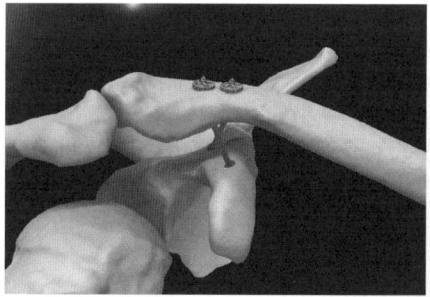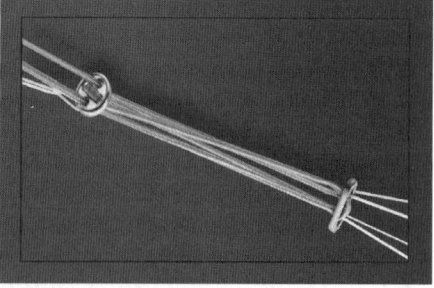

Abb. 79.3 Dargestellte Rekonstruktion der korakoklavikulären Bänder. Auf der Klavikulaoberseite liegen die runden Knopfplättchen aus Titan, auf diesen Plättchen wird der Tight- Ropefaden verknotet sobald die Gelenkkongruenz hergestellt ist. Die Tight- Ropes ziehen transossär durch die Klavikula und das Korakoid. Auf der Korakoidunterseite liegen die längsovalen Titanplättchen als Widerlager

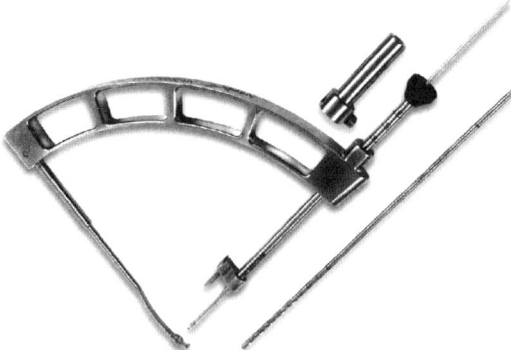

Abb. 79.4 Für das Durchbohren der Klavikula und des Korakoids ist die Verwendung eines Zielgerätes notwendig. Durch ein laterales Portal wird der Teil mit dem endständigen Teller unter dem Korakoid zum liegen gebracht, die Führungshülse für den Zieldraht und im folgenden Schritt für den Bohrer wird auf der Klavikula aufgesetzt. Unter arthroskopischer Sicht ist die Lage der Bohrlöcher kontrollierbar

Spickdrähte (Kirschnerdrähte), die transacromial-transklavikulär gebohrt werden. Nach ca. 6–8 Wochen können die Drähte wieder entfernt werden. Drahtbruch und Dislokationen aufgrund unzureichender Compliance gehören zu den großen Risiken dieser Methode.

79.4 Rotatorenmanschetten-Läsionen

Die Verletzung der Rotatorenmanschette ist eine Verletzung aufgrund eines Traumas oder langjähriger degenerativer Prozesse. Durch Einreißen oder Durchrissen von Sehnen der Rotatorenmanschette kommt es zu Schmerzen, Kraftverlust und Bewegungseinschränkungen. Beim gesunden Menschen wird der Oberarmkopf durch die Muskeln der Rotatorenmanschette zentriert auf seiner Gleitfläche (Glenoid) gehalten. Es besteht ein relatives Kräftegleichgewicht, das den Oberarmkopf auf einer anatomisch deutlich kleineren Pfannenfläche zentriert. Kommt es durch Sehnenrisse zu einem Kräfteungleichgewicht, resultiert eine Dezentrierung des Oberarmkopfes. Ist beispielsweise der M. Supraspinatus rupturiert, so kommt es durch den Zug des Deltamuskels zu einer Kranialisierung des Humeruskopfes. Es kann die so genannte Impingementsymptomatik durch Einklemmung der Bursa subakromialis mit Schmerzen bei Armabduktion und Elevationsbewegungen entstehen. Ebenso kommt es zu Bewegungseinschränkungen und Schmerzen, die in vielen Fällen vor allem nachts bei liegen auf dem Arm auftreten.

Ist der M. subskapularis rupturiert (Innenrotator des Oberarmkofes), können Innenrotationsbewegungen nicht mehr in gewohnter Weise durchgeführt werden. In diesen Fällen berichten die Patienten vor allem von Schmerzen beim Anziehen der Jacke oder Patientinnen beim Schließen des BHs.

Eine Rekonstruktion des Risses der Rotatorenmanschette ist in vielen Fällen möglich und wird in zunehmendem Maße in arthroskopischer Technik durchgeführt. Im Vergleich zur offenen Rekonstruktion finden sich vergleichbare Ergebnisse [6]. Weitere Vorteile sind die höhere Patientenzufriedenheit sowie geringere postoperative Schmerzen [7]. Die Schichtbildaufnahmen mittels Magnetresonanztomographie erlauben eine genauere Beurteilung der Läsion und ist maßgeblich für die Entscheidung zu einer operativen Versorgung. Als günstige Operationsfaktoren sind der Retraktionsgrad der Sehne sowie der Schweregrad der Muskelatrophie zu nennen.

79.4.1 OP Technik

Der Patient wird in die Beachchairlagerung gebracht und die Operation mit dem diagnostischen Rundgang durch das Schultergelenk begonnen. Da das Rupturausmaß erst bei der Arthroskopie vollständig erfasst werden kann, kann es in seltenen Fällen notwendig sein, von der arthroskopischen Technik auf die offene zu wechseln. Der erste arthroskopische Zugang ist der posteriore, er dient mit dem Metalltrokar und der 30° Optik (sog. Softspot) als Übersichts- und Diagnostikzugang. Hierbei werden der Knorpel des Gelenks, die Schädigung der Rotatorenmanschette und die Beschaffenheit des Labrumkomplexes begutachtet. Nach Abschluss der Diagnostik, erfolgt das Anlegen eines zweiten Zugangs unter Sicht in antero-superiorer Position. Nach Stichinzision wird unter Zuhilfenahme des Wechselstabs ein weiterer Arbeitstrokar eingeführt. Nun kann mit dem Tasthaken das Ausmaß der Verletzung

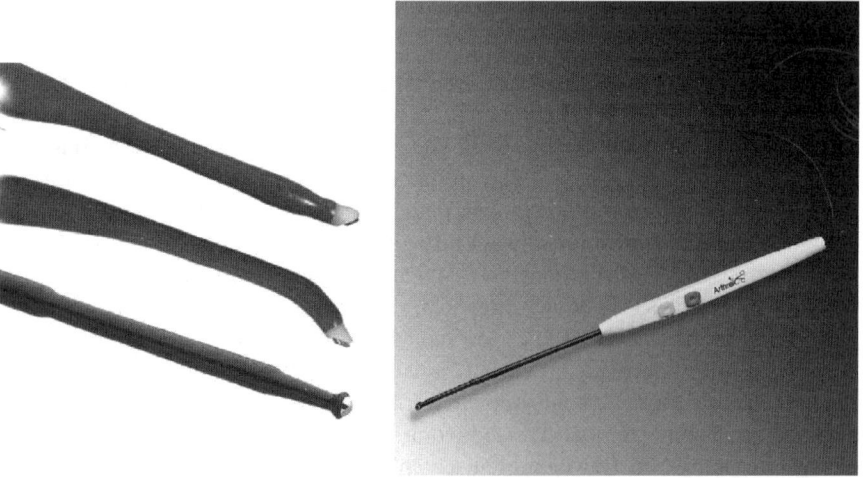

Abb. 79.5 Das OPES Orthopaedic Procedure Electrosurgical System ist ein Multifunktionsgerät das durch unterschiedliche Aufsätze zum Abladieren, Koagulieren oder Schneiden von Gewebe benutzt wird. So kann Weichteilgewebe abgetragen werden, kleine Blutungsquellen thermisch verschlossen werden oder Schnitte gesetzt werden

geprüft werden. Primär wird immer subakromial dekomprimiert, die Bursa subakromialis abgetragen und arthroskopisch mit dem OPES (Orthopaedic Procedure Electrosurgical System) denerviert.

79.4.2 Nahtverfahren der Rotatorenmanschettenverletzung

Die Art der arthroskopischen Rupturversorgung hängt maßgeblich von der Konfiguration des Risses ab. Eine Einteilung erfolgt in halbmondförmig, U- förmig sowie akute und chronische L- förmige Rupturen [6]. Bei vorliegender halbmondförmiger Ruptur erfolgt die Refixation durch Anker im Footprint zumeist in Single- Row-Technik. U- förmige Rupturen können durch eine Seit-zu-Seit Naht zuerst in eine halbmondförmige Ruptur überführt werden und dann wie diese am Footprint refixiert werden. L- förmige Rupturen erfordern häufig eine aufwendige Repositionierung und das Zusammenziehen der Rupturränder, sodaß eine Seit-zu-Seit-Naht angelegt werden und die Ankerrefixation erfolgen kann. Die Nahttechnik kann zur Verringerung der Zugkräfte variiert werden. Die gebräuchlichste Fixierungsmethode ist die Ankerfixation in Single-Row-Technik, bei der ein einzellner Anker bzw. bei größerflächigen Verletzungen eine einzelne Ankerreihe als lasttragedes Element die Kräfte der rekonstruierten Sehne aufnimmt.

Neuere Untersuchungen konnten zeigen das die Art der Footprint- Rekonstruktion einen erheblichen Einfluss auf die Einheilung und Stabilität der Sehne hat [8]. Die Double-Row-Technik mit Suture-Bridge-Naht oder in variierten Formen mit Speedchain oder Fibertape erreicht eine deutlich vergrößerte Kontaktfläche der Sehne am Footprint. Bei dieser Technik wird die erste Ankerreihe nah am Knorpel-Knochenübergang eingebracht. Die Sehnenrefixation erfolgt in Matratzennahttechnik und wird in einer zweiten Ankerreihe so fixiert, dass von den über die Sehne verlaufenden Ankerfäden ein Druck auf die über dem Footprint liegende Sehen ausgeübt wird. Durch diese Nahtmodifikation konnte die Einheilungsfläche deutlich vergrößert werden. In einer Kadaver-Studie wurde die Suture-Bridge-Technik mit der Single-Row-Technik verglichen, bei der zwei Bio- Corkscrew FT Anker und Einzelnähte gesetzt wurden. Die Suture-Bridge-Technik konnte dabei 23% höhere Auszugswerte und eine um 54% verringerte Spaltbildung bei zyklischer Belastung aufweisen. Die Double- Row Verankerung hielt bei dieser Untersuchung Zugkräfte von 460 N, die der Single- Row von 373 N stand. Die aktuellste Entwicklung der Nahttechnik wird mit dem Namen Fiberchain Swivellock bezeichnet. Bei dieser Technik ist es möglich, knotenfreie Doublerow-Sehnenrefixationen anzubringen. Der Anker enthält bei dieser Technik nicht mehr nur einen einfachen Faden, sondern eine zu Maschen geflochtene Fiberchain aus Fibrewire. Ist dieser Anker als First- Row appliziert, erfolgt die Double-Row Verankerung durch den sogenannten Swivelok (Fadenhalte- Einheit). Der Swivelock fasst die Fibrechain mit einer gabelförmigen Spitze aus PEEK- Material. In ein vorgebohrtes Loch wird der Faden und der Swivelockanker eingeführt. Axialer Druck bringt die Fiberchain unter Spannung und über die Maschen erfolgt Druck Überleitung auf die Sehne. Durch einen Schraubmechanismus wird der Swivelockanker im Knochen fixiert und der Faden blockiert. Prinzip der arthroskopischen Rotatorenmanschetten-Naht: Mobilisation der rupturierten Sehnenanteile und Durchstechen der Sehne mit dem Sixter, Bird Beak oder dem Skorpion Instrumentarium. Anschlingen mit FiberWire 2. Die rupturierten Sehenanteile werden in eine vorbereitete Nut im Footprint mit Ankern fixiert. Werden resorbierbare Anker verwendet, erfolgt ein Ankörnen mit dem Punch (Körner) und Vorbohren, bevor der Bio-Corkscrewanker appliziert wird. Dann erfolgt das Einschlagen des Ankers und Vernähen mittels Kingfisher, Fadenrückholer, Rutschknoten, Knoten und Blockieren der Knoten mit dem Knotenschieber. Der überstehende Faden wird mit einer Fibrewire Schere abgetrennt. Zur Sicherung der knöchernen Refixation werden in Double-Row-Technik zwei bis drei knotenloser Anker zusätzlich verwendet. Dabei wird je nach Implantat (PushLock oder SwiveLock) der Knochen entsprechend vorbereitet. Durch Einschlagen des knotenlosen Ankers und Drehen entgegen des Uhrzeigersinns wird der knotenlose Anker in den Bohrkanal gepresst und dadurch „verankert". Nach diesem Muster erfolgt die schrittweise Refixation. Als OP- Abschluss erfolgt immer eine Stabilitäts- und Bewegungskontrolle, indem der Arm aus der Haltevorrichtung entnommen wird und auf Flexion, Abduktion, Aussenrotation und Innenrotation geprüft wird. Die Hautnaht der Artrhoskopieportale erfolgt in Donati Rückstichtechnik, um die Zugkräfte auf den Hautdefekt gering zu halten. Zuletzt wird ein steriler Wundverband sowie ein Abduktionskissen angelegt, das den Arm in einer 30° Abduktion stabilisiert. Die Nachbehandlung erfolgt zunächst durch passive Mobilisation. Nach 6 Wochen wird mit einem langsamen Aufbau der durch Muskelübungen begonnen. Die Nachbehandlung entspricht dem allgemeinen Schema bei Rotatorenmanschetten Rekonstruktion.

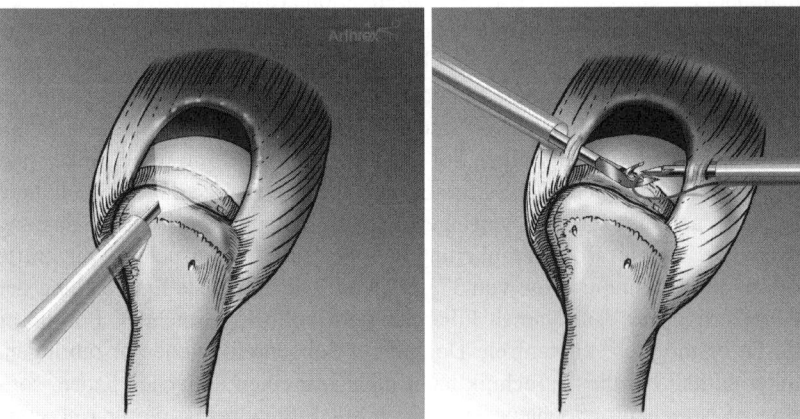

Abb. 79.6 Die Schemazeichnung zeigt den Defekt der Supraspinatussehne. Als erste operative Maßnahme erfolgt die Adaptation der Rissränder durch transtendinöse Nähte. Die Sehne wird durchstochen und ein Faden durch beide Sehnenränder geshuttelt. Über der Sehne erfolgt das Verknoten der Fäden. Durch den Fadenzug werden die Sehnenränder gegenseitig angenähert. Nach der Adaptation kann das gerissene Gewebe zusammen wachsen und Narbengewebe ausbilden

79.4 Rotatorenmanschetten-Läsionen

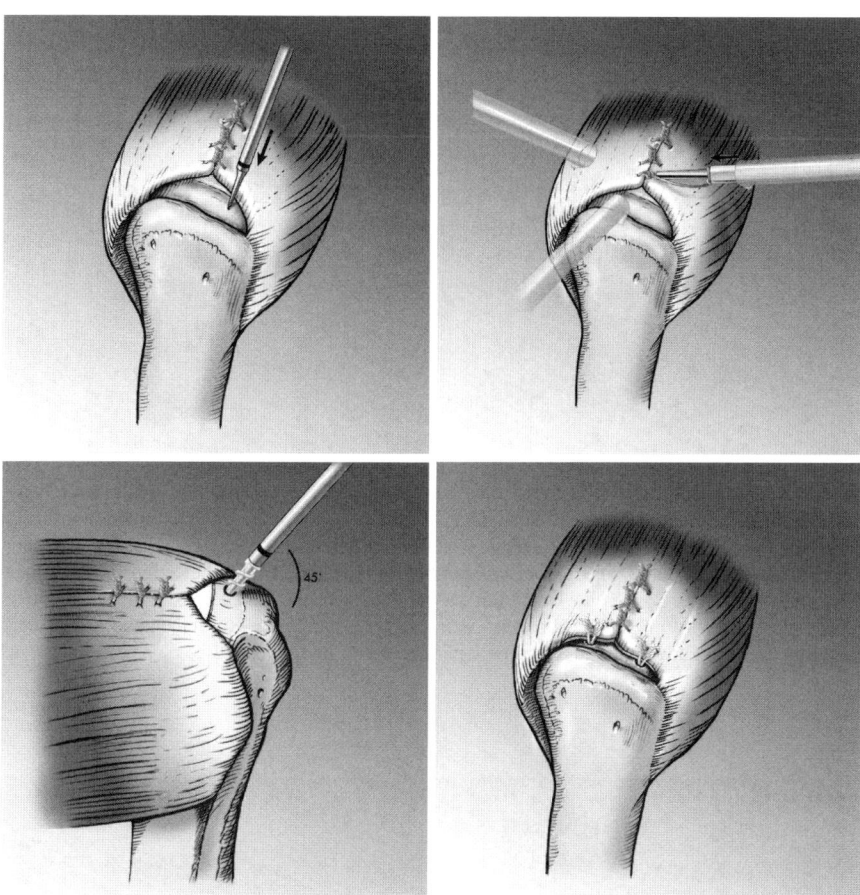

Abb. 79.7 Sind die Rißränder adaptiert wird im folgenden Schritt die Sehnenrekonstruktion am Ausrissort (Footprint) durchgeführt. Das Sehnenbett wird durch Anfrischen mit einem Fräsewerkzeug vorbereitet damit eine biologische Einheilung erfolgen kann. Durch eine Metallspitze wird die Kortikalis des Knochen durchstoßen und je nach Ankermaterial ein Ankerbett durch Bohren vorbereitet, oder bei der Verwendung von Metallankern, direkt ein Anker eingeschraubt. Wichtig ist, dass der Anker zur Gänze in den Knochen verbracht wird damit keine Reizungen des Sehnengewebes statffinden

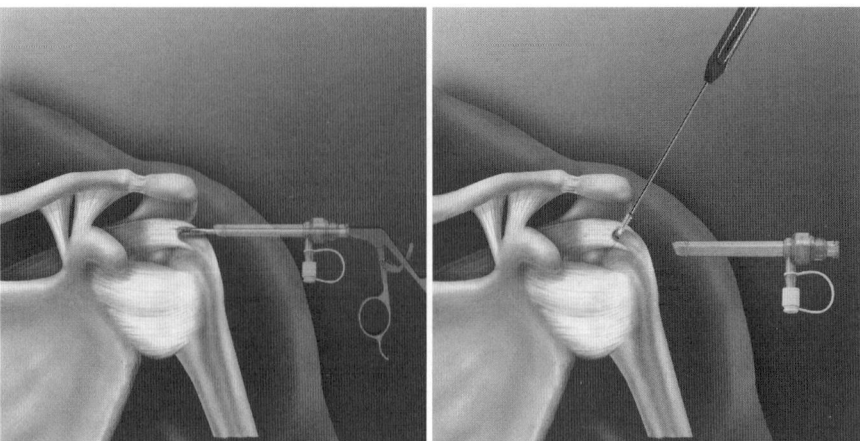

Abb. 79.8 Die operativ aufwendige, jedoch mit Heilungsvorteilen bestehende Double- Row Technik vergrößert die Auflagefläche des Sehnendefekts auf dem Footprint deutlich. In herkömmlicher Technik wird die erste, Fiberchain führende Ankerreihe eingebracht. Die Fäden werden Transtendinös geshuttelt und durch eine zweite Ankerreihe mit Pushlock Ankern befestigt. Die Pushlock Anker besitzen an der Spitze eine Gabel mit der der Faden aus der ersten Ankerreihe aufgegriffen wird. Der Anker wird in ein vorgebohrtes Loch getrieben. Durch das Eintreiben des Ankers entsteht Zug auf dem Faden und die Sehne wird auf den Footprint gepresst

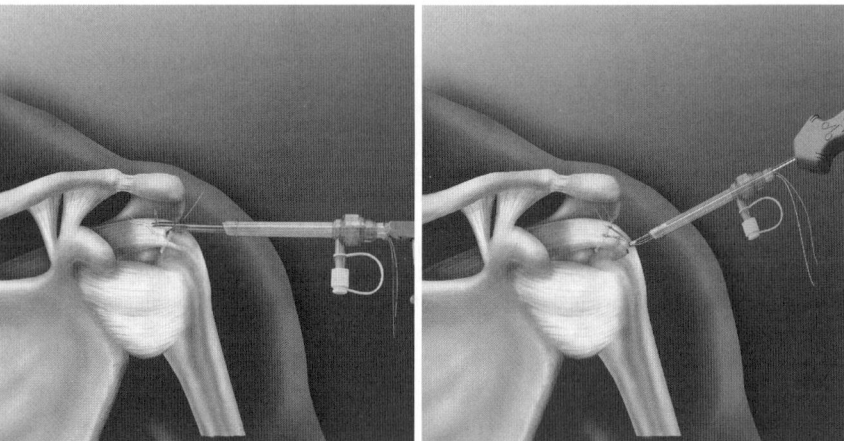

Abb. 79.9 Das Skorpioninstrument ermöglicht das Greifen der Sehne mit dem Zangenmechanismus sowie das Durchshutteln eines Ankerfadens für die folgende Adaptation. Dieser Operationsschritt ist aufgrund des geringen Raumes und der beschränkten Bewegungsmöglichkeiten schwierig. Ist der Faden durch die Sehne geshuttelt kann im nächsten Schritt die Pushlockverankerung durchgeführt werden

79.4 Rotatorenmanschetten-Läsionen

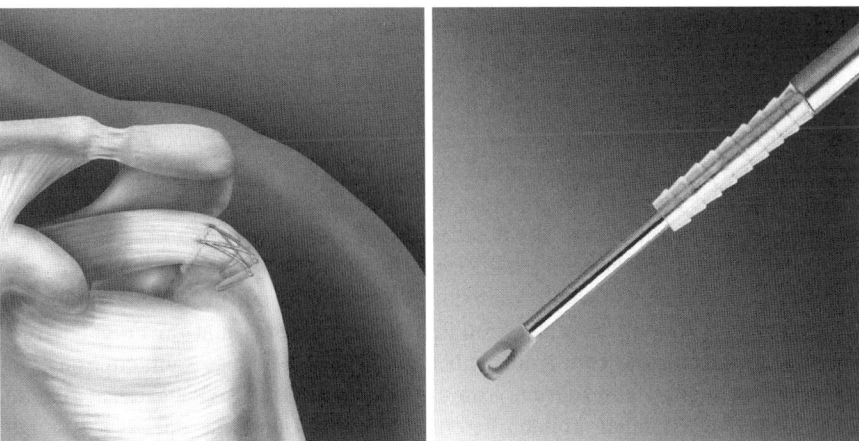

Abb. 79.10 Eine double- row Sehnenadaptation, zwei Ankerfäden der „first-row" werden über der Sehne überkreuz gelegt und erhöhen somit den Sehenanpressdruck zwischen den Ankerfäden. Der zweite Ankerfaden der „first-row" stabilisiert nach lateral gegen ein Abheben der Sehne vom Footprint. Bild eines Pushlock Ankers der für die „double-row" Fixierung verwendet wird. Durch die Öse am vorderen Ende werden die Fäden hindurchgefädelt und in das vorgebohrte Loch gebracht. urch das hineinschieben wird Spannung auf den Faden ausgeübt. Durch Hammerschläge wird der obere Ankerteil in das Bohrloch geschlagen. Hierdurch verklemmt der Anker den Faden an der Öse sowie im Bohrtunnel

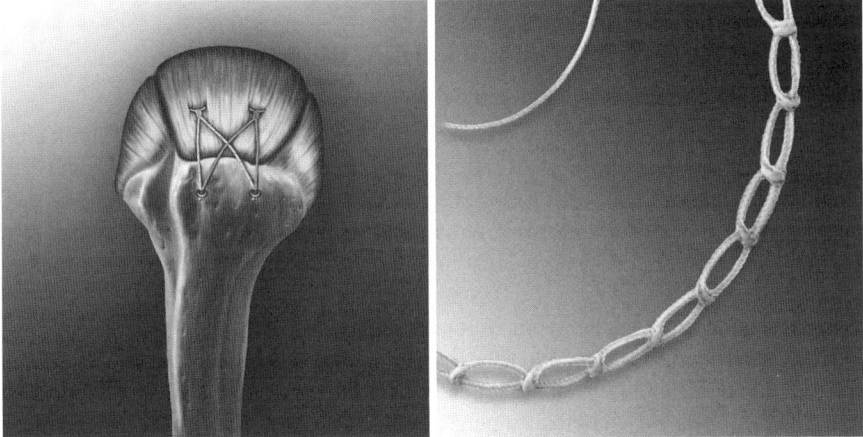

Abb. 79.11 Die Sicht auf eine „double-row" Naht nach erfolgter Supraspinatussehnennaht. Die erste Ankerreihe liegt unter der Sehnenplatte, die zweite Ankerreihe liegt außerhalb der Footprintregion. Die zwei lateralen und die gekreuzte Fadenführung bringt einen hohen Anpressdruck auf die Sehne und Footprint und erreicht eine hohe Ausrisstabilität und Einheilungsfläche. Eine weitere Flächenvergrößerung wird durch eine Fiberchain erreicht. Ein zu Maschen gewebter Faden der in „double-row" Technik eingebracht wird erhöht abermals die Anpressfläche an den Footprint

79.5 Superiore Labrum von Anterior bis Posterior Verletzungen

Unter einer SLAP Verletzung versteht man eine Läsion des superioren Labrums die sich von anterior nach posterior erstreckt. SLAP Verletzungen sind Risse bzw. Ablösungen der das Glenoid umgebenden Knorpellippe, aus deren kranialen Teil die lange Bizepssehne entspringt. Die Risse werden (orientierend an ihrer Ausdehnung) in unterschiedliche Stadien eingeteilt. Typischerweise findet sich diese Art der Verletzung bei Sportlern, die wiederkehrende Wurfbewegungen ausführen. Durch diese Bewegungen kommt es zu Mikrotraumen des Labrums und im Folgenden zu Einrissen und Ablösung vom Knochenbett am Glenoid. Ebenso kann ein Sturz auf den leicht flektierten abduzierten Arm zu traumatischen SLAP Läsionen führen. Viele SLAP Verletzungen können bereits durch die Anamnese oder die Sturzbeschreibung erkannt werden. Die Defektgröße wird durch die obligatorisch durchgeführte Kernspinuntersuchung bestimmt. Das endgültige Ausmaß der Verletzung ist in den meisten Fällen erst intraoperativ (durch die Arthroskopie) möglich. Liegt eine klinisch wie radiologisch erfassbare Verletzung des Bizepsankers vor, besteht in vielen Fällen die Indikation zur operativen Versorgung. Die Art des operativen Vorgehens orientiert sich am Patietenalter, dem Funktionsanspruch und schließlich dem intraoperativen Befund. Beim jungen Patienten mit weiterhin sportlichem Anspruch empfiehlt sich die Rekonstruktion. In fortgeschrittenem Alter kann die Bizepstenodese als schmerzlindernde Operation durchgeführt werden.

79.5.1 OP Technik Refixation Labrum- Bizepskomplex

Über einen posterioren Zugang wird der Stahltrokar als Führung der 30° Optik eingebracht und der diagnostische Rundgang begonnen. Nachdem das Ausmaß der Verletzung erfasst ist, folgt das Anlegen eines weiteren anterioren Zugangs und das Einbringen eines Arbeitstrokars mit Wasserschloss. Nun kann durch Sondieren mit dem Tasthaken das Labrum untersucht und die Defektgröße bestimmt werden. Bei jeder SLAP-Läsion wird auch die Bizepssehnenverankerung beurteilt. Ist diese an- bzw. abgerissen muss sie neu verankert oder abgesetzt werden.

Als Vorbereitung für die Ankerplatzierung erfolgt das Dekortizieren des sublabralen Knochens mit einem Bankartmesser oder Glenoidraspel und Anfrischen mit dem Shaver. Über ein weiteres Zugangsportal etwa einen cm vor der posterolateralen Akromionkante wird eine weitere Arbeitskanüle eingebracht. Im sublabralen Knochen werden Bio- Fastak Anker, in seltenen Fällen auch Titan Fastak- Anker platziert. Dies erfolgt durch mehrere Arbeitsschritte: mit dem wird der Knochen an der gewünschten Stelle angekörnt und bei Verwendung von Bio- Fastak Ankern ein Loch vorgebohrt. Der Anker wird manuell in das Loch eingedreht. Auf diese Weise wird die Bizepssehne mit mindestens zwei Ankern dorsal und ventral der Sehne rekonstruiert. Es folgt die Re-Fixierung des Labrums. In das Lasso wird ein

Shuttelansatz mit 45° Windung eingesetzt und das Labrum durch axiale Drehung des Instruments aufgegriffen. Ein Faden wird durch das Lasso hindurch geschoben bis es mit dem Fadenrückholer, nach Perforation des Labrums gegriffen werden kann. Der Faden wird nach extraarthikulär gezogen und als Shuttlefaden verwendet. Ein Ankerfaden aus Fiberwire wird mit dem Shuttlefaden verknotet und so durch das Labrum hindurch „geshuttelt". Der Vorgang wird mit dem nächsten Ankerfaden wiederholt. Die beiden Ankerfäden werden extraartikulär mit Rutschknoten versehen und durch weitere einfache Knoten und Knotenschieber blockiert. Der Rutschknoten bringt das Labrum in die gewünschte Stellung und erfüllt die Funktion einer Stützvorrichtung für das Labrum. Es erfolgt die intraoperative Stabilitäts- und Bewegungskontrolle. Der Hautverschluss erfolgt in Donati Rückstichtechnik. Nach dem Wundverband und Anlegen eines Stützkissens ist die operative Therapie beendet und die rehabilitativen Maßnahmen ergänzen die Therapie.

79.5.2 Die Bizepssehnen Tenodese

In einigen Fällen der Rotatorenmanschetten- oder SLAP Verletzung ist die Wiederverankerung der Bizepssehne aus Altergründen, Zerstörungsgrad oder Schmerzanamnese nicht sinnvoll. In diesen Fällen hat sich das Absetzen der Sehne mit folgender Refixation im Sulcus intertuberkularis als gutes Verfahren gegen Schmerzen und weitere Reizung umliegender Strukturen erwiesen.

Die operative Bizepstenodese wird mit einer diagnostischen Arthroskopie über das dorsale Portal begonnen. Unter Sicht folgt das Anlegen eines weiteren anterioren Zugangs mit dem Skalpell und Einbringen eines Arbeitstrokars über den Wechselstab. Es folgt die arthroskopische Dekompression mit dem Shaver. Die eigentliche Tenodese erfolgt durch einen Zugang direkt über dem Bizepssulcus. Für die Tenodese können verschieden Ankersysteme ausgewählt werden. In den meisten Fällen wird ein Titananker oder ein Pushlock Anker eingesetzt. Auch die Verwendung von Interferenzschrauben ist möglich.

Mit einem Pfriem wird der Sulcus intertubercularis angekörnt und der Anker je nach Material eingeschraubt. Die Bizepssehne wird mit dem Sixter oder dem Kingfischer durchstochen und die Sehne nachdem sie an ihrem Ursprungsort abgetrennt wurde an den Anker fixiert. Es folgt die intraoperative Stabilitäts- und Bewegungskontrolle.

79.6 Schulterstabilisierung nach Schulterluxationen

Die Schulterluxation stellt mit fast 1/3 aller Schulterverletzungen eine der häufigsten Erkrankungen des Schultergelenks dar und ist durch die Unfähigkeit, den Oberarmkopf, zentriert in der Gelenkpfanne (Glenoid) zu halten definiert. Schulterluxationen (traumatisch oder habituell) erfordern in den meisten Fällen die operative Rekonstruktion des Kapsellabrumkomplexes mit dem Ziel eine weitere Schädigung und Arthroseentstehung des Schultergelenks zu verhindern. Beschriebene konservative Therapiemaßnahmen führen nur in wenigen Fällen zum Erfolg. Ziel der operativen Therapie ist die Wiederherstellung der glenohumeralen Stabilität durch die Bildung eines Neolabrums aus Anteilen der Gelenkkapsel und abgerissenen Labrumanteilen [9]. Für die Rekonstruktion stehen verschiedene Verfahren zur Verfügung, die arthroskopische Rekonstruktion kann hier als Goldstandart angesehen werden.

79.6.1 Transglenoidale Vefahren

Bei der transglenoidalen Technik wird der anteriore Kapsellabrumkomplex aufgefädelt, die Fäden transglenoidal nach posterior durchgezogen und dort verknotet. Mögliche Verletzungen des N. suprascapularis sowie Lockerungen der Fäden nach Abschwellen der Gelenkkapsel sowie erhöhte Komplikationsraten wurden beschrieben [10]. Deshalb wird die Methode heute kritisch gesehen wird.

79.6.2 Laser assisted Capsular Shrinkage und Elektrothermisches Verfahren LACS/ETACS

Durch das Wissen über den mikrostrukturellen Aufbau der Gelenkkapsel mit einem hohen Anteil an Kollagen I, welches zu den fibrillären Kollagenen gerechnet wird und über eine typische, lange, seilartige Tripelhelix verfügt, können auch höher energetische Verfahren wie beispielsweise Laser und elektrothermische Verfahren zum Einsatz gebracht werden. Bei der Applikation von Energie bzw. Hitze beginnt ein Denaturierungsprozess, der einem Schmelzvorgang ähnlich ist und zur Schrumpfung des Gewebes führt. Durch die punktuelle oder flächige Applikation kann so eine Kapselreduktion erreicht werden. Daraus resultiert eine höhere Stabilität [11]. Untersuchungen der Technik zeigten jedoch gehäuft erhöhte Reluxationsraten [12] sodass die Therapie nicht mehr routinemäßig zum Einsatz kommt, jedoch häufig in Kombination mit anderen Verfahren angewendet wird.

79.6.3 Fadenanker

Die Firma Mitek (Norwood, MA, USA) brachte in den 80er Jahren die ersten Fadenanker aus Metall auf den Markt. Heute liegt eine fast unüberschaubare Ankervielfallt vor. Der große Vorteil dieser Technologie liegt darin, dass man auf Knochenkanäle verzichten kann und das OP- Trauma sowie Weichteilschäden deutlich reduziert werden. Die Anker können arthroskopisch platziert werden was einen hohen Anspruch an den Operateur bedeutet.

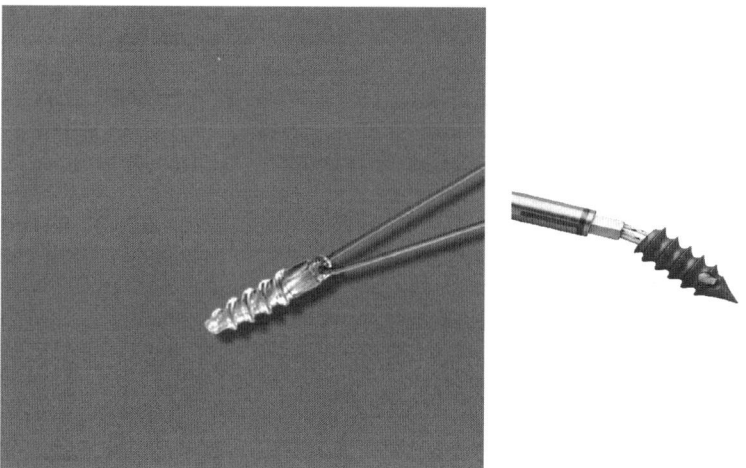

Abb. 79.12 Heute gibt es eine unüberschaubare Menge an unterschiedlichen Ankern. Neben der Form, der Anzahl der Windungen und Ausdehnung der Wendel variieren ebenso die Materialien, herstellerabhängig. In den meisten Fällen werden Bioanker aus PLDLA hergestellt. Die Titananker bestehen in vielen Fällen aus TiV6Zn Legierungen

Heute gilt die Anwendung von Fadenankern als etabliert und Untersuchungen haben gute Ergebnisse bezüglich Ankerversagen und Reluxationsraten von unter 10% gezeigt [13]. Operativ ist die richtige Platzierung der Anker ausschlaggebend für den Erfolg der OP. Durch eine zu flache oder zu steile Ankerapplikation kann keine Stabilität erreicht werden. Wichtig ist die exakte Platzierung in 45° zur Glenoidfläche. Ebenso ist die einbringtiefe der Anker wichtig, da aus einer zu oberflächlichen Lage, bei herausstehendem Anker über Gelenkknorpelniveau Schäden verursacht werden können die zu einem vorzitigen Gelenkverschleiß führen.

Der Einsatz bioresorbierbarer Anker kann aktuell als die fortschrittlichste Methode gesehen werden. Vorteil dieser Technik ist die weiterhin bestehende Möglichkeit, nach Ankerapplikation, MRT Bilder artefaktfrei anzufertiegen. Die Anker sind deutlich weicher als vorhergegangene Metallanker und ein möglicher Ausriss oder Ankerfehlplatzierungen schädigen das Gelenk nicht so massiv. Abhängig von der Materialzusammensetzung degradieren die Anker innerhalb 6 Monaten bis zu 2 Jahren und werden bei ablaufender Degradation durch Knochen ersetzt. Als Material für die Anker werden häufig PLDLA verwendet, ein Werkstoff der auch seinen Einsatz in bioresorbierbaren Fäden findet. Eine sehr seltene jedoch mögliche Komplikation sind Fremdkörperreaktionen im Bereich der Anker und daraus resultierende Osteolysen die eine erneute instabile Schulter verursachen können.

79.6.4 Schulterstabilisierung mit Ankertechnik

Nach Anlegen des ersten, hinteren Arthroskopiezugangs erfolgt der diagnostische Rundgang durch das Schultergelenk mit einer genauen Beurteilung der geschädigten Labrumregion sowie das Anlegen eines ersten Arbeitsportals anteriorsuperior.

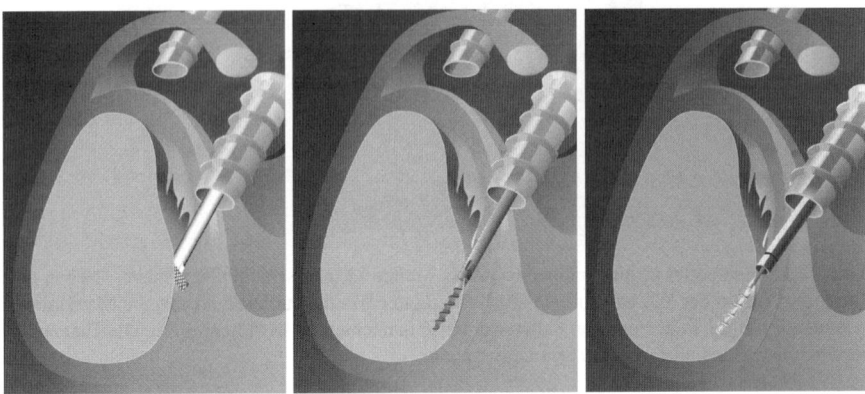

Abb. 79.13 Durch das vordere Arthroskopieportal wird eine Raspel eingeführt und der Knochen für die spätere Refixation der Kapsel vorbereitet. Nach dem Anfrischen des Knochens werden die zukünftigen Ankerpositionen durch Bohrung und Gewindeschneiden angelegt. In die Eingebohrten Kanäle werden die Anker appliziert bis sie Vollständig im Knochen eingebracht sind

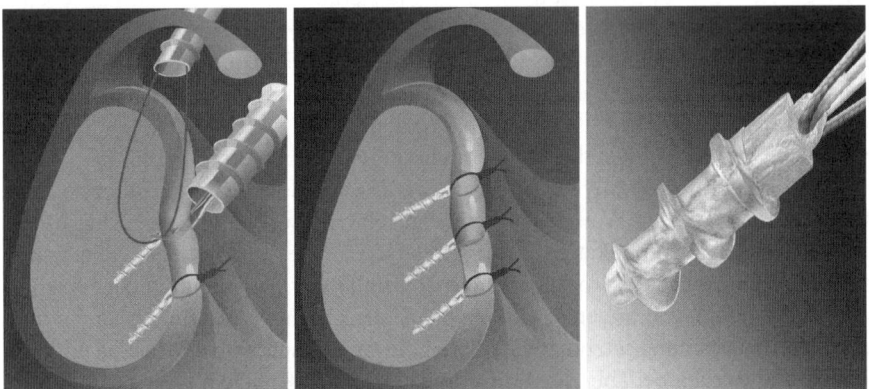

Abb. 79.14 Die Fäden der eingebrachten Anker werden durch das Labrum geshuttelt und durch großvolumige Rutschknoten wird das Labrum an seinen Ursprungsort adaptiert. Wichtig ist die korrekte Ankerlage, ist die Bohrung zu flach kommt es zu einem Abheben des Knorpels und zu geringer Haltestabilität des Ankers. Ein Ausreißen und die Zerstörung von Knorpel droht. Die Anker sollten in 45° zur Glenoidfläche liegen damit eine ausreichende Stabilität gewährleistet ist

Durch das Arbeitsportal erfolgen die ersten reparativen Arbeitsschritte. Die Glenoidkante wird präpariert indem mit einer mechanischen Raspel ein Bett für die folgende Labrumrekonstruktion geschaffen wird. Mit einem elektrischen Kugelfräser werden die Positionen für die später folgenden Anker geschaffen. Je nach Schädigungszone des Labrums erfolgt die Ankerplatzierung zwischen 2:00 und 6:00 Uhr durch ein weiteres anteriorinferiores Portal. Mit einem einem Lasso Instrumentarium wird die Kapsel mit Labrum gefasst und ein Shuttlefaden hindurchgeführt. Es folgt das Shutteln der Ankerfäden, sodass auf der gelenkfernen Seite ein Rutschknoten angebracht werden kann, der das Labrum wieder an der Glenoidkante zum Liegen bringt. Im Anschluss an die operative Versorgung schließt sich die rehabilitative Phase mit Orthesenbehandlung und Physiotherapie an. Über einen Zeitraum von 6 Wochen wird der Arm in einer Armschlinge getragen [14].

79.7 Die Hohe Tibiale Umstellungsosteotomie

Die unikompartimentelle Gonarthrose beeinträchtigt schon häufig den jungen aktiven Menschen in seinen Alltagsaktivitäten. Meist im Sport erworbene Meniskusverletzungen mit anschließend notwendiger Meniskusteilresektion oder Varusdeformitäten der Beine führen in vielen Fällen zu einer deutlichen Beschleunigung der Arthroseentwicklung. Zu Beginn imponieren deutlich belastungsabhängige Schmerzen. Bei weiterer Progredienz treten Ruheschmerzen auf, in fortgeschrittenem Arthrosestadium ist der künstliche Gelenkersatz erforderlich, um ein schmerzfreies Bewegen zu ermöglichen. Aufgrund der begrenzten Lebensdauer von Prothesen ist das primäre Behandlungsziel, einen Gelenkersatz hinauszuzögern und die betroffenen Gelenkanteile durch mechanische Entlastung zu schützen. Bei unikompartimentellen Arthrosen besteht die Möglichkeit, durch Verlagerung der mechanischen, lasttragenden Achse, diese Entlastung zu erreichen. Im Idealfall (gerade Beinachse) verläuft die mechanische Belastungsachse durch das Zentrum des Hüftkopfes in das Zentrum des oberen Sprunggelenks und passiert auf diesem Weg die Mitte des Kniegelenks. Bei einer varischen Fehlstellung (O- Bein) ist dieser Verlauf nach medial, zur Körpermittellinie, im Kniegelenk verschoben. Hierdurch kommt es zur vermehrten Belastung des medialen Gelenkkompartiments mit resultierender erhöhter Abnutzung.

Um eine weitere Progredienz der medialen Varusgonarthrose hinauszuzögern, stellt die valgisierende hohe tibiale Osteotomie (HTO) ein anerkanntes Verfahren dar. Ziel der Umstellung ist die Beinachsenkorrektur zur Umlenkung der mechanischen Kräfte. Dadurch kann eine Verlangsamung des Gelenkabriebs und eine deutliche Senkung der Schmerzen erreicht werden. Durch das Einstellen einer neuen Belastungsachse kann die gewichtstragende Mechanik in gesunde Gelenkanteile umgeleitet und der vorher einseitig belastete Knorpel entlastet werden.

79.7.1 Verfahren/Technik

Nach erfolgter milimetergenauer Planung erfolgt nach sterilem Abdecken und Abwaschen des Beines ein 6–8 cm langer Hautschnitt über der Tuberositas tibiae. Es folgt die Weichteilpräparation bis auf das Pes anserinus sowie das Ablösen des Periost am Oberrand des Pes anserinus. Dann wird durch Einbringen von zwei parallelen Kirschnerdrähten, beginnend ca. 3,5–4 cm unterhalb des medialen Tibiaplateaus die Osteotomierichtung mit Ziel auf das Fibulaköpfchen vorbereitet. Im Folgenden wird entlang der Spickdrähte mit der oszillierenden Säge die Osteotomie durchgeführt. Ist die Osteotomie gesetzt, erfolgt das langsame Aufdehnen des Osteotomiespalts mit eingebrachten Meisseln. Unter Zuhilfenahme eines Winkelmessers, eines Ausrichtungsstabs oder einer röntgendichten Rasterplatte, auf der der Patient liegt, kann die erfolgte Korrektur bzw. die neue Belastungsachse intraoperativ eingestellt werden. Anschließend wird die neue Stellung durch eine winkelstabile Titanplatte stabilisiert und dadurch Übungsstabilität erreicht. In den folgenden Monaten füllt die Knochenspongiosa den Osteotomiespalt durch Wachstum auf. Ist Vollbelastung beschwerdefrei möglich und der Spalt im Röntgenbild gleichzeitig solide durchbaut, kann die Osteosyntheseplatte entfernt werden. Herkömmliche Osteotomieplatten bestehen aus Ti6Al7Nb bzw. Ti6Al4V Legierungen.

Es folgt der schichtweise Wundverschluss und die Hautnaht. Für die anschließende Physiotherapie und im Alltag wird eine Medi M4 Schiene als Stabilisator verwendet.

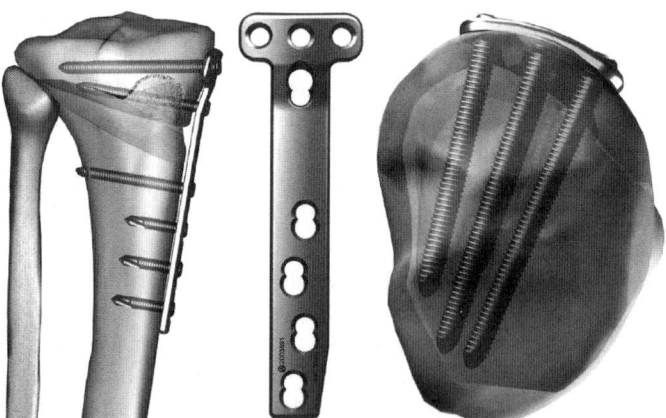

Abb. 79.15 Die Osteosyntheseplatte der Firma Synthes aus Reintitan und die Schrauben aus Ti-6Al7Nb werden als winkelstabiles Implantat für die Osteosynthese nach Osteotomien verwendet. Die Schrauben sind selbstschneidend und stabilisieren den proximalen sowie den distal der Osteotomie liegenden Knochen. Die Plattenlöcher weisen Gewinde auf und ergänzen die Windungen der Schraubenköpfe

79.7 Die Hohe Tibiale Umstellungsosteotomie

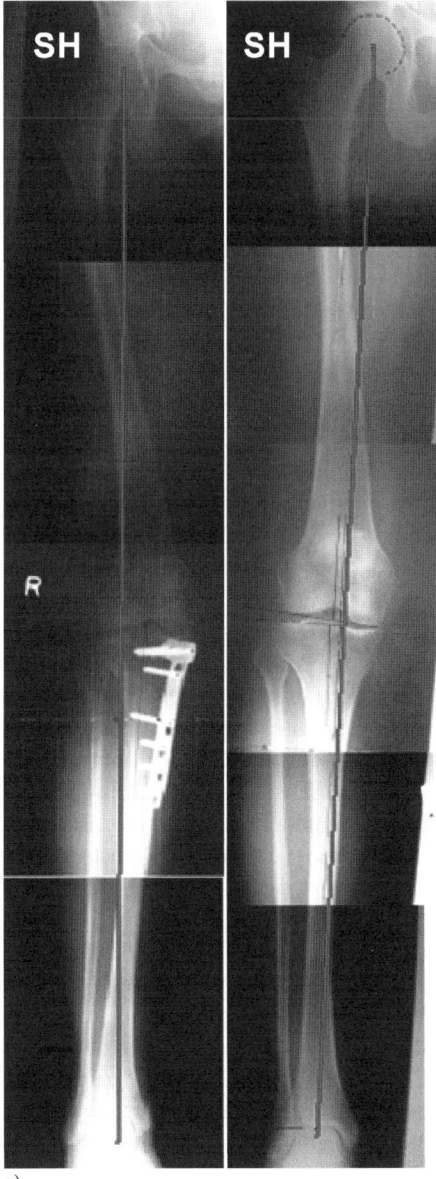

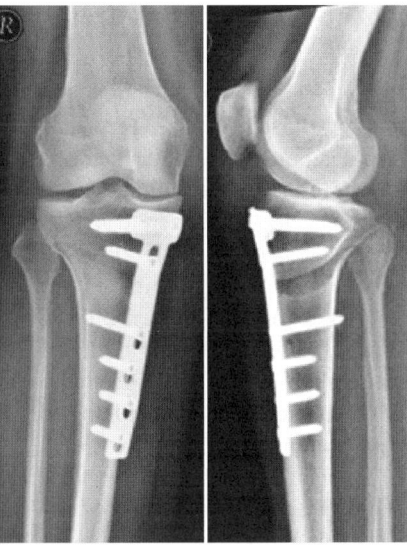

Abb. 79.16 Die valgisierende hohe tibiale Umstellungsosteotomie ist ein anerkanntes Verfahren zur gelenkerhaltenden Therapie der unikompartimentellen medialen Gonarthrose. Durch die Lateralisierung der lasttragenden mechanischen Achse kann das mediale Kniekompartiment deutlich entlastet und so eine Schmerzredukktion und eine Verlangsamung des Gelenkverschleiß erreicht werden. Die Stabilität wird durch eine winkelstabile Titanplatte gewährleistet bis der ossäre Durchbau die Kräfte übernehmen kann. Ist das Osteosynthesematerial störend, kann dieses nach komplettem ossärem Durchbau operativ entfernt werden. Bild rechts: varusgonarthrose mit medialer Gelenkspaltverschmälerung und stark in mediale Kompartiment verschobener Lastachse. Bild links: nach Umstellung, deutliche Verschiebung der Lastachse nach lateral, Tomofix winkelstabile Platte aus Titan

79.8 Kreuzbandrupturen

In den vergangenen 20 Jahren wurden verschiedenste artifiziellen Materialien für die chirurgische Bandersatzplastik unter euphemistischen Vorstellungen auf den Markt gebracht. Der Gedanke des einfachen Ersatzes von Humanbändern mit einem Kunstprodukt, ohne auf allogenes Material angewiesen zu sein, ist denkbar verlockend. In der Praxis zeigte sich jedoch nach einigen Jahren, dass die Kunststoffe maximal für mittelfristige Ergebnisse ausreichten. Aus diesem Grund ist es nicht verwunderlich das die meisten der artifiziellen Bänder heute nur noch in Randbereichen der orthopädischen Chirurgie, beispielsweise bei der Tumorversorgung zum Einsatz kommen. Bei der aktuellen Betrachtung sind die wenigsten der Materialien weiterhin bzw. wurde die ehemals breit angelegte Anwendbarkeit auf medizinische Nischenbereiche zurückgedrängt da, sie langfristig keine zufrieden stellenden Ergebnisse brachten.

Bei den Knieverletzungen ist die Ruptur des vorderen Kreuzbandes führend. Häufige Ursache sind Sturz oder Verdrehtraumen beim Sport, wie beispielsweise das Eintreten in eine Mulde beim Rennen auf dem Fussabllplatz oder ein Sturz beim Skifahren mit Verdrehen des Kniegelenks. Der Verletzungsmechanismus besteht typischerweise in einer Außenrotations- Valgisations- Flexionsbewegung. Die Indikation für die operative Versorgung ist abhängig vom sportlichen Anspruch, dem persönlichen Instabilitätsgefühl, dem Alter des Patienten sowie dem Grad der vorliegenden Knieschädigung bzw. dem Arthrosestadium. Da in den meisten Fällen posttraumatisch eine starke Schwellung und Erguss im Kniegelenk vorliegen, wird die Operation 4–6 Wochen nach Trauma postprimär durchgeführt. Bis zum Operationstermin erfolgt die Stabilisierung durch eine Kniegelenksorthese. Ebenso werden abschwellende Maßnahmen wie die manuelle Lymphdrainage eingesetzt. Bis heute wird die Wahl des richtigen Kreuzbandersatzes sowie die richtige Rekonstruktionstechnik diskutiert, und verschiedene Kliniken rekonstruieren mit unterschiedlichen Transplantaten und Verfahren.

Die Transplantatwahl konzentriert sich hierbei vor allem auf das mittlere Drittel der Patellasehne sowie die Hamstringsehnen. Innerhalb der vergangenen 40 Jahre wurden auch immer wieder Versuche unternommen, ein geeignetes alloplastisches, artifizielles Material zu finden das sich für die Ersatzplastik des Kreuzbandes eignet. Versuche mit PET, Dacron, Lawasan und PTFE Bändern wurden durchgeführt. Die Bandplastik mit hochfestem PET (Trevira) brachte gute mittelfristige Ergebnisse [17] und hat aus unserer Sicht primär ihren Platz in der orthopädischen Tumorchirurgie. Hinsichtlich alloplastischer Bandersatzpalstiken im Allgemeinen lässt sich jedoch ein Abwenden von den bekannten Verfahren feststellen. Zu häufig kam es zu Fremdkörperreaktionen und Revisionsbedarf [18].

Die moderne Kreuzbandersatzplastik besteht aus autologem Sehnenmaterial. Eine möglichst anatomienahe Rekonstruktion ist äußerst wichtig da Fehlplatzierungen zu kinematischen Problemen führen und der häufigste Grund für die Kreuzbandrevisionsoperation sind [20,21]. Anatomisch betrachtet entspringt das vordere Kreuzband an der Innenseite in den hinteren Anteilen des lateralen Femurkondylus,

79.8 Kreuzbandrupturen

zieht schräg durch die Fossa intercondylaris und inseriert im Bereich der Eminentia intercondylaris in der Mitte des Tibiaplateaus [22]. Das vordere Kreuzband kann in zwei funktionelle Bündel unterteilt werden [26], ein anteromediales (AM-)Bündel, das in Beugung gespannt ist, und ein posterolaterales Bündel (PL), das sich in Streckung anspannt. Während der femorale Ursprung des vorderen Kreuzbandes im hinteren Anteil der Fossa intercondylaris halbmondförmig liegt [27], inseriert das anteromediale Bündel im oberen hinteren Anteil und das PL-Bündel im vorderen Anteil des femoralseitigen VKB Ursprungs [27].

„In der Kniegelenkchirurgie ist die Anatomie der Schlüssel zum Erfolg" [19], hiermit ist die anatomienahe Rekonstruktion durch die Zweibündeltechnik gemeint. Die Entwicklung der Doppelbündeltechnik [23,24,25], ein operativ anspruchsvolles Verfahren, erreicht sehr gute Ergebnisse bezüglich Patientenzufriedenheit und klinisch nachweisbarer Stabilität. In verschiednen Untersuchungen konnte die Überlegenheit dieser Technik bezüglich anterior-psterior Translation und Rotationsstabilität gezeigt werden [25].

79.8.1 Operation vordere Kreuzband Ersatzband Plastik in Double-Bundle-Technik

Die Operation beginnt mit der Sehnenentnahme. Hautschnitt lateral der Tuberositas tibiae. Präparation und Spaltung der Satorius Faszie. Anschlingen der Semitendinosus und Gracilis-Sehne mit dem Overholt und Entnahme der Sehnen mit dem Sehnenstripper (Größe des Strippers richtet sich nach Größe der Sehnen). Zur Entnah-

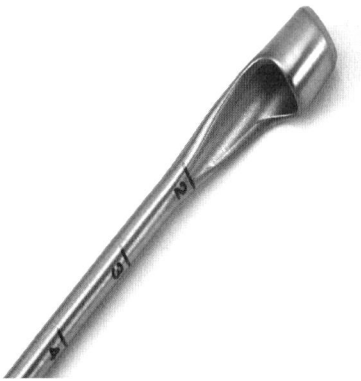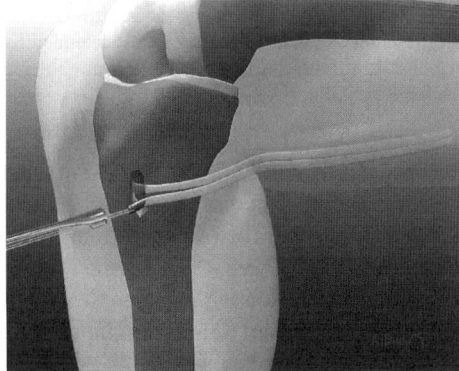

Abb. 79.17 Bei der Kreuzbandersatzpalstik werden die Sehnen der Ischiokuralmuskulatur (Hamstring- Sehnen) durch ein ringförmiges Schiebemesser vom Muskelbauch abgetrennt. Durch einen Hautschnitt werden die Sehnen präpariert und das Schiebemesser entlang der Sehne nach proximal geschoben. Ist die Sehne geerntet wird ihr Durchmesser und die Länge bestimmt, an der Workstation werden die Sehnenenden mit Haltefäden durch Basebalnähte für den späteren Einzug armiert

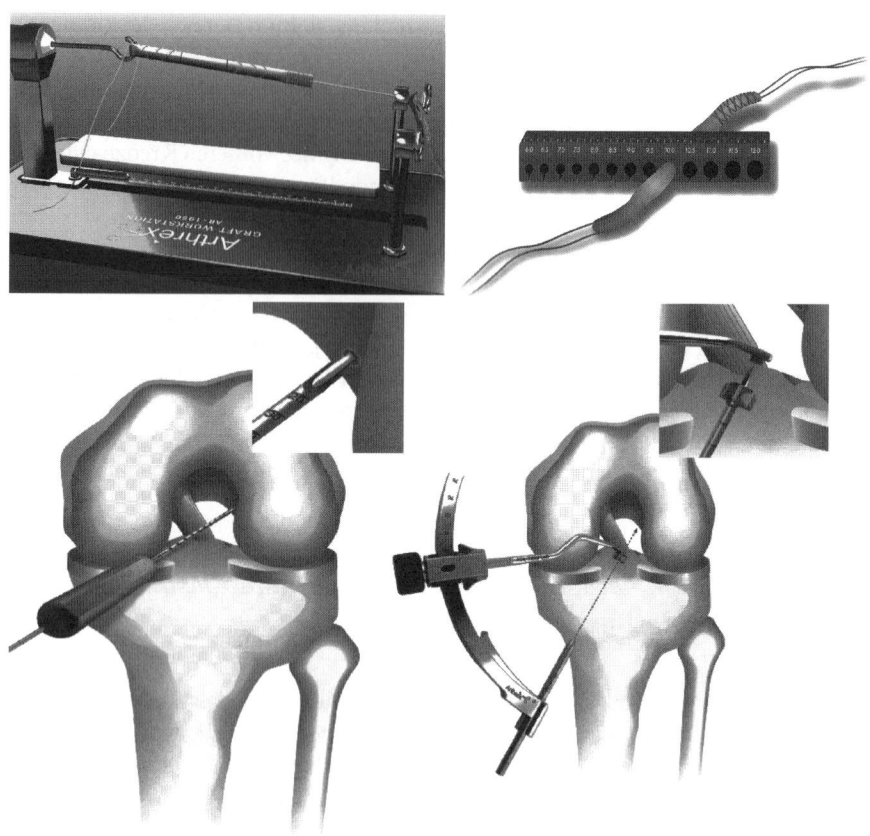

Abb. 79.18 In der Verwendung der All-Inside- Kreuzbandtechnik wird in einem ersten Arbeitsschritt eine Positionsmarkierung an der lateralen Kondyleninnenwand durchgeführt. Im nächsten Arbeitsschritt wird das tibiale Zielgerät mit aufsitzendem Bohrkopf über das Arthroskopieportal nach intraartikulär gebracht. Die außerhalb liegende Führungshülse weist dem Bohrdraht den Weg

me wird das distale Ende der Sehne mit einer scharfen Fasszange durch die Stripper Öffnung gefasst und entlang der Sehne nach proximal geschoben. Präparation der Sehnen an der Workbench. Entfernung von überschüssigem Muskelgewebe Faserresten mit einer Schere, Pinzette und Rasparatorium. Mit der Messlehre werden die Durchmesser der doppelt gelegten Sehnen gemessen. Der spätere Bohrdurchmesser richtet sich nach dem Sehnendurchmesser.

Verstärkung der Sehnen-Enden durch „Baseball-Nähte" damit das Transplantat eingezogen werden kann. Während die Transplantate vorbereitet werden wird mit der Arthroskopie des Kniegelenks begonnen. Anterolaterale Stichinzision parapatellar am „Softspot" und Einbringen des Stahltrokares. Unter Sicht erfolgt jetzt eine weitere Stichinzision anteromedial parapatellar über dem Meniskus. Einführen des Shavers um Faserreste des ursprünglichen Kreuzbandes abzutragen. Präparation der Notch und des „footprints" (anatomischer Ursprung eines jeden Bandes,

79.8 Kreuzbandrupturen

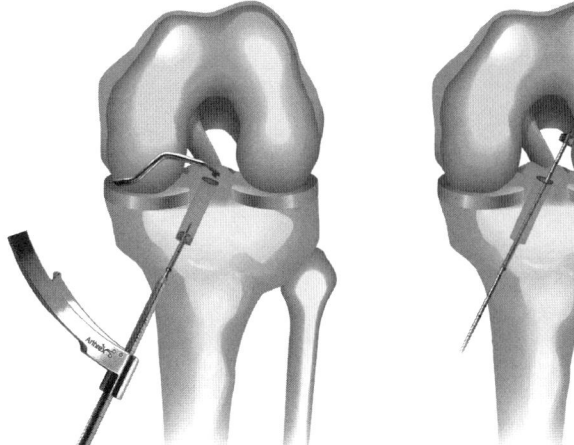

Abb. 79.19 Der Bohrdraht übernimmt intraartikulär mit dem an der Spitze liegenden Gewinde den Bohrkopf vom Zielgerät. Durch Rotation und Zurückziehen wird die tibialseitige Bohrung ausgeführt. Durch Vorschieben wird ebenfalls der femorale Bohrkanal in die Kondyleninnenseite eingebracht

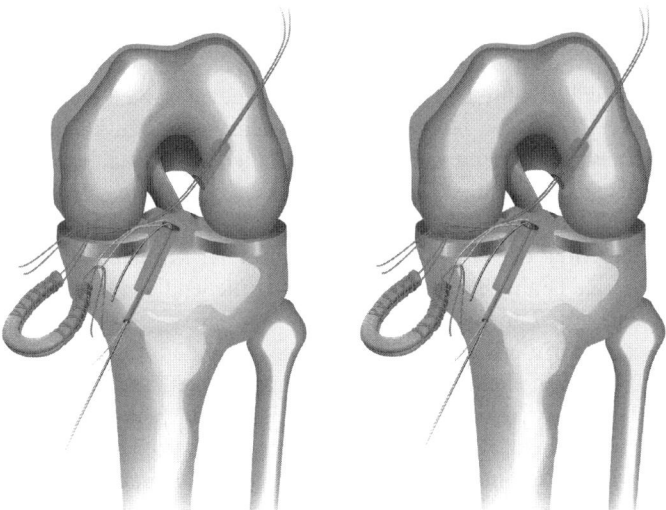

Abb. 79.20 Sind die Bohrkanäle angelegt werden Shuttelfäden vorgelegt. Das Transplantat wird eingehängt und durch Zurückziehen der Shuttelfäden wird das Transplantat in die Kanäle eingezogen

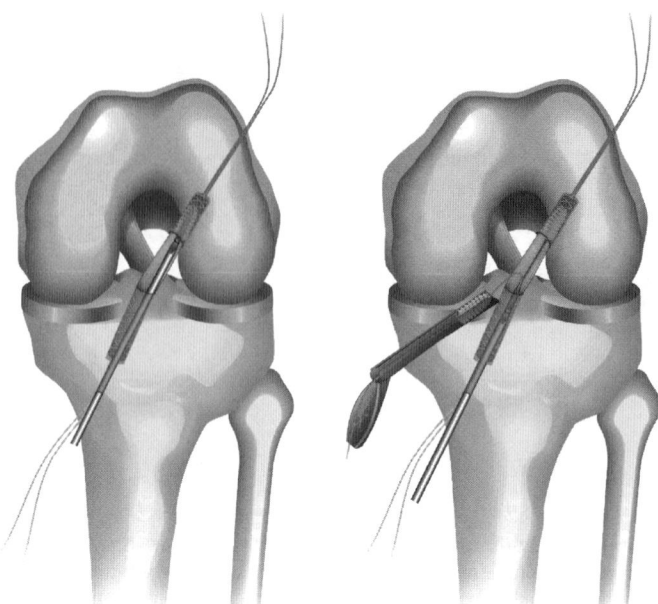

Abb. 79.21 Die Biointerferenzschrauben werden transtibial in den Bohrkanal femoralseits eingeschraubt. Die tibiale Applikation erfolgt durch Einsetzen einer Retroscrew mit gegenläufigem Gewinde. Unter drehen Zieht sich die Schraube in den Bohrkanal und verblockt hier das Transplantat im Bohrkanal

In diesem Fall der des vorderen Kreuzbandes). Bei Begleitverletzungen, wie z. B. Meniskusläsion, werden diese therapiert. Es erfolgt die Bohrung der tibialen Kanäle durch das Zielgerät. Das tibiale Zielgerät auf die gewünschte Gradzahl eingestellt (in der Regel 55°) um den posterolateralen Kanal bohren zu können. Vorbohren eines Zieldrahtes mit Bohrspitze. Um den anteromedialen Kanal bohren zu können, wird die Gradzahl des tibialen Zielgerätes (in der Regel 50°) verändert. Vorbohren eines weiteren Zieldrahtes mit Bohrspitze. Sind die Zieldrähte richtig positioniert folgt das Überbohren der Drähte mit dem kanülierten Kronenbohrer. Zuerst wird der posterolaterale Draht (Standard: 5 mm), anschließend der anteromediale Draht überbohrt (Standard: 7 mm).

Als nächster Schritt erfolgt die Bohrung der femoralen Kanäle nach demselben Prinzip. Vorbohren mit einem Zieldraht für den anteromedialen Kanal (in der Regel 4 mm). Der Draht wird durch den Femur und durch die Haut gebohrt. Überbohren des Drahtes mit einem kanülierten Kronenbohrer (Standard 7 mm). Einfädeln eines blauen Fiberwire Fadens in die Öse des Zieldrahtes und Durchzug des Drahtes.

Für den posterolateralen Kanal wird das femorale Zielgerät angereicht und ein weiterer Zieldraht mit Öse vorgebohrt. Überbohren des Drahtes mit einem kanülierten Kronenbohrer (Standard: 5 mm). Einziehen eines schwarz-weiß-gestreiften Fiberwire Fadens („Tigerwire"). Die eingezogenen Fäden verlaufen nun durch die femoralen Bohrkanäle und werden über dem Hautniveau durch Klämmchen vor

79.8 Kreuzbandrupturen

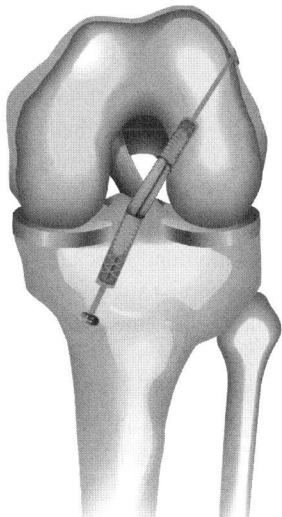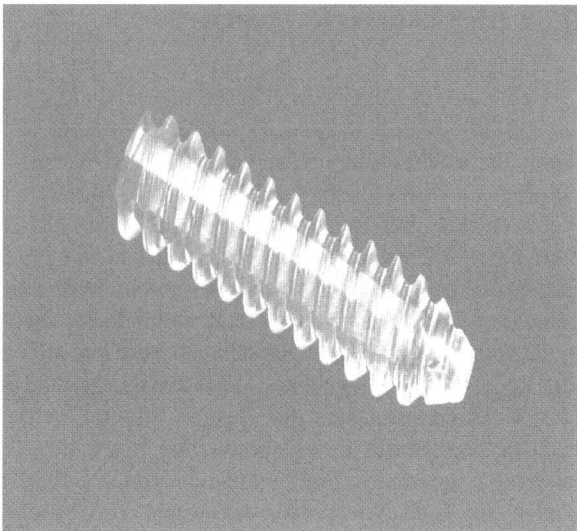

Abb. 79.22 Die Schrauben sind eingebracht und fixieren gelenknah das Transplantat. Die Gelenknahe Fixierung beugt das spätere Tunnelwidening durch Schwingungen des Transplantats bei gelenkfernen Fixierungen vor. Bild einer Interferenzschraube mit innenliegenden Sechskannt für den Schraubendreher

dem Zurückrutschen gesichert. Im nächsten Schritt werden die Fäden durch die tibialen Bohrkanäle nach Tibialseits ausgeleitet. Werden die Fäden durch Straffen an den beiden Enden gespannt, kann der spätere Verlauf der Transplantate arhroskopisch gezeigt werden. Anschließendes „Notchen" der Kanäle mit dem Notcher hierunter versteht man das Einkerben der Kortikalis am Rand der Bohrkanal. Dieses Notchen ist nötig damit beim Eindrehen der Interferenzschraube das Schraubengewinde einen Eintritt in den Kanal hat.

Durchziehen der Semitendonosus-Sehne und femorale Fixierung. Einbringen der Bio-Interference-Schraube über den dünnen Nitinol-Draht mit dem Schraubendreher für resorbierbare Schrauben. Durchziehen der Grazilis-Sehne und femorale Fixierung. Einbringen einer Bio-Tenodese-Schraube mit dem speziellen Schraubendreher-Set. (Standard Schraube: 6,25 × 15 mm Bio-Tenodese)

Für die tibiale Fixierung der Sehnen werden diese mit dem Newtonmeter unter Spannung gehalten (8 Nm). Zuerst wird die Semitendnosus Sehne mit einer Bio-Interference-Schraube fixiert. Anschließend wird die Grazilis Sehne ebenfalls mit einer Bio-Interference-Schraube fixiert. Da die tibiale Fixierung der Semitendonosus-Sehne in 45° Beugung und der Grazilis-Sehne in 15° Beugung erfolgt, wird das Bein entsprechend gebeugt. Intraoperative Kontrolle der Bewegungsmöglichkeiten des Kniegelenkes. Arthroskopische Kontrolle, dass kein Impingement stattfindet. Schichtweiser Wundverschluss und steriler Wundverband.

79.9 Meniskusverletzungen

Verletzungen des Meniskus gehören zu den häufigsten Knieverletzungen. Beim jungen, sportlich aktiven Menschen sind Verletzungen zumeist traumatisch bedingt, beim älteren Menschen führen degenerative Prozesse zu Läsionen des Meniskus. Typisch sind Rotationsbewegungen unter axialer Belastung, die zu einem Einreißen der Meniskusfaserstruktur führen. In der klinischen Anamnese und Untersuchung berichten die Patienten von plötzlich einschießenden Schmerzen und Blockadegefühlen und häufig Schwellung und Erguss im Kniegelenk was bereits auf die Verletzung der kapselnahen Meniskusanteile hindeutet, da nur diese über eine gute Blutgefäßversorgung verfügen. Besteht der Verdacht auf eine Meniskusläsion erfolgt in der Regel die Erstellung eines MRTs zur Beurteilung der Läsion, bzw. kann anhand des Schädigungsmusters die Therapie geplant werden. Je nach Läsion orientiert sich die Therapie, in der Akutphase ohne Blockade erfolgt primär eine Orthesenversorgung in gestreckter Haltung und die konservative Therapie beginnt. Sind bereits Gelenkblockaden vorhanden oder besteht der Verdacht einer Korbhenkelverletzung (bei dieser Rissvariante ist der Meniskus nach artikulärwärts eingeschlagen) kann versucht werden, den Meniskus zu reponieren. Hiernach erfolgt die Ruhigstellung in einer Streckschiene. Bei der Meniskustherapie geht es immer um den Erhalt möglichst großer Meniskusanteile, da die Resektion des Meniskus oder das Fehlen des Meniskus zu einer deutlichen Arthrosprogredienz führt. Bei den operativen Verfahren sind resezierende Techniken leider noch führend. Die Meniskusnaht kann aufgrund des braditrophen Gewebes nur dann durchgeführt werden, wenn die Läsion in einem peripheren Meniskusbereich liegt, da nur hier die für die Heilung ausreichende Durchblutung gewährleistet ist. Befindet sich die Läsion in der weiß-weißen Zone, dem basisfernsten Meniskusbereich bleibt, in vielen Fällen nur die Resektion. Liegt eine subtotale Läsion des Meniskus vor und sind rekonstruktive Techniken nicht mehr gewinnbringend durchzuführen, bleibt die Möglichkeit einer Meniskustransplantation. Hierbei werden vor allem xenogene Meniskustransplantate aus bovinen Achillesehnen verwendet.

79.9.1 Meniskustransplantation Kollagenimplantat Menaflex

Kommt es durch Trauma, degenerative Prozesse oder erfolgte chirurgische Interventionen zu einem großflächigen Verlust an Meniskusgewebe so ist in vielen Fällen nur noch die Resektion möglich. Der Verlust des Meniskus ist ein Zustand den es zu verhindern gilt da ein Meniskusverlust als Präarthrose angesehen werden kann. Für die Fälle in denen eine subtotale Meniskusresektion indiziert ist, kann durch die Implantation eines Kollagenimplantats der Defektbereich geschlossen, und somit eine Arthroseentstehung verlangsamt werden. Seit 2000 stehen für diese Therapie Xenotransplantate aus bovinen Achillesehnen zu Verfügung. Diese bestehen hauptanteilmäßig aus Kollagen Typ I und Glykosaminoglykanen. Der Aufbau gleicht einer schwammartigen Matrix mit einer Porengröße von 50–500 μm. Die Matrix dient als Leitstruktur für den körpereigenen Aufbau von Regeneratgewebe. Nach Implantation wandern körpereigene Meniskuszellen und Stammzellen in die Matrix ein und Bilden ein meniskusähnliches Gewebe aus. Die ersten operativen Versuche erfolgten 1993 in den USA im Sinne einer Machbarkeitsstudie, die durch kontinuierliche Weiterentwicklung in Technik und Implantat, führten zu positiven Ergebnissen. Seit 2000 ist das Menaflex Implantat in Deutschland zugelassen. Mittelfristige Studienergebnisse, nach 6 bzw. 8 Jahren post Implantationem zeigen positive Verläufe [29].

79.9.2 OP Technik

Wird die Indikation einer Meniskusimplantation gestellt, erfolgt präoperativ die Defektbestimmung durch die MRT Bildgebung. Die Operation wird in arthroskopischer Technik durchgeführt. Über die Standardzugänge der Kniearthroskopie (lateral und medial parapatellarer Zugang) erfolgt das Schaffen eines „full- thickness"-Meniskusdefekts mit Entfernen aller losen und degenerativen Meniskusanteile. Die verbleibende Meniskusrandleiste sollte so präpariert sein, dass eine einheitliche Dicke in der rot-roten Zone erreicht ist. Als nächster Schritt erfolgt die Vermessung des Defekts durch ein spezielles Messinstrument aus Formgedächtnismaterial welches die Abnahme der Defektbogenlänge ermöglicht. Diese wird auf das Implantat übertragen und das Menaflex nach Rehydrierung in 0,9% NaCl Lösung zugeschnitten. Für die spätere Implantatfixation, die durch Inside-out -Nähte erfolgt, ist die offene Präparation auf die Gelenkkapsel wichtig. Auf der Knieaussenseite erfolgt ein dem Menikusdefekt entsprechender Hautschnitt von ca. 3–5 cm Länge. Zum Schutz neurovaskulärer Strukturen, bei den späteren Nähten, erfolgt die Präparation

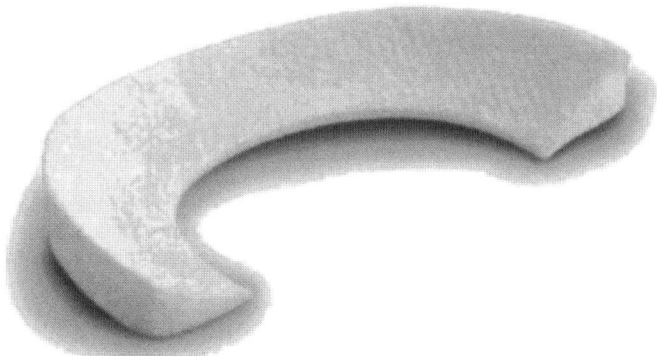

Abb. 79.23 Das Menaflex Implantat aus boviner Achillessehne besteht hauptsächlich aus Kollagen Typ I und Proteoglykanen. Nach Implantation wird die Matrix mit körpereigenem Meniskuszellen besiedelt und bildet ein Meniskus-Ersatzgewebe aus

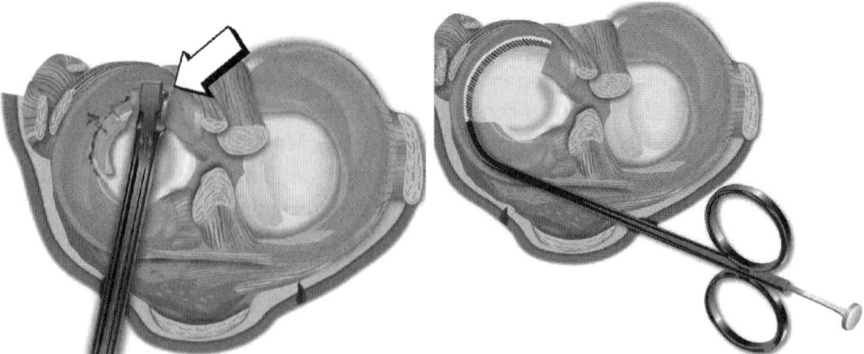

Abb. 79.24 In artroskopischer Weise wird der geschädigte Meniskus abgetragen und eine stabile Randleiste geschaffen. Der Defekt wird vermessen und auf das Menaflex Implantat übertragen. Nachdem das Bett für den Meniskus präpariert ist und der Zuschnitt des Implantats erfolgte, wird das Implantat durch eine Schlinge präfxiert und im folgendem durch Nähte endgültig fixiert

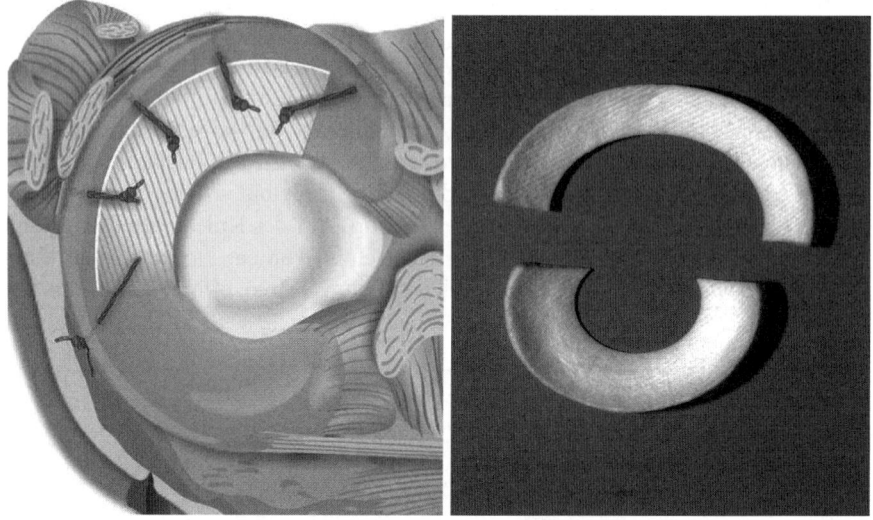

Abb. 79.25 Ein eingenähtes Meniskusimplantat mit Haltefäden. Heute stehen Implantate für beide Menisken zu Verfügung. Intraoperativ wird das Implantat zugeschnitten und in 0,9% NaCl Lösung rehydriert. Danach erfolgt die Implantation. Das Kollagengerüst stellt eine Matrix für die Besiedelung mit körpereigenen Zellen dar

auf die Gelenkkapsel unter Sicht. Das zugeschnittene Implantat wird in die Applikationskanüle verbracht und durch das Arthroskopieportal in den präparierten Bereich gelotst. Durch einen Haltefaden (Lasso) wird das Implantat präfixiert. Da der Menaflex ein sehr fragiles Gewebe darstellt, ist es wichtig, dass bei der Implantation keine größeren Zug, Druck und Fadenkräfte ausgeübt werden. Die endgültige Fixierung erfolgt durch Inside- out- Nähte mit Polyesterfäden die in Abständen von 4–5 mm in Matratzennaht angebracht werden. Nachdem alle Fixierungnähte vorgelegt sind, kann unter arthroskopischer Kontrolle die endgültige Fixierung, mit Verknoten über der Gelenkkapsel, erfolgen. Es folgt der schichtweise Wundverschluss mit sterilem Wundverband. Die Nachbehandlung beginnt postoperativ mit passiven Bewegungsübungen auf einer CPM- Schiene und Flexionsbeschränkter Bewegung bis 60°. Außerhalb der passiven Bewegungsübungen muss eine Vierpunkt- Knieorthese getragen werden. Ab der fünften Post OP Woche wird die Flexion bis 90° beübt. Ab dem dritten Post OP Monat können kraftschonende zyklische sportarten begonnen werden (Radfahren, Schwimmen) nach 6 Monaten ist die Nachbehandlung in der Regel abgeschlossen.

79.10 Meniskusnaht

Die Meniskusnaht kann unter Rücksichtnahme auf das Patientenalter und den Zeitpunkt der Verletzung als Erhaltungstherapie durchgeführt werden. Grundsätzlich können degenerative Prozesse und traumatisches Geschehen zu Einrissen im fasrigen Meniskus führen. Für alle reparativen Maßnahmen ist die Verletzungsausdehnung und Lokalisation von großer Wichtigkeit, da nur die radiären Randbereiche über eine Vaskularisation (Rot-Rote Zone) und dadurch Heilungspotential verfügen. Im anatomischen Querschnitt lässt sich der Meniskus in drei Bereiche einteilen, welche unterschiedliche Potentiale in der Heilung aufweisen. Am weitesten außen an der Meniskusbasis, liegt die Rot-Rote Zone. Sie liegt zum Teil direkt der Gelenkkapsel an und ist durch gute Gefäßversorgung mit dem höchsten Heilungspotential ausgezeichnet. An diese Zone schließt sich die Rot-Weiße Zone an, die deutlich weniger Blutgefäße aufweist und als Grenzbereich bzgl. des Heilungsverhaltens gesehen werden kann. Die innerste Zone des Meniskus ist die Weiß- Weiße Zone, ein braditropher Bereich, der ausschließlich durch Diffusion ernährt wird und die geringsten Heilungstendenzen aufweist. Kommt es zu Einrissen in diesem Bereich, resultieren neben Schmerzen häufig Einklämmungsphänomene, da sich Fasern in das Gelenk umschlagen und zwischen Femurkondyl und Tibia zu Liegen kommen. Aufgrund des geringen Heilungspotentials an den innersten Meniskusschichten besteht bei Verletzungen in diesem Bereich häufig die Indikation zur Meniskusteilresektion. Ist eine erhaltende Therapie möglich, ist als wichtiger Faktor für das Gelingen, die Wahl des Nahtmaterials anzusehen. Monofile Fäden mit guten Gleiteigenschaften verhindern ein Einschneiden bzw. Einsägen in die Meniskusfasern. Bezüglich des Materials bestehen kontroverse Diskussionen. Die Verwendung von bioresorbierbaren Fäden bietet den Vorteil von fehlenden Fremdkörperreaktionen, ausgerissene Fadenreste müssen nicht entfernt werden und mögliche Gelenkblockaden und eingenähte Nervenfasern verschwinden nach Resorption des Fadens. Der Nachteil von bioresorbierbarem Nahtmaterial ist im frühzeitigen Halteverlust zu sehen. Häufig halbiert sich die Haltekraft bei PDS Fäden bereits nach 4 Wochen.

79.10.1 OP Technik

Stichinzision inferolateral der Patella für den Stahltrokar mit Flüssigkeitszulauf und 30° Optik. Der zweite Zugang erfolgt unter Sicht, dann Stichinzision inferomedial der Patella für Instrumente z.B. Shaver, Tasthaken etc. die Reposition des Risses erfolgt mit einem Tasthaken.

79.10.2 Außen-Innen-Technik

Das Außen-Innen- Nahtverfahren bedient sich einzelner, von außen durch die Gelenkkapsel und die geborstenen Meniskusteile gestochener Kanülen. Ist eine Kanüle eingebracht, wird ein Fadenende durch die Kanüle nach intraartikulär geschoben. Durch eine weitere Kanüle wird eine Fadenschlinge, nach Durchstechen der Kapsel und des Meniskus, nach intraartikulär geschoben. Das einzelne Fadenende wird durch die Schlinge geführt und durch Rückzug des Fadens und der Kanüle nach außen geshuttelt. Sind beide Enden an der Kapselaußenseite angekommen, werden sie verknotet. Technisch ist das Verfahren relativ einfach und bedarf nur kleiner (ca. 5 mm langer) Inzisionen pro Nahtpunkt. Da weit dorsal gelegene Meniskusläsionen durch diese Technik nicht gut zu erreichen sind, ost ihre Anwendung auf Läsionen der Meniskusvorderhörner und der Pars intermedia beschränkt [31].

79.10.3 Innen-Aussen-Technik

In den 80er Jahren wurde eine neue Methode der Meniskusnaht eingeführt. Bei der Innen- Außentechnik wird nach arthroskopischer Meniskusvorbereitung die Naht von innen nach außen durchgeführt. Durch die vorhandenen Artrhoskopieportale werden besonders lange Nadeln mit an der Rückseite integriertem Faden von innen nach außen gestochen. Die Meniskusfragmente werden unter arthroskopischer Sicht aufgefädelt und durch Zug von Aussen wieder adaptiert. Die Fadenenden werden auf der Kapselaussenseite verknotet. Auch für diese Technik gilt, dass weit dorsale Läsionen nicht erreichbar sind. Aus diesem Grund eignet sich die Technik vor allem für radiäre Risse an den Meniskusvorderhörnern sowie der Pars intermedia.

79.10.4 All-Inside-Technik

Aufgrund der begrenzten Anwendbarkeit der Innen-Aussen-Technik und der Aussen-Innen-Technik, wurde mit der All-Inside-Technik ein Verfahren etabliert, das das Vernähen von vor allem dorsal gelegenen Meniskusläsionen ermöglicht. Zur Durchführung wird nicht die konventionelle Optik mit 30° sondern eine mit 70° verwendet. Nur diese Winkelstellung ermöglicht die Durchführung der Operation. Aufgrund des deutlich erhöhten operativen Anspruchs bleibt die Technik nur erfahrenen Operateuren vorbehalten. Das Arthroskop wird in die Fossa Intercondylaris eingebracht, um Einsicht auf das hintere Kompartiment zu erhalten. In 90° Knieflexion wird durch posterolaterale oder posteromediale Arthroskopiezugänge die eigens für die Technik entwickelten geschwungenen „suture hooks" verwendet, die eine All-inside- Naht ermöglichen [32].

79.10.5 Neue Technikentwicklungen

Jedes Jahr drängt die Industrie mit innovativen Nahttechniken und Instrumentarien auf den Markt. Grundsätzlich bleiben die bekannten Probleme weiterhin bestehen. Durch die Entwicklung resorbierbarer Pfeile mit Widerhaken sowie Schrauben und ähnlichem, konnte vor allem die Applikationsgeschwindigkeit erhöht werden. Als Materialien kommen vor allem bioresorbierbare Polydiaxone (PDS), Polylactidsäuren (PLA) und Polyglykolsäuren (PGA) zum Einsatz. Reaktionen des Meniskusgewebes auf die verwendeten Materialien sind bis heute nur in sehr geringem Umfang untersucht, Reaktionen gegen die verwendeten Materialien nur sehr selten beobachtet worden. Eine weitere Ungewissheit bezüglich der Reparationszonenstabilität geht von der interindividuellen Resorptionsgeschwindigkeit der Materialien aus.

CLEARFIX SCREW nach dem Prinzip der Herbertschraube entwickeltes Implantat, dass durch unterschiedliche Wendelsteigungen Druck auf die Meniskusfasern ausüben soll. Material PLLA, Hersteller Mitek, Ethicon.

Meniskal Dart Prinzip eines mit gegenläufig angeordneten Widerhaken Pfeils. Material PLDLA, Hersteller Arthrex, USA.

79.11 Meniskusteilresektion

Liegt die Meniskusläsion im Bereich der weiß-weißen Zone bleibt, in vielen Fällen nur die therapeutische Resektion, um das Gelenk vor Einklemmungsphänomenen zu schützen.

79.11.1 OP Technik

Stichinzision inferolateral der Patella für den Stahltrokar mit Flüssigkeitszulauf und 30° Optik. Der zweite inferomediale Zugang erfolgt unter Sicht: Durchstechen mit einer langen Kanüle und dann Stichinzision inferomedial der Patella für Instrumente z. B. Shaver, Tasthaken etc.

Die Resektionstechnik hängt von der Art des Risses ab. Bei degenerativen Rissen wird der Meniskus mittels Shaver oder Korbschneider und Duckbill wieder in eine stabile Ringform gebracht. Handelt es sich um einen Quer- oder Lappenriss, wird der betroffene Bereich mit den o. g. Instrumenten geglättet und in eine stabile Randleiste überführt. Horizontalrisse können wieder einen intakten Saum erhalten. Oft kann einer der beiden „Lappen" erhalten werden, es wird dann nur der stärker zerstörte Lappen entfernt. Korbhenkelrisse sollten genäht werden. Sollte dies nicht mehr möglich, wird der Korbhenkel reseziert und der stehen gebliebene Meniskus geglättet.

79.12 Thema Tight Rope Syndesmosen Rekonstruktion

Bei der Ruptur der Syndesmose kommt es zu einem Aufklappen der Malleolengabel (Diastase) mit folgender Instabilität im oberen Sprunggelenk sowie durch die inkongruente Gelenkführung, langfristig zu Knorpelschäden.

79.12.1 Verletzung

Die Syndesmose besteht aus drei Ligamentanteilen und verspannt die distale Tibia mit der Fibula. Sie stellt bei axialen Belastungen die statische Stabilität im oberen Sprunggelenk her, indem sie eine unphysiologische Aufdehnung der Malleolengabel verhindert. Durch massive Supinationstraumen oder Aussenrotationstraumen mit Fusseversion kann im oberen Sprunggelenk eine Zerreißung der ligamentären Strukturen erfolgen. Die Verletzung an Bandstrukturen des Sprunggelenks ist eine der häufig gesehene Verletzungen im sportärztlichen Alltag. Kommt es zur Ruptur nur eines Ligaments, ist häufig eine konservative Therapie mit Stützung über mehrere Wochen ausreichend. Bei Komplettruptur und sportlichem Anspruch stehen chirurgische Therapieverfahren zur Rekonstruktion bereit. Als operative Ziele können folgende geltend gemacht werden: Verhindern der Diastase, bei Mikromotion Toleranz, verlässliche Stabilität bis der Heilungsprozess abgeschlossen ist, minimale Invasivität, umgehen von Stress- Shielding durch unterschiedliche E-moduli (Beispiel Schraubenversorgung), möglichst einfache Entfernbarkeit von Implantaten bei Problemen.

79.12.2 Biomechanik des Sprunggelenks

Das obere Sprungelenk setzt sich aus dem distalen Tibiofibulargelenk und dem darunterliegenden Talus als Gelenk zusammen. Erscheint das Gelenk in seiner einfachen Funktion als einfaches Scharniergelenk, so muss bei genauer Betrachtung ein komplexer Bewegungsablauf erkannt werden. Die eigentliche Bewegungsachse verläuft zwischen den beiden Malleolenspitzen, ist nach medial hin leicht nach oben versetzt und führt bei der Plantarflexion eine leichte Innenrotation durch [1]. Bei Verletzungen der Syndesmose kommt es durch eine Veränderung der Statik durch die Diastase schnell zu Knorpelschäden sowie Instabilität im Sprunggelenk.

79.12.3 Operative Therapieoptionen

Im Bereich der Syndesmosenrupturversorgung sind viele Therapiemöglichkeiten beschrieben. Die sicherlich häufigste Methode bedient sich der Verschraubung mit einer herkömmlichen chirurgischen Stahlschraube [1], die nach verheilter Syndesmose wieder entfernt wird. Problematische Situationen entstehen durch Schraubenbrüche und durch die Unterbindung von Mikrobewegungen die für die Bandheilung wichtig sind. Ebenfalls kann es durch die verschiedenen E- Moduli bei Knochen und Stahl zu Schäden am weicheren Knochengewebe kommen. Im Gegensatz hierzu kann hier ein innovatives Flaschenzugsystem zum Einsatz gebracht werden [33]. Dieses System besteht aus herkömmlichen FiberWire Schlingen, die durch zwei Titanplättchen, einem länglich ovalen und einem runden Knopfähnlichen geführt sind. Ziel der Operation ist die Wiederherstellung der kongruenten Gelenkbeweglichkeit durch Verhindern der Diastase. Nach Stichinzision über dem Aussenknöchel wird mit einem Bohrer ein Kanal durch Fibula und Tibia, ca. 1-2 cm über dem Gelenkspalt, gebohrt. Durch den Kanal wird das länglich ovale Titanplättchen gebracht bis es auf der Gegenseite der medialen Kortikalis zum liegen kommt. Durch Zug an den Trägerfäden kommt es zum Verkippen des Plättchens auf der Oberfläche der medialen Kortikalis und bildet so das gewünschte Widerlager. Durch Zug wird das zweite knopfförmige Plättchen an der fibularen Aussenkortikalis zum liegen gebracht. Durch weiteres Anziehen kann nun Kraft im Sinne eines Flaschenzuges auf die Fäden und Plättchen gebracht werden, wodurch eine Annäherung der diastatischen Knochen erreicht wird. Ist die gewünschte Position unter Bildwandlerkontrolle erreicht, wird über dem knopfförmigen Plättchen ein Sicherungsknoten angelegt. Ein wichtiger Vorteil bei diesem System sind die für Bandheilung wichtigen weiterhin möglichen Mikrobewegungen, sowie der Umstand dass eine erneute OP zur Metallentfernung nicht notwendig ist, da die Plättchen nur 2 mm Dicke aufweisen, sind sie für den Patienten nicht spürbar und verbleiben in situ.

79.13 Knorpelschäden / Knorpelschäden Knie MACI/ACT

Chondrale bzw. osteochondrale Läsionen der Gelenke sind typische Verletzungen in der Sportorthopädie und Unfallchirurgie [1]. Die Verletzung des Gelenkknorpels durch ein Trauma oder durch subchondrale Knochennekrosen, ist eine schwere Verletzung des betroffenen Gelenks und stellt in den meisten Fällen eine Früharthrose da. Häufig kommt es zum Ablösen von Knorpelfragmenten, die als freie Gelenkkörper innerhalb der Gelenkkapsel umherwandern. Drängt sich ein solches Fragment beispielsweise zwischen Kondyle und Tibia am Knie, so berichten die Patienten von episodenhaften oder bestehenden Gelenkblockaden des betroffenen Gelenks. Die Ätiologie ist in den meisten Fällen unbekannt. Ischämien, Stoffwechselstörungen und genetische Dispositionen werden als mögliche Ursache der Osteonekrose angesehen. In vielen Fällen verläuft die Erkrankung in Stadien. Während im ersten Stadium belastungsabhängige Schmerzen angegeben werden, imponieren in den folgenden Stadien Schwellung und Erguss. Das Endstadium ist gekennzeichnet durch die Abstoßung des Dissekats mit daraus folgenden Gelenkblockaden. Dank der MRT ist in vielen Fällen bereits in frühen Stadien das Erkennen des Schadens und eine stadienorientierte Therapie möglich. Diesbezüglich sei darauf hingewiesen daß bei Kindern die frühzeitige Diagnose und folgende Entlastung zum Ausheilen einer Osteochondrosis dissecans führen kann. Erst nach Wachstumsabschluss ist mit Spontanremissionen nicht mehr zu rechnen und die Defektheilung wird als Präarthrose angesehen. Da die nutritive Versorgung durch Diffusion aus dem Gelenkbinnenraum und dem subchondralen Knochen erfolgt und die Knorpelzellmatrix ein avaskuläres Gewebe darstellt. Sind die reparativen Vorgänge sowie Therapien beschränkt. Ist in frühen Phasen durch eine konservative Therapie ein Erfolg bezüglich der Beschwerden zu verzeichnen, so muß ein ausgedehnter Knorpelschaden in den meisten Fällen operativ Versorgt werden. Bei den operativen Therapien stehen unterschiedliche Strategien zur Verfügung: das Aktivieren körpereigener Heilungskräfte mit dem Anreiz zur neuen Faserknorpelbildung (Mikrofrakturierung), der Ersatz des geschädigten Gewebes mit dem darunter liegenden Knochenbett (OATS) sowie die Anzucht von gewonnenem Knorpel mit folgender Reimplantation (ACT). Im Regelfall wird vor einer operativen Therapie eine kernspintomografische Bildgebung durchgeführt anhand der das Ausmaß der Schädigung, bestimmt werden kann [33]. Aktuell sind vor allem die T2 gewichtete und fettsupprimierte MRT Aufnahmen zur Bestimmung des Knorpelschadens geeignet. Bei den Behandlungsstrategien variieren die Anwendungen.

79.14 Mikrofrakturierung

Die Mikrofrakturierung ist aufgrund ihrer Einfachheit sicherlich das am meisten in Deutschland durchgeführte Verfahren, um die körpereigenen Heilungsmechanismen zu aktivieren. Hierbei wird über eine arthroskopisch eingebrachte Ahle mit Metall-

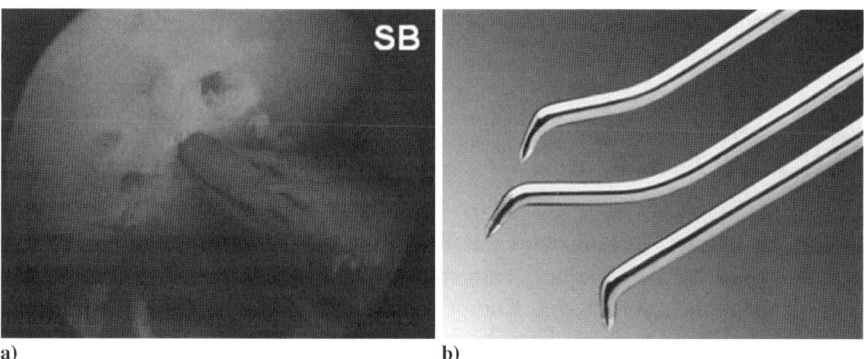

a)   b)

Abb. 79.26 a) Bild einer Mikrofrakturierung. Aus dem eröffneten Knochen tritt Blut, Fett und Wachstumsfaktoren aus die zur Ausbildung eines Sekundärknorpels führen. b) Mikrofrakturierungsahlen, die Chondropics werden bei Knorpelschäden in durch die Kortikalis geschlagen. Durch die Mikrofrakturen (Perforationen) des Knochens werden neben Blut und Fettzellen Wachstumsfaktoren freigesetzt die zur Ausbildung eines Sekundärknorpels führen

spitze der subchondrale Knochen im Bereich des Defekts durchschlagen, bis aus dem eröffneten Markraum Spuren von Blut und Fettzellen hervortreten. Zwischen den Löchern werden Abstände von 3–4 mm eingehalten, um die Stabilität des subchondralen Knochens nicht zu gefährden [34]. Die Indikation für dieses Verfahren ist der lokalisierte umschriebene Defekt im Bereich der Belastungszonen der Femurkondylen und der femoropatellaren Kontaktzone sowie degenerative Veränderungen bei geraden Beinachsenverhältnissen. Eine sechswöchige Entlastung sowie passive Bewegungsübungen mit einer CPM Schiene werden als Nachbehandlungsschema empfohlen. Die Defektauffüllung nach Mikrofrakturierung wird durch das Austreten von mesenchymalen Stammzellen des Blutes und Knochenmarks in den Defektbereich eingeleitet. Das so entstandene Reparationsgewebe besteht histologisch im besten Fall aus faserknorpelartigem Gewebe, in vielen Fällen allerdings nur aus Bindegewebe. Dieses neigt aufgrund geringer mechanischer Belastbarkeit im Gelenk zur schnellen Degeneration [36].

79.15 Autologe- Knorpel-Knochen-Transplantation (OATS)

Die autologe Knorpel- Knochen- Transplantation wurde durch den ungarischen Arzt Hangody für die Versorgung tiefgreifender Knorpelschäden begonnen und in den folgenden Jahren weiter entwickelt [1]. Bei dieser Technik, die auch artrhoskopisch anwendbar ist, werden aus belastungsfreien Gelenkbereichen des Kniegelenks, Knochen-Knorpelzylinder entnommen und in die Bereiche mit Knorpelschaden umgesetzt. Ursprünglich wurde das Verfahren für umschriebene Knorpelschäden in der Hauptbelastungszone der Femurkondylen entwickelt. Heute wird die Technik an fast allen Gelenken angewendet. Mit dem OATS Verfahren werden Knorpeldefekte, Osteonekrosen und die Osteochondrosis dissecans mit Ausdehnungen von max. 2 × 3 cm Fläche versorgt.

79.15.1 OP Technik

In zumeist offener Technik wird mit dem Entahmeinstrumentarium der Defekt in orthograder Meißel- Stellung entnommen. Die Entnahme erfolgt durch einen Hohl- Rundmeißel, der auf den Knorpel aufgesetzt und bis in die Knochenspongiosa vorgetrieben wird. Der Entnahmezylinder liegt nach dem Eintreiben in dem Hohlmeißel und wird durch Herausdrehen eines Stempels daraus hervor geschoben. Die Länge wird vermessen und ein ebenso tiefer Zylinder aus dem Defektbereich herausgeschlagen. Der hierfür verwendete Hohlmeißel verfügt über einen ca. 0,3 mm geringeren Durchmesser. Ist der Defektbereich ausgestanzt, wird der gesunde Knorpel- Knochenzylinder in den Tunnel des Defektbereichs eingetrieben. Da der Implantationsort einen verringerten Durchmesser aufweist, wird durch die Press- Fit- Technik ein herausfallen des Zylinders verhindert. In den folgenden Monaten verwächst die Knochenspongiosa des Transplantatzylinders mit der umliegenden Knochenspongiosa. Die Entnahmestelle des gesunden Zylinders durchwächst knöchern und ist nach einigen Monaten mit einem Sekundärknorpel überwachsen. Der große Gewinn dieser Therapie ist der Transfer von Gewebeverbundstücken. Es werden immer Knorpel mit dem dazugehörigen Knochen transferiert. Es ist auch möglich, mehrere Zylinder nebeneinander zu setzen. Hierbei ist jedoch mit immer größeren zwischen den palisadenartig stehenden Zylinderzwischenräumen zu rechnen, welche die Zylindermenge limitiert.

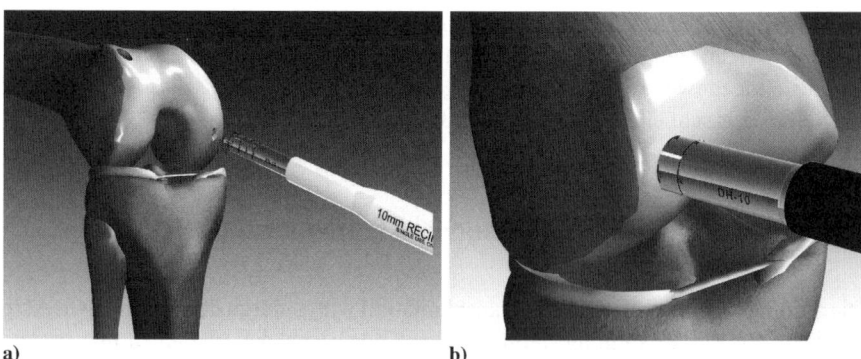

a)   b)

Abb. 79.27 a) Das OATS Verfahren zeichnet sich durch den Versatz von Stanzzylindern aus. Aus der lateralen Femurcondyle wird ein Zylinder aus gesundem Knorpel -Knochen entnommen und in den zuvor ausgestanzten zerstörten Knorpelbereich eingesetzt. b) Eingesunder Knorpel-Knochenzylinder wird aus der lateralen Femurkondyle entnommen. Der zirkumferente Hohlmeissel wird zur Entnahme ca. 15 mm in den Knochen vorgetrieben. Zur Entnahme erfolgt eine ruckartige Drehung um mögliche Spongiosabrücken zu brechen. Danach wird der Meißel zurückgezogen

79.15 Autologe- Knorpel-Knochen-Transplantation (OATS)

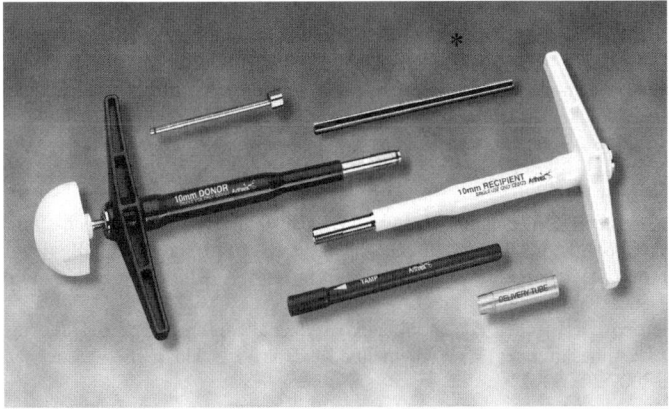

Abb. 79.28 Das OATS Instrumentarium besteht aus Entnahmemeissel (weiß) für den Defekt sowie den Entnahmemeissel für den Spendezylinder (schwarz). Ein Stössel und eine durchsichtige Plastikhülse, die als Applikationshilfe dient, sowie ein Längenmessinstrument zur Bestimmung der Tunneltiefe

79.16 Literatur

1. Die arthroskopisch-anatomische Rekonstruktion von romioklavikulargelenkluxationen mit 2 TightRope, L. Walz, G.M. Salzmann, A.B. Imhoff, Arthroskopie 2007, 20:237–239
2. P. Broos 1, D. Stoffelen, K. Van de Sijpe 1, I. Fourneau, Operative Versorgung der vollständigen AC-Luxation Tossy III mit der Bosworth-Schraube oder der Wolter-Platte, Unfallchirurgie, Urban & Vogel 1997
3. Walz L, Salzmann GM, Eichhorn S, Imhoff AB(2007)The anatomic reconstruction of AC joint dislocation using Tight- Rope. A biomechanical study. Am J Sports Med, Review
4. Das Akromioklavikulargelenk, Der Unfallchirurg 2005. A. Klonz, D. Loitz, ATOS Klinik Heidelberg, Unfallchirurgie Kl. Braunschweig
5. Stabilisierung der frischen Akromioklavikulargelenkluxation mit dem TightRope. S. Friedmann1 J.D. Agneskirchner1 E. Wiedemann2 M. Tröger1 H. Hosseini1 ·P. Lobenhoffer1, Arthroskopie 2007 20:233–236
6. S. Buchmann and A. Imhoff, Arthroskopische Rekonstruktion superiorer und postero-superiorer Rotatorenmanschettenrupturen, Arthroskopie, Volume 20, Number 1 / Februar 2007.
7. Guttmann D, Graham RD, MacLennan MJ, Lubowitz JH (2005) Arthroscopic rotator cuff repair: the learning curve. Arthroscopy 21: 394–400
8. Apreleva M, Ozbaydar M, Fitzgibbons PG (2002) Rotator cuff tears: the effect of the reconstruction method on three-dimensional repair site area. Arthroscopy 18: 526–526
9. Fu FH, Ticker JB, Imhoff ABH (2001) Schulterchirurgie Ein Operationsatlas. Deutsche Ausgabe und Bearbeitung von Imhoff und Hohmann. Steinkopff, Darmstadt, S 319S
10. Van Oostveen (2006) Suture anchors are superior to transglenoid sutures in arthroscopic shoulder stabilization. Arthroscopy 22: 1290–1297
11. Warner JJP, Schulte KR, Imhoff AB (1995) Current concepts in shoulder instability. Adv Operat Orthop 3: 217–248
12. Miniaci A, McBirnie J (2003) Thermal capsular shrinkage for treatment of multidirectional instability of the shoulder. J Bone Joint Surg [Am] 85-A: 2283–2287
13. Burkhart SS, De Beer JF (2000) Traumatic glenohumerale bone defects and their relationship to failure of arthroscopic Bankart repairs: significance of the inverted-pear-glenoid and the humeral engaging Hill-Sachs lesion. Arthroscopy 16: 677–694
14. Checkliste Orthopädie, A.B. Imhoff, R. Baumgartner, R.D. Linke, Thieme 2005.
15. Lanz T, Wachsmuth W, (1972) Praktische Anatomie, Bd1, Teil 4: Bein und Statik. Springer, Berlin Heidelberg New York
16. Chirurgische Techniken in Orthopädie und Traumatologie Unterschenkel, Sprunggelenk und Fuß, Urban& Fischer 2004
17. Stellenwert des PET-Band- Einsatzes bei der Versorgung von Läsionen des vorderen Kreuzbandes, Unfallchirurgie 1998, T. Peterson, M. Kliem, H. Wissing
18. Alloplastischer Ersatz des vorderen KreuzbandesVergleichende Untersuchungen an rupturierten Dacron-,Trevira- und Ligaprobändern, G . Sowa 1, D . Sowa 2, J. Koebke, Unfallchirurgie 17 (1991), 316-322 (Nr. 6)
19. Baker CL (2005) Memorial:Jack Hughston. Operat. Tech. Orthop. 15:2-3
20. Bernard M, Hertel P (1996) Intraoperative and postoperative insertion control of anterior cruciate ligament-plasty. A radiologic measuring method (quadrant method) [in German]. Unfallchirurg 99: 332–340
21. Brown CH jr, Carson EW (1999) Revision anterior cruciate ligament surgery. Clin Sports Med 18: 109–171
22. Anatomische Rekonstruktion des vorderen Kreuzbandes T. Zantop W. Petersen, Klinik für Unfall-, Hand- und Wiederherstellungschirurgie, Universitätsklinikum Münster, Arthroskopie 2007 · 20:94–104
23. Marcacci M, Molgora AP, Zaffagnini S et al. (2003) Anatomic double-bundle anterior cruciate ligamentreconstruction with hamstrings. Arthroscopy 19: 540–546

24. Yasuda K, Kondo E, Ichiyama H et al. (2006) Clinical evaluation of anatomic double-bundle anterior cruciate ligament reconstruction procedure using hamstring tendon grafts: comparisons among 3 different procedures. Arthroscopy 22: 240–251
25. Yagi M, Wong EK, Kanamori A et al. (2002) Biomechanical analysis of an anatomic anterior cruciate ligament reconstruction. Am J Sports Med 30: 660–666
26. Weber W (Hrsg) (1836) Mechanik der menschlichen Gehwerkzeuge. Dieterichsche Buchhandlung, Göttingen
27. Odensten M, Gillquist J (1985) Functional anatomy of the anterior cruciate ligament and a rationale for reconstruction. J Bone Joint Surg [Am] 67: 257–262
28. Der Meniskusersatz mit einem Kollagenimplantat CMI. R.Linke, M. Ulmer, A.B. Imhoff, Operative Orthopädie und Traumatologie 2006.
29. Artrhoscopic collagen meniscus implant results at 6 to 8 years follow up. S. affagnini, G. Giordano et al. Knee Surg. Sports Traumatol. Arthrosc 2006
30. Meniskusrekonstruktion Bewährte und innovative Verfahren, R. Seil, D. Kohn, Der Unfallchirurg 2001, Springer- Verlag.
31. Henning CE, Lynch MA, Clark JR (1987) Vascularity for healing of Meniscus repairs, Arthroscopy 3:13-18
32. Morgan CD, Casscells SW (1986) Artrhoskopic meniscus repair: safe approach to the posterior horns. Arthroscopy 2:3-12
33. Imhoff AB, Koenig U (2003) Arthroskopie – qualifizierte Stadieneinteilung der osteochondralen Läsion (OCL) am Knie. Arthroskopie 16: 23–28
34. Rodrigo JJ, Steadman JR, Silliman JF, Fulstone HA (1994) Improvement of full-thickness chondral defect healing in the human knee after debridment and microfracture using continous passive motion. Am J Knee Surg 109–116
35. Steadman JR, Rodkey WG, Briggs KK, Rodrigo JJ (1999) [The microfracture technic in the management of complete cartilage defects in the knee joint]. Orthopade 28:26–32
36. O`Driscoll SW (1998) The healing and regeneration of articular cartilage. J Bone Joint Surg Am 80: 1795–1812

79.17 Glossar

Acromioklavikulargelenk / ACG Gelenk zwischen Schulterdach und Schlüsselbein

Anterior, superior, inferior, posterior – anterior – vorne, superior – oben, inferior – unten, posterior – hinten

Ätiologie – Lehre von den Ursachen der Krankheit

Bankartmesser – Messer mit nach vorne gebogener Klinge die auf Schub schneidet

Beachchairlagerung – Sonnenstuhl Lagerung. Der Patient sitzt entspannt wie in einem Liegestuhl, der Arm kann seitlich verstellbar gelagert werden.

Bizepsankers – Urspungsort der Bizepssehne meist gebraucht in Verbindung mit der langen Bizepssehne.

Bizepssehne – Sehne des M. Bizipitalis, zweibäuchiger Muskel. Die lange Bizepssehne entspringt dem Oberrand des Glenoids, die kurze dem Rabenschnabelfortsatz

Bizepstenodese – Befestigung der Bizepssehne zumiest im Sulcus Bizipitalis, durch eine Schraube

Bio-Corkscrew-Anker FT Anker – PLDLA Anker der Firma Arthrex, mit innenliegender Fadenöse

Bio- Fastak – PLDLA Anker der Firma Arthrex, die Fadenöse ist in den Ankerkörper eingegossen

Bio-Interference-Schraube – PLDLA Schraube für die Fixation von Sehnentransplantaten

Bosworthschraube – Stahlschraube zur transklavikulären- intrakorakoidalen Stabilisierung von Klavikulaluxationen, Technik wurde von Bosworth beschieben.

Bursa subakromialis – Schleimbeutel und Verschiebeschicht unter dem Schulterdach

CPM- Schiene- Continuous Passive Motion Schien – bewegt das Knie automatisch nach eingestellter Winkelangabe und Dauer

Capsular Shrinkage – thermisches Verfahren das durch Gewebedenaturierung zu einem Schrumpfen von Gewebe führt

Deltamuskel – Dreiecksförmiger Muskel am Schulterrand

Dekortizieren – Abtragen der Knochenendschicht- Kortikalis

Double-Row-Technik – Zweireihen Technik bei der Rekonstruktion von abgerissenen Sehnen

79.17 Glossar

Double- Row Verankerung – zwei Reihen mit Ankern und über kreuzgeführten Fixationsfäden

Duckbill – Schneideinstrumentarium mit unterschiedlichen Schneidewinkeln

Drahtcerclage – Zugurtungstechnik um Bruchstücke in die physiologische Stellung zu bringen

Tenodese – Befestigung einer Sehne, meist durch eine bioresorbierbare Schraube

ETACS – Elektrothermisches-arthroskopisches-capsular- shrinkkage, Elektrothermisches Verfahren für die Verkleinerung der Gelenkkapsel durch Hitzedenaturierung

Fibertape- Fiber – Wire Material zu einem 3 mm breiten Band geflochten

Fiberchain Fibre – Wire Material zu einer Kette geflochten

Fibrewire – Fadenmaterial mit hoher Reißfestigkeit

Footprint – anatomische Ansatzstelle einer Sehne oder anat. Bandes

Glenoid – knöcherne Gelenkfläche des Schulterblatts auf der der Oberarmkopf artikuliert

Grazilis-Sehne – Sehne des Muskulus gracilis, Ursprung mediale Kante der Symphyse, Ansatz Pes anserinus- proximale Tibia

Hakenplatte – operatives Verfahren nach Wolter od. Balser. Ein Teil der Platte wird durch Schrauben auf der Klavikula befestigt der andere Teil durch die Hakenform unter das Schulterdach gesteckt

Herbertschraube – Osteosyntheseverfahren, Schraube mit dünnem Schaft und großem Gewinde am Vorderende und Schraubenkopf- Prinzip einer Zugschraube

Impingement – Einklemmungsymptomatik durch Weichteil oder mechanisch durch Hochstand des Oberarmkopfes

LACS – Laser-assisted-capsular-shrinkage, Laser unterstütze Kapselverkleinerung durch Hitze

Lasso Instrumentarium – Instrumentarium dient zur Durchstechung von Weichteilgewebe und Führung von Fäden

Klavikula – Schlüsselbein

Kirschnerdraht – Stahldraht 2-3 mm mit vierkant Spitze, wird häufig zur radiologischen Kontrolle intraoperativ für Markierungen verwendet

Kniegelenksorthese – Schiene mit Textilverbindungen die zur physikalischen Abstützung und Einschränkung der Beweglichkeit häufig postoperativ angelegt wird

korakoklavikulären Bänder – anatomische Bänder die zwischen Schlüsselbein und Rabenschnabelfortsatz die Stellung des Schlüüselbeins gewährleisten

Korbschneider – operatives Schneideinstrumentarium

Ligamentum akromiklavikulare superior – oberes Verbindungsband zw. Schulterdach und Schlüsselbein

Ligamentum trapezoideum – anat. Verbindungsband zwischen Schlüsselbein und Rabenschnabelfortsatz

Ligamentum konoideum – anat. Verbindungsband zwischen Schlüsselbein und Rabenschnabelfortsatz

Matratzennahttechnik – chirurgische fortlaufende Naht mit Fadenführung durch die vorhergehende Schlinge

Meniskusresektion – partielles od. totales Entfernen von Meniskusgewebe

Mikrofrakturierung – chir. Technik, durch eine Stahlahle werden kleine Löcher in die Kortikalis des Knochen geschlagen, hierdurch werden Wachstumsfaktoren und Blut ausgeschieden die eine Ersatzknorpelbildung anregen

Muskelathrophie – anat. Bezeichung für fehlenden Muskelaufbau. Nicht beanspruchter Muskel wird in fettgewebe umgebildet

M. Supraspinatus – dt. Obergrätenmuskel, für die seitliche Arm auf und ab Bewegung verantwortlich. Ursprung unterrand Spina scapulae, Ansatz Tuberkulum majus

Rockwood – Einteilung bei Schlüsselbeinluxationen, ab III° besteht die Empfehlung zur operativen Versorgung, I–II° Luxationen werden in der Regel konservativ behandelt

Rotatorenmanschette – Muskelmantel des Schultergelenks, führt zur Beweglichkeit des Oberamkopfes auf der Gelenkfläche des Schulterblatts. Die Rotatorenmanschette besteht von vorne beginnend aus: M. subscapularis, oben: M. supraspinatus, hinten: M. infraspinatus, M. terres major

subacromialen Raum – Raum unter dem Schulterdach, Durchtritt des M. supraspinatus und der Bursa subacromialis

Shuttlefaden – Faden der durch Weichteilgewebe geschoben wird und der dazu dient einen chirurgischen Faden durch das Gewebe zu ziehen

PDS-Band – Polydioxanone gebräuchliches chir. Fadenmaterial, resorbierbar nach ca. 180-210 Tagen, 50% Rissfestigkeit bis 35 Tage nach OP

Softspot – Ort für die Einbringung eines Arthroskopieportals, an diesem Ort besteht verminderte Gefahr für die Verletzung von Sehnen, Nerven, Blutgefässen

OPES (Orthopaedic Procedure Electrosurgical System)

Osteolysen – häufig materialinduzierte Abbaureaktionen beispielsweise des Knochens nach PLDLA schrauben Implantation

Single-Row-Technik – konventionelle Rekonstruktionstechnik für die Rotatorenmanschette, bestehend aus nur einer Reihe Fixationsankern

Sulcus intertubercularis – knöchernes Tal indem die lange Bizepssehne verläuft

Suture-Bridge-Naht – Knotenlose Technik mit Push-Lock- Ankern die in zwei Reihen eingebracht werden

Speedchain – Geflecht aus Fiber- Wire bestehend

Shaver – in einer Stahlkanüle geführtes Rotiermesser, Standartinstrument für die Resektion von Weichteilgewebe

SLAP – Abkürzung für Superior Labrum Anterior to Posterior Läsion der Knorpellippe am Glenoid

Spontanremissionen – Syn. Selbtsheilung, Spontanheilung

Stahltrokar – Stahlröhre durch die das Arthroskop in den Gelenkraum eingeführt wird

Syndesmose – Bindegewebige Struktur die beispielsweise das Wadenbein am Schienbein fixiert

Tenodese – Befestigung, operative Sehnenfixierung am Knochen

Varusgonarthrose – medialseitig betonte Arthrose des Kniegelenks bei vorhandenem O- Bein

Vierpunkt-Knieorthese – Hartrahmen- Stütze für die Stabilisierung des Kniegelenks

VKB – Abk. Vorderes Kreuzband

2:00 und 6:00 Uhr – für die Orte der Ankerapplikation projiziert sich der Operator ein Zifferblatt auf die Gelenkfläche des Glenoids

Die Bilder der Instrumente, Implantate und OP Schritte wurden mit freundlicher Unterstützung der folgenden Firmen/ Personen zur Verfügung gestellt.

* Arthrex Medizinische Instrumente GmbH
Liebigstrasse 13
85757 Karlsfeld
Germany
www.arthrex.de

**Synthes GmbH
Im Kirchenhürstle 4–6
79224 Umkirch
Germany
www.synthes.com

SB Dr. med. Stefan Buchmann, Abteilung für Sportorthopädie der TUM
SH PD Dr. med. Stefan Hinterwimmer, Abteilung für Sportorthopädie der TUM

80 Innovation durch Paradigmenwechsel – zur Bone Welding® Technologie

J. Mayer, G. Plasonig

80.1 Einleitung: Innovationsprozesse

Innovation entstand und entsteht in der Medizin häufig aus dem Bedürfnis des Klinikers heraus, bestehende chirurgische Techniken zu verbessern oder durch die Einführung neuer Methoden, chirurgische Zugänge zu ermöglichen, welche für den Patienten weniger traumatisch und für den Chirurgen technisch einfacher und damit sicherer sind.

Historisch gesehen wurden Innovationen bis weit in die zweite Hälfte des 20. Jahrhunderts vor allem durch Kliniker angeregt und auch massgeblich mitentwickelt. Als illustrative Beispiele hierfür seien die heute immer noch führenden und auch kommerziell sehr erfolgreichen Entwicklungen von Osteosynthesetechniken und Implantaten durch die AO (Arbeitsgemeinschaft für Osteosynthesefragen) oder auch die Einführung endoskopischer Operationstechniken erwähnt.

Beginnend mit den späten 70er Jahren haben aber zunehmend wissenschaftlich-technisch oder biologisch-biotechnologisch getriebene Entwicklungen wie zum Beispiel funktionelle, bioaktive Beschichtungen oder auch das Tissue Engineering an Bedeutung gewonnen. Dies vor allem in jenen Bereichen, welche die Integration neuer, der Medizintechnik bisher fremder Technologien („enabling technologies") erforderte. Besonders erfolgreich waren solche Entwicklungsanstrengungen, wenn sie zu einem eigentlichen Paradigmenwechsel in der chirurgischen Versorgung führen konnten. Im angelsächsischen Sprachraum bezeichnet man Technologien, welche das Potential haben Paradigmenwechsel zu induzieren, als „disruptive technologies". Da mit der Einführung neuer chirurgischer Techniken häufig schwer einschätzbare Risiken verbunden sind, ist der Zeitbedarf für weitreichende Paradigmenwechsel eher in Jahrzehnten als in Jahren zu bemessen. Die wechselvolle Geschichte des Tissue Engineering illustriert eindrücklich, dass solche Paradigmenwechsel häufig mehrere Anläufe benötigen, bis diejenigen Ansätze gefunden werden, welche auch eine Chance haben, sich klinisch durchzusetzen. Die Ursache hierfür liegt nicht nur an dem deutlich angestiegenen Kostendruck, sondern vor allem auch daran, dass es den meisten Ansätzen im Tissue Engineering bisher kaum gelungen ist, ihre konzeptionellen Vorteile auch im klinischen Alltag zu beweisen.

Das Tissue Engineering ist aber auch ein illustratives Beispiel dafür, wie sich die Mechanismen der Innovationsentwicklung verändert haben. Während diese bis zu den 80er Jahren vor allem im Rahmen von Kooperation von Klinikern und mittelständischen Unternehmen entstanden, hat mit der Konsolidierung der Medizintechnikindustrie in den 90er Jahren eine Verlagerung stattgefunden, wie sie sich 10 Jahre früher in der pharmazeutischen Industrie bereits abgezeichnet hat. Der Schwerpunkt der multinationalen Medinzintechnikunternehmen verlagerte sich auf die Vermarktung und die marktgerechte Weiterentwicklung bestehender Produktelinien. Die Grundlagenentwicklung neuer Technologien wie jene des Tissue Engineering hingegen findet auch aufgrund ihrer zunehmenden Komplexität vermehrt im Rahmen der Hochschulforschung statt. Die Weiterentwicklung bis zur klinischen Reife erfolgt über Unternehmensgründungen, welche durch private und institutionelle Investoren finanziert werden. Diese suchen in der Regel ihren Exit durch den Verkauf des Unternehmens, allenfalls weitergehend finanziert durch den Gang an die Börse.

Technologien, die als Teil eines Paradigmenwechsel gesehen werden und welchen die Chancen eingeräumt werden in einem schnell und stark wachsenden Anwendungsgebiet eine beherrschende Stellung zu übernehmen, sind dabei für Investoren besonders attraktiv, da im Idealfall ausserordentlich hohe Bewertungen erreicht werden können. Als Beispiel seien die Bandscheibenimplantate, welche 2002–2004 noch im Stadium der frühen klinischen Erprobung Preise zwischen $250M und $350M erzielt haben. Das jüngste Beispiel ist die Akquisition des Interspinous Process Spacer Systems X-Stop von St. Francis (USA). Dieses Implantat wird als Abstandshalter zwischen die dorsalen Fortsätze der lumbalen Wirbelkörper geschoben. Die Implantation erfolgt minimal invasiv und kann in einem weniger als einstündigen Eingriff ambulant durchgeführt werden. Durch die Spreizung der Fortsätze wird der Stenose entgegengewirkt und der Patient ist in den meisten Fällen postoperativ schmerzfrei. Das X-Stop System wurde nach nur einem Jahr nach seiner Markteinführung in USA von Kyphon für etwa $700M ($525M als Vorabzahlung, weitere $200M abhängig von der Marktperformance) übernommen. Der Markt für diese Systeme betrug 2006 etwa $30–40M, längerfristig wird ihm aber ein Potential von $1100M beigemessen [1]. Einer der Gründe, solche, als disruptive technologies erkannte Technologie zu akquirieren, liegt in der Notwendigkeit der Unternehmen, sich in Zielmärkten als Technologieführer zu differenzieren und damit das Feld aus marketing-strategischer Sicht möglichst langfristig zu besetzen.

80.2 Paradigmenwechsel in der Verankerung von Implantaten – die BoneWelding® Technologie

80.2.1 Geschichtliche Entwicklung

Die Ultraschallschweisstechnik [2] nimmt in der Verbindungstechnologie von polymeren Bauteilen eine besondere Stellung ein, indem die zum Verschweissen notwendige Energie durch dehnungsinduzierte Dämpfung an den Kontaktstellen freigesetzt wird und lokal zu Schmelzzonen induziert. Dabei ist es erforderlich, sowohl die Einkopplung des Schalls wie auch die Schallleitung respektive das Schwingverhalten des Bauteils möglichst verlustfrei zu gestalten, um die Energie an den Schweissstellen zu konzentrieren und ein unkontrolliertes Aufschmelzen zu vermeiden. Durch ein geschicktes, nach akustischen Kriterien ausgelegtes Design, wird mit einer vergleichsweise geringen Energiemenge innerhalb von Sekundenbruchteilen ein Aufschmelzen und intensives Durchmischen beider Schmelzen erreicht. Dies führt zu hochwertigen Verbindung mit minimaler Wärmeeinflusszone. Einer der prominentesten Anwendungen dieser Technologie liegt in der modernen Uhrentechnologie: erst die Verwendung von Ultraschallfügetechniken ermöglichte es Ende der 70ger Jahre Quarzuhren so günstig herzustellen, dass es sich nicht mehr lohnte, sie zu reparieren. Damit wurde eine eigentliche Revolution in der Uhrenindustrie eingeleitet.

Mitte der 90er Jahre wurden versucht, die Ultraschallschweisstechnik auf die Verbindung von Holzbauteilen zu übertragen. Anfängliche Versuche, Holzbauteile, welche mit thermoplastischen und daher schmelzbaren Lacken beschichtet wurden, über Ultraschall zu verbinden, scheiterten an der mangelnden Kontrollierbarkeit des Prozesses. Es zeigte sich aber, dass im Bereich von Schmelzezonen, der verflüssigte Lack tief zwischen die Holzfasern eingedrungen war. Das durch diese Infiltration entstandene Verbundgefüge zeichnete sich durch deutlich erhöhte mechanische Eigenschaften verbunden mit einem ausgeprägten kohäsiven Versagensverhalten aus. Mit der Übertragung der Technologie auf dübelartige, polymere Bauteile gelang der Durchbruch, da über den Dübel ein tief in die Holzstruktur eingehender Verbund erzeugt wurde. Die Homogenität dieser Verbundstruktur erlaubt eine nahezu kerbspannungsfreie Kraftüberleitung, womit die Tragfähigkeit von Schrauben gleicher Grösse um ein Mehrfaches überschritten werden konnte. Im Vergleich zu Klebeverbindungen, welche zum Erlangen der vollen Tragfähigkeit eine Abbindezeit von Minuten bis Stunden erfordern, wird diese in der durch Ultraschall erzeugten Verbindung innerhalb von wenigen Sekunden erreicht.

Die Analyse der bestehenden Patentliteratur zeigte die umfassende Patentierbarkeit des Prinzips, Verbindungen in porösen Materialien zu schaffen, indem thermoplastische Polymere durch mechanische Vibration verflüssigt und in die poröse Strukturen infiltriert werden. Damit waren die Voraussetzungen geben, das unter dem Namen WoodWelding® markengeschützte Verfahren durch Patente breit abzusichern sowie dieses als Plattformtechnologie für die unterschiedlichsten Anwendungen zu entwickeln und im Rahmen einer Lizenzierungsstrategie zu verwerten.

80.2.2 Einführung in das Grundkonzept des BoneWelding® Verfahrens

Leichte Hölzer wie spongiöser Knochen stellen mechanische Verankerungssysteme vor analoge Probleme, wenn es darum geht, Kräfte effizient und langfristig sicher einzuleiten. Spongiöser Knochen stellt aber als offenporige, mit Knochenmark ge-

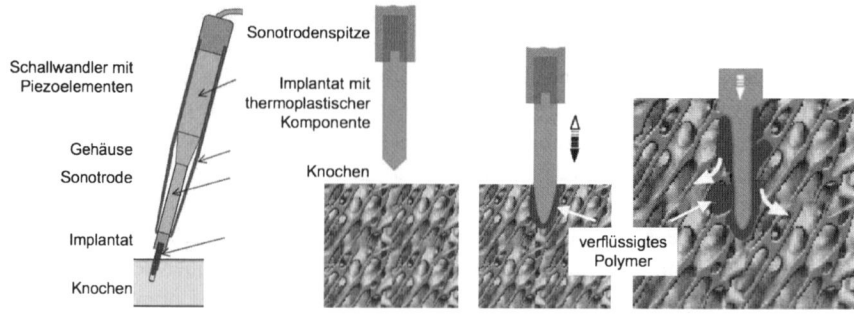

Abb. 80.1 Schematische Darstellung des BoneWelding® Prozesses: *Links:* Aufbaus eines Ultraschallgerätes mit angekoppeltem Implantat. *Rechts:* Implantationsprozesses: Durch innere und äussere Reibung verflüssigen sich die polymeren Komponenten im Kontakt mit dem Knochen und infiltrieren die vorhandene Porosität. Mit dem Erstarren des Polymeren kommt es zur Ausbildung einer mikroskopischen Verbundphase von Knochen und Implantat

füllte, thermisch sensible Struktur mit wesentlich höherer thermischer Leitfähigkeit und Wärmekapazität an den ultraschallinduzierten Schmelz- und Infiltrationsprozess kaum mit Holz vergleichbare Anforderungen. Entsprechend gross war der Innovationsschritt, die BoneWelding® Technologie für biologische Gewebe wie Knochen oder auch Zahnhartsubstanz zu entwickeln. Das Prinzip des BoneWelding® Verfahrens wird in Abb. 80.1 erläutert. Es beruht darauf, dass die Oberfläche eines thermoplastischen Implantates im Kontakt mit Knochen durch die hochfrequente Vibrationen lokal aufgeschmolzen werden kann:

- Die Vibrationen werden typischerweise durch ein Ultraschallgerät erzeugt, an welches das Implantat akustisch angekoppelt ist. Wichtig ist dabei, dass die von den Piezoelementen erzeugte und von Verstärker und Sonotrode bis zu 100 μm vergrösserte Amplitude (im Bereich von 20–30 kHz) möglichst verlustfrei auf das Implantat übertragen werden kann.
- Im Kontakt mit dem Knochen entstehen an der Oberfläche des entsprechend seinen akustischen Eigenschaften schwingenden Implantates lokale Spitzendehnungen, welche aufgrund der inneren Dämpfung des Thermoplasten in der Kontaktzone zum Knochen in Sekundenbruchteilen eine Schmelzzone erzeugen.
- Durch die Vorwärtsbewegung des Implantates wird die Schmelze in der Folge in die trabekuläre Struktur gepresst und erstarrt durch die hohe Wärmekapazität des Knochenmarks bereits nach einem relativ kurzen Fliessweg von 1–2 mm. Dieser mikroskopische Infiltrationsprozess lässt eine verbundwerkstoffartige, aus Trabekeln und Polymer gebildete, mechanisch stabile Interphase entstehen.

Die rasterelektronenmikroskopischen Aufnahmen in Abb. 80.2 illustrieren die mechanische Effektivität einer solchen Interphase. In diesem Experiment wurde ein mit Polylaktid beschichtetes Titanimplantat im Tibiaplateau (bovin) durch Ultraschall verankert. Im anschließenden Zugversuch zeigt sich deutlich, dass das Versagen nicht an der Implanatoberfläche sondern am Rand der Infiltrationszone auf-

80.2 Paradigmenwechsel in der Verankerung von Implantaten

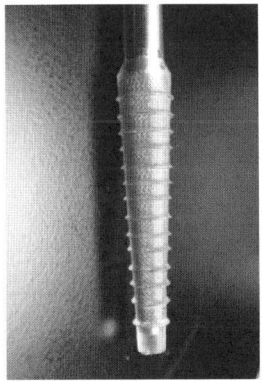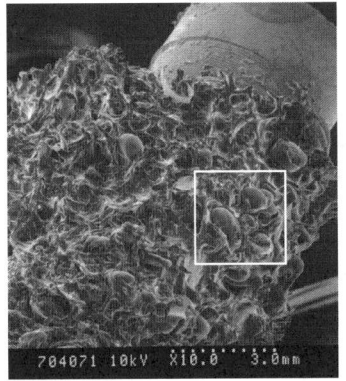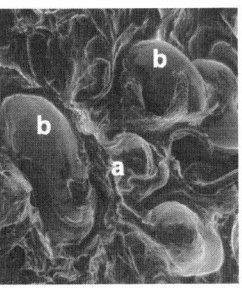

Abb. 80.2 Rasterelektronenmikroskopische Darstellung des Infiltrationsverhaltens bei einem mit Polylaktid beschichteten Titanimplantat (Durchmesser 4–6mm, Länge 40mm, *Bild rechts*): *Mitte:* Übersichtsdarstellung der Versagensflächen eines Pullout-Versuches aus dem spongiösen Knochen im Tibiaplateau (bovin), *Rechts:* Darstellung der zwischen die Trabekel (a) geflossenen Schmelze (b)

tritt. Der Grund liegt darin, dass die auf das Implantat wirkenden Kräfte durch die BoneWelding® Verbindung nahezu frei von lokalen Spannungsüberhöhungen, wie sie sonst typischerweise an den Gewindeflanken von Schrauben auftreten, in den Knochen eingeleitet werden können. Folglich kann die mechanische Tragfähigkeit des Knochens besser ausgenutzt werden.

Im Vergleich zu den heute etablierten Implantationstechniken ergeben sich in der Anwendung eine Reihe potentieller Vorteile:

- *Primärstabilität:* Das Implantat ist Sekunden nach der Implantation durch eine mikroskopische Verzahnung mit dem Knochen in eine Art und Weise verbunden, welche sämtliche Bewegungsfreiheitsgrade blockiert.
- *Designoptimierung:* Der axiale Implantationsprozess erlaubt neue Ansätze für das Implantatdesign, da für die Implantation keine Rotation des Implantats erforderlich ist. In biegebeanspruchten Stiftimplantaten (Schraube) könnte der lasttragende Querschnitt in der Form eines Doppel-T-Profils ausgestaltet werden, wodurch sich sowohl für die Übertragung der Kräfte in den Knochen erhöhen wie auch die Beanspruchung des Implantats deutlich reduzieren liessen. Vor allem in mechanisch geschwächtem, osteoporotischen Knochen könnte dies eine langfristig stabilere Verankerung von Implantaten ermöglichen.
- *Universalität:* Da in dem Prozess nur eine Randschicht von einigen hundert Mikrometern aufgeschmolzen wird, kann die BoneWelding® Technologie auch als Beschichtung auf hochbeanspruchten Implantaten eingesetzt werden. In Abb. 80.3 wird dieses Konzept für eine partielle Beschichtung erläutert: Die Beschichtung sichert die Primärstabilität des Implantates während die freien Oberflächen für eine gleichzeitige Osseointegration zur Verfügung stehen. Hierzu können resorbierbare Polymere, wie Polylaktide und ihre Copolymere ebenso eingesetzt werden, wie nicht resorbierenbare.

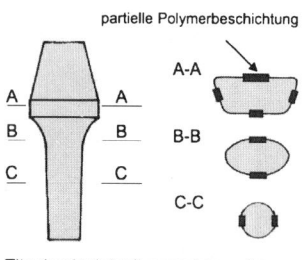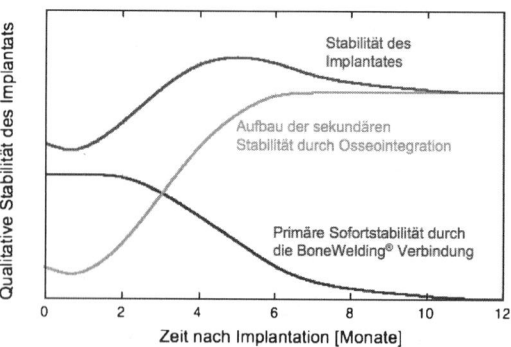

Abb. 80.3 Strategie der partiellen Beschichtung für das Konzept eines anatomischen, einteiligen Zahnimplantats: *links:* Implantat mit partieller Polymerbeschichtung zur Sicherung des Primärstabilität und polymerfreien Bereichen für die langfristige Osseointegration, Verankerung A-A: kortikal sowie B-B und C-C spongiös. *Rechts:* Darstellung der Beiträge beider Oberflächen zur Gesamtstabiliät des Implantates: Die initiale Primärstabililät durch die BoneWelding® Verbindung kompenisert die für die Lockerung kritische Phase und überbrückt die Zeit bis zum Erreichen der sekundären Stabilität durch die Osseointegration des Implantates

Der Vollständigkeit halber sei erwähnt, dass sich die Technologie nicht auf thermoplastische oder thermoplastisch beschichtete Implantate beschränkt, sondern dass zum Beispiel unter der Verwendung von Ultraschall thermoplastische Polymere im Inneren des Implantates aufgeschmolzen und durch Öffnungen in der Implantatoberfläche in den umgebenden Knochen extrudiert werden können. Dadurch wird ermöglicht, dass das Implantat im Gegensatz zu der oben beschriebenen Technik erst nach erfolgter Positionierung durch das Polymer fixiert wird.

Aus den obigen Ausführungen wird deutlich, dass die BoneWelding® Technologie eine eigentliche Plattformtechnologie darstellt, welche einen grundlegend neuen Weg zur Verankerung von Implantaten in Hartgeweben wie Knochen oder Zahngewebe aufzeichnet. So sind vorteilhafte Implantate nicht nur in der Stabilisierung von Frakturen oder der Verankerung von prothetischen Implantaten sondern auch in der Befestigungstechnik von Sehnen und Bändern oder sogar für restaurative Anwendungen in der Zahnmedizin wie Füllungen und Wurzelstifte denkbar. Wie in Abb. 80.4 illustriert, lassen sich mit dieser Technologie potentiell einige der zentralen klinisch-sozialen, wirtschaftlichen und technologischen Trends aufnehmen und in innovativen Implantaten umsetzen.

Gerade diese Breite der Anwendbarkeit stellte aber auch ein besonderes Risiko für die Entwicklungsstrategie dar, da jedes Indikationsgebiet detaillierte Kenntnisse zu den spezifischen Anforderungen an das Implantat und die chirurgische Technik erfordert. Um eine möglichst rasche und doch breite Umsetzung zu ermöglichen wurde die folgende, lizenzbasierte Strategie entwickelt:

- Patente und Know-How *(Intellectual Property, IP)* bilden die Kernwerte für die Lizenzgeberin WoodWelding SA.

80.3 Entwicklung zu einer Plattformtechnologie

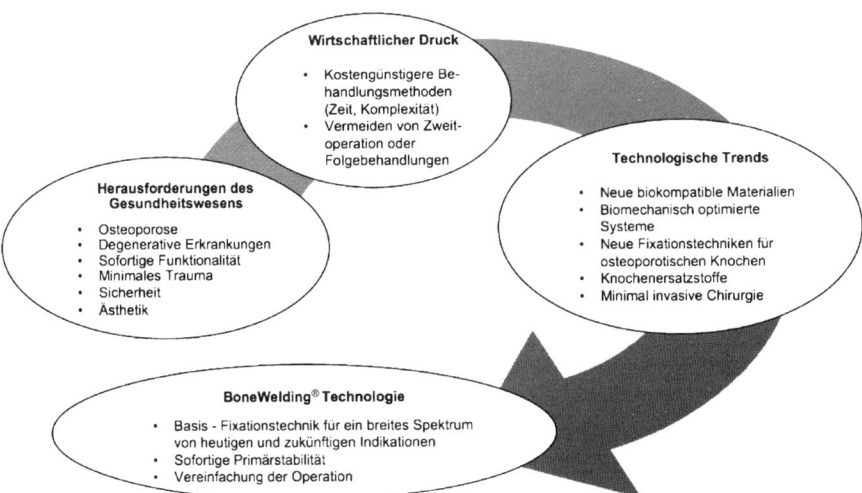

Abb. 80.4 Klinische, wirtschaftliche und technologische Randbedingungen für die Entwicklung der BoneWelding® Technologie

- Fokussierte Studien ermöglichen es der Lizenzgeberin, die Schlüsselrisiken zu bewerten und zeigen die essentiellen Differenzierungsfaktoren. Diese bilden auch die Grundlage für die Bewertung der Technologie in ihrer frühen Phase
- Die Produktentwicklung erfolgt vor allem durch die Lizenznehmer, wobei diese durch die Lizenzgeberin vor allem im Technologietransfer und in der Erarbeitung grundlegender Fragen unterstützt werden.
- Etablierung einer Technologieplattform *(Base Technology Concept),* welche von allen Lizenznehmern im vorwettbewerblichen Bereich gemeinsam mitentwickelt und genutzt werden kann. Dabei ist es entscheidend, vertraglich sicher zu stellen, dass die Lizenznehmer sich in der IP Entwicklung nicht gegenseitig blockieren können, sondern konstruktiv der Aufbau einer gemeinsamen IP Plattform vorangetrieben wird.

80.3 Entwicklung zu einer Plattformtechnologie

80.3.1 Klinische Problemstellungen

Spongiöser wie auch kortikaler Knochen stellen aufgrund ihrer viskoelastischen Werkstoffeigenschaften besondere Anforderungen an die dauerhafte Verankerung von Implantaten. Die Viskoelasitizität führt dazu, dass sich Vorspannungen, welche durch die Implantationstechnik, beispielsweise durch den Presssitz eines chondylär verankerten Prothesenschaftes oder durch das Anzugsmoment einer Schraube aufgebracht werden, mit der Zeit abbauen. In den meisten Fällen führt dies klinisch kaum zu Problemen, da die Implantation unter mechanisch stabilen Randbedingungen erfolgt. Falls diese aber zum Beispiel in der Reduktion einer Fraktur oder in der Verankerung einer Prothese nicht vollumfänglich erreicht wurden, kann es zur Lockerung des Implantates und im schlimmsten Fall zum dessen Funktionsverlust durch Herausdrehen von Schrauben, Resorption des spongiösen Knochenlagers oder Verlust der Osseointegration kommen.

Solche Problemstellungen haben zu Methoden geführt, um bei Implantaten sofortige Primärstabiliät zu sichern. Die wohl etablierteste ist die Verwendung von Polymethylmethacrylat basierten Zementsystemen für die Fixierung von Endoprothesen. Eine Vielzahl weiterer Anstrengungen wurde und wird weiterhin unternommen. Diese umfassen unter anderem die Entwicklung neuer Klebstoffe, in den Anfängen auch in Verbingung mit Ultraschall [3], in-situ polymerisierbare oder hydraulische, biodegradable Zemente, welche mit der Zeit ossär durchbaut werden sowie auch die Weiterentwicklung mechanischer Verankerungssysteme, vor allem in Verbindung mit der Beschleunigung des Osseointegrationsverhaltens durch noch bioaktivere Oberflächenbehandlungen.

In Tabelle 80.1 werden verschiedene Verfahren zur Verbesserung der Primärstabilität qualitativ verglichen. Die BoneWelding® Technologie weist dabei potentiell ein ausgeglichenes Eigenschaftsprofil auf, welches sich vor allem durch die schnell erreichbare maximale Tragfähigkeit der Verbindung zwischen Knochen und Implantat auszeichnet.

Technologien	Tragfähigkeit in Spongiosa	Trauma durch die Operation	Einfachheit der Anwendung	Sicherheit der Anwendung	Zeit bis zur vollen Tragfähigkeit
BoneWelding® Technologie	++	++	++	++	+++
Press-fit basierte Verankerung	+	+++	+++	++	-
Polymerer Knochenzement	+++	+	++	++	+
In-situ polymerisierende, degradable Polymere	++	-	+	+	+
Biodegradable Knochenzemente	+	+	+	-	+
Funktionalisierte Implantatoberflächen	+++	+++	++	++	-
Kleber	-	--	++	-	++
Mechanische Expansionssysteme	+	+	-	++	+++

„+" klinisch eher vorteilhaft, „-" klinisch eher nachteilig

Tabelle 80.1 Qualitative Bewertung von etablierten und in Entwicklung befindlichen Ansätzen, welche versuchen, möglichst rasch eine hohe Primärstabilität für ein Implantat zu erzielen

80.3 Entwicklung zu einer Plattformtechnologie

- *Tragfähigkeit in Spongiosa:*
  Verankerungen im Bereich der Epiphysen, des Beckens, der Wirbelkörper und auch mit ähnlich feinen Knochenstrukturen im Gesicht.
- *Trauma durch die Operation:*
  Geringe Beeinträchtigung des Gewebes durch das Implantationsverfahren; entscheidend ist, ob das Gewebe vollumfänglich regeneriert und ob seine Funktionalität erhalten bleibt.
- *Einfachheit der Anwendung:*
  Vereinfachung und Beschleunigung der Operationstechnik, geringere Anforderungen an den Ausbildungsstand des Chirurgen.
- *Sicherheit der Anwendung:*
  geringes Operationstrauma, Robustheit und Fehlertoleranz des Implantationsprozesses.
- *Zeit bis zu vollen Tragfähigkeit:*
  Primärstabilität, d.h. möglichst schnelle und sichere Belastbarkeit des Implantats intraoperativ und während der postoperativen Rehabilitation des Patienten.

80.3.2 Schlüsselfragen zur Machbarkeit

Die im diesem Kapitel diskutierten Schlüsselfragen adressieren das gezeigte Eigenschaftsprofil und ermöglichen so, die Machbarkeit und das klinische Potential der Technologie zu bewerten. Im Grundsatz stellen sich vergleichbare Fragen in jedem Entwicklungsprozess, sowohl um Kernrisiken auszuschliessen wie auch um besondere Stärken aufzuzeigen. Für die BoneWelding® Technologie betrifft dies vor allem die Frage nach der Biokompatibilität des Implantationsprozesses sowie das Potential der Verankerung zur Verbesserung der Biofunktionalität lasttragender Implantate.

Biokompatibilität
Hochleistungsultraschall kann durch verschiedene Mechanismen wie Kavitation, lokale Energiekonzentration an Grenzflächen wie am Periost oder aber durch Temperaturentwicklung lokale Traumata erzeugen. Eingehende Untersuchungen finden sich in der hyperthermischen Behandlung von Tumoren [4, 5] wie auch in der therapeutischen Nutzung von Ultraschall [6, 7]. Für das BoneWelding® Verfahren ist vor allem die thermische Einwirkung als kritisch zu werten. Kavitations- und Energiekonzentrationsphänomenen wird hingegen eine untergeordnete Bedeutung zugemessen, da die Schallemission durch das Implantat innerhalb des Knochens erfolgt und die trabekuläre Struktur den Schall stark streut.

Die Biokompatibilität des BoneWelding® Verfahrens wurde mittels in-vivo Studien am Schaf untersucht. Implantationen wurden im kortikalen Knochen (Diaphyse der Tibia) wie auch in primär spongiösen Arealen (Epiphysen von Femur und Tibia) durchgeführt, um zu klären, ob die Knochenarchitektur das Schmelzverhalten und damit das thermisch induzierte Trauma beeinflusst. Polymere Pins aus Poly-L(DL)-

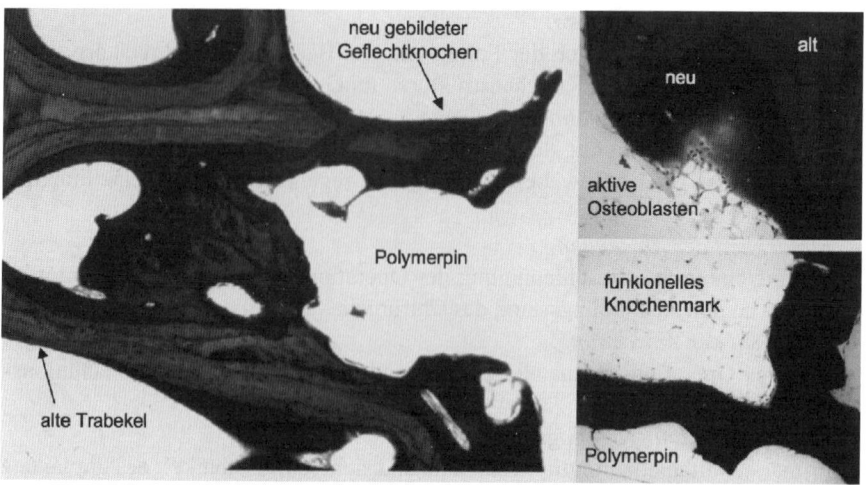

Abb. 80.5 Histologie eines Polymerpins (Ø 3.5mm, Implantationslänge 12 mm, PLDLLA 70/30, Implantation im Schaf, tibiale Epiphyse, Färbung mit Toluidinblau) nach 2 Monaten: *links:* Längsschnitt, deutliche Differenzierung von vorbestehenden (alten) trabekulären Knochen (hell, gut sichtbare Lamellen sowie Lakunen der Osteozyten) und dem im Kontakt mit dem Polymeren gebildeten, neuen Geflechtknochen (dunkel, unstrukturiert), keine Anzeichen einer inflammatorischen Reaktion, direkter ossärer Kontakt zwischen Polymer und Knochen *Rechts:* Längsschnitt, neu gebildete Trabekel (dunkel) im Kontakt mit dem Polymer sowie vollständig unauffällig ausgebildetes Knochenmark mit aktiven Osteoblasten. [8, 9]

Laktid sowie partiell beschichtete Titanimplantate wurden als Modellimplantate verwendet [8, 9]. Die histologischen Untersuchungen nach 2 Monaten (Abb. 80.5) sowie nach 6 Monaten (Abb. 80.6) ergaben dabei, dass für beide Implantattypen die akute Reaktion sowie die nachfolgenden Umbauprozesse sowohl im spongiösen wie auch im kortikalen Knochen vollständig unauffällig verliefen. Bei den Titanimplantaten wurde eine signifikante Erhöhung der Knochendichte beobachtet. Die Reaktionszonen im Knochen, in welchen verstärkt Umbauprozesse beobachtet wurden, betrugen zwischen 1–3 mm und waren im kortikalen Knochen tendenziell eher etwas ausgedehnter als im spongiösen Knochen.

In einer in vitro Vergleichsstudie wurden an gleicher Stelle und unter identischen Implantationsbedingungen Temperaturmessungen (Abb. 80.7) in 1 mm Distanz zum Implantat durchgeführt. Als Spitzenwerte wurden für einige Sekunden Temperaturerhöhung von bis zu 10 °C gemessen, welche bereits nach weniger als 30 Sekunden Werte von unter 43 °C erreichten. Die gemessene Ultraschallleistung verdeutlicht, dass der Schmelzprozess nur während ca. 2 Sekunden stattgefunden hat und damit bei einer gemessenen maximalen Eingangsleistung von 20W (für die Berechnung der effektiv applizierten Leistung müsste diese noch um den Wirkungsgrad des Instrumentes reduziert werden) eine vergleichsweise geringe Energiemenge über eine Kontaktfläche mit dem Knochen von ca. 40 mm^2 eingebracht wurde. Andere, etablierte Ultraschallanwendungen für die Osteotomie oder auch bei der

80.3 Entwicklung zu einer Plattformtechnologie

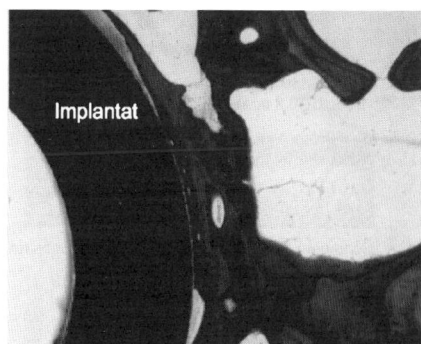
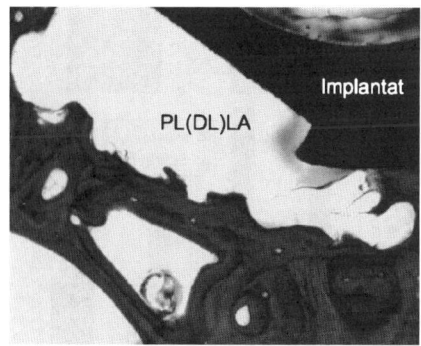

Abb. 80.6 Histologie eines partiell beschichteten Titanpins (Titanpin Ø 2.8 mm, sandgestrahlt und geätzt, Implantationslänge 12mm, Beschichtung PLDLLA 70/30, 0.5mm Dicke, 1 mm Breite, Implantation im Schaf, tibiale Epiphyse, Färbung mit Toluidinblau) nach 6 Monaten: *links:* Gut ausgebildete Osseointegration (vergleichbar mit der Situation nach 2 Monaten), abgeschlossener Remodellingprozess der spöngiösen Struktur mit signifikant erhöhter Knochendichte *Rechts:* Interdigitation zwischen Knochenlamelle und Polymer, keine fibrösen Infiltrate. [8, 9]

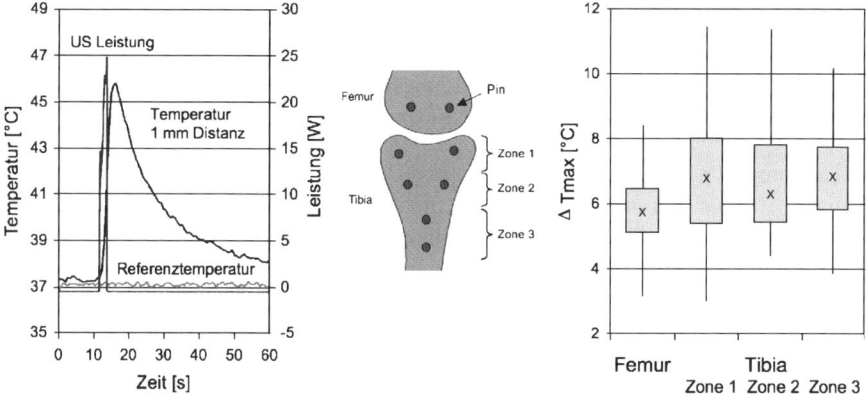

Abb. 80.7 In-vitro Messung der thermischen Belastung während des Implantationsprozesses. Die Implantationsbedingungen entsprechen dem in-vivo Versuch (vergleiche Abb. 62.5 & 62.6), die Thermoelemente wurden in 1mm Distanz zur Implantatoberfläche platziert: *links:* Exemplarisches Temperaturprofil in Korrelation mit der über 2 Sekunden eingebrachten Ultraschallleistung. *Mitte:* Darstellung der Implantationsstellen im distalen Femur und der proximalen Tibia eines Schafes. *Rechts:* Temperaturspitzenwerte (Box-Plot Darstellung mit Median, n=7) für die Implantationsstellen. Es sind keine signifikanten Differenzen zwischen spongiösen (1&2) und kortikalen (3) Zonen erkennbar [9]

Zahnsteinentfernung benötigen ähnliche Leistungen, werden aber über wesentlich längere Zeiträume oder konzentriert auf kleinere Flächen eingebracht.

Die Wirkung des thermischen Traumas wird immer durch die Dosis bestimmt. Das heisst, es muss nicht nur die Spitzentemperatur sondern vor allem auch die Expositionszeit in die Beurteilung mit einbezogen werden. Für die hyperthermische

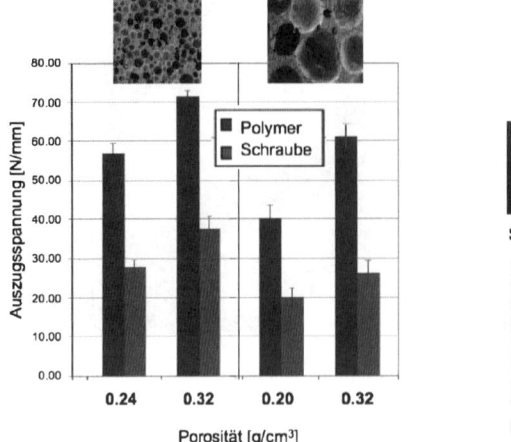

Abb. 80.8 Biomechanische Vergleichsstudie von BoneWelding® Pin (PLDLLA 70/30) und Spongiosaschraube (beide mit Ø 3.5mm) im Knochenmodel (Sawbone solid rigid (feinporig) & cellular rigid (grobporig)): *links:* Dickennormierte Auszugsspannung, unabhängig von Porosität und Porengrösse werden etwa die doppelten Werte erreicht. *Rechts:* Versagensverhalten: die Schraube *(oben)* zeigt ein typisches, durch die Spannungskonzentration an der Gewindeflanke erzeugtes Versagen im Interface (cut-out) während beim BoneWelding® Pin immer das Substrat versagt und das Interface stabil bleibt. [18]

Behandlung von Tumorgeweben wurde eigens eine Methode zur Bestimmung der kritischen Dosis in Form einer äquivalenten Expositionszeit bei 43°C entwickelt [10]. Diese Methode hat sich auch zur Beurteilung der thermischen Belastbarkeit von Weichgeweben etabliert, für Knochengewebe hingegen ist man auf klinische Erfahrung respektive Ergebnisse aus Tierversuchen angewiesen. Kortikaler wie auch spongiöser Knochen zeichnen sich dadurch aus, dass sie auch dann mechanisch funktionell bleiben und regenerieren können, wenn ihre zellulären Bestandteile über grössere Areale durch ein thermisches Trauma geschädigt worden sind. Typische Beispiele hierfür finden sich bei der Zementierung von Prothesen [11], beim Bohren [12, 13], bei Schnitten mit der oszillierenden Säge [14] oder auch in der Augmentation von Wirbelkörpern (Vertebroblastie) mit Knochenzementen [15, 16].

Die Verknüpfung der Histologien mit den gemessenen Temperaturverläufen sowie den klinischen Daten zu den erwähnten thermisch sensitiven Prozessen können als Referenz für die weitere Entwicklung von Implantaten herangezogen werden. Solange die in-vitro im Knochen gemessenen Zeit-Temperaturverläufe in einem vergleichbaren Rahmen bleiben, sollten auch keine kritischen Befunde in vivo zu erwarten sein. Damit lassen sich die Anzahl der notwendigen Tierversuche zuverlässig auf ein Minimum reduzieren.

In weiteren in-vivo Studien wurden mit partiell beschichteten Titanimplantaten im Vergleich zu unbeschichteten, aber sonst baugleichen Pressfit Implantaten ein verbessertes Osseointegrationsverhalten sowie, damit verbunden, signifikant erhöhte Ausdrehwerte gemessen. Diese Ergebnisse verdeutlichen nicht nur, dass das mit

80.3 Entwicklung zu einer Plattformtechnologie

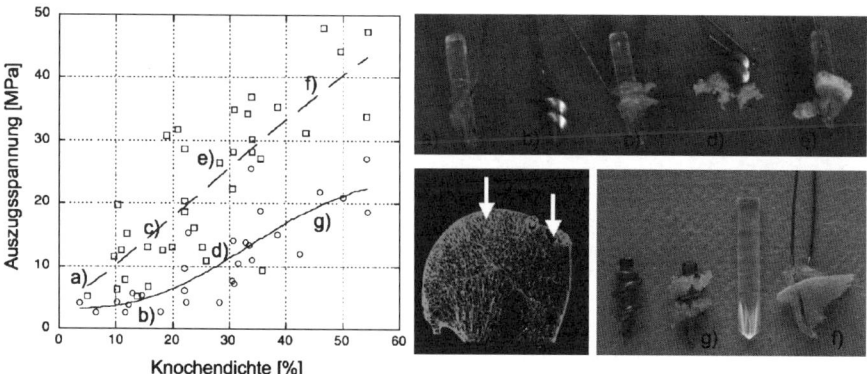

Abb. 80.9 Biomechanische Vergleichsstudie von BoneWelding® Pin (PLDLLA 70/30, Ø 3.5mm) und Titan Fadenanker (Corkscrew, Arthrex, Ø 5mm) am osteoporotischen humanen Humerus. Knochendichtebestimmung über vorgängige μ-CT Analysen an den Implantationsstellen (n=16): *links:* ergleichende Darstellung der querschnittsnormierten Auszugsspannung, deutlich wird die bessere Ausnutzung der Knochenfestigkeit durch den Pin, respektive bei tiefen Knochendichten die Schwächung des Knochens durch die Schraubenverankerung. *Rechts:* Zuordnung des Versagensverhaltens zu den Knochendichten, deutliche Differenzierung zwischen Versagen im Knochen beim BoneWelding® Pin und typischem cut-out Verhalten beim Fadenanker [19]

dem BoneWelding® Verfahren verbundene Implantationstrauma beherrschbar ist, sondern es ergeben sich auch erste Hinweise, dass das Heilungs- und Osseointegrationsverhalten sogar gefördert wird. Die Ursache hierfür ist noch nicht schlüssig geklärt, aber es ist anzunehmen, dass die erhöhte Primärstabilität und die damit verbundenen Kontrolle über die Mikrobewegungen im Interface zwischen Implantat und Knochen eine wesentliche Rolle spielen. Es konnte zudem gezeigt werden, dass die partielle polymere Beschichtung vollständig resorbiert und durch Knochen ersetzt wird. Die damit gezeigte vollständige Osseointegration eines belasteten BoneWelding® Implantats stellt einen entscheidenden Meilenstein für die Machbarkeit hochbelasteter Implantate dar.

Biomechanisches Potential
Erfahrungen in den technischen Anwendungen der WoodWelding® Technologie haben gezeigt, dass selbst hochporöse und spröde Substrate eine vorteilhafte Kopplung erlauben, da durch die im Interface gebildete Schmelzeschicht und die hochfrequenten Pulse eine strukturschonende Infiltration ermöglicht wird. Klinisch ist vor allem Verankerung im spongiösen Knochen, insbesondere beim älteren, zu Ostoporose tendierenden Patienten problematisch [17].

Das BoneWelding® Verfahren könnte einen interessanten Ansatz bieten, sofern klinisch relevante Verbesserungen gegenüber dem Stand der Technik erreicht werden können. Erste biomechanische Studien am Knochenmodell (Abb. 80.8) [18] sowie am humanen osteoporotischen Knochen (Abb. 80.9) [19] bestätigen dieses Potential mit vergleichbaren Ergebnissen. In beiden Fällen konnte die Festigkeit des

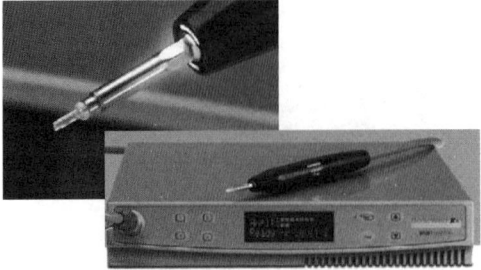 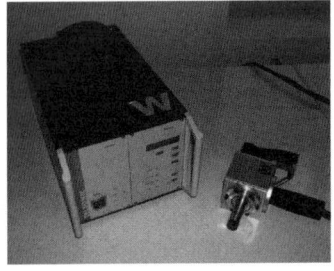

Abb. 80.10 Ultraschall-Handmaschine *links:* 20 Watt, 30 kHz Handmaschine wie sie von KLS-Martin für ihr SonicWeldRX System für die cranio-maxillofaziale Chirurgie 2005 in USA und Europa eingeführt wurde. *Rechts:* 1500 Watt, 20 kHz Handmaschine, Prototyp für die Implantation von Implantaten bis zur Grösse von Hüftendoprothesen

Empfängergewebes durch die günstigere Krafteinleitung und die damit verbundene Vermeidung von lokalen Spannungskonzentrationen deutlich besser ausgenutzt werden. Ähnliche Ergebnisse wurden auch in Ermüdungsversuchen erzielt [18].

Eine Veränderung der molekularen Eigenschaften (z. Bsp. Molekulargewichtsverteilung, Restmonomergehalt bei degradablen Polymeren) der Polymere durch das BoneWelding® Verfahren ist nicht anzunehmen, da die thermo-mechanische Beanspruchung des Polymeren deutlich unter der Belastung liegt dürfte, welchen das Polymer während der Herstellung und der Verarbeitung im Spritzgussprozess unterliegt. Bei der Verwendung von resorbierbaren Polymeren ist daher auch davon auszugehen, dass das Degradationsverhalten auf molekularer Ebene nicht relevant beeinflusst wird. Die mechanischen Eigenschaften und ihre Entwicklung im Verlauf des Degradationsprozesses könnten hingegen durch den Schmelz- und Erstarrungsprozess verändert werden. Daher ist es notwendig, diese im Rahmen von in-vitro Untersuchungen sowie im Zusammenhang mit Frakturheilungsprozessen [20] oder der Osseointegration von Implantaten mittels Tierstudien zu überprüfen.

Maschinentechnologie
Neben der Biokompatibilität und der Biofunktionalität der Implantate stellt die Verfügbarkeit geeigneter Ultraschall-Handmaschinen eine zwingende Vorraussetzung für die erfolgreiche Anwendung des BoneWelding® Verfahrens dar. Die Basistechnologie hierfür ist, wie in Abb. 80.10 illustriert, in einer grossen Leistungsbandbreite verfügbar. Die Herausforderung in der Instrumentenentwicklung liegt in der Anpassung der Handmaschinen an die Erfordernisse der Implantationstechnik wie der Ergonomie der Handhabung und insbesondere der Kontrolle der Schallübertragung von der Sonotrode auf das Implantat.

Abb. 80.11 Schematische Darstellung des Implantationsprozesses für das SonicWeldRX System *links:* Ein resorbierbarer Pin wird mittels Ultraschall in ein vorgebohrtes Führungsloch eingebracht.*Mitte:* Aufgrund der Änderung des Aggregatszustandes können die oberflächennahen Anteile des Pins in knöcherne Hohlräume vordringen und erzielen so die Ausbildung eines homogenen Verbundes mit der knöchernen Struktur. *Rechts:* In der abschliessenden Phase der Insertion kommt es zum Verschweissen des von Pin und Platte. Damit wird ein Verriegelungseffekt mit der Plattenoberfläche erreicht

80.3.3 Klinische Anwendung in der cranio-maxillofazialen Chirurgie

Die Entwicklung des ersten, klinisch anwendbaren Systems wurde bereits 2002 gemeinsam mit der Karl Leibinger Medizintechnik GmbH&Co KG begonnen und 2005 unter der Bezeichnung SonicWeldRX sowohl in den USA wie auch in Europa für die cranio-maxillofaziale Chirurgie eingeführt (Abb. 80.11). Das neue System basierte im Grundsatz auf den bereits bestehenden Schrauben – Platten Systemen. Die Entwicklung konzentrierte sich in der ersten Phase auf den Ersatz der Schrauben durch einen mit Ultraschall zu implantierenden Pin. Biokompatibilität und Biofunktionalität wurde im Benchmark-Vergleich mit den heutigen degradablen Osteosynthesesystemen in mehreren in-vivo Studien (Craniotomie [21], chondyläre Osteotomie am Kiefergelenk [22]) dokumentiert.

Die Stärke des neuen Systems liegt darin, dass auf das zeitaufwändige und vor allem in feinen Knochenstrukturen anspruchsvolle Gewindeschneiden verzichtet sowie dass mit der neuen Technik der Zeitbedarf für Implantation um mehr als 50% reduziert werden konnte [20]. Bei Mesh-Systemen, welche in der cranialen Chirurgie zur Korrektur von Syndromen (z.B. Apert, Crouzon) bei Kleinkindern mit bis zu 100 Pins oder Schrauben fixiert werden, kann dieser Zeitgewinn klinisch bedeutsam sein.

Zudem wurde durch die prozessintegrierte Verschweissung der Pins mit der Platte ein winkelstabiles Osteosynthesesystem realisiert, dass im Bezug auf die Stabilität der Osteosynthese vergleichbaren Platten-Schrauben um ein Mehrfaches überlegen ist (Abb. 80.12). In vergleichenden biomechanischen Untersuchungen an cranialen Osteotomien im Schaf in vivo haben sich diese Befunde bestätigt. Die Osteosynthesen erreichten schneller einen höheren Grad an mechanischer Stabilität, dies selbst 6 Monate post OP nach fortgeschrittener Degradation der Implantate [20].

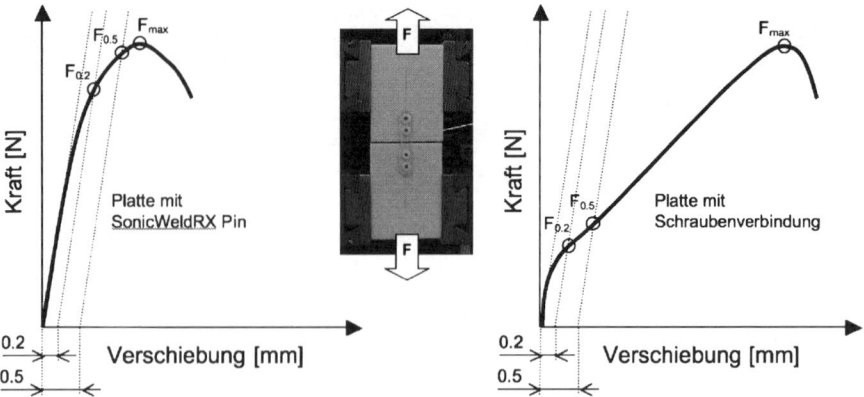

Abb. 80.12 Vergleichende Stabilitätsanalyse am Osteosynthesemodell (4-Loch PDLLA Platte mit vergleichbar dimensioniertem SonicWeldRX Pin oder Mikroschraube (beide PDLLA), Substrat Sawbone, solid rigid). Die Kräfte F02 und F05 als Mass für Stabiliätsgrenze der Osteosynthese zeigen ca. 300% und die maximale Festigkeit der Osteosynthese Fmax 70% höhere Werte bei einer Verankerung mit der BoneWelding® Technik und gleichzeitiger Verschweissung von Platte und Pin

80.3.4 Weitere Anwendungsgebiete

Die Universalität der Verankerung des Implantats sowie die Charakteristika des Implantationsprozesses ergeben ein weites Feld möglicher weiterer Anwendungsgebiete. Seid 2004 / 2005 werden gemeinsam mit den Lizenznehmern Implantate für die Traumatologie und die Sportmedizin sowie für Zahnimplantate entwickelt. Weitere Entwicklungen wie für die Wirbelsäulenchirurgie, für Gelenkimplantate oder auch für die photodynamische Therapie von Tumoren sind in Vorbereitung.

Bei allem Enthusiasmus, welche eine so breit angelegte und abgestützte Entwicklung einer Plattformtechnologie mit sich bringt und trotz der erfolgreichen Einführung des SonicWeldRX Systems, muss man sich bewusst sein, dass die BoneWelding® Technologie auch nach 5 Jahren immer noch in ihren Anfängen steckt. Die klinische Erfahrung bezieht sich bisher ausschliesslich auf die craniomaxillofaziale Anwendung. Eine weitergehende, erfolgreiche Entwicklung, wie in Abb. 80.13 illustriert, wird entscheidend davon abhängen, dass auch für höher belastete Anwendungen erfolgreiche Lösungen realisiert werden können und diese Lösungen nicht nur mechanisch sondern vor allem in der chirurgischen Anwendung klinisch relevante Vorteile erbringen. Dabei werden wesentliche Impulse nicht nur von den klinischen Anwendern sondern vor allem auch durch gebietsüberschreitende Innovationen weitere Anwendungsfelder eröffnen. Das oben angesprochene Base Technology Concept sowie die im folgenden Kapitel diskutierte Innovationskultur bilden wesentliche Voraussetzungen hierfür.

80.3 Entwicklung zu einer Plattformtechnologie

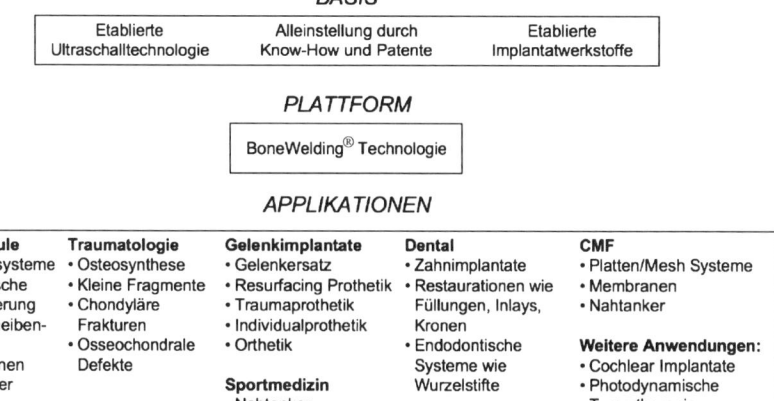

Abb. 80.13 Entwicklungsperspektiven für die BoneWelding® Technologie in der Orthopädie, Zahnmedizin und weiteren Anwendungsfeldern

Plattformtechnologien erforderten gerade in der Medizintechnik häufig Jahrzehnte lange Anstrengungen, bevor sie sich umfassend durchsetzen konnten. Die Minimierung dieser Zeitspanne ist vor allem, aber nicht nur aus Sicht der begrenzten Laufzeit von Patenten notwendig, um die Wertschöpfung zu maximieren. Dies setzt eine optimale Know-How Entwicklung zum Beispiel zwischen Lizenzgeber und Lizenznehmern sowie im Bereich der im vorwettbewerblichen Forschung und Entwicklung gemeinsam unter den Lizenznehmern voraus. Aus einer wirtschaftlichen Notwendigkeit heraus hat sich in vielen Technologiegebieten wie er Kommunikationstechnik, im Automobilbau oder selbst in der Pharmaindustrie der Ansatz der gemeinsam getragenen vorwettbewerblichen Forschung in der Entwicklung von Technologieplattformen seid Jahren etabliert. In der Medizintechnik besitzt dieser Ansatz immer noch Seltenheitswert. Es ist allerdings zu erwarten, dass mit steigenden Anforderungen an die Komplexität und dem schnell zunehmendem Kostendruck die Bereitschaft dafür, solche Ansätze zu entwickeln, zunehmen wird.

80.4 Literatur

1. First Albany Equity Research, Motion Preservation: Innovations in Spinal Implants, 2007, p. 9.
2. Grewell D.A., Benatar A., Park J. (eds.), Plastics and Composites Welding Handbook, Hanser Publishers Munich, 2003.
3. Forssell H., Aro H., Aho A.J., Experimental osteosynthesis with liquid ethyl cyanacrylate polymerized with ultrasound. *Arch Orthop Trauma Surg*, 103, 1984, p. 278 –283.
4. Dewey W.C., Arrhenius relationships from the molecules and the cells to the clinic., *Int. J. Hyperthermia* 10, 1994, p. 457–483.
5. Rivens I., Shaw A., Civale J. Morris H., Treatment monitoring and thermometry for therapeutic focused ultrasound, *Int. J. Hyperthermia,* 23, 2007, p. 121–139.
6. Iwashina T., Mochida J., Miyazaki T., Watanabe T., Iwabuchi S., Ando K., Hotta T., Sakai D., Low-intensity pulsed ultrasound stimulates cell proliferation and proteoglycan production in rabbit intervertebral disc cells cultured in alginate., *Biomaterials* 27, 2006, p. 354–361.
7. Kleinstück F.S., Diederich C.J., Nau W.H, Puttlitz C.M., Smith J.A., Bradford D.S., Lotz J.C., Temperature and thermal dose distributions during intradiscal electrohermal therapy in the cadaveric lumbar spine., *Spine* 28, 2003, p. 1700–1709.
8. Langhoff J.D., Evaluation der BoneWelding® Technologie zur Verankerung von Implantaten im Knochen – eine Studie am Schaf, Dissertation Universität Zürich, 2006.
9. Langhoff J.D., Kuemmerle J.M., Mayer J., Weber U., Berra M., Mueller J.M., Kaestner S., Auer J.A., von Rechenberg B., Biocompatibility of an ultrasound assisted anchoring technique (BoneWelding® Technology) for enhanced fixation of implants to bone - an experimental study in sheep; *Journal of Applied Orthopedics*, 2007, submitted.
10. Sapareto S.A., Dewey W.C., Thermal dose determination in cancer therapy. *International Journal of Radiation Oncology,* 10, 1984, p. 787–800.
11. Goodman S.B., Schatzker J., Sumner-Smith G., Fornasier V.L., Goften N., Hunt C., The effect of polymethylmethacrylate on bone: an experimental study. *Arch Orthop Trauma Surg*, 104, 1985, p. 150–154.
12. Bennington I.C., Biagioni P.A., Briggs J., Sheridan S., Lamey P-J., Thermal changes observed at implant sites during internal and external irrigation. *Clin Oral Impl Res*, 13, 2002, p. 293–297.
13. Davidson S.R.H., James D.F., Drilling in Bone : Modeling heat generation and temperature distribution. *Journal of Biomechanical Engineering*, 125, 2003, p. 305–314.
14. Stanczyk M., Telega J.J., Heat transfer problems in orthopaedics. Engineering Transactions, 51, 2004, p. 267–275.
15. Deramond H., Wright N.T., Belkoff S.M., Temperture elevation caused by bone cement polymerization during vertebroblasty. *Bone*, 25, 1999, p. 178–218.
16. Baroud G., Swanson T., Steffen T., Setting properties of four acrylic and two calcium-phosphate cements used in vertebroblasty. *Journal of Long-Term Effects of Medical Implants*, 16, 2006, p. 51–59.
17. Kim W.Y., Han C.H., Park J.I., Kim J.Y., Failure of intertrochanteric fracture fixation with a dynamic hip screw in relation to pre-operative fracture stability and osteoporosis. *Int Orthop.* 25, 2001, p. 360–362.
18. Ferguson S.J., Weber U., von Rechenberg B., Mayer J., Enhancing the mechanical integrity of the implant-bone interface with BoneWelding technology: determination of quasi-static interfacial strength and fatigue resistance. *J Biomed Mater Res B Appl Biomater, 77,* 2006, p. 13–20.
19. Meyer D.C., Mayer J., Weber U., Mueller A., Koch P.P., Ultrasonically implanted PLA suture anchors are stable in osteopenic bone. *Clin Orthop Relat Res*, 442, 2006, p. 143–148.
20. Pilling E., Meissner H., Jung R., Koch R., Loukota R.. An experimental study of the biomechanical stability of ultrasound-activated pinned (SonicWeld Rx((R))+Resorb-X((R))) and screwed fixed (Resorb-X((R))) resorbable materials for osteosynthesis in the treatment of simulated craniosynostosis in sheep., *British Journal of Oral and Maxillofacial Surgery*, 2007, in press.

80.4 Literatur

21. Pilling E., Mai R., Theissig F., Stadlinger B., Loukota R., An experimental in vivo analysis of the resorption to ultrasound activated pins (Sonic weld((R))) and standard biodegradable screws (ResorbX((R))) in sheep., *British Journal of Oral and Maxillofacial Surgery*, 2007, in press.
22. Mai R., Günter Lauera G., Pilling E., Jung R., Leonhardt H., Proff P., Stadlinger B., Pradel W., Eckelt U., Fanghänel J., Gedrange T., Bone welding – A histological evaluation in the jaw; *Annals of Anatomy*, 2007, in press.
23. Edge, G.: „Inspirational Management"; in: Journal of Business Recreation, Januar 2000.
24. Lanyon L., Skerry T., Postmenopausal osteoporosis as a failure of bone's adaptation to functional loading: a hypothesis. *J Bone Miner Res*, 16, 2001, p. 1937–1947.
25. Peter, J.: „Grossbaustelle Hochschullandschaft" in: Die Welt, 1.4.2004
26. Reier, S.: „From Vienna to Harvard"; in: International Herald Tribune (IHT), 10.6.2000
27. Zahn, E. (Hrsg.): „Handbuch Technologiemanagement", Stuttgart 1995

81 Biomaterialien für die Knochenregeneration

W. Lütkehermölle, P. Behrens, S. Burch, M. Horst

81.1 Einleitung

Knochenverluste können sowohl mit auto- oder allogenem Knochen aufgefüllt werden, wie auch mit einem nicht vaskularisierten, freien, kortikospongiösen Span behandelt werden. Langstreckige Substanzverluste können mit mikrovaskulär angeschlossenen, autogenen oder allogenen, vaskularisierten Transplantaten überbrückt werden. Segmentale Unterbrechungen der knöchernen Kontinuität an langen Röhrenknochen können mit Hilfe der Distraktionsosteogenese behandelt werden [1]. Die besten biologischen Voraussetzungen zur Defektauffüllung bietet die autologe Spongiosatransplantation. Sie ermöglicht zudem den grössten Heilungserfolg [2]. Aufgrund der limitierten Verfügbarkeit besteht jedoch auch eine Nachfrage nach Alternativen.

Die Verwendung von sogenannten Knochenbankmaterialien als allogener Knochenersatz erwies sich in den letzten Jahren als zunehmend problematisch. Unerwünschte Immunreaktionen, ungewollte Infektionsübertragungen [3, 4] und der nicht unerhebliche Kostenfaktor der Knochenbanken schränkten den Gebrauch deutlich ein [5]. Gerade die Gefahr der Infektionsübertragung führte zu einem erneuten Auftrieb bei der Suche nach Materialien, die natürlichen Knochen adäquat ersetzen können und die gleichzeitig in grossen Mengen verfügbar sind.

81.2 Klassifizierung und Anforderungen an Knochenersatzmaterialien

Ein Biomaterial, das als Knochenersatzmittel eingesetzt werden soll, muss die folgenden Anforderungen erfüllen:

- keine Gewebenekrosen, bedingt durch eine zelluläre Toxizität [6].
- nicht kanzerogen [7].
- Korrosions- und chemische Stabilität [8].

- keine Antigenität [9].
- keine unterschiedlichen Wirkungen beim Vergleich von Langzeit- und Kurzzeitimplantationen.
- kostengünstige Herstellung.
- problemlose Lagerfähigkeit.
- freie Verfügbarkeit.
- Sterilisierbarkeit.
- ähnliche Beschaffenheit, wie es die Knochentextur, in die es implantiert werden soll, vorgibt [10].
- bioaktiv [59].
- mechanische Stabilität.

Weitere Forderungen an ein ideales Biomaterial sind, dass es sich mit Medikamenten mischen lässt (drug delivery system), dass eine Verbindung mit auto- und/oder allogenem Material möglich ist, dass Knochenersatzmittel in unterschiedlichen Formen, wie z. B. Blöcke, Granulat etc. hergestellt werden kann [8] sowie, dass es intraoperativ formbar und dem Defekt anpassbar ist [11, 12].

Eine Einteilung von Knochenersatzmaterialien kann in 4 Gruppen erfolgen:

I. synthetische, anorganische Knochenersatzmaterialien
II. synthetische, organische Knochenersatzmaterialien
III. biologisch, organische Knochenersatzmaterialien
IV. Komposite

Die Substanzen der Gruppe I können alle aus der anorganischen Phase des Knochens gewonnen werden, wobei sie in der Regel aber aus Ausgangsmaterialien mit pulverförmiger Konsistenz synthetisch hergestellt werden. Die aus Korallen und Algen gewonnenen Materialien, die aufgrund ihrer Herkunft Bestandteile der biologisch, organischen Knochenersatzmaterialien wären, werden aufgrund ihrer Zusammensetzung und ihrer beschriebenen Wirkmechanismen der Klasse der synthetisch, anorganischen Biomaterialien zugeordnet.

Die Materialien der Gruppe II sind synthetische, organische Stoffe, die in vivo nicht in der organischen Phase des Knochens vorkommen. Aufgrund dessen werden die organischen Polymere und deren Kombinationen bisher noch nicht als Knochenersatzmaterialien im engeren Sinne verstanden.

Die biologisch, organischen Knochenersatzmittel der Gruppe III wurden erstmalig aus der organischen Phase des Knochengewebes extrahiert und werden heute zum Teil gentechnologisch hergestellt.

Die Substanzen der Gruppe IV werden durch Addition zweier verschiedener Knochenersatzmaterialien oder mit einer nicht vorbehandelten biologischen Substanz, wie z. B. autologer Spongiosa, hergestellt. Hierbei kommen die unterschiedlichsten Kombinationen von Materialien, die in der Knochenersatzchirurgie Anwendung gefunden haben, zum Einsatz.

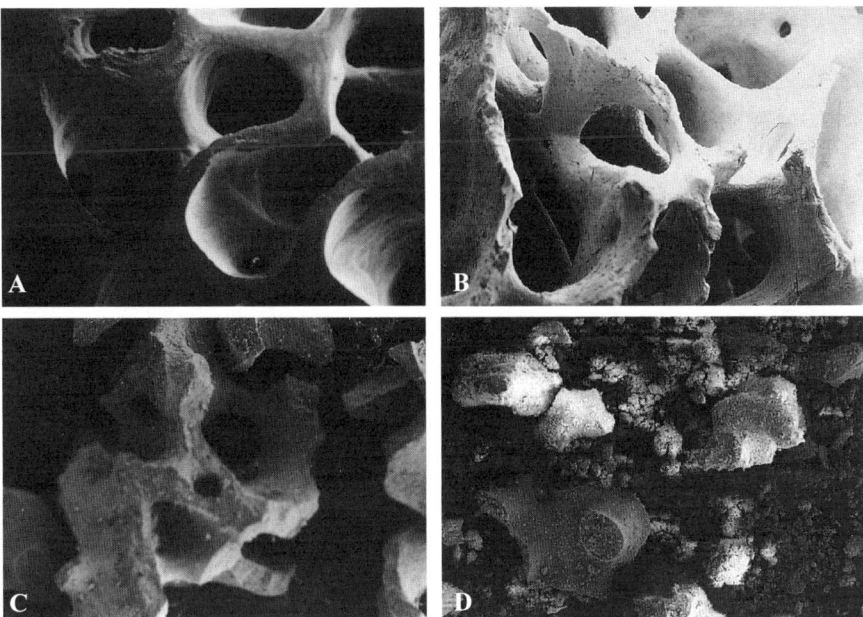

Abb. 81.1 Aufbau und Struktur verschiedener Knochenersatzmaterialien (Raster-Elektronenmikroskop 50x). *A:* Trabekelstruktur von humanem Knochen; *B:* Trabekelstruktur eines natürlichen bovinen Hydroxylapatites (Orthoss®, Geistlich Biomaterialien, Wolhusen, Schweiz); *C:* Trabekelstruktur eines gesinterten Rinderknochens; *D:* Trabekelstruktur von monophasischem, synthetischem Hydroxylapatit

81.2.1 Synthetische, anorganische Knochenersatzmaterialien

Die Werkstoffklasse der Calciumphosphate, der Hydroxylapatit und der Biogläser sind im Sinne der Biokompatibilität bioaktive Substanzgruppen, die im Implantatlager im Rahmen einer Verbundosteogenese fungieren [13]. Abbauprodukte dieser Biomaterialien stehen nach Implantation in einen Körper in einer erwünschten Austauschreaktion mit dem umgebenden Implantatlager, so dass es zu einer physiologischen Integration kommen kann. Im Gegensatz dazu stehen bioinerte Materialien, die im Sinne einer Kontaktosteogenese wirken. Diese Werkstoffe sind im implantierten Körper lösungsstabil [14]. Die Werkstoffklasse der biotoleranten Materialien, wie rostfreier Stahl und Knochenzemente bewirken im Implantatlager eine Distanzosteogenese [14].

Die Klasse der synthetischen, anorganischen Materialien kann in 5 Untergruppen eingeteilt werden:

- monophasische, synthetische Verbindungen, hergestellt aus pulverförmigen Ausgangsmaterialien anderer chemischer Zusammensetzung
- hydrothermal aus Korallen bzw. Algen über einen Umwandlungsprozess produzierte Hydroxylapatitkeramik-Analoga

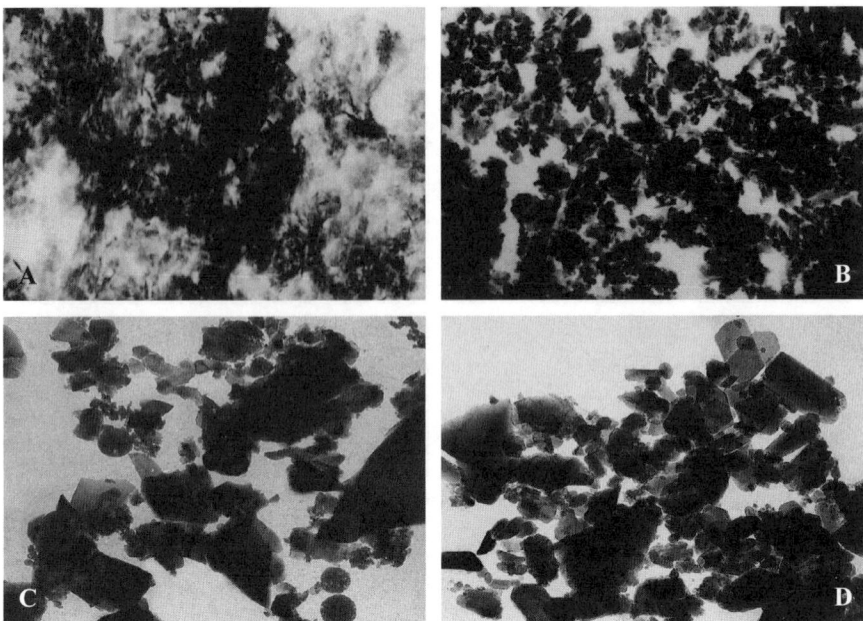

Abb. 81.2 Kristallstruktur verschiedener Knochenersatzmaterialien (Transmissions-Elektronenmikroskop 100.000x). *A:* Kristallstruktur des humanen Knochens; *B:* Kristallstruktur eines natürlichen, bovinen Hydroxylapatites (Orthoss®, Geistlich Biomaterialien, Wolhusen, Schweiz); *C:* Kristallstruktur eines gesinterten Rinderknochens; *D:* Kristallstruktur einer monophasischen, synthetischen Hydroxylapatitkeramik

- aus bovinem Knochen durch einen thermischen Sinterungs- oder Elutionsprozess gewonnenes Hydroxylapatit
- mehrphasische Calciumphosphate, Biogläser oder mehrphasische Glaskeramiken
- calciumphosphathaltige Knochenzemente

Monophasische, synthetische Verbindungen
Die chemische Synthese von monophasischen, porösen Keramiken (z.B. Hydroxylapatit, Tricalciumphosphat) erfolgt aus pulverförmigen Ausgangsmaterialien. Diese reinen Monosubstanz-Ausgangsmaterialien werden mechanisch komprimiert und anschliessend durch einen Sinterungsprozess mit Temperaturen unter 900 °C thermisch umgewandelt. Bei diesem Prozess, der als Kalzinieren bezeichnet wird, wird die grosse Oberflächenenergie eines Pulvers, die bei dessen Übergang in einen festen, kristallinen Werkstoff frei wird, ausgenutzt [15]. Durch das Kalzinieren bei hohen Temperaturen (über 900 °C), werden alle organischen Verbindungen entfernt.

Die biologische Aktivität dieser Substanzen ist zum Teil durch den Herstellungsprozess zu beeinflussen. Dabei spielen insbesondere die Stöchiometrie, die Kristallstruktur und die Mikro- und Makroporosität der Materialien eine bedeutende Rolle. Im Weiteren ist aber zusätzlich die Porengrösse, das Porenvolumen, die Interkonnektion der Poren und ihre dreidimensionale Ausrichtung im Raum von entscheidender Wichtigkeit bei der Stärke der osteokonduktiven Wirkung der Keramiken.

Es besteht Einigkeit darüber, dass diese Keramiken einige wichtige Eigenschaften, die an Knochenersatzmaterialien gestellt werden, erfüllen. So sind sie nicht kanzerogen, sind nicht zelltoxisch [16, 17], sie unterliegen keiner Korrosion [18, 19] und sie lösen keine lokalen Infekte aus [20]. Die biologische Aktivität ist abhängig vom Implantationsort [21]. Diese Implantate sind aufgrund ihrer mechanischen Primäreigenschaften in belasteten Bereichen jedoch immer auf eine zusätzliche, abstützende Osteosynthese angewiesen [15, 22]. Calciumphosphate gelten als resorbierbar und können demnach zumindest teilweise biologisch abgebaut werden [22–25].

Algen bzw. Korallen als Ausgangssubstanz
Im Jahre 1972 wurde ein als „replamineform process" (nach: „replicated life form") bezeichnetes Verfahren entwickelt, bei dem durch einen hydrothermalen Umwandlungsprozess aus dem Calciumcarbonatexoskeletten von Korallen Knochenersatzmaterialien hergestellt werden [26]. Dabei bleibt die ursprüngliche poröse Korallenskelettstruktur bestehen [10, 27]. 1975 wurden die ersten Implantate aus korallinem Hydroxylapatit („coralline hydroxyapatite porites" – CHAP) eingesetzt [28]. Im Jahre 1999 wurde in einer biomechanisch vergleichenden Untersuchung zwischen korallinem Hydroxylapatit und humanem trabekulärem Knochen von verschiedenen anatomischen Entnahmestellen postuliert, dass eine Korrelation in Bezug auf mechanische und morphologische Parameter jedoch nur bezüglich dem Elastizitätsmodul und der Struktur besteht [29]. Das Knocheneinwachsverhalten in koralline Implantate wird unterschiedlich beurteilt. In neueren histologischen Untersuchungen konnte gezeigt werden, dass ein signifikantes Knocheneinwachsen in koralline Implantate stattfindet [30].

Phykogenes Hydroxylapatit wird in einem ähnlichen Herstellungsverfahren wie dem „replamineform process" aufgearbeitet. Grundlage ist das Calciumcarbonatgerüst der Rotalge. Die organischen Substanzen werden nach einem Wasch- und Trocknungsvorgang zunächst durch Pyrolyse bei einer Temperatur von ca. 700 °C entfernt. Das Calciumcarbonatgerüst wird in einem Autoklaven mit inerten Wänden durch erhöhten Druck und erhöhter Temperatur über eine Substitutionsreaktion innerhalb eines Tages mit einer phosphathaltigen Lösung zu Calciumphosphat umgesetzt. Die ursprüngliche Struktur der Algen bleibt dabei erhalten. Die Poren von ca. 10–60 µm Durchmesser bei einer Länge von 30–100 µm sind als wabenförmige Kammern angelegt und mit noch kleineren Poren untereinander verbunden. Durch Zusatz von Additiven kann die Substitutionsreaktion gesteuert werden, um die Bildung von Spuren anderer Phosphate zu verhindern und/oder die Festigkeit des Endproduktes zu beeinflussen. Im Vergleich zu synthetischen und korallinen Keramiken ist die Kristallgrösse der phykogenen Hydroxylapatite klein. Als Folge davon wird eine schnelle Knocheninkorporation ermöglicht, welche mit einer guten osteoimplantären Stabilität gleichgesetzt wird [31].

Bovine Hydroxylapatite

Hydroxylapatite, die dieser Gruppe zugeteilt sind, werden aus bovinem Knochen gewonnen, sind damit also xenogenen Ursprungs. Die Herstellung geschieht entweder durch einen thermischen Sinterungsprozess oder aber durch ein Elutionsverfahren. Versuche der Verbrennungsmazeration von Knochen (Ausbrennen der organischen Substanz) durch Herbeiführung einer schnellen, direkten Erhitzung des nativen Ausgangsmaterials, führten aufgrund der starken Gasentwicklung zu einer Sprengung der natürlichen Mineralstruktur und zu einer starken Brüchigkeit [32].

Ein neues, verbessertes Herstellungsverfahren ermöglichte nach mechanischer und chemischer Entfernung der Weichteilsubstanzen, dass der Knochen durch schonende Verbrennung von den organischen Restbestandteilen befreit und anschliessend einem keramischen Sinterungsprozess unterzogen wurde. Die anfängliche Verbrennungstemperatur liegt bei ca. 600 °C und wird im weiteren auf bis zu ca. 1200 °C gesteigert. Bei diesem Verfahren bleibt die makroskopisch spongiöse Grundform des Knochengerüstes erhalten, aber es muss eine Materialschrumpfung von ca. 50%, durch Verlust des Kollagens und durch Zusammensintern der mineralischen Kristalle in Kauf genommen werden. Diese Schrumpfung ist eine Folge der Verkleinerung der ursprünglichen Knochenbälkchen und der relativen Erweiterung der ehemaligen Markräume, so dass das Endprodukt einem dreidimensionalen Gitternetz entspricht. Dieses Gitternetz zeigt ein weites Hohlraumsystem aus Poren und interkonnektierenden Kanälen.

Eine osteostimulative Wirkung durch Abgabe von Calciumionen mit einhergehender erhöhter Calciumkonzentration am Wirkort und zusätzlicher Alkalisierung des umgebenden Milieus mit pH-Werten über 10 wird in [33] beschrieben. Dies soll ein osteo-stimulatives Milieu schaffen, da die alkalische Phosphatase bei einem pH-Wert von 10 ihre maximale Aktivität entfaltet [34].

Die Materialien, die durch ein Elutionsverfahren behandelt werden, lassen ein sogenanntes „natürliches Knochenmineral" entstehen. Boviner Hydroxylapatit wird aus Rinderknochen gewonnen und zunächst gereinigt und entfettet, und durch eine anschliessende Kollagenelution werden die organischen Bestandteile und somit auch die Antigene entfernt. Endprodukt bleibt die unveränderte anorganische Knochenmatrix mit weitmaschigen interkonnektierenden Poren [35]. Der wesentliche Unterschied zu den synthetischen Apatiten ist die geringe Temperatureinwirkung (ca. +350 °C) während des Herstellungsverfahrens und die sich daraus ergebende feinkristalline Form des Apatits. Diese lässt sich chemisch-analytisch als auch röntgendiffraktographisch nachweisen [24, 35]. Die grosse Oberfläche ermöglicht einen engen Kontakt zu Osteoblasten, pluripotenten Zellen und dem umgebenden Knochen [36].

In der Folge einer grossen Zahl klinischer Erfahrungen mit der Implantation von Hydroxylapatit in der Kiefer-/Gesichtschirurgie und der zahnärztlichen Heilkunde sind diese Materialien heute klinisch weit verbreitet. Die Indikationsbreite umfasst dabei die Auffüllung von Knochenzysten bei Kindern und Jugendlichen, das Einbringen in metaphysäre Frakturbereiche als kraftaufnehmende Blöcke/ Formkörper sowie die Spongiosaaugmentation, zum Beispiel bei dorsalen Spondylodesen oder Kominutfrakturen an der Tibia. Auch segmentale Röhrenknochendefekte wurden mit Hydroxylapatit bovinen Ursprungs mit sehr guten Erfolgen therapiert [37].

Der Bindungsmechanismus des Gewebes an bovines Hydroxylapatit erfolgt über die Produktion einer organischen Matrix durch differenzierende Osteoblasten, die auf der Oberfläche des Biomaterials abgelagert wird. Diese mineralische Phase unterschied sich signifikant vom carbonatfreien, synthetischen Hydroxylapatit [24]. Verschiedene in vitro Studien und tierexperimentelle Untersuchungen belegten, dass biologisches Apatit sich schon bald nach der Implantation auf deren Oberfläche ablagert und in diesem Zusammenhang als obligatorische Vorläuferphase für die Knochenanbindung („bone bonding") anzusehen ist. Aufgrund dessen sollen Implantate, die natürliches Knochenmineral und damit bereits biologisches Apatit enthalten, schneller in den Wirtsknochen inkorporiert werden können [24, 38]. Dies ist einer der Gründe für die Verwendung von anorganischem Rinderknochen als Ausgangsmaterial für Knochenersatzmaterial.

Mehrphasische Calciumphosphate, Biogläser oder mehrphasische Glaskeramiken
Die Biogläser wurde erstmals in [39] beschrieben und bestehen aus sogenannten „Netzwerkbildnern" und „Netzwerkmodifikatoren". Die „Netzwerkbildner" bestehen bei den heutigen Gläsern zumeist aus Siliziumdioxid und die Modifikatoren, die das Einwachsverhalten der Biogläser, ihre Gewebeverträglichkeit und die Gesamtlöslichkeit des Implantates beeinflussen, sind Alkali-, Erdalkali- und Metalloxide. Bei der Herstellung der Gläser werden die einzelnen Komponenten geschmolzen und bei Temperaturen zwischen ca. 1300–1450 °C über mehrere Stunden homogenisiert. Eine detailliertere Beschreibung der chemischen Zusammensetzung und der Eigenschaften von Biogläsern ist in Kapitel 17 zusammengestellt.

Biogläser bestehen nur aus der Glasphase. Wird das Herstellungsverfahren modifiziert, in dem die Gläser einen zweifachen Schmelzvorgang durchlaufen, entstehen zweiphasige Glaskeramiken. Dabei erfolgt die erste Schmelze bei einer höheren Temperatur und bei der Wiederholung des Vorganges entsteht eine Kristallphase. Die zweite Phase kann auch in Form von pulverförmigem Bioglas in die erste Phase eingeschmolzen werden. Dabei liegt eine kristalline Phase in einer Glasmatrix vor. Zur Verbesserung der mechanischen Stabilität und der Verarbeitungsmöglichkeiten kann die kristalline Phase durch verschiedene Kristalle verändert werden [11, 12].

Die Zukunft der Biogläser bzw. Glaskeramiken scheint hauptsächlich in der Oberflächenaktivierung von Implantaten, die aus unterschiedlichen nicht reaktionsfähigen Ausgangsmaterialien hergestellt werden, zu liegen und weniger als Knochenersatzmaterial [40].

Calciumphosphathaltige Knochenzemente
Die Calciumphosphatzemente sind eine Mischung aus amorphen und kristallinen Calciumphosphatkomponenten, die bei Aushärtung zu Hydroxylapatit umgesetzt werden. Diese Materialien zeigen in der röntgendiffraktionspektrographischen Untersuchung ein ähnliches Spektrum auf, wie die mineralische Phase des Knochens. Des weiteren härten diese Zemente bei Körpertemperatur aus und weisen eine gleiche oder höhere Druckstabilität als Knochen auf.

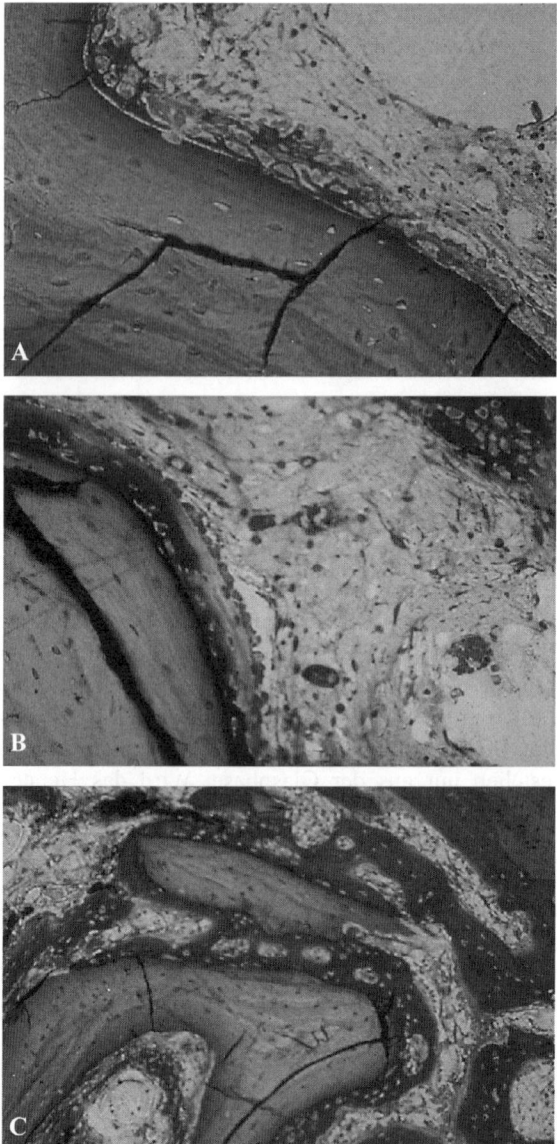

Abb. 81.3 Knöcherne Einheilung eines Knochenersatzmaterialimplantats. *A:* Ansammlung von Osteoblasten auf der Oberfläche eines Partikels eines natürlichen, bovinen Hydroxylapatites 10 Tage nach Einbringung in einen Condylus medialis Defekt im Kaninchen; *B:* 20 Tage nach dem Eintritt erkennt man die Bildung des Osteoidsaums auf dem Knochenersatzmaterial-Partikel. Weitere Osteoblasten siedeln sich auf der bereits mineralisierten Zone an; *C:* 40 Tage nach der Operation sind die Partikel des Knochenersatzmaterials durch neugebildete Knochentrabekel verbunden. Das Implantat erreicht in diesem Stadium die Festigkeit des umgebenden Knochens und ist völlig in den ortsständigen Knochen integriert

Ein weiterer Vorteil dieser Materialien ist, dass sie mit einer Spritzpistole in die Knochendefekte oder -frakturen applizierbar sind und eine Knochenanbindung und osteokonduktive Wirkung hervorrufen können [41]. Damit die Calciumphosphatzemente injizierbar sind und damit eine minimalinvasive Anwendung zulassen und intraoperativ dem Defekt optimal angepasst werden können, werden ihnen unterschiedliche Additive wie Zellulosederivate, Chitosan, Alginate, Polymere, Glyzerole, Milchsäure oder Na-Glyzerophosphate zugesetzt [42, 43]. Die Kombination von Selbstaushärtung und Biokompatibilität machen die Calciumphosphatzemente zu Materialien mit vielfachen Einsatzmöglichkeiten. Histologische Untersuchungen zeigten eine Osteokonduktivität. Der osteozementäre Verbund durchlief ein graduelles Remodeling, welches deutliche qualitative Ähnlichkeiten mit dem Remodeling von kortikalem und spongiösem Knochen aufwies. Die Biodegradation des Zementes erfolgte durch Osteoklasten und lief in der Regel parallel zur Osteogenese. Mit zunehmender Zeit wurde der Zement durch kleine Blutgefässe penetriert, die von lamellären Knochen mit Havers Systemen umgeben wurden. Zu keiner Zeit wurde fibröses Gewebe zwischen Knochen und Zement nachgewiesen und es trat keine akute Entzündung auf. Die Resorption des Calciumphosphatzementes ist jedoch unvollständig. Ob diese Materialgruppe alle Anforderungen für die klinische Applikation erfüllt, ist zur Zeit noch nicht sichergestellt und verlangt nach weiteren Studien, zumal klinische Langzeitstudien fehlen.

81.2.2 Synthetische, organische Knochenersatzmaterialien

Eine Einteilung der synthetischen, organischen Knochenersatzmaterialien kann beispielsweise aufgrund ihrer chemischen Zusammensetzung in 5 Untergruppen erfolgen: Polyester, Polyaminosäuren, Polyanhydride, Polyorthoester und Polyphosphazene. Bisher gibt es nur wenige Untersuchungen zu den Abbau- und Degradationsprodukten und deren Einfluss auf die knöcherne Heilung. Ebenso ist der Resorptionsmechanismus von Massivimplantaten nicht untersucht, so dass die Beeinflussung der Defektheilung im Knochen durch Polymere bisher nicht vorausgesagt werden kann.

Die zur Zeit wichtigste Gruppe der resorbierbaren, synthetisch, organischen Materialien, sind die linearen, aliphatischen Polyester, insbesondere die auf Milch- und Glykolsäure basierenden Polylactide und -glycolide. Der Grund dafür ist, dass ihr Abbau im Körper zu Stoffen erfolgt, die entweder endogene Metabolite (Milchsäure) oder aber wie die Glykolsäure leicht über die renale Ausscheidung eliminiert werden können [44].

81.2.3 Biologisch, organische Knochenersatzmaterialien

Mineralisierte bzw. demineralisierte Knochenmatrices

Die Möglichkeit der Knochendefektauffüllung mit demineralisiertem Knochen wurde wurde bereits oben diskutiert. Zur Herstellung von demineralisierter Knochenmatrix kommt sowohl bovines als auch allogenes Knochenmaterial zum Einsatz. Prinzipiell lässt sich die Vielfalt der angewendeten Methoden in zwei unterschiedliche Ansätze einteilen: Entfernen der organischen Knochenbestandteile unter Erhaltung der anorganischen Mineralstruktur oder die Herstellung demineralisierter Knochenmatrix durch Säure-/Basenbehandlung.

Die Erklärung für die osteoinduktive Aktivitätssteigerung der demineralisierten Knochenmatrix gegenüber nicht prozessierter Matrix ist in der Freisetzung der eigentlichen wachstumsstimulierenden Faktoren aus mineral-organischen Komplexen bzw. aus Kollagenbindungen durch die Demineralisierung und Kollagenfällung zu finden [45]. Die Ergebnisse hinsichtlich der antigenen Potenz werden umstritten beurteilt [46]. In tierexperimentellen Studien und klinischen Anwendungen wurden zum Teil immunologische Reaktionen beobachtet, zudem konnte bisher eine osteoinduktive Wirkung nicht nicht statistisch relevant nachgewiesen werden [47].

Knochenmatrixextrakte

Hochgereinigte Knochenmatrixextrakte lassen sich durch eine Demineralisierung von Knochen, unter Erhaltung der organischen Substanz, herstellen. Der am besten untersuchte, aus hochgereinigten Matrixextrakten hergestellte Faktor ist das „bone-morphogenetic-protein" (BMP). Neben BMP und einem seine Wirkung blockierenden Protein [48] wurden aus Knochenmatrixextrakten weitere Faktoren isoliert. Dazu gehören das Osteonektin [49], der „chemotaktische Faktor" [50], der „skeletal growth factor" [51–53], der „intramembranous osteogenic factor" [54], der „coupling factor" [55], der „bone derived growth factor" [56], der „matrix factor" [57] und der knorpelinduzierende Faktor aus der kollagenen Matrix [58].

81.2.4 Komposite

Komposite können in die folgenden Klassen eingeteilt werden:

1. Kombination von osteokonduktiven Knochenersatzmaterialien mit osteoinduktiven Substanzen, z. B. durch Markbeimpfung, autogene Spongiosa, Wachstumsfaktoren, Matrixextrakte
2. Materialkombinationen zur Verbesserung der mechanischen Eigenschaften, und/oder zur Modifikation des Resorptionsverhaltens
3. Kombinationen zur Medikamentenapplikation („drug-delivery-system")

Das Prinzip der Komposite der Gruppe 1 ist es, die meist nicht vorhandene Osteoinduktivität, wie es bei der Mehrzahl der auf dem Markt befindlichen Knochenersatzmaterialien der Fall ist, durch Hinzugabe einer primär osteoinduktiven Substanz auszugleichen. Ein Komposit dieser Gruppe könnte daher sowohl eine intrinsische Knochenneubildung induzieren, als auch als Leitschiene für den einwachsenden Knochen, also auch osteokonduktiv, wirksam werden.

Die der Gruppe 2 zugeteilten Materialien weisen mehrfache Überschneidungen auf. Dies ist darauf zurückzuführen, dass, wenn man die Materialeigenschaften, wie die mechanische Stabilität und Elastizität durch Zugabe eines oder mehrerer Materialien verbessern bzw. modifizieren möchte, vielfach auch das Degradations- und Resorptionsverhalten des Primärsubstrates verändert.

Eine weitere potentiell wertvolle Funktion von Kompositen ist die eines Arzneimitteltransportsystems für antimikrobielle oder antionkogene Substanzen. Bei dieser Kompositgruppe spielt der Oberflächenbereich des verwendeten Implantates eine besondere Bedeutung, da dieser festlegt, welche Menge des Arzneimittels adsorbiert werden kann. Deorganifizierter Knochen erscheint aufgrund seiner vorhandenen Zell-Lakunen, Kanälchen, Gefässwege, des Havers-Lamellen-System und einer sehr grossen Oberfläche für die Verwendung als Arzneimitteltransportsystems als besonders geeignet [24].

81.3 Ausblick

Der Wunsch nach einem Knochenersatzmaterial mit universeller Verwendbarkeit wird sich voraussichtlich, aufgrund der sehr unterschiedlichen Anforderungsprofile (Stabilität, Geschwindigkeit der Degradation, Formbarkeit etc.), in der nächsten Zukunft nicht erfüllen. Die Zukunft der Knochenersatzmaterialien hat aufgrund dessen in den letzten Jahren einen zunehmenden Wandel erfahren. Die Forschungen zielen nicht mehr nur auf ein ideales Biomaterial ab, sondern die Erfahrungen der Vergangenheit haben gezeigt, dass individuelle Materialkombinationen, in Form von Kompositen, den Markt zu revolutionieren vermögen. Die Erkenntnis, dass das Knochengewebe bei seiner Regeneration einer hochkomplexen Steuerung unterliegt, die immer noch nicht komplett aufgeklärt ist, lässt ein gezieltes Eingreifen zu verschiedenen Zeitpunkten mit unterschiedlichen Wachstumsfaktoren / Modulatoren, die diese beeinflusst, notwendig erscheinen. Für diese Steuerungsmodulation scheinen Komposite am besten geeignet zu sein.

81.4 Literatur

1. Rueger J.M., Knochenersatzmittel – Heutiger Stand und Ausblick, *Orthopäde*, 27, 2, 1998, p. 72–79.
2. Katthagen B.D., Knochenregeneration mit Knochenersatzmittel, *Hefte Unfallheilkd.*, 1986, p. 178.
3. Conrad E.U., Gretch D.R., Obermeyer K.R., Moogk M.S., Sayers M., Wilson J.J., Strong D.M., Transmission of the hepatitis-C virus by tissue transplantation, *J. Bone Joint Surg. Am.*, 77, 2, 1995, p. 214–224.
4. Tomford W.W., Transmission of disease through transplantation of musculoskeletal allografts, *J. Bone Joint Surg. Am.*, 77, 11, 1995, p. 1742–1754.
5. Aspenberg P., Bank bone, infections and HIV, *Acta Orthop Scand*, 69, 6, 1998, p. 557–558.
6. Ducheyne P., Bioglass coatings and bioglass composites as implant materials, *Journal of Biomedical Materials Research*, 19, 3, 1985, p. 273–291.
7. Uchida A., Nade S., McCartney E., Ching W., Bone ingrowth into three different porous ceramics implanted into the tibia of rats and rabbits, *J. Orthop. Res.*, 3, 1, 1985, p. 65–77.
8. Flatley T.J., Lynch K.L., Benson M., Tissue response to implants of calcium phosphate ceramic in the rabbit spine, *Clin. Orthop.*, 179, 1983, p. 246–252.
9. Gross U., Strunz V., The interface of various glasses and glass ceramics with a bony implantation bed, *J. Biomed. Mater. Res.*, 19, 3, 1985, p. 251–271.
10. Holmes R.E., Mooney V., Bucholz R., Tencer A., A coralline hydroxyapatite bone graft substitute, Preliminary report, *Clin. Orthop.*, 188, 1984, p. 252–262.
11. Gummel J., Höland W., Naumann K., Vogel W., Maschinell bearbeitbare bioaktive Glaskeramiken – Ein neues Biomaterial für den Knochenersatz, *Z. Exp. Chir. Transplant. Künstliche Organe*, 16, 6, 1983, p. 338–343.
12. Höland W., Vogel W., Naumann K., Gummel J., Interface reactions between machinable bioactive glass-ceramics and bone, *J. Biomed. Mater. Res.*, 19, 3, 1985, p. 303–312.
13. Osborn J.F., Hydroxylapatitkeramik, Werkstoffentwicklung, Histologische und mikroanalytische Untersuchungen zur Biokompatibilität, Kanzerogenese, Biodegradation und Osteotropie, Habilitationsschrift, Fachbereich Medizin, Universität Hamburg, 1983.
14. Osborn J.F., Biomaterials and their application to implantation, *SSO Schweiz. Monatsschr. Zahnheilkd*, 89, 11, 1979, p. 1138–1139.
15. Rueger J.M., Knochenersatzmittel, in *Hefte zur Unfallheilkd*, B 213, Springer, Berlin, 1992.
16. Kallenberg, Die Wirkung von Biokeramik Kalziumphosphatkeramik auf kultivierte Kaninchenfibroblasten, *Schweiz. Monatsschr. Zahnheilkd.*, 88, 1978, p. 90–99.
17. Gierse H., Donath K., Reactions and complications after the implantation of Endobon including morphological examination of explants, *Arch. Orthop. Trauma. Surg.*, 119, 5–6, 1999, p. 349–355.
18. Lemons J.E., Inorganic-organic combinations for bone repair, in *Biological and biomechanical performance of biomaterials*, Christel P., Meunier A., Lee A.J.C. (eds.), Elsevier, Amsterdam, 1986, p. 51–56.
19. Tancred D.C., McCormack B.A., Carr A.J., A synthetic bone implant macroscopically identical to cancellous bone, *Biomaterials*, 19, 24, 1998, p. 2303–2311.
20. Decker S., Reparation von infizierten Knochendefekten mit Calciumphosphatkeramik-Distanzsstücken im Tierexperiment, *Unfallchirurg*, 88, 5, 1985, p. 250–254.
21. Lu J.X., Gallur A., Flautre B., Anselme K., Descamps M., Thierry B., Hardouin P., Comparative study of tissue reactions to calcium phosphate ceramics among cancellous, cortical and medullar bone sites in rabbits, *J. Biomed. Mater. Res.*, 42, 3, 1998, p. 357–367.
22. Passuti N., Daculsi G., Calcium phospate ceramics in orthopedic surgery, *Presse Med.*, 18, 1, 1989, p. 28–31.
23. Radin S., Ducheyne P., Berthold P., Decker S., Effect of serum proteins and osteoblasts on the surface transformation of a calcium phosphate coating: a physicochemical and ultrastructural study, *J. Biomed. Mater. Res.*, 39, 1998, p. 234–243.

24. Spector M., Charakterisierung biokeramischer Kalziumphosphat-implantate, in *Aktueller Stand beim Knochenersatz, Hefte Unfallheilkd.*, 216, Huggler A.H., Kuner E.H. (eds.), Berlin, 1991, p. 11–21.
25. Heymann D., Pradal G., Benahmed M., Cellular mechanisms of calcium phosphate ceramic degradation, *Histol. Histopathol.*, 14, 3, 1999, p. 871–877.
26. White R.A., Weber J.N., White E.W., Replamineform: a new process for preparing porous ceramic, metal and polymer prosthetic materials, *Science*, 176, 37, 1972, p. 922–924.
27. Guillemin G., Patat J.L., Fournie J., Chetail M., Coral sceleton fragments a natural resorbable substitute for bone grafting, *Orthop. Trans.*, 7, 2, 1983, p. 367.
28. Chiroff R.T., White E.W., Weber K.N., Roy D.M., Tissue ingrowth of replamineform implants, *J. Biomed. Mater. Res.*, 9, 4, 1975, p. 29–45.
29. Haddock S.M., Debes J.C., Nauman E.A., Fong K.E., Arramon Y.P., Keaveny T.M., Structure-function relationships for coralline hydroxyapatite bone substitute, *J. Biomed. Mater. Res.*, 47, 1, 1999, p. 71–78.
30. Ayers R.A., Simske S.J., Nunes C.R., Wolford L.M., Long-term bone ingrowth and residual microhardness of porous block hydroxyapatite implants in humans, *J. Oral Maxillofac. Surg.*, 56, 11, 1998, p. 1297–1301.
31. Gunhan O., Bal E., Celasun B., Sengun O., Finci R., A comparative histological study of nonporous and microporous (algae-derived) hydroxyapatite ceramics, *Aust. Dent. J.*, 39, 1, 1994, p. 25–27.
32. Osborn J.F., *Implantatwerkstoff Hydroxylapatitkeramik,*, Quintessenz, Berlin, Chicago, 1985.
33. Mittelmeier W., Vitalisierung von mineralischem Knochenersatzmaterial mittels autologer Markinokulation – zur Bedeutung von Implantatstruktur und Lager, in *Knochenersatz in der Orthopädie und Traumatologie*, Kirgis A., Noack W. (eds.), Pontenagel, Bochum, 1992, p. 41–51.
34. Zech R., Domagk G.F., *Enzyme, Biochemie, Pathobiochemie, Klinik, Therapie*, VCH, Weinheim-Deerfield, Beach, 1986.
35. Schlickewei W., Paul C., Experimentelle Untersuchungen zum Knochenersatz mit bovinem Apatit, in *Aktueller Stand beim Knochenersatz*, Huggler A.H., Kuner E.H., Rehn J., Schweiberer L., Tscherne H. (eds.), Springer, Berlin, 1991, p. 59–69.
36. Spector M., Anorganic bovine bone and ceramic analogs of bone mineral as implants to facilitate bone regeneration, *Clin. Plast. Surg. 21*, 21, 1994, p. 437–444.
37. Mittelmeier H., Mittelmeier W., Gleitz M., Klinische Langzeittherapie mit dem spongiösen keramisierten Knochenersatzmaterial Pyrost unter Berücksichtigung der autogenen Markbeimpfung, Schnettler R., Markgraf E. (eds.), Thieme, Stuttgart, New York, 1997, p. 133–46.
38. Kokubo T., Ito S., Huang Z.T., Hayashi T., Sakka S., Kitsugi T., Yamamuro T., Ca, P-rich-layer formed on high-strength bioactive glass-ceramic A-W, *J. Biomed. Mater. Res.*, 24, 3, 1990, p. 331–343.
39. Hench L.L., Ceramics, glasses, and composites in medicine, *Med. Instrum.*, 7, 2, 1973, p. 136–144.
40. Ido K., Matsuda Y., Yamamuro T., Okomura H., Oka M., Tagaki H., Cementless total hip replacement, Bio-active glass ceramic coating in dogs, *Acta Orthop. Scand.*, 64, 6, 1993, p. 607–612.
41. Schmitz J.P., Hollinger J.O., Milam S.B., Reconstruction of bone using calcium phosphate bone cements: a critical review, *J. Oral Maxillofac. Surg.*, 57, 9, 1999, p. 1122–1126.
42. Leroux L., Hatim Z., Freche M., Lacout J.L., Effects of various adjuvants (lactic acid, glycerol, and chitosan) on the injectability of a calcium phosphate cement, *Bone*, 25, Suppl. 2, 1999, p. 31S–34S.
43. Zahraoui C., Sharrock P., Influence of sterilization on injectable bone biomaterials, *Bone*, 25, Suppl. 2, 1999, p. 63S–65S.
44. Bendix D., Liedtke H., Resorbierbare Polymere: Zusammensetzung, Eigenschaften und Anwendungen, in *Biodegradierbare Implantate und Materialien, Hefte Unfallchir.*, Claes L., Ignatius A. (eds.), 1998, p. 3–10.
45. Sampath T.K., Reddi A.H., Distribution of bone inductive proteins in mineralized and demineralized extracellular matrix, *Biochem. Biophys. Res. Commun.*, 119, 3, 1984, p. 949–954.

46. Russell J.L., Block J.E., Clinical utility of demineralized bone matrix for osseous defects, arthrodesis and reconstruction: impact of processing techniques and study methodology, *Orthopedics*, 22, 5, 1999, p. 524–531.
47. Groeneveld E.H., van den Bergh J.P., Holzmann P., ten Bruggenkate C.M., Tuinzing D.B., Burger E.H., Mineralization processes in demineralized bone matrix grafts in human maxillary sinus floor elevations, *J. Biomed. Mater. Res.*, 48, 4, 1999, p. 393–402.
48. Finermann G.A.M., Brownell A., Gerth N., Urist M.R., An inhibitor of the bone morphogenetic protein, 32nd Annual ORS, New Orleans, 1986, p. 271.
49. Termine J.D., Kleinman H.K., Whitson S.W., Conn K.M., McGarvey M.L., Martin G.R., Osteonectin a bone-specific protein linking mineral to collagen, *Cell*, 26, 1 Pt 1, 1981, p. 99–105.
50. Somerman M., Hewitt A.T., Varner H.H., Schiffmann E., Termine J., Reddi A.H., Identification of a bone matrix-derived chemotactic factor, *Calcif. Tissue Int.*, 35, 4–5, 1983, p. 481–485.
51. Farley J.R., Baylink D.J., Purification of a skeletal growth factor from human bone, *Biochemistry*, 21, 14, 1982, p. 3502–3507.
52. Mohan S., Linkhart T., Farley J., Baylink D., Bone-derived factors active on bone cells, *Calcif. Tissue Int.*, 36, Suppl 1, 1984, p. 139S–145S.
53. Jennings J.C., Baylink D.J., Bovine skeletal growth factor, in *The chemistry and biology of mineralized tissues*, Butler W.T. (ed.), ESCO Medica, Birmingham, 1985, p. 265–289.
54. Thielemann F.W., Alexa M., Herr G., Schmidt K., Matrix induced intramembraneous osteogenesis, in *Current advances in sceletogenesis*, Silbermann M., Slavkin H.L. (eds.), Exerpta Medica, Amsterdam, 1982, p. 67–73.
55. Howard G.A., Bottemiller B.L., Baylink D.J., Evidence for the coupling of bone formation to bone resorption in vitro, *Met. Bone. Dis. Rel. Res.*, 2, 1980, p. 131–135.
56. Canalis E.M., The hormonal and local regulation of bone formation, *Endocrine Reviews*, 4, 1983, p. 62–77.
57. Sampath T.K., DeSimone D.P., Reddi A.H., Extracellular bone matrix-derived growth factor, *Exp. Cell. Res.*, 142, 2, 1982, p. 460–464.
58. Seyedin S.M., Thomas T.C., Thompson A.Y., Rosen D.M., Piez K.A., Purification and characterization of two cartilage-inducing factors from bovine demineralized bone, *Proc. Natl. Acad. Sci.*, USA 82, 8, 1985, p. 2267–2271.
59. Hench L.L., Ethridge E.C., *Biomaterials - An interfacial approach*, Academic Press, New York, 1982.

82 Einführung in die Hörgerätetechnik

E. Karamuk, S. Korl

82.1 Einleitung

Sechzehn Prozent aller erwachsenen Europäer leiden an so starken Hörminderungen, dass sie ihren Alltag beeinträchtigen. In Europa haben rund 71 Millionen Erwachsene im Alter von 18 bis 80 Jahren eine Hörminderung von mehr als 25 dB, ein Wert, der von der Weltgesundheitsorganisation, WHO, als hörgeschädigt definiert wird. Allein in der EU gibt es über 55 Millionen hörgeschädigte Menschen, davon über 10 Millionen in Deutschland. Die sozialen und volkswirtschaftlichen Kosten der Schwerhörigkeit sind beträchtlich [1].

Das gesunde Gehör kann Schallwellen von Frequenzen zwischen 20 Hz und 20 kHz wahrnehmen. Ein Schall braucht eine gewisse Intensität (minimaler Druck) um vom Gehör wahrgenommen zu werden. Die Hörschwelle für Schalle um 1 kHz liegt bei 20 µPa (definiert als 0 dB). Einerseits können kurzzeitige Schalldruckpegel über 130 dB können zu hohen Schmerzen und irreversiblen Schäden am Gehör führen, während längere Beschallung über 85 dB ebenfalls zu Hörschäden und Tinnitus führen kann [4, 12]. Andere Ursachen für Hörverluste sind chemische Einwirkungen, Infektionskrankheiten, mechanische Traumata und erbliche Erkrankungen. Es werden zwei Arten von Schwerhörigkeit unterschieden: Schalleitungsschwerhörigkeit (Störung der Schallübertagung im Aussen – oder Mittelohr) und Schallempfindungsschwerhörigkeit (elektrophysiologische Störung der Schallwahrnehmung durch Schaden am Innenohr oder am Gehörnerv). Während für Störungen im Mittelohrbereich operative Methoden (z. B. Tympanoplastik) zur Therapie existieren, kann im Falle von Schallempfindungsschwerhörigkeit mit der Anpassung eines Hörgerätes der Funktionsverlust teilweise kompensiert werden [4].

Die Hörgeräteanpassung beginnt mit der Ankopplungskompensation. Darunter versteht man die Veränderung der akustischen Situation, wenn das vorher offene Ohr mit einem Hörgerät ‚verschlossen' wird. Das Hörgerät muss also von Beginn weg möglichst ‚transparent' sein, um eine wirksame Verstärkung erreichen. Dazu kommt die Artefakt-Minimierung (siehe Abschnitt 82.4) um durch das Hörgerät herbeigeführte akustische Artefakte wie Rückkopplung, Okklusion oder Rauschen zu beseitigen. Bei der eigentlichen Schallverstärkung geht es darum, die Einzelschalle klar und angenehm wiederzugeben. Dabei hilft eine so genannte Schallvereinfachung, Umgebungsgeräusche von der eigentlichen zu verstärkenden Information zu trennen. Das Ziel ist nicht ein einfaches Verstärken der gesamten akustischen Umgebung, sondern ein gezieltes Verbessern der Sprachverständlichkeit.

Obwohl es durch verschiedene Studien nachgewiesen wurde, dass das Tragen von Hörgeräten die Lebensqualität steigert, wird nur jeder Sechste derjenigen, die Hörgeräte benötigen, auch mit Hörgeräten behandelt [1]. Neben verschiedenen anderen Gründen für die Ablehnung ist die Stigmatisierung von Hörgeräten und ihren Benutzern immer noch ein grosses Problem. Miniaturisierung mit dem Ziel von kleinen, komfortablen und unscheinbaren Hörgeräten ist daher neben der Erweiterung der Funktionalität ein wesentlicher Treiber der Hörgeräteentwicklung.

82.2 Hörgerätetypen

Es gibt heute im Wesentlichen drei Bauformen von Hörgeräten: Hinter-dem-Ohr Geräte (HDO), Im-Ohr Geräte (IDO) und so genannte Ex-Hörer Geräte, welche eine Kombination aus beiden darstellen. Dagegen sind Taschen-Hörgeräte, die früher sehr verbreitet waren heute kaum mehr anzutreffen Im Folgenden soll nun kurz auf die wichtigsten Typen eingegangen werden.

82.2.1 HDO-Geräte

Bei HDO Geräten befinden sich alle Komponenten in einem Gehäuse, das hinter dem Ohr getragen wird. Die akustische Ankopplung erfolgt über einen Schallschlauch und ein individuell angefertigtes Ohrpassstück (Otoplastik). Mit HDO Geräten lässt sich eine sehr breite Spanne von Hörschäden versorgen. Im Gehäuse hinter dem Ohr ist deutlich mehr Platz als im Ohr und es können grössere Batterien und grössere und bessere elektroakustische Wandler eingesetzt werden als bei IDO-Geräten. Durch den grossen Abstand zwischen dem Mikrophon hinter dem Ohr und dem Schallaustritt im Ohrkanal nahe am Trommelfell verringert sich die Rückkopplungsgefahr und es lassen sich sehr hohe akustische Verstärkungen realisieren. Die leistungsstärksten HDO Geräte für die Versorgung von hochgradigen Hörverlusten sind in der Lage bis zu 80 dB Verstärkung zu erzeugen. Dabei entstehen am Trommelfell Schalldruckpegel von über 140 dB was für Normalhörende deutlich über der Schmerzgrenze liegt.

Ein weiterer Vorteil der HDO Bauform ist die geringere Reparaturanfälligkeit, da die Komponenten besser vor Schweiss, Cerumen und Schock geschützt sind als bei IDO Geräten. Auf den mechanischen Aufbau und die einzelnen Komponenten von HDO Geräten wird im Abschnitt 82.3 näher eingegangen.

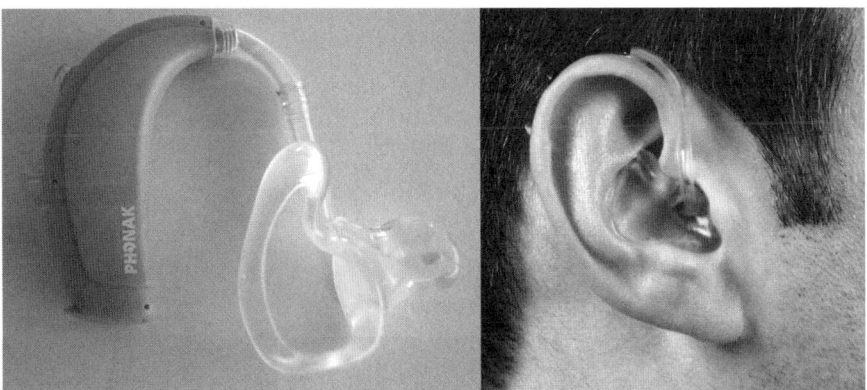

Abb. 82.1 Typisches HDO-Hörgerät mit individuellem Ohrpassstück (Otoplastik). Auf der rechten Seite ist die typische Situation am Ohr gezeigt

82.2.2 IDO Geräte

Diese Hörgerätetypen werden vollständig im Ohr getragen. Die Elektronik, Batterie und die elektroakustischen Wandler werden dabei in eine individuell angefertigte Hohlschale eingearbeitet. Diese Schale sitzt dann je nach Bauform mehr oder weniger tief im Gehörgang. Ein wesentlicher Unterschied zu den HDO Geräten ist die Position des Mikrophons, welches nun am Eingang des Gehörgangs platziert ist und es erlaubt, die akustischen und anatomischen Vorteile des Aussenohres zu nutzen. Durch die Platzierung des Hörers tief im Gehörgang und dem damit verbundenen kurzen Schallschlauch bekommt das typische IDO Gerät einen flacheren Frequenzgang als ein HDO Gerät, da die Schlauchresonanzen nicht im hörbaren Bereich liegen (siehe Abb. 82.14). Mit IDO-Geräten können allerdings nur leichte bis mittelgradige Hörverluste versorgt werden, denn bei starken Hörschäden entsteht durch den geringen Abstand vom Hörgerätemikrofon zum Hörer schnell eine Rückkopplung. Es werden verschiedene Bauformen von IDO-Hörsystemen unterschieden:

ITE (In-The-Ear) Geräte füllen die Ohrmuschel (Concha) vollständig aus. Diese Bauform erlaubt hohe Verstärkungen, da einerseits größere Batterien und Wandler eingesetzt werden können und andererseits die Distanz zwischen Venting (siehe Abschnitt 82.5.2) und Mikrophonöffnung gross ist. Als weiterer Vorteil von ITEs können auch verschiedene Kontrollelemente wie Lautstärkeregler oder Programmwahlschalter in die Oberfläche integriert werden. Das System ist jedoch deutlich zu sehen, auch von vorne.

ITC (In-The-Canal) Geräte schliessen mit dem Tragus am Gehörgang ab und die Ohrmuschel bleibt frei. Dadurch ist das System von vorne gar nicht und erst ab einem Winkel von ca. 45° zu den Augen zu sehen.

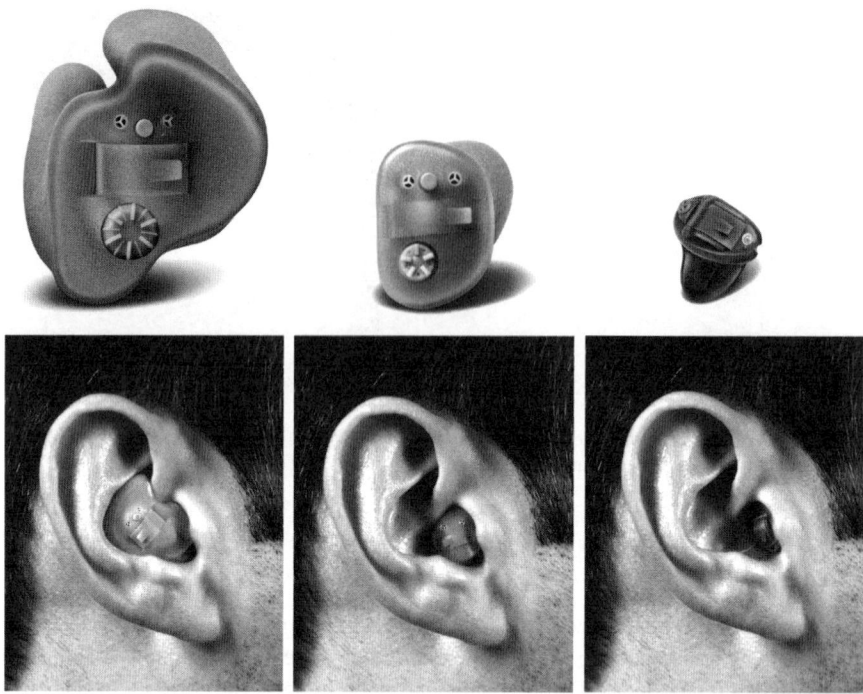

Abb. 82.2 Typische Bauformen von IDO Hörgeräten *(oben).* Links: Full-shell ITE mit 13er Batterie und zwei Mikrophonen, *Mitte:* ITC mit 312er Batterie und *Rechts:* CIC mit A10 Batterie und einem Mikrophon. In der unteren Reihe ist die jeweilige Anpassung im Ohr gezeigt

CIC (Completely-In-The-Canal) Geräte sitzen vollständig im Ohrkanal und sind von aussen nur direkt von der Seite her zu sehen. Da die Geräte innerhalb des Gehörganges enden, brauchen sie meistens einen Nylonfaden um das System wieder aus dem Gehörgang ziehen zu können. Während diese Bauform kosmetisch sehr ansprechend ist, birgt sie auch verschiedene Nachteile. So muss ein gewisser Durchmesser des Gehörganges gegeben sein, um alle nötigen Komponenten in die Schale zu integrieren, es lässt sich daher nicht für jedes Ohr ein CIC bauen. Auch lassen sich nur die kleinsten Batterietypen einbauen (siehe Abschnitt 82.3.4), was ein häufiges Wechseln der Batterie zur Folge hat. Als weiterer Nachteil bedingt die geringe Schalengrösse nur sehr limitierte Lüftungsmöglichkeiten durch ein Venting.

82.2.3 Ex-Hörer Geräte

Ex-Hörer Geräte sind in den letzten Jahren stark aufgekommen. Es handelt sich dabei um weiter miniaturisierte HDO-Geräte, bei denen der Lautsprecher (Hörer) im Ohrkanal platziert und mit einem Kabel statt einem Schallschlauch mit dem HDO-

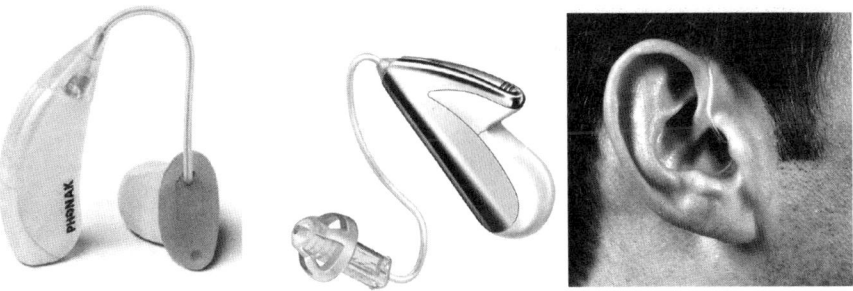

Abb. 82.3 Beispiele für Ex-Hörer Geräte. Auf der linken Seite ist ein CRT-gerät mit sehr hoher Verstärkung gezeigt, bei welchem der Hörer wie bei einem IDO-Gerät in eine individuelle Otoplastik eingebaut wird. Daneben ist ein Miniatur-HDO gezeigt welches offen angepasst wird und die kleinste HDO Bauform darstellt (Mitte)und welches am Ohr nur noch am Kabel erkennbar ist *(rechts)*

Teil verbunden ist. Da ein solches Kabel sehr viel dünner und unscheinbarer ist als ein normaler Schallleitungsschlauch von IDO Geräten sind diese Geräte kosmetisch sehr ansprechend und erfreuen sich zunehmender Beliebtheit. Durch die räumliche Trennung der Mikrophone und dem Hörer im Ohrkanal lassen sich zudem höhere Verstärkungen realisieren als bei IDO Geräten. Mit Ex-Hörer Geräten lassen sich auch hohe Schalldrücke im Ohr erreichen, wenn der der externe Hörer in eine Otoplastik ähnlich einer IDO-Schale integriert wird (Abb. 82.3 links). Auf der anderen Seite lassen sich so aber auch sehr kleine Hörgeäte bauen, die helfen sollen, die Stigmatisierung von Hörgeräten zu überwinden (Abb. 82.3 Mitte und rechts).

82.3 Aufbau und Komponenten von Hörgeräten

In diesem Abschnitt sollen die wesentlichen Elemente eines modernen Hörgerätes besprochen werden. Die meisten Komponenten sind identisch für HDO und IDO Geräte bis auf Limitationen in der einsetzbaren Grösse von Batterien und Hörern. Die Abb. 82.4 zeigt eine Übersicht auf die Einzelteile eines modernen HDO-Gerätes. Das äussere Gehäuse wird durch zwei Halbschalen gebildet (1, 2). Die akustischen und elektronischen Komponenten sind an einem Rahmen (3) befestigt, welcher auch den Schallleiter und den Anschluss zum Winkelstück (7, Engl. hook) integriert hat. Die beiden Mikrophone (5) sind in Elastomer-Taschen verpackt welche als mechanische Isolatoren dienen. Eine zentrale Leiterplatte trägt das Elektronikmodul (siehe Abschnitt 82.3.5), eine Programmierbuchse zur Anpassung des Hörgerätes und einen Kontrolltaster. Neben den Mikrophonen ist auch die Telefonspule (6) daran montiert. Der untere Teil des Gerätes wird von Hörer und Batterie dominiert. Das Hörergehäuse (8) dient zur akustischen und mechanischen (gegen Vibration und Schock) Isolation des Hörers (9) welcher mit Elastomer-Lagerungen positioniert ist. Das Batteriefach (10) dient gleichzeitig als Ein/Aus-Schalter.

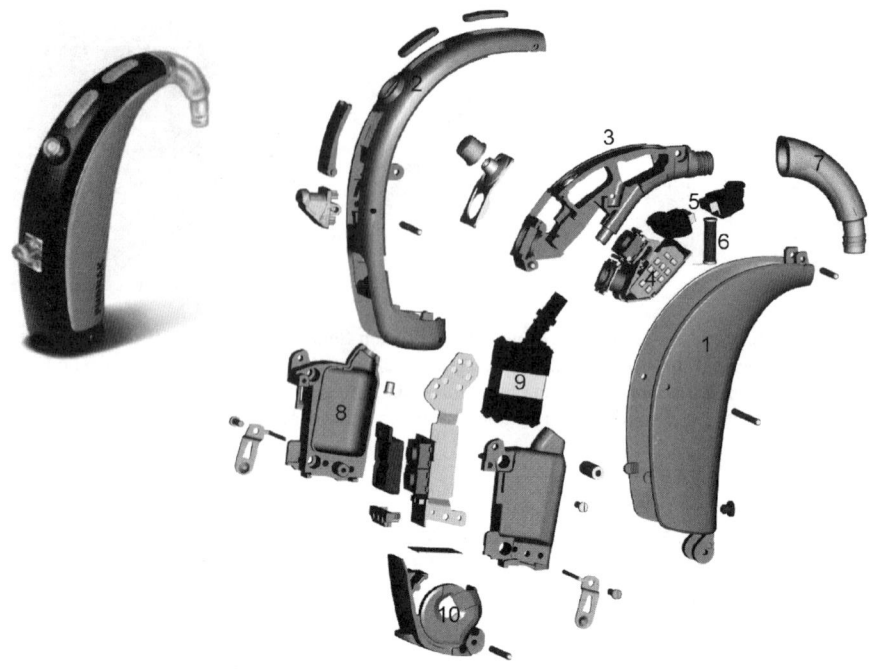

Abb. 82.4 Hörgerätekomponenten am Beispiel eines HDO-Gerätes

82.3.1 Mikrophone

Die Aufgabe der Mikrophone ist es, den ankommenden Schall in ein elektrisches Signal umzusetzen. Mikrophone sind in der Regel linear arbeitende Drucksensoren, das heisst eine Verdoppelung des herrschenden Schalldruckes hat auch eine Verdoppelung der Ausgangsspannung zur Folge. Der Zusammenhang zwischen Ausgangsspannung und Eingangsschalldruck wird als Sensitivität des Mikrophons bezeichnet. Typische Hörgerätemikrophone haben eine Sensitivität von etwa 16mV pro Pascal. Das heisst, ein Schalldruckpegel von 70 dB führt zu einem Mikrophonsignal von lediglich 1 mV [2].

Heute werden in Hörgeräten fast ausschliesslich Elektret-Mikrophone eingesetzt [2, 3]. Die Funktionsweise eines Elektret-Mikrophones ist schematisch in Abb. 82.5 gezeigt. Schallwellen dringen durch den Schalleingang in das so genannte Frontvolumen ein, welches durch eine sehr dünne, einseitig metallisierte Polymer-Folie vom rückseitigen Volumen abgetrennt ist. Diese Folie ist die Mikrophon-Membran und sie wird durch die Schallwellen in Schwingung versetzt. Zusammen mit dem elektrostatisch polarisierten Elektret-Backplate als Gegenelektrode bildet die Membran einen Kondensator. Die Auslenkungen der Membran führen zu einer Kapazitätsänderung welche in eine elektrische Spannung umgewandelt wird. Verschiedene Bauformen von Hörgerätemikrophonen sind in Abb. 82.5 gezeigt. Wäh-

82.3 Aufbau und Komponenten von Hörgeräten

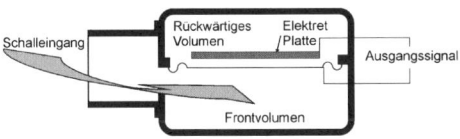

Abb. 82.5 Elektret-Mikrophone für Hörgeräte: Links: schematische Darstellung des Arbeitsprinzips eines Elektret-Mikrophons. Rechts: Übersicht zu Mikrophonen, wie sie in modernen Hörgeräten eingesetzt werden. Zylindrische Mikrophone wie ganz rechts gezeigt werden aufgrund des günstigen Formfaktors oft in IDOs eingesetzt

rend die Sensitivität der verschiedenen Grössen sehr ähnlich ist, hat die Grösse einen Einfluss auf den Rauschpegel. Mikrophone mit einem Eingang sind lokale Druckmesser und haben eine sphärische Messcharakteristik. Um eine bessere Richtwirkung zu erzielen, werden oft zwei Mikrophone eingesetzt, die es mit entsprechender Signalverarbeitung ermöglichen, Störgeräusche zu reduzieren (siehe Abschnitt 82.4). Es existieren auch so genannte Direktionalmikrophone, welche zwei Schalleintrittsöffnungen haben die mit beiden Seiten der Mikrophonmembran korrespondieren. Dadurch wird nur dann ein Signal erzeugt, wenn der Schalldruck einen Gradienten aufweist [2, 3]. Es existieren auch schon Anätze für so genannte Silizium-Mikrophone in MEMS Technologie [6]. Diese erreichen heute jedoch noch nicht die Sensitivität von Elektret-Mikrophonen und weisen auch ein deutlich höheres Grundrauschen auf. Ausserdem sind sie meist anfälliger auf mechanische Vibrationen. Es ist aber anzunehmen, dass diese Technologie in wenigen Jahren auch an die Leistungen heutiger Hörgeräte-Mikrophone herankommen wird.

82.3.2 Hörer (Lautsprecher)

Der Hörer oder Lautsprecher (engl. Receiver) eines Hörgerätes setzt das verstärkte und gefilterte elektrische Signal des Digitalen Signalprozessors (DSP) in ein akustisches Ausgangssignal um. Das Funktionsprinzip eines Hörers für Hörgeräte ist in Abb. 82.6 (links) dargestellt. Der Hörer arbeitet als elektromagnetischer Motor, wobei der Strom durch eine Wicklung um die sog. Armatur fliesst und diese magnetisiert. Die Armatur ist ein Biegebalken, der zwischen zwei Permanentmagneten liegt. Durch die Magnetisierung wird der Balken ausgelenkt und bewegt somit auch die Hörermembran, die über einen kleinen Stift verbunden ist. Die Vibration der Membran erzeugt den Schall. Moderne Hörgerätehörer sind optimiert auf maximalen Ausgangsschalldruck bei minimalem Stromverbrauch und minimaler Grösse. Die Abb. 82.6 (rechts) zeigt typische Bauformen von Hörern, die in HDO und IDO Geräten zum Einsatz kommen. Der maximal erreichbare Schalldruck hängt direkt von der Grösse des Hörers ab [5]. Neben der Batterie ist der Hörer das grösste Bauteil in einem Hörgerät. Durch den unsymmetrischen Aufbau stellt der Hörer auch eine signifikante Vibrationsquelle dar, die es zu isolieren gilt, um Rückkoppelung zu vermeiden (siehe Abschnitt 82.4).

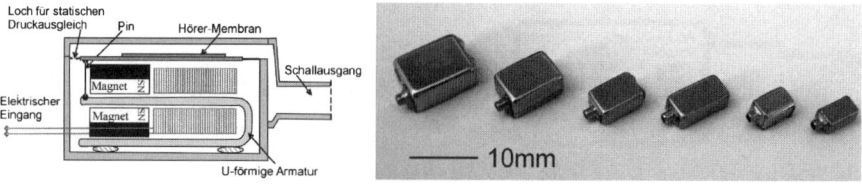

Abb. 82.6 Hörgeräte Hörer: *Links:* schematische Darstellung des Arbeitsprinzips. *Rechts:* Übersicht zu Hörern, wie sie in modernen Hörgeräten eingesetzt werden. Die Hörer auf der linken Seite sind ausschliesslich für Hochleistungs-HDOs, während jene auf der linken Seite besonders bei CICs zum Einsatz kommen

82.3.3 Telefonspule (T-Coil)

Die Telefonspule (T-Coil) ist eine Induktionsspule die in allen HDO Geräten und in vielen IDO Geräten vorhanden ist (siehe Nr. 6 in Abb. 82.4). Die Spule verwandelt elektromagnetische Signale in ein Spannungssignal, das – wie beim Mikrophon – vom Hörgerät verstärkt wird. Solche Induktiven Signale können in vielen öffentlichen Gebäuden die mit Induktionsschleifen ausgerüstet sind empfangen werden. Der grosse Vorteil liegt darin, dass das nützliche Signal direkt ins Hörgerät eingespeist und verstärkt wird und nicht der Umgebungslärm. Die richtige Positionierung der Telefonspule im Hörgerät ist dabei von grosser Bedeutung. Da die generierten Signale rund eine Grössenordnung schwächer sind als die Mikrophonsignale, muss die Spule vor störenden Einflüssen des Hörers und seiner Anschlussleitungen isoliert werden.

82.3.4 Stromversorgung

Die Energieversorgung in Hörgeräten läuft über Batterien in Form von Knopfzellen. Während früher auch Quecksilber-Batterien zum Einsatz kamen, werden heute in Hörgeräten fast ausschliesslich nicht-wiederaufladbare Zink-Luft Batterien verwendet weil diese eine höhere Kapazität (bei gleichem Volumen) aufweisen und einfacher zu entsorgen sind [8]. Diese Zellen sind gut geeignet für einen hohen Leistungsbedarf, wobei die Spannung auch bei relativ hohen Strömen bis zum Ende der Entladung nahezu konstant bleibt, also eine flache Entladungskurve aufweist [7]. Zink-Luft Batterien haben eine Spannung von rund 1.4 V, die sich aufbaut wenn die Schutzfolie auf den Luftlöchern vor dem Pluspol entfernt wird. Weil die Batterie immer eine gewisse Luftzufuhr braucht, um die Spannung aufrecht zu halten können Hörgeräte nicht hermetisch dicht gebaut werden. Dies kann zu Korrosionsproblemen durch Schweiss oder Feuchtigkeit führen.

Die Grösse von Hörgerätebatterien ist genormt. Es gibt vier standardisierte Bauformen, die in der entsprechenden IEC-Norm (International Electrotechnical Commission) festgelegt sind [7]. Die Kapazität der Batterie und damit ihre Lebensdauer

82.3 Aufbau und Komponenten von Hörgeräten

Typ	Durchmesser [mm]	Höhe [mm]	Volumen [mm³]	Kapazität [mAh]
A10	5.8	3.6	100	115
312	7.9	3.6	180	190
13	7.9	5.4	265	330
675	11.6	5.4	570	650

Abb. 82.7 Übersicht über die vier standardisierten Batteriegrössen für Hörgeräte. In der Tabelle auf der rechten Seite sind die üblichen Masse und Kapazitäten angegeben [7]. Die geometrischen Toleranzen betragen in der Regel ~0.2mm

hängen direkt mit der Grösse und damit mit der verfügbaren Menge von Elektrolyten zusammen. In der Abb. 82.7 sind die wichtigsten Grössen aufgezeigt mit den entsprechenden Kapazitäten. Bei einem typischen Strombedarf von rund 2mA bei einem HDO Gerät mittlerer Leistungsklasse und einer täglichen Einsatzdauer von rund 15 Stunden muss also eine Batterie vom Typ ‚13' alle 11 Tage ausgewechselt werden, denn auch im ausgeschalteten Zustand entlädt sich die Batterie mit rund 50 µA. Es existieren heute auch einzelne Typen von wideraufladbaren Hörgerätebatterien auf der Basis von Nickel-Metallhydrid-Akkumulatoren. Diese weisen jedoch eine rund zehnmal geringere Kapazität auf als herkömmliche Zink-Luft Batterien.

82.3.5 Elektronikmodul (Hybrid)

Bei modernen digitalen Hörgeräten findet die gesamte Signalverarbeitung und Verstärkung in einem zentralen Modul statt. Das Elektronikmodul ist somit der ‚Motor' des Hörgerätes. Dieses Modul steuert alle Ein- und Ausgänge des Hörgerätes und die verschiedenen Funktionen der digitalen Signalverarbeitung, auf welche im Abschnitt 82.4 genauer eingegangen wird. Da die Entwicklung einer digitalen Hörgeräteplattform sehr aufwendig ist, muss ein solches Elektronikmodul in möglichst allen Bauformen zum Einsatz kommen können. Daher steht bei der Entwicklung neben der Funktionalität und dem geringen Stromverbrauch die Minimierung der Grösse an vorderster Stelle. Ein Beispiel für ein hochintegriertes Elektronikmodul ist in Abb. 82.8 gezeigt. Es handelt sich dabei um einen so genannten ‚Hybrid' welcher sowohl integrierte Schaltungen aus Silizium wie auch passive Elektronikelemente (Widerstände, Kapazitäten) auf einer Leiterplatte vereint. In dem gezeigten Beispiel kommen drei Chips zum Einsatz. Im ersten sind die verschiedenen Eingänge mit den entsprechenden Vorverstärkern und Analog/Digital-Wandlern zusammengefasst. Die zweite Schaltung beinhaltet den eigentlichen ‚Rechner' einen frei programmierbaren Digitalen Signalprozessor (DSP) und die digital/analog Wandler für den Ausgang zum Hörer. Der dritte Chip ist ein nicht-flüchtiger Speicher, der alle Parameter des Hörsystems und der individuellen Anpassung hält. Diese drei Elemente werden auf eine streifenförmige flexible Leiterplatte aufgebracht,

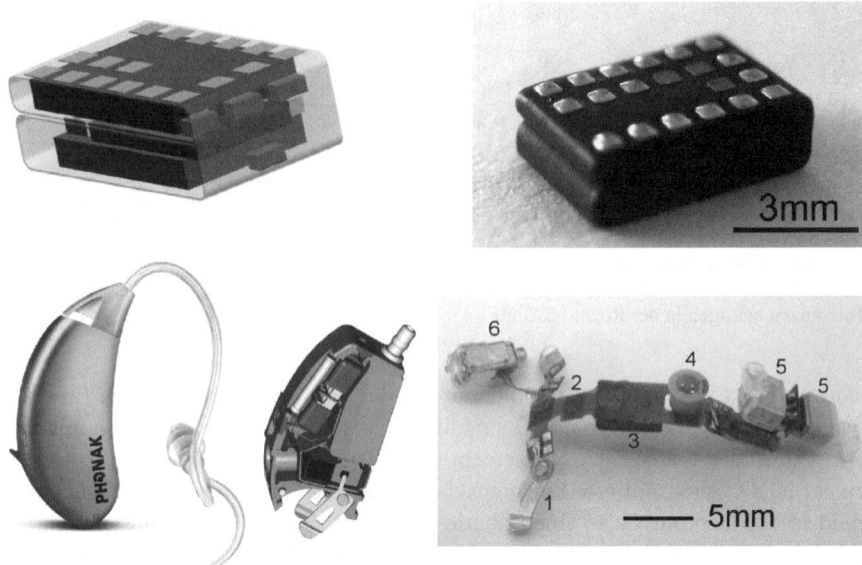

Abb. 82.8 Elektronikmodul für digitale Hörgeräte. Das gezeigte Modul *(oben)* trägt drei Chips und verschiedene passive Bauelemente. Es wird beim Einbau wie andere Elektronikkomponenten verarbeitet. Beim gezeigten Hörgerät *(unten links)* wird das Elektronikmodul (3) neben Batteriekontakten (1), Programmierbuchse (4), Mikrophonen (5) und Hörer (6) direkt auf eine flexible Leiterplatte (2) gelötet welche anschliessend gefaltet und in einen Träger eingebaut wird *(Mitte)*

zusammen mit verschiedenen Passiv-Komponenten. Anschliessend wird der Streifen gefaltet und mit einer Kunststoff-Matrix vergossen um dem Hybrid genügend mechanische Stabilität zu geben sowie zum Schutz der einzelnen Komponenten und deren Verbindungen. Einmal gebaut und getestet kann ein solcher Hybrid wie eine normale SMD-Komponente weiterverwendet werden, also mittels Lotpaste auf einer Leiterplatte fixiert und dann durch einen anschliessenden Aufschmelzprozess festgelötet werden (siehe Abb. 82.8 unten). Während bei HDO Geräten das Elektronikmodul meist in eine Leiterplatte integriert wird zusammen mit weiteren Elementen wie Schaltern, passiven Bauelementen und Wandlern, werden bei IDO Geräten alle Komponenten mit Litzen an den Hybriden angelötet.

82.4 Signalverarbeitung in Hörgeräten

82.4.1 Einleitung

In diesem Abschnitt wird die Funktionalität von Hörgeräten näher beschrieben. In Abb. 82.9 ist die Signalverarbeitungskette eines modernen, digitalen Hörgerätes

82.4 Signalverarbeitung in Hörgeräten

Abb. 82.9 Blockdiagramm der Signalverarbeitungskette in einem Hörgerät *(von links nach rechts)*: Mikrofon, Vorverstärker, Analog/Digital-Wandler, digitaler Signalprozessor (DSP), Digital/Analog-Wandler, Leistungsverstärker und Lautsprecher.

dargestellt (von links nach rechts): Mikrofon, Vorverstärker, Analog/Digital-Wandler, digitaler Signalprozessor (DSP), Digital/Analog-Wandler, Leistungsverstärker und Lautsprecher.

Die Bearbeitung des Signals erfolgt im programmierbaren Signalprozessor (DSP) und hat mehrere Ziele. Einerseits soll das Verstehen von Sprache wieder ermöglicht werden. Das geschieht erstens durch eine Kompensation des Hörverlustes (Abschnitt 82.4.2) und zweitens durch eine entsprechende Aufbereitung des Signals (Abschnitt 82.4.3). Weiters können manche Schalle, wie z. B. Geschirrklappern, unangenehm sein; Möglichkeiten zur Verbesserung des Hörkomforts werden in Abschnitt 82.4.4 vorgestellt. Das Hörgerät kann durch eine Vielzahl von Parametern angepasst werden. Diese Parameter müssen abhängig vom Hörverlust und den Vorlieben des Benutzers und auch abhängig von der Schallsituation optimal eingestellt werden (Abschnitt 82.4.5). Letztendlich sorgen einige Zusatzfunktionen, wie Fernbedienung oder Sprachnachrichten, für eine bessere Handhabung.

82.4.2 Hörverlust-Kompensation

Wie eingangs erwähnt wurde, muss das Hörgerät nicht nur einfach verstärken, d. h. alle Signale gleich verstärken. Die Folge davon wäre, dass leise Schalle (kleiner Pegel) zwar wieder wahrgenommen werden können, laute Schalle (hoher Pegel) dann aber zu laut sind (Dieser Effekt wird auch Recruitment genannt). Zur Lösung dieses Konflikts wird die Verstärkung signalabhängig eingestellt. Laute Schalle werden demnach weniger stark verstärkt als leise Schalle. Dies wird kompressive Verstärkung genannt (siehe auch Abb. 82.10). Üblicherweise erfolgt die signalabhängige Einstellung der Verstärkung in mehreren Frequenzbändern.

Zur Anpassung der kompressiven Verstärkung an den Hörverlust des Benutzers werden unterschiedliche Anpassungs-Regeln herangezogen [2]. Diese Regeln definieren, gegeben den Hörverlust des Benutzers, bei welchem Pegel das Hörgerät sich auf welche Verstärkung einstellen soll.

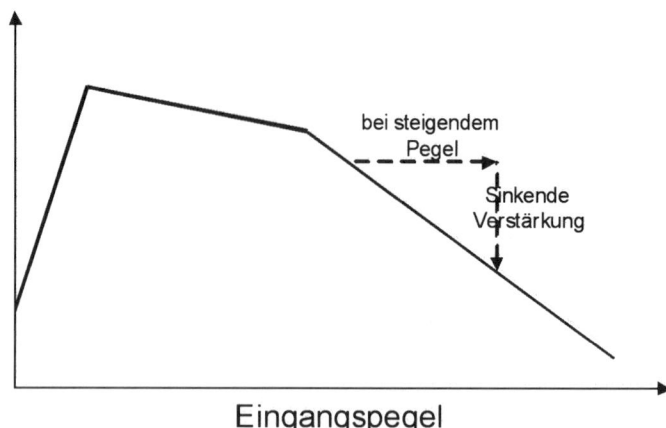

Abb. 82.10 Verstärkung in Abhängigkeit der Lautheit des Eingangssignals (Eingangspegel). Eine abwärtsgerichtete Linie bedeutet sinkende Verstärkung bei steigendem Pegel.

82.4.3 Verbesserung der Sprachverständlichkeit

Die kompressive Verstärkung allein genügt nicht, um die Sprachverständlichkeit wieder vollständig herzustellen; dies betrifft vor allem Situationen, in denen neben dem Sprecher Störgeräusche vorhanden sind oder wo Schallreflexionen des Raumes, in dem sich der Sprecher befindet, auftreten. Weiters können an den Mikrofonen des Hörgerätes durch Wind verursachte Störgeräusche entstehen. All diese Effekte (Nebengeräusche, Schallreflexionen, Windgeräusche) werden durch geeignete Signalverarbeitung unterdrückt, um die Sprachverständlichkeit in diesen Situationen weiter zu verbessern.

Es wird hier exemplarisch auf eine Möglichkeit eingegangen, die in den meisten modernen Hörgeräten vorhanden ist: die richtungsabhängige Filterung. Zu diesem Zweck besitzt ein Hörgerät mehr als ein Mikrofon. Die Mikrofonsignale werden im DSP so verzögert und aufaddiert, dass Schalle, die von vorne auf das Hörgerät auftreffen unverändert passieren können, während Signale aus der hinteren Richtung unterdrückt oder zumindest gedämpft werden.

Die Kurve in der Abbildung rechts zeigt idealisiert die Stärke der Dämpfung in Abhängigkeit vom Einfallswinkel des Schalls. Bei der beschriebenen richtungsabhängigen Filterung ist die Richtung der stärksten Unterdrückung fixiert. Moderne Hörgeräte können diesen Punkt noch adaptiv auf die lauteste Störquelle ausrichten.

82.4.4 Verbesserung des Hörkomforts

Untersuchungen haben gezeigt, dass Personen ohne ihre Hörgeräte Schallquellen besser lokalisieren können als mit ihren Hörgeräten. Der einfallende Schall wird

Abb. 82.11 *Oben:* Verschaltung zweier Mikrofone zur richtungsabhängigen Filterung. Das Signal des ersten Mikrofons wird verzögert und zum Signal des zweiten Mikrofons addiert. *Unten:* Dämpfung in Abhängigkeit vom Einfallswinkel des Schalls (idealisiert)

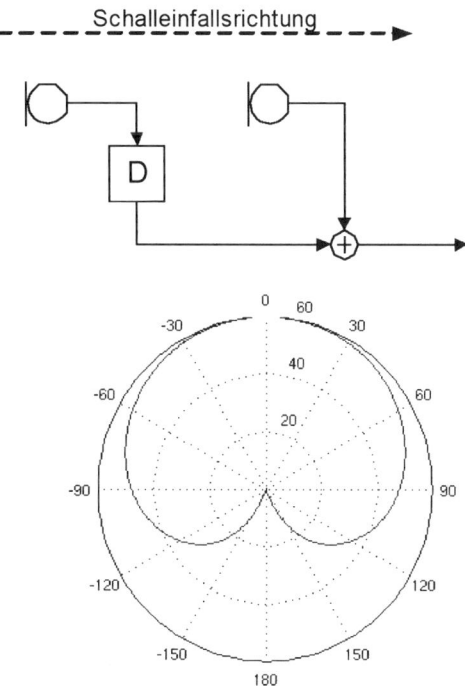

durch Schultern, Kopf, Aussenohr und Trommelfell speziell geformt, was beim natürlichen Hören hilft, Schallquellen zu lokalisieren. Da bei Benutzung von Hörgeräten der Schall durch die Mikrofone aufgenommen wird und damit eine andere Frequenzcharakteristik aufweist, wird die Lokalisationsfähigkeit gestört. Das Signal im Hörgerät wird nun so verändert, dass es dem natürlichen Schallverlauf um den Kopf und durch das Aussenohr entspricht, was die Lokalisationsfähigkeit wiederherstellt.

Ein weiterer Punkt, über den sich viele Hörgeräte-Benutzer in der Vergangenheit beklagt haben, sind kurze, laute Geräusche, wie z. B. Geschirrklappern. Deshalb besitzen aktuelle Hörgeräte eine Möglichkeit, diese transienten Geräusche speziell zu dämpfen, was den Hörkomfort in lauten Situationen enorm verbessert. Da bei Hörgeräten Lautsprecher und Mikrofon sehr nahe beieinander sind (Abstand wenige Zentimeter bis Millimeter) und zum Teil sehr hohe Verstärkungen (bis 80dB) eingesetzt werden, tritt das Problem der Rückkopplung auf. Der Schall, den das Mikrofon aufnimmt, setzt sich zusammen aus dem Umgebungsschall und dem Schall, der vom Lautsprecher zurück an das Mikrofon gelangt (siehe Abb. 82.12). Dies führt zu einem veränderten Klang und kann das Hörgerätesystem sogar komplett destabilisieren; es beginnt zu pfeifen. Die Situation wird noch prekärer, wenn die Hand oder ein Telefonhörer an das Ohr herangeführt wird. Um diese Effekte zu vermeiden wird das Lautsprechersignal im DSP intern rückgeführt und negativ zum Mikrofonsignal addiert, was die externe Rückkopplung kompensiert [10, 11]. Da-

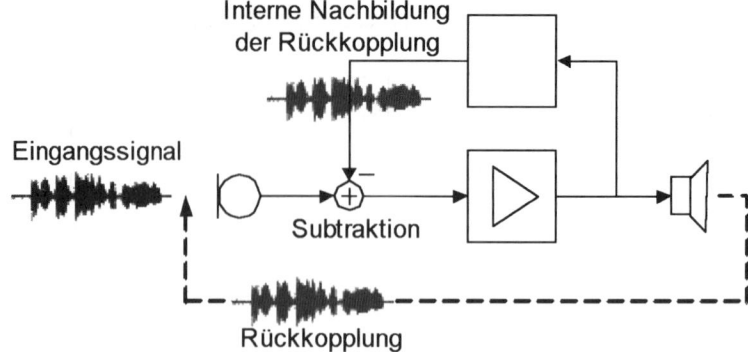

Abb. 82.12 Blockdiagramm der Rückkopplungsunterdrückung. Das Rückkopplungs-Signal wird intern nachgebildet und vom Eingangssignal subtrahiert

mit das funktioniert, muss der interne Rückkopplungspfad adaptiv und sehr schnell an die äusseren Verhältnisse angepasst werden. Alles in allem kann damit eine fast 10-fach höhere Verstärkung erreicht werden ohne dass das Hörgerät instabil wird.

82.4.5 Optimale Anpassung

Aus den vorhergehenden Kapiteln wird klar, das eine Vielzahl von Funktionen im Hörgerät existiert, die, um sie effektiv einzusetzen, in unterschiedlichen Situationen unterschiedlich eingestellt werden müssen – eine Störgeräuschunterdrückung macht z. B. nur Sinn, wenn auch Störgeräusch vorhanden ist. Das Hörgerät analysiert aus diesem Grund selbstständig die akustische Umgebung und stellt die Funktionen passend dazu ein.

Die Funktionsweise der Umgebungserkennung ist schematisch in Abb. 82.13 dargestellt [9]. Aus dem Eingangssignal werden verschiedene Merkmale extrahiert, ähnlich wie das auditorische System des Gehirns dies macht. Anhand dieser Merkmale wird entschieden, in welcher Umgebung der Hörgeräte-Benutzer sich befindet und damit, was der Benutzer in dieser Situation hören will, z. B. Sprache im Störgeräusch, Musik, Verkehr, etc.

Trotzdem hat der Benutzer die Möglichkeit, gewisse Einstellungen mittels eines Tasters am Hörgerät oder einer Fernbedienung selbst zu treffen. Er kann z. B. die Lautstärke situationsabhängig verändern. Das Hörgerät merkt sich dabei die getätigte Einstellung und kann sich selbstständig justieren, wenn eine ähnliche Situation wieder auftritt. Zum Beispiel ist es dem Benutzer auf der Strasse immer zu laut, beim Musikhören aber zu leise. Er verändert daher manuell in beiden Situationen die Lautstärke, und das nächste Mal auf der Strasse oder beim Musikhören erkennt das Hörgerät automatisch die Präferenz des Benutzers für diese Situation und stellt sich dementsprechend ein.

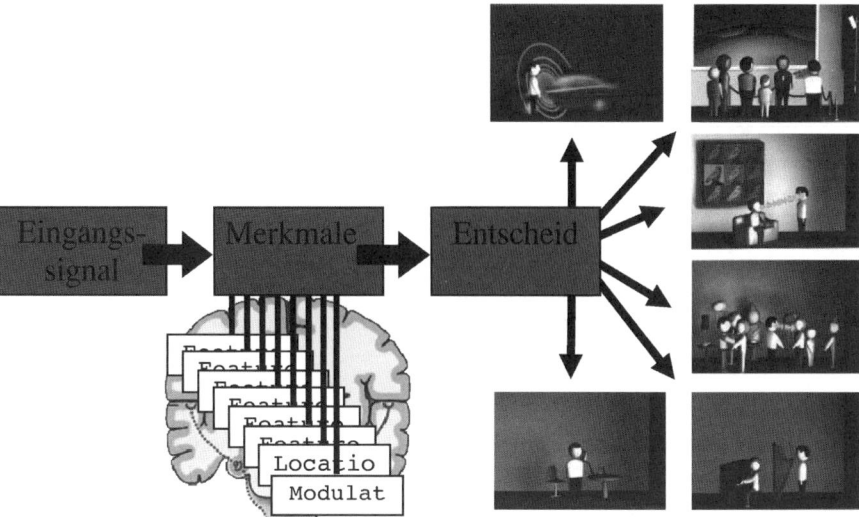

Abb. 82.13 Blockdiagramm der Umgebungserkennung

82.4.6 Zusatzfunktionen

Nur wenige Hörgeräte unterstützen z. Zt. Sprachnachrichten. Wenn z. B. die Lebensdauer der Batterie sich dem Ende zuneigt, „spricht" das Hörgerät zum Benutzer um ihm auf die Situation aufmerksam zu machen.

Weiters gibt es Funkmikrofone, die z. B. häufig in Schulen eingesetzt werden. Der Lehrer trägt dabei einen kleinen Sender, welcher das Sprachsignal direkt an die Hörgeräte (oder zusätzliche Empfänger in Form von Hörgerät-Aufsätzen) seiner Schüler überträgt. Ähnlich der in Abschnitt 82.3.3. erwähnten Einkoppelung mittels Induktion hat dieses Verfahren den grossen Vorteil, dass die Raumakustik und Umgebungsgeräusche für die Verstärkung des Signals keine Störung darstellen.

82.5 Akustische Ankopplung von Hörgeräten

82.5.1 Akustische Messung von Hörgeräten

Die individuellen Unterschiede in der Geometrie und dem Volumen des Ohrkanals sind sehr gross. Das akustische Volumen zwischen dem Trommelfell und dem Schallaustritt des Hörgerätes hat einen grossen Einfluss auf den Schalldruck im Gehörgang und damit die erreichbare Verstärkung [4]. Um verschiedene Hörgeräte miteinander vergleichen zu können wurden verschiedene Normen zur Messung von Hörgeräten entwickelt [2, 3, 15]. Dabei kommen genormte Volumen oder ‚künst-

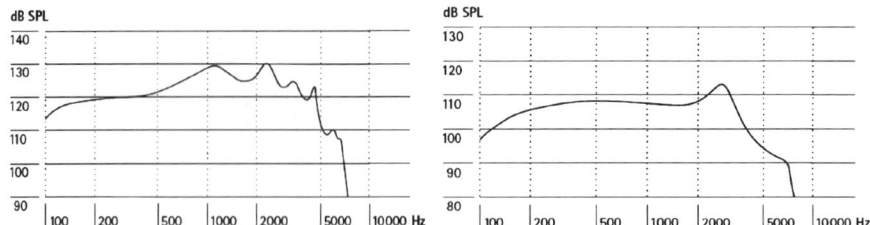

Abb. 82.14 Frequenzgangmessungen von einem HDO-Gerät *(links)* und einem IDO-Gerät *(rechts)* an einem 2cc-Kuppler gemessen. Typischerweise hat das IDO-Gerät einen flacheren Frequenzgang durch das Fehlen der Resonanzen im Schallschlauch

liche Ohren' zwischen dem Hörgerät und dem Messmikrophon zum Einsatz. Die wichtigsten Normen sind ANSI (American National Standards Institute) und IEC (International Electrotechnical Commission). Während die Normen der ANSI die Messungen an einem 2cc-Volumen vorschreiben (2cc-Kuppler), verwendet die IEC den so genannten Ohrsimulator, der ein kleineres Volumen aufweist und deshalb einen höheren Schalldruck ergibt als der 2cc-Kuppler. Die Abb. 82.14 zeigt ein Beispiel für eine typische Frequenzgang-Kurve von einem HDO-Gerät (linke Seite) und einem IDO-Gerät (rechte Seite). Beide Messungen wurden mit an einem 2cc Kuppler durchgeführt. Dabei wird das Hörgerät mit einem Schalldruck (SPL) von 90 dB beschallt und es wird die maximale Verstärkung gemessen.

82.5.2 Otoplastik und IDO Schale

Für eine erfolgreiche Hörgeräteversorgung sind die Wahl und die Ausführung der akustischen Ankopplung von entscheidender Bedeutung. In diesem Abschnitt soll deshalb kurz auf die wichtigsten Arten eingegangen werden. Grundsätzlich wird bei Hörgeräten die akustische Ankopplung an das Ohr des Patienten mit einem Ohrpasstück (Otoplastik) ausgeführt. Dieses wird individuell nach Mass gefertigt und ist im Falle von HDO Geräten über einen Schallschlauch mit dem Hörgerät verbunden während bei IDO Geräten die Hörgeräteschale gleichzeitig die individuell angefertigte Otoplastik darstellt. Die Verschiedenen Teile einer Otoplastik sind in Abb. 82.15 aufgezeigt.

Die Otoplastik hat folgende Funktionen [12]:

- Möglichst komfortable Befestigung des Hörgerätes (HDO, IDO) oder des Ex-Hörers (CRT) am äusseren Ohr
- Akustische Übertragung des verstärkten Signals vom Hörgerätehörer zum Trommelfell
- Akustische Abdichtung des Gehörganges, um Rückkopplungen (Feedback) zu vermeiden

82.5 Akustische Ankopplung von Hörgeräten

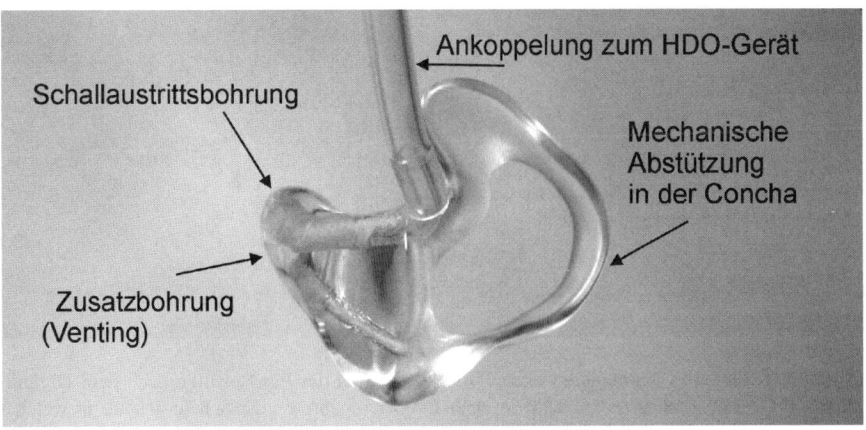

Abb. 82.15 Beispiel einer Otoplastik für ein HDO-Gerät. Der Teil der mechanischen Abstützung in der Concha wurde hier offen gelassen

- Zusatzbohrungen (Venting) zur Entlüftung des Gehörganges, zum statischen Druckausgleich und zur Verbesserung der akustischen Übertragungscharakteristik
- Glättung der Resonanzspitzen im Übertragungsspektrum durch Dämpfungselemente

82.5.3 Herstellung von Otoplastiken und IDO Schalen

Während die Herstellung von Otoplastiken und IDO Schalen über lange Zeit ein relativ aufwendiger manueller Prozess war, haben sich heute so genannte ‚digitale Schalen' weitgehend durchgesetzt. Der erste Schritt in der Otoplastikherstellung ist das Abformen des äusseren Ohres. Dazu werden heute fast ausschliesslich additionsvernetzende Silikone eingesetzt, welche nahezu schwundfrei polymerisieren. Das Abformmaterial wird über eine Mischkanüle in den Gehörgang eingespritzt und polymerisiert *in situ* über einige Minuten. Der dadurch gewonnene Abdruck dient als Grundlage für die Modellierung einer Otoplastik oder einer IDO Schale. Die Präzision der Abformung hängt von verschiedenen Faktoren ab, unter anderem vom Typ und der Viskosität der Abdruckmasse sowie der Mundstellung des Patienten bei der Abdrucknahme [14]. Das klassische Herstellungsverfahren für Otoplastiken und IDO Schalen ist das PNP-Verfahren (Positiv-Negativ-Positiv) [12]. Dabei wird der Abdruck bearbeitet und als Grundlage für eine Gussform aus Silikon oder Agar-Agar verwendet. Mit dieser Gussform wird die eigentliche Otoplastik aus einem Licht - UV - oder thermisch härtenden Polymer hergestellt.

Bei der ‚digitalen Schalenfertigung' wird der Silikonabdruck des Gehörganges mittels einem 3d-Scanner digitalisiert. Die dadurch gewonnene Punktewolke dient als Grundlage für eine detaillierte Modellierung der Schale oder Otoplastik in ei-

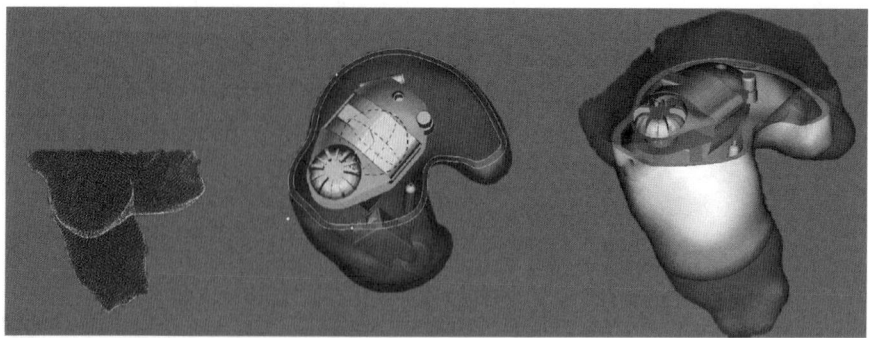

Abb. 82.16 Digitales Modellieren einer IDO Schale. Aus der Punktewolke nach dem Digitalisieren des Ohrabdruckes *(links)* wird in einer CAD Umgebung eine Schale gebaut, in welcher die verschiedenen Komponenten des IDO-Gerätes virtuell platziert werden können *(Mitte)*. Am Ende des Modellierens wird die Schale in den virtuellen Gehörgang eingesetzt und es werden die Dichtheit und der Sitz überprüft *(rechts)*

ner CAD-Umgebung. In diesem Arbeitsschritt können alle wesentlichen Merkmale wie Schallaustrittsöffnung, Zusatzbohrungen, Cerumen-Schutzsysteme oder Haltekrallen für das Aussenohr bereits integriert werden. Ausserdem können bereits alle Komponenten und Optionen des IDO Gerätes virtuell platziert werden um die Schalengrösse weiter zu minimieren. Anschliessend wird das Schalenmodell auf einem 3D Printer ‚ausgedruckt'. Der Ablauf von der gescannten Punktewolke bis zur fertig modellierten IDO-Schale ist in Abb. 82.16 gezeigt.

Es werden in der Hörgerätetechnik verschiedene generative Verfahren (Rapid-Prototyping / Rapid-Manufacturing) eingesetzt, die sich in der Technologie und im Einsatzgebiet unterscheiden [12]. Der Bau von Otoplastiken mittels Rapid Manufacturing ist ein paralleler Prozess mit Losgrössen von 20 bis 30 Stück. In der Regel müssen die Otoplastiken oder IDO Schalen anschliessend noch gereinigt und nachbehandelt werden. Dabei geht es vor allem darum, restliche Monomere zu entfernen und die Oberfläche zu veredeln (Polieren, Lackieren etc.). In den meisten generativen Verfahren in der Hörgerätetechnik werden lichthärtende Acrylharze eingesetzt. Die Schalen haben unmittelbar nach dem Bau noch einen hohen Rest-Monomergehalt. Dieser wird durch Waschen in organischen Lösemitteln oder Tensiden und nachträglicher UV-Aushärtung weiter reduziert. Heute werden die meisten Otoplastiken oder IDO-Schalen noch mit einem biokompatiblen UV-härtenden Klarlack behandelt. Die eingesetzten Materialien und Prozesse werden auf Hautverträglichkeit gemäss ISO 10993-1 geprüft. Dabei werden akute Zytotoxizität untersucht sowohl Irritation und Sensibilisierung. Die heute verwendeten Materialien haben meist nicht die idealen mechanischen Eigenschaften, da sie zu steif (E-Modul ~3GPa) und zu spröde sind (Bruchdehnung <5%). Damit können die Bewegungen des Ohrkanals (Sprechen, Kauen) welche bis zu 10% im Durchmesser betragen können [14] nicht kompensiert werden. Während in der klassischen Otoplastikfertigung in vielen Fällen HTV-Silikone eingesetzt werden, existieren heute noch keine Materialien mit

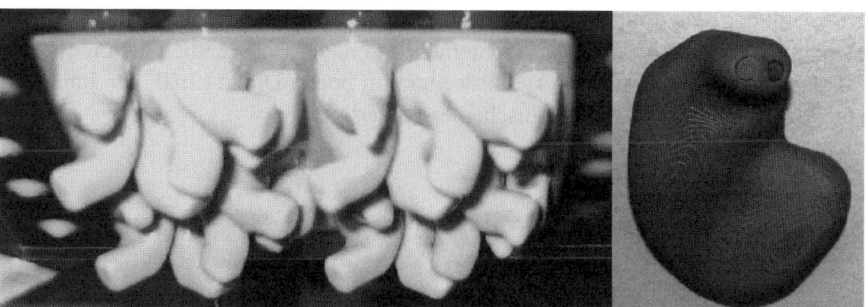

Abb. 82.17 Serienproduktion von IDO-Schalen mittels ‚Rapid Manufacturing' Technologien. Im gezeigten Bild wird ein DLP Printer verwendet, welcher auf einem Baufeld von ca. 100 x 100 mm das gleichzeitige Bauen von ca. 25 unterschiedlichen Schalen erlaubt. Im rechten Bild ist eine IDO Schale nach dem Reinigen gezeigt. Die Höhenstufen durch das digitale Drucken sind noch klar erkennbar

vergleichbaren Eigenschaften, welche in einem der bekannten Rapid-Prototyping Verfahren verarbeitbar wären.

82.5.4 Offene Anpassung von Hörgeräten

Die Okklusion und der damit ungewohnte und laute Klang der eigenen Stimme ist ein grosses Problem der Hörgeräteversorgung und führt oft zur Ablehnung durch den Patienten. Der Okklusionseffekt entsteht dadurch, dass der selbst erzeugte tieffrequente Körperschall im Gehörgang an der Otoplastik reflektiert wird und nicht über den offenen Gehörgang austreten kann [13]. Dadurch wird er verstärkt wahrgenommen. Neben dem Grundton der eigenen Stimme werde auch Kau- und Schluckgeräusche verstärkt wahrgenommen.

Bei leichten Hörverlusten wird deshalb versucht, den Gehörgang möglichst offen zu halten. Dies wird erreicht, indem die Otoplastik mit einer wesentlich grösseren Bohrung (Venting) versehen wird, als es für den statischen Druckausgleich allein nötig wäre. Eine signifikante Reduktion des Okklusionseffektes lässt sich ab einem Ventingdurchmesser von 3mm erreichen [12, 13].

Die offene Anpassung von Hörgeräten hat in den letzten Jahren einen deutlichen Aufschwung erfahren durch die Einführung extrem miniaturisierter HDO Geräte mit wesentlich dünneren Schallschläuchen. Statt der individuell angefertigten Otoplastik erfolgt hier die akustische Ankopplung über einen offenen Elastomer-Zapfen im Gehörgang und einen vorgebogenen Schallschlauch aus einem thermoplastischen Elastomer. Während früher die Haltefunktion am Ohr über die Verkrallung der Otoplastik im Ohr und dem Aufliegen des Gerätes am Ohr mittels des Hörgeräte-Winkels erreicht wurde, dient nun der steife Schallschlauch als Halteelement. Beispiele für Hörgeräte zur offenen Anpassung sind in den Abbildungen 82.3 und 82.8 gezeigt. Die Vorteile dieser Anpassungsart sind neben der wesentlich verbesserten

Kosmetik der hohe Tragekomfort und das Wegfallen der Abdrucknahme sowie die Herstellung der Otoplasitk. Die Nachteile liegen in der Begrenztheit der möglichen Verstärkung (nur für milde Hörverluste) und im hohen Direktschall, der zum Beispiel das Verstehen mit Störgeräuschen erschwert.

82.6 Zusammenfassung

Moderne Hörgeräte sind komplexe elektromechanische Mikrosysteme. Neben den klassichen Bauformen von HDO und IDO Geräten haben sich in letzter Zeit auch die so genannten Ex-Hörer Geräte etabliert und decken mittlerweile fast alle Leistungsstufen ab. Die Grösse eines Hörgerätes ist durch die eingestzten Kompinenten (Batterie-Typ, Hörer, Mikrophon und Elektronikmodul) definiert.

Die Funktionalität von Hörgeräten wird so ausgerichtet, dass die Sprachverständlichkeit möglichst gut wiederhergestellt wird. Dies geschieht durch einen Lautheitsausgleich (kompressive Verstärkung) und eine entsprechende Aufbereitung des verstärkten Signals (Unterdrückung von Störgeräuschen und Raumreflexionen). Weiters soll der Hörkomfort erhalten bleiben, d.h. die Fähigkeit zur Lokalisation von Schallquellen, und es sollen keine unangenehmen transienten Schalle und keine Rückkopplungen auftreten. Dies alles wird durch weitere Funktionen ergänzt, wie die automatische Situationsanpassung oder drahtlose Kommunikation.

In Zukunft werden Hörgeräte noch weitere drahtlose Verbindungen ermöglichen, z. B. zum drahtlosen Telefonieren über Bluetooth oder zum Austauschen der Audiosignale zwischen linkem und rechtem Hörgerät, was weitere Verbesserungen der Signalverarbeitung in Hörgerät ermöglicht. Eine weitere Miniaturisierung ist von der Stromversorgung zu erwarten. Während die heute standardisierten Zink-Luft Batterien im Wesentlichen die Grösse des Hörgerätes vorgeben, kann durch den Einsatz eines Akkumulators mit einem besseren Formfaktor kleiner gebaut werden. Auch ist von neuen Technologien wie zum Beispiel wideraufladbaren Zink-Luft-Batterien eine höhere Kapazität zu erwarten, von aktuellen Ni-MH-Akkus. Die digitale Produktion von Otoplastiken und IDO-Schalen mittels Rapid-Manufacturing-Verfahren ist heute schon Stand der Technik. Die eingesetzten Materialien sind jedoch den Acylharzen für das rapid-prototyping entlehnt und weisen nicht die optimalen Eigenschaften auf bezüglich Mechanik und Biokompatibilität. Die Materialien sind zu steif und zu spröde. Neue Materialien sollten den Bau von strukturkompatiblen Otoplastiken und IDO-Schalen erlauben.

82.7 Literatur

1. Shield, B., *Evaluation of the social and economic costs of hearing impairment*, Hear-It Report, October 2006, (http://www.german.hear-it.org/multimedia/Hear_It_Report_October_2006.pdf).
2. Dillon, H., *Hearing Aids*, Boomerang Press / Thieme Verlag, Stuttgart 2001.
3. Vonlanthen, A., Hearing instrument technology for the hearing healthcare professional, 2nd ed., Singular Publishing, San Diego, 2000.
4. Raichel, D.R., *The Science and Applications of Acoustics*, Springer, New York, 2000.
5. Veit, I., *Technische Akustik*, 5. Auflage, Vogel-Buchverlag, Würzburg, 1996.
6. Füldner, M., Modellierung und Herstellung kapazitiver Mikrofone in BiCMOS-Technologie, Dissertation Universität Erlangen-Nürnberg, 2004.
7. Linden, D. und Reddy, T.B. (Hrsg.): *Handbook of Batteries*. 3. Auflage. McGraw-Hill, New York 2002.
8. Bloom, S., Today's hearing aid batteries pack more power into tinier packages, The Hearing Journal, 56, 7, 2003 p. 17–24.
9. Büchler, M. et al., *Sound Classification in Hearing Aids Inspired by Auditory Scene Analysis*, EURASIP Journal on Applied Signal Processing, 18, 2005,p. 2991–3002.
10. Hamacher, V. et al., *Signal Processing in High-End Hearing Aids: State of the Art, Challanges, and Future Trends*, EURASIP Journal on Applied Signal Processing, 18, 2005, p. 2915–2929.
11. Hamacher, V. et al., *Applications of Adaptive Signal Processing Methods in High-End Hearing Aids,*" in Topics in Acoustic Echo and Noise Control HänslerE. and Schmidt, G., Eds.: Springer, 2006.
12. Voogdt, U., *Otoplastik*, 3. Auflage, Median Verlag, Lübeck 2005.
13. Hansen M. O. "Occlusion Effects" Part I, Report No 71, m Dept. of Acoustic Technology, Technical University of Denmark, 1997.
14. Pirzanski, C. und Berge B., *Ear canal dynamics: Facts versus perception*, The Hearing Journal, 58, 10, 2005 p. 50–58.
15. Online Publikationen von *Deutsches Hörgeräte Institut (Lübeck)*, http://www.dhi-online.de/DhiNeu/DHIIndex.html

83 Funktionsersatz des Innenohres

T. Lenarz

83.1 Physiologische Grundlagen des Hörens

In Deutschland weisen ca. 12 Millionen Einwohner eine behandlungsbedürftige Schwerhörigkeit auf, 10 Millionen davon eine Innenohrschwerhörigkeit. Ursächlich ist eine Schädigung der Hörsinneszellen, Haarzellen genannt, die nicht regenerieren.

Außen- und Mittelohr nehmen den Schall auf und leiten ihn möglichst verlustfrei in das flüssigkeitsgefüllte Innenohr ein (Abb. 83.1). Aus der Schallwelle in Luft wird eine Schallwelle in Wasser, die sich entlang der sogenannten Basilarmembran ausbreitet [1]. In Abhängigkeit von der anregenden Frequenz bildet sich an unterschiedlichen Stellen entlang dieser Membran, deren mechanische Eigenschaften durch veränderliche Steifigkeit und Breite sich kontinuierlich ändern, ein frequenzspezifisches Maximum dieser Wanderwelle aus (Abb. 83.2). Diese Frequenz-Orts-Transformation wird zusätzlich durch Filter- und Verstärkungsprozesse der Haarzellen verbessert und stellt die Grundlage für das gute Frequenzunterscheidungsvermögen des normalen Gehörs dar, wie es für Sprachverstehen, besonders aber für Musikhören benötigt wird. Die Haarzellen (Abb. 83.3a) wandeln das akustische Eingangssignal in ein elektrisches Rezeptorpotential um, das an der angekoppelten Hörnervenfaser ein Aktionspotential auslöst. Diese Codierung stellt den eigentlichen Hörvorgang dar. Zusätzlich werden die Amplitude des Signals sowie seine zeitliche Änderung in der Zahl und Abfolge (Muster) von Nervenaktionspotentialen kodiert (Abb. 83.3b). Bildlich gesprochen gleicht das Innenohr einem biologischen Mikrophon, von dem aus der Hörnerv die Information zur Weiterverarbeitung an das zentrale auditorische System leitet.

Für die Abbildung komplexer akustischer Signale wie z. B. Sprache oder Musik ist eine ausreichend große (minimale) Zahl von Sinneszellen und Nervenfasern erforderlich. Nur dadurch werden genügend Informationsübertragungskanälen bereitgestellt, um das Signal hinsichtlich Frequenzgehalt, Intensität und zeitlicher Änderung hinreichend für das zentrale Hörsystem kodieren zu können.

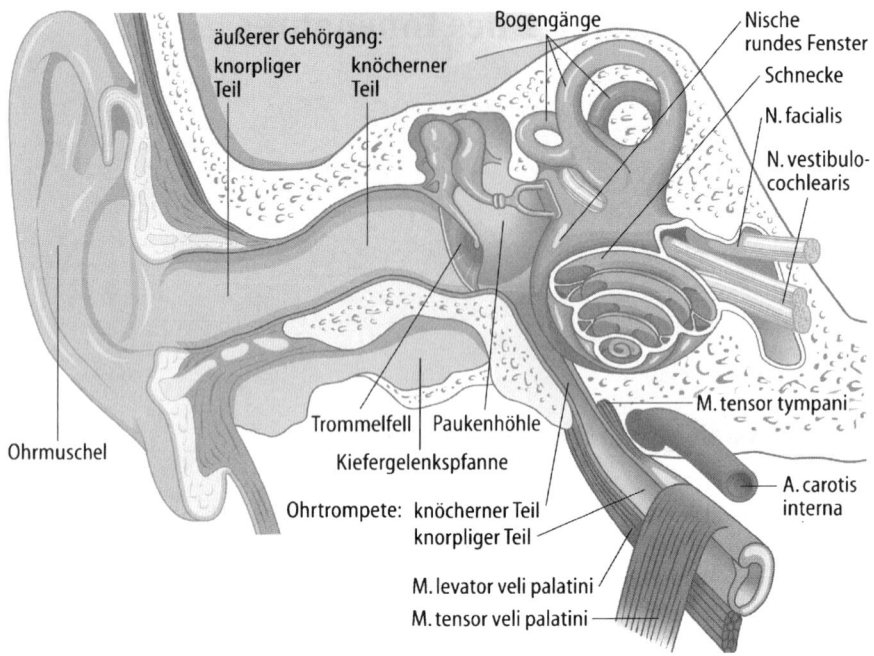

Abb. 83.1 Peripheres Hörorgan mit Außen-, Mittel- und Innenohr sowie Hörnerv (aus: Boenninghaus/Lenarz 13. Aufl, 2007)

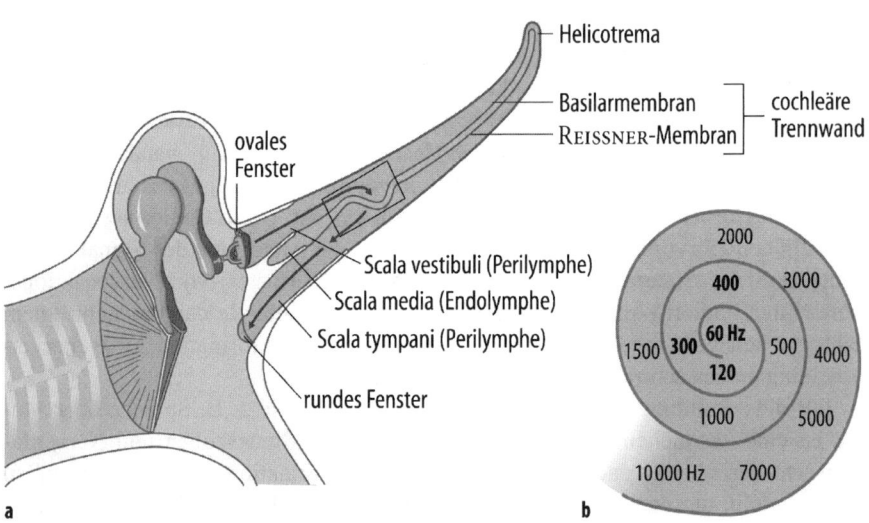

Abb. 83.2 Zuleitung des Luftschalls zum Innenohr und Frequenz-Orts-Transformation der Frequenzen durch die Wanderwelle entlang der Basilarmembran (aus: Boenninghaus/Lenarz, 13. Aufl. 2007)

83.1 Physiologische Grundlagen des Hörens

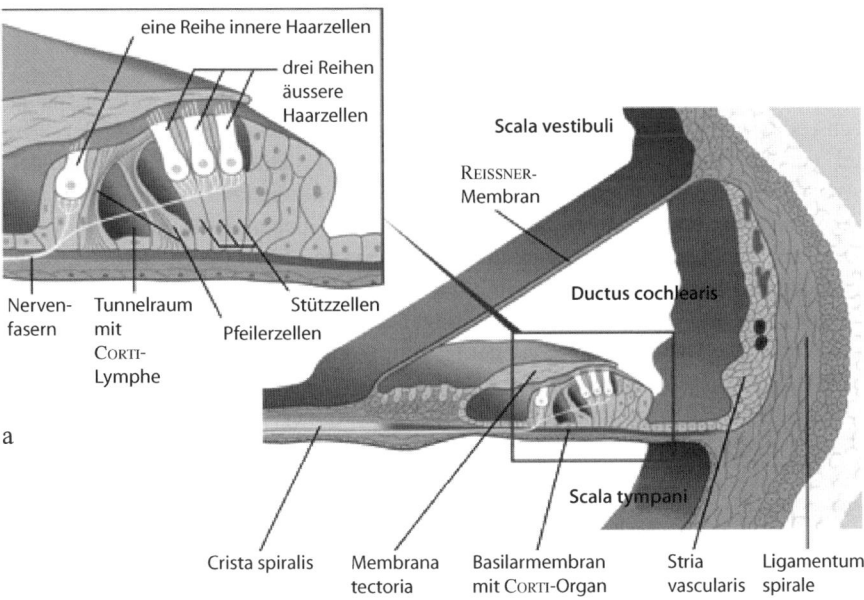

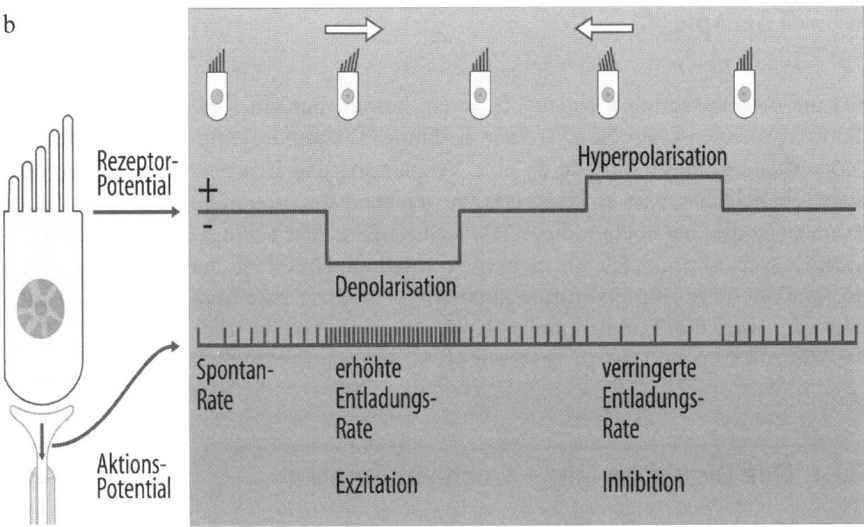

Abb. 83.3 Zuleitung des Luftschalls zum Innenohr und Frequenz-Orts-Transformation der Frequenzen durch die Wanderwelle entlang der Basilarmembran (aus: Boenninghaus/Lenarz, 13. Aufl. 2007)

83.2 Pathophysiologie der Schwerhörigkeit und Taubheit

Kommt es zur Funktionsstörung der Sinneszellen, bedeutet dies eine Innenohrschwerhörigkeit. Je nach betroffenem Frequenzbereich unterscheidet man Tief-, Mittel- und Hochton- oder pantonale Schwerhörigkeit, der Grad bemisst sich nach dem Ausmaß des Haarzellschadens. Ist ein großer Teil der Sinneszellen betroffen, spricht man von einer hochgradigen Schwerhörigkeit, sind (nahezu) alle Zellen betroffen, liegt eine Taubheit vor. Die angekoppelten Hörnervenzellen degenerieren zum Teil nach Ausfall der Sinneszellen, ein Teil überlebt jedoch lebenslang. Ebenso bleibt das zentrale Hörsystem funktionell intakt. Liegt bereits seit Geburt eine Schwerhörigkeit vor (kongenital) oder tritt diese vor dem definitiven Spracherwerb auf (ca. 8. Lebensjahr), hat dies Auswirkungen auf den Spracherwerb bis hin zur Taubstummheit. Eine später einsetzende Therapie kann auf Grund zentralnervöser Prozesse (Plastizität) diese Defizite nicht mehr kompensieren. Treten ein hochgradiger Hörverlust oder eine Ertaubung danach auf (postlingual), ist die Sprachentwicklung gefestigt und das Hören kann durch geeignete Therapie jederzeit wieder reaktiviert werden. Nur bei wenigen Patienten liegt eine neurale Schwerhörigkeit (Schädigung des Hörnerven) oder eine zentrale Schwerhörigkeit (Schädigung im Bereich der Hörbahn) vor.

83.3 Therapie

Da die die Haarzellen nicht regenerieren, kommt nur ein funktioneller Ersatz in Form von technischen Hörsystemen in Frage. Während gering- bis mittelgradige Hörverluste grundsätzlich durch eine Verstärkung und Bearbeitung des eingehenden Schallsignals, also ein Hörgerät, ausreichend funktionell kompensiert werden können, ist dies bei hochgradigen Hörverlusten nur sehr bedingt und bei vollständigem Hörverlust praktisch gar nicht mehr möglich. Hier kann nur durch eine Elektrostimulation des Hörnerven eine funktionelle Wiederherstellung des Hörens erzielt werden, wenn die Taubheit Folge eines Haarzellverlustes und der Hörnerv noch funktionstüchtig ist. Dies ist bei mehr als 98 Prozent der Betroffenen der Fall.

83.4 Das Bionische Ohr – Cochlear Implant

Die Funktion der ausgefallenen Hörsinneszellen kann durch eine elektronische Reizprothese, ein sog. Cochlear Implant übernommen werden (Übersicht s. [2]). Die über ein Mikrophon aufgenommenen akustischen Signale werden entsprechend eines mathematischen Algorithmus in ein zeitlich variables Muster elektrischer Signale verwandelt, die den Hörnerven direkt elektrisch reizen. Dadurch werden Hörsensationen ausgelöst, die vom Patienten zum Sprachverstehen benutzt werden können (Abb. 83.4a).

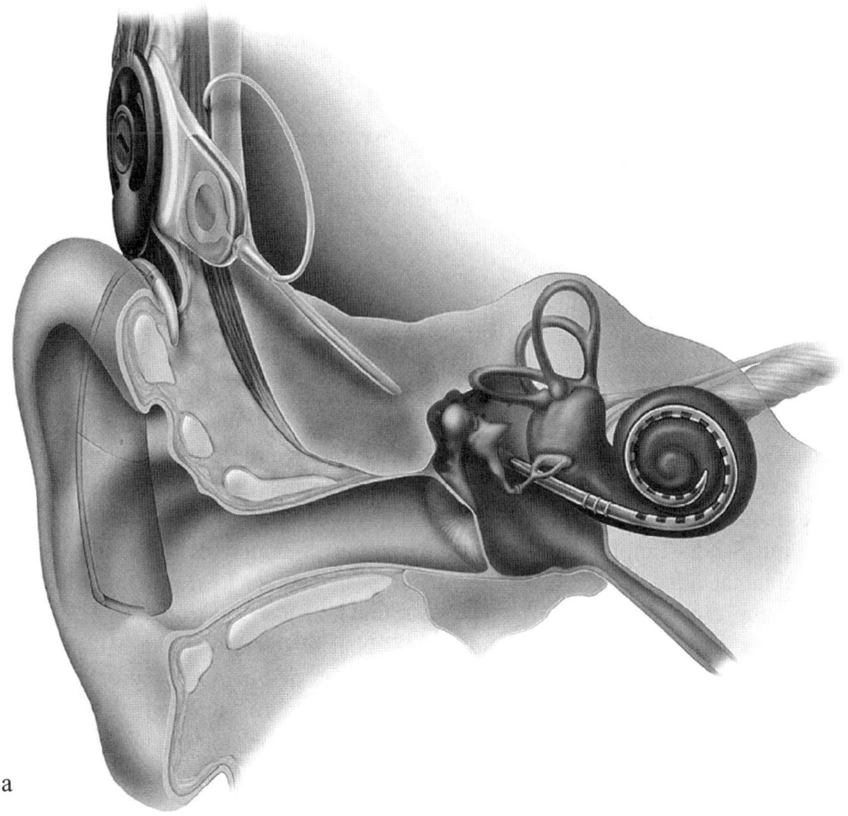

83.4 Das Bionische Ohr – Cochlear Implant

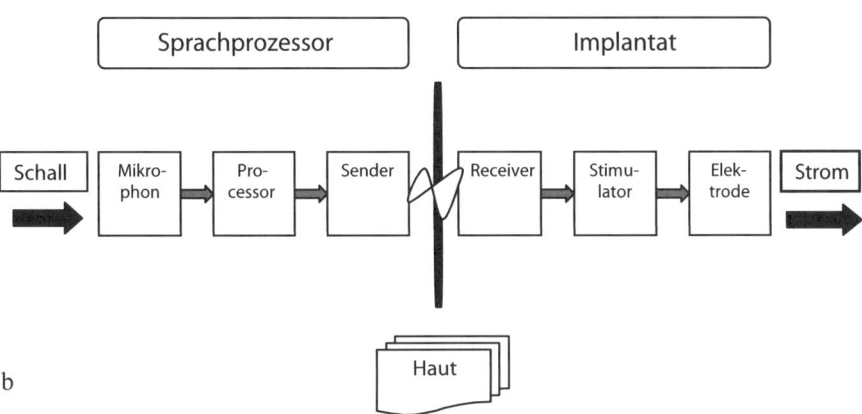

Abb. 83.4 Cochlear Implant System heute *(a)* mit in die Schnecke eingeführter Elektrode mit bis zu 22 Einzelkontakten und Blockschaltbild des Systems *(b)*

Seit den ersten Implantationsversuchen von Djourno und Eyries (1959) in Paris wurden zahlreiche Systeme erprobt (zur Historie s. Lehnhardt in [2]). Durch ein stetes Wechselspiel zwischen technologischen Fortschritten einerseits, den Patientenergebnissen andererseits konnten zahlreiche und grundsätzlich Verbesserungen implementiert werden. Gegenwärtig gibt es weltweit mehr als einhunderttausend Cochlear Implant-Träger.

Heutige Systeme weisen folgende gemeinsamen Kriterien auf:

- 2 Systemkomponenten
- Teilimplantierbar
- Intracochleäre Elektrodenlage
- Mehrkanalige Stimulation
- Elektrodenkontaktmaterial Platin-Iridium
- Elektrodenträgermaterial Silikon

Das Gesamtsystem wird unterteilt in einen außen getragenen Sprachprozessor und das eigentliche Implantat (Abb. 83.4b). Der Sprachprozessor beinhaltet Mikrophone zur Schallaufnahme, einen digitalen Mikroprozessor, einen RF-Sender/Empfänger mit Sende-/Empfangsspule und die Energieversorgung des Gesamtsystems. Das Implantat oder der Receiver-Stimulator besitzt einen RF-Empfänger/Sender mit Antenne, einen digitalen Mikroprozessor und eine Reizelektrode.

Im Sprachprozessor wird das Audiosignal über ein oder mehrere Mikrophone (omnidirektional, Richtcharakteristik) aufgenommen und dem Audioprozessor zur Signalvorverarbeitung und Kodierung des Audiosignals in ein zeitlich variables Muster von elektrischen Impulsen zugeleitet. Dieses Impulsmuster wird mit Hilfe einer RF-Übertragung auf das Implantat übertragen, wo die Impulse aus dem RF-Signal dekodiert und gemäß Vorschrift auf die Reizelektrode übergeleitet werden.

Die Elektrode selbst weist je nach Hersteller bis zu 22 einzelne Elektrodenkontakte aus Platin oder Platin-Iridium-Legierung auf, aus der auch die Zuleitungsdrähte gefertigt sind. Die Kontakte sind longitudinal auf dem Elektrodenträger angeordnet und entweder als Ring, Halbring oder opponierende Rechteckkontakte ausgelegt. Der Elektrodenträger wird in die mit Perilymphe (Elektrolytflüssigkeit mit hohem Natrium- und niedrigem Kaliumgehalt, entspricht in der Zusammensetzung etwa dem Liquor) gefüllte Cochlea eingeführt. Die einzelnen Elektrodenkontakte kommen unterschiedlich tief in der Schnecke zu liegen und reizen dadurch unterschiedliche Nervenzellpopulationen des Hörnerven. Dadurch wird versucht, die beim normalen Hörvorgang stattfindende Frequenz-Orts-Transformation (s. oben) nachzubilden – allerdings mit deutlich schlechterer Auflösung (Abb. 83.5).

Moderne Cochlear Implant-System verfügen außerdem über ein Telemetriesystem, das eine multifunktionale Kommunikation mit dem implantierten Teil zulässt. Zum einen dient dies der Programmierung und der Systemüberprüfung. Zum anderen können Informationen über die Schnittstelle Elektrode-Nerv gewonnen werden. Dazu zählen

83.4 Das Bionische Ohr – Cochlear Implant

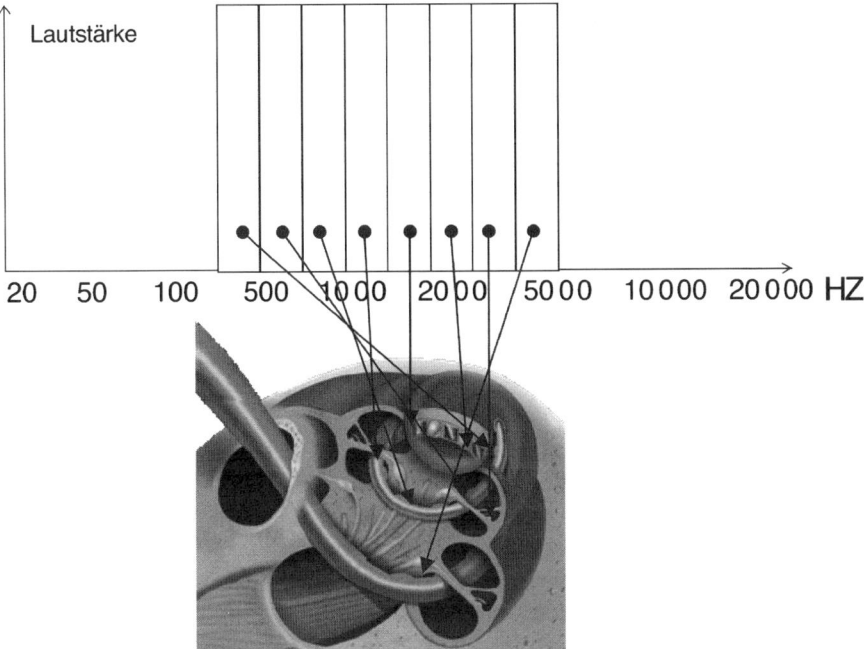

Abb. 83.5 Cochlear Implant-Elektrode in der Cochlea. Frequenzspezifische Stimulation des Hörnerven in der Schneckenachse zur Nachbildung der Frequenz-Ortstransformation bei akustischem Hören hier mit 8 Frequenzbändern. Die hohen Frequenzen werden mehr zur Schneckenbasis, die tiefen zu Schneckenspitze abgebildet

- Die Elektroden-Impedanzen
- Die elektrische Feldausbreitung
- Die neuronale Response

Die durch den elektrischen Impuls ausgelösten Nervenaktionspotentiale des Hörnerven – es handelt sich dabei um Summenaktionspotentiale von einer gleichzeitig erregten Zahl von Nervenzellen – werden über benachbarte Elektrodenkontakte gemessen. Ebenso kann die longitudinale elektrische Feldausbreitung erfasst werden. Über die Telemetrieeinheit werden die Daten dem externen Systemteil übermittelt und stehen für weiterführende Analysen zur Verfügung.

Liegt eine seltene neurale Taubheit vor, ist ein Cochlear Implant nicht sinnvoll, da der Hörnerv als Verbindungskabel zum Hirnstamm nicht mehr funktioniert. Hier kann ein auditorische Hirnstammimplantat ABI oder ein auditorisches Mittelhirnimplantat AMI nach demselben Prinzip das 2. oder das 3. Neuron der Hörbahn zentral der Schädigungsstelle elektrisch reizen und eine auditorische Rehabilitation erreichen [3].

83.5 Leistungsfähigkeit und Grenzen heutiger CI-Systeme

Cochlear Implants können als Erfolgsstory der funktionellen Elektrostimulation bezeichnet werden. Der rasante Entwicklungsfortschritt lässt sich neben der erreichten Miniaturisierung der Systemkomponenten am besten anhand der erreichten Verstehensquoten für Sprache demonstrieren. Konnten vor ca. 25 Jahren im Mittel nur ca 10% des Testmaterials richtig verstanden werden, so liegt dieser Mittelwert heute bei ca 90%. Dies bedeutet, dass die große Zahl der Patienten wieder über ein offenes Sprachverstehen verfügt, d.h. ohne sonstige Hilfsmittel Sprache auch am Telefon verstehen kann. Zurückgeführt werden kann dies im wesentlichen auf eine erhebliche Steigerung der Reizrate, d.h. der maximal pro Zeiteinheit an jedem Elektrodenkontakt erzeugten Reizimpulse. Lag diese Rate initial bei 100 Hz, so liegt sie aktuell bei über 5000 Hz.

Bei kongenital tauben und prälingual ertaubten Kindern sind die Erfolge ähnlich spektakulär. Werden die Kinder innerhalb des ersten Lebensjahres (kongenitale Taubheit) oder innerhalb des ersten Jahres nach Ertaubung implantiert, so erreichen sie eine praktisch normale Hör- und Sprachentwicklung [4]. Dies führte zur Vorverlagerung des Implantationszeitpunktes, die Kinder besuchen zum Großteil Regeleinrichtungen des Bildungswesens und qualifizieren sich für den normalen Arbeitsmarkt.

Dennoch ist das CI-Hören noch weit von einem normalen Hören entfernt. Erhebliche Limitationen ergeben sich vor allem beim Sprachverstehen im Störgeräusch und Musikhören. Hier macht sich die begrenzte Informations-Übertragungskapazität an der Elektroden-Nerven-Schnittstelle bemerkbar. Mehreren tausend Sinneszellen stehen lediglich maximal 22 Elektrodenkontakte gegenüber. Hinzu kommen die durch Longitudinalausbreitung des elektrischen Feldes bedingte schlechte elektrische Kanaltrennung sowie der große Abstand zwischen Elektrode und Hörnervenzellen, den sogenannten Spiralganglienzellen in der Schneckenachse [5;6]. Beide Faktoren lassen zur Zeit Elektrodenträger mit mehr Reizkontakten nicht sinnvoll erscheinen. Hinzu kommen fertigungstechnische Limitationen. Bei kleiner Stückzahl werden die Elektroden feinmechanisch manuell hergestellt. Halbautomatisierte Herstellungsverfahren sind in Entwicklung. Heutige Systeme versuchen diesen Flaschenhals durch eine adäquate Signalvorverarbeitung, die Kodierung von nur informationstragenden Teilen des akustischen Signals oder durch Ausnutzung bestimmter psychoakustischer Eigenschaften des Gehörs bei beidseitiger Implantation zu erweitern.

Am Elektrodenträger wurden ebenfalls Verbesserungen vorgenommen. Durch Vorformung gelingt es, diesen näher an die Schneckenachse, wo die Spiralganglienzellen lokalisiert sind, zu positionieren und damit den Abstand Elektrodenkontakt – neuronales Gewebe zu reduzieren. Gleichzeitig wurden die Kontakte nur an der medialen Wand des Elektrodenträgers lokalisiert (Abb. 83.6). Beides führt zu einer Reduktion der Erregungsschwelle, nicht jedoch zu einer wesentlichen Verbesserung der Kanaltrennung, was zum einen auf die longitudinale Stromausbreitung in der Elektrolytflüssigkeit der Cochlea zurückzuführen ist [7]. Zum anderen kommt es innerhalb von wenigen Wochen nach Implantation zu einem Fibroblastenbewuchs des

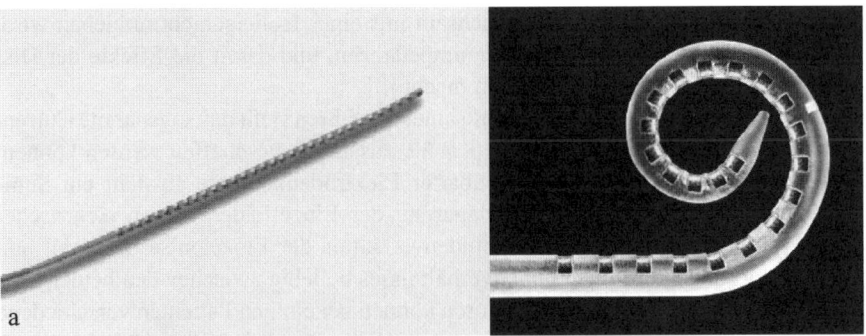

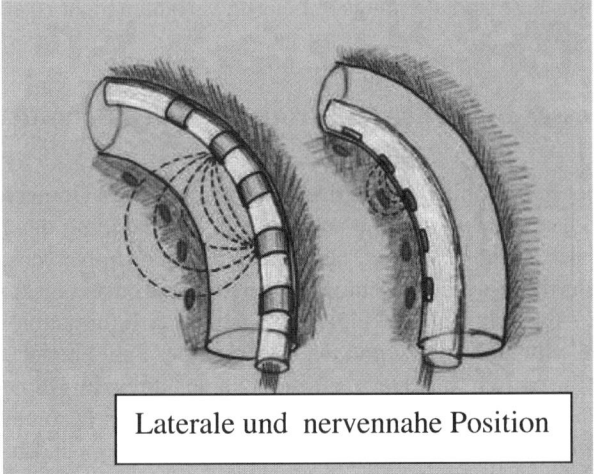

Laterale und nervennahe Position

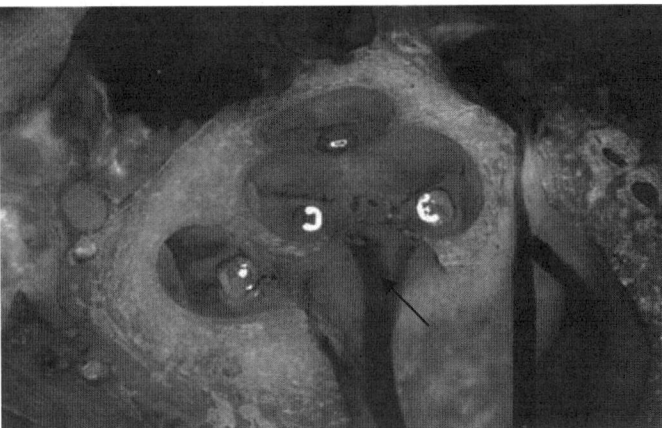

Abb. 83.6 Gerader und vorgeformter Elektrodenträger *(a* Mit freundlicher Genehmigung der Fa. Cochlear GmbH, Hannover*)* in ihrer Auswirkung auf die elektrische Feldausbreitung und potentiell die Kanaltrennung *(b)*. Im humanen Felsenbeinpräparat *(c)* ist die Lage der Elektrode relativ zum Hörnerven (Pfeil) in der Schneckenachse zu erkennen

Elektrodenträgers, der dadurch gleichsam mit einer Isolierschicht umgeben wird, erkennbar am Anstieg der Elektrodenimpedanzen, und damit die Effekte der Distanzverkürzung teilweise unwirksam macht [8].

Eine anderes psychoakustisch wirksames Verfahren stellt das sogenannte Current Stirring dar, mit dem sog. Virtuelle Kanäle zusätzlich geschaffen werden können. Bei simultaner Ansteuerung benachbarter Elektrodenkontakte entsteht ein Summationsfeld durch räumliche Überlagerung der Einzelfelder, dessen elektrischer Schwerpunkt sich durch das Amplitudenverhältnis der Einzelpulse bestimmt und durch Änderungen des Amplitudenverhältnisses beliebig zwischen den beiden Einzelkontakten verschieben lässt. Dadurch können bei einigen Patienten verschiedene Tonhöhen wahrgenommen werden, was das Hören auch im Störgeräusch verbessert. Quantensprünge sind allerdings mit diesen Verfahren nicht zu erzielen

83.6 Verbesserungen der Elektroden-Nerven-Schnittstelle

Eine weitgehende Nachbildung des Erregungsvorgangs des Hörnerven beim normalen Hörvorgang und somit eine substantielle Verbesserung der Hörergebnisse sind nur möglich, wenn es gelingt, eine direkte Elektroden-Nervenschnittstelle zu erzielen. Idealerweise wäre ein Neuron mit einem Elektrodenkontakt verbunden, so dass sich die Zahl elektrisch und biologisch getrennter Informationsübertragungskanäle wesentlich erhöhen lässt und nur noch von der Zahl überlebender Neurone abhängt [9]. Chirurgisch wäre hierzu eine Platzierung direkt im Hörnerven denkbar, um so einen möglichst direkten Kontakt zu erzielen. Alternativ kommt in Frage, die peripheren Dendriten der Spiralganglienzellen zu regenerieren und auf den Elektrodenkontakt in der Scala tympani, also dem üblichen Implantationsort, aufwachsen zu lassen. Um das unspezifische Fibroblastenwachstum einerseits zu hemmen [10], andererseits die Kontaktoberfläche für neuronale Zellen attraktiv zu machen, können verschiedene Verfahren der Funktionalisierung in Betracht gezogen werden. Sie sind Gegenstand intensiver Forschungen, da es sich um ein grundsätzliches Problem der funktionellen Elektrostimulation handelt [11].

Zur Optimierung können folgende Schritte angegangen werden:

- Auswahl des Elektrodenmaterials
- Physikalische Strukturierung der Oberfläche
- Chemische und biochemische Funktionalisierung
- Zellbeschichtung des Elektrodenträgers

83.6.1 Elektrodenmaterial

Voraussetzungen für eine effektive Stimulationselektrode in vivo sind eine hohe Übertragungskapazität für elektrische Ladungen und eine physikalisch große Elektrodenkontaktoberfläche [12; 8]. Das Trägermaterial muss sich durch Bearbeitbarkeit, Biokompatibilität und eine geringe Bindegewebsinduktion respektive Gliareaktion auszeichnen [13]. Ziel ist die Entwicklung einer für Fibroblasten und Gliazellen „unattraktiven" Implantatoberfläche bei gleichzeitigem Aufwachsen von Spiralganglienzellen. In Zellkulturuntersuchungen wachsen Fibroblasten auf Silikonträgermaterialien mit einer geringeren Wachstumsrate auf Platin und Gold in ähnlicher Wachstumsrate wie auf Glas. Zusätzlich wird das Wachstumsverhalten der Fibroblasten durch die Art des Silikonmaterials, seine Rauhigkeit (poliert versus unpoliert) und die aufgeprägte Mikrostruktur bestimmt [14].

83.6.2 Physikalische Strukturierung der Oberfläche

Komplexe Oberflächenstrukturen im Mikrometerbereich lassen sich mit hoher Präzision auf den Elektrodenmaterialien mit Hilfe des Femtosekunden-Lasers erzeugen, alternative Verfahren stellen das chemische Ätzen oder Sintern dar [15]. Für Silikon kommt auch die Negativabformung in Betracht (Abb. 83.7).

Mikrostrukturierung in einer Breite von 4 µm bis 10 µm führt bei Silikon zu einer Reduktion des Fibroblastenwachstums (Abb. 83.8 a, b). Die peripheren Dendriten von PC-12 Vorläuferzellen regenerieren nach Zugabe neurotropher Faktoren (NTF) und zeigen auf linear mikrostrukturiertem Platin, im Gegensatz zu Silikon, ein vorrangig parallel zu dieser Struktur orientiertes Wachstum (Abb. 83.8 c). Dies bedeutet, dass die physikalische Mikrostrukturierung des elektrisch leitenden Kontaktmediums bereits zu einer gerichteten Regeneration peripherer Dendriten neuronaler Zellen führt, um damit den Elektroden-Nerven-Kontakt zu verbessern [16].

Mittels Femtosekundenlaser lassen sich auch Nanostrukturen herstellen [17], die einen Einfluß auf die Zelladhäsion haben [18]. Mittels laserinduzierter Schmelzdy-

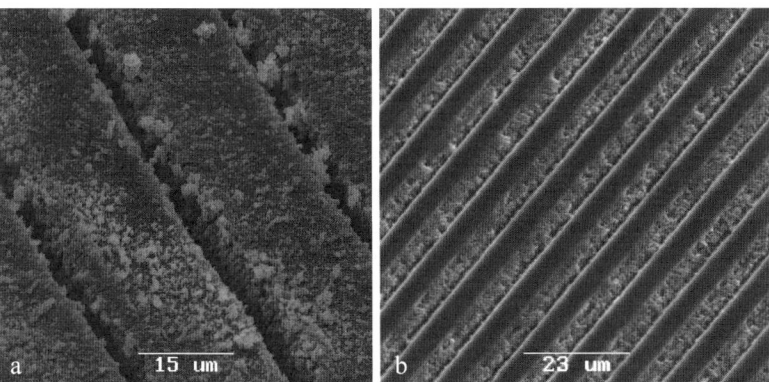

Abb. 83.7 Oberflächenstrukturierte Elektrodenmaterialien im REM. *a:* Gradientenstruktur in Silikon; *b:* Struktur geschnitten in Glas und mit 100 nm Platin beschichtet (in Zusammenarbeit mit dem Laserzentrum Hannover)

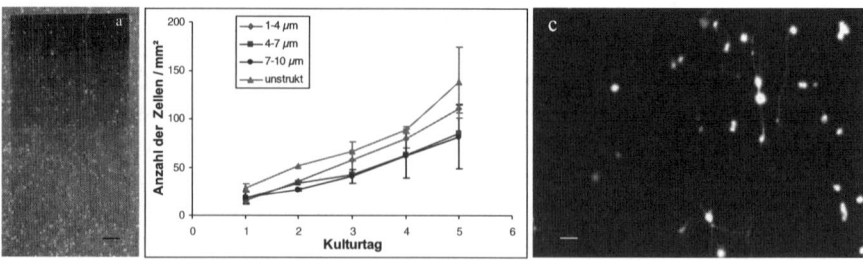

Abb. 83.8 *(a)* Fibroblasten kultiviert auf der Mikrostruktur, *(b)* Anzahl der Fibroblasten in Abhängigkeit von der Strukturgröße (Silikon LSR 30 poliert), *(c)* neuronale Vorläuferzellen auf der Mikrostruktur (Platin)

namik werden ablationsfrei Nanojets in verschiedenen Geometrien auf der Oberfläche hergestellt. Die maskenlose Femtosekundenlaserlithographie erlaubt es ebenfalls, Nanostrukturen mit hohem Aspektverhältnis zu erzeugen [19].

83.6.3 Chemische und biochemische Funktionalisierung

Um die Regeneration und das Auswachsen der Dendriten der Spiralganglienzellen zu starten und zielgerichtet zu steuern, ist die lokale Freisetzung von neurotrophen Faktoren wie GDNF (Glia Cell Derived Neurotrophic Factor) sinnvoll [20]. Für das Local Drug Delivery stehen verschiedene Verfahren zur Verfügung. Die im klinischen Einsatz üblichen, mit Hilfe eines Stiletts inserierten Elektrodenträger, weisen einen zentralen Kanal auf, der grundsätzlich für die intracochleäre Medikamentenapplikation geeignet ist. Mit Hilfe des Femtosekundenlasers wurden Öffnungen des zentralen Kanals zur lateralen Oberfläche des Elektrodenträgers eingebracht und Elektrodenprototypen mit definierten Flüssigkeitsaustrittskanälen und einer unter Berücksichtigung der Flussrate definierten Freisetzungs- und Verteilungskinetik angefertigt (Abb. 83.9) [21]. Strukturen mit Hohlraum können als Reservoir für pharmakologisch wirksame Substanzen wie Wachstumsfaktoren dienen. Diese 3-dimensionalen Strukturen werden durch Zweiphotonenpolymerisation auf den Elektrodenmaterialien aufgebaut und im Falle der Kontaktmaterialien mit Metall bedampft [22]. Substanzen können selektiv auf kleine Elektrodenbereiche ohne Kontamination mit hoher Ortsauflösung aufgebracht werden mit Hilfe von Laser-Vorwärtstransfer (LIFT – Laser induced forward transfer). Die zu übertragenden Stoffe werden durch einen Femtosekundenlaserpuls von einem Depotträgerglas abgelöst und treffen auf das zu beschichtende Substrat auf.

Ein weiteres Verfahren sowohl zur lokalen Anbindung pharmakologisch wirksamer Substanzen als auch biologisch wirksamer Proteine wie Adhärine stellt die Methode der photochemischen Anbindung dar. Dabei werden verschiedene Polymere an die Oberfläche des Elektrodenträgers gebunden, die ihrerseits wiederum für die Anbindung der biologisch aktiven Moleküle dienen [23]. Damit können die

Abb. 83.9 Local Drug Delivery mit der Cochlear Implant-Elektrode. Die Elektrode weist einen zentralen Kanal auf, in den von der Oberfläche Bohrungen mit dem fs-Laser eingebracht wurden. REM der 70 μm-Bohrung (in Zusammenarbeit mit dem Laserzentrum Hannover)

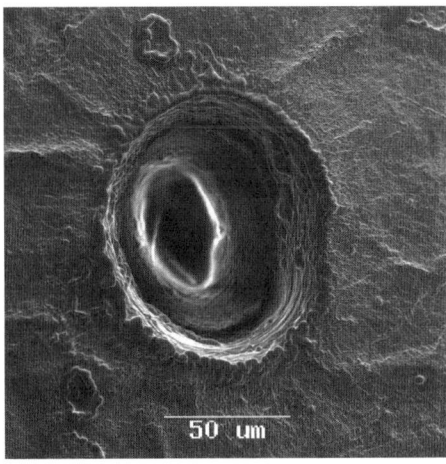

Materialoberflächen biomimetische Eigenschaften aufweisen, die eine Steuerung der extrazellulären Matrix und der zellulären Reaktionen erlauben [24].

83.6.4 Zellbeschichtung des Elektrodenträgers

Zum Tissue Engineering des Hörnerven kann der Elektrodenträger mit transgenen Fibroblasten (GFP+GDNF/BDNF) extrakorporal besiedelt werden, die diese Wachstumsfaktoren in die Cochlea sezernieren und damit als Local Drug Factory wirken. In gleicher Weise sollen zukünftig neuronale Precursorzellen zur Besiedelung verwendet werden [25], die nach Implantation die biologische Integration in den regenerierenden Hörnerven ermöglichen [26].

Die Realisierung dieser verschiedenen Ansätze in den Elektrodensystemen der nächsten Generation wird die Leistungsfähigkeit der Elektrostimulation allgemein und gleichsam an der Vorfront der Entwicklung der Cochlear Implants in eine neue Dimension heben.

83.7 Elektro-akustische Stimulation und Erhalt des Resthörvermögens

Mit der verbesserten Leistungsfähigkeit heutiger Cochlear Implant-Systeme werden bereits zunehmend Patienten mit noch erhaltenem Restgehör implantiert. Das Restgehör ist für das Sprachvestehen auch mit Hörgerät nicht mehr nutzbar oder liefert schlechtere Ergebnisse als sie mit einem Cochlear Implant erwartet werden dürfen. Da bei der Verwendung regulärer Elektrodenträger das Restgehör mit hoher

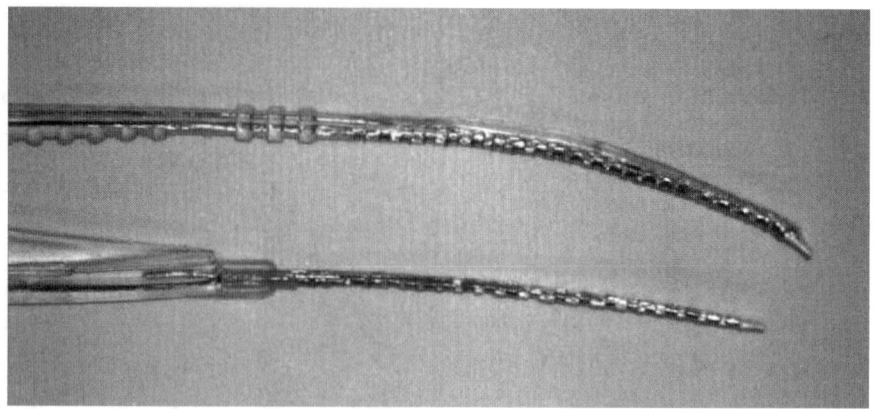

Abb. 83.10 Hybrid-Elektrode *(unten)* zur Hörerhaltung im Vergleich zur Standardelektrode *(oben)*. Die Elektrode ist deutlich dünner und kürzer, um das Insertionstrauma zu reduzieren. Damit lässt sich zuverlässig die cochleäre Restfunktion erhalten (mit freundlicher Genehmigung der Fa. Cochlear GmbH, Hannover)

Wahrscheinlichkeit zerstört wird, kommt zunehmend die Frage nach atraumatischen Elektrodenträgern auf, die sicher in der Cochlea platziert werden können mit Erhalt des Restgehörs. Dies ist in der Zwischenzeit gelungen. Besonders Patienten mit einer sogenannten Hochtontaubheit können anschließend ein sogenanntes Hybrid-System zur elektro-akustischen Stimulation der Cochlea nutzen [27]. Dies besteht aus einem Cochlear Implant zur Elektrostimulation mit integriertem Hörgerät zur akustischen Stimulation im Tieftonbereich.

Allerdings mussten einige Vorteile der Standardelektroden aufgegeben werden. So sind diese Hybrid-Elektroden kürzer, da ab einer bestimmten Insertionstiefe das Insertionstrauma bei üblicher chirurgischer Technik exponentiell steigt (Abb. 83.10). Sie sind auch nicht vorgeformt und liegen daher an der Außenwand der Cochlea.

Idealerweise sollte sich die Form der Elektrode während des Einführungsvorganges der individuellen Anatomie der Cochlea anpassen, indem graduell ein Shape Memory-Effekt aktiviert und die vorgeprägte Form ortsgenau eingenommen wird. Sowohl Shape Memory-Polymere als Memory-Metalllegierungen werden zur Zeit für diese aktiven Elektroden untersucht.

83.8 Zusammenfassung und Ausblick

Cochlear Implants haben sich als Therapie der Wahl bei Patienten mit angeborener oder erworbener Innenohr-Taubheit etabliert. Sie finden zunehmend auch Einsatz bei Personen mit Restgehör, bei denen Hörgeräte kein oder ein nur geringes Sprachverstehen ermöglichen. Sie können als Erfolgsgeschichte der funktionellen

83.8 Zusammenfassung und Ausblick

Elektrostimulation gelten. Sie ermöglichen heute bereits den meisten Patienten ein offenes Sprachverstehen in Ruhe und Kindern eine nahezu normale Hör- und Sprachentwicklung mit den entsprechenden schulischen und beruflichen Perspektiven. Grundsätzliche Leistungssteigerungen mit dann verbessertem Sprachverstehen im Störgeräusch und der Möglichkeit, Musik zu hören sind zu erwarten durch eine biologisch integrierte Elektroden-Nerven-Schnittstelle mit absoluter Kanaltrennung bei gleichzeitiger mehrdimensionaler Steigerung der Zahl der Kanäle. Biomaterialien und ihre Eigenschaften spielen dabei eine entscheidende Rolle.

Für eine kleine Zahl von Patienten mit neuraler Taubheit stehen zentral-auditorische Implantate zur Verfügung.

83.9 Literatur

1. Boenninghaus H.-G., Lenarz T., Hals-Nasen-Ohren-Heilkunde. *Springer Medizin Verlag Heidelberg,* 13. Aufl. 2007
2. Lenarz T, Cochlea-Implantat. Springer-Verlag, Berlin, Heidelberg, New York, 1998
3. Lenarz T., Lim H.H., Reuter G., Patrick J.F., Lenarz M., The auditory midbrain implant: A new auditory prosthesis for neural deafness concept and device description. *Otol. Neurotol* 2006
4. Battmer R., Lenarz T., Speech Perception Results for Children Implanted With the CLARION® Cochlear Implant at the Medical University of Hannover. *Ann Otol Rhinol Laryngol* 108, 1999, p. 93–98
5. Shepherd R.K., Hatsushika S., Clark G.M., Electrical stimulation of the auditory nerve: The effect of electrode position on neural excitation. *Hear. Res.* 66, 1993, p. 108–120
6. Kral A, Hartmann R., Mortazavi D., Klinke R., Spatial resolution of cochlear implants: the electrical field and excitation of auditory afferents. *Hear. Res.* 121, 1998, p. 11–28
7. Lenarz T., Reuter G., Battmer R.D., New electrode concepts for cochlear implants.: *Conference on Implantable Auditory Prostheses*, Pacific Grove, CA., 1999, p. 68
8. Tykocinski M., Liu X., Clark G.M., Chronic electrical stimulation of the auditory nerve using high-surface area platinum electrodes. N.N.: *Proc 19th Aust Neurosci Soc* 10, 1999, p. 181
9. Fromherz P., Electrical interfacing of nerve cells and semiconductor chips. *Chemphyschem* 3, 2002, p. 276–284
10. Berry C.C., Campbell G., Spadiccino A., Robertson M., Adam A.S.G., Curtis S.G., The influence of microscale topography on fibroblast attachment and motility. *Biomaterials* 25 (26), 2004, p. 5781–5788
11. Sonderforschungsbereich 599 der DFG „Nerven-Elektroden-Interaktion", Bericht 2006
12. de Boer R.W., Oosterom A. van, Electrical properties of platinum electrodes: impedance measurements and time-domain analysis. *Med. & Biol. Eng.& Computing* 16,1978, p. 1–10.
13. Stieglitz T., Schuetter M, Koch K.P.: Implantable biomedical microsystems for neural prostheses. *IEEE Eng Med Biol Mag.* 24(5), 2005, p. 58–65
14. van Recum A.F., van Kooten T. G., The influence of micro-topography on cellular response and the implications for silicone implants. *J. Biomater. Sci. Polymer* Edn 7 (2), 2005, p. 181–198
15. Momma C., Nolte S., von Alvensleben F., Femtosecond, picosecond and nanosecond laser ablation of solids. *Appl. Phys.* A. 63, 1996, p. 109
16. Reich U., Reuter G., Müller P., Stöver T., Fabian T., Chichkov B., Lenarz T., Fibroblasts and neuronal precursor cells on micro structured implant materials. DGBM Essen 2006, *Biomaterialien* 2006
17. Koch J., Korte F., Chichkov B., Nanotexturing of gold films by femtosecond laser-induced melt dynamics. *Appl. Phys. A*, 81, 2005, p. 325
18. Selhuber C., Blümmel J., Czerwinski F., Spatz J.P., Tuning Surface Energies with Nanopatterned Substrates *Nano Lett.* 6 (2),2006, p. 267–270
19. Koch J., Fadeeva E., Engelbrecht M., Ruffert C., Gatzen H.H., Ostendorf A., Chichkov B.N., Maskless nonlinear lithography with femtosecond laser pulses. *Appl. Phys.* A 82, 2006, p. 23–26
20. Marzella P.L., Gillespie L.N., Clark G.M., Bartlett P.F., Kilpatrick T.J.: The neurotrophins act synergistically with LIF and members of the TGF-beta superfamily to promote the survival of spiral ganglia neurons in vitro. *Hear. Res.* 138, 1999, p. 73–80
21. Stöver T., Paasche G., Ripken T., Breitenfeld P., Fabian T., Lubatschowski H., Lenarz T., Development of a Drug Delivery Device: Using the Femtosecond Laser to ModifyCochlear Implant Electrodes. *Cochlear Implants International* 2006
22. Ovsianikov A.l., Passinger S., Houbertz R., Chichkov B., Three dimensional material processing with femtosecond lasers. in Phipps, Claude R. (Ed.) „*Laser Ablation and its Applications*", 2006

23. Griep-Raming N., Krager M., Menzel H., Using Benzophenone-Functionalized Acid To Attach Thin Polymer Films to Titanium Surfaces. *Langmuir* 20, 2004, p. 11811
24. Drotleffa S., Lungwitza U., Breuniga M., Dennisa A., Blunka T., Tessmarc J., Göpferich A., Biomimetic polymers in pharmaceutical and biomedical sciences. *Europ. J. Pharm. Biopharm.* 58 (2), 2004, p. 385–407
25. Arnold M., Cavalcanti-Adam E.A., Glass R., Blummel J., Eck W., Kantlehner M., Kessler H., Spatz J.P., Activation of integrin function by nanopatterned adhesive interfaces. *Chemphyschem.* 5 (3), 2004, p. 383–388
26. Wislet-Gendebien S., Hans G., Leprince P., Rigo J.M., Moonen G., Rogiste B., Plasticity of cultured mesenchymal stem cells: switch from nestin-positive to excitable neuron-like phenotype. *Stem Cells* 23, 2005, p. 392–402
27. Lenarz T., Stöver T, Büchner A., Paasche G., Briggs R., Risi F., Pesch J., Battmer R.D., Temporal bone results and hearing preservation with a new straight electrode. *Audiol Neurootol.* 11 S1, p. 34 –41

84 Transplantate und Implantate im Mittelohrbereich – Teil 1 (Stand 2002)

H.-G. Kempf, T. Lenarz, K.-L. Eckert

84.1 Einleitung

In Deutschland leben ungefähr 12 Millionen Menschen, die an einer ein- oder beidseitigen Schwerhörigkeit leiden. Diese kann angeboren oder im Laufe des Lebens erworben sein. Klinisch und therapeutisch wichtig ist die Unterscheidung, ob die Ursache der Schwerhörigkeit im Bereich des Mittelohres, d. h. der Schallübertragung, oder im Bereich des Innenohres, der Hörnerven und der zentralen Hörbahnabschnitte, d. h. der Schallempfindung, liegt.

2,5 Millionen Schwerhörige haben dabei das Problem der Schallübertragung, d.h. die Störung liegt im Mittelohrbereich, und hier kann man in der Regel mit operativen, mikrochirurgisch durchgeführten Massnahmen helfen [1, 2]. Im Vordergrund steht als Ursache hier die chronische Mittelohrentzündung, die sich als Perforation des Trommelfells, als Defekt oder Unterbrechung der Gehörknöchelchen oder auch als Cholesteatom, einer sogenannte Knocheneiterung äussern kann [3]. Therapeutisch und damit als Prinzip der operativen Hörverbesserung steht primär der Verschluss des Trommelfells oder eine Rekonstruktion der Gehörknöchelchen an.

Zum Gehörknöchelchenersatz kommen verschiedene Möglichkeiten (Abb. 84.1) und Werkstoffe in Frage. Am besten, sofern vorhanden, eignen sich die patienteneigenen Ossikel (autogene Transplantate), die nach Transplantation in einer Rate bis zu 50% revitalisiert werden können. Allogene, d.h. menschliche konservierte Hammer- und Amboßknöchelchen wurden bis vor einiger Zeit ebenfalls sehr häufig verwendet. Dabei kam es zu hervorragenden Hörergebnissen, sie wurden nur selten abgestossen und sogar zu einem geringen Prozentsatz knöchern revitalisiert [4]. Infektionsgefahr, z. B. durch Hepatitis oder HIV, schliessen diesen Weg heute aus. Daher wurden vermehrt sog. alloplastische Gehörknöchelchenimplantate verwendet, die aus Polyethylen, Gold, Aluminiumoxid, Ionomerzement und bioaktiven Gläsern gefertigt werden. Sie zeichnen sich durch eine relativ gute Verträglichkeit aus, lassen sich unter dem Operationsmikroskop unterschiedlich gut bearbeiten und damit individuell den intraoperativen Gegebenheiten anpassen. Die funktionellen Ergebnisse bezüglich der Wiederherstellung des Gehörs sind ebenfalls gut.

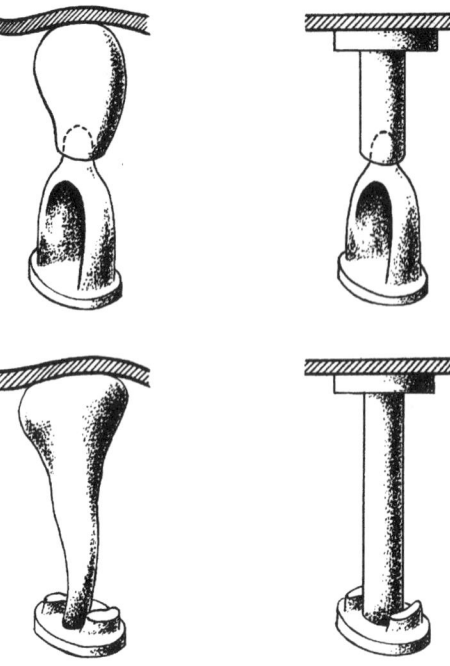

Abb. 84.1 Tympanoplastik Typ III mit Interposition zwischen Trommelfellebene und Steigbügel *(oben)* und zwischen Trommelfellebene und Steigbügelfussplatte *(unten)*

84.2 Otosklerose-Chirurgie

Im Rahmen der Therapie der Otosklerose, bei der der Steigbügel festwächst, seine Beweglichkeit verliert, damit den Schall nicht mehr vollständig übertragen kann und somit zu einer Schwerhörigkeit führt, wird der Steigbügel entfernt und durch eine kleine Prothese ersetzt. Es werden dabei Platinband-Teflon-Prothesen mit sehr guten funktionellen Ergebnissen, häufig auf Dauer, verwendet.

84.3 Alloplastische Implantate zur Rekonstruktion der Schalleitungskette

Grundprinzip und damit auch zu lösendes Grundproblem gehörverbessernder Operationen ist eine Wiederherstellung der mechanischen Schallübertragung zwischen Trommelfell und Innenohr [5]. Dabei ist je nach Situation die Distanz zwischen Trommelfell und Steigbügel oder Trommelfell und Fussplatte zu überbrücken. Dafür stehen neben den patienteneigenen Gehörknöchelchen kommerziell erhältliche Implantate zur Verfügung, die in unterschiedlicher Geometrie aus biokompatiblen Werkstoffen gefertigt sind (Abb. 84.2). Im folgenden werden die einzelnen im klinischen Alltag routinemässig eingesetzten Werkstoffe vorgestellt und mit ihren Vor- und Nachteilen besprochen.

84.3 Alloplastische Implantate zur Rekonstruktion der Schalleitungskette

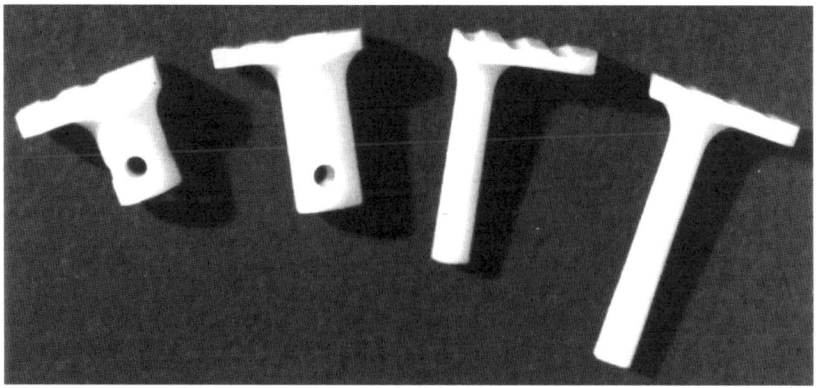

Abb. 84.2 Kommerziell erhältliche Aluminiumoxid-Prothesen für den Gehörknöchelchenersatz mit unterschiedlichem Design (Fa. Friatec, D-Mannheim)

84.3.1 Keramische Mittelohrimplantate

Aluminiumoxid
ist eine weit verbreitete bioinerte Keramik. Bei Auftreten von Partikeln im Gewebe werden in der Regel keine Entzündungsreaktionen beobachtet. Im Mittelohr sind die Aluminiumoxid-Implantate nach 4 bis 6 Wochen bindegewebig eingehüllt. Zum Steigbügel hin ergibt sich eine bindegewebige pseudarthrotische Verbindung. Eine Knorpelabdeckung als Zwischenschicht zwischen Implantat und Trommelfell wird grundsätzlich empfohlen, um die Extrusionsrate (5–16%) niedrig zu halten. In diesen Fällen erfolgt eine Perforation des Trommelfells und ein Ausstossen des Implantates. In den anderen Fällen ergeben sich funktionell gute und stabile Hörergebnisse auch im Langzeitverlauf.

Calciumphosphate
Hydroxylapatit ist ein wichtiger Vetreter der Calciumphosphate für Anwendungen im Knochen. Zur Ossikelrekonstruktion wird Hydroxylapatit mit einer maximalen Porengrösse von 3 μm eingesetzt. Trotz geringer Extrusionsrate sollte gegenüber dem Trommelfell eine Knorpelabdeckung der Implantate erfolgen, analog dem Vorgehen bei Aluminiumoxidimplantaten. Funktionell ergeben sich günstige Hörergebnisse auch im Langzeitverlauf, so dass von einer hohen Biofunktionalität des Werkstoffes bezogen auf den Einsatz im Mittelohr gesprochen werden kann.

Bioaktive Gläser
Dichte bioaktive Glaskeramik besteht aus Silizium, Phosphor-, Natrium-, Kalium- und Magnesiumoxid [6]. Durch Ionenaustauschprozesse entsteht eine gelartige Oberfläche, auf der nicht stöchiometrischer, carbonathaltiger Hydroxylapatit auskristallisiert [11] und an den Knochen anwächst. Die Gewebeverträglichkeit und die funktionellen Ergebnisse sind zunächst gut. Jedoch kann es im Laufe der Jahre

Abb. 84.3 Mittelohrimplantate aus reiner Titanoxidkeramik

zu Auflösungserscheinungen der Implantate mit teilweise oder totalem Funktionsverlust kommen. Über Mittelohrimplantate aus Bioglas liegen zehnjährige klinische Untersuchungen vor, die über eine ausgezeichnete Langzeitverträglichkeit und Funktionstüchtigkeit berichten [10].

84.3.2 Ionomerzement

Glasionomerzement besteht aus Glaspartikeln, die von einem Polymaleinat umgeben sind. Die in zwei Grössen erhältlichen vorgefertigten Implantate lassen sich gut bearbeiten und werden im Mittelohr von einer zarten Schleimhaut überzogen [7]. Die Hörergebnisse sind gut. Bisherige Langzeitergebnisse dieses relativ neuen Werkstoffes lassen eine ähnlich günstige Biofunktionalität wie für Hydroxylapatit erwarten. Da der Ionomerzement auch in flüssiger Form verfügbar ist, ergeben sich zusammen mit den vorgefertigten Implantaten auch Lösungsmöglichkeiten für schwierige anatomische Situationen.

84.3.3 Polyethylen, Teflon

Es werden Implantate angeboten, die aus porösem Polyethylen (HDPE) bestehen. Die Porengrösse beträgt zwischen 30 und 40 µm und soll Gewebeeinwachsen ermöglichen. [7]. Die Hörergebnisse sind primär gut und zunächst stabil. Im Langzeitverlauf wird jedoch eine Extrusionsrate von bis zu 83% beobachtet. Ähnlich beurteilt werden können Implantate aus Polytetrafluorethylen mit Kohlenstoffpartikeln, wobei hier die Langzeitstabilität günstiger ausfällt.

84.3.4 Gold

Aus Gold gefertigte Prothesen werden als Ambossersatz und als Columella angeboten. Ein Golddrahtrahmen wird dabei unter den Hammergriff bzw. die Paukenabdeckung plaziert. Die Goldprothesen werden von zarter Schleimhaut überzogen, gehen jedoch keine weitere gewebliche Verbindung mit dem Mittelohr ein. Die bisherigen klinischen Beobachtungen zeigen eine geringe Extrusionsrate bei guten funktionellen Ergebnissen [8, 9].

84.4 Zusammenfassung und Ausblick

Die Grundprinzipien der rekonstruktiven Mittelohrchirurgie sind seit mehr als vier Jahrzehnten bei vielen Patienten weltweit erfolgreich angewendet worden [1]. Die zunehmende Verwendung alloplastischer Werkstoffe trägt der nicht ausschliessbaren Infektionsgefahr allogener Transplantate Rechnung und wird auch zur Erprobung und Anwendung weiterer Werkstoffe führen. Problemzonen sind die Ankoppelung an Trommelfell und Steigbügel bzw. an die Fussplatte. Verhindert werden muss eine progressive Resorption des Werkstoffes, auch im entzündeten Ohr, genauso wie eine knöcherne Fixation mit Beeinträchtigung der Schwingungsfähigkeit der Schalleitungskette. Nur unvollständig gelöst ist die Rekonstruktion der hinteren Gehörgangswand bzw. die Obliteration einer grossen Mastoidhöhle mit alloplastischen Werkstoffen, so dass sich auch hier Einsatzmöglichkeiten für neue Werkstoffe und Techniken ergeben. Ein Entwicklungsbeispiel für biokompatible Mittelohrimplantate aus reiner Titanoxidkeramik ist in Abb. 84.3 gezeigt.

84.5 Literatur

1. Plester D., Zöllner F., Behandlung der chronischen Mittelohrentzündungen, in *HNO-Heilkunde in Klinik und Praxis*, Berendes, Link, Zöllner (eds.), Georg Thieme Verlag, Stuttgart, 1980, p. 28.1–28.101.
2. Plester D., Steinbach E., Hildmann H., *Atlas der Ohrchirurgie*, Kohlhammer, Stuttgart, 1988.
3. Kempf H.G., Möckel C., Jahnke K., Hörvermögen nach Cholesteatomchirurgie, *Laryng. Rhinol. Otol.*, 69, 1990, p. 625–630.
4. Naujocks H.J., Kempf H.G., Zur Histologie und Morphometrie explantierter Gehörknöchelchen beim Menschen, *Laryng. Rhinol. Otol.*, 65, 1985, p. 374–376.
5. Jahnke K., Fortschritte der Chirurgie des Mittelohres, *HNO*, 35, 1987, p. 1–13.
6. Reck R., Störkel S., Meyer A., Bioactive glass-ceramics in middle ear surgery, in *Bioceramics: Material characteristics versus in vivo behavior*, Ducheyne P., Lemons J.E. (eds.), The New York Academy of Sciences, New York, 1988, p. 100–106.
7. Geyer G., Implantate in der Mittelohrchirurgie, *European archives of oto-rhino-laryngology*, Suppl. 1992/I, 1992, p. 185–231.
8. Steinbach E., Pusalkar A., Plester D., Gehörknöchelchenersatz durch Goldprothesen, *ZBL HNO*, 139, 1990, p. 133.
9. Pusalkar A., Steinbach E., Plester D., Gold implants in middle ear reconstruction surgery, *Transplants and implants in otology*, 1991, p. 104.
10. Wilson J., Douek E., Rust K., Bioglass middle ear devices: Ten year clinical results, in *Bioceramics 8*, Wilson J., Hench L.L., Greenspan D. (eds.), Elsevier Science Ltd., Florida, USA, 1995, p. 239–245.
11. Hench L.L., Wilson J., *An introduction to bioceramics*, 1–24, World Scientific Publishing Co. Pte. Ltd., Singapore, 1993.

85 Implantate im Mittelohrbereich – Teil 2 (Ergänzungen 2007)

M. Stieve, T. Lenarz

85.1 Einleitung

In Deutschland leben ca. 12 Millionen Menschen, die an einer ein- oder beidseitigen Schwerhörigkeit leiden. Diese kann angeboren oder im Laufe des Lebens erworben sein. Klinisch und therapeutisch wichtig ist die Unterscheidung hinsichtlich des Schädigungsortes im Bereich des Mittelohres, d. h. eine Schalleitungsschwerhörigkeit, oder im Bereich des Innenohres, d. h. eine Schallempfindungsschwerhörigkeit, wobei hier der Schädigungsort auch am Hörnerven oder in den zentralen Hörabschnitten liegen kann. Therapeutisch lassen sich sowohl Schwerhörigkeiten im Bereich des Mittelohres als auch im Innenohr und sogar im Hirnstammbereich (Hirnstammimplantat) behandeln.

1,9 Millionen Schwerhörige haben eine Erkrankung im Mittelohrbereich, d h. der Schall kann nur ungenügend auf das Innenohr übertragen werden. Die Ursache besteht meist in einer chronischen Mittelohrentzündung, die zu einer Zerstörung des Trommelfells und der Gehörknöchelchenkette geführt haben. Therapeutisch und damit als Prinzip der operativen Hörverbesserung steht primär der Verschluß des Trommelfells oder eine Rekonstruktion der Gehörknöchelchen. Mittelohroperationen werden mikrochirurgisch unter dem Operationsmikroskop durchgeführt, wobei zunächst durch eine sanierende Operation der Entzündungsprozeß entfernt wird und nach einer Ausheilungszeit die Gehörknöchelchenkette durch künstliche Prothesen rekonstruiert werden kann.

85.2 Anatomische Grundlagen und Pathophysiologie

Das Gehör- und Gleichgewichtssystem (Abb. 85.1) umfassen den peripheren Aufnahmeapparat, das Ohr im engeren Sinne und die nervösen Bahnen sowie Zentren innerhalb des zentralen Nervensystems. Dementsprechend können zwei Hauptanteile unterschieden werden:

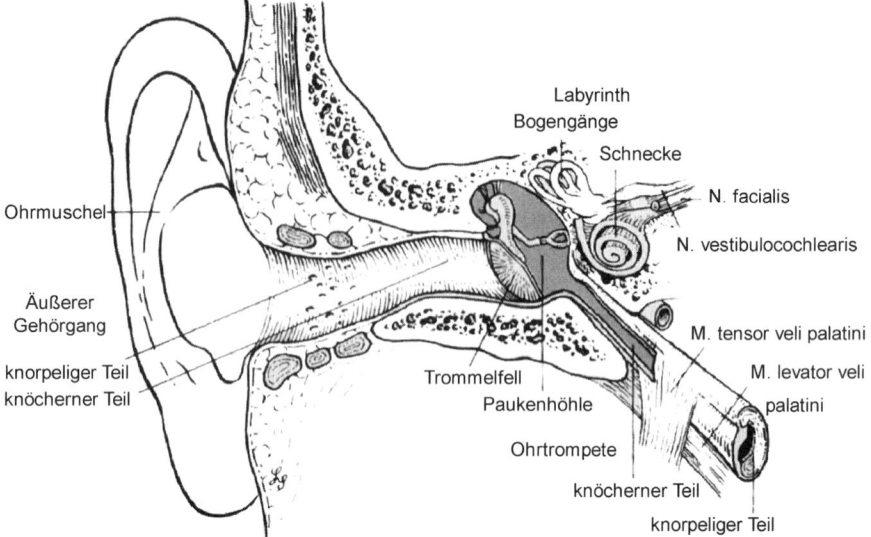

Abb. 85.1 Übersicht des äußeren Ohres, Mittelohr und Innenohr (Labyrinth) (Boenninghaus und Lenarz 1996)

- Peripherer Teil: Äußeres, mittleres und inneres Ohr, Nervus vestibulocochlearis
- Zentraler Teil: Zentrale Hörbahn, subkortikale und kortikale Hörzentren, zentrales Gleichgewichtssystem

85.2.1 Äußeres Ohr

Die Ohrmuschel besteht aus einem mit Haut bedeckten Knorpel, der angrenzend zwischen Kiefergelenk und Warzenfortsatz nach hinten den Eingang zum inneren Gehörgang bildet. Es schließt sich ein 3 cm langer äußerer Gehörgang an, der im vorderen Anteil knorpelig-bindegewebig aufgebaut ist und im hinteren, kürzeren Bereich in den knöchernen Teil übergeht. Der Gehörgang ist nicht gerade, sondern kann von dem Untersucher erst durch Zug an der Ohrmuschel nach oben hinten komplett eingesehen werden. Aufgrund des gebogenen Verlaufes können häufig Fremdkörper am Übergang vom knorpeligen zum knöchernen Gehörgang stecken bleiben, ebenfalls kann es durch Ohrenschmalz zu einer Verlegung des Gehörganges kommen, so daß eine Schwerhörigkeit auftreten kann.

85.2 Anatomische Grundlagen und Pathophysiologie

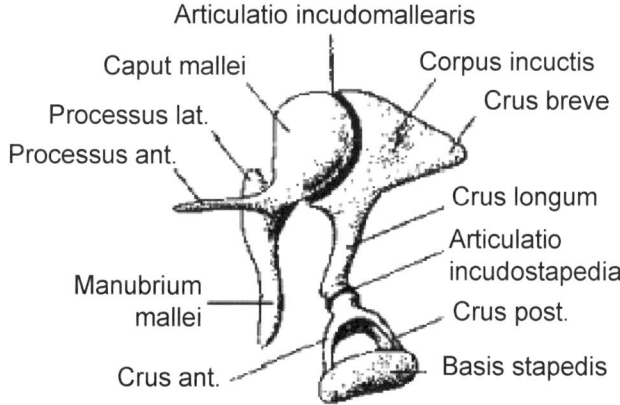

Abb. 85.2 Gehörknöchelchenkette (Schiebler et al. 1999)

85.2.2 Mittelohr

Die Mittelohrräume stellen ein weiträumiges, mit Luft gefülltes Hohlraumsystem dar, welches durch die Tuba Eustachii (Verbindung zwischen Rachen und Mittelohr) belüftet wird. Unterschieden werden folgende Anteile:

- Tuba auditiva (Ohrtrompete)
- Paukenhöhle
- Warzenfortsatz
- Luftgefülltes Schläfenbein

Die Ohrtrompete besteht aus einem an der Schädelbasis aufgehängten knorpeligen Anteil sowie einem knöchernen Anteil innerhalb des Felsenbeines, wobei der innere Anteil durch einen Muskel gebildet wird, welcher die Öffnung der Tube beeinflußt. Die Tube dient dem Druckausgleich zwischen Mittelohr und Nasenrachen und damit dem Ausgleich des Druckes vor und hinter dem Trommelfell. An dem Öffnungs- und Verschlußmechanismus ist im wesentlichen die Kontraktion des Muskels verantwortlich, welcher beim Gähnen und Schlucken zu einer Tonisierung und damit zu einer Öffnung der Tube und somit zu einem stetigen Belüften des Mittelohres führt.

Die Paukenhöhle (Mittelohr) liegt als lufthaltiger Raum zwischen dem Gehörgang, welcher durch das Trommelfell abgegrenzt wird, und dem Innenohr. Das Mittelohr (Abb. 85.2) selber läßt sich weiter in drei Anteile einteilen, wobei sich der Recessus epitympanicus im oberen Bereich befindet, das Mesotympanum im mittleren und der Recessus hypotympanicus in dem Bereich, wo die Tube einmündet. Zwischen Epi- und Mesotympanum kann eine anatomische Enge bestehen, so daß es bei rezidivierenden Entzündungen zu einem chronischen Prozeß kommt, die bei einem chronischen Verlauf auch zu einer Zerstörung der Gehörknöchelchen und damit einer Schwerhörigkeit führen kann. Nach außen hin wird das Mittelohr durch

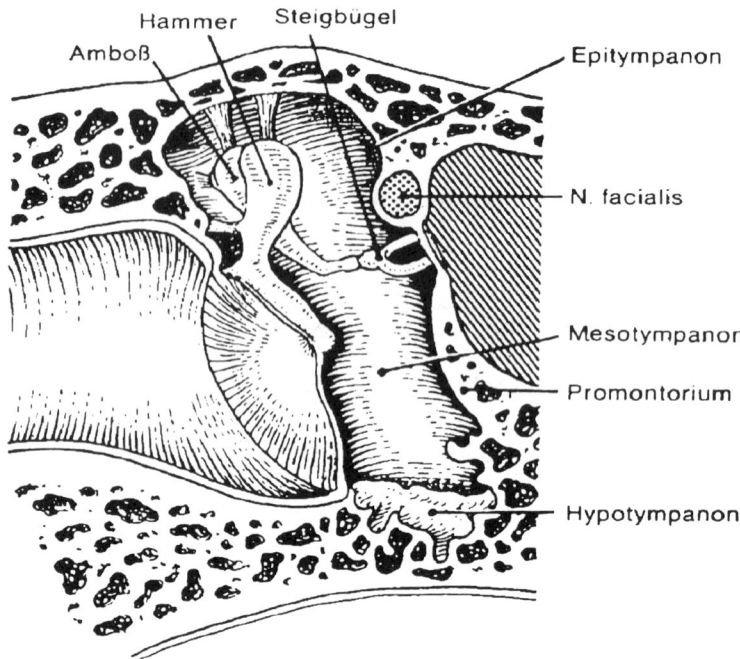

Abb. 85.3 Schnitt durch die Paukenhöhle (Boenninghaus und Lenarz 1996)

das Trommelfell begrenzt, wobei makroskopisch ein Trommelfellrand zu unterscheiden ist sowie ein mittlerer Bereich, an welchem der Hammergriff ansetzt und die schwingungsfähige Hauptfläche ausmacht. In der Paukenhöhle befinden sich die von Schleimhaut überzogenen drei Gehörknöchelchen (Abb. 85.3).

Der Hammer (Malleus) besteht aus Griff (Stiel), kurzem Fortsatz, vorderem Fortsatz, Hals und Kopf. Der Hammergriff und der kurze Fortsatz sind in die Pars tensa des Trommelfells eingelassen und sind hier mit dem Trommelfell fest verwachsen. Der Hammer und der Amboß sind über ein Sattelgelenk verbunden.

Der Amboß (Incus) besteht aus Körper, kurzem Schenkel und langem Schenkel. Letzterer reicht ins Mesotympanum herab und ist an seinem Gelenkfortsatz mit dem Steigbügelköpfchen verbunden.

Der Steigbügel (Stapes) besteht aus Köpfchen, vorderem und hinterem Schenkel und der Fußplatte im ovalen Fenster.

Die Gehörknöchelchen übertragen die Trommelfellschwingungen auf das Innenohr, die zu einer erheblichen Verstärkung des Schalldruckes führen und somit eine Impedanzanpassung von Luft auf das flüssigkeitsgefüllte Innenohr hervorrufen. Des weiteren findet man im Mittelohr Bänder und Sehnen, die an den Gehörknöchelchen ansetzen, Musculus tensor tympani, der an der Basis des Hammergriffes ansetzt, und den Musculus stapedius, der am Steigbügelköpfchen ansetzt.

85.2.3 Pneumatische Räume

Zur Zeit der Geburt sind nur Tube, Pauke und Antrum mastoideum angelegt. Im Laufe des Wachstums entwickeln sich luftgefüllte Räume, die mit dem Mittelohr in Verbindung stehen, so daß bis zum sechsten Lebensjahr die Ausbildung abgeschlossen ist. Sie kann sehr ausgedehnt sein und außer dem Warzenfortsatz zusätzlich den Jochbogen oder sogar die Felsenbeinpyramide umfassen. Die Ausbildung (Pneumatisation) ist abhängig von einer normalen Funktion der Eustachschen Röhre. Anhaltende Tubenventilationsstörungen verhindern eine gute Pneumatisation. Sie können eine Umwandlung der Mittelohrschleimhaut bewirken und so zu einer Sekretansammlung im Bereich der Mittelohrräume führen, wodurch eine Schwerhörigkeit resultieren kann. Kommt es im Verlauf zu rezidivierenden Entzündungen, kann sich eine chronische Mittelohrentzündung ausbilden.

85.2.4 Pathophysiologie

Im folgenden Kapitel soll sich auf die Erkrankungen beschränkt werden, bei denen zur Therapie alloplastisches Material zur Rekonstruktion bzw. zur Drainage der Mittelohrräume eingesetzt wird.

Mukotympanon
Durch einen Verschluß der Tuba Eustachii, insbesondere im Kindesalter, kann es zu einer vermehrten Flüssigkeitsansammlung im Mittelohr kommen. In erster Linie kommen als Ursache Polypen in Frage (adenoide Vegetationen), die im Nasenrachenraum zu einer Verschluß führen, so daß das Mittelohr nicht mehr belüftet wird und sich Sekret ansammelt. Bei länger bestehendem Verschluß wandelt sich das zunächst flüssige Sekret in zähen Schleim um, so daß auch eine Schwerhörigkeit resultieren kann. Als Therapie wird ein Schnitt im Trommelfell durchgeführt und ein Röhrchen zur dauerhaften Belüftung des Mittelohres eingesetzt (Abb. 85.4). Sollten sich Polypen im Nasenrachenraum befinden, werden diese vorher entfernt. Die Paukenröhrchen verbleiben üblicherweise ca. zwei Monate im Trommelfell.

Chronische Mittelohrentzündung (Otitis media)
Chronische Mittelohrentzündung (Otitis media) ist die Folge anhaltender frühkindlicher Tubenventilationsstörungen und rezidivierender Infekte. Bei nicht ausheilender Erkrankung kommt es letztendlich zu einer Zerstörung der Gehörknöchelchen (Abb. 85.5) und einem Einbruch des Entzündungsprozesses in die umgebenden Strukturen. Neben der Schwerhörigkeit besteht ein chronisch laufendes Ohr mit der Gefahr einer Hirnhautentzündung. In erster Linie muß zunächst der entzündliche Prozeß behandelt werden, und zu einem späteren Zeitpunkt erfolgt die Rekonstruktion der Gehörknöchelchenkette.

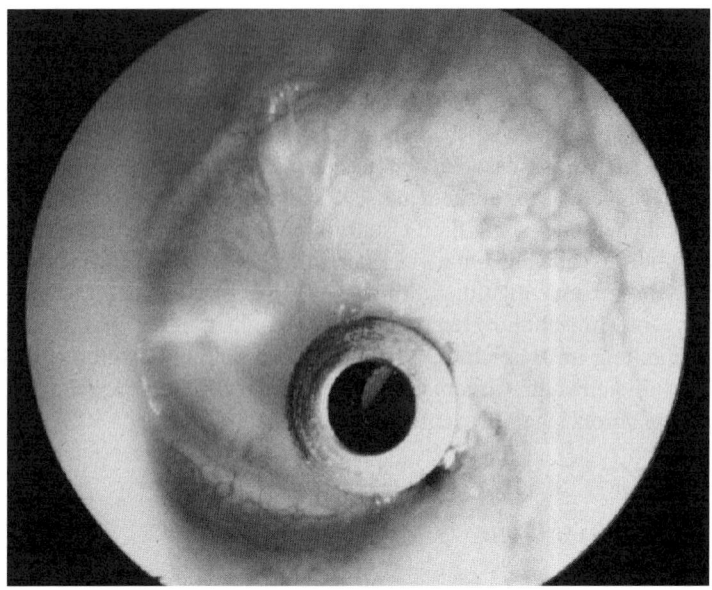

Abb. 85.4 Paukenröhrchen zur Belüftung des Mittelohres

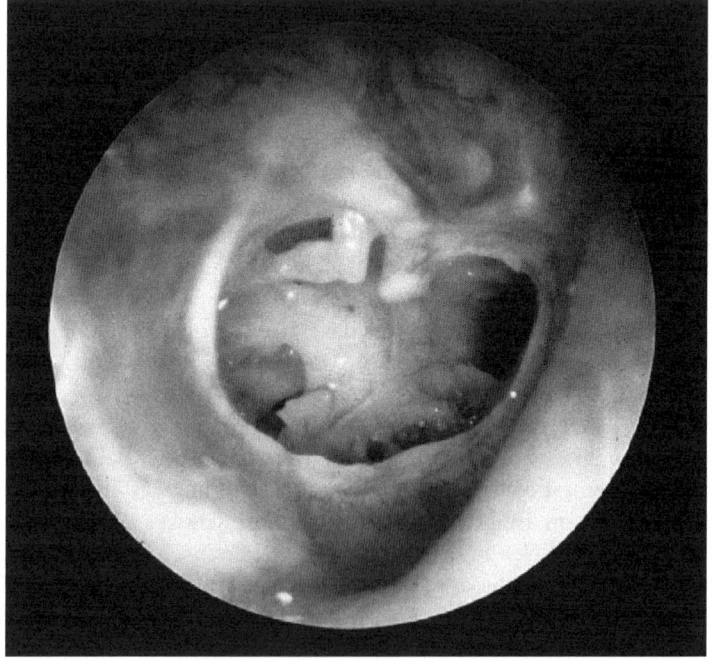

Abb. 85.5 Chronische Otitis media (Trommelfell und Gehörknöchelchen sind zerstört)

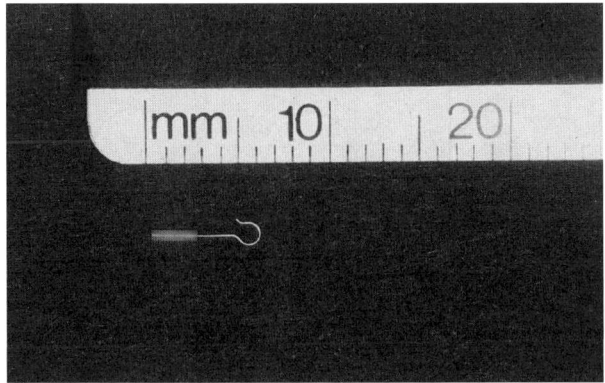

Abb. 85.6 Stapesplastik (Ersatz des Steigbügels bei Otosklerose)

Otosklerose
Bei dieser Erkrankung kommt es zu einer Versteifung der Gehörknöchelchen, insbesondere im Bereich des Mittelohres. Die kausale Ursache ist bis heute noch ungeklärt. Die Erkrankung beginnt häufig zwischen dem 20. und 40. Lebensjahr, wobei Frauen, häufiger als Männer betroffen sind. Pathophysiologisch handelt es sich um eine Knochenneubildung im Bereich des ovalen Fensters, die die Stapesschenkel miteinschließt und somit zu einer mangelhaften Bewegung des Stapes führt. Die Therapie besteht in einer Operation (Stapedotomie). Hierbei wird der Stapes entfernt und durch eine Prothese (Abb. 85.6) ersetzt. Die Schallübertragung erfolgt durch den Stempel der Prothese, welcher in die Fußplatte über eine Vertiefung eingelassen wird. In 90 % der Fälle kann eine Hörverbesserung erzielt werden.

85.3 Gehörverbessernde Operationen

Grundprinzip und damit auch zu lösendes Grundproblem gehörverbessernder Operationen ist eine Wiederherstellung der mechanischen Schallübertragung zwischen Trommelfell und Innenohr. Dabei ist je nach Situation die Distanz zwischen Trommelfell und Steigbügel oder Trommelfell und Fußplatte zu überbrücken. Dafür stehen neben den patienteneigenen Gehörknöchelchen kommerziell erhältliche Implantate zur Verfügung, die in unterschiedlicher Konfiguration aus unterschiedlichen Materialien gefertigt sind. Das heute noch geltende, von Wullstein (1953) und Zöllner (1957) aufgestellte Prinzip der Tympanoplastik beruht auf der Wiederherstellung des Hörvermögens nach Beseitigung einer evtl. vorliegenden Entzündung. Dabei soll die Pauke vollständig belüftet werden, das Trommelfell verschlossen sein und eine funktionsfähige Gehörknöchelchenkette (intakt oder rekonstruiert) hergestellt werden. Auf Grundlage des oben beschrieben Prinzips werden nach Wullstein (1986) die Typen I bis V der Tympanoplastik unterschieden.

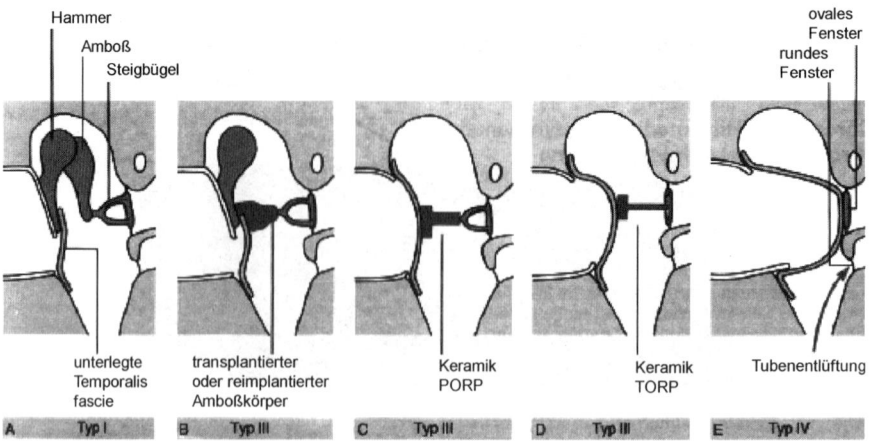

Abb. 85.7 Tympanoplastik in Beispielen, nach: Heumann u. Zenner (1993). *A:* Typ I mit Schallprotektion des runden Fensters *B:* Typ III mit Interposition eines Ambosskörpers zwischen Steigbügel und Hammer *C:* Typ III mit Interposition eines Keramik PORP (PORP = Partial Ossicular Replacement Prothesis) *D:* Typ III mit Keramik TORP zwischen Stapesfußplatte und Paukenabdeckung (TORP = Total Ossicular Replacement Prothesis) *E:* Typ IV mit Schallankopplung an ovales Fenster und Schallprotektion des runden Fensters

Typ I:
Eine Tympanoplastik Typ I wird durchgeführt, wenn sich die Gehörknöchelchenkette als intakt und sicher nicht von Entzündungsgewebe befallen erweist. Nach Paukenkontrolle wird der Trommelfelldefekt durch körpereigenes Gewebe (Ohrmuschelperichondrium, Temporalisfascie) verschlossen (Myringoplastik) (s. Abb. 85.7A).

Typ II:
Die Tympanoplastik Typ II wird beim Vorliegen einer Kettenunterbrechung (z. B. Ambossluxation) angewendet. Die eventuell fehlenden Anteile werden ersetzt oder die Kette wird reponiert.

Typ III :
Bei einem Defekt in der Gehörknöchelchenkette wird zumeist die Tympanoplastik Typ III durchgeführt. Dazu wird, sofern nicht vom Cholesteatom befallen, der patienteneigene, zurechtgeschliffene Amboss oder Hammerkopf zwischen Steigbügel und Trommelfell und oder Hammerrest interponiert (s. Abb. 85.7 B). Falls eigene Gehörknöchelchen nicht mehr zur Verfügung stehen, werden künstliche Gehörknöchelchen implantiert. Der Trommelfelldefekt wird wie beim Typ I verschlossen. Die Technik der Gehörknöchelchenrekonstruktion orientiert sich am Zustand der noch vorhandenen Kettenreste. Ist der Steigbügel noch intakt, wird ein Interponat mit einer Vertiefung auf das Steigbügelköpfchen gesetzt (PORP = Partial Ossicular Replacement Prothesis) (s. Abb. 85.7 C).Ist nur noch die Fußplatte vorhanden, wird hierauf eine stabförmige Columella (benannt nach dem singulären Ossikel der Vögel) gestellt (TORP = Total Ossicular Replacement Prothesis) (s. Abb. 85.7 D).

Typ IV:
Bei diesem Eingriff findet keine Schallübertragung via Gehörknöchelchenkette mehr statt. Der Schall trifft direkt auf das ovale Fenster. Das runde Fenster wird gegen den Schall protegiert um ein gleichzeitiges Eintreffen über beide Fenster zu verhindern (s. Abb. 85.7 E).

Typ V:
Dieser Eingriff wird dann durchgeführt, wenn eine Rekonstruktion der Gehörknöchelchenkette nicht möglich und der obere Belüftungsweg zum ovalen Fenster verschlossen ist. Der Belüftungsweg zum runden Fenster muss durchgängig sein. Das Prinzip des Typ IV ist eine Schallprotektion des runden Fensters durch einen Trommelfellverschluss.

85.4 Alloplastische Implantate zur Rekonstruktion der Schalleitungskette

Der Druck, alloplastische Materialien zu verwenden, wurde durch die Gefahr der möglichen Übertragung von HIV, der Creutzfeldt-Jakob-Erkrankung etc. bei Verwendung humaner Transplantate noch verstärkt. Bei der Verwendung alloplastischer Implantate ist die Materialauswahl sehr wichtig. Dies gilt einerseits im Hinblick auf die Bioverträglichkeit und Bioaktivität, andererseits im Hinblick auf die entscheidende Problemzone der Ankopplung der Prothese an das Trommelfell und den Steigbügel bzw. die Fußplatte [3]. Als alloplastische Prothesen stehen einige kommerziell erhältliche Implantate zur Verfügung, die in unterschiedlicher Konfiguration aus verschiedenen Materialien gefertigt werden, im Prinzip jedoch in analoger Weise eingesetzt werden. Im Idealfall ist das Implantat biokompatibel bzw. bioaktiv. Im letzteren Fall fördert es seine Besiedlung mit einer dünnen Schleimhautschicht/Zellschicht und dem mechanisch stabilen Verbund mit dem Trommelfell bzw. dem verbliebenen Resten der Gehörknöchelchenkette.

Die bislang zur Verfügung stehenden künstlichen Prothesen sind alle mit gewissen Nachteilen behaftet: Dies betrifft einerseits das entweder mangelnde oder komplette Verwachsen des Implantates mit den Mittelohrstrukturen und einer damit einhergehenden Einschränkung der Schallübertragung auf das Innenohr, andererseits wird häufig der Verlust der Prothese durch Extrusion und Resorption beobachtet. In der frühen postoperativen Zeit ergeben sich aus funktioneller Sicht für fast alle Materialien günstige Hörergebnisse, deren Qualität mit zunehmender Implantationszeit aber abnimmt. Im Abhängigkeit vom verwendeten Material kommt es in 15–83 % der Fälle zur Prothesenextrusion. Zu den wichtigsten bisher verwendeten alloplastischen Werkstoffen gehören Keramiken, Polymere, Metalle und Hybride organisch/anorganischer Kompositwerkstoffe.

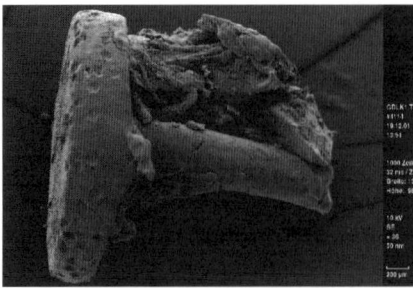 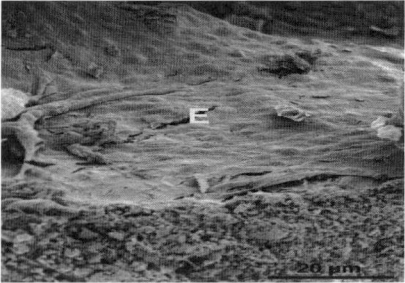

Abb. 85.8 Elektronenmikroskopische Aufnahme einer Titanoxidkeramik (mikroporös) nach Implantation im Mittelohr des Kaninchens nach 300 Tagen. Polygonales ortsständiges Plattenepithel (E) hat die Prothese bewachsen als Zeichen einer guten Biointegrität

85.4.1 Keramische Mittelohrimplantate

Die Keramiken lassen sich in bioinerte (Aluminiumhydroxid, synthetischer Kohlenstoff), bioaktive (Bioglas und Apatit) und resorbierbare Werkstoffe (Trikalziumphosphat) [4, 5] einteilen. Die Aluminiumhydroxidkeramik (99,7 % rein) ist der Prototyp der bioinerten Keramik. Ein Vorteil dieses Werkstoffes ist seine ausgesprochene antibakterielle Aktivität, was gerade in einem potentiell kontaminierten Gebiet von praktischer Bedeutung ist [6]. Die Langzeitergebnisse sind jedoch unbefriedigend.

Bei der bioaktiven Glaskeramik (Ceravital) handelt es sich um ein oxidisches Material, das die Elemente Silizium, Phosphor, Natrium, Kalium und Magnesium enthält [7]. Aus der porenlosen Keramik entsteht durch Ionenaustritt ein amorpher Kalziumfilm, in dem Hydroxilapatit auskristallisiert. Auf diesem bindegewebigen Verbund ist zwar ein echtes Einwachsen des Implantates möglich, es kommt aber durch die Löslichkeit des Ceravital auch in hohem Maß zur unerwünschten Resorption. Dies gilt ähnlich auch für metallstabile Kalziumphosphat Modifikationen wie das Trikalziumphosphat. Demgegenüber ist der stabile Hydroxilapatit der wichtigste Vertreter der Kalziumphosphatkeramiken und den kalzifizierten Knochenkristallen am ähnlichsten. Zur Ossikelrekonstruktion wird dichtes Hydroxilapatit mit einer Porengröße von 3 µm eingesetzt. Bei dieser Porengröße ist ein Einwachsen von Knochen und damit eine unerwünschte Fixation nicht möglich. Auch hier sind jedoch die langfristigen Ergebnisse unbefriedigend.

Keramische Implantate zeichnen sich durch eine hohe Festigkeit und inertes Verhalten in physiologischer Umgebung aus. Die Möglichkeit einer Variation der Oberflächenbeschaffenheit machen die Keramiken als Implantatmaterial besonders attraktiv So konnte bei keramischen Werkstoffen gezeigt werden, dass eine poröse Oberflächenstruktur im Gegensatz zu glatten Implantaten des gleichen Materials die Osseointegration begünstigt. Porosität unterdrückt die Ausbildung von fibrösen Kapseln oder anderen entzündlichen Reaktionen und erlaubt ein An- oder Einwachsen von Blutgefäßen. Zudem begünstigt die Porosität die Durchlässigkeit für

85.4 Alloplastische Implantate zur Rekonstruktion der Schalleitungskette 1967

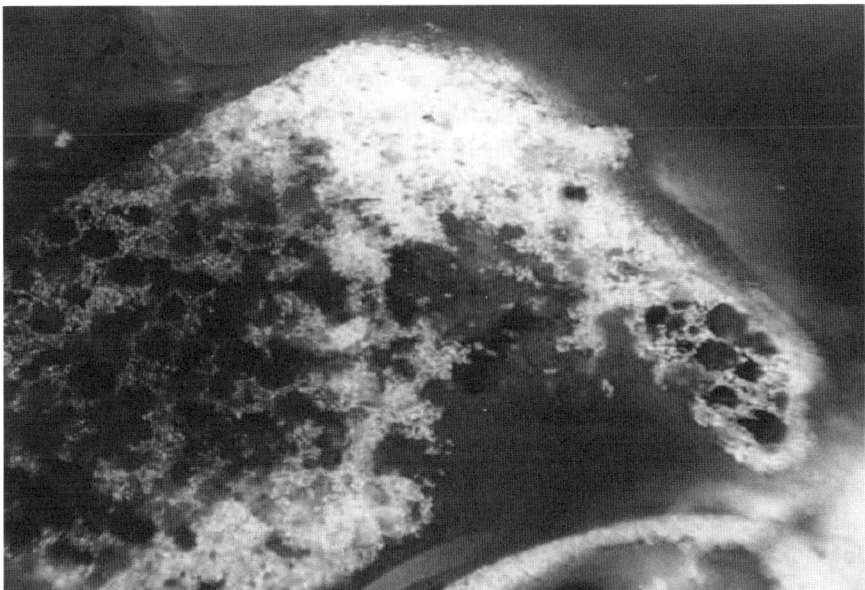

Abb. 85.9 Histologischer Schnitt einer makroporösen Titanoxidkeramnik im Kaninchenmitelohr nach 300 Tagen. Die Makroporen führen zu einer Auflösung und Destruktion des Materials

Körperflüssigkeiten [8]. Im Rahmen tierexperimenteller Untersuchungen mit Titanoxidkeramiken konnte der Einfluß der Poerengröße auf das biologische Verhalten von Mittelohrprothesen gezeigt werden [9, 10]. Während sich mikroporöse Implantate als günstig erwiesen (Abb. 85.8), kam es bei den makroporösen Prothesen zur Destruktion und Auflösung des Materials (Abb. 85.9).

85.4.2 Kunststoffe

Unter der Bezeichnung Plastitube werden Implantate vertrieben, die aus hochpolymerem porösem Polyethylen (HDPS) hergestellt werden. Die Porengröße schwankt zwischen 30–40 µm mit dem Vorteil, damit ein Einwachsen von Bindegewebe zu ermöglichen und eine gute Integration zu erzielen [5].

85.4.3 Metalle

Aus reinem Gold gefertigte Prothesen werden ebenfalls von Schleimhaut überwachsen, ohne allerdings eine feste Verbindung mit dem Mittelohr bzw. den Ankopplungsstellen einzugehen [11]. Nachteilig sind die mögliche Langzeittoxizität und die unbefriedigende Extrusionsrate. Auch über die Verwendung bisher entwickelter Reintitanossikelprothesen existieren einzelne klinische Berichte [12, 13] In einer klinischen Studie wurden keine Unverträglichkeitsreaktionen beobachtet, und die funktionellen Ergebnisse waren gut [13–15]. Allerdings kommt es dabei einerseits zu dem auch von anderen Titanimplantaten (Osteosynthesematerial, Zahnimplantate) bekannten, als Osseointegration bezeichneten unerwünschten Prozeß des festen Einwachsens von Knochengewebe in das Titanimplantat, andererseits aber nicht zur Ausbildung einer festen Verbindung von Implantat und Mittelohrstrukturen. Beides wirkt sich auf die Schalleitung nachteilig aus und führt zu einer Verminderung der Hörfähigkeit.

85.4.4 Andere organisch/anorganische Hybridkeramiken

Als ein hybrides Knochenersatzmaterial ist derzeit ein Glasionomerzement im Handel, das aus Glaspartikeln besteht, die von einem Polymaleinat umgeben sind. Die Implantate lassen sich gut bearbeiten und werden im Mittelohr von einer zarten Mukosa überwachsen. Eine Biointegration findet hingegen nicht statt. Andere organisch/anorganische Hybridkeramiken befinden sich derzeit in einer vorklinischen, im wesentlichen durch synthetische Anstrengungen geprägten Phase. Erste Beispiele sind Polyesterhydroxil-apatitverbundwerkstoffe, bei denen in den Makroporen von Polyester gezielt Hydroxilapatit kristallisiert wird [16]. Die Polyester sind biologisch abbaubar [17] und hinterlassen nach ihrer Auflösung Apatit, der leicht resorbierbar und damit einem Remodelling gut zugänglich ist. Es handelt sich hierbei um resorbierbare Knochenersatzmaterialien, die in Gebieten eingesetzt werden, in denen eine aktive Knochenneubildung stattfindet, z. B. bei Knochenheilprozessen. Dieses Material eignet sich wegen der fehlenden mechanischen Festigkeit jedoch nur für unbelastete Stellen und damit nicht für die hier avisierten Anwendungen.

85.5 Zukünftige Entwicklung

Der Ersatz der Gehörknöchelchenkette im Mittelohr erweist sich als ein ausgesprochen komplexes Gebiet für den Einsatz eines Implantates. Die bisherigen Erfahrungen zeigen, dass das vielfältige Anforderungsprofil, das durch die besondere Situation im Mittelohr gegeben ist, letztlich nicht von einer durchgehend einheitlich aufgebauten Prothese zu erfüllen ist. Im Hinblick auf die optimierte Schallübertragung lässt sich herausstellen, dass das Basismaterial der Prothese wenig Bedeutung zukommt insofern es sich um einen gut biokompatiblen Matreial handelt, dass aber eine optimale Ankopplung der Prothese auf der einen Seite an das Trommelfell, auf der anderen Seite am Stapesrest am ovalen Fenster essentiell ist. Darüber hinaus hat sich gezeigt, dass die reale Situation durch eine Reihe nicht idealer Faktoren gekennzeichnet ist. Letztendlich ist bei der Behandlung der chronischen Otitis media

85.5 Zukünftige Entwicklung

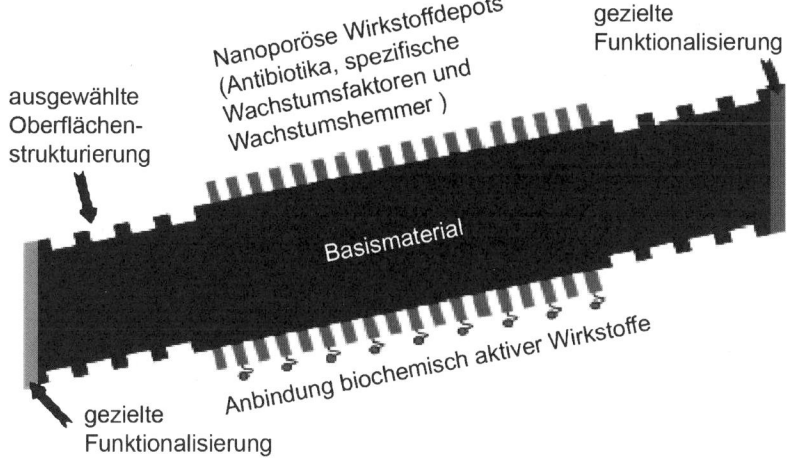

Abb. 85.10 Modular aufgebaute Mittelohrprothese (Behrens et al 2007)

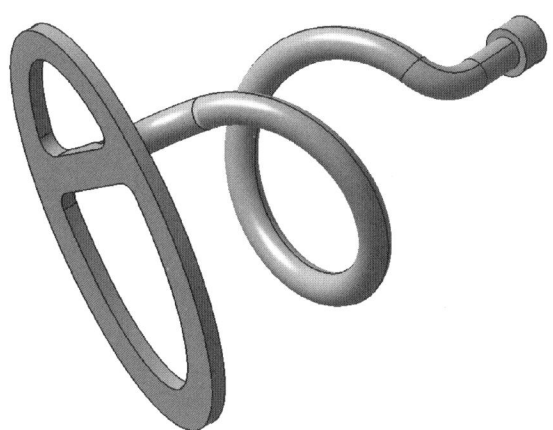

Abb. 85.11 Dämpfungselement in Form einer Feder zur Kompensation atmosphärischen Druckschwankungen [21]

im Verlauf nach der Implantation mit rezidivierenden Infekten zu rechnen. Dementsprechend kommt das Implantatmaterial mit potentiell pathogenen Keimen in Kontakt. Aus diesem Grund ist insbesondere im halboffenen System des Mittelohrs ein Material zu fordern, welches eine antibakterielle Materialaktivität aufweist. Ein weiteres Problem besteht in der postoperativen Ausbildung von überschießendem Narbengewebe, das die Funktion der Prothese erheblich beeinträchtigen kann. In der Praxis begegnet man unterschiedlich geformten Prothesen, ohne dass mögliche Vor- und Nachteile bestimmter Formen bisher grundlegend analysiert worden wären. Ziel einer zukünftigen Mittelohrprothese könnte daher die Erstellung einer multifunktional ausgerichteten Gehörknöchelchenersatzprothese sein, die auf der Basis eines Grundkörpers durch unterschiedliche chemische und biochemische Funktionalisierungen der Oberfläche die angesprochenen Anforderungen erfüllt. Hinsichtlich des Grundkörpers wird der Schwerpunkt nicht mehr auf der Materialfrage, sondern eher bei der Formgestaltung liegen. Spezifische Oberflächenstrukturierungen, Wirkstoffreservoirs und die Anbindung von biologisch aktiven Molekülen sollen dazu dienen, die Ankopplung des Implantates zu optimieren, überschüssige Narbengewebsbildung zu vermeiden und Infektionen zu bekämpfen (Abb. 85.10).

Eine weitere Möglichkeit, die Schallübertragungsfunktion zu verbessern und atmosphärische Druckschwankungen zu kompensieren, die bei den bisher verfügbaren Prothesen nicht möglich sind, besteht in der Entwicklung eines Dämpfungselementes im mittleren Teil der Prothese (Abb. 85.11). Inwieweit eine materialtechnische Lösung dafür bestehen könnte wird derzeit im Rahmen von Forschungsprojekten geprüft.

85.6 Literaturverzeichnis

1. Schiebler, T.H., W. Schmidt u. K. Zilles (1999): Zytologie, Histologie, Entwicklungsgeschichte – makroskopische und mikroskopische Anatomie des Menschen. 8. Aufl., Springer-Verlag Berlin
2. Heumann, H.; u. H. – P. Zenner, (1993): Trommelfell, Mittelohr, Mastoid. in: H. –P. Zenner (Hrsg.): Praktische Therapie von Hals-Nasen-Ohren-Krankheiten. Schattauer Verlag, Stuttgart, New York, S. 63–86
3. Hüttenbrink, K.B.: Die Mechanik und Funktion des mittelohres. Teil 1: Die Ossikelkette und die Mittelohrmuskeln Laryng-Rhinol-Otol 71 (1992): 184–221
4. Geyer G. Implantate in der Mittelohrchirurgie. Eur. Arch Otolaryngol Suppl 1 (1992): 545–551
5. Jahnke K. Fortschritte der Chirurgie des Mittelohres. HNO 45:35 (1987): 1–13
6. Geyer G Bakterielle Besiedlung von Implantaten in der Nebenhöhlen- und Ohrregion HNO 49, (20001) 340–343
7. Reck , R Bioactive glass-ceramics in ear surgery: Animal studies and clinivcal results (Suppl 33) (1984): 1–45
8. Wintermantel E, Mayer J, Ruffieux K, et al. (1999) Biomaterialien – humane Toleranz und Integration. Chirurg 70, 847–857
9. Trabandt N, Brandes G, Wintermantel E, Lenarz T, Stieve M. Limitations of titanium dioxide and aluminium oxide as ossicular replacement materials: an evaluation of the effect of porosity on ceramic protheses. Otol Neurotol. 2004 Sep:25(5):682–93
10. Stieve M, Schwab B, Winter M, Lenarz T. Titanium oxide as an implantation material in otosurgery: animal results and surgical technique Laryngorhinootologie 2006 Sep; 85(9):635–9
11. Steinbach, E, Pusalkar, A, plester, D Gehörknöchelchenersatz druch Goldprothesen. ZBL HNO 139 (1990):133
12. Pusalkar A, Steinbach E, Piester D (1991) Gold implants in middel ear reconstruction surgery. In: Titanimplants and implants in otology. Mattsuyama Japan, Abstracts, p.104
13. Stupp, C.H., Dalchow, C., Wustrow, J. Titanprothesen im Mittelohr. 3 Jahres-Erfahrungsbericht. Laryngo-Rhino-Otol. 78 (1999): 299–303
14. Schwager K. Epithelisierung von Titanprothesen im Mittelohr des Kaninchens. Laryngo-Rhino-Otol. 77 (1998) 38–42
15. Schwager, K. Rasterelektronische Befunde an Titanmittelohrprothesen. Laryngo-Rhino-Otol. 79 (2000): 762–766
16. Schwarz K., Epple M. Chem. Eur J. 4 (1998) 1898–1903
17. Gerngroß, H. Becker, HP Biofix, Springer 1994
18. Behrens P., Müller P., Lenarz Th., Besdo S. Funktionalisierte Mittelohrprothesen. Antragsband Sonderforschungsbereich 599, 2. Förderperiode 2007–2010
19. Frese, K.A., u. F. Hoppe (1996): Morphologische Untersuchungen an autologen und homologen Ossikeln nach Langzeitimplantation. Larygo-Rhino-Otol. 75, 330–334
20. ALBREKTSSON, T., P.I. BRANEMARK, H.A. HANSON, B. KASEMO, K. LARSSON, I. LUNDSTRÖM, D.H. Mc QUEEN, R. SKALAK (1983): The interface zone of inorganic implants in vivo: titanium implants in bone. Ann Biomed. 11, 1–27
21. Hoffstetter M., Lehrstuhl für Medizintechnik, TU München, 2007

86 Implantate in der Augenheilkunde

J. H. Dresp

86.1 Einleitung

Im Bereich der Augenheilkunde findet sich die weltweit am häufigsten ausgeführte chirurgische Massnahme, die operative Behandlung des Grauen Stars: die Katarakt. Bei der Katarakt handelt es sich um eine Eintrübung der natürlichen Augenlinse, die sich je nach Stadium der Erkrankung leicht opak, über milchig bis zu bräunlich präsentiert. Mit dieser Zunahme der Undurchlässigkeit für das sichtbare Licht geht eine Abnahme des Sehvermögens einher, die bis zur totalen Erblindung führen kann. Bedingt durch die sehr eingeschränkten chirurgischen Möglichkeiten in den Ländern der Dritten Welt ist die Katarakt die Erblindungsursache Nummer 1 in der Welt. Ganz im Gegensatz hierzu ist in den industrialisierten Ländern Europas, Amerikas und Asiens die Katarakt-OP die sicherste chirurgische Intervention. In der Augenheilkunde werden Implantate aller drei Aggregatszustände verwendet:

Gasförmig
- Perfluorcarbone in der Netzhautchirurgie

Flüssig bzw. gelartig
- Perfluorcarbone, Silikonöl und Fluorierte Alkane in der Netzhaut- und Glaskörperchirurgie
- Viskoelastika in der Kataraktchirurgie

Fest
- Intraokularlinsen in der Kataraktchirurgie
- Orbita-Implantat
- Tränenwegsimplantate
- Medikamententräger

Bei den Gasen und Flüssigkeiten ist die Reinheit von besonderer Bedeutung, da bei ihnen eventuelle vorhandene Verunreinigungen durch den Kontakt zum flüssiggelartigen Augeninneren besonders schnell ihre negative Wirkung entwickeln können. Formveränderlichkeit, Beweglichkeit und Diffusion können in Verbindung mit Veränderungen der Grenzflächenspannung bei Flüssigimplantaten zu sog. Emul-

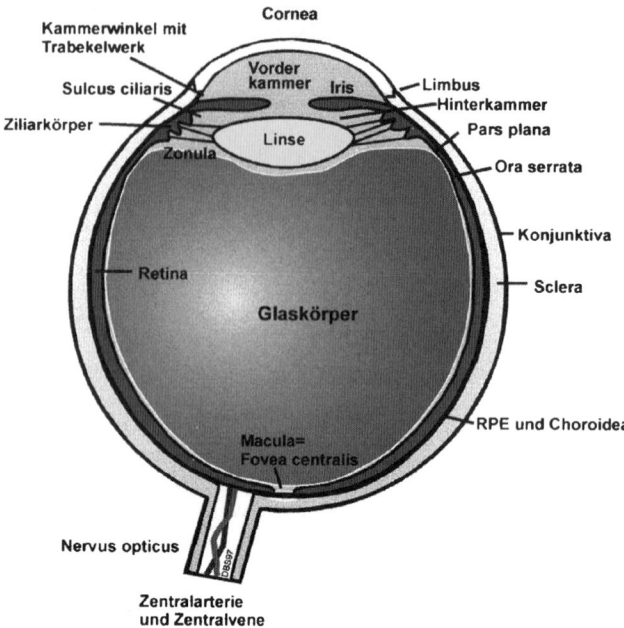

Abb. 86.1 Schematische Darstellung der Anatomie des menschlichen Auges

sifikationen (besser: Dispersionen) führen, die ihre Eignung als Implantat extrem reduziert.

Besonderes Augenmerk ist bei den ophtalmologischen Implantaten auf den sogenannten Nachstar zu richten, der als zellulärer Bewuchs auf Intraokularlinsen zu reduzierter Sehleistung führt und daher unerwünscht ist.

86.2 Historische Entwicklung

Im Mittelalter wurde der Graue Star gewöhnlich durch reisende Starstecher „behandelt", indem mit einer über der Flamme desinfizierten Nadel durch die Hornhaut und die Pupillenöffnung Druck auf die eingetrübte natürliche Linse des Patienten ausgeübt wurde, bis die sogenannten Zonulafasern rissen und die Linse in den hinter ihr befindlichen Glaskörperraum luxierte. Dadurch konnten die ins Auge einfallenden Lichtstrahlen wieder auf die Netzhaut treffen und es war den so Behandelten wenigstens wieder ein orientierendes Sehvermögen beschieden. An scharfes Sehen, wie es z. B. zum Lesen notwendig ist, war naturgemäss nicht zu denken, da die natürliche Augenlinse eine Brechkraft von 45 D aufweist, welche nun im dioptrischen Apparat des Auges fehlte. Allzu lange konnten sich die meisten so behandelten Patienten ihrer wiedererlangten optischen Orientierung nicht erfreuen, da der operative Eingriff an sich, sowie die unkontrolliert in den Glaskörperraum verlegte Linse zu

86.3 Intraokularlinsen

Entzündungen des inneren Augapfels führten, die bei den Betroffenen sehr starke Schmerzen verursachten.

Ab dem 17. Jahrhundert, als man gelernt hatte optische Linsen zu schleifen wurde darüber nachgedacht, die bei der Linsenextraktion verlorengegangene Brechkraft durch ein ausserhalb des Auges befindliches Glas zu ersetzen, eine Massnahme die später zur allseits bekannten Starbrille führte. Hierdurch konnte die Sehschärfe wiederhergestellt werden, das Sehfeld war jedoch sehr stark eingeschränkt („Tunnelblick").

86.3 Intraokularlinsen

Nach dem Ende des 2. Weltkriegs fand der englische Augenarzt Harold Ridley bei der Untersuchung von britischen Spitfire-Bomber Piloten, deren Kanzeln Treffer erhalten hatten, dass Plexiglassplitter reizfrei im Auge eingeheilt waren. Er liess aus PMMA Intraokularlinsen (IOLs) herstellen und implantierte vor 50 Jahren die ersten IOLs nach Kataraktextraktion. Ausser der Idee an sich, ist heute nichts von dem mehr so wie es vor 50 Jahren war, selbst das PMMA wird heute anders aufbereitet. Wurde damals (noch ohne OP-Mikroskop!) die Cornea über 250–270 ° eröffnet (open-sky), so werden heute nach Ultraschallzerkleinerung und Absaugung der getrübten natürlichen Linse (Phakoemulsifikation) faltbare IOLs aus flexiblen Materialien mit Hilfe von Insertern durch 3 mm Schnitte implantiert. Als Werkstoffe für

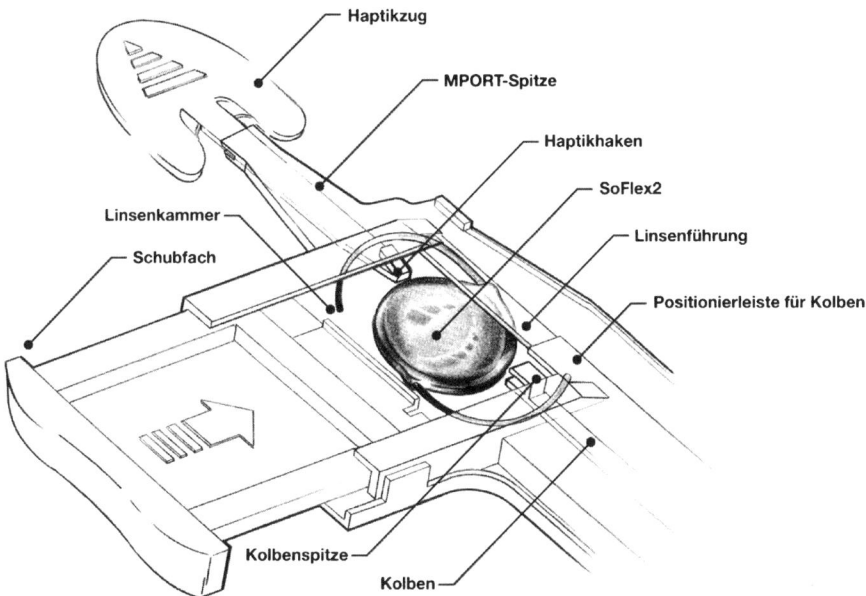

Abb. 86.2 Falt- und Implantationssystem für eine Silikon IOL

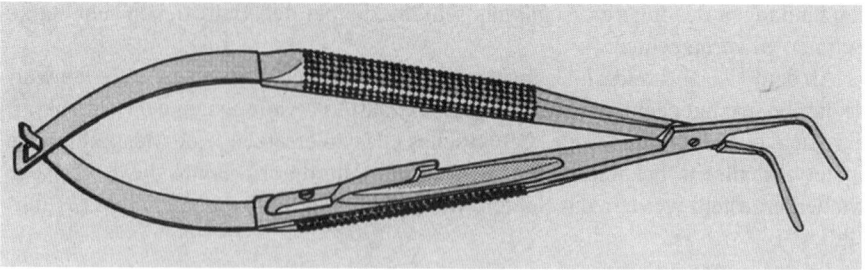

Abb. 86.3 Faltpinzette zum Falten von ein- und dreiteiligen Silikonlinsen bei Kleinschnittechnik

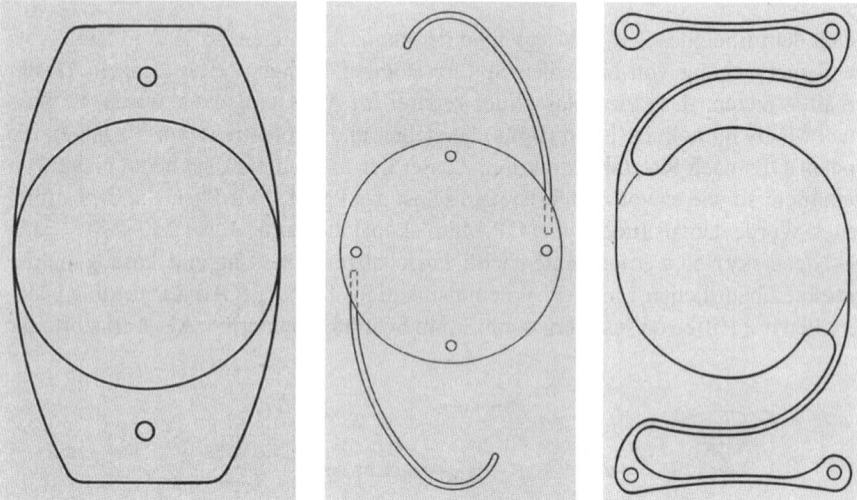

Abb. 86.4 Beispiele von Intraokularlinsen

IOL kommen PMMA; PHEMA, Copolymere aus MMA und 2-HEMA oder aus Styrol und 2-Hydroxypropylacrylat sowie Silikone zum Einsatz [1]. Die Reduzierung der Schnittweiten, die nur dann sinnvoll ist, wenn flexible IOL-Materialien auch eine Implantation durch einen derart reduzierten Schnitt ermöglichen, wurde aus folgenden Gründen angestrebt: Verminderung des operativ induzierten Astigmatismus, Ermöglichung eines selbstdichtenden Tunnelschnitts, Verringerung des Infektionsrisikos, kein Wundverschluss mittels Naht notwendig, Übergang zu ambulanter OP, schnellere Rehabilitation des Patienten. Wurde anfangs die IOL nach einer sog. Extra-Capsulären Cataract Extraction (ECCE), bei der die getrübte natürliche Linse samt sie umgebenden Kapselsack entfernt wurden in den Sulcus der Augenhinterkammer implantiert, so gilt heute der Kapselsack als bevorzugter Implantationsort. Dies wurde aber erst durch die Einführung der o.a. Phakoemulsifikation möglich, bei der die getrübte natürliche Linse aus dem Kapselsack durch Intra-Capsuläre Cataract Extraction (ICCE) entfernt wird. Abb. 86.2 zeigt verschiedene Inserter, wobei für einige die IOL entweder mit einer speziellen Faltpinzette (Abb. 86.3) oder mit geeigneten Faltblöcken bzw. sog. Cartridges vorgefaltet werden müssen, während bei den neuesten Entwicklungen die IOL ungefaltet in den Inserter eingelegt werden kann. Der entscheidende Vorteil einer IOL-Implantation mittels Inserter besteht darin, dass die Sterilkette IOL-Inserter-Augeninneres nicht unterbrochen wird, wie dies im Falle der Implantation mittels Implantationspinzette der Fall ist.

Beispiele von Intraokularlinsen sind in Abb. 86.4 gezeigt. Generell kann man die heute gebräuchlichen Intraokularlinsen in folgende Kategorien einteilen:

Design
- 1-stückig, d. h. Optik und Haptik werden in einem Arbeitsgang aus dem gleichen Material geformt
- 3-stückig, d. h. Optik aus einem Material, die beiden (selten 3) Haptiken aus anderem Material werden entweder in Bohrungen der Optik eingeklebt oder anvulkanisiert

Rigide
- 1- oder 3-stückig aus PMMA

Faltbar
- 1- oder 3-stückig. Optik aus Silikon, Hydrogel oder Acrylat. Haptiken aus PMMA, Polyimid oder Polypropylen.

Wenn auch die Behandlung der Katarakt und damit heutzutage die IOL als permanentes Implantat das häufigste Implantat in der Ophthalmologie ist, so werden auch bei Erkrankungen im Hinterabschnitt des Auges (Glaskörper, Netzhaut) verschiedene Materialien als temporäre Implantate verwendet. Hierbei unterscheidet man zwischen Kurzzeit-Implantat (<1 Tag), mittelfristigem Implantat (1–30 Tage) und Langzeit-Implantat (>30 Tage). Zu den Kurzzeit-Implantaten rechnet man Viskoelastische Substanzen (VISCOs) und flüssige Perfluorcarbone (PFCLs), zu den mittelfristigen Perfluorcarbon-Gase (PFCGs) und Fluorierte Alkane (FALKs), zu den Langzeit-Implantaten Silikonöl und Orbita-Implantate. PFCLs, PFCGs, FALKs und Silikonöl werden auch als Okuläre Endotamponaden (OEs) bezeichnet.

86.4 Viskoelastika

Viskoelastika werden ausser zur Lubrifikation von IOLs und Insertern zur Aufrechterhaltung von intraokularen Kompartimenten kurzfristig in das Auge eingebracht. Da aus einem eröffneten Augapfel Kammerwasser austritt, muss z. B. die Augenvorderkammer schonend "gestützt" werden. Dies geschieht mittels Viskoelastika, die elastische Eigenschaften mit viskosen verbinden. Viskoelastika bestehen bevorzugt aus Methyl-hydroxy-propyl-cellulose oder aus Salzen der Hyaluronsäure, wobei letztere entweder aus Haifischknorpel bzw. Hahnenkämmen oder durch bakterielle Fermentierung gewonnen wird. Bei einigen findet auch Chondroitinsulfat Anwendung [2].

Eigenschaften	ADATO® SILOL 1000	ADATO® SILOL 5000
Viskosität bei 25 °C (mPas)	1000–1500	5000–5900
Spezifisches Gewicht bei 25 °C (g/cm^3)	0.96–0.98	0.96–0.98
Brechungsindex bei 25 °C	1.403–1.405	1.403–1.405
Flüchtigkeit (10g/24h/200 °C)	< 0.1%	< 0.1%
Polydispersität (GPC)	1.0–2.3	1.0–2.3
Gehalt an OH-Endgruppen	< 100 ppm	< 100 ppm

Tabelle 86.1 Eigenschaften von Silikonölen für ophtalmologische Anwendungen (Bausch&Lomb)

86.5 Silikonöl

Cibis [3] führte 1960 die erste Instillation von Silikonöl als Glaskörperersatz nach Entfernung des natürlichen Glaskörpers (Vitrektomie) durch. Vitrektomien werden bei Erkrankungen des Glaskörpers an sich oder im Falle von Membranbildungen im natürlichen Glaskörper, die zu Traktionen an der Netzhaut führen, sowie bei Netzhautablösungen durchgeführt. Bei Silikonöl für ophtalmologische Anwendung handelt es sich im Idealfall um hochreines Polydimethylsiloxan dessen Viskosität vorzugsweise 1000 bis 6000 mPas beträgt. Die besondere Eignung von Silikonöl als Glaskörperersatz in den o.a. Fällen beruht auf seiner chemischen und biologischen Inertheit, seiner Transparenz und hohen Grenzflächenspannung gegenüber wässrigen Medien. Letzteres ist zusammen mit der relativ hohen Viskosität Grundlage für den sog. Tamponadeeffekt, der dazu führt, dass eine ursprünglich abgelöste Netzhaut nach Repositionierung mit PFCL durch die instillierte Silikonölblase an die Aderhaut angelegt wird, wodurch mittelfristig ein enger Kontakt zwischen ursprünglich abgelöster Netzhaut und Aderhaut wiederhergestellt wird, der für ein natürliches Anwachsen der Netzhaut auf ihrem normalen Untergrund unabdingbar ist. Es zeigte sich im Laufe der Zeit, dass die Reinheit des verwendeten Silikonöls ganz entscheidenden Einfluss auf das post-operative Ergebnis hatte. Arbeiten von Gabel, Kampik u.a. [4] zeigten, dass Verunreinigungen wie OH-Gruppen und Oligosiloxane auf ein absolutes Minimum begrenzt werden müssen, wenn man toxische Reaktionen im Auge verhindern will.

Bis heute ist Silikonöl der einzige längerfristig einsetzbare Glaskörperersatz mit wirklicher Tamponadefunktion. Probleme mit Silikonöl als temporäres intraokulares Implantat können sich aus folgenden Gründen ergeben:

1. Aufgrund seiner spezifischen Dichte von 0,96–0,98 g/l und der Unmöglichkeit den Glaskörperraum eines Patienten zu 100% mit Silikonöl zu füllen, ergibt sich die Situation, dass unter der Silikonölblase immer eine wässerige Phase existiert. Liegt nun die Netzhautproblematik im unteren Quadranten so kann mittels Silikonöl für diesen Bereich keine Tamponadewirkung erzielt werden, es sei denn, der Patient wird entsprechend kontrolliert gelagert.

86.5 Silikonöl

2. Für die Herstellung der Silikonöle für ophtalmologische Implantate finden zur Zeit zwei Verfahren ihre Anwendung: die katalytische Umsetzung nach Müller-Rochow und die Ring-Öffnung mit nachfolgender Polymerisation. Im ersten Fall ist die Entfernung des eingesetzten Katalysators von entscheidender Bedeutung, beim zweiten Verfahren müssen die OH-Endgruppen sowie die nicht polymerisierten Oligosiloxane auf ein Minimum reduziert werden. Obwohl bis heute der wissenschaftliche Nachweis aussteht, wird angenommen, dass beide Spezies für toxische Reaktionen und für die Auslösung von sog. Emulsifikationen verantwortlich sind. Bei letzteren handelt es sich strenggenommen um Dispersionen, d.h. von der ursprünglich homogenen Blase Silikonöl, die den Glaskörperraum möglichst vollständig ausfüllt, trennen sich zuerst einige kleine Bläschen ab. Mit der Zeit zerteilt sich die Gesamtblase in feinste Bläschen, die das ins Auge einfallende Licht dermassen streuen, dass der betroffene Patient keinen deutlichen Seheindruck mehr wahrnehmen kann. Des weiteren scheinen patientenspezifische Faktoren einen nicht unerheblichen Einfluss auf die Emulsifikation zu haben. Obwohl Silikonöle chemisch weitestgehend inert sind, scheinen Proteine und Fette, die von intraokularen Geweben abgegeben werden, die Oberfläche der Silikonölblase dergestalt zu verändern, dass deren Integrität kompromittiert ist und es zur Abschnürung von Bläschen kommen kann. Die Tatsache, dass bei manchen Patienten Silikonöl seit 10 Jahren komplikationslos im Auge ist, bei anderen alle 3–6 Monate ein Silikonölaustausch vorgenommen werden muss, kann bis anhin nicht abschliessend erklärt werden. Generell ist festzustellen, dass Silikonöl als temporäres intraokulares Implantat zu betrachten ist. Die Verweildauer beträgt normalerweise zwischen 6 und 12 Monate, abhängig von der Fähigkeit der Netzhaut, wieder eine mechanische Verbindung mit der Aderhaut einzugehen.

Seit Einführung des Silikonöls als Flüssigimplantat in der Ophtalmochirurgie haben sich die Einsatzmöglichkeiten erweitert. Resektion von Aderhautmelanomen und Makularotationen mit 360° Retinotomie zur Behandlung der altersbedingten Makuladegeneration (AMD) bedürfen einer stabilen und verlässlichen Langzeittamponade um den Operationserfolg zu sichern. Die Möglichkeit Medikamente an Silikonöl zu koppeln, scheint nach langjährigen fruchtlosen Versuchen erstmals in erreichbare Nähe zu rücken. Erste Berichte über eine erfolgreiche Nutzung von Silikonöl als Basis für eine Freisetzung von Acetylsalicylsäure liegen vor [5].

Eine weitere Innovation im Bereich der Anwendung von Silikonöl als Flüssigimplantat ist die Entwicklung von Silikonöl hoher Dichte. Bislang konnten Tamponadeeffekte nur im unteren Quadranten der Netzhaut erfolgreich erzielt werden, es sei denn, der Patient wurde in eine entsprechende Körperposition gebracht. Nachdem es je nach Schweregrad der Netzhautablösung bzw. des Netzhautlochs Tage bis Monate dauert, bis auf eine Tamponadewirkung verzichtet werden kann, ist das Einhalten einer bestimmten Körperlage (z. B. Bauchlage) wenig praktikabel. Aus diesem Grund wurde von den Retinologen immer wieder ein Tamponademedium gefordert, das die Vorteile des Silikonöls mit einer erhöhten spezifischen Dichte (1.03–1.07 g/cm^3) vereinigt. Versuche mit fluoriertem Silikonöl scheiterten, da sich dieses als toxisch erwies. Neuere Entwicklungen befassen sich mit Mischungen aus Silikonöl und fluorierten Alkanen. Diese Beimischungen erhöhen die spezifische Dichte des Silikonöls auf 1.03 g/cm^3, wobei gleichzeitig eine erhebliche Reduzierung der Viskosität in Kauf genommen werden muss. Auch ist die Stabilität der Mischung und damit die Konstanz der Eigenschaften während der Dauer der Implantation in Frage zu stellen.

86.6 Perfluorcarbone

Perfluorcarbone (PFCs) sind synthetische Verbindungen, bei denen alle Wasserstoffatome eines Kohlenwasserstoffs durch Fluoratome substituiert sind. Sie wurden 1937 von Simons und Block [6] erstmalig beschrieben. 1966 publizierte Clark in Science seinen vielbeachteten Artikel über deren Eignung als Blutersatzstoff [7]. PFCs sind farblos und hochtransparent, und sind je nach Molmasse bei Raumtemperatur gasförmig (CF_4, C_2F_6, C_3F_8) oder flüssig (C_8F_{18}, $C_{10}F_{18}$). Haidt et al. setzten 1982 PFCs erstmalig als ophtalmologische Implantate ein [8].

Gasförmige Perfluorcarbone (PFCGs) werden als kurz- bis mittelfristige Implantate zur Glaskörpersubstitution eingesetzt, wobei ihre Molekülgrösse die Verweildauer im Glaskörperraum bestimmt. Diese beträgt ein bis sechs Wochen. Ein weiteres Charakteristikum der PFCGs ist ihre Expansivität. Sie beruht auf der Tatsache, dass sich Blutgase in PFCGs und Schwefelhexafluorid (SF_6) lösen, bis ein Gleichgewicht erreicht ist. Gleichzeitig findet eine kontrollierte Resorption statt. Durch Zumischung von Luft kann die Expansivität gut kontrolliert werden.

Chang [9] war der erste, der *flüssige Perfluorcarbone* (PFCLs) in der Netzhautchirurgie einsetzte um nach Netzhautablösung die Netzhaut wieder in eine Position zu bringen, die entweder ein natürliches Anwachsen an die Aderhaut oder aber eine Photokoagulation mittels Laser zur Adhärenz zwischen Netzhaut und Aderhaut ermöglicht. Durch ihre speziellen physiko-chemischen Eigenschaften sind die PFCLs für einen derartigen Einsatz hervorragend geeignet. Perfluoroctan (PFO), Perfluordecalin (PFD) und Perfluorphenanthren (PFP) haben sich in der Ophthalmologie als temporäre Glaskörperersatzstoffe (GKEs) etabliert.

Die PFCLs wurden von den Retinologen auch als intraoperative Hilfsmittel zur Entfernung von intraokularen Fremdkörpern benutzt. Musste man bis dato in den Glaskörperraum eingedrungene Fremdkörper nach Vitrektomie mit Pinzetten aus der Tiefe des Glaskörperraumes entfernen, was immer mit dem Risiko einer Verletzung der Netzhaut verbunden ist, so konnte man nach Einführung der PFCLs in die Ophthalmologie nach erfolgter Vitrektomie Fremdkörper, sofern sie nicht von zu grosser spezifischen Dichte waren, durch vorsichtiges Unterspülen mit PFCLs bis in die Pupillarebene heben und von dort relativ gefahrlos aus dem Auge entfernen.

So sehr der intraoperative Einsatz als Glaskörperersatz geschätzt wurde, dem längerfristigen Einsatz zur Stabilisierung einer Netzhaut nach Amotio waren Grenzen gesetzt. Im Tierexperiment hatte sich gezeigt, dass im Glaskörperraum belassene PFCLs nach wenigen Tagen zu Veränderungen der Netzhautstruktur bis hin zu Nekrosen führten. Es konnte gezeigt werden, dass diese Netzhautveränderungen

Eigenschaften	Silikonöl 5000	Wasser	Perfluor- oktan	Perfluor- dekalin	Perfluor- phenantren
Molekulargewicht (g/mol)	49350	18	438	462	624
Dichte (kg/l)	0.973	0.973	1.78	1.92	2.03
Oberflächenspannung (mN/m)	21.3	73	14	17.6	19
Brechungsindex	1.4035	1.33	1.27	1.31	1.33
Dampfdruck (Torr)	< 1	23.8 (25°C)	43	8.8	< 1
Viskosität (mPas)	5000	1.002	1.4	5.5	28.4

Tabelle 86.2 Physiko-chemische Eigenschaften von verschiedenen Perfluorkarbonen im Vergleich zu Silikonöl 5000 und Wasser

ihre Ursache in anderen Eigenschaften der PFCLs haben. Zum einen ist es die in ihrem ursprünglichen Einsatzbereich „Blutersatz" ideale Eigenschaft des hohen Gaslösepotentials, das in situ zu unphysiologischen Konzentrationen von O_2 und CO_2 in direktem Kontakt zu den Netzhautgefässen führt. Zum anderen ist es die Kombination aus hoher spezifischer Dichte mit niedriger Viskosität, die bei schnellen Körper- und/oder Augenbewegungen zu extremen Druckspitzen auf der Netzhaut führt, zumindest dann, wenn das Auge nicht vollständig mit PFCL gefüllt ist. Zusätzlicher mechanischer Stress wird in solch einem Fall durch Scherkräfte des PFCLs auf die Netzhaut ausgeübt.

86.7 Fluorierte Alkane (FALK)

Fluorierte Alkane können chemisch auch als Hydrofluorcarbone bezeichnet werden. Im Unterschied zu PFCLs sind bei ihnen nicht alle Kohlenstoffatome mit Fluor abgesättigt. Die Herausforderung bei Substanzen die sowohl C-H als auch C-F Bindungen enthalten, besteht in der Vermeidung der Abspaltung von HF, einem Molekül, das in wässerigem Milieu Flusssäure bildet. Diese Aufgabe wurde bei den FALKs dadurch gelöst, dass man sog. Kopf-Schwanz Verbindungen synthetisierte, bei denen der eine Teil ein normaler Kohlenwasserstoff ist, der andere ein vollfluorierter Kohlenwasserstoff. Dadurch gelang es einerseits die spezifische Dichte, die bei den PFCLs zwischen 1.75 und 2.05 g/cm^3 liegt, auf Werte um 1.35 g/cm^3 zu senken, andererseits die Abspaltung von HF zu verhindern.

Ein weiterer Vorteil der FALKs sind ihre Löseeigenschaften. Während sich in PFCs (in nennenswertem Ausmass) nur PFCs lösen, können FALKs sowohl hydrophile als auch hydrophobe Substanzen lösen. Damit eröffnet sich die Möglichkeit, FALKs als implantierbare Medikamententräger zu nutzen

Beim FALK Oligomer handelt es sich um das erste hochviskose Fluorcarbon für die ophtalmologische Anwendung. Es ist gelungen, die Viskosität von FALKs durch

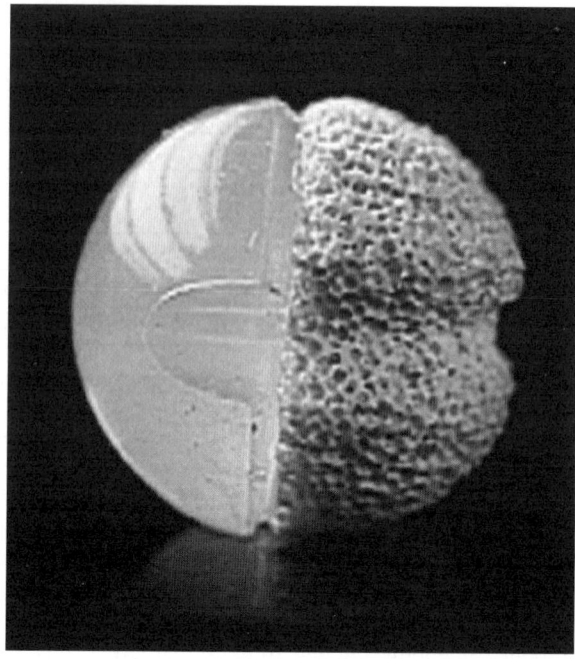

Abb. 86.5 Komposit Implantat zur Prophylaxe und Therapie des Post-Enukleations-Syndroms

Oligomerisierung zu erhöhen. In Abhängigkeit vom Oligomerisierungsgrad können Werte zwischen 90 und 2000mPas erreicht werden, wobei die Dichte des entsprechenden FALK Monomere erhalten bleibt. Ihre Grenzflächenspannung entspricht der von PFCLs, wobei deren Nachteile weitestgehend überwunden wurden. Ihre Sauerstoffleitfähigkeit und Emulsifikationsneigung sind sehr gering, das Verhältnis von Dichte und Viskosität sehr günstig. FALK Oligomere mit niedriger Viskosität ermöglichen ein einfaches Manipulieren während bei jenen mit erhöhter Viskosität die Tamponadewirkung günstiger ist.

86.8 Orbita-Implantat

Das Orbita-Implantat ist nur bedingt eine funktionelle Prothese. Primär ist es Volumenersatz für einen zerstörten Augapfel, zum einen um das sogenannte Postenukleationssyndrom zu verhindern, zum anderen ist es eine kosmetische Prothese. Als Postenukleationssyndrom bezeichnet man die Erscheinung eines Absinkens der oberen Orbitateile nach Entfernung des Augapfels. Um diesem vorzubeugen wird ein kugelförmiges Implantat in die Orbitahöhle eingebracht. Diese Implantate bestanden in der Vergangenheit aus den verschiedenen Materialien wie z. B. Glas oder Silber. Diese Implantate waren so schwer, dass sie zu einem Absinken des Orbitabodens führten, was ebenfalls eine Asymmetrie des Gesichts zur Folge hatte. Kugeln aus korallinem Material, die später Verwendung fanden, konnten dies vermeiden helfen. Diese Kugeln wurden mit Leichen-Sklera oder -Dura umnäht. An das Implantat wurde ein sog. Glasauge angebracht. Dies ist eigentlich nur eine Glaskalotte, die von einem Okularisten als Glasbläser- und Glasmaler-Arbeit hergestellt wird und in der Irisfarbe dem vitalen kontralateralen Auge angepasst wird. Später kam die Idee auf, dass man die Augenmuskeln mit dem Implantat verbinden könnte um eine Beweglichkeit des Kunstauges herbeizuführen. Die neueste Entwicklung auf diesem Gebiet stellt das Orbita-Implantat nach Guthoff dar. Es besteht aus einer vorderen Halbkugel aus künstlichem Hydroxylapatit und einer hinteren Halbkugel aus Silikonkautschuk (Abb. 86.5). Die Keramik mit interkonnektierenden Poren ermöglicht das Einwachsen von Bindegewebe zur Sicherstellung der durch die in den Furchen kreuzweise vernähten Augenmuskeln induzierten Augenbewegung, das Silikon bildet als Gegenpart zur Tenonschen Kapsel eine ideal glatte Oberfläche um die Motilität zu verbessern. Nach Versorgung derart operierter funktionell einäugiger Patienten mit einem Glasauge ist das Implantat häufig auf Anhieb nicht mehr erkennbar.

86.9 Implantierbare Medikamententräger

Da die Netzhaut ontogenetisch ein Teil des Gehirns ist, verfügt das Auge über ein Äquivalent zur Blut-Hirn-Schranke. Diese Blut-Retina-Schranke bewirkt, dass körperfremde Substanzen, die bereits den Weg in die Blutbahn gefunden haben, trotzdem nicht ohne weiteres die Netzhaut erreichen. Dieser an sich sehr vorteilhafte Schutzmechanismus bringt allerdings den Nachteil mit sich, dass eine systemische Therapie von Erkrankungen des Augeninneren problematisch sein kann, vor allen Dingen dann, wenn die Therapeutik in den Dosierungen, die notwendig sind, um zu effektiven Wirkstoffkonzentrationen jenseits der Blut-Retina-Schranke zu gelangen, systemische Nebenwirkungen aufweisen, die nicht tolerabel sind. Die Möglichkeit der lokalen Applikation ist im Falle von Glaskörper oder Netzhaut nicht wirklich eine gangbare Alternative da intravitreale Injektionen immer ein relativ hohes Risiko der Induktion von Netzhautablösungen beinhalten. Im Falle der Cytomegalie-Virus-induzierten (CMV) Retinitis, die als opportunistische Infektion die Haupterblindungsursache bei AIDS ist und ca.30% der Patienten befällt, hatte sich Ganciclovir (CYTOVENE) als wirksames Therapeutikum gegen systemische CMV-Erkrankungen erwiesen, wobei seine Myelotoxizität einer hohen Dosierung entgegensteht. Nun ist dieses Knochenmarkschädigungspotential bei intravitrealer Applikation eher unbedeutend. Ganciclovir hat jedoch eine relativ kurze Halbwertszeit, so dass zur Aufrechterhaltung therapeutischer Level 1–2 mal wöchentlich in den Glaskörper injiziert werden müsste, jedesmal mit dem Risiko einer iatrogenen Netzhautablösung. Ausserdem fördert aus verständlichen Gründen das Einstechen einer Kanüle in das Auge nicht die Patientencompliance. Deshalb wurde ein Medikamententräger entwickelt, der über einen Zeitraum von 8 Monaten mit einer linearen Freisetzungsrate von 1µg/h Ganciclovir in den Glaskörper abgibt (Abb. 86.6

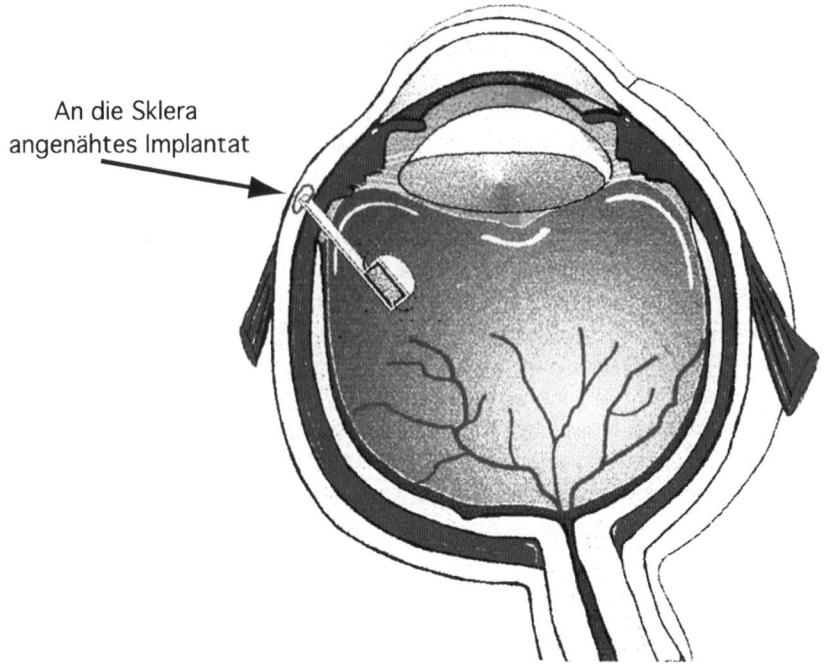

Abb. 86.6 Vitrasert Ganciclovir Implantat

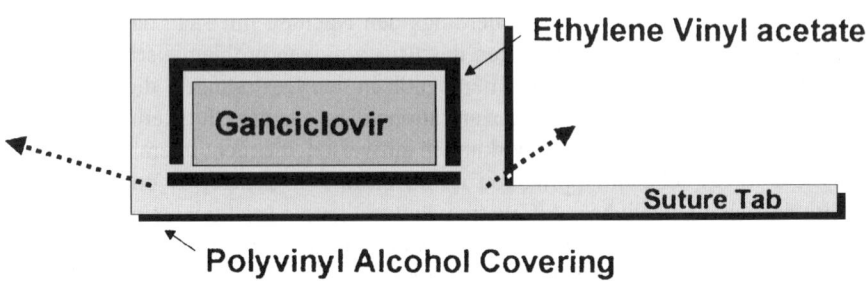

Abb. 86.7 Schematischer Aufbau des Medikamententrägers Vitrasert

und Abb. 86.7). Ein zusätzlicher Vorteil dieses „Sustained Drug Release" besteht darin, dass keine Konzentrationsamplituden, die z. B. zu Resistenzen führen könnten, auftreten. Andere intraokulare Medikamententräger bestehen aus abbaubaren Polymeren. Bisher liegen klinische Studien zu Dexamethasonhaltigen Implantaten vor, die 1 mm x 0.4 mm gross sind, am Ende einer Katarakt-OP in die Augenvorderkammer eingebracht werden und die enthaltenen 60 µg Dexamethason über 7–10 Tage freisetzen. Das Gesamtimplantat hat sich nach 3–4 Wochen aufgelöst.

86.10 Literatur

1. Kohnen T., The variety of foldable intraocular lenses, *J Cataract Refract Surg*, 22, Suppl. 2, 1996, p. 1255–1257.
2. Dick B., Schwenn O., *Viskoelastika*, Springer, Berlin, Heidelberg, 1998.
3. Cibis P., Becker B., Okun E., Canaan S., The use of liquid silicone in retinal detachment surgery, *Arch Ophthalmol*, 68, 1962, p. 590–599.
4. Gabel V.-P., Kampik A., Burkhardt J., Analysis of intraocularly applied silicone oils of various origins, *Graefe's Arch Clin Exp Ophthalmol*, 225, 1987, p. 160–162.
5. Kralinger M., Kieselbach G., Voigt M., Parel J.M., Slow release of acetylsalycylic acid by intravitreal silicone oil, Annual Meeting of the Association for Research in Vision and Ophthalmology, Ft. Lauderdale, Fl. USA, 2000.
6. Simons J., Block L., Fluorocarbons, *J Am Chem Soc*, 59, 1937, p. 1407.
7. Clark L.J., Gollan F., Survival of mammals breathing organic fluids equilibrated with oxygen at atmospheric pressure, *Science*, 152, 1966, p. 1755–1756.
8. Haidt S., Clark L.J., Ginsberg J., Liquid perfluorocarbon replacement of the eye, *Invest Ophthalmol Vis Sci*, 22, 1982, p. 266.
9. Chang S., Low viscosity liquid fluorochemicals in vitreous surgery, *Am J Ophthalmol*, 103, 1987, p. 38–43.

87 Implantate und Verfahren in der Augenheilkunde

T. H. Neuhann

87.1 Einleitung

Das in der Medizin mit am häufigsten verwendete Implantat weltweit ist die Intraokulare Linse (IOL). Die Gründe hierfür sind vielschichtig: einmal haben die Operationstechniken in den letzten 30 Jahren eine wesentliche Steigerung an Gleichmäßigkeit, Erfolg und Effizienz erfahren, zum anderen verursachen die gestiegenen Anforderungen des Alltags in den Industrienationen und im Berufsleben den höheren Anspruch an das Sehvermögen.

Ist die menschliche Linse Ursache für schlechtes Sehvermögen, besteht meist eine Trübung des Linsenproteins. Diese Trübung nennt wird Volksmund Grauer Star genannt, wissenschaftlich die Katarakt (cataracta). Es gibt unterschiedliche Formen wie angeborene (congenita) oder erworbene, traumatische, krankheits- oder altersbedingte Formen [45].

Wird die eingetrübte Linse nun mittels moderner Operationsverfahren entfernt, muss für Ersatz dieses lichtbrechenden Mediums gesorgt werden [2].

87.2 Die Intraokularlinse – Optik

Die menschliche Linse ist in dem optischen System Auge nur ein Teil des gesamtbrechenden Systems. Die klare und durchsichtige Hornhaut sowie die weiteren transparenten Medien haben ebenfalls spezielle brechende Indizes [40].

Mit zunehmender Präzision diagnostischer Messinstrumente verstehen wir immer besser das Wunderwerk Auge mitsamt seiner unendlichen individuellen Variabilität. Vergleicht man z. B. die verschiedenen Parameter von normalsichtigen Augen, also die Brechkraft der Hornhaut, die Tiefe der Augenvorderkammer und die Länge des Augapfels, so finden sich bei jedem Auge individuelle Daten. Es gibt also keine fixen Parameter für ein normalsichtiges Auge. Die Entwicklung eines menschlichen Auges findet in den ersten Lebensmonaten und Jahren statt. Hierbei spielt die Schärfe des entstehenden Bildes eine wesentliche Rolle. Es findet vor allem eine bildgesteuerte Entwicklung statt: die stark brechenden Medien Hornhaut und Linse müssen sich individuell aufeinander abstimmen. Dieses Wissen gilt es nun bei einem Eingriff in das System einmal zu nutzen und zum anderen nachzuahmen.

Asphäre

Definition: Prinzipiell wird jede rotationssymmetrische Fläche, die von der Kugelform (Sphäre) abweicht, als asphärische Fläche, kurz: Asphäre, bezeichnet [27]. Der Krümmungsradius einer solchen Fläche ändert sich vom Scheitelpunkt zur Peripherie hin kontinuierlich. Die allgemeine Formel für Asphären lautet:

$$p := \frac{1}{r} \cdot \frac{h^2}{1 + \sqrt{1 - (K+1)\frac{h^2}{r^2}}} + c1 \cdot h^4 + c2 \cdot h^6 + c3 \cdot h^8 + c4 \cdot h^{10}$$

Die menschliche Hornhaut aber auch die menschliche Linse ist nicht sphärisch (kugelig) gekrümmt, sondern asphärisch.

Asphärische Medien haben immer vom Zentrum zum Rand hin einen sich verändernden Krümmungsradius in radiärer Richtung. Damit wird beim Auge die typische Aberration eines sphärischen Mediums kompensiert.

Die gemessenen Asphärizitäten der menschlichen Hornhaut sind meist negativ. Das Maß der Asphärizität wird mit dem Wert Q angegeben und liegt zwischen − 0,2 und − 0,4 [22]. Selten findet man auch positive Werte. Mrochen et al. [27] ist der

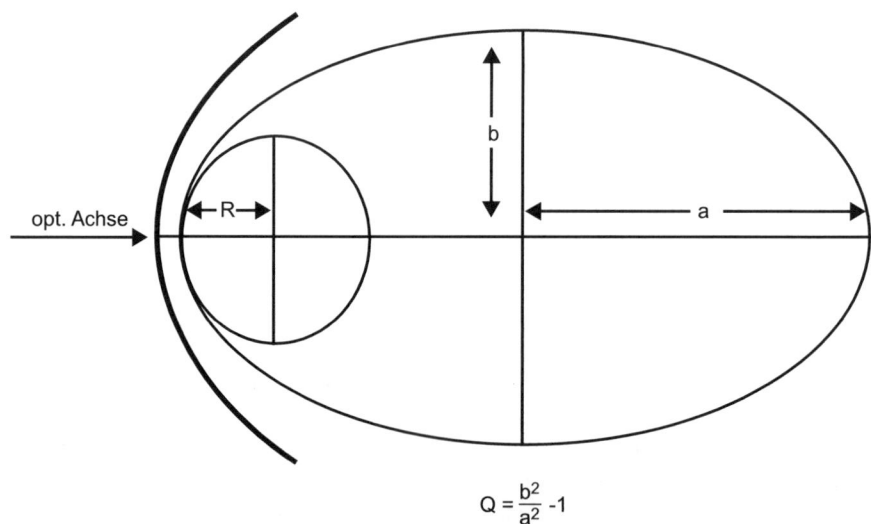

Abb. 87.1 Parameter der asphärischen Ellipse [21]

87.2 Die Intraokularlinse – Optik

Ansicht, dass für eine vollständige Eliminierung der sphärischen Aberration im Mittel eine noch stärkere negative Asphärizität von Q = –0,58 bei einem refraktiven Index der Hornhaut von 1,376 erforderlich wäre. Da aber der periphere Anteil der Hornhaut nur selten zur Qualität des Sehens beiträgt, muss sich die prolate Form der Cornea hauptsächlich daraus ergeben, während glatter Übergang in die Sphäre möglich ist.

Die Oberfläche einer rotationssymmetrischen Ellipse nennt man auch oblate (Abb. 87.1), während die Oberfläche einer senkrecht gestellten Ellipse – hier ist der senkrechte Durchmesser b größer als der waagrechte Durchmesser a – auch als prolate bezeichnet wird.

Obere Darstellung für eine oblate Hornhaut Q = plus 2. Untere Darstellung prolate Hornhaut mit einem Q = minus 2 und negativer sphärischer Aberration, zu erkennen an den unterschiedlichen Brennebenen F1, F2 und F3 [27].

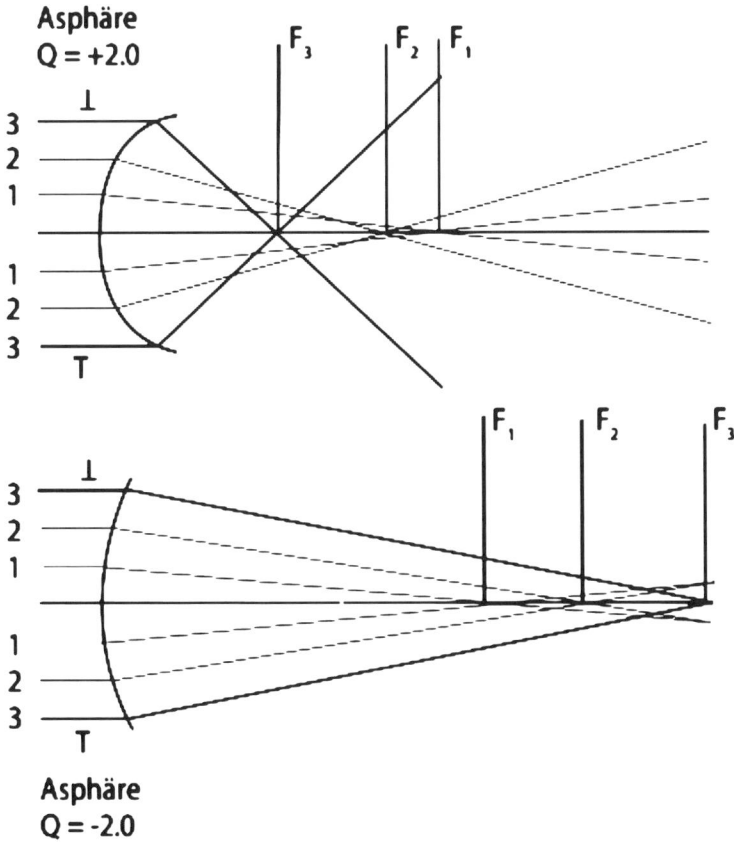

Abb. 87.2 Schematischer Verlauf der sphärischen Aberration bei unterschiedlichen Asphärizitäten Q der Hornhaut. Der Wert Q steht für die Messeinheit der Asphärizität

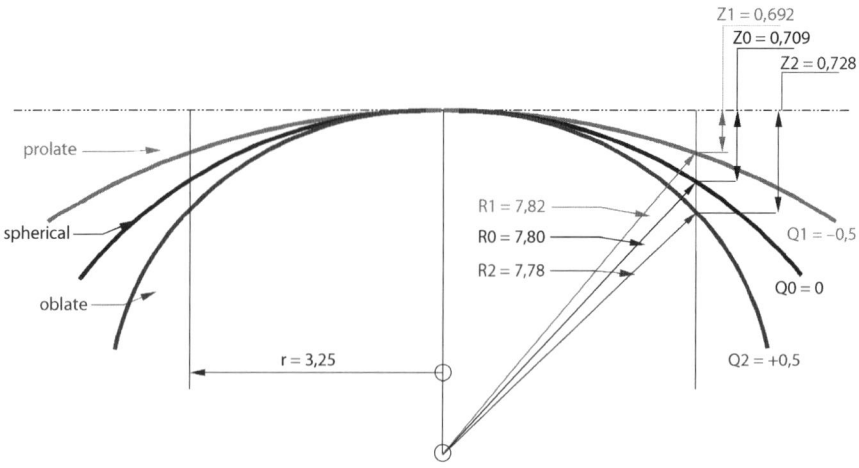

Abb. 87.3 Darstellung verschiedener sphärischer Hornhautradien mit entsprechendem Q-Wert

Nachdem wir nun wissen, dass der Ersatz der menschlichen Linse keine isolierte Aktion sein kann, sondern im Zusammenspiel mit den Brechungseigenschaften der jeweiligen Hornhaut ist, sind wir bei der neuen Generation der Intraokularlinsen angekommen.

Eine Frage bleibt aber dennoch offen: Da die sphärische Aberration der menschlichen Linse im Laufe des Lebens vom Negativen zum Positiven Q-Wert wechselt und somit die optische Qualität sich verschlechtert, wissen wir noch nicht exakt, ob asphärische Intraokularlinsen mit negativer, neutraler oder individuell bestimmter sphärischer Aberration welche die jugendliche Linse nachempfinden soll, die optische Qualität wirklich verbessern.

87.3 Asphärische IntraOkularLinsen (aIOL)

1. **Neutrale asphärische Intraokularlinse**: Hier wird die Oberfläche der Kunstlinse so geschliffen, dass die sphärische Aberration der Intraokularlinse vollständig ausgeglichen wird. Zum Tragen kommt somit nur die Aberration der prolaten Hornhaut.
2. **Negative asphärische Intraokularlinse**: Der Q-Wert dieser IOL ist negativ, um die positive sphärische Aberration der Cornea auszugleichen. Dadurch verbessert sich theoretisch die optische Qualität, da man hier versucht, das Verhalten der jugendlichen Linse nachzuempfinden.
3. **Maßgeschneiderte (customized) IOL**: Hier wird zu den individuellen Parametern der Hornhaut die Asphäre der Intraokularlinse abgestimmt [41]. Das ist das

87.3 Asphärische IntraOkularLinsen (aIOL)

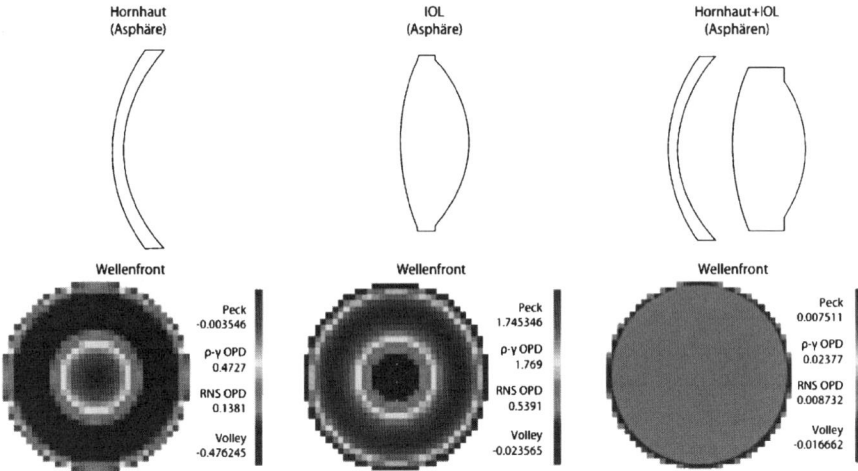

Abb. 87.4 Eine aberrationsfreie Abbildung lässt sich nur durch die asphärische Optik ermöglichen [27]

Ziel der Herstellung. Erste klinische Anwendungen werden unter dem Arbeitstitel „Light Adjustable Lens" durchgeführt.

Da im Alter die sphärische Aberration der Augenlinse positiver wird, macht es sowohl wissenschaftlich als auch aufgrund zahlreicher Publikationen Sinn, eine aIOL in Abstimmung zur sphärischen Aberration der Hornhaut zu implantieren [4,19].

Diese asphärischen intraokularen Linsen (aIOL) werden wiederum eingeteilt in:

87.3.1 Monofokale aIOL

Die monofokale Linse hat eine feste Brechkraft. Vor der Operation muss sich daher der Patient entscheiden, ob er in die Ferne oder in die Nähe sehen will. Dass eine monofokale IOL heute ein asphärisches Design haben soll, ist oben ausführlich ausgeführt.

87.3.2 Die torische monofokale aIOL

Torisch steht in der Augenheilkunde für eine zylindrisch geformte Oberfläche, welche z. B. den Torus oder eben die zylindrische Form der Hornhaut auch Astigmatismus genannt, korrigiert. Die Adjektive torisch, zylindrisch oder astigmatisch werden in der Augenheilkunde als Synonyme verwendet!

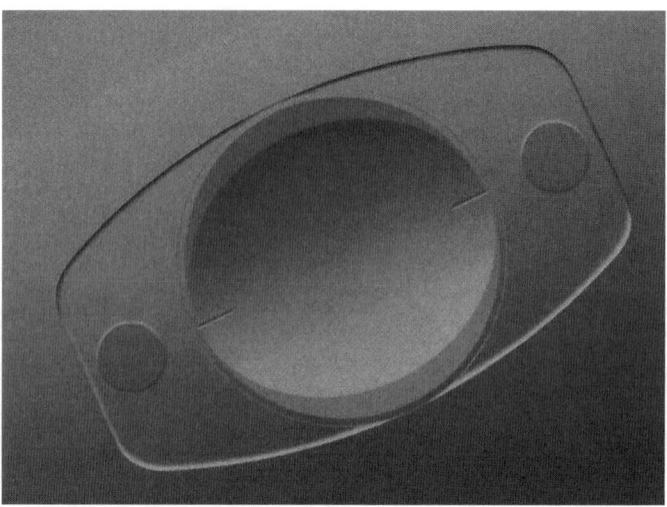

Abb. 87.5 Erste torische IOL aus faltbarem Silikon (Mazacco-style). Die individuell berechnete und hergestellte IOL muss so implantiert werden, dass zum einen kein Astigmatismus durch den Starschnitt induziert wird, und zum anderen die Achsmarkierung exakt mit der Achse des cornealen Astigmatismus übereinstimmt

Während schon 1992 auf der Basis der ersten faltbaren IOL von Mazacco (Abb. 87.5) eine torische Linse entwickelt wurde, wurden erst 9 Jahre später verbesserte Versionen der torischen IOLs vorgestellt. Diese individuell berechneten und angefertigten Speziallinsen werden international nur von wenigen Herstellern angeboten. Die Berechnung ist sehr sensibel und der prä- und intraoperative Aufwand ist erheblich. Ein Qualitätsmanagement der jeweiligen Klinik ist für solche Operationen eine conditio sine qua non. Dies ist auch der Grund warum diese individuell hochwertigen Linsen mit hohem Anspruch an das operative Können nur von wenigen Ärzten und Kliniken angeboten werden kann [7,8].

Stabilisation von torischen Linsen

Die Hersteller von torischen Linsen wie Staar surgical, Dr.Schmidt Intraokularlinsen, Rayner, Alcon und Acri.Tec Zeiss wählen alle ein Linsen-Haptik-Design, das garantieren soll, dass die implantierte torische Linse postoperativ sich nicht mehr dreht. Klinische Studien ergeben aber immer wieder, dass 10–15% aller torischen Linsen postoperativ nicht die Achslage aufweisen, wie sie intraoperativ eingestellt wurde. Dies hat zum einen die Folge, dass das angestrebte Ziel der Astigmatismus-Korrektur nur teilweise erreicht wird und zum anderen, dass zur Optimierung des Befundes ein weiterer operativer Eingriff nötig wird. Wie delikat die Einstellung der Achse ist, soll folgendes Beispiel zeigen:

Die Zirkumferenz der Hornhaut wird in 12 Stunden und in 360° eingeteilt. Verrutscht oder dreht die implantierte torische IOL im postoperativen Verlauf nur um

87.3 Asphärische IntraOkularLinsen (aIOL)

eine Stunde, so entspricht das einer Änderung der Achslage um 30°! Damit ist der Effekt der torischen IOL aufgehoben, es resultiert ein neuer Astigmatismus mit anderer Achslage. Das ist für den Patienten ganz schwierig zu adaptieren.

Um dieses Problem zu minimieren, entwickelte der Autor 1998 einen patentierten IOL Clip, der den Kapselsack mit der implantierten torischen Linse so fest verbindet, dass ein Drehen der torischen IOL postoperativ unmöglich wird [23].

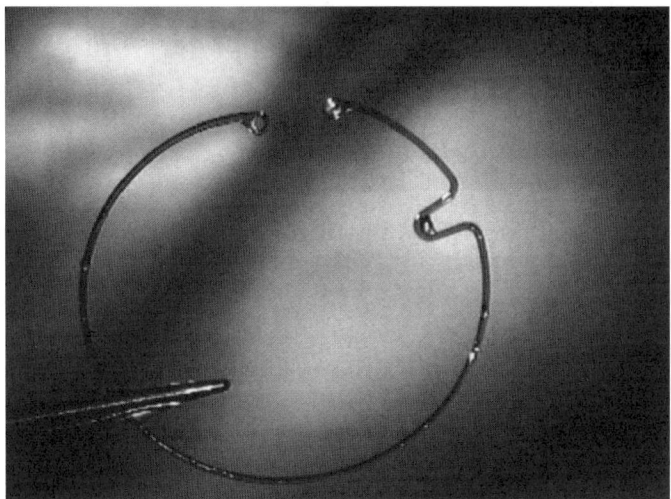

Abb. 87.6 Der patentierte IOL Clip. Hersteller: Acri.Tec/Zeiss

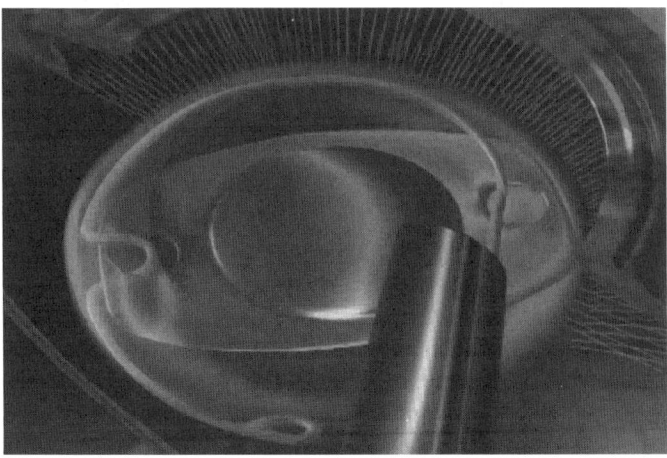

Abb. 87.7 Animation des IOLclips, der mit der Vertiefung in die Haptiköffnung der torischen IOL eingeclipt wird

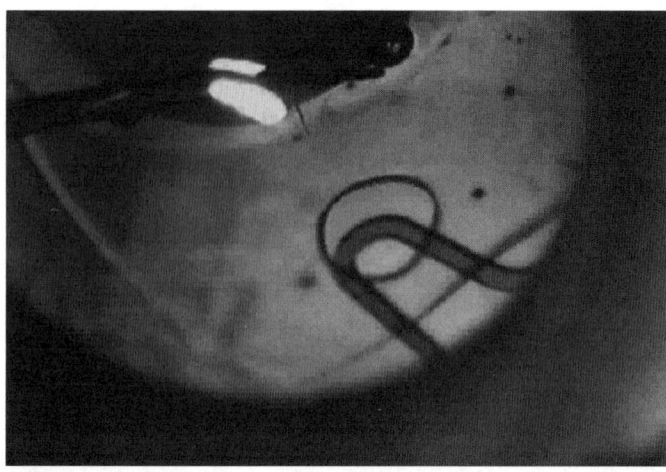

Abb. 87.8 Livebild des IOLclips der durch die Öffnung in der torischen Linse geführt ist und so ein postoperatives Drehen der eingestellten Position verhindert

87.3.3 Die Multifokale aIOL

Multifokale Linsen haben ein größeres Leistungsspektrum als monofokale Linsen. Mit der multifokalen Linse ist es möglich – vorausgesetzt die implantierte IOL hat die ideale Brechkraft – sowohl ohne Lesehilfe zu lesen als auch gut in die Ferne zu sehen. Der mittlere Abstand, klassischerweise der Abstand zum Computer, wird jedoch nicht optimal abgebildet, weshalb hier meist eine leichte Brille benötigt wird. Ziel der Behandlung mit einer multifokalen Linse ist, ein Leben im Alltag ohne Brille zu ermöglichen. Um die bekannten Nachteile wie schlechteres Nacht- bzw. Kontrastsehen sowie Lichtringe und Lichtkränze um Lichtquellen (Halos und Glares) von Multifokallinsen zu reduzieren, sind die modernen Multifokallinsen ebenfalls asphärisch gestaltet (SN6AD3 ALCON, Tecnis Multifocal-IOL AMO, Zeiss Acri.Lisa 466 und Zeiss Acri.Lisa 466 toric, mit asphärischer torischer Vorderfläche und refraktiver Rückfläche [1,6,18,20]).

„Mix and match"

Da die Multifokallinsen der verschiedenen Hersteller unterschiedliche Eigenschaften und Abstände abbilden, wird neuerdings versucht, zwei unterschiedliche Linsen zu implantieren. Die Idee ist, dass die Schwäche der einen multifokalen IOL, z. B. schlechtere Abbildung am PC, von der zweiten multifokalen IOL ausgeglichen wird. Diese Technik unterschiedlicher mIOLs nennt sich „mix and match".

87.3 Asphärische IntraOkularLinsen (aIOL)

Torische Multifokallinse

Zur Erforschung einer weiteren Variante der asphärischen mIOL läuft derzeit eine klinische Studie mit einer torischen mIOL. Dieses **Wunderwerk der optischen Präzision** von Acri.Tec Zeiss macht deshalb Sinn, da ca. 60% aller Patienten einen Hornhaut-Astigmatismus von einer Dioptrie und mehr haben. Die rein sphärischen oder auch asphärischen mIOLs (Abb. 87.7) funktionieren aber nur bei einem Astigmatismus von unter einer Dioptrie [16,18,20,38]. Die Acri.Lisa toric besitzt bei einem Gesamtdurchmesser von 11 mm eine 6 mm Optik auf deren Vorderfläche der asphärische Torus eingearbeitet ist, während auf der asphärischen Rückfläche der Multifokalteil sitzt. Die Nahaddition beträgt 3,75 Dioptrien. Diese Linse gibt es von

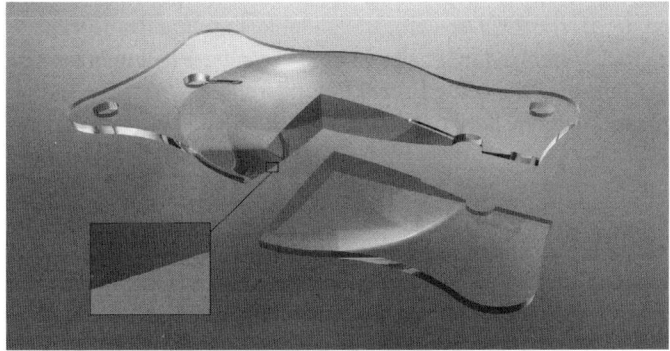

Abb. 87.9 Torische asphärische 25% hydrophile Multifokallinse mit hydrophober Oberfläche und UV Absorber. Auf der Vorderfläche dieser IOL befindet sich der asphärische Torus, auf der Rückfläche der asphärische multifokale Bereich

Astigmatismus Dpt	N	Proportion	Gesamt
>6	9	0.1%	0.15%
5.25 bis 6.00	26	0.4%	0.57%
4.25 bis 5.00	62	1.0%	1.5%
3.25 bis 4.00	175	2.8%	4.4%
2.25 bis 3.00	523	8.5%	13.05%
1.25 bis 2.00	1442	23.6%	36.71%
0.75 bis 1.00	1439	23.6%	60.33%
0.25 bis 0.50	1089	17.8%	78.20%
0	1328	21.8%	100%
SUMME	**6093**	**100%**	**100%**

Tabelle 87.1 Kornealer Astigmatismus bei 6093 konsekutiven Patienten (Quelle: Prof. H.-R. Koch, Hochkreuz Augenklinik, Bonn)

−10 Dioptrien bis +32 Dioptrien und der zylindrische Wert reicht von 1 Dioptrie bis 12 Dioptrien. Vergleicht man die Koch'sche Astigmatismus Tabelle (Abb. 87.8) so bleibt hier kaum ein Wunsch offen.

Bioptics

Um den torischen Nachteil der sphärischen oder asphärischen mIOL auszugleichen, kann man auch nach Implantation der mIOL eine Feinkorrektur mit dem Excimer Laser oder Femto-Sekundenlaser durchführen, um das refraktive Ergebnis zu optimieren. Werden zwei unterschiedliche Korrekturen wie Hornhaut-refraktive und Linsen-rekraktive Behandlung genutzt, so spricht man von der Bioptics-Methode. Excimer leitet sich aus den Begriffen excited dimer her. Dieser Laser verdampft im Mikrometerbereich Gewebe und ändert so computergesteuert die Brechungseigenschaften der Hornhaut. Der Femtosekundenlaser trennt das Hornhautgewebe in einer definierten Tiefe. Dadurch entsteht eine veränderte kalkulierbare Biodynamik der Hornhaut, die ebenfalls eine Brechkraftänderung bewirkt. Die Impulse sind jeweils eine Femtosekunde kurz nämlich 10^{-15} Sekunden.

ADD-On aIOL

Seit kurzer Zeit bieten einige Linsenhersteller sogenannte Add-on aIOLs an. Diese Zusatzlinsen sind asphärisch und mit einem hohen Brechungsindex versehen, was diese Linsen auch besonders dünn macht. Mit Hilfe dieser Linsen, die im sulkus ciliaris vor der schon implantierten Kapselsack fixierten IOL ihren Halt finden, sind entweder Änderungen der Brillenwerte, die der Patient gerne korrigiert haben möchte oder Neuerungen im Linsendesign wie z.B. Multifokallinsen möglich. Ob dieser Form der „operativen Nachkorrektur" eine große Zukunft beschieden sein wird, werden erst klinische Studien mit längerem Zeitraum nachweisen müssen. Die oben genannte Biopticsmethode, die heute schon etabliert ist, behandelt dieselbe Zielgruppe mit sehr guten Langzeitergebnissen.

87.3.4 Sonderformen von asphärischen Linsen

Sieht man in Verkaufskataloge von Intraokularlinsen-Herstellern, so gibt es unzählige Design- und Sonderformen sowie Zusatzfunktionen von Intraokularlinsen. Auch für den Kenner ist es oft schwierig, die richtigen Eigenschaften einer IOL zu finden. Besonders hervorzuheben sind jedoch vier Varianten, die einzigartige Vorteile bieten:

Bag-in-the-lens-IOL

Die Besonderheit dieser Linse liegt in ihrem besonderen Design. Während alle gängigen aIOLs den Kapselsack als Fixationsort wählen, wird diese Linse an den

87.3 Asphärische IntraOkularLinsen (aIOL)

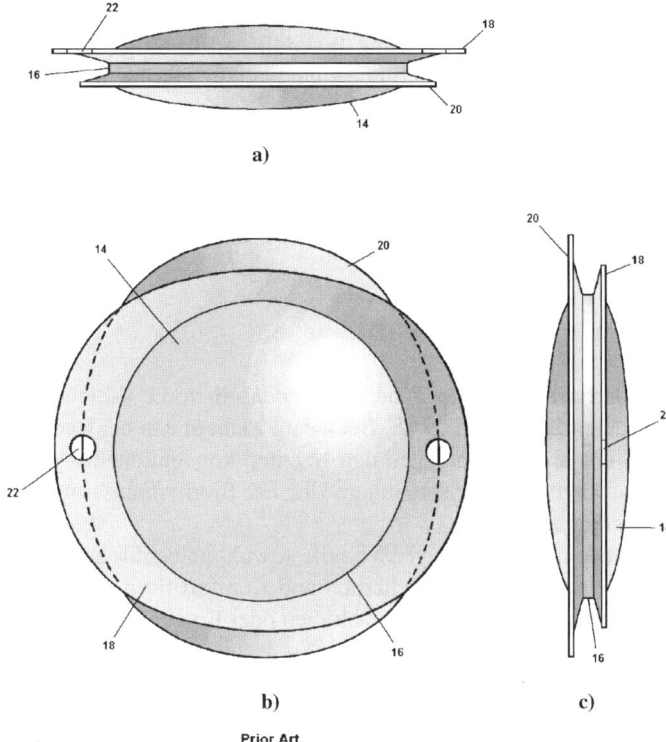

Abb. 87.10 Schematische Darstellung der bag-in-the-lens

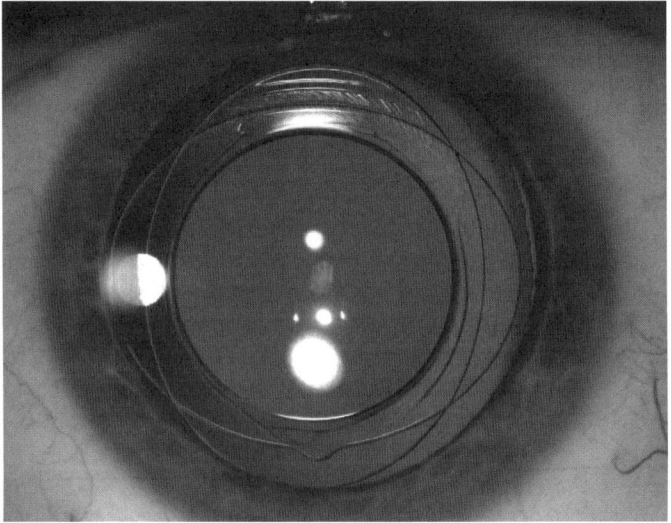

Abb. 87.11 Spaltlampenbefund einer implantierten bag-in-the-lens

Rändern der Linsenkapsel fixiert. Diese Fixation wird vor allem bei der Katarakta congenita bei Säuglingen, Kindern und Jugendlichen benötigt, um den Nachstar, der besonders bei dieser Patientengruppe ein ernsthaftes Problem darstellt, zu kontrollieren.

Es ist zudem die einzige Linse, die auch nach Jahren und Jahrzehnten problemlos austauschbar ist, falls sich z. B. die Brechkraft des Auges durch das Wachstum verändert hat. Gängige Linsendesigns sind nach Jahren oft nur sehr schwierig austauschbar, während die bag-in-the-lens die ideale Voraussetzung zu einem solchem Tausch bietet [12,14,24,37,39].

Die Photochrome Linse – Aurium IOL

Diese Intraokularlinse verfärbt sich bei Vorhandensein von UV-Licht gelb und gibt so einen wirksamen Blaulichtfilter ab. Bei wenig Licht und in der Nacht, wird diese Linse klar und erspart dem Patienten den Nachteil konventioneller gelber Linsen. Der zirkadische Rhythmus – unsere innere Uhr, der Biorhythmus – wird dadurch in keiner Weise beeinflusst.

Sie verbindet damit die jeweiligen Vorteile sowohl gelber als auch klarer Linsen und stellt somit ein Optimum an Sicherheit und Komfort für den Patienten dar. Zu dieser Linse gibt es noch keine Langzeitstudien oder Ergebnisse [43].

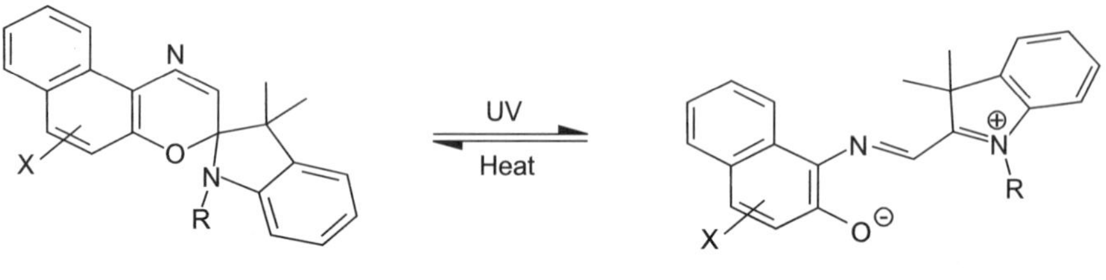

Abb. 87.12 Chemische Veränderung: UV Licht bricht die Verbindung in dem Molekül, welches dann sich dann dreht und öffnet und dann die Farbveränderung bewirkt. Die Reversion in die klare Form wird durch ambient heat gesteuert

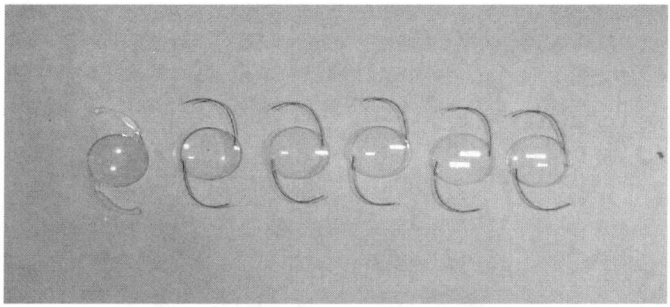

Abb. 87.13 Links die bekannteste einstückige Blaufilterlinse, daneben die klare Version der Aurium Linse, als dreistückige Linse mit Prolene Schlaufen

87.3 Asphärische IntraOkularLinsen (aIOL)

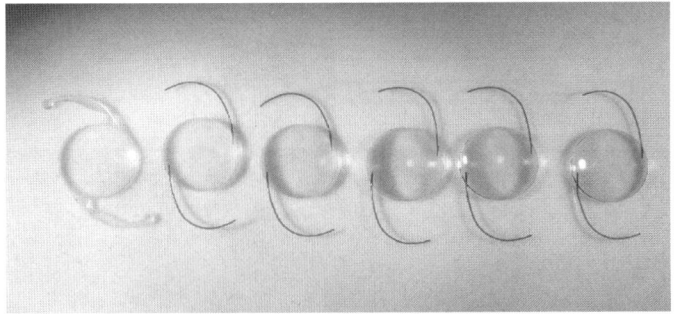

Abb. 87.14 Links dieselbe einstückige Blaufilterlinse wie oben, daneben die Blaufilterversion der Aurium Linse nach UV Exposition

Die Iris-Klauen-Linse, lobster-claw IOL, Worst IOL, Artisan oder Verisyse IOL

Das Design dieser IOL ist schon über 30 Jahre alt und wurde von dem niederländischen Arzt JanWorst entwickelt. In den USA lässt sich eine IOL mit dem Namen „worst" nicht wirklich gut vermarkten, weshalb man das Linsendesign in Europa mit dem Namen Artisan und in den USA mit dem Namen Verisyse versehen hat. Zuvor war es unter den verschiedenen Bezeichnungen, wie sie im Titel aufgeführt sind beschrieben worden. Nach jahrelanger Skepsis erlebt dieses IOL Design weltweit eine wahre Renaissance. Diese Linse benötigt ebenso wie die bag-in-the-lens ebenfalls *nicht* den Kapselsack zur Fixation, sondern die Regenbogenhaut.

Zwei kleine Klammern am Rand der IOL, die sogenannten Klauen, halten sich im Stroma der Iris fest. Häufigste Verwendung findet dieses Linsendesign heute um höhere Kurzsichtigkeit bei jungen Menschen zu korrigieren als phakes Linsenimplantat. Von einem phaken Auge spricht man dann, wenn die eigene Linse im Auge vorhanden ist Das bedeutet, dass zur Korrektur der Fehlsichtigkeit – meist bei höherer Kurzsichtigkeit – in das Auge des Patienten eine zusätzliche Linse eingepasst wird. Hierfür wird die Kunstlinse in die Augenvorderkammer implantiert. Ein spezielles Computer Simulationsprogramm ermöglicht, den postoperativen Sitz dieser Vorderkammerlinse zu berechnen.

Ein „warning-letter" der amerikanischen und französischen Gesundheits Aufsichtsbehörde besagt aber, dass bei diesem Linsentyp die wichtigen Zellen auf der Hornhautrückfläche (Endothel) mit der Zeit leiden und zugrunde gehen können. Deshalb wird in Frankreich von der Implantation dieser Linse abgeraten, während in den USA die FDA (Food and Drug Administration) eine regelmäßige Kontrolle der Zellzahl empfiehlt. Dies wird mit dem speziellen Endothel-Mikroskop durchgeführt.

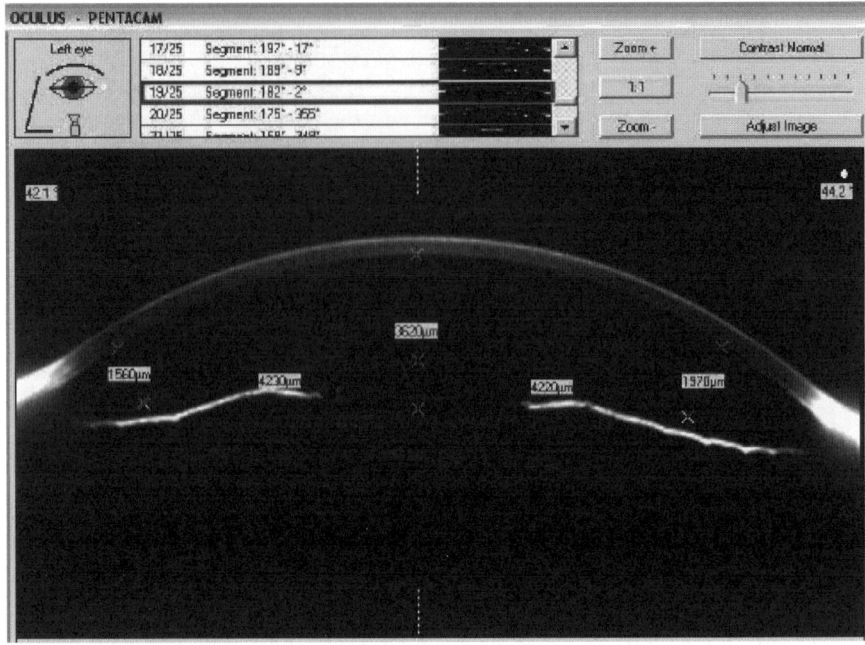

Abb. 87.15 Präoperative Scheimpflugaufnahme mit Massangaben der zu erwartenden postoperativen Werte

Retropupillares Artisan Implantat

Nicht sehr bekannt ist die sehr elegante Implantation dieses Linsentyps eben nicht in die Augenvorderkammer, sondern in die hintere Augenkammer. Die retropupillare Implantation dieser Linse ist dann hilfreich, wenn entweder keine eigene Linse mehr vorhanden ist, oder sich die eigene Linse oder die implantierte Linse z. B. nach Trauma oder beim Marfan-Syndrom, sich aus ihrer Verankerung in der Kapsel gelöst hat oder dezentriert ist. Die retropupillare Implantation der aphaken Artisan-IOL ist eine hochelegante Methode um komplizierte Verläufe bei phaken oder pseudophaken Augen zu lösen [15,25,26,32,33].

Intraokulare Lupen aIOL bei Makuladegeneration

Diese Speziallinse ist nur für wenige Patienten geeignet. Sie ermöglicht aber Patienten, die an einer besonderen Form der Makuladegeneration leiden, vor allem wieder lesen zu können. Um die Eignung eines Patienten zu evaluieren müssen präoperativ zahlreiche Funktionstests durchgeführt werden. Das Prinzip dieser Linse ist es, die Photorezeptoren, die knapp neben der Makula noch existieren für das Lesen zu aktivieren. Ein an sich bekanntes Prinzip, das mit dieser hocheleganten Methode eine wesentliche Verbesserung erfährt.

87.3 Asphärische IntraOkularLinsen (aIOL)

Abb. 87.16 Modell der Artisan IOL – Irisklauen Linse: sie besteht aus Plexiglas wobei die optische Zone zentral liegt und die Haptik mit den Klauen peripher

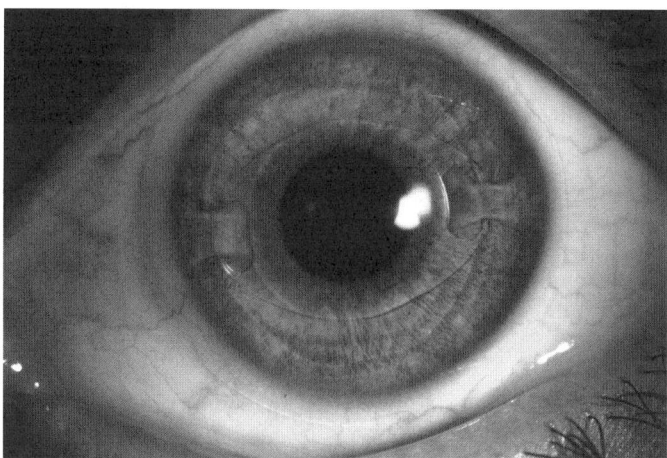

Abb. 87.17 Spaltlampenbild der phaken Artisanlinse in der Augenvorderkammer. Hier sind die vorderen Irisstromaanteile in die „Klauen der IOL" eingezwickt. Die Optik der IOL sitzt also vor der Pupille

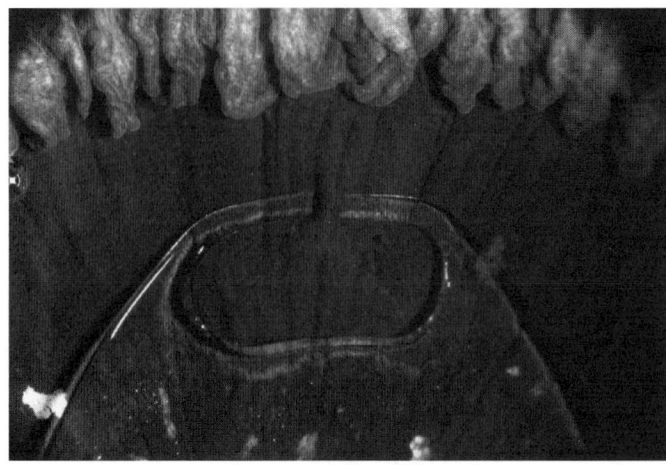

Abb. 87.18 In vitro Bild: Fixation der PMMA Schlaufen einer retropupillaren Artisanlinse auf der Rückseite der Iris. Hier ist das hintere Stromablatt Iris samt Pigmentblatt zwischen den „Klauen der IOL" eingezwickt. Oben bläulich dargestellt sieht man die Zotten des Ziliarkörpers einer retropupillaren Artisanlinse. Die Optik sitzt hinter der Pupille

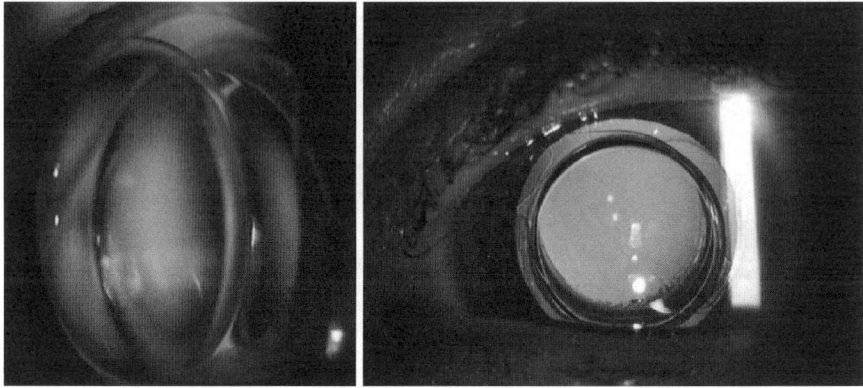

Abb. 87.19 Seitliches und frontales Spaltlampenbild am Patienten einer intraokularen Lupenlinse

87.4 Material der IOL

Die Materialien bei Kunstlinsen sind mannigfaltig. Alle verwendeten Materialien haben Vor- und Nachteile, die durch die speziellen Linsen und Haptik-Designs kompensiert werden sollen. Die häufigsten Materialien sind:
1. Hydrophobes Acrylat, z. B. AcrySof von Alcon (vgl. Abb. 87.19), Tecnis 1 von AMO (vgl. Abb. 87.18) und die PY 60 AD von Hoya.

87.4 Material der IOL

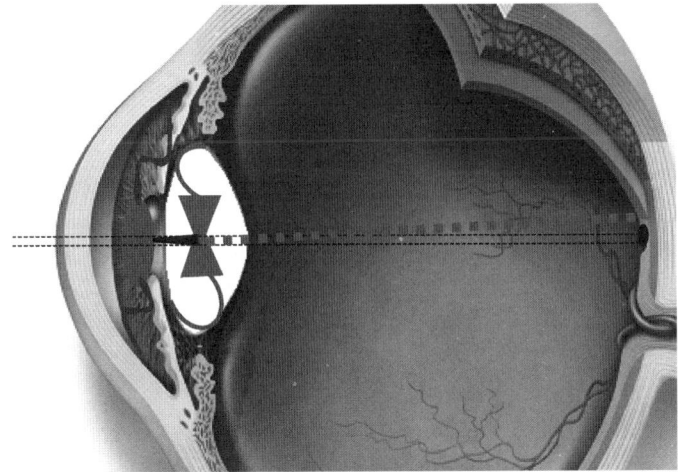

Abb. 87.20 Wirkprinzip der Lupen IOL: die schwarze Linie markiert die ideale Abbildung auf die Makula. Ist diese durch eine Makuladegeneration außer Funktion, werden gesunde Photorezeptoren neben der Makula durch die Lupen IOL aktiviert (dick gestrichelte Linie).

2. Hydrophiles Acrylat, z. B. Axtest Acri.Tec/Zeiss, Humanoptics, Bausch&Lomb, Staar Surgical (vgl. Abb. 87.5), Rayner
3. Silikon z. B. von AMO, Bausch&Lomb, Dr. Schmidt und Staar Surgical.
4. PMMA, z. B. Ophtec, AMO, Acri.Tec/Zeiss, und viele andere.

Strukturformeln

Die Gemeinsamkeiten aber auch die Unterschiede in der chemischen Zusammensetzung lassen sich am besten an den unterschiedlichen Formeln erkennen:

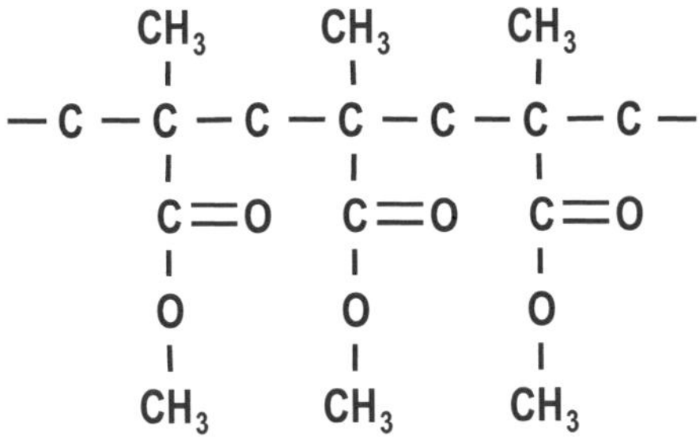

$$-\overset{}{C}-\overset{\overset{CH_3}{|}}{C}-\overset{}{C}-\overset{\overset{CH_3}{|}}{C}-\overset{}{C}-\overset{\overset{CH_3}{|}}{C}-\overset{}{C}-$$
$$\overset{|}{C=O}\overset{|}{C=O}\overset{|}{C=O}$$
$$\overset{|}{O}\overset{|}{O}\overset{|}{O}$$
$$\overset{|}{CH_3}\overset{|}{CH_3}\overset{|}{CH_3}$$

Abb. 87.21 Strukturformel von nicht faltbarem PMMA = PolyMethylMetAcrylat = Plexiglas. Die Methylgruppen - CH_3 sind gleichmäßig angeordnet

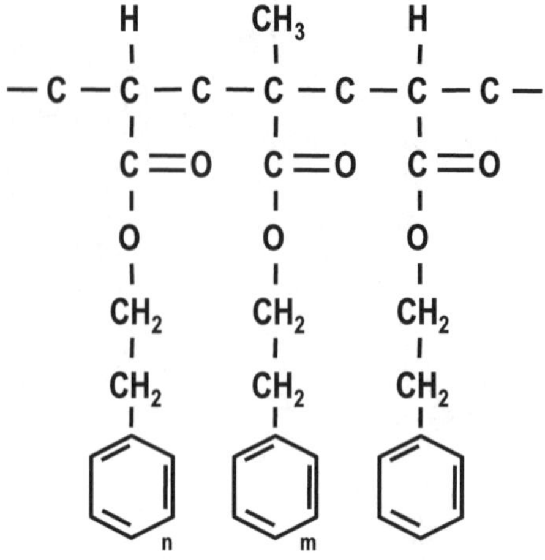

$$-\underset{\underset{}{|}}{C}-\underset{\underset{C=O}{|}}{\overset{H}{\underset{|}{C}}}-C-\underset{\underset{C=O}{|}}{\overset{CH_3}{\underset{|}{C}}}-C-\underset{\underset{C=O}{|}}{\overset{H}{\underset{|}{C}}}-C-$$

(mit $CH_2-CH_2-C_6H_5$ Seitenketten, Index n und m)

Abb. 87.22 Strukturformel der faltbaren hydrophoben asphärischen Acryllinse von Alcon: Acrysof. Hier wird die Verwandtschaft zum PMMA sehr deutlich

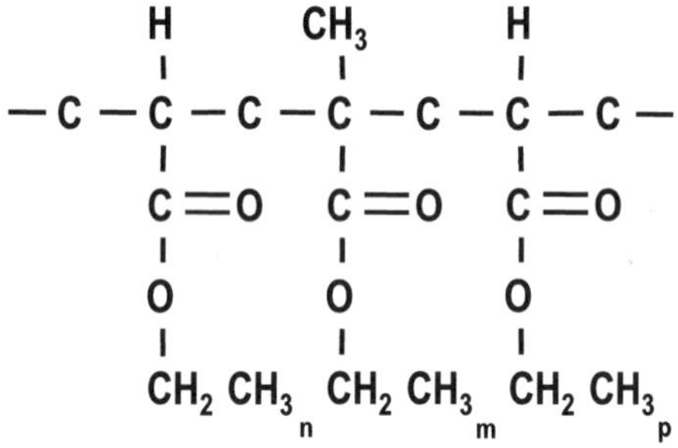

$$-\underset{\underset{}{|}}{C}-\underset{\underset{C=O}{|}}{\overset{H}{\underset{|}{C}}}-C-\underset{\underset{C=O}{|}}{\overset{CH_3}{\underset{|}{C}}}-C-\underset{\underset{C=O}{|}}{\overset{H}{\underset{|}{C}}}-C-$$

(mit $CH_2\,CH_3$ Seitenketten, Indizes n, m, p)

Abb. 87.23 Strukturformel der faltbaren hydrophoben asphärischen Acryllinse von AMO:Technis. Auch hier ist die Verwandtschaft zum PMMA nicht zu übersehen, die Besonderheit dieses Materials liegt in der Teflongruppe CH_2CF_3

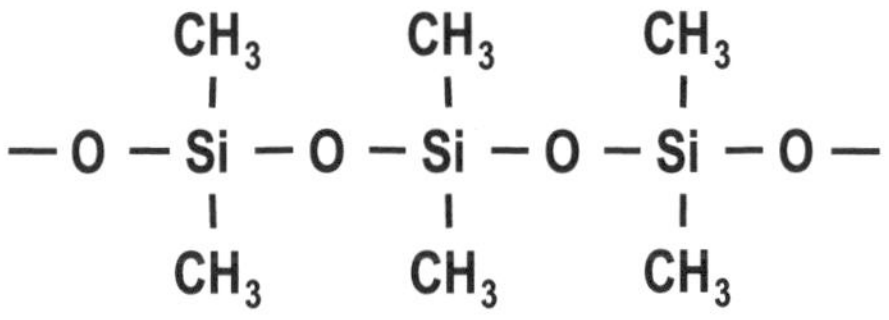

87.4 Material der IOL

$$-\text{O} - \underset{\underset{\text{CH}_3}{|}}{\overset{\overset{\text{CH}_3}{|}}{\text{Si}}} - \text{O} - \underset{\underset{\text{CH}_3}{|}}{\overset{\overset{\text{CH}_3}{|}}{\text{Si}}} - \text{O} - \underset{\underset{\text{CH}_3}{|}}{\overset{\overset{\text{CH}_3}{|}}{\text{Si}}} - \text{O} -$$

Abb. 87.24 Strukturformel der ersten faltbaren Silikonlinse von Staar surgical (Mazacco) Vergleicht man diese Strukturformel mit Abb. 23 so erkennt man die Ähnlichkeit der Kompositionen: Silikon ersetzt die Kohlenstoffe Atome

Diese Werkstoffe sind alle biokompatibel. Es wurden bei mehreren Millionen Implantaten keine Unverträglichkeiten bekannt. Das in der Literatur immer wieder beschriebene toxic lens syndrome, basiert immer auf anderen Ursachen, niemals aber auf einer Unverträglichkeit der vorstehenden Werkstoffe [6,13,14,28].

Alle Werkstoffe haben einzigartige Vor- und Nachteile, die Eigenschaften der Materialien werden heute in einer Fülle von Parametern publiziert, anhand derer sich die theoretischen Vor- und Nachteile beurteilen lassen (Abb. 87.26). Eine zusätzliche Eigenschaft der Werkstoffe sei hier erwähnt, die sich aus diesen Tabellen nicht ablesen lässt: Hydrophobe und Hydrophile Acryllinsen – diese werden nur in der faltbaren Version angeboten – verbinden sich so mit dem Kapselsack, dass eine sog. Kapselsackphimose oder capsule contraction syndrome nicht eintritt [29].

Dieses Phänomen tritt in besonderen Fällen fast ausschließlich bei PMMA und Silikon-Linsen auf und führt zu einem eingeschränkten Sehvermögen, welches wiederum nur durch eine weitere Operation behandelt werden kann.

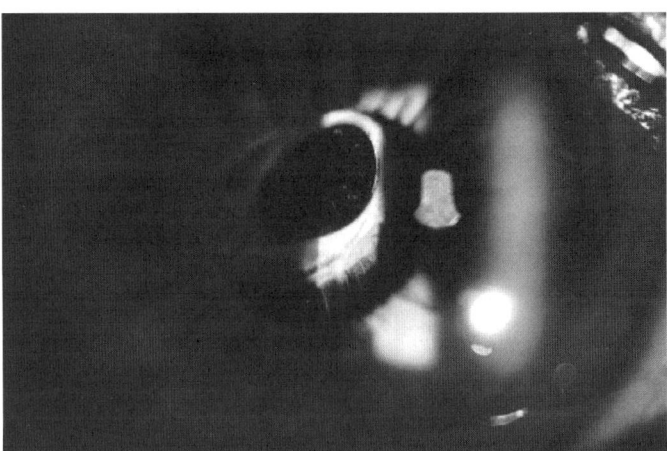

Abb. 87.25 Weiße Kontraktion der Linsenkapsel über einer Silikonlinse auf eine 2 mm Öffnung kleiner als die Pupille mit erheblicher Sehbehinderung

optic composition			
	HOYA AF-1 (UV)	HOYA AF-1 (UY)	Effects
(Monomer)			
Phenylethyl metacrylate	O	O	Improve refractive index
N-Butylacrylate	O	O	Increase flexibility
Fluorine monomer	O	O	Reduce adhesiveness
(Cross-linking agent)			Improve shape retention
Ethylene glycol dimethacrylate	O	O	
Chemical reactive UV absorbent	O	O	Absorb UV light
Chemical reactive yellow color agent		O	Filter visible short wavelength
Refraction index	1.522	1.520	
Contact angle	86°	85°	
Glass-transition temperature	11°C	11°C	
Specific gravity	1.15	1.15	
Absorbing rate	0.21%	0.25%	

Abb. 87.26 Beispiel für die spezifischen Eigenschaften einer modernen aIOL: von HOYA, Japan

87.5 Design

Neben Optik und Material spielt vor allem auch das Design einer Intraokularlinse eine entscheidende Rolle für die postoperative Verträglichkeit. Das Design der IOL besteht im Wesentlichen aus Optik und Haptik. Wir unterscheiden einstückige (one-piece) Linsen und dreistückige (three-piece) Linsen [3,9,28,32,33,35].

Abb. 87.27 Sir Harold Ridley

Die Geschichte der einstückigen Linse ist so alt wie die Geschichte der Intraokularlinse selbst. Sir Harold Ridley, der 1949 die erste Implantation einer Intraokularlinse wagte, wurde für seine Verdienste von Queen Elisabeth II im Februar 2000 zum Ritter geschlagen.

Erst 36 Jahre nach dieser Erstimplantatiuon entwickelte Thomas Mazzacco die erste faltbare Linse aus Silikon, ebenfalls als one-piece Design (siehe bag-in-the-lens Abb. 87.10).

Eine besondere Rolle beim Design spielt neben der Oberfläche als Asphäre die Haptik und der Linsenrand.

87.6 Haptik

Die heute populärste Form der Haptik einer IOL ist die modified C-loop oder open loop Schlaufe wie sie z. B. bei der Calhoun Linse (Abb. 87.30) oder Aurium Linse realisiert ist.

Daneben gibt es schier endlose Design-Varianten, von denen sich aber bis heute keine wirklich durchgesetzt hat. Haptiken können aus demselben Material wie die IOL hergestellt sein, als one-piece Design, oder als separate Schlaufen in der Linsenoptik verankert sein. Die Plattenhaptik wie bei der ersten faltbaren Intraokularlinse ist ebenfalls ein gern verwendetes Design (Abb. 87.5 und Abb. 87.7).

87.7 Optikrand

Da bei der unkomplizierten Kataraktoperation Linsenepithelzellen (LEC) in der germinativen Zone des Kapselsack-Äquators verbleiben, proliferieren diese in der postoperativen Phase und sind Ursache für die häufigste Spätkomplikation, dem regeneratorischen Nachstar.

Um diesen Nachstar, der bei Kindern und Jugendlichen besonders rasch auftritt, zu verhindern, wurden viele unterschiedliche Konzepte versucht. Die heute populärste Methode, das Auftreten des Nachstars zumindest zu verzögern, ist eine scharfe Kante des Optikrandes [9,13,14].

Diese Kante soll als unüberwindliche Barriere für die LEC dienen, um ein Migrieren dieser Zellen ins optische Zentrum zu vermeiden. Zahlreiche Publikationen bestätigen diese Annahme. Da diese scharfe optische Kante aber auch optische Nachteile mit sich bringt (Sehen von hellen Rändern oder Halbmonden bei Kunstlicht), wird das Design dieser Kante immer weiter verfeinert. Neueste Variante auf diesem Sektor ist die Tecnis 1 von AMO, die eine aufgeraute (frosted) Linsenkante aufweist.

Wünscht ein Patient keinen Nachstar oder handelt es sich um Kinder oder Jugendliche, dann ist die Nachstar freie postoperative Phase schon heute durch eine besondere Operationstechnik möglich [12,30]. Hierbei wird nach Eröffnen der vor-

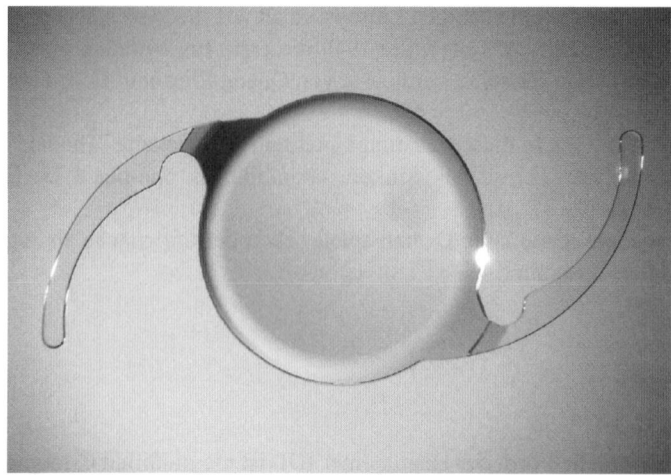

Abb. 87.28 Moderne faltbare einstückige hydrophobe aIOL mit scharfer Optikkante mit UV Filter: Tecnis 1 Optik und Haptik sind aus einem Material gefertigt das sich bei Raumtemperatur falten lässt. Dieses neue Kunstlinsendesign entspricht der Entwicklung der neuen Technologie Linsen (new technology IOL = NTIOL)

deren Linsenkapsel und Entfernung des Linsenproteins, die hintere Linsenkapsel perforiert und derart geöffnet, dass diese gleich groß ist wie die vordere Öffnung. Die hintere Kapsulorhexis verhindert in 99% der Fälle den regeneratorischen Nachstar [24].

87.8 IOL-Filter

Ultraviolettlichtfilter:

In der Zeit, als noch keine Filter in Kunstlinsen eingebaut werden konnten, klagten Patienten nach der Kataraktoperation abends nach hellen schneereichen Wintertagen oder nach sonnenreichen Tagen über ein intensives „rosa" Sehen, besonders bei weißem Hintergrund. Die Erythropsie ist älteren Augenärzten sehr geläufig, während heute dieses Problem kaum mehr auftritt. Ursache für die Erythropsie ist der fehlende UV-Filter unserer menschlichen Linse nach Kataraktoperation. Das trichromatische Sehen mit den Zapfen an der Netzhaut wird durch das Fehlen des UV-Filters derart gestört, dass die individuelle spektrale Empfindlichkeitskurve in Richtung rot verschoben wird. Heute gibt es nahezu keine Intraokularlinse mehr, ohne einen solchen UV-Filter. Die Wirksamkeit und Notwendigkeit ist wissenschaftlich unbestritten.

Blaulicht- und Violettlichtfilter:

Ganz anders verhält es sich mit den neuen Filtern: dem Blaulicht- und Violettlichtfilter. Diese Filter sollen vor allem das hochenergetische blaue und violette Licht soweit filtern, dass dieses kurzwellige Licht für ein Fortschreiten einer bestehenden Makuladegeneration nicht mehr verantwortlich gemacht werden kann. Die Makuladegeneration ist nach der Kataraktoperation in den Industrieländern die häufigste Ursache für fortgeschrittene Sehbehinderungen. Dennoch werden auch mögliche Nachteile dieser Filter kontrovers diskutiert:

Einmal verändern sie das natürliche Farbspektrum – das bei UV-Filtern nicht tangiert wird, und zum anderen soll bei Blaufilterlinsen die Melanopsin Expression verändert werden, was zu Schlafstörungen und Depressionen bzw. zur Veränderung des zirkadischen Zyklus führen soll. Das ist kurz gesagt der natürliche Biorhythmus. Panda et al. vermuten für Melanopsin unter Laborbedingungen und bei monochromatischem Licht das Wirkoptimum bei 480 Nanometer. Die Blaufilterlinsen bieten aber genau hier 25 Prozent mehr Transmission als die natürliche Linse eines Erwachsenen! Was also die Theorie der Gegner einer Blaufilterlinse schon entkräften würde. Blaufilterlinsen sind zu 70 bis 80 Prozent durchlässig für den blauen Lichtanteil (480 Nanometer), anders gesagt sie filtern eben nicht 100% des blauen Lichtanteils, sondern nur 20–30%! Von einer Beeinträchtigung des circadianen Rhythmus durch Blaufilterlinsen ist deshalb nicht auszugehen.

Abb. 87.29 Moderne faltbare einstückige asphärische Multifokallinse mit Blaufilter und scharfem Optikrand: Restor SN6AD3. Die Abstufung der verschiedenen Ringe nach dem Fresnelprinzip ist sowohl im Abstand zueinander alsauch in der Abtreppung von zentral nach peripher logarithmisch. Man nennt dies in der physikalischen Optik Apodisation. Eine ganz ähnliche Optik wird auch in dem Weltraummikroskop Hubble verwendet um unterschiedlich entfernte Galaxien gleichzeitig scharf zu stellen. Während der periphere Bereich dieser Linse die Ferne scharf stellt, brechen die zentralen Anteile der IOL das Licht derart, dass auch die Nähe gut erkannt werden kann. Mit Entwicklung dieser Optik wurde die Rehabilitation nach grauer Staroperation wesentlich verbessert

87.9 Zusammenfassung

Die Wahl, welche der verschiedenen Linsen mit welcher Optik und aus welchem Material und mit welchem Design implantiert werden soll, wird mit zunehmendem Angebot immer schwieriger. Es muss im Wesentlichen dem operierenden und beratenden Arzt überlassen werden, welche Optionen er für den einzelnen Patienten auswählt. Bei der Beratung der Auswahl der Linse müssen aber immer mehr die individuellen Sehbedürfnisse der Patienten berücksichtigt werden. Der Trend geht aber zunehmend zu den Linsen mit der neuen Technologie (NT-IOL).

Und schließlich sind noch die Kosten für die neuen Linsen zu berücksichtigen. In Deutschland bezahlen gesetzliche und private Kostenträger die sog. **Basislinse** – das ist eine sphärische oder asphärische Monofokallinse mit UV Filter und scharfem Optikrand. Die Kosten einer solchen Linse liegen im Jahr 2008 bei ca. 150–200 Euro.

Wählt der Patient eine der neuen Technologie Linsen auch Premium-Linse genannt, so kann er entsprechend sozialrechtlicher Vorgaben der einzelnen Bundesländer entweder aufzahlen oder die Linse vollständig selbst bezahlen. Die Kosten von Premiumlinsen liegen zwischen 600 und 2000 Euro. Dieses Vorgehen ist sicher richtig, da Kostenträger und Krankenkassen nicht mehr alle medizinischen Neuerungen erstatten können. Das Ergebnis der visuellen Rehabilitation mit einer Basis IOL ist an sich schon faszinierend. Umso faszinierender ist es aber, wenn Patienten mit der neuen Generation an Optiken lesen und gleichzeitig in die Ferne sehen können, auch wenn die Ausgangsposition diffizil ist; zum Beispiel bei Vorliegen eines zusätzlichen höheren Astigmatismus.

Und wie geht es weiter mit den Linsen?

In Entwicklung befindet sich eine Intraokularlinse, die postoperativ mittels UV-Licht eine individuelle Feinabstimmung erlaubt, wobei photosensitive Silikonmoleküle eingebettet in eine Silikonmatrix gezielt aktiviert werden [42]. Ziel ist neben der Korrektur sphärischer Abberationen vor allem Aberrationen höher Ordnung nach Katarakt- oder refraktiver Operation individuell zu korrigieren [17, 36]. Des Weiteren wird weiter intensiv an den sog. akkomodierbaren Linsen geforscht.

Derzeit steht die individuelle Feinabstimmung (customized oder maßgeschneiderte IOL) bei den asphärischen IOL's im Vordergrund. Es bleibt also spannend bei der Entwicklung.

87.9 Zusammenfassung

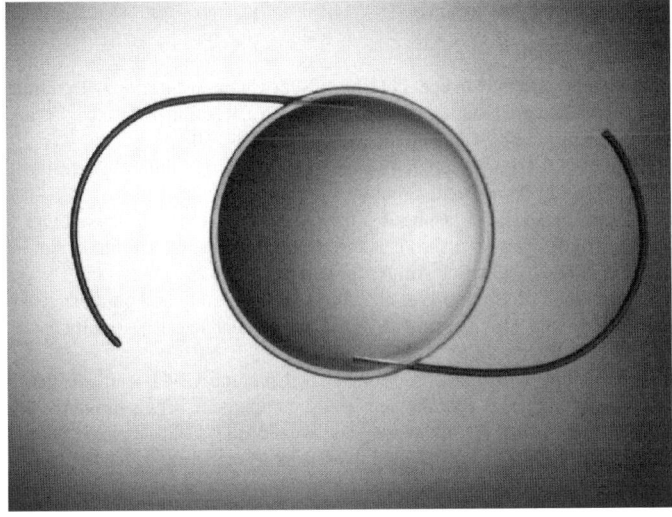

Abb. 87.30 Dreistückige Silikon-IOL- Calhoun Linse, die postoperativ individuell angepasst werden kann. Die postoperative Behandlung der Optik ist in Abb.20b schematisch dargestellt

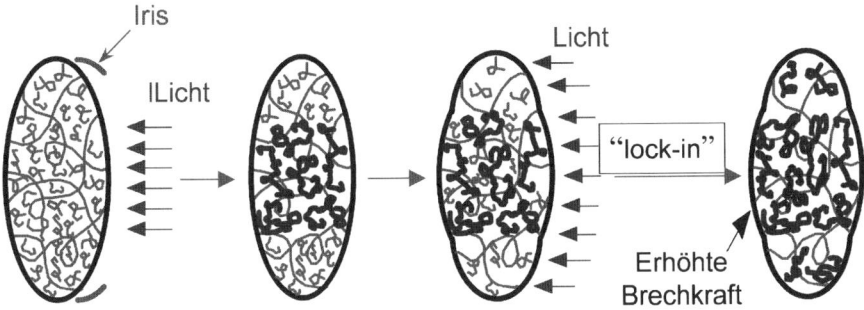

Abb. 87.31 Schematische Darstellung des Wirkprinzips: Freie flexible Silikonmoleküle in einer Silikonmatrix verändern durch gezieltes UV-Licht die zentrale Brechkraft. Bis zu zwei Dioptrien Sphäre und 1.5 Dioptrien Astigmatismus sind nachjustierbar. Ist die gewünschte Refraktion der Linse erreicht, werden sämtliche Silikonmoleküle geschlossen, das Behandlungsergebnis so gesichert

87.10 Literaturverzeichnis

1. Alio JL, Tavolato M, De la Hoz F, et al (2004). Near vision restoration with refractive lens exchange and pseudoaccommodating and multifocal refractive and diffractive intraocular lenses; comparative clinical study. J Cat Refract. Surg.: 30:2494–2503
2. Asadi,R, Kheirkhah,A (2008). Longterm Results of Scleral Fixation of Posterior Chamber Intraocular Lenses in Childern. Ophthalmology: 115:67–72
3. Atchison DA (1991). Design of aspheric intraocular lenses. Ophthal Physiol Opt 11: 137–146
4. Barbero S, Marcos S, Jiminez-Alfaro I (2003). Optical aberrations of intraocular lenses measured in vivo and in vitro. J Opt Soc Am A Opt Image Sci Vis 20: 1841–1851
5. Bellucci R, Scialdone A, Buratto L et al. (2005). Visual acuity and contrast sensivity comparison between Tecnis 1 and AcrySof SA60AT intraocular lenses: A multicenter randomizes study. J Cataract Refract Surg 31: 712–717
6. Bellucci R, Scialdone A, Buratto L, Morselli S, Chierego C, Criscuoli A, Moretti G, Piers P (2005). Visual acuity and contrast sensitivity comparison between Tecnis 1 and AcrySof SA60AT intraocular lenses: A multicenter randomized study. J Cat Refract. Surg.: 31:712–717
7. Bühren J, Kohnen T (2007). Anwendung der Wellenfrontanalyse in Klinik und Wissenschaft: Vom irregulären Astigmatismus zu Aberrationen höherer Ordnung – Teil I: Grundlagen. Ophthalmologe 104: 909–923
8. Bühren J, Kohnen T (2007). Anwendung der Wellenfrontanalyse in Klinik und Wissenschaft: Vom irregulären Astigmatismus zu Aberrationen höherer Ordnung – Teil II: Beispiele. Ophthalmologe 104: 991–1008
9. Born C.P., Ryan D.K. (1990). Effect of intraocular lens optic design on posterior capsular opacification. J. Cataract Refract. Surg. 16: 188–192
10. Schwartz DM (2003). Light-Adjustable Lens. Trans Am Ophthalmol Soc;101:411–430
11. Chiam PJT, Chan JH, Aggarwal RK et al(2006). ReSTOR intraocular lens implantation in cataract surgery: Quality of vision. J Cat Refract Surg; 32:1459–1463
12. De Groot V., Leysen I., Neuhann T., et al. (2006). One-year follow-up of the bag-in-the-lens intraocular lens implantation in 60 eyes. J. Cataract Refract. Surg. 32: 1632–1637
13. Duncan G., Wormstone I.M., Liu C.S., et al. (1997). Thapsigargin-coated intraocular lenses inhibit human lens cell growth. Nat. Med. 3: 1026–1028
14. Findl O, Buehl W, Bauer P, Sycha T (2007). Interventions for preventing posterior capsule opacification, Cochrane Database Syst Rev.18;(3):CD003738
15. Gaillard MC, Wolfensberger TJ (2004). Self-mutilation with crystalline lens dislocation in Gilles de la Tourette disease treated with retropupillary „iris claw" lens. Klein Monatsbl Augenheilkd. 221(5): 435–7
16. Gimbel HV, Sanders DR, Raanan MG (1991). Visual and refractive results of multifocal intraocular lenses. Ophthalmology; 98: 881–887.
17. Greenbaum S. Monovision Pseudophakia. J Cat Refract Surg (2002). 28:1439–1443.
18. Mayer S, Wirbelauer C, Böhm T et al. Kombinierte Implantation von Mono-und Multifokallinsen. Klin Monatsbl. 2007. 224: Suppl 2;14
19. Kasper T, Bühren J, Kohnen T (2006). Visual performance of aspherical and spherical intraocular lenses: Intraindividual comparison of visual acuity, contrast sensitivity, and higher-order aberrations. J Cataract Refract Surg 32: 2022–2029
20. Kohnen T, Allen D, Boureau C et al. European Multicenter Study of the AcrySof ReSTOR Apodized Diffractive Intraocular lens. Ophthalmology 2006.113:578–584.
21. Kohnen T, Klaproth O (2008). Asphärische Intraokularlinsen. Ophthalmologe 105: 234–240
22. Koller T, Iseli H, Hafezi F et al. (2006). Q-factor customized ablation profile for the correction of myopic astigmatism. J Cataract Refract Surg 32: 584–589
23. Menapace R., Findl O., Georgopoulos M., et al. (2000). The capsular tension ring: designs, applications, and technique. J. Cataract Refract. Surg. 26: 898–912

24. Menapace R (2006). Routine posterior optic buttonholing for eradication of posterior capsule opacification in adults: report of 500 consecutive cases. J. Cataract Refract. Surg. 32: 929–943,2006
25. Mennel S, Sekundo W, Schmidt J, Meyer C.H (2004). Retropupillare Fixation einer Irisklauenlinse(Artisan, Verisyse) bei Aphakie. Ist die sklerafixierte Intraokularlinse noch state of the art? Spektrum der Augenheilk Vol 18: 279–283.
26. Mohr, F. Hengerer, C. Eckardt (2002). Retropupillare Fixation der Irisklauenlinse bei Aphakie. Der Ophthalmologe, 99: 580–3.
27. Mrochen M, Büeler M (2008). Asphärische Optiken. Ophthalmologe 105: 224–233
28. Munoz G, Albarran-Diego C, Montes-Mico R et al. (2006). Spherical aberration and contrast sensivity after cataract surgery with the Tecnis Z9000 intraocular lens. J Cataract Refract Surg 32: 1320–1327
29. Neuhann IM, Kleinmann G, Apple DJ, Pandey SK, Neuhann TF (2005). Cocooning of an iris-fixated intraocular lens in a 3-year-old child after perforating injury: Clinicopathologic correlation. J Cat Refract. Surg.; 31: 1826–1828
30. Neuhann T (2004). The Rhexisfixated Lens:in Garg A, Fry L, Tabin G, Guitterrez- Carmona F, Pandey S. Textbook: Clinical practise in small incision cataract surgery. 281–289 Jaypee Brothers
31. Neuhann T (2005). Retropupillary IOL Implantation in Eyes with No Capsule Support. Session 3-Q: Cataract: Cataract and IOL Technology, Best Paper of Session (BPOS) Winners, ASCRS Washington
32. Nishi O., Nishi K., Akura J., Nagata T. (2001). Effect of round-edged acrylic intraocular lenses on preventing posterior capsule opacification. J. Cataract Refract. Surg. 27: 608–613
33. Nixon D, Apple D (2006). Evaluation of lens epithelial cell migration in vivo at the haptic-optic junction of a one-piece hydrophobic acrylic IOL. Am J Ophthalmol.
34. Packer M, Fine IH, Hoffman RS, Piers PA (2002). Prospective randomized trial of an anterior surface modified prolate intraocular lens. J Refract Surg 18: 692–696
35. Sterling S., Wood T.O. (1986). Effect of intraocular lens optic design on posterior capsular opacification. J. Cataract Refract. Surg. 12: 655–657
36. Shoji N, Shimizu K (2002). Binocular function in bilateral and unilateral implantation of the refractive multifocal intraocular lens. J Cat Refract Surg; 28: 1012–1017.
37. Tassignon M.J., De Groot V., Smets R.M.E., et al. (1996). Secondary closure of posterior continuous curvilinear capsulorhexis. J. Cataract Refract. Surg. 22: 1200–1205
38. Wang L, Dai E, Koch DD, Nathoo A (2003). Optical aberrations of the human anterior cornea. J Cataract Refract Surg 29: 1514–1521
39. Wang L, Koch DD (2007). Custom optimization of intraocular lens asphericity. J Cataract Refract Surg 33: 1713–1720
40. Werner L, OlsonRJ, Mamalis N (2006). New technology IOL optics. Ophthalmol Clin North Am16 19(4): 469–83
41. Werner L,Mamalis N, Romaniv N, Haymore J, Haugen B, Hunter b, Stevens S (2006). New photochromic foldable intraocular lens: Preliminary study of feasibility and biocompatibility. J Cat Refract. Surg; 32: 1214–1221.
42. Yamada K., Nagamoto T., Yozawa H., et al. (1995). Effect of intraocular lens design on posterior capsule opacification after continuous curvilinear capsulorhexis. J. Cataract Refract. Surg. 21: 697–700
43. Zetterström C, Lundvall A, Kugelberg M. Cataracts in children. J Cat Refract. Surg. 2005; 31: 824–840

88 Dentalwerkstoffe und Dentalimplantate – Teil 1

H. Lüthy, C. P. Marinello, W. Höland

88.1 Einleitung

Im vorliegenden Kapitel werden Dentalwerkstoffe erläutert (Tabelle 88.2), die in der Prothetik, in der konservierenden Zahnheilkunde, der Parodontologie, der Kieferchirurgie, der Kieferorthopädie und in der Kinderzahnmedizin eingesetzt werden [1]. Die Dentalwerkstoffe sind dem sehr agressiven Mundmilieu ausgesetzt. Es werden dabei folgende intraorale Einflüsse wirksam:

- Speichel: Wasser (99%), organische Bestandteile (z. B. Proteine), anorganische Bestandteile (z. B. Chlorid-Ionen), gelöste Gase (z. B. O_2), Induktion von Korrosion [2]
- Nahrung: variierende chemische Zusammensetzung, Variation des pH-Werts, Temperaturwechsel
- Medikamente (chemische Einflüsse)
- Karieshemmende Mittel: Fluoride
- Bakterien: Freisetzung von Säuren
- Mechanische Beanspruchungen: Kauen (Materialermüdung, -abrieb) Bürsten, Bruxismus usw. Höchste und geringste gemessene Kaudruckkräfte werden von 216 N bis 637 N angegeben [4, 5]. Unter Bruxismus versteht man den unbewussten Zahnkontakt mit Kaubewegungen, die zu einer Abrasion der Zähne führt [3].

Bei den Metallen finden beispielsweise folgende Normen Anwendung: EN ISO 1562: 1995 „Dental-Goldgusslegierungen", EN ISO 8891: 1995 „Dental-Gusslegierungen mit einem Edelmetallanteil von 25% bis unter 75%", EN ISO 9693: 1994 „Metall-Keramik-Systeme für zahnärztliche Restaurationen".

88.2 Keramische Dentalwerkstoffe

Bei den Keramiken für die Zahnheilkunde sind Werkstoffe mit biokompatiblen Eigenschaften gefordert. Diese Werkstoffe müssen die Normen, die an einen bio-

Rekonstruktionstypen	Werkstoffe		
	Metalle	Polymere	Keramische Werkstoffe
Kronen[a] und Brücken[b]	Au-Legierungen* Pd-Legierungen* CrNi-Legierungen CoCr-Legierungen Reintitan	–	Glas Porzellan Glaskeramik Aluminiumoxid
Teilprothesen[c]	CoCr-Legierungen Reinitan	–	–
Implantate	Reintitan	–	–
Künstliche Zähne	–	Acrylate	Porzellan
Füllungen[d]	Gold Au-Legierungen Amalgam (Hg-Ag-Cu) Ga-Legierungen	Dimethacrylat-Systeme	Porzellan Glaskeramik Aluminumoxid
Wurzelstifte[e]	Pt-Legierungen Rostfreie Stähle CoCrNi-Legierungen Reintitan Ti-Legierungen	–	Zirkonoxid

[a] Kronen: Bei künstlichen Kronen handelt es sich um festsitzenden Zahnersatz, der dazu dient, natürliche Zähne (bzw. durch präparative Massnahmen entsprechend vorbereitete Zahnstümpfe) zu überdecken [6].

[b] Brücken: Unter Brücken versteht man einen in der Regel festsitzenden Zahnersatz, durch den verlorengegangenen oder nicht angelegte Zähne ersetzt werden. Brücken werden an natürlichen Zähnen, den sog. Brückenpfeilern, fixiert, welche durch präparative Massnahmen für die Aufnahme der Brücke entsprechend vorbereitet sind [6].

[c] Teilprothese. Partielle, abnehmbare Prothese, die bei Teilbezahnung die zahnlosen Kieferkammareale bedeckt [3].

[d] Füllung. Künstlicher Ersatz der durch Karies, Kavitätengestaltung, Trauma u.a. verlorenengegangenen Zahnhartsubstanz [7].

[e] Wurzelstift. Genormter Stift zur Wurzelfüllung

* Auf dem dentalen Edelmetallsektor wurde gesamtschweizerisch im Jahre 1996 ca. 1500 kg umgesetzt. Nach Legierungsarten ergab dies folgende Verteilung: 65% hochgoldhaltige Legierungen, 29% goldreduzierte Legierungen, 6% Pd-Basis Legierungen.

Tabelle 88.1 Dentalwerkstoffe und ihre Anwendungen

kompatiblen Werkstoff hinsichtlich seiner Verträglichkeit im Mundmilieu gestellt werden, erfüllen. Eine Bioaktivität an der Oberfläche der Werkstoffe darf dabei nicht auftreten. Die Oberfläche der Keramiken sollten den Eigenschaften des natürlichen Zahnes, besonders hinsichtlich Ästhetik, Festigkeit und Abrasionsverhalten nahekommen. Gleichzeitig müssen die Keramiken eine besonders hohe chemische Beständigkeit besitzen sowie eine passgenaue und relativ einfache Herstellung der unterschiedlichsten individuellen Formen (Füllungen, Kronen, Brücken, usw.) ermöglichen.

88.2 Keramische Dentalwerkstoffe

Werkstoffgruppe	Sinterkeramik und anorganische Composite	Glaskeramik	Gläser
Werkstoffanwendung	Metallkeramiken Vollkeramik, durch Sintern erzeugt Composite aus Glas- und Sinterkeramik	Vollkeramiken	Korrekturmaterialien Glasuren tiefsinternde Gläser
Beispiele	IPS® Classic (Ivoclar AG, Schaan, FL) ZrO$_2$-Keramiken In-Ceram® Al$_2$O$_3$- glasinfiltriert (Vita Zahnfabrik, Bad Säckingen, D)	Dicor® (Dentsply, Corning, USA) IPS Empress® (Ivoclar AG, Schaan, FL)	IPS® Classic-Korrektur Glasuren zur Beschichtung Teilkomponenten von low fusing ceramics

Tabelle 88.2 Anorganische Dentalwerkstoffe

Aus diesen Anforderungen ergeben sich verschieden, chemische Stoffsysteme mit unterschiedlichen Hauptkristallphasen. Es wird zwischen Sinterkeramiken und deren Composite, Glaskeramiken und Gläsern unterschieden (Tabelle 88.2).

Die überwiegende Anwendung der Keramiken geschieht derzeit als Metallkeramik zur ästhetischen Verblendung von metallischen Suprastrukturen für Kronen und Brücken. Diese Keramiken, auch Dentalporzellane genannt, sind aus dem Stoffsystem SiO$_2$-Al$_2$O$_3$-K$_2$O abgeleitet und als Hauptkristallphase liegt Leucit, (KAlSi$_2$O$_6$), vor. Diese Kristallphase verleiht dem Werkstoff einen hohen Ausdehnungskoeffizienten (ca. $12\text{–}16 \times 10^{-6}$ K^{-1} bei 25–500 °C), so dass eine optimale Anpassung an das Metallgerüst möglich wird. Neben den Metallkeramiken setzen sich Vollkeramiken als restaurative Dentalwerkstoffe mehr und mehr durch. Diese Keramiken benötigen kein Metallgerüst als Unterlage. Die Glaskeramiken besitzen dabei einen ganz besonderen Stellenwert. Glaskeramiken enthalten mindestens eine Glasphase und mindestens eine Kristallphase und werden aus einem Ausgangsglas durch gesteuerte Kristallisation erzeugt. Diese aus beiden Phasen herrührenden Vorteile ermöglichen, dass Eigenschaften massgeschneidert verwirklicht werden können (Tabelle 88.3). Diese sind im Fall der Wirkung der Glasphase, z. B. ihre hohe Transluzenz und ihr viskoses Fliessverhalten. Die Kristallphasen in den Glaskeramiken verleihen ihnen besondere Festigkeiten oder neue Eigenschaften, die weder Gläser noch Keramiken besitzen.

Als Beispiele werden die DICOR®-Glaskeramik, die als Hauptkristallphase Glimmer besitzt [8] und die IPS Empress® Glaskeramik hervorgehoben. Die IPS Empress® Glaskeramik leitet sich aus dem Stoffsystem SiO$_2$-Al$_2$O$_3$-K$_2$O-Na$_2$O ab, wobei durch gesteuerte Kristallisation Leucit entsteht. Der Prozess der gesteuerten Kristallisation wurde von Höland et al. [9] beschrieben. Die Leucitkristalle verleihen der Glaskeramik besondere Eigenschaften, wie die zahnähnliche Abrasion, und optischen Eigenschaften sowie eine Biegebruchfestigkeit von mehr als 120 MPa

Eigenschaften	Vorteile
viskoses Fliessen	Processing im zahntechnischen Labor
optische Qualität Transluszenz Farbe Opaleszenz und Fluoreszenz	Ähnlichkeit mit dem natürlichen Zahn
chemische Beständigkeit	höhere Beständigkeit als natürlicher Zahn Oberflächenvergrösserung und Strukturierung durch Ätzen (Haftverbesserung = Retentionsverbesserung)
mechanische Eigenschaften Biegefestigkeit bis ca. 350 MPa Bruchzähigkeit bis ca. $K_{IC} = 4.0$ MPa m$^{0.5}$	Kombination verschiedener Eigenschaften in einem Werkstoff

Tabelle 88.3 Besondere Eigenschaften von Glaskeramiken

[10]. Durch das Aufbringen einer zusätzlichen Glasur kann die Biegebruchfestigkeit bis ca. 200 MPa gesteigert werden [10, 11]. Ein besonderer Vorteil der Empress Glaskeramik im Vergleich zu Sinterkeramiken ist ihre Verarbeitbarkeit, was für das zahntechnische Labor zur Herstellung von Dentalkronen, Füllungen und ästhetische Verblendschalen von Bedeutung ist.

88.3 Ausgewählte Implantate und Werkstoffanwendungen

88.3.1 Einleitung

Eines der Ziele innerhalb der Zahnmedizin ist es, fehlende Zähne zu ersetzen, indem künstliche Zahnwurzeln (*orale Implantate*) im Alveolarknochen befestigt werden. Wie bei anderen Implantaten (*orthopädische Implantate*) ist die vitale Verbindung zwischen Gewebe und Implantat von Bedeutung. Dafür müssen die biologischen Grundlagen gegeben sein und die Therapieschritte anderseits präzise durchgeführt werden. Man unterscheidet 4 Implantatsysteme, die sich bezüglich ihrer Art der Gewebsintegration unterscheiden: 1) subperiostale Implantate, 2) transmandibuläre Implantate, 3) enossale Implantate mit fibro-ossärer Integration und 4) enossale Implantate mit einer sogenannten „Osseointegration" bzw. „funktionellen Ankylose".

Subperiostale Implantate werden als Implantate der ersten Generation betrachtet [12]. Hierbei wurde ein Chrom-Kobalt-Molybdän-Gerüst unter das Periost (Knochenhaut) implantiert. *Transmandibuläre* Implantate werden ebenfalls unter das Periost implantiert, jedoch mittels Verankerung durch den Alveolarknochen hindurch [13]. Beide Implantatsysteme dienten der Befestigung von totalen Prothesen im zahnlosen Kiefer und erreichten nur selten eine Knochenintegration. *Enossale* Im-

88.3 Ausgewählte Implantate und Werkstoffanwendungen

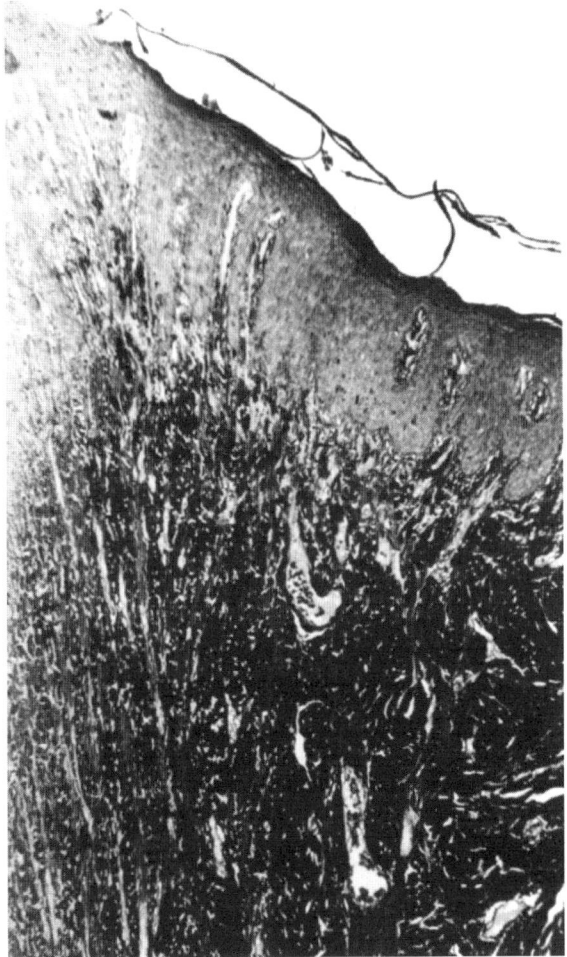

Abb. 88.1 Histologischer Schnitt (weisses Areal: entferntes Implantat), der das Saumepithel und die parallel zur Implantatoberfläche verlaufenden Kollagenfasern zeigt

plantate mit einer bindegewebig-knöchernen Integration sind Implantate der zweiten Generation. Sie können an die grosse Variabilität von Ober- und Unterkiefer angepasst werden und die Kaukräfte über eine grosse Krafteinleitungsfläche in den Knochen führen [36, 14]. Enossale Implantate mit einer dauerhaften Verbindung zum Knochen haben eine sog. Osseointegration zum Ziel [15, 16]. Diese beinhaltet eine direkte strukturelle und funktionelle Verbindung zwischen lebendem Knochengewebe und der Oberfläche eines belasteten Implantates. Osseointegrierte Implantate aus Titan sind Implantate der dritten Generation und sind im täglichen klinischen Einsatz [17–19]. Verschiedene Faktoren haben sich als bedeutend für den Erfolg des Implantates herausgestellt, wie im nachfolgenden Kapitel ausgeführt.

88.3.2 Faktoren für eine erfolgreiche Osseointegration

Implantatwerkstoff
Im Vordergrund stehen Metalle wegen der günstigen Kombination von mechanischen Eigenschaften wie Bruchdehnung, Zug- und Scherfestigkeit. Vorteilhaft wirkt sich zudem die schnelle Oxidschichtbildung aus. Reintitan zeigte im Vergleich zu Vitallium® und anderen Legierungen die besten Verträglichkeitsresultate [20]. Nachteilig kann jedoch die elektrochemische Metallfreisetzung im Mundmilieu sein. Ein Nachteil des Reintitans besteht im weiteren in der nur geringen Härte und einer geringen Scherfestigkeit der Passivschicht gegenüber dem Implantatkörper [21]. Für die Implantate der neusten Generation wird meist unlegiertes Titan des Grades 4 verwendet. Die chemische Zusammensetzung von unlegiertem Titan Grad 4 ist in nachfolgender Tabelle 88.4 dargestellt.

Implantatdesign (Strukturkompatibilität)
Zylindrische Schraubenimplantate werden heute in der Dentalchirurgie anderen Designs wie beispielsweise Blattimplantaten vorgezogen. Carlsson et al. [22] beobachteten bei Schraubenimplantaten einen engen Knochenkontakt ohne dazwischenliegendes Bindegewebe. Im Gegensatz dazu wurde die Bildung von Bindegewebe zwischen Implantat und Knochen gefunden, wenn zylindrische glatte Implantate verwendet wurden. Geschraubte Implantate zeigten zudem in Abhängigkeit von der Zahl der Schraubenwindungen einen höheren Widerstand gegenüber Scherkräften [23].

Oberflächenqualität
Verschiedene Autoren haben auf die Bedeutung der Oberflächeneigenschaften von Implantaten bezüglich ihres Verhaltens im Empfängergewebe hingewiesen [24]. Neben der Oberflächenrauhigkeit trägt die chemische Zusammensetzung, die Anwesenheit von Verunreinigungen an der Oberfläche, die Dicke und Struktur der Oxidschicht sowie die chemische Stabilität im Empfängermilieu entscheidend zum Grad der Biokompatibilität bei. Die chemischen Eigenschaften der Implantatoberfläche beeinflusst beispielsweise die Adsorption und Bindung von Proteinen an die Werkstoffoberfläche und somit die Integration des Implantates in das Empfängergewebe [25].

Klinische Parameter
Gesunder, nicht infizierter Knochen sowie eine standardisierte chirurgische Technik sind unabdingbar für den Implantaterfolg. Knochen ist temperaturempfindlich. Eine Temperatur von > 47 °C über länger als 1 Minute kann zu reduzierter Knochenre-

O	Fe	C	N	H	Ti
0,4% max.	0,5% max	0,1% max	0,05% max	0,015% max	Rest

Tabelle 88.4 Chemische Zusammensetzung (Gew.%) von unlegiertem Titan Grad 4 für orale Implantate [21]

88.3 Ausgewählte Implantate und Werkstoffanwendungen

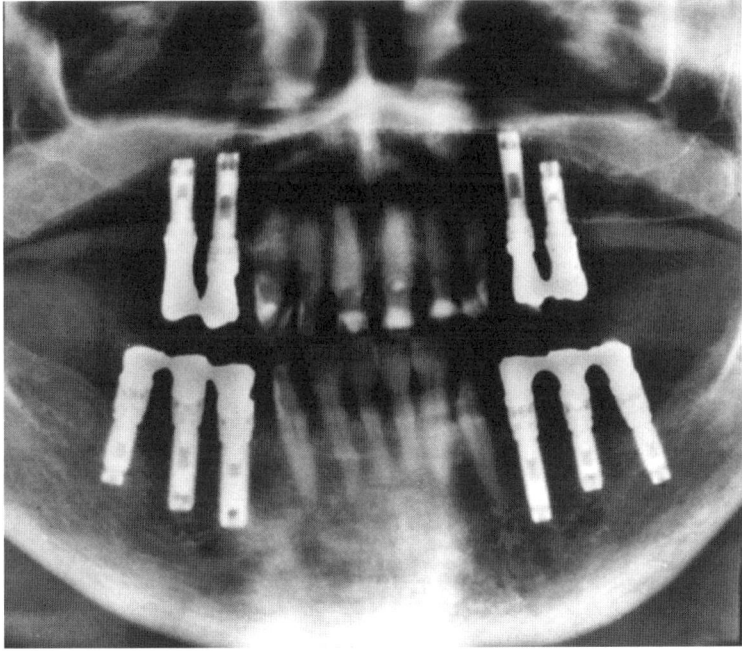

Abb. 88.2 Orthopantomogramm eines Patienten, der im Ober- und Unterkiefer (Freiendsituation) mit Implantaten nach Brånemark versorgt wurde. Status 5 Jahre nach Einheilung.

generation [26] und eine vorzeitige mechanische Belastung des Implantates kann zu einer bindegewebigen Einscheidung des Implantates führen. Um dies zu verhindern, wird eine minimale Heilungsperiode von 3–6 Monaten vor mechanischer Belastung empfohlen.

Verankerung von oralen Implantaten
Das Ziel für die erfolgreiche Verankerung von oralen Implantaten ist bei horizontaler und vertikaler Belastung gleichmässige, gut verteilte Kraftübertragungen zu erzielen, und so bei den verschiedenen Belastungsarten (Druck, Zug, Torsion) lokale Spannungsspitzen zu reduzieren [27, 28]. Dies kann beispielsweise durch unterschiedliche Oberflächenrauhigkeiten erreicht werden.

88.3.3 Erfolgs- und Misserfolgsfaktoren

Enossale Implantate der heutigen Generation zeigen im zahnlosen Kiefer eine Erfolgsrate von 90–95% nach 10 Jahren (Abb. 88.2). Erfolgsfaktoren sind 1) eine optimale Biokompatibilität, 2) gesunde Empfängerstrukturen und 3) eine psychosoziale Anpassungsfähigkeit des Patienten.

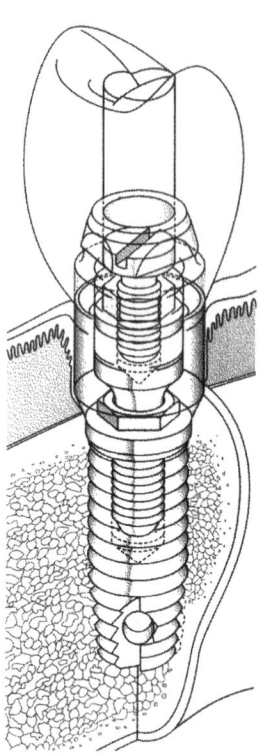 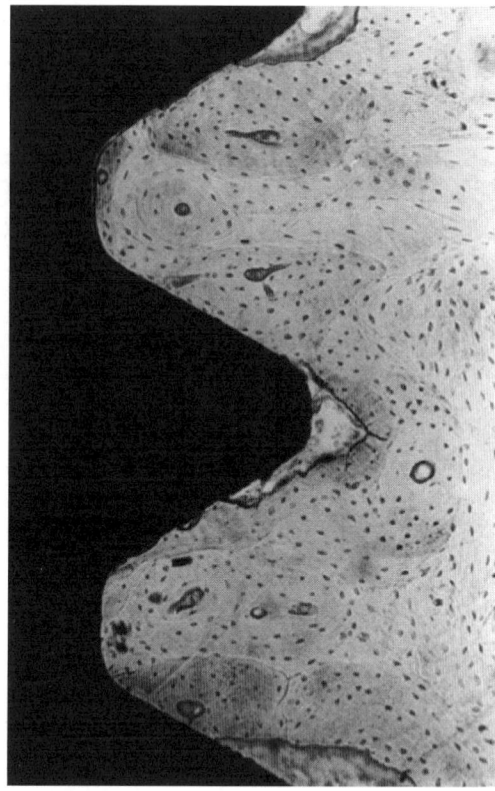

Abb. 88.3 *Links:* Brånemark Implantat mit aufgeschraubter Distanzhülse. Der komplexe Aufbau am Übergang zwischen Knochen und Weichteilen bzw. zum oralen Milieu wird sichtbar. *Rechts:* Schliff durch ein im Alveolarknochen osseointegriertes Brånemark Implantat mit engem Kontakt zwischen Knochen und Implantat

Trotz der hohen Erfolgsrate können Misserfolge auftreten, meist aufgrund von technischen und/oder biologischen Faktoren [18, 29]. Frühe und späte Misserfolge liegen begründet in: Implantatbeweglichkeit, Infektionen, Veränderungen der Knochenstruktur (Osteoporose), ungenügende chirurgische Technik und Wundheilungsstörungen. Zu berücksichtigen ist zudem, dass durch Implantation von Zylinder oder Schraubenimplantaten der ursprünglich vorhandene Zahnhalteapparat (Parodont mit Sharpey'schen Fasern, Kollagenfasern) entfernt wird und die ursprüngliche Abdichtungsfunktion des Zahnfleisches (Gingiva) nun am Implantat über die Schleimhaut (Mukosa) und nicht mehr am Zahn zu erfolgen hat [30–33]. Besonders zu beachten sind die Besiedelung der Implantatoberflächen mit Bakterien und die Plaquebildung [26, 32–35].

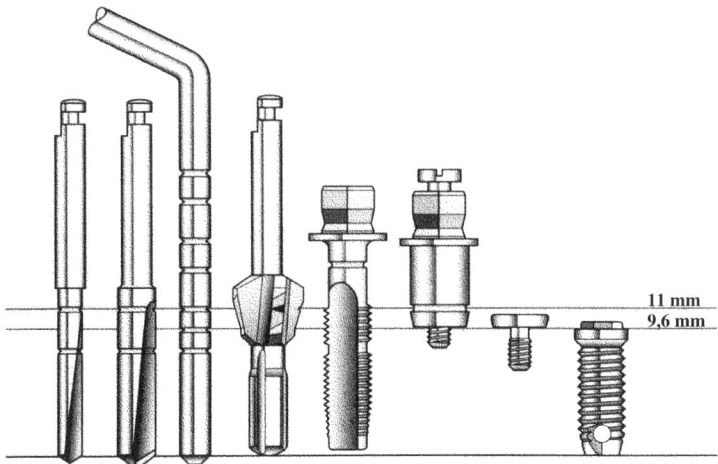

Abb. 88.4 Übersicht über das standardisierte Instrumentarium zur Aufbereitung des Implantatbettes

88.3.4 Klinisches Vorgehen an einem Beispiel (Brånemark)

Das klinische Vorgehen wird anhand des Brånemarksystems diskutiert (Abb. 88.3). Es handelt sich um ein zweizeitiges System, d.h. die chirurgische Behandlung erfolgt in zwei Sitzungen. In der ersten Sitzung werden Titanimplantate in den Kiefer eingesetzt.

Der zweite Operationstermin erfolgt drei bis sechs Monate nach dem ersten (unbelastete Einheilphase mit dem Ziel der Osseointegration). Bei dieser Sitzung werden die zylinderförmigen sog. Distanzhülsen (abutments) mit den Implantaten verbunden. Sie sind für den kontrollierten Durchtritt des Implantates durch das Weichgewebe verantwortlich. Ein bis zwei Wochen nach dem Anschluss der Pfeiler kann der Patient prothetisch versorgt werden.

88.4 Schlussfolgerungen und Zukunftsaussichten

Zahnverlust geschieht vornehmlich traumatisch, kariesbedingt oder aus Gründen der Erkrankung des Parodonts. Dentale Implantate können erheblich zu einer Wiederherstellung oder Verbesserung von Funktion und Ästhetik des Gebisses beitragen. Knochenabbau, der z. B. altersbedingt auftreten kann, kann mit oralen Implantaten verzögert werden. Besondere Aufmerksamkeit erfahren derzeit regenerative Knochenaufbaumethoden, z. B. mittels Membranbarrieren oder BMP's (bone morphogenic proteins). Damit kann in die biologischen Prozesse in unmittelbarer Implantatumgebung eingegriffen und besonders vorteilhafte Resultate erzielt werden.

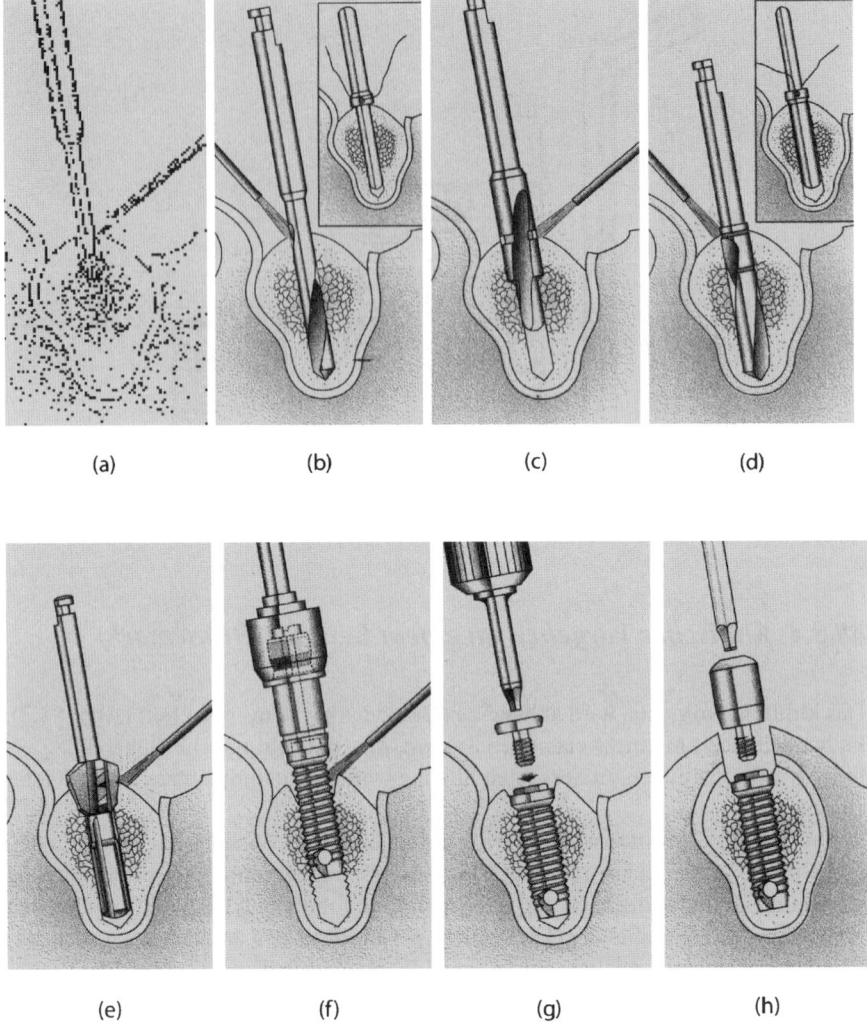

Abb. 88.5 *(a)* Der Vorbohrer eröffnet unter Kühlung die Kortikalis. *(b)* Der Spiralbohrer dient der ersten Implantatbettvorbereitung und bestimmt die Angulation des Implantates. Kontrolle mittels Richtungsindikator. *(c)* Mit dem Pilotbohrer wird das marginale Fixturenbett erweitert, um mit dem Spiralbohrer endgültig präpariert zu werden *(d)*. *(e)* Der Versenkbohrer bereitet die Auflage für den Implantatkopf vor. *(f)* Eindrehen des Implantates. *(g)* Verschliessen des Implantates mit einer Deckschraube. *(h)* Nach 3–6 Monaten Freilegen des Implantates, und Einsetzen einer Heilungsdistanzhülse, die die Verbindung des Implantates zur Mundhöhle herstellt

Verdankung: Die Abbildungen 88.1 und 88.3 stammen von Präparaten aus dem Departement for Periodontology (Prof. Dr. J. Lindhe), University of Göteborg.

88.5 Literatur

1. Anusavice K.J., Performance standards for dental materials, in Phillips' Science of Dental Materials, 10th Edition, W.B. Saunders Company, Philadelphia, 1996.
2. Lüthy H., Marinello C.P., Reclaru L., Schärer P., Corrosion considerations in the brazing repair of cobalt-based partial dentures, J Prosthet Dent, 75, 1996, p. 515–524.
3. Hoffman-Axthelm W., Lexikon der Zahnmedizin, 6 Edition, Quintessenz Verlag-GmbH, Berlin, 1995.
4. Sonnenburg M., Hethke K., Riede S., Voelker K., Zur Belastung der Zähne des menschlichen Kiefers, Zahn-, Mund- und Kiefer heilkunde, 66, 1978, p. 125–132.
5. Körber K.H., Ludwig K., Maximale Kaukraft als berechnungsfaktor zahntechnischer Konstruktionen, Dental Labor, 31, 1983, p. 55–60.
6. Strub J.R., Türp J.C., Witkowski S., Hürzeler M.B., Kern M., Curriculum Prothetik, Band II, Quintessenz Verlag-GmbH, Berlin, 1994.
7. Rehberg H.J., Taschenwörterbuch der Zahntechnik, Carl Hanser Verlag, München, 1980.
8. Beall G.H., Design and properties of glass-ceramics, Ann Rev Mater Sci, 22, 1992, p. 91–119.
9. Höland W., Frank M., Rheinberger V., Surface crystallization of leucite in glass, J Non-Cryst Sol, 180, 1995, p. 292–307.
10. Höland W., Frank M., Werkatoffwissenschaftliche Betrachtung zur Empress-Glasskeramik, IVOCLAR-VIVADENT Report 10, 1994.
11. Dong J.K., Lüthy H., Wohlwend A., Schärer P., Heat-pressed ceramics: technology and strength, Int J Prostodont, 1992, p. 9–16.
12. Yanase R.T., Bodine R.L., Tom J.F., White S.N., The mandibular subperiosteal implant denture: A prospective survival study, Journal of Prosthetic Dentistry, 71, 1994, p. 369–374.
13. Bosker H., Jordan R.D., Sindet-Pedersen S., Koole R., The transmandibular implant: a 13-year survey of its use, Journal of Oral and Maxillofacial Surgery, 49, 1991, p. 482–492.
14. Linkow L.J., Cherchève R., Theory and techniques of oral implantology, Mosby, St. Louis, 1970.
15. Schroeder A., Pohler O., Sutter F., Gewebereaktion auf ein Titan-Hohlzylinderimplantat mit Titan-Spritzoberfläche, Schweizerische Monatsschrift für Zahnmedizin, 86, 1976, p. 713–727.
16. Brånemark P.-I., Breine U., Adell R., Hansson B.O., Lindström J., Ohlsson A., Intraosseous anchorage of dental prostheses (I). Experimental studies, Scandinavian Journal of Plastic and Reconstructive Surgery, 3, 1969, p. 81–100.
17. Albrektsson T., Brånemark P.-I., Hansson H.A., Lindström J., Osseointegrated titanium implants. Requirements for ensuring a long-lasting direct bone anchorage in man, Acta Orthopaedica Scandinavica, 52, 1981, p. 155–170.
18. Adell R., Lekholm U., Rockler B., Brånemark P.-I., A 15-year study of osseointegrated implants in the treatment of the edentuluous jaw, International Journal of Oral Surgery, 10, 1981, p. 387–416.
19. Albrektsson T., Dahl E., Enbom L., Engevall S., Engquist B., Eriksson A.R., Feldmann G., Fryberg N., Glantz P.O., Kjellman O., Kristersson L., Kvint S., Köndell P.-Å., Palmquist J., Werndahl L.,Åstrand P., Osseointegrated oral implants. A Swedish multicenter study of 8139 consecutively inserted Nobelpharma implants, Journal of peridentology, 59, 1988, p. 287–296.
20. Johansson C., On tissue reactions to metal implants, University of Göteborg, 1991.
21. Steinemann S., Werkstoff Titan, in Orale Implantologie, Schroeder A. (ed.), Thieme, Stuttgart, 1994, p. 37–59.
22. Carlsson L., Röstlund T., Albrektsson T., Brånemark P.-I., Osseointegration of titanium implants, Acta Orthopaedica Scandinavica, 57, 1986, p. 285–289.
23. Predecki P., Auslander B.A., Stephan J.E., Mooney V.L., Stanitski C., Attachment of bone to threaded implants by ingrowth and mechanical interlocking, Journal of Biomedical Materials Research, 6, 1972, p. 401–412.

24. Kasemo B., Lausmaa J., Biomaterial and implant surfaces: On the role of cleanliness, contamination and preparation procedures, Journal of Biomedical Materials Research, 22, 1988, p. 145–158.
25. Williams R.L., Higgins S.J., Hammet A., Williams D.F., The characteristics of protein adsorption onto metallic biomaterials, in Clinical implant materials. Advances in Biomaterials, 9, Heimke G. (ed.), Elsevier Science Publishers B.V., Amstradam, 1990.
26. Ericsson I., Berglundh T., Marinello C.P., Liljenberg B., Lindhe J., Long-standing plaque and gingivitis at implants and teeth in the dog, Clinical Oral Implants Research, 3, 1992, p. 99–103.
27. Strid K.G., Radiographic results, in Tissue-integrated prostheses, Brånemark P.-I. (ed.), Quintessence, Chicago, 1985, p. 317–327.
28. Hoshaw S., Investigation of bone modelling and remodelling at a loaded bone-implant interface, Rensselaer Polytechnic Institute, 1992.
29. Tolman D.E., Laney W.R., Tissue-integrated prosthesis complications, International Journal of Oral and Maxillofacial Implants, 7, 1992, p. 477–484.
30. Albrektsson T., Zarb G., Worthington P., Eriksson A.R., The long-term efficacy of currently used dental implants: a review and proposed criteria of success, *International Journal of Oral and Medical Implants*, 1, 1986, p. 11-25.
31. Smith D.E., Zarb G.A., Criteria for success of osseointegrated endosseous implants, *Journal of Prosthetic Dentistry*, 62, 1989, p. 567-572.
32. Berglundh T., Lindhe J., Ericsson I., Marinello C.P., Liljenberg B., Thomsen P., The soft tissue barrier at implants and teeth, *Clinical Oral Implants Research*, 2, 1991, p. 81-90.
33. Marinello C.P., Resolution of experimentally induced periimplantitis, University of Göteborg, 1995.
34. Mombelli A., Buser D., Lang N.P., Colonization of osseointegrated titanium implants in edentulous patients. Early results, *Oral Microbiology and Immunology*, 3, 1988, p. 113-120.
35. Lindhe J., Berglundh T., Ericsson I., Liljenberg B., Marinello C., Experimental breakdown of peri-implant and periodontal tissues. A study in the beagle dog, *Clinical Oral Implants Research*, 3, 1992, p. 9-16.
36. Weiss R., Die Natur der Haftung an der Faser/ Matrix-Grenzfläche von kohlenstoffaserverstärkten Polymerverbundkörpern und deren Modifizierbarkeit zur Erzielung massgeschneiderter Verbundkörpereigenschaften, Universität, Karlsruhe, 1984.

89 Dentalwerkstoffe und Dentalimplantate – Teil 2

A. Faltermeier

89.1 Einleitung

Wie in allen Bereichen der Medizin findet auch in der Zahnmedizin eine kontinuierliche Weiterentwicklung der verwendeten Werkstoffe statt. Gerade für Zahnersatz werden Werkstoffe gesucht, die zum einen ästhetisch, zum anderen haltbar und darüber hinaus auch körperverträglich sind. Auch steigt immer mehr der Wunsch der Patienten nach ästhetischen und zugleich biokompatiblen Materialien. Wurde früher fast ausschließlich als Füllungsmaterial im Seitenzahngebiet quecksilberhaltiges Amalgam verwendet, hat der Zahnarzt heutzutage eine große Auswahl an verschiedenen zahnfarbenen Materialien: zum einen werden sog. Komposite verwendet, das aus einer Polymermatrix mit eingebetteten Füllstoffen besteht, zum anderen können diverse Dentalkeramiken verwendet werden. Besonders die Verwendung von Hochleistungskeramiken, wie beispielsweise Zirkonoxid, das sich bereits als Bremsscheiben für Sportwägen, Hitzeschilde im Space Shuttle und als Kugelköpfe künstlicher Hüftgelenke bewährt hat, spielt heutzutage eine große Rolle bei der Verdrängung des Metalls aus der Mundhöhle. War es früher nur möglich, einen verloren gegangen Zahn mittels einer Brücke, die ein Beschleifen der Nachbarzähne zur Folge hat, oder durch herausnehmbaren Zahnersatz zu ersetzen, ist es heutzutage mit der modernen Implantologie möglich, Zahnersatz zahnschonend einzugliedern. Auch kann mittels Dentalimplantaten dem Wunsch vieler Patienten nach festem Zahnersatz anstelle eines herausnehmbaren Zahnersatzes entsprochen werden. So kann mit Hilfe neuer biokompatiblen Werkstoffe sowohl der ästhetische Anspruch befriedigt als auch das Selbstwertgefühl vieler Patienten angehoben werden.

Moderne Dentalwerkstoffe, die in diesem Kapitel abgehandelt werden, umfassen die Bereiche: Implantate, Knochenersatzmaterialien, Abformmaterialien, dentale Polymere, zahnärztliche Zemente, Keramiken und CAD/CAM-Systeme.

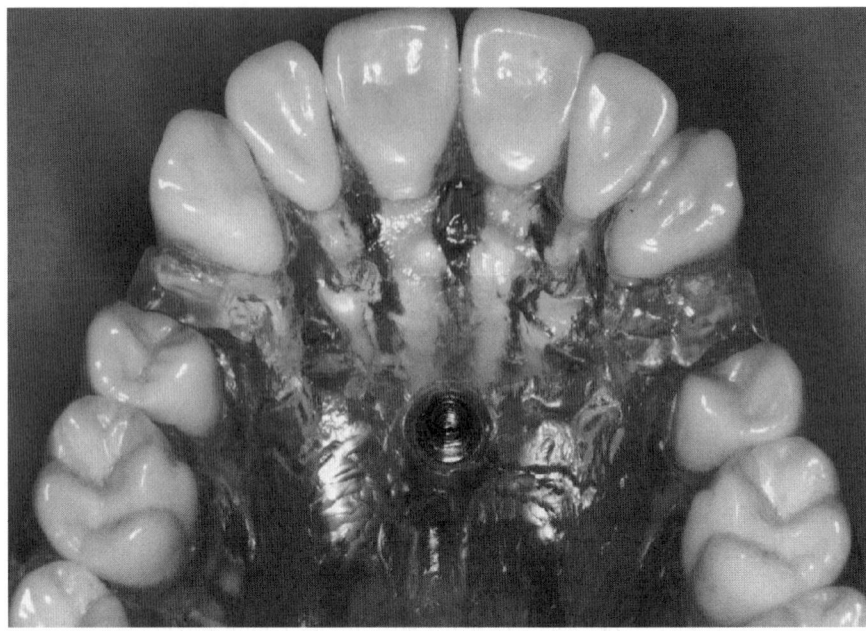

Abb. 89.1 Ein aus kieferorthopädischen Gründen inseriertes Gaumenimplantat (Fa. Straumann, Basel, Schweiz). Dies hat die Aufgabe durch eine Suprakonstruktion, die am Gaumen verläuft, Zähne entweder an einer Stelle zu halten oder Zähne aktiv zu bewegen. Gaumenimplantate werden nach Beendigung der kieferorthopädischen Behandlung wieder entfernt

89.2 Zahnärztliche Implantate

Neben dem Fräsen der Titan-Implantatoberfläche gibt es derzeit Möglichkeiten, die Titanoberfläche zu modifizieren und dadurch die Osseointegration zu fördern. Bei der Titan-Plasma-Beschichtung wird flüssiges Titan tropfenförmig mittels Lichtbogens auf die Titanoberfläche aufgebracht (z. B. IMZ®-Implantat). Auch sind weitere Oberflächenmodifikationen von Titanoberflächen mit Hilfe von chemisch-mechanischer Bearbeitung möglich. So sind sog. SLA-Oberflächen (Sand-blasted, Large grit, Acid-etched) bei ITI®-Implantaten verfügbar. Die Hersteller dieser Implantat-Systeme berichten von einer osteokonduktiven Wirkung der Oberfläche und dadurch bedingten verbesserten Osseointegration mit beschleunigter Einheilung des Implantats. [1, 2]

Zudem geht der Trend derzeit auf dem Implantat-Markt zu sog. bioaktiven Materialien, d. h. Materialien auf der Implantatoberfläche, die in den Knochenstoffwechsel miteinbezogen werden. Durch die Abgabe von Kalziumphosphationen kann es zu einer direkten Verbundosteogenese kommen. Als bioaktive Materialien bieten sich hierbei spezielle Glaskeramiken, Hydroxylapatitkeramiken und resorbierbare Trikalziumphosphatkeramiken an. Allerdings sind bei diesen Implantaten Probleme

89.2 Zahnärztliche Implantate

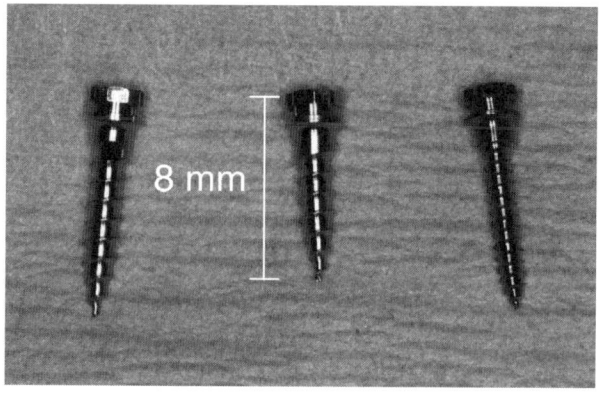

Abb. 89.2 Kieferorthopädische Minischrauben. Diese kleinen Implantate werden in den Kieferknochen eingebracht, um daran Zähne zu bewegen oder zu halten. Im Gegensatz zu den klassischen Implantaten findet hierbei keine Osseointegration statt und die Verweildauer im Mund ist deutlich reduziert

mit der Festigkeit und Bruchstabilität des Implantats zu nennen [1]. Vermehrt setzen Hersteller derzeit wieder auf Zirkonoxidkeramik als Implantatwerkstoff, die sich durch ihre Festigkeit und Biokompatibilität auszeichnet. Langzeitstudien zu diesem Material als Implantatwerkstoff sind allerdings noch nicht verfügbar.

Zudem ist es inzwischen mittels Scandaten der Computertomographie möglich, Implantate virtuell am Computer zu inserieren, und dann individuell gefertigte Bohrschablonen digital von einem Hersteller zu beziehen, die eine Platzierung der Implantate am Patienten, wie virtuell geplant, ermöglichen. Auch können mit Hilfe von CAD/CAM-Verfahren provisorische und sogar endgültige prothetische Versorgungen (Suprakonstruktionen) bereits im Voraus angefertigt werden. Mit diesen Verfahren ist es möglich, dem Patienten sofort nach der Implantation eine prothetische Versorgung einzusetzen. Jedoch wird diese Sofortbelastung von Implantaten als bedenklich angesehen. Klinische Langzeitergebnisse zu diesem Verfahren fehlen derzeit noch [1, 2, 3].

Heutzutage werden auch Implantate in der Zahnmedizin verwendet, die nicht das Ziel haben, einen verloren gegangenen Zahn zu ersetzen. So kann es aus kieferorthopädischen Gründen notwendig sein, ein spezielles Implantat am Gaumen zu setzen (Abb. 89.1). Dies hat die Aufgabe durch eine Suprakonstruktion, die am Gaumen verläuft, Zähne entweder an einer Stelle zu halten oder Zähne aktiv zu bewegen. Diese Gaumenimplantate werden nach Beendigung der kieferorthopädischen Behandlung wieder entfernt. Auch sind mittlerweile in der Kieferorthopädie sog. Minischrauben üblich, die in den Kiefer eingedreht werden, um daran Zähne zu bewegen oder zu halten (Abb. 89.2 und 89.3). Im Gegensatz zu den klassischen Implantaten findet hierbei keine Osseointegration statt und die Verweildauer im Mund ist deutlich reduziert [4].

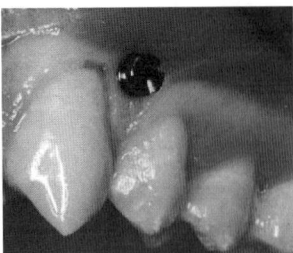

Abb. 89.3 Minischraube am Patienten inseriert. Die Länge dieser Schrauben variiert von 6 bis 10 mm

Die prothetische Suprakonstruktionen nach der Implantat-Versorgung
Eine gute Implantatversorgung zeichnet sich durch eine gewissenhafte und vorausschauende Planung aus. Es sind nicht nur Knochenquantität und Knochenqualität zu eruieren, um die geeignete Implantatgröße und Insertionsstelle zu wählen, vielmehr ist auch die geplante prothetische Suprakonstruktion festzulegen. Deshalb sollte vor der chirurgischen Durchführung unbedingt ein Planungsmodell erstellt werden und mit dem Zahntechniker besprochen werden, der nach Implantation die Herstellung des Zahnersatzes vornimmt. So ist am Modell eine gezielte Planung durchzuführen, um das Implantat so zu setzen, dass aus statischen und ästhetischen Gesichtspunkten ein optimales Ergebnis für den Patienten erzielt werden kann. Das klinische Vorgehen zur Herstellung der prothetischen Versorgung läuft bei fast allen Implantat-Systemen ähnlich ab: nach der Einheilung des Implantates, wird das Implantat wieder chirurgisch freigelegt und ein Abdruck mittels eines Abdruckpfostens, der auf dem Implantat angebracht wird, genommen. Als Abdruckmaterial wird meist Polyether- oder Silikonabformmasse verwendet. Nun kann der Zahntechniker anhand dieser Abformung ein Gipsmodell herstellen, an dem die Suprakonstruktion individuell angefertigt wird [1].

Neben der klassischen Versorgung eines Implantates mittels Einzelzahnkrone, können aber auch größere Konstruktionen, wie Brücken, bei ausreichender Implantatanzahl, hergestellt werden. Bei der prothetischen Versorgung von Implantaten ist darauf zu achten, die Implantate achsengerecht zu belasten und keine Überbelastungen jedes Einzelimplantates zu bewirken, da dies unweigerlich zu einem Verlust des Implantates führen würde. Auch zahnlosen Patienten kann mittels Implantaten geholfen werden. Bei einem zahnlosen Kiefer sind mindestens zwei Implantate so zu setzen, dass diese meist mittels eines Steges verbunden werden können. An diesem Steg kann ein Reiter, der in die Prothese des Patienten einpolymerisiert ist, einrasten und der Prothese wieder Halt geben [1, 5].

Oft tritt in der zahnärztlichen Implantologie das Problem auf, dass zu wenig Knochenmaterial im Kiefer vorhanden ist, um ein Implantat zu inserieren. Dadurch besteht die Gefahr, dass das Implantat nicht vollständig von Knochen umgeben ist oder Nachbarstrukturen wie Nerven, Blutgefäße oder die Kieferhöhle verletzt werden. Um dieses Risiko zu reduzieren, gibt es verschiedene chirurgische Verfahren. So kann durch Augmentation körpereigener Knochen aufgelagert werden. Zudem kann mit Hilfe von Bone-Splitting der Alveolarfortsatz längs gespalten werden, um ihn entsprechend zu verbreitern. Eine weitere Möglichkeit, im Unterkieferseitenzahngebiet ausreichend Platz für die Insertion eines Implantates zu erhalten, besteht darin, das Nerv-Gefäßbündel, das im Unterkieferknochen verläuft, zu verlagern. Man spricht dann von einer Nervtransposition.

89.3 Knochentransplantate und Knochenersatzmaterialien

Bei den Knochentransplantaten unterscheidet man zwischen autogenem (autologem) Material (vom selben Individuum), allogenem Material (von einem Individuum der gleichen Spezies) und xenogenem Material (von einer anderen Spezies) [2].

Autologer Knochenersatz in der Zahnmedizin
Autologer Knochen ist nach wie vor der Goldstandard der Knochenaufbaumaterialien. Autogener Knochen ist hochgradig osteogen und kann an extraoralen und intraoralen Orten gewonnen werden. Zu den extraoralen Spenderregionen zählen der Beckenkamm und das Tibiaplateau. Intraoral kommt als Spenderregion die Symphyse des Unterkiefers, Exostosen und der aufsteigende Ast des Unterkiefers in Frage. Mit Hilfe von Knochenschabern und Knochenfiltern im Absaugtrakt kann hierbei Knochen gewonnen werden. Als Vorteil ist die große osteogene Wirkung von autologem Knochen zu nennen. Nachteilig ist die Eröffnung eines zweiten Operationsgebietes anzusehen. Oftmals ergibt sich außerdem die Schwierigkeit ausreichend Knochenmaterial, vor allem bei der intraoralen Methode, zu gewinnen. [6]

Allotransplantate
Knochenallotransplantate werden von verstorbenen oder lebenden Spendern gewonnen. Die am häufigsten eingesetzten Formen von Allotransplantaten sind gefrorener gefriergetrockneter (lyophilisierter), demineralisierter gefriergetrockneter und bestrahlter Knochen. Allotransplantate können im Empfängerorganismus eine Immunantwort (Abstoßungsreaktion), wie bei allen Transplantationen, auslösen. Jedoch reduziert Einfrieren und Gefriertrocknen erheblich deren Antigenität. Allotransplantate sind nicht osteogen. Das Risiko einer potentiellen Ansteckung durch ein Allotransplantat ist äußerst gering. [2]

Xenogenes Knochenersatzmaterial
Als Beispiel für ein xenogenes Knochenersatzmaterial, das Anwendung in der Zahnmedizin findet sei Bio-Oss® (Geistlich Pharma AG, Wolhusen, Schweiz) genannt. Bei Bio-Oss® handelt es sich um anorganischen Rinderknochen, der chemisch behandelt wurde, um dessen organische Bestandteile zu entfernen. Bio-Oss® ist osteokonduktiv und wird mit Hilfe eines Remodellierungsprozesses in den umgebenden Knochen eingebaut. [6]

Alloplastische Knochersatzmaterialien
Als alloplastisches Knochenerstatzmaterial bietet sich Hydroxylapatit besonders an, da es den natürlichen Anteil des anorganischen Knochens darstellt. Hydroxylapatit

ist sehr biokompatibel und verbindet sich leicht mit Hartgewebsstrukturen. Je höher die Porosität des Materials, desto besser ist dessen Gerüstfunktion für den einwachsenden Knochen.

Trikalziumphosphat hat ähnliche Eigenschaften wie Hydroxylapatit, jedoch ist es kein natürlicher Bestandteil des Knochens. In-situ wird Trikalziumphosphat teilweise in kristallinen Hydroxylapatit umgewandelt. Wie Hydroxylapatit ist Trikalziumphosphat osteokonduktiv. Neben Kalziumkarbonaten und Kalziumsulfaten sind als alloplastische Knochenersatzmaterialien auch bioaktive Glaskeramiken verfügbar. Die bioaktive Glaskeramik interagiert sehr schnell mit den vorhandenen Wirtszellen und hat die Fähigkeit sich an das Kollagen des Bindegewebes anzubinden [2, 6].

Die Entscheidung, autologen Knochen, Allotansplantate oder alloplastische Materialien allein oder in Kombination zu verwenden, sollte vom osteogenen Potential des Empfängerlagers und vom Allgemeinzustand des Empfängers abhängig gemacht werden. Bei großen Knochendefekten und schlechtem Allgemeinzustand des Patienten sollte tendenziell autogener Knochen verwendet werden, da dieser osteoinduktiv wirkt [6].

Barrieremembranen
Ziel der Barrieremembranen ist, während der Ausheilung eines Knochendefektes eine selektive Repopulation des Defektes mit Zellen vorzunehmen (gesteuerte Geweberegeneration). Die Membranen werden zwischen Knochendefekt und Gingivalappen eingebracht, um zu verhindern, dass die schnell-proliferierenden Zellen des Gingivaepithels und des Bindegewebes den Knochendefekt besiedeln. So wird den Progenitorzellen durch Einbringen der Membran die Möglichkeit eröffnet, den Knochendefekt wieder mit ursprünglichen Gewebe aufzufüllen. Bei den verwendeten Membranen unterscheidet man nicht-resorbierbare von resorbierbaren Membranen. Zu den nicht-resorbierbaren Membranen zählen Zellulosefilter und expandiertes Polytetrafluorethylen (e-PTFE). Als resorbierbare Membranen werden neben Kollagenmembranen Polylaktid und Polyglykolid-Membranen auch gefriergetrocknete Dura mater verwendet [6, 7].

89.4 Abformwerkstoffe

Ziel der Abformung ist es, möglichst detailgenau die orale Situation wiederzugeben, so dass im zahntechnischen Labor ein Modell, zumeist aus Gips, hergestellt werden kann, an dem beispielsweise Zahnersatz gefertigt wird. Daher versteht es sich von selbst, dass Abformmaterialien möglichst detailgenau die klinische Situation abzeichnen und dimensionsstabil bis zur Modellherstellung sein müssen. Außerdem wird von Abformmaterialien eine einfache Handhabung bei adäquaten Fließeigenschaften und ausreichender Abbindezeit erwartet. Desweiteren müssen Abformmaterialien biokompatibel, desinfizierbar und lagerfähig sein. Nur eine gewisse Anzahl von Materialien erfüllt all diese Anforderungen; nur die wichtigsten werden nachfolgend beschrieben [8].

Alginate

Alginate stellen in der Zahmedizin eines der meist verwendeten Abformmaterialien dar. Da die Abformgenauigkeit nicht so groß ist wie bei anderen Abformmaterialien (z. B. Polyether, Silikone), werden Alginate hauptsächlich für Situationsabformungen von Kiefern verwendet, jedoch nicht für Präzisionsabformungen, wie sie beispielsweise bei der Anfertigung einer Krone benötigt werden.

Das Alginat-Pulver besteht neben weiteren Bestandteilen aus Natrium- oder Kalium-Alginatsalz, Kalziumsulfat, Natriumphosphat und Diatomeenerde. Nach dem Anmischen mit Wasser entsteht eine plastische Masse, die nach kurzer Zeit irreversibel in ein Gel überführt wird. Während des Abbindens reagiert das Natriumalginat mit den Kalziumionen, so dass letztlich Kalziumalginat ausgefällt wird. Nach der Aushärtung sind Alginate sehr empfindlich gegenüber äußeren Bedingungen. So schrumpft Alginat bei Aufbewahrung an der Luft, da Wasser aus der abgebundenen Alginatabformung entweichen kann. Bei Aufbewahrung im Wasser nimmt das Gel zusätzlich Wasser auf und expandiert. Geringste Dimensionsveränderungen ergeben sich bei Aufbewahrung in feuchter Luft bei 100% relativer Luftfeuchtigkeit. Unter diesen Bedingungen lassen sich Alginate etwa 1 Stunde ohne klinisch relevante Dimensionsveränderungen aufbewahren [8, 9].

Polyether

Diese Abformmassen sind Paste-Paste-Systeme, bei denen die Basis-Paste aus einem Polyether mit endständigen Ethylen-Imin-Gruppen besteht. Dazu kommen Weichmacher und Füllstoffe. In der Reaktorpaste sind neben weiteren Bestandteilen aromatische Sulfonsäureester zu finden. Bei der Abbindereaktion findet eine Ringöffnung der Ethylen-Imin-Gruppen statt, die eine Polyaddition zur Folge hat. So entsteht ein kreuzvernetzter steifelastischer Gummi. Die Verarbeitungszeit dieses Abformmaterials ist kurz und die Detailwiedergabe sehr gut. Als nachteilig ist die hohe Steifigkeit des Materials zu nennen, die hohe Abzugskräfte im Patientenmund erfordern [8, 9].

Silikone

Man unterscheidet zwei Typen von Abform-Silikonen (Abb. 89.4): K-Silikone und A-Silikone. Unter K-Silikonen versteht man kondensationsvernetzende Silikone. Die Basis-Paste besteht aus Dimethylsiloxan mit reaktiven OH-Gruppen. Der Katalysator enthält Zinnoctoat und als Vernetzer ein mehrfunktionelles Alkoxysilan. Bei der Abbindereaktion findet, wie der Name bereits verrät, eine Kondensationsreaktion statt, wobei als Nebenprodukt Ethylalkohol entsteht. Die kontinuierliche Verdunstung des Alkohols führt zu einer Schrumpfung der ausgehärteten Abformmasse. So ist eine Detailgenauigkeit der Abformung über einen längeren Zeitraum nicht gewährleistet. Diese Problematik führte zur Entwicklung von A-Silikonen.

Bei A-Silikonen besteht die Basispaste neben weiteren Bestandteilen aus Polysiloxanen mit endständigen Vinylgruppen. Organohydrogensiloxane, sowie Füll- und Farbstoffe sind in der Katalysator-Paste zu finden. Bei der Abbindereaktion findet eine Additionsreaktion zwischen den Wasserstoff- und Vinyl-Gruppen statt, wobei keine Nebenprodukte entstehen. So weisen A-Silikone neben sehr guter Detailwiedergabe eine hervorragende Dimensionsstabilität auf [8, 9].

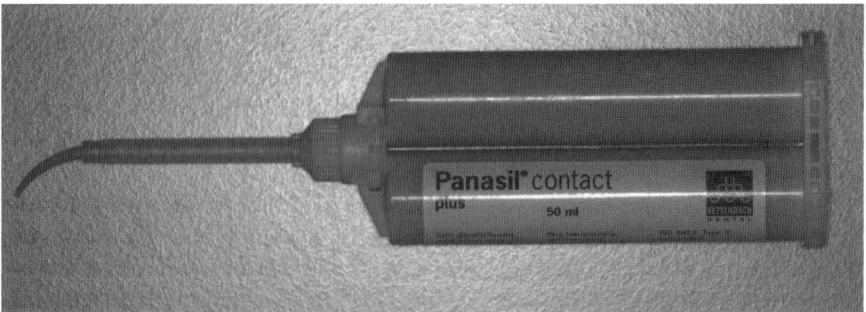

Abb. 89.4 Silikonabformmaterial in Kartusche (Fa. Kettenbach, Eschenburg, Deutschland). Man unterscheidet zwei Typen von Abform-Silikonen: K-Silikone (kondensationsvernetzend) und A-Silikone (additionsvernetzend). A-Silikone weisen neben sehr guter Detailwiedergabe eine hervorragende Dimensionsstabilität auf

89.5 Polymere in der Zahnmedizin

89.5.1 Prothesenbasismaterialien

Die endgültige Durchsetzung von Prothesenkunststoffen zur Herstellung von Prothesenbasen (Abb. 89.5) erfolgte in den 30er Jahren des vergangenen Jahrhunderts und löste Naturstoffe wie Knochen oder Ebenholz ab. Vorübergehend eingesetzte Polymere basierten auf Phenolharzen, die unter dem Namen Bakelite ab 1908 eingeführt wurden. Nachteilig zu bewerten war allerdings die hohe Sprödigkeit und die verhältnismäßig hohe Abgabe von Formaldehyd und Phenol. Ein weiteres Polymer-System stellte Celluloid (Cellulosenitrat) dar, welches als Hekolith bereits 1923 erhältlich war [10]. Als nachteilig erwiesen sich allerdings die starke Wasseraufnahme, Quellung, starke Formveränderungen und unangenehmer Geschmack, bedingt durch den herauslösenden Kampfer. Auch später eingeführte Epoxydharze konnten sich sowohl aufgrund unsicherer biologischer Bewertung, als auch aufgrund mechanischer Unzulänglichkeiten nicht durchsetzen. 1936 wurden auch Polyvinylchloride (PVC) in der Zahnmedizin zur Anwendung gebracht. Probleme stellten jedoch ein sehr enges Temperaturintervall bei der Verarbeitung und nicht zufrieden stellende mechanische Eigenschaften dar. PVC und Polyvinylacetate sind dennoch in Mischpolymerisaten (z. B. Luxene®) zu finden, die mittels Schmelz-Pressen-Verfahren verarbeitet werden. Auch werden zum Teil Polyacetale als Prothesenkunststoffe verwendet [10]. Polyacetale sind hochkristalline Thermoplaste mit einem Kristallisationsgrad von bis zu 77%, die sich durch hohe Festigkeit, Zähigkeit und Formbeständigkeit und eine geringe Wasseraufnahme auszeichnen. Jedoch kann bei thermischer Belastung Formaldehyd von diesem Polymer abgespalten werden, was die Biokompatibilität der Polyacetale in Frage stellt. Der Vorteil von den in der Zahnmedizin verwendeten Polyamiden liegt zwar in der beinahen Unzerbrechlichkeit, jedoch überwiegen hierbei die Nachteile wie hohe Wasseraufnahme, Quellung und Entfärbung. Außer-

89.5 Polymere in der Zahnmedizin

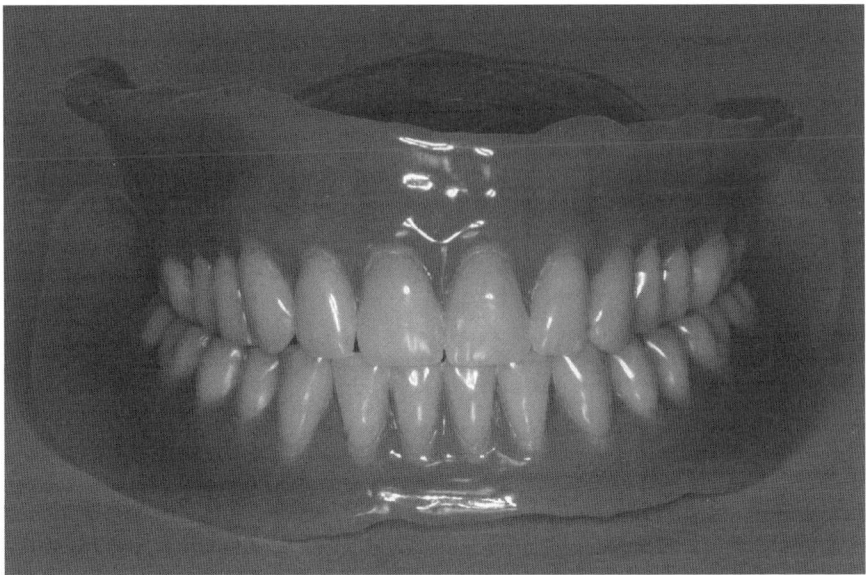

Abb. 89.5 Totalprothese bestehend aus Polymethylmethacrylat (PMMA). Um Prothesenbasen aus PMMA mit akzeptablen mechanischen und biologischen Eigenschaften zu erhalten, werden meist Pulver/Flüssigkeits-Systeme verwendet. Das Pulver enthält etwa 99 Vol% Polymethylmethacrylat-Perlpolymer. Die Flüssigkeit beinhaltet zu etwa 90 Vol% Methylmethacrylat und 8 Vol% Vernetzer, wie beispielsweise Butandioldimethacrylat. Zudem kommen in der Flüssigkeit etwa 2 Vol% Additive (z. B. Stabilisatoren, UV-Stabilisatoren) vor

dem kann der geringe Elastizitätsmodul dieses Polymers zu einer Überbeanspruchung und somit zu einer Schädigung des Prothesenlagers führen [9]. Polycarbonate aus der Gruppe der Polyester weisen eine Reihe von Vorteilen auf: eine porenfreie Struktur, gute Biokompatibilität sowie geringe Wasseraufnahme. Auch konnten anfänglich zufrieden stellende mechanische Eigenschaften nachgewiesen werden. Jedoch waren diese über längere Gebrauchsperioden nicht beständig. Zudem war die hierbei verwendete Spritzgießtechnik sehr aufwendig und diffizil. Den Durchbruch erbrachte allerdings ein anderes Polymer. Das entscheidende Patent wurde 1930 verliehen: die zahnmedizinische Anwendung von Polymethylmethacrylat (Abb. 89.6). 1936 wurde das Patent für das Nasspressverfahren an die Firma Kulzer vergeben. Zu diesem Heißpressverfahren kamen später kaltpolymerisierbare, lichtpolymerisierbare und auch mikrowellenpolymerisierbare Prothesenkunststoffe hinzu [8, 9, 10].

Zusammensetzung und Eigenschaften der PMMA-Systeme in der Zahnmedizin

Pulver/Flüssigkeits-Systeme
Um Prothesenbasen aus PMMA mit akzeptablen mechanischen und biologischen Eigenschaften zu erhalten, werden meist Pulver/Flüssigkeits-Systeme verwendet. Das Pulver enthält etwa 99 Vol% Polymethylmethacrylat-Perlpolymer, mit einer mittle-

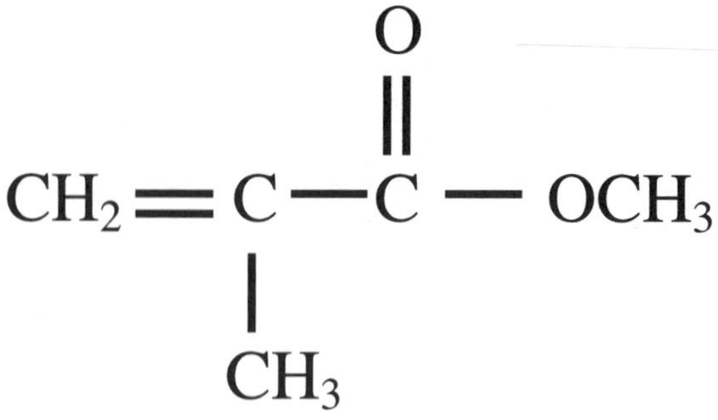

$$CH_2 = \underset{\underset{CH_3}{|}}{C} - \overset{\overset{O}{\|}}{C} - OCH_3$$

Abb. 89.6 Methylmethacrylat (MMA). Dieses Monomer wird häufig in der Zahnmedizin bei Kunststoffwerkstoffen (z. B. Totalprothesen) verwendet

ren Partikelgröße von ca. 30 μm, um unter anderem die Polymerisationsschrumpfung zu verringern. Dieses Monomer ist meist mit anderen Monomeren copolymerisiert und enthält außerdem Pigmente. Die Flüssigkeit beinhaltet zu etwa 90 Vol% Methylmethacrylat und 8 Vol% Vernetzer, wie beispielsweise Butandioldimethacrylat. Zudem kommen in der Flüssigkeit etwa 2 Vol% Additive (z. B. Stabilisatoren, UV-Stabilisatoren) vor [8, 9, 10].

Bei Pulver/Flüssigkeits-Systemen handelt es sich um zwei Komponenten-Werkstoffe, die heiß-, kalt-, und mikrowellengehärtet werden können. Heißpolymerisate enthalten im Pulver ca. 1 Vol% Dibenzoylperoxid als Initiator, das bei Temperaturerhöhung in Radikale zerfällt. In der Flüssigkeit ist in der Regel kein weiterer Initiatorbestandteil beinhaltet. Bei den kalthärtenden Materialien sind in älteren Produkten in der Flüssigkeit ca. 2 Vol% N,N-Dimethyl-p-toluidin und im Pulver ca. 1 Vol% Dibenzoylperoxid enthalten, was die Farbstabilität herabsetzt. In den neueren Produkten sind anstelle des Dibenzoylperoxides im Pulver etwa 2–3 Vol% Barbitursäure-Verbindungen enthalten. Die Flüssigkeit dieser Produkte beinhaltet als Initiator-Bestandteile in geringen Mengen Kupferionen. Bei mikrowellenhärtenden Produkten sind im Pulver entweder Dibenzoylperoxid oder auch Barbitursäure-Verbindungen zu finden, wobei die Flüssigkeit meist frei von Initiatorbestandteilen ist [9, 10].

Lichthärtende Materialien
Lichthärtende Prothesenkunststoffe enthalten meist kein Methylmethacrylat, sondern hochmolekulare Dimethacrylate als monomere Bestandteile. Zudem sind neben Füllstoffen (Splitterpolymere oder hochdisperses Siliziumdioxid) auch Pigmente und weitere Additive zugesetzt. Kampferchinon dient als Initiator in einer Menge von ca. 1 Vol%. Zum Teil sind auch andere Photoinitiatoren beigemischt. [9, 10]

Thermoplastische Materialien
Im Spritzgießprozess werden vor allem thermoplastische Polymethylmethacrylate bzw. deren Copolymere als Polymergranulate verwendet. Da aber diese Polymere

Heißhärtung	• Stopf- und Presstechnik • Injektionstechnik
Kalthärtung	• Stopf- und Presstechnik • Injektionstechnik • Gießtechnik
Mikrowellenhärtung	• Stopf- und Presstechnik
Spritzguß	• Injektion
Schmelz/Pressen	• Kombination aus Pressen und Injektion

Tabelle 89.1 Polymerisationverfahren von Totalprothesen [9, 10]

keine Monomer-Matrix mehr enthalten, sind diese nicht in der Lage, einen Verbund zu Kunststoffzähnen herzustellen [9, 10].

Polymerisationsverfahren
Hierbei unterscheidet man prinzipiell die chemoplastischen von den thermoplastischen Polymerisationsverfahren. Bei der chemoplastischen Verarbeitung gibt es folgende Polymerisationstechniken [9, 10]:

- Stopf-Press-Technik
- Hydropneumatische Überdruckpolymerisation
- Injektionstechnik und Nachpressverfahren
- Lichtpolymerisation
- Mikrowellenpolymerisation

Bei den thermoplastischen Polymerisationstechniken sind folgende Verfahren in Anwendung [9, 10]:

- Spritzgießprozess
- Schmelzpressen

Eine Übersicht über die verschiedenen Polymerisationsverfahren bietet Tab. 89.1.

89.5.2 Füllungswerkstoffe (Komposite)

In der Zahnmedizin versteht man unter Kompositen zumeist zahnfarbene plastische Materialien, die nach Einbringen in die Kavität (Abb. 89.7) oder auf ein Metallgerüst durch ein Redox-System aushärten. Die drei Hauptbestandteile sind folgende [7, 10]:

1. Organische Matrix: deren Inhalt sind Monomere, meist mehrfunktionelle Methacrylate wie Bis-GMA, TEGDMA oder UEDMA und Initiatoren, Stabilisatoren, Farbstoffe, Pigmente und andere Additiva

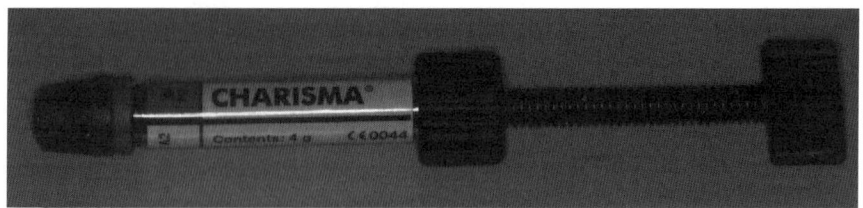

Abb. 89.7 Füllungskomposit Charisma® (Fa. Heraeus Kulzer, Hanau, Deutschland). Komposite bestehen prinzipiell aus drei Bestandteilen: Die organische Matrix beinhaltet Monomere, meist mehrfunktionelle Methacrylate. Verschiedenartige Füllstoffe (Quarz, Glas, Keramik) sind in der dispersen Phase zu finden. Die Verbundphase besteht aus Silanen und Copolymeren

2. Disperse Phase: bestehend aus Füller (Quarz, Glas, Keramik)

3. Verbundphase: beinhaltet Silane und Copolymere

Initiatorsysteme
Um Monomere zu Polymeren umzusetzen werden Initiatoren benötigt, die durch chemische oder physikalische Aktivierung in Radikale zerfallen, welche daraufhin mit den Doppelbindungen der Monomere reagieren und somit die Polymerisation starten [11].

Die Anforderungen an Initiatoren für Dental-Komposite sind sehr vielfältig, wie beispielsweise Farblosigkeit, Geruchlosigkeit, hohe Reaktivität, Farbstabilität und Lagerstabilität. Aus diesem Grund ist nur eine begrenzte Anzahl von Initiator-Systemen im zahnmedizinischen Bereich indiziert. Prinzipiell teilt man die Initiator-Systeme in drei Gruppen ein: Lichthärtung, Kalthärtung (Selbsthärtung) und Heißhärtung. Jedoch sind auch dualhärtende Komposite auf dem Markt, welche eine Kombination der genannten Systeme darstellen [10].

Bei der Heißhärtung können prinzipiell mehrere Verbindungen verwendet werden. Es werden beispielsweise Peroxide, Hydroperoxide, Persäuren und aliphatische Azoverbindungen eingesetzt. Im Allgemeinen läuft etwa dieselbe Reaktion ab: bei erhöhter Temperatur zerfallen diese Moleküle und bilden Radikale [10].

Im zahnmedizinischem Bereich kommen hauptsächlich Peroxide zum Einsatz, meist das di-Benzoylperoxid (BPO). Bei Füllungsmaterialien findet die Heißpolymerisation nur sehr begrenzte Anwendung und ist nur bei Komposit-Inlays vertretbar [11, 12].

Als Initiator für die Kalthärtung (Selbsthärtung) wird das System di-Benzoylperoxid (BPO) als Initiator mit einem aromatischen Amin als Akzelerator verwendet, da dieses System eine akzeptable Lagerfähigkeit mit ausreichender Reaktivität verbindet [11]. Der Start der Reaktion wird ausgelöst, indem die Amin-Komponente (Basis-Paste) mit dem Katalysator (BPO) vermischt wird. Dadurch entsteht ein Komplex, der sich mittels Elektronentransfer zu einem Benzoyl-Initiator-Radikal und einem Aminium-Radikal-Benzoat wandelt, das letztendlich über Wasserstofftransfer zu Initiator– Radikale zerfällt [11, 12].

Für die Photoinitiation stehen verschiedene Initiatoren zur Verfügung, wie beispielsweise Benzoine, aromatische Ketone, Diketone, Xanthone oder Chinone. Jedoch absorbieren Benzoine und Ketone ausschließlich im UV-A Bereich (315–380 nm), welcher sowohl die Netzhaut schädigen kann als auch eine nur geringe Tiefenpolymerisation ermöglicht. Im Wellenlängenbereich von 400–500 nm lassen sich jedoch einige α-Diketone anregen. Für Dental-Komposite eignet sich allerdings nur Kampferchinon [13, 14]. Als Reduktionsmittel stehen tertiäre Amine zur Verfügung, wobei zur Lichthärtung auch aliphatische Amine eingesetzt werden können, welche weniger Verfärbung als aromatische Amine zeigen [10].

Polymerisation
Bei der radikalischen Polymerisation werden wie zuvor beschrieben zunächst Initiatorradikale gebildet, die in der Lage sind, die Doppelbindungen der Monomere zu öffnen und sich somit selbst zu addieren. Durch diesen Vorgang wird das Monomer selbst zu einem Radikal und hat somit die nötige Energie, sich an ein weiteres Monomer zu addieren. Die Geschwindigkeit der Startreaktion ist von der Anzahl der vorhandenen Radikale, der Menge und Art des Initiators und von anderen Bedingungen abhängig [9]. Eine Verzögerung der Startreaktion wird sowohl durch Inhibitoren (z. B. Hydrochinon) als auch durch molekularen Sauerstoff bewirkt. Die fortlaufende Reaktion der durch die radikalische Initiation gestarteten Reaktion bewirkt ein immer größer werdendes Makromolekül, das aus mehreren tausend Molekülen entstanden ist.

Durch Umsetzung der Monomere zu einem Polymer verringert sich der Abstand zwischen den Monomermolekülen; Folge davon ist eine Polymerisationsschrumpfung. Niedermolekulare Monomere, wie beispielsweise Methylmethacrylat, besitzen einen relativ hohen Doppelbindungsanteil pro Volumen; MMA besitzt daher eine hohe Polymerisationsschrumpfung von etwa 21 Vol%. Verbindungen wie etwa Bis-GMA zeigen aufgrund ihres höheren Molekulargewichts eine deutlich geringere Schrumpfung (5–6 Vol%) [9, 10].

Die Polymerisationsschrumpfung von Füllungs-Kompositen ist in der Zahnmedizin unerwünscht, da sie zu Spalten zwischen Zahn und Füllung führen kann, in die Bakterien der Mundhöhle eindringen können. Dies kann eine weitere Kariesentstehung zur Folge haben.

Monomere
Bowen entwickelte im Jahre 1956 ein neues Monomer, welches die Ära der Dental-Komposite einleitete [15]. Es handelte sich um Bisphenol-A-Glycidylmethacrylat, kurz Bis-GMA, welches zwei Methacrylat-Gruppen besitzt. Die Vorteile dieses Moleküls sind offensichtlich: zum einen überzeugt dieses Monomer aufgrund der geringeren Polymerisationsschrumpfung (5–6 Vol%), zum anderen wurde nicht nur die Viskosität sondern auch die Steifigkeit des Materials im Vergleich zu Methylmethacrylaten erhöht [16].

Als Copolymer fungieren häufig weitere Vernetzer (Abb. 89.8), wie TEGDMA (Tetraethylenglykoldimethacrylat) und EGDMA (Ethylenglycoldimethacrylate), welche eine viel geringere Viskosität als Bis-GMA aufweisen, und somit die mög-

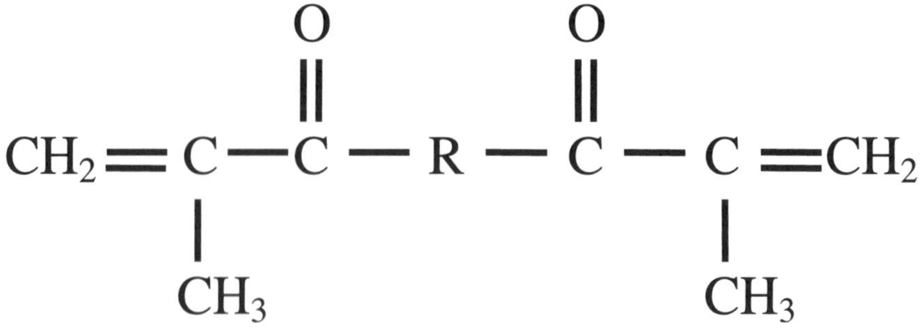

$$CH_2=\underset{\underset{CH_3}{|}}{C}-\overset{\overset{O}{\|}}{C}-R-\overset{\overset{O}{\|}}{C}-\underset{\underset{CH_3}{|}}{C}=CH_2$$

Abb. 89.8 Polymere Struktur von in Kompositen verwendeten Methacrylaten. Neben Bis-GMA, fungieren als Copolymer häufig weitere Vernetzer wie TEGDMA und EGDMA, welche eine geringere Viskosität als Bis-GMA aufweisen, und somit die mögliche Konzentration an Füllstoffen erhöhen

liche Konzentration an Füllstoffen erhöhen. Dies ermöglicht im allgemeinem eine Verbesserung der mechanischen Eigenschaften, wobei aber die dadurch entstehende Verringerung des Molekulargewichtes des Monomers mit einer Vergrößerung der Polymerisationsschrumpfung einhergeht [10].

Füllstoffe
Füllstoffe werden Kompositen zugesetzt, um mechanische und physikalische Eigenschaften zu verbessern. So lässt sich damit nicht nur die Festigkeit und das Handling sondern auch die thermische Ausdehnung und Röntgensichtbarkeit optimieren. Ein besonderer Vorteil der Füller liegt darin, dass sie die Polymerisationsschrumpfung von Kompositen auf etwa 2–3 Vol% reduzieren [9]. Da all diese Eigenschaften nicht mehr mit einem einzigen Füllstoff erreicht werden können, werden mehrere Füllstoffe eingesetzt, die sich gegenseitig ergänzen. Da die Füller eine Reihe Anforderungen erfüllen müssen, gibt es nur wenige Materialien, die diesen Ansprüchen gerecht werden. Darunter fallen Gläser bzw. Glaskeramiken, einige Silikate und Siliziumdioxide [10].

Makrofüller sind anorganische, splitterförmige Partikel, die aus Quarz, Glas und Keramik bestehen und im Größenbereich von 0,1–100 μm liegen. Da die mittlere Füllkörpergröße im Bereich von 1,5–5 μm liegt, ist diese größer als die Wellenlänge des Lichtes und somit für das menschliche Auge erkennbar. Füllstoffe, meist hochdisperses Siliziumdioxid, deren Partikelgröße unter 1 μm (mittlere Korngröße 0,007–0,04 μm) liegt, werden als Mikrofüller bezeichnet. Durch Hydrolyse von Siliziumtetrachlorid mittels Knallgasflamme werden kugelförmige Einzelpartikel gewonnen. Eine um den Faktor 1000 verkleinerte Größe im Vergleich zu herkömmlichen Makrofüllern bewirkt insgesamt eine Vergrößerung der spezifischen Oberfläche (50–400 m^2/g) um den Faktor 1000 und somit ebenfalls veränderte Materialeigenschaften [7, 10]. Hybridkomposite wurden entwickelt, um die positiven Eigenschaften beider Füllersysteme (Makro- und Mikrofüller) in einem Komposit zu vereinigen. Bei diesen Kompositen bestehen 85–90 Gew% der Füllkörper aus

Makrofüllern, 15 Gew% aus Mikrofüllern. Somit lässt sich der Gesamtfüllkörpergehalt auf 85 Gew% steigern, was eine Verbesserung der physikalischen Eigenschaften zur Folge hat [7, 10].

Silanisierung
Das Einbinden organischer Füllstoffe in die Polymer-Matrix stellt das weitaus geringere Problem dar, da die Oberflächeneigenschaften der Perlpolymere mit denen der Monomere fast identisch sind. Teilweise werden sogar die Oberflächen der organischen Füllstoffe mit MMA angelöst, um einen optimalen Verbund zu erlangen [9].
Aufgrund der hydrophilen Oberfläche der anorganischen Füllstoffe gestaltet sich hier der Verbund schwieriger. Es liegen vor allem Hydroxylgruppen oder Sauerstoffgruppen vor, die nicht mit den hydrophoben Gruppen der Monomere wechselwirken können. Mit Hilfe der Silanisierung kann zum einen ein Verbund zwischen Polymermatrix und anorganischen Füllstoffen mittels Hydrophobierung der Füller erreicht werden, zum anderen kann dadurch eine Erhöhung der Füllungsrate erzielt werden. Als Silan wird vor allem 3-Methacryloyloxypropyltrimethoxysilan verwendet, das zunächst zu Silanol hydrolisiert wird [9, 10]. Durch spezielle Verteilungsprozesse wird das Silanol auf den Füllstoff aufgebracht und anschließend einer Wärmebehandlung unterzogen, wodurch sich Sauerstoffbrückenbindungen zwischen Silanol und Füllkörper aufbauen. Diese Silanschicht (Breite: 5–20 nm) besitzt polymerisierbare Methacrylgruppen, die einen Verbund zur Polymer-Matrix herstellen [9, 10].

89.6 Zahnärztliche Zemente

Zahnärztliche Zemente werden dazu verwendet, entweder Restaurationen am Zahn zu befestigen oder als provisorische Füllungsmaterialien bzw. Unterfüllungsmaterialien zu dienen. Man unterscheidet prinzipiell konventionelle Zemente von Komposit-Zementen, die zum adhäsiven Befestigen von Zahnersatz verwendet werden (siehe Abb. 89.9).

Komposit-Zemente
Unter Komposit-Zementen versteht man Polymere, die mit einem Füllstoff versehen sind, ähnlich den Füllungswerkstoffen. Oft handelt es sich hierbei um dualhärtende Zwei-Komponenten-Systeme, die sowohl nach dem Anmischvorgang einer chemischen Härtung als auch einer Fotopolymerisation unterzogen werden. Oftmals werden diese Zemente zum adhäsiven Befestigen von Keramik-Restaurationen am Zahn verwendet. Die Haftwirkung dieser Komposit-Zemente ist im Allgemeinen als sehr gut zu bewerten [8, 9].

Glasionomer-Zemente
Diese Art des Zementes wird zum einen als provisorisches Füllungsmaterial bzw. Unterfüllungsmaterial zum anderen als Befestigungszement für prothetische Re-

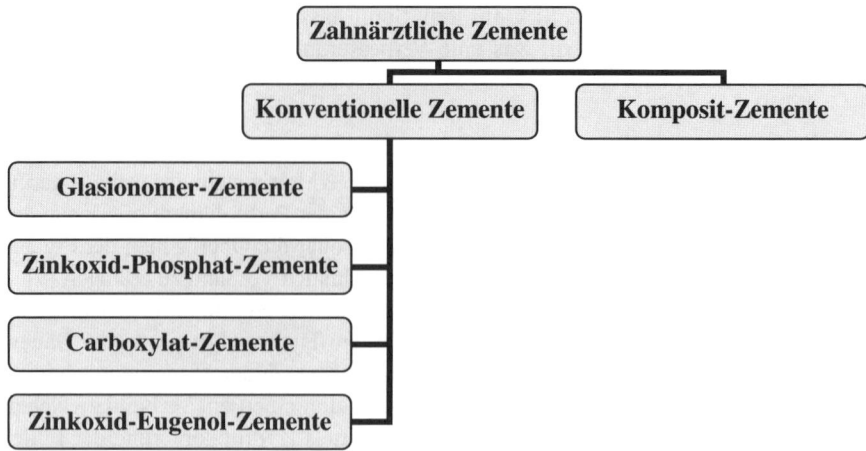

Abb. 89.9 Einteilung von zahnärztlichen Zementen. Zahnärztliche Zemente werden dazu verwendet, entweder Restaurationen am Zahn zu befestigen oder als provisorische Füllungsmaterialien bzw. Unterfüllungsmaterialien zu dienen. Man unterscheidet prinzipiell konventionelle Zemente von Komposit-Zementen, die zum adhäsiven Befestigen von Zahnersatz verwendet werden

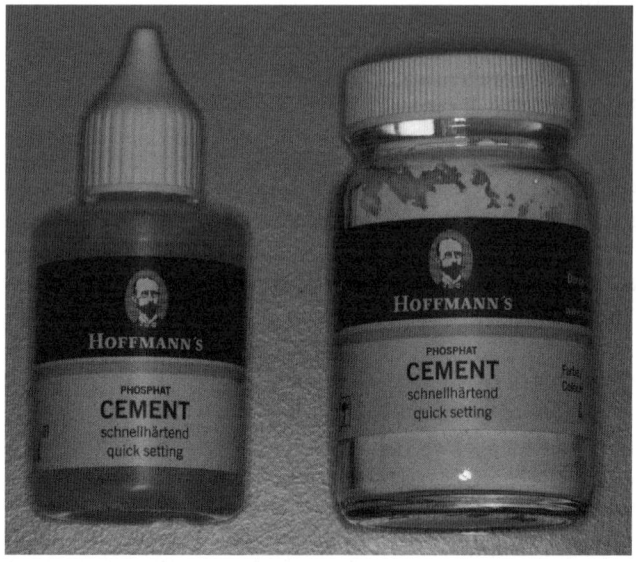

Abb. 89.10 Zinkoxid-Phosphat-Zement (Fa. Hoffmann Dental Manufaktur, Berlin, Deutschland). Der Zinkoxid-Phosphat-Zement ist ein Zement auf Wasserbasis, der mittels einer Säurereaktion aushärtet. Das Pulver dieses Zementes besteht überwiegend aus Zinkoxid mit geringen Mengen an Magnesiumoxid und Pigmenten. Die Flüssigkeit besteht aus einer Lösung von Phosphorsäure in Wasser, gepuffert in Aluminium- und Zink-Ionen, um eine Verzögerung der Abbindereaktion während des Anmischens zu bewirken

staurationen verwendet. Die Zusammensetzung des Zementes ist wie folgt: das Zementpulver besteht aus fein gemahlenem Kalzium-Aluminiumsilikat-Glas, die Flüssigkeit aus Polyacrylsäure. Nach dem Anmischen werden durch die Säure Kalzium- und Aluminiumionen herausgelöst. Da die Kalziumionen schneller gelöst werden, entsteht über Kalziumbrücken zunächst ein Kalzium-polycarboxylatgel. Später lagern sich die Aluminiumionen in die Matrix ein. So entsteht eine kreuzvernetzte Kalzium-Aluminium-Carboxylat-Gelmatrix. Diese führt zu einem chemischen Verbund des Zementes mit der Zahnoberfläche. Auch sind sogenannte Hybridionomere verfügbar, die neben der beschriebenen Glasionomer-Zement-Matrix Monomere enthalten [7, 8].

Zinkoxid-Phosphat-Zemente
Der Zinkoxid-Phosphat-Zement ist ein Zement auf Wasserbasis, der mittels einer Säurereaktion aushärtet (Abb. 89.10). Das Pulver dieses Zementes besteht überwiegend aus Zinkoxid mit geringen Mengen an Magnesiumoxid und Pigmenten. Die Flüssigkeit besteht aus einer Lösung von Phosphorsäure in Wasser, gepuffert in Aluminium- und Zink-Ionen, um eine Verzögerung der Abbindereaktion während des Anmischens zu bewirken. Verwendet wird dieser Zement als Befestigungs- und Unterfüllungsmaterial. Als nachteilig wird das zu Beginn der Abbindereaktion starke Absinken des pH-Wertes angesehen, der sich aber wieder neutralisiert. Als Vorteile dieses Zementes sind die hohe Druckfestigkeit und die geringe Löslichkeit zu nennen. Die Abbindezeit dieses Zementes liegt bei 5–9 Minuten [7–9].

Carboxylat-Zemente
Die Pulverzusammensetzung dieses Zementes ensprecht im wesentlichen der des Zinkoxid-Phosphat-Zementes. Die Flüssigkeit hingegen besteht aus 40–50 Gew.% Polyacrylsäure. Dieser Zement härtet unter Kettenbildung aus, wobei ein Metallionenkomplex mit Zink entsteht. Als Nachteil dieses Zementes wird dessen enorme Schrumpfung angesehen, die um ein vielfaches höher ist, als die des Zinkoxid-Phosphat-Zementes. Außerdem weisen Carboxylat-Zemente eine geringere Druckfestigkeit als Zinkoxid-Phosphat-Zemente auf [8].

Zinkoxid-Eugenol-Zemente
Zinkoxid-Eugenol-Zemente sind Zemente auf Ölbasis, denen eine sedative Wirkung auf die Zahnpulpa nachgesagt wird [8]. Das Pulver setzt sich zusammen aus Zinkoxid, Kolophonium und Zinkacetat. Die Flüssigkeit besteht aus Eugenol (Nelkenöl) bzw. einer Mischung aus verschiedenen Ölen. Bei der Aushärtung findet eine Chelat-Bildung zwischen dem Zink und dem Eugenol statt. Als nachteilig sind die geringe Druckfestigkeit und die hohe Löslichkeit des Zementes zu nennen. Außerdem kann Eugenol als Weichmacher abbindehemmend bei einer stattfindenden Polymerisation wirken [8, 9].

89.7 Dentalkeramiken

Werkstoffe aus Keramik werden in der Humanmedizin und Zahnmedizin wegen ihrer hohen Biokompatibilität und chemischen Stabilität verwendet. Dentalkeramische Werkstoffe (Abb. 89.11) können im zahntechnischen Labor hergestellt und verarbeitet werden (z. B. Feldspatkeramik und Glaskeramik) oder industriell vorgefertigt werden (Industriekeramik).

Sinterkeramik auf Feldspatbasis
Sowohl Inlays als auch Teilkronen können aus Sinterkeramiken hergestellt werden. Unter Inlays oder Teilkronen versteht man indirekte Restaurationen, die der Zahnarzt nicht selbständig in der Mundhöhle des Patienten anfertigt, wie etwa bei Komposit-Füllungen, sondern nach Abdrucknahme im zahntechnischen Labor hergestellt werden. Diese Technik bietet sich besonders bei größeren Defekten an Zähnen an. Die Sinterkeramik wird im zahntechnischen Labor in mehreren Schichten auf feuerfeste Stümpfe aufgetragen, um eine möglichst porenfreie Sinterung zu gewährleisten, die zu einer gesteigerten Belastbarkeit der Keramik-Restauration führt. Dentale Sinterkeramiken basieren prinzipiell auf den gleichen Bestandteilen wie Gebrauchskeramiken: Feldspat, Quarz und Kaolin. Jedoch unterscheiden sich beide in der relativen Menge der einzelnen Bestandteile. Diese beträgt bei Dentalkeramiken für Feldspat 60–80%, für Quarz 15–25% und für Kaolin 0–5% [9]. Die pulverisierten Einzelbestandteile werden vom Hersteller gebrannt, wonach die entstandenen Scherben zerkleinert und gemahlen werden (Fritten). Während der Herstellung der Konstruktion bestehen die dentalkeramischen Massen aus einer gläsernen Feldspatmatrix mit kristallinen Einschlüssen aus Leucit, einer hochschmelzenden Phase, welche beim Herstellen der Fritten entsteht. Folge des Sinter- oder Brennvorgangs ist ein Volumenverlust von 25–30%, wodurch Mikroporositäten entstehen, die sich zu Mikrorissen entwickeln können. Um eine Erhöhung der Belastbarkeit der Dentalkeramik zu erzielen, gibt es verschiedene Verstärkungsmethoden, die auf der Zugabe von Leucitkristallen und keramischen Fasern basieren. Gerade für ästhetisch anspruchsvolle Bereiche, wie im Frontzahnsegment, ist die Feldspatkeramik ein bevorzugter Werkstoff [17].

Sinterkeramiken auf Aluminium- und Zirkonoxidbasis
Diese Sinterkeramiken bestehen aus einer feinporösen Aluminiumoxid- oder Zirkonoxidmatrix, in die eine Glasphase – aus einem Lanthanglas – in einem Brennvorgang infiltriert wird. Als Vorteil dieser Sinterkeramiken ist die hohe Bruchfestigkeit zu nennen. Jedoch erscheinen diese Materialien zumeist sehr lichtundurchlässig, so dass diese Keramiken of nur als Grundstruktur einer Restauration verwendet werden können und somit weitere Schichten transparenterer Keramiken aufgetragen werden müssen, um eine natürliche Erscheinung eines Zahnes zu erreichen. Sehr hohe Bruchfestigkeitswerte erzielen Zirkonoxidkeramiken, die sich bereits als Bremsscheiben für Sportwagen, Hitzeschilde im Space Shuttle und als Kugelköpfe künstlicher Hüftgelenke bewährt haben. Die zurzeit widerstandsfähigste Dentalkeramik ist die so genannte YTZP (Yttrium stabilized tetragonal zirconia polycristals).

89.7 Dentalkeramiken

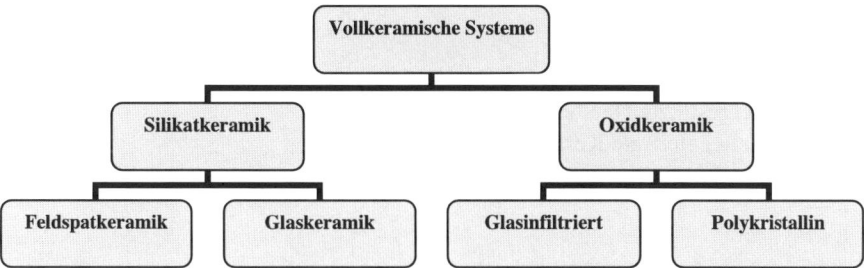

Abb. 89.11 Einteilung der dentalen Vollkeramiken. Dentalkeramische Werkstoffe können im zahntechnischen Labor hergestellt und verarbeitet werden (z. B. Feldspatkeramik und Glaskeramik) oder industriell vorgefertigt werden

Bei Belastung geht die tetragonale Phase in eine monokline Phase über. Dadurch entsteht eine geringe Volumenzunahme, die die auftretende Belastungsspitze absorbiert und ein weiteres Risswachstum verhindern kann [9, 17].

Glaskeramik
Unter einer Glaskeramik versteht man keramische Materialien, die ihren Ausgang vom Glaszustand nehmen und erst durch spezielle Kristallisationsvorgänge im Glas keramische Eigenschaften erreichen. Glaskeramiken können durch Zugabe von Leucit, Glimmer oder Lithiumdisilikat verstärkt werden. Glaskeramiken lassen sich sowohl in einem Gussvorgang als auch in einem Pressverfahren herstellen [7–9, 17].

Industriekeramiken
Da diese Keramiken industriell unter weitgehend konstanten Bedingungen in Form von standardisierten Rohlingen hergestellt werden, ist deren Gefüge gegenüber herkömmlichen Dentalkeramiken optimiert. Im Gegensatz zu keramischen Restaurationen, die komplett im zahntechnischen Labor gefertigt werden, ist bei der Industriekeramik die individuelle Formgebung der zahnärztlichen Restauration von deren Herstellung getrennt. Industriell hergestellte Keramiken aus Sinter-, Glas- oder Oxidkeramik erfüllen die Anforderungen einer möglichst homogenen Struktur. Dies ermöglicht eine Verringerung der Streuung der Belastbarkeitskennwerte bei gleichzeitiger Steigerung der Gesamtfestigkeit und Fehlertoleranz. Derzeit ist eine Vielzahl unterschiedlicher computerunterstützter Verfahren auf dem Markt, um aus industriell vorgefertigten Keramikblöcken individuelle vollkeramische Restaurationen herzustellen [17].

Verarbeitungstechniken für keramische Restaurationen
Dentalkeramiken verhalten sich in weiten Bereichen ihrer mechanischen und physikalischen Eigenschaften wie Zahnschmelz und sind deshalb für umfangreiche konservierende und restaurative Zahnbehandlungen sehr geeignet. Derzeit stehen verschiedene Herstellungsmethoden für keramische Einlagefüllungen (Inlays und Teilkronen) zur Verfügung [9, 17]:

- Sinterverfahren
- Gussverfahren
- Pressverfahren
- Computergestützte Herstellungsverfahren
- Sonoerosiv gefertigte Keramikinlays
- Doppelinlaytechnik

89.8 CAD/CAM in der Zahnmedizin

CAD/CAM Verfahren, die in anderen Industriebereichen bereits seit längerer Zeit eingesetzt sind haben nun in den letzten Jahren auch Einzug in die Zahnmedizin gehalten. Keramische zahnärztliche Restaurationen können maschinell mittels Frästechnik, zum Beispiel im Kopierfräsverfahren, oder auch computergestützt mittels CAD/CAM-Technik aus einem industriell gefertigten Keramikblock erstellt werden. Das Cerec®-System der Fa. Sirona (Bensheim, Deutschland) ist ein CAD/CAM-Methode zur Anfertigung von Keramikrestaurationen „chairside", d.h. direkt am Patienten, wohingegen die meisten anderen Systeme im zahntechnischen Labor („labside") anfertigen [17]. Der Name Cerec® steht für CEramic REConstruction [18]. Das Cerec®-Rekonstruktionssystem (Abb. 89.12) arbeitet mittels stereophotogrammetrischer Abtastung. Es ermöglicht den optischen Abdruck direkt im Mund des Patienten, die Rekonstruktion des Zahnes mittels eines Computerprogramms und die Fabrikation eines keramischen Zahnersatzes mittels Schleifeinheit in einem Zuge. Die für die dreidimensionale Vermessung mit der Cerec® Mundkamera wesentliche Erkenntnis besteht darin, dass das Beschleifen des Zahnes für Inlays oder Kronen eine Besonderheit beinhaltet: Alle Fläche, die von Interesse sind, sind aus einem Blickwinkel, nämlich der Einschubachse der Restauration ersichtlich. Bei Cerec 3® basiert die direkte Herstellung der Restauration auf dem Prinzip der aktiven Triangulation, indem von der Kavität automatisch Aufnahmen unter zwei verschiedenen Triangulationswinkeln erstellt werden [17]. Der zu rekonstruierende Zahn wird am Computer mittels Datenbank oder Extrapolation ermittelt und an die Schleifeinheit übertragen. Die computergesteuerte Doppelschleifeinheit arbeitet mit Hilfe zweier Fingerschleifern, die innerhalb kurzer Zeit die Keramikrestauration aus einem industriell gefertigten Keramikblock herausschleift. Der Vorteil dieser maschinellen Fertigung besteht zum einen in der Verwendung einer industriell gefertigter, qualitativ hochwertigen Keramik und einer sofortigen Versorgung des Patienten ohne eine aufwendige Herstellungsprozedur im zahntechnischen Labor [17, 18].

Die Fa. DeguDent (Hanau, Deutschland) verarbeitet in ihrem CAD/CAM-System Cercon Zirkonoxidkeramik als Grünling, also im teilgesinterten Zustand [19]. Die Idee beruht darauf, die Formgebung der Keramik im weichen Zustand zu erreichen, um dann im anschließenden Sinterprozess eine erhöhte Festigkeit zu erzielen. Durch dieses Vorgehen werden die Diamantschleifkörper der Fräseinheit geschont und die Schleifzeiten verkürzt. Als Vorbereitung werden Kronen oder Brückenge-

89.8 CAD/CAM in der Zahnmedizin

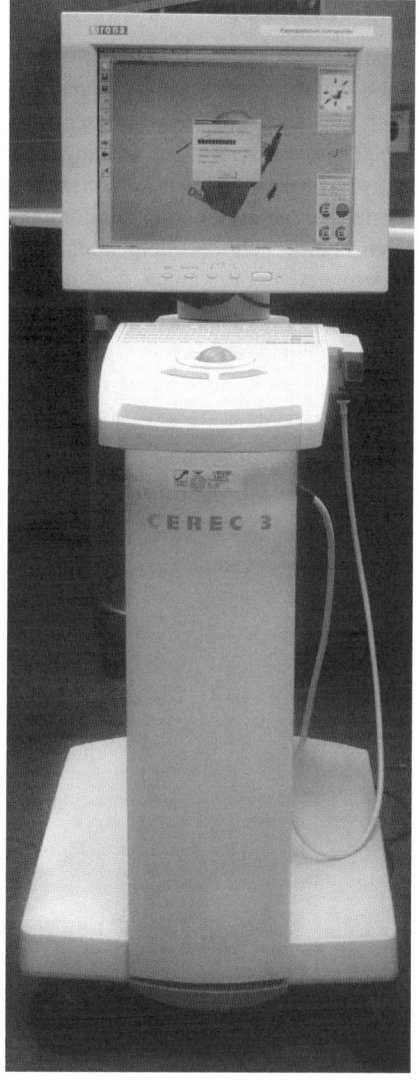

Abb. 89.12 CAD/CAM-System Cerec 3® (Fa. Sirona, Bensheim, Deutschland). Das Cerec®-System ist ein CAD/CAM-Verfahren zur Anfertigung von Keramikrestaurationen „chairside", d.h. direkt am Patienten. Der Name Cerec® steht für CEramic REConstruction. Das Cerec®-Rekonstruktionssystem arbeitet mittels stereophotogrammetrischer Abtastung. Es ermöglicht den optischen Abdruck direkt im Mund des Patienten, die Rekonstruktion des Zahnes mittels eines Computerprogramms und die Fabrikation eines keramischen Zahnersatzes mittels Schleifeinheit in einem Zuge

rüste aus Wachs, die im zahntechnischen Labor hergestellt wurden, gescannt und um ca. 30% vergrößert aus dem Keramikblock ausgeschliffen. Im darauf folgenden Sinterprozess schrumpfen die Restaurationen wieder auf Originalgröße. Aufgrund des lichtundurchlässigen Erscheinungsbildes der Zirkonoxidkeramik entsteht mit Hilfe dieses Systems ein Keramikgerüst, das noch im Anschluss individuell mittels keramischen Massen verblendet werden muss, um ein ästhetisches Optimum des Zahnersatzes zu erzielen. Neben den genannten CAD/CAM-Systemen sind natürlich noch eine Reihe weiterer computergestützter Verfahren zur Herstellung von Zahnersatz auf dem Dentalmarkt erhältlich [17].

89.9 Ausblick

Auch nach jahrzehntelanger Forschung ist man immer noch weit davon entfernt, einen idealen Ersatz für verloren gegangene Zahnhartsubstanz bereitstellen zu können. Zwar wurden in der Vergangenheit große Fortschritte gemacht, Patienten ästhetisch anspruchsvollen Zahnersatz anzubieten, dennoch ist vor dem Hintergrund vermehrter Allergien die Biokompatibilität diverser Dentalwerkstoffe fraglich. Auch in Anbracht der steigenden Lebenserwartung der Bevölkerung werden Anforderungen an die Langzeitbiokompatibilität von implantologischen und restaurativen zahnärztlichen Versorgungen zunehmen.

89.10 Literatur

1. Strub J. R., Türp J. C., Witkowski S., Hürzeler M. B., Kern M., Curriculum Prothetik, Quintessenz Verlag, Berlin, 2003.
2. Schwenzer N., Ehrenfeld M., Zahnärztliche Chirurgie, Georg Thieme Verlag, Stuttgart, 2000.
3. Firmenangaben der Fa. Nobel Biocare Services AG, Kloten, Schweiz, 2007.
4. Firmenangaben der Fa. Straumann AG, Basel, Schweiz, 2007.
5. Brandt H. H., Einführung in die Implantologie, Urban & Schwarzenberg, München, 1996.
6. Garg A. K., Knochen, Biologie Gewinnung, Transplantation in der zahnärztlichen Implantologie, Quintessenz Verlag, Berlin, 2006.
7. Hellwig E., Klimek J., Attin T., Einführung in die Zahnerhaltung, Urban & Fischer, München, 1999.
8. Craig R. G., Powers J. M., Wataha J. C., Zahnärztliche Werkstoffe, Eigenschaften und Verarbeitung, Urban & Fischer, München, 2006.
9. Eichner K., Kappert H. F., Zahnärztliche Werkstoffe und ihre Verarbeitung, Hüthig Verlag, Heidelberg, 1996.
10. Faltermeier A., Modifikation dentaler Polymere mittels hochenergetischer Elektronenbestrahlung, Dissertation, Medizinische Fakultät der Universität Regensburg, 2004.
11. Braden M., Nicholson J., Polymeric Dental Materials, Springer Verlag, Berlin, Heidelberg, 1997.
12. Viohl J., Dermann K., Quast D., Venz S., Die Chemie der zahnärztlicher Füllungskunststoffe. Hanser Verlag, München-Wien, 1986.
13. Monroe B. M., The photochemistry of α-Dicarbonyl compounds. Interscience, 8, 1970, p. 77–108.
14. Mallon H. J., Utschik H., Unseld W., Untersuchungen an photopolymerisierten Dimethacrylaten, Acta. Polymerica., 12, 1991, p. 627–630.
15. Bowen R. L., Dental filling material compromising vinyl-silane treated fused silica and a binder consisting of the reaction product of bisphenol and glycidilmethacrylate, US Patent 1962: 3.066.112.
16. Peutzfeldt A., Resin composites in dentistry; the monomer systems. Eur. J. Oral Sci. 105, 1997, p. 97–116.
17. Anthofer T., Einfluss der Wandstärke ausgedehnter Kavitäten auf Rissbildung in der Zahnhartsubstanz und die marginale Adaption von Cerec 3 Inlays in-vitro, Dissertation, Medizinische Fakultät der Universität Regensburg, 2005.
18. Firmenangaben der Fa. Sirona, Bensheim, Deutschland, 2007.
19. Firmenangaben der Fa. DeguDent, Hanau, Deutschland, 2007.

90 Biokompatible Implantate und Neuentwicklungen in der Gynäkologie

V. R. Jacobs, M. Kiechle

90.1 Einleitung

Für den Einsatz in der Gynäkologie stehen heute eine Vielzahl unterschiedlicher, biokompatibler Materialien und Implantate zur Verfügung. Auf eine Auswahl soll hier näher eingegangen werden, die die verschiedenen Materialien und Bauweisen repräsentieren. So sind Brustimplantate seit fast vier Jahrzehnten im Gebrauch für die Brustvergrösserung und den Brustwiederaufbau. Material, Bauweisen und medizinische Aspekte einschliesslich der kontroversen Diskussion um Silikon werden im folgenden erläutert. Neuere Entwicklungen von Verhütungstechniken für permanente Sterilisation wie den Filshie Clip™ für transabdominalen und den STOP™ für intraluminalen Verschluss der Eileiter oder die intrauterin plazierte Hormonspirale Mirena™ für zeitlich begrenzte Verhütung werden beschrieben. Eine neue Perspektive zur Verhinderung postoperativer intraabdominaler Adhäsionen stellt Spray-Gel™, ein Zweikomponenten Hydrogel aus Polyethylenglykol, dar.

90.2 Brustimplantate

Auf die Diagnose von Brustkrebs, die 1 von 8 Frauen in westlichen Industrieländern betrifft, kann die operative Mastektomie folgen, die Entfernung der gesamten Brust. Dies ist mit grossen psychischen Problemen für viele Frauen verbunden. Die physische Erscheinung und Integrität des Körpers, notwendig für Selbstvertrauen und die Identifikation als Frau, sind nicht mehr intakt. Deshalb entscheiden sich Frauen nach Mastektomie oft für einen sofortigen Brustwiederaufbau mit Prothesenimplantaten in einer Operation, der am häufigsten verwendeten Operationstechnik zur Brustrekonstruktion [1, 2]. Bis 1989 wurden etwa eine Million Prothesen implantiert, in der Mehrheit zur Augmentation, der Brustvergrösserung aus persönlich-ästhetischen Gründen, und nur 20% zu Rekonstruktionszwecken [3]. Bis heute wurden mehr als zwei Millionen Silikonimplantationen in den USA und 100'000 in Grossbritannien durchgeführt [4].

90.2.1 Chemie und Eigenschaften von Silikon

Grundsubstanz von Silikon ist Silizium [5]. Makromoleküle, die abwechselnd Silizium- und Sauerstoffatome enthalten, werden als Polysiloxane oder Silikon bezeichnet. Zwei Kohlenstoffatome, typischerweise in einer Methylgruppe -CH_3, können an jedes zentrale Siliziumatom binden. Drei Methylgruppen sind an das endständige Siliziumatom am Ende jeder Kette gebunden. Die Gesamtheit der verbundenen Ketten ergibt Polydimethylsiloxan, das linear oder verzweigt vorliegen kann. Die Länge der Ketten kann von ein paar bis zu mehreren tausend betragen. Silikon kann in dünner Konsistenz, hochviskös oder in fester Form vorliegen in Abhängigkeit von den gebundenen Substanzen und dem jeweiligen Produktionsprozess.

Silikonöl besteht aus linearen Kurzketten und wird in verschiedenen Reinheitsgraden als Öl in der Heizungs-, Kühl- und Hydrauliktechnik verwendet. Solche Öle finden ebenfalls Verwendung als Schmiermittel oder Füllmaterial. Silikon wird auch in der Nahrungsmittelindustrie verwendet, z. B. bei der Herstellung von Zucker und der Verarbeitung von Gemüse zur Reduktion von Schaumbildung. Silikonöl in seiner reinsten Form wird in der pharmazeutischen Industrie und zur Produktion von Medizinartikeln verwendet.

Silikongel entsteht, wenn die Ketten in einer dreidimensionalen Struktur aneinander gebunden sind. Die Entstehung wird durch die Zugabe von Platin katalysiert. Man unterscheidet ein temperaturabhängiges Vulkanisieren: Hochtemperatur (HTV: high temperature vulcanized) oder Raumtemperatur (RTV: room temperature vulcanized). Der Raum innerhalb der Matrix ist mit Silikonöl gefüllt. Auch Silikongel kann neben anderen Substanzen als Füllmaterial für Implantate benutzt werden.

Silikonelastomere bestehen aus stark verbundenen Ketten. Silikonelastomere werden z. B. zum Beschichten in der Nahrungsmittelindustrie gebraucht. Silikonschläuche werden auch aus Silikonelastomer hergestellt. Alle Brustimplantate, unabhängig vom Füllmaterial, haben eine Umhüllung aus Silikonelastomer.

Vorteile von Silikon sind die extreme Temperaturstabilität von −70 °C bis +250 °C, ein hoher Widerstand gegen Scherkräfte, ein geringer Zerfall über die Zeit und Resistenz gegenüber Oxidation und Hydrolyse. Silikone, wie sie für Implantate Verwendung finden, sind chemisch inert und biokompatibel [5]. Eine Zusammenfassung chemischer Bestandteile von Brustimplantaten aus Silikongel ist in nachfolgender Tabelle 90.1 aufgelistet.

Silikon wird seit über 40 Jahren in einer Vielzahl unterschiedlicher medizinischer Produkte verwendet, so z. B. in Sonden, Kathetern, Umhüllung von Instrumenten, Herzschrittmachern, Handschuhen und Wundverbänden. Eine lange klinische Erfahrung und eine Vielzahl von Untersuchungen bestätigen die Sicherheit von Silikon in der medizinischen Anwendung. Silikongel-gefüllte Implantate geben das Gefühl und imitieren die Bewegung von Weichteilgewebe. Deshalb werden im Bereich der Weichteilchirurgie oft solche Implantate zur Korrektur von Körperformen verwendet.

Bestandteile	Typische Komponenten	Rückstand oder Toxizität beeinflussende Faktoren
Basispolymere	Dimethylpolysiloxan, andere Polysiloxane	Meist eingebunden ins Polymer Silikone mit niedrigem Molekulargewicht als Anteil im Gel
Zusätzliche Polymere	Substituierte Polysiloxane	Eingebunden ins Polymer, um spezifische physikalische Eigenschaften zu erreichen
Vernetzungsmittel	Substituierte Polysiloxane	Eingebunden ins Polymer
Füllmaterial/ Verstärker	Amorphes oder trimethyliertes Silizium	Eingebunden ins Elastomer
Vernetzungskatalysatoren und Reaktionsinhibitoren	Platinkatalysator, Zinkkatalysator Peroxidkatalysator organische Inhibitoren	Stabile Platinverbindungen sind am meisten verbreitet, typischerweise bis zu 10 ppm (0.5 mg pro Implantat).
Lösungsmittel	1,1,1-Trichloroethan, Xylen, Aceton, Ethanol, andere Lösungsmittel	Diese organischen Verbindungen haben niedrige Siedepunkte (bis ca. 150 °C). Sie lassen sich in der Verarbeitung (einige Stunden, 160 °C) gut entfernen. Noch vorhandene Restanteile liegen typischerweise unter 10 ppm und können schnell vom Körper ausgeschieden werden.
Freisetzungsmittel	Zinkstearat	Zinkrestgehalte liegen typischerweise unter 10 ppm

Tabelle 90.1 Chemische Bestandteile von Brustimplantaten aus Silikongel [6]

90.2.2 Brustimplantate aus Silikon

Der Produktionsprozess für vulkanisierte Silikonpolymere wurde 1958 patentiert. Brustimplantate aus Silikongel werden seit 1962 kommerziell verwendet. Das Problem der Hautlimitation durch die Entfernung von Brustgewebe und Haut im Rahmen der Tumoroperation wurde in den 70er Jahren gelöst, als aufpumpbare Expander zur Hautvordehnung implantiert wurden. Später wurde das Implantatvolumen durch sukzessive Auffüllung mit Wasser durch ein Ventil vergrössert. In einem zweiten Eingriff wurde dann das endgültige Silikonbrustimplantat gegen den Expander ausgetauscht.

Silikonbrustimplantate gibt es in einer Vielzahl verschiedener Grössen, von 100–800 ml, und Formen, rund, tränenförmig und anatomisch, mit hohem, mittlerem und und flachem Profil. Ein modernes Silikongelimplantat hat einen Memoryeffekt, so dass die Prothese immer in ihre Ausgangsform zurückkehrt. Die Konsistenz, Fühlbarkeit und Bewegung imitiert die natürliche Brust, besser als das wassergefüllte Brustimplantat.

90.2.3 Aspekte der Implantation: Trends und Komplikationen

Die Anzahl der Operationen für Brustvergrösserung und -rekonstruktion sind innerhalb des letzten Jahrzehnts kontinuierlich angestiegen. Von 1992 bis 1999 betrug der Anstieg 413.1% für Brustvergrösserungen [7] und 180.3% für Brustrekonstruktionen [8]. Dies spiegelt sich auch in einer steigenden Anzahl von Operationen zur Brustimplantatentfernung wieder. Zur gleichen Zeit blieb die Anzahl der Brusttumoroperationen in etwa gleich. Für die USA wurden die folgenden Zahlen publiziert (Tabelle 90.2).

Die Rate der bedeutenden Komplikationen, wie z. B. Infektion, Bluterguss, Prothesenleckage und Kapselkontraktur bei Rekonstruktion mit Expanderimplantat, liegt unter 10% bei nicht bestrahlten Patientinnen [9]. Andere Autoren geben die durchschnittliche Komplikationsrate 5 Jahre nach Brustimplantation mit 23.8% an, in Abhängigkeit von der jeweiligen Operationsindikation: bei Mastektomie wegen Brustkrebs mit 34%, prophylaktischer Mastektomie mit 30% und kosmetischer Brustvergrösserung mit 12% [10]. Eine Studie zeigte, dass innerhalb von drei Jahren eine Nachoperation bei 13.2% der Brustvergrösserungen und bei 40.1% der Brustrekonstruktionsoperationen notwendig ist [11].

Eine typische Reaktion des Körpers auf Fremdmaterial – oft auch als schwerwiegendste Komplikation von Patientinnen betrachtet – ist, dass der Körper es mit einer Bindegewebskapsel umhüllt. Dies geschieht bei vielen Brustimplantaten und kann letzlich zu einer Kapselkontraktur führen, die das Wohlbefinden, aber auch die Form und das Erscheinungsbild der implantierten Brust stark beeinträchtigen. Die Brust wird zunehmend hart und die Kontraktur verursacht Schmerzen. Der Grad der Kapselkontraktur wird nach der Bakerklassifikation in vier Kategorien eingeteilt von Klasse I (so weich wie eine nicht implantierte Brust) bis zur Klasse IV (die Brust ist hart, fest, gespannt und schmerzt). Obwohl die Rate der Kapselkontrakturen nach 3 Jahren bei nur 9% für kosmetischen Brustvergrösserungen und 30% für Brustrekonstruktionen mit physiologischer Kochsalzlösung-gefüllten Implantaten liegt [11], wird erwartet, dass die Rate bis zu 100% nach 25 Jahren mit Silikongel-gefüllten Brustimplantaten betragen könnte [12]. Neben anderen Faktoren hat vor allem die Oberflächenbeschaffenheit des Implantats Einfluss auf die Rate von Kapselkontrakturen. Glattwandige Brustimplantate, die in den 60er Jahren eingeführt wurden, hatten eine höhere Kontrakturrate als Oberflächen aus Mikropolyurethanschaum von Mitte der 70er (mit bis zu 3%) oder den Texturoberflächen aus den späten 80er Jahren. Texturimplantate mit einer rauhen Oberfläche von typischerweise 200–300 μm Tiefe und 100–400 μm Durchmesser reduzieren Kapselkontrakturen [13]. Sie führen zum Einwachsen von Bindegewebe in die irregulären Räume der Implantathülle und verhindern so, dass sich überschüssiges Gewebe bildet und zu einer Bindegewebskapsel führt, die das Implantat einschliesst. Die Verteilung auf die unterschiedlichen Typen von Implantaten, die in den USA im Jahre 1997 verwendet wurden, zeigt die Tabelle 90.3 [1, 14]. Polyurethanumhüllte Silikonbrustimplantate, die denselben Effekt hatten, wurde vom US-Markt im April 1991 zurückgezogen. Grund war die Besorgnis wegen möglicher karzinogener

90.2 Brustimplantate

Jahr	Brustvergrösserung	Brustwiederaufbau	Implantatentfernung nach Brustvergrösserung	Implantatentfernung nach Brustwiederaufbau	Brusttumorentfernung
1992	32607	29607	18297	7379	502567
1996	87704	42454	3013	11366	542063
1997	122285	50337	n.a.	n.a.	563059
1998	132378	69683	32262	11419	509457
1999	167318	82975	n.a.	13009	521678

Tabelle 90.2 Steigende Anzahl von Brustvergrösserungen, -rekonstruktionen und Implantatentfernungen in den USA zwischen 1992 und 1999 [7, 8]

Implantattyp	Brustvergrösserung		Brustwiederaufbau	
	Anzahl	Anteil [%]	Anzahl	Anteil [%]
Glattwandig, Silikongel	403	0.33	2565	5.1
Textur, Silikongel	4570	3.74	3696	7.34
Glattwandig, physiologische Salzlösung	48873	39.97	9282	18.44
Textur, physiologische Salzlösung	68304	55.86	28159	55.94
Glattwandig, Doppellumen	n.a.	n.a.	75	0.15
Textur, Doppellumen	82	0.07	585	1.16
Dauerhafte Expander	n.a.	n.a.	5974	11.87
Experimentelle Füllungen	53	0.04	n.a.	n.a.

Tabelle 90.3 Anzahl und Anteile unterschiedlicher Implantattypen, welche in den USA für Brustvergrösserung und Brustrekonstruktion im Jahre 1997 eingesetzt wurden [1, 14]

Effekte durch 2,4-Toluendiamin [15], das in einer täglichen Dosis von 0.01 mg/kg Körpergewicht freigesetzt wird [16]. Andererseits wurde das Krebsrisiko verursacht von Implantaten mit Polyurethanschaumoberfläche durch die amerikanische Gesundheitsbehörde FDA mit kleiner als 1:1 Million eingeschätzt [16, 17].

Ein verbreitetes Problem ist das "Silicone Gel Bleed", eine Leckage von Silikon durch kleinste Defekte der Implantathülle [18]. Die Wahrscheinlichkeit für einen Defekt steigt mit der Zeit nach der Implantation. So waren in einer Studie nach 15 Jahren 12 von 17 entfernten Brustimplantaten defekt [19]. Im Falle der Ruptur des Implantats und der Silikonlekkage sollte das Implantat operativ entfernt werden [20]. Im Vergleich zu früheren Implantatmodellen und aufgrund von verbesserter Qualität der Implantathülle und der Silikongelkonsistenz, werden nur noch vernachlässigbare Spuren von Silikongel in der Bindegewebskapsel gefunden [21–24]. Diese Silikongelspuren verbleiben innerhalb der Bindegewebskapsel [13]. Unabhängig vom verwendeten Material halten Brustimplantate nicht ewig. Die durchschnittliche Lebenserwartung von Implantaten beträgt ungefähr 10 Jahre.

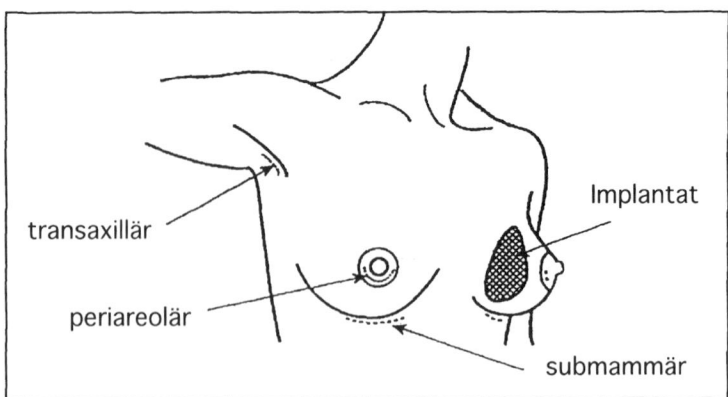

Abb. 90.1 Schnittführung zur Brustprothesenimplantation [27]

Dann sollte eine Explantation des Implantats und ggf. eine Neuimplantation erfolgen. Durch technische Verbesserungen haben neuere Implantatmodelle eventuell eine längere Halbwertzeit [13, 15, 25, 26].

Die Tumornachsorge wird nicht eingeschränkt durch Brustprothesen, weder die Diagnostik wie Mammo- oder Sonographie, noch ist die Zweittumorrate bei solchen Patientinnen erhöht. Die Bestrahlungstherapie nach Brustprothesenimplantation zeigt allerdings eine erhöhte Komplikationsrate mit bis zu 18% [9]. Gewebserwärmende Diagnostik und Therapie sollten mit der entsprechenden Vorsicht gehandhabt werden, um die Implantate nicht zu schädigen.

90.2.4 Operative Anlage von Brustimplantaten

Seit vielen Jahre gibt es zur Brustaugmentation drei Standardhautschnitte, durch welche die Brustprothesen implantiert werden können (Abb. 90.1). Die häufigste Inzision wird unterhalb Brust in der Submammärfalte durchgeführt (submammäre Inzision mit 59.0%). Andere Operateure bevorzugen einen Schnitt um die Brustwarze (periareoläre Inzision mit 30.4%). Seltener erfolgt die Schnittführung über die Achselhöhle, durch die der Zugang zum Brustmuskel erfolgt und die Wahlmöglichkeit besteht, die Prothese entweder vor oder hinter dem Brustmuskel (M. pectoralis) zu plazieren (transaxilläre Inzision mit 10.5% [14]) [27].

Eine Plazierung des Brustimplantats unter den Musculus pectoralis (Abb. 90.2), wie er oft beim Brustwiederaufbau durchgeführt wird, verursacht weniger Kapselkontrakturen als bei subglandulärer Anlage [12]. Seit dies bekannt ist, steigt die Anzahl der subpectoralen Implantate auch bei den Brustvergrösserung. Im Jahre 1997 wurden in den USA 67.7% aller Brustimplantate zur Brustvergrösserung subpectoral appliziert, nur 32.3% subglandulär [14]. Obwohl minimal-invasive Techniken weltweit zunehmend sich durchsetzen, werden nur 0.05% aller Brustvergrösserun-

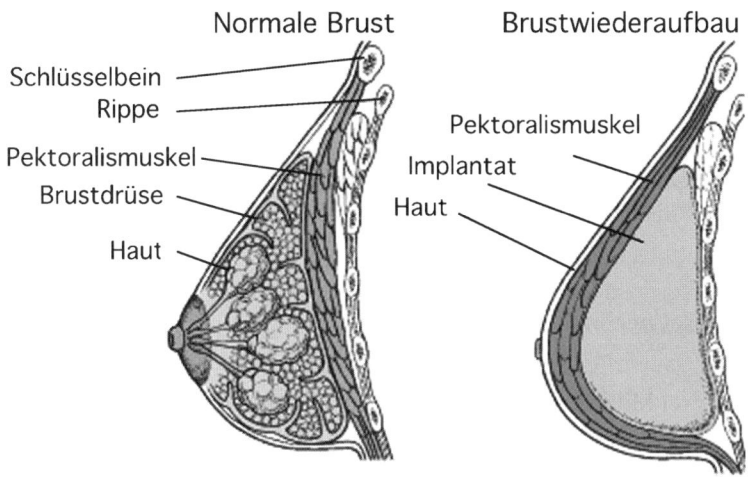

Abb. 90.2 Subpektorale Plazierung des Implantats zum Brustwiederaufbau

gen endoskopisch durchgeführt, dagegen immer noch 99.95% in der Standardtechnik [14].

90.2.5 Alternativen zu Silikonbrustimplantaten

Mit der Diskussion und den zunehmenden Befürchtungen um gesundheitliche Risiken, die von Silikonimplantaten in den 80er- und frühen 90er Jahren ausgingen, wurden in letzter Zeit von verunsicherten Patientinnen die mit physiologischer Kochsalzlösung gefüllten Implantate zum Brustwiederaufbau bevorzugt. Die Brustrekonstruktion mittels Expandereinlage in der primären Operation und nach Auffüllung Ersatz durch eine endgültige Prothese in einer zweiten Operation ist nach wie vor die verbreitetste Art des Brustwiederaufbaus. Obwohl Expander wie auch Prothesen mit physiologischer Kochsalzlösung gefüllt sind, so bleibt die Implantathülle immer noch aus Silikonpolymeren in fester Form, die aber kein Grund für gesundheitliche Bedenken darstellt. Kochsalz-gefüllte Implantate haben aber einige Einschränkungen gegenüber Silikon-gefüllten Implantaten, die das natürliche Gewebe in Form und Konsistenz besser imitieren. Ein dritter Typ von Implantaten sind die Doppellumenimplantate, die einen Silikongel-gefüllten Kern umgeben von einer Kochsalz-gefüllten Peripherie haben. Dieser Typ wird aber in nur 1.3% aller Brustrekonstruktionen verwendet [1]. Von 1996 an wurde eine Kochsalz-gefüllte Poly-Implant-Prostheses (PIP) verwendet, deren Zulassung aber von der FDA im März 2000 widerrufen wurde. Kochsalz-gefüllte Brustimplantate der Firmen McGhan und Mentor erhielten dagegen die Zulassung im Mai 2000 [28]. Implantate mit der alternativen Füllung Sojabohnenöl wurden im Jahre 1999 zurückgezogen wegen potentieller Gefahren und toxischer Effekte [28]. Der plastisch-operative

Brustwiederaufbau ist natürlich auch durch den Transfer von körpereigenem Gewebe möglich, z. B. durch eine Latissimus dorsi muscular- oder TRAM-Plastik [15], die 1997 in 5.8% bzw. 26.4% aller Patientinnen für Brustwiederaufbau Verwendung fanden [1]. Für Frauen, die nach Brustkrebs keine operative Brustrekonstruktion wünschen, gibt es eine Vielzahl von externen Brustprothesen oder gefütterten BHs in unterschiedlichsten Formen, Grössen und Beschaffenheiten wie Schaum, Baumwolle oder Silikon, um die Stigmatisierung in der Öffentlichkeit zu vermeiden.

90.2.6 Diskussion

Mehr als zwei Millionen Silikonbrustimplantate wurden bis heute verwendet [13]. Gesundheitliche Befürchtungen, die nicht auf rationalen Studien basierten, kamen vor gut einem Jahrzehnt auf, die die Silikonimplantate und die mögliche Leckage von Silikon und dessen Verteilung im Körper verantwortlich machten für eine Vielzahl von Erkrankungen, z. B. Autoimmun- und Bindegewebserkrankungen wie Systemischen Lupus Erythematosus (SLE), rheumatoide Arthritis, Sklerodermie, etc. Die U.S. Food and Drug Administration (FDA) erliess deshalb ein Moratorium für die Verwendung von Silikonimplantaten im Jahre 1992. Es wurde bereits ein paar Monate später wieder aufgehoben für Patientinnen, die zustimmten, Silikonimplantate unter besonderen Konditionen im Rahmen eines Studienprotokolls zu verwenden, das bis heute gültig ist. Gegenwärtig gibt es nur noch zwei Hersteller in den USA, die Brustimplantate aus Silikongel produzieren [28–30]. Eine Reihe weiterer Hersteller fertigen Kochsalz-gefüllte Brustimplantate [28]. In Deutschland ist die Firma Polytech Silimed, Dieburg, der führende Hersteller für Weichteilimplantate aus Silikon. Alle ihre Implantate haben eine Vielzahl von Tests bestanden, z. B. mechanische (prEN 12180) wie auch für Biokompatibilität (ISO/EN 10993-1), um die CE Auszeichnung zu erhalten, die Voraussetzung für die europaweite Zulassung.

Bis heute wird das Thema der Silikon-gefüllten Implantate – hauptsächlich in den anglikanischen Ländern wie USA, Grossbritannien, Kanada und Australien – hochkontrovers und emotional diskutiert. Durch den politischen Druck von Interessengruppen und das wirtschaftliche Interesse von Rechtsanwälten wurde in den USA Ende der 90ger Jahre ein Vergleich über mehrere Milliarden US Dollar durchgesetzt, der Silikongelproduzenten wie die Firma Dow Corning in den wirtschaftlichen Ruin trieben, obwohl bis heute kein belegter medizinischer Beweis vorgelegt werden konnte, dass Silikon Ursache für systemische Autoimmunerkrankungen ist [15]. Eine kürzlich durchgeführte Meta-Analyse konnte kein erhöhtes Risiko für Autoimmun- oder Bindegewebserkrankungen im Zusammenhang mit Silikonimplantaten finden [30]. Umfassende Informationen über Brustimplantate für Patienten wie für Ärzte ist über das Internet verfügbar [4, 11–13, 17, 26, 31, 32].

90.3 Verhütungsmethoden mit biokompatiblen Implantaten

Es gibt eine Vielzahl unterschiedlicher Verhütungsmethoden: zeitlich begrenzt oder dauerhaft, reversibel oder permanent, mit niedriger oder höherer Versagerrate, mechanisch oder chemisch. Drei verschiedene Verhütungsmethoden, bei denen Fremdkörpermaterial implantiert wird, werden im folgenden näher dargestellt. Die Implantation ist entweder dauerhaft wie mit Filshie Clip™ und STOP™ Device oder zeitlich begrenzt wie mit dem Mirena™ Intrauterine System (IUS). Die Anwendung des Filshie Clip™ und des Mirena™ IUS sind etablierte Standards, das STOP™ Device ist in der klinischen Prüfung vor der Zulassung.

90.3.1 Transabdominelle Sterilisation: Dauerhafter Tubenverschluss mit dem Filshie Clip™

Der Filshie Clip™
Viele verschiedene Typen von Sterilisationsclips sind in der Anwendung zur Verhütung. Zu den bekanntesten gehört der Filshie Clip™ (Femcare Ltd., Nottingham, United Kingdom), für die permanente, weibliche Sterilisation. Er wird durch einen Eingriff durch die Bauchdecke auf beide Eileiter gesetzt wird der so die Tubenlumen verschliesst. Der Clip ist aus Titan mit Silikongummieinlagen. Beides ist inertes Material und biokompatibel. Der gesamte Clip ist ca. 14 mm lang, 3.4 x 4.0 mm dick und wiegt ca. 0.4 g [33]. Entwickelt in den frühen 70er Jahren [34] ist er seit 1982 in klinischer Anwendung. Bis heute sind mehr als drei Millionen Frauen weltweit mit dem Filshie Clip™ sterilisiert worden [35]. Auf der Basis von Studien an fast 10.000 Frauen aus 20 Ländern empfahl die amerikanische FDA im Jahre 1996 die Zulassung des Filshie Clip™ Mark VI [36].

Anwendung des Filshie Clip™
Der Filshie Clip™ wird in den Applikator eingelegt und dieser durch einen Trokar durch die Bauchdecke ins Abdomen geführt. Der Clip wird im rechten Winkel über das gesamte Tubenlumen am Isthmus ca. 1–3 cm vom Uterus plaziert. Die gebogene obere Branche des Clip wird dann durch Druck auf den Applikatorhandgriff zusammengedrückt, schiebt sich so unter das vorstehende Ende der unteren Clipbranche und wird dort irreversibel fixiert. Nachdem der Filshie Clip™ komplett zusammengedrückt wurde, kann der Applikator entfernt werden. Die Versagerrate ist in den meisten Studien mit 2.0–4.0 pro 1000 für eine elektive Sterilisation angegeben [37]. Frauen im Wochenbett und nach Aborten haben manchmal dickere Eileiter. In diesen Fällen kann das Tubenlumen zu gross für den Clip sein, so dass eine andere Methode zur Sterilisation angewandt werden sollte.

Der Filshie Clip™ zerstört etwa 4 mm der Tube; das ist weniger als andere Sterilisationsmethoden ohne Clip. Dies ermöglicht eine chirurgische Reanastomose mit nur minimalem Resektionsaufwand, so dass Tubensegmente gleichen Kalibers adaptiert werden können. Deshalb ist bei der Anwendung des Clip die Aussicht für eine chirurgische Revision besser, da zwischen 2–26% der Frauen die Sterilisation später bedauern und doch wieder schwanger werden wollen [38]. Unabhängig von den Revisionsmöglichkeiten sollte die Sterilisation als eine permanente Verhütungsmethode betrachtet werden, da eine Tubenreanastomosierung schwierig, teuer und der Erfolg nicht garantiert ist [36].

Der Filshie Clip™ wird innerhalb eines Jahres peritonealisiert und mit einer dünnen Peritoneumschicht überzogen. Der Grad der Fibrosierung innerhalb des ersten Jahres nach Sterilisation kann unterschiedlich sein, ist aber über ein Jahr nach der Operation vollständig abgeschlossen. Die Dicke der Bindegewebsschicht korreliert dabei nicht mit dem postoperativen Zeitabstand. Die meisten Clips bleiben klar erkennbar unter der einschliessenden Bindegewebsschicht [39]. Falls die Peritonealisierung des Clips zu langsam ist, können die Clips dislozieren und im Bauchfell oder anderen Teilen des Beckens herumwandern.

Komplikationen und unerwünschte Folgen
Nach einer permanenten Sterilisation muss jede Schwangerschaft als unerwünschte Wirkung betrachtet werden Andererseits muss jede Frau präoperativ darüber aufgeklärt werden, dass es keine 100% sichere Sterilisationsmethode gibt. Die Rate von Extrauterinschwangerschaften (EUG) ist nach chirurgischer Sterilisation erhöht, aber Clips haben mit die niedrigste Inzidenzrate. Andere Schwierigkeiten können durch technisches Versagen der Instrumente entstehen, inkorrekten Gebrauch oder unerfahrene Operateure, z. B. wenn die Anatomie nicht korrekt identifiziert wird. Denn falls der Clip nicht vollständig über das Lumen plaziert wird oder nur auf die Serosa oder gar die falschen Strukturen wie ein Ligament gesetzt wird, kann die Patientin weiterhin schwanger werden. Wenn der Clip nicht mit der nötigen Umsicht verwandt wird, kann er zu früh geschlossen werden oder vom Applikator ins Abdomen fallen. Der Applikator zum Anbringen der Clips funktioniert wie eine Zange, die aber nicht richtig schliessen kann, wenn sie nicht regelmässig gewartet wird. Die meisten Versager bei der Anwendung des Filshie Clip™ sind das direkte Resultat der Fehlbenutzung [39]. Auch wenn unvollständige Tubenverschlüsse aufgrund dieses Fehlers mit dem Filshie Clip™ Mk. 4 Clip beschrieben sind, so sind bisher keine Schwangerschaften mit der aktuellen Mk. 6 Version bekannt [39]. Eine Serie mit ungewöhnlich hohen Schwangerschaftsraten nach Sterilisation mit dem Filshie Clip™- eine in Australien mit bis zu 10% Schwangerschaften – wurde wahrscheinlich durch falsche Anwendung bzw. Wartung des Applikators verursacht [40].

Diskussion
Die CREST-Studie [41] zeigt überraschende Ergebnisse für das Schwangerschaftsrisiko nach unterschiedlichen Sterilisationsmethoden (Tabelle 90.4). Die Versagerrate kann höher sein, als in der Literatur angegeben. Die Clipsterilisation im allgemeinen – ohne Bewertung des Filshie Clips™ – zeigte eine abfallende Schwangerschaftsrate mit steigendem Alter. Dies macht die Clipsterilisation zu einer relativ sicheren Methode für ältere Frauen, obwohl andere Methoden wie die unipolare Koagulation niedrigere Versagerraten haben. Dennoch ist der Filshie Clip™ eine

Sterilisationsmethode	Alter 18–27 Jahre	Alter 28–33 Jahre	Alter 34–44 Jahre
Bipolare Koagulation	54.3	21.3	6.3
Unipolare Koagulation	3.7	15.6	1.8
Silikongummiband	33.2	21.1	4.5
Spring Clips	52.1	31.3	18.2
Elektive partielle Salpingektomie	9.7	33.5	18.7
Postpartale partielle Salpingektomie	11.4	5.6	3.8

Tabelle 90.4 Versagen verschiedener Sterilisationsmethoden pro 1.000 nach 10 Jahren in Abhängigkeit von Methode und Alter [41]

etablierte Sterilisationsmethode mit unterdurchschnittlicher Versager- und Komplikationsrate wenn korrekt angewandt [37].

90.3.2 Intratubale Sterilisation: Permanenter Tubenverschluss mit dem STOP™ Device

Das STOP™ Device
Bisher war für eine dauerhafte Sterilisation ein chirurgisch-invasiver Eingriff notwendig. 800.000 invasive Tubenverschlüsse werden pro Jahr in den USA durchgeführt und weitere 16 Millionen weltweit pro Jahr [42]. Das STOP™ Device (Conceptus, Inc., San Carlos, CA, USA) ist ein neues, in der klinischen Prüfung befindliches Implantat zur permanenten Verhütung für Frauen ohne dass eine Inzision gemacht werden muss. Das Teil besteht aus einer weichen und flexiblen Minispiralfeder (Abb. 90.3) hergestellt aus medizinisch zugelassenen Materialien wie Nitinol, Platin, rostfreiem Stahl und PET Fasern / Dacron Mesh. Es ist 4 cm lang mit einem maximalen Durchmesser von 2 mm.

Das innere Lumen von Eileitern ist extrem empfindlich (Abb. 90.4 links). Störungen mechanischer Art oder durch Infektionen können die Tubenfunktion beeinträchtigen und so zu Unfruchtbarkeit führen. Ein in die Tuben eingeführtes STOP™ Implantat nutzt und beabsichtigt diesen Effekt. Histologische Ergebnisse zeigen, dass das Fremdkörpermaterial von hineinwachsenden Bindegewebszellen eingeschlossen wird und so durch mechanischen Verschluss das Tubenlumen verstopft (Abb. 90.4 rechts).

Anwendung des STOP™ Device
Je ein STOP™ wird mittels eines Hysteroskopes unter Sichtkontrolle durch die Scheide in den Uterus eingeführt und in jede proximale Tube plaziert (Abb. 90.5). Für die Applikation ist kein Bauchschnitt notwendig. Sie kann deshalb in kurzer Zeit (15–30 min) als ambulanter Eingriff ohne Vollnarkose durchgeführt werden. In der klini-

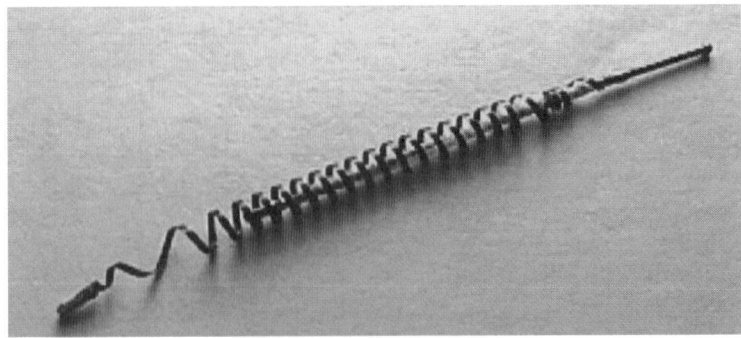

Abb. 90.3 STOP™ Device mit einer Länge von 4 cm und einem maximalen Durchmesser von 2 mm [42]

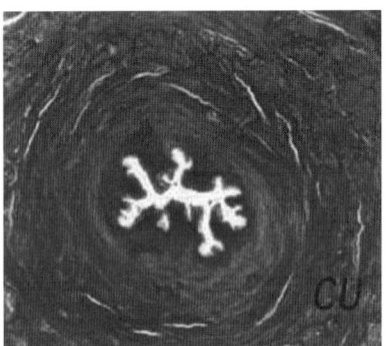 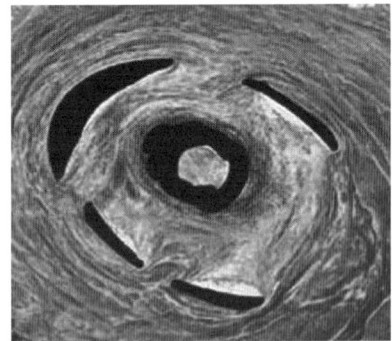

Abb. 90.4 Normales *(links)* und mit STOP™ verschlossenes Tubenlumen *(rechts)* [42]

schen Testung ist nach der Applikation eine dreimonatige Wartezeit und die Benutzung anderer Kontrazeptiva vorgesehen. Danach wird das STOP™ auf seine Lage mit einer Röntgenaufnahme und seine Funktion mit einem Tubendrucktest überprüft.

Komplikationen und unerwünschte Folgen
Komplikationen und unerwünschte Folgen des STOP™ Device sind bisher nicht bekannt. Klinische Studien müssen spezifische Risiken wie z. B. eine Perforation bei der Anlage, die Dislokation vor dem Einwachsen und Infektionen noch ausschliessen.

Diskussion
Das STOP™ Implantat ist schnell in der Anwendung und nach bisherigen Veröffentlichungen sicher in der Verhütung. Es macht einen Bauchschnitt zur permanenten Sterilisation überflüssig und wird kommerziell voraussichtlich ab nächstem Jahr erhältlich sein. Die klinische Evaluation ist vielversprechend [43–47], aber umfassende Studien müssen die kontrazeptive Effizienz und klinische Sicherheit erst bestätigen.

90.3 Verhütungsmethoden mit biokompatiblen Implantaten

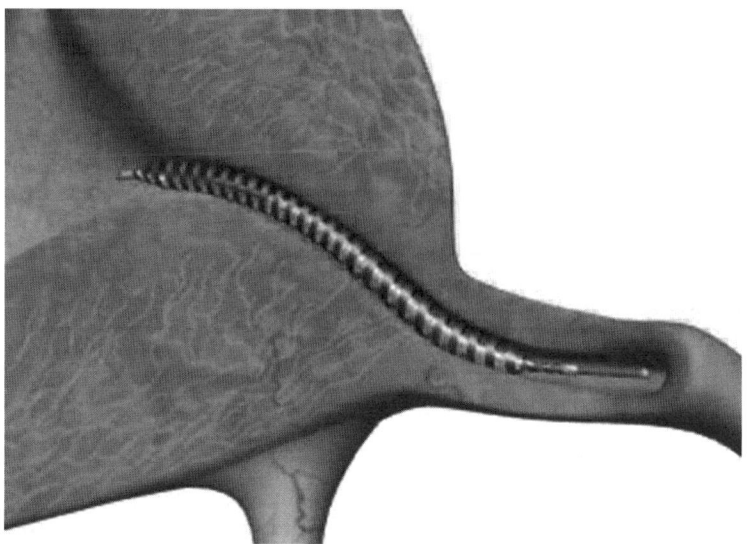

Abb. 90.5 STOP™ Device in der proximalen linken Tube [42]

90.3.3 Intrauterine Kontrazeption: Befristete Implantation der Hormonspirale Mirena™

Das Mirena™ Intrauterin System (IUS)
Mirena™ (Schering AG, Berlin) ist ein Hormon-enthaltenes Intrauterinimplantat zur Kontrazeption. Die Mirena™ IUS besteht aus einem t-förmigen Plastikgestell mit 32 mm Länge (Abb. 90.6 links). Sie ist aus Polyethylen mit Bariumsulfat für die T-Struktur, Polydimethylsiloxanelastomer für die Hormoncontainermembran und Polyethylen mit Eisenoxid und -hydroxid für den Rückholfaden [48]. Um den Stamm der T-Struktur ist ein zylindrisches Steroidreservoir, das 52 mg Levonorgestrel (LNG) enthält. Dieses Hormon wird auch zur oralen Kontrazeption als Pille verwendet. Das Hormon wird kontinuierlich abgegeben, initial in einer Dosis von 20 µg LNG, zum Ende von 14 µg/24 h, im Durchschnitt 15 µg/24 h über einen 5-Jahreszeitraum (Abb. 90.6 rechts) [48–50].

Die kontrazeptive Wirkung basiert auf drei lokalen Effekten von LNG:

1. Suppression der Endometriumproliferation verhindert die Implantation befruchteter Eizellen,
2. Verdickung des Zervikalschleims erschwert den Durchtritt von Spermien und
3. Veränderung des utero-tubalen Milieus reduziert die Spermienmotilität und -aktivität.

Die Mirena™ wurde klinisch in den frühen 90er Jahren in Skandinavien getestet, ist kommerziell seit 1997 erhältlich und über 1 Million Mal bisher verwendet worden.

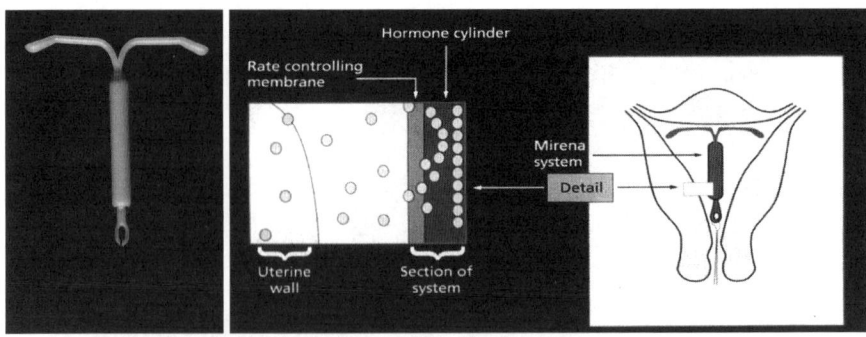

Abb. 90.6 Mirena™ IUS *(links)* und Modell der LNG-Hormonfreisetzung *(rechts)* [50]

Anwendung von Mirena™

Das Mirena™ IUS wird mit einem 4.8 mm Durchmesser grossen Applikator durch die Zervix in den Uterus eingeführt. Sie muss durch einen Mediziner eingepasst werden, kann 5 Jahre mit antikonzeptiver Wirkung in utero verbleiben und muss dann wieder entfernt werden. Die korrekte Lagekontrolle erfolgt mittels Ultraschall und ein Rückholfaden ermöglicht die Entfernung. Die Hormondosis von LNG ist niedriger – nur 1/7 der der Pille – wegen ihrer lokalen Wirkung [51], die systemische Effekte von LNG dadurch minimiert [49]. Der Pearl Index für eine Schwangerschaft ist 0.14%, kumulativ 0.5–1.1% nach 5 Jahren [48] und damit vergleichbar mit der weiblichen Sterilisation. Normalerweise ist innerhalb eines Monats nach Entfernung der Mirena™ der hormonelle Effekt auf das Endometrium aufgehoben und eine normale Periode und Fruchtbarkeit kehren zurück. So ist eine Schwangerschaft schon im ersten Zyklus nach der Entfernung wieder möglich.

Komplikationen und unerwünschte Folgen

Die Rate der Extrauterinschwangerschaften ist im allgemeinen höher mit IUD's, beträgt aber nur 0.02/100 Frauenjahre für Mirena™, zehnmal weniger als für normale Kupferspiralen [52]. Blutungsprobleme innerhalb der ersten 3–6 Monate sind möglich bis der Körper sich auf die Hormonspirale eingestellt hat. 6–17% der anwendenden Frauen hat im Verlauf eine Amenorrhoe [49, 52] und sogar Anovulationen sind möglich [49]. Mit der Mirena™ kann man dadurch bei Dysmenorrhoe auch Hysterektomien vermeiden [51]. Das Risiko für Ovarialzysten ist dafür dreifach erhöht. Eine Entzündung der Beckenorgane ist mit 0.8% kumulativ über 5 Jahre geringer als mit anderen IUDs, weil der verdickte Zervikalschleim den Aufstieg von Bakterien reduziert [52]. Die Ausstossungsrate ist im Vergleich nicht erhöht. Das Mirena IUS ist biokompatibel; allergische Reaktionen sind bisher nicht bekannt.

Diskussion

Mirena™ ist eine innovative, sichere, effiziente und reversible Langzeit-Kontrazeptionsmethode für 5 Jahre. Sie hat weniger Nebeneffekte als andere IUDs und die Periode ist häufig leichter. Die Kosten sind vergleichbar mit oralen Kontrazeptiva.

90.4 Intraoperative Adhäsionsprophylaxe mit SprayGel™

90.4.1 Bedeutung von Peritonealverwachsungen

Postoperative intraabdominale Verwachsungen sind Bindegewebsstränge zwischen Bauchorganen, die Darmstenosen, Unfruchtbarkeit und chronische Unterbauchschmerzen verursachen können und oft zu kostenintensiven Nachoperationen führen [53, 54]. Verwachsungen werden in bis zu 86% nach Operationen im Unterbauch gefunden [55]. Gebräuchliche Methoden zur Adhäsionsprophylaxe (Tabelle 90.5) haben nur geringen oder unzureichenden Effekt zur Verhinderung gezeigt [53, 56, 57]. Eine ideale Methode zur Verhinderung oder drastischen Reduktion von Verwachsungen gibt es bisher noch nicht. Eine ideale Adhäsionsbarriere, die allen klinischen Anforderungen entspricht, sollte die folgenden Eigenschaften haben:

1. Effektivität in der Verhinderung von Adhäsionen.
2. Einfach in der Anwendung für die minimal-invasive wie die offene Chirurgie, idealerweise geformt am Ort der Anwendung.
3. Resorbierbar, um einen Zweiteingriff zur Entfernung einer permanenten Barriere und physiologische Langzeiteffekte von Implantaten zu vermeiden.
4. Gewebehaftung zur Vermeidung von Befestigungsmaterial wie Naht oder Klammern, unbeeinflusst von der Hämostase.
5. Gleitfähigkeit, so dass behandelte Oberflächen und Organe aneinander gleiten können.
6. Biokompatibilität, um Fremdkörperreaktionen oder unbeabsichtigte Interaktion zu verhindern.

Produktname	Grundsubstanz	Typ	Hersteller
Interceed™	Oxidierte regenerierte Zellulose	Resorbierbare Barriere	Johnson & Johnson Medical, Arlington, TX, USA
Preclude™	Polytetrafluorethylen	Resorbierbare Barriere	W. L. Gore, Flagstaff, AZ, USA
Seprafilm™	Hyaluronsäure / Carboxymethylzellulose	Resorbierbare Barriere	Genzyme, Cambridge, MA, USA
Sepracoat™	Dextran	Visköse Lösung	Genzyme, Cambridge, MA, USA
Hyscon™	Hyaluronsäure	Visköse Lösung	Pharmacia, Peapack, NJ, USA

Tabelle 90.5 Unterschiedliche Methoden zur Adhäsionsprophylaxe [53]

90.4.2 Polyethylenglykol (PEG) zur Adhäsionsprophylaxe

SprayGel™ (Confluent Surgical, Waltham, MA, USA) ist ein neues synthetisches, resorbierbares Barrierensystem zur Adhäsionsprophylaxe, dass den vorher beschriebenen Eigenschaften entspricht. Es besteht aus zwei flüssigen PEG-Lösungen, eines mit einem vielarmigen elektrophilen N-Hydroxy-Succinimidyl (NHS) Endgruppe, das andere mit einer vielarmigen PEG mit nukleophiler Amin Endgruppe. Wenn beide Lösungen miteinander gemischt werden, erfolgt eine rasche Polymerisation innerhalb von 1–2 Sekunden und eine synthetische, biokompatible, resorbierbare Membran aus Hydrogel wird ausgeformt. Durch biologisch abbaubare Verbindungen im Hydrogel ist eine Wiederauflösung in wasserlösliche Substanzen innerhalb von einer Woche möglich.

Die beiden flüssigen PEG-Lösungen werden auf das Peritoneum in dünnen Lagen gesprüht. Dies formt einen dünnen, gelartigen Film, der mechanisch die Gewebeoberfläche und kleine Blutungen sofort verschliesst. SprayGel™ wird durch einen druckgesteuerten Sprayer aufgetragen, mit dem präzise alle Stellen auch im laparoskopischen Blickfeld effektiv versiegelt werden können. Der Antiadhäsionsfilm bleibt für 5–7 Tage haften. Während dieser Zeit wird der Film langsam durch Hydrolyse aufgelöst und die löslichen PEG-Moleküle durch die Nieren wieder ausgeschieden. Obwohl SprayGel™ transparent ist, wird Methylenblau hinzugefügt, um den exakten Ort der Anwendung besser sichtbar zu machen.

Vorläufige Ergebnisse
Nachdem durch Tierstudien Materialsicherheit und Potential zur Adhäsionsprophylaxe bestätigt wurden [58, 59], wird SprayGel™ gegenwärtig in einer prospektiven, randomisierten und kontrollierten Studie zur Verhinderung von Adhäsionen nach laparoskopischen und offenen Myomektomien erprobt [60]. Die vorläufigen Ergebnisse zeigen, dass diese Adhäsionsbarriere leicht, schnell und effizient in der laparoskopischen wie offenen Chirurgie angewandt werden kann und an der Wundfläche haftet. Nach dem Abschluss der Studie werden die Ergebnisse ausgewertet, um SprayGel's Vorteile zu alternativen Adhäsionsprophylaxeprodukten zu bestimmen. SprayGel™ wird ab 2001 kommerziell erhältlich sein.

Diskussion
Polyethylenglykol bietet eine interessante Alternative zu anderen Adhäsionspräventionsmethoden (Tabelle 90.5), da es viele Anforderungen an eine optimale Adhäsionsbarriere erfüllt. Weitere Anwendungsbereiche sind in der Entwicklung. Mit dieser Methode könnten auch Pharmaka zusammen mit PEG als Trägersubstanz intraabdominal auf genau definierte Flächen für eine bestimmte Zeit aufgetragen werden. Die Anwendung von PEG in der Kardiochirurgie wird gegenwärtig erprobt [61]. Eine andere Perspektive für PEG entwickelt sich auch in der Neurochirurgie. Kürzlich wurde publiziert, dass Polyethylenglykol durch die Reparatur von Nervenmembranen die Gesundung nach Spinalnervenverletzungen verbessern kann [62].

90.4 Intraoperative Adhäsionsprophylaxe mit SprayGel™

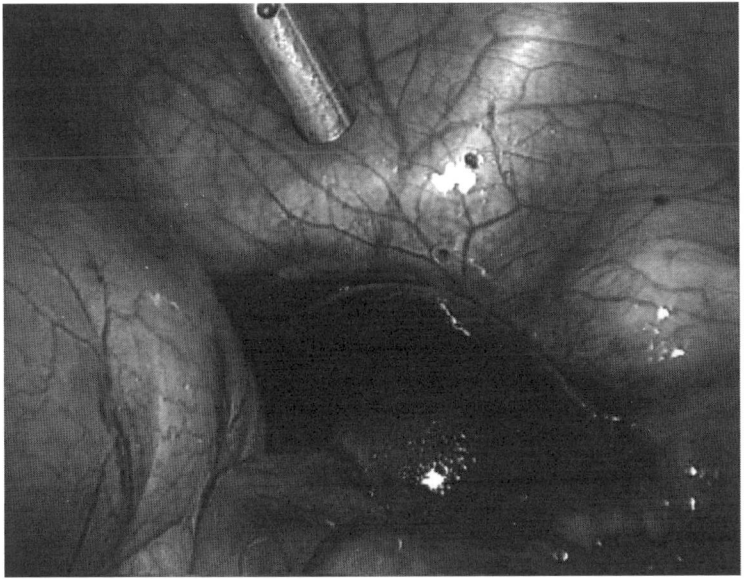

Abb. 90.7 Anwendung der SprayGel™ Adhäsionsbarriere: PEG-umhüllter Uterus

90.5 Literatur

1. American Society of Plastic Surgeons (ASPS): Plastic Surgery Procedural Statistics, Breast Reconstruction, http://www.plasticsurgery.org/mediactr/97brerec.htm, 1997.
2. Corral C.J., Mustoe T.A., Controversy in breast reconstruction, *Surg Clin North Am*, 76, 1996, p. 309–326.
3. Brinton L.A., Brown S.L., Breast Implants and Cancer, *J Natl Cancer Inst*, 89, 1997, p. 1341–1349.
4. Silicone Gel Breast Implants, The Report of the Independent Review Group. Great Britain, http://www.silicone-review.gov.uk/silicone_implants.pdf, July, 1998.
5. Lübbers K., What is silicone?, http://www.polytechsilimed.de/html/fachl_info/silikon_en.html.
6. Toxicity of Silicones, The Independent Review Group, http://www.silicone-review.gov.uk/toxicity/index.htm.
7. National Clearinghouse of Plastic Surgery Statistics: Cosmetic Surgery Trends 1992–1999, American Society of Plastic Surgeons (ASPS), http://www.plasticsurgery.org/mediactr/trends92–99.htm, 1999.
8. National Clearinghouse of Plastic Surgery Statistics: Reconstructive Procedure Trends 1992–1999, American Society of Plastic Surgeons (ASPS), http://www.plasticsurgery.org/mediactr/totalrec99a.htm, 1999.
9. Spear S.L., Majidian A., Immediate breast reconstruction in two stages using textured, integrated-valve tissue expanders and breast implants: a retrospective review of 171 consecutive breast reconstructions from 1989 to 1996, *Plast Reconstr Surg*, 101, 1998, p. 53–63.
10. Gabriel S.E., Woods J.E., O'Fallon W.M., Beard C.M., Kurland L.T., Melton L.J., Complications leading to surgery after breast implantation, *N Engl J Med*, 336, 1997, p. 677–682.
11. Saline-Filled & Spectrum Mammary Prostheses, Product Insert Data Sheet, Mentor Corporation, http://www.mentorcorp.com/fs.pdf, May 10th, 2000.
12. Information for Women about the Safety of Silicone Breast Implants, Institute of Medicine (IOM), National Academy Press, Washington, DC, USA, http://books.nap.edu/html/silicone_pop/silicone_pop.pdf, 2000.
13. A breast implant – for me?, Polytech Silimed Europe GmbH, http://www.polytechsilimed.de/html/patient_info/patient_info_en.html.
14. Plastic Surgery Procedural Statistics. Breast Augmentation, American Society of Plastic Surgeons (ASPS), http://www.plasticsurgery.org/mediactr/97breaug.htm, 1997.
15. Fine N.A., Mustoe T.A., Fenner G., Breast Reconstruction, in *Diseases of the Breast*, Harris J.R. et al. (eds.), Lippincott, Williams & Wilkins, Philadelphia, PA, USA, 2000, p. 561–575.
16. Lübbers K., MPS-Foam, http://www.polytechsilimed.de/html/fachl_info/index_fachlinfo_t_en.html.
17. A Status Report on Breast Implant Safety, Food and Drug Administration (FDA), http://www.fda.gov/fdac/features/995_implants/html, Rev. March, 1997.
18. Robinson Jr O.G., Bradley E.L., Wilson D.S., Analysis of explanted silicone implants: A report of 300 patients, *Ann Plast Surg*, 34, 1995, p. 1–7.
19. Deutinger M., Klepetko H., Tairych G., Wann sollten Brustimplantate gewechselt werden? Eine Untersuchung über die Veränderung von Implantaten in Abhängigkeit von der Liegedauer, *Geburtsh Frauenheilk*, 60, 2000, p. 440–443.
20. De Camara D.L., Sheridan J.M., Kammer B.A., Rupture and aging of silicone gel breast implants, 1993, p. 828–836.
21. Evans G.R., Baldwin B.J., From Cadavers to Implants: Silicon Tissue Assays of Medical Devices, *Plast Reconstr Surg*, 100, 1997, p. 1459–1465.
22. Evans G.R., Netscher D.T., Schusterman M.A., Kroll S.S., Robb G.L., Reece G.P., Miller M.J., Silicon Tissue Assays: A Comparison of Nonaugmented Cadaveric and Augmented Patient Levels, *Plast Reconstr Surg*, 97, 1996, p. 1207–1214.

23. McConnell J.P., Moyer T.P., Nixon D.E., Schnur P.L., Salomao D.R., Crotty T.B., Weinzweig J., Harris J.B., Petty P.M., Determination of Silicon in Breast and Capsular Tissue From Patients with Breast Implants Performed by Inductively Coupled Plasma Emission Spectroscopy. Comparison with Tissue Histology, *Am J Clin Pathol*, 107, 1997, p. 236–246.
24. Peters W., Smith D., Lugowski S., McHugh A., Keresteci A., Baines C., Analysis of silicone levels in capsules of gel and saline breast implants and of penile prostheses, *Ann Plast Surg*, 34, 1995, p. 578–584.
25. Goodman C.M., Cohen V., Thornby J., Netscher D., The life span of silicone gel breast implants and a comparison of mammography, ultrasonography, and magnetic resonance imaging in detecting implant rupture: A meta-analysis, *Ann Plast Surg*, 41, 1998, p. 577–586.
26. Beekman W.H., Feitz R., Hage J.J., Mulder J.W., Life Span of Silicone Gel-Filled Mammary Prostheses, *Plast Reconstr Surg*, 100, 1997, p. 1723–1728.
27. Breast Implant Information Booklet, 2nd Edition, Therapeutic Goods Administration (TGA), Woden, Australia, http://www.health.gov.au/tga/docs/pdf/brealot.pdf, 1998.
28. Breast Implants, An Information Update, Food and Drug Administration (FDA), http://www.fda.gov/cdrh/breastimplants/indexbip.pdf, 2000.
29. Mentor Corporation, Santa Barbara, CA, USA, http://www.mentorcorp.com.
30. McGhan Medical Corporation, Santa Barbara, CA, USA, http://www.mcghan.com.
31. Safety of Silicone Breast Implants, Institute of Medicine (IOM), National Academy Press, Washington, D.C., USA, http://books.nap.edu/catalog/9602.html, 2000.
32. Saline-Filled Breast Implant Surgery: Making an Informed Decision, Food and Drug Administration (FDA), http://www.fda.gov/cdrh/breastimplants/labeling/mentor_patient_labeling_5900.html.
33. Filshie G.M., Filshie Clip for Minimal Invasive Surgery, http://www.femcare.co.uk/pap/pdf/fclip_mis_filshie.pdf.
34. Filshie G.M., Casey D., Pogmore J.R., Dutton A.G.B., Symonds E.M., Peake A.B.L., The Titanium/Silicone Rubber Clip for Female Sterilization, *Br J Obstet Gynaecol*, 88, 1981, p. 655–662.
35. Filshie G.M., Helson K., Teper S., Day Case Sterilization with the Filshie Clip in Nottingham. 10-year follow up study: the first 200 cases, 7th Annual Meeting of the International Society for Gynecologic Endoscopy (ISGE), Sun City, South Africa, 1998.
36. Increasing Contraceptive Choices, 38. Family Health International (FHI), http://resevoir.fhi.org/en/gen/corpreport/incchoi.html, October, 1999.
37. Penfield A.J., The Filshie Clip for female sterilization: A review of world experience, *Am J Obstet Gynecol*, 182, 2000, p. 485–489.
38. Sterilization Device Recommended for Approval, Family Health International (FHI), http://resevoir.fhi.org/en/gen/newsarch.html, February, 1996.
39. Robinson G., Christie C., Chambers B., Filshie G.M., Histopathology of the Fallopian Tube Subsequent to Sterilisation with the Filshie Clip, Hulka Clip and Falope Ring, http://www.femcare.co.uk/pap/pdf/hist_faltub_robinson.pdf.
40. Hills B., Action against device after pregnancies, The Sydney Morning Herald, Sydney, Australia, http://www.smh.com.au/news/9905/19/text/national1.html, May 19th, 1999.
41. Peterson H.B., Xia Z., Hughes J.M., Wilcox L.S., Tylor L.R., Trussell R., The Risk of Pregnancy after Tubal Sterilization: Findings from the U.S. Collaborative Review of Sterilization (CREST), *Am J Obstet Gynecol*, 174, 1996, p. 1161–1170.
42. Conceptus, Inc., San Carlos, CA, USA, http://www.conceptus.com.
43. Sciarra J., Overview of new sterilization procedures, 9th Annual Congress of the International Society for Gynecologic Endoscopy (ISGE), Gold Coast, Australia, 2000.
44. Van Herendaal B., Anesthesia and Stop' Hysteroscopy, 9th Annual Congress of the International Society for Gynecologic Endoscopy (ISGE), Gold Coast, Australia, 2000.
45. Valle R.F., Tissue Response to the STOP' Long-term Intratubal Device, 9th Annual Congress of the International Society for Gynecologic Endoscopy (ISGE), Gold Coast, Australia, 2000.

46. Cooper J., A New Transcervical Fallopian Tube Permanent Contraception Method: Phase II Results. 9th Annual Congress of the International Society for Gynecologic Endoscopy (ISGE), Gold Coast, Australia, 2000.
47. Kerin J., Cooper J., Van Herendael B., Price T., STOP: Non-incisional permanent contraception – interim phase III study results presented, 9th Annual Congress of the International Society for Gynecologic Endoscopy (ISGE), Gold Coast, Australia, 2000.
48. Schering, *Mirena Fachinformation, August*, 3. Edition, 1999.
49. Schering, Mirena Data Sheet, February, http://www.medsafe.govt.nz/profs/datasheet/m/mirenaius.htm, 1998.
50. Innovatives Intrauterin-System: Vorteile von Pille und IUP vereint, *Frauenarzt*, 11, Supplement 2, 1997.
51. Tucker D.E., Mirena Intrauterine System (IUS), http://www.womans-health.co.uk/mirena.htm, September, 1999.
52. Anderson K., Odlind V., Rybo G., Levonorgestrel-releasing and copper-releasing (Nova T) IUDs during five years of use: A randomized comparative trial. Contraception, 49, 1994, p. 56–72.
53. DiZerega G.E. et al., *Peritoneal Surgery*, Springer Verlag, New York, NY, USA, 2000.
54. Treutner K.H., Schumpelick V., Adhäsionsprophylaxe. Wunsch und Wirklichkeit, *Chirurg*, 71, 2000, p. 510–517.
55. Diamond M.P., Daniell J.F., Feste J., Adhesion reformation and de novo adhesion formation after reproductive pelvic surgery, *Fertil Steril*, 47, 1987, p. 864–866.
56. Ethicon: Prevention/Treatment of Adhesions, http://www.ethiconinc.com/womans_health/product/adhesions/prev_con.html, 1998.
57. Arnold P.B., Green C.W., Foresman P.A., Rodeheaver G.T., Evaluation of resorbable barriers for preventing surgical adhesions, *Fertil Steril*, 73, 2000, p. 157–161.
58. Randall D., Lyman M.D., Edelman P.G., Campbell P.K., Evaluation of the SprayGel Adhesion Barrier in the Rat Caecum Abrasion and Rabbit Uterine Adhesion Models, *Fertil Steril*, 2001, in press.
59. Ferland R., Mulani D., Campbell P.K., Evaluation of the SprayGel Adhesion Barrier in a Porcine Efficacy Model, 2000, submitted.
60. Jacobs V.R., Mettler L., Lehmann-Willenbrock E., Jonat W., Application of SprayGel as New Intraperitoneal Adhesion Barrier Prevention Method for Use in Laparoscopy and Laparotomy, Abstract in JSLS 2000 4, 4, 9th SLS Meeting, Orlando, FL, USA, 2000.
61. Sawhney A.S., Payne D., Wiseman D., Evaluation of an Absorbable, Sprayed-on Hydrogel for the Prevention of Pericardial Adhesions, 2000, submitted.
62. Borgens R.B., Shi R., Immediate recovery from spinal cord injury through molecular repair of nerve membrane with polyethylene glycol, *FASEB J*, 14, 2000, p. 27–35.

91 Maschinengestütztes Operieren, Mechatronik und Robotik

G. Hirzinger

Führende Chirurgen weisen daraufhin, dass sich die sogenannte minimal invasive (Schlüsselloch-) Chirurgie bisher nicht so durchgesetzt hat, wie es vor rund 10 Jahren vorausgesagt wurde. Lediglich in Bereichen der Abdominalchirurgie (insbesondere z. B. bei Gallenblasen-Operationen) wurden Anteile von 80% und höher erreicht. Als Grund für dieses Phänomen wird angeführt, dass viele Chirurgen den sog. Chopstick-Effekt (von den chinesischen Essstäbchen abgeleitet) als unangenehm empfinden, also die Situation, dass lange Instrumente nur um den sog. Trokarpunkt (den Einstichpunkt in der Körperoberfläche) bewegbar sind, was zu unnatürlichen und vergleichsweise großräumigen Armbewegungen des Chirurgen führt, der sich am Videobild des Endoskops orientiert. Dieses wird typischerweise neben zwei Instrumenteneinstich-Punkten durch einen dritten Einstich-Punkt (z. B. im Bauchnabel) in den Körper eingeführt. Im klassischen Fall wird dieses Endoskop (das steife Laparoskop) von einem zweiten Arzt den Instrumenten-Spitzen des operierenden Chirurgen nachgeführt, so dass dieser sein aktuelles Operationsgebiet immer gut im Blickfeld hat.

Obgleich also diese für den Patienten im allgemeinen sehr schonenden und die Genesung verkürzenden Techniken sich langsamer als vorausgesagt durchsetzen, gehen viele Chirurgen davon aus, dass das soeben zu Ende gegangene Jahrhundert nicht nur den Beginn der Chirurgie überhaupt markiert, sondern vor allem auch durch die große, traumatische Köperöffnung charakterisiert ist, während das neue Jahrhundert der minimal invasiven Chirurgie den breiten Durchbruch verschaffen wird. Entscheidender Schlüssel dafür sind Mechatronik- und Robotik-Systeme, die dem Chirurgen über sog. Telepräsenz-Techniken das realistische Gefühl vermitteln, am offenen Körper zu operieren, wobei er aber vergleichsweise entspannt am sog. Operationspult sitzt (statt angestrengt und ggf. stundenlang über einen Patienten gebeugt zu stehen). Letztlich kann man die neuen Technologien der robotergestützten minimal invasiven Chirurgie in drei Kategorien einteilen, die sich ergänzen bzw. künftig immer mehr zusammenfließen werden (Abb. 91.1):

- die ausschließlich und direkt vom Chirurgen gesteuerte Teleoperation
- die teilautonome Ausführung gewisser Funktionen, z. B. die selbstständige Ausrichtung des robotergeführten Instruments auf einen durch Tomographiedaten lokalisierten Tumor

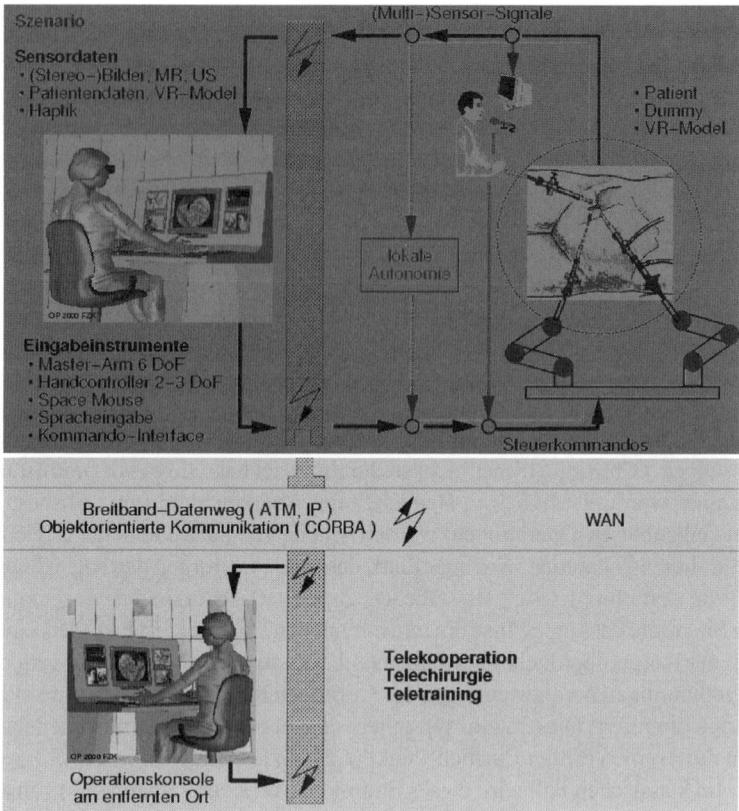

Abb. 91.1 Fernsteuerung und (Teil-)Autonomie in der Chirurgie-Robotik

- die vollständig autonome Ausführung von Assistenz-Funktionen wie etwa die vollautomatische Endoskop-Führung über Echtzeit-Bildverarbeitung.

Einzug in unsere Kliniken hält derzeit schon die reine Teleoperation, bei der der Chirurg wenige Meter vom Patienten entfernt (oder im Nebenraum) am oben erwähnten Steuerpult sitzt, ein gestochen scharfes (endoskopisch erzeugtes) Stereo-Bild in 10- oder 20-facher Vergrößerung vom Operationsgebiet vor sich sieht und in seinen Händen die ihm von der offenen Chirurgie vertrauten Instrumentengriffe hält (Abb. 91.2). Diese sind jedoch an kleinen, roboterähnlichen Bewegungsmechanismen aufgehängt, den sog. Hand-Controllern, die im Gegensatz zum bekannten Joystick mit seinen 2 Freiheitsgraden wie ein kleiner Roboter bis zu 6 Bewegungsfreiheitsgrade aufweisen. Über diese vorzugsweise frei beweglichen Handcontroller werden die Bewegungen des Instrumentengriffs genau registriert und auf die Operations-Roboter am Patienten (bzw. die von ihnen geführten minimal invasiven Instrumente und Zangen im Körperinneren) übertragen. Ideal ist dabei, wenn durch geeignete kinematische Strukturen von Roboter und Instrument im Körperinneren

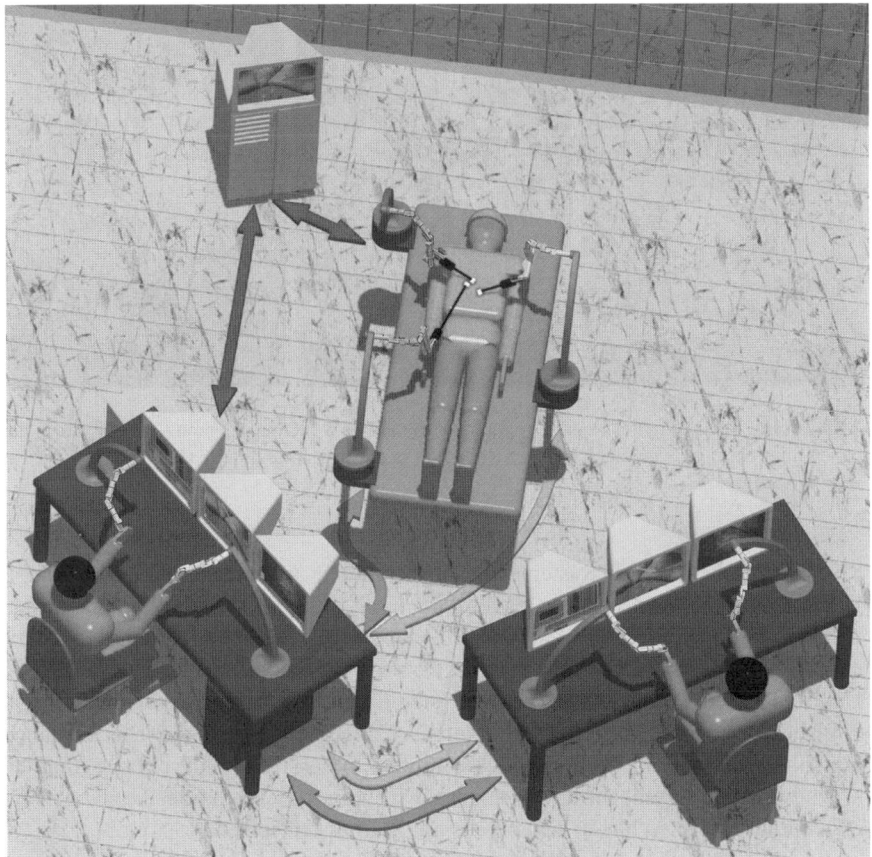

Abb. 91.2 Robotergestützte minimal invasive Chirurgie der Zukunft

die volle Zangen-Beweglichkeit in allen 6 Raumfreiheitsgraden entsteht. Dazu sollten die Instrumentenspitzen in wenigstens 2 Freiheitsgraden abwinkelbar (und natürlich von außen ansteuerbar) sein.

Mit zwei solcher Handcontroller-Roboter-Systeme und dem vom (Endoskopführenden) dritten Roboter gelieferten 3D-Bild kann der Chirurg dann wieder ähnlich wie in der offenen Chirurgie arbeiten, hat aber eine Reihe von Vorteilen (9–11):

- quasi ermüdungsfreies Arbeiten, sitzend vor einem stark vergrößerten Stereo-Bild
- Zitterfreies Arbeiten durch sog. Tremorfilter, die das unvermeidliche Zittern der menschlichen Hand im Bewegungssignal erkennen und herausfiltern, bevor sie es an den Roboter-Arm weitergeben.
- in weiten Grenzen variable Skalierung der Handbewegung, d. h. 1 cm Handbewegung erzeugt z. B. nur 0.1 cm Instrumentenbewegung.

 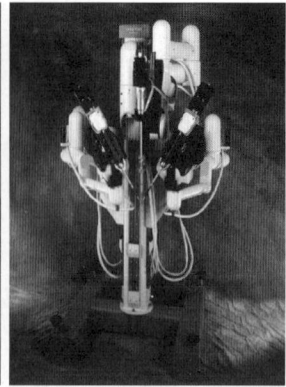 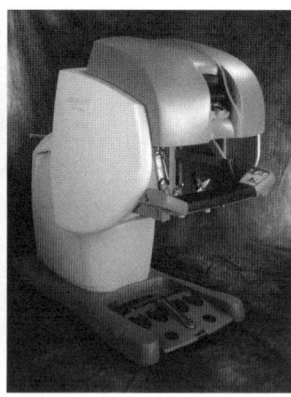

Abb. 91.3 Übertragung der Handbewegung auf die Zange im Körperinneren – Grundprinzip der neuen minimal invasiven Herzchirurgie-Robotersysteme (mit freundlicher Genehmigung der Fa. Intuitive Surgical)

Chirurgische-Roboter-Systeme dieser Art mit 3 Armen am Patienten und 2 Handcontrollern wurden in den letzten Jahren mit riesigem Venture-Kapital-Einsatz insbesondere in Kalifornien entwickelt. Die heutigen Marktführer Intuitive Surgical (Abb. 91.3) und Computer Motion Control konnten allein im letzten Jahr in Deutschland ein halbes Dutzend ihrer Systeme (mit Anschaffungskosten von bis zu 1.5 Mio. DM) an deutsche Herzkliniken verkaufen bzw. vermieten. Das Vernähen von Blutgefäßen etwa bei Bypass-Operationen in der Tat ohne Probleme möglich – das brachiale Aufsägen des Brustbeins wird vermutlich bald der Vergangenheit angehören. Patienten lassen sich bereits auf Wartelisten setzen.

Es gibt eine Reihe von Gründen, warum wir in Deutschland bei Entwicklung und Vermarktung solcher Systeme fast den Anschluss verloren haben. So erweckte der mit dieser Technik verbundene Begriff „Telechirurgie" den Eindruck, als ginge es vornehmlich nur um das Operieren aus Tausenden von Kilometern Entfernung mit all den sicherheitstechnischen und ethischen Problemen. Vor allem entstand Ablehnung, weil die zugrundeliegenden Techniken vor Jahren in den USA zunächst von den Militärs mit erheblichen Mitteln gefördert wurden und man bei uns die Vorstellung vom Soldaten, der auf dem Schlachtfeld aus der Ferne vom sicher im Bunker sitzenden Chirurgie-Spezialisten operiert wird, verständlicherweise gar nicht erst nachvollziehen wollte. Das enorme zivile Potential hat man dabei aber übersehen. Mit den oben skizzierten Roboter-Chirurgie-Systemen sind die Perspektiven noch längst nicht ausgeschöpft. Eine Reihe von notwendigen Verbesserungen und Weiterentwicklungen zeichnen sich jetzt schon ab:

Chirurgie-Roboter, obgleich heute schon von den Patienten überraschend schnell akzeptiert, sollten noch viel kleiner und filigraner werden, auch von der Schwester am Operationsbett schnell an- und abbaubar sein und von der Hand des Chirurgen auch direkt bewegbar sein, genauer gesagt, wie bei der herkömmlichen MMI um den Trokarpunkt.

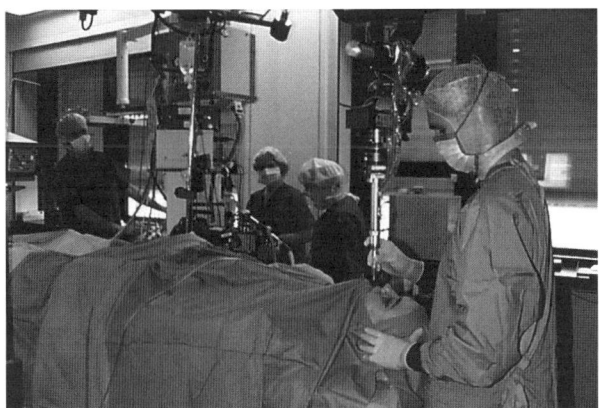

Abb. 91.4 Gefühlvolles Führen von Bohr- und Fräsinstrumenten auf einem von der Robotersteuerung vorgeplanten Weg in der Gesichts- und Kieferchirurgie (mit freundlicher Genehmigung der Charité Berlin, Prof. Lüth)

- Handcontroller sollten generisch, d. h. kinematisch völlig frei konfigurierbar sein und es z. B. erlauben, beliebige Trokar-Einstichpunkte software-technisch zu fixieren, so dass der Handcontroller dann nur mehr um diesen Punkt beweglich ist und so die klassische Technik simuliert.
- Durch Kraftreflektion (basierend auf Kraft / Momenten-Sensorik im Instrument und Momenten-Rückkopplung in die Handcontroller-Gelenke) sollte der Chirurg wieder spüren, wie stark er an einem Faden oder einer Gewebestruktur zieht bzw. wie weich letztere ist.
- Über sog. Breitband-Netze könnten (weltweit) beliebig viele Handcontroller angeschlossen werden, so dass auszubildende Ärzte vom erfahrenen Chirurgen, der eine Operation durchführt, lernen können, indem ihnen ihr eigener Handcontroller die Hände exakt parallel zu denen des real operierenden Chirurgen führt. Die entsprechend hochaufgelöste Bildübertragung ist dabei natürlich vorausgesetzt. Völlig neue Formen der Chirurgenausbildung sind damit denkbar.

Die oben beschriebene, im vorhergehenden etwas näher erläuterte reine Teleoperationstechnik wird ergänzt werden durch (Teil-) Autonomie-Funktionen. So kann beispielsweise in der Gehirn- und Leberchirurgie die Position eines Tumors tomographisch präoperativ (also vor der Operation) ermittelt werden. Während der Operation führt ein Roboter dann eine Biopsie-Nadel zielgenau und zitterfrei auf den Tumor zu, nachdem eine sog. Zugangsplanung den für das gesunde Gewebe schonendsten Weg ermittelt hat. Hier kommt die sog. Navigation ins Spiel, weil intraoperativ (d. h. während der Operation) die Relativlage von Instrument und Tumor erfasst werden muss (letzterer hat sich z. B. mit der Leber inzwischen verschoben, kann aber mit 3D-Ultraschall neu geortet werden). Teil-Autonomie bedeutet hier z. B., dass der Mensch nicht mehr versucht, die Ausrichtung des Instruments, bzw. die Weg-Planung zum Tumor selbst vorzunehmen, dass er aber vielleicht über einen

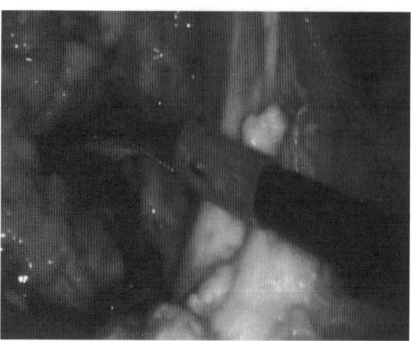 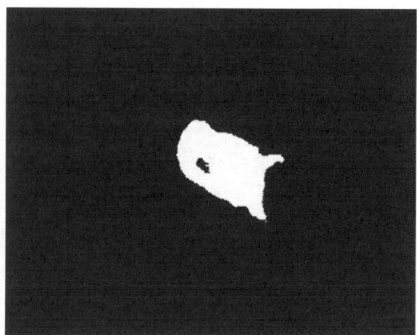

Abb. 91.5 *Links:* Endoskopisches Bild aus dem Bauchinneren mit farbmarkiertem Instrument, *rechts:* nachbearbeitete Segmentation der Farbmarke

Joystick oder einen Kraft-Momentensensor zwischen Roboter und Instrument noch die Vorschub-Geschwindigkeit selbst steuert und überwacht und dabei sogar die Kräfte fühlt und vorgibt, mit denen Gewebe- oder Knochen-Regionen durchstoßen werden. Für die Kiefer- und Gesichtschirurgie wurde ein solches System z. B. an der Charité in Berlin entwickelt (Abb. 91.4).

Aber auch für das Arbeiten am bewegten Organ (z. B. dem ohne Einsatz einer Herz-Lungen-Maschine schlagenden Herzen) wäre Teil-Autonomie von erheblicher Bedeutung, wenn nämlich der instrumentenführende Roboter die Bewegung des Organs (ermittelt z. B aus Stereobilddaten) selbstständig mitmachen würde, so dass der Chirurg an einem scheinbar stillstehenden Organ die Blutgefäße vernähen könnte, oder dass kurze Nähbewegungen sogar selbständig ablaufen würden. Tatsächlich wurden in den letzten Monaten bereits die ersten minimal invasiven Roboteroperationen am schlagenden Herzen durchgeführt, allerdings mit einem (ebenfalls minimal invasiv eingeführten) mechanischen Stabilisator. Vollautonome Funktionen werden sich auf absehbare Zeit vor allem auf Assistenz-Aspekte, nicht die Operation selbst, beziehen. Als Beispiel diene die Endoskop-Führung durch Robotik. Kommerziell verfügbare Systeme bieten heute Sprachsteuerung an, um den „Kamera-Assistenten" zu ersetzen, doch eignen sich Sprachkommandos wie rechts, links, vor, zurück, stop bei nur starr eingestellter Geschwindigkeit für eine Bewegungssteuerung im Raum nicht besonders gut. Wesentlich eleganter ist die vom DLR entwickelte und im Herbst ′96 weltweit erstmalig am Münchner Klinikum rechts der Isar eingesetzte vollautomatische Kameraführung, bei der statt des menschlichen Kamera-Assistenten ein kleiner Roboter das bildgebende Stereo-Endoskop durch ein Loch in der Bauchdecke des Patienten dem Werkzeug des Chirurgen nachführt (Abb. 91.5 und Abb. 91.6).

Die vom Endoskop zu verfolgende Chirurgie-Zange (Abb. 91.5) ist an der Spitze mit einer Farbmarke versehen, wobei die gewählte grünliche Farbe im Bauchraum normalerweise nicht vorkommt. Man spricht hier von Stereo-Farbsegmentierung (ohne Kontur-Erkennung o.ä.), einem ausgesprochen robusten Ansatz für diese Aufgabe, die es dem Roboter erlaubt, das Endoskop so ruhig (d. h. zitterfrei) und

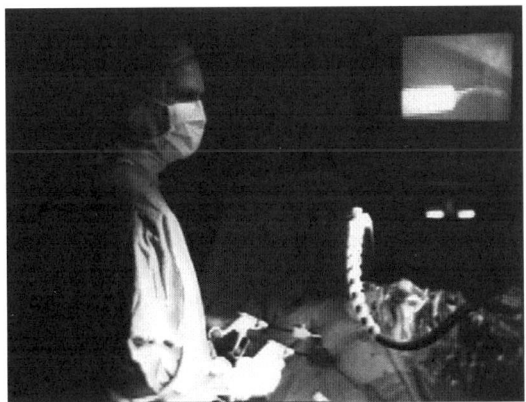

Abb. 91.6 Minimal invasive Chirurgie mit automatischer Endoskopführung durch einen Roboter

Abb. 91.7 Roboter für Einsätze in der Hüftchirurgie und bei Kreuzbandoperationen (mit freundlicher Genehmigung der Fa. Orto Maquet)

„konzentriert" nachzuführen, wie dies (vor allem über längere Zeit) kein Mensch leisten kann. Mit den beschriebenen Robotik- und Mechatronik-Szenarien ist die Palette des Roboter-Einsatzes in der Chirurgie längst nicht ausgeschöpft. Insbesondere in der Orthopädie und Hüftchirurgie übernehmen Robotersysteme (wie der amerikanische ROBODOC u. der deutsche CASPAR (Abb. 91.7) auch im klinischen Einsatz längst Fräsarbeiten mit einer Präzisions- und Passgenauigkeit, die eine menschliche Hand nie erreichen kann. Allerdings ähneln diese Anwendungen stärker der klassischen Industrierobotik, wo es weniger auf Mensch-Maschine-Interaktion, sondern mehr auf das präzise Abfahren programmierter Bewegungen ankommt. Robotik wird ganz allgemein im 21. Jahrhundert das Gesicht der Chirurgie massiv verändern. Dabei geht es aber nicht um eine oft als unmenschlich empfundene Apparatemedizin, die z. B. Leben um jeden Preis verlängert, sondern einzig um das Ziel, den Chirurgen völlig neue Möglichkeiten zu eröffnen und Operationen so sicher und schonend zu machen, wie das früher undenkbar war.

92 Apparativ-technische Ausstattung im Rettungs- und Notarztdienst

O. Zorn

92.1 Fahrzeuge im Rettungsdienst

Entsprechend ihrer Einsatzgebiete werden im Rettungs- und Notarztdienst verschiedene boden- und luftgebundene Fahrzeuge unterschieden, die auch in ihrer apparativ-technischen Ausstattung differieren.

92.1.1 Krankentransportwagen

Krankentransportwagen, kurz KTW genannt, dienen dem Transport von Nicht-Notfallpatienten. Sie bringen beispielsweise Patienten nach der Einweisung durch den Hausarzt in ein Krankenhaus oder verlegen Patienten von einer Klinik in eine Zweite. Darüber hinaus kommen u. a. diese Fahrzeuge auch bei Sanitätsdiensten oder bei Großveranstaltungen zur Bereitstellung von Material und Personal zum Einsatz. Für den Katastrophenfall und im Sanitätsdienst der Bundeswehr stehen Krankentransportwagen mit vier Tragen zur Verfügung.

Auf ihren Einsatzzweck ausgerichtet findet sich auf diesen Fahrzeugen meist nur eine minimale apparativ-technische Ausstattung zur Diagnostik oder Therapie. Meist besteht diese Ausstattung aus einem inhaltlich sehr reduzierten Notfallkoffer, einem Gerät zur Sauerstoffinhalation bei noch selbst atmenden Patienten sowie Material zur Lagerung von Patienten. Für Fahrzeuge dieses Typs ist sowohl eine Krankentrage als auch ein Tragestuhl, in dem Patienten – gerade in engen Treppenhäusern – sitzend getragen werden können, vorgeschrieben.

Die Ausrüstung der Krankentransportwagen wurde in der DIN 75 080 Teil 1 geregelt und später durch die DIN EN 1789:2007 ersetzt. Darin wird ein TYP A, der klassische Krankentransportwagen, beschrieben, der für Patienten gedacht ist, die voraussichtlich keine Notfallpatienten werden, sowie ein Typ B, der sog. Notfallkrankenwagen. Dieser soll für die Erstversorgung und Überwachung von Patienten konzipiert sein. Eine entsprechende Unterscheidung dieser zwei Fahrzeugtypen findet in der Praxis bislang in Deutschland nicht statt.

Allerdings werden in eher ländlichen Gebieten zu Spitzenzeiten im Einsatzaufkommen auch Krankentransportwagen im Bereich der Notfallrettung eingesetzt, weshalb diese Fahrzeuge dann oft über eine fakultative Zusatzausrüstung in Form von mindestens einem Beatmungsgerät oder EKG/Defibrillator verfügen.

92.1.2 Rettungswagen

Rettungswagen (RTW) sind meist größere Fahrzeuge als Krankentransportwagen und werden zum Herstellen und Aufrechterhalten der Transportfähigkeit von Notfallpatienten sowie zu deren Transport eingesetzt (Abb. 92.1). Sie sind mit mindestens einem Rettungsassistenten als Beifahrer und einem zweiten, medizinisch ausgebildeten Kollegen als Fahrer (nicht-ärztlich) besetzt. Rettungswagen bilden das Rückrad des Rettungsdienstes in Deutschland und rücken zu allen denkbaren Notfällen aus. Außerdem können sie natürlich auch für Krankentransporte genutzt werden.

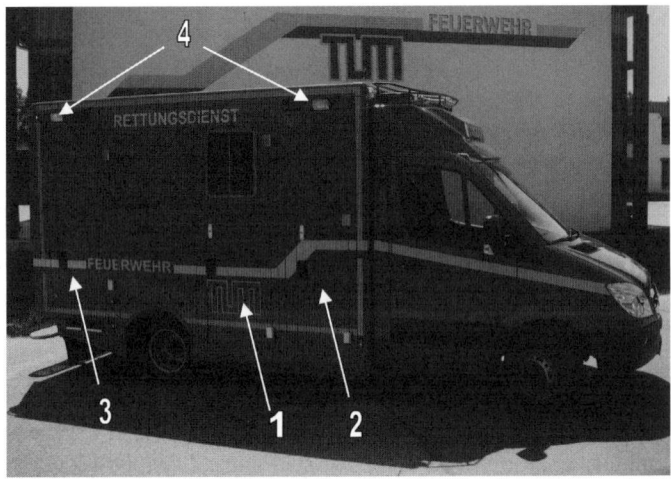

Abb. 92.1 Rettungswagen der Werkfeuerwehr der Technischen Universität München auf der Basis eines Mercedes Sprinter mit Kofferaufbau (Funkrufname: Florian TU Garching 71/1). Der Zugang zum Patientenraum erfolgt durch die seitliche Tür (1) oder über zwei Hecktüren, durch die auch die Rolltrage ein- und ausgeladen werden kann. Eine Besonderheit dieses Fahrzeuges ist, dass die Notfallausrüstung (beide Notfallrucksäcke, das Beatmungsgerät sowie das Defibrillator/EKG-Kombinationsgerät) über eine Tür (2) von außen entnommen werden kann und gleichzeitig über einen Rollschrank von innen zugänglich ist. Über eine weitere Tür (3) kann von außen auf einen Großteil des Schienmaterials zugegriffen werden. Am Kofferaufbau gut erkennbar ist die Umfeldbeleuchtung (4), die es ermöglichen eine Einsatzstelle direkt neben dem Fahrzeug zu erhellen. Die Mindestausstattung dieses Rettungswagen Typ C wird in der DIN EN 1789:2007 beschrieben

In Rettungswagen ist eine sehr umfangreiche apparativ-technische Ausstattung vorhanden. Sie reicht von einfachen Mitteln zur technischen Rettung über die gesamte später weitergehend erläuterte diagnostische und therapeutische Ausrüstung bis hin zu mannigfaltigem Schienmaterial und einer Krankentrage.

Früher wurde die Ausstattung durch die DIN 75 080 Teil 2 geregelt, neuerdings geschieht dies durch die DIN EN 1789:2007. In dieser Norm wird der Rettungswagen als Typ C definiert, der zum Transport von Notfallpatienten sowie zu deren erweiterter Behandlung und Überwachung geeignet und ausgerüstet ist. In dieser Norm wird auch auf die einzelnen Ausrüstungsgegenstände eingegangen, diese werden aber häufig in eigenen Normen genauer geregelt.

92.1.3 Notarztwagen

Ein Notarztwagen (NAW) ist ein Rettungswagen, in dem zusätzlich zu der aus zwei Mann bestehenden RTW-Besatzung auch noch ein Notarzt mit an Bord ist. Der NAW rückt bei allen Einsätzen aus, die potentiell lebensbedrohlich sind und/oder den Gebrauch von Medikamenten erforderlich machen. Näheres regeln die verschiedenen Notarzteinsatzkataloge der Länder, welche die Indikationen für einen Notarzteinsatz in Abgrenzung zu einem RTW-Einsatz klar regeln.

Im Notarztwagen sind also ebenso einige einfache Mittel zur technischen Rettung sowie die gesamte unten erläuterte diagnostische und therapeutische Ausrüstung verlastet. Ergänzt wird die Ausrüstung durch ein erweitertes medikamentöses Sortiment inklusive Betäubungsmittel.

92.1.4 Notarzteinsatzfahrzeug

Bei einem Notarzteinsatzfahrzeug (NEF) handelt es sich um einen mit einer Sondersignalanlage ausgerüsteten schnellen PKW, Kombi, Geländewagen oder Van, der lediglich den Notarzt sowie notfallmedizinische Ausrüstung zum Einsatzort bringt (Abbildung 92.2). Er hat keine Transportmöglichkeit für einen Patienten, was immer den gleichzeitigen Einsatz eines Rettungswagens notwendig macht. In einigen Gebieten gibt es noch immer selbstfahrende Notärzte, allerdings bemüht man sich zunehmend darum, flächendeckend Fahrer (meist Rettungsassistenten oder Rettungssanitäter) einzuführen.

Der Vorteil des Notarzteinsatzfahrzeuges gegenüber dem NAW ist seine größere Schnelligkeit und Wendigkeit sowie die Möglichkeit, den Notarzt getrennt vom Patienten-Transportmittel bei Bedarf schneller wieder einsatzklar zu machen. Deshalb ist vor allem in ländlichen Gebieten das Rendezvous-System, also ein Treffen von NEF und RTW an der Einsatzstelle, verbreitet. In Großstädten (wie z.B. in München) finden meist NEF und NAW parallel Verwendung.

Die Ausrüstung des NEF gleicht der des NAW, allerdings ist insgesamt weniger

Abb. 92.2 Ein Notarzteinsatzfahrzeug (NEF) auf der Basis eines Audi A6 allroad. Es dient dazu, den Notarzt sowie die notfallmedizinische Ausrüstung (vergleichbar mit der Ausrüstung eines RTW zuzüglich vieler Medikamente) schnellstmöglich zum Einsatzort zu bringen. Ein Patiententransport ist in einem NEF nicht möglich. Die Ausstattung sowie Fahrzeugspezifika sind in der DIN 75 079 geregelt

Stauraum für Reservematerial und Schien- oder Immobilisationsmaterial vorhanden. Geregelt wird dies in der DIN 75 079.

Außer der Ausstattung sind in der DIN 75 079 auch Fahrzeugspezifika geregelt. So muss ein NEF beispielsweise in voll beladenem Zustand innerhalb von 14 Sekunden von 0 auf 100 km/h beschleunigen und über ein Anti-Blockier-System verfügen.

92.1.5 Rettungshubschrauber

Der Rettungshubschrauber (RTH) bringt neben dem Notarzt auch einen Rettungsassistenten zum Einsatzort. Die fliegerische Besatzung besteht aus einem Piloten und je nach Hubschraubermodell einem zweiten Piloten oder einem Bordtechniker (Abbildung 92.3).

Vorteile des RTH gegenüber bodengebundenen Kräften sind:
- die höhere Geschwindigkeit
- das Abdecken eines größeren Einsatzgebietes
- die Möglichkeit des besonders schonenden Patiententransports z. B. bei Wirbelsäulenverletzungen
- die Möglichkeit zur Rettung von Patienten aus unwegsamem Gelände wie beispielsweise Gebirge oder Wasser.

Dafür sind einige Hubschrauber an der Seite mit einer Rettungswinde ausgestattet, die es der Besatzung auch in unwegsamen Gebiet ermöglicht zum Patien-

Abb. 92.3 Rettungshubschrauber (RTH) des ADAC (Funkrufname: Christoph 1) auf der Basis einer BK 117. Gut zu erkennen: Die an der linken Seite montierte Seilwinde. Die Ausstattung besteht wie die eines Notarztwagens aus Notfallrucksäcken, einem Defibrillator/EKG-Gerät sowie einem Beatmungsgerät. Einschränkungen ergeben sich aus dem geringeren Platzangebot in der Maschine sowie dem Lärm während des Fluges. Deshalb findet die Kommunikation zwischen der fliegerischen und der medizinischen Besatzung über eine Intercom-Anlage statt. Diese ist in den Helmen verbaut, deren Tragen in einem RTH Pflicht ist. Die Krankentrage hat zur Gewichtsersparnis meist kein Rolluntergestell sondern muss getragen werden

ten zu gelangen oder diesen in einem speziellen Bergesack in den Hubschrauber zu „winchen". In einigen Gebieten (beispielsweise in Österreich) kommt auch die Fixtau-Rettung zum Einsatz, bei der ein Seil mit einer konstanten Länge unten am Hubschrauber befestigt wird. Eingehakt an diesem Seil wird der Retter zur Einsatzstelle geflogen.

Nachteile des Rettungshubschraubers sind:

- seine beschränkte Einsatztauglichkeit bei schlechtem Wetter und Dunkelheit
- die Abhängigkeit von geeigneten Landeplätzen in unmittelbarer Nähe zur Einsatzstelle (ggf. muss ein Streifenwagen der Polizei oder ein Einsatzleitwagen der Feuerwehr die Besatzung zur Einsatzstelle bringen)
- eine verminderte Zuladungskapazität bei heißem Wetter, da hier die Leistungsfähigkeit der Maschine aufgrund der geringeren Luftdichte deutlich abnimmt.

In der DIN 13 230 wird u. a. ein Mindestraumangebot in der Maschine sowie die Möglichkeit zum gleichzeitigen Transport von zwei Patienten definiert. Allerdings zeigt sich in der Praxis, dass in vielen gängigen Maschinen die geringe Höhe im Patientenraum des Hubschraubers eine Versorgung in der Luft nur sehr eingeschränkt ermöglicht. Deshalb muss der Patient noch an der Einsatzstelle vollständig versorgt werden bevor mit dem Transport begonnen werden kann.

Die apparativ-technische Ausstattung ist identisch mit der eines Notarztwagen, allerdings ist auch hier das Platzangebot für Reservematerial ähnlich wie bei dem Notarzteinsatzfahrzeug begrenzt und unterliegt zusätzlich auch noch einer Gewichtsbeschränkung. Zusätzlich müssen alle elektrischen Geräte durch die Luftfahrtbehörde für den Einsatz in einem Fluggerät freigegeben worden sein.

92.1.6 Intensivtransportwagen / Intensivtransporthubschrauber

Intensivtransportwagen (ITW) und Intensivtransporthubschrauber (ITH) dienen dem Transport von intensivpflichtigen – häufig beatmeten – Patienten von einem Krankenhaus zu einem Zweiten. Die Anwesenheit eines in der Intensivmedizin erfahrenen Notarztes ist Bedingung. Im ITW bzw. ITH sind – verglichen mit den anderen Fahrzeugen – meist bessere Beatmungs- und Überwachungsgeräte sowie mehrere Spritzenpumpen (s. u.) eingebaut. Da die Patienten zumeist fortwährende, intensive Betreuung benötigen, müssen die Fahrzeuge über mehr Platz im Innenraum verfügen. Bedingt durch seine Größe ist der ITW meist langsamer als andere Rettungsfahrzeuge. Für den ITH bedeutet die Notwendigkeit einer größeren Maschine den Bedarf von größeren Landeflächen.

Selbstverständlich werden ITW und ITH in Spitzenzeiten auch zu Notfalleinsätzen entsandt, da sie auch alle Geräte eines NAW oder RTH verlastet haben.

92.1.7 Verlegungswagen

In manchen Bundesländern kommen sog. Verlegungswagen zum Einsatz. Sie dienen – wie der ITW – dem arztbegleiteten Transport eines Patienten von einem Krankenhaus zum Nächsten. Genauere Vorgaben sind länderbezogen.

In Bayern ist derzeit mit der Novellierung des Bayerischen Rettungsdienstgesetzes BayRDG geplant, zum Transport dieser Patienten einen RTW zu benutzen. Dieser erhält durch Hinzuziehen eines Arztes und speziellen Materials, meist Intensivüberwachungsmonitore und Spritzenpumpen, mittels Verlegungseinsatzfahrzeuges die nötige Ausrüstung.

92.1.8 Andere Fahrzeuge des Rettungsdienstes

Im Rettungsdienst gibt es außer Kommando- und Einsatzleitwagen noch viele weitere Fahrzeuge, die entsprechend ihrem Einsatzzweck ausgerüstet sind.

So kommt in einigen Regionen ein Kindernotarzt zum Einsatz. Meist fährt er mit einem NEF, selten mit einem NAW zur Einsatzstelle. Deren Geräte und Medikamente sind speziell auf die kleineren Patienten abgestimmt.

Auf noch kleinere Patienten ist der Baby-NAW oder Neugeborenen-NAW eingestellt, bei dem die Krankentrage durch einen Transportinkubator ersetzt wird. Er transportiert vor allem Neugeborene mit Anpassungsstörungen direkt nach der Geburt in einem ca. 35°C warmen Transportbrutkasten auf eine Intensivstation.

Für besonders schwere Patienten ist die Rettungszelle gerüstet. Sie kommt zum Einsatz wenn das Körpergewicht des Patienten die Tragfähigkeit der Krankentrage des NAW, RTW oder KTW übersteigt, je nach Modell meist ab 150 kg oder 228 kg. Verladen sind neben der üblichen RTW-Ausrüstung häufig Krankenhausbetten und spezielle Tragetücher, um den Patienten aus der Wohnung in das Fahrzeug zu verbringen.

Für Großeinsätze steht in manchen Gegenden ein oder mehrere Großraumrettungswagen (GRTW) zur Verfügung, in dem mehrere Patienten gleichzeitig liegend oder sitzend transportiert werden können. Ihre Ausrüstung orientiert sich an der von RTW, allerdings sind alle Ausrüstungsgegenstände mehrfach vorhanden.

92.1.9 Rettungsdienstrelevante Fahrzeuge der Feuerwehr

Oberstes Ziel einer jeden Feuerwehr ist die Rettung von Menschenleben. Deshalb haben viele Feuerwehrfahrzeuge Gerätschaften, die für die Arbeit des Rettungsdienstes unerlässlich sind.

So sind beispielsweise spezielle Hebekissen auf Hilfeleistungslöschfahrzeugen (HLF) und Rüstwagen (RW) verlastet, die helfen, unter schweren Gegenständen eingeklemmte Personen schonend zu befreien. Ebenfalls auf diesen Fahrzeugen

Abb. 92.4 Tragbarer, hydraulischer Satz einer Schere (hinten) und eines Spreizers (vorne), hier in einem HLF verladen

Abb. 92.5 Drehleiter mit Korb und daran befestigter Krankentrage (ohne Fahrgestell), hier bei einer Übung ohne Patient und ohne Besatzung im Korb

sind hydraulische Rettungsgeräte, Schere und Spreizer verladen, die vor allem bei in Fahrzeugen eingeklemmten Patienten zum Einsatz kommen (Abbildung 92.4).

Eine weitere große Hilfe um Patienten schonend oder zwingend liegend aus oberen Stockwerken auf die Erdgleiche zu transportieren sind die Drehleitern oder Hubrettungsfahrzeuge der Feuerwehr. Die dabei verwendete Technik lässt sich ebenso zur Rettung aus der Tiefe, z. B. auf Baustellen, anwenden. Dabei wird die Krankentrage an einer speziellen Halterung am Korb des Fahrzeuges befestigt und der Patient so schonend gerettet (Abbildung 92.5).

92.2 Die Gerätschaften

Wichtig für alle Ausrüstungsgegenstände die im Rettungs- und Notarztdienst verwendet werden ist die Robustheit. Die Geräte müssen schwere Stöße und Stürze aus gut einem Meter Höhe unbeschadet überstehen. Gleichzeitig sollen sie möglichst leicht sein, da nicht selten mehrere Geräte oder Rucksäcke bzw. Koffer vom Personal unter Zeitdruck zur Einsatzstelle getragen werden müssen. Dies setzt vor allem an elektronische Geräte hohe Anforderungen.

Außerdem ist es wichtig, dass die Gerätschaften zur Reinigung und Desinfektion schnell zerlegt werden können und einfach zu reparieren sind.

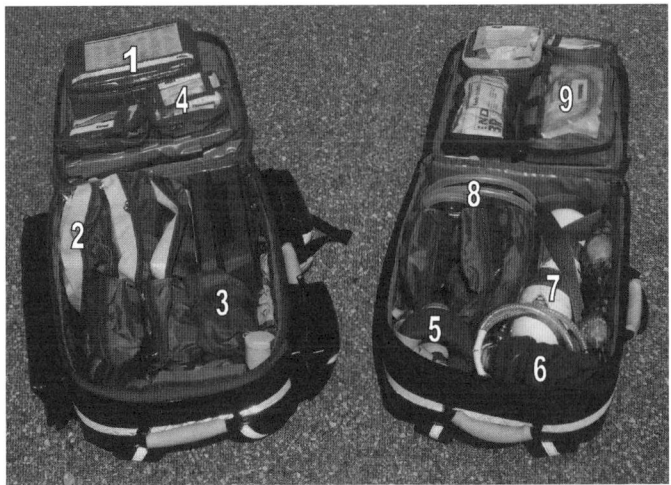

Abb. 92.6 Notfallrucksäcke des RTW Florian TU Garching 71/1. Gut erkennbar: ein kleines Ampullarium mit den wichtigsten Notfallmedikamenten im roten (linken) Rucksack (1) sowie viele kleine herausnehmbare Taschen, z. B. mit dem nötigen Equipment zum Legen einer Infusion (2), zum Messen des Blutdruckes oder Blutzuckers (3) sowie Verbandsmaterial (4). Im blauen (rechten) Rucksack erkennt man im Vordergrund einen Beatmungsbeutel (5) mit verschieden großen Masken (6) sowie eine Sauerstoffflasche (7). Weiterhin sind in diesem Rucksack auch eine manuelle Absaugpumpe mit Zubehör (8) sowie Beatmungshilfen (9) untergebracht

92.2.1 Notfallrucksäcke / Notfallkoffer

In den Notfallrucksäcken oder -koffern befinden sich Hilfsmittel für die Diagnostik und Therapie des Patienten. Häufig werden diese Materialen in zwei Rucksäcke oder Koffer aufgeteilt, um so dem Rettungsdienstpersonal den Transport der bis zu 40 kg schweren Gerätschaften zu erleichtern. Dabei hat es sich etabliert, Rucksäcke oder Koffer in zwei Farben aufzuteilen: Rot kennzeichnet das Equipment für Notfälle die mit Kreislaufproblemen oder Verletzungen zusammenhängen, blau steht für das Equipment, das die Atmung betrifft (Abbildung 92.6).

92.2.2 Diagnostische Gerätschaften

Neben seinen Sinnen bedient sich der Rettungsdienstmitarbeiter zur Diagnostik einiger technischer Hilfsmittel.

Dazu zählen Pupillenleuchten, mit denen er die seitengleiche Reaktion der Pupillen auf Licht testet und so Rückschlüsse beispielsweise auf schwere Hirnverletzungen oder Hirnblutungen ziehen kann. Schwachpunkte dieser Lampen sind die zerbrechlichen Glühbirnen sowie die Abhängigkeit von der Batteriespannung.

Weiterhin benutzt er Blutdruckmanschetten in unterschiedlichen Breiten und Längen, um bei verschieden dicken Oberarmen verlässliche Werte zu bekommen. Diese Manschetten bzw. deren Manometer müssen in regelmäßigen Abständen geeicht werden.

Darüber hinaus sind für spezielle Tests und Untersuchungen noch ein Stethoskop, ein Reflexhammer sowie ein Zentimetermaß (zur Umfangmessung bei Blutungen) und Zungenspatel verladen. Zungenspatel erleichtern den Blick in den Rachen um Blutungen, Rötungen oder Schwellungen auszumachen, außerdem werden sie häufig zum Schienen von gebrochenen Fingern oder Zehen zweckentfremdet.

All diese Gerätschaften sind bei Zwei-Koffer-Systemen meist in dem roten Koffer beinhaltet.

Die anderen diagnostischen Gerätschaften werden wegen ihrer großen Bedeutung einzeln besprochen.

92.2.3 Therapeutische Gerätschaften Kreislauf

Diese beschränken sich auf unterschiedliche Medikamente und Infusionslösungen (gemäß der DIN EN 1789 mindestens vier Liter) und deren Zubehör, die dem Patienten intravenös, intraossär (bei speziellen Notfällen wird wenn nicht anders möglich dem Patienten eine Nadel in einen Knochen gelegt) oder über die Atemwege verabreicht werden.

Als erste Maßnahme gilt es bei starken Blutungen so schnell wie möglich einen weiteren Blutverlust zu unterbinden um so den Kreislauf nicht weiter zu schwächen. Dafür stehen verschiedene Verbände in unterschiedlichen Größen und aus verschiedenen Materialien zur Verfügung.

92.2.4 Therapeutische Gerätschaften Atmung

Die Sicherung der Atemwege ist eine der wichtigsten Maßnahmen im Rettungsdienst. Dafür stehen verschiedene Hilfsmittel zur Verfügung.

Der einfachste Weg, um bei einem bewusstlosen Patienten die Zunge daran zu hindern, die Atemwege zu verlegen, ist der Güdeltubus (Abbildung 92.8). Er wird durch den Mund in den Rachen des Patienten eingelegt. Dabei handelt es sich im Prinzip um ein wie ein Fragezeichen geformtes Stück aus hartem Kunststoff, dass innen hohl ist und so der Luft einen Weg an der Zunge vorbei in den Rachen ermöglicht. Eine Alternative dazu stellt der Wendeltubus dar, ein weiches, ca. 20 cm langes Stück Kunststoffrohr, dass durch ein Nasenloch bis in den unteren Rachen vorgeschoben wird und so ebenfalls die Zunge am Zurücksinken hindert. Voraussetzung für die Anwendung der beiden Tuben ist, dass der Patient noch selber atmet.

Sollte dies nicht mehr der Fall sein, kann der Patient mit Hilfe von verschiedenen Gerätschaften beatmet werden.

92.2 Die Gerätschaften

Die einfachste dieser Geräte ist der Beatmungsbeutel. Mit seiner Hilfe wird über eine Maske, die es in verschiedenen Größen gibt, Luft in den Patienten gepumpt. Am hinteren Ende des Beatmungsbeutels ist eine Anschlussmöglichkeit für einen Schlauch, über den man aus einer Sauerstoffflasche und über einen Druckminderer den höchstmöglichen Flow von meist 15 Litern Sauerstoff pro Minute zuführen kann. Der Sauerstoffgehalt der Luft wird so von 21% auf ca. 30–40% gesteigert.

Effektiver ist der Anschluss eines Reservoirs. Hierbei fließt der Sauerstoff in eine dichte Plastiktüte am Ende des Beatmungsbeutels. Beim Füllen des Beutels nach einer Beatmung gelangt zuerst die Luft aus dem Reservoir in den Beatmungsbeutel. Erst wenn das Reservoir leer und gleichzeitig der Beatmungsbeutel noch nicht vollständig gefüllt ist, wird Umgebungsluft abgesaugt. Dadurch erreicht man bis zu 80% Sauerstoff im Beatmungsbeutel.

Am effektivsten ist der Anschluss eines Oxy-Demand-Ventils, bei dem über einen Hochdruckschlauch mit 4,5 bar reiner Sauerstoff aus der Flasche in den Beutel gepresst wird. Dadurch lässt sich ein Sauerstoffgehalt von annähernd 100% erreichen. Dieses Prinzip ähnelt dem Lungenautomaten beim Flaschentauchen (Abbildungen 92.7a,b).

Ein großes Problem bei der Sicherung der Atemwege stellt das Erbrechen dar, da bei bewusstlosen Patienten Erbrochenes aus dem Magen über den Rachen und die Luftröhre in die Lunge gelangen kann (Aspiration). Deshalb führt der Rettungsdienst eine Vielzahl von Atemwegshilfen mit. Die effektivste und sicherste Variante zum Schutz vor Aspiration ist die endotracheale Intubation. Dabei wird ein Kunststoffschlauch meist über den Mund in die Luftröhre des Patienten eingeführt. Am unteren Ende des Kunststoffschlauches ist eine Art Luftballon, der Cuff, angebracht, der nach dem Einführen des Tubus in die Luftröhre aufgeblasen wird und so die Luftröhre nach unten und oben hin abdichtet. Um den teilweise relativ weichen

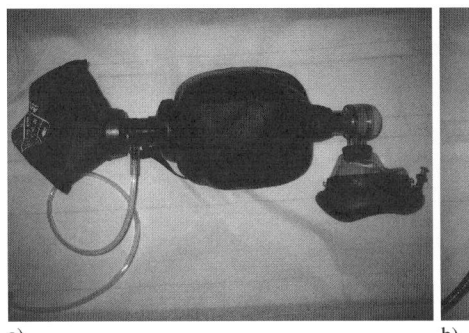
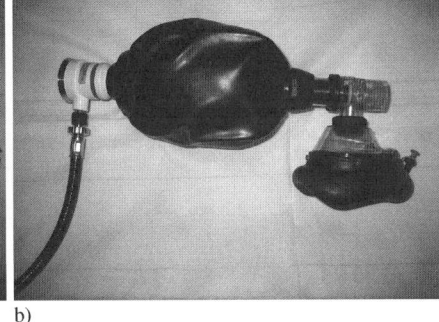

a)   b)

Abb. 92.7 a) ein Beatmungsbeutel mit Inhalationsschlauch und Reservoir. Durch diese Anordnung kann bei einem Flow von 15 Litern pro Minute durch den Inhalationsschlauch eine Sauerstoffkonzentration von bis zu 80% bei der Beatmung eines Patienten erreicht werden. Eine effektivere Art ist auf dem rechten Bild (b) mit Oxy-Demand-Ventil zu erkennen. Hierbei strömt über einen Hochdruckschlauch mit 4,5 bar reiner Sauerstoff in den Beutel und ermöglicht so bei der Beatmung einen Sauerstoffgehalt von annähernd 100%

Kunststofftubus im Rachen führbar zu machen wird – meist erst auf Wunsch des Notarztes – ein Führungsstab (Mandrin) eingeführt. So kann der Tubus steifer gemacht bzw. ihm eine Form gegeben werden. Die Intubation selbst sollte unter Sicht auf die Stimmbänder geschehen, was den Einsatz eines Laryngoskops nötig macht. Ein Laryngoskop besteht aus dem Batteriegriff, einer Lichtquelle und einem Spatel, den es in verschiedenen Formen und Größen gibt. Neben möglichen Anwendungsfehlern kann auch hier die Batterieladung oder das Vorhandensein von Glühbirnen zu Problemen führen. Seit einiger Zeit ist deshalb häufig die Lichtquelle im Batteriegriff eingebaut und im Spatel lediglich ein Lichtleiter. Fatal ist es in diesem Fall wenn die Lichtquelle ausfällt, da man nicht mehr auf andere Spatel ausweichen kann (Abbildung 92.8). Bei Neugeborenen und Säuglingen sowie bei bestimmten Verletzungsmustern wird der geübte Notarzt den Tubus nicht über den Mund sondern durch ein Nasenloch einführen und von dort in die Luftröhre schieben. Um die Richtung des Tubus im Rachen korrigieren zu können verwendet er dazu eine speziell gebogene Zange, die Magill-Zange. Die Magill-Zange eignet sich auch zum Entfernen von Fremdkörpern aus dem Rachenraum.

Außer der endotrachealen Intubation gibt es noch viele verschiedene weitere Atemwegshilfen, wie beispielsweise den Larynxtubus, den Comitube oder Laryngsmasken. Sie alle werden durch den Mund eingeführt und sollen die Beatmung eines Patienten erleichtern, bieten aber nicht den sicheren Schutz vor einer Aspiration wie die endotracheale Intubation.

Sollte es z. B. aufgrund einer Schwellung nach Insektenstich nicht mehr möglich sein, den Atemweg über den anatomisch vorgegebenen Weg zu sichern, bleibt nur noch die Möglichkeit eines Luftröhrenschnittes. Dafür hat die Industrie ver-

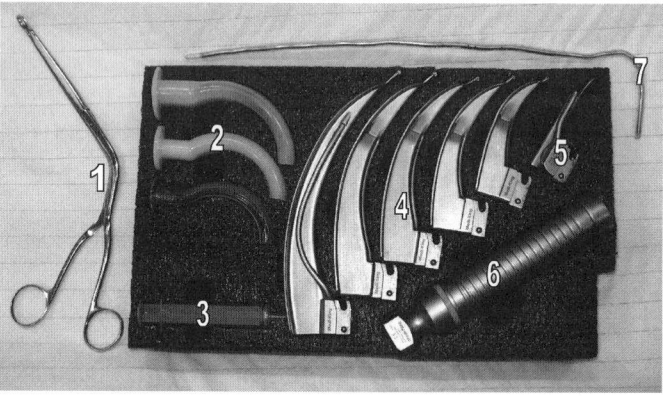

Abb. 92.8 Hilfsmittel für die Sicherung der Atemwege wie sie sowohl im Notfallrucksack als auch in einer Schublade im Fahrzeuginneren vorgefunden werden (hier aus dem Fahrzeuginneren). Magill-Zange (1), drei unterschiedlich große Guedel-Tuben (2), darunter eine Blockerspritze für den Cuff des Tubus (3), rechts daneben fünf verschieden große gebogene Spatel (4), ein grader Spatel (5) und ein Laryngoskop-Griff (6) sowie ein Führungsdraht (Mandrin, 7)

schiedene Sets entwickelt, mit deren Hilfe man durch ein Band im Kehlkopf (das Ligamentum cricothyreoideum) einen Zugang zur Luftröhre schafft. Dieser Eingriff ist sehr selten, die Statistik besagt, dass ein Notarzt alle 49 Jahre einmal diesen Luftröhrenschnitt ausführt (koniotomiert). Ein erfahrener Notarzt kann auch mit einem chirurgischen Besteck, also wenigen, sterilisiert eingepackten Instrumenten wie Skalpell, Schere und Klemme, diesen Eingriff durchführen.

Das chirurgische Besteck kommt auch beim Legen einer Thoraxdrainage zum Einsatz. Dies wird nötig, wenn ein Lungenflügel kollabiert. Es kann bei jungen Menschen selten spontan vorkommen, meist ist es Folge einer großen Gewalteinwirkung auf den Brustkorb oder des Bruches mehrerer Rippen. Ziel ist es, der Luft, die sich nun zwischen Lunge und Brustwand im Brustkorb befindet, einen Weg nach draußen zu bahnen. An die dabei gelegte Drainage sollte ein Ventil oder besser noch ein Wasserschloss angeschlossen werden, um Luft oder entwichener Flüssigkeit keine Möglichkeit zu geben, sich wieder einen Weg zurück in den Brustkorb zu bahnen. Leider hat die Industrie dafür bislang kein wirklich zufriedenstellendes Produkt für den Rettungs- und Notarztdienst auf den Markt gebracht.

92.2.5 Kindernotfallkoffer

Im Kindernotfallkoffer sind die gleichen diagnostischen und therapeutischen Gerätschaften wie in den normalen Notfallrucksäcken oder -koffern zu finden. Allerdings sind die Blutdruckmanschetten, Laryngoskope etc. in kleineren Größen und leicht veränderten Formen darin enthalten.

Auch die Medikamente sind auf Kindernotfälle ausgerichtet, so finden sich im Kindernotfallkoffer neben Ampullen auch Zäpfchen und Rektiolen, also Medikamente zur rektalen Verabreichung.

Außerdem ist im Kinderkoffer häufig das (auch von der DIN geforderte) Notgeburtbesteck zur Geburt eines Kindes integriert.

92.2.6 Spezielle Notfallkoffer

In einigen Rettungsdienstbereichen sind auf RTW und/oder NAW noch weitere Notfallkoffer für spezielle Einsatzbilder vorhanden. So gibt es beispielsweise Verbrennungskoffer mit einer großen Anzahl an sterilen Infusionen und speziellen Verbänden für Schwerbrandverletzte. Erwähnenswert ist auch der Replantationskoffer mit großen Beuteln für abgetrennte Extremitäten und einer Fertiglösung für Trockeneis um diese Körperteile bis zur Ankunft im Krankenhaus zu kühlen. Weiterhin findet sich in Großstädten teilweise ein Tox-Koffer, also ein Notfallkoffer für Vergiftungen, mit vielen verschiedenen Gegengiften oder Materialen zur Magenspülung (die mittlerweile in der Notfallmedizin sehr umstritten ist).

92.2.7 EKG-Einheit / Defibrillator / Herzschrittmacher

Das EKG (Elektro-Kardio-Graph) dient dem optischen Darstellen der elektrischen Ströme des Herzens. Dadurch kann ein geschulter Betrachter beispielsweise Herzrhythmusstörungen oder eine Minderversorgung des Herzmuskels mit Sauerstoff (wie z. B. beim Herzinfarkt) und gleichzeitig die Lokalisation der Störungen am Herzen erkennen. Dazu werden dem Patienten drei bis vier farblich kodierte Elektroden für die Extremitätenableitungen nach Einthoven und Goldberger aufgeklebt. Die rote Elektrode kommt meist an die rechte, die gelbe an die linke Schulter, die grüne Elektrode an den rechten, die schwarze an den linken Unterbauch. Ebenso möglich ist die Ableitung von den Hand- und Fußgelenken z. B. bei in vielen Schichten eingepackten Patienten (beispielsweise Skifahrer oder Ordensschwestern). Für die genauere Diagnostik sind aber die Brustwandableitungen nötig, die beidseits des Brustbeins auf Höhe des vierten Zwischenrippenraumes und von dort ausgehend entlang des linken Brustkorbs geklebt werden. Dabei handelt es sich um weitere sechs meist farblich kodierte Elektroden, die mit C1 bis C6 gekennzeichnet sind. Weitere Spielarten von Ableitungen mit diesen zehn Elektroden kommen v. a. in der Kardiologie bei sehr speziellen Fragestellungen mit vor.

Die heute gebräuchlichen Geräte leisten aber weit mehr als nur das reine Aufzeichnen und zu Papier bringen von Herzströmen. Sie sind mittlerweile wahre Überwachungsmonitore mit einer Vielzahl von integrierten Geräten geworden (Abbildung 92.9).

Fast immer ist neben dem EKG auch ein Defibrillator in dem gleichen Gerät verbaut. Er kommt bei bestimmten Herzrhythmusstörungen wie dem Kammerflimmern oder der pulslosen ventrikulären Tachykardie zum Einsatz. Das sind Herz-

Abb. 92.9 Kombinationsgerät aus EKG mit Drucker, Defibrillator (sowohl AED als auch manuell benutzbar), Herzschrittmacher, Pulsoxymeter, automatischer Blutdruckmessung und Kapnographiegerät aus dem Rettungswagen Florian TU Garching 71/1

92.2 Die Gerätschaften

rhythmusstörungen, bei denen das Herz elektrisch sehr aktiv ist, es aber zu keinem effektiven Auswurf von Blut aus den Herzkammern kommt (hyperdynamer Kreislaufstillstand). Diese Herzrhythmusstörungen sind im Rettungsdienst bei rund 90% der Patienten mit Herzstillstand die Ursache für den Stillstand. Sie lassen sich durch die Abgabe einer vorher definierten Strommenge beenden. Dadurch ermöglicht man dem normalen Impulsgeber des Herzens, dem Sinusknoten, wieder eine normale Erregung des Herzmuskels zu starten.

Bei der Defibrillation ergeben sich zwei Probleme: Erstens ist in Deutschland diese Maßnahme einem Arzt vorbehalten. Zweitens sinkt die Chance einer erfolgreichen Defibrillation (definiert als Terminierung der Rhythmusstörung innerhalb von 5 Sekunden nach Stromabgabe) exponentiell mit der Zeit. Innerhalb der ersten Minute nach Auftreten liegt die Erfolgsrate noch bei über 90%, nach neun Minuten bei weit unter 10%. Deshalb wurde bereits über zwanzig Jahren zunächst in den USA und später dann auch in Europa damit begonnen, die Defibrillation durch automatisierte Geräte von nicht-ärztlichem Personal durchführen zu lassen. Diese sog. Automatisierten Externen Defibrillatoren (AED) sind mittlerweile sehr weit verbreitet und hängen, um auch eine Anwendung durch Laien zu ermöglichen, an vielen exponierten Plätzen wie beispielsweise U-Bahnhöfen und Theatern oder bei Sportvereinen. Die AEDs leiten über zwei, meist vom Ersthelfer auf die entblößte Brust des Patienten geklebten, Elektroden den Herzrhythmus ab und vergleichen ihn mit vielen tausend abgespeicherten Vergleich-EKGs. Nur wenn der AED zu dem Schluss kommt, dass es sich um Kammerflimmern oder eine ventrikuläre Tachykardie handelt, gibt er die Möglichkeit zur Stromabgabe frei und lädt sich selbstständig auf. Der Anwender muss dann nach Abschluss des Ladevorgangs nur noch eine, meist rot blinkende, Taste drücken. Fehlbedienungen sind dadurch so gut wie ausgeschlossen. Darüber hinaus haben die meisten AED auch eine Sprachausgabe, in der eine Computerstimme dem Anwender Anweisungen gibt (z. B.: „Patienten nicht berühren! <EKG->Analyse läuft."). Dadurch konnte die kritische Zeit vom Kollabieren des Patienten bis zur ersten Schockabgabe in vielen Fällen drastisch reduziert und so viele Patienten gerettet werden.

Es werden zwei Arten der Defibrillation und damit auch der Defibrillatoren unterschieden: bei der monophasischen Defibrillation fließt der Strom von einer Elektrode zur anderen. Dabei sind hohe Energiemengen (und damit auch Strommengen) nötig, die ihrerseits die Herzmuskelzellen schädigen. Nach den aktuellen Empfehlungen zur Wiederbelebung wird bei monophasischen Geräten mit 360 Joule defibrilliert. Monophasische Geräte sind zwar noch in Gebrauch, werden aber nicht mehr produziert.

Bei biphasischen Defibrillatoren kommt es zu einer Richtungsumkehr des fließenden Stroms innerhalb des Zeitintervalls (meist 8 ms). Hierbei können deutlich niedrigere Energiemengen benutzt werden, nach aktuellen Empfehlungen 200 Joule, was die Herzmuskelzellen schont.

Aber auch die Frage der Impulskurve der Stromabgabe hat einen Einfluss auf den Erfolg der Defibrillation. So haben viele Firmen für ihre Defibrillatoren unterschiedliche Kurvenformen der Stromabgabe entwickelt. Dabei konnte in meist tierexperimentellen Studien für die verschiedenen Kurvenformen bei gleicher Energiemenge ein unterschiedlicher Defibrillationserfolg nachgewiesen werden. Dies lässt noch Platz für intensive Forschung und Entwicklung zukünftiger Geräte mit niedrigeren Energiemengen aber höherem Stromfluss bei gleichem Patientenwiderstand.

Darüber hinaus geht die Entwicklung hin zu interaktiven Defibrillatoren. Dabei wird es sich um AED-Geräte handeln, die nicht nur durch vorher programmierte Sprachbefehle und durch den Abgleich von EKG-Bildern mit dem internen Speicher dem Anwender helfen, sondern durch eine wesentlich umfangreichere Ausstattung weitgehendere Hilfe ermöglichen. Denkbar ist hierbei z. B. die Integration eines GPS-Peilgerätes, dass sich beim Einschalten des Gerätes aktiviert und gleichzeitig über das normale Handy-Netz eine Verbindung zu einer Rettungsleitstelle aufbaut. Damit werden Übermittlungsfehler bei der Angabe des Notfallortes bei ortsunkundigen oder fremdsprachigen Mitbürgern vermieden. Auch bei Missbrauch oder Diebstahl des Gerätes könnte dieser Peilsender von großem Nutzen sein. Außerdem könnte ein im Rettungsdienst erfahrener Mitarbeiter durch die Datenübertragung des EKG-Bildes und anderer Werte, die über die zwei Klebeelektroden gemessen werden, dem Ersthelfer Tipps und Hinweise geben, z. B. bezüglich der Drucktiefe bei der Herzdruckmassage oder des weiteren Vorgehens bei der Hilfeleistung. Allerdings wurde dieser Ansatz von der Industrie und den Rettungsleitstellen bislang nicht erkannt oder genutzt.

Ein Problem beim Einsatz dieser Defibrillatoren ist ihr – je nach Ausstattungsvariante – erhebliches Gewicht sowie die Abhängigkeit von der Batterieladung. Hier wurde gerade in den letzten Jahren von den verschiedenen Firmen mit teils sehr unterschiedlichem Erfolg nachgebessert. Teilweise sind deshalb auch in den NAW, RTW und NEF Ladestationen für den oder die Akkus in die Halterung des Gerätes integriert worden.

Wesentlich seltener als die beiden vorgenannten Einsatzgebiete der modernen Kombinationsgeräte wird der in ihnen integrierte externe Herzschrittmacher benutzt. Er kommt zum Einsatz wenn die Herzfrequenz des Patienten einen kritischen Wert unterschreitet, also zu langsam (bradykard) ist. Dies kann z. B. bei einem AV-Block III° mit einer Herzfrequenz von unter 30 Schlägen pro Minute nötig werden. Dabei werden dem Patienten zwei große Elektroden auf die nackte Haut geklebt, über die sowohl die noch vorhandenen Herzaktionen gemessen, als auch die schnelleren, künstlichen Aktionen erzeugt werden können. Das Gerät gibt hierbei regelmäßig Stromstöße im mA-Bereich ab, die über die Haut zum Herzen weitergeleitet werden (transkutan). Diese Stromstärken sind für den Patienten sehr schmerzhaft, weshalb zusätzlich Schmerz- und Beruhigungsmittel verabreicht werden. Der perkutane Herzschrittmacher wird dann in der Klinik durch andere, meist invasive Modelle (z. B. mit über eine Vene in das Herz vorgeschobenen Elektroden) ersetzt.

92.2.8 Pulsoxymeter

Pulsoxymeter messen, wie viel Prozent des Hämoglobins (des roten Blutfarbstoffes) gesättigt ist. Dazu wird dem Patienten entweder ein kleiner Clip über einen

Finger oder Zeh gesteckt oder ein Klebesensor am Ohr befestigt. Bei Neu- und Frühgeborenen können diese Sensoren auch am Handballen, Handgelenk oder Fußballen befestigt werden. Der Wert wird durch Messung der Absorption des Lichts bei 660 nm, 940 nm und im Umgebungslicht bzw. deren Differenzen errechnet. Üblicherweise liegen die Werte bei einem gesunden Patienten über 96%.

Darüber hinaus wird gleichzeitig die Pulsfrequenz ermittelt. Fast immer lässt sich die Pulsfrequenz auch akustisch darstellen, wobei die Geschwindigkeit der Tonabfolge die Frequenz erkennen lässt und die Höhe des Tones den Wert der Sättigung wiederspiegelt. Dies erlaubt dem geübten Nutzer ohne einen Blick auf das Gerät dessen Werte zu interpretieren.

Leider birgt das Messverfahren der Pulsoxymetrie einige Fehlerquellen, so dass bei der Interpretation der Messwerte immer noch deren Validität überprüft werden muss. So kommt es beispielsweise bei lackierten oder künstlichen Fingernägeln zu verfälschten Messwerten, bei sehr kalten Extremitäten oder Patienten in einem ausgeprägten Schock ist die Messung unter Umständen gar nicht erst möglich. Wesentlich gefährlicher ist die Fehlinterpretation des Messergebnisses bei Vergiftungen mit Kohlenmonoxid, das sich ca. 200–300 mal lieber und stärker an das Hämoglobin bindet als der Sauerstoff und diesen verdrängt. Hier kommt es nicht selten zu Messergebnissen von 100% während der Patient in Wirklichkeit bereits einen massiven Sauerstoffmangel haben kann. Erste Geräte, die die Kohlenmonoxidkonzentration im Blut messen, sind zwar bereits auf dem Markt, aber noch sehr selten im Einsatz.

Gebräuchlich sind Pulsoxymeter als alleinige, batteriebetriebene Geräte (Abbildung 92.10), immer häufiger allerdings sind sie in dem EKG-Gerät mit Defi-

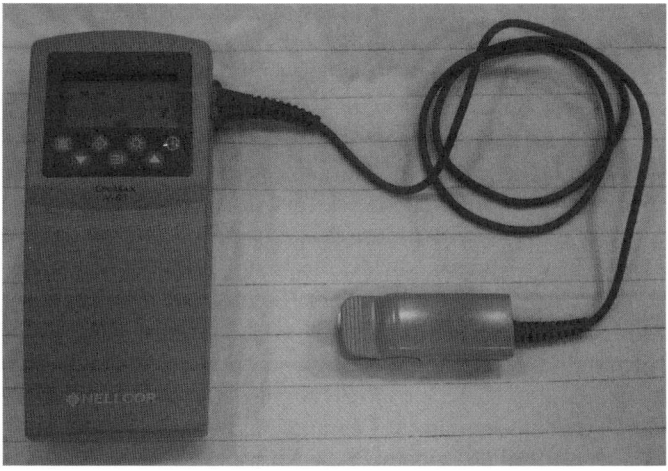

Abb. 92.10 Pulsoxymeter als batteriebetriebenes Allein-Gerät. Es ermittelt durch Absorptionsmessung des Lichts bei 660 nm, 940 nm sowie im Umgebungslicht wie viel Prozent der Moleküle des roten Blutfarbstoffes Hämoglobin, welches Sauerstoff im Blut durch den Körper transportiert, gesättigt sind. Außerdem wird die Herzfrequenz ermittelt

brillator integriert und greifen auf dessen Akku zurück. Vorteil dieser Kombinationsgeräte ist, dass nicht noch weitere Geräte getragen oder verladen werden müssen und dass sämtliche patientenrelevante Überwachungs- und Messwerte auf einem einzigen Monitor schnell abgelesen werden können.

92.2.9 Kapnometer / Kapnographen

Kapnometer sind Geräte, die den Kohlendioxidgehalt in der Ausatemluft des Patienten als reinen Zahlenwert messen, Kapnographen stellen auch die dazugehörige Kurve graphisch dar. Die gebräuchlichsten Geräte sind deshalb Kapnographen. Auch sie gibt es als eigenständige Geräte, v. a. in Regionen, in denen bereits EKG-Geräte mit Defibrillator vor der Anschaffung der Kapnographie vorhanden waren. In Regionen, in denen erst kürzlich neue Defibrillatoren angeschafft wurden sind sie häufig mit integriert. In der DIN EN 1789:2007 werden sie erstmals für RTW vorgeschrieben.

Die Werte der Kapnometrie geben Auskunft darüber, ob eine Beatmungshilfe auch wirklich in der Luftröhre und nicht in der benachbarten Speiseröhre liegt, da nur bei korrekter Lage längerfristig Kohlendioxid messbar ist. Außerdem lässt sich durch die Kapnographie die Beatmung eines Patienten besser einstellen, also ob er mehr oder weniger beatmet werden muss. Anhand der Kurvenform der Kapnographie können akute Anfälle von Krankheiten, wie beispielsweise einer Verengung der Luftröhre bei Asthma bronchiale, erkannt werden. Weiterhin weist ein normaler oder hoher Wert der Kapnometrie während einer Wiederbelebung auf eine effektive Herzdruckmassage und gute Beatmung hin, ein plötzlich extrem ansteigender Wert kann ein Hinweis auf eine in der Anästhesie sehr gefürchtete Komplikation, die maligne Hyperthermie, sein.

In der Praxis werden zwei unterschiedliche Messverfahren verwendet, die aber letztendlich beide auf der Infrarotspektroskopie gründen:

Beim Hauptstromverfahren sitzt der Sensor im Schlauchsystem des Atemwegs. Dies hat den Vorteil einer größeren Messgenauigkeit, da die gesamte Ausatemluft des Patienten gemessen wird. Von Nachteil ist, dass der schwere Sensor sehr körpernah an das Beatmungssystem angeschlossen werden muss und damit die Gefahr eines versehentlichen Herausziehen der Beatmungshilfe wächst. Auch muss der Sensor geheizt werden, damit es nicht zur Bildung von Kondenswasser kommt, welches die Messung stören würde.

Beim Nebenstromverfahren wird über einen dünnen Schlauch kontinuierlich Luft abgesaugt und zum Detektor im Gerät geleitet, wo dann die Messung stattfindet. Dadurch ist das Gewicht im Beatmungssystem des Patienten sehr gering, allerdings dauert es deutlich länger, bis die Messung erfolgt und es können keine Aussagen über das Atemvolumen getroffen werden.

92.2.10 Beatmungsgeräte

Beatmungsgeräte sind elektrisch oder pneumatisch angetriebene Geräte zur Beatmung von Patienten, deren Eigenatmung unzureichend ist oder komplett ausgesetzt hat. Grundsätzlich werden zwei Arten von Beatmungsgeräten unterschieden: der Notfall- gegenüber dem Intensivrespirator. In den letzten Jahren sind einige Intensivrespiratore auf den Markt gekommen, die sich aufgrund ihrer geringen Größe, ihrer Robustheit und ihres relativ niedrigen Gewichts auch für den Einsatz im Rettungs- und Notarztdienst eignen.

Notfallrespiratoren (Abbildung 92.11) sind noch in vielen Fahrzeugen des Rettungsdienstes zu finden und werden nur langsam durch die wesentlich teureren Intensivrespiratoren ersetzt. Die Notfallrespiratoren erlauben nur sehr einfache Beatmungsmuster, meist die volumenkontrollierte Beatmung (druck- und zeitbegrenzt). Dabei werden lediglich je ein Wert für die Be-Atmungsfrequenz und für das Atemminutenvolumen eingestellt, also der Menge an Luft, die dem Patienten pro Minute zugeführt wird. Dadurch ergibt sich die Menge an Luft, die dem Patienten pro Hub zugeführt wird. Vor Überdruckverletzungen (sog. Barotraumen) schützt nur die Einstellung eines Spitzendrucks, der nicht überschritten werden soll. Meist

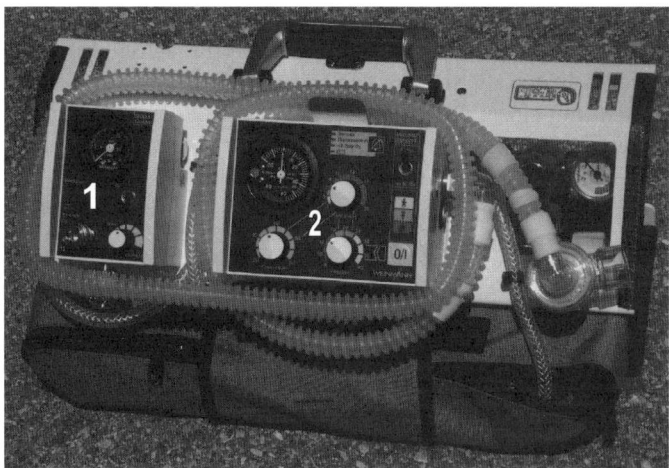

Abb. 92.11 Transportabler Notfallrespirator der Firma Weinmann. Links ist ein Inhalationsgerät (1), über das einem noch selbst atmendem Patienten Sauerstoff zugeführt werden kann. Die Dosierung wird am Anzeigeinstrument in Litern pro Minute angegeben und am Drehrad darunter eingestellt. Rechts ist das Beatmungsgerät angebracht (2), mit dem ein Patient in Narkose oder ohne Eigenatmung mit einem recht einfachen Beatmungsmuster ventiliert werden kann. Dabei können das Atemminutenvolumen, die Atemfrequenz pro Minute und der maximale Beatmungsdruck frei gewählt sowie bei der Sauerstoffkonzentration zwischen 100% und ca. 50% variiert werden. Die Einstellung wird durch farbige Markierungen für Erwachsene, Kinder und Säuglinge erleichtert. Der maximale Beatmungsdruck kann am Anzeigeinstrument des Beatmungsgerätes überwacht werden

ist eine Einstellung der Sauerstoffkonzentration nicht oder nur sehr eingeschränkt (z. B. 50% oder 100%) und eine Einstellung des Verhältnisses von Ein- zu Ausatemzeit gar nicht möglich. Diese Form der Beatmung wird von wachen oder schläfrigen Patienten nur sehr schlecht toleriert, was häufig eine tiefere Narkose und damit andere Nebenwirkungen nach sich zieht (z. B. den Blutdruckabfall des Patienten).

Bei den zunehmend eingesetzten Intensivrespiratoren lassen sich meist volumen- und druckgesteuerte Beatmungsformen einstellen. Druckkontrollierte Beatmungsformen ähneln mehr der normalen Eigenatmung und werden deshalb von den Patienten besser toleriert. Intensivrespiratore verfügen über viele differenzierte Beatmungsmuster, haben mehr Einstellungsmöglichkeiten und Messparameter und lassen sich so besser an den individuellen Patienten und sein Krankheitsbild anpassen. Die Geräte erkennen selbstständig, ob ein Patient selber ein wenig Luft zieht (die Maschine damit triggert) und unterstützen diesen Atemzug dann mit positivem Beatmungsdruck. Außerdem ist mit ihnen ist auch eine nicht-invasive Beatmung (non-invasive Ventilation, NIV) möglich, bei der die Eigenatmung des Patienten über eine dicht sitzende Nasenmaske, Nasen- & Mundmaske, komplette Gesichtsmaske oder sogar über einen Beatmungshelm unterstützt wird. Dabei muss der Patient jedoch ausreichend wach sein. Seine Schutzreflexe, allen voran der Hustenreflex, dürfen nicht erloschen sein, da es sonst leicht zu einer Aspiration kommen kann. Die Intensivrespiratoren sind elektrisch betrieben, können also bei entladener Batterie oder plötzlichem Stromverlust ausfallen.

Allen Beatmungsgeräten ist gemein, dass der Vorrat an Sauerstoff den sie mitführen endlich ist. In den allermeisten Fällen ist auf dem Gerät eine 2 Liter fassende Sauerstoffflasche mit einem Druck von maximal 200 bar eingebaut. Dies ergibt bei einem Sauerstoffverbrauch von 10 Litern pro Minute eine maximale Beatmungszeit von 40 Minuten (2 Liter x 200 bar = 400 Liter gesamt; 400 Liter / 10 Liter pro Minute = 40 Minuten). Größere Flaschen werden aufgrund ihres höheren Gewichtes nur selten eingebaut.

92.2.11 Absaugpumpe

In den Fahrzeugen des Rettungs- und Notarztdienstes sind häufig mehrere verschiedene Absaugpumpen gleichzeitig vorhanden: in NAW und RTW befinden sich meist je eine im Fahrzeug fest eingebaute, stationäre Pumpe mit sehr guter Leistung. Hinzu kommt eine mobile, elektrisch betriebene Absaugpumpe, die auch auf allen anderen Fahrzeugen Standart ist (Abbildung 92.12). Manche Notfallrucksäcke bzw. -koffer verfügen zusätzlich noch über eine manuell (mit Hand oder Fuß) zu bedienende Pumpe.

Mit Absaugpumpen werden nicht nur Flüssigkeiten wie Schleim, Blut oder Erbrochenes aus den Atemwegen von Patienten abgesaugt, sondern auch Luft aus bestimmten Immobilisationshilfen heraus gesaugt, beispielsweise aus Vakuummatratzen (s. u.). Sie verfügen alle über einen Sekretauffangbehälter und sind so ausgelegt, dass sie zur Reinigung und Desinfektion leicht zu demontieren sind. Bei den aktuell

Abb. 92.12 Mobile, elektrisch betriebene Absaugpumpe der Firma Weinmann. Am rechten Rand ist der Sammelbehälter für das abgesaugte Sekret angebracht (1), am linken eine Tasche für Zubehör wie beispielsweise Absaugkatheter (2). Neben dem Einschaltknopf auf der Oberseite links kann die Stärke des Sogs in einigen Stufen gewählt werden (3). Am rechten Oberrand sind Kontrollleuchten für den Ladezustand des Akkus (4) angebracht

gebräuchlichen Absaugpumpen kann die Stärke des Sogs je nach Verwendungszweck in verschiedenen Stufen eingestellt werden. Ladegeräte sind in den meisten Aufhängevorrichtungen integriert.

92.2.12 Schienmaterial und Immobilisationshilfen

Für die Immobilisation von Patienten nach Unfällen oder Stürzen stehen viele verschiedene Geräte zur Verfügung.

Generell muss jedoch zuvor bei der Befreiung von eingeklemmten Patienten die Dringlichkeit berücksichtigt werden. Geht durch die Position des Patienten für ihn eine akute Gefahr aus (brennt beispielsweise das Fahrzeug) oder können z.B. die Atemwege in der Lage des Patienten nicht suffizient gesichert werden, wird man sich für eine Crashrettung entscheiden. Dies bedeutet, dass zugunsten der Rettung des Lebens mögliche andere Schädigungen des Körpers (z.B. eine Verletzung der Wirbelsäule mit daraus resultierender Lähmung) in Kauf genommen werden und der Patient schnellst möglich aus seiner Lage gerettet wird. Dabei werden dann keinerlei Immobilisationshilfen benutzt.

Im Gegensatz dazu steht die patientenorientierte Rettung. Bei ihr steht die Vermeidung von Folgeschäden für den Patienten im Vordergrund. Dabei wird in enger Absprache zwischen dem Rettungsdienstpersonal (meist dem Notarzt) und den technischen Kräften (meist der Feuerwehr) eine Vorgehensweise besprochen, deren Ziel es ist, die möglicherweise verletzte Wirbelsäule so wenig wie möglich zu bewegen und den Patienten anschließend zu immobilisieren. Dieses Vorgehen kostet natürlich mehr Zeit.

Begonnen wird bei Unfallopfern meist zunächst mit einer Cervikalstütze, einer Art fester Halskrause. Sie verhindert eine Bewegung in der Halswirbelsäule, die zu einer Querschnittslähmung führen könnte. Als Synonym wird für die Cervikalstütze meist der Name „Stifneck" (engl., frei übersetzt starrer Hals) der Firma Laerdal verwendet. Es gibt sie in verschiedenen Größen für Babys, Kinder und Erwachsene, aber auch in der Länge variabel einzustellende Modelle sind auf dem Markt (Abbildung 92.13). Offiziell sind Cervikalstützen Einmalartikel, werden aber aus wirtschaftlichen Gründen fast immer mehrfach verwendet.

Zur Ruhigstellung von Knochenbrüchen oder bereits bei Verdacht auf einen Knochenbruch werden häufig Vakuumschienen/-matratzen benutzt. Es gibt sie in verschiedenen Größen und Formen. Sie bestehen aus einer luftdichten Hülle und sind mit vielen kleinen Kügelchen aus Kunststoff gefüllt. Im luftgefüllten Zustand sind diese Schienen formbar, bei ihrem Einsatz wird der gesamte Patient oder die entsprechende Extremität auf die Schiene bzw. die Matratze gelegt. Diese wird dann angeformt und die Luft mittels Absaugpumpe evakuiert. Dadurch wird die Schiene hart und liegt dem Körper bzw. der Extremität fest an. Der Patient wird so vor weiteren Verletzungen geschützt und durch das Verhindern von weiteren Bewegungen an den Bruchstellen werden die Schmerzen verringert. Die Seiten der Vakuumschiene werden meist durch Klettbänder oder Gurte miteinander verbunden, damit der Patient bzw. seine Extremität nicht herausrutschen kann. An der Unterseite mancher Vakuumschienen sind Tragegriffe angebracht, die es ermöglichen, den Patienten über kurze Strecken zu tragen oder umzubetten. Vakuumschienen sind generell röntgendurchlässig und können so bis nach der Diagnosestellung am Pati-

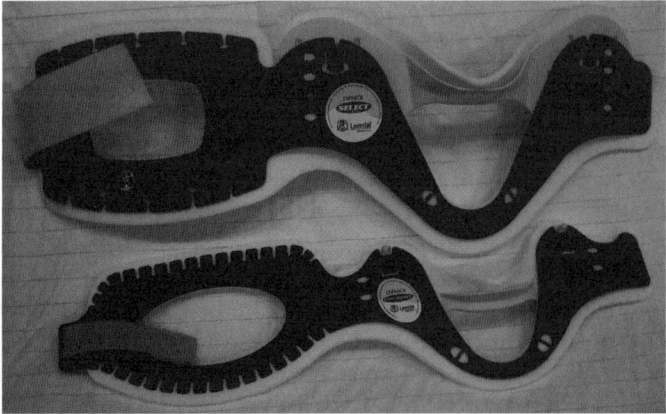

Abb. 92.13 Einstellbare Erwachsenen- und Baby-Stifnecks, Marke Select der Firma Laerdal. Werden sie am Hals eines Patienten angelegt, lässt sich eine weitere Bewegung der Halswirbelsäule verhindert um somit Schäden am Rückenmark vorzubeugen, die zu einer dauerhaften Lähmung führen könnten

92.2 Die Gerätschaften

enten verbleiben. Aufgrund der Ähnlichkeit mit in Vakuum verpackten Erdnüssen werden Vakuumschienen umgangssprachlich auch häufig Erdnussbett genannt.

Um Patienten, bei denen der Verdacht auf eine Wirbelsäulenverletzung besteht, möglichst schonend vom Boden auf die Vakuummatratze umzulagern wird häufig die Schaufeltrage verwendet. Es handelt sich dabei um eine flache Trage aus Metall oder Kunststoff, die der Länge nach geteilt werden kann. Dann werden die zwei Teile von beiden Seiten unter den Patienten geschoben, möglichst ohne dass der Patient bewegt wird. Beide Teile werden wieder verschlossen und der Patient mit Gurten gesichert. Nach dem Umlagern auf die Vakuummatratze wird die Schaufeltrage nach dem gleichen Prinzip wieder entfernt, die Matratze wird angeformt und die darin befindliche Luft abgesaugt.

Im amerikanischen Raum werden Schaufeltrage und Vakuummatratze durch das Spineboard (Rückenbrett) ersetzt. Es besteht meist aus Holz oder Kunststoff und hat je nach Modell eine Tragfähigkeit von bis zu 1100 kg. Außerdem ist es schwimmfähig und ebenso wie Vakuumschienen komplett röntgendurchlässig. Es wird wie die Schaufeltrage unter den Patienten geschoben oder dieser darauf gehoben. Außerdem kann der auf der Seite liegende Patient mit Hilfe des Spineboards achsengerecht gedreht und anschließend darauf auf dem Rücken gelagert werden. Wie auch bei Vakuumschienen muss der Kopf mittels Cervikalstütze und häufig auch mit mitgelieferten Fixiersets extra befestigt werden. Für das Anschnallen des Patienten an das Brett gibt es verschiedene Gurt- oder Klettsysteme (Abbildung 92.14). Gerade im Bereich der Wasserrettung findet das schwimmfähige Spineboard auch in Deutschland seine Verwendung und setzt sich nun zu Lasten von Schaufeltrage und Vakuummatratze immer mehr durch.

Zur Rettung aus schlecht zugänglichen Positionen oder von z. B. in Fahrzeugen sitzenden Patienten mit dem Verdacht einer Wirbelsäulenverletzung kommt das Rettungskorsett zum Einsatz. Auch hier hat sich ein Name als Synonym durchgesetzt: K.E.D.-System oder Kendrick-Extrication-Device. Es immobilisiert mit Ausnahme der Halswirbelsäule die gesamte restliche Wirbelsäule da es den Rumpf

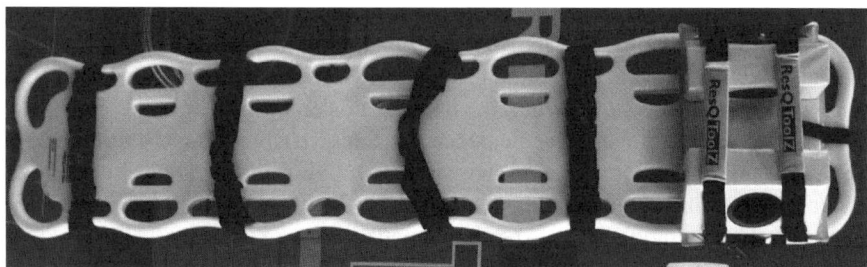

Abb. 92.14 Spineboard mit Kopf-Fixierset, Gurtsystem und einer weit überdurchschnittlichen maximalen Belastung von 1100 kg. Dieses setzt sich zunehmend gegenüber dem in Deutschland bislang weiter verbreiteten System von Schaufeltrage und Vakuummatraze durch. Es eignet sich zur Fixierung von Patienten mit vermuteten Wirbelsäulenverletzungen oder zum Retten aus Gewässern oder unzugänglichem Gebiet

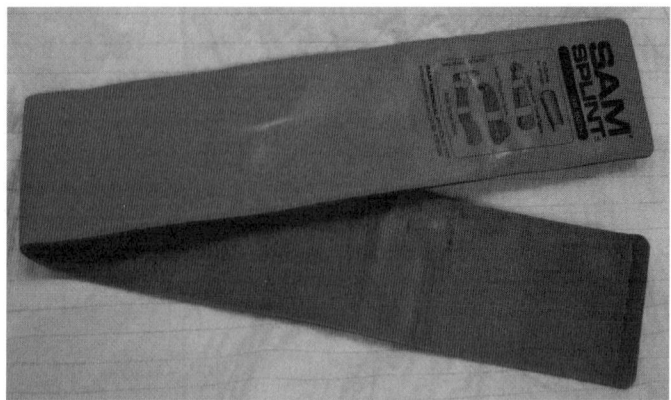

Abb. 92.15 SAM Splint der Firma SAM Medical Products. Mit diesem Produkt können Knochenbrüche an verschiedensten Körperstellen geschient werden. Es beseht aus einem biegsamen Aluminiumblech, dass mit Schaumstoff, Moosgummi oder Neopren überzogen ist und so dem Körper angeformt und mit Mullbinden fixiert werden kann

unterhalb der Achseln wie ein Korsett umschließt (deshalb wird auch hier zusätzlich eine Cervikalstütze angelegt). Richtung Kopf und Richtung Gesäß ist es verlängert. Seine Stabilität bezieht es aus in den Kunststoff des Rückenteils eingezogenen Streben. Da mehrere Zugbänder an Oberkörper, Beinen und Stirn verschlossen werden müssen ist die Anlage des Rettungskorsetts sehr zeitaufwendig. Nach korrektem Anlegen ist die Wirbelsäule komplett entlastet und eine spontane Bewegung des Patienten, v. a. in der Brustwirbelsäule, ist so gut wie unmöglich.

Für Brüche von Extremitäten stehen in manchen Regionen Alu-Polsterschienen zur Verfügung. Früher bestanden die Cramer-Schienen aus einer Drahtschiene, die mit Watte, Zellstoff oder Schaumstoff gepolstert wurde und mittels Mullbinden an der Extremität befestigt wurde. Heute wird die Cramer-Schiene fast vollständig durch die Alu-Polsterschiene ersetzt. Für sie hat sich der Produktname „SAM Splint" der Firma SAM Medical Products durchgesetzt. Ein SAM Splint besteht aus einem dünnen, biegsamen Aluminiumblech, das auf beiden Seiten durch Schaumstoff, Moosgummi oder Neopren gepolstert ist. Es gibt sie in verschiedenen Formaten, wobei 11×90 cm die am häufigsten verwendete Größe darstellt (Abbildung 92.15). Im Ruhezustand sind sie sehr flexibel und lassen sich deshalb sehr gut an Brüche anpassen. Biegt man aber diese Schienen der Länge nach in eine U-Form verleiht man ihr damit Stabilität und kann sie nun mit Mullbinden oder Dreieckverbandtüchern fixieren. Ihr Vorteil liegt in ihrem geringen Gewicht und ihrer geringen Größe sowie der Unabhängigkeit von Absaugpumpen.

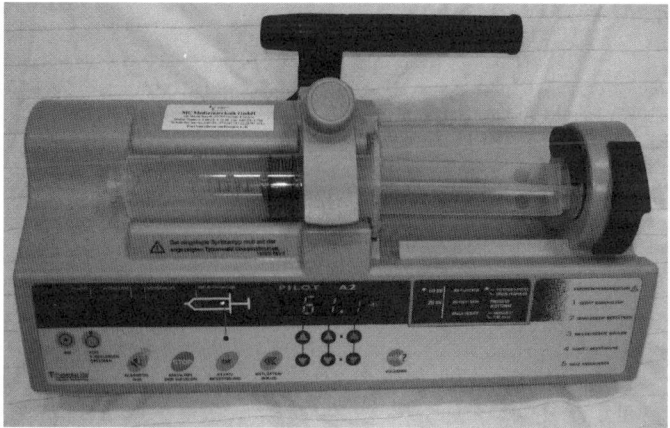

Abb. 92.16 Spritzenpumpe. Mit ihr kann ein Medikament mit einer Geschwindigkeit zwischen 0,1 und 99,9 Millilitern pro Stunde kontinuierlich verabreicht werden

92.2.13 Spritzenpumpen

Unter einer Spritzenpumpe versteht man ein Gerät mit dem Medikamente kontinuierlich verabreicht werden können (Abbildung 92.16). Häufig wird als Synonym der Markenname „Perfusor" der Fa. B. Braun Melsungen AG verwendet. In eine Spritzenpumpe können Spritzen zwischen 1 ml und 120 ml Größe eingespannt werden. Der einstellbare Flow variiert bei den meisten Geräten zwischen 0,1 und 99,9 ml/h. Spezielle Geräte ermöglichen sogar eine Dosierung von nur 200 Picolitern pro Stunde. Über das Bedienfeld kann bei den meisten Spritzenpumpen zusätzlich bei Bedarf ein Bolus (eine Extramenge des ansonsten gleichmäßig infundierten Medikametes) verabreicht werden (dann mit einem Flow zwischen 600 und 1200 ml/h). Fast immer verfügen diese Geräte über diverse Alarmfunktionen, z.B. bei einem erhöhten Druck in der Spritze (meist ein Verschlussdruck), kurz vor Ende des Medikamentes oder bei drohender Akkuentladung.

92.2.14 Kleingeräte

Neben den oben erwähnten Geräten finden sich noch einige weitere Kleingeräte auf den Rettungsfahrzeugen, die wie beispielsweise der Feuerlöscher in der DIN vorgeschrieben sind. Daneben sind meist noch ein (Wurf-) Seil sowie ein Bolzenschneider zum Durchtrennen von Vorhängeschlössern, die die Feuerwehrzufahrt blockieren, vorhanden.

92.3 Literaturverzeichnis

1. Rettungsdienstfahrzeuge und deren Ausrüstung – Krankenkraftwagen Deutsche Fassung EN 1789:2007, Beuth-Verlag, Berlin (2007)
2. Notarzt-Einsatzfahrzeuge (NEF), DIN 75079, Beuth-Verlag, Berlin (2002)
3. Leitfaden Rettungsdienst: Notfallmanagement, Organisation, Arbeitstechniken, Algorithmen / Hrsg.: B. Lutomsky, F. Flake; Gustav Fischer Verlag, 1997
4. Was gehört auf den RTW? Zur Neufassung der DIN EN 1789; T. Moeser, B. Oppenheim; Rettungsdienst; Stumpf+Kossendey Verlag; Mai 2008

Part IX
Qualitätsmanagement in der Medizintechnik

93 Qualitätsmanagementsysteme – Teil 1

H. D. Seghezzi, R. Wasmer

Medizinprodukte haben grundsätzlich hohen Sicherheitskriterien zu genügen, zuverlässig zu funktionieren und dadurch den erwarteten Gesundheitsschutz und Patientennutzen zu gewährleisten. Dies erfordert schon beim Hersteller ein gut funktionierendes und systematisches Qualitätsmanagement welches dafür bürgt, dass bereits zum Zeitpunkt der Inverkehrbringung neuer Produkte die Konformität mit den Anforderungen besteht und nachweisbar ist. In den 90er Jahren sind insbesondere in Europa die anzuwendenden technischen Regeln für den Bereich der Medizinprodukte spürbar harmonisiert worden. Der Gesetzgeber hat dabei die Anwendung von Qualitätsmanagementsystemen stark gefördert und in den gesetzlichen Vorgaben verankert. Eigenverantwortung und Eigenkontrolle haben dadurch bei der Herstellung von Medizinprodukten höhere Bedeutung erlangt und sind unabdingbar wenn es um die erfolgreiche Marktzulassung geht.

93.1 Anforderungen des Gesetzgebers an Medizinprodukte

93.1.1 Einleitung

Traditionellerweise besteht für Medizinprodukte ein hohes öffentliches Interesse in Bezug auf Produktesicherheit und Zuverlässigkeit. Medizinprodukte müssen für Patienten, Anwender und Dritte

- hohen Sicherheitskriterien genügen,
- den Gesundheitsschutz gewährleisten,
- die angepriesenen Leistungen zuverlässig erfüllen (Patientennutzen).

Zu diesem Zweck sorgt der Gesetzgeber für ein hohes Schutzniveau und verlangt vom Hersteller die Minimierung der Gefahren entsprechend dem Stand der Technik. Im Zentrum stehen dabei Anforderungen hinsichtlich der Auslegung und der Herstellung von Medizinprodukten vor ihrer Inverkehrbringung. Auslegung und der Herstellung von Medizinprodukten vor ihrer Inverkehrbringung. Seit der Verwirklichung des europäischen Binnenmarktes und der Einführung des freien Warenverkehrs bestehen im europäischen Wirtschaftsraum gemeinsame und harmonisierte

Vorschriften und Kontrollverfahren für die Inverkehrbringung von Medizinprodukten. Diese basieren auf der seit 1985 gültigen sogenannten neuen Konzeption für die technische Harmonisierung und Normung, sowie auf dem modularen Konzept der harmonisierten Konformitätsbewertungsverfahren. Nach der neuen Konzeption beschränken sich die verbindlichen Richtlinien für Medizinprodukte auf die Nennung sogenannter grundlegender Anforderungen, die erfüllt sein müssen. Detaillierte technische Spezifikationen werden dagegen durch privatwirtschaftliche Normen-Organisationen ausgearbeitet. Auf solche Normen wird im Gesetz verwiesen. Dies hat die technische Harmonisierung in Europa spürbar beschleunigt und sie flexibler gemacht. Die Konsensfindung auf Gesetzesebene wurde vereinfacht und technische Ausführungsanforderungen können schneller an den technischen Fortschritt angepasst werden.

Das Konzept der Europäischen Union für die Konformitätsbewertungsverfahren ist modular aufgebaut, so dass das Zulassungsverfahren für Medizinprodukte Varianten ermöglicht. Für den Hersteller besteht dabei allerdings nicht immer die uneingeschränkte Wahl zwischen einer QM-System-Zertifizierung und der Produktezertifizierung. Mit der Etablierung der EU-Konformitätsbewertungsverfahren ist der Einsatz der Qualitätssicherung (Qualitätsmanagementsysteme) bewusst vorangetrieben worden. Dem Hersteller wurde nebst einem grösseren Spielraum wesentlich mehr Selbstverantwortung übertragen. Hersteller können in vielen Bereichen die Erfüllung der Anforderungen über Selbstkontrolle in den Prozessen nachweisen. Für Produkte in höheren Risikokategorien muss diese Selbstkontrolle allerdings mit Konformitätsbewertungen durch externe Stellen ergänzt werden.

93.1.2 Richtlinien der EU und Medizinprodukte-Verordnung der Schweiz

Zur Sicherstellung des Schutzniveaus auf dem Gebiet der Medizinprodukte hat die EU folgende Richtlinien erarbeitet und eingeführt, bzw. in Einführung:

→ *Richtlinie 90/385 EWG über aktive implantierbare medizinische Geräte*
- verabschiedet am 20.6.1990;
- in Kraft gesetzt am 1.1.1993;
- Übergangsfrist für die Anwendung einzelstaatlich abweichender Vorschriften abgelaufen am 31.12.1994.

→ *Richtlinie 93/42 EWG über Medizinprodukte*
- verabschiedet am 14.6.1993;
- in Kraft gesetzt am 1.1.1995;
- Übergangsfrist am 31.12.1997 abgelaufen.

→ *Richtlinie für in vitro-Diagnostik-Medizinprodukte*
- verabschiedet am 27.10.1998

93.1 Anforderungen des Gesetzgebers an Medizinprodukte

- in Kraft gesetzt am 7.6.2000
- Übergangsfrist bis 6.12.2005

In der Schweiz hat der Bundesrat am 30. Juni 1993 die Regelung der Medizinprodukte für dringlich erklärt. Mit der Medizinprodukteverordnung (MepV) die auf den 1. April 1996 in Kraft getreten ist, wurden die zwei bestehenden Medizinprodukterichtlinien der Europäischen Union (die Richtlinie 93/42/EWG für Medizinprodukte und die Richtlinie 90/385/EWG über aktive implantierbare medizinische Geräte) praktisch übernommen und in Schweizer Recht umgesetzt. Die Verordnung regelt ausser dem Inverkehrbringen auch die Produktbeobachtung und nachträgliche Kontrolle vermarkteter Produkte. Medizinprodukte werden dann als sicher und zuverlässig betrachtet, wenn sie die zutreffenden „grundlegenden Anforderungen" aus Anhang I der Richtlinien 93/42/EWG, RL 98/79/EG und/oder 90/385/EWG erfüllen. Bewusst verlangen beide, die schweizerische MepV und die EU-Richtlinien, dass nicht nur die Sicherheit, sondern auch die Wirksamkeit und Zuverlässigkeit der Produkte belegt sein müssen. Die MepV befindet sich in Überarbeitung und wird in der neuen Fassung auch die Forderungen der RL 98/79/EG über In-vitro-Diagnostika enthalten.

93.1.3 Medizinprodukte

Als Medizinprodukte gemäss Richtlinie 93/42 EWG gelten alle einzeln oder im Verbund in der Medizin verwendeten

- Instrumente, Apparate, Vorrichtungen,
- Stoffe oder andere Gegenstände,
- medizinisch-technische Geräte,
- für das Medizinprodukt eingesetzte Software,
- einschliesslich Zubehör,

ausser ihre bestimmungsgemässe Hauptwirkung werden im oder am menschlichen Körper hauptsächlich durch pharmakologische oder immunologische noch metabolische Mittel erreicht. Sie gelten unter diesen Voraussetzungen als Medizinprodukte, wenn sie von der in Verkehr bringenden Person oder Firma (Inverkehrbringerin) zur Anwendung beim Menschen für folgende Zwecke bestimmt sind:

- Erkennung, Verhütung, Überwachung, Behandlung oder Linderung von Krankheiten (z. B. Computertomograph, Fiebermesser, Ultraschallgeräte);
- Erkennung, Überwachung, Behandlung, Linderung von Verletzungen oder Behinderungen (z. B. elektrischer Rollstuhl, Eisbeutel, Röntgenapparat);
- Untersuchung, Ersatz oder Veränderung des anatomischen Aufbaus oder eines physiologischen Vorgangs (z. B. Gelenkprothese);
- Empfängnisregelung (z. B. Präservative, Spiralen).

Amalgamplomben und Knochenzemente werden „als System" den Medizinprodukten zugeordnet. Die MepV weicht nur in einem Punkt von der Richtlinie 93/42

EWG ab: die „Stoffe" sind nicht inbegriffen, weil dafür die definitive gesetzliche Grundlage erst mit Inkrafttreten des neuen Heilmittelgesetzes vorliegen wird. Die Verwendung, für die das Produkt gemäss Etikettierung, Gebrauchsanweisung und Werbematerial bestimmt ist, legt der Hersteller in eigener Verantwortung fest. Für die Zugehörigkeit eines Produktes zur Gruppe der Medizinprodukte ist neben dem festgesetzten Verwendungszweck noch seine Hauptwirkung massgebend. Die Hauptwirkung wird aus dem vom Hersteller genannten Wirkungsanspruch und/ oder aus den wissenschaftlichen Daten entnommen.

In vitro Diagnostika (IVD) sind Medizinprodukte, die zur Untersuchung von aus dem menschlichen Körper stammenden Proben verwendet werden. Sie dienen hauptsächlich dazu, Informationen über physiologische oder pathologische Zustände sowie angeborene Anomalien zu liefern, zur Prüfung auf Unbedenklichkeit und Verträglichkeit bei den potentiellen Empfängern und dienen der Überwachung therapeutischer Massnahmen.

93.1.4 Klassifizierung

Medizinprodukte müssen vom Hersteller auf Basis der festgelegten Verwendung einer Risikoklasse zugeteilt werden, welche in Anhang IX der Richtlinie 93/42 EWG beschrieben sind. Nach ihnen richtet sich das anzuwendende Konformitätsbewertungsverfahren. Empfohlen wird auch die „EC-Guideline to the classification of Medical Device" (MEDDEV 10/93, rev. 5, march 1996) zu beachten. Nachfolgend ist eine Übersicht über die Klassifizierung von Medizinprodukten dargestellt:

Klasse I
Klasse I Produkte sind nicht invasive Produkte oder invasive Produkte mit ununterbrochener Anwendung von weniger als 60 min Dauer, so wie wiederverwendbare chirurgische Instrumente. Klasse I Produkte, welche steril sind und/oder Messfunktionen erfüllen, sind als eigene Klassen zu betrachten, für welche spezielle Verfahren vorgesehen sind.

Klasse IIa
Klasse IIa Produkte sind invasive Produkte mit einer ununterbrochenen Anwendung bis zu 30 Tagen Dauer, nicht invasive Produkte für die Durchleitung und Aufbewahrung von Blut, anderen Körperflüssigkeiten oder -geweben, aktive therapeutische Produkte und aktive diagnostische Produkte.

Klasse IIb
Klasse IIb Produkte sind Implantate mit einer ununterbrochenen Anwendung von mehr als 30 Tagen Dauer, Produkte zur Empfängnisverhütung, Kondome und aktive therapeutische Produkte mit potentiellen Gefährdungen, sowie Produkte mit ionisierender Strahlung.

Klasse III
Klasse III Produkte sind solche, die Arzneimittel oder tierische Bestandteile ent-

93.1 Anforderungen des Gesetzgebers an Medizinprodukte

halten, sowie Produkte, die am zentralen Nerven- oder Kreislaufsystem eingesetzt werden.

Eine Klassifizierung von IVD's im engeren Sinn gibt es nicht, jedoch können diese in folgende 4 Gruppen eingeteilt werden:

- Produkte gemäss Anhang II Liste A (z. B. HIV, Hepatitis, HTLV),
- Produkte gemäss Anhang II Liste B (z. B. Blutgruppenbestimmung (Duffy, Kidd)),
- Produkte zur Eigenanwendung (z. B. Blutzuckermessung),
- alle anderen IVD's.

93.1.5 Die grundlegenden Anforderungen

Medizinprodukte dürfen nur in Verkehr gebracht werden, wenn sie den grundlegenden Anforderungen des Anhangs I der zutreffenden Richtlinie 93/42/EWG, 98/79/EG oder 90/385/EWG entsprechen. Bei Erfüllung dieser Anforderungen und unter Berücksichtigung des entsprechenden Konformitätsverfahrens ist der Hersteller berechtigt, die CE-Kennzeichnung anzubringen und das Produkt in den Verkehr zu bringen. Die grundlegenden Anforderungen sind in zwei Gruppen unterteilt. Die nachfolgende Auflistung enthält eine zusammenfassende Übersicht über die grundlegenden Anforderungen, so wie sie beispielsweise in der Richtlinie 93/42/EWG festgelegt sind:

Allgemeine Anforderungen
- Risikobeseitigung, Schutzmassnahmen
- Hinweise über Restrisiken
- Wirksamkeitsnachweis
- Reproduzierbarkeit
- Einhaltung der Merkmale.

Anforderungen an die Auslegung der Konstruktion
- Chemische, physikalische und biologische Eigenschaften
- Infektion und mikrobielle Kontamination
- Eigenschaften im Hinblick auf die Konstruktion und Umgebungsbedingungen
- Produkte mit Messfunktion
- Schutz vor Strahlung
- Anforderungen an Produkte mit externer oder interner Energiequelle
- Bereitstellung von Informationen durch den Hersteller
- Nachweis der Leistungsmerkmale durch klinische Bewertung.

Die Erfüllbarkeit der in den entsprechenden Richtlinien enthaltenen grundlegenden Anforderungen ist mit Hilfe einer Risikoanalyse zu überprüfen. Es liegt in der Verantwortung des Unternehmers (Inverkehrbringers), die Risiken zu erkennen und auf das geforderte Mass zu reduzieren. Die Durchführung der Risikoanalyse sollte zweckmässigerweise von einer gemischt zusammengesetzten Gruppe, bestehend aus Technikern, Ärzten, Pflegepersonal, Patienten, Anwendern, u.s.w. erfolgen. Dabei sind die Normen EN 1441 (Medizinprodukte – Risikoanalyse) sowie ISO 14971 (Medizinprodukte – Anwendung des Risikomanagements auf Medizinprodukte) nützliche Hilfsmittel.

93.1.6 Die Anwendung der harmonisierten CEN-Normen

In der Einleitung wurde bereits erwähnt, dass gemäss neuer Konzeption die verbindlichen Richtlinien und Verordnungen nur noch die grundlegenden Anforderungen enthalten, deren Erfüllung durch die Anwendung von Normen ermöglicht wird.

Harmonisierte Normen

- haben nicht einen verbindlichen Charakter; jedoch gehen die EU-Mitgliedstaaten davon aus, dass ein Hersteller dann die grundlegenden Anforderungen erfüllt, wenn er die betreffenden harmonisierten Normen erfüllt. *Beispiel*: ein Qualitätssicherungssystem, das gemäss ISO 9001 und EN 46001 betrieben wird, wird als ausreichend angesehen, um die RL-Anforderungen hinsichtlich Qualitätssicherung zu erfüllen;
- dienen zur Verhütung von Risiken bei der Auslegung, der Herstellung und der Verpackung eines Medizinprodukts;
- ermöglichen die Kontrolle und den Nachweis der Übereinstimmung mit den grundlegenden Anforderungen.

Harmonisierte Normen haben somit den Vorteil, dass durch ihre Anwendung die Erfüllung und der Nachweis der grundlegenden Anforderungen vereinfacht wird. Da mit der Schweizerischen Medizinprodukteverordnung die EU-Richtlinien in Schweizer Recht umgesetzt wurden, gelten hier dieselben Regeln. Der Hersteller, gegebenenfalls die Inverkehrbringerin, können sich für die Konzeption, die Herstellung sowie für die Prüfungen des Medizinproduktes auf harmonisierte Normen stützen. Wenn eine Konformitätsbewertungsstelle die Konformität eines Produktes, dessen Auslegung und Produktion mit den zutreffenden Normen durch ein Zertifikat bestätigt, geht die Behörde von der Erfüllung der grundlegenden Anforderungen aus. In Europa ist die europäische Normenorganisation CEN/ CENELEC mit Sitz in Brüssel die zuständige Stelle, die im Auftrag der EU-Kommission harmonisierte Normen erarbeitet.

ISO hat am 15. Dezember 2000 den neuen Standard ISO 9001:2000 für Qualitätsmanagement eingeführt. Mit den neuen überarbeiteten Anforderungen avancieren Qualitätsmanagementsysteme zu umfassenden Führungssystemen. Die Unternehmensprozesse rücken ins Zentrum. (Siehe Abb. 93.1 Prozessmodell ISO 9001:2000). Die neuen Schwerpunkte sind Prozessführung, Kundenfokus und kontinuierliche Verbesserung. Herausragende Qualitätsmanagementsysteme zeichnen sich durch ihre hohe Wirksamkeit aus, geplante Forderungen zu erfüllen, Kundenzufriedenheit zu erzielen; dazu gehört die Fähigkeit Verbesserungen zu identifizie-

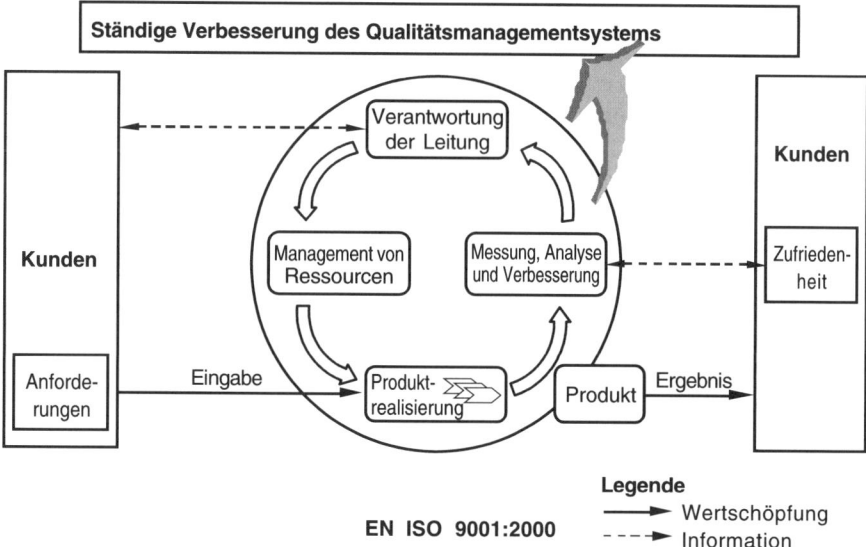

Abb. 93.1 Modell eines prozessorientierten Qualitätsmanagementsystems

ren und kontinuierliche Verbesserungen zu erzielen.

Die obigen gemäss ISO 9001:1994 und EN 46000er Reihe aufgelisteten Forderungen können mit ISO 9001:2000 erfüllt werden. Die Ausrichtung der EN 46000 Normen resp. SN EN ISO 13485/13488 für Medizinprodukte an die Philosophie und Struktur von ISO 9001:2000 ist in Vorbereitung.

93.2 Qualitäts-Managementsystem nach den Normenreihen ISO 9000 und EN 46000

93.2.1 Überblick über die Anforderungen der ISO 9000 und der EN 46000

Das Normenpaar ISO 9000:1994 / EN 46000:1996 ist für den Aufbau eines QM-Systems bei einem Medizinprodukte-Hersteller massgebend. Die beiden Normmodelle ISO 9001/9002 sowie EN 46001/46002 weisen dieselbe Grundstruktur mit 20 Elementen auf. Dazu kommen die Normen ISO 9003/EN 46003, welche auf die Endprüfung des Produkts ausgerichtet sind. Die ISO 9000er Normenreihe ist für jede Organisation anzuwenden, während in der EN 46000er Normenreihe die für Medizinprodukte-Hersteller spezifischen, zusätzlich anzuwendenden Kriterien festgelegt sind. Mit der Einführung eines solchen QM-Systems regelt das Unternehmen seine Aufbau- und Ablauforganisation mit allen Zuständigkeiten. Für alle Phasen der Produktentstehung und für die Marktüberwachung nach Auslieferung werden geeignete Vorgehensweisen festgelegt und aufrechterhalten, um die Produkteanforderungen zuverlässig zu erfüllen und dies auch nachweisen zu können. Nachfolgend sind zu jedem der 20 Normelemente die Anforderungen stichwortartig aufgeführt:

1. **Verantwortung der obersten Leitung**
   - Qualitätspolitik
   - Organisationsstruktur
   - Qualitätsbeauftragter der obersten Leitung/Qualitätsleiter für das System
   - Aufgaben, Kompetenzen und Verantwortlichkeiten, sowie gegenseitige Beziehungen
   - Bewertung des QM-Systems durch die oberste Leitung
   - Fachliche Qualifikation des Personals
   - Weiterentwicklung des QM-Systems
     → Sicherheit, Leistungsvermögen, Zuverlässigkeit der Produkte sind wichtigste Aspekte
     → Kompetenz und Zuständigkeit für mikrobiologische Kontrollverfahren beachten
     → In der Q-Systembewertung z. B. Aspekte wie Produkteleistungsvermögen und Post-Marketing-Surveillance berücksichtigen

2. **Qualitätssicherungssystem**
   - Beschreibung des QM-Systems in einem Q-Handbuch
   - Stufen- und funktionsgerechte Kenntnisse des Q-Systems
   - Qualitätsplanung (Qualitätsanforderungen erfassen, notwendige Vorkehrungen treffen)

3. **Vertragsüberprüfung**
   - Festlegung der Produkte- und Leistungsanforderungen, mit entsprechenden Q- Merkmalen
   - Abläufe Machbarkeits- und Vertragsüberprüfung
   - Anforderungen an Herstell- und Prüfverfahren
   - Erforderliche Dokumentation
   - Änderungswesen
     → Sicherheitsanforderungen sind transparent zu machen

4. **Designlenkung (Produkteauslegung)**
   - Designablauf
   - Design-Projektmanagement
   - Pflichtenheft, Entwurfs- und Qualifikationsprüfungen, Designverifizierung
   - Dokumentation
   - Designänderungsverfahren/Prozessänderungsverfahren
   - Medizinprodukte-Akte (Design-Master-File)
   - Sicherheitsanforderungen explizit
   - Klinische Erprobung, falls erforderlich

- Entsorgung
  - → Aspekte, welche Leistungsvermögen, Sicherheit und Zuverlässigkeit beeinflussen, sind aus dem Designergebnis ersichtlich
  - → Die in der jeweiligen EG-Richtlinie definierten wesentlichen Anforderungen sind vollumfänglich mitzuberücksichtigen.
  - → Systematische Risikobewertung vorsehen
  - → Umweltaspekte mitberücksichtigen

5. **Lenkung der Dokumente und Daten**
   - Lenkung aller Dokumente und Daten
   - Erstellung, Prüfung, Freigabe, Verteilung und Ablage
   - Änderungswesen und Konfigurationsmanagement
   - Aufbewahrungsfrist überholter Dokumente, inklusive Vernichtung
     - → Archivierungszweckmässigkeit mitberücksichtigen

6. **Beschaffung**
   - Beschaffungsablauf
   - Beschaffungsanforderungen und Beschaffungsunterlagen
   - Verifizierung durch den Auftraggeber
   - Änderungswesen
   - Lieferantenbeurteilung und Bewertung
   - Rückverfolgbarkeit auf beschaffte Produkte
     - → Zulieferant, welcher substantiell fertiggestellte Medizinprodukte liefert, muss gleichwertige Standards erfüllen
     - → Batch Rückverfolgbarkeit zum Zulieferer hin beachten

7. **Vom Auftraggeber beigestellte Produkte**
   - Sorgfaltspflicht und Verantwortung des Unternehmens
   - Verifizierung, Lagerung und Instandhaltung
   - Vorgehen bei Nichtkonformität

8. **Identifikation und Rückverfolgbarkeit**
   - Identifikations- und Kennzeichnungsverfahren
   - Unterscheidbarkeit retournierter, zur Aufbesserung bestimmter Produkte
   - Rückverfolgbarkeit (Ausgangsmaterialien, Herstellumgebungsbedingung bis zum Kunden hin)
     - → Erleichterung der Fehlerdiagnose und Korrekturhandlungsfähigkeit bezwecken
     - → Rückverfolgbarkeit in 2 Richtungen beachten

9. **Prozesslenkung**
   - Produktions- und Prüfplanung
   - Vollständigkeit, Zweckmässigkeit und Aktualität der Ausführungsunterlagen
   - Ausführungsunterlagen und Aufzeichnungen bezüglich Installation
   - Fertigungs- und Montageeinrichtungen

- Prozessqualifizierung, Prozessvalidierung und Prozessänderungsverfahren
- Personalqualifikation
- Hygiene- und Gesundheitsanforderungen an Personal
- Umgebungsüberwachung in der Herstellung
- Sauberkeitsanforderungen produkteseitig
- Instandhaltung der Produktionseinrichtungen
- Spezifizierte und validierte Sterilisationsprozesse inklusive Prüfparameter
- Routine-Kontrollen hinsichtlich Validierungen
  → Handlings-Vorschrift im Falle der Verarbeitung elektronischer Komponenten
  → Aspekte bezüglich Umwelt, Gebäude, Anlagen, Personal, spezielle Verfahren, kontrollierte Räume, Gesundheitsüberwachung, Reinigungen und Schulung sind medizinspezifisch besonders zu beachten.
  → Einsatz eines Reinraumhandbuches zweckmässig

10. Prüfungen
- Eingangsprüfungen, Verwendung und Einlagerung konformer Produkte
- Zwischenprüfungen und Endprüfungen
- Dokumentation und Berücksichtigung der Rückverfolgbarkeit
- Freigabe zur Auslieferung oder Einlagerung
- Identität des Prüfausführenden aus den Aufzeichnungen ersichtlich
  → Konformitätszertifikate für den Abnehmer beachten

11. Prüfmittel
- Messfähigkeit und Messgenauigkeit periodisch überprüfen
- Rückführung auf nationale resp. internationale Normale
- Zweckeignung der Prüfmittel
- Software
- Behandlung nichtkonformer Prüfmittel
- Identifikation und Kennzeichnung der Mess- und Prüfmittel

12. Prüfstatus
- Identifikations- und Kennzeichnungsart
  → Aspekte der Rückverfolgbarkeit auf betreffende Stellen resp. Personen beachten

13. Lenkung fehlerhafter Produkte
- Kennzeichnung und Aussonderung
- Fehlermeldesystem
- Entscheidungsverfahren über Nacharbeit, Reparatur, Ausschuss und Konzessionen
- Handhabung und Überwachung des Ausschusses
- Nacharbeitsverfahrensanweisungen
- Beachtung der Sicherheitsgrenzen im Falle von Konzessionen
- Identität der Entscheidungsträger für Sonderfreigaben

14. Korrekturmassnahmen
- Verfahren zur Initiierung, Realisierung und Überwachung von Korrekturmassnahmen
- Qualitätsdatensystem
- Dokumentierung der Wirksamkeit von Massnahmen
- Frühwarnsystem für Feedback von Qualitätsproblemen
- Post-marketing-surveillance (Überwachung vermarkteter Produkte)
- Behandlungsanweisung und autorisierte Person für Feedback-Informationen
- Aufzeichnung von Reklamations-Untersuchungen und Korrekturbegründungen
- Notifizierung von Störfällen an die Behörde
- Meldeverfahren und Produkterückrufe

15. Handhabung, Lagerung, Verpackung und Versand
- Eindämmung von Beeinträchtigungen mittels zweckmässigem Handling, Lagerung, Transport, Verpackung und Versand
- Zustandsüberwachung gelagerter Produkte und deren Bedingungen, sowie ihre Aufzeichnungen
- Begrenzte Lagerfähigkeit und besondere Lagerungsbedingungen
- Kennzeichnung und Beschriftung der Verpackungen und Transportgüter
- Verpackungs- und Versandkontrollen
- Handling retournierter und gebrauchter Produkte
- Verifizierung von Verpackungen auf Eignung
- Einzelverpackung für sterile Produkte
- Erkennbarkeit des Sterilitätszustandes
- Autorisierte Person für Produktekennzeichnung
- Rückverfolgbare Personenidentität betreffend Produktekennzeichnungen
- Vertriebsaufzeichnungen
  - → Definierte, gekennzeichnete Bereiche pro Produktegruppe
  - → Rotationsverfahren first in first out
  - → Quarantänebereiche
  - → Genehmigte Verpackungen (Einheits-, Schrank-, und Aussencontainer)
  - → Validierung Verpackungsmaterial für sterile Medizinprodukte
  - → Kontaminationsrisiken durch gebrauchte Produkte beachten

16. Lenkung von Qualitätsaufzeichnungen
- Definierter Umfang
- Möglichkeit der Zuordnung (Auftrag, Serie, Los)
- Vollständigkeit der Aufzeichnungen zwecks Rückverfolgbarkeit
- Aufbewahrungsfristen
- Archivierungszweckmässigkeit
- Losweise Medizinprodukte-Aufzeichnung (Device history record)
- Autorisierte Person zwecks Verifizierung der Aufzeichnungen
- Aufgezeichnete Fertigungs- und Vertriebsmengen

17. Interne Qualitätsaudits
- Periodizität, alle Elemente des QM-Systems und alle organisatorischen Einheiten
- Planung, Durchführung, Berichterstattung
- Überprüfung eingeleiteter Korrekturen
- Zweckmässiger Einsatz der Auditwerkzeuge (Check-Liste)
- Qualifikation und Unabhängigkeit der Auditoren
- Ausreichender Auditumfang

18. Schulung
- Periodische und systematische Erfassung der Ausbildungsbedürfnisse
- Führungs-, Fach- und QS-Themen
- Planung, Budgetierung, Genehmigung, Realisierung und Dokumentierung
- Bereitstellung der erforderlichen Qualifikationsnachweise
  → Beherrschung der erforderlichen Disziplinen
  → Spezifisches Training für Personal in überwachten Herstellräumen beachten

19. Wartung/Kundendienst
- Geltungsbereich (vertraglich und nicht vertraglich)
- Umfang des Kundendienstes (Wartung, Servicevertrag, Reklamationsbearbeitung, Ersatzteilwesen, Kundenschulung)
- Relevante Produktedokumentationen und Informationsmaterialien
- Aktuelle und relevante Produktedokumentation und Informationsmaterialien
- Festlegung der Kundendienstanforderungen (Vertragsüberprüfung)
  → Anwendungsberatung und Anwendertraining beachten.

20. Statistische Methoden
- Definition angewendeter, statistischer Methoden
- Tauglichkeit der eingesetzten statistischen Methoden
- Regelmässige Überprüfung eingesetzter Stichprobenverfahren auf die Eignung

93.2.2 Eigenverantwortung und Eigenkontrolle

Beim Betrieb eines Qualitätsmanagementsystems haben die Eigenverantwortung und die Eigenkontrolle eine besondere Bedeutung. Das Unternehmen plant und lenkt alle seine Unternehmensprozesse so, dass die Erfüllung der Produkteanforderungen jederzeit gewährleistet wird. Dies verlangt, dass die personellen, organisatorischen und technischen Voraussetzungen geeignet sein müssen, um die Prozesse zu beherrschen. Auf der operationellen Stufe prüft das Unternehmen selbst, dass die geltenden Anforderungen an Medizinprodukte richtig angewendet und erfüllt worden sind. Treten Abweichungen auf, werden diese systematisch erfasst und für

Verbesserungen genutzt. (Prävention und kontinuierliche Verbesserung). Gleichzeitig prüft und bewertet das Management selbst, ob das Qualitätsmanagement-System insgesamt geeignet und wirksam ist.

Durch die Benennung eines Qualitätsbeauftragten wird die Qualitätsführungsverantwortung auf oberster Managementebene einer Organisation verankert. Die so gelebte Eigenverantwortung führt zum umfassenden Verständnis der vorhandenen Qualitätsrisiken. Die Eigenkontrolle verlangt ein effektives Prüfsystem, effiziente Regelkreise und rasche Anpassungen bei Veränderungen. Damit die Produktanforderungen erfüllt werden können, ist die aufgabenbezogene Mitarbeiteraus- und Weiterbildung von höchster Bedeutung. Die nachfolgende Auflistung zeigt typische für den Medizinproduktebereich wichtige Themen wie:

- QM-System und QS-Methoden
- Fachspezifische und produktbezogene Ausbildung
- Produktesicherheit
- Risikomanagement
- Produktekennzeichnung und Verpackung
- Bio-Verträglichkeit und Sterilisationsverfahren
- Reinraumtechnik
- klinische Versuche
- Service, Reklamationswesen und Produkteüberwachung im Feld

Die Schulung der gesamten Belegschaft ist eine Seite zur Unterstützung fehlerfreier und sicherer Produkte. Die Schulung und die Instruktion der Produkteanwender ist darüber hinaus eine Forderung der Medizinprodukterichtlinie. Schulung ist eine wichtige Stütze, um die Eigenverantwortung auch tragen zu können.

93.2.3 Aufbau eines Qualitätsmanagement-Systems

Im folgenden sei beispielhaft ein mögliches Vorgehen zum Aufbau eines Qualitäts-Management-Systems bis zur Zertifizierung aufgezeigt.

- Analyse der für das Unternehmen zutreffenden Forderungen
- Formulierung eines Projektauftrages und Bildung des Projektteams
- Identifizieren der vorhandenen Prozesse / Elemente (IST-Analyse)
- Sofortmassnahmen
- Festlegung der System-/Prozessarchitektur und Darstellung des Prozessnetzwerkes
- Bestimmung der Prozesseigner
- Erarbeitung des Qualitätsmanagementhandbuches und der erforderlichen Prozessdokumente
- Schulung und Praxisumsetzung
- Zertifizierung, Rezertifizierung
- Aufrechterhaltung, Weiterentwicklung, Verbesserung.

93.3 Die Zulassungsverfahren zur Inverkehrbringung von Medizinprodukten

93.3.1 Verfahren der europäischen und schweizerischen Konformitätsbescheinigung

Das Inverkehrbringen von Medizinprodukten und In-vitro-Diagnostika-Produkten wird in Europa wie eingangs erwähnt durch drei übergreifende Richtlinien und in der Schweiz durch die auf die EU-Richtlinien abgestimmte schweizerische Medizinprodukteverordnung geregelt. Es besteht die Vorschrift, dass alle Medizinprodukte spätestens nach Ablauf der Übergangszeit (MepV), nur noch verkauft werden dürfen, wenn sie ein CE-Zeichen tragen. In der Schweiz gilt das MD-Zeichen oder das CE-Zeichen. Das CE-Zeichen darf angebracht werden, wenn die Mindestanforderungen der relevanten EG-Richtlinie erfüllt sind und alle dort vorgeschriebenen Konformitätsverfahren durchgeführt und positiv abgeschlossen wurden. Das CE-Zeichen ist somit kein Prüf-, sondern ein Konformitätszeichen, das für die Inverkehrbringung und den freien Verkehr der Produkte in der EU nötig ist. Analoges gilt für das MD-Zeichen für die Schweiz.

93.3.2 Modulares Konzept

Gemäss dem modularen Konzept der harmonisierten Konformitätsbewertung setzen sich die Konformitätsbewertungsverfahren aus „Modulen" zusammen (Abb. 93.2). Für den Bereich „Medizinprodukte" (Richtlinien 90/385/EWG über aktive Implantate und 93/42/EWG über Medizinprodukte) gelten die folgenden Module (Tabelle 93.1): Die nachfolgende Abb. 93.3 gibt eine detaillierte Übersicht über die medizinproduktespezifischen Konformitätsbewertungsverfahren nach Produkteklassen und zeigt die mögliche Kombinationen der „Module" am Beispiel der RL 93/42/EG.

Modul	Bezeichnung	RL 90/385/EWG	RL 93/42/EWG	RL 98/79/EG
A	Interne Fertigungskontrolle	–	Anhang VII	Anhang III
B	EG-Baumusterprüfung	Anhang 3	Anhang III	Anhang V
D	Qualitätssicherung Produktion	Anhang 5	Anhang V	Anhang VII
E	Qualitätssicherung Produkt	–	Anhang VI	–
F	Prüfung der Produkte	Anhang 4	Anhang IV	Anhang VI
H	Umfassende Qualitätssicherung	Anhang 2	Anhang II	Anhang IV

Tabelle 93.1 Konformitätsbewertungsverfahren

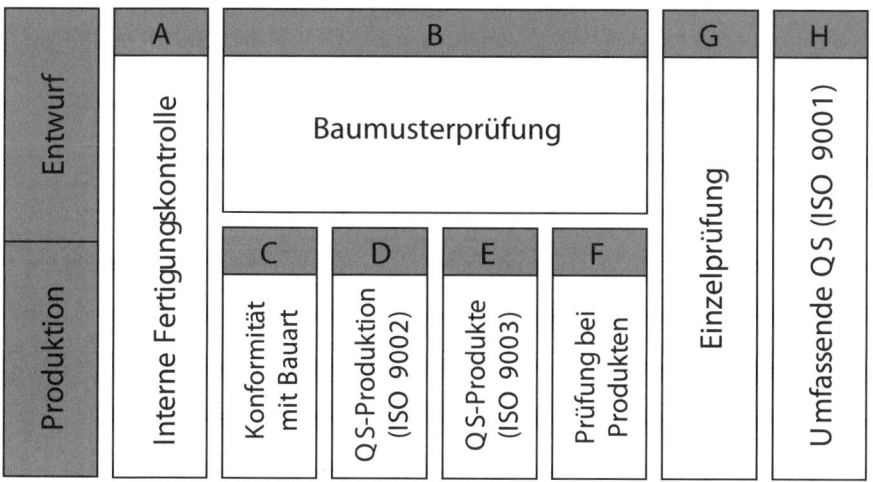

Abb. 93.2 Modularer Aufbau der Konformitätsbewertung. *Hinweis:* Für Medizinprodukte ist bei QS-Modulen immer auch die Normenreihe EN 46000 mitzuberücksichtigen

93.3.3 Konformitätsbewertungsstellen in den EU-Mitgliedstaaten

Für Medizinprodukte der Klasse I kann das Konformitätsbewertungsverfahren unter der alleinigen Verantwortung des Herstellers erfolgen. Für die übrigen Klassen IIa, IIb und III sowie für aktive implantierbare Medizinprodukte ist die Beteiligung von autorisierten Konformitätsbewertungsstellen, sogenannten „Notified Bodies", „Notifizierten Stellen" oder „benannten Stellen" erforderlich. Je nach Risikoklasse bezieht sich ihre Beteiligung nur auf die Herstellung (Produktion) oder auf Herstellung und Produkteauslegung (Entwurf). Benannte Stellen erhalten ihre Autorisierung mittels einem Notifizierungsverfahren durch die zuständige staatliche Stelle, bei welcher sie ihre Fähigkeit für die übertragenen Aufgaben nachweisen müssen. Diesen Nachweis können sie erbringen, wenn sie sich den Anforderungen der Normen ISO 17025 (vormals EN 45001) sowie EN 45002-45003 und EN 45011-45014 unterziehen. Die Erfüllung der Anforderungen wird in der Regel durch die Akkreditierungsstelle des Mitgliedstaates überprüft. Weitere Kriterien für die benannte Stelle sind in den Anhängen der jeweiligen Medizinprodukterichtlinie festgehalten. Hier sei im Besonderen auf die richtlinienspezifischen Kompetenzen und Voraussetzungen hingewiesen. Eine von einem Mitgliedstaat benannte Stelle wird der EU-Kommission gemeldet, von dieser mit einer Kennnummer versehen und im Amtsblatt der Europäischen Union veröffentlicht.

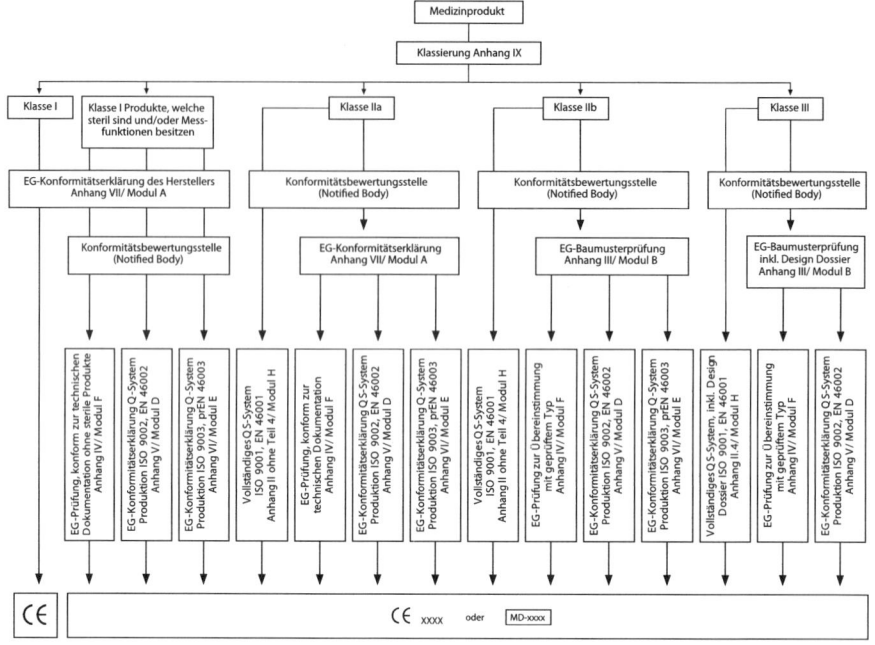

Abb. 93.3 Konformitätsbewertungsverfahren nach Produkteklassen

93.3.4 Konformitätsbewertungsstellen in der Schweiz

Die Konformitätsbewertungsstellen in der Schweiz, sogenannte „anerkannte Stellen" müssen

a. nach der Verordnung vom 17. Juni 1996 über das schweizerische Akkreditierungssystem auf Basis der Normen ISO 17025 (vormals EN 45001) und EN 45002-45003 akkreditiert sein;
b. durch das Bundesrecht anderweitig ermächtigt sein, oder
c. von der Schweiz im Rahmen eines internationalen Abkommens anerkannt sein.

Ausländische Stellen, die nicht nach Absatz 1 anerkannt sind, können beigezogen werden, wenn dem Bundesamt glaubhaft dargelegt werden kann, dass

a. die angewandten Prüf- oder Konformitätsbewertungsverfahren den schweizerischen Anforderungen genügen, und die ausländische Stelle über eine Qualifikation verfügt, die der in der Schweiz geforderten gleichwertig ist.
b. Konformitätsbewertungsstellen sind privatwirtschaftlich organisierte Stellen, die dem freien Wettbewerb ausgesetzt sind. Sie müssen sich in Konkurrenz mit anderen Konformitätsbewertungsstellen im Markt bewähren.

Abb. 93.4 Schematische Darstellung des Zertifizierungsablaufs

93.3.5 Aufgaben einer Konformitätsbewertungsstelle

Eine Konformitätsbewertungsstelle nimmt Aufgaben im Bereich des Vollzugs der MepV bzw. der Medizinprodukterichtlinien wahr. Sie ergänzt die Tätigkeit der Behörde bezüglich jener Aufgaben, die eine vertiefte fachliche und organisatorische Beurteilung der herstellenden und der in Verkehr bringenden Betriebe erfordert. Der Konformitätsbewertungsstelle wird aber keine Verfügungsautorität verliehen und sie untersteht in der Schweiz der regelmässigen Kontrolle durch das Bundesamt für Gesundheit. Eine Konformitätsbescheinigung (Zertifikat) nach den Medizinprodukterichtlinien hat Aussagen zu enthalten, die belegen, dass die unter der entsprechenden Richtlinie hergestellten Medizinprodukte die Anforderungen der Richtlinie für das angewandte Konformitätsmodul und speziell die grundlegenden Anforderungen gemäss Anhang I erfüllen. Wie in den Abbildungen 93.2 und 93.3 dargestellt, besteht ein wichtiger Teil der Aufgaben der Konformitätsbewertungsstelle in der Zertifizierung der QM-Systeme der Hersteller. Der anzuwendende Zertifizierungsablauf ist im nachfolgenden Kapitel beschrieben.

93.3.6 Zertifizierungsablauf

Nachfolgend ist das Vorgehen bei der Zertifizierung am Beispiel des Zertifizierungsablaufs der SQS (Schweizerische Vereinigung für Qualitäts- und Managementsysteme) dargestellt (Abb. 93.4). Dieser Ablauf enthält auch freiwillige Prüfschritte zur Bewertung von Zwischenergebnissen. Obligatorisch sind das organisatorische Vorgespräch, das Zertifizierungs-Audit und die jährliche Routine-Überprüfung. Die Gültigkeit des Zertifikats beträgt drei Jahre. Während dieser Zeit werden jährlich stichprobenartig Routine-Überprüfungen durchgeführt. Zur Zertifikatserneuerung nach drei Jahren muss ein Wiederhol-Audit bestanden werden.

Zitierte Richtlinien und Normen

Nummer	Dokument	Ausgabe-Datum	Bezugsquelle
93/42/EWG	Richtlinie über Medizinprodukte	14.06.1993	OSEC, Zürich
90/385/EWG	RL über aktive implantierbare medizinische Geräte	20.06.1990	OSEC, Zürich
98/79/EG	RL über In vitro Diagnostika	27.10.1998	OSEC, Zürich
SR 819.124	Medizinprodukteverordnung MepV	24.01.1996	BAG, Bern
MEDDV 10/93	EC-Guideline to the classification of medical device, rev. 5	März 1996	Kommission der europäischen Gemeinschaften, Brüssel
SN EN ISO 9001:1994 (ISO 9001:1994)	Qualitätsmanagementsysteme – Modell zur Qualitätssicherung/QM-Darlegung in Design, Entwicklung, Produktion, Montage und Wartung	August 1994	SNV, Zürich
SN EN ISO 9002:1994 (ISO 9002:1994)	Qualitätsmanagementsysteme – Modell zur Qualitätssicherung/QM-Darlegung in Produktion, Montage und Wartung	August 1994	SNV, Zürich
SN EN ISO 9003:1994 ISO 9003:1994)	Qualitätsmanagementsysteme – Modell zur Qualitätssicherung/QM-Darlegung bei der Endprüfung	August 1994	SNV, Zürich
SN EN ISO 9001:2000 (ISO 9001:2000)	Qualitätsmanagementsysteme – Anforderungen (ISO 9001:2000)	Dezember 2000	SNV, Zürich
SN EN ISO 13485 (ISO 13485:1996)	Qualitätssicherungssysteme – Medizinprodukte – Besondere Anforderungen für die Anwendung von EN ISO 9001 (Überprüfung der EN 46002:1996)	Januar 2001	SNV, Zürich
SN EN ISO 13488 (ISO 13488:1996)	Qualitätssicherungssysteme – Medizinprodukte – Besondere Anforderungen für die Anwendung von EN ISO 9001 (Überprüfung der EN 46002:1996)	Januar 2001	SNV, Zürich

Nummer	Dokument	Ausgabe-Datum	Bezugsquelle
SN EN ISO/IEC 17025 (ISO/IEC 17025:1999) (vormals 45001)	Allgemeine Anforderungen an die Kompetenz von Prüf- und Kalibrierlaboratorien	Mai 2001	SNV, Zürich
SN EN 45002	Allgemeine Kriterien zum Begutachten von Prüflaboratorien	1990	SNV, Zürich
SN EN 45003 (EN 45003:1995)	Akkreditierungssysteme für Kalibrier- und Prüflaboratorien - Allgemeine Anforderungen für Betrieb und Anerkennung (ISO/IEC Leitfaden 58:1993)	1995	SNV, Zürich
SN EN 45011 (EN 45011:1998)	Allgemeine Anforderungen an Stellen, die Produktzertifizierungssysteme betreiben (ISO/IEC Guide 65:1996)	1998	SNV, Zürich
SN EN 45012 (EN 45012:1998)	Allgemeine Anforderungen an Stellen, die Qualitätsmanagementsysteme begutachten und zertifizieren (ISO/IEC Guide 62:1996)	1998	SNV, Zürich
SN EN 45013	Allgemeine Kriterien für Stellen, die Personal zertifizieren	1990	SNV, Zürich
SN EN 45014 (EN 45014:1998)	Allgemeine Kriterien für Konformitätserklärungen von Anbietern (ISO/IEC Guide 22:1996)	1998	SNV, Zürich
SN EN 46001 (EN 46001:1997)	Qualitätssicherungssysteme – Medizinprodukte – Besondere Anforderungen für die Anwendung von EN ISO 9001	1997	SNV, Zürich
SN EN 46002 (EN 46001:1997)	Qualitätssicherungssysteme – Medizinprodukte – Besondere Anforderungen für die Anwendung von EN ISO 9002	1997	SNV, Zürich
SN EN 46003 (EN 46003:1999)	Qualitätssicherungssysteme – Medizinprodukte. Besondere Anforderungen für die Anwendung von EN ISO 9003	November 1999	SNV, Zürich
EN ISO 14971 (ISO 14971;2000)	Medizinprodukte – Anwendung des Risikomanagements auf Medizinprodukte	Dezember 2000	SNV, Zürich
SN EN 1441§	Medizinprodukte – Risikoanalyse	Dezember 2000	SNV, Zürich
–	Liste der Technischen Normen für Medizinprodukte	wird laufend angepasst	BAG, Bern SNV, Zürich
–	Amtsblatt der Europäischen Gemeinschaften	fortlaufend	OSEC, Zürich

94 Qualitätsmanagement – Teil 2

M. Alzner

Dieses neue Kapitel dient zum einen der Ergänzung zum bisherigen Kapitel über Zertifizierung und führt zum anderen Korrekturen bzw. Änderungen auf, die sich seit der letzten Auflage dieses Buches in den vergangenen Jahren ergeben haben.

94.1 Kurzüberblick über gesetzliche Änderungen

94.1.1 EG-Richtlinien

Als Wächter über die Vereinheitlichung von Richtlinien und Gesetzen innerhalb der Europäischen Gemeinschaft hat am 29. März 2007 das Europäische Parlament dem Vorschlag zur Änderung der Richtlinien 90/385/EWG und 93/42/EWG des Rates im Hinblick auf die Überarbeitung der Richtlinien über Medizinprodukte zugestimmt.

Das Parlament lieferte Klarstellungen zu einigen technischen Definitionen, um für eine einheitliche Auslegung und Anwendung der Richtlinien 93/42/EWG und 90/385/EWG zu sorgen. Es stellte insbesondere klar, dass Software als solche, wenn sie spezifisch vom Hersteller für einen oder mehrere in der Definition von Medizinprodukten genannten medizinischen Zwecke bestimmt ist, auch ein Medizinprodukt ist. Allerdings stellt Software, die im Zusammenhang mit Gesundheitspflege für allgemeine Zwecke genutzt wird, jedoch kein Medizinprodukt dar.

Ferner definierte das Parlament klinische Daten als Sicherheits- und/oder Leistungsangaben, die bei der Verwendung eines Geräts erhoben werden. Klinische Daten stammen aus folgenden Quellen:

- klinischer/-en Prüfung(en) des betreffenden Geräts;
- klinischer/-en Prüfung(en) oder sonstigen in der wissenschaftlichen Fachliteratur wiedergegebenen Studien über ein ähnliches Gerät, dessen Gleichwertigkeit mit dem betreffenden Gerät nachgewiesen werden kann;
- veröffentlichten und/oder unveröffentlichten Berichten über sonstige klinische Erfahrungen entweder mit dem betreffenden Gerät oder einem ähnlichen Gerät, dessen Gleichwertigkeit mit dem betreffenden Gerät nachgewiesen werden kann.

Die Übergangsfrist zur Umsetzung der Änderung in nationales Recht durch die Mitgliedsstaaten beträgt 15 Monate.

94.1.2 Normen zum Qualitätsmanagement

Bekanntlich wurden 2002 die Qualitätsmanagement-Normen ISO 9000:2000, 9001:2000 und 9004:2000 in Kraft gesetzt, welche die bis dahin gültige Normenreihe ISO 9000ff ersetzten. Mit Ablauf der Übergansfristen haben nun seit Dezember 2003 auch die Anwendungsnormen der EN ISO 9000:1994-Serie, also die Normenserie EN 46000:1996 sowie die Einzelnormen EN ISO 13485:2000 und EN ISO 13488:2000 formal ihre Gültigkeit verloren. Im Dezember 2005 wurde EN ISO 9000:2000 zurückgezogen und durch die EN ISO 9000:2005 ersetzt.

Zudem wurde 2003 die neue EN ISO 13485:2003 eingeführt, welche ihre Vorgänger EN ISO 13485: 2001 und EN ISO 13488: 2001, mit einer Übergangsfrist bis zum 31. Juni 2006 abgelöst hat.

94.2 Voraussetzungen für das Inverkehrbringen von Medizinprodukten in Europa

Vorraussetzung für das erstmalige in Verkehr bringen von Medizinprodukten innerhalb der Europäischen Union (EU) ist die Kennzeichnung des Produktes mit einem CE-Zeichen. (CE ist die Abkürzung für „communautés européennes" = Europäische Gemeinschaften).

Das Symbol vereinfacht den freien Warenverkehr im Europäischen Wirtschaftsraum und richtet sich als Verwaltungskennzeichen in erster Linie an die zuständigen Behörden (z. B. Regierungspräsidien, Gewerbeaufsichtsämter). Es bescheinigt, dass das Medizinprodukt ohne weitere nationale Einschränkungen in Europa auf den Markt gebracht werden darf.

Mit dem CE-Zeichen zeigt der Hersteller an, dass die von ihm definierten Produkteigenschaften die Mindestanforderungen der entsprechenden europäischen Richtlinie erfüllen.

Der Hersteller darf das CE-Kennzeichen anbringen, wenn das entsprechende Produkt die Grundlegenden Anforderungen bezüglich ihrer

- Qualität,
- Leistungsfähigkeit (technisch und medizinisch),
- Sicherheit und
- gesundheitlichen Unbedenklichkeit

gegenüber Patienten, Anwendern und Dritten sowie bezüglich ihrer Wirksamkeit (Zweckbestimmung) erfüllen und das vorgeschriebene Konformitätsbewertungsverfahren durchgeführt wurde.

Laut MPG muss der CE-Kennzeichnung die Kennnummer der Benannten Stelle hinzugefügt werden, die an der Durchführung des Konformitätsbewertungsverfahrens beteiligt war und damit zum berechtigten Anbringen der CE-Kennzeichnung geführt hat. Ist für ein Medizinprodukt ein Konformitätsbewertungsverfahren vorgeschrieben, welches nicht von einer Benannten Stelle durchgeführt werden muss, fehlt somit dieser CE-Kennzeichnung die Kennnummer einer Benannten Stelle.

94.3 Konformitätsbewertung

Jeder Hersteller hat die Konformität (Übereinstimmung) seines Medizinproduktes mit den Grundlegenden Anforderungen der entsprechenden Richtlinie und den Anforderungen der harmonisierten Normen zu gewährleisten und nachzuweisen.

Die Forderungen an die Produktkonformität beziehen sich auf die

- Entwicklung,
- Herstellung,
- Verpackung und
- den Vertrieb

von Medizinprodukten.

Welches der möglichen Konformitätsbewertungsverfahren jeweils durchzuführen und in welchem Umfang dabei eine „Benannte Stelle" (engl. Notified Bodies) zu beteiligen ist, hängt vom Risikopotential des Produktes ab.

Eine Benannte Stelle ist eine unabhängige Prüf- und Zertifizierungsstelle, wie z. B. TÜV, DEKRA. Sie ist von dem zuständigen EU-Mitglied-Staat akkreditiert und benannt worden, um durchgeführte Konformitätsbewertungen des Herstellungsprozesses im Auftrag eines Herstellers zu überprüfen und deren Korrektheit nach einheitlichen Bewertungsmaßstäben zu bescheinigen.

Laut Medizinproduktegesetz (MPG) werden Medizinprodukte mit Ausnahme der In-vitro-Diagnostika und der aktiven implantierbaren Medizinprodukte den Klassen I, II, IIa, IIb und III zugeordnet. Die Klassifizierung erfolgt nach den Klassifizierungsregeln des Anhangs IX der Richtlinie 93/42/EWG.

Eine Klasseneinteilung erfolgt bei In-vitro-Diagnostika nicht, jedoch werden diese laut Richtlinie 98/79/EG in vier Gruppen eingeteilt (Produkte gemäß Anhang II Liste A, Produkte gemäß Anhang II Liste B, Produkte zur Eigenanwendung und sonstige In-vitro-Diagnostika).

94.3.1 Klassifizierung

Das Klassifizierungssystem für Medizinprodukte beruht auf dem Gedanken, dass je nach

- Anwendungsort am menschlichen Körper,
  (Verletzlichkeit des menschlichen Körpers: Invasivität)
- Anwendungsdauer
  (kurzzeitige, vorübergehende oder langfristige Anwendung) und
- eingesetzter Technik
  (potentiellen Risiken im Zusammenhang mit der möglichen oder tatsächlichen Abgabe, Entnahme oder dem Austausch von Energie oder Substanzen: Produktaktivität)

ein jeweils abgestuftes Gefährdungspotential mit den Medizinprodukten verbunden sein kann. Die Klassifizierungsvorschriften für Medizinprodukte ergeben sich aus Artikel 9 der Richtlinie 93/42/EWG; die Klassifizierungsregeln sind im Anhang IX der Richtlinie 93/42/EWG aufgeführt. Angegeben werden insgesamt 18 Regeln, unterteilt in die Bereiche

- Nicht-Invasive Produkte (Regel 1 bis 4)
- Invasive Produkte (Regel 5 bis 8)
- zusätzliche Regeln für aktive Produkte (Regel 9 bis 12)
- besondere Regeln (Regel 13 bis 18).

94.3.2 Konformitätsbewertungsverfahren

Je nachdem in welche Risikoklasse das Produkt einzuteilen ist, kann die Konformität durch den Hersteller selbst oder mit Beteiligung einer Benannten Stelle nachgewiesen werden.

Für die folgenden Produkte muss die Konformitätsbewertung unter Hinzuziehung einer Benannten Stelle durchgeführt werden:

- aktive implantierbare Medizinprodukte,
- Medizinprodukte der Klassen IIa, IIb und III,
- steril in den Verkehr gebrachte Medizinprodukte der Klasse I,
- Medizinprodukte der Klasse I mit Messfunktion,
- In-vitro-Diagnostika gemäß Anhang II der Richtlinie 98/79/EG,
- In-vitro-Diagnostika zur Eigenanwendung muss.

In den Fällen, in denen eine Benannte Stellen einzubeziehen ist, führt diese die vorgeschriebenen Prüfungen durch und erteilt die erforderlichen Bescheinigungen. Es ist dem Hersteller überlassen, welche Benannte Stelle er wählt. Bedingung ist nur, dass die gewählte Benannte Stelle für das entsprechende Verfahren und die betreffende Produktkategorie vorgesehen ist.

Sind für die jeweilige Risikoklasse unterschiedliche Konformitätsbewertungsverfahren möglich, kann der Hersteller zwischen dem einen oder anderen Verfahren wählen. Somit wird dem Hersteller ermöglicht, alternativ für sein Medizinprodukt und seinen spezifischen Gegebenheiten eines der entsprechenden Module auszusuchen.

Vergleiche hierzu die Figuren („Modularer Aufbau der Konformitätsbewertung") und („Konformitätsbewertungsverfahren nach Produktklassen") des Kapitels Qualitätsmanagement – Teil 1. Hierbei ist jedoch zu beachten, dass alle angegebenen Qualitätsmanagement-Normen durch die ISO 9001:2000 abgedeckt werden.

94.4 Technische Dokumentation

Die Zusammenstellung des Nachweises über die Übereinstimmung mit den Grundlegenden Anforderungen erfolgt in der „Technischen Dokumentation", die für jedes Medizinprodukt erstellt werden muss.

Im Wesentlichen besteht diese aus folgenden Aufzeichnungen:

- Beschreibung des Produktes
- sowie eingebauter Teile und Zubehör zum Produkt
- Klassifizierung des Produkts und Zubehör sowie gewähltes Konformitätsbewertungsverwahren
- angewendeten Normen sowie eine Beschreibung der Lösungen zur Einhaltung der Grundlegenden Anforderungen
- Konstruktionsunterlagen
  - Fotographien / Muster des Produktes
  - Zeichnungen / Entwürfe
  - Material Spezifikationen
  - Vor-Produktions-Design-Kontrolle (kurze Beschreibung)
  - Endprodukt Zulassungskriterien
- Risikoanalyse nach EN ISO 14971
- Prüfberichte
- Chemische, physikalische und biologische Prüfungen, In-vitro-Tests – vorklinische Studien, Biokompatibilitäts-Prüfungen (Überblick von durchgeführten Prüfungen oder Begründung für nicht durchgeführte Prüfungen), Biostabilitäts-Prüfungen, Mikrobiologische Sicherheit, beschichtete Medizinprodukte
- klinische Bewertung
- Ermittlungsweg, Literaturweg, Veröffentlichungen
- bei Sterilprodukten
- Beschreibungen verwendeter Verfahren & Validierungsnachweise
- Verpackungs-Qualifikation
- Physikalische Verpackungs-Qualifikation, Lagerbeständigkeit / Haltbarkeit
- Fertigung
- Lieferanten Information, Fertigungsprozesse, Qualitätssicherungs/prüfungs-Verfahren
- Benutzer Information
- Kennzeichnung / Etikett und Gebrauchsanweisung, Schulungsunterlagen, Marketingunterlagen

- Produktbeobachtungen im Markt (Informationen aus den der Produktion nachgelagerten Phasen)
- Reklamationen
- Produkt Historie

94.5 Risikomanagement

Mit dem Risikomanagement werden Gefährdungen, die mit der Anwendung von Medizinprodukten und ihrem Zubehör verbunden sind, abgeschätzt, bewertet und kontrolliert und somit die Wirksamkeit der ergriffenen Maßnahmen überwacht. Das Risikomanagement ist für alle Phasen des Lebenszyklus eines Medizinprodukts einzusetzen und umfasst folgende Elemente:

- Risikoanalyse
- Risikobewertung
- Risikokontrolle und
- Informationen aus den der Produktion nachgelagerten Phasen.

Ziel ist die Beseitigung oder Minimierung der Risiken durch konzeptionelle oder konstruktive Maßnahmen. Sollte dies nicht möglich sein, sind zumindest entsprechende Schutzmaßnahmen zu treffen. Nur als allerletzte Möglichkeit bleibt die Unterrichtung der Benutzer/innen über die Restrisiken (Warnhinweise). Dabei müssen die eventuellen Restrisiken bei der Anwendung des Produktes im Vergleich zu der nützlichen Wirkung vertretbar und mit einem hohen Maß an Schutz von Gesundheit und Sicherheit vereinbar sein.

Die Ergebnisse des Risikomanagements sind integrierter Bestandteil der Technischen Dokumentation.

94.5.1 Risikobeurteilung

Als ein Interessensvertreter von medizinischem Personal, Einrichtungen des Gesundheitswesens, Behörden, Industrie, Patienten und Vertreter der Öffentlichkeit, etc. muss der Hersteller die Sicherheit eines Medizinproduktes, einschließlich der Vertretbarkeit des Risikos unter Berücksichtigung des anerkannten Standes der Technik beurteilen, dass das Medizinprodukt für das Inverkehrbringen unter seinem bestimmungsgemäßen Gebrauch geeignet ist.

Die internationale Norm DIN EN ISO 14971 legt ein Verfahren für den Hersteller eines Medizinprodukts zur Feststellung der mit einem Medizinprodukt und seinen Zubehörteilen verbundenen Gefährdungen fest. Sie dient weiter

1. seiner Einschätzung und Bewertung der mit diesen Gefährdungen verbundenen Risiken,

94.5 Risikomanagement

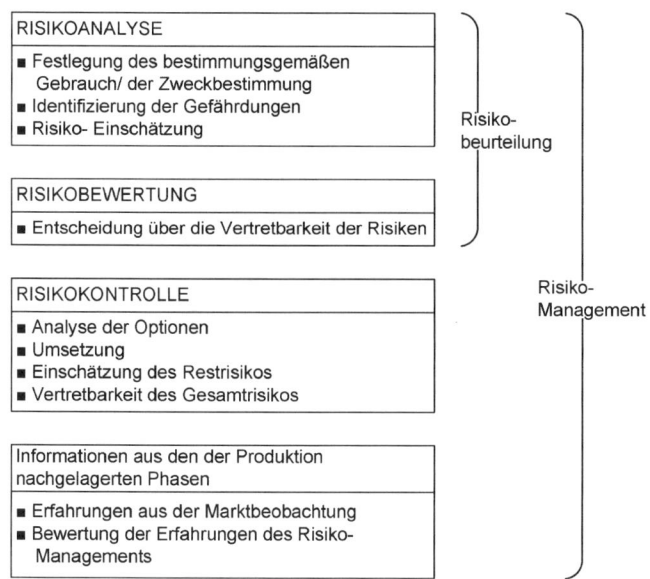

Abb. 94.1 Schematische Darstellung des Risikomanagements nach DIN EN ISO 14971

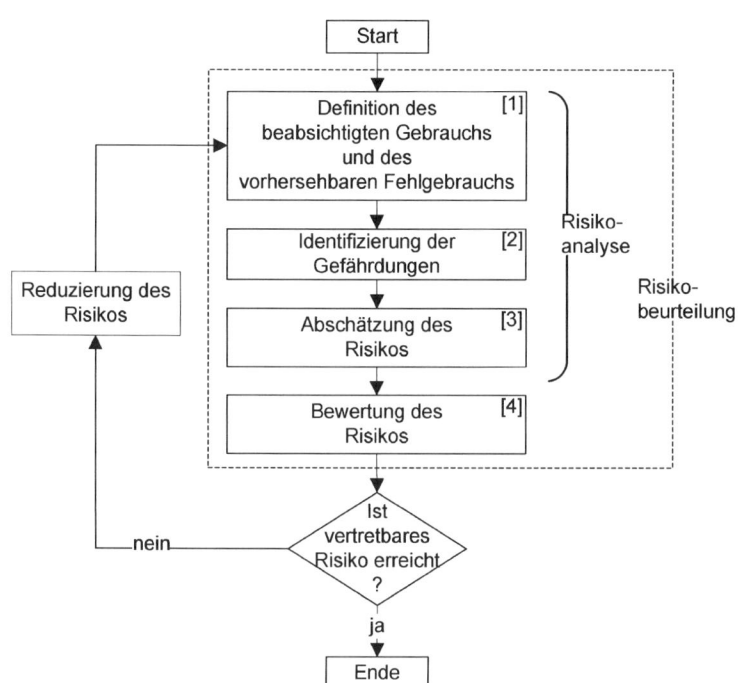

Abb. 94.2 Ablauf Risikobeurteilung

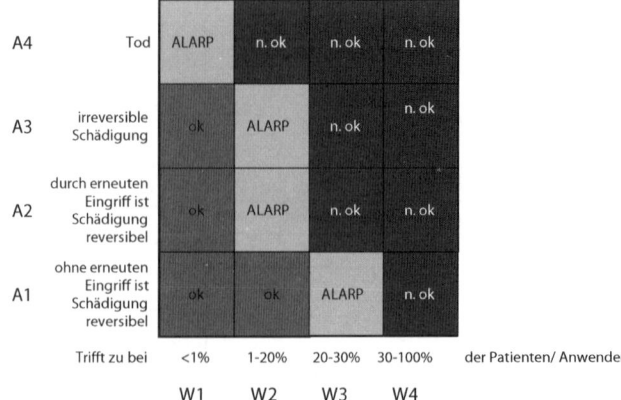

Abb. 94.3 Beispiel einer Beurteilungsmatrix

2. zur Kontrolle dieser Risiken und
3. zur Überwachung der Wirksamkeit dieser Kontrolle.

Das Risikomanagement nach DIN EN ISO 14971 umfasst die Analyse, die Bewertung und die Beherrschung des Risikos durch das Maßnahmenmanagement, sowie die Neubewertung nach Durchführung der Maßnahmen bis zur Marktbeobachtung nach Auslieferung des Produktes auf ein ggf. erneut notwendig werdendes Risikomanagement.

Der erste Schritt bei der Feststellung von Gefährdungen ist die Untersuchung des Medizinprodukts auf Eigenschaften, die die Sicherheit beeinträchtigen könnten. Eine Möglichkeit dies zu tun, ist eine Reihe von Fragen zu stellen über Herstellung, Anwendung und endgültige Entsorgung des Medizinprodukts. Wenn diese Fragen vom Standpunkt aller Betroffenen aus gestellt werden, d. h. Anwender, Instandhalter, Patienten usw., kann ein vollständiges Bild davon entstehen, ob mögliche Gefährdungen vorhanden sind. Die in der DIN EN ISO 14971 in Anhang A enthaltenen Fragen können bei der Feststellung aller möglichen Gefährdungen für das zu untersuchende Medizinprodukt unterstützen. Die Aufstellung ist nicht all umfassend. Vielmehr bilden die in der Norm enthaltenen Anforderungen einen Rahmen, innerhalb dessen Erfahrung, Einblick in die Materie und Urteilskraft zum Management dieser Risiken eingesetzt werden.

Eine Beurteilungsmatrix (Abb. 94.3) kann bei der Entscheidung / Beurteilung, ob ein Risiko akzeptierbar ist oder ob Maßnahmen zur Reduzierung des Risikos eingeleitet werden müssen, helfen. Dabei werden zwei Komponenten betrachtet:

- die Wahrscheinlichkeit des Auftretens eines Schadens, das heißt, wie häufig der Schaden auftreten kann;
- die Folgen dieses Schadens, das heißt, wie groß dieser sein könnte.

Die Wahrscheinlichkeit (W) des Auftretens und das Ausmaß (A) des Schadens sind immer getrennt von einander zu betrachten und zu bewerten.

94.5 Risikomanagement

Gefährdung durch Energie	Gefährdungen, die mit der Geräteanwendung verbunden sind
• Elektrizität • Hitze • mechanische Kraft • ionisierende Strahlung • nicht ionisierende Strahlung • elektromagnetische Felder • bewegliche Teile • aufgehängte Massen • Druck • Schwingungen • magnetische Felder • ...	• unzureichende Etikettierung • unzureichende Gebrauchsanweisung • unzureichende Angaben zu Zubehör • unzureichende Warnung vor Nebenwirkungen, wechselseitigen Beeinflussungen, Fehlfunktionen, ... • Anwendung durch unausgebildetes Personal • in vernünftiger Weise vorhersehbarer Missbrauch • ...
Gefährdung durch die Umwelt	**Biologische Gefährdungen**
• elektromagnetische Störung • unzureichende Energieversorgung • Wahrscheinlichkeit des Betriebes außerhalb der vorgeschriebenen Umweltbedingungen • Unverträglichkeit mit anderen Geräten • ...	• Biobelastung • Abbau des Werkstoffs • Biounverträglichkeit • Allergenität • falsche Angaben, falsche Rezeptur • Toxizität • ...
Gefährdung infolge von Funktionsfehlern, Wartung, Alterung	**Ungeeignete, unzulängliche oder komplizierte Schnittstelle mit dem Anwender**
• fehlerhafte Datenübertragung • unzureichende Leistungsmerkmale für den geplanten Gebrauch • fehlende oder unzureichende Wartungsspezifikationen einschließlich unzureichender Spezifikationen für funktionelle Prüfungen nach der Wartung • unzureichende Wartung • unzureichende Angaben zu sicherheitstechnischen Kontrollen • ...	• Fehler und Irrtümer in der Beurteilung • Lücken, Irrtümer der kognitiven Erkennung • Verletzung, Verkürzung von Anweisungen • Verwirrendes Steuersystem • Unklarer Zustand des Gerätes • Fehlerhafte Darstellung von Ergebnissen • Ungenügende Sichtbarkeit, Berührbarkeit • Widersprechende Modi oder Darstellungen • ...
Gefährdungen durch falsche Abgabe von Energie und Substanzen	
• Volumen • Druck • Sauerstoffversorgung • Versorgung mit Anästhesiegasen • ...	

Tabelle 94.1 Beispiele möglicher Gefährdungen mit Medizinprodukten – in Anlehnung an DIN EN ISO 14971

Die Beurteilungsmatrix ist in drei verschiedene Risiko-Bereiche unterteilt:

- Geringfügig (ok)-zulässig:
  Keine weiteren Maßnahmen notwendig. Risiken in diesem Bereich können akzeptiert werden.
- Akzeptable-ALARP (As Low As Reasonably Practicable)
  Es muss nachgeprüft werden, ob das Risiko bereits soweit wie möglich minimiert ist. Andernfalls müssen passende Maßnahmen definiert und durchgeführt werden.
- Nicht akzeptabel (nicht ok)
  Weitere Maßnahmen sind notwendig, um das Risiko zu minimieren

94.5.2 Risikokontrolle

Werden Gefährdungen mit zu hohem Risiko identifiziert, sind Maßnahmen der Risikokontrolle festzulegen, die sich eignen, um das Risiko auf einen vertretbaren Grad zu mindern. Maßnahmen der Risikokontrolle können den Schweregrad des möglichen Schadens oder die Wahrscheinlichkeit des Auftretens des Schadens mindern oder beides bewirken.

Die Wirksamkeit und die Umsetzung der Maßnahmen müssen verifiziert und dokumentiert werden. Die Risikokontrolle führt eine Gesamtrisikobewertung durch und beschreibt die Umsetzung der Maßnahmen zur Risikominderung und eventuell ein zurückbleibendes Restrisiko.

Nach Abschluss der Maßnahmen wird das Risiko erneut abgeschätzt, indem jede einzelne Gefährdungsursache erneut nach dem Schadensausmaß und der Auftretens-Wahrscheinlichkeit bewertet wird. Daraus ergibt sich sofort, in welchen Risikobereich diese Gefährdungsursache jetzt nach Abschluss der Maßnahmen einzuordnen ist.

Während des Entwicklungsprozesses sind mehrere Risikobeurteilungen durchzuführen, um kontinuierlich die erkannten Gefährdungen und deren Risiko mindernde Maßnahmen zu überprüfen.

94.6 Qualitätsmanagement-Systeme

Um eine gleichbleibende Produktqualität gewährleisten zu können, ist nach dem Gesetz ein Qualitätssicherungssystem im Unternehmen aufzubauen, einzuhalten und ggf. durch eine Benannte Stelle zu zertifizieren. Die Normenreihe ISO 9000 ist die weltweit meistgenutzte ISO-Norm. Das Ziel der Ursprungsnormenreihe ISO 9000:1994 ist es, ein Qualitätsmanagement-System (QMS) in Organisationen/Betrieben zu implementieren.

Das Problem an der Version aus dem Jahre 1994 war vor allem die Schwierigkeit der Umsetzung für Dienstleistungsunternehmen. Die fast über 1000 Seiten machten die Implementierung eines QM-Systems zu einem fast unmöglichen Unterfangen, da die Gestaltung des Regelwerks zu kompliziert, starr und umfangreich aufgebaut war.

Die damaligen QM-Handbücher waren mit ihren unübersichtlichen 20 Elementen/ Kapiteln zu überfrachtet. Zudem hatten sich die Abläufe hauptsächlich an produzierenden Unternehmen orientiert.

Im Jahr 2000 wurde nach jahrelanger Weiterentwicklung die neue ISO 9000er Reihe in Deutschland als DIN EN ISO 9000, 9001 und 9004 eingeführt. Zur Erreichung der erhöhten Flexibilität, Praxisorientierung und besseren Übersichtlichkeit verbleiben von den ursprünglich 20 Elementen nur noch fünf.

94.6.1 Normenreihe DIN EN ISO 9000 ff

Die bisherige Normenreihe ISO 9000ff wurde mit der Einführung der Normen ISO 9000:2000, 9001:2000 und 9004:2000 ersetzt.

Die Forderungen der ISO 9001:1994, ISO 9002:1994 und ISO 9003:1994 sind zusammengefasst in einer Norm: ISO 9001:2000.

Die neue Normenreihe setzt sich aus folgenden Normen zusammen:

- ISO 9000 enthält Begriffe, Terminologie und dessen Erklärung, sowie die Grundlagen eines QM-Systems
- ISO 9001 enthält Anforderungen an ein QM-System zum Ziel, den Nachweis der Fähigkeit zur Erfüllung der Kundenanforderungen zu erbringen
- ISO 9004 enthält einen Leitfaden zur Bewertung der Wirksamkeit und Effizienz des QM-Systems mit dem Ziel der ständigen Verbesserung und Erhöhung der Kundenzufriedenheit

Die wesentlichen Unterschiede zur ISO 9001:1994:

i. Verstärkte Forderung nach
    - ständiger Verbesserung des QM-Systems und damit der Produkte und Dienstleistungen zur
    - Erhöhung der Kundenzufriedenheit
ii. Die oberste Leitung (oberste Führungsebene einer Firma) wird deutlich mehr in die Verantwortung genommen.
iii. Prozessorientierte Struktur (Figur 4). Darstellung der einzelnen Unternehmensprozesse und deren Wechselwirkung.
iv. Der Aufbau des QM-Systems anhand von acht Managementprinzipien:
    (1) Kundenorientierung
    (2) Führung
    (3) Einbeziehung der Personen
    (4) Prozessorientierter Ansatz
    (5) Systemorientierter Managementansatz
    (6) Ständige Verbesserung

(7) Sachbezogener Ansatz zur Entscheidungsfindung
(8) Lieferantenbeziehungen zum gegenseitigen Nutzen

v. Verbesserte Kompatibilität mit anderen Management-Systemen, insbesondere für Umweltmanagement-Systeme (ISO 14001).
vi. Erleichterung der Anwendung
- in allen Branchen
- für alle Arten von Produkten
- einschließlich Dienstleistungen
- für kleine Unternehmen

durch eine verständlicheren Aufbau.

Durch die Orientierung an den betrieblichen Prozessen wird die Umsetzung der Normforderungen erleichtert.

94.6.2 DIN EN ISO 13485:2003

Gegenüber ISO 13485:2001 und ISO 13488:2001 wurden folgende Änderungen vorgenommen:

i. Zusammenführung von ISO 13485 und ISO 13488 zu einer Norm im Hinblick auf Anforderungen an Qualitätsmanagementsysteme für regulatorische Zwecke.
ii. Gegenüber der Ausgabe ISO 13485:2001, die nur in Verbindung mit ISO 9001:1996 galt, ist die Ausgabe ISO 13485:2003 eine selbständige Norm, die auf der Basis der ISO 9001:2000 erstellt wurde, aber deren Anforderungen nicht vollständig berücksichtigt wurden.
iii. Begriffe wurden in Übereinstimmung mit den gesetzlichen Regelungen für Medizinprodukte beibehalten, auch wenn diese in der deutschen Ausgabe der ISO 9001:2000 anders festgelegt wurden.

Folgende Ausgaben wurden mit der DIN EN ISO 13485:2003 abgelöst und sind daher nicht mehr gültig/relevant:

- DIN EN 46001: 1993-12, 1996-09
- DIN EN 46002: 1993-12, 1996-09
- DIN EN ISO 13485: 2001-02
- DIN EN ISO 13488: 2001-02

Die neue ISO 13485 wurde auf der Grundlage von ISO 9001:2000 erarbeitet, jedoch unterscheidet sich die ISO 13485:2003 im Vergleich zur ISO 9001:2000 neben der speziellen Auslegung auf Medizinprodukte in zwei Punkten:

- Keine explizite Forderung des Nachweises der kontinuierlichen Verbesserung des QM-Systems.
- Keine explizite Forderung des Nachweises der Erhöhung der Kundenzufriedenheit.

94.6 Qualitätsmanagement-Systeme

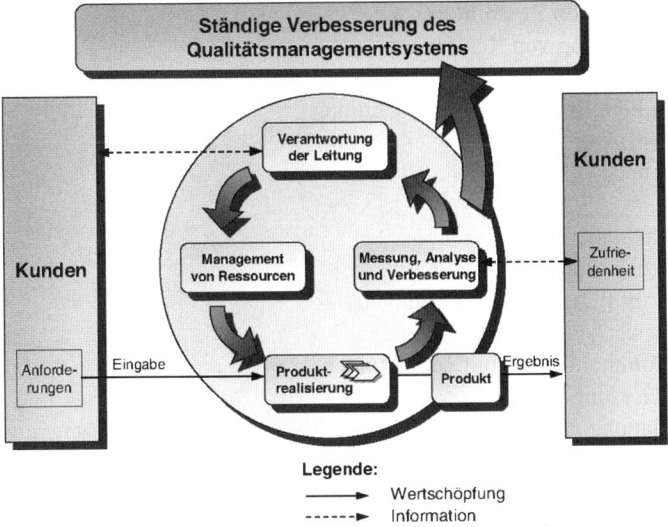

Abb. 94.4 Prozessmodell nach DIN EN ISO 9001:2000

Die ISO 13485:2003 richtet sich mit ihren Forderungen an ein Qualitätsmanagement-System eines Herstellers für Medizinprodukte. Zusätzlich zur ISO 9001:2000 sind kritische Prozesse zu implementieren (Beispiel: Rückruf, Abwehr der Kontamination, Risikomanagement uvm.). Daher bedeutet eine Konformität mit ISO 13485 nicht automatisch eine Konformität mit ISO 9001, obwohl beide die gleiche Struktur aufweisen.

94.6.3 Neue Struktur und Aufbau

Der Aufbau entspricht nicht mehr den im vorherigen Kapitel beschriebenen 20 Elementen, sondern die ISO 9001:2000 und ISO 13485:2003 sind in wesentliche fünf Kapitel unterteilt:

1. Qualitätsmanagementsystem
   - Dokumentationsanforderungen (QM-Handbuch)
   - Lenkung von Dokumenten und Aufzeichnungen
2. Verantwortung der Leitung
   - Kundenorientierung
   - Qualitätspolitik und -ziele
   - Verantwortung, Befugnis und Kommunikation
   - Qualitätsbeauftragter der obersten Leitung
   - Managementbewertung

3. Management von Ressourcen
   - Bereitstellung von Ressourcen
   - Personelle Ressourcen
   - Fähigkeit, Bewusstsein und Schulung
   - Infrastruktur
   - Arbeitsumgebung

4. Produktrealisierung
   - Kundenbezogene Prozesse
     - Ermittlung der Anforderungen
     - Bewertung der Anforderungen
     - Kommunikation mit dem Kunden
   - Entwicklung
     - Planung, Eingaben, Ergebnisse, Bewertung, Verifizierung und Validierung
     - Lenkung von Entwicklungsänderungen
   - Beschaffung
     - Beschaffungsprozess
     - Beschaffungsangaben
     - Verifizierung von beschafften Produkten
     - Lieferantenbeurteilung und Bewertung
   - Produktion und Dienstleistungserbringung
     - Lenkung des Prozesses
     - Validierung der Prozesse
     - Kennzeichnung und Rückverfolgbarkeit
   - Lenkung von Überwachungs- und Messmitteln

5. Messung, Analyse und Verbesserung
   - Überwachung und Messung
     - Kundenzufriedenheit
     - Internes Audit
     - Prozesse
     - Produkt
   - Lenkung fehlerhafter Produkte
   - Datenanalyse
   - Verbesserung
   - Ständige Verbesserung
   - Korrekturmaßnahmen
   - Vorbeugemaßnahmen

94.7 Zitierte Richtlinien und Normen

Nummer	Dokument	Ausgabe-Datum	Aktueller Stand	Bezugsquelle
93/42/EWG	Richtlinie über Medizinprodukte	14.06.1993	Zuletzt geändert am 16.02.2007	LGA TrainConsult GmbH – Euro Info Centre
90/385/EWG	RL über aktive implantierbare medizinische Geräte	20.06.1990	Zuletzt geändert am 16.02.2007	LGA TrainConsult GmbH – Euro Info Centre
98/79/EG	RL über In Vitro-Diagnostika	27.10.1998	Zuletzt geändert am 16.02.2007	LGA TrainConsult GmbH – Euro Info Centre Bundesanzeiger Verlag
SR 819.124	Medizinprodukteverordnung MepV	24.01.1996		BAG, Bern
MEDDV 10/93	EC-Guideline to the classification of medical device, rev.5	März 1996	MEDDEV 2.4/1 Rev.8 Juli 2001	Kommission der europäischen Gemeinschaften, Brüssel
SN EN ISO 9001:1994 (ISO 9001:1994)	Qualitätsmanagementsysteme – Modell zur Qualitätssicherung/ QM-Darlegung in Design, Entwicklung, Produktion, Montage und Wartung	August 1994	Obsolete – Ersetzt durch ISO 9001:2000	Beuth Verlag, Berlin
SN EN ISO 9002:1994 (ISO 9002:1994)	Qualitätsmanagementsysteme – Modell zur Qualitätssicherung/ QM-Darlegung in Produktion, Montage und Wartung	August 1994	Obsolete – Ersetzt durch ISO 9001:2000	Beuth Verlag, Berlin
SN EN ISO 9003:1994 (ISO 9003:1994)	Qualitätsmanagementsysteme – Modell zur Qualitätssicherung/ QM-Darlegung bei der Endprüfung	August 1994	Obsolete – Ersetzt durch ISO 9001:2000	Beuth Verlag, Berlin
SN EN ISO 9001:2000 (ISO 9001:2000)	Qualitätsmanagementsysteme-Anforderungen	Dezember 2000	aktuell	Beuth Verlag, Berlin
SN EN ISO 13485 (ISO 13485:1996)	Qualitätssicherungssysteme – Medizinprodukte – Besondere Anforderungen für die Anwendung von EN ISO 9001	Januar 2001	Obsolete – Ersetzt durch	Beuth Verlag, Berlin

Nummer	Dokument	Ausgabe-Datum	Aktueller Stand	Bezugsquelle
SN EN ISO 13488 (ISO 13488:1996)	Qualitätssicherungssysteme – Medizinprodukte – Besondere Anforderungen für die Anwendung von EN ISO 9001	Januar 2001	Obsolete – Ersetzt durch ISO 13485:2003	Beuth Verlag, Berlin
EN ISO 13485 (ISO 13485:2003)	Medizinprodukte-Qualitätsmanagement-systeme-Anforderungen für regulatorische Zwecke	November 2003	aktuell	Beuth Verlag, Berlin
SN EN ISO/ IEC 17025 (ISO/IEC 17025:1999) (vormals 45001)	Allgemeine Anforderungen an die Kompetenz von Prüf- und Kalibrier-laboratorien	Mai 2001	Ersetzt durch ISO/IEC 17025:2005; 2. Berichtung 2007-05	Beuth Verlag, Berlin
SN EN 45002 (EN 45002:1990)	Allgemeine Kriterien zum Begutachten von Prüflabo-ratorien	1990		SNV, Zürich
SN EN 45003 (EN 45003:1995)	Akkreditierungssysteme für Kalibrier- und Prüflabo-ratorien – Allgemeine Anforderungen für Betrieb und Anerkennung (ISO/IEC Leitfaden 58:1993)	1995		SNV, Zürich
SN EN 45011 (EN 45011:1998)	Allgemeine Anforderungen an Stellen, die Produktzerti-fizierungssysteme betreiben (ISO/IEC Guide 65:1996)	1998		SNV, Zürich
SN EN 45012 (EN 45012:1998)	Allgemeine Anforde-rungen an Stellen, die Qualitätsmanagement-systeme begutachten und zertifizieren (ISO/IEC Guide 62:1996)	1998		SNV, Zürich
SN EN 45013	Allgemeine Kriterien für Stellen, die Personal zertifizieren	1990		SNV, Zürich
SN EN 45014 (EN 45014:1998)	Allgemeine Kriterien für Konformitätserklärungen von Anbietern (ISO/IEC Guide 22:1996	1998		SNV, Zürich
SN EN 46001 (EN 46001:1997)	Qualitätssicherungssysteme – Medizinprodukte – Besondere Anforderungen für die Anwendung von EN ISO 9001	1997	Obsolete seit 2003-12-15	SNV, Zürich

94.7 Zitierte Richtlinien und Normen

Nummer	Dokument	Ausgabe-Datum	Aktueller Stand	Bezugsquelle
SN EN 46002 (EN 46001:1997)	Qualitätssicherungssysteme – Medizinprodukte – Besondere Anforderungen für die Anwendung von EN ISO 9002	1997	Obsolete seit 2003-12-15	SNV, Zürich
SN EN 46003 (EN 46003:1999)	Qualitätssicherungssysteme – Medizinprodukte. Besondere Anforderungen für die Anwendung von EN ISO 9003	November 1999	Obsolete seit 2003-12-15	SNV, Zürich
EN ISO 14971 (ISO 14971:2000)	Medizinprodukte – Anwendung des Risikomanagements auf Medizinprodukte	Dezember 2000	Ersetzt durch 2007-07	Beuth Verlag, Berlin
SN EN 1441	Medizinprodukte – Risikoanalyse	Dezember 2000	Obsolete seit 2004-04-01	SNV, Zürich
–	Liste der Technischen Normen für Medizinprodukte	Wird laufend angepasst		
–	Amtsblatt der Europäischen Gemeinschaften	Fortlaufend		

95 Haftung in der Medizintechnik

U. Müller, V. Lücker

95.1 Einleitung

Die Unversehrtheit von Leib und Leben ist das größte Rechtsgut unserer Gesellschaft. Dies macht schon das Grundgesetz in Art. 2 Abs. Satz 1 GG deutlich. Die Öffentlichkeit zeigt daher größtes Interesse an Produkten, welche der Gesundheit dienen und Leben retten oder erhalten. Dieses Interesse gilt einerseits der Entwicklung und Bereitstellung leistungsfähiger Medizinprodukte, andererseits zielt es auf deren Sicherheit.

Um vor allem letztere zu gewährleisten, nimmt der Gesetzgeber alle Beteiligten in die Pflicht, die auftretenden Risiken auf das geringstmögliche Maß zu begrenzen. Dies spiegelt sich in den rechtlichen Vorgaben ebenso wie in den Haftungsfolgen, die bei Verletzung dieser Vorgaben greifen, wieder. Diese Folgen können dementsprechend gravierend ausfallen, von Geldstrafen bis zu Freiheitsstrafen, von Bußgeldzahlungen bis zum Schadenersatzansprüchen, die schnell ein wirtschaftliches Aus bedeuten können. Den Beteiligten, allen voran den Herstellern, muss deshalb daran gelegen sein, nicht nur die Produkte, sondern auch deren Sicherheit stetig weiter zu entwickeln.

95.2 Gesetze und Verordnungen

Das zentrale Gesetz im Medizinprodukterecht ist das Medizinproduktegesetz (MPG) [1], welches in vielen Punkten des allgemeinen Rechts der Produktsicherheit, dem Geräte- und Produktsicherheitsgesetz (GPSG), vorrangig ist. Das MPG führt verschiedene europäische Richtlinien zusammen und setzt sie in nationales Recht um [2,3]. Sein Zweck ist es, „den Verkehr mit Medizinprodukten zu regeln und dadurch für die Sicherheit, Eignung und Leistung der Medizinprodukte sowie die Gesundheit und den erforderlichen Schutz der Patienten, Anwender und Dritter zu sorgen." (§ 1 MPG)

Dazu statuiert es zahlreiche Pflichten der Beteiligten und enthält Sanktionen öffentlich- rechtlicher [4] und strafrechtlicher Art. In letzterem Punkt wird es um das Strafgesetzbuch (StGB) ergänzt, wobei insbesondere die Tatbestände des § 222 StGB (fahrlässige Tötung) und § 229 StGB (fahrlässige Körperverletzung) zu nennen sind.

Zivilrechtliche Anspruchsgrundlagen im Hinblick auf Schadensersatz und Schmerzensgeld sind hingegen nicht im MPG selbst enthalten und werden damit den allgemeinen zivilrechtlichen Regelungen überantwortet. Hier greift das Produkthaftungsgesetz (ProdHaftG) und das Bürgerliche Gesetzbuch (BGB), namentlich das Recht der unerlaubten Handlungen in den §§ 823 ff. BGB.

Dies darf allerdings nicht dazu verleiten, den speziellen medizinprodukterechtlichen Vorschriften keinerlei Haftungsrelevanz beizumessen. Vielmehr sind es gerade diese Vorschriften, die dem allgemeinen Haftungsgesetz den Handlungsinhalt geben. In diesem Zusammenhang sind als spezifizierende Verordnungen von Bedeutung: die Medizinprodukteverordnung (MPV) für die Konformitätsbewertung, die Medizinprodukte-Sicherheitsplanverordnung (MPSV), die das Verfahren zur Erfassung, Bewertung und Abwehr von Risiken im Verkehr befindlicher Medizinprodukte regelt, sowie die Medizinproduktebetreiberverordnung (MPBetreibV), welche besondere Pflichten für Betreiber und Anwender von Medizinprodukten normiert.

Gesetz	Kürzel	Relevanz	geregelte Haftung
Medizinproduktegesetz	MPG	gesamt	öffentlich-rechtlich, strafrechtlich (bei Gefährdung); zivilrechtliche Sorgfaltsmaßstäbe
Produkthaftungsgesetz	ProdHaftG	gesamt	Zivilrechtlich (v. a. Schadenskompensation und Schmerzensgeld)
Bürgerliches Gesetzbuch	BGB	§§ 823 ff.	zivilrechtlich (v. a. Schadenskompensation und Schadensersatz)
Strafgesetzbuch	StGB	v. a. §§ 222 und 229	strafrechtlich (bei Schädigung von Leib und Leben)
Verordnung			**geregeltes Vorgehen**
Medizinprodukteverordnung	MVO	gesamt	Konformitätsbewertung
Medizinprodukte-Sicherheitsplanverordnung	MPSV	gesamt	Erfassung, Bewertung und Abwehr von Risiken im Verkehr o. in Betrieb befindlicher Medizinprodukte
Medizinproduktebetreiberverordnung	MPBetreibV	gesamt	Errichten, Betreiben, Anwenden und Instandhalten von Medizinprodukten

Tabelle 95.1 Gesetze und Verordnungen im Überblick

95.3 Pflichtenadressat

Die Pflicht zur Gefahrenabwehr gilt für alle, die mit Medizinprodukten umgehen, ob Hersteller, Importeur, Vertreiber oder Lieferant einerseits, ob Betreiber, Anwender oder Wiederaufbereiter andererseits. Die Einhaltung der Gefahrenabwehr zu sichern, ist das oberste Anliegen der Gesetze und Verordnungen, aus denen sich die spezifischen Pflichten für die jeweiligen Verantwortlichen ableiten.

95.3.1 Hersteller

Wer zur Gefahrabwehr verpflichtet ist, wird in der Regel von den Haftungstatbeständen selbst bestimmt. Da es gerade bei der Produkthaftung verschiedene Ansätze gibt, existieren auch verschiedene Definitionen zur Person des Herstellers:

Hersteller nach dem ProdHaftG ist gem. § 4 Abs. 1 Satz 1 ProdHaftG, wer das Endprodukt, einen Grundstoff oder ein Teilprodukt hergestellt hat.

Als Hersteller gilt nach § 4 Abs. 1 Satz 2 ProdHaftG auch jeder, der sich durch das Anbringen seines Namens, seiner Marke oder eines anderen unterscheidungskräftigen Kennzeichens als Hersteller ausgibt.

Als Quasi – Hersteller wird schließlich auch der Importeur gesehen, der Produkte in den europäischen Wirtschaftsraum einführt (§ 4 Abs. 2 ProdHaftG) sowie der Lieferant, wenn sich der eigentliche Hersteller nicht ermitteln lässt (§ 4 Abs. 3 ProdHaftG).

Ähnlich, aber doch in Nuancen unterschiedlich, definiert das MPG die Herstellereigenschaft:

§ 3 Nr. 15 MPG
Hersteller ist die natürliche oder juristische Person, die für die Auslegung, Herstellung, Verpackung und Kennzeichnung eines Medizinproduktes im Hinblick auf das erstmalige Inverkehrbringen im eigenen Namen verantwortlich ist, unabhängig davon, ob diese Tätigkeiten von dieser Person oder stellvertretend für diese von einer dritten Person ausgeführt werden. Die dem Hersteller nach diesem Gesetz obliegenden Verpflichtungen gelten auch für die natürliche oder juristische Person, die ein oder mehrere vorgefertigte Medizinprodukte montiert, abpackt, behandelt, aufbereitet, kennzeichnet oder für die Festlegung der Zweckbestimmung als Medizinprodukt im Hinblick auf das erstmalige Inverkehrbringen im eigenen Namen verantwortlich ist. Dies gilt nicht für natürliche oder juristische Personen, die – ohne Hersteller im Sinne des Satzes 1 zu sein – bereits in Verkehr gebrachte Medizinprodukte für einen namentlich genannten Patienten entsprechend ihrer Zweckbestimmung montieren oder anpassen.

In der Regel ist daher nicht der tatsächliche Produzent, sondern der so definierte Hersteller der Verantwortliche für das erstmalige Inverkehrbringen eines Medizinprodukts (§ 5 Satz 1 MPG). Eine dem § 4 Abs. 2 ProdHaftG entsprechende Regelung enthält das MPG hingegen nicht. Nur unter bestimmten Umständen überträgt sich die Verantwortung auf den Importeur [5], der dann aber gleichwohl nicht als

Hersteller im rechtstechnischen Sinne anzusehen ist. Auch die Figur des „Bevollmächtigten", der gemäß § 3 Nr. 16 MPG im Hinblick auf die Verpflichtungen des Herstellers „nach diesem Gesetz (MPG) in seinem Namen zu handeln und den Behörden zur Verfügung zu stehen" hat, gibt es nicht im ProdHaftG. Die Pflichten des Bevollmächtigten sind daher auf die des Herstellers im MPG beschränkt und nicht auch haftungsrechtlicher Natur im Sinne des ProdHaftG.

Zu beachten ist ferner, dass im Unterschied zur Regelung in § 4 Abs. 1 Satz 1 ProdHaftG, im MPG der Zulieferer von Teilprodukten nicht als Hersteller anzusehen ist. Die Verantwortung des Herstellers des Endproduktes erstreckt sich also dort auch auf die zugelieferten Bauteile.

Die Herstellerdefinition des ProdHaftG ist maßgeblich, wenn es um Ansprüche aus diesem Gesetz geht (direkte Produkthaftung für Schäden), die Definition aus dem MPG ist dagegen entscheidend, wenn es um den Herstellerbegriff im Sinne des Medizinprodukterechts und dessen Verpflichtungen (konforme Produkte, Konformitätsbewertung, Risikoanalyse etc.) geht.

Der Kanon der aus der Herstellereigenschaft resultierenden Pflichten erstreckt sich über die gesamte Lebensdauer des Produkts, angefangen bei der Produktentwicklung bis hin zur Wiederaufbereitung, sofern eine solche nicht ausdrücklich ausgeschlossen wird. Ziel ist es, dass die Produkte allen grundlegenden Anforderungen entsprechen sollen, was gerade die Überprüfungspflicht des Herstellers ist.

Unbedingt sichtbares Zeichen für die Konformität ist die CE-Kennzeichnung, ohne die ein Medizinprodukt im Europäischen Wirtschaftsraum nicht in den Verkehr gebracht werden darf (§ 6 Abs. 1 MPG). Die CE-Kennzeichnung erfolgt nach DIN EN ISO 15223:2000. Der Hersteller erklärt die Konformität mit seinem Namen und in seiner alleinigen Verantwortung in der Konformitätserklärung für alle sichtbar.

a) Produktentwicklung

In der Produktentwicklung kommt der Hersteller seiner Pflicht zur Risikominimierung nach, indem er alle Gefahren, die mit der Anwendung des Produkts verbunden sind, aufdeckt und ausschaltet. Lassen sich Risiken nicht ausschalten oder ist der Aufwand dazu nicht zumutbar, müssen sie auf ein akzeptables Maß reduziert werden. Auch muss die Fertigung auf eine fehlerfreie Produktion ausgelegt sein. Zulieferprodukte müssen ebenfalls geprüft werden, soweit das nicht bereits der Zulieferer ausreichend getan hat. Maßgabe hierfür ist die Anwendung eines Risikomanagements nach DIN EN ISO 14971:2007.

Ob der Hersteller seiner Pflicht nachgekommen ist, muss er in einem Konformitätsbewertungsverfahren nachweisen, in dem gem. § 7 MPG die Übereinstimmung des jeweiligen Produktes mit den für dieses geltenden grundlegenden Anforderungen geprüft wird. Gerade der Aspekt der „integrierten Sicherheit", d.h. Produkte müssen konstruktiv aus sich heraus sicher sein, wird als oberste grundlegende Anforderung im Anhang I der betreffenden Medizinprodukterichtlinie hervorgehoben [6].

b) Produktion

Um Fehler in der Fabrikation und in der Anwendung zu vermeiden, greifen verschiedene Organisations- und Verkehrssicherungspflichten. Diese äußern sich vor allem in einem vollständigen Qualitätssicherungssystem für Auslegung, Fertigung und Endkontrolle in Abhängigkeit von der konkreten vorgesehenen Anwendung der Medizinprodukte. Die Fehlerfreiheit der Produktion muss durch entsprechende Zwischenprüfungen, Eingangs- und Ausgangskontrollen sichergestellt werden (siehe hierzu die ausführlichen Ausführungen unter 6 Präventive Maßnahmen).

c) Vertrieb

Zu den Verkehrssicherungspflichten gehört auch die Instruktionspflicht, definiert in der Richtlinie 93/42/EWG, Anhang I Nr. 13. Hier heißt es in 13.1:
„Jedem Produkt sind Informationen beizugeben, die – unter Berücksichtigung des Ausbildungs- und Kenntnisstandes des vorgesehenen Anwenderkreises – die sichere Anwendung des Produkts und die Ermittlung des Herstellers möglich machen."

Diese Informationen bestehen üblicherweise in einer korrekten, vollständigen und in deutscher Sprache (§ 11 Abs. 2 Satz 1 MPG) gefassten Gebrauchsanweisung, der Produktkennzeichnung und gegebenenfalls einer Einweisung. Ist das Medizinprodukt nicht ausdrücklich nur für den einmaligen Gebrauch vorgesehen, müssen auch Instruktionen zur Wiederverwendung gegeben werden, u.a. mit Angaben über das geeignete Aufbereitungsverfahren und der Höchstzahl der Wiederverwendungen. Die Bereitstellung dieser Informationen sind in der DIN EN 1041:2006 normiert.

Der Gesetzgeber hat die Instruktionspflicht insoweit erleichtert, als dass die Anweisungen sich am zu erwartenden Wissen der Anwender orientieren können.

Auch die Werbung für ein Produkt spielt hier eine Rolle. Hier müssen die Vorschriften des Gesetzes gegen den unlauteren Wettbewerb (UWG) und des Heilmittelwerbegesetzes (HWG) beachtet werden, die eine Vielzahl teilweise äußerst komplexer Wettbewerbsverbote normieren. So darf gerade Medizinprodukten keine therapeutische Wirksamkeit oder Wirkung beigelegt werden, die sie nicht haben (§ 3 Nr. 1 HWG). Wenn das Produkt z.B. als „für eine besonders häufige Verwendung geeignet" beworben wird, darf es nicht schon nach der zweiten Anwendung versagen [7].

d) Anwendung

Hat das Produkt das Werksgelände verlassen, ist der Hersteller keineswegs von seinen Pflichten entbunden. Ihm obliegt nun die Produktbeobachtungspflicht. Dazu zählen nach § 7 MPG i. V. m. Anhang VI der Richtlinie 93/42/EWG sowie der MPSV

- die Überprüfungen eingegangener Beanstandungen,
- die Beobachtung der Anwendungsart durch den Verbraucher wegen der Vorhersehbarkeit

- die Beobachtung des Fortgangs der Entwicklung von Forschung und Technik.
- Beachtung der Sicherheit bei der Kombination von Produkten [8]
- die Meldung von Vorkommnissen im Hinblick auf das Produkt, die in Deutschland aufgetreten sind (§ 3 Abs. 1 MPSV).

Unterstützt wird der Hersteller hierbei durch das Beobachtungs- und Meldesystem des Bundesinstituts für Arzneimittel und Medizinprodukte (BfArM; vgl. 2 und 3.1), welches die zuständige Meldebehörde im Sinne der MPSV ist.

Wird dem Hersteller ein Fehler bekannt, wandelt sich die Beobachtungspflicht in eine Warnpflicht, gegebenenfalls auch in eine Rückrufpflicht. Auch für Warnungen und Rückrufe besteht eine Meldepflicht des Vorgangs an die zuständige Behörde (§ 3 Abs. 1 MPSV; s. 2 Meldeverfahren).

95.3.2 Betreiber und Anwender

Betreibern und Anwendern obliegen in erster Linie Sorgfaltspflichten. Das Bundesverwaltungsgericht (BVerwG) definiert als Betreiber denjenigen, der selbst oder durch seine Mitarbeiter, die Arbeit mit dem Produkt steuert und dieses während des Betriebs überwacht, stellt also auf die tatsächliche Sachherrschaft ab [9]. Anwender ist, wer ein Medizinprodukt eigenverantwortlich handhabt und entsprechend der vom Hersteller vorgesehenen Zweckbestimmung am Patienten anwendet oder anwenden lässt [10]. Eine Person, die unter Aufsicht eines Anwenders ein Medizinprodukt lediglich bedient (z. B. ein Pflegeschüler), gilt nicht als Anwender, da diese Person nicht eigenverantwortlich handelt [11].

Den Krankenhausträgern als Betreibern obliegen vor allem Organisationspflichten bezüglich einer sorgfältigen Auswahl, Anschaffung und Bereitstellung von Medizinprodukten. Dazu zählen z. B. die Instandhaltungspflicht (§ 4 MPBetreibV) und die davon streng zu trennenden sicherheitstechnischen Kontrollen (§ 6 MPBetreibV).

Ärzte als Anwender unterliegen von Berufs wegen der sog. ärztlichen Sorgfaltspflicht. Speziell als Anwender von Medizinprodukten gelten für sie und alle übrigen Anwender die Anwenderpflichten nach § 14 MPG und der MPBetreibV auf dessen Geltung § 14 MPG verweist. Dazu zählt z. B. die Verpflichtung, sich vor Gebrauch vom ordnungsgemäßen Zustand des Medizinprodukts zu überzeugen (§ 2 Abs. 5 MPBetreibV), die Gebrauchsanweisung zu beachten (ebd.) oder ein aktives Medizinprodukt nur mit vorheriger Einweisung anzuwenden (§ 5 Abs. 2 MPBetreibV).

Für berufliche Betreiber wie Anwender gleichermaßen gilt gem. § 3 Abs. 2 MPSV die Meldepflicht, wenn Vorkommnisse im Hinblick auf das Medizinprodukt auftreten (s. 95.5 Meldeverfahren).

95.3.3 Wiederaufbereiter

Die Pflicht des Wiederaufbereiters ist zugleich auch sein Geschäftszweck, nämlich Medizinprodukte auf den gleichen sicherheits- und gebrauchstechnischen Stand wie bei ihrer Erstanwendung zu bringen. Ähnlich wie beim Hersteller kann man hier ebenfalls von einer Pflicht zur Gefahreneliminierung sprechen, auch wenn es sich nicht um eine produktinhärente, sondern um eine von außen applizierte Gefährdung (Keime, Blut etc.) handelt. Hinsichtlich der Anforderungen an die Aufbereitung wird zwischen Einmal- [12] und Mehrfachprodukten keine Unterscheidung vorgenommen.

Maßgebend ist hier § 4 Absatz 2 Satz 1 MPBetreibV: „Die Aufbereitung von bestimmungsgemäß keimarm oder steril zur Anwendung kommenden Medizinprodukten ist unter Berücksichtigung der Angaben des Herstellers mit geeigneten validierten Verfahren so durchzuführen, dass der Erfolg dieser Verfahren nachvollziehbar gewährleistet ist und die Sicherheit und Gesundheit von Patienten, Anwendern oder Dritten nicht gefährdet wird."

verantwortlich	Pflichtbereich	Pflicht	gesetzliche Grundlage
Hersteller	Produktentwicklung	Gefahrenerkennung	§ 7 MPG, konkretisiert im Anhang I und II der Richtlinie 93/42/EWG
		Gefahreneliminierung	
		Gefahrenkennzeichnung	
	Produktion	Qualitätssicherung	
	Vertrieb	Instruktion, ggf. i. V. m. Instruktion zur Aufbereitung	
	Anwendung	Produktbeobachtung	§ 7 MPG i. V. m. Anhang VI der Richtlinie 93/42/EWG sowie MPSV
	Vorkommnis	Warnung, Rückruf	
		Meldung an BfArM	§ 3 Abs. 1 MPSV
Betreiber	Anwendung	Sorgfalt (organisatorisch)	MPBetreibV
	Vorkommnis	Meldung an BfArM	§ 3 Abs. 2 MPSV
Anwender	Anwendung	(ärztliche) Sorgfalt, korrekte Anwendung	§ 14 MPG, MPBetreibV
	Vorkommnis	Meldung an BfArM oder zuständige Kommission	§ 3 Abs. 2 und 4 MPSV
Wiederaufbereiter	Wiederaufbereitung	Gefahreneliminierung	§ 4 Absatz 2 Satz 1 MPBetreibV

Tabelle 95.2 Pflichten im Überblick

Die Voraussetzungen dazu sind weiter unten formuliert:
„Eine ordnungsgemäße Aufbereitung nach Satz 1 wird vermutet, wenn die gemeinsame Empfehlung der Kommission für Krankenhaushygiene und Infektionsprävention am Robert Koch-Institut (RKI) und des BfArM [RKI-BfArM-Empfehlung] zu den Anforderungen an die Hygiene bei der Aufbereitung von Medizinprodukten beachtet wird." (§ 4 Absatz 2 Satz 3 MPBetreibV)

Vor allem seit 2002 behördlich durchgeführte Überwachungen haben allerdings erhebliche Defizite in der Aufbereitung gezeigt [13]. Gründe für diese Defizite sind u. a. mangelnde Kenntnisse bezüglich des Medizinprodukterechts und der sachgerechten Durchführung der Aufbereitung. Dies liegt mitunter auch an den unscharfen Formulierungen in der MPBetreibV und RKI-BfArM-Empfehlung. Besonders der Terminus „geeignete validierte Verfahren" lässt einen großen Spielraum für Interpretationen, ebenso das „Vermuten" einer ordnungsgemäßen Aufbereitung.

Um diese Unschärfen auszuräumen, hat die Arbeitsgruppe Medizinprodukte der Länder (AGMP) eine „Projektgruppe RKI-BfArM-Empfehlung" eingerichtet. Ergebnis sind die „Empfehlung für die Überwachung der Aufbereitung von Medizinprodukten" vom 12. und 13. März 2008.

95.4 Haftung

Ein Hersteller, Importeur, Betreiber, Anwender oder Wiederaufbereiter kann dann haftbar gemacht werden, wenn er eine seiner vorgenannten Pflichten verletzt hat. Je nach Art der Pflichtverletzung und den resultierenden Folgen greifen verschiedene Teile der Rechtsordnung mit jeweils unterschiedlichen Konsequenzen. Das Öffentliche Recht sieht Sanktionen für den Betrieb und das betreffende Produkt vor, das Strafrecht Geld- und Freiheitsstrafen, im Zivilrecht werden Schadenersatz und Schmerzensgeldzahlungen geregelt.

95.4.1 Öffentlich-rechtliche Maßnahmen

Öffentlich-rechtliche Konsequenzen greifen dann, wenn das fehlerhafte Produkt die Gesundheit oder Sicherheit von Patienten, Betreibern, Anwendern oder Dritten gefährdet oder der Hersteller seiner Produktbeobachtungspflicht nicht nachkommt (§§ 25 ff. MPG). Darüberhinaus umfasst die Marktaufsicht der zuständigen Behörden aber auch die Überwachung der formalen Voraussetzungen des Inverkehrbringens eines Medizinproduktes. Die Konformitätsbewertung mit den erforderlichen Dokumenten, wie insbesondere Risikoanalyse, klinische Bewertung etc. können von der Behörde bewertet werden. Sieht sie diese Unterlagen als unzureichend an, drohen ebenfalls öffentlich-rechtliche Sanktionen, selbst wenn keinerlei Gefährdung durch die Fehlerhaftigkeit der Dokumente bestehen sollte. Es geht insoweit um die Durchsetzung der Einhaltung der Rechtsvorschriften, die gerade Gefährdungen im Vorfeld durch ein sorgfältiges Konformitätsbewertungsverfahren eliminieren sollen. Die zuständige Behörde wird folglich in doppelter Hinsicht tätig: sowohl präventive, als auch repressiv. In beiden Fällen kann sie geeignete Maßnahmen einleiten. Diese sind in § 28 Abs. 2 MPG festgehalten [14].

---
§ 28 Abs. 2 MPG

Die zuständige Behörde ist insbesondere befugt, Anordnungen, auch über die Schließung des Betriebs oder der Einrichtung, zu treffen [...]. Sie kann das Inverkehrbringen, die Inbetriebnahme, das Betreiben, die Anwendung der Medizinprodukte sowie den Beginn oder die weitere Durchführung der klinischen Prüfung oder der Leistungsbewertungsprüfung untersagen, beschränken oder von der Einhaltung bestimmter Auflagen abhängig machen oder den Rückruf oder die Sicherstellung der Medizinprodukte anordnen. [...]

Bei Gefahr im Verzug und wenn andere Maßnahmen nicht oder nicht rechtzeitig möglich sind, ist auch eine hoheitliche Warnung der Öffentlichkeit zulässig (§ 28 Abs. 4 Satz 2 MPG).

95.4.2 Strafrechtliche Haftung

Das MPG sieht in den §§ 40 und 41.MPG strafrechtliche Konsequenzen für Verstöße gegen bestimmte Ge- und Verbote des MPG und zugehöriger Verordnungen vor. Zudem bestimmt § 42 MPG, dass einzelne Verstöße als Ordnungswidrigkeiten mit einem Bußgeld von bis zu 25.000 € geahndet werden können.

Die Strafvorschriften des MPG stellen sämtlich abstrakte Gefährdungsdelikte dar, d.h. eine Strafbarkeit kann vorliegen, ohne dass es zu einem konkreten Schadenseintritt gekommen sein muss.

Das Strafmaß reicht von Geldstrafen bis zu fünf Jahren Freiheitsentzug in besonders schweren Fällen – wie gesagt: allein für eine Gefährdung. Bei tatsächlich eintretender Schädigung von Leib und Leben kann zudem auch eine Strafbarkeit nach dem StGB in Betracht kommen. Hier wären zuvorderst die fahrlässige Körperverletzung (§ 229 StGB) sowie die fahrlässige Tötung (§ 229 StGB) zu nennen.

Im Hinblick auf die Regelungen des MPG, ist bei Straftatbeständen zwar stets der subjektive Bereich, das heißt, was konnte der Täter in der konkreten Situation erkennen und vermeiden, entscheidend. Gleichwohl stellen die Verpflichtungen aus dem MPG Verhaltensregeln dar, die ein sorgfältig agierender Hersteller beachten würde. Folgt daher ein Gesundheitsschaden (strafrechtlich: Körperverletzung) durch ein Geräte zumindest auch daraus, dass der Hersteller entgegen der Anforderungen des MPG nicht z.B. die Biokompatibilität geprüft hat und hätte diese Prüfung die Möglichkeit der Gesundheitsschädigung angezeigt, kommt eine Strafbarkeit auch des Herstellers in Betracht, selbst wenn er sich damit verteidigen wollte, er habe keine positive Kenntnis von der Toxizität gehabt. Daher kann die Vernachlässigung der Erfüllung der rundlegenden Anforderungen mittelbar eine erhebliche Relevanz besitzen.

95.4.3 Zivilrechtliche Haftung

Haftungsregelungen zu Schadensersatz und Schmerzensgeld sind nicht im MPG enthalten. Daher gilt das allgemeine Haftungssystem des BGB und des ProdHaftG.

a) Produkthaftung

Das ProdHaftG normiert eine sog. Gefährdungshaftung. Diese unterscheidet sich von dem Normalfall der sog. Verschuldenshaftung dadurch, dass eine Haftung eintritt, ohne dass ein Verschulden des Herstellers erforderlich ist. Diese verschärfte Haftung rechtfertigt sich dadurch, dass der Hersteller durch das Inverkehrbringen eines Produktes bereits eine potentielle Gefahrenquelle eröffnet. Eine ähnliche Gefährdungshaftung ist aus dem Straßenverkehrsgesetz bekannt, dort haftet der Fahrzeughalter auch verschuldensunabhängig, da er durch den Betrieb seines KFZ eine Gefahrenquelle eröffnet.

Der Hersteller hat bei der Haftung nach dem ProdHaftG im Gegensatz zur deliktischen Haftung nach den §§ 823 ff. BGB keine Exkulpationsmöglichkeit, auch nicht bei sog. Ausreißern, also nicht vermeidbaren Fehlern an einem Einzelstück [15].

Das ProdHaftG sieht als Rechtsfolge der Ansprüche sowohl Schadensersatz als auch Schmerzensgeld vor.

Voraussetzung für einen Anspruch aus § 1 Abs. 1 ProdHaftG ist die Fehlerhaftigkeit des Produkts, welche in § 3 ProdHaftG geregelt ist.

---

§ 3 Abs. 1 ProdHaftG:

Ein Produkt hat einen Fehler, wenn es nicht die Sicherheit bietet, die unter Berücksichtigung aller Umstände, insbesondere
a) seiner Darbietung,
b) des Gebrauchs, mit dem billigerweise gerechnet werden kann,
c) des Zeitpunkts, in dem es in den Verkehr gebracht wurde, berechtigterweise erwartet werden kann.

Ob die Ansprüche nach dem ProdHaftG auch für Medizinprodukte bestehen, die sich noch in der klinischen Prüfung befinden, ist fraglich. Grundsätzlich ist die Ersatzpflicht des Herstellers nach § 1 Abs. 2 Nr. 1 ProdHaftG ausgeschlossen, wenn er das Produkt nicht in den Verkehr gebracht hat. Daran kann bei der bloßen Verwendung des Produktes in einer klinischen Prüfung gezweifelt werden. Das MPG bestimmt für den Fall der klinischen Prüfung in § 3 Nr. 11 a), dass kein Inverkehrbringen vorliegt. Diese Definition beansprucht zunächst nur Geltung für das MPG selbst. Ob diese Definition allerdings auch für die Bestimmung des Begriffs im Sinne des ProdHaftG herangezogen werden kann, ist umstritten [16]. Vom Schutzzweck des ProdHaftG ist es zumindest aber auch vertretbar, die Verwendung des Produktes in klinischen Prüfungen entgegen dem MPG als Inverkehrbringen im

Sinne von § 1 Abs. 2 Nr. 1 ProdHaftG zu verstehen, da sich der Hersteller auch in diesen Fällen willentlich der Sachherrschaft über sein Produkt begibt. Diese Problematik ist vor allem für den Schmerzensgeldanspruch nach dem ProdHaftG insofern von Bedeutung, als die obligatorisch abzuschließende Probandenversicherung zwar einen entstandenen Schaden abdeckt (§ 20 Abs. 1 Nr. 9 und Abs. 3 MPG), aber auch zugleich weitergehende Schadensersatzansprüche ausschließt (§ 20 Abs. 3 Satz 3 MPG). Versteht man das Inverkehrbringen nicht entsprechend dem MPG würde dieser Ausschluss folgerichtig Ansprüche auf Schmerzensgeld nicht ausschließen. Dementsprechende Forderungen wären also grundsätzlich weiter möglich [17]. Ein sorgfältiger Ausschluss von Risiken ist daher bereits im Vorfeld, also auch zum Zeitpunkt der klinischen Prüfung, unbedingt angeraten.

Zu beachten ist zuletzt, dass das ProdHaftG bei Personenschäden eine absolute Haftungshöchstgrenze von 85 Millionen € vorsieht (§ 10 ProdHaftG) sowie einen Selbstbehalt bei Sachschäden in Höhe von 500 € (§11 ProdHaftG).

b) deliktische Produzentenhaftung

Neben die Gefährdungshaftung aus dem ProdHaftG tritt die allerdings verschuldensabhängige deliktische Haftung des Herstellers nach § 823 Abs. 1 BGB, auch „Produzentenhaftung" genannt.

§ 823 Abs. 1 BGB
Wer vorsätzlich oder fahrlässig das Leben, den Körper, die Gesundheit, die Freiheit, das Eigentum oder ein sonstiges Recht eines anderen widerrechtlich verletzt, ist dem anderen zum Ersatz des daraus entstehenden Schadens verpflichtet.

Der Forderungsanspruch leitet sich aus einer Pflichtverletzung ab. Solche können vorliegen bei

- Konstruktionsfehlern,
- Produktionsfehlern,
- Instruktionsfehlern (Kennzeichnung, Gebrauchsanweisung, Werbemittel)
- Vernachlässigen der Produktbeobachtungspflicht inkl. der Warn- und Rückrufpflicht.

Für den Eintritt eines Schadens kann grundsätzlich jeder haftbar gemacht werden, dessen Verhalten ursächlich für die Entstehung des Schaden war und wer diesen voraussehen und vermeiden konnte. Damit ist jedes Verhalten erfasst, sowohl Handeln als auch Dulden und Unterlassen. Auf Deutsch: Der Mitwisser ist Mittäter. Zu beachten ist aber, dass bei einer deliktischen Haftung im Gegensatz zur Haftung nach dem ProdHaftG ein Verschulden des Handelnden vorliegen muss.

Wer von einem Fehler weiß, muss ihn so melden, dass der Schaden unterbunden wird. Es genügt z. B. nicht, wenn ein Mitarbeiter einem Vorgesetzten seine Bedenken mitteilt, er muss sich auch versichern, dass der Vorgesetzte den Vorgang an die maßgeblichen Behörden meldet.

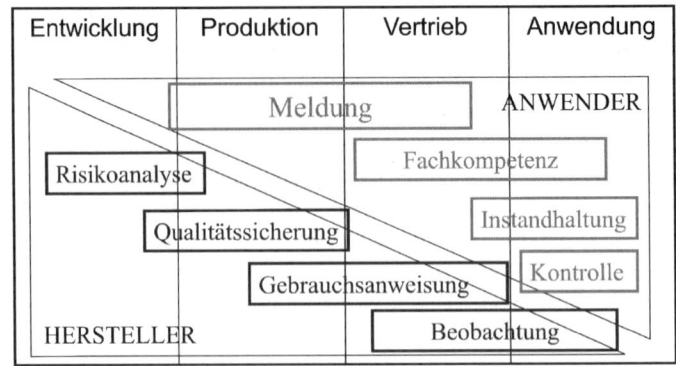

Abb. 95.1 Haftungsdreieck (Lücker)

Im Rahmen der Produzentenhaftung hat der Hersteller jedoch eine Exkulpationsmöglichkeit hinsichtlich trotz Einhaltung aller zumutbaren Sorgfalt nicht vermeidbarer Produktionsfehler, sog. Ausreißer.

Bei einer eingetretenen Schädigung durch das Produkt kann sich der Hersteller, wenn er zivilrechtlich in Anspruch genommen wird, beispielsweise mit dem Vortrag entlasten, dass Produkt sei zum Zeitpunkt des Inverkehrbringens noch nicht fehlerhaft gewesen, der Fehler sei vielmehr erst später durch unsachgemäße Handhabung entstanden (§ 1 Abs. 2 Nr. 2 ProdHaftG). Wenn aber genau dieser Punkt, wie in den meisten Fällen, zwischen den Parteien streitig ist, trägt der Hersteller die Beweislast für seine Behauptung (§ 1 Abs. 4 Satz 2 ProdHaftG). Um diesen Beweis erbringen zu können, obliegt dem Hersteller eine Nachweispflicht über die ordentliche Dokumentation, über die Ausbauorganisation und den Produktionsablauf. Insbesondere sind Nachweise zu den Qualitäts-, Eingangs- und Ausgangskontrollmaßnahmen zu erbringen.

Ist der Haftungsumfang im ProdHaftG noch begrenzt, liegt bei der Delikthaftung nach § 823 BGB keine Beschränkung vor. Der entstandene Schaden ist in komplettem Umfang zu ersetzten, gegebenenfalls ist auch Schmerzensgeld zu leisten (§ 253 Abs. 2 BGB).

95.5 Meldeverfahren (Vigilanzsystem)

95.5.1 Meldepflicht

Jeder Hersteller, Betreiber und Anwender von Medizinprodukten hat die Pflicht, ein Vorkommnis mit einem Produkt zu melden.

Ein Vorkommnis nach § 2 Nr. 1 MPSV ist „eine Funktionsstörung, ein Ausfall oder eine Änderung der Merkmale oder der Leistung oder eine Unsachgemäßheit der Kennzeichnung oder der Gebrauchsanweisung eines Medizinprodukts, die unmittelbar oder mittelbar zum Tod oder zu einer schwerwiegenden Verschlechterung des Gesundheitszustands eines Patienten, eines Anwenders oder einer anderen Person geführt hat, geführt haben könnte oder führen könnte".

Diese Begriffsbestimmung verdeutlicht, dass der Vorkommnisbegriff auch Fälle unklarer, aber möglicher Ursächlichkeit sowie sog. Beinahe-Vorkommnisse erfasst. Bei diesen sind die ungünstigen medizinischen Folgen zwar noch nicht aufgetreten, sie könnten jedoch im Wiederholungsfall unter weniger günstigen Umständen eintreten [18].

Die Meldepflicht für Hersteller ergibt sich aus § 3 Abs. 1 MPSV, diejenige der beruflichen Betreiber und Anwender aus § 3 Abs. 2 MPSV.

Während das BfArM für den Hersteller auf dessen Antrag gem. § 4 MPSV Ausnahmen von der Meldepflicht für bereits ausreichend untersuchte Vorkommnisse zulassen kann, gilt die Meldepflicht von Betreibern und Anwendern auch für bereits bekannte Vorkommnisse [19]. Sind Betreiber und Anwender nicht identisch, wie dies regelmäßig in Krankenhäusern der Fall ist (Träger des Krankenhauses als Betreiber und behandelnder Arzt als Anwender), sind gem. § 3 Abs. 2 MPSV grundsätzlich beide zur Meldung verpflichtet. Da im Ergebnis eine Mehrfachmeldung aber wenig Sinn macht, scheint es vertretbar, es der betreffenden Einrichtung selbst zu überlassen, wer genau die Meldung vornimmt, wenn durch geeignete organisatorische Maßnahmen sichergestellt ist, dass die vorgeschriebene Meldung auch tatsächlich erfolgt [20].

Das Unterlassen einer Meldung durch den Betreiber oder Anwender kann auch für diesen unter Umständen zivilrechtliche Haftungsfolgen nach sich ziehen. Dies gilt für den Fall, dass durch eine unterlassene Meldung ein weiterer Patient zu Schaden gekommen ist. Ein solcher Kausalitätsnachweis ist indes nur dann zu führen, wenn dargelegt werden kann, dass die Meldung des Vorkommnisses zu einer entsprechenden Reaktion von Hersteller oder Behörde geführt hätte und dadurch ein weiterer Schaden ausgeblieben wäre [21].

Der Hersteller muss außerdem von ihm durchgeführte Rückrufe melden (§ 3 Abs. 1 Satz 1 MPSV). Dies ist insbesondere wegen der weiten Definition des „Rückrufes" in § 2 Nr. 3 MPSV zu beachten. Auch eine korrektive Maßnahme, die eine Nach- oder Umrüstung darstellt gilt als Rückruf, was bei Software und deren Updates sehr sorgfältig zu beachten ist.

Vorkommnisse, die außerhalb des Europäischen Wirtschaftsraums aufgetreten sind, sind hier nur meldepflichtig, wenn sie zu Korrektiven Maßnahmen geführt haben, die auch im Europäischen Wirtschaftsraum in den Verkehr gebrachte Medizinprodukte betreffen (§ 3 Abs. 1 Satz 3 MPSV).

95.5.2 Meldeempfänger

Meldeempfänger ist die jeweils zuständige Behörde desjenigen EWR-Staates, in dem das Vorkommnis oder der Rückruf stattfindet. In Deutschland ist dies das Bundesinstitut für Arzneimittel und Medizinprodukte (BfArM).

Für die nachfolgend genannten Reagenzien und Reagenzprodukte (einschließlich Kalibrier- und Kontrollmaterialien) des Anhangs II der Richtlinie 98/79/EG über In-vitro-Diagnostika ist das Paul-Ehrlich-Institut (PEI) der zuständige Meldeempfänger:

HIV 1 und 2, HTLV I und II, Hepatitis B, C und D, Röteln, Toxoplasmose, Cytomegalovirus, Chlamydien, AB0-System, Rhesus (C, c, D, E, e), Kell-System, Duffy-System, Kidd-System, irreguläre Anti-Erythrozyten-Antikörper, HLA Antigen-Gewebetypen DR, A und B.

95.5.3 Meldefristen

Verantwortliche für das erstmalige Inverkehrbringen müssen Vorkommnisse entsprechend der Eilbedürftigkeit der durchzuführenden Risikobewertung, spätestens jedoch innerhalb von 30 Tagen nach Bekanntwerden des Vorkommnisses, melden (§ 5 Abs. 1 Satz 1 MPSV). Bei Gefahr im Verzug hat die Meldung unverzüglich zu erfolgen (§ 5 Abs. 1 Satz 2 MPSV). Etwaige Rückrufe sind spätestens zu Beginn der Umsetzung der Rückrufmaßnahme zu melden (§ 5 Abs. 1 Satz 3 MPSV).

Betreiber und Anwender sowie Personen, die beruflich oder gewerblich oder in Erfüllung gesetzlicher Aufgaben oder Verpflichtungen Medizinprodukte zur Eigenanwendung an den Endanwender abgeben, müssen Vorkommnisse gem. § 5 Abs. 2 MPSV unverzüglich melden.

95.5.4 Meldeverfahren

Die Meldung sollte grundsätzlich schriftlich erfolgen, entweder in Papierform oder per E-Mail mit Dateianhang. Formulare für eine Meldung können auf der Website des BfArM (www.bfarm.de) heruntergeladen werden (Pfad: Home – Medizinprodukte – Formulare). In dringenden Fällen ist eine telefonische Vorabmeldung möglich, außerhalb der üblichen Dienstzeiten auch per Notfalltelefon.

95.6 Amtliche Stellen

95.6.1 Bundesinstitut für Arzneimittel und Medizinprodukte (BfArM)

Das BfArM ist eine selbstständige Bundesoberbehörde im Geschäftsbereich des Bundesministeriums für Gesundheit.

Seine Hauptaufgabe bezüglich Medizinprodukten definiert es selbst wie folgt: „Zentrale Erfassung, Auswertung und Bewertung der bei Anwendung oder Verwendung von Medizinprodukten auftretenden Risiken und insoweit die Koordinierung der zu ergreifenden Maßnahmen:

- Erstellung der Risikobewertung einschließlich Prüfung von Korrektiven Maßnahmen der verantwortlichen Inverkehrbringer auf Angemessenheit
- Durchführung oder Veranlassung wissenschaftlicher Untersuchungen zur Ermittlung von Risiken
- Zusammenarbeit mit den verantwortlichen Inverkehrbringern, den Betreibern und Anwendern, den für das Medizinproduktewesen, das Eich- und Messwesen sowie den Arbeits- oder Strahlenschutz zuständigen Behörden des Bundes und der Länder, den Strafverfolgungsbehörden, Behörden anderer Staaten, wissenschaftlichen Fachgesellschaften, dem Medizinischen Dienst der Spitzenverbände der Krankenkassen, Benannten Stellen sowie sonstigen Einrichtungen, Stellen und Personen
- Informationsaustausch mit den für Medizinprodukte zuständigen obersten Bundes- und Landesbehörden sowie weiteren Behörden, einschließlich Durchführung regelmäßiger Besprechungen (Routinesitzungen) und ggf. Sondersitzungen
- Informationsaustausch mit den zuständigen Behörden der anderen Vertragsstaaten des Abkommens über den Europäischen Wirtschaftsraum, der Europäischen Kommission und den zuständigen Behörden anderer Staaten
- Unterrichtung von sonstigen Behörden, Organisationen und Stellen
- wissenschaftliche Aufarbeitung der durchgeführten Risikobewertungen […]" (www.bfarm.de).

Auf seiner Website www.bfarm.de stellt das BfArM umfangreiche Informationen zur Verfügung. Dazu zählen zuallererst Mitteilungen über Risiken, unterteilt in Maßnahmen von Herstellern wie Warnungen oder Rückrufe, Empfehlungen des BfArM, wie mit gemeldeten und bewerteten Risiken zu verfahren ist, sowie die wissenschaftliche Aufarbeitung.

Zweiter Schwerpunkt ist das Vigilanzsystem, in welchem Vorkommnisse gemeldet werden müssen (s. 1.2 Meldeverfahren). Hier informiert das BfArM über das Meldeverfahren und stellt die notwendigen Formblätter zum Download bereit.

95.6.2 Deutsches Institut für medizinische Dokumentation und Information (DIMDI)

Das DIMDI, eine nachgeordnete Behörde des Bundesministeriums für Gesundheit, ist die zentrale Informationsplattform im deutschen Gesundheitswesen. Seine Kernaufgabe ist es, der fachlich interessierten Öffentlichkeit Informationen aus dem gesamten Gebiet der Medizin zugänglich zu machen.

Mit der Einrichtung eines Informationssystems über Medizinprodukte erfüllt es seine Aufgabe nach § 33 MPG. In diesem Informationssystem werden Online-Erfassungssysteme und Datenbanken bereitgestellt, die eine direkte Dateneingabe durch die Hersteller und Bevollmächtigen sowie die Bearbeitung durch die zuständigen Behörden ermöglichen. Hier ist das erstmalige Inverkehrbringen von Medizinprodukten anzuzeigen, genauso klinische Prüfungen/Leistungsbewertungsprüfungen mit Medizinprodukten.

95.6.3 Bundesministerium für Gesundheit (BMG)

Das BMG ist nach § 37 Abs. 1–10 MPG ermächtigt, Rechtsverordnungen für den Umgang mit Medizinprodukten zu erlassen. Es gestaltet damit u. a. die Vorschriften für die Herstellung, klinische Prüfung und Konformitätsbewertung, für den Vertrieb, das Betreiben und Anwenden sowie die Abgabe und Überwachung von Medizinprodukten.

95.6.4 U.S. Food and Drug Administration (FDA)

Die FDA ist eine US-Behörde innerhalb des Department of Health and Human Services. Insgesamt mit einem breiteren Aufgabenspektrum betraut als das BfArM, ist die FDA auch mit weiter reichenden Befugnissen ausgestattet, z. B. der Prüfung von Produktionsanlagen. Die für Medizinprodukte zuständige Abteilung innerhalb der FDA ist das Center for Devices and Radiological Health.

Meldungen zu Vorkommnissen können direkt online auf der Website www.fda.gov abgegeben werden. Neben der Bekanntgabe von Warnungen, den Public Health Notifications, und Rückrufen veröffentlicht die FDA auf ihrer Website auch sog. Warning-Letters. Diese erfolgen nach einer Inspektion eines Unternehmens durch die FDA, bei der Mängel aufgedeckt wurden. Im Warning Letter wird das Unternehmen aufgefordert, diese Mängel zu beseitigen.

Hersteller, die ihre Medizinprodukte in die USA exportieren wollen, müssen sich, wie Unternehmen in den USA, Inspektionen der FDA unterziehen und ggf. ihre Produktion den US-Regularien anpassen. Ausführliche Hinweise finden sich auf der „Device Advice"-Website der FDA (www.fda.gov/cdrh/devadvice).

95.7 Präventive Maßnahmen

Angesichts der Vielzahl von Pflichten und der Schärfe der Sanktionen muss man sich immer wieder deren Sinn vor Augen führen: Das Leben und die Gesundheit von Menschen zu schützen. Aus der Erfüllung der vorgenannten Pflichten resultiert letztlich nicht nur eine erhöhte Sicherheit für die Patienten, es geht damit auch eine erhöhte Sicherheit der Hersteller vor Haftungsfolgen einher.

Dennoch scheint der umfangreiche Pflichtenkatalog gerade für Hersteller von Medizinprodukten auf den ersten Blick eine Überforderung förmlich zu provozieren. Doch verlangt der Gesetzgeber nichts Unmögliches. Um eine Überforderung auszuschließen, kann der Hersteller sich bei den Maßnahmen der Gefahrenabwehr an der durchschnittlichen Verkehrserwartung der gefährdeten Konsumenten und an dem ihm „Möglichen und Zumutbaren" orientieren.

Zu den gesetzlich vorgeschriebenen Instrumenten der Risikominimierung, mit denen der Hersteller direkten Einfluss auf die Qualität des Produkts nehmen kann, zählen insbesondere:

- Qualitätsmanagementsystem
- Risikomanagement nach DIN EN ISO 14971
- Chargenkontrolle
- Biokompatibilitätskonzept.

95.7.1 Qualitätsmanagement

Ein Qualitätsmanagementsystem ist unabdingbares und gesetzlich verankertes Element für die Herstellung von Medizinprodukten. Ein QM-System nach der 9000er-Normenreihe gilt generell für jede Organisation. Daran angelehnt, jedoch speziell auf Medizinprodukte abgestimmt, ist die Norm DIN EN ISO 13485:2003+AC:2007. Anleitung zur Anwendung dieser Norm gibt die Technische Regel CEN ISO/TR 14969:2005.

Wie die DIN EN 9001:2000 verfolgt die DIN EN ISO 13485:2003 einen prozessorientierten Ansatz. Geregelt werden Aufbau- und Ablauforganisation mit den genauen Zuständigkeiten, sämtliche Abläufe in der Produktion und die Mechanismen der Marktüberwachung werden festgelegt und deren Einhaltung fortlaufend dokumentiert. Auch die Berücksichtigung des Risikomanagements ist Teil des QM-Systems.

Neben der spezifischen Ausrichtung auf Medizinprodukte unterscheidet sich die DIN EN ISO 13485:2003 von der DIN EN 9001:2000 vor allem darin, dass sie keine Nachweise der „Kundenzufriedenheit" und der „kontinuierlichem Verbesserung" fordert. Diese Aspekte werden ersetzt durch die „Erfüllung der Kundenanforderungen" und „Aufrechterhalten der Wirksamkeit".

Die Auditierungspflicht erstreckt sich für Produkte der Klassen IIa bis III auch auf ausgelagerte Prozesse. Dazu zählen z. B. die Herstellung von Zulieferteilen oder die Sterilisation, sofern sie sicherheitsrelevant sind, es sei denn, die ausführenden Betriebe sind ihrerseits zertifiziert [22]. Das bedeutet, dass auch ein „Hersteller", der fertige Produkte einkauft, verpackt und unter seinem Namen in Verkehr bringt, ein zertifiziertes QM-System bei seinen Lieferanten nachweisen muss.

Bei allem Aufwand sollte der Nutzen eines zertifizierten Qualitätsmanagements nie aus dem Blick geraten: die Produktanforderungen zuverlässig zu erfüllen und dies lückenlos nachweisen zu können. Ohne ein funktionierendes QM-System kann aufkommenden Haftungsansprüchen nicht wirksam begegnet werden [23].

95.7.2 Risikomanagement

Ein Risikomanagement nach DIN EN ISO 14971:2007 hat das Ziel, mit dem Produkt verbundene Risiken zu beseitigen oder zu verringern, verbleibende Restrisiken zu definieren und Betreiber und Anwender darüber zu informieren.

In den Allgemeinen Anforderungen an das Risikomanagement wird der Risikomanagementprozess für ein Medizinprodukt wie folgt definiert:

„Der Hersteller muss für den gesamten Lebenszyklus einen fortlaufenden Prozess festlegen, dokumentieren und aufrechterhalten, um die mit einem Medizinprodukt verbundenen Gefährdungen zu identifizieren, die damit verbundenen Risiken einzuschätzen und zu bewerten, diese Risiken zu beherrschen und die Wirksamkeit der Beherrschung zu überwachen. Dieser Prozess muss folgende Elemente enthalten:

- Risikoanalyse;
- Risikobewertung;
- Risikobeherrschung;
- Informationen aus der Herstellung und der Herstellung nachgelagerter Phasen."
(DIN EN ISO 14971:2007, 3.1 Risikomanagement-Prozess)

Aus dem Risikomanagement leiten sich die zu treffenden Maßnahmen ab. Dabei zählt die Chargenkontrolle zu den Maßnahmen der Risikobeherrschung, während ein Biokompatibilitätskonzept weitreichender ist und bereits bei der Risikoanalyse ansetzt [24].

95.7.3 Chargenkontrolle

Der Chargenkontrolle kommt eine hohe Bedeutung für die Produktsicherheit zu, ist sie doch der letzte Prüfschritt vor der Auslieferung und damit die letzte Möglichkeit, eventuell vorhandene Fehler am konkreten Produkt zu erkennen. Viele Hersteller verlassen sich dabei auf das Erkennen mikrobiologischer Risiken und setzen „Chargenkontrolle" mit der Kontrolle des Sterilisationsergebnisses gleich. Wird ein Medizinprodukt nicht steril in Verkehr gebracht, kommt auch eine Prüfung auf physikalische und chemische Eigenschaften zum Einsatz.

All diese Methoden der Ausgangsprüfung sind wichtige Faktoren für die Produktsicherheit, doch beseitigt sie unter Umständen nicht alle Risiken. Folglich erkennt die herkömmliche Chargenkontrolle auch nicht alle Risiken.

Bereits kleine Änderungen in der Rohstoffqualität oder im Reinigungsprozess können gravierende Folgen beim Patienten haben, die sich mit der mikrobiologischen Sterilitätsprüfung nicht aufdecken lassen. Derartige Auswirkungen können dagegen mit einer Erweiterten Chargenkontrolle durch die Prüfung auf biologische Verträglichkeit aufgedeckt werden.

95.7.4 Prüfung auf Biokompatibilität

Die Anforderungen an die biologische Verträglichkeit von Medizinprodukten sind nach § 7 MPG jeweils im Anhang I der maßgebenden Europäischen Richtlinien festgelegt. Für „sonstige Medizinprodukte" gilt:

Anhang I Nr. 7.1 der Richtlinie 93/42/EWG
Die Produkte müssen so ausgelegt und hergestellt sein, dass die Merkmale und Leistungen gemäß Abschnitt I „Allgemeine Anforderungen" gewährleistet sind. Dabei ist besonders auf folgende Punkte zu achten: – Auswahl der eingesetzten Werkstoffe, insbesondere hinsichtlich der Toxizität und gegebenenfalls der Entflammbarkeit; – wechselseitige Verträglichkeit zwischen den eingesetzten Werkstoffen und den Geweben, biologischen Zellen sowie Körperflüssigkeiten, und zwar unter Berücksichtigung der Zweckbestimmung des Produkts.

Der entsprechende Passus für aktive implantierbare Medizinprodukte findet sich in Anhang 1 Nr. 9 der Richtlinie 90/385/EWG. Die Richtlinie zielt auf die biologische Unbedenklichkeit in seiner konkreten Anwendung. Daher bezieht er sich sowohl auf die Auslegung des Produkts, als auch auf dessen Herstellung.

§ 2 MPV sieht zur Bewertung der biologischen Verträglichkeit Tierversuche vor, u. a. für Medizinprodukte mit pharmakologisch wirksamen Substanzen und soweit es „nach dem jeweiligen Stand der wissenschaftlichen Erkenntnisse" erforderlich ist. Außer acht gelassen werden dabei – mitunter günstigere und aussagekräftigere – In-vitro-Methoden, wie Prüfung auf Zytotoxizität, Hämokompatibilität oder chemische Charakterisierung. Der große Vorteil besteht bei diesen Prüfungen darin, dass es sich hierbei um in-vitro-Methoden handelt, d. h. es sind keine Tierversuche erforderlich.

Eine umfängliche Behandlung findet sich im maßgeblichen Normenwerk für die Überprüfung der Biokompatibilität, der 18 Teilnormen umfassenden DIN EN ISO 10993 ff. [25]. Diese orientiert sich am konkreten Anwendungsfall des Endprodukts, eingedenk der Tatsache, dass sich nur dadurch feststellen lässt, ob das Produkt tatsächlich bioverträglich ist. So können die Sicherheitsdatenblätter der Rohstoffe, Literaturdaten und Prüfergebnisse der Testung der verwendeten Materialien die Einflüsse des konkreten Herstellungsprozesses nicht beurteilen – und damit Risiken im Kontakt mit menschlichem Gewebe nicht ausschließen. Allerdings lassen sich durch diese vorab gewonnenen Erkenntnisse die Zahl der Prüfungen minimieren, vor allem dann, wenn es vergleichbare bereits im Verkehr befindliche Produkte gibt, für die eine klinische Bewertung schon vorliegt.

1) Produktentwicklung

Die biologische Beurteilung ist für das Erbringen der Konformitätserklärung bindend, und zwar immer dann, wenn der Einsatz des Produkts einen unmittelbaren Körperkontakt vorsieht. Gegebenenfalls ist sie auch bei mittelbarem Körperkontakt notwendig, z. B. wenn Körperflüssigkeiten durchgeleitet oder gelagert werden sollen, wie dies bei Dialysatoren oder bei Blutbeuteln der Fall ist.

Eine biologische Beurteilung soll ermitteln, ob physiologische oder chemische Gefahren von dem Produkt durch den Kontakt zum Patienten zu erwarten sind. Solche Gefahren können zu folgenden Effekten führen:

- Zytotoxizität
- Sensibilisierung
- Irritation oder Intrakutane Reaktivität
- Systematische Toxizität (akute)
- Subakute und subchronische Toxizität
- Chronische Toxizität
- Genotoxizität
- Gewebeschädigung (Effekte nach Implantation)
- Hämoinkompatibilität
- Karnzerogenität
- Degradation.

Mögliche Ausgangspunkte für solche Gefahren sind:

- das Produkt selbst, z. B. durch eine toxische Oberfläche,
- aus dem Produkt extrahierbare Substanzen, z. B. Weichmacher,
- Rückstände aller Art, z. B. Trennmittel,
- Additive aus dem Herstellungsprozess,
- Einflüsse des Strilisationsprozesses,
- Veränderungen des Produkts, z. B. durch Alterung oder Wechselwirkung mit anderen Produkten.

Um Haftungsrisiken zu minimieren, müssen im Prüfdesign grundsätzlich alle Einflüsse berücksichtigt werden, denen das Produkt während der gesamten vorgesehenen Lebensdauer ausgesetzt ist. Dazu zählen zuvorderst die vorgesehenen Einflüsse, u. a. der Sterilisation, von Trenn- oder Konservierungsmitteln und deren Entfernung, der Applikation durch den Anwender, des Kontakts mit dem Patienten, der Dauer des Verbleibs im Gewebe und der Methoden der Aufbereitung. Dazu zählen aber auch Einflüsse, die zwar nicht vorgesehen sind, aber sinnvollerweise in der Anwendung erwartet werden müssen, z. B. der Kontakt mit Körperflüssigkeiten, auch wenn die Zweckbestimmung nur einen Hautkontakt vorsieht.

Die Prüfung auf Biokompatibilität in der Produktentwicklung muss vor der klinischen Prüfung erfolgen. Dies ist einerseits aus rechtlichen Gründen geboten:

„Die klinische Prüfung eines Medizinproduktes darf bei Menschen nur durchgeführt werden, wenn und solange [...], soweit erforderlich, eine dem jeweiligen Stand der wissenschaftlichen Erkenntnisse entsprechende biologische Sicherheits-

95.7 Präventive Maßnahmen

prüfung oder sonstige für die vorgesehene Zweckbestimmung des Medizinproduktes erforderliche Prüfung durchgeführt worden ist" (§ 20 Abs. 1 Nr. 5 MPG).

Bei einem Verstoß drohen nach § 41 Nr. 4 eine Haftstrafe bis zu einem Jahr oder Geldstrafen. Käme aufgrund mangelnder Biokompatibilität in der klinischen Prüfung ein Mensch zu Schaden, wären zudem zivilrechtliche Haftungsfolgen zu erwarten.

Davon abgesehen, kann die klinische Prüfung eine Biokompatibilitätsprüfung auch gar nicht ersetzen, da in beide verschiedenen Produktfragen adressiert werden. Auf der einen Seite steht die Frage nach der Sicherheit und Sinnhaftigkeit der Anwendung, auf der anderen Seite die nach den Wechselwirkungen mit dem Gewebe. Folgerichtig kann die klinische Prüfung viele Probleme mit der Biokompatibilität gar nicht abklären, z. B. subchronische oder genotoxische Reaktionen. Selbst bei einer – widerrechtlichen – unbemerkten „Verlegung" der biologischen Beurteilung

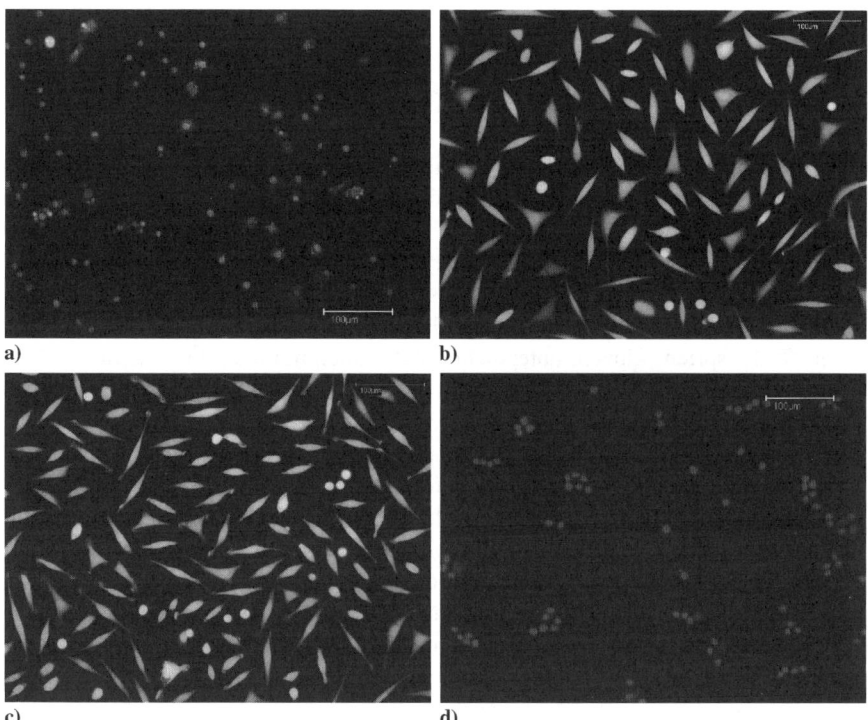

Abb. 95.2 Prüfung auf Zytotoxizität nach ISO 10993-5 im indirekten Zellkontakt: Die Untersuchung eines Medizinproduktes, das aus mehreren Komponenten besteht, ergab eine eindeutige Toxizität (Abb. 2a). Durch Nachprüfung der verschiedenen Einzelkomponenten konnten die nicht toxischen Komponenten (Abb. 2b und c) und die toxische Komponente identifiziert werden (Abb. 2d). Durch Austausch der toxischen Komponente ohne negative Einflüsse auf die gewünschten Produkteigenschaften konnte das Medizinprodukt verbessert werden

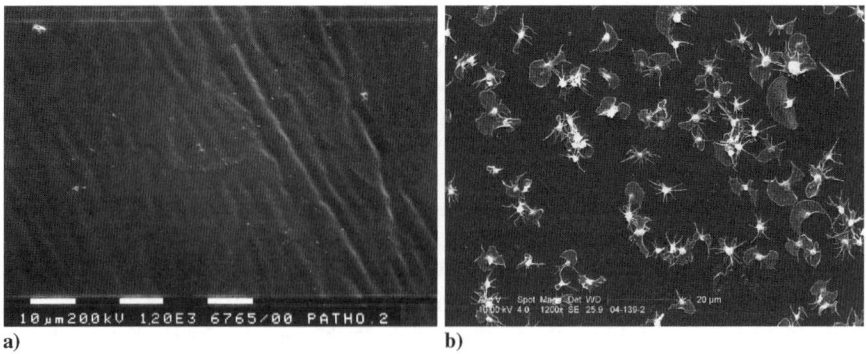

a) b)

Abb. 95.3 Prüfung auf Hämokompatibilität nach ISO 10993-4 im direkten Blutkontakt: Die Untersuchung von USP-zertifizierten Polymeren, die für einen Einsatz in einem Medizinprodukt mit Blutkontakt vorgesehen waren, ergab keine unerwünschte Anhaftung von Blutbestandteilen (Abb. 3a). Demgegenüber zeigte die Untersuchung einer oberflächenbehandelten Variante des gleichen Polymers eine deutliche Aktivierung der Thrombozyten (Abb. 3b). Dieses Ergebnis führte zum Ausschluss der oberflächenbehandelten Variante für einen Einsatz im direkten Blutkontakt

auf die klinische Prüfung käme also das Produkt mit erheblichen Sicherheitsrisiken in die spätere Anwendung.

Tatsächlich ist es durchaus sinnvoll, die Prüfung von Medizinprodukten auf Bioverträglichkeit schon im ersten Stadium durch In-vitro-Tests einzuplanen. Dadurch lassen sich frühzeitig toxische Materialien erkennen und für das anschließende Stadium der In-vivo-Prüfungen ausschließen. Die Zahl der Tierversuche kann damit erheblich reduziert werden. Dies gilt insbesondere für Medizinprodukte, die aus mehreren Werkstoffen bestehen, da das Ganze mehr sein kann als die bloße Summe seiner Teile, sprich: Einzeln untersuchte Materialien mit nicht toxischem Ergebnis können durch unerwünschte Wechselwirkungen zu einem toxischen Ergebnis am Produkt führen. Hier muss erwähnt werden, dass sich die Ursache einer Toxizität nicht immer sofort erkennen lässt, sie ist aber immer ein sicheres Alarmzeichen und gibt Hinweise, welche Aspekte einer genaueren Untersuchung bedürfen. Dies gilt im Übrigen nicht nur für das Stadium der Produktentwicklung, sondern auch für alle anderen Phasen, in denen eine Biokompatibilitätsprüfung angewendet wird.

Bei der Entwicklung von Medizinprodukten bietet die bevorzugte Verwendung von bereits so genannten USP-zertifizierten Materialien eine gewisse Sicherheit in Hinblick auf Anwendung im medizintechnischen Bereich. Aber auch hier muss der konkrete Anwendungsfall berücksichtigt werden und eine Prüfung des Endproduktes in Bezug auf Biokompatibilität nachgeschaltet werden.

95.7.4.1 Produktion

Aufgetretene Vorkommnisse und daran anschließende Ursachenforschung zeigen, dass auch nach der CE-Kennzeichnung und Markteinführung, also in der Fertigung,

95.7 Präventive Maßnahmen

eine Produktüberwachung auf biologische Verträglichkeit die Sicherheitsrisiken deutlich minimiert. Kein Mensch ist perfekt, und keine Anlage arbeitet immer zu 100% fehlerfrei. Das beweist auch das folgende Beispiel:

Im Jahr 2000 traten bei Patienten in der Rehabilitation nach einer Hüftgelenksimplantation Probleme auf. Die Implantate verwuchsen nicht korrekt, offenbar kam es zu Fremdkörperreaktionen. Als sich die Fälle häuften, wurden die öffentlichen Stellen aufmerksam. Da die Prothesen alle vom gleichen Hersteller stammten, ordnete man eine Untersuchung der Produktion an. Ergebnis: Umfangreiche Untersuchungen zeigten, dass Schmiermittelrückstände auf den Pfannenoberflächen aus dem Herstellungsprozess stammten und zur Folge hatten, dass der Knochen nicht an das Implantat anwachsen und sich das Implantat lockern konnte. Die anschließende Sterilisation befreite zwar auch die Rückstände von Keimen, aber beseitigte nicht die toxische Wirkung der Rückstände. Ein Test auf Zytotoxizität wäre eine Möglichkeit gewesen, diesen Fehler zu erkennen. So wurden trotz Qualitätsmanagement und Chargenkontrolle Hüftgelenksprothesen mit Rückständen ausgeliefert und implantiert. Die Folge für die Patienten war eine zweite Operation, die Folge für das Unternehmen ein Vergleich mit den Betroffenen in Höhe von über 1 Milliarde US-Dollar [26].

Die Erweiterte Chargenkontrolle mit der Prüfung auf Biokompatibilität scheint also allein schon aus Gründen der Unternehmensräson sinnvoll zu sein. Doch auch rechtlich könnte sie zu Gebote stehen: Aus dem voran zitierten Rechtsgrundsatz, dass sich der Hersteller bei den Maßnahmen zur Gefahrenabwehr an dem ihm „Möglichen und Zumutbaren" orientieren kann, resultiert nämlich nicht nur eine Entlastung. Er bedingt auch, dass der Hersteller die Sicherheit seines Produkts an den Stand von Wissenschaft und Technik anpassen muss. Der Verzicht auf eine Erweiterte Chargenkontrolle führt zwar (noch) nicht zu öffentlich-rechtlicher oder strafrechtlicher Haftung, könnte aber wohl zivilrechtliche Konsequenzen begründen.

Viele renommierte Hersteller sind durch vergangene Vorkommnisse für diesen Sicherheitsaspekt sensibilisiert worden und nutzen die Möglichkeit der In-vitro-Biokompatibilitätsprüfungen im Rahmen der Produktionsüberwachung als Chargenkontrolle. Im Verbund mit den anderen Maßnahmen erhöhen sie so die Sicherheit ihrer Produkte deutlich.

Die In-vitro-Methoden auf Zytotoxizität bieten dabei durch die Anwendung von indirekten Verfahren die Möglichkeit zu überprüfen, ob Produktbestandteile in das umgebende Medium (Extraktionsmedium) abgegeben werden und die metabolische Aktivität von Zellen beeinflussen. Dafür wird die so genannte Mitochondrienaktivität der Zellen aus dem Extrakt des Produktes mit denen von Negativkontrollen (nicht toxisches Material) und Positivkontrollen (toxisches Material) verglichen (Abb. 95.4a). Nicht erfasst werden bei solchen Verfahren die möglichen zellschädigenden Eigenschaften der Produktoberfläche selbst, deren mögliche toxische Bestandteile nicht in das Extraktionsmedium abgegeben werden. Hier finden Untersuchungsverfahren im direkten Zellkontakt Anwendung, in denen Zellen direkt auf der Produktoberfläche angesiedelt werden und nachfolgend die Vitalität der Zellen durch geeignete Färbemethoden beurteilt wird. Je nach Anwendungsfall der Medizinprodukte kann die geeignete Methode für eine Produktionsüberwachung ausgewählt werden.

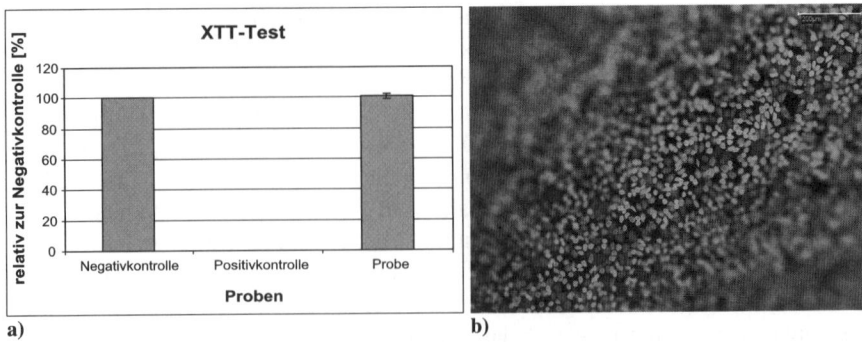

Abb. 95.4 Prüfung auf Zytotoxizität nach ISO 10993-5 im indirekten und direkten Zellkontakt: Im indirekten Kontakt wurde keine zytotoxischen Effekte festgestellt (Abb. 4a). Die Untersuchung der Oberfläche eines orthopädischen Implantates ergab keine negative Beeinflussung der Vitalität der verwendeten Zellen (Abb. 4b)

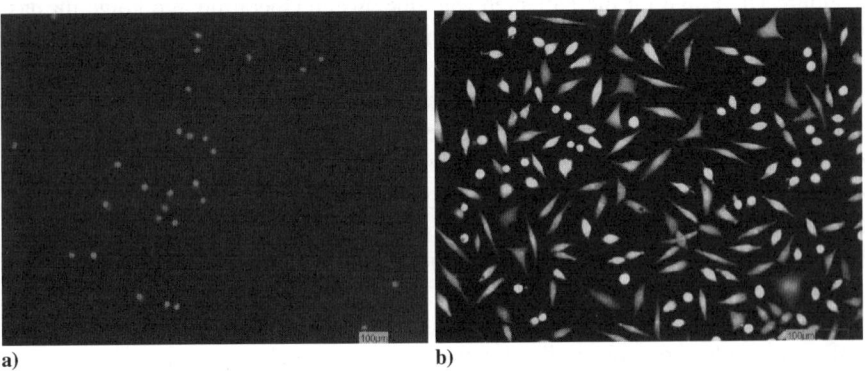

Abb. 95.5 Prüfung auf Zytotoxizität nach ISO 10993-5 im indirekten Zellkontakt. a) Zytotoxizität nach dem Reinigungsprozess, b) Verbesserung der Zellverträglichkeit durch nachgeschaltete Reinigungsschritte

Dem Reinigungsprozess kommt bei der Produktion von Medizinprodukten eine wichtige Rolle zu. Hier finden neben chemischen Analyseverfahren auch In-vitro-Untersuchungen auf Zytotoxizität Anwendung. So kann überprüft werden, ob der bereits erfolgte Reinigungsprozess zu keiner Zytotoxizität führt. Ist dies wie im vorliegenden Beispiel nicht der Fall (Abb. 95.5a) kann durch weitere nachgeschaltete Reinigungsschritte oder auch durch Änderung der Reinigungsmittel eine Verbesserung der Zellverträglichkeit erreicht werden (Abb. 95.5b).

Für Medizinprodukte, die steril in Verkehr gebracht werden, ist bei der Auswahl des geeigneten Sterilisationsverfahrens neben der beabsichtigen Wirksamkeit die Beeinflussung von Produkteigenschaften und damit die Grenzen eines solchen Verfahrens zu berücksichtigen. Insbesondere Polymere können durch ungeeignete Sterilisationsverfahrens so verändert werden, dass die Biokompatibilität negativ beeinflusst wird.

95.7 Präventive Maßnahmen

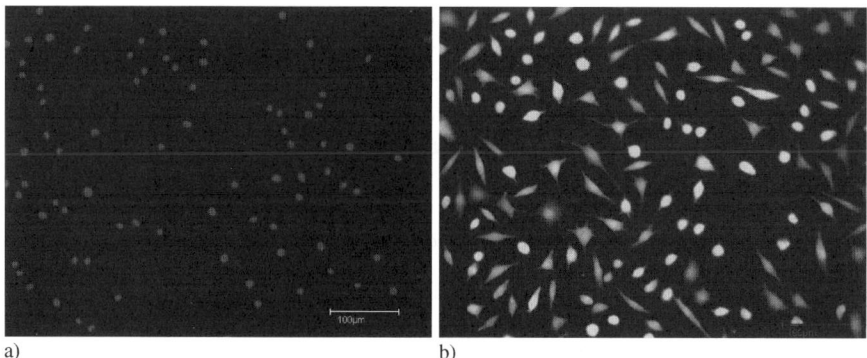

a)   b)

Abb. 95.6 Prüfung auf Zytotoxizität nach ISO 10993-5 im indirekten Zellkontakt zur Überprüfung der Beeinflussung durch den Sterilisationsprozess. a) Zytotoxizität eines Polymers durch negative Beeinflussung aufgrund eines ungeeigneten Sterilisations prozess, b) Verbesserung der Zellverträglichkeit durch Auswahl eines geeigneten Sterilisationsverfahrens

Für die Festlegung des Sterilisationsverfahrens vonseiten der Hersteller können die In-vitro Untersuchungen auf Zytotoxizität Aufschluss darüber geben, ob der Sterilisationsprozess die Biokompatibilität verändert. Ein für das Produkt ungeeignetes Sterilisationsverfahren kann zu einer Toxizität führen (Abb. 95.6a), die durch die Wahl eines anderen Verfahrens verhindert werden kann (Abb. 95.6b).

95.7.4.2 Aufbereitung

Die Aufbereitung liegt in vielerlei Hinsicht außerhalb des Einflusses eines Herstellers. Selbst bei ordnungsgemäßer Instruktion für die anzuwendenden Verfahren birgt sie immer ein gewisses Haftungsrisiko. Mag der Fehler auch in der Aufbereitung liegen, ist der Hersteller dennoch erst einmal in der Pflicht darzulegen und ggf. nachzuweisen, dass er seiner Instruktionspflicht in korrekter Weise nachgekommen ist. Auch erweist sich die genaue Befolgung der Anweisungen in der Praxis oft als nicht handhabbar, wenn z. B. ein Krankenhaus für jedes Medizinprodukt ein anderes Produkt, ein anderes Verfahren zur Aufbereitung einsetzen soll. Nicht zuletzt aus Kostengründen werden Geräte oft gesammelt desinfiziert und sterilisiert, und die Betreiber berufen sich dabei auf die Einhaltung der RKI-BfArM-Empfehlung (s. 2.3).

Viele Hersteller entziehen sich diesem Haftungsrisiko durch den Ausschluss einer wiederholten Anwendung. Dem entgegen steht ein verständliches wirtschaftliches Interesse der Betreiber nach wiederverwendbaren Produkten. Daraus resultieren wiederum bessere Marktchancen für diese Produkte, sofern die Kosten der Aufbereitung die Produktkosten nicht übersteigen. Ein vorschnelles Ausschließen der Wiederverwendung kann also unter Umständen zu Wettbewerbsnachteilen führen, auf der anderen Seite darf es natürlich nicht angehen, dass die Sicherheit unter dem Gewinnstreben leidet.

De facto werden in der derzeitigen Praxis Einmalprodukte durchaus aufbereitet, obwohl es viele kritische Stimmen bezüglich der Sicherheit gibt. Der Wiederaufbereiter übernimmt zwar die volle Haftung, doch besondere Regelungen oder gar Sanktionen hat der Gesetzgeber bislang nicht installiert. Es gelten also, wie bei der vom Hersteller vorgesehenen Aufbereitung, die Anforderungen der RKI-BfArM-Empfehlung an die Funktionssicherheit:

„Die Aufbereitung muss sicherstellen, dass von dem aufbereiteten Medizinprodukt bei der folgenden Anwendung keine Gefahr von Gesundheitsschäden, insbesondere im Sinne von

- Infektionen,
- pyrogenbedingten Reaktionen,
- allergischen Reaktionen
- toxischen Reaktionen
- oder aufgrund veränderter technisch-funktioneller Eigenschaften des Medizinproduktes ausgehen".

(RKI-BfArM-Empfehlung zu den „Anforderungen an die Hygiene bei der Aufbereitung von Medizinprodukten", 8/2001, S. 2 f.).

Die In-vitro-Prüfungen auf Biokompatibilität in Bezug auf Zytotoxizität und Hämokompatibilität können hier für den Nachweis von toxischen Reaktionen Anwendung finden. Neben der Untersuchung von wiederaufbereiten Produkten (Abb. 95.7b) ist es empfehlenswert, zeitgleich entsprechende Neuprodukte (Abb. 95.7a) zu untersuchen. Grund hierfür ist die Möglichkeit einer direkten Vergleichbarkeit und die daraus resultierende Bewertung des möglichen Gefährdungspotentials. Zeigen sich

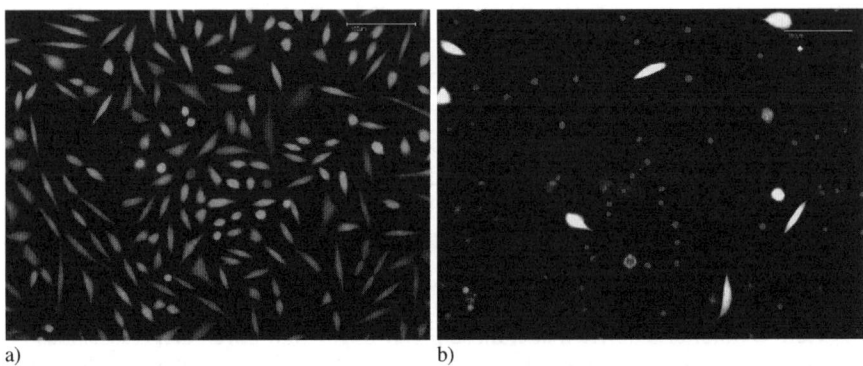

a)   b)

Abb. 95.7 Prüfung auf Zytotoxizität nach ISO 10993-5 im indirekten Zellkontakt zur Überprüfung der Beeinflussung durch die Wiederaufbereitung: die Untersuchungen auf Zytotoxizität nach der Wiederaufbereitung (Abb. 7b) zeigte eine deutliche Toxizität im Vergleich zu den Untersuchungen am neuen Produkt (Abb. 7a) vor der Anwendung und der anschließenden Wiederaufbereitung. Bei einem derartigen Ergebnis muss eine Betrachtung der möglichen Ursachen ansetzen. Hierbei ist zu klären, ob die festgestellte Toxizität in der Anwendung oder durch den Wiederaufbereitungsprozess begründet liegt.

Effekte einer nachteiligen Wirkung auf die Zellverträglichkeit, so können sie dazu dienen, die Ursachen zu ergründen. Diese können im vorliegenden Fall sowohl in der Anwendung als auch im Wiederaufbereitungsprozess liegen.

Ob Einmalprodukt oder wiederverwendbares Produkt, die nach der Aufbereitung notwendige Funktionsüberprüfung sollte im Idealfall mit derjenigen vor dem erstmaligen Inverkehrbringen identisch sein. Die genauen Verfahren sind den Wiederaufbereitern aber oft nicht bekannt. So besteht auch hier Handlungsbedarf: Nicht jeder Wiederaufbereiter sollte seine eigenen Vorgaben erarbeiten müssen, vielmehr sollte ein standardisiertes Vorgehen die Arbeit vereinheitlichen und erleichtern. Sicher ist, dass auch hier Prüfungen auf biologische Verträglichkeit aufbereiteter Medizinprodukte die Sicherheit für alle Beteiligten erhöhen würde. Inwieweit der Hersteller eine solche Prüfung im Rahmen der Instruktionen vorschreiben kann, um damit sei eigenes Haftungsrisiko zu senken, bedarf der Prüfung im Einzelfall.

Der Gesetzgeber hat jedenfalls den Handlungsbedarf erkannt: Die EU-Kommission wird voraussichtlich bis 2010 klären, welche weiteren Maßnahmen zu treffen sind, um aufbereitete Medizinprodukte für die Patienten sicherer zu machen.

95.7.4.3 Gesamtkonzept

Biologische Prüfungen können einen wichtigen Beitrag in allen Stadien des Risikomanagements leisten: bei der Risikoanalyse, der Risikobewertung und der Risikoabwehr. Mit der Ausarbeitung gezielter Prüfstrategien lassen sich sämtliche beeinflussbaren Phasen des Produkts in Richtung erhöhter Sicherheit steuern, angefangen bei den frühen Stadien der Produktentwicklung bis hin zur Ausgangsprüfung durch die Erweiterte Chargenkontrolle. Zu den Anwendungsbereichen zählen vor allem:

- die Untersuchung von Biomaterialien
- die Qualifizierung von Grundstoffen und Zulieferteilen
- die CE-Kennzeichnung
- der Weiterentwicklung von Medizinprodukten
- die Beeinflussung durch Sterilisationsverfahren
- die Überwachung des Produktionsprozesses
- die Aufbereitung von Medizinprodukten.

Zu beachten ist, dass die biologische Verträglichkeit keine statische Größe ist, sondern im Rahmen des Risikomanagements bei jeder Änderung neu überdacht werden sollte, vor allem bei Änderungen in der Anwendung, Änderung technologischer Eigenschaften oder im Design, Änderungen in der Sterilisation, beim Wechsel eines Lieferanten und unter Umständen bei bekannt gewordenen Vorkommnissen (siehe Abbildung 95.7). Natürlich müssen nicht immer alle Prüfungen wiederholt werden; dies steht auch gegen die Vorgaben des Tierschutzes. Daher sollten nach Möglichkeit vorrangig In-vitro-Prüfungen zum Einsatz kommen.

Hauptaugenmerk sollte für die Überlegungen über eine erneute Prüfung darin bestehen, welches Risikopotential die jeweilige Änderung für die Eigenschaften des Medizinproduktes beinhalten kann. Darauf aufbauend können Prüfungen auf Bio-

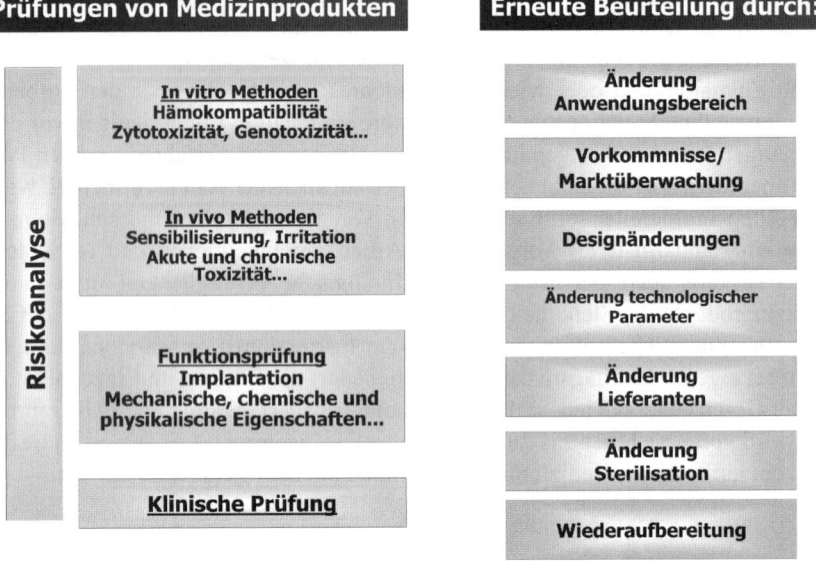

Abb. 95.8 Gesamtkonzept der Biokompatibilitätsprüfung

kompatibilität herangezogen werden, um einen Einfluss erkennbar zu machen. Bei einer veränderten Biokompatibilität schließt sich eine Untersuchung der Ursachen und eine daraus abgeleitete Risikobewertung an.

95.8 Schlussbemerkungen

Trotz aller Vorsichtsmaßnahmen der Beteiligten scheint es für Medizinprodukte immer noch einen nicht unerheblichen „Spielraum" für Risiken zu geben. Das belegen nicht zuletzt die in den vergangenen Jahren kontinuierlich gestiegenen Zahlen der Risikomeldungen, die beim BfArM eingingen. Waren es im Jahr 2000 noch 1934 Fälle, weist die Statistik für 2007 mit 4646 Meldungen einen mehr als 2,5fachen Anstieg aus.

Die Gründe hierfür sind sicherlich vielfältig. Mit ursächlich kann durchaus eine erhöhte Sensibilität von Herstellern und Anwendern für Unregelmäßigkeiten sein. Doch selbst wenn die tatsächliche Zahl der Fälle nicht gestiegen sein sollte, wenn trotz eines zunehmenden Wettbewerbsdrucks und Produktionsverlagerungen ins Ausland Qualität und Sorgfalt nicht gelitten haben sollten, so handelt es sich immer noch um weit über viertausend Fälle, die ein Risiko für Gesundheit und Leben darstellen – und in der Konsequenz auch für die wirtschaftliche Sicherheit der Hersteller.

95.8 Schlussbemerkungen

Doch gibt es Möglichkeiten, die Produkte sicherer zu machen. Die Anwendung von Biokompatibilitätsprüfungen ist eine der Möglichkeiten, die im Zusammenspiel mit anderen für die konkrete Anwendung wichtigen Produkteigenschaften zu einer Erhöhung der Sicherheit beitragen kann. Die Verantwortung liegt bei allen Beteiligten, und Verbesserungen sind im Zusammenspiel aller zu erreichen. Denn eins muss sich jeder klar vor Augen führen: Die Verantwortung ist nicht abstrakt, sondern kann in jedem Augenblick konkret werden – für einen selbst, für einen Angehörigen, für einen Freund. Spätestens dann möchten wir die Gewissheit haben, dass die eingesetzten Produkte sicher sind.

95.9 Literatur

1. „Medizinproduktegesetz in der Fassung der Bekanntmachung vom 7. August 2002 (BGBl. I S. 3146), zuletzt geändert durch Artikel 1 des Gesetzes vom 14. Juni 2007 (BGBl. I S. 1066)"
2. 90/385/EWG über aktive implantierbare medizinische Geräte, 93/42/EWG über Medizinprodukte, 98/79/EG über In-vitro-Diagnostika; die Grundlegenden Anforderungen an Medizinprodukte sind in diesen Richtlinien definiert. Das MPG verweist darauf in § 7.
3. Die in [2] genannten europäischen Richtlinien 90/385/EWG und 93/42/EWG wurden am 05. September 2007 durch die Richtlinie 2007/47/EG geändert. Betroffen sind u.a. die Anforderungen an die klinische Bewertung und an weite Teile der Dokumentation. Bis zum 21. Dezember 2008 müssen die Mitgliedstaaten diese Änderungen umsetzen, können allerdings Übergangsfristen einrichten bis zum 21. März 2010. Da die Änderungen zum Zeitpunkt des Druckunterlagenschlusses noch nicht in nationales Recht umgesetzt wurden, bleiben sie in diesem Artikel unberührt. S. a. M. Alzner: Qualitätsmanagement – Teil 2 (Ergänzungen 2007), 75.1.1 EG-Richtlinien. In: Wintermantel, Ha (Hrsg.): Medizintechnik, S. 1557 f.
4. Einen Überblick zur behördlichen Marktaufsicht gibt Lücker in MP-Journal 2007, 4
5. § 5 Satz 2 MPG: „Hat der Hersteller seinen Sitz nicht im Europäischen Wirtschaftsraum und ist ein Bevollmächtigter nicht benannt oder werden Medizinprodukte nicht unter der Verantwortung des Bevollmächtigten in den Europäischen Wirtschaftsraum eingeführt, ist der Einführer Verantwortlicher."
6. Anhang I der EU-Richtlinie 93/42/EWG, auf die § 7 MPG unmittelbar Bezug nimmt.
7. vgl. hierzu wie zur gesamten Haftung: Schorn, G. et al.: Medizinprodukte-Recht, Loseblattsammlung, 18. Erg.-Lfg. 2004 / 22. Akt.-Lfg. 2007, Kapitel B 20 Haftung, B 20.0 Medizinprodukterecht
8. Lücker in medizntechnik 2006, 220
9. BVerwG Urt.v.16.12.03, Az 3 C 47/02: mit dieser Entscheidung wurde ein in der Literatur herrschender Streit, ob die rechtliche oder die tatsächliche Sachherrschaft entscheidend ist, zumindest für die Praxis entschieden.
10. Anhalt/ Dieners, Handbuch des Medizinprodukterechts § 9 Rn. 15.
11. Jäkel in MPR 08 Heft 3 S. 66.
12. das Medizinprodukterecht kennt kein ausdrückliches Verbot der Aufbereitung von Einmalprodukten
13. Empfehlung für die Überwachung der Aufbereitung von Medizinprodukten. Rahmenbedingungen für ein einheitliches Verwaltungshandeln. Beschlossen zur 11. Sitzung der AGMP am 12. und 13. März 2008. Erarbeitet von der Projektgruppe „RKI-BfArM-Empfehlung" der AGMP. 1.2 Überwachung der Aufbereitung von Medizinprodukten.
14. Zum gesamten neuen Aufsichtskonzept: Lücker in MPR 2003, 112
15. Palandt Einführung ProdHaftG Rn. 5.
16. Kullmann/ Pfister, Produzentenhaftung Kz. 3602 S. 10a.
17. vgl. Schorn, G. et al, a. a. O., B 20/4 f.; die allgemeinen Anforderungen an eine klinische Prüfung von Medizinprodukten an Menschen sind in der DIN EN ISO 14155-1:2003 festgelegt.
18. Anhalt/ Dieners, Handbuch des Medizinprodukterechts § 11 Rn. 25.
19. Jäkel in MPR 08 Heft 3 S. 68.
20. Jäkel in MPR 08 Heft 3 S. 67.
21. Jäkel in MPR 08 Heft 3 S. 70.
22. Pressemittelung des Bundesverbandes Medizintechnologie e.V. auf www.bvmed.de zur „MedInform-Veranstaltung zum Qualitätsmanagement für Medizinprodukte" vom 04.05.2004 - 29/04
23. Zu Qualitätsmanagementsystemen s. H. D. Seghezzi, R. Wasmer: Qualitätsmanagementsysteme, Zertifizierung und Zulassung – Teil 1 (Stand 2002), a. a. O., S. 1537 ff.; M. Alzner, Qualitätsmanagement – Teil 2 (Ergänzungen 2007), 75.6 Qualitätsmanagement-Systeme, a. a. O, S. 1566 ff.

24. Das Risikomanagement ist ausführlich beschrieben bei M. Alzner, Qualitätsmanagement – Teil 2 (Ergänzungen 2007), 75.5 Risikomanagement, a. a. O., S. 1562 ff.
25. Wintermantel et al., Biokompatibilität, 3.1 Normen, a. a. O., S. 59
26. sda-news vom 11. 10. 2002

96 TÜV – Zertifizierungen in der Life Science Branche

P. Schaff, S. Gerbl-Rieger, S. Kloth, C. Schübel, A. Daxenberger, C. Engler

96.1 Marktzulassung und Zertifizierung in der Life Science Branche

96.1.1 Die Life Science Branche

Life Sciences [1] (Lebenswissenschaften) sind ein globales Innovationsfeld mit Anwendungen der Bio- und Medizinwissenschaften, der Pharma-, Chemie-, Kosmetik- und Lebensmittelindustrie. Diese Branche zeichnet sich durch eine stark interdisziplinäre Ausrichtung aus, mit Anwendung wissenschaftlicher Erkenntnisse und Einsatz von Ausgangsstoffen aus der modernen Biologie, Chemie und Humanmedizin sowie gezielter marktwirtschaftlich orientierter Arbeit.

Folgende Technologien und Branchen umfassen den Begriff „Life Sciences" [2]:

- Biotechnologie, Bioinformatik und Biophysik,
- Ernährung, Agrar- und Lebensmitteltechnologie,
- Medizintechnik & Therapie,
- Pharmazie und Pharmakologie,
- Umweltmanagement & Umwelttechnik,
- Nanotechnologie.

Den Life Science Markt teilen sich Hersteller, Betreiber und Dienstleister. Entsprechend sind alle Teile der Wertschöpfungskette relevant: Forschung & Entwicklung, Prüfung & Zulassung, Produktion, Vermarktung sowie After Sales. Er zeichnet sich durch Produkte aus, die alle einen wesentlichen Beitrag zur Gesundheit oder des Wohlbefindens des Menschen leisten.

Die Umsätze alleine in der Teilbranche Pharma lagen 2004 weltweit bei ca. € 400 Mrd. [3] und werden bis ins Jahr 2010 auf ca. € 570 Mrd. ansteigen. Die absolute Größe des Weltmarkts für Medizintechnik bzw. Medizinprodukte lag 2005 laut Bundesministerium für Wirtschaft und Arbeit auf der Basis der OECD-Außenhandelsstatistik bei einer Größenordnung von € 200 Mrd. [4]. Weltweit lagen die Umsätze bezogen auf den Einzelhandelspreis [5] im Jahr 2004 bei US $ 230 Mrd. und in Europa bei ca. US $ 60 Mrd. Die Umsätze im Kosmetikmarkt lagen 2006 [6] in Deutschland bei € 11,7 Mrd. Der Umsatz der Lebensmittelbranche betrug alleine in Deutschland [7] im Jahr 2006 ca. € 138, 2 Mrd.

Dementsprechend umfasst der Markt von Produkten, die aus den Life Science Branchen kommen einen erheblichen Anteil am Marktvolumen weltweit und auch in Deutschland. Die Sicherheit dieser Produkte stellt für den Verbraucher eine besondere Bedeutung dar, da diese Produkte unverzichtbar für die Lebenserhaltung, die Gesundheit und das Wohlbefinden sind.

96.1.2 Sicherheit und Wirksamkeit von Life Science Produkten

Für alle Menschen sind Gesundheit und Leistungsfähigkeit ein zentrales Thema der Lebensqualität. Im Zusammenhang mit Erhaltung, Verbesserung oder Wiedererlangung von Lebensqualität, gewinnen Nachweise der Wirksamkeit und Sicherheit für die Zulassung und den Marktwert von Produkten der Life Science Branchen an Bedeutung. Die Relevanz der Risiko-/Nutzenbetrachtung nimmt bei der Erstattungsfähigkeit von Arzneimitteln und Medizinprodukten im Gesundheitswesen zu.

Der Life Science Markt wächst durch neue Produkte, Kombinationspräparate aus Medizinprodukten und Arzneimitteln und durch viele kleine, spezialisierte Unternehmen. Bei den Arzneimitteln spielen die Bio-, Gentechnologie und Zellbiologie eine bedeutende Rolle für die Entwicklung der „Biopharmaceuticals" [8]. Bei den Medizinprodukten geben bildgebende Verfahren und Nanotechnologie Entwicklungsimpulse. In der Kosmetikbranche sind Produktentwicklungen, die ökologische und tierschutzrechtliche Aspekte beinhalten, u. a. im Trend. Aussagen zu pharmakologischen Wirkungen dürfen mit Kosmetika nicht gemacht werden. In diesem Fall greift die Arzneimittelgesetzgebung. Bei Lebensmitteln werden besondere Kennzeichnungsvorschriften für biologisch erzeugte Produkte oder Lebensmittel mit geschützter Herkunftsbezeichnung gesetzlich vorgeschrieben. Neben dem Trend der Entwicklung von „Convenience Food" entstehen Lebensmittel mit gesundheitsbezogenen Werbeaussagen [9]. Um hier den Verbraucher vor Täuschungen zu schützen, regelt der Gesetzgeber die Voraussetzungen für nährwert- und gesundheitsbezogene Angaben bzw. verlangt der Gesetzgeber den Nachweis der Wirkversprechen (Health Claim Verordnung) [10].

Entscheidend für den Life Science Markt ist im globalen Wettbewerb sichere, wirkungsvolle und legale Produkte zu entwickeln und marktfähig zu machen. Hierzu müssen die Life Science Produkte je nach Klassifizierung und ihrem bestimmungsgemäßen Zweck als Arzneimittel, Medizinprodukt, Kosmetika, Lebensmittel zur Vermarktung angemeldet, registriert, zugelassen oder CE-gekennzeichnet werden.

Die Entscheidung über die Marktzulassung und die Genehmigung zur Herstellung, Anmeldung oder Registrierungen erfolgt durch Behörden oder bei Medizinprodukten und In Vitro Diagnostika durch ein Konformitätsverfahren durch Benannte Stellen. Im freiwirtschaftlichen Bereich spielen Zertifizierungen der Lieferanten in den Herstellketten darüber hinaus oft eine Rolle als Baustein der Eigenverantwortung und Qualitätssicherung des Herstellers oder Inverkehrbringers.

96.1.3 Gesetze und Normen in der EU und in Deutschland

Life Science Produkte, die im Wirtschaftsraum der EU vermarktet werden sollen, müssen konform mit den Regelwerken der EU und der Mitgliedsländer der EU sein. In der EU muss jedes Mitglied das komplette europäische Regelwerk in nationales Recht [11] übertragen und anwenden. Die nachfolgend verwendeten Abkürzungen für entsprechende Gremien sind in der Tabelle 96.1 erläutert.

EU-Verordnungen (Regulations) sind direkt geltendes Gesetz in den Mitgliedstaaten. Wohingegen EU-Richtlinien und EU Normen in nationales Recht umzusetzen sind. In Deutschland werden hierzu u. a. Verordnungen und untergeordnet auch DIN, DIN EN, DIN EN ISO Normen verabschiedet.

Die europäische Normung wird derzeit im Rahmen von CEN, CENELEC und ETSI durchgeführt. Im CEN sind 2008 die nationalen Mitgliedsorganisationen der EU vertreten.

Durch die „Neue Konzeption" haben europäische Normen, die Aufgabe im deregulierten EU Markt die grundlegenden Sicherheitsanforderungen zu erfüllen.

Deutschland wird im CEN durch das DIN – Deutsche Institut für Normung e.V. vertreten. Das DIN ist in Normenausschüsse und Arbeitsgruppen organisiert, die mit Experten u. a. aus Industrie, Unternehmen, Handel, Universitäten, Hochschulen, Verbrauchern, Prüfinstituten (z.B: Zertifizierer, Labore), Behörden und Verbrauchern besetzt sind.

Einfluss auf die europäische und nationale Normenarbeit im Zusammenhang mit Life Science haben z. B. die Internationale Organisation für Normung (ISO), die Internationale elektronische Kommission (IEC) und das Europäische Komitee für Normung (CEN). Im Rahmen dieser Zusammenarbeit erfolgen die Harmonisierung internationaler Normen und die Übernahme von internationalen, europäischen Normen in nationale Regelwerke.

Die abgestimmte Arbeit der Normengremien führt zu anerkannten, veröffentlichten Regeln und Normen: Die Einhaltung der EN-Normen erlaubt eine Konformitätsvermutung mit den EU Regelwerken.

Im freiwirtschaftlichen Bereich erarbeiten Organisationen, Handels- und Fachverbände branchen-, technik-, verfahrens- oder produktbezogene weiterführende Leitlinien, Standards oder Anforderungskataloge. Diese Standards aus dem freiwirtschaftlichen Bereich werden in der Lieferkette häufig als Maßstab für die Qualitätsfähigkeit herangezogen. Einige dienen auch dazu, spezielle Produktqualitäten oder Werbeversprechen überprüfbar und transparent zu machen. Ein beispielhafter Überblick über Normengremien ist in Tabelle 96.1 dargestellt.

Internationale Normungsorganisationen
• Internationale Organisation für Normung (ISO)
• Internationale elektrotechnische Kommission (IEC)
Europäische Normungsorganisationen
• Europäisches Komitee für Normung (CEN)
• Europäisches Komitee für elektrotechnische Normung (CENELEC)
Mitglieder der ISO auf nationaler Ebene (Beispiele)
• Deutschland: DIN Deutsches Institut für Normung e. V. (DIN)
• Großbritannien: British Standard Institute (BSI)
• Japan: Japanese Standards Association (JSA)
• USA: American National Standards Institute (ANSI)
Mitglied der IEC für Deutschland
• Deutsche Kommission Elektrotechnik Elektronik Informationstechnik im DIN und VDE (DKE)
Weitere Organisationen Z. T. mit sehr ausgeprägtem Branchenbezug
• Institute of Electrical and Electronics Engineers (IEEE)
• Verein Deutscher Ingenieure (VDI)
• Underwriters Laboratories Inc. (UL)
• VDE Verband der Elektrotechnik Elektronik Informationstechnik
• Handelsverbände
• Fachverbände
• Vereine
• Prüfinstitutionen

Tabelle 96.1 Beispiele von Normungsgremien mit Bedeutung für den Life Science Bereich

96.1.4 Akkreditierung und Zertifizierung in Deutschland

Die Akkreditierung ist eine Bestätigung, dass eine Prüfstelle die Voraussetzungen zur Durchführung von z. B. Zertifizierungen der Konformitätsbewertungen erfüllt und wird von einer Akkreditierungsstelle durch regelmäßige Überwachung durchgeführt. Die Befugnis der Akkreditierungsstelle leitet sich im Allgemeinen von hoheitlichen Stellen (Behörden oder von Behörden autorisierte Stellen) ab.

Als Zertifizierung bezeichnet man die Bestätigung der Abläufe auf Normenkonformität durch eine unabhängige, akkreditierte Zertifizierungsgesellschaft (einen unparteiischen Dritten). Durch die Zertifizierung wird ermittelt, ob ein ordnungsgemäß bezeichnetes Erzeugnis, ein Verfahren oder eine ordnungsgemäß bezeichnete Dienstleistung in Übereinstimmung mit einer bestimmten Norm oder einem bestimmten anderen normativen Dokument ist.

Grundsätzlich ist hier zwischen gesetzlich geregeltem (z. B. Benannte Stelle für Medizinprodukt) und freiwirtschaftlichem Bereich (z. B. Zertifizierungsstellen) zu unterscheiden. In der EU wurde mit dem sogenannten „Neuen Konzept" 1993 die Konformitätsbewertung für einzelne Produkte oder für Produktgruppen eingeführt. Dieses Konzept wird u. a. bei Maschinen, Medizinprodukten und In-Vitro Diagnostika angewandt. Einzelne EU-Richtlinien fordern im Rahmen der Konformitätsverfahren (CE – Conformité European) eine Zertifizierung durch eine Benannte Stelle (Notified Body). Die Benannte Stelle muss eine Akkreditierung im gesetzlich geregelten Bereich nachweisen.

96.1.4.1 Private Akkreditierungsstellen in Deutschland

In Deutschland ist der DAR-Deutsche Akkreditierungsrat die nationale Koordinierungsstelle für private Akkreditierungsstellen. Mitglieder des DAR sind hier DACH-Deutsche Akkreditierungsstelle Chemie GmbH, DAP-Deutsches Akkreditierungssystem Prüfwesen GmbH, DATech- DATech Deutsche Akkreditierungsstelle Technik GmbH und die TGA-Trägergemeinschaft für Akkreditierung GmbH. Akkreditierungsstellen prüfen private Zertifizierer auf der Grundlage der ISO/IEC 17021:2006 [12]. Die Übergangszeit für akkreditierte Zertifizierungsstellen wurde auf 24 Monate nach Veröffentlichung der Norm festgelegt. Der DAR hat sich dem angeschlossen. Nach dem 15.9.2008 sind also Akkreditierungen nach DIN EN 45012:1998 ungültig [13].

Die Norm DIN EN ISO /IEC 17021:2006 [14] ist auf alle Zertifizierungsstellen für Managementsysteme anzuwenden. Die betroffenen Zertifizierungsgrundlagen betreffen auch die „Life Science Branchen".

Beispielhaft werden zwei Akkreditierer (TGA und DAP) aus dem freiwirtschaftlichen Bereich in Deutschland vorgestellt, die auch im Life Science Bereich bedeutend sind.

TGA – Trägergemeinschaft für Akkreditierung GmbH

Die TGA akkreditiert Zertifizierungsstellen für Managementsysteme und Zertifizierungsstellen für Personen nach den entsprechenden internationalen Normen und Regelwerken im gesetzlich nicht geregelten Bereich.

DAP – Deutsches Akkreditierungssystem Prüfwesen GmbH

Die Deutsche Akkreditierungssystem Prüfwesen GmbH gehört zu den branchenbezogenen, rechtlich selbständigen Akkreditierungsstellen der deutschen Wirtschaft und ist zuständig für die Akkreditierung von Prüf- und Forschungslaboratorien, von Zertifizierungsstellen für Produkte sowie von Inspektionsstellen im gesetzlich nicht geregelten Bereich.

Grundlage für die Akkreditierung sind die europäische Normenreihe DIN EN 45000, die DIN EN ISO/IEC 17025 und die ISO/IEC-Guides bzw.

DIN EN ISO /IEC 17021:2006. Die Tätigkeit der DAP ist schwerpunktmäßig auf die Akkreditierung materialprüfungstechnischer, chemisch-analytischer, biologischer und medizinischer Laboratorien sowie auf Inspektionsstellen und Zertifizierungsstellen in Deutschland und im europäischen Ausland gerichtet. Im Wesentlichen werden von der DAP folgende Einrichtungen akkreditiert:

- Prüflaboratorien nach DIN EN ISO/IEC 17025
- Medizinische Laboratorien nach DIN EN ISO 15189
- Zertifizierungsstellen für Managementsysteme DIN EN ISO/IEC 17021
- Zertifizierungsstellen für Personen nach DIN EN ISO/IEC 17024
- Zertifizierungsstellen für Produkte nach DIN EN 45011 / ISO/IEC Guide 65
- Inspektionsstellen nach DIN EN ISO/IEC 17020
- Ringversuchsanbieter nach DIN EN ISO/IEC 17025 oder DIN EN ISO/IEC 17020 unter Berücksichtigung der Anforderungen von ISO/IEC Guide 43-1 und ILAC Guide 13
- Hersteller von Referenzmaterialien nach DIN EN ISO/IEC 17025 und ISO Guide 34.

96.1.4.2 Akkreditierung im geregelten Bereich

Für den Life Science Bereich sind insbesondere die Akkreditierer von Bedeutung, die Konformitätsbewertungen von Medizinprodukten und In-Vitro Diagnostika sowie die Zertifizierung von Bertrieben zu deren Herstellung erlauben. Daneben spielen auch Prüflaboratorien im Life Science Bereich eine wesentliche Rolle, um Normübereinstimmungen festzustellen. Daher werden zwei wesentliche Akkreditierungsstellen (ZLG und ZLS) vorgestellt.

ZLS – Zentralstelle der Länder für Sicherheitstechnik

Die ZLS ist die Akkreditierungsbehörde in der Bundesrepublik Deutschland für Konformitätsbewertungsstellen (CAB: Conformity Assessment Body) für bestimmte Produktsektoren. Bei der Anerkennung der Konformitätsbewertungsstellen im Rahmen der Abkommen (MRA – Mutual Recognition Agreement) sind jeweils die in den Drittstaaten geltenden Rechts- und Verwaltungsvorschriften heranzuziehen und zu beachten. Hierdurch ergeben sich sowohl für die Anerkennungsstellen als auch die CABs abhängig von den einzelnen Abkommen besondere Anforderungen.

Die ZLS ist zuständig für die Akkreditierung und Überwachung von Prüflaboratorien, Zertifizierungsstellen und Inspektionsstellen, die im Vollzug des europäischen Gemeinschaftsrechts, sowie des nationalen Rechts die Sicherheit von Geräten, Maschinen und Anlagen überprüfen und zertifizieren. Die ZLS ist u. a. im harmonisierten, durch EG-Richtlinien geregelten Bereich tätig. Die nach EG-

Vertrag vorgeschriebene Umsetzung der EG-Richtlinien in deutsches Recht erfolgt für eine Reihe von Produktgruppen in Gesetzen und Verordnungen. U. a. ist die ZLG zuständig für aktive implantierbare medizinische Geräte und aktive Medizinprodukte (93/42/EWG) [15].

ZLG – Zentralstelle der Länder für Gesundheitsschutz bei Arzneimitteln und Medizinprodukten

Die ZLG ist akkreditierende und benennende Behörde im Medizinproduktebereich [16]. Weitere Aufgaben sind u. a. die Organisation des Erfahrungsaustausches der „Benannten Stellen" und Laboratorien im geregelten Bereich.

Die ZLG ist auch Koordinierungsstelle für die Arzneimittelüberwachung der Länder. Folgende Akkreditierungen werden von der ZLG u. a. auf der Grundlage des Gesetzes über Medizinprodukte (MPG) durchgeführt:

Akkreditierung von Produktzertifizierungsstellen

- für Medizinprodukte nach *Richtlinie 93/42/EWG*
- für In-vitro-Diagnostika nach *Richtlinie 98/79/EG*.

Akkreditierung von Zertifizierungsstellen für Qualitätssicherungssysteme

- für Medizinprodukte nach *Richtlinie 93/42/EWG*
- für In-vitro-Diagnostika nach *Richtlinie 98/79/EG*
- für Medizinprodukte nach *DIN EN ISO 13485*.

Akkreditierung von Konformitätsbewertungsstellen

Grundlage der Akkreditierung und Benennung von Konformitätsbewertungsstellen sind die Abkommen der EG mit Drittstaaten über die gegenseitige Anerkennung der Konformitätsbewertung (Mutual Recognition Agreements on Conformity Assessment – MRA), die als einen von mehreren Sektoren den Bereich Medizinprodukte beinhalten. Mit diesen Abkommen wurde vereinbart, dass die Behörde des einführenden Landes die Bewertung eines Medizinproduktes oder Qualitätsmanagementsystems einer im ausführenden Land ansässigen Konformitätsbewertungsstelle anerkennt. Das bedeutet, dass europäische Hersteller von Medizinprodukten von europäischen Konformitätsbewertungsstellen eine Übereinstimmung mit den Bestimmungen eines Drittstaates bestätigt bekommen können.

Akkreditierung von Laboratorien

Die *Fachgruppe Laboratorien* führt unter Hinzuziehung anerkannter Fachexperten die Begutachtung und Akkreditierung folgender Laboratorien durch:

- Prüflaboratorien für Medizinprodukte (PL)
- Medizinische Laboratorien (ML)
- Arzneimitteluntersuchungsstellen.

Die seit April 2000 gültige Norm DIN EN ISO/IEC 17025 „Allgemeine Anforderungen an die Kompetenz von Prüf- und Kalibrierlaboratorien" ist hier Grundlage für die Akkreditierungsregeln.

96.1.4.3 Zertifizierung – Qualitätssicherung in der Lieferkette

Nach einer erfolgreichen Produktentwicklung muss produziert und das Produkt vermarktet oder von Betreibern angewandt werden.

Hierzu sind Erlaubnis für Herstellung, Vermarktung bzw. das Inverkehrbringen oder das Betreiben in den Zielmärkten ausschlaggebend. Unumgänglich müssen die gesetzlich geforderten Verfahren für Registrierung oder Zulassung hierzu durchgeführt werden. Dadurch erhält das Unternehmen Rechtssicherheit für seine Geschäfte, wird aber auch in die Überwachungssystematik der Behörde aufgenommen. Dies wiederum trägt zur kontinuierlichen Beobachtung der Unternehmen und Produkte hinsichtlich der Gesetzeskonformität bei und dient dem Schutz der Verbraucher und Anwender.

Die Haftung für die Produktsicherheit liegt aber immer primär beim Hersteller bzw. Inverkehrbringer. Das Produkthaftungsgesetz (ProdHaftG) [17] regelt, die Haftung eines Herstellers bei fehlerhaften Produkten. Ausgenommen vom Produkthaftungsgesetz sind Arzneimittel, die gesondert geregelt sind (vgl. Arzneimittelgesetz, Gefährdungshaftung §§ 84 ff.).

Der Hersteller oder Inverkehrbringer hat auch die Nachweispflicht, dass vorsorglich und eigenverantwortlich qualitätssichernde Maßnahmen getroffen wurden, um sichere und gesetzeskonforme Produkte auf den Markt zu bringen. Auf der Basis von branchen- oder produktspezifischen Leitlinien der „Guten Herstellungspraxis", Normen zu Prozessen (z. B. Reinraum, Verpackung, Logistik, Sterilisation), Systematiken zur Risikominimierung (z. B. HACCP-Hazard Analysis/Critical Control Point und Risikomanagement Systeme) sowie Qualitätssicherung und Qualitätsmanagement (ISO 9001:2000) kommt der Hersteller seiner Sorgfaltspflicht nach. Der Hersteller überprüft dies produktbezogen durch laboranalytische Verfahren oder systembezogen durch interne und externe Audits im eigenen Betrieb und bei seinen Lieferanten.

Hersteller bedienen sich häufig spezialisierter, neutraler, privater Prüforganisationen (Zertifizierer, Labore), um nachzuweisen, dass die gesetzlichen und normativen Anforderungen im Betrieb und bei den Lieferanten der Vorprodukte und bei ihren Dienstleistern umgesetzt sind. Die Prüforganisationen ihrerseits werden durch Akkreditierungsstellen hinsichtlich fachlicher und prozessbezogener Kompetenz zugelassen und überwacht.

In der Lebensmittelbranche sind die Zertifikate, die auf der Grundlage von Handelsstandards (z. B. IFS-International Food Standard – HDE, Global Standard Food – BRC) gefordert werden, verpflichtende Voraussetzung für die Lieferfähigkeit in den Einzelhandel.

Die unterschiedlichen Aufgaben der beteiligten Organisationen im Zusammenhang mit Marktzugang, Akkreditierung, Konformitätsprüfung oder Zertifizierung

96.2 Marktzulassung und Zertifizierung von Medizinprodukten und In-Vitro-Diagnostik

Aktivität	Behörde	Benannte Stellen, Zertifizierungsorganisationen (gesetzlich geregelter Bereich)	Zertifizierungsorganisationen, Labore (freiwirtschaflicher Bereich)
Akkreditierung	Erteilt oder regelt Akkreditierungen		
Marktzugang	Zulassung	Konformitätsprüfung, z. B. Baumusterprüfungen, ggf. CE Kennzeichnung	Lieferantenqualifikation, Zertifikat- Übereinstimmung mit Standard und Normen
	Registrierung	ggf. CE Kennzeichnung	Listung als Lieferanten
Herstellung	Herstellerlaubnis	Inspektion, Zertifizierung der Betriebe	Zertifizierung der Betriebe
Überwachung	Überwachung der Herstellung durch Inspektion	Inspektion, Zertifizierung der Betriebe	Zertifizierung der Betriebe
	Monitoring Produktbezogen	Z. T. Marktbeobachtungssysteme	Z. T. Freiwirtschaftliche Monitorringsysteme (Lebens- und Futtermittelbereich)

Tabelle 96.2 Zuständigkeiten bei Marktzulassung, Herstellerlaubnis und Zertifizierung (vereinfachte Darstellung)

sind vereinfacht in der Tabelle 96.2 zusammengefasst. In den nachfolgenden Kapiteln werden für die Branchen Lebensmittel, Medizinprodukte, Kosmetika, Arzneimittel und das Gesundheitswesen differenziert rechtliche Rahmenbedingungen für den Marktzugang oder Zertifizierungssysteme vorgestellt.

96.2 Marktzulassung und Zertifizierung von Medizinprodukten und In-Vitro-Diagnostik

96.2.1 Definition Medizinprodukte

Als Medizinprodukte werden in der Europäischen Union folgende Produkte bezeichnet:

Einzeln oder miteinander verbunden verwendete Instrumente, Apparate, Vorrichtungen, Stoffe oder anderen Gegenstände, einschließlich der für ein einwandfreies Funktionieren des Medizinprodukts eingesetzten Software, die vom Hersteller zur Anwendung für Menschen für folgende Zwecke bestimmt sind:

- Erkennung, Verhütung, Überwachung, Behandlung oder Linderung von Krankheiten;

- Erkennung, Überwachung, Behandlung, Linderung oder Kompensierung von Verletzungen oder Behinderungen;
- Untersuchung, Ersatz oder Veränderung des anatomischen Aufbaus oder eines physiologischen Vorgangs;
- Empfängnisregelung.

Medizinprodukte unterscheiden sich von den Arzneimitteln dadurch, dass sie **nicht pharmakologisch**, **metabolisch**, oder **immunologisch** wirken. Die Wirkungsweise des Produktes entscheidet also über das Zulassungs- bzw. Zertifizierungsverfahren.

Die Anforderungen, die an Medizinprodukte gestellt werden, sind u. a. in der in Tabelle 96.3 aufgeführten Europäischen Richtlinie und Deutschen Gesetzen geregelt:

Rechtsnorm	Titel
EU	
Richtlinie 90/385/EWG (AIMDD)	Richtlinie 90/385/EWG des Rates vom 20. Juni 1990 zur Angleichung der Rechtsvorschriften der Mitgliedstaaten über aktive implantierbare medizinische Geräte; Amtsblatt Nr. L 189 vom 20.07.1990, letzte Änderung 2007/47/EG.
Richtlinie 2007/47/EG	Richtlinie 2007/47/EG des europäischen Parlaments und des Rates vom 5. September 2007 zur Änderung der: - Richtlinie 90/385/EWG des Rates zur Angleichung der Rechtsvorschriften der Mitgliedstaaten über aktive implantierbare medizinische Geräte und - Richtlinie 93/42/EWG des Rates über Medizinprodukte sowie der - Richtlinie 98/8/EG über das Inverkehrbringen von Biozid-Produkten; Amtsblatt Nr. L 247/21 vom 21.9.2007.
Richtlinie 93/42/EWG (MDD)	Richtlinie 93/42/EWG des Rates vom 14. Juni 1993 über Medizinprodukte, *Amtsblatt Nr.* L 169 vom 12.7.1993.
Richtlinie 98/79/EG (IVDD)	Richtlinie 98/79/EG des Europäischen Parlaments und des Rates vom 27. Oktober 1998 über In-vitro-Diagnostika, *Amtsblatt Nr. L 331 vom 07/12/1998*
Richtlinie 2003/32/EG (TSED)	Richtlinie 2003/32/EG der Kommission vom 23. April 2003 mit genauen Spezifikationen bezüglich der in der Richtlinie 93/42/EWG des Rates festgelegten Anforderungen an unter Verwendung von Gewebe tierischen Ursprungs hergestellte Medizinprodukte, Amtsblatt Nr. L 105/18 vom 26.4.2003.
Richtlinie 2003/12/EG (BID)	Richtlinie 2003/12/EG der Kommission zur Neuklassifizierung von Brustimplantaten im Rahmen der Richtlinie 93/42/EWG über Medizinprodukte, Amtsblatt Nr. L 28/43 vom 4.2.2003.
Richtlinie 2005/50/EG (JRD)	Richtlinie 2005/50/EG der Kommission vom 11. August 2005 zur Neuklassifizierung von Gelenkersatz für Hüfte, Knie und Schulter im Rahmen der Richtlinie 93/42/EWG über Medizinprodukte, Amtsblatt Nr. L 210/41 vom 12.8.2005.

Tabelle 96.3 Regelungen zu Medizinprodukten und In-Vitro-Diagnostika

Rechtsnorm	Titel
EU	
Richtlinie 2001/83/EG	Richtlinie 2001/83/EG des Europäischen Parlaments und des Rates vom 6. November 2001zur Schaffung eines Gemeinschaftskodexes für Humanarzneimittel, Amtsblatt Nr. L 311/67 vom 28.11.2001
National	
Medizinproduktegesetz (MPG)	Gesetz über Medizinprodukte vom 02.08.1994, BGBl. I S. 3146, zuletzt geändert am 14.06.2007, BGBl. I S. 1066.
Weitere Normen zur Zertifizierung	
DIN EN ISO 13485:2007-10	DIN EN ISO 13485:2007-10, Medizinprodukte - Qualitätsmanagementsysteme - Anforderungen für regulatorische Zwecke (ISO 13485:2003); Deutsche Fassung EN ISO 13485:2003+AC:2007
DIN EN ISO 14971:2007-07	DIN EN ISO 14971:2007-07, Medizinprodukte - Anwendung des Risikomanagements auf Medizinprodukte (ISO 14971:2007); Deutsche Fassung EN ISO 14971:2007
DIN EN ISO 13488:2001-02	DIN EN ISO 13488:2001-02:Qualitätssicherungssysteme; Medizinprodukte; Besondere Anforderungen für die Anwendung von EN ISO 9002 (Überarbeitung von EN 46002:1996) (identisch mit ISO 13488:1996)

Tabelle 96.3 (*Fortsetzung*) Regelungen zu Medizinprodukten und In-Vitro-Diagnostika

Hier sei besonders auf die Anhänge dieser Richtlinie verwiesen, in denen diese Anforderungen speziell aufgeführt sind.

Die Anforderungen für In-Vitro-Diagnostik werden in Kapitel 96.2.6 ergänzend dargestellt.

96.2.2 Regelungen zur Marktfähigkeit für Medizinprodukte

Die Überprüfung der Marktfähigkeit von Medizinprodukten und In-Vitro-Diagnostika unterliegt in Europa dem sogenannten „New Approach" und unterscheidet somit wesentlich von den etablierten Zulassungsverfahren wie sie bei Arzneimitteln üblich sind. Im Gegensatz zu den Arzneimitteln findet keine Prüfung durch die Behörde statt, sondern die Verantwortung der Erklärung der Marktreife wird in die Hände des Herstellers gelegt, er erklärt die Konformität des Produktes und bringt das CE-Zeichen auf dem Medizinprodukt an. Jedoch müssen bei Produkten höherer Risikoklasse Benannte Stellen zur Überprüfung der Konformitätsbewertung und der Überwachung der Herstellung eingebunden werden.

Eine Überprüfung findet in Abhängigkeit vom Risiko, das mit dem Einsatz des Produktes verbunden ist, statt [18,19]. Dazu werden die Produkte in die Kategorien

Medizinprodukte

- mit geringem Risiko (Medizinprodukte der Klasse I),
- mäßigem oder erhöhtem Risiko (Medizinprodukte der Klasse IIa oder IIb) und
- Hochrisikoprodukte (Medizinprodukte der Klasse III) unterteilt.

Die Einteilung welches Produkt welcher Risikoklasse zuzuteilen ist, wird durch den Anhang IX der Medizinprodukte-Richtlinie bestimmt. Man muss sich diesen Anhang als eine Art Algorithmus vorstellen, der, wenn durchlaufen, zu einer Klassifizierung des Produktes führt. Faktoren, die die Klassifizierung wesentlich beeinflussen sind

- die Verweildauer im menschlichen Körper und
- Invasivität (Implantate stellen ein höheres Risiko dar als Produkte die nur kurz angewendet werden),
- der Einsatz der Produkte am zentralen Kreislaufsystem oder zentralen Nervensystem führt in der Regel ebenfalls zur Klassifizierung als Hochrisikoprodukt.
- Ebenfalls führt die Resorbierbarkeit oder die Verbindung mit einem Arzneimittel, das ergänzend zum Medizinprodukt wirkt ebenfalls zu einem Hochrisikoprodukt.

Als Beispiele für die Klasse I Produkte wären einfache Verbandsmittel oder Instrumente zu nennen, Klasse IIa Produkte sind beispielsweise Infusionspumpen oder Kontaktlinsen. Die Implantate, sofern sie nicht mit dem ZNS oder dem zentralen Kreislaufsystem in Kontakt kommen, werden den Medizinprodukten der Klasse IIb zugeteilte, Herzklappen oder Katheter, die im Spinalkanal zum Einsatz kommen sind Medizinprodukte der Klasse III.

Vorkommnisse bei Brustimplantaten und bei Hüft- und Knieimplantaten, bei denen Patienten zu Schaden kamen, führten zu einer Hochklassifizierung dieser Produkte in Klasse III, geregelt durch zusätzliche Europäische Richtlinien 2003/12/EG [20] und 2005/50/EG [21], die die Medizinprodukte Richtlinie ergänzen.

Die Einteilung in die Risikoklasse führt nun zu unterschiedlichen Verfahren, die durchgeführt werden müssen, um die Konformität des Produktes zu bestätigen. Bei Medizinprodukten der Klasse I muss der Hersteller die Konformität allein bestätigen und das CE-Zeichen auf seinem Produkt anbringen. Das Inverkehrbringen muss bei der Behörde angemeldet werden. Für Hersteller von Klasse I Produkten besteht somit keine Verpflichtung auf eine Zertifizierung durch die Benannte Stelle.

Zum Nachweis der Konformität muss der Hersteller für die Überwachung durch die Behörde oder die Benannte Stelle, unabhängig in welcher Klasse das Medizinprodukt klassifiziert ist, eine sogenannte technische Dokumentation vorhalten.

96.2.3 Aufgaben der Benannten Stellen (Notified Bodies)

Bei allen übrigen Medizinprodukten ist zur Prüfung der Konformität eine Benannte Stelle einzubinden. Benannte Stellen sind entweder freiwirtschaftliche Unterneh-

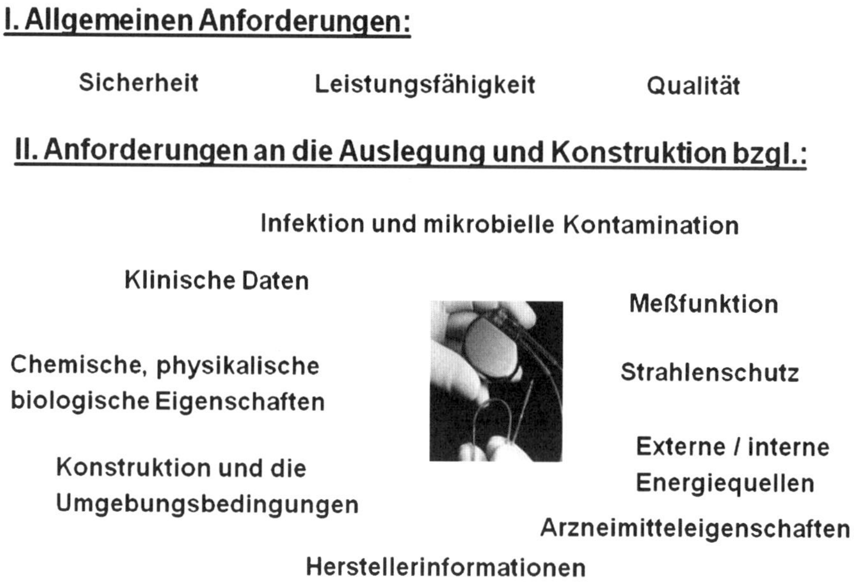

I. Allgemeinen Anforderungen:

Sicherheit   Leistungsfähigkeit   Qualität

II. Anforderungen an die Auslegung und Konstruktion bzgl.:

Infektion und mikrobielle Kontamination

Klinische Daten

Meßfunktion

Chemische, physikalische
biologische Eigenschaften

Strahlenschutz

Konstruktion und die
Umgebungsbedingungen

Externe / interne
Energiequellen

Arzneimitteleigenschaften

Herstellerinformationen

Abb. 96.1 Anforderungen an Medizinprodukte

men oder Prüforganisationen, oder auch halbstaatliche Stellen, die, von Behörden überwacht, die notwendigen Prüfungen durchführen können (vgl. Kapitel 4). Im Wesentlichen sind hier zwei Aspekte zu berücksichtigen, zum einen muss das Produkt selbst, zum anderen die Produktion des Medizinproduktes überprüft werden. Bei Medizinprodukten der Klasse IIa und IIb wird in der Regel die Produktion und die technische Dokumentation in Stichproben während eines Audits überprüft, das in jährlichen Abständen durchgeführt wird. Hier spielt das Qualitätsmanagementsystems des Herstellers die entscheidende Rolle und muss die Anforderungen der Medizinprodukte-Richtlinie und der Europäischen Norm EN 13458 erfüllen.

Bei den Klasse III Produkten findet zusätzlich eine Überprüfung der Produktdokumentation, d. h. eines „Design Dossiers" (auch technisches Akte genannt), statt. In diesem Dossier legt der Hersteller dar, dass sein Produkt die grundlegenden Anforderungen, die an das Produkt gestellt werden erfüllt. Neben den allgemeinen Anforderungen, dass das Produkt sicher und leistungsfähig ist mit einer entsprechenden Qualität hergestellt werden muss, gelten spezielle Anforderungen wie sie im folgenden Schema (Abb. 96.1) aufgeführt sind:

Benannte Stellen oder Zertifizierungsstellen sind auch für die Zertifizierung von Qualitätsmanagement-Systemen DIN EN ISO 13485:2007 [22] und dem Risikomanagement von Herstellern von Medizinprodukten DIN EN ISO 14971:2007 [23] zuständig. Ebenso können Managementsysteme von z. B. Händler von Medizinprodukten nach der DIN EN ISO 13488:2001 [24] zertifiziert werden, einige Krankenkassen fordern eine derartige Zertifizierung.

96.2.4 Normen zur Spezifizierung der Anforderung der EU Richtlinie für Medizinprodukte und In-Vitro-Diagnostika

Die Anforderungen der Richtlinie werden durch Vorgaben aus der Normung nicht nur ergänzt, sondern diese spielen eine wesentlich Rolle, weil sie wesentlich spezifischer sind und die Anforderungen der Richtlinie auf einzelnen Klassen von Medizinprodukten umsetzen oder, wie z. B. die Anforderungen an die einzelnen Sterilisationsverfahren beschreiben.

Eine Liste der harmonisierten Normen ist auf der Internetseite der EU zu finden und ist umfangreich (mehrere Hundert Einzelnormen). Harmonisierte Normen für Medizinprodukte sind durch den CEN oder CENELEC autorisiert und im „Official Journal of the European Union" veröffentlicht.

Wesentliche Themen der Normenreihen (EN, ggf. harmonisiert mit ISO, IEC und DIN) sind z. B.

- Risikomanagement
- Animal Origin
- Reinraum
- Sterilisation
- Biokompatibilität
- Elektrische Sicherheit
- Verpackung
- Spezifische Anforderungen für Produktgruppen (z. B. Implantate, In Vitro-Diagnostika, Dialysatoren, Endoskope, Herz-Lungenmaschine)
- Klinische Daten und Studien
- Symbole
- Anforderungen zu Informationen.

Bei der Anwendung von den in der EU harmonisierten Normen gilt die sogenannte Konformitätsvermutung, d. h. wenn die Anforderungen der für ein Medizinprodukt anwendbaren Normen erfüllt sind, kann man davon ausgehen, dass ebenfalls die grundlegenden Anforderungen der Richtlinie erfüllt sind und das Produkt zu Recht das CE-Zeichen trägt.

Der Hersteller kann auch andere Normen als die harmonisierten Normen der EU anwenden, muss aber immer grundsätzlich die Auswahl und Anwendbarkeit von Normen zum Nachweis der Konformität durch den Hersteller plausibel begründet werden.

Neben der Überwachung des Qualitätsmanagementsystems und der Überprüfung der Dokumentation ist die Baumusterprüfung durch eine Benannte Stelle ein weiterer Weg, die Konformität des Produktes nachzuweisen. Hierbei wird nicht die Dokumentation, sondern, das Produkt hinsichtlich der grundlegenden Anforderungen, direkt überprüft.

Abbildung 96.2 soll die möglichen Wege des Konformitätsbewertungsverfahrens in Abhängigkeit der Produktklassifizierung darstellen.

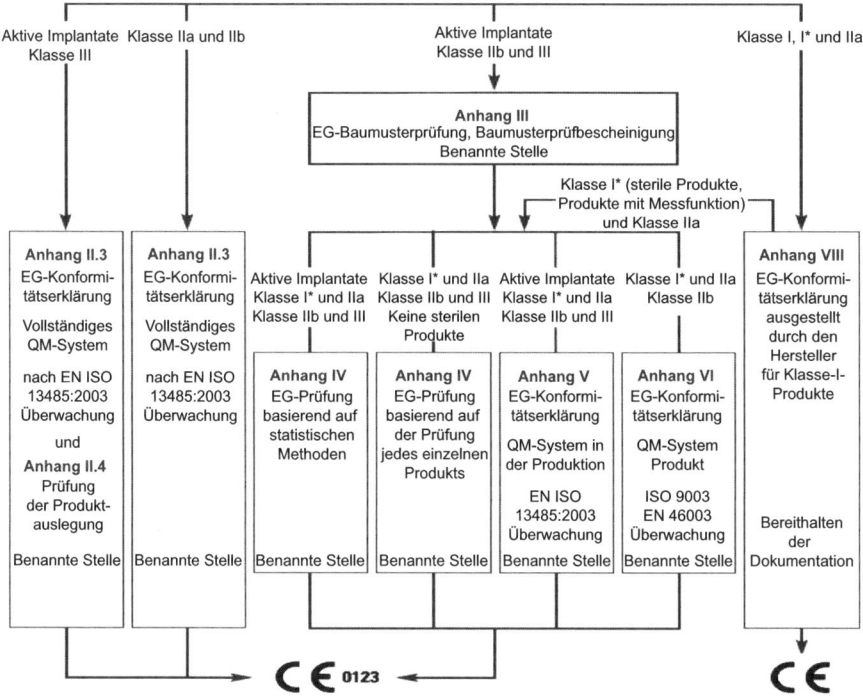

Abb. 96.2 Konformitätsbewertungsverfahren

96.2.5 Besondere Regelungen für aktive Implantate

Abweichend von diesem Schema werden Aktive Implantate, wie Herzschrittmacher, bewertet, sowie deren Marktfähigkeit bestätigt. Sie unterliegen einer separaten Richtlinie (90/385/EWG) [25], die historisch betrachtet älter als die Medizinprodukterichtlinie ist. Bis auf geringe Abweichungen, kann man jedoch sagen, dass die Anforderungen an aktive Implantate den Anforderungen an Medizinprodukte der Klasse III gleichzusetzen sind.

Für Aktive Implantate gibt es auch spezifische harmonisierte EU-Normen des CEN und CENh.

96.2.6 Definition und Regelungen für In-Vitro-Diagnostika

Über eine Richtlinie (98/79/EG) [26] werden die In-Vitro-Diagnostika in der Europäischen Union geregelt. Darunter versteht man Produkte wie Reagenzien, Instrumente und Geräte, die zur Untersuchung von aus dem menschlichen Körper entnommene Proben dienen und zur Diagnose von Krankheiten oder Kontrolle des

Heilungsverlaufes dienen. Als Beispiele wären Hepatitis- oder HIV-Tests zu nennen oder aber auch Blutzuckermesssysteme für Diabetiker.

Wie bei den übrigen Medizinprodukten erfolgt auch hier eine Unterteilung der Produkte entsprechend dem Risiko, das bei der Anwendung mit ihnen verbunden ist. Die Einteilung erfolgt entsprechend von Auflistungen in der Richtlinie,

- Liste A Produkte sind z. B. HIV-Test oder Test zur Blutgruppenbestimmung,
- Liste B Produkte sind z. B. Nachweistests für Röteln oder Toxoplasmose.

Bei den Produkten der Liste A und B muss eine Benannte Stelle in allen Aspekten des Konformitätsbewertungsverfahrens eingebunden sein. Dies gilt ebenfalls bei In-Vitro-Diagnostika zur Eigenanwendung, wie z. B. Schwangerschaftstests.

96.2.7 Medizinprodukte mit Material tierischen Ursprungs

Um den besonderen Gefahren übertragbarer Erkrankungen durch eine Kontamination mit Viren, Bakterien, Mykoplasmen oder anderen übertragbaren Agenzien (z. B. TSE, BSE) entgegenzuwirken, wurden die Anforderungen an Vorgehensweise bei der Auswahl der Tierpopulationen, die Aufbereitungsverfahren sowie Inaktivierungsverfahren durch die Richtlinie 2003/32/EG [27] vorgegeben. Ergänzend hierzu sind auch die harmonisierten Normen (DIN EN ISO) ausgeführt.

96.2.8 Kombinationsprodukte mit Arzneimitteln

Bei Medizinprodukten, die ein Arzneimittel oder ein Blutderivat als zusätzlichen Bestandteil enthalten, müssen auch diese Zusatzstoffe geprüft werden. Das hat nach den Vorgaben der Arzneimittelprüfung, die durch die entsprechenden Regularien (Arzneimittelrichtlinie, Notice-to-Applicants, ICH-Guidance) zu geschehen. In die Bewertung des Produktes muss eine Arzneimittelbehörde eingebunden werden. Sie überprüft diesen Arzneimittelbestandteil hinsichtlich Qualität, Sicherheit und Nutzen. Das Gutachten der Behörde ist dann Bestandteil des Bewertungsverfahrens der Benannten Stelle (siehe auch Kapitel 96.5.8).

96.3 Marktzugang und Zertifizierung in der Lebensmittelbranche

96.3.1 Rechtliche Rahmenbedingen im Verkehr mit Lebensmitteln in der Europäischen Union

96.3.1.1 Allgemeine Anforderungen

Die Grundprinzipien des Verkehrs mit Lebensmitteln in der Europäischen Union (EU) sind in der so genannten „Basisverordnung zum Lebensmittelrecht" festgelegt (EG-Verordnung Nr. 178/2002 [28]).

Gemäß Erwägungsgrund (1) dieser Verordnung ist der freie Verkehr mit sicheren und bekömmlichen Lebensmitteln ein wichtiger Aspekt des Binnenmarktes und trägt wesentlich zur Gesundheit und zum Wohlergehen der Bürger und zu ihren sozialen und wirtschaftlichen Interessen bei. Aufgrund des Grundprinzips des freien Warenverkehrs bedürfen Lebensmittel keiner Zulassung. Zur Gewährleistung der Verbrauchersicherheit, zum Schutz der Verbraucherinteressen und zur Sicherung des freien Handels wurde daher ein umfangreiches System rechtlicher Vorschriften für die Herstellung und den Verkehr mit Lebensmitteln erlassen, das allgemeine Regeln wie die Kennzeichnung oder die Hygiene und spezielle Vorgaben zur Beschaffenheit einzelner Lebensmittel umfasst.

Damit gilt in der EU für Lebensmittel das „Erlaubnisprinzip mit Verbotsvorbehalt": Lebensmittel sind frei verkehrsfähig, so lange sie den geltenden Rechtsvorschriften entsprechen.

96.3.1.2 Registrierung und Zulassung von Betrieben

Anders als bei den Lebensmitteln stellt sich die Situation bei den Lebensmittelunternehmen dar. Jedes Lebensmittelunternehmen muss sich bei der zuständigen Behörde registrieren lassen, damit die zuständigen Behörden die von der EU geforderten amtlichen Kontrollen wirksam durchführen können. Darüber hinaus ist eine Zulassung von Unternehmen vorgeschrieben, wenn dies nach dem einzelstaatlichen Recht des Mitgliedstaats, in dem sich der Betrieb befindet, oder nach der Hygieneverordnung für tierische Lebensmittel (Verordnung (EG) Nr. 853/2004 spezifischen Hygienevorschriften für Lebensmittel tierischen Ursprungs) [29] gefordert ist. Dies gilt insbesondere für den Transport von lebenden Tieren zum Schlachthof, für Schlachthöfe und Zerlegebetriebe, die Lagerung und Beförderung von Frischfleisch, Herstellung von Hackfleisch, Fleischzubereitungen und Separatorenfleisch, Herstellung von Fleischerzeugnissen, Handhabung lebender Muscheln, Herstellung von Fischereierzeugnissen, Herstellung von Milcherzeugnissen, Herstellung von Eiern und Eierzeugnissen, Bearbeitung von Froschschenkeln und Schnecken, Verarbeitung von ausgeschmolzenen tierischen Fetten und Grieben, Bearbeitung von

Mägen, Blasen und Därmen, Herstellung von Gelatine, sowie die Herstellung von Kollagen.

Ausgenommen von der Zulassungspflicht sind die Primärproduktion, die reine Transporttätigkeit, die Lagerung von Erzeugnissen, deren Lagerung keiner Temperaturregelung bedarf, sowie der Lebensmitteleinzelhandel. Der Großhandel von Lebensmitteln tierischen Ursprungs unterliegt hingegen der Zulassungspflicht. Gemäß europäischer Futtermittel-hygieneverordnung (Verordnung (EG) Nr. 183/2005) [30] besteht eine Registrierungspflicht auch für Unternehmen, die Futtermittel herstellen, verarbeiten, lagern, transportieren oder vertreiben. Eine Zulassungspflicht bei der zuständigen Behörde besteht für Hersteller oder Inverkehrbringer von Futtermittel-Zusatzstoffen oder Vormischungen daraus.

96.3.2 Besondere Zulassungsanforderungen für bestimmte Lebensmittel

Zur Sicherstellung des erforderlichen Verbraucherschutzniveaus ist für bestimmte Erzeugnisse eine Zulassung erforderlich.

96.3.2.1 Zusatzstoffe

Zusatzstoffe sind definiert als Stoffe, die in der Regel weder selbst als Lebensmittel verzehrt werden noch als charakteristische Zutat verwendet werden und aus technologischen Gründen zugesetzt werden. Rechtlich sind die Zusatzstoffe den Lebensmitteln gleichgestellt. Zusatzstoffe werden z. B. eingesetzt, um die Beschaffenheit von vorgefertigten Lebensmitteln zu erhalten (wie Antioxidationsmittel, Konservierungsmittel, Stabilisatoren oder Feuchthaltemittel), die sensorischen Eigenschaften zu beeinflussen (z. B. Farbstoffe, Geschmacksverstärker, Säuerungsmittel, Süßstoffe), die Beschaffenheit zu beeinflussen (z. B. Backtriebmittel, Emulgatoren, Schmelzsalze) oder die ernährungsphysiologischen Eigenschaften zu beeinflussen (Mineralstoffe).

Für Lebensmittel- und Futtermittel-Zusatzstoffe besteht eine Zulassungspflicht. Hier gilt also das „Verbotsprinzip": alle Stoffe, die nicht ausdrücklich erlaubt sind, sind für die Verwendung als Zusatzstoffe verboten. Charakteristisch für in der EU zugelassene Zusatzstoffe ist die so genannte „E-Nummer", wobei das „E" die Begriffe „Europa" und „edible" (englisch für „essbar") repräsentiert. Zuständig für die Zulassung von Zusatzstoffen ist die Europäische Behörde für Lebensmittelsicherheit.

96.3.2.2 Neuartige Lebensmittel und neuartige Lebensmittelzutaten (Novel Food)

In den Geltungsbereich der „Novel Food-Verordnung" (Verordnung (EG) Nr. 258/97 über neuartige Lebensmittel und neuartige Lebensmittelzutaten) [31] fallen alle Lebensmittel und Lebensmittelzutaten, die vor dem 15. Mai 1997 in der EU noch nicht in nennenswertem Umfang als Lebensmittel verwendet wurden. Das betrifft Lebensmittel(zutaten), die z. B. nach einem neuartigen Herstellungsverfahren hergestellt wurden, aus bisher nicht zum menschlichen Verzehr genutzten Pflanzen stammen oder Lebensmittelzutaten mit gezielt modifizierter Molekülstruktur (z. B. Isomaltulose, Phytosterol). Unternehmen, die neuartige Lebensmittel in Verkehr bringen, müssen dies bei der zuständigen Behörde genehmigen lassen (in Deutschland durch das Bundesamt für Verbraucherschutz und Lebensmittelsicherheit). Nach Erhalt des Zulassungsbescheids muss der Antragsteller die EU-Kommission (DG SANCO – Generaldirektorat für Gesundheit und Verbraucher, Abkürzung aus dem Französischen) unterrichten. Die Zulassung wird dann an alle Mitgliedstaaten gemeldet und in ein Register eingetragen, so dass eine allgemeine Verkehrsfähigkeit gleichartiger Erzeugnisse besteht.

96.3.2.3 Gentechnisch Veränderte Organismen (GVO)

GVO und Erzeugnisse daraus spielen weltweit in der Lebensmittel- und Futtermittelwirtschaft eine zunehmende Rolle. Prominentestes Beispiel ist zurzeit mit weitem Abstand der Anbau von Mais und Soja, bei denen der Weltmarkt von GVO-Sorten dominiert wird. In der EU ist das Freisetzen und das Inverkehrbringen von GVO durch die „Freisetzungsrichtlinie" (Richtlinie 2001/18/EG) [32] geregelt. Umgesetzt wird die Richtlinie in Deutschland durch das Gentechnikgesetz, zuletzt geändert durch das Gentechnik-Neuordnungsgesetz vom 21.12.2004.

In Deutschland ist das Bundesamt für Verbraucherschutz und Lebensmittelsicherheit (BVL) zuständig für die Genehmigungsverfahren zur Freisetzung von GVO. Erst nach positivem Abschluss des Genehmigungsverfahrens darf ein GVO landwirtschaftlich angebaut werden. Die Zulassung zum Inverkehrbringen von GVO als Lebensmittel oder Futtermittel erfolgt nach einem EU-weiten Genehmigungsverfahren, das in der „GVO-Verordnung" (Verordnung (EG) Nr. 1829/2003 über genetisch veränderte Lebensmittel und Futtermittel) [33] beschrieben wird. Die Zulassungsentscheidung wird von der Europäischen Behörde für Lebensmittelsicherheit getroffen, wobei die nationalen Behörden beteiligt sind (in Deutschland u. a. das BVL).

96.3.2.4 Nährwert- und gesundheitsbezogene Angaben

Nicht nur für Herstellung bestimmter Lebensmittel, bei denen ein besonderes Schutzniveau erreicht werden soll, sondern auch für Angaben, die bei der Kennzeichnung, Aufmachung und Werbung von Lebensmitteln gemacht werden, kann es ein Verbotsprinzip geben. Gemäß Verordnung (EG) Nr. 1924/2006 [34] über nährwert- und gesundheitsbezogene Angaben über Lebensmittel sind diesbezügliche Angaben bei Lebensmitteln nur zulässig, wenn sie dieser Verordnung entsprechen.

„Nährwertbezogene Angaben" sind Angaben, die erklären, suggerieren oder auch nur mittelbar zum Ausdruck bringen, dass ein Lebensmittel besondere positive Nährwerteigenschaften besitzt (z. B. „leicht", „natriumarm" oder „enthält *Nährstoff XY*"). Die zulässigen nährwertbezogenen Angaben und die Bedingungen für ihre Verwendung sind in der Anlage der Verordnung (EG) Nr. 1924/2006 aufgeführt. Angaben, die der Anlage nicht entsprechen, sind verboten.

„Gesundheitsbezogene Angaben" sind Angaben, mit denen erklärt, suggeriert oder auch nur mittelbar zum Ausdruck gebracht wird, dass ein Zusammenhang zwischen einer Lebensmittelkategorie, einem Lebensmittel oder einem seiner Bestandteile einerseits und der Gesundheit andererseits besteht (z. B. „unterstützt die Verdauung", „gut für die Knochen"). Bei gesundheitsbezogenen Angaben besteht das Verbotsprinzip mit Erlaubnisvorbehalt.

Zulässig sind nur diejenigen Angaben, die in der von der Europäischen Behörde für Lebensmittelsicherheit erstellten Liste mit zulässigen Angaben erscheinen. Nach Artikel 13 Abs. 2 der Health-Claims-Verordnung sollen die Mitgliedstaaten der Kommission spätestens am 31. Januar 2008 Listen von gesundheitsbezogenen Angaben vorlegen. Die Listen der einzelnen Mitgliedstaaten werden in der Gemeinschaftsliste aufgehen, die nach Abs. 3 der Verordnung nach Anhörung der EFSA von der Kommission spätestens am 31.01.2010 verabschiedet werden soll.

Das Verfahren der Erstellung der „Health Claim"-Listen ist im Internetportal des BVL [35] ausführlich beschrieben. Eine besondere Schwierigkeit bei der Erstellung zulässiger gesundheitsbezogenen Angaben ist dadurch gegeben, dass die Angaben nur bei Lebensmitteln verwendet werden dürfen, die in ihrem ernährungsphysiologischen Wert nicht als ungünstig eingeschätzt werden. Bei der Erstellung dieser „Nährwertprofile", die den ernährungsphysiologischen Wert beschreiben, besteht erheblicher Diskussionsbedarf. Angaben zur Verringerung eines Krankheitsrisikos (Angabe, mit der erklärt, suggeriert oder auch nur mittelbar zum Ausdruck gebracht wird, dass der Verzehr einer Lebensmittelkategorie, eines Lebensmittels oder eines Lebensmittelbestandteils einen Risikofaktor für die Entwicklung einer Krankheit beim Menschen deutlich senkt) müssen in jedem Falle individuelle Zulassungsverfahren durch die Europäische Behörde für Lebensmittelsicherheit unter Beteiligung der nationalen Behörden (in Deutschland das BVL) durchlaufen.

96.3.2.5 Anzeigeverfahren für bestimmte Lebensmittel

Eine Einschränkung findet das „Erlaubnisprinzip" im Verkehr mit Lebensmitteln bei den diätetischen Lebensmitteln und den Nahrungsergänzungsmitteln, bei denen ein Anzeigeverfahren gefordert ist.

Bei diätetischen Lebensmitteln handelt es sich nach der Diätverordnung um Lebensmittel mit einem besonderen Ernährungszweck. Diese dürfen in Deutschland erst in den Verkehr gebracht werden, wenn eine Anzeige nach § 4a Abs. 1 Diätverordnung [36] beim Bundesamt für Verbraucherschutz und Lebensmittelsicherheit vorliegt. Bestimmte Gruppen von diätetischen Lebensmitteln sind von der Anzeigepflicht ausgenommen, z. B. Säuglingsnahrung, Lebensmittel mit reduziertem Brennwert zur Gewichtsreduktion oder Diabetiker-Lebensmittel (Anlage 8 der Diätverordnung). Bei Lebensmittelgruppen, die nicht in Anlage 8 der Diätverordnung aufgenommen sind, erfolgt nach der Anmeldung eine Prüfung durch die Behörde hinsichtlich der Einhaltung der wesentlichen Anforderungen der Diätverordnung, das heißt der Eignung für den vorgesehenen besonderen Ernährungszweck.

Für den Einsatz von Vitaminen und Mineralstoffen gelten in der EU besondere Regeln. Der Verkehr mit Nahrungsergänzungsmitteln ist in der Richtlinie 2002/46/EG zur Angleichung der Rechtsvorschriften der Mitgliedstaaten über Nahrungsergänzungsmittel [37] geregelt. In Deutschland wurde die Richtlinie in der Verordnung über Nahrungsergänzungsmittel [38] vom 28.05.2004 umgesetzt. Die Verordnung enthält eine Positivliste derjenigen Vitamine und Mineralstoffe, die in Nahrungsergänzungsmitteln eingesetzt werden dürfen. Nach § 5 der Nahrungsergänzungsmittelverordnung muss ein Unternehmen, das Nahrungsergänzungsmittel als Hersteller oder Markteinführer in den Verkehr bringen will, dies spätestens beim ersten Inverkehrbringen der zuständigen Behörde (BVL) anzeigen.

Unabhängig von Nahrungsergänzungsmitteln gilt für Lebensmittel allgemein die Verordnung (EG) Nr. 1925/2006 [39] über den Zusatz von Vitaminen und Mineralstoffen sowie bestimmten anderen Stoffen zu Lebensmitteln. Auch hier ist in einer Positivliste aufgeführt, welche Vitamine und Mineralstoffe Lebensmitteln zugesetzt werden dürfen.

96.3.3 Prinzipien der Lebensmittelüberwachung

96.3.4 Amtliche Überwachung

Die amtliche Überwachung des Verkehrs mit Lebensmitteln ist in der EU in der so genannten „Überwachungsverordnung" geregelt (Verordnung (EG) 882/2004 über amtliche Kontrollen zur Überprüfung der Einhaltung des Lebensmittel- und Futtermittelrechts sowie der Bestimmungen über Tiergesundheit und Tierschutz) [40]. Die Mitgliedstaaten haben dafür Sorge zu tragen, dass die darin gestellten

Anforderungen umgesetzt werden. Die amtliche Überwachung hat die Aufgabe, das benötigte allgemeine Schutzniveau für Verbraucher sicherzustellen. Verantwortlich für die Sicherheit der Lebensmittel und Futtermittel ist und bleibt aber gemäß EU-Basisverordnung zum Lebensmittelrecht (Verordnung (EG) 178/2002) jeder einzelne Lebensmittel- und Futtermittelunternehmer.

96.3.4.1 Privatwirtschaftliche Überwachungssysteme – Zertifizierung

Die Verantwortung für die Lebensmittelsicherheit kann nicht delegiert oder von anderer Stelle übernommen werden. Das stellt sowohl die Lebensmittelhändler als auch die Lebensmittelhersteller vor besondere Anforderungen.

Im Lebensmitteleinzelhandel spielt der steigende Anteil derjenigen Lebensmittel, die als Eigenmarken des Handels in Verkehr gebracht werden, eine wachsende Rolle. Für Deutschland wird der Handelsmarkenanteil im Lebensmitteleinzelhandel im Jahr 2005 mit etwa 30% angegeben [41]. Bei Handelsmarken ist der Lebensmittelhändler rechtlich der Inverkehrbringer des Erzeugnisses und trägt damit vollständig die Verantwortung für die Sicherheit und rechtliche Konformität des Lebensmittels. Damit überträgt sich die Verantwortung für die Risiken der Lebensmittelsicherheit, die bei der Herstellung des Lebensmittels entstehen, auf den Lebensmittelhändler. Um dieser Verantwortung gerecht zu werden, haben die Lebensmittel-Einzelhandelsketten Überwachungs- und Sicherungssysteme eingeführt, um die Hersteller und die Herstellung der Lebensmittel zu überwachen. Anfänglich bestanden diese Maßnahmen in so genannten „Lieferantenaudits", bei denen jeder einzelne Händler die Erfüllung seiner spezifischen Anforderungen beim Hersteller in Prüfungen vor Ort überwacht hat. Folge dieser Maßnahmen war eine Anhäufung von Audits bei den Herstellern, die sich inhaltlich überschneiden, da die Lebensmittelhändler bezüglich der Lebensmittelsicherheit vergleichbare Anforderungen haben; gleichzeitig bestand die Möglichkeit, dass verschiedene Händler in Einzelfällen verschiedene Anforderungen hatten, deren gleichzeitige Erfüllung nicht immer problemlos zu gewährleisten war.

Gleichzeitig haben andere Entwicklungen die Sicherheitsansprüche in der Herstellkette erhöht. Die Warenströme, insbesondere von Rohstoffen, werden immer globaler, sodass die Kenntnis der vorgeschalteten Glieder der Herstellkette und damit auch das Wissen über dort potentiell eingetragene Risiken für die Lebensmittelsicherheit sinken. Die zunehmende Differenzierung der Arbeitswelt betrifft auch die Lebensmittelverarbeitung. Die Komplexität der Herstellung steigt mit dem Verarbeitungsgrad der Erzeugnisse. Viele zur Lebensmittelherstellung benötigten Halbfertigerzeugnisse werden nicht mehr im eigenen Betrieb hergestellt, sondern von einem anderen Unternehmen. Man denke z. B. an die Herstellung einer Tiefkühlpizza. Die hierzu verwendete Salami stammt von einem fleischverarbeitenden Betrieb, der Käse von einem Milchverarbeiter, die Kräuter von einem Kräuterlieferanten, das Mehl aus einer Getreidemühle etc. Gleichzeitig hat sich die Verbrauchererwartung hinsichtlich der Lebensmittelsicherheit verändert. Nicht zuletzt bedingt durch die ausführliche Berichterstattung verbraucherrelevanter Themen in den Medien hat sich die Toleranz des Verbrauchers bei bekannt werden möglicher oder vorhandener Risiken in der Lebensmittelkette reduziert. Risiken für den Lebensmittelhersteller und den Lebensmittelhändler ergeben sich nicht nur aus den tatsächlichen Risiken, die in Lebensmitteln enthalten sind, sondern auch aus vermeintlichen Risiken, deren Auftreten der Endverbraucher vermutet.

Unabhängig von der Herstellung von Handelsmarkenerzeugnissen besteht damit in der gesamten Herstellkette der Lebensmittel das wachsende Bedürfnis nach einheitlichen Qualitätssicherungsstandards, die die einheitliche Überprüfung der Lebensmittelsicherheit in verschiedenen Produktionsstufen ermöglichen. Die Durchführung der Überwachung soll hier nicht mehr allein durch die Qualitätsabteilungen der Lebensmittelhändler und der Industriekunden erfolgen, sondern soll in Form der unabhängigen Überprüfung durch Zertifizierungsgesellschaften und deren Auditoren durchgeführt werden („third party audit"). Der Nachweis der Erfüllung der Anforderungen wird mit dem Zertifikat erbracht.

96.3.5 *Zertifizierungsstandards in der Lebensmittelproduktion*

Qualitätssicherungsstandards in der Lebensmittelproduktion gehen auf verschiedene Initiativen zurück. Treibende Kraft der Zertifizierungstätigkeit in der Lebensmittelwirtschaft sind derzeit die Lebensmitteleinzelhandelsketten, die von ihren Lieferanten die Zertifizierung verlangen, um ihr eigenes Risiko zu reduzieren. Besonders in den Kunden-Lieferanten-Beziehungen zwischen Industrieunternehmen spielen Zertifizierungen von Managementsystemen seit längerem eine wichtige Rolle, weil sich so die Unternehmen eine geforderte Qualitätsfähigkeit der Prozesse des Lieferanten bestätigen lassen.

Manche Zertifizierungsprogramme erfolgen auf gesetzlicher Ebene. In diesem gesetzlich geregelten Bereich verlangt der Staat von den Marktbeteiligten die unabhängige Überprüfung der Einhaltung gesetzlicher Normen, z.B. bei der Überprüfung der Anforderungen nach EG-Ökoverordnung oder nach der „Verordnung zur Kennzeichnung von Rindfleisch". Die Zertifizierungsstellen arbeiten hier als „verlängerter Arm" der für die Aufrechterhaltung des Kontrollsystems zuständigen Behörden. Schließlich gibt es noch Zertifizierungssysteme auf privatwirtschaftlicher Basis, die zwischen den Marktbeteiligten übergreifend vereinbart wurden und daher für die Teilnehmer der Systeme verpflichtend sind.

96.3.5.1 Standards des Lebensmitteleinzelhandels

Zertifizierbare Qualitätssicherungsstandards des Einzelhandels haben sich seit dem Jahr 2002 weltweit rasch entwickelt. In Deutschland und Frankreich wurde vom HDE – Hauptverband des Deutschen Einzelhandels e. V. und der französischen FCD – Fédération des Entreprises du Commerce et de la Distribution der International Food Standard (IFS) geschaffen, der im Jahr 2003 als Version 3 erstmalig als Zertifizierungsstandard veröffentlicht wurde und seit August 2007 in der Version 5 vorliegt.

Für die Überwachung der Lager- und Transportdienstleistung im Verkehr mit Lebensmitteln wurde im Juni 2006 der IFS Logistic Standard vorgelegt. Ausschlaggebend hierfür war, dass bei Reklamationen von Lebensmitteln häufig der Bereich von Abgaberampe des Herstellers bis zur Annahmerampe des Lebensmittelhändlers ursächlich ist und hier eine Verbesserung angestrebt wurde. Etwas länger reicht der Beginn der Standardisierungsprogramme im Britischen Lebensmitteleinzelhandel zurück. Im Jahr 1998 wurde durch das British Retail Consortium (BRC) erstmalig der BRC Standard für die Lieferanten von Eigenmarkenprodukten des Handels vorgelegt. Ab 01.07.2008 gilt die Version 5 des BRC für Lebensmittel unter dem Namen „Globaler Standard für Lebensmittelsicherheit". Des Weiteren wurden vom BRC Standards für Logistikdienstleistungen, für Lebensmittelverpackungen und -Verpackungsmaterial sowie für Bedarfsgegenstände veröffentlicht.

Auch in anderen Ländern gibt es vergleichbare Standardisierungsbestrebungen durch den Lebensmitteleinzelhandel. In den USA wurde der Standard „Safe Quality Food" (SQF 2000) im Jahr 1995 entwickelt und herausgegeben vom „SQF Institute", das zum „Food Marketing Institute" (FMI – Washington DC, USA), einer nicht gewinnorientierten Organisation von Einzel- und Großhändlern, gehört. In den Niederlanden wurde im Jahr 1999 vom Nationalen Niederländischen Expertenrat, der sich zusammensetzt aus Vertretern von Regierung, Verwaltung, Handelsverbänden, Lebensmitteleinzelhändlern, Lebensmittelherstellern und -Verarbeitern wie Verbraucherorganisationen erstmals der „Dutch HACCP" Standard vorgelegt. Nachfolgend werden die wesentlichen Initiativen von freiwirtschaftlichen Standardgebern und Zertifizierungsprogrammen für die Lebens- und Futtermittellieferkette aufgezeigt.

Global Food Safety Initiative (GFSI)

International harmonisiert werden diese Standards über die „Global Food Safety Initiative" (GFSI). Die GFSI ist eine weltweite Organisation von Lebensmittelhändlern mit dem Ziel, den Lebensmittelsicherheitsstandard ihrer Lieferanten zu vereinheitlichen, zu verbessern und deren Überwachung zu harmonisieren. Zu diesem Zweck wurde das „GFSI Guidance Document" als Leitlinie für Lebensmittelsicherheitsnormen etabliert. Die Lebensmittelstandards IFS, BRC, SQF2000 und Dutch HACCP sind von der GFSI anerkannt. Ein strategisches Ziel der GFSI ist das Prinzip „einmal zertifiziert, überall anerkannt". Bisher haben 8 Lebensmitteleinzelhändler, darunter Metro, Migros, Tesco und WalMart das Prinzip umgesetzt; diese Handelsorganisationen erkennen eine Zertifizierung nach einem der vier GFSI-anerkannten Standards gleichermaßen an.

Der Inhalt der GFSI Leitlinie für Lebensmittelsicherheitsstandards ist für alle GFSI-anerkannten Standards bindend. HACCP auf Grundlage des Codex Alimentarius [42] ist die allgemeine Grundlage von Lebensmittelsicherheitssystemen. Eingeteilt wird das Regelwerk in die Schlüsselelemente „Managementsystem für

Lebensmittelsicherheit" und „Gute Herstellungspraxis". Im Managementsystem für Lebensmittelsicherheit werden wesentliche Elemente aus dem allgemeinen Qualitätsmanagement gefordert, aber mit strengem Fokus auf die Lebensmittelsicherheit. Folgende Detailanforderungen werden beschrieben: Identifizierung und Bereitstellung der nötigen Verfahren, Lebensmittelsicherheitspolitik, Lebensmittelsicherheitshandbuch, Verpflichtung der Unternehmensleitung, Bewertung der Unternehmensleitung einschließlich Verifizierung des HACCP Konzepts, Management der Ressourcen, Anforderungen an die Dokumentation, Spezifikationen, Verfahrensanweisungen, Internes Audit, Lenkung nichtkonformer Produkte, Produktfreigabe, Beschaffung, Bewertung der Lieferanten, Rückverfolgbarkeit, Handhabung von Reklamationen, Notfallmanagement, Lenkung von Mess- und Überwachungsmitteln und Produktanalysen. Im zweiten Teil werden die Anforderungen an die „Gute Herstellungspraxis" (Good Manufacturing Practice, GMP) beschrieben. Diese sind aufgeführt in folgenden Punkten: Werksumgebung, Eignung der Außenanlagen, Anlage der Gebäude und Produktfluss, Arbeitsumgebung, Ausrüstung, Wartung, Sozialeinrichtungen, Risiko chemischer und physikalischer Produktkontamination, Produkttrennung und Vermeidung gegenseitiger Kontamination, Lagerhaltung, Reinigung und Prozesshygiene, Wasserqualität, Schädlingsbekämpfung, Transportanforderungen, Personalhygiene und Hygienekleidung und Schulung. Ferner sind in der GFSI Leitlinie die Anforderungen an die Zertifizierung der GFSI anerkannten Standards beschrieben, um auch hier eine Harmonisierung zu erreichen.

Vom systematischen Ansatz ihrer Zertifizierung folgen die GFSI-Standards dem Prinzip der „Systemzertifizierung". Die Konformität mit dem Standard wird in einem Audit vor Ort, bei dem die Prozesse zur Produktion, Lenkung und Steuerung überprüft werden, bestätigt. Gleichzeitig besteht bei der Prüfung ein strenger Produktbezug, d. h. beim Audit wird insbesondere die Konformität der Produkte überprüft (z. B. werden die Spezifikationen mit den Rezepturen abgeglichen, die Protokolle zur Sicherstellung der benötigten Erhitzungsbedingungen produktbezogen eingesehen oder geprüft, ob die geforderten Mindesthaltbarkeits- und Sensoriktests für die einzelnen Produkte durchgeführt wurden).

International Food Standard (IFS)

Als GFSI-anerkannter Standard setzt der IFS alle Anforderungen der GFSI-Leitlinie [43] um. Der IFS Anforderungskatalog umfasst in Version 5 insgesamt 284 Anforderungen. Der Erfüllungsgrad jeder Frage wird bewertet. Für eine vollständige Erfüllung werden 20 Punkte vergeben, bei nahezu vollständiger Erfüllung 15 Punkte, und 5 Punkte wenn nur ein kleiner Teil der Anforderungen erfüllt wird. Wird eine Anforderung nicht erfüllt, werden für dieses Kriterium keine Punkte vergeben. Werden insgesamt 75% der möglichen Gesamtpunktzahl erreicht, ist die Zertifizierung bestanden; werden größer gleich 95% der Punkte erreicht, gilt die Zertifizierung „auf höherem Niveau" bestanden.

Besonders hervorzuheben sind die 10 so genannten „KO-Kriterien", bei denen zumindest eine fast vollständige Erfüllung gefordert ist. Wird eines dieser Kriterien nur teilweise oder nicht erfüllt, gilt das gesamte Audit als nicht bestanden. Im IFS sind die folgenden Anforderungen als KO-Kriterien definiert:

- Verantwortung der Unternehmensleitung
- Überwachung der CCPs (Critical Control Point)
- Personalhygiene
- Rohwarenspezifikationen
- Endproduktspezifikationen (Rezeptur)
- Fremdkörpermanagement
- Rückverfolgbarkeit
- Interne Audits
- Verfahren zum Produktrückruf/Rücknahme
- Korrekturmaßnahmen.

Ferner kann bei jeder Frage die Bewertung „Major" vergeben werden, wenn es zu einem erheblichen Versäumnis bei der Erfüllung der Standardforderungen kommt, die sowohl die Lebensmittelsicherheit als auch die rechtlichen Bestimmungen umfasst. Desweitern kann ein „Major" vergeben werden, wenn die festgestellte Nichtkonformität zu einem ernsthaften Gesundheitsrisiko führen kann. Jede „Major-Bewertung" führt zum Abzug von 15% der erreichten Punktzahl. Werden trotz einer „Major-Bewertung" noch mehr als 75% der möglichen Punktzahl erreicht, gilt das Audit als nicht bestanden; die Behebung der „Major-Abweichung" kann in einem Nachaudit, bei der nur die Abstellung der „Major-Bewertung" geprüft wird, nachgewiesen werden. Werden als Prüfergebnis weniger als 75% der möglichen Punktzahl erreicht oder im Falle einer „KO-Bewertung", gilt das Audit als nicht bestanden und muss zum Erreichen der Zertifizierung vollständig wiederholt werden.

Während sich die meisten Kriterien des IFS aus dem GFSI Leitliniendokument ergeben, gibt es doch einige Anforderungen, die für zertifizierte Unternehmen möglicherweise überraschend hohe Anforderungen stellen und deshalb mit besonderer Sorgfalt bearbeitet werden müssen. Die Anforderungen an die Spezifikationen von Roh- und Fertigwaren einschließlich der Rezepturen sind sehr umfassend beschrieben. Darin enthalten ist beispielsweise die korrekte Kennzeichnung der Endprodukte. Die häufigsten Mängel, die von der amtlichen Lebensmittelüberwachung beanstandet werden, sind Kennzeichnungsmängel. Beispielsweise führen Fehler bei der quantitativen Zutatenkennzeichnung (QUID) [44], bei der Kennzeichnung von Allergenen, der Kenntlichmachung von Zusatzstoffen oder irreführende Angaben zur Herkunft schnell zu einer „KO-Bewertung" nach IFS.

Die Produktverpackung muss den gesetzlichen Vorschriften entsprechen. Diese Forderung ergibt sich aus dem gesetzlichen Hintergrund. Jedoch fordert der IFS hier das lückenlose Vorliegen entsprechender Konformitätsnachweise (Eignung als Lebensmittelbedarfsgegenstand). Darüber hinaus müssen die Verpackungsmaterialien auf mögliche Kontaminationen und Gefahren untersucht werden, wobei die aktuellen Testberichte vorliegen müssen. Auf Basis einer Risikoanalyse muss das Unternehmen die Tauglichkeit des Verpackungsmaterials durch Untersuchungen verifizieren. Es stellt sich also hier die Aufgabe für das Unternehmen, vom Lieferanten von Verpackungsmaterial die Testberichte auf mögliche stoffliche und mikrobiologische Risiken einzufordern und in Verbindung mit eigenen Untersuchungen zu bewerten. Zuvorderst ist hier also erst ein risikobasiertes Konzept zu entwickeln, wie hier systematisch vorgegangen wird. An mehreren Stellen des IFS finden sich Kriterien, die sich auf die Vermeidung von Kontaminationen beziehen (z. B. durch Mikroorganismen, kreuzweise Übertragung von Allergenen und GVO, Fremdkörper, Reinigungsmittel). Hier ist ebenfalls besondere Aufmerksamkeit geboten, weil Kontaminationen grundsätzlich in Verbindung mit den Basisanforderungen der Lebensmittelhygiene stehen und nicht selten Ursache einer Gesundheitsbeeinträchtigung sein können, was zu „Major-Bewertungen" führen würde.

Bei knapp 30 Kriterien des IFS lautet die Forderung, dass das Unternehmen auf „Grundlage einer Risikoanalyse" selbst bestimmte Maßnahmen festlegen muss (z. B. geforderte Personalhygienemaßnahmen, Notwendigkeit von Handwaschbecken an den Zutrittspunkten zur Produktion, Fremdkörpervermeidungsstrategie, Kenntlichmachung unbeabsichtigt übertragener Spuren von Allergenen). Hier hat also das Unternehmen einen gewissen Freiraum in der Umsetzung von Standardanforderungen, jedoch muss die Entscheidung nachweisbar dargelegt sein, zumindest falls von strengst möglichen Prinzipien abgewichen wird.

BRC Globaler Standard Lebensmittelsicherheit (BRC Standard):

Hinsichtlich der Kriterien ist der BRC Standard dem IFS sehr ähnlich. Nur in einigen Anforderungen liegt eine strengere Auslegung zugrunde, z. B. in der Forderung, dass im Falle der Notwendigkeit von Fremdkörperdetektorgeräten deren automatische Ausschleusung in einer verschlossene Kiste erfolgen muss. Vereinzelt sind die Forderungen beim BRC-Standard auch schwächer formuliert, z. B. hinsichtlich der benötigten Untersuchungen zum Nachweis der Konformität von Verpackungsmaterial. Im BRC-Standard sind 10 wesentliche Kriterien (Fundamentale Anforderungen) enthalten (Engagement der Obersten Leitung, Lebensmittelsicherheits-/HACCP-Plan, Interne Audits, Korrektur- und Vorbeugemaßnahmen, Rückverfolgbarkeit, Layout, Produktfluss und Warentrennung, Reinigung und Hygiene, besondere Handhabungsvorschriften für Allergene oder Materialien mit Identitätsgarantie („Identity Preserved"- IP), Prozesssteuerung und Schulung).

In der Prüfsystematik ist der BRC Standard anders als der IFS. Während beim IFS die Vorlage eines Maßnahmenplans zum Schließen von Nichteinhaltungen genügt (außer bei Major- oder KO-Bewertungen oder nicht erfolgreichem Auditabschluss aufgrund zu niedriger Punktzahl), müssen beim BRC für alle Nichtkonformitäten innerhalb von 28 Tagen nach dem Audit dem Auditor Nachweise zu deren Behebung vorgelegt werden. Der Nachweis kann soweit möglich in Form von nachgereichten Unterlagen erfolgen, ansonsten ist ein Nachaudit vor Ort nötig, bei dem die Behebung der Mängel kontrolliert wird.

GLOBALGAP Standard für die Landwirtschaft

Unter dem Namen „GLOBALGAP" (ehemals „EurepGAP") hat sich ein Zertifizierungssystem für die landwirtschaftliche Urproduktion weltweit etabliert. Der

Standard heißt „GLOBALGAP Standard für eine kontrollierte landwirtschaftliche Unternehmensführung". Eigentümer ist hier die „FoodPLUS GmbH", eine nicht gewinnorientierte Organisation mit Sitz in Köln. Finanzielle und juristische Eigentumsrechte sowie die Verantwortung für die FoodPLUS GmbH liegen beim EHI Retail Institute. Mitglieder des GLOBALGAP Systems sind landwirtschaftliche Erzeugerorganisationen, Lebensmitteleinzelhandelsunternehmen sowie landwirtschaftliche Fachorganisation und Zertifizierungsgesellschaften. Etabliert hat sich bisher die Zertifizierung des Produktbereichs „Frisches Obst und Gemüse", die zahreiche Lebensmitteleinzelhandelsorganisationen von ihren Lieferanten (landwirtschaftlichen Erzeugern, Erzeugergemeinschaften) direkt oder indirekt über die Großhändler fordern.

Inhaltlich geht es bei der GLOBALGAP Zertifizierung im Wesentlichen um die lückenlose Dokumentation aller landwirtschaftlichen Maßnahmen (z. B. Bodenbearbeitung, Düngung Pflanzenschutz, Erntemaßnahmen), die Einhaltung der in der EU gesetzlich geforderten Rückstandshöchstmengen von Pflanzenbehandlungsmitteln (in Verbindung mit der verpflichtenden Teilnahme an einem Monitoringprogramm) und die Gewährleistung der nötigen Prozess- und Personalhygiene. Für alle landwirtschaftlich genutzten Flächen müssen Risikobetrachtungen vorliegen.

Der gesamte Standard einschließlich einer Vielzahl von Erläuterungen und der Datenbankabfrage über registrierte Betriebe ist über das Internet erhältlich (www.globalgap.org).

96.3.5.2 Normen für Managementsysteme in der Lebensmittelkette

ISO 9001

Die langjährig bekannte zertifizierbare Norm ISO 9001:2000 „Allgemeine Anforderungen an Qualitätsmanagementsysteme" wird nach wie vor in der Lebensmittelbranche angewendet. Sie beschreibt die Anforderungen an Qualitätsmanagementsysteme in allgemeiner Weise ohne bestimmten Branchenbezug. Die Anforderungen sind entsprechend offen formuliert und müssen im Unternehmen mit konkreten Maßnahmen umgesetzt werden. Die Struktur und die aufgeführten Kapitel sind jedoch allgemein anwendbar, weshalb die ISO 9001 als „Mutter aller Normen für das Qualitätsmanagement" angesehen werden kann. Die fünf Kapitel sind Qualitätsmanagementsystem, Verantwortung der Leitung, Management von Ressourcen, Produktrealisierung, sowie Messung, Analyse und Verbesserung. Die Produktrealisierung setzt sich zusammen aus der Planung der Produktrealisierung, dem Kundenbezug, der Entwicklung, der Beschaffung, Produktion/Dienstleistungserbringung, sowie der Lenkung von Überwachungs- und Meßmittel. Im Kapitel Messung, Analyse, Verbesserung finden sich Forderungen zur Messung der Kundenzufriedenheit, internes Audit, Messung von Prozessen, Messung von Produkten, Lenkung fehlerhafter Produkte, ständige Verbesserung, Korrekturmaßnahmen und Vorbeugemaßnahmen. Wegen dieser allgemeinen Struktur lassen sich alle anderen Managementsysteme in ein System nach ISO 9001 integrieren.

In ihrem gedanklichen Ansatz zielt die ISO 9001 darauf ab, dass die Unternehmen ihre Prozesse darauf hin optimieren, dass die Kundenbedürfnisse bestmöglich erfüllt werden. Die Prozesse werden identifiziert, beschrieben, mit Zielen versehen, ihre Zielerreichung gemessen und Maßnahmen zur Verbesserung entwickelt. Damit werden die gesamten Unternehmensprozesse in ihrer Wirksamkeit verbessert, unabhängig ob der Kunde davon unmittelbar profitiert.

In der Lebensmittelbranche hat sich die ISO 9001 bereits in der Version des Jahres 1994 insbesondere im Kunden-Lieferantenverhältnis von Halbfertigerzeugnissen etabliert. Damit war die ISO 9001 der erste normative Ansatz, die Qualitätsfähigkeit von Lieferanten durch eine Zertifizierung überprüfen zu lassen. Wie in anderen Branchen auch hat sich die ISO 9001 in der Lebensmittelbranche nicht als alleiniger Zertifizierungsstandard etabliert, weil seine Anforderungen nicht branchenspezifisch definiert sind und daher die Einhaltung der Qualitäts- und Sicherheitsanforderungen der Lebensmittel, insbesondere der Endverbraucherprodukte, nicht in einheitlicher Weise erreichen konnte. Die Auslegung der Anforderungen hängt in hohem Umfang von der Interpretation des anwendenden Unternehmens und vom Auditor der Zertifizierungsgesellschaft ab.

ISO 22000

Um die besonderen Anforderungen an die Lebensmittelsicherheit genauer zu beschreiben und gleichzeitig eine übergeordnete Norm für alle Beteiligten in der Herstellkette für Lebensmittel zu schaffen, wurde im Jahr 2005 die Internationale Norm „ISO 22000: Managementsysteme für die Lebensmittelsicherheit – Anforderungen an Organisationen in der Lebensmittelkette" entwickelt. Gerade für Unternehmen, die nicht an den Lebensmittelhandel liefern (z. B. Hersteller von Halbfertigerzeugnissen, Gerätehersteller, Catering) gab es bisher keinen umfassenden, allgemein anerkannten Zertifizierungsstandard für Lebensmittelsicherheit.

Die ISO 22000 basiert, wie alle umfassenden Zertifizierungsstandards in der Lebensmittelbranche auf einem umfassenden HACCP-Konzept nach Codex Alimentarius. Neu in der ISO 22000 ist der Begriff der „Präventivprogramme" (PRP). Dabei handelt es sich um Grundvoraussetzungen und Handlungen, die für die Herstellung, Behandlung und Bereitstellung sicherer Lebensmittel nötig sind. Die Grundvoraussetzungen beziehen sich auf die Infrastruktur und die Arbeitsumgebung (Erfüllung der baulichen Anforderungen der Lebensmittelhygiene). Unterschieden werden davon die operativen Präventivprogramme (produktionsbezogene, steuerbare und validierbare Maßnahmen wie Reinigung und Desinfektion). Bei der Gefahrenanalyse stellt das Unternehmen fest, mit welcher Strategie die Gefahrenkontrolle durch eine Kombination der Präventivprogramme und des HACCP-Plans sichergestellt werden soll. Die benötigten Präventivprogramme hängen vom Segment der Lebensmittelkette, in dem sich das Unternehmen befindet, ab. Beispiele für entsprechende Begriffe sind „Gute Herstellungspraxis" (GMP – Good Manufacturing Practice) oder „Gute landwirtschaftliche Praxis" (GAP – Good Agricultural Practice) bzw. finden sich im Codex Alimentarius, der auch bei der Lebensmittelgesetzgebung in Europa berücksichtigt wird. Besonderes Augenmerk legt die ISO 22000 auf die Dokumentation und Nachweisführung, dass alle für die Lebensmittelsicherhit nötigen Maßnahmen vor ihrer Durchführung korrekt geplant, während der Durchführung korrekt gesteuert und danach vollständig hinsichtlich Wirksamkeit bewertet werden. Das bezieht sich v. a. auch auf die PRP sowie die Kombinationen daraus, nicht nur auf die CCP im Sinne des HACCP-Konzepts.

Es ist zu erwarten, dass besonders Unternehmen profitieren können, die in die Lebensmittelbranche liefern oder hierfür tätig sind. Hierzu gehören z. B. Lebensmittel-Transporteure, Reinigungsfirmen, Hersteller von Lebensmittelverpackungen und -verarbeitungsmaschinen, von denen nicht explizit die klassischen Lebensmittelstandards wie IFS, GMP+ oder BRC gefordert werden. Die ISO 22000 bietet diesen Unternehmen die Chance, ihre Fähigkeit zur Gewährleistung der Sicherheitsanforderungen nach außen zu kommunizieren. Ferner ist die ISO 22000 ein wertvolles Hilfsmittel für Lieferanten von Lebensmittel-Halbfertigerzeugnissen. Der Nachweis der Implementierung eines HACCP-Konzepts allein genügt in den Kunden-Lieferantenbeziehungen meistens nicht mehr, denn es handelt sich um eine gesetzliche Forderung, deren Einhaltung vorausgesetzt werden kann und muss. Derzeit offen ist die Frage, wie sich das Verhältnis der ISO 22000 zu den bei den Lebensmittelverarbeitern wesentlich weiter verbreiten Standards des Handels entwickeln wird. Die GFSI vertritt den Internationalen Handel und zielt vor allem auf Standards, die explizit den Handel betreffen. Zur Zeit ist die ISO 22000 nicht von der GFSI anerkannt. Jedoch hat die GFSI die „Überbrückung der Lücke" zwischen GFSI-Leitlinie für Lebensmittelsicherheitsstandards und der ISO 22000 als Schwerpunktthema für die künftige Arbeit festgelegt. Neben systematischen Fragen der Akkreditierung wird von der GFSI beim Vergleich der Standards festgestellt, dass bei den Handelsstandards (u. a. IFS, BRC) die Präventivprogramme (PRP) konkret aufgeführt sind, während in der ISO 22000 die Festlegung der PRP dem Unternehmen unterliegt.

96.3.5.3 Standards von Marktorganisationen

Neben internationalen Normen und Standards des Lebensmittelhandels haben sich in den letzten Jahren auch Zertifizierungssysteme etabliert, die von Verbänden, Marktorganisationen oder Vereinigungen von Marktbeteiligten geschaffen wurden, zum Teil auch mit politischer Unterstützung. Die Verbreitung dieser Standards ist oft begrenzt, weil kein globaler Ansatz besteht, regional sind sie aber oft sehr erfolgreich.

QS Standard

Die QS Qualität und Sicherheit GmbH mit Sitz in Bonn ist ein Zusammenschluss aus sechs Gesellschaftern, die im QS-System die relevanten Verbände und Organisationen der Ernährungswirtschaft repräsentieren (Deutscher Raiffeisenverband e.V., Futtermittelwirtschaft; Deutscher Bauernverband e.V.; Landwirtschaft:

Verband der Fleischwirtschaft e.V.; Schlachtung und Zerlegung: Bundesverband der deutschen Fleischwarenindustrie e.V., Fleischverarbeitung e.V.; Handelsvereinigung für Marktwirtschaft e.V.; Lebensmitteleinzelhandel e.V.; CMA Centrale Marketing-Gesellschaft der deutschen Agrarwirtschaft mbH, Marketing). Im Jahr 2001 wurde das QS-System für Fleisch und Fleischprodukte (über die Produktionsstufen Futtermittel, landwirtschaftliche Erzeugung, Schlachtung/Zerlegung, Großhandel und Einzelhandel) aufgebaut. Im Jahr 2004 kam der Produktbereich Obst, Gemüse und Kartoffeln (über die Produktionsstufen landwirtschaftliche Produktion, Groß- und Einzelhandel) hinzu. Der Standard umfasst inhaltlich Elemente aus dem Qualitätsmanagement (z. B. Dokumentationspflichten, Korrekturmaßnahmen, Selbstkontrolle), zu deren Berücksichtigung die Unternehmen zum Nachweis der Konformität mit den gesetzlichen Anforderungen verpflichtet sind. Besonders hervorzuheben sind so genannte „Monitoringprogramme" in einigen Produktionsstufen: für die Futtermittelwirtschaft ist ein umfangreicher Produktprüfungskatalog vorgeschrieben, der z. B. Rückstandsuntersuchungen für Pflanzenschutzmittelrückstände, Umweltkontaminanten wie Dioxine und Mykotoxine (Schimmelpilzgiften) für die eigenen Produkte fordert. In der Obst- und Gemüseproduktion ist die Teilnahme an einem Pflanzenschutzmittel-Rückstandsmonitoring, dessen Inhalte im QS-Standard beschrieben sind, verpflichtend. In der Schweinefleischproduktion ist die Teilnahme am QS Salmonellenmonitoringprogramm vorgeschrieben. Die Zertifizierung nach QS ist stufenübergreifend; QS Ware darf nur aus QS-zertifizierter Quelle stammen. Sämtliche QS Systemteilnehmer sind über die QS Softwareplattform auf dem QS Internetportal abrufbar (www.q-s.info).

Zurzeit engagieren sich 70.000 zertifizierte Unternehmen im QS System (die meisten davon in Deutschland). Die Nachfrage nach QS-zertifizierten Produkten stammt aus dem Lebensmitteleinzelhandel und wird so entlang der Kette weiter gereicht.

GMP+/PDV

Das GMP+ Zertifizierungssystem für die Futtermittelwirtschaft wird herausgegeben vom Marktverband Tierfutter in den Niederlanden (Productschap Diervoeder, PDV, Den Haag). Der PDV ist ein öffentlich-rechtlicher Verband, der auf Betreiben der niederländischen Futtermittelwirtschaft eingerichtet worden ist. Der PDV ist ein strategisches Forum für die gesamte Futtermittelsparte in den Niederlanden und bietet verschiedene Dienstleistungen an (Austausch von Informationen, Forschung, Werbemaßnahmen). Eine wesentliche Aufgabe ist die Entwicklung des GMP+-Zertifizierungsschemas, mit dem die gesetzliche Konformität gesichert und die Sicherheitsrisiken beherrscht werden sollen.

Der GMP+-Standard enthält Detail-Standards für alle Tätigkeiten in der Futtermittelwirtschaft (Herstellung, Handel, Lagerung, Umschlag, Transport) und für alle Arten von Futtermitteln (Futtermittelausgangserzeugnisse, Mischfuttermittel, Vormischungen und Zusatzstoffe). Strukturell beruht der Standard auf dem allgemeinen Qualitätsmanagement nach ISO 9001, das in seinen inhaltlichen Anforderungen präzise für die Belange der Futtermittelwirtschaft formuliert wurde. Grundlage ist wie in allen Standards der Lebensmittelverarbeitung auch hier das HACCP-Konzept. Für die Betriebsanlage, die Ausstattung und die Prozessabläufe werden Regeln zur Hygiene und zur Vermeidung von Kontamination vorgegeben. Werden in der Herstellung von Mischfuttermitteln und Vormischungen kritische Zusatzstoffe eingesetzt, dann muss mittels Anlagentests und standardisierten Berechnungen nachgewiesen werden, dass die Verschleppung von einer Charge in Folgechargen unter zulässigen Höchstgrenzen bleibt. Für die Herstellung von Mischfuttermitteln und Futtermittelausgangserzeugnissen wurden Prüfpläne entwickelt, nach denen der Unternehmer seine Produkte laboranalytisch überwachen lassen muss (z. B. hinsichtlich Salmonellen, tierischer Bestandteile, bestimmter Umweltschadstoffe und Kontaminanten). Die Prüfpläne sind individuell für verschiedene Arten von Futtermitteln festgelegt. Es dürfen nur Arten von Rohwaren eingesetzt werden, für die eine positive Risikoanalyse auf dem PDV Internetportal veröffentlicht wurde (Positivliste). Eine Besonderheit des GMP+-Zertifizierungssystems ist die Verpflichtung zum ausschließlichen Bezug von Ware, die ihrerseits von zertifizierten Lieferanten stammt. Ausnahme bilden hier nur die Landwirte, die ihre Ernteerzeugnisse beim Futtermittelunternehmen abliefern: hier kann der Unternehmer als „Torwächter" die Sicherung der Konformität der Ware übernehmen (z. B. über verpflichtende vertragliche Vereinbarungen und Wareneingangskontrollen oder eigene Maßnahmen wie Programme zur Qualifizierung und Bewertung der Lieferanten oder Endproduktprüfungen auf der Grundlage der Risikoanalyse).

Für den Transport werden alle möglichen Arten von Frachten in 4 Kategorien eingeteilt, nach denen sich die benötigten Reinigungs- und Freigabeverfahren für Frachträume vor dem Transport von Futtermitteln richten. Beispielsweise gibt es eine Kategorie von Frachtengütern, nach deren Transport das Transportmittel nicht mehr für den Futtermitteleinsatz eingesetzt wird (z. B. Asphalt, Mineralöl, Klärschlamm, unverarbeitete tierische Nebenerzeugnisse). Nach dem Transport von potentiell mikrobiologisch belastetem Material (z. B. nach Kompost, Altglas) muss nach dem Reinigungsverfahren eine Desinfektion durchgeführt werden. Bei Materialien, von denen nach dem Transport und Trockenreinigung Reste im Laderaum verbleiben, ist eine Reinigung mit Wasser und nötigenfalls Reinigungsmitteln erforderlich (z. B. Kaolin, Salz, Zement). Bei Materialien mit geringem Risiko (z. B. Baumrinde, Erde, Torf, Sand) genügt eine trockene Reinigung.

Das gesamte GMP+-Standardsystem ist auf dem Internetportal des PDV verfügbar (www.pdv.nl). Ferner sind dort alle zertifizierten Betriebe aufgelistet, sodass sich jeder Marktbeteiligte jederzeit über den Zertifizierungsstand möglicher Lieferanten informieren kann. Mit ca. 7000 Zertifikaten ist der GMP+-Standard mittlerweile weltweit verbreitet (mit einem Schwerpunkt in Deutschland, aufgrund der großen Zahl von Futtermittelbetrieben noch vor den Niederlanden). Jeder Futtermittellieferant, der an Niederländische Futtermittelhersteller liefert, muss nach GMP+ zertifiziert sein.

FAMI-QS

Die FAMI-QS Asbl mit Sitz in Brüssel ist eine nicht gewinnorientierte Gesellschaft, deren Mitglieder sich aus Vertretern bedeutender in Europa ansässiger Hersteller von Futtermittel-Zusatzstoffen zusammensetzen. Der „Food Additives and Premixtures Quality Standard" ist von der EU Kommission notifiziert als Leitlinie im Sinne der Futtermittel-Hygieneverordnung und beschreibt die gute Verfahrenspraxis zur Gewährleistung der Sicherheitsanforderungen bei der Herstellung von Futtermittel-Zusatzstoffen und -Vormischungen. Die Absicht des Standardgebers ist, eine internationale Zertifizierungsnorm für dieses Thema bereit zu stellen, um die mögliche Vielfältigkeit nationaler Standards beherrschen zu können. Die grundsätzliche Struktur entspricht der ISO 9001; die konkreten Inhalte mit der Anwendung in der Futtermittelproduktion sind in den „Guidances" dargelegt (z. B. zu HACCP, Hygiene, Rückverfolgbarkeit, Vermeidung von Kontaminationen; Vermeidung von Verschleppungen von Substanzen, die in der Folgecharge unerwünscht sind).

Der FAMI-QS Standard hat sich in den letzten Jahren etabliert, mittlerweile gibt es ca. 320 Zertifikate und 83 Anmeldungen zur Zertifizierung. Der Standard ist als gleichwertig zum GMP+-Standard für Zusatzstoffe anerkannt. Die besondere Herausforderung für den FAMI-QS-Standard ist zurzeit (ebenso wie für den GMP+-Zusatzstoffstandard) die Verbreitung der Zertifizierung in außereuropäischen, vor allem in asiatischen Ländern, weil zahlreiche Zusatzstoffe vor allem in diesen außereuropäischen Ländern hergestellt werden. Der Standard, die Liste der zertifizierten Unternehmen und nützliche weitere Informationen sind auf dem FAI-QS Internetportal erhältlich (www.famiqs.org).

96.3.5.4 Standards und Normen im geregelten Bereich (gesetzliche Ebene)

In der EU wird in einigen Produktionsbereichen ein besonderes Maß an Überwachung gefordert. Anzuführen ist hier vor allem die „Öko-Kontrolle", also die Überprüfung der Einhaltung der Anforderungen nach EG Öko-Verordnung (Verordnung (EG) Nr. 2092/91) [45]. Jedes Unternehmen, das Lebensmittel unter „Bio", „Öko" oder vergleichbarer Auslobung in Verkehr bringt, unterliegt der Verpflichtung zur Überwachung nach EG Ökoverordnung. Die Mitgliedsstaaten sind zuständig, in ihrem Verantwortungsbereich ein System zu Öko-Kontrolle zu errichten. In Deutschland wird die Öko-Kontrolle zwar von einer Bundesbehörde (Bundesanstalt für Landwirtschaft und Ernährung in Bonn) koordiniert, die Kontrolle der Überwachung unterliegt aber den Bundesländern. Die Öko-Kontrollen werden nicht von den Behörden selbst durchgeführt, sondern von „Kontrollstellen", die für diesen Zweck von den Behörden beliehen sind.

EG Öko Verordnung

Einen inhaltlichen Schwerpunkt setzt die EG Öko-Verordnung im Verzicht auf chemisch-synthetische Düngungs- und Pflanzenschutzmethoden, auf besondere

Berücksichtigung des Tierschutzes bei der Tierhaltung und auf den Verzicht zahlreicher Zusatzstoffe bei der Lebensmittelverarbeitung. Die Inhalte der EG Öko-Verordnung sind über zahlreiche Quellen leicht einsehbar, z. B. über die Internetportale von Ökoverbänden, Landwirtschaftsverbänden und Behörden.

EG Rindfleischettikitierungsverordnung

Ebenfalls in privater Kontrolle unter behördlicher Beleihung erfolgt die Überwachung der Einhaltung der Anforderungen nach EG Rindfleischetikettierungsverordnung (Verordnung (EG) 1760/2000) [46]. Hier erfolgt die Überwachung der Kontrollstellen (Zertifizierungsstellen) direkt durch die Bundesanstalt für Landwirtschaft und Ernährung. Wesentlicher Inhalt der Gesetzesgrundlage ist die Gewährleistung der Rückverfolgbarkeit von Rindfleisch und deren Zubereitungen bis hin zum Verarbeitungslos im Schlachthof und darüber hinaus bis zu den landwirtschaftlichen Erzeugerbetrieben. Beim Abverkauf müssen die Daten zum Schlachtlos und der Herkunft (Geburtsort, Ort der Aufzucht, Ort der Schlachtung) in direktem Kontakt mit der Ware gekennzeichnet werden.

96.3.6 Ausblick

96.3.7 Weitere Entwicklungen

Die in den letzten Jahren entwickelten Zertifizierungsstandards in der Lebensmittel- und Futtermittelbranche haben sich etabliert. Auch wenn über die allgemeine Medienberichterstattung ein anderer Eindruck entstehen kann, so stellen Zertifizierungssysteme einen wertvollen Beitrag zur Minimierung des Risikos der Kunden dar, besonders wenn sie Ketten übergreifend erfolgen. Für den Einzelhandel und damit für den Endverbraucher hat sich die Qualitätsfähigkeit der Lieferanten durch die Einführung der Zertifizierungssysteme erhöht. Falls über die Zertifizierungssysteme Kenntnis über Problemfälle in der Lebensmittelproduktion gewonnen wird, stehen wirksame Mittel zur Korrektur bereit. Als Beispiel kann hier das gehäufte Auftreten von Rückstandshöchstmengenüberschreitungen bei spanischem Paprika im Jahr 2007 angeführt werden, die nach heutiger Erkenntnislage im Jahr 2008 beherrscht werden.

So lange die Zertifizierungsstandards von den Unternehmen engagiert betrieben und von den Zertifizierungsgesellschaften konsequent ausgelegt werden, bleiben die Zertifizierung und damit die dahinter stehenden Normen und Programme glaubwürdig. Auf absehbare Zeit wird sich diese Entwicklung nicht ändern. Einen Wandel werden die Standards inhaltlich durchlaufen, um den sich ändernden Anforderungen des Marktes, der Verbraucher und nicht zuletzt der Lebensmittelkunde gerecht zu werden. Gleichzeitig werden Tendenzen zur gegenseitigen Anerkennung von Standardsystemen untereinander (wie z. B. zwischen GMP+- und QS-Futtermittelstandard) und zur übergreifenden Anerkennung verschiedener, aber vergleichbarer Standards durch die Kunden zunehmen.

96.4 Marktzugang und Zertifizierung für kosmetische Produkte

96.4.1 Definition [47]

Kosmetische Produkte sind in § 2 des Lebensmittel-, Bedarfsgegenstände- und Futtermittelgesetzbuches (LFGB) als Stoffe oder Zubereitungen aus Stoffen definiert, die ausschließlich oder überwiegend dazu bestimmt sind,

- äußerlich am Körper des Menschen
- oder in seiner Mundhöhle
- zur Reinigung,
- zum Schutz,
- zur Erhaltung eines guten Zustandes,
- zur Parfümierung,
- zur Veränderung des Aussehens oder dazu angewendet zu werden,
- den Körpergeruch zu beeinflussen.

Als kosmetische Mittel gelten nicht Stoffe oder Zubereitungen aus Stoffen, die zur Beeinflussung der Körperformen bestimmt sind. Es spielt also der Anwendungsort sowie die Anwendungs- und „Wirkweise" bei der Einstufung von kosmetischen Produkten eine wesentliche Rolle. Kosmetika sind eine sehr heterogene Gruppe von Produkten, die je nach definiertem Anwendungsbereich, Geltungsbereich bzw. beabsichtigtem Gebrauch an den Regelungsnahtstellen zu Medizinprodukten, Arzneimitteln oder auch Lebensmitteln stehen.

Beispielsweise gelten darüber hinaus Mittel zur Tätowierung dann als Kosmetika, wenn diese zur Beeinflussung des Aussehens in oder unter die Haut eingebracht werden um dort, auch vorrübergehend, zu verbleiben (§ 4 LFGB). Ändert sich die Zweckbestimmung der Mittel zur Tätowierung z. B. zur Wiederherstellung nach einer unfallbedingten Verletzung, werden Mittel zur Tätowierung u. U. auch als Medizinprodukt eingestuft.

96.4.2 Anforderungen an die Sicherheit kosmetischer Mittel [48]

Die Sicherheit kosmetischer Mittel hat in der Europäischen Union inzwischen einen äußerst hohen Stellenwert erreicht und folgt dem präventiven Ansatz zum Verbraucherschutz. Dies wird durch die Kombination verschiedenster Maßnahmen gewährleistet:

- Hohe Sicherheitsanforderungen an Rohstoffe in kosmetischen Mitteln
- Erstellung der Produktangaben für jedes am Markt befindliche Produkt inklusive einer Sicherheitsbewertung.
- Festlegung der Anforderungen an den Sicherheitsbewerter
- Herstellung der kosmetischen Mittel nach Kosmetik-GMP
- Kennzeichnung (u. a. Verwendung der INCI- „International Nomenclature of Cosmetic Ingredients" Bezeichnungen) mit System von Warnhinweisen, und Angaben zur Haltbarkeit)
- Marktbeobachtung und Erfassung unerwünschter Nebenwirkungen im Rahmen der Produktangaben.

96.4.3 Rechtliche Regelungen zum Inverkehrbringen (EU und D)

Kosmetika bedürfen keiner Zulassung, müssen jedoch den geltenden Vorschriften entsprechen. Allgemein gilt daher, dass die Hersteller oder Inverkehrbringer von kosmetischen Mitteln eine sorgfältige Herstellung sowie Prüfungen zur Sicherheit ihrer Produkte verantworten. Dies wird durch eine amtliche Überwachung geprüft.

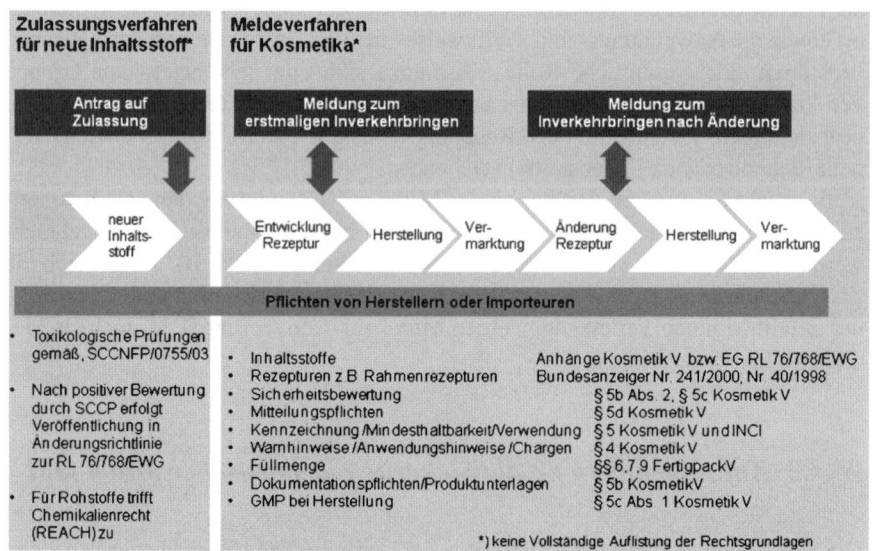

Abb. 96.3 Überblick zu den Regelungen für den Marktzugang von Kosmetika und Inhaltsstoffen von Kosmetika in der Europäischen Union und insbesondere Deutschland

96.4 Marktzugang und Zertifizierung für kosmetische Produkte

Für Kosmetika und neue Inhaltsstoffe sind die Regelungen zum Marktzugang in die Europäischen Union und Deutschland zusammenfassend in Abb. 96.3 dargestellt. Zu einzelnen Aspekten werden nachfolgend noch ergänzende Erläuterungen gegeben.

96.4.3.1 Europäische Union

Die Richtlinie 76/768/EWG (EU-Richtlinie Kosmetische Mittel) [49] legt die gesetzlichen Anforderungen im Hinblick auf die Vermarktung und den Verkauf von kosmetischen Mitteln fest. Die Richtlinie besteht seit 1976 und wurde fortlaufend aktualisiert (derzeit letzte Änderung 03.04.2008) [50]. Die Inhalte dieser Richtlinie sind in Tabellen 96.5 und 96.6 dargestellt.

Darüber hinaus sind die in Tabelle 96.4 aufgeführten Rechtsnormen der EU in die nationalen Regelwerke der Mitgliedsstaaten umzusetzen bzw. umgesetzt. Nachfolgend wird hierzu insbesondere die Umsetzung in Deutsches Recht erläutert (Tabelle 96.7, siehe Kap. 96.4.3.2 und folgende).

Rechtsnorm	Veröffentlicht	Inhalt
EU-Richtlinie 76/768/EWG	Abl. EG Nr. L262, S. 169 vom 27.07.1976	Umsetzung in nationales Recht der Mitgliedsstaaten, dient zur Angleichung des Rechts für kosmetische Produkte innerhalb der Mitgliedsstaaten
EU-Richtlinie 67/548/EWG	Abl. EG Nr. P196, S. 1-98 vom 16.08.1967	Richtlinie zur Angleichung der Rechts- und Verwaltungsvorschriften für die Einstufung, Verpackung und Kennzeichnung gefährlicher Stoffe
EU-Beschluss 96/335/EG	Abl. EG Nr. L132, S. 1	Festlegung einer Liste und einer gemeinsamen Nomenklatur der Bestandteile kosmetischer Mittel
EU-Bekanntmachung 2004/C278/03	Abl. EG Nr. C278, S. 9	Liste der für kosmetische Mittel zuständigen Behörden der Mitgliedsstaaten (Überwachung)
EU-Bekanntmachung 2004/C87/10	Abl. EG Nr. C87, S. 32	Liste der für kosmetische Mittel zuständigen nationalen Behörden der Mitgliedstaaten (Giftinformationszentren, Überwachung) – Achtung, Angaben zu § 7a (Überwachung) für Deutschland nicht richtig, siehe hierzu Liste in 2004/C278/03.

Tabelle 96.4 Übersicht über die relevanten Rechtsnormen der EU. Anmerkung: Änderungsrichtlinien sind zu beachten, siehe Informationen auf der Internet Seite des Bundesamtes für Verbraucherschutz und Lebensmittelsicherheit

Artikel 1	Begriffsbestimmung eines kosmetischen Erzeugnisses (§ 4 LMBG)
Artikel 2	Verpflichtung zur Vermarktung von sicheren Produkten bei normaler oder vernünftigerweise vorhersehbarer Verwendung (§ 24 LMBG)
Artikel 3–5	Inhaltsstoff-Regelungen, z. B. betreffend Negativliste, Positivlisten
Artikel 6	Kennzeichnungsanforderungen
Artikel 7	Harmonisierungsklausel
Artikel 7a	Verpflichtung zur Bereithaltung von Informationen zu jedem vermarkteten Produkt innerhalb des Unternehmens
Artikel 8–10	Verfahren zur Anpassung der Richtlinie an den technischen Fortschritt
Artikel 11	Festlegung von Positivlisten
Artikel 12, 13	Schutzklausel, die Maßnahmen auf nationaler Ebene bei Gesundheitsgefährdung zulässt.

Tabelle 96.5 Artikel der 76/768/EWG - EU-Richtlinie Kosmetische Mittel

Anhang I	Beispielhafte Liste kosmetischer Erzeugnisse
Anhang II	Liste der Stoffe, die in kosmetischen Erzeugnissen nicht enthalten sein dürfen
Anhang III	Liste der Stoffe, die unter Einhaltung bestimmter Einschränkungen in kosmetischen Erzeugnissen enthalten sein dürfen
Anhang IV	Positivliste der kosmetischen Farbstoffe (außer Haarfärbemitteln)
Anhang V	Liste der Inhaltsstoffe, die auf nationaler Ebene geregelt sind (begrenzt auf Strontium-Verbindungen)
Anhang VI	Positivliste von Konservierungsmitteln
Anhang VII	Positivliste von UV-Filtern
Anhang VIII	Symbol für die fehlende Angabe der Kennzeichnung auf der Außenverpackung („Hand im offenen Buch")

Tabelle 96.6 Anhänge der 76/768/EWG - EU-Richtlinie Kosmetische Mittel

96.4.3.2 National (Deutschland)

In Deutschland ist die EU-Richtlinie im Lebensmittel- und Bedarfsgegenstände-Gesetz (LFGB) [51] bzw. in der Kosmetik-Verordnung (KosmetikV) [52] umgesetzt. Nachfolgend sind die wesentlichen Rechtsnormen für Deutschland zusammengefasst (siehe Tabelle der Internetseite des Bundesamtes für Verbraucherschutz und Lebensmittelsicherheit).

Zu beachten ist die letzte gültige Fassung der jeweiligen Rechtsnorm. Rechtlich verbindliche Fassungen des nationalen Rechts sind im Bundesanzeiger veröffentlicht.

96.4 Marktzugang und Zertifizierung für kosmetische Produkte 2215

Rechtsnorm	Veröffentlicht	Inhalt
Lebensmittel-, Bedarfsgegenstände und Futtermittelgesetzbuch (LFGB)	BGBl. I, S. 2618 vom 01.09.2005	§ 2 (5) Definition von Kosmetischen Mitteln §§ 26-29 Verbote und Ermächtigungen zum Schutz der Gesundheit und Schutz vor Täuschung
Kosmetik-Verordnung (KosmetikV)	BGBl. I, S. 2410 vom 07.10.1997	Detaillierte Regelungen u. a. zur Verwendung von Stoffen, Kennzeichnung, Sicherheitsprüfung und Mitteilungspflichten
Gesetz über Mess- und Eichwesen (EichG)	BGBl. I, S.711 vom 11.07.1969	§ 2 Eichpflicht für Messgeräte §§ 6 und 7 Hinweise zur Nennfüllmenge
Verordnung über Fertigpackungen (FertigpackungsV)	BGBl. I, S. 451 vom 18.12.1981	Detaillierte Regelungen zu den Fertigpackungen sowie zur Art der Kennzeichnung
Geräte und Produktsicherheitsgesetz (GPSG) – Gesetz über technische Arbeitsmittel und Verbraucherprodukte	BGBl. I 2004, 2 (219) vom 06.01.2004	Definitionen und grundsätzliche Regelungen zur Inverkehrbringung von Verbraucherprodukten
Gefahrenstoffverordnung	BGBl. I, S. 1782 vom 26.10.1993	Verordnung zum Schutz vor gefährlichen Stoffen
Aerosolpackungsverordnung (13. GPSGV)	BGBl. I S. 3777, 3805 vom 27.09.2002	Verordnung über Sicherheitsbestimmungen und Kennzeichnung von Aerosolverpackungen ab 50 ml
BMG-Bekanntmachung	Bundesanzeiger Nr. 241, S. 23724 vom 22.12.2000	Bekanntmachung von Rahmenrezepturen kosmetischer Mittel für Mitteilungen an die Giftinformationszentren
BMG-Bekanntmachung	Bundesanzeiger Nr. 40, S. 2473 vom 27.02.1998	Bekanntmachung der Verfahren zur Mitteilung von Rezepturen kosmetischer Mittel an die Giftinformationszentren
BMA-Bekanntmachung TRG 300	III b 5-35 433 vom 16.08.1996	Technische Regeln Druckgase 300
BMA-Bekanntmachung TRGS 440	Bundesarbeitsblatt Nr. 10/1996, S. 88; Nr. 3/1999, S. 35	Technische Regeln für Gefahrenstoffe 440 zur Ermittlung und Beurteilung der Gefährdung durch Gefahrenstoffe am Arbeitsplatz
BMA-Bekanntmachung TRGS 530	Bundesarbeitsblatt Nr. 9/1992, S. 41ff	Technische Regeln für Gefahrenstoffe 530 im Friseurhandwerk
BMA-Bekanntmachung TRGS 531	Bundesarbeitsblatt Nr. 9/1996, S. 63ff	Technische Regeln für Gefahrenstoffe 531 bei Feuchtarbeiten

Tabelle 96.7 Übersicht über die relevanten Rechtsnormen in Deutschland

96.4.4 Meldeverfahren

Hersteller und Importeure die erstmals Kosmetika im europäischen Wirtschaftraum herstellen oder in den selbigen importieren, müssen Meldeverfahren einhalten. Die Meldung muss an die zuständige Behörde am Ort der Herstellung bzw. im Land der Ersteinfuhr in die EU geschehen.

In Deutschland ist gemäß § 5, Abs. 2 und § 5d Abs. 1 KosmetikV der Kosmetikverordnung der Hersteller bzw. Importeur von Kosmetika verpflichtet, folgendes an das Bundesamt für Verbraucherschutz und Lebensmittelsicherheit zu melden:

- Herstellungsort/e oder Einfuhrort/e
- Handelsname
- Produktbezeichnung und Produktkategorie
- Qualitative und quantitative Zusammensetzung mit INCI-Bezeichnung [53] oder Nummer der Rahmenrezeptur [54,55]
- bei chemischen Stoffen die Stoffbezeichnung und CAS Nummer (CAS = Chemical Abstracts Service)
- bei pflanzlichen oder tierischen Bestandteilen die taxonomische Bezeichnung
- bei Farbstoffen auf „Colour Index" Nummer (CI)
- Jede Änderung muss vor dem Inverkehrbringen gemeldet werden.

Besondere Regelungen über Meldeverfahren sind ausführlich in den Veröffentlichungen des IKW und FCIO dargestellt [56].

Diese Meldungen werden an das europäische Giftinformationszentrum weitergeleitet und sichert Transparenz und ermöglicht Gegenmaßnahmen im Falle von Vergiftungen oder gesundheitlicher Beeinträchtigung bei nicht bestimmungsgemäßer Anwendung.

Die europäische Kommission führt ein Verzeichnis über international zuständige Behörden und Giftinformationszentren.

96.4.5 Inhaltsstoffe

Zwar bedarf das Endprodukt keiner Zulassung, aber bestimmte Inhaltsstoffe unterliegen besonderen Regulierungen (Anlagen zu KosmetikV, siehe Tab. 96.8). Diese Regulierungen sind in Anlagen (Listen) der KosmetikV festgelegt.

96.4.5.1 Zulassungsverfahren für neue Inhaltsstoffe

Neue Inhaltsstoffe, die nicht in den Anhängen verboten sind, dürfen verwendet werden, wenn die Sicherheit des Endproduktes gewährleistet ist und keine Gesundheitsgefährdung besteht.

Neue Inhaltsstoffe müssen vor erstmaligem Verwenden in einer Rezeptur zugelassen werden. Im Rahmen des Zulassungsverfahrens muss eine eingehende to-

96.4 Marktzugang und Zertifizierung für kosmetische Produkte

Anlage I	Allgemein verbotene Stoffe „NEGATIV LISTE"	Verbot des Einsatzes bestimmter Substanzen bei Herstellen oder Behandeln, gesundheitsschädlich
Anlage II	Einschränkung	Einschränkungen bei Anwendungsgebieten oder zulässigen Höchstkonzentration, ggf. Warnhinweis
Anlage III	Farbstoffe	Anwendung unter bestimmen Voraussetzungen
Anlagen IV und V	entfallen	
Anlage VI	Konservierungsstoffe	Zur Hemmung des Wachstums von Mikroorganismen, Anwendungsbedingungen, Einschränkungen, Anforderungen, Höchstkonzentrationen, Fristen, ggf. Warnhinweis
Anlage VII	UV Filter	Anwendungsbedingungen, Höchstkonzentrationen, Einschränkungen, Anforderungen, ggf. Warnhinweis

Tabelle 96.8 Anlagen in der Kosmetik Verordnung

xikologische Überprüfung erfolgt sein, um eine gesundheitliche Gefährdung des Verbrauchers auszuschließen. Der Antrag auf Zulassung kann bei dem Mitgliedstaat der EU erfolgen, bei der das Inverkehrbringen des kosmetischen Mittels, das diesen Stoff enthält, zunächst beabsichtigt ist.

Erhält ein neuer Inhaltsstoff eine positive Gesundheitsbewertung, kann zunächst eine zeitlich begrenzte nationale Zulassung erfolgen. Nach positiver toxikologischer Bewertung durch das „Scientific Comitee on Consumer Products" (SCCP) und Veröffentlichung einer Änderungsrichtlinie zur Richtlinie 76/768/EWG ist der Stoff europaweit zugelassen. Welche Prüfungen (Tests) hierbei durchzuführen sind, ist in den Empfehlungen „Notes of Guidance for recommended mutagenicity / genotoxicity tests for the safety testing of cosmetic ingredients to be included in the annexes to council directive 76/768/EEC" niedergelegt [57].

96.4.6 Sicherheitsbewertung

Für Kosmetika müssen die geforderten Sicherheitsbewertungen gemäß der KosmetikV durchgeführt werden (§ 5b Abs. 1, 2 der KosmetikV, u. a. von § 3c). Die geforderten Unterlagen müssen zum Zweck der Durchführung der amtlichen Überwachung bei kosmetischen Mitteln bereitgehalten werden. Kriterien für die Sicherheitsbewertung sind u. a. in den „Notes of Guidance for Testing of Cosmetic Ingredients for their Safety Evaluation" des Scientific Committee on Consumer Products (SCCP, vormals SCCNFP) enthalten. Hinweise für Sicherheitsbewertungen bietet die Deutsche Gesellschaft für Wissenschaftliche und Angewandte Kosmetik e.V. an.

96.4.7 Produktunterlagen

Hersteller sind verpflichtet, sogenannte Produktdossiers zu führen und der Behörde bei Nachfrage vorzulegen. Folgende Dokumentationen müssen vorliegen:

- Zusammensetzung des Produktes
- Ausgangsstoffe
- Methode der Herstellung
- Sicherheitsbewertung
- Beobachtete, unerwünschte Nebeneffekte
- Art und Zahl der Konsumentenreklamationen
- Nachweis der Wirksamkeit.

96.4.8 Tierversuche

Mit der Richtlinie 2003/15/EG [58] hat die EU den stufenweisen Ausstieg aus dem Kosmetik-Tierversuch beschlossen. Ab 2009 dürfen für die Entwicklung von Kosmetika EU-weit keine Tierversuche mehr durchgeführt werden. Ab 2013 ist auch der Verkauf von am Tier getesteten Schönheitsprodukten verboten.

Im Deutschen Tierschutzgesetzes § 7(5) [59], ist dieses Verbot wie folgt spezifiziert: „Tierversuche zur Entwicklung von Tabakerzeugnissen, Waschmitteln und Kosmetika sind grundsätzlich verboten. Das Bundesministerium wird ermächtigt, durch Rechtsverordnung mit Zustimmung des Bundesrates Ausnahmen zu bestimmen, soweit es erforderlich ist, um

- konkrete Gesundheitsgefährdungen abzuwehren, und die notwendigen neuen Erkenntnisse nicht auf andere Weise erlangt werden können, oder
- Rechtsakte der Europäischen Gemeinschaft durchzuführen".

96.4.9 Kennzeichnung von Kosmetika

96.4.9.1 Angabe der Haltbarkeit bei kosmetischen Mitteln

Siehe Tabelle 96.9

96.4.9.2 Verzeichnis der Bestandteile mit INCI-Bezeichnungen

Um den Verbraucher zum Inhalt kosmetischer Mittel zu informieren und ggf. allergischen Reaktionen vorzubeugen, müssen die Inhaltsstoffe von kosmetischen Mitteln im Verzeichnis der Bestandteile gelistet werden. Dies erfolgt u. a. auf der Basis der internationalen „INCI-Bezeichnung" (International Nomenclature of Cosmetic Ingredients).

96.4 Marktzugang und Zertifizierung für kosmetische Produkte 2219

Mindesthaltbarkeitsdatum	Kosmetische Mittel müssen ein Mindesthaltbarkeitsdatum tragen, wenn sie nicht länger als 30 Monate haltbar sind.
Symbol für die Verwendbarkeit	Produkte mit einer längeren Haltbarkeit müssen kein Mindesthaltbarkeitsdatum tragen, jedoch mit einem Symbol gekennzeichnet werden: Die Abbildung eines geöffneten Gefäßes und die Angabe „12 M" bedeutet eine Verwendbarkeit nach dem Öffnen von z. B. 12 Monaten. Je nach Produkt variiert die Angabe des Zeitraums der Verwendbarkeit nach dem Öffnen (Übergangsregelungen zur Kennzeichnung sind zu beachten).

Tabelle 96.9 Angaben zur Haltbarkeit von Kosmetika

96.4.9.3 Kennzeichnung von Duftstoffen

Stoffe zur Parfümierung (Riech- und Aromastoffe) müssen nicht einzeln angegeben werden, sondern können grundsätzlich unter dem Begriff Parfüm, Parfum oder Aroma zusammengefasst werden. Seit 2005 müssen 26 Duftstoffe einzeln gekennzeichnet werden (siehe Tabelle 96.10). Hier sind die Stoffe zu finden, die am häufigsten bei Menschen Allergien hervorrufen. Ihr Gehalt muss dann angegeben werden, wenn der Gehalt im Endprodukt

- in Produkten, die nach der Benutzung wieder abgewaschen, werden den Wert von 0,01% übersteigt (Duschgel, Haarwaschmittel, Seife).
- in Produkten, die auf der Haut oder den Haaren verbleiben, den Wert von 0,001% übersteigt (Creme, Parfüm, Haarfestiger).

Unterhalb dieser Gehalte wird angenommen, dass keine allergenen Reaktionen bei Anwendung zu erwarten sind. Daher muss unterhalb dieser Gehalte der Einzelduftstoff nicht gekennzeichnet werden.

96.4.10 Gute Herstellungspraxis in der Kosmetiklieferkette

Mit der 6. Änderungsrichtlinie zur EG-Kosmetik-Richtlinie wurde auch für die Hersteller von kosmetischen Mitteln „die Herstellung gemäß der guten Herstellungspraxis" verbindlich. Die Änderungsrichtlinie beschreibt weiterhin, dass, sofern kein Gemeinschaftsrecht besteht, nach dem Recht des betreffenden Mitgliedsstaates GMP (GMP = Good Manufactoring Practice; GHP = Gute Herstellungspraxis) angewandt werden soll. Umgesetzt wurde die 6. Änderungsrichtlinie in Form der 25. Änderungsrichtlinie zur Kosmetikverordnung für die Bundesrepublik Deutschland. Damit wurde die Herstellung nach Kosmetik-GMP ab dem 1. Juli 1997 für die Bundesrepublik Deutschland verbindlich.

Innerhalb der Lieferkette kann eine neutrale Überprüfung z. B. Beispiel im Rahmen freiwiller Zertifizierung der Herstellbedingungen, der Qualitäts- und Risiko-

Bezeichnung nach INCI	Chemische Bezeichnung	Bezeichnung nach INCI	Chemische Bezeichnung
AMYL CINNAMAL	2-(Phenylmethylene) Heptanal	ANISE ALCOHOL	4-Methoxy-Benzyl Alcohol
BENZYL ALCOHOL	Benzyl Alcohol	BENZYL CINNAMATE	3-Phenyl-2-Propenoic Acid; Phenylmethyl Ester
CINNAMYL ALCOHOL	Cinnamyl Alcohol 3-Phenyl-2-Propen-1-ol	FARNESOL	3,7,11-Trimethyl-2,6,10-Dodecatrien-1-ol
CITRAL	3,7-Dimethyl-2,6-Octadienal	BUTYLPHENYL METHYLPROPIONAL	2-(4-tert-Butylbenzyl) Propionaldehyde
EUGENOL	2-Methoxy-4-(2-Propenyl)Phenol	LINALOOL	3,7-Dimethyl-1,6-Octadien-3-ol
HYDROXYCITRONELLAL	7-Hydroxycitronellal; 7-Hydroxy-3,7-Dimethyloctanol	BENZYL BENZOATE	Benzyl Benzoate
ISOEUGENOL	2-Methoxy-4-(1-Propenyl)Phenol	CITRONELLOL	DL-Citronellol; 3,7-Dimethyl-6-Octen-1-ol
AMYLCINNAMYL ALCOHOL	2-(Phenylmethylene) Heptanol	HEXYL CINNAMAL	2-(Phenylmethylene)Octanal
BENZYL SALICYLATE	Benzyl Salicylate	LIMONENE	1-Methyl-4-(1-Methylethenyl) Cyclohexene
CINNAMAL	Cinnamaldehyde; 3-Phenyl-2-Propenal	METHYL 2-OCTYNOATE	2-Octynoic Acid; Methyl Ester
COUMARIN	2H-1-Benzopyran-2-one	ALPHA-ISOMETHYL IONONE	3-Methyl-4-(2,6,6-Trimethyl-2-Cyclohexen-1-yl)-3-Buten-2-one
GERANIOL	(2E)-3,7-Dimethyl-2,6-Octadien-1-ol	EVERNIA PRUNASTRI EXTRACT	Oakmoss Extract (Eichenmoosextrakt)
HYDROXYISOHEXYL 3-CYCLOHEXENE CARBOXALDEHYDE	4-(4-Hydroxy-4-methylpentyl)-3-cyclohexene-1-carboxaldehyde	EVERNIA FURFURACEA EXTRACT	Treemoss Extract (Baummoosextrakt)

Tabelle 96.10 Liste der 26 kennzeichnungspflichtigen Duftstoffe [60]

managementsysteme einen wertvollen Beitrag zur kontinuierlichen Verbesserung der Sicherheit beitragen. Der Hersteller bzw. Lieferant kann somit seiner Verpflichtung zur Eigenkontrolle im Rahmen des Fertigungsprozesses nachkommen.

Dies gilt insbesondere auch deshalb, weil die Herstellung von Inhaltsstoffen, technischen Hilfsmitteln und Verpackungsmaterial nicht innerhalb nationaler Grenzen und Überwachungssysteme abläuft. Unternehmen in der Lieferkette haben sich teilweise auch auf bestimmte Teilprozesse der Fertigung spezialisiert. So gibt es die Mischer von Bulkchargen, die Hersteller von Verpackungsmaterialien, die Transporteure und die Abfüller. Dort, wo die Produkte offen gehandhabt werden, sind Hygieneanforderungen von besonderer Bedeutung für die Haltbarkeit und Qualität des Produktes. Gute Herstellungspraxis (GMP-Good Manufacturing Practices), Risikobewertung, -management (z. B. HACCP) oder hygienische Fertigungstechnologien wie z. B. die Reinraumtechnologie stellen wesentliche Erfolgsprozesse dar. Sowohl in der Richtline 76/768/EWG, Artikel 7a als auch in der KosmetikV, § 5c wird eine „Gute Herstellungspraxis" gefordert. Leitlinien sind hierzu vom Europarat erstellt worden (GMPC, 1995) [61], sowie von Industrieverbänden (IKW [62] 1996, Colipa 1994 [63]).

96.4.11 Zertifizierungen in der Kosmetiklieferkette

Für die Lieferkette Kosmetik stehen neben der branchenübergreifenden ISO 9001:2000 „Zertifizierung des Qualitätsmanagement Systems" weitere Grundlagen für die branchenspezifische Zertifizierung der Herstellprozesse oder der Produkte zur Verfügung (Tab. 96.11).

Norm /Standard	Geltungsbereich, Besonderheiten
ISO 9001:2000 [64]	Qualitätsmanagementsystem, Branchenübergreifend
ISO 22716:2007, (EN ISO 22716:2007) (DIN EN ISO 2217:2008)[65]	Kosmetik – Gute Herstellungspraxis (GMP) Leitfaden zur guten Herstellungspraxis, Branchenspezifisch, Herstellung
TÜV SÜD MS Standard – Reinraum nach den Normenreihen DIN EN ISO 14644 und VDI 2083 [66]	Eignung des Reinraums und der Reinraumprozesse Vorausgesetzte Maßnahmen zur Qualitätsfähigkeit
Kosmetik Standard des HDE – Hauptverband des Deutschen Einzelhandels e. V. und der FCD – Fédération des Entreprises du Commerce et de la Distribution, Veröffentlichung voraussichtlich Sommer 2008 [67]	Branchenspezifisch, Produktion von Kosmetika, GMP, HACCP, ISO Maßnahmen zur Risikominimierung. Voraussetzung für Eigenmarkenhersteller des Handels.

Tabelle 96.11 Zertifizierungsgrundlagen für die Kosmetiklieferkette

Norm /Standard	Geltungsbereich, Besonderheiten
Kontrollierte Natur-Kosmetik nach den Richtlinien des BDIH e.V. [68]	Produktlabels mit besonderen Angaben
Kosmetik nach den Richtlinien des Deutschen Tierschutzverbundes e.V. [69]	Produktlabels mit besonderen Angaben
Kosmetik mit dem Warenzeichen des IHTK e.V. [70]	Produktlabels mit besonderen Angaben
Demeter-Richtlinie Verarbeitung VI.1: Kosmetika (Stand 9.01) [71]	Produktlabels mit besonderen Angaben
ECOCERT kontrollierte Naturkosmetik [72]	Produktlabels mit besonderen Angaben

Tabelle 96.11 (*Fortsetzung*) Zertifizierungsgrundlagen für die Kosmetiklieferkette

96.4.12 Kosmetik – Gute Herstellungspraxis (GMP) – Leitfaden zur guten Herstellungspraxis (DIN EN ISO 2217:2008)

Der Leitfaden wurde durch die Kosmetikindustrie erarbeitet und berücksichtigt die besonderen Bedürfnisse dieses Sektors. Wesentliche Inhalte sind Empfehlungen zu organisatorischen als auch praktischen Maßnahmen, zu personellen, technischen und verwaltungsbezogenen Faktoren, die einen Einfluss auf die Produktqualität haben. Hierbei wird der Produktfluss vom Eingang bis zum Versand berücksichtigt. Die Rolle der Qualitätssicherung, Risikobewertung und Dokumentation werden in den GMP Prinzipien deutlich (GMP = Englisch: Good Manufacturing Practices, Deutsch: Gute Herstellungspraxis) [73].

Der Leitfaden umfasst Herstellung, Überwachung, Lagerung und Versand von kosmetischen Mitteln. Dieser Leitfaden behandelt die qualitätsbezogenen Produktaspekte; nicht behandelt werden die Sicherheit des im Werk beschäftigten Personals und Fragen des Umweltschutzes. Sicherheits- und umweltbezogene Aspekte liegen in der Verantwortung der einzelnen Unternehmen und können lokalen Gesetzen und Bestimmungen unterliegen.

Dieser Leitfaden gilt weder für Tätigkeiten im Zusammenhang mit Forschung und Entwicklung noch für den Absatz von Endprodukten.

Dieser Leitfaden in Kombination mit den Anforderungen der ISO 9001:2000 stellt eine gute Option für ein produktbezogenes Risiko- und Qualitätsmanagement dar. Eine vergleichende Gegenüberstellung der Normen zeigt die Option zum Integrierten Qualitätssystem auf (Tab. 96.12).

Wichtig ist aber auch die Anwendung des GMP Prinzips in den vorgelagerten Stufen der Herstellkette von Kosmetika, da insbesondere die Eigenschaften der Inhaltsstoffe und die Verpackungen wesentlich zur Sicherheit und Qualität des Endproduktes beitragen.

Kap.	ISO 22716	Kap.	ISO 9001:2000
3	Personal	6.2	Personelle Ressourcen
4	Betriebsgelände	6.3	Infrastruktur
5	Ausrüstung	6.4	Arbeitsumgebung
6	Ausgangs- und Verpackungsmaterialien	7.4	Beschaffung
7	Herstellung	7.5	Produktion und Dienstleistungserbringung
8	Endprodukte	8.2.4	Überwachung und Messung des Produktes
9	Qualitätslabor	8.2, 7.6	Messung, Analyse und Verbesserung, Meßmittel
10	Behandlung von nicht spezifikationsgemäßen Produkten	8.3	Lenkung fehlerhafter Produkte
11	Abfälle	7.5.5	Ggf. Produkterhaltung
12	Untervergabe	7.4	Beschaffung
13	Abweichungen	8.3, 8.5	Lenkung fehlerhafter, Produkte, Verbesserung
14	Reklamation und Rückruf	7.2, 8.2, 8.5	Kundenbezogene Prozesse, Messung, Analyse und Verbesserung
15	Änderungskontrolle	4.2, 7.3	Dokumentationsanforderung, ggf. Entwicklung
16	Internes Audit	8.2.2	Internes Audit
17	Dokumentation	4.2	Dokumentationsanaforderungen

Tabelle 96.12 Gegenüberstellung der Anforderungskapitel der ISO 22716 und ISO 9001

96.4.13 Produktlabels für Kosmetika

Insbesondere im Zusammenhang mit besonderen Versprechen zum Einsatz biologisch erzeugter Ausgangsstoffe und/oder Verzicht auf Tiersuche entstanden freiwirtschaftliche Kriterienkataloge, deren Umsetzung durch private Organisationen überwacht werden. Hersteller, die diese Kriterien berücksichtigen, können die Produkte mit Labels bewerben. Hierbei müssen die Labelnutzungs- und Vertragsbedingungen entsprechender Verbände, Vereine etc. befolgt werden (siehe Tab. 96.11).

96.4.14 Aktivitäten von Handelsverbänden

Es ist zu erwarten, dass die großen Handelsketten in Deutschland und Frankreich vertreten durch deren Fachverbände (HDE – Hauptverband des Deutschen Einzelhandels e. V. und FCD – Fédération des Entreprises du Commerce et de la Distribution) noch in 2008 die Ergebnisse ihrer Qualitätsinitiative für Kosmetika als Standard veröffentlichen werden. Durch eine Zertifizierung in der Kosmetiklieferkette können die Hersteller von Kosmetika dann die Umsetzung der Anforderungen des Einzelhandels nachweisen. Die Zertifizierung wird durch zugelassene, qualifizierte Zertifizierungsorganisationen erfolgen, wie dies schon im Lebensmittelbereich durch den Standard IFS (International Food Standard) über die Initiative des HDE und FCD realisiert wurde (siehe Kapitel 96.3.4).

96.5 Marktzulassung und Zertifizierung in der Pharmabranche

Hier wird ein kurzer und nicht umfassender Einblick in die Regelungen zu Marktzulassung von Humanen Arzneimitteln gegeben. Umfassende Informationen sind auf den Internetseiten der Europäischen Kommission (z.B. Suchwort Eudralex, „The Rules Governing Medicinal Products in the European Union"), der EMEA (European Medicines Agency) und der European Pharmacopoeia [74] sowie des BfArM (Bundesinstitut für Arzneimittel und Medizinprodukte) erhältlich. Die EMEA wurde 1994 eingerichtet und ist verantwortlich für die wissenschaftliche Bewertung der Qualität, Sicherheit und Wirksamkeit von Arzneimitteln, die einen Zulassungsprozess für ihre Markteinführung in die EU (Autorisierung) benötigen. In Deutschland ist das BfArM zuständige Zulassungsbehörde.

96.5.1 Definition

Arzneimittel [75] sind Stoffe und Zubereitungen aus Stoffen, die dazu bestimmt sind, durch Anwendung am oder im menschlichen oder tierischen Körper

- Krankheiten, Leiden, Körperschäden oder krankhafte Beschwerden zu heilen, zu lindern, zu verhüten oder zu erkennen,
- die Beschaffenheit, den Zustand oder die Funktionen des Körpers oder seelische Zustände erkennen zu lassen,
- vom menschlichen oder tierischen Körper erzeugte Wirkstoffe oder Körperflüssigkeiten zu ersetzen,
- Krankheitserreger, Parasiten oder körperfremde Stoffe abzuwehren, zu beseitigen oder unschädlich zu machen oder
- die Beschaffenheit, den Zustand oder die Funktionen des Körpers oder seelische Zustände zu beeinflussen.

Arzneimittel sind im Allgemeinen dadurch gekennzeichnet, dass sie eine pharmakologische, immunologische oder metabolische Wirkung zeigen.

Nicht in den Regelungsbereich der Arzneimittel fallen die Medizinprodukte, Kosmetika oder Lebensmittel. Besondere Regelungen gibt es für die Kombinationsprodukte aus Arzneimitteln- und Medizinprodukten (siehe Kapitel 2.8 und 5.8).

96.5.2 Marktzugang, Zulassung und Registrierung in der EU und Deutschland

Grundsätzlich sollen die rechtlichen Rahmenbedingungen (§1 AMG-Arzneimittelgesetz) ermöglichen, dass für eine ordnungsgemäße Arzneimittelversorgung von Mensch und Tier, für die Sicherheit im Verkehr mit Arzneimitteln, insbesondere für die Qualität, Wirksamkeit und Unbedenklichkeit der Arzneimittel nach Maßgabe der folgenden Vorschriften gesorgt ist.

Arzneimittel müssen vor dem Inverkehrbringen in der EU oder einem Mitgliedstaat der EU ein Zulassungsverfahren durchlaufen.

Die Verordnungen (EG) Nr. 726/2004 [76] und 504/2006 [77] legen fest, welche pharmazeutischen Produkte mit welchen Verfahren autorisiert werden. Die Verordnung 658/2007 [78] regelt finanzielle Verstöße im Zusammenhang mit Zulassungen.

Die Richtlinie 2001/83/EG legt fest, welche Unterlagen hier einzureichen sind und welche Gebühren anfallen. Die Richtlinie 2001/20/EG legt weitergehend fest, welche Anforderungen an klinische Studien unter Berücksichtigung ethischer Aspekte gefordert werden (siehe Kapitel 6).

Grundsätzlich gibt es folgende drei Zulassungsverfahren für pharmazeutische Produkte [79]:

- Das zentrale Zulassungsverfahren über EMEA (European Medicines Agency – European Agceny for the Evaluation of Medicinal Products) führt zu einer Zulassung (Marketing Authorization – MA) in allen Mitgliedsländern der EU.
- Das dezentralisierte Verfahren basiert auf dem Prinzip der gegenseitigen Anerkennung (Mutual Recognition – MR). Eine Marktzulassung wird hier zunächst durch einen EU Mitgliedsstaat erteilt und dann durch Anerkennung auf andere Mitgliedstaaten ausgedehnt.
- Nationale Zulassungsverfahren.

Das **zentralisierte Verfahren** muss für folgende Arzneimittel angewandt werden (siehe auch Kapitel 96.5.8) für:

- Gen- bzw. Biotechnologisch hergestellte Arzneimittel.
- Arzneimittel für Kinder.
- Arzneimittel, die einen völlig neuen Wirkstoff enthalten mit der therapeutischen Indikation zur Behandlung des erworbenen Immundefizienzsyndroms, Krebs, neurodegenerativer Erkrankungen oder Diabetes.
- Seit dem 20.05.2008, für Arzneimittel für den menschlichen Gebrauch, die neue Wirkstoffe enthalten mit der therapeutischen Indikation zur Behandlung von Autoimmunerkrankungen, anderer Immundysfunktionen und viraler Erkrankungen.

Das **zentralisierte Verfahren** kann angewandt werden bei:
- Arzneimittel für neue, wesentliche Innovationen oder neue Wirkstoffe, sowie neue Arzneimittel aus menschlichem Blut oder Blutplasma, die vor dem 01.10.1995 in keinem EU Mitgliedsstaat zugelassen waren.
- Andere Arzneimittel, die einen neuen Wirkstoff enthalten
- Arzneimittel, die eine therapeutische, wissenschaftliche oder technische Innovation oder ein Interesse auf gemeinschaftlichem Niveau darstellen.

Besondere Regelungen im Hinblick auf Zulassungsverfahren ergeben sich bei den Kombinationsprodukten von Arzneimitteln und Medizinprodukten (Siehe hierzu Kapitel 96.13).

Typ der Rechtsgrundlage	Titel in Deutsch
EU Verordnung Unmittelbar geltendes Recht in allen Mitgliedsstaaten, Grundlage Art.189 des EG Vertrages	Verordnung (EG) Nr. 726/2004 des Europäischen Parlaments und des Rates vom 31. März 2004 zur Festlegung von Gemeinschaftsverfahren für die Genehmigung und Überwachung von Human- und Tierarzneimitteln und zur Errichtung einer Europäischen Arzneimittel-Agentur
	Verordnung (EG) Nr. 658/2007 der Kommission vom 14. Juni 2007 über finanzielle Sanktionen bei Verstößen gegen bestimmte Verpflichtungen im Zusammenhang mit Zulassungen, die gemäß der Verordnung (EG) Nr. 726/2004 des Europäischen Parlaments und des Rates erteilt wurden
	Verordnung (EG) Nr. 507/2006 der Kommission vom 29. März 2006 über die bedingte Zulassung von Humanarzneimitteln, die unter den Geltungsbereich der Verordnung (EG) Nr. 726/2004 des Europäischen Parlaments und des Rates fallen
	Verordnung (EG) Nr. 1901/2006 des Europäischen Parlaments und des Rates vom 12. Dezember 2006 über Kinderarzneimittel und zur Änderung der Verordnung (EWG) Nr. 1768/92, der Richtlinien 2001/20/EG und 2001/83/EG sowie der Verordnung (EG) Nr. 726/2004
	Verordnung (EG) Nr. 1394/2007 des Europäischen Parlaments und des Rates vom 13. November 2007 über Arzneimittel für neuartige Therapien und zur Änderung der Richtlinie 2001/83/EG und der Verordnung (EG) Nr. 726/2004

Tabelle 96.13 Wesentliche Rechtsnormen der EU für die Zulassung von humanen Arzneimittel, die Durchführung klinische Studie und der „Guten Herstellungspraxis"-GMP

96.5 Marktzulassung und Zertifizierung in der Pharmabranche

Typ der Rechtsgrundlage	Titel in Deutsch
EU Richtlinien	Richtlinie 2001/83/EG des Europäischen Parlaments und des Rates vom 6. November 2001 zur Schaffung eines Gemeinschaftskodexes für Humanarzneimittel; Konsolidierte Fassung vom 30.04.2004
Auftrag an die Gesetzgeber der Mitgliedsstaaten zur Umsetzung in nationales Recht, Grundlage Art. 189 des EG-Vertrages	Berichtigung der Richtlinie 2003/63/EG der Kommission vom 25. Juni 2003 zur Änderung der Richtlinie 2001/83/EG des Europäischen Parlaments und des Rates zur Schaffung eines Gemeinschaftskodexes für Humanarzneimittel.
	Richtlinie 2003/63/EG der Kommission vom 25. Juni 2003 zur Änderung der Richtlinie 2001/83/EG des Europäischen Parlaments und des Rates zur Schaffung eines Gemeinschaftskodexes für Humanarzneimittel;
	Richtlinie 2001/82/EG des Europäischen Parlaments und des Rates vom 6. November 2001 zur Schaffung eines Gemeinschaftskodexes für Tierarzneimittel, Konsolidierte Fassung vom 30.04.2004
	Richtlinie 2003/94/EG der Kommission vom 8. Oktober 2003 zur Festlegung der Grundsätze und Leitlinien der Guten Herstellungspraxis für Humanarzneimittel und für zur Anwendung beim Menschen bestimmte Prüfpräparate;
	Richtlinie 2001/20/EG des Europäischen Parlaments und des Rates vom 4. April 2001 zur Angleichung der Rechts- und Verwaltungsvorschriften der Mitgliedstaaten über die Anwendung der guten klinischen Praxis bei der Durchführung von klinischen Prüfungen mit Humanarzneimitteln
	Richtlinie 2005/28/EG der Kommission vom 8. April 2005 zur Festlegung von Grundsätzen und ausführlichen Leitlinien der guten klinischen Praxis für zur Anwendung beim Menschen bestimmte Prüfpräparate sowie von Anforderungen für die Erteilung einer Genehmigung zur Herstellung oder Einfuhr solcher Produkte
	Richtlinie 2001/20/EG des Europäischen Parlaments und des Rates vom 4. April 2001 zur Angleichung der Rechts- und Verwaltungsvorschriften der Mitgliedstaaten über die Anwendung der guten klinischen Praxis bei der Durchführung von klinischen Prüfungen mit Humanarzneimitteln
	Richtlinie 2006/86/EG der Kommission vom 24. Oktober 2006 zur Umsetzung der Richtlinie 2004/23/EG des Europäischen Parlaments und des Rates hinsichtlich der Anforderungen an die Rückverfolgbarkeit, der Meldung schwerwiegender Zwischenfälle und unerwünschter Reaktionen sowie bestimmter technischer Anforderungen an die Kodierung, Verarbeitung, Konservierung, Lagerung und Verteilung von menschlichen Geweben und Zellen
Beschlüsse	94/358/EG: BESCHLUSS DES RATES vom 16. Juni 1994 zur Annahme des Übereinkommens über die Ausarbeitung eines Europäischen Arzneibuchs im Namen der Europäischen Gemeinschaft

Tabelle 96.13 (*Fortsetung*) Wesentliche Rechtsnormen der EU für die Zulassung von humanen Arzneimittel, die Durchführung klinische Studie und der „Guten Herstellungspraxis"-GMP

96.5.3 Zulassungs- und Registrierungsverfahren in Deutschland

Im Deutschen Recht spiegelt das Arzneimittelgesetz (AMG) die rechtlichen Grundlagen für die Zulassung und Registrierung von Arzneimitteln wieder (siehe Tabelle 96.15, Inhalte des AMG mit Listung der wesentlichen §§ für Zulassung, Registrierung, Herstellungserlaubnis und klinischer Prüfung).

In Deutschland können nationale oder dezentrale Zulassungsverfahren beim BfArM beantragt werden. Das BfArM ist gleichfalls in die Zulassungsverfahren für Arzneimittel der Europäischen Union eingebunden. Das BfArM veröffentlicht Statistiken über die eingegangenen Anträge zu Zulassungen und Registrierungsverfahren. Anfang 2007 lagen beispielsweise 3039 offene Anträge vor (vgl. Tab. 96.14 für 2007).

Grundsätzlich sind Zulassungen auf fünf Jahre befristet. Verlängerungen werden auf Antrag und nach erneuter Überprüfung erteilt. Änderungen von bereits zugelassenen Arzneimitteln müssen dem BfArM angezeigt werden. Wesentliche Änderungen können erst nach Genehmigung durch das BfArM umgesetzt werden.

Bei der Zulassung von Fertigarzneimitteln und der Registrierung von homöopathischen Arzneimitteln kann auf das Arzneibuch nach § 55 Arzneimittelgesetz Bezug genommen werden. Damit werden Industrie und Behörden entlastet (vgl. Tab. 96.15, Abschnitt 5).

Homöopathische Arzneimittel werden vom BfArM entweder ohne Angabe von Anwendungsgebieten registriert (§ 38 AMG), oder bei Angaben zu Wirkungen und Anwendungsgebieten zugelassen. Zudem sind gegenwärtig ca. 336 verschiedene homöopathische Arzneimittel im Sinne der Standardregistrierung durch Rechtsverordnung gemäß § 39 Abs. 3 AMG von der Pflicht zur Einzelregistrierung freigestellt.

Besonders geregelt ist auch die Registrierung von traditionellen pflanzlichen Arzneimitteln (§ 39a, AMG, vgl. Tab. 96.15, Abschnitt 5).

Art der Anträge	Stand Anfang 2007	Stand Ende 2007
Abgeschlossene Anträge (Teilsummen 1+2+3)		2564
Zulassungen/Registrierungen (Teilsumme 1)		2263
Versagungen (Teilsumme 2)		92
Rücknahmen (Teilsumme 3)		209
Summe der Antragseingänge		3241
Summe offener Anträge	3039	3716

Tabelle 96.14 Auszug aus den Veröffentlichungen zur Bearbeitungsstatistik des BfArM von Zulassungs- und Registrierungsanträgen von Arzneimitteln in 2007

96.5 Marktzulassung und Zertifizierung in der Pharmabranche

Abschnitt	Titel	ausgewählte Paragraphen (nicht vollständig)
1	Zweck des Gesetzes und Begriffsbestimmungen	
2	Anforderungen an die Arzneimittel	§5 Verbot bedenklicher Arzneimittel §8 Verbote zum Schutz vor Täuschung §9 Der Verantwortliche für das Inverkehrbringen §10 Kennzeichnung §11 Packungsbeilage §11a Fachinformation §12 Ermächtigung für die Kennzeichnung, die Packungsbeilage und die Packungsgrößen
3	Herstellung von Arzneimitteln	§13 Herstellungserlaubnis §19 Verantwortungsbereiche §20 Anzeigepflichten
4	Zulassung der Arzneimittel	§21 Zulassungspflicht §22 Zulassungsunterlagen §24b Zulassung eines Generikums, Unterlagenschutz §25a Vorprüfung §25b Verfahren der gegenseitigen Anerkennung und dezentralisiertes Verfahren §37 Genehmigung der Kommission der Europäischen Gemeinschaft oder des Rates der Europäischen Union für das Inverkehrbringen, Zulassungen von Arzneimitteln aus anderen Staaten
5	Registrierung von Arzneimitteln	§38 Registrierung homöopathischer Arzneimittel, §39a Registrierung traditioneller pflanzlicher Arzneimittel
6	Schutz des Menschen bei der klinischen Prüfung	§40 Allg. Voraussetzungen der klinischen Prüfung §41 Bes. Voraussetzungen der klinischen Prüfung §42 Verfahren bei der Ethik-Kommission, Genehmigungsverfahren bei der Bundesoberbehörde §42a Rücknahme, Widerruf und Ruhen der Genehmigung
7	Abgabe von Arzneimitteln	
8	Sicherung und Kontrolle der Qualität	
9	Sondervorschriften für Arzneimittel, die bei Tieren angewendet werden	

Tabelle 96.15 Inhaltsübersicht zum AMG – Gesetz über den Verkehr mit Arzneimitteln

Abschnitt	Titel	ausgewählte Paragraphen (nicht vollständig)
10	Beobachtung, Sammlung und Auswertung von Arzneimittelrisiken	§63a Stufenplanbeauftragter §63b Dokumentations- und Meldepflichten
11	Überwachung	
12	Sondervorschriften für Bundeswehr, Bundespolizei, Bereitschaftspolizei, Zivilschutz	
13	Einfuhr und Ausfuhr	§72 Einfuhrerlaubnis §72a Zertifikate §72b Einfuhrerlaubnis und Zertifikate für Gewebe und bestimmte Gewebezubereitungen §73 Verbringungsverbot §73a Ausfuhr §74 Mitwirkung von Zolldienststellen
14	Informationsbeauftragter, Pharmaberater	
15	Bestimmung der zuständigen Bundesoberbehörden und sonstige Bestimmungen	
16	Haftung für Arzneimittelschäden	§84 Gefährdungshaftung §84a Auskunftsanspruch §85 Mitverschulden §86 Umfang der Ersatzpflicht bei Tötung §87 Umfang der Ersatzpflicht bei Körperverletzung §88 Höchstbeträge §89 Schadensersatz durch Geldrenten §91 Weitergehende Haftung §92 Unabdingbarkeit §93 Mehrere Ersatzpflichtige §94 Deckungsvorsorge §94a Örtliche Zuständigkeit
17	Straf- und Bußgeldvorschriften	
18	Überleitungs- und Übergangsvorschriften	
Anhang	• Anabole Wirkstoffe • Hormone und verwandte Verbindungen • Substanzen mit antiestrogener Wirkung	Stoffe gemäß § 6a Abs. 2a Satz 1

Tabelle 96.15 (*Fortsetzung*) Inhaltsübersicht zum AMG – Gesetz über den Verkehr mit Arzneimitteln

96.5.4 Verlängerung von Zulassungen und Registrierungen von Arzneimitteln

Eine Zulassung bzw. Registrierung erlischt nach Ablauf von fünf Jahren nach ihrer Erteilung, sofern nicht spätestens sechs Monate vor Ablauf der Frist ein Antrag auf Verlängerung gestellt wird. Eine Zulassung bzw. Registrierung, die verlängert wird, gilt dann ohne zeitliche Begrenzung, wenn die zuständige Bundesoberbehörde keine weitere Verlängerung um fünf Jahre anordnet. Für zentral zugelassene Arzneimittel erfolgt die Verlängerung auf Grundlage des Art. 14 der EG-Verordnung Nr. 726/2004.

Für nationale Zulassungen und Registrierungen, sowie Zulassungen aus dem „Verfahren der gegenseitigen Anerkennung" (MRP) und dem „Dezentralen Verfahren" (DCP) erfolgt die Verlängerung auf der Grundlage des Art. 24 RL 2001/83/EG.

Die Regelungen des Art. 24 RL 2001/83/EG wurden für zugelassene Arzneimittel in dem § 31 Abs. 1 Nr. 3 AMG, für Registrierungen homöopathischer Arzneimittel in dem § 39 Abs. 2b AMG sowie für Registrierungen traditioneller pflanzlicher Arzneimittel in dem § 39c Abs. 3 AMG in nationales Recht überführt.

96.5.5 Antragsunterlagen EU und Deutschland

Seit dem 01.07.2003 ist für die Antragsunterlagen das Format des „Common Technical Documents" (CTD) zur Einreichung bindend, unabhängig ob es sich um ein zentralisiertes, ein Mutual Recognition (MR) oder nationales Verfahren handelt. Das CTD muss in englischer Sprache erstellt werden und hat 5 Module (Tab. 96.16). Antragsunterlagen umfassen mehrere tausend Seiten.

Auf die Bedeutung klinischer Studien (Clinical Studies), die ein wesentliches Modul des CTD darstellen wird in Kapitel 6 besonders eingegangen.

Modul	Titel der CTD Module (in Englisch, da Unterlagen in Englisch einzureichen sind)
1	Administrative Information and Prescribing Information
2	Common Technical Document Summaries
3	Quality
4	Nonclincal Studies
5	Clincal Studies

Tabelle 96.16 Module des CTD – „Common Technical Document"

96.5.5.1 Antragsunterlagen Deutschland

Grundsätzlich ist in § 22 des AMG geregelt, welche Anforderungen an die Zulassungsunterlagen gestellt werden. Am 15. Juli 2007 hat das BfArM die „Erläuterungen zum elektronischen Einreichungsverfahren gemäß AMG-Einreichungsverordnung (AMG-EV), veröffentlicht. Die AMG-EV regelt die elektronische Einreichung von bestimmten Unterlagen, die im Rahmen von Zulassungs-, Änderungs- oder Verlängerungsanträgen einzureichen sind, insbesondere zu den Modulen 1 und 2 des „Common Technical Documents" (CTD) [80].

96.5.6 Herstellungserlaubnis und GMP Anforderungen in der Pharmabranche

Die Richtlinien 2001/83/EC (Humanarzneimittel), 2001/82/EC (Tierarzneimittel) einschließlich Ergänzungen fordern für die Herstellung von Human- und Tierarzneimitteln die Verwendung GMP-gerecht hergestellter Wirkstoffe. Die Pharmahersteller sind damit in die Pflicht genommen, den eigenen, sowie den GMP-Status ihrer Wirkstofflieferanten und -händler zu prüfen.

AMG, § 13 Herstellungserlaubnis

Wer Arzneimittel im Sinne des § 2 Abs. 1 oder Abs. 2 Nr. 1, Testsera oder Testantigene oder Wirkstoffe, die menschlicher, tierischer oder mikrobieller Herkunft sind oder auf gentechnischem Wege hergestellt werden, sowie andere zur Arzneimittelherstellung bestimmte Stoffe menschlicher Herkunft gewerbs- oder berufsmäßig zum Zwecke der Abgabe an andere herstellen will, bedarf einer Erlaubnis der zuständigen Behörde. Das Gleiche gilt für juristische Personen, nicht rechtsfähige Vereine und Gesellschaften des bürgerlichen Rechts, die Arzneimittel zum Zwecke der Abgabe an ihre Mitglieder herstellen.

Ausnahmen und Sonderregelungen sind umfassend im AMG beschrieben. Besonders geregelt ist auch die Herstellung von Arzneimittels zur klinischen Prüfung.

Eine Erlaubnis nach § 13, § 52a oder § 72 wird von der zuständigen Behörde erst erteilt, wenn sie sich durch eine Besichtigung davon überzeugt hat, dass die Voraussetzungen für die Erlaubniserteilung vorliegen. Innerhalb von 90 Tagen nach einer Inspektion wird dem Hersteller ein Zertifikat über die „Gute Herstellungspraxis" ausgestellt, wenn die Inspektion zu dem Ergebnis führt, dass dieser Hersteller die Grundsätze und Leitlinien der „Guten Herstellungspraxis" des Gemeinschaftsrechts einhält.

Das Bundesministerium für Gesundheit hat in der Bekanntmachung vom 27.10.2006 zu § 2 Nr. 3 der Arzneimittel- und Wirkstoffherstellungsverordnung – AMWHV entschieden, dass die in den EU-Richtlinien zur Guten Herstellungspraxis festgelegten Anforderungen auch für die deutsche Gesetzgebung verbindlich sind.

96.5 Marktzulassung und Zertifizierung in der Pharmabranche 2233

Für die Ausstellung eines GMP Zertifikates hat die Europäische Kommission mit der EMEA ein „Community Format for a GMP Certificate" im Juli 2006 veröffentlicht (letzte Anpassung September 2007). Hiermit wird von der zuständigen Überwachungsbehörde nach durchgeführter Inspektion die Übereinstimmung mit den Anforderungen zur Guten Herstellpraxis der EU Richtlinien 2003/94/EG [81], 91/412/EWG [82] sowie für aktive Wirkstoffe gemäß der EU Richtlinien 2001/83/EG (Art. 47) [83], 2001/82/EG (Art. 51) bestätigt. Die Anforderungen erfüllen auch die GMP Empfehlungen der WHO [84].

Nachfolgend sind in der Tabelle 96.17 die GMP Anforderungen der EU aufgeführt, die im Volume 4, EU „Guideline to Good Manufactoring Practice – Medicinal Products for Human and Vetrerinary Use" sowohl für Arzneimittel (Medicinal Products) als auch für aktive Wirksubstanzen und Ausgangsstoffe (Active Substances used as Starting Materials) zusammengestellt sind. Die GMP-Anforderungen berücksichtigen auch PIC/S-Empfehlungen [85]. Die „Pharmaceutical Inspection Convention and Pharmaceutical Inspection Co-operation Scheme" (PIC/S) sind ein international agierendes Expertengremium und Instrument von Inspektionsbehörden, die in Kooperation an der Harmonisierung der GMP Standards arbeiten.

Part I	Basic Requirements for Medicinal Products
Kapitel 1	Qualitätsmanagement
Kapitel 2	Personal
Kapitel 3	Räumlichkeiten und Ausrüstung
Kapitel 4	Dokumentation
Kapitel 5	Produktion
Kapitel 6	Qualitätskontrolle
Kapitel 7	Herstellung und Prüfung im Lohnauftag
Kapitel 8	Beanstandung und Produktrückruf
Kapitel 9	Selbstinspektion
Part II	**Basic Requirements for Active Substances used as Starting Materials**
Abschnitt 1	Einleitung
Abschnitt 2	Qualitätsmanagement
Abschnitt 3	Personal
Abschnitt 4	Gebäude und Anlagen
Abschnitt 5	Prozessausrüstung
Abschnitt 6	Dokumentation und Protokolle
Abschnitt 7	Materialmanagement
Abschnitt 8	Produktion und Inprozesskontrollen
Abschnitt 9	Verpackung und Kennzeichnung zur Identifizierung von Wirkstoffen und Zwischenprodukten

Tabelle 96.17 Übersicht zum Inhalt der EU Guidelines to Good Manufacturing Practice – Medicinal Products for Human and Veterinary Use [86]

Abschnitt 10	Lagerung und Vertrieb
Abschnitt 11	Laborkontrollen
Abschnitt 12	Validierung
Abschnitt 13	Änderungskontrolle
Abschnitt 14	Zurückweisung und Wiederverwendung von Materialien
Abschnitt 15	Beanstandungen und Rückrufe
Abschnitt 16	Lohnhersteller (einschließlich Labore)
Abschnitt 17	Vertreter, Makler, Händler, Großhändler, Umverpacker und Umetikettierer
Abschnitt 18	Spezifische Anleitung für Wirkstoffe, die mit Hilfe von Zellkulturen/Fermentation hergestellt werden
Abschnitt 19	Wirkstoffe zur Verwendung in klinischen Prüfungen
Abschnitt 20	Glossar
ANNEXES	**(Titel in Englisch, da nicht alle Annexes in D vorliegen)**
Annex 1	Manufacture of Sterile Medicinal Products
Annex 2	Manufacture of Biological Medicinal Products for Human Use
Annex 3	Manufacture of RadioPharmaceuticals
Annex 4	Manufacture of Veterinary Medicinal Products other than Immunological Veterinary Medicinal Products
Annex 5	Manufacture of Immunological Veterinary Medicinal Products
Annex 6	Manufacture of Medicinal Gases
Annex 7	Manufacture of Herbal Medicinal Products
Annex 8	Sampling of Starting and Packaging Materials
Annex 9	Manufacture of Liquids, Creams and Ointments
Annex 10	Manufacture of Pressurised Metered Dose Aerosol Preparations for Inhalation
Annex 11	Computerised Systems
Annex 12	Use of Ionising Radiation in the Manufacture of Medicinal Products
Annex 13	Manufacture of Investigational Medicinal Products
Annex 14	Manufacture of Products derived from Human Blood or Human Plasma
Annex 15	Qualification and validation
Annex 16	Certification by a Qualified Person and Batch Release
Annex 17	Parametric Release
Annex 18	Good manufacturing practice for active pharmaceutical ingredients; Requirements for active substances used as starting materials from October 2005 covered under part II
Annex 19	Reference and Retention Samples
Annex 20	Quality Risk Management

Tabelle 96.17 (*Fortsetzung*) Übersicht zum Inhalt der EU Guidelines to Good Manufacturing Practice – Medicinal Products for Human and Veterinary Use [86]

96.5.7 Zertifizierungen in der Lieferkette Pharma im freiwirtschaftlichen Bereich

Pharmahersteller und deren Lieferanten unterliegen in Europa der behördlichen Überwachung. Zertifizierungen wurden bisher eher im Hinblick auf das Qualitätsmanagementsystem (ISO 9001) oder des Umweltmanagementsystems (ISO 14001) durchgeführt. Inwieweit diese Zertifizierungen ggf. in Kombination mit GMP-Anforderungen bei der Organisation behördlichen Überwachung zukünftig eine Rolle spielen, ist fraglich.

Im Rahmen der Eigenverantwortung und der internen Qualitätssicherung können freiwirtschaftliche Zertifizierungen in der Lieferkette jedoch an Bedeutung gewinnen, zumal die Globalisierung der Warenströme der Vorprodukte, Verpackungsmaterialien und Dienstleistungen wie Transport und Lagerung entscheidend Einfluss auf die Qualität von Arzneimitteln haben. Hier kann ein Zertifikat eines in Europa akkreditierten Zertifizieres vertrauensbildend in der Kunden-Lieferantenbeziehung und ein Baustein in der Qualitätssicherung sein.

Viele Fertigungsschritte finden im Lohnauftrag der Hersteller und in Reinräumen statt. Hier kann eine neutrale Zertifizierung von Reinräumen wertvolle Basis für die Qualitätssicherung der Lieferantenleistungen (z. B. Abfüller, Abpacker) bei speziellen Fertigungsprozessen sein. Die Reinraum-Zertifizierung basiert auf den Normenreihen ISO 14644 und VDI 8023 und wird beispielsweise von TÜV SÜD angeboten [87].

Speziell für die Hersteller von Primärverpackungsmaterial für Arzneimittel steht der ISO Standard 15378:2006 [88] bereit, die auf der Basis der Struktur der ISO 9001:2000 ergänzende Anforderung zu GMP, Risikomanagement (HACCP, FMEA), und Reinraumtechnologie (mit Bezug zur ISO Serie 14644) berücksichtigt.

In Tabelle 96.18 werden beispielhaft wertbringende Zertifizierungen für die Lieferkette von Arzneimitteln aufgezeigt.

96.5.8 Regelungen zur Zulassung von „Biologicals" – „Arzneimitteln für neuartige Therapieverfahren" und der Kombinationspräparate

Im November 2007 wurde die Verordnung über „Arzneimittel für neuartige Therapieverfahren" (Verordnung 1394/2007/EG) [90] im Europäischen Amtsblatt veröffentlicht. Sie tritt am 30. Dezember 2008 in Kraft. Die Verordnung definiert die Rahmenbedingungen des europaweiten Marktzugangs für diese Gruppe von Arzneimitteln. Sie bricht bei der Zulassung von so genannten Kombinationsprodukten mit der bisherigen Verfahrensweise. Auch die neue Fassung der Medizinprodukte-Richtlinie enthält Änderungen, die für die Hersteller von Kombinationsprodukten von Bedeutung sein können. Bei der Neuregelung des Verfahrens wird die Rolle der Benannten Stellen aufgewertet. Angesichts der fortschreitenden Entwicklung

Normative Grundlage	Bedeutung
ISO 9001:2000	Qualitätsmanagementsystem
GMP entsprechend normativer Grundlagen z. B. „EU Guidelines to Good Manufactoring Practice, Medicinal Products for Human and Veterinary Use and Annexes"	Anforderungen an die Branchen- und produktspezifischen Produktionsweisen. Spezielle Anforderungen sind für Arzneimittel- und Wirkstoff- (Vorprodukte-)herstellung definiert.
TÜV SÜD MS Standard – Reinraum nach den Normenreihen DIN EN ISO 14644 und VDI 2083 [89]	Anforderungen für Planung, Errichtung, Betrieb und Aufrechterhaltung von Reinräumen in der Lieferkette. Anwendbar für die Qualitätssicherung aller Teilprozesse des Herstellers oder seiner Lieferanten die in Reinräumen stattfinden.
ISO 15378:2006 – Primärverpackungen für Arzneimittel – Besondere Anforderungen für die Anwendung von ISO 9001:2000 entsprechend der Guten Herstellungspraxis (GMP)	Spezielle GMP Anforderungen für die Hersteller von Primärverpackungen für Arzneimittel.

Tabelle 96.18 Relevante Zertifizierungen (freiwirtschaftlicher Bereich) für die Pharmalieferkette

in Medizin und Medizintechnik sollten auch bestehende Zulassungsverfahren für herkömmliche Kombinationsprodukte kritisch hinterfragt werden.

Bei der Zulassung von Arzneimitteln und Medizinprodukten gibt es in Europa eine klare Arbeitsteilung. Arzneimittel fallen in den Verantwortungsbereich der Euopean Agency for the Evaluation of Medical Products (EMEA) in London und der nationalen Behörden. Für die Marktzulassung von Medizinprodukten sind die Benannten Stellen zuständig. Diese Arbeitsteilung hat sich seit Jahrzehnten bewährt. Während sich die Behörden bei der Zulassung von Arzneimitteln auf ein standardisiertes Routineverfahren verlassen und auf die strenge Kontrolle der Arzneimittelhersteller konzentrieren konnten, haben sich die Benannten Stellen auf die Evaluation einer breiten und heterogenen Palette von Medizinprodukten spezialisiert und die entsprechende Infrastruktur – fachlich und personell – aufgebaut.

Allerdings haben die Fortschritte im medizinischen Bereich und die Entwicklung von neuartigen Therapien die einstmals klare Trennlinie zwischen Arzneimitteln und Medizinprodukten immer stärker verwischt. Dadurch war eine umfassende Neuregelung gerade auf dem Feld der Kombinationsprodukte unverzichtbar. Diese Produkte bestehen zum Teil aus Medizinprodukten und zum Teil aus Arzneimitteln beziehungsweise neuartigen Zelltherapeutika. Im Moment sind Kombinationen von Medizinprodukten mit Anteilen von Arzneimitteln, Blutprodukten, „viablen" Humanmaterialien oder „non-viablen" Humanmaterialien im Einsatz.

Welche Richtlinien für die Zulassung eines Kombinationsproduktes anzuwenden sind, richtet sich nach der Wirkung seiner Bestandteile. Hier wird zwischen einer Hauptwirkung („primary mode of action") und einer Nebenwirkung („auxillary function") unterschieden. Der Begriff der Nebenwirkung beschreibt in diesem Zusammenhang den Bestandteil, der nur – und ausschließlich – eine unterstützende Rolle für die Wirkung des Gesamtprodukts hat. Wie die Unterscheidung zwischen Haupt- und Nebenwirkung in der Praxis umgesetzt wird und wie die Zulassungsverfahren in Zukunft geregelt sind, ist im Folgenden für drei Gruppen von Kombinationsprodukten beschrieben.

96.5.8.1 Kombination von Medizinprodukt und Arzneimittel

Ist Knochenzement mit einem Antibiotikum versehen, liegt die Hauptwirkung beim Knochenzement (= Medizinprodukt) und die Nebenwirkung beim Antibiotikum (= Arzneimittel). Deshalb wird das gesamte Produkt als Medizinprodukt betrachtet, das bei der Zulassung unter die Medizinprodukte-Richtlinie 93/42/EWG [91] fällt. Dagegen liegt bei einer vorgefüllten Spritze die Hauptwirkung beim Arzneimittel, während das Medizinprodukt nur eine Hilfsfunktion erfüllt. Deshalb ist auf das Gesamtprodukt die Arzneimittel-Richtlinie 2001/83/EG [92] anzuwenden.

Wenn die Zulassung – wie im ersten geschilderten Fall – auf Basis der Medizinprodukte-Richtlinie erfolgt, muss vor der Zertifizierung des Gesamtprodukts durch eine Benannte Stelle eine nationale Behörde konsultiert werden. Für die Zertifizierung reicht der Hersteller des Produkts alle notwendigen Unterlagen bei der Benannten Stelle ein. Diese bewertet den Medizinprodukt-Anteil und leitet das so genannte Konsultationsverfahren durch die Behörde ein, die ein Gutachten über den Arzneimittel-Anteil erstellt. Bei der abschließenden Bewertung des Gesamtprodukts muss die Benannte Stelle das Votum der Behörde berücksichtigen. Da es im Moment keine zeitlichen Vorgaben für die Dauer der Arzneimittelbewertung durch die nationale Behörde gibt, ist die Dauer des gesamten Zulassungsverfahrens für den Hersteller nur schwer vorherzusehen.

96.5.8.2 Kombination von Medizinprodukt und Blutprodukten

Die Aufteilung erfolgt analog zu den beschriebenen Beispielen für Arzneimittel nach Haupt- und Nebenwirkung. Wenn die Hauptwirkung beim Blutprodukt liegt, kommt hier allerdings nicht die Arzneimittel-Richtlinie sondern die Blutprodukte-Richtlinie 2002/98 EG [93] zum Einsatz. Zudem ist für die Bewertung des Blutprodukte-Anteils nicht eine nationale Behörde, sondern die EMEA zuständig. Sie muss das Gutachten innerhalb von 210 Tagen erstellen. Wenn es im Bewertungsprozess noch Fragen an den Hersteller gibt, wird nach dem Stop-clock-Prinzip verfahren: Erst nach der Beantwortung der Fragen beginnt die Uhr der 210-Tages-Frist wieder zu laufen.

An den Zulassungsverfahren für Kombinationsprodukte mit Arzneimittel- beziehungsweise Blutprodukte-Anteilen wird die Revision der Medizinprodukte-Richtlinie nichts Grundsätzliches ändern. Allerdings hat der europäische Gesetzgeber die Rolle der Benannten Stellen im Zulassungsprozess genauer beschrieben und bestehende Unklarheiten ausgeräumt. Bisher bewerten die Benannten Stellen die Qualität und Sicherheit des Medizinprodukt-Anteils und beziehen in ihre abschließende Bewertung des Gesamtproduktes das Votum der Behörde zur Arzneimittelkomponente ein. In Zukunft bewerten die Benannten Stellen ebenfalls das klinische Risiko-/Nutzenverhältnis des Gesamtprodukts, das Ergebnis der Bewertung wird dann ihren Konsultationsunterlagen für die zuständige Behörde beigefügt. Die Behörde kann sich in ihrer Bewertung auf den Arzneimittel-Anteil – seine Qualität und Sicherheit – konzentrieren. Sie berücksichtigt dabei außerdem das Votum der Benannten Stelle zum klinischen Nutzen des Gesamtprodukts.

Mit dieser Regelung hat das Europäische Parlament nicht nur die Aufgaben der Benannten Stellen klarer gefasst, sondern auch die Expertise der Benannten Stellen für die Bewertung des klinischen Nutzens von Medizinprodukten angemessen berücksichtigt. Da die überarbeitete Medizinprodukte-Richtlinie auch den Zeitrahmen für die Konsultation der nationalen Behörden auf 210 Tage begrenzt, erhalten die Hersteller durch die Neufassung mehr Planungssicherheit hinsichtlich des gesamten Zulassungsverfahrens.

96.5.8.3 Kombination von Medizinprodukt und Humanmaterial

Wenn ein Medizinprodukt mit lebendem Zell- und Gewebematerial humanen Ursprungs – beispielsweise eine Hüftprothese mit humanen Zellen zur Optimierung des Einheilverhaltens – kombiniert wird, liegt die Hauptwirkung immer beim Humanmaterial. Das regelt die europäische Verordnung über „Arzneimittel für neuartige Therapieverfahren", die im Dezember 2008 inkraft tritt. Die Verordnung sieht keine weitere Unterscheidung zwischen der pharmakologischen, immunologischen oder metabolischen Wirkung des Humanmaterials vor, was bei herkömmlichen Arzneimitteln üblich ist.

Für die Bewertung und Zulassung dieser neuen Gruppe von Kombinationsprodukten hat das Europäische Parlament in der Verordnung einen vollkommen neuen Weg beschritten. Zwar wird die EMEA grundsätzlich für die Zulassung solcher Kombinationsprodukte verantwortlich sein, aber sie wird ihrerseits eine Benannte Stelle mit der Bewertung des Medizinprodukt-Anteils unter Berücksichtigung der „Grundlegenden Anforderungen" (essential requirements) beauftragen. Diese Anforderungen sind in der Richtlinie 2007/47/EG [94], der revidierten Fassungen der Medizinprodukte-Richtline 93/42/EWG und der Richtlinie für aktive, implantierbare Medizinprodukte 90/385/EWG [95] beschrieben.

Dieses neue Konsultationsverfahren wird die EMEA immer dann einsetzen, wenn der Medizinprodukt-Anteil des Kombinationsprodukts noch nicht durch eine Benannte Stelle bewertet wurde. Dabei wählt die Agentur zusammen mit dem Hersteller die Benannte Stelle aus, welche die Bewertung durchführen wird. Allerdings kann der EMEA-Ausschuss für neuartige Therapieverfahren (Committee on Advanced Therapeutics – CAT) auch beschließen, dass die Bewertung des Medizinprodukt-Anteils und die Einbindung einer Benannten Stelle in das Verfahren nicht nötig sind. Eine weitere mögliche Abweichung vom beschriebenen Verfahren besteht nach den Vorgaben der beiden überarbeiteten Richtlinien darin, dass der Hersteller die Medizinprodukt-Komponente bereits vor der Einreichung des Zulassungsantrags bei der EMEA durch eine Benannte Stelle bewerten lässt. Das Ergebnis dieser Bewertung hat die Agentur bei der Zulassungsentscheidung zu berücksichtigen.

Fazit: Nach langer und intensiver Diskussion in den Ausschüssen hat das Europäische Parlament mit der Verordnung über „Arzneimittel für neuartige Therapieverfahren" und der Neufassung der beiden Medizinprodukte-Richtlinien auf die zunehmende Komplexität bei Kombinationsprodukten reagiert und dabei auch die bestehenden hohen Anforderungen an die Patientensicherheit berücksichtigt.

Damit liegt nun eine klare Aufgabenverteilung zwischen Behörde und Benannten Stellen vor, mit erheblichen Vorteilen im Hinblick auf die Patientensicherheit sowie die sinnvolle Nutzung der vorhandenen Ressourcen. Durch die gezielte Einbindung der Benannten Stellen in das Zulassungsverfahren kann der Aufbau von Doppelstrukturen vermieden werden, was angesichts der öffentlichen Diskussion um die steigenden Kosten im Gesundheitswesen nicht nur wünschenswert, sondern fast schon zwingend notwendig erscheint. Last but not least ist die beschriebene Aufgabenteilung zwischen Behörde und Benannten Stellen auch vorteilhaft für die Patientensicherheit, weil die Benannten Stellen ihre Expertise zur Bewertung von Medizinprodukten über Jahre und Jahrzehnte hinweg aufgebaut und auf hohem Niveau kontinuierlich weiterentwickelt haben.

96.6 Bedeutung der klinischen Prüfung bei Zulassung von Medizinprodukten und Arzneimitteln

96.6.1 *Rechtliche Rahmenbedingungen und Normen zur klinischen Prüfung*

In der Entwicklung von Medizinprodukten und Arzneimitteln spielt der Nachweis des klinischen Nutzens eine entscheidende Rolle für die Zulassungsfähigkeit. Der Hersteller muss nachweisen, dass sein Produkt am Menschen sicher einsetzbar und auch wirksam bzw. leistungsfähig ist. Grundsätzlich sind sowohl für Arzneimittel und für Medizinprodukte zwei Verfahren möglich um dieses nachzuweisen.

Eine Möglichkeit ist die Durchführung klinischer Studien, als Alternative wird ein Nachweis anhand bereits veröffentlichter Literatur eines Vergleichsproduktes erwähnt. Für die Arzneimittelzulassung wird diese Route stark eingeschränkt, so dass sie nur dann möglich ist, wenn das Vergleichsprodukt sich bereits 10 Jahre in der Anwendung befindet und ausreichend publizierte Daten verfügbar sind. In der Tabelle 96.19 sind die wesentlichen Regelungen für die klinische Prüfung zusammengefasst.

Rechtsnorm	Titel
International	
Deklaration von Helsinki	Deklaration des Weltärztebundes zu Ethischen Grundsätzen für die medizinische Forschung am Menschen (Deklaration von Helsinki), 18. Generalversammlung des Weltärztebundes in 1964 in Helsinki, letzte Revision von der 56. Generalversammlung des Weltärztebundes 2004 in Tokyo.
EU	
Richtlinie 90/385/EWG (AIMDD)	Richtlinie 90/385/EWG des Rates vom 20. Juni 1990 zur Angleichung der Rechtsvorschriften der Mitgliedstaaten über aktive implantierbare medizinische Geräte; Amtsblatt Nr. L 189 vom 20.07.1990, letzte Änderung 2007/47/EG
Richtlinie 2007/47/EG	Richtlinie 2007/47/EG des europäischen Parlaments und des Rates vom 5. September 2007 zur Änderung der: - Richtlinie 90/385/EWG des Rates zur Angleichung der Rechtsvorschriften der Mitgliedstaaten über aktive implantierbare medizinische Geräte und - Richtlinie 93/42/EWG des Rates über Medizinprodukte sowie der - Richtlinie 98/8/EG über das Inverkehrbringen von Biozid-Produkten; Amtsblatt Nr. L 247/21 vom 21.9.2007
Richtlinie 93/42/EWG (MDD)	Richtlinie 93/42/EWG des Rates vom 14. Juni 1993 über Medizinprodukte, Amtsblatt Nr. L 169 vom 12.7.1993
Richtlinie 98/79/EG (IVDD)	Richtlinie 98/79/EG des Europäischen Parlaments und des Rates vom 27. Oktober 1998 über In-vitro-Diagnostika, Amtsblatt Nr. L 331 vom 07/12/1998
Richtlinie 2003/32/EG (TSED)	Richtlinie 2003/32/EG der Kommission vom 23. April 2003 mit genauen Spezifikationen bezüglich der in der Richtlinie 93/42/EWG des Rates festgelegten Anforderungen an unter Verwendung von Gewebe tierischen Ursprungs hergestellte Medizinprodukte, Amtsblatt Nr. L 105/18 vom 26.4.2003
Richtlinie 2003/12/EG (BID)	Richtlinie 2003/12/EG der Kommission zur Neuklassifizierung von Brustimplantaten im Rahmen der Richtlinie 93/42/EWG über Medizinprodukte, Amtsblatt Nr. L 28/43 vom 4.2.2003
Richtlinie 2005/50/EG (JRD)	Richtlinie 2005/50/EG der Kommission vom 11. August 2005 zur Neuklassifizierung von Gelenkersatz für Hüfte, Knie und Schulter im Rahmen der Richtlinie 93/42/EWG über Medizinprodukte, Amtsblatt Nr. L 210/41 vom 12.8.2005
Richtlinie 2001/83/EG	Richtlinie 2001/83/EG des Europäischen Parlaments und des Rates vom 6. November 2001zur Schaffung eines Gemeinschaftskodexes für Humanarzneimittel, Amtsblatt Nr. L 311/67 vom 28.11.2001

Tabelle 96.19 Rechtliche und normative Rahmenbedingungen für klinische Prüfungen

96.6 Klinische Prüfung und Zulassung von Medizinprodukten und Arzneimitteln

Rechtsnorm	Titel
National	
Medizinproduktegesetz (MPG)	Gesetz über Medizinprodukte vom 02.08.1994, BGBl. I S. 3146, zuletzt geändert am 14.06.2007, BGBl. I S. 1066
Arzneimittelgesetz (AMG)	Arzneimittelgesetz in der Fassung der Bekanntmachung vom 12. Dezember 2005 (BGBl. I S. 3394), zuletzt geändert durch Artikel 9 Abs. 1 des Gesetzes vom 23. November 2007 (BGBl. I S. 2631).
Weitere Normen und Leitlinien	
ICH – Good Clinical Practise	E6(R1): Good Clinical Practice : Consolidated Guideline, May 1996. EU: Adopted by CPMP, July 96, issued as CPMP/ICH/135/95/Step5, Explanatory Note and Comments to the above, issued as CPMP/768/97. MHLW: Adopted March 97, PAB Notification No.430, MHLW Ordinance No.28. FDA: Published in the Federal Register, Vol. 62, No. 90, May 9, 1997, pages 25691-25709E7.
DIN EN ISO 14155-1	DIN EN ISO 14155-1, Klinische Prüfung von Medizinprodukten - Teil 1: Allgemeine Anforderungen, Deutsche Fassung EN ISO 14155-1:2003
DIN EN ISO 14155-2	DIN EN ISO 14155-2, Klinische Prüfung von Medizinprodukten an Menschen - Teil 2: Klinische Prüfpläne (ISO 14155-2:2003); Deutsche Fassung EN ISO 14155-2:2003
MEDDEV. 2.7.1	Guidelines on Medical Devices, Evaluation of Clinical Data: A Guide for Manufacturers and Notified Bodies: MEDDEV. 2.7.1, April 2003, European Commission
MEDDEV 2.12-2	Guidelines on Post Market Clinical Follow-Up: MEDDEV 2.12-2, May 2004, European Commission
MEDDEV 2.12-1 rev 5	Guidelines on Medical Devices Vigilance System: MEDDEV 2.12-1 rev 5, April 2007, European Commission

Tabelle 96.19 (*Fortsetzung*) Rechtliche und normative Rahmenbedingungen für klinische Prüfungen

Anmerkung:

- **MEDDEV**-Dokumente stellen den Konsens von verschieden Arbeitsgruppen, welche bei der EG-Kommission eingerichtet wurden, dar. In diesen Arbeitsgruppen werden Leitlinien für die Anwendung der EG-Richtlinien im Bereich der Medizinprodukte (MEDical DEVices) erarbeitet.
- **ICH** (International Conference on Harmonisation of Technical Requirements for Registration of Pharmaceuticals for Human Use) Gemeinsame Initiative von Vertretern der Behörden und der forschenden Industrie der European Union, Japan und USA zur Diskussion wissenschaftlicher und technischer Voraussetzungen, um die Sicherheit, Qualität und Wirksamkeit zu beurteilen und sicherzustellen.

96.6.2 Klinische Prüfung von Arzneimitteln

Die klinische Erprobung von Arzneimitteln [96] erfolgt in der Regel über vier Phasen.

- In der Phase I wird das Arzneimittel an gesunden Probanden getestet. Es wird mit sehr geringer Dosierung begonnen, denn das Ziel dieser Prüfung ist erste Erkenntnisse über Verteilung und Wirkungsweise zu bekommen. Meist wird mit niedrigeren Dosen als den antizipierten wirksamen Dosen gearbeitet.
- Im nächsten Schritt, der sogenannten Phase II, wird die Dosisfindung betrieben. Diese Studie wird meist an 100 bis 500 Patient durchgeführt, die Wirksamkeit des Arzneimittels wird bei verschiedenen Dosierungen untersucht.
- Dann wird in der Phase III, der sogenannten Zulassungsstudie, die Wirksamkeit an einer großen Patientenpopulation untersucht. Wenn diese Phase der klinischen Erprobung abgeschlossen ist, kann die Dokumentation des Arzneimittels zur Zulassung bei den Behörden eingereicht werden.
- Nach der Zulassung werden dann, mitunter auch als Auflage der Behörden, weitere Studien durchgeführt, dies wir als Phase IV bezeichnet.

Grundsätzlich unterliegt jede klinische Erprobung strengen gesetzlichen Anforderungen. Dies ist auf europäischer Ebene durch die Arzneimittelrichtlinie und weiteren ausführenden Bestimmungen, wie den „Notice-to-Applicant" und den Guidance-Dokumenten der „International Conference of Harmonization" geregelt. Ebenfalls sind die nationalen Gesetze, die die europäischen Richtlinien umsetzen, verpflichtend. Des Weiteren ist ebenfalls die Deklaration von Helsinki [97] von den prüfenden Parteien einzuhalten. Die ethischen Grundsätze jeglicher biomedizinischen Forschung sind hier niedergelegt.

Im sechsten Abschnitt des AMG [98] §40 werden die allgemeinen Voraussetzungen zur Durchführung einer klinischen Prüfung auf nationaler Ebene aufgeführt. Wie der Auszug des AMG zeigt, wird hier die Rolle der Ethik-Kommission festgelegt:

- Der Auszug des AMG, § 40 „Allgemeine Voraussetzungen der klinischen Prüfung": „Der Sponsor, der Prüfer und alle weiteren an der klinischen Prüfung beteiligten Personen haben bei der Durchführung der klinischen Prüfung eines Arzneimittels bei Menschen die Anforderungen der guten klinischen Praxis nach Maßgabe des Artikels 1 Abs. 3 der Richtlinie 2001/20/EG einzuhalten. Die klinische Prüfung eines Arzneimittels bei Menschen darf vom Sponsor nur begonnen werden, wenn die zuständige Ethik-Kommission diese nach Maßgabe des § 42 Abs. 1 zustimmend bewertet und die zuständige Bundesoberbehörde diese nach Maßgabe des § 42 Abs. 2 genehmigt hat. Die klinische Prüfung eines Arzneimittels darf bei Menschen nur unter festgelegten Rahmenbedingungen durchgeführt werden."

Wesentliches Element der klinischen Erprobung sind der Prüfplan und die Patienteneinverständniserklärung, die zusammen mit der Patientenversicherung einer Ethikkommission vorgelegt werden müssen. Sie prüft die berufsrechtlichen und ethischen Belange, um dann ein Votum für diese Vorhaben zu geben. Erst bei einem positiven Votum kann mit der klinischen Prüfung begonnen werden. Die Überwachung der klinischen Studien obliegt den Behörden, in den meisten europäischen Ländern prüfen auch sie den Prüfplan vor Beginn der Studie.

Klinische Ereignisse, die unerwartet sind oder zu einer Patientenschädigung geführt haben sind den Behörden im Rahmen ihrer Überwachungspflicht zu melden. Hier kann auch eventuell über den Abbruch der Studie entschieden werden.

Es obliegt der Pflicht des Herstellers, meist als Sponsor der Studie bezeichnet, den korrekten Fortgang der Studie zu Überwachen, man spricht hier vom Monitoring einer Studie. Die Einhaltung des Prüfplans, Meldung von unerwünschten Ereignissen, und die korrekte Dokumentation der erhobenen Daten werden überwacht, um den gesetzlichen Anforderungen zu genügen und die Qualität der erhobenen Daten zu gewährleisten.

96.6.3 Klinische Prüfungen bei Medizinprodukten

Die Anforderungen an klinische Studien sind in den ICH-Guidance-Dokumenten, allen voran „Good Clinical Practice" (GCP) [99] dargelegt, das mittlerweile Eingang in die Arzneimittelgesetzgebung gefunden hat.

Die Anforderung an den Nachweis der klinischen Leistungsfähigkeit und Sicherheit ist bei Medizinprodukten in einem eigenen Anhang der Medizinprodukte geregelt. Auch bei Medizinprodukte muss aus klinischer Sicht nachgewiesen werden, dass der Nutzen für den Patienten die Risiken überwiegt. Grundsätzlich gibt es die Möglichkeit entweder die Literaturroute oder die Durchführung einer klinischen Prüfung zu wählen.

Die Literaturroute kann dann gewählt werden, wenn ein oder mehrere Produkte bereits klinisch etabliert sind und die Daten zur klinischen Sicherheit und Leistungsfähigkeit publiziert worden sind. Es ist nun wichtig, die Äquivalenz zu diesen Produkten aufzuzeigen, um dann auf die Leistungsfähigkeit und Sicherheit des zu zertifizierenden Medizinproduktes schließen zu können. Die Anforderungen sind in einem MEDDEV-Dokument (MEDDEV 2.7.1) [100], das die Bestimmungen der Medizinprodukte Richtlinie ausführt, dargelegt. Grundsätzlich gilt, dass dieser Ansatz, abgeleitet aus der Evidenz Based Medicine, methodisch mit einem Prüfplan beginnt. Es werden die Ziele des Literaturreviews und Auswahlkriterien für die Literatur beschrieben. Des Weiteren werden dann die Literaturstellen, die selektiert worden sind, einzeln bewertet. Das Ergebnis wird in einem abschließenden Bericht zusammengefasst. Sollte der Nachweis von Sicherheit und Leistungsfähigkeit anhand von Literatur nicht möglich sein, schreibt die Medizinprodukterichtlinie die Durchführung von klinischen Prüfungen vor. Eine Unterteilung der klinischen Erprobung in Phase I bis IV wie wir sie von der Arzneimittelprüfung kennen, gibt es bei Medizinprodukten nicht, da die pharmakologisch/toxikologischen Aspekte entfallen, und es meist keine Dosis-Findung gibt, sondern Leistungsfähigkeit und Sicherheit sofort untersucht werden können. Wichtig ist hier zu erwähnen, dass das zu untersuchende Produkt alle übrigen Anforderungen wie z. B. Biokompatibiltät, Sterilität etc. bereits erfüllen muss.

Die Anforderungen an die klinische Prüfung selbst sind denen der klinischen Studie bei Arzneimittel gleichzusetzen und sowohl in der Medizinprodukterichtlinie als auch in der nationalen Gesetzgebung festgeschrieben. Die Deklaration von Helsinki ist einzuhalten, vor Beginn der Studie bedarf es eines positiven Ethikvotums bzgl. des Prüfplans und der Patenteneinverständniserklärung. Ebenfalls sind die Patienten für die Dauer der klinischen Prüfung zu versichern. Eine Anmeldung bei der zuständigen Behörde hat zu erfolgen. Die Durchführung der klinischen Prüfung ist jedoch nicht nach Good Clinical Practice geregelt, sondern in einer Norm (ISO EN 14155-1 und ISO EN 14155-2) [101] festgeschrieben. Die Anforderungen der Norm sind den Anforderungen von GCP als gleichwertig zu betrachten.

96.6.4 Erhebung klinischer Daten durch Marktbeobachtung

Nach Zertifizierung fordert die Medizinprodukterichtlinie weitere klinische Studien im Rahmen der Marktüberwachung. Nur in begründeten Ausnahmefällen darf von diesem Vorgehen abgewichen werden. Explizit wird in dem entsprechenden Guidance-Dokument (MEDDEV 2.12-2) [102] darauf hingewiesen, dass speziell bei Anwendung der Literaturroute Studien im Rahmen der Marktbeobachtung unerlässlich sind.

Grundsätzlich sind auch für Arzneimittel und Medizinprodukte zum Zeitpunkt ihrer erstmaligen Zulassung nicht alle immer alle Erkenntnisse über die Sicherheit aufgedeckt. Daher sind sogenannte „Pharmakovigilance" oder „Medical Device Vigilance Systems" [103] Beobachtungen in großen Patientenzahlen unter Marktbedingungen von Bedeutung, um den Schutz des Patienten fortlaufend zu verbessern. Ebenso kann durch die Marktbeobachtung und den Abgleich mit den Entwicklungsergebnissen aus der medizinischer Wissenschaft neue Erkenntnis zu Sicherheit und Nutzen von Arzneimitteln und Medizinprodukten erzielt werden.

Welche Rolle die klinische Prüfung zukünftig in Zusammenhang mit den gesundheitsbezogenen Aussagen bei Lebensmitteln [104] sowie bei Wirkversprechen von Kosmetika spielen wird, ist insbesondere im Hinblick auf den Schutz des Verbrauchers vor Täuschungen spannend.

96.7 Zertifizierungen im Gesundheitswesen

96.7.1 Überblick

Das Gesundheitswesen ist in Deutschland einer der größten Arbeitgeber und ein gigantischer Markt. Dementsprechend groß ist die Beteiligung verschiedenster Par-

96.7 Zertifizierungen im Gesundheitswesen

teien. Zum einen spielt die Gesetzgebung von Bund und Ländern eine entscheidende Rolle. Hinzu kommen Kranken- und Pflegekassen, Patientenvereinigungen, die verschiedenen Trägerorganisationen von Einrichtungen sowie die Berufs- und Standesverbände der Beschäftigten und die zahlreichen Fachgesellschaften. Selbstverständlich ist auch die Industrie maßgeblich beteiligt. Die hohe Komplexität des Systems und die rasante Entwicklung durch neue Erkenntnisse aus Forschung und Wissenschaft benötigen grundlegende Richtlinien, um diesem stetigen Wandel bei zumindest gleichbleibender Qualität gerecht zu werden.

Qualitätsstandards für das Gesundheitswesen in Deutschland kommen aus verschiedensten Gremien. Zum einen gibt es die gesetzlichen Forderungen durch die Sozialgesetzgebung, verankert im Sozialgesetzbuch (SGB). Daneben werden zunehmend von medizinischen Fachgesellschaften Zertifizierungsgrundlagen erarbeitet (z. B. Deutsche Krebsgesellschaft, Deutsche Diabetische Gesellschaft).

Zusätzlich gibt es verschiedene weitere Standards, die hier in Frage kommen:
- Internationale Qualitätsnorm – DIN EN ISO 9001:2000
- Kooperation für Transparenz und Qualität im Gesundheitswesen – KTQ® [105]
- Qualität und Entwicklung in Praxen – QEP® [106]
- Deutsche Gesellschaft für Medizinische Rehabilitation – DEGEMED® [107]
- European Foundation for Quality Management – EFQM [108].

Die Gesetzgebung schreibt bislang die Zertifizierung durch Dritte noch nicht explizit vor, sodass alle Zertifizierungen auf freiwilliger Basis erfolgen. Allerdings existieren zum Teil Übergangsfristen, nach deren Ablauf eine Prüfung verbindlich vorgeschrieben wird [109]. Auch die Kassen als Kostenträger üben zunehmend Druck auf die Einrichtungen bzgl. einer künftig externen Kontrolle des Qualitätsmanagements aus.

Andere Zertifizierungsstandards wie z. B. Umweltmanagement, Arbeitssicherheit oder Informationssicherheit spielen bislang eine noch eher untergeordnete Rolle, sodass sie hier noch nicht näher berücksichtigt werden.

Betrachtet man die Qualitätssicherung für das Gesundheitswesen, so fällt auf, dass hier verschiedene Bereiche abgedeckt werden müssen. Das Gesundheitswesen deckt neben der Akutversorgung (z. B. Klinken und niedergelassene Ärzte) die Rehabilitation und die Pflege (ambulant und stationär) ab. Hinzu kommt noch die Pharmazie – sprich Apotheken und der zugehörige Handel sowie die Kranken- Pflegekassen. Im weiteren Verlauf wird auf die Bereiche Arztpraxen, Krankenhäuser, Rehabilitationseinrichtungen und Pflege sowie Apotheken eingegangen.

96.7.2 Qualitätsmanagement und Zertifizierung für Praxen

Die für diesen Bereich auf dem Markt befindlichen Qualitätsmanagementmodelle sind sehr breit gestreut. Angefangen von internationalen Standards wie DIN EN ISO 9001 und EFQM bis hin zu nationalen Modellen wie QEP® der Kassenärztlichen Bundesvereinigung und dem KTQ®-Katalog reicht hier die Bandbreite.

Für die Ärzte und Psychotherapeuten gibt es aktuell zwei nationale Richtlinien, die die Rahmenparameter definieren. Zum einen besteht seit dem 01.01.2006 die Richtlinie des Gemeinsamen Bundesausschusses „über grundsätzliche Anforderungen an ein einrichtungsinternes Qualitätsmanagement für die an der vertragsärztlichen Versorgung teilnehmenden Ärzte, Psychotherapeuten und medizinische Versorgungszentren" nach § 91 Abs. 5 SGB V [110]. Sie regelt die Anforderungen bzgl. Einführung und Aufrechterhaltung eines „einrichtungsinternen Qualitätsmanagements" Darüber hinaus gibt es eine weitere Richtlinie des Gemeinsamen Bundesausschusses zu „Auswahl, Umfang und Verfahren bei Qualitätsprüfungen im Einzelfall nach § 136 Abs. 2 SGB V" [111] in Kraft seit 01.01.2007.

Keine der beiden Richtlinien schreibt ein bestimmtes Modell vor. Letztlich bleibt es dem Praxisinhaber überlassen, welches Verfahren er wählt.

96.7.3 Qualitätsmanagement und Zertifizierung für Kliniken und Krankenhäuser

Akutkrankenhäuser und -kliniken haben ebenfalls die Auswahl aus verschiedensten Qualitätsmanagement Modellen. Auch hier sind internationale Standards wie DIN EN ISO 9001 und EFQM zu nennen. Daneben gibt es ebenfalls das nationale Modell der KTQ®. Eine Zertifizierung ist auch hier bislang freiwillig.

Seit September 2005 haben Krankenhäuser und Kliniken die Pflicht, im zweijährigen Turnus einen strukturierten Qualitätsbericht zu veröffentlichen, der vergleichbare und qualitätsrelevante Daten des jeweiligen Hauses enthält [112]. Ziel ist es hier, mehr Transparenz für Patienten zu schaffen. Als Basis für die kontinuierliche Datenerhebung bietet sich eine strukturierte Vorgehensweise auf Grundlage eines Managementsystems an.

Neben dem reinen Qualitätsmanagement wurden durch Fachgesellschaften erweiterte, zertifizierbare fachliche Forderungen aufgestellt. Ein Beispiel hierfür ist die „Onkozert GmbH" [113]. Als Zertifizierungsgesellschaft der Deutschen Krebsgesellschaft verantwortlich für die Zertifizierung von Organkrebszentren in Krankenhäusern. Hier steht das qualitativ hochwertige, interdisziplinäre Zusammenwirken verschiedener Fachbereiche für ein optimales Behandlungsergebnis im Vordergrund.

96.7.4 Qualitätsmanagement und Zertifizierung für Präventions- und Rehabilitationseinrichtungen

Anforderungen an das Qualitätsmanagement für diese Einrichtungen sind durch verschiedene Grundlagen gegeben. Die Krankenkassen sowie die gesetzlichen Renten- und Unfallversicherungen als Sozialversicherungsträger haben sich einheitlich dazu verpflichtet, Qualitätsstandards zu definieren und zu etablieren. Hier kommen wiederum verschiedenste Modelle und Systeme zum Einsatz. Zu nennen sind die rehabilitationsspezifischen Verfahren „DEGEMED®" [114] sowie das „QS-Reha®-Verfahren" [115]. Ferner kommt auch in der Vorsorge und Rehabilitation das Modell der KTQ sowie die DIN EN ISO 9001 zur Anwendung. Eine zwingende Zertifizierung ist auch hier bislang noch nicht vorgeschrieben, allerdings drängen die Sozialversicherungsträger auf einen unabhängigen Nachweis der erbrachten Qualität in einer Einrichtung.

96.7.5 Qualitätsmanagement und Zertifizierung für ambulante und stationäre Pflegeeinrichtungen

Von ambulanten Pflegediensten und stationären Pflegeeinrichtungen werden durch die Sozialgesetzgebung (u. a. im § 80 und § 80a Abs. 4 SGB XI) speziell die „Entwicklung eines einrichtungsinternen Qualitätsmanagements, das auf eine stetige Sicherung und Weiterentwicklung der Pflegequalität ausgerichtet ist", gefordert. Daneben gibt es das Pflegequalitätssicherungsgesetz (PQsG), das konkrete Anforderungen an das Qualitätsmanagement macht (in Kraft seit 01.01.2002). Im Entwurf des Pflege-Weiterentwicklungsgesetzes – PfWG vom 10.09.2007 sind zudem Forderungen zur „Entwicklung eines einrichtungsinternen Qualitätsmanagements, das auf eine stetige Sicherung und Weiterentwicklung der Pflegequalität ausgerichtet ist", enthalten. Hier ist somit eine starke gesetzliche Forderungsbasis für das Qualitätsmanagement vorhanden, wobei auch hier eine Zertifizierung bislang noch freiwillig ist. Zu erwähnen ist allerdings, dass die so genannten Leistungs- und Qualitätsnachweise (LQN) bereits auf eine Zertifizierung hinauslaufen. Neben den massiven gesetzlichen Forderungen bzgl. des Qualitätsmanagements gibt es keine konkreten Vorgaben für ein spezielles Modell, so dass alle gängigen Standards (wie z. B. DIN EN ISO 9001 oder KTQ) möglich sind.

96.7.6 Qualitätsmanagement und Zertifizierung für Apotheken

Die Apotheken als wesentliches Bindeglied des Gesundheitswesens sind ebenfalls in die Qualitätsmanagement-Bestrebungen eingebunden. Getrieben durch die Aktivitäten der Apothekerkammern wurde ein spezifisches Qualitätsmanagementmodell als Grundlage für Apotheken entwickelt. Es basiert in großen Teilen auf der bekannten DIN EN ISO 9001 sowie zusätzlichen Leitlinien der Bundesapothekerkammer. Durch die jeweiligen Landesapothekerkammern wurden Zertifizierungsstellen und -kommissionen gebildet, die eine kammerspezifische Zertifizierung nach der genannten Kombination aus DIN EN ISO 9001 und entsprechenden Leitlinien durchführen. Daneben ist durchaus auch die Zertifizierung rein nach der DIN EN ISO 9001 durch andere Zertifizierungsstellen möglich.

96.8 Ausblick – Weiterführende Themen für Zertifizierungsstandards

In den letzten Jahren wurde in vielen Wirtschaftfeldern damit begonnen, Standards zu entwickeln, die nicht mehr nur die Sicherheit und Wirksamkeit zum Thema haben, sondern auch Belange der Nachhaltigkeit, Ressourcenschonung und der sozialen Verantwortung („Corporate Social Responsibility", CSR). Für Hersteller und Einzelhändler bestehen erhebliche Risiken, wenn die Öffentlichkeit und damit der Endverbraucher Kenntnis über unlautere oder unerwünschte Praktiken bei der Herstellung von Lebensmitteln bekommt (z. B. unmäßige Umweltzerstörung, Überfischung der Meere, Kinderarbeit, illegale Geschäftspraktiken wie Bestechung, Betrug oder Nötigung).

Die Etablierung von Zertifizierungsstandards für diese Themen wird eine große Herausforderung im globalen und innovativen Life Science Markt sein. Angesichts schrumpfender Ressourcen und steigendem Verbraucherbewusstsein wird daran aber kein Weg vorbei führen.

Darüber hinaus werden Bestrebungen zur Harmonisierung von Normengrundlagen ein wesentlicher Schritt für die internationale Zusammenarbeit bei Entwicklungen, die Markteinführung und für den Handel sein.

96.9 Literaturhinweise, Informationsquellen

1. Encyclopedia of Life Sciences; Bayern Innovativ – Forum Life Science 14./15.02.2007.
2. Going Public Magazin – Das Kapitalmarktmagazin, Sonderausgabe Biotechnologie 2006, 8. Jahrgang, September 2006.
3. Bundesverband der Pharmazeutischen Industrie (www.achema.de); Perspektiven Pharmaindustrie, Deutsche Bank Research, Oktober 2004.
4. BMBF-Studie zur Situation der Medizintechnik 2005, OECD 2005, DIW BERLIN 2005.
5. Seminararbeit Marketing – Weltmarkt für dekorative Kosmetik, Dominik Leiner, 11.07.2005.
6. Jahresbericht 2006/2007 des Industrieverbandes Körperpflege- und Waschmittel e.V. vom 31.03.2007.
7. Magazin für Verbraucher – Die Bundesregierung informiert, Nr. 001, 11/2007.
8. Biopharmaceuticals, Technologien für neue Therapien, Tagungsband Kooperationsforum Bayern Innovativ, 15.04.2008.
9. Gesund gemachtes Essen, Veronika Szentpétery, Technology Review, S.26-33, Februar 2007.
10. Verordnung (EG) Nr. 1924/2006 des Europäischen Parlaments und des Rates über nährwert- und gesundheitsbezogene Angaben über Lebensmittel vom 20. Dezember 2006 (ABl. L 12, 18.01.2007).
11. Bericht der Kommission an das Europäische Parlament, den Rat und den Wirtschafts- und Sozialausschuß Funktionsweise der Richtlinie 98/34/EG in den Jahren 1995 bis 1998.
12. ISO/IEC 17021:2006-09 Konformitätsbewertung – Allgemeine Anforderungen an Stellen, die Managementsysteme begutachten und zertifizieren.
13. DAR Aktuell, Akkreditierung, Zertifizierung, Prüfung, Jahrgang 15, Ausgabe 1, 01/2007.
14. DIN EN ISO/IEC 17021:2006-12 Konformitätsbewertung – Allgemeine Anforderungen an Stellen, die Managementsysteme begutachten und zertifizieren, (ISO/IEC 17021:2006); Deutsche und Englische Fassung EN ISO/IEC 17021:2006.
15. Abkommen über die Zentralstelle der Länder für Sicherheitstechnik und über die Akkreditierungsstelle der Länder für Meß- und Prüfstellen zum Vollzug des Gefahrstoffrechts (ZLS/AKMP), vom 16./17. Dezember 1993 geändert durch Abkommen vom 3. Dezember 1998, Abkommen vom 13. März 2003.
16. Abkommen über die Zentralstelle der Länder für Gesundheitsschutz bei Arzneimitteln und Medizinprodukten Gem. ErlassMFJFG vom 16.02.2001 III B 5 ist das Abkommen nach Artikel II des Abkommens zur Änderung des Abkommens über die ZLG am 01.02.2001 in Kraft getreten.
17. Gesetz über die Haftung für fehlerhafte Produkte - ProdHaftG) vom 15. Dezember 1989 (BGBl. I S. 2198) zuletzt geändert Art. 9 Abs. 3 G vom 19. Juli 2002 (BGBl. I S. 2674, 2679).
18. Richtlinie 93/42/EWG des Rates vom 14. Juni 1993 über Medizinprodukte, Amtsblatt Nr. L 169 vom 12.7.1993.
19. Gesetz über Medizinprodukte vom 02.08.1994, BGBl. I S. 3146, zuletzt geändert am 14.06.2007, BGBl. I S. 1066.
20. Richtlinie 2003/12/EG der Kommission zur Neuklassifizierung von Brustimplantaten im Rahmen der Richtlinie 93/42/EWG über Medizinprodukte, Amtsblatt Nr. L 28/43 vom 4.2.2003.
21. Richtlinie 2005/50/EG der Kommission vom 11. August 2005 zur Neuklassifizierung von Gelenkersatz für Hüfte, Knie und Schulter im Rahmen der Richtlinie 93/42/EWG über Medizinprodukte, Amtsblatt Nr. L 210/41 vom 12.8.2005.
22. DIN EN ISO 13485:2007-10, Medizinprodukte – Qualitätsmanagementsysteme – Anforderungen für regulatorische Zweck (ISO 13485:2003); Deutsche Fassung EN ISO 13485:2003+AC:2007.
23. DIN EN ISO 14971:2007-07, Medizinprodukte – Anwendung des Risikomanagements auf Medizinprodukte (ISO 14971:2007); Deutsche Fassung EN ISO 14971:2007.

24. DIN EN ISO 13488:2001-02: Qualitätssicherungssysteme; Medizinprodukte; Besondere Anforderungen für die Anwendung von EN ISO 9002 (Überarbeitung von EN 46002 : 1996) (identisch mit ISO 13488:1996).
25. Richtlinie 90/385/EWG des Rates vom 20. Juni 1990 zur Angleichung der Rechtsvorschriften der Mitgliedstaaten über aktive implantierbare medizinische Geräte; Amtsblatt Nr. L 189 vom 20.07.1990, letzte Änderung 2007/47/EG.
26. Richtlinie 98/79/EG des Europäischen Parlaments und des Rates vom 27. Oktober 1998 über In-vitro-Diagnostika, Amtsblatt Nr. L 331 vom 07/12/1998.
27. Richtlinie 2003/32/EG der Kommission vom 23. April 2003 mit genauen Spezifikationen bezüglich der in der Richtlinie 93/42/EWG des Rates festgelegten Anforderungen an unter Verwendung von Gewebe tierischen Ursprungs hergestellte Medizinprodukte, Amtsblatt Nr. L 105/18 vom 26.4.2003.
28. Verordnung (EG) Nr. 178/2002 des Europäischen Parlaments und des Rates vom 28. Januar 2002 zur Festlegung der allgemeinen Grundsätze und Anforderungen des Lebensmittelrechts, zur Errichtung der Europäischen Behörde für Lebensmittelsicherheit und zur Festlegung von Verfahren zur Lebensmittelsicherheit, Amtsblatt Nr. L 31/1 vom 1.2.2002.
29. Berichtigung der Verordnung (EG) Nr. 853/2004 des Europäischen Parlaments und des Rates vom 29. April 2004 mit spezifischen Hygienevorschriften für Lebensmittel tierischen Ursprungs, Amtsblatt Nr. L 226/22 vom 25.6.2004.
30. Verordnung (EG) Nr. 183/2005 des Europäischen Parlaments und des Rates vom 12. Januar 2005 mit Vorschriften für die Futtermittelhygiene, Amtsblatt L 35/1 vom 8.2.2005.
31. Verordnung (EG) NR. 258/97 des Europäischen Parlaments und des Rates vom 27. Januar 1997 über neuartige Lebensmittel und neuartige Lebensmittelzutaten, Amtsblatt Nr. L 43/1 vom 14. 2. 1997.
32. Richtlinie 2001/18/EG des Europäischen Parlaments und des Rates vom 12. März 2001 über die absichtliche Freisetzung genetisch veränderter Organismen in die Umwelt und zur Aufhebung der Richtlinie 90/220/EWG des Rates, Amtsblatt Nr. L 106/1 vom 17.4.2001.
33. Verordnung (EG) Nr. 1829/2003 des Europäischen Parlaments und des Rates vom 22. September 2003 über genetisch veränderte Lebensmittel und Futtermittel, Amtsblatt Nr. L 268/1 vom 18.10.2003.
34. Berichtigung der Verordnung (EG) Nr. 1924/2006 des Europäischen Parlaments und des Rates vom 20. Dezember 2006 über nährwert- und gesundheitsbezogene Angaben über Lebensmittel, Amtsblatt Nr. L 12/3 vom 18.01.2007.
35. http://www.bvl.bund.de/cln_027/nn_491406/DE/01__Lebensmittel/07__FuerAntragsteller/00__healthClaims/healthClaims__node.html__nnn=true
36. Verordnung über diätetische Lebensmittel (Diätverordnung) in der Fassung vom 28.4.2005, zuletzt geändert durch Zweite Verordnung zur Änderung der Zusatzstoff-Zulassungsver-ordnung und anderer lebensmittelrechtlicher Verordnungen vom 30.1.2008.
37. Richtlinie 2002/46/EG des europäischen Parlaments und des Rates vom 10. Juni 2002 zur Angleichung der Rechtsvorschriften der Mitgliedstaaten über Nahrungsergänzungsmittel, Amtsblatt L 183/51 vom 12.07.2002.
38. Verordnung Nahrungsergänzungsmittel vom 24. Mai 2004 (BGBl. I S. 1011), geändert durch Artikel 1 der Verordnung vom 17. Januar 2007 (BGBl. I S. 46).
39. Verordnung (EG) NR. 1925/2006 des Europäischen Parlaments und des Rates vom 20. Dezember 2006 über den Zusatz von Vitaminen und Mineralstoffen sowie bestimmten anderen Stoffen zu Lebensmitteln, Amtsblatt Nr. L 404/26 vom 30.12.2006.
40. Berichtigung der Verordnung (EG) Nr. 882/2004 des Europäischen Parlaments und des Rates vom 29. April 2004 über amtliche Kontrollen zur Überprüfung der Einhaltung des Lebensmittel- und Futtermittelrechts sowie der Bestimmungen über Tiergesundheit und Tierschutz, Amtsblatt Nr. L 165/1 vom 30.4.2004.
41. Pressemeldung der A. C. Nielsen GmbH, 30.09.2005, http://www.acnielsen.de/news/pr20050930.shtml.
42. Codex Alimentarius, Recommended International Code of Practice General Principles of Food Hygiene Annex 1 CAC/RCP 1-1969, Rev. 4-2003.

96.9 Literaturhinweise, Informationsquellen

43. The Global Food Safety Initiative, Guidance Document 5th Edition (September 2007), http://www.ciesnet.com/pfiles/programmes/foodsafety/GFSI_Guidance_Document_5th%20Edition%20_September%202007.pdf.
44. Verordnung (EWG) Nr. 2092/91 des Rates vom 24. Juni 1991 über den ökologischen Landbau und die entsprechende Kennzeichnung der landwirtschaftlichen Erzeugnisse und Lebensmittel, Amtsblatt Nr. L 198/1 vom 22.07.1991.
45. Verordnung (EG) Nr. 1760/2000 des Europäischen Parlaments und des Rates vom 17. Juli 2000 zur Einführung eines Systems zur Kennzeichnung und Registrierung von Rindern und über die Etikettierung von Rindfleisch und Rindfleischerzeugnissen sowie zur Aufhebung der Verordnung (EG) Nr. 820/97 des Rates, Amtsblatt L 204/1 vom 11.5.2000.
46. Lebensmittel-, Bedarfsgegenstände- und Futtermittelgesetzbuch in der Neufassung vom 26.04.2006 (BGBl. I S. 945).
47. Stellungnahme des IKW zur öffentlichen Konsultation der EU-Kommission über die Vereinfachung der Kosmetikrichtlinie 76/768/EWG vom 16.03.2007, Dr. Bernd Stroemer (mit Ergänzungen).
48. Richtlinie 76/768/EWG des Rates vom 27.Juli 1976 zur Angleichung der Rechtsvorschriften der Mitgliedsstatten über kosmetische Mittel, letzte Änderung durch Richtlinie 2008/42/EG der Kommission vom 03.04.2008 zur Änderung der Richtlinie 76/786/EWG des Rates über kosmetische Mittel zwecks Anpassung der Anhänge II und III an den technischen Fortschritt.
49. Richtlinie 2008/42/EG der Kommission vom 03.04.2008 zur Änderung der Richtlinie 76/786/EWG des Rates über kosmetische Mittel zwecks Anpassung der Anhänge II und III an den technischen Fortschritt (derzeit letzte Änderung).
50. Lebensmittel-, Bedarfsgegenstände- und Futtermittelgesetzbuch in der Neufassung vom 26.04.2006 (BGBl. I S. 945).
51. Verordnung über kosmetische Mittel (KosmetikV) in der Neufassung vom 07.10.1997.
52. INCI – International Nomenclature Cosmetic Ingredients; Beschluss 96/335/der Kommission zur Festlegung einer Liste und einer gemeinsamen Nomenklatur der Bestandteile kosmetischer Mittel vom 08.Mai 1996 (aktualisiert 2006/257/EG vom 09.02.2006 ABl. EGL 97/1 vom 5.4.2006).
53. Rahmenrezeptur – Basiszusammensetzung von Erzeugnissen; veröffentlicht im Bundesanzeiger Nr. 241, S. 23724-23731 von 22.12.2000.
54. Meldeverfahren kosmetischer Rahmenrezepturen, Industrieverband Körperpflege- und Waschmittel e.V. (IKW) und Fachverband der chemischen Industrie Österreichs (FCIO), 4. überarbeitete Auflage April 2003.
55. Meldeverfahren kosmetischer Rahmenrezepturen, Industrieverband Körperpflege- und Waschmittel e.V. (IKW) und Fachverband der chemischen Industrie Österreichs (FCIO), 4. überarbeitete Auflage April 2003.
56. Recommended Mutagenicity /Genotoxicity Tests for the Safety Testing of cosmetic Ingredients to be included in the Annex to Council Directive 76/768/EEC, adopted by the SCCNFP on 23. April 2004, SCCNFP/0755/03, Notes of Guidance for Testing of Cosmetic Ingredients for their Safety Evaluation (6th Rev. 2006)" des Scientific Committee on Consumer Products (SCCP, ehemals Scientific Committee on Cosmetic Products and Non-Food-Products, SCCNFP) der Kommission der Europäischen Union.
57. Richtlinie 2003/15/EG des Europäischen Parlaments und des Rates vom 27. Februar 2003 zur Änderung der Richtlinie 76/768/EWG des Rates zur Angleichung der Rechtsvorschriften der Mitgliedstaaten über kosmetische Mittel, Amtsblatt der Europäischen Union, L 66/26 vom 11.3.2003.
58. Tierschutzgesetz in der Fassung der Bekanntmachung vom 18. Mai 2006 (BGBl. I S. 1206,1313), zuletzt geändert am 18. Dezember 2007 (BGBl. I S. 3001; 2008, 47).
59. Internetseite des Bundesamtes für Verbraucherschutz und Lebensmittelsicherheit, Stand 14.04.2008.
60. Council of Europe, 1955: Guidelines for Good manufactoring practice of cosmetic products (GMPC).

61. COLIPA (Dachverband der europäischen Kosmetikindustrie, Brüssel), 1994: Cosmetic Good Manufacturing Practice.
62. „Kosmetik-GMP – Leitlinien zur Herstellung kosmetischer Mittel" in der Fachzeitschrift PARFÜMERIE UND KOSMETIK 77, Heft 10, Seite 606 ff. (1996).
63. DIN EN ISO 9001:2000-12 Qualitätsmanagementsysteme – Anforderungen (ISO 9001:2000-09); Dreisprachige Fassung EN ISO 9001:2000, Beuth Verlag.
64. DIN EN ISO 22716:2008 Kosmetik –Gute Herstellungspraxis (GMP) –Leitfaden zur guten Herstellungspraxis (ISO 22716:2007); Deutsche Fassung EN ISO 22716:2007.
65. TÜV SÜD Management Service GmbH, Ridlerstr. 65, 80333 München.
66. In Entwicklung – genehmigte Ankündigung durch den HDE- Hauptverband des Deutschen Einzelhandels e. V. (13.05.2008).
67. BDHI – Bundesverband Deutscher Indurstrie- und Handelsunternehmen für Arzneimittel, Reformwaren, Nahrungsergänzungsmittel und Körperpflege e. V. L11, 20-22, D-68161 Mannheim.
68. Richtlinien des Deutschen Tierschutzbundes für heute tierversuchsfreie Kosmetik, Baumschulallee 15, D-53115 Bonn.
69. IHTK – Internationaler Herstellerverband gegen Tierversuche in der Kosmetik e.V., Feldkircherstraße 4, 71522 Backnang.
70. Demeter-Richtlinie Verarbeitung VI.1: Kosmetika (Stand 9.01), Demeter e.V., Brandschneise 164295 Darmstadt.
71. ECOCERT France S.A.S., BP 47, 32600 L'Isle Jourdain.
72. DIN EN ISO 22716:2008 Kosmetik –Gute Herstellungspraxis (GMP) –Leitfaden zur guten Herstellungspraxis (ISO 22716:2007); Deutsche Fassung EN ISO 22716:2007.
73. 94/358/EG: Beschluss des Rates vom 16. Juni 1994 zur Annahme des Übereinkommens über die Ausarbeitung eines Europäischen Arzneibuchs im Namen der Europäischen Gemeinschaft.
74. Arzneimittelgesetz in der Fassung der Bekanntmachung vom 12. Dezember 2005 (BGBl. I S. 3394), zuletzt geändert durch Artikel 9 Abs. 1 des Gesetzes vom 23. November 2007 (BGBl. I S. 2631).
75. Verordnung (EG) Nr. 726/2004 des Europäischen Parlaments und des Rates vom 31. März 2004 zur Festlegung von Gemeinschaftsverfahren für die Genehmigung und Überwachung von Human- und Tierarzneimitteln und zur Errichtung einer Europäischen Arzneimittel-Agentur.
76. Verordnung (EG) Nr. 507/2006 der Kommission vom 29. März 2006 über die bedingte Zulassung von Humanarzneimitteln, die unter den Geltungsbereich der Verordnung (EG) Nr. 726/2004 des Europäischen Parlaments und des Rates fallen.
77. Verordnung (EG) Nr. 658/2007 der Kommission vom 14. Juni 2007 über finanzielle Sanktionen bei Verstößen gegen bestimmte Verpflichtungen im Zusammenhang mit Zulassungen, die gemäß der Verordnung (EG) Nr. 726/2004 des Europäischen Parlaments und des Rates erteilt wurden.
78. Die Pharmaindustrie, Einblick –Durchblick-Perspektiven, Dagmar Fischer, Jörg Breitenbach (Hrsg.), Spektrum Akademischer Verlag GmbH, Heidelberg, Berlin 2003 (Kapitel 1.3.3, 2.2. und 4).
79. Erläuterungen zum Vollzug der Verordnung über die Einreichung von Unterlagen in Verfahren für die Zulassung und Verlängerung der Zulassung von Arzneimitteln (AMG-Einreichungsverordnung – AMG-EV) vom 21. Dezember 2000, BfArM – 66.2.02, Version 5.0, Stand 01. Juli 2007.
80. Richtlinie 2003/94/EG der Kommission vom 8. Oktober 2003 zur Festlegung der Grundsätze und Leitlinien der Guten Herstellungspraxis für Humanarzneimittel und für zur Anwendung beim Menschen bestimmte Prüfpräparate.
81. Richtlinie 91/412/EWG der Kommission vom 23. Juli 1991 zur Festlegung der Grundsätze und Leitlinien der Guten Herstellungspraxis für Tierarzneimittel (ABl. Nr. L 228 vom 17.8.1991 S. 70).

82. Richtlinie 2003/94/EG der Kommission vom 8. Oktober 2003 zur Festlegung der Grundsätze und Leitlinien der Guten Herstellungspraxis für Humanarzneimittel und für zur Anwendung beim Menschen bestimmte Prüfpräparate.
83. WHO Technical Report Series, No 823, 834, 863, 885, 905, 908, 929, 937 – WHO Expert Committee on Specifications fro Phamaceutical Preparations.
84. PIC/S Annual Report 2006, PIC/S Secretariat 14, rue du Roveray CH - 1207 Geneva Switzerland.
85. EudraLex, The Rules Governing Medicinal Products in the European Union, Volume 4, EU Guidelines to Good Manufacturing Practice, Medicinal Products for Human and Veterinary Use ; Annexes - European Commission Ad Hoc GMP Inspections Services Group.
86. TÜV SÜD MS Standard – Reinraum nach den Normenreihen DIN EN ISO 14644 und VDI 2083, TÜV SÜD Management Service GmbH, Ridlerstr.65, 80339 München.
87. ISO 15378:2006 - Primärverpackungen für Arzneimittel – Besondere Anforderungen für die Anwendung von ISO 9001:2000 entsprechend der Guten Herstellungspraxis (GMP).
88. TÜV SÜD MS Standard – Reinraum nach den Normenreihen DIN EN ISO 14644 und VDI 2083, TÜV SÜD Management Service GmbH, Ridlerstr.65, 80339 München.
89. Verordnung (EG) Nr. 1394/2007 des Europäischen Parlaments und des Rates vom 13. November 2007 über Arzneimittel für neuartige Therapien und zur Änderung der Richtlinie 2001/83/EG und der Verordnung (EG) Nr. 726/2004 (ABl. Nr. L 324 vom 10.12.2007 S. 121).
90. Richtlinie 93/42/EWG DES RATES vom 14. Juni 1993 über Medizinprodukte (ABl. L 169 vom 12.7.1993, S. 1) zuletzt geändert durch die Verordnung (EG) Nr. 1882/2003 des Europäischen Parlaments und des Rates vom 29. September 2003 (ABl. L 284 1 31.10.2003).
91. Richtlinie 2001/83/EG des Europäischen Parlaments und des Rates vom 6. November 2001 zur Schaffung eines Gemeinschaftskodexes für Humanarzneimittel; Konsolidierte Fassung vom 30.04.2004.
92. Richtlinie 2002/98/EG des Europäischen Parlaments und des Rates vom 27. Januar 2003 zur Festlegung von Qualitäts- und Sicherheitsstandards für die Gewinnung, Testung, Verarbeitung, Lagerung und Verteilung von menschlichem Blut und Blutbestandteilen und zur Änderung der Richtlinie 2001/83/EG.
93. Richtlinie 2007/47/EG des europäischen Parlaments und des Rates vom 5. September 2007 zur Änderung der: Richtlinie 90/385/EWG des Rates zur Angleichung der Rechtsvorschriften der Mitgliedstaaten über aktive implantierbare medizinische Geräte und Richtlinie 93/42/EWG des Rates über Medizinprodukte sowie der Richtlinie 98/8/EG über das Inverkehrbringen von Biozid-Produkten; Amtsblatt Nr. L 247/21 vom 21.9.2007.
94. Richtlinie 90/385/EWG des Rates vom 20. Juni 1990 zur Angleichung der Rechtsvorschriften der Mitgliedstaaten über aktive implantierbare medizinische Geräte Amtsblatt Nr. L 189 vom 20/07/1990 S. 0017 – 0036.
95. Richtlinie 2001/83/EG des Europäischen Parlaments und des Rates vom 6. November 2001 zur Schaffung eines Gemeinschaftskodexes für Humanarzneimittel, Amtsblatt Nr. L 311/67 vom 28.11.2001.
96. Arzneimittelgesetz in der Fassung der Bekanntmachung vom 12. Dezember 2005 (BGBl. I S. 3394), zuletzt geändert durch Artikel 9 Abs. 1 des Gesetzes vom 23. November 2007 (BGBl. I S. 2631).
97. Deklaration des Weltärztebundes zu Ethischen Grundsätzen für die medizinische Forschung am Menschen (Deklaration von Helsinki), 18. Generalversammlung des Weltärztebundes in 1964 in Helsinki, letzte Revision von der 56. Generalversammlung des Weltärztebundes 2004 in Tokyo.
98. Arzneimittelgesetz in der Fassung der Bekanntmachung vom 12. Dezember 2005 (BGBl. I S. 3394), zuletzt geändert durch Artikel 9 Abs. 1 des Gesetzes vom 23. November 2007 (BGBl. I S. 2631).
99. E6(R1): Good Clinical Practice : Consolidated Guideline, May 1996. EU: Adopted by CPMP, July 96, issued as CPMP/ICH/135/95/Step5, Explanatory Note and Comments to the above,

issued as CPMP/768/97. MHLW: Adopted March 97, PAB Notification No.430, MHLW Ordinance No.28. FDA : Published in the Federal Register, Vol. 62, No. 90, May 9, 1997, pages 25691-25709E7.
100. Guidelines on Medical Device Evaluation of Clinical Data: A Guide for Manufactures and Notified Bodies: MEDDEV. 2.7.1, April 2003, European Commission.
101. DIN EN ISO 14155-1, Klinische Prüfung von Medizinprodukten – Teil 1: Allgemeine Anforderungen, Deutsche Fassung EN ISO 14155-1:2003 und DIN EN ISO 14155-2, Klinische Prüfung von Medizinprodukten an Menschen – Teil 2: Klinische Prüfpläne (ISO 14155-2:2003); Deutsche Fassung EN ISO 14155-2:2003.
102. Guidelines on Post Market Clinical Follow-Up: MEDDEV 2.12-2, May 2004, European Commission.
103. Guidelines on a Medical Devices Vigilance System: MEDDEV 2.12-1 rev 5, April 2007, European Commission.
104. Verordnung (EG) Nr. 1924/2006 des Europäischen Parlaments und des Rates über nährwert- und gesundheitsbezogene Angaben über Lebensmittel vom 20. Dezember 2006 (ABl. L 12, 18.01.2007).
105. KTQ® – Kooperation für Transparenz und Qualität im Gesundheitswesen; KTQ-GmbH ist eine Gesellschaft der Spitzenverbände der Krankenkassen, der Bundesärztekammer – Arbeitsgemeinschaft der Deutschen Ärztekammer –, der Deutschen Krankenhausgesellschaft e.V., des Deutschen Pflegerates e. V. und des Hartmannbundes – Verband der Ärzte Deutschlands e.V.
106. QEP® – Qualität und Entwicklung in Praxen; © 2005, Kassenärztliche Bundesvereinigung.
107. Qualitätsmanagement und Zertifizierung nach DEGEMED®, Berlin, Mai 2003 (2. Auflage).
108. © EFQM, European Foundation for Quality Management.
109. Richtlinie des Gemeinsamen Bundesausschusses über grundsätzliche Anforderungen an ein einrichtungsinternes Qualitätsmanagement für die an der vertragsärztlichen Versorgung teilnehmenden Ärzte, Psychotherapeuten und medizinischen Versorgungszentren vom 18.10.2005, § 9.
110. Richtlinie des Gemeinsamen Bundesausschusses über grundsätzliche Anforderungen an ein einrichtungsinternes Qualitätsmanagement für die an der vertragsärztlichen Versorgung teilnehmenden Ärzte, Psychotherapeuten und medizinischen Versorgungszentren vom 18.10.2005.
111. Richtlinie des Gemeinsamen Bundesausschusses zu Auswahl, Umfang und Verfahren bei Qualitätsprüfungen im Einzelfall nach § 136 Abs. 2 SGB V vom 18.04.2006.
112. gemäß § 137 Abs. 1 Satz 3 Nr. 6 SGB V für nach § 108 SGB V zugelassene Krankenhäuser.
113. OnkoZert; OnkoZert ist ein unabhängiges Institut, das im Auftrag der Deutschen Krebsgesellschaft das Zertifizierungssystem zur Überprüfung von Organkrebszentren und Onkologischen Zentren gemäß den entsprechenden fachlichen Anforderungen betreut.
114. Qualitätsmanagement und Zertifizierung nach DEGEMED®, Berlin, Mai 2003 (2. Auflage).
115. Seit dem 1. April 2004 ist QS-Reha® für alle stationären Vorsorge- und Rehabilitationseinrichtungen, die von der GKV hauptbelegt sind, verpflichtend.

Part X
Impulse – Teil 2

97 Ökokompatible Werkstoffe

C. Bourban, J. Mayer, E. Wintermantel

Unter ökokompatiblen Werkstoffen werden nachfolgend mono- oder mehrphasige Werkstoffe verstanden, die unter dem Aspekt der späteren Entsorgung für die Umwelt von besonderer Bedeutung sein können. Ebenso ist an Bauteile gedacht, die aus solchen Werkstoffen hergestellt werden. In Analogie zu medizinischen Implantaten werden sie Ökoimplantate genannt. Besondere Bedeutung wird Bauteilen aus ökokompatiblen Werkstoffen beigemessen, die aufgrund der Größe ihrer Oberfläche ihres chemisch-physikalischen Verhaltens oder aufgrund ihrer Masse besonders imponieren. Es handelt sich hierbei um ein Entwicklungsgebiet, dessen Grenzen derzeit noch nicht bestimmbar sind. Vorstellbar ist, dass sich ökokompatible Werkstoffe in der Zukunft als eigene Funktions-Werkstoffklasse etablieren werden, da das Abbauverhalten dieser Werkstoffe ein wichtiger Teil des Pflichtenheftes der Werkstoffentwicklung sein wird. Besonders effizient wäre eine Selbstentsorgung solcher Bauteile und Werkstoffe bei besonders volumengebenden Strukturen. Erste Untersuchungen zur Entwicklung vollständig abbaubarer Faserverbundwerkstoffe werden nachfolgend beschrieben und in kurzen einleitenden Kapiteln die beiden Werkstoffphasen Faser und Matrix vorgestellt.

Es ist den Autoren bewusst, dass die Definitionen und Feststellungen zu Werkstoffen, die Umweltrelevanz besitzen eine besondere Bedeutung haben können angesichts der in der Gesellschaft derzeit geführten Diskussionen.

Unter Ökokompatibilität wird eine besondere Form der Biokompatibilität verstanden: Anwendung von Verträglichkeitsprinzipien, die von medizinischen Implantaten bekannt sind, auf die Umwelt. Diese Definition stützt sich auf die im Kapitel 3 gemachte Definition der Biokompatibilität. Die Autoren erachten es als sinnvoll, Grundlagen der Verträglichkeit eines biokompatiblen Implantates für das Biosystem Mensch auf das Biosystem Umwelt zu übertragen. Weitergehend wird der durch natürliche Prozesse mögliche Abbau von Werkstoffen als besonders nützlich angesehen. Die Autoren halten es für eine Aufgabe eines künftigen Werkstoffingenieurs, Konstrukteurs oder werkstoffinteressierten Arztes, sich der Frage der Entwicklung von die Umwelt nicht schädigenden Werkstoffen zu widmen. Daher ist das nachfolgende Kapitel im Sinne eines Denkanstoßes zu verstehen.

97.1 Nachwachsende Rohstoffe

Biodegradable Werkstoffe werden mit dem Ziel des weitgehenden oder vollständigen Abbaus unter besonderen Umweltbedingungen entwickelt, dazu gehört der Abbau in Komposten. Sie bieten damit die Möglichkeit des Abbaus durch biologische Prozesse und damit die Integration in den natürlichen Stoffkreislauf. In der Kompostierung können die entstehenden Faulgase (Biogase) als Brennstoff genutzt werden und der Kompost als Düngemittel eingesetzt werden, sofern dem Werkstoff keine toxischen Additive zugesetzt wurden. Alternativ zur Kompostierung können biodegradable Polymere aufgrund ihres Heizwertes durch Verbrennung zur Energiegewinnung genutzt werden. Welches der beiden Verfahren zur Anwendung gelangt, wird durch die Logistik der Abfallbewirtschaftung (Sortenreinheit, Verdünnung) sowie durch die Verfügbarkeit geeigneter Anlagen wesentlich mitbestimmt.

Für die Entwicklung eines biodegradablen Faserverbundwerkstoffes werden in erster Linie bakteriell gebildete Matrixwerkstoffe und Fasern pflanzlichen Ursprungs vorgeschlagen. Nachfolgend werden drei Verfahrenswege vorgestellt:

1. Nachwachsende Rohstoffe werden durch geeignete Verarbeitungsverfahren direkt in Werkstoffe umgewandelt. Ein typischer Vertreter stellt die thermoplastische Stärke dar, welche direkt aus Mais- oder Kartoffelstärke umgesetzt wird. Dazu wird die native Stärke in einem Extrusionsprozess bei einem definierten Wassergehalt aufgeschlossen und zu einem spritzgussfähigen Granulat aufbereitet.
2. Die nachwachsenden Rohstoffe werden als Ausgangsmaterial für chemische Regenerationsverfahren eingesetzt. Dazu wird der Rohstoff in mehrstufigen Verfahren gereinigt, chemisch aufgeschlossen und gelöst, um dann in Polymerisations- oder Fällungsprozessen zu einem synthetischen Polymer aufgearbeitet zu werden. Ein typischer Vertreter dieser Prozesstechnologie stellt die Herstellung von Cellulosefaser dar. Als Rohmaterial dient Holzschliff, welcher, nachdem das Lignin entfernt wurde, in einer Ameisen-/ Phosphorsäuremischung aufgeschlossen wird. Die dadurch gewonnene Celluloselösung wird in Aceton koaguliert, gereinigt, über Dampf regeneriert und anschließend zu Fasern versponnen. Im Spinnprozess können die mechanischen Eigenschaften der Faser durch Spinnparameter, wie z. B. Verstreckung und Koagulationsbedingungen, welche die Ausrichtung der Cellulosemoleküle und die Kristallinität der Faser bestimmen, eingestellt werden [1].
3. Nachwachsende Rohstoffe werden als Nahrungsquellen für Bakterien verwendet, welche das gewünschte Polymer als Depotstoff in sich akkumulieren oder sezernieren. Zur biotechnologischen Herstellung von Polyhydroxyalkanoaten (PHA) werden Bakterienstämme verwendet, die je nach aufgenommenen Nährstoffen, wie z. B. Stärkeprodukten oder mehrfach ungesättigten Ölen, unterschiedliche Polymere synthetisieren. Um die Ausbeute an Polymeren zu verbessern, werden die Bakterien gentechnisch derart verändert, dass sie Polyhydroxyalkanoate synthetisieren aber nicht mehr abbauen können. Auf diese Weise wurden Ausbeuten von über 70% der Trockenmasse erreicht [1]. Durch Zentrifugieren oder

Lösungsextraktion werden die Polymere aus den Bakterien gewonnen und über mehrere Reinigungsschritte zu polymeren Rohstoffen aufgearbeitet, die anschließend mit den gängigen thermoplastischen Prozesstechniken wie Spritzguss oder Extrusion verarbeitbar sind [2, 3].

In der Natur treten Werkstoffe vor allem als Faserverbundsysteme auf (z. B. Hölzer, Gräser). Aus der Textiltechnik sind etablierte Verfahren verfügbar, welche es ermöglichen, die Fasern aus ihrer Matrix zu isolieren und so aufzubereiten, dass sie zu hochwertigen Textilien verarbeitet werden können. Seit den achtziger Jahren wird versucht, diese Faserwerkstoffe auch als Füllstoffe in Polymeren zu verwenden. Die Fasern werden dabei als kostengünstige, leichte Füllstoffe oder unter Ausnützung ihrer hohen mechanischen Eigenschaften zur gezielten mechanischen Verstärkung polymerer Matrices verwendet. Im Folgenden wird näher auf polymere Matrixwerkstoffe und Fasern eingegangen, die mögliche Komponenten für die Entwicklung von ökokompatiblen, biodegradablen Faserverbundwerkstoffen darstellen.

97.2 Ökokompatible Polymere

Der Vergleich der Eigenschaften von kommerziell verfügbaren ökokompatiblen, biodegradablen Polymeren mit einem typischen Massenpolymer (Polypropylen) zeigt, dass sich ihre mechanischen und thermischen Eigenschaften nicht signifikant von diesem Massenpolymer unterscheiden. Aufgrund der geringen Produktionsmengen und der zum Teil aufwendigen Herstellverfahren sind diese Polymere jedoch wesentlich teurer. Deshalb wurden bisher nur wenige kommerzielle Anwendungen realisiert, wie z. B. Celluloseacetat und Polycaprolacton als Folien oder als optische Trägermaterialien.

Ein Problem bei biodegradablen Polymeren ist ihre strukturbedingte Neigung zur Wasseraufnahme und zur Quellung. Dies kann in der Folge zu einer Reduktion von E-Modul und Festigkeit, zum Verzug oder bei Verbundwerkstoffen zum Aufbau von Eigenspannungen führen, welche die Funktion des Bauteils beeinträchtigen können.

97.2.1 Biodegradable Fasern

Die Eigenschaften von nachwachsenden Faserwerkstoffen streuen in einem grossen Bereich, da in Abhängigkeit der Züchtung und der lokalen Wachstumsbedingungen (Klima, Boden, Nährstoffzufuhr) das Molekulargewicht, der morphologische Aufbau und die chemische Zusammensetzung variieren können (Tabelle 97.2). Dies stellt einen der grössten Nachteile natürlicher Fasern dar, da ihre Eigenschaften häufig nicht in einem ausreichend engen Bereich garantiert werden können. Mit natürlichen Fasern verstärkte Verbundwerkstoffe müssen daher mit hohen Sicher-

Polymer	Dichte [g/cm³]	Tm [°C]	Tv [°C]	Wasseraufnahme [%]	Zugfestigkeit [MPa]	E-Modul [GPa]	Ref.
PHB (*)	1.25	177	145–165	–	40	3.5	[2, 3]
PHB/V	–	145	140–170	–	32	1.2	[2, 3]
PCL (**)	1.145	60	δ 210	0.3	32	0.33	[4, 5]
BION	1.2	100–120	180–220	0.4	20–31	0.35	[4, 6]
CA	1.3	150–155	–	2.6–4.0	23–63	1.4–2.5	[7]
Mater-Bi	1.2	130–140	135–145	3.0–3.5	–	–	[8]
PP (#)	0.9	160–208	170–300	0.1	32	1.19	[9]

PHB: Polyhydroxybutyrat
PHB/V: Polyhydroxybutyrat-co-valerat (Biopol®)
PCL: Polycaprolactone(Tone P 787)
BION: Bionolle, aliphatischer Polyester
CA: Celluloseacetat
Mater-Bi: Polymerblend aus PCL, Stärke und biodegradablem Weichmacher
PP: Polypropylen
Tm Schmelztemperatur
Tv Verarbeitungstemperatur
(*) Molekulargewicht Mw: 400'000–800'000
(**) Molekulargewicht Mw: 125'000
(#) nicht biodegradabel

Tabelle 97.1 Eigenschaften abbaubarer Polymere im Vergleich zu Polypropylen. Nach Angaben der zitierten Herstellen oder der Literatur handelt es sich um Werte, die nach unterschiedlichen, z. T. nicht vergleichbaren Verfahren ermittelt wurden. Sie sind daher nur für qualitative Vergleiche geeignet

heitsfaktoren bezüglich ihrer Homogenität, ihrer Reproduzierbarkeit und ihrer mechanischen Eigenschaften ausgelegt werden, wodurch die Vorteile abbaubarer Verbundwerkstoffe für eine Vielzahl von möglichen Anwendungen zunichte gemacht werden können. Die besten Voraussetzungen sind dabei für die gängigen Textilfasern wie Baumwolle, Leinen, Wolle und Seide gegeben, da ihre herkunftsspezifischen Variationen bekannt sind und in die Auslegung von Bauteilen mit einbezogen werden können.

Analog zu den biodegradablen Polymermatrices kann die Wasseraufnahme der Fasern zur Reduktion ihrer mechanischen Eigenschaften sowie aufgrund der Quellung zu Eigenspannungen oder zum Verzug des Bauteils führen.

Als Alternative zu den nachwachsenden Fasern sind die Synthesefasern zu betrachten, welche aus nachwachsenden Rohstoffen hergestellt werden können. Ein typisches Beispiel ist die regenerierte Cellulosefaser, welche im Textilbereich weitverbreitet eingesetzt wird. Ihre mechanischen Eigenschaften sind mit jenen natürlicher Fasern vergleichbar. Vorteile von synthetisch hergestellten Fasern im Vergleich zu natürlichen sind die Reproduzierbarkeit in der Herstellung und in den Eigen-

Faser	Durch-messer [μm]	Dichte [g/cm³]	Wasser-aufnahme [%]	Zug-festigkeit [MPa]	E-Modul [GPa]	Ref.
Baumwolle	–	1.5	–	500–880	0.05	[10]
Bastfaser	200	1.45	12	460–533	2.5–13.0	[10]
Flachs	–	1.5	–	1100	100	[10]
Flachs (techn.)	55–74	1.48	7.1	758	39.9	[11]
Banane	80–250	1.35	10–12	529–754	7.7–20.8	[10]
Ramie	–	1.5	–	750–1050	–	[12]
Nessel	49	1.51	7.2	740	64.8	[11]
regenerierte Cellulose	12.4	1.52	1.5	1500	30	[1]
E-Glasfaser	5.8–7.2	2.5	2.5	3500	72.4–76.0	[13]

Tabelle 97.2 Vergleich der Eigenschaften nachwachsender Fasern mit regenerierter Cellulose- und E-Glasfaser

schaften sowie ihre höhere Verfügbarkeit.

Im Folgenden soll exemplarisch das biologische Degradationsverhalten von cellulosefaserverstärktem Biopol® eingehender besprochen werden, um die Einflüsse der Degradation der einzelnen Phasen (Faser, Matrix, Interphase) auf das Abbauverhalten des gesamten Verbundes zu erläutern. Aufgrund der Mehrphasigkeit biodegradabler Verbundwerkstoffe lässt sich ihr Degradationsverhalten nicht direkt aus jenem seiner Komponenten ableiten.

97.3 Degradationsverhalten von cellulosefaser-verstärktem PHB/V(Biopol®)

Um den Einfluss der einzelnen Phasen auf das Abbauverhalten des gesamten Faserverbundwerkstoffes zu untersuchen, wurde in Degradationsversuchen die Cellulose faser für sich allein und der unidirektional verstärkte Verbund mit Biopol als Matrix degradiert.

Der Verbundwerkstoff wurde durch einen Pulverimprägnationsprozess mittels der im Kapitel 14.4.1 gezeigten Faserimprägnations- und wickelanlage (FIWA) hergestellt. Die Konsolidierung der 0° unidirektional gewickelten Prepregs erfolgte durch Heißpressen nach dem in Abb. 97.1 gezeigten mehrstufigen temperaturgeregelten Prozess. Die Temperaturführung verlief dreistufig, um während der Durchwärm- und Aufschmelzphase zuerst optimale Imprägnation zu ermöglichen und dann während der Konsolidierungs- und Abkühlungsphase durch den Nachdruck thermische Schrumpfrissbildung zu vermeiden.

Der Degradationsversuch wurde an den Cellulosefasern sowie am Verbund in

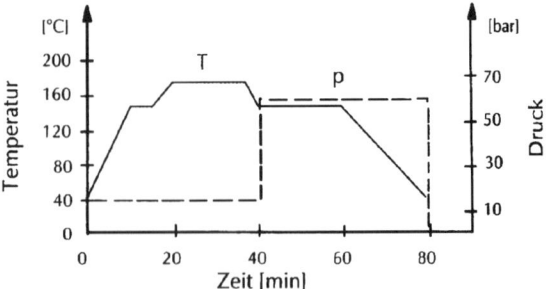

Abb. 97.1 Temperatur-Druckzyklus zur Konsolidierung eines 0° gewickelten Prepregs aus PHBV-pulverimprägnierter Cellulosefaser

Fasertyp	Matrixtyp	Fasergehalt [Gew.%]	Zugfestigkeit [MPa]	E-Modul [GPa]	Ref.
Bastfaser	EP	32.9	104	15.0	[10]
Bastfaser	UP	21.8	84	12.2	[10]
E-Glasfaser	EP	68.2	429	41.3	[10]
E-Glasfaser	UP	69.1	38.8	1.0	[11]
E-Glasfaser	PP	19	281	15.9	[11]
Flachs	PP	19	136	16.0	[11]
reg. Cellulose	Biopol®	38	500	12.0	[14]

EP: Epoxidharz
UP: ungesättigtes Polyesterharz
PP: Polypropylen

Tabelle 97.3 Eigenschaften eines biodegradablen Verbundwerkstoffes aus regenerierter Cellulosefaser und einem Copolymer von PHB und PHV (19.1%) als Matrix im Vergleich mit Verbundwerkstoffen aus Bast- und Flachsfasern und nicht abbaubaren Matrices [10]

einem Standardboden nach DIN 53933 bei 37 °C und 95% rel. Luftfeuchtigkeit während 100 Tagen durchgeführt. Die Veränderungen der Werkstoffe wurden morphologisch im Rasterelektronenmikroskop (REM) sowie anhand von Festigkeit, E-Modul und Bruchdehnung, die im Zugversuch (Verbund DIN 29971, Garn DIN 53834) gemessen wurden, untersucht. Die Ausgangseigenschaften des abbaubaren Verbundwerkstoffes sind in Tabelle 97.3 im Vergleich mit Verbundwerkstoffen aus Flachs- und Bastfasern gezeigt.

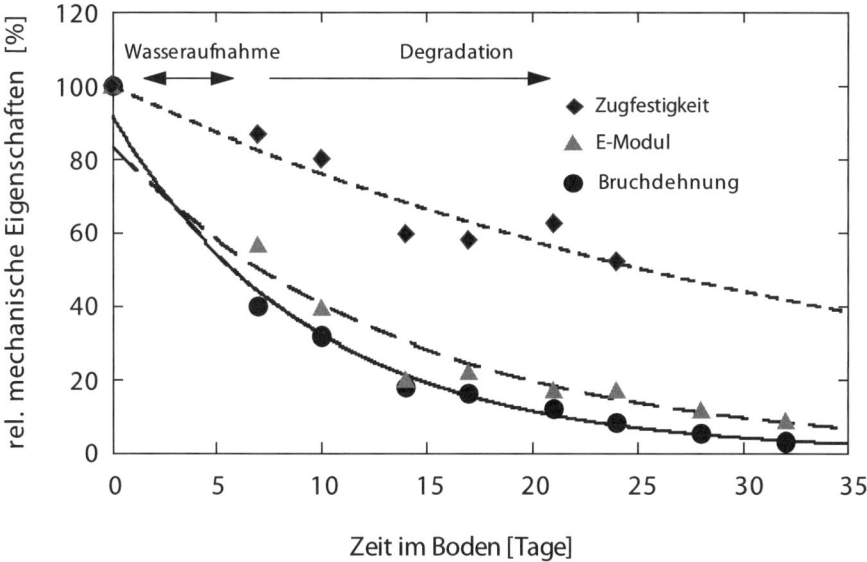

Abb. 97.2 Einfluss der Lagerung im Standardboden (DIN 53933) auf die mechanischen Eigenschaften der Cellulosefaser

97.3.1 Degradationsverhalten der Faser

In Abbildung 97.2 ist die Veränderung der mechanischen Eigenschaften der Fasern in Funktion der Degradationszeit dargestellt. Nach 30 Tagen Degradation ist eine Messung der mechanischen Eigenschaften aufgrund der zu geringen Faserrestfestigkeit nicht mehr möglich. Das Degradationsverhalten ist in zwei Stufen unterteilt. Der erste Abfall der mechanischen Eigenschaften innerhalb von 7 Tagen wird primär durch die Wasseraufnahme der Faser verursacht. Ab der zweiten Woche sind an der Faser erste im REM morphologisch erkennbare Schädigungen zu beobachten. In den Abb. 97.3 und 97.4 ist die morphologische Ausprägung des Degradationsverhaltens der Fasern detaillierter gezeigt. Es fällt auf, dass die Faser entsprechend ihrer herstellungsbedingten Struktur mit homogener Haut und fibrillärem Kern zwei Degradationsmechanismen besitzt. Ein bevorzugter Abbau einer der beiden Strukturen konnte nicht festgestellt werden. Bei der Degradation der Haut blieb der Kern erhalten, wobei durch die Degradation der interfibrillären Matrix die Fibrillen freigelegt wurden (Abb. 97.4). Wird der fibrilläre Kern zuerst degradiert entsteht eine Hohlfaser (Abb. 97.3).

Untersuchungen der Fasern in deionisiertem Wasser zeigten, dass nach dem ersten Abfall der mechanischen Eigenschaften durch die Wasseraufnahme, diese über den restlichen Beobachtungszeitraum von mehreren Wochen stabil blieben. Vergleichende Analysen des Abbauverhaltens nach Exposition im Standardboden nach DIN 53933 zeigen, dass die mechanischen Eigenschaften im gleichen Beobach-

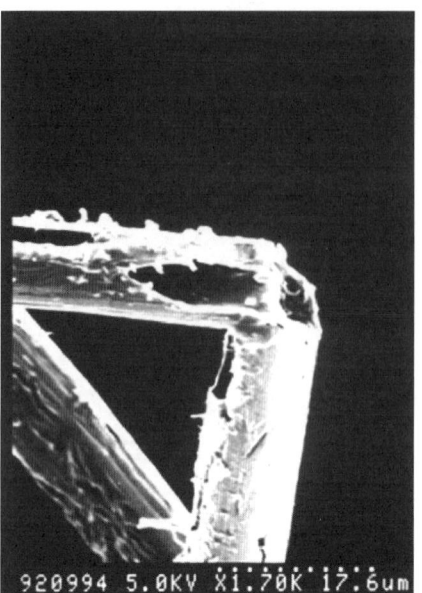
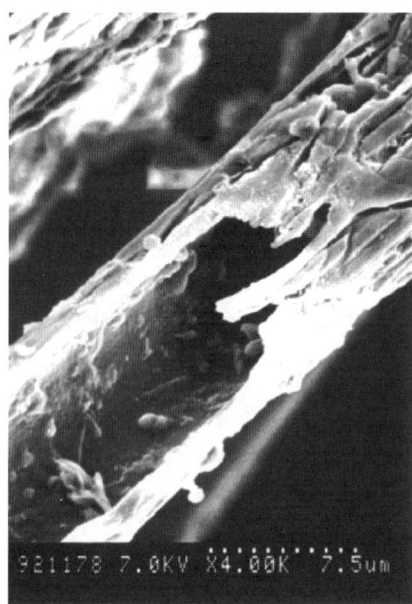

Abb. 97.3 Degradation des Faserkernes (regenierte Cellulosefaser), die äußere Hülle bleibt bestehen

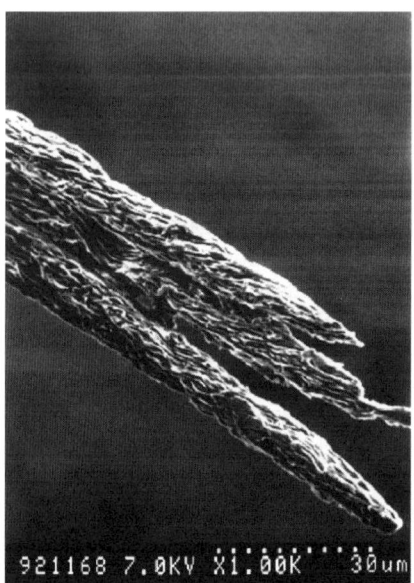
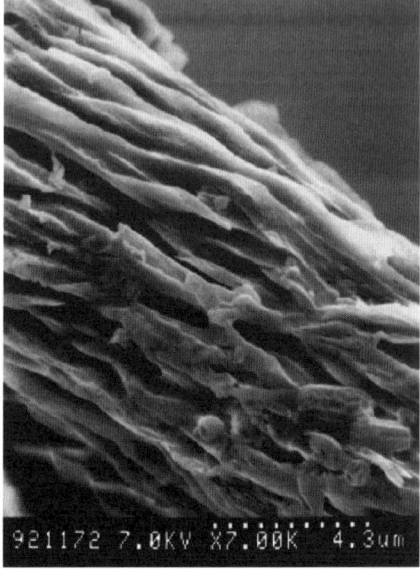

Abb. 97.4 Degradation der Faserhaut. Durch die Degradation der interfibrillären Matrix wurden die axial gut ausgerichteten Fibrillen freigelegt

97.3 Degradationsverhalten von cellulosefaser-verstärktem PHB/V(Biopol®)

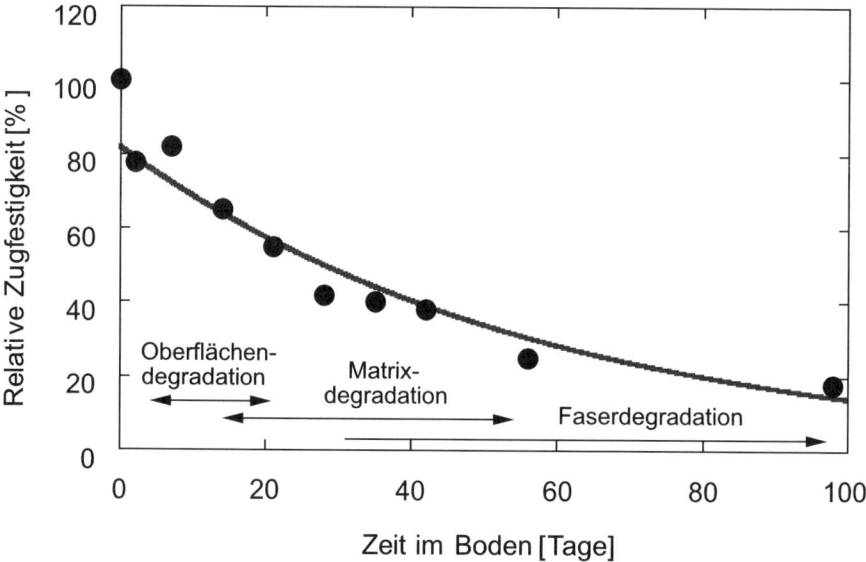

Abb. 97.5 Abhängigkeit der Zugfestigkeit des Verbundwerkstoffes von der Degradationszeit im Boden (DIN 53933). Der Degradationsprozess lässt sich in drei Phasen unterteilen: 1. Degradation der Polymeroberfläche und Durchbruch zu den ersten Faser-Matrix-Grenzflächen, 2. Degradation der Matrix sowie 3. Degradation der Faser. Die Degradation erfolgt von der Oberfläche aus und entsprechend überlagern sich die Degradationsprozesse

tungszeitraum erheblich weiter abgefallen waren oder gar nicht mehr nachweisbar waren, da die Fasern nahezu vollständig desintegriert wurden. Es ist daher anzunehmen, dass ein enzymatisch bestimmter Abbau zur Faserdesintegration führt.

97.3.2 Degradationsverhalten des Verbundwerkstoffes

Wie Abb. 97.5 zeigt, wird innerhalb von 100 Tagen Degradationszeit die Bruchfestigkeit auf 10% ihres Ausgangswertes reduziert. Die REM-Untersuchungen zeigten, dass die Degradation an den äußeren und inneren Oberflächen, den Faser-Matrix-Interphasen, als bestimmender Degradationsmechanismus anzusehen ist. Die zeitliche Abfolge des Prozesses ist in den folgenden REM-Aufnahmen illustriert:

Oberflächendegradation
Nach 1–2 Wochen wird eine flächige Erosion der Polymeroberfläche beobachtet, wobei es lokal zum Durchbruch in die Faser-Matrix-Grenzflächen oberflächennaher Fasern kommt. Von dort aus werden diese Interphasen bevorzugt degradiert Abb. 97.6.

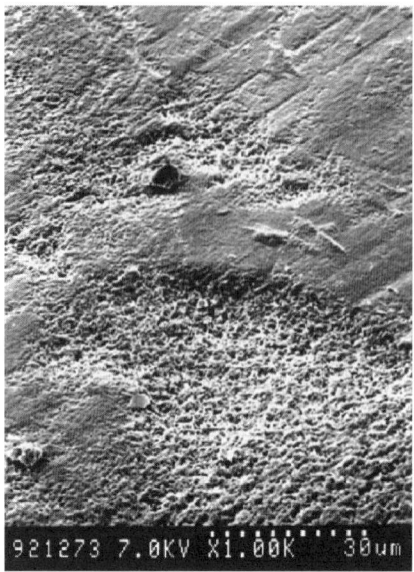 

Abb. 97.6 REM- Aufnahmen der Verbundwerkstoffe nach 1–2 Wochen Degradation: *links:* lokale Oberflächenerosion der PHBV Matrix. *Rechts:* Durchbruch der Degradation in eine oberflächennahe Interphase und entlang der Faser fortschreitende Interphasenerosion

Matrixdegradation
Ab der 3. bis zur 10. Woche folgt die Degradation der Matrix und der Interphasen von der Oberfläche ausgehend in das Innere des Verbundes. An der Fasern konnte in dieser Phase der Degradation keine morphologische Änderung beobachtet werden, im Gegensatz zum Degradationsverhalten der isolierten Fasern (Abb. 97.3 und 97.4).

Faserdegradation
Ab der 4. bis zur 14. Woche ist eine fortschreitende Desintegration des Verbundes von der Probenoberfläche her zu beobachten, die nun auch die Degradation der Faser einschließt. Im Verbundwerkstoff wurde an der Faser nur noch die Degradation des Faserkernes beobachtet.

Aus Beobachtungen im REM ergibt sich ein möglicher Ansatz zum Verständnis der Abbaumechanismen: der Abbau erfolgt bevorzugt in den instabilen amorphen Bereichen, wie der Interphase, sowie in den amorphen Zonen zwischen den Sphärolithen der Matrix.

97.4 Diskussion und Anwendungen

Aus dem Vergleich der mechanischen Eigenschaften über den Verlauf der Degradationszeit sowie deren morphologischen Ausprägung wird der folgende Abbaumechanismus vorgeschlagen:

97.4 Diskussion und Anwendungen

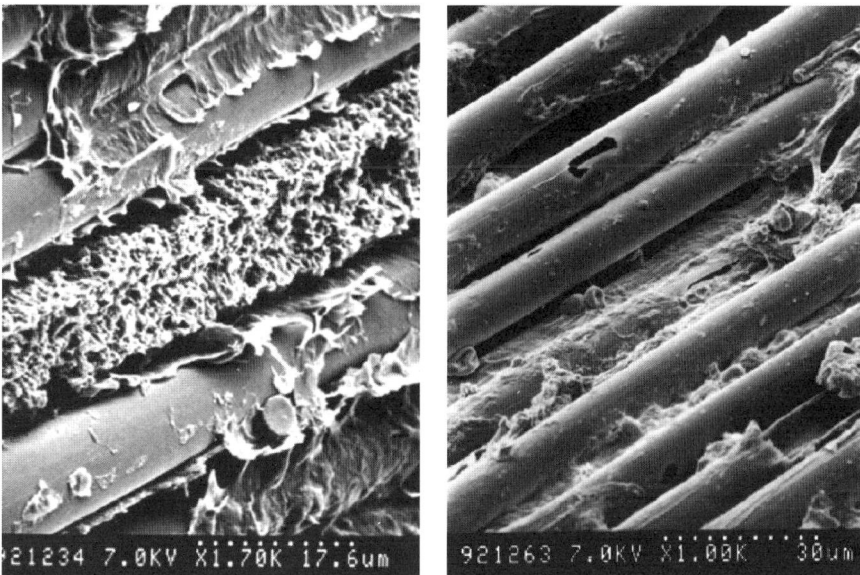

Abb. 97.7 *Links:* REM- Aufnahmen der Verbundwerkstoffe nach 3–10 Wochen Degradation: Die Degradation erfolgt entlang der inneren Oberflächen und wird durch die morphologischen Eigenschaften der Matrix, das heißt durch ihre Kristallinität (sphärolitisch, Transkristallisation), bestimmt. *Rechts:* REM- Aufnahme des Verbundwerkstoffes nach 4–14 Wochen Degradation: Desintegration des Verbundwerkstoffes und Degradation der Faserkerne

1. Der dominierende Degradationsmechanismus ist eine enzymatische Oberflächenerosion. Für Polyhydroxyalkanoate wurde der enzymatische Abbau nachgewiesen [15]. Vergleichsversuche in deionisiertem Wasser zeigten über einen vergleichbaren Versuchszeitraum keine signifikante Reduktion der mechanischen Eigenschaften sowie keine morphologische Veränderung der Probenoberflächen.
2. Die Faser-Matrix-Grenzfläche ist die instabilste Phase im Verbundwerkstoff. Im Vergleich zur reinen PHBV-Matrix wurde durch die Anwesenheit dieser inneren Oberflächen (Faser-Matrix-Grenzfläche) der Abbau beschleunigt. Der Abbau der Matrix scheint dabei abhängig von ihrer Kristallinität zu sein.
3. Im Verbundwerkstoff wird eine Degradation der Faser nur dann beobachtet, wenn sie direkt dem enzymatischen Umfeld im Kontakt mit Mikroorganismen ausgesetzt wird. Durch die Einbettung der Faser in die Matrix wird die Degradationsgeschwindigkeit der Faser erheblich reduziert. Im Verbundwerkstoff ist die Degradation des Faserkerns vorherrschend.

Die Eigenschaften der hier beschriebenen abbaubaren Verbundwerkstoffe weisen mit Nutzhölzern vergleichbare mechanische Kennwerte auf. Es wird deshalb davon ausgegangen, dass sie auch für mechanisch hochbeanspruchte Bauteile einsetzbar sind. Ihre mechanischen Eigenschaften bleiben dabei so lange erhalten, wie sie nicht einem enzymatischen Angriff durch Mikroorganismen ausgesetzt sind.

Die Feuchtigkeitsbedingungen in Innenräumen dürften die Anwendungszeit dieser Werkstoffe nicht einschränken. Im Kontakt mit Mikroorganismen, z. B. im Kompost, kann unter geeigneten Bedingungen, wie der Vergrößerung der Oberflächen durch eine mechanische Zerkleinerung, eine vollständige Degradation innerhalb eines Jahres erreicht werden.

97.5 Literatur

1. Koch B., Développement d'un nouveau composite biodégradable: Examples concernants son procédé de fabrication, son comportement lors de sa dégradation et ses utilisations, Diss. ETH Zürich, Schweiz, 1993.
2. Doi Y., Microbial polyesters, VCH Publishers, New York, 1990.
3. Fa. Ueneca, Werbeunterlagen: Biopol™ resin, nature's plastics. Der Werkstoff aus der Natur, Eigenschaften und Verarbeitung, Zeneca Bio Products, Frankfurt/Main, Deutschland, 1993, p. 16.
4. AIR, Biodegradability of bioplastics: prenormative research, biorecycling and ecological impact, EU Project AIR 2-CT 93–1099, 1994.
5. Fa. Union Carbide, Werbeunterlagen: Tone¨ polymers, biodegradable plastic resins, 1993, 14.
6. Fa. Showa Highpolymer Co L., Werbeunterlagen: Bionolle, a biodegradable aliphatic polyester, Showa Denko (Europe) GmbH, Uhlandstrasse 9, Postfach 104454, 4000 Düsseldorf 1, Deutschland, 1994, p. 4.
7. AIR, Biodegradability of bioplastics: prenormative research, biorecycling and ecological impact, EU Project AIR 2-CT 93–1099, 1994.
8. Bastioli C., Cerutti A., Guanella I., Romano G.C., Physical state and biodegradation behavior of starch-polycaprolactone systems, Journal of Environmental Polymer Degradation, 3, 1995, p. 81–95.
9. Franck A., Biederbick K., Kunststoff-Kompendium, Vogel Fachbuch, Werkstoffkunde, Würzburg, 1988.
10. Lee S.M., International Encyclopedia of Composites – Natural Composites, Fiber Modification to Protective Coatings for Space Applications, 4, VCH Publishers, Weinheim, New York, 1989, 9–11.
11. Mieck K.P., Nechwatal A., Knobelsdorf C., The potential uses of natural fibres in composites materials, 3.1, 1993, 3.11.
12. Colijn J., Ramie as high-tech fibre for reinforcing composites, 3.1, 1993, 3.12.
13. Bunsell A.R., Fibre Reinforcements for composite materials, Elsevier, Amsterdam, 1988.
14. Mayer J., Koch B., Bourban C., Wintermantel E., Degradation behavior of a degradable fiber composite made of PHB/V-Polymer and a high crystalline cellulosic fiber, Lugano, Switzerland, 1995, 62.
15. Brandl H., Püchner P., Biodegradation of plastic bottles made from „Biopol" in an aquatic ecosystem under in situ conditions, Biodegradation, 2, 1992, p. 237–243.

98 Erweiterung der Biokompatibilität auf Ökosysteme und Werkstoffe

M. Petitmermet, A. Bruinink, E. Wintermantel

98.1 Einleitung

In der Schweiz fallen pro Jahr über 8.3 Mio t Abfälle an, die sich aus Siedlungsabfällen (2.8 Mio t, 1994), deponierten Abfällen (z. B. Bauschutt, 3 Mio t), Sonderabfällen (0.35 Mio t), Klärschlamm (getrocknet, 0.25 Mio t) und verwertbaren Abfällen (1.9 Mio t) zusammensetzen [1]. In einem internationalen Vergleich liegt die Schweiz mit einer jährlich anfallenden Menge von 441 kg pro Einwohner an fünfter Stelle in der Produktion von Hausmüll (Abb. 98.1).

Zur Beseitigung des Siedlungsabfalls wird in der Schweiz vorwiegend die Verbrennung eingesetzt: Aus 1 Tonne Abfall entstehen durch die Verbrennung 750 kg Gase (im wesentlichen nur noch Kohlendioxid und Wasser), 220 kg Schlacke und 25 kg Aschen (mehrheitlich Elektrofilterasche), 5 kg Rückstände aus der weitergehenden Rauchgasreinigung und 65 kg verfestigtes Material aus der Nachbehandlung der Rauchgasreinigungsrückstände [3]. Da Filterstäube und Schlacken auswaschbare Schwermetalle, z. B. in Form von Salzen, enthalten, müssen sie vor einer Endlagerung behandelt werden. Die Salze werden entweder durch einen Waschprozess ausgewaschen, durch Einbindung in Zement stabilisiert oder durch Verglasung inertisiert [4]. Schliesslich werden praktisch alle Schadstoffe in feste Rückstände transferiert.

Da der Eintrag von Chemikalien in die Umwelt über die Gewässer am grössten ist (Sickerwasser, Regen, etc.), sind bereits mehrere Methoden zur Überprüfung der Toxizität für Gewässer entwickelt worden. Darunter fallen die konventionellen analytischen Methoden, mit denen der Gehalt einzelner Stoffe ermittelt werden kann und biologische Methoden (Bioassays), die auf die Summe der Stoffe reagieren.

98.2 Gesetzliche Grundlagen

Seit 1985 ist in der Schweiz das Umweltschutzgesetz (USG) in Kraft, dessen Zweck es ist, „Vorschriften über den Schutz des Menschen und seiner natürlichen Umwelt

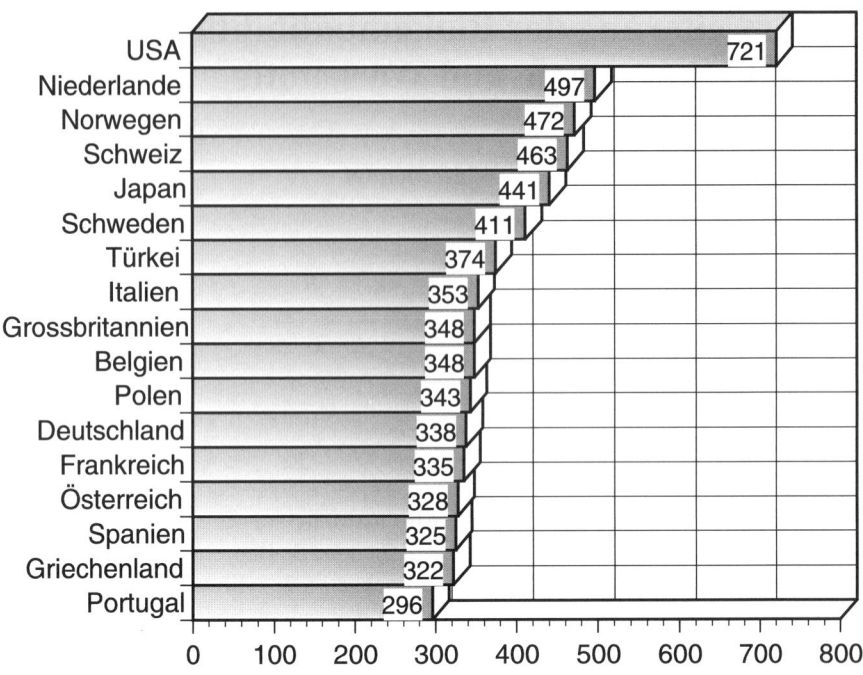

Abb. 98.1 Jährlich anfallender Hausmüll pro Einwohner in westlichen Industrieländern [2]

gegen schädliche oder lästige Einwirkungen" zu erlassen. „Dieses Gesetz soll Menschen, Tiere und Pflanzen, ihre Lebensgemeinschaften und Lebensräume gegen schädliche oder lästige Einwirkungen schützen und die Fruchtbarkeit des Bodens erhalten". Die Teilbereiche Luftverschmutzung, Lärm, Erschütterungen, Abfälle, umweltgefährdende chemische Stoffe und Belastungen des Bodens werden dort geregelt. Dieser Schutz wird durch drei Grundsätze festgelegt:

- *Vorsorgeprinzip:* „Im Sinne der Vorsorge sind Einwirkungen, die schädlich oder lästig werden können, frühzeitig zu begrenzen (Art. 1, Abs. 2)". Mit dem Vorsorgeprinzip soll die Umweltbelastung so gering wie möglich gehalten werden und Kosten, z. B. durch das nachträgliche Beheben von Schäden, vermindert werden.
- *Verursacherprinzip:* „Wer Massnahmen nach dem Gesetz verursacht, trägt die Kosten (Art. 2)". Mit dem Verursacherprinzip soll erreicht werden, dass die Umwelt schonender und wirtschaftlicher genutzt wird.
- *Kooperationsprinzip:* Behörden, Privatwirtschaft und Bevölkerung werden mit mehreren Bestimmungen verpflichtet, bei Massnahmen, im Vollzug und bei neuen Umweltschutzerlassen ständig zusammenzuarbeiten.

Angesichts der zunehmenden Abfallmenge und des abnehmenden Deponieraumes müssen neue Methoden für eine Abfallreduktion gesucht werden. Das Vorsorge-

98.2 Gesetzliche Grundlagen

prinzip verlangt Gegenmassnahmen: Vermeidung, Verminderung, Verwertung. Es sollen auch den nachfolgenden Generationen keine Altlasten aus der Abfallwirtschaft übergeben werden. Damit wird die Qualität der Produkte aus der Abfallverwertung bereits festgelegt: sie müssen entweder wiederverwertbar oder endlagerfähig sein. Endlagerfähig sind aber nur diejenigen Produkte, welche ohne weitere Überwachung durch Mensch und Technik gefahrlos deponiert werden können.

In der Technischen Verordnung über Abfälle (TVA) wird ebenfalls vorgeschrieben, dass durch Verminderung und Behandlung das zu deponierende Restvolumen an Abfall vermindert werden soll. Die Behandlung des Abfalls kann durch eine thermische Behandlung erfolgen, denn dadurch wird nicht nur das Abfallvolumen reduziert, sondern auch der organische Anteil. Je nach Höhe der Verbrennungstemperatur und zugegebener Hilfsstoffe kann der Abfall, direkt oder einer Kehrichtverbrennungsanlage nachgeschaltet, verglast und so Schadstoffe vernichtet, reduziert oder zumindest in der Glasphase immobilisiert und inertisiert werden. Die Abfallverwertung soll aber nur durchgeführt werden, wenn sie wirtschaftlich tragbar ist und die Umwelt weniger belastet als die Abfallbeseitigung. In der TVA werden Inertstoff- und Reststoffdeponie sowie die Reaktordeponie als Übergangslösung bewusst nicht als Endlager eingestuft.

- *Inertstoffdeponie*
  Schadstoffarme Abfälle, die ohne Vorbehandlung endlagerfähig sind (z. B. aussortierter Bauschutt, Abfälle aus Industrie und Gewerbe).
- *Reststoffdeponie*
  Rückstände mit erhöhtem Schwermetallgehalt in gering löslicher Form.
- *Reaktordeponie*
  Ablagerung von chemisch reagierenden Abfällen (z. B. Siedlungsabfälle, Klärschlamm, Schlacke aus Kehrichtverbrennungsanlagen, Sonderabfälle).

In Deutschland ist im Bundesimmissionsschutzgesetz §5 (BimSchG) ebenfalls verankert, dass Abfallverwertung Vorrang vor einer sonstigen Entsorgung hat, „wenn sie (die Abfallverwertung) technisch möglich ist, die hierbei entstehenden Mehrkosten im Vergleich zu anderen Verfahren der Entsorgung nicht unzumutbar sind und für die gewonnenen Stoffe oder Energien ein Markt vorhanden ist oder insbesondere durch Beauftragung Dritter geschaffen werden kann" [6]. Die Anwendung der Kehrichtverbrennung entwickelt sich damit zu einer Kehrichtverwertung, d. h. zu einer Rohstoffaufbereitung. Schliesslich ergeben sich marktfähige Produkte.

Der in den Gesetzen festgelegte Grundsatz, dass eine Wiederverwertung Vorrang vor jeder sonstigen Entsorgung haben sollte, beinhaltet aber auch, dass vor der Verbrennung der Abfälle in einer Kehrichtverbrennungsanlage (KVA) und vor einer Deponierung diese möglichst getrennt und sortiert einer Wiederverwertung zugeführt werden sollten. Eine Trennung des Abfalls direkt an der Entstehungsstelle ist einer Sortierung vermischter Abfälle generell überlegen; es lassen sich dadurch bessere Stoffqualitäten sowie eine grössere Ausbeute erzielen [6].

Die Wiederverwertung dient nicht nur der Abfallverminderung, sondern auch der Erhaltung der Ressourcen (vor der Verbrennung) bzw. einer Neunutzung (nach der Verbrennung). Eine Wieder/Weiterverwertung ist aber nur dann möglich, wenn ein Markt für die aus dem Abfall gewonnenen Stoffe besteht oder geschaffen werden kann und so ein Absatz gewährleistet ist, andernfalls bleiben die Stoffe Abfall und müssen entsorgt werden. Einen grossen Einfluss auf die Verwertung haben die Stoffqualität, Angebot und Nachfrage, Garantien über Stoffqualität und -menge pro Zeit (Versorgung), Kosten der Aufbereitung inklusive Sammlung, Kosten der Primärrohstoffe, Anwendungsbeschränkungen und Richtlinien und vor allem auch das Image der Produkte aus Abfall.

Es zeichnet sich heute der Trend ab, dass bereits bei der Planung von Produkten bzw. Produktionsarten die Belange der Entsorgung mitgeprüft und berücksichtigt werden. Die Kennzeichnung der in der Automobilindustrie verwendeten Kunststoffe für ein späteres Recycling ist ein Beispiel hierzu. Abfall, der nicht sinnvoll verwertet werden kann, sollte einer Behandlung unterzogen werden, mit dem Ziel einer sicheren Lagerung auf einer Deponie. Dazu müssen sowohl die organischen als auch die wasserlöslichen Bestandteile verringert werden. Die heute wichtigste Abfallbehandlung ist die Verbrennung und die anschliessende Aufbereitung der festen Rückstände (Schlacke, Asche, Staub). Neue thermische Verfahren sind in Entwicklung oder bereits in Anwendung. Auf die herkömmliche Verbrennung, die neuen Verfahren Thermoselect, Siemens-Schwel-Brenn-Verfahren und das Behandlungsverfahren HSR von Rückständen einer herkömmlichen Verbrennungsanlage wird in Kapitel 98.8 eingegangen.

98.3 Recycling – Downcycling – Upcycling

Mit vermehrtem Recycling kann ebenfalls die Abfallmenge reduziert werden. Bei den Kunststoffen handelt es sich hierbei aber meist nicht um ein *Re*cycling (aus einer PET-Flasche wird wieder eine PET-Flasche), sondern um ein *Down*cycling (aus einer PET-Flasche wird eine Zahnbürste); d. h. aus einem Bauteil mit hohen Qualitätsansprüchen wird ein Bauteil mit weniger hohen Qualitätsansprüchen, wobei meistens frisches Material zugegeben werden muss, damit die Eigenschaften nicht zu stark abfallen. Es wird also eine zusätzliche Nutzungsschleife vor der endgültigen, zeitlich verlagerten Entsorgung eingeführt. In diesem Fall gibt der Ausdruck Kunststoff-Reintegration den Sachverhalt besser wider: die Kunststoffbauteile werden nach Gebrauch vom Markt genommen, aufbereitet und wieder in Form von neuem Granulat (beim PET-Recycling 99%-ige Reinheit) für andere Bauteile in den Markt integriert. Beim Recycling ist ausserdem zu beachten, dass durch die Reinigung und Aufarbeitung unter Umständen neue problematische Stoffe entstehen:

- Pro Tonne aufgearbeiteten Altpapiers entsteht eine halbe Tonne schwermetallhaltiger Klärschlämme.
- Für den Schmelzprozess von recycliertem Glas muss eine grosse Menge an Stromenergie aufgebracht werden, zudem machen Verunreinigungen die neuen Flaschen bruchanfällig.

- Beim werkstofflichen Recycling von Eisenschrott entstehen giftige Abgase (Blei, Cadmium, Kupfer, Schwefel, Zink, Bestandteile aus Farbstoffen).
- Pro Tonne wiedergewonnenen Aluminiums fallen 500 kg Salzschlacke an, verunreinigt mit Dioxinen und aluminiumfremden Metallen.

Bei Polymeren stellt sich die Frage, ob ein Recycling bzw. Downcycling ökologisch und ökonomisch sinnvoll ist, wenn jedes der heute bekannten Verfahren einen höheren Energieaufwand erfordert als die Herstellung neuer Polymerprodukte. Die Kunststoffe haben einen sehr hohen Energieinhalt (beinahe gleich hoch wie Heizöl) von 34 000 bis 42 000 kJ/kg im Vergleich zu Holz mit 17 000 kJ/ kg und Papier mit 16 000 kJ/kg. Diese im Kunststoff gespeicherte Energie kann zwar durch eine Verbrennung in Form von Wärmeenergie z. B. für die Stromerzeugung, genutzt werden, bei der Verbrennung fallen aber neben Wasserdampf und Kohlendioxid auch Salzsäure (bei PVC) oder Fluorwasserstoffe (besonders bei beständigen Polymeren wie PTFE) an. Seit bekannt ist, dass Kohlendioxid mitverantwortlich ist für den Treibhauseffekt, sollte auch der CO_2-Ausstoss vermindert werden. Im Gegensatz zum *Down*cycling erfolgt beim *Up*cycling eine Wertsteigerung. Upcycling wird vor allem im Elektronikbereich angewendet: alte Computer oder Kopierapparate werden in Recyclingzentren modernisiert und wiedervermarktet. Was beim *Produkt*erecycling möglich ist, sollte auch beim *Material*recycling möglich sein. Bisher machte man sich Gedanken darüber, welche Bestandteile aus den Metallschmelzen oder Granulaten entfernt werden müssen, um einen Sekundärwerkstoff mit akzeptabler Qualität zu erhalten. Es sind Überlegungen im Gange, neue Elemente dazuzugeben, um neue Recyclingwerkstoffe zu qualifizieren, d.h. man strebt Veredelung statt Verwertung an [7].

98.4 Schwerpunktprogramm Umwelt

1991 wurde vom schweizerischen Parlament das Schwerpunktprogramm Umwelt beschlossen und 1992 vom Schweizerischen Nationalfonds erstmals öffentlich ausgeschrieben und wird jetzt in einer zweiten Phase bis ins Jahr 1999 weitergeführt. Im Schwerpunktprogramm Umwelt sollen Forschungsergebnisse in den Bereichen Abfall, Biodiversität (Vielfalt von Flora und Fauna), Boden, Klima und Gesellschaft erarbeitet werden, die nachhaltiges Handeln (Nachhaltigkeit) fördern.

Das Ziel der Nachhaltigkeit („dauernd erhaltbar") erfordert, die Rückstände aus der Kehrichtverbrennung hinsichtlich ihres Belastungspotentials für Mensch und Umwelt und hinsichtlich ihres Ressourcenpotentials, z. B. als Sekundärwerkstoff, zu bewerten. Als Bewertungshilfsmittel können als Ansatz die Ökotoxikologie, die Umweltchemie, der Ansatz der geogenen Referenz und als gesamtheitliche Betrachtung und Bewertung die Ökobilanzierung zu Rate gezogen werden.

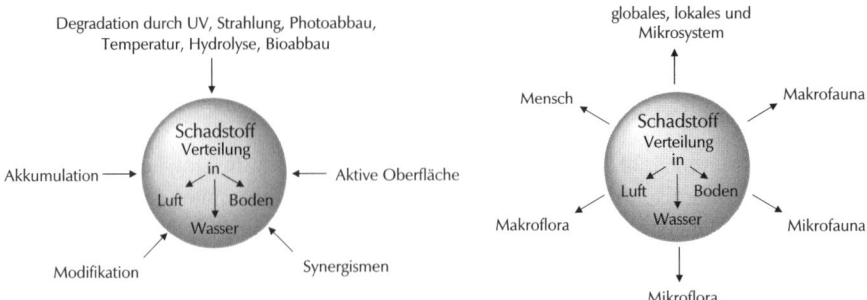

Abb. 98.2 Verhalten der Schadstoffe in der Umwelt und Einfluss von Umweltparametern auf die Schadstoffe (links) und Einfluss der Schadstoffe auf die Umwelt (rechts), modifiziert nach [8]

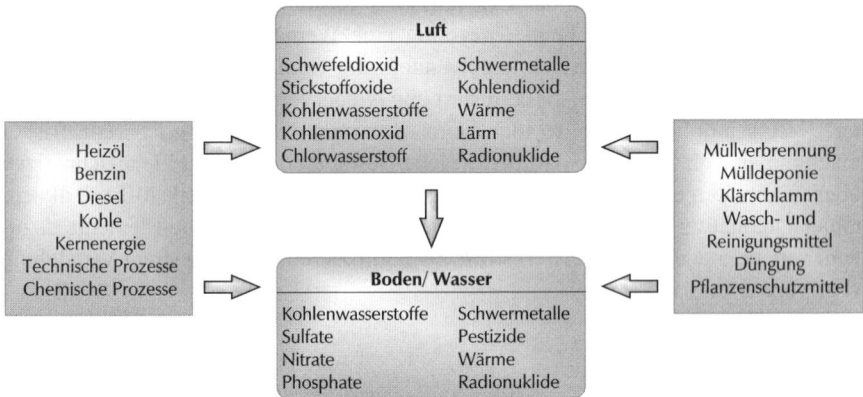

Abb. 98.3 Quellen von Umweltbelastungen und Kontaminationswege [9]

98.5 Umweltchemie

Die *Umweltchemie* befasst sich mit Eintrag, Vorkommen, Transport, Verteilungs- und Transformationsverhalten eines Schadstoffes in der Umwelt. Die Verteilung kann über Luft, Boden oder Wasser und eine Transformation durch Strahlung, Temperatur, Hydrolyse, Photo- und Bioabbau (Abbau durch Mikroorganismen) erfolgen. Sind die Schadstoffe einmal in die Umwelt gelangt, kann ihre Verteilung und Transformation praktisch nicht mehr kontrolliert werden (Abb. 98.2 und Abb. 98.3).

98.6 Ökotoxikologie und geogene Referenz

Die *Ökotoxikologie* ist die Wissenschaft zur Erforschung der Wirkung von Schadstoffen, Giften und Strahlung auf lebende Organismen, Populationen und Lebensgemeinschaften [10]. Da ökotoxikologische Abklärungen sehr aufwendig sind und sich Zusammenhänge zwischen Ursache und Wirkung bei vielfältigen Stoffgemischen und grosser Stoffpalette nur beschränkt und selten eindeutig ermitteln lassen, können sie nur lokal begrenzte Erkenntnisse liefern. Daher wurde als weiterer Ansatz die *geogene Referenz* eingeführt (Erdkrustenähnlichkeit). Diese fordert die Erdkrustenähnlichkeit von anthropogenen Rückständen und geht davon aus, dass über längere geologische Zeiträume die anthropogenen und geogenen Stoffflüsse miteinander verglichen werden können. Durch biogene, chemische und physikalische, klimatische und tektonische Veränderungen werden Gesteine und Erze gebildet, umgewandelt und zersetzt. Der geogene Ansatz besteht nun darin, sich an der Qualität von Gesteinen und Erzen zu orientieren, d.h. an deren Eigenschaften sowie Bildungs- und Veränderungsgeschichte.

Sobald behandelte oder unbehandelte Rückstände einer Kehrichtverbrennungsanlage wie Schlacken, Filteraschen oder Bauabfälle deponiert werden, machen diese in der ersten Phase (Jahre bis Jahrzehnte) anthropogene Ablagerungsprozesse durch. Mit der Zeit aber nehmen geogene Prozesse wie Verwitterung und Diagenese (Verfestigung und Umbildung lockerer Sedimente zu festen Gesteinen) zu und lösen die anthropogenen Prozesse ab. Es ist daher sinnvoll, geochemische Eigenschaften der Erdkruste und das Verhalten von Ablagerungen und ihren Eigenschaften in Bezug auf den Ansatz der geogenen Referenz zu verfolgen. In Analogie zur Biokompatibilität könnte so von Geokompatibilität von Rückständen oder Abfällen gesprochen werden.

Die Erdkruste besteht aus Gesteinen und Erzen, wobei Erze einen um Grössenordnungen höheren Gehalt an einem oder mehreren Elementen haben, als der geochemische Durchschnitt der Gesteine. Die Behandlung von Abfall muss daher so ausgelegt werden, dass der organische Bestandteil verringert und der anorganische Anteil in eine gesteins- oder erzähnliche Form überführt wird. Nach der TVA (Technische Verordnung über Abfälle) ist eine Verdünnung von Schadstoffen verboten. Die bei der Abfallbehandlung entstehenden aufkonzentrierten Rückstände sollen verhüttet werden, wenn damit erreicht werden kann, dass die so gewonnenen Stoffe mit neuen Rohstoffen konkurrenzfähig sind. Wenn eine Verwertung nicht möglich ist, sollen sie als anthropogene Erze für einen möglichen späteren Abbau zwischengelagert werden. Dabei könnten Karten mit der Lokalisation anthropogener Erze auf einer Deponie nützlich sein.

Die Schlacke kann tendenziell den Gesteinen zugeordnet werden, obwohl in ihr Gehalte an Elementen wie Zn, Cu, Pb und Hg um Grössenordnungen höher enthalten sind als bei mittleren Gesteinswerten, aber nicht Erzkonzentrationen erreichen wie die Elemente Zn und Cd in den Elektrofilteraschen.

98.7 Ökologie, Ökobilanzierung, Ökotoxikologie, Ökokompatibilität [11]

Die Ökologie ist nach Definition von E. Haeckel (1866) eine Wissenschaft, die sich mit den Wechselbeziehungen der Organismen und ihrer unbelebten (abiotische Faktoren wie Klima, Boden) und belebten Umwelt (andere Organismen, Biozönosen) befasst sowie mit dem Stoff- und Energiehaushalt der Biosphäre und ihrer Untereinheiten (z. B. der Ökosysteme). Ein Ökosystem stellt ein Wirkungsgefüge zwischen Lebewesen verschiedener Arten und ihrem Lebensraum dar; sie können z. B. ein Laubwald, ein Korallenriff oder eine Sandwüste sein. Selbständig funktionierende Ökosysteme setzen sich aus mindestens zwei biotischen Komponenten zusammen: den Produzenten (autotrophe Organismen, v.a. grüne Pflanzen) und den Reduzenten oder Destruenten (Zersetzern wie z. B. Bakterien, Pilze). Eine Kette von Konsumenten (Pflanzenfresser, Räuber) ist zwischen den Produzenten und Reduzenten eingeschaltet, wobei die Nahrungskette aus nicht mehr als vier bis fünf Gliedern besteht. Ökosysteme sind offene Systeme, was die Energiebilanz betrifft; sie nehmen die Energie von der Sonne auf.

Unter Ökobilanzierung wird eine Energie- und Stoffbilanz verstanden, die verschiedenste umweltrelevante Aspekte berücksichtigt. Die Abgrenzung des zu betrachtenden Systems kann ausgewählte (Rohstoffgewinnung, Rohstoffaufbereitung, Fertigung, Montage, Nutzung, Abfallbehandlung) oder alle Prozesse des Lebenszyklus eines Produktes enthalten. Um die Umweltverträglichkeit von Produkten und ihren Herstellungsprozessen beurteilen zu können, müssen ökologisch relevante Kennzahlen, die möglichst viele Umweltaspekte berücksichtigen, generiert werden (Abb. 98.1).

Es ist zu beachten, dass Ökobilanzen nur dann miteinander vergleichbar sind, wenn Systemabgrenzung, Wahl der repräsentativen Untersuchungsobjekte, Systematik des Vorgehens bei der Datenerhebung, -zuordnung, -aufbereitung, -gewichtung und -bewertung in verschiedenen Bilanzen gleich erfolgt sind. Die Ökobilanzen stellen ein Instrument dar, um die Umweltverträglichkeit eines Produktes festzustellen. Als Teilbereich der Toxikologie befasst sich die Umwelttoxikologie bzw. *Ökotoxikologie* mit der Toxizität von Umweltschadstoffen (Umweltchemikalien und -giften) und deren Verteilung und Wirkung in Organismen, Populationen und Ökosystemen. Von besonderem Interesse ist die schädigende Wirkung dieser Stoffe auf den Menschen, die Einflüsse auf verschiedene Ökosysteme und deren direkte oder indirekte Rückwirkungen auf die menschliche Gesundheit. Umweltchemikalien sind Chemikalien, die durch menschliche Aktivitäten vermehrt in die Umwelt freigesetzt werden und als potentielle Schadstoffe auf Lebewesen wirken können. Sie werden als Umweltchemikalien bezeichnet, ob nun eine Gefährdung der Umwelt nachgewiesen ist oder nicht. Umweltgifte sind hingegen Stoffe, die als Schadstoffe klassifiziert sind. Sie schädigen durch ihre biologischen, chemischen oder physikalischen Wirkungen Organismen oder führen deren Tod herbei.

Unter Berücksichtigung obiger Punkte wird hier die Ökokompatibilität wie folgt definiert:

Aspekte der Produkteherstellung	Zu berücksichtigende Aspekte für die Beurteilung der Umweltverträglichkeit
Menge der benötigten Energie (Energieinput) Menge der benötigten Materie (Materieinput)	Erneuerbarkeit Wiedereingliederung der entstandenen Abfälle in die natürlichen Kreisläufe Verfügbarkeit, Reserven
Qualität der Produkte	Lebensdauer Reparierbarkeit Wiederverwendbarkeit (Werkstoffrecycling) Mehrfachverwendbarkeit (Bauteil-, Produkterecycling)
Umweltbelastung	stoffliche Belastung Schall- und Lärmbelastung Erschütterung Beanspruchung von Luft, Wasser und Boden Bodenversiegelung

Tabelle 98.1 Zur Erreichung von Nachhaltigkeit empfiehlt sich die Berücksichtigung von Umweltaspekten bei der Erstellung von Umweltverträglichkeitsprüfungen; Angabe von Beispielen [11]

Unter Ökokompatibilität versteht man die Verträglichkeit eines Werkstoffes oder Produktes mit der Umwelt. Im engeren Sinne bedeutet dies, dass Werkstoffe oder Produkte nur dann ökokompatibel sind, wenn sie zu keinem Zeitpunkt in ihrem Lebenszyklus Umweltschadstoffe und -gifte emittieren.

Um die Ökokompatibilität zu gewährleisten, sind umfangreiche Prüfungen erforderlich. Im Schweizerischen Umweltschutzgesetz wird festgelegt, dass eine Umweltverträglichkeitsprüfung (UVP) gemäss „Verordnung über die Umweltverträglichkeitsprüfung" (UVPV, 814.011) vorgenommen werden muss. Der zugehörige Bericht umfasst die folgenden Punkte:

- den Ausgangszustand,
- das Vorhaben, einschliesslich der vorgesehenen Massnahmen zum Schutze der Umwelt und für den Katastrophenfall,
- die voraussichtlich verbleibende Belastung,
- die Massnahmen, die eine weitere Verminderung der Umweltbelastung ermöglichen sowie die dafür notwendigen Kosten.

98.8 Abfallverwertung

98.8.1 Herkömmliche Rostfeuerung [1]

Als Beispiel einer Kehrichtverbrennungsanlage wird die Anlage in Hinwil, Schweiz (KEZO, Kehrichtverwertung Zürcher Oberland) als Referenz vorgestellt. Sie verar-

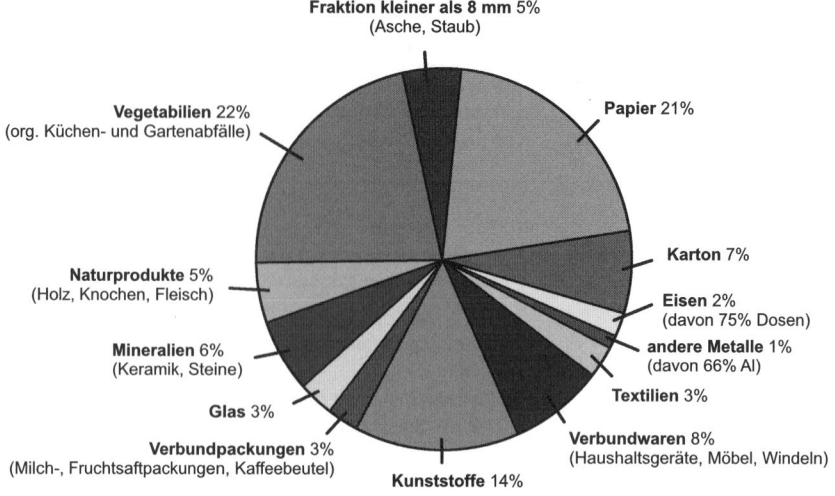

Abb. 98.4 Zusammensetzung des Siedlungsabfalls ohne Sperrgut in Gewichtsprozenten (1993, [1])

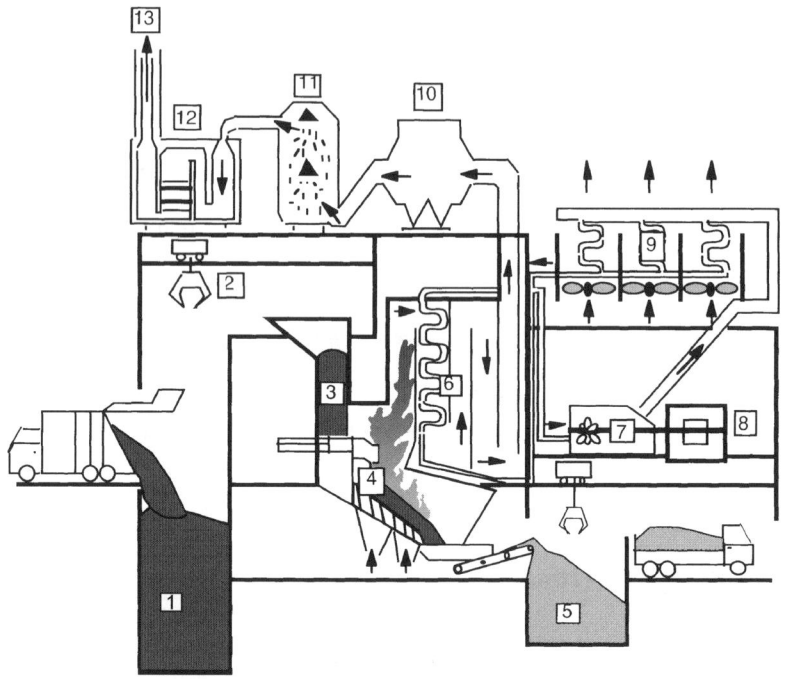

Abb. 98.5 Beispiel einer Kehrichtverbrennungsanlage (Hinwil) [1]. 1 Kehrichtbunker, 2 Greifkran, 3 Füllschacht, 4 Verbrennungsrost, 5 Schlackenbunker, 6 Dampferzeuger, 7 Turbine, 8 Generator, 9 Luftkondensator, 10 Elektrofilter, 11 Rauchgaswäscher, 12 DeNOx-Anlage, 13 Kamin

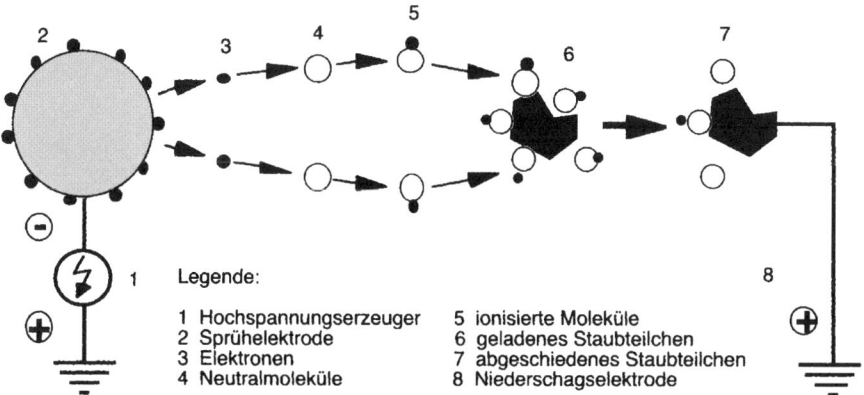

Abb. 98.6 Vereinfachte Darstellung des Abscheidevorganges in einem Elektrofilter [12]

beitet 130 000 Tonnen Abfall pro Jahr, wobei sich dieser wie in Abb. 98.4 dargestellt zusammensetzt (1/3 Haushalt, 1/3 Bauwirtschaft, 1/3 Industrie- und Gewerbe).

In Abb. 98.5 ist das Verfahrensschaubild der KEZO dargestellt. Der angelieferte Kehricht wird in einen Kehrichtbunker (1) zwischengelagert. Ein Greifkran (2) befördert den Müll in einen Füllschacht (3), von wo er auf einen Verbrennungsrost (4) fällt und verbrannt wird.

Durch die Verbrennung bei 800 bis 1 000 °C entstehen aus dem Müll rund zwei Drittel Gase und ein Drittel feste Stoffe. Die freiwerdende Wärmeenergie wird sowohl für die Produktion von Strom (Dampferzeuger (6), Turbine (7), Generator (8)) als auch für Fernwärme genutzt. Bei den hier herrschenden Verbrennungstemperaturen kann es nicht zu einer Verglasung des Abfalls kommen. Hierzu ist eine Mindesttemperatur von 1 300 °C erforderlich.

Neben Kohlendioxid, Wasserdampf, Stickoxiden und anderen Gasen enthält das Rauchgas auch Russ und Staub, wobei diese zum grössten Teil durch Elektrofilter (10) zurückgehalten werden (Funktionsprinzip siehe Abb. 98.6). Zur Elektrofiltration müssen die im Gas enthaltenen Staubteilchen zuerst elektrisch aufgeladen werden. Durch Sprühentladung (Korona) an Drähten werden mit 10 bis 80 kV Gleichspannung Ionen erzeugt, welche sich an die Teilchen anlagern. Die so aufgeladenen Teilchen wandern im angelegten Hochspannungsfeld zu einer Niederschlagselektrode, werden dort abgeschieden und in einem Sammelbunker gelagert [12].

Die nachfolgende Rauchgaswäsche (Abb. 98.7) erniedrigt den SO_2-, HF- und HCl-Gehalt. Durch die Einleitung der heissen Gase in Wasser werden in Abhängigkeit von dessen Lösungsvermögen Bestandteile des Gases in der wässrigen Phase zurückgehalten. Um eine möglichst effiziente Reinigung zu erhalten, wird das Wasser gegen den heissen Gasstrom gesprüht. Dabei wird das Wasser verdampft, bis eine Wasserdampfsättigung eintritt und das eigentliche Auswaschen der Schadstoffe beginnt. Das anfallende Schlammwasser wird der Abwasserreinigung zugeführt [13].

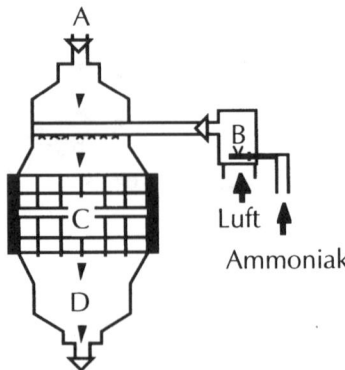

Abb. 98.7 Prinzip einer Katalysator-Anlage zur Stickoxidminderung [14]. A: Ungereinigtes Rauchgas B: Ammoniak/Luft-Mischer C: Katalysator D: Gereinigtes Rauchgas

In der DeNO$_x$-Anlage (12) werden Stickoxide NO$_x$, Dioxine und Furane mit Hilfe von Ammoniak zu Stickstoff und Sauerstoff reduziert. Das Prinzip einer Anlage für die *selektive katalytische Reduktion* (SCR, Selective Catalytic Reduction) für eine Trennung des NO$_x$ in der Gasphase ist in Abb. 98.7 dargestellt. Zur Entstickung wird dabei das Rauchgas (A) über Keramikfestbettkatalysatoren (C), welche aus Titanoxid mit Zusätzen von Vanadiumpentoxid, Wolfram und anderen Metallen besteht, geleitet und zur Reduktion Ammoniak hinzugefügt (B). Die säurefesten Titandioxidkatalysatoren arbeiten optimal im Temperaturbereich um 350 °C. Je nach Ort der DeNO$_x$-Anlage innerhalb der Rauchgasreinigung muss durch die Form des Katalysators, Waben-, Platten- und Röhrenform, die Verstopfung oder die Erosion durch staubhaltige Abgase vermindert werden (vor Elektrofilter) oder für die notwendige Wiederaufheizung gesorgt werden (nach Rauchgaswäsche). Das gereinigte Rauchgas wird anschliessend über den Kamin (13) abgeführt. Ungelöst ist das Problem der Wiederverwertung, bzw. Entsorgung der SCR-Katalysatoren, deren Standzeit mit ca. 2 bis 3 Jahren relativ kurz ist.

Schlackenaufbereitung
Schlacke wird mit Hilfe eines Elektromagneten von Metallteilen befreit und die groben Teile mit einem Durchmesser grösser als 5 cm (Grobschlacke) aussortiert. Die Eisenteile werden in einem Stahlwerk der Wiederverwertung zugeführt, die Grobschlacke wird deponiert. Die Feinschlacke wird mit Zement stabilisiert, damit wasserlösliche Bestandteile weniger leicht ausgewaschen werden können, und als Kiesersatz im Strassenbau verwendet. Dieser Kiesersatz wird bevorzugt unter einer Asphaltschicht verwendet, kann aber auch direkt an der Oberfläche liegen.

Abwasserreinigung
Bei der Rauchgas-, Flugaschen- und Schlackenwäsche fallen sowohl Schlamm als auch Wasser mit darin gelösten Stoffen an. Die Abwässer werden durch ein Fällungsverfahren von Schwermetallen, Sulfiden, Cyaniden und Tensiden befreit und

Metall	Fällungsbeginn [pH]	Wiederauflösung [pH]	Metallhydroxid	Löslichkeitsprodukt für Metallhydroxid
Eisen	2.8	–	$Fe(OH)_3$	$9 \cdot 10^{-38}\,mol^4/l^4$
Aluminium	4.3	8.3	$Al(OH)_3$	$2 \cdot 10^{-32}\,mol^4/l^4$
Chrom	5.8	9.2	$Cr(OH)_3$	$3 \cdot 10^{-28}\,mol^4/l^4$
Kupfer	5.8	–	$Cu(OH)_2$	$2 \cdot 10^{-19}\,mol^3/l^3$
Blei	6.5	–	$Pb(OH)_2$	ca. $10^{-13}\,mol^3/l^3$
Zink	7.6	11.0	$Zn(OH)_2$	$4 \cdot 10^{-17}\,mol^3/l^3$
Nickel	7.8	–	$Ni(OH)_2$	$6 \cdot 10^{-15}\,mol^3/l^3$
Cadmium	9.1	–	$Cd(OH)_2$	$1 \cdot 10^{-14}\,mol^3/l^3$

Tabelle 98.2 pH-Bereiche von Fällungsbeginn und Wiederauflösung [14]

Fällungsmittel	hoher Wirkungsgrad bei	geringe Wirkung bei
Faulschlamm (Sulfide)	Cu, Pb, Zn, Cd	Ni
Fällung mit Eisensalzen	Ag, Cr, Pb, Cu, Hg, Sn	Mn, Co, Sb, Se
Fällung mit Kalkhydrat	Ag, Co, Cr, Pb, Ni, Cd	Sb, Se, As
Fällung mit Aluminiumsalzen	Ag, Be, Hg, Cr, Cd, Pb	Zn, Mn, Ni

Tabelle 98.3 Wirkung der verschiedenen Fällungsmittel auf die Bildung von schwerlöslichen Verbindungen [14]

die verbleibende reine Salzlösung wird mit einer Eindampfanlage soweit aufkonzentriert, dass eine Sole mit 25% NaCl entsteht. Diese kann in der Industrie wieder als Rohstoff eingesetzt werden. Es besteht ausserdem die Möglichkeit, in der KEZO Salz für andere Verwendungszwecke (z. B. Streusalz) zu produzieren.

Um schwerlösliche Schwermetallhydroxide zu bilden, ist der pH-Wert im Abwasser durch Zugabe basischer Stoffe so zu erhöhen, dass die Löslichkeitsprodukte der Metallhydroxide überschritten werden (Tabelle 98.2). Durch Zugabe von Fällungsmitteln können Metalle auch durch Bildung anderer schwerlöslicher Verbindungen ausgefällt werden (Tabelle 98.3).

Der anfallende Schlamm wird entwässert, anschliessend mit Zement verfestigt und deponiert. Durch die Verfestigung werden die Schadstoffe in eine wasserunlösliche Form überführt und somit deponiefähig gemacht.

98.8.2 Siemens-Schwel-Brenn-Verfahren [15]

Anfallender Müll (Restmüll aus Hausmüll, hausmüllähnlicher Gewerbemüll, Sperrmüll und Klärschlamm) wird beim Siemens-Schwel-Brenn-Verfahren (Abb. 98.8)

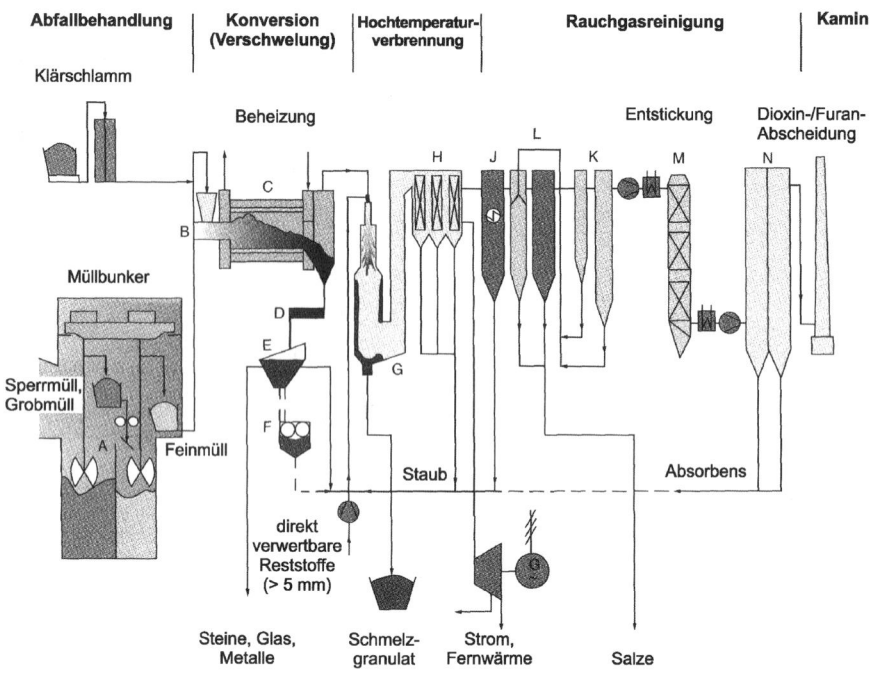

Abb. 98.8 Verfahrensschaubild des Schwel-Brenn-Verfahrens von Siemens [15]. A: Rotorscheren, B: Schnecke, C: Konversionstrommel, D: Kühlschwingrinne, E: Siebeinrichtung, F: Walzenbrecher, G: Brennkammer, H: Abhitzekessel, I: Energiegewinnung, J: Elektrofilter, K: Rauchgaswäsche, L: Sprühtrockner, M: DeNOx-Katalysator, N: Aktivkohlefestbettfilter

in einer Konversionstrommel in sauerstoffarmer Atmosphäre auf 450 °C erhitzt, wodurch ein Prozessgas (Schwelgas) und ein trockener Rückstand entstehen. Die Grobfraktion (> 5 mm) der festen Rückstände besteht hauptsächlich aus ferritischen Metallen, Nicht-Eisenmetallen und inertem Material wie Glas, Keramik, Steine und Porzellan. Das inerte Material kann nach Herstellerangaben ohne weitere Aufbereitung wiederverwendet und die Metalle einer Verhüttung zugeführt werden.

Die Feinfraktion (< 5 mm), welche hauptsächlich Kohlenstoff enthält, verbrennt zusammen mit dem Schwelgas in einer Brennkammer mit Mehrstoffbrenner bei 1 300 °C. Aus der flüssigen Schlacke entsteht nach dem Abschrecken in einem Wasserbad verglastes Schlackengranulat. Die hohe Brenntemperatur führt zur Zerstörung der organischen Substanzen, was die Wiederverwendung des Granulates ohne zusätzliche Behandlung erlaubt. Rauchgas und Elektrofilterasche werden in die Brennkammer zurückgeführt und in die geschmolzene Schlacke eingebunden. Strom-, Fernwärmeerzeugung und Rauchgasreinigung erfolgen wie bei den herkömmlichen Kehrichtverbrennungsanlagen.

98.8 Abfallverwertung

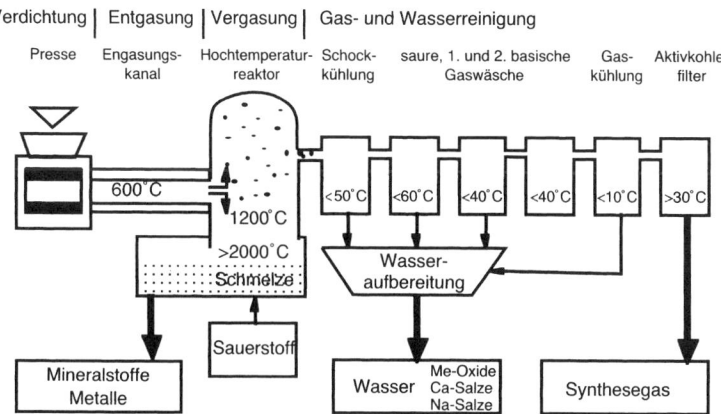

Abb. 98.9 Verfahrensschaubild des Thermoselect-Verfahrens [16]. A: Presse, B: Entgasungskanal, C: Hochtemperaturreaktor, H: Gaskühlung, D: Schockkühlung, I: Aktivkohlefilter, E: Saure Gaswäsche, F: 1. Basische Gaswäsche, G: 2. basische Gaswäsche H: Gaskühlung, I: Aktivkohlefilter

98.8.3 Thermoselect-Verfahren [16]

Der anfallende Kehricht wird mit einer Standardschrottpresse zu Briketts verdichtet, was zu einer 90%-igen Volumenreduktion führt (Abb. 98.9). Die organischen Abfälle entgasen anschliessend in einem druckfesten Rohr bei 600 °C. Die Briketts werden in einen Hochtemperaturvergaser weitertransportiert, wo sie infolge des Restgasdruckes bei 1 200 °C zerplatzen. Aus den gasförmigen Komponenten entsteht das Synthesegas (H_2, H_2O, CO, CO_2).

Bei Temperaturen von über 2 000 °C gehen Metalle und Mineralstoffe in eine Schmelze über. Die Schmelze kann in der Metallverarbeitung und Glasindustrie wieder verwendet werden. Die anschliessende Gas- und Wasserreinigung dient zur Abscheidung von Metallen und Schwefelverbindungen. Ein Aktivkohlefilter bewirkt, dass ein sauerstofffreies Synthesegas zur Erzeugung elektrischer Energie oder für Methanol- und Benzinherstellung entsteht. Nur die Rückstände aus der Rauchgasreinigung müssen laut Herstellerangaben noch deponiert werden.

98.8.4 HSR-Verfahren (Holderbank-Schmelz-Redox-Verfahren)[2]

Beim HSR-Verfahren (Holderbank-Schmelz-Redox-Verfahren) handelt es sich nicht um ein Verfahren zur Verbrennung von Kehricht, sondern zur Aufbereitung von Rückständen, die bei einer herkömmlichen Kehrichtverbrennungsanlage anfallen.

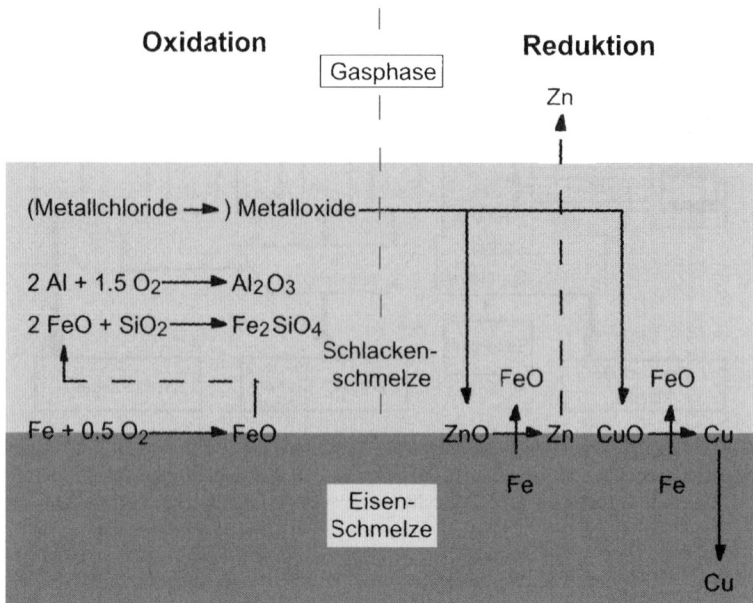

Abb. 98.10 Vereinfachte Darstellung der wichtigsten chemischen Reaktionen im HSR-Prozess. Am Beispiel von Kupfer und Zink werden die Reaktionen der Schwermetalle im Reduktionsschritt wiedergegeben [3]

In Gegenwart von Sauerstoff wird der Rückstand (bis jetzt nur Schlacken) auf 1 600 °C erwärmt und aufgeschmolzen. Das metallische Eisen, ca. 90% des Eisens in der Schlacke, schmilzt ebenfalls, und es bildet sich ein Zweiphasensystem, bestehend aus einer Schlackenschmelze, die auf flüssigem Eisen schwimmt (Abb. 98.10). Die meisten Schwermetalle verbleiben quantitativ in der Schlacke, indem sie unter den herrschenden Bedingungen zu Oxiden reagieren.

Unter Einstellung eines reduktiven Prozessklimas werden sämtliche Metalle, ausser Aluminium und Eisen, in den metallischen Zustand überführt, wobei das metallische flüssige Eisen als Reduktionsmittel dient. Die Schlackengehalte von Zink, Blei und Cadmium werden durch diesen Prozess um zwei bis drei Grössenordnungen oder bis Erdkrustenqualität gesenkt (Abb. 98.11), da die leichtflüchtigen Metalle bei den herrschenden Temperaturen gasförmig abgezogen werden können. Schwerflüchtige Metalle wie Kupfer, Zinn und Nickel bilden Tröpfchen. Diese sammeln und lösen sich aufgrund ihres höheren spezifischen Gewichtes in der Eisenschmelze. Unter Umständen kann sich sogar eine separate Schmelze unterhalb der Eisenschmelze bilden. Die Metalle liegen im reduzierten Zustand und somit metallisch vor und können durch Auflegieren oder Raffinieren in Blei-, Zink- und Kupferhütten wieder eingesetzt werden. Für die in metallischer Form vorliegenden Metalle lassen sich eher Abnehmer finden als für Metallchloride oder -hydroxide wie sie z. B. nach Ausfällungsprozessen vorliegen. Der gesamte HSR-Prozess dauert zwischen 6 und 8 Stunden.

98.8 Abfallverwertung

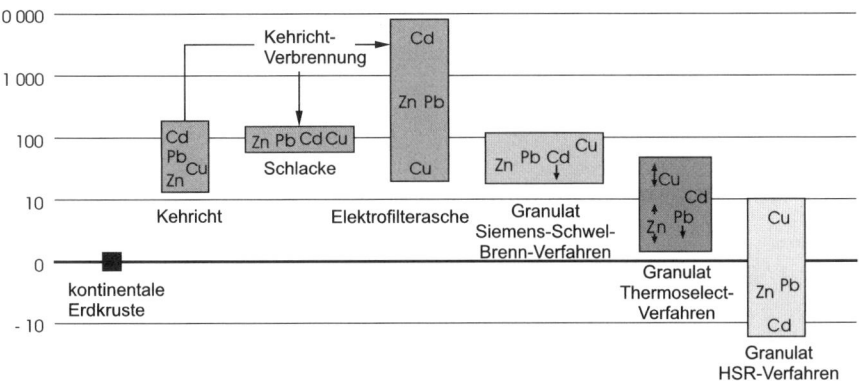

Abb. 98.11 Anreicherungsfaktoren ausgewählter Schadstoffe im Kehricht, in den Rückständen einer Kehrichtverbrennungsanlage und in Granulaten des Siemens-Schwel-Brenn-, Thermoselect- und HSR-Verfahrens (nach [3])

98.8.5 Abfallverwertung

Nach den Prinzipien der Vorsorge und der Nachhaltigkeit sind Entsorgungssysteme so zu konzipieren, dass sie nur verwertbare und/ oder endlagerfähige Stoffe hervorbringen. Endlagerfähig sind Stoffe, wenn ihr Gehalt an Schadstoffen demjenigen der Erdkruste entspricht (geogene Referenz, Erdkrustenähnlichkeit) oder sie zu keinem Zeitpunkt nicht-umweltverträgliche Stoffe an die Umwelt abgeben. Nach wie vor hat die Verwertung eine höhere Priorität als die Endlagerung. Aber beim Einsatz verfestigter Schlacke als Kiesersatz im Strassenbau [17] und Flugasche als Betonzusatzstoff [18] ist zu beachten, dass die Konzentrationen von ökologisch-toxikologisch relevanten Schadstoffen um zwei oder mehr Grössenordnungen höher liegt als in der Erdkruste (Abb. 98.11) und dass neben den Schwermetallen noch etwa 1% unverbrannter Kohlenstoff vorhanden ist. Das in den Schlacken enthaltene Reaktions- und Schadstoffpotential kann sich daher in negativer Weise auf Böden und Grundwasser auswirken. Somit stellt eine Deponie einen geordneteren und besser kontrollierbaren Ablagerungszustand dar als die diffus in der Umwelt verstreuten Schlackenbauwerke. Ausserdem ist die Bauindustrie nicht auf die Schlacke angewiesen, denn es gibt bedeutend mehr aussortierten Bauschutts mit deutlich weniger Schadstoffen.

Während die Konzentration an Schadstoffen in der Schlacke und in der Filterasche für die Verwertung als Baustoff zu hoch ist, ist sie für eine Aufbereitung in einer Verhüttung zu niedrig.

Mit Hilfe der Kehrichtverbrennungsanlagen kann das zu deponierende Abfallvolumen stark reduziert werden, das Schadstoffproblem bleibt aber bestehen. Kurzfristig stellt daher die Deponierung der Rückstände die geeignetste und sicherste

Methode dar. Mittelfristig bis langfristig sollten aber grosstechnische Anlagen zur Verfügung stehen, welche die Reststoffe aufbereiten und Deponien wieder abbauen können (z. B. HSR-Verfahren) und integrierte Prozesse, bei denen gemäss den Prinzipien der Vorsorge und der Nachhaltigkeit nur noch wiederverwertbare oder endlagerfähige Produkte anfallen.

98.9 Toxizitätsuntersuchungen

98.9.1 Einleitung

Schadstoffe in der Umwelt lassen sich mit gängigen Analysemethoden (Nasschemie, Chromatographie, Spektroskopie, etc.) feststellen, womit Hinweise über mögliche Umweltrisiken erhalten werden können (z. B. Analysen der Luft, Trinkwasser, Nahrung, Staub, Boden, etc.). Durch die Messung der Exposition allein ist aber noch nicht sicher, in welchem Umfang der Mensch Schadstoffe aufnimmt, ob diese akkumuliert, d.h. in bestimmten Organen angereichert werden und ob eine unerwünschte Wirkung (adverse Effekte) durch einzelne Stoffe allein oder zusammen mit anderen Synergismen auftreten [8]. Mit Hilfe des biological monitoring werden daher über die reine Messgewinnung hinaus Summenwirkungen von Schadstoffen auf biologische Systeme erfasst [19].

Eine wichtige Rolle spielt zusätzlich die Bioverfügbarkeit. Übertragen auf die Schadstoffe bedeutet dies, dass sie adverse Effekte hervorrufen können, wenn sie (a) in einer Form (chemische Zusammensetzung, Struktur, Geometrie) vorliegen, in welcher sie in den Organismus gelangen können (über Nahrung, Trinkwasser, Luft, Hautkontakt, etc.) und (b) in einer Form vorliegen, in welcher sie im Organismus zur Wirkung kommen.

Eine Behandlung von Schadstoffen muss daher zum Ziel haben, dass sie nicht in den Organismus gelangen (Immobilisierung) und/oder nicht bioverfügbar sind (Inertisierung). Die Immobilisierung und Inertisierung sollten aber nicht nur kurzzeitig, sondern über einen möglichst langen Zeitraum ihre Wirkung unverändert beibehalten.

98.9.2 Chemische Toxizitätstests

Wichtig für eine spätere Deponierung oder eine anderweitige Wiederverwendung der Reststoffe einer KVA ist der Schadstoffaustrag über die Lösungsphase in die Umwelt. Dies ist der Grund, warum die Eluattests einen wichtigen Stellenwert einnehmen. Es ist zu unterscheiden zwischen den statischen und dynamischen Eluattests.

Bei den statischen Tests, den Schüttel- und Standtests, entsteht ein Gleichgewicht zwischen Feststoff und Lösung. Ein dynamischer Test liefert durch mehr-

98.9 Toxizitätsuntersuchungen

Test 1	
Stoff	Grenzwert [mg/l]
Aluminium	1.0
Arsen	0.01
Barium	0.5
Blei	0.1
Cadmium	0.01
Chrom-III	0.05
Chrom-VI	0.01
Kobalt	0.05
Kupfer	0.2
Nickel	0.2
Quecksilber	0.005
Zink	1.0
Zinn	0.2

Test 2	
Stoff	Grenzwert
Ammoniak/ Ammonium	0.5 mg N/l
Cyanide	0.01 mg CN/l
Fluoride	1.0 mg/l
Nitride	0.1 mg/l
Sulfite	0.1 mg/l
Sulfide	0.01 mg/l
Phosphate	1.0 mg P/l
gelöster organischer Kohlenstoff	20.0 mg C/l
Kohlenwasserstoffe	0.5 mg/l
lipophile, schwerflüchtige, organische Chlorverbindungen	0.01 mg Cl/l
chlorierte Lösungsmittel	0.01 mg Cl/l
pH-Wert	6–12

Tabelle 98.4 Grenzwerte für Substanzen in Eluattests am Beispiel von Stoffen für eine Inertstoffdeponie [20]. Test 1: mit CO_2 gesättigtes Wasser, Test 2: destilliertes Wasser

malige bzw. kontinuierliche Erneuerung der Auslaugflüssigkeit Informationen über die maximal auslaugbare Schadstoffmenge und ermöglicht Aussagen über den zeitlichen Verlauf der Auslaugung.

In der Schweiz werden für die Beurteilung vorbehandelter Abfälle zwei Eluattests durchgeführt, welche sich im verwendeten Elutionsmittel und den entsprechenden Grenzwerten unterscheiden. Für Test 1 ist als Elutionsmittel kontinuierlich mit Kohlendioxid gesättigtes Wasser (pH 4 bis 4.5), für Test 2 destilliertes Wasser zu verwenden. Die zulässigen Grenzwerte für bestimmte Deponien (Tabelle 98.4) sind dabei weniger streng bei hoher Deponiesicherheit.

98.9.3 Biologische Toxizitätstests

Einleitung [21]

Der Eintrag von chemischen Stoffen über Fliessgewässer ist ein bedeutsamer, umweltrelevanter Vorgang; es muss sichergestellt werden, dass keine für die verschiedenen biologischen Formen toxischen Substanzen enthalten sind. Es liegt daher nahe, neben den chemischen Verfahren, welche die Belastung durch Messung einzelner Stoffe (z. B. der Schwermetalle) und der Bestimmung einiger Summenparameter ermitteln, auch Bio-Tests (bioassays) mit Organismen durchzuführen. Es sollten die Organismen ausgewählt werden, die von den toxischen Substanzen di-

Testverfahren Testorganismus	ökologische Aussagekraft	Verfüg- barkeit	Reproduzier- barkeit	zeitlicher Prüfaufwand
Fischtest DIN 38412 Teil 20	+	+	+	48 h
Daphnientest DIN 38412 Teil 11	+	+	– (Anzucht- probleme)	24 h
Algentest DIN 38412 Teil 9	nicht bekannt	+	zu wenig Erfahrung	72 h
Bakterientest – Wachstumshemmung – Atmungshemmung ISO 8192 – Biolumineszenz DIN 38421 Teile 34/341	nicht bekannt	+ + +	+ + +	8–24 h 0.5–3 h 0.25–0.3 h

Tabelle 98.5 Biologische Testverfahren zur Bestimmung der akuten Schadeinwirkung von Stoffen, Oberflächengewässer und Abwässer, modifiziert nach [21]. + gut, – schlecht

rekt betroffen sind oder Modellsysteme für diejenigen Organismen zu entwickeln, an denen nicht direkt getestet werden kann (z. B. am Menschen): Bakterien, Algen, Wasserflöhe und Fische werden für diese Zwecke eingesetzt. Diese erfassen die Gesamtheit aller Stoffe und stofflichen Prozesse in den Gewässern und ergänzen damit die chemischen Analysen. Die biologischen Testverfahren dienen der Warnung vor Intoxikationen, dem Nachweis von Schadstoffen im Grundwasser, in Sickerwasser von Deponien, der Gewässerüberwachung und Abwasserkontrolle.

Werden Organismen verwendet, bei welchen Alter, Geschlecht, Fortpflanzungszustand und vorhergehende Umgebung eine wichtige Rolle spielen, kommt es naturbedingt zu Schwankungen in den Messergebnissen. Für bioassays müssen folgende Forderungen erfüllt werden: 1) der Test muss empfindlich, 2) schnell durchführbar, 3) auf Vermehrung oder Nicht-Überleben der Test-Organismen basieren und 4) statistisch signifikant sein. Diese Forderungen lassen sich neben den oben aufgeführten Organismen ebenfalls mit Zellkulturen erfüllen. [5].

Biologische Toxizitätstests mit Testorganismen [21]
Es werden standardisierte Fisch-, Daphnien-, Algen- und Bakterientests durchgeführt (Tabelle 98.5).

Fischtest
Goldorfen (Leucius idus melanotus) und Regenbogenforellen werden eingesetzt. Gemessen wird die Frequenz des Schlages der Kiemendeckel, welche über Elektroden abgegriffen wird. Die Reproduzierbarkeit der Messergebnisse ist gut und mit 48 Stunden liegt die Versuchsdauer in einem vertretbaren Rahmen. Es wird bereits über einen Ersatz oder eine Ergänzung der Fischtests mittels Fischzellkulturen diskutiert [22], analog dem Willen, Tierversuche durch Zell- und Gewebekulturversuche in der Implantattestung zu ersetzen.

Daphnientest
Wasserflöhe (Daphnia magna) sind typische Vertreter des Seeplanktons. Probleme bilden die relativ starken Schwankungen der Empfindlichkeit, was auf die immer wieder auftretenden epidemieartigen Pilzerkrankungen und die noch nicht optimale Zusammensetzung des für die Anzucht verwendeten Wassers zurückzuführen ist.

Algentest
Da Algen neben Licht und CO_2 zur Hauptsache Stickstoff und Phosphor für ihr Wachstum brauchen, kann ein übermässiges Algenwachstum ein Hinweis auf eine erhöhte Stickstoff- und Phosphorbelastung sein. Algen lassen sich gut im Labor anzüchten.

Bakterientest
Aufgrund der sehr kurzen Generationszeiten und der hohen Stoffwechselaktivität ist die Ansprechzeit der Bakterien sehr kurz, womit bakterientoxische Substanzen schnell erkannt werden können. Es gibt Bakterienstämme, welche die Fähigkeit besitzen, einen Teil der durch Stoffwechselreaktionen freigesetzte Energie in Licht umzuwandeln (Leuchtbakterien, z. B. Photobacterium phosphoreum). Durch die Messung der Abnahme der Lichtemission unter dem Einfluss der zu untersuchenden Probe kann auf derer Toxizität geschlossen werden (Leuchtbakterientest, DIN 38421 Teile 34/341).

WaBoLu-Aquatox-Überwachungssystem
Da die verschiedenen Testorganismen auf Schadstoffe im Wasser verschieden reagieren (eine bestimmte Konzentration eines Stoffes kann für Bakterien letal, für Fische hingegen unkritisch sein), wurde ein *in situ*-Biosystem bestehend aus Zooplankton, Fischen, Muscheln und Makrophyten entwickelt [21]. Die Beobachtung der Reaktionen des gesamten Systems in Kombination mit den herkömmlichen Analysemethoden ermöglicht eine breite Überwachung der Gewässer.

Zytotoxizitätstests im Umweltbereich
Die Gesundheit des Menschen ist nicht nur durch partikuläre Schadstoffe in der Luft gefährdet, sondern z. B. auch über die Nahrungskette und das Wasser aufgenommenen Schadstoffe. Um die Anwesenheit von Schadstoffen in potentiell toxischen Konzentrationen (Xenobiotica) nachzuweisen, werden Zellkulturversuche mit Ziellinien, primären Zellen, Gewebekulturen, aber auch *in vivo*-Versuchen durchgeführt. Substanzen, denen man *in vitro* Mutationseffekte, Zelltransformationen, Zellwachstumshemmung nachweisen kann, bergen ein potentielles Risiko für den Menschen in sich [23].

Aus den oben erwähnten Gründen wurden verschiedene Zelltypen für verschiedene Bioassay-Applikationen ausgewählt (Tabelle 98.6). Bei der Wahl der Zellen für die Prüfung der Toxizität ist nicht unbedingt ausschlaggebend, dass diese mit den zu prüfenden Substanzen in der Natur auch tatsächlich in Kontakt kommen; eine gut charakterisierte und etablierte Zellinie oder eine primäre, die nachweislich empfindlich auf die zu prüfende Substanz reagiert, ist meist sinnvoller.

Untersuchung	Zelltyp	Herkunft	Referenz
Wasserqualität	Schuppenzellen	Goldfisch	[24]
	Bindegewebezellen	Maus	[25]
	Krebszellen	Mensch	[26–29]
	Lymphzellen	Maus	[26, 27]
	Nierenzellen	Affe	[26–29]
	Drüsenzellen	Regenbogenforelle	[30–32]
	Epithelzellen	Mensch	[30, 31]
	Epithelzellen	Karpfen	[32]
	Epithelzellen	Lachs	[32]
	Fibroblastzellen	Bluegill	[33]
	Epithelzellen	Elritze (kleiner Fisch)	[33, 34]
Mutagenität/ Kanzerogenität	Fibroblasten	Bluegill Sunfish	[35]
Toxizität von Mn, Pb, Cd, Hg	Krebszellen	Mensch	[36]
	Fibroblasten	Mensch	[36]
	Lungenzellen	Hamster	[36]
	Fibroblasten	Maus	[36]
Vinyl-4-cyclohexendioxid	Fibroblasten	Maus	[37]
Xenobiotica	diverse Zellen	diversen Ursprungs	[37]
	Fibroblasten	Maus	[38, 39]
Organische Lösungsmittel, Schwermetalle, DDT	Nervenzellen	Maus	[40]

Tabelle 98.6 Auswahl von Bioassays auf der Basis von tierischen und humanen Zellen

98.9.4 Toxizität von behandelten und unbehandelten Rückständen

Einleitung

Wie der klinischen Einsatz von Werkstoffen für Implantate Tests bezüglich der Biokompatibilität voraussetzt, so sind auch für den Wiedereinsatz oder eine Deponierung von Reststoffen in der Umwelt diverse Umweltverträglichkeitsprüfungen notwendig. Für die Klassifizierung und Bewertung der Behandlungsmethoden können neben Eluattests auch mit Hilfe der Zell- und Gewebekulturtechnik Untersuchungen durchgeführt werden. Je nach gewünschter Aussagekraft der Versuche können verschiedene Testsysteme aufgebaut werden, wobei sowohl qualitative als auch quantitative Auswertungen möglich sind. Für vergleichende Untersuchungen und eine Klassifizierung oder Bewertung der Behandlungsmethoden von Reststoffen können Zellversuche z. B. mit Fibroblasten (Bindegewebezellen) durchgeführt werden. Für die *in vitro*-Testung von gasförmigen Verbindungen oder Partikeln, die über Inhalation in den menschlichen Organismus gelangen können, wird vorgeschlagen,

98.9 Toxizitätsuntersuchungen

Probe	Abkürzung	Behandlung der Proben
Elektrofilterasche	FU	Eisenmetalle entfernt, getrocknet, gemahlen, homogenisiert
	FM	Eisenmetalle entfernt, getrocknet, gemahlen, homogenisiert
	FW	Eisenmetalle entfernt, mit Wasser gewaschen, getrocknet, homogenisiert
Schlacke	SU	homogenisiert
	SM	gemahlen, homogenisiert
	SW	mit Wasser gewaschen, getrocknet, homogenisiert
	SUS	homogenisiert, Ø < 0.5 mm
	SWS	mit Wasser gewaschen, getrocknet, homogenisiert, Ø < 0.5 mm
verglaste Abfälle	G	Glas aus Laborofen, Ø < 0.5 mm
	M	Metallhydroxid, Ø < 0.5 mm
	S	Schlamm, Ø < 0.5 mm

Tabelle 98.7 Übersicht der untersuchten Proben

die entsprechenden Zellen bzw. Testsysteme (z. B. Lungenzellen, -makrophagen) einzusetzen. Je genauer das Testsystem die physiologischen Bedingungen simuliert, desto repräsentativer sind die gewonnen Resultate im Vergleich zu einem *in vivo*-Versuch, desto aufwendiger werden allerdings auch die einzelnen Versuche.

Probenentnahme und Probenvorbereitung
Für die Toxizitätstests wurden sowohl Proben der Schlacke und der Elektrofilterasche aus der Kerichtsverbrennungsanlage (KEZO Hinwil, Schweiz) als auch verglaster Schlamm, verglaste Metallhydroxide und in einem Laborofen verglaste Abfälle untersucht. In Tabelle 98.7 sind die Proben, die untersucht werden, mit der jeweiligen Behandlung aufgelistet.

Qualitative Toxizitätstests am Beispiel von Fibroblasten
Bei einer qualitativen Untersuchung werden Zellen in direktem Kontakt mit der zu untersuchenden Probe gebracht. Im Gegensatz zu kompakten Probenkörpern werden pulverförmige Proben zuvor mit einem nicht zytotoxischen doppelseitigen Klebeband auf einem Glasträger fixiert, damit sie nicht vom Zellkulturnährmedium fortgeschwemmt werden (Abb. 98.12). Ein Besiedlungsversuch kann wenige Stunden bis zu einigen Wochen dauern. Nach Beendigung des Versuches wird ein Teil der Kulturen für morphologische Untersuchungen fixiert.

Im Lichtmikroskop und im Rasterelektronenmikroskop kann anschliessend die Morphologie der Zellen untersucht werden (Zytomorphometrie). Mit zunehmender Toxizität der zu untersuchenden Probe verändert sich die Morphologie der Zellen von abgesetzten flachen, mit Ausläufern in verschiedene Richtungen versehenen Zellen zu spindelförmigen und schliesslich zu abgekugelten, deren Membranen geschädigt sind und die durch Schadstoffe abgetötet wurden (Abb. 98.13).

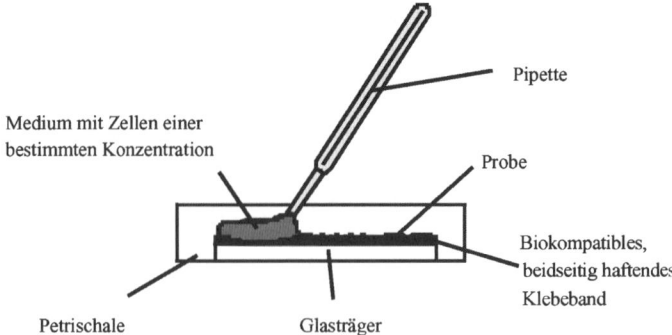

Abb. 98.12 Besiedlungsversuch: Die auf einem Glasträger fixierte Probe wird mit einer genau definierten Anzahl Zellen besiedelt

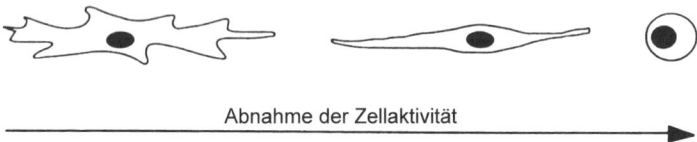

Abb. 98.13 Zytomorphometrie: Die Zellmorphologie lässt einen Rückschluss den auf Gesundheits- und Funktionszustand der Zellen zu

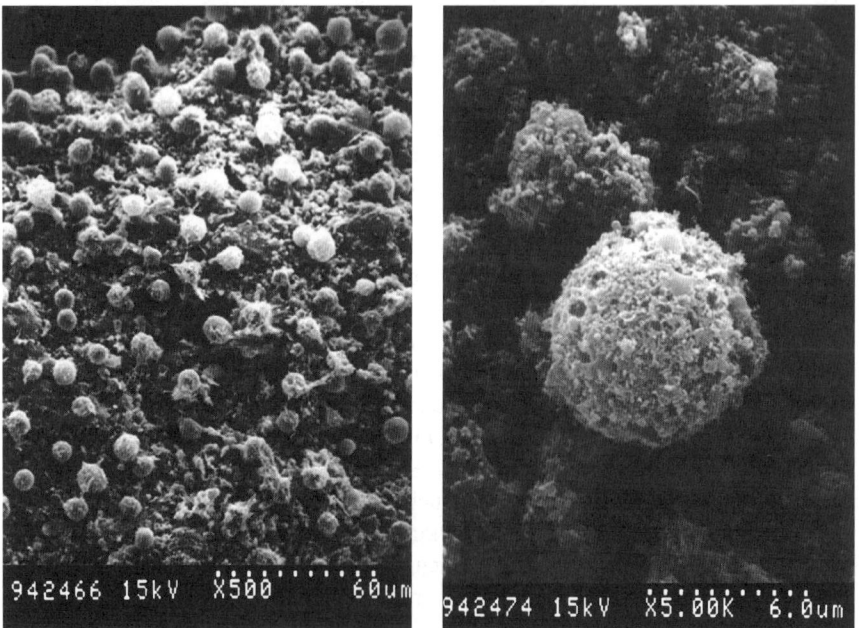

Abb. 98.14 *Links:* Fibroblasten auf Elektrofilterasche (500x). *Rechts:* Zerstörte Zellmembran (5'000x)

98.9 Toxizitätsuntersuchungen

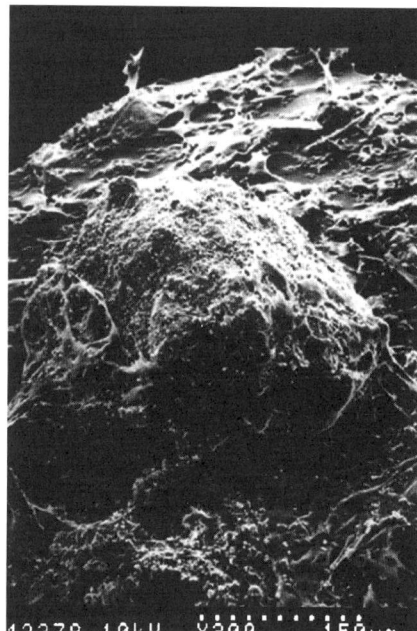 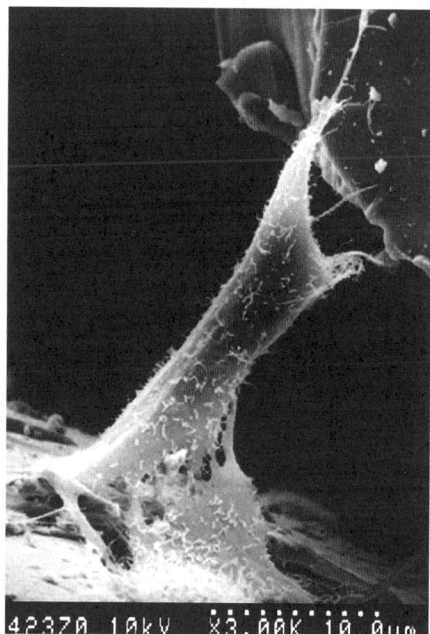

Abb. 98.15 *Links:* Vitale Fibroblasten auf einem Schlackenkorn (200x). *Rechts:* Fibroblast zwischen zwei Körnern verglaster Rückstände (3'000x).

Nicht nur die chemische Zusammensetzung der Probe, sondern auch ihre Oberflächenbeschaffenheit kann einen Einfluss auf die Morphologie der Zellen haben. So kann eine hydrophobe Oberfläche ein Anwachsen der Zellen vermindern, d.h. die Zellen können in diesem Fall auch in abgekugelter Form, aber am Anfang noch lebend, vorliegen.

Bereits ein einfacher Besiedlungsversuch mit Fibroblasten kann so orientierende Auskunft über die Zytotoxizität geben. In den nachfolgenden Abbildungen 98.14 und 98.15 sind einige Resultate von Besiedlungsversuchen auf Elektrofilterasche, Schlacke und verglasten Abfällen zu sehen. Abb. 98.13, linkes Bild, zeigt, dass die Zellen homogen auf der zu untersuchenden Substanz, in diesem Fall der Elektrofilterasche, verteilt sind. Wie aber aus der Vergrösserung anhand der Oberflächenmorphologie in Abb. 98.13, rechtes Bild, zu erkennen ist, handelt es sich dabei um avitale Zellen. Ganz anders ist das Verhalten der Zellen auf Schlacke (Abb. 12.14, links) und auf verglastem Abfall (Abb. 12.14, rechts): die Zellen haben sich auf dem Substrat abgesetzt, Ausläufer in zahlreiche Richtungen ausgebildet und sich auf der Unterlage verankert.

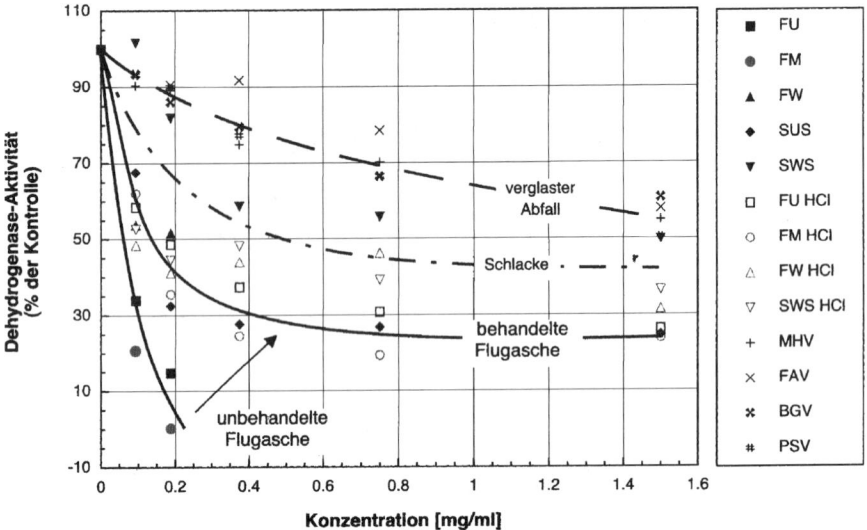

Abb. 98.16 Auswertung des MTT- Tests bezogen auf die Referenz (Zellen ohne Schadstoffe) [41]; 100%: nicht zytotoxisch, 0%: höchste Zytotoxizität (keine vitalen Zellen); Abkürzungen siehe Tabelle 98.7

98.10 Quantitative Toxizitätstests

Mit biochemischen Tests können genauere Aussagen als mit qualitativen Tests erhalten werden. In Abb. 98.16 ist als Beispiel die Auswertung eines MTT-Tests aufgezeichnet. In Abhängigkeit der Konzentration an zugegebener Schlacke, Filterasche oder verglasten Abfällen wurde die mitochondriale Aktivität der Zellen bestimmt.

Die Versuche haben gezeigt, dass die Toxizität der Proben im MTT-Test wie folgt abnimmt: unbehandelte Filterasche (FU, FM) > unbehandelte Schlacke (SUS)> gewaschene Filterasche (FW, FU HCl, FW HCl, FM HCl) > gewaschene Schlacke (SWS, SWS HCl) >> verglaste Reststoffe (MHV, FAV, BGV, PSV). Zudem wurde auch festgestellt, dass die Oberflächeneigenschaften der Probe einen Einfluss auf die Zytotoxizität haben. Aus obiger Reihenfolge ist ersichtlich, dass:

- die verglasten Abfälle wesentlich weniger zytotoxisch sind als die unverglasten
- der Waschprozess einen Einfluss auf die Zytotoxizität hat: die gewaschene Schlacke und gewaschene Filterasche sind weniger toxisch als die anderen Proben (pH-Einfluss möglich)
- die ungewaschenen Filteraschen und gemahlene Filterasche zytotoxisch sind.

98.11 Literatur

1. (KEZO) K.Z.O., Zusammensetzung des Siedlungsabfalls ohne Sperrgut und Direktlieferung, 1993.
2. OECD, Müllaufkommen – weltweit, Umwelt, 24, 1994.
3. Stäubli B., Rückstände aus der Kehrichtverbrennung: Wie den Fluss der Stoffe lenken?, Abfall-Spektrum, 1994, p. 21–27.
4. Plüss A., Ferrell R.E.J., Characterisation of Lead and Other Heavy Metals in Fly Ash From Municipal Waste Incinerators, Hazardous Waste and Hazardous Materials, Vol. 8, 1991.
5. Reimann D.O., Müllverbrennungsschlacke – Inhaltsstoffe, Menge und Verwertbarkeit, Zeitschrift für Umweltchemie und Ökotoxikologie, 1989, p. 18–25.
6. Knoch J., Abfallbehandlung – Zusammenhang von Erfassung und Verwertung bzw. Entsorgung, Umweltwissenschaften und Schadstoff-Forschung, Zeitschrift für Umweltchemie und Ökotoxikologie, 1990, p. 36–38.
7. Kussmaul K., Upcycling statt Downcycling – Veredeln ist besser als verwerten, VDI Nachrichten, 1993, p. 12.
8. Koch R., Umweltchemie und Ökotoxikologie, Umweltwissenschaften und Schadstoff-Forschung, Zeitschrift für Umweltchemie und Ökotoxikologie, 1989, p. 41–43.
9. Klötzli F.A., Ökosysteme – Aufbau, Funktionen, Störungen, in: Gustav Fischer Verlag, Stuttgart, Jena, 1993, p. 285.
10. Obrist W., Basislexikon der Umweltbegriffe, in: W. Brunner and W. Obrist, eds., Schweizer Umwelt-Jahrbuch 94 für Unternehmen + Betrieb, Verlag Graf & Neuhaus AG, Zürich, 1994, p. 157–185.
11. Fischer M., Ökobilanzierung als Grundlage des Umweltmanagements, in: W. Brunner and W. Obrist, eds., Schweizer Umwelt-Jahrbuch 94 für Unternehmen + Betrieb, Verlag Graf & Neuhaus AG, Zürich, 1994, p. 16–21.
12. Schneider W., Entstaubung durch Elekrofilter, in: E. Bartholome and e. al., eds., Ullmanns Encyklopädie der technischen Chemie, Verlag Chemie, Weinheim, 1972–1984, 2, p. 240–247.
13. Habeck-Tropfke H.-H., Habeck-Tropfke L., Müll- und Abfalltechnik, Werner Verlag, Düsseldorf, 1985.
14. Förster U., Umweltschutztechnik – Eine Einführung, in: Springer-Verlag, Berlin, 1993, p.460.
15. Siemens, Die Schwel-Brenn-Anlage – Eine Verfahrensbeschreibung, Siemens.
16. Stahlberg R., Rückstandsverwertung mit dem Thermoselect-Verfahren, Köln, 1993,
17. Fujimoto T., Shin K.C., Shioyama, Aufbereitung von Verbrennungsrückständen mit dem Hochtemperaturschmelzverfahren, Müll und Abfall, 1989, p. 64–70.
18. Kern E., Erfahrungen mit Flugasche als Betonzusatzstoff aus der Sicht der Bauausführung, VGB Kraftwerkstofftechnik, 72, 1992, p. 565–572.
19. Wagner H.M., Biological Monitoring – Erfahrungen am Menschen, Umweltwissenschaften und Schadstoff-Forschung, Zeitschrift für Umweltchemie und Ökotoxikologie, 1989, p. 12–14.
20. Technische Verordnung über Abfälle (TVA), 814.015, Anhang 1(Art. 32), Abschnitte 11, 1993.
21. Lahmann E., Knie J., Kanne R., Hansen P.D., Biologische Toxiziätstests, Umweltwissenschaften und Schadstoff-Forschung, Zeitschrift für Umweltchemie und Ökotoxikologie, 1989, p.20–27.
22. Hansen P.D., Ein Fischzellkulturtest als Ergänzungs- oder Ersatzmethode zum Fischtest, Bundesgesundheitsblatt, 32, 1989, p. 317–321.
23. Paine A.J., In vitro toxicology: an alternative to animal testingf in safty evaluation, in: Academic Press Ltd., 1992, p.
24. Saito M., Maruoka A., Mori T., Sugano N., Hino K., Experimental studies on a new bioactive bone cement: hydroxyapatite composite resin, Biomaterials, 15, 1994, p. 156–160.
25. Richardson D., Dorris T.C., Burks S., Browne R.H., Higgins M.L., Leach F.R., Evaluation of cell culture assay for determination of water quality of oil-refinery effluents, Bulletin of Environmental Contamination and Toxicology, 18, 1977, p. 683–690.

26. Kfir R., Prozesky O.W., Detection of toxic substances in water by means of a mammalian cell culture technique, Water Research, 15, 1981, p. 553–559.
27. Kfir R., Prozesky O.W., Removal of toxicants during direct and indirect reuse of wastewater evaluated by means of mammalian cell culture technique, Water Research, 16, 1982, p.823–828.
28. Mochida K., Aquatic toxicity evaluated using human and monkey cell culture assays, Environmental Conatmination and Toxicology, 36, 1986, p. 523–526.
29. VanDoren S.R., Hall M.S., Frazier L.B., Leach F.R., A rapid-cell culture assay of water quality, Environmental Conatmination and Toxicology, 32, 1984, p. 220–226.
30. Marion M., Denizeau F., Rainbow trout and human cells in culture for the evaluation of the toxicity of aquatic pollutants: a study with cadmium, Aquatic Toxicology, 3, 1983, p. 329–343.
31. Marion M., Denizeau F., Rainbow trout and human cells in culture for the evaluation of the toxicity of aquatic pollutants: a study with lead, Aquatic Toxicology, 3, 1983, p. 47–60.
32. Kane A.S., Bennett R.O., Resau J.H., Cottrell J.R., Reimschuessel R., May E.B., Streb M., Hutchenson R., Lipsky M.M., Comparison of cell, tissue and whole organism bioassays to assess inorganic metal toxicity in aquatic environment, in: A. M. Goldberg, ed. In Vitro Toxicology: Mechanisms and New Technology, Liebert, New York, 1991, p. 409–424.
33. Babich H., Shopsis C., Borenfreund E., In vitro cytotoxicity testing of aquatic pollutants (Cadmium, Copper, Zinc, Nickel) using established fish cell lines, Ecotoxicology and Environmental Safety, 11, 1986, p. 91–99.
34. Rachlin J.W., Perlmutter A., Fish cells in culture for study of aquatic toxicants, Water Research, 2, 1968, p. 409–414.
35. Kocan R.M., Landolt M.L., Bond J., Bensitt E.P., In vitro effect of some mutagens/carcinogens on cultured fish cells, Environmental Contamination and Toxicology, 10, 1981, p. 663–671.
36. Fischer A.B., Skreb Y., Cytotoxicity of Manganese for mammalian cells in vitro – comparison with Lead, Mercury and Cadmium, Zentralblatt für Bakteriologie, Mikrobiologie und Hygiene, 1980, p. 525–537.
37. Del Casino C., Tiezzi A., Scali M., Neri G., Moscatelli A., The influence of Vinyl-4-cyclohexene Dioxide on the Vimentin-containing intermadiate filaments and the microtubular cytoskeleton of cultured maouse fibroblasts: immunofluorescence investigations, Toxicology in Vitro, 8, 1994, p. 1277–1283.
38. Borenfreund E., Puerner J.A., Toxicity determination in vitro by morphological alterations and neutral red absorption, Toxicology Letters, 24, 1985, p. 119–124.
39. Shopsis C., Eng B., Rapid cytotoxicity testing using a semi-automated protein determinatin on cultured cells, Toxicology Letters, 26, 1981, p. 1–8.
40. Peterson A., Lewné M., Walum E., Acute toxicity of organic solvents, heavy metals and DDT tested in cultures of mouse neuroblastoma cells, Toxicology Letters, 9, 1981, p. 101–106.
41. Petitmermet M., Eckert K.-L., Mayer J., Wintermantel E., Residues of waste incineration plants as raw materials: processing and characterization, Symposium G, Symposium H, Associazone Italiana di Metallurgia, Padua/Venice, Italy, 1995, 67–71

99 Story I: Impella –
Eine Erfolgsgeschichte mit Achterbahnfahrt

T. Siess, C. Nix, D. Michels

An der Entwicklung von Blutpumpen hatte man im Aachener Helmholtz-Institut für Biomedizinische Technik (HIA) schon seit längerem gearbeitet. Aber was der Forscher Thorsten Sieß da zu Beginn der 90er Jahre vorhat, das ist etwas ganz Besonderes. Nicht umsonst hat die Deutsche Forschungsgesellschaft (DFG) Mittel für 4 Jahre zugeschossen. Sieß ist dabei, eine so genannte minimal-invasive Technik zur Blutförderung zu entwickeln – und das geht weit über den damaligen Stand der Technik hinaus.

In den USA war es zwar bereits gelungen, die Hemopump zu entwickeln: eine Miniaturpumpe, die Blut befördert, ohne dass es zu Verklumpungen oder zu klinisch relevanter Blutschädigung kommt. Sie soll nach Herzoperationen den Blutfluss aufrecht erhalten, sofern der Patient nicht erfolgreich von der Herz-Lungen-Maschine zu entwöhnen ist. Allerdings ist dieses System weder störungsfrei noch verfügt es über eine Rückmeldung der Pumpenfunktion in Relation zum Herzen. Die Pumpe wird von einem externen Motor angetrieben, verbunden über eine biegsame Welle und Drähte. Amerikaner mögen Sieß' Haltung als German Overengineering abtun, aber der junge Forscher findet das System „ein wenig zu rustikal". Sein Anspruch ist es, Motor und Pumpe gemeinsam in einem Herzkatheter unterzubringen und diese Pumpe auch noch mit einer Miniatursensorik auszustatten, um die Position und Funktion der Pumpe im Herzen zu kontrollieren. „Auch weil man ursprünglich nicht der Meinung war, dass man das hinbekommen könnte": Forscher müssen wohl zur Besserwisserei neigen.

1995, beinahe vier Jahre nachdem Sieß begonnen hatte, die Machbarkeit seiner Idee nachzuweisen und durch seine Veröffentlichungen [1–4] klarer wurde, dass es ihm gelingen würde, fällt das Projekt der Firma Guidant, einem amerikanischen Medizintechnik-Konzern, auf. Auf der Suche nach Partnern für ein europäisches Leberperfusionsprojekt stellt Sieß Rolf Sammler, damals Direktor für neue Entwicklungen bei Lilly, und nach Umfirmierung bei Guidant, die Pumpe im Labor vor. Dieser ist begeistert, dass die von ihm avisierte Pumpe bereits als Labormuster existent ist und sorgt nach Bewilligung der europäischen Mittel für das Leberprojekt dafür, dass Guidant sich die potentielle Zukunftstechnologie frühzeitig sichert. Sammler bietet an, deren Weiterentwicklung auf eine konkrete Anwendung hin für

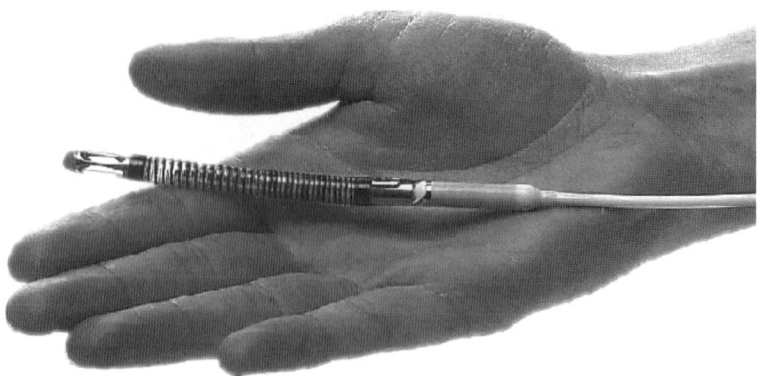

Abb. 99.1 Die Miniaturpumpe: an der Spitze eines Katheters

zwei Jahre nach Auslauf der Förderung durch die Deutsche Forschungsgesellschaft (DFG) weiter zu finanzieren.

Zu diesem Zeitpunkt wird das „Einmannteam" aus Sieß und Studenten durch zwei weitere Ingenieure erweitert. Frank Menzler, wie Sieß Maschinenbau-Ingenieur, und der Elektrotechnik-Ingenieur Christoph Nix erweitern das Team. Während Menzler neu zum Helmholtzteam dazu stößt, kennen sich Sieß und Nix bereits, da letzterer seit 4 Jahren an einem orthotopen Kunstherz bastelt – dem genauen Gegenteil von minimalinvasiver Herzunterstützung. Damit sind mit Sammler die vier späteren Gründer der Impella Kardiotechnik beisammen. Die erste Indikation, die Guidant dem Team ins Auftragsbuch schreibt, ist eine Unterstützung von Bypass-Operationen am schlagenden Herzen. Eine Technologie- und Therapieform, die, so die damaligen Erwartungen, im Jahr 2000 oder 2001 die Herz-Lungen-Maschine ablösen würde. Das sollte allerdings nicht passieren.

1998 geht man allerdings noch von der Richtigkeit der Prognose aus und so stehen nach zweijähriger Weiterentwicklung der Systeme am Helmholtz-Institut und erfolgreicher Erprobung im Tiermodell Entscheidungen an: Wie soll aus der Technologie ein Produkt gemacht werden und dies möglichst gestern? Und wo? Im Silicon Valley, dem Firmensitz Guidants? Und wer soll entscheiden? Die jungen Ingenieure sind zu allem bereit: Bay Area oder Aachen, egal. Der Konzern will hingegen die Entscheidung treffen und er tut es auch. Im firmeneigenen Inkubator würden die Helmholtz-Leute gegenüber weiter vorangeschrittenen US-Projekten ins Hintertreffen geraten. Guidant zieht es daher vor, eine Neugründung mit europäischem Risikokapital in Europa zu unterstützen. Die Standortfrage ist dann schnell entschieden: Deutsche Fördergelder und die guten Arbeitsbeziehungen zu TH und Klinikum zusammen mit einem bereits gut etablierten Netzwerk zum angrenzenden Ausland (z. B.: die Katholische Universität in Leuven, Belgien) begünstigen die Entscheidung für einen Einzug ins Medizintechnische Zentrum (MTZ) Aachen, zumal die lokale Aachener Politik der neuen Firma im Erweiterungsbau des MTZ´s Reinraumflächen einrichten wird – wie man überhaupt einer Ansiedlung von innovativer Medizintechnik in der Region Aachen sehr positiv gegenüber steht.

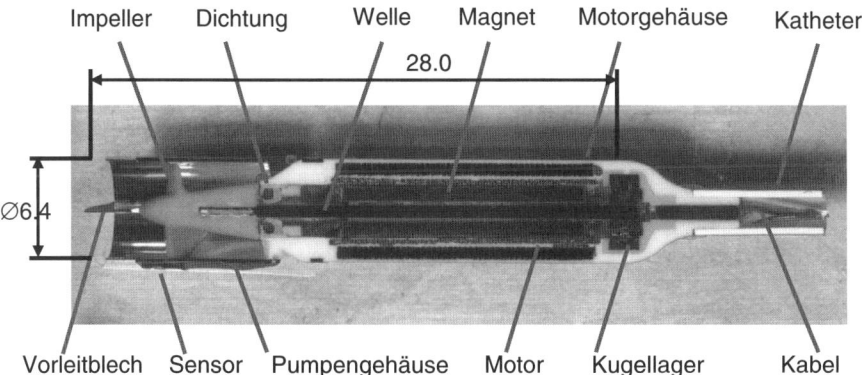

Abb. 99.2 Die Miniaturisierung der Pumpe: der einfache Aufbau der Pumpe aus zwei Lagern beidseitig vom Motor angeordnet zusammen mit dem Impeller auf einer Achse sind die Grundvoraussetzung für eine starke Verkleinerung. Leistungsdaten der intravasalen Pumpen: die chirurgischen/kardiologischen „großen Pumpen": Duchmesser d=6,4mm, max. Drehzahl n=33.000u/min, durchschnittlicher Fluß V=4,5l/min @ normaler Nachlast (=physiologische aortale Drücke), für 10 Tage die kardiologische „kleine Pumpe": Duchmesser d=4,0mm (12F), max. Drehzahl n=51.000u/min, durchschnittlicher Fluß V=2,5l/min @ normaler Nachlast (=physiologische aortale Drücke), für 5 Tage

Michels erster Kontakt mit Thorsten Sieß & Impella war im November 1997, also noch vor der ersten Impella Firmengründung. Ein Freund, der zu dieser Zeit seine Studienarbeit beim Helmholtz-Institut für Biomedizinische Technik (HIA) unter Thorsten Sieß anfertigte, empfahl ihn den entschlossenen Firmengründern als potentiellen Mitarbeiter. Michels war sich kurz vor dem Abschluss seines Maschinenbaustudiums an der RWTH Aachen und hatte gerade seine Diplomarbeit am MIT Cambridge bei Boston beendet. Kurz gesagt, er war auf der Suche nach der ersten beruflichen Herausforderung nach dem Studium. Im November 1997 traf er sich dann mit Thorsten Sieß und Rolf Sammler im Helmholtz Institut im Büro von Prof. Helmut Reul, dem Leiter der Arbeitsgruppe Biomechanik, zu einem Bewerbungsgespräch. Es ging um die Besetzung einer Ingenieursstelle im Bereich der mechanischen Entwicklung in einem medizintechnischen Unternehmen. Rolf Sammler wurde als Chef des Unternehmens und Thorsten Sieß als Leiter der Entwicklungsabteilung vorgestellt. Auf den ersten Blick unterschied sich dieses Bewerbungsgespräch nicht groß von den anderen, die Reul in der letzten Zeit gehabt hatte. Der Unterschied wurde dann aber schlagartig deutlich. Es gab noch gar keine Organisation, kein marktreifes Produkt und keine Räumlichkeiten. Das was es gab, waren 3 wissenschaftliche Mitarbeiter des Helmholtz Instituts sowie ein erfahrener Manager eines weltweit tätigen medizintechnischen Konzerns namens Guidant, und die Absicht ein Unternehmen zu gründen, das die Therapie von Patienten, die eine Bypass-Operation erhalten, revolutionieren würde. Michels war nach eigener Aussage schon immer fasziniert von Querdenkern und Menschen, die aufgrund tiefster Überzeugung gegen den Strom schwimmen. Am 23. Dezember wurde die Impella Cardiotechnik GmbH gegründet und Michels willigte in der zweiten Januarwoche ein, dem Unternehmen beizutreten. Dies wurde per Handschlag mit Herrn Sammler besiegelt, Arbeitsverträge gab es zu diesem Zeitpunkt noch nicht. Es dauerte nicht lange und auch Michels war geradezu infiziert von der Idee etwas aufzubauen, eine neue Behandlungsmethode mit zu entwickeln.

„Risikokapital, ein paar Basispatente und drei hoch motivierte Hochschulabgänger, das war der Anfang von Impella", resümiert Thorsten Sieß. Risikokapital und ein paar Basispatente, das sind auch die Rahmenbedingungen für die Entwicklung der Firmenkultur.

Sicherheit, das wissen Impella-Mitarbeiter, gibt es bei einer Firma, die ausschließlich auf Risikokapital aufgebaut ist und aus Technologien erst einmal Produkte machen muss, nicht. Das Geld kommt in Tranchen. Werden die vereinbarten Ziele nicht erreicht, so lässt sich die nächste Verhandlungsrunde mit den Investoren gleich schon schwieriger an und die Firmenbewertung wird neu verhandelt, so dass die Gründer bereits früh hinsichtlich ihrer nicht gerade üppigen Firmenanteile verdünnt werden. Am Ende einer Finanzierungsphase kann abrupt alles zu Ende sein. Wer bei einem Start-up wie Impella anfängt, muss andere Gründe dafür haben als ein Verlangen nach Sicherheit. Vielleicht findet man die Technologie faszinierend oder man erhofft sich eine bessere Zusammenarbeit als in einem Konzern. Vielleicht kennt man das Unternehmen bereits aus der Studienzeit oder man mag generell die vernetzten Firmenkulturen von High-Tech-Untenehmen – möglicherweise glaubt man auch trotz aller Risiken an den Erfolg und hat bereits an anderer Stellen erfahren, dass auch große Konzerne kein Garant für einen sicheren Arbeitsplatz sind. Dieser Umstand beschert der jungen Firma in 1999 die ersten Produktionsmitarbeiter aus einem Werk für Speicherchips, das im Aachener Umland zugemacht werden sollte, nachdem die lokalen Fördermittel ausgelaufen und das Werk nach nur 6 Jahren abgeschrieben worden ist. Nicht zuletzt bedeutet der Rahmen eines Start–ups natürlich auch, dass man sein Schicksal und den Firmenerfolg nicht unerheblich selbst mitgestalten kann und dies in einem Umfang, den große Unternehmen gar nicht bieten können. Sicherheit lässt sich somit aus der Zuversicht in die eigenen Fähigkeiten ableiten. So sieht es auch der vierte der Impella-Gründer – Familienvater von vier Kindern und 50 Jahre alt. Guidant gibt nicht nur Geld an Impella ab, sondern auch den Mann, der sich für die Akquisition verantwortlich zeichnet, Rolf Sammler. Sammler sei kein Konzernmensch gewesen, erklärt später Impella-Technologievorstand Sieß dessen Entscheidung. Er habe sich offensichtlich in kleineren Strukturen wohler gefühlt. Auch Impella tut der Eintritt des erfahrenen Managers gut – wie sonst hätte ein Aufbau einer Firma mit der dazu erforderlichen Struktur erfolgen sollen. Hochschulabgänger mit Forschung im Herzen haben hiervon keine Ahnung. Wer hätte zudem kontinuierlich mit den Geldgebern reden sollen, ohne sie unmittelbar durch kompliziertes Fachwissen und durch Aufzeigen der noch zu überwindenden technischen Schwierigkeiten zu verunsichern. Für Investoren mit einem grundsoliden Halbwissen ist ein Übersetzer erforderlich. Diese Funktion hat Sammler mit großem Erfolg besetzt – wie er überhaupt für viele in der Gründungsphase Vorbild und zum Teil fast wie ein Vaterersatz im professionellen Leben ist. Sammler legt großen Wert darauf, dass „seine Jungs", wie er die junge Managementgruppe gerne nennt, auch das Rüstzeug erhalten, welches in dem schnell wachsenden Unternehmen gefordert ist. Durch die guten Kontakte zu Guidant können deren Fortbildungsangebote auch von den Mitarbeitern von Impella besucht werden. Neben dem fundierten Ingenieurwissen sind nunmehr auch Qualifikationen im Bereich Finanzen und Mitarbeiterführung überlebensnotwendig. Es werden Kurse wie „Finance for non Financial Managers" und „Project Mangement" besucht.

Das nunmehr reichlich vorhandene Risikokapital zusammen mit Mitteln der hiesigen Bank, der TBG und später der KFW und ein paar Basispatente bestimmen nicht nur Impellas Firmenkultur, sie sorgen in den folgenden drei Jahren auch für ein rasantes Wachstum. Das Motto von Guidant und den Investoren, ausgegeben und von Sammler gelebt, lautet: „Geld spielt keine Rolle – solange die Technologie möglichst schnell fertig wird." Zur Not wird versucht, durch das neudeutsche Outsourcing Zeit zu kaufen, was im Nachhinein eine Fehleinschätzung ist, da jedes wirklich neuartige Produkt eine Reifezeit benötigt.

Die Faszination, die von Impella ausging, war so stark, dass andere konservative Aspekte wie die Sicherheit des Arbeitsplatzes und des monatlichen Arbeitslohns in den Hintergrund rückten. Alle standen vor einer echten Herausforderung, eine Idee, deren Machbarkeit nachgewiesen war, zu einem Produkt zu machen. Viele Aufgaben sind zu erledigen: die Technologie zur Serienreife bringen, Aufbau einer Reinraumproduktion, Fertigung eines Antriebsgerätes und die Durchführung der klinischen Studien, über die man zunächst die CE-Zulassung erlangt, als auch für den Nachweis der besseren Therapieform im Vergleich zur Operation an der Herz-Lungen-Machine. In dieser Zeit war Impella wie eine Familie. Man arbeitet gemeinsam und unerbittlich an der Erfüllung der gesetzten Milestones. Eine Hingabe zum Beruf, die man außerhalb von Impella in diesem Maße nie so erfahren hat. Nahezu vor jedem Tierversuch war die F&E Abteilung bis 4–5 Uhr morgens mit dem Aufbau der Versuchspumpen beschäftigt. Die Aufgabenverteilung war eindeutig. Michels & Sieß bauten die Versuchspumpen, Nix war für die Antriebskonsole und Menzler für Pizza und Bier zuständig. „And never change a winning team!" Nach jedem Tierversuch wurden bei einem ausgiebigen, gemeinsamen Abendessen die Erkenntnisse diskutiert und analysiert.

Im Jahre 1999 wird im Rahmen einer klinischen Zulassungsstudie der erste Patient mit einer Impellapumpe behandelt, im Jahr 2000 erhält das damalige Elect-Pumpensystem seine CE-Zulassung für den Einsatz von bis zu 6 Stunden. Nach wie vor ist die Firma nur durch Risikokapital finanziert und man ist immer noch überzeugt, die Herz-Lungen-Maschinen mit dem Impella-System abzulösen. Der Glaube an den Erfolg wird immer wieder durch die erfolgreiche Behandlung von Patienten und das überaus positive Feedback der behandelnden Ärzte gefüttert. Das Geld kommt in Tranchen und zwar immer nur für ca. 6 Monate. Die Firma erhält zahlreiche Wirtschaftspreise wie 1999 den Innovationspreis der Stadt Aachen, 2000 den Innovationspreis der deutschen Wirtschaft. Im Jahr 2001 wird das Unternehmen vom Weltwirtschaftsforum für Technologie-Pioniere in Davos als eines von 40 High-Tech-Unternehmen der Welt aufgenommen. Die Firma wächst sehr schnell, schneller als es vielleicht gesund war. Das schnelle Wachstum zu kontrollieren und somit gesund zu wachsen ist eine echte Herausforderung.

Innerhalb von drei Jahren steigt die Zahl der Mitarbeiter von drei auf einhundert und somit auch der monatliche Geldbedarf, zumal das Unternehmen am Markt zwar schon früh für Aufruhr gesorgt hat, aber noch nicht über ein verkaufsfertiges Produkt verfügt. Die Organisation im gleichen Maße auf- und stetig umzubauen und die neuen Mitarbeiter effizient zu integrieren, ist weitaus schwieriger als von Sammler und Sieß angenommen.

Die Herausforderung des schnellen Wachstums wird bei Impella durch einen New-Economy-typischen Denk- und Lösungsansatz bewältigt. Der Aufwand von Rekrutierung und Personalauswahl wird durch die Zusammenarbeit mit Personaldienstleistern reduziert, der Aufbau einer Personalabteilung also durch Vernetzung vermieden. Da auch für die Personalentwicklung wenig Zeit bleibt, muss das Vorstellungsgespräch wie ein Lackmustest für die soziale Kompetenz der Bewerberinnen und Bewerber funktionieren. Auch hier zahlt sich Sammlers langjährige Erfahrung aus.

Die flachen Hierarchien und die wenig formalisierten Strukturen haben auch Vorteile. Impella ist ein vernetztes System aus Abteilungen, über denen nur noch der Vorstand Entscheidungen trifft. Dieses System ist extrem durchlässig für Informationen, was wichtig für ein Unternehmen ist, das seinen Wert aus dem verfügbaren Wissen zieht. Der weitgehende Verzicht auf Etikette lässt zudem Raum für ungewöhnliche Karrieren. Dort wo der Vorstand mitunter selbst Hand anlegt, können sich auch Techniker für höhere Aufgaben empfehlen. Und während andere Unternehmen Mitarbeiter über 50 auf die Straße setzen, weiß man bei Impella Berufserfahrung zu schätzen, was wohl auch mit dem Alter des operativen Chefs zusammenhängt. Trotz aller Bestrebungen, die flachen Hierarchien zu erhalten, setzt lokal das von Sieß als „Frittenbudendenken" bezeichnete Abteilungsdenken ein. So ist auch dieses Unternehmen nicht von egoistischen Handlungen verschont geblieben, die der Sache und dem Firmenziel wenig dienlich sind, aber persönliche Ziele kurzfristig verfolgen, wobei das Gros der Mitarbeiter sich der Firma und den Zielen maximal verpflichtet haben und Außerordentliches geleistet haben.

Natürlich haben Strukturverzicht und schnelles Wachstum auch ihre Schattenseiten. Eine kontrollierte Entwicklung ist schwierig. Eine fehlende oder flache Organisation funktioniert für eine Firma, die um eine Pizza passt, hervorragend, wird aber für 100 Personen kaum noch lebbar und in Teilen ineffizient.. „Wir waren zwischenzeitlich eine F+E-Bude auf hohem Niveau", erklärt Dirk Michels, Maschinenbauingenieur und Impella Urgestein, und Sieß kann dem nur zustimmen: „Es war einfach notwendig, jedem hier klar zu machen, dass es nicht mehr nur um Entwicklung geht."

Dass dieses Statement eine gelinde Untertreibung ist, liegt in der weiteren Firmenentwicklung, die ab hier nicht mehr geradlinig verläuft und so von keinem der Gründer geplant worden ist. Vielmehr setzt ab hier die Achterbahnfahrt ein: Guidant hat infolge der einsetzenden Erkenntnis am Markt, dass die Operation am schlagen Herzen nicht das Allheilmittel sein wird und die Herz-Lungen-Maschine aufgrund des vorübergehend geringer werdenden Marktanteils unter Kostendruck gelangt ist und dies auch für Alternativmethoden gilt, sein Interesse an der Impellatechnologie reduziert, die trotz aller Bemühungen preislich nicht auf dem Niveau der Einmalprodukte

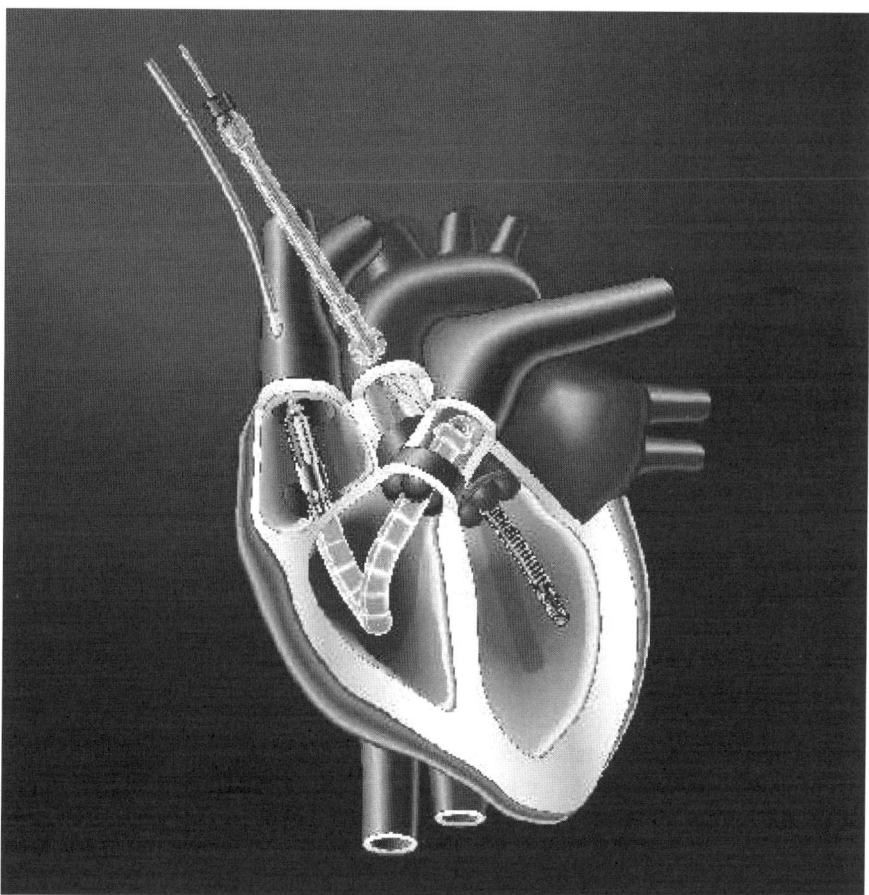

Abb. 99.3 Das Elect-System: zwei Pumpen unterstützen die linke und rechte Herzhälfte während einer Bypassoperation am schlagenden Herzen für bis zu 6 Stunden; hämodynamische Einbrüche können erfolgreich verhindert werden

der Herz-Lungen-Maschine laufen kann. Dies wird aber nie deutlich kommuniziert, sondern lässt sich im Nachhinein nur an dem reduzierten Druck auf die Entwicklung und an dem abnehmenden Interesse am Fortschritt in den klinischen Studien ableiten. Hierdurch setzt sich eine unglückliche Verkettung von Ereignissen in Gang. Zunächst die späte Erkenntnis, dass Guidant das Interesse am ersten Produkt verliert, gepaart mit einem exklusiven Vertriebsrecht von Guidant an eben diesem und allen folgenden Impella-Produkten, das als Vertrag unter Freunden erstellt worden ist und daher diese neue Situation nicht abdeckt, weshalb Guidant die Impella nicht von der Leine lässt. Dann die Notwendigkeit in 2000 durch einen Kunstgriff aus dieser Umklammerung zu kommen und selbständig das Geschick des Unternehmens und die Vermarktung des ersten Produktes in die Hand zu nehmen, wobei Guidant auch weiterhin Anteile an der Firma hält und weiter im Aufsichtsrat sitzt und mitgestaltet.

Nun taucht zum ersten Mal das Zauberwort MARKT am Horizont der jungen Wissenschaftler auf. Es wird die schmerzliche Erfahrung gemacht, dass ein Spitzenprodukt nichts aber auch gar nichts mit Vertriebserfolg zu tun hat. In der Euphorie für das Geschaffene – welche Medizintechnikfirma hat es schon jemals vollbracht, ein Produkt der höchsten Gefährdungsklasse innerhalb von weniger als zwei Jahren vom Funktionsmuster zum zugelassenen Serienprodukt zu entwickeln – wird übersehen, dass das vielleicht gar nicht das Produkt war, auf welches der Markt gewartet hat.

Fälschlicherweise wurde durch die Begeisterung, die das Produkt bei jedem Betrachter – ob Finanzinvestor oder Arzt – hervorrief, antizipiert, der Markterfolg läge praktisch vor der Tür und man müsse nur noch ein Heer von Verkäufern losschicken, um das Produkt zu verteilen und das Geld einzusammeln. Viel später wird den Beteiligten klar, dass das, was so offensichtlich besser ist, den klinischen Beweis der Überlegenheit bislang schuldig geblieben ist. Viele Ärzte versuchen sich darin, mit der Pumpe Patienten zu behandeln, denen außer einem Wunder wahrscheinlich gar nichts mehr helfen würde. Und Wunder vollbringt leider auch diese Pumpe keine. Daher bleiben Misserfolge nicht aus. Hinzu kommt das Problem der Vergütung, denn ein mit Hilfe klinischer Studien zugelassenes Produkt zu haben, bedeutet noch lange nicht, dass es automatisch auch vergütet wird. Die Zeiten, in denen sich ein Universitätskrankenhaus jedes Spielzeug leisten kann, sind lange vorbei. Dann tritt auch noch DRG – Diagnosis Related Groups – durch die Tür und alles wird anders. Der Begriff „Evidence Based Medicine" taucht am Horizont der Gesundheitsversorgung auf. Nun gilt es, mit Hilfe klinischer Studien nachzuweisen, dass das, was jeder für besser hält, auch tatsächlich besser ist.

Ein weiterer Aspekt der lange vernachlässigt wird, ist der Kunde. Wer der Kunde tatsächlich ist, kann ein eigenes Lehrbuch füllen, aber vereinfachend soll jetzt angenommen werden, der Kunde sei derjenige, der den Patienten mit der Pumpe therapiert. Nix, der 4 Jahre die elektrotechnische Entwicklung der Firma geleitet hat, kommt im Rahmen der ersten Zulassungsstudien erstmals in Kontakt mit dem klinischen Umfeld, in dem „seine" Steuerkonsole eingesetzt wird und bekommt den Mund vor Staunen nicht mehr zu. Vieles von dem, was mühsam in das Produkt hineindesignt worden ist, erweist sich im klinischen Umfeld als unpraktikabel, unbrauchbar oder schlichtweg überflüssig. Dr. med. Jurmann, ein Oberarzt der Herzchirurgie des DHZB, bringt es in einer langen Nacht, die man mal wieder gemeinsam am OP-Tisch neben einem Patienten verbringt, auf den Punkt: „Die ganzen Signale, die ihr da auf der Konsole zeigt, sind doch wohl eher was für Ingenieure. Ich bin Chirurg und möchte am liebsten nur eine Ampel, die grün zeigt, wenn alles in Ordnung ist und die, wenn sie rot zeigt, mir sagt, was ich tun muss, damit sie wieder grün wird. „Ey Nix, kannst du so was nicht machen?" Da war sie also zum ersten Mal, die „Voice Of the Customer (VOC)", die Stimme des Kunden.

Und am Ende steht die viel zu späte Erkenntnis, dass es den Markt so nicht gibt und alle bei Impella ein „totes Pferd reiten". Aus dieser Hilflosigkeit heraus und aufgrund der neuen Erkenntnis startet Sammler ein Projekt mit dem Titel „Impella goes Vertrieb", um den Paradigmenwechsel einzuläuten. Bis zu diesem Zeitpunkt sind alle bei Impella immer noch überzeugt, dass es nicht die Technologie und die

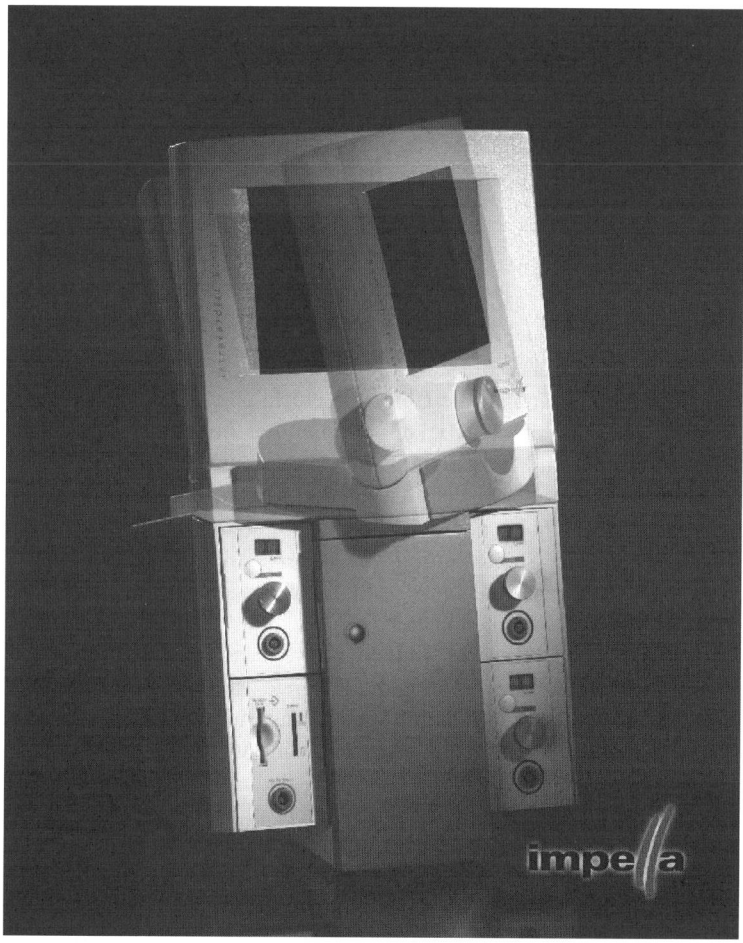

Abb. 99.4 Die Intraoperative Konsole: es können beide Pumpen betrieben werden; der schwenkbare Bildschirm erlaubt den Blick des Operateurs oder des bedienenden Personals auf die Pumpensignale

Therapieform sind, die dem Erfolg im Markt im Wege stehen, sondern die fehlende Professionalität der „F&E Bude" im Markt und gemäß Sieß, „dass wir das schon hinbekommen, wenn wir erst mal den Nachweis der besseren Therapieform erbracht haben und die Kinderkrankheiten behoben sind".

Doch Sammlers Engagement nimmt im Dezember 2001 ein jähes Ende: Er stirbt an einer Leukämie Erkrankung. Nicht nur persönlich eine traurige Erfahrung für die anderen Impella-Gründer. Ihr junges Unternehmen befindet sich längst in einer Krise, Sammlers Tod ist ein weiterer Rückschlag. Zum Glück sind die Bemühungen im Rahmen von „Impella Goes Vertrieb", einen erfahrenen Leiter von Vertrieb und Marketingleiter zu finden, noch vor Sammlers Erkrankung erfolgreich und Rolf

Käse kann die Leitung des Unternehmens übernehmen. Die Mitarbeiter sind kritisch, wie auch die Investoren, aber Käse kann aufgrund seiner Erfahrung und Kompetenz beide für sich gewinnen. Somit kann die Firma mit neuem Lenker auf Kurs gehalten werden. Käse, ein Visionär und Sanierer zugleich, beginnt umgehend mit dem Unternehmensumbau und der Neuausrichtung – auch wenn dies schmerzhaft ist. Alle Beteiligten sind jedoch von der Richtigkeit der Maßnahmen überzeugt, so dass die Aufgabe zügig voranschreitet.

Impellas Vorhaben war von Beginn an unternehmerisch ein riskantes Unterfangen. Denn das Start-up will nichts weniger als eine komplett neue Therapieform in der Medizin etablieren. Doch immerhin genießt es zunächst die Unterstützung eines multinationalen Konzerns. Guidant selbst hat gute Gründe für das Wagnis. Der Konzern ist Marktführer im kardiologischen Markt für Herz- und Gefäßtherapien und will sich zusätzlich die Chirurgie erschließen. Den schnellsten Marktzutritt – noch schneller als die Marktetablierung der Impella-Pumpe – verspricht der Kauf eines bereits am Markt befindlichen Unternehmens, dass sich ebenfalls in diesem neuen Marktsegment bewegt. Durch den Kauf von CTS – Cardio Thoracic Systems – erlangt Guidant Technologien, die die Operation am schlagenden Herzen durch rein mechanische Stabilisierung von außen ermöglicht und kommt zu der Erkenntnis, dass über rein mechanische Stabilisierung hinaus aus Kostengründen kaum Platz für weitere Systeme existiert.

Impellas Pech ist auch, dass Guidants Marktprognose bei weitem zu optimistisch ausgefallen ist und ein längerer Atem und mehr Geld erforderlich werden. Der durch den Einsatz der Blutpumpe ermöglichte Verzicht auf die Herz-Lungen-Maschine bei Operationen am schlagenden Herzen bringt zwar eine Menge Vorteile mit sich: geringere Kosten infolge einer schnelleren Genesung und eine schonendere Behandlung beispielsweise, doch kann die erste Studie dies nicht allumfassend belegen, zumal das Impella-System noch Kinderkrankheiten aufweist. Zudem ist der Markt für Herztherapien naturgemäß konservativ. Was sich bewährt hat, wird nicht so schnell durch ein unbekanntes Produkt ersetzt und die Industrie der Herz-Lungen-Maschinen-Anbieter ist auch aktiv, verbessert die eigenen Systeme nach fast 20-jährigem Stillstand, senkt die Preise und nutzt den Vorteil der vorhandenen Kundenbindung, über die ein neues Unternehmen nicht verfügen kann. Sammler und Menzler verkünden zudem öffentlich, dass die neue Therapie die Herz-Lungen-Maschine für die Bypass-Operationen überflüssig macht, was sich natürlich auch auf die Berufsgruppe der Kardiotechniker auswirkt. Es wird leider versäumt, zu erwähnen, dass auch das Impella-System von einer fachkundigen Person – siehe Kardiotechniker – betrieben werden muss. Infolge dieser Unterlassung hat das junge Unternehmen nunmehr viel Feind und Ehr, aber wesentliche Entscheidungsträger in den Krankenhäusern gegen sich. Die Tatsache, dass sich unabhängig von Impella das Berufsbild des Chirurgen und Kardiotechnikers in der Bypass-Chirurgie in den letzten Jahren infolge der Marktverschiebung hin zu den interventionellen Kardiologen verschoben hat, und beide Berufsgruppen es versäumt haben, eine weniger invasive und damit konkurrenzfähige Therapie zu entwickeln, kann als verpasste Chance betrachtet werden. Impella hat zusammen mit Chirurgen und Kardiotechnikern die Möglichkeit, eine für alle erzielbare, da sichere und physiologischere, Therapieform der Bypass–Chirurgie zu kultivieren, vertan.

Für Herbst 2001 ist der Börsengang Impellas geplant. Unglücklicherweise haben sich die Rahmenbedingungen im Laufe des Jahres 2001 drastisch verschlechtert. Der Neue-Markt-Index hatte sein Allzeittief erreicht, die DotCom-Blase ist geplatzt und von Aktionärsgeldern lässt sich nur noch träumen. Die Risikokapitalgeber im Impella-Konsortium leiden unter den mangelnden Rückflüssen aus ihren Beteiligungen ebenso wie andere VC-Firmen und möchten keine neuerliche Finanzierungsrunde für Impella starten. Neue Kapitalgeber sind unter diesen Bedingungen schwer zu finden.

Nun ist Impella aber eigentlich schon für einen IPO – Initial Public Offering – aufgestellt. Das Unternehmen hat ein Reportingsystem eingeführt, um die notwendigen Quartalsberichte für die Börse liefern zu können, und es treibt die Entwicklung weiterer Produkte voran. Die Belegschaft zählt ca. 100 Köpfe und die „Burnrate" beträgt in der Hochphase monatlich 750.000 €. Plötzlich ist klar, dass bald das Geld zur Neige gehen würde. Was tun? Personal abbauen? Auch Sozialpläne kosten Geld. Doch die Firmenchefs sind sich sicher; wenn es mit einem verkleinerten Unternehmen gelänge, einen Produktwechsel hinzukriegen, wären Technologie und ein Teil der Arbeitsplätze zu retten. Alle sind sich einig: „Wir werden das Unternehmen nicht mit einer großen Party beerdigen und danach nach Hause gehen – so nach dem Motto – es war schön, danke und Tschüß".

Normalerweise bilden sich in solchen Momenten Betriebsräte. Bei Impella müssen die Gründer mehr als 60 Freunde und alte Weggefährten entlassen. Viele befürchten, dass ein Betriebsrat mit Kündigungsschutzklagen gegen Entscheidungen vorgehen und die Rettung komplett scheitern könnte.

Doch Impellas Situation verschärft sich zusätzlich, als Guidant unerwartet Probleme in seinem Kerngeschäft bekommt. Andere Firmen haben durch sogenannte Drug-eluting Stents, also Gefäßeinsätze, die Medikamente abgeben, einen technologischen Vorsprung erlangt. Da muss der Marktführer reagieren. Somit ist klar, dass Impellas strategischer Partner für weitere Finanzierungen nicht zur Verfügung stehen wird. Impella-Technologie ist aus Sicht von Guidant zu kompliziert und so ist im Frühjahr 2002 klar, dass Impella neue Investoren braucht.

Eine schwierige Situation: wie soll Impella ohne Guidant in seinem exklusiven Marktsegment überleben? Wer interessiert sich noch für eine Technologie, von der sich ein großer Konzern zurückgezogen hat? Die Antwort: Niemand! Der neue operative Chef Rolf Käse, Sieß, Nix und Michels entschließen, sich mit neuen, bereits entwickelten Systemen auf andere, weniger problematische Märkte auszuweichen.

Es zeigt sich, dass die Entscheidung früher Tage, das Pumpensystem als Plattformtechnologie auszulegen, richtig war. Zudem zahlt sich der Ungehorsam von Sieß und Michels aus, die unter dem Tisch immer an weiteren Produkten gearbeitet haben, obwohl Impella als „One-Product-Company" gestartet worden ist und auch nichts anderes tun sollte. Infolgedessen ist Impella in der Lage, schnell eine parallel weiter entwickelte, so genannte Recovery-Pumpe, für die Michels nicht nur die Entwicklung sondern auch die Zulassung erreicht hat, auf den Markt zu bringen. Diese ist für einen wesentlich längeren Einsatz ausgelegt als das erste Produkt. Bis zu sieben Tage lang kann sie Patienten unterstützen, die sich zum Beispiel nach einer Operation nicht von der Herz-Lungen-Maschine entwöhnen lassen. Damit hat

Impella ein Marktsegment gefunden, das zwar klein ist, in dem es aber auch wenig Wettbewerb gibt. Die Geschäftsbasis für ein neues, kleineres Unternehmen.

Dass es damit nicht getan ist, es hingegen eine neue Impella geben muss, wird Sieß und Käse bald klar. Die zahlreichen Finanzierungsrunden mit ihren Nebenvereinbarungen haben für schwer durchschaubare Besitzverhältnisse gesorgt. Nebst dem investierten Geld, für das es Firmenanteile gegeben hat, gibt es Verbindlichkeiten, die nunmehr, nach zinsfreier Zeit, bedient werden müssen. Potentielle Investoren fordern einen klaren Schnitt vor einem Einstieg oder zumindest, dass die KFW und TBG im Rang zurücktreten und es neuen Investoren leichter machen, einzusteigen. Zu letzterem Schritt hat sich die TBG nicht bereit erklärt. Käse und Sieß haben in Folge dieser verzwickten Situation in Absprache mit den Altinvestoren noch auf der Zielgeraden den Versuch unternommen, das Unternehmen an einen Dritten zu verkaufen. Obwohl es sich schlecht mit dem Rücken zur Wand verhandeln lässt, werden zwei potentielle Käufer in den USA gefunden, von denen einer ein Angebot unterbreitet, dass leider nur die Verbindlichkeiten deckt, so dass mangels Zeit und Geld nicht fertig verhandelt werden kann. Die Altinvestoren schießen unter dieser Prämisse kein Überbrückungsgeld mehr zu, da sich der Deal für sie nicht mehr auszahlt. Somit bleibt Käse und Sieß der Weg durch die Insolvenz nicht erspart. Aber auch hier gilt: das Glück ist mit dem Tüchtigen und mit Mönning wird ein Insolvenzverwalter gefunden, der, wie die verbliebene Impella-Mannschaft von derzeit 39, an die Technologie glaubt. Nach nur eintägiger Prüfung und Sondierung im Markt entscheidet Mönning sich, mit Käse und Sieß den Weg der Unternehmensrettung zu gehen, solange das Überbrückungsgeld reicht. Wäre das Unternehmen ohne jegliche liquide Mittel in die Insolvenz gegangen, so wäre auch dies nicht möglich, da Stromrechnungen etc. weiterhin bezahlt werden müssen, um operativ zu bleiben. Im September 2002 reist Michels zusammen mit Sieß und einem Vertriebsmitarbeiter zum EACTS nach Monaco. Zu dieser Zeit sind die Kreditkarten der Firma bereits gesperrt. Sieß hat wortwörtlich die Taschen voller Bargeld, um die laufenden Kosten zu decken.

Eine heiße Phase der Unternehmensrettung, bestehend aus Kundenbetreuung mit einer Rumpfmannschaft und die fieberhafte Suche nach Neuinvestoren, beginnt. Es ist schnell klar, dass in Europa die einstmals hoch gehandelte Impella tief gefallen ist und Investoren sich schneller wegducken, als dass sie für die Technologie und die Mannschaft begeistert werden können. Es folgt eine Zeit der maximal ehrlichen internen Kommunikation. Alle Mitarbeiter sind jederzeit über den Stand der Gespräche informiert – keiner denkt an Abwanderung! Zwischendrin werden zwei deutsche Investoren gefunden, die sich aber bereits in der Anbahnungsphase so rüpelhaft gebärden, dass Käse und Sieß der Meinung sind, dass das Leben zu kurz ist, als dass man sich auf dieses Himmelfahrtkommando einlassen darf und sagen ab, wissentlich, dass dies der sprichwörtliche letzte Strohhalm zu sein schien. Die nun folgende Odyssee kann man nicht in Worte kleiden und wird von allen Beteiligten nur fatalistisch in „John Wayne" Manier ertragen – man muss nur einmal mehr aufstehen, als man niedergeschlagen wird. Am Ende zahlen sich die Bemühungen aus und in den USA wird mit Oxford Bioscience (Boston) und Medica Venture Partners (Tel Aviv, Israel) ein neues Konsortium in der Topliga gefunden. Plötzlich kann auch die ABN-Amro, die immer Interesse bekundet hatte, wohl aber nicht den

99 Impella – Eine Erfolgsgeschichte

Abb. 99.5 Die Mannschaft Anfang 1998

Abb. 99.6 Die Mannschaft in 2000

Mut zum Leadinvestor hatte, in nur zwei Wochen folgen. Diese Gruppe wird von den namhaftesten kardiologischen Meinungsbildnern, die sich monatlich in einer, eigens zu diesem Zweck gegründeten Firma (Accelerated Technologies) treffen, um über neue Technologien zu sprechen, zu sondieren und weiter zu entwickeln, vertreten – eine starke Allianz mit großer Erfolgsgarantie. Auch hier gilt: hätte Impella nicht bereits eine noch kleinere Pumpe erfolgreich durch die Tiererprobung gebracht, wäre diese Gruppe sicher nicht zu einem positiven Votum gelangt. Es ist gelungen, ein System für den interventionellen Kardiologen zu entwickeln. Dieses Pumpsystem kann perkutan, ohne die Hilfe eines Chirurgen, eingesetzt werden. Die neue spagettidicke Pumpe kann bis zu 2.5 L/min fördern und ist gleichzeitig Rettung in letzter Sekunde.

All dies hat Zeit gekostet – die Mannschaft, bis auf 7 Personen, sitzt seit nunmehr 2 Monaten zu Hause und erhält Arbeitslosenunterstützung, während die Verhandlungen bis dato ein nicht bindendes „Termsheet" ergeben haben. Alle sind sich aber sicher, dass man nicht mehr länger warten kann, da sonst die Gefahr der Abwanderung der Mitarbeiter und Kollegen nicht mehr aufgehalten werden kann. Käse, Sieß, Nix, Michels und zwei weitere Mutige aus dem inneren Managementkreis entscheiden sich zu einer Neugründung zu diesem Zeitpunkt – ausschließlich mit Krediten, die sie persönlich absichern. Zum Glück halten die Geldgeber Wort und es kommt zur notwendigen Kapitalerhöhung – das Unternehmen ist nun gut finanziert und gerettet.

Im Januar 2003 wird das Vermögen der Impella Cardiotechnik AG auf die Impella CardioSystems AG übertragen und 39 Kollegen können in der neuen Firma wieder unter Volldampf die Entwicklung, klinische Erprobung und Vermarktung ohne nennenswerten Wissensverlust vorantreiben. Möglicherweise liegt es an der Offenheit, dass in der Neugründungsphase kaum Mitarbeiter das Unternehmen verlassen. Möglicherweise glauben sie auch trotz aller Risiken wieder an den Erfolg und schließlich wussten sie ja alle: Sicherheit gibt es bei einer Firma, die ausschließlich auf Risikokapital und ein paar Basispatente aufgebaut ist, nicht.

Eine Anekdote am Rande: Die Basispatente und eine alte Lizenzvereinbahrung der Erfinder mit Guidant, die die Altinvestoren übersehen hatten, haben den Neuanfang überhaupt erst möglich gemacht. Nach der Insolvenz fallen die Basispatente zum Glück an die Erfinder zurück und liegen nicht in der Insolvenzmasse. Wäre dies nicht der Fall gewesen, so hätte das kurz vor Insolvenz bietende amerikanische Unternehmen die Masse zu einem Preis erworben, den die neue Gruppe nicht hätte stemmen können.

Nach Neugründung:

„Nun gilt es den nächstgrößeren Markt mit der nächst kleineren Pumpe anzugehen", sagt Sieß, kaum dass die Wende geschafft ist. Zu Impellas neuerlichem Aufstieg soll die so genannte Acute-Pumpe beitragen. Sie kann bei einem frühzeitigen Einsatz nach einem Herzinfarkt helfen, Herzmuskelgewebe zu erhalten und die Folgeschäden merklich reduzieren. Man schätzt, dass 200.000 bis 300.000 Patienten pro Jahr in Deutschland mit der Acute-Pumpe geholfen werden könnte.

Der klinische und kommerzielle Erfolg wird in den folgenden Jahren erreicht, so dass das Unternehmen im Mai 2005 an die Abiomed. Inc. verkauft werden kann.

Hätten die Erstinvestoren dem Unternehmen die Stange gehalten, so wären sie zu diesem Zeitpunkt mit einem Gewinn aus der Impella herausgekommen. Stattdessen bleibt der Erfolg den Neuinvestoren, die innerhalb der 2,5 Jahre 60 Millionen Gewinn verbuchen können. Viele bei Impella haben nun gefürchtet, dass die Amerikaner, den Vorurteilen entsprechend, die Technologie einpacken und in den USA neu starten würden aber genau das Gegenteil ist erfolgt: der Standort Aachen ist zum neuen Hauptstandort in Europa ausgebaut worden und in 2007 beträgt die Mannschaft bereits wieder 100 Mitarbeiter – diesmal aber mit deutlich besseren Vorzeichen als beim ersten Mal.

99.1 Literatur

1. Rosarius N, Siess T, Reul H, Rau G. Concept, Realization and First In Vitro Testing of an Intraarterial Microaxial Blood Pump with an Integrated Drive Unit. Artificial Organs 1994; 18(7):513–516.
2. Siess T, Reul H, Rau G. Hydraulic refinement of an intraarterial microaxial blood pump. Artificial Organs 1995; 18(5);273–285
3. Reul H, Harbott P, Sieß T, Rau G. Rotary blood pumps in circulatory assist. Perfusion 1995; 10:153–158.
4. Siess T, Reul H, Rau G. Concept, Realization, and First In Vitro Testing of an Intraarterial Microaxial Blood Pump. Artificial Organs 1995; 19(7):644–652.

100 Story II: Kommerzialisierung innovativer Technologien – das Beispiel der WoodWelding SA

J. Mayer, G. Plasonig

Technologische Innovation war und ist der prinzipielle Grund der Erhöhung der Wertschöpfung von Produkten, Produktionsprozessen und Dienstleistungen in zumindest den letzten 100 Jahren. Die BoneWelding® Technologie ist – wie viele andere Plattformtechnologien auch – im universitären Umfeld entstanden. Um den Prozess, den die Gründer des Unternehmens WoodWelding SA erfolgreich durchlaufen haben, besser zu verstehen, folgen ein paar grundlegenden Ausführungen, die zu erfolgreicher Technologieentwicklung, -transfer und Unternehmens-Start-up führten.

Das Resultat innovativer Technologie im Unternehmen ist ein kurz- und/oder längerfristiger Wettbewerbsvorteil am Markt – mit allen Freiheitsgraden erfolgreichen Wirtschaftens und den daraus resultierenden Multiplikatoreffekten für Universitäten, Forschungszentren, Regionen und nationalen sowie supranationalen Volkswirtschaften.

„Das Denken Schumpeters" schrieb die International Herald Tribune am 10. Juni 2000, war immer Teil einer freien Marktwirtschaft – nur der intensive Ausbruch in den 90er Jahren, diese Eruption an technologischen Veränderungen und der damit verbundenen Veränderungen der Ansprüche an Unternehmen, Universitäten und Regionen hätten auch Schumpeter überrascht. Begonnen hat die Geschichte der BoneWelding® Technologie genau in dieser Phase des weltweiten technologischen Umbruchs; an Schweizer Universitäten und Inkubatoren. Diese Universitäten – wie übrigens auch viele Unternehmen – wurden plötzlich nur noch als Ansammlung von Projekten gesehen: Anfang und Ende bekannt, Planung und Steuerung in Mikrozyklen, Kontrolle nur durch externe Investoren und deren Bewertungsmodelle. Daneben haben sich auch in Europa in diesen vergangenen 15 Jahren die gesellschaftlichen Blickpunkte sowohl auf Unternehmen als auch auf Universitäten mehr verschoben als in den 100 Jahren zuvor.

100.1 Transformationsprozess von universitärer Initiation zur industrieller Entwicklung von Innovation

Peter Sloterdijk ortet die „weichen Faktoren" bereits als die eigentliche Basis der Realität in der wir leben, d.h. sensible Strömungen, neue Wertungen und grundsätzlich andere Lektionen zu wesentlichen Fragen wie Familie, Beruf und Umwelt werden „...schon in wenigen Jahren allgemeiner Konsens sein, und die eigentliche Basis der sogenannten „harten Fakten" des 19. und 20. Jahrhunderts" sind in den Überbau verschoben worden...." [1]. Veränderungen machen Angst, lösen aber auch neue Lernbereitschaft aus, denn Kulturwandel schließt Lern- und Kompetenzwandel mit ein [2].

Mitten in diesen neuen Rahmenbedingungen sind die Gründer der WoodWelding SA 1999 angetreten, ein Start-Up für diese neue, breit anwendbare und global vermarktbare Befestigungslösung für poröse Materialien aller Art aufzubauen – allerdings mit der Medizintechnik als Mittelpunkt und Kerngeschäft. Das nötige Hintergrundwissen und auch die Innovationstheorie kamen aus dem angelsächsischen Raum, vor allem Cambridge (UK) und Boston (USA).

In der Interaktion der Universitäten mit der neugegründeten WoodWelding SA war vor allem die Phase des Übergangs von der Wissenschaft zu „bewertbarer" Technologie interessant: dort wo akademisch orientierte Forschung aufhörte und die Transformation in Produkte begann, sowie Kostenziele, Meilensteine und Ressourcenplanung ansetzten; kurz dort wo die Aufgabe der universitären Forschung aufhört und die Aufgabe der Unternehmer – die auch die Investoren waren – begann.

Dieser Transformationsprozess und der dem Unternehmer bzw. Unternehmensmanagement obliegende Optimierungsprozess ist zu Beginn nicht definierbar und nur iterativ durchführbar – ähnlich der Herstellung eines Films: Szenen sind nur begrenzt planbar, subjektive Erfahrung bestimmt den Prozess; Budgets und Erlöse sind ebenfalls nur begrenzt planbar. Die Fähigkeit neue und innovativen Prozesse auf hohem Niveau durchzuziehen, hängt daher von Wissen, Fähigkeiten und Kompetenzen (infolge gesamthaft „Fähigkeiten" oder „Skills" genannt) der handelnden Personen ebenso ab wie von der Qualität und Kultur einer Organisation [3]. Setzt man die „Fähigkeiten" aller Aktivitäten eines Unternehmens in Verbindung mit der Wertschöpfung und deren Zuwachs, sieht man, dass die Tendenz in den letzten ein bis zwei Jahrzehnten deutlich hin zu technologiebasierten Fähigkeiten führt [4].

100.2 Der Innovationsprozess als unternehmerische Meta-Fähigkeit

Die Gründer der WoodWelding SA interessiert in Zusammenhang mit der BoneWelding®-Technologieentwicklung nicht nur die seit den 80er Jahren geführte Kernkompetenzdiskussion [4], sondern die Betrachtung des Phänomens von „Meta-Fähigkeiten (*metaskills*)" von wissensbasierten Organisationen. „Meta-Fähigkeiten" [3] sind Erfahrungsfähigkeiten, also intuitive, einer Organisation zugrundeliegende Fähigkeiten, die bestimmen wie Kompetenzen von einer Organisation erworben werden (dies gilt auch für Regionen und Volkswirtschaften, man denke nur an die Schweizer Uhren- und Feinmechanikindustrie, die sich heute in mehreren Nanotechnologie-Zentren rund um Neuenburg und Biel fortsetzt). „Meta-Fähigkeiten" sind Fähigkeiten des Lernens, des Innovierens, Kategorisierens und Einbettens (d. h. Weitergabe auf der Zeitachse). Wesentlich an diesem „Meta-Fähigkeits"-Konzept ist zweierlei:

- das Spannungsverhältnis zwischen dem kreativen Prozess des unablässigen technologischen Fortschritts und den strategischen und operativen Zielen des Unternehmens, das ständige Weiterentwicklung erzwingt
- die Anordnung der Meta-Fähigkeiten auf der Kausalkette.

Damit wird definiert, wie sich ein Unternehmen langfristig verhält, d.h. welche Kompetenzen erworben, welche abgestossen werden. Entsprechend dieser Kausalkette [3] verändern sich Unternehmen in den tief in der Organisation erworbenen „Meta-Fähigkeiten" nur sehr langsam, und tendieren dazu, schnell verändernde Fähigkeiten zum Langsamen hin zu beeinflussen, und nicht umgekehrt – so wie das Klima das Wetter beeinflusst und nicht umgekehrt: Ein klassisches Beispiel ist der Versuch, ein Unternehmen mit dem „Meta-Fähigkeit" „Qualität" zuoberst in der Kausalkette auf eine „Innovation am Markt umsetzen" Fähigkeit umzuorientieren – lange werden die Qualitätsanhänger eher Bremser als Antreiber sein.

Wenn man den Gedanken der „Meta-Fähigkeiten" zusammenfasst und dann in ganz praktische Ebenen der BoneWelding® Technologie und der WoodWelding SA hinuntersteigt, ergibt sich folgendes Bild:

Kontrastierende Meta-Fähigkeiten, wie „Lernen" und „Innovieren", verlangen verschiedene Organisationen: Das heisst am Beispiel des Wissenserwerbs: der Lernprozess im Studium erfolgt durch das Erarbeiten kleiner Einheiten des Wissensgebietes – jedoch um wirklich Neues zu schaffen, müssen Zusammenhänge auch interdisziplinär erkannt und verarbeitet werden. [5]. „Innovieren" wiederum steht im fundamentalen Gegensatz zu diesem Tagesgeschäft der Unternehmen und erfordert eine andere Organisation und andere Denkmodelle.

100.3 Innovationsentwicklung durch unternehmerische Inkubation

Was aber wirklich den WoodWelding SA Unternehmenserfolg einleitete, ist eine neue Spezies unternehmerischer Organisationen: in Beratungs- und technischen Entwicklungsunternehmen eingebauten Inkubatoren, die sich am angelsächsischen Modell bekannter Technologiezentren anlehnen. Genau dieses Modell hatten die beiden Gründungsorganisationen „GP International S.A." und „Creaholic SA" in den 90er Jahren übernommen. Ein mutiges Experiment, oder um zum Filmbeispiel zurückkehren: So wie beim Set niemand nach Rechten und Zuordnungen fragt sondern die „Rollenverteilung" im Team sich praktisch täglich den Notwendigkeiten der Aufgaben anpasst, so wird in diesen neuen Organisationen zuallererst die Sinnfrage gestellt, frei nach Viktor Frankl: „Welchen Sinn macht, was ich tue", und nicht die uralte Frage in Grossorganisationen nach den „wohlerworbenen Rechten".

So konnten und können die WoodWelding SA Mitarbeiter breit, tief und global innovieren. Noch etwas: Integrierte Einheiten in Unternehmen mit Kurzfrist- oder Projektcharakter inklusive der zur Geburt der verschiedenen Anwendungen der BoneWelding® Technologie notwendigen Inkubatoren sowie reichliche und gute Kontakte zu dynamischen Unternehmen üben oft einen magischen Reiz auf gute Mitarbeiter aus. Dies oft wegen mehrerer Faktoren; so z. B. die manchmal elegante Beschleunigung der Karriereleiter; sofort und neben dem eigentlichen Arbeit auch als Berater, Gesellschafter, Beirat oder Experte zu lernen und zu innovieren – ohne die übliche Wartezeit in der alten Ordnung traditioneller Unternehmen. Und natürlich die Chance, das Lebensziel der finanziellen Eigenversorgung – und darüber hinaus – noch in den „besten Jahren" erreicht zu haben. Ein nicht unwesentliches Ziel auch des WoodWelding Teams.

Um Gesagtes zu wiederholen und zu zeigen wie und warum die WoodWelding SA technologisch wie wirtschaftlich ein Erfolg wurde: Gefordert war und ist ein unternehmerisches Umfeld, das neben der Gehschule für „Unternehmer" im breitesten Schumpeter`schen Sinn selbst eine erfolgsorientierte, interdisziplinäre und multikulturelle Organisationskultur schafft, in der der Druck, den „inneren und äusseren Wert" der Organisation zu steigern, von allen geteilt wird – aber mit der „Sinn", „Spass" und „Geld" Komponente als neue und wesentliche Erfahrungen.

Dieses Kernforderungen nach „Sinn", „Spass" und „Geld", ob in der unternehmerischen Inkubation oder der praktischen Entwicklungsarbeit, sind Schlüsselelemente in langfristig erfolgreichen Unternehmen. Kreative Prozesse entfalten sich in jenem Umfeld am sichersten, das unmittelbaren Kontakt zu Markt, Kunden und zum Wettbewerb bietet. Der notwendige und selbstinduzierte Erfolgsdruck entsteht dann auch im Unternehmen durch den im akademischen Umfeld seit Anbeginn üblichen „Peer-Review" Prozess – also den Wettbewerb unter Kollegen, etwas, das in der WoodWelding SA konsequent umgesetzt wird.

Andere Formen des Antriebes von Wachstum, etwa durch Bereitstellung von nur Kapital oder Infrastruktur, lassen beides, Kreativität und Druck vermissen – und sind eher in den Bereich der etablierten aber oft auch erstarrten Konzernunternehmen zu verweisen. Erfahrungswerte dazu bekommen Start-Ups nahezu automatisch, wenn sie den Weltmarkt betreten, dies war und ist bei der WoodWelding SA nicht anders.

Der ganzheitliche Prozess und die damit verbundenen Anforderungen an technologische Inkuation erfordert ebenfalls neue Wege der Führung und des Managements sowie der Organisation – es wäre absurd, gerade in dieser Phase der Entstehung des zarten Pflänzchens neuer „Meta-Fähigkeiten" – wie etwa Innovation – rigorose Planungsansätze zu verfolgen, auch wenn die Budgetsituation und die Geschäftsleitung dies vehement fordert.

Wiederum die Analogie zum Film und zur Kunst – subjektive Erfahrung, individuelle Beurteilung und Inspiration sind unverzichtbarer Teil auch des operativen

Geschäfts. Eigenschaften und Emotionen wie z. B.: Begeisterung, Hingabe, Zorn und Trauer sind täglich gelebte Bestandteile einer „neuen" Unternehmenskultur und damit Grundlage technologischen Fortschritts. Die WoodWelding SA ist dazu insgesamt ein gutes Beispiel.

100.4 Literatur

1. Sloterdijk, P.: Öko-Reaktionäre und Tierschänder", in: Profil, 22.3.2004
2. Mittelstrass, J.: „Zeitgemäße unzeitgemäße Bildung"; in: Neue Zürcher Zeitung (NZZ), 6.7.2000
3. Klein, J. L.: „Skill-based Competition"; in: Journal of General Management, Summer 1991
4. Hamel, G./Prahalad, C. K.: „Competing for the Future", Boston 1994
5. Galbraith, J.R.: „Designing the Innovating Organisation"; in: Organisational Dynamics, Winter 1982

101 Strategische Planung in der Medizintechnik

J. Leewe

Für den Aufstieg und den Niedergang der Unternehmen spielt die Über- oder Unterlegenheit der Technologie eine zentrale Rolle. Mindestens im gleichen Maße ist jedoch auch ein umsichtiges Management und eine sorgfältige strategische Planung für den Erfolg verantwortlich. Nur ein profitables Unternehmen, welches nachhaltige Gewinne erzielt, ist in der Lage, eine Spitzenforschung aus eigener Kraft zu finanzieren. Dies klingt zunächst trivial. In der langjährigen Consulting-Praxis sind wir jedoch diversen Unternehmen begegnet, die diese Maxime vernachlässigt haben und aufgrund mangelhafter Planungen eine Insolvenz dann nicht mehr abwenden konnten. Damit es erst gar nicht dazu kommt, sollten unterschiedliche Handlungsalternativen im voraus entwickelt und bewertet werden. Die Strategie, also das systematische Aufbauen von Wettbewerbsvorteilen, sollte regelmässig überprüft werden und eine finanzielle Entwicklung des Produktes oder des Unternehmens sollte regelmäßig antizipiert und simuliert werden. Dieser Beitrag soll Einblicke in die strategische Planung erlauben, erhebt allerdings aufgrund der Komplexität des Themas keinen Anspruch auf Vollständigkeit.

101.1 Die vier Schritte der strategischen Planung

Unabhängig von der Größe sollte jedes Unternehmen einen strategischen Planungsprozeß etablieren, den wir in vier primäre Schritte strukturieren (siehe Abb. 101.1). Am Anfang steht die Strategieentwicklung und die Planung meist der nächsten drei bis fünf Jahre. Diese Mittelfristplanung wird in die Ziele des Folgejahres heruntergebrochen und in konkrete Finanzziele übersetzt. Darauf basierend werden anschliessend entsprechende Berichtssysteme und Kontrollmassnahmen für das Management etabliert. Im nachfolgenden Kapitel werden wir primär auf die Strategieentwicklung eingehen. Wichtig ist jedoch, dass unsere Planungen stets Auswirkungen auf finanzielle Kenngrößen haben, die das Management messen oder im Vorfeld simulieren sollte.

101.2 Die Gewinn- und Verlustrechnung (GuV) als Orientierungsmuster

Die Schritte drei und vier (siehe Abb. 101.1) im strategischen Planungsprozess, also das Abbilden und Messen von Finanzkennzahlen, ist ein ideales Orientierungsmuster beim Erarbeiten der Strategie. Ein Verständnis der Finanzkennzahlen im Unternehmen gibt uns ein Raster für die Planung unserer Strategie vor. Die finanzielle Situation eines Unternehmens wird primär durch drei Darstellungsformen beschrieben, der Bilanz [1], der Gewinn- und Verlustrechnung (GuV) und der Kapitalflußrechnung (Cash Flow). Während die Bilanz nur eine Momentaufnahme über die vorhandenen Werte (Aktiva) und deren Finanzierung (Passiva) darstellt, gibt die GuV eine Übersicht über die Ertragslage des Geschäftsjahres und die Cash Flow Rechnung informiert über die Liquidität. In der nachfolgenden Grafik wird die Gewinn- und Verlustrechnung der Beispiel AG dargestellt. Auf diese Darstellung werden wir in dem folgenden Kapitel wiederholt eingehen, da die strategische Planung der Unternehmen das primäre Ziel haben sollte, den EBIT (Earnings Before Interest and Taxes) und den Cash Flow nachhaltig zu steigern.

Die Beispiel AG in der obigen Tabelle hat drei Produkte, die zu unterschiedlichen Preisen und bei unterschiedlichen Stückzahlen verkauft werden. Im ersten Jahr ist das Ergebnis oder auch der EAT (Earnings After Taxes) noch positiv und eine Rendite nach Steuern von 8% wird erreicht. Im zweiten Jahr jedoch ist der EAT bereits negativ und der EBIT nur noch sehr gering. Werte im Unternehmen werden vernichtet. In einem realen Umfeld wäre dies eine dramatische Entwicklung und hätte negative

		Jahr 1				Jahr 2			
		Produkt 1	Produkt 2	Produkt 3	**Summe**	Produkt 1	Produkt 2	Produkt 3	**Summe**
Umsatz	000 Euro	135.000	207.000	360.000	702.000	115.200	230.000	277.500	622.700
Preis	Euro	300	23.000	4.000		240	23.000	3.700	
Stückzahl	in tausend	450	9	90		480	10	75	
Wareneinsatz	000 Euro	72.500	79.000	255.000	406.500	81.500	79.000	280.000	440.500
Rohmaterial	000 Euro	62.000	59.000	210.000	331.000	71.000	59.000	235.000	365.000
Abschreibung Maschinen	000 Euro	5.000	9.000	14.000	28.000	5.000	9.000	14.000	28.000
Personal Produktion	000 Euro	2.000	5.000	23.000	30.000	2.000	5.000	23.000	30.000
Sonstige	000 Euro	3.500	6.000	8.000	17.500	3.500	6.000	8.000	17.500
Bruttomarge (Deckungsbeitrag 1)	000 Euro	62.500	128.000	105.000	295.500	33.700	151.000	-2.500	182.200
(in Prozent vom Umsatz)	in %	46%	62%	29%	42%	29%	66%	-1%	29%
Forschungskosten	000 Euro	13.500	20.700	36.000	70.200	11.520	23.000	27.750	62.270
Vertriebs- & Verwaltungskosten	000 Euro	40.500	10.350	72.000	122.850	34.560	11.500	69.375	115.435
EBIT	000 Euro	8.500	96.950	-3.000	102.450	-12.380	116.500	-99.625	4.495
Zinsen	000 Euro				12.000				12.000
Steuern	000 Euro				36.180				0
EAT (Ergebnis nach Steuern)	000 Euro				54.270				-7.505
(in Prozent vom Umsatz)	in %				8%				-1%

Tabelle 101.1 Gewinn- und Verlustrechnung der Beispiel AG (alle Werte frei erfunden und ohne Bezug zu einem realen Unternehmen)

101.3 Die fünf Kräfte der Marktattraktivitätsanalyse 2321

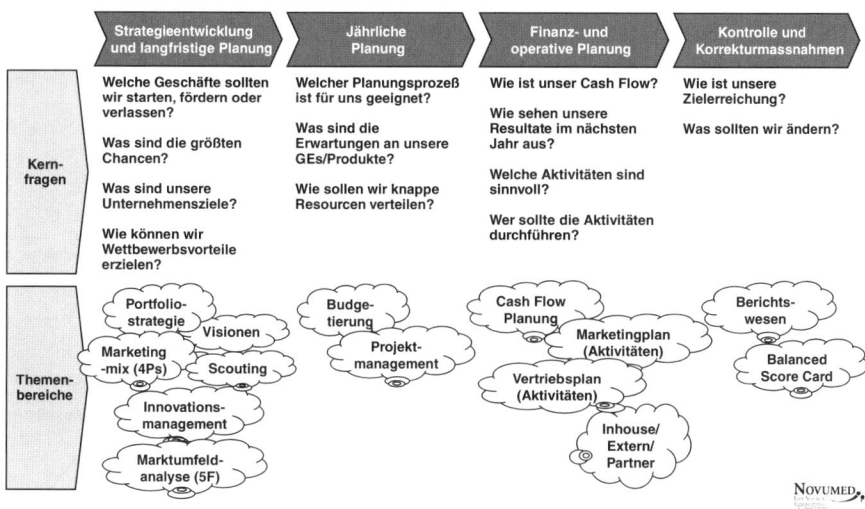

Abb. 101.1 Die vier Schritte im strategischen Planungsprozeß (Novumed Life Science Consulting)

Signalwirkungen an Banken oder auch Investoren. Häufig orientieren sich die Konditionen für Firmenkredite nicht nur an der Bonität der Unternehmen oder den zur Verfügung gestellten Sicherheiten. In vielen Fällen wird die Höhe des Zinssatzes direkt an die Entwicklung des EBIT oder anderer Finanzkenngrößen gekoppelt. Private Equity oder Venture Capital Firmen führen vor dem Kauf oder der Investition in ein Unternehmen zunächst eine Unternehmensbewertung durch. Bei einer der häufig verwendeten Methoden zur Bestimmung des Firmenwertes, der Discounted Cash Flow Methode [2], stellen die in Tabelle 1 aufgeführten Werte EAT und EBIT wichtige Ausgangsgrößen dar, um den Wert des Unternehmens zu bestimmen. Als erste Annährung verwenden Investoren daher auch industrieübliche Multiplikatoren auf den EBIT, um ein grobes Gefühl für einen möglichen Unternehmenswert abzuschätzen.

Was also ist in der Beispiel AG falsch gelaufen? Was hat das Ergebnis negativ beeinflußt? Hätte das Management diese Entwicklung schon früh vorhersehen können und durch welche Analysen hätte das Management schon vorzeitig eine bessere Transparenz erlangt?

101.3 Die fünf Kräfte der Marktattraktivitätsanalyse

Werfen wir zunächst einen Blick auf die Umsatzentwicklung der Beispiel AG. Im zweiten Jahr verzeichnen wir einen Umsatzrückgang um 11% zum Vorjahr auf dann nur noch ca. 623 Mio. Euro. Bei detaillierterer Betrachtung stellen wir fest, dass jedoch nur zwei von drei Produkten für diese Entwicklung verantwortlich sind. Während der Absatz des Produktes 2 bei gleichem Preis sogar noch gesteigert werden konnte, sind

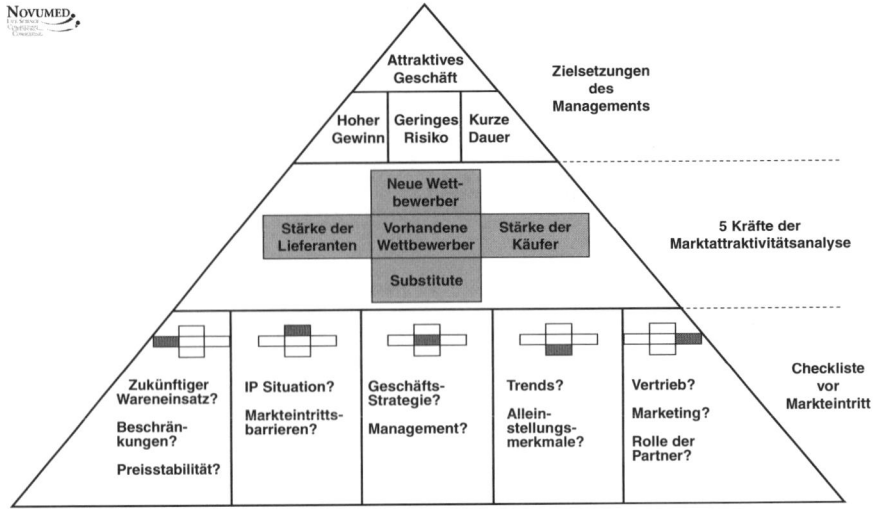

Abb. 101.2 Die fünf Kräfte zur Analyse der Attraktivität des Marktumfeldes [3]

der Absatz und auch die Preise des Produktes 1 und 3 rückläufig. Vor allem das Produkt 3 sollte die volle Aufmerksamkeit des Managements erhalten, da es maßgeblich für die Verschlechterung des Unternehmensergebnisses verantwortlich ist. Durch eine regelmäßige Analyse des Marktumfeldes, lassen sich solche Entwicklungen jedoch bereits antizipieren. Hätte das Management im Jahr 1 eine bessere Transparenz über die Markt- und Finanzdaten gehabt, so hätte man das Produkt 3 ggfs. modifizieren oder auch abstoßen können. Das Unternehmensergebnis ohne Produkt 3 wäre sogar noch leicht gestiegen und die EAT-Marge hätte sich auf 16% verdoppelt.

Die Abb. 101.2 demonstriert die fünf Kräfte [3], die bei der Analyse der Attraktivität des Marktumfeldes betrachtet werden sollten. Eine systematische Analyse dieser Bestimmungskräfte verdeutlicht Hintergründe, die den Preis oder den Absatz beeinflussen.

101.3.1 Kraft 1: Substitute

Die Preise und die Absatzmengen der Beispiel AG werden immer dann unter Druck geraten, sobald die Käufer auf bessere oder auch günstigere Substitute zurückgreifen können. Ein bekanntes Beispiel wird häufig in diesem Kontext zitiert und veranschaulicht die mögliche Bedrohung durch Substitute auf unsere Produkte und unsere Investitionen: *„Im Vorfeld einer weiteren Raumfahrt entwickelten die US-Amerikaner in nur 6 Monaten mit 40 Ingenieuren erfolgreich einen ‚Spacepen', mit dem man auch in der Schwerelosigkeit schreiben kann. Die russischen Astronauten verwendeten einen Bleistift".* Dies klingt zunächst unterhaltsam, zeigt aber, inwieweit unser Geschäftsmodell durch externe Einflüsse gestört werden kann. Ein ähnliches Beispiel erlebten wir in der Consultingpraxis bei der Beurteilung innovativer Produktkonzepte in der Zahnmedizin. In einem Interview entwickelte einer der befragten Zahnärzte die Vision für ein Visualisierungsgerät, bei dem sämtliche Nerven eines Zahnes in 3D-Darstellung angezeigt werden könnten. Dadurch hätte der Zahnarzt die Gewissheit, ob und welche der Nerven bereits abgestorben sind. Diese Vision wurde von dem Arzt aber selber wie folgt verworfen: *„Natürlich wäre es gut, wenn man die Nerven des Zahnes sichtbar machen könnte. Allerdings dürfte ein solch aufwendigs Gerät mehrere Tausend Euro kosten. Stattdessen nutze ich heute einen simplen Kältestab, der an den Zahn des Patienten gehalten wird. Falls der Patient keinen Schmerz empfindet, ist daraus zu folgern, dass die Nerven bereits abgestorben sind. Der Kältestab hat sich in der Praxis bewährt und kostet nur einige Hundert Euro."* Für jedes Unternehmen gilt es also, regelmäßig alle am Markt bekannten Substitute zu identifizieren und zu bewerten, inwieweit sie den Absatz und die Preisstabilität unserer Produkte gefährden könnten.

101.3.2 Kraft 2: Stärke der Käufer

Ebenfalls Einfluss auf die abgesetzte Menge und die Preise hat die Käuferstruktur des Marktes. Vor allem bei der Betrachtung neuer Märkte und zusätzlicher Produkte sollte die Käuferstruktur des Marktes genau verstanden werden. Im einzelnen sollten die folgenden Punkte analysiert werden:

- Anzahl potentieller Käufer: Konsolidierung oder Fragmentierung?
- Marktübliche Gebräuche: Werden „Gratisgeschenke" erwartet?
- Kaufkraft der Kunden: Geringe Margen und hoher Preisdruck?

Im Einzelhandel ist an einigen Beispielen zu beobachten, dass dominierende Handelsketten bevorzugt mit mittelständischen Zulieferern zusammenarbeiten und diesen dann klare Vorgaben bezüglich der Ausgestaltung der Produkte, der Verpackung oder auch des Produktionsprozesses machen. In einigen Fällen wird sogar der gesamte Wertschöpfungsprozess des Zulieferers analysiert und dem Produzenten dann eine festgesetzte Marge und ein Mindestpreis „zugebilligt". In der Medizintechnik steht die Abhängigkeit von den Käufern und damit die Möglichkeit die Preise und die Absatzmengen zu beeinflussen ebenfalls in Abhängigkeit zur Käuferstruktur. Bei einem Direktvertrieb an Krankenhäuser oder Patienten, steht das Unternehmen einer Vielzahl von einzelnen Käufern gegenüber, sofern diese nicht durch die Erstattung der Krankenkassen reglementiert sind. Obwohl der Vertriebsaufwand eher groß ist, gibt es grundsätzlich die Möglichkeit, die Preise der Nachfrage anzupassen und zu variieren.

Sofern man als OEM (Original Equipment Manufacturer) Provider ein Teilprodukt vertreibt, welches nicht direkt an Endkunden sondern an andere Unternehmen verkauft wird, kann sich die Gestaltungsmöglichkeit der Preise deutlich schwieriger gestalten. In einem weiteren Fall aus der Beraterpraxis hatte ein internationaler Diagnostikkonzern ein Kunststoffprodukt gleichzeitig mit zwei Zulieferern entwickelt und beide Firmen durch entsprechende Verträge gebunden. Für die Zulieferer war zwar der Umsatz sehr interessant, allerdings waren die Margen sehr gering und dadurch wurde für die Firmen direkt nur wenig Wert generiert. Für beide Firmen gab es nur diesen einen Kunden und dadurch daß der Abnehmer gleich zwei Zulieferer engagierte, waren diese austauschbar und verfügten über eine schlechte Verhandlungsposition.

Sollte also ein Geschäftsbereich eines Unternehmens nur auf einen oder wenige Kunden basieren oder sollten sich die bisherigen wenigen Kunden weiter konsolidieren, so ist die Gefahr für sinkende Preise entsprechend groß und die Möglichkeit, ihr entgegenzuwirken eher limitiert.

101.3.3 Kraft 3: Stärke der Lieferanten

Auch eine zu dominierende Position einer oder mehrerer Lieferanten kann den Erfolg des Unternehmens negativ beeinflussen. In der Beispiel AG wären hier mehrere Kostenpositionen betroffen. Die Beispiel AG könnte nicht nur Rohmaterial und Produktionsmaschinen von Lieferanten zukaufen, sondern auch Forschungs- und Entwicklungsdienstleistungen, Vermarktungs- und Verwaltungsleistungen oder auch Fremdkapital. In einem Praxisfall berieten wir eine mittelständische Pharmafirma mit zwei wichtigen Produkten. Das umsatzstärkste Produkt benötigte einen chemischen Rohstoff, der nur von einer der weltgrößten Chemieunternehmen in dieser Form produziert wurde. Als die Chemiefirma eine Vorwärtsintegration beschloß, wurde die Lieferung an unseren Mandanten eingestellt und eine strategische Neuausrichtung kam bereits zu spät. Für den strategischen Planer gilt es daher frühzeitig neue Lieferanten zu identifizieren und zu testen oder ggfs. die Gefahr einer einseitigen Abhängigkeit zu verstehen um entsprechende Handlungsalternativen zu entwickeln.

101.3.4 Kräfte 4 und 5: Existierende und zukünftige Wettbewerber

Sowohl die bereits existierenden Wettbewerber sowie diejenigen Unternehmen, die einen Markteintritt vorbereiten, sind ein zentrales Thema bei der Analyse der Attraktivität des Marktumfeldes. Ein Markt mit vielen starken und aggressiven Wettbewerbern ist nicht attraktiv. Für ein Unternehmen kann die Einführung neuer Produkte oder die Erschließung neuer Märkte dann evtl. sehr kostspielig werden und in aufwendige Werbekosten und unattraktive Preise münden. Zusätzlich könnten die folgenden Bedingungen diese Situation noch verschlechtern:

- Kapazitätserweiterungen nur aufwendig durchführbar
- Hohe Marktaustrittsbarrieren
- Wettbewerber mit hohem Interesse, im Markt zu verbleiben
- Stagnierender oder schrumpfender Markt

101.3 Die fünf Kräfte der Marktattraktivitätsanalyse

Abb. 101.3 BCG Portfolio Matrix [4]

Die strategische Planung der Unternehmen sollte daher sehr genau die wichtigsten Wettbewerber identifizieren und analysieren. Kern der Analysen sollte auf ein Verständnis abzielen, ob wir die Vorteile der Wettbewerber imitieren oder übertreffen können und inwieweit wir unsere eigenen Vorteile vor den Wettbewerbern nachhaltig sichern können.

101.3.4.1 Die BCG Portfolio Matrix

Die von der Boston Consulting Group (BCG) entwickelte Portfolio Matrix, ist eine Darstellungsart, um das Portfolio an Produkten oder Geschäftsbereichen zu strukturieren und entsprechende Handlungsoptionen für das Management abzuleiten. Der in dem vorigen Abschnitt beschriebenen zusätzlichen Verschlechterung des Wettbewerbsumfeldes durch einen stagnierenden oder schrumpfenden Markt wird in der BCG Matrix Rechnung getragen.

Daher werden die Produkte oder Geschäftsbereiche in den Dimensionen Marktwachstum und relativem Marktanteil eingeordnet. Ein wachsender Markt gilt als Voraussetzung, dass sich unser Produkt in der Zukunft weiter positiv entwickeln kann. Darüber hinaus wird die Stellung unseres Produktes zum stärksten Wettbewerber im Markt (relativer Marktanteil) gemessen.

Eine „Cash cow" befindet sich im unteren rechten Quadranten. Sie ist der Marktführer in einem nur noch mäßig wachsenden oder auch stagnierenden Markt. Daher sollte das Management, diese Cash Resourcen weiter sicherstellen und abschöpfen. Der Wertbeitrag der Cash-Kühe finanziert die Resourcen zum Aufbau neuer Geschäfte.

Die „Stars" sind die Marktführer in einem stark wachsenden Markt. Sie generieren zwar schon genügend cash, der allerdings zum Ausbau der Geschäfte weiter investiert wird. Ziel sollte es sein, die „Stars" zu Cash-Kühen zu entwickeln.

Die „Dogs" befinden sich im unteren linken Quadranten. Auch wenn diese Geschäfte profitabel sein können, so verbrauchen sie doch viel cash und sind für das Unternehmen wertlos.

Die „Question marks" gehören nicht zu den dominierenden Playern in einem stark wachsenden Markt. Es bieten sich zwei Handlungsoptionen an, da sie in der derzeitigen Position cash verbrauchen. Entweder sie werden mit zusätzlichen Ressourcen weiter entwickelt um höhere Marktanteile zu erreichen (Entwicklung zu Stars) oder von einem weiteren Engagement wird abgesehen und die Produkte werden aufgegeben oder veräußert.

Die GuV der Beispiel AG (Tabelle 101.1) liefert uns zu wenig Daten um eine Einteilung in die BCG Portfolio Matrix vornehmen zu können. Marktanteile und Marktwachstum sind nicht ersichtlich. Auch können wir nur zum Teil beurteilen, ob unsere drei Produkte viel cash verbrauchen oder generieren, da wir zwar eine Veränderung der Profitabilität bei den Produkten beobachten können, allerdings fehlt uns ein Bilanzvergleich, um Einblick in die Investitionen oder den Aufbau von Forderungen und sonstigem zusätzlichen Umlaufvermögen beobachten zu können. Es scheint jedoch wahrscheinlich, dass es sich bei Produkt 2 um einen Star oder eine Cash cow und bei Produkt 1 und 3 um Question marks oder Dogs handeln könnte.

101.3.4.2 Die Arthur D. Little Matrix (ADL)

Ein weiterer Ansatz im Portfoliomanagement wurde von der Unternehmensberatung Arthur D. Little (ADL) entwickelt. Bei diesem Ansatz wird die relative Stärke der Wettbewerbsposition ins Verhältnis zum Reifegrad oder auch dem Lebenszyklus einer Industrie gesetzt.

Der Lebenszyklus einer Industrie wird dabei in vier Reifegrade unterteilt. Vergleichbar mit den Grundsätzen der BCG Matrix gilt auch hier ein reifer oder stark wachsender Markt als besonders attraktiv. Eine neutrale und objektive Betrachtung der eigenen Position und der eigenen Industrie sollte das Management regelmässig durchführen um entsprechende Handlungsoptionen daraus abzuleiten. In vielen Fällen wurden die Entwicklungen der Industrien regelrecht „verschlafen" und ganze Industriezweige wurden durch neue Technologien aufgelöst. Die Positionierung innerhalb der obigen Matrix hilft dem Management eine generelle Strategie zu entwickeln. So sollte man sich aus einem alternden Markt bei schwacher Wettbewerbsposition besser zurückziehen und in einem wachsenden Markt sollte man bei einer noch nicht ganz vorteilhaften Position aktiv eine Nische suchen, in der man sich positionieren kann.

101.4 Analyse und Optimierung von Kostenstrukturen

		Phase im Industrielebenszyklus			
		Embryonal	Wachsend	Reif	Alternd
Wettbewerbsposition	Dominierend	Marktanteil steigern und Position halten	Position und Marktanteil halten	Position halten, mit Industrie wachsen	Position halten
	Stark	Position versuchen zu verbessern	Position und Marktanteil steigern	Position halten, mit Industrie wachsen	Position halten und ernten
	Vorteilhaft	Selektiv Position verbessern	Selektiv Position und Marktanteil verbessern	Position halten, Niche suchen und verteidigen	Ernten und dann zurückziehen
	Haltbar	Selektiv Position stärken	Nische suchen und verteidigen	Nische suchen oder zurückziehen	Langsam zurückziehen
	Schwach	Position stärken oder zurückziehen	Turnaround oder zurückziehen	Turnaround oder zurückziehen	Zurückziehen

Tabelle 101.2 Die ADL Matrix [5]

101.4 Analyse und Optimierung von Kostenstrukturen

In der Beispiel AG (siehe Tabelle 101.1) wird der Punkt Wareneinsatz in vier Kostenpositionen unterteilt. Neben dem Rohmaterial werden auch noch die Abschreibung auf die Maschinen, Personalkosten der Produktion und sonstige Kosten aufgeführt. Vergleichen wir die dargestellten Geschäftsjahre, so können wir nur bei der Position Rohmaterial eine Veränderung der Kosten zwischen den Jahren 1 und 2 feststellen. Für das Management ist ein Verständnis der Kostenstruktur eine wichtige Voraussetzung beim Treffen strategischer Entscheidungen. Welche Art von Kostenstruktur liegt meinem Geschäft zugrunde und welche Handlungsempfehlungen lassen sich dadurch ableiten?

101.4.1 Skaleneffekte

Ein erster Ansatz besteht in der Betrachtung von Skaleneffekten. Falls sich aufgrund höherer Stückzahlen bestehende Anlagen und Resourcen besser auf mehrere Produkte verteilen lassen, so werden die Kosten pro Stück sinken. Investoren fragen daher bei Firmenkäufen auch nach den Skaleneffekten oder auch den Economies of Scale, die sich durch gesteigerte Umsatzzahlen bei gleichbleibenden oder nur leicht steigenden Produktionsresourcen erzielen lassen.

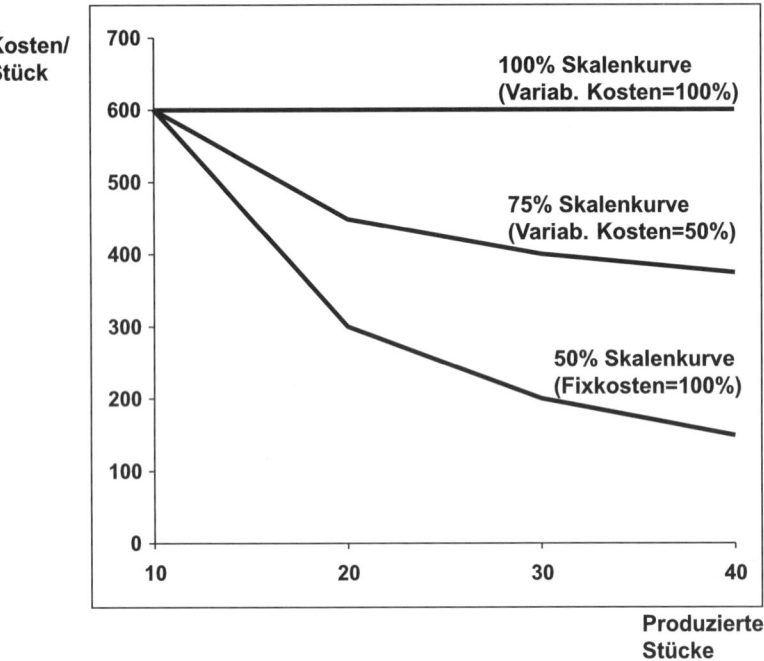

Abb. 101.4 Skalenkurve zur Beschreibung der Economies of Scale [5]

Skaleneffekte oder Economies of Scale liegen nur dann vor, falls sich bei einer Steigerung der produzierten Menge die Stückkosten senken lassen. Um diese genauer zu erfassen, beschreibt die Skalenkurve die tatsächliche Veränderung der Stückkosten bei einer Verdopplung der produzierten Menge.

Sollten bei der Verdopplung der Menge die Stückkosten konstant bleiben, so spricht man von einer 100-prozentigen Skalenkurve (siehe Abb. 101.4). Alle zugrunde liegenden Kosten sind also variabel. Dies ist bei zugekauften und weiterverkauften Produkten der Fall. Sollten sich die Stückkosten im anderen Extrem bei einer Verdopplung der Menge halbieren, so spricht man von einer 50-prozentigen Skalenkurve. Sämtliche Kosten sind in einem solchen Fall fixe Kosten und werden nun auf doppelt soviele Produkte verteilt. Im Falle des Produktes 2 der Beispiel AG (Tabelle 101.1) bleiben die Kosten für den Wareneinsatz bei einer leicht gesteigerten Menge von 9 auf 10 verkauften Produkten im Jahre 2 unverändert. Dies deutet auf eine 50-prozentige Skalenkurve hin. Allerdings ist die Kostenveränderung bei einer tatsächlichen Verdopplung der produzierten Menge zu überprüfen. Aufgrund dieser Erkenntnis sollte das Management bemüht sein, die produzierte und verkaufte Menge des Produktes 2 weiter zu steigern. Selbst bei einem leichten Absenken des Preises als Verkaufsförderungsmassnahme könnte dadurch der absolute Ertrag noch weiter gesteigert werden.

101.4 Analyse und Optimierung von Kostenstrukturen

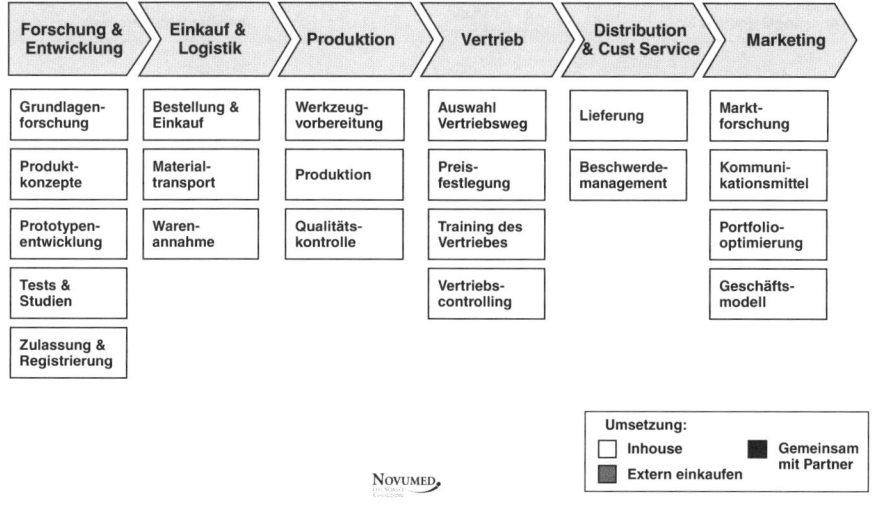

Abb. 101.5 Wertekette eines produzierenden Medizintechnikunternehmens [6]

101.4.2 Entscheidungen über die Wertschöpfungstiefe

Neben dem Aufzeigen und Quantifizieren von Skaleneffekten läßt sich die Profitabilität der Unternehmen auch durch einen cleveren Mix aus selbst produzierten, extern eingekauften oder gemeinsam mit Partnern erstellten Produkten und Leistungen optimieren. Gerade für kleine und mittelständische Unternehmen bietet es sich nicht an, alle primären Leistungen der Produkterstellung oder auch aller sekundären Leistungen als unterstützende Funktionen selber zu erstellen. Bei den unterschiedlichen Arbeitsschritten sollte das Management die folgenden Überlegungen betrachten, falls über die Entscheidung einer externen oder internen Umsetzung der einzelnen Schritte entschieden werden soll:

- Möglichkeit der Qualitätskontrolle
- Nähe zu den Kunden um dadurch Kundenwünsche zu erfassen
- Risiko bei rückgängiger Nachfrage durch hohe Fixkosten
- Risiko bei steigender Nachfrage Aufträge nicht bedienen zu können
- Know-how Verlust durch Externe oder Partner

Als Orientierungshilfe, welche Art der Produktionsschritte im Einzelnen betrachtet werden sollten und welche Entscheidungen durch das Management getroffen werden sollten, bietet sich die Wertekette von Michael Porter an, die durch Novumed erweitert und konkretisiert wurde.

Für die meisten der in Abb. 101.5 dargestellten Arbeitsschritte gibt es Unternehmen, die sich auf die Erstellung dieser Leistungen als externer Dienstleister spezialisiert haben. Als Faustformel gelten die folgenden Leitlinien:

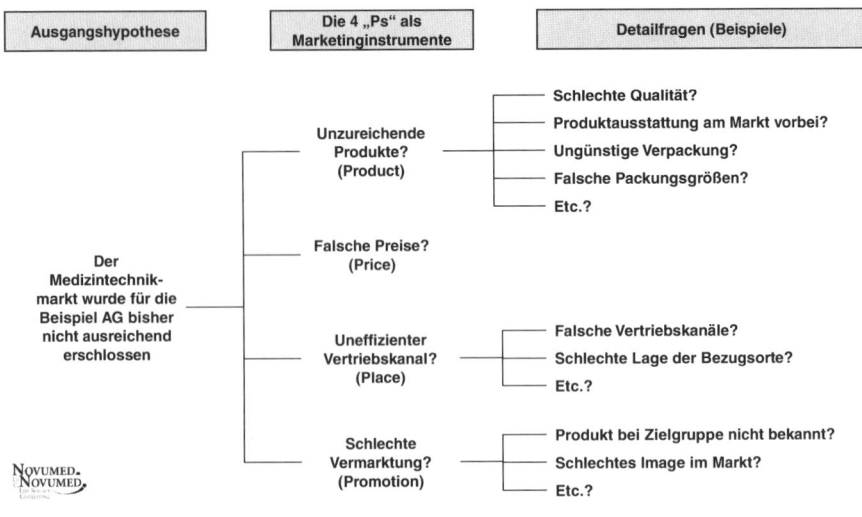

Abb. 101.6 Die „vier P's" im Marketing-Mix [8]

- Kernkompetenzen (aus Kundensicht) sollten selbst erstellt werden
- Bei seltener Nutzung einer Leistung lassen sich Kosten und Investitionen durch externe Anbieter reduzieren
- Das kontinuierliche Nutzen externer Anbieter wird langfristig meist zu kostspielig

101.5 Die vier P's im Marketing-Mix

Nachdem wir zu Beginn dieses Kapitels einen Überblick über die vier Schritte der strategischen Planung gegeben haben und einige Gebiete der Planung aufgezeigt haben, wollen wir uns nun mit Möglichkeiten der Umsetzung einer Strategie beschäftigen. Auch hier gibt es unterschiedliche Orientierungsmuster und Strukturierungsvorschläge. Zu den wohl bekanntesten Einteilungen der Instrumente im Marketing-Mix gehören aber wohl die sogenannten „vier P's" (Product, Price, Place, Promotion) von McCarthy [7].

Jedes dieser vier „Ps" beschreibt ein wichtiges Marketinginstrument, welches möglicherweise für den Erfolg oder Misserfolg bei der Vermarktung eines Produktes verantwortlich sein könnte. Die vier Ps lassen sich wiederum in Teilbereiche und Unterfragen einteilen, um dadurch ein adäquates Marketinginstrument zu identifizieren. In der Beraterpraxis stellt sich häufig die Frage, warum sich bei einem Produkt oder einer Dienstleistung der erwartete Vermarktungserfolg noch nicht eingestellt hat. Zur Einkreisung des Kernproblemes oder wichtiger Problembereiche werden daher zunächst Hypothesen gebildet, die im Laufe des Beratungsprojektes durch unterschiedliche Analysen bestätigt, quantifiziert oder widerlegt werden. In Abb. 101.6 wird anhand der Beispiel AG demonstriert, wie sich die Hypothesen zu einem Hypothesenbaum strukturieren lassen. Gezeigt werden hier nur einige beispielhafte Detailfragen bzw. Marketinginstrumente. Tatsächlich gibt es aber unzählig viele Möglichkeiten für den optimalen Marketing-Mix, die sich aufgrund der Kombinationsmöglichkeiten der unterschiedlichen Marketinginstrumente ergeben.

101.5.1 Product: Die Ausgestaltung des Produktes

Unter Punkt 101.4.2. wurden Entscheidungen über die Tiefe der Wertschöpfungskette dargestellt. Das Management muss allerdings auch Entscheidungen über die Breite des Angebotes einer Dienstleistung oder eines Produktportfolios treffen. So kann sich ein Zulieferer nur auf die Bereitstellung eines einzelnen Rohstoffes oder einer bestimmten Dienstleistung fokussieren oder ein Medizintechnikunternehmen kann ein breites Angebot an Produkten und Dienstleistungen rund um ein bestimmtes Krankheitsgebiet anbieten. In solchen Fällen werden eigene Produkte häufig mit zugekauften Produkten anderer Hersteller kombiniert, um dem Kunden den Kaufprozeß zu erleichtern. Dieser hat dann den Vorteil, nur wenige Anbieter kontaktieren zu müssen (One-stop-shopping). Bei der Ausgestaltung des Produktes sind diverse Instrumente im Marketing-Mix zu erwägen:

- Ausstattungselemente
- Verpackung
- Packungsgrößen
- Qualität
- Kundendienst
- Design/Styling
- Garantieleistungen

101.5.1.1 Kundensegmentierung als Basis der Produktausgestaltung

In den meisten Märkten gibt es unterschiedliche Nutzerbedürfnisse und Käufer mit unterschiedlichen Profilen. Für den jungen niedergelassenen Arzt, der erst kürzlich eine Praxis eröffnet hat und voraussichtlich noch eine hohe Schuldenlast zu tilgen hat ist es weniger attraktiv ein zusätzliches medizintechnisches Gerät anzuschaffen, was er nicht dringend für den Betrieb seiner Praxis benötigt. Ein älterer Kollege mit Interesse an innovativen Produkten und den finanziellen Möglichkeiten kommt dagegen für den Hersteller schon eher als potentieller Käufer infrage. Für den Hersteller ist es daher wichtig zu verstehen, wie groß der Markt für ein bestimmtes Produkt ist, und wie sich die Kunden in diesem Markt segmentieren lassen. In dem obigen Beispiel sind nur zwei Segmentierungskriterien, die verbleibende Schuldenlast und das Interesse an innovativen Produkten, genannt worden. Das folgende Schaubild

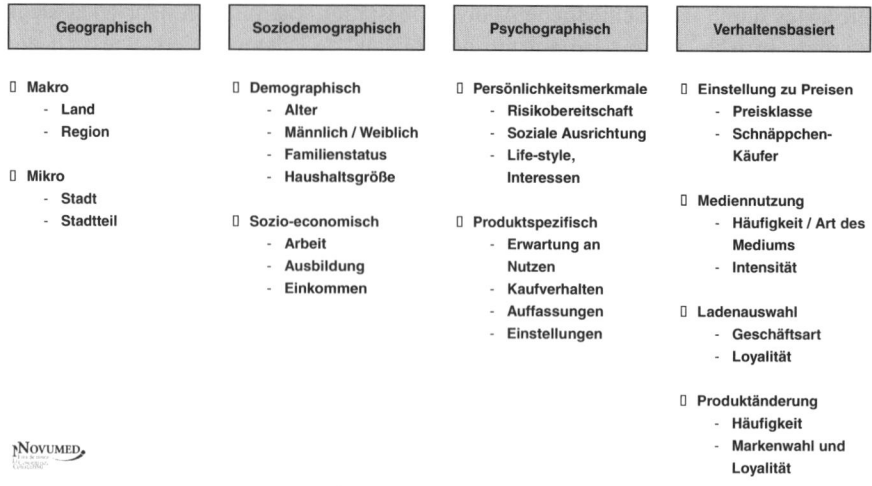

Abb. 101.7 Auswahl an Kriterien bei der Kundensegmentierung

gibt eine Übersicht, welche Segmentierungskriterien sich bei der Analyse von Kundensegmenten anbieten.

Die Segmente sollten in sich ähnlich aber untereinander stark unterschiedlich sein. Eine gute Segmentierung läßt sich unmittelbar in konkrete Marketingaktionen umsetzen. Sie beruht auf dem Verständnis der Wünsche und Bedürfnisse der Kunden und erklärt das Konsumentenverhalten. Eine gute Segmentierung ist darüber hinaus nachhaltig und ausweitbar und ggfs. auch für andere Geschäftsbereiche verwendbar.

Die einzelnen Kundensegmente können dann definiert und quantifiziert werden und der Hersteller sollte seine Produkte an die jeweiligen Segmente anpassen. So ist es ein Unterschied, ob ich ein medizintechnisches Gerät für den kostenbewussten jungen Arzt oder den finanziell besser gestellten Arzt anbiete. Die Luxusvariante wird auch beim jungen Arzt voraussichtlich auf grosse Zustimmung treffen, jedoch zu einem Kauf wird es aus anderen Gründen evtl. trotzdem nicht kommen.

101.5.1.2 Novuconcept®: Kundenbasierte Produktkonzeptionierung

Innovationen sind in der Medizintechnik weiterhin ein wichtiger Treiber für das Wachstum dieser Industrie. Doch in der Beraterpraxis sind wir bereits vielen Produktbeispielen begegnet, die zwar sehr innovativ waren, jedoch an einigen Bedürfnissen der Nutzer vorbei entwickelt wurden und sich dadurch der erhoffte Erfolg nicht eingestellt hatte. Oft sind es nur kleine Aspekte, die von den Tüftlern übersehen oder falsch eingeschätzt wurden und dadurch einen Vermarktungserfolg verhindern. In einem Fall wurde ein Produktkonzept von Zahnärzten abgelehnt, da die Arbeit mit einem solchen Gerät vielen Ärzten nach wenigen Stunden bereits Rückenschmerzen bereitet hätte. In einem anderen Fall versprach ein Konzept aus

1. Identifizierung von Kundenbedürfnissen	• Segmentierung der Anwendungs- und Einsatzgebiete • Erstellung und Analyse von Prozessabläufen • Identifizierung von Bedürfnissen entlang der Prozessschritte
2. Entwicklung alternativer Produktkonzepte	• Definition möglicher Produktelemente • Bewertung des Bedienerkomforts und der Ergonomie • Strukturierte Entwicklung der Produktalternativen durch die Nutzer • Priorisierung und Konkretisierung der Alternativen
3. Analyse des Produktpotentiales	• Bewertung von Risiken und Abschätzung des Marktpotentiales • Auswahl eines geeigneten Geschäftsmodelles • Simulation alternativer Vermarktungsoptionen

Tabelle 101.3 Novuconcept der Firma Novumed Life Science Consulting

der Telemedizin die vollkommene Transparenz über die Patientendaten. Aber auch dieses Konzept wurde von dem Konzern wieder eingestellt, da man festgestellt hatte, dass die Flut der zur Verfügung gestellten Daten und damit die Notwendigkeit zur Datenverarbeitung nicht auf eine Bereitschaft der Ärzte traf, Ihre gewohnten Behandlungs- und Dokumentierungsgewohnheiten von Grund auf zu ändern. In einem letzten Beispiel hatten die Ingenieure des betroffenen Unternehmens schlicht die Wichtigkeit eines Verbrauchsartikels überschätzt. Das durchdachte Konzept war ein Meisterstück der europäischen Ingenieurskunst. Die Krankenschwestern sahen allerdings keine Notwendigkeit, eingespielte Abläufe zu ändern. Ein Vorteil war den meisten Schwestern nicht ersichtlich, der die notwendigen Mehrkosten für das Krankenhaus gerechtfertigt hätte (siehe auch 101.3.1 Kraft 1: Substitute).

Die von Novumed Life Science Consulting entwickelte Methode Novuconcept stellt daher bewusst den Nutzer des Produktes, also den Arzt, die Schwester oder den Patienten ins Zentrum der Produktentwicklung. Durch einen strukturierten Prozess sollen innovative Produktalternativen durch die späteren Nutzer konzipiert und bewertet werden. Dieser Prozess besteht aus den folgenden Stufen:

Obwohl die eigentliche Generierung der Konzepte allein durch den Punkt 2 der oben beschriebenen Methode abgebildet wird, ermöglicht die Analyse der Kundenbedürfnisse (Punkt 1) und die Abschätzung des Marktpotentiales (Punkt 3) die Wahrscheinlichkeit für einen späteren Misserfolg am Markt im Vorfeld bereits zu minimieren.

Bei der Konzeptionierung eines innovativen Medizintechnikproduktes sollten die Kundenwünsche stets im Mittelpunkt stehen. Im Besonderen bietet sich jedoch der Einsatz der Novuconcept- oder anderer Methoden an, sofern es sich für das Unternehmen um einen ihm unbekannten Markt (z. B. neues Indikationsgebiet) oder ein ihm unbekanntes Produkt (z. B. neue Applikationen) handelt. Insbesondere sollten die Entwickler solcher Produkte schon früh in den Prozess einbezogen werden. Die Umsetzung der Produktkonzepte wird für die Ingenieure dadurch deutlich vereinfacht und ein Verständnis der Kundenbedürfnisse wird Ihre Arbeit ständig beeinflussen.

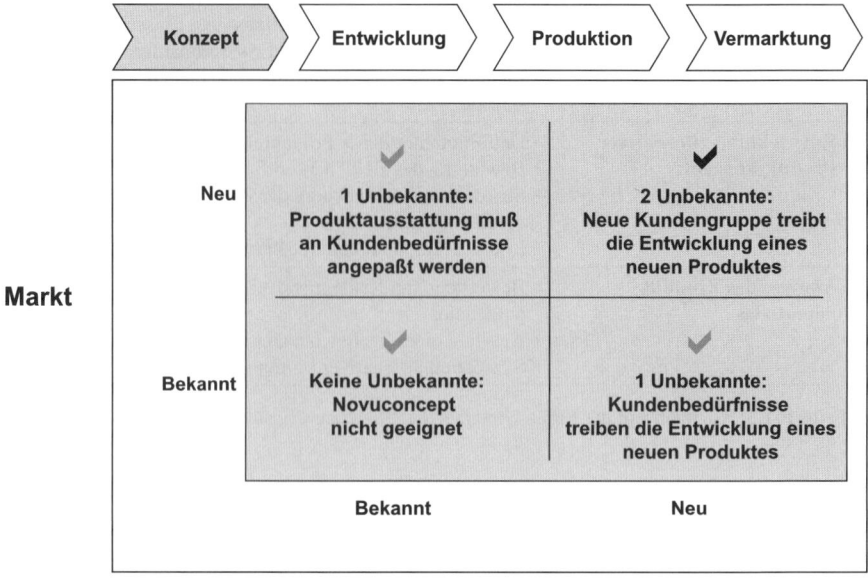

Abb. 101.8 Priorisierung für den Einsatz einer kundenbasierten Produktkonzeptionierungsmethode

101.5.2 Price: Der Preis als Marketinginstrument

Die Festlegung des optimalen Preises gehört ebenfalls zu den Kernaufgaben des Managements. In der GuV der Beispiel AG (Tabelle 1) können wir leicht nachvollziehen, dass der Preis eine Mindesthöhe betragen sollte, damit wir mit unserem Produkt einen Gewinn erzielen. Der minimale Preis sollte sich also immer an den Kosten orientieren, um einen Verlust zu vermeiden. Möglicherweise lässt sich der Preis bei steigender Stückzahl aber weiter absenken ohne auf Gewinne zu verzichten. Dies ist abhängig von der Skalenkurve des Produktes oder des Unternehmens und wurde unter Punkt 4.1. dieses Kapitels erläutert. Im zweiten Schritt sollten die Preise der vergleichbaren Wettbewerbsprodukte betrachtet werden. In einem transparenten Markt wird der Druck auf die Preise umso größer sein, je weniger sich das Produkt von den Wettbewerbern unterscheidet. So ist der dominierende Faktor beim Handel mit Rohmaterialien in vielen Fällen fast ausschließlich der Preis. Bei medizintechnischen Produkten dagegen steht die Sicherheit des Patienten im Vordergrund. Daher differenzieren sich die Hersteller auch durch die Qualität und die Sicherheit der Produkte. Der Preisdruck ist daher in der Medizintechnik insgesamt nicht so dramatisch wie in anderen Industrien. Die gilt in besonderem Maße für intrakorporale Anwendungen.

Der Vergleich der Wettbewerbsprodukte ist der Schlüssel zur Definition des optimalen Preises. Da auch heute noch viele luxuriöse Konsumprodukte großen Absatz

101.5 Die vier P's im Marketing-Mix

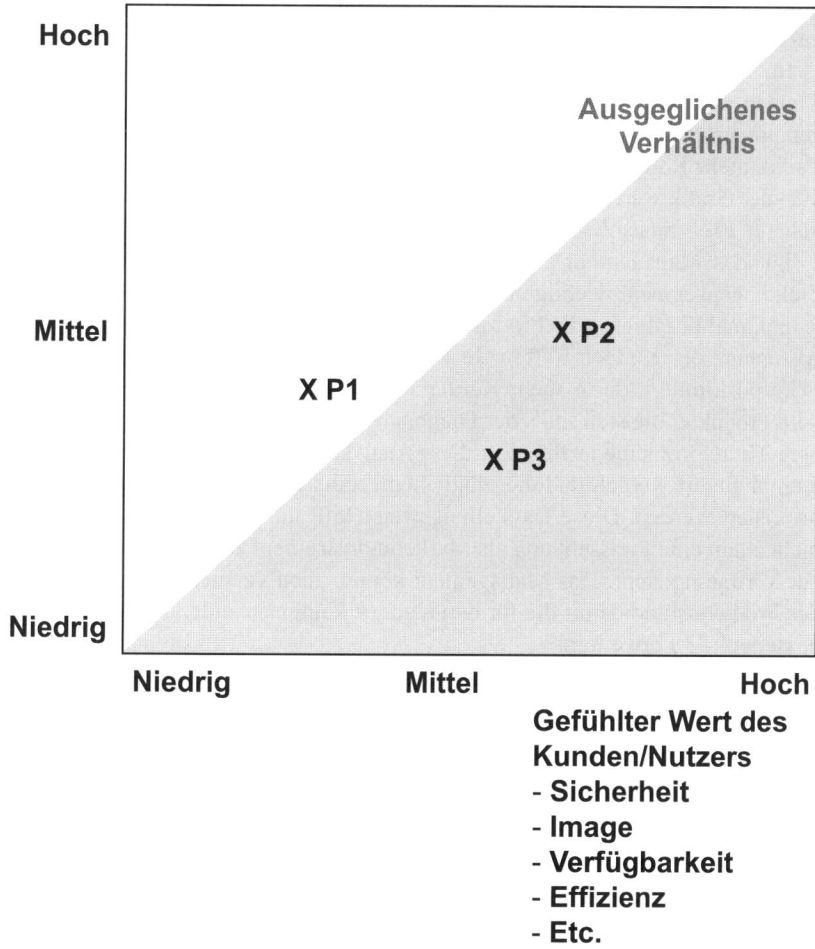

Abb. 101.9 Preis-Wert Matrix [9]

finden, ist also nicht der reine Preis für den Kauf entscheidend. Vielmehr stellen die Produkte für die Käufer eine Summe von Einzelwerten dar, die der Käufer bei jedem Produkt unterschiedlich wahrnimmt und bewertet.

Die in Abb. 101.9 dargestellte Preis-Wert Matrix bietet eine gute Strukturierungshilfe zum besseren Verständnis, wann ein Kunde einen Preis voraussichtlich akzeptieren würde. In der Matrix werden beispielhaft drei Produkte mit unterschiedlichen Preisen dargestellt. Aus Sicht unseres Zielkundensegmentes werden die durch das Produkt vermittelten Werte jedoch unterschiedlich wahrgenommen. Am Beispiel von Automarken lässt sich dies evtl. am einfachsten verdeutlichen. Nehmen wir an, das Produkt 1 in der Matrix stellt eine neue und unbekannte Automarke aus Fernost dar. Durch den Kauf des Produktes erwirbt der Kunde ein Fortbewegungsmittel, welches aber möglicherweise keine guten Ergebnisse bei Sicherheitstests vorweisen kann und als Prestigeobjekt wenig bekannt ist. Der Preis ist knapp unter einem mittleren Niveau.

Im Vergleich darzu ist der Preis des Produktes 2 zwar leicht höher, aber vom Kunden wird eine größere Anzahl an Werten, die ihm das Auto vermittelt, wahrgenommen. Möglicherweise erhält der Kunde beim Kauf des Autos P2 noch ein Radio, mehr Raum und die Marke ist als gehobene Marke im Markt bekannt. Gemäß der Grafik wären die meisten Kunden sogar bereit, für das Auto P2 einen noch höheren Preis zu zahlen.

Für das Management gilt es also herauszufinden, welche Werte sind meinem Zielkundensegment wichtig und welchen Preis würden Sie für die Summe der Werte maximal bezahlen. Alle Produkte im grauen Feld dürften voraussichtlich auf die Akzeptanz der Kunden treffen. Je weiter sich ein Produkt in der unteren rechten Ecke positioniert, desto mehr Käufer wären grundsätzlich zu einem Kauf bereit. Alle Produkte, die sich links der Diagonale positionieren, sollten dagegen auf größere Absatzprobleme treffen. Für diese Analyse sollte zunächst das Zielkundensegment definiert werden und die möglichen Produktattribute sollten identifiziert und priorisiert werden. Diese Darstellungsweise hilft uns ebenfalls zu verstehen, dass nicht allein eine Preissenkung als Marketinginstrument zur Förderung des Absatzes zur Verfügung steht. Das Management könnte auch versuchen, die Ausgestaltung des Produktes und damit die für den Kunden kaufentscheidenden Attribute zu verbessern und zu erweitern.

101.5.3 Place: Verfügbarkeit als Erfolgsfaktor

Aus dem Einzelhandel ist bekannt, dass über die Regalplätze und die Positionierung der Produkte in den Regalen mit den Supermärkten verhandelt wird. Erfahrungsgemäß greifen mehr Kunden zu, wenn ein Produkt auf Augenhöhe ist und man sich nicht erst recken oder bücken muss. Das Prinzip lässt sich durchaus auf die Medizintechnik übertragen. Auch hier ist die Verfügbarkeit eines Produktes ein Erfolgsfaktor für den Absatz. Sollte ein Produkt ein wichtiges Alleinstellungsmerkmal aufweisen und sollte dieses nicht leicht zu imitieren sein, so würden die Kunden voraussichtlich auch bereit sein, einen umständlicheren Kaufprozess zu akzeptieren (z. B. Kauf im Ausland, etc.).

Entscheidend ist aber auch in diesem Fall wieder das Verständnis der Kundenwünsche. Da ein niedergelassener Arzt in Deutschland meist Wert auf rasche Analyseergebnisse von Blut-, Stuhl- oder sonstigen Proben legt und auch häufig mit der Analysegeschwindigkeit der Krankenhäuser konkurrieren muss, befindet sich überall in Deutschland im Umkreis von ca. 50 km ein Labor zur Analyse von diagnostischen Proben. Auch die größten Labore in Deutschland haben sich diesem Wunsch angepasst und ein entsprechendes Netz an unterschiedlichen Standorten etabliert. Für den Hersteller von medizinischen Produkten gilt es, die Produkte den Zielkunden leicht zugänglich zu machen. Zunächst muss er also verstehen, wer den

101.5 Die vier P's im Marketing-Mix

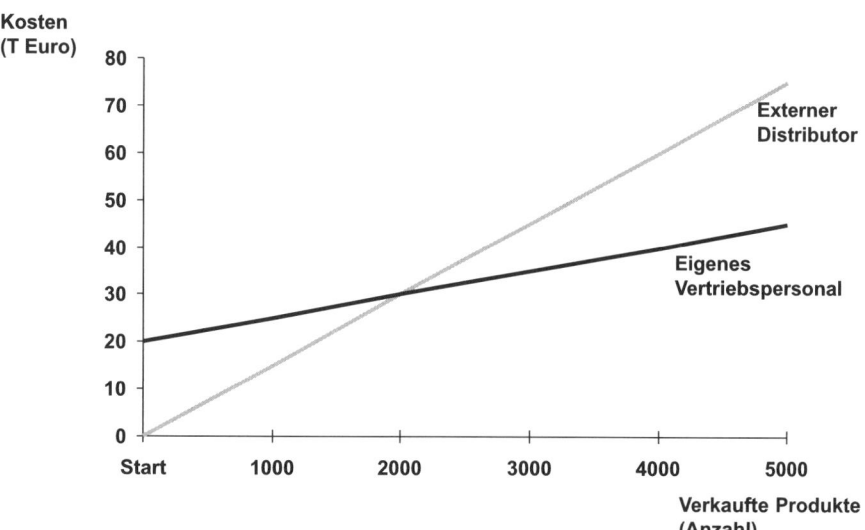

Abb. 101.10 Kostenvergleich externer Distributor gegenüber eigenem Vertriebspersonal (Werte nur beispielhaft und frei erfunden) [10]

Kaufprozess entscheidend beeinflusst, wo seine umsatzstärksten Kunden sitzen (Länder, Städte, Abteilungen, etc.) und wie sich ein Kauf stimulieren lässt.

Um möglichst viele Kunden zu erreichen, muss der Hersteller ein optimales Angebot an Distributionskanälen und Logistiklösungen erstellen. Nachfolgend werden einige Vermarktungsalternativen genannt, die das Management konkretisieren und bewerten sollte:

- Eigene Vertriebsmannschaft
- Internetvertrieb
- Verkauf an Grosshändler oder Wettbewerber (Zulieferrolle)
- Gemeinsame Vermarktung mit Partner
- Externe Vertriebsmannschaft (exklusiv und temporär)
- Lizensierung
- Distributor

Häufig werden bei der internationalen Expansion eigene Vertriebsmitarbeiter in den wichtigsten Zielmärkten etabliert und in den übrigen Ländern wird mit Distributoren gearbeitet. Einige international erfolgreiche Medizintechnikfirmen haben dann häufig Ihre Distributoren aufgekauft, um das unternehmerisch geprägte Management und das Know-How langfristig zu binden.

Wie in Abb. 101.10 demonstriert wird, ist der Einstieg in einen neuen Markt mit einem Distributor zunächst günstiger, da alle Kosten des Distributors meist variabel sind. Die Marge des Distributors wird ab einer gewissen Stückzahl jedoch zu kostspielig, so dass es sich ab einem gewissen Geschäftsvolumen anbietet, eigenes Personal für die Vermarktung in diesen Ländern zu etablieren. Grundsätzlich sollte das Management bei der Entscheidung zwischen einem externen Dienstleister und dem Aufbau von Fixkosten durch eigenes Personal die folgenden Kriterien erwägen (Auswahl):

- Hohe Qualifikationen der Mitarbeiter erforderlich bei komplexen Produkten/ Dienstleistungen
- Vertriebsmitarbeiter prägen das Image des Unternehmens
- Anforderungen des Marktes sollen vom Vertrieb aufgenommen werden
- Vetriebsfokus der Mitarbeiter sollte steuerbar sein (bei Absatz von mehreren Produkten mangelnder Fokus)

101.5.4 Promotion: Wie sich der Absatz fördern lässt

Die Absatzförderung umfasst alle Aktivitäten, die die Zielkunden zum Kauf bewegen. Ein Kauf wird aber nur zustande kommen, wenn dem Kunden das Produkt und auch die Vorzüge des Produktes bekannt sind. Aus der Beraterpraxis sind uns einige Beispiele bekannt, bei denen wir Technologien von jungen Unternehmen aus Deutschland oder der Schweiz bewertet haben und diverse Vorteile gegenüber Wettbewerbern identifizieren konnten. Trotzdem mussten wir bei späteren Gesprächen mit potentiellen großen Partnern feststellen, dass meist nur die angloamerikanischen Unternehmen von vergleichbarer Größe aber vermeintlich unterlegener Technologie bei diesen Konzernen bekannt waren. Das simple Bekenntnis ‚Tue Gutes und sprich drüber' wird von deutschsprachigen Unternehmen meist nur halbherzig verfolgt.

Um die Vorzüge des eigenen Produktes den Zielkunden zu kommunizieren, bieten sich diverse Kommunikationsmöglichkeiten an (Auswahl):

- Messestand
- Artikel in Fachzeitschriften
- Vorträge auf Konferenzen
- Internetpräsenz und Verknüpfungen auf anderen Seiten
- Trainings mit unseren Produkten (evtl. bereits in den Universitäten)
- Werbung in unterschiedlichen Medien (Zeitschriften, Internet, TV)
- KOLs (Key Opinion Leader) gewinnen, damit diese positiv von den Produkten berichten

KOLs sind anerkannte Industrieexperten (meist Wissenschaftler, Ärzte, etc.), die als Meinungsmacher von den meisten Nutzern akzeptiert werden und deren Urteile über Erfolg oder Misserfolg eines Produktes entscheiden können. Auch hier ist für das Management eine Analyse wichtig, welche der obigen Massnahmen für unsere Zielkunden adäquat sind. So ist in ausgesuchten Märkten und vor allem in der Pharmaindustrie die Gewinnung der KOLs von grosser Wichtigkeit. In solchen Märkten funktioniert die Verbreitung von Produktinformationen über angesehene Kollegen, die wiederum ihrerseits auf die Publikationen und Vorträge der KOLs achten.

101.6 Zusammenfassung

Um langfristig als innovatives Unternehmen existieren zu können, muß das Management die Ertragskraft des Unternehmens kontinuierlich stärken. In der ‚Management-Toolbox' stehen unterschiedliche Analysemethoden und strategische Konzepte zur Verfügung, deren Wirksamkeit sich mittel- und langfristig in der Gewinn- und Verlustrechnung des Unternehmens ablesen läßt. Umgekehrt hilft eine Finanzanalyse des Quartals- oder Jahresabschlusses, die relevanten Analysen der strategischen Planung zu identifizieren. Die existierenden oder zukünftigen Wettbewerber, mögliche Substitute, dominante Zulieferer und dominante Käuferstrukturen sind wichtige Kräfte im Marktumfeld, die unser Geschäft gefährden könnten. Ein detailliertes Verständnis der Kostenstrukturen und der Finanzkennzahlen unserer Produkte, die Verwendung der vier P's (Product, Price, Place, Promotion) als Orientierungsrahmen sowie eine Klassifizierung der Produkte in Portfoliomanagementmuster erlaubt uns das Herleiten von Handlungsoptionen und möglichen Strategien.

Strategie lässt sich nicht durch langjährige Zugehörigkeit zu einer Industrie „erlangen". Eine gute Strategie, also das systematische und kontinuierliche Aufbauen von Wettbewerbsvorteilen, lässt sich nur durch die relevanten Analysen erarbeiten und ist das Ergebnis sorgfältiger Analysearbeit. Es ist keine Kunst, die richtigen Schlussfolgerungen zu treffen. Entscheidend für das Management aber ist die ausreichende Transparenz über das eigene Unternehmen oder das Marktumfeld zur richtigen Zeit zur Verfügung zu haben.

101.7 Literatur

1. Jakob Wolf, Grundwissen Bilanz und Bilanzanalyse, Heyne Business Verlag
2. Stickney & Weil, Financial Accounting, Harcourt Brace College Publishers
3. Michael E. Porter: Competitive Advantage – The five forces, Kotler, Bliemel Marketing-Management, S. 449, Grafik Novumed Life Science Consulting
4. Das Boston Consulting Group Strategiebuch, Bolko von Oetinger, Econ Verlag, S. 347 ff.
5. Darstellung Novumed Life Science Consulting
6. Wertekette nach Michael E. Porter, Kotler, Bliemel "Marketing-Management, S. 62, Grafik und erweiterte Darstellung durch Novumed Life Science Consulting
7. Kotler, Bliemel "Marketing-Management, S. 141
8. Kotler, Bliemel "Marketing-Management, S. 141, Grafik und erweiterte Darstellung durch Novumed Life Science Consulting
9. James Anderson u. a. „Customer Value Assessment in Business Markets", Grafik und erweiterte Darstellung durch Novumed Life Science Consulting
10. Novumed Life Science Consulting

102 Venture Kapital und Life Science

S. Moss, C. Beermann

102.1 Einleitung

Um sich weiter im internationalen Wettbewerb behaupten zu können, müssen deutsche Unternehmen heute in Schlüsseltechnologien wie die Medizintechnik und die Biotechnologie, zusammenfassend unter dem Begriff der Life Sciences bekannt, investieren. Eine führende Wettbewerbsposition erfordert immer die konsequente Weiterentwicklung von Produkten und Lösungen, um Innovationspotenziale in medizinische Verfahren umzusetzen. Die damit unmittelbar verbundenen hohen Ausgaben für Forschung und Entwicklung stellen ein bedeutendes Problem junger Life Science Unternehmen dar. Vor allem die, verglichen mit nicht-medizinischen Branchen, längeren Forschungs- und Entwicklungszyklen in der Frühphase eines Life Science Unternehmens und die längere Dauer bis zur Profitabilität erhöhen das Risiko der Finanzinvestoren. Die Zeitdauer, um ein medizinisches Produkt bis zur Marktreife zu entwickeln und letztlich auf dem Markt anzubieten, kann aufgrund der notwendigen intensiven Forschung nur unscharf geplant werden und erhöht die Unsicherheit über den Zeitpunkt der ersten Einnahmen. Damit verschärfen sich gerade im Life Science Bereich allgemeine Problematiken von Gründungs- und Wachstumsfinanzierungen wie starke Informationsasymmetrien zwischen Gründer und potentiellen Kapitalgebern. Oftmals ist die Entwicklung einer innovativen Technologie abhängig von einzelnen Personen, von deren Wissen und Engagement die Umsetzung und der Erfolg eines gesamten Produktkonzeptes abhängen. Die Beobachtung und Kontrolle der Gründeraktivitäten, insbesondere die Überwachung der eingesetzten Finanzmittel in der frühen Finanzierungsphase, können Fremdkapitalgeber wie Banken nicht gewährleisten. Die Geschäftsmodelle der Banken beruhen auf der Ausgabe von Darlehen gegen Sicherheiten und Informationen. Sie können Rechte und Lizenzen mit technologischem Hintergrund häufig nur unzureichend bewerten, zumal Produkte des Life Science Sektors an sich in der Regel einen hohen Erklärungsbedarf haben. Junge Unternehmen können die allgemeinen Voraussetzungen für eine langfristig angelegte Kreditfinanzierung nicht erfüllen und auch der Staat darf durch öffentliche Fördermittel die hohe Kapitalnachfrage von wachsenden Technologieunternehmen nur in sehr geringem Maße ausgleichen.

Neben den Finanzierungsengpässen von Gründungs- und Wachstumsunternehmen erschweren ebenfalls die starren Geschäfts- und Finanzierungsmodelle innerhalb gewachsener mittelständischer Unternehmen den Innovationsprozess. Diese Unternehmen befinden sich häufig in privatem Besitz und finanzieren sich vordergründig von innen, also über selbst generierte Cashflows. Häufig haben sie trotz guter Basisstrukturen wie einer innovativen Technologie und einem engagierten Forscher- und Managementteam keinen Zugang zu externer Finanzierung.

102.2 Beteiligungsfinanzierung im Life Science Bereich

102.2.1 Venture Capital

Aus den genannten Gründen ist die Beteiligungsfinanzierung die dominierende Finanzierungsform von kapitalintensiven Medizintechnik- und Biotechnologieunternehmen. Der Begriff Venture Capital (VC) bezeichnet die aktive Eigenkapitalfinanzierung von nicht börsennotierten Unternehmen in innovativen Sektoren durch Risikokapitalfonds. Das Interesse der Investoren beruht dabei vor allem auf dem enormen Wertsteigerungspotential eines jungen Technologieunternehmens bei erfolgreicher Markteinführung eines Produktes in den ersten Jahren. Zur Ingangsetzung und Durchführung einer jungen Unternehmung stellt die VC-Gesellschaft die erforderlichen Finanzierungsmittel als Eigenkapital für einen bestimmten Zeitraum zur Verfügung. Sie zeichnen sich im Gegensatz zu anderen, passiven externen Finanzinvestoren durch eine vollständige Übernahme des Unternehmensrisikos und eine aktive Kontrolle und Betreuung ihrer eingesetzten Finanzmittel aus. Das übernommene Risiko versuchen die Fonds durch Investitionen in unterschiedliche Branchen zu minimieren. Sie wählen Projekte mit möglichst unabhängigen Einzelrisiken für die Zusammensetzung ihrer Portfolios.

Abgrenzend dazu ist die Bereitstellung von Beteiligungskapital durch Private Equity und Corporate Venture Capital (CVC) zu betrachten. Private Equity fließt vornehmlich in reifere, mittelständische Unternehmen mit dem Hintergrund einer Expansion oder Restrukturierung. Der Begriff Corporate Venture Capital bezeichnet Kapital, das von Unternehmen oder unternehmenseigenen Beteiligungsgesellschaften bereitgestellt wird. Diese Unternehmen verfolgen neben der Rendite auf das eingesetzte Kapital auch strategische Ziele. Im Folgenden wird ausschließlich die externe Eigenkapitalbereitstellung durch Venture Capital Gesellschaften als Finanzierungsalternative für technologieorientierte Unternehmen betrachtet.

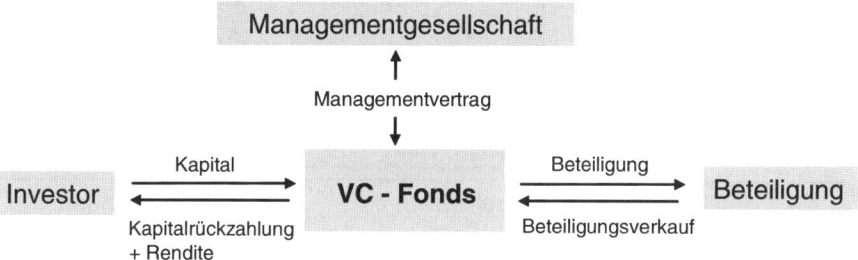

Abb. 102.1 Typische Struktur einer Venture Capital Beteiligung: Venture Capital Gesellschaften stellen einem Unternehmen neben dem Beteiligungskapital ebenfalls ihre Erfahrungen und Kontakte zur Verfügung. Die Managementgesellschaft des VC-Fonds beaufsichtigt die Aktivitäten der Fondsmanager, um die geforderte Rendite der Investoren auf ihr eingesetztes Kapital zu sichern. Modifiziert nach [1]

102.2.2 Struktur einer VC-Beteiligung

Venture Capital Gesellschaften stellen einem Unternehmen neben Beteiligungskapital ebenfalls ihre zumeist branchenspezifische Managementerfahrung, Informationsdienste und wertvolle Kontakte bzw. Kooperationen zur Verfügung. Sie agieren folglich als Finanzintermediäre zwischen den Kapitalgebern des Risikokapitalfonds, den Unternehmensgründern und dem Branchenumfeld des Investitionsprojektes. Oft beinhalten Finanzierungsverträge mit VC-Gesellschaften komplexe Nebenabreden, welche die zu erbringenden Leistungen des Beteiligungsunternehmens spezifizieren und gleichzeitig der Beteiligungsgesellschaft umfassende Kontroll- und Entscheidungsrechte einräumen. Überdies wird häufig eine Stufenfinanzierung in Abhängigkeit der Erreichung vordefinierter Meilensteine in der Entwicklung des Unternehmens vereinbart. Eine Ausweitung einer Beteiligung ist dann an den Eintritt eines bestimmten Ereignisses wie bspw. einer erfolgreich absolvierten klinischen Prüfung eines Arzneimittels oder der Zulassung eines Medizinproduktes gebunden. Allgemein lässt sich festhalten, dass Risikokapitalfonds stets bestrebt sind, für alle möglichen Geschäftsentwicklungen die beiderseits geltenden Pflichten und Rechte vertraglich festzulegen.

Im Gegensatz zu Corporate Venture Capital sind die Aktivitäten von Risikokapitalfonds im Allgemeinen nicht strategischer Natur, sondern hauptsächlich durch die Aussicht auf attraktive Renditen geprägt. Mit einem mittelfristigen Zeithorizont von drei bis sieben Jahren zielen sie auf einen möglichst profitablen Verkauf ihrer Beteiligung. Trotz sorgfältiger Prüfung und Kontrolle der Engagements schließen die Risikokapitalgeber dennoch viele Beteiligungen mit Verlusten ab, so dass wenige positive Projekte diese Verluste kompensieren müssen. Der Renditeanspruch des Fonds an ein einzelnes Investitionsprojekt ist demnach umso höher, je geringer die Renditen aus weiteren Projekten seines Portfolios sind. Die durchschnittliche erwartete Rendite über alle Investitionsprojekte sollte grundsätzlich eine Verdopplung des eingesetzten Fondskapitals innerhalb von fünf Jahren ermöglichen. Daraus

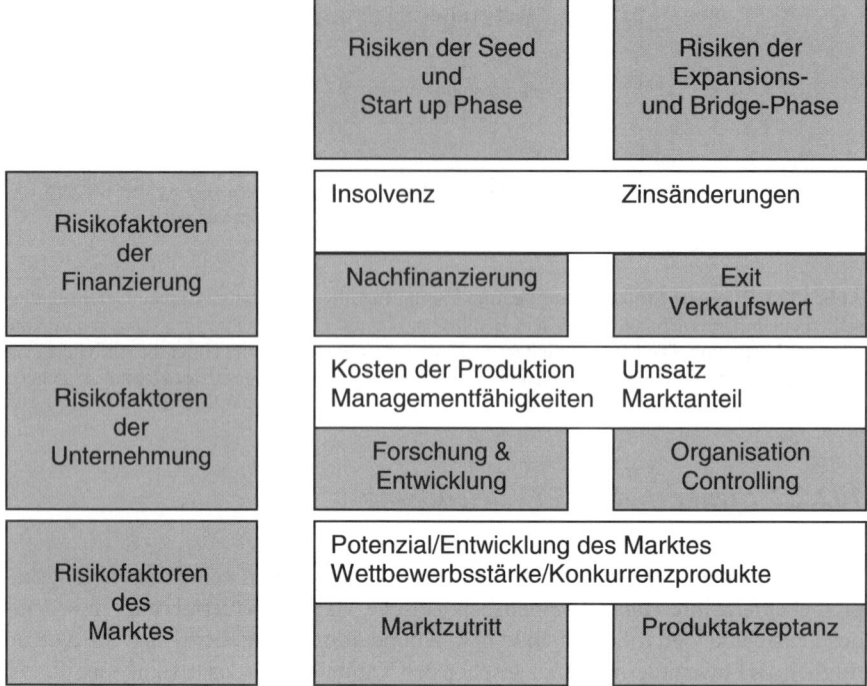

Abb. 102.2 Risiken und Unsicherheiten einer Venture Capital Finanzierung: Beteiligungen an technologieorientierten jungen Unternehmen weisen aufgrund hoher Entwicklungs- und Forschungskosten sowie möglicherweise notwendiger Nachfinanzierungen ein besonders hohes Risiko auf. Zudem müssen sich neue Methoden bzw. Produkte der Medizintechnik zunächst als Standard am Markt etablieren und sich zusätzlich gegen Konkurrenzprodukte durchsetzen. Modifiziert nach [2].

ergibt sich ein durchschnittliches Renditeziel der Fonds von über 20% im Branchendurchschnitt. Die oberste Prämisse ist die Orientierung auf die Wertsteigerungsmöglichkeiten des Unternehmens durch Innovation und Wachstum.

102.2.3 Finanzierungsrisiken

Venture Capital Gesellschaften übernehmen dabei besonders im Bereich der Life Science Unternehmungen hohe Risiken. Geschäftsbezogene Risikofaktoren wie unerwartet hohe Entwicklungs- und Forschungskosten sowie möglicherweise notwendige Nachfinanzierungen erhöhen das Risiko einer Beteiligung an technologieorientierten jungen Unternehmen. Ebenso können unerwartet lange klinische Testphasen des eigenen Produktes oder langwierige Auseinandersetzungen mit den Zulassungsbehörden dem Konkurrenzprodukt möglicherweise genau den entscheidenden zeitlichen Vorsprung geben, um sich als Standard am Markt zu etablieren.

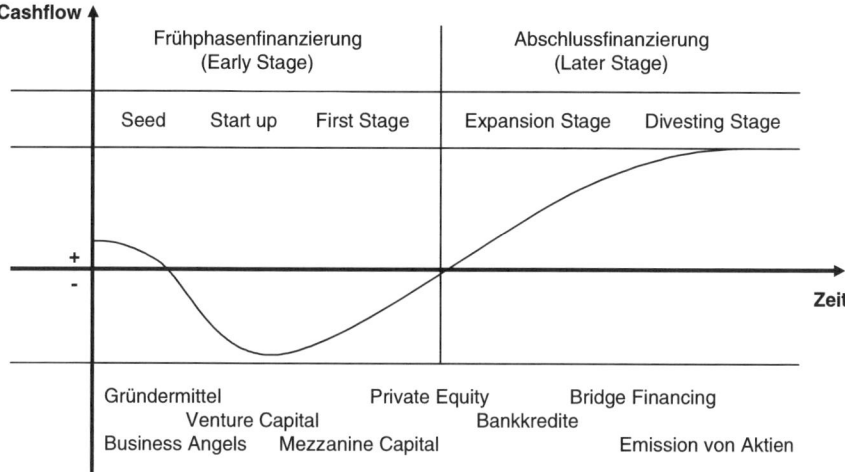

Abb. 102.3 Finanzierungsphasen eines Unternehmens im Zeitablauf: Die Frühphasenfinanzierung ist aus Sicht einer Beteiligungsgesellschaft die risikoreichste, aber gleichzeitig auch chancenreichste Investitionsphase. Das Risiko resultiert aus der vergleichsweise stärkeren zeitlichen Verzögerung der zu erwartenden Cashflows. Bei erfolgreicher Marktetablierung eines Produktes profitiert der Fonds dagegen von hohen Kapitalrenditen in der Expansionsphase

102.2.4 Finanzierungszyklen eines Unternehmens

Eine Dimension, mit der Beteiligungsgesellschaften das Risiko ihres Portfolios steuern können, ist der Zeitpunkt ihrer Investition. VC-Gesellschaften können in verschiedenen Lebenszyklusphasen eines Unternehmens eine Beteiligung eingehen. Entsprechend der natürlichen Entwicklung eines Unternehmens lassen sich fünf unterschiedliche Finanzierungsphasen ableiten, anhand derer der unterschiedlich starke Kapitalbedarf junger Unternehmen im Zeitverlauf beschrieben werden kann.

Definitionen zur Abbildung 102.3:

Cashflow Auch Kapitalflussrechnung oder Selbstfinanzierungskraft genannt, ist eine wirtschaftliche Kennzahl, mit deren Hilfe man die Zahlungskraft eines Unternehmens beurteilt. Der Cashflow ist der reine Einzahlungsüberschuss, die ausschließlich auf eine Periode bezogene Differenz zwischen Einzahlungen und Auszahlungen.

Bridge Financing Auch Überbrückungsfinanzierung genannt, bezeichnet die Bereitstellung finanzieller Mittel zur Vorbereitung des Börsengangs eines Unternehmens.

Business Angels Sind erfahrene Unternehmer mit langjähriger Berufs- und Branchenerfahrung. Mit ihrem Kapital, Know-how und Kontakten unterstützen sie junge Unternehmen, zumeist in Phasen, in denen es für VC-Gesellschaften zu früh ist.

Mezzanine Capital   Ein sehr flexibles Finanzierungsinstrument, welches bilanziell zwischen Eigen- und Fremdkapital steht. Vorteile dieser Finanzierung sind, dass die Eigenkapitalstruktur eines Unternehmens nicht geschwächt wird und die Entscheidungsrechte bei dem Unternehmer bleiben.

Exit   Beendigung eines Beteiligungsverhältnisses durch Anteilsverkauf in der Divesting Stage.

Die Frühphasenfinanzierung, oder auch Early Stage, umfasst die Unternehmensphasen Seed und Start up, sie ist die unternehmerisch risikoreichste aber gleichzeitig auch chancenreichste Investitionsphase. Die Finanzierung von technologieorientierten Unternehmen durch Beteiligungskapital ist in diesem Stadium eine zentrale Voraussetzung für den Technologietransfer aus der Forschung und Entwicklung in die Marktwirtschaft und somit sehr relevant für den Life Science Bereich. Die Seed Phase betrifft die frühe Early Stage Phase zu Beginn des Lebenszyklus eines Unternehmens in dem die Produktidee entwickelt wird. Häufig sind Unternehmensgründer in dieser Phase zunächst auf ihre eigenen Finanzierungsmittel beschränkt. Teilweise ergibt sich auch eine erste finanzielle Unterstützung durch wohlhabende Privatpersonen mit unternehmerischer Erfahrung, so genannte Business Angels. Aus eigenem Interesse an Innovationen und technologischen Entwicklungen bringen sie Wissen, Kontakte und Finanzmittel in ein junges Unternehmen. Im letzten Abschnitt der Frühfinanzierungsphase, der First Stage Phase, folgt nach der Aufnahme der Produktion die Markteinführung. Auch in dieser Phase ist eine Verzerrung in dem Finanzierungszyklus eines Life Science Unternehmens erkennbar. Aufwändige klinische Prüfungen können den Marktzutritt erheblich verzögern. Eine Besonderheit in der Frühphasenfinanzierung von Life Science Unternehmen liegt in der zeitlichen Verzögerung des zu erwartenden Cashflows. Etabliert sich eine Technologie oder ein biochemischer Werkstoff jedoch über die First Stage hinweg als erfolgreiches Produkt am Markt, so profitiert der Risikokapitalfonds von hohen Kapitalrenditen in der Expansionsphase.

102.2.5 Ablauf einer Beteiligungsfinanzierung

Für die Investitionsentscheidung eines Risikokapitalfonds stellt folglich die Planungsunsicherheit und Informationsasymmetrie ein zentrales Problem dar, vor allem bei einer Early Stage Finanzierung im Life Science Bereich. Die Beteiligungsgesellschaften müssen das Potenzial und die Nachhaltigkeit medizinischer- oder biotechnologischer Prozesse und Produkte vor ihrer Investition abschätzen. Sie müssen jegliche Risiken gegen mögliche Chancen eines Investitionsprojektes gegeneinander abwägen. Der typische Ablauf einer Beteiligungsfinanzierung beginnt aus diesem Grund mit der Erstellung eines Businessplans – der wichtigsten Grundlage für die Investitionsentscheidung von Risikokapitalgebern. Der Businessplan beschreibt im Detail das unternehmerische Gesamtkonzept des Geschäftsvorhabens und charakterisiert die Fähigkeiten des Management- und Forscherteams. Richtig verfasst stellt er daher das Schlüsseldokument nicht nur für die Beurteilung, sondern auch für die Steuerung der Geschäftstätigkeit dar. Mit der Erstellung eines Businessplanes haben besonders Gründer die Möglichkeit unter Beweis zu stellen, dass sie die vielfältigen Aspekte einer Unternehmensgründung systematisch analysiert und aufgearbeitet haben. Professionelle Investoren legen hier besonders Wert auf den Willen und die Durchsetzungskraft, die gemeinsam definierten Ziele zu erreichen. Daher spielt ein überzeugendes Team, das die im Businessplan gemachten Aussagen auch verteidigen und umsetzten kann, meist die entscheidende Rolle. Der Businessplan lässt sich in verschiedene inhaltliche Schwerpunkte unterteilen:

- Executive Summary:
  Kurze, prägnante Zusammenfassung und Beschreibung des Produktes, des Kundennutzens, der Zielgruppe, des Erlösmodells, des Wettbewerbsvorteils, der Kerngrößen der Finanzplanung, des erforderlichen Investitionsvolumens und der erwarteten Cashflows.
- Produkt- und Unternehmensidee:
  Erläuterung des Produktes und seines Kundennutzens (möglichst quantifizieren) und Hervorheben einzigartiger, innovativer Eigenschaften. Definition der Zielgruppe, ihrer Bedürfnisse und eine detaillierte Erklärung des Erlösmodells.
- Strategie und Geschäftsmodell:
  Ableitung der Geschäftsstrategie aus den Kernkompetenzen. Erläuterung von Timing, Zielmarkt und Penetrationsstrategie für den Markteintritt. Aufzeigen der Wachstumsstrategie und der Flexibilität des Geschäftsmodells durch Strategieanpassungen.
- Markt und Wettbewerb:
  Zeigt Struktur, Größe und Wachstum des Marktes. Analyse des relevanten Marktsegments, der wichtigsten Wettbewerber und der Kunden. Vergleich der Positionierung und des Nutzens ähnlicher Produkte.
- Marketing:
  Aufklärung über Produktsortiment, Preisstrategie und -differenzierung, Steuerung und Organisation des Vertriebs sowie Vertriebskanäle. Klare Definition der Kommunikationsziele.
- Team und Organisation:
  Definition der Aufgaben und Verantwortungsbereiche. Nennen relevanter Erfolge und Erfahrungen des Teams. Erläuterung der Organisationsstrukturen, erforderlicher und vorhandener Fähigkeiten und Kapazitäten, Personalbedarf im Zeitablauf und Vergütung.
- Finanzplanung:
  Detaillierte Finanzplanung für die nächsten drei bis fünf Jahre mit Cash Flow Betrachtung, Gewinn- und Verlustrechnung und Planbilanzen. Zusätzlich pessimistische, realistische und optimistische Szenarioanalysen, Sensitivitätsanalysen und Ableitung der erforderlichen Investitionshöhe.
- Chancen und Risiken:
  Bewertung projekt- bzw. firmenspezifischer Risiken und Vorgabe von Notfallplänen. Aufzeigen zusätzlicher, nachhaltiger Wachstumspotenziale jenseits des anfänglichen Fokus und Nennung möglicher strategischer Allianzen.

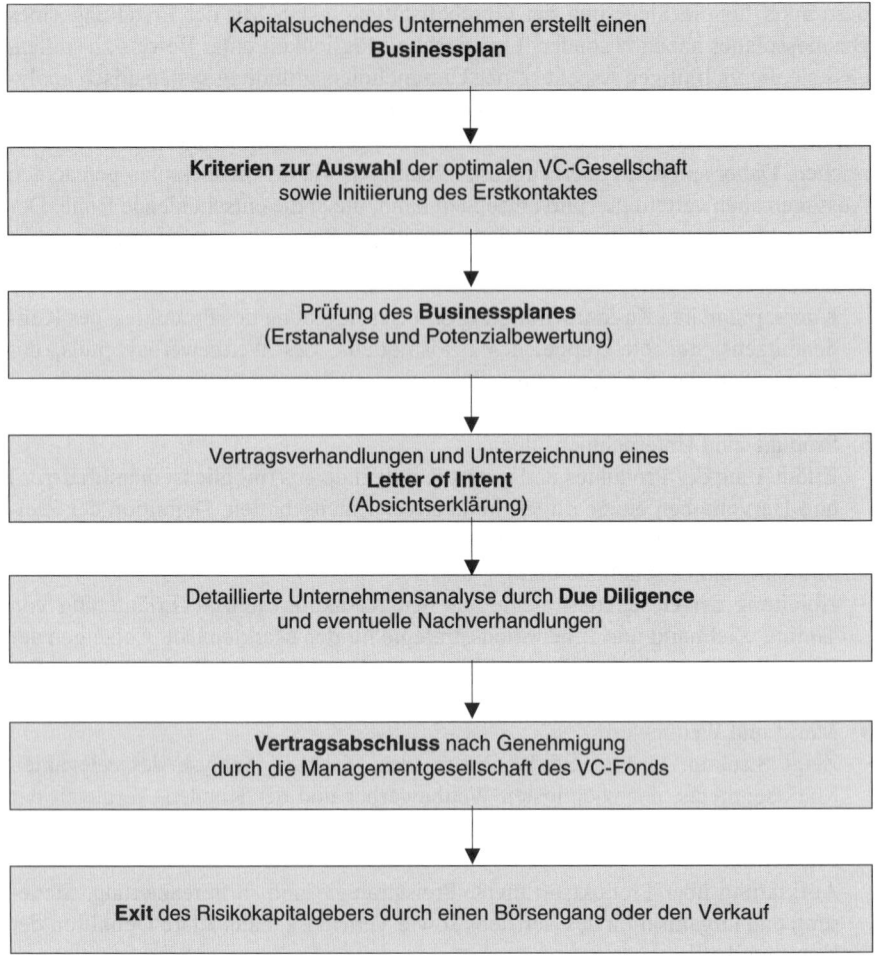

Abb. 102.4 Typischer Ablauf einer Beteiligungsfinanzierung: Bei einer positiven Beurteilung eines vom Unternehmen vorgelegten Businessplanes werden die Voraussetzungen und Konditionen der Finanzierung in einem Letter of Intent festgehalten. Im Anschluss an diese Absichtserklärung wird dem Investor ein umfassender Einblick in das Unternehmen im Rahmen einer Due Diligence gegeben. Modifiziert nach [1]

Der zweite Schritt im typischen Ablauf einer Venture Capital Finanzierung ist der Erstkontakt mit den potenziellen Risikokapitalgebern. Der Businessplan wird interessierten Beteiligungsgesellschaften übergeben. Bei einer ersten positiven Beurteilung seitens der Kapitalgeber werden die Grundsatzbedingungen wie die Grundsätze der Unternehmensbewertung, Garantien und Gewährleistungen, Zeitpunkt der Finanzmittelbereitstellung, Zeit- und Aktionsplan, Zusatzvereinbarungen sowie die weitere Kooperation mit dem Risikokapitalinvestor festgelegt. Festgehalten werden diese Vereinbarungen in einem Letter of Intent. Dieser bildet die grundsätzliche Beteiligungsbereitschaft beider Seiten vor dem Hintergrund der wichtigsten Eckdaten ab.

Erst im Anschluss an die Verfassung dieser Absichtserklärung wird in der Regel die Due Diligence durchgeführt. Durch die Due Diligence soll der Beteiligungsgesellschaft ein umfassenderes Bild über das Unternehmen gegeben werden. Ziel ist die Gewährleistung einer hervorragenden Entscheidungsqualität bezüglich der Risikofaktoren und Chancen des Kapitalsuchenden Unternehmens durch die Bereitstellung aller verfügbaren und relevanten Informationen. Das Ergebnis einer Due Diligence Prüfung ist der Gesamtbericht der Beteiligungsgesellschaft, ein Informationsmemorandum, auf dem nach eingehender Prüfung durch die Managementgesellschaft des VC-Fonds der Beschluss einer Beteiligung beruht.

Als Exit-Varianten stehen Beteiligungsgesellschaften generell fünf Möglichkeiten zur Verfügung. Durch einen Börsengang, den Verkauf an einen strategischen Investor oder den Verkauf an einen weiteren Finanzinvestor lassen sich allerdings höhere Renditen auf das eingesetzte Kapital erzielen als durch einen Wiederverkauf an die Eigentümer oder eine Liquidation des Unternehmens.

102.3 Venture Capital im Bereich der Life Sciences

102.3.1 Traditionelle Investitionsschwerpunkte

Für VC-Gesellschaften sind Unternehmungen der Bereiche Medizintechnik und der Biotechnologie, zusammen unter dem Begriff der Life Sciences bekannt, traditionelle Investitionsschwerpunkte. Allerdings ist in den letzten Jahren festzustellen, dass auch weniger technologieorientierte Branchen verstärkt Beteiligungskapital als Finanzierung nutzen. Durch die aktuell sehr breite Streuung der Beteiligungen lässt sich heute bezüglich des Investitionsvolumens keine dominante Branche mehr erkennen. Fast 3,6 Mrd. Euro investierten deutsche Beteiligungsgesellschaften innerhalb des Jahres 2006 in etwa 970 Unternehmen, wobei das Investitionsvolumen in Medizintechnikunternehmen erstmals die Investitionen in die Biotechnologie überstieg. Im Jahr 2006 flossen 7,1% (255 Mio. Euro) der gesamtdeutschen Venture Capital Investitionen in Biotechnologieunternehmen und bereits 9,3% (334 Mio. Euro) in den Bereich der Medizintechnik.

Eine generelle Öffnung deutscher Unternehmen für Beteiligungsgesellschaften und die Suche nach Alternativen zu Bankkrediten haben den Wettbewerb um Finanzierungsmittel dennoch gestärkt und erhöhen zurzeit besonders den Druck auf junge Unternehmen. Großteile des Beteiligungskapitals fließen zudem in das Ausland. Nur etwa ein Drittel der im Jahr 2006 in Biotechnologie investierten 334 Mio. flossen beispielsweise in deutsche Unternehmen. Ausländischen Life Science Unternehmen werden eine höhere Reife, stärkeres Potenzial und allgemein bessere Entwicklungschancen zugesprochen. Darüber hinaus erwarten Beteiligungsgesellschaften im Ausland liberalere juristische und finanzielle Rahmenbedingungen.

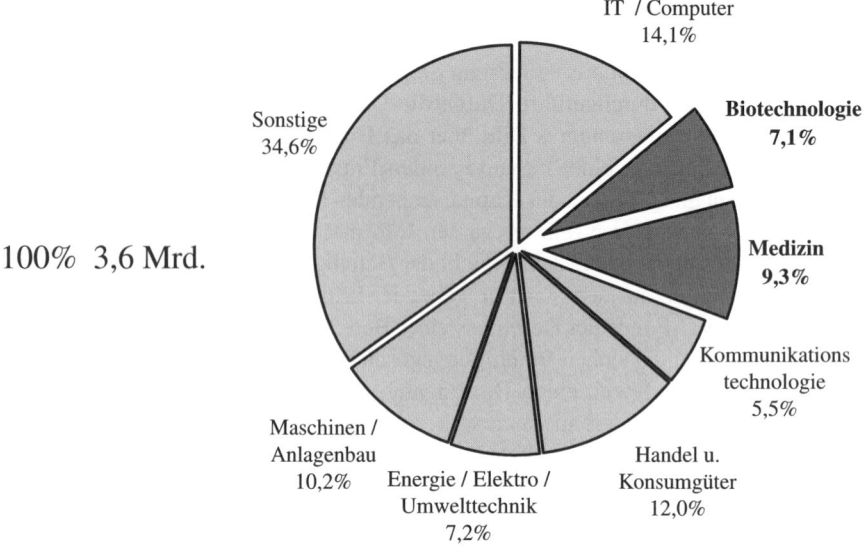

Abb. 102.5 Aufteilung der getätigten Venture Capital Beteiligungen nach Branchen 2006: Für VC-Gesellschaften sind Unternehmen des Life Science Bereichs traditionelle Investitionsschwerpunkte. Im Jahr 2006 flossen ca. 255 Mio. Euro in Biotechnologieunternehmen und rund 334 Mio. Euro in den Bereich der Medizintechnik. Modifiziert nach [3]

102.3.2 Fördernahe Beteiligungsgesellschaften und Gründerfonds

Auch fördernahe mittelständische Beteiligungsgesellschaften der Bundesländer (MBGs), welche als Selbsthilfeeinrichtungen der Wirtschaft gegründet wurden, bieten trotz des Risikos von technologieorientierten Unternehmen Eigenkapitalbeteiligungen als Finanzierungsquelle an. Durch ihre Refinanzierung über das ERP-Beteiligungsprogramm des Bundes können sie sogar auch kleine Unternehmensbeteiligungen mit lediglich moderatem Wachstum eingehen, welche für stark renditeorientierte Fonds nicht wirtschaftlich wären. Das ERP-Beteiligungsprogramm der KfW-Mittelstandsbank soll Kapitalbeteiligungsgesellschaften durch das Angebot von Refinanzierungskrediten zu mehr Beteiligungen an mittelständischen Unternehmen anreizen.

Neben den mittelständischen Beteiligungsgesellschaften mit Förderauftrag wurden in Deutschland attraktive Rahmenbedingungen für die Aufnahme von Venture Capital durch junge Unternehmen geschaffen. Besonders erwähnenswert für junge Unternehmen sind hier der ERP-Startfonds der KfW, ein Co-Investor in Hightech-Unternehmen, und der High-Tech Gründerfonds. Der Schwerpunkt des High-Tech Gründerfonds liegt in der Finanzierung der Gründungsphase, in der ein Produktkonzept erarbeitet sowie das betriebswirtschaftliche Fundament der Unternehmung erarbeitet werden muss.

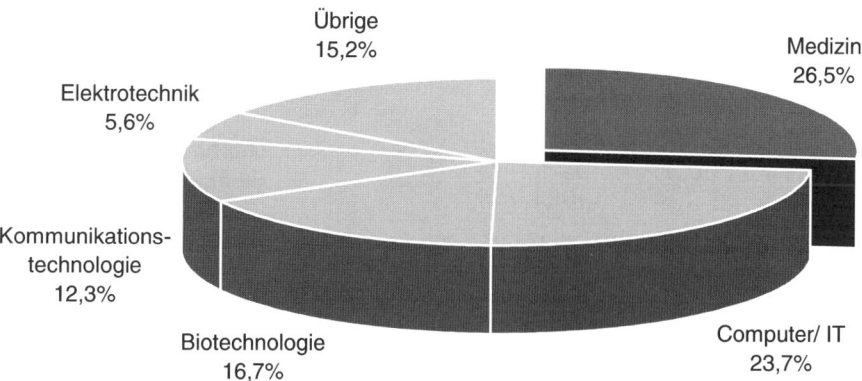

Abb. 102.6 Anteile der Venture Capital Finanzierungen im Early Stage Bereich nach Branchen: In der Early Stage Phase konzentrieren sich Beteiligungsgesellschaften zunehmend auf die Bereiche Medizintechnik und Biotechnologie. In diesem Stadium ist die Beteiligungsfinanzierung zentrale Voraussetzung für den Technologietransfer aus der Forschung in die Marktwirtschaft. Modifiziert nach [4]

102.3.3 Early Stage Investitionen

Aufgrund der zeitlichen Cashflow Verschiebungen bei Finanzierungen von Life Science Unternehmungen in der Frühphase bevorzugen Beteiligungsgesellschaften weniger riskante Expansionsfinanzierungen in bereits gewachsenen Unternehmen. Noch im Jahr 2005 wurden lediglich 3% aller Beteiligungen Unternehmen in der Gründungsphase zuteil. Ein zentrales Problem im Zuge der Konsolidierung der Beteiligungsbranche über die letzten Jahre war genau diese Konzentration der VC-Gesellschaften auf reifere Unternehmen mit fortgeschrittenen Produktentwicklungen, denn speziell die Medizintechnik- und Biotechnologieunternehmen sind auf starke finanzielle Unterstützung in der Early Stage Phase angewiesen.

Seit dem Jahr 2006 zeichnet sich ein gegensätzlicher Trend ab. Der Anteil der Beteiligungen in Gründungsunternehmen durch Risikokapitalfonds hat sich auf 23% erhöht. Zudem wurden 79,2% der erfassten Early Stage Investitionen im Jahr 2006 in den Branchen Telekommunikations- und Informationstechnologie, Biotechnologie und Medizin getätigt.

Verglichen mit den Investitionsanteilen des Vorjahres (75%) hat die Konzentration auf Technologieunternehmen in der Frühphasenfinanzierung weiter zugenommen. In der Early Stage Phase liegt das Augenmerk der Investoren heute zunehmend auf technologieorientierten Unternehmen. Den Spitzenplatz bei den Mittelzuflüssen in der Early Stage belegt erstmals in dem Jahr 2006 der Bereich Medizin mit einem Anteil von 26,5%, gefolgt von der Informationstechnologie mit 23,7% und der Biotechnologie mit 16,7%. Im medizinischen Sektor sind dabei deutliche Beteiligungszuwächse in Pharmazie-Unternehmen dominant.

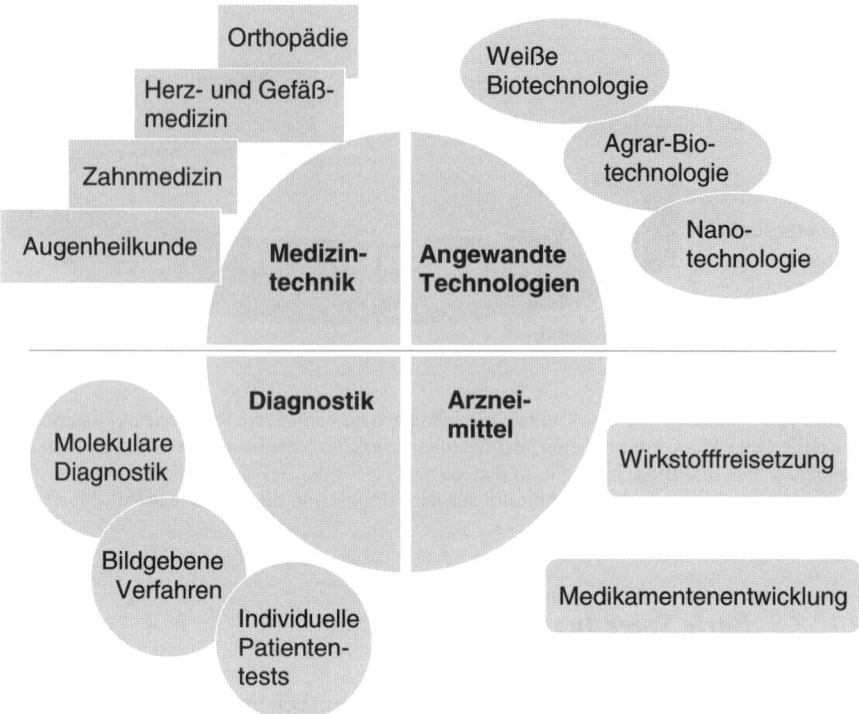

Abb. 102.7 Der SHS III Fonds mit dem Investitionsfokus Life Sciences/Health Care [5]

102.3.4 Finanzierungskriterien der Beteiligungsgesellschaften

Inwieweit eine Beteiligungsgesellschaft sich für die Finanzierung einer Unternehmensgründung entscheidet, ist abhängig von verschiedenen Faktoren. Allgemein wird der deutsche Beteiligungsmarkt als sehr heterogen charakterisiert, daher ist es für ein Kapitalsuchendes Life Science Unternehmen umso wichtiger, die Finanzierungskriterien der Beteiligungsgesellschaften mit einem Investitionsfokus auf Life Science Unternehmen zu kennen. Für die Auswahl anzusprechender VC-Gesellschaften sind sowohl die Branchenzugehörigkeit, der Finanzierungsanlass, die (geplante) Umsatzgröße bzw. das Marktvolumen und der angestrebte Marktanteil als auch das benötigte Investitionsvolumen sinnvolle Kriterien. Trotz der Heterogenität der Investitionsstrategien der VC-Gesellschaften lassen sich individuell für jede Branche Parallelen in den Anforderungen an das Kapitalsuchende Unternehmen beobachten, so auch im Life Science Sektor.

Um einen Einblick in die speziellen Finanzierungsanforderungen an Unternehmen der Life Science Branche zu erhalten, können exemplarisch die Beteiligungsgesellschaften SHS und PolyTechnos betrachtet werden.

SHS investiert in junge, stark wachsende Unternehmen aus den Branchen Life Science (Diagnostik, Medizintechnik) und Health Care (pharmazeutische Entwicklung). Finanziert werden sowohl Firmengründungen als auch Expansionen. Das Investitionsvolumen in der ersten Finanzierungsrunde ist individuell abhängig von den Charakteristika des Unternehmens und liegt bei 3–5 Mio. Euro.

Die PolyTechnos Venture-Partners ist ebenfalls eine unabhängige europäische VC-Gesellschaft mit einem Investitionsfokus auf die Bereiche der Informations- und Kommunikationstechnologie und der Life Sciences. Verstärktes Interesse hat PolyTechnos dabei an technologischen Entwicklungen an den Schnittstellen beider Branchen. Mit einem derzeitigen gesamten Fondsvolumen von rund 200 Mio. Euro finanziert sie hauptsächlich Unternehmen in den Lebenszyklen der Früh- bis Expansionsphase. In einer ersten Finanzierungsrunde investiert der Fonds zwischen 1–5 Mio. Euro des maximalen Gesamtvolumens von 15 Mio. Euro pro Beteiligung.

Für beide Beteiligungsgesellschaften ist die Grundvoraussetzung für eine Investition ein bereits marktreifes Produkt, mindestens aber ein voll entwickelter Prototyp und klinische Prüfungen. Optimalerweise generiert das Produkt hohen zusätzlichen Kundennutzen und kann auf einem innovationsgetriebenen Markt mit einem Potenzial von mindestens 250 Mio. Euro vertrieben werden. Ein zu erwartendes Marktwachstum von mehr als 5% ist für die VC-Gesellschaften ein weiteres Investitionskriterium. Die Markt- und Produktvorteile müssen gemeinsam ein schnelles Umsatzwachstum erlauben und zeitnah, innerhalb von zwei bis drei Jahren, positive Cashflows generieren können, damit eine Beteiligungsgesellschaft das Risiko einer Life Science Investition eingeht.

Darüber hinaus fordern VC-Gesellschaften ein produkt- und technologieseitig herausragend besetztes Management, möglichst mit Branchenerfahrung. Dabei legen sie besonderen Wert auf ein gemischtes Team mit komplementären Fähigkeiten. Auch bei Gründungsfinanzierungen ist die Kompetenz des Gründerteams ein zentraler Entscheidungsfaktor neben dem Produkt.

102.3.5 Beispiele erfolgreicher Unternehmensgründungen im Bereich der Life Sciences

Zwei Beispiele für sehr erfolgreiche Beteiligungsfinanzierungen sind das Biotechnologieunternehmen Qiagen N.V. und die BrainLAB AG aus dem Bereich der Medizintechnik. Qiagen, gegründet 1984 von Wissenschaftlern der Universität Düsseldorf, hat sich auf die Isolierung und Reinigung von Nukleinsäuren spezialisiert und ist heute mit einer Marktkapitalisierung von 1,5 Mrd. Euro einer der führenden Anbieter von Probenvorbereitungs- und Testtechnologien für die Forschung in Life Sciences. Mit rund 500 Produkten verfügt Qiagen über das mit Abstand breiteste Portfolio an molekularen Testtechnologien, welche in 42 Ländern der Welt vertrieben werden. Das Unternehmen besitzt mehr als 1000 Patente und wächst stetig durch strategische Akquisitionen, wie die jüngste Übernahme der kalifornischen eGene Incorporation. Heute zählt die Qiagen N.V. 16 Tochtergesellschaften und beschäftigt 2000 Mitarbeiter.

Der Gründer der BrainLAB AG, Stefan Vilsmeier, wurde 2002 von Ernst & Young zum „World Entrepreneur of the Year" ernannt. Das Startkapital von damals 150.000 DM hat Stefan Vilsmeier mit einem Fachbuch über die Konstruktion von 3-D-Objekten selbst verdient. Das Wiener Universitätsklinikum zeigte Interesse an der Veröffentlichung und unterstützte Vilsmeier bei der Unternehmensgründung. Heute ist BrainLAB weltweiter Technologieführer in der Entwicklung von Hardware- und Softwaresystemen für das bildgesteuerte Operieren sowie die Strahlentherapie. Im Jahr 1989 gegründet, ist BrainLAB mit Sitz in München zurzeit in 15 Niederlassungen weltweit tätig und generierte im Jahr 2006 Umsätze in Höhe von 154 Mio. Euro.

102.4 Ausblick

Mit einem Anteil von 10,6 % am Bruttoinlandsprodukt ist die Gesundheitswirtschaft bereits heute einer der größten Teilmärkte der deutschen Volkswirtschaft. Die Gesundheitsausgaben im Bereich Medizintechnologie beliefen sich im Jahr 2004 allein in Deutschland auf über 20 Mrd. Euro. In mehr als 11.000 Unternehmen arbeiten derzeit etwa 150.000 Menschen in der deutschen Medizintechnikbranche. Weltweit gilt der Medizintechnologiemarkt mit einem Volumen von ca. 200 Mrd. Euro als Wachstumsmarkt mit überdurchschnittlicher Innovationskraft. Nicht zuletzt aufgrund der im Vergleich zum Pharmabereich kürzeren Produktzyklen führt nach Angaben des Europäischen Patentamtes in München die Medizintechnik die Liste der angemeldeten Innovationen mit 14.700 europäischen Patenten an. Die Unternehmen erzielen mehr als die Hälfte des Umsatzes mit weniger als drei Jahre alten Produkten und ihre durchschnittlichen Investitionen in die Forschung und Entwicklung in Höhe von 7% der Umsätze übersteigen selbst die der innovativen Chemiebranche.

Bevor Medizinprodukte die Marktzulassung erhalten, müssen sie in Deutschland und Österreich staatlich regulierte und im Medizinproduktgesetz kodifizierte technische Zulassungsprozesse durchlaufen. Auch der erfolgreichen Etablierung von Arzneimitteln gehen kostenintensive klinische Tests voraus, um den Anforderungen des deutschen Bundesinstituts für Arzneimittel und Medizinprodukte (BfArM), der Europäischen Arzneimittel-Agentur (EMEA) bzw. denen der amerikanischen Food and Drug Administration (FDA) gerecht zu werden.

Der entscheidende Wettbewerbsvorteil deutscher Medizintechnikunternehmen gegenüber der weltweiten Konkurrenz sind aus diesem Grund gerade die sehr viel kürzeren Zulassungszeiten und geringeren Kosten der klinischen Forschung. Die Entwicklung einer Idee bis zur Marktreife verursacht in den USA fast zehnmal höhere Kosten als in Deutschland. Der Standort Deutschland ist zudem in der Entwicklung zukunftsträchtiger innovativer Produkte durch eine große Anzahl gut ausgebildeter Ärzte, Forscher und Ingenieure und durch den hohen Standard der klinischen Forschung mehr als wettbewerbsfähig.

Mit den Innovationen der Medizintechnik als Wachstumstreiber des Gesundheitsmarktes ergab sich in Deutschland ein Marktwachstum von 4%. Den weltweiten Markt für Medizintechnologie zeichnet seit dem Jahr 2000 ein jährliches Wachstum von 6% aus, von dem auch die exportstarken deutschen Medizintechnikunternehmen profitieren. Überdies wird erwartet, dass die Effekte der Globalisierung auf die weltweite Einkommensverteilung, besonders im Hinblick auf die Märkte Indiens, Chinas und Brasiliens, eine zunehmend höhere private Nachfrage nach Gesundheitsleistungen in diesen Ländern bewirken werden.

102.5 Literatur

1. Stadler, W., Hackl E., Jandl H., Die neue Unternehmensfinanzierung, Redline Wirtschaftsverlag, Frankfurt, 2004.
2. Rudolph, B., Unternehmensfinanzierung und Kapitalmarkt, Mohr Siebeck, 2006.
3. Ernst & Young: Deutscher Biotechnologie Report 2006
4. Bundesverband deutscher Kapitalbeteiligungsgesellschaften e.V., Jahresstatistik 2006
5. SHS, Gesellschaft für Beteiligungsmanagement GmbH
6. Berens, W., Brauner, H.U., Frodermann, J., Unternehmensentwicklung mit Finanzinvestoren, Schaeffer-Poeschel, 2005.
7. Bandulet, F., Finanzierung technologieorientierter Unternehmensgründungen, Deutscher Universitätsverlag, Würzburg, 2005.
8. Pearce, R., Barnes, S., Raising Venture Capital, Wiley Finance, 2006.
9. Pleschak, F., Wupperfeld, U., Entwicklungsprobleme junger technologieorientierter Unternehmen, Tagung der Friedrich-Ebert-Stiftung, Berlin, 1995.
10. Stein, I., Achleitner, A.K., Hommel, U., von Uhlenbruch, B.R., Venture Capital Finanzierungen: Kapitalstruktur und Exitentscheidung, 2005.
11. Pfirrmann, O., Wupperfeld U., Lerner, J., Venture Capital and New Technology-Based Firms, Technology, Innovation and Policy Vol. 4, 1997.
12. Baaken, T., Bewertung technologieorientierter Unternehmensgründungen, Erich-Schmidt-Verlag, Berlin, 1989.
13. Schefczyk, M., Erfolgsstrategien deutscher Venture Capital-Gesellschaften, Schäffer-Poeschel, 2004.
14. Struck, U., Geschäftspläne, Schäffer-Poeschel, 2001.
15. Publikation der KfW Bankengruppe, Beteiligungsfinanzierung nach der Marktkonsolidierung – Anhaltende Defizite in der Frühphase, April 2006.
16. Der optimale Businessplan, Handbuch des Münchener Business Plan Wettbewerbs, MBPW GmbH, 2006.

103 Patentierung und Patentlage

U. Herrmann

Gewerbliche Schutzrechte nehmen in der nationalen Rechts- und Wirtschaftsordnung sowie auch auf internationaler Ebene stetig an Bedeutung zu. Sie dienen dem Schutz geistigen Eigentums und sind für jeden Gewerbetreibenden nicht nur im Hinblick darauf von Bedeutung, eigene Rechte zu sichern, sondern auch insofern von Relevanz, dass ein Verstoß gegen Rechte Dritter zu vermeiden ist.

Zu den gewerblichen Schutzrechten gehören unter anderem Kennzeichenrechte, Geschmacksmusterrechte sowie die sogenannten technischen Schutzrechte in Form des Patents sowie des Gebrauchsmusters.

Die folgenden Ausführungen befassen sich ausschließlich mit den technischen Schutzrechten und geben eine kurze Einführung in die Voraussetzungen, das Entstehen und den Wegfall sowie in die Wirkungen technischer Schutzrechte. Beleuchtet wird die Situation im Wesentlichen im Hinblick auf nationale technische Schutzrechte, d.h. auf Deutsche Patente und Gebrauchsmuster sowie auf Europäische Patente, die Schutz in Deutschland entfalten. Die Möglichkeit der Erlangung von Schutzrechten im außereuropäischen Ausland wird nur am Rande gestreift.

103.1 Vorraussetzungen des Patent und Gebrauchsmusterschutzes

Sowohl das Deutsche Patent- und Gebrauchsmusterrecht sowie auch die insoweit vergleichbaren Regelungen des Europäischen Patentübereinkommens, auf dessen Grundlage Europäische Patente erteilt werden, setzten für die Erlangung eines technischen Schutzrechtes das Vorhandensein einer Erfindung voraus, die gewerblich anwendbar ist, die neu ist und die ferner auf einer sogenannten erfinderischen Tätigkeit (Patente) oder auf einem erfinderischen Schritt (Gebrauchsmuster) beruht. Sowohl nach dem nationalen Recht als auch nach den Vorschriften des Europäischen Patentübereinkommens kommt es auf das Vorhandensein dieser vier Elemente an [1].

103.1.1 Vorliegen einer Erfindung

Aus dem Begriff der „Erfindung" leitet die Rechtsprechung das Erfordernis der „Technizität", d. h. des technischen Charakters ab. Fehlt es an diesem, kann Schutz nicht erlangt werden. Häufig wird keine selbständige Definition des Begriffes der „Technizität" verwendet, sondern allenfalls den Technikbegriff selbst verwendende Umschreibungen [3]. Denn der Begriff der „Technizität" entzieht sich einer exakten juristischen oder naturwissenschaftlichen Definition [1].

Das Patentgesetz, das Gebrauchsmustergesetz sowie das Europäische Patentübereinkommen enthalten eine nicht abschließende Aufzählung von Gegenständen und Tätigkeiten, denen ein technischer Charakter nicht zukommt. Dazu gehören beispielsweise ästhetische Formschöpfungen, Entdeckungen, wissenschaftliche Theorien, mathematische Methoden und dergleichen. Geht es somit beispielsweise um rein kaufmännische oder wirtschaftliche und somit nicht um technische Zusammenhänge, wie beispielsweise um die Berechnung von Pensionsansprüchen aufgrund mathematischer Modelle, fehlt es an dem technischen Charakter und damit an einer Erfindung im Sinne des Gesetzes. Dementsprechend werden auch Computerprogrammen als solchen die Technizität und damit der Erfindungscharakter aberkannt. Zugänglich sind sie dem Patent- und Gebrauchsmusterschutz jedoch beispielweise dann, wenn im Bereich der Technik liegende Überlegungen zu ihrer Erstellung erforderlich waren oder wenn technische Wirkungen erzielt werden, die über die herkömmliche Funktionsweise eines Computers hinausgehen [2].

103.1.2 Gewerbliche Anwendbarkeit

Im Gegensatz zur der Frage des Vorhandenseins eines technischen Charakters ist das Erfordernis der gewerblichen Anwendbarkeit einer Erfindung im Gesetz explizit definiert.

Danach gilt eine Erfindung als gewerblich anwendbar, wenn sie auf irgendeinem gewerblichen Gebiet einschließlich der Landwirtschaft hergestellt oder benutzt werden kann. Eine wichtige Ausnahme von der gewerblichen Anwendbarkeit bilden Verfahren zur chirurgischen oder therapeutischen Behandlung des menschlichen oder tierischen Körpers sowie an diesem vorgenommene Diagnostizierverfahren. Diese sind sowohl nach dem nationalen Patent- und Gebrauchsmustergesetz als auch nach dem Europäischen Patentübereinkommen nicht schutzfähig.

Zu diesen Ausschlußkriterien hat sich eine umfangreiche und zum Teil unübersichtliche Rechtsprechung entwickelt, die pauschale Empfehlungen erschwert und eine Einzelfallüberprüfung erforderlich macht. Feststeht, dass klassische Behandlungsverfahren, wie etwa eine Blinddarmoperation, das Legen eines Bypasses, die Untersuchung eines Patienten und die anschließende Stellung der Diagnose oder beispielsweise auch die Durchführung einer Dialysebehandlung von der Patentierbarkeit ausgenommen sind, da sie nicht das Erfordernis der gewerblichen Anwendbarkeit erfüllen [4]. Handelt es sich um weniger eindeutige Fälle, ist anhand der

103.1 Vorraussetzungen des Patent und Gebrauchsmusterschutzes

Rechtsprechung im Einzelfall zu ermitteln, ob Anhaltspunkte, wie etwa der Grad der Interaktion mit dem Patienten, für oder gegen die Annahme eines solchen Behandlungsverfahrens sprechen.

Der Ausschluß von der Patentierbarkeit gilt nur für die genannten Behandlungsverfahren selbst, nicht jedoch für Vorrichtungen und Erzeugnisse, selbst wenn sie in einem der genannten, von der Patentierbarkeit ausgeschlossenen Behandlungsverfahren eingesetzt werden. Solche dem Schutz zugängliche Vorrichtungen und Erzeugnisse können beispielsweise Medikamente, medizinische Apparate und Vorrichtungen, wie beispielsweise Herzschrittmacher, künstliche Linsen oder Prothesen, oder auch ärztliche Instrumente, wie Skalpelle oder Katheter sein. So ist es beispielsweise denkbar, dass ein Herzschrittmacher dem Patent- oder Gebrauchsmusterschutz zugänglich ist, nicht jedoch das Verfahren zum Einsetzen des Herzschrittmachers in den Körper des Patienten.

103.1.3 Neuheit

Ein weiteres Erfordernis für das Entstehen des Patent- oder Gebrauchsmusterschutzes ist es, dass die Erfindung neu ist. Neu ist eine Erfindung dann, wenn sie nicht aus dem Stand der Technik bekannt ist.

Für Patente umfaßt der Stand der Technik im wesentlichen sämtliche Informationen, die vor dem für die Patentanmeldung relevanten Stichtag, der in der Regel dem Anmeldetag beim Deutschen Patent- und Markenamt oder beim Europäischen Patentamt entspricht, der Öffentlichkeit zugänglich gemacht wurden. Dabei spielt es keine Rolle, wo und wie die Informationen öffentlich zugänglich gemacht wurden. Ein Artikel im Internet ist ebenso als Stand der Technik zu werten wie eine Veröffentlichung, ein Vortrag, eine Vorführung eines Musters etc., Wesentlich ist, dass die Öffentlichkeit, also ein nicht beschränkter Personenkreis, die Möglichkeit hatte, von dem Inhalt der veröffentlichten Informationen Kenntnis zu erhalten. Ob dieser Personenkreis tatsächlich von dieser Möglichkeit Gebrauch gemacht hat, spielt keine Rolle [2].

Für Gebrauchsmuster ist der Stand der Technik enger gefaßt. Er umfaßt schriftliche Veröffentlichungen. Vorführungen der Erfindung sind nur dann Stand der Technik, wenn diese im Inland stattgefunden haben. Keinen Stand der Technik für Gebrauchsmuster bilden mündliche Offenbarungen, wie beispielweise ein Vortrag auf einem Kongreß. Wurde zu dem Vortrag ein Vortragsmanuskript verteilt, stellt dieses jedoch als schriftliches Dokument Stand der Technik dar.

Ein wesentlicher Aspekt bei der Bewertung der Neuheit eines Gebrauchsmusters ist die sogenannte Neuheitsschonfrist. Diese existiert bei Gebrauchsmustern, nicht jedoch bei nationalen und Europäischen Patenten. Danach gehört eine Beschreibung oder Benutzung der Erfindung durch den Gebrauchmusterinhaber nicht zum Stand der Technik, wenn dieser die Erfindung spätestens sechs Monate nach dem Zeitpunkt der Beschreibung oder Benutzung zum Gebrauchsmuster anmeldet. Wird beispielsweise auf einer Messe eine Erfindung ausgestellt, bildet diese Ausstellung keinen Stand der Technik, wenn der Aussteller die Erfindung innerhalb von sechs Monten nach dem Tag der Ausstellung zum Gebrauchsmuter anmeldet.

Bei der Prüfung, ob eine Erfindung neu ist, ist nach dem sogenannten Einzelvergleich vorzugehen. Dies bedeutet, die Erfindung ist mit nur jeweils einer Veröffentlichung zu vergleichen. Eine Kombination mehrerer Dokumente ist somit nicht zulässig [1, 2]. Unterscheidet sich die Erfindung auch nur in einem Merkmal von der Veröffentlichung, ist sie neu. Die Erfindung bezieht sich beispielsweise auf einen Stent mit den Merkmalen A (Durchmesser), B (Material) und C (Materialstärke). Im Stand der Technik existiert eine Druckschrift I, die die Merkmale A und B, nicht jedoch C offenbart. Des Weiteren existiert eine Druckschrift II, die Merkmal C offenbart, nicht jedoch die Merkmale A und B. Da nicht sämtliche Merkmale A bis C aus der Druckschrift I oder aus der Druckschrift II bekannt sind, ist die Erfindung sowohl gegenüber der Druckschrift I als auch gegenüber der Druckschrift II neu.

103.1.4 Erfinderische Tätigkeit / erfinderischer Schritt

Erfüllt eine Erfindung das Erfordernis der Neuheit, ist weiter zu prüfen, ob sie auf einer erfinderischen Tätigkeit (Patente) bzw. auf einem erfinderischen Schritt (Gebrauchsmuster) basiert. Trotz der unterschiedlichen Bezeichnungen dieses Schutzerfordernisses sind die Anforderungen an die Erfindungshöhe nach jüngster Rechtsprechung des Bundesgerichtshofes identisch. Dies bedeutet, Gebrauchsmuster sind im Hinblick auf die Frage, ob die darin offenbarte Erfindung eine ausreichende Erfindungshöhe aufweist, nach denselben Kriterien zu prüfen wie Patente.

Nach dem Gesetz basiert eine Erfindung auf einer erfinderischen Tätigkeit bzw. auf einem erfinderischen Schritt, wenn sie sich für den Fachmann nicht in naheliegender Weise aus dem Stand der Technik ergibt. Dabei wird üblicherweise zunächst der Stand der Technik ermittelt, der der Erfindung am nächsten kommt. Davon ausgehend wird eine Aufgabe formuliert, die sich für den Fachmann bei Kenntnis dieses nächstkommenden Standes der Technik ergibt [4].

In dem oben angegebenen Beispielfall sei die Druckschrift I, die die Merkmale A und B offenbart, der der Erfindung nächstkommende Stand der Technik. Ausgehend von diesem Stand der Technik stelle sich die Aufgabe, einen Stent dahingehend weiterzubilden, dass er eine große mechanische Festigkeit und gleichzeitig eine hinreichende Verformbarkeit aufweist. Werden diese Probleme in der Druckschrift II genannt und durch eine bestimmte Materialstärke (Merkmal C) gelöst, ist davon auszugehen, dass der Fachmann beide Druckschriften I und II kombiniert hätte, um die genannte Aufgabe zu lösen. Die Erfindung ist in diesem Beispielfall zwar neu, nicht jedoch erfinderisch.

Finden sich im Stand der Technik keine Hinweise auf die Lösung der Aufgabe, ist anzunehmen, dass die Erfindung für den Fachmann nicht auf der Hand lag und somit auf einer erfinderischen Tätigkeit bzw. auf einem erfinderischen Schritt basiert.

103.2 Entstehung von Patenten und Gebrauchsmustern

Voraussetzung für die Entstehung eines Patentes oder Gebrauchsmusters ist die Anmeldung der Erfindung beim Deutschen Patent- und Markenamt. Soll ein Europäisches Patent erlangt werden, ist die Erfindung beim Europäischen Patentamt anzumelden. Die formalen Erfordernisse, denen eine Anmeldung genügen muss, sowie die zu entrichtenden Gebühren sind bei beiden Patentämtern unterschiedlich.

Unabhängig davon, bei welchem Patentamt die Anmeldung eingereicht wird, ist jedoch wesentlich, dass die Erfindung in der Anmeldung vollständig und für einen Fachmann nachvollziehbar offenbart wird [1, 2].

Die Offenbarung der Erfindung erfolgt im allgemeinen in mehreren Ansprüchen, einer Beschreibung sowie ggf. in Zeichnungen, in denen die Erfindung näher erläutert bzw. dargestellt wird.

Besondere Beachtung verdient die häufig nicht einfache Formulierung von Ansprüchen. Im allgemeinen werden mehrere Ansprüche eingereicht, von denen der erste Anspruch, der sogenannte Hauptanspruch, die wesentlichen Merkmale der Erfindung enthalten muss. Enthält dieser Anspruch Merkmale, die der Erfindung zwar eigen sein können, die die Erfindung jedoch nicht zwingend aufweisen muß, weist das auf der Grundlage der Anmeldung erteilte Patent einen zu kleinen Schutzumfang auf und die Erfindung ist nicht in ihrer gesamten Tragweite geschützt. Da im Laufe des Prüfungsverfahrens aus dem Hauptanspruch nur in Ausnahmefällen Merkmale gestrichen werden können, kommt dessen Formulierung somit besondere Aufmerksamkeit zu [1, 2].

Häufig werden weitere Ansprüche, die sogenannten Unteransprüche, formuliert, die vorteilhafte Weiterbildungen der Erfindung, d. h. keine essentiellen, sondern bevorzugte Merkmale der Erfindung enthalten. Nebenansprüche sind wie der Hauptanspruch unabhängige Ansprüche, die weitere, selbständigen Erfindungen unter Schutz stellen.

Ein wesentlicher Gesichtspunkt besteht darin, dass die Erfindung in der Anmeldung vollständig offenbart ist, sei es in den Ansprüchen oder in der Beschreibung. Dies ist deshalb von Bedeutung, da einer Anmeldung im Laufe des Prüfungsverfahrens keine Merkmale hinzugefügt werden können. In dem oben genannten Beispielfall besteht die Erfindung in den Merkmalen A, B und C. Wurden bei der Einreichung der Anmeldung nur die Merkmale A und B, versehentlich nicht jedoch Merkmal C erwähnt, ist dieser Mangel im Prüfungsverfahren nicht mehr heilbar. Es ist in diesem Falle eine neue Anmeldung mit den Merkmalen A, B und C einzureichen. Dabei besteht allerdings der Nachteil, dass diese Anmeldung einen neuen Anmeldetag erhält und ihr damit unter Umständen ein umfangreicherer Stand der Technik entgegensteht.

103.2.1 Deutsche und Europäische Patente

Nach Einreichung einer Patentanmeldung beim Deutschen Patent- und Markenamt oder beim Europäischen Patentamt beginnt die sogenannte Formalprüfung. Bei dieser wird seitens des Amtes geprüft, ob die Anmeldung den gesetzlich festgelegten formalen Erfordernissen entspricht. Ist dies nicht der Fall, wird der Anmelder aufgefordert, den festgestellten Mangel durch Einreichung entsprechend überarbeiteter Unterlagen zu beheben.

Genügt die gegebenenfalls geänderte Anmeldung den formalen Erfordernissen, wird sie im allgemeinen 18 Monate nach dem für die Anmeldung relevanten Stichtag, der häufig dem Tag der Einreichung der Anmeldeunterlagen beim Amt (Anmeldetag) entspricht, seitens des Patentamtes veröffentlicht. Die Veröffentlichung der Patentanmeldung dient der Information der Öffentlichkeit über ein etwaiges künftiges Patent. Von Ausnahmen abgesehen wird jede Patentanmeldung vom Amt veröffentlicht. Verhindern kann dies der Anmelder auch auf Antrag nicht.

Von der oben genannten Formalprüfung sind die Recherche nach dem für die angemeldete Erfindung relevanten Stand der Technik sowie die inhaltliche Prüfung der Patentanmeldung zu unterscheiden.

Das Deutsche Patent- und Markenamt erstellt auf Antrag durch den Anmelder und das Europäische Patentamt von Amts wegen einen sogenannten Recherchenbericht. In diesem sind die Dokumente angegeben, die für die anmeldete Erfindung von mehr oder weniger großer Relevanz sind. Die Erstellung des Recherchenberichtes ist noch kein Teil des eigentlichen Prüfungsverfahrens.

Das Prüfungsverfahren muß durch den Anmelder durch Stellung des Prüfungsantrags innerhalb einer bestimmten Frist beantragt werden. Versäumt der Anmelder dies, geht die Patentanmeldung unter. Die Frist zur Stellung des Prüfungsantrags beträgt bei Deutschen Patentanmeldungen sieben Jahre ab dem Anmeldetag und bei Europäischen Patentanmeldungen sechs Monate nach der Veröffentlichung des Recherchenberichtes. Die siebenjährige und damit vergleichsweise lange Frist zur Stellung des Prüfungsantrages für eine Deutsche Patentanmeldung gibt dem Anmelder die Möglichkeit, den Markt zu beobachten und erst bei Auffinden einer vermeintlichen Verletzung durch Dritte den Prüfungsantrag zu stellen. Das Patent kann im Prüfungsverfahren in diesem Fall auf die Verletzungsform „zugeschnitten" werden, d. h. der Schutzbereich kann – wenn der Stand der Technik dies zulässt – derart gestaltet werden, dass die Verletzungsform vom Patent erfasst wird.

Bei der inhaltlichen Prüfung der Patentanmeldung geht das Patent- und Markenamt bzw. das Europäische Patentamt der Frage nach, ob die Patentanmeldung den oben genannten Patentierungserfordernissen der Technizität, der gewerblichen Anwendbarkeit, der Neuheit und der erfinderischen Tätigkeit genügt.

Bei der Prüfung auf Neuheit und erfinderische Tätigkeit wird entsprechend der obigen Ausführungen geprüft, ob sich der Hautanspruch und – soweit vorhanden – Nebenansprüche hinreichend weit von dem recherchierten Stand der Technik abheben. Ist dies nicht der Fall, fordert das Patentamt unter Fristsetzung den Anmelder auf, einen neuen Anspruch zu formulieren und gegebenenfalls auch die weiteren

Anmeldeunterlagen zu ändern, sofern dies erforderlich ist. Dabei besteht die übliche Vorgehensweise darin, den ursprünglich eingereichten Haupt- bzw. Nebenanspruch durch Aufnahme weiterer Merkmale aus dem Fundus der ursprünglich eingereichten Unterlagen (Beschreibung, Ansprüche, Zeichnungen) derart zu ergänzen, dass dieser die Patentierungserfordernisse erfüllt. Sofern dies gelingt, wird das Patent erteilt und eine Patentschrift erstellt und veröffentlicht.

Ist es hingegen nicht möglich, den Haupt- bzw. Nebenanspruch so zu ändern, dass er gegenüber dem Stand der Technik neu ist und auf einer erfinderischen Tätigkeit beruht, wird die Patentanmeldung vom Amt zurückgewiesen.

Die Patentschrift enthält die Ansprüche, Beschreibung und Zeichnung in der seitens des Patentamtes zugelassenen, erteilbaren Fassung. Mussten im Laufe des Prüfungsverfahrens die ursprünglich eingereichten Anmeldeunterlagen geändert werden, unterscheiden sich die Offenlegungsschrift, die stets die ursprünglich eingereichten Anmeldeunterlagen enthält, und die Patentschrift voneinander. Maßgeblich für den Schutzbereich sind die Ansprüche der Patentschrift.

Die maximale Laufzeit Deutscher und Europäischer Patente beträgt 20 Jahre ab dem Anmeldetag.

Während erteilte Deutsche Patente grundsätzlich nur Schutz in Deutschland entfalten, wirken Europäische Patente in den Ländern des Europäischen Patentübereinkommens, die der Anmelder im Laufe des Prüfungsverfahrens ausgewählt hat. Das Europäische Patent ist ein Bündelpatent, das nach seiner Erteilung in nationale Teile zerfällt, die in den ausgewählten Ländern Schutz entfalten. Somit bietet nicht jedes Europäisches Patent Schutz in allen Mitgliedsstaaten des Europäischen Patentübereinkommens, sondern stets nur in den seitens des Anmelders ausgewählten Ländern. Diese sind auf dem veröffentlichten Europäischen Patent angegeben.

In jedem dieser ausgewählten Länder hat der Anmelder nach der Erteilung des Europäischen Patents Jahresgebühren zu entrichten, um den entsprechenden nationalen Teil des Europäischen Patents aufrecht zu erhalten. Tut er dies nicht, geht dieser unter. Der Anmelder kann somit selbst entscheiden, in welchen Ländern sein Europäisches Patent wie lange Schutz entfalten soll. Ist das Europäische Patent beispielsweise für die Länder Italien, Frankreich und Deutschland erteilt und stellt der Anmelder nach einiger Zeit fest, dass der italienische Teil seines Europäischen Patents nicht mehr aufrechterhalten werden soll, kann er diesen dadurch aufgeben, dass er für diesen keine Jahresgebühren mehr entrichtet. Die weiteren nationalen Teile in Frankreich und Deutschland laufen davon unberührt weiter.

103.2.2 Gebrauchsmuster

Wie auch bei nationalen und Europäischen Patentanmeldungen wird auch nach der Einreichung einer Gebrauchsmusteranmeldung zunächst eine Formalprüfung durchgeführt.

Ist diese erfolgreich abgeschlossen, wird abweichend von der Vorgehensweise bei Patentanmeldungen jedoch selbst auf Antrag durch den Anmelder keine inhaltliche Prüfung des Gebrauchsmusters auf Neuheit und erfinderische Tätigkeit durchgeführt. Der Anmelder kann lediglich einen Antrag auf Durchführung einer Recherche nach einschlägigem Stand der Technik in Auftrag geben. Eine auf dem Recherchenergebnis basierende Prüfung, ob die in der Gebrauchsmusteranmeldung offenbarte Erfindung neu und erfinderisch ist, findet nicht statt [1, 3].

Nach positivem Abschluß der Formalprüfung wird das Gebrauchsmuster vom Deutschen Patent- und Markenamt eingetragen und am Tag der Eintragung veröffentlicht. Die Laufzeit eines Gebrauchsmusters beträgt maximal 10 Jahre ab dem Anmeldetag.

Vergleichbar mit den oben genannten Offenlegungsschriften wird ein Gebrauchsmuster mit den ursprünglich eingetragenen Anmeldeunterlagen veröffentlicht. Dies bedeutet, dass ein Gebrauchsmuster im Gegensatz zu einem Deutschen oder Europäischen Patent ein inhaltlich nicht geprüftes Schutzrecht darstellt. Der Anmelder sowie Dritte müssen sich gegebenenfalls nach Durchführung einer entsprechenden Recherche somit selbst ein Bild davon machen, ob und wenn ja in welchem Umfang sich der Gegenstand des Gebrauchsmusters vom Stand der Technik abhebt und somit schutzfähig ist.

103.2.3 Schutzrechte im Ausland

Zahlreiche Anmelder sehen sich mit der Frage konfrontiert, ob sie den Schutz für Ihre Erfindung nur für das Inland beantragen sollen oder ob Schutzrechtsanmeldungen auch im Ausland Sinn machen. Neben Kostengesichtspunkten spielt für die Beantwortung dieser Frage im Wesentlichen eine Rolle, in welchen Ländern Mitbewerber aktiv sind, die in der Lage sind, das betreffende Produkt herzustellen, und in welchen Ländern es einen Markt für das betreffende Produkt gibt. Besteht die Gefahr, dass das geschützte Produkt durch Mitbewerber beispielsweise in Deutschland, USA und China hergestellt wird und ist ein Absatzmarkt für das Produkt darüber hinaus insbesondere in verschiedenen europäischen Staaten, in Japan und Kanada vorhanden, macht es Sinn, Schutzrechte in all diesen Staaten anzumelden. Auf diese Weise kann die Herstellung des Produktes sowie dessen Vertrieb wirksam unterbunden werden.

Um gegebenenfalls Kosten zu sparen, kann es sinnvoll sein, die Erfindung nicht gleich in allen Ländern zum Schutzrecht anzumelden, in denen dies von Interesse sein könnte. Vielmehr ist es häufig ratsam, zunächst ein Gebrauchsmuster oder eine Deutsche Patentanmeldung einzureichen. Anschließend kann im Rahmen einer Recherche geklärt werden, ob zu der Erfindung relevanter Stand der Technik existiert bzw. ob ein schutzwürdiger Teil der Erfindung überbleibt, für den es sich lohnt, Schutzrechtsanmeldungen auch im Ausland vorzunehmen. Sollen Schutzrechtsanmeldungen auch im Ausland vorgenommen werden, sind diese innerhalb eines Jahres nach dem Anmeldetag des Gebrauchsmusters oder der Deutschen Patentanmeldung einzureichen. Die ausländischen Schutzrechte werden dann bezüglich des entgegengehaltenen Standes der Technik so gestellt, als wären Sie ebenfalls am Anmeldetag des Gebrauchsmusters oder der Deutschen Patentanmeldung eingereicht worden.

Alternativ zur Vornahme einzelner Schutzrechtsanmeldungen im Ausland besteht die Möglichkeit, eine sogenannte internationale Patentanmeldung einzureichen. Dies empfiehlt sich insbesondere dann, wenn zunächst noch nicht feststeht, in welchen Ländern Auslandsanmeldungen vorgenommen werden sollen. Die Einreichung einer internationalen Patentanmeldung gibt dem Anmelder zusätzliche Zeit, um diese Entscheidung fällen zu können. Aus der internationalen Patentanmeldung können innerhalb einer bestimmten Frist nationale oder regionale, wie beispielsweise eine US-Patentanmeldung oder eine Europäische Patentanmeldung abgeleitet werden, die sodann das übliche Erteilungsverfahren durchlaufen.

Nach Ablauf der Frist zur Ableitung nationaler oder regionaler Patentanmeldungen geht die internationale Patentanmeldung unter. Sie wird somit nicht etwa zu einem internationalen Patent. Es solches existiert nicht.

103.3 Vernichtung von Patenten und Gebrauchsmustern

103.3.1 Deutsche und Europäische Patente

Ein erteiltes Patent stellt für seine Laufzeit nicht zwingend ein unüberwindliches Hindernis dar, sondern ist durch Dritte angreifbar. Die dazu gesetzlich vorgesehenen Möglichkeiten sind das Einspruchsverfahren sowie das Nichtigkeitsverfahren.

a) Einspruchsverfahren
Deutsche und Europäische Patente können mit dem sogenannten Einspruchsverfahren angegriffen werden. Dritte müssen dazu innerhalb von drei Monaten nach Veröffentlichung der Erteilung eines Deutschen Patents bzw. innerhalb von neun Monaten nach der Veröffentlichung der Erteilung eines Europäischen Patents beim Deutschen Patent- und Markenamt bzw. beim Europäischen Patentamt Einspruch einlegen. Um den Einspruch mit Sicherheit fristgerecht einlegen zu können, empfiehlt es sich, relevante Patentanmeldungen auf ihre Erteilung zu überwachen.

Der Einspruch muß strengen formalen Erfordernissen genügen und ist ausführlich innerhalb der Einspruchsfrist zu begründen. Es empfiehlt sich daher, möglichst unmittelbar nach der Erteilung die denkbaren Einspruchsgründe zu ermitteln und Stand der Technik zu sichten, der dem erteilten Patent entgegenstehen könnte.

Häufiger Einspruchsgrund ist die fehlende Technizität, die fehlende gewerbliche Anwendbarkeit, die fehlende Neuheit oder die fehlende erfinderische Tätigkeit des Patents. Wird fehlende Neuheit oder fehlende erfinderische Tätigkeit geltend gemacht, empfiehlt es sich, Stand der Technik vorzulegen, der nicht bereits im Prüfungsverfahren des angegriffenen Patents gewürdigt wurde. Zwingend erforderlich ist dies jedoch nicht.

Daneben sind als Einspruchsgründe eine unzureichende Offenbarung der Erfindung, die sogenannte unzulässige Erweiterung sowie die widerrechtliche Entnahme vorgesehen.

Eine unzureichende Offenbarung der Erfindung liegt vor, wenn es einem Fachmann nicht möglich ist, die im dem Patent angegebene Lehre nachzuvollziehen. Stellt das Patent beispielsweise die Herstellung eines Werkstoffes unter Schutz und ist der Weg der Herstellung in dem Patent so lückenhaft dargestellt, dass ein Fachmann auch unter Zuhilfenahme seines Fachwissens nicht in der Lage ist, den Werkstoff herzustellen, ist die Lehre unzureichend offenbart und das Patent zu widerrufen.

Von einer unzulässigen Erweiterung wird gesprochen, wenn in dem Patent Merkmale enthalten sind, die in den ursprünglichen Anmeldeunterlagen nicht zu finden sind. Betreffen die ursprünglich eingereichten Anmeldeunterlagen beispielsweise einen Werkstoff mit den Merkmalen A, B und C, nicht jedoch mit Merkmal D, betrifft jedoch das erteilte Patent einen Werkstoff mit den Merkmalen A, B, C und D liegt eine unzulässige Erweiterung vor. Denn Merkmal D wurde offensichtlich im Laufe des Prüfungsverfahrens hinzugefügt, was nicht zulässig ist.

Der Einspruchsgrund der sogenannten widerrechtlichen Entnahme liegt vor, wenn die im dem Patent offenbarte Erfindung nicht vom Anmelder stammt, sondern von einem Dritten, von dem der Anmelder die Erfindung erfahren und sodann ohne dessen Einwilligung zum Patent angemeldet hat.

Wird im Rahmen des Einspruchsverfahrens festgestellt, dass der Einspruch begründet ist, wird das angegriffene Patent teilweise oder vollständig widerrufen. Mit dem Widerruf gelten die Wirkungen des Patents als von Anfang an nicht eingetreten.

b) Nichtigkeitsverfahren

Auch nach Ablauf der genannten Fristen zur Einlegung eines Einspruchs besteht für Dritte die Möglichkeit, ein störendes Patent anzugreifen. Dazu ist das sogenannte Nichtigkeitsverfahren vorgesehen, das durch Einreichen einer Nichtigkeitsklage beim Bundespatentgericht eingeleitet wird.

Da ein Europäisches Patent nach seiner Erteilung durch das Europäische Patentamt in nationale Teile zerfällt, kann dieses nicht in seiner Gesamtheit, sondern nur dessen Deutscher Teil durch eine Nichtigkeitsklage beim Bundespatentgericht angegriffen werden. Stören ausländische Teile des Europäischen Patents, sind diese durch entsprechende Verfahren vor den jeweiligen nationalen ausländischen Behörden anzugreifen. Mit dem Nichtigkeitsverfahren vor dem Bundespatentgericht können somit Deutsche Patente und Deutsche Teile Europäischer Patente angegriffen werden.

Die Gründe, mit denen ein Patent im Nichtigkeitsverfahren angegriffen werden kann, entsprechen denen des Einspruchsverfahrens. Hinzu kommt der Einwand der Erweiterung des Schutzbereichs, der dann vorliegt, wenn ein Patent insbesondere aus einem Einspruchsverfahren oder früheren Nichtigkeitsverfahren mit einem größeren Schutzbereich hervorgeht als es erteilt wurde.

Ein Nichtigkeitsverfahren wird durch Dritte häufig als Reaktion auf den Vorwurf des Patentinhabers eingeleitet, Dritte würden das Patent verletzen.

103.3.2 Gebrauchsmuster

Gebrauchsmuster sind durch sogenannte Löschungsverfahren angreifbar, die durch Antrag beim Deutschen Patent- und Markenamt eingeleitet werden. Da es sich bei Gebrauchsmustern um ungeprüfte Schutzrechte handelt, wird häufig zum ersten Mal im Löschungsverfahren festgestellt, ob das Gebrauchmuster gegenüber dem Stand der Technik Bestand hat.

103.4 Wirkung von Patenten und Gebrauchsmustern

Die wesentliche Motivation zur Anmeldung von Schutzrechten besteht darin, Dritte von der Benutzung der Erfindung auszuschließen oder Einnahmen dadurch zu erzielen, dass Dritte das Schutzrecht unter Zahlung einer Lizenzgebühr nutzen. Beides ist mit Deutschen und Europäischen Patenten sowie mit Gebrauchsmustern gleichermaßen möglich.

Kommt für den Schutzrechtsinhaber eine Lizenzierung seines Schutzrechtes nicht in Betracht, d.h. will er aus seinem Schutzrecht gegen den Verletzer vorgehen, hat er sich zunächst zu vergewissern, dass tatsächlich eine Verletzungshandlung vorliegt.

103.4.1 Feststellung einer Verletzungshandlung

Will der Schutzrechtsinhaber prüfen, ob Dritte sein Schutzrecht verletzen, hat er dessen Schutzumfang zu ermitteln. Sodann ist zu prüfen, ob die Ausführungsform des Dritten in den Schutzumfang fällt. Ist dies der Fall, liegt eine Schutzrechtsverletzung vor, gegen die der Schutzrechtsinhaber mit gerichtlicher Hilfe vorgehen kann.

Der Schutzumfang von Patenten und Gebrauchsmustern wird durch die Ansprüche definiert, zu deren Auslegung Beschreibung und Zeichnungen heranzuziehen sind. Maßgebliche Grundlage für den Schutzbereich sind somit die Ansprüche. Ausführungsformen und Erfindungen, die zwar in der Beschreibung und in den Zeichnungen offenbart sind, die durch die Ansprüche jedoch nicht gedeckt sind, sind nicht geschützt [1, 2, 3].

Zur Ermittlung des Schutzumfangs sind die Merkmale des oder der unabhängigen Ansprüche zu bestimmen. Betrifft der Hauptanspruch des Patents oder Gebrauchsmusters beispielsweise einen Werkstoff mit den Merkmalen A, B und C, fallen alle Werkstoffe unter den Schutzumfang, die sämtliche dieser in Merkmale und gegebenenfalls weitere Merkmale aufweisen. Ist eines oder sind mehrere Merkmale A, B, C weder in identischer noch in ähnlicher Weise verwirklicht, liegt keine Verletzung vor. So ist beispielsweise ein Werkstoff mit den Merkmalen A, B, C oder mit den Merkmalen A, B, C und D schutzrechtsverletzend, nicht jedoch ein Werkstoff, bei dem wenigstens eines der Merkmale nicht realisiert ist, wie zum Beispiel ein Werkstoff mit dem Merkmalen A, B, jedoch ohne Merkmal C.

103.4.2 Ansprüche des Schutzrechtsinhabers

Die Wirkung eines Deutschen Patents, des Deutschen Teils eines Europäischen Patents und eines Gebrauchsmusters sind im Wesentlichen identisch: der Schutzrechtsinhaber kann vom Verletzer die Unterlassung der verletzenden Handlungen sowie den Ersatz des Schadens verlangen, der durch die Verletzung des Schutzrechtes entstanden ist. Darüber hinaus wird häufig ein Anspruch auf Auskunft gewährt. Dieser soll den Schutzrechtsinhaber unter anderem in die Lage versetzen, den Umfang der verletzenden Handlungen festzustellen, damit er den eingetretenen Schaden bestimmen kann.

Der Unterlassungsanspruch ist häufig die schärfste Waffe des Schutzrechtsinhabers, denn es stellt für den Verletzer mitunter einen erheblichen Einschnitt dar, seine Aktivitäten einstellen zu müssen. Die Unterlassung bedeutet für den Verletzer nicht nur eine entsprechende Umsatzeinbuße, sondern ist unter Umständen auch mit einem erheblichen Imageverlust verbunden. Ob der Schutzrechtsinhaber von seinem Anspruch auf Unterlassung Gebrauch macht oder dem Verletzer eine Lizenz zur Nutzung des verletzten Schutzrechtes einräumt, bleibt ihm überlassen. Eine Wahlmöglichkeit besteht für den Verletzer des Schutzrechtes jedoch nicht, d.h. er kann sich nicht darauf verlassen, der Schutzrechtsinhaber werde ihm eine Lizenz zur Nutzung des Schutzrechtes erteilen. Mit dem Unterlassungsanspruch kann der Schutzrechtsinhaber dem verletzenden Dritten verbieten, den Gegenstand des Schutzrechtes herzustellen, anzubieten, in Verkehr zu bringen, zu gebrauchen sowie zu diesen Zwecken zu importieren oder zu besitzen.

Neben der Unterlassung kann der Schutzrechtsinhaber vom Verletzer Schadensersatz verlangen, sofern der Verletzer schuldhaft, d.h. mit Vorsatz oder fahrlässig gehandelt hat. Da die Rechtsprechung von jedem, der sich gewerblich betätigt, verlangt, dass er sich laufend über fremde Schutzrechte informiert, handelt im wesentlichen jeder, der dieser Informationspflicht nicht nachkommt, schuldhaft und macht sich somit schadensersatzpflichtig [1, 2].

Häufig verlangt der Schutzrechtsinhaber Schadensersatz in der Höhe einer üblichen Lizenzgebühr, was auch als Lizenzanalogie bezeichnet wird. Der Schadensersatz bemißt sich in diesem Fall nach der einfachen Formel Umsatz des Verletzers mit dem verletzenden Produkt x Lizenzsatz. Anstatt den Schadensersatz nach der Lizenzanalogie zu berechnen, kann der Schutzrechtsinhaber alternativ verlangen, dass ihm der Verletzer den durch die Verletzung erzielten Gewinn herausgibt oder dem Schutzrechtsinhaber dessen entgangenen Gewinn ersetzt. Dieses dreifache Wahlrecht ist gewohnheitsrechtlich anerkannt [1]. Dabei muß die Auskunft des Verletzers über die begangenen Verletzungen so umfassend sein, dass der Schutzrechtsinhaber den ihm entstandenen Schaden nach jeder dieser Berechnungsarten berechnen kann [1].

103.4.3 Geltendmachung der Ansprüche des Schutzrechtsinhabers

Ist der Schutzrechtsinhaber der Auffassung, dass eine Verletzung seines Schutzrechtes vorliegt, kann er Ansprüche aus seinem Schutzrecht geltend machen.

Dabei besteht die übliche Vorgehensweise darin, den Verletzer zunächst mit einer sogenannten Berechtigungsanfrage anzuschreiben und diesen darin um Mitteilung zu bitten, aus welchen Gründen der Verletzer der Auffassung ist, das Schutzrecht nicht beachten zu müssen. Unterwirft sich der Verletzer nicht bereits auf die Berechtigungsanfrage hin, folgt in einem nächsten Schritt die Verwarnung des Verletzers, wobei der Verletzer unter Fristsetzung und Androhung gerichtlicher Schritte aufgefordert wird, die verletzenden Handlungen einzustellen und durch Abgabe einer Unterlassungserklärung zu versichern, verletzende Handlungen in Zukunft nicht mehr vorzunehmen.

Bringt auch die Verwarnung des Verletzers nicht den gewünschten Erfolg, kann der Schutzrechtsinhaber Klage bei einem für Verletzungsstreitigkeiten zuständigen Landgericht einreichen. Im Erfolgsfalle kann der Schutzrechtsinhaber somit mit gerichtlicher Hilfe seine Ansprüche gegen den Verletzer durchsetzen.

Handelt es sich um die Verletzung eines Deutschen Patents oder eines Deutschen Teils eines Europäischen Patents kann sich der Verletzer vor Gericht nicht mit dem Argument verteidigen, das Patent sei nicht schutzfähig. Hält der Verletzer das Patent für nicht schutzfähig, etwa weil ihm Stand der Technik vorliegt, gegenüber dem das Patent aus seiner Sicht keinen Bestand haben kann, hat er Einspruch einzulegen oder Nichtigkeitsklage zu erheben und dabei den Versuch zu unternehmen, das Schutzrecht zu vernichten. Ist das Schutzrecht vernichtet, läuft das Verletzungsverfahren ins Leere, da dieses den Bestand des Schutzrechtes voraussetzt.

Handelt es sich jedoch um die Verletzung eines Gebrauchsmusters, besteht für den Verletzen sowohl die Möglichkeit, das Gebrauchsmuster in einem Löschungsverfahren anzugreifen, als auch die Möglichkeit, sich vor dem Verletzungsgericht mit dem Argument zu verteidigen, dass das Gebrauchsmuster keinen Bestand hat.

103.5 Literatur

1. Busse, Patentgesetz – Kommentar, 6. Auflage, Verlag De Gruyter Recht
2. Schulte, Patentgesetz mit Europoäischem Übereinkommen, 7. Auflage, Carl Heymanns Verlag
3. Kraßer, Ein Lehr- und Handbuch zum Deutschen Patent- und Gebrauchsmusterrecht, Europäischen und Internationalen Patentrecht, 6. Auflage, Verlag C.H. Beck
4. Richtlinien für die Prüfung im Europäischen Patentamt, herausgegeben vom Europäischen Patentamt.

104 Technologie-Management in der Medizintechnik

J. Nassauer, Th. Feigel

104.1 Innovation

104.1.1 Wirtschaftliche Bedeutung

In der Industrie wurde in den vergangenen Jahren ein besonderer Schwerpunkt auf die stetige Erhöhung von Qualität und Effizienz gelegt. Im Zeichen des globalen Wettbewerbes bedeutet hohe Produktivität aber nicht mehr unbedingt einen Wettbewerbsvorsprung, sondern wird zur Grundvoraussetzung, um wettbewerbsfähig zu bleiben. Unter diesen verschärften Marktgegebenheiten wird ein Wettbewerbsvorsprung vorwiegend durch Innovation und Geschwindigkeit erzielt. Dafür spricht die positive Entwicklung in der Medizintechnik. Die Hersteller medizinischer Produkte investieren rund 10% ihres Umsatzes in Forschung und Entwicklung. Im Durchschnitt wird 50% des Umsatzes mit Produkten erzielt, die jünger als 2 Jahre sind. Die Innovationskraft der Branche zeigt sich auch in einem stetigen Anstieg der Patentanmeldungen im medizinischen Bereich. Sie bildet die Grundlage für einen Export Deutschlands in Höhe von ca. 15 Mrd. DM und entspricht einem Marktanteil von 14% am gesamten Weltmarkt. Aufgrund der dynamischen technologischen Entwicklung in der Medizintechnik, des zunehmenden Wohlstandes und der Verschiebung der Alterspyramide wird der medizintechnischen Branche auch weiterhin eine positive Entwicklung vorhergesagt. Die prognostizierten Wachstumsraten liegen deutlich über denen anderer Branchen wie beispielsweise über bislang führende Produktbranchen wie Chemie und Maschinenbau. Interdisziplinäre Kooperationen erlauben Bündelungen von neuestem Wissen und von Kompetenzen. Dies findet statt auf individueller Projektbasis sowie durch gezielte Firmenakquisitionen auf industrieller Ebene. Günstige Entfaltungsmöglichkeiten von Innovationen können durch politische Rahmenbedingungen geschaffen werden: dazu zählen u. a. die Wettbewerbsorientierung der Wissenschaft, die Unterstützung von Start-Ups, z. B. aus Universitäten, der Aufbau von Innovations- und Gründerzentren, Standortmarketing, Netzwerke für Technologie-Transfer und eine leistungsfähige Infrastruktur für Telekommunikation.

104.1.2 Innovationsprozess

Der Innovationsprozess lässt sich in die Phasen Initiierung, Auswahl von Verfahren und Methoden, Durchführung der Entwicklung, Umsetzung im Unternehmen und erfolgreiche Markteinführung gliedern. Aus dieser Komplexität wird ersichtlich, dass Innovationen in der Regel nicht mehr von Einzelpersonen allein realisiert werden können.

104.1.3 Plattformen für Innovation

Aufgrund der beschriebenen Dynamik in der technologischen Entwicklung sowie den Innovationschancen in der Wirtschaft ist es erfolgversprechend, zur Initiierung zukünftiger Innovationen Kompetenzträger verschiedener Disziplinen und Branchen zusammenzuführen. Auf diesen Plattformen können sich durch Präsentation eigener Kompetenz, Austausch von Erfahrungen und Transfer von Ideen spontan Partner mit komplementärem Wissen finden, um neue Entwicklungen zielgerichtet und gemeinsam anzugehen. Für die Gestaltung derartiger Innovations- oder Technologie-Transfer Plattformen ist es essentiell, eine thematische Fokussierung zu wählen. Dabei ist es von grundlegender Bedeutung, das Spektrum von Technologien sowie die Anzahl der Teilnehmer zu optimieren. Des weiteren ist es entscheidend, Experten und potentielle Anwender, d.h. Partner entlang der Wertschöpfungskette zusammenzuführen. Darüber hinaus ist es wichtig, dass die einzelnen Teilnehmer ausreichend Wissen und ausreichende Erfahrung in ihren Fachdisziplinen aufweisen sowie eine eigene Vorstellung zukünftiger Vorhaben besitzen. Jedoch ist es von Bedeutung, dass für jeden Partner genügend Freiraum bleibt, eigene Ideen einzubringen, um *ownership* für das gemeinsame Projekt zu entwickeln.

104.2 Innovationsindikatoren

Es ist angebracht, zwischen Makro- und Mikroindikatoren zu unterscheiden. Makroindikatoren dienen zur Beurteilung des Innovationspotentials einer ganzen Region. Mikroindikatoren dienen zur Beurteilung einzelner Innovationsvorhaben. Für den medizinischen bzw. medizintechnischen Bereich werden aufgrund seiner Besonderheiten die Innovationsindikatoren zusätzlich erläutert.

104.2.1 Makroindikatoren

Als Makroindikatoren können folgende Punkte angeführt werden:

- Potential einer Region an sich schnell entwickelnden Technologien wie z. B. der Biotechnologie, der IT-Technologie, der Mikrosystemtechnik.
- Anzahl der Gründung von erfolgreichen Start-Ups aus Universitäten und wissenschaftlichen Institutionen.
- Performance von Organisationen und wissenschaftlichen Einrichtungen in High Tech Wettbewerben auf regionaler, nationaler und internationaler Ebene.
- Weiterentwicklung traditioneller Branchen, z. B. technische Textilien, technische Keramik und Maschinenbau, durch die Implementierung neuer Technologien zur Erschliessung neuer Geschäftsfelder und damit zur Erhöhung der Wettbewerbsfähigkeit.
- Anzahl und Leistungsfähigkeit von Firmen und wissenschaftlichen Institutionen und deren Bereitschaft, sich in überregionale Netzwerke für Innovation und Kooperation zu integrieren.
- Anzahl der Patentanmeldungen auf nationaler und internationaler Ebene.
- Konzentrierung von Venture Kapital sowie die Höhe ausländischer Investitionen.
- Ein professionelles Standortmarketing mit vielfältigen Kommunikationsschienen, einem fachlich ausgerichteten, internationalen Kongresswesen und dem proaktiven Kontaktieren von Entscheidungsträgern in Politik, Wirtschaft und Wissenschaft im internationalen Umfeld.

Ein wichtiger Faktor ist der bereits angesprochene Dreiklang von Politik, Wirtschaft und Wissenschaft, der durch langfristige Strategien in Technologie und Innovation Planungssicherheit für Firmen und wissenschaftliche Institutionen bietet und damit Vertrauen aufbaut. Diese langfristigen strategischen Massnahmen gehen weit über das hinaus, was verschiedentlich an kurzfristigen monetären Anreizen in verschiedenen Regionen Europas gewährt wird.

104.2.2 Mikroindikatoren

Als Mikroindikatoren können folgende Punkte angeführt werden.

- Klare Zielvorgabe für das Projekt und realistische Abschätzung des Marktpotentials.
- Finanzieller und zeitlicher Aufwand.
- Erfolgswahrscheinlichkeit in technischer und organisatorischer Hinsicht.
- Bereitschaft der finanziellen Beteiligung der mitwirkenden Partner.
- Kundeninteresse an der kommerziellen Verwertung des Ergebnisses.
- Innovationstiefe des Vorhabens als Perspektive für die Dauer des zu erwartenden zeitlichen Vorsprungs im Wettbewerb.

Indikatoren für die Medizintechnik orientieren sich an nationalen und internationalen Gegebenheiten der jeweiligen Gesundheitssysteme und der Märkte. Die Gesundheitssysteme sind national verschieden geprägt, dazu zählen auch die Zulassungsverfahren, die Märkte für Gesundheits- und Medizinprodukte sind global. Die Einführung von Neuerungen in einem Gesundheitssystem erfordert die Evaluierung des medizinischen und medizintechnischen Fortschritts auf volkswirtschaftlicher Ebene, in der die zu erwartenden Kosten dem prognostizierten Nutzen gegenübergestellt werden.

104.3 Technologie-Management in Wirtschaft und Wissenschaft

104.3.1 Beispiele für Technologie-Management in der Medizintechnik

Simulation der Strömungsvorgänge im Gehörgang
Bei der Therapie des Mittelohres kommt es in Folge der Spülvorgänge im Gehörgang zu Beeinflussungen des Gleichgewichtsorgans, die extreme Übelkeit verursachen können und vielfach zum Abbruch der Therapie führen. Durch Zusammenführen eines jungen Softwareunternehmens, ausgegründet aus der Universität Erlangen-Nürnberg, und der Universitätsklinik Jena wurde es möglich, die Strömungsvorgänge im Mittelohr zu simulieren. Grundlage bildeten Simulationsprogramme, die unter Berücksichtigung physikalischer Randbedingungen für verschiedenste strömungstechnische Abläufe in der Verfahrenstechnik entwickelt wurden. Durch die Weiterentwicklung der Simulation unter Berücksichtigungen der physiologischen Gegebenheiten des Mittelohres aus reellen Computertomographie-Datensätzen aus der Klinik gelang es medizintechnische Geräte signifikant zu verbessern. Durch Technologie-Transfer wurde somit die Therapie des Mittelohres – einer weit verbreiteten Erkrankung – deutlich verbessert.

Minimalinvasive Therapie von Kleinstgelenken
Arthrose ist eine der verbreitetsten Volkskrankheiten. Sie befällt zunehmend auch Finger- und Zehengelenke. Die Folge ist häufig ein chirurgischer Eingriff, der aufgrund der geringen Grösse der Gelenke auf traditionelle Weise durchgeführt wird und deshalb zu entsprechenden Liegezeiten und Kosten im Gesundheitswesen führt. Für die Entwicklung einer minimalinvasiven Therapie wurde ein mittelständisches Unternehmen mit hoher interdisziplinärer Entwicklungskompetenz mit einem Chirurgen als dem späteren Anwender zusammengeführt. Unter genauer Verfolgung der Operationsvorgänge wurde schliesslich ein System entwickelt, das eine absolute Weltneuheit darstellt: ein minimalinvasives Therapiegerät, mit dem Eingriffe in Kleinstgelenke, wie Zehen, Finger und Wirbel durch minimale Körperöffnungen von 1,1 mm durchgeführt werden können. Dies ist eine äusserst patientenschonende Methode, die zudem zu einer deutlichen Kostenreduktion in der Gesundheitsversorgung führt.

OP 2000

Die intelligente Kombination von Laser-, Video-, Computer- und Kommunikationstechnologie wird als richtungsweisender Weg angesehen, diagnostische und therapeutische Eingriffe zu optimieren. Im Konzept OP 2000 werden diese neuen Technologien in einem ambitionierten Entwurf für einen Operationssaal der Zukunft integriert, der klinisch vor allem die Anforderungen an eine moderne operative Tumortherapie berücksichtigt. Die Realisierung wurde in enger Zusammenarbeit von Medizinern und Naturwissenschaftlern mit der Industrie realisiert. Dabei wurden kommerziell verfügbare Geräte und Systeme nach eigenen Vorstellungen modifiziert und in ein neuartiges Konzept eines richtungsweisenden Operationssaales integriert.

104.4 Weiterführung der Medizintechnik zur Gesundheitstechnologie

Die wesentliche Chance der Weiterführung der Medizintechnik zu einer Gesundheitstechnologie liegt in der Einbindung neuer Technologien und der Integration der Informations- und Kommunikationstechnologie. Für die Entwicklung einer Gesundheitstechnologie gilt es, die komplexe Prozesskette *disease management* ' *evidence based medicine* ' Richtlinien ' Expertensysteme / Entscheidungsunterstützungssysteme zu realisieren, wobei die strategische, normative und operative Ebene eng miteinander verschmolzen sind. Unter *disease management* versteht man die geschlossene Prozesskette von Diagnostik, Therapie-Planung und Therapie-Durchführung. Diese umfasst auch die Zusammenarbeit von ambulanten Praxen und Kliniken und die Integration der Nachsorge in Rehabilitation und *homecare*.

Evidence based medicine sind diejenigen Erkenntnisse, Ergebnisse und Erfahrungen, die validiert sind und damit die Grundlage für spätere Richtlinien bilden. Richtlinien sind anerkannte, verbindliche Standards und Regeln in der medizinischen Versorgung, die bislang für einzelne Krankheitsbilder etabliert sind und kontinuierlich auf die gesamte medizinische Versorgung ausgeweitet werden. Bei der Erstellung von Richtlinien werden Ergebnisse klinischer Studien aus der Forschungs- und Entwicklungsphase von medizinisch-technischen Innovationen aus nationaler und internationaler Ebene verwendet.

Nach erfolgter medizinischer Versorgung können daraus resultierende Ergebnisse und Erkenntnisse in Datenbankstrukturen erfasst und zu Experten- und Unterstützungssystemen in der Entscheidungsfindung entwickelt werden. Mit diesem Detailwissen ist es dann in interaktiven Prozessen möglich, Richtlinien weiter zu entwickeln und somit einen entscheidenden Beitrag zu einem kontinuierlich hohen Qualitätsniveau in der medizinischen Versorgung zu leisten. Durch diese Prozesskette werden medizinische Normen auf der Basis von Evidence Based Medicine entwickelt und eingeführt. Expertensysteme führen durch ihr immanentes normatives Element zu einer Objektivierbarkeit der medizinischen Information. Die weltweite Vernetzung ermöglicht Partnern der medizinischen Versorgung ein gemeinsames Nützen von Kompetenzen und einem breiten Interessentenkreis den Zugang zu dieser Information als Entscheidungshilfe für die Auswahl der medizinischen Kompetenz für eine eigene bevorstehende Behandlung. Die Vorteile sind zu sehen in: Grösstmöglicher Nutzen für den Patienten bei gleichzeitiger Kosteneinsparung im Gesundheitssystem durch effiziente Anwendung vorhandener Daten und Informationen in Diagnose und Therapie.

104.5 Realistische Visionen für die wissenschaftliche Medizintechnik

Der Drang der Wissenschaft nach neuen, zunächst wertfreien Erkenntnissen wird auch in Zukunft ungebremst sein. Nach dem Gewinn neuer Erkenntnisse gilt es jedoch, das Machbare abzuwägen und die Anwendungen in industriell nutzbare Bahnen zu lenken. Bezüglich der Anwendung medizintechnischer Neuerungen sind neben technischen Schwierigkeiten die finanziellen Aspekte sowie insbesondere ethische Gesichtspunkte zu berücksichtigen. Dabei wird der Einsatz neuen medizinischen und medizintechnischen Wissens auch zukünftig am Ursprung des Lebens wie auch bei dessen Verlängerung besonders sensibel diskutiert werden.

Hinsichtlich der wissenschaftlichen Medizintechnik ist in erster Linie die Nutzung und Weiterentwicklung des jetzigen Wissens der Bio- und Gentechnologie zu erwarten. So sollte es in Zukunft in grösserem Mass möglich sein, Erbkrankheiten durch Methoden der Gentechnik zu vermeiden bzw. zu beheben, das Zusammenwirken verschiedener Faktoren für die Entstehung bestimmter Krebsarten und von Herz-/Kreislauferkrankungen auch mehr quantitativ zu bestimmen und neue Therapien zu entwickeln. Hierzu sollte auch das Design neuer Pharmazeutika auf der Basis gentechnischer Information zählen sowie deren Kombination mit Vektoren, die die Wirkstoffe gezielt in die erkrankten Zonen dosieren.

Bezüglich der physikalischen Medizintechnik ist davon auszugehen, dass die Telematik im Gesundheitswesen noch mehr an Bedeutung gewinnen wird. Diese Optionen werden weltweit eine Verbesserung der Behandlung und Betreuung von Patienten und eine Erhöhung der Effizienz in der Gesundheitsversorgung bewirken.

In längerfristigen Ansätzen in der Medizintechnik dürfte sicherlich das Ziel verfolgt werden, aus den heutigen Erkenntnissen der Genomanalyse das vernetzte Zusammenwirken der Gene zu entschlüsseln. In Verbindung mit hochleistungsfähigen Rechnersystemen sollte es schrittweise möglich werden, die physiologischen Abläufe im Körper sowie die psychische Konstitution des Menschen immer mehr auf molekularer Ebene zu verstehen. Dazu wird es notwendig werden, vollkommen neue Sensoren und Indikatoren zu entwickeln. Wenn diese gesamtphysiologischen Vorgänge einmal noch besser erforscht sind, eröffnen sich auch neue Chancen hinsichtlich der Herstellung und Implementierung von Biomaterialien. Es sollte dann möglich sein, nicht nur deren Werkstoffeigenschaften durch finite Elementemethoden zu simulieren, sondern auch die Wechselwirkung mit dem Organismus aufgrund der vorliegenden molekularen Erkenntnisse vorhersagen zu können, um z. B. allergische Reaktionen oder gar Abstossungsreaktionen weitgehend zu beherrschen.

Der Fortschritt in der Medizintechnik wird in Verbindung mit weltweiter Vernetzung durch das Internet auch seinen Preis haben. Es ist eine stärkere Differenzierung zwischen einer medizinischen Grundversorgung im Rahmen eines von der Allgemeinheit getragenen Gesundheitssystemes und eines freien Marktes für hochspezifische medizinische Leistungen zu erwarten. Die Herausforderung wird sein, die medizinische Grundversorgung auch zukünftig im internationalen Vergleich auf einem führenden Standard zu halten. Sie bildet die Voraussetzung für weitere Spitzenleistungen in der Medizintechnik, die wiederum eine positive Rückkoppelung auf das Niveau der medizinischen Grundversorgung ausüben wird.

105 KTI Initiative Medtech

G. Bestetti

Um die Anliegen, Interessen und Ziele der KTI[1] Medtech Initiative des Schweizer Bundes besser zu verstehen, soll der Blick etwas ausgedehnt werden, und zwar auf das wirtschaftliche Umfeld der Schweiz, welches auf die Entwicklung der Branche der Medizintechnologie Einfluss hat.

105.1 Medizintechnik in der Schweiz

In der Schweiz sind mehr als 600 Firmen angesiedelt, welche im Bereich Medizintechnik tätig sind, sie sind in vielen Fällen sogar globale Technologieführer in ihren Märkten. Die Schweizer Medtech Industrie ist, relativ gesehen, weltweit die grösste und die am breitest gefächerte. Nicht zuletzt durch ihre geographische Lage, umgeben von Frankreich, Deutschland und Italien, liegt die Schweiz im Zentrum eines der führenden High-Tech Produktions- und Life Science Zentren der Welt.

105.1.1 Aspekte der Schweizer Wirtschaft

- Die Schweiz bietet hochentwickelte, wissenschaftliche Rahmenbedingungen, welche in Spitzenkompetenzen in Life Sciences, d.h. Pharma/Biotechnologie, Medizintechnik und Gesundheitswesen resultieren.
- Zudem bietet die Schweiz hochqualifizierte Arbeitskräfte, welche sehr qualitätsbewusst und erfahren im Umgang mit Präzisionstechniken sind. Beides wirkt sich äusserst positiv auf die Produktivität aus, bei welcher die Schweiz mit den stärksten Ländern dieser Welt mithalten kann.
- In der Schweiz ist Swissmedic, das Schweizerische Heilmittelinstitut, die einzige Anlaufstelle für sämtliche Bewilligungen und Lizenzen für die Produktion, Gross- und Einzelhandel für Arzneimittel.

---

1 KTI = Kommission für Technologie und Innovation

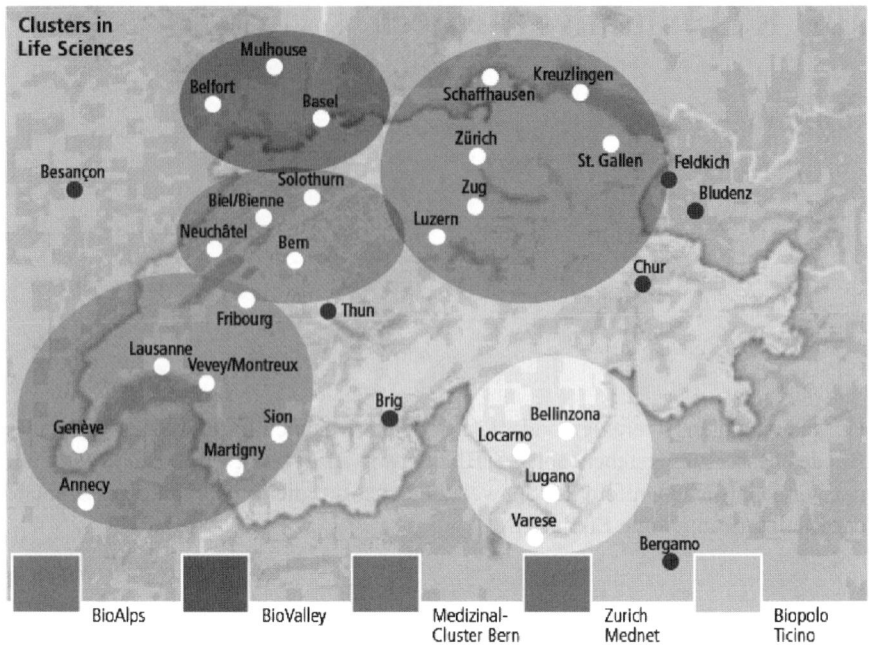

Abb. 105.1 Life Science: Schweizer Cluster

- Es existiert in der Schweiz ein sehr gut entwickeltes Instrument, die KTI (siehe Kapitel 2), welches die Forschung und Industrie verbindet.
- Das günstige steuertechnische Umfeld mit allgemein moderater Besteuerung ist ein Hauptvorteil eines Geschäftsitzes in der Schweiz. Der maximale Steuertarif auf dem Unternehmensgewinn vor Steuer lag im Jahre 2004 bei 24.1%. [1]
- Der Finanzplatz Schweiz bietet eine grosse Auswahl an Venture Capital sowie privatem Beteiligungskapital.
- Das stabile rechtliche und politische System ist ein begünstigender Faktor für jegliche unternehmerische Tätigkeit.

105.1.2 Clusters

Cluster sind regionale Netzwerken und Wertschöpfungsketten zwischen verschiedenen Akteuren (Unternehmen, Lieferanten, Kunden und/oder Wissensorganisationen). Die Nutzung komplementären Wissens innerhalb von Clustern trägt zu innovativer Wertschöpfung bei und schafft somit für die Region einen entscheidenden wirtschaftlichen Mehrwert. Sie gehen aus Marktprozessen hervor, können aber gezielt durch Einflussnahme auf das institutionelle und regulatorische Umfeld gefördert werden.

105.1 Medizintechnik in der Schweiz

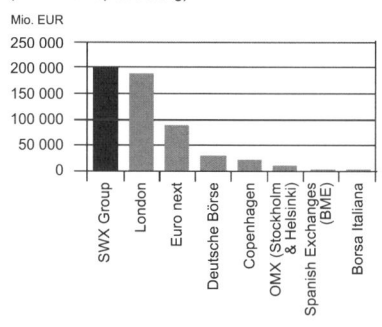
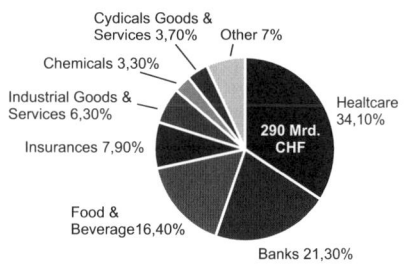

Abb. 105.2 Börsenplätze und Sektorengewichte an der SWX

Es existieren heute vier etablierte für die Medizintechnik relevante regionale Cluster:

- Bio Valley Basel, the Life Science Network
- Medical Cluster Berne
- Zurich MedNet, Life Science Cluster Greater Zurich Area
- BioAlps, Lake Geneva BioCluster

105.1.3 Medizintechnik: Bedeutung für den Wirtschaftsstandort Schweiz

Die Sektorenkonzentration im Bereich Life Science entstand aus einer langen regionalen Industrietradition, grossen Investitionen in Forschung und Entwicklung, sowie einer intensiven Förderung des Technologietransfers.

Der Finanzplatz Schweiz hat nicht nur die notwendige Grösse und die erforderliche Kapazität für den erhöhten Finanzbedarf dieser Branche, sondern verfügt auch über Investoren, die ein ausgeprägtes Know-how für die Einschätzung von Titeln dieses Sektors besitzen. Die an der SWX kotierten Life-Sciences-Firmen werden von den Research-Abteilungen von über 60 Banken und Brokerhäusern abgedeckt. Die günstigen Voraussetzungen für diese Branche spiegeln sich auch in einer fairen Marktbewertung wider. Die Market Multiples der Schweiz im Bereich Pharma, Bio- und Medtech sind im europäischen Vergleich führend und ebenso hoch wie in den USA.

Die Beziehung zwischen der Life-Sciences-Branche und ihren Investoren ist in der Schweiz unverkrampft, höchst professionell, effizient und optimal eingespielt, was sich in den vielen erfolgreichen IPOs in diesem Sektor zeigt.

Life Sciences bilden nicht nur einen der grössten Industrie- und Exportzweige der Schweiz, sondern repräsentieren mit 290 Mrd. CHF rund einen Drittel der Gesamtmarktkapitalisierung der SWX (auf Basis des Streubesitzes) [2]. Obwohl sich der Bereich Healthcare und somit der Anteil des Medtech enorm entwickelt, wird er bis heute nicht als eigenständiger Wirtschaftszweig dargestellt.

105.2 KTI Medtech Initiative

In der Schweiz ist der Bund durch die geltende Verfassung verpflichtet, die wissenschaftliche Forschung zu fördern (Forschungsartikel der Verfassung, Art. 64); er fördert darüber hinaus bereits heute die Innovation.

Unter Innovation wird die Umwandlung von wissenschaftlichen Erkenntnissen in neue Technologien, Produkte und Dienstleistungen verstanden.

Die KTI/CTI ist die Förderagentur des Bundes für Innovation. Getreu ihrem Credo „Science to Market" soll neues Wissen aus den Labors umgesetzt und auf den Markt gebracht werden.

So wird die Forschung und Entwicklung zwischen Hochschulen und Unternehmern effektiv gefördert; ein „Bundes-Franken" löst ca. 1.5 Franken zusätzliche Investitionen der Wirtschaft aus.

Die Fördertätigkeit der KTI umfasst vier Themengebiete:

- Unternehmertum ("Entrepreneurship")
- Life Science
- Nanotechnologie und Mikrosystemtechnik
- Informations- und Kommunikationstechnologien

Diese Themengebiete sind in weitere acht Bereiche unterteilt worden:

- Life Science
- Enabling Sciences
- Nanotechnologie und Mikrosystemtechnik
- Ingenieurwissenschaften
- KTI – Fachhochschulen
- ISA – Innovation for successful Ageing
- Start-up/Entrepreneurship
- Internationales

Der Bereich Life Science unterteilt sich nochmals in Biotech (Biotechnologie), Medtech (Medizintechnik), Food and Agricultural.

Die folgenden Ausführungen treffen, sofern nicht ausdrücklich anders erwähnt, nur auf den Bereich Medtech zu.

105.2.1 Struktur und Inhalte

Die wirtschaftlichen Gegebenheiten für eine im Bereich der Medizintechnik tätigen Unternehmung in der Schweiz sind äusserst vorteilhaft. Die traditionelle und hochqualitative medizinische und klinische Tradition des Landes spielt eine entscheidende Rolle.

Zudem haben die alteingesessenen traditionellen Uhrenmanufakturen über die Zeit ein grosses Know-How in Präzisionsmechanik und Mikrosystemtechnik entwickelt. Hinzu kommt die Qualitätskultur des Landes, das praxisorientierte Bildungswesen und die optimale Finanzlage der Schweiz.

Alle diese Faktoren haben die erfolgreiche Entwicklung des Bereiches Medizintechnik auf eine ausserordentliche Weise begünstigt und gefördert.

Heute sind rund 600 Unternehmungen in der Schweiz – etwas über die Hälfte sind KMUs – im Bereich Medizintechnik tätig und produzieren vielfach High-Tech Produkte mit einer hoher Wertschöpfung.

Die Schweizer Medtech-Situation in Kürze:

Unternehmen	600	
Arbeitnehmer	> 40'000	
Kapitalisation an CH Börse	> 50 Milliarden US$	
Markt Schweiz	1,5 Milliarden US$	
Export Schweiz	6.6–7 Milliarden US$	Wachstum/Jahr: 4–6%
Markt EU	65 Milliarden US$	Wachstum/Jahr: 5–8%
Markt Welt	200 Milliarden US$	Wachstum/Jahr: 7–9%

Daraus ergibt sich unter anderem eine Kennzahl, die weltweit seinesgleichsucht: 1 Medtech Unternehmen je 12'000 Einwohner! Das Potential, die bereits bedeutende Position im Medtech-Markt zu stärken und weiter auszubauen ist gegeben. Gerade darum will die KTI Medtech hier Hand bieten, Innovationen zu fördern, indem die Zusammenarbeit der Unternehmer und Wissenschaftler zustande kommt und ein Know-How Transfer ermöglicht wird.

105.2.1.1 Ziele

Die KTI Medtech Initiative hat vier Hauptziele:

1. Die Innovation und die Wettbewerbsfähigkeit des Medizintechnologie Sektors in der Schweiz zu unterstützen und zu fördern
2. Den Know-How-Transfer zwischen Forschung und der im Medtech-Bereich aktiven Unternehmungen, Start-ups und KMU's zu stimulieren
3. Die Schaffung von qualifizierten Arbeitsplätzen
4. Einen Beitrag zur Erhöhung des Brutto-Inland-Produktes zu leisten

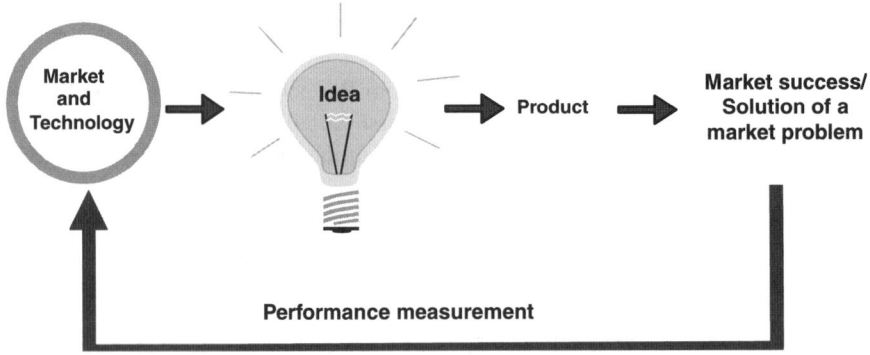

Abb. 105.3 Der Innovationsprozess (Grafik von G.E. Bestetti, KTI Medtech)

105.2.1.2 Strategie

Die KTI Medtech Initiative will klar neue innovative Projekte stimulieren, welche für die Wettbewerbsfähigkeit der Schweizer Wirtschaft bedeutend sind. Mit anderen Worten: die Projekte müssen Produkte anvisieren, welche auf dem Weltmarkt grosse Erfolgschancen haben.

Es entspricht daher der Strategie, dass nur innovative Entwicklungsprojekte mit realistischen Marktchancen unterstützt werden.

Diese Unterstützung wird nicht nur in finanzieller Form, sondern auch in Form von „Hearings" und intensivem „Coaching" des Projektteams vor, während und nach Abschluss des Projektes geleistet; die Medtech-Spezialisten bieten sich den Unternehmungen als neutrale Moderatoren an, welche bei Bedarf von der Konzeptidee bis zur Umsetzung im Markt mit Rat und Tat zur Seite stehen.

Innovation ist das Ziel der KTI Medtech Initiative; damit will die Initiative neue Ideen und Erfindungen in erfolgreichen Produkten umsetzen.

Auch betriebsinterne Erfahrungen sowie von Patienten und Ärzten festgestellte medizintechnische Probleme können neue Projekte auslösen (Problemlösungsansatz). Wichtigstes Element ist der Austausch zwischen den interessierten Unternehmen und der Forschung/Hochschulen, damit dieser Push/Pull Effekt zum Tragen kommt; erst die Zusammenarbeit dieser beiden Parteien in gemeinsamen Projekten garantiert die Chance auf ein ausgereiftes Projekt, dass durch den KTI gefördert und unterstützt werden kann.

Der Innovationsprozess ist der Weg von der zündenden Idee zu einem innovativen Produkt auf dem globalen Markt.

Auf diesem Weg liegt so mancher Stolperstein, wie zum Beispiel aufwendige Zertifizierungen sowie Tests für die Produktezulassungen und so weiter; dies kann kleine und mittelgrosse Unternehmen mit limitierten Ressourcen vor grosse Probleme stellen.

Die KTI bietet auch weitere Zusammenarbeit und Schnittstellen für weitere KTI Projekte, speziell mit Start-up Unterrnehmen, welche ihrerseits im Rahmen der

105.2 KTI Medtech Initiative

Forschungsförderung des Bundes gefördert werden können. Nicht zuletzt auf diese Weise wird der Know-How Transfer zwischen Unternehmungen und der Hochschulen noch intensiviert.

Strategische Ziele

- Neue Medtech Projekte generieren, um die Zahl der qualifizierten Arbeitsstellen in der Schweizer Medizintechnologie zu erhöhen
- Ungelöste medizintechnische Probleme von Universitätsspitälern, Kliniken und Arztpraxen finden, um neue Projekte zu stimulieren
- Das medizintechnologische Know-How der Institute, welche im Bereich der Forschung und Entwicklung tätig sind, verfolgen und beobachten, damit es den Unternehmen und Schulen zur Verfügung gestellt werden kann
- Mit anderen KTI Initiativen zusammenarbeiten
- Intensive Kommunikation praktizieren

105.2.1.3 Umsetzungsmassnahmen

Die KTI arbeitet bei der Umsetzung mit der Methode des Projektmanagements. Das Reporting vom Hauptgesuchsteller zur KTI setzt 3 Monate nach Projektbeginn ein und wird alle 3 bis 6 Monate wieder fällig. Zusätzlich zu den Projektreports muss jährlich ein finanzieller Zwischenbericht verfasst werden. Bei Projektabschluss muss der KTI ein Schlussbericht mit Umsetzungsplan und ein finanzieller Schlussbericht vorgelegt werden. Darauf folgt ein Umsetzungsaudit.

Während des Projektes werden Hearings mit dem Projektteam abgehalten. Diese sind wichtige Controlling- und Coaching-Instrumente, welche das Team darin unterstützen sollen, das Projekt in den richtigen Bahnen zu halten und das Vorhaben kritisch zu betrachten.

Bei den meisten Projekten wird die Finanzierung bis zum Datum des Hearings gewährleistet; über die Fortsetzung der Finanzierung wird basierend auf den Ergebnissen des Hearings entschieden („go"-/„no go"-Entscheidungen).

Der Hauptaugenmerk während des gesamten Projektes liegt auf folgenden Punkten:

- klare Produktorientierung
- Einhaltung des Projektsplanes
- kontinuierliche Risiko-Analyse
- realistische Chancen des Entwicklungsprojekts auf dem Markt

Vor Projektbeginn oder spätestens 3 Monate danach müssen die Projektparteien der KTI eine Vereinbarung der beiden Projektparteien vorlegen, worin die wirtschaftliche Nutzung von Projektergebnissen, die einerseits das vorbestehende geistige Eigentum abgrenzt, das Vorgehen bei Patentanmeldung, Geheimhaltungspflicht, Veröffentlichungsrechte, Entschädigung des Hochschulpartners, Verantwortlichkeit, Gewährleistung und Haftung der Projektpartner regelt. Auf diese Weise soll sichergestellt werden, dass zwischen den Projektpartnern die komplexe Problematik des IPR's (Intellectual Property Rights) gelöst ist.

KTI Projekte können auch die weitere Zusammenarbeit und Schnittstellen mit anderen Projekten nutzen, speziell die Zusammenarbeit mit den Start-up Unternehmen, welche im Rahmen des Schweizer Nationalfonds vom Bund gefördert werden, was wiederum den Know-How-Transfer zwischen den Unternehmen und der Hochschulen fördert.

Der Schweizer Nationalfonds ist die wichtigste Schweizer Institution zur Förderung der wissenschaftlichen Forschung und stärkt die Forschungstrukturen und die Position der Schweiz in strategisch wichtigen Bereichen. Im Gegensatz zur KTI wird hier in allen akademischen Disziplinen (von Philosophie über Biologie und Medizin) hauptsächlich die Grundlagenforschung gefördert.

105.2.1.4 Bedingungen zur Förderung durch KTI

Die Bedingungen zur Förderung eines Projektes durch die KTI sind folgende:

- Das Projekt muss einen hohen Innovationsgrad aufweisen
- Das Projekt muss gleichzeitig produkt- und marktorientiert sein
- Ein Businessplan muss in der Regel beigelegt werden
- Zusammenarbeit zwischen Hochschulen (Universitäten, ETH's, Fachhoschulen) und Unternehmen
- Es muss ein professioneller Projektplan mit klaren Meilensteinen vorliegen (Steuerungs- und Controlling-Instrument!)
- Die Finanzierung des Projektes durch den Industriepartner muss mindestens 50% betragen. Die KTI unterstützt finanziell nur die aF&E Projektpartnern, und weitgehend in Form von Salären
- Der Marktzugang muss gegeben sein

Die detaillierten Bedingungen zur Projektförderung durch die KTI sind auf der Internetseite des KTI (www.kti-cti.ch) in den entsprechenden Dokumenten hinterlegt.

105.2.2 Zielerreichung

Die Startphase der KTI Medtech Initiative war 1998/99; in die heutige Form (Struktur und Organisation) wurde sie Ende 1999 gebracht.

Die Bundesbeiträge beliefen sich damals auf 11 Millionen Franken, dank dem Engagement der Industrie wurde dadurch fast 31 Millionen Franken für Forschung und Entwicklung ausgelöst. Allein im Jahr 2000 wurden 45 Beitragsgesuche gestellt. Das zeigt auf beeindruckende Weise, welche Erwartungen die Unternehmen im Bereich der Medizintechnologie der KTI gegenüber hegten.

105.2 KTI Medtech Initiative

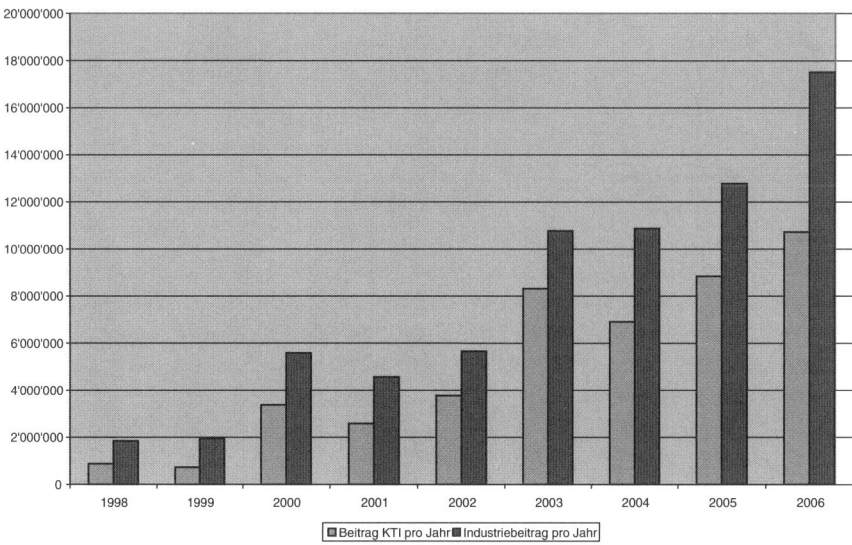

Abb. 105.4 KTI Fördergelder sowie Industriebeiträge, Quelle: KTI Medtech

Die Medtech Initiative war vorerst nur für drei Jahre geplant. Die Medtech Initiative existiert noch heute, was als erster Hinweis auf ihre Nachhaltigkeit und als sicherer Indikator betreffend ihrem ständig zunehmenden Erfolg gedeutet werden darf.

Das KTI Medtech Team besteht aus vier fachlich und unternehmerisch bestens ausgewiesenen Experten, die an den Schweizer Hochschulen oder in der Privatwirtschaft tätig sind und beruflich kein Interessenkonflikt mit ihrer Rolle in der KTI haben.

Eine ganz wichtige Komponente der Medtech Initiative ist der Back-Office, der nach schlanken Prozessen und im engen Kontakt mit den Experten und mit dem Leiter der Initiative seine unerlässliche administrative und „enabling" Rolle wahrnimmt.

105.2.2.1 Der Erfolg der KTI Medtech Initiative

Die KTI verlangt für die Bewilligung von Fördergeldern (siehe 48.2.1.4), dass die finanzielle Beteiligung des Industriepartners mindestens 50% der Projektkosten betragen muss. Aus der Tabelle geht deutlich hervor, dass die Beteiligung des Industriepartners in der Regel bis gegen 60% geht. Dieses starkes Engagement des Industriepartners ist positiv zu bewerten, denn es bedeutet, dass die Industriepartner sich über das erforderliche Minimum hinaus verpflichten, nicht zuletzt auch darum, weil sie nebst dem Projekt selber von den sich daraus ergebenden Synergieeffekten profitieren können.

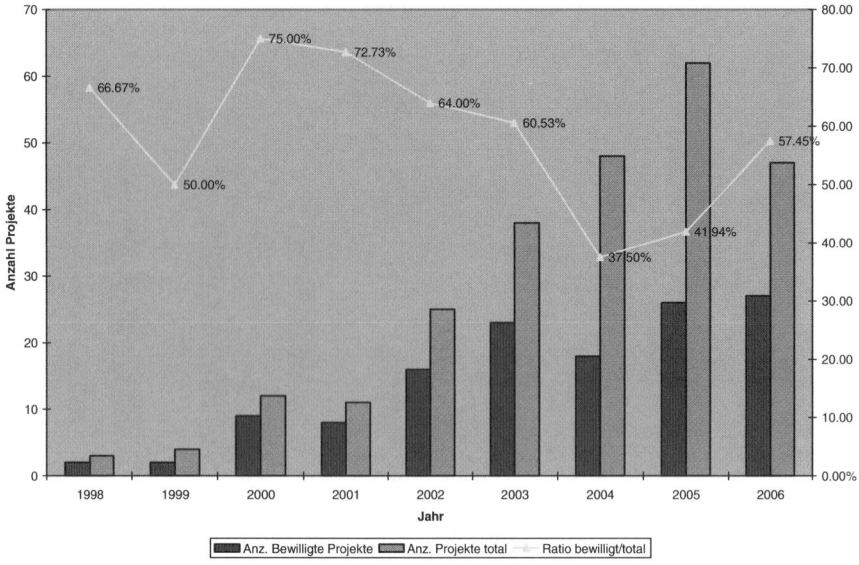

Abb. 105.5 Verhältnis bewilligte vs eingereichte Projekte [4]

Ebenfalls immer ein interessanter Wert ist die Rate der Projektanträge, welche bei der Prüfung durchfallen und in der Folge nicht bewilligt werden.

Während der letzten 6 Jahre sind total 243 Anträge gestellt worden, davon wurden insgesamt 116 abgelehnt. Das heisst, dass praktisch jeder zweite Antrag auf Fördergelder positiv beantwortet worden ist.

Äusserst beeindruckend hingegen ist die Tatsache, dass in den letzten 6 Jahren von den 127 bewilligten Projekten nur ein Projekt im Jahre 2000 sowie zwei weitere Projekte im Jahr 2006 respektive 2007 gestoppt werden mussten. Nebst den strengen Auflagen des KTI zeugt diese Tatsache von einer überragenden Qualität der Arbeit des Entscheidungsgremiums, welches im Umgang mit den Steuergeldern der Schweizer Bürger äusserst bedacht vorgeht.

Die KTI – die Förderungsagentur des Schweizer Bundes im Bereich der Medizintechnologie, ist nach Zielen, Strategien, Massnahmen und Aktivitäten bereits mehrere Male analysiert und überprüft worden, auch von internationalen „Peer Reviewers Committees". Die Frage nach der Existenzberechtigung dieser Einrichtung wurde jeweils äusserst positiv beantwortet.

Die Innovation und die Wettbewerbsfähigkeit des Medizintechnologie-Sektors in der Schweiz wird unterstützt und gefördert; es wird mehr in die Forschung am Standort Schweiz investiert und die Unternehmungen haben weitere Projekte mit der KTI Medtech Initiative geplant.

Der Know-How Transfer zwischen Forschung und der im Medtech-Bereich aktiven Unternehmungen, Start-ups und KMU's werden stimuliert; es ist eine höhere Bereitschaft und der Wille vorhanden, Kooperationen mit der Wirtschaft einzugehen.

105.2 KTI Medtech Initiative

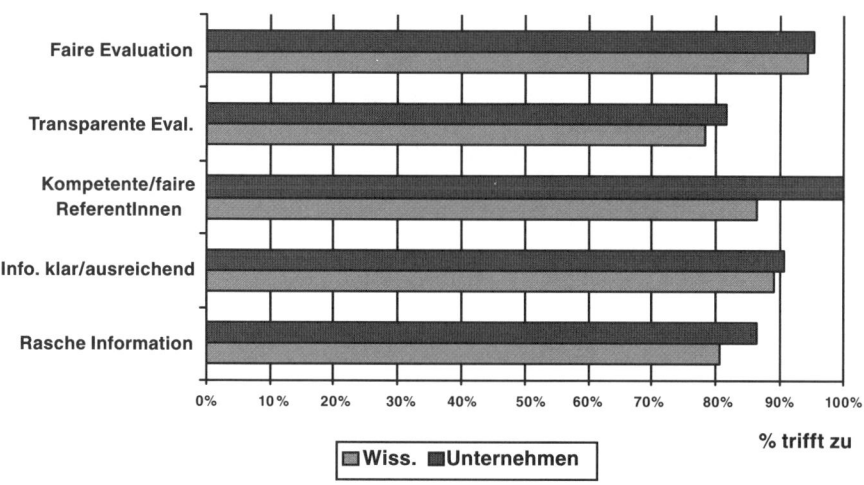

Abb. 105.6 Auszug Schlussbericht Evaluation KTI Medtech Initiative 2005

Im Zuge einer externen Evaluation, welche 2005 abgeschlossen worden ist, wurde auch das Begutachtungsverfahren für die Projektanträge durch die Kunden (Wissenschaftler und Unternehmer) quantifiziert:

Wie der Grafik zu entnehmen ist, geniesst das Expertenteam der KTI Medtech Initiative ein hohes Ansehen bei den Kunden. Dieses hervorragende Resultat steht stellvertretend für die gesamte Evaluation, welche ebenfalls äusserst positiv zu Gunsten der KTI Medtech Initiative ausgefallen ist. Zu den Punkten „faire Evaluation" und „rasche Information" ist es zu vermerken, dass weniger als 6 Wochen zwischen Beantragung des Gesuches und Teamentscheidung vergehen. Es ist dem Leitungsteam der KTI Medtech Initiative gelungen, das Vertrauen der Unternehmen und Wissenschaftler in die kompetente und faire Beurteilung der eingegangenen Projektanträge für Fördergelder zu gewinnen sowie klar, ausreichend und möglichst schnell zu informieren. Schliesslich sind Vertrauen und Transparenz die optimale Basis für eine gute Zusammenarbeit.

Aus den von der KTI Medtech Initiative geförderten Projekten sind unzählige Erfolgsgeschichten mit grossen und kleinen Schweizer Unternehmen entstanden.

Während viele Produkte die Phase der Markteinführung aussichtsreich hinter sich gebracht haben, haben sich einige Produkte bereits erfolgreich auf dem Markt etabliert.

105.3 Literatur

1. KPMG International Tax Centre, Corporate Tax Rate Survey, Januar 2004
2. locationswitzerland.admin.ch
3. SWX Swiss Exchange, Issuer & Investor Relations, Selnaustrasse 30, PF, CH-8021 Zürich
4. Quelle KTI Medtech

106 Rückwärtsintegration –
Zu den Verhältnissen Gymnasium, Hochschule und Arbeitswelt

G. Schmid, W. Heppner, E. Focht

106.1 Gymnasiale Bildung oder Ausbildung – grundsätzliche Überlegungen

In seiner 2007 erschienen Sammlung von Vorträgen und Essays beschäftigt sich Wolfgang Frühwald, mit der Frage „Wieviel Wissen brauchen wir?" [1] Die Kernproblematik moderner Wissenschaft und Forschung sieht der Autor, emeritierter Ordinarius für Neuere Deutsche Literaturwissenschaft und von 1992 bis 1997 Präsident der Deutschen Forschungsgemeinschaft, einerseits in der zunehmenden Spezialisierung der Wissenschaftsbereiche, andererseits in der Gefahr der Abkoppelung der Naturwissenschaften von den Geisteswissenschaften. Wiederholt plädiert er dafür, über der rasanten Entwicklung beispielsweise in der Biologie und Physik, die historische, gesellschaftliche und besonders die ethische Dimension der Forschung nicht zu übersehen und fordert eine übergeordnete Theorie der Wissenschaft, die nur im Dialog zwischen den einzelnen Fachgebieten zu entwickeln sei.

Im ersten Teil des Sammelbandes findet der Leser eine kleine autobiografische Skizze, in welcher Frühwald über seine Schulzeit an einem humanistischen Gymnasium in Augsburg berichtet. In sachlichem Ton, aber mit unverhohlener Sympathie und auch etwas Wehmut spricht er über den Unterricht und vor allem die Lehrkräfte, die er dort zwischen 1945 und 1954 erlebt hat. Es entsteht das Bild einer Zeit, in der wenige Fächer – vor allem die alten Sprachen – gründlich studiert wurden. Vermittelt wurden Grundlagen, dargeboten wurden sie von Lehrerpersönlichkeiten, die – selbst von Diktatur und Krieg gezeichnet – bemüht waren, in einer nicht nur materiell zertrümmerten Gesellschaft neuen Halt zu finden und zu vermitteln. Zweifellos fand sich in dieser Schulgemeinschaft eine intellektuelle Elite zusammen, die begierig war, zu lehren und zu lernen. Diese Voraussetzungen genügten ganz offensichtlich, um Mitte der Fünfzigerjahre unbelastet von Zulassungsbeschränkungen und dergleichen ein Studium aufzunehmen.

Ein Jahrzehnt später wird der Pädagoge Georg Picht „Die deutsche Bildungskatastrophe" [2] ausrufen. Das Land könne seinen Bedarf an qualifizierten Arbeitskräften, zumal an akademisch ausgebildeten, nicht mehr decken, drohe im internationalen Wettbewerb den Anschluss zu verlieren. Es fehlten gut ausgestattete Schulen, gut ausgebildete Lehrkräfte. In der Tat: Im Freistaat Bayern lag noch 1960 die Abiturientenquote unter den männlichen Jugendlichen bei 7,2%, unter den weiblichen gar nur bei 3,3%. Pichts Paukenschlag fand Gehör, und so kam es in den Siebzigerjahren zu zahlreichen Neugründungen im Bereich der Schulen und der Universitäten. Allein in Bayern stieg die Zahl der öffentlichen Gymnasien von 312 im Jahre 1960 auf 406 im Jahre 2006, die Abiturientenquote stieg im selben Zeitraum von 5,3% auf 20,4% (nicht 40,8%?), wobei der Anteil der Mädchen signifikant wuchs. Ihr Anteil lag 2006 bei 22,9%. Ihnen standen lediglich 17,9% der männlichen Jugendlichen des Jahrgangs gegenüber. Zugleich wurde auch das Netz an Einrichtungen enger geknüpft, an denen man die fachgebundene oder allgemeine Hochschulreife auf dem sog. zweiten Bildungsweg erreichen kann. Weitere Zugangserleichterungen zur Hochschule sind in der Diskussion.

Neben der rein quantitativen Verbesserung suchte man eine qualitative Verbesserung der Schulen herbeizuführen. Verwissenschaftlichung lautete die Zauberformel. Die Ausbildungsordnungen für die angehenden Lehrkräfte wurden umfangreicher – bezeichnenderweise mehr im rein akademischen Bereich denn in den pädagogischen Grundlagenfächern. Die Lehrerbildung im Primarschulbereich ging in Bayern von den Pädagogischen Hochschulen an die erziehungswissenschaftlichen Fakultäten der Universitäten über. Wiederzufinden war der Drang zur Verwissenschaftlichung auch in den neuen Lehrplänen und der Gestaltung der Oberstufe. Curriculare Lehrpläne legten minutiös fest, was wie zu lernen und zu prüfen war. Dies führte etwa im Fach Deutsch dazu, dass an die Stelle der Interpretation eines literarischen Textes die schematische Textanalyse trat. Auch einige Kuriosa waren zu verzeichnen: Genügte es früher im Fach Sport, ein guter Leichtathlet oder eine gute Turnerin zu sein, so stand jetzt zum Beispiel ein schriftlicher Theorietest über die unterschiedlichen Arten des Aufschlags beim Volleyball auf dem Programm. Der traditionelle Klassenverband wurde ab der Mitte der Siebzigerjahre in der 12. und 13. Klasse durch das Kurssystem der Kollegstufe ersetzt. Durch eine früher einsetzende Spezialisierung in den beiden Leistungskursen glaubte man, die Schülerinnen und Schüler besser auf die Universität vorbereiten zu können. Sehr bald aber musste man erkennen, dass dies ein Irrglaube gewesen war.

Dreißig Jahre später hört man vor allem aus den Hochschulen, aber auch aus der außeruniversitären Arbeitswelt dieselben Klagen wie in den 70er-Jahren: Abiturientinnen und Abiturienten seien nicht ausreichend auf Studium und Beruf vorbereitet, besonders an den „Schlüsselqualifikationen" mangle es. Geklagt wird über

- eine hohe Anzahl von Studienabbrechern (je nach Zählweise bis zu 25% eines Jahrgangs), eine zu lange Ausbildungsdauer an den Schulen und Hochschulen
- ein zu hohes Alter der Studienanfänger sowie analog dazu derjenigen, die ihr Studium abschließen Das Durchschnittsalter bei den Erstsemestern hat sich nach einer Aussage des Bayerischen Kultusministeriums auf 23 Jahre erhöht. Ein Al-

ter, in dem Studierende z. B. in Großbritannien in der Regel ihren ersten Studienabschluss bereits erreicht haben. Über die Qualität dieses Abschlusses sagt dies freilich nichts aus.

Nicht vorbereitet seien die Gymnasiasten auf den verschärften internationalen Wettbewerb auf allen Gebieten. Ferner fehle ihnen ein Gerüst zur Orientierung in einer immer komplexer werdenden Arbeitswelt. Nicht zuletzt die ernüchternden und viel diskutierten Ergebnisse der PISA-Studien alarmierten Politik und Gesellschaft. Bei einer differenzierten Betrachtungsweise der Studien lässt sich freilich erkennen, dass die Gymnasien im internationalen Vergleich durchaus ansehnliche Erfolge erzielen konnten [4].

Dazu kommen ständig neue zusätzliche Forderungen aus Politik, Gesellschaft und Wirtschaft an die Schule. Reflexartig wird in der öffentlichen Diskussion fast jedes gesellschaftliche Problem zur Lösung an die Schule überwiesen: Egal ob Sexualerziehung, Gewaltprävention, Umwelterziehung, Informationstechnik, Integration von Migranten, Werteerziehung – die Schule wird in die Pflicht genommen. Nicht selten werden auch ganz grundsätzliche Erziehungsaufgaben der Schule übertragen, da traditionelle Familienstrukturen aufbrechen, in denen Erziehung buchstäblich zu Hause war. Dazu kommt der Druck, in immer kürzerer Zeit (Stichwort: achtjähriges Gymnasium) immer mehr Wissen vermitteln zu müssen, und trotzdem die Abiturientenquote zu erhöhen. Ständige Tests, Evaluationen und Studien sollen helfen, die „Qualität zu sichern".

Gerade im Lichte dieser ständigen Überprüfung des aktuellen Wissensstandes in den sog. Kernfächern Mathematik, Deutsch und Englisch wird sichtbar, wohin sich die Schule, speziell das Gymnasium heute bewegt: Häufig scheint es nur noch vordergründig um Bildung im klassischen Sinne zu gehen. Gefragt ist Funktionswissen, d. h. Kenntnisse, die sofort zweckgebunden umzusetzen sind. Gefragt sind Methoden, mit deren Hilfe sich schnell Informationen beschaffen lassen. Bewertet werden solche Tests mit Methoden der Mathematik und Statistik, mithin also rein quantitativ. Besonders in sprachlichen Fächern ein fragwürdiger Weg, wenn etwa im Fach Deutsch lediglich grammatikalische Termini abgefragt werden oder Leseverständnis anhand eines beliebigen Textes mittels Multiple-choice-Aufgaben überprüft wird.

Ganz im Sinne des Funktionswissens sind Einlassungen von Elternvertretern oder auch Politikern zu interpretieren, die z. B. verlangen, im Englisch-Unterricht der Oberstufe auf die Lektüre und Besprechung eines Shakespeare-Dramas zu verzichten. Mehr Wert sollte auf den praktischen Einsatz von Fremdsprachen im Alltag gelegt werden. Der Deutschunterricht sollte sich auf die korrekte Benutzung der deutschen Sprache konzentrieren, die Beschäftigung mit Literatur könne in den Hintergrund treten. Und nicht zuletzt sei es in Zeiten von Google und Wikipedia nicht mehr nötig, viel auswendig zu lernen.

Bezeichnend auch, dass die musischen Fächer in der Stundentafel des G8 reduziert worden sind, die Fächer Sozialkunde sowie Wirtschaft und Rechtslehre tauchen im naturwissenschaftlich-technologischen und sprachlichen Zweig erst am Ende der Mittelstufe auf. Mit Informatik dagegen beschäftigen sich Schülerinnen und Schüler bereits in der 6. Klasse im Fach Natur und Technik. In der Handreichung des Bayerischen Kultusministeriums zur neuen Oberstufe kommt das Wort Bildung nur noch in der Einleitung vor. Dagegen liest man auf einer einzigen Seite die folgenden Begriffe: neue Lehr- und Lernkultur, Zertifikat, Portfolio, Konzepterstellung, Wahlprozess, Qualitätssicherung, Berufswahl- und Berufsweltkompetenz, Sach- und Methodenkompetenz, Selbst- und Sozialkompetenz. [5]

Ziel scheint in erster Linie *employability*, d. h. die rasche Einsetzbarkeit des Einzelnen in einem Beschäftigungsverhältnis, das sich flexibel den sich ständig ändernden Bedürfnissen der Wirtschaft anpasst. Der Politologe Johano Strasser schreibt von der „Zurichtung des Menschen zum Funktionselement des Marktes" [6] In den Geistes- und Sozialwissenschaften, zunehmend aber auch in den Naturwissenschaften finden sich inzwischen zahlreiche Stimmen, die in diesem auf kurzfristigen Profit angelegten Denken einen Irrweg erkennen. Der österreichische Philosoph Konrad Paul Liessmann spricht die „Irrtümer der Wissensgesellschaft" [7] sehr deutlich aus. „Wissen lässt sich nicht auslagern. Wissen bedeutet immer, eine Antwort auf die Frage geben zu können, was und warum etwas ist. Wissen kann deshalb nicht konsumiert werden, Bildungsstätten können keine Dienstleistungsunternehmen sein, und die Aneignung von Wissen kann nicht spielerisch erfolgen, weil es ohne die Mühe des Denkens schlicht und einfach nicht geht." [8]

Zweifellos müssen sich Schule und Hochschule den gesellschaftlichen und wirtschaftlichen Gegebenheiten anpassen. Niemand wird bestreiten, dass sich der klassische Bildungskanon wie er vielleicht sogar noch bis in die Mitte des 20. Jahrhunderts Bestand hatte, erweitert und verändert hat. Noch 1999 behauptet der Anglist Dietrich Schwanitz in seinem rasch zum Bestseller avancierten Buch *Bildung. Alles was man wissen muss* [9], naturwissenschaftliche Kenntnisse gehörten nicht zur Bildung. Der Mathematiker, Physiker und Biologe Ernst Peter Fischer widersetzte sich dieser Meinung wenig später mit seinem Werk *Die andere Bildung. Was man von den Naturwissenschaften wissen sollte.* [10] Die Kenntnis antiker Philosophen und deutscher Klassiker, dazu etwas Mathematik reichen im 21. Jahrhundert nicht mehr aus. Vom Absolventen eines Gymnasiums darf man heute mit Fug und Recht Grundkenntnisse in Gebieten wie Genetik, Atomphysik, Informatik oder Volkswirtschaft erwarten. Wenigstens eine moderne Fremdsprache muss er bzw. sie in Wort und Schrift so beherrschen, dass eine über bloße Floskeln hinausgehende Kommunikation möglich ist. Ohne diese Kenntnisse ist eine Teilnahme weder am wissenschaftlichen noch am gesellschaftlichen Diskurs möglich.

Aufgabe der Schule, speziell an der Schnittstelle zwischen der Oberstufe des Gymnasiums und der Hochschule wird es sein, diese Grundkenntnisse zu vermitteln. Das wird nicht anders gehen als mit Hilfe überkommener Tugenden wie Anstrengung und Sitzfleisch. Dazu wird es nötig sein, anhand substanzieller Themen Methoden wissenschaftlichen Arbeitens einzuüben, denn „(es) gibt kein Lernen ohne Inhalte. Die Forderung nach dem Lernen des Lernens ähnelt dem Vorschlag, ohne Zutaten zu kochen" [11].

Nicht weniger essenziell wird es sein, die verschiedenen Disziplinen wieder enger miteinander zu verknüpfen. Die Atomisierung des Wissens und die Spezialisierung der Forschung sind eine Tatsache. Nur mittels kritischer Reflexion des eigenen Tuns, die nur im Austausch und mittels der Neugier am Tun des Anderen möglich sind, wird sich eine unkontrollierte Verselbstständigung verhindern lassen. Arroganz und Ignoranz gegenüber der jeweils anderen Disziplin ist fehl am Platze. Plädiert werden muss also für eine Kultur des soliden Wissenserwerbs auf dessen Basis sich zusätzliches verfügbares Wissen organisieren und nutzbar machen lässt. Plädiert werden muss für eine Kultur der gegenseitigen Bereicherung statt der gegenseitigen Missachtung. Diese Kultur muss sich auch in der Interaktion zwischen den Bildungseinrichtungen manifestieren. Die Schule – hier speziell das Gymnasium – kann sich nicht abkoppeln von den Erwartungen der Hochschulen und der Wirtschaft. Andererseits können Hochschulen und Wirtschaft von der Schule aber nicht erwarten, dass sie ihnen den jeweils passgenauen Absolventen zur Verfügung stellt, der ihren hoch differenzierten Vorstellungen entspricht.

Das letzte Plädoyer geht an die politisch Verantwortlichen. Eine solide Ausbildung in einem immer komplexer werdenden Umfeld braucht Zeit, sie braucht Ruhe. Das deutsche Wort Schule leitet sich vom griechischen *schole* ab, was soviel wie *Muße* bedeutet. Diese Muße ist dem deutschen Bildungssystem längst abhanden gekommen. Der schulische Leistungsdruck schon auf Kleinkinder, die konzeptlose Verkürzung der Schulzeit, die Umwandlung eines Studiums in einen komprimierten und standardisierten Bachelor-Studiengang sind fragwürdige Wege. Sie fördern Zersplitterung und Unbildung, sie opfern Zusammenschau und Bildung auf dem Altar des scheinbar schnellen Erfolgs.

106.2 Die Neugestaltung der gymnasialen Oberstufe

Die lange Liste tatsächlicher oder auch nur scheinbarer Mängel in der gymnasialen Bildung bzw. Ausbildung führte in den vergangenen Jahren zu lebhaften Debatten in der Öffentlichkeit, in Fachkreisen und selbstverständlich auch in der Politik. Im Freistaat Bayern wurde beispielsweise die Bildungskommission Gymnasium ins Leben gerufen. Sie führte u. a. Vertreter von Schulen, Hochschulen, Wirtschaftsverbänden und Kirchen zusammen. Im Abschlussbericht der Kommission werden einhellig die klassischen Bildungsideale des Gymnasiums beschworen [12]. Gleichzeitig plädieren die Autoren aber auch für eine verstärkte Öffnung der Höheren Schule zu Hochschule und Berufswelt. Keinen Zweifel lassen sie daran aufkommen, dass das Gymnasium der Ort sein muss, an dem eine intellektuelle, sozial integrierte und sozial integrierend wirkende Elite geformt wird. Dem Leistungsgedanken wird unverhohlen das Wort geredet. Ganz deutlich sehen sie auch, dass der adäquaten Ausbildung der Lehrkräfte eine zentrale Rolle zukommt.

Auf der Basis der Ergebnisse dieser und anderer Kommissionen haben sich nun die Kultusminister der Länder in der Kultusministerkonferenz (KMK) im Jahre 2006 auf eine Neugestaltung der gymnasialen Oberstufe verständigt. Die Grundzüge dieser Reform seien im Folgenden dargestellt.

106.2.1 Das allgemeine Unterrichtsprogramm

Neben einer generellen Verkürzung der Ausbildungsdauer am Gymnasium auf 8 Jahre liegen dieser Reform nun in allen 16 Deutschen Ländern die folgenden übergeordneten Ziele zugrunde:

- Sicherung der Kernkompetenzen (sprachliche Ausdruckfähigkeit, Methodenkompetenz, Lesevermögen)
- begabungsgerechte Profilbildung
- enge Kooperation mit Hochschulen und Arbeitswelt
- Verbesserung der Studierfähigkeit
- Erhöhung der Sicherheit bei der Studien- und Berufswahl.

Die zentrale Abiturprüfung, welche sich in ihren Anforderungen an länderübergreifenden Qualitätsstandards zu orientieren hat, wird bzw. bleibt elementarer Bestandteil des gymnasialen Bildungsgangs. Diese Standards werden in Abstimmung mit den Hochschulen erarbeitet und gewährleisten nach den Vorstellungen der KMK die Vergleichbarkeit der Abschlüsse. In dieser Abiturprüfung sind die Fächer Deutsch, Mathematik und fortgeführte Fremdsprache verbindlich, zwei weitere Fächer kann der Schüler selbst frei wählen. Die bisherige Unterscheidung von Grund- und Leistungskursen entfällt. Mit der Festlegung auf Deutsch, Mathematik, fortgeführte Fremdsprache, Geschichte, eine Naturwissenschaft, Religionslehre/Ethik, Musik/Kunst und Sport als obligatorische Bestandteile des Kursprogramms hofft man, den o. g. ersten Punkt (Sicherung der Kernkompetenzen) abzudecken. Dies trägt auch dem übergeordneten Bildungsgedanken Rechnung. Ein erster Blick in die neuen Lehrpläne für diese Fächer zeigt allerdings, dass sie mehr als die bisherigen praktisch und unmittelbar anwendungsorientiert ausgerichtet sind.

Im Rahmen einer individuellen *Profilbildung* kann sich der Schüler über das Kernprogramm ein Kurspaket zusammenstellen, das seinen individuellen Neigungen und Begabungen entspricht. Diese Regelung erlaubt es einem mathematisch-naturwissenschaftlich orientierten Kollegiaten in der 11. Klasse statt der verpflichtenden 7 bzw. 10 Wochenstunden bis zu 17 Wochenstunden aus diesem Bereich zu belegen. Analog dazu kann ein eher sprachlich orientierter Kollegiat sein Programm statt mit den obligatorischen 8 Wochenstunden mit bis zu 16 Wochenstunden aus diesem Bereich auffüllen. Ähnliches gilt für das musische oder gesellschaftswissenschaftliche Aufgabenfeld. Abzuwarten bleibt freilich, ob diese Differenzierung in den gegenwärtigen Rahmenbedingungen zu leisten ist. Die Rede ist hier von einer ausreichenden Versorgung mit Lehrkräften, Räumlichkeiten und Stundendeputaten. Auch die organisatorische Einbindung dieses Kurssystems in die Gesamtstruktur des Gymnasiums, d. h. die Abstimmung mit den Bedürfnissen der Unter- und Mittelstufe, wird sich erst in der Praxis entwickeln müssen. Es ist offensichtlich, dass auf Schüler und Lehrkräfte ganz erhebliche neue Belastungen zukommen werden. Die neuen Stundentafeln bedeuten für einen Kollegiaten im Durchschnitt 33 Wochenstunden reinen Unterricht. Zu addieren ist dazu der Zeitaufwand für die häusliche Vor- und Nachbereitung. Die in Deutschland häufig vertraute Vorstellung, dass Schule nur am Vormittag stattfindet, hat sich spätestens mit der Einführung des achtjährigen Gymnasiums erledigt.

Gänzlich neu sind die sog. *Seminarfächer*, mit denen man den übergeordneten Zielen 3 bis 5 näher kommen möchte. Sie seien an dieser Stelle ausführlicher dargestellt, da gerade sie die Schnittstelle zwischen Schule und Universität bzw. Arbeitswelt berühren.

Unterschieden wird zwischen einem *wissenschaftspropädeutischen Seminar* (W-Seminar) und einem *Projektseminar zur Studien- und Berufsorientierung* (P-Seminar). Beide Seminare sind drei Halbjahre jeweils 2-stündig zu belegen. In beiden Seminaren werden Leistungsfeststellungen erhoben, die erzielten Noten gehen in die Gesamtqualifikation, sprich das Abiturzeugnis ein.

106.2.2 Das W-Seminar (Wissenschaftliches Arbeiten)

Zielsetzung des *W-Seminars* ist es, die Schülerinnen und Schüler mit Methoden wissenschaftlichen Arbeitens vertraut zu machen [13]. Dazu gehören die Beschaffung und Auswertungen von Informationen, deren Strukturierung im Hinblick auf die gestellte Aufgabe, die Präsentation der gewonnenen Ergebnisse sowie die Einhaltung von Formalia. Aus diesem Propädeutikum erwächst im Laufe des Seminars eine 10- bis 15-seitige Seminararbeit. Sowohl für die Lehrer- als auch für die Schülerseite ergeben sich deutliche Unterschiede zur Praxis der bereits in der bisherigen Kollegstufe anzufertigenden Facharbeit. Zwar ist das W-Seminar weiterhin einem der traditionellen Fächer zugeordnet, es steht der anbietenden Lehrkraft jedoch weitgehend frei, welches Rahmenthema sie wählt. An den Pilotschulen zur Erprobung des neuen Systems standen etwa aus dem Bereich der Mathematik und der Naturwissenschaften folgende Rahmenthemen zur Wahl:

- Planung eines Niedrigenergiehauses (Physik)
- Weltbilder im Wandel (Physik)
- Iterationsverfahren und komplexe Zahlen (Mathematik)
- Codierungstheorie (Mathematik)
- Chemische und biologische Betrachtung von Lebensmitteln (Biologie/Chemie)
- Medizinische Diagnostik (Biologie).

Innerhalb des jeweiligen Rahmenthemas vergibt die Lehrkraft Unterthemen, welche die Schüler als Seminararbeit zu bearbeiten haben. Die Lehrkraft begleitet die Entstehung der Arbeit kontinuierlich und fungiert dabei mehr als Mentor denn als Wissensvermittler. In den regelmäßigen Seminarsitzungen sind die Teilnehmer – gedacht ist an eine maximale Stärke von 15 Schülerinnen und Schülern – gehalten, weitgehend selbstständig zu recherchieren. Gemeinsame Besuche von Bibliotheken, Museen, Archiven oder Betrieben sollen dazu dienen, die entsprechenden Einrichtungen kennen zu lernen und für die Arbeit nutzbar zu machen. Die kontinuierliche Überprüfung der Zwischenergebnisse zum Stand der Arbeit soll gewährleisten, dass die betreffende Arbeit auch wirklich selbstständig erstellt wird. Am Ende steht die fertige schriftliche Arbeit, die eine mündliche Präsentation ergänzt.

Die Initiatoren versprechen sich vom W-Seminar eine deutlich verbesserte Vorbereitung auf das wissenschaftliche Arbeiten an einer Hochschule, gerade was die Beschaffung und Auswertung von Informationen angeht. Zudem hält es die Schülerinnen und Schüler zu erheblich mehr Selbstständigkeit und Eigenverantwortlichkeit an. Auch für die Lehrkraft ergeben sich Vorteile. So erscheint es durchaus möglich, flexibler auf aktuelle Fragestellungen zu reagieren und aus dem eigenen Studium bekannte und vertraute Schwerpunkte in den Unterricht einzubauen, die bisher im regulären Unterricht keine Rolle gespielt haben. Zudem ist die Lehrkraft weitgehend von einer starren Form der Leistungserhebung befreit. Ausdrücklich erwünscht ist fächerübergreifendes Arbeiten, sodass z. B. im naturwissenschaftlichen Unterricht verstärkt historische und ethische Fragestellungen zum Tragen kommen können.

Die Rückmeldungen aus den Pilotschulen zeigen, dass das W-Seminar insgesamt positiv aufgenommen worden ist. Feststellen ließ sich ein erheblicher Zuwachs an Motivation auf Lehrer- und Schülerseite. Auch und gerade die immer wieder geforderten Kompetenzen im sozialen Bereich, die sog. *soft skills* ließen sich spürbar verbessern.

Über die Reaktionen bei den externen Partnern liegen noch keine gesicherten Ergebnisse vor. Bekannt geworden ist aber z B., dass kleinere, regionale Bibliotheken mit Interesse registriert haben, dass sie von Schülern der Oberstufe deutlich häufiger frequentiert werden. Inwieweit größere Einrichtungen bereit sein werden, sich dem zusätzlichen Ansturm von bis zu 25000 angehenden Abiturienten pro Jahrgang allein in Bayern zu öffen, wird die Zukunft weisen. Gerade im Bereich der Hochschulen ist es zu erheblichen personellen Einbußen gekommen, die schon die eigentliche wissenschaftliche Arbeit erschweren. Dasselbe gilt für Wirtschaftsunternehmen und Behörden. Es wird auch interessant sein, zu beobachten, wie sich Gymnasien in sog. strukturschwachen Regionen, die weit ab von Ballungsgebieten liegen, mit externen Partnern vernetzen.

106.2.3 Das P-Seminar (Projekte)

Zweite Neuerung im Rahmen der Reform ist die Einführung des *Projektseminars zur Studien- und Berufsorientierung*, kurz *P-Seminar*. Es setzt seinen Schwerpunkt in „der Vermittlung einer umfassenden Handlungskompetenz zur Studien- und Berufswahl und zur Bewältigung der Anforderungen in der Berufswelt" [14]. Noch stärker als im W-Seminar geht es darum, Schülerinnen und Schüler in die Lage zu versetzen, auf der Basis soliden methodischen Wissens die Entscheidung für eine berufliche Laufbahn zu fällen. Einer Untersuchung des Staatsinstituts für Schulqualität und Bildungsforschung München (ISB) zu Folge haben derzeit nur ca. 8% der befragten Schülerinnen und Schüler aus den Jahrgangsstufen 12 und 13 eine

106.2 Die Neugestaltung der gymnasialen Oberstufe

sehr genaue Vorstellung davon, was sie nach dem Abitur tun werden. Bis zu einem Viertel der Abiturienten hat noch wenig konkrete Vorstellungen bezüglich der Studien- und Berufswahl.

Auch das P-Seminar ist einem Leitfach zugeordnet. Im Wesentlichen in Projekt- und damit Gruppenarbeit sollen Schüler zunächst sich selbst darüber im Klaren werden, wo ihre individuellen Stärken und Schwächen liegen. Wo liegen ihre Interessen, welche Erwartungen haben sie an ein Studium, ein Berufsfeld? Dafür steht ein umfangreiches Instrumentarium an Fragebögen und Arbeitsblättern. bereits zur Verfügung Im weiteren Verlauf konkretisieren sich diese Vorgaben. Anschließend erkunden die Teilnehmer des Seminars – gedacht ist an eine maximale Größe von 18 Schülerinnen und Schülern – unter konkreter, anwendungsorientierter Aufgabenstellung ein Berufsfeld. An den Pilotschulen konnten sie sich z. B. im Fach Chemie mit der Herstellung und Vermarktung von Körperpflegemitteln beschäftigen, im Fach Biologie ging es um eine lokale Kartierung zum Arten- und Naturschutz, im Fach Informatik wurde versucht, einen kundenorientierten Fahrplan für den öffentlichen Nahverkehr zu entwickeln. Interessanterweise erinnern diese Themen an Aufgabenstellungen aus seit langer Zeit erfolgreich etablierten Wettbewerben wie „Schüler experimentieren" oder „Jugend forscht" [16]. Es hat den Anschein, als ob die Beschäftigung mit ihnen nun Eingang in den regulären Unterricht gefunden hat. Nicht zuletzt aufgrund der engen Stundenbudgets und der erhöhten Wochenstundenzahl in der Mittelstufe waren Schüler und Lehrer mancherorts nicht mehr in der Lage, diese Wettbewerbe zu beschicken.

Der Zusammenarbeit mit externen Partnern kommt in diesem Fach eine noch stärkere Bedeutung zu als im W-Seminar. Gefragt sind aufgrund des starken Praxisbezugs vor allem Partner aus dem unmittelbaren lokalen Umfeld. Dazu gehören Freiberufler, örtliche Behörden oder Bildungseinrichtungen, Kirchen oder Jugendverbände. Von erheblichem Gewicht wird die Kooperation mit der Bundesagentur für Arbeit sein. Unterstützend können Eltern und ehemalige Schüler eingreifen. Dem Aufbau von Netzwerken wird zentrale Bedeutung zukommen. Gerade die Zusammenarbeit mit der realen Arbeits- und Berufswelt verlangt von den Schülerinnen und Schülern, dass sie ihre Anliegen mit denen der Partner in Einklang bringen. Verlangt wird also beispielsweise genaue Projektplanung. Es geht um die Erstellung von Zeitdiagrammen, um die Bereitstellung von Medien und um die Einrichtung von Kommunikationskanälen. Noch deutlicher als im W-Seminar steht die Förderung sozialen und organisatorischer Kompetenzen im Vordergrund. Dazu gehört etwa die Suche nach dem richtigen Ansprechpartner und dem korrekten Umgang mit ihm. Individuelle Vorbereitung und Arbeit in einem Team müssen sich ergänzen, um zum Erfolg des Projekts beizutragen.

Am Ende des Seminars soll der angehende Abiturient nicht nur einen Einblick in die gegenwärtige Arbeitswelt gewonnen haben, sondern in der Lage sein, sich auf einem ständigem Wechsel unterworfenen Arbeitsmarkt zurechtzufinden. Wie sich dieser gestalten wird, hat bereits 1996 der Soziologe Uwe-Jens Heuser in einer Studie [17] analysiert. Ihr zufolge werden sich beispielsweise laufend neue Arbeitsgruppen konstituieren, die nur für ein begrenzte Zeit und für einen begrenzten Auftrag zusammenarbeiten. Die Mitglieder dieser Gruppen müssten nicht notwendigerweise für dasselbe Unternehmen tätig sein, sondern würden sich in zunehmendem Maße als selbstständige, unabhängige Experten oder in Form von kleinen Subunternehmen auf dem Markt positionieren.

Mit den beiden Seminarfächern könnte es gelingen, die Grundbildung, die das Gymnasium vermitteln soll und muss, um seinem Bildungsauftrag gerecht zu werden, in weit höherem Maße mit den konkreten Anforderungen der Arbeitswelt zu verknüpfen.

Der Erfolg dieser Seminare wird aber ganz wesentlich davon abhängen, ob und wie sich externe Partner in die Arbeit der Schulen einbinden lassen. Gerade sie stehen jetzt in der Verantwortung, waren es doch vor allem die Vertreter der Wirtschaft und der Hochschulen, die immer gefordert haben, dass sich Schule öffnen müsse. Zugleich bietet sich umgekehrt die Chance für die „Außenwelt", sich mit den Gegebenheiten vertraut zu machen, unter denen Schule heute stattfindet. Zu oft verstecken sich hinter plakativen Forderungen Unkenntnis und sogar Ignoranz gegenüber den finanziellen, personellen und sozialen Zwängen, unter denen das gegenwärtige Schulsystem zu leiden hat. Nicht zuletzt die oben vorgestellten Seminarfächer könnten dazu beitragen, diese Mängel zu beseitigen.

106.3 Das Praktikum für Schüler am Lehrstuhl und Zentralinstitut für Medizintechnik der TU München in Garching – Beispiel für die Integration von Hochschule und Gymnasium

106.3.1 Zielsetzung des Praktikums

Seit nunmehr 10 Jahren dürfen ausgewählte Schülerinnen und Schüler der Oberstufe des Gymnasiums Wertingen an einem vier Tage dauernden Praktikum (Praktikums-Seminar) am Lehrstuhl und Zentralinstitut für Medizintechnik der Technischen Universität München teilnehmen. Initiator und Förderer dieser als Rückwärtsintegration (aus Sicht der Hochschule) zu verstehenden Maßnahme ist Prof. Dr. med. Dr.-Ing. habil. Erich Wintermantel, Ordinarius für Medizintechnik mit Schwerpunkt biokompatible Werkstoffe und Prozesstechnik der Technischen Universität München. Das Gymnasium Wertingen – Partner in dieser Bildungs-Kooperation – ist ein naturwissenschaftlich-technologisches und sprachliches Gymnasium mit ca. 1100 Schülern. Es ist in einer bayerisch-schwäbischen Kleinstadt ca. 35 km nordwestlich von Augsburg angesiedelt und besteht seit dem Jahre 1970.

Ziel des Praktikums ist es nach dem Willen der Beteiligten, eine effiziente Klammer zwischen Schule und Studium bzw. späterem Berufsleben zu etablieren. Diese Klammer zwischen den für die Schüler relevanten Bildungseinrichtungen Gymnasium und Universität fehlt ansonsten bisher ganz. Mit den neuen W- und P-Seminaren wird diese Schnittstelle im Rahmen der gymnasialen Ausbildung weit stärker als bisher in den Vordergrund gerückt.

Lehren und Lernen sind in Gymnasium und Hochschule methodisch zum Teil sehr unterschiedlich konzipiert. Da die Modifikation der Lehr- und Lernmethodik im Gymnasium über die Unter- und Mittel- bis hin zur Oberstufe mehr oder weniger kontinuierlich langsam und behutsam vonstatten geht, kommt für viele Abiturienten der Übergang ins Studium einer großen Zäsur gleich und wird in Einzelfällen sogar als beängstigend empfunden. Die organisatorischen Strukturen sind unterschiedlich, die Lehrmethodik kann sich deutlich unterscheiden. Man bedenke z. B., dass im modernen Schulalltag der Frontalunterricht als verpönt gilt, während an der Hochschule der Vorlesung noch immer eine zentrale Rolle zukommt. Im Studium wird in der Regel noch größere Zähigkeit und Ausdauer benötigt als im Klassen- und Kursverband des Gymnasiums. Der Leistungsgedanke steht weit deutlicher im Vordergrund. Vom Studierenden wird eine deutlich höhere Fähigkeit zur Selbstorganisation erwartet.

War in der Schule bisheriger Prägung mehr der „Einzelkämpfer" – der mit Ausnahmen des öfteren an seine kognitiven Grenzen stieß – gefragt, funktioniert Lernen im Bereich der Universität mangels vorhandenen Zeitkontingents der Studenten zusätzlich nur mit gegenseitiger Unterstützung in Lerngruppen. Hier in der Gruppe gleichen sich die vermeintlichen oder tatsächlichen Defizite des Einzelnen, die oft auch zu erheblichen Zweifeln an der eigenen Leistungsfähigkeit führen, aus. Natürlich sind im Studium nach wie vor auch die „Einzelkämpfer" gefragt, die aufgrund ihrer Persönlichkeitsstruktur und ihrer kognitiven Fähigkeiten lieber „im stillen Kämmerlein" arbeiten. Aber auch sie kommen nicht umhin, im interdisziplinären Arbeiten und Forschen in und mit Gruppen zu kommunizieren. Von ganz entscheidender Bedeutung ist es also, schon frühzeitig, die sog. *soft skills* wie Gestaltungswillen, Kommunikations- und Integrationsfähigkeit zu trainieren. Ein im positiven Sozialverhalten und in effizienter Kommunikation früh geübter Schüler wird sich an der Hochschule wesentlich leichter tun.

Es ist deshalb unabdingbar, aus der Lehrerfahrung des Hochschullehrers mit seinen vorhandenen Verbindungen zur Industrie auf der einen Seite und der Berufserfahrung des Lehrers, der die Praktikanten betreut, auf der anderen Seite den Schülern die Vorwegnahme der im späteren Beruf benötigten Kompetenzen zu vermitteln und vor allem auch vorzuleben. Signifikant stärker als es bislang der Fall ist, müsste es zu den zentralen Aufgaben der an Schule und Hochschule Lehrenden gehören, sich über die Arbeitsweise des jeweils anderen zu informieren und sie ggf. aufeinander abzustimmen. Beratung und *coaching* werden in wachsendem Ausmaß für den Erfolg des Schülers bzw. Studierenden verantwortlich sein. Die eigenen Erfahrungen, die der Gymnasiallehrer als Studierender gemacht hat, werden nicht mehr genügen, vor allem, wenn dessen Studium schon geraume Zeit zurückliegt. Erinnert sei hier z. B. an die der Generation der heute 40 und 50-Jährigen nicht vertrauten Bachelor- und Master-Studiengänge mit ihrem modularen Aufbau. Ebenso erscheint es aber nötig, dass an den Hochschulen verstärkt beraten und individuell gefördert wird und dass Dozenten mehr didaktisches Know-how vermittelt bekommen. Die Schule muss vorbereiten, und die Hochschule muss abholen und den Übergang mitgestalten, sonst gefährden Umstellungsschwierigkeiten die erfolgreiche Integration in den Universitätsbetrieb. Auf beiden Seiten das Bewusstsein für die Schnittstellenproblematik zu schärfen, tut not.

Das von Professor Wintermantel initiierte und geförderte Praktikum soll nun dazu beitragen, die – im Bereich der Lehr- und Lernmethodik – vorhandene Kluft zwischen Gymnasium und Hochschule zu verringern und die Kollegiaten rechtzeitig mit den Anforderungen und Rahmenbedingungen eines naturwissenschaftlichen Studiums vertraut zu machen.

106.3.2 Vorbereitung des Schüler-Praktikums in der Medizintechnik der TU München

Erste Aufgabe der betreuenden Lehrkraft – diese unterrichtet in der Regel Biologie und/oder Chemie – ist es, zehn Oberstufenschüler aus der Kollegstufe 12 auszuwählen, die am Praktikum teilnehmen können.

Das erste Auswahlkriterium ist dabei ein durchweg gutes Notenbild in den naturwissenschaftlichen Fächern Physik, Chemie und Biologie sowie in Mathematik. Die Erfahrung lehrt aber, dass sich in dieser Gruppe leider häufig Schülerinnen und Schüler finden, die nur sehr selten spontan in Gesprächen und Problemstellungen aus sich herausgehen.

Aus diesem Grunde kommt als zweites Kriterium die Kommunikationsfähigkeit der Bewerberinnen und Bewerber zum Tragen. Hier helfen Erfahrungen, die die Lehrkraft mit den betreffenden Schülerinnen und Schülern im Unterricht gemacht hat, und intensive Gespräche mit den anderen Fachlehrern der Kollegiaten.

Bei der Auswahl mit von entscheidender Bedeutung ist das bisher einwandfreie Verhalten der Kollegiaten in ihrer bisherigen Schullaufbahn.

Es sei angemerkt, dass ein solches Auswahlverfahren nicht nur deshalb notwendig ist, weil die Zahl der Praktikumsplätze begrenzt ist. Darüber hinaus muss die begleitende Lehrkraft sicher sein können, dass sich die Teilnehmer darüber bewusst sind, im Rahmen dieses Projekts Einblicke in Spitzenforschung zu bekommen, die ihnen bei den üblichen Betriebsbesichtigungen nicht gewährt werden.

Zusammen mit Professor Wintermantel und seinen wissenschaftlichen Mitarbeitern legt man nach der terminlichen Fixierung die Themen und Inhalte des Praktikums fest. Die begleitende Lehrkraft informiert die Teilnehmer dann ca. vier Wochen vor Praktikumsbeginn über diese Themen. Anschließend sind sie gehalten, sich selbstständig damit auseinanderzusetzen.

In der Regel eine Woche vor Beginn des Praktikums trifft sich die Lehrkraft mit den Teilnehmern erneut und spricht mit ihnen nochmals die Themen des Praktikums durch, geht auf Fragen ein und versucht anhand von Overhead-/Power-Point-Präsentationen und einfach gehaltener praktischer Demonstrationen die für die Schüler zum Teil noch abstrakt wirkenden Arbeitsweisen und -techniken des Praktikums, die bereits denen eines späteren Studiums entsprechen, transparenter zu machen.

Die im Vorfeld notwendigen organisatorischen Informationen (Treffpunkte, Abfahrtstag, -zeit, Verkehrsmittel, Unterkunft etc.) erhalten die Praktikanten ebenfalls bei diesem abschließenden Treffen (siehe Anlage vom November 2007).

106.3.3 Ablauf des Praktikums

Zunächst wird man u. U. mit ganz banalen Problemen konfrontiert. So ist für manche Schüler aus dem ländlich strukturierten Raum auch mit 17–18 Lebensjahren die Großstadt München mit ihren Schnellbahnen, sowie der Größe der Personenströme an den Haltestellen zunächst etwas Ungewohntes. Stark beeindruckend für die Schüler selbst eines nicht gerade kleinen Gymnasiums sind auch die Größe der Gebäudekomplexe auf dem Campus sowie die Dimensionen der Hörsäle, Labore und Werkstätten. Diese neuen Eindrücke werden von ihnen innerhalb des ersten Tages regelrecht aufgesogen und sicherlich für ihre spätere studentische Zukunft auch abgespeichert.

Weiterhin interessant für die Schüler ist das gute persönliche Verhältnis zwischen Professoren, wissenschaftlichen Mitarbeitern und Studenten, das den Alltag am Lehrstuhl und im Institut prägt. In Gesprächen bestätigen dies die Praktikumsteilnehmer immer wieder.

Äußerst interessant ist es für die Kollegiaten zu erfahren, dass ein naturwissenschaftliches Praktikum, ebenso wie auch das Studium, nicht nur aus theoretischen Bausteinen zusammengesetzt ist, sondern dass ein enormer Zeitbedarf einzukalkulieren ist, um im praktischen Teil die optimalen Parameter – z. B. beim Spritzguss für ein bestimmtes Material in einer vorgegebenen Form – stets reproduzierbar zu erhalten.

Dies erfahren die Teilnehmer, wenn sie unter fachkundiger Anleitung in Teamarbeit an Spritzgussmaschinen und Extrudern arbeiten. Hier erfahren sie auch ganz nebenbei, dass Erfolg nur denjenigen beschieden sein wird, die sich mit Zähigkeit und Ausdauer den geforderten Aufgaben stellen.

Voller Begeisterung sind die Schüler beim Sezieren frischer Schweineherzen. Diese Übung dient dem Zweck, Blutgefäße und die Herzklappen kennen zu lernen. Auch hier bedarf es keines Ansporns von außen, um z. B. entsprechende Schnitte durchzuführen und Herzklappen bzw. Koronararterien frei zu präparieren. Das anschließende, mit hohem Druck verbundene Einsetzen von klinisch üblichen Stents vermittelt ihnen hier einen ersten Einblick in den Aufgabenbereich und die enorme Verantwortung eines Kardiologen.

Dass nicht nur in der Computerchipherstellung äußerst sauber (rein) gearbeitet werden muss, erfahren die Praktikumsteilnehmer im Teil Zellbiologie, wo sie in Reinraumlaboren Zellkulturen ansetzen, pflegen und mit Hilfe von Mikroskopen beobachten.

Faszinierende Blicke in die Feinstrukturen bestimmter Materialien erhalten die Schüler bei den elektronenmikroskopischen Untersuchungen. Zug- und Bruchtests ausgewählter Werkstoffe zeigen ihnen die unterschiedlichen Eigenschaften dieser Stoffe und damit verbunden ihre optimalen Anwendungsbereiche.

106.3.4 Rückmeldungen ehemaliger Praktikumsteilnehmer

Schüler A

„Das medizintechnische Praktikum an der TU München – ein außerordentlich wichtiges, interessantes und spannendes Projekt für Schüler, wie ich aus eigener Erfahrung berichten kann. Dies ist wohl hauptsächlich darin begründet, dass die Organisatoren bei der Programmgestaltung stets auf ein Gleichgewicht zwischen „beobachten" und „selbst arbeiten" achten.

Zwar nehmen Praktikanten natürlich nicht am normalen Institutsalltag teil, sondern absolvieren ein eigens für sie aufgestelltes Programm. Dies ermöglicht es aber, verschiedene Forschungsbereiche kennen zu lernen und erste Erfahrungen mit kleineren Versuchsanordnungen zu sammeln. Andererseits gehen viele Mitarbeiter ihrer täglichen Arbeit nach, weshalb die Schüler auch den üblichen Ablauf erleben können. In meinem persönlichen Fall ist mir der Vortrag einer Gastdozentin in Erinnerung, von dem ich als Praktikant fachlich recht wenig verstand, der mir jedoch eindrucksvoll vor Augen führte, wie universitäre Bildung funktioniert. Ebenso haben mich Erzählungen einer Doktorandin über ihre Arbeit sehr gefesselt. Mir wurde erstmals wirklich bewusst, welche Vielfalt an Möglichkeiten und Wegen sich fortgeschrittenen Studierenden eröffnet.

Die Einführungen in die einzelnen Forschungsbereiche, insbesondere aber das Biologiepraktikum, stellen für die Praktikanten eine ganz neue Erfahrung und Begegnung mit unbekannten Arbeitsmethoden und -bedingungen dar. Während im Schulalltag meist nur einfache, oft vom Lehrer durchgeführte Versuche möglich sind, kann man im Institut nun tatsächlich unter wissenschaftlichen Bedingungen mit unterschiedlichsten Geräten arbeiten. Die Wissenschaftler berichten detailliert über ihre Arbeit, gleichzeitig kann man als Praktikant jedoch immer selbst daran teilhaben. So rührte unsere Gruppe beispielsweise verschiedene Keramiken an oder fertigte Kunststoffbauteile. Stellt ein Schüler sich unter „Uni" meist vordergründig große Hörsäle vor, so wird im Lehrstuhl und Zentralinstitut für Medizintechnik klar, welch hohen Stellenwert neben der Lehre auch die universitäre Forschung hat. Eine weitere nützliche Erfahrung aus dem Keramik- und Kunststoffpraktikum lehrt, wie eng die wissenschaftliche Forschung der Universität doch mit dem alltäglichen Leben vernetzt ist.

Selbstverständlich unterscheidet sich meine heutige Praktikumsarbeit als Studentin doch um einiges von dem medizintechnischen Praktikum. Nichtsdestotrotz stellt es eine ausgezeichnete Möglichkeit dar, in die Arbeit eines Forschungslabors einer Universität hineinzuschnuppern. Abschließend ist noch zu erwähnen, dass allein die Tatsache, vier Tage wie ein „echter" Student an der Universität zu verbringen, aufregend, spannend und wirklich schön war. Und beim Mittagessen in der Mensa konnte man sich schon beinahe drei Jahre älter fühlen ..."

Schüler B

„Das Schülerpraktikum an der TU München spielt in mancher Hinsicht ein wichtige Rolle als Vermittler zwischen Schulalltag und Universitätsleben.

Während man als Schüler doch sehr durch die Vorgaben der Lehrer, also durch vermittelte Arbeitstechniken, Hausaufgabenstellungen, oder vorgegebene Planungen geleitet und somit sicher durch das Schulleben geführt wird, stellt der Universitätsbetrieb – ohne Betrachtung der fachlichen Ebene – für viele Erstsemester eine große Herausforderung dar. Im Studium plötzlich auf sich allein gestellt, sollen ohne konkrete Anleitung die richtigen Literaturstellen gefunden werden, soll man selbst entschieden, welche Sekundärliteratur gute Ergänzungen bietet. Auch bei der Bestimmung des Arbeitstempos und der Einteilung des Lernstoffes ist man weitgehend auf sich selbst angewiesen. Manche Studenten verunsichert diese plötzliche Selbstständigkeit und Eigenverantwortung sehr und sie zu erlernen ist nicht immer einfach.

In dieser Hinsicht hilft das medizintechnische Praktikum zumindest für eine kurze Zeitspanne, das engmaschige System des Schülerdaseins zu überwinden, denn man erhält als Praktikant bereits erste Einblicke in das Campusleben. In der Mensa, der Bibliothek und bei der Beobachtung der Arbeitsgruppen erlebt man schon gewisse Aspekte seines späteren Studienalltags.

Zudem bietet das Praktikum einen Überblick über aktuelle Forschungsthemen; der Praktikant erfährt eine spezifische Vertiefung seines bisher in der Schule erlernten Grundwissens, indem er erfährt, welche Rolle sie in der Anwendung spielt. So wird eine engere Verbindung zwischen Schule und dem späteren Wirkungsfeld geschaffen. Man bekommt zudem Eindrücke über Arbeitsabläufe im Labor und die Strukturen wissenschaftlicher „Denkprozesse". Natürlich wird auch vermittelt, wie der Weg vom Experiment bis hin zum fertigen Prototypen verläuft. Dies sind letztendlich diejenigen Aspekte, die die meisten Schüler bei der Vermittlung des reinen Schulstoffes vermissen und weswegen sie nicht selten über mangelnde Relevanz und Theorielastigkeit der Unterrichtsinhalte klagen."

Schüler C

„Die meisten Gymnasiasten gehen Tag für Tag mehr oder weniger motiviert in ein Schulhaus und lassen sich dort in diversen Fächern unterrichten. Die wenigsten von ihnen haben dabei im Blick, dass dieser ganze routinemäßige Ablauf irgendwann mit der Aushändigung des Abiturzeugnisses enden wird. Noch weniger Schüler können über den Tellerrand der Schule hinaus blicken und sich ausmalen und vorstellen, was sie letztendlich mit diesem Abitur anfangen können. Studieren zum Beispiel. Und dass man nach einem Studium letztendlich in einem angesehenen Beruf landen kann, der nicht nur Spaß macht, sondern auch Abwechslung bietet. Und dass dieser Beruf mit seinen Ergebnissen zur Verbesserung der Lebensqualität von Menschen beitragen kann, diese Erkenntnis bleibt den meisten Gymnasiasten oft bis in die Kollegstufe hinein verwehrt.

Glücklich sind in dieser Hinsicht die Schüler, die die Möglichkeit haben, eine Woche Praktikum am Lehrstuhl und im Zentralinstitut für Medizintechnik an der Technischen Universität in München zu absolvieren. Dieses Praktikum bietet nicht nur Einsichten in die Inhalte der Forschung am Zentralinstitut, sondern schafft gleichzeitig Erfahrungen, die ein Schüler an der Schule niemals haben könnte. Welcher Kollegstufenschüler kann schon von sich behaupten, Materialen im Elektronenrastermikroskop betrachtet zu haben? Wer hatte schon die Möglichkeit, in einem Reinraum Zellen umzupflanzen? Und wer durfte versuchen, Keramiken herzustellen, in die Zellen einwachsen können, sodass künstliche Gelenke aus diesem Material vom Körper besser angenommen werden?

Neben all diesen einzigartigen Erlebnissen bietet das Praktikum für die Teilnehmer auch die Möglichkeit unverbindlich in eine Universität hineinzuschnuppern. So waren Vorträge am Raumfahrtzentrum der TU Teil des Programms. Auch die Nähe der mathematischen Fakultät der TU bot die Möglichkeit zum Einblick in den Studentenalltag. Und für wirklich Interessierte machte sich alleine die Tatsache, dass man eine Woche lang in München untergebracht war, bezahlt, da abends zum Beispiel Vorträge an der Ludwig-Maximilian Universität in der Innenstadt besucht werden konnten.

Der daraus resultierende Wissens- und Erfahrungsschatz, ist absolut durch nichts zu ersetzen.

Dass die Teilnehmerzahl für dieses Praktikum sehr begrenzt ist, sollte ein Ansporn für alle Schüler sein, sich durch gute Noten und Mitarbeit dafür zu qualifizieren."

106.4 Nachhaltiges Lernen

An zwei Beispielen soll kurz und prägnant gezeigt werden, wie Wissen am Gymnasium nachhaltig erlernt werden kann. Dazu ist vom Lehrer eine langfristige Planung erforderlich, die die wichtigen Bereiche der Didaktik und der Methodik umfasst. Dabei ist die Vielfalt der methodischen Mittel von zentraler Bedeutung, um möglichst viele sensorische Rezeptoren der Lernenden zu erregen und zu vertiefter Lerntätigkeit anzuregen. Zu diesen Mitteln gehören neben dem lehrerzentrierten Unterricht der Unterricht in Gruppen, der Einsatz geeigneter Medien wie Overhead- und Powerpoint-Folien, Filmpassagen (Video bzw. DVD) oder praktische Versuche.

Ein weiterer Garant für die Nachhaltigkeit des Lernens ist die Vernetzung der Lerninhalte des gegebenen Faches mit den Lerninhalten anderer Fächer, wann immer dies möglich ist. Das betrifft nicht nur die Vernetzung innerhalb der naturwissenschaftlichen Fächer, sondern auch Vernetzungen der naturwissenschaftlichen Fächer mit den gesellschaftswissenschaftlichen und den geisteswissenschaftlichen Fächern. Diese Querverbindungen können sich dann über den schulischen Rahmen hinaus fortsetzen bis hinein in die Universität (siehe das Praktikum des Gymnasiums Wertingen an der TUM) oder bis hinein in einen Industrie- oder Handwerksbetrieb. Der Idealfall des interdisziplinären Lernens wäre, dass Gymnasien, Hochschulen

106.4 Nachhaltiges Lernen

und Industrie gemeinsame Themen erarbeiten, die dann von den Schülern in Abhängigkeit von ihrem Alter – beginnend mit einfachen und fortschreitend zu komplexeren Lerninhalten – auch parallel zur Schule in den Universitäten und in der Industrie (mit größerem Praxisbezug) vermittelt und erarbeitet werden.

Im Folgenden soll an je einem Beispiel aus der Biologie und der Chemie gezeigt werden, was man unter interdisziplinärem Lernen in der Schule versteht und wie es gelingen kann, hier bereits die Hochschule bzw. den Industriebetrieb mit einzubeziehen und mit zu vernetzen.

Dabei zeigen die Darstellungen von oben nach unten (auf dem Weg zu den älteren Jahrgangsstufen hin) eine Zunahme des wissenschaftlichen Detailwissens Dieses Detailwissen erhebt nicht den Anspruch auf Vollständigkeit bzw. kann nur selten (in Abhängigkeit vom Alter der Schüler) durch neue wissenschaftliche Veröffentlichungen weiter aktualisiert werden.

106.5 Literatur und Anmerkungen

1. Frühwald, W., Wieviel Wissen brauchen wir? Politik, Geld und Bildung, Berlin, 2007
2. Picht, G., Die deutsche Bildungskatatrophe, Olten, 1946
3. Bayerisches Staatsministerium für Unterricht und Kultus (Hr.), Schule und Bildung in Bayern 2007, als PDF-Dokument www.stmuk.bayern.de/km/schule/statistik/bildung/index.shtml
4. PISA-Konsortium Deutschland (Hrg.) PISA 2003 Der Bildungsstand der Jugendlichen in Deutschland – Ergebnisse des zweiten internationalen Vergleichs, Münster, 2004
5. Staatsinstitut für Schulqualität Bildungsforschung (Hrg.) Die Seminare in der gymnasialen Oberstufe, München, 2007, S. 35
6. Strasser, Johano, Leben oder Überleben. Wider die Zurichtung des Menschen zu einem Element des Marktes, Zürich, 2001, S. 34
7. Liessmann, Konrad P., Theorie der Unbildung. Die Irrtümer der Wissensgesellschaft, Wien, 2006
8. Liessmann, Konrad P., Theorie der Unbildung. Die Irrtümer der Wissensgesellschaft, Wien, 2006, S. 32
9. Schwanitz, D., Bildung. Alles was man wissen muss, Frankfurt, 1999
10. Fischer, E. P., Die andere Bildung. Was man von den Naturwissenschaften wissen sollte, Berlin, 2001
11. Liessmann, Konrad P., Theorie der Unbildung. Die Irrtümer der Wissensgesellschaft, Wien, 2006, S. 36
12. Der vollständige Bericht liegt vor unter www.km.bayern.de/imperia/md/content/pdf/aktuelles/biko.pdf
13. Vgl. Staatsinstitut für Schulqualität und Bildungsforschung, Die Seminare der der gymnasialen Oberstufe München 2007
14. Staatsinstitut für Schulqualität und Bildungsforschung, Die Seminare der der gymnasialen Oberstufe München 2007 S.34
15. Staatsinstitut für Schulqualität und Bildungsforschung München (Hrg.), Beruf und Studium – BuS, Berufs- und Studienwahl an Gymnasien, Fachoberschulen und Berufsoberschulen in Bayern, Wolnzach, 2005
16. Ausführliche Dokumentationen zu den beiden Wettbewerben finden sich unter www.jugendforscht.de
17. Heuser, U.-J., Tausend Welten. Die Auflösung der Gesellschaft im digitalen Zeitalter, Berlin, 1996

Thema Zelle

In der unten stehenden Tabelle sind zum Thema „Zelle" die für die beiden, in der Unterstufe (Jahrgangsstufen 5 und 6) installierten Fächer Biologie und Natur & Technik relevanten Lehrplaninhalte des Gymnasiums wiedergegeben.

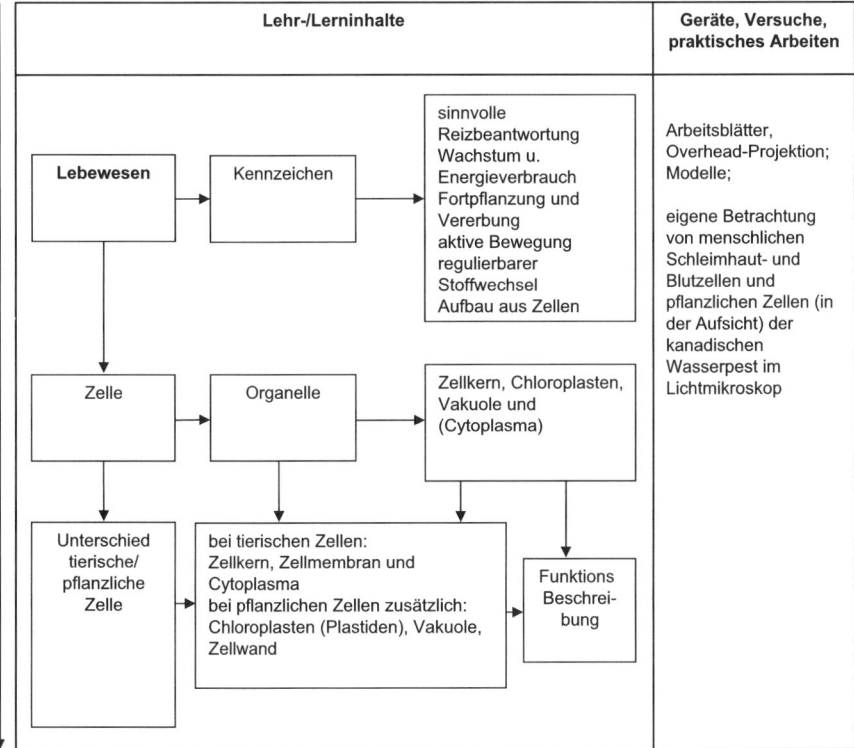

Abb. 106.1 Der Pfeil deutet in die Richtung der Altersstufen in der Unterstufe. Oben – Themen für jüngere Schüler. Unten – Themen für ältere Schüler

Thema Zelle

Der erste Block dieser Tabelle bezieht sich auf die biologischen und chemischen Inhalte des Lehrplans in der Mittelstufe (Jahrgangsstufen 7, 8, 9 und 10). Der zweite Block ist relevant für die biologischen und chemischen Inhalte in den Grund- und Leistungskursen (Seminarfächern) der Oberstufe.

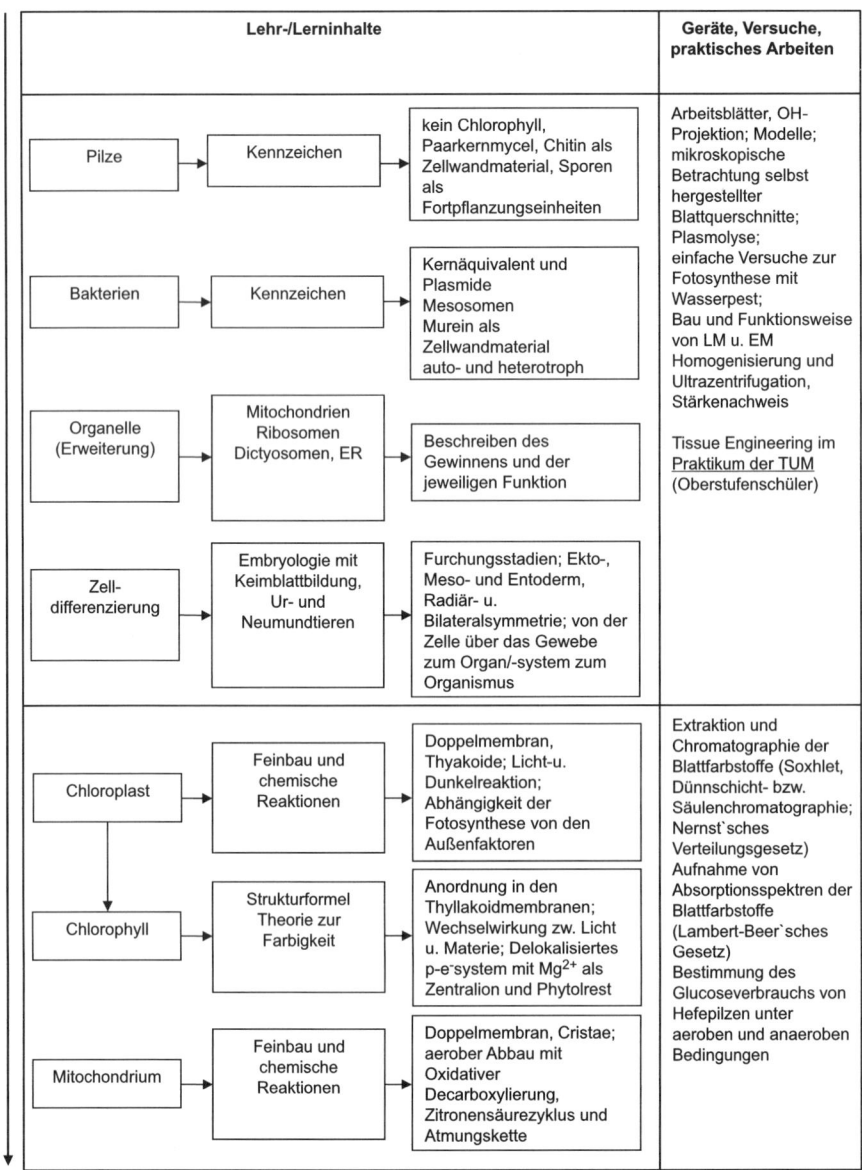

Abb. 106.2 Der Pfeil deutet in die Richtung der Altersstufen in Mittel- und Oberstufe. Oben – Themen für jüngere Schüler. Unten – Themen für ältere Schüler

Thema Kunststoffe

Der erste Block dieser Tabelle bezieht sich auf die chemischen Inhalte zum Thema Kunststoffe des Lehrplans in der 9. Jahrgangsstufe der Mittelstufe. Der zweite Block ist relevant für die chemischen Inhalte in der 10. Jahrgangsstufe der Mittelstufe.

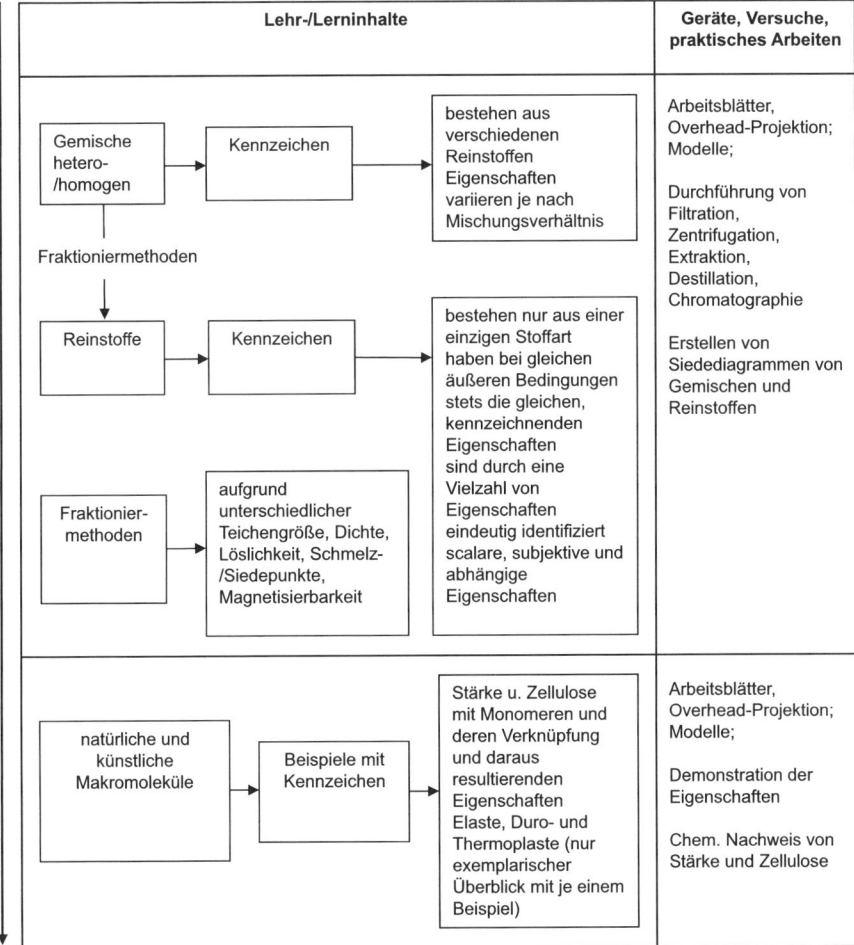

Abb. 106.3 Der Pfeil deutet in die Richtung der Altersstufen in der Mittelstufe. Oben – Themen für jüngere Schüler. Unten – Themen für ältere Schüler

Dieser Block der Tabelle bezieht sich auf die chemischen Inhalte in den Grund- und Leistungskursen (Seminarfächern) der Oberstufe.

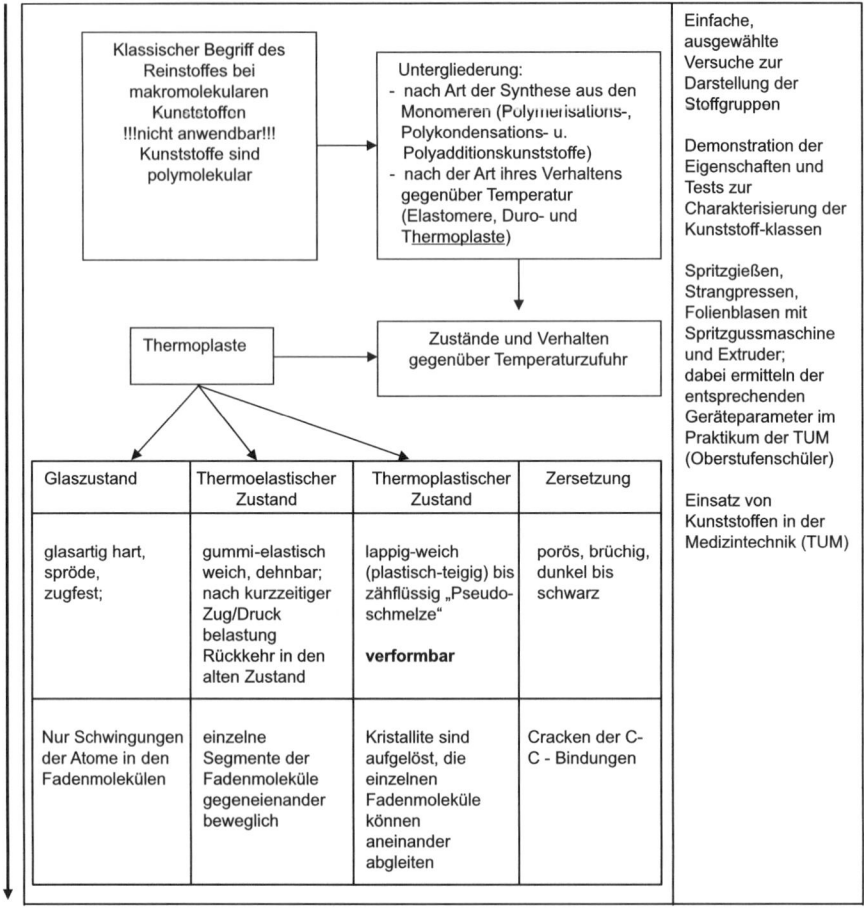

Abb. 106.4 Der Pfeil deutet in die Richtung der Altersstufen in der Oberstufe. Oben – Themen für jüngere Schüler. Unten – Themen für ältere Schüler

Praktikum am Lehrstuhl für Medizintechnik – Laufzettel

1. Termin
von Montag, 05.11.20XX, bis Donnerstag, 08.11.20XX, Beginn etwa 10.00 Uhr, Rückkehr am Donnerstagnachmittag

2. Adressen
Lehrstuhl für Medizintechnik (MedTech) TU München – Fakultät f. Maschinenwesen Geb. 4/3. OG Boltzmannstraße 15, 85748 Garching
Web: www.medtech.mw.tum.de
Tel.   089-289-16717
E-Mail: pfeifer@medtech.mw.tum.de

Jugendherberge München Neuhausen
Wendl-Dietrich-Straße 20
80634 München
Tel. 089-202 444 9-0
E-Mail: jhmuenchen@djh-bayern.de

3. Programm
Wird von den Mitarbeitern des Instituts noch genauer erarbeitet. Vorgesehen sind Rundgang durch das Institut; Reinraum(Zell)biologie (tissue-engineering); Vaskuläre Systeme; Extrusion, hierzu entspr. Vorlesung zur Polymerbearbeitung; Spritzgießen; 2 Komponentenkleber; ...

4. Ausrüstung
Kleidung für draußen entsprechend der Jahreszeit, Schreibzeug. Ans Gewicht der Ausrüstung denken, da an den Bahnhöfen einige Treppen zu steigen sind. An Musik reproduzierenden Geräten nur solche mit Kopfhörer mitnehmen (Hausordnung der JH). Musikinstrumente oder Spiele könnte man mitnehmen. Unbedingt Ausweis mitnehmen!!!

5. Betreuung
durch Gerhard Schmidt. Da wir mit öffentlichen Verkehrsmitteln fahren müssen, fahren wir am Montag gemeinsam in Meitingen weg und kommen dort am Donnerstag gemeinsam wieder an!

6. Anreise
- mit DB: Meitingen, ab 7.34, bis München-Hbf, dort an 8.42
- mit S-Bahn Richtung Innenstadt bis Marienplatz
- mit U6 bis Garching-Institute (Endstation)
- Begrüßung der Teilnehmer im Institut um 10 Uhr.

Es werden zweierlei Fahrtberechtigungen benutzt: Bis zum Münchner Hauptbahnhof eine Gruppenkarte der Deutschen Bahn (die auch für die Rückfahrt gilt, also **aufheben**!) und ab dort eine Streifenkarte bzw. »Isarcard«. Die Isarcard gilt für eine Woche für die Strecken innerhalb des Münchner Verkehrsverbunds, MVV. Die DB-Fahrkarte und die Isarcard kaufe ich bereits vorher.

7. Verkehrsverbindung vom Institut zur Unterkunft
U6 bis Sendlinger Tor, dort umsteigen in U1 bis Rotkreuz-Platz

8. Unterkunft und Verpflegung
Übernachtung mit Frühstück in der Jugendherberge (Adresse s.o.). Unterbringung in Mehrbettzimmern nach Geschlechtern getrennt. Dusche und WC befinden sich bei allen Zimmern leider nur auf den Etagen.
Schlafsack ist nicht mitzubringen, da das Bettzeug von der JH gestellt wird. Frühstück zwischen 7.30 und 9.30 Uhr; für das Abendessen sorgt man selbst nach Belieben.
Der Lehrer ist Betreuer für alle Teilnehmer am Praktikum. **Er ist allen Teilnehmern gegenüber weisungsbefugt.**
Am Abend übernimmt der Begleitlehrer keine Aufsicht im schulrechtlichen Sinn. Die Ausgangserlaubnis für nicht volljährige Teilnehmer erteilen die Eltern.
Auf die Schließung der Jugendherberge um 22 Uhr ist zu achten.
Zum Mittagessen besteht in einer Garchinger Mensa (auf eigene Kosten) Gelegenheit.

9.Versicherungen
Um mit den zum Teil äußerst kostspieligen Geräten des Instituts arbeiten zu können, müssen die Praktikumsteilnehmer haftpflichtversichert sein. Die Schule wird für einen ausreichenden Versicherungsschutz der Teilnehmer sorgen.

10. Kosten
Von den Gesamtkosten übernehmen dankenswerterweise der Schulverein und der Elternbeirat unseres Gymnasiums den größten Teil. Einen Anteil von 40,- € trägt jeder Teilnehmer selbst. Diese werden von mir am Freitag, den 26.10. 20XX eingesammelt.

11. Teilnehmerliste
Für diese Woche wünsche ich Euch viele interessante wissenschaftliche Eindrücke und hoffe auf ein reibungsloses Gelingen.

107 Life-Science Praktika am Lehrstuhl für Medizintechnik der TU München

S. Pfeifer, M. Eblenkamp, M. Hoffstetter, I. Jumpertz, E. Krampe, N. Laar,
T. Lechelmayr, H. Perea-Saavedra, M. Schaumann, E. Wintermantel

107.1 Praktikum Vaskuläre Systeme

Folgende Themen werden im Detail behandelt:

Vaskuläres Tissue Engineering
Allgemeine Einführung
Markierung von Zellen mit Nanopartikeln
Magnetische Besiedelung eines tubulären Trägers
Analytik der besiedelten Struktur mittels CLSM und REM
Histologische Analytik
Thrombogenitätstest
Grundlagen der Zellkultur
Technische Ausstattung eines Zellkulturlabors
Klassifizierungen in der Zellkulturtechnologie
Grundzüge der Zellisolation aus Gewebe
Zellexpansion
Mikroskopie
Kontrastierungsverfahren
Herz-Kreislauf-System
Anatomie und Pathologie des Herzens
Physiologische Lösungen
Präparation der Koronargefäße
Extrakorporaler Kreislauf – Die Herz-Lungen-Maschine (HLM)
Komponenten der HLM
Darstellen des Lungen- und Körperkreislaufes mittels HLM
Aufbau und Inbetriebnahme einer extrakorporalen Zirkulation am Modellherz

Tabelle 107.1 Übersicht aller behandelten Themen im Praktikum Vaskuläre Systeme

Stenting
Herstellung von Katheterballonen Manuelles und Automatisches Crimpen von Stents auf Ballonkather Implantation von Stents in Koronargefäße
Blutspendedienst des Bayerischen Roten Kreuzes
Die Organisation des Blutspendedienstes Transfusionsmedizin und Hämatologie Bestandteile des Blutes Arten der Blutspende Analytik der entnommenen Konserven Verwendung des Blutes

Tabelle 107.1 (*Fortsetzung*) Übersicht aller behandelten Themen im Praktikum Vaskuläre Systeme

107.1.1 Vaskuläres Tissue Engineering

107.1.1.1 Markierung von Zellen mit superparamagnetischen Partikeln

Generell können Stoffe, die sich in der extrazellulären Matrix befinden, über verschiedene Mechanismen von Zellen aufgenommen werden. Hierbei unterscheidet man Phagozytose und Endozytose. Erstere kann nur bei Zellen mit phagozytischer Aktivität erfolgen. Beispiele hierfür sind Blutmonozyten oder Makrophagen. Flüssigkeitströpfchen und Partikel bis zu 200 nm werden über Endozytose von vielen Eukaryontenzellen (z. B. auch den Endothelzellen) aufgenommen. Handelt es sich bei der Internalisierung um Flüssigkeiten, spricht man von unspezifischer Pinozytose, während die Aufnahme von Partikeln als spezifische Pinozytose oder rezeptorvermittelte Endozytose bezeichnet wird. Letztere findet an speziellen Regionen der Plasmamembran statt. Diese Regionen, genannt Clathrin-coated-Pits, sind mit Proteinen körbchenförmiger Struktur bedeckt, in welche die aufzunehmenden Moleküle eingelagert werden. Dies geschieht über die Bindung spezifischer komplementärer Zelloberflächenrezeptoren. Nach Anreicherung der Moleküle in den coated-Pits werden diese Membranbereiche in das Zellinnere eingeschnürt und als Vesikel (coated Vesicles) aufgenommen.

 In unserem Versuch werden Endothelzellen aus der Nabelschnurvene (HUVEC=human umbilical vein endothelial cells) mit einer Suspension von superparamagnetischen Partikeln (Resovist, Schering) markiert. Um die Markierung nachzuweisen werden, die Zellkulturen im Mikroskop untersucht.

Aufgabe: *Sind Spuren von Eisenpartikeln in den Zellen zu erkennen? In welchen Bereichen der Zelle lagern sich die Eisenpartikel ein? Beschreiben Sie die Phänomene detailliert.*

Vorbereitung der Zellen für die Besiedlung

Um die Zellen für die Besiedlung verwenden zu können, müssen sie zunächst aus der Kulturflasche (z. B. mit Trypsin) abgelöst werden. Hierfür sind folgende Schritte notwendig:

1. *Zellen 2x mit PBS waschen (Vorsicht, nicht direkt gegen die Zellen pipettieren!)*
2. *Zugabe von 2ml Trypsin*
3. *Inkubation (37°C, 5% CO_2) für 3 Minuten*
4. *Inhibierung des Trypsins durch Zugabe von 3ml Medium*
5. *Zentrifugation*
6. *Resuspension in 2ml frischem Medium.*

Die Zellen sind jetzt bereit für den nächsten Schritt: die Besiedlung (des Scaffolds). Davor werden wir aber sicherstellen, dass die Zellen wirklich magnetisch markiert sind. Hierfür nehmen wir aus der Suspension 300 ml Zellsuspension und geben sie auf eine kleine Petrischale. Die Probe wird im Mikroskop beobachtet. Mit Hilfe von permanenten Magneten soll die Markierung der Zellen nachgewiesen werden.

Aufgabe: *Sind die Zellen magnetisch? Wie verhalten sich die Zellen im Magnetfeld? Prüfen Sie dies.*

Magnetische Besiedlung eines tubulären Trägers

Wenn die Markierung erfolgreich ist, soll nun eine tubuläre Struktur magnetisch besiedelt werden. Hierfür wird ein Zellkulturröhrchen mit der Zellsuspension und 8 ml zusätzliches frisches Medium befüllt. Das Röhrchen wird anschliessend in die vorbereitete Spule eingelegt. Bei 1A pro Spule wird die Probe für 30 Minuten inkubiert. Anschließend wird die Probe aus dem Kern vorsichtig entnommen und makroskopisch begutachtet.

Aufgabe: *Kann die Besiedlung optisch erkannt werden? Wie sieht das Muster der Besiedlung aus? Wie sieht das Magnetfeld aus? Versuchen Sie die Einwirkung des Magnetfeldes zu beschreiben.*

Untersuchung der besiedelten Struktur im CLSM

Die konfokale Laser-Raster-Mikroskopie (CLSM) ist eine mikroskopische Methode, die sich gegenüber der Durchlicht- und insbesondere gegenüber der konventionellen Epifluoreszenzmikroskopie durch eine erhöhte optische Auflösung auszeichnet (neuere Systeme erreichen ein laterales Auflösungsvermögen von ca. 0,25µm).

Der besondere Vorteil der konfokalen Lichtmikroskopie besteht darin, dass sie das von einer einzigen Ebene des Präparats reflektierte oder emittierte Licht erfasst. Eine zur Fokusebene konjugiert angeordnete Lochblende (Pinhole) sorgt dafür, dass Licht, welches nicht aus der Fokusebene stammt, vom Detektor nicht erfasst wird. Ein Laserstrahl rastert das Präparat pixel- und zeilenweise ab. Die Pixeldaten werden dann zu einem Bild zusammengesetzt, das einen optischen Schnitt durch das Präparat darstellt und sich durch hohen Kontrast und hohe Auflösung in X, Y und Z-Richtung auszeichnet. Mehrere Bilder, die bei schrittweise verschobenen Positionen der Fokusebene erzeugt werden, lassen sich zu einem 3D-Bildstapel kombinieren und anschließend digital verarbeiten.

Eine Kulturflasche wurde mit rot-gefärbten glatten Muskelzellen und grün gefärbten Endothelzellen besiedelt. Die Probe soll mit unterschiedlichen Objektiven durchgescannt werden.

Aufgabe: *Wie sind die Zellen angeordnet? Wie groß sind die Muskel- und Endothelzellen? Wie „hoch" sind die Muskel- und Endothelzellen? Beschreiben Sie die Beobachtungen.*

Untersuchung der besiedelten Struktur im REM

Ein Raster-Elektronen Mikroskop (REM) erzeugt Oberflächenabbildungen wie sie, analog, auch von unseren Augen durch reflektiertes Licht wahrgenommen werden. Im REM wird durch einen Elektronenstrahl, der Punkt für Punkt und Zeile für Zeile über eine Oberfläche einer Probe geführt wird, ein Bild erzeugt. Eine große Bedeutung kommt dabei der im Vergleich zur Lichtoptik bedeutend besseren Schärfentiefe zu. Theoretisch sind mit einem REM Vergrößerungen bis zu ca. 500'000-fach möglich, im Gegensatz zum Lichtmikroskop wo durch physikalische Gegebenheiten die Vergrößerung auf knapp 2000-fach begrenzt ist. (Gesamtvergrößerung Objektiv und Okular). Eine REM-Untersuchung ist immer eine Oberflächenanalytische Aufnahme, keine echte 3-dimensionala Darstellung.

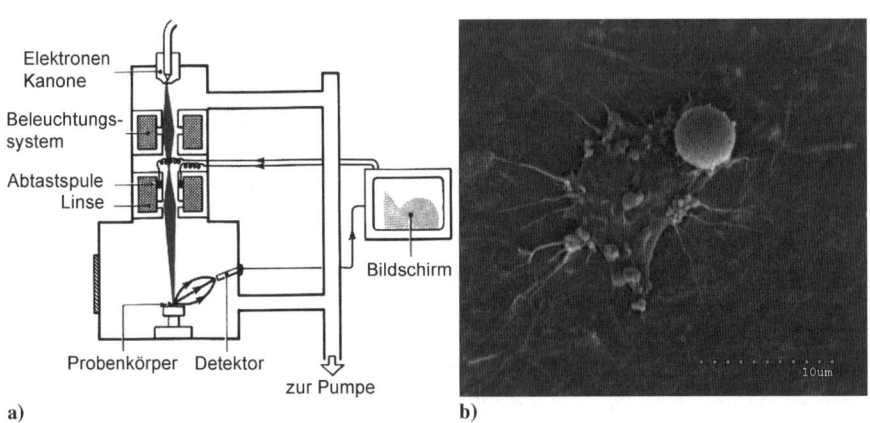

Abb. 107.1 a) Elektronengang in einem Raster-Elektronen Mikroskop (REM) modifiziert nach [1]. b) REM Aufnahme einer mit einem Eisen-Mikrobead markierten Endothelzelle. (H.Perea)

Eine Kollagenmembran und eine PTFE-Prothese wurden mit Nanopartikel-markierten Endothel- und Muskelzellen beschichtet. Die Probe soll im REM untersucht werden.

Aufgabe: *Wie ist die Oberfläche der Zellträger strukturiert? Wie ist die Morphologie der Zellen gestaltet? Lassen sich Endothelzellen und Muskelzellen morphologisch unterscheiden? Sind die Eisenpartikel erkennbar? Wie ist die Scaffold-Matrix-Adhäsion bei Kollagen gegenüber PTFE? Beschreiben und erklären Sie die Phänomene.*

Histologische Analysen

Mit Mikrotomen werden Dünnschnitte von Geweben hergestellt, die vorher fixiert und beispielsweise in Kunststoff eingebettet wurden.

Mikrotome funktionieren nach dem Hobelprinzip. Das ‚eingebettete' Gewebestück wird eingespannt und schrittweise gegen ein Messer geführt, das ‚Späne' abhebt = die zur Untersuchung gewünschten, dünnen Scheiben des Gewebestückes (Präparate). Die Präparate werden dann in einem Wasserbad aufgefangen (schwimmen infolge der Oberflächenspannung oder Dichte) und zur weiteren Bearbeitung auf einem Objektträger fixiert.

Diese Schnitte werden anschließend zur Darstellung der verschiedenen Zell- bzw. Gewebekomponenten histochemisch oder immunhistochemisch gefärbt (z. B. Zellkerne, Kollagen, Elastin, ... usw.).

 Eine Kollagenembran und eine PTFE-Prothese werden mit Nanopartikelmarkierten Endothel- und Muskelzellen beschichtet. Es sollen histologische Schnitte präpariert und anschließend mikroskopiert werden.

Aufgabe: *Wie dick ist die Kollagenmembran? Sind Zellen auf der Membran zu erkennen? Sind Eisenpartikel zu erkennen? Machen Sie Anmerkungen dazu.*

Untersuchung der Thrombogenität unterschiedlicher Oberflächen

Ein entscheidendes Merkmal vaskulärer Gefäßimplantate ist die Hämokompatibilität (Blutverträglichkeit). Sobald das Implantat in Kontakt mit Blut kommt, werden unterschiedliche Gerinnungsmechanismen aktiviert, die zu einer Ablagerung von Proteinen, Fibrin und Blutzellen auf der luminalen Oberfläche der Prothese führen. Bei kleinlumigen Implantaten besteht ein erhöhtes Risiko einer Thrombose. Im nativen Gewebe übernehmen Endothelzellen die entscheidende Aufgabe, die physiologische Fliessfähigkeit des Blutes zu gewährleisten.

 Es wurden Well-Platten mit konfluenten Kulturen von Endothelzellen, Muskelzellen und einer Co-Kultur von beiden Zelltypen vorbereitet. Nun werden alle Well-Platten mit jeweils 2 ml frischem Blut inkubiert.

Aufgabe: *Was wird nach 10 Minuten in den unterschiedlichen Platten beobachtet? Und nach 30 Minuten? Wie beeinflussen die unterschiedlichen Zellbesiedlungen die Blutgerinnung?*

107.1.2 Grundlagen der Zellkultur

Mit der Entdeckung des zellulären Aufbaus komplexer Organismen wuchs der Wunsch, Zellen zur zellbiologischen Grundlagenforschung auch außerhalb des menschlichen Körpers (in vitro) kultivieren zu können. Heutzutage ist die Zellkultur in der Life-Science-Forschung als praktikable, preiswerte und zumeist ethisch unbedenkliche (Ausnahme: Embryonale Stammzellen) Standardtechnologie fest etabliert.

107.1.2.1 Technische Ausstattung eines Zellkulturlabores

Da Zellen oder Organe, welche außerhalb ihres natürlichen Verbands im tierischen oder menschlichen Körper kultiviert werden, keine natürlichen Abwehrkräfte besitzen, muss ein Zellkulturlabor mit der entsprechenden technischen Ausstattung versehen sein. Alle Arbeiten in der Zellkulturtechnik müssen unter sterilen Bedingungen erfolgen, um die Zellen vor Kontaminationen durch Bakterien, Pilze oder Viren zu schützen. Im Folgenden werden die wichtigsten technischen Systeme kurz vorgestellt.

Sterilwerkbank

In so genannten Sterilwerkbänken herrscht im Arbeitsraum eine turbulenzarme Verdrängungsströmung von oben nach unten. Sie werden daher auch als Laminar Flow Box bezeichnet. Die zu 90% im Innenraum zirkulierende Luft wird durch einen Hochleistungsschwebstofffilter (HOSCH-Filter) sterilfiltriert und dann vertikal nach unten geführt. Durch die Arbeitsöffnung werden ca. 10% Raumluft angesaugt was bei herabgelassener Frontscheibe bewirkt, dass eine starke Luftströmung zwischen Scheibenunterkante und der Tischkante entsteht. Diese verhindert, dass Partikel aus der Raumluft in den sterilen Arbeitsraum gelangen (Luftschleuse). Der geringe Anteil Raumluft, der durch die Arbeitsöffnung angesaugt wird, verlässt die Sterilwerkbank wieder durch einen HOSCH-Filter in den Raum.

Brutschrank

Da vor allem Säugetierzellen auf Schwankungen der Umgebungsbedingungen sehr empfindlich reagieren, müssen Zellkulturen in einem Milieu gehalten werden, welches dem in vivo möglichst nahe kommt. Dieses Milieu wird einerseits durch das die Zellen umgebende Medium simuliert, andererseits durch die Umgebungsbedingungen im Brutschrank. Die entscheidenden Parameter Temperatur (37°C), der CO_2-Gehalt (5%) zur Pufferung des Mediums auf pH 7,0–7,2 sowie Luftfeuchtigkeit (annähernd 100%) um eine Verdunstung des Mediums zu vermeiden, werden im Brutschrank überwacht und geregelt.

Zellzählgerät

Für die Wachstumsgeschwindigkeit von Zellen spielt die anfänglich zugesetzte Zellzahl eine entscheidende Rolle. Zu dünn ausgesäte Zellen wachsen nur sehr langsam, zu dicht ausgesäte Zellen müssen sehr oft sukultiviert werden, was längerfristig zu einer Verkürzung der Gesamtlebensdauer führt. Die Zellzählung kann, neben dem Auszählen per Hand mittels Neubauerkammer, mit einem Zellzählgerät (z. B. Casy®1-Cell Counter) erfolgen.

Phasenkontrastmikroskop

Die Beurteilung von Wachstum und Morphologie einer Zellkultur wird unter einem Phasenkontrastmikroskop durchgeführt. Bei dieser Art der Mikroskopie können schwach oder nicht gefärbte Zellen mittels ihrer unterschiedlichen Brechzahlen in Bezug auf das umgebende Medium sehr gut dargestellt werden. Somit können lebende Zelle mikroskopiert werden, welche durch Färbemittel oft zugrunde gehen würden.

Sonstige Ausstattung

Weitere Geräte die im Zellkulturlabor verwendet werden sind ein Absaugpumpe zum Absaugen von Zellkulturmedium und anderen Flüssigkeiten. Eine Zentrifuge zur Separation einzelner Bestandteile des Gemisches aus Zellen und Medium unter Ausnutzung der Zentrifugalkraft. Ein Autoklav zur Sterilisation von Medien sowie verwendeten Geräten und anfallenden Abfällen. Ein Wasserbad um verwendete Medien und Chemikalien aufzutauen, bzw. auf 37°C vorzutemperieren. Und zuletzt noch Pipetten und eine elektrische Pipettierhilfe um Flüssigkeiten zu dosieren.

  Pipettieren, Aufgabe:

1) Röhrchen wiegen und Gewicht in Tabelle eintragen
2) Mit der Pipettierhilfe 5000 μl transparente Flüssigkeit in das Röhrchen vorlegen
3) Mit den verschiedenen Pipetten die im Pipettierschema geforderten Mengen in ein Eppendorf-Gefäß überführen
4) Mit der 1000er Pipette die Flüssigkeit aus dem Eppendorf-Gefäß in das Röhrchen überführen

Nr.	Pipettier-hilfe	1000er Pipette	100er Pipette	10er Pipette			
	Vorlage [µl]	blau [µl]	rot [µl]	transparent [µl]	Gesamt [µl]	Gewicht Röhrchen [µl]	Gewicht Gesamt [µl]
1	5000	300	90	3	5393		
2	5000	400	80	4	5484		
3	5000	500	70	5	5575		
4	5000	600	60	6	5666		
5	5000	700	50	7	5757		
6	5000	800	40	8	5848		
7	5000	900	90	9	5999		
8	5000	300	80	3	5383		
9	5000	400	70	4	5474		
10	5000	500	60	5	5565		
11	5000	600	50	6	5656		
12	5000	700	40	7	5747		

Tabelle 107.2 Pipettierschema

107.1.2.2 Klassifizierungen in der Zellkulturtechnologie

Klassifizierung nach Gewebeherkunft

Nahezu aus allen Geweben lassen sich heutzutage Zellen gewinnen, die in vitro kultiviert werden können. Eine Möglichkeit der Unterscheidung bzw. Klassifizierung von Gewebetypen ist der Ort ihrer Herkunft, wie z. B. Epithelgewebe, Binde- und Stützgewebe, Muskelgewebe, Nervengewebe oder Blut als „flüssiges Gewebe".

Klassifizierung nach Wachstumsart

Neben der Klassifizierung nach Wachstumsart kann man in der Zellkulturtechnologie zwei Kultivierungsformen unterscheiden. Die Adhärente Zellkulturen und die Suspensions-Zellkulturen.
Die Mehrzahl der Zellen benötigt zum Überleben und zur Vermehrung eine Matrix, auf der sie anwachsen können. In diesem Fall liegt die Situation einer „adhärenten" Zellkultur vor. In den meisten Fällen reicht als Matrix der Boden des Zellkulturgefäßes (i. d. R. Polystyrol) aus, an dem sich spontan eine molekulare Schicht aus Proteinen ablagert, die dem Nährmedium entstammen. In der Regel wachsen adhärente Zellkulturen 2-dimensional.

Einige Zelltypen sind zur In-vitro-Kultivierung nicht auf einen Matrixkontakt angewiesen bzw. sind nicht in der Lage, eine adhärente Verbindung zu einer Matrix aufzubauen. Diese Zelltypen werden daher in der Regel in Flaschensystemen kultiviert, die mit Rühreinrichtungen zur Verhinderung der Sedimentation der Zellen auf den Flaschenboden versehen sind. Man spricht hierbei von Suspensions-Zellkulturen.

Kulturen von Zelllinien vs. primäre Zellkulturen

Eine weitere Möglichkeit der Klassifizierung von Zellkulturen ist nach der Art der Gewinnung der zu kultivierenden Zellen. Die beiden Zellkulturklassen sind Zellkulturen mit Zelllinien und Zellkulturen mit „primären" Zellen.

Tumorzellen haben die Eigenschaft, dass ihr Teilungsverhalten (= Proliferationsaktivität) nicht mehr der natürlichen Regulation unterliegt. Sie können aufgrund der tumorös-genetischen Veränderung zahlreiche Teilungen durchführen, ohne hierbei zu altern und schließlich abzusterben. Eine gleichartige Situation kann man durch gezielte genetische Manipulation primär gesunder Zellen erreichen. Diesen gentechnologischen Eingriff, um diese neu erreichte, nahezu unbegrenzte Teilungsfähigkeit zu erreichen, bezeichnet man als Immortalisierung. Eine weitere Möglichkeit, das Teilungsverhalten zu beeinflussen, ist die Kultivierung von Zellen in einer Zellkultur über einen langen Zeitraum. Es wird eine Selektion der Zellen bewirkt, die sich, zumeist auf Grund spontaner genetischer Veränderungen (Mutationen), durch eine hohe Proliferationsaktivität auszeichnen. Zellenpopulationen, die aus Zellen mit weitgehend unbegrenzter Teilungsfähigkeit bestehen, bezeichnet man als Zelllinien.

Nachteil von Zelllinien ist, dass sie im Laufe ihrer langen Existenz neben den genetischen Veränderungen, die zu einer unbegrenzten Teilungsfähigkeit führten, häufig noch zahlreiche weitere Mutationen erfahren. Diese führen dazu, dass die Zellen von Zelllinien auch in anderen Bereichen der Zellbiologie wie dem Zellstoffwechsel oder der Proteinbiosynthese entarten. Daher sind Zellen von Zelllinien gerade bei funktionellen Untersuchungen nur bedingt mit den primären Zellen des Ursprungsgewebes vergleichbar.

Auf Grund der Nachteile bei der Verwendung von Zelllinien für zellbiologische Untersuchungen ist häufig der Wunsch vorhanden, die primär aus dem Ursprungsgewebe gewonnenen Zellen nach nur wenigen Vermehrungs- (= Expansions-) schritten im Versuch einzusetzen. Der wesentliche Nachteil der primären Zellkultur ist neben der aufwändigen Isolationsprozedur die Schwankung der Zell- und Gewebseigenschaft bei der Verwendung von Gewebsmaterial verschiedener Spender.

107.1.2.3 Grundzüge der Zellisolation aus Gewebe

Um Zellen für die Zellkultur aus Gewebe zu isolieren, sind folgende Schritte durchzuführen. Die Gewinnung der Gewebeprobe muss möglichst steril ablaufen um eine

Kontamination und das Absterben der Probe zu vermeiden. Anschließend muss das Gewebe zerkleinert werden um eine Oberflächenvergrößerung zu erreichen. Für die Abschließende Zellextraktion aus dem Gewebe, werden zwei Ansätze verfolgt, die enzymatische Verdauung und die Zellgewinnung durch Auswachsung.

Da Zellen in der Regel über die Verbindung mit Proteinen der Extrazellulär-Matrix fest im Gewebe verankert sind, gelingt es durch eine enzymatische Verdauung der Proteinverankerung, die Einzelzellen aus diesem Verband herauszulösen. Mittels Zentrifugation und Waschung können die Zellfraktion von den verdauten extrazellulären Komponenten getrennt werden. Die typischen Bestandteile einer Verdauungslösung sind Kollagenasen, Hyaluronidasen, EDTA, Trypsin und DNAse. Der entscheidende Vorteil der enzymatischen Verdauung ist die schnelle Gewinnung einer größeren Zahl von Zellen. Nachteilig ist jedoch die Schädigung der zellulären Proteinausstattung, was bedeutet, dass empfindliche Zellen absterben.

Im Gegenteil dazu ist die Gewinnung von Zellen durch Auswachsen der Zellen aus kleinen Gewebsfragmenten ein besonders schonendes Verfahren. Hierzu werden die zerkleinerten Gewebestücke auf Kulturplatten verteilt, mit Medium überschichtet und ruhig für einige Tage im Brutschrank kultiviert. Nach einiger Zeit sprossen einzelne Zellen aus den Gewebestücken aus, die sich anschließend durch Proliferation auf der Kulturplatte ausbreiten. Die Nachteile bestehen darin, dass das Verfahren sehr zeitaufwändig ist und primär nur wenige Zellen gewonnen werden können.

107.1.2.4 Zellexpansion

Kulturgefäße

Heute auf dem Markt erhältliche Zellkulturgefäße bestehen überwiegend aus speziell vorbehandeltem Polystyrol. Standardgefäße sind Kulturflaschen, Petrischalen und Mikrotiter- bzw. Multiwell-Platten. Zusätzlich gibt es noch Gefäße für spezielle Anwendungen, wie Flow-Chambers oder Spinner-Flasks.

Zellkulturmedien

Für die aus einen Organismus isolierten Zellen muss unter in vitro-Bedingungen eine Umgebung geschaffen werden, die ein Zellwachstum erlaubt. Hierzu müssen den Zellen alle nicht selbstsynthetisierbaren Substanzen zugeführt werden (essentielle Substanzen). „Abfallprodukte" müssen so lange wie möglich neutralisiert werden (Puffer). Als Ersatz für das Immunsystem des Organismus können Antibiotika zugegeben werden. Ein Zellkulturmedium besteht im Allgemeinen aus Glukose, Aminosäuren, Salzen, Vitaminen, Hydrogencarbonat als Puffer, Phenolrot als Indikator und Antibiotika.

Subkultivierung

Wenn in vitro die Kulturschale als Substrat von den Zellen vollständig eingenommen worden ist, wachsen die Zellen in der Regel nicht mehr weiter. Ferner sinkt bei zu hoher Zelldichte die Proliferationsrate stark ab. Da dies zum Absterben der Kultur führen kann, ist es notwendig die Zellen nach erreichter Maximaldichte zu verdünnen. Dies geschieht durch das „Passagieren" der Zellen, d. h. die Zellen werden unter Verdünnung vom alten Kulturgefäß in ein neues überführt. Die am meisten verbreitete Methode ist der Gebrauch von Trypsinlösung. Dabei ist darauf zu achten, dass die Zellen nicht zu lange mit dem Trypsin in Kontakt bleiben. Längere Einwirkzeiten können nämlich die Lebensfähigkeit der Zellen irreversibel schädigen.

  Passagieren von Zellen, Aufgabe:

1) Zellen 2x mit PBS waschen
2) 2ml Trypsin zugeben
3) Zellen für ca. 3 Minuten im Brutschrank inkubieren
4) Ablösung der Zellen unter dem Phasenkontrastmikroskop kontrollieren
4) 4ml Medium zum Inhibieren des Trypsins zugeben
5) Zellenlösung zentrifugieren
6) Überstand abpipettieren
7) Zellen in 2ml frischem Medium resuspendieren

107.1.2.5 Mikroskopie

Der grundlegende Aufbau eines konventionellen Lichtmikroskops hat sich im Lauf seiner Entwicklung auch bei modernen Mikroskopen kaum verändert (siehe Abb. 9).

  Bitte ordnen Sie den Zahlen die folgenden Mikroskopkomponenten zu:
Feineinstellung, Kondensor, Objektiv, Okular, Beleuchtungseinheit, Präparat, Objektivrevolver, Grobeinstellung

A
B
C
D
E
F
G
H

  Wie berechnet sich die nominelle Vergrößerung aus den Kenndaten der optischen Elemente des Strahlengangs?

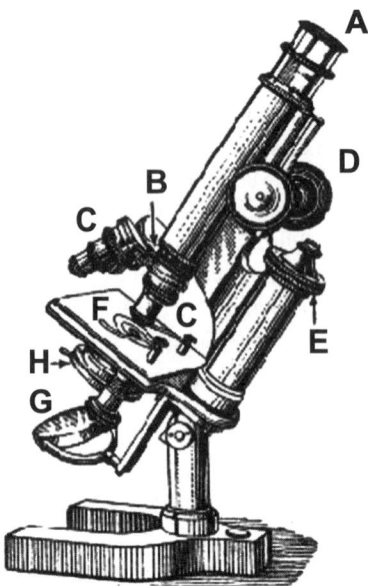

Abb. 107.2 Aufbau eines konventionellen Lichtmikroskops (nach einer historischen Vorlage)

Typen der Lichtmikroskope

Bei Lichtmikroskopen ist zwischen den „aufrechten" und „inversen" Mikroskopen zu unterscheiden. Bei den aufrechten Mikroskopen befindet sich das Objektiv oberhalb des Objektes. Dieser Mikroskoptyp wird routinemäßig bei der Analyse von histologischen Proben verwendet. Bei inversen Mikroskopen befindet sich das Objektiv unterhalb der zu betrachtenden Probe, so dass von unten auf das Objekt geschaut wird. Dieser Mikroskoptyp ist der Standardaufbau für die Betrachtung von Zellkulturen.

Das Köhlersche Beleuchtungsprinzip

Zur Sicherstellung einer optimalen mikroskopischen Abbildung des Objektes ist sicherzustellen, dass die Komponenten des Strahlengangs gemäß des sog. Köhlerschen Strahlengangs optimal zu einander ausgerichtet werden. Hierzu müssen an Standardlichtmikroskopen bestimmte Schritte eingehalten werden. Eine möglichst gute Fokussierung des Objektes ist einzustellen. Die Leuchtfeldblende ist soweit zu schließen, bis die Ränder der Blende im Bild auftauchen. Der Kondensor muss so verstellt werden, dass die Kanten der Leuchtfeldblende scharf im Bild zur Darstellung kommen. Das Bild der Leuchtfeldblende muss durch Stellschrauben am Kondensor zentriert werden. Die Leuchtfeldblende muss soweit geöffnet werden, dass die Blendenränder gerade nicht mehr im Bildausschnitt zu erkennen sind.

 Aufgabe: Durchführung des „Köhlerns"

107.1.2.6 Kontrastierungsverfahren

Nur wenige Zelltypen (z. B. Erythrozyten als kernlose Zellfragmente) besitzen intrazelluläre Farbpigmente. Die meisten Zellen sind für sichtbares Licht durchsichtig. Um die Zellen in der Mikroskopie sichtbar zu machen, ist daher in der Regel ein Kontrastierungsverfahren anzuwenden. Häufig werden Zellen zur Kontrastierung gefärbt. Hierzu steht eine Vielzahl von sauren und basischen Farbstoffen zur Verfügung, die abhängig von den chemischen Eigenschaften der zellulären Strukturen diese selektiv anfärben können. Die mit am häufigsten verwendeten Farbstoffe sind das Eosin und das Hämatoxilin. Diese werden in der sog. HE-Färbung in Kombination verwendet. Eine andere Möglichkeit zur Kontrastierung von Zellen ist die Verwendung von Fluoreszenzfarbstoffen. Häufig wird diese Art der Färbung mit einer spezifischen Immunreaktion gekoppelt, so dass sich die Existenz und Verteilung von bestimmten Proteinen innerhalb der Zelle nachweisen lässt.

 Aufgabe: Durchführung der Live/Dead-Färbung

Antikörper-Färbungen:

Visualisierung

auf Fluoreszenzbasis   auf Enzymbasis

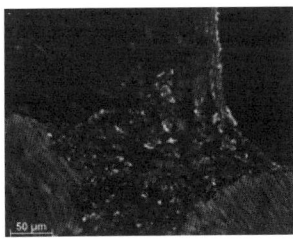 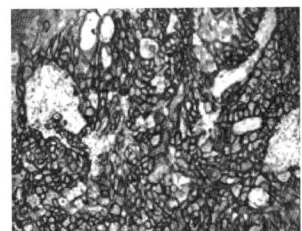

Desmin (Fluorochrom: FITC)   EGFR (DAB-Färbung)

 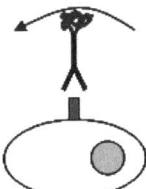

Abb. 107.3 Prinzip von Antikörperfärbungen

107.1.3 Herz-Kreislauf-System

107.1.3.1 Herstellung von Ringerlösung

Ringerlösung ist eine wässrige Infusionslösung, welche bei isotoner Dehydratation (Austrocknung), als Flüssigkeitsersatz bei extrazellulärem Flüssigkeitsverlust, oder zum Auflösen von Medikamenten gebraucht wird. In der interventionellen Kardiologie kommt sie, versetzt mit einem Röntgenkontrastmittel (z. B. Imeron), außerdem bei der Implantation von Stents, zum Einsatz. Bei der Präparation von Schweineherzen hat sich Ringerlösung zum Spülen und kurzzeitigem Aufbewahren von Gewebebestandteilen bewährt. Ringer-Infusionslösung enthält pro Liter / Osmolarität:

8,60 g Natriumchlorid	147 mM (Millimol pro Liter) Na^+
0,30 g Kaliumchlorid	4,0 mM K^+
0,33 g Calciumchlorid	2,2 mM Ca_2^+
	156 mM Cl^-

Die theoretische Osmolarität liegt bei 309 mOsm/l.

Aufgabe: Destilliertes Wasser mit Messzylinder abmessen

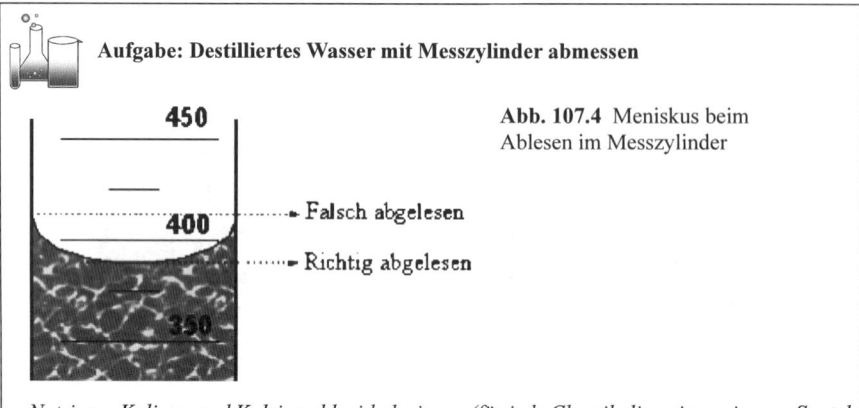

Abb. 107.4 Meniskus beim Ablesen im Messzylinder

- *Natrium-, Kalium- und Kalziumchlorid abwiegen (für jede Chemikalien einen eigenen Spatel verwenden)*
- *Salze dem destilliertem Wasser zugeben*
- *Mittels Magnetrührer mischen und auflösen lassen*

107.1.3.2 Präparation der Koronargefäße

Zur Analyse der durch Stents verursachten Gewebeverletzung kann das in der experimentellen Kardiologie allgemein etablierte Modell des Hausschweins verwendet werden. Anatomie und Physiologie des porcinen Herzens zeigen sehr große Ähnlichkeiten zum Menschen. Durchmesser der Koronargefäße, histologischer Aufbau und sogar biochemische Reaktionen sind sehr änlich. Folglich ist es also möglich, die im Versuch erlangten Ergebnisse annähernd auf den Menschen zu übertragen.

Aufgrund der unterschiedlichen Lage der Herzachse, hervorgerufen durch den aufrechten Gang des Menschen, ergeben sich andere Lagebezeichnungen der Koronargefäße. Der Ramus interventricularis paracoronalis des Schweins entspricht dem Ramus interventricularis (RIVA) des Menschen, der porcine Ramus interventricularis subsinosus dem humanen Ramus circumflexus (RCX). Die herauspräparierten Koronararterien werden zum leichteren Verständnis trotzdem im weiteren Verlauf mit den humanen Begriffen bezeichnet.

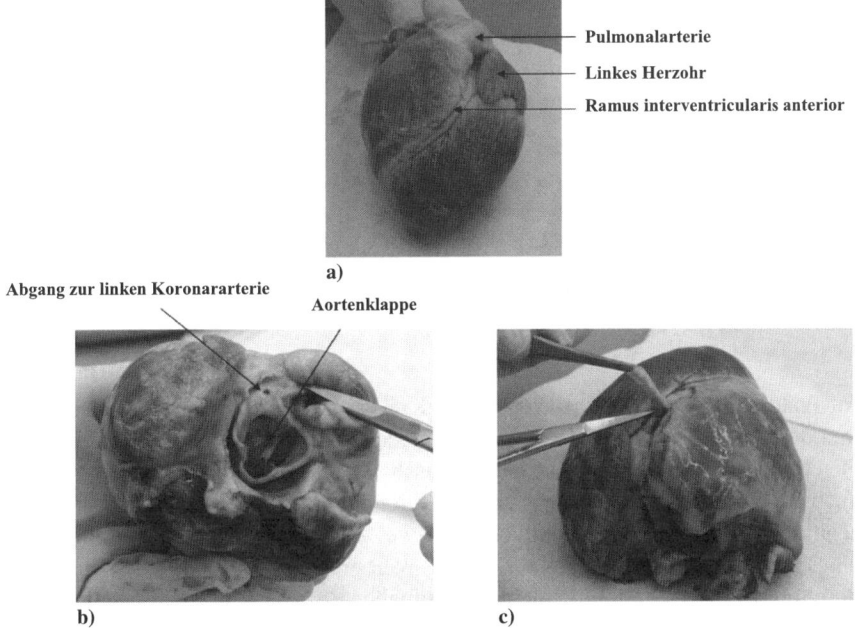

Abb. 107.5 Präparation des Ramus interventricularis eines Schweineherzens. a) Frontalansicht des Herzens. b) Transversalsicht auf die Aorta. c) Isolierung des RIVA

Aufgabe: Präparation des Herzens

- *zu präparierendes Herz laut Abbildung A auf dem Tisch platzieren*
- *die Aorta kurz vor dem Ausgang aus dem Herzen abtrennen*
- *den Abgang der linken Koronararterie (A. coronaria sinistra) knapp oberhalb der Aortenklappe lokalisieren*
- *den RIVA, welcher zusammen mit dem RCX nach ca. 10 mm aus der A. coronaria sinistra entspringt, distal der Verzweigungsstelle abtrennen*
- *auf einer Länge von ca. 40 mm in distaler Richtung aus dem Myokard herauspräparieren*
- *proximales Ende des Gefäßes mittels Faden markieren*
- *Gefäß in Ringerlösung einlegen, um eine Austrocknung zu verhindern*

Tipps:

- *Die meisten Arbeitsschritte können sowohl mit dem Skalpell, als auch mit der Schere getätigt werden → verwendet, was euch besser liegt*
- *Es ist hilfreich, vor Beginn der Präparation die ggf. vorhandene Fettschicht des Herzens teilweise zu entfernen*
- *Es ist einfacher, die Koronararterie zunächst grob (mit relativ viel umliegendem Gewebe) aus dem Herzen herauszupräparieren und die feinere Präparation erst an der isolierten Arterie durchzuführen.*

Das gelegentliche Einlegen der Arterie in Ringerlösung während der Feinpräparation lockert das Gewebe um die Arterie und erleichtert folglich das Arbeiten.

107.1.4 Extrakorporaler Kreislauf – Die Herz Lungen Maschine (HLM)

Im Praktikumsabschnitt Extrakorporaler Kreislauf soll den Studenten der Einsatz und der Umgang mit einer Herz Lungen Maschine (HLM) näher gebracht werden. Den Studenten sollen nicht nur die technischen Gegebenheiten vermittelt, sondern auch die physiologischen Zusammenhänge verdeutlicht werden. Der Praktikumsabschnitt unterteilt sich im Wesentlichen in zwei Teile. Im ersten Teil wird die Arbeit eines Kardiotechnikers dargestellt, der die Vorbereitung der HLM im postoperativ durchführt. Im zweiten Teil sollen die Aufgaben der Herzchirurgen bezüglich des Anschlusses der einzelnen Linien der HLM am Modell eines Herzens verdeutlicht werden. Die dabei vermittelte Theorie ist analog des Kapitels „Die Herz-Lungen-Maschine". Im folgenden werden die einzelnen Versuche detailliert dargestellt.

Aufgabe: Hauptkreisläufe der HLM

- *Einschalten der HLM am Hauptschalter. Als Orientierung gilt das Schaubild auf Seite 8.*
- *Anschluss des Venösen Systems an das Venöse-Reservoir und den Vorratsbehälter (Herz). Hierfür muss die Pumpe (Venös) verwendet werden, um ein hydrostatisches Gefälle zu simulieren.*
- *Kardiotomiereservoir und Oxygenator werden miteinander verbunden. Der Fluss muss durch die Rollerpumpe (Arterial) hergestellt werden.*
- *Anschluss des Arteriellen Filters am Oxygenator und Herstellen der Verbindung zurück zum Herzen.*
- *Einschalten der Rollerpumpen und Überprüfung auf Funktion und Dichtigkeit. Danach wieder Abschalten.*

Aufgabe: Kardiotomiesauger-Linie

- *Anschluss des Saugers am Kardiotomiereservoir und Herstellen der Verbindung zurück zum Herzen über die Rollerpumpe (Suction).*
- *Einschalten der Rollerpumpe und Überprüfung auf Funktion und Dichtigkeit. Danach wieder Abschalten.*

Aufgabe: Links-Vent-Linie

- *Verbindung zwischen Kardiotomiereservoir und Herz unter Verwendung der Rollerpumpe (Vent) herstellen.*
- *Einschalten der Pumpe und Überprüfung auf Funktion und Dichtigkeit. Danach wieder Abschalten.*

Aufgabe: Kardioplegie-Linie (Aufbau)

- *Aufhängen des Beutels mit Kardioplegielösung und Anschluss des Kardioplegiefilters. Danach Anschluss des Partikelfilters und Rückführen über die Rollerpumpe (Kardioplegie) zum Herzen.*
- *Anschluss des Drug-Ports zwischen dem Kardiotomiereservoir und dem Partikelfilter.*
- *Einschalten der Pumpe und Überprüfung auf Funktion und Dichtigkeit. Danach wieder Abschalten.*

Aufgabe: Inbetriebnahme aller Pumpen der HLM

- *Einschalten aller Pumpen mit Orientierung an der Montagereihenfolge.*
- *Überprüfung des Systems auf Luftblasen und Einregeln, dass keine Luftblasen mehr im System verbleiben und ein kontinuierlicher Fluss entsteht.*
- *Simulation des Absaugvorganges durch einen OP-Assistenten an der Kardiotomiesauger-Linie.*

107.1.5 Stenting

Im Praktikumsabschnitt Stenting soll den Studenten die Problematik von Herz-Kreislauf-Erkrankungen nahe gebracht und die möglichen Therapiemethoden verdeutlicht werden. Ein besonderes Augenmerk liegt hierbei auf den Herstellungssverfahren eines Stent-Delivery-Systems. Es werden die Punkte Ballonfertigung, Katheterherstellung, Ballonfaltung, Fertigung von Stents durch Laserstrahlschneiden und Veredelung mittels Elektropolieren, das Crimpen sowei die Implantationstechniken behandelt. Die im Abschnitt Stenting vermittelte Theorie ist analog der des Kapitels „Stenting und technische Stentumbebung". Im folgenden werden die einzelnen Versuche detailliert dargestellt.

Aufgabe: Herstellung von Katheterballonen

- *Prozessparameter ermitteln.*
- *Vertraut machen mit der Menüführung.*
- *Einstellen möglicher Prozesszeiten und Drücke in den unterschiedlichen Positionen.*
- *Optimierung des Produktes Ballon, durch Variation der Parameter.*

Aufgabe: Praktische Versuche – Das Crimpen (Aufbringen auf Ballonkatheter)

- *Stent auf geringeren Radius Vorcrimpen*
- *Stent und Ballonkatheter zusammenführen*
- *Stent auf Ballonkatheter Aufcrimpen*
- *Kontrolle an der Stereolupe*
- *Versuch wiederholen und verbessern*

107.1 Praktikum Vaskuläre Systeme

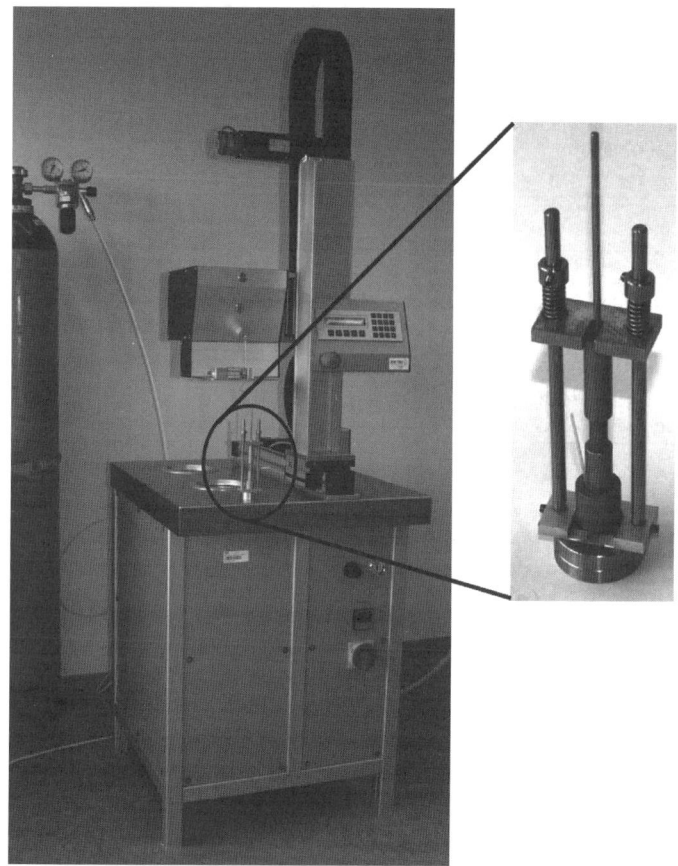

Abb. 107.6 Ballonformmaschine (BW-TEC, Höri, Schweiz)

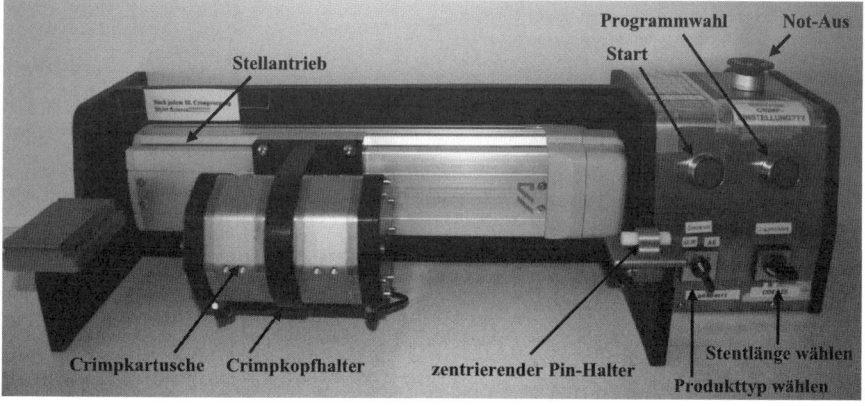

Abb. 107.7 Universal Stent Crimper (elektronisch) (Fortimedix, HC Nuth, Niederlande)

Aufgabe: Automatisches Crimpen

- *Stent auf dem Dorn platzieren*
- *Programm wählen*
- *Crimpvorgang starten*

 Aufgabe: Praktische Versuche – Implantationstechnik

- *Füllen der Inflationspumpe mit Wasser*
- *Implantation des Stents*
- *Beurteilung unter der Stereolupe*

107.1.6 Beim Blutspendedienst des Bayerischen Roten Kreuzes

Im Abschnitt Blutspendedienst des Bayerischen Roten Kreuzes (BSD) sollen den Studenten die umfangreichen Arbeiten und Zusammenhänge im Umgang mit Blut vermittelt werden. Es wird zum Einen auf die Grundlagen der Transfusionsmedizin und Hämatologie, der Bestandteile des Blutes sowie der Verwendung des entnommenen Blutes betrachtet. Zum anderen wird die Organisation des BSD vorgestellt, welche von der Spende, über den Transport und der Logistik, der Analytik, bis hin zur Transfusion umfangreich Aufgaben durchführt. Der Abschnitt Blutspendedienst wird im Rahmen des Praktikums als Exkursion abgehalten, so dass die Studenten auch Einblick in die Routinearbeiten und Forschung des BSD bekommen.

107.2 Praktikum Polymertechnik

107.2.1 Theoretischer Teil

Folgende Themen werden im Detail behandelt:

Herstellung von Kunststoffen
Polymerisation Polykondensation Polyaddition
Arten von Kunststoffen
Thermoplaste Elastomere Duroplaste
Verarbeitung von Kunststoffen
Aufbereitung von Thermoplasten Extrusion Blasfolienextrusion Heißpressen Spritzgießen Thermoplastschaumspritzgießen Mehrkomponenten-Spritzgießen Simulation von Spritzgießprozessen Thermoformen
Analyseverfahren
Klassifizierung Mechanische Analyseverfahren Infrarotspektroskopie Mikroskopische Analyseverfahren Thermische Analyse Rheologische Untersuchung

Tabelle 107.3 Übersicht aller behandelten Themen im Praktikum Polymertechnik

107.2.2 Praktischer Teil

Block 1 – Compoundieren am Zweiwellenkneter

Unter Aufbereitung versteht man alle Prozessschritte zwischen der Herstellung eines Kunststoffes (Synthese) und der Verarbeitung. Darunter fallen z. B. das Fördern, Mischen und die Granulierung. Der Mischprozess wird in der Polymertechnik meist als Compoundierung bezeichnet. Ziel der Compoundierung ist eine Eigenschaftsänderung des Polymers.

 Versuch:

- *Machen Sie sich mit den Bedienelementen vertraut.*
- *Teilen Sie die Funktionen, die für einen reibungslosen Prozessablauf erforderlich sind, innerhalb der Gruppe auf:*
  - *Überwachung der Temperaturen*
  - *Anpassung der Schneckendrehzahl*
  - *Materialüberwachung und Nachfüllung*
  - *Einfädeln des Schmelzestrangs in den Stranggranulator*
  - *Anpassung der Drehzahl des Stranggranulators*
  - *Etc.*
- *Kontrollieren Sie die Behälter der Dosierungen und füllen Sie sie gegebenenfalls auf.*
- *Nehmen Sie die Anlage in Betrieb. Verwenden Sie das angegebene Temperaturprofil Bestimmen Sie die Fördermengen der Haupt- und der Seitendosierung während die Anlage aufgeheizt wird. Verwenden Sie dazu die angefügten Tabellen und Diagramme.*
- *Stellen Sie zwei Compounds mit einem Anteil von 30 und 70 Gew.-% Flammschutzmittel her. Drehzahl der Schnecken: n = 200. Produzieren Sie jeweils 3 kg. Achten Sie dabei darauf, dass es zu keinen Verunreinigungen kommt.*
- *Notieren Sie die Prozessparameter.*

	Temperaturprofil
1. Sektor	220
2. Sektor	240
3. Sektor	240
4. Sektor	240
5. Sektor	240
6. Sektor	240
7. Sektor	220

Tabelle 107.4 Geforderte Temperaturen in den Sektoren

107.2 Praktikum Polymertechnik

	1 Minute	3 Minuten	Ø Fördermenge [g/min]
Stufe 0,5			
Stufe 1			
Stufe 2			
Stufe 4			

Tabelle 107.5 Fördermenge Hauptdosierung (Polyethylen), zum Ausfüllen durch den Studenten

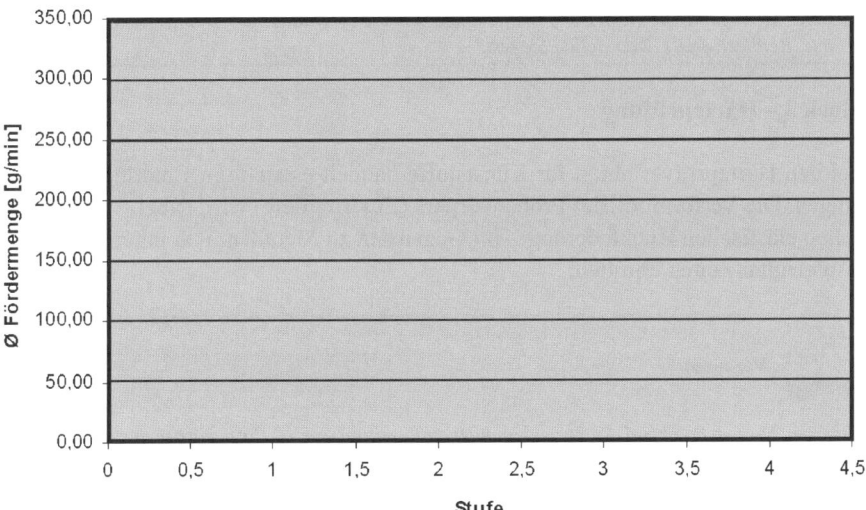

Abb. 107.8 Diagramm für Fördermenge Hauptdosierung (Polyethylen), zum Ausfüllen durch den Studenten

Drehzahl					
Motordrehmoment					
Stufe Hauptdosierung					
Stufe Seitendosierung					
Schmelzetemperatur					
Schmelzedruck					

Tabelle 107.6 Prozessparameter, zum Ausfüllen durch den Studenten

Block 2 – Heißpressen

Das Heißpressen generell findet insbesondere bei der Verarbeitung reagierender Formmassen wie Duroplaste und Elastomere Anwendung. Im Bereich der Forschung und Entwicklung dienen gefertigte Musterplatten in der Regel dazu, die Auswirkung von Rezepturänderungen auf das Eigenschaftsprofil der Formmassen nachzuweisen.

Versuch:

Verwenden Sie die elektrische leitfähigen Ruß-Silikone I und II und pressen Sie daraus Musterplatten. Messen Sie die elektrische Leitfähigkeit und die mechanischen Kennwerte (Shore-Härte, Reißfestigkeit). Was stellen Sie fest?

Block 3 – Härteprüfung

Bei den Härteprüfverfahren für Kunststoffe handelt es sich um Eindringhärteprüfungen. Die Verformung des Probenkörpers (Eindringtiefe) wird dabei – wegen der hohen elastischen Rückfederung – im Gegensatz zu Metallen, i. a. unter Last nach festgelegten Zeiten ermittelt.

Versuch:

Bereiten Sie entsprechend der vorangegangenen Beschreibung 10 Probekörper aus den bereitgestellten Materialien vor. Versuchen Sie ein Gefühl für die Materialhärte zu bekommen und schätzen Sie vor Ihrer Messung die Härte des Materials. Vergleichen Sie anschließend Ihren notierten Wert mit dem tatsächlich gemessenen.

- *Wie zuverlässig ist diese Art der Werkstoffprüfung? Welche Vergleichbarkeit ist gegeben?*
- *Wann empfiehlt sich die Härteprüfung?*
- *Wie zerstörungsfrei ist diese Prüfung für die Materialoberfläche?*
- *Empfiehlt es sich Schäume nach Shore zu prüfen?*

Block 4 – Spritzgießen KraussMaffei-Maschine (kompakt)

Das Spritzgießverfahren ist eines der wesentlichen Produktionsverfahren bei der Verarbeitung von Kunststoffen. Mit diesem Urformverfahren können Formteile mit komplexen Geometrien vollautomatisch hergestellt werden. Das Verfahren eignet sich zur Verarbeitung der gesamten Kunststoffmaterialbandbreite (Thermoplaste, Duroplaste und Elastomere). Abhängig vom gewählten Material wird dieses im Plastifizieraggregat aufbereitet und unter Druck in der Werkzeugkavität ausgeformt.

Versuch:

- *Nehmen Sie die Anlage in Betrieb und schalten Sie den Motor und die Heizung ein.*
- *Richten Sie den Prozess ein. Benutzen Sie hierbei die oben aufgeführte Anleitung.*
  Gehen Sie dabei wie folgt vor:
  - *Mit Hilfe des Datenblattes und des Anwenderhandbuches nehmen Sie vorläufige Abschätzungen für die einzustellenden Parameter vor.*

  Frage: *Welche materialspezifischen Parameter müssen eingestellt werden?*

  - *Führen Sie eine Füllstudie durch:*

  (1) Schalten Sie den Nachdruck aus.
  (2) Schätzen Sie einen Wert für das Einspritzvolumen bzw. den Verfahrweg der Schnecke ab, der mit Sicherheit unterhalb des wirklichen Einspritzvolumens liegt (ein Überspritzen der Form ist zu vermeiden!). Randbedingungen:
  Schneckendurchmesser: 25 mm

  Bauteildurchmesser: xxx mm   Bauteildicke: xxx mm

  Frage: *Angenommen, Sie können das Bauteilvolumen exakt bestimmen und übertragen diesen Wert auf den Schneckenweg. Was erwarten Sie bezüglich der Bauteilfüllung?*

  (3) Erhöhen Sie das Einspritzvolumen in kleinen Schritten, bis das Bauteil optisch gerade eben gefüllt ist.
  (4) Aktivieren Sie den Nachdruck.

  Fragen:
  Was ist Nachdruck? Wie hoch sollte der Nachdruck sein?
  Wozu dient er?
  Wie lange kann der Nachdruck sinnvoll aufgebracht werden?
  Wie ermitteln Sie die optimale Nachdruckzeit?

  - *Variieren Sie die Parameter, um den Prozess hinsichtlich Qualität und Wirtschaftlichkeit zu optimieren. Ändern Sie immer nur einen Parameter und bewerten Sie die Folgen.*

Block 5 – Spritzgießen KraussMaffei-Maschine (Thermoplastschaum)

Das Thermoplastschaumspritzgießen (TSG) mit physikalischen Treibfluiden ermöglicht die Herstellung leichtgewichtiger Formteile. Gegenüber kompakt hergestellten Formteilen zeichnen sie sich durch Ihr gutes akustisches und mechanisches Dämpfungsverhalten, höhere Isolationseigenschaften und hohe spezifische mechanische Festigkeiten aus.

Fragen:

1. Welches Treibmittel wurde im MuCell Verfahren verwendet? Im Vergleich zu chemischen Treibmitteln, welche Hauptvorteile besitzen physikalische Treibmittel.
2. In welchem Zustand wird Gas bei MuCell in Zylinder eingespritzt? Warum?
3. Allg. Parameter
4. Warum ist die Nachdruckzeit im Vergleich zum Kompaktschuss sehr viel kürzer?
5. Welche Parameter würden Sie variieren, wenn eine kleine bzw. feine Porenstruktur benötigt wird? Welches Gas würden Sie wählen? Warum?
6. Welche Vorteile hat das MuCell Verfahren im Vergleich zu Kompaktspritzgießen?
7. Überlegen Sie, ob das MuCell Verfahren auch bei der Extrusion verwendet werden kann? Geben Sie Gründe für ihre Antwort.

Block 6 – Klassifizieren von Kunststoffen

Der Begriff Kunststoffe steht als Sammelbezeichnung für i. a. synthetisch hergestellte makromolekulare Werkstoffe. Je nach Aufbau und Zusammensetzung der monomeren Basisbausteine unterscheiden sich die Kunststoffe signifikant hinsichtlich ihrer Verarbeitbarkeit und des sich einstellenden Eigenschaftsprofils. Durch geeignete Erkennungsmethoden lässt sich ein unbekanntes Polymergranulat oder ein gefertigtes Bauteil einer Materialgruppe zuweisen.

Versuch 1 – Dichtebestimmung:

Versuchsapparaturen: Wasser, Laborschalen, Seife zur Entspannung des Wassers

Testanleitung: In diesem Praktikum beschränken wir uns auf eine Schwebeprobe in herkömmlichem Leitungswasser. Hierzu wird ein Laborgefäß mit Leitungswasser gefüllt, dessen Dichte mit näherungsweise $\rho\rho H2O = 1$ g/cm³ angenommen wird. Durch die Zugabe von etwas Seife wird die Oberflächenspannung des Wassers herabgesetzt, wodurch die Benetzbarkeit der Kunststoffproben verbessert wird.

Sinkt ein Probekörper im Gefäß zu Boden, so ist seine Probendichte größer als $\rho H_2O = 1$ g/cm³, schwimmt der Probekörper an der Oberfläche, so ist die Probendichte kleiner als $\rho H_2O = 1$ g/cm³

Versuch 2 – Schmelztest:

Versuchsapparaturen: Kombi-Zange, Bunsenbrenner, Feuerfeste Handschuhe, Sicherheitsbrille. Der Versuch muss unter dem Abzug durchgeführt werden!

Testanleitung: Die mit der Zange gefasste Polymerprobe wird langsam an die Flamme des Bunsenbrenners herangeführt. Dabei wird das Verhalten der Polymerprobe beobachtet. Wie verhält sich die Probe bei zunehmender Erwärmung? Verändert sich das Aussehen von milchig zu glasklar? Verhält sich die Probe plastisch? Beginnt sie zu fließen? Ist sie formstabil bis zur Zersetzung?

Versuch 3 – Bruchtest:

Versuchsapparaturen: Kombi-Zange, Arbeitshandschuhe, Schutzbrille

Testanleitung: Die mit der Kombi-Zange gefasste Polymerprobe wird auf einer Holzunterlage langsam gebogen. Das Verhalten beim Biegen bzw. Bruch (Sprödbruch oder Weißbruch) wird notiert und ausgewertet.

Versuch 4 – Kratztest:

Versuchsapparaturen: Fingernagel (natürlichen Ursprungs)

Testanleitung: Die entsprechenden Polymerproben werden mit dem Fingernagel kräftig geritzt. Zur Unterscheidung zeigen sich in Polyethylen eher Kratzspuren als in dem kratzfesteren Polypropylen.

Versuch 5 – Beilsteinprobe:

Versuchsapparaturen: Kupferdraht, Bunsenbrenner, Zange. Der Versuch muss unter dem Abzug durchgeführt werden!

Testanleitung: Ein Stück Kupferdraht mit der Zange greifen. Ein Ende des Drahtes wird über dem Bunsenbrenner ausgeglüht, bis sich keine Färbung der Flamme mehr zeigt. Mit dem noch heißen Drahtende berührt man die zu untersuchende Polymerprobe. Danach hält man das Drahtende mit den anhaftenden Kunststoffpartikeln wieder in die Flamme. Färbt sich die Flamme dabei grünlich, so ist auf die Anwesenheit von Halogenen wie Chlor oder Brom zu schließen. PVC oder auch chlorierte Polymere weisen ein solches Verhalten auf.

Versuch 6 – Klangprobe:

Testanleitung: Die Polymerproben aus ähnlicher Höhe auf eine feste Unterlage (z. B. Labortisch) fallen lassen. Dabei den Klang der Proben paarweise miteinander vergleichen. Ergebnisse auf dem Auswertungsbogen festhalten.

Versuch 7 – Brennprobe:

Versuchsapparaturen: Bunsenbrenner, Seitenschneider, Laborspatel, feuerfeste Handschuhe, Alufolie als Unterlage, Schutzbrille. Aufgrund heruntertropfender Polymerschmelze ist der Versuch unter dem mit Alufolie ausgelegten Abzug durchzuführen!

Testanleitung: Mit dem Seitenschneider eine kleine Kunststoffmenge aus der Probe schneiden, die auf einen ausgeglühten und abgekühlten Laborspatel gelegt wird. Diese Probe wird dann auf kleiner Flamme langsam erhitzt. Wenn die Probe brennt den Spatel aus der Flamme nehmen, um das weitere Brennverhalten zu beobachten.

Zu beurteilen sind:

- *Kunststoff entzündet sich leicht oder schwer*
- *Kunststoff brennt, brennt nicht, rußt oder glüht*
- *Kunststoff brennt außerhalb der Flamme weiter oder verlischt (flammhemmende Mittel, z.B. Halogene enthalten?)*
- *Flammenfarbe ist leuchtend oder rußend, der Kunststoff verhält sich dabei sprühend oder tropfend*

Rückstände auf dem Spatel erkennt man, wenn man die Probe vollständig verascht. Anorganische Füllstoffe wie Glasfasern oder -kugeln und Gesteinsmehle zeigen sich als Reststoffe in der Asche. Geringe Rückstände können von Farbpigmenten oder auch geringen Mengen von Zusatzstoffen herrühren. Silikone verbrennen zur Unterscheidung von Kautschuken beispielsweise zu einer weißen Asche, die von der Kieselsäure herrührt.

 Versuch 8 – Quell- und Löseversuch:

Versuchsapparaturen: Schutzbrille, Lösungsmittel wie Essigsäureethylester, Tetrachlorkohlenstoff oder gegebenenfalls Benzin/Nitroverdünner-Mischungen, Wattestäbchen, Nitrilhandschuhe

Testanleitung: Mit dem Wattestäbchen einen Tropfen des jeweiligen Lösemittels auf die Probe auftragen und mit dem Finger oder einem Stück Papier verreiben.

 Versuch 9 – Haptische Beurteilung:

Testanleitung: Man nehme die Proben in die Hand und versucht die Haptik zu klassifizieren. Kunststoffe wie beispielsweise Polytetrafluorethylen fühlen sich eher wachsartig an, andere eher glatt.

Weiterführende Literatur: L. Rominger, Qualitative Kunststoffanalytik, Books on Demand GmbH, 2. Auflage 2003

Block – Extrusion (Blasfolien-, Schlauchextrusion)

Die Extrusion ist ein Verfahren zur kontinuierlichen Herstellung von Endlosprodukten wie z. B. Folien, Platten, Schläuche, Rohre oder (Fenster-) Profilen. Dazu wird ein Kunststoff in einer Plastifiziereinheit aufbereitet und in einer Düsengeometrie ausgeformt.

 Versuch 7.1 – Blasfolienextrusion:

Starten Sie nach den vorangegangenen Angaben die Maschine. Versuchen Sie eine produktionstüchtige, stabile Fertigungslinie aufzubauen (Stabilisierung der Folienschlauchblase). Fahren Sie die Anlage nach erfolgreicher Stabilisierung ebenfalls mit „langem Hals" (Frostlinie sehr weit oberhalb des Werkzeugaustritts). Beobachten und messen Sie die Unterschiede beider Verfahren hinsichtlich biaxialer Verstreckbarkeit des Folienschlauchs, Transparenz, Foliendicke, mech. Folieneigenschaften.

Was stellen Sie beim Vergleich der beiden Produktionsweisen im Bezug auf die Verstreckbarkeit der Folie fest? Wie ändert sich die Folientransparenz?

 Versuch 7.2:

- *Versuchen Sie den nun durchlaufenden Strang zu einem Rohr zu formen.*
- *Dazu die Rohrdüse mit Druckluft beaufschlagen und die Vakuumpumpe der Schlauchkalibrierung am Schlauchabzug aktivieren*
- ***ACHTUNG: es muss immer genug Wasser zur Verfügung stehen; die Vakuumpumpe darf nicht trocken laufen***
- *Der Schlauch-Außendurchmesser soll dem Durchmesser der Bohrung am Einlass der Kalibrierstrecke (sog. Kalibrierscheibe) entsprechen (Abdichtung der Düse wegen Vakuum)*
- *Passen Sie die Prozessparameter an, um ein gleichmäßiges (Durchmesser und Wandstärke) Rohrprofil herzustellen.*
- *Mischen Sie während der Prozessoptimierungen Farbstoff bei (vom Betreuer holen) und führen Sie im Verlauf des Versuchs auch einen Farbwechsel durch*
- *Versuchen Sie nach Stabilisierung des Prozesses den Durchsatz bei gleich bleibender Profilqualität zu steigern.*

Fragen:

- *Welche Probleme sind im Laufe des Prozesses aufgetreten?*
- *Welche dieser Probleme lassen sich durch Veränderung der Prozessparameter beeinflussen/lösen?*

Welche Probleme können durch konstruktive Änderungen gelöst werden? Machen Sie hierzu Vorschläge.

Block 8 – Thermoformen

Beim Thermoformen werden thermoplastische Platten oder Folien in einem ersten Schritt erhitzt und anschließend durch Aufbringen von Druckdifferenzen umgeformt. Hierzu wird die Plattengeometrie vorgedehnt und mit Hilfe einer Positiv- oder Negativform in die gewünschte Geometrie überführt.

 Versuch:

- *Nehmen Sie die Anlage in Betrieb. Schalten Sie dazu den Hauptschalter ein. Das Heizelement heizt nun (auf die voreingestellte Temperatur) auf.*
- *Richten Sie den Prozess ein. Benutzen Sie hierbei den oben aufgeführten Arbeitsablauf. Gehen Sie wie folgt vor:*
  - *Mit Hilfe des Datenblattes nehmen Sie vorläufige Abschätzungen für die einzustellenden Parameter vor.*
  - *Legen Sie eine Kunststofffolie ein*
  - *Stellen Sie die Zeitschaltuhr auf einen Wert nach eigener Abwägung ein und starten Sie den Thermoformprozess.*
  - *Variieren Sie die Parameter, um den Prozess hinsichtlich Qualität des Formteils zu optimieren. Ändern Sie immer nur die Heizzeit und bewerten Sie die Folgen.*
- *Wiederholen Sie den Prozess mit Kunststofffolien unterschiedlicher Stärken*
- *Untersuchen sie die Verstreckgrenzen des Formteils*

Block 9 – Mechanische Materialprüfung

In diesem Block werden Bauteile, die im Rahmen des Praktikums aus den in Block 1 aufbereiteten Materialien mittels Spritzgießen hergestellt wurden, mechanisch getestet. Dadurch lässt sich der Effekt der verwendeten Zuschlagstoffe auf das Eigenschaftsspektrum nachweisen und quantifizieren.

Versuch:

Die Versuche beginnen an der großen Zugprüfmaschine und werden dann an der kleinen Maschine fortgesetzt. Stellen Sie vor Versuchsbeginn sicher dass mit den gewählten Parametern (Verfahrweg und Geschwindigkeit) eine Beschädigung der Maschine auszuschließen ist.

Die Maschine erst in Betrieb zu nehmen wenn sich **Niemand im Gefahrenbereich aufhält!**

Zwick Z050 – große Maschine

Prüfung verschiedener Kunststoffe

Sie erhalten einige Materialproben. Suchen sie die geeignete Norm und führen Sie mit jedem Probentyp mindestens 3 Zugversuche gemäß Prüfanleitung durch.

Achten Sie auf die korrekte Einspannung der Proben!

- *Charakterisieren Sie die Werkstoffeigenschaften der vorliegenden Proben.*
- *Um welche Werkstoffe könnte es sich handeln?*
- *Welche Kennwerte können Sie anhand der gewonnenen Messdaten ermitteln? Welche nicht?*
- *Erklären Sie die auftretenden Phänomene und das Bruchverhalten der Werkstoffe.*

Variieren Sie nun die Prüfgeschwindigkeit:

- *Überprüfung des Einflusses der Prüfgeschwindigkeit.*
- *Was können Sie beobachten und warum?*

Zwick Z 2,5 – kleine Maschine

Prüfung eines marktüblichen Medizinprodukts (mit Umrüstung der Maschine)

Überprüfung des vorliegenden Medizinprodukts auf seine Reißkraft und Reißdehnung anhand der einschlägigen Norm (DIN ISO 4047)

- *Bauen Sie die Einspannung der Zugprüfmaschine entsprechend der in der Norm gestellten Anforderungen um.*
- *Stellen Sie alle notwendigen Prüfparameter an der Maschine ein.*
- *Bereiten Sie die Proben gemäß den Anforderungen der Norm vor.*
- *Führen Sie mindestens drei Versuche durch.*
- *Werten Sie die Ergebnisse aus und Überprüfen Sie die Einhaltung der Werte laut Norm.*

Fragen:

1. *Welche Treibmittel wurde von MuCell Verfahren verwendet? Im Vergleich zu chemischen Treibmittenl, welche Hauptvorteil besitzen physikalische Treibmittel?*
2. *Warum verwendet man Zugversuche?*
3. *Welche Anwendungen in der Kunststoffkennwertermittlung lassen sich damit abdecken?*
4. *Welche Ergebnisse können anhand der Messungen gewonnen werden?*

Block 10 – Simulation

Mit der Software Cadmould (Simcon, Würselen, Deutschland) zur Simulation des Formfüllvorganges beim Kunststoff-Spritzgießen kann die Herstellbarkeit eines Spritzgieß-Artikels abgeklärt und eventuelles Optimierungspotential erkannt werden. Bereits während der Konzeption des Formteils und des Werkzeugs – noch vor der Fertigung von Prototypen – können mit Hilfe der Simulation Probleme entdeckt und behoben werden. Hierdurch erhält man mehr Sicherheit bei der Werkzeugauslegung und vermeidet teure Nachbesserungsschritte an der fertigen Kunststoff-Spritzgießform.

 Versuch:

Im Verlauf des Praktikums sollen Simulationen an zwei unterschiedlichen Bauteilen durchgeführt werden. Die Ergebnisse und mögliche Probleme werden in der Gruppe diskutiert.

 Simulation 1: Kappe aus Polycarbonat

- Importieren Sie die Datei „kappe.stl"
- Die Simulation wird von drei Teams durchgeführt. Jedes Team wählt einen anderen Anspritzpunkt. Erkundigen Sie sich beim Praktikumsbetreuer welchen Anspritzpunkt Sie wählen sollen:

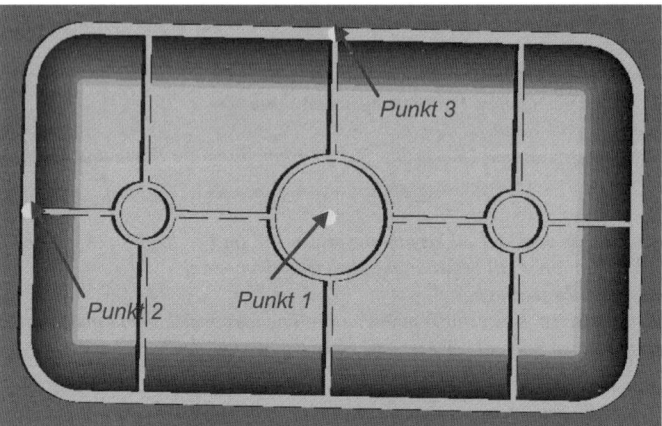

Abb. 107.9 CAD-3D-Darstellung der Kappe mit vorgegebenen Anspritzpunkten

Simulation 1: Kappe aus Polycarbonat (*Fortsetzung*)

- *Sie brauchen kein Angusssystem zu erzeugen. Es reicht, wenn sie die Anspritzpunkte direkt am Bauteil festlegen. (2. Möglichkeit)*
- *Bereiten Sie eine Simulation mit dem Werkstoff Bayblend DP T50 (ABS – PC Blend) vor. Für die Simulation soll die relative Elementgröße auf 3% eingestellt werden. Eine Analyse von Nachdruck, sowie Schwindung und Verzug soll **nicht** durchgeführt werden.*
- *Führen Sie die Simulation durch.*

Auswertung & Diskussion:

- *Identifizieren Sie Problembereiche bei der Füllung des Bauteils und denken Sie über Lösungsmöglichkeiten nach.*
- *Stellen Sie Ihre Ergebnisse der Gruppe vor und diskutieren Sie die Vor- und Nachteile der unterschiedlichen Anspritzpunkte. Gibt es eine optimale Lösung?*

Simulation 2: Laufrad aus Polyethylen

- *Importieren Sie die Datei „rad.stl"*
- *Die Simulation wird von drei Teams durchgeführt. Jedes Team wählt einen anderen Anspritzpunkt. Erkundigen Sie sich beim Praktikumsbetreuer welchen Anspritzpunkt Sie wählen sollen. In diesem Fall sind mit Ausnahme der Variante 3 jeweils die Angusssysteme aus einzelnen Segmenten zu erstellen.*

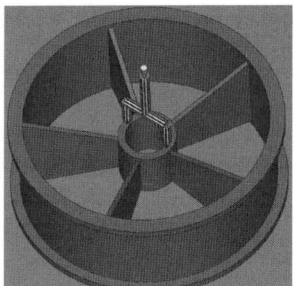  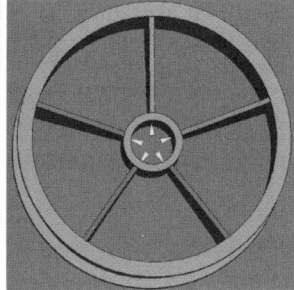

Variante 1   Variante 2   Variante 3

Abb. 107.10 CAD-3D-Darstellung des Laufrades mit vorgegebenen Anspritzpunkten

- *Bereiten Sie eine Simulation mit dem Werkstoff Grilamid L 20 G (PA-12) vor. Für die Simulation soll die relative Elementgröße auf 2% eingestellt werden. Es soll in diesem Fall eine Analyse von Nachdruck, sowie Schwindung und Verzug durchgeführt werden. Legen Sie die Dauer der Nachdruckphase und das Nachdruckprofil in der Gruppe fest, um die Ergebnisse anschließend vergleichen zu können.*
- *Führen Sie die Simulation durch.*
- *Erstellen Sie einen Simulationsbericht.*

Simulation 2: Laufrad aus Polyethylen (*Fortsetzung*)

Auswertung & Diskussion:

- *Identifizieren Sie Problembereiche bei der Füllung des Bauteils und denken Sie über Lösungsmöglichkeiten nach.*
- *Beobachten Sie den Temperaturverlauf während der Nachdruckphase. Können sich Probleme ergeben?*
- *Betrachten Sie die auftretenden Deformationen am Bauteil infolge der Abkühlung. Was sind die Ursachen dafür?*
- *Stellen Sie Ihre Ergebnisse der Gruppe vor und diskutieren Sie die Vor- und Nachteile der unterschiedlichen Anspritzpunkte. Gibt es eine optimale Lösung?*
- *Könnte man durch Änderung der Randbedingungen oder durch konstruktive Änderungen eine Verbesserung erzielen?*
- *Welche Auswirkungen haben die unterschiedlichen Angussgeometrien auf den Werkzeugbau?*

Block 11 – Lichtmikroskopie, Rasterelektronenmikroskopie

Mikroskopische Analyseverfahren erlauben eine Visualisierung der Morphologie und der Oberflächenbeschaffenheit von Kunststoffen und Kunststoffbauteilen. Die Auflicht- und Rasterelektronenmikroskopie, die im Rahmen dieses Praktikumsblockes behandelt wird, dient der Analyse von zerbrochenen. Kunststoffbauteilen, die während des Praktikums hergestellt wurden. Hierbei steht die Detektion von Fehlstellen oder aber auch der Nachweis der Abformgenauigkeit im Fokus. Die beiden Versuche zur Lichtmikroskopie werden in einer Demonstration vermittelt.

– Ende der Praktika –

108 Lithotripsie

W. Schwarze

108.1 Kleine Geschichte der extrakorporalen Stoßwellenlithotripsie (ESWL)

Der Einsatz von akustischen Stoßwellen in der Medizin ist ohne Zweifel eine der jüngsten Entwicklungen in der Medizintechnik. Es handelt sich dabei um ein völlig neues Instrumentarium in der Hand des Mediziners, welches vorher nicht existierte. Vergleichbar vielleicht mit der Erfindung, Röntgenstrahlen als Handwerkszeug zu benutzen, um Diagnostik und später auch Therapie zu betreiben, ohne den betreffenden Körper öffnen zu müssen.

Auch die Stoßwellen werden extrakorporal erzeugt und in den Körper eingekoppelt, um therapeutisch zu wirken, ohne den Körper zu öffnen. Ähnlich wie bei der ionisierenden Strahlung waren zwar Nebenwirkungen bekannt, jedoch waren diese akzeptabel im Vergleich zum Nutzen. Insbesondere, da die urologische Anwendung der Stoßwellen den Patienten versprach, sie von einem Urübel der Menschheit, den Koliken, verursacht durch die Blockade des Harnabflusses, zu befreien. Dieses extrem schmerzhafte Warnsignal des Körpers geistert durch die geschichtliche Überlieferung, seitdem der Mensch sich mitzuteilen gelernt hat. Die Kolik weist massiv auf die lebensbedrohende Situation des Staus, zumindest einer Niere, hin und wurde bis zur Erfindung der extrakorporalen Stoßwellenlithotripsie (ESWL) durch diverse mehr oder minder invasive Therapien, bis hin zur offenen Operation, behandelt. Da die Rezidivrate für den Steinpatienten bei ca. 25% liegt, die betroffene Niere nach zwei bis vier offenen Eingriffen Ihre Funktionsfähigkeit weitgehend verliert, kann man sich vorstellen, welcher Segen die Erfindung die ESWL darstellte.

Umso erstaunlicher ist es, dass es über die Anfänge dieser völlig neuen therapeutischen Idee diverse unterschiedliche Schilderungen gibt [1,2]. Tatsache ist, dass die Entwicklung in den 70er Jahren von Ingenieuren und Physikern von Dornier in Immenstadt am Bodensee vorangetrieben wurde, die eigentlich aus dem Flugzeugbau und der Militärtechnik kamen. Die unterschiedlichen Berichte und Schilderungen weisen im positiven Sinn darauf hin, dass es sich von Anfang an um eine Entwicklung im Team handelte und dass zum Gelingen viele Geistesblitze und Einzellösungen erforderlich waren. So ist dem Verfasser dieses Beitrages z.B. bekannt, dass anfänglich versucht wurde, den Nierenstein in vitro und im Tierexperiment mit einer einzigen Stoßwelle zu zertrümmern. Die hierfür erforderlichen Energien führten jedoch zu nicht akzeptablen Nebenwirkungen. Erst als bei einem Besuch an der kooperierenden Klinik Harlaching in München, der Stoßwellen erzeugende Generator seine Funktion versagte und nur ein tausendfach schwächerer zur Hand war, überlegte sich der verantwortliche Physiker von Dornier dies dadurch zu kompensieren, dass er 1000 Stoßwellen applizierte. Der Stein desintegrierte und das umgebende Gewebe wurde nicht zerstört. Ein weiterer, wichtiger Schritt hin zur ersten Humantherapie war zurückgelegt.

Der Rest ist Geschichte und kurz beschrieben: Am 26. Feb. 1980 wurde der erste Nierensteinpatient mit dem HM1 (Human Modell 1) in Großhadern behandelt (Abb. 108.1). Aus diesem Vorseriengerät wurde schließlich das berühmte HM3 („Badewanne") entwickelt und ca. 130 mal gebaut. Das Zeitalter der ESWL hatte begonnen.

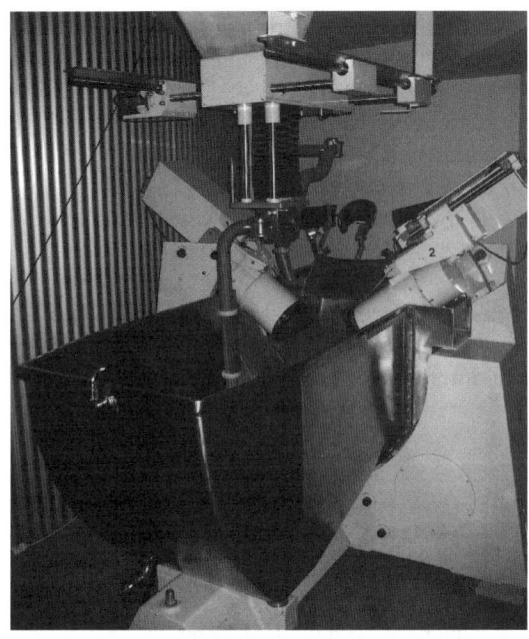

Abb. 108.1 Nierensteinzertrümmerer HM1 (Human Modell 1) der Firma Dornier. Zu erkennen ist die „Badewanne", welche während der Behandlung mit entgastem Wasser befüllt war und in die der Patient zur optimalen Ankopplung eintauchte. Die zwei Röntgenröhren (Röntgenkreuzortung) zur exakten dreidimensionalen Positionierung sind an den Wannenrändern deutlich erkennbar. Eine Positionierung mittels Ultraschall existierte noch nicht. Der Stoßwellenerzeuger nach dem elektrohydraulischen Prinzip steckt in dem weißen An- und Unterbau. Das Halbellipsoid war am Wannenboden unter einem 15 Grad Winkel nach oben weisend montiert

108.2 Physikalische Eigenschaften von Stoßwellen

Während ein akustischer, sinusförmiger Puls einen gleich großen Druck- und Zugwellenanteil besitzt, wird von einem Druckpuls verlangt, dass er weitgehend nur einen positiven Anteil besitzt. Bis heute ist unter Fachleuten nicht eindeutig festgelegt, wann ein solcher Druckpuls als Stoßwelle bezeichnet werden darf. Hintergrund dieser zunehmenden Sprachverwirrung sind insbesondere neuere medizinische Anwendungen (siehe Kap. 108.7) im nichturologischen Bereich und entsprechende Marketingüberlegungen der Hersteller. Hierzu jedoch später. Im Folgenden soll auf die „klassische" Form der Stoßwelle eingegangen werden, wie sie bei der ESWL zum Einsatz kommt. Abb. 108.2 zeigt eine solche Stoßwelle über die Zeit aufgetragen, wie sie in der Nähe des Druckmaximums (Therapievolumen oder Fokus genannt) mit einem hochauflösenden, optischen Sondenhydrophon gemessen werden kann [3]. Die entsprechenden Parameter zur Charakterisierung einer solchen Stoßwelle sind die Anstiegszeit, der positive und negative Spitzendruck und die Pulsdauer. Daraus und aus der räumlichen Ausdehnung des „Stoßwellengebirges" in der Umgebung des Druckmaximums werden entsprechende Energieflüsse und Energiegrößen berechnet (Tabelle 108.1).

Da die für medizinische Zwecke genutzten Stoßwellen im Wasser erzeugt werden und sich bis zur weitgehend reflektionsfreien Einkopplung in den Körper im Wasser ausbreiten, sind weitere relevante Größen die Schallgeschwindigkeit in Wasser und in den verschiedenen Geweben. Aus der Schallgeschwindigkeit und der Dichte wird die akustische Größe der Impedanz berechnet (Tabelle 108.2), aus der Pulsdauer und der Schallgeschwindigkeit die Pulslänge. So ergibt sich bei einer Pulsdauer von 1 µs in Wasser eine Pulslänge von 1,5 mm der durch den Körper „wandernden" Stoßwelle.

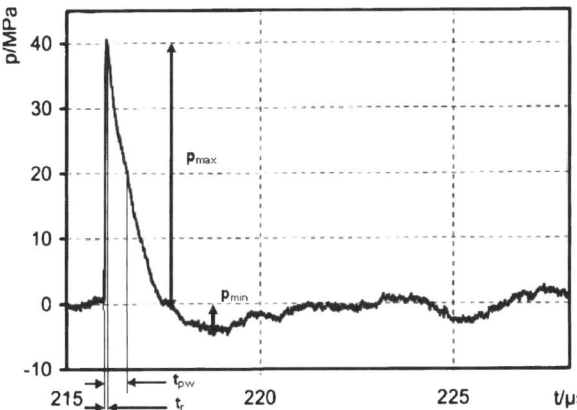

Abb. 108.2 Druck-Zeit-Signal einer elektrohydraulischen Stoßwelle bei einer Ladespannung von 26 kV. Gemessen mit einem Sondenhydrophon. p_{max} – Maximaldruck, p_{min} – Minimaldruck, t_{pw} – Pulsdauer, t_r - Anstiegszeit. Quelle: AST GmbH

Formelzeichen	Parameter	Wertebereich
p_{max}	Positiver Spitzendruck	20 – > 100 MPa (ESWL) 7 – > 80 MPa (ESWT)
p_{min}	Negativer Spitzendruck	–3 bis –15 MPa
t_r	Anstiegszeit	10 bis 50 ns
t_{pw}	Pulsdauer	50 bis 500 ns

Tabelle 108.1 Physikalische Kenngrößen einer Stoßwelle.

Material	Dichte [kg/m³]	Schallgeschwindigkeit [m/s]	Schallimpedanz [Ns/m³]
Luft	1,293	331	429
Wasser	998	1483	$1,48 \times 10^6$
Fettgewebe	920	1410–1479	$1,33 \times 10^6$
Muskelgewebe	1060	1540–1603	$1,67 \times 10^6$
Knochen	1380–1810	2700–4100	$4,3–6,6 \times 10^6$

Tabelle 108.2 Akustische Eigenschaften von Materialien und Geweben.

Macht man sich klar, dass die Stoßfront im Idealfall innerhalb von 10^{-8} s (entsprechend 15×10^{-6} m) von Normaldruck (0,1 MPa) auf Werte von 20 bis 100 MPa im Körper „emporschnellt" und nach 10^{-6} s (oder 1,5 mm „dahinter") schon wieder alles vorbei ist, beginnt man zu begreifen, welch revolutionäre Idee die ersten Entwickler mit diesem Konzept verfolgten und warum Stoßwellen relativ nebenwirkungsarm in den lebenden Organismus eingekoppelt, weitergeleitet und fokussiert werden können.

Betrachtet man die Stoßwelle aus Abb. 108.2, so stellt man fest, dass die Anstiegszeit des Pulses das entscheidende Charakteristikum ist, um eine Stoßwelle von einem Druckpuls zu unterscheiden. Gute Stoßwellenerzeuger besitzen im Druckmaximum typischerweise Werte zwischen 10 und 20 ns. Daher sollten Systeme mit Anstiegszeiten größer 50 ns nicht mehr als Stoßwellengeräte bezeichnet werden, sondern entsprechenden den Normen der IEC 61846 als Druckimpulsgeräte.

108.3 Stoßwellenerzeugungs- und Ankopplungsverfahren

Im Folgenden sollen nur Stoßwellenerzeugungsverfahren erläutert werden, die in medizintechnischen Seriengeräten zum Einsatz kommen. Für den Fachmann gibt es noch weitere mehr oder minder exotische Möglichkeiten der Stoßwellenerzeugung, die aber klinisch nicht eingesetzt werden. Mit dieser Einschränkung lassen sich prinzipiell drei Verfahren unterscheiden:

- Elektrohydraulische Stoßwellenerzeugung (EHSE)

- Elektromagnetische Stoßwellenerzeugung (EMSE)
- Piezoelektrische Stoßwellenerzeugung (PESE)

108.3.1 Elektrohydraulische Stoßwellenerzeugung (EHSE)

Die EHSE, welche von Dornier in den ersten Geräten realisiert wurde und bis heute von diversen Herstellern eingesetzt wird, basiert auf dem Prinzip der Entladung einer Funkenstrecke unter Wasser. Die elektrische Energie wird hierzu in Kondensatoren (typisch 20 bis 100 nF) bei Ladespannungen zwischen 15 und 30 kV gespeichert und über einen ultraschnellen Schalter und einer Funkenstrecke kurzgeschlossen. Der hierdurch erzeugte Funkenüberschlag erzeugt unter Wasser eine mit Überschallgeschwindigkeit sphärisch expandierende Plasmablase, welche wiederum an ihrer Oberfläche eine Stoßwelle vor sich her treibt. Diese entkoppelt sich von der Plasmablase und fällt auf einen metallischen Reflektor (Halbellipsoid). Die Funkenstrecke wird üblicherweise in einem der Brennpunkte F1 des Halbellipsoid positioniert, sodass die sphärisch expandierenden Stoßwellen durch das Halbellipsoid wieder im F2 konzentriert bzw. fokussiert werden (Abb. 108.3). Der Harnstein des zu behandelnden Patienten muss natürlich in diesem F2 positioniert werden. Hierzu werden die typischen bildgebenden Verfahren wie Röntgen- bzw. Ultraschallgeräte benutzt. Die Schwierigkeit ist, dass sowohl die dreidimensionale Lage des Steines im Körper ermittelt werden muss, als auch das Therapievolumen des Stoßwellenerzeugungssystems mit hinreichender Genauigkeit (kleiner 2 mm) auf dieses Ziel ausgerichtet ist.

Vorteile:	Große Therapievolumen Beste Desintegrationsergebnisse Geringe Nebenwirkungen
Nachteile:	Stosswellenerzeugung ist sehr laut Kosten durch Verbrauchsmaterial (Elektroden für die Funkenentladung)

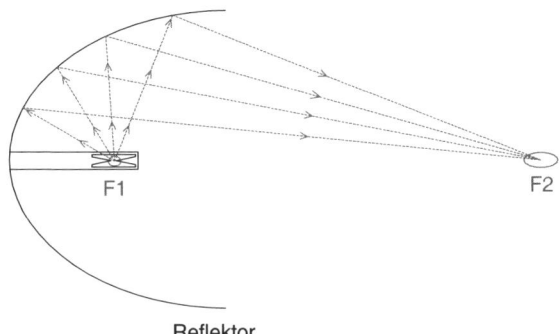

Abb. 108.3 Zweidimensionale, schematische Darstellung einer elektrohydraulischen Stoßwellenerzeugung (EHSE) in einem Quadranten. Die Funkenentladung im Fokuspunkt F1 löst eine Stoßwelle aus, die durch den elliptischen Reflektor auf den Brennpunkt F2 fokussiert wird

108.3.2 Elektromagnetische Stoßwellenerzeugung (EMSE)

Die EMSE erzeugt die Stoßwelle nach einem lautsprecherähnlichen Verfahren und mit Hilfe nichtlinearer Effekte des sich ausbreitenden Druckpulses im Wasser. Durch eine Spule wird ein Stromstoss geleitet. Dieser lenkt nach der „Lenz'schen Regel" eine davor befindliche Metallplatte induktiv aus. Diese wiederum ist in Kontakt mit Wasser als Übertragungsmedium. Der durch die Auslenkung der Metallplatte erzeugte Druckpuls wird im Übertragungsmedium Wasser weitergeleitet und beginnt sich auf Grund nichtlinearer Effekte aufzuteilen (Wasservorlaufstrecke). Diese gesamte Anordnung wird in der Literatur auch als Stoßrohr bezeichnet [4].

Die Fokussierung dieser so erzeugten Druck-/Stoßwelle wird wiederum auf drei verschiedene Arten technisch realisiert:

- Mit Hilfe einer Flachspule, einer ebenen Metallplatte und einer bikonkaven, akustischen Linse (Abb. 108.4).
- Mit Hilfe einer sphärisch gekrümmten Flachspule und einer Metallplatte als Kugelkalotte. Dieses System hat den Vorteil, dass die Fokussierung auf Grund der Geometrie der Kugelkalotte ohne Linsenfokussierung bewirkt wird (Abb. 108.5).
- Mit Hilfe einer Zylinderspule eines Metallzylinders und eines speziell geformten Reflektors, der die entstehende Zylinderwelle in einem Fokalgebiet konzentriert (Abb. 108.6).

Alle drei Verfahren werden gerätetechnisch angewandt.

Vorteile:	Geringere Geräuschentwicklung Gute Reproduzierbarkeit von Entladung zu Entladung Lange Lebensdauer (ca. 1000 Behandlungen) des Stosswellenerzeugers
Nachteile:	Beschränkung des Therapievolumens Desintegrationsleistung fällt über die Lebensdauer des Stosssystems ab Hohe Zugwellenanteile in der Stoßfront führen zu mehr Nebenwirkungen

108.3 Stoßwellenerzeugungs- und Ankopplungsverfahren

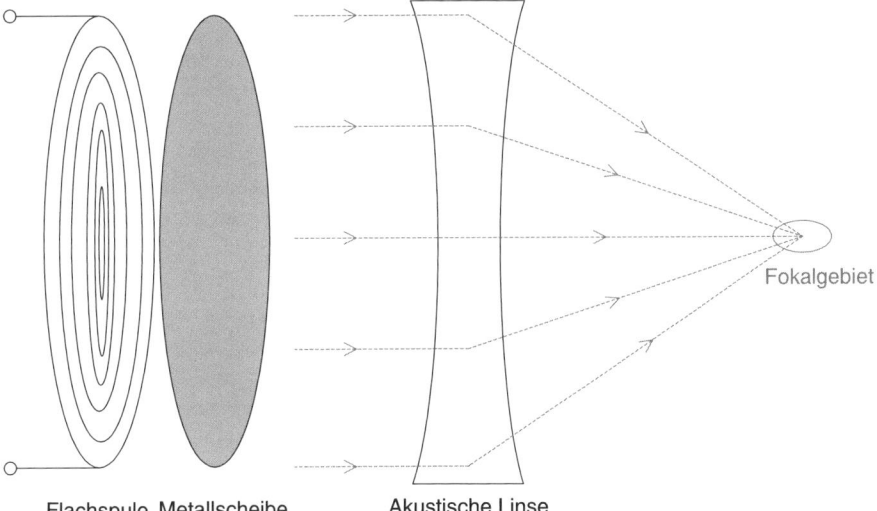

Abb. 108.4 Schema einer elektromagnetischen Stoßwellenerzeugung (EMSE) mit einer akustischen Linse. Durch den Stromimpuls in der Flachspule wird der Metallscheibe ein Strom induziert, sie wird ausgelenkt (Lenz'sche Regel) und erzeugt eine ebene Druckwelle. Diese trifft auf die akustische Linse. Durchläuft die Druckwelle die Linse, finden an den Materialübergängen zwischen Linse und Umgebungsmedium akustische Brechungsvorgänge statt. Die vorher ebene Druckwelle wird auf den Brennpunkt der Linse fokussiert

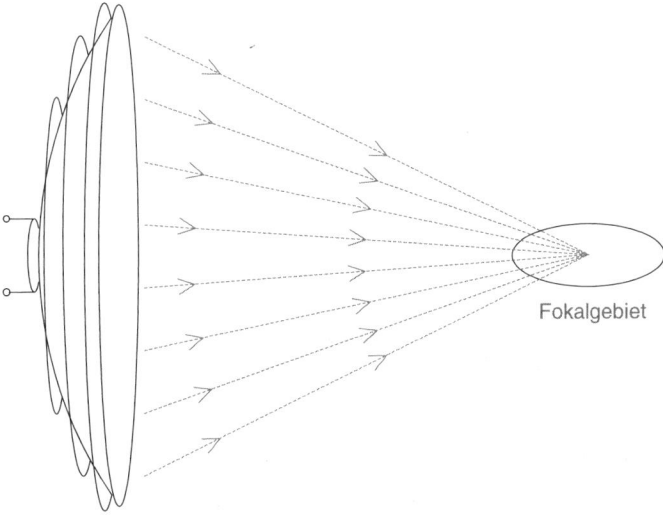

Abb. 108.5 Schema einer elektromagnetischen Stoßwellenerzeugung (EMSE) mit Hilfe einer Metallsphäre. Das Metall wird durch den Stromimpuls der ebenfalls sphärisch geformten Spule analog zur ebenen Metallscheibe aus Abb. 4 ausgelenkt und erzeugt eine selbst fokussierende Stoßwelle. Dadurch kann auf die Verwendung von akustischen Linsen verzichtet werden

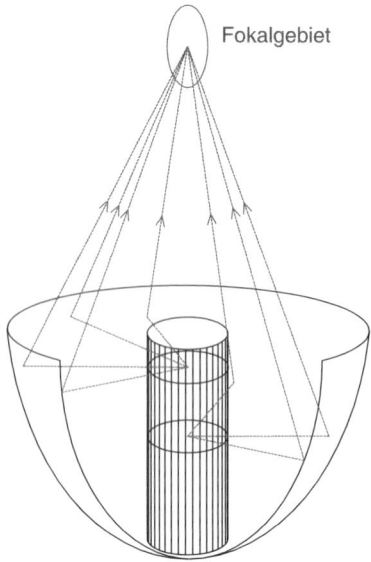

Abb. 108.6 Schema einer elektromagnetischen Stoßwellenerzeugung mit Hilfe einer Zylinderspule. Die Druckwelle bewegt sich senkrecht von der Oberfläche des Zylinders weg und trifft auf die Reflektorwand. Dort wird sie durch die Form des Reflektors fokussiert. Auch dieses Verfahren kommt ohne akustische Linsen aus und hat den Vorteil, dass das Zentrum frei bleibt und zur Bildgebung verwendet werden kann

108.3.3 Piezoelektrische Stoßwellenerzeugung (PESE)

Die PESE macht sich den piezoelektrischen Effekt zu Nutze, dass beim Anlegen einer Spannung an ein piezokeramisches Element sich dieses ausdehnt bzw. kontrahiert. Bringt man eine Vielzahl dieser Elemente (bis zu einigen 1000) auf der Oberfläche einer Kugelkalotte auf und steuert diese gleichzeitig durch einen Spannungssprung (einige 100 Volt bis in den Kilovoltbereich) an, wird jedes Element einen Druckpuls in das umgebende Wasser aussenden, deren Einhüllende eine selbst fokussierende Stoßwelle darstellt (Abb. 108.7).

Vorteile:	Weitgehende Schmerzfreiheit der Behandlung Geringste Lautstärke Nahezu unbeschränke Lebensdauer des Stosswellenerzeugers
Nachteile:	Häufig Wiederholungsbehandlungen notwendig Therapievolumen sehr klein

108.3 Stoßwellenerzeugungs- und Ankopplungsverfahren

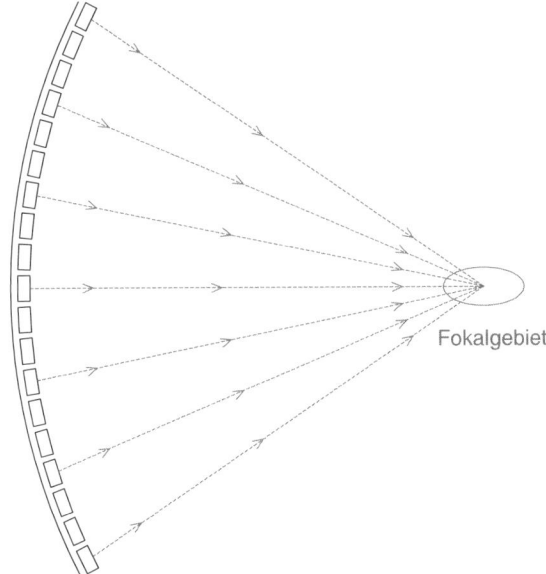

Abb. 108.7 Schema einer piezoelektrischen Stoßwellenerzeugung (PESE). Eine Vielzahl von Piezoelementen ist auf einer sphärischen Oberfläche aufgebracht. Durch zeitgleiche, elektrische Ansteuerung sendet jedes Element eine Druckwelle aus. Die Hüllkurve dieser einzelnen Druckwellen wird durch die Form der Sphäre fokussiert

108.3.4 Ankopplung

Im Unterschied zu den ersten Wannengeräte koppeln moderne, geschlossene Stoßwellenerzeugersysteme, die Stoßwellen mittels einer flexiblen gummiartigen Membran in den Körper ein. Diese Membran kann wie ein Faltenbalg betrieben werden und ermöglicht das Einstellen verschiedener Eindringtiefen je nach Lage des Steines bzw. der anatomischen Gegebenheiten. Um Reflektionen und Transmissionsverluste zu minimieren, wird vor dem Ankoppeln zwischen der Membran und der Haut des Patienten Ultraschallgel oder Öle mit wasserähnlicher Impedanz aufgetragen.

108.4 Harnsteine

Harnsteine werden auf Grund ihrer anatomischen Lage in Nieren-, Harnleiter (Ureter)- und Harnblasensteine unterteilt. Diese einzelnen Lagen werden wiederum unterteilt in Nierenbecken und Nierenkelchsteine (obere, mittlere, untere Kelchgruppe), oberer, mittlerer und unterer Harnleiter. Für die ESWL ergeben sich aus all diesen Steinlagen spezifische Anforderungen an die Geräteflexibilität, an die Ortung und Patientenlagerung sowie an den Behandlungsalgorithmus.

Damit nicht genug, auch die Steingröße oder auch die Anzahl der Steine kann dramatisch variieren. Steine kleiner 5 mm im Durchmesser sind in aller Regel „spontan abgangsfähig". Es kann jedoch zu Steindurchmesser im Nierenbecken bis zu 40 mm kommen bzw. zu Ausgusssteinen die sowohl das Nierenbecken als auch die Nierenkelche ausfüllen. Hier ist die ESWL als singuläre Therapie zumeist überfordert.

Um die Komplexität abzurunden, gibt es unterschiedlichste Steinzusammensetzungen, sowohl was die Kristallisation betrifft als auch die jeweilige Zusammensetzung bzw. Mischung. Dies ist in sofern von Wichtigkeit, da sowohl die Zusammensetzung als auch die Kristallisation über die Steinhärte entscheidet und damit maßgeblich mitbestimmt wie gut (oder schlecht) ein Stein mittels ESWL zertrümmert werden kann.

Über die Entstehung von Harnsteinen und deren mineralogische Details sei auf die Fachliteratur verwiesen [5].

108.5 Gerätegenerationen

Bisherige ESWL- Geräte lassen sich grob in drei Generationen einteilen:
1. Die so genannten Single-Use-Geräte. Diese ersten Lithotriptoren waren ausschließlich optimiert, Harnsteine mittels perfekt aufeinander abgestimmter Komponenten zu zertrümmern. Nachteil dieser Geräte war allerdings ihre enorme Größe, die hohen Anschaffungs- und Unterhaltskosten und ihre, auf eine Indikation begrenzten, Therapiemöglichkeiten. Vorteil war ihre nicht wieder erreichte Effektivität. Beispiele: HM3 (Dornier Medizintechnik), Lithostar (Siemens). Entsprechende Systeme werden heutzutage nicht mehr hergestellt.
2. Multifunktionale Großgeräte. Sie sollen neben der Behandlung des Harnsteinleidens weitere urologische Eingriffe am gleichen Arbeitsplatz ermöglichen. Durch die hierdurch notwendige Bauweise ist das Gerätedesign in aller Regel sehr raumgreifend, unflexibel und der Patientenzugang ist zum Teil nur eingeschränkt möglich. Die Anschaffungskosten sind relativ hoch und der Unterhalt teuer. Beispiele: MFL 5000 und DoLi (Dornier Medizintechnik), Litho Diagnost M (Philips/HMT), Multistar (Siemens), SLX (Storz Medical, Abb. 108.8).
3. Eine Reduktion der Anschaffungs- und Unterhaltskosten wird mit dem Konzept der modularen Lithotripsiegeräte beabsichtigt. Der Lithotripter wird „modular"

108.6 Neue technische Entwicklungen

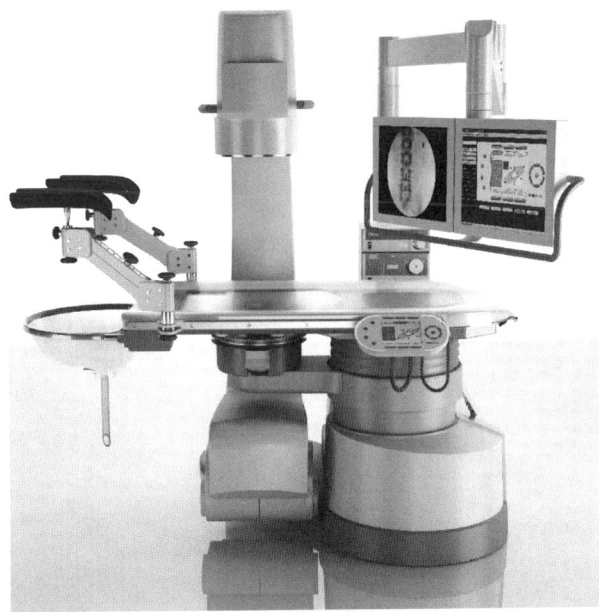

Abb. 108.8 MODULITH SLX-F2, urologischer Steinarbeitsplatz der Firma STORZ MEDICAL AG mit integrierter Inline Röntgen- und Inline Ultraschallortung. Der Lithotripter besitzt zwei umschaltbare Fokusgrössen und kann auch für endourologische Eingriffe verwendet werden. Mittig unterhalb des Tisches ist die Stoßwellenquelle sichtbar. Oberhalb des Tisches ist der Bildverstärker, unterhalb der Monoblock des Röntgen-C-Bogens zu sehen

aufgebaut, indem vorhandene bzw. käufliche Komponenten (Behandlungstisch, Röntgen-C-Bogen, Ultraschallgerät) weitgehend unverändert in das System integriert wurden. Aufgabe der Entwicklung ist es, den Stoßwellenkopf in die Module/Komponenten mechanisch zu integrieren. Diese Systeme sind in aller Regel preiswerter, jedoch sind die Module/Komponenten nach wie vor von der Entwicklung und dem Hersteller festgelegt und nicht vom Kunden frei wählbar da sie weitgehend mechanisch starr miteinander verbunden sind bzw. aufeinander abgestimmt wurden. Dadurch ist die Patientenzugänglichkeit weiterhin nicht optimal und die multiple Funktionalität eingeschränkt. Beispiele: LDME/Litho-Tron (Philips/HMT), Modularis (Siemens), Dornier Alpha und Delta (Dornier Medizintechnik), SLK (Storz Medical), Piezolith (Wolf, s. Abb. 108.9).

108.6 Neue technische Entwicklungen

Der klinische Erfolg der ESWL in Ländern mit hochstehender medizinischer Versorgung in den letzten 25 Jahren hat gleichzeitig dazu geführt, dass immer mehr ESWL

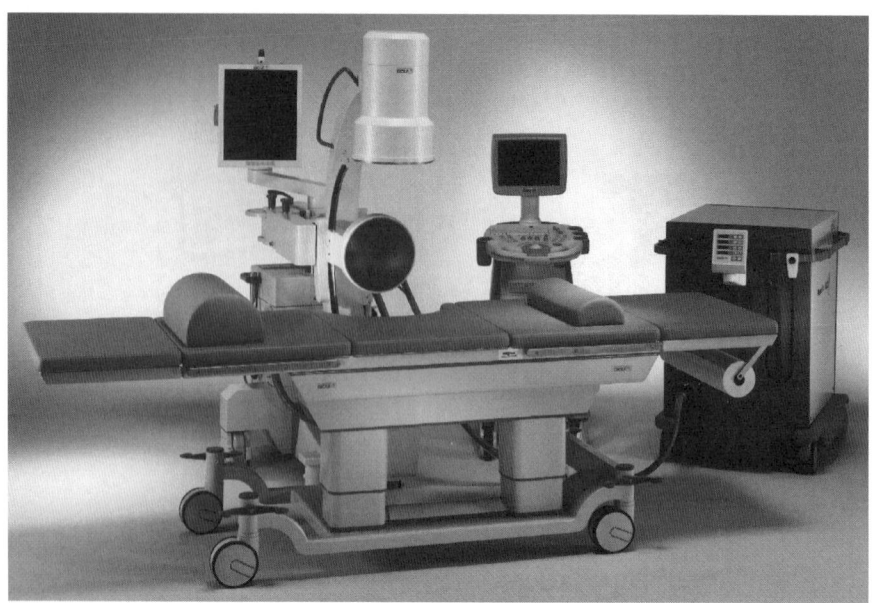

Abb. 108.9 PiezoLith 3000 der Firma Wolf mit Röntgen-C-Bogen, Ultraschall-Ortungsysteme und Patientenliege. Rechts im Bild ist der Generator zur Stoßwellenerzeugung zu sehen. Der PESE ist kreisrund in der Bildmitte, oberhalb der Liege erkennbar. Der Bildverstärker eines handelsüblichen Röntgen-C-Bogens ist über der Stoßquelle zu erkennen.

Geräte pro Kopf der Bevölkerung installiert sind. Da die Zahl der Steinerkrankung (ca. 1,5 bis 3 ‰ der Bevölkerung pro Jahr) annähernd konstant ist, verringert sich damit die Anzahl der Behandlungen pro Gerät pro Jahr dramatisch. Wenn im Jahr 1987 in Deutschland von ca. 1000 Behandlungen pro Gerät pro Jahr ausgegangen werden konnte, so sind zurzeit eher 150 bis 250 Behandlungen die Regel. Eine identische Entwicklung, zum Teil zeitverzögert oder unter anderen Voraussetzungen, bedingt durch unterschiedliche Strukturen des Gesundheitswesens, ist weltweit zu beobachten. Hierdurch wird für die Kostenträger und Kliniken die Anschaffung, die betriebswirtschaftliche Amortisation bzw. der Unterhalt von Geräten der beschriebenen 1. bis 3. Generation immer schwieriger.

Gleichzeitig hat die sogenannte minimalinvasive Chirurgie (MIC) in weite Bereiche der Medizin, nicht zuletzt ausgehend von der Urologie, Einzug gehalten. In den urologischen Abteilungen sind sogenannte „endourologische Arbeitsplätze" entstanden, an denen diverse diagnostische und endoskopische Eingriffe durchgeführt werden. Diese Arbeitsplätze erfordern ein breites Spektrum an gerätemedizinischer Ausrüstung. Angefangen beim flexiblen Endoskopietisch mit Zubehör, Anästhesieeinrichtungen, Endoskopieturm mit diversen Geräten sowie Lasersystemen für verschiedenste Anwendungen. Da liegt es nahe, die ESWL als Teil bzw. Komponente dieses endourologischen Arbeitsplatzes zu begreifen.

Die betriebswirtschaftlichen Vorteile eines solchen Konzeptes liegen auf der Hand:
- Die Amortisationsphilosophie für das ESWL System und die Peripheriegeräte, wie Patiententisch, Röntgen-C-Bogen, Ultraschallbildgebung, Monitoring, Anästhesie sowie für den Behandlungsraum selbst können getrennt betrachtet werden.
- Sämtliche Geräte des endourologischen Arbeitsplatzes, ebenso wie der Behandlungsraum, sind problemlos für andere Anwendungen nutzbar.
- Die Anordnung der Geräte kann den Wünschen des Anwenders angepasst werden und ermöglicht so einen allseitigen Zugang zum Behandlungstisch und eine optimale Nutzung der vorhandenen räumlichen Gegebenheiten.

Neben technischen Forderungen an ein solches ESWL- System ist es natürlich vor allem ein mentaler Paradigmenwechsel für die Entwickler und Hersteller entsprechender ESWL Geräte, sich nicht mehr als Lieferant eines Gesamtsystems zu begreifen, sondern als Hersteller einer Komponente. Die Realisation eines solchen Konzeptes erfordert neue technologische Lösungen:
- Räumliche Flexibilität des Stoßwellenerzeugers.
- Berührungsfreies Positionierungssystem, welches mit allen üblichen bildgebenden Systemen und Endourologietischen zusammenarbeiten kann.
- Hohe Effektivität.
- Einfache Handhabung.

108.6.1 Räumlich flexible Stoßquelle

Bisherige ESWL Systeme hatten einen weitgehend feststehenden bzw. auf Kreisbahnen geführten Stoßwellenkopf. Hierdurch ist ein Zusammenwirken mit „Fremdkomponenten" praktisch nicht möglich. Das vom Verfasser mitentwickelte, elektrohydraulische ESWL Gerät LithoSpace® (AST GmbH, Moritz-von-Rohr-Str. 1a, 07745 Jena, Abb. 108.10 und Abb. 108.11) erlaubt, durch eine innovative Mechanik, eine Vielzahl von Bewegungen, um die Stoßquelle für die aktuelle Behandlungssituation optimal zu positionieren. Die Fahrbarkeit des Gerätes ermöglicht eine grobe Positionierung der Stoßquelle zum Tisch. Mittels Kippung der Stoßquelle kann das LithoSpace® für eine Ober- oder Untertischbehandlung vorbereitet werden. Zur Feinpositionierung bietet das Gerät diverse Bewegungsmöglichkeiten:
- Eine elektrische Hubsäule zur Höheneinstellung der Stoßquelle.
- Einen lateral verfahrbaren und schwenkbaren Haltearm für den Therapiekopf.
- Eine Kugelkopfführung der Stoßquelle bietet alle räumlichen Freiheitsgrade für die Feinpositionierung des Therapievolumens auf den Stein.

Die mechanische Integrität aller Einzelkomponenten des Arbeitsplatzes bleibt vollständig erhalten. Es sind keine mechanischen Verbindungen zur Adaption der

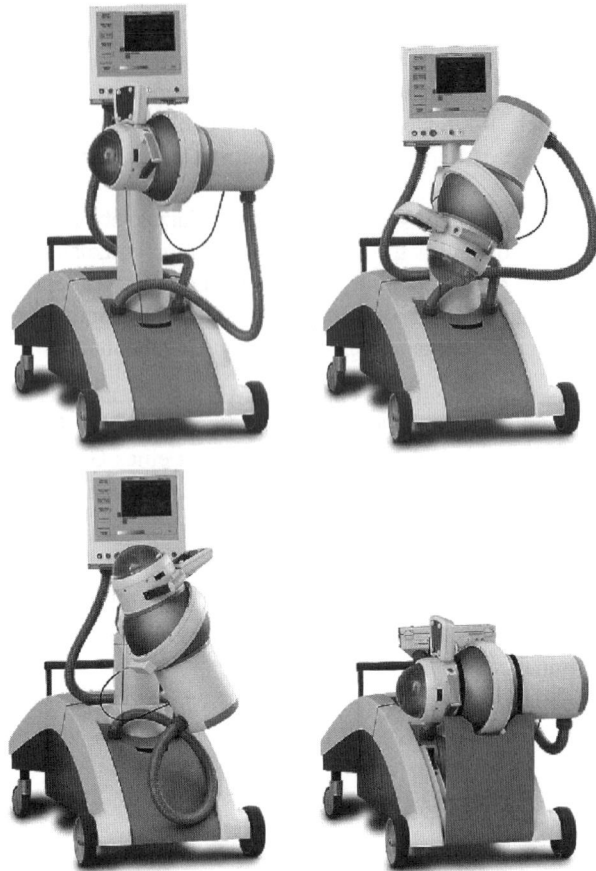

Abb. 108.10 LithoSpace® der Firma AST. Die elektrohydraulische Stoßquelle des LithoSpace® erlaubt durch ihre Kugelkopfführung und die Empfangseinheit des Positionierungssystems eine hochflexible Einstellung auf die jeweilige Behandlungssituation. Zusätzlich kann die Stoßquelle durch Schwenk- und Höhenbewegung justiert werden. Das Gerät ist fahrbar und kann nach der Behandlung vom urologischen Arbeitsplatz entfernt und platzsparend geparkt werden (unten rechts)

Geräte weder vor noch während der Behandlung notwendig (Abb. 108.11). Die Positionierung erfolgt vollständig kontaktlos und rechnergestützt. Sämtliche Geräte können ohne zusätzlichen technischen Aufwand vom endourologischen Arbeitsplatz entfernt und anderweitig genutzt werden.

Durch die Bewegungsmöglichkeiten des Gerätes und die flexiblen Aufstellungsmöglichkeiten der Peripheriegeräte, können verschiedenste Behandlungssituationen, wie Ober- und Untertischbehandlungen, Therapie der rechten oder linken Niere oder des Ureters, ohne großen Aufwand bewältigt werden. Das vorhandene Platzangebot in der Klinik kann optimal ausgenutzt werden.

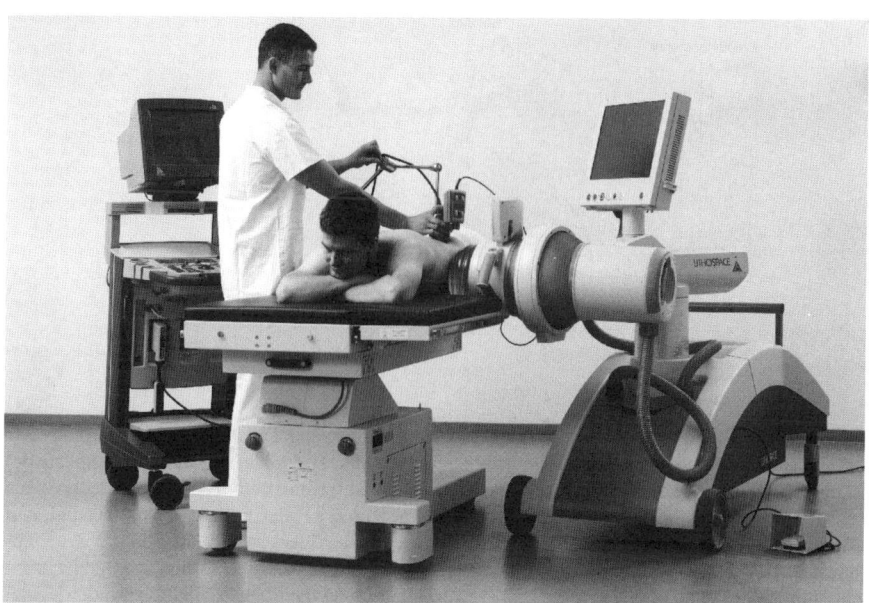

Abb. 108.11 Behandlungssituation mit dem LithoSpace®. Links: Ultraschallgerät (B & K Medical), Mitte: Patiententisch (Technix), rechts: LithoSpace®. Ebenfalls zu sehen ist das Positionierungssystem mit dem Sendesegel am Ultraschalltransducer (gehalten vom Behandler) und dem Empfangssegel auf der Stoßquelle. Der Patient wird in Bauchlage behandelt und der Zugang der Stoßquelle erfolgt durch einen Tischausschnitt

108.6.2 Ein berührungsfreies Positionierungssystem

Kernstück dieses Konzeptes ist ein Nahfeld-Positionierungssystem, welches mittels neu entwickelter Ultraschallsendern und -empfängern mit hinreichender Ortsauflösung (kleiner 2 mm) arbeitet. Das Therapievolumen wird als Schnittbild (s. Abb. 108.12) in Echtzeit in das importierte, diagnostische Bild eingeblendet (SuperVision). Erstmalig ist es möglich das Therapievolumen als echtes Schnittbild während der Behandlung einzublenden und dem Arzt sichtbar zu machen. Dies erleichtert die Positionierung und Behandlung ungemein. Es erlaubt dem Arzt diverse Entscheidungen zu objektivieren, z.B. ob ein Stein, der sich auf Grund der Atembewegung periodisch verschiebt, noch ausreichend mit Stoßwellen getroffen wird. Der Anwender kann zwischen einer Darstellung des Therapievolumens als –6 dB- oder 17 MPa-Isobare wählen. Der große räumliche Arbeitsbereich der Ortung ermöglicht eine zuverlässige Anzeige des Therapiebereiches bei Winkeln bis zu 45° Fehlstellung zwischen Therapiekopf und bildgebenden System und Abständen bis 80 cm. Die statistische Aufbereitung und Fehleranalyse der Ortungsdaten erfolgen in Echtzeit.

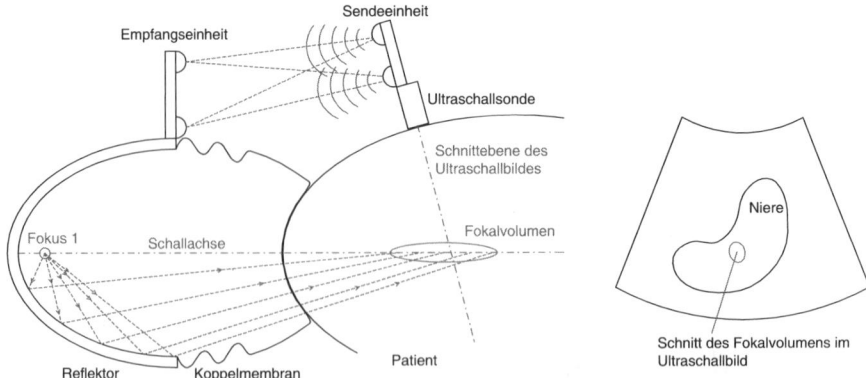

Abb. 108.12 Abbildung 1: Schematische, zweidimensionale Darstellung der Ortung des LithoSpace®. Am bildgebenden Gerät (Röntgenbildverstärker oder hier im Bild Ultraschallsonde) ist eine Sendeeinheit angebracht. Eine Empfangseinheit ist fest mit dem Reflektor des LithoSpace verbunden. Damit ist auch ihre räumliche Position in Bezug auf das Fokalvolumen bekannt. Auf der Sendeeinheit befinden sich Ultraschallsender, die in ständiger Kommunikation mit der Empfangseinheit auf dem Reflektor stehen. Über Triangulation kann so die Position der Sendeeinheit zur Empfangseinheit im realen dreidimensionalen Raum und damit auch die Position der Sendeeinheit zum Fokalvolumen bestimmt werden. Mit Hilfe dieser Information, kann das Fokalvolumen in Echtzeit in das medizinische Bild als Schnitt eingeblendet werden (Abbildung rechts)

108.6.3 Eine hohe Effektivität der Steindesintegration

Aus Arbeiten von Eisenmenger [6,7] und Bailey [8] ist bekannt, dass nicht nur die direkt auf den Stein auftreffende Stoßwelle zur Steindesintegration beiträgt, sondern über Quetscheffeke (squeezing effect) auch die Anteile der Stoßwelle, die am Stein vorbeilaufen. Daher gibt es seit einigen Jahren den Versuch diverser Hersteller, die Stoßwellenfokussierung aufzuweiten. Die Therapievolumen diverser Geräte sind in Tabelle 108.3 und Tabelle 108.4 dargestellt. Mit einer patentierten neuartigen Reflektorgeometrie erreicht das LithoSpace® große Fokaldurchmesser und bisher nicht erreichte Eindringtiefen (max. 220 mm bei 26 kV). Dies ist angesichts der weltweiten Zunahme übergewichtiger Patienten leider eine Notwendigkeit. Das große Therapievolumen verbessert die Effektivität bei gleichzeitig optimaler Gewebeschonung, da die Maximaldrücke ca. 50% geringer als bei vergleichbarer Geräten sind (s. Tabelle 108.5).

108.6 Neue technische Entwicklungen

Litho-tripter	Fokuslänge	Durchmesser
LithoSpace®	121 mm	17 mm
LithoGold	101 mm	20 mm
Dornier HM3	90 mm	15 mm
Medispec Econlith	60 mm	13 mm
Medstone STS-T	50 mm	13 mm
LithoTron	38 mm	8 mm
Direx	15 mm	4 mm

Tabelle 108.3 Fokalvolumen und -durchmesser verschiedener elektrohydraulischer Lithotripter (Quelle: TRT)

Fokus / Therapievolumen verschiedener elektromagnetischer Lithotripter		
Lithotripter	Fokuslänge	Durchmesser
Dornier Compact S	70 mm	6,4 mm
Dornier Doli	70 mm	6,4 mm
Siemens Multiline	60 mm	4 mm
Dornier flat EMSE	58 mm	2,5 mm
Storz Modulith SLX	50 mm	4 mm
Siemens Lithostar C	40 mm	4 mm

Tabelle 108.4 Fokalvolumen und -durchmesser verschiedener elektromagnetischer Lithotripter (Quelle: TRT)

Energielevel [kV]	16	22	26
Maximaldruck [MPa]	26,1	35,2	37,9
Minimaldruck [MPa]	−3,6	−4,0	−5,0
Fokusenergie [mJ]	10,9	14,2	61,8
Energiedichte [mJ/mm^2]	0,14	0,27	0,40

Tabelle 108.5 Leistungsparameter des LithoSpace®

108.6.4 Einfache Handhabung

Von einer einfachen Handhabung moderner Geräte wird erwartet, dass alle Therapieparameter über ein Display einstell- und sichtbar sind. Die Menüführung und die Bedienung der Stoßquelle intuitiv erfolgen. Das Gerät nach der Behandlung mit wenigen Handgriffen vom endourologischen Arbeitsplatz entfernt und in eine platzsparende Parkposition gebracht werden kann.

108.7 Nichturologische Anwendungen

Der Verfasser entdeckte 1985, eher zufällig bei Untersuchungen über die Nebenwirkung von Stoßwellen auf Knochengewebe, dass die Stoßwellen zwar Zerstörungen

108.7 Nichturologische Anwendungen

im Hartgewebe bewirken, dieses jedoch mit massiver Neubildung reagiert [9]. Eine starke Osteoneogenese (Knochenneubildung) war zu beobachten. Die daraufhin unternommenen Schritte zur Entwicklung des ersten orthopädischen Stoßwellengerätes OssaTron durch die vom Verfasser gegründete Firma HMT muss als Beginn der Anwendungen der Stoßwelle außerhalb der Lithotripsie bezeichnet werden. Innerhalb kurzer Zeit wurde eine Fülle weiterer Indikationen ärztlicherseits propagiert. Zu erwähnen sind insbesondere Sehnenansatztendi-nosen (Schulterverkalkungen, Tennisarm, Fersensporn). Leider hat der sprunghafte Anstieg solcher Anwendungen nicht mit der wissenschaftlichen Qualität der zugrunde liegenden Arbeiten Schritt gehalten. Dennoch ist in Fachkreisen unbestritten, dass für Stoßwellen, mit all ihren beschriebenen Eigenschaften, ein weites medizinisches Anwendungspotential existiert. Für Interessierte sei der Besuch der Homepage der Fachgesellschaft ISMST (International Society for Medical Shockwave Treatment) empfohlen [10].

Nichturologische Stosswellengeräte werden heute zumeist als Tischgeräte angeboten (Abb. 108.13). Diese unterscheiden sich bereits optisch stark von den urologischen Geräten, benötigen zumeist keine Ortungs- und Positionierungseinrichtungen, haben wesentlich geringere Energien und Eindringtiefen und sind zum Teil im Sinne des Kapitels 108.2 auch keine „echten" Stosswellengeräte sondern Druckpulserzeuger. Dennoch soll diese Aussage keine Wertung über deren medizinische Wirksamkeit darstellen, jedoch den Leser darauf hinweisen, dass zum Teil von geschickten Marketingabteilungen versucht wird den Nimbus des Namens „Stoßwelle" auf andere medizinische Anwendungen zu übertragen.

Eine detaillierte Würdigung des weiten Feldes der nichturologischen Anwendungen, von der Orthopädie über die Dermatologie bis zur Kardiologie, und der diverser hierfür entwickelten Geräte würde einen eigenen Beitrag zu diesem Buch rechtfertigen und soll daher unterbleiben.

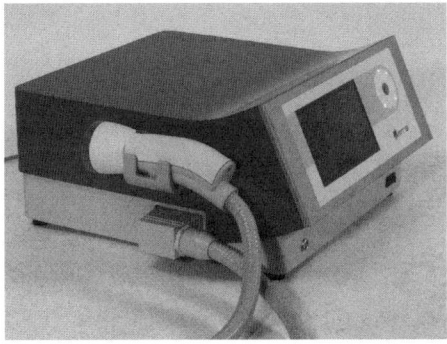

Abb. 108.13 Orthopädisch/Dermatologisches Stoßwellengerät Dermagold 100 der Firma TRT

108.8 Zukunft der Stoßwellenmedizin

Mit der Stoßwelle steht der Medizin seit 1980 ein einmaliges, neues, physikalisches Werkzeug zur Verfügung dessen Eigenschaften erstaunlich sind. Es lässt sich nahezu nebenwirkungs- und verlustfrei in den lebenden Körper einkoppeln. Es lässt sich im Körper weiterleiten und ausrichten und schlussendlich bei der externen Erzeugung in seinen Parametern variieren.

Der Verfasser ist überzeugt, dass die medizinische Anwendung der Stoßwelle erst am Anfang steht. Über gezielte Medikamentenfreisetzung, deren Aktivierung im Körper usw. ist leider bisher kaum nachgedacht worden. Notwendig bleibt jedoch auf jeden Fall der strenge wissenschaftliche Nachweis der Wirksamkeit neuer Methoden, wie er vorbildlich von den Pionieren der ESWL unter schwierigsten Bedingungen geleistet wurde. Hierfür wurden sie mit einer weltweiten Anerkennung belohnt. Nach wie vor ist die ESWL die Therapie der Wahl beim Harnsteinleiden.

Frau Annegret Hartung sei für die Unterstützung bei der Erstellung dieses Beitrages herzlich gedankt, insbesondere für die graphischen Abbildungen und Tabellen.

108.9 Literatur

1. http://de.wikipedia.org/wiki/Nierenstein, Datum: 13.03.2009
2. Ueberle (2006) Einsatz von Stoßwellen in der Medizin. In: Medizintechnik: Verfahren - Systeme – Informationsverarbeitung. Springer, Berlin; Auflage: 3., S. 483–513
3. Staudenraus ; Eisenmenger (1993) Fibre-optic probe hydrophone for ultrasonic and shockwave measurements in water. Ultrasonics vol. 31, no4, pp. 267–273 (31 ref.)
4. Eisenmenger (1962) Elektromagnetische Erzeugung von ebenen Druckstößen in Flüssigkeiten. Akustische Beihefte, Acustica Heft 1: 185–202
5. Bichler, Strohmaier, Eipper (2007) Das Harnsteinleiden. Lehmanns Media-Lob.de
6. W. Eisenmenger (2003), Vortrag Verleihung Helmholtz Medaille bei der DAGA Tagung, Aachen
7. Eisenmenger W (2002), A new fragmentation mechanism in extracorporeal shock wave lithotripsy and a first clinical study in China J Acoust Soc AM; 112 (5): 2289
8. Bailey M R(2006), Role of Shear and Longitudinal Waves in Stone Comminution by Lithotripter Shock Waves, Seattle, USA
9. Patentschrift Apparatus for inducing bone growth, Veröffentlichungsnr. EP000000324163A3
10. http://www.ismst.com/

Stichwortverzeichnis

100 Prozent Prüfung 658
1 Milliarde US-Dollar 2167
2-Flügel-Klappe 1481
2-Komponenten-Spritzgießen 604
24 bis 28 French 1422
2:00 und 6:00 Uhr 1849, 1875
2K-Spritzgussverfahren 851
3-Chip-Kamera 1163
3-Schicht-Coextrusionsanlage 676
3-Zonenschnecke 667, 671
3 Chip CCD- Technologie 1134
3D-CAD-Programm 1620
3D-Faserarchitektur 324
3D-Rekonstruktion 1217
3D-Zell-Zell-Kontakte 464
3D MR-Angiographie 1045
3D MR-Colonographie 1046
3D Planung 1718
5-ALA 1174
6-Loch Osteosyntheseplatte 324
6. Kondratieff-Zyklus 8
α-Körner 211
α-Teilchen 364
β-Teilchen 211
β-Tricalciumphosphat 285
β2-Mikroglobulin 1532, 1536, 1570
γ-Strahlung 358
μ-Bereich 12
μ-Ject 711

A

Aach 32
Aachen 2298

AAMI (Association for the Advancement of Medical Instrumetation) 982
Abbau 621
– enzymatisch 2263
Abbauprozess 523
Abbaurate 524
Abbauverhalten 2257
Abbindezeit 1879, 2032
Abblasdüse 721
ABDM 1256
Abdomen 1044
Abdruckpfosten 2030
Abfallverwertung 2277
Abformen des äusseren Ohres 1927
Abformung 928
Abformwerkstoffe 2032
ABI-Bestimmung 1259
ABI 1258
Abiturientenquote 2392
Abiturprüfung 2396
Abiturzeugnis 2405
Abklatschtest 749
Abkühlen 559
Abkühlrate 1471, 1472
Abkühlung 1382
Abkühlungsgeschwindigkeit 772
Abkühlungsphase 617
Ableitelektroden 1333
Ableittechnik 1344
Ablängeinheit 722
ABO 1476
Abrasion 109, 232

Abrasionsverhalten 2016
abrieb 321
Abrieb 86, 106, 108, 689, 908
Abriebosteolyse 1640
Abriebpartikel 278, 1638
Abriebrate 278, 279, 1602, 1607
Absatz 2321, 2338
Absatzprobleme 2336
Absaugpumpe 2098
Absaugung 755, 759
Abscheidegrad 732
Abschreibung 2327
Absorption 1076
Abstossungsreaktion 93, 373, 529
Abtragsleistung 652
Abtragsrate 654
Abwasserentsorgung 1546
Abwehrsystem 184
Abwurftische 678
Abziehen des Schlauches 721
Abzug-Ablängeinheit 721
Abzug 678
Abzugsvorrichtung 774
acetabulum 1671
Acetabulumpfanne 232
Acetabulumpfannen 232
Acetat 1541
Aceton 406
Acetylen 880
ACG 1834
achsgeführte Knieprothese 1645
Achterbahnfahrt 2302
Acid-etched 2028
Acromioklavikulargelenk 1833, 1872
Acrylharze 1928
ACT 1383
Actinfilamente 135, 164
activated clotting time 1383
acute liver failure 1526
ADAC 2083
Adaptierbarkeit 324
ADD-on aIOL 1996
Additionsverfahren 18, 597, 598
Additive 219, 252, 689, 2164
AddMix-Verfahren 605

Aderhaut 1978
Ad hoc-Diagnostik 1151
adhärente Zellkultur 2422
Adhäsion 109, 527, 902
Adhäsion der Zellen 787
Adhäsionen 1453
Adhäsionsbarriere 2066
Adhäsionsmoleküle 516
Adhäsionsprophylaxe 2065
Adhäsionsrezeptor 141
Adhäsion von Blutplättchen 89
Adipogenese 789
ADL 2326
Administration 25
Adsorber 1522, 1537, 1576
Adsorberpolymere 1537
Adsorption 1530
Adventitia 540, 1419
AED-Gerät 2094
AED 1355
Aerosolpackungsverordnung 2215
Aesculap-Werke 33
AESOP 1169
AFM - Atomic Force Microskope 661
AFM 912
After Sale 2177
Agar-Diffusionstest 86, 87
Agar-Gel 87
Agarose 378, 435
Agar Overlay Test 87
Aggregationshemmer 1282
Aggregatszustand 1891
Agricultural 2382
aIOL 1990
AIP-Verfahren 879
Airborne Molecular
  Contamination 749
Airlaid-Technologie 1014
akademisch orientierte
  Forschung 2314
Akkomodationsschwäche 1180
Akkreditierung 2180
Akkreditierungsstelle 2121, 2181
Akteure 38
Aktionspotenziale 1327

Aktiva 2320
aktiver Transport 1524
Aktivierung 366
Aktivität 362
Aktivkohle 1537, 1548
Aktuator 1764, 1775
aktuelle Klasse 1222
Akustische Ankopplung 1925
akustische Eigenschaften 1880
akustische Linsen 1077
akute Ereignisse 541
Akuttest 82
Akutversorgung 2245
Alarmzeichen 2166
ALARP
- akzeptable 2136
- nicht akzeptable 2136
Albumin 89, 527, 989, 1436, 1470, 1535, 1536, 1575
Albumindialyse (SPAD) 1575
Aldehyddehydrogenasen-Behandlung (ALDH) 921
ALDH 921
alemannischen Kulturraum 32
ALF 1526
Algentest 2289
Alginat 260, 262, 265, 435, 1024
Alginate 1006, 2033
Algorithmus 1223
ALIF-Implantate 1658
Alkali 1541
Alkoxysilan 2033
Alleinstellungsmerkmale 53
Allergen 1288
Allergene 94
allergene Reaktion 2219
Allergie 93
Allergien
- Chrom- 207
Allergierisiko 300, 1619
Allergische Kontaktdermatitis 94
allergische Reaktion 2170
Allergische Reaktionen 93, 211
Alles-oder-Nichts-Prinzip 1326
Allgemeinplätze 55

allogen 2031
allogene Tierexperimente 526
allogene Transplantate 375
Alloplastische Gefäßprothesen 520
alloplastische Materialien 1965
Allosul® -60 242
Alltagsbedingung 1257
Alphatiere 55
Alternativmethoden 2302
Altershäufigkeitsverteilung 1700
Alterspyramide 2371
Alterung 1668
Alterungsprozess 1450
Alumina Matrix Composite 1608
Aluminium-Werkzeuge 620
Aluminiumfolie 854
Aluminiumoxid-Zellträger 436, 438
Aluminiumoxid 277, 278, 1601, 1615, 1617, 1953
Aluminiumoxidkeramik 1601
Aluminiumoxidpfannen 1615
Alveolarmakrophagen 95, 96, 183
Amalgam 2027
Ambossknöchelchen 1951
Amboß 1960
Ambroise Paré 1755
AMC 749
American Type Culture Collection 787
Ames-Test 90
AMG 2228
Amidierung 1526
Amine
- aliphatische 2039
- aromatische 2039
Aminosäurenstoffwechsel 1526
AML 468
A-Mode 1072
amorphe Bereiche 1585
Amorphe Thermoplaste 562
Amphibole 99
Amplitude 1328
Amplitudenverhältnis 1942
Amputation 1754, 1764, 1787
Amputationshöhe 1773, 1789

Amputationstrauma 1794
amputierter Patient 1768
amtliche Überwachung 2197
amyotrophe Lateralsklerose
 (AML) 468
Analog-Digital-(A/D)
 Wandlung 1104
Analog/Digital-Wandler 1921
Analyse 2140
– spektroskopische 203
Analysen 2339
Analyseprogramm OZELLA 785
Anaphase 136, 1234
Anaphylaxie 93
Anastomosennaht 1168
Anatomische Nullstellung 64
Änderungsmanagement (Change
 Control) 505
Aneroidgerät 1243
Aneroidmanometer 1250
Aneurysma 523
Aneurysmen 1057, 1060, 1217, 1419,
 1431
Anforderungen 2112
Anforderungskatalog 2179
Angina-Pectoris Prophylaxe 1311
Angiogenese 177, 460
Angiographie 367, 1057
Angiopolare Zellträger 436
Angiopolarität 376, 436
Anguss 329, 649
Angussgeometrie 2448
Angusssystem 2447
Angusssysteme 648, 650, 656
Angusstrennung 652
Angussverteiler 627
Angussvolumen 647
Anhaften 884
anisotrop 343
Anisotropie 299, 324, 344, 1612
Anisotropieeffekt 349
Anker 1590
Ankerproteine 378
Ankopplung der Prothese 1968
Ankopplungskompensation 1911

Ankylose 2018
Anlagenkonzepte 646
Anlagentechnik 643, 646
Anmeldung der Erfindung 2361
Annihilation 1110
Anode 1092
anodische Teilreaktion 195
Anordnung
– supramolekular 421
Anpassung von Hörgeräten 1929
Anprobe 1783
ANSI 1926
Anspritzen 811
Anspritzprozess 839
Anspritzpunkt 2448
Anspruch auf Auskunft 2368
Ansprüche 2361, 2363
antegrad 1381
antegraden Gehirnperfusion, 1445
antegrader, transseptaler Zugang 1412
anterior, superior, inferior,
 posterior 1872
antero-superiorer Position 1838
Anti-Blockier-System 2082
Antibiotika 79, 831, 2424
Antibiotikabehandlung 1468
antibiotischen Lösung 1467
Anticholinergika 1180
Antigen 179, 183
Antigenität 2031, 526
Antihypertensiva 1257
antiinfektiöse Kunststoffe 555
Antikalzifizierungsbehandlung 1484
Antikoagulantien 1399
Antikoagulantien
– regionale 1539
Antikoagulation 1391, 1400, 1414,
 1483
Antikoagulation 1539, 1553
Antikörper 89, 93, 179, 181, 183,
 259, 376
Antiluxationseinsätze 1615
Antioxidant 968
Antioxidationsmittel 2194
Antireflexbeschichtung 891

Antiseptik 995
antiseptische Operationsmethode 191
antistatischer Oberfläche 609
Antithrombin 1382
Antithrombin III 1539
Antrieb 588
Antriebstechnik 644, 704
Anuloplastie 1394
Anuloraphie 1396
Anulus fibrosus 1740
Anwachsen des Knochens 1619
Anwender 2147, 2149, 2150
Anwenderhandbuch 2439
anwendungsorientiert 21
Anwendungsszenarien 1217
Anästhesie 1447
AO 1877
Aorta 110
Aorta descendens-Ersatz 1442
Aortenabklemmzeiten 1381
Aortenaneurysma 1045
Aortenbogen 1421
– pathologisch 1442
Aortenbogenersatz 1441, 1444
Aortenbulbus 1431, 1436, 1438
Aortendissektion 1389
Aortenerkrankungen 1419
Aortenersatz 523
Aortenhomograft 1469
Aorteninsuffizienz 1467
Aortenklappe 1431, 1479
Aortenklappen 1412, 1438
– homograft 1467
– insuffizienz, erworbene 1389
– integrierte 1440
– porcine 1485
– re-ersatz 1475
– stenose 1388
– stenose, erworbene 1388
– stenose, kalzifizierte 1403
– stent 1412
Aortenruptur 1420, 1433
– traumatische 1420
Aortenvitien 1389
Aortenvitium 1388

Aortenwand 1422
Apatitschicht 293
Aphakie 110
Apoptose 444, 530, 787
Apoptosis 87
Apotheke 2247
Apparate 2359
Apparatemedizin 2078
Appert 725
Applikationsintervalle 1182
Aquise 7
Äquivalentdosis 362
A. radialis 1455
Aramide 300
Arbeiter 973
Arbeitsgemeinschaft für
  Osteosynthesefragen 1877
Arbeitskanal 1125, 1189, 1190, 1191,
  1202
Arbeitskräfte
– hochqualifizierte 2379
Arbeitsmarkt 1940
Arbeitsplatzgrenzwert 121
Arbeitsprozess 11
Arbeitswelt 2391, 2392, 2400
Architektur 378, 380
Arginin-Glycin-Asparaginsäure 462
Argon 866
Argonbeamer 1165
Armamentarium 1164
Armamentarium Chirurgicum 35
Armarterie 1455
Armatur 1917
armierter Schlauch 805
Armprothese 1779, 1780
Aromastoff 2219
array 1081
Arrhythmien 1382
Arroganz 2395
Arrondeure 19
Artefaktbildung 1053, 1059
Artefakte 660
Artefaktfreiheit 300, 1058, 1612
Arteria gastroepiploica 536
Arteria mammaria interna 536

Arteria radialis 536
Arteria subclavia 1431
Arterielle Kanülierung 1379
arterieller Filter 1379
Arterien 158
Arterienverkalkung 38
Arterienwand 983
arterio-venöse Fistel 1532
Arteriosklerose 513, 988, 1264, 1265
arteriovenöser Shunt 541
Arthritis 1667
Arthrodese 1640
Arthroplastik 1640
Arthrose 1667
Arthroskopie 1122
Arthur D. Little 2326
Arzneimittel 2192, 2224
Arzneimittelgesetz 2228
Arzneimittelgesetzgebung 2178
Arzneimitteltransportsystem 1907
Arzneistoff-Freisetzung 1310
Arzneistoff-Freisetzungrate 1308
Arzneistoff 1297, 1300
Arzneistoffmenge 1301
Arzt 4, 53
ärztliche Instrumente 2359
Arztpraxis 1247
Asbest 92, 95, 98
Asbestose 100
Ascorbinsäure 538
Asepsik 995
Asien 38
A-Signal 1072
A-Silikone 2033
Aspektverhältnis 626, 641, 642, 651, 652
asphärische IntraOkularLinse 1990
Asphärizität 1989
Aspirationsnadel 1192, 1206
Ästhetik 2023
ästhetische Formschöpfungen 2358
Asthma 1553
Asymmetrische Membranen 1536
ATCC 787
Atemwege 2088

Äthanol 1542
Ätiologie 1866, 1872
Atmosphärendruckplasma 846
Atmosphärenexposition 886
Atmung 2088
Atmungskette 133
ATP-Synthese 133
ATP 265
atraumatisch 1212
Atrioventrikular 1387
Attribute 2336
Ätzschritt
– isotroper 947
Ätzzeit 946
Audi A6 allroad 2082
Audioprozessor 1938
Audiosignal 1938
Audit 506
auditorische Hirnstammimplantat ABI 1939
auditorische Rehabilitation 1939
auditorisches Mittelhirnimplantat AMI 1939
Aufbereitung 2169
Aufdruck 839
auffällig 1230
Aufladung 649
Auflösung 658, 659, 1177
Aufpumpen 1254
Aufrauen 902
Aufrechterhalten der Wirksamkeit 2161
aufrechtes Mikroskop 2426
Aufschmelzen 1879
Aufschmelzzeiten 648
Aufschmelzzone 577, 717
Aufschäumgrade 772
Aufsichtsbild 1072
Aufspannplatte 756
Auftauen 1474
Auftragsverhältnis 50
Augapfel 1975
Augenheilkunde 1973
Augenhinterkammer 1976
Augenhöhe 2336

Augenvorderkammer 1984
Augmentation 1888, 2030
Ausbildung 37
Ausbildungsdauer 2392
Ausdauer 2401, 2403
Ausdehnungskoeffizienten 912
Ausdifferenzierungsgrad 539
Ausfransen 974
Ausführungsbestimmungen 23
Ausgangsschalldruck 1917
Ausgangsverkeimung 114
Aushärten 817
Aushärtung 242
Ausland 2349
Auslass 1376
Ausscheidung 1521
Ausschluß von der
  Patentierbarkeit 2359
äußere Last 737
Äußeres Ohr 1958
äußere Verpackung 751
ausserhalb 1219
Ausstattungselemente 2331
Ausstoßleistung 692
Austauschreaktion 1899
Austauschstromdichte 1337
Austragszone 670, 671, 717
Auswahlkriterium 2402
Auswerfergeschwindigkeit 657
Auswerferstift 651
Auswerfersystem 657
Auswertealgorithmen 785
Auszahlungen 2345
Auszeichnungen 18
autogen 2031
autogen 66
Autoimmunerkrankungen 1392, 1469
Autoimmunerkrankungen 1538
Autokatalytische Degradation 267
Autoklav 622, 988
autolog 517
autologe Endothelialisierung 923
autologem Perikard 1394
autologe Zellkultur 990
Automarken 2335

automatischer externer
  Defibrillator 1355
Automatisierbarkeit 555
Automatisierungsgrad 555
Automobilindustrie 643, 762, 839
Automobilzulieferer 14
Autophagie 134
Autos 2336
Autosterilität 321
Außenhaut 773
Außenohr 1933
axiale Auflösung 1175
Axialflusspumpen 1365
Azidose
– metabolische 1541

B

Bachelor- und
  Masterstudiengang 2395, 2401
Backenwerkzeuge 651
Backtriebmittel 2194
Baden-Württemberg 4
Baeschlin, Heinrich Theophil 996
Bag-in-the-lens-IOL 1996
Bakelite 2034
Bakterien 182, 726
Bakterienfilter 1146
Bakterienstämme 2258
Bakterientest 2289
bakteriostatische Eigenschaften 1541
bakterizide Wirkung 1009
bakterizide Wirkungen 1534
Ballon/Arterien-Verhältnis 1268
Ballon 1166
Ballondilatation 1266
ballonexpandierbare Stent-
  Systeme 1264
Ballonfaltung 1278, 2432
Ballonfertigung 2432
Ballongröße 1268
Ballonherstellung 1276
Ballonkatheter 9, 246, 1264, 1267,
  1395
Ballonlängen 1268
BAM 14

Band 1589
Bandabzug 722
Bänder 1589
Bandpass-Filter 1245
Bandscheibe 1739, 1740
– lumbale 1742
Bandscheibendegeneration 1743
Bandscheibengewebe 1743
Bandscheibenimplantate 1878
Bandscheibenprothese 1749
Bandscheibenschädigung 1739
Bandscheibenveränderung 1743
Bankartmesser 1844, 1872
Bankkredite 2349
Bariumsulfat 1211
Barrierefunktion 391
Barrierekonzept 584
Barrieremembranen 2032
Barriereschicht 605, 859
Barriereschnecke 667
Barriereschnecken 583, 671
Barrieresteg 585
Barrierezone 585
Basalmembran 1175, 1176
Basalschicht 460
Base Technology Concept 1883, 1892
Basismedien 454
Basispatente 2300
Basisstrukturen 403
Basistechnologie 1890
Bastfasern 2262
Batchgeräte 1568
Batteriefach 1915
Batteriekontakte 1920
Bauchhoden 1167
Bauchschnitt 2061
Baumwolle 993
Baumwollfaser 988
Bauteil-Anguss-Verhältnis 647
Bauteilbeanspruchung 1633
Bauteildimensionen 612
Bauteilentformung 649
Bauteilfestigkeit 1626, 1629
Bauteilform 660
Bauteilgewichte 646

Bauteilqualität 647, 655
Bauteilrecycling 2277
Bay Area 2298
Bayerische Forschungsstiftung 20
Bayern 4, 31, 2392
B-Bild 1080
B-Bild-Aufbau 1081
B. Braun Melsungen 2103
BCG Matrix 2325, 2326
BD 626
Beachchairlagerung 1834, 1838, 1872
Beatmungsbeutel 2089
Beatmungsgerät 2097
Beatmungshelm 2098
Beckenkamm 2031
Beckenkammtransplantat 1510
Beckenkonture 1713
Beckenkorbprothese 1798
Bedrucken 849
Bedürfnissen 19
Begeisterung 2317
Begleitvenen 1462
Behandlungsdauer 1549
Behandlungskomfort 1563
Behandlungsstrategien 1448
Behandlungsverfahren 2359
Behindertensport 1803
Beilsteinprobe 2441
Beinarterie 1379
Beindicke 1813
Beinprothese 1768
Beirat 2316
Beispiel AG 2331
Bekenntnis 2338
Beladungsphase 617
Belastung 1768
Belastungs-(Stress)
 harninkontinenz 1178
Belastungsgrenze 1646
Belastungsinkontinenz 1177
Beleuchtung 1153
Beliebigkeit 7
Belüftung 733
Bemusterungsplan 655, 657
benachbart 1221

Benannte Stelle 2129
Benchmark 1891
Bending und Flaring 826
Benetzbarkeit 160, 379, 914
Benetzung 304
Benetzungsverhalten 351
Benzoylperoxid 2038
Beobachtungssystem 2150
Berater 2316
Beraterpraxis 2330, 2332, 2338
Beratung 2401
Bereitschaftspolizei 2230
Bergesack 2083
Berichten 2127
Bersten 982
Berstfestigkeit 982
Beruf 2314
Berufserfahrung 50, 2302
Berufsfeld 2399
Berufsplanung 5
Berufssystem 32
Berufswahl 2398
Berufswelt 2398
Berufsweltkompetenz 2394
Beschaffung 2115
Beschichten 1553
Beschichtung
– partielle 1882
– resorbierbare 947
Beschichtungen 1877
– nicht aktive 948
Beschichtungssubstanz 902
Beschleunigte Elektronen 123
Beschleunigungsspannung 231
Beschreibung 2363
Besiedelung 947
Besiedlung 529, 531
Besiedlungsdichte 529
Besiedlungskonzept 531
Bestrahlung
– perkutane 360
Bestrahlungsanlage 357
Beteiligung 50
Beteiligungsfinanzierung 2342, 2346
Beteiligungsgesellschaften 2342

Beteiligungsverhältnis 50, 51
Beteiligungsverhältnisse 2346
Betreiber 2147, 2150, 2177
Betreuungsverhältnis 24
Betrieb im Umluftsystem 734
Betriebsführung 13
Beugung 1077
Beurteilungsmatrix 2136
Beutel 681, 686
Beuteldialysat 1541
Bewegen 1767
Bewegungskontrolle 1809
Bewegungssegment 1740
Bewegungsstörung 1815
Bewegungstrajektorie 1826
Bewegungsumfang 1649
Bewertungsmaßstäben 2129
Beziehungseigenschaften 1218
BfArM 2158, 2224, 2354
B-Gedächtniszellen 183
Bi-Injektionsverfahren 598
Bi-Manu-Track 1817
Bias-Spannung 879
Biaxiales Gewebe 312
biaxiales Recken 688
Biegebeanspruchungen 1626
biegsame Welle 2297
Bifurkation 1271, 1283
Bikarbonat-Dialyse 1540, 1558
Bikarbonat-Puffersystem 1539
Bikarbonat 1541
bikompartimentale Kniesystem 1644
Bikomponentenspinnen 966
Bikondylärer Oberflächenersatz 1645
Bilanz 2320
Bilanzierungsfehler 1551
Bilanzkammer 1562
Bildanalyse 1215, 1216
Bildarchivierung 1094
bildgebende Verfahren 1215
Bildgebende Verfahren 659
Bildgebung 1071, 1072
Bildgebungsverfahren 1177
bildgeführten Chirurgie 1215
Bildmodell 1221

Bildobjekt 1221, 1222
Bildobjektdomäne 1223
Bildobjekte 1221
Bildobjekthierarchie 1222
Bildqualität 1087
Bildschirm 1392
Bildung 37, 2393, 2394
Bildungsauftrag 2400
Bildungskanon 2394
Bildungskommission 2395
Bildungsstätte 2394
Bildverarbeitung 1091, 1164, 1215
biliärer Ballon 1194
Billroth 998, 1121
Bimsstein 1670
Bindegewebe 163, 164, 533
Bindegewebserkrankungen 2058
Bindegewebsinduktion 1943
Bindegewebskapsel 2055
Bindegewebsmembran 203
Bindegewebszelle 164
Bindegewebszellen 2061
Binden 993
Bindenähte 673, 684
Bindungsenergie 910
Bindung von Integrinen 142
Binnenmarkt 2107
Binnig, Gerd
– Nobelpreisträger der Physik 12
Bio-Corkscrew-Anker FT Anker 1872
Bio-Corkscrewanker 1840
Bio-Corkscrew FT Anker 1839
Bio-Fastak 1844, 1872
Bio-Interference-Schraube 1857, 1872
Bio-Oss 2031
Bio- und Gentechnologie 2376
bioabbaubare Garne 698
Bioaktiv 68
Bioaktive Glaskeramiken 277
bioaktive Gläser 277, 291, 292, 1953
bioaktiven Materialien 2028
bioaktiver
  Oberflächenbehandlungen 1884
Bioaktive Werkstoffe 277, 375

Bioaktivität 1965
BioAlps 2381
Bioartifizielle Prothese 536
Bioassays 2269, 2287, 2290
Bioburden 114
biochemische Effekte 80
Biocomposite 1595
Biodegradabilität 419, 1304
Biodegradable Polymere 262
Biodegradable Systeme 1305
Biodegradation 248, 266, 269, 523, 524
Biodegradierbare Kunststoffe 1275
Biodegradierbare Polymere 524
Biofilm 831
Biofunktionalität 88, 105, 262, 514
Bioglas 291, 1899
Bioglasfasern 299
Biogläser 294, 1900, 1903
Biohybride 1436
Bioindikatoren 1017
Bioinert 68
bioinerte Keramiken 1601
Biointegration 1968
Biokeramik 1601
Biokeramiken 1592, 1608
biokompatibel 1965
Biokompatibel 68
Biokompatibilität 69, 86, 189, 191, 193, 201, 202, 207, 210, 213, 214, 219, 237, 262, 267, 278, 291, 419, 523, 898, 909, 914, 962, 1011, 1273, 1274, 1302, 1434, 1445, 1548, 1615, 1885, 1930, 1943, 2163, 2165, 2190
Biokompatibilitätskonzept 2161
Biokompatibilitätsprüfung 2165
Biokompatibilitätstestung 91, 384
Biokomposit 1596
Biologen 12
Biological Monitoring 2286
Biologie 2397, 2407
Biologiepraktikum 2404
biologischen Systeme 55
biologische Verträglichkeit 2163, 2171

Biomarker 1215
Biomaterial-Chip 462
Biomaterial 1898
Biomaterialien 1585
– radioaktive 357
Biomechanik 1740
Biomechanisch 1889
Biomechanischen Herzen (BMH) 919
Biomer 247
Biomolecular Engineering 378
Biomoleküle 864
bionisches Ohr 1936
bionische Textilien 349
Biopharmaceutical 2178
Biopol® 268
Bioprothese 1485
Bioprothesen 1396
– bovine 1487
– porcine 1487
Biopsie 1068, 1707
Biopsieentnahme 1175
Biopsien 1215
Biopsiezange 1140, 1192, 1205
Bioptics 1996
Bioreaktor 384, 434, 517
Bioreaktoren 529, 937, 1573
biosekretorisches Profil 538
Biosignale 1338
Biostabilitäts-Prüfungen 2131
Biotech 2382
Biotechnologie 8, 9, 2382
– grüne 8
– rote 8
– weisse 8
Bio Valley Basel 2381
Bioverfügbarkeit 898
Bioverträglichkeit 1965, 2166
Biozid-Produkt 2186
Bipolarprothese 1617
Bis-GMA 2039
Bisphenol A 271
Bit 1094
Bizepsanker 1833, 1872
Bizepssehne 1833, 1872
Bizepstenodese 1844, 1872

BL 14
Black 1501
Blasanlagen 672
Blase 681
Blasenersatz 1173
Blasenfänger 1561
Blasengewebe 1181
Blasenhals 1177
Blasenkarzinomen 1183
Blasenschleimhautareale 1177
Blasenurin 1182
Blasenwandmanschette 1165
Blasfolien 681
Blasfolienanlagen 679
Blasfolienextrusion 2435
Blasfolienherstellung 673
Blasfolienschlauch 807
Blastozyste 456
Blech gefertigter Stent 1271
Blend 1200
Blenden 1097
Blockcopolyestern 234
Blu-ray Disc (BD) 626
Bluetooth-Schnittstelle 10
Bluetooth 1349, 1930
Blut-Hirn-Schranke 1983
Blut 155
Blutbeutelsystem 477
Blutbeutelzentrifuge 482
Blutbild 1180
Blutdruck 1525, 1563
Blutdruckabfall 1180
Blutdruckmessung 1239
Blutdruckspitzen 1265
Blutersatz 1981
Blutgase 1382
Blutgefäss 108
Blutgefässneubildung 376
Blutgefäß 2403
Blutgefäße 514
Blutgerinnung 159, 160, 161, 1382
Blutgerinnungstest 89
Blutgruppensysteme 474
Bluthochdruck 38
Blutkompatibilität 918

Blutkomponent 88
Blutkomponententherapie 474
Blutkonserve 487
Blutkontakt 1378
Blutkontaktflächen 918
Blutkreislauf 158
Blutkörperchen 156
Blutmonitor 1564
Blutplasma 155
Blutplättchen 89, 519
Blutpräparat 473, 475
Blutpumpe 1364, 1374
– rotierende 1363
Blutpumpe 1554
Blutpumpen 2297
Blutreinigungsverfahren 1519
Blutschlauchklemmen 1557
Blutschlauchsystem 1553
Blutspendedienst des Bayerischen Roten Kreuzes 2416, 2434
Blutspender 484
Blutspendewesen 494
Blutstillung 156, 158, 159, 1001, 1058
Blutstrom 1264
Bluttemperatur-Monitor (BTM) 1567
Bluttraumatisierung 1377
Blutung 1211
Blutungen 1457
Blutungskomplikationen 1400
Blutverlust 1167
Blutversorgung 1495
Blutverträglichkeit 886
Blutviskosität 1382
Blutvolumen-Monitor 1566
Blutübertragung 473
BMG 2160
BMH 919
B-Mode 1080
Bodenreaktionskraft 1765, 1766
Bogenprothese 1443
Bonding 1278
BoneWelding® 1882
BoneWelding® Technologie 1878
BoneWelding®Verfahren 1879

Börse 1878
Börsengang 2345, 2349
Borste 1209
Bosworthschraube 1835, 1872
Bottom-Up-Planung 24
Bottom-Up 15
bottom-up 17
Boundary Lubrication 108
bovine Bioprothese 1482
Brachytherapie 357
bradykard 2094
Brain Damage 26
Brain Drain 26
Braunalgen 1006
Braunling 634
BRC Globaler Standard Lebensmittelsicherheit 2203
BRC Standard 2203
Brechung 1074
Breitenwirksamkeit 19
Breitschlitzdüse 688
Bremszeit des Antrieb 710
Brennprobe 2442
Bridge Financing 2345
Brightness 1080
Bronchialzirkulation 1380
Bronchien 95
Bronchoskop 1190
Bruchbildanalyse 850
Bruchlast 1591
Bruchtest 2441
Bruchzähigkeit [MPa·m1/2] 194
Brustaugmentation 2056
Brustgewebe 2053
Brustimplantat 2186
Brustimplantate 2051
Brustkrebs 1228
Brustvergrösserung 2051
Brustwandarterie 1455
Brustwiederaufbau 2056
Brutschrank 2420
Bruttoinlandsprodukt 6
Bruttosozialprodukt 14
Brånemark 2023
Brücke 2027

Brücken 2016, 2017
BTM 1567
Bubbleoxygenatoren 1376, 1377
bulk degradation 264, 267, 270
Bulking agents 1178
Bulkmaterial 850
Buncke 1501
Bündelpatent 2363
Bundes-Franken 2382
Bundesagentur für Arbeit 2399
Bundesamtes für Verbraucherschutz
  und Lebensmittelsicherheit 2213
Bundesgerichtshof 2360
Bundesinstitut für Arzneimittel und
  Medizinprodukte 2158, 2224
Bundesinstituts für Arzneimittel und
  Medizinprodukte (BfArM) 2354
Bundesministerium für
  Gesundheit 2158, 2160
Bundesoberbehörde 2158
Bundespatentgericht 2366
Bundespolizei 2230
Bundeswehr 2230
Bunsenbrenner 2440
Bursa subakromialis 1837, 1872
Bursitis patellaris 994
Burst-Release 420
Business Angels 2345, 2346
Businessplan 2346, 2386
Business Units 4
Bußgeldzahlung 2145
Bypass-Operation 536, 1266
– femoropopliteale 536
Bypass-Operationen 2298
Bypass 537
– partieller kardipulmonaler 1374
– totaler kardiopulmonaler 1374
Bypasschirurgie 520, 521
Bypassmodus 1563
Bypassoffenheitsrate 537
Bypassoperation 1455
Bypässe 513
– femoropopliteale 521

C

Ca^{2+} Sensor 172
CAD-/CAE-/CAM-Techniken 8
CAD-System 1620
CAD/CAM-Verfahren 2029
CAD 1063, 1620
Cadherine 141
Caenorhabditis elegans 454
Cages 1590
Ca-Ionen-Speicher 1326
Calcitonin 175
Calciumphosphat 277, 281, 1588,
  1601, 1953
Calor 93
CAM (cell adhesion molecules) 142
Campusleben 2405
Canaliculi 171
cancerogen 121
CAPD 1549
capsular shrinkage 1846
Capsular Shrinkage 1872
Carbolsäure 994
Carbonat 170
Carcinoma in situ 1173, 1174
Cardiac Floating 1551
Cardiothane 247
Carotiden 1264
Carrel 1499
CAS 2216
cash 2326
Cash cow 2325
Cash Flow 2320
Cashflow 2342, 2345, 2346
Cataract Extraction 1977
Catgut® 268
C-C-Bande 843
CCD-3 Chip-Kamera 1175
CCU 1137
CD34-positive Zelle 489
CD 450
CD 626
CE-Kennzeichen 551
CE-Kennzeichnung 2111, 2171
CE-Zeichen 1607, 2128
CE-Zulassung 2301

Cell Counter 2421
Cellular Engineering 11
Celluloid 2034
Cellulose 260
Cellulosefluff 1014
Cellulosemembran 1538
CEN 2179, 2190
CENELEC 2179, 2190
Cephalotin 1470
Ceravital 1966
Cervikalstütze 2100
CESP-Verfahren (Controlled Expansion of Saturated Polymers) 621
CESP-Verfahren 1184
CF 1551
cfu 741
Charaktereigenschaft 27
Charakterisierung 305
Chargen 552
Chargenkontrolle 2161, 2162
Chargenschwankungen 552
Charnley 192, 1672
Charpie 993
Charriere 1532
Chef 19
Chelat-Bildung 2043
Chelatbildung 141
Chemical Abstracts Service 2216
Chemie 2397, 2407
Chemiefaser 988
Chemieunternehmen 2324
Chemische Funktionalisierung 378
Chemische Treibmittel 615
chemische Ätzen 1943
chemische Überspannung 1338
Chemoindikator 116
Chemokine 516
Chemonukleolyse 1744
chemotaktische Faktoren 434
Chemotaxis 177, 184
Chemotherapeutika 1180
Chemotherapeutikum 1183
Chemotherapie 360, 466, 474, 488, 1183
China 4, 38

Chip-on-the-Tip-Endoskope 1125
Chip-Technologie 462
Chipherstellung 741
chip in the Tip 1132
Chips 10, 1920
Chirurgen 7, 50
Chirurgie-Zange 2076
Chirurgische Instrumente
– mobile 1058
– semimobile 1058
Chirurgische Nadeln 1313
chirurgisches Besteck 2091
Chitin 259, 265
Chitosan 259, 260
Chlorid 1541
Chloridkonzentration 205
Chloroform 406
Chlorwasser 994
Cholesterin 156, 1265
Chondrale Ossifikation 173
– enchondrale Ossifikation 176
– enchronale Ossifikation 173
– perichondrale Ossifikation 173
Chondroitinsulfat 175, 1977
Chondroklasten 174
Chondrozyten 176, 377, 384, 440, 1177
chondyläre Osteotomie 1891
Chopstick-Effekt 2071
Chordae tendineae 1387
Chrom-Allergien 207
Chrom-Nickel-Stähle 191, 1272
Chromatiden 136
Chromatin 132
Chromatographiesäule 89
Chrombasisschicht 886
Chromosomen 132
Chromosomenanalyse 90
chronischen Wunden 1020
chronische Toxizität 2164
Chymopapain 1744
CI-Hören 1940
CIC (Completely-In-The-Canal) 1914
Cimino-Fistel 1533
Cimino-Fisteln 1553

Citrat 475
Citratantikoagulation 1539
Clavicula 1649
C-Leg® 1797
Clip-Zange 1459
Clips 1138, 1145
closed-loop Systeme 1827
Closed Cell Design 1271
Cloward 1658
CLSM 789, 2417
Cluster 3, 14, 20, 31, 32, 2381
Cluster of Differentiation 450
CNC-Fräsmaschine 1715
CNC-Werkzeugmaschinen 659
CNT-Regelwerk 1221, 1224
CNT-Software 1219
CNT 1218, 1219
Co-culturing 74, 383
CO_2-Absorption 1168
CO_2-Insufflation 1461
Coaching 2384
coaching 2401
Cochlea 1938
Cochleaimplantat 295
Cochlear Implant 1936
CoCr-Legierungen 209
CoCrMo-Gusslegierungen 208
Codierung 1933
Coextrusion 676, 678
Coextrusionswerkzeuge 688
Cognition Network 1219, 1220
Cognition Network Technology 1218, 1223, 1234
Coil-Stent 1270
Coinjektion 604
Coinjektionstechnik 604
Colonographie 1046
colony forming unit 741
Colony Forming Unit Assay 450
Colour Index 2216
Compartment 1128
Compatibilizer 608
Compliance 987
Compositen 2017
Compound 697, 714

Compoundierbetriebe 552
Compoundieren 1598
Compoundierung 689, 2436
Comptoneffekt 358
Computer Aided Detection/ Diagnosis 1216
computerassistierte Navigation 1720
Computertomogramm (CT) 300
Computertomographie 1061, 1062, 1095
Computertomographie 300, 659, 1707, 2029
computertomographische Datensätze 1234
Computerunterstützte Diagnose 1216
Concha 1913
Conduits 1440
Contergankinder 1757
Controlled drug delivery systems 110, 1297
Controlled Expansion of Saturated Polymers 1184
Controlled Expansion of Saturated Polymers 621
Convenience Food 2178
Cooley 1358, 1434
CorBelt 1352
Core-Back-Technik 599, 601
CoreValve-Klappenprothese 1409
CoreValve RevalvingTM 1410
Coronaentladung 782
Corporate Social Responsibility 2248
Corporate Venture Capital 2342
Corrugated-Ring-Stent 1270
Corscience 1352
CorScreen 1352
Cosmetics 8
Coulter-Counter 83
Coulter™ -Counter 82
Coxarthrose 1668
CO_2-Gehalt 2420
CPM-Schiene 1861, 1867, 1872
CPR 1567
CPU 717
cranio-maxillofazial 1892

cranio-maxillofazialen
  Chirurgie 1891
Craniotomie 1891
Creutzfeld Jacob Erkrankung 1468
Crimpen 1267, 1280, 1422, 2432
Critical Control Point 2202
CrNiMo-Stähle 195
cross-linking 535
Cryobiologische Verfahren 1471
CSR 2248
CT-Zahl 1101
CT 1095, 1113, 1707
Culmann, C. 42
Cup Implantat 1656
Cup Prothese 1656
Current Stirring 1942
curricularer Lehrplan 2392
cut-out Verhalten 1889
CVD-Anlage 873
CVD-Beschichtung 872
CVD-Verfahren 908
CVD 863
Cyanacrylat-Kleber 819

D

Dacron-Meshes 538
Dacron-Prothese 527
Dacron 520, 1434
Dacrongewebe 233
Dacronnetz 538
Dacronprothese 1390
Dacron® 221, 232, 233, 239
Dalton 1531, 1535
Dampf-Luft-Gemisch-Verfahren 119
Dampf-Luft-Gemisch 120
Dampf 436
Dampfkeule 881
Dampfsterilisation 117, 119, 321, 1016
Dämpfung 1880
Dämpfungselement 1970
Dämpfungsverhalten 2439
DAP 2181
Daphnientest 2289

Darlehen 2341
Darm 1519
Darmverletzungen 1167
Darreichungsform 1297, 1304
Datenbank 2160
Datenkompression 1095
Datenobjekte 1219
Datenverarbeitung 2333
Dauerfestigkeit 105, 195, 210, 213, 1483
Dauerlast
– statische 1594
da Vinci 1167, 1168
De Bakey 1431, 1434
Debindern 634
debonding 308, 318
Debridement
– autolytisches 1019, 1020
Deckenraster 731
Dedifferenzierung 446
Defibrillation 2093
Defibrillator 2092
Degeneration 1450
degenerierten Herzklappen 1403
Degradable Systeme 1307
Degradation 523, 621, 1594, 2164
– enzymatische 264
– hydrolytische 264
Degradationsdauer 1594
Degradationsmechanismus 2263, 2266
Degradationsprodukte 1585
Degradationsprozesses 1890
Degradationsverhalten 1585, 1586, 2261, 2262
Degradationsversuch 2261
Degradationszeit 2265
degradieren 1305
Dehnbarkeit 971
Dehngrenze 171
Dehnungsbeanspruchung 1484
dehnungsinduzierte Dämpfung 1879
DEHP 1553
dehäsives Material 833
Dekadenperspektive 27

Deklaration von Helsinki 2242, 2244
Dekorfolien 624, 625
Dekorhalbzeugen 623
Dekorierprozesse 623
Dekortizieren 1844, 1872
Dekubitus 1005
Delikthaftung 2156
deliktische Produzentenhaftung 2155
Deltamuskel 1653, 1837, 1872
Demineralisierung 1906
Denaturierung von Proteinen 1184
Denkprozess 2405
DeNOx-Anlage 2280
Dentalkeramiken 2044
Dentalkronen 2018
Dentalporzellane 2017
Dentalwerkstoffe 2015
Dentin 282
Depolarisation 1823
Deponiefolien 680
Deponiesicherheit 2287
Depotvolumen 947
Dermis 538
DES 1288
Design/Styling 2331
Design 604, 762
Designfreiheit 554
Designlenkung 2114
Designoptimierung 1881
Designvarianten 1613
Desinfektion 123, 853, 1568
Desinfektionsmittel 1138
Desintegration 1585
Desmale Ossifikation 172
Desmosom 130
Desorptionsprozess 1341
Desoxyribonukleinsäure (DNS) 129, 132
Detektor 1084, 1098
Detektor Quanten Effizienz 1088
Detektorzeile 1097
Detoxifizierung 920, 921, 922
Deutsch 2392, 2396
Deutsche Forschungsgemeinschaft 2391
Deutsche Forschungsgesellschaft (DFG) 2297
Deutsche Hochdruckliga 1244
Deutsches Institut für Normung e.V. 2179
Deutsche Land 26
Deutsches Akkreditierungssystem Prüfwesen GmbH 2181
Deutsches Herzzentrum München 1394, 1413, 1452
Deutsches Institut für medizinische Dokumentation 2159
Dexon® 262
Dextran 1310
Dezentrales Lüftungssystem 735
DFG 2297
DFR 1092
Diabetes 373
Diabetes mellitus 513, 1525
Diagenese 2275
Diagnostik 219
Diagnostika (IVD) 2110
diagnostische Medizintechnik 8
diagnostischer Algorithmus 1702
Diagnostizierverfahren 2358
Diakon 240
Dialysat-Urea-Sensor 1566
Dialysat 1545
Dialysatentsorgung 1561
Dialysatfluss 1575
Dialysatkreislauf 1557
Dialysatleitfähigkeit 1560
Dialysatmenge 1530
Dialysator 1534, 1545, 1556
Dialysatreinigung 1560
Dialyse 373, 1519, 1522
Dialysedosis 1566
Dialysemaschine 1519, 1551
Dialyseprinzip 1530
Dialyseshunts 539
Dialysierflüssigkeit 1534
Dialysierflüssigkeitsmonitor 1564
diamagnetisch 1048
Diamantemulsion 891
Diamantsäge 325

Diamond-Like-Carbon 1288
diamond like carbon 1608
Diapedese 516
Diaphyse 173
Diastole 1251
diastolischer Blutdruck 1250, 1239
Diatomeenerde 2033
Dibenzoylperoxid 2036
Dichte des Treibmittels 769
Dichteverteilung 1624
dichtkämmend 692
Dichtstoff 731
Dickdarm 1156
Dickfolien 687
DICOM 1113
DICOR-Glaskeramik 2017
Dicor® 2017
Didaktik 2406
Dienstleister 2177
Dienstleistungen 2382
Dienstleistungsunternehmen 2394
Differenzierung 138
– Stammzelle (Knochenmark) 180
– zelluläre 463
Differenzierung 446
– adipogene 791
Differenzierungsfaktoren 1883
Differenzierungsgrad 766
Differenzierungspotential 447, 465
Differenzierungsverhalten 787
Differenzierung von Zellen 443
Diffusion 380, 1524, 1530
Diffusionscharakteristik 1304
Diffusionsgrenzschichten 913
Diffusionswiderstand 1536
Diffusionsüberspannung 1338
Diffusivität 1305
digital/analog Wandler 1919
Digitale Fluoro Radiographie 1092
Digitale Lumineszenz-
 Radiographie 1093
digitale Mikroprozessor 1938
digitalen
 Subtraktionsangiographie 1084
Digitale Radiographie 1085

Digitales Modellieren 1928
Digitalis 1573
Digitalkameras 659
Digital Versatile Disc (DVD) 626
Dilatation 1389, 1392
Dilatation der Aortenwurzel 1389
Dilatation des Herzens 1380
Dilatation des Klappenrings 1396
Dilatationsballon 1193
DIMDI 2159
Dimensionsstabilität 2033
Dimethylamido-Gruppen 909
Dimethylsulfoxid 79
DIN 2179
DIN EN ISO 14971 2132
Diolen 232
Diplomarbeiten 54
Dipolkraft 889
Direktvertrieb 2323
Disc (CD) 626
Discounted Cash Flow Methode 2321
diskontinuierliches Verfahren 555
diskrete Ortsraumfunktionen 1221
Diskretisierung 1086
Dislokation 1422, 2062
Disposable 1551, 1563
Disposables 798
disruptive technologies 1877, 1878
Dissektion 1419, 1431
Dissertationen 22
Dissoziation 262
Distale Harnleiterverletzungen 1167
Distanzosteogenese 71, 1899
Distribution 1299
Distributionskanäle 2337
Distributor 2337
Disziplinarität 15, 29
Disäquilibriumsyndrom 1540
Divide et impera 19
DLC 1288
DMSO 79, 490, 1470
DNA-Gehalt 82
DNA 854
DNAse 2424
DNS-Reparatur 359

Dogs 2326
Doktorandin 2404
Doktorarbeiten 54
Dokumentation 552, 656, 1543
Dolor 93
Domäne 141
Domänen 1223
Domänenobjekte 1219
Domänenstruktur 247
Doppel-T-Profil 1881
Doppel-Veloursprothese 989
Doppeldrehknopf 1123
Doppelschneckenextrudern 690
doppel-T-Werkzeug 352
Doppelverglasung 729
Doppler-Verfahren 1082
Dopplermethode 1259
Dornhalter 673
Dornhalterwerkzeug 673
Dosieren 559, 647
Dosierkolben 648
Dosierschnecken 1015
Dosiervolumen 560, 647
Dosiervorgang 560
Dosierweg 560
Dosierzeit 592
Dosimetrie 361
Dosis 1302, 1887
Dosisverteilung 362
Double-Row-Technik 1872
Double-Row-Technik mit Suture-Bridge-Naht 1839
Double- Row Verankerung 1839, 1873
Double-Wave Schnecke 585
do ut des 7
Downcycling 2272
DQE 1088
DR 1085
Drahtcerclage 1834, 1873
Drahterodieren 653
Drahterosion 652
Drahtschlingen 1125
Drainage 1961
Drehkreuz 599

Drehleiter 2086
Drehmechanik im Werkzeug 599
Drehschieberpumpen 867
Drehschleuse 750
Drehtechnik 599
Drehteller 599
dreidimensionalen Zellwachstum 788
Dreidimensionale Porenanalyse 786
Dreilumenkatheter 1533
Dreiphasendiagramm 292
Dreiplatten-Konzept 652
Dreizonenschnecken 575
drittes Standbein 658
Drittgeneration-Schulterprothese 1651
Drogenabusus 1396
Droplet 881
Drosophila melanogaster 453
Druckabfall 767
Druckabfallrate 780
Druckmesslinie 1554
Druckplenum 735
Drucksensoren 1553, 1554, 1557, 1916
Druckspitze 1981
Druckstufe 746
Druckunterschiede 1532
Druckverlauf 564
Drug-Delivery-Systeme 417, 1164, 1180
Drug-Port 2431
drug delivery system 1311, 1898
drug delivery System 219, 368
Drug delivery system 897, 1025
Drug Eluting Stents 948, 1288
Drüse 1229
Drüsengewebe 1229
DSA 1084
dtex 964
Dübel 902, 1879
Duckbill 1864, 1873
Due Diligence 2349
Duffy 474
Duftstoff 2219, 2220
Dünndarm-Submucosa 526

Dünndarmtransplantat 1506
dünne Schichten 923
Dünnschichtsystem 884
Dünnschichttechnologie 865, 875
Duodenoskop 1190, 1199
Duodenoskopie 1192
Duodenum 1198
Duplex-Sonographie 1082
Duplexstruktur 211
Duplexstähle 205
Dura mater 1469, 2032
Durchbruchpotential 198, 201
Durchmesseränderung 682
Durchsatz 677
Durchstecheigenschaft 813
Durchstechvorgang 813
Durchtrittsüberspannung 1338
Duroplaste 299, 557
Düse 560
Düsenkopf 841
DVD 626
D-Wert 114
Dynamic Arm® Ellbogen 1782
dynamische Fokussierung 1082
Dynardi-Prothese 1664
Dysfunktion
– endotheliale 529

E
Early Stage 2351
Earnings After Taxes 2320
Earnings Before Interest and Taxes 2320
EAT 2320
Ebene
– normativ 24
– operativ 24
– strategisch 24
EBIT 2320
EB-Verfahren 879
Echo 1039
Echokardiographie 1406
Echosignal 1082
Echtzeit 940

eckige Köpfe 56
ECM (electro chemical machining) 654
ECM-Adhäsionsproteine 147
ECM 141, 376, 440, 462
Economies of Scale 2327
Edelstahl 1422
EDTA 2424
EEG-Bänder 1332
EEG-Diagnostik 1332
EEG 1323
Effekt
– biochemischer 80
Effektive Dosis 1299, 1302
effektive Reichweite 364
Effizienz 12, 58, 2376
E-Glas 300
EG-Richtlinie 2120
EG-Zellen 456
Eidgenössische Volkswirtschaftsdepartements 31
Eigen- und Fremdkapital 2346
Eigenanwendung 2129
Eigenforschung 23, 25, 42, 43, 45
Eigenkapital 2342
Eigenkapitalfinanzierung 2342
Eigenkontrolle 2118
Eigenmedikation 761
Eigenmittel 43
Eigennukleierung 767, 780
Eigenschaftskompatibilität 606, 608
Eigenspannung 1592
Eigenverantwortlichkeit 2398
Eigenverantwortung 2118, 2405
Eihäute 460
Einbetten 2315
Einbettungshierarchie 1222
Eindringhärteprüfung 2438
Eindringtiefe 123, 1076
Eindringungsvermögen 123
Einfache Einzelknopfnaht 1318
Einfrierbeutel 491
Einfrierprogramm 491
Eingangssignal 1922, 1933
Eingriffsziel 1121

Einheitszelle 283
Einkapselung 907, 189, 202
Einkristall 1104
Einlumenkatheter 1533
Einmalartikel 554, 646
Einmalprodukt 2170
Einmalsysteme 1458
Einsatz-Drehmechanik 599
Einsatzstelle 2083
Einschneckenextruder 668, 677
Einspritzaggregat 704
Einspritzdrücke 574
Einspritzen 559
Einspritzhübe 642
Einspritzkolben 649
Einspritzkolbendurchmesser 706
Einspritzprozess 647
Einspritzung 706
Einspritzvolumen 2439
Einspritzzylinder 648
Einspruch 2369
Einspruchsfrist 2365
Einspruchsgründe 2365
Einspruchsverfahren 2365
Einsteigeroperation 1163
Einteilung der Mehrkomponenten-
 Spritzgießverfahren =
 Additionsverfahren 599
Eintragung 2364
Einverständniserklärung 1468
Einwachsverhalten 917
Einwegartikel 219, 233
Einwegtrokare 1130
Einweisung 2149
Einzahlungen 2345
Einzeldüse 841
Einzelknopfnaht 1317
Einzelkontakte 1942
Einzelkämpfer 2401
Einzelphotonenemittern 1103
Einzelspenderplasma 1573
Einzelstrangbrüche 359
Einzelvergleich 2360
Einzugszone 575, 670
EIS-Messung 847

Eisenoxide 531
Eiskristallbildung 490
Eiskristalle 1471
Eizelle 443
EKG-Elektrode 1246
EKG-Signal 1350
EKG 1323
Ektomie
– Adrenal-, laparoskopische 1165
– Heminephr- 1167
– Prostat- 1167
– radikalen Prostat- 1169
– Staging-Lymphaden- 1167
– Tumornephr- 1165
– Zyst- 1169, 1173
– Zystoprostat- 1169
Elastin-Fasern 533
Elastin 533, 535
Elastinfasern 535
Elastinkonzentration 533
elastische Materialeigenschaften 1445
elastische Materie 1072
elastische Rückstellung 1270
Elastizität 463, 886, 907
Elastizitätsmodul 1630
elastomechanische Eigenschaft 346
electro chemical machinig 654
Electrospinning 403, 535
– coaxiale 409
Electrospraying 405
Elektret-Mikrophone 1916
elektrische Feldausbreitung 1939
elektrische Felder 6
elektrische Kanaltrennung 1940
Elektrische Leitfähigkeit 379
elektrischer Leitfähigkeit 604
elektrisches Feld 407, 528, 738
Elektro-Kinderhand 1789
Elektroantrieb 754
Elektrode 1938
Elektroden-Impedanzen 1939
Elektroden-Nervenschnittstelle 1942
Elektrodenart 1823
Elektrodenimpedanzen 1942
Elektrodenkontakt 1938, 1940

Elektrodenlösung 1349
Elektrodenmaterial 1942
Elektrodenpasten 1343
Elektrodenträger 1938, 1940
Elektrodenübergangsimpedanz 1338
Elektrofilterasche 2269, 2275, 2291
Elektrohand 1781
Elektrohand 2000 1788
elektrohydraulischer
  Lithotripsie 1167
Elektrokardiogramm 1327
Elektrokardiographie 1347
Elektrolyt 195
Elektrolyte 1520, 1521, 1545
Elektrolytkonzentration 201, 1549
Elektrolytlösung 1522
Elektrolytmangel 1539
Elektrolytzusammensetzung 400
elektromagnetischer
  Abschirmung 609
Elektromanometer 1250
elektromechanische
  Mikrosysteme 1930
Elektromedizin 8
Elektromotor 706
Elektromyogramm 1333
Elektronen 116, 123, 358
Elektronenrastermikroskop 2406
Elektronenstrahlverdampfen 879
Elektronikindustrie 839
Elektronikmodul (Hybrid) 1919
elektronisches Kniegelenk 1801
Elektropolieren 2432
elektropolierten Oberfläche 904
Elektroresektionen 1163
Elektrospinnverfahren 966, 970
Elektrostimulation 1822, 1936
Elektrotechnik 42
Elementierung 1063
Elevatoren 1138
Elimination 1299
Elite 2391, 2395
elitäres Ereignis 39
Ellbogenexartikulation 1777
Ellenbeuge 1253

Ellenbogenexartikulation 1777
Ellenbogengelenk 1762
Elternvertreter 2393
Eluattest 2286
Eludatversuche 88
Embolien 1378
Embroid Bodies 456
EMEA 2224, 2354
EMG-Signal 1783
EMG 1323
Emissionsstellen 592
E-Modul 985
E-Modul (GPa) 194
EMPA 14
Empfängergewebe 291
Empfängerstruktur 1615
employability 2394
Emulgator 2194
Emulgatoren 521
Enabling Sciences 2382
enabling technologies 21, 1877
Enchondrom 1704
End-zu-End-Anastomose 518
endeffektorbasierter Roboter 1816
Endharn 1523
Endlagerung 2269
Endlosfasern 304
Endo-/Exoprothesen 1725
Endokard 1331
Endokarditis 1389, 1406, 1469, 1475
Endoplasmatisches Retikulum 132,
  133
Endoprothese 1725, 1884
Endoprothesen-Register 1690
EndoSewTM 1172
Endoskop-Kamera 1458
Endoskop 1458, 2071, 2190
Endoskopie
  – flexible 1122
  – starre 1122
endoskopisch 2072
endoskopischen Nahttechnik 1163
Endoskopkamera 1461
Endost 169, 176
Endothel 516, 539

endotheliale Dysfunktion 529
endothelialen Progenitorzelle 517
endotheliale Schicht 540
Endothelialisierung 921, 948
Endothelschäden 460
Endothelzelle 513, 2416
Endothelzellen 948, 1455
Energiedosis 362
Energiedosisleistung 362
Energiegleichgewicht 768
Energieniveau 1031
Energieverbrauch 643, 1772
Energieversorgung 1938
Enformungshilfsmittel 651
Engelbreth-Holm-Swarm-
  Tumorzellen 144
Enneking 1708
Enossale Implantate 2018
Entdeckungen 2358
Entdifferenzierung 447
Enterokokken 1389
Entformbarkeit 654
Entformen 559
Entformung 651, 652
Entgasung 1559
Entgasungsschnecke 667, 671
Entgiftungstherapie 1529
Enthärter 1558
Entlastungssauger 1378
Entlüftung 650
Entlüftungen 649
Entnahmesysteme 1458
Entrepreneurship 2382
Entry 1433
Entsorgung 2134
Entwickler 2333
Entwicklung 2341
Entwicklungsdienstleistungen 2324
Entwicklungsphase 2375
entzündliche Darm-
  erkrankungen 1148
Entzündung
– akute 90
– chronische 90

Entzündungen 1585, 1594
Entzündungsreaktion 63, 93, 540
Entzündungsreaktionen 232, 917,
  1587
Entzündungsvorgang 963
Entzündungszelle 98, 467, 529
E-Nummer 2194
Environmental stress cracking 248
Enzymaktivität 1020
enzymatisch 1309, 2263
Enzymatische Degradation 262, 264
enzymatische Degradation 526
EO-Sterilisation 119
Epicutantest 94
Epidermis 163, 1495
Epilepsieforschung 1353
Epilepsiezentren 1041
epimysiale Elektrode 1822
epineurale Elektrode 1822
Epiphyse 173
Epiphysenfuge 173, 175, 1700
Epiphysenplatte 173
Epithel
– renales 399
Epithelbarriere 393
Epithelgewebe 163
Epithelien 388, 390
Epithelzellen 426
Epitympanum 1959
Epoxidharze 301
Epoxydharze 2034
Eppendorf-Gefäß 2421
ePTFE 520, 1422
– Prothese 527
Erblindung 1973
Erbrechen 2089
ERCP-Katheter 1192, 1198
ERCP 1198
Erdkrustenähnlichkeit 2275, 2285
Erdrinde 732
erfinderischer Schritt 2357, 2360
Erfinderische Tätigkeit 2360
Erfindung 2357, 2358
Erfolgsfaktor 2336
Erfolgsstory 1940

Erfüllung der
  Kundenanforderung 2161
ErgoCell®-Verfahren 618
Ergonomie 1154
Erholzeit 748
Erlangen 31
Erlaubnisprinzip 2193
Ermüdung 331
Ermüdungseigenschaften 311
Ermüdungsfestigkeit 305
Ermüdungsverhalten 309, 1629
Ermüdungsversuche 1890
Erodieren 1270
Erosionsprozess 732
Erregbarkeit 129
Erregungsausbreitung 1330
Ersatz des Schadens 2368
Ersatz von Organfunktionen 374
erste Liga 18
Ersten Hilfe 1004
Erster Weltkrieg 1759
Ertrag 2328
Ertragskraft 2339
erweiterte Chargenkontrolle 2167, 2171
Erythrozyten 156, 157, 166, 443, 476
Erythrozytenkonzentrat 486, 487
ES-Zellen 456
ESCA 305
Esterase 248
ETACS 1846, 1873
ETH-Präsidenten 23
ETH 23
EtherCAT-Bussystem 708
Ethidiumbromid 789
ETH Lausanne 14
Ethylenoxid 116, 321
ETH Zürich 13, 14, 42, 1816
Etikette 2302
etrograde Perfusion 1441
ETSI 2179
EU-Verordnung 2179
Eugenol 2043
European Medicines Agency 2224

Europäisches Komitee für
  Normung 2179
Europäische Arzneimittel-Agentur
  (EMEA) 2354
Europäische
  Normungsorganisation 2180
Europäische Patente 2357
Europäischer Wirtschaftsraum 2128
Evakuieren 119
Evaluation 1229, 2393
Evaporation 406
Evidenz Based Medicine 2243
Evozierungspotential 94
Ewing-Sarkom 1728
Ewingsarkom 1701
Ex-Hörer Geräte 1912, 1914, 1930
Executive Summary 2347
Exenteration 1169
Exit-Variante 2349
Exit 1878, 2346
Exophyten 1669
Exoprothese 1725, 1726, 1753
Exozytose 134
expandierbarer Cage 1661
Expansion 2342
– internationale 2337
Expansionsgeschwindigkeit 1286
Expansionsphase 2346
Experte 55, 2316, 2400
Expertensysteme 2375
Exportdienstleister 761
Exportquote 6
Expression von Antikörpern 917
Extension 1645
externe Hemipelvektomie 1727
Extinktion 784
Extracelluläre Matrix (ECM) 419
extrakorporalen Kreislauf 1532
Extrakorporaler Blutkreislauf 1552
extrakorporaler Kreislauf 2430
Extrakt 86
Extraktionsalveolen 1588
Extraktionsmedium 88
extraperitoneal 1167
extraperitonealen Zugang 1168

Extrazellulär-Matrix 2424
Extrazelluläre Matrix (ECM) 138
extrazelluläre Matrix 146, 175, 376, 440, 462, 513, 530
Extrazelluläre Matrixproteine 141, 142
extrazelluläres Kompartiment 1540
Extrazellulärmatrix 526
Extruder 2403
Extruderschnecke 647
Extrusion 8, 306, 555, 597, 665, 2435
Extrusionsblasformen 611
Extrusionsprozess 802
Extrusionsstrecke 798
ex vivo Untersuchungen 1177
Exzentrizität 1652
Exzidaten 1175
EZ 514

F
Facharbeit 2397
Fächerstrahl-CT 1100
Fächerstrahlgeräte 1098
Fachgruppe Laboratorien 2183
Fachlehrer 2402
Fachliteratur 2127
Fachverband 2180
Fädelöhr 1313
Fäden
– geflochtene 1313
– monofile 1313
Fadenanker 1889
Fadendruck 1318
Fadeninjektion 1023
Fadenscharen 976
Fadenschieber 1145
Fadenschlingen 1318
Fadenstärken 1313
Fähigkeit 2314
Fahrrad-Ergometer 1246
Fahrzeug 2079
faire Marktbewertung 2381
Fakultäten 10
Faltbar 1977
Falten 1278

Falttechnik 688
FAMI-QS 2209
Familie 2314
Familienstruktur 2393
Familienvater 2300
Fan-Filter-Unit 734
Faradayimpedanz 1340
Faraday'sches Gesetz 197
Farbdoppler-Sonographie 1082, 1083
Farbeinstellungen 690
Farbsensor 1553
Farbstabilität 2036
Farbstoff 2427
Farrar 1672
Faser-Matrix-Grenzfläche 2267
Faser-Matrix-Interphasen 2265
Faser-Matrix-Verbund 306
Faser 301, 962
Faserarchitektur 301, 306, 311, 324
Faserbruch 347
Faserbrüche 301
Faserdegradation 2266
Faserdurchmesser 305, 406
Fasergehalt 326, 1629
Faserknorpel 167
Faserlänge 329, 331, 1629
Faserlängen 646
Fasern 97
– Biodegradable 2259
Faserorientierung 306, 326, 328, 334, 335, 1619, 1626
Faserorientierungsverteilung 1625
Faserorientierungsverteilungen 1626
Faserpartikel 328
Faserprotein 256
Faserpullout 308
Faserquerschnitt 966
Faserrandzone 303
Faserschädigungen 1629
Faserverbundprothese 1633
Faserverbundwerkstoffe 299
Faservolumengehalt 306
Faserwickeltechnik 322
Fasszangen 1138
Faszie 1499

Fasziendoppelung 1318
Faustgriff 1763
FB 347
FC 790
FDA 2160, 2354
F&E 49
fehlerfreie Produktion 2148
Fehlerfreiheit 2149
Fehlertoleranz 1885
Fehlstellendichte 303
Fehlstellung des Gelenkes 1668
Feinfilter 732
F&E-Landschaft 14
Feldspat 2044
Feldspatkeramik 2044
Feldstärkevektor 1331
FEM 42
femoropoplitealen Bypässe 521
femoropoplitealer Bypass-
 Operation 536
femorotibiale Artikulation 1642
Femtosekunden-Laser 1943
Femtosekundenlaser 1177, 1943
Femtosekundenlaserlithographie 1944
femur 1671
Femurhalsfraktur 1638
Femurkanal 1618
Femurkopf 1638
Femurschaft 1723
ferromagnetisch 1048
Fertigung 2131
Fertigungskosten 322
Fertigungstechnologien 554, 654
Fertigungsverfahren 321, 323, 649,
 651
FES 1822
Fest 1973
Festigkeit 524, 770, 1272
Festkörper-Elektrolyt-System 1334
Festkörperdetektoren 1093
Feststoffbereich 717
Feststoffbett X 584
Feststoffinseln 577
Fett 1177
Fettzellen 789

Feuchte Hitze 117
Feuchteregulation 988
Feuchthaltemittel 2194
Feuchtigkeit 305
Feuchtigkeitssensor 747
FFU 734
FhG 14, 25
FHST 625
Fiberchain 1839, 1873
Fiberchain Swivellock 1839
Fiberglaslichtleiter. Siehe
Fibertape 1839, 1873
Fibrewire 1839, 1873
Fibrillen 522
Fibrin 261, 519
Fibrinkleber 527, 1210
Fibrinklebung 261
Fibrinnadel 1192
Fibrinogen 156, 158, 159, 161, 261,
 1011
Fibroblasten-Wachstumsfaktor 140
Fibroblasten 164, 538, 2290
– dermale 450
Fibroblastenbewuchs 1940
Fibroblastenwachstum 1942
Fibronectin 142, 144
Fibronectin 89
Fibronectinrezeptor 144
Fibronektin 527
Fibrosierung 1470
Fibrozyten 164
Fibulatransplantat 1511, 1727
Filament 965
Filmgradation 1091
Filshie ClipTM 2051, 2059
Filter 853, 1374
Filter für die Reinraumtechnik 732
Filterkern 1101
Filterlecktest 748
Filtermedium 479
Filterung 1216
Finanzen 38
finanzielle Grundlage 26
Finanzierung 2342
Finanzierungskriterien 2352

Finanzierungsphase 2300, 2345
Finanzierungszyklen 2345
Finanzintermediäre 2343
Finanzinvestoren 2341
Finanzplanung 2347
Finanzplatz Schweiz 2381
Fingergelenksimplantate 1640
Fingernagel 2441
Fingerschlitten 1205
Finite-Element-Methoden 42
finite Elementemethoden 2376
Finite Elemente Modellierung 1063, 1630
Firmenbewertung 2300
Firmengründung 22, 54, 56, 2299
Firmenkultur 2301
first-line Therapie 1179
First in Man 1410
First in Man Studie 1410
Fischtest 2288
Fistel 1567
FIT-Formteilen 610
Fixation 1587
Fixationssystem
– resorbierbares 1589
fixe Kosten 2328
Fixierphase 617
Fixkosten 2329, 2338
flache Entladungskurve 1918
flacher Läsion 1176
Flachfolie 686
Flachlegung 681
Flachs- und Bastfasern 2262
Flammschutz 690
Flammschutzmittel 2436
Flap 1212
Flaring 1278
Flaring 822
Flaschensystem 2423
Flexible Endoskopie 1122
flexibles Endoskop 1189
Flexion 1645
Fliesspressen 323, 332
Fliessverhalten 2017
Fliessweg 1880

Fließbarrieren 598
Fließwege 611
Flow 1127
Flugasche 95
Fluidinjektionstechnik 609
Fluidspitzen 409
Fluidträgheit 612
Fluktuation des Personals 58
Fluoreszenz 789
Fluoreszenzfarbstoff 2427
Fluoreszenz in Situ Hybridisierung 1229
Fluorierte Alkane 1977, 1981
Flussprofil 1376
Flussrate 404
Flächenzelldichte 784
Flügelrad-Anemometer 745
flüssiges Gewebe 2422
Flüssigimplantat 1973, 1979
Flüssigkeit
– kryogene 412
– magnetische 409
Flüssigkeitsbilanzierung 1558
Flüssigkeitslichtleiter 1134
Foamex Extruder 772
focal contact 142
Fokussierung 1081
Fold Change 790
Folien 555, 625
Folienbahn 681
Foliendicke 681
Folienhinterspritztechnik (FHST) 625
Folienkonfektionierung 626
Folienverbände 1009
Food, Pharma 8
Food 2382
food 891
Food Additives and Premixtures Quality Standard 2209
Food and Drug Administration (FDA) 2354
Food and Drug Administration 729
Footprint 1839, 1873
Förderband 750
Fördermengen 1374

Förderprogramm 15, 19
Förderrichtung 694
Förderstrom 716
Fördertätigkeit der KTI 2382
Fördervolumen 1374
Formabweichungen 660
Formaldehyd 116, 321, 2034
Formaldehydsterilisation 119
Formalprüfung 2362, 2363
formbaren Massen 665
Formeinsätze 650
Formenbau 641, 645
Formentlüftung 884
Formevakuierung 648
Formfüllung 656
Formgedächtnis 1275
Forming 1278
Forminnendruck 656
Forminnendruckaufnehmer 651
forminnendruckgeregelte
 Einspritzung 710
Formmassen 649
Formnest 602, 647, 650
Formschluss 1647
Formteilbildung 562
Formteile 558, 597, 600
Formteilgeometrie 603, 608
Forschungs- und
 Entwicklungsphase 2375
Forschungsartikel 2382
Forschungschefs 20
Forschungszentren 13
Forschung und Entwicklung 2341
Fortbildung 37
Fortbildungsangebote 2301
Forßmann 1266
Fotoelement 1561
FPSA-Verfahren 1576
Fractionated Plasma Separation and
 Adsorption (FPSA) 1538, 1576
Fragment 1219
fraktale Elektrode 1341
fraktalen Elektrode 1343
Fraktionieren 119
Frakturheilung 175, 177, 253, 1890
Frakturprothese 1655

Frakturschulterprothese 1655
Frakturschulterprothesen 1655
Fraunhofer-Institute 14, 25
Freiberufler 2399
freien Warenverkehr 2128
freie OH-Gruppen 914
freie Radikale 358
freier Fall 715
Freigabeetikett 486
Freiheitsentzug 2153
Freiheitsgrade 1643, 1646, 1762,
 1818
Freiheitsstrafe 2145
Freisetzung 1298
Freisetzungskinetik 1307
Freisetzungsrate 434, 1309
Freisetzungsrichtlinie 2195
Freisetzungsverhalten 1183
Freistrahlkorona 844
freiwirtschaftlicher Bereich 2235
Fremdbeurteilung 7
Fremdkapital 2324, 2346
Fremdkraftprothese 1756
Fremdkörper 1200
Fremdkörpergranulom 93, 1676
Fremdkörpermaterial 2059
Fremdkörperreaktion 90, 93, 250,
 253, 916, 2167
Fremdnukleierung 767
Fremdsprache 2393, 2394, 2396
French 1532
Frequenz-Orts-Transformation 1933,
 1938
Frequenzgang 1913
Frequenzmodulation 1824
Frequenzunterscheidungs-
 vermögen 1933
Fresnellinsen 627
Fretting corrosion 200
Frist zur Stellung des
 Prüfungsantrags 2362
Fritten 2044
Frontalebene 1765
Frontalunterricht 2401
Frontend 633
Frostlinie 681

Fruchtwasser 451
Fräsen 2028
Frühberentungen 1667
Frühkarzinome 1126
Frühphasenfinanzierung 2346, 2351
Frühwald 2391
Führungsdraht 1194, 1198, 1268, 1426
Führungskatheter 1268
Füllgrad 646
Füllphase 647
Füllstoffe 689, 2040
– keramische 1595
Füllstudie 2439
Füllung 2447
Füllungen 2016
Füllvorgang 650
Fundoplikatio 1148
Fünfschichtdüse 684
Funkenerosion 1270
Funkmikrofone 1925
Funktionalisierung 1942
– biochemische 1944
– chemische 1944
Funktionalisierung 866
Funktionalität 530
Funktionsintegration 641
funktionsintegrative Fertigungstechnologie 353
Funktionsprüfung 660
Funktionssicherheit 2170
Funktionsstörung 2156
Funktionswissen 2393
Fusionen 26
Fusschirurgie 1590
Fuzzy-Klassifikationssystem 1220
Fuzzy Logic 1091

G
G1-Phase 1288
Galle 1526
Gallenblase 1148
Gallengang-Stent 1211
Gallengang 1126, 1193
Gallenstein 1211

Galvanik 928
Galvanische Korrosion 212
Gammakamera 1105
Gammastrahlen 116, 123
Gammastrahlung 321
Gangmuster 1809, 1813
Gangsteigungswinkel 694
Gangtiefen 585
Gangtrainer 1811
Gantry 1097
Ganzkörpertherapie 360
Garantieleistungen 2331
Garne 698
Garnelenschalen 259
Garns 955
Gasaustausch der Lunge 1374
Gasbeladung 767
Gasblase 612
Gasblasen 392, 770
Gasbrenner 857
Gascool-Technologie 611
Gasdruck 770, 777
Gasförmig 1973
Gasinjektionsdüse 773
Gasinjektionseinheit 773
Gasinjektionstechnik 610, 611
Gasinsufflation 1127
Gasphasenabscheidung 908
Gasplasma-Verfahren 122
Gasplasma 116
Gassterilisation 321, 1125, 1132
Gastdozentin 2404
Gastroenterologe 1160
Gastroskop 1190, 1207
Gastroskopie 1192
Gasventil 781
Gasversorgungsschlauch 806
Gauge 1532
Gausssche Normalverteilung 11, 27
Gazebinden 993
GCP 2243
G-CSF 467, 489
Gebirge 2082
Gebrauchsanweisung 2149
Gebrauchskeramik 2044
Gebrauchsmuster 2357, 2359, 2363

Geburtsgewebe 460
gedeckte Ruptur 1437
Gefahrenabwehr 2147
Gefahreneliminierung 2151
Geflecht 312, 971
Geflechte 976
Geflechtknochen 1886
Gefrierlösung 1470, 1471
Gefrierpunkt 1472
Gefrierrate 1471
Gefährdungspotential 2130
Gefährdungsursache 2136
Gefässendoprothesen 927
Gefässstützen (Stents) 357
Gefäßanastomose 1503
Gefäßchirurgie 526
Gefäßconduit 517
Gefäßdissektor 1462
Gefäßdruck 538
Gefäßendothel 1476
Gefäßersatz 514, 521
– kleinlumiger 525
Gefäßinnendruck 983
Gefäßinterponat 527, 533, 535
Gefäßintima 1419
Gefäßplexus 1496
Gefäßprothese 513, 518, 519, 524, 535, 537
– azelluläre 540
– biologische 541
– tissue-engineered 536
Gefäßprothese 971, 983
Gefäßsklerose 1469
Gefäßstiel 1165
Gefäßverletzung 1287
Gefäßzugang 1532, 1553
Gefügeanisotropie 299
Gegenstrom 1534
Gegenstromprinzip 1545, 1569
Gegentaktspritzguss 331
Geheimhaltung 44, 56
Geheimhaltungspflicht 2385
Gehfähigkeit 1792
Gehgeschwindigkeit 1765
Gehirn 1041, 1807

Gehsimulator 1803
Gehör 1911
Gehörknöchelchen 1959
Gehörknöchelchenersatz 1951
Gehörknöchelchenkette 1957, 1961
Geisteswissenschaft 2391
geistigen Eigentum 56
geistiger Diebstahl 57
geistiges Eigentum 2357, 2385
Gel 2033
gelartig 1973
Gelatine 989, 1436
Geldbedarf 2302
Geldstrafe 2145, 2165
Gelenke 1045
Gelenkersatz 106, 191
Gelenkkraft 1767
Gelmatrix 2043
Geltendmachung der Ansprüche 2369
Gemeinschaftsrecht 2219
Generalarzt 996
General Electric 22
Generator 1084
genetischer Erkrankungen 468
Genexpression 519
Genexpressionsprofil 789
Genotoxizität 2164
Gensequenzen 789
gentechnisch veränderte
 Organismen 2195
Gentechnologie 2376
Gentherapie 766
genuine Stressinkontinenz 1179
genähte Wunde 1317
geogene Referenz 2275
Geogene Referenz 2275, 2285
Geokompatibilität 2275
geradlinige Luftführung 734
Geringfügig 2136
Gerinnungsaktivität 1382
Gerinnungsstörung 1194, 1200
Gerinnungszyklus 1282
German Overengineering 2297
Gerät 2127
Gerätedesinfektion 1563

Gerätevarianten 1568
Geräuschpegel 676
gerüstmontiert 1482
Gesamtkonzept 2171
Gesamtmarktkapitalisierung der SWX 2382
Gesamtrezirkulation 1567
Gesamtrisikobewertung 2136
Gesamttier 964
Geschichte 2396
geschlossenes System 1460
Geschmacksmusterrechte 2357
Geschmacksverstärker 2194
Geschäftsitz 2380
Geschäftsmodell 2347
Gesellschaft 2393
Gesellschafter 2316
gesellschaftlicher Diskurs 2394
Gesetz 38, 39
Gesetz der ETH Zürich 24
Gesetzesdichte 38
gesetzgeberischer Fleiss 38
geshuttelt 1845
Gesichts- und Schädelchirurgie 1588
Gesichtschirurgie 1595
Gesticke 951
Gestrick 313, 316, 971
Gestricke 313, 978
Gestrickplatte 326
Gestrickverstärkung 306
Gesundheit 2145
gesundheitsbezogene Angabe 2196
Gesundheitssystem 2374
Gesundheitstechnologie 2375
Gesundheitswesen 2244
Gesundheitswirtschaft 2354
Getriebeelemente 644
Gewebe-Ersatz 373, 380
Gewebe 163, 971, 2163
- Binde 164
- labiles 163, 164
- permanentes 164
- stabiles 163, 164
- Stütz- 164
Gewebeentnahme 541

Gewebeersatz 384
Gewebeintegration 526
Gewebeklebstoffe 261
Gewebekultur 219
Gewebereaktion 92
Gewebeschnitten 1488
Gewebetransfer 1503
Gewebeverträglichkeit 962
Gewebsazidose 1381
Gewebsregeneration 443
Gewebstrauma 1315
Gewerbeaufsichtsämter 2128
gewerbliche Anwendbarkeit 2358
Gewerbliche Schutzrechte 2357
gewerbliches Gebiet 2358
Gewichtsentlastung 1808
Gewichtsreduktion 644, 777
Gewindeschneiden 1891
Gewinn- und Verlustrechnung 2320, 2339
Gewinn 2334, 2368
Gewinnstreben 2169
Gewirk 971
Gewirke 979
Gewirktes Gelege 312
GFSI 2200
GHG Wirbelkörperprothese 1731
Gießharzlaminat 1795
Gingiva 1588
Gingivalappen 2032
Gips 1670
Gipsmodell 2030
GIT 610, 611
Gitterdefekte 284
Gitterstruktur 1273
Glas-Übergangstemperatur 524
Glasampulle 856
Glasfaserlichtleiter 1122
Glasfasern 318
Glasionomerzement 1968
Glaskeramik 1903, 1966, 2032
Glaskeramiken 277, 2017, 2028
Glaskörperersatz 1978
Glaskörperraum 1974, 1979
Glasschmelze 292

Glasübergangstemperatur 780, 1184
glatte Muskelzelle 2418
Glaube 2301
Gleichgewichtspotential 198
Gleichgewichtssystem 1958
Gleichgewichtszustand 443
Gleichläufer 692
Gleitgeschwindigkeiten 575
Gleitpaarung 1603
Gleitpaarungen 279, 1606
Gleitpartner 1641
Gleitschicht 859
Gleitschleifen 888
glenohumerales Gelenk 1653
Glenoid 1649, 1837, 1873
Glenoidimplantat 1652
Gliedmaßen-Fehlbildung 1787
Global Food Safety Initiative 2200
GLOBALGAP Standard für die Landwirtschaft 2203
Globalisierung 37, 38
Glomerulum 1523
GLP 67
Gluck 1670
Glucose 1541, 2424
Glukuronidierung 1526
Glutamat-Pyruvat-Transaminase (GPT) 489
Glutamatsäure 146
Glutaraldehyd 921, 1177, 1397
Glycin 256
Glycosaminoglykane 138, 166, 258
Glykokalix 131
Glykolyse 265
Glykosaminoglykan 526, 532
GMP+/ PDV 2207
GMP-konforme Reinraumbedingung 731
GMP 2201
Gold 150, 528, 1951, 1955, 1967
Goldfolie 1670
Goldstandard 2031
Golgi-Apparat 133, 134, 136
„go"-/„no go"-Entscheidungen 2385
Good Clinical Practice 2243

good laboratory practice (GLP)
– GLP 67
Good Manufacturing Practice 729, 2201
Good Manufacturing Practice
Google 2393
Gore-Tex® 239
Goretex® 1422
Gorham-Prozess 873
Gott 43
Gouy-Chapman-Schicht 1339
Gradienten 1050
Gradientencontainer 390
Gradientenechosequenz 1050
Gradientenechosequenzen 1039
Gradientenfelder 1035
Gradientenkulturcontainer 390
Graft-Matrix 519
Graft 1422, 1455
Graftentnahme 1457
Granulat 715, 809
Granulate 588
– runde 1595
Granulationsgewebe 176, 207
Granulocyte Colony Stimulating Factor G-CSF 467
Granulom 1647
Granulozyten 93, 157, 179, 181, 184
Graphitisierung 301
Grauraum 727, 751, 760
Graustufen 1102
Grauwertbereich 1215
Grauwerttabelle 1087
Gravitationskräfte 464
Grazilis-Sehne 1857, 1873
Greifer 1200
Gremien 28, 43
Gremium 27
Grenzfläche 108, 189
Grenzflächen 1075
Grenzwinkelmessung 889
Grieß 1196
Griff 1960
Grilamid 2447
Grobfilter 732

Grob-Vorfilter 732
Grosse Volkswirtschaften 4
Grosshändler 2337
Großbritannien 2393
Großstadt 2403
Großtiermodell 916
Grundgesetz 51
Grundinstrumentarium 1138
Grundlage 2391
Grundlagen-Ergebnisse 21
Grundlagenforschung 2386, 2420
Grundlagenfächer 21
grundlagenorientiert 21
Grundtypen von Objekten 1219
Grundversorgung 2377
Grundwissen 2405
Gründungsphase 2351
grüner Zustand 1601
Grüntzig 1266
Guedel-Tubus 2090
Gummi 2033
Gurtzeug 1813
Gusslegierungen 210
Gutachterausschuss 29
Gute Herstellungspraxis 2201
Guthrie 1499
GuV 2326
GVO 2195
Gymnasiast 2393
Gymnasium 2391, 2392
Gynäkologen 11
Gynäkologie 2051
Gähnen 1959

H

Haarconditioner 260
Haarfollikel 1495
Haarfollikelstammzellen 460
Haarzellen 1933
Haftfestigkeit 912
Haftfestigkeitsuntersuchung 913
Haftstrafe 2165
Haftung 304, 602, 849, 2152
Haftung der Hersteller 552

Haftungsdreieck 2156
Haftungskompatibilität 606, 607
Haftungsrisiko 2169
Haftvermittler 608
Haftvermittlerschicht 852, 858
Hageman-Faktor 160
Haifischhauteffekt 627
hakenförmige Karbonfeder 1804
Hakenplatte 1873
Hakenplattenversorgung 1834
HAL 1174
Halbfertigerzeugniss 2198
Halbleiterindustrie 728, 732, 734
Halbleiterproduktion 725
Halbseitenlähmung 1824
Halbwertszeit 358
Halbwertszeit des Wissens 16
Halbzeug 555, 632, 665
Halidlampen 1133
Halogen 2441
Halswirbelsäule 1746
Halswirbelsäulenbandscheibe 1739
Haltbarkeit 1473, 2131
Hämangioblast 460
Hämatokrit 156
Hämatologen 11
hämatopoetischen Stammzelle 467
Hämatopoetische Stammzellen 166
Hammer 1960
Hammerknöchelchen 1951
Hämoadsorption 1538
Hämodiafiltration 1547
Hämodialyse 541, 1545, 1547, 1580
Hämodilution 1381
Hämodynamik 1383
Hämodynamik 533
Hämofilter 1545
Hämofiltration 1546, 1547
Hämoglobin 156, 1566
Hämoglobinkonzentration 156
Hämokompatibilität, 88, 89, 160, 249, 520, 2163
Hämolyse 1380
Hämoperfusion 1538, 1548
Hämostase 516, 1163, 1210

Hämotherapie-Richtlinie 496
Hämotherapie 473
Hämozytometer 82
Hand 1763
Handarbeit 50
Handcontroller 2075
Handelskette 2323
Handelsmarke 2198
Handelsverband 2180, 2223
Handgelenk 1247
Hand Held 744
Handling 649, 652, 654
Handlingmodul 648
Handlingssystem 853
Handlingsystem 657, 757
Handlungsalternativen 2324
Handlungsoptionen 2326
Handwerk 4
Handwerker 7
hängender Tropfen 456
Haptik 597, 609
Harmonisierte Normen 2112
Harmony®-System 1793
Harnableitung 1169, 1171
Harnblasenkarzinom 1172
Harnkontinenz 1168
Harnleiter 1164, 1165
Harnleiterabgangsenge 1166
Harnleiterstents 1183
Harnleiteruroepithel 1184
Harnröhrenabschnitt 1197
Harnröhrenschließmuskel 1177
Harnstoff 1521, 1536, 1542, 1570
Harnstrahl 1197
Härte 887
Hart-PVC 234
Hart/Hart-Kombinationen 603
Hart/Weich-Anwendungen 604
harte Fakten 2314
Hartstoffbeschichtung 365
Hasson-Trokar 1130
Haupt-Histokompatibilitätskomplex 183
Haupt- und der Seitendosierun 2436
Hauptanspruch 2361, 2367

Haupterblindungsursache 1983
Hauptschlagader 1379
Hausschwein 2429
Haut 458, 1519
Hautanhangsgebilde 1495
Hautdefekt 993
Hautkontakt 2164
Häuptling 28
Hautmaterial 815
Hautäquivalent 388
Havers' sches System 169
Haynes Stellite 25 208
HCA-Schicht 71, 293
HDO-Geräte 1912, 1920
HDO 1912
HDTV 1135
HE-Färbung 2427
Healthcare 2382
Health Claim 2196
Health Claim Verordnung 2178
Hearing 2385
Hearings 2384
Heart Beating Donors, Dominotransplantate 1468
Heart Beating Donors 1468
Hegar-Stiften 1470
Heilungsperiode 2021
Heimhämodialysegeräte 1569
Heissluftsterilisation 119
Heizklaue 1276
Heizung 1546
Heizzonenparameter 717
Heißabschlagverfahren 697
Heißhärtung 2038
Heißluftsterilisation 119
Heißpressen 2435
Heißwasserberieselungs-Verfahren 119
HELGA-Verfahren 611
Helium 866
Helixstruktur 256
Helmholtz-Doppelschicht 1336
Helmholtz-Institut für Biomedizinische Technik (HIA) 2297
Helmholtz-Schicht 1339

Hemi-Prothese 1656
Heminephrektomie 1167
Hemipelvektomie 1717, 1769, 1790
Hemopump 2297
Hench 291
Heparin 161, 249, 260, 918, 1184, 1282, 1382, 1539, 1553
– niedermolekulares 1539
- unfraktioniertes (UFH) 1539
heparinbindende Domäne 145
Heparinoide 1539
Heparinpumpe 1556
HepatAssist 1578
Hepatitis-Test 2192
Hepatitis B 1468
Hepatozyten 1526, 1578
Hepa Wash 1579
HEPES Puffer 1470
Herbertschraube 1863, 1873
Herdentiere 55
Herniennetze 916, 952
Hersteller 2147, 2177
Herstellkosten 647
Herz-Lungen-Maschine 1359, 1373, 1437, 1442, 2297, 2415
Herz 1043
Herzbeutel 1397, 1450
Herzchirurg 2430
Herzchirurgen 11
Herzchirurgie 1447
Herzdipol 1330
Herzerkrankung
– rheumatische 1469
Herzerkrankungen
– infektiöse 1469
Herzersatz 1357
Herzfehler 1447
– kongenitaler 1404
Herzfrequenz 1243
Herzhöhe 1257
Herzinfarkt 1110, 1392
Herzinsuffizienz 1408, 1533
Herzkammer 1447
Herzkatheter 2297
Herzklappe 1641, 2403

Herzklappen
– allogene 1399
– künstliche 1452
– xenogene 1397
Herzklappenchirurgie 1387, 1482
Herzklappenerkrankung 1479
Herzklappenersatz 1434
Herzklappenfehler 1403
Herzklappenkonduit 1467
Herzklappenprothese
– Biologische 1482
Herzklappenprothetik 1479
Herzklappensubstituten 1475
Herzklappentestgerät 1486
Herzkranzarterien 1455
Herzkurve 675
Herzlungenmaschine 1532
Herz Lungen Maschine 2430
Herzmassage 1469
Herzminutenvolumen 1523
Herzmuskel 1265, 1455
Herzmuskelgewebe 1043
Herzoperation 1469
Herzoperationen 2297
Herzschrittmacher 109, 2092, 2359
Herzstillstand
– ischämischer 1381
Herzströme 2092
Herzunterstützungssystem 645
– Impella® 645
Herzversagen 1369
Herzvitien 538
Herzzentren 1479
Herzzyklus 1326
Heterogene Degradation 270
heterogenen Keimbildung 768
Heuser 2399
Hexylester 1174
HF-Biegeverfahren 826
HF-Energie 1051
HIA 2297
Hierarchie 56
– flache 2302
high-definition television 1135
High-End 1092

High-Flux-Membranen 1535
High-Tech Gründerfonds 2350
High-Tech Produktionszentren 2379
High Content/High Troughput 1225
High Content 1225
High Efficiency Particulate Air Filter 725
Highend-System DynamicArm® 1787
Highflux-Hämodialyse 1576
High Potentials 39
HighTech-Firmen 31
High Throughput 1225
Hilfsstoffe 657
Hinabgehen 1766
Hingabe 2317
Hinter-dem-Ohr Geräte (HDO) 1912
Hinterspritztechnik 623, 624
Hirnbiopsie 1068
Hirnhautentzündung 1961
Hirnschädigung 1438
Hirnstammimplantat 1957
Hirudin 1539
Histamin 93, 182
Histiozyten 182
Histogramm 1216
Histoide 373
Histoidentwicklung 374
Histokompatibilitätskomplex 183
Histologie 1886, 1888
histologisches Grading 1708
Histonen 132
Hitzdraht-Anemometer 745
Hitzesterilisationsverfahren 116
HIV-Test 2192
HIV 1468
HLA-DR 1476
HLM 2430
HM-Faser 299
HMDSO 847
hochauflösende Vermessung 661
Hochdosis-Chemotherapie 458
Hochdruckverfahren 230, 620
Hochdruckwasserstrahl-Skalpell 1414
Hochfrequenz (HF) Generator 1199

Hochfrequenz-Schweißverfahren 824
Hochfrequenzentladung 781
Hochfrequenzpuls 1035
Hochgeschwindigkeitskamera 1284
Hochleistungsschwebstofffilter 2420
Hochleistungsverbund 349
Hochleistungs-Kathodenzerstäuben 879
hochreiner Raum 741
hochreine Stähle 654
Hochrisikopatienten 1411
Hochschulabgänger 2300
Hochschule 2391, 2394
Hochschulforschung 1878
Hochschulkooperation 29
Hochschullehrer 2401
Hochschulrahmengesetz 23
Hochschulreife 2392
Hochschulsystem 32
Hochspannung 404
Hochspannungsentladung 781, 782
Hochspannungsquelle 407
Hochtemperaturthermoplast 251
Hochvakuum 879
Hochvakuumprozess 890
Hochvolumen-Plasmaaustausch 1574
Hochwasserzeiten 32
Hodensack 1197
hoher Leistungsbedarf 1918
Hohlfasern 954
Hohlnadel 1069, 1210
Hohlräume 772
Hohlvene
– obere 1380
– untere 1380
Hol- und Bringschuld 21
Holderbank-Schmelz-Redox-Verfahren 2283, 2285
Holographische Untersuchung 1489
Holz 1880
Holzfurniere 625
homecare 2375
Homoelastizität 299, 329
Homogenität der Schmelze 574, 684
Homogenitätskriterium 1216

Homograft-Bank 1399
Homograft 1467, 1482
Homografts 1399, 1434, 1450, 1473
homoiotherm 1382
homöopathisches Arzneimittel 2228
Hook'schen Gesetz 306
Hopkins-Optiken 1131
Hörer 1917, 1920
Hörergebnis 1954
Hörgerät 1936
Hörgeräteanpassung 1911
Hörgeräteentwicklung 1912
Hörgerätemikrophonen 1916
Hörgerätetechnik 1928
Hörgerätetypen 1912
hörgeschädigte Menschen 1911
Hörkomfort 1930
Hörminderungen 1911
Hormon 2063
Hormondosis 2064
Hormone 1521
Hormonspirale 2064
Hörnerven 1957
Hornhaut 1988
Hornhautradius 1990
Hörsaal 2403
Hörschäden 1911
Hörvorgang 1933
HOSCH-Filter 2420
Hospitalbrand 994
Hot-Biopsy 1192
Hot plate molding 436
Hounsfield-Einheiten 1101
Hounsfield-Unit 1102
Hounsfield 1095, 1101
HR-OCT 1175
HSC 458
HTV-Silikon 1756, 1776
Hubscheibenklappe 1481
Hüftendoprothese 1667
Hüftendoprothetik 1606
Hüftexartikulation 1790
Hüftexartikulationsprothese 1798
hüftexartikulierter Patient 1769
Hüftgelenk-Endoprothese 1611

Hüftgelenkendoprothetik 193, 231
Hüftgelenkersatz 1602, 1667
Hüftgelenks-Endoprothesen 279, 1611
Hüftgelenks-Endoprothetik 231, 278
Hüftgelenks-Endprothesen 230
Hüftgelenksimplantation 2167
Hüftgelenkskugel 1617
Hüftpfanne 1615
Hüftpfannen-Design 1615
Hüftprothesenschaft 1611
Hüfttotalendoprothese 1669
Humanalbumin 491, 1381
Human Capital 27
Humerus 1649
Humeruskopf 1820
Humorale Immunreaktion 179
Hurler-Syndrom 468
Hyaluronan 526
Hyaluronidase 2424
Hyaluronsäure 526, 1977
Hybrid 1919
Hybridbauteile 852
Hybride Prothese 536
hybrides Knochenersatzmaterial 1968
Hybridsystem 1612
Hybridtechnik 633, 1443
Hybridverfahren 1421, 1448
Hydraulik 1557
Hydraulikkomponente 755
Hydraulikschlauch 755
Hydrauliksystem 563
hydraulische Permeabilität 1536
hydraulische Prüfmaschine 1628
hydrodynamische
   Druckbelastung 1486
hydrodynamischen Kräfte 532
Hydrogel 1184, 2066
Hydrogele 254, 260, 1008
Hydrogelpfropfung 869
Hydrokolloide 1007
Hydrolyse 264, 1594
Hydrolysestabilität 253
hydrolytisch 270, 1307
hydrolytische Degradation 264, 270

hydrolytischen Degeneration 1274
hydrophil 1536
Hydrophilie 524, 993
Hydrophilisierung 781
hydrophob 270, 1536
Hydrophobierung 868
Hydrophobizität 528
Hydropolymere 1006
Hydroxybutyrat 268
Hydroxylapatit-Zemente 1592
Hydroxylapatit 170, 174, 277, 281, 286, 1601, 1899, 1900, 1966, 2031
– biologischer Hydroxylapatit 283
– Boviner Hydroxylapatit 1902
– Phykogenes Hydroxylapatit 1901
– stö chiometrischer Hydroxylapatit 283
Hydroxylapatitbeschichtung 286, 291, 864, 1616
Hydroxylapatitbeschichtungen 286
Hydroxylapatitkeramiken 2028
Hydroxyvalerat 268
Hydroxyäthylstärke 1381
Hygienetextilien 987
hygroskopisch 714
Hypericin 1174
Hyperplasie 523
Hyperpolarisation 1823
Hyperthermie 359, 1437
hyperthermisch 1885
Hypertonie-Schulung 1244
hypnagogisches Bewusstsein 1332
Hypnose 1332
Hypophosphatemie 1542
Hypophysenhormonen 1469
hypoplastisches Linksherz 1447
hypothermen Lösung 1381
Hypothermie 1378, 1382
Hypothermiegrade 1382
Hypothesen 2330
Hypoxie 1542

I
IBM-Labor 24
Idee 2301

Idiosynkrasie 516
IDO 1912
IDO Geräte 1913, 1920
IDO Schale 1926
IEC 1926, 2179
IFS 2201
Ignoranz 2395
IGS 1117
IKV 619
Ileumconduit 1171
Im-Ohr Geräte (IDO) 1912
Image des Unternehmens 2338
image guided surgery (IGS) 1117
IMD 624, 762
IML 624
Immobilisationshilfe 2099
Immobilisierung 869, 871, 2286
Immortalisierung 2423
Immunabwehr 435
– humoral 180
– zellulär 180
Immunadsorption 1538
Immunantwort 516, 1476
Immunglobuline 1573
Immunkompetente Zellen 183
Immunkomplexreaktionen 94
Immunmagnetverfahren 492
Immunmarkierung 399
immunmodulatorischen Wirkung 467
Immunogenität 528
Immunoglobulin 142, 183
Immunoglobulin Superfamilie 142
Immunologie 259
immunologischen Barriere 540
immunologischen Reaktionen 259
Immunreaktion 516, 529, 540, 1897, 2427
– systemische 468
Immunreaktionen 89
Immunsystem 179, 433
Immunzellen 376
Impedanzregelung 1819
Impedanzsprünge 1076
Impedanzwandlerstufe 1346
Impedanzwerte 1074

Impella Kardiotechnik 2298
Impella® 645
Impingement 1873
Impingementsymptomatik 1837
Implantat 63, 69, 70
- isoelastisches 1632
- isotrope 1633
- kardiovaskuläres 1484
- Koronarsinus- 1407
- Kurzzeit- 69
- Langzeit- 69
- orales 2021
- Permanent- 70
- resorbierbares, Wirkstoff tragendes 621
- Subkutane 1485
- Subperiostales 2018
- Ultrakurzzeit- 69, 70
Implantatdesign 2020
Implantate 1877, 1878, 1881
- Cochlea 295
- Doppellumen- 2057
- Knochen- 948
- Kurzzeit- 207, 321
- Langzeit- 207, 321
- Mittelohr- 295
- Netz- 916
- Öko- 2257
- Pressfit 1888
- PTFE- 917
- resorbierbare 1585
- Shape Memory 1597
- Silikon- 2058
- Silikonbrust- 2053
- Silikongel-gefüllte 2052
- Textur- 2054
- Titan- 1886
- Ultrakurzzeit- 321
Implantation
- Kurzzeit- 1898
- Langzeit- 1898
Implantationspinzette 1977
Implantatlager 244
Implantatoberfläche 1484
Implantatverkalkung 1490

Implantatwerkstoff 92, 189, 2020
Implantat
   wirbelkörperverblockendes 1746
Implantologie 1585
Importeur 2147
Impuls-Echo-Verfahren 1072
In-Ceram® 2017
In-mould Decoration (IMD) 624
In-mould Labeling (IML) 624
IIncus 1960
Indexierung 51
Indexplatte 599
Indianer 28
Indien 4
Indikatormethode 1568
indirekte Messung 1247
Indirekte Verfahren 660
Individuum 27
Industrie 14
Industriebrache 38
Industriegebiet 38
industrielle
   Kunststoffverarbeitung 554
induzierte Osteolyse 1604
inerter Werkstoff 70
Inertgase 868
Inertisierung 2286
Inertstoffdeponie 2271
Infektion 2170
Infektionsprävention 831
Infektionsrate 1534
Infektionsrisiko 831
infektöser Urin 1166
Infiltration 1879
Infiltrationszone 1880
Inflammation 520
Inflationsspritze 1267
Information 2398
Information
- genetische 443
Informations- und Kommunikationstechnologien 2382
Informations-
   Übertragungskapazität 1940
Informationsasymmetrien 2341

Informationsfluss 1332
Informationspflicht 2368
Informationsübertragungskanäle 1933
Infrarot-Sensor 1561
Infusionsschläuche 555
Ingenieur 4, 53
Ingenieurwissenschaften 2382
Inhibitoren 2039
Injektionskanal 1023
Injektionsnadel 1204
Injektionsvorrichtung 1024
Injektion von Stammzellen 467
Injektor 613
Ink-Jet Druckverfahren 829
Inklination 1652
Inklinationsset 1652
inkompatibel 68
Inkubation 77, 514, 2315, 2417
Inkubationszeit 530
Inkubatoren 2313, 2315
Inlays 2044
inline 805
In Mold Decoration 762
Innenohrschwerhörigkeit 1933
Innenschlauch 802
innere Hemipelvektomie 1718, 1727
innerhalb 1219
Innervationsstörungen 1177
Innovation 2332, 2382
Innovation 643
Innovationen 37
Innovationsentwicklung 2315
Innovationsgrad 2386
Innovationsindikatoren 2372
Innovationskraft 12, 23
Innovationspreis der deutschen
 Wirtschaft 2301
Innovationsprozess 2314, 2372
Innovationsscreening 21
innovative safe and sterile sigmoid
 access 1158
Innovieren 2315
Insel-Reimplantation 1442
Insert-Moulding 625
– Decoration 625

Inserttechnik 633
in situ Karzinome 1177
Instabilität
– thermodynamische 767
Instandhaltungspflicht 2150
Instanzobjekte 1219
Institute der Blauen Liste 14
Institut für Kunststoffverarbeitung
 (IKV) 619
Instruktionsfehler 2155
Instruktionspflicht 2149, 2169
Instrumentalisierung 18
Instrumentarium 1623
Instrumente 7, 1457
Instrumentenaufbereitung 1125
Instrumentenentwicklung 1890
Instrumentenmacher 35
Instrumentenwaschmaschine 1129
Insuffizienz 1389
– Mitral- 1407
Insulin 1523, 1536
Insulinkatheter 827
Integrine 142
Intellectual Property, IP 1882
Intelligente Instrumente 1151
Intensivrespirator 2098
Intensivstationen 1547
Intensivtransporthubschrauber 2084
Intensivtransportwagen 2084
interdisciplinarity 17
Interdisziplinarität 3, 4, 15, 16, 42
interdisziplinäres Lernen 2406
Interface 300, 302, 1889
Interferenzschrauben 1589
interhierarchische Beziehungen 1221
Interkostalgefäße 1443
Interkristalline Korrosion 200, 206
Internationale elektronische
 Kommission 2179
Internationale
 Normungsorganisation 2180
internationalen
 Patentanmeldung 2365
Internationale Organisation für
 Normung 2179

internationaler Wettbewerb 44, 56, 2392
International Food Standard 2201
Internetvertrieb 2337
Interphase 379, 396, 138, 302, 1880
Interponat 540, 1448
Interpositionsarthroplastik 1670
Interpretation 1216
Interspinous Process Spacer 1878
interstitiellen Cystitis 1183
interstitielles Wachstum 167
Interventionelle
  Kernspintomographie 1069
Interzellulärsubstanz 164, 173
Intima-Einriss 1421
Intima 515, 1419
Intimahyperplasie 357
Intimaverletzung 983
intracochleäre
  Medikamentenapplikation 1944
intrahierarchische Beziehungen 1221
intrakorporale Anwendungen 2334
intrakutane Reaktivität 2164
intramuskulärer
  Mikrostimulator 1830
Intraokulare Linsen 220
Intraokularimplantate 250
Intraokularlinse 1987
Intraokularlinsen 1974, 1975
Intraoperative Diagnostik 1150
intraperitoneale Blutung 1167
Intratubale Sterilisation 2061
intravaskulär 1521
intravenösen Katheter 523
intravesikale Instillation 1181
intravesikalem Drug-Release-
  System 1182
intravesikalen Drug Release 1182
intrazellulär 1521
intrinsische Objekteigenschaften 1218
invasiven Karzinome 1177
Invasivität 2188
Inverkehrbringen 2120, 2147, 2171
Inverkehrbringerin 2109
inverse Prothese 1653, 1654

inverses Mikroskop 2426
Investitionskriterium 2353
Investoren 1878, 2300, 2327, 2347, 2381
In vitro Biokompatibilität 81
in-vitro-Diagnostika 2109, 2129, 2186, 2191
in-vitro-Kultivierung 2423
in vitro-Klappenkalzifizierung 1486
in-vitro-Methode 2163
in-vivo Studien 1885
in-vitro-Test 2131
in vivo-Test 72, 90, 91
in vivo Zustand 72
Inzidentalome 1165
Inzision
– periareoläre 2056
– submammäre 2056
– transaxilläre 2056
Iod
– radioaktives 367
IOL Clip 1993
Ionenaustauscher 1576
Ionenimplantation 366
Ionenkonzentrationen 1324
Ionenpumpen 1326
Ionenstärke 1183
ionisierender Strahlung 116, 123
Ionomerzement 1954
IP 1882
IPO 2381
IP Plattform 1883
IPR's (Intellectual Property
  Rights) 2386
IPS Empress® 2017
IPS Empress® Glaskeramik 2017
IPS® Classic 2017
IR-Spektrum 844
Iris-Klauen-Linse 1999
irreversibel 1525
Irritation 94, 2164
– chronisch-kumulative 94
Ischias 1739, 1743
Ischämiezeit 1468
ISO-Hochschulnorm 52

ISO 22000   2205
ISO   51, 2179
ISO 9001   2204
Isolation   451
Isolationseigenschaft   2439
Isolierte Zellen   374, 375
Isotop   364
ISO Zertifizierung   1802
ISS   1256
ISSA   1158
isualisierung der Luftströmung   748
ITC (In-The-Canal)   1913
ITE (In-The-Ear)   1913

J
Jahresgebühren   2363
Jahrgang   2392
Jakobson   1500
JARA   14
Jochbogen   1961
Joystick   2076
Judet   1675
Jugend forscht   2399
Jülich-Aachen-Research-Allianz   14
juristische Person   2147

K
K   1222
Kalander   972
kalandriert   687
Kalandrierung   1015
Kälberserum   395, 397
Kaliber   1129
Kalibrieren   1772
Kalibrierung   772
Kalibrierungsintervalle   655
Kalium   1540
Kaliumentzug   1568
Kalksalze   1265
Kallus   177
Kallusbildung   253
Kallusdistraktion   1711
Kaltfluss   1646
Kaltlichtkabel   1134

Kaltlichtquelle   1131, 1133
Kaltsterilisationsverfahren   120
Kaltverfestigung   1270, 1273
Kalzifizierung   918, 921, 1484
Kalzifizierungsfluid   1488
Kalzifizierungstestprotokoll   1487
Kalzium   1541
Kalziumbrücken   2043
Kalziumkarbonat   2032
Kamera   1134, 1392
Kamerahalter   1169
Kamerakontrolleinheit   1137
Kamerakopf   1136
Kammerflimmern   1382
Kampferchinon   2039
Kanaltrennung   1940
Kaninchenmodell   518
Kanäle   1221
Kanülen   1374
Kanülierung   1441
Kapazitätserweiterungen   2324
Kapillardialysatoren   1534
Kapillaren   159
Kapillarfasern   1534
Kapillarkraft   1006
Kapitalflussrechnung   2345
Kapitalflußrechnung   2320
Kapitalrenditen   2346
Kapnograph   2096
Kapnometer   2096
Kappenprothese   1676
Kapselbildung   919
Kapselendoskopie   1126
Kapselkontraktur   2054
Kapton®   1470
Karbonfedern   1804
Karbonisierung   301
Kardiochirurgie   2066
kardiogener Schock   1384, 1407
Kardiologe   10
Kardiologie   1110
kardioplegen Lösungen   1381
Kardioplegie   1381, 2431
Kardioplegiefilter   2431
Kardioplegielösung   2431

kardiopulmonäre Rezirkulation
  (CPR) 1567
Kardiotechniker 2430
Kardiotomiereservoir 1378
kardiovaskulärer Implantat 1484
kardiovaskuläres Tissue
  Engineering 513
Kariesentstehung 2039
Karlsruhe Institute of Technology 14
Karnzerogenität 2164
Karpometakarpalgelenk 1763
Karrieren 2302
Karst 32
Karzinogen 1288
Karzinogenität 90, 235
Karzinom 1209
Kaschieren 631
Kassettensysteme 1569
Katalysator 227
Katalysatoren 521, 1586
Katarakt 110
Kataraktchirurgie 1973
Kategorisieren 2315
Katheter 555
– intravenöser 523
Katheteranlagen 676
Katheter gestützten
  Klappenimplantation 1403
Katheterherstellung 2432
Katheterisierung 1181
Katheterschlauch 713
Katheterventil 1198
Katheterverweildauer 1167
Kathodenschild 880
Kaudruckkräfte 2015
Käuferstruktur 2323
Kaufkraft 2323
Kaufleute 21
Kaufmannstugenden 6
Kaufprozess 2336, 2337
Kaugummi 224
Kausalkette 2315
Kautschuk 554, 557
Kavitation 1885
Kavität 329, 650

KBE 741
Keeled Glenoid 1653
Kegel 404
Kehrichtverbrennungsanlage 2271,
  2277, 2285
Keim 726, 1196
Keimbildung 767
Keimfreiheit 1125
Keimprozess 1184
Keimwachstum 832
Keimzahl 115
Kell 474
Kenngrößen
– finanzielle 2319
Kennzeichenrechte 2357
Keramik 2406
Keramiken 554
Keramikpulver 283
Keramisches Mittelohrimplantat 1953
Keramische Werkstoffe 190
Kerbempfindlichkeit 253
kerbspannungsfreie
  Kraftüberleitung 1879
Kerbwirkung 947
Kerndurchmesser 671
Kernfach 2393
Kernkompetenz 2396
Kernkompetenzdiskussion 2314
Kernkompetenzen 2330
Kernmaterial 607, 815
Kernmaterialfließfront 607
Kernrisiken 1885
Kernschichtdicke 607
Kernspin 1031
Kernspintomographie 300
Kettbaum 974
Kettenabbau 690
Kettenabbruch 223
Kettenspaltung 1586
Kettenstich 981
Kettenwirkmaschine 980
Kettfaden 973
Kevlar 236, 237
KfW-Mittelstandsbank 2350
KHK 1263

Kidd 474
Kiefer
– zahnloser 2030
Kiefergelenk 1958
Kieferhöhle 2030
Kieferknochen 1510
Kieferkämme 1592
Kieselsäure 2442
Kinder 1787
– ertaubte 1940
Kinderchirurgie 1588
Kinderkardiologie 1447
Kindernotfallkoffer 2091
Kinderurologie 1167
Kinematik 1642
Kippscheibenklappe 1481
Kirche 2399
Kirschnerdraht 1834, 1873
KIS 1150
KIT 14
Klage 2369
Klangprobe 2441
Klappenapparat 1439
klappenerhaltende Operation 1391
Klappenersatz 1450, 1475
Klappenimplantation 1404
Klappenplastik 1450
Klappenprothese 1483
Klappenrekonstruktion 1389
Klappenring 1387, 1408, 1480
Klappensegel 1388
Klappenventil 1130
Klarlack 1928
Klasse IIa 554
Klassen 1222, 1313
Klasseneinteilung 2129
Klassenhierarchie 1222
Klassen I, II, IIa, IIb und III 2129
Klassenobjekte 1219, 1222
Klassenverband 2392
Klassenzugehörigkeit 1222
Klassifikation 1216, 1222, 1227
Klassifikation der
    Aortendissektion 1431
Klassifikatoren 1216

klassifizierendes
    Verknüpfungsobjekt 1222
Klassifizierung 2110, 2422
Klassifizierungsregeln 2130
Klassiker 2394
Klavikula 1834, 1873
Kleben 849
Kleberdosierung 821
Klebetechnologie 816
Klebstoffe 1884
Kleiderbügelverteiler 675
kleine Gelenke 1639
kleine Radien 1271
Kleingelenke 1639
kleiner Lothringer 1756
kleinlumiges Gefäßersatz 525
Kleinosmoseanlagen 1569
Kleinserie 704
Kleinstbauteile 626, 627
Klimagerät 737
Klimatisierung 654, 736
Klimatoleranz 736
Kliniken und Krankenhäuser 2246
Klinikdialyse 1545
Klinikinformationssystem 1150
klinische Daten 2127
Klinische Erfahrung 535
klinische Feldstudien 11
klinischen Effektivität 1579
klinischen Forschung 2354
klinischen Reife 1878
klinischen Versuchsreihen 537
klinische Potential 1885
klinische Prüfung 2164, 2239
klinische Prüfung von
    Arzneimitteln 2242
Klöppel 976
Knet 692
Knickstabilität 989
Knie-Wadenpassteil 1800
Kniefunktion 1769
Kniegelenk 1642
Kniegelenksorthese 1852, 1873
Kniehebel-Mechanik 707, 708
Kniehebel-Schließmodul 707

Kniesimulator 1648
Knochen
– kortikale 1883
– Spongiöse 1883
Knochenabbau 172
Knochenanbindung 1903
Knochenapatit 170
Knochenarchitektur 1885
Knochenaufbaumethoden 2023
Knochenbestandteil 1906
Knochenblastem 173
Knochenbruchheilung 175
Knochendefekte 1595
Knochendübel 1739
Knocheneinwachsverhalten 1901
Knochenersatzchirurgie 1898
Knochenersatzmaterial 1897, 1898
– organisches 1905
Knochenersatzmaterialien 1901
Knochenersatzmaterialimplantat 1904
Knochenersatzmittel 1897
Knochenersatzwerkstoffe 1587
Knochenfraktur 175, 207
Knochenfrakturheilung 176
Knochengewebe 167
Knochenhaut 175
Knochenimplantate 68
Knocheninkorporation 1901
Knochenlager 1884
Knochenlamelle 1887
Knochenmark 493, 1886
Knochenmarkaspiration 457
Knochenmarkschädigungs-
  potential 1983
Knochenmarktransplantation 467
Knochenmarkzelle 518
Knochenmatrix 170, 1902
Knochenmatrixextrakt 1906
Knochenmodell 1889
Knochenneubildung 1907, 1963
Knochenschrauben 1661
Knochenschuppen 1722
Knochenspongiosa 1747
Knochenspäne 1658
Knochensubstanzverlust 1645

Knochentumor 1699, 1705
Knochentumore 1700
Knochenverlust 1897
Knochenwachstum 175
Knochenwunden 1587
Knochenzellen 171
Knochenzement 193, 241, 1615,
  1618, 1629, 1903
Knochmark 451
Knopfzellen 1918
Knorpel 166, 1958
– elastischer 167
– Faser- 167
– hyaliner 166
Knorpelbildung 176
Knorpelgewebe 166
Knorpelplatte 1740
Knorpelschicht 1617
Knorpelwachstum
– appositionell 167
– interstitiell 167
Knorpelzelltransplantate 441
Knotenfestigkeit 1313
Know-How-Transfer 2383
Know-How 49, 50, 1882
Know-How Träger 650
Knöchel-Arm-Index 1258
Koagulation 1459
Koagulationsbedingungen 2258
Koagulationssystem 1538
Koaxialheißkanaldüse 605
Kobalt-Basislegierung 193
Kobaltbasislegierungen 207, 208,
  210, 1615, 1617
– CoCrMo-Gusslegierungen 208
– CoCrMo-
  Schmiedelegierungen 208
– CoCrWNi-Legierungen 208
– CoNiCrMo-Legierungen 208
Kobaltlegierungen 207, 1273
Kohärenz 315
kohäsiven Versagensverhalten 1879
kohlefaserverstärktes PEEK 252
Kohlendioxid 842, 1520
Kohlenstoff 910

– carbidischee 910
– organischer 910
Kohlenstofffasern 316, 318
Kohlenstofffaserverstärkte
 Thermoplaste 1061, 1068
kohlenstofffaserverstärkte
 Thermoplaste 303
Köhlersches
 Beleuchtungsprinzip 2426
Koinzidenzzeitfenster 1110
KO-Kriterien 2202
Kolbendurchmesser 647
Kolbeneinspritzung 647, 708
Kolbenstrangpressen 665
Kolbenvordosierung 648
Kolbenvorplastifizierung 648, 649
Kollagen-Fasern 533
Kollagen 142, 170, 256, 259, 265, 377, 384, 440, 526, 532, 533, 983, 989, 1177, 1436
Kollagenase 2424
Kollagenerkrankungen 1469
Kollagenfasern 166, 170, 171, 256, 258, 1740
Kollagenfibrillen 256
Kollagenfällung 1906
Kollagengehalt 535
Kollagengel 535, 538
Kollagenmatrizen 526
Kollagenmembran 2419
Kollagenstrukturen 765
Kollagentypen 258
Kollegiat 2396
Kollegstufe 2392
Kollektor 405, 406, 407
Kollimator 1097, 1110
Kollimatorschächte 1105
Kollimierung 1092
Kolonie bildende Einheit 741
koloniebildende Einheiten 769
Kolophonium 1670, 2043
Koloskop 1190
Koloskopie 1192
Kombination von Medizinprodukt und Humanmaterial 2238

Komfort 643
Kommentare 24
Kommerzialisierung 2313
Kommission für Krankenhaushygiene und Infektionsprävention 2152
Kommunikation 7, 13, 16, 55, 2385, 2401
Kommunikationsfähigkeit 49, 2402
Kommunikatoren 49
Kompakta 168, 169, 171
– mechanische Eigenschaften 170
Kompaktschuss 2440
Kompaktspritzgießen 615
Kompartiment 395, 516, 1642
Kompartimente 461, 1521
Kompetenzwandel 2314
Komplement 182
Komplementfaktoren 93
Komplementsystem 93
komplementäre Fähigkeiten 2353
Komplementärität 7
Komplettversorgung 1726
komplexes Wissen 1218
Komplikationen 1540
Komplikationsrate 1163, 1165, 1167
Komplikationsrate 2054
Komposite 1906, 2037
Kompostierung 2258
Kompressibilität 569
Kompressionszone 575, 670, 717
kompressive Verstärkung 1921, 1930
Kondensator 1916
Kondensor 2426
Konditionierung 1004
konduktiv 69
konfokale Laser-Raster-Mikroskopie 2417
konfokalen Lasermikroskopie 1155
konfokalen Laserscanmikroskop 788
Konformität 2129, 2139
Konformitätsbescheinigung 2123
Konformitätsbewertung 2121, 2129, 2146, 2181
Konformitätsbewertungsstellen 2121

Konformitätsbewertungs-
 verfahren 2128, 2130
Konformitätsvermutung 2190
kongenital 1936
kongenitale Taubheit 1940
Konkurrenz 50, 56
Konservierungsmethode 1476
Konservierungsmittel 2164, 2194
Konservierungstechnik 1467
Konsolidierung 2351
Konstruktionsfehler 2155
Konsumentenverhalten 2332
Konsumprodukte
– luxuriöse 2334
Kontaktallergie 94
Kontaktkorrosion 200
Kontaktlinsen 240
Kontaktosteogenese 1899
Kontaktosteogenese 71
Kontamination 2420, 2424
Kontamination der Luft 749
Kontext 1218
kontextgetriebene Analyse 1218
Kontinenz
– soziale 1177
Kontinenzraten 1177
kontinuierliche Herstellung 555
kontinuierliche Verbesserung 2161
Kontraindikation 1051, 1166
Kontraktionskraft 1326
Kontrastmittel 242, 1040, 1210
Kontrolle 2150
Kontrollmodule 1564
Konträrtechnik 313
Konus 1679
Konvektion 1530, 1532, 1546
Konventionelle Tastsysteme 658
Konzentration 1301
Konzentrationsausgleich 1531
Konzentrationsgefälle 1539
Konzentrationsgradient 1306
Konzentrationsänderung 1566
Konzern 37, 2300, 2333
Konzernmensch 2300
KoolGas-Verfahren 611

Kopfarbeit 50
Kopfarbeiter 50
Köpfe 18, 23, 26, 38, 49, 55
Kopfhalsgefäße 1431
Kopfhaut 1500
Kopfperfusion 1438
Kopisten 18
korakoklavikuläre Bänder 1834, 1873
Korallenskelettstruktur 1901
Körbchen 1200
Korbschneider 1864, 1874
kornealer Astigmatismus 1995
Koronararterie 1388
Koronare Herzkrankheit 1263
koronarer Stent 899
Koronare Stent-Delivery-
 Systeme 1267
Koronargefäß 2429
Koronarostien 1406
Korotkoff-Geräusch 1243, 1250
Korotkoff-Methode 1250
Korotkoff 1240
Körper 1787
Körperkompartimente 1521
Körpermasse 1765
Körperverletzung 2153
Körperflüssigkeit 2163
Korrekturmassnahmen 2117
Korrosion 195, 196
– interkristalline 200, 206
– Kontakt- 200
– Lochfrass- 212
– Reib- 200
– Spalt- 212
– Spannungsriss 212
Korrosionsbeständigkeit 191, 196, 205, 209, 885, 1272
Korrosionsermüdung 199, 207, 209, 212
Korrosionsgefahr 613
Korrosionsprodukte 86, 203, 210
Korrosionsrate 209
Korrosionsschutzschicht 858
Korrosionsuntersuchungen 201, 212
Kortikalis 168, 1614

Kortikalisschraube 336
Kortikalisschrauben 1055
Kosmetik-Verordnung 2215
Kosmetikmarkt 2178
kosmetische Armprothese 1775
kosmetisches Produkt 2211
Kosten 726, 765, 2328
Kostendruck 1877
Kostenstruktur 645
Kostenvorteile 791
Kraft-Dehnungs-Kurve 982
Krafteinleitung 344
Krafteinleitungsbereich 350
Kraftreflektion 2075
Krankengymnastik 1667
krankengymnastischer Therapie 1743
Krankenhaus 2246, 2333
Krankenkasse 2159, 2245
Krankenschwester 2333
Krankentrage 2085
Krankentransportwagen 2079
Krankheiten 551
Krankheitsgebiet 2331
Kratztest 2441
Kreatinin 1536
kreativer Prozess 2315, 2316
Krebs 1553
Krebsrisiko 2055
Kreditfinanzierung 2341
Kreislauf 2088
Kreislaufinstabilitäten 1564
Kreislaufstillstand 1438, 1444
Kreuzband 1643, 1648
Kreuzbein 1740
Kriechbeständigkeit 1593
Kriechen 232
Kristalle 1105, 1184
Kristallgitter 1338
Kristallinität 233, 524, 1592, 1594
Kristallinitätsgrad 265, 290
Kristallisation 252
Kristallisationswärme 1472
Kristallitschmelzpunkt 570
Kristallstruktur 1900
kritische Faserlänge 308

kritischen Porenradius 768
kritische Oberflächenspannung 914
kritischer Querschnitt 326
Kronen 2016
kryogene Flüssigkeit 412
Kryokonservierung 490, 1399
Kryokonservierungsmittel 490
Kryptorchismus 1167
K-Silikone 2033
KTI-Initiative MedTech 28, 31
KTI/CTI 2382
KTI Medtech Initiative 2379, 2382
KTW 2079
kubisch flächenzentrierte Gefüge 208
KUF 1534
Kugelklappe 1481
Kugelköpfe 1601
Kugelrollenlager 650
Kühlkörper 1472
Kühlmedium 673
Kühlrate 1471
Kühlring 681
Kühlstrecke 673
Kühlung 686
Kühlzeit 561, 657
Kultivierung 383
Kultur 7, 2314
Kulturbedingungen 77, 384
Kulturflasche 2417, 2418
Kulturgefäß 2424
Kulturtechniken 388
Kultusministerkonferenz
 (KMK) 2395
Kumarinderivate 1398
Kundenanforderungen 2137
Kundendienst 2118, 2331
Kundennutzen 2353
Kundenwünsche 2329, 2336
Kundenzufriedenheit 2137, 2161
Kunstauge 1983
Künstler 35
Künstliche Blutgefässe 221, 249
Künstliche Gelenke 250
Künstliche Herzklappen 219
künstliche Intelligenz 1091

künstlichen Gefäßzugang 1530
künstliche Ohren 1926
künstlicher Hautersatz 246
künstliches Gewebe 378
Kunststoffblutbeutel 475
Kunststoffgranulat 619
Kunststofflinsenobjektiv 930
Kunststoffmasse 560
Kunststoffmatrices 766
Kunststoffmikrostrukturen 933
Kunststoffprodukte 646
Kunststoffschmelze 564, 884, 886
Kunststoffschäume 765
Kunststoffverarbeitungsverfahren 555
Kupfer 528, 1520
Kupferdraht 2441
Kupffersche Sternzellen 1526
Kurssystem 2392
Kurzfasern 304
Kurzkompressionsschnecke 667, 671
Kurzschaftprothese 1680
Kurzzeitexposition 80
Kurzzeitimplantate 321
Kurzzeitimplantation 1898

L
labilem Gewebe 163
Lab-on-Chip 927, 938
Lab-on-a-Chip-System 42
Labore 2336
Labortechnik 645
Laborversuch 11
Labrumkomplex 1838
Lackieren 762
Lackmustest 2302
LACS 1846, 1873
Lactide 524
Lactone 269
Ladungskompensation 1336
Lagebezeichnung 66
Lagerbedingungen 1473
Lagerbeständigkeit 2131
lagerloser Scheibenmotor 1366
Lagerstabilität 2038

Lagerung 1476
Laktat 1541
Laktatazidose 1542
Laktatdehydrogenase (LDH) 489
Lakunen 171
Lambert-Beer-Gesetz 784
Lambotte, A. 192
Laminar-Flow-Zelt 728
Laminar-Flow 728, 853
Laminar flow-Kapelle 78
Laminar Flow Box 2420
Laminat 322
Laminatplatte 326
Laminin 142, 144
Land 59
Landeshochschulgesetze 23
Landgericht 2369
Landwirtschaft 2358
Langenbeck 1121
Langfasergranulat 1627
Langfasergranulate 1623
Langfaserverstärkung 1627
Langkompressionsschnecke 667, 671
Langmuir-Blodgett-Technik 864
Langschaftprothesen 1615
Langzeit-Blutdruckmessgerät 1245
Langzeit-Implantat 1977
Langzeiteigenschaften 305
Langzeitergebnisse 1178
Langzeitexposition 80
Langzeitimplantate 321
Langzeitimplantation 1898
Langzeitstabilität 219, 291
Langzeitstudien 1172
Langzeittamponade 1979
Langzeittoxizität 1967
Langzeitverhalten 920
Lanthanglas 2044
Laparoskop 2071
Laparoskopie 1122, 1172
laparoskopische (endoskopische) Chirurgie 1121
laparoskopische Adrenalektomie 1165
laparoskopische Nephrektomie 1165

Laparoskopische Tumor-
  chirurgie 1165
Lappen 1502
Lappenplastik 1497
Larmorfrequenz 1031, 1035
Laryngoskop-Griff 2090
Laser-LIGA-Technik 932
Laser-Vorwärtstransfer 1944
Laserbearbeitung zählt 652
Laserlithotripsie 1167
Laserschneiden 823
Laserstrahl 2418
Laserstrahlschneiden 1270, 2432
Lasertypen 1164
Lasso Instrumentarium 1849, 1873
Lasteinleitung 189
Lastenhefte 55
Lastfrequenz 200
Lasttragende Implantate 1611
lasttragendes Implantat 525
Lastübertragung 105
Lastü bertragung 189, 240
lateraler Oberarmlappen 1506
Latexballon 1196
latissimus dorsi-Lappen 1502
Laufbandroboter PAM 1811
Laufbandtraining 1808
Laufwegsunterschiede 1081
Laufzeit von Patenten 1893
Laufzettel 2413
Lautheitsausgleich 1930
Lautsprecher 1917
Lautstärkeregler 1913
Lazarett 994
LDH-Test 85
Leben 851
Lebendspender 1468
lebensbedrohende
  Erkrankungen 1444
Lebensdauer-Untersuchung 1802
Lebensmitteleinzelhandel 2198
Lebensmittelgesetze 219
Lebensmittelverpackungen 680
Lebensplanung 5

Lebensqualität 6, 1177, 1179, 1263, 2405
Lebenszyklus 2162, 2326
Leber 1519
Leberarterie 1526
Leberersatz 436
Leberläppchen 1526
Lebertransplantation 1528
Leberversagen 1522
Leberzellen 1573
Leckage 744
Leder 625
Lederhaut 459
Lehrbub 35
Lehrer 2401
Lehrerbildung 2392
Lehrkraft 2391, 2395
Lehrmethodik 2401
Lehrstuhl für Medizintechnik 2400
Lehrstuhl für Medizintechnik an
  der Technischen Universität
  München 704
Leichen 1399
Leichenspender 1468
Leichtathlet 2392
Leichtbaustruktur 344
Leinen 993
Leinenbinde 961
Leistenarterie 1412
Leistenhernie 1130
Leistenvene 1412
Leistungsdruck 2395
Leistungsfähigkeit 2373
Leistungsgedanke 2395, 2401
Leitfähigkeit 1880
Leitfähigkeitssonde 1557
Leitlinien 1545
Leitungswasser 2440
Leitwert 747
Lendenwirbelsäule 1739, 1746
Lern- und Kompetenzwandel 2314
Lernbereitschaft 2314
Lernen 2315, 2394
Lerngruppe 2401
Lernkurve 1169

Lernkurve 1414
Lernprozess 2315
Lese-/Schreibköpfe 643
Leseverständnis 2393
Letale Dosis 1299
Letalitätsrate 1445
Letter of Intent 2348
Leuchtdiode 1350
Leuchtfeldblende 2426
Leucit 2017, 2044
Leukopenie 1538
Leukozyten 90, 157, 179, 267, 476, 516
Leukozytendepletion 479
Liberation 1298
Lichtbogen 881
Lichtbogenverdampfen 879
Lichthärtung 2039
Lichtintensität 1133
Lichtleiter 1122
Lichtmikroskop 659
Lichtphotonen 1104
Lichtquellen 1177
Lieferant 2147
Lieferanten 2324
Lieferkette 2184, 2219
Lieferverträge 552
Life-Science-Forschung 2420
Life-Sciences-Branche 2381
Life-Sciences-Firmen 2381
Life Science 704, 891, 2177, 2344, 2382
Life Science Engineer 20
Life Science Engineering 3
Life Sciences 2349, 2353
Life Science Unternehmen 2341
Life Science Zentren 2379
LIFT = Laser induced forward transfer 1944
Lig. akromiklavikulare superior 1834
Lig. akromioklavikulare inferior 1834
LIGA-Technik 652
LIGA-Verfahren 928
Ligament 1643

Ligamentum akromiklavikulare superior 1874
Ligamentum konoideum 1834, 1874
Ligamentum trapezoideum 1834, 1874
Ligaturen 1138
Linearantrieb 703
Linearantriebe 1811
Linearbeschleuniger 123
Linearitäten 52
Linearmotoren 649
Linea terminalis 1729
Lining cells 171
Lintner 1677
Lipidadsorption 1538
Lippe 689
Liste A Produkt 2192
Liste B Produkt 2192
Lister, Josepf 995
Literatur 2393
Literaturroute 2243
Lithium-Ionen-Akku 1801
Lithographie 928
Lithotripsie 1202, 1203
Lithotriptor 1192, 1202
Lizensierung 2337
Lizenzanalogie 2368
Lizenzen 2341
Lizenzgebühr 2367, 2368
Lizenzierungsstrategie 1879
Lizenznehmer 1883, 1892, 1893
L(+)-Milchsäure 265
lobster-claw IOL 1999
Local Drug Delivery 1944
Lochblende 2417
Lochfrassbeständigkeit 206
Lochfrasskorrosion 205, 212
Lochrandverstärkung 325
Lockerung 1640, 1884
Logistiklösungen 2337
lokale Infektion 1317
lokale Spannungsüberhöhungen 1881
Lokomat® 1810
Longitudinalausbreitung 1940
Longitudinalwellen 1073

Löschungsverfahren 2367, 2369
Lösliches Kollagen 258
Löslichkeit 616
Löslichkeitsisotherme 284
Lösung
– viskoelastische 404
Lösungsmittel 413
Lösungsmittelkleber 816
Lösungsmittelreste 696
Lösungsmittelspinnverfahren 966, 968
Lotus TM Klappe 1414
Low-Flux-Membranen 1535
Lowflux-Hämodialyse 1575
Lücker 2156
Ludwig-Maximilian Universität 2406
Luer-Lock-Anschluss 1207
Luft- und Raumfahrttechnik 321
Luftbedingungen 655
Luftblase 2432
Luftblasen 1377, 1379, 1559
Luftdetektoren 1556
Luftdruck 746
Luftdusche 752
Luftdüse 724
Luftembolie 1378
Luftfahrtindustrie 644
Luftfilter 407
luftgefüllte Räume 1961
luftgekühlt 679
Luftgeschwindigkeit 744
Luftinfusion 1551
Luftkeim 741
Luftkeimsammler 749
Luftkühlung 680
Luftröhrenschnitt 2090
Luftwechsel 746
Luftwechselrate 746
lumbale Bandscheibe 1742
Lumen 1193
luminale Oberfläche 522
Lunge 1519
Lungenfibrose 96
Lungenkrebs 95, 100
Lungenstrombahn 1447

LVAD 1359
Lymphadenektomie 1165
Lymphknoten 157
Lymphknotenmakrophagen 182
Lymphokine 181
Lymphom 1701
Lymphozyten 179, 183
– B- 181
– B-Effektorzellen 183
– B-Gedächtniszellen 183
– B-Lymphozyten 181
– T- 181
– T-Lymphozyten 181
Lymphsystem 108
Lysispuffer 789
Lysosomen 133, 134

M
M&A 14
MACE-Rate 1289
Machbarkeit 19, 1885, 2297
Magen 1156
Magill-Zange 2090
Magnesium-Legierungen 558
Magnesium 1541
Magnesiumoxid 2043
Magnetfeld 2417
magnetische Felder 530
magnetischen Besiedlung 530
magnetischen Eigenschaften 604
magnetischen Flüssigkeit 409
magnetischen Kernresonanz 1030
Magnetische Suszeptibilitäten 1052
magnetische Zellmarkierung 531
Magnetit 409
Magnetkraft 531
Magnetresonanzangiographie 1707
Magnetresonanztomograph 532
Magnetresonanztomographie 1029
Mais 2195
Major-Bewertung 2202
Major Advanced Cardiologic Events 1289
Makrofüller 2040
Makroindikatoren 2373

Makrophagen 75, 86, 90, 98, 179, 182, 184, 524, 1265
Makroporosität 1900
Makuladegeneration 2000
Malaria 1468
maligne Non-Hodgkin-Lyphome 493
Malignome 38
Malleus 1960
Mammographie-Screenings 1216
Mammographie 2056
Management-Toolbox 2339
Management 2316, 2321, 2325, 2326, 2334, 2336, 2338, 2339
Management by Hörensagen 27
Managementmethoden 6
Managementprinzipien 2137
Managementsysteme 8
Management von Ressourcen 2140
Manometer 2088
Marfan-Syndrom 1389
Marge 2322
Marketing-Mix 2331
Marketing 2347
Marketinginstrument 2330, 2334
Market Multiples 2381
Markierung mit radioaktivem Chrom 85
Markraum 169, 1678
Markt 54, 2324, 2347
Marktanteil 2326
– relativer 2325
Marktattraktivitätsanalyse 2321
Marktaustrittsbarrieren 2324
Marktbeherrschung 6
Marktbeobachtung 2244
Marktgegebenheiten 2371
marktorientiert 2386
Marktpräsenz 37
Marktstudie 643
Marktumfeld 2324
Marktvolumen 2352
Marktwachstum 2355
Marktzugang 2386
Marktzulassung 2185
Marktüberwachung 2114

MARS®-Verfahren 1575
MARS® 1575
Masche 316
Maschenbildung 978
Maschenrichtung 314
Maschenschenkel 318
Maschenstent 1270
Maschenware 977
Maschineningenieure 12
Maschinenmessdaten 704
Maschinensauger 1380
Massenbilanzgleichungen 1566
Massenentzugsrate 1567
Massenkrankheiten 38
Massenseparator 366
Massenverlust 1586
Massepolster 592
Massestrom 1532
Massetemperatur 776
Master-Studiengang 2401
Mastzellen 93
Materialdatenblatt 714
Materialermüdung 2015
Materialfluss 749
Materialmischung 714
Materialrecycling 2273
Materialschleuse 749, 751
Materialschädigung 648
Material tierischen Ursprungs 2192
Materialvorbereitung 654
Mathematik 2396, 2397
mathematischer Algorithmus 1936
Matratzennahttechnik 1839, 1874
Matrix 2422
– Extracelluläre (ECM) 419
– extrazelluläre 146, 530
Matrixdegradation 2265
Matrixgröße 1092
Matrixmetalloproteinase 535
Matrixsysteme 1304, 1307
Matrix Typ 898
Matrixwerkstoffe 2258
Matrixwerkstoff PEEK 1620
Maverick-System 1664
Max-Planck-Institute 14, 25

Maxillofacialchirurgie 262
Mayer, Karl 980
maßgeschneiderte (customized) IOL 1990
Maßhaltigkeit 563, 651
MByte 1094
McKee 1672
mechanical stamping 149
mechanische Belastung 1485
mechanische Festigkeit 1968
mechanische Integrität 524
mechanische Isolatoren 1915
mechanische Prüfung 1626
mechanisches Stanzwerkzeug 822
mechanische Vibration 1879
Mechatronik 2071
mechatronisches Prinzip 1761
Media 1419
Mediatoren 515, 533
medical-grade 220
Medical Cluster Berne 2381
Medical Device Vigilance Systems 2244
Medienzuführung 754
Medikamente 1297, 2359
Medikamentenbeschichtung
– Polymerfreie 902
Medikamentendepots 947
Medikamentenfertigung 741
Medikamentenfreisetzung 898
Medikamententräger 1983
Medium 199 1470
Medium als Zelllinien 787
medizinische Filamente 964
Medizinischer Dienst 2159
medizinisches Labor 2182
medizinische Wirkstoffe 692
Medizinprodukt 2127, 2147, 2185
Medizinprodukte-Sicherheitsplanverordnung 2146
Medizinprodukte 114, 551, 2107, 2129
Medizinprodukte der Klasse I 2188
Medizinprodukte der Klasse IIa oder IIb 2188

Medizinprodukte der Klasse III 2188
Medizinproduktegesetz 2145
Medizinprodukte 2128
Medizinprodukterichtlinien 2123
Medizinprodukteverordnung 2146
Medizintechnik 3, 8, 643, 891, 2314, 2382
Medizintechniker 1160
Medizintechnikindustrie 1878
Medizintechnische Zentrum (MTZ) Aachen 2298
Medtech 2382
Meeresbrandung 1815
MEG 1113
Megakaryozyten 144
Mehrfarben-Spritzgießen 598
Mehrkavitätenwerkzeug 647
Mehrkomponenten-Spritzgießen 555, 597, 2435
Mehrkomponenten-Spritzguss 851
Mehrlumenschlauch 805
mehrlumiger Schlauch 718
Mehrrohstoff-Spritzgießen 598
Mehrschichtwerkzeug 688
Mehrstoff-Spritzgießen 598
Meilenstein 1889
Meilensteine 2386
Meiose 136
Meister 35
Meldeempfänger 2157
Meldefrist 2158
Meldepflicht 2150
Meldesystem 2150
Meldeverfahren 2150, 2156, 2158
Meldung 2151
Melt-Blown-Verfahren 966
Membran 407, 1588
– semipermeable 1541
– immunoprotektive 431
Membrane 1588
Membrangängigkeit 1181
Membranoxygenator 1384
Membranoxygenatoren 1377
Membranpumpe 1361
Membransysteme 1304, 1306

MEMS Technologie 1917
Meniskallager 1648
Menisken 1643
Meniskusoperationen 1589
Meniskusresektion 1874
Mensa 2404
mentale Leistungsfähigkeit 1804
Mentor 2397
Mergers and Aquisitions 14
Merkmale 1222, 2361
Merkmalsextraktion 1216
Merkmalsvektor 1216
Mesangiale Makrophagen 182
Mesenchym 164, 173
mesenchymale Stammzelle 467, 517
Mesenchymzellen 165
Mesh-Stent 1270
Mesh-Systemen 1891
Mesothelzellen 540
Mesotympanum 1959, 1960
Messbereich 659
Messeinrichtungen 654
Messmikroskop 892
Messort Bein 1248
Messort Finger 1248
Messpunkte 658
Messrechner 658
Messtaster 658, 659
Messtechnik 658
Messuhr 658
Messuhren 658
Messung, Analyse und Verbesserung 2140
Messung
– Dicken- 678
– Ovalitäts- 678
Meta-Fähigkeiten 2314
metabolische Aktivität 516
Metabolismus 1519
Metabolite 1905
Metadaten 1222, 1224
metal back Implantat 1652
Metallauflösung 197
Metallbearbeitung 35
Metallclips 1146

Metalle 190, 554, 1521
Metallinsert 852
Metallionenkomplex 2043
Metallkanüle 811
Metalllegierung 632
Metallproteinase 147
Metaphase 136, 1234
metaskills 2314
Metastasen 1046
Metastasierung 1708
Meteringzone 575
Methan 880
Methanolvergiftung 1542
Methode 2393
Methodenkompetenz 2394
Methodik 2406
Metrismus 52
Metritis 52
Metro-Carcinom 52
Metronidazol 1470
Mezzanine Capital 2346
Meßfläche 1105
Meßsysteme 658
Meßzeit 1107
MHC (major histocompatibility complex) 183
Microbubbles 1378
Microbuckling 308
microspheres 1023
Microsystem 50® 648
Migrationspotenzial 1177
Mikro-CT 786
Mikro-Fasszange 934, 935, 936
Mikro-Formenbau 652
Mikro-Montagespritzgießen 629
Mikro-Präzisionsbauteile 641
Mikro-Spritzgießen 555, 626
Mikro-Toleranzen 642
Mikroarray 789
Mikrobauteile 645
Mikrobead 2418
Mikrobewegungen 1889
Mikrobiologie 995
Mikrobiologische Sicherheit 2131
Mikrochip 1830

Mikrodiamant 933
Mikrodissektionsscheren 1142
Mikroextrusionstechnologie 801
Mikrofasszange 933
Mikrofrakturierung 1866, 1874
Mikrofräsen 652
Mikrofunkenerosion 933
Mikrogliazellen 182
Mikroindikatoren 2373
Mikrokamera 1395
Mikrokanalstrukturen 939
Mikrokavität 704
Mikrokavitäten 656
Mikrokomponenten 643
Mikromilieu 988
Mikroorganismen 114
Mikrophon-Membran 1916
Mikrophone 1915, 1920, 1938
Mikroporosität 1900
Mikroporöse Membranen 1306
Mikroradiographie 1489
Mikroreaktortechnik 387
Mikroskop 2403
Mikroskope 643
Mikroskopie 1215
Mikrospritzgießanlage 703, 705
Mikrospritzgießen 641, 643, 650, 651, 656, 703, 704
Mikrospritzgießmaschine 704
Mikrospritzgießverfahren 646, 653
Mikrospritzgießwekzeug 650, 654
Mikrostrukturen 626, 948
mikrostrukturierte Oberflächen 626
Mikrostrukturierung 1943
Mikrostrukturtechnik 927
Mikrosystemtechnik 626, 646, 2382
Mikroteil 704
Mikroteile 642, 647
Mikroteilen 641
Mikrothromben 1379
Mikrotubuli 135, 138
Mikroturbine 930
mikrovaskulärer Lappentransfer 1504
Mikrovertiefungen 948
Mikrozange 934

Mikrozerspanen 932
Mikrozyklen 2313
Mikulicz 1122
Milchsäure
– polymerisierte 1594
Milestones 2301
Milieu 443
Milzmakrophagen 182
Minderperfusion 1432
Mineralfasern 95
Mineralstoff 2194, 2197
Mineralstruktur 1902
Miniaturisierung 641, 643, 761, 1167
Miniaturpumpe 2297
Miniaturspeicheldrüsen 429
Miniendoskope 1125
minimal-invasiver OP 1148
minimal 1455
minimalinvasive Chirurgie 646
minimal invasive
  Operationstechnik 1744
Minimalinvasive
  Operationstechnik 432, 1745
Minimalinvasive Therapie 2374
minimalst-invasiv 1159
Minimierung des
  Eingriffstraumas 1121
Minischrauben 2029
Minithorakotomie 1412
Minitrokare 1158
MirenaTM 2063
Misch-Lüftung 733
Mischelemente 619
Mischgarn 325
Mischkammer 1553
Mischkristallphasen 211
Mischphase 617
Mischströmung 733
Mischung
– übersättigte 767
Mischungsregel 306
MIT 13, 2299
Mitarbeiter 643
MITI 1160
MIT Manus 1816, 1817

Mitochondrien 133
Mitose 136
Mitralinsuffizienz 1394
Mitralklappe 1392, 1407, 1479
– insuffizienz 1392
– rekonstruktion, totalendoskopische 1394
– stenose 1392
Mitralklappensegel 1412, 1470
Mittagessen 2404
Mittelohr 1933, 1951, 1959
Mittelohrimplantat 1951
– keramisches 1953
Mittelohrimplantat 295
Mittelohrimplantate 110, 286
Mittelohrschleimhaut 1961
mittelständische Beteiligungsgesellschaften 2350
mittlere Porendurchmesser 785
mittlerer arterieller Druck 1383
mix and match 1994
Mix von Bottom-Up und Top-Down 57
mmHg 1240
mobiles Messgerät 744
Mobilisierung von Stammzellen 467
Mobilität des Segels 1394
Mobiltelefone 643
Modellgewebe 397
Modul 608
Modular-Beinprothesentechnik 1760
Modular-Kniegelenk 1802
modulares System 1652, 1654
modulare Systeme 1612
Modularknie 1643
Modularprothese 1790
Modulationstransferfunktion 1088
Moens-Korteweg-Gleichung 985
Molecular Adsorbent Recirculating System 1575
molekulare Wechselwirkung 6
Molekulargewicht 405, 1523, 1570, 1592
Molekulargewichtsverteilung 1890
Molybdän 199

Monitor 1137, 1189
Monitoring 564, 2185
Monoblock-Bandrasterausführung 729
Monoblockprothese 1650
monochromatisch 1099
Monodisziplinäre Ausbildung 15
Monofilament 965
monofokale aIOL 1991
monokline Phase 280
Monolagenschicht 887
Monolayer 377, 518
Monolayerkultur 74
monolithische Pfannen 1605
Monomere 224, 2039
Monomerreste 696
Mononukleäres Phagozytosesystem 182
Monosandwich-Spritzgießen 605
Monozyten 157, 179, 181, 182
Monozyten 90, 93
Montage-Spritzgießen 598
Monte-Carlo-Simulation 362
Moosstich 981
Morbidität 1163, 1165
Morbiditätsspektrum 761
Morphologie 410, 449
mother-baby-Endoskopie 1125
Motor 1369
MPG 14, 25, 2145
MPSV 2146
MPV 2146
MRA 2183
MRI-Kompatibilität 1047
MRI-Kompatibilität 2. Ordnung 1055
MRI 1113
MRI Bildgebung 1029
MRI kompatible Instrumente 1057
MSIP-Verfahren 879
M. Supraspinatus 1837, 1874
MTF 1088
MTT-Test 2294
MTT-Test 81, 85
MTZ 2298
MuCel 772, 2440

MuCell®-Verfahren 618
mukoziliären Clearance 426
Mukoziliäres System 98
Multi-Organ-Versagen 1384
Multidesignstents 1271
multifunktionale
  Kommunikation 1938
Multifunktionsschlauch 804
Multilagenschichtsystem 885
Multilayer 847
Multiorgan-Extraktion 1217
Multiorgan Spender 1468
multiples Myelom 493
Multiplikatoreffekten 2313
multipotent 447
Multiwell-Platte 2424
mündliche Offenbarungen 2359
mündliche Präsentation 2398
Mundschleimhaut 1511
Mundschutz 752
Mundtrockenheit 1180
Musculus pectoralis 2056
Musik 1815, 1933
Muskelathrophie 1838, 1874
Muskelermüdung 1825
Muskelgewebe 163, 164
Muskelkontraktion 1826
Muskelzelle 1323
Muskulatur 1499
– glatte 164
– quergestreifte 165
Muskuloskelettales System 1045
Musterbuch 33
Musterbücher 33
Musterplatte 2438
Mutation 2423
Mutter-/Schraubeneffekt 716
Mutterzelle 446
Mutual Recognition Agreements on
  Conformity Assessment 2183
Muße 2395
Myelom 1700
Myobock-System 1758
myoelektrische
  Unterarmprothese 1781

Myofibroblast 530
Myofilamente 540
Myokard 1265
Myokardinfarkt 467, 1289
Myokardprotektion 1381
Myokardring 1470
myolektrische
  Unterarmprothese 1789
Myosinfilamente 164

N
Nabelschnur 460
Nabelschnurblut 458, 461, 466
Nabelschnur postpartal 11
Nabelschnurstammzelle 467
Nach-68er-Zeit 28
Nachbestrahlung 1708
Nachdruck 2439
Nachdrücken 559
Nachfinanzierungen 2344
Nachgeburtsbestandteile 460
Nachhaltigkeit 2387
Nachlast 1445
Nachpumpen 1254
Nachsorge 1754
Nachvernetzung 847
nachwachsenden Rohstoffe 2258
Nadel-Faden-Kombinatio 1315
Nadelhalter 1138, 1142
Nadelnomenklatur 1317
Nadelschaft 1315
Nadelspitze 406
Nägel
– resorbierbare 1587
Nagellack 260
Nährmedium 74, 78
nährwertbezogene Angabe 2196
Nährwertprofile 2196
Naht
– fortlaufende 1319
– Intracutan- 1320
– Matratzen- 1320
– überwendliche fortlaufende 1320
Nahtanker 1590

Nahtankern 1589
Nahtfäden 1585, 1588
Nahtmaterial 524, 1313, 1598
Nahtsuffizienz 1164
Nahttechnik 1313, 1317
Nanofaser 403, 404, 407, 417
– wirkstoffbeladene 417
Nanofaser 965
Nanofiber-Grafts 518
Nanojets 1944
Nanometerskala 403
Nanopartikel 403, 531
Nanopartikelmethode 530
Nanosilber 832
Nanostrukturen 1943
Nanotechnologie 12, 403, 1180, 2382
Nanotiterplatten 927
Narbenbildung 1002, 1318
Narbengewebe 1969
Narbenhernien 1155
Nasenschleimhaut 427, 428
Natrium 1540
Natriumbikarbonat 1540
Natriumjodid 1104
Natriumprofiling 1540
Naturwissenschaft 2391
Naturwissenschaftler 54
natürliche Abwehrkraft 2420
natürliches Knochenmineral 1902
Navigation/Robotik 1720
Navigationsverfahren 1219
Nd-YAG-Laser 937
Nebenansprüche 2361
Nebengeräusche 1922
Nebennierentumore 1165
Nebenwirkungen 1181
Necking 1278
NEF 2081
negative asphärische
 Intraokularlinse 1990
negative Oberflächenladung 528
Negativ Liste 2217
Nekrosen 1019
nekrotisch
– -e Geweberegionen 1228

– -es Gewebe 1228
Nelkenöl 2043
neoadjuvante Chemotherapie 1708
neoadjuvante Strahlentherapie 1708
neoadjuvante Therapieform 1699
Neoendothelialisierung 919
Neointima 369, 522, 989
Neomycinsulfat 1470
Nephrone 1523
Nephroureterektomie 1165
Nervenaktionspotentiale 1933, 1939
Nervengewebe 163, 165
Nervenhäkchen 1744
Nervenrekonstruktion 527
Nervenzellpopulationen 1938
Nervtransposition 2031
Nervus vestibulocochlearis 1958
nervöse Bahnen 1957
Nestlé-Forschungszentrum 24
Net-shape-Pressverfahren 325
Net shape Pressverfahren 322
Netzbausteine 58
Netze 56
Netzfilter 1379
Netzhaut 1978
Netzhautablösung 1979
Netzhautproblematik 1978
Netzwerke 49
neuartiges Therapieverfahren 2238
Neubauerkammer 2421
Neubewertung 2134
neue Therapien 2376
Neuheit 2359
Neuheitsschonfrist 2359
neurale Schwerhörigkeit 1936
neurale Taubheit 1939
Neurite 150
Neurobionik 927
Neurofeedback 1354
Neuron 1942
Neuronale Netze 1091, 1216
neuronale Response 1939
Neurone 165
Neuron Tracking 1234
Neuroprothese 1807, 1825

Neuroprothetik 1821
neurotrophen Faktoren 1944
neurovaskulären Bündel 1167
Neurowissenschaften 1233
neutrale asphärische
  Intraokularlinse 1990
Neutralelektrode 1349
Neutralrot-Test 84
Neutroneneinfangreaktion 363
New-Economy 2302
New Approach 2187
New York 37
Nicht-Ingenieursdisziplinen 8
nicht-invasive
  Schnittbilddarstellung 1175
Nichtigkeitsklage 2369
Nichtigkeitsverfahren 2365, 2366
nichtnormale Objekte 1228
Nichtresorbierbare Fäden 1313
Nickel-Metallhydrid-
  Akkumulatoren 1919
Nickel-Titan-Legierungen 1270
Nickel-Titan Stents 1423
Nickelallergie 207, 300
Nickelgehalt 1272
Niederdruck-Plasmatechnologie 528
Niederdruckplasma 783
Niederdruckplasmaentladung 781
Niederdruckplasmen 866
Niederdruckverfahren 620
Niedertemperatur-Dampf-
  Formaldehyd-Verfahren 121
Niedertemperatur-Gas-Verfahren 116,
  120
Niedrigdruckgebiet 538
Niere 1165, 1519
Nieren- oder Leberversagen 1522
Nierenbecken 1164
Nierenbeckenplastik 1166
Nierendiagnostik 1524
Nierenkapsel 1165
Nierenkelche 1165
Nierensteine 1183
Nierenunterstützungssystem 1549
Nierenversagen 1519, 1525
– akutes 1525
– chronisches 1525
Nikotinpflaster 698
Nilblau A 784
Nische 453, 2326
Nischenprodukte 31
Nischenzellen 454
Nitinol 365, 952, 974, 1273, 1410,
  1411, 1422
Nitrilhandschuh 2442
Nivellierung 28
NMR 300
no-DOP-PVC 1379
Nobelpreis 466
Nobelpreis für Medizin 52
Nobelpreisträger 37
Nobelpreisträger der Physik 12
Nomenklatur
– anatomische 64
– für Transplantation 66
Nomex 236
nominelle Vergrößerung 2425
Non-touch Verfahren 1171
Non Heart Beating Donors 1468
Nordsee 32
Norm 2179
normal
– -e Geweberegionen 1228
– -e Objekte 1228
– -es Gewebe 1228
Normalbetrieb 750
normale Hörentwicklung 1940
normale Sprachentwicklung 1940
Normen-Organisationen 2108
Normen 3, 67, 1543
Normenreihe DIN EN ISO 9000
  ff 2137
Normenreihen 2113
Normenserie 2128
Normothermie 1378
Notarzt 2090
Notarztdienst 2091
Notarzteinsatzfahrzeug 2081
Note 2397
Notenbild 2402

Notfallkoffer 2087
Notfallpatienten 1384
Notfallplänen 2347
Notfallrucksack 2087
notified bodies 2188
Novumed 2329
Nucleus pulposus 1664, 1739
Nuklearmedizin 1103
Nuklearmedizinische
  Bildgebung 1103
Nukleierung 767, 768, 780
– heterogene 767
– homogene 767
Nukleierungsmittel 780
Nukleierungsphase 617
Nukleotomie 1739
Nuklide 1072
Nutzen-Abwägung 1156
Nutzerbedürfnisse 2331
Nylon 236
Nystatin 1470

O

Oberarmamputation 1757, 1777
Oberarmmanschette 1240
Oberbekleidung 752
Oberfläche 270, 651, 839
– spezifische 2040
Oberfläche des Implantates 1615
Oberflächen-Volumen-Verhältnis 12, 649, 651, 656
Oberflächen 12, 378
– funktionalisierte 766
Oberflächenadhäsion 834
Oberflächenbeschichtung 654, 798, 1184
Oberflächendegradation 2265
Oberflächenelektrode 1822
Oberflächenenergie 160, 189, 304, 305, 528, 913, 1900
Oberflächenermüdung 109
Oberflächenersatz 1637, 1638, 1646
Oberflächenfunktionalisierung 149, 378

Oberflächengüte 324, 652
Oberflächenkompatibilität 42, 68, 299, 336, 791
Oberflächenkühlung 1382
Oberflächenladung 379, 516, 781
Oberflächenmerkmale 450
Oberflächenmodifikation 791, 842, 917
Oberflächenmodifizierung 528
Oberflächenmorphologie 1615
oberflächennahe Interphase 2266
Oberflächenqualität 2020
Oberflächenrauhigkeit 652
Oberflächenrauhigkeiten 907
Oberflächenreaktion 909
Oberflächenspannung 409, 903
Oberflächentitanisierung 908, 923
Oberflächentopographie 378, 380
Oberflächenveredelung 623
Oberflächenvergrößerung 2424
Oberhaut 459
Oberstufe 2393
Objects of Interest 1224
objektbasierte Algorithmen 1221
objektbasierte Technologie 1217
Objekte 1218, 1219
Objekte der Klasse K 1222
Objekthierarchie 1219
Objektmerkmale 1222
– klassenbezogene 1222
– prozessbezogene 1222
O'Brien 1501
Obstruktion 1183
Obturatorprothese 1513
OCT-Tomogramm 1176
OCT 1164, 1174
OCUSERT 1303, 1310
OEM 797, 2323
off-line 806
Off-Set Druckverfahren 829
Offenbarung der Erfindung 2361
offene Anpassung 1929
offene Chirurgie 1167, 1172
offene Herzklappenchirurgie 1403
offene Prostatektomie 1167

offenes Sprachverstehen 1940
Offenheitsrate 517, 520, 521, 537, 539
Offenlegungsschriften 2364
Offenporigkeit 767, 780
öffentlich-rechtliche Maßnahme 2152
öffentliches Recht 2152
Öffentlichkeit 17, 29, 2359
Öffnungszyklen 1387
Ohrenschmalz 1958
Ohrepithese 1514
Ohrmuschel (Concha) 1913
Ohrmuschel 1958
Öhrnadeln 1313
Ohrsimulator 1926
Ohrtrompete 1959
Okkluderzapfen 888
Okklusion 1911
Ökobilanzierung 2276
Ökokompatibilität 2257, 2276, 2277
Ökokompatibilität 374
Ökologie 2276
Ökosysteme 2269, 2276
Ökotoxikologie 2275, 2276
Okulares therapeutisches System 1310
Okularist 1983
Ölbasis 2043
Oligomere 621
Oligomerisierung 1982
Omarthrosefall 1656
Omarthrosefälle 1656
omnipotent 447
Omnipräsenz 38
One-stop-shopping 2331
Onkologie 1110
Online-Clearance-Monitor 1566
Online-Erfassungssystem 2160
Online Hämofiltration 1547
OP-Abdeckung 987
OP-Bauchtuch 987
OP-Kernteam 1153
OP-Mantel 987
OP-Textilien 965
OP 2000 2375

Openair®-Plasma 840
Openair®-Plasmatechnologie 839
Open Cell Design 1271
Operationsdauer 1164
Operationsfeld 1438
Operationsgebiet 1745
Operationsmikroskop 1503, 1744, 1957
Operationsplanung 1712
Operationstechnik 1585, 1612
Operationstrauma 1885
Operationsverstärker 1345
OPES 1839, 1874
Ophthalmologie 1977, 1310
OPs der Zukunft 1154
Optifoam 772
Optifoam™ 619
Optik 1131
Optiken
– autoklavierbare 1132
– halbstarre 1131
optische Kohärenztomographie 1164, 1174
optische Teile 646
orale Anwendungen 1302
orale Implantate 2018
Orbita-Implantat 1973, 1982
Orbitahöhle 1982
Organdysfunktionen 1526
Organersatztherapien 1521
Organgewebe 443
organische Knochenersatzmaterial 1905
Organismus
– menschlicher 443
Organkulturen 73
Organoide 374
Organstücke 73
Organtransplantation 373, 432
Organunterstützungstherapien 1521
Organversagen 431
Original Equipment Manufacturer (OEM) 797
Original Equipment Manufacturer 2323

Orthopaedic Procedure Electrosurgical
  System 1839, 1874
Orthopädie-Techniker 1781
Orthopädie 1587
Orthopädietechniker 1772
orthopädische Implantate 2018
orthotopen Kunstherz 2298
Ortsauflösung 362, 1088
Ortsrasterung 1088
Ortung 1109
Os ilium 1717
Os ischii 1706
Osmolalität 394, 1183
Osmose 1306, 1524, 1530, 1531
osmotische Gradienten 1474
Ösophagusvarizensklerosierung 1121
Os sacrum 1727
Osseointegration 1750, 1881, 1882,
  1884, 2018, 2023, 2029
Ossifikation 172
– Chondrale 173
– desmale 172
– enchondrale 176
– periostale 176
Osteoblasten 171, 172, 173, 176,
  1886
Osteoblastom 1701
Osteofibrom 1700
Osteogenesis imperfecta 468
Osteoid 171, 172
Osteoidosteom 1701
Osteoinduktion 72
Osteoklasten 169, 172
Osteokonduktion 71
osteokonduktiv 2031
Osteokonduktivität 1905
Osteolyse 1847, 1874
Osteon 169
Osteoporose 1655, 2022
osteoporotische Knochen 1881
Osteosarkom 1700
Osteosynthese 321, 322, 324, 1060,
  1901
Osteosynthesemodell 1892
Osteosynthesen 1891

Osteosyntheseplatten 175
Osteosyntheseschraube 332
Osteosynthesetechniken 1877
Osteotomie 1886
Osteozyten 170, 171, 173, 175
Oszillation 408, 1251
oszillometrische Methode 1251
Otitis media 1961, 1968
Otoplastik 1912, 1926
Otosklerose-Chirurgie 1952
Otosklerose 1963
Otto Bock 1757
Outserttechnik 633
Outsourcing 2301
Over-the-wire-Technik 1268
Overhold 1140
Overmoulding 598
ownership 2372
Oxalsäure 945, 947
Oxidationsprozess 841
oxidkeramische Schicht 884
Oxidschichtdicke 213
Oxinium 1648
Oxy-Demand-Ventil 2089
Oxybutynin 1181
Oxygenator 1374, 1379

P

Packungsgrößen 2331
PACS-Systeme 1091
PACS 1095
PACVD-Behandlung 924
PACVD 909
pädagogische Hochschule 2392
palpatorische Blutdruckmessung 1250
Panaritium 994
Pankreasgang 1209
Pankreatitis 1155, 1194, 1200
Papain 248
Papillarmuskel 1394
Papillotom 1192, 1199
Papyri 993
Paradigmenwechsel 1877, 1878
Paraffinwachs 1177

Parallelschaltung 307
paramagnetisch 1048
Paramagnetismus 1061
Parametervariationen 1629
Parathormon 175, 1541
paravalvuläre Lecks 1409
Parfümierung 2219
Pars tensa 1960
Partialdruck 768
Partial Ossicular Replacement
 Prothesis 1964
Partikel 657, 694, 726, 1603
Partikelmessung 744
Partikelsensor 744
Partikelzähler 744
Partnerorganisation 18
Parylene 873
Passiva 2320
Passivierbarkeit 206
passivierende Oxidschicht 1288
Passivierung 197
Passivierungspotential 198
Passivschicht 884
Passivstromdichte 198
Passwortlevel 717
Paste-Paste-Systeme 2033
Pasteur, Louis 995
Pasteurisierung 995
patch 1448
Patellargelenk 1644
Patent 56, 2357
Patentanmeldung 2385
Patente 1882
– Laufzeit Deutscher 2363
– Laufzeit Europäischer 2363
Patentfähigkeit 50
Patentliteratur 56, 1879
pathogene Keime 1969
pathogener Partikel 732
Pathologen 12
Pathologie 1228
pathologische Fraktur 1709
pathologische Veränderung 1485
patienten-kooperative Regelung 1812
Patientenkollektiv 1448

Patientenkreislauf 1538
patientensicherer Zustand 1557
Patientenvereinigung 2245
Paukenhöhle 1959, 1960
Paukenröhrchen 1961
Paul-Ehrlich-Institut 477
Pauli, Wolfgang 43
Pavianmodell 519
PCNL 1166
PDD 1174
PDS-Band 1835, 1874
PDV 2207
PE-Abrieb 1685
Pechfasern 301
Pectoralis-major-Lappen 425
Pediculus arcus vertebrae 1730
Pedikel 1462
PEEK (Polyetheretherketon) 1641
PEEK
– kohlefaserverstärktes 252
PEEK Optima® 1657
Peer-Review 2316
peer 44
Peer Reviewers Committees 2388
Pegel 1922
Pegged Glenoid 1653
Pellethan 247
Pelvic Assist Manipulator 1811
Penaz-Prinzip 1252
pendelnde Arme 1765
Penetration 1155
Penis 1197
Pentacalciumphosphat 285
Peptidsequenzen 150
Perfluorcarbone 1973, 1980
– flüssige 1980
– gasförmige 1980
Performance 2373
Perfusionsdruck 520
Perfusionskatheter 1268, 1278, 1284
Perfusionskulturcontainer 387
Perfusionskulturen 392
Perfusionsprofil 1376
Perfusor 404, 2103
Perikard 1397

Perikardgewebe 1482
Perilymphe 1938
Periodendauer 1812
Periodika 53
Periodische Anordnung 381
Periost 168, 169, 175, 176
peripheren Dendriten 1942
Peristaltikpumpe 390
Peritonealdialyse 1549
Peritonealisierung 2060
Peritonealverwachsungen 2065
Peritoneoskopie 1154
Peritoneum 1549
Peritonitis 1167
peritrochantär 1709
Perkussion 1072
perkutane Bestrahlung 360
perkutane Dilatation 1475
perkutane Drahtelektrode 1829
perkutane Implantation 1475
perkutane Nierenchirurgie 1163
perkutanen Nephrolitholapaxie 1166
Perlen 406
Perlon 236
Perlpolymer 2035
Permanentimplantat 70
Permanentmagneten 1917
Permeabilität 515, 516
Permeat 1547, 1558
Peroxide 238
Personaldienstleister 2302
Personaldiziplin 752
Personaldurchgang 751
Personalkosten 2327
Personalschleuse 749, 752
Personenschutz 78
PET-Verfahren 1104
PET 1103, 1110, 1113, 1422
Peterson-Modul 985
Petrischale 2424
Pfahlbauten 993
Pfanneneinsätze 1601, 1605
Pfannengehäuse 1606
Pfannenkippung 1716
Pfannenkonzept 1606

Pflegekasse 2245
Pflichtenkatalog 2161
Pflichtverletzung 2155
Pfortader 1526
Pfropfcopolymeristion 868
PGA-Fasern 266
pH-Profil 1586
pH-Veränderung 1594
pH-Wert 524
Phagozyt 185
Phagozytose 86, 93, 134, 179, 181, 184, 250
Pharma 891
Pharmaberater 2230
Pharmabranche 2224
Pharmaindustrie 2338
Pharmakologie 42
Pharmakovigilance 2244
pharmazeutischen Industrie 1878
Pharmazie-Unternehmen 2351
Phase
 – Ana- 1234
 – Meta- 1234
 – monokline 280, 2045
 – Pro- 1234
 – Telo- 1234
 – tetragonale 2045
Phasengrenzfläche 1747
Phasenkontrastmikroskop 2421
Phasenreinheit 290
Phasenseparation 412
Phenolrot 2424
Phillips-Verfahren 230
Philosoph 2394
Phlebitis 996
Phosphat 1536
Phosphatidylcholin 919
Phosphatspeicher 168
Phosphorsäure 945
photochrome Linse 1998
photodynamische Fluoreszenzzystoskopie 1174
photodynamischer Fluoreszenz-Endoskopie 1164
photodynamische Therapie 1892

Photoeffekt 358
Photokathode 1092, 1104
Photokoagulation 1980
Photolack 928
Photolithographische Methoden 150
Photosensitizer 1174
Phthalate 1553
Physik 2397
Physikalische Strukturierung 1943
Physiknobelpreisträger 43
Physiotherapeut 1772
Physiotherapie 1178
Phäochromozytom 1165
Picture Archiving and Communication System 1095
piezoelektrische Effekt 1072
Piezoelemente 1880
Piezokristall 1078
Pigmente 2043
Pigtail-Katheter 1426
Pigtail-Stent 1211
Pilotröhrchen 492
Pilotschule 2398
Pilzwachstum 854
Pin 1891
Pinhole 2417
Pinole 673, 675, 682
Pinozytose 134, 184
Pins 1590
Piperacillin 1470
Pipettieren 2421
Pipettierhilfe 2421
Pipettierschema 2421
PISA-Studie 2393
Pixel 1035, 1218, 1221, 1223
pixelbasierten Bildanalyse 1217
pixelbasierten Schwellenwertverfahren 1229
pixelbasierte Verfahren 1234
Place 2330, 2336
Placebo 1297
Planbilanzen 2347
Planungshorizonte 58
Planwirtschaft 24
Plasma-Verteilung 122

Plasma 484, 485, 491, 840, 865
Plasmaaustausch 1573
Plasmadüse 841
Plasmaenergie 909
Plasmafaktor 159
Plasmaflamme 287
Plasmapherese 1573
Plasmapheresemembranen 1535
Plasmapolymerisation 867, 868, 871
Plasmapolymerisationsanlage 866
Plasmaprotein 1566
Plasmaspritzverfahren 287
– atmosphärische (APS) 288
Plasmazellen 90, 93
Plastifizieraggregat 571, 619, 2438
Plastifiziereinheit 755
Plastifiziereinheiten 574
Plastifizieren 559, 647
Plastifizierkomponente 884
Plastifizierstrom 573
Plastifizierung 628
Plastische Chirurgie 259
plastischen Chirurgie 765
Plastitube 1967
Plastizität 446
Plateauphase 1325
Platin-Iridium-Legierung 1938
Platin-Iridium 1274, 1938
Platin 1938
Platten-Schrauben 1891
Platten 1585
Plattendialysatoren 1534
Plattformtechnologie 1879, 1882, 1883
Plattformtechnologien 1893
Plattstich 981
Plazenta 460
Plazentablut 458
Plexiglas 240
PLIF-Behandlung 1658
PLIF-Implantate 1747
Plikatur 1394
pluripotent 447
PMMA-Formmasse 240
PMMA 1748

Pneumatically Operated Gait
  Orthosis 1811
Pneumoperitoneum 1127, 1158
PNP-Verfahren 1927
Polare Inversion 304
Polarisationswiderstand 202
Polarisierbarkeit 379
politics 17
Politik 2393, 2395
Politiker 2393
politische Sonne 18
Poly(b-hydroxybutyrat) 1305
Poly(e-caprolacton) 1305
Poly(e-caprolacton) 263, 266, 270
Poly(L-lactid) (PLLA) 621
Poly(p-dioxanon) 263
Poly(α-hydroxysäuren) 265
Poly(β-hydroxybutyrat) 263
Poly(ε-caprolactone) 269
Poly-p-xylylen 871
Poly-ε-caprolacton 525
Polyacetale (Polyoxymethylene,
  POM) 254
Polyacetale 2034
Polyacrylat 1014
Polyacrylnitrilfasern (PAN) 301
Polyacrylnitrilfasern 301
Polyaddition 228
Polyamid 1063
Polyamide (PA) 220, 236, 301
– aliphatische 229
Polyanhydrid 262, 270
Polybutylenterephthalat 233
Polycaprolacton (PCL) 269
Polycarbonat 1534
Polycarbonate (PC) 235, 249
Polyester 265
– Aliphatische 263
Polyester 899
– resorbierbarer 621
Polyestermanschette 1450
Polyether 2033
Polyetheretherketon (PEEK) 220,
  251, 302, 311

Polyetheretherketon 1066, 1625,
  1641
Polyethylen (PE) 220, 230
Polyethylen (PE-UHMW) 1607
Polyethylen-Inlay 1664
Polyethylen 220, 230, 1951
– HDPE 230, 1954
– LDPE 230
– LLDPE 230
– UHMWPE 230, 231, 278, 1612
– ultrahochmolekulares 1615
Polyethylenglykol 148, 1310, 2066
Polyethylenoxid 249
Polyethylenterephalat 1448
Polyethylenterephtalat 521, 1422
Polyethylenterephthalat (PET) 232
Polyethylenterephthalat 232, 264
Polyethylen UHMWPE 1615
Polyethylmethacrylat 318
Polyglycolsäure 524
Polyglykolid 2032
Polyglykolide 265
Polyhydroxyalkanoate 265, 268
Polyhydroxybuttersäure 525
Polyhydroxyethylmethacrylat 1303
Polyhydroxyethylmethacrylat 220,
  254
Polyimid 1470
Polyisobuten 224
Polykondensation 228
Polylactide 265, 267, 1305, 1586
– amorphe 1594
Polylactiden 1585
Polylactidsäure 524
Polylaktid 1880, 2032
Polymer-Folie
– metallisierte 1916
Polymer-Partikel 405
Polymer-Polymer-Komplexe 262
Polymer 242
– bioresorbierbares 621
Polymerabbau 1309
Polymerbeladung 616
Polymerchemie 554
Polymere 190, 219, 277

- abbaubare 1305
- Bio- 1595
- biodegradable 262, 1307, 2259
- biodegradierbare 524
- degradierbare 898
- gefüllte 646
- kohlenstofffaserverstärkte 1063
- natürliche 256
- Ökokompatible 2259
- quellbare 1307
- thermoplastische 1882
- Synthetische 230
Polymerhülle 409
Polymerisation 222
- Anionische 225
- Kationische 225
- „Lebende" 225
- Radikalische 224
- radikalische 868
- Ziegler-Natta- 227
Polymerisationsreaktionen 221
Polymerisationsschrumpfung 2039
Polymerisationswärme 244
Polymerkette 223
Polymerkonzentration 405
Polymerpins 1886
Polymerträger 1309
Polymethylmetacrylat 1672
Polymethylmethacrylat
 (PMMA) 1748
Polymethylmethacrylat (PMMA) 240
Polymethylmethacrylat 220, 240,
 1303, 1884
Polymyxin B 1470
Polyorthoester 262, 271, 1305
Polyoxymethylene 254
Polypektomien 1121
Polypektomieschlinge 1203
Polypen 1203, 1961
Polypeptide 265
Polypropylen 220
Polypropylenhohlfasern 1378
Polypropylenoxid (PPO) 249
Polypropylenoxid 249
Polysaccharide 265

Polysiloxan-Elastomere 250
Polysiloxane 220, 249, 1303
- Polysiloxan-Elastomere 249
- Polysiloxan-Fluide 250
Polysomnographiemessplatz 1353
Polysulfon (PSU) 253
Polysulfon 220, 253, 302
Polytetrafluorethylen (PTFE) 220,
 238, 249
Polytetrafluorethylen 1448, 1955,
 2442
Polytetrafluorethylenfolie 1453
Polytetrafluoroethylen 1422
Polytetrafluroethyle 521
Polytetramethylenoxid 249
Polyurethan-Schäume 1006
Polyurethan
Polyurethan 220, 221, 245, 523,
 1533, 1534
- Polyester-Urethane 245
- Polyether-Urethan 245
Polyurethane 245, 246, 1274
- vernetzte 247
Polyvinylacetate 2034
Polyvinylalkohol 1305
Polyvinylchlorid (PVC) 234
Polyvinylchlorid 220, 234, 1379
- Hart-PVC 234
- Weich-PVC 235
POM 254
Pool 443
Poor Mobilizer 489
populärer Nachdruck 16
porcine Klappen 1486
Poren 1542
Porendichte 784
Porengrösse 1888
Porengrößen 767
Porengrößenverteilung 778
Porengrößenverteilungen 767
Porenkeime 769
Porenradius 768
Porenstabilisierung 767
Porenstruktur 773, 777, 2440
Porensystem 1748

Porenwachstum 767, 768, 770
pores per inch 784
Porosität 243, 290, 989
PORP 1964
Porter, Michael 32
Portfolio 2394
Portfoliomanagement 2326
Portfolios 2343
Portmetastasen 1171
Poröse Fasern 411
poröse Oberflächenstruktur 1966
poröser Zellträger 766
poröse Trägersysteme 381
Positioniergenauigkeit 646
Positiv-Negativ-Positiv 1927
Positronen Emissions
  Tomograpie 1104
Positronenemittern 1104
Post-ERCP-Pankreatitis 1211
post-tailored 626
Postdilution 1553, 1556
Postdiskotomiesyndrom 1745
posterioeres Fixationssystem 1661
Posteriores
  Stabilisierungssystem 1662
postlingual 1936
postopertive Verwachsungen 1167
Post Review 44
postrheumatischen Vitium 1394
Potential 197
– Biomechanisches 1889
Potenzerhalt 1168
Potenzialdifferenz 1334
Pourbaix-Diagramm 196
p.p.-Heilung 1002
PPI 784
ppm-Bereich 228
PQ-Strecke 1330
Praktikant 2404
Praktikum Polymertechnik 2435
Praktikums-Seminar 2400
Praktikum vaskuläres System 2415
Praxisbezug 2407
praxisorientiertes
  Bildungswesen 2383

Preclotting 1436
Precursor 845, 908
Precursorfasern 301
Preis-Leistungs-Verhältnis 835
Preis-Wert Matrix 2335
Preisdruck 2334
Preise 18, 2322
Prepreg 322
Presse 10
Pressen 332
pressfit-Pfanne 1687
Price 2330, 2334
Primat der Innovation 51
Priming 1381
Primingvolumen 1379
Primäre Karzinome 1165
primäres Knochengewebe 174
Primäre Zelle 75, 77
primäre Zellkultur 2423
Primärharn 1523
Primärheilung 1002
Primärstabilität 1657, 1881, 1885
Primärtugenden 6
Primärtumor 1710
Primärzellen 766
Priorisierung 2334
Private Equity 2321, 2342
Private Public Partnership 26
Pro-/Supination 1819
Probeexzisionen 1125
Problemlösungen 54
Problemstenosen 948
Processus articularis 1730
Processus spinosus 1730
Processus transversus 1730
Prodisc-Implantat 1664
Product 2330, 2331
Product Quality Review (PQR) 508
Produkt 2301
Produktattribute 2336
Produktbeobachtungspflicht 2149
Produkte 3, 2321, 2382
Produktekennzeichnung 2119
Produkteklassen 2120
Produktentwicklung 2148, 2164

Produktentwicklungen 641
Produkterecycling 2273, 2277
Produktesicherheit 2107
Produkthaftung 554, 2154
Produkthaftungsgesetz 2146, 2184
Produktidee 2347
Produktion 2166
Produktionsfehler 2155
Produktionsmaschinen 2324
Produktionsmitarbeiter 2300
Produktionsprozesse 2171
Produktionssicherheit 656
Produktionsverlagerung 2172
Produktionsüberwachung 2167
Produktkategorie 2130
Produktkennzeichnung 2149
Produktkonzept 2341
Produktkonzepte 2333
Produktkonzeptionierungs-
 methode 2334
Produktlabel 2223
Produktoberfläche 738
produktorientiert 2386
Produktqualität 552
Produktrealisierung 2140
Produktschutz 78
Professoren 20
Profilbildung 2396
Profitabilität 2329, 2341
Profit Centers 4
ProFoam 619
Progenitorzelle 517
– endotheliale (EPC) 517
Programmierbuchse 1915, 1920
programmierten Zelltod 787
Programmierung 1564
Projektcharakter 2316
Projektionsbild 1072
Projektkosten 2387
Projektmanagement 2385
Projektplan 2386
Projektplanung 2399
Projektseminar zur Studien-
 und Berufsorientierung
 (P-Seminar) 2397

Prokollagen 256
Prolaps 1743
Proliferation 395, 444, 526
Proliferationsaktivität 2423
Proliferationsaktivität 451, 462
Proliferationspotenzial 444
Prometaphase 136
Prometheus® 1576
Promotion 2330, 2338
Proof of Principle 1580
Prophase 136, 1234
Proportionalventil 719
Proportionierung 1560
Propädeutikum 2397
Prostaglandin 539
Prostata 1167
Prostatakarzinom 357, 1167
Prostatakrebstherapie 367
Prostatavergrößerung 1164
Prostatektomie 1163
– offene 1167
– radikale 1167, 1169
Prostazyklin 538
Protagonisten 13
Protamin 1383
Protasul 10 208
Protasul 10® 1273
Proteasen 144
Protein-Koagulum 1463
Protein A 1538
Proteinadsorption 147, 160
Proteinadsorption 89, 864
Proteinbiosynthese 2423
proteingebundener Toxine 1575
Proteingehalt 84
Proteoglykane 145, 440
proteolytischen Effekte 519
proteomische Techniken 1173
Prothese 514, 1968
– anisotrope 1630, 1632
– Aortenklappen- 1404
– beringte
 Polytetrafluorethylen- 1449
– Bioartifizielle 536
– biomechanische 1480

Stichwortverzeichnis 2541

- Bogen- 1444
- CoreValve-Klappen- 1409
- custom-made 1613
- Dacron- 527
- ePTFE- 527
- Gefäß- 1448
- Herzklappen- 1399
- Kippscheiben- 1399
- Klappen- 1447, 1448
- Klappenring- 1448, 1450
- Stentless- 1398
Prothesen-Knochen-Interface 1620
Prothesen 2359
Prothesenbasismaterialien 2034
Prothesendesign 1612
Prothesendurchmesser 537
Prothesenfuß 1800
Prothesengeometrie 1622
Prothesenkugel 1621
Prothesenposition 1400
Prothesensymmetrie 1624
Prothesenverkalkung 1485
Prothesenvolumen 1620
Prothesenwand 983
Prothesenwerkstoffe 1612
Prothrombinzeit 1399
Protonendichte 1037
Prototyp 2405
Prototypenfertigung 601
Protrusion 1743
proximale Humerusfraktur 1655
proximaler Humerus 1732
Prozess 2439
Prozessdokumentation 591
Prozessfenster 657, 841
Prozessführung 635, 646, 649, 656
Prozessgas 781, 841
Prozesskette 2375
Prozesskette 654
Prozesskonstanz 704
Prozesslenkung 2115
Prozessmedium 613
Prozessmodell 655
Prozessobjekte 1219, 1221
prozessorientierter Ansatz 2161

Prozessparameter 654, 656, 774, 2436
Prozessphasen 616
Prozesspunkt 655
Prozesssicherheit 761
Prozessstabilität 552
Prozesstechnik 641, 654
Prozesstemperaturen 622
Prozessvariablen 1222
Prozessverlaufes 118
Prozessüberwachung 115, 591
Prägen 567
Präkanzerosen 1174, 1177
Pränataldiagnostik 1447
Präparation 1139
Präparationshäkchen 1140
Präparationsklemmen 1140
Präventionseinrichtung 2246
Präventivmaßnahme 739
Präzision 654
Präzisionsabformungen 2033
Präzisionsmechanik 2383
Prüf- und Zertifizierungsstelle 2129
Prüfdesign 2164
Prüfkaskade 11
Prüfmittel 2116
Prüfplan 2243
Prüfstrategie 2171
Prüfung auf Biokompatibilität 2163
Prüfungen 2116
Prüfungsverfahren 2362
Prüfverfahren 603
PSA-Test 368
P-Seminar 2398
p.s.-Heilung 1002
psychoakustische Eigenschaften 1940
PTCA 357, 936
PTFE-Prothese 2419
PTFE 1470
publizistische Meriten 17
Puffer 2424
pulmonale Autograft 1475
Pulmonalis
- homograft 1467
Pulmonalishomograft 1469

Pulmonalisstrombahn 538
Pulmonalklappe 468, 1404, 1479
Pulmonalklappen
– homograft 1467
pulsatile Durchströmung 1485
pulsatiles Flussprofil 1376
Pulsatilität 533
Pulsation 1555
Pulsbreite 1327
Pulsoxymeter 2094
Pulver/Flüssigkeits-Systeme 2035
Pulverimprägnation 322
Pumpenarm 1376
Pumpenminutenvolumen 1383
Pumpenrotor 1364
Pumpenstator 1364
Pumpfunktion 1374
Punkt-Linienkontakt 1646
Punkt-Punkt-Kontakt 1646
Punktewolke 658
punktorientierte Verfahren 1216
Pupillenöffnung 1974
Push-Technik 1126
Push/Pull Effekt 2384
PVC 1379, 1533, 1553, 2034
– Hart- 234
– Weich- 235
PVC und Weichmacher 835
PVD 863
PVD-Technologie 879
pvT-Verhalten 562
Pyelolithotomie 1166
Pyeloplastik 1164, 1167
Pyrocarbon 1641
pyrogenbedingte Reaktion 2170
Pyrogene 120
pyrolytischem Kohlenstoff 1399, 1452
pyrolytischer Kohlenstoff 1641
Pyämie 994, 996

Q

QM-Handbücher 2137
QM-System-Zertifizierung 2108
QM-System 2137, 2161
QRS-Komplex 1330
QS-Systeme 51
QS Standard 2206
qualifizierte Arbeitsplätze 2383
qualifizierter Mitarbeiter 552
Qualitas 16, 59
Qualität 2331
Qualitätsanhänger 2315
Qualitätsaudits 2118
Qualitätsaufzeichnungen 2117
Qualitätskontrolle (QC) 497
Qualitätskontrolle 54, 91, 449, 541, 1490, 2329
Qualitätskriterien 1490
Qualitätskultur des Landes 2383
Qualitätsmanagement (QM) 502
Qualitätsmanagement 2107, 2128, 2161
Qualitätsmanagementhandbuch 2119
Qualitätsmanagementsystem 2138, 2139, 2161
Qualitätsniveau 2375
Qualitätssicherung (QS) 498
Qualitätssicherung 591, 641, 2394
Qualitätssicherungssystem 2112, 2114, 2136
Quanten 1107
quantenphysikalisch 403
Quantenrauschen 1109
Quantifizieren 2329
Quantisierung 1086
Quantitas 16, 59
Quants 1103
Quecksilber 1242
Quecksilbermanometer 1250
Quellen 1595
Quellflussverhalten 604
Quellwasser der Donau 31
Quernarbe 1317
Querschnittslähmung 1443
Querspritzkopf 673
Querverbindung 2406
Question marks 2326

R

Racemat 265
Rachen 95
Radialfestigkeit 1284
Radikal 222
Radikale 2038
radikalen Prostatektomie 1167
radikalische Polymerisation 2039
Radikalische Polymerisation 224
radikalische Polymerisation 868
Radikalität vor Funktionalität 1710
Radioaktive Biomaterialien 343
radioaktives Iod 367
Radioaktivität 281
Radiochirurgie 1116
Radiologen 1217
Radiolyse 358
Radionuklid 366
Radionuklide$ 362
Radioonkologie 357
Radiopharmaka 358
Rahmenbedingung 2396
Rahmenthema 2397
RAMAN 305
Rampenparameter 717
Ramus circumflexus 2429
Ramus interventricularis 2429
Randfaserdehnung 1629, 1631, 1632, 1633
random pattern flaps 1499
Randschicht 1627
Ranking 51
Rapamycin 901
Rapid-Manufacturing-Verfahren 1930
Rapid-Manufacturing 1928
Rapid-Prototyping 1928
Rapid Manufacturing 1929
Raster-Elektronen Mikroskop 2418
Rasterkraftmikroskop (AFM – Atomic Force Microskope) 661
Rasterkrafttechnik 464
Rauchgasreinigung 2269, 2280
Rauchgaswäsche 2279
Raum-in-Raum-System 727
Raumbedingungen 655
Raumfahrtindustrie 644
Raumfahrtzentrum 2406
Raumkonzept 728
Rauschen 1038, 1911
Rauschspektrum 1088
RBV 1092
RCX 2429
Reaktion
– inflammatorische 1886
– immunologische 259
– toxische 70
Reaktionszeit der Steuerung 710
reaktive Gruppen 781
reaktive Sklerose 1702
Reaktivgas 882
Reaktivität 305
Reaktor 434
Reaktordeponie 2271
Reaktorisotop 365
Recessus epitympanicus 1959
Recherche 2362
Recherchenbericht 2362
rechter Kreislauf 1475
rechtlich-ethischer Ebene 541
Rechtsbehandlung 51
Rechtsprechung 2358
Rechtssysteme 30
rechtsventrikulärer Ausflusstrakt 1475
Recken 1275
Reckgrad 678
Recruitment 1921
Recycling 2272
Redox-System 2037
Reduktion der Kongruenz 1646
Reduktionshülsen 1129
Reduzierung des Aldehydgehaltes 924
Referenz 55
Referenztrajektorie 1814
Reflexion 1074
Refluxkrankheit 1148
Refluxtherapie 1126
Regelbarkeit 706
Regeleinrichtungen des Bildungswesens 1940

Regelgröße 710
Regelgüte 678
Regelsatz 1221
Regelungen 23, 38
Regelungsdichte 39
Regelungsstrategie 1826
Regelungstechnik 649
Regeneration des Dialysats 1575
Regenerationsfähigkeit 443, 1526
Regenerationsvorgänge 444
regenerativen Medizin 444
Regierungspräsidien 2128
regionale Netzwerke 2380
Register 466
Regulation 2179
Rehabilitation 1770, 1885, 2167, 2245
Rehabilitationseinrichtung 2246
Rehabilitationsmaßnahmen 1667
Rehabilitationsverlauf 1753
Reibkorrosion 200, 206
Reibung 106, 107
Reibungskoeffizient 106
Reichweite
– effektive 364
Reifegrad 2326
Reifegrade 2326
reine Räume 592
Reinheit 554, 657, 726
Reinheitsgrad 726
Reinheit von Stammzellkulturen 449
Reinigung 842
Reinigungsintervalle 655
Reinigungsmittel 884
Reinigungsprozess 2163
Reinjektionen 1179
Reinraum 2406
Reinraumbedingungen 872
Reinraumfertigung 711
Reinraumfeuchte 747
Reinraumflächen 2298
Reinraumklasse 78, 740
Reinraumkleidung 737, 752
Reinraumlabor 2403
Reinraummodul 648

Reinraumpersonal 752
Reinraumproduktion 2301
Reinraumschuhe 752
reinraumtaugliche Unterwäsche 752
Reinraumtechnik 555, 725
Reinraumtemperatur 747
Reinstwasseranlage 1546
Reintitan 2020
Reintitanossikelprothesen 1968
Reiter 2030
Reizelektrode 1938
Reizimpulse 1940
Reizrate 1940
Reißfestigkeit 971
Reißkraft 1313
Reklamationen 2132
Reklamationswesen 2119
Rekonstruktion 1391
Rekonvaleszenz 1165, 1168
Rekristallisationsbereich 1628
Rekristallisierungsphänomen 1471
Rektalkatheter 819
related burst pressure 1269
relative Feuchte 747
Relaxationsphänomene 1031
Relaxationszeit 531, 1032
Releasephase 947
REM-Untersuchung 847
REM 2418
Remodeling 520, 1905
Remodellingprozess 1887
renales Epithel 399
Rendite 2320, 2342, 2343, 2349
Renditeziel 2344
Rentabilität 657
Reoperation 1483, 1613
Repassivierung 199
Repetierapplikatoren 1146
Replamineform 1901
Reporting 2385
Reproduzierbarkeit 2260
Reprogrammierung 11
Reservelampe 1133
Reservoir 1182
Reservoir Typ 898

Resistenz 119
Resistenzbildung 1009
resorbierbare Clips 1146
resorbierbare Fadenmaterialien 1313
Resorption 1298, 1884, 1905, 1966
Resorptionsmechanismus 1905
Resorptionsverhalten 1183
response test 81, 88
Rest-Monomergehalt 1928
restart 58
Restaurationen
– indirekte 2044
Restenose 368, 1264, 1280
Restenoserate 368, 1288
Resterilisierbarkeit 523
Restfestigkeit 963
Restgehalt an Aldehyd 922
Restkühlzeit 611
Restmonomer 242
Restmonomerfreisetzung 243
Restmonomergehalt 243, 1890
Restrisiken 2132
Reststoffdeponie 2271
Restwärme 558
Resultat 15
Retentionszeit 89
Retraktor 1458, 1459
Retraktorblatt 1063, 1064
Retraktoren 1138, 1139
retrograd 1424
retrograde, arterielle Methode 1407
retroperitoneal 1155
retroperitoneale Zugang 1165
retropupillares Artisan Implantat 2000
retrovirale Gentransfer 518
Rettungsassistent 2080
Rettungshubschrauber 2082, 2083
Rettungswagen 2080
Returns on Investment 14
Revaskularisation 537
Reversed-Schulter-
 Endoprothese 1732
reversibel 1525
Revisionsfall 1637
Revisionsknie 1723

Revisionsoperation 1603, 1678, 1689
Rezeptorpotential 1933
Rezeptorproteine 141
Rezeptur 2202
Rezirkulation 1579
Rezyklierung 657
RGD-Peptide 148, 462
R-Glas 300
Rhein 32
Rhesus 474
rheumatisches Fieber 1392
rheumatoide Arthritis 1642
r-Hirudin 874
Rhythmusstörungen 1453, 1540
Ribosomen 132, 133
Richtlinien 2108, 2127, 2128
Richtlinien über
 Medizinprodukte 2127
richtungsabhängige Filterung 1922
richtungsabhängigen Filterung 1923
Riech- und Aromastoffe 2219
Riementrieb 754
Rieselfähigkeit 697
Riesenzellen 90, 267
Rigide 1977
Rinderperikard 1407
Ringdüse 681
Ringer-Lösung 1005
Ringprothese 1394, 1396
Ringrückstromsperre 587
Ringstent 1270
Ringöffnungspolymerisation 237
Risiken 1877, 2344
Risiko-Abwägung 1156
Risiko
– operatives 1443
– perioperatives 1443
Risikoanalyse 2111, 2162
Risikobeherrschung 2162
Risikobeurteilung 2132
Risikobewertung 2159, 2162
Risikoeinstufung 115
Risikofaktor 1239
Risikokapital 2298, 2300, 2301
Risikokapitalfonds 2342, 2343

Risikokontrolle 2136
Risikomanagement 2112, 2134, 2148, 2161, 2162, 2171, 2190
Risikomanagementprozess 2162
Risikominimierung 2161
Risikopotential 2129
Rissbildung 1743
Riva-Rocci 1240
RIVA 2429
RMA 790
RNA/DNA Synthese 81
Robert-Koch-Institut 114
Roboter 760, 840, 2072
Robotersysteme 2077
roboterunterstützte Systeme 1810
Robotik 1807, 2071
Robust Microarray Analysis 790
Rockwood 1874
Rockwood II 1834
Rockwood III–VI 1834
Rogers, Jim 38
Rohmaterial 2324, 2327
Rohr 672, 2443
Rohrskelett 1791
Rohstoff 2331
Rohstoffhersteller 552, 554
Rohstoffkosten 766
Rohstoffqualität 2163
Roland Martin 35
Rollback 1645
Rollen 681
Rollerpumpe 1373, 1374
RootReplica 1596
Ross Operation 1475
Rostfeuerung 2277
Rostfreie Stähle 1747
Rostfreie Stähle 193, 200, 203, 205
Rotating Wall Vessel Reactor 464
Rotation 1786
Rotations-Schweißverfahren 826
Rotationsflechtverfahren 977
Rotationsfrequenz 407
Rotationsgeschwindigkeit 407
Rotationssensor 644
Rotationsstabilisierung 1619

Rotationssystem 841
Rotationstechnik 530
Rotatorenmanschette 1837, 1874
Rotatorenmanschetten- insuffizienz 1653
rotierende Blutpumpen 1363
Rotor 1376
RPD 1269
RSP 560
rteria carotis 1431
RTH 2082, 2083
RTW 2080
Rubinkristalle 658
Rubor 93
Rudel 55
Ruhe 2395
Ruhepotential 197
Rundstrang 697
Rundtischanlage 830
Ruptur 1290
Rutilstruktur 211
Ruß-Silikon 2438
Röhrchenstents 1270
Röhrenknochen 1619
Röhrenprinzip 1378
Röntgen-Bildverstärker 1092
Röntgen 1084
Röntgenemitter 365
Röntgengenerator 1097
Röntgenkontrastmittel 1195
Röntgenkontrastring 1213
Röntgenkontrolle 1057
Röntgenmarker
 – resorbierbare 1598
Röntgenphotoelektronen- spektroskopie 909
Röntgenstrahlung 659
Röntgentransparenz 300, 1058
Rückenmark 1807
Rückenmuskulatur 1739
Rückfiltration 1524
Rückkopplung 1911, 1923
Rückkopplungen 1926
rückresorbiert 1523
Rückruf 2151, 2153

Rückrufpflicht 2150
Rückstichnaht nach Allgöwer 1318
Rückstichnaht nach Donati 1318
Rückstromsperre 560, 586, 587
Rückstände 2164
Rückverfolgbarkeit 2115
Rüschlikon/Schweiz 24
Rüstzeug 2300

S

Safe Quality Food 2200
Sägewirkung 1313
Sagittal-Ebene 1642
SAL (sterility assurance level) 114
Salmonellenerkrankung 752
Salpetersäure 945
Salzsprühtest 847
Salzsäure 945, 947
Saläre 2386
Sammelkammer 1533
SAM Splint 2102
Sandwich-Spritzgießen 555, 604, 605
Sandwichmoulding 604
Sandwichspritzgießtechnologie 815
Sandwichstruktur 604
SAP 1005
Sattdampf-Verfahren 117
Sattdampfbedingungen 117
Sättigungsmenge 747
Sauberkeit 657
Sauberraum 741
Sauerbruch 1757
Sauerstoffeffekt 358
Sauerstoffpermeabilität 254
Sauerstoffverbrauch 1382
Saug-Spül-Pumpe 1146
Saug/Spül-Einheit 1123
Sauger 1374
Saugfähigkeit 971
Saugfördergerät 715
Saugkompressen 1004
Säure-Basen-Haushalt 1524
SB Charité-Prothese 1664

Scaffold 265, 378, 407, 419, 513, 514, 519, 530, 1271
Scaffolds 953, 2417
– textile 957
Scala tympani 1942
Scanner 1097
Schablone 1513
Schaden 2368
Schadenersatzforderungen 30
Schadensausmaß 2136
Schadensbild 894
Schadensersatz 2368
Schadstoffminderung 343
Schaftquerschnitt 1613
Schalenmodell 1928
Schall 1911
Schalldruck 1925
Schalldruckpegel 1911
Schalleitungskette 1952, 1955
Schalleitungsschwerhörigkeit 1911
Schallemission 1885
Schallempfindung 1951
Schallempfindungsschwer-
  hörigkeit 1911, 1957
Schallfeld 1078
Schallreflexione 1922
Schallvereinfachung 1912
Schallwelle in Luft 1933
Schallwelle in Wasser 1933
Schallwellen 1072
Schallübertragung 1890
Schaltschrank 755, 759
scharfe Dissektion 1139
scharfer Löffel 1206
Scharpie 961
Schaumextruder 772
Schaumspritzguss 770
Schaumstoff-Verkleidung 1775
Schaumstoffüberzug 1785
Schaumstruktur 623
Schaumstrukturen 778, 782
Schaumwachstum 616
Schenkel
– arterielle 1533
Schenkelhalsprothese 1637

Scher- und Mischelemente 579
Scherarbeit 691
Schere 2086
Scheren 1138, 1142
Scherspalt 579
Scherspannung 518, 533
Scherung 692
Scherversuch 913
Scherversuche 603
Scherzugversuch 913
Schicht 908
Schichtcharakteristik 847
Schichtdicken 863, 911
Schichtdickenbereiche 865
Schichtdickenverhältnisse 677
Schichteigenschaften 867
Schichthaftung 880
Schichtmorphologie 882
Schichtwachstum 881
Schichtzusammensetzung 909
Schieberwerkzeuge 651
Schiefe Schlachtordnung 15, 18
Schlacke 1278, 2269, 2291
Schlaganfälle 1217
Schlauch 672
Schlauchbündel 724
Schlauchende 812
Schlauchfolienwerkzeug 807
Schlauchkalibrierung 2443
Schlauchsysteme 1379
Schlaufenstich 981
Schleifwelle 892
Schleimhaut 1955
Schleppströmung 694
Schleuse 751
Schleusenbereich 752
Schleusensystem 749
Schlichte 303
Schliesskörper 1480
Schließeinheit 589, 755
Schließkraftklassen 589
Schließmuskelprothese 1196
Schließung des Betriebs 2153
Schliffbildern 786
Schlucken 1959

Schlussbericht
– mit Umsetzungsplan 2385
Schlusszyklen 1387
Schläfenbein 1959
Schläuche 908
Schlüsselelemente 2316
Schlüsselfragen 1885
Schlüsselrisiken 1883
Schlüsseltechnologie 403
Schmelzedrücke 686
Schmelzefilmdicke 582
Schmelzekanal 584
Schmelzemenge 704
Schmelzepumpe 670, 677, 696
Schmelzetemperatur 777
Schmelzetemperaturen 606
Schmelzevolumenstrom 696
Schmelzewirbel 577
Schmelzsalz 2194
Schmelzspinnanlage 967
Schmelztest 2440
Schmelzzone 1880
Schmelzzonen 1879
Schmerzensgeld 2146, 2154, 2156
Schmerzmittelbedarf 1165
Schmiederohling 1648
Schmiedetechnik 42
Schmierstoffe 654, 657
Schmierung 106, 107
– elastohydrodynamische 108
– hydrodynamische 108
Schnecken-Spritzgießmaschine 642
Schneckenachse 1940
Schneckenaufbau 670
Schneckendrehzahl 2436
Schneckendrehzahlen 692
Schneckendurchmesser 642, 646
Schneckenhübe 642
Schneckenkanal 667
Schneckenkolbenmaschine 646
Schneckenkopf 619
Schneckenmaschinen 665
Schneckenvorplastifizierung 648
Schneideanlage 678
Schneiden 774, 1270

Schneidgrate 697
Schnittbild 1072
Schnittmenge 15
Schnittstelle 2397, 2400
Schnittstellen 2353
Schockabgabe 2093
schole 2395
Schorf 1008
Schrauben 1585, 1589
Schraubenimplantate 2020
Schraubenloch 326
Schraubpfannen 1615
Schraubstock 35
Schrittlänge 1812
Schrittmacher 1448
Schrumpfschlauch 1276
Schrumpfung 243, 1179, 2043
Schrumpfungsverhalten 916
Schrägrohrmanometer 747
Schubflanke 577
Schubspannungen 580
Schul-, Berufs- und
  Hochschulsystem 32
Schulalltag 2405
Schuldenlast 2331
Schule 2394
Schulgemeinschaft 2391
Schulterblatt 1762
Schulterendoprothetik 1649
Schulterexartikulation 1777
Schulterexartikulationsprothese 1776
Schulung von Mitarbeitern 499
Schulzeit 2391
Schumpeter 2313
Schussfaden 973
Schussgewicht 628, 642
Schutzgas 969
Schutzrecht 2367
Schutzrechte im Ausland 2364
Schutzrechtsinhaber 2368
Schwangerschaftsraten 2060
Schwangerschaftsrisiko 2060
Schwankungsbereich 655
schwarzes Loch 1053
Schwarzes Meer 32

Schwarzraum 727
Schwebeprobe 2440
Schwebstofffilter 732
Schweineherz 2403
Schweiz 4
Schweizer Bund 2388
Schweizer Bürger 2388
Schweizer Jura 32
Schweizer Medtech-Situation 2383
Schweizer Medtech Industrie 2379
Schweizer Nationalfonds 2386
Schweizer Recht 2109
Schweizer Universitäten 2313
Schweißdrüse 1495
Schweißen 824
Schweißkopf 483
Schweißsonotrode 825
Schwerhörigkeit 1936, 1952, 1957,
  1959, 1961
Schwerkraft 1380
Schwermetalle 2269, 2290
Schwermetalle 260
Schwerpunktsortung 1109
Schwindungsverhalten 608
Schwingungsrisskorrosion 196
Schwungphase 1769
Schwungphasensteuerung 1761, 1800
Schwäbischen Alb 31
Schwächungskoeffizienten 1101
Schwächungsprofile 1099
Schädelchirurgie 1588
Schälen 774
Schälversuche 603
Schüler experimentieren 2399
Schüttkegel 715
Schützenwebmaschine 975
Score 1230
Scratchtest 892
screening test 81, 86
Sedimentation 2423
Seed 2346
Seed Phase 2346
Seeds 367
Seele 1787
Segel 1387

Segelklappe 1479
Segelklappen 1387
Segelvergrößerung 1394
Segmentbeweglichkeit 1745
Segmente 2332
Segmenten 1216
Segmentierung 1216, 1226
Segmentierungskriterien 2331
Segmentierverfahren 1220
Sehenfadenruptur 1396
Sehnen 220, 1589
Sehnenfäden 1394
Sehvermögen 1974
Seife 2440
Seitenband 1643
Sekret 1961, 2099
Sekundärheilung 1002
Sekundärliteratur 2405
Sekundärwerkstoff 2273
Selbstapplikation 1182
Selbsterneuerung 444
Selbsterneuerungspotential 444
Selbstexpandierende Stents 1269
Selbstexpandierende Stents 937
Selbstmessgerät 1244
Selbstmessung 1255
Selbstorganisation 52
Selbstständigkeit 2398
Selbstwertgefühl 2027
Selbstähnlichkeit 1342
Seldingertechnik 1533
Selectine 141
Selektive katalytische
  Reduktion 2280
selektive Kopfperfusion 1442
Selektive Lochrandverstärkung 329
Selektivförderung 20
Selektivität 946
Semesterarbeiten. Siehe
semicompliant 1269
Semilunarklappen 1387
Seminararbeit 2397
Seminarfach 2397
semipermeable Membran 1377, 1534, 1553

semipermeabler Membran 1181
Semmelweis 725
Sende-/Empfangsspule 1938
Senkerodieren 654
Senkerosion 652
Sensibilisierung 92, 94, 189, 1928, 2164
Sensibilisierungspotential 94
Sensitivität 1916
Sensitivitätsanalysen 2347
Sensor 1259
Sensoren 1369
Sensorik 564
Sepsis 1525
Septum 1412
sequenzieller Aufbau 728
Sequenzverfahren 597
Sequestierung 1744
Seren 453
serielles Verfahren 599
Serienreife 857, 2301
Serienschaltung 307
Serpentine 99
Serum 156
Serumosmolarität 1540
Servoantriebe 649
Servomotor 1801
Sezieren 2403
SGB 2245
Shape-Memory-Effekt 1273
shape memory-Legierung 952
Shape Memory Implantate 1597
Shareholders Value 57
Shaver 1845, 1864, 1875
Shore-Härte 2438
Shrinking 1278
Shunt 1533
Shuttlefaden 1834, 1874
Sicherheit 1579, 2145, 2178, 2334
Sicherheit des Arbeitsplatzes 2301
Sicherheitsaspekt 2167
Sicherheitsbedürfnis 52
Sicherheitsclip 1206
Sicherheitsrisiko 1816
Sicherstellung 2153

Sidebending-Bewegung 1664
Siedlungsabfall 2269
Siemens-Schwel-Brenn-
  Verfahren 2272, 2281
Sievert 361
Sigmoidoskop 1190
Signalauslöschung 531
Signalerkennung 140
Signalprozessor (DSP)
– programmierbare 1921
Signalprozessor 1919
Signalverarbeitungskette 1920
Signalverlust 1062
Silan 148
Silanisierung 2041
Silanol 2041
Silber-Kationen 1009
Silber-Silberchldorid-Elektrode 1339
Silber/Silberchlorid-Elektrode 1341
Silber 832, 1009, 1670
Silbersinterelektrode 1347
Silikate 95, 99
Silikon 871, 1379, 1938, 2052, 2442
Silikone 1927
Silikone 2033
Silikonelastomere 2052
Silikonernährungsonde 820
Silikongel 2052
Silikonimplantationen 2051
Silikonkautschuk 1379, 1983
Silikonleckage 2055
Silikonröhrchen 540
Silikonschaum 820
Silikonöl 409, 1978, 2052
Silikose 96
Silizium-Mikromechanik 928
Siliziumdioxid 2040
SIMS 305
Simulation 2374, 2447
Simulation der Operation 1150
Simulationen 650
Simultanphase 605
Single-Pass-Albumindialyse 1575
Single-Pass-Dialysemaschine 1557
Single-Row-Technik 1839, 1875

Single Photon Emission Computed
  Tomography 1104
Sinnfrage 2316
Sinterkeramik 2044
Sintern 634, 1943
Sinterung 2044
Sinterungsprozess 1900
Sinusoid 1224
Situation 1222
Situationsabformungen 2033
Situationsreaktion 1807
Sitzfleisch 2394
Sivash 1677
Sizing 303, 304
Skaleneffekte 2327
Skalierung 2073
Skalpreplantation 1500
Skills 2314
skip lesion 1705
SLA-Oberflächen 2028
SLAP 1844, 1875
SLD 1175
Slide 1229
Sloterdijk 2314
Slotted-Tube-Stent 1270
SMD-Komponente 1920
Smith-Petersen 1670
smooth muscle cells (SMC) 1282
Sodbrennen 1148
soft skills 2398, 2401
Softspot 1838, 1874
Software 2127
Soja 2195
Sojabohnenöl 2057
Sonderschnecke 618
Sonderverfahren 646
Sonic Fusion 1596
SonicWeldRX 1891
SonicWeldRX System 1891
Sonographie 1072
Sonographie 2056
SonoTip® II 1207
Sonotrode 1880, 1890
SOP-Management 503
Sorgfaltspflicht 2150, 2184

soziale Betreuung 1754
soziale Verantwortung 2248
Sozialgesetzbuch 2245
Sozialgesetzgebung 2245
Sozialkunde 2393
Sozialverhalten 2401
sozioökonomische Kosten 1667
SPAD 1575
Spallation 1377
Spaltbildung 1743
Spalten 2039
Spalthauttransplantat 1495
Spaltkorrosion 196, 199, 200, 205, 209, 210, 212
Spanende Fertigung 325
Spannungs-Dehnungs-Verhalten 534
Spannungskonzentration 309, 1484
Spannungskonzentrationen 1890
Spannungsreduktion 1619
Spannungsrisskorrosion 199, 205, 209, 212, 1274, 1603
– interkristalline 205
Spannungsrisspotential 198
Sparbeitrag 8
Spasmen 1462
Spastik 1809
SPECT 1103, 1104, 1109, 1113
Speedchain 1839, 1875
Speichel 95
Speicheldrüsen 428
Speichelproduktion 428
Speicher 1919
Speiseröhre 1193
spektrale Bandbreite 1177
Spektrale Doppler-Sonographie 1082
spektroskopische Analyse 203
spektroskopische Methode 1707
Spendenalter 1468
Spenderblut 1381
Spenderorgane 373, 375, 431
Spendertauglichkeit 502
Spezialisierung 2392, 2394
Speziallamellen 168
Spezifische, erworbene Abwehr 179
spezifische Antikörper 1538

spezifische Oberfläche 305
Sphinkter 1197
Sphinkter Prothese 1195
Sphygmograph 1241
sphärische Messcharakteristik 1917
Spiegelung 1122
Spielraum 2152
Spielraum für Risiken 2172
Spielregeln 28
Spineboard 2101
Spinecho-Sequenzen 1053
Spinechosequenzen 1037
Spinnanlage 965
Spinndüse 965, 967
Spinnerei 993
Spinninglösung 406
Spiral-CT-Technologie 1095
Spiral CT 1102
Spiralganglienzellen 1940, 1943
Spiralstents 1270
Spitzendruck 1250
Spitzenforschung 2402
Spitzenprodukt 2304
Spondylodese 1746
Spongiosa 168, 169, 1620
Spongiosaaugmentation 1902
Spongiosatransplantation 1897
spongiöser Knochen 1879
Sponsor 2242
Spontanremission 1866, 1875
Sporen 114
Sport 2392
Sportmedizin 1589, 1892
Sprache 1933
Sprachentwicklung 1936
Spracherwerb 1936
Sprachlose 15
Sprachnachrichten 1925
Sprachprozessor 1938
Sprachverstehen 1936
Sprachverständlichkeit 1922
Sprachzentrum 1041
SprayGelTM 2065
Spreizer 2086
Spritzenpumpe 2103

Spritzgiessen 1598
Spritzgieß-Sonderverfahren 597
Spritzgießen 555, 2435
Spritzgießmaschine 557, 755
Spritzgießverfahren 2438
Spritzguss 8, 304, 306, 321, 323, 328, 331, 1066, 1623, 1633, 2403
Spritzgussform 1066
Spritzgussgerechte Bauteilkonstruktion 1064
Spritzgussmaschine 2403
Spritzgussparameter 1624
Spritzgussprozess 1890
Spritzgussverfahren 321
Spritzgusswerkzeug 1625
Spritzkolbenkraft 706
Spritzling 709
Spritzlinge 649
Spritzprägen 567, 624, 646
Spritzschweißen 598
Sprühkorona 844
Sprühverfahren 899
Spurenelemente 195
Sputterprozess 910
späte Thrombose 1289
Spätthrombosen 11
Spül-Einheit 1123
Spülzeit 748, 751
stabiles Gewebe 163
Stabilisator 2194
Stabilisator 968
Stabilisatoren 690
Stabilität 1891
– sekundäre 1882
Stabiliätsgrenze 1892
Stablinsensystem 1131
Staging-Lymphadenektomie 1167
staging 1705
Stahlschrauben 336
Stahltrokar 1844, 1875
Stallforth 6
Stammzell/Biomaterial-Interaktion 462
Stammzellapherese 489
Stammzellbanken 466

Stammzelle (Knochenmark) 180
Stammzelle 444, 517, 518
– adulte 449
– der Haut 459
– embryonale 448, 456
– fetale 448
– hämatopoetische (= Blutbildende) 446, 448, 457, 458, 467
– mesenchymale 467, 517
– multipotente 447
– neuronale 448
– omnipotente 448
– pluripotente 448
– postembryonale 517
– postnatale 449
– totipotente 448
– Unipotente 447
Stammzellen 179
– mesenchymale 789
– postnatale 11
Stammzellforschung 11, 12, 517
Stammzellpotential 456
Stammzelltherapie 488
Stammzelltransplantation 466, 493
Standard 2179
Standardelektrode 1335
Standardgranulat 646
Standardlichtmikroskop 2426
Standardspritzgießen 566, 643, 654
Stand der Technik 2360
Stand der Technik ermittelt 2360
Standort 39
Standortmarketing 2373
Standphase 1766
Standzeiten 1637
Stanford Klassifikation 1437
Stanzung 822
Stapedotomie 1963
Stapes 1960, 1963
Staphylokokken 1389
Stapler 1138
Stars 2326
Start-up 2313
Start up 2346

Statik 1769
Stationswäsche 987
statische Aufladung 651, 738
Statisches Magnetfeld 1050
statistischer Versuchsplan 655
Staumanschette 1240
Steckkonus 1621
Stege 673
Steigbügel 1952, 1960
Steilkegel 659
Stein 1193
Steinextraktionskörbchen 1199, 1201
Steissbein 1740
Stem Cell Engineering 462
Stenose 1265
– Aorten- 1407
Stent-Delivery-Systeme 1285
Stent-Design 1269
Stent-Therapie 1419
Stent 1397
– selbstexpandierbaren Nitinol- 1409
Stent 191, 357, 368, 2403, 2429
Stentbeschichtung 899
stented 1482
Stentenden 1424
Stentgerüst 1422
Stentgraft 952
Stentgrafts 1420
Stent Grafts 1422
Stenthülle 1422
Stenting 2416, 2432
Stentless-Prothese 1398
Stentlose Bioprothesen 1398
Stents 9, 936, 1049, 1121, 1598
– klappentragende 1475
– Selbstexpandierende 937
Steppstich 981
Stereo-Endoskop 2076
Stereobilddaten 2076
Stereoblockpolymere 228
Stereolupe 659, 2434
Sterilbarrieresysteme 115
Sterilbereich 1153
Sterilisation 77, 114, 948, 1016
Sterilisationsclips 2059

Sterilisationsergebniss 2162
Sterilisationsmethode 2061
Sterilisationsverfahren 2171
Sterilisator 117
Sterilisierbarkeit 219, 262, 321
Sterilisierung 761, 1470
Sterilisierverpackung 116
sterility assurance level 114
Sterilität 115
Sterilitätsprüfung 2163
Sterilprodukte 2131
Sterilwerkbank 2420
Sternotomie 1395
Steuergelder 2388
Steuerphasen 1369
Steuerungskonzept 704
Stickerei 981
Sticksensor 354
Stickstoff 910
Stickstoffbehälter 491
Stickstoffgehalt 205
Sticktechnik 954
Sticktechnologie 951
Stiel 1960
Stifneck 2100
Stiftung Warentest 1244
Stiglitz, Joseph
– Nobelpreisträger 37
Stigmatisierung 1912, 1915
Stippen 679
Stippenbildung 677
Stirnabzugsversuch 913
stoffschlüssige Verbindung 598, 602
Stofftrennung 8
Stoffwechsel 129, 1519
Stoffwechselorgane 1520
STOPTM Device 2061
Storz, Karl 35
Storz, Sybill 35
Strafmaß 2153
Strafrecht 2152
strafrechtliche Haftung 2153
Strahl 405
Strahlenbeständigkeit 251
Strahlendosierung 231

Strahlendosis 123
Strahlengang 2425
Strahlenschutz 361
Strahlenschäden 359
Stranggranulation 697
Stranggranulator 2436
Strangs
– extrudierte 779
Strategie 1882, 2330, 2339
Strategieentwicklung 2319
strategische Neuausrichtung 2324
strategische Planung 2330
strategischer Planungsprozeß 2319
Streckbewegung 1762
Streichbaum 974
Streptokokken 1389
Stressharninkontinenz 1178
stress shielding 1637
Stricken 1434
Stricktechnik 978
Stroma 1176
Stromdichte-Potentialkurve 196, 201
Stromdichte 197
Stromdichten 946
Stromversorgung 1563, 1930
Strukturbreite 641
Strukturen 59
Strukturhöhe 641
strukturierte Oberfläche 1484
Strukturierung 901
Strukturkompatibilität 42, 63, 67, 299, 378, 791, 1612, 2020
Strukturprotein 526
Strukturversagen 308
Strukturverzicht 2302
Strukur
– trabekuläre 1880
Strömungsgeräusche 27
Strömungsvorgänge 2374
Stuart-Prower-Faktor 159
Studentenalltag 2406
Studienabbrecher 2392
Studierfähigkeit 2396
Stufe 1766
Stufenfinanzierung 2343

Stufenplan 655
Stufenplanbeauftragter 2230
stumpf 1140
Stumpf 1768
Stundentafel 2393, 2396
Stylet 1208
Styling 2331
Styrol 226
Stäbchenrichtung 316
Stärke 265
Stöchiometrie 887
Störeinkopplung 1344
Störgeräuschunterdrückung 1924
Störgrößen 655
Störsignale 1345
Stückkosten 2328
Stückzahl 2334
Stückzahlen 647, 657
Stützdraht 676
Stützdrahtabwickler 677
Stützgewebe 164
Stützluft 674
Stützluftanschluss 718
Stützluftmodule 720
Suarez 1500
Sub-Millimeter 641
subacromialer Raum 1834, 1874
Subendothel 144
Subkultivierung 2425
Submikrometerstrukturen 947
subperiostale Implantate 2018
Substanz
– vasoaktive 516
Substanzmengen 1300
Substituat 1546
Substitute 2322
Substitution 554
Substitutionsreaktion 1901
Substratoberfläche 856
subtotale Meniskusresektion 1858
Subtrahiererschaltung 1346
Subtraktionsverfahren 18, 19
subvalvuläre Halteapparat 1392
Sulcus intertubercularis 1845, 1875
Sulfatierung 1526

Sulfix-6® 244
Sulfonsäureester 2033
Sulmesh-Titannetz 1617
Sulzer Chemtech AG 619
Superabsorber 1005, 1014
superabsorbierendes Polyacrylat
 (SAP) 1005
Superelastizität 1422
Super Learning 1332
Superlumineszenzdioden 1175
superparamagnetische
 Nanopartikel 530
superparamagnetischer Partikel 2416
Superstrukturierung 383
Suprakonstruktion 2029, 2030
supramolekular 421
Surface degradation 265
Suspensions-Zellkulturen 2423
Suspensionskultur 74
Süßstoff 2194
Suture-Bridge-Naht 1875
Swissmedic 2379
SwissTechnology Award 1596
Syme 1792
Symmetrische Membranen 1536
Sympathie 58
symptomatischen Hypotonie 1566
Syndesmose 1864, 1875
Syndromen 1891
Synergieeffekte 359
Synovialflüssigkeit 106
Synovialmakrophagen 182
Synthesefasern 2260
Synthetische Polymere 230
Syphilis 1468
System 57, 1378
– geschlossenes 1378
– offenes 1378
– unbeschichtetes 1379
systematische Toxizität 2164
Systeme
– gegenläufige 692
– gleichläufige 692
Systemerkrankung 517
Systemgedanken 643

Systemhand 1757
systemisch 1539
Systemvergleiche 53
Systemzertifizierung 2201
Systole 1251
systolischer Blutdruck 1239
Szenarioanalysen
– optimistische 2347
– pessimistische 2347
– realistische 2347
Szene 1221
Szintigraphie 1103
Szintilationsdetektor 1104
Szintillationsschicht 1093
Szintillationszähler 361

T

T1-2 Tumoren 1165
T1-Relaxation 1032
T2-Relaxation 1033
Tabletten 698
Tablettenwalzen 698
Tafel 686, 687
Tafelextrusionswerkzeuge 687
Tagesmittelwerte 1257
Tagestherapiekosten 1575
TAH 1357
Taktizität 304
Talente 27
Talentförderung 27
Talgdrüse 1495
Talkum 780
Tamponadefunktion 1978
Tampondruckverfahren 828
Tangentialdehnung 985
Tankboden 1568
Tantal 192, 193
Targetmaterial 882
Taschenklappen 1387, 1479
Tastfühler 658
Tastkugel 658
Taubheit 1936
Taubstummheit 1936
Tauchkantenwerkzeuge 630

Tauchverfahren 1276
Tayler-Cone 404
T-Coil 1918
Team 2347, 2399
Technik
– halboffene 1130
Techniker 4
technische Hörsysteme 1936
technischen Definitionen 2127
Technischen Hochschulen 13
Technischen Universitäten 14
technische Regel 2161
Technizität 2358
Technologie-Management 2371
Technologie-Transfer 2372
Technologie 2301
technologiebasierte Fähigkeiten 2314
Technologien 2382
Technologien 403
technologieorientierte
 Unternehmen 2351
Technologietransfer 1883
technologische Entwicklung 2372
technologische
 Superspezialisierung 16
Tecoflex 247
Teigwaren 665
Teilhandersatz 1776
Teilkronen 2044
Teilprothesen 2016
Teilungsverhalten 2423
teleangiektastisches
 Osteosarkom 1706
Telefon 1940
Telefonspule (T-Coil) 1918
Telefonspule 1915
Telemanipulator 1393, 1394
Telematik 1153
Telemedizin 2333
Telemetrieeinheit 1939
Telemetriesystem 1938
Telepräsenz-Techniken 2071
Telepräsenz 1154
Teleradiologie 1095
Teleskop 1131

Tellerrand 2405
Telomerase 456
Telomere 444
Telophase 138, 1234
Temperaturgradienten 1471
Temperaturkontrolle 1560
Temperaturverläufe 1888
Temperieren 578
Temperierkanal 709
Temperierung 1559, 1623
Temporärimplantate 63
TenderWet® 1010
Tenodese 1845, 1873, 1875
TEOS 847
TEP 1669
terminale Dekompensation 1408
Termination 223
Test
– LDH- 85
– MIT- 85
– Neutralrot- 84
– Trypanblau- 84
Testkeim 856
Tetracalciumphosphat 285
Tetracisdimethylamidotitan 909
Tetrafluorkohlenstoff 866
Teufel 43
Tex-System 963
Textilfasern 2260
Textilhinterspritztechnik 624
Textilie 624
Textilmaschine 972
Textiltechnik 2259
textilverstärkter
 Kunststoffverbund 344
Textilverstärkung 351
Texturierungen 907
TGA 2181
Thallium 1104
Theorie der Wissenschaft 2391
Theorietest 2392
Theragnostik 9, 1113
Therapeutische Breite 1300
Therapeutische Embolisation 1026
therapeutische Medizintechnik 8

therapeutischen Spektrum 468
therapeutisches System 1300
Therapie 219
Therapieplanung 368
thermische Trauma 1887
thermo-mechanische
  Beanspruchung 1890
Thermodissektion 1146
thermodynamisches
  Gleichgewicht 1334
Thermoformen 2435
Thermoformverfahren 826
Thermokoagulation 1146
Thermoplast-Schaumspritzgießen 613
Thermoplaste 557, 646, 667
Thermoplastschaum-Spritzgießen 624
Thermoplastschaumspritzgießen 555,
  2439
Thermoplastschäumen 614
Thermoselect 2272, 2283
Therpeutischer Index 1309
Thiolverbindungen 148
third party audit 2199
Thorakoskopie 1122
Thorakotomie 1420, 1437
Thorax 1042
Thoraxtrauma 1469
Thrombenbildung 920
Thrombin 158, 1011
thrombo-embolische
  Zwischenfälle 1361
Thromboembolierate 918
Thrombogene Werkstoffe 89
Thrombogenität 89, 160, 189, 249,
  921, 1274, 1287
Thrombose 1421
Thrombosegefahr 513
Thromboyztapherese 487
Thrombozyten 144, 158, 159, 160,
  177, 476
Thrombozytenkonzentrat 486
Thrombozytopenie 1538
Thrombus 160
Thrombusbildung 1319
Thrombusbildung 158

Thymol 1000
Ti:Saphir-Femtosekundenlaser
– 1177
Tibia-Polyethyleninlay 1646
Tibiaplateau 2031
tiefe Hypothermie 1442
Tiefenfilter 1379
Tiefenprofile
– farbcodierte 789
Tiefenschärfe 659, 788
Tiefgefrierungsprozess 1471
Tiefkühlpizza 2198
Tierexperiment
– allogenes 526
Tiermodell 917, 2298
Tierschutz 2171
Tierstudien 1890
Tierversuch 373, 2166
Tierversuche 91, 1888
Tierversuchen 765
Tierversuchsstudien 916
Tight junctions 130
TIK-WIT Prozess 611
Time to Market 43, 57
Tipforming 821
Tipping 1278
Tissucol® 261
tissue-engineered Gefäßprothese 536
Tissue Engineering 64, 91, 100, 140,
  150, 373, 418, 425, 431, 444, 513,
  526, 529, 990, 1263, 1414, 1877,
  1878
– kardiovaskuläres 513, 540
Titan-Nickel 1273
Titan-Plasma-Beschichtung 2028
Titan-Platte 1591
Titan-TLIF-Cage 1659
Titan 1059, 1063
Titan 193, 199, 211, 528, 907, 1273,
  1615, 1747, 2019
Titancarbid 911
Titanclips 1146
Titandioxid 911
Titanfasern 299
Titangerüst 1399

Titanimplantate 1968, 2023
Titanisierung 917
Titanlegierung 193, 195, 203, 211
Titanlegierungen 211, 1063, 1273
Titanmonoxid 911
Titannitrid 911
Titanoxid 1955
Titanoxidpartikel 183
Titanpin 1887
Titanstift 1596
Titer 963
TLIF-Implantate 1659
TMP 909, 1554
Tochterzelle 446
Tod 851
Todesursache 513, 1263
Toleranz 801
Toleranzen 654, 661
Tonhöhen 1942
Tonnagen 700
top-down 15, 17
topologisches
    Verknüpfungsobjekt 1221
torische monofokale aIOL 1991
torische Multifokallinse 1995
TORP 1964
Torsionsbeanspruchungen 1626
Torsionsbelastung 628
Torsionskräfte 1648
Torsionsmoment 336
Torsionsstabilität 803, 1621
Total artificial heart 1357
totalendoskopische
    Mitralklappenrekonstruktion 1394
Total Ossicular Replacement
    Prothesis 1964
Totalreflexion 1075
Totalversagen 318
totipotent 447
Totwassergebiete 670, 677
Totwasserzone 989
Touchscreen 708
Toxine 1519, 1548, 1580
toxische Produkte 767
toxische Reaktion 70, 2170

toxisches Material 2166
Toxizität 88, 204, 765, 898, 2163
Toxizitätsgrenze 204
Toxizitätstests 86, 2286, 2287, 2291
Trabekelstruktur 1899
Tracer 1110
Trachealstenosen 426
Tragfähigkeit 1879
Tragfähigkeit des Knochens 1881
Tragus 1913
Tragwerk 350
Trainingsprogramm 1163
transapikale Platzierung 1413
transcolischen
    Cholecystektomie 1156
transdermal 1311
Transdermales therapeutisches
    System 1311
Transdifferenzierung 447
Transfektion 518
Transfertechnik 600
Transformation 75
Transformationsprozess 2314
Transfusion 474
Transfusionsgesetz 495
transgastrische Appendektomie 1156
transgastrische Eröffnung 1155
transgastrische
    Gastroenterostomie 1156
Transglutaminase 146
Transkristalline Phase 304
Translation 1642
Translations-Rotations-Prinzip 1098
transluminalen
    Resezierungstechnik 1414
Transluzenz 2017
transmandibuläre Implantate 2018
Transmembrandruck 1554, 1561
Transmembranpotenzial 1325
Transparenz 24, 56, 686, 2322, 2339
Transpassiver Bereich 198
transperitoneal 1167
Transplantat
– vaskularisiertes 1897
Transplantatgefäß 1499

Transplantation 1121, 1369
Transplantationsantigen 1476
Transplantationsliste 1528
Transportprozesse 205
Transport von Flüssigkeiten 108
transurethralen Endoskopie 1164
transvaginale Cholecystektomie 1156
Transversalwellen 1073
Trauer 2317
Traumareduzierung 646
Traumatologie 1590, 1892
Treibfluid 616, 617
Treibfluide 616, 2439
Treibfluidvorbeladung 617
Treibmittel 616
- chemische 615
- physikalische 616
Tremorfilter 2073
Trennebene 648
Trennmittel 321, 2164
Treppe 1773
Trevira-Band 1725
Trevira 232
Tribologie 106
tribologische Funktionen 1602
Tribosystem 106
Tricalciumphosphat 281, 1601
Trichterfüllstand 715
Trigger 1597
Trikalziumphosphatkeramiken 2028
Trikuspidalklappe 1396, 1479
- fehler 1396
trilaminare Struktur 537
Trochanter major 1637
Trocknungsgeschwindigkeit 406
Trocknungsverfahren 922
Trojaner 29
Trokar 1533
Trokare 1128, 1166
Trommelfell 1953, 1957, 1968
Trommelfellschwingungen 1960
Trommelniere 1529
Tropf 38
Tropfen 404
Tropokollagen-Fäden 256

Tropokollagen 256, 257
Trospiumchlorid 1181
Trypanblau-Test 84
Trypanblau 82, 84
Trypsin 248, 2424
Träger 1182
Trägergemeinschaft für Akkreditierung GmbH 2181
Trägermatrix 1164
Trägerstruktur 373, 953
Trägerstrukturen (scaffolds) 376
Trägersubstanzen 948
Trägersystem 1182
Trägersysteme 1304, 1309
Trägerwerkstoffe 375
Tränenwegsimplantate 1973
TSG 613, 2439
Tuba auditiva 1959
Tube 1959
Tubenreanastomosierung 2060
Tuberkulose 1468
Tubular-Stent 1270
tubulärer Träger 2417
tubuläre Zellbesiedlung 530
Tubus 1202
Tüftler 2332
tumor-like-lesion 1701
Tumor 93, 488
Tumorausdehnung 1706, 1708
Tumorbildung 86
Tumorchirurgie 425
Tumordiagnose 1217
Tumoren 1885
Tumorgewebe 1888
Tumorknie 1723
Tumornephrektomie 1163, 1165
Tumoroperationen 425
Tumorprothesen 1615
Tumorresektion 1699
Tumor-/Revisionsknie 1723
Tumorstoffwechsel 1110
Tumortherapie 645
Tumorwachstum 1110
Tumorzellen 179
TU München 10, 13

TU München 2402
Tunica adventita 515
Tunica media 515, 532
Tunnelanbindung 757
turbulente Verdünnungsströmung 733
turbulenzarme
  Verdrängungsströmung 733
Turbulenzen 989
Turbulenzgrad 745
Tuttlingen 31, 35, 37
TÜV SÜD MS Standar 2221
Twin-Shot-Verfahren 605
Tympanoplastik 1911
Tympanoplastik 1952, 1963
– Typ I 1964
– Typ II 1964
– Typ III 1964

U

Überaktiven Harnblase 1180
Überdrehwinkel 336
Überdruck 727, 736
Überempfindlichkeitsreaktion 93
Übergangsfrist 2128
überkritisches CO_2 770
Überleben 1526
Überlebenskurve 114
Übernahmekandidaten 58
Übertragungsspektrum 1927
Überwachung 656
Überwachungsgeräte 927
Überwachungsmonitoring 1258
Uhrenindustrie 1879
Uhrenindustrie 32
Uhrenmanufakturen 2383
Ulcera 981
Ulcus cruris 1005
Ulcus Cruris 956
Ulnaplatte 322
Ultrafiltration 1530, 1532, 1539, 1546
Ultrafiltrationskoeffizienten 1535
Ultrafiltrationsmessbecher 1569
Ultrafiltrationsmonitor 1564
Ultrafiltrationsrate 1540, 1561

Ultrakurzzeitimplantate 321
Ultrakurzzeitimplantaten 70
Ultra Low Penetration Air 725
Ultraschall-Dopplermethode 1252
Ultraschall-Endoskopie 1192
Ultraschall-Handmaschinen 1890
Ultraschall-Prinzip 1556
Ultraschall- Schweißverfahren 824
Ultraschall-
  Trennschweissverfahren 1015
Ultraschall-Wanddickenmessung 721
Ultraschall 628, 648, 1072, 1208,
  1879, 1885
Ultraschalldissektion 1142
Ultraschallfrequenzen 1072
Ultraschallfügetechniken 1879
Ultraschallgerät 1880
Ultraschallleistung 1886
Ultraschallscan 1080
Ultraschallscheren 1142
Ultraschallschneiden 823
Ultraschallschweisstechnik 1878
Ultraschallsensoren 940
Ultraviolett (UV)-Bestrahlung 123
Ultraviolett 116
Umbauprozesse 1886
Umfangsspannung 533
Umformung 1272
Umformungsgrad 1272
Umgebungsbedingung 2420
Umgebungseinflüsse 388
Umgebungserkennung 1924
Umkehr-Osmoseanlage 1546
Umkehrosmoseanlage 1558
Umkehrplastik nach Borggreve 1711
Umlenkwalzen 681
Umsatz 2368
Umsatzentwicklung 2321
Umspannen 658
Umwelt 2314
Umweltchemie 2273
Umweltverträglichkeit 860, 2276
Umweltverträglichkeitsprüfung 2277
U-Naht
– Evertierende 1319

- Überlappende 1318
unauffällig 1230
Unbedenklichkeit 696
Unidirektionale Gelege 312
Unikate 56
Unikondylärer
  Oberflächenersatz 1643
unipotent 447
Universalität 1881
universitäres Umfeld 2313
Universität 2392
Universitäten 2313
Universitätsbetrieb 2405
Universitätsklinik Balgrist 1816
Universitätsleben 2405
unpolare Oberflächen 868
unscharfe Formulierung 2152
unsichere Kantonisten 7
Unspezifische, angeborene
  Abwehr 179
Unteransprüche 2361
Unterarmlappen 425, 1506
Unterdruck 736
unterer Harntrakt 1164
Unterhaut 459
Unterlassungsanspruch 2368
Unterlassungserklärung 2369
Unternehmensgründung 2347, 2353
Unternehmensgründungen 22
Unternehmensidee 2347
Unternehmensmanagement 2314
Unternehmensrisiko 2342
Unternehmensräson 2167
Unterpolsterungssubstanzen 1179
Unterschenkelamputation 1791
Unterwassergranulierung 698
unzulässige Erweiterung 2366
unzureichende Offenbarung 2366
Upcycling 2272
Ur- und Umformung 1272
Urea-Clearance 1566
Ureterolithotomie 1167
Ureterorenoskopie 1163
Urformverfahren 2438
Urformverfahren 624

Urinextravasation 1167
Urinzytologie 1173
Uroepithel 1181, 1183
Urothel 1172, 1176
Urothelkarzinome 1171
Ursachenforschung 2166
Ursprung, Heinrich 23
Ursprungsnormenreihe 2136
Urteilsbildung 7
urämische Blut 1553
US 1113
U.S. Food and Drug
  Administration 2160
US-Patentanmeldung 2365
USB-Schnittstelle 1259
Uterus 2064
UV-A Bereich 2039
UV-Kleber 819
UV-Licht 789
UV-Spotlight 818
UV-Strahlung 854
UV/VIS-Spektrometer 784

V

Vakuum-Plasma-Spritzanlage
  (VPS) 288
Vakuum-Plasma-Spritzen (VPS) 289
Vakuumkalibrierbad 721
Vakuummatratze 2101
Vakuumplasmaspritzverfahren 288
Vakuumpumpe 1348, 2443
Vakuumsystem 809
Vakuumzement 243
Valgusbewegung 1643
Validierung 115
Validierungsmasterplan 506
van-der-Waals-Bindungskraft 890
variotherme Prozessführung 648
variotherme
  Werkzeugtemperierung 627
Varus-Stellung 1671
Varusbewegung 1643
Varusgonarthrose 1849, 1875
Vase 1759

vaskularisiertes Transplantat 1897
Vaskulitiden 529
vaskuläres Tissue Engineering 2415
vasoaktive Substanzen 522
Vasodilation 1542
Vasotonus 516
vastus lateralis-Lappen 1502, 1508
Vatersche Papille 1194
VDE Verband der
 Elektrotechnik Elektronik
 Informationstechnik 2180
VDI 2180
Vena cava 110
Vena saphena 517, 536, 1461
Vena saphena magna 1455
Venen 159
Venenentnahme 1458
Venenklappen 159
Vent 1378
Ventilator 119
Ventilsysteme 1129
Venting 1913, 1929
Ventkatheter 1380
Ventrikelkatheter 818
Ventrikularunterstützung 1360
Venture Capital 2342
Venture Capital Firmen 2321
venöser Bypass 537
Verankerungsstift 1749
Verankerungssysteme 1613
Verankerungstechnik 1678
Verantwortung 1539, 2114, 2173
Verantwortung der Leitung 2139
Verarbeitungshilfsstoffe 690
Verarbeitungskompatibilität 606
Verarbeitungstemperaturen 602
Verarbeitungsverfahren 554
Verbandmull 1004
Verbandstoff 961
Verbandwechsel 1011
Verbesserung 2140
Verblendschalen 2018
Verblockungen 1660
Verbotsvorbehalt 2193
Verbrauchsartikel 2333

Verbrennungen 2. Grades 1006
Verbund-Spritzgießen 598
Verbundfestigkeit 602, 812
Verbundhaftung 602
Verbundosteogenese 71, 1899
Verbundschlauch 804
Verbundstruktur 1879
Verbundsysteme 686
Verbundwerkstoff 2259, 2261, 2267
Verbundwerkstoffe
 – gestrickverstärkte 316
Verdampfer 845
Verdauungstrakt 1189
Verdrängerkörper 673
Verdrängungspumpen 1374
Verein Deutscher Ingenieure 2180
Veress-Nadel 1127
Verfahrenslänge 668
Verfahrensparameter 1570
Verfahrenstechnik 8, 602
Verfahren zur Sterilisation 116
Verfahrweg 2445
Verfestigung 1273
Verglaste Abfälle 2291
Verglasung 2269
Verhaltensvorschrift 752
Verhütung 2059
Verisyse IOL 1999
Verkalkung 174, 540, 1470, 1669
Verkalkungsverhalten 1488
Verkaufsförderungsmassnahme 2328
Verkleidung der
 Spritzgießmaschine 756
Verknüpfungen 1219
Verkrustung 1198
Verkrustungen 1183
Verlegungswagen 2084
Verletzer 2367
Verletzungen 551
Verletzungsform 2362
Verletzungshandlung 2367
Verletzungsrisiko 1184
Vermarktung 2337
Vermarktungserfolg 2330
Vermehrung 129

Vernadeln 972
Vernetzung 14, 2406
Verpackung 657, 759, 2331
Vers-Chez-Les-Blancs 24
Versagenskriterien 347
Versagensverhalten 318
Verschlaufung der Molekülketten 405
Verschleiss 106, 107
Verschleiß 654, 717
Verschleißbeständigkeit 884
Verschleißschutz 654
Verschmutzungsfaktor 748
Versiegelung 301
Versorgungskanäle 431
Verstopfung 1180
Verstreckbarkeit 314
Verstärker 1880
Verstärkungen 1923
Verstärkungsfasern 1628
Versuchsbetrieb 709
Versuchsplan 655, 656
Vertebroblastie 1888
Verteilungskampf 26
Vertragsüberprüfung 2114
Vertraulichkeit 22
Vertreiber 2147
Vertriebserfolg 2304
Vertriebsmannschaft 2337
Verträglichkeit 554
Verwachsungen 1453
Verwarnung 2369
Verweilzeit 646
Verwissenschaftlichung 2392
Veröffentlichungsrechte 2385
Vetriebsfokus 2338
Vibrationen 1880
Vibrationsschweißen 825
Videodokumentation 1135
Videokamera 1125
Vierpunkt-Knieorthese 1861
Vierpunkt-Knieorthese 1875
Vierpunktbiegeversuche 464
vier P's 2330
Vigilanzsystem 2156, 2159
Viren 182

virtuelle Histologie 1164
virtuellen Endoskopie 1215
virtuellen Histologie 1175
virtuellen Mikroskopie 1216
Virusinfektionen
 – Übertragung von 1573
Visionen 2376
Viskoelasitizität 1883
Viskoelastika 1977
viskoelastische Lösung 404
Viskoelastische Substanz 1977
Viskosefaser 988
Viskosität 569, 770
Viskosität der Abdruckmasse 1927
Viskositätsverhältnis 607
Visualisierung der Luftströmung 748
Visualisierung des
 Operationssitus 1167
Vital-/ Avital-Verbund 376
Vital-/Avital-Verbund 376, 378
Vitalität 530, 766
Vitallium 1671, 2020
Vitallium® 191, 208, 1273
Vitamin 2197
Vitamin B 12 1536
Vitamin C 538
Vitamin D 175
Vitien 1391
Vitrektomie 1980
Vitrifikation 1471
Vitronectin 142, 144
Vitronectinrezeptor 144
VKB 1853, 1875
Vlies 524
Vliesstoff 971, 972
Vogelgezwitscher 1815
Volkmann-Kanäle 169
Volkswirtschaften 2313
Vollbad 721
Vollblut 482, 484
Vollblutkonserve 480
Vollkostenrechnung 11
Volumenaufnahmeverfahren 1102
Volumendatensätze 1114
Volumenmesshaube 746

Volumenschwankung 706
Volumenschwindung 630
Volumina 12
von Bruns, Viktor 996
von Kupffersche Sternzellen 182
von Nussbaum 994
von Willebrand Faktor 142, 144
von Willebrand Faktor 516, 518
Vor-Produktions-Design-Kontrolle (kurze Beschreibung) 2131
Vorformling 632
Vorformung 1940
Vorheizofen 677
Vorkommnis 2156
Vorlesung 2401
Vorläuferzellen 460
Vorplastifizierung 647
Vorschleuse 752
Vorsorgemaßnahme 467
Vorsorgeuntersuchungen 1215
Vorspannungen 1883
Vorspritzling 599
Vorstand 2302
Vortrocknung 798
Vorverstärker 1919
vorwettbewerbliche Forschung 43
vorwettbewerblichen Forschung 1893
Voxel 1035, 1221
Voxelgröße 660
Voxelniveau 1041
VPS 1656

W

Waage 1562
WaBoLu-Aquatox-Überwachungssystem 2289
Wachsschicht 993
Wachstum 2301
- appositionelles 167
- interstitielles 167
Wachstumsfaktor-Rezeptor 1230
Wachstumsfaktor 488
Wachstumsfaktoren 177, 375, 384, 535, 791

Wachstumsphase 617
Wachstumsraten 8, 1589
Wägen 696
Walken 1555
Walzenspalt 687
Wälzkörperkäfig 660
Wanderwelle 1933
Wandlergruppe 1081
Wareneingangsprüfung 893
Wareneinsatz 2327, 2328
Warenstrom 2198
Wärmeausdehnungskoeffizient 608, 654
Wärmebehandlung 207
Wärmekapazität 1880
Wärmelast 756
Wärmeleitung 667
Wärmetauscher 1374, 1378, 1382
Wärmezufuhr 737
Wärmeübergangszahl 119
Wärmeübertragungsfähigkeit 119
Warnhinweise 2132
Warning Letters 2160
Warnpflicht 2150
Warnung 2151
Wartung/Kundendienst 2118
Wartungsintervalle 655
Wartungskosten 756
Warzenfortsatz 1958, 1959, 1961
Wasser- und Luftfilter 407
Wasser 844, 2082
Wasseraufnahme 308, 1594, 2263
Wasserbad 2419
Wasserbenetzbarkeit 844
Wasserdampfpermeation 815
Wasserfilter 407
wassergekühlt 679
Wasserhaushalt 1524
Wasserinjektionstechnik 610, 612
Wasserkühlung 672, 677, 681, 759
wasserlösliche Substanzen 1520
Wasserlöslichkeit 1181, 1471
Wasserstoffbrückenbindung 889
Wasserversorgung 1546
Weben 1434

Weberei 993
Webkante 974
Webmaschine 976
Wechseloperation 1652
Wechselwirkung 12, 20
Wechselwirkung 2164
Wegauflösung 642
Weibullmodul 308
weiche Faktoren 2314
Weichmacher 219, 235, 835, 968, 1592, 2043
Weichmacher
Weichteilchirurgie 2052
Weichteilkomplikation 1724
Weichwand-Bettung 1793
Weinmann 1354
Weitsicht 16
Weißlichtendoskopie 1174
Weißling 634
Welch, Jack 22
Weltgesundheitsorganisation 1263
Weltmarkt 1543
Weltraumstrahlung 1256
Weltwirtschaftsforum für Technologie-Pioniere in Davos 2301
Wendelverteiler 682
Wender 973
Werkbank 728
Werkfeuerwehr 2080
Werkstoff-Mimikry 63, 431, 1619
Werkstoff 2163
Werkstoffe
– bioaktive 71
– bioinerte 1966
– degradable 71
– inerte 70, 71
– Keramische 190, 277
– poröse 70
– resorbierbare 70, 1966
– sinterkeramische 646
– toxische 70
Werkstoffklasse 1899
Werkzeug 802
Werkzeugangussbuchse 560
Werkzeugbau 649, 658
Werkzeugdaten 704

Werkzeugdesign 651
werkzeugfreie Wartung 704
Werkzeuginnendruck 772
Werkzeugkonstruktion 652
Werkzeugtechnik 598
Werkzeugtemperatur 1623
Werkzeugtemperaturen 606
Werkzeugwechsel 756
Wert 2324
Werteerziehung 2393
Wertekette 2329
Wertschöpfung 1893, 2314
Wertschöpfungskette 645, 2331
Wertschöpfungsketten 2380
Wertschöpfungspotential 552
Wertschöpfungstiefe 2329
Wertsteigerungspotential 2342
Westschweiz 31
Wettbewerb 3, 2347
Wettbewerber 2324
wettbewerbliche Forschung 43
Wettbewerbsorientierung 2371
Wettbewerbsprodukte 2334
Wettbewerbsunterschied 25
Wettbewerbsvorsprung 2371
Wettbewerbsvorteil 2354
WHO 1263
Whole-genome 789
Wickeln 323
Wickler 678
Widerhaken 1212
widerrechtliche Entnahme 2366
Wiederaufbereiter 2147, 2151
Wiedererwärmung 1382
wiederverwendbare chirurgische Instrumente 2110
wiederverwendbares Produkt 2169
Wiener Spektrum 1088
Wikipedia 2393
Willkürmotorik 1825
Win-Win-Situationen 7
Windgeräusche 1922
Windkesselfunktion 1445
Windkesselfunktion 986
Wirbelbogen 1742
Wirbelgelenk 1740, 1745

Wirbelkörper 1591, 1662, 1878
Wirbelkörperabstand 1739
Wirbelkörperersatz 1731
Wirbelkörperverblockendes
  Implantat 1746
Wirbelkörperverblockung 1745
Wirbelsäule 1041, 1662, 1730, 1740
Wirbelsäulenchirurgie 1590, 1892
Wirbelzwischenraum 1748
Wirkkonzentration 1301
wirksamen Oberfläche 902
Wirksamkeit 2178
Wirkstoffabgabe 948
Wirkstoffe 12
– medizinische 692
Wirkstofffreisetzungssysteme 1587
Wirkstoffpflaster 698
Wirkstoffreservoirs 1970
Wirksubstanz 832
Wirksubstanzen 6
Wirktechnik 978
Wirkungsdauer 1302
Wirkversprechen 2178
Wirtschaft 13, 2393
Wirtschaftlichkeit 324, 647, 767
Wirtschaftspreise 2301
Wissens-Surfer 49
wissensbasiert 1218
wissenschaftliche Hochschulen 10
wissenschaftlichen Chirurgie 1121
wissenschaftliche Theorien 2358
wissenschaftspropädeutisches Seminar
  (W-Seminar) 2397
Wissenserwerb 2315
Wissensgebiet 2315
Wissenstransfers 14
WIT 610, 612
Witterungsbeständigkeit 690
Wolff, J. 42
Wolff›sches-Gesetz 170
WoodWelding Team 2316
WoodWelding® 1879
Worst IOL 1999
Wortschöpfungen 21
W-Seminar 2397
Wundabdeckung 259

Wundadaptation 1318
Wundauflage
– hydroaktive 1010
– interaktive 1005
Wundbehandlung 961
– feuchte 1004
– trockene 1004
Wundbettreinigung 1017
Wunde 981
Wundexsudat 1009
Wundinfektion 994
Wundkomplikationen 1455, 1464
Wundmanagement 1010
Wundpad 1014
Wundschutz 1001
Wundspreizer 1658
Wundtherapie
– phasengerechte 1010
Wundversorgung 993, 1001
Würfeltechnik 600
Württemberg 37
Wurzelstifte 2016
www.fda.gov/cdrh/devadvice 2160

X

Xanthan 66, 260, 526, 2031
xenogenes Hundemodell 539
Xenograft 1467, 1482
Xenografts 924
Xenon 1133
XPS-Analyse 890
X-ray Photoelectron Spectroscopy,
  XPS 910

Y

Yielding-System 1770
Young-Modul 985
Young-Welle 985
Yttriumoxid 281
YTZP 2044

Z

Zähigkeit 27, 280, 1272, 2401, 2403
Zählkammer 82, 83, 84
Zahnersatz 2027

– herausnehmbarer 2027
Zahnextraktion 1597
Zahnfleisch 1588
Zahnhalteapparat 1588
Zahnknirschschienen 689
Zahnmedizin 1592, 1882
Zahnradelemente 644
Zahnradpumpe 1559
Zahnräder 653
Zahnschmelz 281, 282
Zahnsteinentfernung 1887
Zahnverlust 2023
Zange 1205
Zeichnungen 2363
Zeit 2395
Zeithorizont 2343
Zeitpunkt 54
Zell-Zell-Adhäsion 141
Zelladhäsion 74, 138, 141, 378, 524, 526, 528
Zellaktivität 74
Zellatmung 133
Zellbeschichtung 1942
Zellbiologie 2403
Zellcoating 922
Zelldifferenzierung 138, 177
Zelldifferenzierung 380, 443
Zelle 129, 2163
– ausdifferenzierte 450
– Primäre 77
Zellen 1566
Zellen
– Mitotische 1234
Zellexpansion 2424
Zellfolie 530
Zellgemisch 451
Zellimmobilisation 433
Zellinie 75, 77
Zellkern 130, 132
Zellkerne 1223, 1229
zellkernspezifischer Marker 1229
Zellkultur 74, 77, 2403, 2420
Zellkulturlabor 2420
Zellkulturmedium 2424
Zellkulturmodelle 91

Zellkulturschalen 766
Zellkulturstudien 956
Zellkulturversuche 765
Zelllinie 75, 2423
Zelllinien 787
Zellmembran 130, 138, 1324
Zellmilieu 766
Zellmorphologie 84
Zellorganellen 130, 1223
Zellproliferation 90, 177, 419
Zellrasen 530
Zellschrumpfung 1472
Zellspezifische Reaktion 1304
Zellstoffwechsel 2423
Zellsuspension 781, 2417
Zellteilung 135, 444
– asymmetrisch 446
– asymmetrische 446
– symmetrische 446
Zelltod
– programmierter 444
Zelltransformation 90
Zelltransplantate 373, 431
Zelltransplantation 432, 468
Zellträger
– Aluminiumoxid- 438
– Angiopolare 436
– kostengünstige 766
Zellträgersysteme 376, 431, 435
Zelltyp 2427
Zelltypen 443
Zelluloid 1670
Zellulose 527
Zellvermehrung 129
Zellvermittelte Immunreaktion 179
Zellvitalität 787, 916
Zellwachstum 378
Zellzahl 82
Zellzyklus 1234, 1288
Zellzüchtung 1227
Zementdeformationen 1632
Zemente 1884
– Glasionomer- 2041
– Komposit- 2041
– Zahnärztliche 2041

- Zinkoxid-Phosphat- 2043
Zementierungstechnik 1618
Zementimplantation 1634
Zementsysteme 1884
zentrale auditorische System 1933
zentrale Hörabschnitte 1957
zentrale Hörbahn 1958
zentrale Hörsystem 1936
zentrale Schwerhörigkeit 1936
Zentrales Lüftungssystem 734
zentralmotorische Lähmung 1807
Zentralschweiz 31
Zentralstelle der Länder für
    Gesundheitsschutz bei Arzneimitteln
    und Medizinprodukten 2183
Zentralstelle der Länder für
    Sicherheitstechnik 2182
zentralvenöse Katheter 1533
Zentrifugalbeschleunigung 481
Zentrifugalpumpe 1384
Zentrifugalpumpen 1374, 1376
Zentrifugation 481
Zentrifuge 2421
Zentriolen 130
Zeolith 832
zerebrale Minderdurchblutung 1441
Zersplitterung 29
Zertifikat 2123, 2394
Zertifizierung 554, 2123, 2180, 2384
Zertifizierung für Praxen 2245
Zertifizierungs-Audit 2124
Zertifizierungsablauf 2123
Zertifizierungsstelle 2129
Zertifizierungswesen 52
ZEUS® 1167
ZFB 347
Ziegler-Natta-Polymerisation 227
Ziegler-Verfahren 230
Zielkundensegment 2335, 2336
Zielmärkte 1878, 2337
Zilienbewegung 95
Zilienschlag 426
Zink-Luft Batterien 1918
Zinnoctoat 2033

Zirkonoxid 277, 279, 1601, 1617, 2027
Zirkonoxidkeramik 2029
Zirkonoxid Y-TZP (ZrO2) 1607
Zirrhose 1194, 1200
Ziselieren 35
Zitronensäure 921, 1542
Zivilrecht 2152
zivilrechtliche Haftung 2154
Zivilschutz 2230
ZLG 2183
ZLS 2182
Zorn 2317
Zugang
- antegrader, transseptaler 1412
- retrograder, arterieller 1412
- Transapikaler 1412
- vaskulärer 1532
- venöser 1533
Zugangsrezirkulation 1567
Zugangswege 1156
Zugbandage 1779
Zugfestigkeit 525
Zugprobe 310, 955
Zugscherfestigkeit 850
Zugversuch 603, 1880, 2445
Zuhaltung
- hydraulische 589
- mechanische 589
Zukunftstechnologie 2297
Zulassung 2178, 2343
Zulassungsbehörde 1607, 2344
Zulassungsbeschränkung 2391
Zulassungskosten 963
Zulassungsverfahren 552, 2120
Zulieferer 2323, 2324
Zulieferindustrie 761, 762
Zuluftfilterung 732
Zungenspatel 2088
Zürich 31
Zurich MedNet 2381
Zusatzstoffe 654
Zustand
- ausgereifter 444
Zuverlässigkeit 58, 1374

Zuwachsrate 761
Zwangsfreundschaften 16
Zweckbestimmung 2147, 2163
Zwei-Kapillaren-Spinndüse 409
Zwei-Stufen-Kanüle 1380
Zweiflügelklappen 1399
Zweikomponenten-
 Spritzgießwerkzeug 814
Zweiphotonenpolymerisation 1944
Zweiplatten-Spritzgießmaschine 572
Zweischnecken-Knetmaschine 691
zweiter Bildungsweg 2392
Zweiwellenkneter 2436
Zweymüller 1677
Zwischenfaserbruch 347
Zwischenwirbelgelenk 1739
Zwischenwirbelraum 1744, 1747

Zwischenätzprozess 889
Zykluszeit 592
Zykluszeiten 558, 598
Zykluszeitverlängerung 707
Zystektomie 1164, 1169, 1173
Zystoprostatektomie 1169
Zystoskopie 1175
Zytokinese 138
Zytokinkaskade 529
Zytologiebürste 1209
Zytomorphometrie 2291
Zytoplasma 130, 131, 138
Zytoplasmen 1223
Zytoskelett 135
Zytotoxische Reaktion 93
Zytotoxizität 1928, 2163, 2164, 2289, 2293